U0901870

中国蕨类植物和种子植物名称总汇

马其云 编著

青岛出版社

图书在版编目（CIP）数据

中国蕨类植物和种子植物名称总汇 / 马其云编著.
青岛：青岛出版社，2003
ISBN7-5436-2891-0

Ⅰ.中…　Ⅱ.马…　Ⅲ.①蕨类植物－名称－汇编－中国②种子植物－名称－汇编－中国　Ⅳ.Q949

中国版本图书馆CIP数据核字（2003）第042082号

书　　名 中国蕨类植物和种子植物名称总汇
编　　著 马其云
出 版 人 孟鸣飞
出版发行 青岛出版社
社　　址 青岛市徐州路77号(266071)
本社网址 http://www.qdpub.com
邮购电话 (0532)5814750　5814611－8662　传真(0532)5814750
责任编辑 高继民 郭东明 E－mail:gdm@qdpub.com
装帧设计 弋戈书帧
印　　刷 青岛星球印刷有限公司
出版日期 2003年8月第1版　2003年8月第1次印刷
开　　本 16开(850mm×1168mm)
印　　张 98.5
插　　页 8
字　　数 3500千
印　　数 1－1100
书　　号 ISBN 7-5436-2891-0
定　　价 300.00元

本书建议陈列类别：科技工具书

内容简介

本书收载我国蕨类植物和种子植物科、属、种及种下分类群的植物名称，拉丁名（正异名）近120000条，中文名（正异名）100000多条，是记载我国蕨类植物和种子植物种类最多的一本书，同时将有关中文书刊记载的国外植物及国产有待进一步研究的植物名称也收录于内，共收载314科、4108属、种及种分类群名称46300多个。书中的拉丁名称在《中国植物志》的基础上，又按新出版的《FLORA OF CHINA》作了新的订正，中文名又参照《中药辞海》与《中药大辞典》及《中国高等植物图鉴》等著作进行了大量的补充与核对，为使中国传统药用植物名称保持相对稳定与统一，对《中华人民共和国药典》2000年版中的有关药用植物的名称与植物志名称不一致的，同时进行了适当调整，为使植物中文名称的正名不出现同物异名或同名异物现象，真正做到"一物一名"及"一名一物"。

本书采用汉拉与拉汉双两种方式排印，汉拉正名后附有科名与中文异名，既可由来自文献的拉丁名查找植物中文名，又可从我国应用植物的经验中，以中文名查找植物拉丁名(学名)，同时可了解该植物属哪一科及有哪些中文异名。这将为我国从事农、林、医药、环保等学科的管理机构、科研单位和大专院校的老师、学生及科技人员以及从事生物工程、植物检疫、花卉园艺、新闻出版、旅游、外贸等专业的技术人员提供查找我国植物资源应用与研究资料的便利，也是植物分类学的重要资料。本书将是各类图书馆收藏的重要工具书。

编著者：马其云　军事医学科学院毒物药物研究所
审校者：贺士元　北京师范大学
　　　　武素功　中国科学院昆明植物研究所
主　审：付立国　中国科学院北京植物研究所

序 一

中国是一个植物种类繁多的大国，植物名称，尤其是中文名称，历来比较混乱，给使用和交流带来诸多不便，有鉴于此，我国的植物学家一直致力于植物名称的统一，并做出了不懈的努力。记得早在 1950 年，为了编写《河北植物志》，当时的北平研究院和静生生物研究所的植物学家胡先骕、钱崇澍、林镕、张肇骞等即根据国民党时代部颁的《中国植物名称审定本》对已知的近 3 000 个属的名称进行了讨论，其结果反映在 1951 年出版的《中国植物检索表》中。1954 年，中国科学院编译局科学名词审查委员会，又根据植物研究所提出的初稿，邀请许多专家对中国有分布且常见的种子植物的名称进行了修订，并制定了新的植物命名的法则，发表了《中国种子植物名称》（1954 年科学出版社）。后来中国植物志编委会也对植物名称进行过多次讨论和制定出命名要求。

从 1950 年到现在已 50 多年了，《中国植物志》、各地区植物志及专类植物志如《中国沙漠植物志》、《中国树木志》等已陆续出版，有些已全部完成，但中国植物名称仍远未统一。究其原因，首先是中国如此之大，各地区、各民族对相同的植物存在不同的习惯称谓，其次，各书的作者对植物名称的选用有不同的标准或个人的偏爱。这说明统一植物名称是一个非常细致而困难的工作，只有在实际应用和交流的过程中，按能被普遍接受的原则，通过选择一些恰当而便于应用的名称才能逐步被绝大多数的人所接受，这需要时间。

50 多年来，我参加了历次对统一植物名称的讨论，我认为统一中国植物名称的原则，其中最主要的有以下几点:

1. 既要把已出版的全国植物志、地方志、专著和论文中所有科、属、种名称，依《中国植物志》为基础的精神予以统一名称，就需要做很大规模的循名责实，以实物确定其异名性质。这是巨大而首要的任务，因一些书籍文章中必有含意广狭之处或误定之处。

2. 选用名称必须有自己的而又易被各方面接受的客观标准。我认为过去进行的统一名称的努力和所曾拟定的标准必须予总结，如《中国种子植物名称》中及中国植物志编委会在《编辑指南》中历次所提出的中文命名注意事项，取其精华，即选用经过时间考验、行之有效、约定俗成的名称，并要扬弃其形式主义的繁琐重复部分，如种下等级名称即无必要命名为某某种某某变种等许多等级。

3. 属名的确定应先行，取其 1－3 字的属名，如中国固有的单名（柏、杨、柳、榆、槐、桑、麻之类），但要力避泥古好古的习气，去其“树、木、花、草”之类不必要的概语。分布区特定和狭小的种，也不避用地方名、民族名或形象化名称。已选或新选属名，均以 2－3 字为限，力避求全表达拉丁学名原意，力求形象化。凡有“胡、番、洋”异地异时引自国外的种名也不避用。

4. 种名在大属中不要强求一律化、系统化，宜按属下单位固有习惯用名，分类选用。如李属不妨选“桃、梅、李、杏、樱、臭樱、樟樱”，葱科葱属可选“葱、韭、蒜”等为其种名。虽不一律，反而系统，既可避转属时另取新名，又可使种名容易取，且能限在 5 字以下。

5. 中名对世界通用学名而言是乡土名性质，凡日名、韩名、越名等与中名近似的或其他外国土名中形象化的或已有的译名（包括意译或音译）也不要避用而另起新名。

6. 在统一名称时，竭力避免另起新名，更不要在各级分类等级下追求系统化，只求形象化，力避使用“古、生、僻、拗”等字。

7.诸多形象化而重复见于许多科属的土名，选其一个通行较广的固定在一个属上。一些中药名冠以“南、北、东、西”或“真、伪、假”字等，将之应用也无不可，总比另选一名为好。

总之要循名责实、实事求是、约定俗成，形象通俗，易记易读，少立新名是命名的主要精神，也是多年来经验教训所在。中国植物有 3 000 余属 30 000 余种，名称的统一确实是一个细致而又复杂的系统工程。马其云等人自告奋勇承担这一重任，在现已出版的各类植物志的基础上，并按其约定的命名原则，对一些混乱的名称作了取舍和订正，首欠做到“一物一名”，这为以后中国植物中名真正统一打下了良好的基础。这种工作精神是难能可贵的。正如上面所说，中国植物名称的统一需要时间，本书的出版必将加快其进程。另外，本书收载的植物拉丁名和中文名都比较全，首次采用汉拉名称形式，既可依拉丁名查找植物的正确名称，又可依中文名查找植物的正确名称，该植物属何科也一目了然；植物的拉丁名还根据最新出版的《FLORA OF CHINA》对各级分类群名称作了校订，这就提高了植物名称的可靠性；书中收载的所有中文异名均附有地方来源或书刊出处，能较好地解决中文名称“同名异物”的混乱现象。这本书不仅对专业研究及教学人员和广大植物资源应用者的实际工作提供了许多便利，也是植物分类学的重要资料。故乐为之序。

中国科学院院士

中国植物志编委会主编

中国科学院昆明植物研究所原所长、研究员 吴征镒

2002 年 10 月 5 日于昆明

序 二

中国是植物多样性大国，有蕨类植物和种子植物 30 000 多种，是农业、林业、医药、轻工业等行业的重要资源。但是，由于数千年的应用历史，多民族和各地区的应用造成了名称的混乱。分类学也有数百年历史，拉丁学名也有一物多名或一名多物的情况。中名急需统一，拉丁名也须有一个正名、异名目录，便于使用。

马其云先生等编著的《中国蕨类植物和种子植物名称总汇》就是朝着这一方向前进走出了关键一步。在本书中，不仅收载的植物名称（拉丁名和中名）是同类书中最全的，而且，对植物中文正名进行了统一处理，首次达到了“一物一名”，这是老一辈植物分类学家共同的目标，同时，所收载中文异名都附有地方来源或书刊出处，较好地解决了中文名称“同名异物”的混乱现象。这本著作对于专业研究和教学人员以及农业、林业、医药、轻工等广大的植物资源应用者都是一本极为重要的工具书，将给这些人员的工作提供极大的方便。无疑，它会有广大的市场。我希望本书能早日出版，我也感谢马其云先生为广大读者作了这一历史性的工作。

中国科学院院士
中国科学院植物研究所研究员

2002 年 4 月 22 日

前言与使用说明

本书是根据《中国植物志》、已出版的《Flora of China》、《中药辞海》、《中华人民共和国药典》2000 年版 及其他中文书刊如：中国高等植物图鉴与植物分类学报等为基础，对我国蕨类植物和种子植物名称进行全面系统整理而成。共收载我国蕨类植物和种子植物名称计有 310 多科、4100 多属、46300 多种(含种下分类群名称)，其中包括引种植物与国产待研究的植物及国内书刊记载的非国产植物，是同类书中植物名称最全的一本书。本书分汉拉名称与拉汉名称形式，需查找的植物名称，无论是中文名或拉丁名、正名或异名，均能在本书中查找到植物的正确名称——拉丁名和中文名及所属的科，还能了解该种植物有无异名或有哪些异名，还能根据书后附录在《中国植物志》和《Flora of China》某卷册中查阅该植物形态特征与地理分布详细资料。这将为我国从事植物分类和植物资源保护与合理开发利用的有关人员，多方面了解国内外有关植物研究和应用的信息资料提供了极大的便利。书中内容细节如下。

一、中文名称规一化：所谓“规一化”就是作为植物正名的中文名称不出现重名，即一个中文正名只代表一种植物与拉丁名相配。“中国植物志”是我国植物分类学专家学者，经过三代人五十多年的努力而完成的一部 125 卷（册）植物分类学重要巨著。因此，在中文名称“规一化”时，依《中国植物志》的中文正名为基础，其他书刊或地方性名称与《中国植物志》正名相重者均作为相应的异名。《中国植物志》由于跨越时间长，参加人员多，其中仍有少数科属植物的中文正名是相重的——同名异物，如 Rhododendron tanastylum var. lingzhiense Fang f.和 Rdododenrfon nyingchiense R.C.Fang & S.H.Huang 均用“林芝杜鹃”，仍需接拟订的“保留原名与起用新名的原则”进行“规一化”处理。

1. 原名的原则：（1）与科属名称相关的名称优先保留，如百合科 Lilium brownii F.E.Bron ex Mellez 与豆科 Crotalaria sessiliflora L.同用“野百合”作正名，前者保留用“野百合”，后者改用其他名称。（2）应用广泛或重要书刊上的名称优先保留，如旋花科 Porana decora W.W.Sm.与棕榈科 Catradactylus Hance 同用“白藤”，前者为“云南禄劝”地方名，而后者为《中国高等植物图鉴》上的名称，后者保留用“白藤”，前者改用其他名。(3)名称应用时间长的优先保留，如野牡丹科 Melastoma candidum D.Don 与毛茛科 Paeonia delavayi Franch.同用“野牡丹”，前者于《中山传信录》上应用，而后者在《中国植物志》中应用，前者保留用“野牡丹”，后者改用其他名。

2. 选用或新拟名称的原则：（1）从原有异名中选一个尚未被其他植物应用的名称为正名，如大戟科的 Euphorbia heyneana Spreng.与 Euphorbia makinoi Hay.同用“小叶大戟”，而前者原有“闽南大戟”一异名，这个名称尚未被其他植物应用，因此，前者选用“闽南大戟”为其正名，后者保留原名。（2）新拟名称，以属名为基础，冠以种加词、植物形态特征（红花，紫花，毛叶等）加词或出产地名（云南，四川，丽江）加词等组成新名称，如毛状棘豆（新）Oxytropis trichophora Franch.，丽江黄钟花（新）Cyananthus flavus Marq.，长梗线蕨（新）Colysis pedunculata (HK. & Grev.) Ching 等。（3）种类较多的大属，种下分类群常会出现以属名加上述各类加词组成的名称，仍会出现重名，此时，则需在原种名前加上述有关各类加词，构成新名称，如无毛小叶紫菀（新）Aster albescens var. levissimus Hand.-Maxx.，无毛小叶栒子（新）Ctoneaster microphyllus var. glacialis HK.f.等。

3. 传统药用植物名称：我国是一个传统中药应用历史优久的国家，为使传统中药的植物名称保待相对稳定与统一，在植物名称规一划时，对 2000 年版《中华人民共和国药典》中的植物名称与《中国植物志》中的植物名称进行了全面分析，对两者不一致的名称按以下原则进行调整：A **拉丁名称**：依《中国植物志》或《Flora of China》为准，B **中文名称**：与药用名称相同者首先选为正，然后根据名称的书刊出处、应用范围、名称繁简、与种加词的意义或出产地名等选择正名，种与种下分类群，基名用于原种，复合名用于种下分类群，不同科属植物名称相重时，与科属名称关系密切的选为正名，其他名称作为相应的异名。如中药“红豆蔻”Alphinia galanga Willd.药典名“大高良姜”，植物志名“红豆蔻”，选红豆蔻为正名；中药“木瓜”Chaenomeles speciosa (Sweet) Nakai 植物志名“皱皮木瓜”，药典名“贴梗海棠”此名来于群芳谱，贴梗海棠选为正名；中药“远志”Polygala sibirica L.植物志名“西伯处亚远志”，药典名“卵叶远志”此出于华北经济植物志，名称较简选为正名；中药“沙苑子”Astragalus complanatus R.Br.植物志名“背扁黄耆”，药典名“扁茎黄芪”，两者均相同，保留药典名为先，选“扁茎黄芪”为正名。

二、同名异物问题：我国是一个植物资源大国，也是应用植物资源历史优久的国家，但长期以来，由于我国植物的中文名称没有公认的统一命名规则，使得我国植物的中文名称存在许多同名异物现象，例如在不同书刊上或不同地方称为“金不换”的植物为 10 个科 14 种不同的植物。我们采用“中文名称与其书刊出处或地方来源”作为统一体，形似拉丁名的双名法，对已收集的 90000 多中文名称作了全面的分析研究，结果显示，只有 7%左右的中文名仍存在同名异物现象，这些名称大多来自古书或地方性名称，所涉及的植物都是同科属内不同种的植物，而 90%以上中文名的同名异物问题得到了较好的解决，如上述“金不换”在本书中明确为：*金不换*（北京志）=费菜、*金不换*（湖北志）=堪察加景天；*金不换*（海南志,高等图鉴）=华南远志；*金不换*（植物志）=毛相思子；*金不换*（福建野生植物）=台湾银线兰；*金不换*（福建中草药）=兖州卷柏，*金不换*（福建龙岩及长汀）=蛇足石杉；*金不换*（本草纲目）=三七；*金不换*（云南）=地不容，*金不换*（广西那坡）=黄叶地不容，*金不换*（广东）=血散薯与粪其笃（同为千斤藤属植物），*金不换*（湖南药物志）=钝叶酸模，*金不换*（云南大理）=黄秦艽等是各不相同的植物。本书对植物的中文正名又作了“规一化”处理，查到该植物的中文正名，查找植物的正确名称就十分容易了。

三、汉拉名称：这是在上述工作基础上，首次采用的一种植物名录形式，虽然这种形式仍有不足之处，但 90%以上的中文名能查到植物的正确名称，这对从事植物资源保护与应用者查找有关植物的研究信息将是十分有益的。本书收载的 90000 多条中文名均按拼音为序排印，（1）正名由：中文名与拉丁名组成，科名与属名为黑体，种及种下分类群名称为白体，属名和种名及种下分类群名后均附有科名及所属的异名，异名为斜体，并省略书刊出处与地方来源以免重复和增加篇幅，如：**山榄科 Sapotaceae**，**金叶树属 Chrysophyllum** L.（山榄科），假广子 Knema cratisa (HK.f. & Thoms.) Warb.（肉豆蔻科），*埋好来*，*梭勒啪迷*；假桂钓樟 Lindera tonkinensis Lec.（樟科），*假桂*，*河内钓樟*。（2）异名由：中文名与其书刊出处或地方来源及“=”后的中文正名构成。异名为斜体，（书刊出处及地方来源）及“=”后中文正名为正体，如：*埋好来*（西双版纳傣语）=假广子，*梭勒啪迷*（西双版纳基诺语）=假广子，*假桂*（广西防城）=假桂钓樟，*河内钓樟*（海南志）=假桂钓樟等。

四、拉汉名称：这是常用的一种植物名录形式，以拉丁字母为序排印。（1）正名由：拉丁名和中文名构成，以正体排印，科名与属名为黑体，属名后附科名，如 **Plumbaginaceae 白花丹科**，**Acantholimon Boiss.彩花属**（白花丹科），Acantholimon alatavicum Bge.刺叶彩花，Acantholimon alatavicum var. laevigatum Pen 光萼彩花。（2）异名构成是：*异名*=正名，如是种下分类群，原种名定名人和“=”后正名定名人及中文名均省略，以免重复和增加篇幅。如 *Acantholimon roborowskii* Czemiak.= Acantholimon borodinii，*Acantholimon alatavicum* var.•. *typicum* Regel= Acantholimon alatavicum。（3）在拉丁异名中，还有一类属于错误鉴定的名称，在专业书刊中常依“auct. non”与一般异名相区别，这种表示方式，非专业人员往往不易明白真实含义。本书对这类名称采用，在其名称后附有错误鉴定的作者及书刊名称，国外书刊只附一篇，国内书刊则尽量多附，如国内外书刊均有者，只附国内书刊，例如 *Chrysophyllum roxburghii* G.Don(树木分类学 1937)= Chrysophyllum lanceolatum var. stellaocarpon，*Statice glauca* Wailld. ex Shult.(Less. in Linnaea 1835)=Limonium suffruticosum，*Statice japonica* S. & Z. (Kom. In Act.Hort.Petrop.1907)= Limonium sinense 等。

五、种下分类群的名称：（1）在《中国植物志》中，大多数科属在处理种下分类群时，则按国际命名法规的规定，将原种名自动降级为“原亚种、原变种及原变型”等拉丁名形式，中文名不变，如 Acer caesium subsp. caesium 深灰槭，Chrysophyllum lanceolatum var. lanceolatum 多花金叶树，Acer pectinatum f. pectinatum 篦齿槭等。为避免在汉拉名称中，同一中文名出现两种不同形式的拉丁名而产生误解，对这类名称，书中用“=”将种下分类群名称与原种名相联，均正体排印，表示两者相同又区别于一般异名（只出现在拉汉名称部分），如 Acer caesium subsp. caesium = Acer caesium，Chrysophyllum lanceolatum var. lanceolatum = Chrysophyllum lanceolatum，Acer pectinatum f. pectinatum = Acer pectinatum 等。（2）种下分类群的中文正名，有部分科属则采用“无毛亚种、无毛变种及无毛变型”或种名加“无毛亚种、无毛变种及无毛变型”等。这类名称与常见的植物中文名很不一致，重名也很多，如：无毛变种有 4 种植物，白花变种有 5 种植物，白花变型也有 5 种植物等，而且，有些名称字数很长，如：岩居马先蒿岩居亚种黄花变型等，给实际应用者带来许多不便。这类名称，本书也按上述中文名称“规一化”的原则新选或新拟中文名称，如：Artemisia tainingensis var. nitida（Pamp.）Y.R.Lin 无毛川藏蒿，Erigeron multiradiatus var. glabrescens Ling & Y.L.Chen 无毛多舌飞蓬，Artermisia melanandra var. glabrescens C.F.Liang 无绒粘毛蒿及 Aster albescens var. levissimus Hand.-Mazz. 无毛小舌紫菀等，这几种植物在《中国植物志》均用“无毛变种”。

六、附注：（1）我国不产或引种的植物，在其名称下表有“___”，如：<u>黄钟花 Stenolobium stans (L.) Seem.</u>（紫葳科），<u>黄钟木 Tabebuia chrysantha (Jacq.) Nichols</u>（紫葳科），（2）有待进一步作分类学研究的国产植物，在其名称后示附有“？”，无中文名者，按上述原则新拟中文名，如：白花长梗秦艽(新)Gentiana waltonii f. lhasaensis (Hsiao et K.C.Hsia) T.N.Ho?（龙胆科）。（3）中文书刊名称字数较多者采用缩写，书后附有缩写与书刊全名对照，如：高等图鉴=中国高等植物图鉴，纲目=本草纲目等。（4）在中文字中，有些字是多音字，计算机排序时，则按常用读音排序，如人参的“参”则排在“can”的位置，西藏的“藏”排在“cang”的位置，对这些字或生别字，人工调整其排序位置便于查找，中文名称中，有一些是少见的生别字，它的读音难于确定，为了查找中文名的方便，书后附有：部首与笔划为序的中文名称首字读音查字方式，便于中文名称的查找。（5）为了便于应查阅有关植物的详细资料及向有关专家请教，书后附有《中国植物志》各属的编著者与该属植物所在《中国植物志》中的卷（册）及编著者的通讯录，另外还附有中国植物各科所在《中国植物志》与《Flora of China》的有关卷山（6））本书是与北京师范大学贺士元教授，中国科学院植物研究所付立国研究员及中国科学院昆明植物研究所武素功研究员共同合作完成的。如有不当之处，肯请有关专家学者及广大应用者提出宝贵意见，以便今后进一步改进。

编著者 2003 年 5 月 北京

目 录

部首查找植物名称首字及生别字读音

一部
一 yi
丁 ding
七 qi
二 er
万 wan
丈 zhang
三 san
下 xia
于 yü
才 cai
丐 gai
丰 feng
云 yün
互 hu
五 wu
井 jing
元 yüan
夫 fu
开 kai
无 wu
世 shi
东 dong
平 ping
末 mo
正 zheng
再 zai
夷 yi
夹 jia
死 si
百 bai
两 liang
丽 li
更 geng
来 lai
求 qiu
其 qi
画 hua
柬 jian
哥 ge
囊 nang
囊 nang

丨部
凸 tu
凹 ao
旧 jiu
师 shi
临 lin

丶部
之 zhi
永 yong
州 zhou
良 liang

丿部
乃 nai
九 jiu
久 jiu
乡 xiang
千 qian
丹 dan
升 sheng
午 wu
及 ji
壬 ren
丘 qiu
乐 le, lyo
丢 diu
乒 ping
乔 qiao
向 xiang
年 nian
朱 zhu
系 xi
卑 bei
垂 chui
秉 bing
禹 yü
重 chong, zhong
粤 yüe

乁乙乚部
乳 ru
虱 shi

乛㇆部
了 liao
刁 diao
也 ye
习 xi
卫 wei
丑 chou
书 shu
司 si
买 mai
承 cheng

十部
十 shi
支 zhi
古 gu
华 hua
克 ke
孛 bo
丧 sang
卖 mai
直 zhi
南 nan
真 zhen
索 suo
博 bo

厂⺁部
仄 ze
厄 e
历 li
反 fan
压 ya
后 hou
厘 li
厚 hou
盾 dun
厝 cuo
原 yüan
厦 xia
雁 yan
靥 yan

𠂇部
冇 mao
友 you
尤 you
右 you
左 zuo
布 bu
有 you
灰 hui

匚部
匹 pi
区 qü
匝 za
巨 jü
医 yi
匿 ni
匾 bian
蘧 qü
蘼 ni

冂部
内 nei ,na
冈 gang
册 ce
同 tong
网 wang
肉 rou
周 zhou

凵部
出 chu
击 ji

卜部
卜 bu
上 shang
占 zhan
卡 ka
卢 lu
贞 zhen
卤 lu
卓 zhuo

刂刀⺈部
刀 dao
争 zheng
划 hua
列 lie
刚 gang
创 chuang
色 se
负 fu
免 mian
判 pan
刨 pao
利 li
别 bie
兔 tu
刮 gua
到 dao
刷 shua
刹 sha
刺 ci
刻 ke
剑 jian
急 ji
剥 bo
副 fu
象 xiang
割 ge
鲁 lu
詹 zhan
剼 shan

亠部
六 liu
市 shi
玄 xuan
交 jiao
亥 hai
充 chong
亨 heng
京 jing
兖 yan
夜 ye
亭 ting
亮 liang
哀 ai
帝 di
离 li
衮 gun
衰 shuai
商 shang
毫 hao
禀 bing
豪 hao
襄 xiang

讠言部
训 xun
讷 ne
许 xu
证 zheng
诃 he
诈 zha
诚 cheng
诸 zhu
诺 nuo
调 diao
谊 yi
减 jian
谏 jian
谢 xie
谬 miu
谭 tan

冫部
冯 feng
冰 bing
冲 chong
决 jüe
次 ci
冷 leng
冻 dong
净 jing
准 zhun
凉 liang
凋 diao
凌 ling
凛 lin
凝 ning

人入亻部
人 ren
入 ru
个 ge
什 shi
仁 ren
仆 pu
仇 chou
介 jie
从 cong
仓 cang
化 hua
丛 cong
仔 zi
他 ta
仙 xian
代 dai
以 yi
仪 yi
仰 yang
仲 zhong
任 ren
仿 fang
伊 yi
伍 wu
伏 fu
休 xiu
优 you
伙 huo
会 hui
伞 san
伤 shang
伦 lun
伪 wei
佤 wa
全 qüan
合 he
汆 cuan
伯 bo
伴 ban
伸 shen
似 si
伽 ga, jia
低 di
佐 zuo
何 he
佘 she
余 yü
佛 fo
作 zuo
含 han
佩 pei
佳 jia
使 shi
侄 zhi
侏 zhu
供 gong
依 yi
侧 ce
舍 she
侯 hou
侵 qin
俄 e
俅 qiu
俗 su
保 bao
俞 yü
信 xin
修 xiu
俯 fu
俳 pai
倍 bei
倒 dao
㑩 lo
候 hou
倪 ni
倭 wo
倮 luo
倾 qing
健 jian
偃 yan
假 jia
偏 pian
偶 ou
傅 fu
傜 yao
傣 dai
舒 shu
催 cui
傻 sha
僧 seng
儋 dan
舖 pu
儒 ru
儸 luo
儸 luo
喃 nan

乂部
义 yi
杀 sha
希 xi

𠂉部
乞 qi
复 fu
舞 wu

八丷部
八 ba
丫 ya
公 gong
分 fen
兰 lan
半 ban
关 guan
并 bing
兵 bing
弟 di
谷 gu
具 jü
典 dian
单 dan
兹 zi
前 qian
首 shou
兼 jian
兽 shou
剪 jian
善 shan
尊 zun
普 pu
曾 zeng
冀 ji
夔 kui

儿部
儿 er
先 xian
兜 dou

冖部
农 nong
冠 guan
冤 yüan

几部
几 ji
凡 fan
凫 fu
朵 duo
凯 kai

勹部
勾 gou
勿 wu
包 bao
甸 dian
匍 pu
匐 fu

阝部
邢 xing
那 na
邦 bang
阪 ban
防 fang
阳 yang
阴 yin
邱 qiu
邵 shao
邹 zou
邻 lin
阿 a
陀 tuo
附 fu
陆 lu
陇 long
陈 chen
郁 yü
郊 jiao
郎 lang
郑 zheng
陌 mo
降 jiang
限 xian
陕 shan
郦 li
陡 dou
除 chu
郭 guo
都 dou,du
陵 ling
陶 tao
陷 xian
鄂 e
隆 long
隈 wei
随 sui
隐 yin
隔 ge

力部
力 li
加 jia
动 dong
劫 jie
劲 jin
勃 bo
勐 meng
勁 qing
勤 qin

マ部
豫 yü

卩㔾部
卯 mao
印 yin

厶部
台 tai
牟 mou
参 shen, can
畚 ben
能 neng
异 shi

又部
叉 cha
劝 qüan
双 shuang
邓 deng
发 fa
圣 sheng
对 dui
戏 xi
欢 huan
观 guan
鸡 ji
叔 shu
叙 xu
叟 sou
叠 die

廴部
延 yan
建 jian

干部
干 gan
舌 she

工部
工 gong
功 gong
巧 qiao
巩 gong
至 zhi
巫 wu
项 xiang

土士部
土 tu
士 shi
切 qie
吉 ji
圭 gui
地 di
寺 si
均 jün
坎 kan
坐 zuo
坑 keng
块 kuai
坚 jian
坛 tan
坝 ba
坠 zhui
声 sheng
壳 ke
坡 po
坤 kun
坪 ping
坭 ni
垦 ken
垫 dian
垭 ya
城 cheng
埃 ai
埋 mai
埔 pu
壶 hu
培 pei
基 ji
堆 dui
堕 duo
堵 du
喜 xi
堪 kan
塔 ta
塌 ta
塑 su
塘 tang
嘉 jia
墁 man
墙 qiang
增 zeng
壁 bi
壤 rang
纵 zong
壣 sha

艹艸部
艺 yi
艻 le
艾 ai
节 jie
芄 wan
芋 yü
芍 shao
芎 xiong
芑 qi
芒 mang
芝 zhi
芨 ji
芙 fu
芚 tun
芜 wu
芡 qian
芣 fu
芥 jie
芦 lu
芪 qi
芫 yan
芬 fen
芭 ba
芮 rui
芯 xin
芰 ji
花 hua
芳 fang
芷 zhi
芸 yün
芹 qin
芽 ya
苁 cong
苇 wei
苋 xian
苍 cang
苎 zhu
苏 su
苡 yi
苣 jü
苒 ran
苓 ling
苔 tai
苕 shao
苗 miao
苘 qing
苛 ke
苜 mu
苞 bao
苟 gou
苤 pie
若 ruo
苦 ku
苧 zhu
苨 ni
苫 shan
苯 ben
英 ying
苹 ping
苻 fu
茂 mao
范 fan
茄 qie
茅 mao
茆 mao
茉 mo
茎 jing
茏 long
茑 niao
茢 li
刍 chu
茈 ci
茖 ge
茗 ming
茛 geng
茜 qian
茧 jian
茨 ci
茭 jiao
茯 fu
茱 zhu
茳 jiang
茴 hui
茵 yin
茶 cha
茸 rong
茹 ru
茺 chong
茼 tong
荁 huan
荆 jing
荇 xing
荈 chuan
草 cao
荏 ren
荒 huang
荔 li
荖 lao
荚 jia
荛 rao, yao
荜 bi
荞 qiao
荟 hui
荠 qi
荨 qian, xun
荩 jin
荫 yin
荭 hong
药 yao
莒 jü
莛 ting
荳 dou
荷 he
荸 bi
荻 di
荼 tu
荽 sui
莎 sha
莓 mei
莕 xing
莣 wang
莙 jün
莜 you
莞 wan
莠 you
莨 lang
莪 e
莫 mo
莱 lai
莲 lian
莳 shi
莴 wo
莸 you
莺 ying
莼 chun
莽 mang
菁 jing
菅 jian
菊 jü
菌 jün
菔 fu
菖 chang
菘 song
菜 cai
菝 ba
菟 tu
菠 bo
菡 hang
菥 xi
菩 pu
菰 gu
菱 ling
菲 fei
菹 zu
菽 shu
菾 tian
萄 tao
萆 bi
萌 meng
萍 ping
萎 wei
萘 nai
萝 luo
萢 bao
营 ying
萧 xiao
萨 sa
萸 yü
著 zhu
萱 xuan
萹 bian
萼 e
葜 qia
落 luo
葃 zuo
葆 bao
葍 fu
葎 lü
葛 ge
葝 qing
葡 pu
董 dong
葨 wei
葫 hu
葱 cong
葳 wei
葵 kui
葶 ting
葸 xi
葽 yao
蒂 di
蒉 kui
蒋 jiang
蒌 lou
蒐 sou
墓 mu
蒙 meng
蒚 li
蒜 suan
蒟 jü
蒡 bang
蒤 tu
蒢 chu
蒲 pu
蒴 shuo
蒺 ji
蒻 ruo
蒿 hao
蓉 rong
蓊 weng
蓍 shi
蓐 ru
蓑 suo
蓖 bi
蓝 lan
蓟 ji
蓠 li
蓧 diao,di, tiao
蓪 tong
蓬 peng
慕 mu
蓼 liao
蓿 xu
蔊 han
蔎 she
蔑 mie
蔓 man
蔗 zhe
蔚 wei
蔛 hu
蔠 zhong
蔡 cai
蔨 jüan
蔴 ma
蔷 qiang
蔺 lin
蔽 bi
蔬 shu
蕀 ji
蕃 fan
蕇 dian
蕈 xun, tan
蕉 jiao
蕊 rui
蕌 lei
蕤 rui
蕨 jüe
蕲 qi
蕴 yün
蕵 sun
蕺 ji
蕺 ji
蕗 lu
蕹 weng
蕾 lei
薄 bo
薅 hao
薇 wei
薏 yi
薛 xue
薜 bi
薤 xie
薪 xin
薮 sou, shu
薯 shu
薰 xun
薹 tai
藁 gao
藉 jie
藊 bian
藋 diao
藏 zang,can

g
藐 miao
藓 xian
藜 li
藟 lei
藤 teng
蘑 mo
藨 biao
藩 fan
藻 zao
蘗 bo,nie
蘘 rang
蘡 ying
蘵 zhi
蘹 huai
蘼 mi
虉 yi
蘠 qiang
藒 jie
䓴 ruan
䓘 gao
䕅 sao
蒌 lü
葳 wei
蒵 xie
䓳 hang
莯 mu
蓃 sao
䓞 li
䒊 nong
薅 hao
蘪 mi
莥 niu,rou
蕻 hong
莳 shi
蕳 lü
芴 wu
蕺 ji
蔍 lu
䔷 qin
莄 geng
蔺 lin
蓩 mou
蔷 qiang
䔛 qing
蒤 tu
萃 cui

廾部

弊 bi
彝 yi

大部

大 da
太 tai
犬 qüan
头 tou
夺 duo
奄 yan
奇 qi
奈 nai
奋 fen
奔 ben
奎 kui
契 qi
牵 qian
套 tao
奥 ao

寸部

寸 cun
寿 shou
封 feng
耐 nai

弋部

弋 yi
式 shi
鸢 yüan

扌手龵部

手 shou
扎 zha
扑 pu
扒 ba
打 da
托 tun
扛 kang
扣 kou
扦 qian
扩 kuo
扫 sao
扬 yang
扭 niu
扮 ban
扯 che
拑 qian
扳 ban
扶 fu
找 zhao
把 ba
抓 zhua
抗 kang
折 zhe
抚 fu
抛 pao
抢 qiang
护 hu
报 bao
拟 ni
披 pi
抬 tai
抱 bao
抹 mo
抽 chou
拂 fu
担 dan
拈 nian
拉 la
拍 pai
拎 ling
拐 guai
拖 tuo
拗 ao
拘 jü
招 zhao
拢 long
拦 lan
拧 ning
拨 bo
拜 bai
拪 qian
括 kuo
拱 gong
拾 shi
挂 gua
指 zhi
挖 wa
挞 ta
挟 xie
挠 nao
挡 dang
挤 ji
挪 nuo
挺 ting
看 kan
拿 na
捆 kun
捕 bu
换 huan
捣 dao
捧 peng
捷 jie
捻 nian
掉 diao
掐 qia
排 pai
探 tan
接 jie
掰 bai,ba
提 ti
插 cha
搅 jiao
搜 sou
搭 da
搞 gao
搠 shuo
搬 ban
摆 bai
摇 yao
搿 ge
摘 zhai
撇 pie
撑 cheng
撒 sa
撕 si
撬 qiao
播 bo
擀 gan
擂 lei
擎 qing
擘 bo
攀 pan

口部

口 kou
叨 dao
只 zhi
叫 jiao
叭 ba
可 ke
史 shi
叶 ye
号 hao
吃 chi
吊 diao
名 ming
吐 tu
吕 lü
吗 ma
串 chuan
君 jün
听 ting
吴 wu
吸 xi
吹 chui
吻 wen
吼 hou
吾 wu
呀 ya
呆 dai
味 wei
呼 hu
咀 jü
咄 duo
咎 jiu
咖 ka
咛 ning
咪 mi
咬 yao
咯 lo,ge, ka
咳 ke
咽 yan
品 pin
哇 wa
哈 ha
响 xiang
哨 shao
哮 xiao
哲 zhe
唛 ma
唢 suo
唤 huan
唯 wei
啃 ken
啜 chuai
啤 pi
啧 ze
啮 nie
喀 ka
喃 nan
喇 la
喉 hou
喘 chuan
喙 hui
喳 zha
喷 pen
嗅 xu
嗽 shuo
嘎 ga
嘿 hei
噜 lu
嘴 zui
嚏 ti
嚜 mei, me
囓 nie
嚆 gao
戓 ge

囗部

四 si
回 hui
因 yin
团 tuan
园 yüan
围 wei
固 gu
国 guo
图 tu
圆 yüan
圈 qü

巾部

巾 jie
帅 shuai
帐 zhang
帕 pa
帖 tie
带 dai
帽 mao
幌 huang

山部

山 shan
岐 qi
岑 cen
岔 cha
岗 gang
岛 dao
岩 yan
岭 ling
岳 yüe
岷 min
岸 an
峒 dong
峡 xia
炭 tan
峨 e
峪 yü
峭 qiao
崂 lao
崇 chong
崖 ya
崧 song
崩 beng
崽 zai
嵌 qian
嵩 song
巍 wei

广部

广 guang
庆 qing
庇 bi
序 xu
庐 lu
库 ku
应 ying
底 di
庙 miao
庞 pang
度 du
庭 ting
唐 tang
席 xi
座 zuo
庵 an
康 kang
廊 lang
廋 sou
廉 lian
腐 fu
磨 mo
鹰 ying

亡部

盲 mang

忄心⺗部

心 xin
忍 ren
忘 wang
怀 huai
念 nian
忽 hu
怕 pa
怪 guai
怒 nu
思 si
总 zong
恒 heng
恰 qia
恣 zi
恩 en
悦 yüe
患 huan
悬 xuan
惊 jing
惟 wei
惑 huo
惠 hui
愉 yü
感 gan
慈 ci
慎 shen
憋 bie
憨 han
懒 lan

门門部

门 men
闪 shan
闭 bi
问 wen
间 jian
闷 men
闸 zha
闹 nao
闽 min
闾 lü
阁 ge
阉 yan
阎 yan
阔 kuo
阘 zuan

水氵部

水 shui
汀 ting, ding
汇 hui
汉 han
汕 shan
汗 han
汝 ru
江 jiang
池 chi
污 wu
汤 tang
汪 wang
汶 wen
汾 fen
沁 qin
沄 yün
沅 yüan
沈 shen
沉 chen
沐 mu
沔 mian
沙 sha
沟 gou
没 mei
沥 li
沦 lun
沧 cang
河 he
油 you
治 zhi
沼 zhao
沿 yan
泊 bo
泌 mi
法 fa
泡 pao
波 bo
泥 ni
注 zhu
泪 lei
泫 xuan
泸 lu
泻 xie
泼 po
泽 ze
泾 jing
浅 qian
洁 jie
洋 yang
洒 sa
洗 xi
洛 luo
洞 dong
津 jin
洪 hong
洮 tao
洱 er
活 huo

洼 wa
派 pai
济 ji
浑 hun
浓 nong
涎 xian
流 liu
浆 jiang
浙 zhe
浦 pu
浩 hao
浪 lang
浮 fu
浴 yü
海 hai
浸 jin
涅 nie
消 xiao
涝 lao
涞 lai
润 run
涧 jian
涩 se
酒 jiu
涪 fu
淀 dian
淋 lin
淑 shu
淡 dan
淦 gan
淫 yin
淮 huai
深 shen
淳 chun
混 hun
添 tian
清 qing
渍 zi
渐 jian
鸿 hong
渣 zha
渤 bo
渥 wo
温 wen
港 gang
渴 ke
游 you
湄 mei
湖 hu
湘 xiang
湿 shi
溲 sou
滁 chu
滋 zi
滑 hua
滞 zhi
溒 yüan
溜 liu
溥 pu
溧 li
溪 xi
滂 pang
滇 dian
满 man
滨 bin
滩 tan
漠 mo
滴 di
漂 piao
漆 qi
漏 lou
漫 man
漾 yang
潘 pan
潮 chao
潺 chan
澄 cheng
澎 peng
澜 lan
澳 ao
熟 shu
潞 lu
濑 lai
濮 pu
瀓 cheng
灌 guan
灏 hao

丬爿部

北 bei
壮 zhuang
戕 qiang
戕 qiang
将 jiang

宀部

宁 ning
守 shou
安 an
宋 song
完 wan
宏 hong
牢 lao
宗 zong
官 guan
定 ding
宛 wan
宜 yi
宝 bao
实 shi
客 ke
宣 xuan
宫 gong
家 jia
容 rong
宽 kuan
案 an
宿 su
寄 ji
密 mi
寇 kou
富 fu
寒 han
寓 yü
塞 sai
察 cha
寡 gua
蜜 mi
赛 sai
寮 liao

辶辵部

边 bian
辽 liao
巡 xun
达 da
迂 yü
过 guo
迈 mai
迎 ying
运 yün
近 jin
返 fan
还 huan
进 jin
远 yüan
连 lian
迟 chi
迭 die
迴 hui
迷 mi
迸 beng
追 zhui
退 tui
送 song
逆 ni
选 xuan
逍 xiao
透 tou
逐 zhu
逗 dou
通 tong
速 su
逢 feng
逼 bi
遂 sui
遍 bian
遏 e
道 dao
遮 zhe
暹 xian
遵 zun
避 bi

彳部

行 xing
彼 bi
征 zheng
待 dai
徐 xu
徒 tu
得 de
御 yü
微 wei
德 de
衡 heng
衢 qü

彡部

须 xu
彭 peng
彰 zhang

犭犬部

犭执 ji
狂 kuang
狄 di
狐 hu
狗 gou
狛 bo
独 du
狭 xia
狮 shi
狸 li
狼 lang
猎 lie
猕 mi
猛 meng
猪 zhu
猫 mao
猢 hu
猩 xing
猬 wei
猴 hou
献 xian
獐 zhang
獭 ta
犭凡 xin
獆 hao
犭留 liu

夕部

夕 xi
外 wai
多 duo
够 gou

饣食部

饥 ji
饭 fan
饰 shi
饱 bao
饲 si
饴 yi
蚀 shi
食 shi
饶 rao
饼 bing
饿 e
馒 man
餙 xi

彐彑部

归 gui
寻 xun
灵 ling
帚 zhou
蠡 li

尸部

尸 shi
尼 ni
尾 wei
尿 niao
居 jü
屈 qü
屈 qü
屋 wu
屎 shi
屏 ping
屐 ji
展 zhan
屙 e
孱 chan
属 zhu
犀 xi

己已巳部

巴 ba
异 yi

弓部

弓 gong
引 yin
弗 fu
张 zhang
弥 mi
弧 hu
弩 nu
弱 ruo
弹 dan
强 qiang
弼 bi
疆 jiang

女部

姊 zi
女 nü
奴 nu
奶 nai
好 hao
如 ru
妇 fu
妈 ma
妖 yao
妙 miao
姒 si
妹 mei
始 shi
姐 jie
姑 gu
娃 wa
娇 jiao
娜 na
姬 ji
娑 suo
娘 niang
婆 po
婢 bi
婺 wu
媳 xi
嫦 chang
嫩 neng
女甫 pu

小⺌部

小 xiao
少 shao
尕 ga
光 guang
兴 xing
尖 jian
当 dang
肖 xiao
雀 qüe

子孑部

子 zi
孔 kong
孖 zi
孙 sun
孜 zi
孟 meng
孤 gu
孩 hai

马馬部

马 ma
驱 qü
驳 bo
驴 lü
驼 tuo
骂 ma
骆 luo
骑 qi
骚 sao
骝 liu
骤 zhou
<u>马九 chou</u>

幺部

幼 you

纟糸部

丝 si
红 hong
纤 xian
约 yüe
级 ji
纪 ji
纯 chun
纳 na
纵 zong
纸 zhi
纹 wen
纺 fang
纽 niu
纟斗 rou
线 xian
练 lian
细 xi
织 zhi
绉 zhou
绊 ban
绍 shao
经 jing
绑 bang
绒 rong
结 jie
绕 rao
给 gei,jie
络 luo
绝 jüe
绞 jiao
统 tong
紏 tou
紧 jin
绢 jüan
绣 xiu
绥 sui
绦 tao
绩 ji
续 xu
绯 fei
绰 chuo
绳 sheng
维 wei
绵 mian
绶 shou
绸 chou
绿 lü
紫 zi
絮 xu
缅 mian
缎 duan
缕 lü
编 bian
缘 yüan
缙 jin
粱 liang
缝 feng
缠 chan
缢 yi
綟 lie
綦 qi
缩 suo
缪 miu
缫 sao
缬 xie
繁 fan
繐 sui
繖 san
繸 sui

巛川部

川 chuan
顺 shun
邕 yong
巢 chao

飞飛部

飞 fei

王部

王 wang
主 zhu
弄 nong
玖 jiu
玛 ma
玟 min
玫 mei
环 huan
玲 ling
玳 dai
玻 bo
珀 po
珂 ke
珊 shan
珍 zhen
珙 gong
珠 zhu
班 ban
望 wang

球 qiu
琅 lang
理 li
琉 liu
琐 suo
琥 hu
琦 qi
琴 qin
琼 qiong
瑒 chang
瑞 rui
瑶 yao
璎 ying

龶部

表 biao
青 qing
毒 du
素 su

天夭部

天 tian

韦韋部

韦 wei
韧 ren
韫 yün

耂老部

老 lao
孝 xiao
者 zhe

廿卄部

甘 gan
堇 jin

木部

木 mu
本 ben
札 zha
术 shu
朴 pu
杂 za
杆 gan
杈 cha
杉 shan
李 li
杏 xing
杓 biao
杖 zhang
杚 gai
杜 du
杞 qi
杠 gang
杧 mang
杨 yang
极 ji
杭 hang
杯 bei
杰 jie
杵 chu
松 song
板 ban
枇 pi
枎 fu
枕 zhen
林 lin
枚 mei
果 guo
枝 zhi
枞 cong
枢 shu
枪 qiang
枫 feng
枭 xiao
枯 ku
枲 xi
枳 zhi
枵 xiao
枷 jia
枸 gou
枹 fu
柃 ling
柄 bing
柅 ni
柊 zhong
柏 bai
柑 gan
染 ran
柘 zhe
柚 you
柞 zuo
查 cha
柯 ke
柱 zhu
柳 liu
柽 cheng
柿 shi
栀 zhi
栂 mei
栅 zha,sha
标 biao
栈 zhan
栉 zhi
栌 lu
栎 li
树 shu
相 xiang
柴 chai
栒 xun
栓 shuan
栖 qi
栘 yi
栝 kuo
栟 bing
栩 xu
株 zhu
栲 kao
栳 lao
栵 li
核 he
根 geng
格 ge
桂 gui
桃 tao
桄 guang
桉 an
桌 zhuo
桎 zhi
桐 tong
桑 sang
桓 huan
桔 jü
桠 ya
桢 zhen
档 dang
桤 qi
桥 qiao
桦 hua
桧 hui
梢 shao
梣 cen
梧 wu
梨 li
桫 suo
桶 tong
梁 liang
梅 mei
梓 zi
梗 geng
梦 meng
梫 qin
梬 ying
梭 suo
梯 ti
棁 zhuo
梳 shu
梵 fan
梾 lai
棉 mian
棋 qi
棍 gun
棒 bang
棕 zong
棚 peng
棣 di
棫 yü
森 sen
棱 leng
棵 ke
椂 lu
椅 yi
椆 chou
椋 liang
植 zhi
椎 zhui
椑 pi
椒 jiao
椤 luo
椪 peng
椬 yi
椭 tuo
椰 ye
楉 ruo
楮 chu
榔 lang
椴 duan
椶 zong
椿 chun
楂 zha
楒 si
楔 xie
楙 mao
楚 chu
楝 lian
楠 nan
楤 cong
楷 kai
楸 qiu
楹 ying
楼 lou
榄 lan
榅 wen
榆 yü
榇 chen
榈 lü
榉 jü
榊 shen
槌 chui
槎 cha
槐 huai
榕 rong
榛 zhen
榜 bang
榠 ming
榧 fei
榴 liu
榹 si
榼 ke
槁 gao
槟 bin
槠 zhu
槭 qi
槲 hu
槽 cao
槾 man
槿 jin
樗 chu
樚 lu
樝 zha
樟 zhang
樠 man
横 heng
樫 jian
樱 ying
橄 gan
橡 xiang
橉 lin
橐 tuo
橘 jü
橙 cheng
橿 jiang
檀 tan
檄 xi
檐 yan
檓 hui
檕 ji
檬 meng
檫 cha
檰 mian
檵 ji
櫏 qian
櫠 fei
櫶 xian
櫾 you
欓 dang
欜 nang
[illegible] yi
[illegible] li
[illegible] cher
[illegible] mang
[illegible] zhen
檽 er
[illegible] er
[illegible] yan
[illegible] jü
[illegible] jie

支攴部

翅 chi
鼓 gu

不部

不 bu
歪 wai

歹歺部

歼 jian
残 can

车車部

车 che
斩 zhan
转 zhuan
轮 lun
软 ruan
轴 zhou
轻 qing
轿 jiao
较 jiao
辐 fu
辗 zhan
辘 lu

戈部

戈 ge
尧 yao
戎 rong
成 cheng
我 wo
武 wu
咸 xian
威 wei
戚 qi
戛 jia
畿 ji
戳 chuo

比部

比 bi
毕 bi
皆 jie

牙部

牙 ya
邪 xie
鸦 ya
雅 ya

瓦部

瓦 wa
瓮 weng
瓶 ping

止部

止 zhi
步 bu
歧 qi
肯 ken

日曰部

日 ri
旦 dan
电 dian
早 zao
曲 qü
旱 han
时 shi
旺 wang
昂 ang
昆 kun
昌 chang
明 ming
昏 hun
易 yi
昙 tan
星 xing
映 ying
昭 zhao
昴 mao
显 xian
晒 shai
晕 yün
晚 wan
冕 mian
匙 chi
曹 cao
曼 man
景 jing
晴 qing
晶 jing
智 zhi
晾 liang
暑 shu
量 liang
暖 nuan
暗 an
暴 bao
曩 nang

见見部

见 jian

中部

中 zhong
忠 zhong
盅 zhong

贝貝部

贝 bei
贝 bei
则 ze
贡 gong
财 cai
贤 xian
败 bai
贫 pin
购 gou
贯 guan
贴 tie
贵 gui
费 fei
贺 he
贼 ze
资 zi
赌 du
赐 ci
赞 zan

文攵夂部

文 wen
冬 dong
处 chu
刘 liu
各 ge
收 shou
齐 qi
改 gai
条 tiao
故 gu
夏 xia
效 xiao
敖 ao
斋 zhai
紊 wen
敏 min
救 jiu
敝 bi
散 san
敦 dun
数 shu
敷 fu
敄 mu

方部

方 fang
放 fang
施 shi
旁 pang
旅 lü
旋 xuan
旌 jing
旗 qi
旃 jan

火灬部

火 huo
灭 mie
灯 deng
灸 jiu
炉 lu
炎 yan
炒 chao
炮 pao
炳 bing
炸 zha
点 dian
烂 lan
烈 lie
烘 hong
烙 lao
烛 zhu
烦 fan

烧 shao
烫 tang
热 re
焊 han
焕 huan
焮 xin
焰 yan
煮 zhu
煲 bao
熊 xiong
熏 xun
燃 ran
燎 liao
燕 yan
燥 zao
爆 bao

斗部

斗 dou
斜 xie

户戶部

户 hu
启 qi
房 fang
扁 bian
扇 shan

礻示部

祁 qi
祖 zu
祛 qü
神 shen
祼 guan
禅 chan
禁 jing
福 fu

月部

月 yüe
肋 lei
肚 du
肝 gan
肠 chang
朋 peng
肤 fu
肥 fei
肺 fei
肾 shen
肿 zhong
胀 zhang
胆 dan
胎 tai
胖 pang
胜 sheng
胡 hu
脉 mai
朔 shuo
朗 lang
胭 yan
胯 kua
胶 jiao
脂 zhi
脆 cui
脊 ji
脐 qi
脑 nao
脓 nong
脚 jiao
脱 tuo
豚 tun
期 qi
脾 pi
腊 la
腋 ye
腰 yao
腹 fu
腺 xian
腻 ni
腾 teng
膀 bang
膜 mo
膝 xi
膨 peng
朦 meng
臀 tun
臂 bi
臌 gu
臙 yan
腒 jun

牜牛部

牛 niu
牡 mu
牤 mang
牧 mu
物 wu
牯 gu
特 te
牻 mang
犁 li

毛部

毛 mao
毡 zhan
毬 qiu
毽 jian

气氣部

气 qi

片部

片 pian
版 ban
牌 pai

斤部

断 duan
斯 si
新 xin

爪爫部

爪 zhua
爬 pa
爱 ai
舀 yao
舜 shun
爵 jüe

父部

父 fu
斧 fu

欠部

欠 qian
欧 ou
款 kuan
歇 xie
歌 ge

风風部

风 feng
风 feng
飘 piao

殳部

殿 dian
毂 gu

乌烏部

乌 wu

肀聿部

肃 su
肇 zhao

尺部

尺 chi

毋母部

母 mu

𡗗部

奉 feng
春 chun
泰 tai
秦 qin

玉部

玉 yü

去部

去 qü

𫇦部

劳 lao
萤 ying
萱 hu

石部

石 shi
矶 ji
矽 xi
斫 zhuo
砂 sha
砍 kan
砒 pi
研 yan
砖 zhua
砚 yan
砧 zhen
破 po
砾 li
硃 zhu
硐 dong
硕 shuo
硫 liu
硬 ying
确 qüe
硷 jian
硼 peng
碉 diao
碌 lu
碎 sui
碗 wan
碟 die
碧 bi
碱 jian
磬 qing

龙龍部

龙 long
聋 long
龚 gong

业部

业 ye
凿 zao

⺍部

学 xue
党 dang
常 chang
掌 zhang
棠 tang
鲎 hou

目部

目 mu
省 sheng
眉 mei
眼 yan
鼎 ding
睡 shui
睦 mu
睫 jie
睬 cai
瞎 xia

申部

申 shen

田部

田 tian
甲 jia
男 nan
毗 pi
界 jie
畎 qüan
禺 yü
胃 wei
留 liu
略 lüe
畦 qi
畴 chou
畸 ji
畹 wan
畂 ji

由部

由 you
胄 zhou

罒罓部

罗 luo
罩 zhao
置 zhi
署 shu
罴 pi
蜀 shu

皿部

皿 min
盂 yü
盆 pen
盈 ying
益 yi
盐 yan
盒 he
盔 kui
盖 gai
盘 pan

疒部

疔 ding
疗 liao
疙 ge
疟 nüe
疣 you
疬 li
疮 chuang
疯 feng
疳 gan
疼 teng
疽 jü
疾 ji
痂 jia
痄 zha
病 bing
痈 yong
痒 yang
痔 zhi
痕 hen
痞 pi
痢 li
痣 zhi
痤 cuo
痧 sha
痨 lao
痰 tan
痱 fei
痴 chi
瘀 yü
瘌 la
瘙 sao
瘦 shou
瘠 ji
瘤 liu
瘪 bie
瘳 chou
瘴 zhang
瘿 ying
瘢 ban
瘭 lin
癞 lai
癣 xuan
癫 dian

立部

立 li
产 chan
亲 qin
竖 shu
章 zhang
童 tong
意 yi
靖 jing
端 duan
赣 gan

玄部

畜 xu

穴部

穴 xue
穷 qiong
帘 lian
穹 qiong
空 kong
穿 chuan
突 tu
窃 qie
窄 zhai
窑 yao
窜 cuan
窝 wo
窟 ku

衤衣部

衣 yi
初 chu
补 bu
衫 shan
袖 xiu
被 bei
袋 dai
裂 lie
装 zhuang
裕 yü
裤 ku
裸 luo
裴 pei
褐 he
褪 tui
褶 zhe

钅金部

针 zhen
钉 ding
金 jin
钓 diao
钗 cha
钙 gai
钝 dun
钟 zhong
钠 na
钢 gang
钦 qin
钩 gou
铃 qiang
钮 niu
钱 qian
钳 qian
钹 bo
钻 zuan
铁 tie
铃 ling
铅 qian
铍 pi
铜 tong
铠 kai
铧 hua
铰 jiao
铲 chan
铳 chong
银 yin
铺 pu
链 lian
锁 suo
锅 guo
锈 xiu
锋 feng
锐 rui
错 cuo
锚 mao
锡 xi
锣 luo
锤 chui
锥 zhui
锦 jin
锯 jü
镇 zhen
镊 nie
錾 zan
镘 man
镜 jing
鎗 qiang
镰 lian
镲 cha
镶 xiang

生部

生 sheng

矢部

矢 shi
知 zhi
矩 jü
短 duan
矮 ai
雉 zhi

禾部

禾 he
秀 xiu
秃 tu
和 he
委 wei
季 ji
秆 gan
秈 xian
秋 qiu
种 zhong
科 ke
秬 jü
秭 zi
秘 mi
秤 cheng
秧 yang
积 ji
称 chen
移 yi
秽 hui
秾 nong
稀 xi
稃 fu
程 cheng
稍 shao
税 shui
稔 ren
稗 bai
稜 leng
稞 ke

稠 chou
稳 wen
稷 ji
稻 dao
黎 li
穄 ji
穆 mu
穇 can
穗 sui
穬 kuang
穞 lü
梂 qiu
積 ji

白部
白 bai
皂 zao
的 de,di
泉 qüan
皋 gao
皖 wan

瓜部
瓜 gua
瓠 hu
瓢 piao
𤬏 jiao
瓡 lou

鸟鳥部
鸟 niao
鸠 jiu, qiu
鸭 ya
鸱 chi
鸳 yüan
鸽 ge
鹁 bo
鹃 jüan
鹄 gu
鹅 e
鹊 qüe
鹞 yao
鹤 he
鹦 ying
鹧 zhe
鹭 lu
鹳 guan

民部
民 min

疋⻊部
胥 xu
疏 shu

皮部
皮 pi
皱 zhou

癶部
登 deng

矛部
矛 mao
柔 rou

耒部
耕 geng
耗 hao
耙 pa
耧 lou

戈部
栽 zai
截 jie
戴 dai

耳部
耳 er
取 qü
耶 ye
耿 geng
聂 nie
聚 jü

亚亞部
亚 ya
严 yan
垩 e
恶 e

覀部
西 xi
栗 li
贾 jia
粟 su
覆 fu

朿部
枣 zao
棘 ji

页部
顶 ding
顿 dun
预 yü
颅 lu
领 ling
颈 jing
颏 ke
频 pin
额 e
颠 dian
颤 chan

臣部
卧 wo

虍虎部
虎 hu
彪 biao
虐 nüe
虞 yü

光部
辉 hui
耀 yao

虫部
虫 chong
虮 ji
虹 hong
虻 meng
虾 xia
蚁 yi
蚂 ma
蚤 zao
蚊 wen
蚌 bang
蚓 yin
蚕 can
蚧 jie
蚬 xian
蚰 you
蚱 zha
蚺 ran
蛆 qü
蛇 she
蛋 dan
蛔 hui
蛙 wa
蛛 zhu
蛟 jiao
蛤 ha,ge
蛱 jia
蛾 e
蜂 feng
蜈 wu
蜗 wo
蜘 zhi
蜡 la
蜻 qing
蜿 wan
蝇 ying
蝉 chan
蝎 xie
蝙 bian
蝟 wei
蝦 xia
蝴 hu
蝶 die
螃 pang
螅 xi
螭 chi
螫 shi
螳 tang
螺 luo
蟑 zhang
蟛 peng
蟠 pan
蟢 xi
螓 qin
蟹 xie
蟾 chan
蠔 hao
蠹 du
蛶 guai

亦䜌部
亦 yi
变 bian
奕 yi
孪 luan
峦 luan
弯 wan
恋 lian
栾 luan
蛮 mai

羊⺶⺷部
羊 yang
羌 qiang
养 yang
姜 jiang
差 cha
美 mei
羞 xiu
着 zhuo
群 qün
羯 jie

龹部
卷 jüan
拳 qüan

米部
米 mi
娄 lou
类 lei
籽 zi
料 liao
粉 fen
粒 li
粕 po
粗 cu
粘 zhan
粢 zi
粪 fen
粽 zong
精 jing
糊 hu
糌 zan
糖 tang
糙 cao
糟 zao
糠 kang
糯 nuo
粭 yi
籺 zha
秐 yün
栝 gua,kuo

缶部
缸 gang
缺 qüe
罂 ying
罐 guan

舌部
乱 luan
甜 tian

竹⺮部
竹 zhu
竺 zhu
竿 gan
笃 du
笄 ji
笋 sun
笑 xiao
笔 bi
笛 di
笠 li
第 di
笼 long
筇 qiong
筀 gui
筅 xian
等 deng
筋 jin
筐 kuang
筒 tong
答 da
策 ce
筛 shai
筥 jü
筠 jün
筱 xiao
筲 shao
筷 kuai
签 qian
简 jian
箐 qing
算 suan
管 guan
箩 luo
箬 ruo
箭 jian
箱 xiang
篃 mei
篌 hou
篓 lou
篠 xiao
篦 bi
篱 li
簑 suo
篲 hui
簇 cu
簕 le
簝 liao
簩 lao
簸 bo
籁 lai
纂 zuan
箽 jin
簟 tan
莎 sha
葸 shi
竻 le

自部
自 zi
息 xi
臭 chou

血部
血 xue

舟部
舟 zhou
舶 bo
舷 xian
船 chuan

部
阜 fu

舛部
舜 shun

色部
艳 yan

羽部
羽 yü
羿 yi
翁 weng
翘 qiao
翠 cui
翳 yi
翼 yi
翻 fan

麦麥部
麦 mai
麸 fu
麴 qü
麰 mou
麷 feng
麨 chao

走辶部
走 zou
赴 fu
赶 gan
起 qi
超 chao
越 yüe

赤部
赤 chi
赪 cheng
赫 he
赭 zhe

束部
束 shu
赖 lai

豆部
豆 dou
豇 jiang
豌 wan
豎 shu
萆 bi
𧯛 lao
竖 shu

酉部
酉 you
酢 cu
酥 su
酪 lao
酯 zhi
酱 jiang
酸 suan
醉 zui
醋 cu
醒 xing

辰部
辰 chen
唇 chun

豕部
豕 shi
豨 xi

镸長长部
长 chang

足⻊部
足 zu
趴 pa
趾 zhi
距 jü
跌 die
跑 pao
跟 geng
路 lu
跳 tiao
踏 ta
蹄 ti
蹋 ta
蹭 ceng
蹲 dun

里部
里 li
野 ye

辛部
辛 xin
辟 bi
辣 la
辫 bian
瓣 ban

身部
射 she
躲 duo

采部
采 cai
彩 cai
番 fa

豸部
豹 bao
豺 chai
貉 he

角部
角 jiao
解 jie
触 chu
觿 xi

龟龜部
龟 gui

卵部
卵 luan

青部
静 jing
靛 dian

龺 部
乾 qian
戟 ji
朝 chao
韩 han
斡 wo

雨部
雨 yü
雪 xue
零 ling
雷 lei
雾 wu
震 zhen
霉 mei
霍 huo
霜 shuang
霞 xia
露 lu
霸 ba
霹 pi

齿齒部
齿 chi

非部
非 fei
翡 fei
靠 kao

隹部

雄 xiong
集 ji
雏 chu
雌 ci
雕 diao
瞿 jü

鱼魚部

鱼 yü
鱿 you
鲂 fang
鲇 nian
鲜 xian
鲢 lian
鲤 li
鲫 ji
鲷 diao
鳃 sai
鳄 e
鳍 qi
鳑 pang
鳔 biao
鹕 hu
鳝 shan
鳞 lin

革部

革 ge
勒 le
鞋 xie
鞍 an
靼 da
鞘 qiao
鞠 jü
鞭 bian

面部

面 mian

韭部

韭 jiu

骨冎咼部

骨 gu

音部

韶 shao

香部

香 xiang
馥 fu
馨 xin

鬼部

鬼 gui
魁 kui

魏 wei

鬲部

鹝 yi
融 rong

髟部

髯 ran
髭 zi
鬃 zong
鬐 qi
鬣 lie

高部

高 gao
膏 gao

黄部

黄 huang

鹿部

鹿 lu
麂 ji
麋 mi
麒 qi
麝 she
麻 ma
摩 mo
糜 mi

黑部

黑 hei
墨 mo
黔 qian
默 mo
黛 dai
黧 li

黍部

黍 shu
黏 nian
黐 chi

鼠部

鼠 shu
鼬 you

鼻部

鼻 bi

笔划查找植物名称首字及生别字读音

一，二划
一 yi
丁 ding
七 qi
乃 nai
九 jiu
了 liao
二 er
人 ren
儿 er
入 ru
八 ba
几 ji
刀 dao
刁 diao
力 li
十 shi
卜 bu
三划
万 wan
丈 zhang
三 san
上 shang
下 xia
个 ge
丫 ya
久 jiu
义 yi
乞 qi
也 ye
习 xi
乡 xiang
于 yü
凡 fan
千 qian
卫 wei
叉 cha
口 kou
土 tu
士 shi
夕 xi
大 da
女 nü
子 zi
寸 cun
小 xiao
尸 shi
山 shan
川 chuan
工 gong
巾 jie
干 gan
广 guang
弋 yi
弓 gong
才 cai
门 men
飞 fei
马 ma
四划
不 bu
丐 gai
丑 chou
中 zhong
丰 feng
丹 dan
之 zhi
乌 wu
书 shu
云 yün
互 hu
五 wu
井 jing
什 shi
仁 ren
仄 ze
仆 pu
仇 chou
介 jie
从 cong
仓 cang
元 yüan
公 gong
六 liu
内 nei ,na
冇 mao
冈 gang
凤 feng
分 fen
切 qie
劝 qüan
勾 gou
勿 wu
化 hua
匹 pi
区 qü
升 sheng
午 wu
厄 e
历 li
及 ji
友 you
双 shuang
反 fan
壬 ren
天 tian
太 tai
夫 fu
孔 kong
少 shao
尤 you
尺 chi
巴 ba
开 kai
引 yin
心 xin
戈 ge
户 hu
手 shou
扎 zha
支 zhi
文 wen
斗 dou
方 fang
无 wu
日 ri
月 yüe
木 mu
欠 qian
止 zhi
比 bi
毛 mao
气 qi
水 shui
火 huo
爪 zhua
父 fu
片 pian
牙 ya
牛 niu
犬 qüan
王 wang
瓦 wa
艺 yi
见 jian
贝 bei
贝 bei
车 che
邓 deng
长 chang
韦 wei
风 feng
五划
世 shi
丘 qiu
业 ye
丛 cong
东 dong
丝 si
主 zhu
乐 le, lyo
仔 zi
他 ta
仙 xian
代 dai
以 yi
仪 yi
兰 lan
册 ce
冬 dong
冯 feng
凸 tu
凹 ao
出 chu
击 ji
功 gong
加 jia
包 bao
北 bei
匝 za
半 ban
占 zhan
卡 ka
卢 lu
卯 mao
去 qü
发 fa
古 gu
叨 dao
只 zhi
叫 jiao
叭 ba
可 ke
台 tai
史 shi
右 you
叶 ye
号 hao
司 si
四 si
圣 sheng
处 chu
外 wai
头 tou
奴 nu
奶 nai
宁 ning
对 dui
尕 ga
尼 ni
左 zuo
巧 qiao
巨 jü
市 shi
布 bu
帅 shuai
平 ping
幼 you
弗 fu
归 gui
扑 pu
扒 ba
打 da
旦 dan
旧 jiu
末 mo
本 ben
札 zha
术 shu
正 zheng
母 mu
民 min
永 yong
汀 ting,ding
汇 hui
汉 han
灭 mie
玄 xuan
玉 yü
瓜 gua
甘 gan
生 sheng
田 tian
由 you
甲 jia
申 shen
电 dian
白 bai
皮 pi
皿 min
目 mu
矛 mao
矢 shi
石 shi
禾 he
穴 xue
立 li
艻 le
艾 ai
节 jie
训 xun
边 bian
辽 liao
闪 shan
饥 ji
鸟 niao
龙 long
虬 chou
六划
丢 diu
乒 ping
乔 qiao
买 mai
争 zheng
亚 ya
交 jiao
亥 hai
亦 yi
产 chan
仰 yang
仲 zhong
任 ren
仿 fang
伊 yi
伍 wu
伏 fu
休 xiu
优 you
伙 huo
会 hui
伞 san
伤 shang
伦 lun
伪 wei
佤 wa
充 chong
先 xian
光 guang
全 qüan
关 guan
兴 xing
再 zai
农 nong
冰 bing
冲 chong
决 jüe
凫 fu
划 hua
列 lie
刘 liu
则 ze
刚 gang
创 chuang
动 dong
华 hua
印 yin
压 ya
吃 chi
各 ge
合 he
吉 ji
吊 diao
同 tong
名 ming
后 hou
吐 tu
向 xiang
吕 lü
吗 ma
回 hui
因 yin
团 tuan
圭 gui
地 di
壮 zhuang
多 duo
夷 yi
夹 jia
夺 duo
好 hao
如 ru
妇 fu
妈 ma
孖 zi
孙 sun
守 shou
安 an
寺 si
寻 xun
尖 jian
尧 yao
州 zhou
巡 xun
巩 gong
师 shi
年 nian
并 bing
庆 qing
延 yan
异 yi
式 shi
当 dang
戎 rong
戏 xi
成 cheng
托 tun
扛 kang
扣 kou
扦 qian
扩 kuo
扫 sao
扬 yang
收 shou
早 zao
曲 qü
有 you
朱 zhu
朴 pu
朵 duo
杀 sha
杂 za
次 ci
欢 huan
死 si
毕 bi
氽 cuan
汕 shan
汗 han
汝 ru
江 jiang
池 chi
污 wu
汤 tang
灯 deng
灰 hui
牟 mou
犱 ji
百 bai
祁 qi
竹 zhu
米 mi
红 hong
纤 xian
约 yüe
级 ji
纪 ji
网 wang
羊 yang
羽 yü
老 lao
耳 er
肉 rou
肋 lei
自 zi
至 zhi
舌 she
舟 zhou
色 se
芄 wan
芋 yü
芍 shao
芎 xiong
芑 qi
芒 mang
芝 zhi
芨 ji
虫 chong
血 xue
行 xing
衣 yi
西 xi
观 guan
讷 ne
许 xu
贞 zhen
负 fu
达 da
迂 yü
过 guo
迈 mai
邢 xing
那 na
邦 bang
邪 xie
闭 bi
问 wen
阪 ban
防 fang
阳 yang
阴 yin
齐 qi
犭凡 xin
芴 wu
七划
两 liang
严 yan
串 chuan
丽 li
乱 luan

亨 heng
伯 bo
伴 ban
伸 shen
似 si
伽 ga, jia
低 di
佐 zuo
何 he
佘 she
余 yü
佛 fo
作 zuo
克 ke
免 mian
兵 bing
冷 leng
冻 dong
初 chu
判 pan
刨 pao
利 li
别 bie
劫 jie
劲 jin
劳 lao
医 yi
卤 lu
卵 luan
君 jün
含 han
听 ting
启 qi
吴 wu
吸 xi
吹 chui
吻 wen
吼 hou
吾 wu
呀 ya
呆 dai
园 yüan
围 wei
均 jün
坎 kan
坐 zuo
坑 keng
块 kuai
坚 jian
坛 tan
坝 ba
坠 zhui
声 sheng
壳 ke
妖 yao
妙 miao
姊 zi
姒 si
孛 bo
孜 zi
孝 xiao
宋 song
完 wan
宏 hong
寿 shou
尾 wei
尿 niao
岐 qi
岑 cen
岔 cha
岗 gang
岛 dao
希 xi
帐 zhang
庇 bi
序 xu
庐 lu
库 ku
应 ying
弄 nong
弟 di
张 zhang
忍 ren
忘 wang
怀 huai
我 wo
扭 niu
扮 ban
扯 che
扳 ban
扶 fu
找 zhao
把 ba
抓 zhua
抗 kang
折 zhe
抚 fu
抛 pao
抢 qiang
护 hu
报 bao
拟 ni
改 gai
旱 han
时 shi
更 geng
杆 gan
杈 cha
杉 shan
李 li
杏 xing
杓 biao
杖 zhang
杚 gai
杜 du
杞 qi
束 shu
杠 gang
条 tiao
来 lai
杧 mang
杨 yang
极 ji
步 bu
歼 jian
求 qiu
汪 wang
汶 wen
汾 fen
沁 qin
沄 yün
沅 yüan
沈 shen
沉 chen
沐 mu
沔 mian
沙 sha
沟 gou
没 mei
沥 li
沦 lun
沧 cang
灵 ling
灸 jiu
牡 mu
牢 lao
牤 mang
狂 kuang
狄 di
玖 jiu
玛 ma
男 nan
甸 dian
疔 ding
疗 liao
皂 zao
矶 ji
秀 xiu
秃 tu
穷 qiong
系 xi
纯 chun
纳 na
纵 zong
纸 zhi
纹 wen
纺 fang
纽 niu
纠 rou
羌 qiang
肖 xiao
肚 du
肝 gan
肠 chang
良 liang
芙 fu
芚 tun
芜 wu
芡 qian
芣 fu
芥 jie
芦 lu
芪 qi
芫 yan
芬 fen
芭 ba
芮 rui
芯 xin
芰 ji
花 hua
芳 fang
芷 zhi
芸 yün
芹 qin
芽 ya
苁 cong
苇 wei
苋 xian
苍 cang
苎 zhu
苏 su
苡 yi
苣 jü
补 bu
角 jiao
证 zheng
诃 he
诈 zha
谷 gu
豆 dou
豕 shi
贡 gong
财 cai
赤 chi
走 zou
足 zu
辛 xin
辰 chen
迎 ying
运 yün
近 jin
返 fan
还 huan
进 jin
远 yüan
连 lian
迟 chi
邱 qiu
邵 shao
邹 zou
邻 lin
酉 you
里 li
针 zhen
钉 ding
间 jian
闷 men
阿 a
陀 tuo
附 fu
陆 lu
陇 long
陈 chen
韧 ren
饭 fan
驱 qü
驳 bo
驴 lü
鸠 jiu, qiu
鸡 ji
麦 mai
龟 gui
罔 wang
莥 niu,rou
肌 ji
坳 zong
戓 ge

八划

丧 sang
乳 ru
京 jing
佩 pei
佳 jia
使 shi
侄 zhi
侏 zhu
供 gong
依 yi
侧 ce
兔 tu
兖 yan
其 qi
具 jü
典 dian
净 jing
凯 kai
刮 gua
到 dao
刷 shua
刹 sha
刺 ci
刻 ke
卑 bei
卓 zhuo
单 dan
卖 mai
卧 wo
卷 jüan
参 shen, can
叔 shu
取 qü
周 zhou
味 wei
呼 hu
咀 jü
咄 duo
和 he
咎 jiu
咖 ka
咛 ning
固 gu
国 guo
图 tu
坡 po
坤 kun
坪 ping
坭 ni
垂 chui
夜 ye
奄 yan
奇 qi
奈 nai
奉 feng
奋 fen
奔 ben
妹 mei
始 shi
姐 jie
姑 gu
委 wei
孟 meng
季 ji
孤 gu
学 xue
宗 zong
官 guan
定 ding
宛 wan
宜 yi
宝 bao
实 shi
居 jü
屈 qü
屈 qü
岩 yan
岭 ling
岳 yüe
岷 min
岸 an
巫 wu
帕 pa
帖 tie
帘 lian
帚 zhou
底 di
庙 miao
庞 pang
建 jian
弥 mi
弧 hu
弩 nu
彼 bi
征 zheng
忠 zhong
念 nian
忽 hu
怕 pa
怪 guai
戕 qiang
戕 qiang
房 fang
承 cheng
披 pi
抬 tai
抱 bao
抹 mo
抽 chou
拂 fu
担 dan
拈 nian
拉 la
拍 pai
拎 ling
拑 qian
拐 guai
拖 tuo
拗 ao
拘 jü
招 zhao
拢 long
拦 lan
拧 ning
拨 bo
放 fang
斧 fu
斩 zhan
旺 wang
昂 ang
昆 kun
昌 chang
明 ming
昏 hun
易 yi
昙 tan
朋 peng
杭 hang
杯 bei
杰 jie
杵 chu
松 song
板 ban
枇 pi
枎 fu
枕 zhen
林 lin
枚 mei
果 guo
枝 zhi
枞 cong
枢 shu
枣 zao
枪 qiang
枫 feng
枭 xiao
欧 ou
武 wu
歧 qi
河 he
油 you
治 zhi
沼 zhao
沿 yan
泊 bo
泌 mi
法 fa
泡 pao
波 bo
泥 ni
注 zhu
泪 lei
泫 xuan
泸 lu
泻 xie
泼 po
泽 ze
泾 jing
浅 qian
炉 lu
炎 yan
炒 chao
爬 pa
版 ban
牧 mu
物 wu
狐 hu
狗 gou
狛 bo
玟 min
玫 mei
环 huan
瓮 weng
画 hua
疙 ge
疟 nüe
的 de,di
盂 yü
盲 mang
直 zhi
知 zhi
矽 xi
秆 gan
秈 xian
秉 bing
穹 qiong
空 kong
竺 zhu
线 xian
练 lian
细 xi
织 zhi
绉 zhou
绊 ban
绍 shao
经 jing
罗 luo
者 zhe
耶 ye
肃 su
肤 fu
肥 fei
肯 ken
肺 fei
肾 shen
肿 zhong
胀 zhang
舍 she
苒 ran
苓 ling
苔 tai
苕 shao
苗 miao
苘 qing
苛 ke
苜 mu
苞 bao
苟 gou
苤 pie
若 ruo
苦 ku
苧 zhu
苨 ni
苫 shan
苯 ben
英 ying

苹 ping
苻 fu
茂 mao
范 fan
茄 qie
茅 mao
茆 mao
茉 mo
茎 jing
茏 long
茑 niao
虎 hu
虮 ji
虱 shi
表 biao
衫 shan
诚 cheng
贤 xian
败 bai
贫 pin
购 gou
贯 guan
转 zhuan
轮 lun
软 ruan
迭 die
郁 yü
郊 jiao
郎 lang
郑 zheng
采 cai
金 jin
钓 diao
钗 cha
闸 zha
闹 nao
阜 fu
陌 mo
降 jiang
限 xian
陕 shan
雨 yü
青 qing
非 fei
顶 ding
饰 shi
饱 bao
饲 si
饴 yi
驼 tuo
鱼 yü
鸢 yüan
齿 chi
刍 chu
紮 zha
竻 le

异 shi

九划

临 lin
亭 ting
亮 liang
亲 qin
侯 hou
侵 qin
俄 e
俅 qiu
俗 su
保 bao
俞 yü
信 xin
修 xiu
兹 zi
养 yang
冠 guan
前 qian
剑 jian
勃 bo
匍 pu
南 nan
厘 li
厚 hou
变 bian
叙 xu
咪 mi
咬 yao
咯 lo,ge, ka
咳 ke
咸 xian
咽 yan
哀 ai
品 pin
哇 wa
哈 ha
响 xiang
垦 ken
垩 e
垫 dian
垭 ya
城 cheng
复 fu
奎 kui
契 qi
奕 yi
姜 jiang
威 wei
娃 wa
娄 lou
娇 jiao
娜 na
孩 hai
孪 luan
客 ke
宣 xuan
宫 gong
封 feng
将 jiang
屋 wu
屎 shi
屏 ping
峒 dong
峡 xia
峦 luan
差 cha
帝 di
带 dai
度 du
庭 ting
弯 wan
彪 biao
待 dai
怒 nu
思 si
急 ji
总 zong
恒 heng
恰 qia
扁 bian
拜 bai
拪 qian
括 kuo
拱 gong
拾 shi
挂 gua
指 zhi
挖 wa
挞 ta
挟 xie
挠 nao
挡 dang
挤 ji
挪 nuo
挺 ting
故 gu
斫 zhuo
施 shi
星 xing
映 ying
春 chun
昭 zhao
昴 mao
显 xian
枯 ku
枲 xi
枳 zhi
枵 xiao
枷 jia
枸 gou
枹 fu
柃 ling
柄 bing
柅 ni
柊 zhong
柏 bai
柑 gan
染 ran
柔 rou
柘 zhe
柚 you
柞 zuo
查 cha
柬 jian
柯 ke
柱 zhu
柳 liu
柽 cheng
柿 shi
栀 zhi
栂 mei
栅 zha,sha
标 biao
栈 zhan
栉 zhi
栌 lu
栎 li
树 shu
歪 wai
残 can
毒 du
毗 pi
毡 zhan
泉 qüan
洁 jie
洋 yang
洒 sa
洗 xi
洛 luo
洞 dong
津 jin
洪 hong
洮 tao
洱 er
活 huo
洼 wa
派 pai
济 ji
浑 hun
浓 nong
涎 xian
炭 tan
炮 pao
炳 bing
炸 zha
点 dian
烂 lan
牯 gu
牵 qian
独 du
狭 xia
狮 shi
玲 ling
玳 dai
玻 bo
珀 po
珂 ke
珊 shan
珍 zhen
界 jie
畎 qüan
疣 you
疬 li
疮 chuang
疯 feng
皆 jie
盅 zhong
盆 pen
盈 ying
相 xiang
盾 dun
省 sheng
眉 mei
看 kan
矩 jü
砂 sha
砍 kan
砒 pi
研 yan
砖 zhua
砚 yan
祖 zu
祛 qü
神 shen
禹 yü
禺 yü
秋 qiu
种 zhong
科 ke
秬 jü
秭 zi
穿 chuan
突 tu
窃 qie
竖 shu
竿 gan
笃 du
类 lei
籽 zi
绑 bang
绒 rong
结 jie
绕 rao
给 gei,jie
络 luo
绝 jüe
绞 jiao
统 tong
缸 gang
美 mei
羿 yi
耐 nai
胃 wei
胄 zhou
胆 dan
胎 tai
胖 pang
胜 sheng
胡 hu
胥 xu
脉 mai
茈 ci
茖 ge
䓞 li
茗 ming
茛 geng
茜 qian
茧 jian
茨 ci
茭 jiao
茯 fu
茱 zhu
茳 jiang
茴 hui
茵 yin
茶 cha
茸 rong
茹 ru
茺 chong
茼 tong
荁 huan
荆 jing
荇 xing
荈 chuan
草 cao
荏 ren
荒 huang
荔 li
荖 lao
荚 jia
荛 rao, yao
荜 bi
荞 qiao
荟 hui
荠 qi
荨 qian, xun
荩 jin
荫 yin
荭 hong
药 yao
莒 jü
莛 ting
虐 nüe
顿 dun
虹 hong
虻 meng
虾 xia
蚀 shi
蚁 yi
蚂 ma
蚤 zao
贴 tie
贵 gui
费 fei
贺 he
赴 fu
趴 pa
轴 zhou
轻 qing
迴 hui
迷 mi
迸 beng
追 zhui
退 tui
送 song
逆 ni
选 xuan
郦 li
重 chong, zhong
钙 gai
钝 dun
钟 zhong
钠 na
钢 gang
钦 qin
钩 gou
钮 niu
闽 min
闾 lü
阁 ge
陡 dou
除 chu
面 mian
革 ge
韭 jiu
项 xiang
顺 shun
须 xu
食 shi
饶 rao
饼 bing
首 shou
香 xiang
骂 ma
骆 luo
骨 gu
鬼 gui
鸦 ya
㭘 yi
萃 cui

十划

俯 fu
俳 pai
倍 bei
倒 dao
候 hou
倪 ni
倭 wo
倮 luo
倾 qing
健 jian
党 dang
兼 jian
冤 yüan
准 zhun
凉 liang
凋 diao
凌 ling
剥 bo
勐 meng
匿 ni
厝 cuo
原 yüan
叟 sou
哥 ge
哨 shao
哮 xiao
哲 zhe
唇 chun
唐 tang
唛 ma
唢 suo
唤 huan
圆 yüan
埃 ai
埋 mai
埔 pu
壶 hu
夏 xia
套 tao
姬 ji
娑 suo
娘 niang
家 jia
容 rong
宽 kuan
射 she
屐 ji
展 zhan
屙 e
峨 e
峪 yü
峭 qiao
崂 lao
席 xi
座 zuo
弱 ruo
徐 xu
徒 tu
恋 lian
恣 zi
恩 en
息 xi
恶 e
悦 yüe
扇 shan
拳 qüan
拿 na
捆 kun
捕 bu
换 huan
捣 dao
效 xiao
敖 ao
斋 zhai
料 liao
旁 pang
旅 lü
晒 shai
晕 yün
晚 wan
朔 shuo
朗 lang
柴 chai
栒 xun
栓 shuan
栖 qi
栗 li
栘 yi
栝 kuo
栟 bing
栩 xu
株 zhu
栲 kao
栳 lao
栵 li
核 he
根 geng
格 ge
栽 zai
栾 luan
桂 gui
桃 tao
桄 guang
案 an
桉 an

桌 zhuo
桐 tong
桑 sang
桓 huan
桔 jü
桠 ya
桎 zhi
桢 zhen
档 dang
桤 qi
桥 qiao
桦 hua
桧 hui
梣 cen
梧 wu
梨 li
泰 tai
流 liu
浆 jiang
浙 zhe
浦 pu
浩 hao
浪 lang
浮 fu
浴 yü
海 hai
浸 jin
涅 nie
消 xiao
涝 lao
涞 lai
润 run
涧 jian
涩 se
烈 lie
烘 hong
烙 lao
烛 zhu
烦 fan
烧 shao
烫 tang
热 re
爱 ai
特 te
狸 li
狼 lang
珙 gong
珠 zhu
班 ban
瓶 ping
留 liu
畚 ben
畜 xu
疳 gan
疼 teng
疽 jü
疾 ji
痂 jia
痄 zha
病 bing
痈 yong
皋 gao
皱 zhou
益 yi
盐 yan
真 zhen
砧 zhen
破 po
砾 li
离 li
秘 mi
秤 cheng
秦 qin
秧 yang
积 ji
称 chen
窄 zhai
笄 ji
笋 sun
笑 xiao
笔 bi
粉 fen
紊 wen
紏 tou
素 su
索 suo
紧 jin
绢 jüan
绣 xiu
绥 sui
绦 tao
缺 qüe
羞 xiu
翁 weng
翅 chi
耕 geng
耗 hao
耙 pa
耿 geng
聂 nie
胭 yan
胯 kua
胶 jiao
能 neng
脂 zhi
脆 cui
脊 ji
脐 qi
脑 nao
脓 nong
臭 chou
舀 yao
艳 yan
荳 dou
荷 he
荸 bi
荻 di
荼 tu
荽 sui
莎 sha
莓 mei
莕 xing
莙 jün
莜 you
莞 wan
莠 you
莨 lang
莪 e
莫 mo
莱 lai
莲 lian
莳 shi
莴 wo
莸 you
莺 ying
莼 chun
莽 mang
蚊 wen
蚌 bang
蚓 yin
蚕 can
蚧 jie
蚬 xian
衮 gun
衰 shuai
袖 xiu
被 bei
诸 zhu
诺 nuo
调 diao
谊 yi
豇 jiang
豹 bao
豺 chai
贼 ze
贾 jia
资 zi
赶 gan
起 qi
轿 jiao
较 jiao
逍 xiao
透 tou
逐 zhu
逗 dou
通 tong
速 su
逢 feng
邕 yong
郭 guo
都 dou,du
酒 jiu
钱 qian
钳 qian
钹 bo
钻 zuan
铁 tie
铃 ling
铅 qian
铍 pi
陵 ling
陶 tao
陷 xian
预 yü
饿 e
高 gao
鸭 ya
鸱 chi
鸳 yüan
葳 wei
莀 li
莾 nong
娴 pu
秐 yün
阘 zuan
菉 lu
倮 lo

十一划

乾 qian
偃 yan
假 jia
偏 pian
偶 ou
兜 dou
兽 shou
冕 mian
减 jian
剪 jian
副 fu
勒 le
匐 fu
匙 chi
匾 bian
唯 wei
啃 ken
商 shang
啜 chuai
啤 pi
啫 ze
啮 nie
圈 qü
培 pei
基 ji
堆 dui
堇 jin
堕 duo
堵 du
够 gou
婆 po
婢 bi
宿 su
寄 ji
密 mi
寇 kou
崇 chong
崖 ya
崧 song
崩 beng
巢 chao
常 chang
庵 an
康 kang
廊 lang
弹 dan
彩 cai
得 de
患 huan
悬 xuan
惊 jing
惟 wei
戚 qi
戛 jia
捧 peng
捷 jie
捻 nian
掉 diao
掐 qia
排 pai
探 tan
接 jie
敏 min
救 jiu
敝 bi
斜 xie
断 duan
旋 xuan
旌 jing
曹 cao
曼 man
望 wang
桫 suo
桶 tong
梁 liang
梅 mei
梓 zi
梗 geng
梦 meng
梫 qin
梬 ying
梭 suo
梯 ti
棁 zhuo
梳 shu
梵 fan
梾 lai
梢 shao
毫 hao
毬 qiu
涪 fu
淀 dian
淋 lin
淑 shu
淡 dan
淦 gan
淫 yin
淮 huai
深 shen
淳 chun
混 hun
添 tian
清 qing
渍 zi
渐 jian
焊 han
焕 huan
牻 mang
犁 li
猎 lie
猕 mi
猛 meng
猪 zhu
猫 mao
球 qiu
琅 lang
理 li
琉 liu
琐 suo
瓠 hu
甜 tian
略 lüe
畦 qi
痒 yang
痔 zhi
痕 hen
盒 he
盔 kui
盖 gai
盘 pan
眼 yan
着 zhuo
硃 zhu
硐 dong
硕 shuo
移 yi
秽 hui
秾 nong
窑 yao
章 zhang
笛 di
笠 li
第 di
笼 long
筇 qiong
粒 li
粕 po
粗 cu
粘 zhan
绩 ji
续 xu
绯 fei
绰 chuo
绳 sheng
维 wei
绵 mian
绶 shou
绸 chou
绿 lü
聋 long
脚 jiao
脱 tuo
舶 bo
舷 xian
船 chuan
菁 jing
菅 jian
菊 jü
菌 jün
菔 fu
菖 chang
菘 song
菜 cai
菝 ba
菟 tu
菠 bo
菡 hang
菥 xi
菩 pu
菰 gu
菱 ling
菲 fei
菹 zu
菽 shu
菾 tian
萄 tao
萆 bi
萌 meng
萍 ping
萎 wei
萘 nai
萝 luo
萡 bao
萤 ying
营 ying
萧 xiao
萨 sa
萸 yü
著 zhu
蚰 you
蚱 zha
蚺 ran
蛆 qü
蛇 she
蛋 dan
袋 dai
谏 jian
豚 tun
象 xiang
趾 zhi
距 jü
鄂 e
野 ye
铜 tong
铠 kai
铧 hua
铰 jiao
铲 chan
铳 chong
银 yin
阉 yan
阎 yan
隆 long
隈 wei
随 sui
隐 yin
雀 qüe
雪 xue
颅 lu
领 ling
颈 jing
骑 qi
鸽 ge
鸿 hong
鹿 lu
麻 ma
黄 huang
龚 gong
粭 yi
飗 jiao
菧 hang
旃 jan
腒 jun
莳 shi
葑 feng
莍 qiu
敄 mu
偭 nan
莈 mou
蒨 qing
竖 shu
蛌 guai

十二划

傅 fu
傜 yao
傣 dai
凿 zao
割 ge
博 bo
厦 xia
喀 ka
喃 nan
善 shan
喇 la
喉 hou
喘 chuan
喙 hui
喜 xi
喳 zha
喷 pen
堪 kan
塔 ta
奥 ao
婺 wu
孱 chan
富 fu
寒 han
寓 yü
尊 zun
属 zhu
崽 zai
嵌 qian
帽 mao
廋 sou
强 qiang
弼 bi
彭 peng
御 yü
惑 huo
惠 hui
愉 yü
慎 shen
戟 ji
掌 zhang
掰 bai,ba
提 ti
插 cha
搅 jiao
搜 sou
搭 da
散 san
敦 dun
斯 si
普 pu
景 jing
晴 qing

晶 jing
智 zhi
晾 liang
暑 shu
曾 zeng
朝 chao
期 qi
棉 mian
棋 qi
棍 gun
棒 bang
棕 zong
棘 ji
棚 peng
棠 tang
棣 di
棫 yü
森 sen
棱 leng
棵 ke
椂 lu
椅 yi
椆 chou
椋 liang
植 zhi
椎 zhui
椑 pi
椒 jiao
椤 luo
椪 peng
椬 yi
椭 tuo
椰 ye
楉 ruo
楮 chu
榔 lang
款 kuan
毽 jian
渣 zha
渤 bo
渥 wo
温 wen
港 gang
渴 ke
游 you
湄 mei
湖 hu
湘 xiang
湿 shi
溲 sou
滁 chu
滋 zi
滑 hua
滞 zhi
焮 xin
焰 yan
煮 zhu
牌 pai
犀 xi
猢 hu
猩 xing
猬 wei
猴 hou
琥 hu
琦 qi
琴 qin
琼 qiong
番 fa
畴 chou
疏 shu
痞 pi
痢 li
痣 zhi
痤 cuo
痧 sha
痨 lao
登 deng
皖 wan
短 duan
硫 liu
硬 ying
确 qüe
硷 jian
祼 guan
禅 chan
稀 xi
稃 fu
程 cheng
稍 shao
税 shui
窜 cuan
窝 wo
童 tong
筀 gui
筅 xian
等 deng
筋 jin
筐 kuang
筒 tong
答 da
策 ce
筛 shai
筥 jü
粟 su
粢 zi
粤 yüe
粪 fen
紫 zi
絮 xu
缅 mian
缎 duan
缕 lü
编 bian
缘 yüan
缙 jin
翘 qiao
脾 pi
腊 la
腋 ye
舒 shu
舜 shun
萱 xuan
萹 bian
萼 e
落 luo
莋 zuo
葆 bao
葍 fu
葎 lü
葛 ge
葝 qing
勤 qing
葡 pu
董 dong
葨 wei
葫 hu
葱 cong
葳 wei
葵 kui
葶 ting
葸 xi
葽 yao
蒂 di
蒉 kui
蒋 jiang
蒌 lou
蒐 sou
蛔 hui
蛙 wa
蛛 zhu
蛟 jiao
蛤 ha,ge
蛮 mai
蛱 jia
裂 lie
装 zhuang
裕 yü
裤 ku
谢 xie
赌 du
赐 ci
超 chao
越 yüe
跌 die
跑 pao
辉 hui
逼 bi
遂 sui
遍 bian
遏 e
道 dao
酢 cu
酥 su
量 liang
铺 pu
链 lian
锁 suo
锅 guo
锈 xiu
锋 feng
锐 rui
阔 kuo
隔 ge
雁 yan
雄 xiong
雅 ya
集 ji
韩 han
颏 ke
骚 sao
鱿 you
鲁 lu
鲂 fang
鹁 bo
鹃 jüan
鹄 gu
鹅 e
黍 shu
黑 hei
鼎 ding
萿 qia
[illegible] hu
䓴 ruan
蓩 mu
跸 bi
蕳 lü
栝 gua, kuo
棪 yan

十三划

催 cui
傻 sha
勤 qin
叠 die
嗅 xu
塌 ta
塑 su
塘 tang
塞 sai
墓 mu
媳 xi
嵩 song
幌 huang
廉 lian
微 wei
意 yi
感 gan
慈 ci
搞 gao
搠 shuo
搬 ban
摆 bai
摇 yao
数 shu
新 xin
暖 nuan
暗 an
椴 duan
椶 zong
椿 chun
楂 zha
楒 si
楔 xie
楙 mao
楚 chu
楝 lian
楠 nan
楤 cong
楷 kai
楸 qiu
楹 ying
楼 lou
榄 lan
榅 wen
榆 yü
榇 chen
榈 lü
榉 jü
榊 shen
槌 chui
槎 cha
槐 huai
歇 xie
歌 ge
殿 dian
溒 yüan
溜 liu
溥 pu
溧 li
溪 xi
滂 pang
滇 dian
满 man
滨 bin
滩 tan
漠 mo
煲 bao
献 xian
瑒 chang
瑞 rui
畸 ji
畹 wan
痰 tan
痱 fei
痴 chi
瘐 yü
睡 shui
睦 mu
睫 jie
睬 cai
矮 ai
硼 peng
碉 diao
碌 lu
碎 sui
碗 wan
禀 bing
禁 jing
福 fu
稔 ren
稗 bai
稜 leng
稞 ke
稠 chou
窟 ku
筠 jün
筱 xiao
筲 shao
筷 kuai
签 qian
简 jian
粱 liang
缝 feng
缠 chan
缢 yi
罩 zhao
置 zhi
署 shu
群 qün
腰 yao
腹 fu
腺 xian
腻 ni
腾 teng
蒙 meng
蒚 li
蒜 suan
蒟 jü
蒡 bang
蒤 tu
蒢 chu
蒲 pu
蒴 shuo
蒺 ji
蒻 ruo
蒿 hao
蓉 rong
蓊 weng
蓍 shi
蓐 ru
蓑 suo
蓖 bi
蓝 lan
蓟 ji
蓠 li
蓧 diao,di,
tiao
蓪 tong
蓬 peng
虞 yü
蛾 e
蜂 feng
蜈 wu
蜗 wo
裸 luo
解 jie
触 chu
詹 zhan
谬 miu
貉 he
赖 lai
赪 cheng
跟 geng
路 lu
跳 tiao
躲 duo
辐 fu
辟 bi
酪 lao
酯 zhi
酱 jiang
错 cuo
锚 mao
锡 xi
锣 luo
锤 chui
锥 zhui
锦 jin
锯 jü
锖 qiang
雉 zhi
雏 chu
零 ling
雷 lei
雾 wu
靖 jing
韫 yün
频 pin
骝 liu
魁 kui
鲇 nian
鲎 hou
鹊 qüe
麂 ji
鼓 gu
鼠 shu
[illegible] shan
蕮 xie
莎 sha
磱 lao
蔇 ji
莄 geng
蔃 qiang
[illegible] liu

十四划

僧 seng
嗽 shuo
嘉 jia
嘎 ga
墁 man
墙 qiang
嫦 chang
嫩 neng
察 cha
寡 gua
弊 bi
彰 zhang
慕 mu
截 jie
搿 ge
摘 zhai
撇 pie
斡 wo
旗 qi
榕 rong
榖 gu
榛 zhen
榜 bang
榠 ming
榧 fei
榴 liu
榹 si
榼 ke
槁 gao
槟 bin
槠 zhu
槭 qi
滴 di
漂 piao
漆 qi
漏 lou
漫 man
漾 yang
熊 xiong
熏 xun
獐 zhang
瑶 yao
瘌 la
瘙 sao
瘦 shou
碟 die
碧 bi
碱 jian
稳 wen
端 duan
箐 qing
算 suan
管 guan
箩 luo
箬 ruo
粽 zong
精 jing
綟 lie
綦 qi
缩 suo
缪 miu
缫 sao
罂 ying
罴 pi
翠 cui
翡 fei
聚 jü
肇 zhao
腐 fu
膀 bang
膏 gao
膜 mo
舞 wu
蓼 liao
蓿 xu
蔊 han
蔎 she
蔑 mie
蔓 man
蔗 zhe
蔚 wei
蔛 hu
蔠 zhong
蔡 cai
蔨 jüan
蔴 ma
蔷 qiang
蔺 lin
蔽 bi
蜀 shu
蜘 zhi
蜜 mi
蜡 la
蜻 qing
蜿 wan
蝇 ying
蝉 chan
裴 pei
褐 he
褪 tui

谭 tan
豨 xi
豪 hao
赛 sai
赫 he
辗 zhan
辣 la
遮 zhe
酸 suan
雌 ci
静 jing
韶 shao
馒 man
鲜 xian
鼻 bi
蒩 sao
梯 mang
椹 zhen
檽 er
瓡 lou
蒤 tu
穄 ji

十五划

儋 dan
凛 lin
嘿 hei
噜 lu
增 zeng
墨 mo
寮 liao
德 de
憋 bie
憨 han
摩 mo
撑 cheng
撒 sa
撕 si
撬 qiao
播 bo
敷 fu
暴 bao
暹 xian
槲 hu
槽 cao
槾 man
槿 jin
樗 chu
樚 lu
樝 zha
樟 zhang
樠 man
横 heng
樫 jian
樱 ying
橄 gan
橡 xiang
潘 pan
潮 chao
潺 chan
澄 cheng
澎 peng
澜 lan
澳 ao
熟 shu
璎 ying
畿 ji
瘠 ji
瘤 liu
瘪 bie
瞎 xia
稷 ji
稻 dao
箭 jian
箱 xiang
篃 mei
篌 hou
篓 lou
糊 hu
糌 zan
缬 xie
羯 jie
耧 lou
膝 xi
舖 pu
蔬 shu
蕀 ji
蕃 fan
蕇 dian
蕈 xun, tan
蕉 jiao
蕊 rui
蕌 lei
蕤 rui
蕨 jüe
蕲 qi
蕴 yün
蕵 sun
蕺 ji
蕺 ji
蝎 xie
蝙 bian
蝟 wei
蝦 xia
蝴 hu
蝶 die
豌 wan
豎 shu
豫 yü
赭 zhe
踏 ta
辘 lu
遵 zun
醉 zui
醋 cu
镇 zhen
镊 nie
震 zhen
霉 mei
靠 kao
鞋 xie
鞍 an
鞑 da
额 e
飘 piao
餙 xi
髯 ran
鲢 lian
鲤 li
鲫 ji
鹝 yi
鹞 yao
鹤 he
麸 fu
黎 li
蔜 sao
蔞 lü
蒠 shi
葓 hong
蓁 qin

十六划

儒 ru
冀 ji
凝 ning
嘴 zui
壁 bi
懒 lan
擀 gan
擂 lei
擎 qing
檾 lin
橐 tuo
橘 jü
橙 cheng
潞 lu
濑 lai
燃 ran
燎 liao
燕 yan
獭 ta
瓢 piao
瘳 chou
瘴 zhang
瘿 ying
磨 mo
磬 qing
穄 ji
穆 mu
穇 can
篠 xiao
篦 bi
篱 li
簑 suo
糖 tang
糙 cao
膨 peng
蕗 lu
蕹 weng
蕾 lei
薄 bo
薅 hao
薇 wei
薏 yi
薛 xue
薜 bi
薤 xie
薪 xin
薮 sou, shu
薯 shu
螃 pang
螅 xi
融 rong
螭 chi
蠷 qü
衡 heng
褶 zhe
赞 zan
蹄 ti
避 bi
醒 xing
錾 zan
镘 man
镜 jing
雕 diao
霍 huo
靛 dian
鞘 qiao
颠 dian
髭 zi
鲷 diao
鹦 ying
鹧 zhe
黔 qian
默 mo
篁 jin
樔 chao
樲 cher
橓 shun
麨 chao
檽 er
檋 jü
槵 jie

十七划

嚏 ti
戴 dai
擘 bo
朦 meng
橿 jiang
檀 tan
檄 xi
檐 yan
檓 hui
檕 ji
檬 meng
濮 pu
燥 zao
爵 jüe
癍 ban
穗 sui
篲 hui
簇 cu
簕 le
縻 mi
糟 zao
糠 kang
繁 fan
翳 yi
翼 yi
臀 tun
臂 bi
臌 gu
薰 xun
薹 tai
藁 gao
藉 jie
藊 bian
藋 diao
藏 zang, cang
藐 miao
藓 xian
螫 shi
螳 tang
螺 luo
蟑 zhang
襄 xiang
蹋 ta
辫 bian
霜 shuang
霞 xia
鞠 jü
骤 zhou
魏 wei
鳃 sai
鳄 e
糜 mi
麯 qü
麰 mou
黏 nian
黛 dai
蔷 qiang
蓇 gao
獆 hao
㙮 sha

十八划

嚜 mei, me
彝 yi
戳 chuo
檫 cha
櫋 mian
檵 ji
檿 yan
瀓 cheng
癛 lin
癞 lai
瞿 jü
簝 liao
簩 lao
繐 sui
繖 san
繸 sui
翻 fan
藜 li
藟 lei
藤 teng
藦 mo
藨 biao
藩 fan
蟛 peng
蟠 pan
蟢 xi
螓 qin
覆 fu
鎗 qiang
镰 lian
鞭 bian
馥 fu
鬃 zong
鳍 qi
鳑 pang
鹭 lu
鹰 ying
鼬 you
嚆 gao

十九划

攀 pan
櫏 qian
櫠 fei
爆 bao
瓣 ban
疆 jiang
癣 xuan
穬 kuang
簸 bo
籁 lai
藻 zao
蟹 xie
蟾 chan
蹭 ceng
蹲 dun
镲 cha
颤 chan
鳔 biao
麒 qi
櫔 li
簟 tan
藃 hao

二十划以上

壤 rang
巍 wei
櫶 xian
灌 guan
穞 lü
糯 nuo
纂 zuan
耀 yao
臙 yan
蘖 bo,nie
蘘 rang
蘡 ying
蠔 hao
馨 xin
鬐 qi
鹕 hu
鳝 shan
鳞 lin
蠡 li
儸 luo
儸 luo
夔 kui
曩 nang
櫾 you
灏 hao
癫 dian
蘵 zhi
蠡 li
赣 gan
露 lu
霸 ba
霹 pi
麝 she
囊 nang
囊 nang
蘹 huai
蘼 mi
镶 xiang
鹳 guan
魑 chi
罐 guan
囓 nie
欓 dang
虉 yi
蠹 du
衢 qü
鱚 xi
鬣 lie
欘 nang
蘪 mi
虈 lin
虉 jie
齯 ni

A

阿巴果(双柏)=岩木瓜
阿坝当归(药学学报)=法落海
阿坝蒿 Artemisia abaensis Y.R.Ling & S.Y. Zhao (菊科)
阿坝龙胆 Gentiana abaensis T.N.Ho(龙胆科)
阿坝毛茛 Ranunculus indivisus var. abaensis (W. T.Wang) W.T.Wang(毛茛科)
阿坝卫矛(植物志 45-3)=小叶疣点卫矛
阿柏麻(海南志)=海南线果兜铃
阿莩属(名词审查本)=**银柴属**
阿比(贡山独龙族语)=森林榕
阿比旦(西藏墨脱)=马蛋果
阿比西利亚钟萼草 Lindenbergia abyssinica Hochst.(玄参科)
阿比西尼亚梅蓝 Melhania abyssinica A.Rich (梧桐科)
阿毕早(河口依语)=木竹子
阿冰草(贵州草药)=珠芽艾麻
阿波罗冷杉 Abies cephalonica var. apollinis (Link.) Beissn.(松科)
阿波树萝卜 Agapetes aborensis Airy-Shaw(杜鹃花科)
阿伯特彩花 Acantholimon albertii Rgl.(白花丹科)
阿伯秀(苗语)=粗齿冷水花
阿勃参(纲目拾遗)=腊肠树
阿勃勒(植物志 39)=腊肠树
阿不答石(云南河口瑶语)=假朝天罐
阿查-哈比斯干那(蒙名)=拐轴鸦葱
阿刺吉(群芳谱)=粉团蔷薇
阿刺吉(群芳谱)=野蔷薇
阿寸克隆(藏语)=昌都锦鸡儿
阿丹松多穗兰 Polystachya adansoniae Rchb.f. (兰科)
阿当耳蕨 Polystichum adungense Ching & Fraser-Jenkings ex H.S.Kung & L.B.Zhang (鳞毛蕨科)
阿当山槟榔 Pinanga adangensis Ridley (棕榈科)
阿道米尼兰 Abdominea minimiflora (HK.f.) J.J.Sm.(兰科)
阿道米尼兰属 Abdominea J.J.Sm.(兰科)
阿斗鸡(贵州苗语)=变叶树参
阿墩沙参(植物志 73-2)=甘孜沙参
阿墩蹄盖蕨(蕨类形态)=川滇蹄盖蕨
阿墩小檗 Berberis muliensis var. atuntzeana Ahrendt (小檗科)
阿墩子虎耳草 Saxifraga atuntsinensis W.W.Sm. (虎耳草科)
阿墩子假冷蕨 Pseudocystopteris atuntzeensis Ching (蹄盖蕨科)
阿墩子龙胆 Gentiana atuntsiensis W.W.Sm.(龙胆科),*短茎三歧龙胆*
阿墩子马先蒿 Pedicularis atuntsiensis Bonati (玄参科)
阿墩紫堇 Corydalis atuntsuensis W.W.Sm.(罂粟科),*粗毛黄堇,刺毛黄堇*
阿鹅(云南彝语)=番薯
阿尔巴利亚百合 Lilium carniolicum var. albanicum (Griseb.) Baker (百合科)
阿尔叉(蒙名)=叉子圆柏
阿尔登哈姆十大功劳 Mahonia ×aldenhamensis (Hort.) Abrendt (小檗科)
阿尔登海姆小檗 Berberis aldenhamensis Ahrendt (小檗科)
阿尔及利亚柏木 Cupressus drupreziana Camus (柏科)
阿尔及利亚补血草 Limonium bonduellii (Lestib.) O.Kuntze (白花丹科)
阿尔及利亚冷杉 Abies numidica Carr.(松科)
阿尔金蒲公英 Taraxacum altune D.T.Zhai & Z. X.An?(菊科)
阿尔金山碱茅 Puccinellia arjinshanensis D.F. Cui (禾本科)
阿尔金山早熟禾 Poa arjinsanensis D.F.Cui(禾本科)
阿尔克苏思小檗 Berberis alksuthiensis Ahrendt (小檗科)
阿尔泰百里香 Hyssopus altaicus Klokov & Desjat.-Schost.(唇形科)
阿尔泰贝母 Fritillaria meleagris L.(百合科)
阿尔泰茶藨子 Ribes aciculare Smith(虎耳草科),*西伯利亚醋栗,五刺茶藨*
阿尔泰柴胡 Bupleurum krylovianum Schischk. ex Kryl.(伞形科),*柴胡*
阿尔泰葱 Allium altaicum Pall.(百合科)
阿尔泰大黄 Rheum altaicum A.Los.(蓼科)
阿尔泰大戟 Euphorbia altaica Meyer ex Ledeb. (大戟科)
阿尔泰地蔷薇 Chamaerhodos altaica (Laxm.) Bge. (蔷薇科)
阿尔泰顶冰花 Gagea altaica Schischk.(百合科)
阿尔泰独尾草 Eremurus altaicus (Pall.) Stev. (百合科)
阿尔泰多榔菊 Doronicum altaicum Pall.(菊科),*太白小紫菀,小紫菀*
阿尔泰方枝柏(高等图鉴)=新疆方枝柏
阿尔泰飞蓬 Erigeron altaicus M.Pop.(菊科)
阿尔泰狗娃花 Heteropappus altaicus (Willd.) Novopokr.(菊科),*阿尔泰紫菀,紫菀,燥原蒿,芦苇格琼*
阿尔泰旱禾 Eremopoa altaica (Trin.) Roshev. (禾本科)
阿尔泰鹤虱 Lappula tianschanica var. altaica C. J.Wang(紫草科)
阿尔泰黄芩 Scutellaria altaica Fisch. ex Sweet (唇形科)
阿尔泰棘豆 Oxytropis altaica (Pall.) Pers.(豆科)
阿尔泰蓟 Cirsium incanum (S.G.Gmel.) Fisch. ex MB. (菊科)
阿尔泰假狼毒 Stelleropsis altaica (Thieb.) Pobed. (瑞香科)
阿尔泰碱茅 Puccinellia altaica Tzvel.(禾本科)
阿尔泰金莲花 Trollius altaicus C.A.Mey.(毛茛科),*金莲花,宽瓣金莲花*
阿尔泰堇菜 Viola altaica Ker-Gawl.(堇菜科)
阿尔泰菊蒿 Tanacetum barclayanum DC.(菊科)
阿尔泰蓝盆花 Scabiosa austro-altaica Bobr.(川续断科)
阿尔泰藜芦 Veratrum lobelianum Bernh.(百合科),*新疆藜芦,藜*
阿尔泰马先蒿 Pedicularis altaica Steph.(玄参科)
阿尔泰毛茛 Ranunculus altaicus Laxm.(毛茛科)
阿尔泰牡丹草 Gymnospermium altaicum (Pall.) Spach. (小檗科)
阿尔泰扭藿香 Lophanthus krylovii Lipsky(唇形科)
阿尔泰蒲公英 Taraxacum altaicum Schischk. (菊科)
阿尔泰忍冬 Lonicera caerulea var. altaica Pall. (忍冬科)
阿尔泰乳菀 Galatella altaica Tzvel.(菊科)
阿尔泰瑞香 Daphne altaica Pall.(瑞香科)
阿尔泰山楂 Crataegus altaica (Loud.) Lange (蔷薇科)
阿尔泰蓍 Achillea ledebouri Heimerl(菊科)
阿尔泰薹草 Carex altaica Gorodk.(莎草科)
阿尔泰糖芥 Erysimum flavum subsp. altaicum (C.A.Mey.) Polozhij(十字花科)
阿尔泰铁角蕨 Asplenium altajense (Kom.) Grubov (铁角蕨科)
阿尔泰葶苈 Draba altaica (C.A.Mey.) Bge.(十字花科),*小果阿尔泰葶苈,苞叶阿尔泰葶苈,总序阿尔泰葶苈*
阿尔泰兔唇花 Lagochilus bungei Benth.(唇形科)
阿尔泰莴苣 Lactuca altaica Fisch. & Mey.(菊科)
阿尔泰乌头(新拉汉英)= 阿泰乌头(新)
阿尔泰乌头 Aconitum smirnovii Steinb.(毛茛科)
阿尔泰香叶蒿 Artemisia rutifolia var. altaica (Kryl.) Krasch.(菊科)
阿尔泰亚麻 Linum altaicum Ledeb.(亚麻科)
阿尔泰羊茅 Festuca altaica Trin.(禾本科)
阿尔泰野豌豆 Vicia lilacina Ledeb.(豆科)
阿尔泰银莲花 Anemone altaica Fisch.(毛茛科),*九节菖蒲,玄参,穿骨七,菊形双瓶梅,外菖蒲,京玄参,小菖蒲*
阿尔泰蝇子草 Silene altaica Pers.(石竹科),*灌丛蝇子草*
阿尔泰羽节蕨(新疆志)=密腺羽节蕨
阿尔泰郁金香 Tulipa altaica Pall. ex Spreng.(百合科)
阿尔泰圆柏(树木学)=新疆方枝柏
阿尔泰早熟禾 Poa altaica Trin.(禾本科)
阿尔泰紫菀(图鉴)=阿尔泰狗娃花
阿芳(名词审查本,海南志)=藤春
阿芙蓉(滇南本草)=罂粟
阿福花属 Asphodeline Reichb.(百合科)
阿富汗杜鹃花(新拉汉英)=柯来特杜鹃(新)
阿富汗杜鹃花 Rhododendron afghanicum Ait. & Hemsl.(杜鹃花科)
阿富汗锦鸡儿 Caragana prainii C.K.Schneid. (豆科)
阿富汗小檗 Berberis afghanica Schneid.(小檗科)
阿富汗杨 Populus afghanica (Ait. & Hemsl.) Schneid.(杨柳科)
阿富汗早熟禾 Poa afghanica Bor(禾本科)
阿富汗帚菊 Pertya mattfeldii Bornm.(菊科)
阿格(蒙语)=冷蒿
阿格的(贵州雷公山苗语)=攀枝莓
阿各弄(蒙语)=茵陈
阿根(蒙语)=圆头蒿
阿根八(贵州草药)=落新妇
阿根木(云南)=糖胶树
阿根适朋鼻花(新拉汉英)=智利豚鼻花
阿根藤属(树木分类学)=**香花藤属**
阿根廷黑核桃 Juglans australis Griseb.(胡桃科)
阿根廷商陆 Phytolacca dioica L.(商陆科)
阿根廷玉凤花 Habenaria achalensis Krzl.(兰科)
阿公(哈尼语)=喀西茄
阿古拉音-西巴嘎(蒙语)=宽叶山蒿
阿顾斯氏兜兰 Paphiopedilum argus (Rchb.f.) Pfitz. (兰科)
阿及艾(苏南植物手册)=艾
阿加蕉(云南景颇语)=小果野蕉
阿加塞窘(藏语)=川西小黄菊

阿金蹄盖蕨(蕨类图说)=大叶假冷蕨
阿久(贵州苗族名)=水田碎米荠
阿卡卡里兰 Acacallis cyanea Lindl.(兰科)
阿卡卡里兰属 Acacallis Lindl.(兰科)
阿卡锡(新华本草)=线叶金合欢
阿卡锡(新华本草)=银荆
阿柯兰德卡特兰 Cattleya aclandiae Lindl.(兰科)
阿可姬(彝族名)=石生紫菀
阿克泊泊(维族名)=圆叶乌头
阿克尔克尔哈(维吾尔名)=林当归
阿克来依里(新疆维语)=蜀葵
阿克米依里(维族语)=蜀葵
阿克萨黄芪 Astragalus akssaricuis Pavl.?(豆科)
阿克塞蒿 Artemisia aksaiensis Y.R.Ling(菊科)
阿克塞钦雪灵芝 Arenaria aksayqingensis L.H. Zhou (石竹科)
阿克苏黄芪 Astragalus aksuensis Bge.(豆科)
阿克苏柳 Salix schugnanica Goertz.(杨柳科)
阿克陶齿缘草 Eritrichium longifolium Decne. (紫草科)
阿克陶翠雀花 Delphinium aktoense W.T.Wang (毛茛科)
阿宽蕉 Musa itinerans Cheesm.(芭蕉科),*黑芭蕉,药*
阿拉巴马杜鹃花 Rhododendron alabamense Rehd.(杜鹃花科)
阿拉巴马勾儿茶(新拉汉英)=攀援勾儿茶
阿拉伯茶(植物志 45-3)=巧茶
阿拉伯黄背草 Themeda triandra Forssk.(禾本科)
阿拉伯胶树 Acacia senegal (L.) Willd.(豆科)
阿拉伯金合欢 Acacia nilotica (L.) Delile(豆科)
阿拉伯棉(植物志 49-2)=草棉
阿拉伯棉 Gossypium stocksii Mast.(锦葵科)
阿拉伯苜蓿(植物志 42-2)=褐斑苜蓿
阿拉伯婆婆纳 Veronica persica Poir.(玄参科),*波斯婆婆纳,肾子草,灯笼草*
阿拉伯秋海棠(新拉汉英)=散生基粒秋海棠
阿拉伯乳香树 Boswellia carteri Birdw.(橄榄科)
阿拉嘎-尼勒其格(内蒙)=斑叶堇菜
阿拉赫兹荆芥 Nepeta alaghezi Pojark.(唇形科)
阿拉库得鬣蜥棕 Iguanura arakudensis Ftdo.(棕榈科)
阿拉沙名多那(哈萨克语)=中亚天仙子
阿拉善单刺蓬 Cornulaca alaschanica Tsien & G. L.Chu (藜科)
阿拉善点地梅 Androsace alaschanica Maxim. (报春花科)
阿拉善独行菜 Lepidium alashanicum S.L.Yang (十字花科)
阿拉善鹅观草 Roegneria alashanica Keng(禾本科)
阿拉善风毛菊 Saussurea alaschanica Maxim. (菊科)
阿拉善黄芪 Astragalus alaschanus Bge. ex Maxim. (豆科)
阿拉善碱蓬 Suaeda przewalskii Bge.(藜科),*水杏,水珠子*
阿拉善韭 Allium flavovirens Rgl.(百合科)
阿拉善马先蒿 Pedicularis alaschanica Maxim. (玄参科),*阿拉善马先蒿阿拉善亚种*
阿拉善马先蒿阿拉善亚种(植物志 68)=阿拉善马先蒿
阿拉善马先蒿西藏亚种(植物志 68)=西藏阿拉善马先蒿
阿拉善乃-少布都海(蒙名)=贺兰山南芥
阿拉善南芥(内蒙志)=贺兰山南芥
阿拉善沙拐枣 Calligonum alaschanicum A.Los. (蓼科)
阿拉善杨 Populus alachanica Kom.(杨柳科)
阿拉他嘎纳(蒙语)=小叶锦鸡儿
阿拉坦其其格(蒙语)=木鳖子
阿拉坦-沙里尔日(蒙语)=黑蒿
阿拉套大戟 Euphorbia alatavica Boiss.(大戟科)
阿拉套鹤虱 Lappula alatavica (Popov) Glosk. (紫草科),*硬翅鹤虱*
阿拉套黄芪 Astragalus alatavicus Kar. & Kir. (豆科)
阿拉套棘豆 Oxytropis pseudofrigida Saposhn. (豆科)
阿拉套蓟(新)Cirsium lamyroides Tamamsch.? (菊科)
阿拉套柳 Salix alatavica Kar. & Kir. ex Stschegl. (杨柳科)
阿拉套麻花头 Serratula alatavica C.A.M.(菊科)
阿拉套婆婆纳(植物志 67-2)=阿拉套穗花
阿拉套穗花 Pseudolysimachion alatavicum (Popov) Holub(玄参科),*阿拉套婆婆纳*
阿拉套羊茅 Festuca alatavica (St.-Yves) Roshev. (禾本科),*天山羊茅*
阿拉套早熟禾 Poa alberti Rgl.(禾本科)
阿拉叶-尼勒-其其格(蒙名)=三色堇菜
阿赖山黄芪 Astragalus saratagius Bge.(豆科)
阿勒曼毛茛(新)Ranunculus allemanni Br.-Bl. (毛茛科)
阿勒颇松 Pinus halepensis Mill.(松科),*地中海松*
阿勒泰灯心草 Juncus aletaiensis K.F.Wu(灯心草科)
阿勒泰橐吾 Ligularia altaica DC.(菊科)
阿蕾(云南哈尼语)=红河橙
阿莉藤属(树木分类学)=**链珠藤属**
阿里胡颓子 Elaeagnus morrisonensis Hay.(胡颓子科)
阿里黄精 Polygonatum arisanense Hay.(百合科)
阿里桑那缬草 Valeriana arizonica A.Gray (败酱科)
阿里山草胡椒(拉汉名称)=山草椒
阿里山茶(台湾树木志)=阿里山连蕊茶
阿里山冬青 Ilex arisanensis Yamamoto(冬青科)
阿里山杜鹃 Rhododendron pseudochrysanthum Hay.(杜鹃花科)
阿里山短肠蕨(分类学报)=深绿短肠蕨
阿里山莪白兰(台湾志)=阿里山鸢尾兰
阿里山鹅耳枥 Carpinus kawakamii Hay.(桦木科)
阿里山耳蕨(台湾志)=灰绿耳蕨
阿里山繁缕 Stellaria arisanensis (Hay.) Hay.(石竹科)
阿里山凤尾蕨 Pteris arisanensis Tagawa? (凤尾蕨科)
阿里山根节兰(台湾志)=台湾虾脊兰
阿里山剪股颖 Agrostis arisan-montana Ohwi (禾本科)
阿里山菊 Dendranthema arisanense (Hay.) Ling & Shih(菊科)
阿里山连蕊茶 Camellia transarisanensis (Hay.) Coh.St. (山茶科),*阿里山茶*
阿里山鳞毛蕨 Dryopteris squamiseta (HK.) Ktze. (鳞毛蕨科)
阿里山龙胆 Gentiana arisanensis Hay.(龙胆科)
阿里山落新妇 Astilbe macroflora Hay.(虎耳草科)
阿里山猕猴桃 Actinidia arisanensis Hay. ?(猕猴桃科)
阿里山膜蕨 Hymenophyllum alishanense Devo?(膜蕨科)
阿里山南星 Arisaema arisanense Hay.(天南星科),*天南星*
阿里山女贞(Flora 15)=总梗女贞
阿里山女贞 Ligustrum pedunculare Rehd.(木犀科)
阿里山清风藤 Sabia transarisanensis Hay.(清风藤科)
阿里山全唇兰 Myrmechis drymoglossifolia Hay. (兰科),*南湖全唇兰,白花全唇兰*
阿里山锐叶柃木(台湾志)=阿里山尾尖叶柃
阿里山舌蕨(台湾志)=舌蕨
阿里山石豆兰 Bulbophyllum pectinatum var. transarisanense (Hay.) S.S.Ying(兰科)
阿里山鼠尾草 Salvia hayatae Makino ex Hay. (唇形科)
阿里山溲疏(植物志 35-1)=台湾溲疏
阿里山宿薹草 Carex dolichostachya subsp. trichosperma (Ohwi) T.Koyama(莎草科)
阿里山薹草 Carex arisanensis Hay.(莎草科)
阿里山蹄盖蕨 Athyrium arisanense (Hay.) Tagawa (蹄盖蕨科)
阿里山铁角蕨 Asplenium adianthifrons (Hay.) Ching(铁角蕨科),*铁线蕨形铁角蕨*
阿里山尾尖叶柃 Eurya acuminata var. arisanensis (Hay.) Keng(山茶科),*阿里山锐叶柃木*
阿里山五味子 Schisandra arisanensis Hay.(木兰科),*台湾五味子*
阿里山线柱兰(台湾志)=白花线柱兰
阿里山羊耳蒜 Liparis sasakii Hay.(兰科)
阿里山茵芋(植物志 43-2)=茵芋
阿里山榆 Ulmus uyematsui Hay.(榆科),*台湾榆*
阿里山雨伞仔(台湾)=腺齿紫金牛
阿里山鸢尾兰 Oberonia arisanensis Hay.(兰科),*阿里山莪白兰*
阿里山獐牙菜 Swertia arisanensis Hay.(龙胆科)
阿里山指柱兰(台湾志)=全唇叉柱兰
阿里杉(树木分类学)=篦子三尖杉
阿里十大功劳 Mahonia oiwakensis Hay. (小檗科)
阿里野木瓜(植物志 29)=倒卵叶野木瓜
阿里钟萼草 Lindenbergia macrostachya Benth.? (玄参科),*大穗钟萼草*
阿利藤(树木分类学)=链珠藤
阿利棕属 Arikuryroba Barb.-Rodr.(棕榈科)
阿列布(酉阳杂俎)=木犀榄
阿列布属(植物学大辞典)=**木犀榄属**
阿林稀(云南贡山怒族语)=平叶酸藤子
阿留申雀麦 Bromus aleutensis Trin.(禾本科)
阿留申松毛翠 Phyllodoce aleutlca (K.Spreng.) A.Heller (杜鹃花科)
阿洛马先蒿 Pedicularis aloënsis Hand.-Mazz. (玄参科)
阿麻拉树(植物大辞典)=山楝
阿马基山杜鹃花 Rhododendron amagianum Mak. (杜鹃花科)
阿玛早熟禾 Poa almasovii Golub.(禾本科)
阿麦斯钗子股 Luisia amesiana Rolfe (兰科)
阿蔓苋(科属词典)=砂苋
阿蔓苋属(科属词典)=**砂苋属**
阿蔓属(分类学报)=**砂苋属**
阿芒多兰属 Armodorum Breda (兰科)
阿美尼亚麝香兰(新拉汉英)=亚美尼亚蓝壶花
阿门吉利(云南丽江纳西族语)=地檀香

阿门支力(云南丽江纳西族语)=尾叶白珠
阿米糙果芹 Trachyspermum ammi (L.) Sprague (伞形科),*阿育魏实*
阿米芹 Ammi visnaga (L.) Lam.(伞形科)
阿米芹属 Ammi L.(伞形科)
阿米斯肋枝兰 Pleurothallis amesiana L.O.Wms.(兰科)
阿姆波鹤顶兰 Phaius amboinensis (Zipp.) Bl.(兰科)
阿穆尔风箱果(经济植物手册)=风箱果
阿穆尔耧斗菜 Aquilegia amurensis Kom.(毛茛科)
阿穆尔葡萄(苏南植物手册)=山葡萄
阿穆尔莎草 Cyperus amuricus Maxim.(莎草科)
阿穆尔小花溲疏(经济植物手册)=东北溲疏
阿那斯(纳西语)=扁核木
阿纳花属(科属辞典)=**软紫草属**
阿尼茶(云南玉溪)=阴香
阿诺匹斯属 Anopyxis Pierre ex Engl.(红树科)
阿诺早熟禾 Poa arnoldii Meld.(禾本科)
阿哦吐都西(云南彝族语)=金珠柳
阿拍几麻鲁(藏语)=红花绿绒蒿
阿拍色鲁(青藏藏语)=全缘叶绿绒蒿
阿披拉草 Apera spicaventi (L.) P.Beauv.(禾本科)
阿披拉草属 Apera Adans.(禾本科)
阿皮杜(藏名)=马蛋果
阿皮卡(西藏)=梭砂贝母
阿片(纲目)=罂粟
阿婆伞(广西中草药新选)=幌伞枫
阿齐薹草 Carex argyi Lévl. & Vant.(莎草科)
阿热地斯忙(维族名)=骆驼蓬
阿瑞奥普兰 Acriopsis ridleyi HK.f.(兰科)
阿萨姆稠李(拉汉名称)=坚核桂樱
阿萨姆蓼 Polygonum assamicum Meisn.(蓼科)
阿萨姆鳞毛蕨 Dryopteris assamensis (Hope) C. Chr. & Ching(鳞毛蕨科)
阿萨姆密叶十大功劳 Mahonia pycnophylla (Fedde) Takeda (小檗科)
阿萨姆算盘子(拉汉名称)=四裂算盘子
阿萨姆天胡荽 Hydrocotyle hookeri (C.B.Clarke) Craib(伞形科)
阿山黄堇 Corydalis nobilis (L.) Pers.(罂粟科)
阿上格(苗语)=翅柄马蓝
阿氏凤仙花 Impatiens arnottii Thwaites (凤仙花科)
阿氏蒿(东北检索表)=东北丝裂蒿
阿斯科特秋海棠 Begonia ascotiensis J.B.Web.(秋海棠科)
阿斯通木(海南)=盆架树
阿塔玛斯扣葱莲 Zephyranthes atamasco (L.) Herb.(石蒜科)
阿泰乌头(新)Aconitum altaicum Steinb.(毛茛科).*阿尔泰乌头*
阿洼早熟禾 Poa araratica Trautv.(禾本科)
阿瓦芫荽(云南)=刺芹
阿魏(唐本草)=新疆阿魏
阿魏(植物志 55-3)=臭阿魏
阿魏属 Ferula L.(伞形科)
阿西棘豆 Oxytropis assiensis Vass.(豆科)
阿希刺柏 Juniperus ashei Buchlhols.(柏科)
阿希福瑞典刺柏 Juniperus communis var. suecia f. ashfordii (柏科)
阿希蕉 Musa rubra Wall. ex Kurz(芭蕉科)
阿修罗 Huernia pillansii N.E.Br.(萝藦科)
阿雅热夏(藏名)=总梗委陵菜
阿扬蓼 Polygonum ajanense (Rgl. & Til.) Grig.(蓼科)
阿于妤(植物志 45-3)=染用卫矛
阿玉山伴兰(台湾志,台兰科图鉴)=绿叶线柱兰
阿玉碎米荠(植物志 33)=露珠碎米荠
阿育魏实(新疆中草药)=阿米糙果芹
阿月浑子 Pistacia vera L.(漆树科),*无名子,无名木*
阿驵(酉阳杂俎)=无花果
阿扎蝇子草 Silene atsaensis (Marq.) Bocquet (石竹科),*加查女娄菜*
阿仲(四川西部藏语)=茵陈
阿仲茶保(藏名)=黑虎耳草
阿仲嘎保(藏名)=叉枝虎耳草

Ai

哀牢山复叶耳蕨 Arachniodes ailaoshanensis Ching (鳞毛蕨科)
哀氏马先蒿 Pedicularis elwesii HK.f.(玄参科),*哀氏马先蒿哀氏亚种*
哀氏马先蒿哀氏亚种(植物志 68)=哀氏马先蒿
哀氏马先蒿矮小亚种(植物志 68)=矮小哀氏马先蒿
哀氏马先蒿高大亚种(植物志 68)=高大哀氏马先蒿
埃贝寒保(青藏藏语)=全缘叶绿绒蒿
埃贝赛保(青海藏语)=尼泊尔绿绒蒿
埃得纳小檗 Berberis aetnensis Presl (小檗科)
埃德加杜鹃花(新拉汉英)=埃氏杜鹃花
埃耳威氏独尾草 Eremurus elwesii Mich.(百合科)
埃及白酒草 Conyza aegyptiaca (L.) Ait.(菊科)
埃及车轴草 Trifolium alexandrinum L.(豆科)
埃及姜饼棕 Hyphaene thebaica Mart.(棕榈科)
埃及苹 Marsilea aegyptica Willd.(苹科)
埃及蓍草 Achillea aegyptiaca Hirt. ex Steud.(菊科)
埃及鼠尾草 Salvia aegyptiaca L.(唇形科)
埃及田菁(豆科图说)=印度田菁
埃及血橙 Egyptiana Blood(芸香科血橙类)
埃季沃小檗 Berberis edgeworthiana Schneid.(小檗科)
埃结玄参 Scrophularia edgeworthii Benth.(玄参科)
埃勒姆-察乌尔(蒙语)=大籽蒿
埃蕾(沙漠药用植物)=百金花
埃蕾属(科属检索表)=**百金花属**
埃利越桔 Vaccinium elliottii Chapm.(杜鹃花科)
埃伦伯格十大功劳 Mahonia ehrenbergii (Kuntze) Fedde (小檗科)
埃牟茶藨子(华北经济志要)=糖茶藨子
埃塞俄比亚茶(植物志 45-3)=巧茶
埃塞俄比亚滇竹 Oxytenanthera abyssinica (Rich.) Munro (禾本科)
埃塞俄比亚裂冠花 Chasmanthe aethiopica N.E. Br. (鸢尾科)
埃氏杜鹃花 Rhododendron edegarianum Rehd. & Wils.(杜鹃花科),*埃德加杜鹃花*
埃氏凤仙花 Impatiens edgeworthii HK.f.(凤仙花科)
埃氏马先蒿 Pedicularis artselaeri Maxim.(玄参科),*蚂蚁窝,埃氏马先蒿埃氏亚种*
埃氏马先蒿埃氏亚种(植物志 68)=埃氏马先蒿
埃氏马先蒿五台变种(植物志 68)=五台埃氏马先蒿
埃氏秋海棠 Begonia edmundoi Brade (秋海棠科)
埃氏紫堇(中药大辞典)=籽纹紫堇
埃斯特雷亚秋海棠 Begonia estrellensis C.DC.(秋海棠科)
埃塔棕属 Euterpe Mart.(棕榈科)
埃望鼠尾(植物学杂志)=雪山鼠尾草
矮阿尔泰葶苈 Draba altaica var. pusilla (Kar. & Kir.) Fedtsch.(十字花科)
矮爱尔兰刺柏 Juniperus communis var. hibernica f. nana (柏科)
矮菝葜 Smilax nana Wang(百合科),*刺瓜米草,刺梭罗*
矮把蕉(广东)=香蕉
矮白菜(图考)=岩白菜
矮白郁金香 Tulipa pulchella var. pallida Hort.(百合科)
矮柏木(湖北兴山)=刺柏
矮包包(云南)=一把香
矮扁鞘飘拂草 Fimbristylis complanata var. kraussiana C.B.Clarke (莎草科)
矮扁莎 Pycreus pumilus (L.) Domin (莎草科)
矮扁桃 Amygdalus nana L.(蔷薇科)
矮藨草 Scirpus pumilus Vahl (莎草科)
矮滨蒿 Artemisia nakai Pamp.(菊科)
矮菜棕 Sabal minor (Jacq.) Pers.(棕榈科),*短茎萨巴尔榈*
矮糙苏 Phlomis pygmaea C.Y.Wu(唇形科)
矮草沙蚕 Tripogon humilis X.L.Yang(禾本科)
矮茶(图考)=紫金牛
矮茶(浙江,广东)=百两金
矮茶藨(东北木本志)=矮茶藨子
矮茶藨子 Ribes triste Pall.(虎耳草科),*矮茶藨*
矮茶风(分类草药性)=紫金牛
矮茶风(四川中药志)=雪下红
矮茶荷(草木便方)=紫金牛
矮茶子(江西)=九节龙
矮茶子(开宝本草)=紫金牛
矮齿韭 Allium brevidentatum F.Z.Li(百合科)
矮齿铁角蕨(海南志)=两广铁角蕨
矮齿缘草 Eritrichium humillimum W.T.Wang (紫草科)
矮垂头菊 Cremanthodium humile Maxim.(菊科),*小垂头菊*
矮慈姑 Sagittaria pygmaea Miq.(泽泻科),*瓜皮草,鸭舌头,水充草,鸭舌子*
矮刺苏 Chamaesphacos ilicifolius Schrenk(唇形科)
矮刺苏属 Chamaesphacos Schrenk(唇形科)
矮丛杜鹃花 Rhododendron lochmium Balf.f.(杜鹃花科)
矮丛光蒿 Artemisia disjuncta Krasch.(菊科)
矮丛蒿 Artemisia caespitosa Ledeb.(菊科),*灰莲蒿*
矮丛薹草 Carex callitrichos var. nana (Lévl. & Vant.) Ohwi(莎草科)
矮粗距翠雀花(植物志 27)=乡城翠雀花
矮醋栗 Ribes humile Jancz.(虎耳草科),*黄果矮茶藨*
矮簇补血草(植物志 60-1)=簇枝补血草
矮翠雀花 Delphinium pumilum W.T.Wang(毛茛科)
矮大黄(青海)=小大黄
矮大黄 Rheum nanum Siev. ex Pall.(蓼科)
矮大戟 Euphorbia humilis Meyer ex Ledeb.(大戟科)
矮大叶火烧兰 Epipactis mairei var. humillior T. Tang & F.T.Wang(兰科)
矮灯心草 Juncus minimus Buchen.(灯心草科)
矮地茶(中国药典,海南药志)=紫金牛
矮地瓜苗(吉林)=地瓜儿苗

矮地黄(云南药用名录)=小叶干花豆
矮地蔷薇(东北检索表)=三裂地蔷薇
矮地榆 Sanguisorba filiformis (HK.f.) Hand.-Mazz. (蔷薇科),*虫莲,海参,五母那包*
矮顶香(广西马山)=地枫皮
矮冬青 Ilex lohfauensis Merr.(冬青科),*罗浮冬青*
矮独叶(云南)=岩上珠
矮短叶水蜈蚣 Kyllinga brevifolia f. pumila (Suringar) Tang & Wang(莎草科)
矮短紫金牛 Ardisia pedalis E.Waslk.(紫金牛科)
矮二尾兰(海南志)=二尾兰
矮飞蓬 Erigeron divaricatus Michx.(菊科)
矮粉背蕨 Aleuritopteris pygmeae Ching ex S.K Wu (中国蕨科)
矮粉条儿菜 Aletris nana S.C.Chen(百合科)
矮粉郁金香 Tulipa pulchella var. rosea Hort.(百合科)
矮干大头苏铁 Encephalartos laurentianus De Willd. (苏铁科)
矮杆鲤鱼胆(植物志 62)=五岭龙胆
矮高河菜(植物志 33)=高河菜
矮高山栎 Quercus monimotricha Hand.-Mazz. (壳斗科),*矮山栎*
矮高原芥(植物志 33)=矮扇叶芥
矮根节兰(台湾志)=狭叶虾脊兰
矮茛菪(植物学报)=马尿泡
矮瓜(广州)=茄
矮瓜(广州志)=乳茄
矮灌蓝莓(新拉汉英)=狭叶越桔
矮桄榔(云南植物名录)=山棕
矮鬼针草(福建中草药)=鹿角草
矮孩儿草 Rungia mina H.S.Lo(爵床科)
矮汉博百合 Lilium humboldtii var. bloomerianum Purdy (百合科)
矮蒿 Artemisia lancea Van.(菊科),*牛尾蒿,小艾,野艾蒿,细叶艾,小蓬蒿*
矮合欢 Albizia julibrissin.f. rosea (Carr.) Rehd.?(豆科)
矮红(云南)=大狼毒
矮红杜鹃(云南杜鹃花)=滇藏杜鹃
矮红鳞扁莎 Pycreus sanguinolentus f. humilis (Miq.) L.K.Dai (莎草科)
矮红子(贵州)=小叶栒刺木
矮红子(贵州土名)=平枝栒子
矮狐尾藻 Myriophyllum humile Morong (小二仙草科),*矮茨*
矮胡麻草 Centranthera trangquebarica (Spreng.) Merr.(玄参科) ,*细瘦胡麻草*
矮虎耳草 Saxifraga coarctata W.W.Sm.(虎耳草科)
矮花叶万年青 Dieffenbachia humilis Poepp. (天南星科)
矮华南远志 Polygala glomerata var. pygmaea C.Y.Wu & S.K.Chen(远志科)
矮桦(新拉汉英)= 矮小桦(新)
矮桦 Betula potaninii Batal.(桦木科),*矮桦木*
矮桦木(树木分类学)=矮桦
矮黄堇 Corydalis pygmaea C.Y.Wu & Z.Y.Su (罂粟科)
矮黄栌 Cotinus nana W.W.Sm.(漆树科)
矮黄日本扁柏 Chamaecyparis obtusa cv. Nana Aurea (柏科)
矮黄杨叶小檗 Berberis buxifolia var. nana A.Usteri (小檗科)
矮灰毛豆 Tephrosia pumilla (Lam.) Pers.(豆科)
矮桧(江苏,浙江)=铺地柏
矮桧(中国裸子志)=西伯利亚刺柏
矮火绒草 Leontopodium nanum (HK.f. & Thoms.) Hand.-Mazz.(菊科)
矮棘豆 Oxytropis humilis C.W.Chang(豆科)
矮假龙胆 Gentianella pygmaea (Regel & Schmalh.) H.Sm.(龙胆科)
矮尖瓣芹 Acronema chinense var. humile S.L. Liou & Shan(伞形科)
矮碱茅 Puccinellia humilis Litw. ex Krecz.(禾本科)
矮箭竹 Fargesia demissa Yi (禾本科),*箭竹*
矮姜花 Hedychium brevicaule D.Fang(姜科)
矮胶枞 Abies balsamea var. nana (Nels.) Carr. (松科)
矮角盘兰 Herminium chloranthum T.Tang & F. T.Wang(兰科)
矮脚白花蛇利草(广西百色)=伞房花耳草
矮脚草(图考长编)=紫金牛
矮脚茶(上海中草药)=紫金牛
矮脚甸伞(陆川本草)=雪下红
矮脚盾地雷(广东)=香蕉
矮脚枫(天目药志)=三桠乌药
矮脚甘松(中草药汇编)=肥牛草
矮脚锦鸡儿 Caragana brachypoda Pojark.(豆科),*好伊日格-哈日嘎纳*
矮脚苦蒿(植物志 74)=熊胆草
矮脚凉伞(广西药用名录)=细罗伞
矮脚龙胆(昆明草药)=柔毛龙胆
矮脚三郎(图考)=雪下红
矮脚蹄盖蕨(蕨类名词及名称)=黑足蹄盖蕨
矮脚香蕉(云南)=香蕉
矮脚樟(纲目拾遗)=紫金牛
矮脚樟茶(陕西,浙江,江西,福建)=紫金牛
矮脚子(江西)=独脚金
矮金莲花 Trollius farrei Stapf(毛茛科),*五金草,一枝花*
矮金荠(海南志)=短毛单序草
矮筋骨草 Ajuga chamaecistus Ging. ex Benth. (唇形科)
矮堇郁金香 Tulipa pulchella var. violacea Hort. (百合科)
矮锦鸡儿 Caragana pygmaea (L.) DC.(豆科)
矮茎报春(拉汉名称)=单花脆蒴报春
矮茎灯心草 Juncus nepalicus Miyamoto & H. Ohba (灯心草科)
矮茎囊瓣芹 Pternopetalum longicaule var. humile Shan & Pu(伞形科)
矮茎朱砂根(南川中草药,中药大辞典)=九管血
矮景天(拉汉名称)=矮生红景天
矮韭(植物志 14)=单花韭
矮韭 Allium anisopodium Ledeb.(百合科)
矮爵床 Rostellularia humilis H.S.Lo(爵床科)
矮糠(北京)=疏柔毛罗勒
矮糠(药用志,北京)=罗勒
矮苦竹(竹类志略)=矮箬竹
矮蓝刺头(植物志 78-1)=丝毛蓝刺头
矮蓝刺头 Echinops humilis MB.(菊科)
矮郎伞(广西药用名录)=紫金牛
矮狼杷草 Bidens tripartita var. repens (D.Don) Sherff(菊科)
矮棱子芹 Pleurospermum nanum Franch.(伞形科),*紫棕棱子芹*
矮冷水花 Pilea peploides (Gaudich.) HK. & Arn. (荨麻科),*坐镇草,圆叶豆瓣草*
矮冷水麻(台湾志)=齿叶矮冷水花
矮栗 Castanea pumila Mill.(壳斗科)
矮凉伞子(江西)=九管血
矮两歧飘拂草 Fimbristylis dichotoma f. depauperata (C.B.Clarke) Ohwi (莎草科)
矮蓼 Polygonum humile Miesm.(蓼科)
矮林报春(拉汉名称)=灌丛报春
矮零子(贵州)=铁仔
矮柳杉 Cryptomeria japonica cv. Pygmeae (杉科)
矮柳叶菜 Epilobium obscurum Schreb.(柳叶菜科)
矮龙胆 Gentiana wardii W.W.Sm.(龙胆科)
矮龙血树 Dracaena terniflora Roxb.(百合科)
矮露兜树 Pandanus pygmaeus Thouars.(露兜树科)
矮芦莉草 Ruellia humilis Nutt.(爵床科)
矮绿属(种子植物名称)=**地桂属**
矮裸柱草 Gymnostachyum subrosulatum H.S. Lo(爵床科)
矮落芒草 Oryzopsis humilis Bor (禾本科)
矮落新妇 Astilbe chinensis var. pumila Hort.(虎耳草科)
矮麻黄 Ephedra minuta Florin (麻黄科),*川麻黄,麻黄,异株矮麻黄*
矮马先蒿 Pedicularis humilis Bonati(玄参科)
矮芒毛苣苔 Aeschynanthus humilis Hemsl.(苦苣苔科)
矮毛茛 Ranunculus pseudopygmaeus Hand.-Mazz. (毛茛科)
矮毛蕨 Cyclosorus pygmaeus Ching & C.F. Zhang (金星蕨科)
矮明尼苏达雪白山梅花 Philadelphus virginalis cv. Dwarf Minnesota Snowflake (虎耳草科)
矮茉莉(树木分类学)=小叶安息香
矮茉莉点地梅 Androsace chamaejasme Host(报春花科)
矮牡丹 Paeonia jishanensis T.Hong & W.Z.Zhao (芍药科)
矮木蓝 Indigofera sticta Craib(豆科)
矮木贼 Equisetum scropiodes Michx.(木贼科)
矮能加棕 Nenga pumila (Mart.) wendl.(棕榈科)
矮欧夏至草 Marrubium nanum Knorr.(唇形科)
矮飘拂草 Fimbristylis nanofusca Tang & Wang (莎草科)
矮瓶尔小草 Ophioglossum lusitanicum L.(瓶尔小草科)
矮朴 Celtis pumila Pursh.(榆科)
矮杞树(植物志 29)=猫儿屎
矮千斤拔 Flemingia procumbens Roxb.(豆科)
矮前胡 Peucedanum nanum Shan & Sheh(伞形科)
矮蔷薇 Rosa nanothamnus Bouleng.?(蔷薇科)
矮青蒿(江苏北部)=海州蒿
矮青木 Rauvolfia brevistyla Tsiang(夹竹桃科)
矮青木属(分类学报)=**萝芙木属**
矮琼棕 Chuniophoenix nana Burret (棕榈科)
矮秋海棠 Begonia humilis Dryand.(秋海棠科)
矮球萼蝇子草 Silene chodatii var. pygmaea Bocquet (石竹科)
矮球穗扁莎 Pycreus globosus var. minimus (Kükenth.) Tang & Wang(莎草科)
矮球形北美香柏 Thuja occidentalis cv. Hoveyi (柏科)
矮全唇兰 Myrmechis pumila (HK.f.) T.Tang & F.T.Wang (兰科)
矮人陀(昆明草药)=狗头七
矮忍冬贝克斯 Banksia nutans R.Br.(山龙眼科),*俯垂贝克斯*

矮日本小檗 Berberis thunbergii var. mino Rehd. (小檗科)
矮瑞典刺柏 Juniperus communis var. suecia f. nana (柏科)
矮瑞香(台湾志)=台湾狼毒
矮箬竹 Indocalamus pedalis (Keng) Keng f.(禾本科),*矮苦竹*
矮伞芹 Chamaesciadium acaule (M.B.) de Boiss. (伞形科)
矮伞芹属 Chamaesciadium C.A.Mey.(伞形科)
矮沙蒿 Artemisia desertorum var. foetida (Jacq. ex DC.) Ling & Y.R.Ling(菊科)
矮砂仁 Amomum villosum var. nanum H.T.Tsai & S.W.Zhao(姜科)
矮莎草 Cyperus pygmaeus Rottb.(莎草科)
矮山姜 Alpinia psilogyna D.Fang(姜科)
矮山兰 Oreorchis parvula Schltr.(兰科)
矮山黧豆 Lathyrus humilis (Ser.) Spreng.(豆科),*矮香豌豆*
矮山栎(高等图鉴)=矮高山栎
矮山月桂(新拉汉英)=狭叶山月桂
矮山芝麻 Helicteres plebeja Kurz(梧桐科)
矮杉树(四川中药志)=蛇足石杉
矮扇叶芥 Desideria pumila (Kurz) Al-Shehbaz (十字花科),*矮高原芥*
矮舌瓣 Glossopetalon pungens Brandg.(卫矛科)
矮生变种(植物志 65-2)=矮生紫背金盘(新)
矮生变种(植物志 65-2,Flora 17)=矮生甘青青兰
矮生长蒴苣苔 Didymocarpus nanophyton C.Y. Wu ex H.W.Li(苦苣苔科)
矮生鞑靼补血草 Limonium tataricum var. nanum Hubb.(白花丹科)
矮生大萼委陵菜 Potentilla conferta var. trijuga Yü & Li(蔷薇科)
矮生大戟(沙漠志)=土大戟
矮生豆列当 Mannagettaea hummelii H.Sm.(列当科)
矮生独蒜兰 Pleione humilis (Sm.) D.Don (兰科)
矮生杜鹃 Rhododendron proteoides Balf.f. & Forr. (杜鹃花科)
矮生多裂委陵菜 Potentilla multifida var. nubigena Wolf(蔷薇科)
矮生二裂委陵菜 Potentilla bifurca var. humilior Rupr & Osten-Sacken(蔷薇科)
矮生伽蓝菜(新拉汉英)=长寿花
矮生甘青青兰(新)Dracocephalum tanguticum var. nanum C.Y.Wu & W.T.Wang(唇形科),*矮生变种*
矮生红景天 Rhodiola humilis (HK.f. & Thoms.) S.H.Fu (景天科),*卡倍景天*,*矮景天*,*二型叶景天*
矮生胡枝子 Lespedeza forrestii Schindl.(豆科)
矮生虎耳草(Flora 8)=十字虎耳草
矮生虎耳草 Saxifraga nana Engl.(虎耳草科),*青海虎耳草*
矮生黄鹌菜 Youngia depressa (HK.f. & Thoms.) Babcock & Stebbins(菊科)
矮生黄杨 Buxus sinica var. pumila M.Cheng(黄杨科)
矮生金黄侧柏 Platycladus orientalis cv. Aurea Nana (柏科)
矮生蕾丽兰 Laelia pumila (HK.) Rchb.f.(兰科)
矮生瘤瓣兰 Oncidium pumilum Lindl.(兰科)
矮生柳叶菜 Epilobium kingdonii Raven(柳叶菜科),*曲林柳叶菜*
矮生罗汉柏 Thujopsis dolabrata cv. Nana (柏科)
矮生马醉木 Pieris nana (Maxim.) Mak.(杜鹃花科)
矮生欧洲酸樱桃 Cerasus vulgaris var. frutescens (蔷薇科)
矮生欧洲卫矛 Euonymus europaeus var. nanus Loud. (卫矛科)
矮生忍冬 Lonicera minuta Batal.(忍冬科)
矮生日本扁柏 Chamaecyparis obtusa cv. Nana (柏科)
矮生嵩草 Kobresia humilis (C.A.Mey. ex Trautv.) Sergiev(莎草科)
矮生薹草 Carex pumila Thunb.(莎草科)
矮生香科科 Teucrium nanum C.Y.Wu & S. Chow (唇形科)
矮生小檗 Berberis medogensis Ying(小檗科)
矮生绣线梅 Neillia gracilis Franch.(蔷薇科)
矮生悬钩子 Rubus clivicola Walker(蔷薇科)
矮生雪白山梅花 Philadelphus virginalis cv. Glacier (虎耳草科)
矮生栒子 Cotoneaster dammerii Schneid.(蔷薇科)
矮生栒子长柄变种(植物志 36)=长柄矮生栒子(新)
矮生延胡索 Corydalis humilis Oh & Kim(罂粟科)
矮生野决明 Thermopsis smithiana Pet.-Stib.(豆科)
矮生羽叶花 Acomastylis elata var. humilis (Royle) F.Bolle(蔷薇科)
矮生圆柏 Sabina chinensis var. nana Hochst.(柏科)
矮生紫背金盘(新)Ajuga nipponensis var. pallescens (Maxim.) C.Y.Wu & C.Chen(唇形科),*矮生变种*
矮蓍草 Achillea nana L.(菊科)
矮十大功劳 Mahonia pumila (Greene) Fedde (小檗科)
矮石斛 Dendrobium bellatulum Rolfe (兰科),*小美石斛*,*黑节草*,*石斛露*
矮石龙尾 Limnophila pygmaea HK.f.(玄参科)
矮石松(云南植物研究)=成层石松
矮黍(广州志)=南亚稷
矮鼠李 Rhamnus pumila Turra.(鼠李科)
矮鼠麴草 Gnaphalium stewartii C.B.Clarke(菊科)
矮水竹叶 Murdannia spirata (L.) Brückn.(鸭跖草科)
矮松(东北)=偃松
矮松 Pinus virginiana Mill.(松科)
矮素馨(植物研究)=矮探春
矮酸脚杆 Medinilla nana S.Y.Hu(野牡丹科)
矮穗白珠 Gaultheria notabilis Anth.(杜鹃花科)
矮塔北美香柏 Thuja occidentalis cv. Ellwangeriana (柏科)
矮探春 Jasminum humile L.(木犀科),*火炮子*,*小黄馨*,*小黄素馨*,*毛叶小黄素馨*,*矮素馨*,*败火草*,*常春黄素馨*
矮汤姆逊杜鹃(新拉汉英)=云雾杜鹃花
矮糖芥 Erysimum schlagintweitianum O.E. Schulz (十字花科)
矮桃 Lysimachia clethroides Duby(报春花科),*白花药*,*扯根菜*,*调经草*,*狗尾巴草*,*虎尾珍珠菜*,*九节莲*,*狼尾草*,*劳伤药*,*伸筋散*,*尾脊草*,*刨鸡尾*,*珍珠草*
矮天名精 Carpesium humile Winkl.(菊科)
矮天仙子(维吾尔语)=中亚天仙子
矮葶点地梅(东北草本志)=长叶点地梅
矮葶苈 Draba handelii O.E.Schulz(十字花科),*韩氏葶苈*
矮葶缺裂报春 Primula humilis Pax & Hoffm. (报春花科)
矮桐(江西草药)=臭牡丹
矮桐子(四川)=臭牡丹
矮桐子(药用志)=海州常山
矮兔耳草 Lagotis humilis Tsoong & Yang(玄参科)
矮豚草 Ambrosia pumila A.Gray (菊科)
矮陀陀(滇南本草)=一把香
矮陀陀(四川,贵州,云南)=单叶地黄连
矮陀陀(新华本草纲要)=云南地黄连
矮陀陀 Munronia henryi Harms(楝科),*白花矮陀陀*,*地黄连*,*滇黔地黄*,*亨氏地黄连*,*假苦楝*,*金丝岩陀*,*七匹散*,*土黄连*
矮万代兰 Vanda pumila HK.f.(兰科)
矮卫矛 Euonymus nanus Bieb(卫矛科)
矮文竹 Asparagus plumosus var. nanus Nichols. (百合科)
矮觿茅 Dimeria ornithopoda subsp. subrobusta var. nana (Keng & Y.L.Yang) S.L.Chen & G. Y.Sheng(禾本科)
矮喜山葶苈(植物志 33)=喜山葶苈
矮陷繁缕 Stellaria depressa E.Schimd(石竹科)
矮香薷(云南)=野拨子
矮香薷 Elsholtzia pygmaea W.W.Sm.(唇形科)
矮香豌豆(豆科图说)=矮山黧豆
矮小哀氏马先蒿 Pedicularis elwesii subsp. minor (H.L.Li) Tsoong(玄参科),*哀氏马先蒿矮小亚种*
矮小白苞筋骨草(新)Ajuga lupulina f. humilis Sun ex G.H.Hu(唇形科),*矮小变型*
矮小白珠 Gaultheria nana C.Y.Wu & T.Z.Hsu (杜鹃花科)
矮小斑虎耳草 Saxifraga punctulata var. minuta J.T.Pan (虎耳草科)
矮小苞叶芋 Spathiphyllum wallisii Rgl.(天南星科)
矮小变型(植物志 65-2)=矮小白苞筋骨草(新)
矮小柴胡 Bupleurum tenue var. humile Franch. (伞形科)
矮小大王马先蒿 Pedicularis rex subsp. parva (Bonati) Tsoong(玄参科),*大王马先蒿矮小亚种*
矮小稻槎菜 Lapsana humilis (Thunb.) Makino (菊科)
矮小杜鹃 Rhododendron pumilum HK.f.(杜鹃花科)
矮小杜鹃杜鹃(新拉汉英)=云雾杜鹃花
矮小耳草 Hedyotis ovatifolia Cav.(茜草科)
矮小风毛菊 Saussurea pumila C.Winkl.(菊科)
矮小孩儿参(植物志 26)=孩儿参
矮小厚喙菊 Dubyaea gombalana (Hand.-Mazz.) Stebbins(菊科)
矮小虎耳草 Saxifraga perpusilla HK.f. & Thoms. (虎耳草科)
矮小桦(新)Betula pumila L.(桦木科),*矮桦*
矮小还阳参 Crepis nana Richards.(菊科)
矮小金星蕨 Parathelypteris grammitoides (Christ) Ching(金星蕨科)
矮小蓝钟花 Cyananthus incanus var. parvus Marq. (桔梗科)
矮小苓菊 Jurinea algida Iljin(菊科)
矮小梅花草 Parnassia humilis Ku (虎耳草科)

矮小米草 Euphrasia pumilis Ohwi(玄参科)
矮小南鹃 Pernettya pumila (L.f.) HK.(杜鹃花科)
矮小囊颖草 Sacciolepis myosuroides var. nana S.L.Chen & T.D.Zhuang(禾本科)
矮小婆婆纳 Veronica ciliata subsp. cephaloides (Pennell) Hong(玄参科),*长果婆婆纳拉萨亚种,拉萨长果婆婆纳*
矮小普氏马先蒿 Pedicularis przewalskii subsp. microphyton (Bur. & Franch.) Tsoong(玄参科),*普氏马先蒿矮小亚种,普氏马先蒿矮小亚种矮小变种*
矮小秋海棠 Begonia fengii Ku(秋海棠科)
矮小忍冬 Lonicera humilis Kar. & Kir.(忍冬科)
矮小肉果兰 Cyrtosia nana (Rolfe ex Downie) Garay (兰科)
矮小山麦冬 Liriope minor (Maxim.) Makino(百合科)
矮小石松 Diphasiastrum veitchii (Christ) Holub (石松科),*小石松,伸筋草*
矮小矢车菊 Centaurea sibirica L.(菊科)
矮小鼠李 Rhamnus minuta Grub.(鼠李科)
矮小丝瓣芹 Acronema wolffianum Fedde ex Wolff(伞形科)
矮小天仙果 Ficus erecta Thunb.(桑科),*大号牛奶子,大叶牛奶子,假枇杷果,毛天仙果,牛奶柴,牛奶浆,牛乳茶,天师果,野枇杷*
矮小洼瓣花(Flora 24)=小洼瓣花
矮小无距凤仙花 Impatiens margaritifera var. humilis Y.L.Chen(凤仙花科)
矮小悬钩子(新)Rubus nanopetalus Card.?(蔷薇科)
矮小鸦葱 Scorzonera humilis L.(菊科)
矮小岩须 Cassiope nana T.Z.Hsu(杜鹃花科)
矮小沿沟草 Catabrosella humilis (Bieb.) Tzvel. (禾本科)
矮小沿阶草(植物志 15)=沿阶草
矮小野丁香 Leptodermis pumila Lo(茜草科)
矮小郁金香 Tulipa orphanidea Boiss. ex Heldr. (百合科)
矮小珠峰火绒草(新)Leontopodium himalayanum var. pumillum Ling(菊科),*珠峰火绒草矮小变种*
矮星宿菜 Lysimachia pumila (Baudo) Franch. (报春花科)
矮形黄榆(东北木本志)=大果榆
矮型黄芪 Astragalus stalinskyi Sirj.(豆科)
矮熊果(新拉汉英)=沙丘熊果
矮萱草 Hemerocallis nana Forr.(百合科)
矮雪轮(拉汉名称)=大蔓樱草
矮鸦葱(高等图鉴)=小鸦葱
矮亚菊 Ajania trilobata Poljak.(菊科)
矮延龄草 Trillium nivale Riddell.(百合科)
矮眼子菜 Potamogeton nanus Y.D.Chen (眼子菜科)
矮雁皮(秦岭)=河朔荛花
矮羊茅 Festuca coelestis (St.-Yves) Krecz. & Bobr.(禾本科)
矮杨梅(云南中草药)=云南杨梅
矮杨梅冬青 Ilex chamaebuxus C.Y.Wu ex Y. R.Li (冬青科)
矮野青茅 Deyeuxia tibetica var. przevalskyi (Tzvel.) P.C.Kuo & S.L.Lu(禾本科)
矮叶书带蕨(蕨类图谱)=书带蕨
矮银枞 Abies alba var. compacta (Parsons) Rehd. (松科)
矮蝇子草 Silene nana Kar. & Kir.(石竹科)
矮优越虎耳草 Saxifraga egregioides J.T.Pan(虎耳草科)
矮玉山龙胆 Gentiana scabrida var. horaimontana (Masam.) Liu & Kuo(龙胆科),*高山龙胆*
矮郁金香 Tulipa pulchella Fenzl.(百合科)
矮鸢尾 Iris kobayashii Kitagawa(鸢尾科)
矮鸢尾 Iris pumila L.(鸢尾科)
矮越桔 Vaccinium caespitosum Michx.(杜鹃花科)
矮越桔 Vaccinium chamaeboxus C.Y.Wu(杜鹃花科)
矮云梅花草 Parnassia nubicola var. nana Ku (虎耳草科)
矮早熟禾 Poa pumila Host.(禾本科)
矮泽芹 Chamaesium paradoxum Wolff(伞形科)
矮泽芹属 Chamaesium Wolff (伞形科)
矮獐牙菜 Swertia handeliana H.Sm. (龙胆科)
矮樟(纲目)=乌药
矮针蔺 Heleocharis parvula (Roem. & Schult.) Link.(莎草科)
矮直瓣苣苔 Ancylostemon humilis W.T.Wang (苦苣苔科)
矮重楼 Paris polyphylla var. nana H.Li(百合科)
矮株变种(植物志 66)=密花香薷
矮株龙葵(植物志 67-1)=红果龙葵
矮柱兰 Thelasis pygmaea (Griff.) Bl.(兰科),*闭花八粉兰*
矮柱兰属 Thelasis Bl.(兰科)
矮爪(浙江)=紫金牛
矮子郎(湖北)=算盘子
矮紫苞鸢尾(植物志 16-1)=紫苞鸢尾
矮紫金牛 Ardisia humilis Vahl(紫金牛科)
矮紫堇(民族药志)=尼泊尔黄堇
矮紫杉 Taxus cuspidata cv. Nana (红豆杉科)
矮棕竹 Rhapis humilis Bl.(棕榈科),*棕榈竹,椶榈竹*
矮落草 Koeleria litvinowii var. tafelii (Dom.) P. C.Kuo & Z.L.Wu(禾本科)
矮菾(广州志)=矮狐尾藻
艾(名医别录,台湾志)=五月艾
艾 Artemisia argyi Lévl. & Vant.(菊科),*阿及艾,艾蒿,艾蓬,艾绒,艾叶,白艾,白陈艾,白蒿,冰台,陈艾,大艾,大叶艾,海艾,黑阴崴,红艾,黄草,火艾,家艾,灸草,祁艾,蕲艾,恰尔古斯-苏伊加,蒌哈,甜艾,五月艾,野艾,医草*
艾比湖沙拐枣 Calligonum ebi-nurcum Ivanova ex Soskov(蓼科)
艾菜(海南志)=茼蒿
艾草(广东)=益母草
艾草(海南)=泥胡菜
艾冬花(山西中药志)=款冬
艾尔星果棕 Astrocaryum ayri Mart.(棕榈科)
艾粉(药材资料汇编)=艾纳香
艾蒿(尔雅,本草纲目)=艾
艾蒿(青海)=牛尾蒿
艾蒿(陕西,内蒙古)=华北米蒿
艾胶树(海南)=艾胶算盘子
艾胶算盘子 Glochidion lanceolarium (Roxb.) Voigt (大戟科),*大叶算盘子,艾胶树*
艾角青(广部中草药手册)=尖蕾狗牙花
艾堇 Sauropus bacciformis (L.) Airy-Shaw(大戟科),*艾堇守宫木,红果草*
艾堇守宫木(分类学报)=艾堇
艾菊(东北检索表)=菊蒿
艾口(福建)=钝药野木瓜
艾葵假毛蕨(蕨类图说)=西南假毛蕨
艾麻 Laportea cuspidata (Wedd.) Friis (荨麻科),*红火麻,红线麻,活麻,苛麻,麻杆七,千年老鼠屎,山活麻,山苎麻,蛇麻草,蝎子草*
艾麻草(中草药汇编)=珠芽艾麻
艾麻属 Laportea Gaudich.(荨麻科)
艾纳香 Blumea balsamifera (L.) DC.(菊科),*艾粉,艾脑香,艾片,大风艾,大风叶,大骨风,大黄草,大毛药,结片,再风艾,紫再枫*
艾纳香属 Blumea DC.(菊科)
艾脑香(现代实用中药)=艾纳香
艾佩雷特番红花 Crocus imperati Ten.(鸢尾科)
艾蓬(江苏,江西,上海)=艾
艾片(增订伪药条辨)=艾纳香
艾齐森小檗 Berberis aitchisonii Ahrendt (小檗科)
艾奇鸢尾 Iris aitchisonii Baker (鸢尾科)
艾绒(江西,江苏,上海)=艾
艾氏报春(拉汉名称)=贵州卵叶报春
艾氏齿瓣兰 Odontoglossum egertoni Lindl.(兰科)
艾氏肉唇兰 Cycnoches egerotonianum Batem. (兰科),*艾氏天鹅兰*
艾氏水韭 Isoëtes eatonii Dodge (水韭科)
艾氏天鹅兰(新拉汉英)=艾氏肉唇兰
艾氏真碎米蕨 Cheilanthes eatonii Bak.(中国蕨科)
艾思卡罗属 Escallonia L.f.(虎耳草科)
艾松早熟禾 Poa aitchisonii Boiss.(禾本科)
艾桐(陕西)=假奓包叶
艾叶(广西)=魁蒿
艾叶(广西)=五月艾
艾叶(江苏)=野艾蒿
艾叶(中药俗称)=艾
艾叶火绒草 Leontopodium artemisiifolium (Lévl.) Beauv.(菊科)
艾叶三七(湖南药物志)=菊三七
艾叶酸蔹藤(中药大辞典)=酸蔹藤
艾宗状虎耳草 Saxifraga aizoon Jacq.(虎耳草科)
爱波斯提夫兰 Epistephium lucidum Cgn.(兰科)
爱波斯提夫兰属 Epistephium Kth.(兰科)
爱春花(种子植物名称)=喜花草
爱德华倒卵叶康达木 Condalia obovata var. edwardsiana V.L.Cory (鼠李科)
爱地草 Geophila herbacea (Jacq.) K.Schum.(茜草科),*出山虎,边耳草*
爱地草属 Geophila D.Don (茜草科)
爱地草属 Geophilla Don (茜草科)
爱冬草属(台湾志)=**喜冬草属**
爱尔兰刺柏 Juniperus communis var. hibernica Gord.(柏科)
爱尔兰欧石南 Erica mediterranea L.(杜鹃花科)
爱尔兰欧洲垂枝红豆杉 Taxus baccata cv. Stricta (红豆杉科)
爱国草(北京)=聚合草
爱花属(分类学报)=**树萝卜属**
爱克勒郁金香 Tulipa eichleri Rgl.(百合科)
爱兰(壮族名)=黄花蒿
爱丽喜林芋 Philodendron ilsemannii Hort.(天南星科)
爱美(壮族名)=黄花蒿
爱妹秋海棠 Begonia eminii Warb.(秋海棠科)
爱母草(广东,广西)=大花益母草
爱母草(江西)=益母草
爱氏马先蒿 Pedicularis elliotii Tsoong(玄参科)
爱氏蛇菰(新)Balanophora esquirolii Lévl.?(蛇菰科)

爱氏铁线蕨(蕨类图说)=普通铁线蕨
爱特史迪斯属 Agdestis Moc. & Sesse ex DC. (商陆科)
爱乌德花柏 Chamaecyparis lawsoniana cv. Ellwoodii (柏科)
爱洗(壮族名)=黄花蒿
爱玉子 Ficus pumila var. awkeotsang (Makino) Corner (桑科)

An

安倍那石斛 Dendrobium amboinense Hk.(兰科)
安达曼血桐 Macaranga andamanica Kurz(大戟科)
安得罗索夫黄芩 Scutellaria androssovii Juz.(唇形科)
安德里欧克斯十大功劳 Mahonia andrieuxii (HK. & Arn.) Fedde (小檗科)
安德鲁斯七筋姑 Clintonia andrewsiana Torr.(百合科)
安德逊氏美花莲 Habranthus andersonii Herb. (石蒜科)
安弟斯小檗 Berberis andeana Job (小檗科)
安第斯山茉莉芹 Oreomyrrhis andicola (Kunth) HK.f.(伞形科)
安第斯山秋海棠 Begonia andina Rusby (秋海棠科)
安东尼小檗 Berberis antoniana Ahrendt (小檗科)
安多无心菜 Arenaria amdoensis L.H.Zhou(石竹科)
安福槭 Acer shangszeense var. anfuense Fang & Soong (槭树科)
安哥拉鹿角蕨 Platycerium angolense Welw (角蕨科)
安哥拉缅茄 Afzelia quanzensis Welw.(豆科)
安哥拉帕洛梯 Protea angolensis Welw.(山龙眼科)
安格雀麦 Bromus angrenica Drob.(禾本科)
安顾兰 Anguloa clowesii Lindl.(兰科)
安顾兰属 Anguloa R. & P.(兰科)
安旱苋 Philoxerus wrightii HK.f.(苋科)
安旱苋属 Philoxerus R.Br.(苋科)
安徽百合 Lilium anhuiense D.C.Zhang & J.Z. Shao (百合科)
安徽贝母 Fritillaria anhuiensis S.C.Chen & S.F. Yin (百合科)
安徽楤木 Aralia subcapitata Hoo(五加科)
安徽稻槎菜(新)Lapsana uncinata Stebbins?(菊科)
安徽凤仙花 Impatiens anhuiensis Y.L.Chen(凤仙花科)
安徽黄芩 Scutellaria anhweiensis C.Y.Wu(唇形科)
安徽金粟兰 Chloranthus anhuiensis K.F.Wu(金粟兰科),*黑细辛*
安徽槭 Acer anhweiense Fang & Fang f.(槭树科)
安徽荛花 Wikstroemia anhuiensis D.C.Zhang & X.P.Zhang (瑞香科)
安徽山黧豆 Lathyrus anhuiensis Y.J.Zhu & R.X. Meng (豆科)
安徽石蒜 Lycoris anhuiensis Y.Hsu & Q.J.Fang (石蒜科)
安徽碎米荠 Cardamine anhuiensis D.C.Zhang & J.Z.Shao(十字花科)
安徽铁线莲(Flora 6)=安徽威灵仙
安徽威灵仙 Clematis chinensis var. anhweiensis (M.C.Chang) W.T.Wang(毛茛科)
安徽五针松(中国树木学)=大别山五针松
安徽小檗 Berberis anhweiensis Ahrendt(小檗科),*刺黄柏*
安徽银莲花 Anemone flaccida var. anhuiensis (Y.K.Yang et al.) Ziman & B.E.Dutton(毛茛科)
安徽羽叶报春 Primula merrilliana Schltr.(报春花科)
安吉金竹 Phyllostachys parvifolia C.D.Chu & H. Y.Chou (禾本科)
安吉水胖竹(分类学报)=红后竹
安江香柚 Citrus maxima cv. Anjiang Yu(芸香科)
安蕨(蕨类图说)=华东安蕨
安蕨 Anisocampium cumingianum Presl (蹄盖蕨科)
安蕨属 Anisocampium Presl(蹄盖蕨科)
安康凤丫蕨 Coniogramme ankangensis Ching & Hus(裸子蕨科)
安龙花 Dyschoriste sinica H.S.Lo(爵床科)
安龙花属 Dyschoriste Nees(爵床科)
安龙景天 Sedum tsiangii Fröd.(景天科)
安龙瘤果茶 Camellia anlungensis Chang(山茶科)
安龙石楠 Photinia anlungensis Yü(蔷薇科)
安龙腺萼木 Mycetia anlongensis Lo(茜草科)
安龙香科科 Teucrium anlungense C.Y.Wu & S.Chow(唇形科)
安龙油果樟 Syndiclis anlungensis H.W.Li(樟科)
安吕草(江苏)=茵陈蒿
安纳士树(树木分类学)=茶梨
安南木(云南景颇语)=水香薷
安南山核桃(图谱)=越南山核桃
安南子(纲目拾遗)=胖大海
安宁薹草 Carex anningensis Wang & Tang ex P. C.Li (莎草科)
安宁小檗 Berberis grodtmannia Schneid. (小檗科)
安平拉拉藤 Galium martinii Lévl. & Vant.(茜草科)
安坪十大功劳 Mahonia eurybracteata subsp. ganpinensis (Lévl.) Ying & Burff. (小檗科),*甘平十大功劳*,*刺黄柏*
安塞丽亚兰属(新拉汉英)=**豹斑兰属**
安石榴(名医别录)=石榴
安氏翠凤草 Pitcairnia andreana Lind.(凤梨科)
安氏曲足兰 Cyrtopodium andersonii (Lamb. ex Andr.) R.Br.(兰科)
安顺复叶耳蕨 Arachniodes anshuensis Ching & Y.T.Hsieh (鳞毛蕨科)
安顺木姜子 Litsea kobuskiana Allen(樟科)
安顺润楠 Machilus cavaleriei (Lévl.) Lévl.(樟科)
安顺铁线莲(植物志 28)=平坝铁线莲
安胎黄(蒙名)=细叶鸢尾
安图地杨梅 Luzula pallescens var. castanescens K.F.Wu (灯心草科)
安托小檗 Berberis apiculata (Ahrendt) Ahrendt (小檗科)
安柁拉属(名词审查本)=**雀舌木属**
安息香 Styrax benzion Dryander(安息香科)
安息香科 Styracaceae,*野茉莉科*
安息香猕猴桃 Actinidia styracifolia C.F.Liang (猕猴桃科)
安息香属 Styrax L.(安息香科),*野茉莉属*
安小檗 Berberis anniae Ahrendt (小檗科)
安匝木属 Pomaderris Labill.(鼠李科)
安泽翠雀 Delphinium grandiflorum var. deinocarpum W.T.Wang(毛茛科)
安祖花(新拉汉英)=火鹤花
桉 Eucalyptus robusta Smith(桃金娘科),*大叶桉*,*大叶有加利*
桉叶(生药学)=蓝桉
桉叶藤 Cryptostegia grandiflora R.Br.(萝藦科)
桉叶藤属 Cryptostegia R.Br.(萝藦科),*隐冠藤属*
桉叶悬钩子 Rubus eucalyptus Fockel(蔷薇科),*六月泡*
桉属 Eucalyptus L'Herit.(桃金娘科)
桉状槭 Acer eucalyptoides Fang & Wu(槭树科)
庵蕳(吉林)=菴蕳
庵摩勒(南方草木状)=余甘子
庵摩落迦果(纲目)=余甘子
菴芦(神农本草经,本草纲目)=菴蕳
菴闾(神农本草经,本草纲目)=菴蕳
菴罗(广东廉江)=皂帽花
菴蕳 Artemisia keiskeana Miq.(菊科),*庵蕳*,*菴芦*,*菴闾*,*菴蕳草*,*菴蕳蒿*,*菴蕳子*,*臭蒿*,*覆闾*
菴蕳草(千金方,千金翼方)=菴蕳
菴蕳蒿(广利方)=菴蕳
菴蕳子(神农本草经,本草纲目)=菴蕳
鞍唇沼兰 Malaxis matsudai (Yamamoto) Hatusima (兰科),*凹唇软叶兰*
鞍须芒草 Andropogon selloanus (Hack.) Hack.(禾本科)
鞍叶羊蹄甲 Bauhinia brachycarpa Wall. ex Benth. (豆科),*大飞扬*,*蝴蝶风*,*马鞍叶*,*马鞍叶羊蹄甲*,*羊蹄藤*,*夜关门*,*夜合叶*
岸刺柏 Juniperus conferta Parl.(柏科)
岸生半柱花(高等图鉴)=溪畔黄球花
岸生水韭 Isoëtes riparia Engelm. ex A.Br.(水韭科)
案棉线芬(陕西中草药)=眼子菜
暗苞粉苞菊 Chondrilla phaeocephala Rupr.(菊科)
暗淡乳突小檗 Berberis papillosa var. opacifolia Ahrendt (小檗科)
暗淡由基松棕 Eugeissona tristis Griff.(棕榈科)
暗鬼木(新华本草纲要)=黑面神
暗果春蓼 Polygonum persicaria var. opacum (Sam.) A.J.Li(蓼科)
暗褐飘拂草 Fimbristylis fusca (Nees) Benth.(莎草科),*牛毛草*,*山牛毛毡*,*田高粱*,*牛毛毡*
暗褐薹草 Carex atrofusca Schkuhr.(莎草科)
暗红葛缕子 Carum atrosanguineum Kar. & Kir. (伞形科)
暗红果栒子(经济植物手册)=暗红栒子
暗红鼠尾草 Salvia atorubra C.Y.Wu(唇形科)
暗红小檗 Berberis agricola Ahrendt(小檗科)
暗红栒子 Cotoneaster obscurus Rehd. & Wils. (蔷薇科),*暗红果栒子*
暗红栒子大叶变种(植物志 36)=大叶暗红栒子(新)
暗红紫晶报春 Primula valentiniana Hand.-Mazz. (报春花科),*紫红报春*
暗花金挖耳 Carpesium triste Maxim.(菊科),*东北金挖耳*
暗黄薄叶兰 Lycaste fulvescens HK.(兰科)
暗黄杭子稍 Campylotropis fulva Schindl. (豆科)
暗黄鸢尾 Iris fulva Ker.(鸢尾科)
暗蓝花醉鱼草(云南志)=酒药花醉鱼草
暗鳞鳞毛蕨 Dryopteris atrata (Kunze) Ching(鳞

毛蕨科)
暗绿巴拿马草 Carludovica atrovirens Wendl.(巴拿马草科)
暗绿杜鹃(云南志)=大关杜鹃
暗绿蒿 Artemisia atrovirens Hand.-Mazz.(菊科),*大蒿,白毛蒿,白蒿,白艾蒿,青蒿,铁蒿*
暗绿紫堇 Corydalis melanochlora Maxim.(罂粟科),*麦强日(热)尔瓦,银周色尔瓦*
暗罗 Polyalthia suberosa (Roxb.) Thw.(番荔枝科),*眉尾木,山观音,老人皮,鸡爪树*
暗罗属 Polyalthia Bl.(番荔枝科)
暗色菝葜 Smilax lanceifolia var. opaca A.DC.(百合科)
暗色鳞毛蕨(孢子植物)=桫椤鳞毛蕨
暗色薹草 Carex obscura Nees(莎草科)
暗色蝇子草 Silene bungei Bocquet(石竹科)
暗山公(生草药性备要)=九节
暗山香(岭南采药录)=九节
暗穗早熟禾 Poa tristis Trin. ex Rgl.(禾本科)
暗味马先蒿 Pedicularis obscura Bonati(玄参科)
暗香(海南崖县)=细基丸
暗消(云南)=耳叶马兜铃
暗消藤(云南,植物志 63)=马莲鞍
暗叶杜鹃 Rhododendron amundsenianum Hand.-Mazz.(杜鹃花科)
暗叶润楠 Machilus melanophylla H.W.Li(樟科)
暗紫贝母 Fritillaria unibracteata Hsiao & K.C. Hsia (百合科),*松贝,冲松贝,乌花贝母*
暗紫刺蕊草 Pogostemon atropurpureus Benth.(唇形科)
暗紫脆蒴报春 Primula calderiana Balf.f. & Cooper (报春花科),*卡德报春*
暗紫杜鹃 Rhododendron atropuniceum H.P. Yang (杜鹃花科)
暗紫旱蕨 Pellaea atropurpurea (L.) Link.(中国蕨科)
暗紫红花窗兰 Cryptophoranthus atropurpureus (Lindl.) Rolfe (兰科)
暗紫花爪唇兰 Gongora atropurpurea HK.(兰科)
暗紫耧斗菜 Aquilegia atrovinosa M.Pop. ex Gamajun(毛茛科)
暗紫欧洲卫矛 Euonymus europaeus var. atropurpureus Nichols.(卫矛科)
暗紫欧洲小檗 Berberis vulgaris var. atropurpurea Rgl.(小檗科)
暗紫鞘蕊花 Coleus atropurpureus Benth.(唇形科)
暗紫鼠尾草 Salvia atropurpurea C.Y.Wu(唇形科)
暗紫羊耳蒜 Liparis atropurpurea Lindl.(兰科)
暗紫柱瓣兰 Epidendrum atropurpureum Willd.(兰科)
暗棕越桔 Vaccinium fuscatum Ait.(杜鹃花科)

Ang

昂风根(岭南采药录)=榕树
昂山复叶耳蕨 Arachniodes maoshanensis Ching & P.C.Chiu(鳞毛蕨科)
昂天莲 Ambroma augusta (L.) L.f.(梧桐科),*水麻*
昂天莲属 Ambroma L.f.(梧桐科)
昂天巷子(江西)=金锦香
昂头风毛菊 Saussurea sobarocephala Diels(菊科)

Ao

凹瓣大叶报春(西藏志)=大果报春
凹瓣虎耳草 Saxifraga montanella var. retusa J.T. Pan (虎耳草科)
凹瓣苣苔 Ancylostemon aureus (Franch.) Burtt (苦苣苔科)
凹瓣梅花草 Parnassia mysorensis Heyne ex Wight & Arn.(虎耳草科)
凹苞耳叶马蓝 Perilepta retusa (D.Fang) C.Y.Wu & C.C.Hu(爵床科),*凹苞马蓝*
凹苞马蓝(分类学报)=凹苞耳叶马蓝
凹唇姜 Boesenbergia rotunda (L.) Mansf.(姜科)
凹唇姜属 Boesenbergia O.Ktze.(姜科)
凹唇鸟巢兰 Neottia papilligera Schltr.(兰科)
凹唇软叶兰(台湾志)=鞍唇沼兰
凹唇石仙桃 Pholidota convallariae (Rchb.f.) HK.f. (兰科)
凹唇羊耳蒜 Liparis kawakamii Hay.(兰科)
凹唇沼兰 Malaxis concava Seidenf.(兰科)
凹顶越桔 Vaccinium emarginatum Hay.(杜鹃花科)
凹萼兰 Rodriguezia secunda (兰科)
凹萼兰属 Rodriguezia R. & P.(兰科)
凹萼木鳖 Momordica subangulata Bl.(葫芦科)
凹萼清风藤 Sabia emarginata Lecomte(清风藤科),*凹叶清风藤*
凹尖紫麻 Oreocnide obovata var. paradoxa (Gagn.) C.J.Chen(荨麻科)
凹裂毛麝香 Adenosma retusilobum Tsoong & Chin (玄参科)
凹脉菝葜 Smilax lanceifolia var. impressinervia (Wang & Tang) T.Koyama(百合科)
凹脉丁公藤(海南志)=九来龙
凹脉杜茎山 Maesa cavinervis C.Chen(紫金牛科)
凹脉鹅掌柴 Schefflera impressa (C.B.Clarke) Harms(五加科)
凹脉扶芳藤 Euonymus fortunei f. rugosus Hara (卫矛科)
凹脉红淡比 Cleyera incornuta Y.C.Wu(山茶科),*肖柃*
凹脉金花茶 Camellia impressinervis Chang & S.Y.Liang(山茶科)
凹脉柃 Eurya impressinervis Kobuski(山茶科)
凹脉马兜铃 Aristolochia impresinervis C.F. Liang (马兜铃科),*穿石藤*
凹脉苹婆 Sterculia impressinervis Hsue(梧桐科)
凹脉球兰 Hoya kerrii Craib(萝藦科)
凹脉肉叶荚蒾 Viburnum chingii var. impressinervium (Hsu) Hsu(忍冬科)
凹脉薹草 Carex melanostachya M.V. Bieb. ex Willd. (莎草科)
凹脉桃叶珊瑚 Aucuba cavinervis C.Y.Wu(山茱萸科)
凹脉新木姜子 Neolitsea impressa Yang(樟科)
凹脉越桔 Vaccinium impressinerve C.Y.Wu(杜鹃花科)
凹脉紫金牛 Ardisia brunnescens Walker(紫金牛科),*山脑根,棕紫金牛,石狮子*
凹朴皮(天目药志)=鹅掌楸
凹乳芹 Vicatia coniifolia (Wall.) DC.(伞形科)
凹乳芹属 Vicatia DC.(伞形科)
凹舌兰 Coeloglossum viride (L.) Hartm.(兰科),*绿花凹唇兰,台湾裂唇兰,长苞舌唇兰*
凹舌兰属 Coeloglossum Hartm (兰科)
凹头苋 Amaranthus lividus L.(苋科),*野苋,野苋菜*
凹陷安龙花(新)Dyschoriste depressa (Wall.) Nees?(爵床科)
凹陷矢车菊(新)Centaurea depressa MB.?(菊科)
凹叶白刺 Nitraria retusa (Forsk.) Ascher.(蒺藜科)
凹叶大苞景天(植物志 34-1)=大苞景天
凹叶冬青 Ilex campionii Loes (冬青科)
凹叶冬青 Ilex championii Loes.(冬青科)
凹叶杜鹃(新拉汉英)=淑花杜鹃
凹叶杜鹃 Rhododendron davidsonianum Rehd. & Wils. (杜鹃花科)
凹叶榧(中国裸子志)=榧树
凹叶瓜馥木 Fissistigma retusum (Lévl.) Rehd.(番荔枝科),*头序瓜馥木*
凹叶红豆(海南)=胀荚红豆
凹叶红豆 Ormosia emarginata (HK. & Arn.) Benth.(豆科)
凹叶厚朴 Magnolia officinalis subsp. biloba (Rehd. & Wils.) Law(木兰科)
凹叶黄芪 Astragalus retusifoliatus Y.C.Ho(豆科)
凹叶旌节花 Stachyurus retusus Yang(旌节花科)
凹叶景天 Sedum emarginatum Migo(景天科),*打不死,九月寒,马牙半枝莲,石板菜,石板还阳,石雀还阳,岩板菜*
凹叶柃木(台湾志)=滨柃
凹叶木兰 Magnolia sargentiana Rehd. & Wils.(木兰科),*姜朴,应春花,厚皮*
凹叶木蓝 Indigofera emarginata Y.Y.Fang & C. Z.Zheng (豆科)
凹叶女贞 Ligustrum retusum Merr.(木犀科)
凹叶清风藤(植物志 47-1)=凹萼清风藤
凹叶球兰 Hoya obovarta var. kerrii (Craib) Cost (萝藦科)
凹叶雀梅藤 Sageretia horrida Pax & K.Hoffm.(鼠李科)
凹叶忍冬 Lonicera retusa Franch.(忍冬科)
凹叶瑞香 Daphne retusa Hemsl.(瑞香科),*祖司麻,冷水跌打,黄眼构皮,桂花矮陀陀,白花矮陀陀*
凹叶山蚂蝗 Desmodium concinnum DC.(豆科)
凹叶小檗 Berberis emarginata Willd.(小檗科)
凹叶野百合(海南志)=吊裙草
凹叶紫菀 Aster retusus Ludlow(菊科)
凹籽远志 Polygala umbonata Craib(远志科)
凹子豆(广东海康)=鸽仔豆
凹子黄堇 Corydalis pallida var. sparsimamma (Ohwi) Ohwi(罂粟科)
敖衣-给其根那(蒙名)=林荫千里光
葝(尔雅)=繁缕
螯休(本经,日华子本草)=华重楼
拗山皮(贵州草药)=扁担杆
拗山皮(贵州中草药名录)=小花扁担杆
奥贝沙(新拉汉英)=布纹球
奥比尼亚棕属 Orbignya Endl.(棕榈科)
奥别特敌克里桑草 Dichorisandra dubietiana Schult.(鸭跖草科)
奥存-沙里尔日(蒙语)=蒌蒿
奥存-照古其(蒙名)=水田碎米荠
奥打夏(西藏)=小叶棘豆
奥大利亚醉鱼草 Buddleja australis Vell(马钱科)
奥地利黑松 Pinus nigra var. austriaca Aschers. & Graebn.(松科)
奥地利青兰 Dracocephalum austriacum L.(唇形科)
奥地利栓皮槭 Acer campestre var. austriacum DC. (槭树科)
奥地利缬草 Valeriana supina L.(败酱科)
奥地利亚麻 Linum austriacum L.(亚麻科)

奥多罗(河北)=北京丁香
奥古苔草(新拉汉英)=短鳞薹草
奥甲决拉(藏药名)=芸香叶唐松草
奥克兰槐 Sophora chathamica Cock.(豆科)
奥拉华库小檗 Berberis aurahuacensis Lemaire (小檗科)
奥拉毛(植物志 62)=匙叶龙胆
奥莱克斯属 Aulax Bergius (山龙眼科)
奥兰棕属 Orania Zippel.(棕榈科)
奥勒西(青海藏语)=甘青报春
奥莉多菲北美香柏 Thuja occidentalis cv. Ohlendorfii (柏科)
奥里爱坦彩花 Acantholimon aulieatense Czeriak. (白花丹科)
奥里木属(科属辞典)=**赛金莲木属**
奥蓼(海南)=杜仲藤
奥林帕斯耧斗菜 Aquilegia olympica Boiss.(毛茛科)
奥龙金鱼草 Antirrhinum orontium L.(玄参科)
奥罗能(广西苗语)=地耳草
奥莫(西藏)=齿叶玄参
奥尼图-尼勒-其其格(蒙名)=裂叶堇菜
奥切鸢尾 Iris maculata Baker (鸢尾科)
奥山油柑 Acronychia baueri Schott.(芸香科)
奥氏独尾草 Eremurus olgae Rgl.(百合科)
奥氏卡特丽奥兰 Cattleyopsis ortgiesiana (Rchb. f.) Cgn.(兰科)
奥氏蓼(植物志 25-1)=木藤蓼
奥氏马先蒿 Pedicularis oliveriana Prain(玄参科),*西藏马先蒿,扭盔马先蒿*
奥氏秋海棠 Begonia olsoniae L.B.Sm. & Schub. (秋海棠科)
奥氏鼠刺(分类学报)=台湾鼠刺
奥氏葶苈 Draba olgae Rgl. & Schmalh.(十字花科)
奥氏郁金香 Tulipa ostrovskiana Rgl.(百合科)
奥斯马斯顿小檗 Berberis osmastonii Dunn (小檗科)
奥图草(海南志)=露籽草
奥图草属(分科检索表附录)=**露籽草属**
奥托多穗兰 Polystachya ottoniana Rchb.f.(兰科)
奥托蓁特草属 Otostegia Benth.(唇形科)
奥西紫露草 Tradescantia ohiensis Raf.(鸭跖草科)
奥杨属 Homalanthus A.Juss.(大戟科)
奥洲南洋杉(新拉汉英)=大叶南洋杉
奥洲茄 Solanum laciniatum Ait.(茄科)
澳大利亚槐 Sophora fraseri Benth.(豆科)
澳大利亚罗汉松 Podocarpus elatus R.Br. ex Endl. (罗汉松科)
澳古茨藻 Najas oguraensis Miki (茨藻科)
澳门薹草 Carex spachiana Boott(莎草科)
澳洲槟榔 Areca aliceae F.Muell.(棕榈科)
澳洲茶(新拉汉英)=薄子木
澳洲葱叶兰 Microtis oblonga R.S.Rog.(兰科)
澳洲对叶兰 Listera australis Lindl.(兰科)
澳洲坚果 Macadamia ternifolia F. Muell.(山龙眼科)
澳洲坚果属 Macadamia F. Muell.(山龙眼科)
澳洲堇菜 Viola hederacea Labill.(堇菜科)
澳洲铠兰 Corybas pruinosus (Cunn.) Rchb.f.(兰科)
澳洲南洋杉(经济植物手册)=大叶南洋杉
澳洲蒲葵 Livistona australis (R.Br.) Martius (棕榈科)
澳洲茄 Solanum aviculare Forst.(茄科)
澳洲山珊瑚 Galeola cassythoides (A.Cunn.) Rchb.f. (兰科)
澳洲苏铁 Macrozamia communis Johnson (苏铁科)
澳洲天麻 Gastrodia sesamoides R.Br.(兰科)
澳洲狭唇兰 Sarcochilus australis (Lindl.) Rchb.f. (兰科)
澳洲圆锥花番樱桃 Eugenia paniculata var. australis (Wendl.) Bailey (桃金娘科)
澳洲鹧鸪草 Eriachne rara R.Br.(禾本科)
澳洲朱蕉(新拉汉英)=剑叶朱蕉

Ba

八瓣桔(福建草药)=算盘子
八瓣秋海棠 Begonia octopetala L'Hérit.(秋海棠科)
八宝 Hylotelephium erythrostictum (Miq.) H. Ohba (景天科),*白花蝎子草,病态人草,大打不死,对叶景天,佛指甲,胡豆七,活血三七,火焰草,景天,绣球花*
八宝茶(山西)=黄海棠
八宝茶(植物志 69)=旋蒴苣苔
八宝茶 Euonymus przwalskii Maxim.(卫矛科),*甘青卫矛*
八宝树 Duabanga grandiflora (Roxb. ex DC.) Walp. (海桑科)
八宝树属 Duabanga Buch.-Ham.(海桑科),*杜滨木属*
八宝镇心月(云南思茅)=褐鞘沿阶草
八宝属 Hylotelephium H.Ohba (景天科)
八本条(东北)=珍珠梅
八步紧(辽宁)=白屈菜
八大锤(江西草药)=梵天花
八大木(广西博白)=柳叶茜树
八大王(贵州)=飞龙掌血
八代赤箭(台大研究报告)=八代天麻
八代蜜柑 Citrus yatsushiro Hort. ex Tanaka (芸香科)
八代天麻 Gastrodia confusa Honda & Tuyama (兰科),*八代赤箭*
八担仁(饮膳正要)=扁桃
八担杏(授时通考)=扁桃
八地龙(广部中草药手册)=酸藤子
八多酸(广西)=裂叶秋海棠
八幡草属 Boykinia Nutt.(虎耳草科)
八翻龙(云南河口)=越南安息香
八股牛(东北)=白鲜
八股绳(四川)=岩须
八瓜金(贵州瓮安)=金腺莸
八瓜筋(四川米易)=披针叶铁线莲
八卦掌 Dolichothele sphaerica (Dietr.) Britt. & Rose (仙人掌科)
八秽麻(江西)=玄参
八家妙(云南勐海傣语)=滇南蒲桃
八角(本草求原,植物志 30-1)=八角茴香
八角(广东,海南)=阴香
八角菜(本草从新)=枸骨
八角刺(高等图鉴)=枸骨
八角刺(江西安福)=猫儿刺
八角刺(青海药材)=蒺藜
八角带(海南吊罗山)=大果木姜子
八角枫(树木分类学)=瓜木
八角枫 Alangium chinense (Lour.) Harms(八角枫科),*华瓜木,椎木,木八角,白荆条,鹅脚板,八角王,八角金盘,八角梧桐,牛尾巴花*
八角枫科 Alangiaceae
八角枫属 Alangium Lam.(八角枫科)
八角花 Paraphlomis kwangtungensis C.Y.Wu & H.W.Li (唇形科)
八角灰菜(东北)=杂配藜
八角茴(江西)=红毒茴
八角茴香 Illicium verum HK.f.(木兰科),*八角,大茴香,唛角,舶茴香,大料*
八角金盘(本草从新,浙江)=八角枫
八角金盘(江西)=八角莲
八角金盘(江西,浙江,福建)=川八角莲
八角金盘 Fatsia japonica (Thunb.) Decne. & Planch. (五加科)
八角金盘属 Fatsia Decne. & Planch.(五加科),*手树属*
八角苦梓(海南)=苦梓含笑
八角莲(福建民间草药)=川八角莲
八角莲(福建民间草药)=六角莲
八角莲(云南)=云南八角莲
八角莲 Dysosma versipellis (Hance) M.Cheng ex Ying(小檗科),*鬼臼叶,鬼臼,八角金盘,一碗水,独叶枝花,八角鸟,独角莲*
八角菱 Trapa octotuberculata Miki(菱科)
八角麻(浙,赣)=悬铃叶苎麻
八角楠(海南)=多花白头树
八角楠(海南)=华润楠
八角鸟(通称)=八角莲
八角亭(植物志 77-1)=蜂斗菜
八角王(广西)=八角枫
八角乌(湖北,湖南,福建)=大吴风草
八角乌(四川)=鹿蹄橐吾
八角乌(通称)=川八角莲
八角梧桐 (浙江)=八角枫
八角香(贵州民间药物)=兔儿风蟹甲草
八角香(四川)=黑壳楠
八角樟 Cinnamomum ilicioides A.Chev.(樟科)
八角属 Illicium L.(木兰科)
八角子(台湾)=台湾八角
八金刚草(云南)=地耳草
八肋木(宁夏中草药)=栓翅卫矛
八棱麻(贵州方药集)=接骨草
八棱麻(四川)=小花鸢尾
八楞风(福建草药)=六棱菊
八楞麻(江苏中药名录)=台湾翅果菊
八楞麻(药材学)=风毛菊
八楞马(云南)=束序苎麻
八楞木(饮片新参)=风毛菊
八厘麻(中药志)=羊踯躅
八里花(中药大辞典)=禹州漏芦
八里麻(中药大辞典)=禹州漏芦
八里石竹 Dianthus palinensis S.S.Ying(石竹科)
八莲麻(江西吉水)=南丹参
八脉臭黄荆 Premna octonervia Merr. & Metc. (马鞭草科),*大叶山布惊树,臭八脉木*
八面风(贵州草药)=风毛菊
八面风(云南)=长蕊珍珠菜
八面风(浙江)=羊耳菊
八木(高等图鉴,贵州药用名录)=冬青卫矛
八木条(东北中草药)=珍珠梅
八蕊杜鹃 Rhododendron octandrum M.Y.He(杜鹃花科)
八蕊花 Sporoxeia sciadophila W.W.Sm.(野牡丹科)
八蕊花属 Sporoxeia W.W.Sm.(野牡丹科)
八蕊水苋菜 Ammannia octandra L.f.?(千屈菜科)
八蕊西番莲(广西)=长叶西番莲
八十缺(福建草药)=六棱菊
八树(中药大辞典)=毛棶
八树称木(台湾恒春)=青杨梅

八数木属 Octomeles Miq.(四数木科)
八宿棘豆 Oxytropis baxoiensis P.C.Li(豆科)
八宿雪灵芝 Arenaria baxoiensis L.H.Zhou(石竹科)
八头把子(山西灵石县)=紫花棘豆
八夏嘶(藏名)=长果婆婆纳
八仙草(滇南本草)=拉拉藤
八仙草(滇南本草)=猪殃殃
八仙草(分类草药性)=铁箍散
八仙草(南京药草)=费菜
八仙过海 Cryptocoryne yunnanensis H.Li(天南星科)
八仙花(花镜)=琼花
八仙花(南京)=绣球荚蒾
八仙花(图考)=绣球
八仙花(图考)=中国绣球
八仙花属(植物志 35-1)=**绣球属**
八仙蜡莲绣球(分类学报)=蜡莲绣球
八仙马桑绣球(分类学报)=马桑绣球
八仙柔毛绣球(分类学报)=马桑绣球
八仙绣球(分类学报)=绣球
八香(植物志 52-1)=秋海棠
八药水筛 Blyxa octandra (Roxb.) Planch. ex Thw. (水鳖科)
八叶瓜(贵州)=西南野木瓜
八月白(浙江)=鹤草
八月白(浙江草药)=异叶茴芹
八月半(分类草药性)=建兰
八月春(群芳谱)=秋海棠
八月瓜(贵州)=钝药野木瓜
八月瓜(江苏)=木通
八月瓜(四川,山东)=三叶木通
八月瓜(云南)=鹰爪枫
八月瓜 Holboellia latifolia Wall. (木通科),*刺藤果,兰木香,三叶莲,五风藤,昆明鹰爪枫*
八月瓜藤(安徽)=白木通
八月瓜藤(广东)=三叶木通
八月瓜属 Holboellia Wall. (木通科)
八月果(植物志 29)=五月瓜藤
八月杮(经济植物手册)=鹰爪枫
八月泡(广西中草药)=粗叶悬钩子
八月泡(湖南药物志)=炮烙莓
八月楂(江苏)=三叶木通
八月札(四川,云南)=五月瓜藤
八月札(饮片新参)=三叶木通
八月札(浙江)=鹰爪枫
八月札(中药志)=白木通
八月炸(安徽)=白木通
八月炸(中药志)=三叶木通
八月炸(中药志,江苏)=木通
八月炸藤(植物志 29)=木通
八月竹 Chimonobambusa szechuanensis (Rendle) Keng f.(禾本科)
八芝兰竹(台湾)=米筛竹
八重山紫檀(新拉汉英)=菲律宾紫檀
八朱(藏名)=山紫茉莉
八爪金(药用志,高等图鉴,四川)=百两金
八爪金龙(四川)=百两金
八爪金龙(云南)=硃砂根
八字草(图考)=三点金
八字草(图考)=小叶三点金
八字蓼(闽东本草)=红蓼
巴巴多斯圆柏 Juniperus barbadensis L.(柏科)
巴巴树(湖北)=野桐
巴巴叶(云南,华北经济志要)=野葵
巴柏木(树木分类学)=塔枝圆柏
巴比氏肋枝兰 Pleurothallis barbeiana Rchb.f. (兰科)
巴比小檗 Berberis barbeyana Schneid.(小檗科)
巴波翅柱兰 Pterostylis baptistii Fitzg.(兰科)
巴不那(维吾尔名)=蓼子朴
巴布亚落檐 Schismatoglottis novo-guineensis (Andre) N.E.Brown (天南星科)
巴布亚檀香 Santalum papuanum Summerh.(檀香科)
巴哒杏仁(本草通玄)=扁桃
巴达山荆芥 Nepeta badachschanica Kudr.(唇形科)
巴旦杏(维语)=扁桃
巴旦杏仁(纲目)=扁桃
巴当省藤 Calamus padangensis Ftdo.(棕榈科)
巴刀拉(蒙名)=抱茎小苦荬
巴得栓扁柄草 Lallemantia baldshuanica Gontsch. (唇形科)
巴得栓黄芩 Scutellaria baldshuanica Nevski (唇形科)
巴地香(贵阳草药)=毛大丁草
巴东吊灯花 Ceropegia driophila Schneid.(萝藦科)
巴东独活(湖北药材名)=重齿当归
巴东风毛菊 Saussurea henryi Hemsl.(菊科)
巴东过路黄 Lysimachia patungensis Hand.-Mazz. (报春花科),*大四块瓦*
巴东胡颓子 Elaeagnus difficilis Serv.(胡颓子科),*铜色叶胡颓子,半圈子*
巴东黄鹌菜(秦岭志)=长裂黄鹌菜
巴东荚蒾 Viburnum henryi Hemsl.(忍冬科)
巴东栎 Quercus engleriana Seem.(壳斗科),*青树栎,贡山栎*
巴东猕猴桃 Actinidia tetramera var. badongensis C.F.Liang(猕猴桃科)
巴东木莲 Manglietia patungensis Hu(木兰科)
巴东蔷薇(秦岭志)=卵果蔷薇
巴东忍冬(高等图鉴)=淡红忍冬
巴东乌头 Aconitum ichangense (Finet & Gagn.) Hand.-Mazz.(毛茛科)
巴东小檗 Berberis veitchii Schneid. (小檗科)
巴东羊角芹 Aegopodium henryi Diels(伞形科)
巴东叶底珠(拉汉名称)=毛白饭树
巴东紫堇 Corydalis hemsleyana Franch. ex Prain (罂粟科)
巴东醉鱼草 Buddleja albiflora Hemsl.(马钱科),*白花醉鱼草*
巴豆 Croton tiglium L.(大戟科),*巴仁,巴菽,巴霜刚子,大叶双眼龙,挡蛇剑,独行千里,刚子,江子,老阳子,猛子仁,双眼龙*
巴豆藤 Craspedolobium schochii Harms(豆科),*铁藤,血藤,黑藤,三叶藤,铁血藤*
巴豆藤属 Craspedolobium Harms (豆科)
巴豆叶安息香 Styrax crotonoides Clarke(安息香科)
巴豆属 Croton L.(大戟科)
巴顿早熟禾 Poa badensis Haenke ex Willd.(禾本科)
巴尔巴大(藏语)=细果角茴香
巴尔干百合 Lilium carniolicum var. carniolicum Baker (百合科)
巴尔干苣苔 Haberlea rhodopensis Friv.(苦苣苔科)
巴尔干苣苔属 Haberlea Friv.(苦苣苔科)
巴尔干老鼠簕 Acanthus balcanicus Heyw. & I. Rich.(爵床科)
巴尔干松(新拉汉英)=赫德赖克松
巴尔干松 Pinus peuce Griseb.(松科),*扫帚松*
巴尔古津蒿 Artemisia bargusinensis Spreng.(菊科)
巴尔麦棕榈(植物学大辞典)=菜棕
巴耳弗氏松 Pinus balfouriana A.Murr.(松科),*狐尾松*
巴嘎峨眉蕨 Lunathyrium acutum var. bagaense (Ching & S.K.Wu)Z.R.Wang(蹄盖蕨科)
巴嘎紫堇 Corydalis sherriffii Ludlow(罂粟科),*恰恰都*
巴格虎耳草 Saxifraga parkaensis J.T.Pan(虎耳草科)
巴哈马加勒比松 Pinus caribaea var. bahamensis (Griseb.) Barrett. & Golfari (松科)
巴哈马绒毛槐 Sophora tomentosa var. bahamensis Tsoong (豆科)
巴杭轴榈 Licuala pahangensis Ftdo.(棕榈科)
巴吉(广东)=巴戟天
巴戟(广东)=巴戟天
巴戟天 Morinda officinalis How(茜草科),*巴戟,不凋草,大巴戟,黑藤钻,鸡肠风,糠藤,三角藤,三蔓草,兔子肠*
巴戟天属 Morinda L.(茜草科)
巴金生豆(科属辞典)=扁轴木
巴荆木属(豆科图说)=**扁轴木属**
巴卡利黄芪 Astragalus bakaliensis Bge.(豆科)
巴卡亚椰子 Chamaedorea tepejilote Liebm.(棕榈科)
巴克柏木 Cupressus bakeri Jepson (柏科)
巴克侧柏 Platycladus orientalis cv. Bakeri (柏科)
巴克木蓝(豆科图说)=浙江木蓝
巴拉巴尔坚木 Dysoxylum malabaricum Bedd. (楝科)
巴拉草 Brachiaria mutica (Forsk.) Stapf(禾本科)
巴拉德凤仙花(新)Impatiens ballardi Bedd.(凤仙花科)
巴拉圭茶 Ilex paraguariensis(冬青科)
巴拉卡棕 Balaka seemannii Becc.(棕榈科)
巴拉卡棕属 Balaka Becc.(棕榈科)
巴拉斯翠雀花 Delphinium pallasii Nevski (毛茛科)
巴拉子(湖南)=全缘叶栾树
巴兰德小檗 Berberis barandana Vidal (小檗科)
巴兰贯众(蕨类图说)=镰羽贯众
巴郎杜鹃 Rhododendron balangense Fang(杜鹃花科)
巴郎栎(高等图鉴)=川滇高山栎
巴郎柳 Salix sphaeronymphe Görz(杨柳科)
巴郎山杓兰 Cypripedium palangshanense T. Tang & F.T.Wang(兰科)
巴郎山毛茛 Ranunculus balangshanicus W.T. Wang (毛茛科)
巴勒斯坦鸢尾(新拉汉英)=深红鸢尾(新)
巴勒斯坦鸢尾 Iris palestina Boiss.(鸢尾科)
巴梨子(树木分类学)=珍珠莲
巴里锦 Aloe petricola P.Evans (百合科)
巴里坤毛茛 Ranunculus balikunensis J.G.Liu (毛茛科)
巴力木(蒙语)=内蒙紫草
巴力木格(蒙名)=紫草
巴丽丽穗凤梨 Vriesea barilletii E.Morr.(凤梨科)
巴利罗切小檗 Berberis barilochensis Job (小檗科)
巴利式凤仙花 Impatiens parishii HK.f.(凤仙花科)

巴栗(植物志 22)=钩锥
巴玲省藤 Calamus balingensis Fedo.(棕榈科)
巴柳 Salix etosia Schneid.(杨柳科)
巴隆补血草 Limonium dielsianum (Wangerin) Kamelin(白花丹科)
巴毛(四川奉节) =小荆芥
巴茅根(中草药汇编)=荻
巴茅果(贵州民间药物)=五节芒
巴莫崖豆藤(豆科图说)=红河崖豆
巴拿马草 Carludovica palmata Ruiz & Pav.(巴拿马草科)
巴拿马草科 Cyclanthaceae
巴拿马草属 Carludovica Ruiz & Pav.(巴拿马草科)
巴拿马迪西亚兰 Dichaea panamensis Lindl.(兰科)
巴拿马瘤瓣兰 Oncidium panamense Schltr.(兰科)
巴纳特蝇子草 Silene asterias Griseb.(石竹科)
巴奈鸢尾 Iris barnumae Foster & Baker (鸢尾科)
巴坡菝葜 Smilax bapouensis H.Li(百合科)
巴然-沙里尔日(蒙语)=褐苞蒿
巴仁(植物志 44-2)=巴豆
巴瑞石蝴蝶 Petrocosmea parryorum C.E.Fisch. (苦苣苔科)
巴山安息香 Styrax bashanensis S.Z.Qu & K.Y. Wang (安息香科)
巴山榧树 Torreya fargesii Franch.(红豆杉科), *铁头枞,紫柏,篦子杉,球果榧*
巴山过路黄 Lysimachia hypericoides Hemsl.(报春花科)
巴山虎(百草镜)=羊踯躅
巴山虎(岭南采药录)=刺天茄
巴山虎豆(图考)= 黧豆
巴山冷杉 Abies fargesii Franch.(松科), *鄂西冷杉,太白冷杉,川枞,华枞,洮河冷杉*
巴山木竹 Bashania fargesii (E.G.Camus) Keng f. & Yi(禾本科), *法氏箬竹,秦岭箬竹,镇巴木竹,四川箬竹*
巴山木竹属 Bashania Keng f. & Yi (禾本科)
巴山槭 Acer pashanicum Fang & Soong(槭树科)
巴山箬竹 Indocalamus bashanensis (C.D.Chu & C.S.Chao) H.R.Zhao & Y.L.Yang(禾本科)
巴山松 Pinus tabulaeformis var. henryi (Mast.) C. T.Kuan (松科), *短叶马尾松*
巴山铁线莲 Clematis pashanensis (M.C.Chang) W.T.Wang (毛茛科)
巴山卫矛 Euonymus pashanensis S.Z.Qu & Y.H. He (卫矛科)
巴山重楼 Paris bashanensis Wang & Tang(百合科)
巴氏薄叶兰 Lycaste barringtoniae (J.E.Sm.) Lindl.(兰科)
巴氏红景天(分类学报增刊)=岷江景天
巴氏龙竹 Dendrocalamus parishii Munro(禾本科)
巴氏铁线莲 Clematis parviloba var. bartlettii (Yamamoto) W.T.Wang(毛茛科)
巴氏吴茱萸(湖北中草药志,分类学报)=吴茱萸
巴氏霞草(拉汉名称)=紫萼石头花
巴氏腋花马先蒿 Pedicularis axillaris subsp. balfouriana (Bonati) Tsoong(玄参科), *腋花马先蒿巴氏亚种*
巴氏展唇兰 Notylia barkeri Lindl.(兰科)
巴菽(神农本草经)=巴豆
巴蜀报春 Primula rupestris I.B.Bafl. & Farrer (报春花科)
巴蜀四照花(分类学报)=多脉四照花
巴霜刚子(新本草纲目)=巴豆
巴索拉兰 Brassavola digbyana Lindl.(兰科)
巴索拉兰属 Brassavola R.Br.(兰科)
巴塔林氏翠雀花 Delphinium batalinii Huth.(毛茛科)
巴塔林郁金香 Tulipa batalinii Rgl.(百合科)
巴塘白前 Cynanchum batangense P.T.Li(萝藦科)
巴塘报春 Primula bathangensis Petimg(报春花科)
巴塘翠雀花 Delphinium batangense Finet & Gagn. (毛茛科)
巴塘风毛菊 Saussurea limprichtii Diels(菊科)
巴塘红景天 Rhodiola tieghemii (Hamet) S.H.Fu (景天科), *藏南红景天*
巴塘黄芪 Astragalus batangensis Pet.-Stib.(豆科)
巴塘景天 Sedum heckelii Hamet(景天科)
巴塘六道木(新) Abelia angustifolia Bureau ex Franch.?(忍冬科)
巴塘马先蒿 Pedicularis batangensis Bur. & Franch. (玄参科)
巴塘微孔草 Microula ciliaris (Bur. & Franch.) Johnst. (紫草科)
巴塘小檗 Berberis batangensis Ying(小檗科)
巴塘栒子 Cotoneaster kaschkarovii Pojark.?(蔷薇科)
巴塘蝇子草 Silene batangensis Limpr.(石竹科)
巴塘紫菀 Aster batangensis Bur. & Franch.(菊科)
巴特曼凹萼兰 Rodriguezia batemani P. & E.(兰科)
巴天酸模 Rumex patientia L.(蓼科), *牛耳大黄,牛舌菜,牛西西,土大黄,癣草,羊舌头,羊蹄实,羊蹄叶,野菠菜,野大黄*
巴围假檬果(分类学报)=巴围檬果樟
巴围檬果樟 Caryodaphnopsis baviensis (Lec.) Airy-Shaw (樟科), *巴围假檬果*
巴西翠凤草 Pitcairnia muscosa Mart.(凤梨科)
巴西革叶小檗 Berberis coriacea St.Hil.(小檗科)
巴西海岛棉 Gossypium barbadense var. acuminatum (Roxb.) Mast.(锦葵科), *巴西木棉*
巴西含羞草 Mimosa invisa Mart. ex Colla (豆科)
巴西胡椒(新拉汉英)=耶仆兰胡椒
巴西胡桐 Calophyllum brasiliense Camb.(藤黄科)
巴西金英 Thryallis brasiliensis L.(金虎尾科)
巴西蜡棕属 Copernicia Martius (棕榈科)
巴西买麻藤 Gnetum nodiflorum Brongn.(买麻藤科)
巴西木棉(海南志)=巴西海岛棉
巴西秋海棠 Begonia brasiliensis Hort.(秋海棠科)
巴西莎草 Cyperus adenophorus Schrad & Nees (莎草科)
巴西橡胶(植物志 44-2)=橡胶树
巴西亚兰(新拉汉英)=长萼兰
巴西亚兰属(新拉汉英)=**长萼兰属**
巴西野古草 Arundinella brasiliensis Raddi (禾本科)
巴西棕(新拉汉英)=亚塔棕
巴西棕榈 Maximiliana maripa Drude (棕榈科)
巴西棕榈属 Maximiliana Mart.(棕榈科)
巴锡藜属(科属检索表)=**雾冰藜属**
巴夏嘎(藏药名)=直立紫堇
巴雅杂瓦(藏名)=肉果草
巴岩姜(贵州兴义)=石柑子
巴岩香(广西苍梧)=石柑子
巴岩香(中药志)=风藤
叭达(广西都安)=山蕉
叭佳(西双版纳哈尼语)=红光树
叭吓呷(察隅)=察隅紫堇
扒草(广东)=光头稗
扒地蜈蚣 Tylophora renchangii Tsiang(萝藦科), *假白前,扛棺回*
扒毒散(滇南本草)=拨毒散
扒菱(蔬菜栽培学)=乌菱
扒墙虎(华南,湖南,河南,江苏)=络石
扒山虎(江西)=血水草
扒山虎(岭南采药录) =美丽崖豆藤
芭蕉 Musa basjoo S & Z.(芭蕉科), *芭蕉头,芭苴,板蕉,大头芭蕉,大叶芭蕉,甘蕉,绿天,扇仙,天苴,牙蕉*
芭蕉红(云南金平)=红蕉
芭蕉科 Musaceae
芭蕉头(四川)=芭蕉
芭蕉香清(浙江临江,临安)=连香树
芭蕉杨(中药大辞典)=天目木姜子
芭蕉芋(云南)=美人蕉
芭蕉属 Musa L.(芭蕉科)
芭苴(古称)=芭蕉
芭茅(江西草药手册)=斑茅
芭茜(湖南)=棱果花
芭实(纲目)=薏米
笆芒(太平寰宇纪)=芒
笆茅(纲目)=芒
菝葜 Smilax china L.(百合科), *假革,金凤暴胶,金刚兜,金刚根,金刚头,山梨儿,铁菱角,王瓜草*
菝葜叶栝楼 Trichosanthes smilacifolia C.Y. Wu ex C.H.Yueh & C.Y.Cheng(葫芦科)
菝葜叶铁线莲 Clematis smilacifolia Wall.(毛茛科), *紫木通,金丝木通,甘木通,眼蛇药,喉疳散,棉藤,丝铁线莲*
菝葜属 Smilax L.(百合科)
把把柴(四川中药志)=柳叶栒子
把把叶(云南,华北经济志要)=野葵
把波(云南布朗族语)=假朝天罐
把蒿(辽宁)=藿香
把漂(云南河口瑶语)=倒卵叶黄肉楠
把子草(云南)=野拨子
坝王栎 Quercus bawanglingensis Huang,Li & Xing (壳斗科)
坝王远志 Polygala bawanglingensis Xing & Z.X. Li (远志科)
坝治瓜馥木 Fissistigma globosum C.Y.Wu ex P. T.Li (番荔枝科)
坝竹 Drepanostachyum microphyllum (Hsueh & Yi) Keng f. ex Yi (禾本科)
霸贝菜(海南)=珠子草
霸天伞(中草药汇编)=黄蜀葵
霸王 Sarcozygium xanthoxylon Bge.(蒺藜科)
霸王鞭(北京志,福建志)=金刚纂
霸王鞭(海南三亚,广东肇庆)=量天尺
霸王鞭(湖南)=鼠尾草
霸王鞭(昆明草药)=毛蕊花
霸王鞭(图考)=火殃勒
霸王鞭 Euphorbia royleana Boiss.(大戟科), *金刚杵,冷水金丹,金刚纂,刺金刚*
霸王草(贵州)=打破碗花花
霸王花(岭南采药录)=量天尺

霸王金橘 Fortunella bawangica Huang(芸香科)
霸王七(四川中药志)=野凤仙花
霸王七(植物志 47-2)=湖北凤仙花
霸王属 Sarcozygium Bge.(蒺藜科)

Bai

豝豝果(四川)=紫花络石
白艾(本草纲目)=艾
白艾(福建中草药)=芙蓉菊
白艾(辽宁)=歧茎蒿
白艾(浙江)=五月艾
白艾蒿(河南)=暗绿蒿
白艾蒿(僧深集方)=大籽蒿
白艾花(广州)=广防风
白桉 Eucalyptus alba Reinw. ex Bl.(桃金娘科)
白暗红秋海棠(新拉汉英)=白珊天秋海棠
白暗消(红河中草药)=通光散
白八宝 Hylotelephium pallescens (Freyn) H. Ohba (景天科),*白景天,白花景天,长茎景天*
白八角莲(贵州)=贵州八角莲
白八爪(湖北)=百两金
白巴西蜡棕 Copernicia alba Morong (棕榈科)
白柏(青岛)=日本扁柏
白斑凹唇姜 Boesenbergia albomaculata S.Q. Tong (姜科)
白斑凤尾蕨 Pteris grevilleana var. ornata v.A. v.R. (凤尾蕨科)
白斑鸠窝(四川中药志)=鸡眼草
白斑水鸭脚 Begonia formisana f. albomaculata Liu & Lai (秋海棠科)
白斑万年青 Dieffenbachia bowmannii Carr.(天南星科)
白斑细辛 Asarum albomaculatum Hay.? (马兜铃科)
白斑叶北美香柏 Thuja occidentalis cv. Columbia (柏科)
白斑叶栓皮槭 Acer campestre f. albovariegatum Hayne (槭树科)
白斑叶溲疏 Deutzia scabra var. punctata Rehd.(虎耳草科)
白半枫(广东)=变叶树参
白瓣虎耳草 Saxifraga doyalana H.Sm.(虎耳草科)
白棒头(广西)=吊石苣苔
白苞蒿 Artemisia lactiflora Wall. ex DC.(菊科),*白花艾,白花蒿,白米蒿,菜,野芹菜,肺痨草,广东刘寄奴,红姨妈菜,鸡甜菜,秦州菴蔄子,四季菜,甜艾,甜菜子,土鳅菜,土三七,鸭脚艾,鸭肢菜,野红簏芹,珍珠菊*
白苞筋骨草 Ajuga lupulina Maxim.(唇形科),*甜格缩缩草,白毛夏枯草,忽布筋骨草,轮花筋骨草,基独,生斗杂尔模,森地*
白苞裸蒴 Gymnotheca involucrata Pei(三白草科),*水折耳,圆叶蕺菜,白侧耳根*
白苞南星 Arisaema candidissimum W.W.Sm.(天南星科)
白苞芹 Nothosmyrnium japonicum Miq.(伞形科),*蒿苯,石防风,紫茎芹,香藁本,芹菜三七,水芹菜*
白苞芹属 Nothosmyrnium Miq.(伞形科)
白苞猩猩草 Euphorbia heterophylla L.(大戟科),*柳叶大戟,台湾大戟*
白苞紫露草 Tradescantia fluminensis Vell.(鸭跖草科)
白杯(海南)=毛果柯
白背艾(广西药用名录)=锯叶合耳菊
白背安息香(植物图谱)=越南安息香
白背报春(Flora 15)=白背小报春
白背变种(植物志 74)=白背小舌紫菀(新)
白背绸(广东,广西)=白鹤藤
白背绸缎(广西)=银背藤
白背大丁草 Gerbera nivea (DC.) Sch.-Bip.(菊科)
白背丹参(中草药汇编)=毛地黄鼠尾草
白背杜鹃 Rhododendron leucaspis Tagg(杜鹃花科)
白背鹅掌柴 Schefflera hypoleuca (Kurz) Harms (五加科)
白背风(中药大辞典)=海金子
白背风毛菊 Saussurea auriculata (DC.) Sch.-Bip.(菊科)
白背枫 Buddleja asiatica Lour.(马钱科),*白波越子,白花洋泡,白鱼尾果,驳骨丹,驳骨丹醉鱼草,黄合叶,七里香,山埔姜,水黄花,水杨柳,王记叶,溪桃,狭叶醉鱼草,杨波叶,野桃*
白背麸杨 Rhus hypoleuca Champ. ex Benth.(漆树科)
白背蒿(云南)=野拔子
白背红子木(植物志 45-3)=粉背南蛇藤
白背厚壳桂 Cryptocarya maclurei Merr.(樟科),*白叶厚壳桂*
白背黄花稔 Sida rhombifolia L.(锦葵科),*拨脓草,赐米草,大地丁草,单枝落地,地膏药,鬼柳根,黄花草,黄花地桃花,黄花猛,黄花母,黄花母雾,黄花母雾猛,黄花稔,黄花雾,胶粘根,金盏花,麻笔,脓见愁,山鸡绸,山木槿,生扯陇,土黄芪,萎叶拨毒散,小柴胡,亚母头,枝叶草*
白背黄肉楠 Actinodaphne glaucina Allen(樟科)
白背柳 Salix balfouriana Schneid.(杨柳科)
白背马兜铃(云南南部)=管兰香
白背猕猴桃 Actinidia hypoleuca Nakai (猕猴桃科)
白背木(广西)=长毛黄葵
白背楠 Phoebe glaucifolia S.Lee & F.N.Wei (樟科)
白背娘(浙江药志)=红叶野桐
白背牛尾菜 Smilax nipponica Miq.(百合科),*白须公,大伸筋,分筋草,老龙须,龙须草,马尾伸筋,牛尾伸筋*
白背爬藤榕 Ficus sarmentosa var. nipponica (Franch. & Sav.) Corner(桑科),*天仙果,岩石榴*
白背蒲儿根 Sinosenecio latouchei (J.F.Jeffr.) B.Nord.(菊科),*白背千里光*
白背桤叶树 Clethra petelotii P.Dop & Y. Trochain (桤叶树科)
白背千里光(新拉汉英)=白背蒲儿根
白背青荚叶(中草药汇编)=白粉青荚叶
白背忍冬 Lonicera hypoleuca Decne.(忍冬科)
白背瑞木 Corylopsis multiflora var. nivea Chang (金缕梅科)
白背三七(贵州)=红凤菜
白背三七(云南中草药)=白子菜
白背十大功劳 Mahonia hypoleuca Takeda? (小檗科)
白背树(江西)=乌药
白背丝绸 (广东,广西)=白鹤藤
白背酸藤(陆种本草)=酸藤子
白背算盘子 Glochidion wrightii Benth.(大戟科)
白背藤(广西)=白花银背藤
白背铁线蕨 Adiantum davidii Franch.(铁线蕨科)
白背桐(广东)=白背叶
白背兔儿风 Ainsliaea pertyoides var. albotomentosa Beauverd(菊科)
白背苇谷草(新)Pentanema indicum var. hypoleucum (Hand.-Mazz.) Ling(菊科),*苇谷草白背变种*
白背委陵菜 Potentilla hypargyrea Hand.-Mazz.(蔷薇科)
白背五蕊柳 Salix pentandra var. intermedia Nakai (杨柳科)
白背小报春 Primula hypoleuca Hand.-Mazz.(报春花科),*白背报春*
白背小舌紫菀(新)Aster albescens var. discolor Ling (菊科),*白背变种*
白背绣球 Hydrangea hypoglauca Rehd.(虎耳草科),*陕西东陵绣球,陕西绣球,倒卵白背绣球*
白背亚飞廉(高等图鉴)=厚叶翅膜菊
白背杨(广西植物名录)=银白杨
白背野扁豆 Dunbaria nivea Miq.(豆科)
白背叶 (广东,广西)=白鹤藤
白背叶(岭南采药录)=单叶蔓荆
白背叶(岭南采药录)=蔓荆
白背叶 Mallotus apelta (Lour.) Muell.Arg.(大戟科),*白背桐,白帽顶,白膜根,白膜叶,白朴根,吊栗,酒药子树,野桐*
白背叶楤木 Aralia chinensis var. nuda Nakai(五加科),*刺包头,大叶槐木*
白背叶欧石南 Erica mackaiana Bab.(杜鹃花科)
白背叶葡萄 Vitis candicans Engelm.(葡萄科)
白背叶醉鱼草(云南植物研究)=大叶醉鱼草
白背玉山竹 Yushania glauca Yi & T.L.Long (禾本科)
白背樟(广西华江)=锈叶新木姜子
白背子草(广西植物名录)=匙叶伽蓝菜
白背紫菀 Aster hypoleucus Hand.-Mazz.(菊科)
白背紫珠 Callicarpa poilanei P.Dop(马鞭草科)
白背钻地风 Schizophragma hypoglaucum Rehd.(虎耳草科),*散血藤*
白倍子(广西贵县)=白饭树
白草薢(台湾)=(广西)
白草薢(云南)=穿鞘菝葜
白草薢(云南)=马钱叶菝葜
白草薢(云南)=无刺菝葜
白草薢(中药大辞典)=纤细薯蓣
白碧照水型 Armeniaca mume var. pendula f. viridiflora T. Y.Chen(蔷薇科)
白蔽(四川)=南艾蒿
白避霜花(西沙植物和植被)=抗风桐
白边粉背蕨 Aleuritopteris albo-marginata (Clarke) Ching(中国蕨科)
白边瓦韦 Lepisorus morrisonensis (Hay.) H.Ito (水龙骨科),*玉山瓦韦*
白边小檗 Berberis marginata C.Gay (小檗科)
白边肖竹芋 Calathea illustris Nichols.(竹芋科)
白边沿阶草 Ophiopogon albimarginatus D.Fang (百合科)
白边叶紫萼 Hosta lancifolia var. albomarginata Stearn.(百合科)
白扁豆(名医别录)=扁豆
白藨(云南中草药选)=黄毛草莓
白滨藜 Atriplex cana C.A.Mey.(藜科)
白柄真碎米蕨 Cheilanthes leucopoda Link.(中国蕨科)
白波菊 Boltonia asteroides L'Herit.(菊科)
白波越子(福建中草药)=白背枫
白薄荷(峨眉)=藿香
白补药(贵州)=地埂鼠尾草
白补药 Salvia scapiformis var. hirsuta Stib.(唇形科),*硬毛变种*
白哺鸡竹 Phyllostachys dulcis McClure (禾本

科)

白布果(海南)=厚叶山矾

白彩欧洲小檗 Berberis vulgaris var. albovariegata Zabel.(小檗科)

白彩秋海棠 Begonia albopicta Bull.(秋海棠科), *星点秋海棠*

白菜(饮膳正要)=青菜

白菜 Brassica rapa var. glabra Rgl.(十字花科), *大白菜,黄芽白,黄芽白菜,黄芽菜,结球白菜,卷心白,绍菜,菘*

白菜果(贵州)=球药隔重楼

白残花(拉汉名称手册)=粉团蔷薇

白残花(药材资料汇编)=野蔷薇

白苍木(广东封开)=赤杨叶

白草 Pennisetum centrasiaticum Tzvel.(禾本科), *倒生草*

白草果(图考)=红姜花

白草果(图考)=姜花

白草莓(云南中草药选)=黄毛草莓

白侧耳(贵州方药集)=白耳菜

白侧耳(贵州方药集)=鸡肫梅花草

白侧耳(贵州方药集)=突隔梅花草

白侧耳根(四川)=白苞裸蒴

白岑(昆明)=青羊参

白茶(泉州本草)=玉叶金花

白茶木(广东)=滨木犀榄

白茶树 Koilodepas hainanense (Merr.) Airy-Shaw (大戟科)

白茶树属 Koilodepas Hassk.(大戟科)

白柴(植物志 71-2)=薄皮木

白柴(中药大辞典)=豹皮樟

白柴果 Beilschmiedia fasciata H.W.Li(樟科)

白柴胡(湖北)=鹤草

白柴蒲树(浙江)=白栎

白蝉(中草药彩色图谱)=白蟾

白蟾 Gardenia jasminoides var. fortuniana (Lindl.) Hara(茜草科), *白蝉,大花栀子,栀子花,白玉瓯*

白菖蒲(各地)=菖蒲

白长春花 Catharanthus roseus cv. Albus(夹竹桃科), *长春花*

白常山(植物志 35-1)=常山

白常山(植物志 71-1)=展枝玉叶金花

白车轴草 Trifolium repens L.(豆科), *白三叶,荷兰翘摇,三消草,螃蟹花,兰翅摇*

白沉沙(广西药用名录) 茄叶斑鸠菊

白沉香(中药大辞典)=铁冬青

白陈艾(四川)=艾

白城杨(吉林)=小钻杨

白齿唇兰 Anoectochilus candidus (T.P.Lin & C.C.Hsu) K.Y.Lang(兰科), *绿花金线莲*

白赤木(河南)=薄叶鼠李

白翅哈克 Hakea lecoptera R.Br.(山龙眼科)

白翅银桦 Grevillea leucopteris Meissn.(山龙眼科)

白虫草(中草药汇编)=地蚕

白虫豆 Cajanus niveus (Benth.) van der Maesen (豆科), *白毛虫豆*

白丑(纲目)=牵牛

白椽(广东)=罗浮锥

白垂花百合 Lilium cernuum var. candidum Nakai (百合科)

白春(海南)=长苞柿

白椿(西双版纳)=麻楝

白唇杓兰 Cypripedium candidum Muhl. ex Willd.(兰科)

白唇杓兰 Cypripedium cordigerum D.Don(兰科)

白唇槽舌兰 Holcoglossum subulifolium (Rchb. f.) Chrsitenson(兰科)

白唇瘤瓣兰 Oncidium leucochilum Batem.(兰科)

白茨根(草木便方)=白簕

白茨叶(分类草药性)=白簕

白雌雄草(浙江)=降龙草

白刺(纲目)=五加

白刺(经济志)=小果白刺

白刺 Nitraria tangutorum Bobr.(蒺藜科), *酸胖,唐古特白刺,甘肃白刺,哈尔马格*

白刺棒棕 Bactris pallidispina Mart.(棕榈科)

白刺花 Sophora davidii (Franch.) Skeels(豆科), *白刻针,蓟瓦,苦刺,苦刺花,苦豆刺,狼牙刺,狼牙槐,马鞭采,马蹄,砂生槐,铁马胡烧*

白刺尖(四川)=五加

白刺锦鸡儿 Caragana leucospina Kom.(豆科)

白刺菊 Schischkinia albispina (Bge.) Iljin(菊科)

白刺菊属 Schischkinia Iljin (菊科)

白刺玫(陕西)=复伞房蔷薇

白刺属 Nitraria L.(蒺藜科)

白枞(中国裸子志)=臭冷杉

白大凤 Cladogynos orientalis Zipp. ex Span.(大戟科)

白大凤属 Cladogynos Zipp. ex Span.(大戟科), *枝实属*

白大花千斤藤 Ipomoea soluta var. alba C.Y.Wu (旋花科)

白带草(江苏,浙江,江西)=弯曲碎米荠

白带丹(云南)=长茎飞蓬

白带药(四川)=耳羽金毛裸蕨

白当归(广西)=延叶珍珠菜

白道木秋海棠 Begonia beddomei HK.f.(秋海棠科)

白灯笼(广西)=海通

白滴水珠(浙南本草新编)=盾叶半夏

白底丝绸(广西)=银背藤

白地草(纲目)=地肤

白地胆(云南)=地不容

白地黄瓜(四川中药志)=七星莲

白地菊(广西药用名录)=长柱瑞香

白地栗(本草图经)=欧洲慈姑

白地牛(中草药汇编)=毛白前

白地榆(滇南本草)=地榆

白地榆(云南)=马蹄黄

白地榆(云南大理)=总梗委陵菜

白地榆(云南中草药选)=西南委陵菜

白地紫菀(昆明草药)=钩苞大丁草

白蒂瓜(贵州方药集)=紫花堇菜

白点伴兰(台湾志)=白肋翻唇兰

白点秤(湖南药物志)=秤星树

白点锦鸡尾 Haworthia reinwardtii Haw.(百合科)

白点兰 Thrixspermum centipeda Lour.(兰科)

白点兰属 Thrixspermum Lour.(兰科)

白调羹(闽东本草)=秋鼠麴草

白跌打(中草药汇编)=绿花崖豆藤

白蝶花(南京)=山桃草

白蝶兰(兰花全书)=龙头兰

白蝶兰属 Pecteilis Rafin.(兰科)

白丁香(吉林中草药)=暴马丁香

白丁香(植物志 61)=紫丁香

白顶早熟禾 Poa acroleuca Steud.(禾本科)

白冬瓜皮(中草药汇编)=冬瓜

白都宗(云南中草药)=古钩藤

白豆(高等图鉴)=大豆

白豆(嘉祐本草)=短豇豆

白豆(陆川本草)=菜豆

白豆(云南)=蒙自木蓝

白豆花(云南)=云上杜鹃

白豆蔻(开宝本草)=爪哇白豆蔻

白豆蔻 Amomum kravanh Pierre ex Gagn.(姜科), *豆蔻*

白豆杉 Pseudotaxus chienii (Cheng) Cheng(红豆杉科), *短水松*

白豆杉属 Pseudotaxus Cheng(红豆杉科)

白杜 Euonymus maackii Rupr.(卫矛科), *白桃树,白樟树,鸡血兰,明开夜合,南仲根,丝绵木,桃叶卫矛,野杜仲*

白杜促(广西)=杜仲藤

白杜鹃(广西植物名录)=毛棉杜鹃花

白杜鹃(广州志)=白花杜鹃

白杜仲(中草药汇编)=牛奶菜

白肚(新华本草纲要)=美洲葡萄

白肚榄(海南吊罗山)=大萼木姜子

白断肠草(峨眉)=粉叶紫堇

白断肠草(四川)=小花黄堇

白对节子(中草药汇编)=梾木

白垩假木贼 Anabasis cretacea Pall.(藜科)

白垩色石斛 Dendrobium cretaceum Lindl.(兰科)

白垩铁线蕨 Adiantum gravesii Hance(铁线蕨科)

白萼赪桐(海南志)=龙吐珠

白萼茉莉(高等图鉴)=白萼素馨

白萼青兰 Dracocephalum isabellae Forr. ex W. W.Sm.(唇形科)

白萼素馨 Jasminum albicalyx Kobuski(木犀科), *白萼茉莉*

白萼委陵菜 Potentilla betonicifolia Poir.(蔷薇科), *三出萎陵菜,白叶委陵菜,草杜仲,陶格斯音呼*

白儿松(河北)=白扦

白耳菜 Parnassia foliosa HK.f. & Thoms.(虎耳草科), *白侧耳*

白番红花 Crocus alatavicus Rgl. & Sem.(鸢尾科)

白番苋(福建草药)=番杏

白番苋(浙南本草新编)=白子菜

白番杏(福建草药)=番杏

白凡木(中药大辞典)=铁冬青

白饭豆(陆川本草)=菜豆

白饭果(广西)=水东哥

白饭果(云南)=河口水东哥

白饭木(广西)=水东哥

白饭树 Flueggea virosa (Roxb. ex Willd.) Voigt (大戟科), *白倍子,白火炭,白鱼眼,金柑藤,密花叶底株,鹊饭菜树,薏米蔃,鱼骨菜,鱼眼根,鱼眼木*

白饭树属 Flueggea Willd.(大戟科), *一叶萩属,金柑藤属*

白飞蛾藤 Dinetus decorus (W.W.Sm.) Staples (旋花科), *白藤,绢毛萼飞蛾藤,小萼飞蛾藤,红薯细辛*

白粉花无心菜(植物志 26)=粉花无心菜

白粉蕨(贵州)=华北薄鳞蕨

白粉毛柯(植物志 22)=潞西柯

白粉坡垒 Hopea dealbata Hance (龙脑香科)

白粉青荚叶 Helwingia japonica var. hypoleuca Hemsl. ex Rehd.(山茱萸科), *白背青荚叶,青通草*

白粉塔里亚 Thalia dealbata Fraser.(竹芋科)

白粉藤(高等图鉴)=鸡心藤

白粉藤 Cissus repens Lamk.(葡萄科)
白粉藤属 Cissus L.(葡萄科)
白粉玉簪 Hosta albofarinosa D.Q.Wang(百合科)
白粉圆叶报春 Primula littledalei Balf.f. & Watt (报春花科)
白凤菜 Gynura formosana Kitam.(菊科)
白凤兰(台湾志,台湾兰科植物)=鹅毛玉凤花
白芙乐兰(台湾兰科植物)=台湾馥兰
白符公(海南崖县)=长柄银叶树
白福斯特郁金香 Tulipa fosteriana var. alba Hort. (百合科)
白福王草 Prenanthes alba L.(菊科)
白附子(四川)=犁头尖
白附子(四川,湖北)=独角莲
白附子(四川万源)=具齿褐斑南星
白附子(植物志 27)=黄花乌头
白杆根(广西龙胜)=满树星
白杆子砂蒿(宁夏)=圆头蒿
白岗柴(植物志 10-2)=垂叶箐
白疙针(内蒙)=宁夏枸杞
白鸽草 (广东,广西)=土丁桂
白格(广东)=黄豆树
白隔山消(云南)=伞花老鹳草
白给(名医别录)=白及
白根(名医别录)=白蔹
白根(吴普本草)=白及
白根草(浙江草药)=沼生水苏
白根草(浙江嘉兴)=水苏
白根独活(东北检索表)=拐芹
白根五加(植物分类学)=藤五加
白根药(云南)=西南水苏
白根药(云南中草药)
白根子(中药志)=银柴胡
白根子草(福建药志)=田葱
白钩箭藤(广东,海南)=白花悬钩子
白钩藤 Uncaria sessilifructus Roxb.(茜草科),*无柄果钩藤*
白狗肠(广西)=凌霄
白狗肠(广西中药志)=山牵牛
白狗骨(广西博白)=南山花
白狗牙(广西)=狗牙花
白古苏花 Desmodium umbellatum (L.) DC.(豆科)
白骨风(广西)=大叶紫珠
白骨木(广西上思)=鱼骨木
白骨木(经济志)=白皮乌口树
白骨松(河南)=白皮松
白骨藤(广西距离)=网络崖豆藤
白骨藤(海南)=海南链珠藤
白鼓钉(浙江药志)=林泽兰
白鼓钉 Polycarpaea corymbosa (L.) Lam.(石竹科),*百花草,广东省白头翁,过饥草,满天星,声色草,辛苦草,星色草*
白鼓钉属 Polycarpaea Lam.(石竹科)
白故纸(中药鉴别法)=木蝴蝶
白瓜(本草求原)=菜瓜
白瓜(本经)=冬瓜
白瓜(广东)=海南栝楼
白瓜子(东北药志)=南瓜
白观音(浙江)=降龙草
白冠黄鹌菜(新)Youngia parva Babcock & Stebbins? (菊科)
白冠毛蓟(新)Cirsium hosokawai Kitam.?(菊科)
白冠蒲公英(新)Taraxacum sinotianschanicum Tzvel.? (菊科)
白桂(拉汉名称和手册)=滇新樟
白桂花(四川宝兴)=腺梗蔷薇
白桂花(云南)=云南木犀榄
白桂梨(河北)=白梨
白桂木 Artocarpus hypargyreus Hance(桑科),*胭脂木,将军树*
白桂竹(新)Phyllostachys bambusoides cv. White Crookestem?(禾本科)
白果(湖北)=连香树
白果(图考)=银杏
白果白珠 Gaultheria leucocarpa Bl.(杜鹃花科)
白果臭山槐(河北)=北京花楸
白果槲寄生 Viscum album L.(桑寄生科)
白果花楸(经济植物手册)=北京花楸
白果华白珠 Gaultheria sinensis var. nivea Anth. (杜鹃花科)
白果堇菜(高等图鉴)=茜堇菜
白果景天 Sedum leucocarpum Franch.(景天科),*岩松,黄花岩松,瓦松*
白果欧洲卫矛 Euonymus europaeus var. albus West.(卫矛科)
白果欧洲小檗 Berberis vulgaris var. alba West. (小檗科)
白果七(中药大辞典)=莛子藨
白果树萝卜 Agapetes leucocarpa S.H.Huang(杜鹃花科)
白果松(北京)=白皮松
白果藤(植物志 29)=五月瓜藤
白果香楠 Alleizettella leucocarpa (Champ. ex Benth.) Tirveng.(茜草科)
白果越桔 Vaccinium leucobotrys (Nutt.) Nicholson (杜鹃花科)
白果紫草(内蒙志)=小花紫草
白汉洛凤仙花 Impatiens bahanensis Hand.-Mazz. (凤仙花科)
白蒿(本草纲目)=蒌蒿
白蒿(尔雅,古今图书集成)=白莲蒿
白蒿(甘肃)=狭裂白蒿
白蒿(河北,甘肃)=大籽蒿
白蒿(黑龙江,湖北,四川)=阴地蒿
白蒿(救荒本草,图考)=茵陈
白蒿(神农本草经,本草纲目)=艾
白蒿(四川)=暗绿蒿
白蒿(四川)=四川艾
白蒿(四川)=五月艾
白蒿(四川,云南西部)=毛莲蒿
白蒿(俗称)=白叶蒿
白蒿(新疆)=白茎绢蒿
白蒿(新疆)=北艾
白蒿(云南)=东方蒿
白蒿(云南大理)=戟叶火绒草
白蒿(中药志)=冷蒿
白蒿茶(内蒙)=达乌里芯芭
白蒿子(四川)=灰苞蒿
白合欢(植物志 39)=银合欢
白河车(江苏药材志)=万年青
白河车(浙江)=华重楼
白河柳 Salix yanbianica C.F.Fang & Ch.Y.Yang (杨柳科)
白荷花露(纲目拾遗)=莲
白鹤参(广西中草药)=菜豆树
白鹤参 Platanthera latilabris Lindl.(兰科)
白鹤花(本草品汇精要)=玉簪
白鹤灵芝(高等图鉴)=灵枝草
白鹤灵枝草属(科属词典)=**灵枝草属**
白鹤藤 Argyreia acuta Lour.(旋花科),*白背绸,白背丝绸,白背叶,白面水鸡,白牡丹,绸缎木叶,绸缎藤,绸缎叶,女苑,一匹绸,银背藤,银背叶*
白鹤仙(福建)=玉簪
白鹤芋属(新拉汉英)=**苞叶芋属**
白红菜(福建草药)=番杏
白喉崩(海南)=杜仲藤
白喉乌头 Aconitum leucostomum Worosch.(毛茛科)
白胡椒(广西药用名录)=金珠柳
白胡椒(植物志 43-2)=臭常山
白胡麻(纲目)=芝麻
白胡枝子(贵州)=绒毛胡枝子
白胡子花(甘肃文县)=短序醉鱼草
白胡子狼毒(中药大辞典)=宽叶兔儿风
白壶子(甘肃武都)=大叶醉鱼草
白葫芦(浙江)=鹤草
白蝴蝶(闽南草药)=玉叶金花
白蝴蝶花 Iris japonica f. pallescens P.L.Chiu & Y.T.Zhao (鸢尾科)
白虎草(植物志 43-2)=臭节草
白虎木(广西)=鸡骨常山
白花阿尔泰贝母 Fritillaria meleagris var. alba Hort. (百合科)
白花矮托(傣语)=萝芙木
白花矮陀陀(云南)=凹叶瑞香
白花矮陀陀(云南中草药)=矮陀陀
白花艾(湖南,广西)=白苞蒿
白花凹萼兰 Rodriguezia candida (Lindl.) Rchb.f. (兰科)
白花奥氏杜鹃花(新拉汉英)=白花毛肋杜鹃
白花八角 Illicium philippinense Merr.(木兰科)
白花白点兰 Thrixspermum album (Ridl.) Schltr. (兰科)
白花白头翁(经验鉴别)=毛大丁草
白花百合(新华本草纲要)=野百合
白花百合 Lilium candidum L.(百合科),*圣母百合*
白花败酱(高等图鉴)=攀倒
白花斑叶兰(台兰科图鉴)=斑叶兰
白花苞裂芹 Schultzia albiflora (Kar. & Kir.) M. Pop. (伞形科)
白花贝母兰 Coelogyne leucantha W.W.Sm.(兰科)
白花扁桃 Amygdalus communis var. fragilis f. alboplena (Schneid.) Rehd. (蔷薇科)
白花变型(植物志 65-2)=白花细叶益母草
白花变型(植物志 65-2)=白花圆叶筋骨草(新)
白花变型(植物志 65-2)=白花錾菜(新)
白花变型(植物志 66)=白花子宫草(新)
白花变型(植物志 66)=丹参
白花变种(植物志 65-2)=白花益母草
白花变种(植物志 65-2)=山菠菜
白花变种(植物志 65-2)=夏枯草
白花变种(植物志 66)=硬尖神香草
白花变种(植物志 66,Flora 17)=白花地蚕(新)
白花薄叶兰 Lycaste candida Lindl. & Paxt.(兰科)
白花菜(东北)=野芝麻
白花菜(广东乐昌,惠阳)=龙葵
白花菜(广州,云南河口)=少花龙葵
白花菜(陕西)=流苏树
白花菜(中药大辞典)=油茶
白花菜 Cleome gynandra L.(山柑科),*白花草,臭狗粪,臭腊菜,五梅草,羊角菜,猪屎草,篡豆角*
白花菜科(Flora 7)=**山柑科**
白花菜棵(河南)=二色补血草
白花菜属 Cleome L.(山柑科)
白花参(新华本草纲要)=龙头兰

白花藏芥 Phaeonychium albiflorum (T. Anderson) Jafri (十字花科)
白花糙苏(新)Phlomis melanantha var. angustifolia f. pallidior C.Y.Wu(唇形科),*狭叶变型*
白花草(山东微山)=白花莱
白花草(台湾青草药)=引生草
白花草(中药大辞典)=鹅毛玉凤花
白花草木犀 Melilotus albus ex Desr.(豆科)
白花茶(广东)=裸花紫珠
白花茶(广西临桂)=粗毛耳草
白花茶(海南,云南)=杜茎山
白花茶(岭南采药录)=扭肚藤
白花茶 Camellia sinensis var. pubilimba Chang (山茶科)
白花长白棘豆 Oxytropis anertii var. albiflora Zh.J.Zong ex X.R.He(豆科)
白花长瓣铁线莲 Clematis macropetala var. albiflora (Maxim.) Hand.-Mazz.(毛茛科)
白花长梗秦艽(新)Gentiana waltonii f. lhasaensis (Hsiao etK.C.Hsia) T.N.Ho?(龙胆科)
白花长距根节兰(台兰科图鉴)=白花长距虾脊兰
白花长距虾脊兰 Calanthe albo-longicalcarata S. S.Ying (兰科),*白花长距根节兰*
白花柽柳 Tamarix androssowii Litw.(柽柳科)
白花臭牡丹(云南)=臭茉莉
白花除虫菊(植物志 76-1)=除虫菊
白花川滇米口袋 Gueldenstaedtia delavayi f. alba Tsui (豆科)
白花穿心莲(海南志,中草汇编)=疏花穿心莲
白花春黄菊(北京志)=果香菊
白花刺参 Morina nepalensis var. alba (Hand.-Mazz.) Y.C.Tang(川续断科)
白花葱 Allium yanchiense J.M.Xu(百合科) *白花薤*
白花酢浆草 Oxalis acetosella L.(酢浆草科),*山酢浆草,三块瓦,大酸溜溜,小山锄*
白花簇叶兰 Diuris alba R.Br.(兰科),*白花都瑞斯兰*
白花大苞苣苔 Anna ophiorrhizoides (Hemsl.) Burtt & David.(苦苣苔科)
白花大苞兰 Sunipia candida (Lindl.) P.F.Hunt (兰科),*白花堇兰*
白花大野豌豆 Vicia pseudorobus f. albiflora (Nakai) P.Y.Fu & Y.A.Chen(豆科)
白花丹(广东)=萝芙木
白花丹(广东,广西)=圆锥绣球
白花丹(云南)=锈毛忍冬
白花丹 Plumbago zeylanica L.(白花丹科),*白花金丝岩陀,白花九股牛,白花藤,白花谢三娘,白花岩陀,白花皂药,白雪花,白皂药,耳丁藤,隔布草,假茉莉,猛老虎,千槟榔,千里及,山坡苓,天槟榔,天山娘,乌面马,野苜莉,一见消,照药,总管*
白花丹科 Plumbaginaceae
白花丹叶烟草 Nicotiana plumbaginifolia Viv.(茄科)
白花丹属 Plumbago L.(白花丹科)
白花单瓣玫瑰(新)Rosa rugosa f. alba (Ware) Rehd. (蔷薇科)
白花单瓣木槿 Hibiscus syriacus f. totus-albus T. Moore (锦葵科)
白花蛋不老(四川中草药)=广东地构叶
白花灯笼 Clerodendrum fortunatum L.(马鞭草科),*灯笼草,鬼灯笼,苦灯笼,红灯笼,尖萼常山,土骨皮*
白花地宝兰 Geodorum candidum Wall.(兰科)
白花地蚕(新)Stachys geobombycis var. alba C. Y.Wu & H.W.Li(唇形科),*白花变种*
白花地胆草 Elephantopus tomentosus L.(菊科),*牛舌草*
白花地丁 Viola patrinii DC. ex Ging.(堇菜科),*白花堇菜,铧头草,犁头,烙铁草,白犁头尖,青地黄瓜*
白花地榆(中草药汇编)=大白地榆
白花滇紫草 Onosma album W.W.Sm. & Jeffr. (紫草科)
白花点地梅 Androsace incana Lam.(报春花科)
白花蝶豆(中药大辞典)=广东蝶豆
白花丁香(东北木本志)=紫丁香
白花东北堇菜 Viola mandshurica f. albiflora P. Y.Fu & Y.C.Teng.(堇菜科)
白花都瑞斯兰(新拉汉英)=白花簇叶兰
白花兜兰 Paphiopedilum emersonii Koopowitz & Cribb(兰科)
白花独蒜兰 Pleione albiflora Cribb & C.Z.Tang (兰科)
白花杜鹃 Rhododendron mucronatum (Bl.) G. Don (杜鹃花科),*尖叶杜鹃,白杜鹃,白花映山红,白艳山红*
白花杜鹃花 Rhododendron albiflorum HK.(杜鹃花科)
白花多花梾木 Cornus florida cv. Cherokee Princess (山茱萸科)
白花耳唇兰 Otochilus albus Lindl.(兰科)
白花芳香堇菜 Viola blanda Willd.(堇菜科)
白花风筝果 Hiptage candicans HK.f.(金虎尾科)
白花凤蝶兰 Papilionanthe biswasiana (Ghose & Mukerjee) Garay(兰科)
白花凤兰 Angraecum eburneum Bory (兰科)
白花凤仙花 Impatiens leucantha Thw.(凤仙花科)
白花凤仙花 Impatiens wilsonii HK.f.(凤仙花科)
白花伏地杜鹃 Chiogenes suborbicularis var. albiflorus T.Z.Hsu(杜鹃花科)
白花附地菜(Flora 16)= 白色附地菜(新)
白花附地菜 Trigonotis nankotaizanensis (Sasaki) Massm. & Ohwi(紫草科)
白花甘蓝 Brassica oleracea var. albiflora Kuntze (十字花科),*芥蓝*
白花甘青黄芪 Astragalus tanguticus f.albiflorus S.W.Liu ex K.T.Fu(豆科)
白花甘肃马先蒿(新)Pedicularis kansuensis subsp. kansuensis f. albiflora Li(玄参科),*甘肃菊叶马先蒿白花变型*
白花甘西鼠尾草 Salvia przewalskii var. alba X.L.Huang & H.W.Li(唇形科),*白花变种*
白花杆(湖南伊阳)=樱桃忍冬
白花杆(中草药汇编)=绢毛山梅花
白花弓茎悬钩子(新)Rubus flosculosus var. mairei Focke?(蔷薇科)
白花冠唇花 Microtoena albescens C.Y.Wu & Hsuan (唇形科)
白花冠毛蓟(新)Cirsium albescens Kitam.?(菊科)
白花光萼荷 Aechmea mariae-reginae H.Wendl. (凤梨科)
白花广布野豌豆 Vicia cracca var. albiflora Trautv. (豆科)
白花鬼灯笼(广东)=灰毛大青
白花鬼针草 Bidens pilosa var. radiata Sch.-Bip. (菊科),*金盏银盘*
白花棍儿茶(东北)=银露梅
白花果(昆明草药)=厚皮香
白花过路黄 Lysimachia huitsunae Chien(报春花科)
白花蚶壳草(中草药汇编)=堇菜
白花含笑 Michelia mediocris Dandy(木兰科),*苦子,苦梓*
白花蒿(海南志)=白苞蒿
白花蒿(江苏)=牡蒿
白花合欢 Albizia crassiramea Lace(豆科)
白花合景天 Pseudosedum affine (Schrenk) Berger (景天科)
白花鹤虱 Lappula macra M.Pop. ex Pval.(紫草科)
白花黑环罂粟 Papaver pavoninum f. album X.J. Ge (罂粟科)
白花红门兰 Orchis kunihikoana Masam.(兰科),*红斑兰,大水窟红兰,白花兰*
白花红山茶 Camellia mairei var. alba Chang(山茶科)
白花胡颓子 Elaeagnus pallidiflora C.Y.Chang (胡颓子科)
白花胡枝子 Lespedeza bicolor var. alba Bean? (豆科)
白花壶瓶(浙江)=鹤草
白花虎眼万年青 Ornithogalum thyrsoides Jacq. (百合科)
白花花叶丁香 Syringa ×persica f. alba (Weston) Voss (木犀科)
白花华山黄芪 Astragalus havianus var. pallidiflorus Y.C.Ho(豆科)
白花槐 Sophora albescens (Rehd.) C.Y.Ma(豆科),*白花灰毛槐树,山豆根,千层皮,白花灰色槐*
白花黄芪(西藏植物名录)=白序黄芪
白花黄芩 Scutellaria spectabilis Pax & Hoffm. (唇形科)
白花灰毛槐树(贵州草药)=白花槐
白花灰色槐(云南药用名录)=白花槐
白花棘豆 Oxytropis subfalcata var. albiflora C. W.Chang (豆科),*米口袋*
白花寄生(云南志)=白花梨果寄生
白花蓟罂粟 Argemone platycerae Link & Otto (罂粟科)
白花夹竹桃 Nerium indicum cv. Paihua(夹竹桃科)
白花假糙苏 Paraphlomis albiflora (Hemsl.) Hand.-Mazz. (唇形科),*四轮麻*
白花姜(南方有毒植物)=多须公
白花结(植物志 35-1)=太平花
白花金丝岩陀(云南)=白花丹
白花金线莲(台湾兰科图志)=台湾齿唇兰
白花金盏苣苔 Isometrum leucanthum (Diels) Burtt (苦苣苔科)
白花堇菜(东北师大通报)=白花地丁
白花堇菜(高等图鉴)=蒙古堇菜
白花堇菜 Viola lactiflora Nakai(堇菜科),*宽叶白花堇菜*
白花堇兰(高等图鉴)=白花大苞兰
白花景天(拉汉名称)=白八宝
白花九股牛(云南)=白花丹
白花九里明(中药辞海)=东风草
白花菊木(新)Leucomeris decora Kurz.(菊科),*白菊木*
白花菊木属(新)Leucomeris D.Don (菊科)
白花瞿麦(浙江)=鹤草
白花卷瓣兰 Bulbophyllum khaoyaiense Seidenf.

(兰科)
白花卡拉迪兰(新拉汉英)=白花裂缘兰
白花苦灯笼 Tarenna mollissima (HK. & Arn.) Rob. (茜草科),*白青乌心,黑虎,鸡公辣毛乌口树,密毛蒿香,密毛乌口树,青作树,乌口树,乌木,小肠枫*
白花宽爪野豌豆 Vicia latiuniquiculata f. albiflora Xia (豆科)
白花腊梅(福建)=山蜡梅
白花兰(台兰科图鉴)=白花红门兰
白花榔树(广东北部)=越南安息香
白花老鹳草 Geranium albiflorum Ledeb.(牻牛儿苗科)
白花老虎兰 Stanhopea ecornuta Lem.(兰科)
白花梨果寄生 Scurrula pulverulenta (Wall.) D. Don (桑寄生科),*白花寄生*
白花立金花 Lachenalia liliflora Jacq.(百合科)
白花蓼 Polygonum coriarium Grig.(蓼科)
白花列当 Orobanche alba Steph.(列当科)
白花裂缘兰 Caladenia alba R.Br.(兰科),*白花卡拉迪兰*
白花铃铛刺 Halimodendron halodendron var. albiflorum (Kar. & Kir.) Prjech.(豆科),*白花盐豆木*
白花铃子香 Chelonopsis albiflora Pax & Hoffm. ex Limpr.(唇形科)
白花柳叶箬 Isachne albens Trin.(禾本科)
白花龙 Styrax faberi Perk. (安息香科),*白龙条,扫酒树,棉子树,梦童子,响铃子,扣子柴*
白花龙船花 Ixora henryi Lévl.(茜草科),*小龙船花,小仙丹花*
白花龙胆(植物志 62)=高山龙胆
白花耧斗菜 Aquilegia lactiflora Kar. & Kir.(毛茛科)
白花鹿角兰(高等图鉴)=鹿角兰
白花鹿蹄草 Pyrola decorata var. alba (H.Andr.) Y.L.Chou & R.C.Zhou(鹿蹄草科),*白鹿蹄草*
白花驴蹄草 Caltha natans Pall.(毛茛科)
白花绿绒蒿 Meconopsis argemonantha Prain(罂粟科)
白花卵叶杜鹃 Rhododendron callimorphum var. myiagrum (Balf.f. & Forr.) Chamb. ex Cullen & Chamb.(杜鹃花科)
白花马蔺 Iris lactea Pall.(鸢尾科)
白花曼陀罗(江西,江苏)=洋金花
白花毛兰 Eria aeridostachya Rchb.f. ex Lindl.? (兰科)
白花毛肋杜鹃 Rhododendron augustini var. album (杜鹃花科),*白花奥氏杜鹃花*
白花毛野豌豆 Vicia pilosa var. albiflora Xia (豆科)
白花毛轴莎草 Cyperus pilosus var. obliquus (Nees) C.B.Clarke (莎草科)
白花梅花草 Parnassia scaposa Mattf.(虎耳草科)
白花美丽百合 Lilium speciosum var. album-novum Wilson (百合科)
白花美丽龙胆 Gentiana formosa f. albiflora H.Sm. ex T.N.Ho (龙胆科)
白花米口袋 Gueldenstaedtia verna f. alba (F.Z. Li) Tsui (豆科)
白花绵枣儿 Scilla tubergeniana Hoog (百合科)
白花木(广东茂名)=越南安息香
白花木(海南)=齿叶安息香
白花木槿 Hibiscus syriacus f. albus-plenus Loudon (锦葵科)
白花拟万代兰 Vandopsis undulata (Lindl.) J.J. Sm. (兰科),*船唇兰*
白花牛角瓜 Calotropis procera (L.) Dry. ex Ait.f. (萝藦科)
白花牛皮消(药用志)=蔓生白薇
白花女娄菜(拉汉名称)=坚硬女娄菜
白花欧丁香 Syringa vulgaris f. alba (Weston) Voss (木犀科),*白花洋丁香*
白花欧洲百合 Lilium martagon var. albiflorum Vukot.(百合科)
白花螃蜞菊(岭南采药录)=鳢肠
白花泡桐 Paulownia fortunei (Seem.) Hemsl.(玄参科),*白花桐,白桐皮,白桐叶,大果泡桐,笛螺木,饭桐子,华桐,火筒木,泡桐,沙桐彭,水桐树皮,通心条,桐根,桐木,桐皮,桐叶*
白花蓬子菜 Galium verum var. lacteum Maxim. (茜草科)
白花匹菊 Pyrethrum transiliense (Herd.) Rgl. & Schmalh.(菊科)
白花珀菊 Amberboa glauca (Willd.) Grosch.(菊科)
白花蒲公英(植物志 80-2)=朝鲜蒲公英
白花蒲公英 Taraxacum leucanthum (Ledeb.) Ledeb.(菊科),*戟叶蒲公英,亚洲蒲公英*
白花千里光(浙江中草药)三脉紫菀
白花前胡(高等图鉴,药典 2000)=前胡
白花秋水仙 Colchicum autumnale var. album Hort.(百合科)
白花球蕊五味子 Schisandra sphaerandra f. pallida A.C.Sm.(木兰科)
白花全唇兰(台湾志)=阿里山全唇兰
白花荛花 Wikstroemia trichotoma (Thunb.) Makino(瑞香科)
白花日本百合 Lilium japonicum var. album (Wallace) Wilson (百合科)
白花日本前胡(东北检索表)=鸭巴前胡
白花柔毛野豌豆 Vicia villosa f. albiflora Xia (豆科)
白花萨乌尔翠雀花 Delphinium shawurense var. albiflorum Chang Y.Yang & B.Wang(毛茛科)
白花鳃兰 Maxillaria alba (HK.) Lindl.(兰科)
白花三宝木 Trigonostemon leucanthus Airy-Shaw (大戟科)
白花砂珍棘豆 Oxytropis racemosa f. albiflora (P.Y.Fu & Y.A.Chen) C.W.Chang(豆科)
白花山柳菊 Hieracium albiflorum HK.(菊科)
白花山柰 Kaempferia candida Wall.(姜科)
白花山羊豆 Galega officinalis var. persica (Pers.) Schmalh.?(豆科)
白花山野豌豆 Vicia amoena f. albiflora P.Y.Fu & Y.A.Chen(豆科)
白花山月桂 Kalmia cuneata Michx (杜鹃花科)
白花芍药 Paeonia sterniana Fletcher(芍药科)
白花舌头草(云南)=草玉梅
白花蛇舌草 Hedyotis diffusa Willd.(茜草科),*顶湖耳草,二叶葎,节节结蕊草,龙舌草,目目生珠草,竹叶菜*
白花什锦丁香 Syringa ×chinensis f. alba (Krchn.) Shelle(木犀科)
白花石豆兰 Bulbophyllum riyanum Fukuyama (兰科),*非豆兰,假豆兰*
白花石斛 Dendrobium candidum Wall. ex Lindl. (兰科),*黑节草*
白花树(高等图鉴,药典 2000)=越南安息香
白花树(广西药用植物名录)=糯米条
白花树(中药大辞典)=垂珠花
白花树(广东)= 檵木
白花树萝卜 Agapetes mannii Hemsl.(杜鹃花科)
白花双蝴蝶 Tripterospermum pallidum H.Sm. (龙胆科)
白花水八角 Gratiola japonica Miq.(玄参科),*水八角*
白花四川鹅绒藤(植物志 63)=四川鹅绒藤
白花松潘乌头 Aconitum sungpanense var. leucanthum W.T.Wang(毛茛科)
白花溲疏(经济植物手册)=异色溲疏
白花酸藤子 Embelia ribes Burm.f.(紫金牛科),*黑头果,马桂郎,牛脾蕊,牛尾藤,枪子果,入地龙,丧间,水林果,酸味藟,碎米果,咸酸藟,小种楠藤,羊公板仔*
白花碎米荠 Cardamine leucantha (Tausch) O.E. Schulz (十字花科),*山芥菜,菜子七,角蒿,假芹菜*
白花台东红门兰 Orchis taitungensis var. albo-florens S.S.Ying(兰科),*白花台东兰*
白花台东兰(台高等图志)=白花台东红门兰
白花桃(浙江中草药)=毛花猕猴桃
白花藤 (唐本草)=白花丹
白花藤(海南)=厚藤
白花藤(四川)=田旋花
白花藤(图考)=络石
白花藤(新华本草纲要)=短梗南蛇藤
白花藤(云南,贵州)=飞蛾藤
白花藤(云南中草药选)=滇桂崖豆藤
白花藤(浙江草药)=圆锥铁线莲
白花藤萝 Wisteria venusta Rehd. & Wils.(豆科),*大发法藤,紫藤,白龙藤,白藤,断肠叶,大发汗*
白花藤子(海南)=异叶地锦
白花庭蓝 Indigofera incarnata f. alba (Sarg.) Rehd. (豆科)
白花桐(桐谱)=白花泡桐
白花头嘴菊 Cephalorrhynchus albiflorus Shih (菊科)
白花土荆芥(湖南,云南)=牛至
白花菟葵 Eranthis albiflora Franch.(毛茛科)
白花歪头菜 Vicia unijuga f. albiflora Kitag.(豆科)
白花弯蕊芥(植物志 33)=宽翅碎米荠
白花万代兰(高等图鉴)=白柱万代兰
白花网球花 Haemanthus albiflos Jacq.(石蒜科)
白花尾(江西)=奇蒿
白花委陵菜(东北检索表)=石生委陵菜
白花乌板紫(广西)=镰叶越桔
白花西南鸢尾 Iris bulleyana f. alba Y.T.Zhao(鸢尾科)
白花溪荪 Iris sanguinea.f. albiflora Makino(鸢尾科)
白花细叶野豌豆 Vicia tenuifolia f. albiflora Xia (豆科)
白花细叶益母草 Leonurus sibiricus f. albiflorus (Nakai & Kitag.) C.Y.Wu & H.W.Li(唇形科),*白花变型,茺蔚子*
白花狭唇兰 Sarcochilus pallidus (Bl.) Rchb.f. (兰科)
白花夏枯(云南各地)=夏至草
白花夏枯草(青海中草药)=白花枝子花
白花苋 Aerva sanguinolenta (L.) Bl.(苋科),*白牛膝,绢毛苋*
白花苋耆(东北检索表)=乳白黄芪
白花苋属 **Aerva** Forsk(苋科),*绢毛苋属*
白花线柱兰 Zeuxine parviflora (Ridl.) Seidenf. (兰科),*蔽花线柱兰,阿里山线柱兰*
白花小石豆兰 Bulbophyllum derchianum S.S. Ying? (兰科)
白花小叶蓝丁香(植物志 61)=小叶蓝丁香

白花蝎子草(经济植物手册)=八宝
白花缬草 Valeriana officinalis cv. Alba (败酱科)
白花谢三娘(海南)=白花丹
白花薤(Flora 24)=白花葱
白花蟹甲草(植物志 77-1)=兔儿风蟹甲草
白花荇菜(北部植物图志)=金银莲花
白花悬钩子 Rubus leucanthus Hance(蔷薇科), *白钩簕藤,南蛇簕*
白花鸭跖草(海南)=网籽草
白花岩梅 Diapensia purpurea var. albida W.E. Evans (岩梅科)
白花岩陀(云南)=白花丹
白花盐豆木(沙漠志)=白花铃铛刺
白花羊耳蒜 Liparis amabilis Fukuyama(兰科)
白花羊蹄甲(思茅中草药)=洋紫荆
白花羊蹄甲 Bauhinia acuminata L.(豆科)
白花洋丁香(树木分类学)=白花欧丁香
白花洋泡(广东)=白背枫
白花洋石竹 Tunica saxifraga var. alba Hort.(石竹科)
白花洋紫荆 Bauhinia variegata var. candida (Roxb.) Viogt(豆科), *大白花*
白花药(云南)=矮桃
白花野大豆 Glycine soja var. albiflora P.Y.Fu & Y.A.Chen? (豆科)
白花野凤仙花 Impatiens textori f. pallescens (Honda) Hara? (凤仙花科)
白花野火球 Trifolium lupinaster var. albiflorum Ser. (豆科)
白花野豌豆(新疆)=新疆野豌豆
白花野芝麻(黑龙江)=野芝麻
白花叶 Poranopsis sinensis (Hand.-Mazz.) Staples (旋花科)
白花叶属 Poranopsis Roberty (旋花科)
白花异叶苣苔 Whytockia tsiangiana (Hand.-Mazz.) A.Weber(苦苣苔科)
白花益母(云南各地)=夏至草
白花益母草(杭州药志)=大花益母草
白花益母草(图考)=野芝麻
白花益母草(中草药汇编)=脓疮草
白花益母草 Leonurus artemisia var. albiflorus (Migo) S.Y.Hu(唇形科), *白花变种,益母草,野毛草,油麻松*
白花益母膏(山西)=錾菜
白花茵陈(江西,昆明)=牛至
白花淫羊藿 Epimedium youngianum var. niveum Stearn (小檗科)
白花银背藤 Argyreia seguinii (Lévl.) Van. ex Lévl. (旋花科), *白背藤,白面水鸡,白牛藤,跌打王,葛藤,黄藤,山牡丹,藤续断,旋花藤*
白花蝇子草(拉汉名称)=蝇子草
白花蝇子草 Silene latifolia subsp. alba (Miller) Greuter & Burdet(石竹科)
白花映山红(四川中药志)=白花杜鹃
白花油麻藤 Mucuna birdwoodiana Tutch.(豆科), *大兰布麻,鸡血藤,血枫藤*
白花鱼藤 Derris albo-rubra Hemsl.(豆科)
白花玉钱香(广东)=补血草
白花鸢尾 Iris tectorum f. alba Makino(鸢尾科)
白花圆叶筋骨草(新)Ajuga ovalifolia var. calantha f. albiflora Sun ex C.Y.Wu(唇形科), *白花变型*
白花越桔 Vaccinium albidens Lévl. & Vant.(杜鹃花科)
白花錾菜(新)Leonurus pseudomacranthus f. leucanthus Kitag.(唇形科), *白花变型*
白花皂药(四川)=白花丹
白花盏(广州)=赤杨叶
白花张口杜鹃 Rhododendron augustinii subsp. chasmanthum f. hardyi (David.) R.C.Fang(杜鹃花科)
白花獐牙菜 Swertia alba T.N.Ho & S.W.Liu(龙胆科)
白花照水莲(江西,福建)=三白草
白花枝子花 Dracocephalum heterophyllum Benth. (唇形科), *马尔赞居西,祖帕尔,白花夏枯草,白甜蜜蜜,异叶青兰*
白花重瓣麦李 Cerasus glandulosa f. alboplena Koehne (蔷薇科)
白花重瓣玫瑰(新)Rosa rugosa f. alboplena Rehd. (蔷薇科)
白花重瓣溲疏 Deutzia scabra var. candidissima Rehd.(虎耳草科)
白花重楼 Paris polyphylla var. alba H.Li & R.J. Mitch. (百合科)
白花蛛毛苣苔(植物志 69)=髯丝蛛毛苣苔
白花蛛毛苣苔 Paraboea glutinosa (Hand.-Mazz.) K.Y.Pan (苦苣苔科)
白花仔(福建)=白绒草
白花仔(广州)=莲子草
白花仔草(台湾青草药)=日本活血丹
白花仔草(香港大鱼山)=光枝木龙葵
白花子宫草(新)Skapanthus oreophilus f. albus C.Y.Wu(唇形科), *白花变型*
白花梓树(广西)=黄金树
白花紫苞鸢尾 Iris ruthenica var. leucantha Y.T.Zhao (鸢尾科)
白花紫苞鸢尾 Iris ruthenica.f. leucantha Y.T. Zhao (鸢尾科)
白花紫金牛 Ardisia merrillii Waliker(紫金牛科)
白花紫荆 Cercis chinensis f. alba Hsu(豆科)
白花紫苏(云南文山)=毛萼鞘蕊花
白花紫藤 Wisteria sinensis f. alba (Lindl.) Rehd. & Wils.(豆科)
白花醉鱼草(经济志)=巴东醉鱼草
白桦 Betula platyphylla Suk.(桦木科), *粉桦,桦皮树,桦皮,桦皮,桦树液*
白桦皮(新疆中草药)=垂枝桦
白环藤(河北)=萝藦
白环异枝竹 Metasasa albo-farinosa W.T.Lin (禾本科)
白黄果(云南)=长穗越桔
×白灰火绒草 Leontopodium albo-griseum Hand.-Mazz. (菊科), *戟叶×华火绒草*
白灰毛豆 Tephrosia candida DC.(豆科), *短萼灰叶*
白喙刺子莞 Rhynchospora brownii Roem. & Schult. (莎草科)
白活麻(湖北)=荨麻
白活麻(四川药志)=粗根荨麻
白活麻(四川中药志)=荨麻
白火丹草(浙江民间草药)=狗舌草
白火炭(中药大辞典)=白饭树
白藿香(峨眉)=峨眉黄芩
白芨(陕西)=互叶醉鱼草
白芨(证汉准绳)=白及
白芨黄精(浙江)=多花黄精
白芨黄精 Polygonatum lanuginosum Wang & Tang (百合科), *绵毛黄精*
白芨梢(陕西)=互叶醉鱼草
白鸡骨头树(云南中草药)=掌叶梁王茶
白鸡脚步(江西)=垂序商陆
白鸡槿(浙江药志)=大果卫矛
白鸡烂树(广东)=吊钟花
白鸡毛(浙江草药)=绵毛鹿茸草
白鸡婆梢(陕西,四川)=光果莸
白鸡矢藤(广西药用名录)=云南鸡矢藤
白鸡屎藤(贵州民间药物)=毛鸡矢藤
白鸡油(台湾)=糙叶树
白积梢(甘肃)=互叶醉鱼草
白及(本经)=黄花白及
白及 Bletilla striata (Thunb. ex A.Murray) Rchb. f. (兰科), *白给,白根,白芨,白鸟儿头,冰球子,甘根,连及草,箬兰,小白及,朱兰*
白及属 Bletilla Rchb.f.(兰科)
白极石(西昌中草药)=粉背蕨
白棘(本草经)=马甲子
白棘(本经,神农本草)=酸枣
白蒺藜(山东,云南)=蒺藜
白几木(广西)=一叶萩
白荚(杭州,白英之误)=白英
白尖草(中药大辞典)=芒
白尖锦鸡尾 Haworthia cooperi Baker (百合科)
白尖日本花柏 Chamaecyparis pisifera cv. Snow (柏科)
白健秆 Eulalia pallens (Hack.) Kuntze (禾本科)
白姜(广东)=红姜花
白姜(中药大辞典)=纤细薯蓣
白浆草(云南)=苦绳
白浆果苋 Cladostachys polysperma (Roxb.) Kuan (苋科), *多子地灵苋*
白浆藤(云南)=古钩藤
白胶木(高等图鉴,广东)=鼎湖钓樟
白胶墙(广东)=陌上菜
白胶藤(广西)=杜仲藤
白胶香(本草原始)=枫香树
白角堇菜 Viola cornuta cv. Alba (堇菜科)
白脚桐(海南)=白脚桐棉
白脚桐棉 Thespesia lampas (Cavan.) Dalz. & Gibs. (锦葵科), *山棉花,白脚桐,肖槿*
白脚威灵仙(云南)=刺苞斑鸠菊
白脚蜈蚣(浙江草药)=蜈蚣兰
白接骨 Asystasiella neesiana (Wall.) Lindau(爵床科), *猢狲节根,接骨草,金不换,尼氏拟马偕花,麒麟草,橡皮草,小阿达西,玉梗半枝莲,玉接骨,玉连环,玉龙盘*
白接骨丹(陕西)=鹤草
白接骨连(贵州草药)=西南银莲花
白接骨属 Asystasiella Lindau(爵床科)
白节簕竹 Bambusa dissimulator var. albinodia McClure (禾本科)
白节赛爵床 Calophanoides multinodis (R.Ben.) C.Y.Wu & H.S.Lo(爵床科)
白结香 Edgeworthia albiflora Nakai(瑞香科)
白芥 Sinapis alba L.(十字花科), *胡芥,蜀芥,芥子*
白芥属 Sinapis L.(十字花科), *欧白芥属*
白金番红花 Crocus biflorus var. parkinsonii Hort.(鸢尾科)
白金古榄(广西)=变色马兜铃
白金古榄(广西中草药)=长叶马兜铃
白金花(Flora 16)=百金花
白金银花(广西)=扭肚藤
白金子风(湖南药物志)=红紫珠
白茎茶藨子 Ribes inerme Rybd.(虎耳草科)
白茎地骨(新本草纲目)=苦参
白茎假瘤蕨 Phymatopteris chrysotricha (C.Chr.) Pic.Serm.(水龙骨科)
白茎绢蒿 Seriphidium terrae-albae (Krasch.) Poljak. (菊科), *白蒿*

白茎牻牛儿苗 Erodium moschatum L'Herit.(牻牛儿苗科)
白茎唐松草 Thalictrum leuconotum Franch.(毛茛科)
白茎鸦葱(植物志 80-1)=华北鸦葱
白茎盐生草 Halogeton arachnoideus Moq.(藜科),*灰蓬*
白茎眼子菜 Potamogeton praelongus Wulf.(眼子菜科)
白荆条(贵州)=八角枫
白睛蜓(广西)=灰毛大青
白井安息香 Styrax shiraiana Mak.(安息香科)
白景天(东北检索表)=白八宝
白镜子(高等图鉴)=照山白
白九股牛(中草药汇编)=黑果土当归
白韭 Allium blandum Wall.(百合科)
白酒巴香(云南)=白酒草
白酒草 Conyza japonica (Thunb.) Less.(菊科),*假蓬,山地菊,白酒巴香,酒药草,银钮子*
白酒草旋覆花 Inula conyza DC.(菊科)
白酒草属 Conyza Less.(菊科)
白菊花(中药志)=菊花
白菊木(新拉汉英)=白花菊木(新)
白菊木 Gochnatia decora (Kurz) A.L.Cabrera(菊科)
白菊木属(新拉汉英)=**白花菊木属**(新)
白菊木属 Gochnatia H.B.K.(菊科)
白蒟蒻(本草图经)=磨芋
白苣(嘉祐本草)
白苣子(山西中草药)
白鹃梅 Exochorda racemosa (Lindl.) Rehd.(蔷薇科),*总花白鹃梅,茧子花,九活头,金瓜果*
白鹃梅属 Exochorda Lindl.(蔷薇科),*白山花属,金瓜果属,茧子花属*
白卡山槟榔 Pinanga beccariana Furtado (棕榈科)
白开喉箭(广西药用名录)=丝穗金粟兰
白栲(植物志 22)=米槠
白柯 Lithocarpus dealbatus (HK.f. & Thoms. ex DC.) Rehd.(壳斗科),*白皮柯,砚山石栎,白栎,野槟榔*
白棵枞(河北图志)=臭冷杉
白克马叶(贵州民间药物)=垂珠花
白刻针(河南)=白刺花
白扣子(广西)=赛山梅
白苦葛(云南)=苦葛
白拉拉秧(北京)=芹叶铁线莲
白喇叭杜鹃 Rhododendron Taggianum Hutch.(杜鹃花科)
白腊叶荛花(高等图鉴)=羊眼子
白蜡花(贵州)=白蜡树
白蜡槭(树木分类学)=梣叶槭
白蜡树(广西)=女贞
白蜡树 Fraxinus chinensis Roxb.(木犀科),*白蜡花,云南梣,尖叶白蜡树,尖叶梣,川梣,云南白蜡树*
白蜡树属(树木分类学)=**梣属**
白蜡叶风车藤(分类学报)=白蜡叶风筝果
白蜡叶风筝果 Hiptage fraxinifolia F.N.Wei(金虎尾科),*白蜡叶风车藤*
白蜡叶洛美塔 Lomatia fraxinifolia F.J.Muell.(山龙眼科),*灰叶洛美塔*
白来叶(福建草药)=绿黄葛树
白赖杆(蒙古语)=香青兰
白癞鸡婆(江西)=垂序商陆
白兰 Michelia alba DC.(木兰科),*白玉兰,白兰花,白缅花,缅桂花,黄桷兰*

白兰瓜(植物志 73-1)=甜瓜
白兰花(植物志 30-1)=白兰
白兰香(中药大辞典)=铁冬青
白蓝翠雀花 Delphinium albocoeruleum Maxim.(毛茛科),*翠雀*
白蓝地花(云南中草药)=毛杭子梢
白榄(广东,广西)=橄榄
白狼葱(中草药汇编)=天蓝韭
白狼毒(四川)=毛翠雀花
白狼毒(中药志)=狼毒大戟
白狼乌头 Aconitum bailangense Y.Z.Zhao(毛茛科)
白榔皮(云南耿马,孟定)=绒毛苹婆
白朗花(四川中药志)=峨眉椴
白簕花叶(福建中草药)=白簕
白簕蓪(生草药性备要)=白簕
白簕 Acanthopanax trifoliatus (L.) Merr.(五加科),*白茨根,白茨叶,白簕花叶,白簕蓪,白簕根,刺三甲,鹅掌簕,禾掌簕,三加皮,三甲皮,三叶五加,山五甲,五加皮*
白簕根(生草药性备要)=白簕
白簕树(广东)=五加
白肋斑叶兰(台兰科图鉴)=绒叶斑叶兰
白肋翻唇兰 Hetaeria cristata Bl. (兰科),*白肋角唇兰,白点伴兰,伴兰,红花伴兰*
白肋角唇兰(台湾兰科植物)=白肋翻唇兰
白肋万年青 Dieffenbachia leopoldii Bull.(天南星科)
白肋线柱兰 Zeuxine goodyeroides Lindl. (兰科)
白肋肖竹芋 Calathea mediopicta Rgl.(竹芋科)
白梨(海南东方)=海南核果木
白梨 Pyrus bretschneideri Rehd.(蔷薇科),*白桂梨,罐梨,梨,缺罐梨,梨树根,糖果根,糖梨根*
白梨么(海南)=网脉核果木
白犁头尖(云南)=白花地丁
白黎豆(天目药志)=黧豆
白里蒿(内蒙古)=白莎蒿
白栎(新拉汉英)=欧洲橡树
白栎(植物志 22)=白柯
白栎 Quercus fabri Hance(壳斗科),*小白栎,白栎蔀,白柴蒲树,泽栗,青冈树*
白栎蔀(天目药志)=白栎
白栗(云南)=高山锥
白莲蒿 Artemisia sacrorum Ledeb.(菊科),*白蒿,哈尔-沙瓦格,矛日音-西巴嘎,铁秆蒿,万年蒿,蚊艾,香蒿*
白莲花露(随息居饮食谱)=莲
白敛(云南)=朱砂藤
白脸蒿(四川)=阴地蒿
白蔹(滇南本草)=青羊参
白蔹 Ampelopsis japonica (Thunb.) Makino(葡萄科),*鹅抱蛋,猫儿卵,箭猪腰,五爪藤,白根,见肿消,穿山老鼠,白水罐,山地瓜,白蔹子*
白蔹子(药性论)=白蔹
白粱米(名医别录)=粱
白亮独活 Heracleum candicans Wall. ex DC.(伞形科),*藏当归,白羌活*
白亮广防风 Anisomeles candicans Benth.(唇形科)
白亮越桔 Vaccinium candicans Michx.(杜鹃花科)
白列金氏草属(新拉汉英)=**扁穗属**
白林皮(分类草药性)=紫荆
白鳞刺子莞 Rhynchospora alba (L.) Vahl (莎草科)
白鳞酢浆草 Oxalis acetosella subsp. leucolepis (Diels) Huang & L.R.Xu(酢浆草科)

白鳞肋毛蕨(台湾志)=阔鳞肋毛蕨
白鳞木姜子 Litsea linii C.E.Chang? (樟科)
白鳞莎草 Cyperus nipponicus Franch. & Savat.(莎草科)
白鳞薹草(北京志)=豌豆形薹草
白鳞薹草 Carex alba Scop.(莎草科)
白灵山红山茶 Camellia bailinshanica Chang, Liu & Xiong(山茶科)
白铃子(四川叙永)=石蜘蛛
白柳(山东)=旱柳
白柳 Salix alba L.(杨柳科)
白龙串彩(古乌审旗,陕西榆林,横山)=脓疮草
白龙藁本 Ligusticum maireii Hiroe(伞形科)
白龙骨(福建中草药)=绵毛鹿茸草
白龙骨(浙江)=庐山楼梯草
白龙鸡(广西药用名录)=半园盖阴石蕨
白龙皮(纲目)=天麻
白龙球 Mammillaria conpressa DC.(仙人掌科)
白龙藤(云南药用名录)=白花藤萝
白龙条(广东)=白花龙
白龙头(南京药草)=翅果菊
白龙香茶菜(植物志 66)=沧山香茶菜
白龙须(北京)=蔓生白薇
白龙须(滇南本草)=云南娃儿藤
白龙须(昆明,嵩明)=大理白前
白龙须(丽江)=痢止蒿
白龙须(陕西中药名录)
白龙须(思茅)=柳叶斑鸠菊
白龙须(四川)=竹灵消
白龙须(云南)=下田菊
白龙须(云南潞西)=竹叶吉祥草
白露红(钟观光拟)=裂稃草
白鹿蹄草(拉汉名称)=白花鹿蹄草
白绿绵枣儿(植物志 14)=绵枣儿
白绿薹草(高等图鉴)=海绵基薹草
白绿叶 Elaeagnus viridis var. delavayi Lecomte(胡颓子科),*小羊奶果,胡颓子,羊肋树,天青地白*
白麻(本草纲目)=苘麻
白麻(广西)=苎麻
白麻(广西中草药)=磨盘草
白麻 Apocynum pictum Schrenk.(夹竹桃科),*大叶白麻,野麻,大花罗布麻*
白麻栎(广西)=栓皮栎
白麻树(江苏志)=黑弹树
白麻竹(云南腾冲)=缅甸龙竹
白麻属(植物志 63)=**罗布麻属**
白麻子(千金食治)=大麻
白马鞭(图考)=金线草
白马刺(曲靖中草药)=两面蓟
白马吊灯花 Ceropegia monticola W.W.Sm.(萝藦科)
白马分棕(云南)=半月铁线蕨,
白马分鬃(云南)=金铁锁
白马风(四川)=耳羽金毛裸蕨
白马骨(本草拾遗,图考)=六月雪
白马骨 Serissa serissoides (DC.) Druce(茜草科),*路边金,六月冷,曲节草,硬骨柴,天星木*
白马骨属 Serissa Comm. ex A.L.Jussieu(茜草科)
白马芥 Baimashania pulvinata Al-Shehbaz(十字花科)
白马芥属 Baimashania Al-Shehbaz (十字花科)
白马兰(浙江中草药)=一年蓬
白马兰(浙江中草药)三脉紫菀
白马蓝(浙江温州,青田)=水苏
白马连藤(广西)=古钩藤

白马荛花 Wikstroemia baimashanensis S.C. Huang (瑞香科)
白马肉(甘肃)=多裂委陵菜
白马桑(高等图鉴)=半边月
白马山虎耳草 Saxifraga baimashanensis C.Y. Wu (虎耳草科)
白马鼠尾草 Salvia baimaensis S.W.Su & Z.A. Shen(唇形科)
白马胎(广西)=黄花倒水莲
白马薹草 Carex baimaensis S.W.Su(莎草科)
白马蹄莲 Zantedeschia albo-maculata (HK.f.) Baill(天南星科)
白马薇(江苏)=白薇
白马尾(北京)=蔓生白薇
白马银花 Rhododendron hongkongense Hutch. (杜鹃花科)
白蚂蚁花 Osbeckia nepalensis var. albiflora Lindl.(野牡丹科)
白脉安息香(广西)=越南安息香
白脉韭 Allium ovalifolium var. leuconeurum J. M.Xu (百合科),*白脉山葱*
白脉犁头尖 Typhonium albidinervum C.Z.Tang & H.Li(天南星科)
白脉鹿蹄草(拉汉名称)=花叶鹿蹄草
白脉瑞香(高等图鉴补编)=穗花瑞香
白脉山葱(Flora 24)=白脉搏韭
白脉竹芋 Maranta leuconerua Morr.(竹芋科)
白曼陀罗(福建,药典 2000)=洋金花
白蔓草虫豆 Cajanus scarabaeoides var. argyrophyllus (Y.T.Wei & S.Lee) Y.T.Wei & S.Lee (豆科)
白盲荚(浙江)=中华胡枝子
白蟒肉(东北药志)=羊乳
白毛暗竹(福建)=面竿竹
白毛参(中药辞海)=漏斗泡囊草
白毛草(广东中药)=土丁桂
白毛草(沙漠药用植物)=紫筒草
白毛草(植物志 69)=大叶锣
白毛茶(广东龙门)=毛叶茶
白毛柴(闽东本草)=杜虹花
白毛长叶紫珠 Callicarpa longifolia var. floccosa Schauer(马鞭草科)
白毛虫豆(植物志 41)=白虫豆
白毛椿(云南)=云南瘿椒树
白毛大将军(新华本草纲要)=密毛山梗菜
白毛大岩桐 Sinningia leucotricha H.E.Moore (苦苣苔科)
白毛杜鹃 Rhododendron vellereum Hutch. ex Tagg (杜鹃花科)
白毛椴 Tilia endochrysea Hand.-Mazz.(椴树科)
白毛椴 Tilia heterophylla Vent.(椴树科)
白毛多花蒿 Artemisia myriantha var. pleiocephala (Pamp.) Y.R.Ling(菊科)
白毛繁缕 Stellaria patens D.Don(石竹科)
白毛粉钟杜鹃 Rhododendron balfourianum var. aganniphoides Tagg & Forr.(杜鹃花科)
白毛风铃草(云南区系报告)=丝茎风铃草
白毛风毛菊 Saussurea lanata Y.L.Chen & S.Y. Liang (菊科)
白毛蒿(东北检索表)=白叶蒿
白毛蒿(吉林)=茵陈
白毛蒿(四川)=暗绿蒿
白毛红山茶 Camellia albovillosa Hu ex Chang (山茶科)
白毛花旗杆 Dontostemon senilis Maxim.(十字花科)
白毛华丽杜鹃 Rhododendron eudoxum var. mesopolium (Balf.f. & Forr.) Cham. ex Cullen & Chamb.(杜鹃花科)
白毛黄荆(植物志 65-1)=黄荆
白毛火把花 Colquhounia vestita Wall.(唇形科), *白毛炮仗花*
白毛鸡矢藤 Paederia pertomentosa Merr. ex Li (茜草科),*广西鸡屎藤,毛鸡矢藤,广西鸡矢*
白毛棘豆(新疆检索表)=长硬毛棘豆
白毛棘豆 Oxytropis leucotricha Turcz. (豆科)
白毛假糙苏 Paraphlomis albida Hand.-Mazz.(唇形科)
白毛将 (广东,广西)=土丁桂
白毛金露梅 Potentilla fruticosa var. albicans Rehd. & Wils.(蔷薇科)
白毛锦鸡儿 Caragana licentiana Hand.-Mazz. (豆科)
白毛茎虎耳草 Saxifraga miralana H.Sm.(虎耳草科)
白毛巨竹 Gigantochloa albociliata (Munro) Kurz (禾本科),*版纳龙竹*
白毛卷瓣兰 Bulbophyllum albociliatum (T.S. Liu & H.J.Su) Seidenf.(兰科),*白缘石豆兰*
白毛蕨(云南药用名录)=半园盖阴石蕨
白毛雷波槭 Acer leipoense subsp. leucotrichum Fang (槭树科)
白毛莲(广东中药)=土丁桂
白毛柳 Salix lanifera C.F.Fang & S.D.Zhao(杨柳科)
白毛马蓝 Pteracanthus leucotrichus (R.Ben.) C. Y.Wu & C.C.Hu(爵床科),*白毛紫云菜*
白毛毛蕊茶 Camellia candida Chang(山茶科)
白毛磨芋 Amorphophallus niimurai Yamamoto (天南星科)
白毛炮仗花(分类学报)=白毛火把花
白毛七(陕西)=银线草
白毛七(陕西中药名录)=万寿草
白毛七(植物志 20-1)=多穗金粟兰
白毛桤叶树 Clethra nanchuanensis var. albrescens L.C.Hu(桤叶树科)
白毛千里光 Senecio leucophyllus DC.(菊科)
白毛青冈(贵州志)=贵州青冈
白毛山梅花(秦岭志)=山梅花
白毛石栎(植物志 22)=黑家柯
白毛四照花 Dendrobenthamia japonica var. leucotricha Fang & Hsieh(山茱萸科)
白毛算盘子 Glochidion arborescens Bl.(大戟科),*小草面瓜*
白毛藤(本经)=白英
白毛藤(山东)=寻骨风
白毛天胡荽(中药大辞典)=破铜钱
白毛委陵菜(东北检索表)=大萼委陵菜
白毛乌蔹莓 Cayratia albifolia C.L.Li(葡萄科), *大叶乌蔹莓,少果乌蔹莓,野葡萄*
白毛乌头 Aconitum villosum Reichb.(毛茛科)
白毛细辛(湖北志)=长毛细辛
白毛夏枯草(地方药材)=白苞筋骨草
白毛夏枯草(纲目拾遗)=金疮小草
白毛夏枯草(浙江,江苏)=紫背金盘
白毛小委陵菜(东北检索表)=绢毛委陵菜
白毛小叶金露梅 Potentilla parvifolia var. hypoleuca Hand.-Mazz.(蔷薇科)
白毛小叶栒子(新)Cotoneaster microphyllus var. cochleatus (Franch.) Rehd. & Wils.(蔷薇科), *小叶栒子白毛变种*
白毛栒子 Cotoneaster wardii W.W.Sm.(蔷薇科), *瓦德栒子*
白毛岩蚕(浙江草药)=圆盖阴石蕨
白毛羊胡子草 Eriophorum vaginatum L.(莎草科)
白毛野丁香 Leptodermis rehderiana H.Winkl. (茜草科)
白毛叶地丁草(泉州本草)=球果堇菜
白毛银露梅 Potentilla glabra var. mandshurica (Maxim.) Hand.-Mazz.(蔷薇科),*华西银腊梅, 华西银露梅,观音茶*
白毛毡(广西)=虎舌红
白毛掌 Opuntia microdasys var. albispina Fobe (仙人掌科),*白桃扇*
白毛皱叶委陵菜 Potentilla ancistrifolia var. tomentosa Liou & Y.Y.Li(蔷薇科)
白毛子楝树 Decaspermum albociliatum Merr. & Perry (桃金娘科)
白毛紫云菜(云南植物名录)=白毛马蓝
白毛紫珠 Callicarpa candicans (Burm.f.) Hochr. (马鞭草科)
白茅(药典 2000)=白茅根
白茅 Imperata cylindrica (L.) Beauv.(禾本科)
白茅茶(广东)=杜茎山
白茅根 Imperata koenigii (Retz.) Beauv.(禾本科),*丝茅,地节根,寒草根,兼杜,茅根,茅密,茅笋,茅针,丝毛草根,甜草根,白茅*
白茅属 Imperata Cyrillo (禾本科)
白茂树(湖北会丰)=四川溲疏
白帽顶(岭南草药志)=白背叶
白眉(南宁药志)=毛大丁草
白莓(新拉汉英)=银穗草
白梅(本草经集注)=梅
白梅花(纲目拾遗)=梅
白楣(植物志 79)=毛大丁草
白美人 Mammillaria spinosissima var. pretiosa (仙人掌科)
白米尔顿兰 Miltonia candida Lindl.(兰科)
白米蒿(四川)=白苞蒿
白绵毛荆芥 Nepeta leucolaena Benth. ex HK.f. (唇形科)
白绵毛兰 Eria lasiopetala (Willd.) Ormerod(兰科)
白绵子树(江西)=石灰花楸
白棉胡(昆明草药)=云南秋海棠
白棉纱(浙江)=女萎
白缅花(云南)=白兰
白面(海南保亭)=喙果皂帽花
白面柴(海南)=油果樟
白面杜鹃 Rhododendron zaleucum Balf.f. & W. W.Sm. (杜鹃花科)
白面风(江西)=羊耳菊
白面槁(海南)=丛花厚壳桂
白面槁(海南吊罗山)=大萼木姜子
白面根(救荒本草)=荠苨
白面麻(广西药用名录)=印度羊角藤
白面猫子骨(广东)=羊耳菊
白面水鸡 (广东,广西)=银背藤
白面水鸡(广西)=白鹤藤
白面水鸡(广西)=白花银背藤
白面苎麻 Boehmeria clidemioides Miq.(荨麻科)
白膜根(南宁药志)=白背叶
白膜叶(岭南草药志)=白背叶
白摩尔荷威棕 Howea belmoreana Becc.(棕榈科)
白牡丹(广东)=白鹤藤
白木(广西永福)=芬芳安息香
白木(植物志 43-2)=大菅
白木鸡(江苏)=商陆

白木姜(贵州)=紫珠
白木浆果(云南)=密齿酸藤子
白木苏花(台湾志)=伞花假木豆
白木通(安徽)=女萎
白木通 Akebia trifoliata subsp. australis (Diels) T.Shmizu(木通科),羊腰子果,六角楂,三叶木通,八月瓜藤,八月炸,八月札,木通
白木乌桕 Sapium japonicum (S. & Z.) Pax & Hoffm. (大戟科),猛树,白乳木
白木犀草 Reseda alba L.(木犀草科)
白木香(广州,云南双江,思茅)=白木香
白木香(岭南采药录)=铁冬青
白木香(浙江,江西)=木防己
白木香 Aquilaria sinensis (Lour.) Spreng.(瑞香科),土沉香,沉香,伽倆香,六麻树,女儿香,青桂香,外贡顺,香材,牙香树,崖香,芫香,栈香
白目豆(广州志)=短豇豆
白幕(名医别录)=白薇
白奶雪草(闽东本草)=杜虹花
白南星(湖北巴东)=刺柄南星
白南星(湖北巴东)=花南星
白南星(湖北巴东)=螃蟹七
白南星(湖北利川,四川兴文,叙永) =一把伞南星
白楠(海南)=长柄银叶树
白楠 Phoebe neurantha (Hemsl.) Gamble(樟科)
白楠木(福建药物志)=刨花润楠
白尼薹草(新) Carex blinii Lévl. & Vant.?(莎草科)
白鸟儿头(江苏)=白及
白柠条(内蒙古伊克昭盟)=柠条锦鸡儿
白牛蒡根(广西)=三角叶风毛菊
白牛胆(广东)=羊耳菊
白牛公(广东)=野古草
白牛筋(云南)=牛筋条
白牛皮消 Cynanchum lysimachioides Tsiang & P.T.Li (萝藦科),丽江牛皮消
白牛槭(东北木本志)=东北槭
白牛藤(广西)=白花银背藤
白牛膝(贵州)=白花苋
白牛膝(云南)=狗筋蔓
白牛膝(云南)=头花杯苋
白牛膝(浙江)=少毛牛膝
白牛膝(浙江中草药)=观音草
白农省藤 Calamus benomensis Ftdl (棕榈科)
白奴花(种子植物名称)=岩匙
白诺金合欢 Acacia bynoeana Benth.(豆科)
白糯消(云南)=荷包山桂花
白匏仔(广西)=白楸
白泡草(广西)=黄球花
白泡儿(云南中草药选)=黄毛草莓
白皮(贵州民间药物)=腾冲卫矛
白皮(海南保亭)=木奶果
白皮半枫荷(广东)=变叶树参
白皮椴(植物志 49-1)=蒙椴
白皮槁(广东)=短序润楠
白皮锦鸡儿 Caragana leucophloea Pojark.(豆科),锦鸡儿,金雀花
白皮柯(植物志 22)=白柯
白皮两面针(广西)=蚬壳花椒
白皮柳 Salix pierotii Miq.(杨柳科)
白皮美洲茶 Ceanothus leucodermis Greene (鼠李科)
白皮芪(陕西)=蒙古黄芪
白皮杉(中国裸子志)=白皮云杉
白皮松 Pinus bungeana S. & Z.(松科),白骨松,三针松,白果松,虎皮松,蟠龙松,白松塔,松塔
白皮素馨 Jasminum rehderianum Kobuski(木犀科),白皮藤
白皮唐竹 Sinobambusa farinosa (McClure) Wen (禾本科),江南竹
白皮藤(海南)=白皮素馨
白皮苇群 Phragmites australis grex baipiwei L. Liu (禾本科)
白皮乌口树 Tarenna depauperata Hutch.(茜草科),白骨木
白皮绣球(植物志 35-1)=粤西绣球
白皮榆(东北经济志)=春榆
白皮云杉 Picea asperata var. aurantiaca (Mast.) Boom (松科),白皮杉
白平子(药材资料汇编)=红花
白苹(滇地本草整理本)=水鳖
白婆婆纳(植物志 67-2)=白兔儿尾苗
白葡萄(云南中草药选)=粉果藤
白蒲草(云南中草药选)=黄毛草莓
白朴根(南宁药志)=白背叶
白埔姜属(名词审查本)=**醉鱼草属**
白七(中草药汇编)=油点草
白漆柴(中药大辞典)=红楠
白芪(云南丽江)=青羊参
白气草(峨眉)=峨眉鼠尾草
白千层(广西中药志)=木蝴蝶
白千层 Melaleuca leucadendron L.(桃金娘科),玉树
白千层属 Melaleuca L.(桃金娘科)
白千针石线草(昆明草药) =小鹭鸶草
白扦 Picea meyeri Rehd. & Wils.(松科),红扦,白儿松,罗汉松,钝叶杉,红扦云杉,刺儿松,毛枝云杉
白扦松(河北东陵)=青扦
白扦云杉(中国东北木本志)=青扦
白前(江苏)=白薇
白前(名医别录)=柳叶白前
白前 Cynanchum glaucescens (Decne.) Hand.-Mazz. (萝藦科),芫花叶白前,水竹消,消结草,溪瓢羹,沙消
白前草(贵州方药集)=龙舌草
白前属(分类学报)=**鹅绒藤属**
白钱草(安徽)=威灵仙
白羌活(云南)=白亮独活
白枪杆 Fraxinus malacophylla Hemsl.(木犀科),根根药
白墙络(天目药志)=扶芳藤
白蔷薇 Rosa ×alba L.(蔷薇科)
白蔷薇 Rosa xalba L.(蔷薇科)
白茄(植物志 67-1)=茄
白茄(中草药汇编)=乳茄
白秦艽(四川)=萝卜秦艽
白青蒿(四川)=茵陈
白青乌心(浙江浃阳)=白花苦灯笼
白清明花(福建草药)=檵木
白箐檀木(云南)=羊脆木
白楸 Mallotus paniculatus (Lam.) Muell.Arg.(大戟科),力树,黄背桐,白叶子,白匏仔
白球花(云南植物名录)=球花豆
白屈菜 Chelidonium majus L.(罂粟科),八步紧,断肠草,观音草,黄连,假黄连,见肿消,山黄连,水黄草,水黄连,土黄连,小人血草,小人血七,小野人血草,雄黄草
白屈菜属 Chelidonium L.(罂粟科)
白屈菜状紫堇(云南植物研究)=洱源紫堇
白染艮(福建)=青蒿
白韧相思树 Acacia leucophloea Willd.(豆科)
白绒草 Leucas mollissima Wall.(唇形科),白花仔,北风草,灯笼草,灯笼花,万毒草虎,一包针,银叶花,银针七
白绒绣球(植物志 35-1)=大果绣球
白榕(台湾)=垂叶榕
白柔毛香茶菜 Isodon albopilosus (C.Y.Wu & H.W.Li) H.Hara(唇形科)
白肉榕 Ficus vasculosa Wall. ex Miq.(桑科),突脉榕
白薷 Rubus doyonensis Hand.-Mazz.(蔷薇科)
白乳木(浙江)=白木乌桕
白桜仁(药材资料汇编)=蕤核
白蕊巴戟 Morinda citrina var. chlorina Y.Z. Ruan (茜草科)
白瑞香 Daphne papyracea Wall. ex Steud.(瑞香科),小构皮
白三百棒(贵州)=尾花细辛
白三百棒(云南植物名录)=萱
白三百棒(云南中草药)=如意草
白三百棒(中草药汇编)=蚬壳花椒
白三七(湖南药物志)=堪察加费菜
白三七(秦岭志)=云南红景天
白三叶(植物志 42-2)=白车轴草
白桑(华东)=鲁桑
白桑(山西中药志)=桑
白色二弯苣苔 Dicyrta candida Hanst. & Klotzsch (苦苣苔科)
白色附地菜(新)Trigonotis leucantha W.T.Wang (紫草科)
白色海棠花(新)Malus spectabilis var. riversii (Kirchn.) Rehd.?(蔷薇科)
白色毛花猕猴桃 Actinidia eriantha f. alba C.F. Liang (猕猴桃科)
白色木(河南)=薄叶鼠李
白色溲疏(新)Deutzia candida Rehd.(虎耳草科),白溲疏
白色野槁树(新)Litsea glutinosa var. brachyphylla (Hand.-Mazz.(樟科),白野槁树
白沙虫药(贵州兴仁)=黄花香茶菜
白沙凤尾蕨 Pteris baksaensis Ching(凤尾蕨科)
白沙蒿(内蒙古)=白莎蒿
白沙蒿(陕西)=蒙古莸
白沙黄檀 Dalbergia peishaensis Chun & T.Chen (豆科),白少檀
白沙双盖蕨 Diplazium basahense Ching(蹄盖蕨科)
白砂蒿(宁夏,甘肃)=圆头蒿
白莎蒿 Artemisia blepharolepis Bge.(菊科),糜蒿,白沙蒿,白里蒿,苏儿目斯图-沙里尔日
白山艾(福建中草药)=绵毛鹿茸草
白山独活(东北检索表)=狭叶当归
白山柑(海南)=贡甲
白山蒿 Artemisia lagocephala (Fisch. ex Bess.) DC.(菊科),狭叶蒿,宝古尔里-沙里尔日
白山花属(科属检索表)=**白鹃梅属**
白山环藤(广东)=南五味子
白山蓟(内蒙中草药)=火煤草
白山蓼 Polygonum ocreatum L.(蓼科)
白山龙(高等图鉴)=赛山梅
白山龙胆(东北检索表)=长白山龙胆
白山耧斗菜 Aquilegia japonica Nakai & Hara (毛茛科)
白山毛茛 Ranunculus paishanensis Kitag.(毛茛科)
白山芹(东北检索表)=长白高山芹
白山苕(吉林中草药)=杜香
白山薹草 Carex curta Good.(莎草科)
白山羊(福建志)=冷水花

白山罂粟(植物志 32)=长白山罂粟
白珊天秋海棠 Begonia albococcinea HK.(秋海棠科),*白暗红秋海棠*
白膻(陶弘景)=白鲜
白商陆(四川)=天蓬子
白芍(本经)=芍药
白芍(云南楚雄)=青羊参
白少檀(分类学报)=白沙黄檀
白舌变种(植物志 74)=白舌短葶飞蓬(新)
白舌短葶飞蓬(新)Erigeron breviscapus var. alboradiatus Ling & Y.L.Chen(菊科),*白舌变种*
白舌飞蓬 Erigeron leucoglossus Ling & Y.L. Chen (菊科)
白舌紫菀 Aster baccharoides (Benth.) Steetz.(菊科)
白蛇麻(四川南川,浙江)=荨麻
白射干(华北经济志要)=野鸢尾
白伸盘(江西草药)=圆盖阴石蕨
白升麻(贵州草药)=须花翠雀花
白升麻(贵州草药)=窄叶败酱
白升麻(南川金佛山)=山马蓝
白升麻(云南富源)=山甘草
白升麻(植物志 74)=三脉紫菀
白升麻(中药大辞典)=白头婆
白生麻(峨眉)=峨眉鼠尾草
白石参(云南中医验方)=青羊参
白石榛(中药大辞典)=车桑子
白石榴 Punica granatum cv. Albescens DC.(石榴科)
白石榴根(福建中草药)=垂瓣白石榴
白石榴花(四川中药志)=垂瓣白石榴
白石南岩须 Cassiope mertensiana (Bong) D. Don (杜鹃花科)
白石薯(福建志)=雾水葛
白石薯(福建中草药)=墙草
白石松(植物志 48-1)=麦珠子
白石枣(医林纂要)=枳椇
白氏凤仙花 Impatiens beddomei HK.f.(凤仙花科)
白氏马先蒿 Pedicularis paiana Li(玄参科)
白饰冠鸢尾 Iris cristata var. alba Dykes.(鸢尾科)
白首乌(云南)=青羊参
白首乌(中草药学)=牛皮消
白首乌 Cynanchum bungei Decne.(萝藦科),*地葫芦,何首乌,和尚乌,山葫芦,泰山白首乌,泰山何首乌,野山药*
白寿乐(新拉汉英)=黄花翡翠珠
白淑气花(滇南本草)=蜀葵
白蜀葵(滇南本草)=蜀葵
白薯(北京,天津)=番薯
白薯(中药大辞典)=纤细薯蓣
白薯莨 Dioscorea hispida Denst.(薯蓣科),*板薯,榜花薯,榜薯,大力王,独龙,山朴薯,山薯,网脉三叶薯,野葛薯*
白薯藤(广药手册)=大叶白粉藤
白术 Atractylodes macrocephala Koidz.(菊科),*赤术,乞力伽,山蓟,山姜,山芥,山精,术,术苗,天蓟,杨枹蓟*
白树 Suregada glomerulata (Bl.) Baill.(大戟科)
白树沟瓣 Glyptopetalum geloniifolium (Chun & How) C.Y.Cheng(卫矛科),*隐脉沟瓣花*
白树属 Suregada Roxb. ex Rottl.(大戟科)
白树仔(台湾)=木竹子
白树仔(植物志 44-2)=台湾白树
白霜梅(本草便读)=梅
白水罐(东北药志)=白蔹
白水花(广西)=泽珍珠菜
白水藤 Pentastelma auritum Tsiang & P.T.Li(萝藦科)
白水藤属 Pentastelma Tsiang & P.T.Li (萝藦科)
白水苎麻(湖北)=紫麻
白睡莲 Nymphaea alba L.(睡莲科)
白丝草(Flora 24)=中国白丝草
白丝草(广东)=野生紫苏
白丝草(湖南药物志)=绵毛鹿茸草
白丝草属 Chionographis Maxim.(百合科)
白丝红山茶 Camellia albo-sericea Chang(山茶科)
白丝栗(四川)=扁刺锥
白丝藤(云南)=苦绳
白松(东北)=臭冷杉
白松(东北)=杉松
白松(甘肃)=云杉
白松(海南)=百日青
白松(海南)=鸡毛松
白松(河南)=华山松
白松(青岛)=日本扁柏
白松柏(中国裸子志)=台湾云杉
白松塔(山西中草药)=白皮松
白溲疏(新拉汉英)=白色溲疏(新)
白溲疏 Deutzia albida Batalin(虎耳草科),*甘肃溲疏*
白苏(名医别录,图考)=紫苏
白苏杆(湖南药物志)=千里光
白碎米花 Rhododendron spiciferum var. album K.M.Feng ex R.C.Fang(杜鹃花科)
白穗花 Speirantha gardenii (HK.) Baill.(百合科)
白穗花属 Speirantha Baker (百合科)
白穗柯 Lithocarpus craibianus Barn.(壳斗科),*木都*
白穗薹草(秦岭志)=豌豆形薹草
白穗虾蟆花(云南植物名录)=刺苞老鼠簕
白穗紫堇 Corydalis trachycarpa var. leucostachya (C.Y.Wu & H.Chuang) C.Y.Wu(罂粟科),*甲多网巴*
白桫椤 Sphaeropteris medularis (Forst.) Bernh.(桫椤科)
白桫椤属 Sphaeropteris Bernh.(桫椤科)
白梭梭 Haloxylon persicum Bge. ex Boiss. & Buhse. (藜科),*波斯白梭梭*
白檀(东北)=白鲜
白檀(亨氏植物名录)=黄檀
白檀(新拉汉英)=野生白檀(新)
白檀 Symplocos paniculata (Thunb.) Miq.(山矾科),*钉地黄,蛤蚂涎,贡檀兜,华灰木,华山矾,降痰黄,毛壳子树,檬子柴,牛特木,砒霜子,碎米子树,土常山,乌子树,羊子屎*
白檀香(图经本草)=檀香
白檀属 Chamaecereus Britt. & Rose (仙人掌科)
白檀子(宁夏中草药)=栓翅卫矛
白棠子树 Callicarpa dichotoma (Lour.) K.Koch (马鞭草科),*大叶毛将军,毛毛茶,细亚锡饭,小米干饭,小叶鸦鹊饭,小叶紫珠,珍珠风,紫珠,紫珠草*
白桃花(北京)=山桃草
白桃扇(新拉汉英)=白毛掌
白桃树(上海中草药)=白杜
白特(丽江)=珠峰火绒草
白特(丽江)=钻叶火绒草
白藤(云南禄劝)=禄劝飞蛾藤
白藤(云南药用名录)=白花藤萝
白藤(云南药用名录)=藤萝
白藤(云南中草药)=云南娃儿藤
白藤(云南中草药选)=滇桂崖豆藤
白藤(植物志 64-1,Flora 16)=白飞蛾藤
白藤 Calamus tetradactylus Hance(棕榈科),*鸡藤*
白藤梨(植物志 49-2)=毛花猕猴桃
白甜蜜蜜(青海中草药)=白花枝子花
白甜蒲(浙江药志)=蔓胡颓子
白条花(云南龙陵)=旋花茄
白条纹龙胆 Gentiana burkillii H.Sm.(龙胆科)
白通草(药性切用)=通脱木
白桐皮(药性论)=白花泡桐
白桐树 Claoxylon indicum (Reinw. ex Bl.) Hassk. (大戟科),*咸鱼头,丢了棒,追风棍,赶风债,赶风柴*
白桐树属 Claoxylon A.Juss.(大戟科)
白桐叶(本草经集注)=白花泡桐
白桐子(浙江药志)=红叶野桐
白筒立金花 Lachenalia contaminata Ait.(百合科)
白头公(广部中草药手册)=玉叶金花
白头公公(秦岭)=粗齿铁线莲
白头蒿(贵州民间药物)=二色香青
白头蒿(河北)=茵陈
白头将军(广西天等)=裂果金花
白头金足草 Goldfussia leucocephala (Craib) C. Y.Wu(爵床科)
白头韭 Allium leucocephalum Turcz.(百合科)
白头妹(广东,广西)=土丁桂
白头娘草(浙江)=鹅肠菜
白头婆 Eupatorium japonicum Thunb.(菊科),*白升麻,搬倒甑,秤杆草,大金刀,大吴风草,细黑升麻,野升麻,泽兰*
白头婆三裂叶变种(植物志 74)=三裂白头婆(新)
白头山薹草 Carex peiktusani Kom.(莎草科),*长白薹草*
白头升麻(思茅)=柳叶斑鸠菊
白头树 Garuga forrestii W.W.Sm.(橄榄科)
白头翁(甘肃)=大火草
白头翁(甘肃)=小花草玉梅
白头翁(贵州草药)=簇生委陵菜
白头翁(湖北)=委陵菜
白头翁(江西)=紫背金盘
白头翁(内蒙)=肾叶白头翁
白头翁(四川民间药物)=西南委陵菜
白头翁(图考)=金疮小草
白头翁(新疆)=钟萼白头翁
白头翁(云南中草药选)=钩苞大丁草
白头翁(植物志 79)=毛大丁草
白头翁(中药志)=发黄白头翁
白头翁 Pulsatilla chinensis (Bge.) Rgl.(毛茛科),*大碗花,将军草,老公花,老姑子花,老冠花,毛姑朵花,毛姑朵花,头痛棵,羊胡子花,野丈人*
白头翁属 Pulsatilla Adans.(毛茛科)
白头蟹甲草 Parasenecio leucocephalus (Franch.) Y.L.Chen(菊科)
白透骨消 Glechoma biondiana (Diels) C.Y.Wu & C. Chen (唇形科),*连钱草,长管活血丹*
白土苓(四川)=肖菝葜
白土子(贵州民间药物)=绒毛胡枝子
白兔儿尾苗 Pseudolysimachion incanum (L.) Holub (玄参科),*查干-钦达干,白婆婆纳*
白菀(吴普本草)=女菀
白碗杜鹃 Rhododendron souliei Franch.(杜鹃

花科)

白万年蒿(内蒙志)=密毛白莲蒿

白王球 Mammillaria parkinsonii C.A.Ehrenb. (仙人掌科)

白网斑叶兰 Goodyera hachijoensis Yatabe(兰科),*假金线莲,银线莲*

白网脉种子棕 Dictyosperma album (Bory) Wendl. & Drude (棕榈科)

白薇(本经)=蔓生白薇

白薇(滇南本草)=云南娃儿藤

白薇(贵州,四川)=宝铎草

白薇(河北)=潮风草

白薇(昆明,丽江,维西)=大理白前

白薇(植物志 79)=毛大丁草

白薇 Cynanchum atratum Bge.(萝藦科),*白马薇,白幕,白前,百荡草,骨美,老瓜瓢根,老君须,山烟根子,薇草,知微老*

白为(四川)=锐裂荷青花

白尾笋(贵阳)=宝铎草

白萎陵菜(东北检索表)=雪白委陵菜

白纹合果芋 Syngonium podophyllum var. albolineatum (Hort.) Engl.(天南星科)

白窝儿七(太白山)=鹿药

白芜荑(圣惠方)=大果榆

白蜈蚣(浙江草药)=垂盆草

白五味子 Illicium henryi var. yunnanensis A.C. Sm.(木兰科),*臭狼角,川茴香,吊吊果,断肠草,山八角,上八角,土大香,云南八角,云南茴香*

白溪柳(湖北兴山)=南川柳

白细管小菖兰 Freesia refracta var. xanthospila Voss (鸢尾科)

白细辛(陕西,甘肃,宁夏,青海)=北细辛

白细辛(四川中药志)=铁破锣

白细辛(云南)=徐长卿

白仙草(浙南本草新编)=短冠东风菜

白仙草 Aster turbinatus var. chekiangensis C. Ling (菊科)

白仙茅(云南)=大花刺参

白苋(北京昌平)=糙苏

白鲜 Dictamnus dasycarpus Turcz.(芸香科),*八股牛,白膻,白檀,白藓皮,白羊鲜,臭根皮,臭骨头,臭哄哄,大茴香,地羊鲜,好汉拔,胡椒,金雀儿椒,凌晨癣草,千斤拔,山牡丹,羊蹄草,野花椒皮*

白鲜属 Dictamnus L.(芸香科)

白藓皮(东北)=白鲜

白苋(名医别录)=皱果苋

白苋 Amaranthus albus L.(苋科)

白线草(云南腾冲)=石疙蔺

白线开唇兰(兰花全书)=齿唇兰

白线薯 Stephania brachyandra Diels(防已科)

白香柴(老年药用资料)=烈香杜鹃

白香菊(福建中草药)=芙蓉菊

白香楠属 Alleizettella Pitard(茜草科)

白香薷(拉祜族常用药)=四方蒿

白香薷 Elsholtzia winitiana Craib.(唇形科),*香薷,麻永牙,四方蒿*

白香石竹 Dianthus arenarius L.(石竹科)

白香雪兰 Freesia refracta var. alba Baker (鸢尾科)

白象牙参(植物志 16-2)=长柄象牙参

白象牙参 Roscoea debilis var. limpirichtii (Loes.) Cowley(姜科)

白小黄(丽江)=滇边大黄

白小伞虎耳草 Saxifraga umbellulata var. muricola (Marquand & Airy-Shaw) J.T.Pan (虎耳草科)

白心彩叶凤梨 Neoregelia fariosa (Ule) L.B. Sm. (凤梨科)

白心木(陕西)=小果珍珠花

白心皮(图考)=锦鸡儿

白心球花报春 Primula atrodentata W.W.Sm.(报春花科),*象治恩保*

白心树(广西)=栀子皮

白辛树 Pterostyrax psilophyllus Diels ex Perk. (安息香科),*鄂西野茉莉,裂叶白梓树,刚毛白辛树*

白辛树属 Pterostyrax S. & Z.(安息香科)

白星 Mammillaria plumosa A.Web.(仙人掌科)

白星花属 Leucocrinum Nutt.(百合科)

白杏花(台湾)=石斑木

白雄穗薹草(东北检索表)=豌豆形薹草

白须公(本草求原)=多须公

白须公(广西)=白背牛尾菜

白须公(广西)=牛尾菜

白序黄芪 Astragalus leucocephalus R.Grah. ex Benth. (豆科),*白花黄芪*

白序楼梯草 Elatostema leucocephalum W.T. Wang (荨麻科)

白序橐吾 Ligularia anoleuca Hand.-Mazz.(菊科)

白玄参(四川盐源)=假秦艽

白雪×华火绒草 Leontopodium niveum ×sinense Hand.-Mazz.(菊科)

白雪变种(植物志 74)=白雪银鳞紫菀(新)

白雪丹(中药大辞典)=六月雪

白雪光花 Chionodoxa gigantea var. alba Hort. (百合科)

白雪花(广州志)=白花丹

白雪火绒草 Leontopodium niveum Hand.-Mazz. (菊科)

白雪小舌紫菀(新) Aster albescens var. niveus Hand.-Mazz.(菊科)

白雪银鳞紫菀(新)Aster argyropholis var.niveus Ling(菊科),*白雪变种*

白血藤(浙江草药)=网络崖豆藤

白芽蒿(江苏)=黄龙尾

白岩芋(浙南本草新编)=盾叶半夏

白颜树 Gironniera subaequalis Planch.(榆科),*大叶白颜树,黄机树,寒虾子*

白颜树属 Gironniera Gaudich.(榆科)

白颜香(广东)=罗甸小蜡

白艳山红(贵州方药集)=白花杜鹃

白羊草 Bothriochloa ischaemum (L.) Keng(禾本科)

白羊桃(云南中草药)=夹竹桃

白羊鲜(东北)=白鲜

白杨(长白山药志)=山杨

白杨(山东)=毛白杨

白杨树(云南中草药选)=滇南山杨

白杨树(中草药汇编)=响叶杨

白杨树(中草药汇编)=钻天杨

白杨树紧(唐本草)=山杨

白洋参(丽江)=假秦艽

白洋漆药(云南)=南方露珠草

白药(江西,广西)=金线吊乌龟

白药(云南丽江)=青羊参

白药根(高等图鉴,岭南草药志)=海南崖豆藤

白药谷精草 Eriocaulon cinereum R.Br.(谷精草科),*谷精草,小谷精草,赛谷精草*

白药牛奶菜(Flora 16)=大白药

白药子(宁夏中草药手册)=卷叶黄精

白药子(陕西中药志)=翼蓼

白椰樜(海南)=乌心楠

白野葱(新)Allium albidum Fisch.(百合科),*野葱*

白野槁树(新拉汉英)=白色野槁树(新)

白野槁树 Litsea glutinosa var. brideliifolia (Hay.) Merr.(樟科),*野胶树,圆尾槁,青椰槁,厚叶樟*

白野豌豆 Vicia albiflora Xia (豆科)

白野紫苏(峨眉)=瘦花香茶菜

白叶(广东)=蔓荆

白叶(中草药汇编)=长圆叶艾纳香

白叶不翻(云南中草药选)=钩苞大丁草

白叶茶藨子 Ribes innominatum Jancz.(虎耳草科)

白叶柴(中草药学)=乌药

白叶刺根(中药大辞典,福建)=福建胡颓子

白叶跌打(思茅中草药)=平卧菊三七

白叶风毛菊 Saussurea leucophylla Schrenk(菊科)

白叶瓜馥木 Fissistigma glaucescens (Hance) Merr. (番荔枝科),*大棕古猩峡,大样酒饼藤,火索藤,乌骨藤*

白叶蒿 Artemisia leucophylla (Turcz. ex Bess.) C.B.Clarke(菊科),*白毛蒿,白蒿,朝鲜艾,野艾蒿,苦蒿,茭蒿*

白叶厚壳桂(植物志 31)=白背厚壳桂

白叶花(云南丽江)=紫花醉鱼草

白叶花楸 Sorbus cuspidata (Spach) Hedl.(蔷薇科)

白叶黄荆(云南志)=黄荆

白叶火草(思茅中草药)=锯叶合耳菊

白叶火草(云南思茅)=密花合耳菊

白叶荆芥 Nepeta leucophylla Benth.(唇形科)

白叶蜡菊 Helichrysum angustifolium DC.(菊科)

白叶冷杉 Abies veitchii Lindl.(松科),*富士山冷杉*

白叶莓 Rubus innominatus S.Moore(蔷薇科),*白叶悬钩子,刺泡*

白叶山莓草 Sibbaldia micropetala (D.Don) Hand.-Mazz. (蔷薇科)

白叶糖胶(海南)=盆架树

白叶藤 Cryptolepis sinensis (Lour.) Merr.(萝藦科),*飞杨藤,红藤子,篱尾蛇,淋汁藤,乌仔藤,牛蹄藤,铁边,脱皮藤,蜈蚣草*

白叶藤属 Cryptolepis R.Br.(萝藦科)

白叶委陵菜(东北草本志)=白萼委陵菜

白叶香茶菜 Isodon leucophyllus (Dunn) Kudô (唇形科),*香薷*

白叶熊果 Arctostachylos viscida Parry.(杜鹃花科)

白叶悬钩子(秦岭志)=白叶莓

白叶莸(高等图鉴)=灰毛莸

白叶羽扇豆 Lupinus chamissonis Eschsch (豆科)

白叶皂帽花(植物学杂志)=喙果皂帽花

白叶仔(广东)=豺皮樟

白叶子(台湾)=白楸

白叶子(云南元江)=大序醉鱼草

白叶子树(广东)=乌药

白叶子树(云南)=木紫珠

白夜合(江西)=山槐

白蚁树(广东)=绿玉树

白益母草(图考)=野芝麻

白茵陈(四川)=茵陈

白茵陈(中药志)=茵陈蒿

白银木(广西)=铁冬青

白银香(广东)=铁冬青

白银杏(浙江)=大果冬青

白隐囊蕨 Notholaena candida HK.(中国蕨科)

白英 Solanum lyratum Thunb.(茄科)*千年不烂*

心,白荚,白毛藤,北风藤,苻,蔓茄,毛风藤,山甜菜,生毛鸡屎藤,蜀羊泉,天灯笼,望冬红,排风藤,毛母猪藤
白颖薹草 Carex duriuscula subsp. rigescens (Franch.) S.Y.Liang & Y.C.Tang(莎草科)
白余粮(名医别录)=土茯苓
白鱼尾果(闽东本草)=白背枫
白鱼眼(中药大辞典)=白饭树
白榆(江苏,山西,甘肃)=榆树
白羽凤尾蕨 Pteris ensiformis var. victoriae Bak.(凤尾蕨科)
白羽扇豆 Lupinus albus L.(豆科)
白玉草 Silene vulgaris (Moench) Garcke(石竹科),*狗筋麦瓶草*
白玉大油芒 Spodiopogon baiyuensis L.Liu(禾本科)
白玉兰(河南)=玉兰
白玉兰(植物志 30-1))=白兰
白玉瓯(浙江温州)=白蟾
白玉堂 Rosa multiflora var. albo-plena Yü & Ku(蔷薇科)
白玉兔 Mammillaria geminispina Haw.(仙人掌科)
白玉纸(中药志)=木蝴蝶
白元参(丽江)=假秦艽
白元参(丽江)=毛地黄鼠尾草
白缘边玉凤兰(台兰科图鉴)=阔蕊兰
白缘翠雀花 Delphinium chenii W.T.Wang(毛茛科)
白缘蒲公英 Taraxacum platypecidum Diels(菊科),*热河蒲公英,山蒲公英,河北蒲公英*
白缘石豆兰(台兰科图鉴)=白毛卷瓣兰
白橼(广东)=米槠
白月见草 Oenothera speciosa Nutt.(柳叶菜科)
白越凤尾蕨 Pteris fauriei var. chinensis Ching & S.H.Wu(凤尾蕨科)
白云百蕊草 Thesium psilotoides Hance(檀香科)
白云草(植物志 74)=东风菜
白云花(云南)=鹤庆独活
白云锦 Oreocereus trollii (Kupper) Borg.(仙人掌科)
白云杉(新拉汉英)=北美白云杉
白云杉 Abies concolor (Gord.) Engelm.(松科),*科罗拉多白冷杉*
白云苔(吉林中草药)=宽叶杜香
白芸香(广东)=三桠苦
白凿簕(广东中山)=代儿茶
白皂药(四川)=白花丹
白樟(四川)=滇润楠
白樟(四川)=云南樟
白樟树(浙江草药)=白杜
白杖木(科属检索表,科属辞典)=米团花
白折耳(贵州中草药名录)=突隔梅花草
白枝椆(海南志)=白枝青冈
白枝杜鹃 Rhododendron cretaceum Tam(杜鹃花科)
白枝黄芪 Astragalus leucocladus Bge.(豆科)
白枝柯 Lithocarpus leucodermis Chun & Huang(壳斗科)
白枝李榄(植物志 61)=白枝流苏树
白枝流苏树 Chionanthus brachythyrsus (Merr.) P.S.Green(木犀科),*白枝李榄*
白枝泡(贵州)=红泡刺藤
白枝青冈 Cyclobalanopsis albicaulis (Chun & Ko) Y.C.Hsu & H.W.Jen(壳斗科),*白枝椆*
白枝羊蹄甲 Bauhinia viridescens var. laui (Merr.) T.Chen(豆科)
白枝猪毛菜 Salsola arbusculiformis Drob.(藜科)
白脂麻(本草衍义)=芝麻
白纸扇(广西贺县)=鳞花
白芷(本经)=杭白芷
白芷(本经)=祁白芷
白芷(甘肃玛曲)=青海当归
白芷(云南丽江)=榄绿阿魏
白芷 Angelica dahurica (Fisch. ex Hoffm.) Benth. & HK.f. ex Franch. & Sav.(伞形科),*大活,河北独活,狼山芹,香大活,兴安白芷,走马芹,走马芹筒子*
白芷胡(分类草药性)=旋覆花
白芷槲蕨 Drynaria heraclea Kze.(槲蕨科)
白指甲花(豆科图说)=阴山胡枝子
白钟杜鹃 Rhododendron tsariense Cowan(杜鹃花科)
白钟花 Cyananthus montanus C.Y.Wu(桔梗科),*山地蓝钟花*
白重楼(四川)=狭叶重楼
白重楼(浙江)=万年青
白帚条(东北)=一叶萩
白珠谷精草 Eriocaulon nudicuspe Maxim.(谷精草科)
白珠木(湖南)=滇白珠
白珠树 Gaultheria leucocarpa var. cumingiana (Vidal) T.Z.Hsu(杜鹃花科),*牛头药*
白珠树属 Gaultheria Kalm ex L.(杜鹃花科)
白猪母菜(广东)=陌上菜
白猪牙花 Erythronium albidum Nutt.(百合科)
白竹(江苏)= 淡竹
白竹(云南景东)=美丽箭竹
白竹(云南新平)=粗穗龙竹
白竹 Fargesia semicoriacea Yi (禾本科)
白柱瓣兰 Epidendrum arachnoglossum f. candidum (Rchb.f.) A.D.Hawke (兰科)
白柱万代兰 Vanda brunnea Rchcb.f.(兰科),*白花万代兰*
白锥(广东)=罗浮锥
白仔(台湾)=小果叶下珠
白子菜 Gynura divaricata (L.) DC.(菊科),*白背三七,白番苋,叉花土三七,大肥牛,大绿叶,鸡菜,接骨丹,三百棒,石三七,土生地,土田七*
白子木(四川)=金珠柳
白紫草(四川)=长蕊斑种草
白紫千里光 Senecio albopurpureus Kitam.(菊科)
白紫苏(西藏)=紫苏
白棕(浙江舟山)=凤尾丝兰
白总管(江西,湖南)=竹叶花椒
白橡(广东)=罗浮锥
白旃檀(楞严经)=檀香
百般娇(花镜)=虞美人
百本(名医别录)=黄芪
百步还原(云南思茅)=犁头尖
百步回阳 Euphorbia sessiliflora Roxb.?(大戟科)
百步藤(广西田阳)=石柑子
百部(本草经集注)=大百部
百部(滇南本草)=羊齿天门冬
百部 Stemona japonica (Bl.) Miq.(百部科),*百奶,百条根,九虫根,九十九条根,九重根,蔓生百部,牛虱根,婆妇草,山百根,嗽药,药虱药,野天门冬*
百部草(河北北部)=翠雀
百部袋(江苏)=直立百部
百部还阳丹(陕西中草药)=二叶兜被兰
百部科 Stemonaceae
百部属 Stemona Lour.(百部科)
百草曲(纲目拾遗)=普通小麦
百齿卫矛 Euonymus centidens Lévl.(卫矛科),*地青干*
百代藤(海南)=龙须藤
百荡草(广西)=白薇
百萼中印铁线莲 Clematis tibetana var. vernayi (C.E.C.Fisch.) W.T.Wang(毛茛科)
百根草(福建)=女萎
百合(名医别录)=厚朴
百合(浙江药材名)=药百合
百合 Lilium brownii var. viridulum Baker(百合科),*山丹*
百合花杜鹃 Rhododendron liliiflorum Lévl.(杜鹃花科)
百合科 Liliaceae
百合叶羊耳蒜 Liparis liliifolia (L.) L.C.Rich. ex Lindl.(兰科)
百合属 Lilium L.(百合科)
百花草(广东)=白鼓钉
百花蒿 Stilpnolepis centiflora (Maxim.) Krasch.(菊科)
百花蒿属 Stilpnolepis Krasch.(菊科)
百花山柴胡 Bupleurum chinense f. octoradiatum (Bge.) Shan & Sheh(伞形科)
百花山鹅观草 Roegneria turczaninovii var. pohuashanensis Keng(禾本科)
百花山葡萄(北京百花山)=深裂山葡萄
百花子(广东)=肥肉草
百华花楸(河北图志)=花楸树
百华山瓦韦 Lepisorus paohuashanensis Ching (水龙骨科)
百家桔(中国土农药志)=算盘子
百脚草(浙江药志)=翠云草
百节芒(广州志)=小驳骨
百节藕(图考补编)=三白草
百节藤(广西平南)=华马钱
百结树(浙江)=结香
百解(广东)=粪箕笃
百解薯(云南)=木防已
百解薯(广西药用名录)=七爪龙
百解藤(广西)=长叶马兜铃
百解药(贵州方药集)=牛皮消蓼
百介树(广东乐昌,江西吉水)=满树星
百金花(台湾志)=日本百金花
百金花 Centaurium erythreae Rafn.(龙胆科),*遍生百金花*
百金花 Centaurium pulchellum var. altaicum (Griseb.) Kitag. & Hara(龙胆科),*麦氏埃蕾,东北埃蕾,埃蕾,森达日阿-其其格,地格,白金花*
百金花属 Centaurium Hill.(龙胆科),*埃蕾属*
百咳草(中草药汇编)=球穗千斤拔
百劳舌(广东梅县)=葫芦茶
百簕花 Blepharis maderaspatensis (L.) Roth.(爵床科)
百簕花属 Blepharis Juss.(爵床科)
百里柳 Salix baileyi Schneid.(杨柳科),*井冈柳*
百里香(中药大辞典)=麝香草
百里香 Thymus mongolicus Ronn.(唇形科),*地薑,千里香,地椒叶,地角花,地椒*
百里香杜鹃(中草药汇编)=千里香杜鹃
百里香叶伏地杜(新拉汉英)= 北美伏地杜鹃
百里香叶婆婆纳(中药大辞典)=小婆婆纳
百里香属 Thymus L.(唇形科)
百两金(广西药用名录)=旋花茄

百两金 Ardisia crispa (Thunb.) A.DC.(紫金牛科),*矮茶,八爪金,八爪金龙,白八爪,地杨梅,高脚凉伞,开喉箭,山豆根,铁雨伞,野猴枣,珍珠伞,真珠凉伞,朱砂根,高八爪,大叶百两金,山豆根,细柄百两金*
百裂风毛菊 Saussurea centiloba Hand.-Mazz.(菊科)
百灵草 Marsdenia longipes W.T.Wang ex Tsiang & P.T.Li(萝藦科),*小白药,小对节生,小掰角,云南百部*
百禄省藤 Calamus belumutensis Ftdo.(棕榈科)
百脉根(四川)=南黄堇
百脉根 Lotus corniculatus L.(豆科),*柏脉搏根,都草,黄瓜草,黄花草,黄金花,金花菜,牛角花,乌趾草,五叶草*
百脉根属 Lotus L.(豆科),*牛角花属*
百慕大百合 Lilium longiflorum var. eximium (Court.) Baker (百合科)
百慕大福木 Elaeodendron laneanum A.H. Moore (卫矛科)
百慕大庭菖蒲 Sisyrinchium burmudiana L.(鸢尾科)
百慕大圆柏 Juniperus bermudiana L.(柏科)
百奶(杨氏经验方)=百部
百能葳 Blainvillea acmella (L.) Phillip.(菊科)
百能葳属 Blainvillea Cass.(菊科)
百皮榆(中药大辞典)=潺槁木姜子
百坡山薹草 Carex baiposhanensis P.C.Li(莎草科)
百球藨草 Scirpus rosthornii Diels (莎草科)
百日草(植物学大辞典,中草药汇编)=百日菊
百日红(福建)=海州常山
百日红(广东)=大花紫薇
百日红(广州)=千日红
百日红(海南)=青葙
百日红(海南圃史)=紫薇
百日红(四川)=赪桐
百日菊 Zinnia elegans Jacq.(菊科),*百日草,火毡花,鱼尾菊,节节高,步步登高*
百日菊属 Zinnia L.(菊科)
百日青(台湾)=台湾罗汉松
百日青 Podocarpus neriifolius D.Don (罗汉松科),*竹叶松,脉叶罗汉松,桃柏松,璎珞柏,竹柏松,油松,白松,大叶竹柏松*
百乳草(图经本草)=百蕊草
百蕊草 Thesium chinense Turcz.(檀香科),*百乳草,草檀,地石榴,肚蹲草,疳积草,积药草,青白,青龙草,细须草,珍珠草*
百蕊草属 Thesium L.(檀香科)
百色豆腐柴 Premna paisehensis P'ei & S.L. Chen (马鞭草科)
百色复叶耳蕨 Arachniodes baiseensis Ching(鳞毛蕨科)
百色猴欢喜 Sloanea chingiana Hu(杜英科)
百色黄精 Polygonatum longistylum Y.Wang & C.Z.Gao (百合科)
百色螺序草 Spiradiclis baishaiensis X.X.Chen & W.L.Sha (茜草科)
百色毛蕨 Cyclosorus baiseensis Ching ex Shing (金星蕨科)
百色木(植物志 49-2)=轻木
百山祖八角 Illicium jiadifengpi var. baishanense B.N.Chang & S.Hu(木兰科)
百山祖短肠蕨 Allantodia baishanzuensis Ching (蹄盖蕨科)
百山祖冷杉 Abies beshanzuensis M.H.Wu(松科)
百山祖蹄盖蕨 Athyrium baishanzuense Ching & Y.T.Hsieh(蹄盖蕨科)
百山祖玉山竹 Yushania baishanzuensis Z.P. Wang & G.H.Ye (禾本科)
百宿蕉(广东阳春)=麒麟叶
百穗藨草 Scirpus ternatanus Rein. ex Miq.(莎草科)
百条根(杨氏经验方)=百部
百条根(浙江)=陀螺紫菀
百尾笋(贵州方药集)=宝铎草
百味参(滇南本草)=穗花粉条儿菜
百喜草 Paspalum notatum Flügge (禾本科),*金冕草*
百眼藤(高等图鉴)=鸡眼藤
百样花(广西罗城,融安)=驳骨九节
百叶蔷薇 Rosa centifolia L.(蔷薇科),*洋蔷薇*
百应草(广东,广西)=芸香
百丈光(证治准绳)=明党参
百症藤(广药手册)=棒锤瓜
百枝(本经)=金毛狗脊
百枝莲(华北经济志要)=花朱顶红
百枝莲(新拉汉英)=朱顶兰
百子莲 Agapanthus africanus (L.) Hoffmgg.(百合科)
百子莲属 Agapanthus L'Her (百合科)
百足草(高等图鉴)=蜈蚣草
百足草(广西玉林)=狮子尾
百足草(广州志)=竹节蓼
百足草(陆川本草)=百足藤
百足草(南宁药志)=红雀珊瑚
百足藤(广东高要)=麒麟叶
百足藤 Pothos repens (Lour.) Druce(天南星科),*百足草,飞天蜈蚣,姜藤,落地蜈蚣,神仙对坐,石上蜈蚣,石蜈蚣,蜈蚣草,蜈蚣藤,细蜈蚣草,细蜈蚣草,下山蜈蚣,鸭子草*
柏大戟 Euphorbia cyparissias L.(大戟科)
柏地丁(云南药用名录)=细叶卷柏
柏果树(四川中药志)=柏木
柏寄生(图考)=红花寄生
柏科 Cupressaceae
柏拉(藏名)=小叶金露梅
柏拉参属(植物分类学)=**罗伞属**
柏拉木 Blastus cochinchinensis Lour.(野牡丹科),*黄金梢,山甜娘,崩疮药*
柏拉木属 Blastus Lour.(野牡丹科)
柏勒树(广东中山)=代儿茶
柏蕾芥属(科属辞典)=**肉叶荠属**
柏脉搏根(唐书)=百脉根
柏木 Cupressus funebris Endl.(柏科),*柏果树,柏木树,柏树,柏香树,垂丝柏,黄柏,密密柏,扫帚柏,香柏,香扁柏,香丝柏*
柏木陆均松 Dacrydium cupressinum Solander (罗汉松科)
柏木树(湖北)=柏木
柏木属 Cupressus L.(柏科)
柏那参(树木分类学)=罗伞
柏那参属(树木分类学,科属检索表)=**罗伞属**
柏氏八仙花(河北图志)=东陵绣球
柏氏参属(科属辞典)=**罗伞属**
柏氏水韭 Isoëtes butleris Engl.(水韭科)
柏树(福建)=侧柏
柏树(浙江)=柏木
柏斯蒙茶藨子 Ribes bethmontii Jancz.(虎耳草科)
柏香(西藏)=高山柏
柏香莲(峨眉山)=野雉尾金粉蕨
柏香树(湖北)=柏木
柏叶草(湖南药物志)=兖州卷柏
柏叶虎耳草 Saxifraga juniperifolia Adams.(虎耳草科)
柏叶相思树 Acacia juniperina Willd.(豆科)
柏枝草(云南曲靖)=姜味草
柏子兰(浙江草药)=蜈蚣兰
柏子树(四川)=乌桕
柏子藤(广东)=越南勾儿茶
摆衣耳柱(云南红河)=大花卫矛
摆竹 Indosasa shibataeoides McClure (禾本科),*倭形竹,泪竹,斑竹,黄竿竹,根竹,黑竹,自然花竹*
摆子草(河北承德)=墓头回
败毒草(陕西)=草木犀
败毒草(中草药汇编)=耳羽金毛裸蕨
败毒草(中草药汇编)=千屈菜
败毒莲(中草药汇编)=千屈菜
败酱(内蒙中草药)=长裂苦苣菜
败酱(内蒙中草药)=乳苣
败酱(浙药志)=攀倒甑
败酱 Patrinia scabiosaefolia Fisch. ex Trev.(败酱科),*败酱草,臭艾,豆豉菜,黄花败酱,黄花苦菜,黄花龙牙,黄花香,黄屈花,鸡肠风,假苦菜,将军草,苦芙,苦菜,苦蘵,苦猪菜,鹿肠,鹿酱,鹿声,鹿首,麻鸡婆,马草,山芝麻,酸益,土龙草,野黄花,野苦菜,野芹,野青菜,泽败*
败酱草(北方各省,福建,四川)=败酱
败酱草(甘肃中草药)=长裂苦苣菜
败酱草(江苏)=菥蓂
败酱草(辽宁)=黄瓜菜
败酱草(四川)=攀倒甑
败酱耳草 Hedyotis capituligera Hance(茜草科)
败酱科 Valerianaceae
败酱叶菊芹 Erechtites valerianaefolia (Wolf.) DC.(菊科),*飞机草*
败酱属 Patrinia Juss.(败酱科)
败瓢(纲目)=瓠瓜
败蕊无距花 Stapfiophyton degeneratum C.Chen (野牡丹科),*蛇迷草*
拜赫曼(塔城)=大叶补血草
拜氏杜鹃 Rhododendron beyerinckianum Koord. (杜鹃花科)
稗 Echinochloa crusgalli (L.) Beauv.(禾本科),*稗子,扁扁草,稗根苗,水高粱*
稗豆(海南)=假地豆
稗根苗(纲目)=稗
稗荩 Sphaerocaryum malaccense (Trin.) Pilger (禾本科)
稗荩属 Sphaerocaryum Nees ex HK.f.(禾本科)
稗薹草 Carex xiphium Kom.(莎草科)
稗属 Echinochloa Beauv.(禾本科)
稗子(救荒本草)=稗

Ban

扳倒甑(四川青川,甘肃文县)=岷江蓝雪花
班班木蓝(豆科图说)=昆明木蓝
班草(陕西)=虎杖
班草刚(云南潞西景颇语)=滇南冠唇花
班戈毛茛 Ranunculus banguoensis L.Liou(毛茛科)
班公湖苇群 Phragmites australis grex bangonghuenses L.Liu(禾本科)
班公柳 Salix bangongensis C.Wang & C.F.Fang (杨柳科)
班穀(图经本草)=构树
班玛翠雀花 Delphinium tatsienense var. chinghaiense W.T.Wang(毛茛科)
班玛翠雀花 Delphinium tatsienense var. ching-

haiense W.T.Wang(毛茛科)
班玛杜鹃 Rhododendron bamaense Z.J.Zhao(杜鹃花科)
班玛蒿 Artemisia baimaensis Y.R.Ling & Z.C. Zhuo (菊科)
班倪属(科属辞典)=**毗荠属**
班氏笋兰 Thunia bensoniae Rchb.f.(兰科)
班杖根(滇南本草)=虎杖
班子藤(福建中草药)=薜荔
般骨消(云南)=大花活血丹
般若 Astrophytum orantum (DC.) Britt. & Rose (仙人掌科)
般竹(草木便方)=斑竹
斑被兜被兰(横断山植物)=川西兜被兰
斑驳敌克里桑草 Dichorisandra mosaica Lindl.(鸭跖草科)
斑草(福建草药)=大尾摇
斑蝉姜 Zingiber monglaense S.J.Chen & Z.Y. Chen (姜科)
斑赤瓟 Thladiantha maculata Cogn.(葫芦科),*野黄瓜*
斑唇贝母兰(中药辞海)=狭瓣贝母兰
斑唇贝母兰 Coelogyne fuscescens var. brunnea (Lindl.) Lindl.(兰科)
斑唇红门兰 Orchis wardii W.W.Sm(兰科)
斑唇卷瓣兰 Bulbophyllum pectenveneris (Gagn.) Seidnenf.(兰科),*毛边卷瓣兰,黄花卷瓣兰,翠花卷瓣兰,黄花石豆兰*
斑唇马先蒿(高等图鉴,中草药汇编)=长筒马先蒿
斑唇肉唇兰 Cycnoches maculatum Lindl.(兰科),*斑唇天鹅兰*
斑唇珊瑚兰 Corallorhiza maculata Raf.(兰科)
斑唇天鹅兰(新拉汉英)=斑唇肉唇兰
斑打甑(贵州)=攀倒甑
斑地锦 Euphorbia maculata L.(大戟科),*地锦草,血筋草,斑叶地锦*
斑点凹萼兰 Rodriguezia maculata (Lindl.) Rchb.f. (兰科)
斑点齿瓣兰 Odontoglossum maculatum Lali. & Lex.(兰科)
斑点楮头红 Sarcopyramis nepalensis var. maculata C.Y.Wu ex C.Chen(野牡丹科)
斑点迪波兰 Dipodium punctatum (Sm.) R.Br. (兰科)
斑点短斑兰 Monomeria punctata (Lindl.) Schltr. (兰科)
斑点凤仙花 Impatiens maculata Wighit (凤仙花科)
斑点光果荚蒾 Viburnum leiocarpum var. punctatum Hsu(忍冬科)
斑点果薹草 Carex maculata Boott(莎草科)
斑点红门兰 Orchis maculata L.(兰科)
斑点湖北卫矛 Euonymus hupehensis var. maculatus Loes.(卫矛科)
斑点虎耳草 Saxifraga nelsoniana D.Don(虎耳草科)
斑点金丝桃 Hypericum maculatum Cratz.(藤黄科)
斑点老鹳草 Geranium maculatum L.(牻牛儿苗科)
斑点瘤瓣兰 Oncidium maculatum Lindl.(兰科)
斑点龙胆 Gentiana handeliana H.Sm.(龙胆科)
斑点毛鳞蕨 Tricholepidium maculosum (Christ) Ching(水龙骨科)
斑点梅笠草 Chimaphila maculata (L.) Pursh.(鹿蹄草科),*斑点喜冬草*

斑点苹婆 Sterculia guttata Roxb.(梧桐科)
斑点荠苎(种子植物名称)=石荠苎
斑点曲足兰 Cyrtopodium punctatum (L.) Lindl. (兰科)
斑点鳃兰 Maxillaria punctata Lodd.(兰科)
斑点蛇鞭菊 Liatris punctata HK.(菊科)
斑点喜冬草(新拉汉英)=斑点梅笠草
斑点旋柱兰 Mormodes maculatum (Kl.) L.O. Wms. (兰科)
斑点叶葡萄 Vitis doaniana Munson (葡萄科)
斑点叶千年木 Dracaena goldseffiana Sander (百合科)
斑点芋兰 Nervilia punctata (Bl.) Schltr.(兰科)
斑点展唇兰 Notylia punctata (Ker-Gawl.) Lindl.(兰科)
斑萼溲疏 Deutzia glauca var. decalvata S.M. Hwang (虎耳草科)
斑风藤(湖南)=萝藦
斑稃碱茅 Puccinellia poecilantha (C.Koch) Krecz.(禾本科)
斑鸪藤(海南)=酸叶胶藤
斑果厚壳桂 Cryptocarya maculata H.W.Li(樟科)
斑果黄芪 Astragalus beketovii (Krassn.) B. Fedtsch.(豆科)
斑果藤 Stixis suaveolens (Roxb.) Pierre(山柑科),*罗志藤*
斑果藤属 Stixis Lour.(山柑科)
斑果远志 Polygala resinosa S.K.Chen(远志科)
斑花败酱 Patrinia punctiflora Hsu & H.J.Wang (败酱科),*细梓苦斋,马竹霄,无心草*
斑花杓兰(长白山药志)=紫点杓兰
斑花黄堇 Corydalis conspersa Maxim.(罂粟科),*密花黄堇,丁冬欧蕭*
斑胶藤(植物志 63)=长梗娃儿藤
斑茎大黄 Rheum maculatum C.Y.Cheng & Kao (蓼科)
斑茎蔓龙胆 Crawfurdia maculaticaulis C.Y.Wu ex C.J.Wu(龙胆科)
斑茎泽兰 Eupatorium maculatum L.(菊科)
斑鸠花(贵州草药)=紫云英
斑鸠蓟 Cirsium vernonioides Shih(菊科)
斑鸠菊(广西)=茄叶斑鸠菊
斑鸠菊 Vernonia esculenta Hemsl.(菊科),*鸡菊花,大藤菊,火烧叶,火炭叶,火烫叶,火炭树,聋耳朵树*
斑鸠菊属 Vernonia Schreb.(菊科)
斑鸠木(广西)=茄叶斑鸠菊
斑鸠食子(四川中草药)=(四川中草药)
斑鸠树(陕西)=异叶榕
斑鸠酸(福建)=酢浆草
斑鸠台(安徽药材)=萹蓄
斑鸠窝(草木便方)=海金沙
斑鸠窝(贵州)= 地锦草
斑鸠窝(图考)=地耳草
斑鸠窝(云南)=小叶三点金
斑鸠占(贵州)=狐臭柴
斑鸠占(中草药汇编)=黄毛豆腐柴
斑鸠站(四川中药志)=臭黄荆
斑壳玉山竹 Yushania maculata Yi (禾本科)
斑克翅柱兰 Pterostylis banksii R.Br.(兰科)
斑苦竹 Pleioblastus maculatus (McClure) C.D. Chu & C.S.Chao(禾本科),*光竹,广西苦竹*
斑块百合 Lilium henricii var. maculatum (W.E. Evans) Woodc. & Stearn(百合科)
斑龙芋 Sauromatum venosum (Aiton) Kunth.(天南星科)

斑龙芋属 Sauromatum Schott (天南星科)
斑马海芋 Alocasia zebrina Koch & Veitch.(天南星科)
斑马芦荟 Aloe zebrina var. caerulescens Chen (百合科)
斑毛耳稃草 Garnotia patula var. partitipilosa Santos ?(禾本科)
斑茅 Saccharum arundinaceum Retz.(禾本科),*大密,芭茅*
斑茅胆草(广西兽医植物)=细竹篙草
斑膜芹 Hymenoluma trichophyllum (Schrenk) Korov.(伞形科)
斑膜芹属 Hymenoluma Korov.(伞形科)
斑泥竹(植物志 9-1)=银丝大眼竹
斑皮桉 Eucalyptus maculata HK.(桃金娘科)
斑皮柴(浙江)=乌药
斑皮鲫鱼藤 Secamone bonii Cost.(萝藦科)
斑鹊子(四川中药志)=臭黄荆
斑舌兰 Cymbidium tigrinum Parsh ex HK.(兰科)
斑氏凤梨属(新拉汉英)=**丽穗凤梨属**
斑筒花(福建)=广西过路黄
斑箨茶竿竹 Pseudosasa notata Z.P.Wang & G. H.Ye (禾本科)
斑纹独蒜兰(新) Pleione ×lagenaria Lindl.?(兰科)
斑纹爪唇兰 Gongora maculata Lindl.(兰科)
斑心吊兰 Chlorophytum elatum var. picturatum Hort (百合科)
斑叶桉 Eucalyptus punctata DC.(桃金娘科)
斑叶败酱 Patrinia villosa subsp. punctifolia H.J. Wang (败酱科)
斑叶杓兰 Cypripedium margaritaceum Franch. (兰科),*兰花双叶草,花叶两块瓦,扇子还阳*
斑叶梣 Fraxinus punctata S.Y.Hu(木犀科)
斑叶稠李 Padus maackii (Rupr.) Kom.(蔷薇科),*山桃稠李,山桃*
斑叶唇柱苣苔 Chirita pumila D.Don(苦苣苔科)
斑叶滴水珠(浙江)=滴水珠
斑叶地锦(新拉汉英)=斑地锦
斑叶豆瓣绿 Peperomia maculosa (L.) HK.(胡椒科)
斑叶杜鹃 Rhododendron punctifolium L.C.Hu (杜鹃花科)
斑叶杜鹃兰 Cremastra unguiculata (Finet) Finet (兰科)
斑叶鹤顶兰(高等图鉴)=黄花鹤顶兰
斑叶红凤梨 Ananas bracteatus (Lindl.) Schult. (报春花科),*苞叶红凤梨*
斑叶黄杨(新拉汉英)=绿斑冬青卫矛
斑叶堇菜 Viola variegata Fisch. ex Link(堇菜科),*阿拉嘎-尼勒其格*
斑叶锦香草 Phyllagathis scorpiothyrsoides C. Chen (野牡丹科)
斑叶兰(贵州民间药物)=小斑叶兰
斑叶兰(台兰科图鉴)=高斑叶兰
斑叶兰 Goodyera schlechtendaliana Rchb.f.(兰科),*白花斑叶兰,大斑叶兰,大武山斑叶兰,滴水珠,九层盖,麻叶青,偏花斑叶兰,小将军,小叶青,野洋参,银线盆,竹叶青*
斑叶兰属 Goodyera R.Br.(兰科)
斑叶亮丝草 Aglaonema pictum (Roxb.) Kunth (天南星科)
斑叶绵枣儿 Scilla violacea Hutch.(百合科),*点叶绵枣儿*
斑叶女贞 Ligustrum punctifolium M.C.Chang (木犀科)

斑叶挪威槭 Acer platanoides var. variegatum West.(槭树科)
斑叶欧亚槭 Acer pseudoplatanus var. variegatum West.(槭树科)
斑叶蒲公英 Taraxacum variegatum Kitag.(菊科)
斑叶桤木 Alnus rugosa (Du Roi) Spreng.(桦木科)
斑叶秋海棠 Begonia fuscomaculata A.Lange (秋海棠科),*褐秋海棠*
斑叶三匹 Arisaema inkiangense var. maculatum H.Li(天南星科)
斑叶山柳菊 Hieracium maculatum Sm.(菊科)
斑叶珊瑚 Aucuba albo-punctifolia Wang(山茱萸科)
斑叶杏 Armeniaca vulgaris var. ansu f. variegata (West.) Zabel(蔷薇科)
斑叶野木瓜 Stauntonia maculata Merr. (木通科)
斑叶蜘蛛抱蛋 Aspidistra elatior var. punctata Hort.(百合科)
斑叶指柱兰(台湾兰科植物)=大鲁阁叉柱兰
斑叶朱砂根(广空草药手册)=山血丹
斑叶竹节秋海棠 Begonia maculata Raddi(秋海棠科)
斑叶竹芋 Maranta arundinacea var. variegata Hor. (竹芋科)
斑叶紫金牛(中草药汇编)=山血丹
斑鱼烈(广东)=丁公藤
斑占脂麻掌(新拉汉英)=墨鉾
斑芝棉(台湾)=木棉
斑芝树(台湾)=木棉
斑枝红山茶 Camellia stictoclada Chang(山茶科)
斑枝毛蕊茶 Camellia punctata (Kochs) Coh.St. (山茶科)
斑种草 Bothriospermum chinense Bge.(紫草科)
斑种草属 Bothriospermum Bge.(紫草科)
斑珠科(图考)=鸡眼草
斑竹(湖南)=摆竹
斑竹 Phyllostachys bambusoides f. lacrimadeae Keng f. & Wen(禾本科),*般竹*,*箭竹*
斑庄根(植物志 25-1)=虎杖
斑籽 Baliospermum montanum (Willd.) Muell. Arg. (大戟科)
斑籽属 Baliospermum Bl.(大戟科)
斑子麻黄 Ephedra lepidosperma C.Y.Cheng(麻黄科)
斑子乌桕 Sapium atrobadiomaculatum Metcalf (大戟科)
搬倒甑(中药大辞典)=白头婆
瘢瘀藤(广西本草选编)=牛白藤
阪姜(广西田林)=波翅豆蔻
坂口假卫矛 Microtropis sakaguchiana Kondz. (卫矛科)
板贝(植物志 14)=天目贝母
板凳果 Pachysandra axillaris Franch.(黄杨科), *千年矮*,*三角咪*,*金丝矮陀陀*
板凳果属 Pachysandra Michx.(黄杨科),*三角咪属*
板蕉(福建)=芭蕉
板兰香(海南)=香露兜
板蓝(海南志,植物志 70)=马蓝
板蓝根(广西博白,南宁)=蓝树
板蓝根(中药志)=马蓝
板蓝属 Baphicacanthus Bremek.(爵床科)
板栗(事类合壁)=栗
板皮桑(安徽)=华桑
板薯(海南)=白薯莨
板筒柴(福建)=小花扁担杆
板香树(湖南)=化香树
板砖(云南蒙自)=板砖薯蓣
板砖薯蓣 Dioscorea banzuana Pei & C.T.Ting (薯蓣科),*板砖*
版纳黑檀(分类学报)=黑黄檀
版纳蝴蝶兰 Phalaenopsis mannii Rchb.f.(兰科)
版纳姜 Zingiber xishuangbannaense S.Q.Tong (姜科)
版纳龙船花 Ixora paraopaca Ko(茜草科)
版纳龙竹(热带植物研究)=白毛巨竹
版纳毛兰 Eria pudica Ridl.(兰科)
版纳青梅(新拉汉英)=拟版纳青梅(新)
版纳青梅 Vatica xishuangbannaensis G.D.Tao & J.H.Zhang(龙脑香科)
版纳蛇根草 Ophiorrhiza hispidula Wall. ex G. Don (茜草科)
版纳省藤 Calamus nambariensis var. xishuangbannaensis S.J.Pei & S.Y.Chen (棕榈科)
版纳藤黄 Garcinia xipshuanbannaensis Y.H.Li (藤黄科)
版纳甜龙竹 Dendrocalamus hamiltonii Nees & Arn ex Munro(禾本科),*甜竹*,*甜龙竹*
版纳玉凤花 Habenaria medioflexa Turrill(兰科)
半(云南傣语)=水丝麻
半棒状翠雀花 Delphinium semiclavatum Nevski (毛茛科)
半抱茎风毛菊 Saussurea semiamplexicaulis Lipsch. (菊科)
半抱茎婆婆纳(Flora 18)=长梗婆婆纳
半抱茎葶苈 Draba subamplexicaulis C.A.Mey. (十字花科)
半边菜(湖北竹溪)=大叶碎米荠
半边草(广西)=狭顶鳞毛蕨
半边风(广西药用名录)=粗喙秋海棠
半边风(贵州)=杯叶西番莲
半边风 Passiflora perpera Mast.(西番莲科)
半边枫(浙江中草药)=树参
半边枫(植物志 43-2)=小芸木
半边风药(贵州民间药物)=刺齿半边旗
半边红花(云南曲靖)=东紫苏
半边莲(峨眉药用植物)=峨眉观音座莲
半边莲(广西)=裂叶秋海棠
半边莲(湖北巴东)=灯台莲
半边莲(湖北巴东)=花南星
半边莲(秦岭志)=细叶景天
半边莲(四川奉节,湖北巴东)=天南星
半边莲,*不求人*,*大半夏*,*独脚莲*,*独叶一枝枪*,*独足伞*,*逢人不见面*,*狗爪半夏*,*虎掌*,*南星*,*虎掌半夏*, *虎掌南星*,*麻芋子*,*青杆独叶一枝枪*,*山磨芋*,*蛇棒头*,*蛇包谷*,*蛇草头*,*蛇六谷*,*蛇头蒜*,*双隆芋*,*锁喉莲*,*天凉伞*,*异叶天南星*
半边莲 Lobelia chinensis Lour.(桔梗科),*半爿花*,*疳积草*,*瓜仁草*,*急解索*,*奶浆草*,*蜈蚣草*,*细米草*,*小急解锁*
半边莲属 Lobelia L.(桔梗科)
半边莲状虻眼 Dopatrium lobelioides Benth.(玄参科)
半边旗(岭南采药录)=刺齿半边旗
半边旗 Pteris semipinnata L.(凤尾蕨科)
半边伞(四川)=楼梯草
半边山(贵州)=赤车
半边扇(四川南川)=骤尖楼梯草
半边苏(贵州兴义)=绵穗苏
半边铁角蕨 Asplenium unilaterale Lam.(铁角蕨科),*单边铁角蕨*
半边香(云南)=野拨子
半边月(广西)=地桃花
半边月 Weigela japonica var. sinica (Rehd.) Bailey (忍冬科),*白马桑*,*木绣球*,*木绣球*,*水马桑*,*水知骨*,*杨栌*
半边座(四川南川)=南川冷水花
半侧蔓龙胆 Crawfurdia dimidiata (Marq.) H.Sm. (龙胆科)
半层莲(中药大辞典)=小花蜻蜓兰
半插花属 Hemigraphis Nees(爵床科)
半常绿卫矛 Euonymus bungeanus var. semipersistens Schneid.(卫矛科)
半齿柃 Eurya semiserrata H.T.Chang(山茶科)
半春莲(江西草药)=小花蜻蜓兰
半春子(广东)=蔓胡颓子
半春子(湖南)=胡颓子
半岛鳞毛蕨 Dryopteris peninsulae Kitag.(鳞毛蕨科),*辽东鳞毛蕨*
半凋萎绢蒿 Seriphidium semiaridum (Krasch. & Lavr.) Ling & Y.R.Ling(菊科)
半耳箬竹 Indocalamus longiauritus var. semifalcatus H.T.Zhao & Y.L.Yang(禾本科)
半风樟(广西)=檫木
半枫荷(广东)=翻白叶树
半枫荷(广西)=树参
半枫荷 Semiliquidambar cathayensis Chang(金缕梅科),*金缕半枫荷*(拉汉名称和手册)
半枫荷属 Semiliquidambar Chang(金缕梅科)
半灌木千斤拨(豆科图说,中药辞海)=球穗千斤拔
半含春(本草纲目)=胡颓子
半荷包紫堇 Corydalis hemidicentra Hand.-Mazz. (罂粟科),*三叶紫堇*
半荒漠绢蒿 Seriphidium heptapotamicum (Poljak.) Ling & Y.R.Ling(菊科)
半脊荠 Hemilophia pulchella Franch.(十字花科)
半脊荠属 Hemilophia Franch.(十字花科)
半架牛(云南)=古钩藤
半箭形翅子树 Pterospermum semisagittatum Ham. (梧桐科)
半节观音(思茅中草药)=镰叶西番莲
半节烂(四川凉山)=象南星
半节叶(思茅中草药)=镰叶西番莲
半截烂(贵州清镇,云南昭通)=雪里见
半截烂(湖南)=狭叶重楼
半截叶(广西)=杯叶西番莲
半截叶(云南)=镰叶西番莲
半连边苏(贵州民间药物)=香薷
半连旗(广西)=猴耳环
半露卫矛 Euonymus hamiltonianus var. semiexsertus (Koehne) Blakel.(卫矛科)
半裸茎黄堇 Corydalis potaninii Maxim.(罂粟科)
半蔓白薇(东北药用图鉴)=蔓生白薇
半毛菊 Crupina vulgaris Cass.(菊科)
半毛菊属 Crupina Cass.(菊科)
半扭捲马先蒿 Pedicularis semitorta Maxim.(玄参科)
半爿花(浙江)=半边莲
半琴叶风毛菊 Saussurea semilyrata Bureau & Franch.(菊科)
半球齿缘草 Eritrichium hemisphaericum W.T. Wang (紫草科)
半球虎耳草 Saxifraga hemisphaerica HK.f. & Thoms.(虎耳草科)
半球莲(广西恭城)=短刺虎刺

半圈子(四川酉阳)=巴东胡颓子
半髯毛翠雀花 Delphinium semibarbatum Bienert. (毛茛科)
半稔子(广东)=楔叶榕
半日花 Helianthemum songaricum Schrenk(半日花科)
半日花科 Cistaceae
半日花叶绣球防风 Leucas helianthemifolia Desf. (唇形科)
半日花属 Helianthemum Mill.(半日花科)
半伸卫矛 Euonymus semiexserta Koehne (卫矛科)
半蒴苣苔(植物志 69,Flora 18)=降龙草
半蒴苣苔属 Hemiboea Clarke (苦苣苔科)
半宿萼茶 Camellia szechuanensis Chi(山茶科)
半天昂(生草药性备要)=榕树
半天钓(岭南采药录)=酒饼簕
半天雪(陆川本草)=无根藤
半秃连蕊茶 Camellia subglabra Chang(山茶科)
半卧狗娃花 Heteropappus semiprostratus Griers.(菊科)
半夏(广西马山,龙州)=鞭檐犁头尖
半夏(河北)=虎掌
半夏(四川峨眉)=西南犁头尖
半夏(四川越西,广西凌乐)=象头花
半夏(西藏)=丁座草
半夏(云南个旧)=河谷南星
半夏(云南丽江) =一把伞南星
半夏(云南丽江,宾川,四川道孚)=银南星
半夏(云南腾冲)=双耳南星
半夏(云南通海)=山珠南星
半夏(云南镇雄)=具齿褐斑南星
半夏 Pinellia ternata (Thunb.) Breit (天南星科),*半子,地慈姑,地文,地星,地珠半夏,和姑,尖叶半夏,扣子莲,老和尚扣,老黄咀,老鸦头,老鸦眼,老鸦芋头,麻芋果,麻芋子,球半夏,三步魂,三步跳,三角草,三开花,三棱草,三片叶,三兴草,三叶半夏,三叶头草,生半夏,守田,田里心,土半夏,无心菜,仙半夏,小天老星,小天南星,蝎子草,燕子尾,羊眼半夏,洋犁头,药狗丹,野半夏,野芋头*
半夏属 Pinellia Tenore (天南星科)
半夏子(四川青川)=虎掌
半心形拟贯众 Cyclopeltis semicordata (Sw.) J.Sm. (鳞毛蕨科)
半雄花属 Semeiandra HK. & Arn.(柳叶菜科)
半叶紫菜 Porphyra katadai Miura (马鞭草科)
半夜花(广东,海南)=绉面草
半夜兰(中草药汇编)=假鹰爪
半硬刺杜鹃花 Rhododendron semibarbatum Maxim. (杜鹃花科)
半育耳蕨 Polystichum semifertile (Clarke) Ching (鳞毛蕨科)
半育复叶耳蕨 Arachniodes semifertilis Ching (鳞毛蕨科)
半育鳞毛蕨 Dryopteris sublacera Christ(鳞毛蕨科)
半园盖阴石蕨 Humata platylepis (Bak.) Ching (骨碎补科),*白毛蕨,树蕨其,倒水莲,白龙鸡*
半圆金沙槭 Acer paxii var. semilunatum Fang (槭树科)
半圆叶杜鹃 Rhododendron thomsonii HK.f.(杜鹃花科)
半月铁线蕨 Adiantum philippense L.(铁线蕨科),*菲岛铁线蕨,白马分棕,黑龙丝,猪鬃草*
半月形鸢尾兰 Oberonia lunata (Bl.) Lindl.(兰科)
半支莲(江西)=华鼠尾草
半支莲(植物学大词典)=大花马齿苋
半枝莲(箕宗汇编)=佛甲草
半枝莲(陕西中草药名录)=山飘风
半枝莲(云南中草药)=直萼黄芩
半枝莲 Scutellaria barbata D.Don(唇形科),*并头草,赶山鞭,瘦黄芩,水黄芩,田基草,狭叶韩信草,牙刷草*
半钟铁线莲 Clematis sibirica var. ochotensis (Pall.) S.H.Li & Y.H.Huang(毛茛科)
半重瓣欧洲酸樱桃 Cerasus vulgaris f. plena(蔷薇科)
半柱花(高等图鉴)=黄球花
半柱毛兰 Eria corneria Rchb.f.(兰科),*黄绒兰,于氏毛兰*
半子(甘肃)=半夏
伴兰(台兰科图鉴)=白肋翻唇兰
伴蛇莲(广西药用名录)=革叶蓼
伴生薹草 Carex sociata Boott(莎草科),*中国宿柱薹*
伴藓耳蕨 Polystichum muscicola Ching ex W.M. Chu & Z.R.He(鳞毛蕨科)
扮颇(广西黎语)=海南藤春
绊肠草(甘肃民勤)=小花棘豆
绊根草(图考)=狗牙根
绊脚刺(四川)=三叶悬钩子
绊脚丝(大兴安岭)=杜香
绊藤香(四川)=长叶马兜铃
瓣萼杜鹃 Rhododendron castacosmum Balf.f. & Tagg (杜鹃花科),*尊敬杜鹃*
瓣根草(安徽)=腺毛翠雀
瓣鳞花 Frankenia pulvesrulenta L.(瓣鳞花科)
瓣鳞花科 Frankeniaceae
瓣鳞花属 Frankenia L.(瓣鳞花科)
瓣蕊唐松草 Thalictrum petaloideum L.(毛茛科),*马尾黄连,查存-其其格*
瓣子草根(云南中草药)=小叶三点金

Bang

邦邦老虎藤(上海中草药)=薜荔
邦参布柔(藏名)=小芽虎耳草
邦见(四川)=岷县龙胆
邦见察保(四川)=岷县龙胆
邦见莪那(藏名)=丝柱龙胆
邦见恩保(藏名)=大花龙胆
邦见恩保(植物志 62)=华丽龙胆
邦见恩保(植物志 62)=蓝玉簪龙胆
邦见那保(新拉汉英)=长枝龙胆
邦见那保(植物志 62)=云雾龙胆
邦奇密花小檗 Berberis densiflora var. bungeana Ahrendt (小檗科)
帮子毒乌(藏名)=翼首草
绑始多(中甸藏语)=翼首草
榜嘎(藏药标准)=船形乌头
榜花薯(海南)=白薯莨
榜间噶尔布(藏名)=高山龙胆
榜间噶尔布(四川)=岷县龙胆
榜规苦贡(藏语)=川西小黄菊
榜薯(广东海南)=白薯莨
膀草(鼎湖山植物名录)=江南星蕨
膀胱豆 Colutea delavayi Franch. (豆科)
膀胱果 Staphylea holocarpa Hemsl.(省沽油科),*大果省沽油*
膀胱还阳参 Crepis vesicaria L.(菊科)
膀胱蕨 Protowoodsia manchuriensis (HK.) Ching (岩蕨科),*膀胱岩蕨,东北岩蕨,泡囊蕨*
膀胱蕨属 Protowoodsia Ching(岩蕨科)
膀胱岩蕨(植物志 4-2)=膀胱蕨
蚌巢草(海南)=糯米团
蚌花(广东)=紫万年青
蚌椒(广药手册)=拟蚬壳花椒
蚌壳草(贵州)=单色蝴蝶草
蚌壳草(四川)=铁苋菜
蚌壳草(云南药用名录)=球穗千斤拔
蚌壳蕨 Dicksonia arborescens L'Heritier (蚌壳蕨科)
蚌壳蕨科 Dicksoniaceae
蚌壳蕨属 Dicksonia L'Hertier (蚌壳蕨科)
蚌壳树(海南)=油楠
蚌壳叶(广东)=紫万年青
蚌兰叶(岭南采药录)=紫万年青
蚌竹(云南澄江)=粗穗龙竹
棒棒草(陕西华山)=孩儿参
棒棒木(北方中草药)=暴马丁香
棒棒木(新医药研究)=黑弹树
棒孢峨眉蕨 Lunathyrium emeiense Z.R.Wang (蹄盖蕨科)
棒柄花 Cleidion brevipetiolatum Pax & Hoffm. (大戟科),*三台花,大树三台*
棒柄花属 Cleidion Bl.(大戟科)
棒㭎(湖南)=硬壳柯
棒槌(东北)=人参
棒槌草(云南)=夏枯草
棒锤草(北研丛刊)=虎尾草
棒锤瓜 Neoalsomitra integrifoliola (Cogn.) Hutch. (葫芦科),*穿山龙,赛金刚,苦藤,百症藤*
棒锤瓜属 Neoalsomitra Hutch.(葫芦科)
棒萼蛛毛苣苔 Paraboea clavisepala D.Fang & D.H.Qin (苦苣苔科)
棒儿松(河北)=杜松
棒凤仙花 Impatiens claviger HK.f.(凤仙花科)
棒梗水青冈(植物志 22)=水青冈
棒果黄花稔 Sida rhombifolia var. corynocarpa (Wall.) S.Y.Hu(锦葵科)
棒果芥 Sterigmostemum caspicum (Lam.) Rupr. (十字花科)
棒果芥属 Sterigmostemum M.Bieb.(十字花科)
棒果马蓝 Pteracanthus claviculatus (C.B.Clarke ex W.W.Sm.) C.Y.Wu(爵床科)
棒果榕 Ficus subincisa J.E.Sm.(桑科)
棒果森林榕 Ficus neriifolia var. trilepis (Miq.) Corner(桑科)
棒果雪胆 Hemsleya clavata C.Y.Wu & C.L. Chen (葫芦科)
棒花蒲桃 Syzygium claviflorum (Roxb.) Wall. (桃金娘科)
棒花羊蹄甲 Bauhinia claviflora L.Chen(豆科)
棒花棕属 Rhopalostylis Wendland & Drude (棕榈科)
棒节石斛 Dendrobium findlayanum Par. & Rchb.f. (兰科)
棒茎毛兰 Eria marginata Rolfe(兰科)
棒距八蕊花 Sporoxeia clavicalcarata C.Chen(野牡丹科),*娘阿拨翠*
棒距舌唇兰 Platanthera roseotincta (W.W.Sm.) T.Tang & F.T.Wang(兰科)
棒距无柱兰 Amitostigma bifoliatum T.Tang & F. T.Wang (兰科),*二叶无柱兰*
棒距虾脊兰 Calanthe clavata Lindl.(兰科)
棒距玉凤花 Habenaria mairei Schltr.(兰科),*川滇玉凤花*
棒芒草属 Corynephorus Beauv.(禾本科)
棒毛马唐 Digitaria jubata (Griseb.) Henr.(禾本科)

棒毛仙灯 Calochortus clavatus Wats.(百合科)
棒蕊虎耳草 Saxifraga clavistaminea Engl. & Irmsch. (虎耳草科)
棒蕊蜘蛛抱蛋 Aspidistra claviformis Y.Wan(百合科)
棒丝黄精 Polygonatum cathcartii Baker(百合科)
棒穗薹草 Carex ledebouriana C.A.Mey. & Trev. (莎草科)
棒头斑鸠菊(云南)=展枝斑鸠菊
棒头草 Polypogon fugax Ness ex Steud.(禾本科)
棒头草属 Polypogon Desf.(禾本科)
棒头花(河北)=夏枯草
棒头南星 Arisaema clavatum Buchet (天南星科),*蛇包谷,麻芋子,虎掌,七寸胆,七寸胆*
棒尾凤仙花 Impatiens clavicuspis HK.f. ex W. W.Sm.(凤仙花科)
棒腺虎耳草 Saxifraga consanguinea W.W.Sm. (虎耳草科)
棒腺毛蕨 Cyclosorus clavatus Shing(金星蕨科)
棒叶花 Fenestraria rhopalophylla (Schlechter & Diels (番杏科)
棒叶花属 Fenestraria N.E.Br.(番杏科)
棒叶节节木 Arthrophytum korovinii Botsch.(藜科)
棒叶落地生根 Kalanchoe tubifolia (Harcey) Hamet (景天科)
棒叶沿阶草 Ophiopogon clavatus C.H.Wright (百合科)
棒叶鸢尾兰 Oberonia myosurus (Forst.f.) Lindl. (兰科),*岩葱,老鼠尾巴,石葱*
棒叶指甲兰 Aerides vandarum Rchb.f.(兰科)
棒柱杜鹃 Rhododendron crassimedium Tam(杜鹃花科)
棒状梅花草 Parnassia noemiae Franch.(虎耳草科)
棒状柱瓣兰 Epidendrum clavatum (Raf.) Lindl. (兰科)
棒子毛(河北药材)=玉蜀黍
棒子木(江苏志)=黑弹树

Bao

包包菜(陕西)=甘蓝
包蔽木(中药大辞典)=破布叶
包菜(江苏)=甘蓝
包疮叶 Maesa indica (Roxb.) A.DC.(紫金牛科),*大白饭果,小姑娘茶,甲满,千年树,两面青,洋辣子*
包大宁属(科属检索表)=**绵刺属**
包尔长庚花 Hesperantha bauri Baker (鸢尾科)
包饭果藤(海南)=牛筋藤
包袱草(植物志 47-1)=倒地铃
包袱根(山东)=桔梗
包袱花(江苏)=桔梗
包袱莲(湖南)=小八角莲
包给-乌布斯(蒙族名)=北方还阳参
包公藤(广空中草药手册)=丁公藤
包谷(思州府志)=玉蜀黍
包谷陀子(中药大辞典)=穿心莛子藨
包果柯 Lithocarpus cleistocarpus (Seem.) Rehd. & Wils.(壳斗科),*猪栎树,包槲柯*
包蔊菜(东北检索表)=广州蔊菜
包槲柯(植物志 22)=包果柯
包假乌豆草(海南)=大叶千斤拔
包颈草(湖南)=旋花
包芦(种子植物名称)=玉蜀黍
包罗剪定(广东徐闻)=木榄
包蜜(海南)=波罗蜜
包鞘隐子草 Cleistogenes kitagawai var. foliosa (Keng) S.L.Chen & C.P.Wang(禾本科)
包氏凤仙花 Impatiens bodinieri HK.f.(凤仙花科)
包氏瘤瓣兰 Oncidium baueri Lindl.(兰科)
包氏马褂兰 Phragmipedium boissierianum (Rchb.f.) Rolfe (兰科)
包氏木蓝(豆科图说)=丽江木蓝
包氏鼬蕊兰 Galeandra baueri Lindl.(兰科)
包田麻(贵州草药)=槐叶苹
包头棘豆 Oxytropis glabra var. drakeana (Franch.) C.W.Chang(豆科)
包团草(贵州)=野芝麻
包团草(贵州兴义)=绣球防风
包箨箭竹(台湾志)=矢竹仔
包心菜(陕西)=甘蓝
苞(闽游纪略)=柚
苞饭花(图考)=南紫薇
苞覆花属(豆科图说)=**睫苞豆属**
苞护豆 Phylacium majus Coll. & Hemsl.(豆科)
苞护豆属 Phylacium Benn.(豆科)
苞花赪桐(云南志)=苞花大青
苞花大青 Clerodendrum bracteatum Wall. ex Walp. (马鞭草科),*苞花赪桐*
苞花油麻藤(云南植物名录)=黄毛黧豆
苞壳菊(广州志)=金腰箭
苞藜 Baolia bracteata Kung & G.L.Chu(藜科)
苞藜属 Baolia Kung & G.L.Chu(藜科)
苞裂芹属 Schultzia Spreng.(伞形科)
苞鳞蟹甲草 Parasenecio phyllolepis (Franch.) Y.L.Chen(菊科)
苞芦(种子植物名称)=玉蜀黍
苞毛茛(植物志 28)=小苞毛茛
苞毛茛 Ranunculus similis Hemsl.(毛茛科)
苞茅 Hyparrhenia bracteata (Humb. & Bonpl. ex Willd.) Stapf(禾本科)
苞茅属 Hyparrhenia Anderss. ex Fourn.(禾本科)
苞米(广西中兽医药志)=玉蜀黍
苞蔷薇根(福建民间草药)=硕苞蔷薇
苞舌兰 Spathoglottis pubescens Lindl.(兰科)
苞舌兰属 Spathoglottis Bl.(兰科)
苞序豆腐柴 Premna bracteata Wall.(马鞭草科)
苞序葶苈 Draba ladyginii Pohle(十字花科),*光锥果葶苈,紫茎锥果葶苈*
苞芽报春(Flora 15)=苞芽粉报春
苞芽粉报春 Primula gemmifera Batal.(报春花科),*苞芽报春,多芽报春*
苞叶阿尔泰葶苈(植物志 33)=阿尔泰葶苈
苞叶大黄 Rheum alexandrae Batal.(蓼科),*水黄,大苞大黄*
苞叶杜鹃 Rhododendron bracteatum Rehd. & Wils. (杜鹃花科)
苞叶风毛菊(高等图鉴)=苞叶雪莲
苞叶红凤梨(新拉汉英)=斑叶红凤梨
苞叶蓟 Cirsium verutum (D.Don) Spreng.(菊科)
苞叶姜 Pyrgophyllum yunnanense (Gagn.) T.L.Wu & Z.Y.Chen(姜科),*大苞姜*
苞叶姜属 Pyrgophyllum (Gagn.) T.L.Wu & Z.Y. Chen (姜科)
苞叶景天(分类学报增刊)=大苞景天
苞叶景天四叶变种(分类学报)=大苞景天
苞叶兰属 Brachycorythis Lindl.(兰科)
苞叶龙胆(植物志 62)=大颈龙胆
苞叶龙胆 Gentiana licentii H.Sm.(龙胆科)
苞叶马兜铃 Aristolochia chlamydophylla C.Y. Wu ex S.M.Hwang(马兜铃科),*十八钻*
苞叶木 Chaydaia rubrinervis (Lévl.) C.Y.Wu & Y.L.Chen (鼠李科),*红脉麦果,十两叶*
苞叶木蓝 Indigofera bracteata Grah. ex Baker (豆科),*大苞木蓝*
苞叶木属 Chaydaia Pitard(鼠李科)
苞叶乳苣 Mulgedium bracteatum (HK.f. & Thoms. ex C.B.Clarke) Shih(菊科)
苞叶藤 Blinkworthia convolvuloides Prain(旋花科),*鸡帐蓬*
苞叶藤属 Blinkworthia Choisy (旋花科)
苞叶香茶菜 Isodon melissoides (Benth.) H.Hara(唇形科)
苞叶雪莲 Saussurea obvallata (DC.) Edgew.(菊科),*苞叶风毛菊,色堆嘎博,恰羔素巴*
苞叶延胡索 Corydalis bracteata (Steph.) Pers. (罂粟科)
苞叶野豌豆 Vicia bifurcata Xia (豆科)
苞叶芋 Spathiphyllum cannifolium (Dryand.) Schott (天南星科)
苞叶芋属 Spathiphyllum Schott (天南星科),*白鹤芋属*
苞鸢尾 Iris bracteata Wats.(鸢尾科)
苞越桔(江苏)=隐距越桔
苞越桔(江苏植物名录)=南烛
苞子草 Themeda caudata (Nees) A.Camus (禾本科)
煲秤藤(海南志)=牛筋藤
宝草(新拉汉英)=玻璃莲
宝草 Haworthia cymbiformis Bge.(百合科)
宝翠生石花 Lithops divergens L.Bol.(番杏科)
宝岛杓兰 Cypripedium segawai Masam(兰科)
宝岛美冠兰 Eulophia taiwanensis Hay.(兰科),*紫芋兰,台湾芋兰*
宝岛宿柱薹(台湾志)=宜昌薹草
宝岛碎米荠(植物志 33)=碎米荠
宝岛套叶兰 Hippeophyllum pumilum Fukuyama & Masam.(兰科),*小骑士兰*
宝岛铁线莲 Clematis formosana Ktz.(毛茛科)
宝岛瓦韦 Lepisorus megasorus (C.Chr.) Ching (水龙骨科),*鳞瓦韦,长柄瓦韦*
宝岛盂兰 Lecanorchis cerina Fukuyama(兰科),*紫皿柱兰,黄皿柱兰*
宝鼎香(纲目)=姜黄
宝铎草 Disporum sessile D.Don(百合科),*白薇,白尾笋,百尾笋,淡竹花,石竹根,竹林消,竹林霄*
宝幡花(湖南药物志)=紫薇
宝芳(海南)=竹柏
宝盖草 Lamium amplexicaule L.(唇形科),*灯笼草,接骨草,连钱草,莲台夏枯草,毛叶夏枯,小铜钱七,益母草,赞木噶,珍珠莲*
宝古尔-沙里尔日(蒙名)=白山蒿
宝华鹅耳枥 Carpinus oblongifolia (Hu) Hu & W.C.Cheng(桦木科)
宝华山薹草 Carex baohuashanica Tang & Wang ex L.K.Dai(莎草科)
宝华玉兰 Magnolia zenii Cheng(木兰科)
宝剑草(泉州本草)=葫芦茶
宝剑草(云南药用名录)=膜叶星蕨
宝剑草(中药大辞典)=柔毛堇菜
宝剑叶(河南)=七叶鬼灯檠
宝巾(广州)=光叶子花
宝巾属(广州志,海南志)=**叶子花属**
宝金刚(云南中草药)=掌叶梁王茶
宝丽兰 Bollea coelestis (Rochb.f.) Rchb.f.(兰科)
宝丽兰属 Bollea Rchb.f.(兰科)

宝绿叶毡毛秋海棠(新拉汉英)=绿壮丽秋海棠
宝轮玉 Euphorbia polgona Haw.(大戟科)
宝皮鞍(浙江)=结香
宝日-西巴嘎(蒙语)=内蒙古蒿
宝山(群芳谱)=短序山梅花
宝石冠 Lopezia coronata Andr.(柳叶菜科)
宝石冠属 Lopezia Cav.(柳叶菜科)
宝石兰 Cranichis muscosa Sw.(兰科)
宝石兰属 Cranichis Sw.(兰科)
宝树(图考)=柳杉
宝塔菜(安徽九华山)=蜗儿菜
宝塔菜(蔬菜栽培学)=甘露子
宝塔草(广西)=蛇足石杉
宝塔草(浙江)=元宝草
宝特-哈日嘎纳(内蒙)=中间锦鸡儿
宝通兰 Broughtonia sanguinea (Sw.) R.Br.(兰科)
宝通兰属 Broughtonia R.Br.(兰科)
宝透草 Haworthia cymbiformis var. translucens Triebn. & v.Poeelln.(百合科)
宝兴矮柳 Salix microphyta Franch.(杨柳科)
宝兴百合 Lilium duchartrei Franch.(百合科),*澜江百合,野百合,察区大丝美多*
宝兴报春 Primula moupinensis Franch.(报春花科)
宝兴蕉寄生 Gleadovia mupinense Hu(列当科)
宝兴糙苏 Phlomis paohsingensis C.Y.Wu(唇形科)
宝兴茶藨子 Ribes moupinense Franch.(虎耳草科),*穆坪茶藨子,穆坪醋栗*
宝兴翠雀花 Delphinium smithianum Hand.-Mazz. (毛茛科)
宝兴吊灯花 Ceropegia paoshingensis Tsiang & P.T.Li(萝藦科)
宝兴杜鹃 Rhododendron moupinense Franch. (杜鹃花科)
宝兴耳蕨(蕨类名词及名称)=穆坪耳蕨
宝兴耳蕨 Polystichum baoxingense Ching & H. S.Kung(鳞毛蕨科)
宝兴冠唇花 Microtoena moupinensis (Franch.) Prain(唇形科),*穆坪冠唇花*
宝兴过路黄 Lysimachia baoxingensis (Chen & C.M.Hu) C.M.Hu(报春花科)
宝兴黄芪 Astragalus davidii Franch.(豆科)
宝兴景天(植物志 34-1)=黄花石莲
宝兴梾木 Swida scabrida (Franch.) Holub.(山茱萸科)
宝兴老鹳草 Geranium moupinense Franch.(牻牛儿苗科)
宝兴棱子芹 Pleurospermum davidii Franch.(伞形科),*绵参*
宝兴冷蕨 Cystopteris moupinensis Franch.(蹄盖蕨科),*滇冷蕨,宽叶冷蕨,木坪冷蕨,青海冷蕨,中华冷蕨*
宝兴列当 Orobanche mupinensis Hu(列当科)
宝兴柳 Salix moupinensis Franch.(杨柳科),*穆坪柳*
宝兴龙胆 Gentiana baoxingensis T.N.Ho(龙胆科)
宝兴马兜铃 Aristolochia moupinensis Franch. (马兜铃科),*大半药,大内消,老蛇藤,木香,南木香,青木香,藤藤黄,准通,淮木通,青木香,木香马兜铃*
宝兴毛茛 Ranunculus stenorhynchus Franch.(毛茛科)
宝兴梅花草 Parnassia labiata Jien(虎耳草科)
宝兴木姜子 Litsea moupinensis Lec.(樟科),*吃木姜,木姜子,老哇皮*
宝兴鼠尾草 Salvia paohsingensis C.Y.Wu(唇形科)
宝兴薹草 Carex moupinensis Franch.(莎草科)
宝兴藤 Biondia pilosa Tsiang & P.T.Li(萝藦科)
宝兴蹄盖蕨 Athyrium baoxingense Ching(蹄盖蕨科)
宝兴铁角蕨 Asplenium moupinense Franch.(铁角蕨科)
宝兴葶苈(植物志 33)=山菜葶苈
宝兴卫矛(高等图鉴)=隐刺卫矛
宝兴悬钩子 Rubus ourosepalus Card.(蔷薇科)
宝兴栒子 Cotoneaster moupinensis Franch.(蔷薇科),*木坪栒子*
宝兴野青茅 Deyeuxia moupinensis (Franch.) Pilger (禾本科)
宝兴淫羊藿 Epimedium davidii Franch. (小檗科),*三咳草,淫羊藿,兴阳草,川滇淫羊藿*
宝兴越桔 Vaccinium moupinense Franch.(杜鹃花科)
宝兴掌叶报春 Primula heucherifolia Franch.(报春花科)
宝珠草 Disporum viridescens (Maxim.) Nakai (百合科)
饱饭花(高等图鉴)=珍珠花
饱饭花(四川中草药)=西南越桔
饱竹子 Bashania qingchengshanensis Keng f. & Yi (禾本科)
保当归(通称)=欧当归
保康报春 Primula neurocalyx Franch.(报春花科)
保龙师(云南傣语)=宽药青藤
保罗报春(拉汉名称)=总序报春
保罗秋海棠 Begonia paulensis A.DC.(秋海棠科)
保麦(名医别录)=大麦
保曼秋海棠 Begonia baumannii Lemoine (秋海棠科)
保山翠雀花 Delphinium delavayi var. baoshanense (W.T.Wang) W.T.Wang(毛茛科)
保山附片(云南西南)=保山乌头
保山乌头 Aconitum nagarum Stapf(毛茛科),*草乌,保山附片,小黑牛,水乌头,山乌头,光果小白撑,无距保山乌头,无距小白撑*
保山银背藤 Argyreia baoshanensis S.H.Huang (旋花科)
保氏牡丹(植物志 29)=狭叶牡丹
保亭叉柱花 Staurogyne paotingensis C.Y.Wu & H.S.Lo(爵床科)
保亭冬青 Ilex liangii S.Y.Hu(冬青科)
保亭耳草 Hedyotis baotingensis Ko(茜草科)
保亭哥纳香 Goniothalamus gabriacianus (Baill.) Ast. (番荔枝科)
保亭花 Wenchengia alternifolia C.Y.Wu & S. Chow (唇形科),*连丝果*
保亭花属 Wenchengia C.Y.Wu & S.Chow(唇形科)
保亭黄肉楠 Actinodaphne paotingensis Yang. & P.H.Huang(樟科)
保亭黄瑞木(高等图鉴补编)=保亭杨桐
保亭金线兰 Anoectochilus roxburghii var. baotingensis K.Y.Lang(兰科)
保亭琼楠 Beilschmiedia baotingensis S.Lee & Y. T.Wei (樟科)
保亭秋海棠(海南志)=歪叶秋海棠
保亭榕(海南志)=平塘榕
保亭鳝藤 Anodendron howii Tsiang(夹竹桃科)
保亭柿 Diospyros potingensis Merr. & Chun(柿科)
保亭树参 Dendropanax oligodontus Merr. & Chun (五加科)
保亭梭罗 Reevesia botingensis Hsue(梧桐科)
保亭卫矛 Euonymus potingensis Chun & How ex J.S.Ma(卫矛科)
保亭新木姜子 Neolitsea howii Allen(樟科),*宽昭新木姜*
保亭羊耳蒜 Liparis bautingensis T.Tang & F.T. Wang (兰科)
保亭杨桐 Adinandra howii Merr. & Chun(山茶科),*保亭黄瑞木,琼中杨桐*
保亭紫金牛 Ardisia baotingensis C.M.Hu (紫金牛科)
葆鼻(本草拾遗)=莲
报春百合 Lilium primulinum Baker(百合科)
报春贝母兰 Coelogyne primulina Barretto(兰科)
报春长蒴苣苔 Didymocarpus sinoprimulinus W. T.Wang (苦苣苔科)
报春地胆(云南志)=报春蜂斗草
报春蜂斗草 Sonerila primuloides C.Y.Wu ex C. Chen (野牡丹科),*报春地胆*
报春红景天 Rhodiola primuloides (Franch.) S.H. Fu (景天科),*侧花红景天,报春景天,侧花景天*
报春花(西藏中草药)=偏花报春
报春花(西藏中草药)=钟花报春
报春花 Primula malacoides Franch.(报春花科)
报春花科 Primulaceae
报春花龙胆 Gentiana primuliflora Franch.(龙胆科)
报春花属 Primula L.(报春花科)
报春景天(拉汉名称)=报春红景天
报春苣苔 Primulina tabacum Hance(苦苣苔科)
报春苣苔属 Primulina Hance (苦苣苔科)
报春绿绒蒿 Meconopsis primulina Prain(罂粟科)
报春茜 Leptomischus primuloides Drake(茜草科)
报春茜属 Leptomischus Drake (茜草科)
报春石斛 Dendrobium primulinum Lindl.(兰科)
报春唐菖蒲 Gladiolus primulinus Baker (鸢尾科),*鹅黄唐菖蒲*
报岁兰(植物志 18)=墨兰
抱草 Melica virgata Turcz. ex Trin.(禾本科)
抱持十大功劳 Mahonia amplectens Eastw.(小檗科)
抱冬籽(中草药汇编)=云南斑籽
抱瓜(福州中草药)=茅瓜
抱鸡竹 Yushania punctulata Yi (禾本科)
抱茎菝葜 Smilax ocreata A.DC.(百合科)
抱茎白点兰 Thrixspermum amplexicaule (Bl.) Rchb.f. (兰科)
抱茎白花龙(Flora 15)=抱茎叶白花龙
抱茎柴胡 Bupleurum longicaule var. amplexicaule C.Y.Wu (伞形科)
抱茎柴胡 Bupleurum petiolulatum var. amplexicaule C.Y.Wu(伞形科)
抱茎独行菜 Lepidium perfoliatum L.(十字花科),*穿叶独行菜*
抱茎短蕊茶 Camellia amplexifolia Merr. & Chun (山茶科)
抱茎风毛菊 Saussurea chingiana Hand.-Mazz. (菊科),*冷风菊*
抱茎凤仙花 Impatiens amplexicaulis Edgew.(凤

仙花科)

抱茎狗舌草(高原志)=黔狗舌草

抱茎虎耳草 Saxifraga diversifolia f. amplexifolia Irmsch.(虎耳草科)

抱茎苦荬菜(东北检索表)=尖裂黄瓜菜

抱茎苦荬菜(植物志 80-1)=抱茎小苦荬

抱茎蓼 Polygonum amplexicaule D.Don(蓼科), *倒生莲,红孩儿,红血儿,鸡心七,鸡血七,荞麦七,蜈蚣七,中华抱茎蓼*

抱茎龙船花 Ixora amplexicaulis C.Y.Wu ex Ko (茜草科)

抱茎鹿药 Maianthemum forrestii (W.W.Sm.) La Frank. (百合科)

抱茎膜稃草 Hymenachne amplexicaulis (Rudge) Nees (禾本科), *灯心草*

抱茎南芥 Arabis amplexicaulis Edgew.(十字花科)

抱茎箐姑草 Stellaria vestita var. amplexicaulis (Hand.-Mazz.) C.Y.Wu(石竹科)

抱茎山萝过路黄 Lysimachia melampyroides var. amplexicaulis Chen & C.M.Hu(报春花科)

抱茎石龙尾 Limnophila connata (Buch.-Ham. ex D.Don) Hand.-Mazz.(玄参科)

抱茎葶苈 Draba amplexicaulis Franch.(十字花科)

抱茎细莴苣 Stenoseris auriculiformis Shih(菊科)

抱茎小苦荬 Ixeridium sonchifolium (Maxim.) Shih(菊科), *巴刀拉,抱茎苦荬菜,苦碟子,苦荬菜,满天星,盘尔草,秋苦荬菜,鸭子食*

抱茎眼子菜(云南植物名录)=篦齿眼子菜

抱茎眼子菜(植物志 8)=穿叶眼子菜

抱茎叶白花龙 Styrax faberi var. amplexifolia Chun & How ex S.M.Hwang(安息香科), *抱茎白花龙*

抱茎叶卷耳 Cerastium perfoliatum L.(石竹科)

抱茎叶无柱兰 Amitostigma amplexifolium T. Tang & F.T.Wang(兰科)

抱茎鸢尾 Iris subbiflora Brot.(鸢尾科)

抱茎獐牙菜 Swertia franchetiana H.Sm.(龙胆科)

抱君子(植物志 52-2)=蔓胡颓子

抱龙(傣名)=光叶巴豆

抱石莲(广空中草药手册)=抱树莲

抱石越桔 Vaccinium nummularia HK.f. & Thoms. ex C.B.Clarke(杜鹃花科)

抱树(山西)=大果榉

抱树莲(蕨类图说)=鱼鳖金星

抱树莲 Drymoglossum piloselloides (L.) C.Presl (水龙骨科), *巧根藤,抱石莲,瓜子菜,星毛抱树莲*

抱树莲属 Drymoglossum C.Presl(水龙骨科)

抱树石韦(台湾志)=贴生石韦

抱头白(河南)=抱头毛白杨

抱头毛白杨 Populus tomentosa var. fastigiata Y.H.Wang (杨柳科), *抱头白*

抱子甘蓝 Brassica oleracea var. gemmifera Zenker (十字花科)

豹斑白点兰 Thrixspermum pardale (Ridl.) Schltr. (兰科)

豹斑百合 Lilium pardalinum Kellogg (百合科)

豹斑齿瓣兰 Odontoglossum pardinum Lindl.(兰科)

豹斑兰 Ansellia africana Lindl.(兰科), *塞丽亚兰*

豹斑兰属 Ansellia Lindl.(兰科), *安塞丽亚兰属*

豹斑石豆兰 Bulbophyllum colomaculosum Z.H. Tsi & S.C.Chen(兰科)

豹耳秋海棠 Begonia bowerae Ziesenh.(秋海棠科)

豹狗舌(广东)=虎舌红

豹皮花 Stapelia pulchella Mass.(萝藦科)

豹皮花属 Stapelia L.(萝藦科), *五星国徽属*

豹皮榆(山东)=榔榆

豹皮樟 Litsea coreana var. sinensis (Allen) Yang & P.H.Huang(樟科), *白柴,过山香,花壳柴,山肉桂,肃皮枫,香叶子,扬子黄肉楠*

豹漆(本经)=五加

豹头 Neoporteria napina (Phil.) Backeb.(仙人掌科)

豹纹光萼荷 Aechmea weilbachii Dir.(凤梨科)

豹纹虎耳草 Saxifraga pardanthina Hand.-Mazz. (虎耳草科)

豹纹兰(台湾志)=豹纹掌唇兰

豹纹丽穗凤梨 Vriesea guttata Linden & Andre. (凤梨科)

豹纹掌唇兰 Staurochilus luchuensis (Rolfe) Fukuyama (兰科), *豹纹兰*

豹牙兰(云南)=野牡丹

豹牙郎(广西药用名录)=毛菍

豹药藤 Cynanchum decipiens Scjmeod(萝藦科), *西川鹅绒藤,西川白前*

豹子花(贵州民间药物)=大丁草

豹子花 Nomocharis pardanthina Franch. (百合科), *宽瓣豹子花*

豹子花属 Nomocharis Franch.(百合科)

豹子眼睛果(云南)=硃砂根

豹子眼睛花(昆明)=黄蜀葵

鲍德温氏斑鸠菊 Vernonia baldwini Toor.(菊科)

鲍氏棒花棕 Rhopalostylis baueri Wendland & Drude (棕榈科)

鲍斯花叶万年青(新拉汉英)=星点黛粉叶

暴臭蛇(广西)=土丁桂

暴马丁香 Syringa reticulata subsp. amurensis (Rupr.) P.S.Green & M.C.Chang(木犀科), *白丁香,棒棒木,暴马子,荷花丁香*

暴马子(东北)=暴马丁香

暴牙郎(贵州民间药物)=尖子木

暴牙郎(云南,广西)=展毛野牡丹

爆卜草(陆川流不息本草)=灯笼草

爆肚拿(江西)=三叶木通

爆格蚤(分类草药性)=女贞

爆仗花 Russelia equisetiformis Schlecht. & Cham. (玄参科), *爆仗竹*

爆仗竹(新拉汉英)=爆仗花

爆仗竹属 Russelia Jacq.(玄参科)

爆杖花 Rhododendron spinuliferum Franch.(杜鹃花科), *密通花*

爆竹花(内蒙古)=苦马豆

爆竹柳 Salix fragilis L.(杨柳科)

爆竹叶(贵州方药集)=女贞

爆竹紫(安徽)=紫珠

范瓣节节菜(植物志 52-2)=薄瓣节节菜

Bei

卑钵罗树(大唐西域记)=菩提树

卑共(名医别录)=茵芋

卑利牛斯紫菀 Aster pyrenaeus Desf. ex DC.(菊科)

卑南雀麦 Bromus piananensis (Ohwi) L.Liu(禾本科)

卑山共(吴普本草)=茵芋

卑相(名医别录)=草麻黄

卑盐(名医别录)=草麻黄

杯柄铁线莲 Clematis connata var. trullifera (Franch.) W.T.Wang(毛茛科)

杯翅蓝刺鹤虱(Flora 16)=杯刺鹤虱

杯刺鹤虱 Lappula consanguinea var. cupuliformis C.J.Wang(紫草科), *杯翅蓝刺鹤虱*

杯萼葱臭木(云南志)=杯萼樫木

杯萼杜鹃(新拉汉英)=雪毛杜鹃花

杯萼杜鹃 Rhododendron pocophorum Balf.f. & Tagg (杜鹃花科)

杯萼海桑 Sonneratia alba J.Smith(海桑科), *剪刀树,枷果*

杯萼黄芪 Astragalus cupulicalycinus S.B.Ho & Y.C.Ho (豆科)

杯萼樫木 Dysoxylum cupuliforme H.L.Li(楝科), *杯萼葱臭木*

杯萼两色杜鹃 Rhododendron dichroanthum subsp. scyphocalyx (Balf.f. & Forr.) Cowan(杜鹃花科)

杯萼毛蕊茶 Camellia cratera Chang(山茶科)

杯萼忍冬 Lonicera inconspicua Batal(忍冬科)

杯盖蕨 Scyphularia pentaphylla (Bl. Fee (骨碎补科)

杯盖蕨属 Scyphularia Fee (骨碎补科)

杯盖阴石蕨 Humata griffithiana (HK.) C.Chr. (骨碎补科), *杯状盖阴石蕨,杯状盖骨碎补*

杯梗树萝卜 Agapetes pseudogriffithi Airy-Shaw (杜鹃花科)

杯冠木 Cyathostemma yunnanense Hu(番荔枝科)

杯冠木属 Cyathostemma Griff.(番荔枝科)

杯冠秦岭藤 Biondia laxa M.G.Gilb. & P.T.Li(萝藦科)

杯果(海南)=犁耙柯

杯花韭 Allium cyathophorum Bur. & Franch.(百合科)

杯花菟丝子 Cuscuta approximata Bab.(旋花科)

杯花蜘蛛抱蛋 Aspidistra cyathiflora Y.Wan & C.C.Huang (百合科)

杯茎蛇菰 Balanophora subcupularis Tam(蛇菰科)

杯菊 Cyathocline purpurea (Buch.-Ham. ex D. Don) O.Ktze.(菊科), *红蒿枝,小红蒿*

杯菊属 Cyathocline Cass.(菊科)

杯鳞薹草(安徽志)=合鳞薹草

杯鳞薹草 Carex poculisquama Kükenth.(莎草科)

杯椆(海南)=犁耙柯

杯鞘石斛 Dendrobium gratiossimum Rchb.f.(兰科)

杯蕊属(科属检索表)=**杯药草属**

杯唾歉(纳西族语)=绵头雪兔子

杯苋 Cyathula prostrata (L.) Bl.(苋科), *蛇见怕,镜面草,蛇惊慌,牛奶藤*

杯苋属 Cyathula Bl.(苋科), *葸草属,川牛膝属*

杯腺柳 Salix cupularis Rehd.(杨柳科), *高山柳*

杯药草 Cotylanthera paucisquama C.B.Clarke (龙胆科)

杯药草属 Cotylanthera Bl.(龙胆科), *杯蕊属*

杯叶沙漠美洲茶 Ceanothus greggii var. perplexans (Trel.) Jeps.(鼠李科)

杯叶西番莲 Passiflora cupiformis Passif(西番莲科), *半边风,半截叶,叉痔草,对叉疔药,飞蛾草,蝴蝶暗消,金剪刀,马蹄暗消,四方台,燕尾草,羊蹄暗消,羊蹄草*

杯状宝草(新)Haworthia cuspidata Haw.(百合科)

杯状盖骨碎补(台湾志)=杯盖阴石蕨

杯状灌丛马先蒿 Pedicularis thamnophila subsp.

cupuliformis (Li) Tsoong(玄参科) *灌丛马先蒿杯状亚种*
杯状栲(植物志 22)=枹丝锥
杯状鳞盖蕨(分类学报)=深杯鳞盖蕨
杯子草(湖南)=金锦香
北艾(分类学报)=藏北艾
北艾 Artemisia vulgaris L.(菊科),*白蒿,细叶艾,野艾*
北白头翁(中药志)=发黄白头翁
北败酱(中国药典)=苣荬菜
北碚猴欢喜(高等图鉴)=薄果猴欢喜
北捕虫堇 Pinguicula villosa L.(苦苣苔科)
北部湾榉 Zelkova tonkensis Gagn.(榆科),*小叶榉*
北部湾卫矛 Euonymus tonkinensis Loes.(卫矛科)
北侧金盏花 Adonis sibirica Patr. ex Ledeb.(毛茛科),*福寿草*
北插天山粉蝶兰(台兰科图鉴)=北插天山舌唇兰
北插天山舌唇兰 Platanthera peichiatieniana S.S. Ying (兰科),*北插天山粉蝶兰*
北插天天麻 Gastrodia peichatieniana S.S.Ying (兰科),*插天赤箭*
北柴胡(中药志,植物志 55-1)=柴胡
北车前 Plantago media L.(车前科),*中车前*
北齿缘草 Eritrichium borealisinense Kitag.(紫草科)
北臭草 Melica pappiana Hempel(禾本科)
北川野丁香 Leptodermis bechuanensis Lo(茜草科)
北刺蕊草 Pogostemon septentrionalis C.Y.Wu & Y.C.Huang (唇形科),*野薷香*
北葱 Allium schoenoprasum L.(百合科),*细香葱,薤白,类北韭*
北大黄(中药志)=掌叶大黄
北点地梅 Androsace septentrionalis L.(报春花科),*雪山点地梅*
北豆根(中药志)=蝙蝠葛
北独行菜(东北检索表)=宽叶独行菜
北鹅观草 Roegneria borealia (Turcz.) Nevski (禾本科)
北范库弗草 Vancouveria hexandra (Hk.) Morr. & Dec.(小檗科)
北方茶藨(树木志)=尖叶茶藨子
北方独行菜(内蒙志)=心叶独行菜
北方飞蓬 Erigeron borealis (Vierh.) Simmons (菊科)
北方枸杞 Lycium chinense var. potaninii (Pojark.) A.M.Lu(茄科)
北方红门兰(新拉汉英)=北红门兰(新)
北方红门兰 Orchis roborovskii Maxim(兰科)
北方还阳参 Crepis corccea (Lam.) Babcock(菊科),*驴打滚儿草,还阳参,包给-乌布斯*
北方荚蒾 Viburnum hupehense subsp. septentrionale Hsu?(忍冬科)
北方尖栎(植物志 22)=麻栎
北方碱茅 Puccinellia borealis Swall.(禾本科)
北方堇菜 Viola septentrionalis Greene (堇菜科)
北方拉拉藤 Galium boreale L.(茜草科),*砧草,桑子嘎保,丝拉尕保*
北方冷蕨(新疆志)=皱孢冷蕨
北方柳叶菜 Epilobium boreale Haussk.(柳叶菜科)
北方龙胆 Gentiana septentrionalis Druce.(龙胆科)
北方麻栎(植物志 22)=麻栎
北方鸟巢兰 Neottia camtschatea (L.) Rchb.f.(兰科),*堪察加鸟巢兰*
北方沙参 Adenophora borealis Hong & Zhao Ye-zhi (桔梗科)
北方十大功劳 Mahonia borealis Takeda?(小檗科)
北方石龙恬 Limnophila borealis Y.Z.Zhao & Ma f. (玄参科)
北方糖槭 Acer saccharum var. sinuosum (Rehd.) Rouss.(槭树科)
北方庭荠 Alyssum lenense Adams(十字花科),*线叶庭荠*
北方葶苈 Draba borealis DC.(十字花科)
北方雪层杜鹃 Rhododendron nivale subsp. boreale Philip. & M.N.Philip.(杜鹃花科)
北方野青茅 Deyeuxia arundinacea var. borealis (Rendle) P.C.Kuo & S.L.Lu(禾本科)
北方獐牙菜 Swertia diluta (Turcz.) Benth. & HK.f. (龙胆科),*淡味当药,当药,苦草,水黄莲,水录芝,乌金散,小方杆,兴安獐牙菜,獐牙菜,中国当药*
北防风(东北)=防风
北非雪松 Cedrus atlantica Manetti (松科)
北风草(云南)=白绒草
北风藤(四川南川)=白英
北风头上一枝香(江西景德镇)=石荠苎
北附地菜 Trigonotis radicans subsp. sericea (Maxim.) Riedl. (紫草科),*朝鲜附地菜*
北高山大戟 Euphorbia alpina Meyer ex Ledeb. (大戟科),*高山大戟*
北莨菪(中药辞海)=小天仙子
北瓜(植物志 73-1)=南瓜
北瓜(植物志 73-1)=笋瓜
北海道垂丝卫矛 Euonymus oxyphyllus var. yezoensis (Koidz.) Blakel.(卫矛科)
北鹤虱(中药志)=天名精
北红门兰(新)Orchis rotundifolia Baks ex Pursh (兰科),*北方红门兰*
北黄花菜(药材名)=黄花菜
北黄花菜 Hemerocallis lilio-asphodelus L.(百合科)
北火烧兰 Epipactis xanthophaea Schltr.(兰科)
北极果 Arctous alpinus (L.) Niedenzu(杜鹃花科)
北极果属 Arctous Niedenzu (杜鹃花科),*天栌属,当年枯属*
北极花 Linnaea borealis L.(忍冬科),*林奈花,林奈木,北极林奈草*
北极花属 Linnaea Gronov. ex L.(忍冬科),*林奈木属*
北极剪秋罗 Lychnis alpina L.(石竹科)
北极林奈草(东北木本志)=北极花
北极柳 Salix arctica Pall.(杨柳科)
北极驴蹄草 Caltha arctica R.Br.(毛茛科)
北极米努草 Minuartia arctica (Steven ex Seringe) Graeb.(石竹科)
北寄生(中药志)=槲寄生
北加州熊果(新拉汉英)=帕立熊果
北江杜鹃(广西)=南岭杜鹃
北江荛花 Wikstroemia monnula Hance(瑞香科),*地棉根,黄皮子,山谷麻,山谷皮,山花皮,山棉皮,土坝天*
北江十大功劳(中药辞海)=沈氏十大功劳
北江十大功劳 Mahonia fordii Schneid. (小檗科)
北江铁线蕨 Adiantum chienii Ching(铁线蕨科)
北疆茶藨子 Ribes meyeri var. pubescens L.T.Lu (虎耳草科)
北疆大戟 Euphorbia franchetii B.Fedtsch.(大戟科)
北疆粉苞菊 Chondrilla lejosperma Kar. & Kir. (菊科)
北疆风铃草(植物志 73-2)=聚花风铃草
北疆剪股颖 Agrostis turkestanica Drob.(禾本科)
北疆锦鸡儿 Caragana camilli-schneideri Kom. (豆科),*库车锦鸡儿*
北疆韭 Allium hymenorrhizum Ledeb.(百合科)
北疆婆罗门参 Tragopogon pseudomajor S.Nikit. (菊科)
北疆秦艽 Gentiana olgae Rgl. & Schmalh.(龙胆科)
北疆山萮菜 Eutrema pseudocardifolium M. Popov (十字花科)
北疆薹草 Carex arcatica Meinsh.(莎草科)
北疆缬草 Valeriana turczaninovii Grub.(败酱科)
北疆鸦葱 Scorzonera iliensis Krasch.(菊科)
北京柴胡 Bupleurum chinense f. pekinense (Franch.) Shan & Y.Li(伞形科)
北京丁香 Syringa reticulata subsp. pekinensis (Rupr.) P.S.Green(木犀科),*奥多罗*
北京粉背蕨 Aleuritopteris niphobola var. pekingensis Ching & Hsu(中国蕨科)
北京槲栎 Quercus aliena var. pekingensis Schott.(壳斗科),*高壳槲栎,热河槲栎*
北京花楸 Sorbus discolor (Maxim.) Maxim.(蔷薇科),*白果臭山槐,黄果臭山槐,白果花楸,北平花楸树,红叶花楸*
北京堇菜 Viola pekinensis (Regel) W.Beck.(堇菜科),*拟弱距堇菜*
北京锦鸡儿 Caragana pekinensis Kom.(豆科),*灰叶黄刺条*
北京景天(植物志 34-1)=全缘华北八宝
北京前胡 Peucedanum caespitosum Wolff(伞形科)
北京忍冬 Lonicera elisae Franch.(忍冬科),*破皮袄,四月红,狗骨头,毛母娘*
北京水毛茛 Batrachium pekinense L.Liou(毛茛科)
北京铁角蕨 Asplenium pekinense Hance (铁角蕨科),*地柏叶,铁杆地柏枝,小凤尾草,地柏枝*
北京小檗 Berberis beijingensis Ying(小檗科)
北京栒子(新)Cotoneaster pekiensis Zabel?(蔷薇科)
北京延胡索 Corydalis gamosepala Maxim.(罂粟科)
北京杨 Populus ×beijingensis W.Y.Hsu(杨柳科)
北京隐子草 Cleistogenes hancei Keng(禾本科)
北京元胡(植物志 32)=小药八旦子
北景天(东北检索表)=堪察加费菜
北韭 Allium lineare L.(百合科)
北桔梗(新)Platycodon expansus (Rud.) Fed.? (桔梗科)
北岭黄堇 Corydalis fargesii Franch.(罂粟科),*倒卵果紫堇,南黄紫堇*
北陵鸢尾 Iris typhifolia Kitagawa(鸢尾科),*香蒲叶鸢尾*
北刘寄予奴(浙江草药)=阴行草
北流圆唇苣苔 Gyrocheilos chorisepalum var. synsepalum W.T.Wang(苦苣苔科)
北路蛇头党(中草药汇编)=灰毛党参
北马兜铃 Aristolochia contorta Bge.(马兜铃科),*茶叶包,臭瓜篓,臭罐罐,臭铃铛,臭铃当,吊挂*

篮子,兜铃,河沟精,葫芦罐,马兜零,马斗铃,青木香蛇参果,天仙藤,铁扁担,万丈龙
北毛茛 Ranunculus borealis Trautv.(毛茛科)
北美矮蒿 Artemisia arbuscula Nutt.(菊科)
北美白云杉 Picea glauca (Moench.) Voss.(松科),白云杉
北美车前 Plantago virginica L.(车前科),毛车前
北美翠柏 Calocedrus decurrens (Torr.) Florin (柏科)
北美大齿槭 Acer grandidentatum Nutt.(槭树科)
北美独行菜 Lepidium virginicum L.(十字花科),独行菜
北美短叶松 Pinus banksiana Lamb.(松科),短叶松
北美鹅掌楸 Liriodendron tulipifera L.(木兰科)
北美飞蓬 Erigeron strigosus Muhl.(菊科),粗糙飞蓬
北美粉条儿菜(新拉汉英)=星草
北美伏地杜(新拉汉英)=北美伏地杜鹃
北美伏地杜鹃 Chiogenes serpyllifolia (Pursh) Salisb.(杜鹃花科),北美伏地杜,百里香叶伏地杜
北美红杉 Sequoia sempervirens (Lamb.) Endl. (杉科),长叶世界爷,红杉
北美红杉属 Sequoia Endl.(杉科)
北美堇菜 Viola canadensis L.(堇菜科)
北美巨杉(分类学报)=巨杉
北美冷杉(新拉汉英)=巨冷杉
北美落叶松(新拉汉英)=美洲落叶松
北美米面蓊 Buckleya distrochophylla (Nutt.) Torr. (蛇菰科)
北美母草 Lindernia dubia (L.) Pennell(玄参科)
北美乔柏 Thuja plicata D.Don (柏科)
北美乔松 Pinus strobus L.(松科),美国五针松,美国白松
北美三脉金丝桃 Triadenum virginianum Raf. (藤黄科)
北美舌唇兰 Platanthera borealis (Cham.) Rchb.f. (兰科)
北美鼠刺 Itea virginica L.(虎耳草科)
北美檀梨 Pyrularia pubera Michx.(檀香科)
北美铁苋菜 Acalypha virginica L.(大戟科)
北美透骨草 Phryma leptostachya L.(透骨草科),透骨草
北美西部圆柏 Juniperus occidentalis HK.(柏科)
北美西南大齿槭 Acer grandidentatum var. brachypterum (Woot. & Standl.) E.J.Palmer (槭树科)
北美苋 Amaranthus blitoides Watson(苋科)
北美香柏 Thuja occidentalis L.(柏科),香柏,美国侧柏,黄心柏木
北美香根芹 Osmorhiza claytoni (Machx.) Clarke (伞形科)
北美鸭儿芹 Cryptotaenia canadensis L.(伞形科)
北美银钟花 Halesia carolina L.(安息香科)
北美圆柏 Juniperus virginiana L.(柏科),铅笔柏
北美云杉 Picea sitchensis (Bong.) Carr.(松科),西特卡云杉
北茉栾藤(云南区系报告)=北鱼黄草
北培槭 Acer pehpeiense Fang & Su(槭树科)
北培榕 Ficus beipeiensis S.S.Chang (桑科)
北平花楸树(树木分类学)=北京花楸
北荠(科属辞典)=锥果芥
北荠属(科属辞典)=**锥果芥属**
北千里光 Senecio dubitabilis C.Jeffr. & Y.L. Chen (菊科)
北秦岭玄参(植物志 67-2)=秦岭玄参
北清香藤(高等图鉴)=清香藤
北桑寄生 Loranthus tanakae Franch & Sav.(桑寄生科),宜枝,枝子,杏寄生
北沙参(药材名)=珊瑚菜
北沙柳 Salix psammophila C.Wang & Ch.Y. Yang (杨柳科)
北莎草 Cyperus fuscus f. virescens (Hoffm.) Vahl (莎草科)
北山莴苣(东北检索表)=山莴苣
北山楂(江苏)=山里红
北石竹(东北药志)=兴安石竹
北水苦荬 Veronica anagallis-aquatica L.(玄参科),大仙桃草,水菠菜,水苦荬,水莴苣,水仙桃草,水泽兰,蚊子草,仙桃草,谢婆菜,鸭儿草
北水毛花 Scirpus mucronatus L.(莎草科)
北丝石竹(东北植物手册)=草原石头花
北酸脚杆 Medinilla septentrionalis (W.W.Sm.) H.L.Li (野牡丹科)
北薹草 Carex obtusata Liljebl.(莎草科)
北天门冬 Asparagus przewalskyi N.A.Ivanova ex Grubov & T.V.Egorova(百合科)
北橐吾(东北检索表)=橐吾
北温带獐牙菜(Flora 16)=宿根獐牙菜
北乌头 Aconitum kusnezoffii Reichb.(毛茛科),草乌,鸡头草,蓝附子,蓝靰鞡花,勒革拉花,五毒根,小叶芦,小叶鸦儿芦,穴种,鸦头
北五加皮(北方通称)=杠柳
北五味子(天目药志)=二色五味子
北五味子(通称)=五味子
北细辛 Asarum heterotropoides var. mandshuricum (Maxim.) Kitag.(马兜铃科),白细辛,辽细辛,华细辛,少辛,细草,细辛,小辛,烟袋锅花
北香花芥 Hesperis sibirica L.(十字花科),雾灵香花芥
北兴安薹草 Carex borealihinganica Y.L.Chang (莎草科)
北萱草 Hemerocallis esculenta Koidz.(百合科)
北玄参 Scrophularia buergeriana Miq.(玄参科)
北玄参秦岭变种(植物志 67-2)=秦岭玄参
北悬钩子 Rubus arcticus L.(蔷薇科)
北亚稠李 Padus racemosa var. asiatica (Kom.) Yü & Ku(蔷薇科)
北亚列当(植物志 69)=列当
北亚列当 Orobanche coerulescens f. korshinskyi (Novopokr.) Ma(列当科)
北延叶珍珠菜 Lysimachia silvestrii (Pamp.) Hand.-Mazz. (报春花科)
北野豌豆 Vicia ramuliflora (Maxim.) Ohwi(豆科)
北异燕麦(东北检索表)=高异燕麦
北茵陈(本草纲目)=茵陈
北鱼黄草 Merremia sibirica (L.) Hall.f.(旋花科),北茉栾藤,西伯利亚鱼黄草,钻之灵,小瓠花
北越钩藤 Uncaria homomalla Miq.(茜草科),东京钩藤
北越苹婆 Sterculia tokinensis A.DC.(梧桐科)
北越秋海棠 Begonia balansana Gagn.(秋海棠科)
北越水杨梅 Adina pilulifera var. tonkinensis (Pitard) Merr. ex Li (茜草科),水团花
北越紫堇 Corydalis balansae Prain(罂粟科),台湾黄堇
北芸香 Haplophyllum dauricum (L.) G.Don(芸香科)
北栽秧花 Hypericum pseudohenryi N.Robson (藤黄科)
北枳椇 Hovenia dulcis Thunb.(鼠李科),枳椇,鸡爪梨,枳椇子,拐枣,甜半夜
北重楼 Paris verticillata M.-Bieb.(百合科)
北紫堇 Corydalis sibirica (L.f.) Pers.(罂粟科),西伯日-萨巴乐干纳
贝苞凤仙花 Impatiens conchibracteata Y.L. Chen & Y.Q.Lu(凤仙花科)
贝多丽穗凤梨 Vriesea petropolitana L.B.Sm.(凤梨科)
贝哈利槐 Sophora ambigua Tsoong (豆科)
贝加尔鼠麴草 Gnaphalium baicalense Kirp.(菊科)
贝加尔唐松草 Thalictrum baicalense Turcz.(毛茛科),马尾黄连,马尾连
贝加尔乌头 Aconitum baicalense Turcz.(毛茛科)
贝加尔栒子(新)Cotoneaster lucida Schlecht.? (蔷薇科)
贝加尔亚麻(东北检索表)=垂果亚麻
贝加毛橙 Citrus bergamia Rosso & Poit.(芸香科)
贝加野豌豆(新拉汉英)=老豆秧
贝壳草(云南药用名录)=球穗千斤拔
贝壳杉 Agathis dammara (Lamb.) Rich.(南洋杉科)
贝壳杉属 Agathis Salisb.(南洋杉科)
贝壳叶荸荠 Heleocharis chaetaria Roem. & Schult. (莎草科)
贝克曼侧柏 Platycladus orientalis cv. Berckmanii (柏科)
贝克斯特贝克斯 Banksia baxteri R.Br.(山龙眼科)
贝克斯银桦 Grevillea banksii R.Br.(山龙眼科)
贝克斯属 Banksia L.f.(山龙眼科)
贝克喜盐草 Halophila becarii Asch.(水鳖科)
贝克鸢尾 Iris bakeriana Foster (鸢尾科)
贝拉苏(蒙语)=长梗扁桃
贝蕾红瑞木 Cornus baileyi Coult. & Evans.(山茱萸科)
贝利氏金合欢 Acacia baileyana F.J.Muell.(豆科)
贝母(云南会泽)=独角莲
贝母兰(高等图鉴)=长鳞贝母兰
贝母兰(横断山植物)=狭瓣贝母兰
贝母兰 Coelogyne cristata Lindl.(兰科),毛唇贝母兰
贝母兰属 Coelogyne Lindl.(兰科)
贝母属 Fritillaria L.(百合科)
贝木(台湾志)=海茜树
贝氏隐棒花 Cryptocoryne beckettii Thwaites ex Trimen.(天南星科)
贝思乐苣苔属 Besleria L.(苦苣苔科)
贝叶越桔 Vaccinium conchophyllum Rehd.(杜鹃花科)
贝叶棕 Corypha umbraculifera L.(棕榈科),行李叶椰子
贝叶棕属 Corypha L.(棕榈科),顶榈属,行李椰子属
背崩楼梯草 Elatostema beibengense W.T.Wang (荨麻科)
背扁黄芪(植物研究,植物志 42-1)=扁茎黄芪
背翅当归(拉汉名称)=山芹
背带藤(新华本草纲要)=闽赣葡萄
背花草(广西)=狭叶落地梅
背花草(贵州)=茂汶过路黄
背花疮(广西贵县)=盾叶冷水花
背肋卫矛 Euonymus dorsicostatus Nakai (卫矛

科)
背囊复叶耳蕨 Arachniodes cavalerii (Christ) Ohwi (鳞毛蕨科),*大片复叶耳蕨,加氏汝蕨*
背绒杜鹃 Rhododendron hypoblematosum Tam(杜鹃花科)
背蛇生 Aristolochia tuberosa C.F. Liang ex S.M. Liang (马兜铃科),*毒蛇药,避蛇生,牛血莲,躲蛇生*
背网子(陕西)=高乌头
背药红景天 Rhodiola hobsonii (Prain ex Hamet) S.H.Fu (景天科),*贺氏红景天,西藏景天,高峰景天*
背阴草(江苏)=井栏边草
倍蕊田繁缕 Bergia serrata Blanco(沟繁缕科)
倍子柴(江西)=盐肤木
倍子树(贵州)=红麸杨
倍子树(贵州)=青麸杨
被粉变种(植物志 65-2)=被粉小锥花(新)
被粉小锥花(新)Gomphostemma parviflorum var. farinosum Prain(唇形科),*被粉变种*
被覆金合欢 Acacia vestita Ker-Gawl.(豆科)
被覆秋海棠 Begonia vestita C.DC.(秋海棠科)
被告惹(贵州土名)=平枝栒子
被菊 Chlamydites prainii Drumm.(菊科)
被菊属 Chlamydites Drumm.(菊科)
被毛刺蕊草 Pogostemon vestitus Benth.(唇形科)
被毛腺柄山矾(植物志 60-2)=腺柄山矾
被子美登木 Maytenus royleanus (Wall.) Cufod (卫矛科)

Ben

奔马草(本草纲目)=丹参
奔马草(湖南)=南丹参
奔马草(云南安宁)=云南鼠尾草
本巴木(黑龙江中草药)=毛接骨木
本地早 Citrus reticulata cv. Succosa(芸香科),*本地早橘,天台山蜜橘*
本地早橘(植物志 43-2)=本地早
本都山杜鹃花(新拉汉英)=长序杜鹃
本吉独尾 Eremurus stenophyllus var. bungei O. Fedtsch. (百合科)
本吉氏独尾草 Eremurus bungei Baker (百合科)
本蓬藤(海南)=钩枝藤
本瑟姆柏木 Cupressus lusitanica var. benthamii Carr.(柏科)
本山金线莲(泉州本草)=露水草
本氏木蓝(豆科图说)=河北木蓝
本氏青兰 Dracocephalum bungeanum Schischk. & Serg.(唇形科)
本田鹅观草(禾本科图说)=五龙山鹅观草
本田鸭嘴草(禾本科图说)=有芒鸭嘴草
本亭琪亚棕 Bentinckia nicobarica Becc.(棕榈科)
本亭琪亚棕属 Bentinckia Roxb.(棕榈科)
本叶藤(海南)=钩枝藤
本州景天 Sedum hakonense Makino(景天科)
苯格哈兰特(维吾尔语)=天仙子
畚箕斗(浙江)=绵萆薢

Beng

崩疮药(广西)=相拉木
崩大宛(广东)=积雪草
崩口碗(生草药性备要)=积雪草
崩松(东北)=杜松
迸榆(河北)=大果榆

Bi

逼迫子(广东五华)=土蜜树
逼赏松(海南)=陆均松
荸艾 Peplis alternifolia Marsch.(千屈菜科)
荸艾冷水花(广西植物名录)=齿叶矮冷水花
荸艾属 Peplis L.(千屈菜科)
荸荠 Heleocharis dulcis (Burm.f.) Trin. ex Henschel (莎草科),*地栗梗,凫茨,红慈菇,马薯,马蹄,铁荸脐,通天草,乌芋,野地栗苗,菲菇*
荸荠 Heleocharis tuberosa (Roxb.) Roem. & Schult. (莎草科)
荸荠莲(东北,云南)=唐菖蒲
荸荠属 Heleocharis R.Br.(莎草科)
鼻花 Rhinanthus glaber Lam.(玄参科)
鼻花属 Rhinanthus L.(玄参科)
鼻喙马先蒿 Pedicularis proboscidea Stev.(玄参科)
鼻朴子(闽东本草)=多花勾儿茶
鼻涕果(广西)=水东哥
鼻涕果(云南)=河口水东哥
鼻涕果(云南,广西)=南酸枣
鼻血草(峨眉)=蜜蜂花
鼻烟(纲目拾遗)=烟草
鼻烟盒树 Oncoba spinosa Forssk.(大风子科)
鼻烟盒树属 Oncoba Forssk.(大风子科)
鼻子果(云南,广西)=南酸枣
匕首形果哈克 Hakea pugioniformis Cav.(山龙眼科)
比巴小檗 Berberis jaeschkeana var. bimbilaica Schneid. (小檗科)
比伯史坦氏卷耳 Cerastium biebersteinii DC.(石竹科)
比伯史坦氏蚤缀 Arenaria biebersteinii Schlecht. (石竹科)
比得维尔香松 Libocedrus bidwillii HK.f.(柏科)
比佛瑞纳兰 Bifrenaria harrisoniae (HK.) Rchb.f. (兰科)
比佛瑞纳兰属 Bifrenaria Lindl.(兰科)
比海蝎尾蕉 Heliconia bihai L.(芭蕉科)
比加飞棕属 Pigafettia Becc.(棕榈科)
比拉出特-地格达(蒙名)=瘤毛獐牙菜
比拉蝶拉属 Billardiera Sm.(海桐花科)
比莱昂特鸢尾 Iris biliotti Forst.(鸢尾科)
比利牛斯百合 Lilium pyrenaicum Gouan (百合科)
比利牛斯贝母 Fritillaria pyrenaica Georgi (百合科)
比满(苗语)=水麻
比蒙藤属(科属辞典)=**清明花属**
比诺特秋海棠 Begonia binotii Hort.(秋海棠科)
比其马克鸢尾 Iris bismarckiana Damm.(鸢尾科)
比氏鼬蕊兰 Galeandra beyrichii Rchb.f.(兰科)
比斯马克秋海棠 Begonia bismarckii Veitch (秋海棠科)
比斯马棕 Bismarckia nobilis Hildeb. & Wendl. (棕榈科)
比斯马棕属 Bismarckia Hildeb. & H.Wendl. (棕榈科)
比斯小檗 Berberis beesiana Ahrendt (小檗科)
比通茶藨子 Ribes beatonii Hort.(虎耳草科)
比赞燕麦 Avena byzantina C.Koch (禾本科)
比子草(四川)=四川长柄山蚂蝗
彼得短肠蕨(分类学报)=假镰羽短肠蕨
彼得费拉属 Petrophila R.Br.(山龙眼科)
彼得早熟禾(新)Poa bedeliensis Lotw. (禾本科),*天山早熟禾*
彼尔兹补血草 Limonium perezii (Stapf) F.T. Hubb. (白花丹科)
彼氏双盖蕨(分类学报)=假镰羽短肠蕨
秕壳草(浙江)=假稻
秕壳草 Leersia sayanuka Ohwi(禾本科),*日本秕壳草*
俾路支小檗 Berberis baluchistanica Ahrendt (小檗科)
笔草 Pseudopogonatherum contortum (Brongn.) A.Camus (禾本科)
笔杆草(贵州方药集)=犬问荆
笔竿竹 Pseudosasa guanxianensis Yi (禾本科)
笔筒草(岭南科学期刊)=金发草
笔管菜(辽宁)=黄精
笔管草(植物志 80-1,中药辞海)=华北鸦葱
笔管草 Equisetum debile (Roxb.) Ching (木贼科),*笔筒草,笔头草,驳骨草,节节草,毛筒草,木贼,木贼草,土木贼,虾公脚,纤弱木贼*
笔管榕(高等图鉴)=绿黄葛树
笔管榕 Ficus superba var. japonica Miq.(桑科),*笔管树,雀榕*
笔管树(高等图鉴)=笔管榕
笔管树(广东)=黄葛树
笔花豆(科属词典修订版)=圭亚那笔花豆
笔花豆 Stylosanthes gracilis HBK (豆科)
笔花豆属 Stylosanthes Sw.(豆科)
笔架草(重庆中草药)=金鸡脚假瘤蕨
笔龙胆 Gentiana zollingeri Fawcett(龙胆科),*绍氏龙胆*
笔罗子 Meliosma rigida S. & Z.(清风藤科),*野枇杷,粗糠柴,花木香*
笔茅草(闽东本草)=金发草
笔树(江苏)=石楠
笔笋竹(广东)=篌竹
笔筒草(草木便方)=土木贼
笔筒草(贵州方药集)=犬问荆
笔筒草(陕西中药名录,广西中药志)=笔管草
笔筒草(西昌中草药)=散生问荆
笔筒树 Sphaeropteris lepifera (HK.) Tryon (桫椤科)
笔头菜(长白山药志)=问荆
笔头草(广西中药志)=笔管草
笔头草(河北)=木贼
笔头草(河北)=问荆
笔头花(浙江中药手册)=玫瑰
笔须藤(海南澄迈)=帘子藤
笔杨(中草药汇编)=钻天杨
笔直黄芪 Astragalus strictus R.Grah. ex Benth. (豆科),*劲直黄芪*
笔直石松 Lycopodium obscurum f. strictum (Milde) Nakai ex Hara (石松科),*地柏枝*
笔竹 Pseudosasa viridula S.L.Chen & G.Y. Sheng (禾本科)
笔仔草(福建草药)=金发草
笔子草(台湾名录,福建)=金丝草
毕拨子(生草药性备要)=假蒟
毕澄茄(纲目)=荜澄茄
毕澄茄(湖北)=毛叶木姜子
毕澄茄(江苏,浙江,四川,云南)=山鸡椒
毕当茄(新拉汉英)=红果仔
毕节小檗 Berberis guizhouensis Ying(小檗科)
毕节异叶苣苔 Whytockia bijieensis Y.Z.Wang & Z.Y.Li(苦苣苔科)
毕蒟(生草药性备要)=假蒟
毕茄(本草求真)=荜澄茄
毕氏百合 Lilium pyi H.Lévl.(百合科)
毕油果树(云南)=山鸡椒
闭苞买麻藤 Gnetum cleistostachyum C.Y. Cheng (买麻藤科)

闭果鹌虱(高等图鉴)=隐果鹤虱
闭花(海南志)=闭花木
闭花八粉兰(中山大辞典)=矮柱兰
闭花耳草 Hedyotis cryptantha Dunn(茜草科)
闭花木 Cleistanthus sumatranus (Miq.) Muell. Arg. (大戟科),*火炭木,尾叶木,闭花*
闭花木属 Cleistanthus HK.f. ex Planch.(大戟科),*闭花属*
闭花兔儿风 Ainsliaea cleistogama Chang(菊科)
闭花属(海南志)=**闭花木属**
闭花紫云菜 Strobilanthes larium Hand.-Mazz. (爵床科)
闭见消(本草纲目)=醉鱼草
闭壳柯 Lithocarpus cryptocarpus A.Camus(壳斗科)
闭门草(福建草药)=截叶铁扫帚
闭鞘姜 Costus speciosus (Koen.) Smith(姜科),*广商陆,水蕉花,老妈妈拐棍,樟柳头,水莲花*
闭鞘姜属 Costus L.(姜科)
庇古猪屎豆(豆科图说)=薄叶猪屎豆
荜拨(开宝本草,植物志 20-1)=荜茇
荜拨没(本草揄遗)=荜茇
荜勃(本草揄遗)=荜茇
荜澄茄 Piper cubeba L.(胡椒科),*毗陵茄子,澄茄,毕澄茄,毕茄*
荜茇 Piper longum L.(胡椒科),*荜拨,荜勃,荜拨没,鼠尾*
婢嫁(广西)=毛杜仲藤
敝子(东北)=苍耳
萆麻子(雷公炮炙论)=蓖麻
萆薢(福建)=福州薯蓣
萆薢(纲目)=马钱叶菝葜
萆薢(广西)=绵萆薢
萆薢(湖南)=粉背薯蓣
萆薢(江西)=纤细薯蓣
萆薢(云南)=无刺菝葜
蓖麻叶秋海棠 Begonia ricinifolia A.Dietr.(秋海棠科)
弼红南五味子(江西草药)=黑老虎
蓖齿蕨 Metapolypodium manmeiense (Christ) Ching (水龙骨科)
蓖齿蕨属 Metapolypodium Ching(水龙骨科)
蓖麻 Ricinus communis L.(大戟科),*萆麻子,大麻子,红大麻子,丹渣*
蓖麻属 Ricinus L.(大戟科)
蓖萁草(湖北)=叶下珠
蓖梳剑(泉州本草)=矩圆线蕨
辟萼(质问本草)=薜荔
辟汗草(图考)=草木犀
辟火蕉(俗称)=苏铁
辟蛇雷(四川巫山)=管花怪兜铃
弊草 Hymenachne assamicum (HK.f.) Hitchc. (禾本科)
碧赐生石花 Lithops vallismariae (Dinter & Schwant.) N.E.Br.(番杏科)
碧冬茄 Petunia hybrida Vilm.(茄科)
碧冬茄属 Petunia Juss.(茄科)
碧江杜鹃 Rhododendron bijiangense T.L.Ming (杜鹃花科)
碧江黄堇 Corydalis bijiangensis C.Y.Wu & H. Chuang (罂粟科)
碧江姜花 Hedychium bijiangense T.L.Wu & Senjen (姜科)
碧江亮毛杜鹃 Rhododendron microphyton var. trichanthum A.L.Chang ex R.C.Fang(杜鹃花科)
碧江楼梯草 Elatostema bijiangense W.T.Wang (荨麻科)
碧江蹄盖蕨(西北植物学报)=同形蹄盖蕨
碧江头蕊兰 Cephalanthera bijiangensis S.C. Chen (兰科)
碧江卫矛 Euonymus parasimilis C.Y.Cheng ex J. S.Ma (卫矛科)
碧江乌头 Aconitum tsaii W.T.Wang(毛茛科),*紫花碧江乌头*
碧江小芹 Sinocarum bijiangense S.L.Liou(伞形科)
碧口柳 Salix bikouensis Y.L.Chou(杨柳科)
碧铃(新拉汉英)=狭瓣银叶花
碧绿米仔兰 Aglaia perviridis Hiern(楝科)
碧罗灯心草 Juncus spumosus Noltie(灯心草科)
碧桃 Amygdalus persica f. duplex Rehd.(蔷薇科)
碧桃干(饮片新参)=山桃
碧桃干(饮片新参)=桃
碧玉草(纲目)=灯心草
碧玉冠 Aloe polyphylla Schoenl.(百合科)
碧玉间黄金竹(中国竹谱)=绿皮黄筋竹
碧玉间黄金竹 Phyllostachys bambusoides var. castilloninversa H.de Lehaie (禾本科),*银明竹*
碧玉兰 Cymbidium lowianum (Rchb.f.) Rchb.f. (兰科)
碧竹子(本草拾遗)=鸭跖草
篦齿杜鹃花 Rhododendron pectinatum Hutch. (杜鹃花科)
篦齿雀麦 Bromus pectinatus Thunb.(禾本科)
篦齿小檗 Berberis pectinata Hieron.(小檗科)
蔽果金腰 Chrysosplenium absconditicapsulum J.T.Pan(虎耳草科),*亚吉玛*
蔽花线柱兰(海南志)=白花线柱兰
壁梅(福建)=球兰
壁虱胡麻(本草纲目)=亚麻
壁石虎(树木分类学)=薜荔
篦苞风毛菊 Saussurea pectinata Bge.(菊科)
篦齿短肠蕨 Allantodia hirsutipes (Bedd.) Ching (蹄盖蕨科),*毛脚短肠蕨*
篦齿蒿(内蒙中草药)=栉叶蒿
篦齿虎耳草(中药辞海)=小伞虎耳草
篦齿虎耳草 Saxifraga umbellulata var. pectinata (Marquand & Airy-Shaw) J.T.Pan(虎耳草科),*松吉斗*
篦齿假毛蕨 Pseudocyclosorus pectinatus Ching (金星蕨科),*栉状假毛蕨*
篦齿槭 Acer pectinatum Wall. ex Nichols.(槭树科)
篦齿苏铁 Cycas pectinata Griff.(苏铁科),*篦叶苏铁*
篦齿蹄盖蕨 Athyrium pectinatum (Wall. ex Mett.) Bedd.(蹄盖蕨科)
篦齿眼子菜 Potamogeton pectinatus L.(眼子菜科),*抱茎眼子菜,穿叶眼子菜,红线草,红线儿菹,龙须眼子菜,马尾巴草,酸水草,眼子菜*
篦齿状半边旗(新)Pteris dispar f. subaequilatera Rosenst.?(凤尾蕨科)
篦毛齿缘草 Eritrichium pectionato-ciliatum Lian & J.Q.Wang(紫草科)
篦梳剑(福建中草药)=单叶双盖蕨
篦形山槟榔 Pinanga pectinata Becc.(棕榈科)
篦叶苏铁(中药辞海)=篦齿苏铁
篦叶岩须 Cassiope pectinata Stapf.(杜鹃花科)
篦子草(湖南药物志)=铁角蕨
篦子草(江西)=短叶决明
篦子三尖杉 Cephalotaxus oliveri Mast.(三尖杉科),*阿里杉,梳叶圆头杉,花枝杉*
篦子杉(树木分类学)=巴山榧树
篦子舒筋草(四川中草药)=齿牙毛蕨
薜荔 Ficus pumila L.(桑科),*班子藤,邦邦老虎藤,辟萼,壁石虎,薜荔根,薜荔络石藤,冰粉子,饼泡树,补血王,常春藤,大攻藤,风不动,鬼馒头,鬼球,红墙套,老鸦馒头藤,凉粉果,凉粉果,凉粉藤,凉粉子,络石藤,馒头郎,木壁莲,木莲,木莲藤,木隆冬,木隆谷,木馒头木批语藤,牛屎藤,爬墙虎,爬墙藤,爬山壁草,爬山虎,爬山岩风,泡树,彭蜂藤,乒乓抛藤,墙脚柱,石绷藤,石壁莲,石壁藤,石龙藤,田螺掩,王不留行,烟筒丕,追骨风*
薜荔根(福建中草药)=薜荔
薜荔络石藤(广部中草药手册)=薜荔
薜若(植物志 36)=细圆齿火棘
薜若属(植物志 36)=**火棘属**
避火蕉(树木分类学)=苏铁
避蛇参(湖北)=单苞鸢尾
避蛇生(湖北)=石蒜
避蛇生(云南)=背蛇生
避霜花(海南志)=腺果藤
避霜花属(科属检索表,海南志)=**腺果藤属**
避血雷(贵州)=薯莨
臂形草 Brachiaria eruciformis (J.E.Smith) Griseb.(禾本科)
弊豆(唐史)=豌豆
臂形草属 Brachiaria Griseb.(禾本科)

Bian

边陲黄芪 Astragalus hoantchy subsp. dshimensis (Gonetsch.) K.T.Fu(豆科)
边地兔儿风 Ainsliaea chapaensis Merr.(菊科)
边耳草(广西鹿寨)=爱地草
边果耳蕨(分类学报)=圆顶耳蕨
边果耳蕨 Polystichum shimurae Kurata ex Serizawa (鳞毛蕨科)
边果蕨 Craspedosorus sinensis Ching & W.M. Chu (金星蕨科)
边果蕨属 Craspedosorus Ching & W.M.Chu (金星蕨科)
边果鳞毛蕨 Dryopteris marginata (C.B.Clarke) Christ (鳞毛蕨科)
边荷枫(浙江中草药)=树参
边箕苹(纲目拾遗)=槐叶苹
边荚鱼藤 Derris marginata (Roxb.) Benth.(豆科),*纤毛萼鱼藤*
边界滇紫草(新)Onosma limitaneum Johnst.(紫草科),*团花滇紫草*
边境栒子(新)Cotoneaster marginatus Schlecht.? (蔷薇科)
边兰(中药大辞典)=单花莸
边脉树萝卜 Agapetes marginata Dunn(杜鹃花科)
边内假脉蕨 Crepidomanes intramarginale (HK. & Grev.) Cop.(膜蕨科)
边那坡草(广西药用名录)=矩圆线蕨
边囊假毛蕨 Pseudocyclosorus submarginalis Ching ex Y.X.Lin (金星蕨科)
边沁石斑木(广州志)=闽粤石楠
边雀麦(新拉汉英)=山地雀麦
边塞黄芪 Astragalus arkalycensis Bge.(豆科),*草原黄芪*
边塞锦鸡儿 Caragana bongardiana (Fisch. & Mey.) Pojark.(豆科)
边上假脉蕨 Crepidomanes pinnatifidum Ching & Chiu(膜蕨科)
边生短肠蕨 Allantodia contermina (Christ)

Ching (蹄盖蕨科)
边生观音座莲 Angiopteris neglecta Ching & C.H.Wang (观音座莲科)
边生肋毛蕨 Ctenitis submarginalis (Long. & Fisch.) Cop.(叉蕨科)
边生鳞毛蕨 Dryopteris handeliana C.Chr.(鳞毛蕨科)
边氏水珍珠菜(广州志)=水虎尾
边位观音座莲 Angiopteris sakuraii Hieron.(观音座莲科)
边向花黄芪 Astragalus moellendorffii Bge.(豆科)
边沿荚蒾 Viburnum subalpinum var. limitaneum (W.W.Sm.) Hsu(忍冬科)
边缘耳蕨(梵净山蕨类植物)=近边耳蕨
边缘哈克 Hakea marginata R.Br.(山龙眼科)
边缘鳞盖蕨 Microlepia marginata (Houtt.)C.Chr.(碗蕨科),*边缘鳞蕨,小叶山鸡尾巴,黑鸡婆*
边缘鳞蕨(蕨类图说)=边缘鳞盖蕨
边枝花(浙江)=香薷
边紫菜 Porphyra marginata Tseng & T.J.Chang (马鞭草科)
编竹(履巉岩本草)=萹蓄
萹蓄 Polygonum aviculare L.(蓼科),*斑鸠台,编竹,扁猪芽,扁竹,扁竹廖,残竹草,大萹蓄,大铁马鞭,大蓄片,大叶萹蓄,道生草,地萹蓄,地蓼,粉节草,疳积药,路边草,路柳,蚂蚁草,妹子草,牛鞭草,牛筋草,七星草,铁片草,乌蓼,畜辩,畜蔓,野铁扫把,异叶蓼,猪圈草,竹节草,竹叶草,桌面草*
蝙蝠草(泉州本草)=伏毛蓼
蝙蝠草(台湾志)=台湾蝙蝠草
蝙蝠草(植物志 77-1)=矢镞叶蟹甲草
蝙蝠草 Christia vespertilionis (L.f.) Bahn.f.(豆科),*飞锡草,蝴蝶草,蝴蝶风,鸡子草,雷州蝴蝶草,双飞蝴蝶,鹞子草,月见罗藟草*
蝙蝠草属 Christia Moench.(豆科),*罗藟草属*
蝙蝠刺(纲目)=牛蒡
蝙蝠豆(图考)=长叶虫豆
蝙蝠葛 Menispermum dauricum DC.(防已科),*北豆根,蝙蝠藤,苦豆根,山豆根,山豆秧根*
蝙蝠葛属 Menispermum L.(防已科)
蝙蝠甲草(湖北植物大全)=川鄂蟹甲草
蝙蝠藤(纲目拾遗,浙江,滇寮试效方)=蝙蝠葛
鞭草(广东)=扁穗牛鞭草
鞭打绣球 Hemiphragma heterophyllum Wall.(玄参科),*地草果,地红参,红顶珠,红豆草,连钱草,区菇程丹,头顶颗珠,小红豆,小铜锤,羊膜草*
鞭打绣球齿状变种(Flora 18)=齿状鞭打绣球
鞭打绣球有梗变种(植物志 67-2)=有梗鞭打绣球(新)
鞭打绣球属 Hemiphragma Wall.(玄参科)
鞭打绣珠(植物志 67-1)=假酸浆
鞭龙(云南)=火索麻
鞭蓉球 Mammillaria zuccariniana Mart.(仙人掌科)
鞭穗地皮消 Pararuellia flagelliformis (Roxb.) Bremek (爵床科)
鞭藤(科属辞典)=须叶藤
鞭形鼠尾掌 Aporocactus flagriformis (Zucc.) Lem. (仙人掌科)
鞭绣球(云南区系报告)=锈毛过路黄
鞭须阔蕊兰 Peristylus flagellifer (Makino) Ohwi (兰科)
鞭檐犁头尖 Typhonium flagelliforme (Lodd.) Bl.(天南星科),*半夏,田三七,疯狗薯,水半夏,土半夏*
鞭叶耳蕨 Polystichum craspedosorum (Maxim.) Diels (鳞毛蕨科),*华北耳蕨*
鞭叶蕨 Cyrtomidictyum lepidocaulon (HK.) Ching (鳞毛蕨科)
鞭叶蕨属 Cyrtomidictyum Ching(鳞毛蕨科)
鞭叶铁线蕨 Adiantum caudatum L.(铁线蕨科),*过山龙,黑脚蕨,孔雀尾,岩虱子,有尾铁线蕨,两头根*
鞭枝虎耳草 Saxifraga loripes J.Anth.(虎耳草科)
鞭枝碎米荠 Cardamine rockii O.E.Schulz(十字花科)
鞭枝蚁棕 Korthalsia flagellaris Miq.(棕榈科)
鞭柱唐松草 Thalictrum smithii Boivin(毛茛科),*水黄连,马尾黄连*
鞭状匐枝乌头 Aconitum flagellare (F.Schmidt) Steinb.(毛茛科)
鞭状虎耳草 Saxifraga flagellaris Willd.(虎耳草科)
扁柏(经济植物手册)=台湾扁柏
扁柏(四川宝兴)=红豆杉
扁柏(台湾)=日本扁柏
扁柏(浙江,安徽)=侧柏
扁柏属 Chamaecyparis Spach(柏科)
扁苞蕗蕨 Mecodium paniculiflorum (Presl) Cop.(膜蕨科),*园锥路蕨*
扁扁草(江苏)=稗
扁柄菝葜 Smilax planipes Wang & Tang(百合科)
扁柄草 Lallemantia royleana (Benth.) Benth.(唇形科)
扁柄草属 Lallemantia Fisch. & Mey.(唇形科)
扁柄巢蕨 Neottopteris humbertii (Tard.-Blot) Tagawa (铁角蕨科)
扁柄黄堇(高等图鉴补编)=尖突黄堇
扁柄芒毛苣苔 Aeschynanthus planipetiolatus H.W.Li (苦苣苔科)
扁柄卫矛 Euonymus planipes Koehne (卫矛科)
扁菜(广西药用植物)=韭菜
扁糙果茶 Camellia oblata Chang(山茶科)
扁草(广西)=苦草
扁草(江西民间验方)=牛筋草
扁翅无心菜 Arenaria compressa MeNeill(石竹科)
扁刺峨眉蔷薇 Rosa omeiensis f. pteracantha Rehd. & Wils.(蔷薇科)
扁刺锦鸡儿 Caragana boisi Schneid.(豆科),*野皂角*
扁刺栲(植物志 22)=扁刺锥
扁刺蔷薇 Rosa sweginzowii Koehne(蔷薇科),*油瓶子,野刺玫*
扁刺锥 Castanopsis platyacantha Rehd. & Wils.(壳斗科),*白丝栗,扁刺栲,峨眉栲,黑铲栗,猴栗,石栗,丝栗*
扁葱(植物志 14)=韭葱
扁带兰(新) Taeniophyllum complanatum Fukuyama? (兰科)
扁担杆 Grewia biloba G.Don(椴树科),*娃娃拳,棉筋条,麻糖果,拗山皮*
扁担杆属 Grewia L.(椴树科)
扁担果(湖北)=多花勾儿茶
扁担蒿(四川)=垂果南芥
扁担木(高等图鉴)=小花扁担杆
扁担藤(贵州药用目录)=蓝果蛇葡萄
扁担藤(河南)=多花勾儿茶
扁担藤 Tetrastigma plancicaule (HK.) Gagn.(葡萄科),*扁藤,扁藤叶,过江扁藤,脚白藤,茎藤,头号带风,腰带藤*
扁担叶(四川)=蝴蝶花
扁担竹(四川)=木竹
扁旦胡子(东北)=长白忍冬
扁豆(四川)=兵豆
扁豆 Lablab purpureus (L.) Sweet(豆科),*白扁豆,扁豆要根,藊豆,茶豆,峨眉豆,火镰扁豆,南扁豆,南豆,膨皮豆,鹊豆,小刀豆,沿篱豆*
扁豆黄芪 Astragalus hemiphaca Kar. & Kir.(豆科)
扁豆要根(生草药性备要)=扁豆
扁豆属 Lablab Adans.(豆科)
扁鹅掌柴 Schefflera khasiana (C.B.Clarke) Vig.(五加科),*七叶莲,七叶加,龙爪树,鸭脚木*
扁杆早熟禾 Poa pratensis var. anceps Gaud. ex Griseb.(禾本科)
扁柑 Citrus reticulata cv. Bian Gan(芸香科),*州柑,柿饼柑,肚脐柑*
扁秆藨草 Scirpus planiculmis Fr.Schmidt(莎草科),*水莎草,扁秆荆三棱*
扁秆荆三棱(新华本草纲要)=扁秆藨草
扁秆薹草 Carex planiculmis Kom.(莎草科)
扁秆燕麦 Avena planiculmis Schreb.(禾本科)
扁秆早熟禾 Poa pratensis var. anceps Gaud.(禾本科)
扁果(中草药汇编)=三叶漆
扁果草 Isopyrum anemonoides Kar. & Kir.(毛茛科)
扁果草属 Isopyrum L.(毛茛科)
扁果草状美花草 Callianthemum isopyroides (DC.) Witasek.(毛茛科)
扁果冬青(四川志)=薄叶冬青
扁果红山茶 Camellia compressa Chang & Wen ex Chang(山茶科)
扁果麻栎(植物志 22)=麻栎
扁果毛茛 Ranunculus regelianus Ovcz.(毛茛科)
扁果楠(植物志 31)=扁果润楠
扁果青冈 Cyclobalanopsis chapensis (Hick. & A.Camus) Y.C.Hsu & H.W.Jen(壳斗科)
扁果榕 Ficus hispida var. badiostrigosa Corner (桑科)
扁果润楠 Machilus platycarpa Chun(樟科),*扁果楠*
扁果薹草(植物志 12)=大井扁果薹
扁果薹草 Carex urelytra Ohwi(莎草科)
扁果唐松草 Thalictrum foetidum var. glabrescens Takeda(毛茛科)
扁果藤(海南志)=翼核果
扁果藤 Smythea nitida Merr.(鼠李科)
扁果藤属 Smythea Seeman (鼠李科)
扁合草(高等图鉴)=田葱
扁核木(树木分类学)=蕤核
扁核木 Prinsepia utilis Royle(蔷薇科),*阿那斯,打枪果,打油果,鸡蛋果,梅花刺根,梅花刺果,枪刺果,青刺尖*
扁核木属 Prinsepia Royle (蔷薇科),*假皂荚属,蕤核属*
扁胡子(黑龙江)=东北扁核木
扁化冷水花(云南植物名录)=粗齿冷水花
扁桧(江苏扬州)=侧柏
扁基荸荠 Heleocharis fennica Palla ex Kneuck.(莎草科)
扁角格菱 Trapa pseudoincisa var. complana Z.T.Xiong (菱科)
扁金钢(云南屏边)=单刺仙人掌
扁茎灯心草 Juncus gracillimus (Buch.) V.K.

Krecz. & Gonts.(灯心草科)
扁茎黄芪 Astragalus complanatus Bge.(豆科), *背扁黄芪,大沙苑,蔓黄芪,蔓黄芪,沙苑蒺藜,沙苑蒺藜子,沙苑子,夏黄芪,夏芫草,潼蒺藜*
扁茎薹草 Carex planiscapa Chun & How(莎草科)
扁茎眼子菜 Potamogeton filiformis var. applanatus (Y.D.Chen) Q.Y.Li (眼子菜科)
扁茎羊耳蒜 Liparis assamica King & Pantl.(兰科)
扁蕾 Gentianopsis barbata (Fröel.) Ma(龙胆科)
扁蕾属 Gentianopsis Ma (龙胆科)
扁栗(云南)=元江锥
扁萝卜(云南,西藏)=芜青
扁脉醉鱼草(植物志 61)=滇川醉鱼草
扁芒草 Danthonia schneideri Pilger (禾本科), *邓氏草*
扁芒草属 Danthonia Lam. & DC.(禾本科)
扁芒菊 Waldheimia tridactylites Kar. & Kir.(菊科), *新疆扁芒菊*
扁芒菊属 Waldheimia Kar. & Kir.(菊科)
扁毛紫菀 Aster bulleyanus J.F.Jeffr.(菊科)
扁囊薹草 Carex coriophora Fisch. & C.A.Mey. ex Kunth(莎草科)
扁片海桐 Pittosporum planilobum Chang & Yan (海桐花科)
扁平桔 Citrus deprassa Hay.(芸香科)
扁平米尔顿兰 Miltonia anceps Lindl.(兰科)
扁平柱瓣兰 Epidendrum anceps Jacq.(兰科)
扁苹蕾丽兰 Laelia anceps Lindl.(兰科)
扁蒲(植物志 73-1)=瓠子
扁蒲扇(陕西)=野鸢尾
扁鞘飘拂草 Fimbristylis complanata (Retz.) Link (莎草科)
扁鞘早熟禾 Poa chaixii Vill.(禾本科), *查氏早熟禾*
扁球羊耳蒜 Liparis elliptica Wight(兰科)
扁莎属 Pycreus P.Beauv.(莎草科)
扁蒴苣苔 Cathayanthe biflora Chun(苦苣苔科)
扁蒴苣苔属 Cathayanthe Chun (苦苣苔科)
扁蒴藤 Pristimera indica (Willd.) A.C.Sm.(翅子藤科)
扁蒴藤属 Pristimera Miers (翅子藤科)
扁丝八月瓜 Holboellia latistaminea T.Chen(木通科)
扁松(台湾)=日本扁柏
扁宿草(四川野生志)=小二仙草
扁穗草(禾本科图说)=穗反茅
扁穗草 Blysmus compressus (L.) Panz.(莎草科)
扁穗草属(科属词典,植物志 9-2)=**扁穗属**
扁穗草属 Blysmus Panz.(莎草科)
扁穗牛鞭草 Hemarthria compressa (L.f.) R.Br. (禾本科), *牛鞭草,马铃骨,牛仔蔗,牛草,鞭草*
扁穗雀麦 Bromus catharticus Vahl(禾本科)
扁穗莎草 Cyperus compressus L.(莎草科), *天打捶*
扁穗属 Brylkinia Fr.Schmidt (禾本科), *白列金氏草属,扁穗草属*
扁缩守宫木(拉汉名称)=扁枝守宫木
扁桃(广西)=天桃木
扁桃 Amygdalus communis L.(蔷薇科), *八担仁,八担杏,巴哒杏仁,巴旦杏,巴旦杏仁,匾桃,忽鹿麻,京杏,偏核桃,婆淡树*
扁桃亚塔棕 Attalea amygdalina HNK.(棕榈科)
扁桃叶根(山西)=牛扁
扁藤(广药手册)=扁担藤
扁藤(海南志)=翼核果
扁藤(红河中草药)=通光散
扁藤叶(广部中草药手册)=扁担藤
扁葶鸢尾兰 Oberonia pachyrachis Rchb.f. ex HK.f. (兰科)
扁序黄芪 Astragalus compressus Ledeb.(豆科)
扁序重寄生 Phacellaria compressa Benth.(檀香科)
扁蓿豆(中药辞海)=花苜蓿
扁叶刺芹 Eryngium planum L.(伞形科)
扁叶柳杉 Cryptomeria japonica cv. Elegans(杉科)
扁叶木属(植物志 39)=**扁轴木属**
扁叶香果兰 Vanilla planifolia Andrews (兰科)
扁叶小人兰 Gomesa planifolia (Lindl.) Kl. & Rchb.f. (兰科)
扁榆(河南)=大果榆
扁圆果山荆子 Malus baccata f. villosa Skv.?(蔷薇科)
扁圆石蝴蝶 Petrocosmea oblata Craib(苦苣苔科)
扁圆算盘子(拉汉名称)=宽果算盘子
扁枝槲寄生 Viscum articulatum Burm.f.(桑寄生科), *扁枝寄生,枫饭寄生,枫香寄生,寄生包,栗寄生,路路通寄生,麻栎寄生,螃蟹夹,柿寄生,虾蚶草,右子痰梗*
扁枝寄生(西藏中草药)=扁枝槲寄生
扁枝石松 Diphasiatrum complantum (L.) Holub. (石杉科), *过江龙,地蜈蚣,铺地虎,地刷子,小伸筋草,地刷子石松,扫地晴明草,狗子尾巴*
扁枝石松属 Diphasiastrum Holub(石松科)
扁枝守宫木 Sauropus quadrangularis var. compressus (Muell.Arg.) Airy-Shaw(大戟科), *扁缩守宫木*
扁枝越桔 Vaccinium japonicum var. sinicum (Nakai) Rehd.(杜鹃花科), *扇木,山小檗,深红越桔,小叶梨状越桔*
扁轴木 Parkinsonia aculeata L.(豆科), *巴金生豆*
扁轴木属 Parkinsonia L.(豆科), *扁叶木属,巴荆木属*
扁猪芽(东北药志)=蒿蓄
扁竹(湖南)=蝴蝶花
扁竹(图考)=鸢尾
扁竹(云南,四川)=扁竹兰
扁竹(植物志 25-1)=蒿蓄
扁竹根(四川)=蝴蝶花
扁竹根(云南,四川)=扁竹兰
扁竹兰(云南)=扇形鸢尾
扁竹兰(云南中草药)=弯蕊开口箭
扁竹兰 Iris confusa Sealy(鸢尾科), *扁竹根,扁竹,蓝花扁竹,都拉鸢尾*
扁竹蓼(药用志)=蒿蓄
扁足花(广西中药志)=竹节蓼
匾桃(纲目)=扁桃
藊豆(通用名)=扁豆
弁庆 Echinocactus grandis Rose.(仙人掌科)
变白沙参(植物志 73-2)=云南沙参
变白石韦 Pyrrosia albicans (Bl.) Ching (水龙骨科)
变白小檗 Berberis dealbata Lindl.(小檗科)
变白鸢尾 Iris albicans Lange (鸢尾科)
变刺小檗 Berberis mouilacana Shcneid. (小檗科)
变豆菜 Sanicula chinensis Bge.(伞形科), *蓝布正,鸭脚板,山芹菜,山芹*
变豆菜属 Sanicula L.(伞形科)
变豆叶草 Saniculiphyllum guangxiense C.Y.Wu & T.C.Ku(虎耳草科)
变豆叶草属 Saniculiphyllum C.Y.Wu & T.C. Ku (虎耳草科)
变尔芒(藏语)=华北米蒿
变粉绿小檗 Berberis glaucescens St.Hil.(小檗科)
变根紫堇 Corydalis linstowiana Fedde(罂粟科), *水黄连,断肠草,康定紫堇*
变光杜鹃 Rhododendron calvescens Balf.f. & Forr. (杜鹃花科)
变光刚毛葶苈 Draba setosa var. glabrata O.E. Schulz (十字花科)
变光黑叶角蕨 Cornopteris opaca f. glabrescens Kurata(蹄盖蕨科)
变光软毛黄杨 Buxus mollicula var. glabra Hand.-Mazz.(黄杨科), *光叶黄杨*
变蒿(高等图鉴)=柔毛蒿
变黑黄芩 Scutellaria nigricans C.Y.Wu(唇形科)
变黑金雀儿 Cytisus nigricans L.(豆科)
变黑女娄菜(拉汉名称)=变黑蝇子草
变黑蛇根草 Ophiorrhiza nigricans Lo(茜草科)
变黑无心菜 Arenaria nigricans Hand-Mazz.(石竹科), *变黑蚤缀*
变黑小檗 Berberis nigricans O.Kuntze (小檗科)
变黑蝇子草 Silene nigrescens (Edgew.) Majumdar (石竹科), *变黑女娄菜*
变黑蚤缀(拉汉名称)=变黑无心菜
变红百合 Lilium rubescens S.Watson (百合科)
变红华盛顿百合 Lilium washingtonianum var. purpurascens Stearn (百合科)
变红金合欢 Acacia rubida A.Cunn.(豆科)
变红马利花 Marianthus erubescens Putterl.(海桐花科)
变红蛇根草 Ophiorrhiza subrubescens Drake(茜草科)
变红卫矛 Euonymus rubescens Pitard.(卫矛科)
变黄楼梯草 Elatostema xanthophyllum W.T. Wang (荨麻科)
变黄鸢尾 Iris flavescens DC.(鸢尾科)
变裂风毛菊 Saussurea variiloba Ling(菊科)
变绿杜鹃花 Rhododendron virescens Hutch.(杜鹃花科)
变绿小檗 Berberis virescens HK.f. & Thoms. (小檗科)
变绿异燕麦 Helictotrichon virescens (Nees ex Steud.) Henr.(禾本科)
变萝卜(北京)=芜青
变雀麦 Bromus commutatus Schrad.(禾本科)
变色白前(东北检索表,植物志 63)=蔓生白薇
变色杜鹃 Rhododendron simiarum var. versicolor (Chun & Fang) Fang f.(杜鹃花科)
变色番红花 Crocus versicolor Barcelo (鸢尾科)
变色锦鸡儿 Caragana versicolor Benth.(豆科)
变色络石 Trachelospermum jasminoides cv. Variegatum(夹竹桃科)
变色马兜铃 Aristolochia versicolor S.M.Hwang (马兜铃科), *白金古榄,苦凉藤,青藤香,过石珠*
变色马蓝 Pteracanthus versicolor (Diels) H.W. Li(爵床科)
变色马先蒿 Pedicularis variegata Li(玄参科)
变色密花豆 Spatholobus discolor Wei(豆科)
变色苹婆 Sterculia versicolor Wall.(梧桐科)
变色牵牛 Ipomoea indica (J.Burm.) Merr.(旋花科), *寄生牵牛*
变色秋海棠 Begonia versicolor Irmsch.(秋海棠科), *花叶酸筒*
变色雀麦 Bromus variegatus M.Bieb.(禾本科)

变色山槟榔 Pinanga discolor Burret (棕榈科),*山槟榔*
变色小檗 Berberis commutata Eichl.(小檗科)
变色玄参 Scrophularia variegata Bieb.(玄参科)
变色血红杜鹃 Rhododendron sanguineum var. didymoides Tagg & Forr.(杜鹃花科)
变色羊茅 Festuca varia Haenke (禾本科)
变色鸢尾 Iris versicolor L.(鸢尾科)
变色早熟禾 Poa versicolor Boss.(禾本科)
变色锥 Castanopsis wattii (King ex HK.f.) A. Camus (壳斗科)
变秃安息香(广西)=灰叶安息香
变形红孩儿 Begonia palmata var. difformis (Irmsch.) J.Golding & C.Kareg.(秋海棠科)
变形谬氏马先蒿 Pedicularis mussotii var.mutata Bonati(玄参科),*谬氏马先蒿变形变种*
变叶翅子树 Pterospermum proteus Burkill(梧桐科),*怪叶翅子树*
变叶垂头菊 Cremanthodium variifolium Good (菊科)
变叶风毛菊 Saussurea mutabilis Diels(菊科)
变叶扶芳藤 Euonymus fortunei var. vegetus (Rehd.) Rehd.(卫矛科),*圆叶爬卫矛*
变叶海棠 Malus toringoides (Rehd.) Hughes(蔷薇科),*大白石枣*
变叶胡椒 Piper mutabile C.DC.(胡椒科)
变叶华南五针松 Pinus kwangtungensis var. varifolia Nan Li & Y.C.Zhong(松科)
变叶棘豆(内蒙志)=二型叶棘豆
变叶景天(拉汉名称)=东南景天
变叶绢毛委陵菜 Potentilla sericea var. polyschista Lehm.(蔷薇科)
变叶芦竹 Arundo donax var. versicolor Stokes (禾本科),*彩叶芦竹*
变叶裸实(高等图鉴)=变叶美登木
变叶美登木 Maytenus diversifolius (Maxim.) D.Hou(卫矛科),*刺仔木,咬眼刺,变叶裸实*
变叶木 Codiaeum variegatum (L.) A.Juss.(大戟科),*洒金榕*
变叶木属 Codiaeum A.Juss.(大戟科)
变叶葡萄 Vitis piasezkii Maxim.(葡萄科),*复叶葡萄,野葡萄,麻羊藤,黑葡萄*
变叶榕 Ficus variolosa Lindl. ex Benth.(桑科),*击常木,赌博赖*
变叶三叉蕨(植物志 6-1)=疣状叉蕨
变叶三裂碱毛茛 Halerpestes tricuspis var. variifolia (Tamura) W.T.Wang(毛茛科)
变叶山蚂蝗(台湾志)=异叶山蚂蝗
变叶珊瑚花 Jatropha integerrima Jacq.(大戟科)
变叶树(植物志 39)=洋紫荆
变叶树参 Dendropanax proteus (Champ.) Benth. (五加科),*三层楼,铁楸树,白半枫,白皮半枫荷,阿斗鸡*
变叶新木姜(台木本志)=变叶新木姜子
变叶新木姜子 Neolitsea variabillima (Hay.) Kanehira & Sasaki(樟科),*变叶新木姜*
变叶新月蕨(台湾志)=岛生新月蕨
变异凤尾蕨 Pteris excelsa var. inaequalis (Bak.) S.H.Wu (凤尾蕨科),*中华凤尾蕨*
变异黄花铁线莲 Clematis intricata var.purpurea Y.Z.Zhao (毛茛科),*紫萼铁线莲*
变异黄芪 Astragalus variabilis Bge. ex Maxim. (豆科)
变异鳞毛蕨 Dryopteris varia (L.) O.Ktze.(鳞毛蕨科),*小叶金鸡尾巴草,异鳞毛蕨,海南鳞毛蕨*
变异藤山柳 Clematoclethra variabilis C.F.Liang & Y.C.Chen (猕猴桃科)
变异蹄盖蕨(植物研究)=川滇蹄盖蕨
变异铁角蕨 Asplenium varians Wall. ex HK & Grev.(铁角蕨科),*金鸡尾,九倒生,铁蕨草,铁郎鸡,铁扫把,线鸡尾*
变竹 Phyllostachys glauca var. variabilis J.L.Lu (禾本科)
遍地红(广西药用名录)=毛花点草
遍地红(云南中草药)=美形金钮扣
遍地红(植物志 75)=金钮扣
遍地黄(湖南)=过路黄
遍地金(滇南本草)=挺茎遍地金
遍地金(云南中草药)=地果
遍地金 Hypericum wightianum Wall. ex Wight & Arn.(藤黄科),*苍蝇草,对对草,对叶草,蚂蚁草,蛇毒草,小疳药,小化血,蚁药*
遍地金钱(本草纲目拾遗)=活血丹
遍地锦(福建中草药)=天胡荽
遍地爬(湖南)=打破碗花花
遍地生根(中药大辞典)=绞股蓝
遍地香(江苏)=活血丹
遍山红(贵州民间药物)=尖子木
遍生百金花(新拉汉英)=百金花
辫子草(云南中草药)=小叶三点金
辫子七(陕西)=高乌头

Biao

杓菜(广州)=甜菜
杓唇石斛 Dendrobium moschatum (Buch.-Ham.) Sw. (兰科)
杓儿菜(植物志 75)=烟管头草
杓葫芦 Lagenaria siceraria var. cougourda (Ser.) Hara (葫芦科)
杓兰 Cypripedium calceolus L.(兰科)
杓兰属 Cypripedium L. (兰科)
彪蚌法(西双版纳傣语)=密毛山梗菜
标杆花(中草药汇编)=唐菖蒲
标竿花(云南)=雄黄兰
标准加拿大百合 Lilium canadense var. editorum Pernald (百合科)
藨(尔雅)=茅莓
藨草 Scirpus triqueter L.(莎草科)
藨草属 Scirpus L.(莎草科)
藨寄生 Gleadovia ruborum Gamble & Prain(列当科),*石腊竹*
藨寄生属 Gleadovia Gamble & Prain (列当科)
表面星蕨 Microsorium superficiale (Bl.) Ching (水龙骨科),*褐叶星蕨*
鳔刺花(植物志 70)=鳔冠花
鳔冠花(中草药汇编)=滇鳔冠花
鳔冠花 Cystacanthus paniculatus T.Anders.(爵床科),*鳔刺花*
鳔冠花属 Cystacanthus T.Anders.(爵床科)
鳔鱼梅属(庐山植物手册)=**风箱果属**

Bie

憋肚草(河南)=角蒿
别重阳木属(树木分类学)=**秋枫属**
瘪竹(药用植物资料汇编)= 淡竹

Bin

宾川花楸 Sorbus obsoletidentata (Card.) Yü(蔷薇科)
宾川木蓝(云南植物名录)=滇木蓝
宾川溲疏(高等图鉴补编)=大萼溲疏
宾川铁线莲 Clematis pinchuanensis W.T.Wang & M.Y.Fang(毛茛科)
宾川乌头 Aconitum duclouxii Lévl.(毛茛科)
宾川獐牙菜 Swertia binchuanensis T.N.Ho & S.W.Liu (龙胆科)
宾岛大戟(台湾志)=大狼毒
宾门(广东)=槟榔
宾尼小檗(新拉汉英)=康松小檗
宾森万带兰 Vanda bensoni Batem.(兰科)
宾州杨梅 Myrica pensylvanica Lois.(杨梅科)
滨艾 Artemisia fukudo Makino(菊科)
滨辨庆属(科属辞典)=**滨紫草属**
滨槆(华南所集刊)=海人树
滨大戟(台湾志)=海滨大戟
滨当归 Angelica hirsutiflora Liu,Chao & Chuan (伞形科)
滨豆(内蒙古)=兵豆
滨发草 Deschampsia littoralis (Gaud.) Reuter (禾本科)
滨繁缕(高等图鉴)=雀舌草
滨瓜槌草属(植物分类学)=**拟漆姑属**
滨海白绒草 Leucas chinensis (Retz.) R.Br. (唇形科)
滨海百合 Lilium maritinum Kellogg (百合科)
滨海斑鸠菊 Vernonia maritima Merr.(菊科)
滨海茶藨子 Ribes giraldii var. cuneatum Wang & Li(虎耳草科),*楔叶腺毛茶藨*
滨海刺芹 Eryngium maritimum L.(伞形科)
滨海核果木 Drypetes littoralis (C.B.Rob.) Merr. (大戟科),*铁色树*
滨海毛蕨(蕨类形态)=元江毛蕨
滨海牡蒿 Artemisia littoricola Kitam.(菊科)
滨海木蓝 Indigofera litoralis Chun & T.Chen(豆科),*滨木蓝*
滨海木贼 Equisetum litorale Kuhl.(木贼科)
滨海槭 Acer sino-oblongum Metc.(槭树科),*罗浮槭*
滨海前胡 Peucedanum japonicum Thunb.(伞形科),*防葵*
滨海薹草 Carex bodinieri Franch.(莎草科)
滨海小檗 Berberis litoralis Phil.(小檗科)
滨海早熟禾 Poa pratensis var. maritima Litw.(禾本科)
滨海珍珠菜 Lysimachia mauritiana Lam.(报春花科)
滨蒿(西北各省区)=茵陈
滨槐(台湾)=链荚木
滨豇豆 Vigna marina (Burm.) Merr.(豆科)
滨芥(台湾志)=单叶臭荠
滨菊 Leucanthemum vulgare Lam.(菊科)
滨菊属 Leucanthemum Mill.(菊科)
滨瞿麦(植物学大辞典)=日本石竹
滨来菔(台湾志)=萝卜
滨黎叶龙葵(植物志 67-1)=龙葵
滨藜 Atriplex patens (Lirv.) Iljin(藜科)
滨藜叶分药花 Perovskia atriplicifolia Benth.(唇形科)
滨藜属 Atriplex L.(藜科)
滨柃 Eurya emarginata (Thunb.) Makino(山茶科),*凹叶柃木*
滨麦(新拉汉英)=朝鲜滨麦(新)
滨麦 Leymus mollis (Trin.) Hara (禾本科)
滨木患 Arytera littoralis Bl.(无患子科)
滨木患属 Arytera Bl.(无患子科)
滨木蓝(海南志)=滨海木蓝
滨木犀榄 Olea brachiata (Lour.) Merr. ex G.W. Groff,Ding & E.H.Groff(木犀科),*白茶木*
滨木属(科属辞典)=**喜光花属**
滨榕 Ficus tannoensis Hay.(桑科)
滨蛇床 Cnidium japonicum Miq.(伞形科)
滨绳柄草 Catapodium marinum (L.) C.E.Hubb. (禾本科)

滨莴苣(本草推陈)=番杏
滨旋花(江苏,浙江)=肾叶打碗花
滨鸦葱(新华本草纲要)=蒙古鸦葱
滨盐肤木 Rhus chinensis var. roxburghii (DC.) Rehd. (漆树科),*盐霜白*
滨玉蕊 Barringtonia asiatica (L.) Kurz(玉蕊科),*棋盘脚树*
滨枣 Paliurus spinachristi Mill.(鼠李科)
滨枣属(植物志 48-1)=**蛇藤属**
滨洲虎耳草 Saxifraga pennsylvanica L.(虎耳草科)
滨紫草属 Mertensia Roth(紫草科),*滨辨庆属*
槟榔 Areca catechu L.(棕榈科),*宾门,槟楖,槟榔衣,槟榔子,大腹毛,大腹皮,大腹子,茯毛,橄榄子,青仔*
槟榔椆(海南志)=槟榔青冈
槟榔蒟(岭南草药志)=蒌叶
槟榔柯 Lithocarpus areca (Hick. & A.Camus) A. Camus (壳斗科),*米哥*
槟榔木(广西博白)=黑风藤
槟榔青(海南)=长花龙血树
槟榔青 Spondias pinnata (L.f.) Kurz(漆树科),*木个,外木个*
槟榔青冈 Cyclobalanopsis bella (Chun & Tsian) Chun (壳斗科),*槟榔椆*
槟榔青属 Spondias L.(漆树科)
槟榔仁(滇南本草整理本)=西南委陵菜
槟榔衣(药材资料汇编)=槟榔
槟榔屿石韦 Pyrrosia penangiana (HK.) Holtt. (水龙骨科)
槟榔竹 Phoenix canariensis Chabaud (棕榈科),*针葵*
槟榔属 Areca L.(棕榈科)
槟榔子(名医别录,本草纲目)=槟榔
鬓毛鬼针草 Bidens aristosa L.(菊科)

Bing

冰草 Agropyron cristatum (L.) Gaertn.(禾本科)
冰草白穗(青海中草药)=赖草
冰草根(沙漠药用植物)=赖草
冰草属 Agropyron Gaertn.(禾本科)
冰川茶藨(高等图鉴)=冰川茶藨子
冰川茶藨子 Ribes glaciale Wall.(虎耳草科),*冰川茶藨*
冰川翠雀花 Delphinium glaciale HK.f. & Thoms. (毛茛科)
冰川蒿 Artemisia glacialis L.(菊科)
冰川棘豆 Oxytropis glacialis Benth. ex Bge.(豆科)
冰川景天 Sedum sinoglaciale K.T.Fu (景天科)
冰川蓼 Polygonum glaciale (Meisn.) HK.f.(蓼科)
冰川雪兔子 Saussurea glacialis Herd.(菊科)
冰大海(广东阳山)=肾叶天胡荽
冰岛蓼 Koenigia islandica L.(蓼科)
冰岛蓼属 Koenigia L.(蓼科)
冰岛葡萄 Vitis islandica Hear.(葡萄科)
冰粉(植物志 67-1))=假酸浆
冰粉树(滇南本草-整理本)=红花寄生
冰粉树(丽江)=珍珠莲
冰粉藤(云南盈江)=大果爬藤榕
冰粉子(四川)=珍珠莲
冰粉子(四川,贵州)=薜荔
冰果草(贵州民间药物)
冰荭花(摘元方)=红蓼
冰花(经济植物手册)=冰叶日中花
冰花果(经济植物志)=食用日中花
冰里花(东北)=侧金盏花
冰凉花(植物志 28)=侧金盏花
冰凌草(河南)=碎米桠
冰片(纲目)=龙脑香
冰片脑(纲目)=龙脑香
冰片树(云南阵遮)=黄樟
冰球子(贵州方药集)=白及
冰山石竹 Dianthus neglectus Loisel.(石竹科)
冰石竹 Dianthus glacialis Haenke.(石竹科)
冰台(尔雅)=艾
冰糖草(中草药汇编)=野甘草
冰雪虎耳草 Saxifraga glacialis H.Sm.(虎耳草科)
冰叶日中花 Mesembryanthemum crystallinum L.(番杏科),*冰花*
冰沼草 Scheuchzeria palustris L.(冰沼草科)
冰沼草科 Scheuchzeriaceae,*芝菜科*
冰沼草属 Scheuchzeria L.(冰沼草科)
冰耘草(四川大金)=角蒿
兵豆 Lens culinaris Medic. (豆科),*扁豆,小扁豆,鸡碗豆,滨豆,小金扁豆*
兵豆属 Lens Mill.(豆科)
栟榈(本草纲目)=棕榈
秉氏杜鹃(峨眉图志)=海绵杜鹃
柄翅果 Burretiodendron esquirolii (Lévl.) Rehd.(椴树科)
柄翅果属 Burretiodendron Rehd.(椴树科)
柄唇兰 Podochilus khasianus HK.f.(兰科)
柄唇兰属 Podochilus Bl.(兰科)
柄盖蕨 Peranema cyatheoides Don (球盖蕨科),*柄囊蕨*
柄盖蕨属 Peranema D.Don (球盖蕨科)
柄果枞(中国裸子志)=黄果冷杉
柄果高山唐松草 Thalictrum alpinum var. microphyllum (Ropyle) Hand.-Mazz.(毛茛科)
柄果海桐 Pittosporum podocarpum Gagn.(海桐花科)
柄果胡椒 Piper mischocarpum Tseng (胡椒科)
柄果槲寄生 Viscum multinerve (Hay.) Hay.(桑寄生科),*寄生茶,刀叶槲寄生*
柄果角果藻 Zannichellia palustris var. pedicellata Wahlenb & Rosen (茨藻科)
柄果柯 Lithocarpus longipedicellatus (Hick. & A.Camus) A.Camus(壳斗科),*山椆,姜椆,旦仔椆,五指山椆,罗汉柯,柄果石栎*
柄果毛茛 Ranunculus podocarpus W.T.Wang(毛茛科)
柄果木 Mischocarpus sundaicus Bl.(无患子科)
柄果木属 Mischocarpus Bl.(无患子科)
柄果石栎(植物志 22)=柄果柯
柄果薹草 Carex stipitinux C.B.Clarke(莎草科)
柄果洮河柳 Salix taoensis var. pedicellata C.F. Fang & J.Q.Wang(杨柳科)
柄果崖爬藤 Tetrastigma godefroyanum Planch. (葡萄科),*过山青藤*
柄果苎麻 Boehmeria blinii var. podocarpa W.T. Wang (荨麻科)
柄花茜草 Rubia podantha Diels(茜草科),*大茜草,逆刺*
柄花天胡荽 Hydrocotyle podantha Molk(伞形科)
柄荚锦鸡儿 Caragana stipitata Kom.(豆科)
柄鳞短肠蕨 Allantodia kawakamii (Hay.) Ching (蹄盖蕨科),*溪头短肠蕨,川上氏双盖蕨*
柄毛凤仙花(新)Impatiens capillipes HK.f. & Thoms. (凤仙花科),*毛柄凤仙花*
柄囊蕨(植物志 4-2)=柄盖蕨
柄囊薹草 Carex stipitiutriculata P.C.Li(莎草科)
柄生哈克 Hakea petiolaris Meissn.(山龙眼科)
柄生帕洛梯 Protea petiolaris (Engl. ex Hiern.) Bak.(山龙眼科)
柄穗荆芥 Nepeta podostachys Benth.(唇形科)
柄薹草 Carex mollissima Christ.(莎草科)
柄腺山扁豆 Cassia pumila Lam.(豆科)
柄叶飞蓬 Erigeron petiolaris Vierh.(菊科)
柄叶鳞毛蕨 Dryopteris podophylla (HK.) O. Ktze. (鳞毛蕨科)
柄叶石豆兰 Bulbophyllum spathaceum Rolfe (兰科)
柄叶石松(峨眉药志)=华南马尾杉
柄叶香茶菜 Isodon phyllopodus (Diels) Kudô (唇形科),*叶柄香茶菜*
柄叶羊耳蒜 Liparis petiolata (D.Don) P.F.Hunt & Summerh.(兰科)
柄状薹草 Carex pediformis C.A.Mey.(莎草科),*脚薹*
炳继树(广东惠东)=阴香
饼草(广东中药)=毛麝香
饼泡树(树木分类学)=薜荔
饼汁树(广东)=樟叶泡花树
禀蒿(日本植物图鉴)=青蒿
并齿小苦荬 Ixeridium biparum Shih(菊科)
并头草(通称)=半枝莲
并头黄芩 Scutellaria scordifolia Fisch. ex Schrank (唇形科),*头巾草,山麻子*
并行叶剑蕨 Loxogramme parallela Cop.(剑蕨科)
病亙(瑶族名)=木鳖子
病态人草(闽东本草)=八宝

Bo

拨白哥(云南白族语)=紫花醉鱼草
拨地麻(经济志,东北各省)=缬草
拨疔草(江西)=紫花地丁
拨毒草(土家族名)=大丁草
拨毒草草(广西药用名录)=石筋草
拨毒草散铁骨散(云南中草药)=合蕊五味子
拨毒散(思茅中草药)=黄花稔
拨毒散(云南药用名录)=狼杷草
拨毒散 Sida szechuensis Matsuda(锦葵科),*扒毒散,迷马庄棵,尼马庄棵,四川黄花稔,王不留行,小拨毒,小黄药,小年药,小粘药,粘迷马桩*
拨尔撒摩(纲目拾遗)=秘鲁香胶树
拨拉蒿(山东青岛)=南牡蒿
拨萝卜(河北)=狼毒
拨马瘟(植物志 43-2)=臭常山
拨脓草(广西中药志)=白背黄花稔
拨脓膏(广西药用名录)=雾水葛
拨血红(浙江)=赤车
拨云草(广东,广西)=瓶尔小草
拨云丹(四川)=布朗卷柏
波瓣兜兰 Paphiopedilum insigne (Lindl.) Pfitz (兰科)
波瓣杜鹃(高等图鉴)=云上杜鹃
波瓣唐菖蒲 Gladiolus undulatus L.(鸢尾科)
波陂雀麦 Bromus popovii Drob.(禾本科)
波边篠蕨(植物志 2)=波边条蕨
波边肋毛蕨 Ctenitis crenata Ching(叉蕨科)
波边条蕨 Oleandra undulata (Willd.) Ching(条蕨科),*长柄条蕨*
波柄玉山竹 Yushania crispata Yi (禾本科)
波波诺秋海棠 Begonia popenoei Standl.(秋海棠科)
波齿马先蒿 Pedicularis crenata Maxim.(玄参科),*波齿马先蒿波齿亚种*

波齿马先蒿波齿亚种(植物志 68)=波齿马先蒿
波齿马先蒿全裂亚种(植物志 68)=裂叶波齿马先蒿
波齿糖芥 Erysimum macilentum Bge.(十字花科),*波齿叶糖芥*,*云南糖芥*
波齿香茶菜(植物志 66)=川藏香茶菜
波齿叶糖芥(植物志 33)=波齿糖芥
波翅豆蔻 Amomum odontocarpum D.Fang(姜科),*阪姜*,*野箭荷*
波翅路蕨(蕨类图说)=波纹蕗蕨
波翅蕗蕨 Mecodium crispatoalatum (Hay.) Cop.(膜蕨科)
波多黎各格鲁棕 Acrocomia media O.F.Cook (棕榈科)
波萼守宫木 Sauropus repandus Muell.Arg.(大戟科)
波伐早熟禾 Poa poophagorum Bor(禾本科)
波哥大树苣苔 Kohleria bogotensis Fritsch.(苦苣苔科)
波哥秋海棠 Begonia poggei Warb.(秋海棠科)
波瓜公(海南)=茅瓜
波菊属 Boltonia L'Herit.(菊科)
波拉克山槟榔 Pinanga perakensis Becc.(棕榈科)
波拉克省藤 Calamus perakensis Becc.(棕榈科)
波兰 15 号杨 Populus ×canadensis cv. Polska 15A (杨柳科)
波兰落叶松 Larix polonica Rachb.(松科)
波兰小麦 Triticum turgidum var. polocicum (L.) Yan ex P.C.Kuo(禾本科)
波棱菜(唐会要)=菠菜
波棱滇芎 Physospermopsis obtusiuscula (C.B. Clarke) Norm.(伞形科)
波棱瓜 Herpetospermum pedunculosum (Ser.) C.B.Clarke (葫芦科),*色尔格美多*,*色启美多*
波棱瓜属 Herpetospermum Wall. ex HK.f.(葫芦科)
波利横蕨(蕨类图说)=介蕨
波利亚草(科属辞典)=丰花草
波裂叶刺儿瓜 Bolbostemma biglandulosum var. sinuatolobulatum C.Y.Wu(葫芦科)
波卢宁小檗 Berberis poluninii Ahrendt (小檗科)
波罗的海灯心草 Juncus balticus Willd.(灯心草科)
波罗的海龙胆 Gentiana baltica Murb.(龙胆科)
波罗果(四川盐边)=大果榕
波罗花(丽江)=红波罗花
波罗栎(树木志)=槲树
波罗密种仁(纲目)=波罗蜜
波罗蜜 Artocarpus heterophyllus Lam.(桑科),*包蜜*,*波罗密种仁*,*木波罗*,*曩伽结*,*牛肚子果*,*树波罗*,*树波罗*
波罗蜜属 Artocarpus J.R. & G.Forst.(桑科)
波罗氏耧斗菜 Aquilegia borodinii Schischk.(毛茛科)
波罗树(高等图鉴)=山玉兰
波罗树(河北)=槲树
波罗树(河南志)=大叶冬青
波罗叶(植物志 22)=槲树
波罗子(四川)=荔枝草
波萝花(丽江)=鸡肉参
波密斑叶兰 Goodyera bomiensis K.Y.Lang(兰科)
波密杓兰 Cypripedium ludlowii Cribb(兰科)
波密脆蒴报春 Primula bomiensis Chen & C.M. Hu (报春花科)
波密翠雀花 Delphinium pomeense W.T.Wang (毛茛科)
波密地杨梅 Luzula bomiensis K.F.Wu(灯心草科)
波密点地梅 Androsace pomeiensis C.M.Hu & Y.C.Yang(报春花科)
波密钓樟 Lindera fruticosa var. pomiensis H.P. Tsui (樟科)
波密钓樟 Lindera poniensis Tsui (樟科)
波密杜鹃 Rhododendron pomense Cowan & David. (杜鹃花科)
波密峨眉蕨(西藏志)=尖片峨眉蕨
波密耳蕨 Polystichum bomiense Ching & S.K. Wu (鳞毛蕨科),*波密高山耳蕨*
波密风毛菊 Saussurea bomiensis Y.L.Chen & S. Y.Liang (菊科)
波密高山耳蕨(西藏志)=波密耳蕨
波密蒿 Artemisia tafelii Mattf.(菊科),*寒漠蒿*
波密虎耳草 Saxifraga heterotricha var. anadena (H.Sm.) J.T.Pan & Gornall(虎耳草科)
波密黄芪 Astragalus bomiensis Ni & P.C.Li?(豆科)
波密卷瓣兰 Bulbophyllum bomiense Z.H.Tsi(兰科)
波密镰叶报春 Primula falcifolia var. farinifera C.M.Hu (报春花科)
波密裂瓜(植物志 73-1)=喙裂瓜
波密龙胆 Gentiana bomiensis T.N.Ho(龙胆科)
波密马先蒿 Pedicularis bomiensis H.P.Yang (玄参科)
波密溲疏 Deutzia bomiensis S.M.Hwang(虎耳草科),*定结溲疏*
波密蹄盖蕨 Athyrium bomicola Ching(蹄盖蕨科)
波密乌头 Aconitum pomeense W.T.Wang(毛茛科),*莲阿那博*
波密无心菜 Arenaria bomiensis L.H.Zhou(石竹科)
波密小檗 Berberis gyalaica Ahrendt(小檗科)
波密早熟禾 Poa bomiensis C.Ling(禾本科)
波密紫堇 Corydalis pseudoadoxa C.Y.Wu & H. Chuang (罂粟科),*天葵叶紫堇*,*藏天葵叶紫堇*
波姆雷槭 Acer bornmuelleri Borb.(槭树科)
波瑞氏弯蕊苣苔 Cyrtandra pritchardii Seem.(苦苣苔科)
波申雀麦 Bromus paulsenii Hack. ex Paulsen(禾本科)
波士槭 Acer boscii Spach.(槭树科)
波氏百合 Lilium poilanei Gagn.(百合科)
波氏薄叶兰 Lycaste powellii Schltr.(兰科)
波氏卡特兰 Cattleya bowringiana Veitch (兰科)
波氏蕾丽兰 Laelia perrinii (Lindl.) Batem.(兰科)
波氏马先蒿 Pedicularis potaninii Maxim.(玄参科)
波氏木蓝(豆科图说)=甘肃木蓝
波氏石楠(经济植物手册)=中华石楠
波氏石韦 Pyrrosia bonii (Christ ex Gies.) Ching (水龙骨科)
波氏双盖蕨(蕨类图谱)=毛轴线盖蕨
波氏蹄盖蕨(台湾志)=介蕨
波氏吴萸 Evodia rutaecarpa var. bodinieri (Dode) Huang(芸香科) ,*吴茱萸*,*疏毛吴茱萸*
波氏星(蕨类图谱)=攀援星蕨
波世兰(植物志 26)=土人参
波丝草(贵州草药)=毛花点草
波斯白梭梭(中国植被区划初稿)=白梭梭
波斯贝母 Fritillaria persica L.(百合科)
波斯菜(纲目)=菠菜
波斯葱 Allium albopilosum Wright (百合科)
波斯丁香(译名)=花叶丁香
波斯蒿(俗称)=伊朗蒿
波斯菊(华北观赏植物)=秋英
波斯菊(陕西中药名录)=两色金鸡菊
波斯尼鸢尾 Iris bosniaca Beck.(鸢尾科)
波斯欧夏至草 Marrubium persicum C.A.M.(唇形科)
波斯婆婆纳(苏南植物手册)=阿拉伯婆婆纳
波斯嵩草 Kobresia persica Kükenth. & Bornm. (莎草科)
波斯小麦 Triticum turgidum var. carthlicum (Nevski) Yan ex P.C.Kuo(禾本科)
波斯鸢尾 Iris persica L.(鸢尾科)
波斯枣(本草拾遗)=海枣
波斯皂荚(植物志 39)=腊肠树
波斯毡毛槭 Acer velutinum var. glabrescens (Boiss. & Buhse) Rehd.(槭树科)
波斯珍珠郁金香 Tulipa pulchella var. persian pearl Hort.(百合科)
波纹柳(植物志 20-2)=谷柳
波纹蕗蕨 Mecodium crispatum (Wall.) Cop.(膜蕨科),*波翅路蕨*
波喜荡 Posidonia australis HK.f.(眼子菜科)
波喜荡属 Posidonia König.(眼子菜科)
波叶大黄 Rheum undulatum L.(蓼科),*山大黄*,*台黄*,*唐大黄*,*土大黄*,*峪黄*,*籽黄*
波叶杜鹃 Rhododendron hemsleyanum Wils.(杜鹃花科)
波叶鄂报春 Primula obconica subsp. werringtonensis (Forr.) W.W.Sm. & Forr.(报春花科)
波叶梵天花 Urena repanda Roxb.(锦葵科)
波叶凤尾蕨 Pteris undulatipinna Ching ex Ching & S.H.Wu(蕨科)
波叶海菜花 Ottelia acuminata var. crispa (Hand.-Mazz.) H.Li (水鳖科)
波叶海桐 Pittosporum undulatifolium Chang & Yan(海桐花科)
波叶红果树(新)Stranvaesia davidiana var. undulata (Dcne.) Rehd. & Wils.(蔷薇科),*红果树波叶变种*
波叶栝楼 Trichosanthes cucumeroides var. dicoelosperma (C.B.Clarke) S.K.Chen(葫芦科)
波叶美洲茶 Ceanothus foliosus Parry (鼠李科)
波叶木巴戟 Morinda undulata Y.Z.Ruan(茜草科)
波叶青牛胆 Tinospora crispa (L.) HK.f. & Thoms. (防己科),*发冷藤*,*隔夜找娘*,*金鸡纳藤*,*克赛麻套*,*癞浆藤*,*绿包藤*,*绿藤*,*千里找根*,*小粒藤*
波叶忍冬(东北木本志)=葱皮忍冬
波叶山蚂蝗(台湾志)=长波叶山蚂蝗
波叶十大功劳 Mahonia ×undulata (Hort.) Ahrendt (小檗科)
波叶土蜜树 Bridelia montana (Roxb.) Willd.(大戟科)
波叶新木姜子 Neolitsea undulatifolia (Lévl.) Allen (樟科)
波叶鸭跖草(西藏志)=波缘鸭跖草
波叶延龄草 Trillium undulatum Willd.(百合科)
波叶异木患 Allophylus caudatus Radlk.(无患子科)
波叶玉簪 Hosta undulata Bailey (百合科)

波叶锥茅 Thyrsia undulatifolia (Chiovenda) Robyns (禾本科)
波叶紫金牛(高等图鉴)=细罗伞
波叶醉鱼草 Buddleja officinalis var. sinuato-dentata Hemsl.(马钱科)
波缘艾纳香(广西植物名录)=六耳铃
波缘报春 Primula sinuata Franch.(报春花科), *齿裂苞叶报春*
波缘赤车 Pellionia subundulata W.T.Wang(荨麻科)
波缘楤木 Aralia undulata Hand.-Mazz.(五加科), *紫红伞,董睡*
波缘大参 Macropanax undulatus (Wall.) Seem.(五加科), *光缘大葠,优美大参,小羊角兰*
波缘冬青(海南志)=齿叶冬青
波缘风毛菊 Saussurea undulata Hand.-Mazz.(菊科)
波缘凤仙花 Impatiens undulata Y.L.Chen & Y.Q.Lu (凤仙花科)
波缘冷水花 Pilea cavaleriei Lévl.(荨麻科), *打不死,肉质冷水花,石花菜,石西洋菜,石苋菜,石油菜,岩油菜*
波缘榕 Ficus undulata S.S.Chang (桑科)
波缘水竹叶 Murdannia undulata Hong(鸭跖草科)
波缘香青(新)Anaphalis bicolor var. undulata (Hand-Mazz.) Ling(菊科), *二色香青波缘变种*
波缘鸭跖草 Commelina undulata R.Br.(鸭跖草科), *波叶鸭跖草*
波缘珍珠菜 Lysimachia tsaii C.M.Hu(报春花科)
波缘中华槭 Acer sinense var. undulatum Fang & Wu(槭树科)
波燕(广西龙州)=假鹰爪
波状补血草 Limonium sinuatum (L.) Mill.(白花丹科)
波状大齿槭 Acer grandidentatum var. sinuosum (Rehd.) Little (槭树科)
波状海桐 Pittosporum undulatum Venten.(海桐花科)
波状金丝桃 Hypericum undulatum Schousb.(藤黄科)
波状蕾丽兰 Laelia undulata (Lindl.) L.O.Wms.(兰科)
波状秋海棠 Begonia undulata Schott (秋海棠科)
玻璃草(浙江)=三角形冷水花
玻璃翠(植物志 47-2)=苏丹凤仙花
玻璃虎爪 Haworthia translucens Haw.(百合科)
玻璃莲 Haworthia cymbiflorumis (Haw.) Duval.(百合科), *宝草*
玻黎维亚蟹爪兰 Zygopetalum bolivianum Schltr. (兰科)
玻里鳞毛蕨 Dryopteris borreri Newm.(鳞毛蕨科)
玻利秋海棠 Begonia boliviensis A.DC.(秋海棠科)
玻利维亚核桃 Juglans boliviana (DC.) Dode.(胡桃科)
玻利维亚密叶小檗 Berberis densifolia Rusby (小檗科)
玻氏蕨 Bommeria chrenbergiana (Kl.) Underw.(裸子蕨科)
玻氏蕨属 Bommeria Fournier (裸子蕨科)
剥皮倒挂金钟 Fuchsia excorticata L.f.(柳叶菜科)
剥皮树(云南屏边)=鼠皮树
菠菜 Spinacia oleracea L.(藜科), *菠薐,菠薐草,波棱菜,赤根菜,波斯菜,刺蒺藜*
菠菜属 Spinacia L.(藜科), *菠薐属,菠薐菜属*
菠薐(嘉祐本草)=菠菜
菠薐菜(图考)=菠菜
菠薐菜属(科属检索表)=**菠菜属**
菠薐属(北部植物图志)=**菠菜属**
菠里克果(维吾尔名)=爪瓣山柑
菠萝(山东)=枹栎
菠萝(图考)=凤梨
菠萝草(湖南药物志)=细叶鼠麴草
菠萝麻(种子植物名称)=剑麻
菠萝球 Coryphantha pycnacantha (Mart.) Lem.(仙人掌科)
菠萝球属 Coryphantha (Engelm.) Lem.(仙人掌科), *顶花球属*
菠萝筒(福建)=博落回
菠奴斯提攀登(新疆)=美国皂荚
菠锡岗属(科属辞典)=**奶子藤属**
播娘蒿 Descurainia sophia (L.) Webb. ex Prantl (十字花科), *华东葶苈,麦蒿,麦里蒿,眉毛蒿,米米蒿,南葶苈,婆婆蒿,甜葶苈,葶勒子,野芥菜*
播娘蒿属 Descurainia Webb & Berth.(十字花科)
播穴(西双版纳哈尼语)=琴叶风吹楠
播穴黑(西双版纳哈尼语)=滇南风吹楠
伯塞氏虎耳草 Saxifraga burseriana L.(虎耳草科)
伯衡槭(分类学报)=富宁槭
伯杰小檗 Berberis bergeriana Schneid.(小檗科)
伯拉氏柱瓣兰 Epidendrum brassavolae Rchb.f.(兰科)
伯乐秋海棠(广西药用植物名录)=癞叶秋海棠
伯乐树 Bretschneidera sinensis Hemsl.(伯乐树科), *钟萼木,冬桃,山桃树*
伯乐树科 Bretschneideraceae, *钟萼木科*
伯乐树属 Bretschneidera Hemsl.(伯乐树科)
伯乐小檗(新拉汉英)=紫果小檗
伯罗那槭 Acer peronai Schwer (槭树科)
伯纳德百合 Anthericum liliago L.(百合科)
伯努斯特小檗 Berberis benoistiana Macbride (小檗科)
伯日-潢格(蒙名)=紫草
伯氏芦苇 Phragmites communis var. berlandieri (Fourmier) Fernald (禾本科)
伯氏马先蒿 Pedicularis petimenginii Bonati(玄参科)
伯氏梯牧草 Phleum bertolonii DC.(禾本科)
孛孛栎(植物志 22)=锐齿槲栎
驳骨草(广东)=笔管草
驳骨草(广西药用名录)=小驳骨
驳骨草属 Gendarussa Nees(爵床科), *接骨草属,尖尾凤属*
驳骨丹(海南)=白背枫
驳骨丹(生草药性备要)=小驳骨
驳骨丹醉鱼草(云南植物研究)=白背枫
驳骨九节 Psychotria praimii Lévl.(茜草科), *花叶九节,小功劳,百样花,茶山豆,毛九节*
驳骨木(广西)=大叶桂樱
驳骨木(广西)=圆锥绣球
驳骨树(广州)=木麻黄
驳骨松(高等图鉴)=木麻黄
驳骨藤(广西)=小叶买麻藤
驳骨消(广西)=活血丹
驳骨消(广西药用名录)=小驳骨
驳骨消(岭南采药录)=鸡骨香
驳节茶(岭南采药录)=草珊瑚
驳节莲树(海南)=草珊瑚
驳筋条(广西)=曲轴海金沙
狛骨消(台湾植物名录)=山香
勃拉蔷薇(经济植物手册)=铁杆蔷薇
勃朗蔷薇(经济植物手册)=复伞房蔷薇
勃雷铁角蕨 Asplenium breynii Retz.(铁角蕨科)
勃莉脱水晶兰 Monotropa brittonii Small.(鹿蹄草科)
勃逻回(四川)=博落回
勃氏臭草(禾本科图说)=甘肃臭草
勃氏棘豆(新疆检索表)=哈密棘豆
勃氏碱茅 Puccinellia przewalskii Tzvel.(禾本科)
勃氏麻竹(南大学报)=勃氏甜龙竹
勃氏拟水龙骨 Polypodiastrum prainii (Bedd.) Ching (水龙骨科)
勃氏甜龙竹 Dendrocalamus brandisii (Munro) Kurz (禾本科), *勃氏麻竹,甜竹,甜龙竹*
勃藤子(广西横县)=疏花铁青树
钹儿草(本草纲目拾遗,引百草镜)=活血丹
桲藤(新拉汉英)=杖藤
舶茴香(纲目)=八角茴香
舶梨榕 Ficus pyriformis HK. & Arn.(桑科), *梨状牛奶子,梨果榕,水石榴,梨状牛乳子,唐柄榕*
博尔-图柳格(内蒙古)=紊蒿
博弗德小檗 Berberis beauverdiana Schneid.(小檗科)
博格多山棘豆 Oxytropis bogdoschanica Jurtz.(豆科)
博根藤(高等图鉴)=粉背南蛇藤
博湖苇群 Phragmites australis grex bestengenes L.Liu(禾本科)
博洛塔绢蒿 Seriphidium borotalense (Poljak.) Ling & Y.R.Ling(菊科)
博落(云南漾鼻)=黄水枝
博落回 Macleaya cordata (Willd.) R.Br.(罂粟科), *菠萝筒,勃勒回,勃逻回,大叶莲,号筒草,号筒杆,号筒管,号筒树,黄薄荷,黄杨杆,空洞草,喇叭筒,喇叭竹,落回,三钱三,山火筒,山梧桐,通天大黄,土霸王,野麻杆*
博落回属 Macleaya R.Br.(罂粟科)
博宁杜鹃花 Rhododendron boninense Nakai (杜鹃花科)
博如藤(俗称)=黑鳗藤
博氏碎米荠 Cardamine bodinieri (H.Lévl.) Lauener (十字花科)
博西埃亚小檗 Berberis boissieri Schneid.(小檗科)
博依斯鸢尾 Iris boissieri Henr.(鸢尾科)
博知莫格(蒙语)=碱蒿
博知莫格(蒙语)=莳萝蒿
渤海滨南牡蒿 Artemisia eriopoda var. maritima Ling & Y.R.Ling(菊科)
渤生楼梯草 Elatostema beshengii W.T.Wang(荨麻科)
鹁鸪梢(浙江)=中华胡枝子
鹁鸪酸(浙江草药)=酢浆草
薄瓣节节菜 Rotala pentandra (Roxb.) Blatt. & Hallb. (千屈菜科), *荡瓣节节菜*
薄瓣悬钩子 Rubus piptopetalus Hay.(蔷薇科), *虎婆刺,虎梅刺*
薄苞风毛菊 Saussurea leptolepis Hand.-Mazz.(菊科)
薄壁箭竹 Fargesia tenuilignea Yi (禾本科)

薄茶树(广东)=罗勒
薄菖蒲(广东)=石菖蒲
薄翅猪毛菜 Salsola pellucida Litv.(藜科)
薄唇粉蝶兰(台兰科图鉴)=狭瓣舌唇兰
薄唇蕨(蕨类名词及名称)=似薄唇蕨
薄唇蕨 Leptochilus axillaris (Cav.) Kaulf.(水龙骨科)
薄唇蕨属 Leptochilus Kaulf.(水龙骨科),*莱蕨属,网囊蕨属*
薄唇隐柱兰 Cryptostylis leptochila FvM. ex Benth (兰科)
薄斗青冈 Cyclobalanopsis tenuicupula Y.C.Hsu & H.W.Jen(壳斗科)
薄萼海桐 Pittosporum leptosepalum Gowda(海桐花科)
薄萼假糙苏 Paraphlomis membranacea C.Y.Wu & H.W.Li(唇形科)
薄萼马蓝(湖北植物大全)=翅柄马蓝
薄萼坡油甘(台湾志)=缘毛合叶豆
薄稃草(新拉汉英)=华薄稃草(新)
薄稃草 Leptoloma cognatum (Schult.) A.Chase (禾本科)
薄稃草属 Leptoloma A.Chase (禾本科)
薄盖短肠蕨 Allantodia hachijoensis (Nakai) Ching (蹄盖蕨科)
薄革叶冬青 Ilex subcoriacea Z.M.Tan(冬青科)
薄果草 Dapsilanthus disjunctus Mast.(帚灯草科)
薄果草属 Dapsilanthus R.Br.(帚灯草科)
薄果猴欢喜 Sloanea leptocarpa Diels(杜英科),*北碚猴欢喜*
薄果荠 Hornungia procumbens (L.) Hayek(十字花科)
薄果荠属 Hornungia Reich.(十字花科)
薄果森林榕 Ficus neriifolia var. fieldingii (Miq.) Corner(桑科)
薄蒿(四川康定)=沙蒿
薄核冬青 Ilex tenuis C.J.Tseng(冬青科)
薄核藤 Natsiatum herpeticum Buch.-Ham. ex Arn. (茶茱萸科)
薄核藤属 Natsiatum Buch.-Ham. ex Arn.(茶茱萸科)
薄荷(广东)=疏柔毛罗勒
薄荷(广东阳山)=广防风
薄荷(广西)=小花荠苎
薄荷(湖北)=紫苏
薄荷(陕西,四川青川) =小荆芥
薄荷(四川,湖北,江西,浙江)=藿香
薄荷草(广东)=疏柔毛罗勒
薄荷树(广东)=疏柔毛罗勒
薄荷叶(台湾青草药)=东北薄荷
薄荷属 Mentha L.(唇形科)
薄荷子(江西寻乌)=藿香
薄荷 Mentha canadensis L.(唇形科),*古尔蒂,见肿消,接骨草,南薄荷,仁膜,水薄荷,水益母,土薄荷,香薷草,野薄荷,野仁丹草,夜息香,鱼香草*
薄荚羊蹄甲 Bauhinia delavayi Franch.(豆科),*德氏羊蹄甲*
薄姜木(树木分类学)=山牡荆
薄壳红山茶 Camellia tenuivalvis Chang(山茶科)
薄壳山核桃(分类学报)=美国山核桃
薄鳞菊 Chartolepis intermedia Boiss.(菊科)
薄鳞菊属 Chartolepis Cass.(菊科)
薄鳞蕨属 Leptolepidium Hsing & S.K.Wu(中国蕨科)
薄毛粗叶榕 Ficus hirta var. imberbis Gagn.(桑科),*三指佛掌榕*
薄毛茸荚红豆 Ormosia pachycarpa var. tenuis Chun ex R.H.Chang(豆科)
薄毛委陵菜 Potentilla inclinata Vill.(蔷薇科)
薄膜蕨 Leptopteris fraseri (HK. Etr Grev.) Presl (紫萁科)
薄膜蕨属 Leptopteris Presl (紫萁科)
薄皮杜鹃 Rhododendron taronense Hutch.(杜鹃花科)
薄皮果松(新拉汉英)=食松
薄皮酒饼簕 Atalantia henryi (Swigle) Huang(芸香科),*亨利酒饼簕*
薄皮木 Leptodermis oblonga Bge.(茜草科),*白柴*
薄皮松罗(台湾)=红桧
薄片变豆菜 Sanicula lamelligera Hance(伞形科),*大肺经草,鹅掌脚草,肺筋草,散血草,山芹菜,乌豆草,野芹菜,一支箭*
薄片椆(高等图鉴)=薄片青冈
薄片杜鹃 Rhododendron tenuilaminare Tam(杜鹃花科)
薄片海桐 Pittosporum tenuivalvatum Chang & Yan (海桐花科)
薄片青冈 Cyclobalanopsis lamellosa (Smith) Oerst. (壳斗科),*薄片椆*
薄槭藤属(科属辞典)=**帘子藤属**
薄氏花椒(华北经济志要)=西康花椒
薄氏桦(植物地 21)=糙皮桦
薄蒴草 Lepyrodiclis holosteoides (C.A.Mey.) Fisch. & Mey.(石竹科)
薄蒴草属 Lepyrodiclis Fenzl (石竹科)
薄颓子(本草纲目)=胡颓子
薄托木姜子 Litsea vang Lec.(樟科)
薄箨茶竿竹 Pseudosasa amabilis var. tenuis S. L.Chen & G.Y.Sheng(禾本科)
薄旋叶香青(新)Anaphalis contorta var. pellucida (Franch.) Ling(菊科),*旋叶香青薄叶变种*
薄雪草(植物学大辞典)=薄雪火绒草
薄雪火绒草 Leontopodium japonicum Miq.(菊科),*火艾,薄雪草,小白头翁,小毛香,火绒草*
薄雪火绒草厚茸变种(植物志 75)=厚茸火绒草
薄雪火绒草小头变种(植物志 75)=小头薄雪火绒草
薄叶柏拉木 Blastus tenuifolius Diels(野牡丹科)
薄叶箆子杉(海南志)=西双版纳粗榧
薄叶变种(植物志 65-2)=大理糙苏
薄叶变种(植物志 66)=叶穗香茶菜
薄叶滨紫草 Mertensia pallassi (Ledeb.) G.Don (紫草科)
薄叶薄鳞蕨 Leptolepidium dalhousiae (HK.) Hsing & S.K.Wu(中国蕨科)
薄叶长柄报春 Primula leptophylla Craib(报春花科)
薄叶翅膜菊 Alfredia acantholepis Kar. & Kir. (菊科),*土升麻,亚飞廉*
薄叶唇柱苣苔 Chirita tenuifolia W.T.Wang(苦苣苔科)
薄叶翠蕨 Anogramma leptophylla (L.) Link(裸子蕨科)
薄叶滇榄仁 Terminalia franchetii var. membranifolia Chao(使君子科),*薄叶夫兰氏榄仁*
薄叶冬青(树木分类学)=薄叶山矾
薄叶冬青 Ilex fragilis HK.f.(冬青科),*扁果冬青,绿皮子*
薄叶杜茎山 Maesa macilentoides C.Chen(紫金牛科)
薄叶耳蕨 Polystichum bakerianum (Atkins ex Bak.) Diels(鳞毛蕨科),*淦叶高山耳蕨*
薄叶粉报春 Primula membranifolia Franch.(报春花科),*膜叶报春*
薄叶风筝果 Hiptage leptophylla Hay.?(金虎尾科)
薄叶夫兰氏榄仁(分类学报)=薄叶滇榄仁
薄叶高山栎(云南志)=澜沧栎
薄叶黑钩叶(海南志)=薄叶雀舌木
薄叶红厚壳(海南志,植物志 50-2)=薄叶胡桐
薄叶猴耳环 Pithecellobium utile Chun & How (豆科)
薄叶胡桐 Calophyllum membranaceum Gardn. & Champ.(藤黄科),*薄叶红厚壳,独角风,独筋猪尾,横经席,皮子黄,梳篦木,碎骨莲,铁打将军,小果海棠木*
薄叶胡颓子 Elaeagnus thunbergii Serv.(胡颓子科)
薄叶鸡蛋参 Codonopsis convolvulacea var. vinciflora (Kom.) L.T.Shen(桔梗科),*辐冠党参*
薄叶姬蕨 Hypolepis tenuifolia (Forst.) Benth. (姬蕨科)
薄叶棘豆(豆科图说)=山泡泡
薄叶蓟 Cirsium tenuifolium Shih(菊科)
薄叶嘉赐木(台湾志)=膜叶脚骨脆
薄叶嘉赐树(台高等图志)=膜叶脚骨脆
薄叶假柴龙树 Nothapodytes obscura C.Y.Wu (茶茱萸科)
薄叶假耳草(高等图鉴)=薄叶新耳草
薄叶介蕨(蕨类形态)=绿叶介蕨
薄叶金花茶 Camellia chrysanthoides Chang(山茶科)
薄叶景天 Sedum leptophyllum Fröd.(景天科)
薄叶卷柏 Selaginella delicatula (Desv.) Alston (卷柏科),*地柏,岩卷柏,山枝柏*
薄叶卷毛梾木 Swida ulotrida var. leptophylla W. K.Hu (山茱萸科)
薄叶栲(植物志 22)=薄叶锥
薄叶柯 Lithocarpus tenuilimbus H.T.Chang (壳斗科)
薄叶孔雀铁角蕨(台湾志)=齿果铁角蕨
薄叶栝楼 Trichosanthes wallichiana (Ser.) Wight (葫芦科)
薄叶兰属 Lycaste Lindl.(兰科),*丽卡斯特兰属*
薄叶蓝刺头 Echinops tricholepis Schrenk(菊科)
薄叶蓝果树 Nyssa leptophylla Fang & Chen(蓝果树科)
薄叶鳞盖蕨 Microlepia tenera Christ(碗蕨科),*嫩毛蕨*
薄叶柃 Eurya leptophylla Hay.(山茶科)
薄叶柳叶菜(西藏)=滇藏柳叶菜
薄叶龙船花 Ixora finlaysoniana Wall. ex G.Don (茜草科),*大苞龙船花,乌茶木*
薄叶楼梯草 Elatostema tenuifolium W.T.Wang (荨麻科)
薄叶驴蹄草(中药辞海)=膜叶驴蹄草
薄叶麻花头 Serratula marginata Tausch.(菊科)
薄叶马蓝(广西植物)=贵阳黄猄草
薄叶马银花 Rhododendron leptothrium Balf.f. & Forr.(杜鹃花科)
薄叶买麻藤 Gnetum tenuifolium Ridl.(买麻藤科)
薄叶毛(植物研究)=秦氏毛蕨
薄叶美花草 Callianthemum angustifolium Witasek (毛茛科)

薄叶猕猴桃 Actinidia leptophylla C.Y.Wu(猕猴桃科)

薄叶密花艾纳香 Blumea densiflora var. hookeri (C.B.Clarke ex HK.f.) Chang & Tseng(菊科)

薄叶南蛇藤 Celastrus hypoleucoides P.L.Chiu (卫矛科)

薄叶囊瓣芹 Pternopetalum leptophyllum (Dunn) Hand.-Mazz.(伞形科)

薄叶拟肋毛蕨(台湾志)=薄叶轴脉蕨

薄叶爬藤榕(植物志 23-1)=尾尖爬藤榕

薄叶桤木 Alnus tenuifolia Nutt.(桦木科)

薄叶桤叶树 Clethra cavaleriei var. leptophylla L.C.Hu (桤叶树科)

薄叶槭 Acer tenellum Pax(槭树科),*瘦槭*

薄叶荠苨 Adenophora remotiflora (S. & Z.) Miq. (桔梗科)

薄叶青冈 Cyclobalanopsis saravanensis (A. Camus) Hjielm.(壳斗科)

薄叶秋海棠(云南植物名录)=圆翅秋海棠

薄叶球兰 Hoya mengtzeensis Tsiang & P.T.Li (萝藦科)

薄叶雀舌木 Leptopus australis (Zoll. & Morr.) Pojark. (大戟科),*薄叶黑钩叶*

薄叶润楠 Machilus leptophylla Hand.-Mazz.(樟科),*华东楠,大叶楠,薄叶桢楠*

薄叶森林榕 Ficus neriifolia var. nemoralis (Wall. ex Miq.) Corner(桑科)

薄叶山橙 Melodinus tenuicaudatus Tsiang & P.T.Li (夹竹桃科)

薄叶山矾 Symplocos anomala Brand(山矾科),*薄叶冬青,台湾山矾*

薄叶山柑 Capparis tenera Dalz.(山柑科)

薄叶山梅花 Philadelphus tenuifolius Rupr. ex Maxim.(虎耳草科),*堇叶山梅花*

薄叶山楂(东北检索表)=山楂海棠

薄叶肾蕨 Nephrolepis delicatula (Decne.) Pichi-Serm. (肾蕨科)

薄叶十大功劳 Mahonia tenuifolia (Lindl.) Loud. ex Steud.(小檗科)

薄叶石笔木 Tutcheria tenuifolia Chang(山茶科)

薄叶梳毛蕨(台湾志)=蝶状毛蕨

薄叶鼠李 Rhamnus leptophylla Schneid.(鼠李科),*白赤木,白色木,打枪子,绛梨木,郊李子,嚼连根,蜡子树,孟子根,细叶鼠李,叶铃子*

薄叶双盖蕨(分类学报)=黄志短肠蕨

薄叶双盖蕨 Diplazium pinfaense Ching(蹄盖蕨科),*镰羽双盖蕨*

薄叶水锦树 Wendlandia bouvardioides Hutch. (茜草科),*红花水锦树*

薄叶水龙骨(西藏志)=栗柄水龙骨

薄叶碎米蕨 Cheilosoria tenuifolia (Burm.) Trev. (中国蕨科),*狭叶蕨,山兰根,黑骨蕨*

薄叶蹄盖蕨 Athyrium delicatulum Ching & S.K. Wu (蹄盖蕨科),*草地蹄盖蕨,滇中蹄盖蕨,亮叶蹄盖蕨,疏果蹄盖蕨,西南蹄盖蕨,兴安蹄盖蕨,雅安蹄盖蕨,竹友蹄盖蕨*

薄叶天名精 Carpesium leptophyllum Chen & C. M.Hu (菊科)

薄叶铁角蕨(台湾志)=齿果铁角蕨

薄叶铁角蕨(台湾志)=细裂铁角蕨

薄叶铁线莲 Clematis gracilifolia Rehd. & Wils. (毛茛科)

薄叶凸轴蕨 Metathelypteris flaccida (Bl.) Ching (金星蕨科)

薄叶兔儿风 Ainsliaea mattfeldiana Hand.-Mazz. (菊科)

薄叶碗蕨 Dennstaedtia leptophylla Hay.(碗蕨科)

薄叶委陵菜 Potentilla ancistrifolia var. dickinsii (Franch. & Sav.) Koidz.(蔷薇科)

薄叶乌头 Aconitum fischeri Reichb.(毛茛科)

薄叶无心菜(高原集刊)=线叶无心菜

薄叶喜树 Camptotheca acuminata var. tenuifolia Fang & Soong(蓝果树科)

薄叶新耳草 Neanotis hirsuta (L.f.) Lewis(茜草科),*见肿消,薄叶假耳草*

薄叶蕈树 Altingia tenuifolia Chun ex Chang(金缕梅科)

薄叶牙蕨 Pteridrys cnemidaria (Christ) C.Chr. & Ching(叉蕨科),*云南牙蕨*

薄叶崖豆 Millettia pubinervis Kurz(豆科)

薄叶羊蹄甲 Bauhinia glauca subsp. tenuiflora (Watt ex C.B.Clarke) K. & S.S.Larsen(豆科)

薄叶野丁香 Leptodermis velutiniflora var. tenera Lo(茜草科)

薄叶野桐(浙江药志)=野桐

薄叶阴地蕨 Botrychium daucifolium Wall.(阴地蕨科),*西南小阴地蕨,一朵云*

薄叶玉凤花 Habenaria austrosinensis T.Tang & F.T.Wang(兰科)

薄叶玉心花 Tarenna gracilipes (Hay.) Ohwi(茜草科)

薄叶鸢尾 Iris leptophylla Lingelsheim(鸢尾科),*茅具蒿*

薄叶越桔 Vaccinium membranaceum L.(杜鹃花科),*膜质越桔*

薄叶桢楠(高等图鉴)=薄叶润楠

薄叶蜘蛛抱蛋 Aspidistra attenuata Hay.(百合科)

薄叶轴脉蕨(新拉汉英)=薄轴脉蕨(新)

薄叶轴脉蕨 Ctenitopsis dissecta (Forst.) Ching (叉蕨科),*薄叶拟肋毛蕨*

薄叶朱砂杜鹃 Rhododendron tenuifolium R.C. Fang & S.H.Huang(杜鹃花科)

薄叶猪屎豆 Crotalaria peguana Benth. ex Baker (豆科),*庇古猪屎豆*

薄叶锥 Castanopsis tcheponensis Hick. & A. Camus (壳斗科),*薄叶栲*

薄羽凤尾蕨(新)Pteris leptophylla Sw.(凤尾蕨科),*细羽凤尾蕨*

薄轴脉蕨(新)Ctenitopsis tenuifrons (Hay.) Ching & C.H.Wang (叉蕨科),*薄叶轴脉蕨*

薄竹 Schizostachyum chinense Rehdle (禾本科),*华思劳竹*

薄竹属 Leptocanna Chia & H.L.Fung (禾本科)

薄柱草 Nertera sinensis Hemsl.(茜草科)

薄柱草属 Nertera Banks ex J.Gaertn.(茜草科)

薄子木 Leptospermum laevigatum F.V.Muell. (桃金娘科),*澳洲茶*

薄子木属 Leptospermum Forst.(桃金娘科)

异形刺小檗 Berberis heteracantha Ahrendt (小檗科)

簸箕柳 Salix suchowensis Cheng (杨柳科)

簸赭子(图考)=铁仔

擘蓝 Brassica oleracea var. gongylodes L.(十字花科),*甘蓝,芥兰头,芥蓝头,撇蓝,苤蓝,茄连,玉蔓菁,玉头,球茎甘蓝*

檗木(神农本草经)=川黄檗

檗木(神农本草经)=黄檗

檗状美登木(云南植物研究)=小檗美登木

Bu

卜古雀(植物志 67-1)=海南茄

卜古笃(植物志 67-1)=海南茄

卜芥(广西)=尖尾芋

卜力查得棕属 Pritchardia Weem. & H.Wendl. (棕榈科)

卜罗草(中草药汇编)=小赤车

卜茹根(广西玉林)=海芋

卜氏草属,匍茅属(新拉汉英)=**碱茅属**

卜谢罗玛切瓦(藏名)=卵叶贝母兰

补刀藤(广西药用名录)=小果葡萄

补骨鸱(图经本草)=补骨脂

补骨灵(云南志)=云南金叶子

补骨灵(云南中草药选)=滇桐

补骨脂 Psoralea corylifolia L.(豆科),*补骨鸱,川故子,黑故纸,胡韭子,怀故子,婆故纸,破故纸*

补骨脂属 Psoralea L.(豆科)

补锅树(中草药汇编)=土蜜树

补朗袜(麻栗坡岩石龙语)=木竹子

补南宝(麻栗坡崩龙语)=山木瓜

补脑根(中草药汇编)=土蜜树

补氏绣线菊(经济植物手册)=绣球绣线菊

补血草(湖北)=荷青花

补血草(新疆中草药)=大叶补血草

补血草(云南中草药)=鸡蛋参

补血草 Limonium sinense (Girard) Ktze.(白花丹科),*白花玉钱香,匙叶草,匙叶矶松,鲂仔草,海菠菜,海赤芍,海金黄,海萝卜,海蔓,海蔓荆,华矶松,华蔓荆,土地榆,盐云草,中华补血草*

补血草属 Limonium Mill.(白花丹科)

补血丹(河南嵩县)=无毛白透骨消(新)

补血王(湖南药物志)=薜荔

补药(云南)=松下兰

补阴丹(中草药汇编)=披针叶胡颓子

捕虫草(福建,广东)=茅膏菜

捕虫草(陆川本草)=猪笼草

捕虫堇(科属辞典)=高山捕虫堇

捕虫堇属 Pinguicula L.(狸藻科)

捕蝇草(广东,海南)=长叶茅膏菜

捕蝇草(云南中草药)=茅膏菜

捕蝇草 Dionaea muscipula Ellis (茅膏菜科)

捕蝇草属 Dionaea Ellis (茅膏菜科)

不赔各尔迎克(蒙名)=祁白芷

不出林(广西)=紫金牛

不待劳(云南)=伞形紫金牛

不丹垂头菊 Cremanthodium bhutanicum Ludlow (菊科)

不丹杜鹃 Rhododendron griffithianum Wight (杜鹃花科),*长萼杜鹃*

不丹红景天(分类学报增刊)=柴胡红景天

不丹厚喙菊 Dubyaea bhotanica (Hutch.) Shih (菊科)

不丹黄芪(豆科图说)=地八角

不丹柳 Salix bhutanensis Flod.(杨柳科),*丝柱柳*

不丹龙胆(新)Gentiana capitata var. strobiliformis C.B.Clarke?(龙胆科)

不丹松 Pinus bhutanica Grier. et al.(松科)

不丹嵩草 Kobresia prainii Kükenth.(莎草科),*日喀则嵩草*

不丹葶苈 Draba bhutanica H.Hara(十字花科)

不丹小花小檗 Berberis micrantha Ahrendt (小檗科)

不丹蝇子草 Silene indica var. bhutanica (W.W. Sm.) Bocquet(石竹科)

不丹紫堇 Corydalis dorjii D.G.Long(罂粟科)

不丹醉鱼草 Buddleja macrostachya var.griffithii C.B.Clarke(马钱科)

不等裂马先蒿 Pedicularis inaequilobata Tsoong (玄参科)

不凋草(日华子本草)=巴戟天

不定十大功劳 Mahonia incerta Fedde (小檗科)
不定卫矛 Euonymus incertus Pitard.(卫矛科)
不对称榕(云南植物名录)=歪叶榕
不凡杜鹃 Rhododendron insigne Hemsl. & Wils. (杜鹃花科)
不脸草(福建南靖)=石荠苎
不列思多棕属 Prestoea HK.f.(棕榈科)
不裂果香草 Lysimachia evalvis Wall.(报春花科)
不碌果(广东)=木竹子
不明显秋海棠 Begonia obscura Brade (秋海棠科)
不齐齿黄芩(植物志 65-2)=仰卧黄芩
不求人(广西全州) =天南星
不三棱(药材资料汇编)=黑三棱
不实雀麦(新拉汉英)=贫育雀麦
不实燕麦 Avena sterilis L.(禾本科)
不死草(滇南本草)=多星韭
不死树(纲目拾遗)=榕树
不显翠雀花 Delphinium inconspicum Serg.(毛茛科)
不显龙胆 Gentiana inconspicua H.Sm. (龙胆科), *弯茎龙胆*
不显无心菜 Arenaria inconspicua Hand-Mazz. (石竹科), *不显蚤缀*
不显蚤缀(拉汉名称)=不显无心菜
不显著凤仙花 Impatiens inconspicua Benth.(凤仙花科)
不育带毛蕨(蕨类名词名称)=毛蕨
不育红 Isodon yuennanensis (Hand.-Mazz.) H. Hara (唇形科), *九头狮子草, 小铁牛, 云南香茶菜, 狮子草*
不知春(植物志 40)=黄檀
布布省藤 Calamus bubuensis Becc.(棕榈科)
布菜(河北,山东)=牡蒿
布查早熟禾 Poa bucharica Roshev(禾本科)
布昌南美登木 Maytenus buchananii (Loes.) R. Wilcz.(卫矛科)
布达尔碱茅 Puccinellia ladyginii (Ivan.) Tzvel. (禾本科)
布袋兰 Calypso bulbosa (L.) Oakes(兰科)
布袋兰属 Calypso Salisb.(兰科)
布袋竹(台湾志)=人面竹
布地锦(福建)=血见愁
布顿大麦草 Hordeum bogdanii Wilensky(禾本科)
布尔津柳(Flora 4)=布尔青柳
布尔津柳 Salix bulkingensis Ch.Y.Yang (杨柳科)
布尔津薹草(新) Carex brunnescens (Pers.) Poir.? (莎草科)
布尔曼山香 Hyptis burmanni Benth.(唇形科)
布尔青柳(新)Salix burqinensis C.Y.Yang(杨柳科), *布尔津柳*
布干山杜鹃花 Rhododendron poukanense Maxim. (杜鹃花科)
布根海秘属 Buckinghamia F.J.Muell.(山龙眼科)
布狗尾(海南中草药)=猫尾豆
布谷鸟剪秋罗 Lychnis flos-cuculis L.(石竹科)
布哈尔翠雀花 Delphinium bucharicum M.Pop. (毛茛科)
布河黄芪 Astragalus buchtormensis Pall.(豆科)
布赫塔尔大戟 Euphorbia buchtormensis Meyer ex Ledeb.(大戟科)
布加尔黄芩 Scutellaria bucharica Juz.(唇形科)
布荆(四川,广东)=黄荆
布荆草(福建)=牡荆
布惊(云南志)=山牡荆
布凯蟹爪兰 Zygopetalum bukei Rchb.f.(兰科)
布拉得秋海棠 Begonia bradei Irmsch.(秋海棠科)
布莱省藤 Calamus pulaiensis Becc.(棕榈科)
布赖恩伞形花小檗 Berberis umbellata var. brianii Ahrendt (小檗科)
布兰迪斯小檗 Berberis brandisiana Ahrendt (小檗科)
布兰氏米尔顿兰 Miltonia ×bluntii Rchb.f.(兰科)
布郎兰 Brownleea recurvata Sond.(兰科)
布郎兰属 Brownleea Harv.(兰科)
布朗耳蕨 Polystichum braunii (Spenn.) Fee(鳞毛蕨科), *耳蕨贯众, 贯众, 棕鳞耳蕨*
布朗卷柏 Selaginella braunii Bak.(卷柏科), *毛枝卷柏, 拨云丹, 土柏子, 岩白草*
布勒德木(台湾)=尖瓣野海棠
布勒斯美丽柏 Callitris preissii Miq.(柏科)
布来氏肋枝兰 Pleurothallis blaisdellii S.Wats. (兰科)
布里斯托尔小檗 Berberis bristolensis Ahrendt (小檗科)
布里泽凹叶小檗 Berberis emarginata var. britzensis Schneid.(小檗科)
布林氏兜兰 Paphiopedilum bullenianum (Rchb.f.) Pfitz.(兰科)
布留克(东北)=芥菜疙瘩
布留克(东北)=蔓菁甘蓝
布隆珠蕨(蕨类图说)=高山珠蕨
布鲁尔氏云杉 Picea breweriana S.Watson (松科)
布鲁克杜鹃花 Rhododendron brookeanum Low. ex Lindl.(杜鹃花科)
布鲁墨省藤 Calamus blumei Becc.(棕榈科)
布梅榄叶小檗 Berberis bumeliaefolia Schneid. (小檗科)
布南鸢尾 Iris bucharica M.Foster.(鸢尾科), *空茎鸢尾, 布氏鸢尾*
布荣黑(蒙名)=狗娃花
布瑞氏肋枝兰 Pleurothallis brighamii S.Wats.(兰科)
布舍小檗 Berberis turcomanica var. buhseana (Schneid.) Ahrendt (小檗科)
布施石韦 Pyrrosia boothii (HK.) Ching (水龙骨科)
布什北美香柏 Thuja occidentalis cv. Boothii (柏科)
布氏桉 Eucalyptus blakelyi Maiden(桃金娘科)
布氏地丁(东北药志)=地丁草
布氏旋柱兰 Mormodes buccinator Lindl.(兰科)
布氏鸢尾(新拉汉英)=布南鸢尾
布氏柱瓣兰 Epidendrum boothii (Lindl.) L.O. Wms. (兰科)
布苏夯(西藏)=花苜蓿
布瓦氏草属 Boissiera Hochst. & Steud.(禾本科)
布纹球 Euphorbia obesa HK.f.(大戟科), *奥贝沙*
布亚(维吾尔名)=苦豆子
布衣勒斯(蒙语)=长梗扁桃
布鱼草(云南中草药)=截叶铁扫帚
布渣叶(本草求原)=破布叶
布渣叶(广东)=羊角枘
步步登高(北京)=百日菊
步散(名词审查本)=鱼骨木
步散属(树木分类学)=**鱼骨木属**
步曾槭(分类学报)=勐海槭
簿叶向日葵 Helianthus decapetalus Darl.(菊科)

Cai

才完(青海藏语)=总状绿绒蒿
财级藤(广西)=白鹤藤
采木 Haematoxylon campechianum L.(豆科), *洋苏木*
采木树(广西)=黄梨木
采木属 Haematoxylom L.(豆科)
采叶扁桃 Amygdalus communis var. fragilis f. variegata (Schneid.) Rehd. (蔷薇科)
彩斑胡颓子(新) Elaeagnus pungens var. variegata? (胡颓子科)
彩斑桑勒草(红河中草药)=小蜂斗草
彩虹百合 Lilium iridollae M.G.Henry (百合科)
彩虹瓦韦 Lepisorus iridescens Ching & Y.X.Lin (水龙骨科)
彩花 Acantholimon hedinii Ostenf.(白花丹科)
彩花属 Acantholimon Boiss.(白花丹科), *刺矶松属*
彩丽蛇菰 Balanophora splendida Tam & D.Fang (蛇菰科)
彩木(内蒙)=银灰旋花
彩色鹿蹄草 Pyrola picta Sm.(鹿蹄草科), *白脉鹿蹄草*
彩色猕猴桃 Actinidia deliciosa var. coloris T.H. Lin & X.Y.Xiong (猕猴桃科)
彩色溲疏 Deutzia scabra var. watereri Rehd.(虎耳草科)
彩色梧桐(分类学报)=火桐
彩纹五角枫 Acer mono f. marmoratum (Nichols.) Rehd.(槭树科)
彩叶多花梾木 Cornus florida cv. Welchii (山茱萸科)
彩叶凤梨 Neoregelia carolinae (Ber.) L.B.Sm. (凤梨科)
彩叶凤梨属 Neoregelia L.B.Sm.(凤梨科), *西洋万年青属*
彩叶芦竹(新拉汉英)=变叶芦竹
彩叶绿萝 Scindapsus pictus Hassk.(天南星科)
彩叶球兰 Hoya carnosa var. gushanica W.Xu(萝藦科)
彩叶万年青 Dieffenbachia sequina (L.) Schott (天南星科)
彩叶芋 Caladium hortulanum Birds.(天南星科)
彩云兜兰 Paphiopedilum wardii Summerh(兰科)
睬阿中(藏名)=甘肃雪灵芝
菜豆 Phaseolus vulgaris L.(豆科), *白豆, 白饭豆, 豆角, 粉豆, 六月鲜, 龙爪豆, 三生豆, 四季豆, 唐豆, 唐豇, 隐元豆, 云藊豆, 云豆*
菜豆树 Radermachera sinica (Hance) Hemsl.(紫葳科), *白鹤参, 朝阳花, 大朝阳, 大朗伞, 跌死猫树, 豆角木, 鸡豆木, 豇豆树, 接骨凉伞, 苦苓舅, 辣椒树, 牛尾豆, 牛尾木, 牛尾树, 森木朗伞, 森木凉伞, 山菜豆, 蛇仔豆*
菜豆树属 Radermachera Zoll. & Mor.(紫葳科)
菜豆属 Phaseolus L.(豆科)
菜耳(甘肃)=苍耳
菜甫筋(台湾)=山龙眼
菜菇(藏名)=长刺茶藨子
菜瓜 Cucumis melo var. conomon (Thunb.) Makino (葫芦科), *越瓜, 稍瓜, 白瓜, 生瓜, 羊角瓜*
菜蓟 Cynara scolymus L.(菊科), *食托菜蓟, 洋蓟, 朝蓟*
菜蓟属 Cynara L.(菊科)

菜椒(植物志 67-1)=辣椒
菜蕨 Callipteris esculenta (Retz.) J.Sm. ex Moore & Houlst.(蹄盖蕨科),*过沟菜蕨*
菜蕨属 Callipteris Bory(蹄盖蕨科)
菜壳蒜(贵州民间药物)=楤木
菜木香 Dolomiaea edulis (Franch.) Shih(菊科)
菜氏线蕨(湖南药物志)=褐叶线蕨
菜苔(植物志 33)=青菜
菜头(福建药物志)=萝卜
菜头肾 Championella sarcorrhiza C.Ling(爵床科),*土太子参*
菜王棕 Roystonea oleracea (Jacq.) O.F.Cook (棕榈科)
菜园葱 Allium oleraceum L.(百合科)
菜中菜(北京房山)=普通凤丫蕨
菜子七(湖北神农架)=大叶碎米荠
菜子七(中药大辞典)=白花碎米荠
菜棕 Sabal palmetto Lodd. ex Roem. & Schult.f. (棕榈科),*巴尔麦棕榈*
菜棕属 Sabal Adans.(棕榈科),*萨巴椰子属*,*萨巴尔榈属*
蔡木(图考)=檫木
蔡氏杉(分类学报)=怒江柃
蔡氏马先蒿 Pedicularis tsaii Li(玄参科)
蔡氏崖爬藤 Tetrastigma tsaianum C.Y.Wu(葡萄科)

Can

残飞坠(生草药性备要)=蒲公英
残雪照水型 Armeniaca mume var. pendula f. albiflora T.Y.Chen(蔷薇科)
残竹草(滇南本草整理本)=萹蓄
蚕豆 Vicia faba L.(豆科),*佛豆*,*寒豆*,*胡豆*,*秬豆*,*罗泛豆*,*马齿豆*,*南豆*,*竖豆*,*湾豆*,*夏豆*,*仙豆*
蚕茧草 Polygonum japonicum Meisn.(蓼科),*蚕茧蓼*,*红蓹*,*蓼子草*
蚕茧蓼(植物志 25-1)=蚕茧草
蚕莓(纲目)=蛇莓
蚕羌(青海)=羌活
蚕窝草(峨眉药志)=芒萁
蚕子(湖北巴东)=少毛甘露子

Cang

仓田蹄盖蕨 Athyrium kuratae Serizawa(蹄盖蕨科)
沧江变种(植物志 66,Flora 17)=沧江火把花(新)
沧江糙苏 Phlomis ambigua Hand.-Mazz.(唇形科)
沧江海棠 Malus ombrophila Hand.-Mazz.(蔷薇科)
沧江火把花(新)Colquhounia compta var. mekongensis (W.W.Sm.) Kudo(唇形科),*沧江变种*
沧江锦鸡儿 Caragana kozlowii Kom.(豆科)
沧江南星 Arisaema bonatianum Engl.(天南星科)
沧江蝇子草 Silene monbeigii W.W.Sm.(石竹科),*滇西蝇子草*
沧源赤瓟 Thladiantha sessilifolia var. longipes A.M.Lu & Z.Y.Zhang(葫芦科)
沧源木姜子 Litsea vang var. lobata Lec.(樟科)
沧源树萝卜 Agapetes inopinata Airy-Shaw(杜鹃花科)
苍白菝葜 Smilax retrolexa (F.T.Wang & Tang) S.C.Chen (百合科)
苍白秤钩风 Diploclisia glaucescens (Bl.) Diels (防已科),*穿干墙风*,*电藤*,*粉绿秤钩风*,*过山龙*,*九层皮*,*蛇总管*,*土防已*
苍白灯心草 Juncus przewalskii var. discolor G. Sam. (灯心草科)
苍白杜鹃 Rhododendron tubiforme (Cowan & David.) David.(杜鹃花科),*灰蓝叶杜鹃花*
苍白杜鹃花 Rhododendron pallescens Hutch. (杜鹃花科)
苍白红门兰 Orchis pallens L.(兰科)
苍白黄芩 Scutellaria pallida L.(唇形科)
苍白鸡脚参 Orthosiphon pallidus Royel (唇形科)
苍白龙胆 Gentiana forrestii Marq.(龙胆科)
苍白美洲茶 Ceanothus pallidus Lindl.(鼠李科)
苍白省藤 Calamus pallidulus Becc.(棕榈科)
苍白十大功劳 Mahonia pallida (Hartw.) Fedde (小檗科)
苍白头蕊兰 Cephalanthera pallens (Willd.) L.C. Rich (兰科)
苍白象牙参 Roscoea wardii Cowley(姜科)
苍背木莲 Manglietia glaucifolia Law & Y.F.Wu (木兰科)
苍耻疾(陕西中草药)=苍耳
苍耳 Xanthium sibiricum Patrin(菊科),*敝子*,*菜耳*,*苍耻疾*,*苍耳子*,*苍浪子*,*苍裸子*,*苍子*,*常思*,*痴头婆*,*刺八裸*,*刺儿颗*,*道人头*,*地葵*,*饿虱子*,*胡苍子*,*胡寝子*,*胡臬*,*老苍子*,*绵苍浪子*,*棉螳螂*,*羌子裸子*,*抢子*,*青棘子*,*虱马头*,*野茄*,*野茄猪耳*,*野茄子*,*粘头婆*,*猪耳*,*葈耳*,*臬耳*
苍耳七 (太白山)=鸡腿梅花草
苍耳七属(秦岭志)=**梅花草属**
苍耳叶刺蕊草 Pogostemon xanthiiphyllus C.Y. Wu & Y.C.Huang(唇形科)
苍耳叶狗核桃(云南,高等图鉴)=刺蒴麻
苍耳属 Xanthium L.(菊科)
苍耳子(四川,云南,河南,山东,山西,东北)=苍耳
苍告(陕西丹凤)=藿香
苍椒(陕西)=异叶花椒
苍浪子(植物志 75)=苍耳
苍绿绢蒿 Seriphidium fedtschenkoanum (Krasch.) Poljak.(菊科)
苍裸子(陕西中草药)=苍耳
苍南毛蕨 Cyclosorus cangnanensis Shing & C.F. Zhang (金星蕨科)
苍山白珠 Gaultheria cardiosepala Hand.-Mazz. (杜鹃花科)
苍山贝母(图鉴)=水玉簪
苍山糙苏 Phlomis forrestii Diels(唇形科),*独龙变种*
苍山长梗柳 Salix longissimipedicellaris N.Chao ex P.Y.Mao(杨柳科)
苍山杜鹃 Rhododendron dimitrium Balf.f. & Forr. (杜鹃花科)
苍山凤仙花 Impatiens tsangshanensis Y.L.Chen (凤仙花科)
苍山旱蕨(蕨类形态)=毛旱蕨
苍山虎耳草 Saxifraga tsangchanensis Franch. (虎耳草科)
苍山黄堇 Corydalis delavayi Franch.(罂粟科),*丽江紫堇*
苍山假瘤蕨 Phymatopteris subebenipes (Ching) Pic.Serm.(水龙骨科)
苍山假毛蕨 Pseudocyclosorus ducholuxii (Christ) Ching(金星蕨科)
苍山卷柏 Selaginella vardei Lévl.(卷柏科)
苍山蕨 Ceterachopsis dalhousiae (HK.) Ching (铁角蕨科)
苍山蕨属 Ceterachopsis (J.Sm.) Ching(铁角蕨科)
苍山冷杉 Abies delavayi Franch.(松科),*高山枞*
苍山马先蒿 Pedicularis tsangchanensis Franch. (玄参科)
苍山蔓龙胆 Crawfurdia tsangshanensis C.J.Wu (龙胆科)
苍山毛茛 Ranunculus cangshanicus W.T.Wang (毛茛科)
苍山木蓝 Indigofera forrestii Craib(豆科),*和氏木蓝*
苍山石杉 Huperzia delavayi (Christ & Hert.) Ching (石杉科)
苍山石松 Lycopodium taliense Ching(石松科)
苍山蹄盖蕨 Athyrium biserrulatum Christ(蹄盖蕨科)
苍山铁线蕨 Adiantum sinicum Ching(铁线蕨科)
苍山橐吾 Ligularia tsangchanensis (Franch.) Hand.-Mazz.(菊科),*尖叶橐吾*
苍山乌头 Aconitum contortum Finet & Gagn. (毛茛科),*七星草乌*
苍山香茶菜 Isodon bulleyanus (Diels) Kudô(唇形科),*多叶变种*,*白龙香茶菜*
苍山香青 Anaphalis delavayi (Franch.) Diels(菊科)
苍山越桔 Vaccinium delavayi Franch.(杜鹃花科),*野万年青*,*岩檀香*,*土地瓜*,*山梨儿*
苍山紫地榆(横断山植物)=齿托紫地榆
苍山紫堇(云南)=直梗紫堇
苍山醉鱼草(云南植物名录)=滇川醉鱼草
苍术 Atractylodes lancea (Thunb.) DC.(菊科),*赤术*,*马蓟*,*茅术*,*南花术*,*茅苍术*,*枪头菜*,*青术*,*术*,*仙术*
苍术属 Atractylodes DC.(菊科)
苍梧蛇根草 Ophiorrhiza purpureonervis Lo (茜草科)
苍叶红豆 Ormosia semicastrata f. pallida How(豆科),*鸡眼树*,*假龙眼*,*相思豆*,*鸡弹木*,*红子子树*
苍叶蒲公英 Taraxacum glaucophyllum V.Soest (菊科)
苍叶守宫木 Sauropus garrettii Craib(大戟科),*滇越南菜*
苍蝇草(纲目拾遗)=爵床
苍蝇草(广西)=越南叶下珠
苍蝇草(昆明草药)=绢毛木蓝
苍蝇草(四川)=遍地金
苍蝇花(东北)=二色补血草
苍蝇花(中药志)=鹤草
苍蝇架(东北)=二色补血草
苍蝇王(四川)=茅膏菜
苍子(东北药志)=苍耳

Cao

糙边扁蕾(分类学报)=卵叶扁蕾
糙柄菝葜 Smilax trachypoda Norton(百合科)
糙草 Asperugo procumbens L.(紫草科)
糙草属 Asperugo L.(紫草科)
糙臭草 Melica scaberrima (Nees ex Steud.) HK.f. (禾本科)
糙点栝楼 Trichosanthes dunniana Lévl.(葫芦科)
糙独活 Heracleum scabridum Franch.(伞形科),*滇白芷*
糙耳唐竹 Sinobambusa scabrida Wen (禾本科)
糙稃大麦草 Hordeum turkestanicum Nevski (禾本科)
糙伏点地梅 Androsace strigillosa Franch.(报春花科),*尕滴莫布*
糙果茶 Camellia furfuracea (Merr.) Coh.St.(山茶科)

糙果柯 Lithocarpus trachycarpus A.Camus(壳斗科)
糙果芹 Trachyspermum scaberulum (Franch.) Wolff ex Hand.-Mazz.(伞形科)
糙果芹属 Trachyspermum Link(伞形科)
糙果蜘蛛抱蛋 Aspidistra muricata How ex K.Y. Lang (百合科)
糙果紫堇 Corydalis trachycarpa Maxim.(罂粟科),*省格色巴,甲金刚我巴*
糙虎耳草 Saxifraga aspera L.(虎耳草科)
糙花箭竹 Fargesia scabrida Yi (禾本科)
糙花少穗竹 Oligostachyum scabriflorum (Mc Clure) Z.P.Wang & G.H.Ye (禾本科),*上思竹*
糙花羊茅 Festuca scabriflora L.Liu(禾本科)
糙喙薹草 Carex scabrirostris Kükenth.(莎草科)
糙荚棘豆 Oxytropis muricata (Pall.) DC.(豆科)
糙茎百合 Lilium longiflorum var. scabrum Masamune (百合科)
糙茎无柱兰 Amitostigma monanthum var. forrestii (Schltr.) T.Tang & F.T.Wang(兰科)
糙茎早熟禾 Poa scabriculmis N.R.Cui(禾本科)
糙景天(拉汉名称)=粗糙红景天
糙脉梵天花(海南志)=中华地桃花
糙芒薹草 Carex teres Boott(莎草科)
糙毛报春 Primula blinii Lévl.(报春花科),*羽叶报春*
糙毛变种(Flora 17)=引生草
糙毛变种(植物志 74)=糙毛狗娃花(新)
糙毛翅膜菊 Alfredia aspera Shih(菊科)
糙毛杜鹃 Rhododendron trichocladum Franch.(杜鹃花科)
糙毛鹅观草 Roegneria hirsuta Keng (禾本科)
糙毛风毛菊 Saussurea scabrida Franch.(菊科)
糙毛凤仙花 Impatiens scabrida DC.(凤仙花科)
糙毛狗娃花(新)Heteropappus altaicus var. scaber (Lallem.) Wang(菊科),*糙毛变种*
糙毛黄鹌菜 Youngia pilifera Shih(菊科)
糙毛火筒树 Leea setulifera C.B.Clarke(葡萄科)
糙毛假地豆 Desmodium heterocarpum var. strigosum van Meeuwen (豆科)
糙毛假牛鞭草 Parapholis strigosa (Dumort.) C.E.Hubb. (禾本科)
糙毛蓝刺头 Echinops setifer Iljin(菊科)
糙毛老鹳草(拉汉名称)=刚毛紫地榆
糙毛蓼 Polygonum strigosum R.Br.(蓼科),*水湿蓼*
糙毛龙胆(Flora 16)=不显龙胆
糙毛龙胆 Gentiana pedicellata (D.Don) Wall. ex Griseb.(龙胆科)
糙毛猕猴桃 Actinidia strigosa HK.f. & Thoms.(猕猴桃科)
糙毛囊薹草 Carex hirtiutriculata L.K.Dai(莎草科)
糙毛榕 Ficus cumingii Miq.(桑科),*对叶榕*
糙毛蹄盖蕨(蕨类图说)=软刺蹄盖蕨
糙毛铁线莲 Clematis laxistrigosa (W.T.Wang & M.C.Chang) W.T.Wang(毛茛科)
糙毛五加 Acanthopanax gracilistylus var. nodiflorus (Dunn) Li(五加科)
糙毛羊茅 Festuca rubra subsp. villosa (Mert. & Koch. ex Rochl.) S.L.Lu(禾本科)
糙毛野青茅 Deyeuxia arundinacea var. hirsuta (Hack.) P.C.Kuo & S.L.Lu(禾本科)
糙毛帚枝鼠李 Rhamnus virgata var. hirsuta (Wight & Arn.) Y.L.Chen & P.K.Chou(鼠李科)
糙囊苔草 Carex forsicula var. scabrida Kükenth (莎草科)
糙皮桦 Betula utilis D.Don(桦木科),*薄氏桦 糙皮树*(山东)=糙叶树
糙鞘早熟禾(新) Poa nemoralis var. rigidula Mart. & Koch.(禾本科)
糙雀麦(新拉汉英)=总状雀麦
糙三芒草 Aristida scabrescens L.Liou(禾本科)
糙苏 Phlomis umbrosa Turcz.(唇形科),*续断,常山,白茎,山芝麻,小兰花烟*
糙苏沙穗 Eremostachys phlomoides Bge.(唇形科)
糙苏属 Phlomis L.(唇形科)
糙葶韭 Allium anisopodium var. zimmermanianum (Gilg) Wang & Tang(百合科)
糙野青茅 Deyeuxia scabrescens (Griseb.) Munro ex Duthie (禾本科)
糙叶白绒草(新)Leucas mollissima var. scaberula HK.f.(唇形科),*糙叶变种*
糙叶斑鸠菊 Vernonia aspera (Roxb.) Buch.-Ham.(菊科),*糙叶咸虾花,六月雪,黑升麻*
糙叶北葱 Allium schoenoprasum var. scaberrimum Rgl.(百合科)
糙叶变种(植物志 65-2)=糙叶白绒草(新)
糙叶变种(植物志 74)=糙叶小舌紫菀(新)
糙叶叉柱花(海南志)=叉柱花
糙叶楤木 Aralia scaberula Hoo(五加科)
糙叶大沙叶 Pavetta scabrifolia Bremek.(茜草科)
糙叶大头橐吾 Ligularia japonica var. scaberrima (Hay.) Ling(菊科)
糙叶地丁(红河中草药)=苇谷草
糙叶杜鹃 Rhododendron scabrifolium Franch.(杜鹃花科)
糙叶耳药花(台湾)=耳药花
糙叶丰花草 Borreria articularis (L.f.) G.Mey.(茜草科),*铺地毡草,鸭舌癀*
糙叶花椒 Zanthoxylum collinsae Craib(芸香科)
糙叶花葶薹草 Carex scaposa var. hirsuta P.C.Li (莎草科)
糙叶黄芪 Astragalus scaberrimus Bge.(豆科),*粗糙紫云英,春黄芪*
糙叶火炭母 Polygonum chinense var. scabrum Meisn.(蓼科)
糙叶火焰花 Phlogacanthus vitellinus (Roxb.) T. Anders.(爵床科)
糙叶卷柏 Selaginella scabrifolia Ching & C.H. Wang (卷柏科)
糙叶落芒草 Oryzopsis asperifolia Michx.(禾本科)
糙叶毛蕨 Cyclosorus scaberulus Ching(金星蕨科)
糙叶猕猴桃 Actinidia rudis Dunn(猕猴桃科)
糙叶木蓼 Atraphaxis canescens Bge.(蓼科)
糙叶千里光 Senecio asperifolius Franch.(菊科),*红叶红杆草*
糙叶秋海棠 Begonia asperifolia Irmsch.(秋海棠科)
糙叶榕 Ficus irisana Elmer(桑科)
糙叶山蓝 Peristrophe strigosa C.Y.Wu & H.S.Lo (爵床科)
糙叶矢车菊 Centaurea adpressa Ledeb.(菊科)
糙叶树 Aphananthe aspera (Thunb.) Planch.(榆科),*糙皮树,牛筋树,沙朴,加条,白鸡油*
糙叶树属 Aphananthe Planch.(榆科)
糙叶水竹叶(海南志)=钩毛子草
糙叶水苎麻 Boehmeria macrophylla var. scabrella (Roxb.) Long(荨麻科)
糙叶薹草 Carex scabrifolia Steud.(莎草科)
糙叶唐松草 Thalictrum scabrifolium Franch.(毛茛科)
糙叶藤五加 Acanthopanax leucorrhizus var. fulvescens Harms & Rehd.(五加科)
糙叶铁梗报春 Primula sinolisteri var. aspera W. W.Sm. & Fletcher(报春花科)
糙叶五加 Acanthopanax henryi (Oliv.) Harms (五加科),*亨利五加,五加皮*
糙叶纤枝香青(新)Anaphalis gracilis var. aspera Hand.-Mazz.(菊科),*纤枝香青糙叶变种*
糙叶咸虾花(海南志)=糙叶斑鸠菊
糙叶小舌紫菀(新)Aster albescens var. rugosus Ling(菊科),*糙叶变种*
糙叶岩败酱 Patrinia rupestris subsp. scabra (Bge.) H.J.Wang(败酱科),*墓头回*
糙叶野丁香 Leptodermis scabrida HK.f.(茜草科)
糙叶银莲花 Anemone scabriuscula W.T.Wang (毛茛科)
糙叶蝇子草 Silene trachyphylla Franch.(石竹科)
糙叶早熟禾 Poa asperifolia Bor(禾本科)
糙叶窄头橐吾 Ligularia stenocephala var. scabrida Koidz.(菊科)
糙隐子草 Cleistogenes squarrosa (Trin.) Keng (禾本科)
糙颖剪股颖 Agrostis subaristata Aitch. & Hemsl. (禾本科)
糙羽川木香 Dolomiaea scabrida (Shih ex S.Y. Jin) Shih(菊科)
糙早熟禾 Poa raduliformis Probat.(禾本科)
糙枝金丝桃 Hypericum scabrum L.(藤黄科)
糙枝润楠 Machilus ovatiloba S.Lee(樟科)
糙枝溲疏(高等图鉴补编)=马桑溲疏
糙枝榆 Ulmus fulva Michx.(榆科)
糙轴蕨 Pteridium revolutum var. muricatulum Ching & S.H.Wu(蕨科)
糙柱杜鹃 Rhododendron meridionale var. setistylum Tam(杜鹃花科)
糙籽栝楼 Trichosanthes rosthornii var. scabrella (Yueh & D.F.Gao) S.K.Chen(葫芦科)
曹布德力格-其其格(蒙语)=华北珍珠梅
曹公爪(纲目)=枳椇
曹槠(植物志 22)=甜槠
槽狗尾草 Setaria sulcata (Aubl.) Raddi(禾本科)
槽果扁莎 Pycreus sulcinux (C.B.Clarke) C.B. Clarke (莎草科)
槽茎凤仙花 Impatiens sulcata Wall.(凤仙花科)
槽茎杭子稍 Campylotropis sulcata Schindl.(豆科)
槽茎锥花 Gomphostemma sulcatum C.Y.Wu(唇形科)
槽里黄刚竹(江苏志)=绿皮黄筋竹
槽裂木属 Pertusadina Ridsd.(茜草科)
槽舌兰 Holcoglossum quasipinifolium (Hay.) Schltr. (兰科),*松叶兰,撬唇兰*
槽舌兰属 Holcoglossum Schltr.(兰科)
槽纹红豆 Ormosia striata Dunn(豆科)
草菝葜(植物志 15)=牛尾菜
草菝蘚(秦岭志)=牛尾菜
草白蔹(植物志 27)=乌头叶蛇葡萄
草白前(浙江)=柳叶白前
草柏枝(植物志 67-2)=细裂叶松蒿
草板背红(云南中草药)=裸茎千里光
草贝(陕西中草药)=土贝母
草贝母(植物志 14)=山慈菇

草本女萎(山东)=大叶铁线莲
草本秋海棠 Begonia herbacea Vell.(秋海棠科)
草本三对节 Clerodendrum serratum var. herbaceum (Roxb.) C.Y.Wu(马鞭草科)
草本三角枫(昆明草药)=川滇变豆菜
草本水杨梅(中草药汇编)=路边青
草本威灵仙 Veronicastrum sibiricum (L.) Pennell (玄参科),*轮叶婆婆纳,斩龙剑,铁达干-苏勃,九节草*
草本象牙红 Penstemon barbatus Nutt.(玄参科),*五蕊花*
草拨子(云南)=野拨子
草参(新疆玛纳斯)=簇花芹
草场蝇子草(植物志 26)=宽叶蝇子草
草沉香(云南中草药)=云南土沉香
草臭黄荆(海南志)=千解草
草茨藻 Najas graminea Del.(茨藻科)
草苁蓉(唐本草)=列当
草苁蓉 Boschniakia rossica (Cham. & Schlecht.) Fedtsch.(列当科),*列当*
草苁蓉属 Boschniakia C.A.Mey. ex Bongard(列当科)
草地白珠 Gaultheria praticola C.Y.Wu ex T.Z. Hsu (杜鹃花科)
草地百蕊草 Thesium orgadophilum Tam(檀香科)
草地滨藜 Atriplex oblongifolia Walbst. & Kit. (藜科)
草地大麦 Hordeum nodosum L.(禾本科)
草地短柄草 Brachypodium pratense Keng(禾本科)
草地风毛菊 Saussurea amara (L.) DC.(菊科),*驴耳风毛菊,羊耳朵,驴耳朵草,狗舌头,狗舌头草,驴耳朵*
草地鹤虱 Lappula pratensis C.J.Wang(紫草科)
草地虎耳草(新拉汉英)=草地生耳草(新)
草地虎耳草 Saxifraga pratensis Engl. & Irmsch. (虎耳草科)
草地黄芪(新)Astragalus glycyphyllos L.(豆科),*草原黄芪*
草地蓟 Cirsium dissectum (L.) Hill.(菊科)
草地韭 Allium kaschianum Rgl.(百合科)
草地卷柏 Selaginella apoda (L.) Spring(卷柏科)
草地老鹳草 Geranium pratense L.(牻牛儿苗科),*草原老鹳草,红根草*
草地亮叶芹 Silaus pratensis (Crantz.) Bess.(伞形科)
草地柳 Salix praticola Hand.-Mazz.(杨柳科)
草地婆罗门参(植物志 80-1)=婆罗门参
草地生耳草(新)Saxifraga granulata L.(虎耳草科),*草地虎耳草*
草地蹄盖蕨(西北植物学报)=薄叶蹄盖蕨
草地乌头 Aconitum umbrosum (Korsh.) Kom. (毛茛科)
草地越桔 Vaccinium pratense Tam ex C.Y.Wu & R.C.Fang(杜鹃花科)
草地早熟禾 Poa pratensis L.(禾本科),*六月禾早熟*
草甸阿魏 Ferula kingdon-wardii Wolff(伞形科)
草甸藁本 Ligusticum kingdon-wardii Wolff(伞形科)
草甸还阳参 Crepis pratensis Shih(菊科)
草甸黄堇 Corydalis prattii Franch.(罂粟科)
草甸老鹳草 Geranium pratense var. affine (Ledeb.) Huang & L.R.Xu(牻牛儿苗科)
草甸龙胆 Gentiana praticola Franch.(龙胆科)
草甸碎米荠 Cardamine pratensis L.(十字花科),*诺古音-照古其*
草甸雪兔子 Saussurea thoroldii Hemsl.(菊科)
草甸羊茅 Festuca pratensis Huds.(禾本科),*牛尾草,高株狐茅*
草豆(豆科图说)=歪头菜
草豆蔻(常用中草药手册)=艳山姜
草豆蔻 Alpinia hainanensis K.Schum.(姜科),*海南山姜,小草蔻,直穗山姜,豆蔻,草果,草蔻,偶子,草蔻仁*
草独活(云南中草药)=云南龙眼独活
草杜鹃(河北)=大花马齿苋
草杜仲(内蒙中草药)=白萼委陵菜
草防风(东北)=毛梗鸦葱
草甘遂(唐本草)=华重楼
草甘蔗(通称)=竹蔗
草瓜茹(药用志)=豆薯
草果(通志)=草豆蔻
草果(云南中草药)=草果药
草果 Amomum tsaoko Crev. & Lemarie(姜科),*红草果,老扣,草果子,草果仁*
草果仁(传信适用方)=草果
草果悬钩子 Rubus zhaogoshanensis Yü & Lu (蔷薇科)
草果药 Hedychium spicatum Ham. ex Smith(姜科),*草果,豆蔻,独叶台,良姜,疏穗姜花,四合红,土良姜,野姜*
草果子(小儿卫生总微论方)=草果
草海桐 Scaevola sericea Vahl(草海桐科)
草海桐科 Goodeniaceae
草海桐属 Scaevola L.(草海桐科)
草蒿(河北)=沙蒿
草蒿(神农本草经)=黄花蒿
草蒿(神农本草经)=青蒿
草蒿(新疆)=大花蒿
草河车(新疆药志)=椭圆叶蓼
草河车(中药志)=拳参
草红藤(云南)=毛宿苞豆
草胡椒 Peperomia pellucida (L.) Kunth(胡椒科)
草胡椒属 Peperomia Ruiz & Pavon (胡椒科)
草槐(甘肃)=苦豆子
草黄(浙江,江苏)=小连翘
草黄花紫堇(拉汉名称和手册)=索县黄堇
草黄堇(新华本草纲要)=索县黄堇
草黄堇 Corydalis straminea Maxim.(罂粟科),*杂哇苟知*
草黄连(山东)=欧洲唐松草
草黄连(山东)=唐松草
草黄连(四川)=华中铁角蕨
草黄连(云南)=高原唐松草
草黄连(云南丽江)=网脉唐松草
草黄莲(秦岭)=野雉尾金粉蕨
草黄莲(云南丽江)=叶萼獐牙菜
草黄薹草 Carex stramentitia Boott(莎草科)
草黄乌头 Aconitum stramineiflorum Chang(毛茛科)
草黄枝豆腐柴 Premna straminicaulis C.Y.Wu (马鞭草科)
草茴香(本经逢原)=茴香
草荚藜(苏医中草药)=紫云英
草夹竹桃属(科属辞典)=**罗布麻属**
草金沙(植物志 75)=苇谷草
草金杉(红河中草药)=苇谷草
草决明(植物志 39)=决明
草蔻(本草从新)=草豆蔻
草蔻(常用中草药手册)=艳山姜
草蔻仁(广东中药)=草豆蔻
草里金钗(本草纲目拾遗)=毛草龙
草里银钗(本草纲目拾遗)=水龙
草灵芝(新华本草纲要)=岩须
草龙(云南志)=毛草龙
草龙 Ludwigia hyssopifolia (G.Don) Exell(柳叶菜科),*细叶水丁香,线叶丁香蓼,水仙桃,田石梅,针筒草*
草龙胆(植物志 62)=龙胆
草龙胆(植物志 62)=紫红獐牙菜
草龙珠(本草纲目)=葡萄
草芦(植物学大辞典)=虉草
草芦属(植物学大辞典)=**虉草属**
草闾茹 Euphorbia adenochlora Morr. & Decne. (大戟科)
草绿短肠蕨 Allantodia viridescens (Ching) Ching (蹄盖蕨科)
草绿九节(云南植物名录)=黄脉九节
草绿色美洲茶 Ceanothus herbacea Raf.(鼠李科)
草麻黄(贵州草药)=虾须草
草麻黄 Ephedra sinica Stapf.(麻黄科),*卑相,卑盐,华麻黄,苦椿菜,龙沙,麻黄*
草马桑 Coriaria terminalis Hemsl.(马桑科)
草麦(山西通志)=青稞
草莓(西藏中草药)=黄毛草莓
草莓(新疆中草药)=野草莓
草莓 Fragaria ×ananassa Duch.(蔷薇科),*凤梨草莓*
草莓车轴草 Trifolium fragiferum L.(豆科)
草莓番石榴 Psidium littorale Raddi(桃金娘科)
草莓凤仙花 Impatiens fragicolor Marq. & Airy-Shaw(凤仙花科)
草莓花杜鹃 Rhododendron fragariflorum K. Ward (杜鹃花科)
草莓树 Arbutus unedo L.(杜鹃花科)
草莓树属 Arbutus L.(杜鹃花科)
草莓树状越桔 Vaccinium arbutoides C.B.Clarke (杜鹃花科)
草莓属 Fragaria L.(蔷薇科)
草莓状马先蒿 Pedicularis fragarioides Tsoong (玄参科)
草莓状鼠尾草 Salvia fragarioides C.Y.Wu(唇形科)
草蜜(本草拾遗)=骆驼刺
草棉 Gossypium herbaceum L.(锦葵科),*阿拉伯棉,小棉,古终,硬终藤,密根*
草牡丹(山东)=大叶铁线莲
草木灰(大骨节病)=藜
草木灰(大骨节病)=柃木
草木灰(大骨节病)=青蒿
草木槿 Hibiscus lobatus (Murr.) O.Kuntze(锦葵科)
草木棉(贵州)=马利筋
草木酸木瓜(昆明)=假酸浆
草木犀 Melilotus officinalis (L.) Pall.(豆科),*败毒草,辟汗草,臭苜蓿根,地肤子,黄香草木犀,散血草,铁扫把,香马料,野木犀*
草木犀属 Melilotus Miller (豆科)
草木樨状黄芪 Astragalus melilotoides Pall.(豆科),*大沙苑,苦豆根,蔓黄芪,秦头,夏黄草*
草木之王(本草图经)=隐距越桔
草蓬(台湾)=五月艾
草坡豆腐柴 Premna steppicola Hand.-Mazz.(马鞭草科)
草坡旋花 Convolvulus steppicola Hand.-Mazz. (旋花科)
草葡萄(陕甘宁青中草药选)=乌头叶蛇葡萄
草瑞香 Diarthron linifolium Turcz.(瑞香科)

草瑞香属 Diarthron Turcz.(瑞香科)
草三七(云南)=线纹香茶菜
草三七(植物志 74)=东风菜
草色金足草 Goldfussia straminea (W.W.Sm.) C.Y.Wu & C.C.Hu(爵床科)
草沙蚕 Tripogon bromoides Roem. & Schult.(禾本科)
草沙蚕属 Tripogon Roem. & Schult.(禾本科)
草山耳蕨 Polystichum sozanense Ching ex H.S. Kung & L.B.Zhang(鳞毛蕨科)
草山杭子稍 Campylotropis praninii (Coll. & Hemsl.) Schindl.(豆科)
草山金星蕨 Parathelypteris caoshanensis Ching & Shing(金星蕨科)
草山芹 Ostericum pratense Hoffm.(伞形科)
草珊瑚 Sarcandra glabra (Thunb.) Nakai(金粟兰科),*驳节茶,草珠兰,茶,观音茶,接骨莲,接骨木,节骨茶,九节茶,九节风,九节花,九节兰,满山香,搠骨金粟兰,肿节风,竹节草,竹节茶*
草珊瑚属 Sarcandra Gardn.(金粟兰科)
草芍药 Paeonia obovata Maxim. (芍药科),*山芍药,野芍药,赤芍*
草石蚕(图考)=甘露子
草石斛 Dendrobium compactum Rolfe ex W. Hackett (兰科),*小密石斛*
草石椒(昆明)=头花蓼
草丝竹 Yushania andropogonoides (Hand.-Mazz.) Yi (禾本科)
草檀(广西)=百蕊草
草糖(中草药汇编)=黄背草
草藤(西北)=救荒野豌豆
草藤(植物学大辞典)=广布野豌豆
草藤乌(峨眉)=筒冠花
草威灵(昆明)=显脉旋覆花
草问荆 Equisetum pratense Ehrh.(木贼科)
草乌(滇西)=拟显柱乌头
草乌(东北)=圆锥乌头
草乌(东北,华北)=北乌头
草乌(峨眉)=拳距瓜叶乌头
草乌(广东澄迈)=紫玉盘
草乌(青海,宁夏)=松潘乌头
草乌(陕西)=毛叶乌头
草乌(四川,湖南,湖北)=瓜叶乌头
草乌(四川越西)=凉山乌头
草乌(西南,广西,广东)=乌头
草乌(新疆)=多根乌头
草乌(云南)=黄草乌
草乌(云南西北)=显柱乌头
草乌(云南西南)=保山乌头
草乌(云药标准)=滇南草乌
草乌(浙江)=展毛乌头
草乌(浙药志)=赣皖乌头
草无根(开宝本草)=满江红
草香附(陕西中药名录)=走茎灯心草
草香碗蕨 Dennstaedtia punctilobula (Michx.) Moore (碗蕨科)
草鞋(广东)=球兰
草鞋底(纲目拾遗)=绿竹
草鞋底(岭南采药录)=地胆草
草鞋根(百色中草药)=地胆草
草鞋密(岭南科学期刊)=河八王
草鞋木 Macaranga henryi (Pax & Hoffm.) Rehd. (大戟科),*鞋底叶树,大戟解毒树*
草鞋苹(鼎湖手册)=槐叶苹
草鞋青(中草药汇编)=单叶新月蕨
草绣球 Cardiandra moellendorffii (Hance) Migo (虎耳草科),*人心药,草紫阳花,牡丹三七,紫阳花*
草绣球属 Cardiandra S. & Z.(虎耳草科),*人心药属*
草血结(滇南本草)=草血竭
草血竭 Polygonum paleaceum Wall. ex HK.f. (蓼科),*草血结,地蜂子,地黑蜂,拱腰老,回头草,金贵鸡,老腰弓,蛇疙瘩,土血竭,血三七,一口血,迂头鸡,紫花根*
草崖藤 Tetrastigma apiculatum Gagn.(葡萄科)
草杨梅子(湖北)=茅莓
草野氏冬青(台湾志)=兰屿冬青
草叶耳蕨 Polystichum herbaceum Ching & Z.Y. Liu (鳞毛蕨科)
草叶复叶耳蕨 Arachniodes hasseltii (Bl.) Ching (鳞毛蕨科)
草叶鳞盖蕨 Microlepia herbacea Ching & C. Chr. (碗蕨科)
草叶藤(植物志 48-2)=异叶地锦
草一品红(云南植物名录)=猩猩草
草茵陈(浙江草药)=阴行草
草禹余粮(本草拾遗)=土茯苓
草玉玲(雷公炮炙论)=牵牛
草玉梅(中草药汇编)=二歧银莲花
草玉梅 Anemone rivularis Buch.-Ham.(毛茛科),*白花舌头草,汉虎掌,虎掌草,见风黄,见风青,四大天王,宿戌,五倍叶*
草原糙苏 Phlomis pratensis Kar. & Kir.(唇形科)
草原车轴草 Trifolium campestre Schreb.(豆科)
草原葱 Allium stellatum Ker.(百合科)
草原顶冰花 Gagea atepposa L.Z.Shue (百合科)
草原顶冰花 Gagea stepposa L.Z.Shue(百合科)
草原杜鹃 Rhododendron telmateium Balf.f. & W.W.Sm.(杜鹃花科),*豆叶杜鹃*
草原狗舌草 Tephroseris praticola (Schischk. & Serg.) Holub(菊科)
草原黄芪(新拉汉英)=草地黄芪(新)
草原黄芪(植物研究)=边塞黄芪
草原黄芪 Astragalus dalaiensis Kitag.(豆科)
草原堇菜 Viola pedatifida Don (堇菜科)
草原绢蒿 Seriphidium schrnkanum (Ledeb.) Poljak. (菊科)
草原看麦娘(植物志 9-3)=大看麦娘
草原老鹳草(高等图鉴)=草地老鹳草
草原苜蓿 Medicago falcata var. romanica (Brandza) Hayek(豆科)
草原前胡 Peucedanum stepposum Huang(伞形科),*草原石防风*
草原石防风(东北草本志)=草原前胡
草原石头花 Gypsophila davurica Turcz. ex Fenzl (石竹科),*北丝石竹,草原霞草,闪安丝石竹*
草原葶苈(植物志 33)=穴丝荠
草原网茅 Spartina pectinata Link.(禾本科)
草原霞草(拉汉名称)=草原石头花
草原雪莲 Saussurea pratensis Anth.(菊科)
草原羊茅 Festuca chelungkiangnica Chang & Skv.(禾本科)
草原樱桃 Cerasus fruticosa (Pall.) G.Woron(蔷薇科)
草原早熟禾(新拉汉英)=低山早熟禾
草云实(新华本草纲要)=含羞云实
草云田(唐本草)=云实
草泽泻 Alisma gramineum Lej.(泽泻科)
草蚱蜢蓬(昆明中草药)=金毛裸蕨
草质假复叶耳蕨 Acrorumohra hasseltii (Bl.) Ching (鳞毛蕨科),*假复叶耳蕨*
草质卷 Haworthia herbacea (Mill.) Stearn (百合科)
草质千金藤 Stephania herbacea Gagn.(防已科)
草钟乳(本草拾遗)=韭菜
草茱萸 Chamaepericlymenum canadense (L.) Aschers. & Graebn.(山茱萸科)
草茱萸属 Chamaepericlymenum Graebn.(山茱萸科)
草珠黄芪 Astragalus capillipes Fisch. ex Bge. (豆科),*毛细柄黄芪*
草珠兰(修订增补开宝本草)=草珊瑚
草竹叶(甘肃)=万寿竹
草状繁缕(秦岭志)=禾叶繁缕
草子花(广州志)=竹节草
草紫阳花(江西)=草绣球

Ce

册亨秋海棠 Begonia cehengensis Ku(秋海棠科)
侧柏 Platycladus orientalis (L.) Franco(柏科),*黄柏,香柏,扁柏,扁桧,香树,香柯树,丛柏叶,柏树*
侧柏属 Platycladus Spach(柏科)
侧扁黄芪 Astragalus falconeri Bge.(豆科)
侧长柱无心菜 Arenaria longistyla var. pleurogynoides Diel(石竹科)
侧耳根(遵义府志)=蕺菜
侧蒿 Artemisia deversa Diels(菊科),*笋花蒿*
侧花兜被兰 Neottianthe secundiflora (HK.f.) Schltr. (兰科)
侧花杜鹃 Rhododendron lateriflorum R.C.Fang & Z.L.Chang(杜鹃花科)
侧花红景天(分类学报增刊)=报春红景天
侧花荚蒾 Viburnum laterale Rehd.(忍冬科)
侧花景天(拉汉名称)=报春红景天
侧花木蓝 Indigofera subsecunda Gagn.(豆科)
侧花木藜芦 Leucothoë grayana Maxim.(杜鹃花科)
侧花沙蓬 Agriophyllum lateriflorum (Lam.) Moq. (藜科)
侧花乌头 Aconitum secundiflorum W.T.Wang (毛茛科)
侧花香茶菜 Isodon secundiflorus (C.Y.Wu) H. Hara (唇形科)
侧花徐长卿(中药大辞典)=华北白前
侧花油点草 Tricyrtis suzukii Masamune(百合科)
侧金盏(尔雅翼)=蜀葵
侧金盏(群芳谱)=黄蜀葵
侧金盏花 Adonis amurensis Rgl. & Rade(毛茛科),*冰凉花,顶冰花,福寿草,冰里花*
侧金盏花属 Adonis L.(毛茛科)
侧茎垂头菊(高等图鉴)=侧茎橐吾
侧茎橐吾 Ligularia pleurocaulis (Franch.) Hand.-Mazz. (菊科),*侧茎垂头菊*
侧膜秋海棠 Begonia obsolescens Irmsch.(秋海棠科)
侧生欧石南 Erica lateralis Willd.(杜鹃花科)
侧穗凤仙花 Impatiens lateristachys Y.L.Chen & Y.Q.Lu (凤仙花科)
侧穗姜 Zingiber ellipticum (S.Q.Tong & Y.M. Xia) Q.G.Wu & T.L.Wu(姜科)
侧苋(广西)=赤苍藤
侧序长柄山蚂蝗 Podocarpium laxum var. laterale (Schindl.) Yang & Huang(豆科),*短柄山绿豆,海南山绿豆,琉球山蚂蝗*
侧序碱茅 Puccinellia angustata (R.Br.) rand. & Relf.(禾本科)
侧鱼胆(海南)=青藤仔

策勒蒲公英 Taraxacum qirae D.T.Zhai & Z.X. An (菊科)
箣威(海南)=广东箣柊
箣血(广东)=广东箣柊
箣柊 Scolopia chinensis (Lour.) Clos(大风子科), *土乌药*
箣柊属 Scolopia Schreb.(大风子科)
箣子(广东)=广东箣柊

Cen

岑皮(淮南万毕术)=花曲柳
梣(淮南子)=小叶梣
梣果藤(植物志 40)=藤黄檀
梣木(纲目拾遗)=油茶
梣木(淮南子)=花曲柳
梣皮(名医别录)=花曲柳
梣树子油(纲目拾遗)=油茶
梣叶毛蕨 Cyclosorus fraxinifolius Ching(金星蕨科)
梣叶槭 Acer negundo L.(槭树科), *复叶槭,美国槭,白蜡槭,糖槭*
梣叶悬钩子 Rubus fraxinifoliolus Hay. (蔷薇科), *紫萼悬钩子*
梣属 Fraxinus L.(木犀科), *白蜡树属*

Ceng

蹭天桥(湖南药物志)=杜茎山

Cha

叉瓣玉凤兰(台湾志)=丝瓣玉凤花
叉孢苏铁 Cycas segmentifida D.Y.Wang & C.Y. Deng (苏铁科)
叉苞乌头 Aconitum creagromorphum Lauener (毛茛科)
叉齿薹草 Carex gotoi Ohwi(莎草科)
叉唇钗子股 Luisia teres (Thunb. ex A.Murray) Bl. (兰科), *牡丹金钗兰,金钗兰*
叉唇对叶兰 Listera divaricata Panigrahi & Taylor (兰科)
叉唇角盘兰 Herminium lanceum (Thunb. ex Sw.) Vuijk(兰科), *角盘兰余娘子草,脚根兰,细叶零余子草*
叉唇科雷兰 Cleistes divaricata (L.) Ames (兰科)
叉唇石斛 Dendrobium stuposum Lindl.(兰科), *长柔毛石斛*
叉唇万代兰 Vanda cristata Lindl.(兰科)
叉唇无喙兰 Holopogon smithianus (Schltr.) S.C. Chen (兰科), *无喙鸟巢兰*
叉唇虾脊兰 Calanthe hancockii Rolfe(兰科)
叉繁缕(东北检索表)=叉歧繁缕
叉分蓼 Polygonum divaricatum L.(蓼科), *酸不溜,分枝蓼,叉枝蓼,酸 姜*
叉风(四川武隆)=金山当归
叉梗报春 Primula divaricata Chen & C.M.Hu (报春花科)
叉梗顶冰花 Gagea divaricata Rgl.(百合科)
叉梗茅膏菜(植物志 34-1)=圆叶茅膏菜
叉花草(云南植物名录)=疏花叉花草
叉花草 Diflugossa colorata (Nees) Bremek.(爵床科), *腾越金足草*
叉花草属 Diflugossa Bremek.(爵床科)
叉花土三七(云南植物名录)=白子菜
叉喙兰 Uncifera acuminata Lindl.(兰科)
叉喙兰属 Uncifera Lindl.(兰科)
叉活活(云南)=鬼吹箫
叉活活(云南)=狭萼鬼吹箫
叉菊委陵菜(东北检索表)=菊叶委陵菜
叉蕨科 Aspidiaceae
叉蕨属 Tectaria Cav.(叉蕨科)
叉开凤仙花 Impatiens divaricata Franch.(凤仙花科)
叉裂角蕨(秦岭植物志 4-2)=叉叶铁角蕨
叉裂毛茛 Ranunculus furcatifidus W.T.Wang(毛茛科)
叉裂铁角蕨 Asplenium ensiforme f. bicuspe (Hay.) Ching(铁角蕨科)
叉脉单叶假脉蕨 Microgonium bimarginatum v.d.B.(膜蕨科)
叉脉寄生藤 Dendrotrophe frutescens var. subquinquenervia (Tam) Tam(檀香科)
叉脉假毛蕨 Pseudocyclosorus furcatovenulosus Y.X.Lin (金星蕨科)
叉毛锯蕨 Micropolypodium cornigera (Baker) X.C.Zhang (禾叶蕨科)
叉毛蓬 Petrosimonia sibirica (Pall.) Bge.(藜科)
叉毛蓬属 Petrosimonia Bge.(藜科)
叉毛蛇头荠 Dipoma iberideum var. iberideum f. pilosius O.E.Schulz(十字花科)
叉毛岩荠(植物志 33)=叉毛阴山荠
叉毛阴山荠 Yinshania furcatopilosa (K.C.Kuan) Y.H.Zhang(十字花科), *叉毛岩荠*
叉明科属(北部植物图志)=**猪毛菜属**
叉歧繁缕 Stellaria dichotoma L.(石竹科), *歧枝繁缕,双歧繁缕,叉繁缕*
叉蕊薯蓣 Dioscorea collettii HK.f.(薯蓣科)
叉舌垂头菊 Cremanthodium thomsonii C.B. Clarke (菊科)
叉头草(四川中药志)=台湾翅果菊
叉须崖爬藤 Tetrastigma hypoglaucum Planch. ex Franch.(葡萄科), *灯笼草,红葡萄,乌莓,五爪金龙,狭叶岩爬藤,小红藤,小五爪金龙*
叉序草 Isoglossa collina (T.Anders.) B.Hansen (爵床科)
叉序草属 Isoglossa Oersted.(爵床科)
叉序楼梯草 Elatostema biglomeratum W.T. Wang (荨麻科)
叉序獐牙菜 Swertia divaricata H.Sm.(龙胆科)
叉叶蓝 Deinanthe caerulea Stapf(虎耳草科), *银梅草*
叉叶蓝属 Deinanthe Maxim.(虎耳草科), *银梅草属*
叉叶秋海棠 Begonia dichotoma Jacq.(秋海棠科)
叉叶树(台湾,广州,福建)=十字架树
叉叶苏铁 Cycas micholitzii Dyer (苏铁科), *龙口苏铁*
叉叶铁角蕨 Asplenium septentrionale (L.) Hoffm. (铁角蕨科), *叉裂角蕨,线叶铁角蕨*
叉叶委陵菜(东北检索表,拉汉名称和手册)=二裂委陵菜
叉羽凤尾蕨 Pteris ensiformis var. furcans Ching ex Ching & S.H.Wu(凤尾蕨科)
叉枝斑鸠菊 Vernonia divergens (DC.) Edgew. (菊科)
叉枝蒿 Artemisia divaricata (Pamp.) Pamp.(菊科)
叉枝虎耳草 Saxifraga divaricata Engl. & Irmsch. (虎耳草科), *阿仲嘎保*
叉枝黄鹌菜 Youngia tenuicaulis (Babcock & Stebbins) Czer.(菊科), *细茎黄鹌菜*
叉枝老鹳草 Geranium divaricatum Ehrh.(牻牛儿苗科)
叉枝蓼(沙漠药用植物)=叉分蓼
叉枝蓼 Polygonum tortuosum D.Don(蓼科), *逆阿落*
叉枝柳 Salix divaricata Pall.(杨柳科)
叉枝龙胆 Gentiana divaricata T.N.Ho(龙胆科)
叉枝牛角兰 Ceratostylis himalaica HK.f.(兰科)
叉枝唐松草 Thalictrum saniculaeforme DC.(毛茛科)
叉枝西风芹 Seseli valentinae M.Pop.(伞形科)
叉枝鸦葱(内蒙中草药)=拐轴鸦葱
叉枝鸦葱 Scorzonera muriculata Chang (菊科)
叉枝蝇子草 Silene latifolia Poir.(石竹科)
叉枝莸(高等图鉴)=莸
叉枝远志(高等图鉴)=肾果小扁豆
叉痔草(广西)=杯叶西番莲
叉柱花(海南志)=狭叶叉柱花
叉柱花 Staurogyne concinnula (Hance) O. Ktz.(爵床科), *糙叶叉柱花*
叉柱花属 Staurogyne Wall.(爵床科)
叉柱兰属 Cheirostylis Bl.(兰科)
叉柱柳 Salix divergentistyla C.F.Fang (杨柳科)
叉柱岩菖蒲 Tofieldia divergens Bur. & Franch. (百合科)
叉子芹(辽宁)=黑水当归
叉子芹(辽宁)=柳叶芹
叉子芹(辽宁)=鸭巴前胡
叉子圆柏 Juniperus sabina L.(柏科), *新疆圆柏,天山圆柏,双子柏,砂地柏,爬柏,臭柏,阿尔叉,堆宁-阿尔茨*
杈杈叶(树木分类学)=杈叶槭
杈叶槭 Acer robustum Pax(槭树科), *杈杈叶,红色槭*
杈枝凤兰 Angraecum distichum Lindl.(兰科)
插(云南丽江)=高山松寄生
插天赤箭(台高等图志)=北插天天麻
插天山羊耳蒜 Liparis sootenzanensis Fukuyama (兰科)
插田藨(经济植物手册)=插田泡
插田泡 Rubus coreanus Miq.(蔷薇科), *插田藨,倒生根,覆盆子,高丽悬钩子,过江龙,两头草,乌龙毛,乌泡倒触伞*
查存-其其格(内蒙古)=瓣蕊唐松草
查干-奥日图哲(内蒙古)=鳞萼棘豆
查干-伯晶漠格(蒙名)=小花紫草
查干-哈日嘎纳(蒙语)=柠条锦鸡儿
查干-钦达干(蒙药名)=白兔儿尾苗
查干-西巴嘎(蒙语)=圆头蒿
查氏石松 Lycopodium chapmani Underw.(石松科)
查氏早熟禾(新拉汉英)=扁鞘早熟禾
查氏珠芽百合 Lilium bulbiferum var. chaixii (Maw) Stoker (百合科)
查牙株(广东)=木竹子
查阳雀花(西藏)=云南锦鸡儿
茶 Camellia sinensis (L.) O.Ktze.(山茶科), *荈,皋芦,瓜芦苇,过罗,槚,拘罗,苦茶,苦檫,苦搽,苦荼,烂茶叶,酪奴,茗,蔎,物罗*
茶藨子(树木分类学)=黑茶藨子
茶藨子天竺葵 Pelargonium grossularioides Ait. (牻牛儿苗科)
茶藨子属 Ribes L.(虎耳草科), *茶属,醋栗属*
茶草(本经)=苦苣菜
茶匙黄(台湾志)=七星莲
茶戳巴(藏名)=独行菜
茶豆(江苏)=扁豆
茶麸(广东中医)=油茶
茶盖(广西上思壮语)=越南黄牛木
茶竿竹 Pseudosasa amabilis (McClure) Keng f. (禾本科), *青篱竹,沙白竹,亚白竹,厘竹,苦竹*
茶槁楠 Phoebe hainanensis Merr.(樟科), *长叶楠*
茶罐花(云南)=假朝天罐

茶果冬青(拉汉名称和手册)=三花冬青
茶海棠(图谱)=湖北海棠
茶核桃(云南)=泡核桃
茶花(广群芳谱)=山茶
茶花杜鹃 Rhododendron camelliiflorum HK.f.(杜鹃花科)
茶花叶杜鹃(高等图鉴)=红棕杜鹃
茶荚蒾 Viburnum setigerum Hance(忍冬科),*垂果荚蒾,虎降子,鸡公柴,糯米树,糯树,跑路杆子,霜降子,水茶子,汤饭子*
茶胶树(海南)=毛黄肉楠
茶梾子(山东)=罗布麻
茶枯(药用志)=油茶
茶辣树(海南)=牛紏吴萸
茶辣树(思茅中草药)=牛紏吴萸
茶梨 Anneslea fragrans Wall.(山茶科),*安纳士树,猪头果,红香树,香叶树,红楣*
茶梨属 Anneslea Wall.(山茶科)
茶菱 Trapella sinensis Oliv.(胡麻科),*荠米,铁菱角*
茶菱属 Trapella Oliv.(胡麻科)
茶咯桌(广西壮语)=黄牛木
茶梅 Camellia sasanqua Thunb.(山茶科),*茶梅花*
茶梅花(群芳谱)=茶梅
茶七(陕西平利)=类叶升麻
茶七(陕西平利)=小升麻
茶绒杜鹃 Rhododendron rufulum Tam(杜鹃花科)
茶绒蒿(四川)=阴地蒿
茶色百合 Lilium ×testaceum Lindl.(百合科)
茶色薹草 Carex fulvo-rubescens Hay.(莎草科)
茶色卫矛 Euonymus theacolus C.Y.Cheng(卫矛科)
茶山虫(广西本草选编)=假桂乌口树
茶山豆(广西田阳)=驳骨九节
茶山尖(广西)=长毛黄葵
茶树(云南,陕西)=黄连木
茶藤 Melodinus magnificus Tsiang(夹竹桃科),*大山橙*
茶条(树木分类学)=茶条槭
茶条果(高等图鉴)=光亮山矾
茶条木 Delavaya toxocarpa Franch.(无患子科),*黑枪杆,滇木瓜,米香树*
茶条木属 Delavaya Franch.(无患子科)
茶条槭 Acer ginnala Maxim.(槭树科),*茶条,华北茶条槭*
茶条树(图考)=糯米条
茶蚬(广西龙津壮语)=滇新樟
茶丫藤(植物志 40)=南岭黄檀
茶药藤(植物志 63)=黑鳗藤
茶叶(云南)=普洱茶
茶叶包(山西)=北马兜铃
茶叶冬青(高等图鉴)=毛冬青
茶叶花(东北)=忍冬
茶叶花(河北,陕西,甘肃)=罗布麻
茶叶花属(种子植物名称)=**罗布麻属**
茶叶牛奶子(福建)=琴叶榕
茶叶雀梅藤 Sageretia camellifolia Y.L.Chen & P.K.Chou (鼠李科)
茶叶山矾 Symplocos theaefolia D.Don(山矾科)
茶叶树萝卜 Agapetes camelliifolia S.H.Huang (杜鹃花科)
茶叶卫矛 Euonymus theifolius Wall.(卫矛科)
茶油巴(广东中医)=油茶
茶油麸(岭南草药志)=油茶
茶油树(中药大辞典)=油茶
茶枝柑(广州志)=大红柑
茶枝柑 Citrus reticulata cv. Chachiensis(芸香科),*大红柑,新会柑*
茶茱萸科 Icacinaceae
茶子饼(广东中医)=油茶
茶子麸(岭南草药志)=油茶
茶子木(中药大辞典)=油茶
茶子木花(陆川本草)=油茶
茶子心(陆川本草)=油茶
茶蘼花(经济植物手册)=重瓣空心泡
槎牙(唐本草)=欧洲慈姑
察尔汪(藏语)=错那蒿
察尔汪(藏语)=直茎蒿
察尔旺(青海藏语)=茵陈
察干-沙里尔日(蒙语)=西北绢蒿
察干-沙瓦格(蒙语)=西北绢蒿
察汗-沙里尔日(蒙名)=香叶蒿
察郎马先蒿 Pedicularis tsarungensis Li(玄参科)
察龙无心菜 Arenaria dsharaënsisPax & Hoffm.(石竹科)
察陇蹄盖蕨 Athyrium tarulakaense Ching(蹄盖蕨科)
察区大丝美多(藏名)=宝兴百合
察日脆蒴报春 Primula tsariensis W.W.Sm.(报春花科)
察瓦龙翠雀花 Delphinium chrysotrichum var. tsarongense (Hand.-Mazz.) W.T.Wang(毛茛科)
察瓦龙忍冬 Lonicera tomentella var. tsarongensis W.W.Sm.(忍冬科)
察瓦龙舌唇兰 Platanthera chiloglossa (T.Tang & F.T.Wang) K.Y.Lang(兰科)
察瓦龙唐松草 Thalictrum tsawarungense W.T. Wang & S.H.Wang(毛茛科)
察瓦龙乌头 Aconitum changianum W.T.Wang (毛茛科)
察瓦龙小檗 Berberis tsarongensis Stapf. (小檗科)
察瓦龙叶下珠(分类学报)=西南叶下珠
察瓦龙紫菀 Aster tsarungensis (Griers.) Ling(菊科)
察瓦陇杜鹃花 Rhododendron hilleri Davidian (杜鹃花科)
察雅黄芪 Astragalus chagyabensis P.C.Li & Ne (豆科)
察隅矮柳 Salix zayulica C.Wang & C.F.Fang (杨柳科)
察隅遍地金 Hypericum wightianum var. axillare N.Robson(藤黄科)
察隅薄鳞蕨 Leptolepidium tenellum Ching & S. K.Wu (中国蕨科)
察隅翠雀花 Delphinium chayuense W.T.Wang (毛茛科)
察隅大王马先蒿 Pedicularis rex subsp. zyuensis H.P.Yang (玄参科)
察隅滇紫草 Onosma tsayuense Y.L.Liu (紫草科)
察隅滇紫草 Onosma zayüense Y.L.Liu(紫草科)
察隅点地梅 Androsace zayulensis Hand.-Mazz. (报春花科)
察隅杜鹃 Rhododendron piercei Davidian(杜鹃花科)
察隅短肠蕨 Allantodia subspectabilis Ching & W.M.Chu (蹄盖蕨科)
察隅耳蕨 Polystichum zayuense W.M.Chu & Z. R.He (鳞毛蕨科)
察隅杭子梢 Campylotropis alopochloa Ohashi?(豆科)
察隅蒿 Artemisia zayüensis Ling & Y.R.Ling(菊科)
察隅厚喙菊 Dubyaea tsarongensis (W.W.Sm.) Stebbins(菊科)
察隅黄芪 Astragalus zayuensis Ni & P.C.Li(豆科)
察隅假毛蕨 Pseudocyclosorus zayüensis Ching & S.K.Wu(金星蕨科)
察隅箭竹 Fargesia zayunensis Yi (禾本科)
察隅肋毛蕨 Ctenitis zayuensis Ching & S.K.Wu (叉蕨科)
察隅冷杉 Abies chayuensis Cheng & L.K.Fu(松科)
察隅梨果寄生(分类学报)=滇藏梨果寄生
察隅马先蒿 Pedicularis zayuensis H.P.Yang (玄参科)
察隅女贞(云南植物研究)=皱叶小蜡
察隅婆婆纳 Veronica chayuensis Hong(玄参科)
察隅槭 Acer tibetense Fang(槭树科),*西藏槭*
察隅荨麻 Urtica zayuensis C.J.Chen(荨麻科)
察隅润楠 Machilus chayuensis S.Lee(樟科)
察隅蛇根草 Ophiorrhiza calcarata HK.f.?(茜草科)
察隅十大功劳 Mahonia calamicaulis subsp. kingdon-wardiana (Ahrendt) Ying & Bouff. (小檗科) ,*金顿沃尔德十大功劳*
察隅唐松草 Thalictrum chayuense W.T.Wang (毛茛科)
察隅蹄盖蕨 Athyrium zayuense Z.R.Wang(蹄盖蕨科)
察隅乌头 Aconitum chayuense W.T.Wang(毛茛科)
察隅小檗 Berberis zayulana Ahrendt?(小檗科)
察隅羊茅 Festuca chayuensis L.Liu(禾本科)
察隅野豌豆 Vicia bakeri Ali(豆科)
察隅阴山荠 Yinshania zayuensis Y.H.Zhang(十字花科)
察隅獐牙菜 Swertia zayuensis T.N.Ho & S.W. Liu (龙胆科)
察隅紫柄蕨 Pseudophegopteris zayuensis Ching & S.K.Wu(金星蕨科)
察隅紫堇 Corydalis tsayulensis C.Y.Wu & H. Chuang (罂粟科),*叭吓呷,抓桑*
檫木(广药手册)=楝叶吴萸
檫木 Sassafras tzumu (Hemsl.) Hemsl.(樟科),*半风樟,蔡木,檫树,独脚樟,鹅脚板,枫荷桂,花楸树,黄楸树,梨火哄,南树,青檫,山檫,刷木,天我枫,桐梓树,徒手巴,梓木*
檫木属 Sassafras Trew(樟科)
檫树(广东)=楝叶吴萸
檫树(浙江,江西)=檫木
檫仔漆(台湾)=野漆
镲钹花(陕西中草药)=蜀葵
岔河凤仙花 Impatiens mairei Lévl.? (凤仙花科)
岔子菜(云南中草药)=万丈深
差把嘎蒿(沙漠药用植物)=盐蒿
差不嘎蒿(东北检索表)=盐蒿
差芑(景颇族名)=黄花蒿
差天草(庚辛玉册)=海芋
钗子股(新拉汉英)=具觿角钗子股(新)
钗子股 Luisia morsei Rolfe(兰科),*虫寄生,海斑虎,金钗股,龙须草,三十根,松寄生,檀香线,锡朋草*
钗子股属 Luisia Gaud.(兰科)

Chai

柴布日-哈日嘎纳(蒙语)=甘蒙锦鸡儿

柴布日-萨巴乐干纳(蒙语)=灰绿黄堇
柴草(本草品汇精要)=柴胡
柴达木臭草 Melica kozlovii Tzvel.(禾本科)
柴达木黄芪 Astragalus kronenburgii var. chaidamuensis S.B.Ho(豆科)
柴达木桧(经济植物手册)=祁连圆柏
柴达木沙拐枣 Calligonum zaidamense A.Los.(蓼科)
柴达木圆柏(中国树木学)=祁连圆柏
柴达木猪毛菜 Salsola zaidamica Iljin(藜科)
柴党(四川)=球花党参
柴骨皮(陕西)=米面蓊
柴桂(四川盐边)=川桂
柴桂(云南禄劝)=聚花桂
柴桂 Cinnamomum tamala (Buch.-Ham.) Nees & Eberm(樟科),*桂皮,三股筋,肉桂,桂皮,辣皮树,三条筋*
柴禾(山西)=翅果油树
柴厚朴(贵州民间药物)=穗序鹅掌柴
柴胡(四川)=柴首
柴胡(图经本草)=红柴胡
柴胡(图经本草)=竹叶柴胡
柴胡(新疆)=阿尔泰柴胡
柴胡 Bupleurum chinense DC.(伞形科),*柴草,北柴胡,茈胡,地熏,狗头柴胡,黑柴胡,韭叶柴胡,蚂蚱腿,茹草,山菜,山根菜,铁苗柴胡,硬苗柴胡,竹叶柴胡*
柴胡大戟(植物志 44-3)=高山大戟
柴胡红景天(Flora 8)=亚查红景天
柴胡红景天 Rhodiola bupleuroides (Wall. ex HK.f. & Thoms.) S.H.Fu (景天科),*格林景天,伸长红景天,不丹红景天,柴胡景天*
柴胡景天(拉汉名称)=柴胡红景天
柴胡叶垂头菊 Cremanthodium bupleurifolium W.W.Sm.(菊科)
柴胡叶链荚豆 Alysicarpus bupleurifolius (L.) DC. (豆科),*长叶链荚豆*
柴胡属 Bupleurum L.(伞形科)
柴胡状斑膜芹 Hymenoluma bupleuroides (Schrenk) Korov.(伞形科)
柴胡状大戟(云南植物名录)=高山大戟
柴桦 Betula fruticosa Pall.(桦木科)
柴黄姜 Dioscorea nipponica subsp. rosthornii (Prain & Burkill) C.T.Ting(薯蓣科),*穿山龙,黄姜子*
柴荆芥(北京昌平)=木香薷
柴科诺斯基小檗 Berberis tschonoskyana Rgl.(小檗科)
柴龙树 Apodytes dimidiata E.Meyer(茶茱萸科)
柴龙树属 Apodytes E.Meyer ex Arn.(茶茱萸科)
柴木通(巴东)=锈球藤
柴木通(湖北)=钝萼铁线莲
柴首 Bupleurum chaishoui Shan & Sheh(伞形科),*柴胡*
柴树(辽宁,植物志 22)=蒙古栎
柴续断 Phlomis szechuanensis C.Y.Wu(唇形科)
豺节(名医别录)=五加
豺皮樟 Litsea rotundifolia var. oblongifolia (Nees) Allen(樟科),*白叶仔,硬钉树,假面果,啫喳木,圆叶木姜子*
豺帚(改订植物名汇)=粗茎红景天

Chan

孱弱马先蒿 Pedicularis infirma Li(玄参科)
禅比罗棕属 Chambeyronia Vieill.(棕榈科)
禅真(四川)=菟丝子
缠结龙脑香 Dipterocarpus intricatus Dyer (龙脑香科)
缠绕白毛乌头 Aconitum villosum var. amurense (Nakai) S.H.Li & Y.H.Huang(毛茛科)
缠绕草属 Alloplectus Mart.(苦苣苔科)
缠绕党参 Codonopsis pilosula var. volubilis (Nannf.) L.T.Shen(桔梗科)
缠绕天剑(北部植物图志)=藤长苗
缠绕挖耳草 Utricularia scandens Benj.(狸藻科),*高山挖耳草*
缠头花椒(新疆)=罗勒
缠枝牡丹(植物志 64-1)=柔毛大碗花
缠竹消(广东)=娃儿藤
蝉豆(海南儋县)=大叶山蚂蝗
蝉翼藤 Securidaca inappendiculata Hassk.(远志科),*当低相悲,刁了棒,丢了棒,五味藤,象皮藤,一摩消,中唧项*
蝉翼藤属 Securidaca L.(远志科)
潺菜(广州)=落葵
潺槁木姜子 Litsea glutinosa (Lour.) C.B.Rob.(樟科),*百皮楠,潺槁蕴,潺槁树,潺果,大疳根,胶樟,美大喊,楠木根,牛耳枫,青桐胶,青野槁,三苦花,山加龙,山胶木,香胶木,油槁树*
潺槁蕴(岭南采药录,中药资源志要)=潺槁木姜子
潺槁树(植物志 31)=潺槁木姜子
潺果(中药大辞典)=潺槁木姜子
蟾蜍草(中药资源志要)=广西粗筒苣苔
蟾蜍色爪唇兰 Gongora bufonia Lindl.(兰科)
产后草(广西)=小紫金牛
产后草(江苏)=瓜子金
产后草(江苏)=黄龙尾
产后茶(广西药用名录)=吊石苣苔
铲瓣景天 Sedum obtrullatum K.T.Fu (景天科)
铲叶垂头菊 Cremanthodium sino-oblongatum Good(菊科)
颤喙马先蒿 Pedicularis tantalorhyncha Franch.(玄参科)

Chang

昌都点地梅 Androsace bisulca Bur. & Franch.(报春花科)
昌都耳蕨 Polystichum qamdoense Ching & S.K. Wu (鳞毛蕨科),*昌都高山耳蕨*
昌都高山耳蕨(西藏志)=昌都耳蕨
昌都蒿 Artemisia orientali-xizangensis Y.R.Ling & C.J.Humph.(菊科)
昌都黄芪 Astragalus changduensis Y.C.Ho(豆科)
昌都棘豆 Oxytropis multiramosa P.C.Li(豆科),*多枝棘豆*
昌都堇菜(拉汉名称)=羽裂堇菜
昌都锦鸡儿 Caragana changduensis Liou f.(豆科),*阿寸克隆*
昌都韭 Allium changduense J.M.Xu(百合科)
昌都无心菜 Arenaria chamdoensis C.Y.Wu ex L.H.Zhou(石竹科)
昌都羊茅 Festuca chanduensis L.Liu(禾本科)
昌都杨 Populus qamdoensis C.Wang & Tung (杨柳科)
昌都紫堇 Corydalis chamdoensis C.Y.Wu & H. Chuang (罂粟科)
昌感秋海棠 Begonia cavaleriei Lévl.(秋海棠科),*盾叶秋海棠,红孩儿,爬地龙,爬山猴,爬岩龙,岩蜈蚣,野海棠*
昌古(蒙名)=独行菜
昌化鹅耳枥 Carpinus tschonoskii Maxim.(桦木科),*昌化枥,镰苞鹅耳枥*
昌化拉拉藤 Galium niewerthi Franch. & Savat.(茜草科)
昌化枥(树木分类学)=昌化鹅耳枥
昌化槭 Acer changhuaense (Fang & Fang f.) Fang & P.L.Chiu(槭树科)
昌江厚壳树 Ehretia changjiangensis Xing & Z. X.Li (紫草科)
昌江石斛 Dendrobium changjiangense S.J. Cheng & C.Z.Tang(兰科),*肉质花石斛*
昌江蛛毛苣苔 Paraboea changjiangensis F.W. Xing & Z.X.Li(苦苣苔科)
昌宁槭(分类学报)=海拉槭
昌宁薹草 Carex melinacra var. changning S.Y. Liang (莎草科)
昌平毛茛 Ranunculus changpingnensis W.T. Wang (毛茛科)
菖薄桶铁角蕨(分类学报)=贡山铁角蕨
菖兰(武汉)=唐菖蒲
菖蒲(本草纲目,图考)=金钱蒲
菖蒲(各地)=石菖蒲
菖蒲 Acorus calamus L.(天南星科),*白菖蒲,臭草,臭菖蒲,臭蒲,大叶菖蒲,地心,家菖蒲,剑菖蒲,剑叶菖蒲,凌水档,泥菖蒲,泥菖,蒲剑山菖蒲,十香和,石菖蒲,水菖蒲,水剑草,土菖蒲,溪菖蒲,香蒲,野菖蒲,野枇杷,藏菖蒲*
菖蒲兰(武汉)=香雪兰
菖蒲球兰 Hoya siamica Craib(萝藦科)
菖蒲鸢尾属 Acidanthera Hochst.(鸢尾科)
菖蒲属 Acorus L.(天南星科)
长安薹草 Carex heudesii Lévl. & Vant.(莎草科)
长把马先蒿 Pedicularis longistipitata Tsoong(玄参科)
长白糙苏 Phlomis koraiensis Nakai(唇形科)
长白侧柏(东北木本志)=朝鲜崖柏
长白茶藨子 Ribes komarovii Pojark.(虎耳草科)
长白柴胡 Bupleurum komarovianum Lincz.(伞形科),*柞柴胡*
长白赤松(东北经济志)=长白松
长白楤木(东北木本志)=东北土当归
长白灯心草 Juncus maximowiczii Buchen.(灯心草科)
长白蜂斗菜 Petasites rubellus (J.F.Gemel.) Toman (菊科),*长白蜂斗叶*
长白蜂斗叶(东北检索表)=长白蜂斗菜
长白高山芹 Coelopleurum nakaianum (Kitag.) Kitag.(伞形科),*白山芹*
长白狗舌草 Tephroseris phaeantha (Nakai) C. Jeffr. & Y.L.Chen(菊科)
长白红景天 Rhodiola angusta Nakai(景天科),*长折景天,乌苏里景天*
长白虎耳草 Saxifraga laciniata Nakai & Takeda (虎耳草科),*条裂虎耳草*
长白棘豆 Oxytropis anertii Nakai ex Kitag.(豆科),*老鹳草,毛棘豆*
长白假水晶兰(分类学报)=球果假水晶兰
长白金莲花 Trollius japonicus Miq.(毛茛科)
长白卷耳 Cerastium baischanense Y.C.Chu(石竹科)
长白老鹳草 Geranium dahuricum var. paishanense (Y.L.Cheng) Huang & L.R.Xu(牻牛儿苗科)
长白柳(植物志 20-2)=多腺柳
长白鹿蹄草 Pyrola tschanbaischanica Y.L.Chou et Y.L.Chang(鹿蹄草科)
长白落叶松(树木分类学)=黄花落叶松
长白落叶松绿果变型(分类学报)=绿果黄花落叶松
长白落叶松中果变型(分类学报)=黄花落叶松

长白米努草 Minuartia macrocarpa var. korean (Nakai) Hara(石竹科)
长白拟水晶兰(拉汉名称)=球果假水晶兰
长白婆婆纳 Veronica stelleri var. longistyla Kitag.(玄参科)
长白蔷薇 Rosa koreana Kom.(蔷薇科)
长白忍冬 Lonicera ruprechtiana Rgl.(忍冬科), *王八骨头,扁旦胡子*
长白瑞香(吉林)=朝鲜瑞香
长白沙参 Adenophora pereskiifolia (Fisch. ex Roem. & Schult.) G.Don(桔梗科),*沙参*
长白山报春(高等图鉴,新拉汉英)=粉报春
长白山峨眉蕨(分类学报)=东北峨眉蕨
长白山风毛菊 Saussurea tenerifolia Kitag.(菊科)
长白山蒿(吉林)=高岭蒿
长白山金星蕨 Parathelypteris changbaishanensis Ching ex Shing(金星蕨科)
长白山距兰(长白山药志)=尾瓣舌唇兰
长白山蕨萁 Botrypus manshuricus (Ching) Ching?(瓶尔小草科)
长白山龙胆 Gentiana jamesii Hemsl.(龙胆科), *白山龙胆*
长白山蚂蚱草(植物志 26)=山蚂蚱草
长白山石杉(云南植物研究)=亮叶石杉
长白山碎米荠(植物志 33)=圆齿碎米荠
长白山蹄盖蕨(植物研究)=东北蹄盖蕨
长白山橐吾 Ligularia jamesii (Hemsl.) Kom.(菊科),*单头橐吾,单花橐吾*
长白山羊茅 Festuca subalpina Chang & Skv. ex S.L.Lu(禾本科)
长白山阴地蕨 Botrychium manshuricum Ching (阴地蕨科),*多枝阴地蕨*
长白山罂粟 Papaver radicatum var. pseudoradicatum (Kitag) Kitag.(罂粟科),*白山罂粟,山罂粟*
长白舌唇兰(东北检索表)=东北舌唇兰
长白松 Pinus sylvestris var. sylvestriformis (Takenouchi) Cheng & C.D.Chu(松科),*长白赤松,美人松,长果赤松*
长白薹草(东北草本志)=白头山薹草
长白乌头 Aconitum tschangbaischanense S.H.Li & Y.H.Huang(毛茛科)
长白蟹甲草 Parasenecio praetermissus (Pojark.) Y.L.Chen(菊科),*大叶兔儿伞*
长白鱼鳞松(中国树木学)=长白鱼鳞云杉
长白鱼鳞云杉 Picea jezoensis var. komarovii (V.Vassil.) Cheng & L.K.Fu(松科),*长白鱼鳞松*
长白鸢尾 Iris mandshurica Maxim.(鸢尾科),*东北鸢尾*
长瓣扁担杆 Grewia macropetala Burret(椴树科)
长瓣钗子股 Luisia filiformis HK.f.(兰科)
长瓣长药兰 Serapias longipetala (Ten.) Poll.(兰科)
长瓣兜兰 Paphiopedilum dianthum T.Tang & F.T.Wang (兰科)
长瓣短柱茶 Camellia grijsii Hance(山茶科),*闽鄂山茶*
长瓣耳草 Hedyotis longipetala Merr.(茜草科)
长瓣繁缕 Stellaria bungeana Fenzl(石竹科)
长瓣高河菜(植物志 33)=高河菜
长瓣角盘兰 Herminium ophioglossoides Schltr.(兰科)
长瓣金花树 Blastus apricus var. longiflorus (Hand.-Mazz.) C.Chen(野牡丹科)
长瓣金莲花 Trollius macropetalus Fr.Schmidt (毛茛科)
长瓣马铃苣苔 Oreocharis auricula (S.More) Clarke (苦苣苔科),*绒毛马铃苣苔,绢毛马铃苣苔,闹骨草*
长瓣马蹄荷 Exbucklandia longipetala Chang(金缕梅科)
长瓣梅花草 Parnassia longipetala Hand.-Mazz.(虎耳草科)
长瓣瑞香 Daphne longilobata (Lecomte) Turrill (瑞香科),*山地瑞香*
长瓣舌唇兰 Platanthera sikimensis (HK.f.) Kraenzl (兰科)
长瓣丝兰 Yucca baccata Torr.(百合科)
长瓣穗花报春 Primula gracilenta Dunn(报春花科),*细柳报春*
长瓣铁线莲 Clematis macropetala Ledeb.(毛茛科),*大瓣铁线莲,石生长瓣铁线莲*
长瓣萱草(植物志 14)=重瓣萱草
长瓣银露梅 Potentilla glabra var. longipetala Yü & Li(蔷薇科)
长瓣鸢尾 Iris longipetala Herb.(鸢尾科)
长瓣云南金莲花 Trollius yunnanensis var. eupetalus (Stapf) W.T.Wang(毛茛科)
长瓣蜘蛛抱蛋 Aspidistra longipetala S.Z.Huang (百合科)
长棒柄花 Cleidion javanicum Bl.(大戟科)
长棒头草 Polypogon elongatus H.B.K.(禾本科)
长孢禾叶蕨 Grammitis nuda Tagawa (禾叶蕨科)
长苞菝葜 Smilax longebracteolata HK.f.(百合科)
长苞白舌紫菀 Aster baccharoides var. sinianus (Hand.-Mazz.) Ling?(菊科)
长苞斑叶兰(台湾兰科植物)=红花斑叶兰
长苞斑叶兰 Goodyera prainii HK.f.(兰科)
长苞变种(植物志 65-2,Flora 17)=长苞血见愁(新)
长苞菖蒲 Acorus rumphianus S.Y.Hu(天南星科)
长苞刺蕊草 Pogostemon chinensis C.Y.Wu & Y.C.Huang(唇形科)
长苞大叶报春 Primula macrophylla var. moorcroftiana (Wall. ex Klatt) W.W.Sm. & Fletcher (报春花科)
长苞灯心草 Juncus leucomelas Royle ex D.Don (灯心草科)
长苞椴 Tilia chenmoui Cheng(椴树科)
长苞莪白兰(海南志)=长苞鸢尾兰
长苞粉蝶兰(台兰科图鉴,台湾志)=高山舌唇兰
长苞高山栎 Quercus fimbriata Chun & Huang (壳斗科)
长苞谷精草 Eriocaulon decemflorum Maxim. (谷精草科)
长苞花凤梨 Tillandsia lindeniana Rgl.(凤梨科)
长苞还阳参 Crepis pseudonaniformis Shih(菊科)
长苞黄花棘豆 Oxytropis ochrocephala var. longibracteata P.C.Li(豆科)
长苞黄精 Polygonatum desoulayi Kom.(百合科)
长苞棘豆 Oxytropis longibracteata Kar. & Kir. (豆科)
长苞尖药兰 Diphylax contigua (T.Tang & F.T.Wang) T.Tang & F.T.Wang(兰科)
长苞荆芥 Nepeta longibracteata Benth.(唇形科)
长苞蓝 Tetraglochidium jugorum (R.Ben.) Bremek.(爵床科),*长苞马蓝*
长苞蓝属 Tetraglochidium Bremek.(爵床科), *四锚属*
长苞冷杉 Abies georgei Orr (松科),*西康冷杉*
长苞狸尾豆 Uraria longibracteata Yang & Huang (豆科)
长苞列当 Orobanche solmsii Clarke(列当科)
长苞楼梯草 Elatostema longibracteatum W.T. Wang (荨麻科).
长苞螺序草 Spiradiclis longibracteata S.Y.Liu & S.J.Wei(茜草科)
长苞马蓝(广西植物)=长苞蓝
长苞毛兰 Eria obvia W.W.Sm.(兰科)
长苞美冠兰 Eulophia bracteosa Lindl.(兰科)
长苞美丽马醉木(西藏志,云南志)=美丽马醉木
长苞木槿 Hibiscus syriacus var. longibracteatus S.Y.Hu(锦葵科)
长苞荠苎 Mosla longibracteata (C.Y.Wu) C.Y. Wu & H.W.Li(唇形科),*土荆芥*
长苞球子草 Peliosanthes ophiopogonoides Wang & Tang(百合科)
长苞人唇兰 Aceras longibracteata (兰科)
长苞绒毛山蚂蝗 Desmodium velutinum var. longibracteatum (Schindl.) van Meeuwen(豆科)
长苞三轮草 Cyperus orthostachyus var. longibracteatus L.K.Dai (莎草科)
长苞舌唇兰(中药大辞典)=凹舌兰
长苞升麻 Cimicifuga foetida var. longibracteata Hsiao(毛茛科)
长苞十大功劳 Mahonia longibracteata Takeda (小檗科)
长苞石竹(植物志 26)=石竹
长苞柿 Diospyros longibracteata Lec.(柿科),*定春,海鸵李,白春,乌木,乌茶*
长苞铁杉 Tsuga longibracteata Cheng(松科),*贵州杉,铁油杉*
长苞头蕊兰 Cephalanthera longibracteata Bl.(兰科)
长苞无柱兰 Amitostigma farreri Schltr.(兰科), *滇藏无柱兰*
长苞腺萼木 Mycetia bracteata Hutch.(茜草科)
长苞香蒲 Typha angustata Bory & Chaubard.(香蒲科)
长苞小檗 Berberis bracteata (Ahrendt) Ahrendt (小檗科)
长苞萱草 Hemerocallis middendorffii var. longibracteata Z.T.Xiong(百合科)
长苞血见愁(新)Teucrium viscidum var. longibracteatum C.Y.Wu & S.Chow(唇形科),*长苞变种*
长苞羊耳蒜 Liparis inaperta Finet(兰科)
长苞鸢尾兰 Oberonia longibracteata Lindl.(兰科),*长苞莪白兰*
长苞中甸冷杉 Abies ferreana var. longibracteata L.K.Fu & Nan Li(松科)
长苞紫堇 Corydalis longibracteata Ludlow(罂粟科)
长苞紫茎 Stewartia longibracteata Chang(山茶科)
长苞紫珠 Callicarpa longibracteata H.T.Chang (马鞭草科)
长臂卷瓣兰 Bulbophyllum longibrachiatum Z.H. Tsi (兰科)
长鞭红景天 Rhodiola fastigiata (HK.f. & Thoms.) S.H.Fu (景天科),*宽叶红景天,竖枝景天,大理景天*

长鞭省藤(广西植物)=长鞭藤
长鞭藤 Calamus flagellum Griff.(棕榈科),*长鞭省藤*
长柄矮生栒子(新)Cotoneaster dammerii var. radicans (Dammer) Schneid.(蔷薇科),*矮生栒子长柄变种*
长柄艾纳香 Blumea membranacea DC.(菊科)
长柄巴柳 Salix etosia f. longipes N.Chao(杨柳科)
长柄贝母兰 Coelogyne longipes Lindl.(兰科)
长柄扁桃(果树分类学)=长梗扁桃
长柄变型(云南植物研究)=蛇足石杉
长柄变种(植物志 66)=露珠香茶菜
长柄茶壶卢(濒湖集简方)=苦葫芦
长柄巢蕨 Neottopteris longistipes Ching ex S.H. Wu (铁角蕨科)
长柄车前蕨 Antrophyum obovatum Bak.(车前蕨科)
长柄赤车 Pellionia tsoongii (Merr.) Merr.(荨麻科)
长柄翅果 Burretiodendron longistipitatum R.H. Miau (椴树科)
长柄臭黄荆(高等图鉴)=狐臭柴
长柄臭牡丹(云南志)=长梗大青
长柄垂头菊 Cremanthodium petiolatum S.W. Liu (菊科)
长柄翠柏(高等图鉴)=翠柏
长柄灯台树(海南保亭)=蒙蒿子
长柄地不容 Stephania longipes Lo(防已科)
长柄地锦 Parthenocissus feddei (Lévl.) C.L.Li (葡萄科)
长柄垫柳 Salix calyculata HK.f.(杨柳科)
长柄篠蕨(蕨类图说)=波边条蕨
长柄冬青 Ilex dolichopoda Merr. & Chun(冬青科)
长柄豆蔻 Amomum longipetiolatum Merr.(姜科)
长柄杜鹃 Rhododendron longipes Rehd. & Wils. (杜鹃花科)
长柄杜若 Pollia siamensis (Craib) Faden (鸭跖草科)
长柄杜英 Elaeocarpus petiolatus (Jack.)Wall. ex Kurz(杜英科)
长柄耳蕨(西藏志)=柔软耳蕨
长柄粉条儿菜 Aletris pedicellata Wang & Tang (百合科)
长柄凤尾蕨 Pteris bella Tagawa? (凤尾蕨科)
<u>*长柄凤尾蕨*(新拉汉英)=具柄凤尾蕨(新)</u>
长柄瓜馥木 Fissistigma oldhamii var. longistipitatum Tsiang(番荔枝科)
长柄观音座莲 Angiopteris longipetiolata Ching (观音座莲科),*马蹄萁*
长柄贯众(分类学报)=显脉贯众
长柄果飘拂草 Fimbristylis longistipitata Tang & Wang(莎草科)
长柄过路黄 Lysimachia esquirolii bonati(报春花科),*贵州过路黄*
长柄孩儿草 Rungia longipes D.Fang & H.S.Lo 爵床科)
长柄海岛越桔 Vaccinium wrightii var. formosanum (Hay.) H.L.Li(杜鹃花科),*台湾大叶越桔*
长柄海南核果木 Drypetes hainanensis var. longistipitata P.T.Li(大戟科)
长柄含笑 Michelia longipetiolata C.Y.Wu(木兰科)
长柄蒿(四川)=西南圆头蒿
长柄合耳菊 Synotis longipes C.Jeffr. & Y.L. Chen (菊科)
<u>*长柄合果芋*(新拉汉英)=合果芋</u>
<u>长柄黑果小檗 Berberis atrocarpa var. longipes Ahrendt (小檗科)</u>
长柄厚喙菊 Dubyaea rubra Stebbins(菊科)
<u>长柄厚皮香 Ternstroemia longipes Hu (山茶科)</u>
长柄胡椒 Piper sylvaticum Roxb.(胡椒科)
长柄胡颓子 Elaeagnus delavayi Lecomte(胡颓子科)
<u>长柄槐 Sophora longipes Mett.(豆科)</u>
长柄黄精 Polygonatum longipedunculatum S.Y. Liang (百合科)
<u>长柄黄藤 Daemonorops longipes (Griff.) Mart. (棕榈科)</u>
长柄棘豆 Oxytropis podoloba Kar. & Kir.(豆科)
长柄荚 Mecopus midulans Benn.(豆科)
长柄荚属 Mecopus Benn.(豆科)
长柄假福王草 Paraprenanthes gracilipes Shih (菊科)
长柄假金星蕨(台湾志)=卵果蕨
长柄假冷蕨(分类学报)=三角叶假冷蕨
长柄假脉蕨 Crepidomanes racemulosum (v.d.B.) Ching(膜蕨科)
长柄芥 Macropodium nivale (Pall.) R.Br.(十字花科),*古芥*
长柄芥属 Macropodium R.Br.(十字花科),*古芥属*(东北检索表)
长柄旌节花(树木志)=具梗旌节花
长柄蓝钟花(新)Cyananthus inflatus var. sylvestris Marq.?(桔梗科)
长柄肋毛蕨 Ctenitis nidus (Clarke) Ching(叉蕨科)
长柄冷水花(广西植物名录)=长茎冷水花
长柄冷水花 Pilea angulata subsp. petiolaris (Z. & S.) C.J.Chen(荨麻科),*长柄冷水麻*
长柄冷水麻(台湾志)=长柄冷水花
长柄冷水麻(台湾志)=冷水花
长柄恋岩花 Echinacanthus longipes H.S.Lo & D.Fang(爵床科)
长柄亮叶山香圆 Turpinia simplicifolia var. longipes C.Y.Wu(省沽油科)
长柄裂瓜 Schizopepon longipes Gagn.(葫芦科)
长柄裂叶铁线莲(植物志 28)=细梗铁线莲
长柄陵齿蕨 Lindsaea longipetiolata Ching(陵齿蕨科)
<u>长柄瘤瓣兰 Oncidium longipes Lindl.(兰科)</u>
长柄柳叶菜 Epilobium roseum Schreber(柳叶菜科)
长柄蕗蕨 Mecodium osmundoides (v.d.B.) Ching (膜蕨科)
长柄卵果蕨(台湾志)=卵果蕨
长柄马兰 Kalimeris longipetiolata (Chang) Ling (菊科)
长柄马先蒿 Pedicularis longipetiolata Franch. (玄参科)
长柄米口袋 Gueldenstaedtia harmsii Ulbr.(豆科)
长柄女贞(植物志 61)=罗甸小蜡
长柄爬山藤榕 Ficus sarmentosa var. luducca (Roxb.) Corner(桑科)
长柄瓶蕨(蕨类图说)=南海瓶蕨
长柄婆婆纳 Veronica longipetiolata Hong(玄参科)
长柄七叶树 Aesculus assamica Griff.(七叶树科),*滇缅七叶树*
长柄槭 Acer longipes Franch. ex Rehd.(槭树科)
长柄岐伞花 Cymaria acuminata Decne.(唇形科)
长柄奇花柳 Salix atopantha var. pedicellata C.F. Fang & J.Q.Wang(杨柳科)
长柄浅黄马先蒿 Pedicularis lutescens subsp. longipetiolata (Li) Tsoong(玄参科),*浅黄马先蒿长柄亚种*
长柄琼楠 Beilschmiedia longipetiolata Allen(樟科)
长柄秋海棠 Begonia smithiana Yü ex Irmsch. (秋海棠科)
长柄全缘石楠(新)Photinia integrifolia var. notoniana (Wight & Arn.) Vidal(蔷薇科),*全缘石楠长柄变种*
长柄山茶 Camellia longipetiolata (Hu) Chang & Fang(山茶科)
长柄山姜 Alpinia kwangsiensis T.L.Wu & Senjen (姜科)
长柄山龙眼 Helicia longipetiolata Merr. & Chun (山龙眼科)
长柄山蚂蝗 Podocarpium podocarpum (DC.) Yang & Huang(豆科),*菱叶山蚂蝗,圆平等叶山蚂蝗,小粘子草*
长柄山蚂蝗属 Podocarpium (Benth.) Yang & Huang (豆科)
长柄山油柑(海南志)=山油柑
长柄珊瑚苣苔(植物志 69)=西藏珊瑚苣苔
<u>长柄十大功劳 Mahonia longipes (Stadley) Standley (小檗科)</u>
长柄石笔木 Tutcheria greeniae Chun(山茶科)
长柄石柑 Pothos chinensis var. lotienensis C.Y. Wu & H.Li(天南星科)
长柄鼠李 Rhamnus longipes Merr. & Chun(鼠李科)
长柄双花木 Disanthus cercidifolius var.longipes Chang(金缕梅科)
<u>长柄丝花苣苔 Nematanthus longipes DC.(苦苣苔科)</u>
长柄梭罗 Reevesia longipetiolata Merr. & Chun (梧桐科),*硬壳果树,海南梭罗树*
长柄台湾堇菜 Viola formosana var. kawakamii (Hay.) Wang(堇菜科),*川上氏堇菜*
长柄唐松草 Thalictrum przewalskii Maxim.(毛茛科),*莪正,散花唐松草*
长柄蹄盖蕨 Athyrium longius Ching(蹄盖蕨科),*衡山蹄盖蕨,长羽蹄盖蕨*
长柄条蕨(蕨类图说)=波边条蕨
长柄铁角蕨 Asplenium sublongum Ching ex S. H.Wu (铁角蕨科)
长柄通泉草 Mazus henryi Tsoong(玄参科)
长柄通泉草高茎变种(植物志 67-2)=通泉草
长柄兔儿风 Ainsliaea reflexa Merr.(菊科)
<u>长柄菟葵 Eranthis longistipitata Rgl.(毛茛科)</u>
长柄瓦韦(台湾志)=宝岛瓦韦
长柄瓦韦 Lepisorus petiolatus Y.X.Lin (水龙骨科)
长柄乌头 Aconitum longipetiolatum Lauener(毛茛科)
长柄无心菜 Arenaria longipetiolata C.Y.Wu ex L.H.Zhou (石竹科)
长柄线蕨(分类学报)=长梗线蕨
长柄线蕨 Colysis elliptica var. longipes (Ching) L.Shi & X.C.Zhang(水龙骨科)
长柄线尾榕 Ficus filicauda var. longipes S.S. Chang (桑科)
长柄象牙参 Roscoea debilis Gagn.(姜科),*白象牙参*
长柄小芹 Sinocarum dolichopodum (Diels)

Wolff (伞形科)
长柄新风轮菜 Calamintha longicaulis Benth.(唇形科)
长柄新月蕨 Pronephrium longipetiolatum (K. Iwats.) Holtt.(金星蕨科)
长柄熊巴掌 Phyllagathis cavaleriei var. wilsoniana Guillaum.(野牡丹科)
长柄绣球(图谱)=莼兰绣球
长柄雪山报春 Primula longipetiolata Pax & Hoffm. (报春花科)
长柄岩黄芪 Hedysarum longigynophorum Ni (豆科)
长柄羊蹄甲 Bauhinia longistipes T.Chen(豆科)
长柄野扁豆 Dunbaria podocarpa Kurz(豆科),*山绿豆,水芽豆,金钱风,贼老藤*
长柄野荞麦 Fagopyrum statice (Lévl.) H.Gross (蓼科)
长柄野扇花(分类学报)=长叶柄野扇花
长柄异木患 Allophylus longipes Radlk(无患子科)
长柄异药花 Fordiophyton longies Y.C.Huang ex C.Chen (野牡丹科),*猪食*
长柄阴地蕨 Botrychium longipedunculatum Ching (阴地蕨科)
长柄银叶树 Heritiera angustata Pierre(梧桐科),*白楠,白符公,大叶银叶树*
长柄油丹 Alseodaphne petiolaris (Meissn.) HK.f. (樟科)
长柄玉山竹(西藏志)=亚东玉山竹
长柄鸢尾 Iris henryi Baker(鸢尾科)
长柄云南梅花草 Parnassia yunnanensis var. longistipitata Jien(虎耳草科),*云南梅花草长柄变种*
长柄杂色杜鹃 Rhododendron eclecteum var. bellatulum Balf.f. ex Tagg(杜鹃花科)
长柄獐牙菜 Swertia petilata Royle ex D.Don(龙胆科)
长柄樟 Cinnamomum longipetiolatum H.W.Li (樟科)
长柄轴榈 Licuala longipes Griff.(棕榈科)
长柄竹叶榕 Ficus stenophylla var. macropodocarpa (Lévl. & Vant.) Corner(桑科)
长柄紫果槭 Acer cordatum var. subtrinervium (Metc.) Fang(槭树科)
长柄紫珠 Callicarpa longipes Dunn(马鞭草科)
长波叶山蚂蝗 Desmodium sequax Wall.(豆科),*波叶山蚂蝗,饿蚂蝗,过路黄,黄粘毛黄,牛巴嘴,山蚂蝗,瓦子草,野豆子,粘人花*
长齿百里香 Thymus disjunctus Klok.(唇形科)
长齿变种(植物志 66,Flora 17)=长齿香茶菜(新)
长齿峨眉蕨 Lunathyrium pycnosorum var. longidens Z.R.Wang(蹄盖蕨科)
长齿黄芪 Astragalus tongolensis var. lanceolatodentatus Pet.-Stib.(豆科)
长齿列当 Orobanche coelestis Boiss. & Reut. (列当科)
长齿木蓝 Indigofera dolichochaeta Craib(豆科)
长齿青兰 Dracocephalum hookeri C.B.Clarke (唇形科)
长齿肉黄菊 Faucaria longidens L.Bolus.(番杏科)
长齿溲疏 Deutzia setchuenensis var. longidentata Rehd.(虎耳草科)
长齿乌头 Aconitum lonchodontum Hand.-Mazz. (毛茛科)
长齿狭荚黄芪 Astragalus stenoceras var. longidentatus S.B.Ho(豆科)
长齿香茶菜(新) Isodon pleiophyllus var. dolichodens (C.Y.Wu & H.W.Li) H.W.Li(唇形科),*长齿变种*
长齿野豌豆 Vicia longicuspis Xia(豆科)
长齿蔗茅 Erianthus longisetosus Anderss.(禾本科)
长翅槭 Acer longicarpum Hu & Cheng(槭树科)
长翅绣球(植物志 35-1)=粗枝绣球
长虫包谷(云南文山)=红根南星
长虫苞米(辽宁)=东北南星
长虫磨芋(云南广南)=山珠南星
长虫七(陕西眉县,太白)=岩风
长虫七(陕西眉县,周至,佛坪)=灰毛岩风
长虫山大戟(云南植物名录)=大果大戟
长串茶藨(高等图鉴)=长序茶藨子
长春草(广东)=吉祥草
长春草(现代实用中药)=欧洲金盏花
长春花(纲目)=欧洲金盏花
长春花(广部中草药手册)=白长春花
长春花 Catharanthus roseus (L.) G.Don(夹竹桃科),*雁来红,日日草,日日新,三万花,四时春*
长春花属 Catharanthus G.Don.(夹竹桃科)
长春七(陕西中草药)=岩风
长唇变种(植物志 66)=长唇筒冠花(新)
长唇对叶兰 Listera macrantha Fukuyama(兰科)*长舌双叶兰*
长唇筒冠花(新) Siphocranion macranthum var. prainianum (Lévl.) C.Y.Wu & H.W.Li(唇形科),*长唇变种*
长唇羊耳蒜 Liparis pauliana Hand.-Mazz.(兰科)
长刺茶藨子 Ribes alpestre Wall. ex Decne.(虎耳草科),*刺茶藨子,亚高山茶藨子,刺李,大刺茶藨,高山醋栗,莱菇*
长刺楤木 Aralia spinifolia Merr.(五加科),*刺叶楤木*
长刺耳蕨 Polystichum longispinosum Ching ex L.B.Zhang & H.S.Kung(鳞毛蕨科)
长刺复叶耳蕨 Arachniodes setifera Ching(鳞毛蕨科)
长刺钩萼(分类学报)=长刺钩萼草
长刺钩萼草 Notochaete longiaristata C.Y.Wu & H.W.Li (唇形科),*长刺钩萼*
长刺棘豆(新疆检索表)=温泉棘豆
长刺李(树木分类学)=大刺茶藨子
长刺山柑 Capparis henryi Matsum.(山柑科)
长刺酸模 Rumex trisetifer Stokes(蓼科)
长刺天门冬 Asparagus racemosus Willd.(百合科)
长刺铁线蕨 Adiantum davidii var. longispinum Ching(铁线蕨科)
长刺卫矛 Euonymus wilsonii Sprague(卫矛科),*扣子花,岩风,小梅花树,刺果卫矛*
长刺小檗 Berberis longispina Ying(小檗科)
长刺猪毛菜 Salsola paulsenii Litv.(藜科)
长刺锥 Castanopsis longispina (King ex HK.f.) Huang & Y.T.Chang (壳斗科)
长粗毛杜鹃 Rhododendron crinigerum Franch. (杜鹃花科),*刚毛杜鹃*
长大短肠蕨(蕨类形态)=异裂短肠蕨
长冬草 Clematis hexapetala var. tchefouensis (Debeaux) S.Y.Hu(毛茛科),*铁扫帚,黑狗筋,黑老婆秧*
长萼半蒴苣苔 Hemiboea longisepala Z.Y.Li(苦苣苔科)
长萼报春(高等图鉴)=密裂报春
长萼糙苏 Phlomis longicalyx C.Y.Wu(唇形科)
长萼赤瓟 Thladiantha longisepala C.Y.Wu ex Lu & Z.Y.Zhang(葫芦科)
长萼粗叶木 Lasianthus longisepalus Geddes(茜草科)
长萼杜鹃(西藏志)=不丹杜鹃
长萼杜鹃(云南植物研究)=腾冲杜鹃
长萼杜鹃 Rhododendron longicalyx Fang f.(杜鹃花科)
长萼冠唇花 Microtoena longisepala C.Y.Wu(唇形科)
长萼鸡眼草 Kummerowia stipulacea (Maxim.) Makino (豆科),*短萼鸡眼草,掐不齐,野苜蓿,圆叶鸡眼草*
长萼棘豆 Oxytropis parasericopetala P.C.Li(豆科)
长萼堇菜 Viola incospicua Bl.(堇菜科),*犁头草*
长萼景天 Sedum woronowii Hamet(景天科)
长萼瞿麦 Dianthus longicalyx Miq.(石竹科),*长萼石竹,长筒瞿麦*
长萼宽叶景天 Sedum fui var. longisepalum (K. T.Fu) S.H.Fu (景天科),*宽叶景天长萼变种*
长萼栝楼 Trichosanthes laceribractea Hay.(葫芦科),*长萼鹿角藤*
长萼兰 Brassia gireoudiana Rchb.f. & Warsc.(兰科),*巴西亚兰*
长萼兰花蕉 Orchidantha chinensis var. longisepala (D.Fang) T.L.Wu(兰花蕉科)
长萼兰属 Brassia R.Br.(兰科),*巴西亚兰属*
长萼连蕊茶 Camellia longicalyx Chang(山茶科)
长萼裂黄芪 Astragalus longilobus Pet.-Stib.(豆科)
长萼龙胆 Gentiana dolichocalyx T.N.Ho(龙胆科)
长萼鹿角藤 Chonemorpha megacalyx Pieere(夹竹桃科),*藤仲,土杜仲,金丝杜仲,银丝杜仲,大萼鹿角藤*
长萼鹿蹄草 Pyrola macrocalyx Ohwi(鹿蹄草科)
长萼罗伞树(植物志 58)=罗伞树
长萼马先蒿 Pedicularis longicalyx H.P.Yang (玄参科)
长萼马醉木 Pieris swinhoei Hemsl.(杜鹃花科)
长萼蔓延香草 Lysimachia trichopoda var. sarmentosa (C.Y.Wu) Chen & C.M.Hu(报春花科)
长萼芒毛苣苔 Aeschynanthus sinolongicalyx W. T.Wang (苦苣苔科)
长萼毛果悬钩子 Rubus ptilocarpus var.degensis Yü & Lu (蔷薇科)
长萼木半夏 Elaeagnus multiflora var. siphonantha (Nakai) C.Y.Chang(胡颓子科)
长萼木通 Archakebia apetala (Xia et al.) Wu, Chen & Qin(木通科)
长萼木通属 Archakebia Wu,Chen & Qin(木通科)
长萼泡囊草 Physochlaina macrocalyx Pascher (茄科)
长萼鳃兰 Maxillaria longisepala Rolfe (兰科)
长萼三叶木通 Akebia trifoliata subsp. longisepala H.N.Qin(木通科)
长萼蛇根草 Ophiorrhiza medogensis H.Li(茜草科)
长萼石笔木 Tutcheria wuiana Chang(山茶科),*长毛石笔木*
长萼石莲 Sinocrassula ambigua (Praeg.) Berger (景天科)

长萼石竹(东北草本志)=石竹
长萼石竹(海南志)=长萼瞿麦
长萼石竹 Dianthus kuschakewiczii Rgl. & Schmaih (石竹科)
长萼树参 Dendropanax productus Li(五加科)
长萼棠叶悬钩子 Rubus malifolius var. longisepalus Yü & Lu (蔷薇科)
长萼铁线莲 Clematis tashiroi Maxim.(毛茛科)
长萼乌墨 Syzygium cumini var. tsoi (Merr. & Chun) Chang & Miau(桃金娘科)
长萼狭叶山梗菜 Lobelia colorata var. dsolinhoensis E.Wimm.(桔梗科)
长萼香草 Lysimachia inaperta C.M.Hu & F.N. Wei (报春花科)
长萼亚麻 Linum corymbulosum Reichb.(亚麻科)
长萼野百合(海南志,台湾志)=长萼猪屎豆
长萼野海棠 Bredia longiloba (Hand.-Mazz.) Diels(野牡丹科),*血经草,天青地红,叶下红,紫背红*
长萼越桔 Vaccinium craspedotum Sleumer(杜鹃花科)
长萼掌叶悬钩子 Rubus pentagonus var. longisepalus Yü & Lu (蔷薇科)
长萼轴榈 Licuala longicalycata Ftdo.(棕榈科)
长萼猪屎豆 Crotalaria calycina Schrank(豆科),*长萼野百合,猪铃草*
长耳刺蕨 Egenolfia bipinnatifida J.Sm.(实蕨科)
长耳灯心草 Juncus auritus K.F.Wu(灯心草科)
长耳膜稃草 Hymenachne insulicola (Steud.) L. Liou (禾本科)
长耳南星 Arisaema auriculatum Buchet (天南星科)
长耳箬(种子植物名称)=箬叶竹
长耳玉山竹 Yushania longiaurita Q.F.Zheng & K.F.Huang(禾本科)
长方贯众 Cyrtomium micropterin (Kze.) Ching (鳞毛蕨科)
长方子栝楼(分类学报)=裂苞栝楼
长菲谷精草(植物志 13-3)=流星谷精草
长粉叶小檗 Berberis pruinosa var. longifolia Ahrendt (小檗科)
长佛焰苞省藤 Calamus longispathus Ridley (棕榈科)
长稃伪针茅 Pseudoraphis longipaleacea Chia (禾本科)
长稃异燕麦 Helictotrichon polyneurum (Hookf.) Henr.(禾本科)
长稃早熟禾 Poa dolichachyra Keng(禾本科)
长匐茎黍 Panicum sarmentosum Roxb.(禾本科)
长盖铁线蕨 Adiantum fimbriatum Christ(铁线蕨科)
长秆擂鼓艻 Mapania dolichopoda Tang & Wang (莎草科)
长刚毛省藤 Calamus longisetus Griff.(棕榈科)
长刚毛无心菜 Arenaria longiseta C.Y.Wu(石竹科)
长隔木 Hamelia patens Jacq. (龙胆科)
长隔木属 Hamelia Jacq.(茜草科)
长根大戟 Euphorbia pachyrrhiza Kar. & Kir.(大戟科)
长根假冷蕨 Pseudocystopteris repens Ching(蹄盖蕨科)
长根假毛蕨 Pseudocyclosorus canus (Bak.) Holtt. & Grimes(金星蕨科),*喜马拉雅假毛蕨,墨脱假毛蕨*
长根金星蕨 Parathelypteris beddomei (Bak.) Ching (金星蕨科),*缩羽副金星蕨*
长根老鹳草 Geranium donianum Sweet(牻牛儿苗科),*高山老鹳草*
长根马先蒿 Pedicularis dolichorrhiza Schrenk (玄参科)
长庚花属 Hesperantha Ker-Gawl.(鸢尾科)
长梗霸王(沙漠志)=长梗驼蹄瓣
长梗白珠 Gaultheria dolichopoda Airy-Shaw(杜鹃花科)
长梗百蕊草 Thesium chinense var. longipedunculatum C.Y.Chu(檀香科)
长梗扁果薹(台湾志)=长梗扁果薹
长梗扁果薹 Carex fulvo-rubescens subsp. longistipes (Hay.) T.Koyama(莎草科),*长梗扁果薹*
长梗扁蕾(新)Gentianopsis stricta (Klotszch.) Ikonnikov.? (龙胆科)
长梗扁桃 Amygdalus pedunculata Pall.(蔷薇科),*长柄扁桃,布衣勒斯,大李仁,山樱桃,山豆子,贝拉苏*
长梗变光杜鹃 Rhododendron calvescens var. duseimatum (Balf.f. & Forr.) Chamb. ex Cullen & Chamb.(杜鹃花科)
长梗常春木 Merrilliopanax listeri (King) Li(五加科),*长果柄常春木*
长梗朝鲜柳 Salix koreensis var. pedunculata Y.L.Chou(杨柳科)
长梗匙叶五加 Acanthopanax rehderianus var. longipedunculatus Hoo(五加科)
长梗齿叶冬青 Ilex crenata f. longipedunculata S.Y.Hu(冬青科)
长梗齿缘草 Eritrichium longipes Liang & J.Q. Wang (紫草科)
长梗赤车 Pellionia longipedunculata W.T.Wang (荨麻科)
长梗刺果卫矛 Euonymus acanthocarpus var. laxus (C.H.Wang) C.Y.Cheng(卫矛科)
长梗葱(长白山药志)=长梗韭
长梗粗叶木 Lasianthus filipes Chun ex Lo(茜草科)
长梗翠雀花 Delphinium longipedicellatum W.T. Wang (毛茛科)
长梗大果冬青(江苏志,云南志等)=长梗冬青
长梗大花漆 Toxicodendron grandiflorum var. longipes (Franch.) C.Y.Wu & T.L.Ming(漆树科)
长梗大青 Clerodendrum peii Moldenke(马鞭草科),*长柄臭牡丹*
长梗吊石苣苔 Lysionotus longipedunculatus (W. T.Wang) W.T.Wang(苦苣苔科)
长梗冬青(拉汉植物名录)=具柄冬青
长梗冬青 Ilex macrocarpa var. longipedunculata S.Y.Hu(冬青科),*长梗大果冬青*
长梗风轮菜 Clinopodium longipes C.Y.Wu & Hsuan (唇形科)
长梗风毛菊 Saussurea dolichopoda Diels(菊科)
长梗凤仙花 Impatiens longipes HK.f. & Thoms.(凤仙花科)
长梗附地菜 Trigonotis longipes W.T.Wang (紫草科)
长梗刚毛五加 Acanthopanax simonii var. longipedicellatus Hoo(五加科)
长梗勾儿茶 Berchemia longipes Y.L.Chen & P. K.Chou (鼠李科)
长梗沟瓣 Glyptopetalum longipedicellatum (Merr. & Chun) C.Y.Cheng(卫矛科)
长梗沟繁缕 Elatine ambigua Wight(沟繁缕科)
长梗过路黄(拉汉名称)=锈毛过路黄
长梗过路黄 Lysimachia longipes Hemsl.(报春花科),*长梗排草*
长梗合被韭(Flora 24)=长梗韭
长梗黑果冬青 Ilex atrata var. wangii S.Y.Hu(冬青科)
长梗喉毛花(Flora 16)=柔弱喉毛花
长梗喉毛花 Comastoma pedunculatum (Royle ex D.Don) Holub(龙胆科),*柔弱喉毛花*
长梗厚皮香 Ternstroemia longipedicellata L.K. Ling (山茶科)
长梗槐 Sophora wighti Baker(豆科)
长梗黄花稔 Sida cordata (Burm.f.) Borss.(锦葵科)
长梗黄堇 Corydalis longipes DC.(罂粟科)
长梗黄精 Polygonatum filipes Merr.(百合科)
长梗黄芪(分类学报)=长序黄芪
长梗黄瑞木(高等图鉴补编)=长梗杨桐
长梗灰叶铁线莲(植物志 28)=绿叶铁线莲
长梗棘豆 Oxytropis longipedunculata C.W. Chang (豆科)
长梗荚蒾 Viburnum longipedunculatum (Hsue) Hsu(忍冬科)
长梗绞股蓝 Gynostemma longipes C.Y.Wu ex C.Y.Wu & S.K.Chen(葫芦科)
长梗结香(经济志)=滇结香
长梗金腰 Chrysosplenium axillare Maxim.(虎耳草科),*腋花金腰,亚吉*
长梗韭 Allium neriniflorum (Herb.) Baker(百合科),*长梗葱,长梗合被韭*
长梗开口箭 Campylandra longipedunculata (F.T. Wang & S.Y.Liang) M.N.Tamura et al.(百合科)
长梗蓝果树 Nyssa wenshanensis var. longipedunculata Fang & Soong(蓝果树科)
长梗藜芦 Veratrum oblongum Loes.f.(百合科)
长梗两头毛 Incarvillea arguta var. longipedicellata Q.S.Zhao(紫葳科)
长梗蓼 Polygonum calstachyum Diels(蓼科),*美穗拳参*
长梗柳 Salix dunnii Schneid(杨柳科),*邓柳*
长梗龙胆(蒙大学报)=长梗秦艽
长梗楼梯草 Elatostema longipes W.T.Wang(荨麻科)
长梗漏斗苣苔 Didissandra longipedunculata C. Y.Wu & H.W.Li(苦苣苔科)
长梗庐山芙蓉 Hibiscus paramutabilis var. longipedicellatus Feng(锦葵科)
长梗罗伞 Brassaiopsis glomerulata var. longipedicellata Li(五加科),*长花柄掌叶树*
长梗螺序草 Spiradiclis longipedunculata W.L. Sha ex X.X.Chen(茜草科)
长梗马先蒿 Pedicularis longipes Maxim.(玄参科)
长梗杧果 Mangifera longipes Griff.(漆树科)
长梗毛茛 Ranunculus pedicellatus Hand.-Mazz. (毛茛科)
长梗毛枝绣线菊(新)Spiraea martinii var. pubescens Yü(蔷薇科),*毛枝绣线菊长梗变种*
长梗梅 Armeniaca mume var. cernua (Franch.) Yü(蔷薇科)
长梗美登木 Maytenus hookeri var. longiradiata S.J.Pei & Y.H.Li(卫矛科),*云南长梗美登木*
长梗米蒿 Artemisia giraldii var. longipedunculata Y.R.Ling(菊科)
长梗密花卫矛 Euonymus contractus var. pedunculatus C.Y.Cheng (卫矛科)

长梗密脉木 Myrioneuron tonkinensis f.longipes Lo (茜草科)
长梗木姜子 Litsea forrestii Diels? (樟科)
长梗木蓝 Indigofera henryi Craib(豆科), *亨利木蓝,石山木蓝*
长梗南五味子(广东,中药大辞典)=南五味子
长梗楠(中大学报)=东莞润楠
长梗排草(高等图鉴)=长梗过路黄
长梗盘花麻(台湾志)=假楼梯草
长梗婆婆纳(Flora 18)=棉毛婆婆纳(新)
长梗婆婆纳 Veronica deltigera Wall.(玄参科), *半抱茎婆婆纳*
长梗秦艽 Gentiana waltonii Burk. (龙胆科), *长梗龙胆*
长梗雀儿豆 Chesneya crassipes Boriss.(豆科)
长梗瑞香 Daphne pedunculata H.F.Zhou ex C.Y. Chang (瑞香科)
长梗润楠 Machilus longipedicellata Lec.(樟科), *树八咱,臭樟树*
长梗三宝木 Trigonostemon thyrsoideus Stapf (大戟科), *普柔树,普黍树*
长梗山矾 Symplocos modesta Brand(山矾科)
长梗山麦冬 Liriope longipedicellata Wang & Tang(百合科)
长梗山土瓜 Merremia longipedunculata (C.Y. Wu) R.C.Fang(旋花科)
长梗蛇根草 Ophiorrhiza longipes Lo(茜草科)
长梗十齿花 Dipentodon longipedicellatus C.Y. Cheng & J.S.Liu(卫矛科)
长梗石柑 Pothos kerrii Buchet ex Gagn.(天南星科)
长梗石蝴蝶 Petrocosmea longipedicellata W.T. Wang (苦苣苔科)
长梗守宫木 Sauropus macranthus Hassk.(大戟科)
长梗鼠李 Rhamnus schneideri Lévl. & Vant.(鼠李科)
长梗树萝卜 Agapetes oblonga var. longipes Airy-Shaw (杜鹃花科)
长梗水锦树 Wendlandia longipedicellata How (茜草科)
长梗台湾杨桐 Adinandra formosana var. longipedicellata Keng? (山茶科)
长梗薹草 Carex glossostigma Hand.-Mazz.(莎草科), *戴云山薹草*
长梗天胡荽 Hydrocotyle ramiflora Maxim.(伞形科)
长梗桐棉 Thespesia howii S.Y.Hu(锦葵科), *长梗肖槿*
长梗铜钱树(树木分类学)=硬毛马甲子
长梗驼蹄瓣 Zygophyllum obliquum Popov(蒺藜科), *长梗霸王*
长梗娃儿藤 Tylophora glabra Costa(萝藦科), *斑胶藤*
长梗挖耳草 Utricularia limosa R.Br.(狸藻科)
长梗微孔草 Microula longipes W.T.Wang(紫草科)
长梗卫矛 Euonymus dolichopus Merr. ex J.S. Ma (卫矛科)
长梗乌口树 Tarenna sinica W.C.Chen(茜草科)
长梗乌头 Aconitum longipedicellatum Lauener (毛茛科)
长梗无心菜 Arenaria longipes C.Y.Wu ex L.H. Zhou (石竹科)
长梗细蝇子草(云南植物研究)=长梗蝇子草
长梗线蕨(新)Colysis pedunculata (HK. & Grev.) Ching(水龙骨科), *长柄线蕨*
长梗线柱苣苔 Rhynchotechum longipes W.T. Wang (苦苣苔科)
长梗肖槿(海南志)=长梗桐棉
长梗新木姜子 Neolitsea longipedicellata Yang & P.H.Huang(樟科)
长梗星粟草 Glinus oppositifolius (L.) A.DC.(番杏科), *簇花粟米草,假繁缕*
长梗玄参 Scrophularia fargesii Franch.(玄参科)
长梗崖豆藤 Millettia longipedunculata Z.Wei (豆科)
长梗崖爬藤 Tetrastigma longipedunculatum C.L.Li(葡萄科)
长梗亚麻荠 Camelina microcarpa f. longistipata Z.X.An(十字花科)
长梗亚欧唐松草 Thalictrum minus var.kemense (Fries) Trel.(毛茛科)
长梗岩黄树 Xanthophytum balansae Pitard) Lo (茜草科)
长梗岩须(峨眉图志)=岩须
长梗杨桐 Adinandra elegans How & Ko ex H.T. Chang (山茶科), *长梗黄瑞木,狭叶杨桐*
长梗野桐 Mallotus barbatus var. pedicellaris Croiz. (大戟科)
长梗蝇子草 Silene pterosperma Maxim.(石竹科), *长梗细蝇子草*
长梗郁李 Cerasus japonica var. nakaii (Lévl.) Yü & Li(蔷薇科), *中井郁李,郁李仁*
长梗獐牙菜(植物志 62)=川东獐牙菜
长梗蜘蛛抱蛋 Aspidistra longipedunculata D. Fang (百合科)
长梗紫花堇菜 Viola faurieana W.Beck.(堇菜科)
长梗紫麻 Oreocnide pedunculata (Shirai) Masamune (荨麻科)
长梗紫菀 Aster dolichopodus Ling(菊科)
长梗棕红悬钩子 Rubus rufus var. longipedicellatus Yü & Lu (蔷薇科)
长勾刺蒴麻 Triumfetta pilosa Roth.(椴树科), *金纳香,牛虱子,长叶垂桉草,长毛螺旋草*
长钩球属 Hamatocactus Britt. & Rose (仙人掌科)
长冠苣苔 Rhabdothamnopsis sinensis Hemsl.(苦苣苔科)
长冠苣苔属 Rhabdothamnopsis Hemsl.(苦苣苔科)
长冠女娄菜(植物志 26)=女娄菜
长冠鼠尾草 Salvia plectranthoides Griff.(唇形科), *串皮猫药,丹参,红丹参,活血草,劲枝丹参,毛丹参,散血草,山胡椒,野藿香,紫参*
长冠越桔 Vaccinium harmandianum Dop(杜鹃花科)
长冠紫堇 Corydalis lathyrophylla C.Y.Wu(罂粟科)
长管蝙蝠草 Christia constricta (Schindl.) T. Chen (豆科)
长管滨紫(广西药用名录)=紫丹
长管垂花报春 Primula sherriffae W.W.Sm.(报春花科)
长管大青 Clerodendrum indicum (L.) O.Ktze (马鞭草科), *长管假茉莉,牙关转于亮,疟疾草*
长管杜鹃 Rhododendron tubulosum Ching ex W. Y.Wang (杜鹃花科)
长管萼黄芪 Astragalus limprichtii Ulbr.(豆科)
长管红山茶 Camellia longituba Chang(山茶科)
长管黄芩 Scutellaria macrosiphon C.Y.Wu(唇形科)
长管活血丹(陕西)=白透骨消
长管假茉莉(云南志)=长管大青
长管荆芥 Nepeta longituba Pojark.(唇形科)
长管连蕊茶 Camellia elongata (Rehd. & Wils.) Rehd. (山茶科)
长管牵牛(海南志)=管花薯
长管瑞香 Daphne longituba C.Y.Chang(瑞香科)
长管素馨 Jasminum longitubum Chia(木犀科)
长管西番莲 Passiflora antioquiensis Karst.(西番莲科)
长管香茶菜 Isodon longitubus (Miq.) Kudô(唇形科), *铁菱角,铁拳头*
长管萱草 Hemerocallis fulva var. angustifolia Baker (百合科)
长管鸢尾 Iris dolichosiphon Noltie(鸢尾科)
长果霸王 Zygophyllum jaxarticum Popov(蒺藜科), *长果驼蹄瓣*
长果报春 Bryocarpum himalaicum HK.f. & Thoms. (报春花科)
长果报春属 Bryocarpum HK.f. & Thoms.(报春花科)
长果抱茎葶苈 Draba amplexicaulis var. dolichocarpa O.E.Schulz(十字花科)
长果柄常春木(高等图鉴)=长梗常春木
长果柄滇杨 Populus yunnanensis var. pedicellata C.Wang & Tung (杨柳科)
长果柄青杨 Populus cathayana var. pedicellata C.Wang & Tung (杨柳科)
长果柄山蚂蝗(豆科图说)=细长柄山蚂蝗
长果柄椅杨(植物志 20-2)=椅杨
长果茶藨子 Ribes stenocarpum Maxim.(虎耳草科), *狭果茶藨,长果醋栗*
长果长白落叶松(东北裸子植物)=黄花落叶松
长果车前 Plantago asiatica subsp. densiflora (J. Z.Liu) Z.Y.Li(车前科), *密花车前*
长果秤锤树 Sinojackia dolichocarpa C.J.Qi(安息香科)
长果赤松(东北裸子植物)=长白松
长果丛菔(植物志 33)=宽果丛菔
长果醋栗(树木志)=长果茶藨子
长果大头茶 Gordonia longicarpa Chang(山茶科)
长果短肠蕨 Allantodia calogramma (Christ) Ching (蹄盖蕨科)
长果海桐 Pittosporum pauciflorum var. oblongum Chang & Yan(海桐花科)
长果核桃(新拉汉英)=胡桃楸
长果红淡比 Cleyera longicarpa (Yamamoto) L. K.Ling (山茶科), *长果杨桐*
长果厚壳桂(植物志 31)=黄果厚壳桂
长果花楸 Sorbus zahlbruckneri Schneid.(蔷薇科)
长果黄麻(苏南植物手册)=长蒴黄麻
长果姜 Siliquamomum tonkinense Baill.(姜科)
长果姜属 Siliquamomum Baill.(姜科)
长果胶藤(广东封川)=帘子藤
长果颈黄芪 Astragalus englerianus Ulbr.(豆科), *恩氏黄芪*
长果栝楼 Trichosanthes kerrii Craib(葫芦科)
长果连蕊茶 Camellia longicarpa Chang(山茶科)
长果绿绒蒿 Meconopsis delavayi (Franch.) Franch. ex Prain(罂粟科)
长果罗锅底 Hemsleya macrosperma var. oblongicarpa C.Y.Wu & C.L.Chen(葫芦科)
长果落新妇 Astilbe longicarpa (Hay.) Hay.(虎耳草科)
长果满天香(广西植物名录)=光叶海桐

长果满天星(广西)=光叶海桐

长果母草(高等图鉴)=长蒴母草

长果木姜子(台湾)=尖脉木姜子

长果木棉 Bombax insigne Wall.(木棉科)

长果牧根草 Asyneuma fulgens (Wall.) Briq.(桔梗科)

长果念珠芥(植物志 33)=甘肃念珠芥

长果婆婆纳 Veronica ciliata Fisch.(玄参科),*青海婆婆纳,纤毛婆婆纳,八夏噶*

长果婆婆纳拉萨亚种(植物志 67-2)=矮小婆婆纳

长果婆婆纳中甸亚种(植物志 67-2)=中甸长果婆婆纳(新)

长果青冈 Cyclobalanopsis longinux (Hay.) Schott.(壳斗科),*锥果椆,锥果栎,无粉锥果栎*

长果砂仁 Amomum dealbatum Roxb.(姜科)

长果山桐子 Idesia polycarpa var. longicarpa S.S. Lai (大风子科)

长果升麻(植物志 27)=黄三七

长果水苦荬 Veronica anagalloides Guss.(玄参科)

长果土楠 Endiandra dolichocarpa S.Lee & Y.T. Wei (樟科)

长果驼蹄瓣(植物志 43-1)=长果霸王

长果驼蹄瓣 Zygophyllum fabago subsp. dolichocarpum Popov(蒺藜科)

长果微孔草 Microula turbinata W.T.Wang(紫草科)

长果西北蔷薇 Rosa davidii var. elongata Rehd. & Wils.(蔷薇科)

长果悬钩子 Rubus dolichocephalus Hay.(蔷薇科)

长果雪胆 Hemsleya dolichocarpa W.J.Chang(葫芦科)

长果杨桐(台湾志)=长果红淡比

长果鱼藤(新)Derris henryi Thoth.?(豆科)

长果月见草 Oenothera macrocarpa Nutt.(柳叶菜科)

长果猪屎豆 Crotalaria lanceolata E.Mey.(豆科),*长叶猪屎豆*

长核果茶 Pyrenaria olbongicarpa Chang(山茶科)

长瓠(纲目)=瓠子

长花百蕊草 Thesium longiflorum Hand.-Mazz.(檀香科),*绿珊瑚*

长花斑叶兰(台湾兰科植物)=大花斑叶兰

长花比拉蝶拉 Billardiera longiflora Labill.(海桐花科)

长花柄掌叶树(广西植物名录)=长梗罗伞

长花插柚紫(云南志)=长花流苏树

长花大油芒 Spodiopogon grandiflorus L.Liu(禾本科)

长花党参 Codonopsis thalictrifolia var. mollis (Chipp) L.T.Shen(桔梗科),*藏党参,芦堆多吉*

长花滇紫草 Onosma hookeri var. longiflorum Duthie ex Stapf(紫草科),*长花细花滇紫草*

长花豆蔻 Amomum dolichanthum D.Fang(姜科),*哥卡*

长花猴面蝴蝶草 Achimenes longiflora DC.(苦苣苔科)

长花厚壳树 Ehretia longiflora Champ. ex Benth.(紫草科)

长花胡麻草(植物志 67-2)=胡麻草

长花黄鹌菜 Youngia longiflora (Babcock & Stebbins) Shih(菊科)

长花黄猄花 Championella longiflora (R.Ben.) C.Y.Wu & C.C.Hu(爵床科),*贵阳黄猄草*

长花尖药木 Acokanthera longiflora Stapf (夹竹桃科)

长花剪股颖 Agrostis hookeriana var. longiflora Y.C.Tong. ex Y.C.Yang(禾本科)

长花结缕草 Zoysia sinica var. nipponica Ohwi (禾本科)

长花蓝钟花 Cyananthus longiflorus Franch.(桔梗科)

长花李榄(植物志 61)=长花流苏树

长花链珠藤 Alyxia reinwardtii Bl.(夹竹桃科)

长花流苏树 Chionanthus longiflorus (H.L.Li) B.M.Miao(木犀科),*长花插柚紫,长花李榄*

长花柳 Salix longiflora Wall. ex Anderss (杨柳科)

长花龙血树 Dracaena angustifolia Roxb.(百合科),*槟榔青,血蝎,龙血树,竹木参*

长花络石(植物志 63)=贵州络石

长花络石 Trachelospermum cathayanum var. tetranocarpum (Schneid.) Tsiang & P.T.Li(夹竹桃科)

长花马唐 Digitaria longiflora (Retz.) Pers.(禾本科)

长花马先蒿(陕西,甘肃,宁夏)=长筒马先蒿

长花马先蒿 Pedicularis longiflora Rudolph(玄参科),*长花马先蒿长花变种,凤尾参*

长花马先蒿长花变种(植物志 68)=长花马先蒿

长花马先蒿管状变种(植物志 68)=长筒马先蒿

长花芒毛苣苔 Aeschynanthus dolichanthus W.T. Wang (苦苣苔科)

长花毛茛 Ranunculus silerifolius var. dolichanthus L.Liao(毛茛科)

长花牛鞭草 Hemarthria longiflora (HK.f.) A. Camus (禾本科)

长花帕洛梯 Protea longiflora Lam.(山龙眼科)

长花蒲桃 Syzygium lineatum (DC.) Merr. & Perry (桃金娘科)

长花秋英爵床 Cosmianthemum longiflorum D. Fang & H.S.Lo(爵床科)

长花雀麦 Bromus inermis var. longiflorus Keng (禾本科)

长花忍冬 Lonicera longiflora (Lindl.) DC.(忍冬科)

长花山矾(植物志 60-2)=山矾

长花蛇根草 (植物研究)=宽昭蛇根草

长花石豆兰 Bulbophyllum longiflorum Thou.(兰科)

长花鼠尾草 Salvia dolichantha Stib.(唇形科)

长花天门冬 Asparagus longiflorus Franch.(百合科)

长花铁线莲 Clematis rehderiana Craib(毛茛科)

长花万寿竹 Disporum smithii Piper (百合科)

长花喜光花(拉汉名称)=毛喜光花

长花细花滇紫草(Flora 16)=长花滇紫草

长花腺萼木 Mycetia longiflora How ex Lo(茜草科)

长花肖菝葜 Heterosmilax longiflora K.Y.Guan & Noltie(百合科)

长花延胡索(中药辞海)=长距元胡

长花羊茅 Festuca dolichantha Keng(禾本科)

长花尧花(植物志 52-1)=一把香

长花野丁香 Leptodermis gracilis var. longiflora Lo(茜草科)

长花野青茅 Deyeuxia longiflora Keng(禾本科)

长花隐子草 Cleistogenes longiflora Keng ex Keng f. & L.Liou(禾本科)

长花枝杜若 Pollia secundiflora (Bl.) Bakh.f.(鸭跖草科)

长花轴耳草 Hedyotis exserta Merr.(茜草科)

长花帚菊 Pertya glabrescens Sch.-Bip.(菊科)

长花柱红椋子 Swida hemsleyi var. longistyla (Fang & W.K.Hu) Fang & W.K.Hu(山茱萸科)

长花柱虎耳草(植物志 34-2)=金丝桃虎耳草

长画眉草 Eragrostis zeylanica Nees & Mey.(禾本科)

长黄毛山牵牛 Thunbergia lacei Gamble(爵床科),*巢腺山牵牛*

长喙慈姑 Sagittaria longirostra (Mich.) Smith (泽泻科)

长喙大丁草 Gerbera kunzeana A.Br. & Aschers.(菊科),*尼泊尔大丁草*

长喙厚朴 Magnolia rostrata W.W.Sm.(木兰科),*长喙木兰,大叶厚朴,大叶木兰,贡山厚朴,贡山木兰,腾冲厚朴,支朴*

长喙黄芪 Astragalus pavlovianus var. longirostris S.B.Ho(豆科)

长喙棘豆(西藏志,植物志 42-2)=西藏棘豆(新)

长喙棘豆 Oxytropis longirostra DC. (豆科)

长喙韭 Allium saxatile Marsch.(百合科)

长喙兰 Tsaiorchis neottianthoides T.Tang & F.T. Wang (兰科)

长喙兰属 Tsaiorchis T.Tang & F.T.Wang(兰科)

长喙马先蒿 Pedicularis macrorhyncha Li(玄参科)

长喙毛茛泽泻 Ranalisma rostratum Stapf.(泽泻科)

长喙木兰(中药辞海)=长喙厚朴

长喙唐松草 Thalictrum macrorhynchum Franch.(毛茛科)

长喙乌头 Aconitum georgei H.F.Comb.(毛茛科)

长喙紫茎 Stewartia sinensis var. rostrata (Spongb.) Chang(山茶科)

长戟橐吾 Ligularia longihastata Hand.-Mazz.(菊科)

长戟叶蓼 Polygonum maackianum Rgl.(蓼科)

长荚黄芪 Astragalus macroceras C.A.Mey.(豆科)

长荚相思树 Acacia elongata DC.(豆科)

长荚油麻藤(中药辞海)=大果油麻藤

长假脉观音座莲 Angiopteris venulosa Ching (观音座莲科)

长尖杜鹃 Rhododendron longifalcatum Tam(杜鹃花科),*长镰杜鹃*

长尖耳草(植物志 71-1)=上思耳草

长尖连蕊茶 Camellia acutissma Chang(山茶科)

长尖芒毛苣苔 Aeschynanthus acuminatissimus W.T.Wang (苦苣苔科)

长尖莎草 Cyperus cuspidatus H.B.K.(莎草科),*碎米香附*

长尖突紫堇 Corydalis pseudomucoronata C.Y. Wu, Z.Y.Su & Lidén(罂粟科),*牛尿草,野指甲花,断肠草*

长尖叶蔷薇 Rosa longicuspis Bertol.(蔷薇科),*粉棠果*

长肩毛玉山竹 Yushania vigens Yi (禾本科),*实竹*

长箭叶蓼 Polygonum hastato-sagittatum Mak.(蓼科)

长江溲疏 Deutzia schneideriana Rehd.(虎耳草科),*旋氏溲疏*

长江蹄盖蕨 Athyrium iseanum Rosenst.(蹄盖蕨科),*细叶蹄盖蕨,武夷山蹄盖蕨,大地柏枝,山柏,散柏枝*

长豇豆 Vigna unguiculata subsp. sesquipedalis (L.) Verdc.(豆科),*豆角,尺八豇*
长角草(湖南)=柳叶菜
长角大戟(植物志 44-3)=钩腺大戟
长角迪萨兰 Disa longicorna L.f.(兰科)
长角豆 Ceratonia siliqua L.(豆科)
长角豆属 Ceratonia L.(豆科)
长角凤仙花(湖北植物大全)=长距凤仙花
长角凤仙花 Impatiens longicornuta Y.L.Chen (凤仙花科)
长角胡麻 Proboscidea louisana Woonton & Standley (角胡麻科)
长角胡麻属 Proboscidea Schnidel.(角胡麻科)
长角蒲公英 Taraxacum pseudostenoceras V. Soest (菊科)
长角肉叶荠 Braya siliquosa Bge.(十字花科)
长角山芝麻(云南)=长序山芝麻
长角蛇根草 Ophiorrhiza longicornis Lo(茜草科)
长角石斛(云南植物名录)=长距石斛
长角糖芥(植物志 33)=四川糖芥
长角凸额马先蒿 Pedicularis cranolopha var. longicornuta Prain(玄参科),*凸额马先蒿长角变种*
长角蝇子草 Silene longicornuta C.Y.Wu & C.L. Tang (石竹科)
长角骤尖楼梯草 Elatostema cuspidatum var. dolichoceras W.T.Wang(荨麻科)
长脚兰(高等图鉴)=火炬兰
长脚兰 Pteroceras appendiculatum (Bl.) Holttum (兰科)
长脚兰属(新)**Chysis** Lindl.(兰科),*长足兰属*
长节糙叶耳草(中草药汇编)=粗糙钩毛耳草
长节耳草 Hedyotis uncinella HK. & Arn.(茜草科),*小钩耳草,黑头草,小乡球,一扫光*
长节润肺草 Brachystelma kerrii Craib.(萝藦科)
长节香竹 Chimonocalamus longiusculus Hsueh & Yi (禾本科)
长节珠 Parameria laevigata (Kuss.) Moldenke (夹竹桃科),*赫当杜,金丝杜仲,节荚藤,金丝藤仲,银丝杜仲,嘿当杜*
长节珠属 Parameria Benth.(夹竹桃科), *节荚藤属*
长睫毛忍冬 Lonicera ciliosissima C.Y.Wu ex Hsu & H.J.Wang(忍冬科)
长金柑(浙江)=金橘
长金橘(浙江)=金橘
长茎柴胡(中药志)=空心柴胡
长茎赤车 Pellionia radicans f. grandis Gagn.(荨麻科)
长茎粗筒苣苔 Briggsia longicaulis W.T.Wang & K.Y.Pan(苦苣苔科)
长茎飞蓬 Erigeron elongatus Ledeb.(菊科),*红蓝地花,灯盏花,白带丹*
长茎藁本 Ligusticum thomsonii C.B.Clarke(伞形科)
长茎鹤顶兰 Phaius longicruris Z.H.Tsi(兰科)
长茎红景天(分类学报增刊)=狭叶红景天
长茎还阳参(云南植物名录)=藏滇还阳参
长茎火焰兰 Renanthera elongata Lindl.(兰科)
长茎金耳环 Asarum longerhizomatosum C.F. Liang & C.S.Yang(马兜铃科),*金耳环,一块瓦*
长茎堇菜(高等图鉴)=阔萼堇菜
长茎景天(拉汉名称)=白八宝
长茎冷水花 Pilea longicaulis Hand.-Mazz.(荨麻科),*长柄冷水花,接骨风*
长茎马先蒿 Pedicularis longicaulis Franch.(玄参科)
长茎芒毛苣苔 Aeschynanthus longicaulis Wall. ex R.Br.(苦苣苔科)
长茎毛茛 Ranunculus nephelogenes var. longicaulis (Trautv.) W.T.Wang(毛茛科)
长茎囊瓣芹 Pternopetalum longicaule Shan(伞形科)
长茎婆罗门参 Tragopogon elongatus S.Nikit. (菊科)
长茎薹草 Carex setigera D.Don(莎草科)
长茎无心菜 Arenaria longicaulis C.Y.Wu ex L. H.Zhou (石竹科),*长茎蚤缀*
长茎西劳兰 Xylobium elongatum (Lindl. & Paxt.) Hemsl.(兰科)
长茎虾脊兰 Cephalantheropsis gracilis (Lindl.) S.Y.Hu(兰科),*黄兰,绿花肖头蕊兰,长轴鹤顶兰,细茎鹤顶兰,细葶虾脊兰*
长茎雅谷火绒草(新)Leontopodium jacotianum var. minum (Beauv.) Hand.-Mazz.(菊科),*雅谷火绒草长茎变种*
长茎沿阶草 Ophiopogon chingii F.T.Wang & Tang (百合科),*粉叶沿阶草,铁丝草*
长茎羊耳蒜 Liparis viridiflora (Bl.) Lindl.(兰科)
长茎蚤缀(拉汉名称)=长茎无心菜
长颈槐 Sophora velutina var. dolichopoda C.Y. Ma (豆科)
长颈坚果薹(江苏志)=长颈薹草
长颈薹草 Carex rhynchophora Franch.(莎草科),*长颈坚果薹*
长颈鸢尾 Iris sintenisii Janka (鸢尾科)
长咀苔草(新拉汉英)=长嘴薹草
长矩风兰 Angraecum sesquipedale Thou.(兰科)
长距垂果乌头 Aconitum pendulicarpum var. circinatum W.T.Wang(毛茛科)
长距翠雀花 Delphinium tenii Lévl.(毛茛科),*光梗翠雀花*
长距大理翠雀花 Delphinium taliense var. dolichocentrum W.T.Wang(毛茛科)
长距粉蝶兰(台湾兰科植物,台兰科图鉴)=长距舌唇兰
长距凤仙花(东北检索表)=东北凤仙花
长距凤仙花 Impatiens dolichoceras Pritz. ex Diels (凤仙花科),*长角凤仙花*
长距根节兰(台湾志)=长距虾脊兰
长距瓜叶乌头 Aconitum hemsleyanum var. elongatum W.T.Wang(毛茛科)
长距堇菜(新拉汉英)=喙状堇菜(新)
长距堇菜 Viola dolichoceras C.J.Wang(堇菜科)
长距兰(峨眉药用植物)=舌唇兰
长距柳穿鱼 Linaria longicalcarata Hong(玄参科)
长距美冠兰 Eulophia faberi Rolfe(兰科)
长距鸟足兰(高等图鉴)=鸟足兰
长距曲花紫堇(云南植物研究)=陕西紫堇
长距忍冬 Lonicera calcarata Hemsl.(忍冬科),*距花忍冬*
长距舌唇兰 Platanthera longicalcarata Hay.(兰科),*长距粉蝶兰*
长距舌喙兰 Hemipilia forrestii Rolfe(兰科)
长距石斛(台湾兰科植物)=长爪石斛
长距石斛 Dendrobium longicornu Lindl.(兰科),*长角石斛*
长距天目山凤仙花 Impatiens tienmushanica var. longicalcarata Y.L.Xu & Y.L.Chen(凤仙花科)
长距挖耳草(台湾志)=短梗挖耳草
长距无冠紫堇 Corydalis eristata subsp. longicalcarata (D.g.Long) C.Y.Wu(罂粟科)
长距无柱兰 Amitostigma dolichacentrum T. Tang, F.T.Wang & K.Y.Lang(兰科)
长距膝瓣乌头 Aconitum geniculatum var. longicalcaratum M.Li(毛茛科)
长距虾脊兰 Calanthe sylvatica (Thou.) Lindl. (兰科),*长距根节兰*
长距玉凤花 Habenaria davidii Franch(兰科)
长距元胡 Corydalis schanginii (Pall.) B.Fedtsch.(罂粟科),*长花延胡索,元胡,新疆元胡*
长距紫堇 Corydalis longicalcarata H.Chuang & Z.Y.Su (罂粟科),*断肠草,高山羊不吃*
长辣椒(植物志 67-1)=辣椒
长镰杜鹃(广西植物)=长尖杜鹃
长镰耳蕨 Polystichum falcatilobum Ching ex W.M.Chu & Z.R.He(鳞毛蕨科)
长裂慈姑 Sagittaria longiloba Engelm.(泽泻科)
长裂繁缕 Stellaria martjanovii Krylvo(石竹科)
长裂葛萼槭 Acer grosseri var. hersii (Rehd.) Rehd. (槭树科)
长裂胡颓子 Elaeagnus longiloba C.Y.Chang(胡颓子科)
长裂黄鹌菜 Youngia henryi (Diels) Babcock & Stebbins(菊科),*巴东黄鹌菜*
长裂堇菜 Viola lobata Benth.(堇菜科)
长裂苦苣菜 Sonchus brachyotus DC.(菊科),*败酱,败酱草,苣菜,苣荬菜,苣荬菜花,苦苦菜,苦荬菜,曲麻菜,取麻菜,小蓟,野苦菜*
长裂太行菊 Opisthopappus longilobus Shih(菊科)
长裂藤黄 Garcinia lancilimba C.Y.Wu ex Y.H.Li (藤黄科)
长裂乌头 Aconitum longilobum W.T.Wang(毛茛科),*杜志陆马*
长裂旋花 Calystegia sepium var. japonica (Choisy) Makino(旋花科)
长裂鸢尾兰 Oberonia amthropophora Lindl.(兰科),*拟虾须莪白兰*
长鳞贝母兰 Coelogyne ovalis Lindl.(兰科),*贝母兰*
长鳞杜鹃 Rhododendron longesquamatum Schneid. (杜鹃花科)
长鳞耳蕨 Polystichum longipaleatum Christ(鳞毛蕨科)
长鳞红景天 Rhodiola gelida Schrenk(景天科)
长鳞薹草 Carex tarumensis Franch.(莎草科)
长鳞芽杜鹃 Rhododendron longiperulatum Hay. (杜鹃花科),*大屯杜鹃,大屯满山红*
长流苏龙胆 Gentiana grata H.Sm.(龙胆科)
长龙骨黄芪 Astragalus macrotropis Bge.(豆科)
长卵苞翠雀花 Delphinium elliptico-ovatum W. T.Wang (毛茛科)
长脉清风藤 Sabia nervosa Chun ex Y.F.Wu(清风藤科)
长蔓通泉草 Mazus longipes Bonati(玄参科)
长芒稗 Echinochloa caudata Roshev.(禾本科)
长芒棒头草 Polypogon monspeliensis (L.) Desf. (禾本科)
长芒草 Stipa bungeana Trin.(禾本科)
长芒草沙蚕 Tripogon longe-aristatus Nakai (禾本科)
长芒杜英 Elaeocarpus apiculatum Masters(杜英科)
长芒鹅观草 Roegneria dolichathera Keng(禾本

科)
长芒耳蕨 Polystichum longiaristatum Ching, Boufford & Shing(鳞毛蕨科)
长芒锦香草 Phyllagathis longearistata C.Chen (野牡丹科)
长芒看麦娘 Alopecurus longiaristatus Maxim. (禾本科)
长芒嵩草 Kobresia longearistita P.C.Li (莎草科)
长芒台湾鹅观草 Roegneria formosana var. longearistata Keng(禾本科)
长芒薹草(云南植物研究)=具芒薹草
长芒薹草 Carex gmelinii HK. & Arn.(莎草科)
长毛八角枫(海南志)=毛八角枫
长毛八芝兰竹(台竹科研究)=长毛米筛竹
长毛苞裂芹 Schultzia crinita (Pall.) Spregn.(伞形科)
长毛变型(植物志 65-2)=长毛宽苞糙苏(新)
长毛变种(植物志 65-2,Flora 17)=长毛韩信草(新)
长毛变种(植物志 65-2,Flora 17)=长毛筋骨草(新)
长毛变种(植物志 66,Flora 17)=长毛火把花(新)
长毛变种(植物志 66,Flora 17)=长毛野草香(新)
长毛变种(植物志 74)=长毛三脉紫菀(新)
长毛变种(植物志 74)=长毛小舌紫菀(新)
长毛薄叶兰 Lycaste crinita Lindl.(兰科)
长毛茶藨子 Ribes burejense var. villosum L.T. Lu (虎耳草科)
长毛长蒴苣苔 Didymocarpus villosus D.Don(苦苣苔科)
长毛齿缘草 Eritrichium villosum (Ledeb.) Bge. (紫草科)
长毛赤瓟 Thladiantha villosula Cogn.(葫芦科), *山墩,山余瓜,倒挂山余瓜*
长毛臭牡丹(云南志)=绢毛大青
长毛唇柱苣苔 Chirita villosissima W.T.Wang (苦苣苔科)
长毛刺柃(云南植物名录)=毛枝格药柃
长毛刺棕榈 Acanthophoenix crinita H.Wendl. (棕榈科)
长毛垫状驼绒藜 Ceratoides compacta var. longipilosa Tsien & C.G.Ma(藜科)
长毛杜鹃 Rhododendron trichanthum Rehd.(杜鹃花科)
长毛杜鹃花 Rhododendron villosum Hemsl.(杜鹃花科), *红毛杜鹃花*
长毛风车子 Combretum pilosum Roxb.(使君子科), *风车子树,康柏树*
长毛风毛菊 Saussurea hieracioides HK.f.(菊科), *莪吉秀,美丽风毛菊*
长毛高原芥(植物志 33)=长毛扇叶芥
长毛梗虎耳草 Saxifraga eglandulosa Engl.(虎耳草科)
长毛韩信草(新)Scutellaria indica var. elliptica Sun ex C.H.Hu (唇形科), *长毛变种*
长毛红山茶 Camellia villosa Chang & S.Y. Liang (山茶科)
长毛虎耳草 Saxifraga aristulata var. longipila (Engl. & Irmsch.) J.T.Pan(虎耳草科)
长毛华南远志 Polygala glomerata var. villosa C.Y.Wu & S.K.Chen(远志科)
长毛黄葵 Abelmoschus crinitus Wall.(锦葵科), *白背木,黄花马宁,黄茄花,假芙蓉,山芙蓉,山尖茶,纹叶木堇,野芙蓉,野棉花*
长毛黄瑞木(高等图鉴补编)=长毛杨桐
长毛火把花(新)Colquhounia sequinii var. pilosa Rehd.(唇形科), *长毛变种*
长毛荚黄芪 Astragalus macrotrichus Pet.-Stib. (豆科)
长毛金星蕨 Parathelypteris petelotii (Ching) Ching (金星蕨科)
长毛金盏花 Adonis villosus Ledeb.(毛茛科)
长毛筋骨草(新)Ajuga ciliata var. hirta C.Y.Wu & C.Chen(唇形科), *长毛变种*
长毛卷柏 Selaginella longipila Hieron(卷柏科)
长毛康定毛茛 Ranunculus dielsianus var. longipilosus W.T.Wang(毛茛科)
长毛宽苞糙苏(新)Phlomis umbrosa var. latibracteata f. villosa C.Y.Wu(唇形科), *长毛变型*
长毛鳞盖蕨 Microlepia longipilosa Ching(碗蕨科)
长毛柃 Eurya patenipila Chun(山茶科)
长毛螺旋草(植物大辞典)=长勾刺蒴麻
长毛落芒草 Oryzopsis hymenoides (Roem. & Schnult.) Richer & Piper (禾本科)
长毛猫尾木 Markhamia stipulata var. kerrii Sprag.(紫葳科), *猫尾,猫尾木*
长毛猕猴桃 Actinidia chinensis var. hispida f. longipila C.F. Liang & R.Z.Wang (猕猴桃科)
长毛米筛竹 Bambusa pachinensis var. hirsutissima (Odashima) W.C.Lin (禾本科), *长毛八芝兰竹*
长毛楠 Phoebe forrestii W.W.Sm.(樟科), *红楠木*
长毛婆婆纳 Veronica kiusiana Furumi(玄参科)
长毛槭 Acer villosum Wall.(槭树科)
长毛千斤拔 Flemingia stricta Roxb. & Ait.(豆科)
长毛箐姑草 Stellaria pilosoides Shi L.Chen et al. (石竹科), *长柔毛繁缕*
长毛秋海棠(新拉汉英)=具毛秋海棠(新)
长毛秋海棠 Begonia villifolia Irmsch.(秋海棠科), *毛叶秋海棠*
长毛雀舌木 Leptopus esquirolii var. villosus P.T. Li (大戟科)
长毛三脉紫菀(新)Aster ageratoides var. pilosus (Diels) Hand.-Mazz.(菊科), *长毛变种*
长毛山矾 Symplocos dolichotricha Merr.(山矾科)
长毛山柳菊 Hieracium villosum Jacq.(菊科)
长毛山楂 Crataegus pinnatifida var. psilosa Schneid. (蔷薇科), *山楂无毛变种*
长毛扇叶芥 Desideria flabellata (Rgl.) Al-Shehbaz (十字花科), *长毛高原芥*
长毛圣地红景天 Rhodiola sacra var. tsuiana (S.H.Fu) S.H.Fu (景天科), *友文红景天*
长毛石笔木(广东志)=长萼石笔木
长毛水东哥 Saurauia macrotricha Kurz ex Dyer (猕猴桃科)
长毛松(云南)=云南松
长毛穗花 Pseudolysimachion kiusianum (Furumi) T.Yamazaki(玄参科)
长毛橐吾 Ligularia villosa (Hand.-Mazz.) S.W. Liu (菊科)
长毛弯月杜鹃 Rhododendron mekongense var. longipilosum (Cowan) Cullen(杜鹃花科)
长毛细辛 Asarum pulchellum Hemsl.(马兜铃科), *白毛细辛,毛乌金,牛毛细辛*
长毛香科科 Teucrium pilosum (Pamp.) C.Y.Wu & S.Chow(唇形科), *铁马鞭*
长毛香薷 Elsholtzia pilosa (Benth.) Benth.(唇形科), *大薷*
长毛小舌紫菀(新)Aster albescens var. pilosus Hand.-Mazz.(菊科), *长毛变种*
长毛熊果 Arctostachylos tomentosa (Pursh) Lindl.(杜鹃花科)
长毛雪胆 Hemsleya longivillosa C.Y.Wu & C.L.Chen(葫芦科)
长毛岩须 Cassiope wardii Marq. & Airy-Shaw (杜鹃花科)
长毛杨桐 Adinandra glischroloma var. jubata (Li) Kobuski(山茶科), *长毛黄瑞木*
长毛野草香(新)Elsholtzia cypriani var. longipilosa (Hand.-Mazz.) C.Y.Wu & S.C.Huang(唇形科), *长毛变种*
长毛野青茅 Deyeuxia turczaninowii var. nenjiangensis S.L.Lu(禾本科)
长毛银莲花 Anemone narcissiflora subsp. crinita (Juzepcz.) Kitag.(毛茛科), *卵裂银莲花*
长毛月见草 Oenothera villosa Thunb.(柳叶菜科)
长毛锥花 Gomphostemma crinitum Wall. ex Benth. (唇形科)
长毛籽远志 Polygala wattersii Hance(远志科), *大毛籽黄山桂,山桂花,西南远志,细叶远志,长毛远志*(中药辞海)
长毛紫金牛 Ardisia verbascifolia Mez.(紫金牛科)
长毛紫珠 Callicarpa pilosissima Maxim.(马鞭草科)
长毛醉魂藤 Heterostemma villosum Cost.(萝藦科)
长帽隔距兰 Cleisostoma longiopeculatum Z.H. Tsi (兰科)
长眉红豆(海南经济树木)=长脐红豆
长密花穗薹草 Carex longispiculata Y.C.Yang (莎草科)
长绵毛点地梅(新)Androsace lanuginosa Wall. (报春花科), *绵毛点地梅*
长命菜(本草纲目)=马齿苋
长囊毛兰 Eria robusta (Bl.) Lindl.(兰科), *细花绒兰*
长囊薹草 Carex harlandii Boott(莎草科)
长年兰(浙药志)=独花兰
长年木蓝(豆科图说)=南京木蓝
长披针叶银树 Leucadendron stokoei E.P. Phillips. (山龙眼科)
长片花旗松(中国裸子志)=澜沧黄杉
长片蕨 Abrodictyum cumingii Presl(膜蕨科)
长片蕨属 Abrodictyum Presl(膜蕨科)
长片陵齿蕨 Lindsaea neocultrata Ching & C.H. Wang (陵齿蕨科)
长片小膜盖蕨 Araiostegia pseudocystopteris (Kze.) Cop.(骨碎补科)
长匍匐茎薹草 Carex atrata subsp. longistolonifera (Kükenth.) S.Y.Liang(莎草科)
长匍通泉草 Mazus procumbens Hemsl.(玄参科)
长歧伞花 Cymaria elongata Benth.(唇形科)
长脐红豆 Ormosia balansae Drake(豆科), *长眉红豆,鸭雄青*
长前胡 Peucedanum turgeniifolium Wolff(伞形科)
长鞘茶竿竹 Pseudosasa longivaginata H.R.Zhao & Y.L.Yang(禾本科)
长鞘垂头菊 Cremanthodium calcicola W.W.Sm. (菊科)
长鞘当归 Angelica cartilaginomarginata (Makino) Nakai(伞形科)
长鞘独活(东北检索表)=东北长鞘当归

长鞘玉山竹 Yushania longissima K.F.Huang(禾本科)
长鞘早熟禾 Poa vaginans Keng(禾本科)
长鞘菹草 Potamogeton recurvatus Hagström (眼子菜科)
长青草(甘肃卫生通讯,中草药汇编)=顶花板凳果
长髯毛秋海棠 Begonia longibarbata Brade (秋海棠科)
长绒猕猴桃 Actinidia latifolia var. mollis (Dunn) Hand.-Mazz.(猕猴桃科)
长柔毛安息香 Styrax formosanus var. hirtus S. M.Hwang (安息香科)
长柔毛刺蕊草 Pogostemon villosus Benth.(唇形科)
长柔毛翠雀(植物志 27)=裂瓣翠雀
长柔毛点地梅 Androsace villosa L.(报春花科)
长柔毛矾根 Heuchera villosa Michx.(虎耳草科)
长柔毛繁缕(云南植物研究)=长毛箐姑草
长柔毛黄芩 Scutellaria villosissima Gontsch.(唇形科)
长柔毛蓝钟花(新)Cyananthus hookeri var. grandiflorus Marq.?(桔梗科)
长柔毛狼尾草 Pennisetum villosum R.Br. ex Fresen.(禾本科)
长柔毛毛茛 Ranunculus villosa DC.(毛茛科)
长柔毛秋海棠 Begonia subvillosa Klotzsch (秋海棠科)
长柔毛雀麦(新拉汉英)=硬雀麦
长柔毛乳菀 Galatella villosa Novopokr.(菊科)
长柔毛石斛(云南植物名录)=叉唇石斛
长柔毛薯蓣 Dioscorea villosa L.(薯蓣科)
长柔毛糖槭 Acer saccharum var. schneckii Rehd. (槭树科)
长柔毛委陵菜 Potentilla griffithii var. velutina Card.(蔷薇科),*翻白叶,小管仲,小天青*
长柔毛小金梅草 Hypoxis villosa L.(石蒜科)
长柔毛野豌豆 Vicia villosa Roth(豆科),*柔毛苕子,毛苕子,毛叶苕子*
长蕊斑种草 Antiotrema dunnianum (Diels) Hand.-Mazz. (紫草科),*铁打苗,狗舌草,白紫草,黑阳参,黑元参,牛舌头菜*
长蕊斑种草属 Antiotrema Hand.-Mazz.(紫草科),*滇紫草属*
长蕊灯心草 Juncus longistamineus A.Camus(灯心草科)
长蕊地榆 Sanguisorba officinalis var. longifila (Kitag.) Yü & Li(蔷薇科),*直穗粉花地榆,长叶地榆,绵地榆*
长蕊杜鹃 Rhododendron stamineum Franch.(杜鹃花科)
长蕊含笑 Michelia longistamina Law(木兰科)
长蕊红景天(植物志 34-1)=西川红景天
长蕊红山茶 Camellia longigyna Chang(山茶科)
长蕊景天(拉汉名称)=西川红景天
长蕊琉璃草 Solenanthus circinnatus Ledeb.(紫草科)
长蕊琉璃草属 Solenanthus Ledeb.(紫草科)
长蕊柳 Salix longistamina C.Wang & P.Y.Fu(杨柳科)
长蕊木姜子 Litsea longistaminata (Liou) Kosterm. (樟科)
长蕊木兰 Alcimandra cathcartii (HK.f. & Thoms.) Dany(木兰科)
长蕊木兰属 Alcimandra Dandy(木兰科)
长蕊青兰 Dracocephalum stamineum Karelin & Kirilow(唇形科)
长蕊青兰 Fedtschenkiella staminea (Kar. & Kir.) Kudr.(唇形科)
长蕊青兰属(植物志 65-2)=**青兰属**
长蕊青兰属 Fedtschenkiella Kudr.(唇形科)
长蕊石头花 Gypsophila oldhamiana Miq.(石竹科),*霞草,长蕊丝石竹*
长蕊丝石竹(东北草本志)=长蕊石头花
长蕊万寿竹(植物志 15)=短蕊万寿竹
长蕊万寿竹 Disporum longistylum (H.Lévl. & Vant.) H.Hara(百合科)
长蕊绣线菊 Spiraea miyabei Koidz.(蔷薇科)
长蕊绣线菊毛叶变种(植物志 36)=毛叶长蕊绣线菊(新)
长蕊绣线菊细叶变种(植物志 36)=细叶长蕊绣线菊(新)
长蕊淫羊藿 Epimedium dolichostemon Stearn (小檗科)
长蕊越桔 Vaccinium stamineum L.(杜鹃花科),*鹿莓越桔*
长蕊珍珠菜 Lysimachia lobelioides Wall.(报春花科),*八面风,刀口药,地胡椒,狗咬药,旱仙桃,花白丹,花被单,花汗菜,乳钟药*
长伞梗荚蒾 Viburnum longiradiatum Hsu & S. W.Fan (忍冬科)
长伞红柴胡 Bupleurum scorzonerifolium f. longiradiatum Shan & Y.Li(伞形科)
长沙刚竹 Phyllostachys verrucosa G.H.Ye & Z. P.Wang (禾本科)
长沙青皮竹 Bambusa textilis var. persistens B. M.Yang? (禾本科)
长沙针毛蕨 Macrothelypteris oligophlebia var. changshaensis (Ching) Shing(金星蕨科)
长山羊草 Aegilops longissima (Schweinf. & Muschl.) Eig.(禾本科)
长舌茶竿竹 Pseudosasa nanunica (McClure) Z. P.Wang & G.H.Ye (禾本科),*绿笛竹*
长舌臭草 Melica longiligulata Z.L.Wu(禾本科)
长舌垂头菊 Cremanthodium prattii (Hemsl.) Good (菊科)
长舌大节竹(竹子研究汇刊)=福建酸竹
长舌姜 Zingiber longiligulatum S.Q.Tong(姜科)
长舌巨竹(竹类研究)=花巨竹
长舌落芒草 Oryzopsis aequiglumis var. ligulata P.C.Kuo & Z.L.Wu(禾本科)
长舌马先蒿 Pedicularis dolichoglossa Li(玄参科)
长舌千里光 Senecio arachmanthus Franch.(菊科)
长舌双叶兰(台湾志)=长唇对叶兰
长舌香竹 Chimonocalamus longiligulatus Hsueh & Yi (禾本科)
长舌野青茅 Deyeuxia arundinacea var. ligulata (Rendle) P.C.Kuo & S.L.Lu(禾本科)
长舌针茅 Stipa macroglossa P.Smirn.(禾本科)
长生不死草(纲目)=卷柏
长生草(滇南本草)=多星韭
长生草(纲目)=重齿当归
长生草 Sempervivum tectorum L.(景天科)
长生草属 Sempervivum L.(景天科)
长生点地梅 Androsace sempervivoides Jacq.(报春花科)
长生果(赣州志)=落花生
长生花(上海)=千日红
长生景天(经济植物手册)=费菜
长生韭(五祯农书)=韭菜
长生木(广西药用名录)=小驳骨
长生铁角蕨(植物志 4-2)=长叶铁角蕨
长生瓦莲 Rosularia sempervivum (Bieb.) Berg. (景天科)
长寿花 Kalanchoe blossfeldiana V.Poelln.(景天科),*寿星花,矮生伽蓝菜*
长寿花 Narcissus jonquilla L.(石蒜科)
长寿金柑(花镜)=金橘
长寿金柑 Changshou Jingan(芸香科),*月月橘,寿星橘,福州金柑*
长鼠尾粟(福建中医药)=鼠尾粟
长蒴杜鹃 Rhododendron stenaulum Balf.f. & W. W.Sm.(杜鹃花科)
长蒴黄麻 Corchorus olitorius L.(椴树科),*长果黄麻,山麻,斗鹿*
长蒴苣苔属 Didymocarpus Wall.(苦苣苔科)
长蒴母草 Lindernia anagallis (Burm.f.) Pennell (玄参科),*长果母草,定经草,惊风橹,兰花仔,水辣椒,四方草,四角草*
长蒴蚬木 Excentrodendron obconicum (Chun & How) H.T.Chang & R.H.Miau(椴树科)
长蒴圆叶报春 Primula gambeliana Watt(报春花科)
长丝景天 Sedum bergeri Hamet(景天科)
长丝沿阶草 Ophiopogon clarkei HK.f.(百合科)
长苏石斛 Dendrobium brymerianum Rchb.f.(兰科),*纯唇石斛*
长穗稗(岭南科学杂志)=囊颖草
长穗变型(植物志 66)=鸡骨柴
长穗柄薹草 Carex longipes D.Don(莎草科)
长穗侧茎薹草(北研丛刊)=长雄薹草
长穗茶藨子(秦岭志)=长序茶藨子
长穗钗子股 Luisia longispica Z.H.Tsi(兰科)
长穗柽柳 Tamarix elongata Ledeb.(柽柳科)
长穗赤箭莎 Schoenus calostachyus (R.Br.) Poir. (莎草科)
长穗虫实 Corispermum elongatum Bge.(藜科)
长穗大理柳 Salix daliensis f. longispica C.F. Fang (杨柳科)
长穗对叶柳 Salix salwinensis var. longiamentifera C.F.Fang (杨柳科)
长穗腹水草(四川)=腹水草
长穗腹水草 Veronicastrum longispicatum (Merr.) Yamaz.(玄参科),*钓鱼竿*
长穗高秆莎草 Cyperus exaltatus var. megalanthus Kükenth.(莎草科)
长穗高山栎(植物志 22)=毛脉高山栎
长穗高山栎 Quercus longispica A.Camus (壳斗科)
长穗胡椒 Piper dolichostachyum M.G.Gilb. & N.H.Xia (胡椒科)
长穗花 Styrophyton caudatum (Diels) S.Y.Hu (野牡丹科),*假欧八竹*
长穗花属 Styrophyton S.Y.Hu (野牡丹科)
长穗桦 Betula cylindrostachya Lindl.(桦木科)
长穗棘豆 Oxytropis macrobotrys Bge.(豆科)
长穗碱茅 Puccinellia thomsonii (Stapf) R.R.Stew.(禾本科)
长穗决明 Cassia didymobotrya Fresen.(豆科)
长穗开口箭 Tupistra longispica Y.Wan & X.H. Lu (百合科)
长穗阔蕊兰 Peristylus longiracemus (Fukuyama) K.Y.Lang(兰科),*长穗玉凤花,总状花玉凤兰*
长穗蜡瓣花 Corylopsis yui Hu & Cheng(金缕梅科)
长穗冷水花 Pilea myriantha (Dunn) C.J.Chen (荨麻科)
长穗狸尾草(广东)=猫尾豆
长穗柳 Salix radinostachya Schneid(杨柳科)

长穗马蓝(台湾志)=长穗糯米香
长穗马先蒿 Pedicularis dolichostachya Li(玄参科)
长穗美汉花(分类学报)=龙头草
长穗密花小檗 Berberis densiflora var. macrobotrys Ahrendt (小檗科)
长穗南梨(经济植物手册)=西康绣线梅
长穗糯米香 Semnostachya longispicata (Hay.) C.F.Hsieh & T.C.Huang(爵床科),*长穗马蓝*
长穗飘拂草 Fimbristylis longispica Steud.(莎草科)
长穗荠苎 Mosla longispica (C.Y.Wu) C.Y.Wu & H.W.Li(唇形科)
长穗三毛草 Trisetum clarkei (HK.f.) R.R. Stewart (禾本科)
长穗桑 Morus wittiorum Hand.-Mazz.(桑科),*黔鄂桑*
长穗省藤 Calamus palustris var. longistachys S. J.Pei & S.Y.Chen (棕榈科)
长穗鼠妇草 Eragrostis longispicula S.C.Su & H. Q.Wang (禾本科)
长穗松(中国裸子志)=黄山松
长穗宿柱薹(台湾志)=长穗薹草
长穗薹草 Carex dolichostachya Hay.(莎草科),*长穗宿柱薹*
长穗兔儿风 Ainsliaea henryi Diels(菊科)
长穗腺背蓝 Adenacanthus longispicus H.P. Tsui(爵床科)
长穗小草 Microchloa indica var. kunthii (Desv.) B.S.Sun & Z.H.Hu(禾本科)
长穗蟹甲草 Parasenecio longispicus (Hand.-Mazz.) Y.L.Chen(菊科)
长穗偃麦草 Elytrigia elongata (Host) Nevski (禾本科)
长穗玉凤花(台湾志)=长穗阔蕊兰
长穗月桃(台湾志)=紫纹山姜
长穗越桔 Vaccinium dunnianum Sleumer(杜鹃花科),*白黄果*
长穗早熟禾(新) Poa nemoralis var. firmula Gaul. (禾本科)
长穗珍珠菜 Lysimachia chikungensis Bail.(报春花科)
长穗紫金牛 Ardisia pingbienensis Yue P.Yang (紫金牛科)
长穗醉鱼草(云南志)=大序醉鱼草
长泰砂仁(福建)=砂仁
长葶报春 Primula longiscapa Ledeb.(报春花科)
长葶茯苓菊(植物研究)=长葶苓菊
长葶苓菊 Jurinea scapiformis Shih(菊科),*长葶茯苓菊*
长葶鸢尾 Iris delavayi Mich.(鸢尾科)
长筒滨紫草 Mertensia davurica (Sims) G.Don (紫草科)
长筒旱花 Xeranthemum cylindraceum (菊科)
长筒亨氏女贞(黄山植物研究)=长筒女贞
长筒瞿麦(东北草本志)=长萼瞿麦
长筒蕨属 Selenodesmium (Prantl) Cop.(膜蕨科)
长筒莲属 Cotyledon L.(景天科)
长筒漏斗苣苔 Didissandra macrosiphon (Hance) W.T.Wang(苦苣苔科)
长筒马先蒿 Pedicularis longiflora var. tubiformis (Klotz.) Tsoong(玄参科),*长花马先蒿管状变种,斑唇马先蒿,露菇色尔布,长花马先蒿*
长筒女贞 Ligustrum longitubum Hsu(木犀科),*长筒亨氏女贞*
长筒石蒜 Lycoris longituba Y.Hsu & Q.J.Fan(石蒜科)
长筒微孔草 Microula longituba W.T.Wang(紫草科)
长头观音座莲 Angiopteris attenuata Ching(观音座莲科)
长凸连蕊茶 Camellia longicuspis Liang ex Chang (山茶科)
长托菝葜 Smilax ferox Wall. ex Kunth(百合科),*刺萆薢,红萆薢,美人扇,龙须叶*
长托鳞盖蕨 Microlepia firma Mett.(碗蕨科)
长托叶石生堇菜 Viola rupestris subsp. licentii W.Beck. (堇菜科)
长椭圆雪白苣苔 Niphaea oblonga Lindl.(苦苣苔科)
长椭圆叶翻唇兰 Hetaeria oblongifolia Bl.(兰科)
长瓦韦 Lepisorus pseudonudus Ching(水龙骨科),*扎柏*
长网萼木 Geniosporum elongatum Benth.(唇形科)
长尾半枫荷 Semiliquidambar caudata Chang(金缕梅科)
长尾粗叶木(高等图鉴)=曲毛日本粗叶木
长尾单室茱萸 Mastixia caudatilimba C.Y.Wu ex Soong(山茱萸科)
长尾当归 Angelica longicaudata Yuan & Shan (伞形科),*曲前,尾独活,沄山当归,土羌活*
长尾钓樟 Lindera thomsonii var. vernayana (Allen) H.P.Tsui(樟科)
长尾冬青 Ilex longecaudata Comb.(冬青科)
长尾耳草(中草药汇编)=拟金草
长尾粉背蕨 Aleuritopteris michelii (Chist) Ching (中国蕨科)
长尾凤尾蕨 Pteris heteromorpha Fée(凤尾蕨科)
长尾观音座莲 Angiopteris caudipinna Ching(观音座莲科)
长尾红山茶 Camellia longicaudata Chang & Liang ex Chang(山茶科)
长尾红叶藤 Rourea caudata Planch.(牛栓藤科)
长尾黄芪 Astragalus alopecias Pall.(豆科)
长尾鸡屎树(云南植物名录)=云广粗叶木
长尾尖铁线莲 Clematis acuminata var. longicaudata W.T.Wang(毛茛科)
长尾栲(台湾)=米槠
长尾毛蕨 Cyclosorus paralatipinnus Ching ex Shing (金星蕨科)
长尾毛蕊茶 Camellia caudata Wall.(山茶科),*尾叶山茶*
长尾毛柱樱桃 Cerasus pogonostyla var. obovata (Koehne) Yü & Li(蔷薇科)
长尾婆婆纳(东北检索表)=兔儿尾苗
长尾槭 Acer caudatum Wall.(槭树科)
长尾青冈(植物志 22)=褐叶青冈
长尾三峡槭 Acer wilsonii var. longicaudatum (Fang) Fang(槭树科)
长尾四蕊槭 Acer tetramerum var. dolichurum Fang(槭树科)
长尾蹄盖蕨 Athyrium caudiforme Ching(蹄盖蕨科)
长尾铁线蕨 Adiantum diaphanum Bl.(铁线蕨科)
长尾乌饭 Vaccinium longicaudatum Chun ex Fang & Z.H.Pan(杜鹃花科)
长尾秀丽槭 Acer elegantulum var. macrurum Fang & P.L.Chiu(槭树科)
长尾叶蓼(植物志 25-1)=丛枝蓼
长尾叶越桔 Vaccinium dunalianum var. caudatifolium (Hay.) H.L.Li(杜鹃花科),*珍珠花*
长尾鸢尾 Iris rossii Baker(鸢尾科),*柔鸢尾*
长尾越桔(高等图鉴)=樟叶越桔
长尾窄叶柃 Eurya stenophylla var. caudata H.T. Chang (山茶科)
长纤毛喜山葶苈(植物志 33)=喜山葶苈
长纤秋海棠(分类学报)=紫叶秋海棠
长线叶小檗 Berberis linearifolia var. longifolia (Reiche) Ahrendt (小檗科)
长腺贝母 Fritillaria unibracteata var. longinectarea S.Y.Tang & S.C.Yueh(百合科)
长腺灰白毛莓 Rubus tephrodes var. setosissimus Hand.-Mazz.(蔷薇科),*过江龙,猪尿泡*
长腺姜 Zingiber longiglande D.Fang & D.H.Qin (姜科)
长腺小米草 Euphrasia hirtella Jord.(玄参科)
长腺樱桃 Cerasus claviculata Yü & Li(蔷薇科)
长小苞黄芪 Astragalus balfourianus Simps.(豆科)
长小穗莎草 Cyperus digitatus Roxb.(莎草科)
长小叶铁线莲 Clematis nannophylla var. pinnatisecta W.T.Wang & L.Q.Li(毛茛科)
长雄薹草 Carex scaposa var. dolicostachya Wang & Tang(莎草科),*长穗侧茎薹草*
长袖秋海棠 Begonia manicata Cels.(秋海棠科)
长须阔蕊兰 Peristylus calcaratus (Rolfe) S.Y.Hu (兰科),*猫须兰*
长序白珠 Gaultheria longiracemosa Y.C.Yang (杜鹃花科)
长序变豆菜 Sanicula elongata K.T.Fu(伞形科)
长序茶藨子 Ribes longiracemosum Franch.(虎耳草科),*红花茶藨子,长穗茶藨子,长串茶藨*
长序臭黄荆 Premna fordii Dunn & Tutch.(马鞭草科)
长序大叶杨 Populus lasiocarpa var. longiamenta P.Y.Mao & P.X.He (杨柳科)
长序当归 Angelica longipes Wolff(伞形科)
长序杜鹃 Rhododendron ponticum L.(杜鹃科),*本都山杜鹃花,秋花杜鹃*
长序翻唇兰 Hetaeria elongata (Lindl.) HK.f. (兰科),*观音竹*(广西)
长序梗秦岭藤 Biondia longipes P.T.Li(萝藦科)
长序厚壳桂 Cryptocarya metcalfiana Allen(樟科),*麦桂,麦氏厚壳桂,小果厚壳桂*
长序虎皮楠 Daphniphyllum longeracemosum Rosnth. (虎皮楠科)
长序华野豌豆 Vicia chinensis var. longiracemosa Xia (豆科)
长序黄芪 Astragalus longiscapus Ni & P.C.Li (豆科),*长梗黄芪*
长序灰毛豆 Tephrosia noctiflora Boj. ex Baker (豆科)
长序荆 Vitex peduncularis Wall.(马鞭草科)
长序狼尾草 Pennisetum longissimum S.L.Chen & Y.X.Jin (禾本科)
长序冷水花 Pilea melastomoides (Poir.) Wedd. (荨麻科),*三脉冷水花,大冷水麻*
长序链珠藤 Alyxia siamensis Craib(夹竹桃科)
长序龙船花 Ixora insignis Chun & How ex Ko (茜草科)
长序莓 Rubus chiliadenus Focke(蔷薇科)
长序美登木 Maytenus thyrsiflorus S.J.Pei & Y. H.Li (卫矛科)
长序美丽乌头 Aconitum pulchellum var. racemosum W.T.Wang(毛茛科)
长序母草 Lindernia macrobotrys Tsoong(玄参

科)
长序木蓝 Indigofera howellii Craib & W.W.Sm.(豆科),*豪氏木蓝*
长序木通 Akebia longeracemosa Matsumura(木通科)
长序南蛇藤 Celastrus vaniotii (Lévl.) Rehd.(卫矛科)
长序球冠远志 Polygala globulifera var. longiracemosa S.K.Chen(远志科)
长序三宝木 Trigonostemon howii Merr. & Chun(大戟科)
长序三色万带兰 Vanda tricolor var. suavis (Lindl.) Veitch.(兰科)
长序砂仁 Amomum gagnepainii T.L.Wu et al.(姜科)
长序山豆根 Euchresta tubulosa var. longiracemosa (S.Lee & Hl.Q.Wen) C.Chen(豆科)
长序山芝麻 Helicteres elongata Wall.(梧桐科),*野芝麻,长叶山芝麻,山芝麻,长角山芝麻*
长序首冠藤 Bauhinia corymbosa var. longipes Hosokawa?(豆科)
长序水麻 Debregeasia wallichiana (Wedd.) Wedd. (荨麻科)
长序乌头 Aconitum dolichostachyum W.T. Wang (毛茛科)
长序缬草 Valeriana hardwickii Wall.(败酱科),*阔叶缬草,老君须*
长序羊角藤 Morinda lacunosa King & Gamble (茜草科)
长序杨 Populus pseudoglauca C.Wang & P.Y.Fu (杨柳科)
长序野青茅 Deyeuxia ampla Keng(禾本科)
长序榆 Ulmus elongata L.K.Fu & C.S.Ding (榆科),*野榔皮,野榆,牛皮筋*
长序云南漆 Toxicodendron yunnanese var. longipaniculatum C.Y.Wu & T.L.Ming(漆树科)
长序重寄生 Phacellaria tonkinensis Lecomte(檀香科)
长序苎麻 Boehmeria dolichostachya W.T.Wang (荨麻科)
长芽绣线菊 Spiraea longigemmis Maxim.(蔷薇科)
长岩菖蒲 Tofieldia coccinea Richards.(百合科)
长檐苣苔 Dolicholoma jasminiflorum D.Fang & W.T.Wang (苦苣苔科)
长檐苣苔属 Dolicholoma D.Fang & W.T.Wang (苦苣苔科)
长阳十大功劳 Mahonia sheridaniana Schneid. (小檗科)
长阳铁杉 Tsuga chinensis var. patens (Downie) L.K.Fu & Nan Li(松科)
长药八宝(中药辞海)=华北八宝
长药八宝 Hylotelephium spectabile (Bor.) H. Ohba (景天科),*长药景天,石头菜,蝎子掌,蝎子草*
长药杜鹃 Rhododendron dalhousiae HK.f.(杜鹃花科)
长药隔重楼 Paris thibetica Franch.(百合科),*重楼,九龙台,黑籽重楼,缺瓣重楼*
长药花 Acokanthera oppositifolia Codd.(夹竹桃科)
长药花属 Acokanthera G.Don (夹竹桃科)
长药景天(东北检索表)=长药八宝
长药兰 Serapias cordigera (Pers.) L.(兰科)
长药兰属 Serapias L.(兰科)
长药裂叶铁线莲 Clematis parviloba var. longianthera W.T.Wang(毛茛科)
长药沿阶草 Ophiopogon peliosanthoides Wang & Tang(百合科)
长药蜘蛛抱蛋 Aspidistra dolichanthera X.X. Chen (百合科)
长药重楼 Paris polyphylla var. pseudothibetica H.Li (百合科)
长叶×木茎火绒草 Leontopodium longifolium ×stoechas Ling(菊科)
长叶矮锦鸡儿 Caragana pygmaea f. longifolia Kom.(豆科)
长叶八仙花(台木本志)=长叶绣球
长叶菝葜 Smilax lanceifolia var. lanceolata (Norton) T.Koyama(百合科)
长叶白桐树 Claoxylon longifolium (Bl.) endl. ex Hassk.(大戟科)
长叶百蕊草 Thesium longifolium Turcz.(檀香科),*九龙草,九仙草,酒仙草,茅草细辛,山柏枝,铁刷把,西域百蕊草*
长叶斑叶兰 Goodyera bilamellata Hay.(兰科),*双棱斑叶兰,双板斑叶兰*
长叶苞叶兰 Brachycorythis henryi (Schltr.) Summerh (兰科)
长叶苞鱼藤(豆科图说)=密锥花鱼藤
长叶抱石越桔 Vaccinium nummularia var. oblongifolium R.C.Fang(杜鹃花科)
长叶变种(植物志 65-2)=四轮筋骨草
长叶变种(植物志 65-2,Flora 17)=长叶龙头草(新)
长叶柄猕猴桃 Actinidia cinerascens var. longipetiolata C.F.Liang(猕猴桃科)
长叶柄野扇花 Sarcococca longipetiolata M. Cheng (黄杨科),*长柄野扇花*
长叶并头草 Scutellaria linarioides C.Y.Wu(唇形科)
长叶波叶大黄 Rheum undulatum var. longifolium C.Y.Cheng & Kao(蓼科)
长叶钗子股 Luisia zollingeri Rchb.f.(兰科)
长叶巢蕨 Neottopteris phyllitidis (D.Don) J.Sm.(铁角蕨科),*狭叶巢蕨*
长叶车前 Plantago lanceolata L.(车前科),*窄叶车前,欧车前,披针叶车前*
长叶赤爮 Thladiantha longifolia Cogn. ex Oliv. (葫芦科)
长叶翅膜菊 Alfredia fetsowii Iljin(菊科)
长叶翅柱兰 Pterostylis longifolia (兰科)
长叶虫豆 Cajanus mollis (Benth.) van der Maesen (豆科),*虫豆,蝙蝠豆*
长叶臭茉莉(云南志)=长叶大青
长叶川滇杜鹃(西藏志)=棕背川滇杜鹃
长叶垂桉草(台湾志)=长勾刺蒴麻
长叶葱莲 Zephyranthes longifolia Hemsl.(石蒜科)
长叶粗筒苣苔 Briggsia longifolia Craib(苦苣苔科)
长叶脆兰 Acampe longifolia (Lindl.) Lindl.(兰科)
长叶大戟 Euphorbia donii Oudejians(大戟科)
长叶大青 Clerodendrum longilimbum P'ei(马鞭草科),*长叶臭茉莉*
长叶党参 Codonopsis longifolia Hong(桔梗科)
长叶地榆(中药辞海)=长蕊地榆
长叶地榆 Sanguisorba officinalis var. longifolia (Bertol.) Yü & Li(蔷薇科),*绵地榆*
长叶滇蕨 Cheilanthopsis elongata (HK.) Cop. (岩蕨科)
长叶点地梅 Androsace longifolia Turcz.(报春花科),*矮葶点地梅*
剑叶吊灯花 Ceropegia dolichophylla Schltr. (萝藦科),*长叶吊灯花*
长叶吊灯花 Ceropegia longifolia Wall.(萝藦科),*双剪草*
长叶吊灯花(高等图鉴,植物志 63)=剑叶吊灯花
长叶冬青(拉汉名称)=阔叶冬青
长叶冬青(四川志)=龙里冬青
长叶冬青卫矛 Euonymus japonicus var. longifolium Nakai (卫矛科)
长叶冻绿 Rhamnus crenata S. & Z.(鼠李科),*长叶绿柴,长叶鼠李,冻绿,钝齿鼠李,过路黄,黄药,苦李根,黎辣根,六厘柴,绿柴,绿篱柴,山黑子,山黄,山六厘,山绿篱,水冻绿*
长叶杜虹花 Callicarpa formosana var. longifolia Suzuki(马鞭草科)
长叶杜茎山 Maesa longilanceolata C.Chen(紫金牛科)
长叶杜鹃兰(中山大辞典)=带唇兰
长叶杜香(新)Ledum palustre subsp. longifolium (Freyn) Kitag?(杜鹃花科)
长叶多穗蓼 Polygonum polystachyum var. longifolia HK.f.(蓼科)
长叶耳蕨 Polystichum longissimum Ching & Z.Y.Liu(鳞毛蕨科)
长叶二裂委陵菜 Potentilla bifurca var. major Ledeb.(蔷薇科)
长叶二色香青(新)Anaphalis bicolor var. longifolia Chang(菊科),*二色香青长叶变种*
长叶繁缕 Stellaria longifolia Muehl. ex Willd. (石竹科),*伞繁缕,铺散繁缕,睫毛长叶繁缕,睫伞繁缕*
长叶榧树 Torreya jackii Chun (红豆杉科),*浙榧*
长叶粉背青冈(植物志 22)=细叶青冈
长叶凤尾蕨(植物志 3-1)=长羽凤尾蕨
长叶凤尾蕨 Pteris longifolia L.(凤尾蕨科)
长叶凤尾蕨 Pteris longipinna Hay.(凤尾蕨科)
长叶枹栎 Quercus monnula Y.C.Hsu & H.W.Jen (壳斗科)
长叶复叶耳蕨(高等图鉴)=异羽复叶耳蕨
长叶甘草蕨(高等图鉴)=蜈蚣蕨
长叶高山柏 Juniperus squamata var. fargesii Rehd. & Wils.(柏科)
长叶哥纳香 Goniothalamus gardneri HK.f. & Thoms.(番荔枝科)
长叶隔距兰 Cleisostoma fuerstenbergianum Kraenzl. (兰科)
长叶根节兰(台湾志)=剑叶虾脊兰
长叶钩子(分类学报)=长叶钩子木
长叶钩子木 Rostrinucula sinensis (Hemsl.) C.Y.Wu(唇形科),*长叶钩子*
长叶枸骨 Ilex georgei Comber(冬青科),*乔氏冬青,单核冬青*
长叶骨牌蕨 Lepidogrammitis elongata Ching (水龙骨科)
长叶冠毛榕 Ficus gasparriniana var. esquirolii (Lévl. & Vant.) Corner(桑科)
长叶贵州石楠(新)Photinia bodinieri var. longifolia Card.(蔷薇科),*贵州石楠长叶变种*
长叶桂樱 Laurocerasus dolichophylla Yü & Lu (蔷薇科)
长叶海金沙(广州志)=曲轴海金沙
长叶杭子稍 Campylotropis macrocarpa f. longepedunculata (Rick.) P.Y.Fu(豆科)
长叶蒿 Artemisia longifolia Nutt.(菊科)
长叶猴欢喜 Sloanea assamica (Benth.) Rehd. &

Wils.(杜英科)
长叶胡颓子 Elaeagnus bockii Diels(胡颓子科),*马鹊树,牛奶子*
长叶胡枝子 Lespedeza caraganae Bge.(豆科)
长叶蝴蝶草 Torenia asiatica L.(玄参科),*光叶蝴蝶草*
长叶虎耳草 Saxifraga longifolia Lepeyr.(虎耳草科)
长叶花烛 Anthurium warocqueanum Moore.(天南星科)
长叶黄精(中药志)=多花黄精
长叶火绒草 Leontopodium longifolium Ling(菊科),*兔耳子草*
长叶寄生藤 Dendrotrophe umbellata var. longifolia (Lecomte) Tam(檀香科)
长叶家榆(植物志 22)=榆树
长叶假糙苏 Paraphlomis lanceolata Hand.-Mazz.(唇形科)
长叶假叶树 Ruscus hypoglossum L.(爵床科)
长叶碱毛茛 Halerpestes ruthenica (Jacq.) Ovcz (毛茛科),*黄戴戴*
长叶豇豆 Vigna luteola (Jacq.) Benth.(豆科)
长叶节节木 Arthrophytum longibracteatum Korov. (藜科)
长叶金柑(新拉汉英)=长叶金桔
长叶金桔 Fortunella polyandra (Ridl.) Tanaka (芸香科),*长叶金柑*
长叶荆 Vitex burmensis Mold.(马鞭草科)
长叶孔雀松(中国裸子志)=柳杉
长叶阔苞菊 Pluchea eupatorioides Kurz(菊科)
长叶蜡边绣球(分类学报)=长叶绣球
长叶蜡莲绣球(分类学报)=蜡莲绣球
长叶兰 Cymbidium erythraeum Lindl.(兰科)
长叶老鼠簕 Acanthus longifolius Poir.(爵床科)
长叶肋柱花 Lomatogonium longifolium H.Sm.(龙胆科)
长叶栎(云南)=窄叶柯
长叶链荚豆(台湾志)=柴胡叶链荚豆
长叶瘤瓣兰 Oncidium longifolium Lindl.(兰科)
长叶柳(山东)=旱柳
长叶柳 Salix phanera Schneid(杨柳科)
长叶龙船花(高等图鉴)=泡叶龙船花
长叶龙头草(新)Meehania henryi var. kaitcheensis (Lévl.) C.Y.Wu(唇形科),*长叶变种*
长叶龙须兰 Catasetum longiflorum Lindl.(兰科)
长叶露兜草 Pandanus austrosinensis var. longifolius L.Y.Zhou & X.W.Zhong(露兜树科)
长叶芦莉草 Ruellia amoena Nees (爵床科)
长叶鹿蹄草 Pyrola elegantula H.Andr.(鹿蹄草科),*极品鹿蹄草*
长叶蕗蕨 Mecodium longissimum Ching & Chiu (膜蕨科)
长叶绿柴(树木分类学)=猫乳
长叶绿柴(植物志 48-1)=长叶冻绿
长叶绿柴属(树木分类学)=**猫乳属**
长叶绿绒蒿 Meconopsis lancifolia (Franch.) Franch. ex Prain(罂粟科)
长叶轮钟草 Campanumoea lancifolia (Roxb.) Merr. (桔梗科),*肉算盘,山荸荠,蜘蛛果,红果参*
长叶罗汉松 Podocarpus henkelii (罗汉松科)
长叶螺序草 Spiradiclis oblanceolata W.L.Sha & X.X.Chen(茜草科)
长叶麻黄 Ephedra trifurca Torr.(麻黄科)
长叶马兜铃 Aristolochia championii Merr. & Chun (马兜铃科),*竹叶薯,三筒管,绊藤香,白金古榄,百解藤,千金薯*
长叶马褂兰 Phragmipedium longifolium (Warsc. & Rchb.f.) Rolfe (兰科)
长叶毛茛(Flora 6)=披针毛茛
长叶毛茛 Ranunculus lingua L. (毛茛科),*条叶毛茛*
长叶毛花忍冬 Lonicera trichosantha var. xerocalyx (Diels) Hsu & H.J.Wang(忍冬科),*干萼忍冬*
长叶毛鳞菊 Chaetoseris dolichophylla Shih(菊科)
长叶茅膏菜 Drosera indica L.(茅膏菜科),*捕蝇草,满露草*
长叶猕猴桃 Actinidia hemsleyana Dunn(猕猴桃科)
长叶膜蕨 Hymenophyllum fastigiosum Christ (膜蕨科)
长叶墨脱楼梯草 Elatostema medogense var. oblongum W.T.Wang(荨麻科)
长叶木姜子(植物志 31)=黄丹木姜子
长叶木兰(新拉汉英)=空管木兰(新)
长叶木兰 Magnolia paenetalauma Dandy(木兰科),*水铁罗木,长叶玉兰*
长叶木麻黄(植物志 20-1)=粗枝木麻黄
长叶木犀 Osmanthus marginatus var. longissimus (H.T.Chang) R.L.Lu(木犀科)
长叶楠(海南)=茶槁楠
长叶拟赤杨(树木分类学)=台湾赤杨叶
长叶牛齿兰 Appendicula terrestris Fukuyama (兰科)
长叶牛奶树(广州志)=台湾榕
长叶纽子果(植物志 58)=纽子果
长叶女贞 Ligustrum compactum (Wall. ex G. Don) HK.f. & Thoms. ex Brandis(木犀科)
长叶排钱树 Phyllodium longipes (Craib) Schindl.(豆科),*大排钱,粘人草,风包草*
长叶蓬子菜 Galium verum var. asiaticum Nakai (茜草科),*亚洲蓬子菜,刘芙蓉草*
长叶槭 Acer litseaefolium Hay.(槭树科),*木姜叶槭*
长叶槭树(树木分类学)=光叶槭
长叶棋子豆 Cylindrokelupha alternifoliolata T.L.Wu(豆科)
长叶黔蕨 Phanerophlebiopsis neopodophylla (Ching) Ching & Y.T.Xie (鳞毛蕨科)
长叶茜草 Rubia dolichophylla Schrenk(茜草科)
长叶青冈 Cyclobalanopsis longifolia Y.C.Hsu & Q.Z.Dong (壳斗科)
长叶蜻蜓兰(台湾兰科植物,台兰科图鉴)=台湾蜻蜓兰
长叶球兰(植物志 63)=荷秋藤
长叶球兰 Hoya longifolia Wall. ex Wight(萝藦科)
长叶雀稗 Paspalum longifolium Roxb.(禾本科)
长叶雀舌(云南植物名录)=尾叶雀舌木
长叶柔毛钻地风(分类学报)=柔毛钻地风
长叶肉黄菊 Faucaria longifolia L.Bolus.(番杏科)
长叶沙参 Adenophora bockiana Diels(桔梗科)
长叶沙茅 Calamovilfa longifolia Scribn.(禾本科)
长叶山兰 Oreorchis fargesii Finet(兰科)
长叶山绿豆(海南志)=单叶拿身草
长叶山小橘 Glycosmis longifolia (Oliv.) Tanaka (芸香科)
长叶山芝麻(云南中草药)=长序山芝麻
长叶杉(中国裸子志)=长叶云杉
长叶珊瑚 Aucuba himalaica var. dolichophylla Fang & Soong(山茱萸科)
长叶蛇王藤 Passiflora moluccana var. glaberrima (Gagn.) Wilde(西番莲科)
长叶肾蕨 Nephrolepis biserrata (Sw.) Schott.(肾蕨科),*双齿肾蕨*
长叶实蕨 Bolbitis heteroclita (Presl) Ching(实蕨科),*尾叶实蕨*
长叶世界爷(树木分类学)=北美红杉
长叶书带蕨(蕨类图说)=唇边书带蕨
长叶疏花槭 Acer laxiflorum var. dolichophyllum Fang(槭树科)
长叶鼠李(药用志)=长叶冻绿
长叶数珠根(中草药汇编)=短刺虎刺
长叶水麻 Debregeasia longifolia (Burm.f.) Wedd.(荨麻科),*大水麻,冬里麻,红烟,尖麻,麻叶树,水冬瓜,水麻柳,水马桑,水苏麻,水珠麻*
长叶水毛茛 Batrachium kauffmanii (Clerc) Ovcz. (毛茛科)
长叶四棱草(Flora 17)=四轮筋骨草
长叶松 Pinus palustris Mill.(松科),*大王松*
长叶溲疏 Deutzia longifolia Franch.(虎耳草科)
长叶酸模 Rumex longifolius DC.(蓼科)
长叶酸藤子 (植物志 58)=平叶酸藤子
长叶薹草 Carex hattoriana Nakai(莎草科)
长叶太平花 Philadelphus pekinensis var. lanceolatus S.Y.Hu (虎耳草科)
长叶藤长苗 Calystegia pellita subsp. longifolia Brumm.(旋花科)
长叶藤五加 Acanthopanax leucorrhizus f. angustifoliatus Hoo(五加科)
长叶蹄盖蕨(雷公山考察集)=多羽蹄盖蕨
长叶蹄盖蕨 Athyrium elongatum Ching(蹄盖蕨科)
长叶天名精 Carpesium longifolium Chen & C. M.Hu (菊科)
长叶铁角蕨 Asplenium prolongatum HK.(铁角蕨科),*倒生莲,倒水莲,定草根,二面块,金鸡尾,盘龙莲,青丝还阳,石上凤尾草,尾生根*
长叶铁牛入石(中草药汇编)=爬藤榕
长叶铁扫帚(豆科图说)=长叶胡枝子
长叶头蕊兰(高等图鉴)=头蕊兰
长叶橐吾 Ligularia longifolia Hand.-Mazz.(菊科)
长叶娃儿藤 Tylophora longifolia Wight(萝藦科)
长叶瓦莲 Rosularia alpestris (Kar. & Kir.) A. Bor. (景天科)
长叶瓦韦 Lepisorus longus Ching(水龙骨科)
长叶弯管花 Chasalia curviflora var. longifolia HK.f.(茜草科)
长叶万寿竹(高等图鉴)=长叶竹根七
长叶微孔草 Microula trichocarpa (Maxim.) Johnst. (紫草科)
长叶尾稃草 Urochloa longifolia B.S.Sun & Z. H.Hu (禾本科)
长叶卫矛 Euonymus kwangtungensis C.Y. Cheng (卫矛科)
长叶蚊子草 Filipendula vulgaris Moench(蔷薇科)
长叶莴苣 Lactuca dolichophylla Kitam.(菊科)
长叶乌口树 Tarenna wangii Chun & How ex W. C.Chen (茜草科)
长叶乌药(高等图鉴)=川钓樟
长叶无尾果(青藏图志)=无尾果
长叶西番莲 Passiflora siamica Craib(西番莲科),*八蕊西番莲,毛蛇王藤*
长叶喜林芋 Philodendron longilaminatum

Schott. (天南星科)
长叶蚬壳花椒 Zanthoxylum dissitum var. lanciforme Huang(芸香科)
长叶腺萼木 Mycetia longifolia (Wall.) Kuntze (茜草科)
长叶相思树 Acacia longifolia Willd.(豆科)
长叶香草 Lysimachia lancifolia Craib(报春花科)
长叶香茶菜 Isodon walkeri (Arn.) H.Hara(唇形科), *四方草*
长叶小檗(高等图鉴)=庐山小檗
长叶小果柿(植物志 60-1)=小果柿
长叶绣球 Hydrangea longifolia Hay. (虎耳草科), *长叶蜡边绣球*, *长叶八仙花*
长叶绣球防风 Leucas longifolia Benth.(唇形科)
长叶锈毛莓 Rubus reflexus var. orogenes Hand.-Mazz. (蔷薇科)
长叶悬钩子 Rubus dolichophyllus Hand.-Mazz. (蔷薇科)
长叶穴果木 Coelospermum morindiforme Pierre ex Pitard(茜草科)
长叶雪莲 Saussurea longifolia Franch.(菊科)
长叶鸭舌癀(台湾)=丰花草
长叶芽耳蕨 Polystichum attenuatum var. subattenuatum Ching & W.M.Chu(鳞毛蕨科)
长叶盐蓬 Halimocnemis longifolia Bge.(藜科)
长叶杨 Populus wuana C.Wang & Tung (杨柳科)
长叶野扇花 Sarcococca longifolia M.Cheng & K.F.Wu (黄杨科)
长叶野桐 Mallotus esquirolii Lévl. (大戟科), *粗齿野桐*
长叶阴石蕨 Humata assamica (Bedd.) C.Chr.(骨碎补科)
长叶银背藤 Argyreia henryi (Craib) Craib(旋花科)
长叶羽扇豆 Lupinus longifolius Abrams (豆科)
长叶玉凤花 Habenaria longifolia Buch.-Ham. (兰科)
长叶玉兰(树木分类学)=长叶木兰
长叶远志 Polygala longifolia Poir.(远志科), *山鼠尾*
长叶云杉 Picea smithiana (Wall.) Boiss.(松科), *长叶杉*
长叶早熟禾 Poa longifolia Trin.(禾本科)
长叶早熟禾 Poa orinosa var. longifolia Keng (禾本科)
长叶泽泻 Sagittaria aginashi Mak.(泽泻科), *水慈姑*, *剪刀草*
长叶猪屎豆(台湾志)=长果猪屎豆
长叶猪牙花 Erythronium tuolumnense Applegate (百合科)
长叶竹柏 Nageia fleuryi (Hickel) S.Laub.(罗汉松科), *桐木树*
长叶竹根七 Disporopsis longifolia Craib(百合科), *长叶万寿竹*, *黄精*
长叶苎麻(台湾药志)=帚序苎麻
长叶苎麻 Boehmeria penduliflora Wedd. ex Long (荨麻科), *水细麻*, *水麻*, *折听藤*, *米顶心*
长叶柱瓣兰 Epidendrum longifolium R.Br.(兰科)
长叶子老重(云南屏边)=栀子皮
长叶紫茎 Stewartia oblongifolia Hu ex Yan(山茶科)
长叶紫荆木 Madhuca indica Gmel.(山榄科)
长叶紫菊 Notoseris dolichophylla Shih(菊科)
长叶紫菀 Aster dolichophyllus Ling(菊科)
长叶紫珠(树木分类学)=枇杷叶紫珠
长叶紫珠 Callicarpa longifolia Lamk.(马鞭草科), *老哈眼*
长叶足柱兰 Dendrochilum longifolium Rchb.f. (兰科)
长叶柞木 Xylosma longfolium Clos(大风子科), *跌破劳*, *小角刺*, *笏齿树*, *耙齿木*, *狗牙木*
长翼凤仙花 Impatiens longialata Pritz. ex Diels (凤仙花科)
长翼棘豆 Oxytropis longialata P.C.Li(豆科)
长蝇子草(新)Melandrium longipes Hand.-Mazz.? (石竹科)
长颖鹅观草 Roegneria longiglumis Keng(禾本科)
长颖沿沟草 Catabrosa capusii Franch.(禾本科)
长颖燕麦(新拉汉英)=长颖状燕麦(新)
长颖燕麦 Avena ludoviciana Dur.(禾本科)
长颖羊茅 Festuca longiglumis S.L.Lu(禾本科)
长颖早熟禾 Poa longiglumis Keng ex L.Liu(禾本科)
长颖状燕麦(新)Avena longiglumis Dur.(禾本科), *长颖燕麦*
长硬毛棘豆 Oxytropis hirsuta Bge. (豆科), *白毛棘豆*
长硬皮豆(台湾志)=硬皮豆
长疣八卦掌(新拉汉英)=金星
长疣球属 Dolichothele Britt. & Rose (仙人掌科)
长羽柄短肠蕨 Allantodia siamensis (C.Chr.) Ching & W.M.Chu(蹄盖蕨科)
长羽耳蕨 Polystichum longipinnulum Nair(鳞毛蕨科)
长羽凤尾蕨 Pteris olivacea Ching ex Ching & S.H.Wu(凤尾蕨科)
长羽凤丫蕨 Coniogramme longissima Ching & Kung ex Shing(裸子蕨科)
长羽复叶耳蕨 Arachniodes longipinna Ching (鳞毛蕨科)
长羽狗脊 Woodwardia cochinchinensis Ching? (乌毛蕨科)
长羽金星蕨(蕨类形态)=尾羽金星蕨
长羽蕨 Pteridium lineare Ching ex Ching & S.H. Wu (蕨科)
长羽裂萝卜 Raphanus sativus var. longipinnatus L.H.Bailey (十字花科)
长羽蹄盖蕨(蕨类形态)=毛翼蹄盖蕨
长羽蹄盖蕨(武汉植物学研究)=长柄蹄盖蕨
长羽芽胞耳蕨 Polystichum attenuatum Tagawa & Iwatsuki(鳞毛蕨科)
长羽针茅 Stipa kirghisorum P.Smirn.(禾本科)
长玉叶金花 Mussaenda elongata Hutch.(茜草科)
长圆瓣梅花草 Parnassia lanceolata var. oblongipetala Ku (虎耳草科)
长圆闭鞘姜 Costus oblongus S.Q.Tong(闭鞘姜科)
长圆吊石苣苔 Lysionotus oblongifolius W.T. Wang (苦苣苔科)
长圆杜鹃 Rhododendron orbiculare subsp. oblongum W.K.Hu(杜鹃花科)
长圆多榔菊 Doronicum oblongifolium DC.(菊科)
长圆果冬青 Ilex oblonga C.J.Tseng(冬青科)
长圆果花叶海棠(新)Malus transitoria var. centralasiatica (Vass.) Yü(蔷薇科), *花叶海棠长圆变种*
长圆果菘蓝 Isatis oblongata DC.(十字花科), *矩叶大青*
长圆红景天 Rhodiola forrestii (Hamet) S.H.Fu (景天科), *川滇景天*, *少花云南景天*
长圆黄芩 Scutellaria oblonga Benth.(唇形科)
长圆荚蒾(分类学报)=腾越荚蒾
长圆假瘤蕨 Phymatopteris oblongifolia (S.K. Wu) W.M.Chu & S.G.Lu(水龙骨科)
长圆筋骨草 Ajuga oblongata M.B.(唇形科)
长圆裂叶铁线莲 Clematis parviloba var. suboblonga W.T.Wang(毛茛科)
长圆楼梯草 Elatostema oblongifolium Fu ex W. T.Wang (荨麻科)
长圆鞘箭竹 Fargesia orbiculata Yi (禾本科)
长圆青荚叶 Helwingia omeiensis var. oblonga Fang & Soong(山茱萸科), *树花菜*
长圆石韦 Pyrrosia oblonga Ching (水龙骨科)
长圆树萝卜 Agapetes oblonga Craib(杜鹃花科)
长圆蹄盖蕨(西北植物学报)=希陶蹄盖蕨
长圆臀果木 Pygeum oblongum Yü & Lu(蔷薇科)
长圆微孔草 Microula oblongifolia Hand.-Mazz. (紫草科)
长圆悬钩子 Rubus oblongus Yü & Lu (蔷薇科)
长圆叶艾纳香 Blumea oblongifolia Kitam.(菊科), *大黄草*, *大红草*, *白叶*
长圆叶斑叶兰 Goodyera oblongifolia Raf.(兰科)
长圆叶变种(植物志 74)=长圆叶紫菀(新)
长圆叶波罗蜜 Artocarpus gomezianus Wall. ex Tréc.(桑科)
长圆叶唇柱苣苔 Chirita oblongifolia (Roxb.) Sinchlair (苦苣苔科)
长圆叶大戟(植物志 44-3)=钩腺大戟
长圆叶冬青 Ilex maclurei Merr.(冬青科)
长圆叶兜被兰 Neottianthe oblonga K.Y.Lang (兰科)
长圆叶杜英 Elaeocarpus oblongilimbus H.T. Chang (杜英科)
长圆叶风毛菊 Saussurea oblongifolia Chen(菊科)
长圆叶虎耳草(植物志 34-2)=爪瓣虎耳草
长圆叶尖药木 Acokanthera oblongifolia Codd (夹竹桃科)
长圆叶旌节花(树木志)=矩圆叶旌节花
长圆叶梾木 Swida oblonga (Wall.) Sojak.(山茱萸科), *黑皮楠*, *臭条子*, *矩圆叶*, *梾木*
长圆叶柳 Salix divaricata var. metaformosa (Nakai) Kitag.(杨柳科)
长圆叶马醉木 Pieris phillyreifolia (HK.) DC. (杜鹃花科)
长圆叶朴 Celtis oblongifolia Hu & Cheng (榆科)
长圆叶荨麻 Urtica mairei var. oblongifolia C.J. Chen (荨麻科)
长圆叶忍冬 Lonicera oblongifolia (Goldie) HK. (忍冬科)
长圆叶山黑豆 Dumasia oblongifoliolata Wang & Tang ex Y.T.Wei & S.Lee(豆科)
长圆叶山蚂蝗 Desmodium oblongum Wall. ex Benth.(豆科)
长圆叶水苏(苏南检索表)=针筒菜
长圆叶小檗 Berberis oblonga (Rgl.) Schneid.(小檗科)
长圆叶新木姜(海南志)=长圆叶新木姜子
长圆叶新木姜子 Neolitsea oblongifolia Merr. & Chun(樟科), *长圆叶新木姜*, *番椒槁*, *黑心*, *红玉李*, *鸡卵*, *柳槁*, *卵槁槁*, *香桂*

长圆叶淫羊藿 Epimedium sagittatum var. oblongifoliolatum Z.Cheng (小檗科)
长圆叶蜘蛛抱蛋 Aspidistra oblongifolia F.T. Wang & K.Y.Lang(百合科)
长圆叶紫菀(新)Aster fuscescens var. oblongifolius Griers(菊科),*长圆叶变种*
长圆叶醉魂藤(广西植物名录)=催乳藤
长圆苎麻 Boehmeria oblongifolia W.T.Wang(荨麻科)
长圆锥花 Gomphostemma oblongum Wall.(唇形科)
长皂角(图经本草)=皂荚
长粘舌唇兰 Platanthera longiglandula K.Y.Lang (兰科)
长折景天(东北检索表)=长白红景天
长枝附地菜 Trigonotis longiramosa W.T.Wang (紫草科)
长枝节节木 Arthrophytum iliense Iljin(藜科)
长枝龙胆 Gentiana pneumonanthe L.(龙胆科)
长枝山槟榔 Pinanga macroclada Burret (棕榈科)
长枝蛇菰 Balanophora elongata Bl.(蛇菰科)
长枝乌头 Aconitum longiramosum W.T.Wang (毛茛科)
长枝竹(台湾)=绿竹
长枝竹 Bambusa dolichoclada Hay.(禾本科),*桶仔竹*
长舟马先蒿 Pedicularis dolichocymba Hand.-Mazz. (玄参科)
长轴白点兰 Thrixspermum saruwatarii (Hay.) Schltr. (兰科),*小白娥兰,黄娥兰*
长轴冬青 Ilex pedunculosa var. continentalis Loes.(冬青科)
长轴杜鹃(西藏志)=阮氏杜鹃花
长轴杜鹃 Rhododendron longistylum Rehd. & Wils. (杜鹃花科)
长轴鹤顶兰(台湾兰科植物)=长茎虾脊兰
长轴唐古特延胡索 Corydalis tangutica subsp. bullata (Lidén) Z.Y.Su(罂粟科)
长珠景天 Sedum longifuniculatum K.T.Fu (景天科)
长竹叶(江苏志)=淡竹叶
长柱贝加尔唐松草 Thalictrum baicalense var. megalostigma Boivin(毛茛科)
长柱草属 Phuopsis (Griseb.) HK.f.(茜草科)
长柱车前(贵州志)=尖萼车前
长柱垂头菊 Cremanthodium rhodocephalum Diels (菊科),*红头垂头菊*
长柱唇柱苣苔 Chirita longistyla W.T.Wang(苦苣苔科)
长柱刺果泽泻 Echinodorus longistylis Buchenau (泽泻科)
长柱刺蕊草 Pogostemon griffithii Prain(唇形科)
长柱灯心草 Juncus przewalskii Buchen.(灯心草科)
长柱独花报春 Omphalogramma souliei Franch. (报春花科),*澜沧独花报春*
长柱杜鹃(高等图鉴)=长柱睫萼杜鹃
长柱风铃草 Campanula chinensis Hong(桔梗科)
长柱含笑 Michelia longistyla Law & Y.F.Wu(木兰科)
长柱虎皮楠 Daphniphyllum longistylum S.S. Chien (虎皮楠科),*广西虎皮楠*
长柱花 Phuopsis stylosa (Trin.) HK.f.(茜草科)
长柱灰背杜鹃 Rhododendron hippophaeoides var. occidentale Philip. & M.N.Philip.(杜鹃花科)
长柱睫萼杜鹃 Rhododendron ciliicalyx subsp. lyi (Lévl.) R.C.Fang(杜鹃花科),*长柱杜鹃*
长柱金丝桃(北方中草药)=黄海棠
长柱金丝桃 Hypericum longistylum Oliv.(藤黄科),*王不留行,小连翘*
长柱韭 Allium longistylum Baker(百合科)
长柱开口箭 Tupistra grandistigma Wang & Liang(百合科)
长柱开口箭属 Tupistra Ker-Gawl. (百合科)
长柱琉璃草 Lindelofia stylosa Kar. & Kir.(紫草科),*狗爪草*
长柱琉璃草属 Lindelofia Lehm.(紫草科),*菱蒂萝属*
长柱柳 Salix eriocarpa Franch. & Sav.(杨柳科)
长柱柳叶菜 Epilobium blinii Lévl.(柳叶菜科),*酸沼柳叶菜*
长柱龙胆(植物志 62)=筒花龙胆
长柱鹿药 Maianthemum oleraceum (Baker) LaFrank. (百合科)
长柱驴蹄草 Caltha palustris var. himalaica Tamura (毛茛科)
长柱麦瓶草(东北草本志)=长柱蝇子草
长柱茅膏菜 Drosera oblanceolata Y.Z.Ruan(茅膏菜科)
长柱排钱树 Phyllodium kurzianum (Kuntze) Ohashi (豆科),*接骨草,无风独摇草,红母鸡药,壮阳草,舞草*
长柱瑞香 Daphne championii Benth.(瑞香科),*野黄皮,白地菊,一叶一枝花*
长柱沙参 Adenophora stenanthina (Ledeb.) Kitag. (桔梗科)
长柱山丹 Duperrea pavettaefolia (Kurz) Pitard (茜草科)
长柱山丹属 Duperrea Pierre ex Pitard(茜草科)
长柱十大功劳 Mahonia duclouxiana Gagn. (小檗科)
长柱石莲 Sinocrassula longistyla (Praeg.) S.H. Fu (景天科)
长柱溲疏 Deutzia staminea R.Br. ex Wall.(虎耳草科),*短萼齿溲疏*
长柱算盘子 Glochidion khasicum (Muell.Arg.) HK.f.(大戟科)
长柱头薹草 Carex teinogyna Boott(莎草科)
长柱乌头 Aconitum dolichorhynchum W.T. Wang (毛茛科)
长柱无心菜 Arenaria longistyla Franch.(石竹科),*长柱蚤缀*
长柱小檗(浙江志)=天台小檗
长柱绣球 Hydrangea stylosa HK.f. & Thoms. (虎耳草科)
长柱玄参 Scrophularia stylosa Tsoong(玄参科)
长柱蝇子草 Silene macrostyla Maxim.(石竹科),*长柱麦瓶草*
长柱蚤缀(拉汉名称)=长柱无心菜
长柱皂柳 Salix wallichiana f. longistyla C.F. Fang (杨柳科)
长柱直枝杜鹃 Rhododendron orthocladum var. longistylum Philip. & M.N.Philip.(杜鹃花科)
长柱重楼 Paris forrestii (Takht.) H.Li(百合科)
长柱猪毛菜 Salsola sukaczevii (Botsch.) A.J.Li. (藜科)
长爪红花锦鸡儿 Caragana rosea var. longiunguiculata (C.W.Chang) Liou f.(豆科)
长爪厚唇兰 Epigeneium yunnanense T.Tang & Z.H.Tsi(兰科)
长爪梅花草 Parnassia farreri W.E.Evans(虎耳草科)
长爪石斛 Dendrobium chameleon Ames(兰科),*长距石斛,峦大石斛*
长锥蒲公英 Taraxacum longipyramidatum Schischk. (菊科)
长锥序荛花 Wikstroemia longipaniculata S.C. Huang (瑞香科)
长籽柳叶菜 Epilobium pyrricholophum Franch. & Savat.(柳叶菜科),*心胆草,蒿子,一杆针,小对经草*
长籽马钱(中药志)=马钱子
长籽马钱 Strychnos wallichiana Steud. ex DC. (马钱科),*尾叶马钱,云南马钱,闹狗药,皮氏马钱*
长紫菜 Porphyra dentata Kjellm.(马鞭草科)
长鬃蓼 Polygonum longisetum De Br.(蓼科),*马蓼*
长总梗翠雀花 Delphinium longipedunculatum Rgl. (毛茛科)
长总梗木蓝 Indigofera longipedunculata Y.Y. Fang & C.Z.Zheng(豆科)
长足兰 Pteroceras leopardinum (Par. & Rchb.f.) Seidenf.(兰科),*双臂长足兰*
长足兰属(新拉汉英)=**长脚兰属**(新)
长足兰属 Pteroceras Hassk.(兰科)
长足石豆兰 Bulbophyllum pectinatum Finet(兰科)
长足石仙桃 Pholidota longipes S.C.Chen & Z.H.Tsi (兰科)
长嘴峨参 Anthriscus longirostris Bert.(伞形科)
长嘴毛茛 Ranunculus tachiroei Franch. & Sav. (毛茛科)
长嘴薹草 Carex longerostrata C.A.Mey.(莎草科),*长咀苔草*
肠蕨(蕨类图说,分类学报)=川黔肠蕨
肠蕨 Diplaziopsis javanica (Bl) C.Chr.(蹄盖蕨科)
肠蕨属 Diplaziopsis C.Chr.(蹄盖蕨科)
肠须草 Enteropogon dolichostachyus (Lag.) Keng (禾本科)
肠须草属 Enteropogon Nees (禾本科)
常桉 Eucalyptus crebara F.v.Muell.(桃金娘科)
常春木 Merrilliopanax chinensis Li(五加科)
常春木属 Merrilliopanax Li (五加科),*梅尔参属,梁王茶属*
常春藤(广西中药志)=薜荔
常春藤 Hedera nepalensis var. sinensis (Tobl.) Rehd. (五加科),*狗姆蛇,龙鳞薜荔,牛一枫,爬墙虎,爬树虎,爬树藤,爬崖藤,三角枫,三角尖,三角藤,山葡萄,土鼓藤*
常春藤列当 Orobanche hederae Duby (列当科)
常春藤鳞果星蕨 Lepidomicrosorum hederaceum (Christ) Ching(水龙骨科)
常春藤叶虎耳草 Saxifraga cymbalaria L.(虎耳草科)
常春藤叶婆婆纳 Veronica hederaefolia L.(菊科)
常春藤叶天剑(陕西中草药)=打碗花
常春藤属 Hedera L.(五加科)
常春卫矛 Euonymus hederaceus Champex Benth. (卫矛科)
常春油麻藤 Mucuna sempervirens Hemsl.(豆科),*常绿油麻藤,牛马藤,棉麻藤,过山龙,油麻血藤,油麻藤*
常宫草(海南土名)=蓟雷草
常花法国欧石南 Erica doliiformis Salisb.(杜鹃

花科)
常绿糙毛杜鹃 Rhododendron lepidostylum Balf.f. & Forr.(杜鹃花科)
常绿茶(山西,江西,安徽)=鹿蹄草
常绿臭椿 Ailanthus fordii Nooteboom(苦木科)
常绿滇榆(树木学)=常绿榆
常绿毒漆藤(新)Rhus sempervirens Scheele (漆树科),*毒漆藤*
常绿禾叶繁缕 Stellaria graminea var. viridescens Maxim.(石竹科)
常绿荚蒾 Viburnum sempervirens K.Koch(忍冬科),*坚荚树*
常绿假丁香(云南植物名录)=裂果女贞
常绿苦树(新拉汉英)=爪哇苦树
常绿满江红 Azolla imbricata var. sempervirens Y.X.Lin(满江红科)
常绿莫顿 Mortonia sempervirens A.Gray (卫矛科)
常绿葡萄 Vitis capensis Thunb.(葡萄科)
常绿萱草 Hemerocallis fulva var. aurantiaca (Baker) M.Hotta(百合科)
常绿悬钩子 Rubus sempervirens Yü & Lu (蔷薇科)
常绿油麻藤(经济植物手册)=常春油麻藤
常绿榆 Ulmus lanceaefolia Roxb.(榆科),*滇榆,常绿滇榆*
常绿锥栗 Castanopsis sempervirens (Kell.) Dudley (壳斗科)
常宁柳 Salix chienii var. pubigera N.Chao(杨柳科)
常青荚蒾(新)Viburnum hillieri W.T.Wang?(忍冬科)
常青藤(金华中草药选编)=牯岭勾儿茶
常沙(云南思茅)=牛尾草
常山(分类学报)=臭常山
常山(河北兴隆)=糙苏
常山(云南思茅)=野草香
常山 Dichroa febrifuga Lour.(虎耳草科),*白常山,翻胃木,恒山,互草,黄常山,鸡骨常山,鸡屎草,七叶,蜀漆,土常山,鸭屎草*
常山树(植物学大辞典)=中国绣球
常山属(植物志 43-2)=**臭常山属**
常山属 Dichroa Lour.(虎耳草科),*黄常山属*
常湿地棕榈 Acoelorrhaphe wrightii Becc.(棕榈科)
常湿地棕榈属 Acoelorrhaphe H.Wendl.(棕榈科)
常思(名医别录)=苍耳
常夏石竹 Dianthus plumarius L.(石竹科)
常子(广东海康)=倒吊笔
嫦娥奔月(云南)=月光花
瑒花(纲目)=山矾

Chao

超包箨竹 Fargesia perlonga Hsueh & Yi (禾本科)
超长柄茶 Camellia longissima Chang & Liang (山茶科)
超凡子(滇南本草)=苹果
超红立金花 Lachenalia pendula var. superba Hort. (百合科)
超级大国虎刺(湖南药物志)=杠板归
超尖连蕊茶 Camellia percuspidata Chang(山茶科)
巢菜(品汇精要)=救荒野豌豆
巢菜叶帚菊木 Mutisia viciaefolia Cav.(菊科)
巢凤梨 Nidularium innocentii Lem.(凤梨科),*里红凤梨*
巢凤梨属 Nidularium Lem.(凤梨科)
巢蕨 Neottopteris nidus (L.) J.Sm.(铁角蕨科),*尖刀如意散,老鹰七,山苏花,台湾山苏花,铁蚂蝗,乌巢蕨*
巢蕨属 Neottopteris J.Sm.(铁角蕨科)
巢腺山牵牛(高等图鉴)=长黄毛山牵牛
朝芳毛蕨 Cyclosorus zhangii Shing(金星蕨科)
朝蓟(中草药通讯)=菜蓟
朝日谷精草 Eriocaulon parvum Körnicke(谷精草科)
朝天罐(高等图鉴)=假朝天罐
朝天罐 Osbeckia opipara C.Y.Wu & C.Chen(野牡丹科),*大金钟,倒水莲,高脚红缸,公石榴,罐子草,阔叶金锦香,卯天罐,线鸡腿,张天缸*
朝天罐子(江西)=金锦香
朝天椒(植物志 67-1)=辣椒
朝天暮落花(本草纲目)=木槿
朝天委陵菜 Potentilla supina L.(蔷薇科),*伏萎陵菜,仰卧委陵菜,铺地委陵菜,鸡毛菜*
朝天岩须 Cassiope palpebrata W.W.Sm.(杜鹃花科)
朝天羊茅(分类学报)=高山羊茅
朝天一柱香(贵州)=杜鹃兰
朝天一柱香(贵州草药)=杏香兔儿风
朝天子(中药大辞典)=多毛叶云实
朝筒(思芭)=木蝴蝶
朝鲜艾(吉林)=白叶蒿
朝鲜艾 Artemisia argyi var. gracilis Pamp.(菊科),*朝鲜艾蒿,野艾,深裂叶艾蒿*
朝鲜艾蒿(东北检索表)=朝鲜艾
朝鲜白头翁 Pulsatilla cernua (Thunb.) Bercht. & Opiz.(毛茛科),*姑朵花*
朝鲜柏(东北裸子植物)=朝鲜崖柏
朝鲜滨麦(新)Leymus mollis var. coreensis (Hack.) Keng f.(禾本科),*滨麦*
朝鲜苍术 Atractylodes coreana (Nakai) Kitam. (菊科)
朝鲜垂柳 Salix pseudolasiogyne Lévl.(杨柳科)
朝鲜当归(东北检索表)=黑水当归
朝鲜当归 Angelica gigas Nakai(伞形科),*大独活,土当归,野当归,大野芹,紫花芹*
朝鲜独活(东北检索表)=大齿山芹
朝鲜杜鹃花 Rhododendron weyrichi Maxim.(杜鹃花科)
朝鲜峨眉蕨(分类学报)=朝鲜介蕨
朝鲜附地菜 Trigonotis radicans var. sericea (Maxim.) Hara (紫草科)
朝鲜槐 Maackia amurensis Rupr. & Maxim.(豆科),*山槐,高丽槐,櫰槐,黄色木,怀槐*
朝鲜茴芹 Pimpinella koreana (Yabe) Nakai(伞形科)
朝鲜荚蒾 Viburnum koreanum Nakai(忍冬科)
朝鲜碱茅 Puccinellia chinampoensis Ohwi(禾本科),*铺茅*
朝鲜接骨木 Sambucus coreana (Nakai)Kom. & Aliss.(忍冬科)
朝鲜介蕨 Dryoathyrium coreanum (Christ) Tagawa (蹄盖蕨科),*朝鲜蹄盖蕨,朝鲜峨眉蕨,宁陕峨眉蕨*
朝鲜堇菜(东北师大通报)=东方堇菜
朝鲜堇菜 Viola albida Palib.(堇菜科)
朝鲜卷丹 Lilium tigrinum var. foutunei hort. Standish ex G.C.(百合科)
朝鲜梾木 Swida coreana (Wanger.) Sojak(山茱萸科),*朝鲜山茱萸*
朝鲜狼牙刺 Sophora koreensis Nakai (豆科)
朝鲜老鹳草 Geranium koreanum Kom.(牻牛儿苗科)
朝鲜冷 Abies koreana Wils. (松科)
朝鲜冷杉 Abies koreana Wils.(松科)
朝鲜蓼叶堇菜(东北师大通报)=蓼叶堇菜
朝鲜柳(黑龙江)=钻天柳
朝鲜柳 Salix koreensis Anderss.(杨柳科)
朝鲜六道木 Abelia coreana Nakai (忍冬科)
朝鲜龙胆 Gentiana uchiyamai Nakai(龙胆科)
朝鲜龙芽草(东北草本志)=托叶龙芽草
朝鲜落叶松(东北裸子植物)=黄花落叶松
朝鲜麦瓶草(东北检索表)=朝鲜蝇子草
朝鲜木姜子 Litsea coreana Lévl.(樟科),*鹿皮斑木姜子*
朝鲜南星 Arisaema angustatum var. peninsulae (Nakai) Nakai(天南星科),*天南星,大参*
朝鲜婆婆纳(植物志 67-2)=朝鲜穗花
朝鲜蒲儿根 Sinosenecio koreanus (Kom.) B. Nord. (菊科)
朝鲜蒲公英 Taraxacum coreanum Nakai(菊科),*白花蒲公英*
朝鲜羌活(东北检索表)=大齿山芹
朝鲜瑞香 Daphne koreana Nakai (瑞香科),*长白瑞香,辣根草*
朝鲜山茱萸(东北木本志)=朝鲜梾木
朝鲜石杉 Huperzia miyoshiana var. coreana (Hay.) Ching(石杉科)
朝鲜鼠李 Rhamnus koraiensis Schneid.(鼠李科)
朝鲜松(中国裸子志)=红松
朝鲜溲疏 Deutzia coreana L.(虎耳草科)
朝鲜穗花 Pseudolysimachion rotundum subsp. coreanum (Nakai) D.Y.Hong(玄参科),*朝鲜婆婆纳*
朝鲜薹草 Carex dickinsii Franch. & Sav.(莎草科)
朝鲜蹄盖蕨(东北草本志)=朝鲜介蕨
朝鲜铁线莲 Clematis koreana Kom.(毛茛科)
朝鲜猬草 Asperella coreana (Honda) Nevski (禾本科)
朝鲜五角槭 Acer okamotoanum Nakai (槭树科)
朝鲜小檗 Berberis koreana Palibin (小檗科)
朝鲜薤 Allium sacculiferum Maxim.(百合科)
朝鲜崖柏 Thuja koraiensis Nakai (柏科),*长白侧柏,朝鲜柏*
朝鲜淫羊藿 Epimedium koreanum Nakai(小檗科),*淫羊藿,四叶细辛,三枝九叶草,淫羊藿根,羊藿叶,东北淫羊藿*
朝鲜蝇子草 Silene koreana Kom.(石竹科),*朝鲜麦瓶草*
朝鲜鸢尾 Iris odaesanensis Y.N.Lee(鸢尾科)
朝鲜早熟禾 Poa takeshimana Honda (禾本科)
朝鲜紫珠 Callicarpa japonica var. luxurians Rehd.(马鞭草科)
朝阳草(生草药性备要)=钩吻
朝阳丁香 Syringa oblata subsp. dilatata (Nakai) P.S.Green & M.C.Chang(木犀科)
朝阳花(广西中草药)=菜豆树
朝阳花(榕江)=黔狗舌草
朝阳芨芨草 Achnatherum nakaii (Honda) Tateoka (禾本科),*中井芨芨草*
朝阳青茅(日名)=朝阳隐子草
朝阳隐子草 Cleistogenes hackeli (Honda) Honda (禾本科),*朝阳青茅*
潮安杜鹃花 Rhododendron chaoanense Tam. & T.C.Wu?(杜鹃花科)
潮风草 Cynanchum acuminatifolium Hemsl.(萝藦科),*尖叶白前,白薇,小葛瓢*
潮脑(品汇精要)=樟

潮州柑(江苏)=蕉柑
潮州山矾(植物志 60-2)=光叶山矾
炒米柴(植物志 58)=铁仔
炒米柴(中药大辞典)=车桑子

Che

车串串(内蒙古)=平车前
车钻辘菜(东北)=车前
车角竹(广东)=车筒竹
车苦菜(中草药汇编)=泽泻
车里马钱(中草药汇编)=毛柱马钱
车里毛蕨(蕨类形态)=景洪毛蕨
车里银背藤 Argyreia cheliensis C.Y.Wu(旋花科)
车梁木(河北,山东)=毛梾
车轮菜(滇南本草)=疏花车前
车轮草(江西)=苘麻
车轮草(救荒本草)=车前
车轮菊(江苏)=宿根天人菊
车轮梅(植物学大辞典)=石斑木
车轮梅属(广州志)=**石斑木属**
车前 Plantago asiatica L.(车前科),*车钻辘菜,车轮草,车前实,饭匙草,风眼前仁,蛤蟆草,牛耳朵草,钱贯草,虾蟆衣子,猪耳草,猪耳朵穗子*
车前草(北京)=平车前
车前草(滇南本草)=疏花车前
车前多榔菊 Doronicum plantagineum L.(菊科)
车前蕨 Antrophyum henryi Hieron.(车前蕨科)
车前蕨科 Antrophylaceae
车前蕨属 Antrophyum Kaulf.(车前蕨科)
车前科 Plantaginaceae
车前实(神仙服食经)=车前
车前树(云南)=牛眼马钱
车前兔儿风 Ainsliaea plantaginifolia Mattf.(菊科)
车前虾脊兰 Calanthe plantaginea Lindl.(兰科)
车前叶报春 Primula sinoplantaginea Balf.f.(报春花科),*中华车前报春*
车前叶香青(新)Anaphalis aureo-punctata var. plantaginifolia Chen(菊科),*黄腺香青车前叶变种*
车前属 Plantago L.(车前科)
车前状臂形草 Brachiaria plantaginea (Link.) Hitchc. (禾本科)
车前状垂头菊 Cremanthodium ellisii (HK.f.) Kitam.(菊科),*俄杂*
车前状排香草 Anisochilus plantagineus HK.f. (唇形科)
车前紫草 Sinojohnstonia plantaginea Hu(紫草科)
车前紫草属 Sinojohnstonia Hu(紫草科),*琼斯东草属*
车桑子 Dodonaea angustifolia L.f.(无患子科),*坡柳,明油子,铁扫把,胡子柴明油脂,炒米柴,溪柳,白石棟*
车桑子属 Dodonaea Miller (无患子科)
车藤(广西)=紫花络石
车筒竹 Bambusa sinospinosa McClure (禾本科),*车角竹,刺楠竹,刺竹,答黎竹,大簕竹,笘竹,芳竹,木簩竹,水簕竹*
车叶草(种子植物名称)=异叶轮草
车叶草属 Asperula L.(茜草科)
车叶葎 Galium asperuloides Edgew. (茜草科)
车轴草 Galium odoratum (L.) Scop.(茜草科),*香车叶草*
车轴草属 Trifolium L.(豆科),*三叶草属,荷兰翘摇属*
车子蔓(沙漠药用植物)=田旋花
车子野芫荽(浙江天目山)=还亮草
扯根菜(图考)=矮桃
扯根菜 Penthorum chinense Pursh(虎耳草科),*干黄草,水杨柳,水泽兰*
扯根菜属 Penthorum Gronvo. ex L.(虎耳草科)
扯丝皮(湖南药物志)=杜仲

Chen

沉果胡椒 Piper infossum Y.C.Tseng(胡椒科)
沉沙木(中药辞海)=毛桐
沉水草 Bythophyton indicum HK.f.(玄参科)
沉水草属 Bythophyton HK.f.(玄参科)
沉水樟 Cinnamomum micranthum (Hay.) Hay.(樟科),*水樟,臭樟,冇樟,牛樟,黄樟树*
沉香(名医别录)=白木香
沉香属 Aquilaria Lam.(瑞香科)
辰沙草(贵阳)=小花远志
辰砂草(贵州)=瓜子金
辰砂草(四川)=卵叶远志
辰砂草(云南)=苦远志
陈艾(四川)=野艾蒿
陈艾(中药俗称)=艾
陈仓米(食性本草)=稻
陈仓米(食性本草)=粱
陈冬菜卤汁(纲目拾遗)=青菜
陈干菜(本草再新)=青菜
陈壶卢瓢(纲目)=瓠瓜
陈廪米(名医别录)=稻
陈米(百一选方)=稻
陈谋藨草 Scirpus chen-mouii Tang & Wang(莎草科)
陈谋卫矛 Euonymus chenmoui Cheng(卫矛科)
陈纳德小檗 Berberis chenaultii Ahrendt (小檗科)
陈茄子(四川)=木姜子
陈伤子(广东,浙江,杭州药志)=茅膏菜
陈氏藨草 Scirpus chunianus Tang & Wang(莎草科)
陈氏钓樟(海南志)=鼎湖钓樟
陈氏独蒜兰 Pleione chunii C.L.Tso(兰科)
陈氏杜鹃(植物学杂志)=龙山杜鹃
陈氏耳蕨 Polystichum chunii Ching(鳞毛蕨科),*陈氏耳叶蕨*
陈氏耳叶蕨(蕨类图谱)=陈氏耳蕨
陈氏红山茶 Camellia chunii Chang(山茶科)
陈氏荚蒾(分类学报)=金腺荚蒾
陈氏木蓝(豆科图说)=疏花木蓝
陈氏薹草 Carex cheniana Tang & Wang ex S.Y. Liang (莎草科)
陈氏紫荆(豆科图说)=广西紫荆
晨花火焰兰 Renanthera matutina (Bl. Lindl.(兰科)
称杆七(陕西)=七叶鬼灯檠
称杆升麻(贵州)=攀倒甑
称杆树(广西)=南烛
称杆树 Maesa ramentacea (Roxb.) A.DC.(紫金牛科),*冷饭果,秤杆树,接骨钻,木兰*
称杆血(浙江药志)=厚皮香
称黑斯(蒙古语)=小果红莓苔子
称铊子(广东)=台湾马瓟儿
樣皮(尔雅)=梧桐
榇桐(尔雅)=梧桐

Cheng

柽柳 Tamarix chinensis Lour.(柽柳科),*柽乳,赤柽,赤柽柳,垂丝柳,春柳,观音柳,河柳,红筋条,红荆条,红柳,人柳,三春柳,三眠柳,山川柳,蜀柳,西河柳,西湖杨,雨师,雨丝*
柽柳科 Tamaricaceae
柽柳叶猪毛菜 Salsola tamariscina Pall.(藜科)
柽柳属 Tamarix L.(柽柳科)
柽乳(开宝本草)=柽柳
赪桐 Clerodendrum japonicum (Thunb.) Sweet.(马鞭草科),*百日红,大叶红花倒水莲,荷苞花,红花倒血莲,龙穿花,洋海棠,贞桐花,状元红*
赪桐属(广州志)=**大青属**
撑篙竹 Bambusa pervariabilis McClure (禾本科)
撑绿枸杞小檗 Berberis lycium var. subvirescens Ahrendt (小檗科)
撑青 4 号 Bambusa pervariabilis × texilis Wen (禾本科)
成层石松 Lycopodium zonatum Ching(石松科),*矮石松*
成凤秋海棠 Begonia scitifolia Irmsch.(秋海棠科)
成凤山悬钩子 Rubus otophorus Franch.?(蔷薇科)
成凤叶下珠(云南植物名录)=云贵叶下珠
成年青(生草药性备要)=文殊兰
成县马先蒿 Pedicularis chengxiangensis Z.G. Ma & Z.Z.Ma (玄参科)
承德八宝 Hylotelephium mongolicum (Franch.) S.H.Fu (景天科)
承德东爪草 Tillaea mongolica (Franch.) S.H.Fu (景天科)
承德勿忘草 Myosotis bothriospermoides Kitag. (紫草科)
承露(郭璞注:尔雅)=落葵
承先杜鹃(峨眉图志)=问客杜鹃
诚君珍珠树(峨眉图志)=四川越桔
城步长柄槭 Acer longipes var. chengbuense Fang (槭树科)
城户凤尾蕨 Pteris kidoi Kurata (凤尾蕨科)
城口报春 Primula fagosa Balf.f. & Craib(报春花科),*蜀报春,川东粗叶报春*
城口茶藨(高等图鉴补编)=花茶藨子
城口当归 Angelica dielsii de Boiss.(伞形科)
城口东俄芹 Tongoloa silaifolia (de Boiss.) Wolff(伞形科),*太白三七,甜三七*
城口冬青(秦岭志)=狭叶冬青
城口冬青 Ilex chengkouensis C.J.Tseng(冬青科)
城口独活 Heracleum fargesii de Boiss.(伞形科),*独活*
城口风毛菊 Saussurea flexuosa Franch.(菊科)
城口附地菜 Trigonotis chengkouensis W.T. Wang (紫草科)
城口茴芹 Pimpinella fargesii de Boiss.(伞形科)
城口假冷蕨(分类学报)=三角叶假冷蕨
城口介蕨(蕨类形态)=中华介蕨
城口金盏苣苔 Isometrum fargesii (Franch.) Burtt(苦苣苔科)
城口景天 Sedum bonnieri Hamet(景天科)
城口卷瓣兰 Bulbophyllum chrondriophorum (Gagn.) Seidenf.(兰科)
城口马兜铃(新) Aristolochia sipho f. grandiflora Franch.? (马兜铃科)
城口马蓝 Pteracanthus flexus (R.Ben.) C.Y.Wu & C.C.Hu(爵床科)
城口梅花草 Parnassia chengkouensis Ku (虎耳草科)
城口猕猴桃 Actinidia chengkouensis C.Y.Chang (猕猴桃科)
城口盆距兰 Gastrochilus fargesii (Kraenzl.)

Schltr.(兰科)
城口瓶蕨 Vandenboschia fargesii (Christ) Ching (膜蕨科)
城口婆婆纳 Veronica fargesii Franch.(玄参科)
城口桤叶树 Clethra fargesii Franch.(桤叶树科), *鄂西山柳,城口山柳,华中山柳*
城口蔷薇 Rosa chengkouensis Yü & Ku (蔷薇科)
城口荛花 Wikstroemia fargesii (Lecomte) Domke (瑞香科)
城口赛楠 Nothaphoebe fargesii Liou.? (樟科)
城口山柳(拉汉名称)=城口桤叶树
城口山梅花 Philadelphus subcanus var. magdalenae (Koehne) S.Y.Hu (虎耳草科), *川山梅花*
城口薹草 Carex luctuosa Franch.(莎草科)
城口铁角蕨 Asplenium chengkouense Ching ex X.X.Kong (铁角蕨科)
城口虾脊兰 Calanthe sacculata var. tchenkeoutinensis T.Tang & F.T.Wang(兰科)
城口小檗 Berberis daiana Ying(小檗科)
城口紫堇(秦岭志)=大叶紫堇
城墙花(云南曲靖)=两头毛
城弯薹草 Carex longerostrata var. hoi S.Y.Liang (莎草科)
程氏毛蕨 Cyclosorus chengii Ching ex Shing(金星蕨科)
程香仔树 Loeseneriella concinna A.C.Sm.(翅子藤科)
程咬金(贵阳)=知风草
澄广花 Orophea hainanensis Merr.(番荔枝科)
澄广花属 Orophea Bl.(番荔枝科)
澄迈秋海棠 Begonia chuniana C.Y.Wu(秋海棠科)
澄茄(徐表:南州记)=荜澄茄
澄茄子(江苏,浙江,四川,云南)=山鸡椒
澄青生石花 Lithops herrei L.Bol.(番杏科)
橙(尔雅,图考)=香橙
橙瓣虎耳草 Saxifraga hypericoides var. aurantiascens (Engl. & Irmsch.) J.T.Pan & Gornall (虎耳草科)
橙果草莓树(新拉汉英)=康纳利岛草莓树
橙果五层龙 Salacia aurantiaca C.Y.Wu(翅子藤科)
橙红灯台报春 Primula aurantiaca W.W.Sm. & Forr. (报春花科), *橙黄报春*
橙红槲寄生 Viscum coloratum f. rubroaurantiacum (Makino) Kitag.(桑寄生科)
橙红茑萝(新拉汉英)=大花茑萝
橙红茑萝 Quamoclit coccinea (L.) Moench(旋花科), *圆叶茑萝*
橙红珠芽百合 Lilium bulbiferum var. typicum Ducommun (百合科)
橙花糙苏 Phlomis fruticosa L.(唇形科)
橙花飞蓬 Erigeron aurantiacus Rgl.(菊科)
橙花加拿大百合 Lilium canadense var. flavorubrum hort. T.Moore (百合科)
橙花开口箭 Campylandra aurantiaca Baker(百合科)
橙花破布木 Cordia subcordata Lam.(紫草科)
橙花球兰 Hoya lasiogynostegia P.T.Li(萝藦科)
橙花瑞香 Daphne aurantiaca Diels(瑞香科), *云南瑞香,黄花瑞香,万年青*
橙花水竹叶 Murdannia citrina D.Fang(鸭跖草科)
橙花郁金香 Tulipa batalinii var. orangecharm Hort.(百合科)
橙花珠芽百合 Lilium bulbiferum var. croceum (Chaix) Persoon (百合科)
橙黄棒叶花 Fenestraria aurantiaca N.E.Br.(番杏科)
橙黄报春(高等图鉴)=橙红灯台报春
橙黄地宝兰 Geodorum citrinum Jacks.(兰科)
橙黄杜鹃 Rhododendron citriniflorum Balf.f. & Forr. (杜鹃花科)
橙黄短檐苣苔 Tremacron aurantiacum K.Y.Pan (苦苣苔科)
橙黄虎耳草 Saxifraga aurantiaca Franch.(虎耳草科), *密叶虎耳草,聚叶虎耳草*
橙黄花黄芪 Astragalus dependens var. auranthiacus (Hand.-Mazz.) Y.C.Ho(豆科)
橙黄卡特兰 Cattleya aurantiaca (Batem. ex Lindl.) P.N.Don (兰科)
橙黄马铃苣苔 Oreocharis aurantiaca Franch.(苦苣苔科)
橙黄榕 Ficus aurantiaca Griff.(桑科)
橙黄唐菖蒲 Gladiolus aurantiacus Klatt (鸢尾科)
橙黄仙人掌 Opuntia maxima Mill.(仙人掌科)
橙黄玉凤花 Habenaria rhodochelia Hance(兰科), *红唇玉凤花*
橙黄鸢尾兰 Oberonia gigantea Fukuyama(兰科), *大莪白兰*
橙黄足柱兰 Dendrochilum aurantiacum Bl.(兰科)
橙皮(岭南采药录)=酸橙
橙桑 Maclura pomifera (Raf.) Schneid.(桑科), *桑橙,柘果*
橙桑属 Maclura Nutt.(桑科)
橙色鼠尾草 Salvia aerea Lévl.(唇形科), *大叶丹参,红丹参,红秦艽,马蹄叶红仙茅,铜色鼠尾,紫丹参*
橙舌狗舌草 Tephroseris rufa (Hand.-Mazz.) B. Nord. (菊科)
橙舌千里光 Senecio aurantiacus (Hoppe) Less. (菊科)
橙香鼠尾草 Salvia smithii Stib.(唇形科)
橙子(滇南本草,证类本草)=甜橙
澂江狗牙花(植物志 63)=尖蕾狗牙花
秤锤树 Sinojackia xylocarpa Hu(安息香科), *捷克木*
秤锤树属 Sinojackia Hu (安息香科)
秤杆菜(贵州民间药物)=尖子木
秤杆草(湖南)=纤细半蒴苣苔
秤杆草(四川中草药)=白头婆
秤杆草(中药大辞典)=林泽兰
秤杆根(南宁药志)=秤星树
秤杆蛇药(湖南)=降龙草
秤杆升麻(贵州草药)=林泽兰
秤杆树(广西药用名录)=称杆树
秤钩风 Diploclisia affinis (Oliv.) Diels(防已科), *杜藤,过山龙,花粉已,华粉已,青冈藤,湘粉已*
秤钩风属 Diploclisia Miers (防已科)
秤砣草(湖北中草药志)=尾瓣舌唇兰
秤砣草(四川合江)=金长莲
秤砣草(中药大辞典)=葱叶兰
秤砣梨(纲目)=革叶猕猴桃
秤先树(广东)=樟叶泡花树
秤星木(香港)=秤星树
秤星木(新华本草纲要)=满树星
秤星树(图考)=花曲柳
秤星树 Ilex asprella (HK. & Arn.) Champ. ex Benth.(冬青科), *白点秤,秤杆根,秤星木,灯花树,点秤根,岗梅,假秤星,假青梅,金包银,苦梅根,梅叶冬青,七星蕴,山梅根,天星木,汀秤仔,土甘草,相星根*

Chi

吃力秀(云南少数民族语)=糖胶树
吃罗汤尔布(藏语)=蜀葵
吃木姜(四川宝兴)=宝兴木姜子
鸱肢汾(纲目)=芪草
痴头婆(广西药用名录)=毛刺蒴麻
痴头婆(海南)=地桃花
痴头婆(植物志 75)=苍耳
螭蟟蝌(海南临高)=吊球草
黐花 Mussaenda esquirolii Lévl.(茜草科), *大叶白纸扇,铁尺树,白纸扇*
黐头婆(广东)=梵天花
黐头婆(广东,广西)=刺蒴麻
黐头婆(海南)=地桃花
池柏(树木分类学)=池杉
池杉 Taxodium distichum var. imbricatum (Nutt.) Croom (杉科), *池柏,沼落羽松*
池树(景东)=大叶水榕
迟花矮柳 Salix oreinoma Schneid.(杨柳科)
迟花柳 Salix opsimantha Schneid.(杨柳科)
迟花玉簪 Hosta lancifolia var. tardiflora Bailey (百合科)
迟花郁金香 Tulipa kolpakowskiana Rgl.(百合科)
迟花郁金香 Tulipa tarda Stapf.(百合科)
迟熟小滨菊 Leucanthemella serotina (L.) Tzvel. (菊科)
迟叶杨(植物志 20-2)=晚花杨
匙瓣虾脊兰 Calanthe simplex Seidenf(兰科)
匙苞翠雀花 Delphinium subspathulatum W.T. Wang (毛茛科)
匙苞黄堇 Corydalis spathulata Prain ex Craib (罂粟科)
匙苞姜 Zingiber cochleariforme D.Fang(姜科)
匙苞乌头 Aconitum spathulatum W.T.Wang(毛茛科)
匙唇兰 Schoenorchis gemmata (Lindl.) J.J.Sm. (兰科), *海南匙唇兰*
匙唇兰属 Schoenorchis Reinw.(兰科)
匙唇陆宾兰(海南志)=大叶寄树兰
匙萼柏拉木 Blastus cavaleriei Lévl. & Vant.(野牡丹科), *黔贵野锦香*
匙萼金丝桃 Hypericum uralum Buch.-Ham. ex D.Don(藤黄科), *洱海连翘,蜂子王,金丝梅,金丝桃,苦连翘,芒种花,山栀子,细连翘,小黄花,云南连翘,猪栂柳*
匙萼卷瓣兰 Bulbophyllum spathulatum (Rolfe ex Cooper) Seindenf.(兰科)
匙萼龙胆 Gentiana stragulata Balf.f. & Forr. ex Marq. (龙胆科)
匙羹藤 Gymnema sylvestre (Retz.) Schult.(萝藦科), *饭杓藤,狗屎藤,金刚藤,蛇天角,乌鸦藤,武靴藤,小羊角扭,羊角藤*
匙羹藤属 Gymnema R.Br.(萝藦科), *武靴叶属*
匙冠吊灯花 Ceropegia hookeri C.B.Clarke(萝藦科)
匙荠 Bunias cochlearioides Murr.(十字花科)
匙荠属 Bunias L.(十字花科), *班倪属*
匙形补血草 Limonium spathulatum (Desf.) O. Kuntze (白花丹科)
匙形舌柱草 Glossostigma spathulatum Arn.(玄参科)
匙形省藤 Calamus spathulatus Becc.(棕榈科)
匙形铁角蕨 Asplenium spathulinum J.Sm.(铁角蕨科)

匙叶矮柳 Salix annulifera var. macriula Marq. & Airy-Shaw(杨柳科)
匙叶艾(台湾)=牡蒿
匙叶变种(植物志 74)=打毒根
匙叶草(种子植物名称)=补血草
匙叶草 Latouchea fokiensis Franch.(龙胆科)
匙叶草属 Latouchea Franch.(龙胆科),*拉杜属*
匙叶齿缘草 Eritrichium spathulatum (Benth.) Clarke(紫草科)
匙叶翅籽荠 Galitzkya spathulata (Stephan ex Willd.) V.V.Botsch.(十字花科)
匙叶垂头菊 Cremanthodium spathulifolium S. W.Liu (菊科)
匙叶点地梅(拉汉名称和手册)=石莲叶点地梅
匙叶风毛菊 Saussurea cochlearifolia Y.L.Chen & S.Y.Liang(菊科)
匙叶凤仙花 Impatiens spathulata Y.X.Xiong(凤仙花科)
匙叶伽蓝菜 Kalanchoe integra (Medk.) Ktz.(景天科),*倒吊莲,生川莲,白背子草*
匙叶甘松 Nardostachys jatamansi (D.Don) DC.(败酱科),*甘松香,宽叶甘松*
匙叶黄杨 Buxus harlandii Hance(黄杨科)
匙叶矶松(东北检索表)=补血草
匙叶剑蕨 Loxogramme grammitoides (Baker) C. Chr. (剑蕨科)
匙叶康达木 Condalia spathulata Gray (鼠李科)
匙叶栎 Quercus dolicholepis A.Camus(壳斗科),*青橿,丽江栎*
匙叶莲花掌 Aeonium spathulatum (Hornem.) Praeg. (景天科)
匙叶柳 Salix spathulifolia Seemen(杨柳科)
匙叶龙胆 Gentiana spathulifolia Maxim. ex Kusnez. (龙胆科),*拉毛*
匙叶螺序草 Spiradiclis spathulata X.X.Chen & C.C.Huang(茜草科),*棵地鞋*
匙叶茅膏菜 Drosera spathulata Labill.(茅膏菜科),*宽叶茅膏菜,小毛毡苔,地毡草,天地花,地红花,金雀花*
匙叶千里光 Senecio spathiphyllus Franch.(菊科)
匙叶球兰 Hoya radicalis Tsiang & P.T.Li(萝藦科)
匙叶荛花 Wikstroemia cochlearifolia S.C.Huang (瑞香科)
匙叶鼠麴草 Gnaphalium pensylvanicum Willd. (菊科)
匙叶微孔草 Microula spathulata W.T.Wang(紫草科)
匙叶无心菜 Arenaria spathulifolia C.Y.Wu ex L.H.Zhou(石竹科)
匙叶五加 Acanthopanax rehderianus Harms(五加科),*芮氏五加*
匙叶小报春 Primula praetermissa W.W.Sm.(报春花科)
匙叶小檗 Berberis vernae Schneid. (小檗科),*西北小檗,三颗针,黄柏*
匙叶絮菊 Filago spathulata Predl.(菊科)
匙叶雪山报春 Primula limbata Balf.f. & Forr. (报春花科),*镶边报春*
匙叶翼首花(植物志 73-1)=翼首花
匙叶银莲花 Anemone trullifolia HK.f. & Thoms. (毛茛科)
匙叶栀子 Gardenia angkorensis Pitard(茜草科)
匙状荆芥 Nepeta spathulifera Benth.(唇形科)
尺八豇(植物志 41)=长豇豆
齿瓣八仙花 Hydrangea macrophylla var. macrosepala Wils.(虎耳草科)
齿瓣凤仙花 Impatiens odontopetala Maxim.(凤仙花科)
齿瓣凤眼蓝 Eichhornia azurea Kunth (雨久花科)
齿瓣虎耳草 Saxifraga fortunei HK.f.(虎耳草科),*华叶虎耳草*
齿瓣开口箭 Campylandra fimbriata (Hand.-Mazz.) M.N.Tamura et al.(百合科),*泫苏开口箭,须瓣开口箭*
齿瓣兰属 Odontoglossum HBK (兰科)
齿瓣秋海棠 Begonia serratipetala Irmsch.(秋海棠科)
齿瓣舌唇兰 Platanthera oreophila (W.W.Sm.) Schltr. (兰科)
齿瓣石豆兰 Bulbophyllum levinei Schltr.(兰科)
齿瓣石斛 Dendrobium devonianum Paxt.(兰科)
齿瓣延胡索(中药辞海)=折曲黄堇
齿瓣延胡索 Corydalis turtschaninovii Bess. (罂粟科),*蓝雀花,蓝花菜,圆齿延胡索,线齿瓣延胡索,狭裂延胡索*
齿瓣蝇子草 Silene incisa C.L.Tang(石竹科)
齿瓣鸢尾兰 Oberonia gammiei King & Pantl. (兰科)
齿苞矮柳 Salix annulifera var. dentata S.D.Zhao (杨柳科)
齿苞变种(植物志 65-2,Flora 17)=齿苞筋骨草(新)
齿苞风毛菊 Saussurea odontolepis Sch.-Bip.(菊科)
齿苞凤仙花 Impatiens martinii HK.f.(凤仙花科)
齿苞黄堇 Corydalis wuzhengyiana Z.Y.Su & Lidén (罂粟科)
齿苞筋骨草(新)Ajuga lupulina var. major Diels (唇形科),*齿苞变种*
齿苞蕗蕨 Mecodium propinquum Ching & Chiu (膜蕨科)
齿苞秋海棠 Begonia dentato-bracteata C.Y.Wu (秋海棠科)
齿苞越桔 Vaccinium fimbribracteatum C.Y.Wu (杜鹃花科)
齿被韭 Allium yuanum Wang & Tang(百合科)
齿翅蓼 Fallopia dentato-alata (Fr.Schm.) Holub(蓼科)
齿翅岩黄芪 Hedysarum dentato-alatum K.T.Fu (豆科)
齿唇丹参 Salvia vasta var. fimbriata H.W.Li(唇形科)
齿唇兰 Anoectochilus lanceolatus Lindl. (兰科),*云南齿唇兰,二囊开唇兰,二囊齿唇兰,黄花齿唇兰,白线开唇兰*
齿唇铃子香 Chelonopsis odontochila Diels(唇形科)
齿唇马先蒿 Pedicularis odontochila Diels(玄参科)
齿唇台钱草 Suzukia luchuensis Kudo(唇形科)
齿唇羊耳蒜 Liparis campylostalix Rchb.f.(兰科)
齿唇沼兰 Malaxis orbicularis (W.W.Sm.et J.F. Jeffr.) T.Tang & F.T.Wang(兰科)
齿兜藜属(高等图鉴)=**兜藜属**
齿萼报春 Primula odontocalyx (Franch.) Pax(报春花科)
齿萼唇柱苣苔 Chirita verecunda (Chun) W.T. Wang (苦苣苔科)
齿萼杜鹃花 Rhododendron dentampullum Chun & Tam.(杜鹃花科)
齿萼凤仙花 Impatiens dicentra Franch. ex HK.f. (凤仙花科)
齿萼薯 Ipomoea fimbriosepala Choisy(旋花科),*狭花心萼薯*
齿萼挖耳草 Utricularia uliginosa Vahl(狸藻科)
齿萼委陵菜 Potentilla smithiana Hand.-Mazz. (蔷薇科)
齿萼悬钩子 Rubus calycinus Wall. ex D.Don(蔷薇科)
齿萼紫花苣苔 Loxostigma fimbrisepalum K.Y. Pan (苦苣苔科)
齿耳蒲儿根 Sinosenecio cortusifolius (Hand.-Mazz.) B.Nord.(菊科)
齿稃草 Schismus arabicus Nees (禾本科)
齿稃草属 Schismus Beauv.(禾本科)
齿盖贯众 Cyrtomium tukusicola Tagawa(鳞毛蕨科)
齿冠红花紫堇 Corydalis livida var. denticulato-cristata Z.Y.Su(罂粟科)
齿冠紫堇 Corydalis bulleyana Diels(罂粟科)
齿果草 Salomonia cantoniensis Lour.(远志科),*莎萝莽,细黄药,一碗泡,斩蛇剑,过山龙,吹云草,过路蛇*
齿果草属 Salomonia Lour.(远志科),*莎萝莽属*
齿果大黄 Rheum dentatus L.(蓼科)
齿果酸模 Rumex dentatus L.(蓼科),*牛舌草*
齿果铁角蕨 Asplenium cheilesorum Kunze ex Mett (铁角蕨科),*舌状铁角蕨,薄叶铁角蕨,薄叶孔雀铁角蕨*
齿果兴安落叶松(东北木本志)=落叶松
齿黄胡卢巴(豆科图说)=喜马拉雅胡卢巴
齿尖蹄盖蕨 Athyrium dentilobum Ching & S.K. Wu (蹄盖蕨科)
齿棱茎合被韭 Allium inutile Makino(百合科)
齿裂垂叶蒿 Artemisia flaccida var. meiguensis Y.R.Ling(菊科)
齿裂大戟 Euphorbia dentata Michx.(大戟科),*紫斑大戟*
齿裂华西蒿 Artemisia occidentali-sinensis var. denticulata Y.R.Ling(菊科)
齿裂苣叶报春(高等图鉴)=波缘报春
齿裂毛茛(植物志 28)=单叶毛茛
齿裂槭 Acer acuminatum Wall.(槭树科)
齿裂千里光(高等图鉴)=耳柄蒲儿根
齿裂西山委陵菜 Potentilla sischanensis var. peterae (Hand.-Mazz.) Yü & Li(蔷薇科)
齿裂轴脉蕨 Ctenitopsis kusukusensis var. crenatolobata Tagawa(叉蕨科)
齿鳞草 Lathraea japonica Miq.(列当科)
齿鳞草属 Lathraeae L.(列当科)
齿毛卫矛 Euonymus alatus f. ciliatodentatus Hiyama (卫矛科)
齿片鹭兰(中药大辞典)=鹅毛玉凤花
齿片毛蕨 Cyclosorus pauciserratus Ching & C.F.Zhang(金星蕨科)
齿片坡参 Habenaria rostellifera Rchb.f.(兰科)
齿片无柱兰 Amitostigma yuanum T.Tang & F.T. Wang (兰科)
齿片玉凤花 Habenaria finetiana Schltr.(兰科)
齿缺枸骨(横断山植物)=华中枸骨
齿蛇草(福建)=猪殃殃
齿丝山韭 Allium nutans L.(百合科)
齿丝庭荠(高等图鉴)=条叶庭荠
齿头鳞毛蕨 Dryopteris labordei (Christ) C.Chr. (鳞毛蕨科),*青溪鳞毛蕨*
齿突羊耳蒜 Liparis rostrata Rchb.f.(兰科)

齿托紫地榆 Geranium limprichtii Lingelsh. & Borza (牻牛儿苗科),*苍山紫地榆*
齿牙半枝莲(金华中草药选)=蜈蚣兰
齿牙黑桫椤 Gymnosphaera denticulata (Bak.) Cop. (桫椤科)
齿牙毛蕨 Cyclosorus dentatus (Forssk.) Ching (金星蕨科),*篦子舒筋草,凤尾草,景东毛蕨,龙门毛蕨,牛肋巴,舒筋草,野毛蕨,野小毛蕨*
齿叶矮冷水花 Pilea peploides var. major Wedd. (荨麻科),*矮冷水麻,荸艾冷水花,地油子,虎牙草,水下拉,水苋菜,苔水花*
齿叶安息香 Styrax serrulatus Roxb.(安息香科),*白花木,滑蚁木*
齿叶白刺(内蒙志)=大白刺
齿叶白鹃梅 Exochorda serratifolia S.Moore(蔷薇科),*榆叶白鹃梅,锐齿白鹃梅*
齿叶半蒴苣苔 Hemiboea fangii Chun ex Z.Y.Li (苦苣苔科),*红水草*
齿叶报春(高等图鉴)=齿叶灯台报春
齿叶贝克斯 Banksia dentata L.f.(山龙眼科)
齿叶扁核木 Prinsepia uniflora var. serrata Rehd. (蔷薇科),*蕤仁*
齿叶草(东北检索表)=疗齿草
齿叶赪桐(广西植物名录)=三对节
齿叶赤瓟 Thladiantha dentata Cogn.(葫芦科),*猫儿瓜,龙须尖*
齿叶翅茎草 Pterygiella bartschioides Hand.-Mazz. (玄参科)
齿叶吻里木(中药大辞典)=鞘柄木
齿叶灯台报春 Primula serratifolia Franch.(报春花科),*齿叶报春,多齿叶报春*
齿叶地不容 Stephania dentifolia Lo & M.Yang (防已科)
齿叶吊石苣苔(中药辞海)=吊石苣苔
齿叶吊石苣苔 Lysionotus serratus D.Don(苦苣苔科)
齿叶东北南星 Arisaema amurense var. serratum Nakai (天南星科)
齿叶冬青 Ilex crenata Thunb.(冬青科),*波缘冬青,钝齿冬青,圆齿冬青,假黄杨*
齿叶杜英 Elaeocarpus dentatus Vahl (杜英科)
齿叶二叶藻 Halodule tridentata (Steinheil) Endl. ex Unger (眼子菜科)
齿叶费菜 Phedimus odontophyllus (Fröd.) 't Hart(景天科),*天黄七,红胡豆七,打不死,六月还阳,齿叶景天*
齿叶风毛菊 Saussurea neoserrata Nakai (菊科)
齿叶凤仙花 Impatiens odontophylla HK.f.(凤仙花科)
齿叶红淡比 Cleyera japonica var. lipingensis (Hand.-Mazz.) Kobuski(山茶科)
齿叶红景天 Rhodiola serrata H.Ohba(景天科)
齿叶虎耳草 Saxifraga hispidula D.Don(虎耳草科)
齿叶花旗杆(东北检索表)=花旗杆
齿叶黄花柳 Salix sinica var. dentata (Hao) C. Wang (杨柳科)
齿叶黄皮 Clausena dunniana Lévl.(芸香科),*野黄皮,野皮果*
齿叶黄杞 Engelhardtia serrata Bl.(胡桃科)
齿叶灰背瘤足蕨 Plagiogyria glaucescens var. arguta Ching(瘤足蕨科)
齿叶加州鼠李 Rhamnus californica var. viridula Jepson.(鼠李科)
齿叶荚蒾 Viburnum dentatum L.(忍冬科)
齿叶金光菊 Rudbeckia speciosa Wender.(菊科)
齿叶金星蕨(浙江志)=有齿金星蕨
齿叶荆芥 Nepeta dentata C.Y.Wu & Hsuan (唇形科),*黑绿荆芥,格脓*
齿叶景天(植物志 34-1)=齿叶费菜
齿叶柯 Lithocarpus kawakamii (Hay.) Hay.(壳斗科),*大叶石栎,大叶椆栗*
齿叶烂泥树(广西)=有齿鞘柄木
齿叶蓼 Fallopia denticulata (Huang) A.J.Li(蓼科),*酱头*
齿叶鳞花草 Lepidagathis fasciculata (Retz.) Nees (爵床科)
齿叶鳞毛蕨(新拉汉英)=刺尖鳞毛蕨
齿叶柳 Salix denticulata Anderss.(杨柳科)
齿叶猫尾木(植物志 69)=西南猫尾木
齿叶美登木 Maytenus serrata R.Wilcz.(卫矛科)
齿叶美洲茶 Ceanothus dentatus Torr. & A.Gray (鼠李科)
齿叶美洲椴 Tilia americana f. dentata (Kirchn.) Rehd. (椴树科)
齿叶木犀 Osmanthus ×fortunei Carr.(木犀科)
齿叶南芥 Arabis serrata Franch. & Savat.(十字花科),*台湾筷子芥,台湾南芥*
齿叶泥花草(新华本草纲要)=刺齿泥花草
齿叶枇杷 Eriobotrya serrata Vidal(蔷薇科)
齿叶桤木 Alnus serrulata (Ait) Willd.(桦木科)
齿叶荨麻 Urtica laetevirens subsp. dentata (Hand.-Mazz.) C.J.Chen(荨麻科)
齿叶鞘柄木(中药辞海)=有齿鞘柄木
齿叶忍冬 Lonicera setifera Franch.(忍冬科)
齿叶赛苣苔(植物志 67-1)=赛苣苔
齿叶赛金莲木 Gomphia serrata (Gaertn.) Kanis (金莲木科),*裂瓣奥里木,裂瓣赛金莲木*
齿叶蓍 Achillea acuminata (Ledeb.) Sch.-Bip. (菊科),*单叶蓍*
齿叶石斑木(新)Raphiolepis ferruginea var. serrata Metcalf(蔷薇科),*绣毛石斑木齿叶变种*
齿叶水腊烛 Dysophylla sampsonii Hance(唇形科),*水龙,森氏水珍珠菜,蒋氏水蜡烛*
齿叶睡莲 Nymphaea lotus L.(睡莲科)
齿叶溲疏 Deutzia crenata S. & Z.(虎耳草科)
齿叶铁线莲(海南志)=锈毛铁线莲
齿叶铁线莲 Clematis serratifolia Rehd.(毛茛科)
齿叶铁仔(高等图鉴)=针齿铁仔
齿叶橐吾 Ligularia dentata (A.Gray) Hara(菊科),*葫芦七,紫菀*
齿叶菥蓂 Thlaspi yunnanense var. dentata Diels (十字花科)
齿叶玄参 Scrophularia dentata Royle(玄参科),*奥莫*
齿叶玉山千里光 Senecio morrisonensis var. dentatus Kitam.(菊科)
齿叶戟桐(广西药用名录)
齿玉凤兰(台兰科图鉴)=鹅毛玉凤花
齿圆佛甲草(东林汇刊)=远齿粗壮景天
齿缘草(高等图鉴)=石生齿缘草
齿缘草属 Eritrichium Schrad.(紫草科)
齿缘吊钟花 Enkianthus serrulatus (Wils.) Schneid. (杜鹃花科),*九节筋,山枝仁,莫铁硝,野支子*
齿缘红门兰 Orchis crenulata Schltr.(兰科)
齿缘苦枥木(植物志 61)=苦枥木
齿缘石山苣苔 Petrocodon dealbatus var. denticulatus (W.T.Wang) W.T.Wang(苦苣苔科)
齿缘西藏白珠 Gaultheria wardii var. serrulata C.Y.Wu & T.Z.Hsu(杜鹃花科)
齿缘钻地风(天目药志)=钻地风
齿褶龙胆 Gentiana epichysantha Hand.-Mazz. (龙胆科)
齿爪叠鞘兰 Chamaegastrodia poilanei (Gagn.) Seidenf & A.N.Rao(兰科),*齿爪翻唇兰*
齿爪翻唇兰(西藏志)=齿爪叠鞘兰
齿状鞭打绣球 Hemiphragma hyterophyllum var. dentatum (Elmer) T.Yamazaki(玄参科),*鞭打绣球齿状变种*
赤桉 Eucalyptus camaldulensis Dehnh.(桃金娘科)
赤柏松(东北)=东北红豆杉
赤雹子(本草衍义)=王瓜
赤杯(海南)=红柯
赤壁木 Decumaria sinensis Oliv.(虎耳草科),*罩壁木,十出花*
赤壁木属 Decumaria L.(虎耳草科),*罩壁木属*
赤瓟 Thladiantha dubia Bge.(葫芦科)
赤瓟儿(江苏)=南赤瓟
赤瓟属 Thladiantha Bge.(葫芦科)
赤膊花(江西)=野菰
赤膊麦(医森纂要)=大麦
赤才 Erioglossum rubiginosum (Roxb.) Bl.(无患子科),*孖仔树,灵树*
赤才属 Erioglossum Bl.(无患子科)
赤参(福州,江西景德镇,湖南)=南丹参
赤参(名医别录,四川)=丹参
赤苍藤 Erythropalum scandens Bl.(铁青树科),*牛耳,萎藤,勾华,侧苋,细绿藤,蚂蟥藤,腥藤*
赤苍藤属 Erythropalum Bl.(铁青树科)
赤车 Pellionia radicans (S. & Z.) Wedd.(荨麻科),*半边山,拨血红,赤车使者,吊血丹,坑兰,六月零,楼梯草,毛骨草,天门草,乌梗子,岩下青,阴蒙藤*
赤车冷水花 Pilea pellionioides C.J.Chen(荨麻科)
赤车使者(唐本草)=赤车
赤车属 Pellionia Gaudich.(荨麻科)
赤柽(日华子本草)=柽柳
赤柽柳(本草备要)=柽柳
赤椆(高等图鉴)=毛果青冈
赤唇石豆兰 Bulbophyllum affine Lindl.(兰科),*高士佛豆兰,恒春石豆兰*
赤丹参(江苏)=丹参
赤丹皮(云南)=紫牡丹
赤道乳突小檗 Berberis papillosa var. aequatorialis Ahrendt (小檗科)
赤地胆(云南中草药选)=木藤蓼
赤地利(李氏草秘)=金荞麦
赤地利(唐本草)=金荞麦
赤地利(植物志 25-1)=金荞麦
赤地榆(滇南本草)=紫地榆
赤地榆(中药志)=地榆
赤点红淡(高等图鉴)=海南杨桐
赤豆 Vigna angularis (Willd.) Ohwi & Ohashi (豆科),*小豆,红豆,红小豆,赤小豆,红饭豆*
赤肚榆(河南嵩县)=大果榉
赤峰杨(辽宁)=小钻杨
赤根菜(本草品汇精要)=菠菜
赤瓜木(唐本草)=山里红
赤瓜实(唐本草)=山里红
赤果(滇南本草,云南)=火棘
赤果(日用本草)=香榧
赤果鱼木(海南志)=钝叶鱼木
赤过(海南)=岭南山竹子
赤回(海南)=刺桑
赤火绳(云南中草药续集)=火绳树
赤箭(神农本草经)=天麻
赤箭莎 Schoenus falcatus R.Br.(莎草科)

赤箭莎属 Schoenus L.(莎草科)
赤箭嵩草 Kobresia schoenoides (C.A.Mey.) Steud.(莎草科)
赤檀(南方草木状)=朱蕉
赤茎羊耳菊 Inula rubricaulis (DC.) Benth. & HK.f. (菊科)
赤胫散(图考)=羽叶蓼
赤胫散 Polygonum runcinatum var. sinense Hemsl. (蓼科)
赤栲(台湾)=吊皮锥
赤柯寄生(台湾)=枫香寄生
赤李子(山东)=郁李
赤苓叶(岭南采药录)=接骨草
赤龙鳞(水类钤方)=马尾松
赤龙皮(纲目)=马尾松
赤麻(湖北西部)=水麻
赤麻(江西)=小赤麻
赤麻 Boehmeria silvestrii (Pamp.) W.T.Wang(荨麻科),*线麻*
赤麻子(河北)=麻叶荨麻
赤木(海南)=多脉樫木
赤木(山东,安徽怀宁)=秋枫
赤木(兽医国药及处方)=苏木
赤木通(图考)=三裂蛇葡萄
赤南(海南)=小叶山楼子
赤楠(广东)=少花谷木
赤楠(贵州草药)=假赤楠
赤楠 Syzygium buxifolium HK. & Arn.(桃金娘科),*牛金子*
赤楠蒲桃(海南志)=假赤楠
赤皮(广西永福)=栓叶安息香
赤皮椆(高等图鉴)=赤皮青冈
赤皮杠(台湾)=硬壳柯
赤皮青冈 Cyclobalanopsis gilva (Bl.) Oerst.(壳斗科),*赤皮椆*
赤朴(名医别录)=厚朴
赤色毛花兰(台湾林业季刊)=台湾毛兰
赤色岩蕨 Woodsia cinnamonea Christ(岩蕨科)
赤沙藤(浙江)=大血藤
赤山绿豆(海南志)=赤山蚂蝗
赤山蚂蝗 Desmodium rubrum (Lour.) DC.(豆科),*赤山绿豆,单叶假地豆,柑差捕草,飞杨草*
赤芍(江西)=朱砂藤
赤芍(新华本草纲要)=草芍药
赤芍(中国药典)=川赤芍
赤芍(中国药典)=芍药
赤芍药(中药志)=芍药
赤术(名医别录)=苍术
赤水凤仙花 Impatiens chishuiensis Y.X.Xiong (凤仙花科)
赤水黄芩 Scutellaria chihshuiensis C.Y.Wu & H.W.Li (唇形科)
赤水楼梯草 Elatostema strigulosum var. semitriplinerve W.T.Wang(荨麻科)
赤水秋海棠 Begonia chishuiensis Ku(秋海棠科)
赤水忍冬 Lonicera tricalysioides C.Y.Wu ex Hsu & H.J.Wang?(忍冬科)
赤水石杉 Huperzia chishuiensis X.Y.Wang(石杉科)
赤水鼠耳芥(植物志 33)=无苞芥
赤水蕈树 Altingia multinervis Cheng(金缕梅科)
赤水野海棠 Bredia esquirolii (Lévl.) Lauener (野牡丹科),*小猫子草*
赤松 Pinus densiflora S. & Z.(松科),*日本赤松,灰果赤松,短叶赤松,辽东赤松*
赤松皮(千金方)=马尾松
赤苏(山西,福建)=紫苏
赤檀(纲目)=紫檀
赤檀(新拉汉英)=紫檀香
赤藤(中草药汇编)=黄藤
赤小豆(本经)=赤豆
赤小豆 Vigna umbellata (Thunb.) Ohwi & Ohashi (豆科),*杜赤豆,饭豆,红豆,金红小豆,米豆,朱赤豆,猪肝赤*
赤须草(雷公炮炙论)=灯心草
赤血仔(台湾)=厚叶算盘子
赤血仔(台湾)=栓叶安息香
赤牙木(植物志 60-2)=腺柄山矾
赤芽槲(本草椎陈)=野梧桐
赤芽柏(本草椎陈)=野梧桐
赤眼(本草品汇精要)=爵床
赤眼老母草(唐本草)=爵床
赤阳子(滇南本草,云南)=火棘
赤杨(树木分类学)=日本桤木
赤杨树(中药大辞典)=辽东桤木
赤杨叶 Alniphyllum fortunei (Hemsl.) Makino (安息香科),*白苍木,白花盏,冬瓜木,豆渣树,福氏赤杨叶,高山望,红皮岭麻,鹿食,拟赤杨,水冬瓜,依果白*
赤杨叶属 Alniphyllum Matsum.(安息香科),*拟赤杨属*
赤药子(图经本草)=毛脉蓼
赤药子(图考)=尖尾枫
赤叶柴(植物志 39)=格木
赤缨藤菊 Cissampelopsis erythrochaeta C.Jeffr. & Y.L.Chen(菊科)
赤珠(药性论)=龙珠
赤竹 Sasa longiligulata McClure (禾本科),*蒲竹*
赤竹属 Sasa Makino & Shibata (禾本科)
赤竹子(广东)=藤槐
赤椎(浙江丰阳)=南方红豆杉
赤仔尾(台湾)=栓叶安息香
赤昨工(海南)=红椿
翅瓣黄堇 Corydalis pterygopetala Hand.-Mazz. (罂粟科)
翅孢属 Pterospora Nutt.(鹿蹄草科),*松球属*
翅苞楼梯草 Elatostema aliferum W.T.Wang(荨麻科)
翅柄变型(植物志 66)=鼠尾草
翅柄叉蕨 Tectaria decurrenti-alata Ching & C.H.Wang(叉蕨科)
翅柄车前 Plantago komarovii Pavl.(车前科)
翅柄唇柱苣苔 Chirita pteropoda W.T.Wang(苦苣苔科)
翅柄杜鹃 Rhododendron fletcherianum David.(杜鹃花科)
翅柄鹅不食草(植物志 75)=翅柄球菊
翅柄合耳菊 Synotis alata (Wall. ex DC.) C.Jeffr. & Y.L.Chen(菊科),*翅柄千里光*
翅柄假脉蕨 Crepidomanes latealatum (v.d.B.) Cop.(膜蕨科)
翅柄蓼 Polygonum sinomontanum Sam.(蓼科),*滇拳参,石风丹*
翅柄马蓝 Pteracanthus alatus (Nees) Bremek.(爵床科),*阿上格,对节叶根,对节叶,薄萼马蓝*
翅柄毛鳞蕨 Tricholepidium pteropodium Ching (水龙骨科)
翅柄千里光(云南植物名录)=翅柄合耳菊
翅柄球菊 Epaltes divaricata (L.) Cav.(菊科),*翅柄鹅不食草*
翅柄鼠尾草 Salvia alatipetiolata Sun(唇形科)
翅柄铁线蕨(蕨类图说)=团羽铁线蕨
翅柄铁线蕨 Adiantum soboliferum Wall. ex HK.(铁线蕨科)
翅柄橐吾 Ligularia alatipes Hand.-Mazz.(菊科)
翅柄岩报春 Primula dryadifolia subsp. jonardunii (W.W.Sm.) Chen & C.M.Hu(报春花科)
翅柄岩荠(植物志 33)=莓叶碎米荠
翅豆(食用豆类作物)=四棱豆
翅萼过路黄 Lysimachia pterantha Hemsl.(报春花科)
翅萼龙胆(植物志 62)=卡拉龙胆
翅萼龙胆 Gentiana alata T.N.Ho(龙胆科)
翅萼石斛 Dendrobium cariniferum Rchb.f.(兰科)
翅梗石斛 Dendrobium trigonopus Rchb.f.(兰科)
翅谷精草 Eriocaulon zollingerianum Koern.(谷精草科)
翅果杯冠藤 Cynanchum alatum Wight & Arn.(萝藦科)
翅果草 Rindera tetraspis Pall.(紫草科)
翅果草属 Rindera Pall.(紫草科)
翅果柴胡 Bupleurum alatum Shan & Sheh(伞形科)
翅果长柱琉璃草 Lindelofia stylosa subsp. pterocarpa (Rupr.) Kamelin(紫草科)
翅果刺桐 Erythrina subumbrans (Hassk.) Merr.(豆科),*埋冬啷*
翅果耳草 Hedyotis pterita Bl.(茜草科)
翅果槐 Sophora mollis (Royle) Baker(豆科),*云南槐树*
翅果椒属(经济植物手册)=**榆橘属**
翅果菊 Pterocypsela indica (L.) Shih(菊科),*白龙头,苦菜,苦芥菜,苦马菜,苦莴苣,驴干粮,山马草,山莴苣,野大烟,野莴苣*
翅果菊属 Pterocypsela Shih(菊科)
翅果蓼 Parapteropyrum tibeticum A.J.Li(蓼科)
翅果蓼属 Parapteropyrum A.J.Li (蓼科)
翅果麻 Kydia calycina Roxb.(锦葵科),*桤的木,桤的槿*
翅果麻属 Kydia Roxb.(锦葵科)
翅果藤(福建)=小花青藤
翅果藤 Myriopteron extensum (Wight) K.Schum.(萝藦科),*奶浆果,大对节生,野甘草,婆婆针线苞*
翅果藤属 Myriopteron Griff.(萝藦科),*婆婆针线属,多翅果属*
翅果油树 Elaeagnus mollis Diels(胡颓子科),*毛折子,贼绿柴,仄棱蛋,柴禾*
翅鹤虱 Lappula lasiocarpa (W.T.Wang) Kamel. & G.L.Chu (紫草科)
翅鹤虱属 Lepechiniella M.Pop.(紫草科)
翅荚百脉根 Lotus tetragonolobus L.(豆科),*翅荚豌豆*
翅荚决明 Cassia alata L.(豆科),*有翅决明,对叶豆,非洲木通*
翅荚豌豆(经济植物手册)=翅荚百脉根
翅荚豌豆 Tetragonolobus purpureus Moench (豆科)
翅荚豌豆属 Tetragonolobus Scop.(豆科)
翅荚香槐 Cladrastis platycarpa (Maxim.) Makino (豆科)
翅碱蓬(东北草本志)=盐地碱蓬
翅茎白粉藤 Cissus hexangularis Thorel ex Planch. (葡萄科),*五俭藤,山坡瓜藤,拦河藤,散血龙,六方藤,方茎宽筋*

翅茎半边莲 Lobelia heynenana Roem. & Schult.(桔梗科)
翅茎草 Pterygiella nigrescens Oliv.(玄参科)
翅茎赤车 Pellionia caulialata S.Y.Liou (荨麻科)
翅茎灯心草 Juncus alatus Franch. & Savat.(灯心草科)
翅茎吊石苣苔 Lysionotus serratus var. pterocaulis C.Y.Wu ex W.T.Wang(苦苣苔科)
翅茎风毛菊 Saussurea cauloptera Hand.-Mazz.(菊科)
翅茎蜂斗草 Sonerila alata Chun & How ex C. Chen (野牡丹科)
翅茎冷水花 Pilea subcoriacea (Hand.-Mazz.) C. J.Chen (荨麻科),*小赤麻,水赤麻,亚革质冷水花*
翅茎茜草 Rubia pterygocaulis Lo(茜草科)
翅茎薹草 Carex pterocaulos Nelmes(莎草科)
翅茎西番莲 Passiflora alata Ait.(西番莲科)
翅茎香青(中药大辞典)=香青
翅茎玄参 Scrophularia umbrosa Dum.(玄参科)
翅茎异形木 Allomorphia eupteroton var. teretipetiolata C.Y.Wu & C.Chen(野牡丹科)
翅棱楼梯草 Elatostema angulosum W.T.Wang (荨麻科)
翅棱芹属 Pterygopleurum Kitag.(伞形科)
翅鳞莎 Courtoisia cyperoides Nees (莎草科)
翅鳞莎属 Courtoisia Nees (莎草科)
翅柃 Eurya alata Kobuski(山茶科)
翅龙脑香 Dipterocarpus alatus Roxb.(龙脑香科)
翅膜菊 Alfredia cernua (L.) Cass.(菊科)
翅膜菊属 Alfredia Cass.(菊科),*亚飞廉属*
翅囊薹草(高等图鉴)=卵果薹草
翅苹婆 Pterygota alata (Roxb.) R.Brown(梧桐科),*海南苹婆*
翅苹婆属 Pterygota Schott & Endl.(梧桐科)
翅实藤 Rhyssopterys timoriensis (DC.) Bl. ex A.Juss.(金虎尾科)
翅实藤属 Rhyssopterys Bl. ex A.Juss.(金虎尾科)
翅托叶猪屎豆 Crotalaria alata Buch.-Ham. ex D. Don (豆科),*翘托叶野百合,响铃草*
翅卫矛(高原治疗手册)=栓翅卫矛
翅野木瓜 Stauntonia decora (Dunn) C.Y.Wu(木通科),*大酸藤,猎腰子果*
翅叶木 Pauldopia ghorta (Buch.-Ham. ex G.Don) Van Steenis(紫葳科),*细口袋花,紫豇豆,金丝岩柘*
翅叶木属 Pauldopia van Steenis (紫葳科)
翅叶牛奶菜(植物志 63)=海南牛奶菜
翅叶掌叶树 Euaraliopsis dumicola (W.W.Sm.) Hutch.(五加科)
翅枝黄榆(东北木本志)=大果榆
翅枝马蓝 Pteracanthus alatiramosus (H.S.Lo & D.Fang) C.Y.Wu & C.C.Hu(爵床科)
翅枝醉鱼草 Buddleja alata Rehd. & Wils.(马钱科)
翅轴假金星蕨(台湾志)=延羽卵果蕨
翅轴介蕨 Dryoathyrium pterorachis (Christ) Ching (蹄盖蕨科)
翅轴冷蕨(秦岭志)=膜叶冷蕨
翅轴蹄盖蕨 Athyrium delavayi Christ(蹄盖蕨科),*大拉卫蹄盖蕨,阔基蹄盖蕨,假翅轴蹄盖蕨,新翅轴蹄盖蕨*
翅柱兰 Pterostylis trullifolia (兰科)
翅柱兰属 Pterostylis R.Br.(兰科)
翅籽荠属 Galitzkya V.V.Botsch.(十字花科)

翅子瓜 Zanonia indica L.(葫芦科)
翅子瓜属 Zanonia L.(葫芦科)
翅子罗汉果 Siraitia siamensis (Craib) C.Jeff. ex Zhong & D.Fang(葫芦科),*红汞藤,凡力,山鹅*
翅子树(海南志)=窄叶半枫荷
翅子树 Pterospermum acerifolium Willd.(梧桐科)
翅子树属 Pterospermum Schreber (梧桐科)
翅子藤 Loeseneriella merrilliana A.C.Sm.(翅子藤科)
翅子藤科 Hippocrateaceae
翅子藤属 Loeseneriella A.C.Sm.(翅子藤科)
Chong
充半夏(云南)=犁头尖
冲诺杜鹃花 Rhododendron tschonoskii Maxim.(杜鹃花科)
冲绳短肠蕨 Allantodia virescens var. okinawaensis (Tagawa) W.M.Chu(蹄盖蕨科)
冲绳柿(新)Diospyros egbertwaleri Kostermans?(柿科)
冲松贝(植物志 14)=暗紫贝母
冲天柏(云南)=干香柏
冲天阁 Euphorbia ingens E.Mey.(大戟科)
冲天果(云南)=闹鱼崖豆
冲天泡(湖南临武)=血见愁
冲天子(广东,云南)=厚果崖豆藤
冲天子(云南中药志)=网络崖豆藤
茺蔚(图考)=大花益母草
茺蔚子(本经)=白花细叶益母草
茺玉子(河北药材)=大花益母草
虫豆(广西药用名录)=长叶虫豆
虫豆(植物志 41)=蔓草虫豆
虫豆 Cajanus crassus (Prain ex King) van der Maesen (豆科)
虫豆柴(中草药汇编)=远志木蓝
虫寄生(质问本草)=钗子股
虫蜡树(四川峨眉)=粗壮女贞
虫莲(植物志 37)=矮地榆
虫蒌(云南)=狭叶重楼
虫实附地菜 Trigonotis corispermoides C.J. Wang (紫草科)
虫实属 Corispermum L.(藜科)
虫屎属(台湾志)=**墨鳞属**
虫牙药(贵州兴义)=牛尾草
虫竹(新中医药)= 淡竹
崇安鼠尾草 Salvia chunganensis C.Y.Wu & Y.C. Huang (唇形科)
崇明变种(,Flora 17)=崇明穗花香科科(新)
崇明穗花香科科(新)Teucrium japonicum var. tsungmingense C.Y.Wu & S.Chow (唇形科),*崇明变种*
崇澍蕨 Chieniopteris harlandii (HK.) Ching(乌毛蕨科),*哈氏狗脊*
崇澍蕨属 Chieniopteris Ching(乌毛蕨科)
崇阳眼子菜 Potamogeton chongyongensis W.X.Wang(眼子菜科)
铳子藤(福建中草药)=多花勾儿茶
重瓣白杜鹃花 Rhododendron mucronatum var. narcissiflorum E.H.Wils.(杜鹃花科)
重瓣臭茉莉 Clerodendrum chinense (Osbck.) Mabb. (马鞭草科),*臭牡丹,大髻婆,冬地梅*
重瓣棣棠花 Kerria japonica f. pleniflora (Witte) Rehd. (蔷薇科)
重瓣广东蔷薇 Rosa kwangtungensis var. plena Yü & Ku (蔷薇科)
重瓣红石榴 Punica granatum var. pleniflora Hay.(石榴科),*千瓣红*
重瓣金樱子 Rosa laevigata f. semiplena Yü & Ku (蔷薇科)
重瓣卷丹 Lilium tigrinum var. florepleno Rgl.(百合科)
重瓣空心泡 Rubus rosaefolius var. coronarius (Sims) Focke(蔷薇科)*荼蘼花,佛见笑*
重瓣麻叶绣线菊(新)Spiraea cantoniensis var. lanceata Zabal.?(蔷薇科)
重瓣木芙蓉 Hibiscus mutabilis f. plenus (Andrews) S.Y.Hu(锦葵科)
重瓣牛樵(台湾青草药)=朱蕉
重瓣欧丁香 Syringa vulgaris f. plena (Oudin) Rehd. (木犀科),*重瓣洋丁香*
重瓣欧洲酸樱桃 Cerasus vulgaris f. rhexii(蔷薇科)
重瓣秋水仙 Colchicum autumnale var. florepleno Hort.(百合科)
重瓣什锦丁香 Syringa ×chinensis f. duplex (Lemoine) Shelle(木犀科)
重瓣溲疏 Deutzia scabra var. plena Rehd.(虎耳草科)
重瓣天香百合 Lilium auratum var. florepleno J.H.Mc.(百合科)
重瓣铁线莲 Clematis florida var. plena D.Don (毛茛科)
重瓣五味子 Schisandra plena A.C.Sm.(木兰科)
重瓣香雪山梅花 Philadelphus lemoinei cv. Enchantment (虎耳草科)
重瓣小萱草 Hemerocallis dumortieri var. florepleno Hort.(禾本科)
重瓣绣球 Hydrangea involucrata var. hortensis Maxim.(虎耳草科)
重瓣萱草 Hemerocallis fulva var. kwanso Rgl.(百合科),*千叶萱草,长瓣萱草*
重瓣雪白山梅花 Philadelphus virginalis cv. Virginal (虎耳草科)
重瓣洋丁香(树木分类学)=重瓣欧丁香
重瓣洋石竹 Tunica saxifraga var. florepleno Hort. (石竹科)
重瓣异味蔷薇 Rosa foetida f. persiana (Lem.) Rehd. (蔷薇科)
重瓣鹰爪豆 Spartium junceum f. flore-pleno Collins (豆科)
重瓣榆叶梅 Amygdalus triloba f. multiplex (Bge.) Rehd. (蔷薇科)
重瓣玉簪 Hosta plantaginea var. plena Hort.(百合科)
重瓣朱槿 Hibiscus rosa-sinensis var.rubroplenus Sweet (锦葵科),*朱槿牡丹,月月开,酸醋花*
重瓣紫杜鹃花 Rhododendron mucronatum var. plenum (杜鹃花科)
重波茴芹 Pimpinella bisinuata Wolff(伞形科)
重齿当归 Angelica biserrata (Shan & Yuan) Yuan & Shan(伞形科),*巴东独活,长生草,川独活,独滑,独活,独摇草,恩施独活,绩独活大活,肉独活,山大活,香独活,玉活,资邱独活*
重齿风毛菊 Saussurea katochaete Maxim.(菊科)
重齿胡卢巴 Trigonella fimbriata Royle ex Benth.(豆科)
重齿泡花树 Meliosma dilleniifolia (Wall. ex Wight & Arn.)Walp(清风藤科)
重齿槭 Acer duplicanto-serratum Hay.(槭树科)
重齿黔蕨 Phanerophlebiopsis duplicato-serrata Ching (鳞毛蕨科)
重齿蔷薇 Rosa duplicata Yü & Ku (蔷薇科)

重齿秋海棠 Begonia josephii A.DC.(秋海棠科)
重齿秋海棠 Begonia josephii A.DC.(秋海棠科), *盾叶秋海棠*
重齿沙参(植物志 73-2)=云南沙参
重齿陕西蔷薇 Rosa giraldii var. bidentata Yü & Ku (蔷薇科)
重齿碎米荠(植物志 33)=大叶碎米荠
重齿铁角蕨 Asplenium duplicatoserratum Ching ex S.H.Wu(铁角蕨科)
重齿委陵菜(新)Potentilla simulatrix var. grossidens Kitag.?(蔷薇科)
重齿小叶碎米荠 Cardamine microzyga var. duplolobata C.Y.Wu ex T.Y.Cheo(十字花科)
重齿玄参 Scrophularia diplodonta Franch.(玄参科)
重唇石斛 Dendrobium hercoglossum Rchb.f.(兰科), *网脉唇石斛,毫猪尖,中黄草,鸡爪兰*
重冠紫菀 Aster diplostephioides (DC.) C.B. Clarke (菊科), *大阳花*
重果南芥菜(四川)=垂果南芥
重寄生 Phacellaria fargesii Lecomte(檀香科)
重寄生属 Phacellaria Benth.(檀香科), *鳞叶寄生木属*
重楼(四川)=球药隔重楼
重楼(四川)=五指莲重楼
重楼(四川,云南)=七叶一枝花
重楼(云南,四川)=长药隔重楼
重楼(中国药典)=华重楼
重楼(中国药典,云南)=云南重楼
重楼金钱(唐本草)=华重楼
重楼排草(拉汉名称)=落地梅
重楼一枝箭(图考)=华重楼
重楼一枝箭(图考)=云南重楼
重楼属 Paris L.(百合科)
重庆苣(云南植物名录)=异叶假福王草
重庆山茶 Camellia Chungkingensis Chang(山茶科)
重三出黄堇 Corydalis triternatifolia C.Y.Wu(罂粟科)
重穗排草(苏南植物手册)=虎尾花
重台(本经)=玄参
重台(唐本草)=华重楼
重台草(陕西蓝田)=蓬子菜
重头马先蒿 Pedicularis dichrocephala Hand.-Mazz. (玄参科)
重阳柳(花镜)=金线草
重阳木 Bischofia polycarpa (Lévl.) Airy-Shaw (大戟科), *乌杨,茄苳树,红桐,水枧木*
重叶莲(陕西太白山)=太白美花草
重羽菊 Diplazoptilon picridifolium (Hand.-Mazz.) Ling(菊科)
重羽菊属 Diplazoptilon Liang(菊科)
重羽紫菀 Aster bipinnatisectus Ludlow ex Griers. (菊科)
重圆齿变种(植物志 66)=重圆齿香薷(新)
重圆齿香薷(新)Elsholtzia ciliata var. duplicato-crenata C.Y.Wu & S.C.Huang(唇形科), *重圆齿变种*
重泽(吴普本草)=甘遂

Chou

抽筋草(贵州)=狗筋蔓
抽筋草(贵州)=日本双蝴蝶
抽筋草(四川,陕西)=箐姑草
抽筋草(图考)=鹅肠菜
抽筋散(植物志 48-1)=青紫葛
抽筋藤(广西)=短瓣花
抽茎还阳参 Crepis subscaposa Coll. & Hemsl. (菊科)
抽茎拳参(云南植物名录)=大理蓼
抽皮簕(广西)=飞龙掌血
抽葶赪桐(云南志)=抽葶大青
抽葶大青 Clerodendrum subscaposum Hemsl. (马鞭草科), *抽葶赪桐*
抽葶党参 Codonopsis subscaposa Kom.(桔梗科)
抽葶藁本 Ligusticum scapiforme Wolff(伞形科)
抽葶锥花 Gomphostemma pedunculatum Benth. ex HK.f.(唇形科), *石花*
抽筒竹 Gelidocalamus tessellatus Wen & C.C. Chang (禾本科)
抽芽紫珠 Callicarpa prolifera C.Y.Wu(马鞭草科)
瘳刀竹(广西凤山)=广西香花藤
仇人不见面(广西)=单苞鸢尾
仇人不见面(广西)=红烛蛇菰
绸缎草(广西药用名录)=翠云草
绸缎根 (广东,广西)=银背藤
绸缎木(广西)=绸缎藤
绸缎木叶(广西)=白鹤藤
绸缎藤 Bauhinia hypochrysa T.Chen(豆科), *绸缎木*
椆(江苏)=柯
椆寄生(云南志)=椆树桑寄生
椆柯(广西植物)=石柯
椆壳栗(湖北)=灰柯
椆栗(云南)=红锥
椆木(湖北)=灰柯
椆琼楠 Beilschmiedia roxburghiana Nees(樟科)
椆树桑寄生 Loranthus delavayi Van Tiegh.(桑寄生科), *椆寄生*
椆属(植物志 22)=**柯属**
椆仔(广东)=栎叶柯
畴芬钻地风(分类学报)=临桂钻地风
稠李 Padus racemosa (Lam.) Gilib.(蔷薇科), *臭耳子,臭李子,樱额,樱额梨*
稠李叶越桔 Vaccinium padifolium Sm.(杜鹃花科)
稠李属 Padus Mill.(蔷薇科)
稠密粉花溲疏 Deutzia rosea var. floribunda Rehd.(虎耳草科)
稠密花毛兰(新)Eria densa Ridl.(兰科), *密花毛兰*
稠密花省藤(新)Calamus densiflorus Becc.(棕榈科), *密花省藤*
稠树(广东)=栓叶安息香
丑角兰属 Sophronitis Lindl.(兰科)
丑柳 Salix inamoena Hand.-Mazz.(杨柳科)
丑牛子(纲目)=牵牛
臭阿魏 Ferula teterrima Kar. & Kir.(伞形科), *阿魏*
臭艾(广西)=败酱
臭艾(广西中药志)=芸香
臭艾(江西)=益母草
臭艾(闽东本草)=牡蒿
臭艾花(广东)=益母草
臭八宝(河北)=臭牡丹
臭八脉木(海南志)=八脉臭黄荆
臭柏(内蒙古乌审旗)=叉子圆柏
臭滨芥(台湾志)=臭荠
臭菜(广东,广西,江西,福建)=蕺菜
臭菜(辽宁)=芝麻菜
臭菜(云南)=含羞云实
臭草(北方各省)=菖蒲
臭草(草木便方,贵州)=接骨草
臭草(福建,贵州)=土荆芥
臭草(福州)=小鱼仙草
臭草(广东)=荔枝草
臭草(广东)=山香
臭草(广东乐昌)=紫花香薷
臭草(广东增城)=细风轮菜
臭草(广西)=细柄针筒菜(新)
臭草(广西)=野生紫苏
臭草(广西,广东,福建)=马缨丹
臭草(贵州)=裸芸香
臭草(海南)=毛叶丁香罗勒(新)
臭草(海南澄迈)=广防风
臭草(经志)=扭鞘香茅
臭草(陕甘宁青中草药)=骆驼蓬
臭草(生草药性备要)=芸香
臭草(药用志)=臭节草
臭草(云南)=石椒草
臭草(云南中草药)=芸香草
臭草 Melica scabrosa Trin(禾本科), *金丝草,肥马草,枪草*
臭草属(分类学报)=**裸芸香属**
臭草属 Melica L.(禾本科)
臭柴(甘肃)=青甘锦鸡儿
臭菖(广东)=石菖蒲
臭菖蒲(上海)=菖蒲
臭常山(中药大辞典)=广东紫珠
臭常山 Orixa japonica Thunb.(芸香科), *白胡椒,拨马瘟,常山,臭苗,臭山羊,臭药,大山羊,大素药,和常山,日本常山*
臭常山属 Orixa Thunb.(芸香科), *常山属*
臭匙羹藤(中草药汇编)=华宁藤
臭冲柴(湖南,江西)=大青
臭虫草(植物志 43-2)=臭节草
臭虫草 Alloteropsis cimicina (L.) Stapf(禾本科)
臭虫虫草(江苏)=菥蓂
臭虫茎子(图考)=毛鸡矢藤
臭虫牡丹(陕甘宁青中草药)=骆驼蓬
臭虫皮(云南)=异叶海桐
臭虫藤(天宝本草)=鸡矢藤
臭虫威灵(玉溪中草药)=大坪风毛菊
臭虫烟(闽南民间草药)=假烟叶树
臭垂桉草(台湾志)=毛刺蒴麻
臭春黄菊 Anthemis cotula L.(菊科)
臭椿(台湾志)=台湾臭椿
臭椿 Ailanthus altissima (Mill.) Swigle(苦木科), *臭椿子,樗,樗木叶,樗皮,樗树,樗树凸凸,樗叶,春铃子,椿皮,大眼桐,凤眼草,凤眼子,鬼目,虎眼树*
臭椿皮(云南)=异叶海桐
臭椿属 Ailanthus Desf.(苦木科)
臭椿子(江苏药材志)=臭椿
臭枞(东北)=臭冷杉
臭翠雀花 Delphinium foetidum Lomak.(毛茛科)
臭大青 Clerodendrum foetidum Bge.(马鞭草科)
臭党参(云南)=小花党参
臭党参 Codonopsis foetens HK.f. & Thoms.(桔梗科)
臭豆腐干(四川)=臭黄荆
臭独活(陕西)=短毛独活
臭儿参(陕西中药)=轮叶黄精
臭耳子(甘肃)=稠李
臭饭团(海南志)=黑老虎
臭榧(天目药志)=南方红豆杉
臭枫根(图考)=臭牡丹
臭芙蓉(百草镜)=海州常山
臭芙蓉(江西,福建)=臭牡丹

臭芙蓉(植物志 75)=万寿菊
臭柑子(植物志 43-2)=黄皮酸橙
臭根皮(江苏)=白鲜
臭根子草 Bothriochloa bladhii (Retz.) S.T.Blake (禾本科)
臭狗粪(山东)=白花菜
臭古朵(甘肃河西)=骆驼蓬
臭骨草(四川)=异药花
臭骨头(江苏)=白鲜
臭瓜篓(山东)=北马兜铃
臭罐罐(内蒙古)=北马兜铃
臭蒿(河北,内蒙古)=茵陈
臭蒿(江苏)=茵陈蒿
臭蒿(宁夏)=碱蒿
臭蒿(日华本草)=黄花蒿
臭蒿(山西)=香青兰
臭蒿(药材资料汇编)=菴蕳
臭蒿 Artemisia hedinii Ostenf. & Pauls.(菊科), 海定蒿,牛尾蒿,乌母黑-沙里尔日,桑子那保,克朗,桑资纳博
臭蒿子(甘肃)=大籽蒿
臭蒿子(云南峨山)=黄花香茶菜
臭哄哄(山东)=白鲜
臭红柳(新疆)=宽苞水柏枝
臭红柳(中草药汇编)=三春水柏枝
臭花根(广西)=马缨丹
臭花椒(湖南药物志)=竹叶花椒
臭化杆(云南文山)=毛梗冬青
臭槐(河南)=华山马鞍树
臭槐(陕西)=马鞍树
臭黄根(江西)=尖齿臭茉莉
臭黄蒿(内蒙古)=黄花蒿
臭黄堇 Corydalis foetida C.Y.Wu & Z.Y.Su(罂粟科),断肠草
臭黄荆(贵州)=狐臭柴
臭黄荆(浙江)=豆腐柴
臭黄荆 Premna lingustroides Hemsl.(马鞭草科),斑鹊子,斑鸠站,女贞叶腐婢,短柄腐婢,臭豆腐干
臭黄荆属(高等图鉴)=**豆腐柴属**
臭黄藤(中草药汇编)=小驳骨
臭秽草(广东,广西)=广防风
臭鸡矢藤 Paederia foetida L.(茜草科)
臭棘豆 Oxytropis chiliophylla Royle ex Benth.(豆科),轮叶棘豆,达夏,多叶棘豆,密叶棘豆,达夏,莪大夏
臭加皮(四川)=杠柳
臭荚蒾 Viburnum foetidum Wall.(忍冬科),冷饭果,糯米果
臭椒(中药大辞典)=野花椒
臭节草 Boenninghausenia albiflora (HK.)Reichb. ex Meisn.(芸香科),白虎草,臭草,臭虫草,臭沙子,断根草,苦黄草,老蛇骚,山羊草,蛇根草,蛇盘草,蛇皮草,生风草,石胡椒,松风草,松气草,烫伤草,小黄药,岩椒草
臭芥(内蒙)=芝麻菜
臭荆芥(河北北部)=木香薷
臭荆芥(辽宁,甘肃华池,河北)=香薷
臭菊花(植物志 75)=孔雀草
臭橘(植物志 43-2)=枳
臭栲(植物志 22)=鹿角锥
臭苦荫(岭南采药录)=苦郎树
臭腊菜(湖北,河北)=白花菜
臭蜡梅(贵州罗甸)=山蜡梅
臭辣树(河北)=臭辣吴萸
臭辣吴萸 Evodia fargesii Dode(芸香科),臭辣树,臭吴萸,野吴萸,臭桐子树,野茶辣
臭辣子树(湖北,贵州)=吴茱萸
臭兰香(内蒙)=香青兰
臭狼角(云南)=白五味子
臭冷杉 Abies nephrolepis (Trautv.) Maxim.(松科),白枞,白棵枞,白松,臭枞,臭松,东陵冷杉,胡桃庐子,华北冷杉,冷杉,罗汉松,桃江庐子
臭李子(东北)=稠李
臭李子(高等图鉴)=乌苏里鼠李
臭李子(吉林)=鼠李
臭李子(中草药汇编)=小叶鼠李
臭灵丹(种子植物名称)=翼齿六棱菊
臭铃铛(河北药材)=北马兜铃
臭铃当(甘肃)=北马兜铃
臭萝卜(四川)=芝麻菜
臭苗(植物志 43-2)=臭常山
臭魔芋 Amorphophalus campanulatus Bl.(天南星科),钟苞魔芋
臭茉莉(树木分类学)=尖齿臭茉莉
臭茉莉(云南中草药选)=滇常山
臭茉莉 Clerodendrum chinense var. simplex (Modl.) S.L.Chen (马鞭草科),白花臭牡丹,朋必
臭牡丹(滇南本草)=滇常山
臭牡丹(海南志)=尖齿臭茉莉
臭牡丹(湖北)=海州常山
臭牡丹(云南)=腺茉莉
臭牡丹(云南)=重瓣臭茉莉
臭牡丹 Clerodendrum bungei Steud.(马鞭草科),矮桐,矮桐子,臭八宝,臭枫根,臭芙蓉,臭梧桐,臭珠桐,大红花,大红袍,逢仙,嗅树
臭苜蓿根(陕西中药名录)=草木犀
臭泡子(四川)=吴茱萸
臭皮(中草药汇编)=异叶海桐
臭皮树(云南)=假黄皮
臭皮藤(图考)=毛鸡矢藤
臭枇杷(云南河口)=假烟叶树
臭婆娘(甘肃)=熏倒牛
臭蒲(唐本草注)=菖蒲
臭漆(云南药用名录)=豆叶九里香
臭漆 Rhus aromatica var. flabelliformis Shinner (漆树科)
臭杞(植物志 43-2)=枳
臭荠 Coronopus didymus (L.) J.E.Smith(十字花科),臭滨芥
臭荠属 Coronopus J.G.Zinn (十字花科)
臭沙藤(广东龙门)=流苏子
臭沙子(四川中药志)=臭节草
臭山羊(植物志 43-2)=臭常山
臭矢菜(海南志)=黄花草
臭屎花(海南)=假烟叶树
臭屎黄(中药辞海)=莪术
臭屎姜(植物志 16-2)=莪术
臭屎楠(台湾)=南投黄肉楠
臭树(贵州)=狐臭柴
臭松(东北)=臭冷杉
臭菘 Symplocarpus foetidus (L.) Salisb.(天南星科),黑瞎子白菜
臭菘属 Symplocarpus Salisb.(天南星科)
臭苏(广东)=紫苏
臭苏(日华子本草)=荠苎
臭苏麻(峨眉)=球穗香薷
臭檀(河北)=臭檀吴萸
臭檀吴萸 Evodia daniellii (Benn.) Hemsl.(芸香科),臭檀,黑辣子
臭条子(四川)=长圆叶梾木
臭桐子树(江西草药,江西,湖南)=臭辣吴萸
臭桶柴(浙江)=花椆木
臭味还阳参 Crepis foetida L.(菊科)
臭味假柴龙树 Nothapodytes foetida (Wight) Sleum. (茶茱萸科)
臭味新耳草 Neanotis ingrata (Wall. ex HK.f.) Lewis (茜草科),一柱香,新耳草
臭莴苣 Lactuca virosa L.(菊科)
臭乌桂(四川)=少花桂
臭吴萸(湖南)=臭辣吴萸
臭梧(江苏)=海州常山
臭梧桐(东北检索表)=梓
臭梧桐(河北)=辽杨
臭梧桐(江苏)=臭牡丹
臭梧桐(江西)=海通
臭梧桐(群芳谱)=海州常山
臭仙欢(山西)=香青兰
臭香麻(河北)=香薷
臭香菇(四川洪源)=密花香薷
臭香薷(四川)=野拨子
臭药(成都草药手册)=蜘蛛香
臭药(广西药用名录)=球核荚蒾
臭药(植物志 43-2)=臭常山
臭叶树(湖南)=大青
臭叶万带兰 Vanda foetida J.J.Sm.(兰科)
臭叶子(昆明中草药)=翼齿六棱菊
臭樱 Maddenia hypoleuca Koehne(蔷薇科),假稠李
臭樱属 Maddenia HK.f. & Thoms.(蔷薇科),假稠李属
臭油果(云南药用名录)=三股筋香
臭油果(云南中草药选)=香叶树
臭油桐(中药大辞典)=麻疯树
臭越桔 Vaccinium foetidissimum Lévl. & Vant. (杜鹃花科)
臭蚤草 Pulicaria insignis Drumm. ex Dunn(菊科),虱草花,山葵花,金花旋覆,明间色尔布
臭樟(广东始兴)=沉水樟
臭樟(贵州)=少花桂
臭樟(四川米易)=川桂
臭樟(台湾)=樟
臭樟(云南)=云南樟
臭樟(云南思茅)=黄樟
臭樟(中药大辞典)=滇润楠
臭樟木(四川宝兴)=川桂
臭樟木(中药大辞典)=尼泊尔野桐
臭樟树(四川)=长梗润楠
臭樟树(云南晋宁)=大果冬青
臭珠桐(福建草药)=臭牡丹
臭子(高等图鉴)=灰毛浆果楝

Chu

出米子(思茅中草药)=毛唇芋兰
出奶木(云南)=紫荆木
出蕊汉史草(分类学报)=出蕊四轮香
出蕊木姜子 Litsea dunniana Lévl.? (樟科)
出蕊四轮香 Hanceola exserta Sun(唇形科),出蕊汉史草
出山虎(广西博白)=爱地草
出山虎(广西桂平)=厚叶算盘子
出山虎(陆川本草)=两面针
出水水菜花 Ottelia emersa Zhao & Luo(水鳖科)
出芽草(广西)=罗河石斛
初岛氏柱薹(台湾志)=喙果薹草
初粉强萼小檗 Berberis validisepala var. primoglauca Ahrendt (小檗科)
樗(古称)=臭椿
樗木叶(新华本草纲要)=臭椿
樗皮(新华本草纲要)=臭椿

樗树(纲目)=臭椿
樗树凸凸(山东中药)=臭椿
樗叶(新华本草纲要)=臭椿
樗叶花椒(江西)=椿叶花椒
除虫菊 Pyrethrum cinerariifolium Trev.(菊科), *白花除虫菊*
除油子(湖北)=吴茱萸
除州鹤虱(大观本草)=金挖耳
滁州夏枯草(大明一统志,植物学大辞典)=夏枯草
蒭雷草 Thuarea involuta (Forst.) R.Br. ex Roem. & Schult.(禾本科), *常宫草*
蒭雷草属 Thuarea Pers.(禾本科)
雏菊 Bellis perennis L.(菊科), *延命菊*, *马兰头花*
雏菊叶补血草 Limonium bellidifolium (Gousan) Dumort.(白花丹科)
雏菊叶光籽芥 Leiospora bellidifolia (Dang.) Botsch. & Pachom.(十字花科)
雏菊属 Bellis L.(菊科)
雏田薹草 Carex humilis var. scirrobasis (Kitag.) Y.L.Chang & Y.L.Yang(莎草科)
杵头糠(圣济总录)=稻
杵榆(河北)=坚桦
楮(图考)=构树
楮 Broussonetia kazinoki Sieb.(桑科), *小构树*, *构皮麻*, *酱叶树*, *女谷*, *葡蟠*
楮栗(植物志 22)=钩锥
楮树(图考)=构树
楮桃(救荒本草)=构树
楮桃树(救荒本草)=构树
楮头红 Sarcopyramis nepalensis Wall.(野牡丹科)
楚蘅(广雅)=杜若
楚葵(图经本草)=紫堇
楚雄安息香 Styrax limprichtii Lingelsh. & Borza (安息香科), *楚雄野茉莉*
楚雄蝶兰(云南植物研究)=华西蝴蝶兰
楚雄景天 Sedum chuhsingense K.T.Fu(景天科)
楚雄野茉莉(高等图鉴)=楚雄安息香
楚伊犁西风芹 Seseli tschuiliense Pavl. ex Korov. (伞形科)
处女报春(高等图鉴)=乌蒙紫晶报春
触须阔蕊兰 Peristylus tentaculatus (Lindl.) J.J. Sm. (兰科), *触须玉凤花*
触须兰(香港植物名录)=台湾阔蕊兰
触须玉凤花(广州志)=触须阔蕊兰

Chuai

啜脓膏(广西药用名录)=糯米团
啜脓膏(岭南采药录)=雾水葛
啜脓兰(福建)=黄蜀葵

Chuan

川八角莲 Dysosma veitchii (Hemsl. & Wils.) Fu ex Ying(小檗科), *独角莲*, *八角金盘*, *一把伞*, *八角乌*, *八角莲*
川白苞芹 Nothosmyrnium japonicum var. sutchuensis de Boiss.(伞形科), *四川白苞芹*
川白薇(四川中药志)=竹灵消
川白芷(药材名)=杭白芷
川百合 Lilium davidii Duchartre(百合科), *西北百合*
川北脆蒴报春 Primula hoffmanniana W.W.Sm. (报春花科), *川北苣叶报春*
川北钩距黄堇 Corydalis pseudohamata Fedde (罂粟科)
川北苣叶报春(高等图鉴)=川北脆蒴报春
川北鹿蹄草(高等图鉴)=鹿蹄草
川北细辛 Asarum chinense Franch.(马兜铃科), *中国细辛*
川贝母 Fritillaria cirrhosa D.Don(百合科), *卷叶贝母*
川边秋海棠 Begonia duclouxii Gagn.(秋海棠科)
川边委陵菜 Potentilla gombalana Hand.-Mazz. (蔷薇科)
川参(江苏,江西,贵州)=苦参
川藏点地梅(西藏植物名录)=康定点地梅
川藏短腺小米草 Euphrasia regelii subsp. kangtienensis D.Y.Hong(玄参科),
川藏风毛菊 Saussurea stoliczkae C.B.Clarke(菊科)
川藏蒿 Artemisia tainingensis Hand.-Mazz.(菊科)
川藏蒲公英(植物志 80-2)=灰果蒲公英
川藏沙参 Adenophora liliifolioides Pax & Hoffm. (桔梗科)
川藏蛇菰 Balanophora fargesii (Van Tiegh.) Harms.(蛇菰科)
川藏铁线莲 Clematis connata var. pseudoconnata (Ktz.) W.T.Wang(毛茛科)
川藏香茶菜 Isodon pharicus (Prain) Murata(唇形科), *波齿香茶菜*, *阔叶变种*
川藏小米草(新)Euphrasia regelii subsp. kangtienensis Hong(玄参科), *短腺小米草川藏亚种*
川藏栒子(新)Cotoneaster rockii Klotz?(蔷薇科)
川藏野青茅 Deyeuxia pulchella var. laxa P.C. Kuo & S.L.Lu(禾本科)
川藏皱叶报春(高等图鉴)=纤柄皱叶报春
川梣(植物志 61)=白蜡树
川层草(广西药用名录)=毛轴碎米蕨
川赤瓟 Thladiantha davidii Franch.(葫芦科)
川赤芍 Paeonia anomala subsp. veitchii (Lynch) D.Y.Hong & K.Y.Pan(芍药科), *赤芍*, *单花赤芍*, *毛赤芍*, *光果赤芍*
川枞(中国裸子志)=巴山冷杉
川党参 Codonopsis tangshen Oliv.(桔梗科)
川滇百合 Lilium primulinum var. ochraceum (Franch.) Stearn(百合科), *披针叶百合*
川滇斑叶兰 Goodyera yunnanensis Schltr.(兰科)
川滇变豆菜 Sanicula astrantiifolia Wolff ex Kretsch.(伞形科), *五匹风*, *小黑药*, *草本三角枫*, *三台草*, *铜脚威灵仙*, *叶三七*
川滇柴胡 Bupleurum candollei Wall. ex DC.(伞形科), *飘带草*
川滇长尾槭 Acer caudatum var. prattii Rehd.(槭树科), *康藏长尾槭*, *川康长尾槭*
川滇翅茎草 Pterygiella suffruticosa D.Y.Hong (玄参科)
川滇叠鞘兰 Chamaegastrodia inverta (W.W.Sm.) Seidenf. (兰科), *西南翻唇兰*
川滇杜鹃 Rhododendron traillianum Forr. & W. W.Sm. (杜鹃花科)
川滇风毛菊 Saussurea wardii Anth.(菊科)
川滇凤仙花 Impatiens ernstii HK.f.(凤仙花科)
川滇复叶耳蕨 Arachniodes henryi (Christ) Ching (鳞毛蕨科)
川滇高山栎 Quercus aquifolioides Rehd. & Wils. (壳斗科), *巴郎栎*
川滇藁本 Ligusticum sikiangense Hiroe(伞形科)
川滇海棠(高等图鉴)=西蜀海棠
川滇槲蕨 Drynaria delavayi Christ(槲蕨科)
川滇虎耳草 Saxifraga peraristulata Mattf.(虎耳草科)
川滇花楸(拉汉名称和手册)=西康花楸
川滇花楸 Sorbus vilmorinii Schneid.(蔷薇科)
川滇还阳参(中草药汇编)=还阳参
川滇荚蒾 Viburnum flavescens W.W.Sm.?(忍冬科)
川滇假复叶耳蕨 Acrorumohra dissecta Ching (鳞毛蕨科)
川滇角盘兰(高等图鉴,西藏志)=宽萼角盘兰
川滇金丝桃 Hypericum forrestii (Chittenden) N. Robson(藤黄科)
川滇景天(拉汉名称)=长圆红景天
川滇景天 Sedum forrestii Hamet(景天科)
川滇蜡树(高等图鉴)=紫药女贞
川滇冷杉 Abies forrestii C.C.Rogers (松科), *毛枝冷杉*, *云南枞*
川滇连蕊茶 Camellia tsaii var. synaptica (Sealy) Chang(山茶科)
川滇柳 Salix rehderiana Schneid.(杨柳科)
川滇马铃苣苔 Oreocharis henryana Oliv.(苦苣苔科)
川滇猫乳 Rhamnella forrestii W.W.Sm.(鼠李科)
川滇毛茛 Ranunculus potaninii Kom.(毛茛科)
川滇米口袋 Gueldenstaedtia delavayi Franch. (豆科), *洱源米口袋*
川滇木莲 Manglietia duclouxii Finet & Gagn. (木兰科), *古蔺厚朴*, *盐津木莲*
川滇女蒿 Hippolytia delavayi (Franch. ex W.W.Sm.) Shih(菊科), *孩儿参*, *土参*, *菊花参*
川滇盘果菊(高等图鉴)=多裂紫菊
川滇桤木 Alnus ferdinandi-coburgii Schneid.(桦木科), *滇桤木*
川滇茜草 Rubia edgeworthii HK.f.(茜草科)
川滇蔷薇 Rosa soulieana Crép.(蔷薇科), *苏利蔷薇*
川滇雀儿豆 Chesneya polystichoides (Hand.-Mazz.) Ali(豆科)
川滇三股筋香(高等图鉴)=菱叶钓樟
川滇三角枫(树木分类学)=金沙槭
川滇三角槭(经济植物手册)=金沙槭
川滇山萮菜 Eutrema himalaicum HK.f. & Thoms. (十字花科)
川滇鼠李 Rhamnus gilgiana Heppl.(鼠李科)
川滇嵩草(西藏志)=尾穗嵩草
川滇薹草 Carex schneideri Nelmes(莎草科)
川滇蹄盖蕨 Athyrium mackinnonii (Hope) C. Chr. (蹄盖蕨科), *阿墩蹄盖蕨*, *稍坚蹄盖蕨*, *变异蹄盖蕨*
川滇铁线莲(植物志 28)=云南铁线莲
川滇橐吾(新)Ligularia limprichtii (Diels) Hand.-Mazz.? (菊科)
川滇委陵菜 Potentilla fallens Card.(蔷薇科)
川滇无患子 Sapindus delavayi (Franch.) Radlk. (无患子科), *皮哨子*, *打冷冷*, *菩提子*, *无患子*, *黑苦楝*, *油患子*
川滇细辛 Asarum delavayi Franch.(马兜铃科), *牛蹄细辛*
川滇香薷 Elsholtzia souliei Lévl.(唇形科), *木姜菜*
川滇小檗 Berberis jamesiana Forr. & W.W.Sm. (小檗科)
川滇绣线菊 Spiraea schneideriana Rehd.(蔷薇科)
川滇绣线菊无毛变种(植物志 36)=无毛川滇绣线菊(新)
川滇雪兔子 Saussurea georgei Anth.(菊科)

川滇野丁香 Leptodermis pilosa Diels(茜草科),*毛野丁香,石楠叶*
川滇淫羊藿(湖北中草药志)=宝兴淫羊藿
川滇玉凤花(西藏志)=棒距玉凤花
川滇玉凤花 Habenaria yüana T.Tang & F.T. Wang (兰科)
川钓樟 Lindera pulcherrima var. hemsleyana (Diels) H.P.Tsui(樟科),*山香桂,皮桂,三条筋,香叶子,关桂,长叶乌药*
川东报春(高等图鉴)=粉被灯台报春
川东粗叶报春(高等图鉴)=城口报春
川东大钟花 Megacodon venosus (Hemsl.) H.Sm.(龙胆科)
川东灯台报春 Primula mallophylla Balf.f.(报春花科),*毛叶报春,近东报春*
川东风毛菊 Saussurea fargesii Franch.(菊科)
川东姜 Zingiber atrorubens Gagn.(姜科)
川东介蕨 Dryoathyrium stenopteron (Bak.) Ching (蹄盖蕨科)
川东龙胆 Gentiana arethusae Burk.(龙胆科)
川东薹草 Carex fargesii Franch.(莎草科)
川东亚忍冬(新)Lonicera orientalis var. setchuanensis Franch.?(忍冬科)
川东獐牙菜 Swertia davidii Franch.(龙胆科),*水灵芝,鱼胆草,青鱼胆,金盆,长梗獐牙菜*
川东紫堇 Corydalis acuminata Franch.(罂粟科),*老鼠花,堇花还阳,牛角花,尖瓣紫堇*
川冬青(云南志)=四川冬青
川独活(四川,陕西,药材名)=重齿当归
川杜若 Pollia miranda (Lév(L.) Hara(鸭跖草科),*竹叶兰*
川断(临证指南)=川续断
川鄂八宝 Hylotelephium bonnafousii (Hamet) H. Ohba (景天科),*川鄂景天*
川鄂八宝 Hylotelephium bonnafousii (Raym.-Hamet) H.Ohba(景天科)
川鄂菝葜 Smilax pachysandroides T.Koyama(百合科)
川鄂茶藨(高等图鉴补编)=鄂西茶藨子
川鄂粗筒苣苔 Briggsia rosthornii (Diels) Burtt (苦苣苔科)
川鄂党参 Codonopsis henryi Oliv.(桔梗科)
川鄂鹅耳枥 Carpinus henryana (H.Winkl.) H. Winkl. (桦木科)
川鄂凤仙花 Impatiens fargesii HK.f.(凤仙花科)
川鄂黄堇 Corydalis wilsonii N.E.Brown(罂粟科),*岩黄连*
川鄂茴芹 Pimpinella henryi Diels(伞形科)
川鄂金丝桃 Hypericum wilsonii N.Robson(藤黄科),*地马桑*
川鄂景天(植物志 34-1)=川鄂八宝
川鄂梾木(经济植物手册)=卷毛梾木
川鄂连蕊茶 Camellia rosthorniana Hand.-Mazz.(山茶科)
川鄂柳 Salix fargesii Burk.(杨柳科),*巫山柳*
川鄂美穗草 Veronicastrum brunonianum subsp. sutchuenense (Franch.) D.Y.Hong (玄参科)
川鄂米口袋 Gueldenstaedtia henryi Ulbr.(豆科)
川鄂囊瓣芹 Pternopetalum rosthornii (Diels) Hand.-Mazz. (伞形科)
川鄂葡萄(拉汉名称)=网脉葡萄
川鄂蒲儿根 Sinosenecio dryas (Dunn) C.Jeffr. & Y.L.Chen(菊科)
川鄂山茱萸 Cornus chinensis Wanger.(山茱萸科)
川鄂丝栗(植物志 22)=湖北锥
川鄂唐松草 Thalictrum osmundifolium Finet & Gagn.(毛茛科)
川鄂橐吾 Ligularia wilsoniana (Hemsl.) Greenm.(菊科)
川鄂乌头 Aconitum henryi Pritz.(毛茛科)
川鄂小檗 Berberis henryana Schneid. (小檗科)
川鄂蟹甲草 Parasenecio wespertilo (Franch.) Y. L.Chen (菊科),*蝙蝠甲草*
川鄂新樟 Neocinnamomum fargesii (Lec.) Kosterm. (樟科),*三条筋*
川鄂淫羊藿 Epimedium fargesii Franch. (小檗科)
川鄂獐耳细辛 Hepatica henryi (Oliv.) Steward (毛茛科)
川鄂紫菀 Aster moupinensis (Franch.) Hand.-Mazz. (菊科),*穆坪紫菀*
川防风(四川)=短片藁本
川防风(四川)=竹节前胡
川防风(四川道孚)=粗糙西风芹
川麸杨 Rhus wilsonii Hemsl.(漆树科)
川甘翠雀花 Delphinium souliei Franch.(毛茛科)
川甘风毛菊 Saussurea acroura Cummins(菊科)
川甘火绒草 Leontopodium chuii Hand.-Mazz.(菊科)
川甘韭 Allium cyathophorum var. farreri Stearn (百合科)
川甘毛鳞菊 Chaetoseris roborowskii (Maxim.) Shih (菊科),*青甘岩参*
川甘美花草 Callianthemum farreri W.W.Sm.(毛茛科)
川甘蒲公英 Taraxacum lugubre Dahlst.(菊科)
川甘槭 Acer yui Fang(槭树科),*季川槭*
川甘亚菊 Ajania potaninii (Krasch.) Poljak.(菊科)
川谷(救荒本草)=薏米
川故子(四川)=补骨脂
川桂(中草药汇编)=银叶桂
川桂 Cinnamomum wilsonii Gamble(樟科),*柴桂,臭樟,臭樟木,大叶叶子树,官桂,桂皮树,三条筋*
川桂皮(高等图鉴)=银叶桂
川含笑 Michelia szechuanica Dandy(木兰科)
川红杉(Flora 4)=四川红柳
川花楸(森林图志)=美脉花楸
川黄檗 Phellodendron chinense Schneid.(芸香科),*檗木,小黄连树,灰皮树,黄皮树,黄柏皮*
川黄堇菜(云南植物名录)=四川堇菜
川黄芩(四川)=连翘叶黄芩
川黄瑞木(高等图鉴补编)=川杨桐
川茴香(峨眉图志)=白五味子
川㺃菱 Trapa tranzschellii V.Vassil.(菱科)
川蓟 Cirsium periacantheceum Shih(菊科)
川加皮(药材资料汇编)=红毛五加
川甲草(广西)=尖叶眼树莲
川甲草(湖南药物志)=石仙桃
川假露珠草(拉汉名称)=川香草
川椒(圣惠方)=花椒
川椒(中国民族药志)=野花椒
川槿皮(养生经验合集)=木槿
川桔(湖北,湖南,贵州,云南,陕西)=福橘
川军(中药材手册)=掌叶大黄
川康长尾槭(分类学报)=川滇长尾槭
川康棱子芹(新)Pleurospermum souliaei Wolff?(伞形科)
川康南梨(经济植物手册)=川康绣线梅
川康槭(树木分类学)=疏花槭
川康绣线梅 Neillia affinis Hemsl.(蔷薇科),*川康南梨*
川康绣线梅多果变种(植物志 36)=多果绣线梅(新)
川康绣线梅多果变种(植物志 36)=少花川康绣线梅(新)
川康栒子 Cotoneaster ambiguus Rehd. & Wils.(蔷薇科),*四川栒子*
川柯 Lithocarpus fangii (Hu & Cheng) Huang & Y.T.Chang (壳斗科),*川黔石栎*
川梨 Pyrus pashia Buch.-Ham. ex D.Don(蔷薇科),*棠梨刺,山里红,野山查,扎巴兴罗玛涅买*
川梨大花变种(植物志 36)=大花川梨(新)
川梨钝叶变种(植物志 36)=钝叶川梨(新)
川梨无毛变种(植物志 36)=光梨
川连(植物志 27)=黄连
川楝(中药大辞典)=楝
川楝 Melia toosendan S. & Z.(楝科),*川楝子,金铃子*
川楝子(通称)=川楝
川蓼子(上海中草药)=红蓼
川柃 Eurya fangii Rehd.(山茶科),*方氏柃*
川柳 Salix hylonoma C.K.Schneid(杨柳科),*无毛川柳*
川龙胆(四川)=坚龙胆
川麻黄(中国裸子志)=矮麻黄
川蔓藻 Ruppia maritima L.(眼子菜科)
川蔓藻属 Ruppia L.(眼子菜科)
川芒(禾本科图说)=西南双药芒
川莓 Rubus setchuenensis Bureau & Franch.(蔷薇科),*大乌泡根,倒生根,黄水泡,马莓叶,糖泡刺,乌泡,无刺乌泡*
川明参 Chuanminshen violaceum Sheh & Shan (伞形科),*明参,沙参,明沙参,土明参,川明党*
川明参属 Chuanminshen Sheh & Shan (伞形科)
川明党(中药志)=川明参
川木通(陕西,四川,药典)=锈球藤
川木通(四川筠连)=小木通
川木通(俗名)=粗齿铁线莲
川木通(中草药汇编)=钝齿铁线莲
川木香(中药志)=灰毛川木香
川木香 Dolomiaea souliei (Franch.) Shih(菊科),*越隽木香*
川木香属 Dolomiaea DC.(菊科)
川南地不容 Stephania ebracteata S.Y.Zhao & Lo (防已科)
川南杜鹃 Rhododendron sparsifolium Fang(杜鹃花科),*疏叶杜鹃*
川南风毛菊 Saussurea platypoda Hand.-Mazz.(菊科)
川南蒿 Artemisia rosthornii Pamp.(菊科)
川南柳 Salix wolohoensis Schneid.(杨柳科)
川南山蚂蝗 Desmodium elegans var. wolohoense (Schindl.) Ohashi(豆科)
川南野丁香(植物志 71-2)=天全野丁香(新)
川南野丁香 Leptodermis handeliana H.Winkl. ex Hand.-Mazz.(茜草科)
川拟水龙骨 Polypodiastrum dielseanum (C.Chr.) Ching (水龙骨科)
川牛膝(滇南本草)=头花杯苋
川牛膝 Cyathula officinalis Kuan(苋科),*甜菜牛膝,拐牛膝,大牛膝,肉牛膝,米牛膝*
川牛膝属(高等图鉴)=**杯苋属**
川泡桐 Paulownia fargesii Franch.(玄参科),*南方泡桐*
川破石(生草药性备要)=构棘

川朴(通称)=厚朴
川槭(经济植物手册)=四川槭
川黔安龙花(新)Dyschoriste grandiflora H.S.Lo?(爵床科)
川黔肠蕨 Diplaziopsis cavaleriana (Christ) C. Chr. (蹄盖蕨科),*肠蕨*,*贵州肠蕨*
川黔翠雀花 Delphinium potaninii var. bonvalotii (Franch.) W.T.Wang(毛茛科),*峨山草乌*,*螺距黑水翠雀花*
川黔大青 Clerodendrum confine S.L.Chen & T. D.Zhuang (马鞭草科)
川黔黄鹌菜 Youngia rubida (Babcock & Stebbins (菊科)
川黔尖叶柃 Eurya acuminoides Hu & L.K.Ling (山茶科),*川尾尖叶柃*
川黔千金榆 Carpinus fangiana Hu(桦木科)
川黔忍冬 Lonicera subaequalis Rehd.(忍冬科)
川黔润楠 Machilus chuanchienensis S.Lee(樟科)
川黔石柄(贵州志)=川柯
川黔蹄盖蕨 Athyrium iseanum var. chuanqianense Z.R.Wang(蹄盖蕨科)
川黔鸭脚木(广西植物名录)=短序鹅掌柴
川黔紫薇 Lagerstroemia excelsa (Dode) Chun (千屈菜科)
川青黄芪 Astragalus peterae Tsai & Yü(豆科)
川青毛茛 Ranunculus chuanchingensis L.Liou (毛茛科)
川清茉莉(树木分类学)=清香藤
川楸(云南志)=灰楸
川三七(云南)=紫金龙
川三蕊柳 Salix triandroides Fang (杨柳科)
川桑 Morus notabilis Chneid.(桑科)
川山橙 Melodinus hemsleyanus Diels(夹竹桃科)
川山梅花(经济植物手册)=城口山梅花
川陕翠雀花 Delphinium henryi Franch.(毛茛科)
川陕鹅耳枥 Carpinus fargesiana H.Winkl.(桦木科),*千筋树*
川陕风毛菊 Saussurea licentiana Hand.-Mazz. (菊科)
川陕花椒 Zanthoxylum piasezkii Maxim.(芸香科),*山花椒*
川陕金莲花 Trollius buddae Schipcz.(毛茛科),*骆驼七*
川陕梾木 Swida koehneana (Wanger.) Sojak(山茱萸科)
川上短柄草 Brachypodium kawakamii Hay.(禾本科)
川上冷杉(中国裸子志)=台湾冷杉
川上氏艾(台湾志)=山艾
川上氏堇菜(台堇菜属研究)=长柄台湾堇菜
川上氏双盖蕨(台湾志)=柄鳞短肠蕨
川上氏月桃(台湾志)=密毛山姜
川上氏槠(植物志 22)=吊皮锥
川升麻(通称)=升麻
川柿 Diospyros sutchuensis Yang(柿科)
川溲疏(经济植物手册)=四川溲疏
川素馨 Jasminum urophyllum Hemsl.(木犀科),*台湾素馨*,*川西素馨*,*短萼素馨*
川苔草科 Podostemaceae
川苔草属(北研丛刊)=**飞瀑草属**
川薹草(北研丛刊)=飞瀑草
川尾尖叶柃(植物志 50-1)=川黔尖叶柃
川西白刺花 Sophora davidii var. chuansinensis C.Y.Ma (豆科)
川西报春(拉汉名称)=鹅黄灯台报春
川西北薹草 Carex enervis subsp. chuanxibeiensis S.Y.Liang & Y.C.Tang(莎草科)
川西茶藨子(秦岭志)=渐尖茶藨子
川西翠雀花 Delphinium tongolense Franch.(毛茛科)
川西淡黄杜鹃(新)Rhododendron flavidum Franch. (杜鹃花科),*淡黄杜鹃*
川西当归 Angelica wilsonii Wolff(伞形科)
川西滇紫草 Onosma mertensioides Johnst.(紫草科)
川西吊石苣苔 Lysionotus wilsonii Rehd.(苦苣苔科)
川西兜被兰 Neottianthe compacta Schltr.(兰科),*斑被兜被兰*
川西杜鹃 Rhododendron sikiangense Fang(杜鹃花科)
川西耳蕨 Polystichum huae H.S.Kung & L.B. Zhan (鳞毛蕨科)
川西风毛菊 Saussurea dzeurensis Franch.(菊科)
川西凤仙花 Impatiens apsotis HK.f.(凤仙花科)
川西过路黄 Lysimachia pteranthoides Bonati(报春花科)
川西合耳菊 Synotis solidaginea (Hand.-Mazz.) C.Jeffr. & Y.L.Chen(菊科),*川西尾药菊*
川西红景天(植物志 34-1)=菊叶红景天
川西虎耳草 Saxifraga dielsiana Engl. & Irmsch. (虎耳草科)
川西黄鹌菜 Youngia pratti (Babcock) Babcock & Stebbins(菊科)
川西黄芪 Astragalus craibianus Simps.(豆科)
川西火绒草 Leontopodium wilsonii Beauv.(菊科)
川西荚蒾 Viburnum davidii Franch.(忍冬科)
川西剪股颖 Agrostis hugoniana var. aristata Keng ex Y.C.Yang(禾本科)
川西金灯藤 Cuscuta japonica var. fissistyla Engelm. (旋花科)
川西金毛裸蕨 Gymnopteris bipinnata Christ(裸子蕨科)
川西锦鸡儿 Caragana erinacea Kom.(豆科),*来缠夜肖*
川西荆芥 Nepeta veitchii Duthie(唇形科)
川西景天 Sedum rosei Hamet(景天科)
川西景天大花变种(分类学报)=大花川西景天
川西阔蜡瓣花 Corylopsis platypetala var. levis Rehd. & Wils.(金缕梅科)
川西阔蕊兰 Peristylus neotineoides (Ames & Schltr.) K.Y.Lang(兰科)
川西蓝钟花 Cyananthus dolichosceles Marq.(桔梗科)
川西老鹳草 Geranium orientali-tibeticum R. Knuth (牻牛儿苗科)
川西栎(植物志 22)=刺叶高山栎
川西鳞毛蕨 Dryopteris rosthornii (Diels) C.Chr. (鳞毛蕨科)
川西柳叶菜 Epilobium fangii C.J.Chen,Hoch & Raven(柳叶菜科)
川西龙胆 Gentiana wilsonii Marq.(龙胆科)
川西绿绒蒿 Meconopsis henrici Bur & Franch. (罂粟科)
川西马兜铃 Aristolochia kaempferi f. thibetica (Franch.) S.M.Hwang(马兜铃科),*山豆根*
川西梅笠草(高等图鉴)=川西喜冬草
川西木蓝 Indigofera dichroa Craib(豆科)
川西南虎耳草 Saxifraga subomphalodifolia J.T. Pan (虎耳草科)
川西婆婆纳 Veronica sutchuenensis Franch.(玄参科)
川西蒲公英 Taraxacum chionophilum Dahlst. (菊科)
川西蔷薇 Rosa sikangensis L.(蔷薇科),*西康蔷薇*
川西秦艽 Gentiana dendrologi Marq.(龙胆科)
川西忍冬 Lonicera webbiana var. mupinensis (Rehd.) Hsu & H.J.Wang(忍冬科)
川西柔毛悬钩子 Rubus pubifolius var. glabriusculus Yü & Lu (蔷薇科)
川西瑞香 Daphne gemmata E.Prtz.(瑞香科),*川西尧花*
川西沙参 Adenophora aurita Franch.(桔梗科)
川西素馨(云南志)=川素馨
川西缝瓣报春 Primula veitchiana Petitm.(报春花科),*维氏报春*
川西蹄盖蕨 Athyrium costulalisorum Ching(蹄盖蕨科)
川西瓦韦 Lepisorus soulieanus (Christ) Ching (水龙骨科)
川西尾药菊(植物志 77-1)=川西合耳菊
川西无心菜(高等图鉴补编)=大理无心菜
川西吴萸(中药辞海)=吴茱萸
川西喜冬草 Chimaphila monticola H.Andr.(鹿蹄草科),*川西梅笠草*
川西腺毛蒿 Artemisia occidentali-sichuanensis Y.R.Ling & S.Y.Zhao(菊科)
川西小檗 Berberis tischleri Schneid. (小檗科)
川西小黄菊 Pyrethrum tatsienense (Bur. & Franch.) Ling ex Shih(菊科),*鞑新菊*,*打箭菊*,*阿加塞窘*,*塞窘美多*,*塞窘*,*榜刨若贡*
川西小黄菊无舌变种(植物志 76-1)=无舌小黄菊(新)
川西蟹甲草 Parasenecio souliei (Franch.) Y.L. Chen (菊科)
川西岩黄芪(中草药汇编)=锡金岩黄芪
川西岩居马先蒿 Pedicularis rupicola subsp. zambalensis (Bonati) Tsoong(玄参科),*岩居马先蒿川西亚种*
川西尧花(高等图鉴)=川西瑞香
川西淫羊藿 Epimedium elongatum Kom. (小檗科)
川西银莲花 Anemone prattii Huth ex Ulbr.(毛茛科)
川西樱桃 Cerasus trichostoma (Koehne) Yü & Li (蔷薇科),*毛孔樱桃*
川西云杉 Picea likiangensis var. rubescens Rehd. & Wils.(松科),*西康云杉*,*水平杉*
川西獐牙菜 Swertia mussotii Franch.(龙胆科),*桑斗*,*藏茵陈*
川西紫堇 Corydalis weigoldii Fedde(罂粟科)
川犀草 Oligomeris linifolia (Vah.) Macbride(木犀草科)
川犀草属 Oligomeris Cambess.(木犀草科)
川线蛇(高等图鉴)=荷莲豆草
川香草 Lysimachia wilsonii Hemsl.(报春花科),*川假露珠草*
川香薷(四川,贵州,云南)=牛至
川芎 Ligusticum chuanxiong Hort.(伞形科),*芎藭*,*蘼芜*,*蘄茝藭苗*,*尼都日根-温都苏*
川续断 Dipsacus asperoides C.Y.Cheng & T.M. Ai (川续断科),*川断*,*鼓槌草*,*和尚头*,*接骨*,*接骨草*,*龙豆*,*南草*,*续断*,*属析*
川续断科 Dipsacaceae
川续断属 Dipsacus L.(川续断科)
川血乌(海南)=山椒子
川杨 Populus szechuanica Schneid.(杨柳科)

川杨桐 Adinandra bockiana Pritzel ex Diels(山茶科),*川黄瑞木,四川红淡,四川杨桐*
川野青茅 Deyeuxia grata Keng(禾本科),*感野青茅*
川渝耳蕨 Polystichum bissectum C.Chr.(鳞毛蕨科)
川郁金 Curcuma sichuanensis X.X.Chen(姜科)
川云杉(图谱)=麦吊云杉
川藻 Terniopsis sessilis Chao(川苔草科),*石蔓*
川藻属 Terniopsis Chao (川苔草科),*石蔓属*
川榛 Corylus heterophylla var. sutchuenensis Franch.(桦木科),*榛子*(日华子本草)
川枳壳(江西)=酸橙
川枳实(江西)=酸橙
川中剪股颖 Agrostis transmorrisonensis var. opienensis Keng ex Y.C.Yang(禾本科)
川中南星 Arisaema wilsonii Engl.(天南星科)
川竹 Pleioblastus simonii (Carr.) Nakai (禾本科),*山竹,苦竹*
穿插肠草(东北药志)=葎草
穿肠瓜(纲目拾遗)=甜瓜
穿地筋(江苏,河南)=寻骨风
穿地龙(湖北中草药志)=穿龙薯蓣
穿地龙(山东)=知母
穿耳草(四川)=江南山梗菜
穿干墙风(广东)=苍白秤钩风
穿根藤(潮州志)=蔓九节
穿骨枫(广西)=尖尾枫
穿骨七(湖北)=阿尔泰银莲花
穿过山(广西药用名录)=小果葡萄
穿花针(广西药用名录)=豆叶九里香
穿孔亥氏草(禾本科图说)=穿孔球穗草
穿孔球穗草 Hackelochloa porifera (Hack.) Rhind (禾本科),*穿孔亥氏草*
穿孔薹草 Carex foraminata C.B.Clarke(莎草科)
穿孔藤(广西金秀)=穿心藤
穿龙薯蓣 Dioscorea nipponica Makino(薯蓣科),*穿地龙,穿山龙,地龙骨,狗骨头,海龙七,鸡骨头,金刚骨,山常山,山红苕*
穿路萁(湖南药物志)=芒萁
穿破石(广西)=翼核果
穿破石(生草药性备要)=构棘
穿墙草(湖南)=活血丹
穿鞘菝葜 Smilax perfoliata Lour.(百合科),*金刚藤,白萆薢*
穿鞘花 Amischotolype hispida (Less. & A.Rich.) Hong(鸭跖草科),*纳闹红*,穿鞘花
穿鞘花属 Amischotolype Hassk.(鸭跖草科)
穿山老鼠(浙江中药手册)=白蔹
穿山龙(东北,山西)=穿龙薯蓣
穿山龙(高等图鉴)=过山枫
穿山龙(湖北中草药志)=柴黄姜
穿山龙(台湾志)=棒锤瓜
穿石剑(中草药汇编)=崖姜蕨
穿石藤(广西)=凹脉马兜铃
穿线豆(云南)=肾叶山蚂蝗
穿心草 Canscora lucidissma (Lévl. & Vant.) Hand.-Mazz. (龙胆科),*串钱草,宽余钱草,顶心风,穿心莲,狮子草*
穿心草属 Canscora Lam.(龙胆科),*堪司哥拉属*
穿心箭(浙江)=元宝草
穿心莲(广西中草药选)=穿心草
穿心莲(贵州,四川)=高乌头
穿心莲 Andrographis paniculata (Burm.f.) Nees (爵床科),*春莲秋柳*,春莲夏柳,*金耳钩,金香草,苦草,苦胆草,榄核莲,日行千里,四方莲,一见喜,印度草,圆锥须药草,斩蛇剑*
穿心莲属 Andrographis Wall. ex **Nees**(爵床科)
穿心柃 Eurya amplexifolia Dunn(山茶科)
穿心排草(物理小识)=缬草
穿心藤 Amydium hainanense (Ting & Wu ex H. Li et al.) H.Li(天南星科),*穿孔藤*
穿心藤 Amydrium hainanense (Ting & Wu ex H.Li et al.) H.Li(天南星科)
穿心莛子藨 Triosteum himalayanum Wall.(忍冬科),*五转七,大对月草,包谷陀子,钻子七*
穿阳剑(湖南药物志)=灯心草
穿叶柴胡(中药大辞典)=金黄柴胡
穿叶独行菜(东北检索表)=抱茎独行菜
穿叶忍冬(东北木本志)=贯月忍冬
穿叶细钟花 Uvularia perfoliata L.(百合科)
穿叶眼子菜(中药辞海)=篦齿眼子菜
穿叶眼子菜 Potamogeton perfoliatus L.(眼子菜科),*抱茎眼子菜*
穿鱼串(云南中草药)=截叶铁扫帚
穿鱼藤(红河中草药)=小梾木
船板草(广西植物名录)=小二仙草
船苞翠雀花 Delphinium naviculare W.T.Wang (毛茛科)
船苞木蓝(西藏志)=光叶毛瓣木蓝
船唇兰(高等图鉴)=白花拟万代兰
船家树(广东增城)=竹柏
船盔乌头(植物志 27)=船形乌头
船形乌头 Aconitum naviculare (Brühl.) Stapf (毛茛科),*船盔乌头,滂噶尔,榜嘎,庞阿嘎保,雪乌*
船竹 Fargesia altior Yi (禾本科)
荈(尔雅)=茶
喘咳木(广西)=狭叶紫金牛
喘咳木(广西,新华本草纲要)=狭叶紫金牛
串白鸡(贵州方药集)=虾脊兰
串果藤 Sinofranchetia chinensis (Franch.) Hemsl. (木通科)
串果藤属 Sinofranchetia (Diels) Hemsl. (木通科)
串花马蓝 Pteracanthus botryanthus (D.Fang & H.S.Lo) C.Y.Wu & C.C.Hu(爵床科),*多穗马蓝*
串铃草 Phlomis mongolica Turcz.(唇形科),*毛尖茶,野洋芋,蒙古糙苏*
串皮猫药(贵州罗甸)=长冠鼠尾草
串钱草(广东)=排钱树
串钱草(植物志 62)=穿心草
串鱼草(四川)=爬岩红
串枝莲(云南)=紫金龙
串珠(广东中药)=假鹰爪
串珠杜鹃 Rhododendron hookeri Nutt.(杜鹃花科)
串珠酒饼叶(广东中药)=假鹰爪
串珠榕(广东志)=绿黄葛树
串珠石斛 Dendrobium falconeri HK.(兰科),*红鹏石斛,新竹石斛*
串珠真碎米蕨 Cheilanthes wootoni Maxon (中国蕨科)
串珠子 Alyxia vulgaris Tisang(夹竹桃科)
串子掌 Crassula perforata L.(景天科)

Chuang

疮草(福建中草药)=落霜红
窗兰 Cryptophoranthus lepidotus L.D.Wms.(兰科)
窗兰属 Cryptophoranthus Br.(兰科)
窗之梅 Rhipsalis crispata (Haw.) Pfeiff.(仙人掌科)
创伤草(江苏)=华紫珠

Chui

吹风草(东北药志)=阴行草
吹风散(广西中药志)=樟
吹风散(文山中草药)=冷饭藤
吹风散(植物志 30-1)=异形南五味子
吹风藤(广西上思)=毛柱铁线莲
吹火筒(陕西)=小果博落回
吹鸡秆(云南)=石芒草
吹牡丹(浙江)=秋牡丹
吹树 Wendlandia brevipaniculata W.C.Chen(茜草科)
吹筒管(岭南采药录)=九节
吹雪柱 Cleistocatus strausii (Heese) Backeb.(仙人掌科)
吹云草(南宁药志)=齿果草
垂瓣白石榴 Punica granatum cv. Multiplex Sweet (石榴科),*白石榴根,白石榴*
垂梗繁缕(东北草本志)=繸瓣繁缕
垂钩杜鹃 Rhododendron unciferum Tam(杜鹃花科)
垂果齿缘草 Eritrichium pendulifructum Liang & J.Q.Wang(紫草科)
垂果大蒜芥 Sisymbrium heteromallum C.A. Mey. (十字花科),*弯果蒜芥,短瓣大蒜芥*
垂果荚蒾(图鉴)=茶荚蒾
垂果堇菜(云南植物名录)=悬果堇菜
垂果南芥 Arabis pendula L.(十字花科),*扁担蒿,大蒜芥,粉背垂果南芥,冈妥巴,毛果南芥,疏毛垂果南芥,唐芥,文吉格日-哈木白,野白菜,重果南芥菜*
垂果四棱荠 Goldbachia pendula Botsch.(十字花科)
垂果薹草 Carex recurvisaccus T.Koyama(莎草科)
垂果乌头 Aconitum pendulicarpum Chang(毛茛科)
垂果小檗 Berberis nutanticarpa C.Y.Wu ex S.Y. Bao (小檗科)
垂果亚麻 Linum nutans Maxim.(亚麻科),*贝加尔亚麻*
垂花百合(新拉汉英)=垂生花百合(新)
垂花百合 Lilium cernuum Kom.(百合科)
垂花报春(拉汉名称)=俯垂粉报春
垂花报春 Primula flaccida Balakr.(报春花科)
垂花齿瓣兰 Odontoglossum pendulum (Lali. & Lex.) Batem.(兰科)
垂花翅柱兰 Pterostylis nutans R.Br.(兰科)
垂花葱 Allium cernuum Roth (百合科)
垂花根节兰(台兰科图鉴)=翘距虾脊兰
垂花棘豆 Oxytropis nutans Bge.(豆科)
垂花兰 Cymbidium cochleare Lindl.(兰科)
垂花肋枝兰 Pleurothallis inflata Rolfe (兰科)
垂花肋柱花 Lomatogonium stapfii (Burk.) H. Sm. (龙胆科)
垂花铃子香(分类学报)=毛药花
垂花龙胆 Gentiana nutans Bge.(龙胆科)
垂花龙须兰 Catasetum cernuum (Lindl.) Rchb.f. (兰科)
垂花密脉木 Myrioneuron nutans Wall. ex Kurz (茜草科)
垂花青兰 Dracocephalum nutans L.(唇形科)
垂花山姜(植物志 16-2)=艳山姜
垂花蛇根草 Ophiorrhiza nutans C.B.Clarke(茜草科)
垂花石豆兰 Bulbophyllum lemniscatum Par.(兰科)
垂花树萝卜 Agapetes nutans Dunn(杜鹃花科)

垂花水塔花 Billbergia nutans Wedl. ex Regel(凤梨科)
垂花穗花报春 Primula cernua Franch.(报春花科),*米伞花,斜倾报春花,野洋参*
垂花弯蕊苣苔 Cyrtandra pendula Bl.(苦苣苔科)
垂花委陵菜 Potentilla pendula Yü & Li(蔷薇科)
垂花乌头 Aconitum nutantiflorum Chang ex W. T.Wang (毛茛科)
垂花无心菜(植物志 26)=西南无心菜
垂花腺萼木 Mycetia nepalensis Hara(茜草科)
垂花香草 Lysimachia nutantiflora Chen & C.M. Hu (报春花科)
垂花香薷(经济志)=大黄药
垂花绣球防风 Leucas nutans Spreng.(唇形科)
垂花悬铃花 Malvaviscus arboreus var. penduliflorus (DC.) Schery(锦葵科)
垂花蛛毛苣苔 Paraboea nutans D.Fang & D.H. Qin (苦苣苔科)
垂茎芙乐兰(台湾兰科植物)=垂茎馥兰
垂茎馥兰 Phreatia caulescens Ames(兰科),*垂茎芙乐兰*
垂茎牛角兰 Ceratostylis pendula HK.f.(兰科)
垂茎异黄精 Heteropolygonatum pendulum (Z.G. Liu & X.H.Hu) M.N.Tamura & Ogisu(百合科)
垂蕾郁金香 Tulipa patens Agardh. ex Schult.(百合科)
垂柳 Salix babylonica L.(杨柳科),*垂丝柳,河柳,柳白皮,柳屑,柳叶,柳蚰屑,青龙须,青丝柳,清明柳,水柳,杨柳*
垂柳竹 Bambusa multiplex cv. Willowy(禾本科)
垂茉莉 Clerodendrum wallichii Merr.(马鞭草科)
垂盆草 Sedum sarmentosum Bge.(景天科),*白蜈蚣,豆瓣菜,豆瓣子菜,佛甲草,肝炎草,狗牙半枝莲,狗牙瓣,狗牙草,狗牙齿,瓜子莲,火连草,金钱挂,爬景天,匍行景,石头菜,石指甲,水马齿苋,卧茎景天,野马齿苋*
垂榕(台湾)=垂叶榕
垂乳欧石南 Erica mammosa L.(杜鹃花科)
垂生花百合(新)Lilium catesbaei Walter (百合科),*垂花百合*
垂丝柏(四川)=柏木
垂丝丁香(植物志 61)=西蜀丁香
垂丝海棠 Malus halliana Koehne(蔷薇科)
垂丝柳(纲目,四川)=柽柳
垂丝卫矛 Euonymus oxyphyllus Miq.(卫矛科),*球果卫矛,五棱子,青皮树*
垂丝紫荆 Cercis racemosa Oliv.(豆科)
垂穗草 Bouteloua curtipendula (Michx.) Torr. (禾本科)
垂穗鹅观草 Roegneria nutans (Keng) Keng(禾本科)
垂穗粉花地榆(东北草本志)=细叶地榆
垂穗花(湖南药物志)=细轴荛花
垂穗画眉草 Eragrostis fractus S.C.Su & H.Q. Wang (禾本科)
垂穗披碱草 Elymus nutans Griseb(禾本科)
垂穗飘拂草 Fimbristylis nutans (Retz.) Vahl (莎草科)
垂穗莎草 Cyperus nutans Vashl.(莎草科),*十瘳楼*
垂穗石松 Palhinhaea cernua (L.) Franco & Vasc. (石松科),*灯笼草,灯笼石松,凤尾伸筋,狗仔草,过山龙,合金草,筋骨草,立金草,铺地蜈蚣,伸筋草,舒筋草,蜈蚣草,小伸筋*
垂穗薹(台湾志)=垂穗薹草
垂穗薹草(高等图鉴)=二形鳞薹草
垂穗薹草 Carex brachyathera Ohwi(莎草科),*垂穗薹*
垂条桧(中国树木学)=垂枝圆柏
垂头丑角兰 Sophronitis cernua Lindl.(兰科)
垂头大丽花 Dahlia imperialis Roezl.(菊科)
垂头虎耳草 Saxifraga nigroglandulifera Balakr. (虎耳草科)
垂头菊 Cremanthodium reniforme (DC.) Benth. (菊科),*肾叶垂头菊*
垂头菊属 Cremanthodium Benth.(菊科)
垂头蒲公英 Taraxacum nutans Dahlst.(菊科)
垂头千里光 Senecio drukensis Marq. & Shaw (菊科)
垂头橐吾 Ligularia cremanthodioides Hand.-Mazz. (菊科)
垂头万代兰 Vanda alpina Lindl.(兰科)
垂头苇谷草 Pentanema cernuum (Dalz. & Gibs.) Ling(菊科)
垂头雪莲 Saussurea wettsteiniana Hand.-Mazz. (菊科)
垂笑君子兰 Clivia nobilis Lindl.(石蒜科),*君子兰*
垂序姜花 Hedychium nutantiflorum H.Dong & G.J.Xu(姜科)
垂序马兰(中药辞海)=日本黄猄草
垂序马蓝(中药大辞典)=日本黄猄草
垂序木蓝 Indigofera pendula Franch.(豆科)
垂序商陆 Phytolacca americana L.(商陆科),*白鸡脚步,白癞鸡婆,花商陆,美国商陆,美商陆,美洲商陆,洋商陆,野胭脂*
垂序卫矛 Euonymus pendulus Wall. ex Roxb. (卫矛科),*垂枝卫矛*
垂序珍珠茅 Scleria onoei Franch. & Savat.(莎草科)
垂杨(树木分类学)=小叶杨
垂叶蒿 Artemisia flaccida Hand.-Mazz.(菊科)
垂叶黄精 Polygonatum curvistylum Hua(百合科)
垂叶箐 Triarrhena lutarioriparia var. gongchai f. pendulifolia L.Liu (禾本科),*黄柴,白岗柴*
垂叶榕 Ficus benjamina L.(桑科),*细叶榕,小叶榕,垂榕,白榕,柳叶榕,马尾榕,米冠常*
垂叶书带蕨(台湾志)=唇边书带蕨
垂衣香薷(云南红河)=大黄药
垂枝白点兰 Thrixspermum pendulicaule (Hay.) Schltr. (兰科),*悬垂风铃兰,倒垂风兰*
垂枝白杜 Euonymus bungeanus var. pendulus Rehd.(卫矛科)
垂枝白冷杉 Abies concolor var. pendula Beissn. (松科)
垂枝柏(树木分类学)=垂枝圆柏
垂枝柏(新拉汉英)=垂枝圆柏
垂枝柏 Juniperus recurva Buch.-Ham. ex D.Don (柏科),*曲枝柏,曲桧,弯枝桧*
垂枝碧桃 Amygdalus persica f. pendula Dipp. (蔷薇科)
垂枝扁桃 Amygdalus communis var. fragilis f. pendula Hort. ex Jäger(蔷薇科)
垂枝池杉 Taxodium ascendens cv. Nutans (杉科)
垂枝赤桉 Eucalyptus camaldulensis var. pendula Blak. & Jacobs(桃金娘科)
垂枝大黄 Rheum subacaule Sam.(蓼科)
垂枝大叶早樱 Cerasus subhirtella var. pendula (Tanaka) Yü & Li(蔷薇科),*垂枝樱花*
垂枝多花梾木 Cornus florida cv. Pendula (山茱萸科)
垂枝桦 Betula pendula Roth.(桦木科),*白桦皮,疣桦*
垂枝黄扁柏 Chamaecyparis nootkatensis cv. Pendula (柏科)
垂枝桧(新拉汉英)=垂枝圆柏
垂枝苦竹 Pleioblastus amarus var. pendulifolius S.Y.Chen (禾本科)
垂枝莲(四川西北)=展毛银莲花
垂枝木藜芦 Leucothoë fontanesiana (Steud.) Sleum. (杜鹃花科)
垂枝欧洲椴 Tilia europaea f. peduta Rehd.(椴树科)
垂枝欧洲红豆杉 Taxus baccata cv. Repandens (红豆杉科)
垂枝泡花树 Meliosma flexuosa Pamp.(清风藤科)
垂枝祁连圆柏(分类学报,植物志 7)=祁连圆柏
垂枝秋海棠 Begonia limmingheana Morr.(秋海棠科)
垂枝日本花柏 Chamaecyparis pisifera cv. Pendula (柏科)
垂枝瑞典刺柏 Juniperus communis var. suecia f. pendula (柏科)
垂枝桑 Morus alba f. pendula Dipp.(桑科)
垂枝山荆子 Malus baccata f. gracilis Rehd.(蔷薇科),*山荆子垂枝变型*
垂枝山杨(植物志 20-2)=山杨
垂枝杉(中国裸子志)=麦吊云杉
垂枝双盾木(中药大辞典)=云南双盾木
垂枝水锦树 Wendlandia pendula (Wall.) DC.(茜草科)
垂枝松 Pinus lumholtzii Robis. & Fern.(松科)
垂枝卫矛(西藏志)=垂序卫矛
垂枝西班牙冷杉 Abies pinsapo var. pendula Beiss.(松科)
垂枝相思树 Acacia pendula A.Cunn.(豆科)
垂枝香柏 Juniperus pingii W.C.Cheng ex Ferré (柏科),*乔桧*
垂枝小叶杨(植物志 20-2)=小叶杨
垂枝杏 Armeniaca vulgaris var. ansu f. pendula (Jäger) Rehd. (蔷薇科)
垂枝银白槭 Acer saccharinum f. pendulum (Nichols.) Pax (槭树科)
垂枝银枞 Abies alba var. pendula (Carr.) Aschers & Graebn.(松科)
垂枝银毛椴 Tilia petiolaris DC.(椴树科)
垂枝樱花(树木分类学)=垂枝大叶早樱
垂枝榆 Ulmus pumila cv. Tenue(榆科)
垂枝圆柏 Sabina chinensis f. pendula (Franch.) Cheng & W.T.Wang(柏科),*垂枝柏,垂条桧*
垂枝云杉(树木分类学)=麦吊云杉
垂枝早熟禾 Poa declinata Keng ex L.Liu(禾本科)
垂珠花 Styrax dasyanthus Perk.(安息香科),*小叶硬田螺,白克马叶,白花树*
垂子买麻藤 Gnetum pendulum C.Y.Cheng(买麻藤科),*大子买麻藤,无柄垂子买麻藤*
棰子(本草求原)=榛
槌果藤(分类学报)=牛眼睛
槌果藤(新疆中草药)=爪瓣山柑
槌柱兰 Malleola dentifera J.J.Sm.(兰科)
槌柱兰属 Malleola J.J.Sm. & Schltr.(兰科)
锤果马瓞儿 Zehneria wallichii (C.B.Clarke) C. Jeff. (葫芦科)

鎚果马兜铃(拉汉名称)=耳叶马兜铃

Chun

春不见(湖北)=单苞鸢尾
春不见(湖北中药志)=阴地蕨
春不见(陕西中草药)=蕨萁
春不老(台湾)=东方紫金牛
春不老(植物志 43-2)=代代酸橙
春叉开瘤瓣兰 Oncidium divaricatum Lindl.(兰科)
春巢菜(豆科图说)=救荒野豌豆
春赤箭(台湾兰科植物)=春天麻
春颠皮(分类草药性)=香椿
春番红花 Crocus vernus Wulfen (鸢尾科),*番紫花*
春阁 Syringa vulgaris cv. Chunge(木犀科)
春根藤(广东)=链珠藤
春根藤(陆川本草)=翼茎白粉藤
春桂(纲目)=山矾
春花(广东)=石斑木
春花脆蒴报春 Primula hookeri Watt(报春花科),*胡克报春*
春花独蒜兰 Pleione kohlsii Braem(兰科)
春花胡枝子 Lespedeza dunnii Schindl.(豆科)
春花苦梓(海南)=苦梓含笑
春花绵枣儿 Scilla verna Huds.(百合科)
春花欧石南 Erica carnea L.(杜鹃花科),*雪欧石南*
春花秋水仙 Colchicum vernum Ker.(百合科)
春花绶草 Spiranthes vernalis Engelm. & Gray (兰科)
春花鸢尾 Iris verna L.(鸢尾科)
春黄菊 Anthemis tinctoria L.(菊科)
春黄菊叶马先蒿 Pedicularis anthemifolia Fisch.(玄参科),*春黄菊叶马先蒿春黄菊叶亚种*
春黄菊叶马先蒿春黄菊叶亚种(植物志 68)=春黄菊叶马先蒿
春黄菊叶马先蒿高升亚种(植物志 68)=高升菊叶马先蒿(新)
春黄菊属 Anthemis L.(菊科)
春黄芪(东北检索表)=糙叶黄芪
春尖油(重庆草药)=香椿
春剑 Cymbidium goeringii var. longibracteatum (Y.S.Wu & S.C.Chen) Y.S.Wu & S.C.Chen (兰科)
春金盏花 Adonis vernalis L.(毛茛科)
春筋藤(广东)=南山藤
春驹 Euphorbia pseudocatua Bgr.(大戟科)
春兰 Cymbidium goeringii (Rchb.f.) Rchb.f.(兰科)
春莲秋柳(岭南采药录)=穿心莲
春莲夏柳(广东中草药)=穿心莲
春蓼 Polygonum persicaria L.(蓼科),*桃叶蓼*
春铃子(医药卫生)=臭椿
春柳(图经本草)=柽柳
春龙胆 Gentiana verna L.(龙胆科)
春杧果(上思)=广西藤黄
春茅属(植物学大辞典)=**黄花茅属**
春梅(江苏南通)=梅
春米努草 Minuartia verna (L.) Hiern(石竹科)
春牛头(四川中药志)=商陆
春丕谷羊茅 Festuca chumbiensis E.Alexeev(禾本科)
春丕虎耳草 Saxifraga chumbiensis Engl. & Irmsch. (虎耳草科)
春丕黄堇 Corydalis franchetiana Prain(罂粟科)
春丕马先蒿 Pedicularis chumbica Prain(玄参科)
春槭 Acer palmatum f. versicolor (Vanh.) Schwer. (槭树科)
春砂仁(饮片新参)=砂仁
春芍药 Paeonia vernalis Mandl.(芍药科)
春鼠鞭草 Hybanthus vernonii F.Muell.(百合科)
春粟草 Milium vernale Bieb.(禾本科)
春天黄芩 Scutellaria verna Bess.(唇形科)
春天麻 Gastrodia fontinalis T.P.Lin(兰科),*春赤箭*
春甜树(湖北,四川)=香椿
春香豌豆 Lathyrus vernus Bernh (豆科)
春小檗 Berberis vernalis (Schneid.) Chamb. & C. M.Hu (小檗科)
春雪芋 Homalomena wallisii Rgl.(天南星科)
春阳树(四川)=香椿
春榆 Ulmus davidiana var. japonica (Rehd.) Nakai (榆科),*日本榆,白皮榆,光皮春榆,蜡条榆,栓皮榆,红榆,山榆*
春羽 Philodendron selloum C.Koch.(天南星科),*羽裂喜林芋*
春橼(吴郡志)=香圆
春云实 Caesalpinia vernalis Champ.(豆科),*乌爪簕藤*
春泽兰 Eupatorium vernale Vatke & Kurtz.(菊科)
椿(唐本草)=香椿
椿根(新华本草纲要)=海滨木巴戟
椿尖花(重庆草药)=香椿
椿麻(湖北)=苘麻
椿木叶(唐本草)=香椿
椿年杜鹃 Rhododendron chunnienii Chun & Fang (杜鹃花科),*花垃杜鹃*
椿皮(中国药典)=臭椿
椿树叶(纲目)=香椿
椿芽(广西)=香椿
椿芽树花(草药汇编)=香椿
椿叶花椒 Zanthoxylum ailanthoides S. & Z.(芸香科),*樗叶花椒,满天星,刺椒,食茱萸,欓子*
纯白报春(拉汉名称)=乌蒙紫晶报春
纯唇石斛(云南植物名录)=长苏石斛
纯绯玉 Gymnocalycium oenanthemum Backeb.(仙人掌科)
纯红杜鹃 Rhododendron sperabile Balf.f. & Farrer (杜鹃花科)
纯黄杜鹃 Rhododendron chrysodoron Tagg ex Hutch. (杜鹃花科)
纯黄秋海棠 Begonia lutea L.B.Sm. & Schub.(秋海棠科)
纯色万代兰 Vanda subconcolor T.Tang & F.T. Wang (兰科)
纯阳草(南方有毒植物)=火殃勒
纯阳子(滇南本草)=乌鸦果
纯阳子(滇南本草,云南)=火棘
纯圆缘毛小檗 Berberis ciliaris var. obtusata Ahrendt (小檗科)
唇边书带蕨 Vittaria elongata Sw.(书带蕨科),*长叶书带蕨,垂叶书带蕨,阔叶书带蕨,双唇书带蕨*
唇萼薄荷 Mentha pulegium L.(唇形科)
唇萼苣苔 Trisepalum birmanicum (Craib) Burtt (苦苣苔科)
唇萼苣苔属 Trisepalum Clarke (苦苣苔科)
唇花翠雀花 Delphinium cheilanthum Fisch. ex DC. (毛茛科)
唇花忍冬 Lonicera sublabiata Hsu & H.J.Wang (忍冬科)
唇凸姜花 Hedychium convexum S.Q.Tong(姜科)
唇形科 Lamiaceae
唇柱苣苔(高等图鉴)=双片苣苔
唇柱苣苔 Chirita sinensis Lindl.(苦苣苔科)
唇柱苣苔属 Chirita Buch.-Ham. ex D.Don (苦苣苔科)
莼菜 Brasenia schreberi J.F. Gmel.(莼菜科),*水案板*
莼菜科 Cabombaceae
莼菜属 Brasenia Schreb.(莼菜科)
莼兰(四川宝兴)=莼兰绣球
莼兰绣球 Hydrangea longipes Franch.(虎耳草科),*莼兰,长柄绣球,盘果绣球*
淳安小檗 Berberis chunanensis Ying(小檗科)

Chuo

戳玛(藏名)=蕨麻
戳皮树(云南思茅)=思茅豆腐柴
绰斯乌头 Aconitum chuosjiaense W.T.Wang(毛茛科)

Ci

玼碧花(图考)=睡莲
玼草(尔雅)=紫草
玼胡(本经)=柴胡
玼莀(广雅)=紫草
茨菇(药生论)=欧洲慈姑
茨菇草(红河中草药)=箭叶大油芒
茨菇七(云南思茅)=犁头尖
茨菇秦岭藤 Biondia tsiukowensis M.G.Gilb. & P. T.Li (萝藦科)
茨菇叶苦荬(云南植物名录)=戟叶小苦荬
茨黄连(分类草药性)=阔叶十大功劳
茨黄连(分类草药性)=台湾十大功劳
茨开乌头 Aconitum souliei Finet & Gagn.(毛茛科)
茨口马先蒿 Pedicularis tsekouensis Bonati(玄参科)
茨梨子根(开宝本草)=单瓣缫丝花
茨梨子根(开宝本草)=缫丝花
茨楸(高等图鉴)=刺楸
茨楸(吉林)=刺楸
茨藻科 Najadaceae
茨藻属 Najas L.(茨藻科)
茨竹(树木分类学)=印度簕竹
慈姑(纲目,滇南本草)=欧洲慈姑
慈姑(植物志 8)=野慈姑
慈姑 Sagittaria trifolia var. sinensis (Sims) Makino (泽泻科),*华夏慈姑*
慈姑叶黄肉芋 Xanthosoma sagittifolium (L.) Schott. (天南星科)
慈姑属 Sagittaria L.(泽泻科)
慈利毛蕨 Cyclosorus ciliensis Shing(金星蕨科)
慈竹 Neosinocalamus affinis (Rendle) Keng f.(禾本科),*慈竹气笋,丛竹,钓鱼慈,酒慈,酒米慈,绵竹甜慈,甜慈,孝竹,义竹,子母竹*
慈竹气笋(新华本草纲要)=慈竹
慈竹属 Neosinocalamus Keng f.(禾本科)
雌醒香(本草蒙荃)=丁香
雌雄麻黄 Ephedra fedtschenkoae Pauls.(麻黄科)
次糙冬青(峨眉图志)=异齿冬青
刺(亨氏植物名录)=小叶鼠李
刺八裸(河南)=苍耳
刺柏(北京)=圆柏
刺柏(四川)=高山柏
刺柏(四川)=铁杉
刺柏(新拉汉英)=尖刺柏(新)
刺柏 Juniperus formosana Hay.(柏科),*山刺柏,*

台桧,山杉,矮柏木,刺松,台湾柏
刺柏属 Juniperus L.(柏科)
刺瓣绿绒蒿 Meconopsis racemosa var. spinulifera (L.H.Zhou) Z.Y.Wu & H.Chuang(罂粟科)
刺棒南星 Arisaema echinatum (Wall.) Schott (天南星科)
刺棒棕 Bactris gasipaes HNK.(棕榈科)
刺棒棕属 Bactris Scop.(棕榈科)
刺包头(湖北巴东)=白背叶楤木
刺苞斑鸠菊 Vernonia squarrosa (D.Don) Less.(菊科),*黑继参,圆柱斑鸠菊,白脚威灵仙,紫花地丁,剪子草*
刺苞菜蓟 Cynara cardunculus L.(菊科)
刺苞果 Acanthospermum australe (L.) Ktze.(菊科)
刺苞果属 Acanthospermum Schrank.(菊科)
刺苞蓟 Cirsium henryi (Franch.) Diels(菊科)
刺苞菊 Carlina biebersteinii Bernh. ex Hornem.(菊科),*新疆刺苞术*
刺苞菊属 Carlina L.(菊科),*刺苞术属*
刺苞老鼠簕 Acanthus leucostachyus Wall. ex Nees (爵床科),*白穗虾蟆花*
刺苞南蛇藤 Celastrus flagellaris Rupr.(卫矛科),*刺叶南蛇藤,刺南蛇藤,爬山虎*
刺苞茄 Solanum barbisetum Nees(茄科)
刺苞术属(分类学报)=**刺苞菊属**
刺苞雾水葛 Pouzolzia spinosobracteata W.T. Wang (荨麻科)
刺萆薢(云南)=马钱叶菝葜
刺萆薢(植物志 15)=长托菝葜
刺边膜蕨 Hymenophyllum spinosum Ching(膜蕨科)
刺柄凤尾蕨 Pteris esquirolii var. muricatula (Ching) Ching & S.H.Wu.(凤尾蕨科)
刺柄观音座莲 Angiopteris muralis Ching(观音座莲科),*刺柄莲座蕨*
刺柄金星蕨(台湾志)=桫椤针毛蕨
刺柄莲座蕨(孢子植物)=刺柄观音座莲
刺柄南星 Arisaema asperatum N.E.Brown (天南星科),*白南星,绿南星,南星,南星七,三步跳,三甫莲,三角莲,山苞谷,天南星*
刺柄偏瓣花(云南志)=偏瓣花
刺柄蔷薇(拉汉名称)=刺梗蔷薇
刺柄雀儿豆 Chesneya spinosa P.C.Li(豆科)
刺柄苏铁(海南)=海南苏铁
刺柄碗蕨 Dennstaedtia scandens (Bl.) Moore(碗蕨科)
刺柄喜林芋 Philodendron verrucosum Matthieu (天南星科)
刺波(闽东本草)=蓬蘽
刺彩花 Acantholimon echinus (L.) Boiss.(白花丹科)
刺参(高等图鉴)=刺续断
刺参(云南)=总状绿绒蒿
刺参(云南中草药选)=大花刺参
刺参 Oplopanax elatus Nakai(五加科),*东北刺人参,刺人参*
刺参属 Oplopanax Miq.(五加科),*刺人参属*
刺苍耳 Xanthium spinosum L.(菊科),*否苍耳*
刺草属 Echinaria Desf.(禾本科)
刺茶藨子(华北经济志)=长刺茶藨子
刺茶藨子 Ribes echinellum (Cov.) Rehd.(虎耳草科)
刺茶美登木 Maytenus variabilis (Hemsl.) C.Y. Cheng (卫矛科)
刺齿半边旗 Pteris dispar Kze.(凤尾蕨科),*半边旗,半边风药,凤凰尾巴草*
刺齿唇柱苣苔 Chirita spinulosa D.Fang & W.T. Wang (苦苣苔科)
刺齿刺红珠小檗 Berberis dictyophylla var. approximata (Sprague) Rehd.(小檗科)
刺齿复叶耳蕨 Arachniodes spino-serrulata Ching (鳞毛蕨科)
刺齿贯众 Cyrtomium caryotideum (Wall. ex HK. & Grev.) Presl(鳞毛蕨科),*尖耳贯众,细齿贯众蕨,牛尾贯众,贯众*
刺齿假瘤蕨 Phymatopteris glaucopsis (Franch.) Pic. Serm.(水龙骨科)
刺齿马先蒿 Pedicularis armata Maxim.(玄参科)
刺齿木蓝 Indigofera chaetodonta Franch.(豆科)
刺齿泥花草 Lindernia ciliata (Colsm.) Pennell (玄参科),*齿叶泥花草,锯齿草,五月莲*
刺齿十大功劳 Mahonia setosa Gagn. (小檗科)
刺齿蹄盖蕨(西北植物学报)=藏东蹄盖蕨
刺齿小檗(新拉汉英)=具芒小檗
刺齿枝子花 Dracocephalum peregrinum L.(唇形科)
刺臭椿 Ailanthus vilmoriniana Dode(苦木科),*刺樗*
刺樗(湖北)=刺臭椿
刺椿木(广西)=大叶臭花椒
刺椿木(广西)=朵花椒
刺茨菇(广西合浦)=刺芋
刺刺竹(四川)=刺黑竹
刺楤木 Aralia spinosa L.(五加科)
刺醋李(小兴安岭植物)=刺果茶藨子
刺欓(海南志)=簕欓花椒
刺丁茄(广东)=黄果茄
刺冻绿(植物志 48-1)=雀梅藤
刺斗石栎(植物志 22)=刺壳柯
刺杜密(台湾)=禾串树
刺盾叶秋海棠 Begonia setuloso-peltata C.Y.Wu (秋海棠科)
刺萼红花悬钩子 Rubus inopertus var. echinocalyx Carxd.(蔷薇科)
刺萼假糙苏 Paraphlomis seticalyx C.Y.Wu ex H. W.Li (唇形科),*和麻草*
刺萼秋海棠 Begonia echinosepala Rgl.(秋海棠科)
刺萼沙穗 Eremostachys acamthocalyx Boiss.(唇形科)
刺萼秀丽莓 Rubus amabilis var. aculeatissimus Yü & Lu (蔷薇科)
刺萼悬钩子 Rubus alexeterius Focke(蔷薇科)
刺儿菜 Cirsium setosum (Willd.) MB.(菊科),*刺儿菜,刺儿草,刺蓟菜,刺萝卜,大蓟,大小蓟*
刺儿草(上海中草药)=刺儿菜
刺儿瓜 Bolbostemma biglandulosum (Hemsl.) Franqet (葫芦科),*拉拉藤*
刺儿鬼(药用图鉴)=婆婆针
刺儿槐(辽宁,山西)=刺槐
刺儿颗(中药志)=苍耳
刺儿松(经济植物手册)=白扦
刺儿松(植物志 7)=青扦
刺尔思(藏药标准)=多刺绿绒蒿
刺耳蓝(中草药汇编)=杜仲藤
刺耳南(广西)=杜仲藤
刺番茄(贵州独山)=水茄
刺费利菊 Felicia echinata Nees (菊科)
刺风树(江西)=朵花椒
刺枫树(江西)=刺楸
刺稃拂子茅 Calamagrostis macrolepis var. rigidula T.F.Wang(禾本科),*硬拂子茅*
刺稃野大麦 Hordeum brevisubulatum var. hireellum Chang & Skv.(禾本科)
刺芙蓉 Hibiscus surattensis L.(锦葵科),*刺木槿,五爪藤*
刺盖草(四川常用中药)=刺盖蓟
刺盖蓟 Cirsium bracteiferum Shih(菊科),*刺盖草,大刺熏*
刺甘菊(拉汉名称)=田春黄菊
刺疙瘩 Olgaea tangutica Iljin(菊科),*青海鳍蓟*
刺根白皮(汪连仕:采药书)=刺楸
刺梗蔷薇 Rosa setipoda Hemsl. & Wils. (蔷薇科),*刺毛蔷薇,刺柄蔷薇,黄花蔷薇,色清*
刺瓜(图考,纲目)=黄瓜
刺瓜 Cynanchum corymbosum Wight(萝藦科),*小刺瓜,野苦瓜*
刺瓜米草(贵州草药)=矮菝葜
刺冠菊 Calotis caespitosa Chang(菊科)
刺冠菊属 Calotis R.Br.(菊科)
刺冠谬氏马先蒿 Pedicularis mussotii var. lophocentra (Hand.-Mazz.) Li(玄参科),*谬氏马先蒿刺冠变种*
刺果茶藨子(秦岭志)=华西茶藨子
刺果茶藨子 Ribes burejense Fr.Schmidt(虎耳草科),*刺李,刺梨,山梨,刺醋李,醋栗,酸溜溜*
刺果毒漆藤 Toxicodendron radicans subsp. hispidum (Engl.) Gillis(漆树科),*野葛*
刺果峨参 Anthriscus nemorosa (M.Bieb.) Spreng. (伞形科),*峨参*
刺果番荔枝 Annona muricata L.(番荔枝科),*红毛榴莲*
刺果肥牛树 Cephalomappa becaniana Baill.(大戟科)
刺果甘草 Glycyrrhiza pallidiflora Maxim.(豆科),*奶椎,头序甘草,山大料,马狼柴*
刺果冷水花 Pilea spinulosa C.J.Chen(荨麻科)
刺果藜属(高等图鉴)=**雾冰藜属**
刺果苓菊 Jurinea chaetocarpa Ledeb.(菊科)
刺果毛茛 Ranunculus muricatus L.(毛茛科)
刺果南苜蓿(新)Medicago polymorpha var. vulgaris (Benth.) Shin(豆科)
刺果蒲公英(新)Taraxacum roseoflavescens Tzvel.? (菊科)
刺果芹 Turgenia latifolia (L.) Hoffm.(伞形科)
刺果芹属 Turgenia Hoffm.(伞形科)
刺果树 Chaetocarpus castanocarpus (Roxb.) Thw. (大戟科)
刺果树属 Chaetocarpus Thw.(大戟科)
刺果松 Pinus aristata Engelm.(松科),*硬毛松*
刺果苏木(广部中草药手册)=华南云实
刺果苏木 Caesalpinia bonduc (L.) Roxb.(豆科),*大托叶云实*
刺果藤 Byttneria aspera Colebr.(梧桐科),*大胶藤,牛蹄麻,鸡冠麻*
刺果藤杜仲(云南)=刺果卫矛
刺果藤属 Byttneria Loefl.(梧桐科)
刺果卫矛(树木分类学,贵州草药)=长刺卫矛
刺果卫矛(台湾志)=疏刺卫矛
刺果卫矛 Euonymus acanthocarpus Franch.(卫矛科),*藤杜仲,刺果藤杜仲*
刺果血桐 Macaranga auriculata (Merr.) Airy-Shaw (大戟科)
刺果叶下珠 Phyllanthus forrestii W.W.Sm.(大戟科),*云南叶下珠*
刺果泽泻属 Echinodorus L.C.Rich.(泽泻科)
刺果猪殃殃 Galium echinocarpum Hay.(茜草科),*台湾拉拉藤*
刺果紫玉盘 Uvaria calamistrata Hance(番荔枝

科),*山香蕉,毛荔枝藤*
刺过江(云南永德)=刺芋
刺海棠(云南断茅)=掌叶秋海棠
刺含羞草(思茅中草药)=含羞草
刺核藤 Pyrenacantha volubilis Wight(茶茱萸科)
刺核藤属 Pyrenacantha HK. ex Wight (茶茱萸科)
刺黑珠 Berberis sargentiana Schneid. (小檗科)
刺黑竹 Chimonobambusa neopurpurea Yi (禾本科),*刺竹子,刺刺竹,牛尾竹*
刺红花(植物志 78-1)=红花
刺红珠 Berberis dictyophylla Franch. (小檗科)
刺葫芦(福建)=山莓
刺虎(本草图经)=虎刺
刺虎耳草 Saxifraga bronchialis L.(虎耳草科)
刺花(本草纲目)=野蔷薇
刺花椒 Zanthoxylum acanthopodium DC.(芸香科),*岩花椒*
刺花莲子草 Alternanthera pungens H.B.K.(苋科)
刺花悬钩子 Rubus aculeatiflorus Hay.(蔷薇科)
刺槐 Robinia pseudoacacia L.(豆科),*洋槐,马日格苏图-槐,德国树,刺儿槐,槐树,无刺洋槐*
刺槐属 Robinia L.(豆科),*洋槐属*
刺黄柏(高等图鉴)=细柄十大功劳
刺黄柏(陕西)=假豪猪刺
刺黄柏(陕西中草药)=黄芦木
刺黄柏(四川中药志)=安坪十大功劳
刺黄柏(四川中药志)=十大功劳
刺黄柏(新疆)=异果小檗
刺黄柏(中药辞海)=安徽小檗
刺黄柏茎叶(峨眉药用植物)=细柄十大功劳
刺黄果 Carissa carandas L.(夹竹桃科)
刺黄果属(分类学报)=**假虎刺属**
刺黄花 Berberis polyantha Hemsl. (小檗科),*刺黄芩,三颗针*
刺黄连(广西中药志)=庐山小檗
刺黄连(陕西中草药)=假豪猪刺
刺黄连(四川中药志)=阔叶十大功劳
刺黄连(云南)=金花小檗
刺黄芩(陕西)=阔叶十大功劳
刺黄芩(四川)=刺黄花
刺黄芩(四川)=短锥花小檗
刺黄芩(天宝本草)=细柄十大功劳
刺黄藤(高等图鉴补编)=利黄藤
刺黄卫矛 Euonymus acanthoxanthus Pitard (卫矛科)
刺喙薹草 Carex forrestii Kükenth.(莎草科),*绿穗*
刺矶花(高等图鉴)=刺叶彩花
刺矶松(青海中草药)=鸡娃草
刺矶松属(植物地理引论)=**彩花属**
刺蒺藜(本草衍义)=蒺藜
刺蒺藜(滇南本草)=菠菜
刺蓟(日华子本草)=蓟
刺蓟菜(救荒本草)=刺儿菜
刺加皮(药材资料汇编)=红毛五加
刺荚木蓝 Indigofera nummularifolia (L.) Livera ex Alston(豆科)
刺甲盖(沙漠药用植物)=砂蓝刺头
刺甲皮(四川中药志)=红毛五加
刺尖荆芥 Nepeta pungensis Benth.(唇形科),*南疆荆芥*
刺尖鳞毛蕨 Dryopteris serrato-dentata (Bedd.) Hay. (鳞毛蕨科),*锯齿叶鳞毛蕨,齿叶鳞毛蕨*
刺尖前胡 Peucedanum elegans Kom.(伞形科),*刺尖石防风,雅致前胡*
刺尖石防风(东北检索表)=刺尖前胡
刺椒(山东)=野花椒
刺椒(四川)=椿叶花椒
刺金刚(昆明草药)=霸王鞭
刺金须茅 Chrysopogon echinulatus (Nees) Wats. (禾本科)
刺荆(广东,海南)=黄果茄
刺蕨 Egenolfia appendiculata (Willd.) J.Sm.(实蕨科),*思蕨*
刺蕨属 Egenolfia Schott(实蕨科)
刺壳花椒 Zanthoxylum echinocarpum Hemsl. (芸香科),*见血飞,刺壳椒*
刺壳椒(分类学报)=刺壳花椒
刺壳柯 Lithocarpus echinotholus (Hu) Chun & Huang (壳斗科),*闹头,黄麻栗,刺斗石栎*
刺孔叶沟瓣 Glyptopetalum stixifolium Pierre (卫矛科)
刺苦草 Vallisneria spinulosa Yan (水鳖科)
刺葵 Phoenix hanceana Naud(棕榈科)
刺葵属 Phoenix L.(棕榈科),*海枣属*
刺辣树(新华本草纲要)=小花花椒
刺榄属 Xantolis Raf.(山榄科),*荷包果属*
刺郎果(云南)=假虎刺
刺榔(天目药志)=刺榆
刺老包(中药大辞典)=楤木
刺老鼠簕 Acanthus spinosus L.(爵床科)
刺老鸦(黑龙江志)=辽东楤木
刺梨(福建)=金樱子
刺梨(纲目拾遗)=单瓣缫丝花
刺梨(高等图鉴)=刺果茶藨子
刺梨(贵州)=缫丝花
刺梨根(藏名)=绢毛蔷薇
刺梨子(开宝本草)=金樱子
刺犁头(图考)=杠板归
刺篱木 Flacourtia indica (Burm.f.) Merr.(大风子科),*刺子,细祥笏果*
刺篱木属 Flacourtia Comm. ex L'Herit.(大风子科)
刺藜 Chenopodium aristatum L.(藜科),*刺穗藜,针尖藜,铁扫帚苗,红小扫帚*
刺李(东北木本志)=刺果茶藨子
刺李(河南土名)=长刺茶藨子
刺李(植物志 38)=黑刺李
刺栗(云南)=高山锥
刺栗子(陕西草药)=细梗蔷薇
刺栗子(四川)=瓦山锥
刺莲藕(广西)=芡实
刺凉子(陕西)=铜钱树
刺蓼 Polygonum senticosum (Meisn.) Franch. & Sav. (蓼科),*廊茵,猫儿草,红梗豺狼舌头草*
刺林草属 Acanthonema HK.f.(苦苣苔科)
刺鳞草 Centrolepis banksii (R.Br.) Roem. & Schult. (刺鳞草科)
刺鳞草科 Centrolepidaceae
刺鳞草属 Centrolepis Labill.(刺鳞草科)
刺鳞蓝雪花 Ceratostigma ulicinum Prain(白花丹科)
刺柃(云南植物名录)=格药柃
刺菱(纲目)=野菱
刺菱(纲目拾遗)=四角刻叶菱
刺菱(新拉汉英)=欧菱
刺榴(潮州)=山石榴
刺柳(河南)=沙枣
刺龙柏(峨眉)=楤木
刺龙牙(吉林)=辽东楤木
刺萝卜(四川中药志)=刺儿菜
刺马钱 Strychnos cathayensis var. spinata P.T.Li (马钱科)
刺芒龙胆 Gentiana aristata Maxim.(龙胆科),*尖叶龙胆,完布*
刺芒野古草 Arundinella setosa Trin.(禾本科)
刺毛白叶莓 Rubus spinulosoides Metc.(蔷薇科)
刺毛白珠 Gaultheria trichophylla Royle(杜鹃花科),*云南白珠树*
刺毛柏拉木 Blastus setulosus Diels(野牡丹科)
刺毛臂形草 Brachiaria subquadripara var. setulosa S.L.Chen & Y.X.Jin (禾本科)
刺毛糙苏 Phlomis setifera Bur. & Franch.(唇形科)
刺毛刺棒棕 Bactris horrida Oerst.(棕榈科)
刺毛杜鹃 Rhododendron championae HK.(杜鹃花科),*太平杜鹃,狗脚骨,牛舌柴,瘦石榴*
刺毛风铃草 Campanula sibirica L.(桔梗科)
刺毛红孩儿 Begonia palmata var. crassisetulosa (Irmsch.) J.Golding & C.Kareg.(秋海棠科)
刺毛还阳参 Crepis setosa Haller f.(菊科)
刺毛黄堇(云南植物研究)=阿墩紫堇
刺毛碱蓬 Suaeda acuminata (C.A.Mey.) Moq. (藜科)
刺毛介蕨 Dryoathyrium setigerum Ching ex Y.T.Hsieh(蹄盖蕨科)
刺毛景天 Sedum stimulosum K.T.Fu (景天科)
刺毛黧豆 Mucuna pruriens (L.) DC.(豆科)
刺毛柳叶箬 Isachne hirsuta (HK.f.) Keng f.(禾本科)
刺毛猕猴桃 Actinidia chinensis var. setosa Li (猕猴桃科)
刺毛母草 Lindernia setulosa (Maxim.) Tuyama (玄参科)
刺毛蔷薇(秦岭志)=刺梗蔷薇
刺毛蔷薇 Rosa farreri Stapf ex Cox.(蔷薇科)
刺毛山樱花(经济植物手册)=刺毛樱桃
刺毛薹草 Carex setosa Boott(莎草科)
刺毛藤(贵阳民间药草)=九节龙
刺毛天胡荽 Hydrocotyle setulosa Hay.(伞形科)
刺毛头黍 Setiacis diffusa (Chia) S.L.Chen & Y.X.Jin (禾本科)
刺毛头黍属 Setiacis S.L.Chen & Y.S.Jin (禾本科)
刺毛团扇(日本名)=缩刺仙人掌
刺毛细管马先蒿 Pedicularis gracilituba subsp. setosa Tsoong(玄参科),*细管马先蒿刺毛亚种*
刺毛悬钩子 Rubus multisetosus Yü & Lu (蔷薇科)
刺毛叶小檗 Berberis setigrifolia Ahrendt (小檗科)
刺毛异形木 Allomorphia setosa Craib(野牡丹科)
刺毛樱桃 Cerasus setulosa (Batal.) Yü & Li(蔷薇科),*刺毛山樱花*
刺毛缘薹草 Carex pilosa var. auriculata Kükenth. (莎草科)
刺毛月光花 Ipomoea setosa K.Gawl.(旋花科)
刺毛越桔 Vaccinium trichocladum Merr. & Metc. (杜鹃花科)
刺毛中华秋海棠 Begonia grandis subsp. sinensis var. puberula Irmsch.(秋海棠科)
刺玫果(东北)=山刺玫
刺玫果(辽宁)=伞花蔷薇
刺玫花(东北中草药)=山刺玫
刺玫花(河北药材)=玫瑰
刺玫蔷薇(东北,东北木本志)=山刺玫

刺莓 Rubus taiwanianus Matsum.(蔷薇科)
刺美洲茶 Ceanothus spinosus Nutt.(鼠李科)
刺蘼(救荒本草)=野蔷薇
刺米通(云南)=飞龙掌血
刺蜜(本草拾遗)=骆驼刺
刺茉莉 Azima sarmentosa (Bl.) Benth. & HK.f.(刺茉莉科),*牙刷树*
刺茉莉科 Salvadoraceae
刺茉莉属 Azima Lam.(刺茉莉科)
刺蘼苓草(刺蘼苓草)=刺续断
刺木棒(辽宁)=刺五加
刺木花(中草药汇编)=檵木
刺木姜华南变型(植物志 31)=华南刺木姜(新)
刺木槿(海南志)=刺芙蓉
刺木蓼 Atraphaxis spinosa L.(蓼科)
刺木通(云南药用植物)=刺桐
刺木通(植物志 41)=鹦哥花
刺南蛇藤(东北木本志)=刺苞南蛇藤
刺楠竹(四川)=车筒竹
刺囊薹草 Carex obscura var. brachycarpa C.B. Clarke (莎草科)
刺盘子(中药大辞典)=马甲子
刺泡(陕西)=白叶莓
刺泡花(陕西)=绵果悬钩子
刺蓬(甘肃中草药)=猪毛菜
刺蓬(植物志 25-2)=刺沙蓬
刺葡萄 Vitis davidii (Roman.du Caill.) Pöex(葡萄科)
刺蔷薇 Rosa acicularis Lindl.(蔷薇科),*大叶蔷薇*
刺茄(金平)=水茄
刺茄子(植物志 67-1)=喀西茄
刺芹 Eryngium foetidum L.(伞形科),*阿瓦芫荽,刺芫荽,假香荽,假芫荽,节节花,缅芫荽,香菜,香信,洋芫荽,野香草,野芫荽*
刺芹属 Eryngium L.(伞形科)
刺楸 Kalopanax septemlobus (Thunb.) Koidz.(五加科),*茨楸,刺枫树,刺根白皮,刺桐,刺五加,丁木树,丁皮树,丁桐皮,钉皮,昏树,棘楸,辣枫树,老虎草,鸟不宿,鸟不踏,云楸*
刺楸树(四川)=短柄铜钱树
刺楸属 Kalopanax Miq.(五加科)
刺毬花(植物志 39)=金合欢
刺球(云南)=云南甘草
刺髯秋海棠 Begonia spinibarbis Irmsch.(秋海棠科)
刺人参(吉林中草药)=刺参
刺人参属(东北检索表)=**刺参属**
刺蕊草(广东)=广藿香
刺蕊草 Pogostemon glaber Benth.(唇形科),*鸡挂骨草,野靛*
刺蕊草属 Pogostemon Desf.(唇形科)
刺蕊锦香草 Phyllagathis setotheca H.L.Li(野牡丹科)
刺三加(陕西)=异叶花椒
刺三加(陕西中药名录)=刺异叶花椒
刺三甲(开宝本草)=白簕
刺桑 Streblus ilicifolius (Vidal) Corner(桑科),*赤回*
刺沙蓬 Salsola ruthenica Iljin(藜科),*刺蓬,猪毛菜,大翅猪毛菜,风滚草*
刺山柑(中药辞海)=爪瓣山柑
刺山榄(海南)=琼刺榄
刺杉(江西,安徽)=杉木
刺舌瓣 Glossopetalon spinescens A.Gray (卫矛科)
刺石榴(陕西)=单瓣缫丝花
刺石榴(陕西)=峨眉蔷薇
刺石榴(陕西沔县)=珊瑚豆
刺石棕 Brahea armata Watson (棕榈科)
刺鼠李 Rhamnus dumetorum Schneid.(鼠李科),*叫李子*
刺薯蓣(台湾)=有刺革薯
刺树椿(四川北碚)=楤木
刺蒴麻 Triumfetta rhomboidea Jacq.(椴树科),*苍耳叶狗核桃,黐头婆,黄花地桃花,黄花虱麻头,密马青,细叶黏头猛*
刺蒴麻属 Triumfetta L.(椴树科)
刺丝菝葜 Smilax herbacea L.(百合科)
刺松(安徽)=刺柏
刺搜山虎(广西药用名录)=青花椒
刺酸浆(中药大辞典)=江南散血丹
刺酸模 Rumex maritimus L.(蓼科),*皱叶羊蹄,野菠菜,癣药草,土大黄,牛舌草,假菠菜*
刺穗稗 Echinochloa pungens (Poir.) Rybd.(禾本科)
刺穗藜(北部植物图志)=刺藜
刺梭罗(贵州铜仁)=矮菝葜
刺檀香(云南,贵州)=假虎刺
刺糖(新疆药材)=骆驼刺
刺藤(高等图鉴)=天香藤
刺藤(贵州)=大叶云实
刺藤(台湾志)=腺果藤
刺藤果(植物志 29)=八月瓜
刺藤子(安徽经济志)=雀梅藤
刺藤子 Sageretia melliana Hand.-Mazz.(鼠李科)
刺天果(四川金阳)=黄果茄
刺天茄(昆明草药)=喀西茄
刺天茄 Solanum violaceum Orteg.(茄科),*弯柄刺天茄,巴山虎,颠茄,丁茄子,钉茄,歌温喝,黄水荞,鸡刺子,金钮扣根,金钮头,扣子头,苦果,苦天茄,勒矮瓜,傻里布,生刺矮瓜,天茄子,五宅匣,细钮扣根,小颠茄,小闹杨,袖扣果,野海椒,紫花茄*
刺田菁 Sesbania bispinosa (Jacq.) W.F.Wight(豆科),*多刺田菁*
刺铁线莲 Clematis delavayi var. spinescens Balf. f. ex Diels(毛茛科)
刺通(贵州草药)=刺桐
刺通草 Trevesia palmata (Roxb.) Vis.(五加科),*棁树,广叶葠,脱萝,广叶参树,党楠,档凹*
刺通草属 Trevesia Vis.(五加科),*棁树属,广叶葠属*
刺通木(丽江中草药)=楤木
刺桐(湖南)=刺楸
刺桐 Erythrina variegata L.(豆科),*刺木通,刺通,丁皮,钉桐皮,海桐,鸡桐木,接骨药,空桐树,七刺桐,青桐木,鹦哥花*
刺桐树(云南)=鹦哥花
刺桐属 Erythrina L.(豆科)
刺头复叶耳蕨 Arachniodes exilis (Hance) Ching (鳞毛蕨科),*复叶耳蕨,细叶凤尾草*
刺头花 Acanthocephalus amplexifolius Kar. & Kart.(菊科)
刺头花属 Acanthocephalus Kar. & Kir.(菊科)
刺头火绒草(沙漠药用植物)=砂蓝刺头
刺头菊 Cousinia affinis Schrenk(菊科)
刺头菊属 Cousinia Cass.(菊科)
刺头婆(海南)=地桃花
刺卫矛(拉汉名称和手册)=紫刺卫矛
刺猬草 Asperella hystrix (L.) Humb.(禾本科)
刺猬瑞典刺柏 Juniperus communis var. suecia f. echiniformis (柏科)
刺猬卫矛 Euonymus hystrix W.W.Sm.(卫矛科)
刺翁柱属 Oreocereus Ricc.(仙人掌科)
刺五加(贵州民间药物)=刺楸
刺五加 Acanthopanax senticosus (Rupr & Maxim.) Harms(五加科),*坎拐棒子,一百针,老虎潦,五加皮,五加叶,刺木棒*
刺五加属(东北检索表)=**五加属**
刺五甲(四川中药志)=红毛五加
刺五泡藤(台湾)=高粱泡
刺蚬壳花椒 Zanthoxylum dissitum var. hispidum (Reeder & Cheo) Huang(芸香科)
刺苋 Amaranthus spinosus L.(苋科),*竻苋菜,勒苋菜,野苋菜,土苋菜,野勒苋*
刺相思树 Acacia armata R.Br.(豆科)
刺序木蓝 Indigofera sylvestrii Pamp.(豆科),*席氏木蓝*
刺序石头花 Gypsophila spinosa D.Q.Lu(石竹科)
刺续断 Morina nepalensis D.Don(川续断科),*细叶刺参,刺参,刺蘼苓草,降扯,蘼苓草,水苏叶蘼苓草*
刺续断属 Morina L.(川续断科)
刺旋花 Convolvulus tragacanthoides Turcz.(旋花科)
刺血红(广空中草药手册)=花叶假杜鹃
刺鸭脚(广西药用名录)=罗伞
刺鸭脚木(中草药汇编)=罗伞
刺芫荽(广西,云南)=刺芹
刺岩黄芪 Hedysarum dahuricum Turcz. ex B. Fedtsch. (豆科)
刺杨(四川)=楔叶绣线菊
刺洋狗尾草 Cynosurus echinatus L.(禾本科)
刺痒藤(云南植物名录)=粗毛藤
刺叶 Acanthophyllum pungen (Bge.) Boiss.(石竹科)
刺叶柄黄芪 Astragalus oplites Benth. ex Parker (豆科)
刺叶柄棘豆(植物志 42-2)=猫头刺
刺叶彩花 Acantholimon alatavicum Bge.(白花丹科),*刺矶花*
刺叶稠李(拉汉名称)=刺叶桂樱
刺叶楤木(福师学报)=长刺楤木
刺叶点地梅 Androsace spinulifera (Franch.) R. Knuth (报春花科)
刺叶冬青(湖南植物名录)=光叶细刺枸骨
刺叶冬青(拉汉名称)=细刺枸骨
刺叶冬青(树木分类学)=双核枸骨
刺叶冬青 Ilex bioritsensis Hay.(冬青科),*双子冬青,壮刺冬青,耗子刺,苗栗冬青*
刺叶耳蕨 Polystichum acanthophyllum (Franch.) Christ(鳞毛蕨科),*贯众耳蕨,凤尾贯众,针叶耳蕨*
刺叶高山栎 Quercus spinosa David ex Franch.(壳斗科),*铁橡树,铁橡树,贡山栎,川西栎*
刺叶沟瓣 Glyptopetalum ilicifolium (Franch.) C.Y.Cheng & Q.S.Ma(卫矛科),*构骨海葵*
刺叶桂樱 Laurocerasus spinulosa (S. & Z.) Schneid. (蔷薇科),*刺叶稠李*
刺叶花椒(陕西)=刺异叶花椒
刺叶矶松(东北检索表)=驼舌草
刺叶假金发草 Pseudopogonatherum setifolium (Nees) A.Camus (禾本科),*刺叶金茅*
刺叶金茅(禾本科图说)=刺叶假金发草
刺叶锦鸡儿 Caragana acanthophylla Kom.(豆科)
刺叶鳞毛蕨 Dryopteris carthusiana (Vill.) H.P. Fuchs (鳞毛蕨科)

刺叶柳 Salix berberifolia Pall.(杨柳科)
刺叶露子花 Delosperma pruinosum (Thunb.) J.Ingram (番杏科)
刺叶南蛇藤(树木分类学)=刺苞南蛇藤
刺叶桑(陕西)=蒙桑
刺叶珊瑚冬青 Ilex coralina var. aberrans Hand.-Mazz. (冬青科)
刺叶石楠 Photinia prionophylla (Franch.) Schneid. (蔷薇科)
刺叶石楠无毛变种(植物志 36)=无毛刺叶石楠(新)
刺叶苏铁(树木分类学)=华南苏铁
刺叶瓦松(苏南植物手册)=小苞瓦松
刺叶小檗(内蒙志)=西伯利亚小檗
刺叶小檗 Berberis phyllacantha Rusby (小檗科)
刺叶银桦 Grevillea aquifolium Lindl.(山龙眼科)
刺叶獐毛 Aeluropus pungens var. hirtulus S.L. Chen & X.L.Yang(禾本科)
刺叶属 Acanthophyllum C.A.Mey.(石竹科)
刺蚁棕 Korthalsia echinometra Becc.(棕榈科)
刺异叶花椒 Zanthoxylum ovalifolium var. spinifolium (Rehd. & Wils.) Huang(芸香科), *刺三加,刺叶花椒,红三百棒,黄椒,见血飞,青皮椒,散血飞*
刺罂粟(科属辞典)=蓟罂粟
刺鱼骨木(广东)=猪肚木
刺榆 Hemiptelea davidii (Hance) Planch.(榆科), *枢,钉枝榆,刺榆钉子,柘榆,梗榆,刺榔*
刺榆钉子(连云港)=刺榆
刺榆属 Hemiptelea Planch.(榆科)
刺芋 Lasia spinosa (L.) Thwait.(天南星科), *刺茨菇,刺过江,旱茨菇,金茨菇,竻慈菇,竻水菇,竻芋,簕菜薯,簕地茹,簕芋,帕南,派克那,山茨菇,山莲藕,水茨菇,水竻钩,天河芋,野茨菇,野竻芋,野簕芋*
刺芋属 Lasia Lour.(天南星科)
刺原(名医别录)=酸枣
刺缘毛莲菜 Picris echioides (L.) Gaertn.(菊科)
刺远志 Polygala subspinosa Wats.(远志科)
刺枣(四川)=枣
刺针草(植物志 75)=婆婆针
刺针松 Pinus pungens Lamb.(松科), *辛松*
刺榛 Corylus ferox Wall.(桦木科), *滇刺榛*
刺枝菝葜 Smilax horridiramula Hay.(百合科)
刺枝豆 Eversmannia hedysaroides Bge.(豆科)
刺枝豆属 Eversmannia Bgn.(豆科)
刺枝杜鹃 Rhododendron beanianum Cowan(杜鹃花科)
刺枝野丁香 Leptodermis pilosa var. acanthoclada Lo(茜草科)
刺种荇菜(Flora 6)=刺种莕菜
刺种莕菜 Nymphoides hydrophyllum (Lour.) O. Ktze. (睡菜科), *刺种荇菜*
刺轴菜蕨 Callipteris paradoxa (Fée) Moore(蹄盖蕨科)
刺轴榈 Licuala spinosa Thunb.(棕榈科)
刺株小苦荬 Ixeridium aculeolatum Shih(菊科)
刺竹(广西)=车筒竹
刺竹子(四川)=刺黑竹
刺竹子 Chimonobambusa pachystachys Hsueh & Yi (禾本科)
刺锥(海南)=海南锥
刺锥栗(云南腾冲)=思茅锥
刺锥栗(植物志 22)=红锥
刺仔木(广东)=变叶美登木
刺髭稷 Panicum barbipedum Hay.(禾本科)
刺籽鱼木(海南志)=沙梨木
刺子(广州)=山石榴
刺子(海南)=刺篱木
刺子莞 Rhynchospora rubra (Lour.) Makino(莎草科), *龙须草,绣球草,大一箭球*
刺子莞属 Rhynchospora Vahl (莎草科)
刺棕榈属 Acanthophoenix H.Wendl.(棕榈科)
刺柞(中草药汇编)=柞木
刺蔺(图考)=缫丝花
赐米草(台湾)=白背黄花稔
赐紫樱桃(群芳谱)=葡萄

Cong

从化柃 Eurya metcalfiana Kobuski(山茶科)
苁蓉(内蒙古)=肉苁蓉
枞树(中国裸子志)=秦岭冷杉
枞松(广东,广西)=马尾松
葱 Allium fistulosum L.(百合科), *葱实,宗果,黄花葱,葱子,葱须,葱汁,葱花*
葱草(本草汇言)=通脱木
葱草 Xyris pauciflora Willd.(黄眼草科)
葱岑蒲公英 Taraxacum pseudominutilobum S. Koval. (菊科)
葱臭木(云南志)=樫木
葱花(本草图经)=葱
葱芥 Alliaria petiolata (M.Bieb.) Cavara & Grande (十字花科)
葱芥属 Alliaria Scop.(十字花科)
葱兰(江苏,安徽)=葱莲
葱莲 Zephyranthes candida (Lindl.) Herb.(石蒜科), *玉帘,葱兰,肝风草*
葱莲属 Zephyranthes Herb.(石蒜科)
葱岭岩黄芪(豆科图说)=准噶尔岩黄芪
葱岭羊茅 Festuca amblyodes Krecz. & Bobr.(禾本科)
葱皮忍冬 Lonicera ferdinandii Franch.(忍冬科), *波叶忍冬,秦岭忍冬,秦岭金银花,千层皮,大葱皮木*
葱实(本经)=葱
葱须(食疗本草)=葱
葱叶兰 Microtis unifolia (Forst.) Rchb.f.(兰科), *双肾草,一根葱,秤砣草,坠桃草*
葱叶兰属 Microtis R.Br.(兰科)
葱汁(名医别录)=葱
葱属 Allium L.(百合科)
葱状灯心草 Juncus allioides Franch.(灯心草科)
葱状薹草 Carex alliiformis C.B.Clarke(莎草科)
葱子(日华子本草)=葱
楤木 Aralia chinensis L.(五加科), *刺老包,刺老苞根,刺龙柏,刺树椿,刺通木,飞天蜈,海桐皮,红虎刺,虎阳刺,黄龙苞,箭当树根,龙刺苞,鸟不宿,破凉伞,雀不站,鹊不踏,山通花,山通花根,树菜,通刺,吻头,仙人杖*
楤木属 Aralia L.(五加科), *土当归属*
丛柏叶(闽东本草)=侧柏
丛簇棕榈 Trachycarpus caespitosus Roster (棕榈科)
丛菔 Solms-Laubachia pulcherrima Muschl.(十字花科), *索鲁卡鲁,睫毛丛菔*
丛菔属 Solms-Laubachia Muschl.(十字花科)
丛花桂(植物志 31)=丛花厚壳桂
丛花厚壳桂 Cryptocarya densiflora Bl.(樟科), *白面槁,硬壳槁,大果铜锣,丛花桂*
丛花荚蒾(拉汉名称)=聚花荚蒾
丛花南蛇藤(拉汉名称)=短梗南蛇藤
丛花山矾 Symplocos poilanei Guill.(山矾科), *十棱山矾,上身眉,鸟脚木*
丛花柞木 Xylosma fasciculiflorum S.S.Lai(大风子科)
丛茎滇紫草 Onosma waddellii Duthie(紫草科)
丛茎耳稃草 Garnotia caespitosa Santos (禾本科)
丛卷毛荆芥 Nepeta floccosa Benth.(唇形科)
丛卷毛水苏 Stachys floccosa Bent.(唇形科)
丛立马唐 Digitaria leptalea var. reticulmis Ohwi (禾本科)
丛林白珠 Gaultheria dumicola W.W.Sm.(杜鹃花科)
丛林滇紫草(植物志 64-2)=丛林胀萼紫草
丛林爬山虎 Parthenocissus inserta (Kern.) K. Fritsch. (葡萄科)
丛林素馨 Jasminum duclouxii (Lévl.) Rehd.(木犀科), *杜氏素馨,夹竹桃叶素馨*
丛林小檗 Berberis dumicola Schneid. (小檗科)
丛林蝇子草(植物志 26)=掌脉蝇子草
丛林胀萼紫草 Maharanga dumetorum (I.M.Joh.) I.M.Joh.(紫草科), *丛林滇紫草*
丛毛矮柳 Salix floccosa Burkill(杨柳科)
丛毛垂叶榕 Ficus benjamina var. nuda (Miq.) Barrett(桑科)
丛毛独尾 Eremurus comosus O.Fedtsch.(百合科)
丛毛黄芩 Scutellaria comosa Juz.(唇形科)
丛毛鸡脚参 Orthosiphon comosus Wight (唇形科)
丛毛鹿角藤 Chonemorpha floccosa Tsiang & P. T.Li (夹竹桃科)
丛毛葡萄风信子 Muscari comosum Mill.(百合科)
丛毛榕(浙江草药)=绿叶冠毛榕
丛毛岩报春(植物志 59-2)=黄花岩报春
丛毛岩报春 Primula tsongpenii Fletcher(报春花科)
丛毛羊胡子草 Eriophorum comosum Nees (莎草科)
丛生变种(植物志 75)=丛生雅谷火绒草(新)
丛生玻璃掌 Haworthia turgida Haw.(百合科)
丛生刺头菊 Cousinia caespitosa C.Winkl.(菊科)
丛生大叶藻 Zostera caespitosa MIki (眼子菜科)
丛生钉柱委陵菜 Potentilla saundersiana var. caespitosa (Lehm.) Wolf(蔷薇科), *雪委陵菜*
丛生东爪草 Tillaea muscosa L.(景天科)
丛生肥皂草 Saponaria caespitosa DC.(石竹科)
丛生高原芥(植物志 33)=丛生扇叶芥
丛生黄芪 Astragalus confertus Benth. & Bge. (豆科)
丛生火炬花 Kniphofia tuckii Baker (百合科)
丛生棘豆(新疆检索表)=小丛生棘豆
丛生堇菜 Viola priceana Pollard (堇菜科)
丛生龙胆(植物志 62)=蓝玉簪龙胆
丛生龙胆 Gentiana thunbergii (G.Don) Griseb. (龙胆科)
丛生美尖柏 Chamaecyparis thyoides f. ericoides (Carr.) Sudw (柏科)
丛生榕(台湾药志)=聚果榕
丛生扇叶芥 Desideria prolifera (Maxim.) Al-Shehbaz (十字花科), *丛生高原芥*
丛生十大功劳 Mahonia pinnata (Lag.) Fedde (小檗科)
丛生树萝卜 Agapetes spissa Airy-Shaw(杜鹃花科)
丛生蓳叶委陵菜 Potentilla coriandrifolia var. dumosa Franch. (蔷薇科)
丛生薹草 Carex caespititia Nees(莎草科)
丛生瓦韦 Lepisorus cespitosus Y.X.Lin (水龙骨

科)
丛生小叶委陵菜 Potentilla microphylla var. caespitosa Yü & Li(蔷薇科)
丛生雅谷火绒草(新)Leontopodium jacotianum var. cespitosum (Diels) Hand.-Mazz.(菊科), *丛生变种*
丛生亚麻 Linum flexuosum Hort.(亚麻科)
丛生羊耳蒜 Liparis cespitosa (Thou.) Lindl.(兰科)
丛生杨桐 Adinandra dummosa Jack. (山茶科)
丛生隐子草 Cleistogenes caespitosa Keng(禾本科)
丛生蝇子草 Silene caespitella Williams(石竹科)
丛生脂麻掌 Gasteria caespitosa Poelln.(百合科)
丛生蜘蛛抱蛋 Aspidistra caespitosa P'ei(百合科)
丛生紫杉 Taxus cuspidata cv. Densiformis (红豆杉科)
丛薹草 Carex caespitosa L.(莎草科)
丛叶蕗蕨 Mecodium fimbriatum (J.Sm.) Cop. (膜蕨科)
丛叶楠(树木分类学)=簇叶新木姜子
丛叶铁角蕨(台湾志)=厚叶铁角蕨
丛叶玉凤花 Habenaria tonkinensis Seidenf.(兰科), *竹叶参*
丛枝扶芳藤 Euonymus fortunei var. fastigiatus Sugimoto (卫矛科)
丛枝蓼 Polygonum posumbu Buch.-Ham. ex D. Don(蓼科), *长尾叶蓼,水红辣蓼,辣蓼,簇蓼*
丛枝囊瓣芹 Pternopetalum caespitosum Shan (伞形科)
丛枝土当归(分类学报增刊)=黑果土当归
丛株雪兔子 Saussurea tridactyla var. maiduoganla S.W.Liu(菊科)
丛竹(湖北,贵州)=慈竹

Cu

粗稗 Echinochloa mouricata (P.Beauv.) Fernald (禾本科)
粗边螺序草 Spiradiclis scabrida D.Fang & D.H. Qin (茜草科)
粗柄独尾草 Eremurus inderiensis (M.Bieb.) Rgl. (百合科)
粗柄杜若(分类学报)=大杜若
粗柄肋毛蕨 Ctenitis crassirachis Ching(叉蕨科)
粗柄毛冷蕨(台湾志)=禾秆亮毛蕨
粗柄槭 Acer tonkinense H.Lec.(槭树科)
粗柄石豆兰 Bulbophyllum fascinator (Rolfe) Rolfe (兰科)
粗柄蹄盖蕨 Athyrium crassipes Ching(蹄盖蕨科)
粗柄铁线莲 Clematis crassipes Chun & How(毛茛科)
粗柄瓦韦 Lepisorus crassipes Ching & Y.X.Lin (水龙骨科)
粗柄野木瓜(植物志 29)=三脉野木瓜
粗柄玉山竹 Yushania crassicollis Yi (禾本科)
粗糙菝葜 Smilax lebrunii Lévl.(百合科)
粗糙蚌壳蕨 Dicksonia squarrosa (Forst.) Sw.(蚌壳蕨科)
粗糙布瓦氏草 Boissiera squarrosa (Bundks & Soland.) Nevski (禾本科)
粗糙叉毛蓬 Petrosimonia squarrosa (Schrenk) Bge.(藜科)
粗糙赤车使者(台湾志)=蔓赤车
粗糙丛林白珠 Gaultheria dumicola var. aspera Airy-Shaw(杜鹃花科)
粗糙迪西亚兰 Dichaea muricata (Sw.) Lindl.(兰科)
粗糙短肠蕨 Allantodia aspera (Bl.) Ching(蹄盖蕨科)
粗糙鹅观草 Roegneria scabridula Ohwi (禾本科)
粗糙飞蓬(新拉汉英)=北美飞蓬
粗糙凤尾蕨 Pteris cretica var. laeta (Wall. ex Ettingsh.) C.Chr. & Tard-Blot(凤尾蕨科), *井边草,黑构杞,凤尾草*
粗糙凤仙花 Impatiens scabriuscula Heyne (凤仙花科)
粗糙钩毛耳草 Hedyotis uncinella var. scabrida Franch.(茜草科), *长节糙叶耳草,对痉叶,节节花,酒药草,牙疳药,野鸡草*
粗糙红景天 Rhodiola coccinea subsp. scabrida (Franch.) H.Ohba(景天科), *糙景天,丽江景天,丽江红景天*
粗糙还阳参 Crepis biennis L.(菊科)
粗糙黄堇 Corydalis scaberula Maxim.(罂粟科), *多什勒巴,粗毛黄堇*
粗糙黄芩 Scutellaria squarrosa Nevski (唇形科)
粗糙假木贼 Anabasis pelliotii Danguy(藜科)
粗糙金鱼藻 Ceratophyllum muricatum subsp. kossinskyi (Kuz.-Procho.) Les(金鱼藻科), *东北金鱼藻,宽叶金鱼藻,细金鱼藻*
粗糙落舌蕉 Schismatoglottis asperata Engl.(天南星科)
粗糙马尾杉 Phlegmariurus squarrosus (Forst.) Löve & Löve(石杉科)
粗糙囊薹草 Carex asperifructus Kükenth.(莎草科)
粗糙排香草 Anisochilus scaber Benth.(唇形科)
粗糙蓬子菜 Galium verum var. trachyphyllum Wallr.(茜草科)
粗糙蒲公英 Taraxacum ceratophrum DC.(菊科)
粗糙秋海棠(新拉汉英)=略粗秋海棠(新)
粗糙秋海棠 Begonia muricata Bl.(秋海棠科)
粗糙赛菊芋 Heliopsis scabra Dun.(菊科)
粗糙沙拐枣 Calligonum squarrosum N.Pavl.(蓼科)
粗糙省藤 Calamus radulosus Becc.(棕榈科)
粗糙矢车菊(新)Centaurea scabiosa L.(菊科), *大矢车菊*
粗糙矢车菊 Centaurea aspera L.(菊科)
粗糙鼠尾草 Salvia asperata Falc.(唇形科)
粗糙水苏 Stachys scaberula Vatke (唇形科)
粗糙松 Pinus muricata D.Don (松科), *加州沼松*
粗糙天竺葵 Pelargonium scabrum Ait.(牻牛儿苗科)
粗糙西风芹 Seseli squarrulosum Shan & Sheh (伞形科), *川防风,防风,西风*
粗糙喜林芋 Philodendron asperatum C.Koch(天南星科)
粗糙叶杜鹃 Rhododendron exasperatum Tagg (杜鹃花科)
粗糙叶羊茅 Festuca trachyphylla Krajina (禾本科)
粗糙异燕麦 Helictotrichon schmidii (HK.f.) Henr. (禾本科)
粗糙紫露草 Tradescantia subaspera Ker.(鸭跖草科)
粗糙紫云英(渭河流域杂草)=糙叶黄芪
粗齿变种(植物志 66,Flora 17)=黄狼鼠花
粗齿叉蕨 Tectaria grossedentata Ching & C.H. Wang (叉蕨科)
粗齿刺蒴麻 Triumfetta grandidens Hance(椴树科)
粗齿脆蒴报春 Primula chionogenes Fletcher(报春花科)
粗齿大茨藻 Najas marina var. grossedentata Rendle (茨藻科)
粗齿耳蕨 Polystichum subdeltodon Ching(鳞毛蕨科)
粗齿观音座莲 Angiopteris grosso-dentata Ching (观音座莲科)
粗齿贯众 Cyrtomium caryotideum f. grossedentatum Ching ex Shing(鳞毛蕨科)
粗齿桂樱 Laurocerasus phaeosticta f. dentigera (Rehd.) Yü & Lu(蔷薇科)
粗齿黄芩 Scutellaria grossecrenata Merr. & Chun (唇形科)
粗齿堇菜 Viola urophylla Franch.(堇菜科), *尾叶黄堇菜*
粗齿阔羽贯众 Cyrtomium yamamotoi var. intermedium (Diels) Ching & Shing ex Shing(鳞毛蕨科)
粗齿冷水花 Pilea sinofasciata C.J.Chen(荨麻科), *阿伯秀,扁化冷水花,大茴香,宫麻,扇花冷水花,水甘草,水麻叶,紫绿草,走马胎*
粗齿两色槭 Acer bicolor var. serratifolium (Fang) Fang(槭树科)
粗齿鳞毛蕨 Dryopteris juxtaposita Christ(鳞毛蕨科)
粗齿楼梯草 Elatostema grandidentatum W.T. Wang (荨麻科)
粗齿毛蕨 Cyclosorus grosso-dentatus Ching ex Shing(金星蕨科)
粗齿蒙古栎(植物志 22)=蒙古栎
粗齿猕猴桃 Actinidia hemsleyana var. kengiana (Metc.) C.F.Liang(猕猴桃科)
粗齿木贼 Equisetum trachyodon A.Br.(木贼科)
粗齿黔蕨(植物研究)=中间黔蕨
粗齿黔蕨 Phanerophlebiopsis blinii (Lévl.) Ching (鳞毛蕨科)
粗齿赛莨菪(中药辞海)=赛莨菪
粗齿水东哥 Saurauia erythrocarpa var. grosseserrata C.F.Liang & Y.S.Wang(猕猴桃科)
粗齿溲疏 Deutzia crassidentata S.M.Hwang(虎耳草科)
粗齿梭罗 Reevesia rotundifolia Chun(梧桐科), *岭南梭罗树*
粗齿天名精 Carpesium trachelifolium Less.(菊科)
粗齿铁线莲 Clematis argentilucida (Lévl. & Vant.) W.T.Wang(毛茛科), *大木通,银叶铁线莲,大蓑衣藤,白头公公,小木通,线木通,川木通*
粗齿兔儿风 Ainsliaea grossedentata Franch.(菊科)
粗齿网藤蕨 Lomagramma grosseserrata Houltt.? (藤蕨科)
粗齿香茶菜 Isodon grosseserratus (Dunn) Kudô (唇形科)
粗齿小檗 Berberis multiserrata Ying(小檗科)
粗齿绣球 Hydrangea serrata (Thunb.) DC.(虎耳草科)
粗齿野桐(海南志)=长叶野桐
粗齿紫晶报春 Primula odontica W.W.Sm.(报春花科)
粗齿紫萁 Osmunda banksiifolia (Presl) Kuhn. (紫萁科)
粗刺荩草 Arthraxon lanceolatus var. echinatus (Nees) Hack.(禾本科)
粗刺曼陀罗 Datura ferox L. (茄科)

粗刺小檗 Berberis pachyacantha Koehne (小檗科)
粗大雀麦 Bromus grossus Desf. ex DC.(禾本科)
粗单蕊草(新拉汉英)=苇状单蕊草
粗糠树 Ehretia dicksonii Hance (紫草科)
粗榧 Cephalotaxus sinensis (Rehd. & Wils.) Li (三尖杉科),*鄂西粗榧,中华粗榧杉,粗榧杉,中国粗榧*
粗榧杉(中国裸子志)=粗榧
粗伏毛刺蕊草 Pogostemon strigosus Benth.(唇形科)
粗干景天(拉汉名称)=粗茎红景天
粗秆雀稗 Paspalum virgatum L.(禾本科)
粗根大戟 Euphorbia macrorrhiza Meyer ex Ledeb. (大戟科)
粗根虎耳草 Saxifraga mutata L.(虎耳草科)
粗根茎莎草 Cyperus stoloniferus Retz.(莎草科)
粗根韭 Allium fasciculatum Rendle(百合科)
粗根老鹳草 Geranium dahuricum DC.(牻牛儿苗科)
粗根龙胆(植物志 62)=大花龙胆
粗根马莲(东北)=粗根鸢尾
粗根荨麻 Urtica macrorrhiza Hand.-Mazz.(荨麻科),*火麻,荨麻,老虎麻,青活麻,白活麻,活麻*
粗根鼠耳芥(植物志 33)=毛果须弥芥
粗根鸢尾 Iris tigridia Bge. ex Ledeb. (鸢尾科),*甘肃鸢尾,拟虎鸢尾,粗根马莲*
粗根属 Pachypodium Lindl (夹竹桃科)
粗梗稠李 Padus napaulensis (Ser.) Schneid.(蔷薇科),*尼泊尔稠李*
粗梗粗叶木 Lasianthus biermanni subsp. crassipedunculatus C.Y.Wu & H.Zhu(茜草科)
粗梗东方铁线莲 Clematis orientalis var. sinorobusta W.T.Wang(毛茛科)
粗梗胡椒 Piper macropodum C.DC.(胡椒科)
粗梗黄堇 Corydalis pachypoda (Franch.) Hand.-Mazz.(罂粟科),*马尾边,土黄连*
粗梗木莲 Manglietia crassipes Law(木兰科)
粗梗水蕨 Ceratopteris peridoides (HK.) Hieron. (水蕨科)
粗梗糖芥 Erysimum repandum L.(十字花科)
粗梗桃叶珊瑚 Aucuba robusta Fang & Soong (山茱萸科)
粗梗紫金牛 Ardisia hokouensis Yuen P.Yang(紫金牛科)
粗弓(丽江纳西语)=假秦艽
粗管马先蒿 Pedicularis latituba Bonati(玄参科)
粗果哈克 Hakea cyclophora Lindl.(山龙眼科)
粗果庭荠 Alyssum dasycarpum Steph. ex Willd. (十字花科)
粗果隐棱芹 Aphanopleura trachysperma Boiss. (伞形科)
粗花茎鸢尾兰(高等图鉴)=全唇鸢尾兰
粗花乌头 Aconitum crassiflorum Hand.-Mazz. (毛茛科)
粗喙虫实 Corispermum dutreuilii Iljin(藜科)
粗喙秋海棠 Begonia crassirostris Irmsch.(秋海棠科),*半边风,大半边莲,大海棠,鬼边榜,红关边莲,红小姐,老疸草,马酸通,肉关边莲,山东省蚂蝗,酸脚杆*
粗角迪萨兰 Disa crassicornis Lindl.(兰科)
粗角楼梯草 Elatostema pachyceras W.T.Wang (荨麻科)
粗节箭竹 Fargesia crassinoda Yi (禾本科)
粗金鸡尾(湖南药物志)=岩凤尾蕨
粗茎霸王(沙漠志)=粗茎驼蹄瓣
粗茎霸王 Zygophyllum subtrijugum C.A.Mey. (蒺藜科)
粗茎贝母 Fritillaria crassicaulis S.C.Chen(百合科),*峨眉贝母*
粗茎返顾马先蒿 Pedicularis resupinata subsp. crassicaulis (Vaniot. ex Bonati) Tsoong(玄参科),*返顾马先蒿粗茎返顾亚种*
粗茎凤仙花 Impatiens crassicaudex HK.f.(凤仙花科)
粗茎蒿 Artemisia robusta (Pamp.) Ling & Y.R. Ling (菊科)
粗茎红景天 Rhodiola wallichiana (HK.) S.H.Fu (景天科),*豺帚,粗干景天,粗叶红景天,粗干景天*
粗茎红景天大株变种(分类学报增刊)=大株粗茎红景天
粗茎卷柏 Selaginella superba Alston (卷柏科)
粗茎蓝钟花(新)Cyananthus inflatus var. rufus Franch.?(桔梗科)
粗茎棱子芹 Pleurospermum crassicaule Wolff (伞形科)
粗茎鳞毛蕨 Dryopteris crassirhizoma Nakai(鳞毛蕨科),*东北贯众,东绵马,贯众,锦马,锦马贯众,绵毛鳞毛蕨,年毛黄,野鸡膀子*
粗茎龙胆(蒙大学报)=粗茎秦艽
粗茎毛兰 Eria amica Rchb.f.(兰科),*小脚筒兰*
粗茎秦艽 Gentiana crassicaulis Duthie ex Burk. (龙胆科),*粗茎龙胆*
粗茎水蜡烛 Dysophylla crassicaulis Benth.(唇形科)
粗茎驼蹄瓣 Zygophyllum loczyi Kanitz(蒺藜科),*粗茎霸王*
粗茎橐吾 Ligularia ghatsukupa Kitam.(菊科)
粗茎乌头 Aconitum crassicaule W.T.Wang(毛茛科)
粗茎崖角藤 Rhaphidophora crassicaulis Engl. & Krause(天南星科)
粗茎鱼藤 Derris scabricaulis (Franch.) Gagn.(豆科)
粗茎紫金牛 Ardisia dasyrhizomatica C.Y.Wu & C.Chen(紫金牛科)
粗颈紫堇 Corydalis crassirhizomata (C.Y.Wu) C.Y.Wu(罂粟科)
粗距翠雀花 Delphinium pachycentrum Hemsl. (毛茛科)
粗距大理翠雀花 Delphinium taliense var. platycentrum W.T.Wang(毛茛科)
粗距蓝翠雀花 Delphinium caeruleum var. crassicalcaratum W.T.Wang & M.J.Marnock (毛茛科)
粗距毛翠雀花 Delphinium trichophorum var. platycentrum W.T.Wang(毛茛科)
粗距舌喙兰 Hemipilia crassicalcarata S.S.Chien (兰科)
粗距狭序翠雀花 Delphinium wrightii var. subtubulosum W.T.Wang(毛茛科)
粗距紫堇 Corydalis eugeniae Fedde(罂粟科),*康定紫堇*
粗糠草(福建)=老鸦糊
粗糠柴(福建)=杜虹花
粗糠柴(经济志)=笔罗子
粗糠柴 Mallotus philippensis (Lam.) Muell.Arg. (大戟科),*菲岛桐,红果果,假桂树,吕宋楸荚粉,吕宋楸毛,香桂树,香楸藤,香檀*
粗糠果(云南)=密齿酸藤子
粗糠树(广西)=金叶子
粗糠树 Ehretia dicksonii Hance.(紫草科),*破布子,光叶粗糠树*
粗糠藤(云南)=钝齿铁线莲
粗糠藤(云南西畴)=云贵铁线莲
粗糠仔(台湾)=杜虹花
粗壳藤(广药手册)=苦郎藤
粗裂风毛菊 Saussurea grosseserrata Franch.(菊科)
粗裂复叶耳蕨 Arachniodes grossa (Tard.-Blot & C.Chr.) Ching(鳞毛蕨科)
粗裂宽距翠雀花 Delphinium beesianum var. latisectum W.T.Wang(毛茛科)
粗麻黄 Ephedra nevadensis var. aspera (Engelm.) Benson (麻黄科)
粗脉冬青 Ilex robustinervosa C.J.Tseng ex S.K. Chen & Y.X.Feng(冬青科)
粗脉杜鹃 Rhododendron coeloneuron Diels(杜鹃花科),*麻叶杜鹃*
粗脉耳蕨 Polystichum crassinervium Ching ex W.M.Chu & Z.R.He(鳞毛蕨科)
粗脉桂 Cinnamomum validinerve Hance(樟科)
粗脉花烛 Anthurium crassinervium (Jacq.) Schott (天南星科)
粗脉蕨 Phlebodium aureum (L.) J.Sm.(水龙骨科)
粗脉蕨属 Phlebodium (B.Br.) J.Sm.(水龙骨科)
粗脉石仙桃 Pholidota bracteata (D.Don) Seidenf. (兰科),*柱茎石仙桃*
粗脉手参(中药辞海)=短距手参
粗脉薹草 Carex rugulosa Kükenth.(莎草科)
粗脉藤蕨 Lomariopsis yapurense Mart.(藤蕨科)
粗脉蹄盖蕨 Athyrium venulosum Ching(蹄盖蕨科)
粗脉紫金牛 Ardisia crassinervosa Walker(紫金牛科),*小罗伞树,多脉紫金牛*
粗芒野古草 Arundinella rupestris var. pachyathera (Hand.-Mazz.) B.S.Sun & Z.H.Hu(禾本科)
粗毛柏那参(植物分类学,分类学报增刊)=粗毛掌叶树
粗毛扁担杆 Grewia hirsuta Vahl(椴树科)
粗毛变种(植物志 74)=粗毛狗娃花(新)
粗毛糙苏 Phlomis strigosa C.Y.Wu(唇形科)
粗毛刺果藤 Byttneria pilosa Roxb.(梧桐科)
粗毛刺林草 Acanthonema strigosum HK.f.(苦苣苔科)
粗毛楤木 Aralia searelliana Dunn(五加科)
粗毛点地梅 Androsace wardii W.W.Sm.(报春花科)
粗毛冬青 Ilex strigilosa T.R.Dudley(冬青科)
粗毛杜鹃 Rhododendron habrotrichum Balf.f. & W.W.Sm.(杜鹃花科)
粗毛耳草 Hedyotis mellii Tutch.(茜草科),*卷毛耳草,甜菜茶,野甘草,光叶耳草,竹根草,白花茶*
粗毛甘草 Glycyrrhiza aspera Pall.(豆科)
粗毛狗娃花(新)Heteropappus altaicus var. hirsutus (Hand.-Mazz.) Ling(菊科),*粗毛变种*
粗毛海南远志 Polygala hainanensis var. strigosa Chun & How(远志科)
粗毛合萌 Aeschynomene aspera L. (豆科)
粗毛红山茶 Camellia setiperulata Chang(山茶科)
粗毛花柱瘤瓣兰 Oncidium dasytyle Rchb.f.(兰科)
粗毛黄堇(高等图鉴补编)=阿墩紫堇
粗毛黄堇(西藏植物名录)=粗糙黄堇

粗毛黄精 Polygonatum hirtellum Hand.-Mazz.(百合科)
粗毛黄芪 Astragalus scabrisetus Bong.(豆科)
粗毛黄瑞木(高等图鉴补编)=粗毛杨桐
粗毛箭竹 Fargesia strigosa Yi (禾本科),*黄竹*
粗毛锦鸡儿 Caragana dasyphylla Pojark.(豆科)
粗毛鳞盖蕨 Microlepia strigosa (Thunb.) Presl (碗蕨科),*粗毛鳞蕨*
粗毛鳞蕨(蕨类图说)=粗毛鳞盖蕨
粗毛柃木(台湾志)=台湾毛柃
粗毛流苏薹草 Carex densefimbriata var. hirsuta P.C.Li (莎草科)
粗毛马先蒿 Pedicularis hirtella Franch.(玄参科)
粗毛芒毛苣苔 Aeschynanthus pachytrichus W.T. Wang (苦苣苔科)
粗毛毛鳞菊 Chaetoseris hispida Shih(菊科)
粗毛猕猴桃 Actinidia fulvicoma var. lanata f. hirsuta (Fin. & Gagn.) C.F.Liang(猕猴桃科)
粗毛牛膝(中药大辞典)=土牛膝
粗毛牛膝菊 Galinsoga quadriradiata Ruiz & Pav.(菊科)
粗毛普氏马先蒿 Pedicularis przewalskii subsp. hirsuta (Li) Tsoong(玄参科),*普氏马先蒿粗毛亚种*
粗毛秋海棠 Begonia hispida Schott (秋海棠科)
粗毛雀舌木 Leptopus chinensis var.hirsutus (Hutch.) P.T.Li(大戟科)
粗毛肉果草 Lancea hirsuta Bonati(玄参科)
粗毛山柳菊 Hieracium virosum Pall.(菊科)
粗毛山月桂 Kalmia hirsuta Walt.(杜鹃花科)
粗毛石笔木 Tutcheria hirta (Hand.-Mazz.) Li(山茶科)
粗毛疏果山蚂蝗 Desmodium griffithianum var. stigosum van Meeuwen(豆科)
粗毛薯藤 Ipomoea hirtifolia R.C.Fang & S.H. Huang (旋花科)
粗毛水锦树 Wendlandia tinctoria subsp. barbata Cowan(茜草科),*须毛水锦树*
粗毛藤 Cnesmone mairei (Lévl.) Croiz.(大戟科),*刺痒藤*
粗毛藤山柳 Clematoclethra strigillosa Franch.(猕猴桃科)
粗毛藤属 Cnesmone Bl.(大戟科)
粗毛无翅秋海棠 Begonia acetosella var. hirtifolia Irmsch.(秋海棠科)
粗毛纤毛草(禾本科图说)=毛叶纤毛草
粗毛悬钩子(台木本志)=高砂悬钩子
粗毛鸭嘴草 Ischaemum barbatum Retz.(禾本科),*芒穗鸭嘴草,瘤鸭嘴草*
粗毛羊蹄甲 Bauhinia hirsuta Weinm.(豆科)
粗毛杨桐 Adinandra hirta Gagn.(山茶科),*粗毛黄瑞木,硬毛亮叶杨桐*
粗毛野桐 Mallotus hookerianus (Seem.) Muell. Arg. (大戟科)
粗毛淫羊藿 Epimedium acuminatum Franch.(小檗科),*淫羊藿根,尖叶淫羊藿,淫羊藿*
粗毛玉叶金花 Mussaenda hirsutula Miq.(茜草科)
粗毛掌叶树 Euaraliopsis hispida (Seem.) Hutch.(五加科),*粗毛柏那参*
粗毛锥莫尼亚 Drymonia strigosa Wiehl.(苦苣苔科)
粗皮桉 Eucalyptus pellita F.v.Muell.(桃金娘科)
粗皮红松 Pinus koraiensis f. pachidermis Wang & Chi(松科)
粗皮栎(广西)=栓皮栎
粗皮青冈(植物志 22)=栓皮栎
粗皮山核桃(新拉汉英)=小糙皮山核桃
粗皮树(云南屏边)=鼠皮树
粗皮熊果 Arctostachylos rudis Jeps. & Wiesl.(杜鹃花科)
粗茸扁担杆 Grewia hirsuto-velutina Burret(椴树科)
粗柔毛秋海棠 Begonia hispivillosa Ziesenh.(秋海棠科)
粗山羊草 Aegilops crassa Boiss.(禾本科)
粗丝木 Gomphandra tetrandra (Wall.in Roxb.) Sleum.(茶茱萸科),*海南粗丝木,毛蕊木*
粗丝木属 Gomphandra Wall. ex Lindl.(茶茱萸科)
粗穗大节竹 Indosasa ingens Hsueh & Yi (禾本科)
粗穗胡椒 Piper tsangyuanense P.S.Chen & P.C. Zhu (胡椒科),*狗芦子*
粗穗柯(植物志 22)=耳叶柯
粗穗龙竹 Dendrocalamus pachystachys Hsueh & D.Z.Li (禾本科),*蚌竹,白竹,粉竹,甜竹*
粗穗蛇菰 Balanophora dioica R.Br.(蛇菰科)
粗穗石栎(植物志 22)=耳叶柯
粗莛报春 Primula aemula I.B.Balf. & Forr.(报春花科)
粗筒唇柱苣苔 Chirita crassituba W.T.Wang(苦苣苔科)
粗筒苣苔 Briggsia kurzii (C.B.Clarke) W.E. Evans (苦苣苔科)
粗筒苣苔属 Briggsia Craib(苦苣苔科)
粗筒兔耳草 Lagotis kongboensis Yamaz.(玄参科)
粗序南星 Arisaema dilatatum Buchet (天南星科),*南星*
粗序重寄生 Phacellaria caulescens Collett. & Hemsl.(檀香科)
粗芽鹅掌柴 Schefflera yui Tseng & Hoo(五加科),*季川鹅掌柴*
粗野马先蒿 Pedicularis rudis Maxim.(玄参科)
粗叶地桃花 Urena lobata var. scabriuscula (DC.) Walp. (锦葵科),*消风草,千锤草,田芙蓉*
粗叶短肠蕨(分类学报)=卵叶短肠蕨
粗叶耳草 Hedyotis verticillata (L.) Lam.(茜草科),*细茜草,锅老根,杀虫草*
粗叶红景天(拉汉名称和手册)=粗茎红景天
粗叶卷柏 Selaginella trachyphylla A.Br.(卷柏科),*肺筋草,石柏*
粗叶毛梗翠雀花(Flora 6)=毛柄川黔翠雀花
粗叶猕猴桃 Actinidia glaucophylla var. robusta C.F.Liang(猕猴桃科)
粗叶木 Lasianthus chinensis (Champ.) Benth.(茜草科),*粗叶树,鸡屎木,鸡屎树,木黄,木鸡屎藤,树鸡屎藤*
粗叶木属 Lasianthus Jack(茜草科)
粗叶蒲桃 Syzygium lasianthifolium Chang & Miau (桃金娘科)
粗叶榕(海南志)=极简榕
粗叶榕(中药辞海)=极简榕
粗叶榕 Ficus hirta Vahl(桑科),*大青叶,佛掌榕,火龙叶,鸡脚掌牛奶子,三龙爪,五龙根,五指毛桃,五指牛奶,五爪龙,丫枫小树,掌叶榕,掌叶榕*
粗叶鼠李(秦岭志)=甘青鼠李
粗叶树(中草药汇编)=粗叶木
粗叶水锦树 Wendlandia scabra Kruz(茜草科),*黄皮花树,碎米花树,千里木原赤木*
粗叶悬钩子 Rubus alceaefolius Poir.(蔷薇科),*八月泡,大劳坛,大破皮刺,大叶蛇泡竻,虎掌竻,九月泡,老虎泡,牛尾泡*
粗硬毛斑叶兰 Goodyera hispida Lindl.(兰科)
粗硬毛柽柳(英拉汉名称)=刚毛柽柳
粗硬毛黑草 Buchnera hispida Ham.(玄参科)
粗硬毛洛美塔 Lomatia hirsuta (Lam.) Diels (山龙眼科)
粗沼拉拉藤 Galium karakulense Pobed.(茜草科)
粗枝冬青 Ilex robusta C.J.Tseng(冬青科)
粗枝杜鹃 Rhododendron basilicum Balf.f. & W. W.Sm. (杜鹃花科)
粗枝锦鸡儿 Caragana crassispina Marq.?(豆科)
粗枝木麻黄 Casuarina glauca Sieb. ex Spreng.(木麻黄科),*蓝枝木麻黄,坚木麻黄,银木麻黄,长叶木麻黄*
粗枝腺柃 Eurya glandulosa var. dasyclados (Kobuski) H.T.Chang(山茶科)
粗枝小檗 Berberis dasyclada Ahrendt (小檗科)
粗枝绣球 Hydrangea robusta HK.f. & Thoms.(虎耳草科),*长翅绣球,粗壮绣球,大枝挂苦树,大枝绣球,合骨韦,鸡骨头,洛氏绣球花,乐思绣球,南川绣球,圆叶绣球*
粗枝崖摩 Amoora dasyclada (How & T.Chen) C. Y.Wu (楝科),*红椤*
粗枝玉山竹 Yushania pachyclada Yi (禾本科)
粗枝猪毛菜 Salsola subcrassa M.Pop.(藜科)
粗轴荛花 Wikstroemia pachyrachis S.L.Tsai(瑞香科),*厚轴荛花*
粗株猪毛菜(新)Salsola subcrassas M.Pop.(藜科),*苏打猪毛菜*
粗珠果葶苈(植物志 33)=球果葶苈
粗柱灯心草 Juncus crassistylus A.Camus(灯心草科)
粗柱杜鹃 Rhododendron crassistylum M.Y.He (杜鹃花科)
粗壮变型(植物志 66)=高原香薷
粗壮变种(植物志 65-2)=粗壮小野芝麻(新)
粗壮变种(植物志 66)=寸金草
粗壮翠雀(植物志 27)=裂瓣翠雀
粗壮单花荠 Pegaeophyton scapiflorum subsp. robustum (O.E.Schulz.) Al-Shehbaz (十字花科),*粗壮无茎芥*
粗壮迭叶楼梯草 Elatostema salvinioides var. robustum W.T.Wang(荨麻科)
粗壮耳蕨 Polystichum robustum Ching ex L.B. Zhang & H.S.Kung(鳞毛蕨科)
粗壮凤仙花 Impatiens robusta HK.f.(凤仙花科)
粗壮腹水草 Veronicastrum robustum (Diels) Hong (玄参科)
粗壮冠唇花 Microtoena robusta Hemsl.(唇形科),*石姜草*
粗壮黄芪(植物研究)=乌拉特黄芪
粗壮鸡脚参 Orthosiphon robustus HK.f.(唇形科)
粗壮角萼翠雀花 Delphinium ceratophorum var. robustum W.T.Wang(毛茛科)
粗壮景天 Sedum engleri Hamet(景天科),*滇边景天*
粗壮龙胆(蒙大学报)=粗壮秦艽
粗壮女娄菜(秦岭志)=坚硬女娄菜
粗壮女贞 Ligustrum robustum (Roxb.) Bl. (木犀科),*藏女贞,虫蜡树,冬青,苦丁茶,水白蜡,向阳柳,野冬麦,紫金条*
粗壮排香草 Anisochilus robustus HK.f.(唇形科)
粗壮秦艽 Gentiana robusta King ex HK.f.(龙胆科),*粗壮龙胆*

粗壮琼楠 Beilschmiedia robusta Allen(樟科)
粗壮秋海棠 Begonia robusta Bl.(秋海棠科)
粗壮曲瓣梾木 Swida monbeigii var. crassa (Fang & W.K.Hu) Fang & W.K.Hu(山茱萸科)
粗壮润楠 Machilus robusta W.W.Sm.(樟科)
粗壮山香圆 Turpinia robusta Craib(省沽油科)
粗壮省藤 Calamus giganteus var. robustus S.J. Pei & S.Y.Chen (棕榈科)
粗壮鼠尾黄 Rungia robusta C.B.Clarke ex C.Y. Wu?(爵床科)
粗壮嵩草 Kobresia robusta Maxim.(莎草科)
粗壮唐松草 Thalictrum robustum Maxim.(毛茛科)
粗壮文竹 Asparagus plumosus var. robustus Hort. (百合科)
粗壮无茎芥(东林汇刊)=粗壮单花荠
粗壮小野芝麻(新)Galeobdolon chinense var. arbustum C.Y.Wu(唇形科),*粗壮变种*
粗壮小鸢尾 Iris proantha var. valida (Chien) Y.T. Zhao (鸢尾科),*拟罗斯鸢尾大花变种*
粗壮绣球(西藏志)=粗枝绣球
粗壮绣线菊 Spiraea robusta (HK.f. & Thoms.) Hand.-Mazz.?(蔷薇科)
粗壮岩黄芪 Hedysarum polybotrys var. robustum K.T.Fu(豆科)
粗壮野青茅 Deyeuxia arundinacea var. robusta (Franch. & Sav.) P.C.Kuo & S.L.Lu(禾本科)
粗壮阴地蕨 Botrychium robustus (Rupr.) Underw. (阴地蕨科)
粗壮银莲花 Anemone robusta W.T.Wang(毛茛科)
粗壮獐牙菜 Swertia hookeri C.B.Clarke(龙胆科)
粗壮珍珠菜 Lysimachia robusta Hand.-Mazz. (报春花科)
粗状毛秋海棠 Begonia strigillosa A.Dietr.(秋海棠科)
粗子草(拉汉名称)=瘤果芹
粗棕竹 Rhapis robusta Burret (棕榈科),*龙州棕竹*
醋栗(果树分类学)=刺果茶藨子
醋柳(山西)=中国沙棘
醋栗属(果树分类学)=**茶藨子属**
醋酸果(广东)=南酸枣
醋糟(食疗本草)=稻
醋糟(食疗本草)=高粱
醋糟(食疗本草)=普通小麦
簇百金花 Centaurium scilloides (L.f.) Samp.(龙胆科)
簇刺小檗 Berberis actinacantha Mart. ex Roem. & Schlt.(小檗科)
簇梗橐吾 Ligularia tenuipes (Franch.) Diels.(菊科)
簇花茶藨子 Ribes fasciculatum S. & Z.(虎耳草科),*蔓茶藨子*,*薮山楂子*
簇花唇柱苣苔 Chirita fasciculiflora W.T.Wang (苦苣苔科)
簇花灯心草 Juncus ranarius Song. & Perr.(灯心草科)
簇花龙胆(植物志 62)=五岭龙胆
簇花猕猴桃 Actinidia fasciculoides C.F.Liang (猕猴桃科)
簇花蒲桃 Syzygium fruticosum (Roxb.) DC.(桃金娘科)
簇花芹 Soranthus meyeri Ledeb.(伞形科),*草参*
簇花芹属 Soranthus Ledeb.(伞形科)
簇花清风藤 Sabia fasciculata Lecomte ex L. Chen (清风藤科),*小发散*
簇花球子草 Peliosanthes teta Andr.(百合科)
簇花蛇根草 Ophiorrhiza fasciculata D.Don(茜草科)
簇花粟米草(海南志)=长梗星粟草
簇花獐牙菜 Swertia fasciculata T.N.Ho & S.W. Liu (龙胆科)
簇花醉鱼草(植物志 61)=皱叶醉鱼草
簇芥 Pycnoplinthus uniflorus (HK.f. & Thoms.) O.E.Schulz (十字花科)
簇芥属 Pycnoplinthus O.E.Schulz (十字花科)
簇茎石竹 Dianthus repens Willd.(石竹科)
簇蓼(中药大辞典)=丛枝蓼
簇毛杜鹃 Rhododendron wallichii HK.f.(杜鹃花科)
簇毛椴 Tilia neglecta Spach.(椴树科)
簇毛柳 Salix maerkangensis N.Chao(杨柳科)
簇毛槭(东北木本志)=髭脉槭
簇蕊金花茶 Camellia fascicularis Chang(山茶科)
簇生柴胡 Bupleurum condensatum Shan & Y.Li (伞形科)
簇生红珠小檗 Berberis angulosa var. fasciculata Ahrendt (小檗科)
簇生椒(植物志 67-1)=辣椒
簇生卷耳 Cerastium pauciflorum subsp. triviale (Link) Jalas(石竹科),*高脚鼠耳草*,*婆婆指甲草*,*破花絮草*
簇生驴蹄草 Caltha caespitosa N.Schipcz.(毛茛科)
簇生囊种草(高等图鉴补编)=囊种草
簇生女娄菜(拉汉名称)=垫状蝇子草
簇生泉卷耳 Cerastium fontanum subsp. vulgare (Hartm.) Greut. & Burdet(石竹科)
簇生柔子草(西藏志)=囊种草
簇生委陵菜 Potentilla turfosa Hand.-Mazz.(蔷薇科),*翻背白草*,*白头翁*,*涩疙瘩*
簇生无心菜 Arenaria yunnanensis var. caespitosa C.Y.Wu(石竹科)
簇生银莲花 Anemone fasciculata L.(毛茛科)
簇穗薹草 Carex fastigiata Franch.(莎草科)
簇序草 Craniotome furcata (Link) O.Kitze(唇形科)
簇序草属 Craniotome Reichenb.(唇形科)
簇序润楠 Machilus fasciculata H.W.Li(樟科)
簇叶兰属 Diuris Sm.(兰科),*都瑞斯兰属*
簇叶新木姜子 Neolitsea confertifolia (Hemsl.) Merr.(樟科),*丛叶楠*,*香桂子树*,*密叶新木姜*
簇叶沿阶草 Ophiopogon tsaii Wang & Tang(百合科)
簇枝补血草 Limonium chrysocomum (Kar. & Kir.) Ktze.(白花丹科),*细簇补血草*,*矮簇补血草*

Cuan

汆头蓝草(上海)=紫萍
窜地香(江西)=活血丹

Cui

催眠睡茄 Withania somnifera Dunal.(茄科)
催乳藤 Heterostemma oblongifolium Cost.(萝藦科),*奶汁藤*,*长圆叶醉魂藤*
催生草(云南药用名录)=箭叶大油芒
催生药(云南)=多花野牡丹
催吐白前 Cynanchum vincetoxicum (L.) Pers. (萝藦科)
催吐鲫鱼藤 Secamone minutiflora (Woods.) Tsiang (萝藦科)
催吐萝芙木 Rauvolfia vomitoria Afzel. ex Spreng. (夹竹桃科)
脆骨风(中草药汇编)=青皮木
脆果山姜 Alpinia globosa Horan.(姜科)
脆菊(广州)=蜡菊
脆兰属 Acampe Lindl.(兰科)
脆弱凤仙花 Impatiens infirma HK.f.(凤仙花科)
脆舌姜 Zingiber fragile S.Q.Tong(姜科)
脆舌砂仁 Amomum fragile S.Q.Tong (姜科)
脆铁线蕨 Adiantum tenerum Sw.(铁线蕨科)
脆叶碎米蕨 Cheilosoria fragilis (HK.) Ching & Shing (中国蕨科)
脆叶轴果蕨 Rhachidosorus blotianus Ching(蹄盖蕨科)
脆早熟禾 Poa fragilis Ovcz. & Czuk.(禾本科)
脆枝耳稃草 Garnotia fragilis Santos (禾本科)
脆轴偃麦草 Elytrigia juncea (L.) Nevski (禾本科)
翠柏(华北经济志)=粉柏
翠柏 Calocedrus macrolepis Kurz(柏科),*大鳞肖楠*,*长柄翠柏*
翠柏属 Calocedrus Kurz(柏科)
翠凤草属 Pitcairnia L'Her (凤梨科)
翠花卷瓣兰(台湾兰科植物)=斑唇卷瓣兰
翠花元宝掌 Gastrolea pfrimmeri E.Walth.(百合科)
翠花掌(新拉汉英)=什锦芦荟
翠茎冷水花 Pilea hilliana Hand.-Mazz.(荨麻科)
翠菊 Callistephus chinensis (L.) Nees(菊科),*五月菊*,*江西腊*
翠菊属 Callistephus Cass.(菊科)
翠蕨 Anogramma microphylla (HK.) Diels(裸子蕨科)
翠蕨属 Anogramma Link (裸子蕨科)
翠蓝茶(亨氏植物名录)=翠蓝绣线菊
翠蓝绣线菊 Spiraea henryi Hemsl.(蔷薇科),*翠蓝茶*,*亨利绣线菊*
翠蓝绣线菊峨眉变种(植物志 36)=峨眉翠蓝绣线菊(新)
翠丽薹草 Carex speciosa Kunth(莎草科)
翠瓴翎草(汪连仕:采药书)=翠云草
翠翎草(纲目拾遗)=茑萝松
翠绿凤尾蕨 Pteris longipnula Wall. ex Agardh (凤尾蕨科)
翠绿针毛蕨 Macrothelypteris viridifrons (Tagawa) Ching(金星蕨科),*假普通针毛蕨*
翠南报春(中药大辞典)=樱草
翠屏草(云南)=镜面草
翠雀(民族药志)=白蓝翠雀花
翠雀 Delphinium grandiflorum L.(毛茛科),*鸽子花*,*百部草*,*鸡爪连*
翠雀花叶乌头 Aconitum delphinifolium DC.(毛茛科)
翠雀叶蟹甲草 Parasenecio delphiniphyllus (Lévl.) Y.L.Chen(菊科),*燕草叶蟹甲草*
翠雀属 Delphinium L.(毛茛科)
翠叶菊 Senecio fulgens (HK.f.) Nichols.(菊科)
翠叶芦荟(新拉汉英)=库拉索芦荟
翠羽草(纲目拾遗)=翠云草
翠玉斑叶兰(台兰科图鉴)=光萼斑叶兰
翠云草(河南,山东)=中华卷柏
翠云草 Selaginella uncinata (Desv.) Spring(卷柏科),*百脚草*,*绸缎草*,*翠瓴翎草*,*翠羽草*,*地柏工叶*,*鹤翎草*,*还魂草*,*回生草*,*剑柏*,*开屏凤毛*,*孔雀花*,*蓝地柏*,*龙鳞草*,*龙须*,*龙爪草*,*神锦花*,*石打穿*,*岩萍*,
翠枝柽柳 Tamarix gracilis Willd.(柽柳科)

翠竹 Sasa pygmaea (Miq.) E.G.Camus (禾本科)
翠子菜(广西)=贵州半蒴苣苔
菆(高等图鉴)=穗状狐尾藻

Cun

寸八节(重庆)=九龙盘
寸草 Carex duriuscula C.A.Mey.(莎草科),*卵穗薹草*
寸冬(四川)=麦冬
寸骨七(陕西)=过路黄
寸节七(陕西中草药)=大叶堇菜
寸节七(陕西中草药)=辽宁堇菜
寸金草(贵州)=皱叶繁缕
寸金草 Clinopodium megalanthum (Diels) C.Y. Wu & Husan(唇形科),*灯笼花,莲台夏枯草,麻布草,山夏枯草,蛇床子,土白芷,盐烟苏,粗壮变种,披针叶变种,美丽变种,居间变种*
寸芸(中草药汇编)=肉苁蓉

Cuo

痤地菊(植物志 76-1)=裸柱菊
厝箕藤(闽东本草)=多花勾儿茶
错那垂头菊 Cremanthodium conaense S.W.Liu (菊科)
错那翠雀花 Delphinium conaense W.T.Wang(毛茛科)
错那多榔菊 Doronicum conaense Y.L.Chen(菊科)
错那耳蕨 Polystichum stenophyllum var. conaense (Ching & S.K.Wu) W.M.Chu & Z. R.He (鳞毛蕨科)
错那繁缕 Stellaria decumbens var. arenarioides L.H.Zhou (石竹科),*雪灵芝状繁缕*
错那凤仙花 Impatiens cuonaensis Y.L.Chen(凤仙花科)
错那蒿 Artemisia conaensis Ling & Y.R.Ling(菊科),*灰蒿,察尔汪*
错那虎耳草 Saxifraga auriculata var. conaensis J. T.Pan (虎耳草科)
错那箭竹 Fargesia grossa Yi (禾本科)
错那景天 Sedum tsonanum K.T.Fu (景天科)
错那乌头 Aconitum gammiei Stapf(毛茛科)
错那小檗 Berberis griffithiana Schyneid. (小檗科)
错那雪兔子 Saussurea gossypiphora var. conaensis S.W.Liu(菊科)
错那獐牙菜 Swertia conaensis T.N.Ho & S.W. Liu (龙胆科)
错枝冬青 Ilex intricata HK.f.(冬青科),*扭冬青*
错枝榄仁 Terminalia intricata Hand.-Mazz.(使君子科),*云南榄仁*

Da

搭袋藤(广东从化)=阔裂叶羊蹄甲
搭袋藤(广西)=龙须藤
搭棚藤 Poranopsis discifera (C.K.Schneid) Staples (旋花科)
搭山獐牙菜 Swertia tozanensis Hay.(龙胆科),*高山当药,塔山獐牙菜*
达边蕨 Tapeinidium pinnatum (Cav.) C.Chr. (陵齿蕨科)
达边蕨属 Tapeinidium (Presl) C.Chr.(陵齿蕨科)
达尔文小檗 Berberis darwinii HK.(小檗科)
达耳马氏远志 Polygala dalmaisiana Bailey (远志科)
达风藤(云南)=黑龙骨
达弗里亚龙胆(东北检索表)=小秦艽
达果(藏语)=黄苞南星
达哈(西藏)=镰荚棘豆
达赫斯坦黄芩 Scutellaria daghestanica Grossh. (唇形科)
达呼尔胡枝子(豆科图说)=兴安胡枝子
达呼里早熟禾 Poa dahurica Trin.(禾本科)
达赖蒿(甘肃,内蒙古)=米蒿
达赖-沙里尔日(蒙语)=米蒿
达里(藏名)=照山白
达力羊牙干(蒙名)=独行菜
达连黄芩 Scutellaria darriensis Grossh.(唇形科)
达仑柃(分类学报)=独龙柃
达扭(四川德格)=迷果芹
达色青荚叶 Helwingia japonica var. grisea Fang & Soong(山茱萸科)
达氏兜兰 Paphiopedilum dayanum (Rchb.f.) Pfitz. (兰科)
达氏算盘子(拉汉名称)=革叶算盘子
达瓦罗玛节洒(藏族语)=独角莲
达瓦斯鸢尾 Iris darwasica Rgl.(鸢尾科)
达旺小檗 Berberis buchananii var. tawangensis Ahrendt (小檗科)
达乌里风毛菊 Saussurea davurica Adams(菊科)
达乌里胡枝子(中药辞海)=兴安胡枝子
达乌里黄芪 Astragalus dahuricus (Pall.) DC.(豆科),*兴安黄芪*
达乌里卷耳 Cerastium davuricum Fisch. ex Spreng. (石竹科)
达乌里龙胆(北部植物图志)=小秦艽
达乌里落叶松(分类学报)=落叶松
达乌里落叶松兴安变种(分类学报)=落叶松
达乌里秦艽(植物志 62)=小秦艽
达乌里鼠李(中药辞海)=鼠李
达乌里芯芭 Cymbaria dahurica L.(玄参科),*大黄花,白蒿茶,芯芭,芯玛芭*
达乌里羊茅 Festuca dahurica (St.-Yves) Krecz. & Bobr.(禾本科)
达夏(西藏)=臭棘豆
达夏(西藏)=镰荚棘豆
达香蒲 Typha davidiana (Kronf.) Hand.-Mazz. (香蒲科)
达子香(东北各地)=兴安杜鹃
答黎竹(竹谱详录)=车筒竹
鞑靼滨藜 Atriplex tatarica L.(藜科)
鞑靼补血草 Limonium tataricum Mill.(白花丹科)
鞑靼狗娃花 Heteropappus tataricus (Lindl.) Tamamsch. (菊科)
鞑靼蓼(中药大辞典)=苦荞麦
鞑靼槭 Acer tataricum L.(槭树科)
鞑靼驼舌草 Goniolimon tataricum (L.) Boiss. (白花丹科)
鞑新菊(西藏中草药)=川西小黄菊
打卜子(海南)=少花龙葵
打不死(广西)=护耳草
打不死(广西)=紫花八宝
打不死(广西中草药)=波缘冷水花
打不死(广西中药志)=落地生根
打不死(秦岭志)=凹叶景天
打不死(秦岭志)=云南红景天
打不死(四川)=齿叶费菜
打布巴(西藏藏语)=独一味
打虫果(云南)=密齿酸藤子
打毒根 Aster batangensis var. staticefolius (Franch.) Ling(菊科),*匙叶变种*
打堵吴拍(丽江版纳语)=滇边大黄
打风草(中药大辞典)=陀螺紫菀
打古子(四川)=茅膏菜
打鼓藤(广东增城)=香港瓜馥木
打互金(中草药汇编)=绉面草
打火草(植物志 75)=泥泊尔香青
打箭风毛菊 Saussurea tatsienensis Franch.(菊科)
打箭菊(中国民族药志)=川西小黄菊
打箭炉虎耳草 Saxifraga tatsienluensis Engl.(虎耳草科)
打箭炉龙胆 Gentiana tatsienensis Franch.(龙胆科)
打箭炉蔷薇(新)Rosa tatsienlouensis Card?(蔷薇科)
打箭炉蹄盖蕨(蕨类形态)=希陶蹄盖蕨
打箭马先蒿 Pedicularis tatsienensis Bur. & Franch. (玄参科)
打箭薹草 Carex tatsiensis (Franch.) Kükenth.(莎草科)
打结花(四川,广西,云南西畴)=结香
打烂碗花(中草药汇编)=栽秧花
打冷冷(云南)=川滇无患子
打锣锤(河南)=漏芦
打麻刺(云南)=犁头尖
打玛兴美玛多尔布(藏名)=粉红树形杜鹃
打米花(贵州)=飞蛾藤
打盆打碗(河北)=乳浆大戟
打破碗花(福建中草药)=羊角拗
打破碗花(丽江)=两头毛
打破碗花(云南,贵州)=旋花
打破碗花花 Anemone hupehensis Lem.(毛茛科),*霸王草,遍地爬,大头翁,盖头花,火草花,满天飞,山棉花,五雷火,五匹草野棉花*
打枪果(贵州草药)=扁核木
打枪子(分类草药性)=薄叶鼠李
打色眼树(广东增城)=黄丹木姜子
打蛇棒(福建) = 天南星
打水花(内蒙)=小花糖芥
打斯都巴拉(内蒙古)=女蒿
打铁树(海疆同)=密花树
打铁树 Myrsine linearis (Lour.) Poiret(紫金牛科),*雀仔肾,辣草,烧灰树,钝叶密花树*
打头泡(广西兽医植物)=灯笼草
打碗花(贵州)=旋花
打碗花(河北)=乳浆大戟
打碗花(河南)=欧旋花
打碗花(山西)=圆叶牵牛
打碗花 Calystegia hederacea Wall.(旋花科),*常春藤叶天剑扶苗,扶七秧子,扶秧,扶子苗,富子根,傅斯劳草,富苗秧,钩耳藤,狗儿蔓,狗儿完,狗儿秧,狗耳苗,狗耳丸,喇叭花,老母猪草,泸旋花,面根草,面根藤,奶浆藤,南面根,盘肠参,铺地参,蒲地参,兔儿苗,兔耳草,小旋花,旋花,旋花苦蔓,燕覆子,走丝牡丹*
打碗花属 Calystegia R.Br.(旋花科)
打碗子根(草木便方)=薏米
打油果(云南)=扁核木
打油果(云南)=灯油藤
打字草(安徽)=赶山鞭
大裂叶萝白树(海南志)=调羹树
大阿米芹 Ammi majus L.(伞形科)
大阿魏 Ferula communis L.(伞形科)
大矮陀陀(云南)=糖胶树
大艾(江苏,江西,上海)=艾
大安水蓑衣 Hygrophila pogonocalyx Hay.(爵床科)
大桉 Eucalyptus grandis Hill ex Maiden(桃金娘科)
大暗消(云南)=古钩藤
大八幡草 Boykinia major Gray (虎耳草科)

大八角 Illicium majus HK.f. & Thoms.(木兰科),*神仙果*
大巴(西藏藏语)=独一味
大巴巴叶(云南中草药)=景东翅子树
大巴戟(中国物产志)=巴戟天
大霸山兰 Oreorchis bilamellata Fukuyama(兰科)
大掰角牛(云南)=大白药
大白菜(北京)=白菜
大白刺 Nitraria roborowskii Kom.(蒺藜科),*齿叶白刺,罗氏白刺*
大白地榆 Sanguisorba sitchensis C.A.Mey.(蔷薇科),*白花地榆,大白花地榆*
大白顶草(贵州草药)=田野千里光
大白杜鹃 Rhododendron decorum Franch.(杜鹃花科),*大白花杜鹃*
大白饭果(云南)=包疮叶
大白蒿(甘肃)=大籽蒿
大白花(云南)=白花洋紫荆
大白花地榆(长白山药志)=大白地榆
大白花杜鹃(云南志)=大白杜鹃
大白芨(广西)=大叶仙茅
大白芨(陕西中草药)=杜鹃兰
大白及(南宁)=鹤顶兰
大白柳 Salix maximowiczii Kom.(杨柳科)
大白前(广西马山)=通脉丹
大白柔香(中药大辞典)=乳白香青
大白山茶 Camellia albogigas Hu(山茶科)
大白石枣(甘肃)=变叶海棠
大白藤 Calamus faberii Becc.(棕榈科),*多果省藤*
大白杨(陕西)=汉白杨
大白药 Marsdenia griffithii HK.f.(萝藦科),*小白前,蛆藤,大对节生,大掰角牛,白药牛奶菜*
大白叶仔(台湾)=银叶树
大白叶子火草(思茅中草药)=锯叶合耳菊
大白芸豆(云南)=棉豆
大百部(新华本草纲要)=细花百部
大百部 Stemona tuberosa Lour.(百部科),*对叶百部,九重根,山百部根,大春药,百部,野天门*
大百部还阳(云南保山)=毛过山龙
大百合 Cardiocrinum giganteum (Wall.) Makino (百合科),*山菠萝根,山芋头,马兜铃,云南大百合*
大百合属 Cardiocrinum (Endl.) Lindl.(百合科)
大百解薯(广西)=广西马兜铃
大败酱 Patrinia punctiflora var. robusta Hsu & H.J.Wang (败酱科),*萌菜*
大斑鸠米(广西药用名录)=裸花紫珠
大斑叶兰(高等图鉴)=斑叶兰
大斑叶兰(兰花全书)=大花斑叶兰
大板山蚤缀(青藏图鉴补编)=黑蕊无心菜
大半边莲(黑龙江)=山梗菜
大半边莲(中草药选编)=粗喙秋海棠
大半边旗(海南志)=疏羽半边旗
大半夏(曲靖,昆明,富沅,西畴)=象头花
大半夏(四川北川)=花南星
大半夏(四川剑阁)=天南星
大半夏(云南丽江)=象南星
大半夏(云南腾冲)=雪里见
大半药(四川会东)=宝兴马兜铃
大瓣毛茛 Ranunculus platypetalus (Hand.-Mazz.) Hand.-Mazz.(毛茛科)
大瓣芹 Semenovia transiliensis Rgl. & Herd.(伞形科)
大瓣芹属 Semenovia Rgl. & Herd.(伞形科)
大瓣溲疏 Deutzia calycosa var. macropetala Rehd. (虎耳草科)
大瓣铁线莲(东北检索表)=长瓣铁线莲
大瓣绣球(植物志 35-1)=中国绣球
大瓣紫花山莓草 Sibbaldia purpurea var. macropetala (Muraj.) Yü & Li(蔷薇科),*紫花五蕊梅,紫花山金梅*
大苞矮泽芹 Chamaesium spatuliferum (W.W.Sm.) Norm.(伞形科)
大苞半蒴苣苔 Hemiboea magnibracteata Y.G.Wei & H.Q.Wen(苦苣苔科)
大苞滨藜 Atriplex centralasiatica var. megalotheca (M.Pop.) G.L.Chu(藜科)
大苞彩花 Acantholimon bracteatum (Girard) Boiss.(白花丹科)
大苞茶 Camellia grandibracteata Chang & Yü (山茶科)
大苞柴胡 Bupleurum euphorbioides Nakai(伞形科)
大苞长柄山蚂蝗 Podocarpium williamsii (Ohashi) Yang & Huang(豆科)
大苞赤瓟 Thladiantha cordifolia (Bl.) Cogn.(葫芦科)
大苞唇柱苣苔 Chirita brachytricha var. magnibracteata W.T.Wang & D.Y.Chen(苦苣苔科)
大苞粗毛杨桐 Adinandra hirta var. macrobracteata (L.K.Ling) L.K.Ling(山茶科)
大苞大黄(拉汉名称)=苞叶大黄
大苞点地梅 Androsace maxima L.(报春花科)
大苞杜若 Pollia macrobracteata D.Y.Hong(鸭跖草科)
大苞耳草 Hedyotis bracteosa Hance(茜草科)
大苞凤仙花 Impatiens balansae HK.f.(凤仙花科),*指甲花,急性子,凤仙透骨草*
大苞红景天(植物志 34-1)=德钦红景天
大苞黄精 Polygonatum megaphyllum P.Y.Li(百合科)
大苞寄生 Tolypanthus maclurei (Merr.) Danser (桑寄生科)
大苞寄生属 Tolypanthus (Bl.) Reichb.(桑寄生科)
大苞姜(植物志 16-2)=苞叶姜
大苞姜属 Caulokaempferia K.Larsen (姜科)
大苞景天 Sedum oligospermum Maire(景天科),*凹叶大苞景天,苞叶景天凹叶变种,苞叶景天,一朵云,山胡豆,鸡爪七,活血草*
大苞苣苔 Anna submontana Pellegr.(苦苣苔科)
大苞苣苔属 Anna Pellegr.(苦苣苔科)
大苞兰 Sunipia scariosa Lindl.(兰科)
大苞兰属 Sunipia Lindl.(兰科)
大苞蓝 Tetraglochidium gigantodes (Lindau) C.Y.Wu & C.C.Hu(爵床科),*大苞马蓝*
大苞棱子芹 Pleurospermum macrochlaenum K.T.Fu & Y.C.Ho(伞形科)
大苞裂叶报春(高等图鉴)=条裂叶报春
大苞柳 Salix pseudospissa Görz.(杨柳科)
大苞龙船花(中草药植物)=薄叶龙船花
大苞漏斗苣苔 Didissandra begoniifolia Lévl.(苦苣苔科)
大苞马蓝(广西植物)=大苞蓝
大苞木荷 Schima grandiperulata Chang(山茶科)
大苞木蓝(西藏志)=苞叶木蓝
大苞千斤拔(豆科图说)=球穗千斤拔
大苞鞘花 Elytranthe albida (Bl.) Bl.(桑寄生科)
大苞鞘花属 Elytranthe Bl.(桑寄生科)
大苞芹(高等图鉴)=马蹄芹
大苞山茶 Camellia granthamiana Sealy(山茶科)
大苞山黑豆(植物志 41)=小鸡藤
大苞蛇根草 Ophiorrhiza grandibracteolata How ex Lo(茜草科)
大苞石豆兰 Bulbophyllum cylindraceum Lindl.(兰科)
大苞石斛 Dendrobium wardianum Warner(兰科),*腾冲石斛*
大苞石竹 Dianthus hoeltzerri Winkl.(石竹科),*宽叶石竹*
大苞水竹叶 Murdannia bracteata (C.B.Clarke) J.K.Morton ex Hong(鸭跖草科)
大苞藤黄 Garcinia bracteata C.Y.Wu & Y.H.Li (藤黄科)
大苞天芥菜 Heliotropium marifolium Retz.(紫草科)
大苞乌头 Aconitum raddeanum Rgl.(毛茛科)
大苞小檗 Berberis grandibracteata Ahrendt (小檗科)
大苞萱草 Hemerocallis middendorfii Trautv. & Mey. (百合科),*大花萱草*
大苞悬钩子 Rubus wangii Metc.(蔷薇科)
大苞血桐 Macaranga bracteata Merr.(大戟科)
大苞鸭跖草 Commelina paludosa Bl.(鸭跖草科),*大鸭跖草,凤眼灵芝,大竹叶菜*
大苞延胡索 Corydalis sewerzovi Rgl.(罂粟科)
大苞叶猪屎豆(豆科图说)=毛果猪屎豆
大苞鸢尾 Iris bungei Maxim.(鸢尾科)
大苞越桔 Vaccinium modestum W.W.Sm.(杜鹃花科)
大豹皮花 Stapelia gigantea N.E.Br.(萝藦科)
大暴牙郎(云南)=大野牡丹
大贝(通称)=浙贝母
大贝母(纲目拾遗)=土贝母
大本山青(泉州本草)=猫尾豆
大本山芹菜(台湾植物名汇)=台湾独活
大鼻凤仙花 Impatiens nasuta HK.f.(凤仙花科)
大萆薢(福建,湖南)=绵萆薢
大薜荔(苏沈良方)=忍冬
大萹蓄(四川)=萹蓄
大别山丹参 Salvia dabieshanensis J.Q.He (唇形科)
大别山冬青 Ilex dabieshanensis K.Yao & M.P.Deng (冬青科),*小苦丁茶*
大别山五针松 Pinus fenzeliana var. dabeshanensis (W.C.Cheng & Y.W.Law) L.K.Fu & Nan (松科),*安徽五针松*
大滨菊 Leucanthemum maximum (Ramood) DC. (菊科)
大柄草 Marsilea macropus HK.(苹科)
大柄冬青 Ilex macropoda Miq.(冬青科)
大波斯菊(植物学大辞典)=秋英
大脖子(吉林)=大叶子
大脖子药(贵州民间药物)=尖舌苣苔
大脖子药(贵州兴义)=尖舌苣苔
大驳骨(高等图鉴)=黑叶小驳骨
大驳骨(广西)=大叶桂樱
大驳骨(中药大辞典)=黑叶小驳骨
大驳骨丹(岭南采药录)=黑叶小驳骨
大驳骨消(广空中草药手册)=黑叶小驳骨
大驳节(陆川本草)=黑叶小驳骨
大薄荷(重庆)=藿香
大薄叶兰 Lycaste gigantea Lindl.(兰科)
大薄竹 Bambusa pallida Munro(禾本科)
大补血草(新)Limonium macrophyllum (Brouss.) O.Kuntze (白花丹科),*大叶补血草*
大部参(图考)=青荚叶
大菜奶(广西药用名录)=钩吻

大参(吉林)=朝鲜南星
大参(吉林延边)=东北南星
大参 Macropanax oreophilus Miq.(五加科)
大参属 Macropanax Miq.(五加科)
大糙苏(新)Phlomis macrophylla Wall.(唇形科),*大叶糙苏*
大草蔻(图考)=艳山姜
大草乌(云南)=黄草乌
大草乌(云南)=拟显柱乌头
大草乌(云南丽江)=直喙乌头
大茶根(广西药用名录)=楠藤
大茶藤(药用图鉴)=钩吻
大茶药(岭南采药集)=钩吻
大茶叶(广西)=钩吻
大茶叶(江苏药材志)=黄海棠
大察日报春 Primula tsariensis var. porrecta W.W.Sm. (报春花科)
大柴胡(云南维西)=鸡骨柴
大柴胡 Aster ageratoides var. lasiocladus (Hay.) Hand.-Mazz.(菊科),*大鱼鳅串,毛茎马兰,毛枝变种,毛枝三脉紫菀,青竹杆草,银柴胡*
大肠风(广西)=光轴苎叶蒟
大常山(广西药用名录)=三对节
大常山(天目药志)=绢毛山梅花
大厂茶 Camellia tachangensis Zhang(山茶科)
大巢菜(本草纲目)=救荒野豌豆
大巢菜(高等图鉴)=大野豌豆
大巢菜(山西)=黑龙江野豌豆
大朝阳(广西兽医植物)=菜豆树
大车前 Plantago major L.(车前科),*大猪耳朵草,钱贯草*
大齿瓣兰 Odontoglossum grande Lindl.(兰科)
大齿叉蕨 Tectaria coadunata (Wall. ex HK. & Grev.) C.Chr.(叉蕨科),*阴地三叉蕨*
大齿长蒴苣苔 Didymocarpus grandidentatus (W.T.Wang) W.T.Wang(苦苣苔科)
大齿唇柱苣苔 Chirita juliae Hance(苦苣苔科),*宁化唇柱苣苔*
大齿当归(苏南植物手册)=大齿山芹
大齿滇巴豆 Croton yunnanensis var.megadentus W.T.Wang(大戟科)
大齿独活(中草药汇编)=大齿山芹
大齿红丝线 Lycianthes macrodon (Wall.) Bitter (茄科)
大齿黄芩 Scutellaria macrodonta Hand.-Mazz. (唇形科)
大齿马铃苣苔 Oreocharis magnidens Chun ex K.Y.Pan(苦苣苔科)
大齿蒙古栎(河北图志)=蒙古栎
大齿槭 Acer megalodum Fang & Su(槭树科)
大齿山芹 Ostericum grosseserratum (Maxim.) Kitag.(伞形科),*朝鲜独活,朝鲜羌活,大齿当归,大齿独活,福参,碎叶山芹,*
大齿蛇根草 Ophiorrhiza macrodonta Lo(茜草科)
大齿兔唇花 Lagochilus macrodontus Knorring (唇形科),*宽齿兔唇花*
大齿橐吾 Ligularia macrodonta Ling(菊科)
大齿杨 Populus grandidentata Michx.(杨柳科)
大豉藤(广东中药)=薜荔
大翅霸王(沙漠志)=大翅驼蹄瓣
大翅蓟 Onopordum acanthium L.(菊科)
大翅蓟属 Onopordum L.(菊科)
大翅老虎刺 Pterolobium macropterum Kurz(豆科)
大翅秋海棠 Begonia megaptera A.DC.(秋海棠科)
大翅色木槭 Acer mono var. macropterum Fang (槭树科)
大翅驼蹄瓣 Zygophyllum macropterum C.A. Mey (蒺藜科),*大翅霸王*
大翅猪毛菜(东北)=刺沙蓬
大虫楼(广西苍梧)=海芋
大虫芋(广西苍梧)=海芋
大虫芋(广西富钟)=尖尾芋
大臭草(草药汇编)=接骨草
大臭草 Melica turczaninowiana Howi(禾本科)
大臭牡丹(四川)=滇常山
大刍草(植物志 10-2)=类蜀黍
大穿鱼草(中药辞海)=小梾木
大串连果(中草药汇编)=土蜜藤
大疮花(广西玉林)=石柑子
大疮药(贵州)=临时救
大春药(广东梅县)=大百部
大椿(花镜)=南天竹
大唇变种(植物志 65-2,Flora 17)=大唇血见愁(新)
大唇假脉蕨(分类学报)=阔瓣假脉蕨
大唇马先蒿 Pedicularis megalochila Li(玄参科),*大唇马先蒿大唇变种,大唇马先蒿大唇变种大唇变型*
大唇马先蒿大唇变种(植物志 68)=大唇马先蒿
大唇马先蒿大唇变种大唇变型(植物志 68)=大唇马先蒿
大唇马先蒿大唇变种红花变型(植物志 68)=红花大唇马先蒿(新)
大唇马先蒿舌状变种(植物志 68)=舌状大唇马先蒿
大唇拟鼻花马先蒿 Pedicularis rhinanthoides subsp. labellata (Jacq.) Pennell (玄参科),*拟鼻花马先蒿大唇亚种*
大唇香科科 Teucrium labiosum C.Y.Wu & S. Chow (唇形科),*山苏麻,野薄荷*
大唇血见愁(新)Teucrium viscidum var. macrostephanum C.Y.Wu & S.Chow(唇形科),*大唇变种*
大唇羊耳蒜(中药辞海)=福建羊耳蒜
大茨藻 Najas marina L. (茨藻科)
大慈姑 Sagittaria montevidensis Cham. & Schlecht. (泽泻科)
大刺棒棕 Bactris major Jacq.(棕榈科)
大刺茶藨(高等图鉴)=长刺茶藨子
大刺茶藨子 Ribes alpestre var. giganteum Jancz. (虎耳草科),*长刺李,光果高山醋栗*
大刺儿菜(植物志 78-1)=刺儿菜
大刺蕨(台湾志)=根叶刺蕨
大刺麻栗(云南)=圆芽锥
大刺密花小檗 Berberis densiflora var. macracantha Boiss.(小檗科)
大刺小檗 Berberis macracantha Schrad.(小檗科)
大刺熏(中药大辞典)=刺盖蓟
大葱皮木(河北内丘)=葱皮忍冬
大粗根鸢尾 Iris tigridia var. fortis Y.T.Zhao(鸢尾科)
大促筋草(云南中草药)=小花五味子
大簇补血草 Limonium chrysocomum var. semenovii (Herd.) Kamelin(白花丹科)
大打不死(四川中药志,云南)=八宝
大丹叶(生草药性备要)=九节
大刀豆(分类草药性)=刀豆
大刀药(广西)=钝齿红紫珠
大荻(河北植物栽培名录)=大油芒
大地柏枝(江西)=长江蹄盖蕨
大地丁草(广西中药志)=白背黄花稔
大地棕(四川)=大叶仙茅
大棣山芙蓉(海南)=美丽芙蓉
大颠茄(广东宝安,九龙)=黄果茄
大颠茄(广西)=野茄
大靛(江苏)= 欧洲菘蓝
大靛根(生草药性备要)=木蓝
大吊兰(湖南药物志)=石仙桃
大丁草 Gerbera anandria (L.) Sch.-Bip.(菊科),*豹子花,拨毒草,翻白叶,加苏,苦马菜,龙根草,骂巴成,米汤菜,铺地白,蒲脚莲,踏地香,雅白菜*
大丁草属 Gerbera Cass.(菊科)
大丁刺(云南)=圆叶美登木
大丁黄(辽宁新金)=大叶糙苏
大丁茄子(广西上思)=山茄
大丁香(中草药汇编,云南药用名录)=头花猪屎豆
大顶观音座莲 Angiopteris late-terminalis Ching (观音座莲科)
大顶叶碎米荠(植物志 33)=圆齿碎米荠
大东俄芹 Tongoloa elata Wolff(伞形科)
大洞果(纲目拾遗)=胖大海
大豆 Glycine max (L.) Merr.(豆科),*白豆,大豆豉,大豆黄,大豆黄卷,大豆卷,大豆蘖,大菽,淡豉,淡豆豉,冬豆子,豆黄,豆黄卷茶,豆蘖,腐巴,腐沫,锅炙,黑大豆,黑豆,黄大豆,黄豆,蒲州豉,菽,乌豆*
大豆豉(名医别录)=大豆
大豆花(河北)=大山黧豆
大豆黄(食疗本草)=大豆
大豆黄卷(本经)=大豆
大豆卷(本草经集注)=大豆
大豆蔻(常用中草药手册)=艳山姜
大豆蔻 Hornstedtia hainanensis T.L.Wu & Senjen (姜科)
大豆蔻属 Hornstedtia Retz.(姜科)
大豆蘖(食经)=大豆
大豆属 Glycine Willd.(豆科),*黄豆属*
大独活(东北检索表)=朝鲜当归
大独脚金 Striga masuria (Ham. ex Benth.) Benth. (玄参科),*小白花苏,干草,小白花草*
大独叶草(云南)=牛蒡叶橐吾
大杜若 Pollia hasskarlii Rolla Rao(鸭跖草科),*粗柄杜若,大剑叶木,竹节兰,占点领*
大肚脐(广东)=木竹子
大渡求米草(禾本科图说)=大叶竹叶草
大渡乌头 Aconitum franchetii Finet & Gagn.(毛茛科)
大椴 Tilia nobilis Rehd. & Wils.(椴树科)
大对节生(云南)=大白药
大对节生(云南新平)=翅果藤
大对经草(陕西)=突脉金丝桃
大对叶草(江西,广东,广西,四川,湖北,湖南)=元宝草
大对月草(中药大辞典)=穿心莛子藨
大朵林(云南)=短萼海桐
大峨眉蕨 Lunathyrium wilsonii var. maximum Ching & Z.R.Wang(蹄盖蕨科)
大莪白兰(台湾志)=橙黄鸢尾兰
大鹅儿肠(贵州方药集)=皱叶繁缕
大鹅儿肠(湖北恩施)=峨眉繁缕
大鹅儿肠(陕西石泉)=鹅肠菜
大鹅观草 Roegneria grandis Keng(禾本科)
大鄂红豆(广东)=海南红豆
大萼赤瓟 Thladiantha grandisepala A.M.Lu & Z.Y.Zhang(葫芦科)

大萼臭牡丹 Clerodendrum bungei var. megacalyx C.Y.Wu ex S.L.Chen(马鞭草科)

大萼党参 Codonopsis macrocalyx Diels(桔梗科),*巨萼党参,党参,线党*

大萼杜鹃 Rhododendron megacalyx Balf.f. & K.Ward(杜鹃花科)

大萼方腺景天 Sedum susannae var. macrosepalum K.T.Fu (景天科),*方腺景天大萼变种*

大萼冠唇花 Microtoena megacalyx C.Y.Wu(唇形科)

大萼黄瑞木(高等图鉴补编)=大萼杨桐

大萼金丝桃 Hypericum macrosepalum Redh.(藤黄科)

大萼葵 Cenocentrum tonkinense Gagn.(锦葵科)

大萼葵属 Cenocentrum Gagn.(锦葵科)

大萼蓝钟花 Cyananthus macrocalyx Franch.(桔梗科)

大萼连蕊茶 Camellia macrosepala Chang(山茶科)

大萼铃子香 Chelonopsis forrestii Anthony(唇形科)

大萼琉璃草 Cynoglossum macrocalycinum Riedl (紫草科)

大萼龙骨花 Hereroa calycina L.Bol.(番杏科)

大萼鹿角藤(云南中草药选)=长萼鹿角藤

大萼毛蕊茶 Camellia assimiloides Sealy(山茶科)

大萼莓系(新拉汉英)=大萼早熟禾

大萼米饭花(西藏志,云南志)=大萼珍珠花

大萼木荷 Schima macrosepala Chang(山茶科)

大萼木姜子 Litsea baviensis Lec.(樟科),*毛丹,黄槁,托壳果,白面槁,白肚槁,香椒槁*

大萼楠 Phoebe megacalyx H.W.Li(樟科)

大萼啮瓣景天 Sedum daigremontianum var. macrosepalum Fröd.(景天科),*啮瓣景天大萼变种*

大萼日本通泉草(新)Mazus japonicus var. macrocalyx (Bonati) Tsoong (玄参科),*大萼通泉草*

大萼山土瓜 Ipomoea wangii C.Y.Wu(旋花科)

大萼溲疏 Deutzia calycosa Rehd.(虎耳草科),*宾川溲疏*

大萼通泉草(新拉汉英)=大萼日本通泉草(新)

大萼通泉草 Mazus pumilus var. macrocalyx (Bonati) T.Yamazaki(苦苣苔科),*通泉草大萼变种*

大萼兔耳草 Lagotis clarkei HK.f.(玄参科)

大萼委陵菜 Potentilla conferta Bge.(蔷薇科),*白毛委陵菜,大头委陵菜,热干巴*

大萼香茶菜 Isodon macrocalyx (Dunn) Kudô (唇形科),*大叶香茶菜,歧伞香茶菜*

大萼小檗 Berberis macrosepala HK.f. & Thoms.(小檗科)

大萼杨桐 Adinandra glischroloma var. macrosepala (Metc.) Kobuski(山茶科),*大萼黄瑞木,华红淡*

大萼羽叶花 Acomastylis macrosepala (Ludlow) Yü & Li(蔷薇科)

大萼早熟禾 Poa macrocalyx Trautv. & Mey.(禾本科),*大萼莓系*

大萼珍珠花 Lyonia macrocalyx (Anth.) Airy-Shaw (杜鹃花科),*大萼米饭花*

大尔卜兴(藏名)=中国沙棘

大耳峨眉蕨 Lunathyrium auriculatum W.M.Chu & Z.R.Wang ex Z.R.Wang(蹄盖蕨科)

大耳稃草 Garnotia maxima Santos (禾本科)

大耳坭竹 Bambusa macrotis Chia & H.L.Fung(禾本科)

大耳叶风毛菊 Saussurea macrota Franch.(菊科)

大二郎箭(四川)=过江藤

大发(中药志)=胖大海

大发表(中药大辞典)=三棱枝杭子梢

大发汰藤(图考)=白花藤萝

大发汗(广西)=华鼠尾草

大发汗(图考,云南中草药)=藤萝

大发汗(云南中草药)=白花藤萝

大发汗(云南中草药选)=滇桂崖豆藤

大发散(云南思茅)=假烟叶树

大发散(植物志 74)=滇缅斑鸠菊

大繁缕(中药辞海)=皱叶繁缕

大饭团(广西中草药)=异形南五味子

大饭团藤(广西药用名录)=黑老虎

大方八(中药材手册)=马钱子

大防己(广西)=纤冠藤

大飞天蜈蚣(中草药汇编)=利黄藤

大飞羊(生草药性备要)=飞扬草

大肥牛(植物志 77-1)=白子菜

大肺筋草(重庆草药)=鹿蹄草

大肺经草(中草药汇编)=薄片变豆菜

大风艾(广西)=艾纳香

大风草(广东)=琴叶紫菀

大风草(图考)=膜叶星蕨

大风寒(西昌中草药)=华南毛蕨

大风寒草(四川)=三花莸

大风茅(中草药学)=柠蒙草

大风沙藤(植物志 30-1)=异形南五味子

大风藤(广西药用名录)=毛葡萄

大风藤(江西中药)=地锦

大风藤(台湾)=风藤

大风消(江西草药手册)=野扇花

大风药(广西)=尖尾枫

大风叶(广西)=大叶紫珠

大风叶(江西)=尖齿臭茉莉

大风叶(生草药性备要)=艾纳香

大风子 Hydnocarpus anthelminthica Pierre ex Gagn. (大风子科),*驱虫大风子,泰国大风子,大枫子*

大风子科 Flacourtiaceae

大风子属 Hydnocarpus Gaertn.(大风子科)

大枫子(草品汇精要)=大风子

大凤尾草(湖南)=亨利原始观音座莲

大凤仙花 Impatiens grandis Heyne (凤仙花科)

大凤丫蕨 Coniogramme gigantea Ching ex Shing(裸子蕨科)

大凤玉 Astrophytum capricorne cv. Crassipinum (仙人掌科)

大佛肚竹 Bambusa vulgaris cv. Wamin (禾本科)

大夫叶(中药志)=牛蒡

大芙乐兰(中山大辞典)=大馥兰

大拂子茅 Calamagrostis macrolepis Litv.(禾本科)

大浮萍(贵州草药)=槐叶苹

大浮萍(生草药性备要)=大薸

大幅棕(海南志)=双籽棕

大福球 Mammillaria perbella Hildm.(仙人掌科)

大附子(云南通海)=尖尾芋

大腹毛(医林纂要)=槟榔

大腹皮(侯宁波:药谱)=槟榔

大腹绒(药材学)=槟榔

大腹子(开宝本草)=槟榔

大馥兰 Phreatia morii Hay.(兰科),*大芙乐兰*

大盖球子草 Peliosanthes macrostegia Hance(百合科)

大盖蹄盖蕨(西藏志)=滇南蹄盖蕨

大盖蹄盖蕨 Athyrium macrocarpum (Bl.) Bedd.(蹄盖蕨科)

大盖铁角蕨 Asplenium bullatum Wall. ex Mett.(铁角蕨科),*大铁角蕨*

大疳根(广西药用名录)=潺槁木姜子

大岗茶(广西)=厚壳树

大戆毒(云南曲靖)=爬树龙

大高丛玉簪 Hosta fortunei var. gigantea Bailey (百合科)

大高良姜(广州志,药典 2000)=红豆蔻

大格罗兰 Glossodia major R.Br.(兰科)

大根槽舌兰 Holcoglossum amesianum (Rchb.f.) Christenson (兰科),*九爪龙,万带兰,接骨草,千台楼,心不死,吊兰*

大根唇柱苣苔 Chirita macrorhiza D.Fang & D.H.Qin (苦苣苔科)

大根卡姆皮洛兰 Campylocentrum pachyrrhizum (Rchb.f.) Rolfe (兰科)

大根兰 Cymbidium macrorhizon Lindl.(兰科)

大弓锯蕨 Doodia maxima J.Sm.(乌毛蕨科)

大钩丁(广西药用名录)=大叶钩藤

大钩藤叶(云南中草药)=景东翅子树

大钩叶藤 Plectocomia assamica Griff.(棕榈科)

大狗尾草(四川中药志)=狼尾草

大狗尾草 Setaria faberii Herrm.(禾本科),*法氏狗尾草,谷莠子*

大狗响铃(云南)=菽麻

大骨风(南宁药志)=艾纳香

大骨牌草(湖南药物志)=乌苏里瓦韦

大骨碎补(广东)=崖姜蕨

大瓜槌草(台湾志)=根叶漆姑草

大关杜鹃 Rhododendron atrovirens Franch.(杜鹃花科),*深青叶杜鹃,暗绿杜鹃*

大关耳蕨 Polystichum daguanense Ching ex L.L.Xiang(鳞毛蕨科)

大关柳 Salix daguanensis P.Y.Mao & P.X.He(杨柳科)

大关山南星 Arisaema biradiatifolium Kitam.(天南星科)

大关石杉 Huperzia tahkuanensis Ching(石杉科)

大关杨(河南)=小钻杨

大观音座莲(新拉汉英)=略大观音座莲(新)

大观音座莲 Angiopteris magna Ching(观音座莲科),*马蹄根,大马蹄蕨,观音座莲,大莲座蕨,马蹄蕨,故季马*

大管马先蒿 Pedicularis macrosiphon Franch.(玄参科)

大贯贯(山东,江苏)=紫萁

大贯众(四川)=狗脊

大光萼荷 Aechmea gigantea Bak.(凤梨科)

大光金鱼藤 Columnea glabra var. major (苦苣苔科)

大桂(本经)=肉桂

大果(植物志 47-1)=异木患

大果阿魏 Ferula lehmannii Boiss.(伞形科)

大果安息香(广西乔灌木名录)=中华安息香

大果安息香 Styrax macrocarpus Cheng(安息香科)

大果巴戟 Morinda cochinchinensis DC.(茜草科),*酒饼藤,黄心藤,大果巴戟天*

大果巴戟天(海南志)=大果巴戟

大果菝葜 Smilax megacarpa A.DC.(百合科)

大果百蕊草 Thesium jarmilae Hendry.(檀香科),*珠峰百蕊草*

大果柏木 Cupressus macrocarpa Hartw.(柏科)

大果报春 Primula megalocarpa Hara(报春花科),

凹瓣大叶报春
大果翅籽荠 Galitzkya potaninii (Maxim.) V.V. Botsch. (十字花科),*大果团扇荠,哈密庭荠*
大果虫实 Corispermum macrocarpum Bge.(藜科)
大果椆(高等图鉴)=大果青冈
大果臭椿 Ailanthus altissima var. sutchuenensis (Dode) Rehd. & Wils.(苦木科),*大果樗树*
大果樗树(树木分类学)=大果臭椿
大果刺柏 Juniperus macrocarpa Sibth.(柏科)
大果刺篱木 Flacourtia ramontchii L'Herit.(大风子科),*挪挪果,野李子,山李子,木关果,棠梨*
大果粗叶榕 Ficus hirta var. roxburghii (Miq.) King (桑科),*大果佛掌榕,青冈果,马草果,猫卵子果*
大果大戟 Euphorbia wallichii HK.f.(大戟科),*长虫山大戟,云南大戟*
大果德钦杨 Populus haoana var. macrocarpa C. Wang & Tung (杨柳科)
大果地杨梅 Luzula rufescens var. macrocarpa Buchen.(灯心草科)
大果冬青 Ilex macrocarpa Oliv.(冬青科),*见水蓝,狗沾子,臭樟树,青刺香,白银杏,绿豆青黑果果树,青皮槭*
大果杜鹃(高等图鉴,植物志 57-1)=中国木兰杜鹃花
大果杜鹃 Rhododendron glanduliferum Franch. (杜鹃花科),*腺花杜鹃*
大果杜英 Elaeocarpus fleuryi A.Chev ex Gagn. (杜英科)
大果钝叶栒子(新)Cotoneaster hebephyllus var. majuscula W.W.Sm.(蔷薇科),*钝叶栒子大果变种*
大果峨眉蕨(植物研究)=直立介蕨
大果房县槭 Acer franchetii var. megalocarpum Fang & W.K.Hu(槭树科)
大果飞蛾藤(植物志 64-1)=大果三翅藤
大果佛掌榕(云南植物名录)=大果粗叶榕
大果高河菜 Megacarpaea megalocarpa (Fisch. ex DC.) Fedtsch.(十字花科)
大果勾儿茶 Berchemia hirtella Tsai & Feng(鼠李科),*景东蛇藤*
大果沟子荠(植物志 33)=沟子荠
大果狗牙花 Ervatamia macrocarpa (Jack) Merr. (夹竹桃科)
大果核子木 Perrottetia macrocarpa C.Y.Cheng (卫矛科)
大果褐叶榕 Ficus pubigera var. maliformis (King) Corner(桑科)
大果红翅槭(静生汇报)=大果罗浮槭
大果红花荷 Rhodoleia macrocarpa Chang(金缕梅科)
大果红景天 Rhodiola macrocarpa (Praeg.) S.H. Fu (景天科),*宽果红景天,前进景天*
大果红山茶 Camellia magnocarpa (Hu & Huang) Chang (山茶科)
大果红杉 Larix potaninii var. australis A.Henry ex Hand.-Mazz.(松科)
大果厚皮香 Ternstroemia insignis Y.C.Wu(山茶科)
大果花旗松(分类学报)=大果黄杉
大果花楸 Sorbus megalocarpa Rehd.(蔷薇科),*沙糖果*
大果花楸圆果变种(植物志 36)=圆大果花楸(新)
大果怀特冠瓣 Lophopetalum wightianum var. macrocarpum Pierre (卫矛科)
大果槐 Sophora macrocarpa Smith (豆科)
大果黄杉 Pseudotsuga macrocarpa (Torrey) Mayr (松科),*大果花旗松*
大果棘豆 Oxytropis macrocarpa Kar. & Kir. (豆科)
大果计时草(植物大辞典)=大果西番莲
大果檵木 Loropetalum lanceum Hand.-Mazz. (金缕梅科)
大果夹竹桃(海南)=断肠花
大果假茀蕨(高等图鉴)=大果假瘤蕨
大果假瘤蕨 Phymatopteris griffithiana (HK.) Pic. Serm. (水龙骨科),*金星草,石韦,葛氏费蕨,大果假茀蕨*
大果假水晶兰 Cheilotheca macrocarpa (H.Andr.) Y.L.Chou(鹿蹄草科),*大果拟水晶兰,台湾拟水晶兰,拟水晶兰,假水晶兰,浙江假水晶兰,台湾假水晶兰*
大果假卫矛(分类学报)=大叶假卫矛
大果角鳞果棕 Pholidocarpus macrocarpus Becc.(棕榈科)
大果绞股蓝 Gynostemma burmanicum var. molle C.Y.Wu ex C.Y.Wu & S.K.Chen(葫芦科)
大果介蕨(贵州科学)=直立介蕨
大果酒饼簕 Atalantia guillauminii Swigle(芸香科)
大果咀彭(广西)=南山藤
大果咀签 Gouana leptostachya var. macrocarpa Pitard (鼠李科)
大果榉 Zelkova sinica Schneid.(榆科),*小叶榉树,圆齿鸡油树,抱树,赤肚榆*
大果蜡瓣花(海南志)=瑞木
大果棱果芥(植物志 33)=棱果糖芥
大果冷水花 Pilea macrocarpa C.J.Chen(荨麻科)
大果栎 Quercus macrocarpus Michx.(壳斗科)
大果鳞斑荚蒾 Viburnum punctatum var. lepidotulum (Merr. & Chun) Hsu(忍冬科),*鳞粃荚蒾,鳞毛荚蒾*
大果鳞毛蕨 Dryopteris panda (C.B.Clarke) Christ (鳞毛蕨科)
大果柃 Eurya chukiangensis Hu(山茶科)
大果琉璃草 Cynoglossum divaricatum Steph. ex Lehm.(紫草科),*大粘染子,倒提壶,大赖毛七,琉璃草根*
大果龙须兰 Catasetum macrocarpum L.C.Rich. (兰科)
大果罗浮槭 Acer fabri var. megalocarpum Hu & Cheng (槭树科),*大果红翅槭*
大果落新妇 Astilbe macrocarpa Knoll(虎耳草科)
大果马蹄荷 Exbucklandia tonkinensis (Lec.) Steenis (金缕梅科)
大果毛蒿豆(东北木本志)=红莓苔子
大果毛柃 Eurya megatrichocarpa H.T.Chang(山茶科)
大果美洲茶 Ceanothus megacarpus Nutt.(鼠李科)
大果蒙古栎 Quercus mongolica var. macrocarpa H.W.Jen & L.M.Wang (壳斗科)
大果米努草 Minuartia macrocarpa (Pursh) Ostenf. (石竹科)
大果绵果芹 Cachrys macrocarpa Ledeb.(伞形科)
大果木加五(分类学报,广西植物名录)=大果树参
大果木姜子 Litsea lancilimba Merr.(樟科),*毛丹母,青吐木,青吐八角,八角带,假檬果*
大果木莲 Manglietia grandis Hu & Cheng(木兰科)
大果楠 Phoebe macrocarpa C.Y.Wu (樟科)
大果囊薹草 Carex magnoutriculata Tang & Wang ex L.K.Dai(莎草科)
大果能加棕 Nenga macrocarpa Scort. ex Becc. (棕榈科)
大果拟水晶兰(拉汉名称)=大果假水晶兰
大果女贞 Ligustrum confusum var. macrocarpum C.B.Clarke(木犀科)
大果欧亚槭 Acer pseudoplatanus f. euchlorum Spaeth.(槭树科)
大果欧洲刺柏 Juniperus communis var. megistocarpa Fern. & St.John (柏科)
大果爬藤榕 Ficus sarmentosa var. duclouxii (Lévl. & Vant.) Corner(桑科),*象奶果,冰粉藤*
大果泡桐(河南)=白花泡桐
大果匍匐十大功劳 Mahonia repens var. macrocarpa Joiun (小檗科)
大果七叶树 Aesculus chuniana Hu & Fang(七叶树科),*焕镛七叶树*
大果亲族薹草 Carex gentilis var. macrocarpa Tang & Wang ex L.K.Dai(莎草科)
大果青冈 Cyclobalanopsis rex (Hemsl.) Schott. (壳斗科),*大果椆*
大果青扦 Picea neoveitchii Mast.(松科),*青扦杉,紫树,爪松*
大果秋海棠 Begonia macrocarpa Warb.(秋海棠科)
大果人面子 Dracontomelon macrocarpum H.L. Li (漆树科),*马个*
大果忍冬 Lonicera hildebrandiana Coll. & Hemsl. (忍冬科)
大果榕 Ficus auriculata Lour.(桑科),*馒头果,大无花果,波罗果,大木瓜,蜜楷杷,大石榴*
大果芮德木(植物图谱)=木瓜红
大果三翅藤 Tridynamia sinensis (Hemsl.) Staples (旋花科),*异萼飞蛾藤,大果飞蛾藤*
大果沙拐枣(新)Calligonum macrocarpum Boszcz.? (蓼科)
大果山杜英(海南志)=滇越杜英
大果山核桃 Carya glabra var. megacarpa (Sarg.) Sarg.(胡桃科)
大果山胡椒 Lindera praecox (S. & Z.) Bl.(樟科)
大果山香圆(峨眉图志)=硬毛山香圆
大果山香圆 Turpinia pomifera (Roxb.) DC.(省沽油科)
大果山楂(广西)=云南山楂
大果珊瑚冬青 Ilex coralina var. macrocarpa S.Y. Hu (冬青科),*卵果冬青*
大果上叶(云南)=栗鳞贝母兰
大果蛇根草 Ophiorrhiza wallichii HK.f.(茜草科)
大果省沽油(峨眉图志)=膀胱果
大果柿(海南凌水)=琼岛柿
大果树参 Dendropanax macrocarpus C.N.Ho(五加科),*大果木加五*
大果树萝卜 Agapetes megacarpa W.W.Sm.(杜鹃花科)
大果水韭 Isoëtes macrospora Durieu (水韭科)
大果水翁 Cleistocalyx conspersipunctatus Merr. & Perry(桃金娘科)
大果水栒子 Cotoneaster multiflorus var. calocarpus Rehd. & Wils.(蔷薇科),*水栒子大果变种*

大果水竹叶 Murdannia macrocarpa Hong(鸭跖草科)
大果松 Pinus coulteri D.Don (松科)
大果藤黄 Garcinia pedunculata Roxb.(藤黄科),*奇尼昔*
大果铁杉 Tsuga chinensis var. robusta Cheng & L.K.Fu(松科)
大果铜锣(广东,高等图鉴)=丛花厚壳桂
大果团扇荠(植物志 33)=大果翅籽荠
大果臀果木 Pygeum macrocarpum Yü & Lu(蔷薇科)
大果微花藤 Iodes balansae Gagn.(茶茱萸科)
大果委陵菜 Potentilla taronensis Wu ex Yü & Li(蔷薇科)
大果卫矛 Euonymus myrianthus Hemsl.(卫矛科),*黄楮,梅风,白鸡槿,青得乃*
大果五加(科属辞典)=马蹄参
大果五加属(科属辞典)=**马蹄参属**
大果五月茶 Antidesma nienkui Merr. & Chun (大戟科),*海南五月茶*
大果西畴崖爬藤 Tetrastigma sichouense var. megalocarpum C.L.Li(葡萄科)
大果西番莲 Passiflora quadrangularis L.(西番莲科),*日本瓜,大转心莲,大西番莲,大果计时草*
大果西风芹 Seseli aemulans M.Pop.(伞形科)
大果仙灯 Calochortus macrocarpus Dougl.(百合科)
大果纤细马先蒿(新)Pedicularis gracilis subsp. macrocarpa Tsoong(玄参科),*纤细马先蒿大果亚种*
大果腺萼木 Mycetia macrocarpa How ex Lo(茜草科)
大果香樟(云南大姚)=刀把木
大果小檗 Berberis fengii S.Y.Bao(小檗科)
大果小叶栒子(新)Cotoneaster microphyllus var. conspicuus Messel(蔷薇科),*小叶栒子大果变种*
大果辛果漆 Drimycarpus anacardiifolius C.Y. Wu & T.L.Ming(漆树科)
大果兴安落叶松(东北木本志)=落叶松
大果熊果 Arctostachylos glauca Lindl.(杜鹃花科)
大果绣球 Hydrangea macraocarpa Hand.-Mazz.(虎耳草科),*白绒绣球*
大果玄参 Scrophularia macrocarpa Tsoong(玄参科),*扫光*
大果雪胆 Hemsleya macrocarpa C.Y.Wu ex C.Y. Wu & C.L.Chen(葫芦科)
大果鸦胆子(云南志)=柔毛鸦胆子
大果野丁香 Leptodermis wilsoni Hort. ex Diels (茜草科)
大果瘿椒树 Tapiscia sinensis var. macrocarpa T.Z.Hsu(省沽油科)
大果油麻藤 Mucuna macrocarpa Wall.(豆科),*长荚油麻藤,大血藤,海凉藿,褐黧豆,黑白藤,黑骨风,黑肉风,黑血藤,嘿良龙,老鸦花藤,栗茸油麻藤,密绒毛油麻藤,牛豆藤,牛南蛇藤,青山笼,王氏油麻藤,乌龙过江,血藤,鹦哥花藤*
大果鱼鳞蕨 Acrophorus macrocarpus Ching & S.H.Wu (球盖蕨科)
大果俞藤 Yua austro-orientalis (Metc.) C.L.Li (葡萄科),*东南爬山虎*
大果榆 Ulmus macrocarpa Hance(榆科),*矮形黄榆,白芜荑,进榆,扁榆,翅枝黄榆,倒卵果黄榆,姑榆,广卵果黄榆,黄榆,柳榆,毛榆,蒙古黄榆,山扁榆,山松榆,山榆,芜荑*
大果圆柏 Juniperus tibetica Kom.(柏科),*西藏圆柏,西康圆柏,黄柏,藏桧,西康桧,甘川圆柏*
大果越桔 Vaccinium macrocarpon Ait.(杜鹃花科),*蔓越桔*
大果云杉(经济植物手册)=云杉
大果枣 Ziziphus mairei Dode(鼠李科),*鸡量果*
大果樟(广西天峨)=米槁
大果竹柏(经济植物手册)=竹柏
大果钻地风 Schizophragma mengalocarpum Chun (虎耳草科)
大过路黄(四川中草药)=叶头过路黄
大过山龙(海南)=茄叶斑鸠菊
大过山龙(云南元江)=爬树龙
大海黄堇 Corydalis feddeana Lévl.(罂粟科),*断肠草*
大海蓼 Polygonum milletii (Lévl.) Lévl.(蓼科),*太白蓼,大红粉*
大海马先蒿 Pedicularis tahaiensis Bonati(玄参科)
大海薹草(新) Carex giraudiasii Lévl.?(莎草科)
大海棠(云南屏边)=粗喙秋海棠
大海子(中药志)=胖大海
大寒药(云南)=假杜鹃
大蒿(湖南)=暗绿蒿
大号角公(浙江)=掌叶复盆子
大号牛奶子(福建草药)=矮小天仙果
大号疟草(福建)=小花琉璃草
大号七星剑(贵州草药)=江南星蕨
大号乳仔草(福建)=飞扬草
大禾叶蕨 Grammitis intromissa (Christ) Parris (禾叶蕨科)
大禾子(江西)=南烛
大合欢属 Zygia P.Br.(豆科)
大和红(昆明草药)=毛杭子稍
大和七(云南)=大花红景天
大河坝黑药草 Roegneria melanthera var. tahopaica Keng(禾本科)
大核果(广东)=木竹子
大核果树(海南)=桃榄
大核台湾冬青 Ilex formosana var. macropyrena S.Y.Hu(冬青科)
大核桃 Juglans major (Torr.) Heller (胡桃科)
大鹤望兰 Strelitzia nicolai Rgl. & Koern.(芭蕉科)
大黑柄铁角蕨(台湾志)=大羽铁角蕨
大黑附子(云南景洪)=海芋
大黑根(植物志 75)=翼茎羊耳菊
大黑骨庆(思茅中草药)=桂叶素馨
大黑骨头(广西)=锈毛络石
大黑蒿(云南中草药)=密花艾纳香
大黑理肺草(云南富民)=山甘草
大黑皮藤椿(海南尖峰岭)=海南暗罗
大黑头草(云南思茅)=大黄药
大黑洋参(云南)=翼茎羊耳菊
大黑药(昆明草药)=翼茎羊耳菊
大黑药(云南中草药)=翼齿六棱菊
大黑叶樟(云南)=云南樟
大横纹(广东)=金叶树
大红参(河南)=漏斗泡囊草
大红草(中草药汇编)=长圆叶艾纳香
大红茶(广西)=厚壳树
大红橙 Citrus sinensis cv. Dahong Cheng(芸香科),*黔阳冰糖橙,大红袍,橘红,芸红,芸皮*
大红豆(广西)=肥荚红豆
大红粉(陕西太白山)=大海蓼
大红柑(植物志 43-2)=茶枝柑
大红柑 Citrus reticulata cv. Dahongan (芸香科),*广陈皮,新会皮,茶枝柑*
大红花(汉英韵府)=朱槿
大红花(湖北,湖南,贵州)=臭牡丹
大红花点地梅(中药大辞典)=景天点地梅
大红花五味子(新)Schisandra grandiflora var. rubri-flora (Rehd. & Wils.) Schneid.(木兰科),*红花五味子*
大红花远志(思茅)=滇缅斑鸠菊
大红黄袍(植物志 37)=大乌泡
大红金鱼藤 Columnea gloriosa Sprague (苦苣苔科)
大红柳 Salix cheilophila var. microstachyoides (C.Wang & P.Y.Fu) C.Wang & C.F.Fang (杨柳科)
大红毛花(思茅中草药)=景东翅子树
大红毛叶(云南中草药)=景东翅子树
大红牡丹花(南宁药志)=朱蕉
大红袍(贵州草药)=饿蚂蝗
大红袍(贵州民间药物)=铁仔
大红袍(河北)=丹参
大红袍(江西)=糯米团
大红袍(陕西中草药)
大红袍(陕西中草药)=秋海棠
大红袍(四川)=锐裂荷青花
大红袍(图考)=臭牡丹
大红袍(药典 2000,植物志 43-2)=朱红
大红袍(药用志)=羽叶鬼灯檠
大红袍(云南)=南五味子
大红袍(云南丽江,云南植物名录)=毛杭子稍
大红袍(中药辞海)=大红橙
大红泡 Rubus eustephanus Focke ex Diels(蔷薇科)
大红七(云南)=大花红景天
大红蔷薇 Rosa saturata Baker(蔷薇科)
大红心(台湾)=香港算盘子
大红型 Armeniaca mume var. mume f. rubriflora T.Y.Chen(蔷薇科)
大红药(云南楚雄)=木藤蓼
大红英(广西)=毛苍
大红子(贵州)=野山楂
大虹 Hamatocactus hamatacanthus Kunth.(仙人掌科)
大胡椒 Piper umbellatum L.(胡椒科)
大胡椒树(贵州兴义)=猴樟
大胡椒属(植物志 20-1)=**胡椒属**
大胡麻(陕西,甘肃,新疆,内蒙)=亚麻
大胡枝子 Lespedeza daurica var. shimadae (Masamune) Masamune & Hosokawa(豆科)
大虎耳草(中药大辞典)=蒙自虎耳草
大虎皮楠(新)Daphniphyllum majorum Muell.-Arg. (虎皮楠科),*大叶虎皮楠*
大花安顾兰 Anguloa cliftoni Rolfe (兰科)
大花安息香 Styrax grandiflorus Griff.(安息香科),*兰屿安息香*
大花安匝木 Pomaderris ferruginea Sieb. ex Fenzl.(鼠李科)
大花暗罗(树木分类学)=香花暗罗
大花八角 Illicium macranthum A.C.Sm.(木兰科),*限叶树*
大花八角枫(中草药)=云山八角枫
大花菝葜 Smilax megenantha C.H.Wright(百合科)
大花霸王(内蒙志)=大花驼蹄瓣
大花白鼓钉 Polycarpaea gaudiachaudii Gagn. (石竹科)
大花白木香 Rosa banksiae Ait.(蔷薇科)

大花白瑞香 Daphne papyracea var. grandiflora (Meisn. ex Diels) C.Y.Chang(瑞香科)
大花百合 Lilium concolor var. megalanthum Wang & Tang(百合科)
大花百日草 Zinnia grandiflora Nutt.(菊科)
大花斑叶兰 Goodyera biflora (Lindl.) HK.f.(兰科),*长花斑叶兰,双花斑叶兰,大斑叶兰*
大花半雄花 Semeiandra grandiflora HK. & Arn. (柳叶菜科)
大花棒果芥(植物志 33)=少腺爪花芥
大花扁蕾 Gentianopsis grandis (H.Sm.) Ma(龙胆科)
大花变种(植物志 65-2)=宽苞黄芩
大花变种(植物志 65-2,Flora 17)=大花京黄芩(新)
大花变种(植物志 65-2,Flora 17)=大腋花黄芩(新)
大花变种(植物志 66,Flora 17)=大花云南冠唇花(新)
大花变种(植物志 66,Flora 17)=大黄花鼠尾草(新)
大花杓兰 Cypripedium macranthum Sw.(兰科),*大口袋花,黑驴蛋,牌楼七,敦盛章*
大花波斯菊(植物志 75)=大花金鸡菊
大花薄叶铁线莲 Clematis gracilifolia var. macrantha W.T.Wang & M.C.Chang(毛茛科)
大花彩花 Acantholimon venustum Boiss.(白花丹科),*秀丽彩花*
大花糙苏 Phlomis megalantha Diels(唇形科),*老鼠刺*
大花草科 Rafflesiaceae
大花叉柱花 Staurogyne sesamoides (Hand.-Mazz.) B.L.Burtt(爵床科)
大花叉柱兰 Cheirostylis griffithii Lindl. (兰科)
大花钗子股 Luisia magniflora Z.H.Tsi & S.C. Chen (兰科)
大花长生草 Sempervivum grandiflorum Haw. (景天科)
大花长叶微孔草 Microula trichocarpa var. macrantha W.T.Wang(紫草科)
大花车轴草 Trifolium eximium Steph. ex DC. (豆科)
大花虫豆 Cajanus grandiflorus (Benth. ex Baker) van der Maesen(豆科)
大花臭草 Melica grandiflora (Hack.) Koidz.(禾本科)
大花川梨(新)Pyrus pashia var. grandiflora Card.(蔷薇科),*川梨大花变种*
大花川西景天 Sedum rosei var. magniflorum Fröd. (景天科),*川西景天大花变种*
大花刺参 Morina nepalensis var. delavayi (Franch.) C.H.Hsing(川续断科),*刺参,白仙茅,大花藤苓草*
大花刺瓜 Cynanchum megalanthum M.G.Gilb. & P.T.Li(萝藦科)
大花刺果泽泻 Echinodorus grandiflorus (Cham. & Schl.) Micheli.(泽泻科)
大花葱 Allium giganteum Rgl.(百合科),*高葱*
大花酢浆草 Oxalis bowiei Lindl.(酢浆草科)
大花脆蒴报春 Primula hilaris W.W.Sm. (报春花科),*脐点报春*
大花大溲疏 Deutzia magnifica var. latiflora Rehd. (虎耳草科)
大花大序雪胆 Hemsleya megathyrsa var. major C.Y.Wu & C.L.Chen(葫芦科)
大花大籽蒿 Artemisia sieversiana f. grandis Pamp. (菊科)
大花带唇兰 Tainia macrantha HK.f.(兰科),*大花球柄兰*
大花党参 Codonopsis nervosa var. macrantha (Nannf.) L.T.Shen(桔梗科)
大花邓兰(海南志)=阔叶带唇兰
大花地宝兰 Geodorum attenuatum Griff.(兰科),*越南地宝兰*
大花地不容 Stephania macrantha Lo & M.Yang (防已科),*老人头*
大花滇黄堇 Corydalis yunnanensis var. megalantha Diels(罂粟科)
大花点地梅 Androsace euryantha Hand.-Mazz. (报春花科)
大花吊桶兰 Coryanthes macrantha (HK.) HK. (兰科)
大花兜被兰 Neottianthe camptoceras (Rolfe) Schltr. (兰科)
大花独蒜兰 Pleione grandiflora (Rolfe) Rolfe (兰科)
大花杜鹃(西藏志)=林氏杜鹃花
大花杜鹃 Rhododendron megalanthum Fang f. (杜鹃花科),*墨脱杜鹃*
大花短丝花 Laperirousia grandiflora Pourr.(鸢尾科)
大花短柱茶 Camellia kissi var. megalantha Chang (山茶科)
大花对叶兰 Listera grandiflora Rolfe(兰科)
大花多榔菊 Doronicum grandiflorum Lam.(菊科)
大花鳄嘴花 Clinacanthus nutans var. robinsoni R.Ben.(爵床科)
大花飞蛾藤(植物志 64-1)=大花三翅藤
大花粉花溲疏 Deutzia rosea var. grandiflora Rehd. (虎耳草科)
大花粉条儿菜 Aletris megalantha Wang & Tang (百合科)
大花凤眼蓝 Eichhornia crassipes var. major Hort. (雨久花科)
大花福禄草 Arenaria smithiana Mattf.(石竹科),*云南雪灵芝*
大花附地菜 Trigonotis peduncularis var. macrantha W.T.Wang(紫草科)
大花甘青微孔草 Microula pseudotrichocarpa var. grandiflora W.T.Wang(紫草科)
大花甘肃紫堇 Corydalis chingii var. shansinensis W.T.Wang ex Wu & Su(罂粟科)
大花杠柳 Periploca tsangii D.Fang & H.Z.Ling (萝藦科)
大花哥纳香 Goniothalamus griffithii HK.f. & Thoms. (番荔枝科)
大花蒿(俗称)=亚洲大花蒿
大花蒿 Artemisia macrocephala Jacq. ex Bess. (菊科),*草蒿,戈壁蒿*
大花荷包牡丹 Dicentra macrantha Oliv.(罂粟科),*黄药,黄三七,丁三七*
大花鹤顶兰 Phaius magniflorus Z.H.Tsi & S.C. Chen (兰科)
大花鹤虱 Lappula macrantha (Ledeb.) Gürke (紫草科)
大花红淡比 Cleyera japonica var. wallichiana (DC.) Sealy(山茶科)
大花红景天 Rhodiola crenulata (HK.f. & Thoms.) H.Ohba(景天科),*宽瓣红景天,宽叶景天,圆景天,大红七,大和七,大叶红景天,大叶景天*
大花红山茶 Camellia magniflora Chang(山茶科)
大花猴面蝴蝶草 Achimenes grandiflora DC.(苦苣苔科)
大花胡麻草 Centranthera grandiflora Benth.(玄参科),*金猫头,小红药,化血丹*
大花胡颓子 Elaeagnus macrantha Rehd.(胡颓子科)
大花虎耳草 Saxifraga stenophylla Royle(虎耳草科)
大花虎尾兰 Sansevieria grandis HK.f.(百合科)
大花花椒 Zanthoxylum macranthum (Hand.-Mazz.) Huang(芸香科)
大花花锚 Halenia elliptica var. grandiflora Hemsl.(龙胆科),*卵萼花锚*
大花还亮草 Delphinium anthriscifolium var. majus Pamp.(毛茛科),*绿花草*
大花黄堇(云南植物研究)=优雅黄堇
大花黄芩 Scutellaria grandiflora Sims.(唇形科)
大花黄杨 Buxus henryi Mayr.(黄杨科)
大花灰毛景天 Sedum selskianum var. grandiflorum Bar. & Skv.?(景天科)
大花会泽紫堇 Corydalis mairei var. megalantha C.Y.Wu (罂粟科)
大花活血丹 Glechoma sinograndisC.Y.Wu(唇形科),*大筋草,连钱草,般骨消*
大花鸡肉参 Incarvillea mairei var. grandiflora (Wehrh.) Grierson(紫葳科),*山羊参,鸡肉参,土生地*
大花棘豆 Oxytropis grandiflora (Pall.) DC.(豆科)
大花蒺藜 Tribulus cistoides L.(蒺藜科)
大花蓟罂粟 Argemone grandiflora Sweet(罂粟科)
大花荚蒾 Viburnum grandiflorum Wall. ex DC. (忍冬科)
大花假虎刺 Carissa macrocarpa (Eckl.) DC.(夹竹桃科)
大花尖连蕊茶 Camellia cuspidata var. grandiflora Sealy(山茶科)
大花樫木 Dysoxylum leytense Merr.(楝科)
大花剪秋萝(华北经济志要)=剪秋罗
大花椒(广西药用名录)=蚬壳花椒
大花椒(江苏)=野花椒
大花金鸡菊 Coreopsis grandiflora Hogg.(菊科),*大花波斯菊*
大花金钱豹(云南区系报告)=金钱豹
大花金丝桃(陕西)=突脉金丝桃
大花金挖耳 Carpesium macrocephalum Franch. & Sav.(菊科),*香油罐,千日草,神仙草,仙草,大烟锅草*
大花堇叶芥 Neomartinella grandiflora Al-Shehbaz (十字花科)
大花京黄芩(新)Scutellaria pekinensis var. grandiflora C.Y.Wu & H.W.Li(唇形科),*大花变种*
大花荆芥 Nepeta sibirica L.(唇形科)
大花景天 Sedum magniflorum K.T.Fu (景天科)
大花韭 Allium macranthum Baker(百合科)
大花巨紫堇(东北草本志)=大花紫堇
大花卷丹 Lilium leichtlinii var. maximowiczii (Rgl.) Baker(百合科)
大花君子兰(北京志)=君子兰
大花阔蕊兰 Peristylus constrictus (Lindl.) Lindl. (兰科)
大花蓝盆花 Scabiosa tschiliensis var. superba (Grün.) S.Y.He(川续断科)
大花蓝岩参(云南植物名录)=大花毛鳞菊
大花老鹳草(东北检索表)=东北老鹳草

大花老鹳草 Geranium himalayense Klotzsch(牻牛儿苗科)
大花老虎兰 Stanhopea grandiflora (HBK) Rchb.f. (兰科)
大花老牙嘴(广州常见植物,高等图鉴)=山牵牛
大花蕾丽兰 Laelia grandis Lindl. & Paxt.(兰科)
大花肋柱花 Lomatogonium macranthum (Diels & Gilg) Fern.(龙胆科)
大花李榄(植物志 61)=大花流苏树
大花帘子藤 Pottsia grandiflora Markgr.(夹竹桃科),*乳汁藤*
大花列当 Orobanche megalantha H.Sm.(列当科)
大花裂瓜 Schizopepon macranthus Hand.-Mazz.(葫芦科)
大花柃 Eurya magniflora Mao & P.X.He(山茶科)
大花流苏树 Chionanthus ramiflorus var. grandiflorus B.M.Miao(木犀科),*大花李榄*
大花瘤瓣兰(新拉汉英)=大瘤瓣兰(新)
大花瘤瓣兰 Oncidium macranthum Lindl.(兰科)
大花柳叶菜(云南志)=滇藏柳叶菜
大花柳叶菜 Epilobium laxum Royle(柳叶菜科)
大花六道木 Abelia grandiflora (Andre) Rehd. (忍冬科)
大花龙胆 Gentiana szechenyii Kanitz(龙胆科),*邦见恩保,粗根龙胆*
大花龙脑香 Dipterocarpus grandiflorus Blanco (龙脑香科)
大花龙芽草 Agrimonia eupatoria subsp. asiatica (Juzep.) Skalicky(蔷薇科)
大花耧斗菜 Aquilegia glandulosa Fisch. ex Link. (毛茛科)
大花鹿蹄草 Pyrola grandiflora Radius.(鹿蹄草科),*冬绿鹿蹄草,高山鹿蹄草*
大花绿绒蒿 Meconopsis grandis Prain(罂粟科)
大花卵叶半边莲 Lobelia zeylanica var. lobbiana (HK.f. & Thoms.) Lian(桔梗科)
大花罗布麻(通称)=白麻
大花罗氏马先蒿 Pedicularis roylei subsp. megalantha Tsoong(玄参科),*罗氏马先蒿大花亚种*
大花马齿苋 Portulaca grandiflora HK.(马齿苋科),*半支莲,草杜鹃,金丝杜鹃,龙须牡丹,松叶牡丹,太阳花,午时花,洋马齿苋,死不了*
大花马蔺 Iris lactea var. grandiflora Y.T.Zhao (鸢尾科)
大花蔓龙胆 Crawfurdia angustata C.B.Clarke (龙胆科)
大花芒毛苣苔 Aeschynanthus mimetes Burtt(苦苣苔科)
大花毛建草 Dracocephalum grandiflorum L.(唇形科)
大花毛鳞菊 Chaetoseris grandiflora (Franch.) Shih (菊科),*大花蓝岩参*
大花茅根 Perotis macrantha Honda (禾本科)
大花美丽番红花 Crocus speciosus var. aitchisonii Hort.(鸢尾科)
大花美人蕉 Canna generalis Bailey(美人蕉科),*美人蕉*
大花猕猴桃 Actinidia grandiflora C.F.Liang(猕猴桃科)
大花米尔顿兰 Miltonia cuneata Lindl.(兰科)
大花密刺蔷薇 Rosa spinosissima var. altaica (Willd.) Rehd.(蔷薇科)
大花蘼苓草(拉汉名称和手册)=大花刺参
大花牡丹 Paeonia ludlowii (Stern & Tayl.) D.Y. Hong (芍药科)
大花木巴戟 Morinda longissima Y.Z.Ruan(茜草科)
大花木荷 Schima forrestii Airy-Shaw(山茶科)
大花木姜子(新)Dodecadenia grandiflora Nees (樟科),*单花木姜子*
大花木槿 Hibiscus syriacus f. grandiflorus Hort. ex Rehd.(锦葵科)
大花木蓝 Indigofera wilsonii Craib(豆科),*威氏木蓝*
大花南芥 Arabis bijuga Watt(十字花科)
大花囊苞花(植物志 73-1)=大花双参
大花鸟巢兰 Neottia megalochila S.C.Chen(兰科)
大花鸟爪堇菜 Viola pedata var. concolor Holm. (堇菜科)
大花茑萝 Quamoclit grandiflora G.Don (旋花科),*橙红茑萝*
大花牛姆瓜(植物志 29)=牛姆瓜
大花牛眼菊 Buphthalmum grandiflorum L.(菊科)
大花女娄菜(高等图鉴)=大花蝇子草
大花帕里紫堇 Corydalis kingii var. megalantha C.Y.Wu & Z.Y.Su(罂粟科),*结巴铜达*
大花排草(拉汉名称)=大花香草
大花盆距兰 Gastrochilus bellinus (Rchb.f.) Ktze. (兰科)
大花枇杷 Eriobotrya cavaleriei (Lévl.) Rehd.(蔷薇科),*山枇杷*
大花婆婆纳 Veronica himalensis D.Don(玄参科)
大花婆婆纳大花变种(植物志 67-2)=多腺大花婆婆纳
大花漆 Toxicodendron grandiflorum C.Y.Wu & T.L.Ming (漆树科)
大花千斤藤 Ipomoea soluta Kerr.(旋花科)
大花千里光(内蒙志)=琥珀千里光
大花千里光 Senecio megalanthus Y.L.Chen(菊科)
大花茄 Solanum wrightii Benth.(茄科)
大花秦艽(中药辞海)=管花秦艽
大花秦艽 Gentiana macrophylla var. fetissowii (Regel & Winkl.) Ma & K.C.Hsia(龙胆科)
大花青藤 Illigera grandiflora W.W.Sm. & J.F. Jeff. (莲叶桐科),*青藤,红豆七,通气跌打,风车藤*
大花球柄兰(高等图鉴)=大花带唇兰
大花泉卷耳 Cerastium fontanum subsp. grandiflorum H.Hara(石竹科)
大花雀儿豆 Chesneya macrantha Cheng f. ex H. C.Fu (豆科)
大花雀麦 Bromus grandis (Stapf) Meld.(禾本科)
大花忍冬 Lonicera macrantha (D.Don) Spreng. (忍冬科),*大金银花*
大花软枝黄蝉(植物志 63)=软枝黄蝉
大花瑞香 Daphne macrantha Ludlow(瑞香科)
大花鳃兰(新拉汉英)=大鳃兰(新)
大花鳃兰 Maxillaria grandiflora (HBK) Lindl.(兰科)
大花飞蛾藤 Tridynamia megalantha (Merr.) Staples (Merr.) How(旋花科),*锥序飞蛾藤,美飞蛾藤,大花三翅藤*
大花三翅藤 Tridynamia megalantha (Merr.) Staples (旋花科)
大花扫帚状叶澳洲茶 Leptospermum scoparium var. grandiflorum HK.(桃金娘科)
大花山姜 Alpinia uraiensis Hay.(姜科)
大花山兰 Oreorchis nepalensis N.Pearce & Cribb (兰科)
大花山梅花 Philadelphus grandiflorus Willd.(虎耳草科)
大花山牵牛(高等图鉴)=山牵牛
大花山萮菜(植物志 33)=三角叶山萮菜
大花蛇根草 Ophiorrhiza macrantha Lo(茜草科)
大花深红龙胆 Gentiana rubicunda var. purpurata (Maxim.) T.N.Ho(龙胆科)
大花石斛 Dendrobium spectabile (Bl.) Miq.(兰科)
大花石蝴蝶 Petrocosmea grandiflora Hemsl.(苦苣苔科)
大花石上莲 Oreocharis maximowiczii Clarke (苦苣苔科)
大花石竹(广州常见植物)=香石竹
大花柿 Diospyros kaki var. macrantha Hand.-Mazz. (柿科)
大花鼠李 Rhamnus grandiflora C.Y.Wu ex Y.L. Chen (鼠李科)
大花树萝卜 Agapetes neriifolia var. maxima Airy-Shaw (杜鹃花科),*叶上花,石萝卜,树萝卜*
大花双参 Triplostegia grandiflora Gagn.(川续断科),*青羊参,大花囊苞花*
大花水东哥 Saurauia punduana Wall.(猕猴桃科)
大花水蓑衣 Hygrophila megalantha Merr.(爵床科)
大花水田白 Mitrasacme pygmaea var. grandiflora (Hemsl.) Leenhouts(马钱科)
大花嵩草 Kobresia macrantha Böcklr.(莎草科)
大花溲疏 Deutzia grandiflora Bge.(虎耳草科),*华北溲疏,大叶溲疏,卵叶溲疏*
大花素方花(植物志 61)=素方花
大花穗三毛 Trisetum spicatum var. alascanum Malte ex Louis-Marie (禾本科)
大花台湾唐松草 Thalictrum urbainii var. majus T.Schimizu(毛茛科)
大花唐菖蒲 Gladiolus grandis Thunb.(鸢尾科)
大花唐松草 Thalictrum grandiflorum Maxim. (毛茛科)
大花藤 Raphistemma pulchellum (Roxb.) Wall. (萝藦科)
大花藤属 Raphistemma Wall.(萝藦科)
大花天竺葵(高等图鉴,新拉汉英)=家天竺葵
大花田菁 Sesbania grandiflora (L.) Pers.(豆科),*木田菁,红蝴蝶,落皆*
大花铁线莲(东北草本志)=转子莲
大花葶苈 Draba cholaensis W.W.Sm.(十字花科)
大花筒冠花(分类学报)=筒冠花
大花头蕊兰 Cephalanthera damasonium (Miller) Druce(兰科)
大花土圞儿 Apios macrantha Oliv.(豆科)
大花兔唇花 Lagochilus grandiflorus C.Y.Wu(唇形科)
大花菟丝子 Cuscuta reflexa Roxb.(旋花科),*红无娘藤,黄藤草,金丝藤,蛇系腰,无根花,无娘藤,云南菟丝子,展瓣菟丝子*
大花驼蹄瓣 Zygophyllum potaninii Maxim.(蒺藜科),*大花霸王*
大花娃儿藤 Tylophora forrestii M.G.Gilb. & P. T.Li (萝藦科)
大花弯蕊芥(植物志 33)=弯蕊碎米荠

大花万代兰 Vanda coerulea Griff. ex Lindl.(兰科)
大花万寿竹 Disporum megalanthum Wang & Tang(百合科)
大花威灵仙 Clematis courtoisii Hand.-Mazz.(毛茛科)
大花尾萼蔷薇 Rosa caudata var. maxima Yü & Ku (蔷薇科)
大花委陵菜 Potentilla macrosepala Card.(蔷薇科)
大花卫矛 Euonymus grandiflorus Wall.(卫矛科), *摆衣耳柱,滇桂,黑杜仲,火鸡果,金丝杜仲,软皮树,四棱子,痰药,野杜仲*
大花无叶兰 Aphyllorchis gollanii Duthie(兰科)
大花无柱兰 Amitostigma pinguiculum (Rchb.f. & S.Moore) Schltr.(兰科)
大花五味子 Schisandra grandiflora (Wall.) HK.f. & Thoms.(木兰科)
大花五桠果 Dillenia turbinata Fin& & Gagn.(五桠果科)
大花犀角 Stapelia grandiflora Mass.(萝藦科)
大花细辛 Asarum macranthum HK.f.(马兜铃科)
大花细蝇子草(植物志 26)=细蝇子草
大花夏枯草 Prunella grandiflora (L.) Jacq.(唇形科)
大花线柱兰 Zeuxine grandis Seidenf(兰科)
大花香草 Lysimachia grandiflora (Franch.) Hand.-Mazz.(报春花科), *大花排草*
大花香水月季 Rosa odorata var. gigantea (Crép.) Rehd. & Wils.(蔷薇科)
大花象牙参 Roscoea humeana Balf.f. & W.W. Sm. (姜科)
大花小米草 Euphrasia jaeschkei Wettst.(玄参科)
大花小木通 Clematis armandii var. farquhariana (Rehd. & Wils.) W.T.Wang(毛茛科)
大花楔颖草 Apocopis wrightii var. macrantha S.L.Chen (禾本科)
大花绣球藤(新拉汉英)=大绣球藤(新)
大花绣球藤 Clematis montana var. longipes W. T.Wang (毛茛科)
大花萱草(东北检索表)=大苞萱草
大花玄参 Scrophularia delavayi Franch.(玄参科)
大花悬钩子 Rubus wardii Merr.(蔷薇科)
大花旋覆花(植物志 75)=欧亚旋覆花
大花旋覆花 Inula grandiflora Willd.(菊科)
大花旋蒴苣苔 Boea clarkeana Hemsl.(苦苣苔科), *散血草,旋蒴苣苔*
大花雪胆 Hemsleya grandiflora C.Y.Wu ex C.Y. Wu & C.L.Chen(葫芦科)
大花亚麻 Linum grandiflorum Desf.(亚麻科)
大花延龄草 Trillium grandiflorum Salisb.(百合科)
大花岩参(西藏志)=缘毛毛鳞菊
大花沿阶草 Ophiopogon megalanthus Wang & Dai (百合科)
大花羊耳蒜 Liparis distans C.B.Clarke(兰科)
大花药(丽江)=两头毛
大花野古草 Arundinella grandiflora Hack.(禾本科)
大花野青茅 Deyeuxia megalantha Keng(禾本科)
大花野豌豆 Vicia bungei Ohwi(豆科), *老豆蔓,毛苕子,三齿草藤,三齿萼野豌豆,三齿野豌豆,山黧豆,山豌豆,野豌豆*
大花伊犁黄芪 Astragalus iliensis var. macrostephanus S.B.Ho(豆科)
大花益母草 Leonurus macranthus Maxim.(唇形科), *爱母草,白花益母草,茺蔚,茺玉子,灯笼,地母草,红花益母草,苦草子,六角天麻,落地艾,森蒂,铁麻干,小胡麻,野黄麻,野麻,野天麻,益母艾,益母草,益母蒿,益母夏枯草,月母草,錾菜*
大花淫羊藿 Epimedium grandiflorum Mort.(小檗科)
大花银莲花 Anemone sylvestris L.(毛茛科)
大花蚓果芥(植物志 33)=蚓果芥
大花蝇子草 Silene grandiflora Franch.(石竹科), *金蝴蝶,大花女娄菜*
大花油点草 Tricyrtis formosana var. grandiflora S.S.Ying(百合科)
大花玉凤花(新拉汉英)=大玉凤花(新)
大花玉凤花 Habenaria intermedia D.Don(兰科)
大花鸢尾(新)Iris gigantea Carr.(鸢尾科), *大鸢尾*
大花圆锥绣球 Hydrangea paniculata var. grandiflora Sieb.(虎耳草科)
大花云南冠唇花(新)Microtoena delavayi var. grandiflora Prain(唇形科), *大花变种*
大花云南桤叶树 Clethra delavayi var. yuiana (S.Y.Hu) C.Y.Wu & L.C.Hu(桤叶树科)
大花蚤缀 Arenaria grandiflora L.(石竹科)
大花窄翼黄芪 Astragalus degensis var. rockianus Pet.-Stib.(豆科)
大花折叶兰 Sobralia macrantha Lindl.(兰科)
大花珍珠菜 Lysimachia violascens Franch.(报春花科)
大花栀子(浙南本草新编)=白蟾
大花蜘蛛抱蛋 Aspidistra tonkinensis (Gagn.) Wang & Liang(百合科)
大花钟萼草 Lindenbergia grandiflora Benth.(玄参科)
大花猪牙花 Erythronium grandiflorum Pursh.(百合科)
大花竹叶蒲桃 Syzygium myrsinifolium var. grandiflorum Chang & Miau(桃金娘科)
大花烛 Anthurium cultorum Birdsey (天南星科)
大花紫堇 Corydalis macrantha (Rgl.) M.Popov (罂粟科), *大花巨紫堇*
大花紫菀(新拉汉英)=大紫菀(新)
大花紫菀 Aster megalanthus Ling(菊科)
大花紫薇 Lagerstroemia speciosa (L.) Pers.(千屈菜科), *大叶紫薇,百日红*
大花醉魂藤 Heterostemma grandiflorum Cost.(萝藦科)
大花醉鱼草 Buddleja colvilei HK.f. & Thoms.(马钱科), *尼泊尔醉鱼草*
大花落草(新拉汉英)=大落草(新)
大花落草 Koeleria cristata var. pseudocristata (Dom.) P.C.Kuo & Z.L.Wu(禾本科)
大华丽仙灯 Calochortus vesta Wallace (百合科)
大华紫露草(植物大辞典)=露水草
大铧头草(中药大辞典)=辽宁堇菜
大画眉草 Eragrostis cilianensis (All.) Link. ex Vignolo-Lutati (禾本科), *星星草*
大还魂(岭南采药录)=黑叶小驳骨
大还魂(台湾志)=伽蓝菜
大还魂(植物志 50-2)=元宝草
大还魂草(云南)=分枝感应草
大黄(四川松潘)=大黄橐吾
大黄檗 Berberis francisci-ferdinandi Schneid.(小檗科)
大黄草(滇南本草)=线叶石斛
大黄草(贵州)=马鞭石斛
大黄草(贵州)=束花石斛
大黄草(海南)=艾纳香
大黄草(中草药汇编)=长圆叶艾纳香
大黄菖蒲 Iris pseudacorus var. gigantea Hort.(鸢尾科)
大黄橙(植物志 43-2)=枸头橙
大黄构(四川)=毛瑞香
大黄桂(思茅中草药)=黄兰
大黄果冷杉(Flora 4)=云南黄果冷杉
大黄花(高等图鉴)=达乌里芯芭
大黄花堇菜 Viola muehldorfii Kiss.(堇菜科)
大黄花鼠尾草(新)Salvia flava var. megalantha Diels (唇形科), *大花变种*
大黄花虾脊兰 Calanthe sieboldii Decne.(兰科), *黄根节兰*
大黄菊(吉林)=猫儿菊
大黄苦(福建闽清)=少穗竹
大黄连 Berberis chinensis Poir.(小檗科), *高加索小檗*
大黄连刺(图考)=粉叶小檗(新拉汉英)=大落草(新) Salix raddeana
大黄柳 Salix raddeana Laksch.(杨柳科)
大黄芩(中药志)=韧黄芩
大黄芩 Scutellaria grossa Wall.(唇形科)
大黄树(广西药用名录)=栀子
大黄藤(植物志 30-1)=天仙藤
大黄橐吾 Ligularia duciformis (C.Winkl.) Hand.-Mazz. (菊科), *大黄*
大黄药 Elsholtzia penduliflora W.W.Sm.(唇形科), *垂花香薷,垂衣香薷,大黑头草,吊吊黄,黄药,小香薷,野苏子棵,野芝麻,野紫苏,一号黄药*
大黄叶(亨氏植物汉名汇)=假烟叶树
大黄鸢尾 Iris ochroleuca var. gigantea Hort.(鸢尾科)
大黄栀子 Gardenia sootepensis Hutch.(茜草科), *麦托罗,糯帅聋*
大黄属 Rheum L.(蓼科)
大茴(天目药志)=红毒茴
大茴香(江苏)=白鲜
大茴香(四川斜永) =小荆芥
大茴香(云南)=粗齿冷水花
大茴香(植物志 30-1)=八角茴香
大喙兰 Sarcoglyphis smithianus (Kerr) Seidenf.(兰科)
大喙兰属 Sarcoglyphis Garay(兰科)
大喙省藤 Calamus macrorrhynchus Burret (棕榈科), *喙尖黄藤*
大活(东北)=白芷
大活(湖北)=重齿当归
大活(山东)=短毛独活
大活(四川)=独活
大活(四川)=椴叶独活
大活(浙江)=南五味子
大活(植物志 55-3)=少管短毛独活
大活血(图考)=大血藤
大火草(昆明草药)=钩苞大丁草
大火草(重庆草药)=珠光香青
大火草 Anemone tomentosa (Maxim.) Péi(毛茛科), *野棉花,大头翁,土白头翁,大火草*
大火筒树(新)Leea sambucina Willd.(葡萄科), *大叶火筒树*
大姬蕨 Hypolepis gigantea Ching(姬蕨科)
大基荸荠 Heleocharis kamtschatica (C.A.Mey.) Kom.(莎草科)

大吉岭峨眉蕨 Lunathyrium ×allantodioides (Bedd.) Ching(蹄盖蕨科)
大吉岭石杉 Huperzia selago var. sulcata Ching (石杉科)
大棘儿菜(西藏中草药)=贡山蓟
大戟(名医别录)=泽漆
大戟 Euphorbia pekinensis Rupr.(大戟科),*灯台草,红芽大戟,湖北大戟,京大戟,九头狮子草,龙虎草,膨胀草,千层塔*
大戟阁 Euphorbia ammak Schw.(大戟科)
大戟解毒树(广西武鸣)=草鞋木
大戟科 Euphorbiaceae
大戟属 Euphorbia L.(大戟科)
大忌鳞毛蕨 Dryopteris paleacea (Sw.) C.Chr. (鳞毛蕨科)
大季花(广西)=鸡蛋花
大蓟(藏族名)=贡山蓟
大蓟(滇南本草)=两面蓟
大蓟(东北)=野蓟
大蓟(高等图鉴)=蓟
大蓟(山东)=蜡菊
大蓟(植物志 78-1)=刺儿菜
大髻婆(云南志)=重瓣臭茉莉
大荚藤(高等图鉴)=猪腰豆
大尖囊兰 Kingidium deliciosum (Rchb.f.) Sweet (兰科),*俯茎胼胝兰*
大间角菜(广西)=望江南
大菅(新拉汉英)=高大菅(新)
大菅 Micromelum falcatum (Lour.) Tanaka(芸香科),*白木,鸡卵黄,山黄皮,野黄皮,假山黄皮,山鸡米,小柑*
大碱茅 Puccinellia gigantea (Grossh.) Grossh(禾本科)
大剑叶木(思茅中草药)=大杜若
大箭(四川中草药)=窄叶泽泻
大箭叶蓼 Polygonum darrisii Lévl.(蓼科)
大将军(植物志 73-2)=西南山梗菜
大将军(中草药汇编)=密毛山梗菜
大降龙草(广西)=华南半蒴苣苔
大艽(青海药材)=黄管秦艽
大胶藤(中草药汇编)=刺果藤
大椒(尔雅)=花椒
大椒(中草药汇编)=辣椒
大蕉(新拉汉英)=粉芭蕉
大蕉 Musa ×paradisiaca L.(芭蕉科),*粉芭蕉,甘蕉,香蕉*
大脚板(海南)=瘤果柯
大脚观音座莲 Angiopteris crassipes Wall.(观音座莲科),*大样赤蕨*
大脚筒 Eria ovata Lindl. (兰科)
大接骨(湖南药物志)=红蓼
大接骨(拉汉名称)=鞘柄木
大接骨(云南)=束序苎麻
大接骨(植物志 25-1)=虎杖
大接骨(中药大辞典)=羊角天麻
大接骨草(南宁药志,广部中草药手册)=黑叶小驳骨
大接骨丹(陕西中草药)=蓝果蛇葡萄
大接骨丹(云南中草药)=角叶鞘柄木
大接骨丹(云南中草药)=鞘柄木
大接骨丹(云南中草药)=有齿鞘柄木
大节刚竹 Phyllostachys lofushanensis Z.P.Wang et al (禾本科)
大节藤(广西)=买麻藤
大节藤(广西)=小叶买麻藤
大节肿(湖南药物志)=夹竹桃
大节竹(广西)=中华大节竹
大节竹 Indosasa crassiflora McClure (禾本科),*大眼竹,苦竹*
大节竹属 Indosasa McClure (禾本科)
大金贝母 Fritillaria dajinensis S.C.Chen(百合科)
大金不换(岭南采药录)=大猪屎豆
大金不换(植物志 43-3)=华南远志
大金草(岭南采药录)=华南远志
大金刀(湖南药物志)=盾蕨
大金刀(湖南药物志)=瓦韦
大金刀(民族药志)=白头婆
大金刚藤 Dalbergia dyeriana Prain ex Harms(豆科),*大金刚藤黄檀*
大金刚藤黄檀(豆科图说)=大金刚藤
大金光菊 Rudbeckia maxima Nutt.(菊科)
大金鸡菊(日本名)=剑叶金鸡菊
大金橘(浙江)=四季橘
大金梾木 Swida daijinensis (Fang & W.K.Hu) Fang & W.K.Hu(山茱萸科)
大金毛茛 Ranunculus pseudolobatus L.Liou(毛茛科)
大金奶花(中药辞海)=细毡毛忍冬
大金牛(岭南采药录)=华南远志
大金牛草(广部中草药手册)=华南远志
大金盆(陕西,高等图鉴)=金罂粟
大金钱草(江西)=活血丹
大金钱草(江西)=积雪草
大金钱草(重庆草药)=过路黄
大金雀(山东)=黄海棠
大金石杉 Huperzia takingensis Ching(石杉科)
大金蹄盖蕨(蕨类形态)=藏东蹄盖蕨
大金线吊葫芦(云南)=珠子参
大金香炉(广东)=野牡丹
大金香炉(南宁药志)=展毛野牡丹
大金腰带(江西草药)=毛瑞香
大金银花(广西)=山银花
大金银花(广西临桂)=红腺忍冬
大金银花(湖南新宁)=灰毡毛忍冬
大金银花(中药辞海)=大花忍冬
大金盏花(广西药用名录)=金盏花
大金钟(广东)=朝天罐
大金紫堇 Corydalis dajingensis C.Y.Wu & Z.Y. Su (罂粟科)
大筋草(云南龙陵)=大花活血丹
大茎薄叶兰 Lycaste macrobulbon (HK.) Lindl.(兰科)
大茎麻(云南中草药)=大蝎子草
大井扁果薹 Carex caucasica subsp. jisaburo-ohwiana (T.Koyama) T.Koyama(莎草科),*扁果薹草*
大颈龙胆 Gentiana macrauchena Marq.(龙胆科)
大九股牛(昆明)=羊角天麻
大九股牛(云南中草药)=云南龙眼独活
大九加(云南曲靖)=两头毛
大九节铃(中甸)=酸蔹藤
大久保槙蕨(蕨类图说)=华中介蕨
大酒饼子(广西)=香港瓜馥木
大救驾(广东)=飞龙掌血
大救驾(湖北)=柳兰
大救驾(陕西,四川)=缬草
大救驾(陕西,四川)=蜘珠香
大菊蘧麦(尔雅)=瞿麦
大距堇菜 Viola macroceras Bge.(堇菜科)
大卷耳 Cerastium maximum L.(石竹科)
大蕨菜(云南中草药选)=光亮瘤蕨
大看麦娘(植物志 9-3)=苇状看麦娘
大看麦娘 Alopecurus pratensis L.(禾本科),*草原看麦娘*
大棵(海南)=假黄皮
大孔微孔草 Microula bhutanica (Yamazaki) Hara (紫草科)
大口袋花(长白山药志)=大花杓兰
大口袋花(内蒙古)=漏芦
大口袋花(内蒙中草药)=禹州漏芦
大枯树(广西,云南)=糖胶树
大苦参(云南)=黄秦艽
大苦草(植物志 62)=獐牙菜
大苦酊(安徽志)=大叶冬青
大苦葛(中草药汇编)=喀西茄
大苦果(植物志 67-1)=黄果茄
大苦溜溜(思茅中草药)=旋花茄
大苦木(广西药用名录)=灰毛浆果楝
大苦茄(高等图鉴)=黄果茄
大苦藤(云南)=通光散
大块瓦(广西)=地花细辛
大拉卫蹄盖蕨(蕨类图说)=翅轴蹄盖蕨
大喇叭杜鹃 Rhododendron excellens Hemsl. & Wils. (杜鹃花科)
大赖草 Leymus racemosus (Lam.) Tzvel.(禾本科)
大赖毛七(中药大辞典)=大果琉璃草
大兰(名医别录)=瞿麦
大兰布麻(广西)=白花油麻藤
大兰花参(昆明草药)=小鹭鸶草
大兰青(岭南采药录)=华南远志
大蓝(生草药性备要)=木蓝
大蓝草(广东)=假马鞭
大蓝刺头 Echinops talassicus Golosk.(菊科)
大蓝靛(广西藤县)=蓝树
大蓝蓟 Echium giganteum L.(紫草科)
大烂花(广西上思)=黄椿木姜子
大狼把草(上海中草药)=狼杷草
大狼毒 Euphorbia jolkinii Boiss.(大戟科),*矮红,宾岛大戟,格枝糯,隔山堆,毛狼毒大戟,搜山虎,台湾大戟,五虎下西山,霞山大戟,岩大戟*
大狼杷草 Bidens frondosa L.(菊科),*外国脱力草,接力草*
大朗伞(广空中草药手册)=莱豆树
大朗绣球(分类学报)=松潘绣球
大老鼠耳 Berchemia hirtella var. glabrescens C. Y.Wu ex Y.L.Chen(鼠李科)
大竻坛(广西中草药)=粗叶悬钩子
大勒潭(广西植物名录)=无腺灰白毛莓
大簕竹(广东)=车筒竹
大类芦 Neyraudia arundinacea (L.) Henr.(禾本科),*马达加斯加类芦*
大冷水麻(台湾志)=长序冷水花
大李仁(内蒙中草药)=长梗扁桃
大里白 Diplopterygium gigantea (Wall.) Nakai (里白科)
大理白前 Cynanchum forrestii Schltr.(萝藦科),*狗毒,白薇,白龙须,群虎草,康定白前,卵叶白前,木里白前,石棉白前,椭圆叶白前*
大理百合 Lilium taliense Franch.(百合科)
大理报春 Primula taliensis Forr.(报春花科)
大理糙苏 Phlomis franchetiana Diels(唇形科),*薄叶变种,芒尖变种*
大理茶 Camellia taliensis (W.W.Sm.) Melch.(山茶科)
大理垂头菊 Cremanthodium delavayi (Franch.) Diels ex Lévl.(菊科)
大理翠雀花 Delphinium taliense Franch.(毛茛科)
大理独花报春 Omphalogramma delavayi

(Franch.) Franch.(报春花科)
大理杜鹃 Rhododendron taliense Franch.(杜鹃花科)
大理峨眉蕨(分类学报)=昆明峨眉蕨
大理凤仙花 Impatiens taliensis Lingesh & Borza (凤仙花科)
大理假毛蕨(蕨类形态)=西南假毛蕨
大理景天(拉汉名称)=长鞭红景天
大理菊(植物志 75)=大丽花
大理铠兰 Corybas taliensis T.Tang & F.T.Wang (兰科)
大理藜芦 Veratrum taliense Loes.f.(百合科),*披麻草*,*七仙草*
大理栎(植物志 22)=铁橡栎
大理蓼 Polygonum subscaposum Diels(蓼科),*抽茎拳参*
大理瘤足蕨 Plagiogyria taliensis Ching(瘤足蕨科)
大理柳 Salix daliensis C.F.Fang & S.D.Zhao(杨柳科)
大理龙胆 Gentiana taliensis Balf.f. & Forr.(龙胆科),*异蕊龙胆*
大理鹿蹄草 Pyrola forrestiana H.Andr.(鹿蹄草科),*西南鹿蹄草*
大理罗汉松 Podocarpus forrestii Craib & W.W. Sm. (罗汉松科)
大理马先蒿 Pedicularis taliensis Bonati(玄参科)
大理南星 Arisaema delavayi Bucket (天南星科)
大理婆婆纳 Veronica forrestii Diels(玄参科)
大理茜草(高等图鉴)=紫参
大理青兰 Dracocephalum taliense Forr. ex W.W. Sm. (唇形科)
大理秋海棠 Begonia taliensis Gagn.(秋海棠科)
大理瑞香 Daphne feddei var. taliensis H.F.Zhou ex C.Y.Chang(瑞香科)
大理山梗菜 Lobelia taliensis Diels(桔梗科),*紫燕草*,*红雪柳*
大理珊瑚苣苔(植物志 69)=西藏珊瑚苣苔
大理生石花 Lithops chrysophala Nel.?(番杏科)
大理石蝴蝶 Petrocosmea forrestii Craib(苦苣苔科)
大理柿 Diospyros balfouriana Diels(柿科)
大理水苏 Stachys taliensis C.Y.Wu(唇形科)
大理素馨(海南志)=亮叶素馨
大理碎米蕨 Cheilosoria hancockii (Bak.) Ching & Shing(中国蕨科),*韩克碎米蕨*
大理薹草 Carex rubro-brunnea var. taliensis (Franch.) Kükenth.(莎草科)
大理天门冬 Asparagus taliensis Wang & Tang (百合科)
大理委陵菜 Potentilla taliensis W.W.Sm.(蔷薇科)
大理卫矛 Euonymus amygdalifolius Franch.(卫矛科)
大理乌蔹莓 Cayratia daliensis C.L.Li(葡萄科)
大理无心菜 Arenaria delavayi Franch.(石竹科),*川西无心菜*
大理细莴苣 Stenoseris taliensis (Franch.) Shih (菊科)
大理香茶菜(植物志 66)=四川香茶菜
大理象牙参 Roscoea forrestii Cowley(姜科)
大理小檗 Berberis taliensis Schneid. (小檗科)
大理蟹甲草 Parasenecio taliensis (Franch.) Y.L. Chen (菊科)
大理雪兔子 Saussurea delavayi Franch.(菊科)
大理岩参 Cicerbita oligolepis Chang ex Shih(菊科)
大理鱼藤 Derris harrowiana (Diels) Z.Wei(豆科)
大理鸢尾 Iris collettii var. aculis Noltie(鸢尾科)
大理珍珠菜 Lysimachia taliensis Bonati(报春花科)
大理重楼 Paris daliensis H.Li & V.G.Souk.(百合科)
大理紫堇(高等图鉴)=金钩如意草
大理醉鱼草(植物志 61)=滇川醉鱼草
大力草(广州)=韩信草
大力草(河南)=角蒿
大力黄(广西野生资源植物)=千斤拔
大力牛(岭南采药录)=鸡头薯
大力牛(生草药性备要)=美丽崖豆藤
大力薯(广东)=美丽崖豆藤
大力丸(云南)=黑风藤
大力王(广空中草药手册)=当归藤
大力王(广西药用名录)=小驳骨
大力王(云南)=白薯莨
大力王(中草药汇编)=石岩枫
大力王(壮族名)=羊耳菊
大力子(植物志 78-1)=牛蒡
大丽花 Dahlia pinnata Cav.(菊科),*洋芍药*,*西番莲*,*天竺牡丹*,*大理菊*,*苕菊*
大丽花属 Dahlia Cav.(菊科)
大丽子藤(植物志 63)=丽子藤
大荔核(药材学)=荔枝
大栗(浙江,江苏)=栗
大粒咖啡 Coffea liberica Bull ex Hiern(茜草科)
大粒菟丝子(广西)=金灯藤
大连果(云南屏边)=木奶果
大莲藕(广西药用名录)=美丽崖豆藤
大莲蓬(广东)=虎颜花
大莲座蕨(孢子植物)=大观音座莲
大良姜(广西中药志)=红豆蔻
大蓼(本草拾遗)=红蓼
大料(北方通称)=八角茴香
大列当 Orobanche rapumgenistae Thuill.(列当科)
大裂秋海棠 Begonia macrotoma Irmsch.(秋海棠科)
大鳞巢蕨 Neottopteris antiqua (Makino) Masamune (铁角蕨科),*山苏花*
大鳞杜鹃 Rhododendron huguangense Tam(杜鹃花科),*湖广杜鹃*
大鳞红景天(植物志 34-1)=狭叶红景天
大鳞韭 Allium megalobulbon Rgl.(百合科)
大鳞菟丝子 Cuscuta macrolepis R.C.Fang & S.H.Huang(旋花科)
大鳞肖楠(经济植物手册)=翠柏
大凌风草 Briza maxima L.(禾本科),*小判草*
大流尿草(四川)=地锦苗
大瘤瓣兰(新)Oncidium ampliatum Lindl.(兰科),*大花瘤瓣兰*
大瘤足蕨 Plagiogyria maxima C.Chr.(瘤足蕨科)
大龙骨野豌豆 Vicia megalotropis Ledeb.(豆科),*窄叶大龙骨野豌豆*,*窄叶大龙骨巢菜*
大龙冠 Echinocactus polycephalus Engelm. & Bigel. (仙人掌科)
大龙角 Caralluma lutea N.E.Br.(萝藦科)
大龙叶(贵州草药)=漆姑草
大芦荟 Aloe arborescens var. natalensis Berg. (百合科)
大鲁阁叉柱兰 Cheirostylis tatewakii Masam. (兰科),*大鲁阁指柱兰*(台兰科图鉴),*斑叶指柱兰*(台湾兰科植物),*卵唇指柱兰*(台湾志)
大鲁阁小米草 Euphrasia tarokoana Ohwi(玄参科)
大鲁阁指柱兰(台兰科图鉴)=大鲁阁叉柱兰
大陆沟瓣 Glyptopetalum continentale (Chun & How) C.Y.Cheng Q.S.Ma(卫矛科)
大陆狗牙花(植物志 63)=伞房狗牙花
大陆棉(树木分类学)=陆地棉
大路通(中药大辞典)=水红木
大绿(河北)=鼠李
大绿(植物学杂志)=小叶鼠李
大绿藤(思茅中草药)=绿叶地锦
大绿藤(云南中草药选)=粉果藤
大绿叶(云南中草药选)=白子菜
大绿竹 Dendrocalamopsis daii Keng f.(禾本科)
大卵叶虎刺 Damnacanthus major S. & Z.(茜草科)
大乱豆(云南中草药选)=滇桂崖豆藤
大乱蓼(植物大辞典)=红蓼
大乱七(南宁药志)=毛果算盘子
大罗口绣线菊 Spiraea tarokoensis Hay.(蔷薇科)
大罗伞(广东)=硃砂根
大罗伞(广西)=郎伞木
大罗伞(广西)=纽子果
大罗伞(广西药用名录)
大罗伞树 Ardisia hanceana Mez.(紫金牛科)
大罗网草 Panicum cambogiense Balansa (禾本科),*网脉稷*
大落新妇 Astilbe grandis Stapf ex Wils.(虎耳草科),*华南落新妇*,*野红稗*,*红繁柴昌盛麻*,*毛头寒药*
大麻(广西中草药)=多须公
大麻(贵州)=黄蜀葵
大麻(河北,四川)=亚麻
大麻 Cannabis sativa L.(桑科),*白麻子*,*大麻子*,*汉麻*,*胡麻*,*火麻*,*黄*,*麻*,*麻勃*,*麻蓝*,*青葛*,*青羊*,*山丝苗*,*枲实*,*线麻*,*野麻*
大麻草(云南中草药)=鸢尾叶风毛菊
大麻疙瘩(云南景谷)=蒟子
大麻槿 Hibiscus cannabinus L.(锦葵科),*芙蓉麻*,*洋麻*
大麻漆(云南)=锈毛五叶参
大麻树(药用植物纲要)=火索麻
大麻酸汤杆(植物志 52-1)=周裂秋海棠
大麻藤果(云南)=膝曲乌蔹莓
大麻条(四川)=紫麻
大麻药(广西龙胜)=雪里见
大麻药(云南)=紫金龙
大麻药(云南中草药)=镰扁豆
大麻叶巴豆 Croton damayeshu Y.T.Chang(大戟科)
大麻叶乌头 Aconitum cannabifolium Franch. ex dinet & Gagn.(毛茛科)
大麻叶泽兰 Eupatorium cannabinum L.(菊科)
大麻芋(云南思茅)=海芋
大麻芋(云南通海)=尖尾芋
大麻芋子(四川峨眉)=花南星
大麻芋子(云南巧家)=象南星
大麻竹(植物学大辞典)=龙竹
大麻属 Cannabis L.(桑科)
大麻子(本草经集注)=大麻
大麻子(汪连仕:采药书)=黄麻
大麻子(药用志)=蓖麻
大马鞭草(广西药用名录)=叠鞘石斛
大马蓼(长白山药志)=酸模叶蓼
大马蓼(植物志 25-1)=酸模叶蓼

大马铃 Ginkgo biloba cv. Damaling(银杏科)
大马茄子(甘肃)=樱草蔷薇
大马茄子(陕西)=黄蔷薇
大马桑叶(中药大辞典)=尼泊尔野桐
大马士革蔷薇(拉汉名称)=突厥蔷薇
大马蹄(贵州)=福建观音座莲
大马蹄(湖北,湖南,福建)=大吴风草
大马蹄草(四川)=红马蹄草
大马蹄蕨(中草药汇编)=大观音座莲
大马蹄香(湖北,湖南,福建)=大吴风草
大马蹄香(云南)=牛蒡叶橐吾
大马缨子花(植物志 53-1)=千果榄仁
大蚂拐菜(广西)=降龙草
大麦 Hordeum vulgare L.(禾本科),*保麦,赤膊麦,饭麦,红糟,酒醅糟,酒糟,牟麦,麰,麰麦,籼,甜糟*
大麦冬(湖北鹤丰)=花南星
大麦牛(江苏)=麦蓝菜
大麦泡(陕西)=山莓
大麦披硷草属 Hordelymus (Jessen) Jessen ex Harz.(禾本科)
大麦荠菜(江苏)=涩荠
大麦属 Hordeum L.(禾本科)
大麦状雀麦 Bromus hordeaceus L.(禾本科)
大蛮婆草(四川蓬溪)=大叶苎麻
大蔓茶藨(树木分类学)=华蔓茶藨子
大蔓樱草 Silene pendula L.(石竹科),*矮雪轮,小町草*
大芒鹅观草 Roegneria turczaninovii var. macrathera Owhi (禾本科)
大芒萁 Dicranopteris ampla Ching & Chiu(里白科),*大羽芒萁*
大毛茛 Ranunculus grandis Honda(毛茛科)
大毛蕨 Cyclosorus grandissimus Ching & Shing (金星蕨科)
大毛毛花(图考)=毛叶合欢
大毛蛇(广西)=叶底红
大毛桐子(四川)=毛桐
大毛药(贵州)=艾纳香
大毛叶(云南景洪,玉溪)=假烟叶树
大毛叶(云南龙陵)=紫麻
大毛叶(云南中草药)=毛蕊花
大毛叶(中草药汇编)=紫麻
大毛叶楠(云南腾冲)=团香果
大毛籽黄山桂(云南植物名录)=长毛籽远志
大矛香艾(植物志 75)=乳白香青
大茅根(广西)=拟高粱
大帽山耳草 Hedyotis bodinieri Lévl.(茜草科)
大莓系(新拉汉英)=阔叶早熟禾
大梅核 Ginkgo biloba cv. Dameihai (银杏科)
大蒙花(陕西中药名录)=大叶醉鱼草
大米(滇南本草)=稻
大米草 Spartina anglica Hubb. (禾本科)
大米草属(江苏志)=**米草属**
大米草状独脚金 Striga euphrasioides Benth.(玄参科)
大密(广东)=斑茅
大密草(广东)=广防风
大密穗莎草 Cyperus imbricatus var. densespicatus (Hay.) Ohwi (莎草科)
大密穗砖子苗 Mariscus compactus var. macrostachys (Böcklr.) How(莎草科)
大苗山复叶耳蕨 Arachniodes damiaoshaensis Y.T.Hsieh (鳞毛蕨科)
大苗山合耳菊 Synotis damiaoshanica C.Jeffr. & Y.L.Chen(菊科)
大苗山胡椒 Piper damiaoshanense Tseng (胡椒科)
大苗山柯 Lithocarpus damiaoshanicus Huang & Y.T.Chang (壳斗科)
大苗山羊蹄甲 Bauhinia damiaoshanensis T. Chen (豆科),*飞蛾藤*
大明常山 Dichroa damingshanensis Y.C.Wu (虎耳草科)
大明凤尾蕨 Pteris decrescens var. parviloba (Christ) C.Chr & Tard-Blot(凤尾蕨科)
大明假卫矛(高等图鉴)=大序假卫矛
大明橘(台湾)=密花树
大明爵床(广西植物)=大明野靛棵
大明鳞毛蕨 Dryopteris tahmingensis Ching(鳞毛蕨科)
大明山短肠蕨(蕨类形态)=异裂短肠蕨
大明山方竹 Chimonobambusa damingnshanensis Hsueh & W.P.Zhang(禾本科)
大明山假毛蕨 Pseudocyclosorus damingshanensis Ching & Y.X.Lin (金星蕨科)
大明山毛蕨 Cyclosorus damingshanensis Ching ex Shing(金星蕨科)
大明山青冈 Cyclobalanopsis damingshanensis S.Lee(壳斗科)
大明山榕 Ficus damingshanensis S.S.Chang (桑科),*牛乳子树*
大明山舌唇兰 Platanthera damingshanica K.Y. Lang & H.S.Gou(兰科)
大明山锥 Castanopsis damingshanensis S.L.Mo (壳斗科),*卷叶米锥*
大明松(植物志 7)=黄山松
大明野靛棵 Mananthes damingensis H.S.Lo(爵床科),*大明爵床*
大明竹 Pleioblastus gramineus (Bean) Nakai (禾本科),*四季竹*
大明竹属 Pleioblastus Nakai (禾本科)
大膜盖蕨 Leucostegia immersa (Wall.) Presl (骨碎补科),*膜盖蕨*
大膜盖蕨属 Leucostegia Presl(骨碎补科)
大磨芋 Amorphophallus gigantiflorus Hay.(天南星科)
大魔杖花 Sparaxis grandiflora Ker.-Gawl.(鸢尾科)
大母猪藤(四川中草药)=华中乌蔹莓
大拇花(修订天宝本草)=绵头雪兔子
大木盖子(云南奕良)=毛叶木姜子
大木钩(云南)=红果水东哥
大木瓜(云南屏边)=大果榕
大木花(四川中药志)=绵头雪兔子
大木姜子(贵州方药集)=樟
大木菊(广西)=毒根斑鸠菊
大木漆(湖北)=野漆
大木漆(湖北,湖南,福建)=漆
大木通(图考)=粗齿铁线莲
大木贼 Equisetum prealtum Raf.(木贼科)
大木竹(浙江平阳)=木篁竹
大目竹(广西)=光叶唐竹
大内生石花 Lithops optica (Marloth) N.E.Br.(番杏科)
大内消(云南)=宝兴马兜铃
大奶藤(广西)=天星藤
大奶汁藤(广西)=护耳草
大南蛇(长沙)=南蛇藤
大楠木(湖北)=黑壳楠
大囊红腺蕨 Diacalpe chinensis Ching & S.H. Wu (球盖蕨科)
大囊岩蕨 Woodsia macrochlaena Mett. ex Kuhn (岩蕨科)
大脑袋花(陕西)=漏芦
大脑头(河南)=冻绿
大脑香(中药辞海)=龙脑香
大鸟巢翅孢 Pterospora andromedea Nutt.(鹿蹄草科)
大牛昂(中药大辞典)=多毛叶云实
大牛膝(贵州)=川牛膝
大牛膝(云南)=掌脉蝇子草
大牛喳口(贵州方药集)=蓟
大纽子花 Vallaris indecora (Baill.) Tsiang & P.T. Li (夹竹桃科)
大钮扣草(植物志 71-2)=双角草
大钮子七(丽江)=腺花香茶菜
大糯叶(云南)=束序苎麻
大排钱(云南药用名录)=长叶排钱树
大炮山杜鹃 Rhododendron nigroglandulosum Nitzelius (杜鹃花科)
大炮山虎耳草(植物志 34-2)=假大柱头虎耳草
大炮山景天 Sedum erici-magnusii Fröd.(景天科),*大炮山景天亚高山变种,亚高山景天*
大炮山景天亚高山变种(分类学报)=大炮山景天
大蚫马先蒿 Pedicularis tapaoensis Tsoong(玄参科)
大泡火绳(高等图鉴)=一担柴
大泡通(贵州民间药物)=穗序鹅掌柴
大泡叶栒子(新)Cotoneaster bullatus var. macrophyllus Rehd. & Wils.(蔷薇科),*泡叶栒子大叶变种*
大蓬蒿(植物志 77-1)=额河千里光
大蓬莱铁角蕨(台湾志)=乌来铁角蕨
大披针薹草 Carex lanceolata Boott(莎草科),*披针苔草,羊胡髭草,羊毛胡子,羊胡子草*
大披针叶胡颓子 Elaeagnus lanceolata subsp. grandifolia Serv.(胡颓子科)
大匹药(贵州罗甸)=雷公连
大片复叶耳蕨(分类学报)=背囊复叶耳蕨
大薸 Pistia stratiotes L.(天南星科),*大浮萍,大萍叶,大蒲藻,肥猪草,浮苹,卡过,水浮萍,水荷莲,天浮萍,猪乸莲*
大薸属 Pistia L.(天南星科)
大平鳞毛蕨 Dryopteris bodinieri (Christ) C.Chr.(鳞毛蕨科),*大羽鳞毛蕨*
大坪风毛菊 Saussurea chetchozensis Franch.(菊科),*臭虫威灵,威灵仙,绵毛风毛菊,大叶兔耳风*
大坪子豆腐柴 Premna tapintzeana P.Dop(马鞭草科)
大坪子黄芩 Scutellaria tapintzeensis C.Y.Wu et H.W.Li(唇形科)
大坪子薹草 Carex tapintzensis Franch.(莎草科)
大萍叶(江苏)=大薸
大婆婆纳(植物志 67-2)=大穗花
大破皮刺(广部中草药手册)=粗叶悬钩子
大蒲葵(版纳植物名录)=大叶蒲葵
大蒲藻(岭南草药志)=大薸
大埔秤星树 Ilex asprella var. tapuensis S.Y.Hu (冬青科)
大埔杜鹃 Rhododendron taipaoense T.C.Wu & Tam(杜鹃花科)
大埔槭 Acer taipuense Fang(槭树科)
大埔紫菀 Aster itsunboshi Kitam.(菊科)
大七叶莲(云南)=多蕊木
大漆玉叶(思茅中草药)=牛斜吴萸
大棋子豆 Cylindrokelupha eberhardtii (Nielsen) T.L.Wu(豆科)
大旗瓣凤仙花 Impatiens macrovexilla Y.L.Chen

(凤仙花科)
大荠(陕西)=菥蓂
大千金草(分类学报)=龙骨马尾杉
大千生(云南中草药)=假酸浆
大牵牛花(广西)=牵牛
大前胡(秦岭志)=广序北前胡
大荨麻(昆明)=大蝎子草
大荨麻(云南药用名录)=滇藏荨麻
大荨麻(中草药汇编)=异株荨麻
大茜草(分类学报)=峨眉茜草
大茜草(云南文山)=柄花茜草
大桥蛇根草 Ophiorrhiza filibracteolata Lo(茜草科)
大桥薹草 Carex atrata subsp. aterrima (Hoppe) S.Y.Liang (莎草科)
大翘子(唐本草)=连翘
大茄 Solanum giganteum Jacq.(茄科)
大琴丝 Neosinocalamus affinis cv. Flavidorivens (禾本科)
大青(浙江中草药)=观音草
大青(中药志,高等图鉴)= 欧洲菘蓝
大青 Clerodendrum cyrtophyllum Turcz.(马鞭草科),*臭冲柴,臭叶树,淡婆婆,鸡屎青,路边青,蓝靛,牛耳青,青心草,山靛青,山漆,山尾花,土地骨皮,鸭公青,野靛青,猪屎青*
大青草(苏州本产药材)=水蓑衣
大青蒿(四川)=南艾蒿
大青龙(广东高要)=狮子尾
大青龙(云南红河)=爬树龙
大青山安息香(广西)=越南安息香
大青山风铃草 Campanula glomerata subsp. daqingshanica Hong & Zhao Ye-zhi(桔梗科)
大青山嵩草 Kobresia daqinshanica X.Y.Mao(莎草科)
大青蛇(广东高要)=狮子尾
大青蛇(云南曲靖)=爬树龙
大青薯 Dioscorea benthamii Prain & Burkill(薯蓣科)
大青树(云南)=高山榕
大青树 Ficus hookeriana Corner(桑科),*缅树,红优昙,圆叶榕*
大青藤(广西)=宽药青藤
大青藤(云南富民)=鳞斑荚蒾
大青杨(东北)=香杨
大青杨 Populus ussuriensis Kom.(杨柳科)
大青叶(本经适原)=蓼蓝
大青叶(高等图鉴)=马蓝
大青叶(广西邕宁)=蓝树
大青叶(植物名实考)=粗叶榕
大青榆(河北)=裂叶榆
大青竹标(通海,濮江)=爬树龙
大青属 Clerodendrum L.(马鞭草科),*海州常山属,赪桐属*
大蜻蜓凤梨 Aechmea orlandiana L.B.Sm.(凤梨科)
大秋水仙 Colchicum autumnale var. majus Hort. (百合科)
大球杆毛蕨 Nesopteris grandis Cop.(膜蕨科)
大球油麻藤 Mucuna macrobotrys Hance(豆科)
大去得使(广西靖西壮语)=山蕉
大全蝌串(中草药汇编)=秋分草
大全叶山芹 Ostericum maximowiczii var. australe (Kom.) Kitag.(伞形科)
大拳头(海南)=糯米团
大雀麦 Bromus magnus Keng(禾本科)
大桡竹(云南罗平)=云南龙竹
大人血七(陕西,高等图鉴)=金罂粟
大肉姜(广西)=姜
大肉实树 Sarcosperma arboreum HK.f.(山榄科),*肉实树*
大蕠(云南会泽)=长毛香薷
大软筋藤(贵州剑河,兴仁)=雷公连
大软盘藤(贵州药用名录)=狮子尾
大锐果鸢尾(植物志 16-1)=锐果鸢尾
大锐果鸢尾 Iris cuniculiformis Noltie & K.Y. Guan (鸢尾科)
大鳃兰(新)Maxillaria sanderiana Rchb.f.(兰科),*大花鳃兰*
大赛格多(植物志 63,云南)=云南水壶藤
大赛药(四川)=卵叶马兜铃
大三步跳(湖南大庸)=虎掌
大三方草(贵州民间药物)=镜子薹草
大三七(四川)=费菜
大三叶升麻 Cimicifuga heracleifolia Kom.(毛茛科),*窟窿牙根,龙眼根*
大散血(广西)=通城虎
大散血(湖南)=露珠珍珠菜
大扫把菜(拉祜族常用药)=四方蒿
大扫把栗(云南)=宽苞鹅耳枥
大沙叶(海南东方)=银柴
大沙叶 Pavetta arenosa Lour.(茜草科)
大沙叶属 Pavetta L.(茜草科) *茜木属*
大沙苑(陕西)=扁茎黄芪
大沙苑(陕西)=草木樨状黄芪
大莎药(广东)=留行草
大痧药(湖南)=腺毛金花树
大山橙(俗称)=茶藤
大山酢浆草(拉汉名称)=三角酢浆草
大山豆(云南植物名录)=三叶蝶豆
大山胡椒(四川)=三桠乌药
大山胡椒(四川万源)=红叶木姜子
大山黧豆 Lathyrus davidii Hance(豆科),*茳茳决明,香豌豆,大豆花,大豌豆,豌豆花,野豌豆,山黧,山豇豆*
大山龙眼 Helicia grandis Hemsl.(山龙眼科),*培枝,猫且果*
大山马先蒿 Pedicularis tachanensis Bonati(玄参科)
大山枇杷(四川中草药)=异叶榕
大山七(湖南药物志)=酸模
大山双叶兰(台湾志)=小花对叶兰
大山香青 Anaphalis horaimontana Masam.(菊科)
大山羊(植物志 43-2)=臭常山
大山羽节蕨(蕨类图说)=东亚羽节蕨
大山枣(江西)=湖北山楂
大山楂(江苏)=山里红
大少花薹草 Carex sparsiflora var. petersii (C.A. Mey.) Kükenth.(莎草科)
大舌花(北京)=全缘橐吾
大舌薹草 Carex grandiligulata Kükenth.(莎草科)
大蛇鞭菊 Liatris scariosa Willd.(菊科)
大蛇翁(广东新兴)=狮子尾
大蛇药(广东)=塘虱角
大蛇药(广西)=幌伞枫
大蛇药(广西药用名录)=水翁
大赦婆树(云南)=黄毛榕
大伸筋(植物志 15)=白背牛尾菜
大伸筋草(广西)=龙骨马尾杉
大伸筋草(陕西)=牛尾菜
大深山堇菜(东北师大通报)=毛柄堇菜
大虱子草(分类学报)=锋芒草
大蓍草 Achillea magna L.(菊科)
大十大功劳 Mahonia magnifica Ahrendt.(小檗科)
大石榴(云南禄劝)=大果榕
大石楠树(广东增城)=绒毛山胡椒
大石韦(福建中草药)=江南星蕨
大石韦(贵州民间药物)=黄瓦韦
大石韦(西昌中草药)=膜叶星蕨
大石英钟韦(中药大辞典)=矩圆线蕨
大石枣(甘肃武山)=陇东海棠
大莳萝蒿(内蒙古,甘肃)=碱蒿
大矢车菊(新拉汉英)=粗糙矢车菊(新)
大矢车菊 Centaurea americana Nutt.(菊科)
大室(本经)=独行菜
大适(本经)=独行菜
大菽(管子)=大豆
大舒筋活血(中药大辞典)=狭叶阴香
大黍 Panicum maximum Jacq.(禾本科),*羊草*
大蜀季(辽宁)=蜀葵
大薯(广东,浙江)=参薯
大树茶 Camellia arborescens Chang & Yü(山茶科)
大树跌打(思茅中草药)=黄桐
大树杜鹃 Rhododendron protistum var. giganteum (Tagg) Chamb. ex Cullen & Chamb.(杜鹃花科)
大树甘草(植物志 71-1)=裂果金花
大树椒(云南)=华南吴萸
大树理肺散(云南)=糖胶树
大树萝卜(云南药用名录)=黄背越桔
大树皮(云南)=椰榆
大树皮(云南)=毛枝榆
大树皮(云南中草药选)=越南榆
大树三台(中草药汇编)=棒柄花
大树献钮子(云南)=钮子瓜
大树杨梅(云南)=毛杨梅
大水底(贵州志)=悬铃叶苎麻
大水窟红兰(台湾志)=白花红门兰
大水麻(贵州民间药物)=大叶苎麻
大水麻(西昌中草药)=长叶水麻
大水萍(广州志)=凤眼蓝
大水田七(广西)=箭根薯
大水竹叶(云南植物名录)=钩毛子草
大水苎麻(四川南川)=棱果艾麻
大丝葵 Washingtonia robusta H.Wendl.(棕榈科)
大四块瓦(广西)=多穗金粟兰
大四块瓦(贵州民间药物)=巴东过路黄
大搜山虎(云南中草药)=三分三
大溲疏 Deutzia magnifica Rehd.(虎耳草科)
大苏铁 Zamia floridana de Candolle (苏铁科)
大苏铁属 Zamia L.(苏铁科),*泽米属*
大苏子(云南)=刚毛黄蜀葵
大肃草 Roegneria stricta f. major Keng(禾本科)
大素馨花(云南)=青藤仔
大素药(植物志 43-2)=臭常山
大粟米属(名词审查本)=**梯牧草属**
大酸藤(广东)=翅野木瓜
大酸味草(广州)=红花酢浆草
大酸溜溜(东北)=白花酢浆草
大蒜(神农本草经集注)=蒜
大蒜果树(云南志)=海南樫木
大蒜芥(新疆)=垂果南芥
大蒜芥(种子植物名称)=多型大蒜芥
大蒜芥 Sisymbrium altissimum L.(十字花科),*田蒜芥*
大蒜芥属 Sisymbrium L.(十字花科)
大碎米草(贵州药用名录)=硬毛火碳母
大穗耳稃草 Garnotia patula var. grandior Santos

(禾本科)
大穗花 Pseudolysimachion dahuricum (Stev.) Holub (玄参科)
大穗结缕草 Zoysia macrostachya Franch. & Sav. (禾本科)
大穗看麦娘 Alopecurus myosuroides Huds.(禾本科)
大穗落芒草 Oryzopsis grandispicula P.C.Kuo & Z.L.Wu(禾本科)
大穗买麻藤 Gnetum macrostachyum HK.f.(买麻藤科)
大穗雀麦 Bromus lanceolatus Roth(禾本科),*披针形雀麦*
大穗石栎 Lithocarpus megastachyus (Hick. & A.Camus) A.Camus (壳斗科)
大穗薹草 Carex rhynchophysa C.A.Mey.(莎草科)
大穗腺萼木 Mycetia macrostachya (HK.f.) O.Kuntze (菊科)
大穗崖豆 Millettia macrostachya Coll. & Hemsl. (豆科)
大穗异燕麦 Helictotrichon dahuricum (Kom.) Kitag. (禾本科)
大穗莠竹 Microstegium dilatatum Koidz.(禾本科)
大穗早熟禾 Poa grandispica Keng ex L.Liu(禾本科)
大穗钟萼草(新拉汉英)=阿里钟萼草
大蓑衣藤(秦岭)=粗齿铁线莲
大塔花(广西)=荔枝草
大泰竹 Thyrsostachys oliveri Gamble (禾本科)
大藤 Calamus wailong S.J.Pei & S.Y.Chen (棕榈科)
大藤菜(云南中草药选)=短梗南蛇藤
大藤菊(广西)=斑鸠菊
大藤铃儿草(高等图鉴)=扭果紫金龙
大天王(广西)=光叶海桐
大田边黄(广西药用名录)=金丝梅
大田基黄(广东)=星宿菜
大甜茅(新拉汉英)=水甜茅
大甜枣(植物志 48-1)=无刺枣
大铁角蕨(台湾志)=大盖铁角蕨
大铁马鞭(中药志)=萹蓄
大铁扫把(中药大辞典)=球穗千斤拔
大铁帚把(中药大辞典)=蒙自木蓝
大通报春 Primula farreriana Balf.f.(报春花科),*甘肃厚叶报春,法瑞报春*
大通草(四川中药志)=通脱木
大通翠雀花 Delphinium pylzowii Maxim.(毛茛科),*下冈哇*
大通黄芪 Astragalus datunensis Y.C.Ho(豆科)
大通筋(广西药用名录)=粉背菝葜
大通毛茛 Ranunculus dielsianus var. leiogynus W.T.Wang (毛茛科)
大通塔(贵州民间药物)=穗序鹅掌柴
大同虎耳草(中药辞海)=青藏虎耳草
大铜钱菜(贵州草药)=中华天胡荽
大铜钱叶蓼 Polygonum forrestii Diels(蓼科),*云支花*
大统领 Thelocactus bicolor (Galeotti) Britt. & Rose (仙人掌科)
大筒兔耳草 Lagotis macrosiphon Tsoong & Yang (玄参科)
大头艾纳香(中药辞海)=东风草
大头芭蕉(四川)=芭蕉
大头变蒿(内蒙志)=大头柔毛蒿
大头变种(植物志 65-2,Flora 17)=好宁沙尔华拉
大头菜(东北)=甘蓝
大头菜(植物志 33)=芥
大头菜(中草药汇编)=芥菜疙瘩
大头茶 Gordonia axillaris (Roxb.) Dietr.(山茶科)
大头茶属 Gordonia Ellis (山茶科)
大头陈(岭南采药录)=球花毛麝香
大头春黄菊 Anthemis macrantha Heuff.(菊科)
大头葱 Allium ampeloprasum L.S.L.(百合科),*南欧蒜*
大头典竹 Dendrocalamopsis beecheyana var. pubescens (P.F.Li) Keng f.(禾本科),*大头甜竹*
大头风毛菊 Saussurea baicalensis (Adams) Robins. (菊科)
大头蒿(内蒙古)=乌丹蒿
大头蒿(新疆)=大籽蒿
大头华蟹甲 Sinacalia macrocephala (H.Robins. & Brettle) C.Jeffr. & Y.L.Chen(菊科)
大头榄(广西合浦)=木榄
大头狼毒(内蒙)=泡囊草
大头菱(广州蔬菜品种志)=乌菱
大头毛鳞菊 Chaetoseris macrocephala Shih(菊科)
大头毛香(甘肃)=火绒草
大头茅草(植物志 11)=黑莎草
大头蒲公英 Taraxacum calanthodium Dahlst. (菊科)
大头羌(青海)=宽叶羌活
大头青蒿 Artemisia carvifolia var. schochii (Mattf.) Pamp.(菊科)
大头柔毛蒿 Artemisia pubescens var. gebleriana (Bess.) Y.R.Ling(菊科),*大头变蒿*
大头三裂叶绢蒿 Seriphidium junceum var. macrosciadium (Poljak.) Ling & Y.R.Ling (菊科)
大头山姜 Alpinia sessiliflora Kitamura(姜科)
大头苏铁属 Encephalartos Lindl.(苏铁科)
大头薹草 Carex macrocephala Willd. ex Spreng. (莎草科)
大头甜竹(竹类志略)=大头典竹
大头兔儿风 Ainsliaea macrocephala (Mattf.) Y. C.Tseng (菊科)
大头橐吾 Ligularia japonica (Thunb.) Less.(菊科),*猴巴掌,老鸦甲,望江南,紫菀*
大头委陵菜(东北草本志)=大萼委陵菜
大头翁(东北中草药)=漏芦
大头翁(陕西)=打破碗花花
大头翁(陕西)=大火草
大头续断 Dipsacus chinensis Bat.(川续断科)
大头叶无尾果 Coluria henryi Batal.(蔷薇科)
大头羽裂风毛菊 Saussurea lyratifolia Y.L.Chen & S.Y.Liang(菊科)
大透骨草(昆明草药)=尾叶越桔
大透骨消(中草药汇编)=地檀香
大土黄连(云南药用名录)=台湾十大功劳
大土拉苗(安徽)=藤长苗
大菟丝子(东北,江西)=金灯藤
大菟丝子(高等图鉴,北部植物图志)=欧洲菟丝子
大屯杜鹃(台湾志)=长鳞芽杜鹃
大屯满山红(台湾志)=长鳞芽杜鹃
大屯细辛 Asarum taitonense Hay.(马兜铃科)
大托叶黄芪 Astragalus stipulatus D.Don ex Simps. (豆科)
大托叶棘豆(新疆检索表)=密丛棘豆
大托叶冷水花 Pilea amplistipulata C.J.Chen(荨麻科),*镜面草*
大托叶龙芽草(东北检索表)=托叶龙芽草
大托叶山黧豆 Lathyrus pisiformis L.(豆科)
大托叶云实(高等图鉴)=刺果苏木
大托叶猪屎豆 Crotalaria spectabilis Roth(豆科),*丝毛野百合,紫花野百合*
大瓦韦 Lepisorus macrosphaerus (Baker) Ching (水龙骨科),*石茶,观音旗,金星凤尾草*
大湾角菱(江西抚州)=乌菱
大豌豆(河北)=大山黧豆
大宛桃(植物志 38)=新疆桃
大碗花(江苏)=白头翁
大王杜鹃 Rhododendron rex Lévl.(杜鹃花科)
大王海芋 Alocasia watsoniana Sand.(天南星科)
大王椰子属(台木本志)=**王棕属**
大王马先蒿 Pedicularis rex C.B.Clarke(玄参科),*大王马先蒿大王亚种,凤尾参,蒿枝龙胆草,还阳参,还阳草,还阳草根,四方合子草,土茵陈,五凤朝阳草,羊肝狼头草*
大王马先蒿矮小亚种(植物志 68)=矮小大王马先蒿
大王马先蒿大王亚种(植物志 68)=大王马先蒿
大王马先蒿假斗亚种(植物志 68)=假斗大王马先蒿
大王马先蒿立氏亚种(植物志 68)=立氏大王马先蒿
大王马先蒿洛氏亚种(植物志 68)=洛氏马先蒿(新)
大王松(福州)=长叶松
大王椰子(台木本志)=王棕
大围山峨眉蕨(分类学报)=中越蹄盖蕨
大围山观音座莲 Angiopteris taweishanensis Ching (观音座莲科)
大围山假瘤蕨 Phymatopteris daweishanensis S.G.Lu(水龙骨科)
大围山毛轴线盖蕨 Monomelangium pullingeri var. daweishanicolum W.M.Chu & Z.R.He (蹄盖蕨科)
大围山苹婆 Sterculia hernyi var. cuneata Chun & Hsue(梧桐科)
大尾摇 Heliotropium indicum L.(紫草科),*鱿鱼草,斑草,猫尾草,象鼻草,墨色须草*
大委陵菜 Potentilla nudicaulis Willd.(蔷薇科),*红委陵菜?*
大卫报春(拉汉名称)=大叶宝兴报春
大卫茶藨(果树分类学)=革叶茶藨子
大卫假冷蕨 Pseudocystopteris davidii (Franch.) Z.R.Wang(蹄盖蕨科),*大卫蹄盖蕨,滇藏蹄盖蕨*
大卫梁王茶(经济植物手册)=异叶梁王茶
大卫梅花草 Parnassia davidii Franch.(虎耳草科)
大卫槭(峨眉图志)=青榨槭
大卫氏马先蒿 Pedicularis davidii Franch.(玄参科),*大卫氏马先蒿大卫氏变种,太白参,太白洋参,黑洋参,扭盔马先蒿*
大卫氏马先蒿大卫氏变种(植物志 68)=大卫氏马先蒿
大卫氏马先蒿宽齿变种(植物志 68)=宽齿大卫氏马先蒿
大卫氏马先蒿五齿变种(植物志 68)=五齿大卫氏马先蒿
大卫蹄盖蕨(中国蕨类植物形态)=大卫假冷蕨
大卫绣球(分类学报)=西南绣球
大问荆(新英汉名称)=犬问荆
大乌泡 Rubus multibracteatus Lévl. & Vant.(蔷

薇科),*大红黄袍,乌泡,红铁泡刺,乌龙须*
大乌泡根(分类草药性)=川莓
大乌药(甘肃岩冒)=毛叶乌头
大无花果(贵州)=大果榕
大吴风草(长白山药志)=白头婆
大吴风草 Farfugium japonicum (L.f.) Kitam.(菊科),*八角乌,大马蹄,大马蹄香,独角莲,独足莲,荷吉三七,活血莲,金钵盂,莲蓬草,马蹄当归,囊吾,铁冬苋,野金瓜,一叶莲*
大吴风草属 Farfugium Lindl.(菊科)
大吴茱萸 Evodia robusta Huang(芸香科)
大五加皮(广西)=穗序鹅掌柴
大五托(广西药用名录)=轮叶木姜子
大五爪金龙(中草药汇编)=显孔崖爬藤
大武斑叶兰 Goodyera daibuzanensis Yamamoto (兰科)
大武杜鹃 Rhododendron tashiroi Maxim.(杜鹃花科),*塔西洛杜鹃*
大武金腰 Chrysosplenium hebetatum Ohwi(虎耳草科),*大武猫儿眼睛草*
大武猫儿眼睛草(台湾志)=大武金腰
大武山斑叶兰(台湾志)=斑叶兰
大武山木姜子 Litsea lii C.E.Chang? (樟科),*李氏木姜子*
大武山新木姜子 Neolitsea daibuensis Kamikoti? (樟科)
大武蜘蛛抱蛋 Aspidistra daibuensis Hay.(百合科)
大西番莲(广西植物名录)=大果西番莲
大细梗胡枝子 Lespedeza virgata var. macrovirgata (Kitag.) Kitag.(豆科)
大细钟花 Uvularia grandiflora Smith (百合科)
大狭叶蒿(东北检索表)=红足蒿
大仙茅(广西药用名录)=流苏虾脊兰
大仙桃草(南京药草)=北水苦荬
大腺芥属(科属词典)=**菥蓂属**
大腺荠(科属词典)=双果荠
大相蹄盖蕨 Athyrium daxianglingense Ching & H.S.Kung (蹄盖蕨科)
大香附子(贵州草药)=密穗砖子苗
大香果(云南腾冲)=龙陵新木姜子
大香果兰(分类学报)=大香荚兰
大香花棵(云南昭通)=鼠尾香薷
大香桧(树木分类学)=高山柏
大香荚兰 Vanilla siamensis Rolfe ex Downie(兰科),*大香果兰*
大香兰麻木棵(云南)=鼠尾香薷
大香炉(生草药性备要)=金锦香
大香秋海棠 Begonia handelii Irmsch.(秋海棠科),*短茎秋海棠,铁木*
大香藤(广西药用名录)=藤黄檀
大香叶(福建)=香叶树
大香籽(云南富宁)=鸭公树
大祥竹篙草(海南)=聚花草
大响铃(云南)=菽麻
大响铃草(中草药汇编)=菅
大响铃豆(云南)=假地蓝
大向日葵 Helianthus giganteus L.(菊科)
大象牙参 Roscoea purpurea var. procea Wall.(姜科)
大消藤(广西) 茄叶斑鸠菊
大小蓟(植物志 78-1)=刺儿菜
大蝎子草 Girardinia diversifolia (Link) Friis(荨麻科),*大茎麻,大荨麻,红火麻,虎麻,虎掌荨麻,蝎子草,掌叶蝎子草*
大蟹钓(日名)=燕麦草
大心翼果 Peripterygium platycarpum (Gagn.) Sleum. (茶茱萸科)
大新秋海棠 Begonia daxinensis Ku(秋海棠科)
大兴安岭乌头 Aconitum daxinganlinense Y.Z. Zhao (毛茛科)
大星蕨(台湾志)=江南星蕨
大形贝克斯 Banksia grandis Willd.(山龙眼科)
大型变种(植物志 66)=罗勒
大型短肠蕨 Allantodia gigantea (Bak.) Ching (蹄盖蕨科)
大型红毛羊胡子草 Eriophorum russeolum var. majus Sommier (莎草科)
大型四照花 Dendrobenthamia gigantea (Hand.-Mazz.) Fang(山茱萸科)
大雄薹草 Carex macrosandra (Franch.) V.Krecz. (莎草科)
大绣球藤(新)Clematis montana var. grandiflora HK.(毛茛科),*大花绣球藤*
大绣线菊 Spiraea japonica var. fortunei (Planchon) Rehdle(蔷薇科),*绣线菊,粉花绣线菊光叶变种,火烧尖,土黄连,光叶绣线菊*
大序隔距兰 Cleisostoma paniculatum (Ker-Gawl.) Garay(兰科),*虎皮隔距兰*
大序假卫矛 Microtropis thyrsiflora C.Y.Cheng & T.C.Kao(卫矛科),*大明假卫矛*
大序雀麦 Bromus staintonii Meld.(禾本科)
大序三对节 Clerodendrum serratum var. wallichii C.B.Clarke(马鞭草科)
大序悬钩子 Rubus grandipaniculatus Yü & Lu (蔷薇科)
大序雪胆 Hemsleya megathyrsa C.Y.Wu ex C.Y. Wu & C.L.Chen(葫芦科)
大序野古草 Arundinella cochinchinensis Keng (禾本科),*交趾野古草*
大序早熟禾 Poa major D.F.Cui(禾本科)
大序醉鱼草 Buddleja macrostachya Wall. ex Benth. (马钱科),*长穗醉鱼草,白叶子,关巴巴叶,锡金醉鱼草*
大蓄片(南京药草)=萹蓄
大萱草根(中药志)=萱草
大雪花莲 Galanthus elwesii HK.f.(石蒜科)
大雪兰 Cymbidium eburneum var. parishii (Rchb.f.) HK.f.(兰科)
大雪兰 Cymbidium mastersii Griff. ex Lindl.(兰科)
大雪无心菜 Arenaria nivalomontana C.Y.Wu ex L.H.Zhou(石竹科),*里瓦弄无心菜*
大血草(高等图鉴,云南中草药)=血满草
大血草(云南中草药选)=接骨草
大血吉(广东)=鳞片水麻
大血藤(草木便方)=翼梗五味子
大血藤(广西药用名录)=榼藤
大血藤(湖北,云南,贵州)=南五味子
大血藤(湖北四海)=华中五味子
大血藤(曲靖)=三叶地锦
大血藤(思茅中草药)=大果油麻藤
大血藤(台湾志)=巨黧豆
大血藤(中草药汇编)=香花崖豆藤
大血藤(中药大辞典)=毛枝崖爬藤
大血藤 Sargentodoxa cuneata (Oliv.) Rehd. & Wils. (木通科),*血藤,大活血,活血藤,山血藤,花血藤,红藤,赤沙藤*
大血藤属 Sargentodoxa Rehd. & Wils. (木通科)
大鸭巴芹(辽宁)=鸭巴前胡
大鸭草(广部中草药手册)=爵床
大鸭公藤(四川中草药)=黄背勾儿茶
大鸭脚板(四川中药志)=鸭儿芹
大鸭跖草(植物志 13-3)=大苞鸭跖草
大芽杜鹃 Rhododendron gemmiferum Philip. & M.N.Philip.(杜鹃花科)
大芽南蛇藤 Celastrus gemmatus Loes.(卫矛科),*哥兰叶,米汤叶,绵条子,霜红藤,哥兰叶,三叶泡,钻地风*
大芽卫矛(四川志)=紫花卫矛
大烟(本草纲目拾遗)=罂粟
大烟斗石栎 Lithocarpus corneum var. hemisphaericus (Drake) Hick. & A.Camus (壳斗科)
大烟锅草(中草药汇编)=大花金挖耳
大岩七(云南)=藏边大黄
大岩藤(四川盐边)=毛过山龙
大岩桐属 Sinningia Nees (苦苣苔科)
大沿阶草 Ophiopogon grandis W.W.Sm.(百合科)
大眼桐(纲目)=臭椿
大眼竹(广西)=中华大节竹
大眼竹(越南)=大节竹
大眼竹 Bambusa eutuldoides McClure (禾本科)
大羊不吃草(四川)=地锦苗
大羊胡臊(广西)=广防风
大羊角扭蔃(广西)=羊角拗
大羊角树(四川宝兴)=四川杜鹃
大羊茅 Festuca gigantea (L.) Vill.(禾本科)
大阳花(丽江)=重冠紫菀
大杨桐 Adinandra grandis L.K.Ling(山茶科)
大洋算盘(中草药汇编)=厚叶算盘子
大洋藤(广西药用名录)=楠藤
大洋州滨藜 Atriplex nummularia Lindl.(藜科)
大洋洲椿 Toona australis Harms.(楝科)
大洋洲菊芹 Erechtites prenanthoides (A.Rich.) DC. (菊科)
大样驳骨草(广东乐昌)=红马蹄草
大样赤藤(海南)=大脚观音座莲
大样颠茄(海南儋县)=毛茄
大样红藤(广东)=独子藤
大样酒饼藤(广东怀集)=白叶瓜馥木
大样苦斋(广西桂林)=台湾败酱
大样雷公根(广东澄迈)=肾叶天胡荽
大样荔枝藤(海南)=光叶密花豆
大样益母草(广东)=益母草
大姚短柱茶 Camellia tenii Sealy(山茶科)
大姚复叶耳蕨 Arachniodes dayaoensis Y.T. Hsieh (鳞毛蕨科)
大姚黄芩 Scutellaria teniana Hand.-Mazz.(唇形科)
大姚箭竹 Fargesia mairei (Hack. ex Hand.-Mazz.) Yi (禾本科)
大姚老鹳草 Geranium christensenianum Hand.-Mazz. (牻牛儿苗科),*腺毛老鹳草*
大瑶山铁角蕨 Asplenium subtrapezoideum Ching ex S.H.Wu(铁角蕨科)
大药(江苏)=桔梗
大药谷精草 Eriocaulon sollyanum Royle(谷精草科)
大药剪股颖 Agrostis arisan-montana var. megalandra Y.C.Yang(禾本科)
大药碱茅 Puccinellia macranthera Krecz.(禾本科)
大药雀麦 Bromus porphyranthos T.A.Cope(禾本科)
大药早熟禾 Poa macroantera D.F.Cui(禾本科)
大药獐牙菜 Swertia tibetica Batal.(龙胆科),*西藏獐牙菜*
大野坝艾(云南漾濞)=野苏子

大野牡丹(台湾)=棱果花
大野牡丹 Melastoma imbricatum Wall.(野牡丹科),*大暴牙郎*
大野芹(吉林延边)=朝鲜当归
大野豌豆 Vicia gigantea Bge.(豆科),*薇,薇菜,大巢菜,山扁豆,山木樨*
大野芋 Colocasia gigantea (Bl.) HK.f.(天南星科),*山野芋,水芋,象耳芋,抬板七,抬板焦,滴水芋*
大叶阿瑞奥普兰 Acriopsis latifolia Rolfe (兰科)
大叶矮金莲花 Trollius farrei var. major W.T. Wang (毛茛科)
大叶艾(广西药用名录)=锯叶合耳菊
大叶艾(河北)=艾
大叶桉(植物志 53-1)=桉
大叶暗红栒子(新)Cotoneaster obscurus var. cornifolius Rehd. & Wils.?(蔷薇科),*暗红栒子大叶变种*
大叶澳洲茶 Leptospermum scoparium var. chapmannii Dorrien Smith (桃金娘科)
大叶巴克豆(台湾志)=球花豆
大叶芭蕉(江西)=芭蕉
大叶霸王(沙漠志)=大叶驼蹄瓣
大叶白粉藤 Cissus repanda Vahl(葡萄科),*接骨藤,伸筋藤,白薯藤,独脚乌桕*
大叶白花鬼点灯(广东)=灰毛大青
大叶白及(新华本草纲要)=厚瓣玉凤花
大叶白蜡树(树木分类学)=花曲柳
大叶白麻(植物志 63)=白麻
大叶白树沟瓣 Glyptopetalum geloniifolium var. robustum (Chun & How) C.Y.Cheng(卫矛科)
大叶白头翁(四川中药志)=珠光香青
大叶白颜树(树木分类学)=白颜树
大叶白叶藤(广西)=古钩藤
大叶白纸扇(高等图鉴)=鹬花
大叶百两金(植物志 58)=百两金
大叶斑鸠菊 Vernonia volkameriifolia (Wall.) DC. (菊科),*大叶鸡菊花*
大叶斑鸠米(广东)=紫珠
大叶板(广东)=大叶苦柯
大叶包针(广西药用名录)=膜叶星蕨
大叶苞舌兰 Spathoglottis grandifolia Schltr.(兰科)
大叶宝兴报春 Primula davidii Franch.(报春花科),*大卫报春*
大叶报春 Primula macrophylla D.Don(报春花科)
大叶贝壳杉 Agathis macrophylla (Lindl.) Mast.(南洋杉科)
大叶备用果菊(高等图鉴)=多裂福王草
大叶逼迫子(广东高要)=禾串树
大叶闭花木 Cleistanthus macarophyllus HK.f.(大戟科)
大叶萹蓄(中药辞海)=萹蓄
大叶扁担杆 Grewia permagna C.Y.Wu ex H.T. Chang (椴树科)
大叶扁担杆子(植物大辞典)=毛果扁担杆
大叶变种(植物志 65-2)=大叶长毛香科科(新)
大叶变种(植物志 74)=大叶小舌紫菀(新)
大叶杓兰 Cypripedium fasciolatum Franch.(兰科),*蜈蚣七*
大叶滨紫草 Mertensia sibirica (L.) G.Don(紫草科)
大叶薄荷(浙江龙泉)=藿香
大叶薄鳞蕨 Leptolepidium subvillosum var. diatatum (Brause) Hsing & S.K.Wu(中国蕨科)
大叶薄叶兰 Lycaste macrophylla (P. & E.) Lindl.(兰科)
大叶檗(河南志)=黄芦木
大叶补血草(新拉汉英)=大补血草(新)
大叶补血草 Limonium gmelinii (Willd.) Ktze.(白花丹科),*克迷克,拜赫曼,补血草,西伯利亚补血草,大叶矶松*
大叶捕鱼木(台湾志)=毛果扁担杆
大叶菜(贵州民间药物)=深绿卷柏
大叶苍山蕨 Ceterachopsis magnifica Ching (铁角蕨科)
大叶糙苏(新拉汉英)=大糙苏(新)
大叶糙苏 Phlomis maximowiczii Regel(唇形科),*山苏子,丁黄草,大丁黄,苏木帐子,野苏子*
大叶草(中药材手册)=豨莶
大叶草藤(东北,河北)=大叶野豌豆
大叶柽(河北图说)=花曲柳
大叶叉蕨 Tectaria dubia (Bedd.) Ching(叉蕨科)
大叶茶(广药手册)=大叶冬青
大叶茶(云南)=普洱茶
大叶柴(浙江)=夏蜡梅
大叶柴胡 Bupleurum longiradiatum Turcz.(伞形科)
大叶菖蒲(四川)=菖蒲
大叶长毛香科科(新)Teucrium pilosum var. macrophyllum Kom.(唇形科),*大叶变种*
大叶匙羹藤(植物志 63)=广东匙羹藤
大叶赤车 Pellionia macrophylla W.T.Wang(荨麻科)
大叶赤榕 Ficus caulocarpa (Miq.) Miq.(桑科)
大叶椆(高等图鉴)=大叶青冈
大叶椆(植物志 22)=大叶柯
大叶稠李(拉汉名称)=大叶桂樱
大叶臭花椒(中草药汇编)=朵花椒
大叶臭花椒 Zanthoxylum myriacanthum Wall. ex HK.f.(芸香科),*红色驱风通,雷公木,刺椿木*
大叶槠(植物志 22)=钩锥
大叶川滇蔷薇 Rosa soulieana var. sungpanensis Rehd.(蔷薇科)
大叶川柃 Eurya fangii var. megaphylla Hsu(山茶科)
大叶垂序木蓝 Indigofera pendula var. macrophylla Y.Y.Fang & C.Z.Zheng(豆科)
大叶春(福建东山)=链荚豆
大叶唇柱苣苔 Chirita macrophylla Wall.(苦苣苔科)
大叶慈 Dendrocalamus farinosus (Keng & Keng f.) Chia & H.L.Fung(禾本科),*吊竹,钓竹,梁山慈,大叶竹,瓦灰竹*
大叶刺篱木 Flacourtia rukam Zoll. & Mor.(大风子科),*山桩,牛牙果,罗庚梅,罗庚果*
大叶葱芥(植物志 33)=心叶诸葛菜
大叶粗叶木 Lasianthus tentaculatus HK.f.(茜草科)
大叶大蒜芥(植物志 33)=多型大蒜芥
大叶黛粉叶 Dieffenbachia macrophylla Poepp.(天南星科),*大叶花叶万年青*
大叶丹参(四川)=橙色鼠尾草
大叶当归 Angelica megaphylla Diels(伞形科)
大叶党参 Codonopsis affinis HK.f. & Thoms.(桔梗科),*近缘党参*
大叶德钦杨 Populus haoana var. megaphylla C. Wang & Tung (杨柳科)
大叶地不容 Stephania dolichopoda Diels(防已科)
大叶点地梅 Androsace mirabilis Franch.(报春花科)
大叶吊兰 Chlorophytum malayense Ridley(百合科)
大叶钓樟(浙江)=山橿
大叶东京鱼藤 Derris tonkinensis var. compacta Gagn.(豆科)
大叶冬青 Ilex latifolia Thunb.(冬青科),*波罗树,大苦酊,大叶茶,黄波萝,将军柴,苦登菜,苦丁茶,宽叶冬青*
大叶冬青卫矛 Euonymus japonicus f. macrophyllus Beissn.(卫矛科)
大叶豆腐柴 Premna latifolia Roxb.(马鞭草科)
大叶杜鹃花 Rhododendron falconeri HK.f.(杜鹃花科)
大叶杜英 Elaeocarpus balansae A.DC.(杜英科)
大叶杜仲(红河中草药)=山地水东哥
大叶度量草 Mitreola pedicellata Benth.(马钱科),*毛叶度量草*
大叶短肠蕨 Allantodia maxima (Don) Ching(蹄盖蕨科)
大叶椴(高等图鉴)=辽椴
大叶鹅掌柴 Schefflera macrophylla (Dunn) Vig.(五加科)
大叶耳蕨 Polystichum grandifrons C.Chr.(鳞毛蕨科),*九州耳蕨*
大叶繁缕 Stellaria delavayi Franch.(石竹科),*西南繁缕*
大叶方秆蕨 Glaphyropteridopsis splendens Ching (金星蕨科)
大叶方竹 Chimonobambusa grandifolia Hsueh & W.P.Zhang(禾本科)
大叶防风(浙江丽水)=密腺小连翘
大叶风吹楠 Horsfieldia kingii (HK.f.) Warb.(肉豆蔻科)
大叶风毛菊 Saussurea grandifolia Maxim.(菊科)
大叶枫(湖南)=枫香树
大叶凤尾(西藏中草药)=凤尾蕨
大叶凤尾巴草(天目药志)=凤丫蕨
大叶凤仙花 Impatiens apalophylla HK.f.(凤仙花科)
大叶凤丫蕨(西藏志)=全缘凤丫蕨
大叶枹(广西,云南)=黧蒴锥
大叶附地菜 Trigonotis macrophylla Vant.(紫草科)
大叶复毛胡椒 Piper bonii var. macrophyllum Tseng (胡椒科)
大叶腹水草 Veronicastrum robustum subsp. grandifolium Chin & Hong(玄参科)
大叶高山栎(云南志)=麻栗坡栎
大叶槁(海南尖峰岭)=红枝琼楠
大叶隔距兰 Cleisostoma racemiferum (Lindl.) Garay(兰科)
大叶根绳(浙江)=鹰爪枫
大叶勾儿茶 Berchemia huana Rehd.(鼠李科),*胡氏勾儿茶*
大叶钩栗(植物志 22)=钩锥
大叶钩藤 Uncaria macrophylla Wall.(茜草科),*大钩丁,双钩藤*
大叶狗脊(孢子植物)=东方狗脊
大叶狗牙七(中草药汇编)=普通凤丫蕨
大叶谷精草(台湾志,拉汉英名称)=华南谷精草
大叶骨牌草(中草药汇编)=江南星蕨
大叶骨碎补 Davallia formosana Hay.(骨碎补科),*华南骨碎补,小骨碎补,硬骨碎补*

大叶瓜馥木 Fissistigma latifolium (Dunn) Merr. (番荔枝科)
大叶关夏(广西药志)=犁头尖
大叶观音草(云南植物名录)=野山蓝
大叶观音草 Peristrophe fera var. intermedia C.B. Clarke(爵床科)
大叶观音座莲 Angiopteris megaphylla Ching (观音座莲科)
大叶贯众 Cyrtomium macrophyllum (Makino) Tagawa(鳞毛蕨科),*野鸡头,猪仔*
大叶光板力刚(浙江)=山木通
大叶桂 Cinnamomum iners Reinw. ex Bl.(樟科)
大叶桂樱 Laurocerasus zippeliana (Miq.) Yü & Lu(蔷薇科),*大叶野樱,大驳骨,驳骨木,黑茶树,黄土树,大叶稠李*
大叶过路黄 Lysimachia fordiana Oliv.(报春花科),*大叶排草*
大叶海桐 Pittosporum adaphniphylloides Hu & Wang (海桐花科)
大叶寒莓(台木本志)=寒莓
大叶韩信草(广西)=韩信草
大叶杭子稍 Campylotropis grandifolia Schindl.? (豆科)
大叶合欢(树木分类学)=阔荚合欢
大叶合欢 Cylindrokelupha turgida (Merr.) T.L. Wu (豆科)
大叶红淡(高等图鉴)=大叶杨桐
大叶红光树 Knema linifolia (Roxb.) Warb.(肉豆蔻科)
大叶红河鹅掌柴 Schefflera hoi var. macrophylla Li(五加科)
大叶红花倒水莲(湖南药物志)=赪桐
大叶红景天(植物志 34-1)=大花红景天
大叶厚朴(药学学报)=长喙厚朴
大叶胡颓子 Elaeagnus macrophylla Thunb.(胡颓子科),*圆叶胡颓子*
大叶胡枝子 Lespedeza davidii Franch.(豆科),*大叶马料梢,大叶乌梢*
大叶虎皮楠(新拉汉英)=大虎皮楠(新)
大叶虎皮楠 Daphniphyllum yunnanense C.C. Huang (虎皮楠科)
大叶虎尾兰 Sansevieria trifasciata var. macrophylla Hort.(百合科)
大叶虎榛子(树木分类学)=滇虎榛
大叶花椒(湖南志)=蚬壳花椒
大叶花叶万年青(新拉汉英)=大叶黛粉叶
大叶华北绣线菊 Spiraea fritschiana var. angulata (Schneid.) Rehd.(蔷薇科),*叫驴腿,华北绣线菊大叶变种*
大叶槐木(浙江宁波)=白背叶楤木
大叶黄(广西药用名录)=金丝梅
大叶黄龙缠树(中药大辞典)=小花蜻蜓兰
大叶黄芩 Scutellaria megaphylla C.Y.Wu & H. W.Li (唇形科)
大叶黄瑞木(高等图鉴补编)=大叶杨桐
大叶黄藤(经济志)=昆明雷公藤
大叶黄藤 Daemonorops macrophylla Becc.(棕榈科)
大叶黄杨(植物志 45-3)=冬青卫矛
大叶黄杨 Buxus megistophylla Lévl.(黄杨科)
大叶灰菜(东北)=杂配藜
大叶活血丹(江苏)=丹参
大叶活血丹(浙江)=秀丽野海棠
大叶火烧兰 Epipactis mairei Schltr.(兰科),*红将军,火烧兰,鸡嗉子花,见血飞,兰竹参,牛舌片,牌楼七,青竹兰,小紫含笑*
大叶火筒树(新拉汉英)=大火筒树(新)
大叶火筒树 Leea macrophylla Roxb. ex Hornem. (葡萄科)
大叶火焰草 Sedum drymarioides Hance(景天科),*荷莲豆景天,毛佛甲草,光板猫叶草,龙鳃草,毛舌辣草*
大叶矶松(新疆)=大叶补血草
大叶鸡菊花(云南)=大叶斑鸠菊
大叶鸡爪茶 Rubus henryi var. sozostylus (Focke) Yü & Lu (蔷薇科)
大叶及己(通称)=宽叶金粟兰
大叶寄树兰 Robiquetia spatulata (Bl.) J.J.Sm. (兰科),*匙唇陆宾兰*
大叶檵木 Loropetalum subcapitatum Chun ex Chang(金缕梅科)
大叶假百合 Notholirion macrophyllum (D.Don) Boiss.(百合科)
大叶假鹤虱 Hackelia brachytuba (Diels) I.M. Joh. (紫草科)
大叶假冷蕨 Pseudocystopteris atkinsonii (Bedd.) Ching(蹄盖蕨科),*阿金蹄盖蕨,大叶蹄盖蕨,假冷蕨,喜马拉雅假冷蕨,亚德氏蹄盖蕨*
大叶假苜宿 Crotalaria medicaginea var. luxurians (Benth.) Baker(豆科)
大叶假卫矛 Microtropis macrophyllus Merr. & Freem. (卫矛科),*大果假卫矛*
大叶假鹰爪 Desmos grandifolius (Finet & Gagn.) C.Y.Wu ex P.T.Li(番荔枝科)
大叶剑蕨 Loxogramme scolopendrina (Bory) Presl (剑蕨科)
大叶椒雁(海南志)=两面针
大叶角蕨 Cornopteris major W.M.Chu(蹄盖蕨科)
大叶芥菜(植物志 33)=芥
大叶金不换(中草药学)=华南远志
大叶金顶杜鹃 Rhododendron faberii subsp. prattii (Franch.) Chamb. ex Culle & Chamb. (杜鹃花科),*康定杜鹃*
大叶金花草(广西中药志)=乌蕨
大叶金没匙(广东)=毛叶轮环藤
大叶金牛 Polygala latouchei Franch.(远志科),*天青地紫,一包花,红背兰,岩生远志*
大叶金钱(浙江,江西)=活血丹
大叶金石榴(天目药志)=坚硬女娄菜
大叶金丝桃(甘肃)=黄海棠
大叶金丝桃 Hypericum prattii Hemsl.(藤黄科),*痩黄狗,三黄筋*
大叶金腰 Chrysosplenium macrophyllum Oliv. (虎耳草科),*马列耳朵草,龙舌草,岩窝鸡,岩乌金菜,龙香草,虎皮草*
大叶金银花(江西福安)=红腺忍冬
大叶金足草(云南植物研究)=大叶马蓝
大叶堇 Viola vaginata Maxim.(堇菜科)
大叶堇菜 Viola diamantiaca Nakai(堇菜科),*寸节七*
大叶井边草(蕨类图说)=凤尾蕨
大叶景天(拉汉名称)=大花红景天
大叶九里香 Murraya kwangsiensis var. macrophylla Huang(芸香科)
大叶九重树(台湾)=九丁榕
大叶榉(新华本草纲要)=大叶榉树
大叶榉树 Zelkova schneideriana Hand.-Mazz (榆科),*大叶榉,大叶榆,黄栀榆,鸡油树,榉树能上能下,榉树叶,榉榆,训,血榉,血榆*
大叶蒟 Piper laetispicum C.DC.(胡椒科)
大叶聚石斛(新) dendrobium lindleyi var.majus (Rolfe) S.Y.Hu?(兰科)
大叶卷柏 Selaginella bodinereri Hieron.(卷柏科)
大叶卷瓣兰 Bulbophyllum amplifolium (Rolfe) Balak. & Chowdhury(兰科)
大叶决明 Cassia fruticosa Mill.(豆科)
大叶栲(植物志 22)=大叶锥
大叶栲栗(植物志 22)=齿叶柯
大叶柯 Lithocarpus megalophyllus Rehd. & Wils. (壳斗科),*大叶椆,大叶石栎*
大叶苦柯 Lithocarpus paihengii Chun & Tsiang (壳斗科),*大叶板,苦锥树,大叶苦锥*
大叶苦锥(广东)=大叶苦柯
大叶栝楼(分类学报)=截叶栝楼
大叶蜡梅(广西桂林)=蜡梅
大叶蜡树(江西)=女贞
大叶辣椒草(浙江中草药)=观音草
大叶辣樟树(江西遂川)=华南桂
大叶兰花(福建中草药)=饭包草
大叶蓝翠雀花 Delphinium caeruleum var. majus W.T.Wang(毛茛科)
大叶狼豆柴(贵州草药)=尖叶木蓝
大叶狼衣(浙江)=贯众
大叶老鼠刺(树木分类学)=大叶鼠刺
大叶老鼠七(秦岭南北坡)=荷青花
大叶冷水花 Pilea martinii (Lévl.) Hand.-Mazz. (荨麻科),*异被冷水花*
大叶藜(东北草本志)=杂配藜
大叶枥(植物志 22)=黧蒴锥
大叶栎 Quercus griffithii HK.f.(壳斗科)
大叶栎柴(福建)=槲树
大叶莲(江西)=博落回
大叶莲花掌 Aeonium urbicum (C.A.Sm.) Webb. & Berth.(景天科)
大叶良箭(广西药用名录)=金珠柳
大叶两列栒子(新)Cotoneaster nitidus var. duthieanus (Schneid.) Yü(蔷薇科),*两列栒子大叶变种*
大叶鳞花木 Lepisanthes browniana Hiern(无患子科)
大叶刘寄奴(陕西)=突脉金丝桃
大叶瘤足蕨 Plagiogyria gigantea Ching(瘤足蕨科)
大叶柳(江西)=枫杨
大叶柳 Salix magnifica Hemsl.(杨柳科)
大叶龙胆(北部植物图志)=黄管秦艽
大叶龙胆(北部植物图志)=秦艽
大叶龙角 Hydnocarpus annamensis (Gagn.) M. Lesocot & Sleum.(大风子科),*马波萝,梅氏大风子,马蛋果*
大叶鹿角藤 Chonemorpha fragrans (Moon) Alston(夹竹桃科)
大叶罗汉松(中国裸子志)=肉托竹柏
大叶萝鞭木(广西)=萝芙木
大叶萝芙木(广西)=萝芙木
大叶萝芙木(新拉汉英)=萝芙木
大叶椤(中药辞海)=大叶锣
大叶锣 Didissandra sesquifolia Clarke(苦苣苔科),*大一面锣,白毛草,大叶椤*
大叶螺序草 Spiradiclis bifida Wall. ex Kurz(茜草科)
大叶洛佩拉 Roupala macrophylla Pohl (山龙眼科)
大叶落地生根 Kalanchoe daigremotiana Hamet. & Perre (景天科)
大叶麻(中草药汇编)=紫麻
大叶马兜铃(广西植物名录)=广西马兜铃
大叶马兜铃 Aristolochia kaempferi Willd.(马兜铃科),*南木香,金狮藤,香里藤,金腰带,地黄*

蒲,痢药草,马兜铃,南木香,朱砂莲,一点血

大叶马蓝 Pteracanthus grandissimus (H.P.Tsui) C.Y.Wu & C.C.Hu(爵床科),大叶金足草

大叶马料梢(天目药志)=大叶胡枝子

大叶马松子(海南)=地桃花

大叶马蹄香 Asarum maximum Hemsl.(马兜铃科),马蹄细辛,花脸细辛,翻天印,水马蹄,土细辛

大叶马尾连(浙江天目山)=大叶唐松草

大叶满天星(广部中草药手册)=香港大沙叶

大叶猫爪簕(广东,广西)=两面针

大叶毛(台湾志)=截裂毛蕨

大叶毛刺茄(广西)=毛茄

大叶毛茛 Ranunculus grandifolius C.A.Mey.(毛茛科)

大叶毛将军(福建)=白棠子树

大叶毛麝香 Adenosma macrophyllum Benth. ex Wall. (玄参科)

大叶毛鼠曲(江西草药)=秋鼠麴草

大叶毛楂(河南)=河南海棠

大叶毛折柄茶 Hartia villosa var. grandifolia (Chun) Chang(山茶科)

大叶帽子(福建)=绿冬青

大叶莓(浙江)=太平莓

大叶梅花草 Parnassia monochorifolia Franch. (虎耳草科)

大叶美洲椴 Tilia americana f. macrophylla (Bayer) V.Engl.(椴树科)

大叶米粞(湖南)=无心菜

大叶密脉木 Myrioneuron effusum (Pitard) Li (茜草科)

大叶面豆果(台湾)=香港算盘子

大叶茉莉果 Parastyrax macrophyllus C.Y.Wu & K.M.Feng(安息香科),大叶拟野茉莉

大叶母草 Lindernia megaphylla Tsoong(玄参科)

大叶木姜子 Litsea chunii var. latifolia (Yang) H. S.Kung (樟科)

大叶木槿 Hibiscus macrophyllus Roxb. (锦葵科),椰梅

大叶木兰(植物学杂志)=长喙厚朴

大叶木莲 Manglietia megaphylla Hu & Cheng (木兰科)

大叶拿身草 Desmodium laxiflorum DC.(豆科),疏花山蚂蝗,山豆根

大叶南苏 Rhaphidophora peepla (Roxb.) Schott (天南星科),过江龙,金竹标,爬山虎,爬树龙,青竹标,万年青,小过山龙,小南苏

大叶南洋杉 Araucaria bidwillii HK.(南洋杉科),洋刺杉,澳洲南洋杉,披针叶南洋杉

大叶楠(浙江)=薄叶润楠

大叶楠 Machilus kusanoi Hay.(樟科)

大叶拟野茉莉(云南区系报告)=大叶茉莉果

大叶拟芸香圆(沙漠志)=大叶芸香

大叶牛奶菜 Marsdenia koi Tsiang(萝藦科),圆头牛奶菜

大叶牛奶子(浙江草药)=矮小天仙果

大叶牛尾连(海南)=海南菜豆树

大叶牛尾林(海南)=海南菜豆树

大叶牛心菜(山东)=黄海棠

大叶女蒿 Hippolytia yunnanensis (J.F.Jeffr.) Shih(菊科)

大叶爬山虎 Parthenocissus vitacea var. macrophylla Rehd.(葡萄科)

大叶排草(高等图鉴)=大叶过路黄

大叶泡花树 Meliosma laui var. megaphylla H. W.Li (豆科)

大叶泡囊草 Physochlaina macrophylla Bonati (茄科)

大叶苹婆(新拉汉英)=巨叶苹婆(新)

大叶苹婆 Sterculia kingtungensis Hsue(梧桐科)

大叶瓶蕨 Vandenboschia maxima (Bl.) Cop.(膜蕨科)

大叶葡萄 Vitis smalliana Bailey (葡萄科)

大叶蒲葵 Livistona saribus (Lour.) Merr. ex A. Chev. (棕榈科),大蒲葵

大叶朴 Celtis koraiensis Nakai(榆科)

大叶七叶树 Aesculus megaphylla Hu & Fang(七叶树科)

大叶槭 Acer macrophyllum Pursh (槭树科)

大叶漆 Toxicodendron hookeri (Sahni & Bahadur) C.Y.Wu & T.L.Ming(漆树科)

大叶千斤拔 Flemingia macrophylla (Willd.) Prain (豆科),包假乌豆草,夹眼皮果,牛得巡,千斤拨,千斤红,千筋拨,天根不倒,皱面树

大叶茜草 Rubia schumanniana Pritzel(茜草科),灯儿草,红血儿,女儿红,茜草,沙糖根,四参草,四轮筋骨草,咸酒,小红参,小血散,紫脉茜草

大叶蔷薇(东北木本志)=刺蔷薇

大叶蔷薇 Rosa macrophylla Lindl.(蔷薇科)

大叶芹(东北草本志)=短果茴芹

大叶芹(辽宁)=短毛独活

大叶秦艽(植物志 43-1)=秦艽

大叶青(闽南草药)=假地豆

大叶青冈(陕西)=青冈

大叶青冈 Cyclobalanopsis jenseniana (Hand.-Mazz.) Cheng & T.Hong (壳斗科),大叶椆

大叶青蒿(甘肃)=小球花蒿

大叶青荚叶(新)Helwingia chinensis f. megaphylla Fang?(山茱萸科)

大叶青蓝木(广东)=光叶红豆

大叶青藤(浙江)=鹰爪枫

大叶清香桂(云南志)=海南野扇花

大叶筇竹 Qiongzhuea marcophylla Hsueh & Yi (禾本科)

大叶秋海棠 Begonia megalophyllaria C.Y.Wu (秋海棠科)

大叶球花豆 Parkia leiophylla Kurz(豆科)

大叶球子草 Peliosanthes macrophylla Wall. ex Baker?(百合科)

大叶屈头鸡(广西植物名录)=箭根薯

大叶荛花 Wikstroemia liangii Merr. & Chun(瑞香科)

大叶绒果芹 Eriocycla albescens var. latifolia Shan & Yuan(伞形科)

大叶绒毛(台湾三科植物)=香花毛兰

大叶榕(广东,广西)=黄葛树

大叶榕(海南志)=高山榕

大叶榕树(广东)=绿黄葛树

大叶肉刺蕨 Nothoperanema giganteum Ching (鳞毛蕨科)

大叶肉托果 Semecarpus gigantifolia Vidal(漆树科),台东漆,槚如实,鸡腰果

大叶赛爵床 Calophanoides alboviridis (R.Ben.) C.Y.Wu & H.S.Lo(爵床科)

大叶三七(植物志 54)=竹节参

大叶桑寄生(台湾志)=显脉木兰寄生

大叶沙罗(广西)=大叶山楝

大叶山扁豆(植物志 39)=短叶决明

大叶山布惊树(海南)=八脉臭黄荆

大叶山矾(植物志 60-2)=羊舌树

大叶山桂(广东)=钝叶桂

大叶山桂花 Bennettiodendron macrophyllum C. Y.Wu ex S.S.Lai(大风子科)

大叶山鸡尾草(天目药志)=黑鳞耳蕨

大叶山橿(中药大辞典)=山橿

大叶山芥碎米荠(植物志 33)=光头碎米荠

大叶山楝 Aphanamixis grandifolia Bl.(楝科),大叶沙罗,红萝木,苦柏木

大叶山柳(高等图鉴)=贵州桤叶树

大叶山绿豆(海南志)=大叶山蚂蝗

大叶山萝卜(河北)=小窃衣

大叶山蚂蝗 Desmodium gangeticum (L.) DC. (豆科),蝉豆,大叶山绿豆,恒河山绿豆,红毛鸡草,红母鸡草,粘草,粘人草

大叶山柰 Kaempferia galanga var. latifolia Dunn (姜科)

大叶山天萝(高等图鉴)=网脉葡萄

大叶山香圆(云南)=疏脉山香圆

大叶山芝麻(海南志)=剑叶山芝麻

大叶芍药 Paeonia macrophylla Lomak.(芍药科)

大叶蛇根草 Ophiorrhiza repandicalyx Lo(茜草科)

大叶蛇簕(广东)=锈毛莓

大叶蛇泡竻(广部中草药手册)=粗叶悬钩子

大叶蛇葡萄 Ampelopsis megalophylla Diels & Gilg (葡萄科)

大叶蛇总管(广西)=溪黄草

大叶蛇总管(广西)=显脉香茶菜

大叶十月泡(湘西土家医药)=吴兴铁线莲

大叶石斑木 Raphiolepis major Card.(蔷薇科)

大叶石宝茶藤 Euonymus vagans subsp. macrophyllus Kanz.(卫矛科)

大叶石斛 Dendrobium macrophyllum A.Rich. (兰科)

大叶石蝴蝶 Petrocosmea grandifolia W.T.Wang (苦苣苔科)

大叶石栎(植物志 22)=齿叶柯

大叶石栎(植物志 22)=大叶柯

大叶石栎(植物志 22)=瘤果柯

大叶石龙尾 Limnophila rugosa (Roth) Merr.(玄参科),水茴香,田根草,水薄荷,水八角,水荆芥

大叶石榕(中草药汇编)=芒毛苣苔

大叶石上莲 Oreocharis benthamii Clarke(苦苣苔科)

大叶石头花 Gypsophila pacifica Kom.(石竹科),细梗丝石竹,细梗石头花

大叶石仙桃(广西)=荷秋藤

大叶石岩枫 Mallotus repandus var. megaphyllus Croiz.(大戟科)

大叶鼠刺 Itea macrophylla Wall. ex Roxb.(虎耳草科),大叶老鼠刺

大叶鼠尾草 Salvia grandifolia W.W.Sm.(唇形科)

大叶树兰(台湾志)=椭圆叶米仔兰

大叶树萝卜 Agapetes macrophylla C.B.Clarke (杜鹃花科)

大叶双盖蕨 Diplazium splendens Ching(蹄盖蕨科),河口双盖蕨,多子双盖蕨,粤北双盖蕨

大叶双眼龙(岭南采药录)=巴豆

大叶水(中草药汇编)=厚叶算盘子

大叶水化香(天目药志)=青钱柳

大叶水锦树 Wendlandia pubigera W.C.Chen(茜草科)

大叶水榕 Ficus glaberrima Bl.(桑科),万年青,池树

大叶水桐子(浙江)=香果树

大叶水杨梅(广东,广西)=风箱树

大叶水指甲(广西植物名录)=紫花黄金凤

大叶水竹叶(海南志)=葶花水竹叶

大叶四瓣崖摩 Amoora tetrapetala var. macrophylla (H.L.Li) C.Y.Wu(楝科)
大叶四带芹 Tetrataenium olgae (DC.) Manden.(伞形科)
大叶松(新拉汉英)=恩氏松
大叶溲疏(植物志 35-1)=大花溲疏
大叶素馨 Jasminum attenuatum Roxb.(木犀科)
大叶酸藤子(植物志 58)=平叶酸藤子
大叶算盘子(广州志)=艾胶算盘子
大叶碎米荠 Cardamine macrophylla Willd.(十字花科),*半边菜,菜子七,钝圆齿碎米荠,多叶碎米荠,妇人参,华中碎米荠,普贤菜,重齿碎米荠*
大叶唐松草 Thalictrum faberi Ulbr.(毛茛科),*大叶马尾连*
大叶糖胶树 Alstonia macrophylla Wall. ex G. Don (夹竹桃科)
大叶桃花心木 Swietenia macrophylla King (楝科)
大叶藤 Tinomiscium petiolare HK.f. & Thoms.(防已科),*黄藤,假黄藤,奶汁藤,藤黄连,土防已,土黄连*
大叶藤黄 Garcinia xanthochymus HK.f. & T.Anders.(藤黄科),*人面果,岭南倒捻子,香港倒捻子,歪脖子果,郭满大,郭埋拉,勿茂*
大叶藤山柳 Clematoclethra lasioclada var. grandis (Hemsl.) Rehd.(猕猴桃科)
大叶藤属 Tinomiscium Miers ex HK.f. & Thoms.(防已科)
大叶蹄盖蕨(福建志)=大叶假冷蕨
大叶天南星(江西福安)=灯台莲
大叶天竺桂(浙江)=天竺桂
大叶田繁缕 Bergia capensis L.(沟繁缕科)
大叶甜果子(甘肃)=黄背勾儿茶
大叶条纹十二卷 Haworthia fasciata f. major Hort. (百合科)
大叶铁线莲 Clematis heracleifolia DC.(毛茛科),*木通花,草牡丹,草本女萎,气死大夫,牡丹藤*
大叶通草(河南)=青荚叶
大叶土蜜树 Bridelia fordii Hemsl.(大戟科),*华南逼迫子,虾公木*
大叶土木香 Inula grandis Schrenk ex Fish. & Meyu.? (菊科)
大叶兔儿伞(东北检索表)=大叶蟹甲草
大叶兔儿伞(植物志 77-1)=长白蟹甲草
大叶兔耳风(云南)=大坪风毛菊
大叶兔尾草(台湾志)=狸尾豆
大叶驼舌草 Goniolimon dschungaricum (Regel) O. & B.Fedtsch.(白花丹科)
大叶驼蹄瓣 Zygophyllum macropodum Boriss.(蒺藜科),*大叶霸王*
大叶橐吾 Ligularia macrophylla (Ledeb.) DC.(菊科)
大叶瓦韦 Lepisorus macrosphaerus f. maximus (Ching) Y.X.Lin (水龙骨科)
大叶万年青(广东)=广东万年青
大叶蚊母树 Distylium macrophyllum Chang(金缕梅科)
大叶乌蔹莓(高等图鉴)=白毛乌蔹莓
大叶乌蔹莓(中药辞海)=华中乌蔹莓
大叶乌面槁(海南)=钝叶厚壳桂
大叶乌梢(天目药志)=大叶胡枝子
大叶乌鸦果 Vaccinium fragile var. mekongense (W.W.Sm.) Sleumer(杜鹃花科)
大叶五加 Acanthopanax gracilistylus var. major Hoo(五加科)
大叶五室柃 Eurya quinquelocularis Kobuski(山茶科)
大叶五爪龙(浙江)=葎草
大叶稀子蕨 Monachosorum davallioides Kunze (稀子蕨科)
大叶细裂槭 Acer stenolobum var. megalophyllum Fang & Wu(槭树科)
大叶仙茅 Curculigo capitulata (Lour.) O.Kuntze (石蒜科),*大白芨,大地棕,假槟榔树,山棕,松蓝,土七厘丹,野棕,棕参*
大叶咸虾花(广州)=咸虾花
大叶相思 Acacia auriculiformis A.Cunn. ex Benth. (豆科),*耳叶相思*
大叶香茶菜(中草药)=大萼香茶菜
大叶香茶菜 Isodon grandifolius (Hand.-Mazz.) H.Hara (唇形科)
大叶香荠菜(江苏,浙江)=无瓣蔊菜
大叶香荠菜(浙江)=蔊菜
大叶香薷(江西)=小鱼仙草
大叶香薷(图考)=灯笼草
大叶香薷(云南临沧)=野苏子
大叶香芝麻(云南玉溪)=野苏子
大叶响叶杨 Populus adenopoda var. platyphylla C.Wang & Tung (杨柳科)
大叶小檗(中药辞海)=黄芦木
大叶小檗 Berberis ferdinandi-coburgii Schneid.(小檗科)
大叶小雀花 Campylotropis polyantha f. macrophylla P.Y.Fu(豆科)
大叶小舌紫菀(新)Aster albescens var. megaphyllus Ling(菊科),*大叶变种*
大叶蟹甲草 Parasenecio firmus (Kom.) Y.L. Chen (菊科),*大叶兔儿伞*
大叶新木姜(高等图鉴)=大叶新木姜子
大叶新木姜子 Neolitsea levinei Merr.(樟科),*厚壳树,土玉桂,假玉桂,大叶新木姜*
大叶熊巴掌 Phyllagathis longiradiosa (C.Chen) C.Chen(野牡丹科),*大叶野海棠*
大叶锈毛莓 Rubus reflexus var. macrophyllus Yü & Lu (蔷薇科)
大叶栒子(新)Cotoneaster salicifolius var. henryanus (Schneid.) Yü(蔷薇科),*柳叶栒子大叶变种*
大叶鸦鹊饭(江西)=紫珠
大叶鸭脚莲(天目药志)=斜方复叶耳蕨
大叶鸭跖草 Commelina suffruticosa Bl.(鸭跖草科)
大叶崖角藤(中药辞海)=毛过山龙
大叶崖角藤 Rhaphidophora megaphilla H.Li(天南星科)
大叶岩参 Cicerbita macrophylla (Willd.) Wallr.(菊科)
大叶沿阶草(中药大辞典)=褐鞘沿阶草
大叶沿阶草 Ophiopogon latifolius Rodrig.(百合科)
大叶杨(河南)=冬瓜杨
大叶杨(河南)=毛白杨
大叶杨(图考)=山杨
大叶杨 Populus lasiocarpa Oliv.(杨柳科)
大叶杨桐 Adinandra megaphylla Hu(山茶科),*大叶黄瑞木,大叶红淡*
大叶瑶山越桔 Vaccinium yaoshanicum var. megaphyllum C.Y.Wu & R.C.Fang(杜鹃花科)
大叶野丁香 Leptodermis parkeri Dunn(茜草科)
大叶野海棠(云南志)=大叶熊巴掌
大叶野绿豆(天目药志)=鹿藿
大叶野豌豆 Vicia pseudorobus Fisch. ex C.A. Meyer(豆科),*假香野豌豆,大叶草藤*
大叶野烟子(浙江遂昌)=元宝草
大叶野樱(广州志)=大叶桂樱
大叶叶子树(四川宝兴)=川桂
大叶一枝箭(中药大辞典)=宽叶兔儿风
大叶异木患 Allophylus chartaceus (Kurz) Radlk.(无患子科)
大叶银背藤 Argyreia wallichii Choisy(旋花科),*小团叶,羊角藤,猴子烟袋花*
大叶银花(河南)=盘叶忍冬
大叶银叶树(广州志)=长柄银叶树
大叶隐棒花 Cryptocoryne grandis Riddley (天南星科)
大叶有加利(植物志 53-1)=桉
大叶鱼骨木 Canthium simile Merr. & Chun(茜草科)
大叶鱼藤 Derris latifolia Prain(豆科)
大叶榆(东北)=裂叶榆
大叶榆(新疆)=欧洲白榆
大叶榆(浙江湖州)=大叶榉树
大叶玉兰 Magnolia henryi Dunn(木兰科),*思茅玉兰*
大叶玉山假瘤蕨 Phymatopteris echinospora (Tagawa) Pic.Serm.(水龙骨科)
大叶玉山悬钩子 Rubus calycinoides var. macrophyllus Li(蔷薇科)
大叶玉叶金花 Mussaenda macrophylla Wall.(茜草科)
大叶橡(海南)=瘤果柯
大叶越桔(台湾志)=海岛越桔
大叶越桔 Vaccinium petelotii Merr.(杜鹃花科)
大叶云实 Caesalpinia magnifoliolata Metc.(豆科),*铁藤,刺藤*
大叶芸香 Haplophyllum perforatum (M.B.) Kar. & Kir.(芸香科),*大叶拟芸香圆*
大叶杂古(海南霸王岭)=银钩花
大叶早熟禾 Poa nemoralis var. macrophylla Keng (禾本科)
大叶早樱 Cerasus subhirtella (Miq.) Sok.(蔷薇科)
大叶蚤缀 Arenaria macrophylla HK.(石竹科)
大叶藻 Zostera marina L.(眼子菜科)
大叶藻属 Zostera L.(眼子菜科)
大叶毡毛栒子(新)Cotoneaster pannosus var. robustior W.W.Sm.(蔷薇科),*毡毛栒子大叶变种*
大叶章 Deyeuxia langsdorffii (Link) Kunth(禾本科)
大叶樟(广东怀集)=锈叶新木姜子
大叶樟(广东茂名)=阴香
大叶樟(广西)=鸭公树
大叶樟(江西)=黄樟
大叶樟(江西龙南)=华南桂
大叶折叶兰 Sobralia macrophylla Rchb.f.(兰科)
大叶贞蕨(台湾志)=溪生角蕨
大叶珍珠菜 Lysimachia stigmatosa Chen & C. M.Hu (报春花科)
大叶直芒草 Orthoraphium grandifolium (Keng) Keng ex P.C.Kuo(禾本科)
大叶重楼(四川)=五指莲重楼
大叶轴花木 Erismanthus obliquus Wall. ex Muell. Arg.(大戟科)
大叶轴花木 Trigonostemon obliquus Wall. ex Muell. Arg. (大戟科)
大叶猪殃殃 Galium davuricum Turcz. ex Ledeb.(茜草科)
大叶槠栗(江西)=鳖蓢锥

大叶竹(云南禄劝,四川会东)=大叶慈
大叶竹柏(树木分类学)=肉托竹柏
大叶竹柏松(海南)=百日青
大叶竹节树 Carallia garciniaefolia How & Ho (红树科)
大叶竹叶草 Oplismenus compositus var. owatarii (Honda) Ohwi (禾本科),*大渡求米草*
大叶竹叶青(浙江草药)=双蝴蝶
大叶苎麻 Boehmeria longispica Steud.(荨麻科),*大蛮婆草,大水麻,火麻风,家麻,青苎,山麻,山苧,水苏麻,野线麻,野苎,野苎麻,银苎,苎麻头,*
大叶锥(植物志 22)=黧蒴锥
大叶锥 Castanopsis megaphylla Hu(壳斗科),*大叶栲*
大叶锥栗(浙江)=钩锥
大叶锥莫尼亚 Drymonia macrophylla H.E. Moore (苦苣苔科)
大叶子 Astilboides tabularis (Hemsl.) Engl.(虎耳草科),*大脖子*(吉林),*山荷叶*
大叶子属 Astilboides (Hemsl.) Engl.(虎耳草科)
大叶紫金牛(中药大辞典)=走马胎
大叶紫堇 Corydalis temulifolia Franch.(罂粟科),*城口紫堇,闷头花,冷草,山臭草,断肠草*
大叶紫苏(峨眉)=峨眉冠唇花
大叶紫菀 Aster macrophyllus L.(菊科)
大叶紫薇(岭大植物名录)=大花紫薇
大叶紫珠 Callicarpa macrophylla Vahl(马鞭草科),*羊耳朵,止血草,赶风柴,贼子叶,大风叶,白骨风*
大叶钻骨风(广西药用名录)=黑老虎
大叶钻天杨(新拉汉英)=脂杨
大叶醉鱼草 Buddleja davidii Franch.(马钱科),*白背叶醉鱼草,白壶子,大蒙花,绛花醉鱼草,酒药花,穆坪醉鱼草,兴山醉鱼草*
大夜关门(贵州草药)=显脉羊蹄甲
大腋花黄芩(新) Scutellaria axilliflora var. medullifera (Sun ex C.H.Hu) C.Y.Wu & H.W.Li (唇形科),*大花变种*
大一箭球(广西)=刺子莞
大一面锣(植物志 69)=大叶锣
大一支箭(植物志 80-1)=羌菁还阳参
大一枝蒿(陕西)=角蒿
大一枝箭(滇南本草)=忽地笑
大一枝箭(中药大辞典)=心叶兔儿风
大宜昌鳞毛蕨 Dryopteris enneaphylla var. pseudosieboldii (Hay.) Tagawa(鳞毛蕨科)
大蚁棕 Korthalsia grandis Ridley (棕榈科)
大弋豆(本草求原)=刀豆
大异叶杜香(新)Ledum palustre subsp. diversipilosum var. macrophyllum (Tolm.) Kitag.? (杜鹃花科)
大翼瓣鸢尾 Iris sindjarensis Boiss.(鸢尾科)
大翼橙 Citrus macroptera Nontr.(芸香科)
大翼豆 Macroptilium lathyroides (L.) Urban(豆科)
大翼豆属 Macroptilium (Benth.) Urban (豆科)
大翼黄芪 Astragalus macropterus DC.(豆科)
大银花(湖南新化)=红腺忍冬
大颖草 Roegneria grandiglumis Keng(禾本科)
大颖三芒草 Aristida grandiglumis Roshev.(禾本科)
大颖早熟禾 Poa macrolepis Keng ex C.Ling(禾本科)
大庸鹅耳枥 Carpinus dayongina K.W.Liu & Q. Z.Lin (桦木科)
大庸酸竹(植物研究)=毛花酸竹
大油茶(新拉汉英)=梨茶
大油芒 Spodiopogon sibiricus Trin. (禾本科),*大荻,山黄管*
大油芒属 Spodiopogon Trin (禾本科)
大鱼鳔花(植物学报)=紫萼
大鱼刀(湖南)=光石韦
大鱼萍水相逢(福建中草药)=槐叶苹
大鱼鳅串(中草药汇编)=大柴胡
大鱼藤树 Derris robusta (Roxb.) Benth.(豆科),*坚荚鱼藤*
大屿八角 Illicium angustisepalum A.C.Sm.(木兰科)
大羽半边旗 Pteris malipoensis Ching ex Ching & S.H.Wu(凤尾蕨科)
大羽短肠蕨 Allantodia megaphylla (Bak.) Ching (蹄盖蕨科),*雾社双盖蕨*
大羽贯众 Cyrtomium maximum Ching & Shing ex Shing? (鳞毛蕨科)
大羽节蕨(辽宁志)=羽节蕨
大羽金星蕨 Parathelypteris chingii var. major (Ching) Shing(金星蕨科),*广东金星蕨*
大羽鳞毛蕨(高等图鉴)=大平鳞毛蕨
大羽鳞毛蕨 Dryopteris wallichiana (Spreng.) Hylander (鳞毛蕨科)
大羽芒萁(蕨类图说)=大芒萁
大羽芒萁 Dicranopteris splendida (Hand.-Mazz.) Ching(里白科)
大羽黔蕨 Phanerophlebiopsis kweichowensis Ching (鳞毛蕨科)
大羽双盖蕨(蕨类图说)=双盖蕨
大羽铁角蕨(蕨类图说)=假大羽铁角蕨
大羽铁角蕨 Asplenium neolaserpitiifolium Tard.-Blot & Ching(铁角蕨科),*新大羽铁角蕨,大黑柄铁角蕨*
大羽新月蕨 Pronephrium nudatum (Roxb.)Holtt. (金星蕨科),*铁蕨鸡,多羽新月蕨,西南星月蕨*
大羽叶鬼针草 Bidens radiata Thuill.(菊科)
大玉凤花(新)Habenaria macrantha Hochst.(兰科),*大花玉凤花*
大鸢尾(新拉汉英)=大花鸢尾(新)
大鸢尾 Iris misopotamica Pogon (鸢尾科)
大圆榧(浙江)=榧树
大圆叶报春 Primula rotundifolia Wall.(报春花科)
大远志(四川)=卵叶远志
大云锦杜鹃 Rhododendron faithae Chun(杜鹃花科),*信宜杜鹃*
大云杉(经济植物手册)=云杉
大云药(广西天等)=厚叶算盘子
大芸(内蒙古)=肉苁蓉
大早熟禾(新拉汉英)=巨早熟禾
大枣(湖北)=枣
大枣(植物志 48-1)=无刺枣
大皂角(纲目)=皂荚
大泽兰(雷公炮炙论)=佩兰
大粘染子(中药大辞典)=大果琉璃草
大粘药(云南)=刚毛黄蜀葵
大粘药(云南)=红雾水葛
大粘叶(云南)=红雾水葛
大樟叶越桔 Vaccinium dunalianum var. magaphyllum Sleumer(杜鹃花科)
大蔗茅 Erianthus giganteus (Walt.) Muhl.(禾本科)
大针茅 Stipa gigantea Link (禾本科)
大针茅 Stipa grandis P.Smirn.(禾本科)
大针薹草 Carex uda Maxim.(莎草科)
大砧草(东北)=中国茜草
大枝挂苦树(四川)=粗枝绣球
大枝挂绣球(台湾志)=全缘绣球
大枝绣球(高等图鉴)=粗枝绣球
大酯梅草(陕西中草药)=山酢浆草
大治生飞廉 Carduus versonata (L.) Jacq.(菊科)
大钟杜鹃 Rhododendron ririei Hemsl. & Wils. (杜鹃花科),*来丽杜鹃*
大钟花 Megacodon stylophorus (C.B.Clarke) H.Sm.(龙胆科)
大钟花属 Megacodon (Hemsl.) H.Sm.(龙胆科)
大种半边莲(江西,福建)=线萼山梗菜
大种笔须藤(海南)=杜仲藤
大种黑骨头(中草药汇编)=狭叶蓬莱葛
大种假簕竹(钟观光拟)=刚簕竹
大种马鞭草(广东)=假马鞭
大众耳草 Hedyotis communis Ko(茜草科)
大株粗茎红景天 Rhodiola wallichiana var. cholaensis (Praeg.) S.H.Fu (景天科),*粗茎红景天大株变种,朵都尔*
大株红景天(药典 2000)=狭叶红景天
大珠芽百合 Lilium bulbiferum var. giganteum N.Terrac.(百合科)
大猪耳朵草(新疆)=大车前
大猪屎豆 Crotalaria assamia Benth.(豆科),*大金不换,大猪屎青,马铃根,十字珍珠草,通心草,凸尖野百合,自消容*
大猪屎青(豆科图说)=大猪屎豆
大竹(云南红河洲,汶山洲)=云南龙竹
大竹叶菜(植物志 13-3)=大苞鸭跖草
大柱霉草 Sciaphila megastyla Fukuyama & Suzuki (霉草科)
大柱藤 Megistostigma malaccense HK.f.(大戟科)
大柱藤属 Megistostigma HK.f.(大戟科)
大柱头白珠 Pernettya macrostigma Colenso.(杜鹃花科)
大柱头冬青 Ilex macrostigma C.Y.Wu ex Y.R.Li (冬青科)
大柱头虎耳草(高等图鉴补编)=小芒虎耳草
大爪草 Spergula arvensis L.(石竹科)
大爪草属 Spergula L.(石竹科)
大转心莲(广西植物名录)=大果西番莲
大锥剪股颖 Agrostis megathyrsa Keng(禾本科)
大锥香茶菜 Isodon megathyrsus (Diels) H.W.Li (唇形科),*豆杆沙*
大锥早熟禾 Poa megalothyrsa Keng ex Tzvel. (禾本科)
大籽安息香(云南)=中华安息香
大籽蒿 Artemisia sieversiana Ehrhn. ex Willd. (菊科),*埃勒姆-察乌尔,白艾蒿,白蒿,臭蒿子,大白蒿,大头蒿,额尔木,堪加,肯甲,苦蒿,蓬蒿,山艾*
大籽筋骨草 Ajuga macrosperma Wall. ex Benth. (唇形科),*散血草*
大籽猕猴桃 Actinidia macrosperma C.F.Liang (猕猴桃科),*木天蓼,小天蓼*
大籽山香圆 Turpinia macrosperma C.C.Huang (省沽油科)
大籽雪胆(云南中草药选)=罗锅底
大籽鱼黄草 Merremia sibirica var. macrosperma C.C.Huang ex C.Y.Wu ex H.W.Li(旋花科)
大籽獐牙菜 Swertia macrosperma (C.B.Clarke) C.B.Clarke (龙胆科)
大子栝楼(分类学报)=截叶栝楼
大子买麻藤(植物志 7)=垂子买麻藤
大子买麻藤 Gnetum venosum Spruce (买麻藤

科)
大子苏铁 Cycas media Qld.(苏铁科)
大子蝇子草 Silene stewartiana Diels(石竹科)
大紫参(河南)=漏斗泡囊草
大紫草(江苏)=紫草
大紫草(云南)=滇紫草
大紫红景天(植物志 34-1)=红景天
大紫花针茅 Stipa purpurea var. arenosa Tzvel. (禾本科)
大紫堇(洪溪)=无囊长距紫堇
大紫石蒲(云南植物名录)=云南鸢尾
大紫苏(湖北)=紫苏
大紫菀(新)Aster grandiflorus L.(菊科),*大花紫菀*
大紫薇(两广乔灌木名录)=毛萼紫薇
大字杜鹃 Rhododendron schlippebachii Maxim. (杜鹃花科),*辛伯楷杜鹃*
大字虎耳草 Saxifraga imparilis Balf.f.(虎耳草科),*滇大字草*
大棕古猩峡(广东高要)=白叶瓜馥木
大总苞报春(拉汉名称)=花苞报春
大总管(广西中草药)=广西马兜铃
大钻(文山中草药)=冷饭藤
大钻骨风(植物志 30-1)=异形南五味子
大落草(新)Koeleria macrantha (Ledeb.) Schult. (禾本科),*大花落草*

Dai

呆白菜(图考)=岩白菜
呆白菜 Triaenophora rupestris (Hemsl.) Solereder (玄参科)
呆白菜属 Triaenophora Solereder (玄参科)
傣柿 Diospyros kerrii Craib(柿科)
傣酸杆 Polygonum malaicum Danser (蓼科)
代半夏(山西代县)=三叶犁头尖
代代(植物志 43-2)=代代酸橙
代代花(饮片新参)=代代酸橙
代代花 Citrus aurantium var. amara Engl.(芸香科)
代代酸橙 Citrus aurantium cv. Daidai(芸香科),*春不老,代代,代代花,玳玳花,玳玳圆,回青橙,苏枳壳,酸橙,香栾*
代儿茶 Dichrostachys cinerea (L.) Wight & Arn. (豆科),*柏勒树,白凿筋,孩儿茶*
代儿茶属 Dichrostachys (DC.) Wight & Arn. (豆科)
代褐茜草(云南药用名录)=紫参
代拉氏冬青(拉汉名称)=陷脉冬青
代哇(植物志 62)=华北獐牙菜
带唇兰 Tainia dunnii Rolfe(兰科),*长叶杜鹃兰*
带唇兰属 Tainia Bl.(兰科)
带角卫矛 Euonymus ceratophorus Loes.(卫矛科)
带岭薹草 Carex dailingensis Y.L.Chou(莎草科)
带岭蹄盖蕨(西北植物学报)=东北蹄盖蕨
带岭乌头 Aconitum birobidshanicum Worosch. (毛茛科)
带岭云杉(东北木本志)=红皮云杉
带鞘箭竹 Fargesia contracta Yi (禾本科)
带血独叶一枝枪(浙江临安)=独花兰
带叶报春(高等图鉴)=偏花报春
带叶兜兰 Paphiopedilum hirsutissimum (Lindl. ex HK.) Stein(兰科)
带叶风毛菊 Saussurea loriformis W.W.Sm.(菊科)
带叶海桐 Pittosporum heterophyllum var. ledoides Hand.-Maz.(海桐花科)
带叶卷瓣兰 Bulbophyllum taeniophyllum Par. & Rchb.f.(兰科)
带叶兰 Taeniophyllum glandulosum Bl.(兰科),*蜘蛛兰*
带叶兰属 Taeniophyllum Bl.(兰科)
带叶石楠 Photinia loriformis W.W.Sm.(蔷薇科),*牛筋条,黄牛筋,红牛筋*
带叶书带蕨(蕨类名词及名称,高等图鉴)=带状书带蕨
带叶瓦韦 Lepisorus loriformis (Wall.) Ching(水龙骨科)
带叶蜘蛛抱蛋 Aspidistra fasciaria G.Z.Li(百合科)
带羽凤丫蕨 Coniogramme simillima Ching ex Shing (裸子蕨科)
带状瓶尔小草 Ophioderma pendula Presl(瓶尔小草科)
带状瓶尔小草属 Ophioderma Endl.(瓶尔小草科)
带状书带蕨 Vittaria doniana Met. ex Hieron.(书带蕨科),*带叶书带蕨,宽叶带蕨*
带子札(北方)=苦草
待宵草 Oenothera stricta Ledeb. & Link(柳叶菜科),*月见草,线叶月见草,山芝麻,夜来香*
玳玳花(药植物资料汇编)=代代酸橙
玳玳圆(植物志 43-2)=代代酸橙
袋唇兰 Hylophila nipponica (Fukuyama) S.S. Ying (兰科),*兰屿袋唇兰,兰屿光唇兰,台湾小唇兰*
袋唇兰属 Hylophila Lindl.(兰科)
袋萼黄芪 Astragalus saccocalyx Schrenk ex Fisch. & Mey.(豆科)
袋果草 Peracarpa carnosa (Wall.) HK.f. & Thoms. (桔梗科),*肉荚草*
袋果草属 Peracarpa HK.f. & Thoms.(桔梗科)
袋花忍冬 Lonicera saccata Rehd.(忍冬科)
袋形马兜铃 Aristolochia saccata Wall.?(马兜铃科)
戴克槭 Acer dieckii Pax.(槭树科)
戴椹(本经)=旋覆花
戴椹(名医别录)=黄芪
戴氏凤仙花 Impatiens dalxellii Hkf. & Thoms. (凤仙花科)
戴维斯氏秋海棠 Begonia davisii HK.f.(秋海棠科)
戴星草(开宝本草)=谷精草
戴星草 Sphaeranthus africanus L.(菊科)
戴星草属 Sphaeranthus L.(菊科)
戴云山冬青(植物研究)=毛硬叶冬青
戴云山薹草(福建志)=长梗薹草
黛粉美花报春 Primula calliantha subsp. bryophila (Balf.f. & Farrer) W.W.Sm. & Forr. (报春花科),*黛粉雪山报春*
黛粉雪山报春(西藏志)=黛粉美花报春
黛鳞耳蕨 Polystichum nigrum Ching & H. S.Kung (鳞毛蕨科)

Dan

丹巴杜鹃 Rhododendron danbaense L.C.Hu(杜鹃花科)
丹巴黄堇 Corydalis grandiflora C.Y.Wu & Z.Y. Su (罂粟科)
丹巴黄毛槭 Acer fulvescens var. danbaense Fang (槭树科)
丹巴栒子 Cotoneaster harrysmithii Flinck & Hylmö (蔷薇科)
丹参(北京)=京黄芩
丹参(大理)=长冠鼠尾草
丹参(福建永泰,福州,江西吉水,湖南)=南丹参
丹参(河南信阳)=河南鼠尾草
丹参(丽江)=毛地黄鼠尾草
丹参(云南富民)=云南鼠尾草
丹参(云南巧家)=荞麦地鼠尾草
丹参 Salvia miltiorrhiza Bge.(唇形科),*奔马草,赤参,赤丹参,大红袍,大叶活血丹,红丹参,红根赤参,红根,红根红参,活血根,木羊乳,壬参,山参,烧酒壶根,五风花,夏丹参,血参,血生根,血参根,血根,野苏子根,阴行草,郁蝉草,紫参,紫丹参,白花变型*
丹参花马先蒿 Pedicularis salviaeflora Franch. (玄参科)
丹草 Hedyotis herbacea L.(茜草科)
丹顶草(辽宁)=槭叶草
丹东蒲公英 Taraxacum antugnense Kitag.(菊科)
丹东玄参 Scrophularia kakudensis Franch.(玄参科)
丹枫(东北树木图说)=紫花槭
丹佛鸢尾 Iris danfordiae Boiss.(鸢尾科)
丹桂(中药辞海)=木犀
丹桂叶山矾(植物大辞典)=黄牛奶树
丹黄芪(东北检索表)=丹麦黄芪
丹吉尔鸢尾 Iris tingitana Bois. & Reut.(鸢尾科)
丹荔(纲目)=荔枝
丹麦黄芪 Astragalus danicus Retz.(豆科),*丹黄芪*
丹麦石竹 Dianthus carthusianorum L.(石竹科)
丹尼森凤仙花 Impatiens denisonii Bedd.(凤仙花科)
丹若(植物志 52-2)=石榴
丹氏肉唇兰 Cycnoches egertonianum var. diane (Rchb.f.) P.H.Allen (兰科),*丹氏天鹅兰*
丹氏天鹅兰(新拉汉英)=丹氏肉唇兰
丹树(广东)=瘿椒树
丹药良(云南傣语)=厚叶算盘子
丹药头(闽东本草)=红蓼
丹叶(中药大辞典)=圆果秋海棠
丹渣(藏语,西藏中草药)=蓖麻
丹寨秃茶 Camellia danzaiensis K.M.Lan(山茶科)
单瓣白木香 Rosa banksiae var. normalis Regel (蔷薇科),*七里香,梨花刺,香水花,木香花*
单瓣白桃 Amygdalus persica f. alba (Lindl.) Schneid.(蔷薇科)
单瓣滇山茶 Camellia reticulata f. simplex Sealy (十字花科)
单瓣狗牙花(植物志 63)=狗牙花
单瓣黄刺玫 Rosa xanthina f. normalis Rehd. & Wils. (蔷薇科)
单瓣黄木香 Rosa banksiae f. lutescens Voss.(蔷薇科)
单瓣李叶绣线菊(新)Spiraea prunifolia var. simpliciflora Nakai(蔷薇科),*李叶绣线菊单瓣变种*
单瓣缫丝花 Rosa roxburghii f. normalis Rehd. & Wils.(蔷薇科),*野石榴,刺石榴,刺梨,茨梨子根*
单瓣雪白山梅花 Philadelphus virginalis cv. Natchez (虎耳草科)
单瓣远志 Polygala monopetala Camb.(远志科)
单瓣月季花 Rosa chinensis var. spontanea (Rehd. & Wils.) Yü & Ku (蔷薇科)
单孢卷柏 Selaginella monospora Spring(卷柏科)
单苞鸢尾 Iris anguifuga Y.T.Zhao(鸢尾科),*避*

蛇参,春不见,蛇不见,仇人不见面,夏无踪
单边铁角蕨(台湾志)=半边铁角蕨
单侧花 Orthilia secunda (L.) House(鹿蹄草科)
单侧花属 Orthilia Rafin.(鹿蹄草科)
单叉横蕨(蕨类图说)=峨眉介蕨
单齿鹅耳枥(植物志 21)=小叶鹅耳枥
单齿玄参 Scrophularia mandarinorum Franch.(玄参科)
单齿樱花(湖北志)=华中樱桃
单翅秋海棠 Begonia grandis subsp. grandis var. unialata Irmsch.(秋海棠科)
单翅猪毛菜 Salsola monoptera Bge.(藜科)
单唇贝母兰 Coelogyne leungiana S.Y.Hu(兰科)
单唇无叶兰 Aphyllorchis simplex T.Tang & F.T. Wang (兰科),*梅兰*
单刺花属(高等图鉴)=**单刺蓬属**
单刺蓬属 Cornulaca Del.(藜科),*单刺花属*
单刺仙人掌 Opuntia monacantha (Willd.) Haw.(仙人掌科),*仙人掌,扁金铜,绿仙人掌*
单打槌(广西草药)=短叶水蜈蚣
单刀根(广西)=仪花
单朵垂花报春 Primula klattii Balakr.(报春花科)
单耳柃 Eurya weissiae Chun(山茶科)
单耳密花豆 Spatholobus uniauritus Wei(豆科)
单粉照水型 Armeniaca mume var. pendula f. simplex T.Y.Chen(蔷薇科)
单盖铁线蕨 Adiantum monochlamys Eaton(铁线蕨科),*石上生*
单杆芦荟 Aloe arborescens Mill.(百合科)
单根木(海南)=尖萼狗牙花
单果阿芳(海南)=藤春
单果谷木 Memecylon ligustrifolium var. monocarpum C.Chen(野牡丹科)
单果鹤虱 Lappula monocarpa C.J.Wang(紫草科)
单果红丝线 Lycianthes solitaria C.Y.Wu & A.M. Lu (茄科)
单果柯 Lithocarpus pseudoreinwardtii A.Camus (壳斗科),*单果石栎*
单果牛栓藤 Connarus monocarpus L.(牛栓藤科)
单果石栎(植物志 22)=单果柯
单果眼子菜 Potamogeton acutifolius Link.(眼子菜科)
单核冬青(四川志)=长叶枸骨
单虎(中草药汇编)=蚬壳花椒
单花安顾兰 Anguloa uniflora R. & P.(兰科)
单花百合 Lilium stewartianum Balf.f & W.W. Sm. (百合科)
单花扁核木(经济植物手册)=蕤核
单花遍地金 Hypericum monanthemum HK.f. & Thoms. ex Dyer(藤黄科),*单花金丝桃,花生草,凤音草,双盘草,刘寄奴*
单花赤芍(植物志 27)=川赤芍
单花臭草 Melica uniflora Retz.(禾本科)
单花唇柱苣苔 Chirita monantha W.T.Wang(苦苣苔科)
单花脆蒴报春 Primula chamaedoron W.W.Sm.(报春花科),*矮茎报春*
单花翠雀花(中药辞海)=奇林翠雀花
单花翠雀花 Delphinium candelabrum var. monanthum (Hand.-Mazz.) W.T.Wang(毛茛科)
单花灯心草 Juncus perparvus K.F.Wu(灯心草科)
单花迪萨兰 Disa uniflora Berg.(兰科)
单花吊钟花 Enkianthus pauciflorus Wils.(杜鹃花科),*少花灯笼花*
单花杜鹃 Rhododendron uniflorum Hutch. & K. Ward (杜鹃花科)
单花耳草 Hedyotis taiwanensis S.F.Huang & J. Murata (茜草科)
单花飞蓬 Erigeron uniflorus L.(菊科)
单花凤仙花 Impatiens uniflora Hay.(凤仙花科),*紫花凤仙花*
单花合柱蔷薇 Rosa uniflora Yü & Ku (蔷薇科)
单花红丝线 Lycianthes lysimachioides (Wall.) Bitter (茄科),*佛葵,锈草*
单花胡卢巴 Trigonella monantha C.A.Meyer(豆科)
单花黄芪 Astragalus monanthus K.T.Fu(豆科)
单花火绳树 Eriolaena wallichii DC.(梧桐科)
单花金丝桃(新华本草纲要)=单花遍地金
单花金腰 Chrysosplenium uniflorum Maxim.(虎耳草科)
单花景天 Sedum correptum Fröd.(景天科)
单花韭 Allium monanthum Maxim.(百合科),*矮韭,单花薤*
单花拉拉藤 Galium exile HK.f.(茜草科)
单花老鹳草 Geranium hayatanum Ohwi(牻牛儿苗科)
单花六道木 Abelia uniflora Walich?(忍冬科)
单花龙胆 Gentiana subuniflora Marq.(龙胆科)
单花鹿茸草 Monochasma monantha Hemsl.(玄参科)
单花脉叶兰(台湾兰产植物)=台湾芋兰
单花毛柱铁线莲 Clematis meyeniana var. uniflora W.T.Wang(毛茛科)
单花美冠兰 Eulophia monantha W.W.Sm.(兰科)
单花米口袋(豆科图说)=高山豆
单花木姜子(新拉汉英)=大花木姜子(新)
单花木姜子 Litsea monantha Yang & P.H. Huang (樟科)
单花木姜子属 Dodecadenia Nees (樟科)
单花七筋姑 Clintonia uniflora Kunth (百合科)
单花荠(植物志 33)=无茎芥
单花荠属 Pegaeophyton Hayek & Hand.-Mazz.(十字花科)
单花秋海棠(高等图鉴补编)=罗甸秋海棠
单花曲唇兰 Panisea uniflora (Lindl.) Lindl.(兰科)
单花忍冬 Lonicera subhispida Nakai(忍冬科)
单花日本小檗 Berberis thunbergii var. uniflora Koehne (小檗科)
单花山矾 Symplocos ovatilobata Noot.(山矾科)
单花山竹子 Garcinia oligantha Merr.(藤黄科),*山竹子*
单花石斛 Dendrobium uniflorum Griff.(兰科)
单花水油甘 Phyllanthus nanellus P.T.Li(大戟科)
单花橐吾(东北检索表)=长白山橐吾
单花无柱兰(秦岭志,高等图鉴)=一花无柱兰
单花西奥兰 Cynorkis uniflora Lindl.(兰科)
单花锡金铁线莲 Clematis siamensis var. monantha (W.T.Wang & L.Q.Li) W.T.Wang & L.Q.Li(毛茛科)
单花小报春 Primula annulata Balf.f & Ward(报春花科)
单花小檗 Berberis candidula Schneid. (小檗科)
单花薤(Flora 24)=单花韭
单花新麦草 Psathyrostachys kronenburgii (Hack.) Nevski (禾本科)
单花雪莲 Saussurea uniflora (DC.) Wall. ex Sch.-Bip (菊科)
单花栒子 Cotoneaster uniflorus Bge.(蔷薇科)
单花延胡索 Corydalis uniflora (Sieb.) Nyman.(罂粟科)
单花莸 Caryopteris nepetaefolia (Benth.) Maxim.(马鞭草科),*莸,方梗金钱草,边兰,倒褂金钟*
单花荩竹 Microstegium monanthum (Nees ex Steud.) A.Camus (禾本科)
单花郁金香 Tulipa uniflora (L.) Bess. ex Baker (百合科),*伞形虎眼万年青*
单花鸢尾 Iris uniflora Pall. ex Link(鸢尾科)
单花早熟禾(新) Poa nemoralis var. uniflora Mart. & Koch.(禾本科)
单花帚菊 Pertya uniflora (Maxim.) Mattf. (菊科)
单节假木豆 Dendrolobium lanceolatum (Dunn) Schindl.(豆科),*小叶山木豆*
单茎滇紫草 Onosma simplicissimum L.(紫草科)
单茎棱子芹 Pleurospermum simplex (Rupr.) Benth. & HK.f. ex Drude(伞形科)
单茎丽穗凤梨 Vriesea simplex (Vell.) Beer.(凤梨科)
单茎算盘草(中药大辞典)=腋花扭柄花
单茎碎米荠 Cardamine simplex Hand.-Mazz.(十字花科),*腋生弯蕊芥*
单茎星芒鼠麴草 Gnaphalium involucratum var. simplex DC.(菊科)
单茎悬钩子 Rubus simplex Focke(蔷薇科),*单生莓*
单列玉叶金花 Mussaenda simpliciloba Hand.-Mazz. (茜草科)
单裂苣苔属 Monopyle Benth. & HK.f.(苦苣苔科)
单鳞苞荸荠 Heleocharis uniglumis (Link) Schult. (莎草科)
单瘤酸模 Rumex marschallianus Reichb.(蓼科)
单脉大黄 Rheum uninerve Maxim.(蓼科)
单脉红毛虎耳草(Flora 8)=单脉虎耳草
单脉虎耳草(云南植物名录)=肉质虎耳草
单脉虎耳草 Saxifraga rufescens var. uninervata J.T.Pan (虎耳草科),*单脉红毛虎耳草*
单脉鳞毛蕨 Dryopteris polylepis (Franch. & Sav.) C.Chr. (鳞毛蕨科)
单芒山羊草 Aegilops uniaristata Vis.(禾本科)
单毛安匝木 Pomaderris sieberana Wakefield (鼠李科)
单毛刺蒴麻 Triumfetta annua L.(椴树科),*小刺蒴麻*
单毛毛连菜 Picris hieracioides subsp. fuscipilosa Hand.-Mazz.(菊科),*褐毛毛连菜*
单毛桤叶树 Clethra bodinieri Lévl.(桤叶树科),*小山柳,单柱山柳,单毛山柳*
单毛山柳(高等图鉴)=单毛桤叶树
单面针(广西药用名录)=拟蚬壳花椒
单面针(四川)=蚬壳花椒
单囊齿唇兰(台湾志,台湾兰科植物)=台湾齿唇兰
单囊铁角蕨 Asplenium monanthes L.(铁角蕨科)
单匹枪(陕西)=钝头瓶尔小草
单片花(陕西)=蜀葵
单枪一枝箭(贵州方药集)=瓶尔小草
单球芹 Haplosphaera phaea Hand.-Mazz.(伞形科)
单球芹属 Haplosphaera Hand.-Mazz.(伞形科)
单蕊败酱(高等图鉴)=少蕊败酱
单蕊草 Cinna latifolia Ness ex Steud.(禾本科)

单蕊草属 Cinna L.(禾本科)
单蕊拂子茅 Calamagrostis emodensis Griseb.(禾本科)
单蕊冠毛草 Stephanachne monandra (P.C.Kuo & S.L.Lu) P.C.Kuo & S.L.Lu(禾本科)
单蕊黄芪 Astragalus monadelphus Bge. ex Maxim. (豆科),*单体蕊黄芪,色卡*
单蕊麻 Droguetia iners subsp. urticoides (Wight) Friis & Wilmot-Dear(荨麻科)
单蕊麻属 Droguetia Gaudich.(荨麻科)
单伞长柄报春 Primula hoii Fang(报春花科),*何氏报春花*
单伞大戟 Euphorbia monocyathium Porkh.(大戟科)
单色百合(新)Lilium davidii var. unicolor (Hoog) Cotton?(百合科),*兰州百合*
单色杜鹃 Rhododendron tapetiforme Balf.f. & K.Ward (杜鹃花科)
单色蝴蝶草 Torenia concolor Lindl.(玄参科),*倒胆草,蝴蝶花,蚌壳草,蓝猪耳*
单色立金花 Lachenalia tricolor var. nelsonii Baker (百合科)
单色龙胆(植物志 62)=钟花龙胆
单梢瓜(浙江)=马㼎儿
单生莓(湖北志)=单茎悬钩子
单生鳞茅 Dimeria solitaria Keng & Y.L.Yang (禾本科)
单室土密树 Bridelia brideliifolia (Pax) Fede (大戟科)
单室茱萸 Mastixia pentandra subsp. cambodiana (Pierre) Matthew(山茱萸科)
单室茱萸属 Mastixia Bl.(山茱萸科)
单丝辉韭 Allium schrenkii Rgl.(百合科)
单穗草 Dichanthium caricosum (L.) A.Camus (禾本科
单穗果子蔓 Guzmania monostachia (L.) Rusby. (凤梨科)
单穗旱莠竹 Ischnochloa monostachya L.Liu(禾本科)
单穗桤叶树 Clethra monostachya Rehd. & Wils. (桤叶树科),*西蜀山柳,单穗山柳*
单穗山柳(高等图鉴)=单穗桤叶树
单穗升麻 Cimicifuga simplex Wormsk(毛茛科),*野菜升麻,升麻,野升麻*
单穗束尾草 Phacelurus latifolius var. monostachyus Keng(禾本科)
单穗水蜈蚣(中药辞海)=短叶水蜈蚣
单穗水蜈蚣 Kyllinga monocephala Rottb.(莎草科)
单穗鱼尾葵 Caryota monostachya Becc.(棕榈科)
单体红山茶 Camellia uraku (Mak.) Kitamura(山茶科)
单体蕊黄芪(中药辞海)=单蕊黄芪
单条草(图考)=泽珍珠菜
单葶石斛 Dendrobium prophyrochilum Lindl. (兰科),*紫唇石斛*
单头变型(植物志 74)=单头峨眉紫菀(新)
单头变种(植物志 74)=单头粘冠草(新)
单头峨眉紫菀(新)Aster veitchianus f. yamatzutae (Matsuda) Ling(菊科),*单头变型*
单头火绒草 Leontopodium monocephalum Edgew.(菊科)
单头匹菊 Pyrethrum richterioides (C.Winkl.) Krassn.(菊科)
单头蒲儿根 Sinosenecio hederifolius (Dunn) B.Nord.(菊科),*单头千里光*
单头千里光(高等图鉴)=单头蒲儿根
单头千里光 Senecio halleri Dandy (菊科)
单头乳苣 Mulgedium monocephalum (Chang) Shih (菊科),*单头莴苣*
单头橐吾(高等图鉴)=长白山橐吾
单头莴苣(云南植物名录)=单头乳苣
单头无心菜 Arenaria napuligera var. monocephala W.W.Sm.(石竹科)
单头香青(新)Anaphalis nepalensis var. monocephala (DC.) Hand.-Mazz.(菊科),*尼泊尔香青单头变种*
单头雅灯心草 Juncus concinnus var. monocephalus G.Sam.(灯心草科)
单头亚菊 Ajania scharnhorstii (Rgl. & Schmalh.) Tzvel.(菊科)
单头粘冠草(新)Myriactis longipedunculata var. formosana (Kitam.) Kitam.(菊科),*单头变种*
单头帚菊 Pertya monocephala W.W.Sm.(菊科)
单头紫菀(苏南植物手册)=陀螺紫菀
单网凤丫蕨 Coniogramme simplicior Ching ex Shing(裸子蕨科)
单窝虎耳草 Saxifraga subsessiliflora Engl. & Irmsch.(虎耳草科)
单腺型柳 Salix dissa var. cereifolia (Görz) C.F. Fang (杨柳科)
单行贯众 Cyrtomium uniseriale Ching(鳞毛蕨科)
单行节肢蕨 Arthromeris wallichiana (Spreng.) Ching (水龙骨科)
单行蹄盖蕨(西北植物学报)=毛翼蹄盖蕨
单性木兰 Kmeria septentrionalis Dandy(木兰科)
单性木兰属 Kmeria (Pierre) Dandy(木兰科)
单性荨麻(经济志)=异株荨麻
单性薹草 Carex unisexualis C.B.Clarke(莎草科)
单序变种(植物志 66)=林华鼠尾草
单序波缘大参 Macropanax undulatus var. simplex Li(五加科)
单序草 Polytrias amaura (Büse) Kuntze (禾本科)
单序草属 Polytrias Hack.(禾本科)
单芽狗脊(蕨类图说)=顶芽狗脊
单叶鞭叶蕨 Cyrtomidictyum basipinnatum (Bak.) Ching(鳞毛蕨科)
单叶变种(植物志 66,Flora 17)=单叶丹参(新)
单叶槟榔青 Spondias haplophylla Airy-Shaw & Forman(漆树科)
单叶波罗花 Incarvillea forrestii Fletch.(紫葳科)
单叶波罗子(峨眉)=血盆草
单叶臭荠 Coronopus integrifolius (DC.) Spreng. (十字花科),*滨芥*
单叶丹参(新)Salvia miltiorrhiza var. charbonnelii (Lévl.) C.Y.Wu(唇形科),*单叶变种*
单叶灯心草 Juncus unifolius A.M.Lu & Z.Y. Zhang (灯心草科)
单叶地黄连 Munronia unifoliolata Oliv.(楝科),*地柑子,矮陀陀,石柑子,小白花草*
单叶豆 Ellipanthus glabrifolius Merr.(牛栓藤科),*知荆,鬼荔枝*
单叶豆属 Ellipanthus HK.f.(牛栓藤科),*知荆属*
单叶凤尾蕨 Pteris subsimplex Ching ex Ching & S.H.Wu(蕨科)
单叶贯众 Cyrtomium hemionitis Christ(鳞毛蕨科)
单叶红豆 Ormosia simplicifolia Merr. & Chun ex L.Chen(豆科)
单叶红门兰(秦岭志)=华西红门兰
单叶红枝崖爬藤 Tetrastigma erubescens var. monophyllum Gagn.(葡萄科)
单叶厚唇兰 Epigeneium fargesii (Finet) Gagn. (兰科),*三星石斛,小攀龙*
单叶槐 Sophora unifoliata (Rock.) Deg. & Sherff. (豆科)
单叶还魂草(东北检索表)=全叶千里光
单叶黄芪 Astragalus efoliolatus Hand.-Mazz. (豆科)
单叶黄水枝 Tiarella unifoliata HK.(虎耳草科)
单叶假地豆(豆科图说)=赤山蚂蝗
单叶假脉蕨属 Microgonium Presl(膜蕨科)
单叶绞股蓝 Gynostemma simplicifolium Bl.(葫芦科)
单叶离柱五加 Acanthopanax eleutheristylus var. simplex Hoo(五加科)
单叶瘤果芹 Trachydium simplicifolium W.W. Sm. (伞形科)
单叶鹿蹄草 Pyrola monophylla Y.L.Chou & R. C.Zhou (鹿蹄草科)
单叶绿绒蒿 Meconopsis simplicifolia (D.Don) Walp.(罂粟科)
单叶落新妇 Astilbe simplicifolia Mak.(虎耳草科)
单叶蔓荆 Vitex rotundifolia L.f.(马鞭草科),*蔓荆子,荆子,白背叶*
单叶毛茛 Ranunculus monophyllus Ovcz.(毛茛科),*齿裂毛茛*
单叶木蓝 Indigofera linifolia (L.f.) Retz.(豆科)
单叶拿身草 Desmodium zonatum Miq.(豆科),*长叶山绿豆*
单叶泡花树 Meliosma simplicifolia (Roxb.) Walp. (清风藤科)
单叶蔷薇(高等图鉴)=小檗叶蔷薇
单叶青杞(植物志 67-1)=青杞
单叶青杞 Solanum septemlobum var. subintegrifolium C.Y.Wu & S.C.Huang(茄科)
单叶山槟榔 Pinanga simplicifrons (Miq.) Becc. (棕榈科)
单叶升麻(植物志 27)=铁破锣
单叶省藤 Calamus simplicifolius C.F.Wei(棕榈科),*省藤*
单叶蓍(东北检索表)=齿叶蓍
单叶石仙桃 Pholidota leveilleana Schltr.(兰科)
单叶石枣(福建中草药)=麦斛
单叶双盖蕨 Diplazium subsinuatum (Wall. ex HK. & Grev.)Tagawa(蹄盖蕨科),*篦梳剑,小石剑,剑叶卷莲,天蜈蚣,斩蛇剑*
单叶松 Pinus monophylla Torr. & Frem.(松科)
单叶藤橘 Paramignya confertifolia Swingle(芸香科),*狗屎橘,野橘,藤橘*
单叶藤橘属 Paramignya Wight (芸香科)
单叶铁线莲 Clematis henryi Oliv.(毛茛科),*雪里开,地雷根*
单叶吴萸 Evodia simplicifolia Ridl.(芸香科),*烘浪碗*
单叶西风芹 Seseli mairei var. simplicifolia C.Y. Wu ex Shan & Sheh(伞形科)
单叶细辛 Asarum himalaicum HK.f. & Thoms. ex Klotzsch.(马兜铃科),*毛细辛,水细辛土癞蜘蛛香*
单叶下珠(中药辞海)=黄珠子草
单叶缬草(新)Valeriana briquetiana Lévl.?(败酱科)
单叶新月蕨 Pronephrium simplex (HK.) Holtt. (金星蕨科),*新月蕨,鹅仔草,草鞋青*

单叶血盆草(四川中药志)=血盆草
单叶岩珠(浙江)=广东石豆兰
单叶一枝花(湖南)=小八角莲
单叶异木患 Allophylus repandifolius Merr. & Chun (无患子科)
单叶阴地蕨 Botrychium simplex Hitch.(阴地蕨科)
单叶淫羊藿 Epimedium simplicifolium Ying(小檗科)
单叶芸香属(科属辞典)=**拟芸香属**
单叶紫堇 Corydalis ludlowii Stearn(罂粟科)
单羽矮伞芹 Chamaesciadium acaule var. simplex Shan & Pu (伞形科)
单羽耳蕨 Polystichum simplicipinnum Hay.(鳞毛蕨科)
单羽火筒树 Leea crispa van Royne ex L.(葡萄科),*九子不离母*,*山荸荠*,*猴背*
单羽丝瓣芹 Acronema johrianum Babu (伞形科)
单枝灯心草 Juncus potaninii Buchen.(灯心草科)
单枝落地(泉州本草)=白背黄花稔
单枝玉山竹 Yushania uniramosa Hsueh & Yi (禾本科)
单枝竹 Monocladus saxatilis Chia et al.(禾本科)
单枝竹属 Monocladus Chia et al.(禾本科)
单竹 Bambusa cerosissima McClure (禾本科)
单柱山柳(海南志)=单毛桤叶树
单柱菟丝子 Cuscuta monogyna Vahl(旋花科)
单籽犁头尖 Typhonium calcicolum C.Y.Wu ex H.Li et al.(天南星科)
单籽银背藤 Argyreia monospserma C.Y.Wu(旋花科),*山牵牛*
单籽油茶(拉汉名称)=小叶油茶
单子麻黄 Ephedra monosperma Gmel. ex Mey.(麻黄科),*小麻黄*,*麻黄*
单子南蛇藤(海南志)=独子藤
单子山楂 Crataegus mongyna Jacq.(蔷薇科),*金钩如意草*
单子柿 Diospyros unisemina C.Y.Wu(柿科)
单子无心菜 Arenaria monosperma Williams(石竹科),*单子蚤缀*
单子蚤缀(拉汉名称)=单子无心菜
单座苣苔 Metabriggsia ovalifolia W.T.Wang(苦苣苔科)
单座苣苔属 Metabriggsia W.T.Wang(苦苣苔科)
担水桶(广东)=猪笼草
儋丹帽花(植物学杂志)=皂帽花
胆草(贵州)=日本双蝴蝶
胆草(云南曲靖)=散瘀草
胆草(植物志 62)=龙胆
胆黄草(四川叙水)=滇藏柳叶菜
胆南星(本草选旨)= 天南星
胆星(纲目)= 天南星
旦仔棚(海南)=柄果柯
弹刀子菜 Mazus stachydifolius (Turcz.) Maxim.(玄参科),*四叶细辛*
弹裂碎米荠 Cardamine impatiens L. (十字花科),*水菜花*,*水花菜*,*钝齿四川碎米荠*,*钝叶碎米荠*,*毛果碎米荠*,*四川碎米荠*,*窄叶碎米荠*
淡白色羊茅 Festuca pallens Host (禾本科)
淡豉(纲目)=大豆
淡豆豉(中国药典)=大豆
淡粉报春 Primula tayloriana Fletcher(报春花科)
淡稃鳞盖蕨 Microlepia pallida Ching(碗蕨科)
淡褐蝴蝶兰 Phalaenopsis fuscata Rchb.f.(兰科)
淡黑黧豆 Mucuna nigricans (Lour.) Steud.(豆科)
淡黑色兜兰 Paphiopedilum nigritum (Rcbh.f.) Pfitz. (兰科)
淡红杜鹃 Rhododendron rhodanthum M.Y.He (杜鹃花科)
淡红花槭 Acer rubrum var. pallidiflorum Pax (槭树科)
淡红荚蒾(高等图鉴)=红荚蒾
淡红鹿藿 Rhynchosia rufescens (Willd.) DC.(豆科)
淡红脉算盘子(分类学报)=青背叶算盘子
淡红美登木 Maytenus rufus (Wall.) Cufod(卫矛科),*红色梅丹*
淡红南烛 Vaccinium bracteatum var. rubellum Hsu, J.X.Qiou,S.F.Huang & Y.Zhang(杜鹃花科)
淡红忍冬 Lonicera acuminata Wall.(忍冬科),*巴东忍冬*,*肚子银花*,*金银花*,*忍冬花*,*双花*,*石山金银花*
淡红素馨 Jasminum ×stephanense Lemoine(木犀科),*西藏素馨*,*钩良树*
淡红唐松草 Thalictrum rubescens Ohwi(毛茛科)
淡红香青 Anaphalis flavescens f. rosea Ling(菊科),*淡黄香青淡红变种*
淡红岩白菜 Bergenia emeiensis var. rubellina J. T.Pan (虎耳草科)
淡花补血草 Limonium dichroanthum (Rupr.) Ikonnkov-Galitzky ex Lincz.(白花丹科)
淡花地杨梅 Luzula pallescens (Wahl.) Swartz (灯心草科)
淡花黄堇 Corydalis trachycarpa var. octocornuta (C.Y.Wu) C.Y.Wu(罂粟科),*省格巴格*
淡黄×川西香青 Anaphalis flavescens ×souliei (菊科)
淡黄×乳白香青 Anaphalis flavescens ×lactea (菊科)
淡黄白色二雄蕊苣苔 Diastema ochroleucum HK. (苦苣苔科)
淡黄豆腐柴 Premna flavescens Buch.-Ham.(马鞭草科)
淡黄杜鹃(高等图鉴)=川西淡黄杜鹃(新)
淡黄杜鹃(西藏植物名录)=朗贡杜鹃
淡黄杜鹃 Rhododendron flavoflorum T.L.Ming (杜鹃花科)
淡黄多穗兰 Polystachya luteola (Sw.) HK.(兰科)
淡黄管花兰 Corymborkis flava (Sw.) O.Ktze. (兰科)
淡黄花百合 Lilium sulphureum Baker(百合科)
淡黄花兜被兰 Neottianthe luteola K.Y.Lang & S.C.Chen(兰科)
淡黄花鸡咀咀 Oxytropis bicolor var. luteola C. W.Chang (豆科)
淡黄花石斛 Dendrobium luteolum Batem.(兰科)
淡黄黄芩 Scutellaria lutescens C.Y.Wu(唇形科)
淡黄棘豆 Oxytropis ochroleuca Bge.(豆科)
淡黄荚蒾 Viburnum lutescens Bl.(忍冬科),*黄荚蒾*
淡黄金花茶 Camellia flavida Chang(山茶科)
淡黄卡特兰 Cattleya luteola Lindl.(兰科)
淡黄列当 Orobanche sordida C.A.Mey(列当科)
淡黄绿凤仙花 Impatiens chloroxantha Y.L.Chen (凤仙花科)
淡黄米尔顿兰 Miltonia flavescens Ldfl.(兰科)
淡黄蓬子菜 Galium verum var. leiophyllum Wallr. (茜草科)
淡黄鼠李 Rhamnus flavescens Y.L.Chen & P.K. Chou (鼠李科)
淡黄乌头 Aconitum alboflavidum W.T.Wang(毛茛科)
淡黄香茶菜 Isodon flavidus (Hand.-Mazz.) H. Hara (唇形科),*小葶麻*
淡黄香青 Anaphalis flavescens Hand.-Mazz.(菊科),*清明菜*
淡黄香青淡红变种(植物志 75)=淡红香青
淡黄香青硫黄变种(植物志 75)=硫黄香青
淡黄香青棉毛变种(植物志 75)=棉毛淡黄香青(新)
淡黄香薷 Elsholtzia luteola Diels(唇形科)
淡黄鸢尾 Iris ochroleuca L.(鸢尾科)
淡黄獐牙菜 Swertia punicea var. lutescens Franch. ex T.N.Ho(龙胆科)
淡灰椴 Tilia tristis Chun ex H.T.Chang(椴树科)
淡蓝断肠草(峨眉)=金顶紫堇
淡蓝棘豆 Oxytropis leucocyana Bge. (豆科)
淡蓝姜黄(新)Curcuma caesia Roxb.(姜科)
淡绿短肠蕨 Allantodia virescens (Kunze) Ching (蹄盖蕨科)
淡绿羊耳蒜(新) Liparis kumokiri F.Maekawa? (兰科)
淡绿叶卫矛 Euonymus pallidifolius Hay.(卫矛科)
淡婆婆(湖南)=大青
淡色黄花茅 Anthoxanthum pallidum (Hand.-Mazz.) Keng (禾本科)
淡色假卫矛 Microtropis pallens Pierre (卫矛科)
淡色薹草 Carex infuscata Nees(莎草科)
淡色小檗 Berberis pallens Franch. (小檗科)
淡色银莲花 Anemone blanda Schott & Kotschy. (毛茛科)
淡丝瓦韦 Lepisorus paleparaphysus Y.X.Lin (水龙骨科)
淡味当药(浙江草药)=北方獐牙菜
淡枝沙拐枣 Calligonum leucocladum (Schrenk) Bge.(蓼科)
淡钟杜鹃 Rhododendron lanatoides Chamb.(杜鹃花科)
淡竹(江苏志,植物志 9-1)=粉绿竹
淡竹 Phyllostachys nigra var. henonis (Miftord) Stapf ex Rendle (禾本科),*白竹*,*瘪竹*,*虫竹*,*甘竹*,*麻马*,*毛金竹*,*青竹茹*,*退秧竹*,*仙人杖*,*中母笋*,*竹根*,*竹卷心*,*竹沥*,*竹米*,*竹皮*,*竹仁青*,*竹茹*,*竹实*,*竹叶*,*竹油*,*竹针*,*竹汁*
淡竹花(浙江)=宝铎草
淡竹米(药材学) =淡竹叶
淡竹叶(纲目)=鸭跖草
淡竹叶 Lophatherum gracile Brongn.(禾本科),*长竹叶*,*淡竹米*,*林下竹*,*山鸡米*,*土麦冬竹叶麦冬*,*竹叶门冬青*
淡竹叶属 Lophatherum Brongn.(禾本科)
淡紫翠雀花 Delphinium handelianum W.T. Wang (毛茛科)
淡紫花黄芪 Astragalus membranaceus f. purpurinus (Y.C.Ho) Y.C.Ho(豆科)
淡紫金莲花 Trollius lilacinus Bge.(毛茛科)
淡紫荆芥 Nepeta yanthina Franch.(唇形科)
淡紫毛巴豆 Croton purpurascens Y.T.Chang(大戟科)
蛋不老(四川中草药)=广东地构叶

蛋黄果 Lucuma nervosa A.DC.(山榄科)
蛋黄果属 Lucuma Molina (山榄科)
蛋黄花(广东中药)=鸡蛋花
蛋黄色鹿角兰 Pomatocalpa vitellinum (Rchb.f.) Ames (兰科)
蛋黄色柱瓣兰 Epidendrum vitellinum Lindl.(兰科)

Dang

当布打下(青海藏族名)=缘毛橐吾
当低相悲(广西金秀瑶语)=蝉翼藤
当归(雷波)=峨眉当归
当归 Angelica sinensis (Oliv.) Diels(伞形科),*秦归,云归,岷当归,西当归*
当归藤 Embelia parviflora Wall.(紫金牛科),*他枯,筛箕蔃,小花酸藤子,大力王,虎尾草,小花酸藤子,艳花酸藤子*
当归叶藁本(秦岭志)=归叶藁本
当归属 Angelica L.(伞形科)
当年见(广西靖西)=爬树龙
当年枯(植物志 57-3)=红北极果
当年枯属(云南区系报告)=**北极果属**
当芩(云南贡山)=尖基木藜芦
当药(广西全县)=石生鸡脚参
当药(本草拾遗)=酸模
当药(高等图鉴)=北方獐牙菜
挡蛇剑(岭南草药志)=巴豆
党参(本草从新)=素花党参
党参(四川)=大萼党参
党参 Codonopsis pilosula (Franch.) Nannf.(桔梗科),*上党人参,黄参,东党,潞党,纹党*
党参属 Codonopsis Wall.(桔梗科)
党楠(广西药用名录)=刺通草
欓子(本草拾遗)=椿叶花椒
宕昌翠雀花 Delphinium angustipaniculatum W.T.Wang (毛茛科)
档凹(西双版纳傣语)=刺通草

Dao

刀巴豆(四川中药志)=刀豆
刀柄(海南尖峰岭,黄流,三亚)=倒吊笔
刀豆(救荒本草)=直生刀豆
刀豆 Canavalia gladiata (Jacq.) DC.(豆科),*大刀豆,大弋豆,刀巴豆,刀鞘豆,泥鳅豆,四季豆,挟剑豆,挟剑豆*
刀豆三七(浙江)=荷青花
刀豆属 Canavalia DC.(豆科)
刀斧伤根(陆川本草)=九节
刀果鞍叶羊蹄甲 Bauhinia brachycarpa var. cavaleriei (Lévl.) T.Chen(豆科)
刀口药(高等图鉴)=地皮消
刀口药(广西)=马利筋
刀口药(贵州)=长蕊珍珠菜
刀口药(黑龙江)=黄芦木
刀口药(昆明草药)=宽叶兔儿风
刀口药(昆明草药)=小叶栒子
刀口药(四川)=贯筋藤
刀口药(云南通海) = 天南星
刀口药(云南通海)=山珠南星
刀口药(云南中草药)=云南蓍
刀杷木 Cinnamomum pittosporoides Hand.-Mazz. (樟科),*大果香樟,桂皮树*
刀枪木(中草药汇编)=九节
刀枪药(中药志)=拳参
刀鞘豆(陆川本草)=刀豆
刀伤木(常用中草药手册)=九节
刀叶槲寄生(台湾)=柄果槲寄生
刀叶林蕨(海南志)=陵齿蕨
刀叶林蕨(蕨类图说)=陵齿蕨
刀叶楼梯草 Elatostema imbricans Dunn(荨麻科)
刀叶石斛 Dendrobium terminale Par. & Rchb.f.(兰科)
刀烟木(贵州)= 檵木
刀羽耳蕨 Polystichum deltodon var. cultripinnum W.M.Chu & Z.R.He(鳞毛蕨科)
刀愈药(昆明)=苦绳
刀皂(湖南)=皂荚
刀状相思树 Acacia cultriformis A.Cunn.(豆科)
叨里木(树木分类学)=鞘柄木
岛翰-尔巴姆那木(朝鲜族语)=蒙古栎
岛槐(新拉汉英)=多花马鞍树
岛内云杉(东北裸子植物)=红皮云杉
岛榕 Ficus virgata Reinw. ex Bl.(桑科)
岛生椴 Tilia insularis Nakai (椴树科)
岛生新月蕨 Pronephrium insularis (K.Iwats.) Holtt.(金星蕨科),*变叶新月蕨*
岛松 Pinus insularis Endl.(松科)
岛田鸡儿肠(苏南植物手册)=毡毛马兰
倒插花(贵州)=华萝藦
倒插花(贵州)=五岭细辛
倒齿风毛菊 Saussurea retroserrata Y.L.Chen & S.Y.Liang(菊科)
倒触伞(植物志 37)=空心泡
倒垂风兰(中山大辞典)=垂枝白点兰
倒刺草(广西)=透骨草
倒刺狗尾草 Setaria verticillata (L.) Beauv.(禾本科)
倒胆草(贵州)=单色蝴蝶草
倒胆草(贵州药用名录)=光叶蝴蝶草
倒地撩(四川乐山)=盾叶唐松草
倒地铃 Cardiospermum halicacabum L.(无患子科),*包袱草,风船葛,鬼灯笼,假苦瓜,假蒲达,金丝苦楝,金丝苦楝藤,炮卜草,炮掌果,三角灯笼,三角泡,三角藤,野苦瓜,粽子草*
倒地铃属 Cardiospermum L.(无患子科)
倒地拾(四川峨眉)=石棉紫堇
倒吊笔 Wrightia pubescens R.Br.(夹竹桃科),*常子,刀柄,倒吊蜡烛,屐木,广东倒吊笔,九浓木,苦常,苦杨,马凌,墨桂根,乳酱树,神仙蜡烛,细姑木,章表,枝桐木,猪菜母,猪松木*
倒吊笔属 Wrightia R.Br.(夹竹桃科)
倒吊风藤(台湾志)=毛钩藤
倒吊黄(福建)=黄花倒水莲
倒吊蜡烛(生草药性备要)=倒吊笔
倒吊兰(台兰科图鉴)=蛇舌兰
倒吊兰 Erythrorchis altissima (Bl.) Bl.(兰科),*高山珊瑚,蔓茎山珊瑚*
倒吊兰属 Erythrorchis Bl.(兰科)
倒吊莲(台湾志)=匙叶伽蓝菜
倒吊钟叶素馨 Jasminum fuchsiaefolium Gagn.(木犀科),*吊钟叶素馨*
倒毒草散(四川中药志)=泽漆
倒毒散(植物志 37)=针刺悬钩子
倒绑茶(台湾药志)=磨盘草
倒傅氏花楸(经济植物手册)=石灰花楸
倒盖菊(广空中草药手册)=金耳挖
倒杆草(傣语)=狭穗阔蕊兰
倒根草(吉林)=倒根蓼
倒根草(新疆药材)=拳参
倒根蓼 Polygonum ochotense V.Petr. ex Kom.(蓼科),*倒根草*
倒根野苏(东北中草药)=蓝萼香茶菜
倒梗草(广州)=土牛膝
倒钩草(广州)=土牛膝
倒钩刺(陕西)=复伞房蔷薇
倒钩刺(云南中草药)=三叶悬钩子
倒钩竻(广东)=小果蔷薇
倒钩琉璃草 Cynoglossum wallichii var. glochidiatum (Wall. ex Benth.) Kazmi(紫草科)
倒钩芹(辽宁)=拐芹
倒钩藤(广东)=老虎刺
倒钩藤(云南)羽叶金合欢
倒挂草(植物志 4-2)=倒挂铁角蕨
倒挂茶(植物志 44-2)=石岩枫
倒挂刺(滇南本草)=云实
倒挂金钩(图考)=石岩枫
倒挂金钩(云南)=雄黄兰
倒挂金钩 Uncaria lancifolia Hutch.(茜草科),*披针叶钩藤*
倒挂金钟 Fuchsia hybrida Hort. ex Sieb. & Voss.(柳叶菜科),*灯笼花,吊钟海棠*
倒挂金钟秋海棠 Begonia foliosa var. miniata L.B.Sm. & Schub.(秋海棠科)
倒挂金钟属 Fuchsia L.(柳叶菜科)
倒挂牛(陕西中草药)=多毛叶云实
倒挂山余瓜(滇南本草)=长毛赤瓟
倒挂山芝麻(浙江)=紫花野百合
倒挂树萝卜 Agapetes pensilis Airy-Shaw(杜鹃花科)
倒挂铁角蕨 Asplenium normale Don (铁角蕨科),*生芽铁角蕨,倒挂草*
倒挂紫金钩(本草纲目拾遗)=杠板归
倒褂金钟(中药大辞典)=单花莸
倒果木半夏 Elaeagnus multiflora var. obovoidea C.Y.Chang(胡颓子科)
倒花草(江西民间草药)=爵床
倒扣草(岭南采药录)=土牛膝
倒扣藤(常用手册)=假马鞭
倒老嫩(四川南川)=南川冷水花
倒鳞耳蕨 Polystichum retroso-paleaceum (Kodama) Tagawa(鳞毛蕨科)
倒鳞鳞毛蕨 Dryopteris reflexosquamata Hay.(鳞毛蕨科)
倒鳞秋海棠 Begonia reflexi-squamosa C.Y.Wu (秋海棠科)
倒卵白背绣球(植物志 35-1)=白背绣球
倒卵瓣梅花草 Parnassia subscaposa C.Y.Wu ex Ku (虎耳草科)
倒卵伏石蕨 Lemmaphyllum microphyllum var. obovatum (Harr.) C.Chr.(水龙骨科)
倒卵果黄榆(东北木本志)=大果榆
倒卵果省藤 Calamus obovoideus S.J.Pei & S.Y. Chen (棕榈科)
倒卵果紫堇(秦岭志)=北岭黄堇
倒卵红淡比 Cleyera obovata H.T.Chang(山茶科)
倒卵蜡莲绣球(分类学报)=蜡莲绣球
倒卵鳞薹草 Carex obovatosquamata Wang & Y.L.Chang ex P.C.Li(莎草科)
倒卵瘤果茶 Camellia obovatifolia Chang(山茶科)
倒卵形铁角蕨 Asplenium obovatum Viv.(铁角蕨科)
倒卵形珍珠菜 Lysimachia obovata Her Ham.(报春花科)
倒卵绣球(植物志 35-1)=中国绣球
倒卵叶报春 Primula rugosa Balakr.(报春花科),*蒙自报春*
倒卵叶大叶柳 Salix magnifica var. apetala (Schneid.) Hao(杨柳科)
倒卵叶冬青 Ilex maximowicziana Loes.(冬青科)

倒卵叶短柄紫珠 Callicarpa brevipes var. obovata H.T.Chang(马鞭草科)
倒卵叶风毛菊 Saussurea salemanii C.Winkl.(菊科)
倒卵叶胡颓子 Elaeagnus obovata Li?(胡颓子科)
倒卵叶黄花稔 Sida alnifolia var. obovata (Wall.) S.Y.Hu (锦葵科),圆齿小柴胡
倒卵叶黄花稔 Sida rhombifolia var. obovata (Wall.) S.Y.Hu(锦葵科),圆齿小柴胡
倒卵叶黄肉楠 Actinodaphne obovata (Nees) Bl.(樟科),假簑衣叶,莫苏,把漂,恰嘎兴,倒卵叶六驳,七叶一把伞
倒卵叶旌节花 Stachyurus obovatus (Rehd.) Hand.-Mazz.(旌节花科),卵叶旌节花
倒卵叶景天 Sedum morotii Hamet(景天科)
倒卵叶康达木 Condalia obovata HK.(鼠李科)
倒卵叶六驳(中药大辞典)=倒卵叶黄肉楠
倒卵叶龙胆(植物志 62)=藏南龙胆
倒卵叶梅花草 Parnassia obovata Hand.-Mazz.(虎耳草科)
倒卵叶猕猴桃 Actinidia obovata Chun ex C.F. Liang (猕猴桃科)
倒卵叶闽粤石楠(新)Photinia benthamiana var. obovata Li(蔷薇科),闽粤石楠倒卵叶变种
倒卵叶木莲 Manglietia obovalifolia C.Y.Wu & Law(木兰科)
倒卵叶南烛 Vaccinium bracteatum var. obovatum C.Y.Wu & R.C.Fang(杜鹃花科),石子陵木
倒卵叶女贞 Ligustrum obovatilimbum Miao(木犀科)
倒卵叶枇杷 Eriobotrya obovata W.W.Sm.(蔷薇科)
倒卵叶青冈 Cyclobalanopsis obovatifolia (Haung) Q.F. Zheng (壳斗科),梅花山青冈
倒卵叶荛花 Wikstroemia retusa A.Gray(瑞香科)
倒卵叶忍冬 Lonicera hemsleyana (O.Ktze.) Rehd. (忍冬科)
倒卵叶瑞香 Daphne grueningiana H.Winkl.(瑞香科)
倒卵叶润楠 Machilus obovatifolia (Hay.) Kanehira & Sasaki(樟科)
倒卵叶山桂花 Bennettiodendron macrophyllum var. obovatum S.S.Lai(大风子科)
倒卵叶山龙眼 Helicia obovatifolia Merr. & Chun(山龙眼科),红心割
倒卵叶石楠 Photinia lasiogyna (Franch.) Schneid. (蔷薇科)
倒卵叶鼠李 Rhamnus betulaefolia var. obovata Kearney & Peebles (鼠李科)
倒卵叶树萝卜 Agapetes obovata (Wight) HK.f.(杜鹃花科)
倒卵叶算盘子 Glochidion obovatum S. & Z.(大戟科),神子木
倒卵叶庭荠 Alyssum obovatum (C.A.Mey.) Turcz. (十字花科)
倒卵叶卫矛 Euonymus obovatus Nutt.(卫矛科),走茎卫矛
倒卵叶五加 Acanthopanax obovatus Hoo(五加科)
倒卵叶野木瓜 Stauntonia obovata Hemsl. (木通科),台湾野木瓜
倒卵叶鱼骨木 Canthium dicoccum var. obovatifolium G.A.Fu(茜草科)
倒卵叶紫麻 Oreocnide obovata (C.H.Wright) Merr.(荨麻科)
倒毛丛菔 Solms-Laubachia retropilosa Botsch.(十字花科)
倒毛蓼 Polygonum molle var. rude (Meisn.) A.J. Li (蓼科)
倒矛杜鹃 Rhododendron oblancifolium Fang f.(杜鹃花科)
倒莓子(甘肃)=腺花茅莓
倒黏子(纲目拾遗)=桃金娘
倒披针谷柳 Salix taraikensis var. oblanceolata C.Wang & C.F.Fang(杨柳科)
倒披针观音座莲 Angiopteris oblanceolata Ching & C.H.Wang(观音座莲科)
倒披针萝芙木(植物志 63)=萝芙木
倒披针芒毛苣苔(植物志 69)=条叶芒毛苣苔
倒披针毛蕨 Cyclosorus oblanceolatus Shing & C.F.Zhang(金星蕨科)
倒披针石韦 Pyrrosia oblanceolata (C.Chr.) Tard.-Blot (水龙骨科)
倒披针叶巴西革叶小檗 Berberis coriacea var. oblanceifolia Ahrendt (小檗科)
倒披针叶虫实 Corispermum lehmannianum Bge. (藜科)
倒披针叶风毛菊 Saussurea nimborum W.W.Sm.(菊科)
倒披针叶蒲桃 Syzygium oblancilimbum Chang & Miau(桃金娘科)
倒披针叶山矾(植物志 60-2)=无乳突革舌树
倒披针叶珊瑚 Aucuba himalaica var. oblanceolata Fang & Soong(山茱萸科),木珊瑚
倒披针叶疏花小檗 Berberis laxiflora var. oblanceolata Schneid.(小檗科)
倒披针叶蝇子草 Silene oblanceolata W.W.Sm.(石竹科)
倒生草(中草药汇编)=白草
倒生根(贵州)=川莓
倒生根(四川中药志)=红泡刺藤
倒生根(重庆草药)=插田泡
倒生莲(陕甘宁青中草药选)=抱茎蓼
倒生莲(四川中草药)=长叶铁角蕨
倒生木(纲目拾遗)=榕树
倒生树(粤志)=榕树
倒水莲(草木便方)=长叶铁角蕨
倒水莲(福建)=朝天罐
倒水莲(广西药用名录)=半园盖阴石蕨
倒水莲(湖南)=灰白毛莓
倒水莲(湖南药物志)=无腺灰白毛莓
倒水莲(江西)=商陆
倒水莲(四川)=峨眉唐松草
倒提壶(贵州)=云南翠雀花
倒提壶(云南)=棉毛尼泊尔天名精
倒提壶(云南西畴)=旋花茄
倒提壶(中药大辞典)=大果琉璃草
倒提壶(中药鉴别法)=烟管头草
倒提壶 Cynoglossum amabile Stapf & Drumm.(紫草科),狗舌草,狗屎蓝布裙,鸡爪参,接骨草,兰花参,蓝布裙,蓝狗屎,勒马你李马,莲子叶,六月肥,龙须草,绿花心,牛舌头草,七星箭,一把抓
倒团蛇(广东)=假马鞭
倒心盾翅藤 Aspidopterys obcordata Hemsl.(金虎尾科)
倒心形翠雀花 Delphinium obcordatilimbum W. T.Wang (毛茛科)
倒心形柳叶菜 Epilobium obcordatum A.Gray (柳叶菜科)
倒心叶珊瑚 Aucuba obcordata (Rehd.) Fu(山茱萸科)
倒心叶野木瓜 Stauntonia obcordatilimba C.Y. Wu & S.H.Huang(木通科)
倒岩提(贵州药用目录)=见血青
倒叶耳蕨 Polystichum yuanum Ching(鳞毛蕨科)
倒叶瘤足蕨 Plagiogyria dunnii Cop.(瘤足蕨科)
倒缨木 Kibatalia macrophylla (Perre ex Hua) Woods.(夹竹桃科),毛叶倒缨木
倒缨木属 Kibatalia G.Don (夹竹桃科)
倒羽叶风毛菊 Saussurea runcinata DC.(菊科),碱地风毛菊
倒栽槐(植物志 40)=龙爪槐
倒扎草(贵州民间药物)=华北鸦葱
倒扎龙(植物志 37)=针刺悬钩子
倒竹伞(文山中草药)=栽秧泡
倒竹散(思茅中草药)=距花万寿竹
倒竹散(云南中草药)
倒爪刺(云南)=老虎刺
倒锥花龙胆 Gentiana obconica T.N.Ho(龙胆科)
捣花(闽东本草)=红蓼
到老嫩(贵州中草药名录)=石筋草
道孚杜鹃 Rhododendron dawuense H.P.Yang(杜鹃花科)
道孚虎耳草 Saxifraga lumpuensis Engl.(虎耳草科)
道孚景天 Sedum glaebosum Fröd.(景天科)
道孚蔷薇 Rosa dawoensis Pax & K.Hoffm.?(蔷薇科)
道孚小檗 Berberis dawoensis K.Meyer(小檗科)
道孚蝇子草 Silene dawoensis Limpr.(石竹科)
道浮龙胆 Gentiana altorum H.Sm. ex Marq.(龙胆科)
道浮香茶菜 Isodon dawoensis (Hand.-Mazz.) H. Hara (唇形科)
道格拉斯光槭 Acer glabrum var. douglas (HK.) Dipp.(槭树科)
道格拉斯堇菜 Viola douglasii Steud.(堇菜科)
道格拉斯蓝眼草 Sisyrinchium douglasii Dietr.(鸢尾科)
道格拉斯松 Pinus douglasiana Mast.(松科)
道格拉斯鸢尾 Iris douglasiana Herb.(鸢尾科)
道拉基(延边)=桔梗
道明秋海棠 Begonia domingensis A.DC.(秋海棠科)
道人头(植物志 75)=苍耳
道生草(纲目)=萹蓄
道氏马先蒿 Pedicularis daltonii Prain(玄参科)
道卫卡特兰 Cattleya labiata var. dowiana (Atem & Rohb.f.) Veitch (兰科)
道西兰 Dossinia marmorata (Bl.) Morr.(兰科)
道西兰属 Dossinia Morr.(兰科)
道真润楠 Machilus daozhensis Y.K.Li (樟科)
稻 Oryza sativa L.(禾本科),陈仓米,陈廪米,陈米,杵头糠,醋糟,大米,稻草,稻蘖,稻芽,谷白皮,谷蘖,谷芽,锅粑,锅焦,红粟,红糟,怀胎草,黄金粉,火米,胶饴,粳,粳米,粳米泔,酒醅糟,酒糟,老米,米秕,米糠,米露,米麦粫麨,米皮糠,米沈,米油,蘖米,糯,粕,糗,软糖,饧,饧糖,糖,糖锑,甜糟,饴糖,粘糖,硬米,再生稻,糟,浙二泔,粥油
稻草(中药大辞典)=稻
稻草石蒜 Lycoris straminea Lindl.(石蒜科)
稻槎菜 Lapsana apogonoides Maxim.(菊科)
稻槎菜属 Lapsana L.(菊科)
稻城垂头菊 Cremanthodium daochengense Ling & S.W.Liu(菊科)

稻城翠雀花(Flora 6)=贡噶翠雀花
稻城虎耳草 Saxifraga daochengensis J.T.Pan(虎耳草科)
稻城龙胆 Gentiana daochengensis T.N.Ho(龙胆科)
稻城马先蒿 Pedicularis daochengensis H.P.Yang (玄参科)
稻城木蓝 Indigofera daochengensis Y.Y.Fang & C.Z.Zheng(豆科)
稻城千里光 Senecio daochengensis Y.L.Chen (菊科)
稻城小檗 Berberis daochengensis Ying(小檗科)
稻城肿足蕨 Hypodematium daochengense Shing (肿足蕨科)
稻蘖(纲目)=稻
稻田荸荠 Heleocharis pellucida var. japonica (Miq.) Tang & Wang(莎草科)
稻田仰卧秆藨草 Scirpus supinus var. lateriflorus (Gmel.) T.Koyama (莎草科)
稻形珍珠茅 Scleria oryzoides Presl(莎草科)
稻芽(中国药黄)=稻
稻属 Oryza L.(禾本科)
稻状凤头黍 Acroceras oryzoides Stapf (禾本科), *拟孤凤头黍*
稻状游草(新拉汉英)=蓉草

De

得克萨斯毒漆藤 Toxicodendron radicans var. eximia (Greene) Berkley (漆树科)
得帕尔溲疏 Deutzia sieboldiana var. dippeliana Schneid.(虎耳草科)
得荣杭子稍 Campylotropis yajiangensis var. deronica P.Y.Fu(豆科)
得荣小檗 Berberis derongensis Ying(小檗科)
得爽单(瑶族名)=一枝黄花
得意旦(云南)=腺叶杜茎山
得州安息香 Styrax texana Cory (安息香科)
得州梣叶槭 Acer negundo var. texanum Pax (槭树科)
得州蛇藤 Colubrina texensis (Torr. & Gray) Gray (天南星科)
德保豆蔻 Amomum tuberculatum D.Fang(姜科)
德保黄精(广西)=滇黄精
德保苏铁 Cycas debaoensis Y.C.Zhong & C.J. Chen (苏铁科)
德昌香薷(四川)=香薷
德昌玉山竹 Yushania collina Yi (禾本科)
德格碱茅 Puccinellia degeensis L.Liu(禾本科)
德格金莲花 Trollius pumilus var. tehkehensis (W.T.Wang) W.T.Wang(毛茛科)
德格梅花草 Parnassia degeensis Ku (虎耳草科)
德格紫堇 Corydalis degensis C.Y.Wu & H. Chuang (罂粟科)
德国龙胆 Gentiana germanica Willd.(龙胆科)
德国绒毛草(新拉汉英)=根茎绒毛草
德国树(河北,山东)=刺槐
德国野燕麦(新拉汉英)=毛燕麦
德国鸢尾 Iris germanica L.(鸢尾科)
德宏茶 Camellia dehungensis Chang & Chen(山茶科)
德宏冬青 Ilex dehongensis S.K.Chen & Y.X. Feng (冬青科)
德化假毛蕨 Pseudocyclosorus dehuaensis Y.X. Lin (金星蕨科)
德化鳞毛蕨 Dryopteris dehuaensis Ching & Shing (鳞毛蕨科)
德化毛蕨 Cyclosorus dehuaensis Ching & Shing (金星蕨科)
德基叉柱兰 Cheirostylis derchiensis S.S.Ying (兰科), *德基指柱兰*
德基指柱兰(台湾兰科图志)=德基叉柱兰
德浚小檗 Berberis yuii Ying(小檗科)
德浚野丁香 Leptodermis yui Lo(茜草科)
德坎多尔小檗 Berberis decandolleana Ahrendt (小檗科)
德拉维落草 Koeleria delavignei Czern. ex Domin (禾本科)
德来奇补血草 Limonium dregeanum (K.Presl) O.Kuntze (白花丹科)
德兰臭草 Melica transsilvanica Schur(禾本科)
德里蒙达兰 Drymoda picta Lindl.(兰科)
德里蒙达兰属 Drymoda Lindl.(兰科)
德利尔美洲茶 Ceanothus delilianus Spach (鼠李科)
德隆氏香果兰 Vanilla dilloniana Correll.(兰科)
德木萨(藏名)=奇林翠雀花
德尼森万带兰 Vanda denisoniana Ben. & Rchb.f. (兰科)
德钦柏 Juniperus baimashanensis Y.F.Yu & L. K.Fu (柏科)
德钦变种(植物志 66)=德钦香茶菜(新)
德钦齿缘草 Eritrichium deqinense W.T.Wang (紫草科)
德钦灯心草 Juncus longiflorus (A.Camus) Nolt. (灯心草科)
德钦滇紫草 Onosma wardii (W.W.Sm.) Johnst. (紫草科)
德钦杜鹃 Rhododendron nakotiltum Blalf.f. & Forest(杜鹃花科)
德钦粉背蕨 Aleuritopteris argentea var. flava Ching & S.K.Wu(中国蕨科)
德钦红景天 Rhodiola atuntsuensis (Praeg.) S.H. Fu (景天科), *大苞红景天*, *短柄红景天*, *优美红景天*
德钦虎耳草 Saxifraga deqenensis C.Y.Wu (虎耳草科)
德钦花佩菊(新)Faberia lanceifolia Anth.?(菊科)
德钦黄芪 Astragalus tetchingensis Cheng f. ex K.T.Fu(豆科)
德钦箭竹 Fargesia sylvestris Yi (禾本科)
德钦景天(分类学报)=德钦石莲
德钦景天 Sedum wangii S.H.Fu (景天科)
德钦楝木(西藏志)=曲瓣楝木
德钦冷蕨 Cystopteris deqinensis Z.R.Wang(蹄盖蕨科)
德钦马先蒿 Pedicularis deqinensis H.P.Yang (玄参科)
德钦梅花草 Parnassia deqqenensis Ku (虎耳草科)
德钦荛花 Wikstroemia techinensis S.C.Huang (瑞香科)
德钦石豆兰 Bulbophyllum otoglossum Tuyama (兰科)
德钦石莲 Sinocrassula techinensis (S.H.Fu) S.H. Fu (景天科), *德钦景天*
德钦碎米荠 Cardamine hydrocotyloides W.T. Wang (十字花科)
德钦薹草 Carex deqinensis L.K.Dai(莎草科)
德钦蹄盖蕨(西北植物学报)=毛翼蹄盖蕨
德钦铁角蕨 Asplenium dêqênense Ching(铁角蕨科)
德钦乌头 Aconitum ouvrardianum Hand.-Mazz. (毛茛科)
德钦香茶菜(新)Isodon grandifolius var. atuntzeensis (C.Y.Wu) H.W.Li(唇形科), *德钦变种*
德钦香青 Anaphalis larium Hand.-Mazz.(菊科)
德钦小檗 Berberis contracta Ying(小檗科)
德钦杨 Populus haoana Cheng & C.Wang (杨柳科)
德钦蝇子草 Silene sveae Lidén ex Oxelm.(石竹科)
德钦紫菀 Aster techinensis Ling(菊科)
德氏贝母(西藏)=梭砂贝母
德氏蛇葡萄(经济植物手册)=三裂蛇葡萄
德氏双盖蕨(台湾志)=光脚短肠蕨
德氏乌头 Aconitum desoulavyi Kom.(毛茛科)
德氏鸭脚木(分类学报)=穗序鹅掌柴
德氏羊蹄甲(豆科图说)=薄荚羊蹄甲
德氏鼬蕊兰 Galeandra devoniana Lindl.(兰科)
德秫草(台湾植物名汇)=水蔗草
德斯瑞典刺柏 Juniperus communis var. suecia f. dayi (柏科)
德文郡老虎兰 Stanhopea devoniensis Lindl.(兰科)
的确景天 Sedum definitum Lévl.?(景天科)

Deng

灯草根(广西药用名录)=萤蔺
灯吊子(广东)=鸡柏胡颓子
灯儿草(四川泸定)=大叶茜草
灯果秋海棠 Begonia lanternaria Irmsch.(秋海棠科)
灯花草(植物志 73-2)=泡沙参
灯花树(台湾志)=秤星树
灯火草(四川)=攀援星蕨
灯架(海南)=盆架树
灯架虎耳草(甘肃中草药)=燃灯虎耳草
灯架虎耳草 Saxifraga candelabrum Franch.(虎耳草科)
灯架树(广东)=糖胶树
灯龙草(湖北巴东)=龙葵
灯笼(图考)=大花益母草
灯笼草(滇南本草)=宝盖草
灯笼草(福州)=金铃花
灯笼草(高等图鉴)=白花灯笼
灯笼草(广部中草药手册)=小酸浆
灯笼草(广西天等)=假鹰爪
灯笼草(广西药用名录)=狭叶珍珠花
灯笼草(贵州)=蚊母草
灯笼草(贵州民间药物)=阿拉伯婆婆纳
灯笼草(湖北西部)=毛花点草
灯笼草(华东,广东)=苦蘵
灯笼草(江苏)=麦瓶草
灯笼草(陕西)=秦岭耧斗菜
灯笼草(四川南川)=夏枯草
灯笼草(四川中药志)=藤石松
灯笼草(云南)=酸浆
灯笼草(云南)=野西瓜苗
灯笼草(云南)=益母草
灯笼草(云南麻栗坡)=白绒草
灯笼草(云南中草药)=叉须崖爬藤
灯笼草 Clinopodium polycephalum (Vant.) C.Y. Wu & Hsuan(唇形科), *爆卜草*, *打头泡*, *大叶香薷*, *灯笼果*, *灯笼泡*, *第第菜*, *断血流*, *风轮草*, *蜂窝草*, *鬼灯笼*, *脚癣草*, *节节草*, *楼台草*, *漫胆草*, *泡泡草*, *山藿香*, *水灯笼草*, *土防风*, *土荆芥*, *夏枯草*, *小益母草*, *绣球草*, *野鱼腥草*, *荫风轮*, *走马灯笼草*
灯笼草属(台湾志)=**伽蓝菜属**
灯笼草属 Palhinhaea A.Franco & Vascon.(石松科)
灯笼大秦艽(云南曲靖)=山甘草

灯笼果(东北)=东北茶藨子
灯笼果(高等图鉴)=灯笼草
灯笼果 Physalis peruviana L.(茄科), *小果酸浆*
灯笼花(高等图鉴)=灯笼树
灯笼花(贵州草药)=复羽叶栾树
灯笼花(海南)=吊灯扶桑
灯笼花(吉林)=银线草
灯笼花(救荒本草)=锦灯笼
灯笼花(昆明)=倒挂金钟
灯笼花(昆明)=野西瓜苗
灯笼花(云南麻栗坡)=白绒草
灯笼花(云南维西)=寸金草
灯笼花(植物志 73-2)=泡沙参
灯笼花(植物志 73-2)=紫斑风铃草
灯笼花 Agapetes lacei Craib(杜鹃花科), *深红树萝卜, 树锣卜, 小叶爱楠, 岩龙香*
灯笼椒(植物志 67-1)=辣椒
灯笼棵(江苏邳县)=夏至草
灯笼泡(广西)=苦蘵
灯笼泡(南宁药志)=灯笼草
灯笼石松(云南植物研究)=垂穗石松
灯笼树 Enkianthus chinensis Franch.(杜鹃花科), *灯笼花, 钩钟, 钩钟花, 荔枝木, 女儿红, 息利素落, 贞榕*
灯笼丝(广西)=金鱼藻
灯笼头(江苏)=山菠菜
灯笼细辛 Asarum inflatum C.Y.Cheng & C.S. Yang (马兜铃科)
灯台(图考)=元宝草
灯台报春(秦岭志)=散布报春
灯台草(广西)=狭叶落地梅
灯台草(湖北)=细叶景天
灯台草(吉林)=大戟
灯台大苞报春(高等图鉴)=散布报春
灯台莲(广西药用名录)=全缘灯台莲
灯台莲 Arisaema sikokianum var. serratum (Makino) Hand.-Mazz.(天南星科), *半边莲, 大叶天南星, 狗爪南星, 欢喜草, 路边黄, 绿南星, 南星, 山苞米, 蛇包谷, 蛇磨芋, 蛇芋头, 天南星, 蜗壳南星*
灯台树(云南)=糖胶树
灯台树 Bothrocaryum controversum (Hemsl.) Pojark. (山茱萸科), *六角树, 瑞木*
灯台树属 Bothrocaryum (Koehne) Pojark.(山茱萸科)
灯台兔儿风 Ainsliaea macroclinidioides Hay. (菊科)
灯台越桔 Vaccinium bulleyanum (Diels) Sleumer (杜鹃花科)
灯心草(新拉汉英)=抱茎膜稃草
灯心草 Juncus effusus L.(灯心草科), *碧玉草, 赤须草, 穿阳剑, 朵达鞠, 虎须草, 曲尿草, 水灯心, 五谷草, 猪矢草*
灯心草科 Juncaceae
灯心草肖鸢尾 Moraea juncea L.(鸢尾科)
灯心草叶匙唇兰 Schoenorchis juncifolia Bl.(兰科)
灯心草蚤缀(拉汉名称)=老牛筋
灯心草属 Juncus L.(灯心草科)
灯心叶甜根子草 Saccharum spontaneum var. juncifolium Hack.(禾本科)
灯音一花儿(蒙名)=中华花荵
灯油藤 Celastrus paniculatus Willd.(卫矛科), *圆锥南蛇藤, 滇南蛇藤, 打油果, 红果藤, 小黄果, 锥序南蛇藤*
灯盏花(滇南本草)=短葶飞蓬
灯盏花(滇南本草)=凤仙花
灯盏花(云南)=长茎飞蓬
灯盏细辛(云南, 贵州)=短葶飞蓬
登赫赫(广西上林)=基心叶冷水花
登能(广西侗族)=滇白珠
登欧梅罗(海南)=华马钱
登亚严(广西)=苇谷草
登云鞋(华山)=两似蟹甲草
登云鞋(中药大辞典)=华蟹甲
等凹三色马先蒿 Pedicularis tricolor var. aequiretusa Tsoong(玄参科), *三色马先蒿等凹变种*
等瓣棘豆 Oxytropis lehmanni Bge.(豆科)
等苞蓟 Cirsium fargesii (Franch.) Diels(菊科), *光苞蓟*
等苞紫菀 Aster homochlamydeus Hand.-Mazz. (菊科)
等齿委陵菜 Potentilla simulatrix Wolf.(蔷薇科)
等唇马先蒿(新)Pedicularis cheilanthifolia subsp. cheilanthifolia var. isochila Maxim.(玄参科), *碎米蕨叶马先蒿碎米蕨叶亚种等唇变种*
等唇玄参 Scrophularia aequilabris Tsoong(玄参科)
等萼佛甲草(植物志 34-1)=小萼佛甲草
等萼卷瓣兰 Bulbophyllum violaceolabellum Siendenf.(兰科)
等萼小檗 Berberis parisepala Ahrendt(小檗科)
等高薹草 Carex aequialta Kükenth.(莎草科)
等梗报春 Primula kialensis Franch.(报春花科), *康边报春*
等基贯众 Cyrtomium aequibasis (C.Chr.) Ching (鳞毛蕨科), *学煜贯众, 楔基贯众*
等基岩蕨 Woodsia subcordata Turcz.(岩蕨科), *心岩蕨*
等毛变种(植物志 74)=等毛短舌紫菀(新)
等毛短舌紫菀(新)Aster sampsonii var. isochaetus Chang(菊科), *等毛变种*
等叶花葶乌头 Aconitum scaposum var. hupehanum Rapaics(毛茛科)
等颖落芒草 Oryzopsis aequiglumis Duthiee (禾本科)
等颖早熟禾 Poa rhadina Bor(禾本科)
邓波虎耳草 Saxifraga dungbooi Engl. & Irmsch. (虎耳草科)
邓川景天 Sedum somenii Hamet(景天科)
邓嘿罕(傣语)=定心藤
邓柳(广州志)=长梗柳
邓木扯(藏名)=卷毛婆婆纳
邓氏草(禾本科图说)=扁芒草
邓氏马先蒿 Pedicularis dunniana Bonati(玄参科)
邓向观根(贵州民间药物)=毛叶石楠

Di

低矮华北乌头(植物志 27)=热河乌头
低矮薹草 Carex humilis Leyss.(莎草科)
低矮通泉草 Mazus humilis Hand.-Mazz.(玄参科)
低矮银莲花 Anemone rupestris subsp. gelida var. wallichii (Brühl) Lauener(毛茛科)
低矮早熟禾 Poa infirma H.B.K.(禾本科)
低地冷蕨 Cystopteris pratrusa (Weath.) Blasd. (蹄盖蕨科)
低地桐状鬣蜥棕 Iguanura geonomaeformis Mart. (棕榈科)
低盔大渡乌头 Aconitum franchetii var. subnaviculare W.T.Wang(毛茛科)
低盔膝瓣乌头 Aconitum geniculatum var. humilius W.T.Wang(毛茛科)
低毛茛 Ranunculus humillimus W.T.Wang(毛茛科)
低山早熟禾 Poa stepposa (Kryl.) Roshev.(禾本科), *草原早熟禾*
低生鸭跖花 Oxygraphis chamnissonis (Schlecht.) Freyn.(毛茛科)
低头贯众 Cyrtomium nephrolepioides (Christ) Cop (鳞毛蕨科)
低头铁角蕨 Asplenium exiguum Bedd.(铁角蕨科)
低温花状报春 Primula soldanelloides Watt (报春花科)
低小东俄洛紫菀(新)Aster tongolensis f. houmilis Diels(菊科)
低药兰 Chamaeanthus wenzelii Ames(兰科)
低药兰属 Chamaeanthus Schltr.(兰科)
低株鹅观草 Roegneria jacquemontii (HK.f.) Ovcz. & Sidor (禾本科)
滴达(西藏普兰县药材名)=普兰獐牙菜
滴打稀(云南屏边)=旋花茄
滴滴金(纲目)=旋覆花
滴滴金(浙江)=华空木
滴让昔(德宏景颇语)=山木瓜
滴水不干(江苏)=茅膏菜
滴水参(湖北鹤峰)=独角莲
滴水芋(云南勐腊)=大野芋
滴水芋(云南元江)=海芋
滴水珠(江西草药)=斑叶兰
滴水珠 Pinellia cordata N.E.Brown (天南星科), *斑叶滴水珠, 独角莲, 独龙珠, 独叶一支花, 山半夏, 石半夏, 石里开, 水半夏, 水滴珠, 天灵芋, 岩芋, 岩珠, 蛇珠, 野慈姑, 一滴珠, 一粒珠*
滴锡藤(植物志 63)=滴锡眼树莲
滴锡眼树莲 Dischidia tonkinensis Cost.(萝藦科), *滴锡藤, 金瓜核, 金瓜核藤, 个兴丁*
狄氏栒子(经济植物手册)=木帚栒子
狄棕属 Dypsis Mart.(棕榈科)
迪波兰属 Dipodium R.Br.(兰科)
迪迪兰 Didiciea cunninghamii King & Pantl.(兰科)
迪迪兰属 Didiciea King & Pantl.(兰科)
迪卡兰 Dickasonia vernicosa L.O.Wms.(兰科)
迪卡属 Dickasonia L.O.Wms.(兰科)
迪库氏茶藨子 Ribes dikuscha Fisch. ex Turcz. (虎耳草科)
迪劳兰 Dilochia cantleyi (HK.f.) Ridl.(兰科)
迪劳兰属 Dilochia Bl.(兰科)
迪佩里冠瓣 Lophopetalum duperreanum Pierre (卫矛科)
迪庆乌头 Aconitum diqingense Q.E.Yang & Z. D.Fang (毛茛科)
迪萨兰属 Disa Berg.(兰科)
迪特秋海棠 Begonia dietrichiana Irmsch.(秋海棠科)
迪西亚兰属 Dichaea Lindl.(兰科)
敌克里桑草属 Dichorisandra Mikan.(鸭跖草科)
荻 Triarrhena sacchariflora (Maxim.) Nakai (禾本科), *野苇子, 红柴, 巴茅根*
荻菜(和汉药考)=葛枣猕猴桃
荻蒿(松村植物名录)=牛尾蒿
荻粱(广雅)=高粱
荻留(和汉药考)=葛枣猕猴桃
荻芦竹(新拉汉英)=芦竹
荻芦属(新拉汉英)=**芦竹属**
荻属 Triarrhena Nakai (禾本科)

笛螺木(广东)=白花泡桐
笛竹(植物学大辞典)=簪竹
底绿通经(云南药用名录)
底线参(贵州)=西藏吊灯花
底珍树(酉阳朵俎)=无花果
地八角 Astragalus bhotanensis Baker(豆科),不丹黄芪,土牛膝,旱皂角,球花紫云英,不丹黄芪
地白菜(陕西)=秦岭岩白菜
地白草(开宝本草)=七星莲
地白子(高等图鉴补编)=地柏枝
地柏(河南,山东)=中华卷柏
地柏(图经本草)=江南卷柏
地柏(中草药汇编)=薄叶卷柏
地柏 Selaginella karaussiana (Kunze) A.Br.(卷柏科)
地柏工叶(湖南药物志)=翠云草
地柏树(四川)=圆枝卷柏
地柏叶(陕西中草药名录)=圆枝卷柏
地柏叶(图考)=北京铁角蕨
地柏叶(中草药汇编)=华中铁角蕨
地柏叶(中药大辞典)=虎尾铁角蕨
地柏枝(草木便方)=江南卷柏
地柏枝(贵州)=华中铁角蕨
地柏枝(江西,四川,云南)=细叶卷柏
地柏枝(陕西)=北京铁角蕨
地柏枝(四川宝兴)=笔直石松
地柏枝(四川中药志)=兖州卷柏
地柏枝 Corydalis cheilanthifolia Hemsl.(罂粟科),地白子,碎米蕨叶黄堇,石菜子,雀雀菜,地黄连
地瓣草(贵州草药)= 地锦草
地宝兰 Geodorum densiflorum (Lam.) Schltr.(兰科),紫地宝兰
地宝兰属 Geodorum G.Jacks.(兰科)
地萹蓄(履巉岩本草)=萹蓄
地槟榔(云南,云南中草药选)=西南委陵菜
地饼(南宁)=润肺草
地不容 Stephania epigaea Lo(防已科),地乌龟,白地胆,金不换,山乌龟,金丝荷叶,荷叶暗消
地参(贵州剑河)=针筒菜
地参(云南)=地笋
地蚕(救荒本草)=甘露子
地蚕(蔬菜栽培学)=甘露子
地蚕 Stachys geobombycis C.Y.Wu(唇形科),白虫草,冬虫草,冬虫夏草,肺草,土虫草,五眼草,野麻子
地草(四川)=黄龙尾
地草果(滇南本草)=紫花地丁
地草果(云南中草药)=鞭打绣球
地草果(中草药汇编)=头花猪屎豆
地侧柏(湖南药物志)=华中铁角蕨
地侧柏(湖南药物志)=兖州卷柏
地茶(高等图鉴)=九节龙
地茶(图考长编)=紫金牛
地朝阳(贵州民间药物)=短葶飞蓬
地朝阳(云南)=棉毛尼泊尔天名精
地慈姑(广西)=半夏
地胆(图考)=小蜂斗草
地胆草(大理)=九味一枝蒿
地胆草(广西龙州)=苦玄参
地胆草 Elephantopus scaber L.(菊科),草鞋底,草鞋根,地胆头,地枇杷,鸡疴粘,苦地胆,鹿耳草,磨地胆,牛插鼻,牛吃埔,铺地娘,天芥菜,铁灯柱,铁扫帚,土柴胡
地胆草属 Elephantopus L.(菊科)
地胆头(广州)=地胆草
地胆旋蒴苣苔 Boea philippensis Clarke(苦苣苔科)
地弹花(四川米易)=中华天胡荽
地蛋(山东)=阳芋
地灯笼(湖南)=萝卜
地地茶(四川)=荠
地地藕(滇南本草)=鸭跖草
地地藕 Commelina maculata Edgew.(鸭跖草科),小竹叶菜
地典连(群芳谱)=剪红纱花
地吊(四川)=轮叶黄精
地丁(本草拾遗)=紫花地丁
地丁(辽宁中草药)=地丁草
地丁(内蒙)=狭叶米口袋
地丁(陕西延安)=地角儿苗
地丁(盛京通志)= 甜地丁
地丁(云南)=卵叶远志
地丁(植物志 42-2)=米口袋
地丁(植物志 62)=华南龙胆
地丁(植物志 80-2)=蒲公英
地丁草(本草再新)=紫花地丁
地丁草(广西)=独脚金
地丁草(新拉汉英)=犁头草
地丁草(浙江)=狭叶香港远志
地丁草 Corydalis bungeana Turcz.(罂粟科),布氏地丁,地丁,哈达存额布斯,好如海其格,苦地丁,苦丁,彭氏紫堇,萨巴乐千纳,小鸡菜,紫花地丁,紫堇
地丁子(贵州民间药物)=球果堇菜
地顶草(云南中草药)=短葶飞蓬
地冻风(中药志)=龙芽草
地洞风(浙江)=黄龙尾
地豆(滨海虞衡志)=落花生
地耳草(东北检索表)=红花金丝桃
地耳草(湖北)=赶山鞭
地耳草 Hypericum japonicum Thunb. ex Murray (藤黄科),奥罗能,八金刚草,斑鸠窝,屙相夜,和吓草,犁头草,七层塔,千重楼,雀舌草,上天梯,蛇喳品,水榴子,四方草,田基黄,香草,小对叶草,小付心草,小还魂,小连翘,小蚁药,小元宝草
地耳蕨 Quercifilix zeylanica (Houtt.) Cop.(叉蕨科)
地耳蕨属 Quercifilix Cop.(叉蕨科)
地风子(浙江草药)=三叶委陵菜
地枫(广西)=地枫皮
地枫皮 Illicium difengpi B.N.Chang et al.(木兰科),枫榔,矮顶香,钻地枫,追地枫,地枫,南宁地枫皮
地蜂子(四川中草药)=三叶委陵菜
地蜂子(云南中草药选)=草血竭
地蜂子(植物志 37)=中华三叶委陵菜
地肤 Kochia scoparia (L.) Schrad.(藜科),白地草,地帚苗,独帚,落帚子,铁扫把子,涎衣草,鸭舌草,帚菜子,竹帚子
地肤属 Kochia Roth(藜科)
地肤子(四川,云南)=草木犀
地芙蓉(图经本草)=木芙蓉
地茯苓藤(四川)=小叶菝葜
地甘草(云南)=通光散
地柑 Pothos pilulifer Buchert ex Gagn.(天南星科),葫芦藤
地柑子(云南志)=单叶地黄连
地疳(广西贵县)=细锥香茶菜
地高膏(广西)=椪叶黄花稔
地膏药(文山中草药)=白背黄花稔
地膏药(云南)=宽叶鼠麴草
地格达(蒙名)=百金花
地埂鼠尾草 Salvia scapiformis Hance(唇形科),田芹菜,白补药,田芹菜,山字止
地构菜(中药大辞典)=地构叶
地构叶 Speranskia tuberculata (Bge.) Baill.(大戟科),地构菜,凤仙透骨草,瘤果地构叶,透骨草,珍珠透骨草
地构叶属 Speranskia Baill.(大戟科)
地牯牛(贵州铜仁,贵阳,四川)=甘露子
地牯牛草(四川,贵州)=甘露子
地骨(本经)=枸杞
地骨(高等图鉴)=苦参
地骨皮(本经)=宁夏枸杞
地瓜(各地,高等图鉴补编,湖北植物大全)=地果
地瓜(贵州)=苹果榕
地瓜(辽宁,山东)=番薯
地瓜(云南)=山土瓜
地瓜(云南,贵州)=豆薯
地瓜儿苗 Lycopus lucidus var. hirtus Rgl.(唇形科),矮地瓜苗,地环,地环子,地喇叭,地瘤,地罗子,地牛七,地藕,地人参,地石蚕,地笋,地笋子,方梗草,观音笋,旱藕,假油麻,接古草,冷草,麻泽兰,山螺丝,蛇王草,水香,田螺菜,土人参,土生地,洋参,野地藕,野麻花,野生地,银条菜,硬毛变种,泽兰,竹节草
地管马先蒿 Pedicularis geosiphon H.Sm. & Tsoong (玄参科)
地管子(河北)=玉竹
地管子(思茅中草药)=西南委陵菜
地贵草(植物研究)=高原蛇根草
地桂 Chamaedaphne calyculata (L.) Moench(杜鹃花科),湿原踯躅,甸杜
地桂属 Chamaedaphne Moench(杜鹃花科),湿原踯躅属,甸杜属,矮绿属
地锅粑(云南禄劝)=小叶栒子
地果(吉林)=笃斯越桔
地果 Ficus tikoua Bur.(桑科),遍地金,地瓜,地枇杷,地石榴,牛托鼻,铺地蜈蚣,霜坡虎,野地瓜藤
地海椒 Physaliastrum sinense (Hemsl.) D'Arcy & Z.Y.Zhang(茄科)
地海椒属(植物志 67-1)=**散血丹属**
地核桃(贵州方药集)=球果堇菜
地黑蜂(云南中草药选)=草血竭
地红参(云南中草药选)=鞭打绣球
地红花(福建中草药)=匙叶茅膏菜
地红子根(贵州民间药物)=小叶枸刺木
地胡椒(贵州)=附地菜
地胡椒(简易本草)=鹅不食草
地胡椒(陆川本草)=球菊
地胡椒(四川)=扬子毛茛
地胡椒(四川中草药)=广东地构叶
地胡椒(云南)=长蕊珍珠菜
地葫芦(河北)=白首乌
地葫芦(云南富民)=鸡脚参
地花(陕西)=松下兰
地花黄芪 Astragalus basiflorus Pet-Stib.(豆科)
地花椒(湖北)=小二仙草
地花椒(中草药汇编)=缬草
地花生(贵州)=荷莲豆草
地花生(植物志 43-3)=西南远志
地花细辛 Asarum geophilum Hemsl.(马兜铃科),大块瓦,铺地细辛
地槐(本草纲目)=苦参
地环(河北)=地瓜儿苗
地环子(陕西)=地瓜儿苗

地黄 Rehmannia glutinosa (Gaertn.) Libosch.(玄参科),*地髓,狗奶子,怀庆地黄,酒壶花,密罐,牛奶子,婆婆奶,芑,山白菜,山菸根,生地*
地黄瓜(贵州方药集)=紫花堇菜
地黄瓜(贵州民间药物)=堇菜
地黄瓜(湖南中药志)=南赤瓟
地黄连(湖北巴东)=地柏枝
地黄连(云南中草药)=矮陀陀
地黄连 Munronia sinica Diels(楝科),*花叶矮陀陀,土黄连,花叶细辛,花叶子胆*
地黄连属 Munronia Wight (楝科)
地黄蒲(台湾)=大叶马兜铃
地黄芪(东北检索表)=华黄芪
地黄叶报春 Primula blattariformis Franch.(报春花科),*毛蕊草报春*
地黄叶马先蒿 Pedicularis veronicifolia Franch.(玄参科)
地黄属 Rehmannia Libosch.(玄参科)
地黄爪(中药大辞典)=匍匐堇菜
地鉴(四川)=黄花川西獐牙菜
地豇豆(云南,贵州)=无瓣蔊菜
地蕉(甘肃镇原)=百里香
地椒(庚辛玉册)=柔毛路边青
地椒(中药志)=百里香
地椒 Thymus quinquecostatus Cêlak(唇形科),*五肋地椒*
地椒草(庚辛玉册)=柔毛路边青
地椒叶(陕西靖边,安塞,子洲)=百里香
地角儿苗 Oxytropis bicolor Bge.(豆科),*二色棘豆,人头草,鸡咀咀,猫爪花,地丁*
地角花(河北)=百里香
地脚菍(广东)=地菍
地节根(青海药材)= 白茅根
地金瓜(广西中兽医药)=算盘子
地金莲(湖南郴县)=犁头尖
地金莲(云南昆明)=地涌金莲
地筋(植物志 10-2)=黄茅
地锦(高等图鉴,药典 2000)= 地锦草
地锦(图考)=蛇莓
地锦(云南药用名录)=四瓣马齿苋
地锦(植物志 37)=皱果蛇莓
地锦 Parthenocissus tricuspidata (S. & Z.)Planch.(葡萄科),*大风藤,地噤,枫藤,过风藤,红葛,红葡萄藤,趴墙虎,爬岵虎,爬山虎,石壁藤,土鼓藤*
地锦草(嘉祐本草)=斑地锦
地锦草 Euphorbia humifusa Willd. ex Schlecht.(大戟科),*斑鸠窝,地瓣草,地锦,红茎草,奶汁草,铺地锦,田代氏戟,血见愁,铺地锦*
地锦苗(救荒本草)=刻叶紫堇
地锦苗 Corydalis sheareri S.Moore(罂粟科),*大流尿草,大羊不吃草,断肠草,飞菜,高山羊不吃,荷包牡丹,红花鸡距草,护心胆,尖距紫堇,苦心胆,鹿耳草,牛奶七,牛屎草,芹菜,三月烂,山芹菜,蛇含七,铁板道人*
地锦槭(高等图鉴)=色木槭
地锦属 Parthenocissus Planch.(葡萄科)
地噤(本草拾遗)=地锦
地精(何首乌录)=何首乌
地精(石药尔雅)=肉苁蓉
地精草(滇南本草)=箐姑草
地骷髅(纲目拾遗)=萝卜
地苦参(云南)=暗消藤
地苦胆(湖南,广西)=青牛胆
地葵(本经)=苍耳
地喇叭(河北)=地瓜儿苗
地兰(浙江)=漆姑草
地兰花(四川中药志)=裸花水竹叶
地蓝根(中草药汇编)=三叶木蓝
地雷根(植物志 28)=单叶铁线莲
地荔枝(广西)=穗花蛇菰
地栗(新拉汉英)=油莎豆
地栗子(救荒本草)=土圞儿
地连钱(本草拾遗)=伏石蕨
地连枝(贵州)=独脚金
地莲花(湖南药志)=福建观音座莲
地莲花(中草药汇编)=地涌金莲
地蓼(中药志)=萹蓄
地料梢(天目药志)=宁波木蓝
地灵苋(海南志)=浆果苋
地灵苋属(分类学报)=**浆果苋属**
地苓苋(科属词典)=浆果苋
地苓苋属(科属词典)=**浆果苋属**
地瘤(陕西)=地瓜儿苗
地龙胆(四川)=紫背金盘
地龙骨(内蒙,吉林,辽宁,河北)=穿龙薯蓣
地楼(本经)=栝楼
地罗草(四川)=纤细半蒴苣苔
地罗盘(四川)=黄龙尾
地罗子(山西)=地瓜儿苗
地萝卜(广西)=葪
地萝卜(江西草药)=豆薯
地落地艾(广东)=益母草
地麻黄(贵州中草药)=粟米草
地麻筋(浙江天台)=金毛耳草
地马桑(四川南川)=川鄂金丝桃
地马桑(云南)=岷江金丝桃
地马桩(广西)=桤叶黄花稔
地麦冬(四川)=麦冬
地蔓青(内蒙志)=芜青
地毛(广雅)=香附子
地毛球(中国药典)=锁阳
地莓(纲目)=蛇莓
地莓(台木本志)=寒莓
地莓子(甘肃)=黄果悬钩子
地梅(西藏中草药)=景天点地梅
地米花(贵州方药集)=荠
地绵绵(中草药汇编)=小野芝麻
地棉根(常用中草药手册)=了哥王
地棉根(江西寻乌,广西大瑶山)=北江荛花
地棉花(江西草药)=梵天花
地棉花(内蒙中草药)=蒙疆苓菊
地棉麻(广西)=细轴荛花
地棉皮(广西植物名录)=了哥王
地面(齐民要术)=瞿麦
地母(四川茂汶)=甘露子
地母草(图考)=大花益母草
地母草(云南)=大花益母草
地母草(云南)=益母草
地母金莲(云南昆明)=地涌金莲
地南蛇(江西)=南蛇藤
地菍 Melastoma dodecandrum Lour.(野牡丹科),*地脚菍,地枇杷,地蒲根,地蒲根,地茄,地樱子,古柑,库卢子,铺地锦,山地菍,山辣茄,土茄子,紫茄子*
地牛七(湖北利川)=地瓜儿苗
地纽(贵州都匀)=甘露子
地钮菜(四川南川)=黄花地钮菜
地钮子(四川,云南)=铜锤玉带草
地藕(广东,广西,四川)=地笋
地藕(南宁药志)=美丽崖豆藤
地藕(四川)=地瓜儿苗
地藕(眼科要览)=三白草
地藕(云南中草药选)=青羊参
地盘松 Pinus yunnanensis var. pygmaea(松科)
地泡子(湖南)=龙葵
地盆草 Scutellaria discolor var. hirta Hand.-Mazż. (唇形科),*结筋草*
地皮棘豆 Oxytropis pellita Bge.(豆科)
地皮胶(云南中草药选)=地皮消
地皮消 Pararuellia delavayana (Baill.) E.Hossain (爵床科),*刀口药,地皮胶,莲楠草,芦莉草,蛆药,喜栎小苞爵床,岩威灵仙,一扫光*
地皮消属 Pararuellia Bremek. & N. Bremek.(爵床科)
地枇杷(福建)=吊石苣苔
地枇杷(福建草药)=地胆草
地枇杷(广西)=地菍
地枇杷(湖南药物志)=地果
地瓢(青海)=东方草莓
地瓢儿(新疆中草药)=野草莓
地蒲根(湖南)=地菍
地蒲根(湖南,福建)=地菍
地蒲壳(苏州本产药材)=葫芦
地钱草(福建中草药)=天胡荽
地钱草(唐本草)=积雪草
地蔷薇 Chamaerhodos erecta (L.) Bge.(蔷薇科),*追风蒿,茵陈狼牙*
地蔷薇属 Chamaerhodos Bge.(蔷薇科)
地茄(福建草药)=野牡丹
地茄(湖南)=地菍
地茄子(云南中草药选,四川,云南)=铜锤玉带草
地青干(广西)=百齿卫矛
地青杠(分类草药性)=紫金牛
地曲(中草药汇编)=细锥香茶菜
地人参(江苏)=地瓜儿苗
地葱(四川茂汶)=甘露子
地涩涩(陕西中草药)=小婆婆纳
地沙(贵州民间药物)=三品一枝花
地梢瓜 Cynanchum thesioides (Freyn) K.Schum.(萝藦科),*地梢花,女青,羊不奶棵,小丝瓜,浮瓢*
地梢花(苏南植物手册)=地梢瓜
地椹(本经)=石龙芮
地石蚕(陕西)=地瓜儿苗
地石榴(贵州)=百蕊草
地石榴(云南,贵州,横断山植物)=地果
地石榴(云南思茅)=钝叶黑面神
地刷子(中草药汇编)=扁枝石松
地刷子 Diphasiastrum complanatum var. anceps (Wallr.) Aschers. (石松科)
地刷子石松(长白山药志)=扁枝石松
地水麻(四川)=微柱麻
地水麻(四川城口)=序托冷水花
地松(贵州方药集)=漆姑草
地松茶(广部草药手册)=球花毛麝香
地松杉(湖南药物志)=闽浙马尾杉
地菘(名医别录)=天名精
地苏木(四川中草药)=披针新月蕨
地粟梗(苏州)=荸荠
地髓(本经)=地黄
地笋(图考,陕西,四川,云南,贵州,广西,湖北)=地瓜儿苗
地笋 Lycopus lucidus Turcz.(唇形科),*地参,地藕,旱藕,提娄,提娄,泽兰*
地笋属 Lycopus L.(唇形科)
地笋子(四川)=地瓜儿苗
地檀香(思茅中草药)=云南马兜铃
地檀香(云南)=野拨子
地檀香 Gaultheria forrestii Diels(杜鹃花科),*阿*

门吉利,大透骨消,冬青叶,老鸦果,透骨消,香叶子,岩子果,炸山叶
地毯草 Axonopus compressus (Sw.) Beauv.(禾本科)
地毯草属 Axonopus Beauv.(禾本科)
地棠(树木分类学)=棣棠花
地棠草(图考)=积雪草
地桃花 Urena lobata L.(锦葵科),*半边月,痴头婆,黐头婆,刺头婆,大叶马松,红孩儿,厚皮草,假桃花,毛桐子,迷马桩棵,尼马桩棵,牛毛七,千下槌,三角风,石松毛,天下槌,田芙蓉,肖梵天花,羊带归,野鸡花,野棉花,油玲花,粘油子*
地藤草(图考)=瓜子金
地桐子(中药材手册)=木鳖子
地网子(山东)=中华卷柏
地文(古称)=半夏
地莴笋(云南)=思茅狭叶山梗菜
地乌(贵州民间药物)=鹅掌草
地乌龟(云南)=地不容
地蜈蚣(滇南本草)=扁枝石松
地蜈蚣(纲目拾遗)=龙芽草
地蜈蚣(湖南)=九龙盘
地蜈蚣(云南)=紫柄假瘤蕨
地蜈蚣(中药大辞典,四川)=多羽节肢蕨
地五加(高等图鉴)=乌蔹莓
地五加(四川宜宾)=基叶人字果
地五敛(海南儋县)=红叶下珠
地五龙,五爪虎(江西)=蛇含委陵菜
地五泡藤(经济植物手册)=灰毛泡
地下明珠(广西)=茅膏菜
地下珍珠(湖南,浙江)=茅膏菜
地仙草 (黑龙江)=龙芽草
地仙苗(日华子本草)=枸杞
地仙桃(陕西中草药)=田紫草
地仙桃(陕西中草药,陕西)=梓木草
地蘘叶(重庆)=九龙盘
地香根(广东)=广州相思子
地消散(生草药性备要)=雾水葛
地心(石药尔雅)=菖蒲
地新(本经)=藁本
地星(江苏)=半夏
地旋花(海南)=地旋花
地旋花 Xenostegia tridentata (L.) D.F.Aust. & Staples (旋花科),*地旋花,飞洋草,过腰蛇,尖萼山猪菜,尖萼鱼黄草,凉粉草,三齿茉栾藤,三齿茉栾藤戟叶亚种,三齿鱼黄草,山茑萝藤,野通心菜*
地旋花属 Xenostegia D.F.Aust. & Staples (旋花科)
地血(吴普本草,高等图鉴)=紫草
地血香(思茅中草药)=异形南五味子
地熏(本经)=柴胡
地岩风 Libanotis depressa Shan & Sheh(伞形科)
地羊鲜(东北)=白鲜
地杨梅(图考,湖南)=百两金
地杨梅 Luzula campestris (L.) DC.(灯心草科)
地杨梅属 Luzula DC.(灯心草科)
地杨桃 Sebastiania chamaelea (L.) Muell. Arg.(大戟科)
地杨桃属 Sebastiania Spreng.(大戟科)
地樱子(广西)=地菍
地涌金莲 Musella lasiocarpa (Fr.) C.Y.Wu & H.W.Li (芭蕉科),*地金莲,地涌莲,地母金莲,地莲花*
地涌金莲属 Musella (Fr.) C.Y.Wu & H.W.Li (芭蕉科)
地涌莲(云南昆明)=地涌金莲
地油甘(植物志 39)=短叶决明
地油花(云南中草药)=毛杭子稍
地油子(福建北部)=齿叶矮冷水花
地榆 Sanguisorba officinalis L.(蔷薇科),*白地榆,赤地榆,红地榆,花椒地榆,黄爪香,钱形地榆,涩地榆,山红枣根,山枣子,水橄榄根,蚓尾地榆,岩地芨,玉札,紫地榆*
地榆属 Sanguisorba L.(蔷薇科)
地园花(草药汇编)=棣棠花
地枣(山东,甘肃)=绵枣儿
地蚤(四川青川)=野芝麻
地毡草(泉州本草)=匙叶茅膏菜
地珍珠(广西药用名录)=黄珠子草
地芝(神仙本草)=冬瓜
地蜘蛛(贵州草药)=三叶委陵菜
地中海柏木 Cupressus sempervirens L.(柏科)
地中海葱 Allium paniculatum L.(百合科)
地中海三叶草(植物志 42-2)=绛车轴草
地中海松(新拉汉英)=阿勒颇松
地中海旋花 Convolvulus althaeoides L.(旋花科)
地帚苗(中草药汇编)=地肤
地珠半夏(云南)=半夏
地竹 Sasamorpha purpurescens var. borealis (Hack.) Nakai (禾本科)
地棕(四川,贵州)=仙茅
弟氏鸢尾 Iris demetrii Achw. & Mirz.(鸢尾科)
弟夏(西藏亚东藏语)=蛇果黄堇
帝冠 Obregonia denegrii Fric.(仙人掌科)
帝冠属 Obregonia Fric.(仙人掌科)
帝王杜鹃花 Rhododendron imperator Hutch. & Ward.(杜鹃花科)
帝王秋海棠 Begonia princeps Klotzsch (秋海棠科)
帝油流(现代实用中草药)=苏合香
第第菜(四川南川)=灯笼草
第吉那早熟禾 Poa digena Meld.(禾本科)
第伦桃(科属词典)=五桠果
第氏马先蒿 Pedicularis dielsiana Bonati(玄参科)
棣慕华凤仙花 Impatiens devolii Huang(凤仙花科)
棣棠花 Kerria japonica (L.) DC.(蔷薇科),*地棠,地园花,蜂棠花,黄度梅,鸡蛋黄花,金旦子花,清明花,土黄条,小通花*
棣棠花属 Kerria DC.(蔷薇科)
棣棠升麻(东北检索表)=假升麻
棣棠升麻属(植物学大辞典)=**假升麻属**
蒂达(民族药志)=普兰獐牙菜
蒂勒子(本经)=独行菜

Dian

滇艾(云南)=云南蒿
滇白花菜 Cleome yunnanensis W.W.Sm.(山柑科)
滇白前(图考)=粘萼蝇子草
滇白前(图考)=掌脉蝇子草
滇白前(种子植物名称)=小叶鹅绒藤
滇白芷(滇南本草)=糙独活
滇白珠 Gaultheria leucocarpa var. crenulata (Kurz) T.Z.Hsu(杜鹃花科),*白珠木,登能,黑油果,鸡骨香,九木香,康乐茶,老虎尿,满山香,苗婆疯,筒花木,透骨草,透骨香,透骨消,乌车树,下山虎,下山黄*
滇百部(云南)=羊齿天门冬
滇百合 Lilium bakerianum Coll. & Hemsl.(百合科)
滇柏(经济植物手册)=干香柏
滇柏(树木分类学)=福建柏
滇拜士密木(植物志 31)=滇琼楠
滇北长果杜鹃(新拉汉英)=滇黔杜鹃花
滇北杜英 Elaeocarpus boreali-yunnanensis H.T. Chang (杜英科)
滇北红山茶 Camellia boreali-yunnanica Chang (山茶科)
滇北藜芦 Veratrum stenophyllum var. taronense Wang & Tsi(百合科)
滇北蒲公英 Taraxacum suberiopodum V.Soest (菊科)
滇北球花报春 Primula denticulata subsp. sinodenticulata (Balf.f. & Forr.) W.W.Sm. & Forr. (报春花科),*野洋参,米伞花*
滇北铁线莲 Clematis jialasaensis var. macrantha W.T.Wang(毛茛科)
滇北乌头 Aconitum iochanicum Ulbr.(毛茛科)
滇北悬钩子 Rubus bonatianus Focke(蔷薇科)
滇北亚菊(新)Ajania junnanica Poljak.?(菊科)
滇北直瓣苣苔 Ancylostemon mairei (Lévl.) Craib (苦苣苔科)
滇边大黄 Rheum delavayi Franch.(蓼科),*岩三七,沙七,白小黄,打堵吴拍*
滇边景天(拉汉名称)=粗壮景天
滇边南蛇藤 Celastrus hookeri Prain(卫矛科),*尖药南蛇藤*
滇边蒲桃 Syzygium forrestii Merr. & Perry(桃金娘科)
滇边蔷薇 Rosa forrestiana Bouleng.(蔷薇科),*和氏蔷薇*
滇边肿足蕨 Hypodematium microlepioides Ching ex Shing(肿足蕨科)
滇藨草 Scirpus schoofii Beetle (莎草科)
滇鳔冠花 Cystacanthus yunnanensis W.W. Sm.(爵床科),*鳔冠花,蓝花棵*
滇菜豆树 Radermachera yunnanensis C.Y.Wu & W.C.Yin(紫葳科),*蛇尾树,豇豆树,土厚朴*
滇藏斑叶兰 Goodyera robusta HK.f.(兰科)
滇藏醋栗(云南植物名录)=糖茶藨子
滇藏点地梅 Androsace forrestiana Hand.-Mazz. (报春花科)
滇藏钓樟 Lindera obtusiloba var. heterophylla (Meissn.) H.P.Tsui(樟科)
滇藏杜鹃 Rhododendron temenium Balf.f. & Forr. (杜鹃花科),*矮红杜鹃*
滇藏杜英 Elaeocarpus braceanus Watt ex C.B. Clarke (杜英科)
滇藏钝果寄生 Taxillus thibetensis (Lecomte) Danser(桑寄生科),*金沙江寄生,梨寄生*
滇藏方枝柏 Juniperus indica Bert.(柏科),*喜马拉雅圆柏,小果方枝柏*
滇藏海桐 Pittosporum napaulense (DC.) Rehd. & Wils.(海桐花科)
滇藏虎耳草 Saxifraga decora H.Sm. (虎耳草科)
滇藏梨果寄生 Scurrula buddleioides (Desr.) G. Don (桑寄生科),*察隅梨果寄生*
滇藏柳叶菜(云南志)=短梗柳叶菜
滇藏柳叶菜 Epilobium wallichianum Hausskn. (柳叶菜科),*大花柳叶菜,胆黄草,紫药参,通经草,对对草,薄叶柳叶菜*
滇藏毛鳞菊 Chaetoseris hastata (Wall. ex DC.) Shih(菊科),*戟叶蓝岩参菊*
滇藏茅瓜 Solena delavayi (Cogn.) C.Y.Wu(葫芦科)
滇藏木兰 Magnolia campbellii HK.f. & Thoms. (木兰科)

滇藏槭 Acer wardii W.W.Sm.(槭树科)
滇藏荨麻 Urtica mairei Lévl.(荨麻科),*云南荨麻,大荨麻*
滇藏舌唇兰 Platanthera bakeriana (King & Pantl.) Kraenzl(兰科)
滇藏蹄盖蕨(西藏志)=大卫假冷蕨
滇藏无心菜 Arenaria napuligera Franch.(石竹科)
滇藏无柱兰(西藏志)=长苞无柱兰
滇藏五味子 Schisandra neglecta A.C.Sm.(木兰科),*小血藤*
滇藏细叶芹 Chaerophyllopsis huai de Boiss.(伞形科)
滇藏细叶芹属 Chaerophyllopsis de Boiss.(伞形科)
滇藏续断 Dipsacus inermis var. mitis (D.Don) Y.Nasir(川续断科)
滇藏悬钩子 Rubus hypopitys Focke(蔷薇科)
滇藏叶下珠 Phyllanthus clarkei HK.f.(大戟科),*思茅叶下珠*
滇藏隐脉杜鹃(新)Rhododendron maddenii subsp. crassum (Franch.) Cullen(杜鹃花科),*滇隐脉杜鹃*
滇藏掌叶报春 Primula geraniifolia HK.f.(报春花科)
滇藏紫麻 Oreocnide frutescens subsp. occidentalis C.J.Chen(荨麻科)
滇糙叶树 Aphananthe cuspidata (Bl.) Planch.(榆科)
滇草蔻(中药志)=云南草蔻
滇常山 Clerodendrum yunnanense Hu ex Hand.-Mazz. (马鞭草科),*乌药花,乌药,臭牡丹,臭茉莉,大臭牡丹*
滇车前(中草药汇编)=疏花车前
滇池海棠 Malus yunnanensis (Franch.) Schneid.(蔷薇科),*云南海棠*
滇池海棠滇川变种(植物志 36)=红叶海棠
滇赤才 Aphania rubra (Roxb.) Radlk.(无患子科)
滇赤才属 Aphania Bl.(无患子科)
滇赤杨叶 Alniphyllum eberhardtii Guill.(安息香科),*牛角树,豆渣树,依果红*
滇榈(高等图鉴)=滇青冈
滇川唇柱苣苔 Chirita forrestii Anth.(苦苣苔科)
滇川翠雀花 Delphinium delavayi Franch.(毛茛科)
滇川风毛菊 Saussurea iodoleuca Hand.-Mazz.(菊科)
滇川角蔽(高等图鉴)=鸡肉参
滇川毛豆(新)Tephrosia purpurea var. maxima (L.) Baker?(豆科)
滇川沙参(植物志 73-2)=天蓝沙参
滇川山罗花 Melampyrum klebelsbergianum Sóo(玄参科)
滇川唐松草 Thalictrum finetii Boivin(毛茛科),*千里马*
滇川铁线莲 Clematis kockiana C.K.Schneid.(毛茛科),*景东铁线莲*
滇川乌头 Aconitum wardii Fletcher & Lauener(毛茛科)
滇川银莲花 Anemone delavayi Franch.(毛茛科)
滇川醉鱼草 Buddleja forrestii Diels(马钱科),*瑞丽醉鱼草,苍山醉鱼草,大理醉鱼草,扁脉醉鱼草*
滇刺黄柏(云南)=尼泊尔十大功劳
滇刺榄 Xantolis stenosepala (Hu) van Royen(山榄科),*狭萼荷苞果,鸡心果,漫板树*
滇刺枣 Ziziphus mauritiana Lam.(鼠李科),*酸枣,缅枣*
滇刺榛(森林图志)=刺榛
滇大黄(云南植物名录)=云南大黄
滇大头茶 Gordonia yunnanensis (Hu) H.L.Li?(山茶科)
滇大叶柳(Flora 4)=云南柳
滇大油芒 Spodiopogon duclouxii A.Camus (禾本科)
滇大字草(云南植物名录)=大字虎耳草
滇丹参(图考)=云南鼠尾草
滇丁香(云南)=馥郁滇丁香
滇丁香 Luculia pinciana HK.(茜草科),*丁香花,酒瓶花,满山香,汪瓶花,小黄树,野丁香*
滇丁香属 Luculia Sweet(茜草科)
滇东杜根藤 Calophanoides xerobatica (W.W.Sm.) C.Y.Wu(爵床科)
滇东钩毛蕨 Cyclogramma neoauriculata (Ching) Tagawa(金星蕨科)
滇东蒿 Artemisia orientali-yunnanensis Y.R.Ling (菊科)
滇东合耳菊 Synotis duclouxii (Dunn) C.Jeffr. & Y.L.Chen(菊科),*滇东千里光*
滇东假卫矛 Microtropis henyri Merr. & Freem.(卫矛科)
滇东龙胆 Gentiana eurycolpa C.Marq.(龙胆科)
滇东马先蒿 Pedicularis koueytchensis Bonati(玄参科)
滇东南耳蕨 Polystichum auriculum Ching(鳞毛蕨科)
滇东南凤仙花 Impatiens hancockii C.H.Wright(凤仙花科)
滇东南冷水花 Pilea paniculigera C.J.Chen(荨麻科)
滇东千里光(云南植物名录)=滇东合耳菊
滇东鼠李(新) Rhamnus serphyllifolia Lévl.?(鼠李科)
滇东中华绣线梅(新)Neillia sinensis var. duclouxii (Card. ex J.Vadal) Yü(蔷薇科),*中华绣线梅滇东变种*
滇东紫金牛(新)Ardisia balansana Yuen P.Yang(紫金牛科),*束花紫金牛*
滇东紫堇(云南植物名录)=会泽紫堇
滇冬青(西藏志)=云南冬青
滇豆根(云南)=铁破锣
滇毒鼠子(云南植物名录)=毒鼠子
滇独活(云南)=鹤庆独活
滇杜根藤 Calophanoides yunnanensis (W.W.Sm.) C.Y.Wu(爵床科)
滇短萼齿木 Brachytome hirtellata Hu(茜草科)
滇耳蕨 Polystichum chingae Ching(鳞毛蕨科)
滇繁缕(云南)=箐姑草
滇防己(图考)=青藤
滇榧子(中草药汇编)=云南榧树
滇粉绿藤 Pachygone yunnanensis Lo(防已科)
滇风毛菊 Saussurea micradenia Hand.-Mazz.(菊科)
滇麸杨 Rhus teniana Hand.-Mazz.(漆树科)
滇福建柏(经济植物手册)=福建柏
滇橄榄(云南潞西)=落羽松叶下珠
滇杠柳(中草药汇编)=黑龙骨
滇钩吻(图考)=点花黄精
滇钩吻(图考)=卷叶黄精
滇谷木 Memecylon polyanthum H.L.Li(野牡丹科)
滇观音草 Peristrophe yunnanensis W.W.Sm.(爵床科)
滇贵冬青 Ilex dianguiensis C.J.Tseng(冬青科)
滇桂(图考)=大花卫矛
滇桂豆腐柴 Premna confinis P'er & S.L.Chen ex C.Y.Wu(马鞭草科)
滇桂阔蕊兰 Peristylus parishii Rchb.f.(兰科)
滇桂楼梯草 Elatostema pseudodissectum W.T. Wang (荨麻科)
滇桂木莲 Manglietia forrestii W.W.Sm. ex Dandy (木兰科)
滇桂蛇根草(中药辞海)=高原蛇根草
滇桂石斛 Dendrobium guangxiense S.J.Cheng & C.Z.Tang(兰科)
滇桂喜鹊苣苔 Ornithoboea wildeana Craib(苦苣苔科)
滇桂小蜡 Ligustrum sinense var. concavum M.C. Chang (木犀科)
滇桂崖豆藤 Millettia bonatiana Pamp.(豆科),*白藤,大发汗,白花藤,大乱豆,断肠叶*
滇桂野茉莉(树木分类学)=越南安息香
滇桂蛛毛苣苔(植物志 69)=髯丝蛛毛苣苔
滇海水仙花 Primula pseudodenticulata Pax(报春花科)
滇杭子稍 Campylotropis yunnanensis (Franch.) Schindl.(豆科)
滇合欢 Albizia simeonis Harms(豆科)
滇红萆薢(图考)=无刺菝葜
滇红椿 Toona ciliata var. yunnanensis (C.DC.) C.Y.Wu (楝科)
滇红毛杜鹃 Rhododendron rufohirtum Hand.-Mazz. (杜鹃花科),*红色杜鹃*
滇红丝线 Lycianthes yunnanensis (Bitter) C.Y. Wu & S.C.Huang(茄科)
滇红腺蕨(植物志 4-2)=离轴红腺蕨
滇厚朴(图考)=西南粗糠树
滇虎榛 Ostryopsis nobilis Balf.(桦木科),*大叶虎榛子*
滇黄堇 Corydalis yunnanensis Franch.(罂粟科)
滇黄精 Polygonatum kingianum Coll. & Hemsl.(百合科),*节节高,仙人饭,黄精,德保黄精*
滇黄枥(云南)=黄毛青冈
滇黄杞(新)Engelhardtia mollis Hu?(胡桃科)
滇黄芩(高等图鉴)=黄秦艽
滇黄芩 Scutellaria amoena C.H.Wright(唇形科),*黄芩*
滇黄芩属(科属检索表)=**黄秦艽属**
滇灰木 Symplocos yunnanensis Brand(山矾科)
滇鸡骨常山(品种论述)=鸡骨常山
滇假水石梓(云南)=滇铁榄
滇假夜来香(云南植物名录)=丽子藤
滇尖子木 Oxyspora yunnanensis H.L.Li(野牡丹科)
滇姜花 Hedychium yunnanense Gagn.(姜科)
滇结香 Edgeworthia gardneri (Wall.) Meisn.(瑞香科),*构皮树,长梗结香,梦花*
滇金石斛 Flickingeria albopurpurea Seidenf.(兰科)
滇堇菜(云南植物名录)=云南堇菜
滇荆芥(种子植物名称)=蜜蜂花
滇旌节花(云南)=云南旌节花
滇韭 Allium mairei Lévl.(百合科)
滇瞿麦(云药标准)=细蝇子草
滇蕨 Cheilanthopsis indusiosa (Christ) Ching(岩蕨科)
滇蕨属 Cheilanthopsis Hieron.(岩蕨科)
滇苦菜(图考)=苦苣菜
滇苦菜 Picris divaricata Vant.(菊科),*尖刀苦马菜,剪刀菜,野莴菜*

滇苦荬菜(图考)=苦苣菜

滇拉拉藤 Galium yunnanense Hara & C.Y.Wu (茜草科)

滇蜡瓣花 Corylopsis yunnanensis Diels(金缕梅科)

滇兰 Hancockia uniflora Rolfe(兰科)

滇兰属 Hancockia Rolfe (兰科)

滇榄 Canarium strictum Roxb.(橄榄科),*漾蕊,漾短*

滇榄仁 Terminalia franchetii Gagn.(使君子科),*黄心树,夫兰氏榄仁*

滇榄树(树木分类学)=朱叶木犀榄

滇榄属 Santiria Bl.?(橄榄科),*山地榄属*(科属词典)

滇老鹳草 Geranium kariense R.Knuth(牻牛儿苗科),*五裂老鹳草,更里倒座草*

滇冷蕨(蕨类图谱)=宝兴冷蕨

滇梨 Pyrus pseudopashia Yü(蔷薇科)

滇蓼(新)Aconogonon rhombitepalum S.P.Hong?(蓼科)

滇列当 Orobanche yunnanensis (G.Beck.) Hand.-Mazz. (列当科)

滇灵枝草 Rhinacanthus beesianus Diels(爵床科)

滇龙胆 Gentiana kunmingensis S.W.Liu(龙胆科),*昆明龙胆*

滇龙胆草(滇南本草,植物志 62)=坚龙胆

滇龙眼 Dimocarpus yunnanensis (W.T.Wang) C.Y.Wu & T.L.Ming(无患子科)

滇葎草 Humulus yunnanensis Hu(桑科)

滇麻花头 Serratula forrestii Iljin(菊科)

滇马蹄果 Protium yunnanense (Hu) Kalkm.(橄榄科)

滇毛冠四蕊草(Flora 18)=钟山草

滇毛冠四蕊草 Petitmenginia comosa Bonati (玄参科)

滇缅斑鸠菊 Vernonia parishii HK.f.(菊科),*大红花远志,野辣烟,大发散,镇心丸*

滇缅茶 Camellia irrawadiensis Barua (十字花科)

滇缅党参 Codonopsis chimiliensis Anth.(桔梗科),*缅甸党参*

滇缅冬青 Ilex wardii Merr.(冬青科),*柃叶冬青,碎束花*

滇缅杜鹃 Rhododendron coelicum Balf.f. & Farrer (杜鹃花科)

滇缅花楸 Sorbus thomsonii (King) Rehd.(蔷薇科)

滇缅荚蒾 Viburnum burmanicum (Rehd.) C.Y.Wu ex Hsu(忍冬科)

滇缅旌节花 Stachyurus cordatulus Merr.(旌节花科)

滇缅离蕊茶 Camellia wardii Kobuski(山茶科)

滇缅七叶树(川大科学版)=长柄七叶树

滇缅秋海棠 Begonia rockii Irmsch.(秋海棠科)

滇缅省藤 Calamus erectus var. birmanicus Becc.(棕榈科)

滇缅崖豆藤 Millettia dorwardi Coll. & Hemsl.(豆科)

滇缅鱼鳞蕨 Acrophorus diacaioides Ching & S.H.Wu(球盖蕨科)

滇磨芋 Amorphophallus yunnanensis Engl.(天南星科),*岩芋*

滇牡丹(Flora 6)=紫牡丹

滇牡荆 Vitex yunnanensis W.W.Sm.(马鞭草科)

滇木瓜(图考)=山土瓜

滇木瓜(植物志 47-1)=茶条木

滇木荷(高等图鉴)=南洋木荷

滇木花生(云南)=紫荆木

滇木姜子 Litsea rubescens var. yunnanensis Lec.(樟科)

滇木蓝 Indigofera delavayi Franch. (兰科),*宾川木蓝*

滇南矮柱兰 Thelasis khasiana HK.f.(兰科)

滇南艾蒿 Artemisia austro-yunnanensis Ling & Y.R.Ling(菊科)

滇南安息香 Styrax benzoinoides Craib(安息香科),*暹罗安息香*

滇南八角 Illicium modestum A.C.Sm.(木兰科),*小八角*

滇南白蝶兰 Pecteilis henryi Schltr.(兰科)

滇南报春 Primula henryi (Hemsl.) Pax(报春花科),*亨利报春*

滇南草乌 Aconitum austroyunnanense W.T.Wang (毛茛科),*小黑牛,铜皮,草乌*

滇南插柚紫(云南志)=李榄

滇南赤车 Pellionia paucidentata (H.Schröter) Chien(荨麻科)

滇南翅子瓜 Zanonia indica var. pubescens Cogn.(葫芦科)

滇南脆蒴报春 Primula wenshanensis Chen & C.M.Hu (报春花科)

滇南带唇兰 Tainia minor HK.f.(兰科)

滇南杜鹃 Rhododendron hancockii Hemsl.(杜鹃花科),*蒙自杜鹃*

滇南杜英 Elaeocarpus austro-yunnanensis Hu (杜英科)

滇南椴 Tilia mesembrinos Merr.(椴树科)

滇南翻唇兰 Hetaeria rubens (Lindl.) Benth. ex HK.f. (兰科)

滇南风吹楠 Horsfieldia tetratepala C.Y.Wu(肉豆蔻科),*埋扎伞,播穴黑,多勒啪莫*

滇南凤仙花 Impatiens duclouxii HK.f.(凤仙花科)

滇南芙蓉 Hibiscus austro-yunnanensis Wu & Feng (锦葵科)

滇南复叶耳蕨 Arachniodes austro-yunnanensis Ching(鳞毛蕨科)

滇南狗脊 Woodwardia magnifica Ching & P.S. Chiu (乌毛蕨科)

滇南冠唇花 Microtoena patchouli (C.B.Clarke) C.Y.Wu & Hsuan(唇形科),*藿香,野香薷,班草刚,牙皮弯*

滇南桂 Cinnamomum austro-yunnanense H.W. Li (樟科),*野肉桂*

滇南杭子稍(贵州草药)=思茅杭子稍

滇南杭子稍 Campylotropis rockii Schindl.(豆科)

滇南合耳菊 Synotis austro-yunnanensis C.Jeffr. & Y.L.Chen(菊科)

滇南红果树 Stranvaesia oblanceolata (Rehd. & Wils.) Stapf(蔷薇科)

滇南红厚壳 Calophyllum polyanthum Wall. ex Choisy(藤黄科),*云南胡桐*

滇南胡椒(植物志 20-1)=苎叶蒟

滇南虎头兰 Cymbidium wilsonii (Rolfe ex Cook) Rolfe(兰科)

滇南黄檀 Dalbergia kingiana Prain(豆科),*金氏黄檀*

滇南黄杨 Buxus austro-yunnanensis Hatusima (黄杨科),*河滩黄杨*

滇南寄生(云南)=锈毛梨果寄生

滇南尖叶木 Urophyllum tsaianum How ex Lo (茜草科)

滇南角蕨 Cornopteris pseudofluvialis Ching & W.M.Chu(蹄盖蕨科)

滇南脚骨脆(武汉植物学研究)=印度脚骨脆

滇南九节 Psychotria henryi Lévl.(茜草科)

滇南开唇兰 Anoectochilus burmannicus Rolfe (兰科),*血兰*

滇南柯(广西植物)=小截果柯

滇南柯 Lithocarpus pakhaensis A.Camus(壳斗科)

滇南狸尾豆 Uraria lacei Craib(豆科)

滇南镰扁豆 Dolichos junghuhmianus Benth.(豆科)

滇南螺序草 Spiradiclis malipoensis Lo(茜草科)

滇南马兜铃 Aristolochia austroyunnanensis S.M. Hwang (马兜铃科)

滇南马钱(云南志)=毛柱马钱

滇南芒毛苣苔 Aeschynanthus austroyunnanensis W.T.Wang(苦苣苔科)

滇南毛柄杜鹃 Rhododendron valentinianum var. oblongilobatum R.C.Fang(杜鹃花科)

滇南毛兰 Eria yunnanensis S.C.Chen & Z.H.Tsi (兰科)

滇南美登木 Maytenus austroyunnanensis S.J. Pei & Y.H.Li(卫矛科)

滇南木姜子 Litsea garrettii Gamble(樟科)

滇南盆距兰 Gastrochilus platycalcaratus (Rolfe) Schltr.(兰科)

滇南蒲桃 Syzygium austro-yunnanense Chang & Miau(桃金娘科),*八家妙*

滇南千里光(高等图鉴)=藤菊

滇南青冈 Cyclobalanopsis austro-glauca Y.T. Chang ex Y.C.Hsu & H.W.Jen(壳斗科)

滇南青紫葛 Cissus austro-yunnanensis Y.H.Li (葡萄科)

滇南山矾 Symplocos hookeri Clarke(山矾科)

滇南山蚂蝗 Desmodium megaphyllum Zoll.(豆科)

滇南山梅花 Philadelphus henryi Koehne(虎耳草科),*毛叶木通,卷毛山梅花*

滇南山牵牛 Thunbergia fragrans subsp. lanceolata H.P.Tsui(爵床科),*公鸡藤*

滇南山杨 Populus rotundifolia var. bonati (Lévl.) C.Wang & Tung (杨柳科),*白杨树,团叶杨*

滇南蛇根草 Ophiorrhiza austroyunnanensis Lo (茜草科)

滇南蛇藤(树木分类学)=灯油藤

滇南省藤 Calamus henryanus Becc.(棕榈科)

滇南十大功劳 Mahonia hancockiana Takeda(小檗科)

滇南石豆兰 Bulbophyllum psittacoglossum Rchb.f. (兰科)

滇南蒴莲 Adenia penangiana (Wall. ex G.Don) Wilde (西番莲科)

滇南松(经济植物手册)=毛枝五针松

滇南素馨(云南植物名录)=腺叶素馨

滇南唐松草 Thalictrum yunnanense var. austroyunnanense Y.Y.Qian(毛茛科)

滇南蹄盖蕨 Athyrium foliolosum Moore ex Sim.(蹄盖蕨科),*大盖蹄盖蕨*

滇南天门冬 Asparagus subscandens Wang & S. C.Chen (百合科)*天门冬,土天冬,小茎叶天冬,土百部*

滇南铁角蕨 Asplenium microtum Maxon (铁角蕨科)

滇南铁线莲 Clematis fulvicoma Rehd. & Wils.(毛茛科)

滇南网蕨(分类学报)=云南网蕨

滇南乌口树 Tarenna pubinervis Hutch.(茜草科), *毛脉乌口树*
滇南新乌檀 Neonauclea tsaiana S.Q.Zou(茜草科)
滇南兴山荚蒾(拉汉名称)=狭叶球核荚蒾
滇南星 Arisaema austro-yunnanense H.Li(天南星科)
滇南雪胆 Hemsleya cissiformis C.Y.Wu ex C.Y. Wu & C.L.Chen(葫芦科)
滇南羊耳菊 Inula wissmanniana Hand.-Mazz. (菊科), *火把梗*
滇南羊耳蒜 Liparis siamensis Rolfe ex Downie (兰科)
滇南羊蹄甲 Bauhinia hypoglauca Tang & Wang ex T.Chen(豆科)
滇南杨桐 Adinandra wangii Hu?(山茶科)
滇南异木患 Allophylus cobbe var. velutinus Corner (无患子科)
滇南玉凤花 Habenaria marginata Coleb.(兰科)
滇南鸢尾兰 Oberonia aurtro-yunnanensis S.C. Chen & Z.H.Tsi(兰科)
滇楠(云南)=滇润楠
滇楠 Phoebe nanmu (Oliv.) Gamble(樟科)
滇飘拂草 Fimbristylis yunnanensis C.B.Clarke (莎草科)
滇桤木(森林图志)=川滇桤木
滇千斤拔(云南植物名录)=云南千斤拔
滇黔地黄(高等图鉴)=矮陀陀
滇黔杜鹃花 Rhododendron esquirolii Lévl. ?(杜鹃花科), *滇北长果杜鹃花*
滇黔黄檀 Dalbergia yunnanensis Franch.(豆科), *秧青,虹香藤*
滇黔金腰 Chrysosplenium cavaleriei Lévl. & Vant. (虎耳草科)
滇黔楼梯草 Elatostema backeri H.Schröter(荨麻科)
滇黔蒲儿根 Sinosenecio bodinieri (Vant.) B. Nord. (菊科), *丝带千里光*
滇黔石蝴蝶 Petrocosmea martinii (Lévl.) Lévl. (苦苣苔科)
滇黔苎麻 Boehmeria pseudotricuspis W.T.Wang (荨麻科)
滇黔紫花苣苔 Loxostigma cavaleriei (Lévl. & Vant.) Burtt(苦苣苔科)
滇茜草(中草药汇编)=紫参
滇茜树 Aidia yunnanensis (Hutch.) Yamazaki (茜草科)
滇羌活(科属辞典)=绒果芹
滇羌活属(科属辞典)=**绒果芹属**
滇芹 Sinodielsia yunnanensis Wolff(伞形科), *黄藁本,秦归*
滇芹属 Sinodielsia Wolff (伞形科)
滇青冈 Cyclobalanopsis glaucoides Schott.(壳斗科), *滇椆*
滇琼楠 Beilschmiedia yunnanensis Hu(樟科), *滇拜士密木*
滇楸(植物志 69)=灰楸
滇拳参(云南植物名录)=翅柄蓼
滇芮德木(植物图谱)=贵州木瓜红
滇瑞香 Daphne feddei Lévl.(瑞香科), *构皮岩陀,桂花矮陀陀,桂花岩陀,黄皮杜仲,黄山皮桃,鸡蛋花,梦花皮,山皮条,万年青矮陀陀,小瑞香,岩陀,构皮,野瑞香,山皮条,黄皮杜仲*
滇润楠 Machilus yunnanensis Lec.(樟科), *白香樟,臭樟,滇楠,滇桢楠,冻青叶,狗爪樟,铁香樟,香桂子,有苞桢楠,云南楠木*
滇沙针 Osyris wightiana var. stipitata (Lecomte) Tam(檀香科)
滇山茶 Camellia reticulata Lindl.(山茶科), *野山茶,红花山茶,云南山茶*
滇石梓(云南志)=云南石梓
滇鼠刺 Itea yunnanensis Franch.(虎耳草科), *云南鼠刺*
滇蜀豹子花(植物志 14)=开瓣豹子花
滇蜀无心菜 Arenaria dimorphotricha C.Y.Wu ex L.H.Zhou (石竹科)
滇蜀无柱兰 Amitostigma tetralobum (Finet) Schltr. (兰科)
滇蜀玉凤花 Habenaria balfouriana Schltr.(兰科)
滇薯 Dioscorea decipiens var. glabrescens C.T. Ting & M.C.Chang(薯蓣科)
滇水金凤 Impatiens uliginosa Franch.(凤仙花科), *金凤花,水金凤,水凤仙花,水金凤叶*
滇水丝梨 Sycopsis yunnanensis Chang(金缕梅科)
滇四角柃 Eurya paratetragonoclada Hu(山茶科)
滇素馨 Jasminum subhumile W.W.Sm.(木犀科), *光素馨,粉毛素馨*
滇酸脚杆 Medinilla yunnanensis H.L.Li(野牡丹科)
滇泰石蝴蝶 Petrocosmea kerrii Craib(苦苣苔科)
滇铁榄 Sinosideroxylon yunnanense (C.Y.Wu) H.Chuang(山榄科), *滇假水石梓*
滇桐 Craigia yunnanensis Smith & Evans(椴树科), *朴骨灵,毒羊叶,疯姑娘,假吊钟,金叶子,劳伤叶,马虱子草,美娥,云南金叶子,云南克檑木*
滇桐属 Craigia W.W.Sm. & W.E.Evans (椴树科)
滇土瓜(图考,云南)=山土瓜
滇臀果木(新)Pygeum lancilimbum Merr.?(蔷薇科)
滇瓦花(云南中草药)=多茎景天
滇瓦松(云南植物名录)=多茎景天
滇瓦韦 Lepisorus sublinearis (Baker) Ching(水龙骨科)
滇维堇菜(植物研究)=滇西堇菜
滇五味子(新华本草纲要)=红花五味子
滇五味子 Schisandra henryi var. yunnanensis A.C.Sm.(木兰科)
滇西八角 Illicium merrillianum A.C.Sm.(木兰科)
滇西百蕊草 Thesium ramosoides Hendry.(檀香科)
滇西斑鸠菊 Vernonia forrestii Anth.(菊科)
滇西豹子花 Nomocharis farreri (W.E.Evans) Harr. (百合科)
滇西北点地梅 Androsace delavayi Franch.(报春花科)
滇西北凤仙花 Impatiens lecomtei HK.f.(凤仙花科)
滇西北虎耳草 Saxifraga dianxibeiensis J.T.Pan (虎耳草科), *高山异叶虎耳草*
滇西北小檗 Berberis franchetiana Schneid. (小檗科)
滇西北悬钩子 Rubus treutleri HK.f.(蔷薇科)
滇西北紫菀 Aster jeffreyanus Diels(菊科)
滇西贝母兰 Coelogyne calcicola Kerr(兰科)
滇西槽舌兰 Holcoglossum rupestre (Hand.-Mazz.) Garay(兰科)
滇西吊石苣苔 Lysionotus forrestii W.W.Sm.(苦苣苔科)
滇西冬青 Ilex forrestii Comb.(冬青科), *福氏冬青,怒江冬青*
滇西杜鹃 Rhododendron euchroum Balf.f. & K.Ward(杜鹃花科)
滇西耳草 Hedyotis dianxiensis Ko(茜草科)
滇西凤仙花 Impatiens forrestii HK.f. ex W.W. Sm. (凤仙花科)
滇西复叶耳蕨 Arachniodes sino-aristata Ching (鳞毛蕨科)
滇西鬼灯檠 Rodgersia aesculifolia var. henricii (Franch.) C.Y.Wu (虎耳草科)
滇西海桐 Pittosporum johnstonianum Gowda (海桐花科)
滇西旱蕨 Pellaea mairei Brause(中国蕨科)
滇西胡椒 Piper suipigua Buch.-Ham. (胡椒科)
滇西蝴蝶兰 Phalaenopsis stobariana Rchb.f.(兰科)
滇西灰绿黄堇 Corydalis adunca subsp. microsperma Lidén & Z.Y.Su(罂粟科)
滇西金毛裸蕨 Gymnopteris delavayi (Bak.) Underw (裸子蕨科)
滇西堇菜 Viola wexiensis C.J.Wang(堇菜科), *滇维堇菜*
滇西离瓣寄生 Helixanthera scoriarum (W.W. Sm.) Danser(桑寄生科), *四瓣寄生*
滇西鳞盖蕨 Microlepia subspeluncae Ching(碗蕨科)
滇西琉璃草 Cynoglossum amabile var. pauciglochidiatum Y.L.Liu(紫草科)
滇西瘤足蕨 Plagiogyria communis Ching(瘤足蕨科)
滇西龙胆 Gentiana georgei Deils(龙胆科)
滇西绿绒蒿 Meconopsis impedita Prain(罂粟科)
滇西猫眼草(云南植物名录)=贡山金腰
滇西囊瓣芹 Pternopetalum wolffianum (Fedde) Hand.-Mazz. (伞形科)
滇西蒲桃 Syzygium rockii Merr. & Perry(桃金娘科)
滇西前胡 Peucedanum delavayi Franch.(伞形科)
滇西青冈 Cyclobalanopsis lobbii (Etting.) Y.C. Hsu & H.W.Jen(壳斗科)
滇西苘麻 Abutilon gebauerianum Hand.-Mazz. (锦葵科)
滇西忍冬 Lonicera buchananii Lace(忍冬科)
滇西山柳(高等图鉴)=云南桤叶树
滇西山楂 Crataegus oresbia W.W.Sm.(蔷薇科)
滇西舌唇兰 Platanthera sinica T.Tang & F.T. Wang (兰科)
滇西蛇皮果 Salacca secunda Griff.(棕榈科)
滇西黍 Panicum khasianum Munro ex HK.f.(禾本科)
滇西薹草 Carex mosoynensis Franch.(莎草科)
滇西桃叶杜鹃 Rhododendron annae subsp. laxiflorum (Balf.f. & Forr.) T.L.Ming(杜鹃花科)
滇西蹄盖蕨 Athyrium nudifrons Ching(蹄盖蕨科)
滇西委陵菜 Potentilla delavayi Franch.(蔷薇科)
滇西卫矛 Euonymus paravagans Z.M.Gu(卫矛科)
滇西乌头 Aconitum bulleyanum Diels(毛茛科)
滇西小檗 Berberis spraguei Ahrendt?(小檗科)
滇西栒子(新)Cotoneaster delavayanus Klotz? (蔷薇科)
滇西沿阶草 Ophiopogon yunnanensis S.C.Chen (百合科)

滇西野古草 Arundinella khaseana Nees ex Steud. (禾本科)
滇西蝇子草(拉汉名称)=沧江蝇子草
滇西泽芹 Sium frigidum Hand.-Mazz.(伞形科)
滇西紫树(云南志)=瑞丽蓝果树
滇线蕨 Colysis elliptica var. pentaphylla (Baker) Lshi & X.C.Zhang(水龙骨科)
滇香薷(四川,贵州,云南)=牛至
滇象牙参(植物志 16-2)=早花象牙参
滇小勾儿茶 Berchemiella yunnanensis Y.L. Chen & P.K.Chou(鼠李科)
滇小叶葎 Galium asperifolium var. verrucifructum Cuf.(茜草科)
滇新樟 Neocinnamomum caudatum (Nees) Merr.(樟科),*羊角香,梅根,茶蚬,加修,*
滇星蕨 Microsorium hymenodes Kunze) Ching (水龙骨科),*藤补,千里马,赶山鞭,上树草*
滇芎 Physospermopsis delavayi (Franch.) Wolff (伞形科)
滇芎属 Physospermopsis Wolff (伞形科)
滇绣球(图谱)=西南绣球
滇雪花 Argostemma yunnanense How ex Lo(茜草科)
滇鸭子草(云南)=眼子菜
滇崖爬藤(滇南本草)=云南崖爬藤
滇岩白菜(经济植物手册)=岩白菜
滇岩黄芪 Hedysarum limitaneum Hand.-Mazz. (豆科)
滇羊茅 Festuca yunnanensis St.-Yves(禾本科)
滇杨 Populus yunnanensis Dode(杨柳科),*云南白杨*
滇野靛棵 Mananthes vasculosa (Nees) Bremek. (爵床科),*龙州爵床*
滇野山茶 Camellia pitardii f. cavalerieana (Lévl.) Sealy (十字花科)
滇野豌豆(云南植物名录)=野豌豆
滇一匹缅(云南)=东京银背藤
滇银柴胡(云南)=小柴胡
滇隐脉杜鹃(云南志)=滇藏隐脉杜鹃(新)
滇樱桃(中草药汇编)=高盆樱桃
滇榆(树木分类学)=常绿榆
滇羽叶菊 Nemosenecio yunnanensis B.Nord.(菊科)
滇粤安兰(分类学报)=高褶带唇兰
滇粤鹅耳枥(树木分类学)=粤北鹅耳枥
滇粤山胡椒 Lindera metcalfiana Allen(樟科)
滇越杜英 Elaeocarpus poilanei Gagn.(杜英科),*大果山杜英*
滇越猴欢喜 Sloanea mollis Gagn.(杜英科)
滇越金线兰 Anoectochilus chapaensis Gagn(兰科)
滇越金星蕨 Parathelypteris indo-chinensis (Christ) Ching(金星蕨科)
滇越南菜(云南植物名录)=苍叶守宫木
滇越省藤 Calamus palustris var. cochinchinensis Becc.(棕榈科)
滇越水龙骨 Polypodiodes bourretii (C.Chr. & Tardieu) W.M.Chu(水龙骨科)
滇越五月茶 Antidesma chonmon Gagn.(大戟科),*越南五月茶*
滇枣(树木分类学)=印度枣
滇皂荚 Gleditsia japonica var. delavayi (Franch.) L.C.Li(豆科)
滇獐牙菜(中药大辞典)=云南獐牙菜
滇蔗茅 Erianthus rockii Keng(禾本科)
滇桢楠(高等图鉴)=滇润楠
滇榛 Corylus yunnanensis A.Camus(桦木科)
滇中茶藨子 Ribes soulieanum Jancz.(虎耳草科)
滇中狗肝菜 Dicliptera riparia var. yunnanensis Hand.-Mazz.(爵床科)
滇中堇菜 Viola yunnanfuensis W.Beck.(堇菜科),*昆明堇菜,紫罗兰*
滇中蹄盖蕨(蕨类形态)=薄叶蹄盖蕨
滇中绣线菊 Spiraea schochiana Rehd.(蔷薇科)
滇重楼(Flora 24,中药辞海)=云南重楼
滇珠子木(云南植物名录)=云南珠子木
滇竹 Gigantochloa felix (Keng) Keng f.(禾本科)
滇竹属 Oxytenanthera Munro (禾本科)
滇锥栗(植物志 22)=高山锥
滇紫参(图考)=紫参
滇紫草 Onosma paniculatum Buir. & Franch.(紫草科),*大紫草*
滇紫草属(科属辞典)=**长蕊斑种草属**
滇紫草属 Onosma L.(紫草科)
滇紫地榆(云南植物名录)=云南老鹳草
滇紫花地丁(云南中草药)=直萼黄芩
滇紫金牛(植物志 58)=南方紫金牛
滇紫荆木(云南)=紫荆木
滇紫菀(滇南本草)=鹿蹄橐吾
滇紫云菜(云南植物名录)=云南马蓝
滇醉鱼草(西双版纳植物名录)=云南醉鱼草
颠倒菜(植物志 80-1)=窄叶小苦荬
颠茄(海南)=黄果茄
颠茄(四川雷波,南宁)=刺天茄
颠茄 Atropa belladonna L.(茄科),*颠茄草*
颠茄草(中草药汇编)=颠茄
颠茄树(烂头岛)=野茄
颠茄属 Atropa L.(茄科)
颠茄子(广东大埔)=黄果茄
癫茄(广东郁南)=黄果茄
典瓜仁草(广东)=瓜子金
点秤根(广部中草药手册)=秤星树
点抵改房(广西瑶语)=尾叶紫金牛
点地梅 Androsace umbellata (Lour.) Merr.(报春花科),*佛顶珠,旱仙桃草,喉痹草,喉咙草,金牛草,清明花,天星花,仙牛桃,小一口血*
点地梅蚤缀(拉汉名称)=点地梅状老牛筋
点地梅属 Androsace L.(报春花科)
点地梅状金丝桃(新)Hypericum androsaemum L.(藤黄科),*金丝桃*
点地梅状老牛筋 Arenaria androssacea Grub.(石竹科),*点地梅蚤缀*
点花黄精 Polygonatum punctatum Royle ex Kunth (百合科),*树吊,滇钩吻,树刁,葳参,玉术,生扯拢*
点椒(纲目)=花椒
点囊薹草 Carex rubro-brunnea C.B.Clarke(莎草科)
点乳冷水花 Pilea glaberrima (Bl.) Bl.(荨麻科),*小齿冷水花*
点头虎耳草(高等图鉴)=零余虎耳草
点头菊(西藏中草药)=褐毛垂头菊
点纹白星龙(新拉汉英)=沙鱼掌
点纹疆南星 Arum maculatum L.(天南星科)
点纹十二卷(新拉汉英)=珍珠十二卷
点腺过路黄 Lysimachia hemsleyana Maxim.(报春花科)
点叶冬青 Ilex punctatilimba C.Y.Wu ex Y.R.Li (冬青科)
点叶荚蒾(高等图鉴)=鳞斑荚蒾
点叶落地梅 Lysimachia punctatilimba C.Y.Wu (报春花科)
点叶绵枣儿(新拉汉英)=斑叶绵枣儿
点叶琼楠 Beilschmiedia punctilimba H.W.Li(樟科)
点叶秋海棠 Begonia alveolata Yü(秋海棠科)
点叶柿 Diospyros punctilimba C.Y.Wu(柿科)
点叶薹草 Carex hancockiana Maxim.(莎草科),*华北薹草*
点叶蜘蛛抱蛋 Aspidistra elatior var. minor Hort. (百合科)
点子草(四川)=高山瓦韦
蕇蒿(名医别录)=独行菜
电白省藤 Calamus dianbaiensis C.F.Wei(棕榈科)
电灯花(内蒙中草药)=中华花荵
电灯花(山西)=花荵
电灯花 Cobaea scandens Cav.(花荵科)
电灯花属 Cobaea Cav.(花荵科)
电树(云南)=火麻树
电藤(植物志 30-1)=苍白秤钩风
甸杜(东北木本志,内蒙志)=地桂
甸杜属(东北木本志)=**地桂属**
甸果(吉林)=笃斯越桔
甸虎(东北地区)=红莓苔子
甸生桦 Betula humilis Schrank(桦木科)
甸状南鹃 Pernettya nana Colenso.(杜鹃花科)
垫风毛菊 Saussurea pulvinata Maxim.(菊科)
垫头鼠麴草 Gnaphalium pulvinatum Delile(菊科)
垫型蒿 Artemisia minor Jacq. ex Bess.(菊科),*小灰蒿,那马-甲马*
垫状点地梅 Androsace tapete Maxim.(报春花科),*王梅*
垫状虎耳草 Saxifraga pulvinaria H.Sm.(虎耳草科)
垫状金露梅 Potentilla fruticosa var. pumila HK.f. (蔷薇科)
垫状卷柏 Selaginella pulvinata (HK. & Grev.) Maxim.(卷柏科)
垫状棱子芹 Pleurospermum hedinii Diels(伞形科)
垫状女蒿 Hippolytia kennedyi (Dunn) Ling(菊科),*藏女蒿*
垫状忍冬 Lonicera oreodoxa H.Sm. ex Rehd.(忍冬科)
垫状山岭麻黄(植物志 7)=山岭麻黄
垫状山莓草 Sibbaldia pulvinata Yü & Li(蔷薇科)
垫状条果芥 Parrya pulvinata M.Popov(十字花科)
垫状驼绒藜 Ceratoides compacta (Losinsk.) Tsien & C.G.Ma (藜科)
垫状雪灵芝 Arenaria pulvinata Edgew(石竹科)
垫状岩须 Cassiope pulvinalis T.Z.Hsu(杜鹃花科)
垫状偃卧繁缕 Stellaria decumbens var. pulvinata Edgew. & HK.f.(石竹科)
垫状迎春 Jasminum nudiflorum var. pulvinatum (W.W.Sm.) Kobuski(木犀科),*藏迎春*
垫状蝇子草 Silene davidii (Franch.) Oxhelm.(石竹科),*簇生女娄菜*
垫紫草 Chionocharis hookeri (Clarke) Johnst. (紫草科)
垫紫草属 Chionocharis Johnst.(紫草科)
惦叶黄水枝 Tiarella cordifolia L.(虎耳草科)
淀花(手扳发蒙)=马蓝
淀沫(中草药汇编)=马蓝
淀沫花(中药鉴别法)=马蓝
殿毛大渡乌头 Aconitum franchetii var. villosulum W.T.Wang(毛茛科)

殿形果属(分科检索表)=**臀果木属**
靛(广东)=木蓝
靛花(纲目)=马蓝
靛蓝穗花报春 Primula watsonii Dunn(报春花科),*短柄穗花报春,瓦震报春,靛蓝穗状报春*
靛蓝穗状报春(Flora 15)=靛蓝穗花报春
靛青(高等科属辞典)= 欧洲菘蓝

Diao

刁了棒(广西)=蝉翼藤
凋叶箭竹 Fargesia frigida Yi (禾本科)
凋缨菊 Camchaya loloana Kerr.(菊科),*儸儸菊*
凋缨菊属 Camchaya Gagn.(菊科)
碉桂(四川)=少花桂
雕菰(纲目)=菰
雕核樱桃 Cerasus pleiocerasus (Koehne) Yü & Li (蔷薇科)
雕纹杜鹃 Rhododendron insculptum Hutch. & K.Ward? (杜鹃花科)
鲷钱麻黄(思茅中草药)=宿苞豆
吊白叶(贵州民间药物)=水红木
吊壁伸筋草(广西中草药选)=藤石松
吊菜子(广东梅县)=茄
吊菜子(广州志)=乳茄
吊灯扶桑 Hibiscus schizopetalus (Masters) HK.f.(锦葵科),*灯笼花,假西藏红花*
吊灯花 Ceropegia trichantha Hemsl.(萝藦科)
吊灯花属 Ceropegia L.(萝藦科),*蜡花属*
吊灯笼(广西中药志)=海金子
吊灯树(新拉汉英)=羽裂吊灯树(新)
吊灯树 Kigelia africana (Lam.) Benth.(紫葳科),*腊肠树*
吊灯树属 Kigelia DC.(紫葳科)
吊吊草(宁夏)=瓦松
吊吊果(新华本草纲要)=白五味子
吊吊黄(广东)=黄花倒水莲
吊吊黄(江西草药)=荷包山桂花
吊吊黄(云南红河)=大黄药
吊东根藤(海南)=海南藤芋
吊干麻(贵州草药)=苦皮藤
吊瓜(浙江中药手册)=王瓜
吊瓜(中医杂志)=桃南瓜
吊挂篮子(甘肃)=北马兜铃
吊金钱 Ceropegia woodii Schlecht.(萝藦科)
吊兰(常用手册)=纹瓣兰
吊兰(广西兽医植物)=金钗石斛
吊兰(湖南药物志)=栗寄生
吊兰(玉溪中草药)=大根槽舌兰
吊兰 Chlorophytum comosum (Thunb.) Baker (百合科),*挂兰,钓兰*
吊兰花(药用志,广西)=石斛
吊兰属 Chlorophytum Ker-Gawl.(百合科)
吊罗椆(海南志)=吊罗山青冈
吊罗果(广西)=平叶酸藤子
吊罗美登木 Maytenus tiaoloshanensis (Chun & How) C.Y.Cheng(卫矛科)
吊罗坭竹 Bambusa diaoluoshanensis Chia & H. L.Fun (禾本科)
吊罗山耳蕨(海南志)=灰绿耳蕨
吊罗山萝芙木 Rauvolfia tiaolushanensis Tsiang (夹竹桃科)
吊罗山青冈 Cyclobalanopsis tiaoloshanica (Chun & Ko) Y.C.Hsu & H.W.Jen(壳斗科),*吊罗椆*
吊罗薯蓣 Dioscorea poilanei Prain & Burkill(薯蓣科),*疏花薯蓣*
吊马墩(植物志 41)=千斤拔
吊马桩(植物志 41)=千斤拔
吊皮锥 Castanopsis kawakamii Hay.(壳斗科),*赤栲,川上氏槠,格林锥,格氏栲,红橡,蓑衣橡,猪血橡*
吊茄子(江西)=旋花
吊球草 Hyptis rhoboides Mart. & Gal.(唇形科),*石柳,四俭草,蛐蜍蜊,四方骨,假走马风*
吊裙草 Crotalaria retusa L.(豆科),*凹叶野百合*
吊山桃 Secamone sinica Hand.-Mazz.(萝藦科),*细叶青藤*
吊石苣苔 Lysionotus pauciflorus Maxim.(苦苣苔科),*白棒头,产后茶,齿叶吊石苣苔,地枇杷,高山吊石苣苔,瓜子菜,黑乌骨,接骨生,蒙自吊石苣苔,披针吊石苣苔,千锤打,青竹标根,石吊兰,石豇豆,石三七,石杨梅,石泽兰,条叶吊石苣苔,岩茶,岩罗汉,岩石兰,岩头三七,岩泽兰,竹勿刺*
吊石苣苔属 Lysionotus D.Don (苦苣苔科)
吊丝草(指示植物)=细柄草
吊丝单 Dendrocalamopsis vario-striata (W.T.Lin) Keng f.(禾本科)
吊丝球竹 Dendrocalamopsis beecheyana (Munro) Keng f.(禾本科)
吊丝竹 Dendrocalamus minor (McClure) Chia & H.L.Fung(禾本科),*乌药竹*
吊粟(广东)=白背叶
吊藤(陶弘景)=钩藤
吊桶兰 Coryanthes maculata HK.(兰科)
吊桶兰属 Coryanthes HK.(兰科),*科瑞安兰属*
吊头藤(海南)=海南藤芋
吊乌龟(贵州)=汝兰
吊须(广东中药)=榕树
吊血丹(中药大辞典)=赤车
吊岩风(贵州民间药物)=异叶地锦
吊鱼杆(四川宜宾)=石蜈蚣草
吊中仔藤(广东惠阳)=鸡柏胡颓子
吊钟草(南京药草)=阴行草
吊钟海棠(浙江,江西)=倒挂金钟
吊钟花(南宁药志)=朱蕉
吊钟花(植物志 73-2)=紫斑风铃草
吊钟花 Enkianthus quinqueflorus Lour.(杜鹃花科),*铃儿花,白鸡烂树,山连召*
吊钟花属 Enkianthus Lour.(杜鹃花科)
吊钟黄(广西)=六耳铃
吊钟山矾 Symplocos pendula Wighti(山矾科)
吊钟叶素馨(云南志)=倒吊钟叶素馨
吊竹(广西)=大叶慈
吊竹(广西竹种及栽培)=桂单竹
吊竹(贵州荔波)=荔波吊竹
吊竹梅 Tradescantia zebrina Bosse (鸭跖草科),*鸭舌红,红鸭跖草,红骨竹仔菜*
吊子银花(中草药汇编)=细毡毛忍冬
钓杆柴(贵州草药)=中华绣线梅
钓兰(高等图鉴)=吊兰
钓兰 Chlorophytum capense Ktze.(百合科),*阔叶吊兰*
钓鱼慈(四川)=慈竹
钓鱼杆(贵州苗语)=中华绣线梅
钓鱼杆(植物志 67-2)=爬岩红
钓鱼竿(草木便方)=长穗腹水草
钓鱼竿(草木便方)=宽叶腹水草
钓鱼竿(四川)=腹水草
钓鱼竿(中草药汇编)=中华绣线梅
钓鱼竹(贵州贵阳,惠水)=黔竹
钓樟(江西,浙江)=山橿
钓樟(名医别录)=红果山胡椒
钓钟柳属 Penstemon Schmidel.(玄参科)
钓竹(广西)=大叶慈
调羹草(湖南永兴)=韩信草
调羹花(中药材手册)=厚朴
调羹树 Heliciopsis lobata (Merr.) Sleum.(山龙眼科),*那托,定郎,大裂叶萝白树*
调经草(福建中草药)=旱田草
调经草(贵州)=矮桃
调经草(贵州草药)=冬青卫矛
调料九里香 Murraya koenigii (L.) Spreng.(芸香科),*麻绞叶,哥埋养榴*
掉毛草(云南中草药)=昆明雷公藤
掉皮榆(河南)=榔榆

Die

蓧蕨科(植物志 2)=**条蕨科**
蓧蕨属(植物志 2)=**条蕨属**
蓧竹(日名)=矢竹
跌打鼠(云南)=三叶香草
跌打王(广西)=白花银背藤
跌打王(广西)=细刺枸骨
跌破笋(广空中草药手册)=长叶柞木
跌死猫树(海南)=莱豆树
跌掌随(广西岑溪)=猪肚木
迭达(中药志)=唐古特虎耳草
迭裂长蒴苣苔 Didymocarpus salviiflorus Chun (苦苣苔科)
迭裂翠雀花 Delphinium nordhagenii Wendelbo (毛茛科),*叠裂翠雀花*
迭裂黄堇 Corydalis dasyptera Maxim.(罂粟科),*黄连,鸡爪黄连,东日色尔瓦,塞尔歪,格固丝哇(藏药名)=格固丝哇*
迭鞘石斛(中药辞海)=叠鞘石斛
迭叶楼梯草 Elatostema salvinioides W.T.Wang (荨麻科)
叠果豆(四川,四川雷波)=美花狸尾豆
叠裂翠雀花(Flora 6)=迭裂翠雀花
叠裂银莲花 Anemone imbricata Maxim.(毛茛科)
叠鳞苏铁属 Macrozamia Miq.(苏铁科)
叠片羊蹄甲 Bauhinia ornata var. contigua T. Chen (豆科)
叠钱草(广西)=排钱树
叠钱草(南宁药志)=毛排钱树
叠鞘兰 Chamaegastrodia shikokiana Makino & F.Maekawa(兰科),*小喙翻唇兰*
叠鞘兰属 Chamaegastrodia Makino & F.Maekawa (兰科)
叠鞘石斛 Dendrobium aurantiacum var. denneanum (Kerr) Z.H.Tsi(兰科),*紫斑金兰,迭鞘石斛,棍棒石斛,大马鞭草*
叠叶鸢尾 Iris imbricata Lindl.(鸢尾科)
碟果虫实 Corispermum patelliforme Iljin(藜科)
碟花百合(植物志 14)=云南豹子花
碟花茶藨子(华北经济志要)=美丽茶藨子
碟花金丝桃 Hypericum addingtonii N.Robson (藤黄科)
碟花开口箭 Campylandra tui (F.T.Wang & Tang) M.N.Tamura et al.(百合科)
碟环慈 Dendrocalamus patellaris Gamble (禾本科),*黑竹,苦竹,毛竹,麻竹*
碟腺棋子豆 Cylindrokelupha kerrii (Gagn.) T.L.Wu(豆科)
碟叶椆(海南志)=碟叶青冈
碟叶青冈 Cyclobalanopsis disciformis (Chun & Tsiang) Y.C.Hsu & H.W.Jen(壳斗科),*碟叶椆*
碟竹 Phyllostachys nidularia f. vexillaris Wen (禾本科)
碟柱蜘蛛抱蛋 Aspidistra acetabuliformis Y.Wan & C.C.Huang(百合科)

蝶豆 Clitoria ternatea L.(豆科),*蓝蝴蝶,蓝花豆,蝴蝶花豆*
蝶豆属 Clitoria L.(豆科),*蝴蝶花豆属*
蝶萼绣球 Hydrangea kawakamii Hay.(虎耳草科),*高山藤绣球*
蝶花百合属 Calochortus Pursh.(百合科)
蝶花杜鹃 Rhododendron aberoconwayi Cowan (杜鹃花科)
蝶花荚蒾 Viburnum hanceanum Maxim.(忍冬科)
蝶花无柱兰 Amitostigma papillionaceum T. Tang, & F.T.Wang & K.Y.Lang(兰科)
蝶兰(台湾植物名汇)=蝴蝶兰
蝶盆豪氏省藤 Calamus diepenhorstii Miq.(棕榈科)
蝶形花堇菜 Viola papilionacea Pursh.(堇菜科)
蝶须 Antennaria dioica (L.) Gaertn.(菊科),*兴安蝶须*
蝶须属 Antennaria Gaertn.(菊科)
蝶羽毛蕨 Cyclosorus papilionaceus Shing & C.F.Zhang(金星蕨科)
蝶状毛蕨 Cyclosorus papilio (Hope) Ching(金星蕨科),*缩羽毛蕨,薄叶梳毛蕨*

Ding

丁丁黄(中药大辞典)=红果山胡椒
丁冬欧蔃(藏语)=斑花黄堇
丁父(名医别录)=石南藤
丁公藤(本草拾遗)=石南藤
丁公藤(海南志)=光叶丁公藤
丁公藤 Erycibe obtusifolia Benth.(旋花科),*麻辣仔藤,斑鱼烈,包公藤*
丁公藤属 Erycibe Roxb.(旋花科),*麻辣仔藤属,麻辣仔属*
丁癸草 Zornia gibbosa Spanog.(豆科),*二叶丁癸草,二叶人字草,铺地草,人字草,绒吊虾蟆,沙甘里,乌蝇翼草,斜对叶,一条根*
丁癸草属 Zornia J.f.Gmel.(豆科)
丁黄草(辽宁庄河,丹东)=大叶糙苏
丁季李(中药大辞典)=老鸦柿
丁榔皮(陕西中草药)=梾木
丁历(名医别录)=独行菜
丁萝卜(陕西中药名录)=台湾翅果菊
丁木(四川)=香果树
丁木树(中草药汇编)=梾木
丁木树(中药大辞典)=刺楸
丁年藤(和汉药考)=木通
丁皮(纲目)=丁子香
丁皮(药材资料汇编)=刺桐
丁皮树(中药大辞典)=刺楸
丁茜 Trailliaedoxa gracilis W.W.Sm. & Forr.(茜草科)
丁茜属 Trailliaedoxa W.W.Sm. & Forr.(茜草科)
丁茄(高等图鉴)=黄果茄
丁茄(广东徐闻)=野茄
丁茄子(广西绥渌)=刺天茄
丁三七(云南昭通)=大花荷包牡丹
丁桐皮(四川中药志)=刺楸
丁翁(吴普本草)=木通
丁香(开宝本草)=丁子香
丁香(中草药同名异物辩)=紫丁香
丁香 Eugenia caryophyllata Thunb.(桃金娘科),*母醒香,鸡舌香,雌醒香*
丁香柴(高等图鉴,福建志)=藤黄檀
丁香杜鹃 Rhododendron farrerae Tate(杜鹃花科),*华丽杜鹃*
丁香花(云南红河)=滇丁香
丁香花属(种子植物名称)=**丁香属**
丁香蓼 Ludwigia prostrata Roxb.(柳叶菜科),*山嫌瓜,山油麻,水冬瓜,水苴仔,水麻黄,水蓬砂,田蓼草,戏麻草,小疗药,小石榴树,小石榴叶*
丁香蓼属 Ludwigia L.(柳叶菜科)
丁香罗勒 Ocimum gratissimum L.(唇形科)
丁香萝卜(现代中药)=胡萝卜
丁香茄 Ipomoea turbinata Lagasca(旋花科),*天茄子,天茄*
丁香色白千层 Melaleuca decussata R.Br.(桃金娘科)
丁香色凤仙花 Impatiens lilacina HK.f.(凤仙花科)
丁香柿(日用本草)=君迁子
丁香柿(四川,浙江)=乌柿
丁香柿(中药大辞典)=老鸦柿
丁香叶(滇南本草)=紫茉莉
丁香叶忍冬 Lonicera oblata Hao ex Hsu & H.J. Wang (忍冬科)
丁香属 Syringa L.(木犀科),*紫丁香属,丁香花属*
丁药(中草药彩色图谱)=鲫鱼胆
丁子香 Syzygium aromaticum (L.) Merr. & Perry(桃金娘科),*丁皮,丁香公丁香,云雄丁香,支解香*
丁座草 Boschniakia himalaica HK.f. & Thoms.(列当科),*千斤坠,枇杷芋,半夏,枇杷玉,千金重*
疔草(福建)=粪箕笃
疔疮树(新华本草纲要)=香叶树
疔毒草(吉林中草药)=裂叶堇菜
疔毒草草(中草药汇编)=野亚麻
疔毒豆(东北)=独角莲
疔药(四川)=西南银莲花
钉钯七(贵州民间药草)=眼子菜
钉板刺(神州)=两面针
钉虫花(南宁药志)=马缨丹
钉地黄(图考)=白檀
钉地金钱(广东)=锦地罗
钉皮(四川中药志)=刺楸
钉茄(广西梧州)=刺天茄
钉桐皮(药材资料汇编)=刺桐
钉头果 Gomphocarpus fruticosus (L.) R.Br.(萝藦科)
钉头果属 Gomphocarpus R.Br.(萝藦科)
钉枝榆(浙江湖州)=刺榆
钉柱委陵菜 Potentilla saundersiana Royle(蔷薇科)
钉状果爿亚塔棕 Attalea gomphococca Mart.(棕榈科)
顶冰花(植物志 28)=侧金盏花
顶冰花 Gagea nakaiana Kitagawa(百合科)
顶冰花属 Gagea Salisb.(百合科)
顶峰虎耳草 Saxifraga cacuminum H.Sm.(虎耳草科)
顶冠黄堇 Corydalis acropteryx Fedde(罂粟科),*假顶冠黄堇*
顶果肋毛蕨(蕨类名词及名称)=顶囊肋毛蕨
顶果蕗蕨 Mecodium acrocarpum (Christ) Ching (膜蕨科)
顶果膜蕨 Hymenophyllum khasyanum HK. & Bak. (膜蕨科)
顶果树 Acrocarpus fraxinifolius Wight ex Arn.(豆科),*树顶豆,格郎央*
顶果树属 Acrocarpus Wight ex Arn.(豆科)
顶果蹄盖蕨(云南植物研究)=广南蹄盖蕨
顶果轴脉蕨 Ctenitopsis acrocarpa Ching(叉蕨科)
顶湖耳草(广药手册)=白花蛇舌草
顶花板凳果 Pachysandra terminalis S. & Z.(黄杨科),*粉蕊黄杨,顶蕊三角咪*
顶花半边莲 Lobelia terminalis C.B.Clarke(桔梗科)
顶花报春(高等图鉴)=杂色钟报春
顶花杜茎山 Maesa balansae Mez.(紫金牛科)
顶花莪术 Curcuma yunnanensis N.Liu & S.J. Chen (姜科)
顶花耳草 Hedyotis terminaliflora Merr. & Chun (茜草科)
顶花胡椒(植物志 20-1)=苎叶蒟
顶花木巴戟 Morinda leiantha Kurz(茜草科)
顶花球属(新拉汉英)=**菠萝球属**
顶花螫麻(湖北志)=珠芽艾麻
顶花酸脚杆 Medinilla assamica (C.B.Clarke) C. Chen (野牡丹科),*酸藤子,美丁花*
顶喙凤仙花 Impatiens compta HK.f.(凤仙花科)
顶戟黄鹌菜 Youngia hastiformis Shih(菊科)
顶榈属(万有文库)=**贝叶棕属**
顶芒野青茅 Deyeuxia nepalensis Bor (禾本科)
顶毛栝楼(分类学报)=杏籽栝楼
顶毛鼠毛菊 Epilasia acrolasia (Bge.) C.B. Clarke (菊科)
顶囊肋毛蕨 Ctenitis apiciflora (Wall. ex Mett.) Ching.(叉蕨科),*顶果肋毛蕨*
顶蕊三角咪(高等图鉴)=顶花板凳果
顶生剑蕨 Loxogramme acroscopa C.Chr.(剑蕨科)
顶生金合欢 Acacia terminalis Macbr.(豆科)
顶生金花茶 Camellia pinggaoensis var. terminalis (J.Y.Liang & Su) S.Y.Liang(山茶科)
顶生碗蕨 Dennstaedtia appendiculata (Wall.) J.Sm.(碗蕨科)
顶头马蓝(高等图鉴)
顶腺虎耳草 Saxifraga gouldii C.E.C.Fisch.(虎耳草科)
顶心风(广西中草药)=穿心草
顶序变型(植物志 65-2)=石蜈蚣草
顶序琼楠 Beilschmiedia glauca var. glaucoides H.W.Li(樟科)
顶芽狗脊 Woodwardia unigemmata (Makino) Nakai(乌毛蕨科),*单芽狗脊,顶芽狗脊蕨,生芽狗脊蕨,贯众*
顶芽狗脊蕨(台湾志)=顶芽狗脊
顶芽新月蕨 Pronephrium cuspidatum (Bl.) Holtt.(金星蕨科),*琉球新月蕨*
顶叶冷水花 Pilea approximata C.B.Clarke(荨麻科)
顶羽菊 Acroptilon repens (L.) DC.(菊科),*苦蒿,克可日,牙干-图如古,灰叫驴*
顶羽菊属 Acroptilon Cass.(菊科)
顶羽裂双盖蕨 Diplazium donianum var. lobatum Tagawa(蹄盖蕨科),*裂叶双盖蕨*
顶羽鳞毛蕨(台湾志)=宜昌鳞毛蕨
顶育蕨 Photinopteris acuminata C.V.Morton(槲蕨科)
顶育蕨属 Photinopteris J.Sm.(槲蕨科)
顶育毛蕨 Cyclosorus terminans (HK.) Shing(金星蕨科)
鼎湖槲(植物志 22)=鼎湖青冈
鼎湖唇柱苣苔 Chirita fordii var. dolichotricha (W.T.Wang) W.T.Wang(苦苣苔科)
鼎湖钓樟 Lindera chunii Merr.(樟科),*耙齿钩,陈氏钓樟,白胶木,千锤打*
鼎湖杜鹃 Rhododendron tingwuense Tam(杜鹃

花科)

鼎湖耳草 Hedyotis effusa Hance(茜草科)

鼎湖后蕊苣苔 Opithandra dinghushanensis W.T.Wang(苦苣苔科)

鼎湖青冈 Cyclobalanopsis dinghuensis (Huang) Y.C.Hsu & H.W.Jen(壳斗科),*鼎湖椆*

鼎湖山毛蕨(蕨类形态)=曲轴毛蕨

鼎湖山毛轴线盖蕨 Monomelangium dinghushanicum Ching & S.H.Wu(蹄盖蕨科),*广东毛子蕨*

鼎湖少穗竹 Oligostachyum pulchellum (Wen) G.H.Ye & Z.P.Wang ?(禾本科)

鼎湖铁线莲 Clematis tinghuensis C.T.Ting(毛茛科)

鼎湖细辛 Asarum magnificum var. dinghuense C.Y.Cheng & C.S.Yang(马兜铃科),*山慈菇*

鼎湖血桐 Macaranga sampsonii Hance(大戟科)

鼎湖鱼藤 Derris tinghuensis P.Y.Chen(豆科)

鼎湖紫珠 Callicarpa tingwuensis H.T.Chang(马鞭草科)

鼎足瓜(蔬菜栽培学)=桃南瓜

定安榕 Ficus dinganensis S.S.Chang (桑科)

定安润楠 Machilus dinganensis S.Lee & F.N. Wei (樟科)

定草根(中草药汇编)=长叶铁角蕨

定春(海南东方)=长苞柿

定春(海南东方)=银钩花

定番兔儿风(新)Ainsliaea cavaleriei Lévl.?(菊科)

定风草(药性论)=天麻

定海根(湖南)=马兜铃

定结灯心草 Juncus cephalostigma var. dingjieensis K.F.Wu(灯心草科)

定结黄芪 Astragalus dingjiensis Ni & P.C.Li(豆科)

定结鳞毛蕨 Dryopteris tingiensis Ching & S.K. Wu (鳞毛蕨科)

定结毛茛 Ranunculus dingjiensis L.Liou(毛茛科)

定结溲疏(植物志 35-1)=波密溲疏

定经草(泉州本草)=长蒴母草

定郎(保亭黎语)=调羹树

定木香(植物志 27)=铁破锣

定日黄芪 Astragalus tingriensis Ni & P.C.Li(豆科)

定心草(广西)=通城虎

定心散(浙江)=定心散观音座莲

定心散观音座莲 Angiopteris officinalis Ching (观音座莲科),*定心散*

定心藤 Mappianthus iodoides Hand.-Mazz.(茶茱萸科),*冻骨风,风药,黄九牛,黄马胎,麦撇花藤,藤蛇总管,甜果藤,铜钻*

定心藤属 Mappianthus Hand.-Mazz.(茶茱萸科)

Diu

丢了棒(广西)=蝉翼藤

丢了棒(生草药性备要)=白桐树

Dong

东安红山茶 Camellia tunganica Chang & B.K.Lee(山茶科)

东坝子黄芪 Astragalus tumbatsica Marq. & Airy-Shaw(豆科)

东北埃蕾(东北检索表)=百金花

东北百合 Lilium distichum Nakai(百合科),*轮叶百合*

东北扁果草 Isopyrum manshuricum Kom.(毛茛科)

东北扁核木 Prinsepia sinensis (Oliv.) Oliv. ex Bean(蔷薇科),*辽宁扁核木,扁胡子,东北蕤核*

东北杓兰 Cypripedium ×ventricosum Sw.(兰科)

东北藨草 Scirpus radicans Schk.(莎草科)

东北薄荷 Mentha sachalinensis (Briq.) Kudo(唇形科),*英生,薄荷叶*

东北柽(华北树木志)=水曲柳

东北茶藨子 Ribes mandshuricum (Maxim.) Kom. (虎耳草科),*满洲茶藨子,山麻子,东北醋李,狗葡萄,山樱桃,灯笼果*

东北长鞘当归 Angelica cartilaginomarginata var. matsumurae (de Boiss.) Kitag.(伞形科),*长鞘独活*

东北齿缘草 Eritrichium mandshuricum M.Pop. (紫草科)

东北赤杨(东北木本志)=东北桤木

东北刺人参(东北检索表)=刺参

东北醋李 (小兴安岭植物)=东北茶藨子

东北大戟(植物志 44-3)=乳浆大戟

东北点地梅 Androsace filiformis Ketz.(报春花科)

东北短肠蕨 Allantodia taquetii (C.Chr.) Ching (蹄盖蕨科)

东北多足蕨 Polypodium virginianum L.(水龙骨科),*东北水龙骨,小水龙骨*

东北峨眉蕨 Lunathyrium pycnosorum (Christ) Koidz.(蹄盖蕨科),*亚美蹄盖蕨,亚美峨眉蕨,尖叶峨眉,长白山峨眉蕨,山东峨眉蕨,峨眉蕨贯众*

东北繁缕(高等图鉴补编)=兴安繁缕

东北风毛菊 Saussurea manshurica Kom.(菊科)

东北凤仙花 Impatiens furcillata Hemsl.(凤仙花科),*长距凤仙花*

东北拂子茅 Calamagrostis kengii T.F.Wang(禾本科),*耿氏拂子茅*

东北高翠雀花 Delphinium korshinskyanum Nevski (毛茛科)

东北贯众(东北药志)=粗茎鳞毛蕨

东北鹤虱(东北检索表)=异刺鹤虱

东北黑松(东北木本志)=油松

东北黑榆(东北木本志)=黑榆

东北红豆杉 Taxus cuspidata S. & Z.(红豆杉科),*紫杉,赤柏松,米树,宽叶紫杉,紫柏松*

东北虎耳草(高等图鉴)=腺毛虎耳草

东北蛔蒿 Seriphidium finitum (Kitag.) Ling & Y.R.Ling(菊科),*塔乐斯图-哈木巴,沙里尔日*

东北棘豆(豆科图说)=砂珍棘豆

东北假水晶兰(分类学报)=球果假水晶兰

东北碱茅(新拉汉英)=柔枝碱茅

东北金挖耳(东北检索表)=暗花金挖耳

东北金鱼藻(植物志 27)=粗糙金鱼藻

东北堇菜 Viola mandshurica W.Beck.(堇菜科),*紫花地丁*

东北锦鸡儿 Caragana manshurica Kom.(豆科),*骨担柴*

东北桔梗(新)Astrocodon expanscus (Rud.) Fed.? (桔梗科)

东北看麦娘 Alopecurus mandshuricus Litw.(禾本科)

东北老鹳草 Geranium erianthum DC.(牻牛儿苗科),*大花老鹳草*

东北雷公藤 Tripterygium regelii Sprague & Takeda (卫矛科),*黑蔓*

东北李 Prunus ussuriensis Kov. & Kost.(蔷薇科),*乌苏里李*

东北连翘 Forsythia mandschurica Uyeki(木犀科)

东北菱(东北草本志)=四角大柄菱

东北菱 Trapa manshurica Flerow(菱科),*短颈东北菱*

东北柳叶菜 Epilobium ciliatum Raf.(柳叶菜科)

东北龙胆(东北检索表)=条叶龙胆

东北牡蒿 Artemisia manshurica (Kom.) Kom. (菊科),*关东牡蒿*

东北木蓼 Atraphaxis manshurica Kitag.(蓼科)

东北木通(四川)=关木通

东北南星 Arisaema amurense Maxim.(天南星科),*长虫苞米,山苞米,天南星,大参,天老星,虎掌*

东北牛防风(东北草本志)=短毛独活

东北婆婆纳(植物志 67-2)=东北穗花

东北婆婆纳 Veronica arotunda var. subintegra (Nakai) Yamazaki?(玄参科)

东北蒲公英 Taraxacum ohwianum Kitam.(菊科)

东北桤木 Alnus mandshurica (Callier) Hand.-Mazz. (桦木科),*东北赤杨*

东北槭 Acer mandshuricum Maxim.(槭树科),*关东槭,满洲槭,白牛槭*

东北千里光(植物志 77-1)=琥珀千里光

东北蕤核(拉汉名称)=东北扁核木

东北瑞香 Daphne pseudomezereum A.Gray(瑞香科)

东北三肋果 Tripleurospermum tetragonospermum (F.Schmidt) Pobed.(菊科),*褐苞三肋果*

东北山荷叶 Diphylleia grayi Fr.Schmidt. (小檗科),*山荷叶,日本二叶草*

东北山黧豆 Lathyrus vaniotii Lévl.(豆科),*小叶涝豆,涝豆秧子*

东北山蚂蝗(豆科图说)=宽卵叶长柄山蚂蝗

东北山梅花 Philadelphus schrenkii Rupr.(虎耳草科),*辽东山梅花,石氏山梅花*

东北舌唇兰 Platanthera cornu-bovis Nevski(兰科),*长白舌唇兰*

东北蛇葡萄 Ampelopsis heterophylla var. brevipedunculata (Regel) C.L.Li(葡萄科)

东北石杉 Huperzia miyoshiana (Makino) Ching (石杉科)

东北鼠李 Rhamnus schneideri var. manshurica Nakai(鼠李科)

东北鼠麴草 Gnaphalium mandshuricum Kirp. (菊科)

东北水龙骨(高等图鉴)=东北多足蕨

东北水马齿 Callitriche palustris var. elegans (V.Petr.) Y.L.Chang(马齿苋科)

东北丝裂蒿 Artemisia adamsii Bess.(菊科),*阿氏蒿,(丝叶蒿,雅夫风-沙里尔日,呼尔干-沙里尔日*

东北溲疏 Deutzia parviflora var. amurensis Rgl. (虎耳草科),*阿穆尔小花溲疏*

东北穗花 Pseudolysimachion rotundum subsp. subintegrum (Nakai) D.Y.Hong(玄参科),*东北婆婆纳*

东北蹄盖蕨 Athyrium brevifrons Nakai ex Kitag. (蹄盖蕨科),*长白山蹄盖蕨,带岭蹄盖蕨,短叶蹄盖蕨,多齿蹄盖蕨,河北蹄盖蕨,猴腿蹄盖蕨,雾灵山蹄盖蕨*

东北甜茅 Glyceria triflora (Korsh.) Kom.(禾本科),*三花甜茅*

东北铁线莲(中药辞海)=辣蓼铁线莲

东北透骨草(东北药志)=山野豌豆

东北土当归 Aralia continentalis Kitag.(五加科),*长白楤木,香秸颗*

东北猬草 Hystrix komarovii (Roshev.) Ohwi (禾本科)
东北细叶沼柳 Salix rosmarinifolia var. tungbeiana Y.L.Chou & Skv.(杨柳科)
东北小米草 Euphrasia amurensis Freyn(玄参科)
东北小叶茶藨子 Ribes pulchellum var. manshuriense Wang & Li(虎耳草科)
东北杏 Armeniaca mandshurica (Maxim.) Skv.(蔷薇科),*辽杏,杏子,杏仁*
东北熊疏(长白山)=复序橐吾
东北绣线梅 Neillia uekii Nakai(蔷薇科)
东北玄参 Scrophularia mandshurica Maxim.?(玄参科)
东北鸦葱 Scorzonera manshurica Nakai(菊科)
东北亚鳞毛蕨 Dryopteris coreano-montana Nakai(鳞毛蕨科)
东北延胡索(中药辞海)=夏天无
东北岩高兰 Empetrum nigrum var. japonicum K.Koch(岩高兰科)
东北岩蕨(植物志 4-2)=膀胱蕨
东北燕尾风毛菊(长白山药志)=龙江风毛菊
东北羊角芹 Aegopodium alpestre Ledeb.(伞形科)
东北杨 Populus girinensis Skv.(杨柳科)
东北茵陈蒿(东北,华北各省区)=茵陈
东北淫羊藿(中草药汇编)=朝鲜淫羊藿
东北玉簪 Hosta ensata F.Maekawa(百合科)
东北鸢尾(东北部检索表)=长白鸢尾
东北鸢尾(庐山植物手册)=玉蝉花
东北元胡(东北)=折曲黄堇
东北越桔柳 Salix myrtilloides var. mandshurica Nakai(杨柳科)
东北獐牙菜(植物志 62)=宿根獐牙菜
东北珍珠梅(高等图鉴)=珍珠梅
东北猪殃殃 Galium davuricum var. manshuricum (Kitag.) Hara(茜草科)
东贝母 Fritillaria thunbergii var. chekiangensis Hsiao & K.C.Hsia(百合科),*东阳贝母*
东部线柱兰 Zeuxine tabiyahanensis (Hay.) Hay.(兰科),*台湾拟线柱兰*
东川粗筒苣苔 Briggsia mairei Craib(苦苣苔科)
东川当归 Angelica duclouxii Fedde ex Wolff(伞形科)
东川灯心草 Juncus dongchuanensis K.F.Wu(灯心草科)
东川短檐苣苔 Tremacron mairei Craib(苦苣苔科)
东川风毛菊 Saussurea dimorphaea Franch.(菊科)
东川凤仙花 Impatiens blinii Lévl.(凤仙花科)
东川花佩菊(新)Faberia ceterach Beauverd?(菊科)
东川拉拉藤(云南植物名录)=小猪殃殃
东川毛鳞菊(新)Chaetoseris bonatii (Beauverd) Shih?(菊科)
东川磨芋 Amorphophallus mairei Lévl.(天南星科)
东川浅黄马先蒿 Pedicularis lutescens subsp. tongtchuanensis (Bonati) Tsoong(玄参科),*浅黄马先蒿东川亚种*
东川石蝴蝶 Petrocosmea mairei Lévl.(苦苣苔科)
东川鼠尾草 Salvia mairei Lévl. (唇形科)
东川小檗(新拉汉英)=麦氏小檗(新)
东川小檗 Berberis dongchuanensis Ying(小檗科)
东川早熟禾 Poa mairei Hack.(禾本科)
东当归 Angelica acutiloba (S. & Z.) Kitag.(伞形科),*延边当归,日本当归*
东党(中草药汇编)=党参
东俄洛百蕊草(西藏志)=藏东百蕊草
东俄洛报春 Primula tongolensis Franch.(报春花科)
东俄洛变种(高等图鉴)=东俄洛沙蒿
东俄洛风毛菊 Saussurea pachyneura Franch.(菊科)
东俄洛凤仙花 Impatiens toxophora HK.f.(凤仙花科)
东俄洛黄芪 Astragalus tongolensis Ulbr.(豆科),*塘谷耳黄芪*
东俄洛棱子芹(新)Pleurospermum albimarginatum Wolff?(伞形科)
东俄洛龙胆 Gentiana tongolensis Franch.(龙胆科)
东俄洛马先蒿 Pedicularis tongolensis Franch.(玄参科)
东俄洛南星 Arisaema souliei Buchet (天南星科)
东俄洛沙蒿 Artemisia desertorum var. tongolensis Pamp.(菊科),*沙蒿,东俄洛变种*
东俄洛橐吾 Ligularia tongolensis (Franch.) Hand.-Mazz.(菊科)
东俄洛乌头(植物志 27)=新都桥乌头
东俄洛紫菀 Aster tongolensis Franch.(菊科)
东俄芹属 Tongoloa Wolff (伞形科)
东方草莓 Fragaria orientalis Lozinsk.(蔷薇科),*结根草莓,野草莓,莓子,地瓢,子子酒曾*
东方茶藨子 Ribes orientale Desf.(虎耳草科),*柱腺茶藨*
东方虫实 Corispermum orientale Lam.(藜科)
东方茨藻 Najas orientalis Triest & Uotila (茨藻科)
东方大蒜芥 Sisymbrium orientale L.(十字花科)
东方福木 Elaeodendron orientale Jacq.(卫矛科)
东方狗脊 Woodwardia orientalis Sw.(乌毛蕨科),*大叶狗脊,老骨头,贯众,东方狗脊蕨*
东方狗脊蕨(中药辞海)=东方狗脊
东方古柯 Erythroxylum sinensis C.Y.Wu(古柯科),*猫脷木,木豇豆*
东方瓜馥木 Fissistigma tungfangense Tsiang & P.T.Li(番荔枝科)
东方旱麦草 Eremopyrum orientale (L.) Jaub. & Spach(禾本科)
东方蒿 Artemisia orientali-hengduangensis Ling & Y.R.Ling(菊科),*白蒿*
东方黑种草 Nigella orientalis L.(毛茛科)
东方黄花稔 Sida orientalis Cavan.(锦葵科)
东方黄芩 Scutellaria orientalis L.(唇形科)
东方荚果蕨 Matteuccia orientalis (HK.) Trev.(球子蕨科)
东方疆南星 Arum orientale M.Bieb.(天南星科)
东方筋骨草 Ajuga orientalis L.(唇形科)
东方堇菜 Viola orientalis (Maxim.) W.Beck.(堇菜科),*朝鲜堇菜,黄花堇菜,小堇菜*
东方蕨麻 Potentilla anserina var. orientalis Card.? (蔷薇科)
东方狼尾草 Pennisetum orientale L.C.Rich (禾本科)
东方蓼(药用志,植物志 25-1)=红蓼
东方毛蕨 Cyclosorus orientalis Ching ex Shing (金星蕨科)
东方毛蕊花 Verbascum chaixii subsp. orientale Hayek(玄参科)
东方槭 Acer orientale L.(槭树科)
东方琼楠 Beilschmiedia tungfangensis S.Lee & L.Lau(樟科)
东方肉穗草 Sarcopyramis bodinieri var. delicata (C.B.Robins.) C.Chen(野牡丹科),*肉穗草,肉穗野牡丹*
东方瑞兹亚 Rhazya orientalis A.DC.(夹竹桃科)
东方沙枣 Elaeagnus angustifolia var. orientalis (L.) Kuntze(胡颓子科)
东方蛇葡萄 Ampelopsis orientalis (Lam.) Planch. (葡萄科)
东方石竹(经济植物手册)=缝裂石竹
东方水锦树 Wendlandia tinctoria subsp. orientalis Cowan(茜草科),*沙牛木*
东方水青冈 Fagus orientalis Lipsky.(壳斗科)
东方薹草 Carex tungfangensis L.K.Dai & S.M. Huang (莎草科)
东方藤竹 Dinochloa orenuda McClure?(禾本科)
东方铁线莲 Clematis orientalis L.(毛茛科),*铁线莲*
东方乌毛蕨(中药大辞典)=乌毛蕨
东方乌头 Aconitum orientale Mill.(毛茛科)
东方香科 Teucrium orientale L.(唇形科)
东方香蒲(植物志 8)=香蒲
东方小檗 Berberis orientalis Schneid.(小檗科)
东方肖榄 Platea parvifolia Merr. & Chun(茶茱萸科)
东方羊茅 Festuca arundinacea subsp. orientalis (Hack.) Tzvel.(禾本科),*中亚羊茅*
东方野决明 Thermopsis lanceolata var. glabra (Czefr) Yakovl.(豆科)
东方野扇花 Sarcococca orientalis C.Y.Wu(黄杨科)
东方野豌豆 Vicia japonica A.Gray(豆科),*日本野豌豆*
东方鸢尾(植物学杂志)=溪荪
东方鸢尾 Iris dolichosiphon subsp. orientalis Noltie(鸢尾科)
东方云杉 Picea orientalis (L.) Link.(松科)
东方泽泻 Alisma orientale (Samuel.) Juz.(泽泻科),*泽泻*
东方针茅 Stipa orientalis Trin.(禾本科)
东方猪毛菜 Salsola orientalis S.G.Gmel.(藜科),*直立猪毛草*
东方紫金牛 Ardisia elliptica Thunb.(紫金牛科),*春不老*
东防风(东北)=防风
东非假蛇尾草 Heteropholis sulcata C.E.Hubb.(禾本科)
东非罗汉松 Podocarpus gracilior Pilg.(罗汉松科)
东非拟崖椒 Fagaropsis angolensis Dale.(芸香科)
东风菜 Doellingeria scaber (Thunb.) Nees(菊科),*白云草,草三七,疙瘩药,尖叶山苦荬,盘龙草,山白菜,山蛤芦,山田七,土苍术,仙白草,小叶青,钻山狗,钻山狗*
东风菜属 Doellingeria Nees.(菊科)
东风草 Blumea megacephala (Rangeria) Chang & Tseng(菊科),*白花九里明,华艾纳香,管牙,大头艾纳香*
东风橘(增订岭南采药录)=酒饼簕
东莨菪 Scopolia japonica Maxim.(茄科),*唐充,日本颠茄*
东沟柳 Salix donggouxianica C.F.Fang(杨柳科)
东瓜(瀛涯胜览)=冬瓜

东海铁角蕨 Asplenium castaneo-viride Bak.(铁角蕨科),*曲阜铁角蕨*

东疆红景天(植物志 34-1)=红景天

东京杜鹃花 Rhododendron yedoense Maxim.(杜鹃花科)

东京沟瓣 Glyptopetalum tonkinense Pitard (卫矛科)

东京钩藤(药学学报)=北越钩藤

东京鳞毛蕨 Dryopteris tokyoensis (Matsum. ex Makino) C.Chr.(鳞毛蕨科)

东京龙脑香 Dipterocarpus retusus Bl.(龙脑香科)

东京山柑 Capparis tonkinensis Hshm(山柑科)

东京四照花 Dendrobenthamia tonkinensis Fang (山茱萸科)

东京桐 Deutzianthus tokinensis Gagn.(大戟科)

东京桐属 Deutzianthus Gen.(大戟科)

东京银背藤 Argyreia pierreana Boiss.(旋花科),*滇一匹绸,一匹绸,牛白藤,个吉芸*

东京樱桃 Cerasus yedoensis (Matsum.) Yü & Li(蔷薇科),*日本樱花,樱花*

东京油楠 Sindora tonkinensis A.Cheval. ex K. & S.S.Larsen(豆科)

东京鱼藤 Derris tonkinensis Gagn.(豆科),*越南鱼藤*

东京紫玉盘(分类学报)=扣匹

东久橐吾 Ligularia tongkyukensis Hand.-Mazz.(菊科)

东菊(贵州民间药物)=短莛飞蓬

东里华核果茶(新拉汉英)=景洪核果茶

东陵八仙花(树木分类学)=东陵绣球

东陵冷杉(树木分类学)=臭冷杉

东陵绣球 Hydrangea bretschneideri Dipp.(虎耳草科),*东陵八仙花,柏氏八仙花,铁杆花儿结子,光叶东陵绣球*

东洛显著小檗 Berberis insignis var. tongloensis Schneid.(小檗科)

东美人 Graptopetalum paraguayense (N.E.Br.) Walth. (景天科),*风车草*

东绵马(东北药志)=粗茎鳞毛蕨

东木纳丝哇(藏名)=毛黄堇

东南菜(贵州威宁)=紫芋

东南长蒴苣苔 Didymocarpus hancei Hemsl.(苦苣苔科),*石茶,石麻婆子草,石芥菜*

东南荚蒾(拉汉名称)=南方荚蒾

东南景天 Sedum alfredii Hance(景天科),*石板菜,变叶景天,石上老姐耳,石上瓜子菜*

东南菊(新华本草纲要)=小蓝雪花

东南栲(植物志 22)=秀丽锥

东南鳞毛蕨(浙江药志)=阔鳞鳞毛蕨

东南瘤足蕨 Plagiogyria euphlebia var. triquetra (Wall.) Ching (瘤足蕨科)

东南南蛇藤 Celastrus punctatus Thunb.(卫矛科),*光果南蛇藤*

东南爬山虎(分类学报)=大果俞藤

东南飘拂草 Fimbristylis pierotii Miq.(莎草科)

东南葡萄 Vitis chunganensis Hu(葡萄科)

东南茜草 Rubia argyi (Lévl. & Vant.) Hara ex L.A.Lauener & D.K.Ferguson(茜草科),*主线草*

东南山梗菜(植物志 73-2)=线萼山梗菜

东南蛇根草 Ophiorrhiza mitchelloides (Massam.) Lo(茜草科)

东南铁角蕨 Asplenium oldhami Hance (铁角蕨科),*俄氏铁角蕨*

东南夏腊梅 Calycanthus fertilis Walt. ?(蜡梅科)

东南星蕨(孢子植物)=攀援星蕨

东南悬钩子 Rubus tsangorum Hand.-Mazz.(蔷薇科)

东南亚凤尾蕨(广西药用名录)=傅氏凤尾蕨

东南野桐 Mallotus lianus Croiz.(大戟科),*黄栗树*

东南紫金牛(高等图鉴)=多枝紫金牛

东平静摺唇兰(台湾志)=阔叶竹茎兰

东墙(齐民要术)=沙蓬

东廧(本草拾遗)=沙蓬

东廧子(本草拾遗)=沙蓬

东日色尔瓦(四川若尔盖)=迭裂黄堇

东山黄芪(高等图鉴)=黄芪

东氏银莲花 Anemone tschernjaewii Rhl.(毛茛科)

东丝儿(西藏藏语)=尖突黄堇

东丝勒(西藏藏语)=尖突黄堇

东天山黄芪 Astragalus borodinii Krassn.(豆科)

东莞润楠 Machilus longipes H.T.Chang(樟科),*长梗楠*

东线藤(广西)=细圆藤

东兴粗筒苣苔 Briggsia dongxingensis Chun ex K.Y.Pan(苦苣苔科)

东兴黄竹 Bambusa corniculata Chia & H.L. Fung (禾本科),*黄竹*

东兴金花茶 Camellia tunghinensis Chang(山茶科)

东兴山龙眼 Helicia cauliflora Merr.(山龙眼科)

东亚柄盖蕨 Peranema cyatheoides var. luzonicum (Cop.) Ching & S.H.Wu(球盖蕨科)

东亚峨眉蕨 Lunathyrium orientale Z.R.Wang & J.J.Chien ex J.J.Chien(蹄盖蕨科),*亚蹄盖蕨,深山蹄盖蕨*

东亚耳草 Hedyotis lineata Roxb.(茜草科)

东亚假鳞毛蕨(台湾志)=峨眉介蕨

东亚脉叶兰(台湾志)=广布芋兰

东亚囊瓣芹 Pternopetalum tanakae (Franch. & Sav.) Hand.-Mazz.(伞形科)

东亚女贞 Ligustrum obtusifolium subsp. microphyllum (Nakai) P.S.Green (木犀科)

东亚市藜 Chenopodium urbicum subsp. sinicum Kung & G.L.Chu(藜科)

东亚唐棣 Amelanchier asiatica (S. & Z.) Endl. ex Walp.(蔷薇科)

东亚唐松草 Thalictrum minus var. hypoleucum (S. & Z.) Miq.(毛茛科),*烟锅草,金鸡脚下黄,佛爷指甲,穷汉子腿,马尾连*

东亚文殊兰 Crinum asiaticum L.(石蒜科)

东亚细穗草胡椒(海南志 20-1)=石蝉草

东亚仙女木 Dryas octopetala var. asiatica (Nakai) Nakai(蔷薇科),*多瓣木,宽叶仙女木*

东亚岩蕨 Woodsia intermedia Tagawa(岩蕨科),*中岩蕨*

东亚羊茅 Festuca litvinovii (Tzvel.) E.Alexeev (禾本科)

东亚羽节蕨 Gymnocarpium oyamense (Bak.) Ching(蹄盖蕨科),*大山羽节蕨,羽节蕨*

东亚栉齿蒿 Artemisia maximowicziana (F.Schum.) Krsch. ex Poljak.(菊科)

东亚紫茉莉(秦岭志)=中华山紫茉莉

东亚紫茉莉(中药资源志要)=山紫茉莉

东阳贝母(Flora 24)=东贝母

东阳青皮竹 Phyllostachys virella Wen (禾本科)

东洋蹄盖蕨(台湾志)=假蹄盖蕨

东义紫堇 Corydalis adoxifolia C.Y.Wu(罂粟科)

东印度柠檬草(商品名)=曲序香茅

东瀛杜鹃花 Rhododendron nipponicum Matsumura (杜鹃花科)

东瀛鹅观草 Roegneria mayebarana (Honda) Ohwi (禾本科),*前原鹅观草*

东瀛珊瑚(树木分类学)=青木

东瀛四照花(分类学报)=日本四照花

东至景天 Sedum dongzhiense D.Q.Wang & Y.L. Shi (景天科)

东爪草 Tillaea aquatica L.(景天科)

东爪草属 Tillaea L.(景天科)

东紫堇 Corydalis buschii Nakai(罂粟科)

东紫苏 Elsholtzia bodinieri Vant.(唇形科),*半边红花,凤尾茶,山茶,山茶叶,铁线夏蕨草,土茶,香苏茶,小山茶,小松毛茶,小香茶,小香薷,小叶茶,锈山茶,鸭子草,牙刷草,野山茶,云松茶*

冬白花欧石南 Erica hyemalis Nichols.(杜鹃花科),*法国欧石南*

冬菠(福建)=高粱泡

冬茶藨(树木志)=革叶茶藨子

冬赤箭(台湾兰科植物)=冬天麻

冬虫草(广西)=地蚕

冬虫夏草(广西桂平)=地蚕

冬刺天门冬(中药辞海)=多刺天门冬

冬地梅(中药大辞典)=重瓣臭茉莉

冬豆子(四川中药志)=大豆

冬番红花 Crocus etruscus Maw.(鸢尾科)

冬风菜(广西药用名录)=野茼蒿

冬凤兰 Cymbidium dayanum Rchb.f.(兰科)

冬瓜 Benincasa hispida (Thunb.) Cogn.(葫芦科),*白冬瓜皮,白瓜,地芝,东瓜,瓜瓤,瓜子,节瓜,濮瓜,蔬蔬,水芝,枕瓜*

冬瓜木(广东英德)=赤杨叶

冬瓜木(云南)=陀螺果

冬瓜树(罗江县志)=番木瓜

冬瓜杨 Populus purdomii Rehd.(杨柳科),*太白杨,大叶杨*

冬瓜属 Benincasa Savi (葫芦科)

冬癸子(海南志)=磨盘草

冬寒菜(图考)=冬葵

冬寒苋菜(湖南,贵州,四川)=冬葵

冬红 Holmskioldia sanguinea Retz.(马鞭草科),*冬红花*

冬红短柱茶 Camellia kiemalis Nakai(山茶科)

冬红花(科属辞典)=冬红

冬红花属(科属辞典)=**冬红属**

冬红属 Holmskioldia Retz.(马鞭草科),*冬红花属*

冬花(甘肃,陕西)=毛裂蜂斗菜

冬花(植物志 77-1)=款冬

冬花火焰兰 Renanthera monachica Amers (兰科)

冬花秋海棠 Begonia hiemalis Fotsch.(秋海棠科)

冬灰(本经)=藜

冬葵(药典 2000)=野葵

冬葵 Malva crispa L.(锦葵科),*葵菜,冬寒苋菜,薪菜,皱叶锦葵,冬寒菜*

冬里麻(峨眉药用植物)=长叶水麻

冬凌草(河南)=碎米桠

冬绿茶(山西)=河南海棠

冬绿鹿蹄草(新拉汉英)=大花鹿蹄草

冬栾条(陇海树产目录)=陕西荚蒾

冬麻(西藏)=冬麻豆

冬麻豆 Salweenia wardii Baker f.(豆科),*冬麻*

冬麻豆属 Salweenia Baker f.(豆科)

冬牛(浙江)=高粱泡

冬膨(藏名)=天麻

冬葡萄 Vitis berlandieri Planch.(葡萄科)

冬青(纲目)=女贞
冬青(辽宁)=槲寄生
冬青(内蒙志)=沙冬青
冬青 Ilex chinensis Sims(冬青科),*冻青树子,冻冬,四季青*
冬青沟瓣 Glyptopetalum aquifolium (Loes. & Rehd.) C.Y.Cheng & Q.S.Ma(卫矛科),*尖齿卫矛*
冬青果(江西)=梾木
冬青科 Aquifoliaceae
冬青卫矛 Euonymus japonicus L.(卫矛科),*正木,大叶黄杨,调经草,八木,四季青*
冬青叶(云南)=地檀香
冬青叶杜鹃花 Rhododendron prinophyllum (Small.) Millaris (杜鹃花科)
冬青叶桂花 Osmanthus ilicifolius (Hassk.) Mouillef (木犀科)
冬青叶桂樱 Laurocerasus aquifolioides Chun ex Yü & Lu(蔷薇科)
冬青叶洛美塔 Lomatia ilicifolia R.Br.(山龙眼科)
冬青叶秋海棠 Begonia cubensis Hassk.(秋海棠科)
冬青叶山茶 Camellia ilicifolia Y.K.Li ex Chang (山茶科)
冬青叶十大功劳 Mahonia aquifolium (Pursh.) Nutt. (小檗科)
冬青叶鼠刺 Itea ilicifolia Oliv.(虎耳草科),*月月青*
冬青叶鼠李 Rhamnus crocea var. ilicifolia (Kell.) Greene (鼠李科)
冬青叶兔唇花 Lagochilus ilicifolius Bge.(唇形科)
冬青叶小檗 Berberis ilicifolia Forst.(小檗科)
冬青叶帚菊木 Mutisia ilicifolia Cav.(菊科)
冬青属 Ilex L.(冬青科)
冬青子(西藏中草药)=粗壮女贞
冬珊瑚(湖南安江)=珊瑚豆
冬丝儿(西藏)=尖突黄堇
冬丝儿(西藏)=金球黄堇
冬司(民族药志)=尖突黄堇
冬桃(江西遂川)=伯乐树
冬桃 Elaeocarpus assimilis Chun (杜英科)
冬天麻 Gastrodia hiemalis T.P.Lin(兰科),*冬赤箭*
冬苋菜(云南,华北经济志要)=野葵
冬香草 Satureja montana L.(唇形科)
冬至小檗 Berberis brumalis Machbride (小檗科)
冬竹 Fargesia hsuehiana Yi (禾本科),*薛氏箭竹*
董拉摆(侗族名)=江南越桔
董氏百合 Lilium ×maculatum Thunb.(百合科)
董氏萱草 Hemerocallis thunbergii Baker (禾本科)
董睡(湖南蓝山瑶语)=波缘楤木
董棕 Caryota urens L.(棕榈科),*酒假桄榔,果榜*
动蕊花 Kinostemon ornatum (Hemsl.) Kudo(唇形科),*镰叶动蕊花*
动蕊花属 Kinostemon Kudo(唇形科)
冻地银莲花 Anemone rupestris subsp. gelida (Maxim.) Lauener(毛茛科)
冻冬(本草拾遗)=冬青
冻骨风(广西药用名录)=定心藤
冻绿(江西,浙江)=山鼠李
冻绿(四川)=甘青鼠李
冻绿(浙江)=圆叶鼠李
冻绿(植物志 48-1)=长叶冻绿
冻绿 Rhamnus utilis Decne.(鼠李科),*大脑头,冻绿柴,冻绿树,冻木树,狗李,过路黄,黑狗丹,红冻,鹿蹄根,绿泥根,绿皮刺,拾绿皮,鼠李,小黄,油葫芦子*
冻绿柴(浙江)=冻绿
冻绿树(安徽)=圆叶鼠李
冻绿树(四川城口)=桃叶鼠李
冻绿树(植物志 48-1)=冻绿
冻木树(植物志 48-1)=冻绿
冻青(东北,河北)=槲寄生
冻青树子(濒湖集简方)=冬青
冻青叶(昆明草药)=滇润楠
冻原白蒿 Artemisia stracheyi HK.f. & Thoms. ex C.B.Clarke(菊科)
冻原繁缕 Stellaria irrigua Bge.(石竹科)
冻原薹草 Carex siroumensis Koidz.(莎草科)
峒冻(毛难族名)=木鳖子
洞川黄芪 Astragalus tungensis Simps.(豆科)
洞里仙(纲目拾遗)=夏天无
洞里仙(浙药志)=虎尾铁角蕨
洞里仙(浙药志)=铁角蕨
洞生蜘蛛抱蛋 Aspidistra cavicola D.Fang & K. C.Yen (百合科)
洞庭红(植物志 43-2)=早红
洞庭皇 Ginkgo biloba cv. Dongtinghuang(银杏科)
硐龙络(苗名,贵州草药)=柃木

Dou

兜(新拉汉英)=星球
兜瓣萝蒂(秦岭志)=紫斑洼瓣花
兜被兰(西藏志,横断山植物)=二叶兜被兰
兜被兰 Neottianthe pseudodiphylax (Kraenzl.) Schltr.(兰科)
兜被兰属 Neottianthe Schltr.(兰科)
兜唇带叶兰 Taeniophyllum obtusum Bl.(兰科)
兜唇石斛 Dendrobium aphyllum (Roxb.) C.E. Fischer (兰科)
兜尖卷叶杜鹃 Rhododendron roxieanum var. cucullatum (Hand.-Mazz.) Chamb. ex Culle & Chamb.(杜鹃花科)
兜兰属 Paphiopedilum Pfitz(兰科)
兜藜 Panderia turkestanica Iljin (藜科)
兜藜属 Panderia Fisch. & Mey.(藜科),*潘得藜属,齿兜藜属*
兜莲菜(广西志)=血水草
兜铃(本草述钩玄)=北马兜铃
兜铃(滇南本草)=木蝴蝶
兜铃根(唐本草)=马兜铃
兜娄婆香(药用志)=藿香
兜鞘垂头菊 Cremanthodium cucullatum Ling & S.W.Liu(菊科)
兜蕊兰 Androcorys ophioglossoides Schltr.(兰科)
兜蕊兰属 Androcorys Schltr. (兰科)
兜状多穗兰 Polystachya cucullata (Afzel) Dur. & Schinz (兰科)
兜状哈克 Hakea cucullata R.Br.(山龙眼科)
兜状瘤瓣兰 Oncidium cucullatum Lindl.(兰科)
兜状青藤 Illigera trifoliata subsp. cucullata (Merr.) Kubitzki(莲叶桐科)
兜状秋海棠 Begonia cucullata Willd.(秋海棠科)
斗大结考日(青海)=四数獐牙菜
斗登风(植物志 39)=格木
斗斛草(植物志 71-1)=香茜
斗鸡草(江西)=镰叶瘤足蕨
斗笠花(福建)=广西过路黄
斗鹿(植物大辞典)=长蒴黄麻
斗牛儿苗(救荒本草)=牻牛儿苗
斗蓬草(广西志)=血水草
斗蓬草(种子植物名称)=羽衣草
斗蓬草属(秦岭志)=**羽衣草属**
斗蓬花(陕西)=蜀葵
斗霜红(庐山)=山桐子
斗雪红(纲目)=月季花
斗雪开(江西)=瑞香
斗叶马先蒿 Pedicularis cyathophylla Franch.(玄参科)
斗竹 Oligostachyum spongiosum (C.D.Chu & C. S.Chao) G.H.Ye & Z.P.Wang(禾本科)
陡生杜鹃 Rhododendron declivatum Ching & H. P.Yang (杜鹃花科)
陡崖杏叶柯(海南志)=杏叶柯
豆瓣菜(广西)=豆瓣绿
豆瓣菜(贵州)=小二仙草
豆瓣菜(秦岭志)=垂盆草
豆瓣菜(四川)=圆叶节节菜
豆瓣菜 Nasturtium officinale R.Br.(十字花科),*西洋菜,水田芥,水蔊菜,水生菜,水芥菜*
豆瓣菜属 Nasturtium R.Br.(十字花科)
豆瓣草(广西植物名录)=小二仙草
豆瓣柴(贵州)=铁仔
豆瓣还阳(湖北)=小山飘风
豆瓣还阳(湖北志)=费菜
豆瓣鹿含(禄劝)=乌蒙黄堇
豆瓣鹿衔(中草药汇编)
豆瓣鹿衔草(图考)=豆瓣绿
豆瓣绿(新拉汉英)=善氏豆瓣绿(新)
豆瓣绿(云南)=石蝉草
豆瓣绿(云南中草药)=青龙藤
豆瓣绿 Peperomia tetraphylla (Forst.f.) HK. & Arn. (胡椒科),*豆瓣菜,豆瓣鹿衔草,豆瓣如意,瓜子鹿衔,四块瓦,岩豆瓣毛叶豆瓣绿*
豆瓣七(云南药用名录)=狭叶楼梯草
豆瓣如意(云南)=豆瓣绿
豆瓣香树 Osyris wightiana var. rotundifolia (Lecomte) Tam(檀香科)
豆瓣叶(中草药汇编)=槐叶决明
豆瓣子菜(改订植物名汇)=垂盆草
豆包还阳(湖北志)=费菜
豆菜(贵州世间药物)=歪头菜
豆茶决明 Cassia nomame (Sieb.) Kitag.(豆科),*关门草,莲子草,山扁豆,山菜叶,山梅豆,山野扁豆,水皂角,夜关草*
豆豉菜(云南)=败酱
豆豉菜根(贵州方药集)=蜘蛛香
豆豉草(贵州方药集)=蜘蛛香
豆豉草(四川)=蝴蝶花
豆豉姜(广东)=山鸡椒
豆豆苗(豆科图说)=兴安胡枝子
豆豆苗(名医别录)=野苜蓿
豆腐菜(云南)=落葵
豆腐草(安徽)=豆腐柴
豆腐柴 Premna microphylla Turcz.(马鞭草科),*臭黄荆,豆腐草,腐婢,观音草,观音柴,土常山,土黄芪,止血草*
豆腐柴属 Premna L.(马鞭草科),*臭黄荆属,腐婢属,千解草属*
豆腐果 Buchanania latifolia Roxb.(漆树科),*天干果*
豆腐花(广西)=狗牙花
豆腐木(广西)=海南树参
豆腐头(广东)=交让木
豆腐渣果(云南)=深绿山龙眼

豆杆沙(丽江)=大锥香茶菜
豆格蛊(贵州)=美脉花楸
豆根(湖北)=管萼山豆根
豆果榕 Ficus pisocarpa Bl.(桑科),*龙树*
豆撼(傣族名)=红花
豆槐(植物志 40)=槐
豆黄(食疗本草)=大豆
豆黄卷宗(长沙药解)=大豆
豆寄生(江苏及北方诸省)=菟丝子
豆角(高等图鉴)=菜豆
豆角(通称)=长豇豆
豆角(医林纂要)=豇豆
豆角柴(贵州草药)=西南杭子稍
豆角黄瓜(植物志 73-1)=蛇瓜
豆角木(广西兽医植物)=菜豆树
豆角消(江西)=短毛熊巴掌
豆科 Fabaceae
豆蔻(图考)=草果药
豆蔻(植物志 16-2)=白豆蔻
豆蔻(植物志 16-2)=草豆蔻
豆蔻属 Amomum Roxb.(姜科)
豆梨 Pyrus calleryana Dcne.(蔷薇科),*杜梨,灰梨,梨丁子,梨宁子,鹿梨,山梨,鼠梨,树梨,酸梨,糖梨,阳檖,杨檖,野梨*
豆梨柳叶变种(植物志 36)=柳叶豆梨(新)
豆梨全缘叶变种(植物志 36)=全缘叶豆梨(新)
豆梨绒毛变型(植物志 36)=毛豆梨(新)
豆梨楔叶变种(植物志 36)=楔叶豆梨(新)
豆列当 Mannagettaea labiata H.Sm.(列当科)
豆列当属 Mannagettaea H.Sm.(列当科)
豆麻(广西)=葡萄叶艾麻
豆麻(云南植物名录)=宿根亚麻
豆苗菜(河南,山东)=歪头菜
豆囊蕨 Microgramma persicariaefolia (Schrad.) Presl.(水龙骨科)
豆囊蕨属 Microgramma Presl (水龙骨科)
豆蘖(纲目)=大豆
豆稔干(广西中药志)=桃金娘
豆薯 Pachyrhizus erosus (L.) Urb.(豆科),*草瓜茹,地瓜,地萝卜,番葛,番葛,葛薯,凉薯,贫人果,沙葛,土瓜,土萝卜*
豆薯属 Pachyrhizus Rich. ex DC.(豆科)
豆藤(江西草药)=紫藤
豆豌豌(山西)=多茎野豌豆
豆威(苗语)=海金子
豆型霸王(英拉汉名称)=驼蹄瓣
豆须子(山东中草药)=菟丝子
豆芽菜(本草汇言)=绿豆
豆阎王(河南)=菟丝子
豆叶菜(江西)=歪头菜
豆叶柴(江西民间草药)=胡枝子
豆叶杜鹃(云南志)=草原杜鹃
豆叶九里香 Murraya euchrestifolia Hay.(芸香科),*臭漆,穿花针,满山香,千只眼,山豆根九里香,山黄皮,四数花九里香,透光草*
豆叶七(湖北,高等图鉴)=金罂粟
豆渣菜(四川)=攀倒甑
豆渣菜(四川,陕西)=鬼针草
豆渣草(四川中药志)=狼杷草
豆渣树(云南)=滇赤杨叶
豆渣树(云南屏边)=赤杨叶
豆子(植物志 29)=五月瓜藤
荳口烧(广东)=活血丹
逗豌七(湖北)=云南红景天

Du

都安槭 Acer yinkunii Fang(槭树科),*荫昆槭*
都草(中药大辞典)=百脉根
都蟆(广西隆安)=毛叶假鹰爪
都蟆(广西壮语)=假鹰爪
都哥杆(苗语,中药大辞典)=猫儿屎
都拉参(四川中药志)=双参
都拉色布(藏语)=钩距黄堇
都拉鸢尾(中草药汇编)=扁竹兰
都辣(四川)=椭果绿绒蒿
都力色布(藏语)=钩距黄堇
都丽菊 Ethulia conyzoides L.(菊科)
都丽菊属 Ethulia L.(菊科)
都瑞斯兰属(新拉汉英)=**簇叶兰属**
都土不扎(彝族语) = 天南星
都咸树(南方草木状)=腰果
都咸子(本草拾遗)=腰果
都匀铁角蕨 Asplenium toramanum Makino (铁角蕨科)
都支杜鹃 Rhododendron shanii Fang(杜鹃花科)
毒扁豆 Physostigma venenosum Balf.(豆科),*加刺拨豆,泡豆*
毒扁豆属 Physostigma Balf.(豆科)
毒参 Conium maculatum L.(伞形科),*芹叶钩吻*
毒参属 Conium L.(伞形科)
毒草解草(景德镇草药手册)==蜂斗菜
毒豆 Laburnum anagyroides(豆科),*金链花*
毒豆属 Laburnum Fabr.(豆科),*金链花属*
毒根(吴普本草)=钩吻
毒根斑鸠菊 Vernonia cumingiana Benth.(菊科),*大木菊,发痧藤,过山龙,虎三头,惊风红,蔓斑鸠菊,藤牛七,细脉斑鸠菊,发痧藤*
毒狗药(云南中医验方)=青羊参
毒瓜 Diplocyclos palmatus (L.) C.Jeff.(葫芦科),*花瓜*
毒瓜属 Diplocyclos (Endl.) Post & Kuntze (葫芦科)
毒尖药木 Acokanthera venenata G.Don (夹竹桃科)
毒箭木(云南药用名录)=绿背桂花
毒马草 Sideritis montana L.(唇形科)
毒马草属 Sideritis L. (唇形科)
毒麦 Lolium temulentum L.(禾本科)
毒麦属(新拉汉英)=**黑麦草属**
毒毛旋花子(中草药汇编)=箭毒羊角拗
毒漆 Rhus vetix L.(漆树科)
毒漆藤(新拉汉英)=常绿毒漆藤(新)
毒漆藤 Toxicodendron radicans (L.) O.Ktze.(漆树科)
毒芹 Cicuta virosa L.(伞形科),*芹叶钩吻,走马芹,河毒,野芹*
毒芹属 Cicuta L.(伞形科)
毒蛆草(中国土农药志)=透骨草
毒蛇上树(广西金秀)=石柑子
毒蛇药(云南)=背蛇生
毒鼠子 Dichapetalum gelonioides (Roxb.) Engl.(毒鼠子科),*滇毒鼠子*
毒鼠子科 Dichapetalaceae
毒鼠子属 Dichapetalum Thou.(毒鼠子科)
毒树(西藏默脱)=全缘火麻树
毒细叶芹 Chaerophyllum temulentum L.(伞形科)
毒羊叶(云南)=滇桐
毒药树(云南)=柳叶金叶子
毒药树 Sladenia celastrifolia Kurz(猕猴桃科)
毒药树科 Saurauiaceae
毒药树属 Sladenia Kurz(猕猴桃科)
毒鱼草(广西本草选编)=醉鱼草
毒鱼割舌树 Walsura piscidia Roxb.(楝科)
毒鱼藤(福建草药,广西)=海南崖豆藤
毒鱼藤(李承祜:生药学)=鱼藤
独败家子(四川青川)=虎掌
独钉子(昆明)=金铁锁
独儿七(湖北西部)=聚叶花葶乌头
独根草(河北药材名,内蒙古)=列当
独根草(内蒙古)=黄花列当
独根草 Oresitrophe rupifraga Bge.(虎耳草科),*岩花,小岩花,山苞草,爬山虎*
独根草属 Oresitrophe Bge.(虎耳草科)
独根木(海南)=尖蕾狗牙花
独梗芹(辽宁)=鸭巴前胡
独菇(贵州药用目录)=云南独蒜兰
独花报春 Omphalogramma vincaeflora (Franch.) Franch.(报春花科),*毛独花报春*
独花报春属 Omphalogramma Franch.(报春花科)
独花黄精 Polygonatum hookeri Baker(百合科)
独花兰 Changnienia amoena S.S.Chien(兰科),*长年兰,带血独叶一枝枪*
独花兰属 Changnienia S.S.Chien (兰科)
独花山牛蒡(甘肃中草药)=漏芦
独花乌头(Flora 6)=多花乌头
独花乌头 Aconitum fletcherianum Taylor(毛茛科)
独滑(本草蒙筌)=重齿当归
独活(安徽,四川)=短毛独活
独活(江西)=椴叶独活
独活(青海门源)=青海当归
独活(山东)=拐芹
独活(四川)=城口独活
独活(图考)=鹤庆独活
独活(云南)=狭翅独活
独活(云南)=永宁独活
独活(浙江)=重齿当归
独活(浙江,江西)=紫花前胡
独活 Heracleum hemsleyanum Diels(伞形科),*大活,牛尾独活,假羌活*
独活叶紫堇 Corydalis heracleifolia C.Y.Wu & Z.Y.Su (罂粟科)
独活属 Heracleum L.(伞形科)
独椒(四川中药志)=西康花楸
独角风(广西中草药)=薄叶胡桐
独角虎(河南)=角蒿
独角莲(滇南本草,云南,四川,贵州)=云南重楼
独角莲(广东,江西)=八角莲
独角莲(广西)=滴水珠
独角莲(广西龙胜)=花南星
独角莲(广西龙胜)=雪里见
独角莲(广西龙胜)=瑶山南星
独角莲(贵州)=狭叶重楼
独角莲(湖北,湖南,福建)=大吴风草
独角莲(湖北兴山,巴东,江西铜古,陕西平列) = 天南星
独角莲(湖南,广西,贵州)=球药隔重楼
独角莲(南京药草)=虎掌
独角莲(四川)=七叶一枝花
独角莲(四川,江西)=犁头尖
独角莲(浙江,广东,江西)=川八角莲
独角莲(植物志 13-2)=樟瑯乡南星?
独角莲 Typhonium giganteum Engl.(天南星科),*白附子,达瓦罗玛节涧,滴水参,疔毒豆,鸡心白附,剪刀草,麻芋子,麦夫子,牛奶白附,天南星,香庆尖,野半夏,野慈菇,野芋,禹白附,芋叶半夏*
独角芋(红河中草药)=五彩芋
独脚步莲(南宁药志)=毛唇芋兰
独脚蟾蜍(新华本草纲要)=掌裂蛇葡萄

独脚当归(四川马尔康)=西藏凹乳芹
独脚疳(生草药性备要)=独脚金
独脚金 Striga asiatica (L.) O.Ktze.(玄参科),*矮脚子,地丁草,地连枝,独脚疳,干草,黄花草,金锁匙,密穗独脚金*
独脚金宽叶变种(植物志 67-2)=密穗独脚金
独脚金属 Striga Lour.(玄参科)
独脚莲(分类草药性)=海芋
独脚莲(广东)=佛肚树
独脚莲(南京药草)=虎掌
独脚莲(新华本草纲要)=羊耳蒜
独脚莲(浙江镇海) =天南星
独脚蒜(广东)=忽地笑
独脚乌桕(广东)=金线吊乌龟
独脚乌桕(广西,广东)=血散薯
独脚乌桕(广药手册)=大叶白粉藤
独脚乌桕(陆川本草)=鸡心藤
独脚仙茅(广东,广西,江西,湖南)=仙茅
独脚仙茅(广西药用名录)=小金梅草
独脚樟(广西药用名录)=檫木
独筋猪尾(广东草药图谱)=薄叶胡桐
独蕨箕(思茅中草药)=绒毛阴地蕨
独丽花 Moneses uniflora (L.) A.Gray(鹿蹄草科)
独丽花属 Moneses Salisb.(鹿蹄草科)
独鳞荛花 Wikstroemia mononectaria Hay.(瑞香科)
独龙(云南)=白薯莨
独龙变种(植物志 65-2)=苍山糙苏
独龙冬青 Ilex yuiana S.Y.Hu(冬青科)
独龙杜鹃 Rhododendron keleticum Balf.f. & Forr. (杜鹃花科)
独龙凤仙花 Impatiens taronensis Hand.-Mazz.(凤仙花科)
独龙江苍山蕨(蕨类形态)=俅江苍山蕨
独龙江短肠蕨 Allantodia dulongjiangensis W.M.Chu(蹄盖蕨科)
独龙江假毛蕨 Pseudocyclosorus dulongjiang-ensis W.M.Chu(金星蕨科)
独龙江毛蕨 Cyclosorus dulongjiangensis W.M. Chu (金星蕨科)
独龙江舌唇兰 Platanthera stenophylla T.Tang & F.T.Wang(兰科)
独龙江蹄盖蕨(蕨类形态)=红苞蹄盖蕨
独龙江蹄盖蕨 Athyrium dulongicolum W.M. Chu? (蹄盖蕨科)
独龙江雪胆 Hemsleya dulongjiangensis C.Y.Wu & C.L.Chen(葫芦科)
独龙江玉山竹 Yushania farcticaulis Yi (禾本科)
独龙江紫堇 Corydalis dulongjiangensis H.Chuang(罂粟科)
独龙柃 Eurya taronensis Hu(山茶科),*达仑柃*
独龙楼梯草 Elatostema dulongense W.T.Wang (荨麻科)
独龙马先蒿 Pedicularis dulongensis H.P.Yang (玄参科)
独龙木荷 Schima dulungensis Chag & Ye(山茶科)
独龙木姜子 Litsea taronensis H.W.Li(樟科)
独龙槭 Acer taronense Hand.-Mazz.(槭树科)
独龙蛇根草 Ophiorrhiza dulongensis Lo(茜草科)
独龙十大功劳 Mahonia taronensis Hand.-Mazz.(小檗科)
独龙薯蓣 Dioscorea birmanica Prain & Burk.(薯蓣科)
独龙乌头 Aconitum taronense (Hand.-Mazz.) Fletcher& Lauener(毛茛科)
独龙小檗 Berberis taronensis Ahrendt(小檗科)
独龙绣球(植物志 35-1)=松潘绣球
独龙悬钩子 Rubus taronensis Wu ex Yü & Lu (蔷薇科)
独龙重楼 Paris dulongensis H.Li & Kurita(百合科)
独龙珠(浙江巨县)=滴水珠
独茅(四川)=仙茅
独木牛(西藏)=沼生柳叶菜
独牛 Begonia henryi Hemsl.(秋海棠科),*柔毛秋海棠,岩酸,酸杆杆,一面锣,岩丸子,一口血*
独牛角(广东)=广东金叶子
独皮叶(云南南部)=芋
独山短肠蕨 Allantodia dushanensis Ching ex W. M.Chu & Z.R. He(蹄盖蕨科)
独山瓜馥木 Fissistigma cavaleriei (Lévl.) Rehd.(番荔枝科)
独山金足草 Goldfussia seguini (Lévl.) C.Y.Wu & C.C.Hu(爵床科)
独山石楠 Photinia tushanensis Yü(蔷薇科)
独山唐竹 Sinobambusa dushanensis (C.D.Chu & J.Q.Zhang) Wen (禾本科)
独山香草 Lysimachia dushanensis Chen & C.M. Hu (报春花科)
独舌橐吾 Ligularia rockiana Hand.-Mazz.(菊科)
独蒜兰 Pleione bulbocodioides (Franch.) Rolfe (兰科),*毛慈姑*
独蒜兰属 Pleione D.Don (兰科)
独穗飘拂草(新拉汉英)=卵状飘拂草(新)
独穗飘拂草 Fimbristylis monostachya (L.) Hassk. (莎草科)
独穗薹草(江苏志)=松叶薹草
独尾草 Eremurus chinensis Fedtsch.(百合科)
独尾草属 Eremurus M.Bieb.(百合科)
独行菜(台湾志)=北美独行菜
独行菜 Lepidium apetalum Willd.(十字花科),*苯戳巴,昌古,达力羊牙干,大室,大适,蒂勒子,蕈蒿,丁历,辣蒿,辣辣菜,辣辣根,辣麻麻,腺独行菜,腺茎独行菜*
独行菜属 Lepidium L.(十字花科)
独行根(唐本草)=马兜铃
独行木香(纲目)=马兜铃
独行千里(岭南草药志)=巴豆
独行千里 Capparis acutifolia Sweet(山柑科),*黑皮蛇,尖破石,扣钮子,膜叶槌果藤,锐叶山柑,石钻子,小叶槌果藤*
独摇(本草图经)=天麻
独摇(山东)=毛白杨
独摇草(名医别录)=重齿当归
独摇草(唐本草)=银线草
独摇芝(抱朴子)=天麻
独叶八角草(安徽)=小升麻
独叶白及(云南中草药)=云南独蒜兰
独叶半夏(云南昆明)=象头花
独叶草 Kingdonia uniflora Balf. f. & W.W.Sm. (毛茛科)
独叶草属 Kingdonia Balf. f. & W.W.Sm.(毛茛科)
独叶莲(陆川本草)=毛唇芋兰
独叶台(云南中草药)=草果药
独叶岩珠(浙江草药)=密花石豆兰
独叶一支花(浙江余姚)=滴水珠
独叶一支箭(云南,四川)=瓶尔小草
独叶一枝花(滇南本草)=扇唇舌喙兰
独叶一枝花(广西野生资源植物)=毛八角莲
独叶一枝枪(百草镜)=瓶尔小草
独叶一枝枪(常用中草药方选)=无柱兰
独叶一枝枪(杭州) =天南星
独叶枝花(广西,广东)=八角莲
独一味(四川汉源)=管花怪兜铃
独一味 Lamiophlomis rotata (Benth.) Kudo(唇形科),*大巴,打布巴*
独一味属 Lamiophlomis Kudo(唇形科)
独占春 Cymbidium eburneum Lindl.(兰科)
独帚(图经醋是)=地肤
独竹草(广西)=穿鞘花
独籽小檗 Berberis monosperma R. & P.(小檗科)
独子繁缕 Stellaria monosperma Buch-Ham. ex D.Don (石竹科)
独子球(广东)=灰毛大青
独子藤 Celastrus monospermus Roxb.(卫矛科),*单子南蛇藤,红藤,大样红藤*
独足莲(四川)=尖尾芋
独足莲(四川)=云南重楼
独足莲(浙江草药)=大吴风草
独足伞(四川合川) =天南星
笃斯(大兴安岭)=笃斯越桔
笃斯越桔 Vaccinium uliginosum L.(杜鹃花科),*地果,甸果,笃斯,蛤塘果,黑豆树,龙果,讷日苏*
堵拉(贵阳药草)=王瓜
堵喇(云南鹤庆)=紫乌头
堵喇(云南丽江)=拟玉龙乌头
赌博赖(图考,江西南安)=变叶榕
杜表(瑶族名)=木鳖子
杜滨木属(植物志 52-2)=**八宝树属**
杜赤豆(本草便读)=赤小豆
杜春花(江苏)=紫玉兰
杜促藤(新拉汉英)=凯内西南卫矛
杜促藤(云南)=牛角藤
杜当归(救荒本草)=食用土当归
杜蒂小檗 Berberis duthieana Schneid.(小檗科)
杜根藤(高等图鉴)=圆苞杜根藤
杜根藤 Calophanoides quadrifaria (Nees) Ridl. (爵床科)
杜根藤属 Calophanoides Ridl.(爵床科),*赛爵床属*
杜瓜(植物志 73-1)=茅瓜
杜衡 Asarum forbesii Maxim.(马兜铃科),*马辛,双龙麻消,马蹄细辛,马蹄香*
杜蘅(本经)=杜若
杜宏山(贵州)=金珠柳
杜虹花 Callicarpa formosana Rolfe(马鞭草科),*白毛柴,白奶雪草,粗糠柴,粗糠仔,老蟹眼,螃蟹目,鸦鹊饭,雅目草,贼子草,止血草*
杜茎山 Maesa japonica (Thunb.) Moritzi(紫金牛科),*白花茶,白茅茶,蹭天桥,金砂根,山桂花山茄子,水光钟,水麻叶,土恒山,野胡椒*
杜茎山属 Maesa Forsk.(紫金牛科)
杜鹃(云南中草药选)=马缨杜鹃
杜鹃 Rhododendron simsii Planch.(杜鹃花科),*杜鹃花,翻山虎,红花杜鹃,山归来,山石榴,山踯躅,搜山虎,唐杜鹃,艳山红,映山红,照山红*
杜鹃花(涌幢小品)=杜鹃
杜鹃花科 Ericaceae
杜鹃兰 Cremastra appendiculata (D.Don) Makino (兰科),*朝天一柱香,大白芨,金灯,鹿蹄草,马笃七,毛慈姑,泥宾子,人头芪,三道箍,三道圈,山茨菇,山茨菰,山慈姑*
杜鹃兰属 Cremastra Lindl.(兰科)
杜鹃叶柳 Salix rhododendrifolia C.Wang & P.Y. Fu (杨柳科)

杜鹃叶榕 Ficus maclellandi var. rhododendrifolia Corner(桑科)
杜鹃叶鼠李 Rhamnus rhododendriphylla Y.L. Chen & P.K.Chou(鼠李科)
杜鹃属 Rhododendron L.(杜鹃花科)
杜兰(名医别录)=石斛
杜兰果松 Pinus durangensis Mast.(松科)
杜姥草(外台秘要)=雀麦
杜梨(贵州)=豆梨
杜梨(树木分类学)=褐梨
杜梨 Pyrus betulaefolia Bge.(蔷薇科),*棠梨,土梨,海棠梨,野梨子,灰梨,甘棠,杜棠*
杜莲(名医别录)=杜若
杜楝 Turraea pubescens Hellen(楝科)
杜楝属 Turraea L.(楝科)
杜凌霄(江苏,湖南)=美国凌霄
杜洛布里夫小檗 Berberis durobrivensis Schneid. (小檗科)
杜牛膝(中药大辞典)=少毛牛膝
杜浓(云南) =杜仲藤
杜荣(尔雅)=芒
杜若 Pollia japonica Thunb.(鸭跖草科),*楚蘅,杜蘅,杜莲,莲花姜,良姜,竹叶莲*
杜若属 Pollia Thunb.(鸭跖草科)
杜氏报春(拉汉名称)=曲柄报春
杜氏草属(分科检索表)=**野青茅属**
杜氏翅茎 Pterygiella duclouxii Franch.(玄参科)
杜氏耳蕨 Polystichum duthiei (Hope) Beed(鳞毛蕨科),*舟曲高山耳蕨,舟曲耳蕨*
杜氏马先蒿 Pedicularis duclouxii Bonati(玄参科)
杜氏双盖蕨(蕨类图说)=光脚短肠蕨
杜氏水韭 Isoëtes duriaei Bory (水韭科)
杜氏素馨(分类学报)=丛林素馨
杜松(福州)=油杉
杜松 Juniperus rigida S. & Z.(柏科),*刚桧,崩松,棒儿松,软叶杜松*
杜松叶石松 Lycopodium sabinifolium Willd.(石松科)
杜棠(郭璞注:尔雅)=杜梨
杜藤(浙江)=秤钩风
杜香(高等图鉴)=宽叶杜香
杜香 Ledum palustre L.(杜鹃花科),*细叶杜香,狭叶杜香,绊脚丝,白山苔*
杜香属 Ledum L.(杜鹃花科),*喇叭茶属*
杜银花(峨眉)=盘叶忍冬
杜英 Elaeocarpus decipiensis Hemsl.(杜英科)
杜英科 Elaeocarpaceae
杜英属 Elaeocarpus L.(杜英科)
杜志陆马(藏药名)=长裂乌头
杜仲 Eucommia ulmoides Oliv.(杜仲科),*扯丝皮,棉花树,檰,木棉,丝连皮,丝楝树*
杜仲科 Eucommiaceae
杜仲藤(广东)=中华卫矛
杜仲藤 Urceola micrantha (Wall. ex G.Don) D.J.Middl.(夹竹桃科),*奥萋,白杜促,白喉崩,白胶藤,刺耳蓝,刺耳南,大种笔须藤,红杜仲,红及藤,喉崩癞,花杜仲藤,花喉崩,花皮胶藤,鸡咀藤,假杜仲,结衣藤,老鸦咀藤,软羌藤,松筋藤,藤杜仲,头钳模,土杜仲,小赛格多,眼角蓝,英萋,中赛格多,杜浓*
杜仲藤属(植物志 63)=**水壶藤属**
杜仲属 Eucommia Oliv.(杜仲科)
肚蹲草(江苏)=百蕊草
肚拉(四川中药志,中药大辞典)=双参
肚拉参(四川中药志)=双参
肚脐柑(植物志 43-2)=扁柑
肚子银花(四川)=淡红忍冬
度量草 Mitreola petiolata (Gmel.) Torrey & Gray (马钱科),*光叶度量草*
度量草属 Mitreola L.(马钱科),*杀狗本属*
度芸(中药大辞典)=芒
蠹心宝(滇南本草-整理本)=红花寄生

Duan

端午艾(广西)=魁蒿
短瓣大蒜芥(植物志 33)=垂果大蒜芥
短瓣繁缕 Stellaria brachypetala Bge.(石竹科)
短瓣海南香花藤(植物志 63)=海南香花藤
短瓣虎耳草 Saxifraga andersonii Engl.(虎耳草科)
短瓣花 Brachystemma calycinum D.Don(石竹科),*抽筋藤,活抽筋,生筋藤*
短瓣花属 Brachystemma D.Don (石竹科),*短瓣石竹属*
短瓣金莲花 Trollius ledebouri Reichb.(毛茛科)
短瓣兰 Monomeria barbata Lindl.(兰科)
短瓣兰属 Monomeria Lindl.(兰科)
短瓣梅花草 Parnassia longipetala var. brevipetala Jien ex Ku (虎耳草科)
短瓣女娄菜(拉汉名称)=准噶尔蝇子草
短瓣蓍 Achillea ptarmicoides Maxim.(菊科)
短瓣石竹属(科属辞典)=**短瓣花属**
短瓣乌头 Aconitum brevipetalum W.T.Wang(毛茛科)
短瓣雪灵芝(植物分类学)=雪灵芝
短棒蒲桃 Syzygium baviense (Gagn.) Merr. & Perry(桃金娘科)
短棒石斛 Dendrobium capillipes Rchb.f.(兰科),*丝梗石斛*
短苞白点兰 Thrixspermum brevibracteatum J.J. Sm. (兰科)
短苞百蕊草 Thesium brevibracteatum Tam(檀香科)
短苞柄变种(植物志 66)=香薷
短苞叉毛蓬 Petrosimonia oppositifolia (Pall.) Litv.? (藜科)
短苞大理薹草(新) Carex rubro-brunnea var. brevibracteata T.Koyama(莎草科),*短苞薹草*
短苞反枝苋 Amaranthus retroflexus var. delilei (Richter & Loret) Thell.(苋科)
短苞风毛菊 Saussurea brachylepis Hand.-Mazz. (菊科)
短苞金黄柴胡 Bupleurum aureum var. breviinvolucratum Trautv.(伞形科)
短苞木槿 Hibiscus syriacus var. brevibracteatus S.Y.Hu(锦葵科)
短苞南星 Arisaema brevispathum Buchet. (天南星科)
短苞忍冬 Lonicera schneideriana Rehd.(忍冬科)
短苞薹草(植物志 12)=短苞大理薹草(新)
短苞薹草 Carex paxii Kükenth.(莎草科),*短芒薹草*
短苞小檗 Berberis sherriffii Ahrendt(小檗科)
短苞盐蓬 Halimocnemis karelinii Moq.(藜科)
短柄阿魏 Ferula karataviensis (Rgl. & Schmalh.) Korov.(伞形科)
短柄巴戟天(海南志)=短柄鸡眼藤
短柄菝葜(贵州草药)=托柄菝葜
短柄白瑞香 Daphne papyracea var. duclouxii Lecomte(瑞香科)
短柄柏拉木 Blastus brevissimus C.Chen(野牡丹科)
短柄斑龙芋 Sauromatum brevipes (HK.f.) N.E. Brown (天南星科)
短柄半边莲 Lobelia alsinoides Lam.(桔梗科)
短柄本勒木(海南志)=短柄山桂花
短柄扁担杆 Grewia brachypoda C.Y.Wu(椴树科)
短柄波罗花(云南药用名录)=鸡肉参
短柄草 Brachypodium sylvaticum (Huds.) Beauv.(禾本科)
短柄草属 Brachypodium Beauv.(禾本科)
短柄赤瓟 Thladiantha sessilifolia Hand.-Mazz. (葫芦科)
短柄稠李(秦岭志)=短梗稠李
短柄川中南星 Arisaema wilsonii var. forrestii Engl.(天南星科)
短柄垂子买麻藤 Gnetum pendulum f. intermedium C.Y.Cheng(买麻藤科)
短柄刺果泽泻 Echinodorus brevipedicellatus (O. Ktze.) Buchenau (泽泻科)
短柄丛菔(植物志 33)=宽果丛菔
短柄单花莸 Caryopteris nepetaefolia f. brevipes C.Y.Wu & H.Li?(马鞭草科)
短柄单叶假脉蕨 Microgonium beccarianum (Cesati) Cop (膜蕨科)
短柄吊球草 Hyptis brevipes Poit.(唇形科)
短柄吊石苣苔 Lysionotus sessilifolius Hand.-Mazz.(苦苣苔科)
短柄杜鹃 Rhododendron brevipetiolatum Fang f. (杜鹃花科)
短柄椴 Tilia orbicularis Jouin.(椴树科)
短柄鹅观草 Roegneria brevipes Keng(禾本科)
短柄粉条儿菜 Aletris scopulorum Dunn(百合科),*铁卵子*
短柄粉叶柿(植物志 60-1)=粉叶柿
短柄凤仙花 Impatiens brevipes HK.f.(凤仙花科)
短柄腐婢(四川中药志)=臭黄荆
短柄禾叶蕨 Grammitis dorsipila (Christ) C.Chr. & Tardieu (禾叶蕨科)
短柄红景天(植物志 34-1)=德钦红景天
短柄红山茶 Camellia brevipetiolata Chang(山茶科)
短柄胡椒 Piper stipitiforme Chang ex Tseng (胡椒科)
短柄虎耳草 Saxifraga brachypoda D.Don(虎耳草科)
短柄黄脉莓 Rubus xanthoneurus var. brevipetiolatus Yü & Lu (蔷薇科)
短柄鸡眼藤 Morinda brevipes S.Y.Hu(茜草科),*短柄巴戟天*
短柄鸡爪茶(树木分类学)=竹叶鸡爪茶
短柄荚蒾 Viburnum brevipes Rehd.(忍冬科)
短柄剪股颖 Agrostis schneideri var. brevipes Keng ex Y.C.Yang(禾本科)
短柄箭竹 Fargesia brevipes (McClure) Yi ?(禾本科)
短柄金丝桃 Hypericum pseudopetiolatum R. Keller. (藤黄科)
短柄雷诺木(海南志)=短柄三角车
短柄梨果寄生 Scurrula chingii var. yunnanensis H.S.Kiu(桑寄生科),*澜沧江寄生*
短柄鬣蜥棕 Iguanura brevipes HK.f.(棕榈科)
短柄鳞果星蕨 Lepidomicrosorium brevipes Ching & Shing(水龙骨科)
短柄龙胆 Gentiana stipitata Edgew.(龙胆科)
短柄卵果蕨(台湾志)=延羽卵果蕨
短柄毛锦香草 Phyllagathis melastomatoides var. brevipes Ko(野牡丹科)

短柄毛蕨 Cyclosorus brevipes Ching & Shing (金星蕨科)
短柄密榴木(分类学报)=云南野独活
短柄木藜芦 Leucothoë sessilifolia C.Y.Wu & T.Z.Hsu(杜鹃花科)
短柄木犀榄(分类学报)=云南木犀榄
短柄南星 Arisaema brevipes Engl.(天南星科)
短柄苹婆 Sterculia brevissima Hsue(梧桐科)
短柄桤叶树 Clethra brachypoda L.C.Hu(桤叶树科)
短柄忍冬 Lonicera pampaninii Lévl.(忍冬科), *贵州忍冬*
短柄三宝木 Trigonostemon serratus Bl.(大戟科)
短柄三角车 Rinorea sessilis (Lour.) O.Ktze.(堇菜科), *短柄雷诺木*
短柄山桂花 Bennettiodendron brevipes Merr. (大风子科), *短柄本勒木*
短柄山绿豆(海南志)=侧序长柄山蚂蝗
短柄珊瑚苣苔(植物志 69)=西藏珊瑚苣苔
短柄石栎(植物志 22)=短穗泥柯
短柄石楠 Photinia brevipetiolata Card.?(蔷薇科)
短柄树萝卜 Agapetes brachypoda Airy-Shaw (杜鹃花科)
短柄穗花报春(高等图鉴)=靛蓝穗花报春
短柄蹄盖蕨 Athyrium brevistipes Ching(蹄盖蕨科)
短柄铜钱树 Paliurus orientalis (Franch.) Hemsl. (鼠李科), *蒙自铜钱树*, *蒙子刺*, *刺椒树*
短柄筒距兰 Tipularia josephii Rchb.f. ex Lindl. (兰科)
短柄瓦韦 Lepisorus subsessilis Ching & Y.X. Lin (水龙骨科)
短柄微翼枝小檗 Berberis subpteroclada var. minoripes Ahrendt (小檗科)
短柄乌蔹莓 Cayratia cardiospermoides (Planch.) Gagn.(葡萄科)
短柄乌头 Aconitum brachypodum Diels(毛茛科)
短柄五加 Acanthopanax brachypus Harms(五加科)
短柄溪边蕨(蕨类形态)=阔羽溪边蕨
短柄喜光花 Actephila subsessilis Gagn.(大戟科)
短柄细柄茅 Ptilagrostis subsessiliflora (Rupr.) Roschev.(禾本科)
短柄细叶连蕊茶 Camellia parvilimba var. brevipes Chang(山茶科)
短柄腺萼木 Mycetia brevipes How ex Lo(茜草科)
短柄小檗 Berberis brachypoda Maxim. (小檗科)
短柄小连翘 Hypericum petiolulatum HK.f. & Thoms. ex Dyer(藤黄科)
短柄绣球(分类学报)=粤西绣球
短柄悬钩子 Rubus brevipetiolatus Yü & Lu (蔷薇科)
短柄旋花豆 Cochlianthus gracilis var. brevipes Wei(豆科)
短柄雪胆 Hemsleya delavayi (Gagn.) C.Jeff. ex C.Y.Wu & C.L.Chen(葫芦科)
短柄雅洁小檗 Berberis concinna var. brevior Ahrendt (小檗科)
短柄岩白菜 Bergenia stacheyi (HK.f. & Thoms.) Engl.(虎耳草科)
短柄野海棠 Bredia sessilifolia H.L.Li(野牡丹科), *水牡丹*
短柄野桐 Mallotus decipiens Muell.Arg.(大戟科)
短柄野芝麻 Lamium album L.(唇形科), *野芝麻*
短柄椅杨(植物志 20-2)=椅杨
短柄月月红(植物志 58)=月月红
短柄直唇姜 Pommereschea spectabilis (King & Prain) K.Schum.(姜科)
短柄钟花 Enkianthus subsessilis (Miq.) Mak.(杜鹃花科)
短柄紫柄蕨 Pseudophegopteris brevipes Ching (金星蕨科)
短柄紫花苣苔 Loxostigma brevipetiolatum W.T. Wang & K.Y.Pan(苦苣苔科)
短柄紫金牛 Ardisia ramondiiformis Pitard. (紫金牛科)
短柄紫珠 Callicarpa brevipes (Benth.) Hance(马鞭草科), *红米碎木*
短肠蕨属 Allantodia R.Br.emend.Ching(蹄盖蕨科)
短齿白毛假糙苏(新)Paraphlomis albida var. brevidens Hand.-Mazz.(唇形科), *短齿变种*
短齿变种(植物志 65-2,Flora 17)=短齿白毛假糙苏
短齿变种(植物志 65-2,Flora 17)=短齿假糙苏(新)
短齿单瘤酸模 Rumex marschallianus var. brevidens Bong. & Mey.(蓼科)
短齿假糙苏(新)Paraphlomis javanica var. henryi (Yamamoto) C.Y.Wu & H.W.Li(唇形科), *短齿变种*
短齿韭 Allium dentigerum Prokh.(百合科)
短齿列当 Orobanche kelleri Novopokr.(列当科)
短齿楼梯草 Elatostema brachyodontum (Hand.-Mazz.) W.T.Wang(荨麻科)
短齿蛇根草 Ophiorrhiza brevidentata Lo(茜草科)
短齿石豆兰 Bulbophyllum griffithii (Lindl.) Rchb.f. (兰科)
短齿紫藤(豆科图说)=短梗紫藤
短翅安徽槭 Acer anhweiense var. brachypterum Fang & P.L.Chiu(槭树科)
短翅黄杞(树木分类学)=毛叶黄杞
短翅青皮槭 Acer cappadocicum var. brevialatum Fang(槭树科)
短翅卫矛 Euonymus rehderianus Loes.(卫矛科)
短翅柱兰 Pterostylis curta R.Br.(兰科)
短唇安顾兰 Anguloa brevilabris Rolfe (兰科)
短唇列当(植物志 69)=丝毛列当
短唇列当 Orobanche elatior Sutt.(列当科)
短唇马先蒿 Pedicularis brevilabris Franch.(玄参科)
短唇鸟巢兰 Neottia brevilabris T.Tang & F.T. Wang (兰科)
短唇石斛(中药辞海)=矩唇石斛
短唇鼠尾草 Salvia brevilabra Franch.(唇形科)
短唇乌头 Aconitum brevilimbum Lauener(毛茛科)
短刺变豆菜 Sanicula orthacantha var. brevispina de Boiss.(伞形科), *鸭脚七*
短刺刺果卫矛 Euonymus acanthocarpus var. lushanensis (Chen & Wang) C.Y.Cheng(卫矛科)
短刺鹤虱 Lappula brachycentra (Ledeb.) Gürke (紫草科)
短刺虎刺 Damnacanthus giganteus (Mak.) Nakai (茜草科), *半球莲*, *长叶数珠根*, *黄鸡郎*, *黄鸡胖*, *鸡筋参*, *咳七风*, *树莲藕*, *岩石羊*
短刺花苜蓿(新)Medicago minima var. brevispina Benth.?(豆科)
短刺米槠 Castanopsis carlesii var. spinulosa Cheng & Chao(壳斗科), *西南米槠*
短刺秋海棠 Begonia brevisetulosa C.Y.Wu(秋海棠科)
短刺兔唇花(植物志 65-2)=硬毛兔唇花
短刺西南莩草 Setaria forbesiana var. breviseta S.L.Chen & G.Y.Sheng(禾本科)
短刺针蔺 Heleocharis breviseta Kurz. & Skv.(莎草科)
短刺锥 Castanopsis echidnocarpa Miq.(壳斗科), *锥栗*, *红椆栗*
短促变种(植物志 65-2,Flora 17)=短促京黄芩(新)
短促京黄芩(新) Scutellaria pekinensis var. transitra (Makino) Hara ex Ohwi (唇形科), *短促变种*
短大叶藻 Zostera japonica Asch & Graebn.(眼子菜科)
短盾变型(植物志 65-2)=假韧黄芩
短鹅观草 Roegneria humilis Keng & S.L.Chen (禾本科)
短萼长蒴苣苔 Didymocarpus glandulosus var. minor (W.T.Wang) W.T.Wang(苦苣苔科)
短萼齿棘豆 Oxytropis melanocalyx var. brevidentata C.W.Chang(豆科)
短萼齿木 Brachytome wallichii HK.f.(茜草科)
短萼齿木属 Brachytome HK.f.(茜草科)
短萼齿溲疏(西藏志)=长柱溲疏
短萼翠雀花 Delphinium brevisepalum W.T. Wang (毛茛科)
短萼飞蛾藤(植物志 64-1)=蒙自飞蛾
短萼蜂斗草 Sonerila alata var. triangula C.Chen (野牡丹科), *山风穿筋藤*
短萼谷精草(植物志 13-3)=越南谷精草
短萼海桐 Pittosporum brevicalyx (Oliv.) Gagn. (海桐花科), *山桂花*, *万里香*, *木辣椒*, *小朵林*, *大朵林*
短萼核果茶 Pyrenaria brevisepala Chang(山茶科)
短萼鹤虱 Lappula sinaica (DC.) Aschers.(紫草科)
短萼黄连 Coptis chinensis var. brevisepala W.T. Wang (毛茛科)
短萼灰叶(广州志)=白灰毛豆
短萼鸡眼草(东北检索表)=长萼鸡眼草
短萼忍冬 Lonicera brevisepala Hsu et H.J.Wang (忍冬科)
短萼山豆根 Euchresta tubulosa var. brevituba C.Chen(豆科)
短萼素馨(植物志 61)=川素馨
短萼天料木 Homalium brevisepalum How & Ko (大风子科)
短萼腺萼木 Mycetia brevisepala Lo(茜草科)
短萼野丁香 Leptodermis brevisepala Lo(茜草科)
短萼仪花 Lysidice brevicalyx Wei(豆科), *麻杞木*, *麻轧木*
短萼云雾杜鹃 Rhododendron chamaethomsonii var. chamaethauma (Tagg) Cowan & Davidian (杜鹃花科)
短萼折柄茶 Hartia brevicalyx Chang(山茶科)
短萼紫锤草 Pratia brevisepala Lian(桔梗科)
短萼紫茎 Stewartia brevicalyx Yan(山茶科)
短耳石豆兰 Bulbophyllum crassipes HK.f.(兰

科)
短耳鸢尾兰 Oberonia falconeri HK.f.(兰科)
短佛焰序省藤 Calamus brevispadix Ridley (棕榈科)
短辐水芹 Oenanthe benghalensis Benth. & HK.(伞形科),*少花水芹,水芹菜*
短隔鼠尾草 Salvia breviconnectivata Sun(唇形科)
短梗八角 Illicium pachyphyllum A.C.Sm.(木兰科),*厚叶八角*
短梗菝葜 Smilax scobinicaulis C.H.Wright (百合科),*威灵仙,金刚刺,金刚藤*
短梗苞茅 Hyparrhenia diplandra (Hack.) Stapf (禾本科)
短梗变种(植物志 65-2,Flora 17)=短枝浙江铃子香
短梗变种(植物志 66,Flora 17)=短梗麻叶冠唇花(新)
短梗长萼越桔 Vaccinium craspedotum var. brevipes C.Y.Wu(杜鹃花科)
短梗齿缘草 Eritrichium fetisovii Rgl.(紫草科)
短梗稠李 Padus brachypoda (Batal.) Schneid. (蔷薇科),*短柄稠李*
短梗大参 Macropanax rosthornii (Harms) C.Y. Wu ex Hoo(五加科),*节梗大葠,卢氏梁王茶,七叶风,七叶莲,七角风*
短梗地不容 Stephania brevipedunculata C.Y.Wu & D.D.Tao(防已科),*短梗千金藤*
短梗冬青 Ilex buergeri Miq.(冬青科),*毛枝冬青,华东冬青*
短梗杜鹃 Rhododendron brachypodum Fang & P.S.Liu(杜鹃花科)
短梗钝果寄生 Taxillus vestitus (Wall.) Danser (桑寄生科),*怒江寄生*
短梗鹤虱 Lappula tadshikorum M.Pop.(紫草科)
短梗厚壁荠 Pachypterygium brevipes Bge(十字花科)
短梗胡枝子 Lespedeza cyrtobotrya Miq.(豆科)
短梗湖北卫矛 Euonymus hupehensis var. brevipedunculatus Loes.(卫矛科)
短梗华南桤叶树 Clethra faberi var. brevipes L. C.Hu (桤叶树科)
短梗黄芪 Astragalus candolleanus Royle ex Benth.? (豆科)
短梗幌伞枫 Heteropanax brevipedicellatus Li (五加科),*短梗罗汉伞*
短梗棘豆 Oxytropis brevipedunculata P.C.Li(豆科)
短梗箭头唐松草 Thalictrum simplex var. brevipes Hara(毛茛科),*黄脚鸡,硬水黄连*
短梗蓝堇(新疆)=短梗烟堇
短梗柳叶菜 Epilobium royleanum Hausskn.(柳叶菜科),*滇藏柳叶菜,刷把草,喜马拉雅柳叶菜*
短梗楼梯草 Elatostema brevipedunculatum W.T. Wang (荨麻科)
短梗罗汉伞(福师学报)=短梗幌伞枫
短梗罗伞 Brassaiopsis glomerulata var. brevipedicellata Li(五加科)
短梗麻叶冠唇花 Microtoena urticifolia var. brevipedunculata C.Y.Wu & Hsuan(唇形科),*短梗变种*
短梗墨脱乌头 Aconitum elliotii var. doshongense (Lauener) W.T.Wang(毛茛科)
短梗母草 Lindernia brevipedunculata Migo(玄参科)
短梗木巴戟 Morinda persicaefolia Buch.-Ham. (茜草科)
短梗木荷 Schima brevipedicellata Chang(山茶科)
短梗南芥(植物志 33)=诸葛菜
短梗南蛇藤 Celastrus rosthornianus Loes.(卫矛科),*黄绳儿,丛花南蛇藤,白花藤,大藤菜,山货榔*
短梗念珠芥 Neotorularia brevipes (Kar. & Kir.) Hedge & J.Léonard(十字花科)
短梗普格乌头 Aconitum pukeense var. brevipes W.T.Wang(毛茛科)
短梗千金藤(西藏志)=短梗地不容
短梗鞘柄报春 Primula vaginata subsp. normaniana (Ward) Chen & C.M.Hu(报春花科)
短梗青江藤 Celastrus hindsii var. henryi Loes. (卫矛科)
短梗忍冬 Lonicera graebneri Rehd.(忍冬科)
短梗三花莸(植物志 65-1)=三花莸
短梗涩芥 Malcolmia karelinii Lipsky(十字花科)
短梗涩荠(植物志 33)=短果念珠芥
短梗山兰 Oreorchis erythrochrysea Hand.-Mazz. (兰科) ,*小山兰*
短梗石龙尾(新)Ambulia trichophylla Kom.? (玄参科)
短梗石枣子 Euonymus sanguineus var. brevipedunculatus Loes.(卫矛科)
短梗四棱荠 Goldbachia ikonnikovii Vass.(十字花科)
短梗嵩草 Kobresia curticeps (C.B.Clarke) Kükenth. (莎草科)
短梗酸藤子 Embelia sessiliflora Kurz(紫金牛科),*酸苔果,酸鸡藤,野猫酸,酸藤子*
短梗太平山冬青 Ilex sugerokii var. brevipedunculata (Maxim.) S.Y.Hu(冬青科),*太平山冬青*
短梗藤(俗称)=润肺草
短梗藤属(科属辞典)=**润肺草属**
短梗天门冬 Asparagus lycopodineus Wall. ex Baker(百合科),*山百部,一窝鸡*
短梗铁线莲 Clematis brevipes Rehd.(毛茛科)
短梗土丁桂 Evolvulus nummularius (L.) L.(旋花科)
短梗挖耳草 Utricularia caerulea L.(狸藻科),*密花狸藻,长距挖耳草,折苞挖耳草*
短梗微脉冬青 Ilex venulosa var. simplifrons S.Y.Hu(冬青科)
短梗尾叶樱桃 Cerasus dielsiana var. abbreviata (Card.) Yü & Li(蔷薇科)
短梗吴茱萸五加(新拉汉英) =细梗吴茱萸五加
短梗五加(东北木本志)=无梗五加
短梗小檗 Berberis stenostachya Ahrendt(小檗科)
短梗新木姜子 Neolitsea brevipes H.W.Li(樟科)
短梗星毛杜鹃 Rhododendron asterochnoum var. brevipedicellatum W.K.Hu(杜鹃花科)
短梗烟堇 Fumaria vaillantii Loisel.(罂粟科),*短梗蓝堇*
短梗岩须 Cassiope abbreviata Hand.-Mazz.(杜鹃花科),*水灵芝,短叶岩须*
短梗野菰 Aeginetia acaulis (Roxb.) Walp.(列当科)
短梗越桔 Vaccinium brevipedicellatum C.Y.Wu ex Fang & Z.H.Pan(杜鹃花科)
短梗重楼(植物志 15)=长药隔重楼
短梗重楼 Paris polyphylla var. appendiculata Hara (百合科)
短梗紫藤 Wisteria brevidentata Rehd.(豆科),*短齿紫藤*
短菰 Zizania aquatica var. brevis Fassett (菊科)
短冠豹药藤 Cynanchum brevicoronatum M.G. Gilb. & P.T.Li(萝藦科)
短冠草 Sopubia trifida Buch.-Ham.(玄参科),*小伸筋草,英雄*
短冠草属 Sopubia Buch.-Ham.(玄参科)
短冠刺蕊草 Pogostemon brevicorollus Sun(唇形科),*马鹿菜*
短冠东风菜 Doellingeria marchandii (Lévl.) Ling (菊科),*菊花暗消,胃药,白仙草,土白前*
短冠毛蕊菊(新)Pilostemon karateginii (Lipsky) Iljn? (菊科)
短冠鼠尾草 Salvia brachyloma Stib.(唇形科)
短冠亚菊 Ajania brachyantha Shih(菊科)
短管杜鹃花 Rhododendron brachysiphon Balf.f. ex Hutch.(杜鹃花科)
短管龙胆 Gentiana sichitoensis Marq.(龙胆科)
短管瑞香 Daphne brevituba H.F.Zhou ex C.Y. Chang (瑞香科)
短管兔耳草 Lagotis brevituba Maxim.(玄参科),*短筒兔耳草*
短果百脉根 Lotus praetermissus Kupr.(豆科)
短果茨藻 Najas marina var. brachycarpa Trautv.(茨藻科)
短果大蒜芥(植物志 33)=新疆大蒜芥
短果灯心草(植物志 13-3)=节叶灯心草
短果杜鹃花 Rhododendron brachycarpus D.Don ex G.Don (杜鹃花科),*富士山杜鹃*
短果短肠蕨 Allantodia wheeleri (Bak.) Ching (蹄盖蕨科)
短果峨马杜鹃 Rhododendron ochraceum var. brevicarpum W.K.Hu(杜鹃花科)
短果勾儿茶 Berchemia brachycarpa C.Y.Wu ex Y.L.Chen(鼠李科)
短果观音座莲 Angiopteris rahaoensis Ching(观音座莲科)
短果茴芹 Pimpinella bracycarpa (Kom.) Nakai (伞形科),*大叶芹*
短果卷耳 Cerastium glomeratum var. brachycarpum L.H.Zhou & Q.Z.Han(石竹科)
短果马先蒿(新)Pedicularis pantlingii subsp. brachycarpa Tsoong(玄参科),*潘氏马先蒿短果亚种*
短果泥花草(海南志)=尖果母草
短果念珠芥 Neotorularia brachycarpa (Vass.) Hedge & J.Léonard(十字花科),*短梗涩荠,具苞念珠芥,西藏念珠芥,小念珠芥*
短果升麻 Cimicifuga brachycarpa Hsiao(毛茛科)
短果石笔木 Tutcheria brachycarpa Chang(山茶科)
短果驼蹄瓣 Zygophyllum fabago subsp. orientale Boriss.(蒺藜科)
短果小柱芥 Microstigma bracycarpum Botshc. (十字花科)
短果油杉 Keteleeria roulletii (Chev.) Flous (松科)
短果直立麻黄 Ephedra antisyphilitica var. brachycarpa Cory (麻黄科)
短黑三棱 Sparganium minimum Wallr.(黑三棱科)
短花白苞筋骨草(新)Ajuga lupulina f. breviflora Sun ex G.H.Hu(唇形科),*短花变型*
短花变型(植物志 65-2)=短花白苞筋骨草(新)
短花滨紫草 Mertensia meyeriana J.F.Macb.(紫

草科)
短花糙苏 Phlomis breviflora Benth.(唇形科)
短花杜鹃 Rhododendron brachyanthum Franch. (杜鹃花科)
短花梗黄芪 Astragalus hancockii Bge.(豆科)
短花茎贝母兰 Coelogyne breviscapa Lindl.(兰科)
短花茎带叶兰 Taeniophyllum breviscapum J.J. Sm. (兰科)
短花茎小檗 Berberis breviscapa (Ahrendt) Ahrendt (小檗科)
短花马先蒿 Pedicularis breviflora Rgl.(玄参科)
短花盘沙参 Adenophora brevidiscifera Hong(桔梗科)
短花水金京 Wendlandia formosana subsp. breviflora How(茜草科),*虾飞木*
短花针茅 Stipa breviflora Griseb.(禾本科)
短花珍珠菜 Lysimachia breviflora C.M.Hu(报春花科)
短花枝子花 Dracocephalum breviflorum Turrill. (唇形科)
短花柱婆婆纳 Veronica alpina subsp. pumila (Allioni) Dostál(玄参科)
短花柱小百合(植物志 14)=短柱百合
短槐(云南药用名录)=西南槐
短喙赤桉 Eucalyptus camaldulensis var. brevirostris (F.v.Muell.) Blak.(桃金娘科)
短喙灯心草 Juncus krameri Franch. & Savat.(灯心草科)
短喙粉苞菊 Chondrilla brevirostris Fisch. & Mey. (菊科)
短喙凤仙花 Impatiens rostellata Franch.(凤仙花科)
短喙黄堇 Corydalis brevirostrata C.Y.Wu & Z. Y.Su (罂粟科)
短喙芥 Brassica elongata Ehrh.(十字花科)
短喙冷水花 Pilea rostellata C.J.Chen(荨麻科)
短喙毛茛 Ranunculus meyerianus Rupr.(毛茛科)
短喙蒲公英 Taraxacum brevirostre Hand.-Mazz. (菊科)
短喙亲族薹草 Carex gentilis var. nakaharai (Hay.) T.Koyama(莎草科)
短荚豇豆(分类学报)=短豇豆
短荚柠条 Caragana korshinskii f. brachypoda Liou f.(豆科)
短荚皂角(河北图说)=野皂荚
短尖棒尾凤仙花 Impatiens clavicuspis var. brevicuspis Hand.-Mazz.(凤仙花科)
短尖草 Marsilea mucronata A.Br.(苹科)
短尖杜鹃 Rhododendron inopinum Balf.f.(杜鹃花科)
短尖旱蕨 Pellaea mucronata (Eaton) DC.(中国蕨科)
短尖厚棱芹 Pachypleurum mucronatum (Schrenk) Schischk.(伞形科)
短尖蝴蝶草 Torenia mucronulata Benth.(玄参科)
短尖景天 Sedum beauverdii Hamet(景天科)
短尖楼梯草 Elatostema breviacuminatum W.T. Wang (荨麻科)
短尖毛蕨 Cyclosorus subacutus Ching(金星蕨科),*沙县毛蕨*
短尖飘拂草 Fimbristylis makinoana Ohwi (莎草科)
短尖忍冬 Lonicera mucronata Rehd.(忍冬科)
短尖薹草 Carex brevicuspis C.B.Clarke(莎草科)
短尖头栒子 Cotoneaster mucronatus Franch. (蔷薇科)
短尖叶小檗 Berberis mucrifolia Ahrendt (小檗科)
短剑叶欧石南 Erica sicifolia Salisb.(杜鹃花科)
短豇豆 Vigna unguiculata subsp. cylindrica (L.) Verdc.(豆科),*短荚豇豆,眉豆,饭豇豆,白豆,白目豆,甘豆*
短角赤车 Pellionia brachyceras W.T.Wang(荨麻科)
短角萼翠雀花 Delphinium ceratophorum var. brevicorniculatum W.T.Wang(毛茛科)
短角冷水麻(台湾志)=短角湿生冷水花
短角湿生冷水花 Pilea aquarum subsp. brevicornuta (Hay.) C.J.Chen(荨麻科),*短角冷水麻*
短角淫羊藿(秦岭志)=淫羊藿
短脚蔷薇 Rosa calyptopoda Card.(蔷薇科),*美人脱衣*
短脚三郎(图考)=紫金牛
短节百里香 Thymus mandschuricus Ronn.(唇形科)
短节方竹 Chimonobambusa brevinoda Hsueh & W.P.Zhang(禾本科)
短茎半蒴苣苔 Hemiboea subacaulis Hand.-Mazz. (苦苣苔科)
短茎变种(植物志 65-2,Flora 17)=短茎康定筋骨草
短茎柴胡 Bupleurum pusillum Krylov(伞形科)
短茎长蒴苣苔 Didymocarpus margaritae W.W. Sm. (苦苣苔科)
短茎灯心草 Juncus perpusillus G.Sam.(灯心草科)
短茎峨眉梅花草(植物志 35-1)=峨眉梅花草
短茎萼脊兰 Sedirea subparishii (Z.H.Tsi) Christenson (兰科)
短茎粉报春 Primula clutterbuckii Ward(报春花科),*克鲁特报春*
短茎隔距兰 Cleisostoma parishii (HK.f.) Garay (兰科)
短茎古当归 Archangelica brevicaulis (Rupr.) Rchb.(伞形科),*水防风*
短茎虎耳草 Saxifraga brevicaulis H.Sm. (虎耳草科)
短茎黄芪 Astragalus malcolmii Hemsl. & Pears. (豆科)
短茎开唇兰 Anoectochilus geniculatus Ridl.(兰科)
短茎康定筋骨草(新)Ajuga campylanthoides var. subacaulis C.Y.Wu & C.Chen(唇形科),*短茎变种*
短茎秋海棠(高等图鉴补编)=大香秋海棠
短茎秋海棠 Begonia sinobrevicaulis Ku(秋海棠科)
短茎萨巴尔榈(植物学大辞典)=矮菜棕
短茎三歧龙胆(植物志 62)=阿墩子龙胆
短茎三歧龙胆 Gentiana trichotoma var. chingii (C.Marq.) T.N.Ho(龙胆科)
短茎石竹 Dianthus brevicaulis Fenzl.(石竹科)
短茎甜麻 Corchorus aestuans var. brevicaulis (Hosok.) Liu & Lo(椴树科)
短茎葶苈 Draba nemorosa f. acaulis S.Sommier (十字花科)
短茎岩黄芪 Hedysarum setigerum Turcz.(豆科)
短茎异药花 Fordiophyton brevicaule C.Chen(野牡丹科)
短茎淫羊藿 Epimedium brachyrrhizum Stearn (小檗科)
短茎紫菀 Aster brevis Hand.-Mazz.(菊科)
短颈东北菱(东北草本志)=东北菱
短蒟 Piper mullesua D.Don(胡椒科),*钮子跌打,细芦子藤*
短距苞叶兰 Brachycorythis galeandra (Rchb.f.) Summerh.(兰科),*拟粉蝶兰*
短距槽舌兰 Holcoglossum flavescens (Schltr.) Z.H.Tsi(兰科)
短距翠雀花 Delphinium forrestii Diels(毛茛科),*光叶短距翠雀花*
短距风兰 Neofinetia richardsiana Christenson (兰科)
短距凤仙花(中药辞海)=小距凤仙花
短距凤仙花 Impatiens brachycentra Kar. & Kir. (凤仙花科)
短距红门兰 Orchis brevicalcarata (Finet) Schltr. (兰科)
短距黄花堇菜(植物志 51)=双花堇菜
短距黄堇(静生汇报)=双花堇菜
短距舌唇兰 Platanthera brevicalcarata Hay.(兰科),*矩距粉蝶兰*
短距舌喙兰 Hemipilia limprichtii Schltr.(兰科)
短距手参 Gymnadenia crassinervis Finet(兰科),*粗脉手参*
短距乌头(植物志 27)=弯短距乌头
短距乌头 Aconitum brevicalcaratum var. parviflorum Chen & Liu(毛茛科)
短距香茶菜 Isodon brevicalcaratus (C.Y.Wu & H.W.Li) H.Hara(唇形科)
短绢毛波罗蜜 Artocarpus petelotii Gagn.(桑科),*糖包查,猴欢喜,马蛋果,仙桃,梅里*
短凯蟹爪兰 Zygopetalum brachypetalum Lindl. (兰科)
短盔罗氏马先蒿(新)Pedicularis roylei subsp. roylei var. brevigaleata Tsoong(玄参科),*罗氏马先蒿罗氏亚种短盔变种*
短盔马先蒿 Pedicularis brachycrania Li(玄参科)
短列玉叶金花 Mussaenda breviloba S.Moore (茜草科)
短裂变种(植物志 65-2)=羽叶枝子花
短裂苦苣菜 Sonchus uliginosus M.B.(菊科)
短裂牛奶菜 Marsdenia brachyloba M.G.Gilb. & P.T.Li (萝藦科)
短裂溲疏 Deutzia breviloba S.M.Hwang(虎耳草科)
短裂亚菊 Ajania breviloba (Franch. ex Hand.-Mazz.) Ling & Shih(菊科)
短裂叶光茎大黄 Rheum glabricaule Sam.f. brevilobatum Sam.? (蓼科)
短鳞薹草 Carex angustinowiczii Meinsh. ex Korsh. (莎草科),*钝鳞薹草, 奥古苔草*
短鳞芽杜鹃 Rhododendron breviperulatum Hay. (杜鹃花科),*南奥杜鹃*
短龙骨黄芪 Astragalus parvicarinatus S.B.Ho (豆科)
短脉杜鹃 Rhododendron brevinerve Chun & Fang(杜鹃花科)
短芒稗 Echinochloa crusgalli var. breviseta (Doel.) Neilr.(禾本科)
短芒草 Aristida brevissima L.Liou(禾本科)
短芒大麦草 Hordeum brevisubulatum (Trin.) Link(禾本科),*野黑麦*
短芒鹅观草(分类学报)=内蒙古鹅观草
短芒拂子茅 Calamagrostis hedinii Pilger (禾本

科)
短芒芨芨草 Achnatherum breviaristatum Keng & P.C.Kuo(禾本科)
短芒金猫尾 Narenga fallax var. aristata (Balansa) L.Liu(禾本科)
短芒披碱草 Elymus breviaristatus (Keng) Keng f.(禾本科)
短芒薹草(分类学报)=短苞薹草
短芒薹草 Carex breviaristata K.T.Fu(莎草科)
短芒鹅观草 Roegneria confusa var. breviaristata Keng(禾本科)
短芒纤毛草 Roegneria ciliaris var. submutica (Honda) Keng(禾本科)
短毛百里香 Thymus curtus Klok.(唇形科)
短毛唇柱苣苔 Chirita brachytricha W.T.Wang & D.Y.Chen(苦苣苔科)
短毛单序草 Polytrias amaura var. nana (Keng & S.L.Chen) S.L.Chen (禾本科),*矮金茅*
短毛独活 Heracleum moellendorffii Hance(伞形科),*臭独活,大活,大叶芹,东北牛防风,独活,老山芹,毛羌,水独活,小法罗海*
短毛椴 Tilia breviradiata (Rehd.) Hu & Cheng (椴树科)
短毛佛掌榕(云南植物名录)=全缘粗叶榕
短毛加州鼠李 Rhamnus californica var. tomentella Brew. & Wats (鼠李科)
短毛金线草 Antenoron filiforme var. neofiliforme (Nakai) A.J.Li(蓼科)
短毛菊属 Brachycome Cass.(菊科)
短毛蓝钟花 Cyananthus pseudoinflatus Tsoong (桔梗科)
短毛鳞盖蕨 Microlepia subrhomboidea Ching (碗蕨科)
短毛琉璃草 Cynoglossum furcatum var. villosulum (Nakai) Riedl (紫草科)
短毛楼梯 Elatostema nasutum var. puberulum (W.T.Wang) W.T.Wang(荨麻科)
短毛芒(禾本科图说)=短毛双药芒
短毛美冠兰 Eulophia hirsuta T.P.Lin(兰科),*毛芋兰*
短毛球 Echinopsis eryiesii (Turp) Zucc.(仙人掌科)
短毛双药芒 Diandranthus brevipilus (Hand.-Mazz.) L.Liu(禾本科),*短毛芒*
短毛铁线莲 Clematis puberula HK.f. & Thoms. (毛茛科)
短毛五加 Acanthopanax gracilistylus var. pubescens (Pamp.) Li(五加科)
短毛香果兰 Vanilla barbellata Rchb.f.(兰科)
短毛熊巴掌 Phyllagathis cavaleriei var. tankahkeei (Merr.) C.Y.Wu ex C.Chen(野牡丹科),*猫耳朵,熊巴耳,猪婆耳,豆角消,虎耳,叶下红*
短毛野青茅 Deyeuxia arundinacea var. brachytricha (Steud.) P.C.Kuo & S.L.Lu(禾本科)
短毛叶头过路黄 Lysimachia phyllocephala var. polycephala (Chien) Chen & C.M.Hu(报春花科)
短毛钟花垂头菊 Cremanthodium campanulatum var. brachytricum Ling & S.W.Liu(菊科)
短毛锥花 Gomphostemma velutinum Benth.(唇形科)
短毛紫荆 Cercis chinensis f. pubescens Wei(豆科)
短毛紫菀 Aster brachytrichus Franch.(菊科)
短帽大喙兰 Sarcoglyphis magnirostris Z.H.Tsi (兰科)
短片藁本 Ligusticum brachylobum Franch.(伞形科),*川防风*
短片花旗松(中国裸子志)=黄杉
短球荚蒾(拉汉名称)=短序荚蒾
短绒槐 Sophora velutina Lindl. (豆科)
短绒野大豆 Glycine tomentella Hay.(豆科)
短柔毛多穗兰 Polystachya puberula Lindl.(兰科)
短蕊八月瓜 Holboellia brachyandra H.N.Qin(木通科)
短蕊茶 Camellia brachyandra Chang(山茶科)
短蕊车前紫草 Sinojohnstonia moupinensis (Franch.) W.T.Wang ex Z.Y.Zhang(紫草科)
短蕊大青 Clerodendrum brachystemon C.Y.Wu & R.C.Fang(马鞭草科),*短蕊茉莉*
短蕊杜鹃 Rhododendron microgynum Balf.f. & Forr.(杜鹃花科),*小花杜鹃*
短蕊红山茶 Camellia brachygyna Chang(山茶科)
短蕊槐 Sophora brachygyna C.Y.Ma(豆科)
短蕊景天 Sedum yvesii Hamet(景天科),*伙连草*
短蕊龙胆 Gentiana prostrata var. ludlowii (C. Marq.) T.N.Ho(龙胆科)
短蕊茉莉(云南志)=短蕊大青
短蕊青藤 Illigera brevistaminata Y.R.Li(莲叶桐科)
短蕊山莓草 Sibbaldia perpusilloides (W.W.Sm.) Hand.-Mazz.(蔷薇科)
短蕊石蒜 Lycoris caldwellii Traub(石蒜科)
短蕊万寿竹 Disporum bodinieri (Lévl. &Vant.) F.T.Wang & Tang(百合科),*长蕊万寿竹,竹凌霄,落得打*
短蕊香草 Lysimachia brachyandra Chen & C.M. Hu (报春花科)
短蕊越桔 Vaccinium brachyandrum C.Y.Wu & R.C.Fang(杜鹃花科)
短蕊柱异唇兰 Chiloschista lunifera (Rchb.f.) J.J.Sm.(兰科)
短伞大叶柴胡 Bupleurum longiradiatum var. breviradiatum Fr.Schmidt.(伞形科)
短舌菊属 Brachanthemum DC.(菊科)
短舌匹菊 Pyrethrum parthenium (L.) Sm.(菊科)
短舌少穗竹 Oligostachyum scabriflorum var. breviligulatum Z.P.Wang & G.H.Ye (禾本科)
短舌野青茅 Deyeuxia matsudana (Honda) Keng (禾本科)
短舌早熟禾 Poa breviligula (Keng) L.Liu(禾本科),*胎生早熟禾*
短舌紫菀 Aster sampsonii (Hance) Hemsl.(菊科),*桑氏紫菀,黑根紫菀*
短生碱茅 Puccinellia choresmica Krecz.(禾本科)
短水松(江西井冈山)=白豆杉
短葶圆叶报春 Primula caveana W.W.Sm.(报春花科)
短丝花属 Laperirousia Pourr.(鸢尾科)
短丝筋骨草 Ajuga brachystemon Maxim.(唇形科)
短丝木犀 Osmanthus serrulatus Rehd.(木犀科)
短丝郁金香 Tulipa brachystemon Rgl.(百合科)
短四角菱 Trapa quadrispinosa var. yongxinensis W.H.Wan(菱科)
短穗斑叶兰(台湾志)=光萼斑叶兰
短穗变种(植物志 65-2,Flora 17)=短穗多花筋骨草(新)
短穗柄薹草 Carex longipes var. sessilis Tang & Wang ex L.K.Dai(莎草科)
短穗草胡椒(植物志 20-1)=蒙自草胡椒
短穗叉柱花 Staurogyne brachystachya R.Ben. (爵床科)
短穗钗子股 Luisia trichorhiza (HK.) Bl.?(兰科)
短穗柽柳 Tamarix laxa Willd.(柽柳科),*短穗红柳,毛穗柽柳*
短穗刺蕊草(新拉汉英)=短穗花序刺蕊草(新)
短穗刺蕊草 Pogostemon championii Prain(唇形科)
短穗吊兰 Chlorophytum brachystachum Bak. (百合科)
短穗杜英 Elaeocarpus brachystachyus H.T. Chang (杜英科)
短穗多花筋骨草(新)Ajuga multiflora var. brevispicata C.Y.Wu & C.Chen(唇形科),*短穗变种*
短穗多枝扁莎 Pycreus polystachyus var. brevispiculatus How(莎草科)
短穗红柳(高等图鉴)=短穗柽柳
短穗花序刺蕊草(新)Pogostemon brachystachys Benth. (唇形科),*短穗刺蕊草*
短穗花属(*科属辞典*)=**山茄子属**
短穗画眉草 Eragrostis cylindrica (Roxb.) Nees (禾本科)
短穗黄藤 Daemonorops brachystachys Furttade (棕榈科)
短穗旌节花 Stachyurus chinensis var. brachystachyus C.Y.Wu & S.K.Chen(旌节花科)
短穗卷柏 Selaginella brevicarpa Ching(卷柏科)
短穗看麦娘 Alopecurus brachystachyus Bieb. (禾本科)
短穗柯 Lithocarpus brachystachyus Chun (壳斗科)
短穗杠草 Phalaris brachystachys Link.(禾本科)
短穗毛舌兰 Trichoglottis rosea var. breviracema (Hay.) T.S.Liu & H.J.Su(兰科),*凤尾兰*
短穗泥柯 Lithocarpus fenestratus var. brachycarpus A.Camus(壳斗科),*短柄石栎*
短穗葡萄 Vitis sola Bailey (葡萄科)
短穗桤叶树 Clethra brachystachya Fang & L.C. Hu (桤叶树科)
短穗山矾(植物志 60-2)=黄牛奶树
短穗山姜 Alpinia pricei Hay.(姜科)
短穗山羊草 Aegilops triaristata Willd.(禾本科)
短穗省藤 Calamus faberii var. brevispicatus (C.F.Wei) S.J.Pei & S.Y.Chen (棕榈科)
短穗石龙刍 Lepironia mucronata var. compressa (Böcklr.) E.-G.Camus (莎草科)
短穗天料木 Homalium breviracemosum How & Ko(大风子科)
短穗铁苋菜(湖北)=裂苞铁苋菜
短穗兔耳草 Lagotis brachystachya Maxim.(玄参科),*直打酒曾*
短穗由基松棕 Eugeissona brachystachys Ridley (棕榈科)
短穗鱼尾葵 Caryota mitis Lour.(棕榈科),*酒椰子*
短穗竹 Brachystachyum densiflorum (Rehdle) Keng (禾本科)
短穗竹茎兰 Tropidia curculigoides Lindl.(兰科),*仙茅摺唇兰*
短穗竹属 Brachystachyum Keng(禾本科)
短缩早熟禾 Poa abbreviata R.Br.(禾本科)
短藤竹 Dinochloa puberula McClure?(禾本科)
短葶报春 Primula breviscapa Franch.(报春花科),*葶花卵叶报春*
短葶北点地梅 Androsace septentrionalis var. breviscapa Kryl.(报春花科)

短葶飞蓬 Erigeron breviscapus (Vant.) Hand.-Mazz. (菊科),*灯盏花,灯盏细辛,地朝阳,地顶草,东菊,盘共超,双葵花,挖安登*
短葶黄堇 Corydalis pseudorupestris Lidén & Z.Y.Su(罂粟科),*岩黄连*
短葶韭 Allium nanodes Airy-Shaw(百合科),*短葶山葱*
短葶肉叶荠(植物志 33)=红花肉叶荠
短葶山葱(Flora 24)=短葶韭
短葶山麦冬 Liriope muscari (Dene.) L.H.Bail.(百合科),*阔叶山麦冬*
短葶石豆兰 Bulbophyllum leopardinum (Wall.) Lindl.(兰科)
短葶薹草 Carex breviscapa C.B.Clarke(莎草科),*疏鳞薹草,宽果宿柱薹*
短葶无距花 Stapfiophyton breviscapum C.Chen(野牡丹科)
短葶仙茅 Curculigo breviscapa S.C.Chen(石蒜科)
短葶小点地梅 Androsace gmelinii var. geophila Hand.-Mazz.(报春花科)
短筒倒挂金钟 Fuchsia magellanica Lam.(柳叶菜科)
短筒等梗报春 Primula kialensis subsp. brevituba C.M.Hu(报春花科)
短筒独花报春(高等图鉴)=钟状独花报春
短筒黄精 Polygonatum alte-lobatum Hay.(百合科)
短筒荚蒾 Viburnum brevitubum (Hsu) Hsu(忍冬科)
短筒苣苔 Boeica fulva Clarke(苦苣苔科)
短筒苣苔属 Boeica Clarke (苦苣苔科)
短筒水锦树 Wendlandia brevituba Chun & How ex W.C.Chen(茜草科)
短筒穗花报春 Primula concholoba Stapf & Sealy(报春花科)
短筒兔耳草(植物志 67-2)=短管兔耳草
短筒沃森花 Watsonia beatricis Mathews & L. Bolus.(鸢尾科)
短筒獐牙菜 Swertia connata Schrenk(龙胆科)
短筒朱顶红 Hippeastrum reginae (L.) Herb.(石蒜科)
短筒紫苞鸢尾(植物志 16-1)=紫苞鸢尾
短头唇柱苣苔 Chirita brachysitigma W.T.Wang(苦苣苔科)
短头花猪屎豆 Crotalaria mairei var. pubescens C.Chen & J.Q.Li(豆科)
短弯刀觿茅 Dimeria acimaciformis R.Br.(禾本科)
短尾灯心草 Juncus brevicaudatus (Engelm.) Fern.(灯心草科)
短尾杜鹃 Rhododendron brevicaudatum R.C. Fang & S.S.Chang(杜鹃花科)
短尾鹅耳枥 Carpinus londoniana H.Winkl. (桦木科),*岷江鹅耳枥*
短尾柯 Lithocarpus brevicaudatus (Skan) Hay.(壳斗科),*绵槠,槠栎,笠柴,胖椆*
短尾楼梯草 Elatostema cyrtandrifolium var. brevicaudatum (W.T.Wang) W.T.Wang(荨麻科),*老山草*
短尾铁线莲 Clematis brevicaudata DC.(毛茛科),*林地铁线莲,石通,连架拐,红钉藤,小木通*
短尾头观音座莲 Angiopteris brevicaudata Ching (观音座莲科)
短尾细辛 Asarum caudigerellum C.Y.Cheng & C.S.Yang(马兜铃科),*接气草*
短尾越桔 Vaccinium carlesii Dunn(杜鹃花科),*乌饭子,早禾子*
短细柄海恩斯小檗 Berberis hainesii var. brevifilipes Ahrendt (小檗科)
短细轴荛花 Wikstroemia nutans var. brevior Hand.-Mazz.(瑞香科)
短腺黄堇 Corydalis pseudolongipes Lidén(罂粟科)
短腺小米草 Euphrasia regelii Wettst.(玄参科),*小米草,心木涕区萊*
短腺小米草川藏亚种(植物志 67-2)=川藏小米草(新)
短小忍冬(新)Lonicera gynopogon Lévl.?(忍冬科)
短小蛇根草 Ophiorrhiza pumila Champ. ex Benth. (茜草科),*小蛇根草*
短楔贯众(分类学报)=峨眉贯众
短星火绒草 Leontopodium brachyactis Gandog.(菊科)
短星菊 Brachyactis ciliata Ledeb.(菊科)
短星菊属 Brachyactis Ledeb.(菊科)
短星毛青冈(植物志 22)=曼青冈
短形尖巾草(台湾志)=水田白
短须毛七星莲 Viola diffusa var. brevibarbata C. J.Wang(堇菜科)
短序唇柱苣苔 Chirita depressa HK.f.(苦苣苔科)
短序脆兰 Acampe papillosa (Lindl.) Lindl.(兰科)
短序大野豌豆 Vicia pseudorobus f. breviramea P.Y.Fu & Y.A.Chen(豆科)
短序吊灯花 Ceropegia christenseniana Hand.-Mazz.(萝藦科),*小鹅儿肠*
短序杜茎山 Maesa brevipaniculata (C.Y.Wu & C.Chen) Pipoly & C.Chen(紫金牛科)
短序鹅掌柴 Schefflera bodinieri (Lévl.) Rehd.(五加科),*川黔鸭脚木*
短序隔距兰 Cleisostoma striatum (Rchb.f.) Garay (兰科)
短序杭子稍 Campylotropis brevifolia Rick.(豆科)
短序黑三棱 Sparganium glomeratum Laest.(黑三棱科),*密序黑三棱*
短序厚壳桂 Cryptocarya brachythyrsa H.W.Li(樟科)
短序棘豆 Oxytropis subpodoloba P.C.Li(豆科)
短序荚蒾 Viburnum brachybotryum Hemsl.(忍冬科),*短球荚蒾,球花荚蒾*
短序栝楼 Trichosanthes baviensis Gagn.(葫芦科)
短序蓝叶藤(植物志 63)=蓝叶藤
短序落葵薯 Anredera scandens (L.) Moq.(落葵科)
短序楠 Phoebe brachythyrsa H.W.Li(樟科)
短序蒲桃 Syzygium brachythyrsum Merr. & Perry(桃金娘科)
短序鞘花 Macrosolen robinsonii (Gamble) Danser (桑寄生科)
短序琼楠 Beilschmiedia brevipaniculata Allen (樟科)
短序润楠 Machilus breviflora (Benth.) Hemsl.(樟科),*短序桢楠,较树,白皮槁*
短序山梅花 Philadelphus brachybotrys Koehne ex Vilm. & Boiss.(虎耳草科),*宝山*
短序十大功劳 Mahonia breviracema Y.S.Wang & Hsiao(小檗科)
短序石豆兰 Bulbophyllum brevispicatum Z.H. Tsi (兰科)
短序算珠豆 Urariopsis brevissima Yang & Huang (豆科)
短序歪头菜 Vicia apoda (Maxim.) Xia (豆科)
短序熗木(中药辞海)=柔毛龙眼独活
短序香蒲 Typha gracilis Jord.(香蒲科)
短序小檗 Berberis racemulosa Ying(小檗科)
短序野木瓜(植物志 29)=尾叶那藤
短序野豌豆 Vicia abbreviata (Fu & Chen Xia (豆科),*辽野豌豆,宿根苕子*
短序越桔 Vaccinium brachybotrys (Franch.) Hand.-Mazz.(杜鹃花科)
短序桢楠(海南志)=短序润楠
短序蜘蛛兰 Arachnis breviscapa (J.J.Sm.) J.J. Sm. (兰科)
短序醉鱼草 Buddleja brachystachya Diels(马钱科),*甘肃醉鱼草,白胡子花*
短檐金盏苣苔 Isometrum glandulosum (Batalin) Craib(苦苣苔科)
短檐苣苔 Tremacron forrestii Craib(苦苣苔科)
短檐苣苔属 Tremacron Craib(苦苣苔科)
短檐南星 Arisaema brachyspathum Hay.(天南星科)
短燕麦 Avena brevis Roth (禾本科)
短样刺泡藤(经济植物手册)=喜阴悬钩子
短药地胆 Sonerila tenera Royle(野牡丹科),*三蕊草*
短药碱茅(新拉汉英)=鹤甫碱茅
短药肋柱花 Lomatogonium brachyantherum (C. B.Clarke) Fern.(龙胆科)
短药蒲桃 Syzygium brachyantherum Merr. & Perry(桃金娘科),*麻里果,麻栗果,山蒲桃,十年果,羊屎果,野冬青果*
短药沿阶草 Ophiopogon angustifoliatus (F.T. Wang & Tang) S.C.Chen(百合科)
短药野木瓜(广西药用名录)=黄蜡果
短药异燕麦 Helictotrichon potaninii Tzvel.(禾本科)
短叶白冷杉 Abies concolor var. brevifolia Beissn. (松科)
短叶变种(植物志 74)=短叶紫菀木(新)
短叶草瑞香(高等图鉴)=囊管草瑞香
短叶齿瓣兰 Odontoglossum brevifolium Lindl.(兰科)
短叶赤车 Pellionia brevifolia Benth.(荨麻科),*小叶赤车*
短叶赤松(东北木本志)=赤松
短叶冬青 Ilex brachyphylla (Hand.-Mazz.) S.Y. Hu (冬青科)
短叶风信子 Hyacinthus azureus Baker (百合科)
短叶旱蕨 Pellaea brachyptera (Moore) Bak.(中国蕨科)
短叶核果茶 Pyrenaria garretiana Craib(山茶科)
短叶荷包蕨 Calymmodon asiaticus Copel.(禾叶蕨科)
短叶红豆杉 Taxus brevifolia Nutt.(红豆杉科)
短叶胡枝子 Lespedeza mucronata Rick.(豆科)
短叶虎耳草 Saxifraga brachyphylla Franch.(虎耳草科)
短叶虎尾兰 Sansevieria trifasciata var. hanhnii Hort. (百合科)
短叶黄秦艽 Veratrilla burkilliana (W.W.Sm.) H. Sm. (龙胆科)
短叶黄杉 Pseudotsuga brevifolia Cheng & L.K. Fu (松科),*米松京,红松,油松*
短叶桧 Juniperus brevifolia Ant.(柏科)
短叶假糙苏 Paraphlomis brevifolia C.Y.Wu & H.W.Li(唇形科)

短叶假木贼 Anabasis brevifolia C.A.Mey(藜科)
短叶江西小檗 Berberis jiangxiensis var. pulchella C.M.Hu(小檗科)
短叶茳芏 Cyperus malaccensis var. brevifolius Böcklr.(莎草科),*咸水草*
短叶金茅 Eulalia brevifolia Keng ex Keng f.(禾本科)
短叶锦鸡儿 Caragana brevifolia Kom.(豆科),*猪儿刺*
短叶荆芥 Nepeta brevifolia C.A.M.(唇形科)
短叶绢蒿 Seriphidium brevifolium (Wall. ex DC.) Ling & Y.R.Ling(菊科)
短叶决明 Cassia leschenaultiana DC.(豆科),*萹子草,大叶山扁豆,地油甘,牛旧藤,铁箭矮陀,野皂角,夜合草*
短叶孔雀松(中国裸子志)=短叶柳杉
短叶冷杉 Abies pindrow var. brevifolia Dall. & Jack (松科)
短叶亮绿薹草 Carex finitima var. attenuata C.B. Clarke (莎草科)
短叶裂稃草(海南志)=裂稃草
短叶瘤足蕨 Plagiogyria decrescens Ching(瘤足蕨科)
短叶柳杉 Cryptomeria japonica cv. Araucarioides (杉科),*短叶孔雀松*
短叶柳叶菜 Epilobium brevifolium D.Don(柳叶菜科)
短叶芦荟 Aloe brevifolia Mill.(百合科)
短叶罗汉松(经济植物手册)=小叶罗汉松
短叶罗汉松(植物志 7)=台湾罗汉松
短叶马尾松(东北木本志)=油松
短叶马尾松(分类学报)=巴山松
短叶毛折柄茶 Hartia villosa var. elliptica Chang (山茶科)
短叶茅膏菜 Drosera brevifolia Pursh.(茅膏菜科)
短叶楠 Phoebe neurantha var. brevifolia H.W.Li (樟科)
短叶浅黄马先蒿 Pedicularis lutescens subsp. brevifolia (Bonati) Tsoong(玄参科),*浅黄马先蒿短叶亚种*
短叶秦岭藤 Biondia yunnanensis (Lévl.) Tsiang (萝藦科)
短叶省藤 Calamus egregius Burret (棕榈科),*厘藤*
短叶石刁竹(青海)=攀援天门冬
短叶石楠 Photinia blinii (Lévl.) Rehd.(蔷薇科)
短叶石松 Lycopodium annotinum var. brevifolium Christ(石松科)
短叶黍 Panicum brevifolium L.(禾本科)
短叶蜀黍(钟观光拟)=裂稃草
短叶水石榕 Elaeocarpus hainanensis var. brachyphyllus Merr.(杜英科)
短叶水蜈蚣 Kyllinga brevifolia Rottb.(莎草科),*单打槌,单穗水蜈蚣,发汗药,寒气草,姜牙草,金钮草,库鞠恣托,龙吐珠,三荚草,三叶珠,散寒草,山蜈蚣,水乌梅,水香附,无头香附,燕含珠,一箭珠*
短叶松(东北木本志)=北美短叶松
短叶松(中国植物志略)=油松
短叶穗花杉 Amentotaxus argotaenia var. brevifolia K.M.Lan & F.H.Zhang (红豆杉科)
短叶薹草 Carex manca subsp. wichurai (Boeck.) S.Y.Liang(莎草科)
短叶蹄盖蕨(蕨类图说)=东北蹄盖蕨
短叶天门冬(内蒙)=攀援天门冬
短叶虾脊兰 Calanthe arcuata var. brevifolia Z.H.Tsi(兰科)
短叶香茶菜 Isodon brevifolius (Hand.-Mazz.) H.W.Li(唇形科)
短叶小檗 Berberis brevifolia Phil. ex Reiche (小檗科)
短叶岩须(高等图鉴)=短梗岩须
短叶羊茅 Festuca brachyphylla Schult. & Schylt.f. (禾本科)
短叶中华石楠(新)Photinia beauverdiana var. brevifolia Card.(蔷薇科),*中华石楠短叶变种*
短叶紫晶报春 Primula amethystina subsp. brevifolia (Forr.) W.W.Sm. & Forr.(报春花科)
短叶紫菀木(新)Asterothamnus centraliasiaticus var. potaninii (Novopokr.) Ling & Y.L.Chen (菊科),*短叶变种*
短翼黄芪 Astragalus brevialatus Tsai & Yü(豆科),*短翼芰草*
短翼芰草(静生汇报)=短翼黄芪
短翼岩黄芪 Hedysarum brachypterum Bge.(豆科)
短缨垂头菊 Cremanthodium brachychaetum Chang(菊科)
短缨合耳菊 Synotis brevipappa C.Jeffr. & Y.L. Chen (菊科)
短颖臂形草 Brachiaria semiundulata (Hochst.) Stapf(禾本科)
短颖草 Brachyelytrum erectum (Schreb.) Beauv. (禾本科)
短颖草属 Brachyelytrum Beauv.(禾本科)
短颖鹅观草 Roegneria breviglumis Keng(禾本科)
短颖马唐 Digitaria microbachne (Presl) Henr. (禾本科)
短颖楔颖草 Apocopis breviglumis Keng & S.L.Chen (禾本科)
短颖羊茅(新)Festuca ovina var. brachyphylla (Schult.) Piper (禾本科),*高山羊茅*
短硬毛棘豆 Oxytropis hirsutiuscula Freyn(豆科)
短羽峨眉蕨 Lunathyrium brevipinnum Ching & Shing ex Z.R.Wang(蹄盖蕨科)
短羽裂高河菜(植物志 33)=高河菜
短羽蹄盖蕨 Athyrium contingens Ching & S.K. Wu (蹄盖蕨科)
短枝发草 Deschampsia littoralis var. ivanovae (Tzvel.) P.C.Kuo & Z.L.Wu(禾本科)
短枝黄金竹 Schizostachyum brachycladum (Kurz) Kurz(禾本科)
短枝六道木(高等图鉴)=蓪梗花
短枝木麻黄(广州)=木麻黄
短枝香草 Lysimachia asper Hand.-Mazz.(报春花科)
短枝鱼藤 Derris breviramosa How(豆科)
短枝浙江铃子香 Chelonopsis chekiangensis var. brevipes C.Y.Wu & H.W.Li(唇形科),*短梗变种*
短轴臭黄堇 Corydalis brevipedunculata (Z.Y.Su) Z.Y.Su & Lidén(罂粟科)
短轴红山茶 Camellia brevicolumna Chang,Liu & Zhang(山茶科)
短轴雀麦 Bromus brachystachys Horm.(禾本科)
短轴山梅花 Philadelphus incanus var. baileyi Rehd.(虎耳草科)
短轴省藤 Calamus compsostachys Burret (棕榈科)
短轴嵩草 Kobresia vidua (Bott ex C.B.Clarke) Kükenth.(莎草科)
短轴莠竹 Microstegium glaberrimum (Honda) Koidz.(禾本科)
短柱八角 Illicium brevistylum A.C.Sm.(木兰科)
短柱百合 Lilium brevistylum (S.Y.Liang) S.Y. Liang (百合科),*短花柱小百合*
短柱豹药藤 Cynanchum longipedunculatum M. G.Gilb. & P.T.Li(萝藦科)
短柱侧金盏花 Adonis davidii Franch. (毛茛科)
短柱茶 Camellia brevistyla Coh.St.(山茶科)
短柱朝鲜柳 Salix koreensis var. brevistyla Y.L. Chou & Skv.(杨柳科)
短柱齿唇兰 Anoectochilus brevistylus (HK.f.) Ridl.(兰科)
短柱灯心草 Juncus brachystigma G.Sam.(灯心草科)
短柱滇刺榄 Xantolis stenosepala var. brevistylis C.Y.Wu(山榄科)
短柱杜鹃(高等图鉴)=亮鳞杜鹃
短柱对叶兰 Listera mucronata Panigrahi & J.J. Wood (兰科)
短柱弓果藤 Toxocarpus villosus var. brevistylis Cost.(萝藦科)
短柱桂樱 Laurocerasus zippeliana var. crassistyla (Card.) Yü & Lu?(蔷薇科)
短柱鹤虱 Lappula lipskyi Popov (紫草科)
短柱胡颓子 Elaeagnus difficilis var. brevistyla W.K.Hu & H.F.Chow(胡颓子科)
短柱黄皮 Clausena brevistyla Oliv.(芸香科)
短柱茴芹 Pimpinella bracystyla Hand.-Mazz.(伞形科)
短柱金丝桃 Hypericum hookerianum Wight & Arn.(藤黄科),*金丝海棠,过路黄,苦连翘,金丝桃,多蕊金丝桃*
短柱蜡瓣花 Corylopsis brevistyla Chang(金缕梅科)
短柱柃 Eurya brevistyla Kobuski(山茶科)
短柱鹿蹄草 Pyrola minor L.(鹿蹄草科)
短柱络石 Trachelospermum brevistylum Hand.-Mazz. (夹竹桃科)
短柱梅花草 Parnassia brevistyla (Brieg.) Hand.-Mazz. (虎耳草科)
短柱杞李葠(福师学报)=短柱树参
短柱忍冬 Lonicera fragilis Lévl.(忍冬科)
短柱树参 Dendropanax brevistylus Ling (五加科),*短柱杞李葠*
短柱台湾绣线菊(新)Spiraea formosana var. brevistyla Hay.?(蔷薇科)
短柱铁线莲 Clematis cadmia Buch.-Ham.(毛茛科)
短柱头菟丝子 Cuscuta reflexa var. anguina (Edgeworth) C.B.Clarke(旋花科)
短柱细辛 Asarum brevistylum Franch.? (马兜铃科)
短柱肖菝葜(植物志 15)=云南肖菝葜
短柱肖菝葜 Heterosmilax septemnervia F.T. Wang & Tang(百合科)
短柱亚麻 Linum pallescens Bge.(亚麻科)
短柱银莲花 Anemone brevistyla Chang ex W.T. Wang (毛茛科)
短柱珍珠菜 Lysimachia excisa Hand.-Mazz.(报春花科)
短柱猪毛菜 Salsola lanata Pall.(藜科),*梯翅蓬*
短爪黄堇 Corydalis drakeana Prain(罂粟科),*悬果紫堇*

短锥果葶苈(植物志 33)=锥果葶苈
短锥花树萝卜 Agapetes listeri (King ex C.B. Clarke) Sleumer(杜鹃花科)
短锥花小檗 Berberis prattii Schneid(小檗科), *三颗针,猫儿刺,黄檗刺,老鼠刺,刺黄芩*
短锥香茶菜(植物志 66)=木里香茶菜
短锥玉山竹 Yushania brevipaniculata (Hand.-Mazz.) Yi (禾本科)
短籽沟繁缕 Elatine brachysperma A.Gray (沟繁缕科)
短总序荛花 Wikstroemia capitato-racemosa S.C.Huang(瑞香科)
短总状花序小檗 Berberis brachybotria C.Gay (小檗科)
短足石豆兰 Bulbophyllum stenobulbon Par. & Rchb.f.(兰科)
断肠草(草木便方)=刻叶紫堇
断肠草(甘肃)=铁棒锤
断肠草(纲目拾遗)=秋海棠
断肠草(广东)=牛角瓜
断肠草(广西)=古钩藤
断肠草(广西)=羊角栁
断肠草(贵州)=白五味子
断肠草(贵州)=密蒙花
断肠草(河北,内蒙古)=雀儿舌头
断肠草(湖南药物志)=雷公藤
断肠草(辽宁,甘肃)=白屈菜
断肠草(梦溪笔谈)=钩吻
断肠草(内蒙)=狼毒
断肠草(内蒙)=小花棘豆
断肠草(四川)=大海黄堇
断肠草(四川)=地锦苗
断肠草(四川)=椭果绿绒蒿
断肠草(四川)=小花黄堇
断肠草(四川,陕西,秦岭志)=紫堇
断肠草(四川,云南)=蛇果黄堇
断肠草(四川城口,青川)=大叶紫堇
断肠草(四川大金)=臭黄堇
断肠草(四川峨眉)=长距紫堇
断肠草(四川峨眉)=金顶紫堇
断肠草(四川峨眉,南川)=南黄堇
断肠草(四川泸定)=变根紫堇
断肠草(四川茂汶)=黄根紫堇
断肠草(四川美姑,雷波)=无囊长距紫堇
断肠草(四川平武)=平武紫堇
断肠草(四川什邡,平武)=长尖突紫堇
断肠草(四川石棉)=石棉紫堇
断肠草(四川武隆)=鸡血七
断肠草(四川越西)=尿罐草
断肠草(云南)=金钩如意草
断肠草(云南)=密花素馨
断肠草(云南)=师宗紫堇
断肠草属(高等图鉴)=**钩吻属**
断肠花(群芳谱)=秋海棠
断肠花 Beaumontia brevituba Oliv.(夹竹桃科), *大果夹竹桃*
断肠叶(云南药用名录)=白花藤萝
断肠叶(云南药用名录)=藤萝
断肠叶(云南中草药选)=滇桂崖豆藤
断根草(植物志 43-2)=臭节草
断骨藤(广西)=密齿酸藤子
断骨粘(云南药用名录)=膜叶星蕨
断脚蜈蚣(陕西中草药)=山酢浆草
断节参(民族药志)=昆明杯冠藤
断节莎 Torulinium ferax (L.C.Rich.) Urb.(莎草科)
断节莎属 Torulinium Desv.(莎草科)
断穗狗尾草 Setaria arenaria Kitag.(禾本科)
断线蕨 Colysis hemionitidea (Wall. ex Mett.) C.Presl(水龙骨科), *石韦*
断序臭黄荆(高等图鉴)=间序豆腐柴
断续菊(高等图鉴)=花叶滇苦菜
断血流(安徽)=灯笼草
断血流(中国药典)=风轮菜
缎子花(云南)=孔雀草
缎子绿豆树(云南西畴)=华盖木
椴兵子(高等图鉴)=辽椴
椴树 Tilia tuan Szyszyl.(椴树科), *家鹤儿,千层皮,青科椰,全桐力树,叶上果根*
椴树科 Tiliaceae
椴树属 Tilia L.(椴树科)
椴杨(河北)=河北杨
椴叶扁担杆 Grewia tiliaefolia Vahl(椴树科)
椴叶独活 Heracleum tiliifolium Wolff(伞形科), *独活,前胡,牛尾独活,大活,假羌活*
椴叶鞘柄木(中草药汇编)=鞘柄木
椴叶山麻杆 Alchornea tiliifolia (Benth.) Muell. Arg. (大戟科), *野生麻*
椴叶藤山柳(新) Clematoclethra tiliacea Kom.? (猕猴桃科)
椴叶野桐 Mallotus tiliifolius (Bl.) Muell.Arg. (大戟科)

Dui

堆花小檗 Berberis aggregata Schneid. (小檗科)
堆拉翠雀花 Delphinium wardii Marq. & Shaw (毛茛科)
堆拉乌头 Aconitum tangense Marq. & Shaw(毛茛科)
堆宁-阿尔茨(蒙名)=叉子圆柏
堆莴苣(高等图鉴)=假福王草
堆心蓟 Cirsium helenioides (L.) Hill(菊科)
堆心菊 Helenium autumnale L.(菊科)
堆心菊属 Helenium L.(菊科)
堆叶蒲公英 Taraxacum compactum Schischk. (菊科)
对叉草(图考)=还亮草
对叉草(云南)=鬼针草
对叉疔药(贵州草药)=杯叶西番莲
对刺藤 Scutia eberhardtii Tard.(鼠李科), *双刺藤,钩刺藤*
对刺藤属 Scutia Comm. ex Brongn.(鼠李科)
对痤叶(云南中草药)=粗糙钩毛耳草
对对参(昆明草药)=鹅毛玉凤花
对对参(昆明草药)=鸟足兰
对对草(拉萨)=滇藏柳叶菜
对对草(四川,云南)=遍地金
对对草(四川乐山)=元宝草
对萼猕猴桃 Actinidia valvata Dunn(猕猴桃科), *镊合猕猴桃,糯米饭藤,沙梨藤,痢草,猫气藤,猫人参*
对耳舌唇兰 Platanthera finetiana Schltr(兰科)
对花唐菖蒲 Gladiolus oppositiflorus Herb.(鸢尾科)
对角刺(江苏)=雀梅藤
对节白蜡(分类学报)=湖北梣
对节参(中药大辞典)=昆明杯冠藤
对节草(四川)=土牛膝
对节刺(四川)=铁勒鞭棵棵
对节刺(植物志 48-1)=雀梅藤
对节刺 Horaninowia ulicina Fisch. & Mey.(藜科)
对节刺属 Horaninowia Fisch. & Mey.(藜科)
对节莲(云南)=徐长卿
对节木(树木分类学)=少脉雀梅藤
对节皮(云南文山)=清香木
对节树(贵州)=红紫珠
对节叶(贵州雷公山)=翅柄马蓝
对节叶根(贵州雷公山)=翅柄马蓝
对结刺(河南)=少脉雀梅藤
对结子(河南)=少脉雀梅藤
对经草(湖北,湖南)=黄海棠
对经草(江西)=元宝草
对茎毛兰 Eria pusilla (Griff.) Lindl.(兰科)
对开蕨 Phyllitis scolopendrium (L.) Newm.(铁角蕨科), *日本对开蕨*
对开蕨属 Phyllitis Hill(铁角蕨科)
对口藨(四川)=山莓
对口剪(中草药汇编)=七筋姑
对轮虎耳草 Saxifraga subternata H.Sm.(虎耳草科)
对马耳蕨 Polystichum tsus-simense (HK.) J.Sm.(鳞毛蕨科), *马祖耳蕨,小金鸡尾巴草*
对木叶(海南)=弯毛臭黄荆
对生耳蕨 Polystichum deltodon (Bak.) Diels(鳞毛蕨科), *对生叶耳蕨,蜈蚣草*
对生毛蕨 Cyclosorus oppositus Ching ex Shing (金星蕨科)
对生蛇根草 Ophiorrhiza oppositiflora HK.f.(茜草科)
对生蹄盖蕨 Athyrium oppositipinnum Hay.(蹄盖蕨科)
对生叶耳蕨(蕨类图谱)=对生耳蕨
对生叶虎耳草 Saxifraga georgei Anth.(虎耳草科)
对生紫柄蕨 Pseudophegopteris rectangularis (Zoll.) Holtt.(金星蕨科)
对叶白珠树 Gaultheria oppositifolia HK.f.(杜鹃花科)
对叶百部(中药志,药典 2000)=大百部
对叶杓兰 Cypripedium debile Rchb.f.(兰科)
对叶菜(贵州草药)=女娄菜
对叶草(峨眉)=元宝草
对叶草(广西药用名录)=鳄嘴花
对叶草(贵州草药)=女娄菜
对叶草(沙漠药用植物)=华北白前
对叶草(四川,云南)=遍地金
对叶草(图考)细叶石仙桃
对叶车前 Plantago arenaria Waldst. & Kit.(车前科)
对叶车叶草 Asperula oppositifolia Rgl. & Schmalh. ex Rgl.(茜草科)
对叶齿缘草 Eritrichium pseudolatifolium M. Pop. (紫草科)
对叶大戟 Euphorbia sororia A.Schrenk(大戟科)
对叶豆(思茅中草药)=翅荚决明
对叶凤仙花 Impatiens oppositifolia L.(凤仙花科)
对叶果(云南中草药选)=狭瓣贝母兰
对叶红景天 Rhodiola subopposita (Maxim.) Jacobsen (景天科)
对叶红线草(陕西)=露珠珍珠菜
对叶虎耳草 Saxifraga contraria H.Sm.(虎耳草科)
对叶花(贵州中草药名录)=冠盖绣球
对叶花 Pleiospilos bolusii (HK.f.) N.E.Br.(番杏科)
对叶花属 Pleiospilos N.E.Br.(番杏科)
对叶黄精 Polygonatum oppositifolium (Wall.) Royle (百合科)
对叶黄芪 Astragalus unijugus Bge.(豆科)
对叶接骨草(贵州)=合叶草

对叶接骨草(浙江中草药)=观音草
对叶金钱草(浙江)=活血丹
对叶景天(东北检索表)=八宝
对叶景天 Sedum baileyi Praeg.(景天科)
对叶韭(植物志 14)=对叶山葱
对叶孔岩草 Kungia aliciae var. komarovii (Raym.-Hamet) K.T.Fu(景天科)
对叶兰(云南中草药)=小蓝雪花
对叶兰 Listera puberula Maxim.(兰科)
对叶兰属 Listera R.Br.(兰科)
对叶莲(云南)=马利筋
对叶莲(中草药汇编)=千屈菜
对叶林(贵州)=日本双蝴蝶
对叶林(贵州草药)=西藏吊灯花
对叶柳 Salix salwinensis Hand.-Mazz.(杨柳科)
对叶楼梯草 Elatostema sinense H.Schröter(荨麻科),*冷草*
对叶茜草 Rubia siamensis Craib(茜草科)
对叶榕(台湾志)=糙毛榕
对叶榕 Ficus hispida L.(桑科),*多糯树,马奶叶,牛奶稔,牛奶树,牛奶子,稔水冬瓜,乳牛汁麻木*
对叶散花(湖南药物志)=宜昌荚蒾
对叶山葱 Allium listera Stearn.(百合科),*对叶韭*
对叶肾(中草药汇编)=络石
对叶四块瓦(贵阳民间草药)=及已
对叶四块瓦(贵州)=全缘金粟兰
对叶铁线莲 Clematis zygophylla Hand.-Mazz.(毛茛科)
对叶香豌豆 Lathyrus cicera L.(豆科),*香豌豆*
对叶盐蓬 Girgensohnia oppositiflora (Pall.) Fenzl (藜科)
对叶盐蓬属 Girgensohnia Bge.(藜科)
对叶元胡(新疆药志)=薯根延胡索
对羽毛蕨 Cyclosorus oppositipinnus Ching & Z.Y.Liu(金星蕨科)
对月草(四川)=黄海棠
对月草(四川南川,湖北建始)=密腺小连翘
对月草(植物志 50-2)=元宝草
对月莲(贵州)=徐长卿
对折龙胆 Gentiana conduplicata T.N.Ho(龙胆科)
对枝菜 Cithareloma vernum Bge.(十字花科)
对枝菜属 Cithareloma Bge.(十字花科)
对嘴泡(贵州)=攀枝莓
对坐草(浙江,江西)=过路黄

Dun

敦化乌头 Aconitum dunhuaense S.H.Li(毛茛科)
敦盛草(西藏中草药)=西藏杓兰
敦盛草(四川)=大花杓兰
蹲鸱(史记)=芋
盾苞藤 Neuropeltis racemosa Wall.(旋花科)
盾苞藤属 Neuropeltis Wall.(旋花科)
盾柄兰 Porpax ustulata (Par. & Rchb.f.) Rolfe (兰科)
盾柄兰属 Porpax Lindl.(兰科)
盾翅果属(科属词典)=**盾翅藤属**
盾翅藤 Aspidopterys glabriuscula (Wall.) A.Juss.(金虎尾科)
盾翅藤属 Aspidopterys A.Juss.(金虎尾科),*盾翅果属*
盾萼凤仙花 Impatiens scutisepala HK.f.(凤仙花科)
盾萼紫堇 Corydalis peltata Lidén & Z.Y.Su(罂粟科)
盾儿花(植物志 35-1)=蛛网萼
盾果草 Thyrocarpus sampsonii Hance(紫草科),*黑骨风,铺墙草*
盾果草属 Thyrocarpus Hance (紫草科)
盾基冷水花 Pilea insolens Wedd.(荨麻科)
盾蕨 Neolepisorus ovatus (Bedd.) Ching(水龙骨科),*大金刀,七星凤尾草,青卷莲,梳子草,水石韦,西风剑,岩豆草*
盾蕨属 Neolepisorus Ching(水龙骨科)
盾鳞风车子 Combretum punctatum Bl.(使君子科)
盾鳞狸藻 Utricularia punctata Wall. ex A.DC.(狸藻科)
盾片蛇菰 Rhopalocnemis phaloides Jung.(蛇菰科)
盾片蛇菰属 Rhopalocnemis Jungh.(蛇菰科),*双柱蛇菰属*
盾形单叶假脉蕨 Microgonium omphalodes Vieillard (膜蕨科)
盾叶半夏 Pinellia peltata Pei(天南星科),*白滴水珠,白岩芋*
盾叶粗筒苣苔 Briggsia longipes (Hemsl. ex Oliv.) Craib(苦苣苔科)
盾叶苣苔 Metapetrocosmea peltata (Merr. & Chun) W.T.Wang(苦苣苔科),*盾叶悬崖苣苔,盾叶石蝴蝶*
盾叶苣苔属 Metapetrocosmea W.T.Wang(苦苣苔科)
盾叶冷水花 Pilea peltata Hance(荨麻科),*盾状冷水花,背花疙,石苋菜*
盾叶茅膏菜(高等图鉴)=茅膏菜
盾叶莓 Rubus peltatus Maxim.(蔷薇科)
盾叶木 Macaranga adenantha Gagn.(大戟科)
盾叶秋海棠(高等图鉴)=昌感秋海棠
盾叶秋海棠(西藏志)=重齿秋海棠
盾叶秋海棠 Begonia peltatifolia H.L.Li(秋海棠科)
盾叶石蝴蝶(高等图鉴)=盾叶苣苔
盾叶薯蓣 Dioscorea zingiberensis C.H.Wright (薯蓣科),*黄姜,火头根*
盾叶唐松草 Thalictrum ichangense Lecoy. ex Oliv. (毛茛科),*倒地擸,连钱草,龙眼草,石蒜来阳,小淫羊藿,岩扫把,羊耳*
盾叶天竺葵 Pelargonium peltatum (L.) Ait.(牻牛儿苗科)
盾叶铁线莲 Clematis smilacifolia var. peltata (W.T.Wang) W.T.Wang(毛茛科)
盾叶悬崖苣苔(海南志)=盾叶苣苔
盾叶野桐(广西)=毛桐
盾叶云南金莲花 Trollius yunnanensis var. peltatus W.T.Wang(毛茛科)
盾柱 Pleurostylia opposita (Wall.) Alston(卫矛科)
盾柱木 Peltophorum pterocarpum (DC.) Baker ex K.Heyne(豆科),*双翼豆*
盾柱木属 Peltophorum (Vogel) Benth.(豆科)
盾柱属 Pleurostylia Wight & Arn.(卫矛科)
盾状扁柄草 Lallemantia peltata (L.) Fisch. & Mey. (唇形科)
盾状冷水花(广西植物名录)=盾叶冷水花
盾状秋海棠 Begonia peltata Otto & A.Dietr.(秋海棠科)
盾座苣苔 Epithema carnosum (G.Don) Benth.(苦苣苔科)
盾座苣苔属 Epithema Bl.(苦苣苔科)
钝白杜鹃 Rhododendron wardii var. puralbum (Balf.f. & W.W.Sm.) Chamb. ex Cullen & Chamb.(杜鹃花科)
钝瓣顶冰花 Gagea fragifera (Vill.) E.Bayer & G.López(百合科)
钝瓣景天 Sedum obtusipetalum Franch.(景天科)
钝瓣小芹 Sinocarum cruciatum (Franch.) Wolff (伞形科)
钝苞大丁草 Gerbera tanantii Franch.(菊科),*墨江一枝箭*
钝苞雪莲 Saussurea nigrescens Maxim.(菊科),*瑞苓草*
钝苞一枝黄花 Solidago pacifica Juz.(菊科)
钝背草 Amblynotus rupestris (Pall. ex Georgi) Popov ex L.Sergi.(紫草科)
钝背草属 Amblynotus Johnst.(紫草科)
钝齿变种(植物志 65-2,Flora 17)=钝齿铃子香(新)
钝齿变种(植物志 66,Flora 17)=钝齿云南冠唇花(新)
钝齿唇柱苣苔 Chirita botusidentata W.T.Wang (苦苣苔科)
钝齿唇柱苣苔 Chirita obtusidentata W.T.Wang (苦苣苔科)
钝齿冬青(安徽志)=齿叶冬青
钝齿耳蕨 Polystichum deltodon var. henryi Christ (鳞毛蕨科)
钝齿红紫珠 Callicarpa rubella f. crenata P'ei(马鞭草科),*沙药草,大刀药,毛跌打*
钝齿后蕊苣苔 Opithandra obtusidentata W.T. Wang (苦苣苔科)
钝齿花楸 Sorbus helenae Koehne(蔷薇科)
钝齿花楸锐齿变种(植物志 36)=尖齿花楸(新)
钝齿蕨萁 Botrypus modestus (Ching) Ching (瓶尔小草科)
钝齿冷水花 Pilea penninervis C.J.Chen(荨麻科)
钝齿柃 Eurya crenatifolia Yamamoto (山茶科)
钝齿铃子香(新)Chelonopsis odontochila var. smithii (Kudo) C.Y.Wu(唇形科),*钝齿变种*
钝齿楼梯草 Elatostema obtusidentatum W.T. Wang (荨麻科)
钝齿木荷 Schima crenata Korth.(山茶科)
钝齿青荚叶 Helwingia chinensis var. crenata (Lingelsh. ex Limpr.) Fang(山茱萸科)
钝齿鼠李(台湾志)=长叶冻绿
钝齿四川碎米荠(植物志 33)=弹裂碎米荠
钝齿铁角蕨(台湾志)=膜连铁角蕨
钝齿铁角蕨 Asplenium subvarians Ching ex C. Chr. (铁角蕨科),*小铁角蕨*
钝齿铁线莲 Clematis apiifolia subsp. obtusidentata Rehd. & Wils(毛茛科),*川木通,粗糠藤*
钝齿小米草(植物志 67-2)=光叶小米草
钝齿悬钩子 Rubus raopingensis var. obtusidentatus Yü & Lu (蔷薇科)
钝齿阴地蕨 Botrychium modestum Ching(阴地蕨科)
钝齿云南冠唇花(新)Microtoena delavayi var. amblyodon C.Y.Wu & Hsuan(唇形科),*钝齿变种*
钝翅槭 Acer shirasawanum Koidz.(槭树科)
钝刀木(西双版纳)=羽叶楸
钝顶蹄盖蕨 Athyrium obtusilimbum Ching(蹄盖蕨科)
钝萼唇柱苣苔 Chirita lunglinensis var. amblyosepala W.T.Wang(苦苣苔科)
钝萼繁缕 Stellaria amblyosepala Schrenk(石竹科)
钝萼附地菜 Trigonotis peduncularis var. ambly-

osepala (Nakai & Kitagawa) W.T.Wang (紫草科)
钝萼甘青铁线莲 Clematis tangutica var. obtusiuscula Rehd. & Wils.(毛茛科)
钝萼景天短柱变种(分类学报)=珠节景天
钝萼爵床(广西植物)=钝萼野靛棵
钝萼铁线莲 Clematis peterae Hand.-Mazz.(毛茛科),*毛叶钝萼铁线莲,柴木通,风藤草,木通藤,山棉花,疏齿铁线莲,细木通,线木通,小木通,小蓑衣藤*
钝萼野靛棵 Mananthes amblyosepala (D.Fang & H.S.Lo) C.Y.Wu & C.C.Hu(爵床科),*钝萼爵床*
钝稃野大麦 Hordeum spontaneum Bahkt.(禾本科)
钝盖赤桉 Eucalyptus camaldulensis var. obtusa Blak.(桃金娘科)
钝果寄生 Taxillus tomentosus (Roth.) Van Tiegh (桑寄生科)
钝果寄生属 Taxillus Van Tiegh.(桑寄生科)
钝基草 Timouria saposhnikowii Roshev.(禾本科),*帖木儿草*
钝基草属 Timouria Roshev.(禾本科),*贴木儿草属*
钝脊眼子菜 Potamogeton octandrus var. miduhikimo (Makino) Hara (眼子菜科),*南方眼子菜,小浮叶眼子菜*
钝尖冷水花 Pilea pumila var. obtusifolia C.J. Chen (荨麻科)
钝尖叶桂樱 Laurocerasus undulata f. microbotrys (Koehne) Yü & Lu(蔷薇科)
钝角金星蕨 Parathelypteris angulariloba (Ching) Ching (金星蕨科),*钝头金星蕨,钝头附金星蕨*
钝角毛花柱 Trichocereus macrogonus (Salm-Dyck.) Riccob.(仙人掌科)
钝角三峡槭 Acer wilsonii var. obtusum Fang & Wu (槭树科)
钝裂耳蕨 Polystichum integrilobum (Ching ex Y.T.Hsien & N.Li) W.M.Chu(鳞毛蕨科)
钝裂宫布马先蒿 Pedicularis kongboensis var. obtusata Tsoong(玄参科),*宫布马先蒿钝裂变种*
钝裂蒿 Artemisia obtusiloba Ledeb.(菊科),*小裂蒿*
钝裂蓝翠雀花 Delphinium caeruleum var. obtusilobum Brühl(毛茛科)
钝裂溲疏 Deutzia obtusilobata S.M.Hwang(虎耳草科)
钝裂天胡荽 Hydrocotyle salwinica var. obtusiloba S.L.Liou(伞形科)
钝裂银莲花 Anemone obtusiloba D.Don(毛茛科)
钝鳞薹草(高等图鉴)=短鳞薹草
钝鳞薹草 Carex nakaoana T.Koyama(莎草科)
钝天仙子 Hyoscyamus muticus L.(茄科)
钝头冬青 Ilex triflora var. kanehirai (Yamamoto) S.Y.Hu(冬青科),*金平氏冬青*
钝头杜鹃 Rhododendron farinosum Lévl.(杜鹃花科)
钝头附金星蕨(台湾志)=钝角金星蕨
钝头复叶耳蕨 Arachniodes mutica (Fr. & Sav.) Ching (鳞毛蕨科)
钝头金星蕨(台湾志)=钝角金星蕨
钝头牛膝(中草药汇编)=钝叶土牛膝
钝头瓶尔小草 Ophioglossum petiolatum HK. (瓶尔小草科),*一根箭,单匹枪*
钝形假杜鹃 Barleria obtusa Nees (爵床科)
钝形玄参 Scrophularia obtusa Edgew.(玄参科)
钝形亚属 Obtusae Grunow (菱科)
钝药野木瓜 Stauntonia leucantha Diels ex Y.C. Wu (木通科),*艾口,八月瓜,九月黄,绕绕藤,五叶木通,芽曲藤*
钝叶扁柏(台湾)=日本扁柏
钝叶扁担杆 Grewia retusifolia pierre(椴树科)
钝叶变种(植物志 65-2)=钝叶峨眉黄芩(新)
钝叶草 Stenotaphrum helferi Munro ex HK.f.(禾本科)
钝叶草属 Stenotaphrum Trin.(禾本科),*窄沟草属*
钝叶车轴草 Trifolium dubium Sibth.(豆科)
钝叶齿缘草 Eritrichium incanum (Turcz.) DC. (紫草科)
钝叶翅子树 Pterospermum obtusifolium Wight (梧桐科)
钝叶臭黄荆(植物志 65-1)=伞形臭黄荆
钝叶臭黄荆 Premna obtusifolia R.Br.(马鞭草科)
钝叶川梨(新)Pyrus pashia var. obtusata Card. (蔷薇科),*川梨钝叶变种*
钝叶大黄(新)Rheum obtusifolius L.(蓼科),*钝叶酸模*
钝叶单侧花 Orthilia obtusata (Turcz.) Hara(鹿蹄草科)
钝叶独活 Heracleum obtusifolium Wall. ex DC. (伞形科),*肉独活*
钝叶独行菜 Lepidium obtusum Basin.(十字花科)
钝叶杜鹃 Rhododendron obtusum (Lindl.) Planch. (杜鹃花科),*石岩*
钝叶杜鹃花(新拉汉英)=可爱杜鹃花
钝叶短柱茶 Camellia obtusifolia Chang(山茶科)
钝叶峨眉黄芩(新)Scutellaria omeiensis var. serratifolia C.Y.Wu & S.Chow(唇形科),*钝叶变种*
钝叶番泻 Cassia obtusifolia L. (豆科)
钝叶榧树(树木分类学)=榧树
钝叶福王草(新)Prenanthes macilentas Vant. & Lévl.? (菊科)
钝叶桂(两广东省乔灌木名录)=钝叶厚壳桂
钝叶桂 Cinnamomum bejolghota (Buch.-Ham.) Sweet(樟科),*大叶山桂,钝叶樟,奉楠,假桂皮,老母楠,老母猪桂皮,梅宗英龙,泡木,青樟木,三条筋,山桂楠,山肉桂,山玉桂,土桂皮,土肉桂,香桂楠,小粘药,鸭母桂,鸭母楠*
钝叶核果木 Drypetes obtusa Merr. & Chun(大戟科)
钝叶赫德木(中大学报)=钝叶折柄茶
钝叶黑面神 Breynia retusa (Dennst.) Alston(大戟科),*地石榴,跳八丈,小柿子叶,小叶黑面叶,小叶山漆茎,枝展黑面神*
钝叶红淡(台湾志)=钝叶台湾杨桐
钝叶厚壳桂 Cryptocarya impressinervia H.W.Li (樟科),*那果,大叶乌面槁,钝叶桂*
钝叶华贵黄芪 Astragalus nobilis var. obtusifoliolatus S.B.Ho(豆科)
钝叶黄芩 Scutellaria obtusifolia Hemsl.(唇形科)
钝叶黄檀 Dalbergia obtusifolia (Baker) Prain(豆科),*牛肋巴,牛筋木*
钝叶鸡蛋花 Plumeria obtusa L.(夹竹桃科)
钝叶金合欢 Acacia megaladena Desv.(豆科)
钝叶金缕梅 Hamamelis obtusata.(金缕梅科)
钝叶景天 Sedum leblancae Hamet(景天科)
钝叶韭 Allium platyspathum subsp. amblyophyllum (Karelin & Kirilov) Frizen(百合科)
钝叶桔红悬钩子 Rubus aurantiacus var. obtusifolius Yü & Lu (蔷薇科)
钝叶康达木 Condalia obtusifolia (HK.) Weberb (鼠李科)
钝叶拉拉藤 Galium davuricum var. tokyoense (Makino) Cuf.(茜草科)
钝叶柃 Eurya obtusifolia H.T.Chang(山茶科),*野茶子*(中药大辞典)
钝叶龙脑香 Dipterocarpus obtusifolius Teysm. (龙脑香科)
钝叶龙眼 Dimocarpus longan var. obtussus (Pierre) Leenh.(无患子科)
钝叶楼梯草 Elatostema obtusum Wedd.(荨麻科)
钝叶毛果榕 Ficus trichocarpa var. obtusa (Hassk.) Corner(桑科)
钝叶毛兰 Eria acervata Lindl.(兰科)
钝叶猕猴桃 Actinidia cylindrica f. obtusifolia C.F.Liang(猕猴桃科)
钝叶密花树(高等图鉴)=打铁树
钝叶木姜子 Litsea veitchiana Gamble(樟科)
钝叶帕洛梯 Protea obtusifolia buek.(山龙眼科)
钝叶泡花树(植物志 57-1)=香皮树
钝叶蒲桃 Syzygium cinereum Wall.(桃金娘科)
钝叶千里光 Senecio obtusatus Wall. ex DC.(菊科)
钝叶蔷薇 Rosa sertata Rolfe(蔷薇科)
钝叶榕 Ficus curtipes Corner(桑科)
钝叶山鸡椒 Litsea cubeba f. obtusifolia Yang & P.H.Huang (樟科)
钝叶山罗花 Melampyrum roseum var. obtusifolium (Bonati) D.Y.Hong(玄参科),*山罗花钝叶变种*
钝叶山芝麻 Helicteres obtusa Wall.(梧桐科)
钝叶杉(中国裸子志)=白扦
钝叶石莲 Sinocrassula indica var. obtusifolia (Fröd.) S.H.Fu (景天科),*石莲钝叶变种*
钝叶石头花 Gypsophila perfoliata L.(石竹科)
钝叶鼠麴草 Gnaphalium obtusifolium L.(菊科)
钝叶树棉 Gossypium arboreum var. obtusifolium (Roxb.) Roberty(锦葵科),*鸡脚棉*
钝叶水丝梨 Sycopsis tutcheri Hemsl.(金缕梅科)
钝叶酸模(新拉汉英)=钝叶大黄(新)
钝叶酸模 Rumex obtusifolius L.(蓼科),*金不换,救命王,土大黄,吐血草,癣药,血当归*
钝叶碎米荠(植物志 33)=弹裂碎米荠
钝叶娑罗双 Shorea obtusa Wall.(龙脑香科)
钝叶台湾杨桐 Adinandra formosana var. obtusissima (Hay.) Keng(山茶科),*钝叶红淡*
钝叶土牛膝 Achyranthes asper var. indica L.(苋科),*钝头牛膝*
钝叶瓦松 Orostachys malacophyllus (Pall.) Fisch. (景天科)
钝叶五风藤 Holboellia angustifolia subsp. obtusa (Gagn.) H.N.Qin(木通科)
钝叶腺柳 Salix chaenomeloides f. obtusa (C. Wang & C.Y.Yu) C.F.Fang (杨柳科)
钝叶新木姜(海南志)=钝叶新木姜子
钝叶新木姜子 Neolitsea obtusifolia Merr.(樟科),*黄果,芳槁,钝叶新木姜*
钝叶旋覆花 Inula obtusifolia Kern.?(菊科)
钝叶栒子 Cotoneaster hebephyllus Diels(蔷薇科),*云南栒子*

钝叶栒子大果变种(植物志 36)=大果钝叶栒子(新)
钝叶栒子黄毛变种(植物志 36)=黄毛钝叶栒子(新)
钝叶栒子灰毛变种(植物志 36)=灰毛钝叶栒子(新)
钝叶沿阶草 Ophiopogon amblyphyllus Wang & Dai(百合科)
钝叶眼子菜 Potamogeton obtusifolius Mert & Koch(眼子菜科)
钝叶银桦 Grevillea obtusifolia Meissn.(山龙眼科)
钝叶缨子草 Primula obtusifolia Royle(报春花科)
钝叶鱼木 Crateva trifoliata (Roxb.) B.S.Sun(山柑科),*赤果鱼木*
钝叶玉簪 Hosta decorata Bailey (百合科)
钝叶云南碎米荠(植物志 33)=少叶碎米荠
钝叶樟(海南志)=钝叶桂
钝叶折柄茶 Hartia obovata Chun ex Chang(山茶科),*钝叶赫德木*
钝叶镇江白前(新)Cynanchum sublanceolatum var. obtusulum (Franch. & Sav.) Matsum.?(萝藦科)
钝叶脂麻掌 Gasteria obtusifolia Haw.(百合科)
钝叶猪毛菜 Salsola heptapotamica Iljin(藜科)
钝叶蛛毛苣苔 Paraboea peltifolia D.Fang & L. Zeng (苦苣苔科)
钝叶紫金牛(海南志)=铜盆花
钝叶菹草 Potamogeton amblyophyllus C.A.Mey.(眼子菜科)
钝颖落芒草 Oryzopsis obtusa Stapf(禾本科)
钝羽复叶耳蕨 Arachniodes obtusiloba Ching & C.H.Wang(鳞毛蕨科)
钝羽假瘤蕨 Phymatopteris conmixta (Ching) Pic.Serm. (水龙骨科)
钝羽假蹄盖蕨 Athyriopsis conilii (Franch. & Sav.) Ching(蹄盖蕨科)
钝羽岩蕨 Woodsia obtusa (Spr.) Torr.(岩蕨科)
钝圆齿碎米荠(植物志 33)=大叶碎米荠
钝圆杜鹃 Rhododendron kwangsiense var. obovatifolium Tam(杜鹃花科)
钝针蔺 Heleocharis obtusa (Willd.) Schult.(莎草科)
钝针头果 Gomphocarpus physocarpus E.Mey.(萝藦科)
顿河红豆草 Onobrychis taneitica Spreng.(豆科)

Duo

多巴哥刺棒棕 Bactris guineensis H.E.Moore (棕榈科)
多斑豹子花 Nomocharis meleagrina Franch.(百合科)
多斑杜鹃 Rhododendron kendrickii Nutt.(杜鹃花科),*潘吉拉杜鹃花*
多斑细瓣兰 Masdevallia polysticta Rchb.f.(兰科)
多斑鸢尾 Iris farreri Dykes(鸢尾科)
多斑紫金牛(中药大辞典)=纽子果
多瓣糙果茶 Camellia polypetala Chang(山茶科)
多瓣核果茶 Parapyrenaria multisepala (Merr. & Chun) Chang(山茶科)
多瓣核果茶属 Parapyrenaria Chang(山茶科)
多瓣驴蹄草 Caltha polypetala (Hochst.) Boiss.(毛茛科)
多瓣木(高等图鉴)=东亚仙女木
多瓣木属(高等图鉴)=**仙女木属**
多瓣秋海棠 Begonia polypetala A.DC.(秋海棠科)
多瓣山茶 Camellia petelotii (Merr.) Sealy.(山茶科)
多瓣小檗 Berberis polypetala Phil.(小檗科)
多苞斑种草 Bothriospermum secundum Maxim.(紫草科),*野山蚂蝗,山蚂蝗,毛萝菜*
多苞糙果茶 Camellia multibracteata Chang & Mo ex Mo(山茶科)
多苞藁本 Ligusticum involucratum Franch.(伞形科)
多苞瓜馥木(分类学报)=排骨灵
多苞冷水花 Pilea bracteosa Wedd.(荨麻科)
多苞马鞭草 Verbena bracteosa Michx.(马鞭草科)
多苞木荷 Schima multibracteata Chang(山茶科)
多苞千里光 Senecio multibracteolatus C.Jeffr. & Y.L.Chen(菊科)
多苞蔷薇 Rosa multibracteata Hemsl. & Wils.(蔷薇科)
多苞藤春 Alphonsea squamosa Finet & Gagn.(番荔枝科),*牛奶果*
多苞兔儿风 Ainsliaea multibracteata Mattf.(菊科)
多苞纤冠藤 Gongronema multibracteolatum P.T.Li & X.M.Wang(萝藦科)
多倍山矾 (两广乔灌木名录)=光亮山矾
多被银莲花 Anemone raddeana Rgl.(毛茛科),*两头尖,老鼠屎,竹节香附*
多变叉蕨 Tectaria variabilis Tard.-Blot & Ching (叉蕨科)
多变杜鹃 Rhododendron selense Franch.(杜鹃花科)
多变鹅观草 Roegneria varia Keng(禾本科)
多变花楸 Sorbus astateria (Card.) Hand.-Mazz.(蔷薇科)
多变柯(植物志 22)=麻子壳柯
多变石栎(植物志 22)=麻子壳柯
多变丝瓣芹 Acronema commutatum Wolff(伞形科)
多变蹄盖蕨 Athyrium drepanopterum (Kunze) A.Br. ex Milde(蹄盖蕨科),*细裂蹄盖蕨*
多变瓦韦 Lepisorus variabilis Ching & S.K.Wu (水龙骨科)
多变早熟禾 Poa varia Keng ex L.Liu(禾本科)
多槟榔(中药大辞典)=羊角天麻
多产芦荟(新拉汉英)=好望角芦荟
多产芦荟(新拉汉英)=好望角芦荟
多齿长尾槭 Acer caudatum var. multiserratum (Maxim.) Rehd.(槭树科),*光叶长尾槭,陕甘长尾槭*
多齿吊石苣苔 Lysionotus denticulosus W.T. Wang (苦苣苔科)
多齿钝齿冬青 Ilex crenata f. multicrenata (C.J. Tseng) S.K.Chen(冬青科)
多齿红山茶 Camellia polyodonta How ex Hu (山茶科),*宛田红花油茶*
多齿列当 Orobanche uralensis G.Beck.(列当科)
多齿楼梯草(新拉汉英)=鱼公草
多齿马先蒿 Pedicularis polyodonta Li(玄参科)
多齿猕猴桃 Actinidia henryi var. polyodonta Hand.-Mazz. (猕猴桃科)
多齿蹄盖蕨(高等图鉴)=东北蹄盖蕨
多齿微柱麻 Chamabainia cuspidata var. denticulosa W.T.Wang(荨麻科)
多齿悬钩子 Rubus polyodontus Hand.-Mazz.(蔷薇科)
多齿雪白委陵菜 Potentilla nivea var. elongata Wolf(蔷薇科)
多齿叶报春(拉汉名称)=齿叶灯台报春
多齿紫珠 Callicarpa dentosa (H.T.Chang) W.Z. Fang (马鞭草科)
多翅果属(科属辞典)=**翅果藤属**
多刺刺玫蔷薇(东北木本志)=多刺山刺玫
多刺鸡藤 Calamus tetradactyloides Burret (棕榈科),*高山鸡藤*
多刺棘豆(新疆检索表)=猬刺棘豆
多刺锦鸡儿 Caragana spinosa (L.) DC.(豆科)
多刺量天尺 Hylocereus triangularis (L.) Britt. & Rose(仙人掌科)
多刺绿绒蒿 Meconopsis horridula HK.f. & Thoms.(罂粟科),*刺尔思,乌巴拉色尔布*
多刺毛兰 Eria ferox (Bl.) Bl.(兰科)
多刺山刺玫 Rosa davurica var. setacea Liou (蔷薇科),*多刺刺玫蔷薇*
多刺山黄皮 Fagerlindia depauperata (Drake) Tirveng. (茜草科)
多刺蹄盖蕨(西北植物学报)=胎生蹄盖蕨
多刺天门冬 Asparagus myriacanthus Wang & S. C.Chen(百合科),*冬刺天门冬,天门冬,涅兴*
多刺田菁(豆科图说)=刺田菁
多刺小檗 Berberis spinosissima (Reiche) Ahrendt (小檗科)
多刺直立悬钩子 Rubus stans var. soulieanus (Card.) Yü & Lu (蔷薇科)
多对钝叶蔷薇 Rosa sertata var. multijuga Yü & Ku (蔷薇科)
多对花楸 Sorbus multijuga Koehne(蔷薇科)
多对西康花楸(新)Sorbus prattii var. aestivalis (Koehne) Yü(蔷薇科),*西康花楸多对变种*
多对小叶委陵菜 Potentilla microphylla var. multijuga Yü & Li(蔷薇科)
多萼茶 Camellia multisepala Chang & Tang(山茶科)
多萼小檗 Berberis circumserrata var. occidentalior Ahrenadt(小檗科)
多耳毛蕨 Cyclosorus caii Ching ex Shing(金星蕨科)
多分枝黄芩 Scutellaria ramosissima M.Pop.(唇形科)
多分枝省藤 Calamus ramosissimus Griff.(棕榈科)
多分枝石竹 Dianthus ramosissimus Pall. ex Poir.(石竹科)
多辐线溲疏 Deutzia multiradiata W.T.Wang(虎耳草科),*光叶溲疏*
多秆鹅观草 Roegneria multiculmis Kitag.(禾本科)
多革叶兔耳草 Lagotis alutacea var. foliosa W.W. Sm. (玄参科),*革叶兔耳草多叶变种*
多根毛茛 Ranunculus polyrhizus Steph.(毛茛科)
多根乌头 Aconitum karakolicum Rapaics(毛茛科),*草乌*
多梗黑三棱 Sparganium multipeduncuclatum (Morong) Rybd.(黑三棱科)
多沟杜英 Elaeocarpus lacunosus Wall. ex Kurz (杜英科)
多管藁本 Ligusticum multivittatum Franch.(伞形科)
多果八角金盘(植物分类学)=多室八角金盘
多果滨藜 Atriplex polycarpa (Torr.) S.Wats.(藜科)
多果工布乌头 Aconitum kongboense var.

polycarpum W.T.Wang & L.Q.Li(毛茛科)
多果鸡爪草(植物志 27)=台湾鸡爪草
多果鸡爪草 Calathodes unciformis W.T.Wang (毛茛科)
多果满江红 Azolla imbricata var. prolifera Y.X. Lin (满江红科)
多果猕猴桃(海南志)=阔叶猕猴桃
多果槭 Acer prolificum Fang & Fang f.(槭树科)
多果省藤(海南志)=大白藤
多果省藤 Calamus walkerii Hance(棕榈科)
多果乌桕 Sapium pleiocarpum C.Y.Tseng(大戟科),*糠桕,米桕*
多果乌头 Aconitum polycarpum Chang(毛茛科)
多果新木姜子 Neolitsea polycarpa Liou(樟科)
多果绣线梅(新)Neillia affinis var. polygyna Card. ex J.Vidal(蔷薇科),*川康绣线梅多果变种*
多果雪胆 Hemsleya pengxianensis var. polycarpa L.T.Shen & W.J.Chang(葫芦科)
多果烟斗柯 Lithocarpus corneus var. fructuosus Huang & Y.T.Chang (壳斗科)
多果银莲花 Anemone polycarpa W.E.Evans(毛茛科)
多核冬青(云南志)=伞序冬青
多核冬青 Ilex polypyrena C.J.Tseng & B.W.Liu (冬青科)
多核鹅掌柴 Schefflera polypyrena Tseng & Hoo (五加科),*鸭脚,泡桐*
多核果 Pyrenocarpa hainanenesis (Merr.) Chang & Miau(桃金娘科)
多核果属 Pyrenocarpa Chang & Miau (桃金娘科)
多痕唇柱苣苔 Chirita minutihamata Wood(苦苣苔科)
多痕密花树 Myrsine cicatricosa (C.Y.Wu & C. Chen) Pip. & C.Chen(紫金牛科)
多花安匝木 Pomaderris multiflora Sieb. ex Fenzl. (鼠李科)
多花桉 Eucalyptus polyanthemos Schauer(桃金娘科)
多花八角莲(湖南药物志)=云南八角莲
多花白蜡树(云南植物名录)=多花梣
多花白头树 Garuga floribunda var. gamblei (King ex Smith) Kalkm.(橄榄科),*八角楠*
多花百日菊 Zinnia peruviana (L.) L.(菊科),*五色梅,山菊花*
多花败酱(长白山药志,东北检索表)=中败酱
多花苞叶芋(新拉汉英)=翼柄白鹤芋
多花贝母 Fritillaria pluriflora Torr.(百合科)
多花贝母兰 Coelogyne venusta Rolfe(兰科)
多花变种(植物志 66,Flora 17)=多花鄂西鼠尾草(新)
多花冰草 Agropyron cristatum var. pluriflorum H.L.Yang(禾本科)
多花菜豆(豆科图说)=荷包豆
多花梣 Fraxinus floribunda Wall. ex Roxb.(木犀科),*多花白蜡树*
多花茶藨子 Ribes multiflorum Kit. ex Roem. & Schult.(虎耳草科)
多花长尖叶蔷薇 Rosa longicuspis var. sinowilsonii (Hemsl.) Yü & Ku (蔷薇科)
多花柽柳 Tamarix hohenackeri Bge.(柽柳科)
多花唇柱苣苔 Chirita floribunda W.T.Wang(苦苣苔科)
多花刺头菊 Cousinia polycephala Rupr. (菊科)
多花丛菔 Solms-Laubachia floribunda Y.C.Lan & T.Y.Cheo(十字花科)
多花粗筒苣苔 Briggsia longifolia var. multiflora S.Y.Chen ex K.Y.Pan(苦苣苔科)
多花酢浆草(西安)=红花酢浆草
多花脆兰 Acampe rigida (Buch.-Ham. ex J.E. Sm.) P.F.Hunt(兰科)
多花大黄连刺 Berberis centiflora Diels. (小檗科)
多花大沙叶 Pavetta polyantha R.Br. ex Bremek. (茜草科)
多花灯心草 Juncus modicus N.E.Brown (灯心草科)
多花地宝兰 Geodorum recurvum (Roxb.) Alston (兰科)
多花地杨梅 Luzula multiflora (Retz.) Lej.(灯心草科)
多花丁公藤 Erycibe myriantha Merr.(旋花科)
多花冬青(四川志)=黑毛冬青
多花杜鹃 Rhododendron cavaleriei Lévl.(杜鹃花科),*羊角杜鹃*
多花杜英 Elaeocarpus floribundioides H.T. Chang (杜英科)
多花盾翅藤 Aspidopterys floribunda Hutch.(金虎尾科)
多花鄂西鼠尾草(新)Salvia maximowicziana var. floribunda Sieb.(唇形科),*多花变种*
多花发草 Deschampsia multiflora P.C.Kuo & Z. L.Wu (禾本科)
多花繁缕 Stellaria nipponica Ohwi(石竹科),*多花蛇舌草*
多花飞尼牙苣苔 Phinaea multiflora C.V.Mort. (苦苣苔科)
多花肥肉草 Fordiophyton multiflorum C.Chen (野牡丹科)
多花费菜 Phedimus floriferus (Praeg.) 't Hart (景天科),*多花景天*
多花粉花溲疏 Deutzia rosea var. multiflora Rehd. (虎耳草科)
多花粉叶栒子(新)Cotoneaster glaucophyllus f. serotinus (Hutch.) Stapf(蔷薇科),*粉叶栒子多花变型*
多花风车藤(分类学报)=多花风筝果
多花风筝果 Hiptage multiflora F.N.Wei(金虎尾科),*多花风车藤*
多花附地菜 Trigonotis floribunda Johnst.(紫草科)
多花勾儿茶 Berchemia floribunda (Wall.) Brongn. (鼠李科),*鼻朴子,扁担果,扁担藤,铳子藤,厝箕藤,勾儿草,勾儿茶,花眉桃架,黄鳝藤,金刚藤,老鼠藤,牛鼻角秧,牛鼻圈,牛鼻拳,牛儿藤,铁包金,乌梢蛇,熊柳藤,羊母锁,皱皮草,皱纱皮*
多花谷木 Memecylon floribundum Bl.(野牡丹科)
多花瓜馥木(分类学报)=黑风藤
多花含笑 Michelia floribunda Finet & Gagn.(木兰科)
多花蒿 Artemisia myriantha Wall. ex Bess.(菊科),*苦蒿,黑蒿,蒿枝*
多花黑麦草 Lolium multiflorum Lam.(禾本科)
多花红升麻(秦岭志)=多花落新妇
多花胡枝子(豆科图说)=小雀花
多花胡枝子 Lespedeza floribunda Bge.(豆科),*铁鞭草,米汤草,石告杯*
多花互生叶荛花 Wikstroemia alternifolia var. multiflora Lecomte(瑞香科)
多花黄精(东北检索表)=热河黄精
多花黄精 Polygonatum cyrtonema Hua(百合科),*白芨黄精,长叶黄精,黄精,黄精姜,姜形黄精,九蒸姜,老虎姜,南黄精,山捣臼,山姜,野生姜,竹姜*
多花黄芪 Astragalus floridus Benth. ex Bge.(豆科),*麦芪*
多花黄杨叶栒子(新)Cotoneaster buxifolius var. marginatus Loud.(蔷薇科),*黄杨叶栒子多花变种*
多花灰栒子(华北经济志要)=水栒子
多花棘豆 Oxytropis floribunda (Pall.) DC.(豆科)
多花假鹤虱 Hackelia floribunda (Lehm.) I.M. Johnso (紫草科)
多花尖被郁金香 Tulipa praestans var. tubergenii Hort.(百合科)
多花剪股颖 Agrostis myriantha HK.f.(禾本科)
多花碱茅 Puccinellia multiflora L.Liu(禾本科)
多花剑叶莎 Machaerina myriantha (Chun & How) Y.C.Tang (莎草科)
多花角蒿(西藏)=鸡肉参
多花金叶树 Chrysophyllum lanceolatum (Bl.) A.DC.(山榄科)
多花筋骨草 Ajuga multiflora Bge.(唇形科)
多花堇菜(拉汉名称)=维西堇菜
多花堇菜(新拉汉英)=数花堇菜(新)
多花堇菜 Viola pseudomonbeigii Chang(堇菜科),*拟多花堇菜*
多花荆芥 Nepeta stewartiana Diels(唇形科)
多花景天(植物志 34-1)=多花费菜
多花景天三七(东北检索表)=费菜
多花巨兰 Grammatophyllum scriptum (L.) Bl. (兰科)
多花距药姜 Cautleya cathcartii Bak.(姜科)
多花克拉莎 Cladium myrianthum Chun & How (莎草科)
多花莱勃特 Lambertia multiflora Lindl.(山龙眼科)
多花梾木(新拉汉英)=群花梾木(新)
多花梾木 Swida polyantha (Fang & W.K.Hu) Fang & W.K.Hu(山茱萸科)
多花兰 Cymbidium floribundum Lindl.(兰科)
多花蓝果树 Nyssa sylvatica Marsh.(蓝果树科)
多花老鹳草 Geranium polyanthes Edgew. & HK.f. (牻牛儿苗科)
多花蓼(植物志 25-1)=何首乌
多花苓菊 Jurinea multiflora (L.) B.Fedtsch.(菊科)
多花龙胆 Gentiana striolata T.N.Ho(龙胆科)
多花落新妇 Astilbe rivularis var. myriantha (Diels) J.T.Pan(虎耳草科),*多花红升麻,铁杆升麻,小牛胃花,金毛七*
多花麻花头 Serratula polycephala Iljin(菊科),*多头麻花头*
多花马鞍树 Maackia floribunda (Miq.) Takeda (豆科),*台湾马鞍树,岛槐*
多花马先蒿 Pedicularis floribunda Franch.(玄参科)
多花马醉木 Pieris floribunda (Pursh ex Sims) Benth. & HK.(杜鹃花科)
多花毛茛 Ranunculus polyanthemos L.(毛茛科)
多花毛兰 Eria floribunda Lindl.(兰科)
多花猕猴桃(高等图鉴)=阔叶猕猴桃
多花米口袋(内蒙志)= 甜地丁
多花米口袋(植物志 42-2)=米口袋
多花庙铃苣苔 Smithiantha multiflora Fritsch (苦苣苔科)

多花木兰 Magnolia multiflora M.C.Wang & C.L. Min (木兰科)
多花木蓝(云南)=蒙自木蓝
多花木蓝 Indigofera amblyantha Craib(豆科), *山豆根,土豆根*
多花南蛇藤(植物志 45-3)=小果南蛇藤
多花泡花树 Meliosma myriantha S. & Z.(清风藤科), *山东泡花树*
多花泡叶栒子(新)Cotoneaster bullatus f. floribundus (Stapf) Rehd. & Wils.(蔷薇科), *泡叶栒子多花变型*
多花蓬莱葛(广西植物名录)=蓬莱葛
多花茜草 Rubia wallichiana Decne.(茜草科), *红丝线,三爪龙*
多花蔷薇(华北习见观赏植物)=野蔷薇
多花青蛇藤 Periploca floribunda Tsiang(萝藦科)
多花清风藤 Sabia schumanniana subsp. pluriflora (Rehd. & Wils.) Y.F.Wu(清风藤科)
多花秋海棠 Begonia floribunda Ku(秋海棠科)
多花秋海棠 Begonia multiflora Benth.(秋海棠科)
多花球 Gymnocalycium multiflorum (HK.) Britt. & Rose (仙人掌科)
多花日本小檗 Berberis thunbergii var. pluriflora Koehne (小檗科)
多花柔毛茛 Ranunculus membranaceus var. floribundus W.T.Wang(毛茛科)
多花三角瓣花 Prismatomeris tetrantra subsp. multiflora (Ridl.) Y.Z.Ruan(茜草科)
多花山矾 Symplocos ramosissima Wall. ex G. Don (山矾科)
多花山柑(台湾志)=少蕊山柑
多花山柑 Capparis multiflora HK.f. & Thoms. (山柑科)
多花山姜 Alpinia polyantha D.Fang(姜科)
多花山壳骨 Pseuderanthemum polyanthum (C. B.Clarke) Merr.(爵床科)
多花山柳菊 Hieracium floribundum Wimm. & Grab. (菊科)
多花山蚂蝗(台湾志)=饿蚂蝗
多花山猪菜(海南志)=金钟藤
多花山竹子(海南志)=木竹子
多花山竹子(中药辞海)=兰屿福木
多花杉叶杜(高等图鉴)=杉叶杜
多花珊瑚苣苔(植物志 69)=西藏珊瑚苣苔
多花芍药 Paeonia emodii Wall. (芍药科)
多花蛇舌草(植物志 26)=多花繁缕
多花石龙尾 Limnophila polyantha Kurz.(玄参科)
多花水锦树 Wendlandia tinctoria subsp. floribunda (Craib) Cowan(茜草科)
多花水仙 Narcissus tazetta L.(石蒜科)
多花水苋 Ammannia multiflora Roxb.(千屈菜科)
多花丝梗楼梯草 Elatostema filipes var. floribundum W.T.Wang(荨麻科)
多花丝头花 Dryandra floribunda R.Br.(山龙眼科)
多花溲疏(高等图鉴)=碎花溲疏
多花溲疏 Deutzia setchuenensis var. corymbiflora (Lemoine ex Andre) Rehd.(虎耳草科)
多花素馨 Jasminum polyanthum Frnch.(木犀科), *素兴花,鸡爪花,狗牙花,野素馨,素馨花*
多花酸藤子 Embelia floribunda Wall.(紫金牛科)
多花碎米荠 Cardamine multiflora T.Y.Cheo & R.C.Fang(十字花科)
多花唐菖蒲 Gladiolus floribundus Hort.(鸢尾科)
多花特纳花 Thenardia floribunda HBK (夹竹桃科)
多花藤山柳 Clematoclethra floribunda W.T. Wang (猕猴桃科)
多花铁线莲(植物志 28)=毛花铁线莲
多花铁线莲 Clematis jingdungensis W.T.Wang (毛茛科)
多花娃儿藤(Flora 16)=七层楼
多花微孔草 Microula floribunda W.T.Wang(紫草科)
多花乌头 Aconitum polyanthum (Finet & Gagn.) Hand.-Mazz.(毛茛科), *独花乌头*
多花五月茶 Antidesma maclurei Merr.(大戟科)
多花锡金铁线莲(植物志 28)=锡金铁线莲
多花细瓣兰 Masdevallia floribunda Lindl.(兰科)
多花香茶菜(植物志 66)=细锥香茶菜
多花小檗 Berberis floribunda Wall. ex G.Don (小檗科)
多花小垫柳 Salix serpyllum Anderss.(杨柳科), *珠穆垫柳,聂拉木垫柳*
多花楔翅藤 Sphenodesme floribunda Chun & How(马鞭草科)
多花萱草 Hemerocallis multiflora Stout (百合科)
多花玄参 Scrophularia polyantha Royle (玄参科)
多花栒子(经济植物手册)=水栒子
多花崖爬藤 Tetrastigma campylocarpum (Kurz.) Planch.(葡萄科)
多花亚菊 Ajania myriantha (Franch.) Ling ex Shih (菊科), *千花亚菊*
多花沿阶草 Ophiopogon tonkinensis Rodrig.(百合科)
多花偃卧繁缕 Stellaria decumbens var. polyantha Edgew. & HK.f.(石竹科)
多花羊茅 Festuca rubra subsp. pluriflora (D.M. Chang) N.R.Cui(禾本科)
多花羊蹄甲 Bauhinia chalcophylla L.Chen(豆科)
多花野牡丹 Melastoma affine D.Don(野牡丹科), *催生药,基尖叶野牡丹,酒瓶果,老鼠丁根,山甜娘,瓮登木,乌提子,野广石榴*
多花淫羊藿 Epimedium multiflorum Ying(小檗科)
多花油柑(台湾志)=小果叶下珠
多花盂兰 Lecanorchis multiflora J.J.Sm.(兰科)
多花玉竹 Polygonatum odoratum var. pluriflorum (Miq.) Ohwi (百合科)
多花郁金香 Tulipa biflora var. turkestanica Hort. (百合科)
多花远志(云南花用植物名录)=密花远志
多花云南樱桃 Cerasus yunnanensis var. polybotrys (Koehne) Yü & Li(蔷薇科)
多花早熟禾 Poa florida N.R.Cui(禾本科)
多花泽兰 Eupatorium amabile Kitam.(菊科)
多花胀果树参 Dendropanax inflatus f. paniculatus Tseng & Hoo(五加科)
多花指甲兰 Aerides rosea Lood. ex Lindl. & Paxt. (兰科)
多花钟萼草 Lindenbergia polyantha Royle ex Benth. (玄参科)
多花柱瓣兰 Epidendrum polyanthum Lindl.(兰科)
多花紫藤 Wisteria floribunda (Willd.) DC.(豆科)
多花醉鱼草(云南志)=酒药花醉鱼草
多极兔儿风(新)Ainsliaea reflexa var. nimborum Hand.-Mazz.?(菊科)
多荚草 Polycarpon prostratum (Forssk.) Aschers. & Schweinw. ex Aschers. (石竹科)
多荚草属 Polycarpon Loefl. ex L.(石竹科)
多角凤仙花 Impatiens polyceras HK.f. ex W.W. Sm. (凤仙花科)
多角秋海棠 Begonia multangula Bl.(秋海棠科)
多节毛兰(分类学报)=双点毛兰
多节青兰 Dracocephalum nodulosum Rupr.(唇形科)
多节雀麦 Bromus plurinodis Keng(禾本科)
多节觿茅 Dimeria ornithopoda subsp. subrobusta var. plurinodis (Keng & Y.L.Yang) S.L. Chen & G.Y.Sheng(禾本科)
多节细柄草 Capillipedium parviflorum var. spicigerum (Benth.) Hsu(禾本科)
多节香科 Teucrium multinodum (Bordz.) Juz. (唇形科)
多节野古草 Arundinella nodosa B.S.Su & Z.H. Hu (禾本科)
多节早熟禾 Poa plurinodis Keng(禾本科)
多茎黑麦 Secale cereale var. multicaule Metzg. (禾本科)
多茎还阳参 Crepis multicaulis Ledeb.(菊科)
多茎剪刀草(新)Clinopodium multicaule (Maxim.) Kuntze (唇形科), *剪刀草*
多茎景天 Sedum multicaule Wall.(景天科), *滇瓦花,滇瓦松,佛指甲,惑景天,九头狮子草,石根,瓦松,岩如意*
多茎青兰 Dracocephalum multicaule Montbr. & Auch.(唇形科)
多茎鼠曲草(中药辞海)=多茎鼠麴草
多茎鼠麴草 Gnaphalium polycaulon Pers.(菊科), *多茎鼠曲草*
多茎委陵菜 Potentilla multicaulis Bge.(蔷薇科), *猫爪子*
多茎香青 Anaphalis hondae Kitam.(菊科)
多茎野豌豆 Vicia multicaulis Ledeb.(豆科), *豆豌豌,野毛耳*
多茎银莲花 Anemone rockii var. multicaulis W. T.Wang (毛茛科)
多茎獐牙菜 Swertia multicaulis D.Don(龙胆科), *赛巴贡珠*
多距复叶耳蕨 Arachniodes calcarata Ching(鳞毛蕨科)
多卷须栝楼 Trichosanthes rosthornii var. multicirrata (C.Y.Cheng & Yueh) S.K.Chen (葫芦科), *栝楼皮,栝楼壳,瓜壳*
多孔茨藻 Najas foveolata A.Br. ex Magnus (茨藻科)
多榔菊属 Doronicum L.(菊科)
多榔千里光 Senecio doronicum (L.) L.(菊科)
多勒啪迭(西双版纳基诺语)=琴叶风吹楠
多勒啪莫(西双版纳基诺语)=滇南风吹楠
多肋桤叶树 Clethra kaipoensis var. polyneura (Li) Fang & L.C.Hu(桤叶树科)
多棱球 Echinofossulocactus mylticostatus (Hildm.) Britt. & Rose (仙人掌科)
多棱球属 Echinofossulocactus G.Lawr.(仙人掌科)
多里多卡特兰 Cattleya labiata var. eldorado (Lind.) Veitch (兰科)
多列蹄盖蕨(蕨类形态)=峨眉蹄盖蕨

多裂长距紫堇 Corydalis longicalcarata var. multipinnata Z.Y.Su (罂粟科)
多裂翅果菊 Pterocypsela laciniata (Houtt.) Shih (菊科)
多裂大丁草 Gerbera anandria var. densiloba Mattf. (菊科)
多裂独活 Heracleum dissectifolium K.T.Fu(伞形科)
多裂杜鹃 Rhododendron hodgsonii HK.f.(杜鹃花科)
多裂福王草 Prenanthes macrophylla Franch.(菊科),*大叶备用果菊*
多裂复叶耳蕨 Arachniodes multifida Ching(鳞毛蕨科)
多裂荷青花 Hylomecon japonica var. dissecta (Franch & Savat.) Fedde(罂粟科)
多裂黄鹌菜 Youngia rosthornii (Diels) Babcock & Stebbins(菊科)
多裂黄檀 Dalbergia rimosa Roxb.(豆科)
多裂火炬树 Rhus typhina f. dissecta Rehd.(漆树科)
多裂芥菜(植物志 33)=芥
多裂金盏苣苔 Isometrum eximium Chun & W.T.Wang & K.Y.Pan(苦苣苔科)
多裂栝楼 Trichosanthes multiloba Miq.(葫芦科)
多裂骆驼蓬 Peganum multisectum (Maxim.) Bobr. (蒺藜科),*匐根骆驼蓬*
多裂南星 Arisaema multisectum Engl.(天南星科)
多裂蒲公英 Taraxacum dissectum (Ledeb.) Ledeb. (菊科)
多裂千里光 Senecio multilobus Chang(菊科)
多裂水茄 Solanum chrysotrichum Schlecht.(茄科)
多裂碎米荠 Cardamine multijuga Franch.(十字花科)
多裂铁线蕨(新)Adiantum polyphyllum Willd.(铁线蕨科),*多叶铁线蕨*
多裂委陵菜 Potentilla multifida L.(蔷薇科),*细叶委陵菜*,*白马肉*
多裂乌头 Aconitum polyschistum Hand.-Mazz.(毛茛科)
多裂腺毛蝇子草 Silene herbilegorum (Bocq.) Lidén & Oxehm.(石竹科)
多裂熏倒牛 Biebersteinia multifida DC.(牻牛儿苗科),*金莲花科*
多裂亚菊 Ajania tripinnatisecta Ling & Shih(菊科)
多裂叶短毛独活(内蒙志)=狭叶短毛独活
多裂叶荆芥 Nepeta multifida L.(唇形科),*荆芥*
多裂叶水芹 Oenanthe thomsonii C.B.Clarke(伞形科)
多裂阴地蕨 Botrychium multifidum (Gmel.) Rupr. (阴地蕨科)
多裂鱼黄草 Merremia dissecta (Jacq.) Hall.f.(旋花科)
多裂缘玉凤兰(台兰科图鉴)=丝裂玉凤花
多裂真碎米蕨 Cheilanthes multifida Sw.(中国蕨科)
多裂紫堇 Corydalis multisecta C.Y.Wu & H. Chuang (罂粟科)
多裂紫菊 Notoseris henryi (Dunn) Shih(菊科),*川滇盘果菊*
多裂棕竹 Rhapis multifida Burret (棕榈科)
多鳞杜鹃 Rhododendron polypeis Franch.(杜鹃花科)
多鳞耳蕨 Polystichum setiferum (Forsk.) Moore ex Woynar (鳞毛蕨科)
多鳞粉背蕨 Aleuritopteris anceps (Blanford) Panigrahi(中国蕨科)
多鳞鳞毛蕨 Dryopteris barbigera (T.Moore & HK.) O.Ktze.(鳞毛蕨科)
多鳞帽蕊草 Mitrastemon yamamotoi var. kanehirai (Yamamoto) Makino(大花草科)
多鳞省藤 Calamus thysanolepis var. polylepis C.F.Wei(棕榈科)
多鳞瓦韦(中药辞海)=鳞瓦韦
多鳞兴安落叶松(东北木本志)=黄花落叶松
多鳞棕 Myrialepis scortechinii Becc.(棕榈科)
多鳞棕属 Myrialepis HK.f.(棕榈科)
多伦棘豆 Oxytropis lanuginosa Kom.(豆科)
多轮草 Lerchea micrantha (Drake) Lo(茜草科)
多轮草属 Lerchea L.(茜草科)
多罗菊(高等图鉴)=美叶川木香
多脉暗罗 Polyalthia pingpienensis P.T.Li(番荔枝科)
多脉报春 Primula polyneura Franch.(报春花科)
多脉葱臭木(云南志)=多脉樫木
多脉冬青 Ilex polyneura (Hand.-Mazz.) S.Y.Hu (冬青科),*青皮树*
多脉短筒苣苔 Boeica multinervia K.Y.Pan(苦苣苔科)
多脉鹅耳枥 Carpinus polyneura Franch.(桦木科)
多脉鹅掌柴 Schefflera multinervia Li(五加科)
多脉风藤(台湾)=疏果胡椒
多脉凤仙花 Impatiens polyneura K.M.Liu(凤仙花科)
多脉高粱 Sorghum nervosum Bess. ex Schult. (禾本科)
多脉高山桦 Betula delavayi var. polyneura H. ex P.C.Li(桦木科)
多脉瓜馥木 Fissistigma balansae (A.DC.) Merr. (番荔枝科)
多脉贵州报春 Primula kweichouensis var. venulosa Chen & C.M.Hu(报春花科)
多脉桂花(云南植物名录)=尾叶木犀榄
多脉含笑 Michelia polyneura C.Y.Wu(木兰科)
多脉胡椒 Piper submultinerve C.DC.(胡椒科)
多脉寄生藤 Dendrotrophe polyneura (Hu) D.D. Tao (檀香科)
多脉假脉蕨 Crepidomanes insigne (v.d.B.) Fu (膜蕨科),*欠明脉蕨*
多脉樫木 Dysoxylum lukii Merr.(楝科),*陆氏樫木*,*多脉葱臭木*,*赤木*
多脉荩草 Arthraxon multinervus S.L.Chen & Y. X. Jin (禾本科)
多脉柃 Eurya polyneura Chun(山茶科)
多脉柳叶菜 Epilobium roseum subsp. subsessile (Boiss.) Raven(柳叶菜科)
多脉楼梯草 Elatostema pseudoficoides W.T. Wang (荨麻科)
多脉猫乳 Rhamnella martinii (Lévl.) Schneid. (鼠李科),*香叶树*
多脉木荷 Schima polyneura Chang(山茶科)
多脉木奶果 Baccaurca motleyana (Muell.Arg.) Muell.Arg.(大戟科)
多脉南星 Arisaema costatum (Wall.) Mart.(天南星科)
多脉普洱茶 Camellia assamica var. polyneura Chang(山茶科)
多脉七叶树 Aesculus polyneura Hu & Fang(七叶树科)
多脉茜草 Rubia polyphlebia Lo(茜草科)
多脉青冈 Cyclobalanopsis multinervis Cheng & T.Hong (壳斗科),*粉背青冈*,*多脉青冈栎*
多脉青冈栎(植物志 22)=多脉青冈
多脉秋海棠 Begonia multinervia Lebm.(秋海棠科)
多脉球兰 Hoya polyneura HK.f.(萝藦科)
多脉榕 Ficus polynervis S.S.Chang(桑科)
多脉润楠 Machilus multinervia Liou(樟科)
多脉莎草 Cyperus diffusus Vahl (莎草科)
多脉守宫木 Sauropus yanhuianus P.T.Li(大戟科)
多脉鼠李 Rhamnus sargentiana Schneid.(鼠李科)
多脉水东哥 Saurauia polyneura C.F.Liang & Y.S.Wang(猕猴桃科)
多脉四照花 Dendrobenthamia multinervosa (Pojark.) Fang(山茱萸科),*巴蜀四照花*
多脉苏铁属 Dioon Lindl.(苏铁科)
多脉酸藤子(植物志 58)=密齿酸藤子
多脉腾越荚蒾 Viburnum tengyuehense var. polyneurum (Hsu) Hsu(忍冬科)
多脉藤春 Alphonsea tsangyuanensis P.T.Li(番荔枝科)
多脉藤山柳 Clematoclethra variabilis var. multinervis C.F.Liang & Y.C.Chen(猕猴桃科)
多脉铁木 Ostrya multinervis Rehd.(桦木科)
多脉旋覆花(新)Inula vernoniiformis Lévl.?(菊科)
多脉叶羊蹄甲(豆科图说)=显脉羊蹄甲
多脉茵芋 Skimmia multinervia Huang(芸香科)
多脉银树 Leucadendron venosum R.Br.(山龙眼科)
多脉榆 Ulmus castaneifolia Hemsl.(榆科),*锈毛榆*
多脉玉叶金花 Mussaenda multinervis C.Y.Wu ex Hsue & H.Wu(茜草科)
多脉早熟禾 Poa polyneuron Bor(禾本科)
多脉紫金牛(植物志 58)=粗脉紫金牛
多脉紫云菜 Strobilanthes polyneuros C.B. Clarke ex W.W.Sm.(爵床科)
多芒复叶耳蕨 Arachniodes aristatissima Ching (鳞毛蕨科)
多芒莠竹 Microstegium somai (Hay.) Ohwi (禾本科),*相马莠竹*
多毛板凳果 Pachysandra axillaris var. stylosa (Dunn) M.Cheng(黄杨科),*宿柱三角咪*,*三角米*,*山板登*
多毛扁芒菊 Waldheimia huegelii (Sch.-Bip.) Tzvel. (菊科)
多毛变种(植物志 65-2,Flora 17)=多毛并头黄芩(新)
多毛变种(植物志 65-2,Flora 17)=多毛蓝花黄芩(新)
多毛变种(植物志 65-2,Flora 17)=多毛连翘叶黄芩(新)
多毛变种(植物志 66)=多毛细锥香茶菜(新)
多毛变种(植物志 66,Flora 17)=多毛大锥香茶菜(新)
多毛并头黄芩(新) Scutellaria scordifolia var. villosissima C.Y.Wu & W.T.Wang (唇形科),*多毛变种多毛变种*
多毛杜鹃 Rhododendron polytrichum Fang(杜鹃花科)
多毛椴 Tilia intonsa Wils. ex Rehd. & Wils.(椴树科)
多毛狗骨柴(云南植物名录)=云南狗骨柴

多毛鹤首马先蒿 Pedicularis gruina subsp. pilosa (Bonati) Tsoong(玄参科),*鹤首马先蒿多毛亚种*
多毛加州鼠李 Rhamnus californica var. crassifolia Jepson.(鼠李科)
多毛假水苏 Stachyopsis marrubioides (Regel) Ik.-Gal.(唇形科)
多毛姜 Zingiber densissimum S.Q.Tong & Y.M. Xia (姜科)
多毛橿子栎(植物志 22)=橿子栎
多毛橿子树(秦岭志)=多毛橿子栎
多毛君迁子 Diospyros lotus var. mollissima C.Y.Wu(柿科)
多毛蓝花黄芩(新)Scutellaria formosana var. pubescens C.Y.Wu & H.W.Li(唇形科),*多毛变种*
多毛李叶绣线菊(新)Spiraea prunifolia var. pseudoprunifolia (Hay.) Li(蔷薇科),*李叶绣线菊多毛变种*
多毛连翘叶黄芩(新)Scutellaria hypericifolia var. pilosa C.Y.Wu(唇形科),*多毛变种*
多毛鳞盖蕨 Microlepia pilosissima Ching(碗蕨科)
多毛铃子香 Chelonopsis mollissima C.Y.Wu(唇形科)
多毛马齿苋(海南志)=毛马齿苋
多毛毛萼越桔 Vaccinium pubicalyx var. leucocalyx (Lévl.) Rehd.(杜鹃花科)
多毛爬山虎 Parthenocissus vitacea var. dubia Rehd.(葡萄科)
多毛坡垒 Hopea mollissina C.Y.Wu(龙脑香科),*毽树*
多毛蒲公英 Taraxacum lanigerum V.Soest.(菊科)
多毛茜草树 Aidia pycnatha (Drake) Tirveng.(茜草科),*毛山黄皮,黄棉木,极尖茜草树*
多毛青藤 Illigera cordata var. mollissima (W.W. Sm.) Kubitzki(莲叶桐科)
多毛琼花(新)Viburnum macrocephalum var. indutum Hand.-Mazz.?(忍冬科)
多毛秋海棠 Begonia polytricha C.Y.Wu(秋海棠科)
多毛荛花 Wikstroemia pilosa Cheng(瑞香科),*毛花荛花,浙雁皮*
多毛箬竹 Indocalamus hirsutissimus Z.P.Wang & P.X.Zhang (禾本科)
多毛沙参 Adenophora rupincola Hemsl.(桔梗科)
多毛山柑 Capparis dasyphylla Merr & Metc.(山柑科),*厚叶槌果藤*
多毛少穗竹 Oligostachyum puberulum (Wen) G.H.Ye & Z.P.Wang ?(禾本科)
多毛水毛茛 Batrachium trichophyllum var. hirtellum L.Liou(毛茛科)
多毛四川婆婆纳 Veronica szechuanica subsp. sikkimensis (HK.f.) Hong(玄参科),*四川婆婆纳多毛亚种*
多毛铁线莲 Clematis baominiana W.T.Wang(毛茛科)
多毛西风芹 Seseli delavayi Franch.(伞形科),*竹叶防风*
多毛细锥香茶菜(新)Isodon coetsa var. cavaleriei (H.Lévl.) H.W.Li(唇形科),*多毛变种*
多毛小蜡 Ligustrum sinense var. coryanum (W. W.Sm.) Hand.-Mazz.(木犀科)
多毛须蕊铁线莲 Clematis pogonandra var. pilosula Rehd. & Wils(毛茛科)
多毛悬钩子 Rubus lasiotrichos Focke(蔷薇科)
多毛羊奶子 Elaeagnus grijsii Hance(胡颓子科)
多毛野樱桃(经济植物手册)=多毛樱桃
多毛叶薯蓣 Dioscorea decipiens HK.f.(薯蓣科),*粘山药,黄山药*
多毛叶云实 Caesalpinia decapetala var. pubescens Tang & Wang(豆科),*倒挂牛,大牛昂,朝天子,牛王刺*
多毛樱桃 Cerasus polytricha (Koehne) Yü & Li (蔷薇科),*多毛野樱桃*
多毛玉叶金花 Mussaenda mollissima C.Y.Wu ex Hsue & H.Wu(茜草科)
多毛越桔 Vaccinium hirsutum Buckl.(杜鹃花科),*硬毛越桔*
多毛知风草 Eragrostis pilosissima Link(禾本科)
多米尼加槐 Sophora albopetioluata Leqnard (豆科)
多米尼加秋海棠 Begonia dominicalis A.DC.(秋海棠科)
多囊毛蕨 Cyclosorus multisorus Ching ex Shing (金星蕨科)
多年黑麦草(新拉汉英)=黑麦草
多年红(广东)=小花远志
多年生花旗杆 Dontostemon perennis C.A.Mey. (十字花科)
多年生苣苔花 Gloxinia perennis Druce (苦苣苔科)
多年生亚麻(英拉汉名称)=宿根亚麻
多年生月见草 Oenothera perennis L.(柳叶菜科)
多糯树(中草药汇编)=对叶榕
多皮孔酸藤子(植物志 58)=密齿酸藤子
多岐石杉(云南植物研究) =锡金石杉
多歧楼梯草 Elatostema polystachyoides W.T. Wang (荨麻科)
多歧苏铁 Cycas multipinnata C.J.Chen(苏铁科)
多鞘雪莲 Saussurea polycolea Hand.-Mazz.(菊科)
多鞘早熟禾 Poa polycolea Stapf(禾本科)
多球顶冰花 Gagea ova Stapf(百合科)
多趣杜鹃 Rhododendron stewartianum Diels(杜鹃花科)
多肉千里光 Senecio pseudo-arnica Less.(菊科)
多乳头银桦 Grevillea thelemanniana Endl.(山龙眼科)
多乳突小檗(新)Berberis papillosa Benoist (小檗科),*乳突小檗*
多蕊杜鹃花 Rhododendron polyandrum Hutch. (杜鹃花科)
多蕊高河菜 Megacarpaea polyandra Benth. ex Madden(十字花科)
多蕊金丝桃(西藏志)=短柱金丝桃
多蕊金丝桃 Hypericum choisianum Wall. ex N. Robson (藤黄科)
多蕊木 Tupidanthus calyptratus HK.f. & Thoms. (五加科),*脱辟木,大七叶莲,龙爪叶*
多蕊木属 Tupidanthus HK.f. & Thoms.(五加科),*脱辟木属*
多蕊商陆(云南志)=多雄蕊商陆
多蕊蛇菰 Balanophora polyandra Griff.(蛇菰科),*木菌子,土苁蓉,通天烛*
多蕊肖菝葜 Heterosmilax polyandra Gagn.(百合科)
多蕊重楼 Paris polyandra S.F.Wang(百合科)
多伞阿魏 Ferula ferulaeoides (Steud.) Korov.(伞形科)
多伞北柴胡 Bupleurum chinense f. chiliosciadium (Wolff) Shan & Y.Li(伞形科)
多色杜鹃 Rhododendron rupicola W.W.Sm.(杜鹃花科)
多色列当 Orobanche alsatica Kirschl.(列当科)
多色欧石南 Erica versicolor J.C.Wendl.(杜鹃花科)
多色青兰 Dracocephalum multicolor Kom.(唇形科)
多色叶哈克 Hakea varia R.Br.(山龙眼科)
多色淫羊藿 Epimedium versicolor Morr.(小檗科)
多舌飞蓬 Erigeron multiradiatus (Lindl.) Benth. (菊科)
多胜属(经济植物手册)=**移校属**
多什勒巴(四川西藏语)=粗糙黄堇
多石阿魏 Ferula lapidosa Korov.(伞形科)
多室八角金盘 Fatsia polycarpa Hay.(五加科),*多果八角金盘*
多穗白藤 Calamus bonianus Becc.(棕榈科)
多穗草(植物志 67-2)=爬岩红
多穗姜 Zingiber pleiostachyum K.Schum(姜科)
多穗金粟兰 Chloranthus multistachys Pei(金粟兰科),*四块瓦,大四块瓦,四大天王,白毛七*
多穗柯(云南)=木姜叶柯
多穗兰 Polystachya concreta (Jacq.) Garay & Sweet(兰科)
多穗兰属 Polystachya HK.(兰科)
多穗蓼 Polygonum polystachyum Wall. ex Meisn. (蓼科),*恣恣蓓曾*
多穗罗汉松 Podocarpus polystachyus R.Br.(罗汉松科)
多穗马蓝(广西植物)=串花马蓝
多穗排香草 Anisochilus polystachyus Benth.(唇形科)
多穗省藤 Calamus polystachys Becc.(棕榈科)
多穗石柯叶(常用中草药方选)=木姜叶柯
多穗石栎(海南志)=木姜叶柯
多穗石龙尾 Limnophila polystachya Benth.(玄参科)
多穗石松(高等图鉴)=蔓杉石松
多穗缩箬(广州志)=竹叶草
多穗薹草 Carex decora Boott(莎草科)
多穗仙台薹草 Carex sendaica var. pseudosendaica T.Koyama(莎草科)
多穗香茶菜(植物志 66)=细锥香茶菜
多穗肖鸢尾 Moraea polystachya Ker.(鸢尾科)
多穗羊毛草 Eriochloa polystachya H.B.K.(禾本科)
多穗银桦 Grevillea polystachya R.Br.(山龙眼科)
多穗竹茎兰 Tropidia polystachya (Sw.) Ames. (兰科)
多太格鲁棕 Acrocomia totai Mart.(棕榈科)
多体蕊黄檀 Dalbergia polyadelpha Prain(豆科)
多条哈克 Hakea multilineata Meissn.(山龙眼科)
多葶唇柱苣苔 Chirita polycephala (Chun) W.T. Wang (苦苣苔科)
多葶蒲公英 Taraxacum multiscaposum Schischk. (菊科)
多葶猪牙花 Erythronium multiscapoideum A. Nels. & Kennedy (百合科)
多头风毛菊 Saussurea polycephala Hand.-Mazz. (菊科)
多头苦荬菜(植物志 80-1)=苦荬菜
多头楼梯草 Elatostema sessile var. polyce-

phalum Wedd.(荨麻科)

多头麻花头(高等图鉴)=多花麻花头

多头委陵菜 Potentilla multiceps Yü & Li(蔷薇科)

多头莴苣(广州志)=苦荬菜

多网杭子稍(新)Campylotropis reticulata Rich.?(豆科)

多网眼毛蕨 Cyclosorus mollissimus Ching ex Shing (金星蕨科),*假楔形毛蕨*

多尾短肠蕨(横断山植物)=假密果短肠蕨

多腺大花婆婆纳 Veronica himalensis subsp. yunnanensis (Tsoong) D.Y.Hong(玄参科),*大花婆婆纳大花变种*

多腺杜鹃花 Rhododendron glandulosum Standley ex Small.(杜鹃花科)

多腺柳 Salix nummularia Anders.(杨柳科),*长白柳*

多腺唐松草(中药志)=金丝马尾连

多腺小米草 Euphrasia durietziana Ohwi(玄参科)

多腺小叶蔷薇 Rosa willmottiae var.glandulifera Yü & Ku (蔷薇科)

多腺悬钩子 Rubus phoenicolasius Maxim.(蔷薇科),*树莓,空筒泡,悬钩木*

多香果属(新拉汉英)=**众香树属**

多香木 Polyosma cambodiana Gagn.(虎耳草科)

多香木属 Polyosma Bl.(虎耳草科)

多小叶变种(植物志 66,Flora 17)=多小叶鼠尾草

多小叶鸡肉参 Incarvillea mairei var. multifoliolata (C.Y.Wu & W.C.Yin) C.Y.Wu & W.C.Yin (紫葳科)

多小叶升麻 Cimicifuga foetida var. foliolosa Hsiao (毛茛科)

多小叶鼠尾草 Salvia japonica var. multifoliolata Stib (唇形科),*多小叶变种*

多心吊兰 Chlorophytum comosum cv. Mediopictum (百合科)

多星韭 Allium wallichii Kunth(百合科),*长生草,不死草,野韭菜,野麦冬,书带草,山韭菜*

多形叉蕨 Tectaria polymorpha (Wall. ex HK.) Cop. (叉蕨科),*南投三叉蕨*

多形姬苗(广州志)=水田白

多形堇菜 Viola polymorpha Chang(堇菜科)

多形石韦(台湾志)=西南石韦

多型变种(植物志 74)=多型马兰(新)

多型大蒜芥 Sisymbrium polymorphum (Murray) Roth.(十字花科),*大蒜芥,大叶大蒜芥,寿蒜芥,准噶尔大蒜芥*

多型鬣蜥棕 Iguanura polymorpha Becc.(棕榈科)

多型马兰(新)Kalimeris indica var. polymorpha (Vant.) Kitam.(菊科),*多型变种*

多型山槟榔 Pinanga polymorpha Becc.(棕榈科)

多型小檗 Berberis polymorpha Phil.(小檗科)

多型叶马兜铃 Aristolochia polymorpha S.M. Hwang (马兜铃科)

多雄黄堇 Corydalis kingdonis Airy-Shaw(罂粟科)

多雄拉鳞毛蕨 Dryopteris alpestris Tagawa(鳞毛蕨科),*腺鳞毛蕨*

多雄蕊商陆 Phytolacca polyandra Batalin(商陆科),*多蕊商陆,多药商陆*

多雄山龙胆 Gentiana doxiongshanensis T.N.Ho (龙胆科)

多雄薹草 Carex polymascula P.C.Li(莎草科)

多须公 Eupatorium chinense L.(菊科),*白花姜,白须公,大麻,广东土牛膝,华泽兰,六月霜,六月雪,牛舌大黄,土牛膝,小罗伞*

多序楼梯草 Elatostema macintyrei Dunn(荨麻科)

多序宿柱薹(台湾志)=隐穗薹草

多序岩黄芪 Hedysarum polybotrys Hand.-Mazz.(豆科)

多芽报春(拉汉名称)=苞芽粉报春

多药商陆(云南志)=多雄蕊商陆

多叶百合 Lilium polyphyllum D.Don (百合科)

多叶斑叶兰 Goodyera foliosa (Lindl.) Benth. ex Clarke(兰科),*高山岭斑叶兰,厚唇斑叶兰*

多叶苞叶兰 Brachycorythis pleistophylla Rchb.f.(兰产)

多叶变种(植物志 66)=苍山香茶菜

多叶垂序木蓝 Indigofera pendula var. polyphylla Y.Y.Fang & C.Z.Zheng (豆科)

多叶杜鹃 Rhododendron bathyphyllum Balf.f. & Forr.(杜鹃花科)

多叶鹅观草 Roegneria foliosa Keng(禾本科)

多叶鹅掌柴 Schefflera metcalfiana Merr. & Li (五加科),*上思鸭脚木*

多叶勾儿茶 Berchemia polyphylla Wall. ex Laws. (鼠李科),*小通花,金刚藤*

多叶观音座莲 Angiopteris multijuga Ching(观音座莲科)

多叶鹤首马先蒿 Pedicularis gruina subsp. polyphylla (Franch.) Tsoong(玄参科),*鹤首马先蒿多叶亚种*

多叶虎耳草 Saxifraga pallida Wall. ex Ser.(虎耳草科),*小花虎耳草*

多叶花椒 Zanthoxylum multijugum Franch.(芸香科),*蜈蚣藤,蜈蚣刺*

多叶槐 Sophora velutina var. multifoliolata C.Y. Ma (豆科)

多叶黄芩 Scutellaria polyphylla Juz.(唇形科)

多叶火把莲 Kniphofia foliosa Hochst.(百合科)

多叶棘豆(新拉汉英)=喀什米尔棘豆(新)

多叶棘豆(植物志 42-2)=臭棘豆

多叶棘豆 Oxytropis myriophylla (Pall.) DC. (豆科),*狐尾藻棘豆*

多叶锦鸡儿 Caragana pleiophylla (Regel) Pojark. (豆科)

多叶井冈竹 Gelidocalamus multifolius B.M. Yang (禾本科)

多叶韭 Allium plurifoliatum Rendle(百合科)

多叶蓼 Polygonum foliosum H.Lindb(蓼科)

多叶秋海棠 Begonia foliosa HNK.(秋海棠科)

多叶雀稗 Paspalum polyphyllum Nees (禾本科)

多叶碎米荠(植物志 33)=大叶碎米荠

多叶唐松草 Thalictrum foliolosum DC.(毛茛科),*马尾黄连,马尾连,金丝黄连*

多叶铁角蕨 Asplenium myriophyllum (Sw.) Presl. (铁角蕨科)

多叶铁线蕨(新拉汉英)=多裂铁线蕨(新)

多叶铁线莲 Clematis nannophylla var. foliosa Maxim.(毛茛科)

多叶葶苈 Draba polyphylla O.E.Schulz(十字花科)

多叶委陵菜 Potentilla polyphylla Wall.(蔷薇科)

多叶五匹青 Pternopetalum vulgare var. foliosum Shan & Pu(伞形科)

多叶香茶菜 Isodon pleiophyllus (Diels) Kudô (唇形科)

多叶小漆树 Toxicodendron delavayi var. quinquejugum (Rehd. & Wils.) C.Y.Wu & T.L. Ming (漆树科)

多叶羊耳蒜 Liparis foliosa Lindl.(兰科)

多叶野豌豆(新拉汉英)=众叶野豌豆(新)

多叶野豌豆 Vicia multijuga Xia(豆科)

多叶隐子草 Cleistogenes polyphylla Keng ex Keng f. & L.Liou(禾本科)

多叶羽扇豆 Lupinus polyphyllus Lindl.(豆科)

多叶鸢尾 Iris foliosa Mack.(鸢尾科)

多叶越南槐 Sophora tonkinensis var. polyphylla S.Z.Huang & Z.C.Zhou(豆科)

多叶早熟禾 Poa plurifolia Keng(禾本科)

多叶浙江木蓝 Indigofera parkesii var. polyphylla Y.Y.Fang & C.Z.Zheng(豆科)

多叶紫堇 Corydalis polyphylla Hand.-Mazz.(罂粟科),*瑞金巴*

多异叶花椒 Zanthoxylum ovalifolium var. multifoliolatum (Huang) Huang(芸香科)

多裔草 Polytoca digitata (L.f.) Druce (禾本科)

多裔草属 Polytoca R.Br.(禾本科)

多翼耳蕨(蕨类图说)=芒齿耳蕨

多硬毛假糙苏 Paraphlomis hirsutissima C.Y.Wu & H.W.Li(唇形科)

多疣棱脉蕨 Schellolepis verrucosum (Wall.) Pich Ser. (水龙骨科)

多疣野百合(海南志)=多疣猪屎豆

多疣猪屎豆 Crotalaria verrucosa L.(豆科),*多疣野百合*

多疣柱瓣兰 Epidendrum verrucosum Sw.(兰科)

多羽耳蕨 Polystichum subacutidens Ching ex L.L.Xiang(鳞毛蕨科)

多羽凤尾蕨 Pteris decrescens Christ(凤尾蕨科)

多羽复叶耳蕨 Arachniodes amoena (Ching) Ching (鳞毛蕨科),*美丽复叶耳蕨,友和复叶耳蕨*

多羽贯众(新)Cyrtomium fortunei f. polypterum (Diels) Ching(鳞毛蕨科)

多羽节肢蕨 Arthromeris mairei (Bause) Ching (水龙骨科),*地蜈蚣,凤尾搜山虎,过山龙,蚂蝗莲,梅瑞节肢蕨,爬山虎,搜山虎,西南节肢蕨*

多羽瘤蕨 Phymatosorus longissimus (Bl.) Pic. Serm. (水龙骨科)

多羽裸叶粉背蕨 Aleuritopteris nuda Ching(中国蕨科),*假裸叶粉背蕨*

多羽片哈巴山马先蒿 Pedicularis habachanensis subsp. multipinnata Tsoong(玄参科),*哈巴山马先蒿多羽片亚种*

多羽片欧氏马先蒿 Pedicularis oederi subsp. multipinna (Li) Tsoong(玄参科),*欧氏马先蒿多片亚种*

多羽实蕨 Bolbitis angustipinna (Hay.) H.Ito(实蕨科)

多羽蹄盖蕨 Athyrium multipinnum Y.T.Hsieh & Z.R.Wang(蹄盖蕨科),*长叶蹄盖蕨*

多羽铁角蕨 Asplenium neomultijugum Ching ex S.H.Wu(铁角蕨科)

多羽新月蕨(中药辞海)=大羽新月蕨

多育报春 Primula prolifera Wall.(报春花科)

多育小檗 Berberis prolifica Pittier (小檗科)

多育星宿菜 Lysimachia prolifera Klatt(报春花科)

多枝臂形草 Brachiaria ramosa (L.) Stapf(禾本科)

多枝扁莎 Pycreus polystachyus (Rottb.) P.Beauv. (莎草科)

多枝变型(植物志 65-2)=多枝韩信草(新)

多枝变种(植物志 66)=香薷

多枝柽柳 Tamarix ramosissima Ledeb.(柽柳科),

红栁,红柳,马拉沙勒,五蕊树栁,西河栁
多枝齿瓣兰 Odontoglossum ramosissimum Lindl.(兰科)
多枝川滇柴胡 Bupleurum candollei var. virgatissimum C.Y.Wu(伞形科)
多枝翠雀花 Delphinium maximowiczii Franch.(毛茛科)
多枝滇紫草 Onosma multiramosum Hand.-Mazz. (紫草科)
多枝东俄洛紫菀(新)Aster tongolensis f. ramosus Ling(菊科)
多枝杜鹃 Rhododendron polycladum Franch.(杜鹃花科)
多枝凤兰 Angraecum ramosum Thou.(兰科)
多枝韩信草(新)Scutellaria indica f. ramosa C.Y.Wu & C.Chen(唇形科),*多枝变型*
多枝鹤虱 Lappula ramulosa C.J.Wang & X.D. Wang (紫草科)
多枝花篱 Anthericum ramosum L.(百合科)
多枝黄芪 Astragalus polycladus Bur. & Franch. (豆科)
多枝棘豆(分类学报)=昌都棘豆
多枝棘豆 Oxytropis ramosissima Kom.(豆科)
多枝金腰 Chrysosplenium ramosum Maxim.(虎耳草科),*多枝金腰子*
多枝金腰子(东北检索表)=多枝金腰
多枝赖草 Leymus multicaulis (Kar. & Kir) Tzvel. (禾本科)
多枝柳 Salix polyclona Schneid.(杨柳科)
多枝柳穿鱼 Linaria buriatia Turcz.(玄参科)
多枝柳叶菜 Epilobium fastigiatoramosum Nakai (柳叶菜科)
多枝龙胆 Gentiana myrioclada Franch.(龙胆科)
多枝楼梯草 Elatostema ramosum W.T.Wang(荨麻科)
多枝乱子草 Muhlenbergia ramosa (Hack.) Makino (禾本科)
多枝马先蒿 Pedicularis ramosissima Bonati(玄参科)
多枝梅花草 Parnassia palustris var. multiseta Ledeb.(虎耳草科)
多枝霉草 Sciaphila ramosa Fukuyama & Suzuki (霉草科)
多枝木风(西昌中草药)=散生问荆
多枝木蓝 Indigofera ramulosissima Hosokawa (豆科)
多枝拟兰 Apostasia ramifera S.C.Chen & K.Y. Lang (兰科)
多枝排草(拉汉名称)=多枝香草
多枝婆婆纳 Veronica javanica Bl.(玄参科),*小败火草,贡布区敦木*
多枝槭 Acer ramosum Schwer.(槭树科)
多枝浅黄马先蒿 Pedicularis lutescens subsp. ramosa (Bonati) Tsoong(玄参科),*浅黄马先蒿多枝亚种*
多枝青兰 Dracocephalum propinquum W.W.Sm.(唇形科)
多枝雀麦(新拉汉英)=类雀麦
多枝沙参 Adenophora wawreana Zahlbr.(桔梗科),*南沙参*
多枝省藤 Calamus multirameus Ridley (棕榈科)
多枝水苏 Stachys melissaefolia Benth.(唇形科)
多枝唐菖蒲 Gladiolus ramosus L.(鸢尾科)
多枝唐松草 Thalictrum ramosum Boivin(毛茛科),*水黄连,软杆子,软水黄连*
多枝通泉草(新)Mazus pumilus var. delavayi (Bonati) T.L.Chin ex D.Y.Hong(玄参科),*通泉草多枝变种*
多枝通泉草 Mazus japonicus var. delavayi (Bonati) Tsoong (玄参科)
多枝文竹 Asparagus densiflorus var. myriocladus Hort.(百合科)
多枝乌头 Aconitum ramulosum W.T.Wang(毛茛科)
多枝雾水葛 Pouzolzia zeylanica var. microphylla (Wedd.) W.T.Wang(荨麻科),*石珠,石珠子,强盗草*
多枝香草 Lysimachia laxa Baudo(报春花科),*多枝排草*
多枝小檗 Berberis multicaulis Ying(小檗科)
多枝肖鸢尾 Moraea ramosa Ker-Gawl.(鸢尾科)
多枝阴地蕨(东北草本志)=长白山阴地蕨
多枝玉山竹 Yushania multiramea Yi (禾本科)
多枝紫金牛 Ardisia sieboldii Miq.(紫金牛科),*树杞,东南紫金牛*
多脂松(新拉汉英)=美加红松
多皱纹果仰秆藨草 Scirpus supinus var. densicorrugatus Tang & Wang(莎草科)
多珠小檗 Berberis multiovula Ying(小檗科)
多柱无心菜 Arenaria weissiana Hand-Mazz.(石竹科),*维西无心菜,中甸蚤缀*
多籽车前 Plantago polysperma Kar. & Kir.(车前科)
多籽蒜 Allium fetisowii Rgl.(百合科)
多籽乌口树 Tarenna polysperma Chun & How ex W.C.Chen(茜草科)
多籽五层龙 Salacia polysperma Hu(翅子藤科)
多子草(四川江北)=红茎黄芩
多子地灵苋(海南志)=白浆果苋
多子东方狗脊(蕨类图说)=珠芽狗脊
多子狗脊(孢子植物 4-2)=珠芽狗脊
多子南五味子 Kadsura polysperma Yang(木兰科)
多子双盖蕨(蕨类形态)=大叶双盖蕨
多子娑罗双 Shorea polysperma Merr.(龙脑香科)
多子无心菜 Arenaria polysperma C.Y.Wu ex L.H.Zhou (石竹科)
多总状花银桦 Grevillea polybotrya Meissn.(山龙眼科)
多足蕨 Polypodium polypodioides (L) Watt.(水龙骨科)
多足蕨属 Polypodium L.(水龙骨科)
咄脓膏(生草药性备要)=雾水葛
夺目杜鹃 Rhododendron arizelum Balf.f. & Forr. (杜鹃花科)
夺皮香(新本草纲目)=瑞香
夺香花(纲目拾遗)=毛瑞香
朵达鞠(藏语)=灯心草
朵都尔(青藏图鉴)=大株粗茎红景天
朵花椒 Zanthoxylum molle Rehd.(芸香科),*刺椿木,刺风树,大叶臭花椒,朵椒,鼓钉皮,毛海桐皮,驱风通,天星木,有刺盐肤木*
朵椒(江西)=朵花椒
躲雷草(贵州清镇,云南昭通)=雪里见
躲蛇生(四川)=背蛇生
堕胎花(云南)=凌霄

E

屙根夜(广西苗语)=地耳草
俄尕(藏族名)=车前状垂头菊
俄国落叶松(中国裸子志)=新疆落叶松
俄胡薹草(新) Carex oahuensis var. boottiana (HK. & Arn.) Kükenth.?(莎草科)
俄勒冈虎耳草 Saxifraga oregana Howell (虎耳草科)
俄勒冈猪牙花 Erythronium oregonum Applegate (百合科)
俄勒岗岩蕨 Woodsia oregana Eaton (岩蕨科)
俄罗斯贝母 Fritillaria ruthenica Wikstr.(百合科)
俄罗斯鸢尾(植物学杂志)=紫苞鸢尾
俄氏铁角蕨(台湾志)=东南铁角蕨
峨边冬青(峨眉图志)=毛薄叶冬青
峨边杜鹃 Rhododendron ebianense Fang f.(杜鹃花科)
峨边虾脊兰 Calanthe yüana T.Tang & F.T.Wang (兰科),*截帽虾脊兰*
峨边小蜡 Ligustrum sinense var. opienense Y.C. Yang (木犀科)
峨边鱼鳞蕨 Acrophorus exstipellatus Ching & S.H.Wu (球盖蕨科)
峨边蜘蛛抱蛋 Aspidistra ebianensis K.Y.Lang & Z.Y.Zhu(百合科)
峨参(新疆药材名)=刺果峨参
峨参 Anthriscus sylvestris (L.) Hoffm.(伞形科),*田七,金山田七,小叶山水芹,萝卜七,土当归*
峨参叶蒿(四川)=峨眉蒿
峨参叶紫堇 Corydalis anthriscifolia Franch.(罂粟科)
峨参属 Anthriscus (Pers.) Hoffm.(伞形科)
峨角 Huernia brevirostris N.E.Br.(萝藦科)
峨马杜鹃 Rhododendron ochraceum Rehd. & Wils. (杜鹃花科)
峨眉矮桦 Betula trichogemma (Hu ex P.C.Li) T. Hong (桦木科)
峨眉菝葜 Smilax emeiensis J.M.Xu(百合科)
峨眉白前(种子植物名称)=峨眉牛皮消
峨眉半边莲(四川中草药)=峨眉观音座莲
峨眉半蒴苣苔 Hemiboea omeiensis W.T.Wang (苦苣苔科),*金沸草*
峨眉包果柯 Lithocarpus cleistocarpus var. omeiensis Fang (壳斗科)
峨眉报春 Primula faberi Oliv.(报春花科),*峨山雪莲花*
峨眉贝母(植物志 14)=粗茎贝母
峨眉春蕙 Cymbidium faberi var. omeiense (Y.S. Wu & S.C.Chen) Y.S.Wu & S.C.Chen(兰科)
峨眉翠蓝绣线菊(新)Spiraea henryi var. omeiensis Yü(蔷薇科),*翠蓝绣线菊峨眉变种*
峨眉翠雀花 Delphinium omeiense W.T.Wang (毛茛科),*峨山草乌*
峨眉带唇兰 Tainia emeiensis (K.Y.Lang) Z.H. Tsi (兰科),*峨眉球柄兰*
峨眉当归 Angelica omeiensis Yuan & Shan(伞形科),*羌活,野当归,岩白芷,骚羌活,当归,香白芷*
峨眉点地梅 Androsace paxiana R.Knut(报春花科)
峨眉吊石苣苔 Lysionotus microphyllus var. omeiensis (W.T.Wang) W.T.Wang(苦苣苔科)
峨眉钓樟 Lindera prattii Gamble(樟科)
峨眉冬青 Ilex omeiensis Hu & Tang(冬青科)
峨眉豆(纲目)=扁豆
峨眉椴 Tilia omeiensis Fang(椴树科),*白朗花*
峨眉盾蕨 Neolepisorus emeiensis Ching & Shing (水龙骨科)
峨眉鹅耳枥 Carpinus omeiensis Hu(桦木科)
峨眉耳蕨 Polystichum omeiense C.Chr.(鳞毛蕨科),*石黄连,树林株,细蕨鸡,万年青*
峨眉繁缕 Stellaria omeiensis C.Y.Wu & T.W.

Tsui ex P.Ke(石竹科),*大鹅儿肠,双蝴蝶*
峨眉方秆蕨 Glaphyropteridopsis emeiensis Y.X. Lin (金星蕨科)
峨眉飞蛾槭 Acer oblongum var. omeiense Fang & Soong (槭树科)
峨眉风轮菜 Clinopodium omeiense C.Y.Wu & Hsuan(唇形科)
峨眉凤仙花 Impatiens omeiana HK.f.(凤仙花科)
峨眉凤丫蕨 Coniogramme emeiensis Ching & Shing(裸子蕨科)
峨眉茯蕨 Leptogramma scallanii (Christ) Ching (金星蕨科)
峨眉附地菜 Trigonotis omeiensis Matsuda(紫草科)
峨眉复叶耳蕨 Arachniodes emeiensis Ching(鳞毛蕨科)
峨眉葛藤(中药辞海)=葛麻姆
峨眉勾儿茶 Berchemia omeiensis Fang ex Y.L. Chen (鼠李科)
峨眉钩毛蕨 Cyclogramma omeiensis (Bak.) Tagawa(金星蕨科),*狭基钩毛蕨,拟茯蕨*
峨眉谷精草 Eriocaulon ermeiense W.L.Ma ex Z. X.Zhang (谷精草科)
峨眉观音座莲 Angiopteris omeiensis Ching(观音座莲科),*峨眉半边莲,观音莲,半边莲,峨眉莲座蕨*
峨眉冠唇花 Microtoena omeiensis C.Y.Wu & Hsuan(唇形科),*四稜香,大叶紫苏,野犬麻*
峨眉贯众 Cyrtomium omeiense Ching & Shing(鳞毛蕨科),*尾头贯众,革叶贯众,巫溪贯众,湖南贯众,短楔贯众*
峨眉过路黄 Lysimachia omeiensis Hemsl.(报春花科)
峨眉海桐 Pittosporum omeiense Chang & Yan (海桐花科)
峨眉含笑 Michelia wilsonii Finet & Gagn.(木兰科)
峨眉蒿 Artemisia emeiensis Y.R.Ling(菊科),*峨参叶蒿*
峨眉红门兰 Orchis omeishanica T.Tang & F.T. Wang & K.Y.Lang(兰科)
峨眉红山茶 Camellia omeiensis Chang(山茶科)
峨眉红腺蕨 Diacalpe omeiensis Ching(球盖蕨科)
峨眉厚喙菊 Dubyaea omeiensis Shih(菊科)
峨眉虎皮楠(树木分类学)=脉叶虎皮楠
峨眉黄精 Polygonatum omeiense Z.Y.Zhu(百合科)
峨眉黄连 Coptis omeiensis (Chen) C.Y.Cheng (毛茛科),*岩黄连,野黄连,凤尾连*
峨眉黄皮树(植物志 29)=秃叶黄檗
峨眉黄芩 Scutellaria omeiensis C.Y.Wu(唇形科),*白藿香*
峨眉黄肉楠 Actinodaphne omeiensis (Liou) Allen (樟科)
峨眉火绒草 Leontopodium omeiense Ling(菊科)
峨眉蓟 Cirsium fangii Petrak(菊科)
峨眉家连(植物志 27)=三角叶黄连
峨眉荚蒾 Viburnum omeiense Hsu(忍冬科)
峨眉假瘤蕨 Phymatopteris omenensis (Ching) Pic.Serm.(水龙骨科)
峨眉假脉蕨 Crepidomanes omeiense Ching & Chiu (膜蕨科)
峨眉假毛蕨 Pseudocyclosorus emeiensis Ching ex Y.X.Lin (金星蕨科)
峨眉假蹄盖蕨 Athyriopsis omeiensis Z.R.Wang (蹄盖蕨科)
峨眉假铁秆草 Pseudanthistiria emeiica S.L. Chen & T.D.Zhuang(禾本科)
峨眉尖舌苣苔 Rhynchoglossum omeiense W.T. Wang (苦苣苔科)
峨眉姜花 Hedychium flavescens Carey ex Rosc. (姜科)
峨眉角蕨 Cornopteris omeiensis Ching(蹄盖蕨科)
峨眉介蕨 Dryoathyrium unifurcatum (Bak.) Ching (蹄盖蕨科),*单叉横蕨,东亚假鳞毛蕨,拟大蹄盖蕨,金佛山介蕨*
峨眉金线兰 Anoectochilus emeiense K.Y.Lang (兰科),*峨眉开唇兰*
峨眉金腰 Chrysosplenium hydrocotylifolium var. emeiense J.T.Pan(虎耳草科)
峨眉韭 Allium omeiense Z.Y.Zhu(百合科)
峨眉苣叶报春 Primula sonchifolia subsp. emeiensis C.M.Hu(报春花科)
峨眉蕨 Lunathyrium acrostichoides (Sw.) Ching (蹄盖蕨科)
峨眉蕨贯众(中药材手册)=东北峨眉蕨
峨眉蕨属 Lunathyrium Koidz.(蹄盖蕨科),*亚蹄盖蕨属*
峨眉开唇兰(分类学报,植物学集刊)=峨眉金线兰
峨眉开口箭 Campylandra emeiensis (Z.Y.Zhu) M.N.Tamura et al.(百合科)
峨眉栲(植物志 22)=扁刺锥
峨眉柯 Lithocarpus oblanceolatus Huang & Y.T. Chang (壳斗科)
峨眉蜡瓣花 Corylopsis omeiensis Yang(金缕梅科)
峨眉里白 Diplopterygium omeiense (Ching & Chiu) Ching (里白科)
峨眉连(四川)=三角叶黄连
峨眉莲座蕨(中药大辞典,孢子植物)=峨眉观音座莲
峨眉裂瓜 Schizopepon monoicus A.M.Lu & Z. Y.Zhang (葫芦科)
峨眉鳞盖蕨 Microlepia omeiensis Ching(碗蕨科)
峨眉鳞果星蕨 Lepidomicrosorium emeiense Ching & Shing(水龙骨科)
峨眉瘤足蕨 Plagiogyria assurgens Crist (瘤足蕨科)
峨眉柳 Salix omeiensis Schneid.(杨柳科)
峨眉柳叶蕨 Cyrtogonellum emeiensis Ching ex Y.T.Hsien(鳞毛蕨科)
峨眉龙胆 Gentiana omeiensis T.N.Ho(龙胆科)
峨眉楼梯草 Elatostema omeiense W.T.Wang(荨麻科)
峨眉轮环藤 Cyclea racemosa f. emeiensis J.Y. Luo (防已科)
峨眉螺序草 Spiradiclis emeiensis Lo(茜草科)
峨眉马先蒿 Pedicularis omiiana Bonati(玄参科),*峨眉马先蒿峨眉亚种*
峨眉马先蒿峨眉亚种(植物志 68)=峨眉马先蒿
峨眉马先蒿铺散亚种(植物志 68)=铺散峨眉马先蒿
峨眉毛蕨 Cyclosorus omeigensis Ching(金星蕨科)
峨眉梅花草 Parnassia faberi Oliv.(虎耳草科),*短茎峨眉梅花草*
峨眉膜蕨 Hymenophyllum omeiense Christ(膜蕨科)
峨眉木荷(高等图鉴)=西南木荷
峨眉木姜子 Litsea moupinensis var. glabrescens H.S.Kung(樟科)
峨眉楠 Phoebe sheareri var. omeiensis (Yang) N.Chao(樟科)
峨眉拟单性木兰 Parakmeria omeiensis Cheng (木兰科),*峨眉拟克株丽木*
峨眉拟克株丽木(植物志 30-1)=峨眉拟单性木兰
峨眉拟铁(峨眉图志)=峨眉鼠刺
峨眉牛皮消 Cynanchum giraldii Schltr.(萝藦科),*峨眉白前*
峨眉千里光 Senecio faberi Hemsl.(菊科),*密伞千里光*
峨眉茜草 Rubia magna P.G.Xiao(茜草科),*大茜草*
峨眉蔷薇 Rosa omeiensis Rolfe(蔷薇科),*刺石榴,山石榴*
峨眉青荚叶 Helwingia omeiensis (Fang) Hara & Kuros.(山茱萸科),*峨眉西域青荚叶*
峨眉青篱竹(南林学报)=冷箭竹
峨眉青牛胆 Tinospora sagittata var. craveniana (S.Y.Hu) Lo(防已科)
峨眉清风藤 Sabia latifolia var. omeiensis (Stapf. ex L.Chen) S.K.Chen?(清风藤科)
峨眉秋海棠 Begonia emeiensis C.M.Hu ex C.Y. Wu & Ku(秋海棠科)
峨眉球柄兰(分类学报)=峨眉带唇兰
峨眉缺裂报春 Primula homogama Chen & C.M. Hu (报春花科)
峨眉雀梅藤 Sageretia omeiensis Schneid.(鼠李科)
峨眉忍冬 Lonicera similis var. omeiensis Hus & H.J.Wang(忍冬科)
峨眉瑞香 Daphne emeiensis C.Y.Chang(瑞香科)
峨眉润楠 Machilus microcarpa var. omeiensis S.Lee(樟科)
峨眉箬竹 Indocalamus emeiensis C.D.Chu & C. S.Chao (禾本科)
峨眉赛楠(树木分类学)=赛楠
峨眉山莓草 Sibbaldia omeiensis Yü & Li(蔷薇科)
峨眉蛇根草 Ophiorrhiza chinensis f. emeiensis Lo (茜草科)
峨眉十大功劳 Mahonia polydonta Fedde(小檗科)
峨眉石蚕(分类学报)=峨眉香科科
峨眉石凤丹(中药大辞典)=丫蕊花
峨眉石杉 Huperzia emeiensis (Ching & H.S. Kung) Ching(石杉科),*峨眉石松*
峨眉石松(分类学报)=峨眉石杉
峨眉手参 Gymnadenia emeiensis K.Y.Lang(兰科)
峨眉鼠刺 Itea omeiensis C.K.Schneid.(虎耳草科),*矩叶老鼠刺,矩叶鼠刺,细叶鼠刺,牛皮桐,峨眉拟铁,鸡骨柴,老菜王,华鼠刺*
峨眉鼠尾草 Salvia omeiana Stib.(唇形科),*白生麻,南茄草,白气草,野苏麻*
峨眉双蝴蝶 Tripterospermum cordatum (Marq.) H.Sm.(龙胆科)
峨眉水东哥 Saurauia napaulensis var. omeiensis C.F.Liang & Y.S.Wang(猕猴桃科)
峨眉四照花 Dendrobenthamia capitata var. emeiensis (Fang & Hsieh) Fang & W.K.Hu (山茱萸科)
峨眉溲疏(植物志 35-1)=褐毛溲疏

峨眉碎米荠(植物志 33)=弯曲碎米荠
峨眉薹草 Carex omeiensis Tang & Wang(莎草科)
峨眉唐松草 Thalictrum omeiense W.T.Wang & S.H.Wang (毛茛科),*倒水莲,野海棠,黄芩*
峨眉桃叶珊瑚 Aucuba chinensis subsp. omeiensis (Fang) Fang & Soong(山茱萸科),*青皮树*
峨眉蹄盖蕨 Athyrium omeiense Ching(蹄盖蕨科),*多列蹄盖蕨,高株蹄盖蕨,黄冠蹄盖蕨,坚纸蹄盖蕨,秦岭蹄盖蕨,铁楼蹄盖蕨*
峨眉铁线蕨 Adiantum roborowskii f. faberi (Bak.)Y.X.Lin.(铁线蕨科)
峨眉卫矛 Euonymus omeiensis Fang(卫矛科)
峨眉无心菜 Arenaria omeiensis C.Y.Wu ex L.H. Zhou (石竹科)
峨眉无柱兰 Amitostigma faberi (Rolfe) Schltr. (兰科)
峨眉五味子(四川中药志)=翼梗五味子
峨眉舞花姜 Globba emeiensis Z.Y.Zhu(姜科)
峨眉西域青荚叶(分类学报)=峨眉青荚叶
峨眉虾脊兰 Calanthe emeishanica K.Y.Lang & Z.H.Tsi(兰科)
峨眉香科科 Teucrium omeiense Sun ex S.Chow (唇形科),*峨眉石蚕,野苏*
峨眉小檗 Berberis aemulans Schneid. (小檗科)
峨眉续断 Dipsacus asperoides var. omeiensis Z. T.Yin (川续断科)
峨眉悬钩子 Rubus faberi Focke(蔷薇科)
峨眉雪胆 Hemsleya omeiensis L.T.Shen & W.J. Chang (葫芦科)
峨眉崖豆藤 Millettia nitida var. minor Z.Wei(豆科)
峨眉岩白菜 Bergenia emeiensis C.Y.Wu (虎耳草科)
峨眉异药花(云南志)=异药花
峨眉异叶苣苔 Whytockia tsiangiana var. wilsonii A.Weber(苦苣苔科)
峨眉银叶杜鹃 Rhododendron argyrophyllum subsp. omeiense (Rehd. & Wils.) Chamb. ex Cullen & Chamb.(杜鹃花科)
峨眉鱼鳞蕨 Acrophorus emeiensis Ching ex S. H.Wu (球盖蕨科)
峨眉越桔 Vaccinium omeiense Fang(杜鹃花科),*峨眉珍珠树*
峨眉泽兰 Eupatorium omeiense Ling & Shih(菊科)
峨眉獐牙菜 Swertia emeiensis Ma ex T.N.Ho & S.W.Liu (龙胆科),*一匹瓦*
峨眉珍珠树(峨眉图志)=峨眉越桔
峨眉蜘蛛抱蛋 Aspidistra omeiensis Z.Y.Zhu & J.L.Zhang (百合科)
峨眉直瓣苣苔 Ancylostemon mairei var. emeiensis K.Y.Pan(苦苣苔科)
峨眉轴果蕨(分类学报)=喜钙轴果蕨
峨眉珠蕨 Cryptogramma emeiensis Ching & Shing (中国蕨科)
峨眉竹根七 Disporopsis undulata M.N.Tamura & Ogisu(百合科)
峨眉竹茎兰 Tropidia emeishanica K.Y.Lang(兰科)
峨眉锥栗 Castanea henryi var. omeiensis Fang (壳斗科)
峨眉紫锤草 Pratia fangiana E.Wimm.(桔梗科)
峨眉紫金牛(高等图鉴)=尾叶紫金牛
峨眉紫菀 Aster veitchianus Hutch. & Drumm (菊科)
峨屏草 Tanakaea radicans Franch. & Sav.(虎耳草科),*岩雪下*
峨屏草属 Tanakaea Franch. & Savat.(虎耳草科)
峨热竹 Bashania spanostachya Yi (禾本科)
峨三七(四川中药志)=竹节参
峨山草乌(四川)=峨眉翠雀花
峨山草乌(四川中药志)=川黔翠雀花
峨山峨眉蕨 Lunathyrium wilsonii (Christ) Ching (蹄盖蕨科)
峨山碗蕨 Dennstaedtia elwesii Bedd.(碗蕨科)
峨山雪莲花(四川)=峨眉报春
峨山雪莲花(四川中药志)=苣叶报春
莪大夏(藏名)=臭棘豆
莪蒿(救荒本草)=角蒿
莪吉秀(中国民族药志)=长毛风毛菊
莪术(中药辞海)=蓬莪
莪术 Curcuma phaeocaulis Valeton(姜科),*蓬莪术,蓬莪茂,山姜黄,臭屎姜,臭屎黄*
莪㠯(民族药志)=长柄唐松草
鹅白毛兰 Eria stricta Lindl.(兰科)
鹅白前(上海)=柳叶白前
鹅抱蛋(图考)=白蔹
鹅不食(生草药性备要)=鹅不食草
鹅不食草(海口)=球菊
鹅不食草(江苏植物名录)=无心菜
鹅不食草(江西)=破铜钱
鹅不食草 Centipeda minima (L.) A.Br. & Aschers. (菊科),*地胡椒,鹅不食,石胡荽,二郎草,鸡肠草,球子草,三节剑,砂药草,山胡椒,铁掌头,雾水沙*
鹅草(福建)=裸柱菊
鹅草(中药大辞典)=水虱草
鹅草药(浙江中草药)=牡蒿
鹅肠菜(本草纲目)=繁缕
鹅肠菜 Myosoton aquaticum (L.) Moench(石竹科),*白头娘草,抽筋草,大鹅儿肠,鹅肠草,鹅儿肠,鸡卵茶,鸡娘草,牛繁缕,石灰菜*
鹅肠菜属 Myosoton Moench(石竹科)
鹅肠草(甘肃武都)=鹅肠菜
鹅肠草(中草药汇编)=通泉草
鹅肠繁缕(高等图鉴)=鸡肠繁缕
鹅唇木(广东)=竹节树
鹅蛋柑(植物志 43-2)=锦橙
鹅儿肠(湖北鹤峰)=鹅肠菜
鹅儿花(四川峨眉)=乌头
鹅耳枥 Carpinus turczaninowii Hance(桦木科),*穗子榆*
鹅耳枥槭 Acer carpinifolium S. & Z.(槭树科)
鹅耳枥叶榆(新拉汉英)=欧洲光叶榆
鹅耳枥属 Carpinus L.(桦木科)
鹅耳秋海棠 Begonia carpinifolia Liebm.(秋海棠科)
鹅耳伸筋(湖北巴东)=繁缕
鹅公英(潮阳草药)=剪刀股
鹅观草 Roegneria kamoji Ohwi (禾本科),*茅草箭,茅灵芝*
鹅观草属 Roegneria C.Koch.(禾本科)
鹅管白前(上海)=柳叶白前
鹅黄报春(高等图鉴)=鹅黄灯台报春
鹅黄灯台报春 Primula cockburniana Hemsl.(报春花科),*鹅黄报春,川西报春*
鹅黄唐菖蒲(新拉汉英)=报春唐菖蒲
鹅馄饨(苏医中草药)=繁缕
鹅脚板(峨眉药用植物)=异叶茴芹
鹅脚板(四川)=八角枫
鹅脚板(云南威信)=檫木
鹅脚草(和汗药考)=土荆芥
鹅脚促筋(湖南药物志)=金鸡脚假瘤蕨
鹅脚木(中药大辞典)=树头菜
鹅銮鼻大戟 Euphorbia garanbiensis Hay.(大戟科)
鹅銮鼻灯笼草(台湾志)=台南伽蓝菜
鹅銮鼻蔓榕 Ficus pedunculosa var. mearnsii (Merr.) Corner(桑科)
鹅銮鼻铁线莲(Flora 6)=鸳鸯鼻铁线莲
鹅銮鼻野百合(台湾志)=屏东猪屎豆
鹅毛白蝶花(海南志)=龙头兰
鹅毛通(湖南)=四川溲疏
鹅毛玉凤花 Habenaria dentata (Sw.) Schltr.(兰科),*白凤兰,白花草,齿片鹭兰,齿玉凤兰,对对参,双肾子,天鹅抱蛋,玉凤花,玉凤花根*
鹅毛竹 Shibataea chinensis Nakai (禾本科),*倭竹,小竹*
鹅莓(经济植物手册)=欧洲茶藨子
鹅木塞(藏药名)=桃儿七
鹅婆娘(湖南)=寻骨风
鹅绒假瘤蕨 Phymatopteris chenopus (Christ) S. G.Lu (水龙骨科)
鹅绒藤 Cynanchum chinense R.Br.(萝藦科),*祖子花*
鹅绒藤属 Cynanchum L.(萝藦科),*白前属,牛皮消属*
鹅绒委陵菜(高等图鉴)=蕨麻
鹅肾木(广东)=竹节树
鹅首马先蒿 Pedicularis chenocephala Diels(玄参科)
鹅斯格莫日(青海藏语)=鸡娃草
鹅掌草 Anemone flaccida Fr.Schmidt(毛茛科),*地乌,二轮七,蜈蚣三七,林荫银莲花*
鹅掌柴 Schefflera octophylla (Lour.) Harms(五加科),*七叶莲,伞托树,五指通,西加皮,小法鸭脚木,鸭达木,鸭脚木,鸭母树*
鹅掌柴属 Schefflera J.R. & G.Forst.(五加科),*鸭母树属*
鹅掌枫(广西东兴)=疖腮树
鹅掌脚草(安徽)=薄片变豆菜
鹅掌金星草(图考)=金鸡脚假瘤蕨
鹅掌簕(广东)=白簕
鹅掌楸 Liriodendron chinense (Hemsl.) Sarg.(木兰科),*凹朴皮,鬼头木,鬼子树,马挂树,楸树,双飘树,野厚朴,遮阳树*
鹅掌楸属 Liriodendron L.(木兰科)
鹅掌藤 Schefflera arboricola Hay.(五加科),*七加皮,七叶莲,七叶藤,手树*
鹅整(西藏药名)=美丽唐松草
鹅仔草(广西)=单叶新月蕨
蛾药(云南中草药)=华火绒草
蛾子草(河南)=台湾翅果菊
额布斯-德瓦(蒙名)=石生齿缘草
额尔古纳薹草 Carex arguensis Turcz. ex Trev. (莎草科)
额尔古纳早熟禾 Poa argunensis Roshev.(禾本科)
额尔木(蒙语)=大籽蒿
额河木蓼 Atraphaxis jrtyschensis Yang & Han (蓼科)
额河千里光 Senecio argunensis Turcz.(菊科),*大蓬蒿,光明草,黄花败酱,黄花一枝蒿,千里光,羽叶千里光,斩龙草*
额河杨 Populus ×jrtyschensis Ch.Y.Yang (杨柳科)
额乐沙萝玚(蒙古)=沙芥
额勒伯特-其其格(蒙语)=榆叶梅

额勒森-阿拉坦-都拉苏(蒙语)=蓼子朴
额勒森-照日古-达苏(蒙名)=硬阿魏
额勒苏音-奥日图哲(内蒙)=砂珍棘豆
额敏贝母 Fritillaria meleagroides Patrin ex Schult. & J.H.Schult.(百合科)
额穆尔堇菜 Viola amurica W.Beck.(堇菜科)
额水当归(东北检索表)=狭叶当归
厄尔布耳鸢尾 Iris demawendica Born.(鸢尾科)
厄瓜多尔大花小檗 Berberis grandiflora Turcz.(小檗科)
厄瓜多尔多花小檗 Berberis mulfiflora Benth.(小檗科)
厄瓜多尔核桃 Juglans honorei Dode.(胡桃科)
厄瓜多尔胶树(新拉英汉名称)=南美槐
厄瓜多尔微红小檗 Berberis hyperythra Diels(小檗科)
厄瓜多尔岩生小檗 Berberis saxorum Ahrendt(小檗科)
厄辛山加州鼠李 Rhamnus californica var. ursina (Greene) Wolf.(鼠李科)
垩叶猕猴桃 Actinidia melanandra var. cretacea C.F.Liang(猕猴桃科)
恶背火草(沙漠药用植物)=砂蓝刺头
恶鸡婆(草本便方)=蓟
恶实(植物志 78-1)=牛蒡
恶味苘麻 Abutilon hirtum (Lamk.) Sweet.(锦葵科)
饿蚂蝗(贵州民间药物)=长波叶山蚂蝗
饿蚂蝗 Desmodium multiflorum DC.(豆科),*大红袍,多花山蚂蝗,红掌草,山豆根,山黄豆,粘身草*
饿虱子(广西中药志)=苍耳
鄂报春 Primula obconica Hance(报春花科),*岩丸子,四季报春*
鄂北荛花 Wikstroemia pampaninii Rehd.(瑞香科)
鄂赤瓟 Thladiantha oliveri Cogn. ex Mottet (葫芦科),*苦瓜蔓,野瓜,野苦瓜藤,水葡萄*
鄂地黄(湖北)=湖北地黄
鄂豆根(中草药汇编)=管萼山豆根
鄂椴(高等图鉴)=粉椴
鄂鹅耳枥(森林图志)=湖北鹅耳枥
鄂尔多斯大林蒿(辽宁,内蒙古)=黑沙蒿
鄂尔多斯韭 Allium alabasicum Y.Z.Zhao(百合科)
鄂红丝线 Lycianthes hupehensis (Bitter) C.Y. Wu & S.C.Huang(茄科)
鄂柃 Eurya hupehensis Hsu(山茶科)
鄂黔柔叶冬青(拉汉名称)=河滩冬青
鄂西苍术 Atractylodes carlinoides (Hand.-Mazz.) Kitam.(菊科)
鄂西茶藨子 Ribes franchetii Jancz. (虎耳草科),*云南茶藨子,川鄂茶藨*
鄂西粗榧(树木分类学)=粗榧
鄂西粗筒苣苔 Briggsia speciosa (Hemsl.) Craib(苦苣苔科)
鄂西杜鹃 Rhododendron praeteritum Hutch.(杜鹃花科)
鄂西飞蛾槭(树木分类学)=宽翅飞蛾槭
鄂西凤仙花 Impatiens exiguiflora HK.f.(凤仙花科),*小花凤仙花*
鄂西蒿(湖北)=神农架蒿
鄂西红豆(树木分类学)=红豆树
鄂西喉毛花 Comastoma henryi (Hemsl.) Holub(龙胆科)
鄂西虎耳草 Saxifraga unguipetala Engl. & Irmsch. (虎耳草科),*爪虎耳草*
鄂西黄堇 Corydalis shennongensis H.Chuang(罂粟科)
鄂西介蕨 Dryoathyrium henryi (Bak.) Ching(蹄盖蕨科),*亨利横蕨*
鄂西堇菜 Viola cuspidifolia W.Beck.(堇菜科),*锐尖叶堇,光叶堇菜*
鄂西卷耳 Cerastium wilsonii Takeda(石竹科),*威氏卷耳,卵叶卷耳*
鄂西蜡瓣花 Corylopsis henryi Hemsl.(金缕梅科)
鄂西冷杉(树木分类学)=巴山冷杉
鄂西绵果悬钩子 Rubus lasiostylus var. hubeiensis Yü(蔷薇科)
鄂西南星 Arisaema silvestrii Pamp.?(天南星科)
鄂西蒲儿根 Sinosenecio palmatisectus C.Jeffr. & Y.L.Chen(菊科)
鄂西前胡 Peucedanum henryi Wolff(伞形科)
鄂西茜树 Randia henryi E.Pritz.(茜草科)
鄂西清风藤 Sabia campanulata subsp. ritchieae (Rehd. & Wils.) Y.F.Wu(清风藤科)
鄂西箬竹 Indocalamus wilsonii (Rendle) C.S. Chao & C.D.Chu(禾本科),*威氏箭竹,簝叶竹根,簝叶根,金佛山赤竹*
鄂西沙参 Adenophora hubeiensis Hong(桔梗科)
鄂西山柳(树木分类学)=城口桤叶树
鄂西十大功劳 Mahonia decipiens Schneid. (小檗科)
鄂西鼠李 Rhamnus tzekweiensis Y.L.Chen & P. K.Chou (鼠李科)
鄂西鼠尾草 Salvia maximowicziana Hemsl.(唇形科),*红秦艽*
鄂西薹草 Carex mancaeformis C.B.Clarke ex Franch. (莎草科)
鄂西蹄盖蕨(蕨类形态)=尖头蹄盖蕨
鄂西天胡荽 Hydrocotyle wilsonii Diels ex Wolff (伞形科)
鄂西香草 Lysimachia pseudotrichopoda Hand.-Mazz. (报春花科)
鄂西香茶菜 Isodon henryi (Hemsl.) Kudô(唇形科)
鄂西小檗 Berberis zanlanscianensis Pamp. (小檗科),*西南小檗*
鄂西绣线菊 Spiraea veitchii Hemsl.(蔷薇科),*魏氏绣线菊*
鄂西玄参 Scrophularia henryi Hemsl.(玄参科),*黑参,玄台*
鄂西野茉莉(树木分类学)=白辛树
鄂西玉山竹 Yushania confusa (McClure) Z.P. Wang & G.H.Ye (禾本科)
鄂西獐牙菜 Swertia oculata Hemsl.(龙胆科)
鄂栒子(苏南植物手册)=华中栒子
鄂羊蹄甲 Bauhinia glauca subsp. hupehana (Carib) T.Chen(豆科),*双肾藤*(四川中药志),*马蹄*(高等图鉴)
萼翅藤 Calycopteris floribunda (Roxb.) Lam.(使君子科)
萼翅藤属 Calycopteris Lam.(使君子科)
萼盖蕨 Hypoderris brownii J.Sm.(叉蕨科)
萼盖蕨属 Hypoderris R.Br.(叉蕨科)
萼果香薷(植物志 66)=密花香薷
萼脊兰 Sedirea japonica (Linden & Rchb.f.) Garay & Sweet(兰科)
萼脊兰属 Sedirea Garay & Sweet (兰科)
萼距花 Cuphea hookeriana Walp.(千屈菜科)
萼距花属 Cuphea Adans. ex P.Br.(千屈菜科),*雪茄花属*
萼片黄藤 Daemonorops sepala Becc.(棕榈科)
萼状加拿大金丝桃 Hypericum calycinum L.(藤黄科)
萼状玄参 Scrophularia calycina Benth.(玄参科)
遏蓝菜(救荒本草)=菥蓂
遏蓝菜(植物志 25-1)=酸模
遏蓝菜属(种子植物名称)=**菥蓂属**
鳄梨 Persea americana Mill.(樟科),*油梨,樟梨*
鳄梨属 Persea Mill.(樟科)
鳄嘴花 Clinacanthus nutans (Burm.f.) Lindau (爵床科),*对叶草,鸡骨草,扭序花,青箭,小接骨,雅配牙钩,竹枝黄*
鳄嘴花属 Clinacanthus Ness(爵床科)

En

恩得利美丽柏 Callitris endlicheri (Parlat.) F.M. Bailey (柏科)
恩德裂契银桦 Grevillea endlicheriana Meissn.(山龙眼科)
恩格勒秋海棠 Begonia engleri Gilg.(秋海棠科)
恩格勒小檗 Berberis engleriana Schneid.(小檗科)
恩格曼氏云杉 Picea engelmannii (Parry) Engelm. (松科)
恩洛科氏芍药 Paeonia mlokosewitschi Lomak.(芍药科)
恩施独活(湖北药材名)=重齿当归
恩施栒子 Cotoneaster fangianus Yü(蔷薇科)
恩施淫羊藿 Epimedium enshiense B.L.Guo & Hsiao(小檗科)
恩氏黄芪(豆科图说)=长果颈黄芪
恩氏假瘤蕨 Phymatopteris engleri (Luerss.) Pic. Serm. (水龙骨科)
恩氏米尔顿兰 Miltonia enaresii Nichols.(兰科)
恩氏山毛榉(植物志 22)=米心水青冈
恩氏水韭 Isoëtes engelmannii A.Br.(水韭科)
恩氏松 Pinus engelmannii Carr.(松科),*大叶松*

Er

儿茶 Acacia catechu (L.f.) Willd.(豆科),*孩儿茶,黑儿茶,乌爹泥,乌爹泥,乌丁,乌垒泥,西谢*
儿茶钩藤 Uncaria gambier Roxb.(茜草科)
儿针簕(广西)=酒饼簕
耳瓣棘豆 Oxytropis auriculata C.W.Chang(豆科)
耳苞鸭跖草 Commelina auriculata Bl.(鸭跖草科)
耳柄过路黄 Lysimachia otophora C.Y.Wu(报春花科),*耳柄假獐牙菜*
耳柄合耳菊 Synotis otophylla Y.L.Chen(菊科)
耳柄假獐牙菜(云南区系报告)=耳柄过路黄
耳柄蒲儿根 Sinosenecio eusomus (Hand.-Mazz.) B.Nord.(菊科),*齿裂千里光,槭叶千里光*
耳柄紫堇 Corydalis auriculata Lidén & Z.Y.Su (罂粟科)
耳草(广西药用名录,高等图鉴)=臭味新耳草
耳草 Hedyotis auricularia L.(茜草科),*鲫鱼胆草,铰剪草,蜈蚣草*
耳草长蒴苣苔(中草药汇编)=肥牛草
耳草属 Hedyotis L.(茜草科)
耳齿变种(植物志 66)=湖南香薷
耳齿蝇子草 Silene otodonta Franch.(石竹科)
耳锤叶杜鹃(植物学杂志)=贵定杜鹃
耳唇对叶兰 Listera pseudonipponica Fukuyama (兰科),*假日本双叶兰*
耳唇兰(西藏志)=宽叶耳唇兰
耳唇兰 Otochilus porrectus Lindl.(兰科),*宽叶耳唇兰*
耳唇兰属 Otochilus Lindl.(兰科)

耳唇鸟巢兰 Neottia tenii Schltr.(兰科)
耳唇石唇兰(台兰科图鉴)=台湾石豆兰
耳丁藤(广西)=白花丹
耳朵草(药用志)=虎耳草
耳稃草 Garnotia patula (Munro) Benth.(禾本科), *葛氏草,散穗葛氏草*
耳稃草属 Garnotia Brongn.(禾本科)
耳环草(广东茂名)=海南茄
耳环草细草(广西草药)=金钗石斛
耳环花(湖北)=荷包牡丹
耳基柏拉木 Blastus auriculatus Y.C.Huang ex C.Chen(野牡丹科)
耳基冷水花 Pilea auricularis C.J.Chen(荨麻科)
耳基水苋 Ammannia arenaria H.B.K.(千屈菜科)
耳基叶杨桐 Adinandra auriformis L.K.Ling & S. Y.Liang (山茶科)
耳金毛裸蕨(蕨类图说)=耳羽金毛裸蕨
耳菊 Nabalus ochroleucus Maxim.(菊科)
耳菊属 Nabalus Cass.(菊科)
耳蕨贯众(药用孢子植物)=布朗耳蕨
耳蕨属 Polystichum Roth(鳞毛蕨科)
耳柯 Lithocarpus haipinii Chun(壳斗科)
耳柳 Salix aurita L.(杨柳科)
耳片角盘兰 Herminium macrophyllum (D.Don) Dandy(兰科)
耳瓢草(贵州草药)=金耳挖
耳挖草(福建,广东,贵州)=韩信草
耳挖草(植物学大辞典)=挖耳草
耳挖草(植物志 77-1)=小一点红
耳完桃(广东翁源)=野茉莉
耳响草(广东,广西)=磨盘草
耳形肋毛蕨 Ctenitis sacholepis (Hay.) H.Ito(叉蕨科)
耳形瘤足蕨 Plagiogyria stenoptera (Hance) Diels(瘤足蕨科)
耳药花 Otanthera scaberrima (Hay.) Ohwi(野牡丹科), *糙叶耳药花*
耳药花属 Otanthera Bl.(野牡丹科)
耳叶补血草 Limonium otolepis (Schrenk) Ktze.(白花丹科), *野茴香*
耳叶杜鹃 Rhododendron auriculatum Hemsl.(杜鹃花科)
耳叶风车子 Combretum auriculatum C.Y.Wu & T.Z.Hsu(使君子科)
耳叶风毛菊 Saussurea neofranchetii Lipsch.(菊科)
耳叶凤仙花 Impatiens delavayi Franch.(凤仙花科)
耳叶哈克 Hakea auriculata Meissn.(山龙眼科)
耳叶合耳菊 Synotis auriculata C.Jeffr. & Y.L. Chen (菊科)
耳叶黑柴胡 Bupleurum smithii var. auriculatum Shan & Y.Li(伞形科)
耳叶鸡矢藤 Paederia cavaleriei Lévl.(茜草科), *圆锥鸡矢藤*
耳叶金毛裸蕨(中药辞海)=耳羽金毛裸蕨
耳叶决明 Cassia auriculata L.(豆科), *番泻叶,印度番泻叶*
耳叶柯 Lithocarpus grandifolius (D.Don) Biswas (壳斗科), *粗穗柯,粗穗石栎*
耳叶蓼 Polygonum manshuriense V.Petr. ex Kom. (蓼科)
耳叶柃 Eurya auriformis H.T.Chang(山茶科)
耳叶龙船花 Ixora auricularis How ex Ko(茜草科)
耳叶马兜铃 Aristolochia tagala Champ.(马兜铃科), *卵叶马兜铃,卵叶雷公藤,黑面防已,鎚果马兜铃,假大薯,假通城虎,青木香,暗消*
耳叶马蓝 Perilepta auriculata (Nees) Bremek.(爵床科)
耳叶马蓝属 Perilepta Bremek.(爵床科)
耳叶猕猴桃 Actinidia glaucophylla var. asymmetrica (F.Chun) C.F.Liang(猕猴桃科)
耳叶南芥 Arabis auriculata Lam.(十字花科)
耳叶牛皮消(药用志)=牛皮消
耳叶片兔儿伞(植物志 77-1)=耳叶蟹甲草
耳叶瓶蕨(蕨类图说)=瓶蕨
耳叶七(江西草药)=紫萼
耳叶秋海棠 Begonia auriculata HK.f.(秋海棠科)
耳叶散爵床 Rostellularia diffusa var. hedyotidifolia (Nees) C.Y.Wu(爵床科)
耳叶肾蕨 Nephrolepis biserrata var. auriculata Ching (肾蕨科)
耳叶相思(广东)=大叶相思
耳叶象牙参 Roscoea auriculata K.Schum.(姜科)
耳叶蟹甲草 Parasenecio auriculatus (DC.) H. Koyama (菊科), *耳叶片兔儿伞*
耳叶熊果 Arctostachylos auriculata Eastw.(杜鹃花科)
耳叶悬钩子 Rubus latoauriculatus Metc.(蔷薇科)
耳叶越桔 Vaccinium pseudospadiceum Dop(杜鹃花科)
耳叶珍珠菜 Lysimachia auriculata Hemsl.(报春花科)
耳叶紫菀 Aster auriculatus Franch.(菊科), *银钱菊,蓑衣莲*
耳翼蟹甲草 Parasenecio otopteryx (Hand.-Mazz.) Y.L.Chen(菊科)
耳羽短肠蕨 Allantodia wichurae (Mett.) Ching (蹄盖蕨科), *维氏双盖蕨*
耳羽钩毛蕨 Cyclogramma auriculata (J.Sm.) Ching (金星蕨科), *截叶金星蕨*
耳羽金毛裸蕨 Gymnopteris bipinnata var. auriculata (Franch.) Ching(裸子蕨科), *白带药,白马风,败毒草,耳金毛裸蕨,耳叶金毛裸蕨,阴兜药*
耳羽岩蕨 Woodsia polystichoides Eaton (岩蕨科), *岩蕨,蜈蚣旗根*
耳源虎耳草 Saxifraga peplidifolia Franch.(虎耳草科), *丽江岩虎耳草*
耳源南蛇藤 Celastrus franchetiana Loes.(卫矛科)
耳褶龙胆 Gentiana otophora Franch. ex Hemsl.(龙胆科), *具耳龙胆*
耳状凤仙花 Impatiens auriculata Wight (凤仙花科)
耳状虎耳草 Saxifraga auriculata Engl. & Irmsch.(虎耳草科)
耳状楼梯草 Elatostema auriculatum W.T.Wang (荨麻科)
耳状人字果 Dichocarpum auriculatum (Franch.) W.T.Wang & Hsiao(毛茛科), *母猪草*
耳状显脉蕨 Phanerophlebia auriculata Underw.(叉蕨科)
耳状紫柄蕨 Pseudophegopteris aurita (HK.) Ching (金星蕨科)
耳坠仔(福建中草药)=少花龙葵
洱海连翘(滇黔纪游)=匙萼金丝桃
洱海南星 Arisaema undulatum Krause(天南星科)
洱源耳蕨 Polystichum delavayi Christ(鳞毛蕨科)
洱源马铃苣苔 Oreocharis delavayi Franch.(苦苣苔科), *椭圆马铃苣苔,小叶马铃苣苔*
洱源米口袋(豆科图说)=川填米口袋
洱源囊瓣芹 Pternopetalum molle (Franch.) Hand.-Mazz. (伞形科)
洱源鼠尾草 Salvia lankongensis C.Y.Wu(唇形科)
洱源碎米荠 Cardamine delavayi Franch.(十字花科)
洱源橐吾 Ligularia lankongensis (Franch.) Hand.-Mazz.(菊科), *浪穹紫菀,山紫菀,旱橐吾*
洱源紫堇 Corydalis stenantha Franch.(罂粟科), *白屈菜状紫堇*
二白杨 Populus ×gansuensis C.Wang & H.L. Yang (杨柳科), *软白杨,青白杨,二青杨*
二瓣梣 Fraxinus dipetala HK. & Arn.(木犀科)
二苞黄精 Polygonatum involucratum (Franch. & Sav.) Maxim.(百合科)
二宝花(江苏验方草药选)=忍冬
二宝藤(四川)=忍冬
二叉破布木 Cordia furcans Hohnst.(紫草科)
二叉石松 Lycopodium dichotomum Jacq.(石松科)
二齿黄蓉花 Dalechampia bidentata Bl.(大戟科)
二齿马先蒿 Pedicularis bidentata Maxim.(玄参科)
二齿微花兰 Stelis bidentata Schltr.(兰科)
二齿香科科 Teucrium bidentatum Hemsl.(唇形科), *细沙虫草*
二齿小檗 Berberis bidentata Lechl.(小檗科)
二翅六道木 Abelia macrotera (Graebn. & Buchw.) Rehd.(忍冬科)
二翅银钟花 Halesia diptera Ellis (安息香科)
二刺茶藨(树木志)=双刺茶藨子
二刺叶兔唇花 Lagochilus diacanthophyllus (Pall.) Benth.(唇形科), *斜喉兔唇花,四齿兔唇花*
二对茄 Solanum bigeminatum Nees (茄科)
二峨薹草 Carex ereica Tang & Wang ex L.K. Dai (莎草科)
二萼丰花草 Borreria repens DC.(茜草科)
二耳沼兰 Malaxis biaurita (Lindl.) Ktze.(兰科)
二管独活 Heracleum bivittatum de Boiss.(伞形科), *山白芷*
二核冬青(拉汉名称)=双核枸骨
二花瓣秋海棠 Begonia dipetala R.C.Grah.(秋海棠科)
二花变种(植物志 65-2)=羽叶枝子花
二花变种(植物志 65-2,Flora 17)=理阳参
二花对叶兰 Listera biflora Schltr.(兰科)
二花蝴蝶草 Torenia biniflora Chin & Hong(玄参科)
二花虎耳草 Saxifraga biflora All.(虎耳草科)
二花棘豆 Oxytropis biflora P.C.Li(豆科)
二花莓(经济植物手册)=粉枝莓
二花米努草 Minuartia biflora (L.) Schinz & Thell.(石竹科)
二花拟钩叶藤 Plectocomiopsis geminiflorus (Griff.) Becc.(棕榈科)
二花乌头 Aconitum biflorum Fisch.(毛茛科)
二花绣球防风 Leucas biflora Br.(唇形科)
二花悬钩子(秦岭志)=粉枝莓
二花秧(河南中草药)=忍冬
二花珍珠茅 Scleria biflora Roxb.(莎草科)
二黄 Curcuma viridiflora Roxb.(姜科)

二回三出落新妇 Astilbe biternata Britt.(虎耳草科)

二回疏叶蹄盖蕨 Athyrium dissitifolium var. funebre (Christ) Ching & Z.R.Wang(蹄盖蕨科)

二回旋扭月见草 Oenothera bistorta Nutt.(柳叶菜科)

二回羽状变种(植物志 2)=二回羽状鳞盖蕨(新)

二回羽状鳞盖蕨(新) Microlepia marginata var. bipinnata Makino(碗蕨科),*二回羽状变种*

二回原始观音座莲 Archangiopteris bipinnata Ching (观音座莲科)

二脊沼兰 Malaxis finetii (Gagn.) T.Tang & F.T. Wang (兰科)

二尖齿黄芪 Astragalus bicuspis Fisch.(豆科)

二尖耳蕨 Polystichum biaristatum (Bl.) Moore (鳞毛蕨科)

二尖燕尾蕨(海南志)=燕尾蕨

二角大柄菱 Trapa macropoda var. bispinosa W.H.Wan (菱科)

二角鬣蜥棕 Iguanura bicornis Becc.(棕榈科)

二角芹(东北检索表)=绿花山芹

二郎草(四川中药志)=鹅不食草

二郎剑(四川)=星蕨

二郎箭(湖北药材名)=深红龙胆

二郎箭(湖北中草药志)=红花龙胆

二郎山报春 Primula epilosa Craib(报春花科),*西南报春*

二郎山翠雀花 Delphinium erlangshanicum W.T. Wang (毛茛科)

二郎山蒿 Artemisia erlangshanensis Ling & Y.R. Ling (菊科)

二棱秋海棠 Begonia anceps Irmsch.(秋海棠科)

二连锦鸡儿 Caragana erenensis Liou f.(豆科)

二列黑面神 Breynia disticha J.R. & G.Forst.(大戟科)

二列省藤 Calamus distichus Ridl.(棕榈科)

二列薹草 Carex disticha Huds.(莎草科)

二列藤山柳 Clematoclethra disticha Hemsl.(猕猴桃科)

二列瓦理棕 Wallichia disticha T.Anders.(棕榈科),*二列小堇棕*

二列细画眉草 Eragrostiella bifaria (Vahl.) Bor.(禾本科)

二列虾脊兰 Calanthe formosana Rolfe(兰科),*台湾根节兰*

二列小堇棕(分类学报)=二列瓦理棕

二列叶彼得费拉 Petrophila biloba R.Br.(山龙眼科)

二列叶柃 Eurya distichophylla Hemsl.(山茶科),*茅山茶,野山里*

二列叶真穗草 Eustachys distichophylla (Lag.) Nees.(禾本科)

二裂矮豚草 Ambrosia bidentata Michx.(菊科)

二裂唇莪白兰(台湾莪白兰)=狭叶鸢尾兰

二裂翻白草(宁夏中草药)=二裂委陵菜

二裂隔距兰 Cleisostoma bifidus (Lindl.) Ames (兰科)

二裂棘豆 Oxytropis biloba Saposhn.(豆科)

二裂解宝叶(河南)=小花扁担杆

二裂母草叶龙胆 Gentiana vandellioides var. biloba Franch.(龙胆科)

二裂片羊蹄甲(豆科图说)=李叶羊蹄甲

二裂深红龙胆 Gentiana rubicunda var. biloba T. N.Ho (龙胆科)

二裂薹草 Carex lachenalii Schkuhr(莎草科)

二裂微羽里白 Gleichenia bifida (Willd.) Spr.(里白科)

二裂委陵菜 Potentilla bifurca L.(蔷薇科),*叉叶委陵菜,二裂翻白草,痔疮草,黄瓜绿草*

二裂虾脊兰 Calanthe biloba Lindl.(兰科)

二裂叶银梅草 Deinanthe bifida Maxim.(虎耳草科)

二轮七(浙江)=鹅掌草

二脉补血草 Limonium binervosum (G.E.Sm.) Salmon (白花丹科)

二芒金发草 Pogonatherum biaristatum S.L. Chen & G.Y.Sheng(禾本科)

二芒莠竹 Microstegium biaristatum (Steud.) Keng (禾本科)

二面块(四川)=长叶铁角蕨

二囊齿唇兰(台湾兰科植物)=齿唇兰

二囊开唇兰(台湾志)=齿唇兰

二岐蓼 Polygonum dichotomum Bl.(蓼科)

二岐山蚂蝗 Desmodium dichotomum (Willd.) DC. (豆科)

二岐折叶兰 Sobralia dichotoma R. & P.(兰科)

二歧姜饼棕 Hyphaene dichotoma (White) Ftdo.(棕榈科)

二歧鹿角蕨 Platycerium bifurcatum (Cav.) C. Chr. (鹿角蕨科)

二歧马先蒿 Pedicularis dichotoma Bonati(玄参科)

二歧银莲花 Anemone dichotoma L.(毛茛科),*草玉梅,二歧银莲花,土黄芩*

二歧鸢尾(植物学杂志)=野鸢尾

二乔木兰 Magnolia soulangeana Soul.-Bod.(木兰科)

二青杨(甘肃)=二白杨

二球悬铃木 Platanus ×acerifolia (Ait.) Willd. (悬铃木科),*英国梧桐*

二蕊拟漆姑 Spergularia diandra (Guss.) Heldr. & Sart.(石竹科),*雄蕊拟漆姑*

二蕊五月茶(云南植物名录)=西南五月茶

二色桉 Eucalyptus bicolor A.Cunn.(桃金娘科)

二色波罗蜜 Artocarpus styracifolius Pierre(桑科),*奶浆果,木皮*

二色补血草 Limonium bicolor (Bge.) Kuntze (白花丹科),*白花菜棵,苍蝇花,苍蝇架,二色匙叶草,二色矶松,矶松,燎眉蒿,秃子花,蝇子架*

二色菖蒲鸢尾 Acidanthera bicolor Hochst.(鸢尾科)

二色匙叶草(山大学报)=二色补血草

二色唇柱苣苔 Chirita bicolor W.T.Wang(苦苣苔科)

二色粗齿绣球 Hydrangea serrata f. rosalba (Vanh.) Wils.(虎耳草科)

二色大苞兰 Sunipia bicolor Lindl.(兰科)

二色党参 Codonopsis bicolor Nannf.(桔梗科)

二色滇紫草(植物志 64-2)=二色胀萼紫草

二色短瓣兰 Monomeria dichroma (Rolfe) Schltr. (兰科)

二色狒狒花 Babiana stricta var. rubrocyanea Hort.(鸢尾科)

二色凤仙花 Impatiens dichroa HK.f.(凤仙花科)

二色蝴蝶草 Torenia bicolor Dalz.(玄参科)

二色花藤(上海)=忍冬

二色矶松 (科学)=二色补血草

二色棘豆(豆科图说)=地角儿苗

二色金光菊 Rudbeckia bicolor Nutt.(菊科)

二色金石斛 Flickingeria bicolor Z.H.Tsi & S.C. Chen (兰科)

二色锦鸡儿 Caragana bicolor Kom.(豆科)

二色卷瓣兰 Bulbophyllum bicolor Lindl.(兰科)

二色卡特兰 Cattleya bicolor Lindl.(兰科)

二色康多兰 Chondrorhyncha discolor (Lindl.) P.H. Allen (兰科)

二色老鹳草 Geranium ocellatum Camb.(牻牛儿苗科)

二色老鸦嘴(海南志)=二色山牵牛

二色棱子芹 Pleurospermum govanianum var. bicolor Wolff(伞形科)

二色列当(西藏志)=弯管列当

二色柳(植物志 20-2)=细穗柳

二色柳 Salix alberti Rgl.(杨柳科)

二色龙须兰 Catasetum bicolor Klotzsch (兰科)

二色马先蒿 Pedicularis bicolor Diels(玄参科)

二色内风消(天目药志)=二色五味子

二色南星 Arisaema grapsospadix Hay.(天南星科)

二色苹婆 Sterculia bicolor Mast.(梧桐科)

二色葡萄 Vitis bicolor Le Conte (葡萄科),*灰青色葡萄*

二色秋海棠 Begonia dichroa Jacq.(秋海棠科)

二色山牵牛 Thunbergia eberhardtii R.Ben.(爵床科),*二色老鸦嘴*

二色石斛 Dendrobium discolor Lindl.(兰科)

二色石韦 Pyrrosia bicolor (Kaulf.) Ching (水龙骨科)

二色坛花兰 Acanthephippium bicolora Lindl.(兰科)

二色筒距兰 Tipularia discolor (Pursh) Nutt.(兰科)

二色瓦韦 Lepisorus bicolor Ching(水龙骨科),*两色瓦韦*

二色五味子 Schisandra bicolor Cheng(木兰科),*香苏子,二色内风消,北五味子,两色五味子*

二色香青 Anaphalis bicolor (Franch.) Diels(菊科),*白头蒿,三轮蒿*

二色香青波缘变种(植物志 75)=波缘香青(新)

二色香青长叶变种(植物志 75)=长叶二色香青(新)

二色香青青海变种(植物志 75)=青海香青(新)

二色香青同色变种(植物志 75)=同色香青(新)

二色小檗 Berberis bicolor Lévl. (小檗科)

二色野豌豆 Vicia dichroantha Diels(豆科),*高原苕子*

二色云杉 Picea bicolor (Maxim.) Mayr.(松科)

二色胀萼紫草 Maharanga bicolor (Wall. ex G. Don) DC.(紫草科),*二色滇紫草*

二色沼兰 Malaxis discolor (Lindl.) O.Ktze.(兰科)

二色种毛苣苔属 Dichrotrichum Reinw.(苦苣苔科)

二十四节草(浙江)=赶山鞭

二氏剑蕨 Loxogramme blumeana Presl (剑蕨科)

二穗短柄草 Brachypodium distachyon (L.) Roem. & Schult.(禾本科),*紫短柄草*

二穗合欢 Albizia distachya Macbr.(豆科)

二穗水蕹 Aponogeton distachyus L.f.(水蕹科)

二条线蕨(台湾志)=丝带蕨

二弯苣苔属 Dicyrta Rgl.(苦苣苔科)

二尾兰 Vrydagzynea nuda Bl. (兰科),*矮二尾兰,台湾二尾兰*

二尾兰属 Vrydagzynea Bl.(兰科)

二狭叶兜被兰 Neottianthe angustifolia K.Y. Lang (兰科)

二腺拉加柳 Salix rockii f. biglandulosa C.F. Fang (杨柳科)

二腺异色柳 Salix dibapha var. biglandulosa C. F.Fang (杨柳科)
二行芥 Diplotaxis muralis (L.) DC.(十字花科), *双趋芥*
二行芥属 Diplotaxis DC.(十字花科)
二形凤尾蕨(蕨类图谱)=条纹凤尾蕨
二形卷柏 Selaginella biformis A.Br.(卷柏科)
二形鳞薹草 Carex dimorpholepis Steud.(莎草科), *垂穗薹草*
二型叉蕨(植物志 6-1)=疣状叉蕨
二型复叶耳蕨 Arachniodes dimorphyllum (Hay.) Ching (鳞毛蕨科)
二型狗脊蕨 Lorinseria areolata (L.) Presl (乌毛蕨科)
二型狗脊蕨属 Lorinseria Presl (乌毛蕨科)
二型花 Dichanthelium dichotomum (L.) Gould (禾本科)
二型花郁金香 Tulipa bifloriformis Vved.(百合科)
二型花属 Dichanthelium (Hitchc. & A.Chase) Gould(禾本科)
二型鳞毛蕨 Dryopteris cochleata (Buch.-Ham. ex D.Don) C.Chr.(鳞毛蕨科)
二型柳叶箬 Isachne dispar Trin.(禾本科)
二型马唐 Digitaria heterantha (HK.f.) Merr.(禾本科)
二型腺鳞草(分类学报)=四数獐牙菜
二型叶棘豆 Oxytropis diversifolia Pet.-Stib.(豆科), *变叶棘豆*
二型叶假蹄盖蕨 Athyriopsis dimorphophylla (Koidz.) Ching ex W.M.Chu(蹄盖蕨科)
二型叶景天(拉汉名称)=矮生红景天
二型叶景天 Sedum dimorphophyllum K.T.Fu & G.Y.Rao(景天科)
二型莠竹 Microstegium biforme Keng(禾本科)
二雄蕊苣苔属 Diastema Benth.(苦苣苔科)
二杨梅(陆川本草)=蛇莓
二药藻 Halodule uninervis (Forsk.) Asch.(眼子菜科)
二药藻属 Halodule Endl.(眼子菜科)
二叶丁癸草(豆科图说)=丁癸草
二叶兜被兰 Neottianthe cucullata (L.) Schltr.(兰科), *兜被兰*, *百部还阳丹*
二叶独蒜兰 Pleione scopulorum W.W.Sm.(兰科)
二叶红门兰 Orchis diantha Schltr.(兰科), *双花红门兰*
二叶瘤瓣兰 Oncidium bifolium Sims.(兰科)
二叶葎(种子植物名称)=白花蛇舌草
二叶梅花草(高等图鉴补编)=双叶梅花草
二叶绵枣儿 Scilla bifolia L.(百合科)
二叶鸟足兰 Satyrium bifolium A.Rich.(兰科)
二叶萩(豆科图说)=歪头菜
二叶人字草(广东中草药)=丁癸草
二叶舌唇兰 Platanthera chlorantha Cust ex Rchb (兰科), *土白及*
二叶石豆兰 Bulbophyllum shanicum King & Pantl. (兰科)
二叶无柱兰(秦岭志,高等图鉴)=棒距无柱兰
二叶舞鹤草(甘肃中草药)=舞鹤草
二叶鲜新黄连 Jeffersonia diphylla Pers.(小檗科)
二叶玉凤花 Habenaria diphylla Dalz.(兰科), *三叶鹭兰*
二叶郁金香 Tulipa erythronioides Baker(百合科), *阔叶老鸦瓣*
二叶獐牙菜 Swertia bifolia Batal.(龙胆科), *乌金草*, *异花獐牙菜*
二硬体瘤瓣兰 Oncidium bicallosum Lindl.(兰科)
二羽鳞盖蕨 Microlepia bipinnata Hay.(碗蕨科)
二月花(四川)=武当木兰
二月蓝(北京)=诸葛菜
二月旺(山西)=漏斗泡囊草
二褶羊耳蒜 Liparis cathcartii HK.f.(兰科)
二枝水毛茛 Batrachium dichotomum Schmalh. (毛茛科)
二肿胀体盆距兰 Gastrochilus bigibbus (Rchb.f.) O.Kuntze (兰科)
二柱繁缕 Stellaria bistyla Y.Z.Zhao(石竹科)
二柱槭 Acer distylum S. & Z.(槭树科)
二柱薹草 Carex lithophila Turcz.(莎草科), *卵囊薹草*
二籽扁蒴藤 Pristimera arborea (Roxb.) A.C.Sm. (翅子藤科)
二籽薹草 Carex disperma Dew(莎草科)
樲枣(广州志)=君迁子

Fa

发草 Deschampsia caespitosa (L.) Beauv.(禾本科), *深山米芒*
发草属 Deschampsia Beauv.(禾本科), *米芒属*
发秆嵩草 Kobresia cercostachya var. capillacea P.C.Li (莎草科)
发秆薹草 Carex capillacea Boott(莎草科)
发汗药(药用图鉴)=短叶水蜈蚣
发黄白头翁 Pulsatilla patens subsp. flavescens (Zucc.) Zämels(毛茛科), *蒙古白头翁*, *白头翁*, *北白头翁*, *高山白头翁*
发冷藤(广西龙州)=波叶青牛胆
发落海(滇南本草)=法落海
发痧藤(广部中草药手册)=毒根斑鸠菊
发痧藤(广东)=毒根斑鸠菊
发枝稷 Panicum trichoides Swartz(禾本科)
法贝尔小檗 Berberis faberi Schenid.(小檗科)
法斗观音座莲 Angiopteris sparsisora Ching (观音座莲科)
法斗青冈 Cyclobanopsis camusae (Trel. ex Hick. & A.Camus) Y.C.Hsu & H.W.Jen(壳斗科)
法斗蛇根草 Ophiorrhiza petrophila Lo(茜草科)
法国菠菜(植物志 26)=番杏
法国冬青(上海,杭州)=日本珊瑚树
法国蒿 Artemisia suavis Jord.(菊科)
法国还阳参 Crepis nicaeensis Balb.(菊科)
法国欧石南(新拉汉英)=冬白花欧石南
法国蔷薇 Rosa gallica L.(蔷薇科)
法国梧桐(中国树木学)=三球悬铃木
法国亚麻 Linum gallicum L.(亚麻科)
法康勒细辛 Hepatica falconeri (Hthoms.) Juz. (毛茛科)
法克昂小檗 Berberis faxoniana Schneid.(小檗科)
法利达 Euphorbia valida N.E.Br.(大戟科)
法利龙常草 Diarrhena fauriei (Hack.) Ohwi(禾本科), *富尔氏龙常草*
法利莠竹 Microstegium fauriei (Hay.) Honda (禾本科)
法落海 Heracleum apaense (Shan & Yuan) Shan & T.S.Wang(伞形科), *阿坝当归*, *骚独活*, *烧香秆*, *发落海*
法且利亚叶马先蒿 Pedicularis phaceliaefolia Franch.(玄参科)
法瑞报春(拉汉名称)=大通报春
法氏半脊荠 Hemilophia franchetii Al-Shehbaz (十字花科), *柔毛半脊荠*
法氏茶藨子(拉汉名称)=花茶藨子
法氏冬青(峨眉图志)=狭叶冬青
法氏狗尾草(禾本科图说)=大狗尾草
法氏马先蒿 Pedicularis fargesii Franch.(玄参科)
法氏箬竹(禾本科图说)=巴山木竹
法氏碎米荠 Cardamine fargesiana Al-Shehbaz (十字花科)
法氏王孙(鄂西草药名录)=球药隔重楼
法氏早熟禾 Poa faberi Rendle(禾本科)
法氏竹(竹类志略)=箭竹
法夏(昆明)= 天南星

Fan

番豆(南城县志)=落花生
番葛(福建志)=豆薯
番葛(广东)=豆薯
番瓜(图考)=番木瓜
番瓜(植物志 73-1)=南瓜
番鬼茄(广东连山)=黄果茄
番果(现代实用中药)=落花生
番海棠(岭南采药录)=龙船花
番红报春 Primula crocifolia Pax & Hoffm.(报春花科), *红花报春*
番红花 Crocus sativus L.(鸢尾科), *藏红花*, *西红花*, *红蓝花*
番红花属 Crocus L.(鸢尾科), *藏红花属*
番红鸢尾 Iris kolpakowskiana Rgl.(鸢尾科)
番虎(中草药汇编)=辣椒
番黄花 Crocus maesiacus Ker.(鸢尾科)
番椒槁(海南尖峰岭)=长圆叶新木姜子
番蕉(群芳谱)=苏铁
番橘(台湾)=立花橘
番荔枝 Annona squamosa L.(番荔枝科), *林檎*, *唛螺陀*, *洋波罗*, *蚂蚁果*
番荔枝科 Annonaceae
番荔枝属 Annona L.(番荔枝科)
番龙眼 Pometia pinnata J.R. & G.Forst(无患子科)
番龙眼属 Pometia J.R. & G.Forst.(无患子科)
番茉莉 Brunfelsia americana L.(茄科)
番茉莉属 Brunfelsia L.(茄科), *鸳鸯茉莉属*
番木鳖(飞鸿集)=马钱子
番木鳖(经济志)=木鳖子
番木瓜 Carica papaya L.(番木瓜科), *冬瓜树*, *番瓜*, *麻草蒲*, *马章坡*, *满山抛*, *缅芭蕉*, *缅瓜*, *木瓜*, *奶瓠*, *树冬瓜*, *土木瓜*, *万寿果*, *万寿瓠*
番木瓜科 Caricaceae
番木瓜属 Carica L.(番木瓜科)
番南瓜(植物志 73-1)=南瓜
番蒲(江西草药手册)=南瓜
番羌(广东)=菊芋
番茄 Lycopersicon esculentum Mill.(茄科), *蕃柿*, *西红柿*, *小金瓜*, *喜报三元*(图考)
番茄属 Lycopersicon Mill.(茄科)
番茹(本草纲目)=番薯
番苕藤(四川中药志)
番石榴 Psidium guajava L.(桃金娘科), *番桃*, *广东石榴*, *鸡矢果*, *交趾果*, *缅桃*, *秋果*
番石榴属 Psidium L.(桃金娘科)
番薯 Ipomoea batatas (L.) Lam.(旋花科), *阿鹅*, *白薯*, *地瓜*, *番茹*, *番苕藤*, *甘储*, *甘薯*, *甘藷*, *红山药*, *红苕*, *红薯*, *金薯*, *山药*, *山芋*, *唐薯*, *甜薯*, *土瓜*, *玉枕薯*, *朱薯*
番薯属 Ipomoea L.(旋花科), *寄生牵牛属*, *金鱼花属*, *茑萝属*
番桃(广西)=番石榴
番泻叶(药用名)=河朔荛花

番泻叶(中药志)=耳叶决明
番杏 Tetragonia tetragonioides (Pall.) Ktz.(番杏科),*白番苋,白番杏,白红菜,滨莴苣,法国菠菜,新西兰菠菜*
番杏科 Aizoaceae
番杏属 Tetragonia L.(番杏科)
番樱桃叶熊果 Arctostachylos myrtifolia Parry.(杜鹃花科)
番樱桃叶远志 Polygala myrtifolia L.(远志科)
番樱桃属 Eugenia L.(桃金娘科)
番樱桃状海桐 Pittosporum eugenioides A.Cunn.(海桐花科)
番枣(岭表录异)=海枣
番仔刺(福建)=假连翘
番仔桃(福建中草药)=黄花夹竹桃
番紫花(新拉汉英)=春番红花
翻白菜(图考)=委陵菜
翻白草(东北,华北部分地区)=委陵菜
翻白草(西藏)=西南委陵菜
翻白草(西藏中草药)=总梗委陵菜
翻白草(新疆)=黄花委陵菜
翻白草 Potentilla discolor Bge.(蔷薇科),*翻白萎陵菜,鸡脚草,鸡距草,鸡腿儿,鸡腿根,鸡爪参,天藕,天藕儿,叶下白*
翻白柴(四川中药志)=柳叶栒子
翻白地榆(滇南本草整理本)=西南委陵菜
翻白繁缕 Stellaria discolor Turcz.(石竹科),*异色繁缕*
翻白柳(秦岭志)=小叶柳
翻白萎陵菜(东北检索表)=翻白草
翻白蚊子草 Filipendula intermedia (Glehn) Juzep. (蔷薇科)
翻白叶(广西)=三角叶风毛菊
翻白叶(贵州草药)=大丁草
翻白叶(四川)=长柔毛委陵菜
翻白叶麻(云南南部)=水丝麻
翻白叶树 Pterospermum heterophyllum Hance (梧桐科),*半枫荷,异叶翅子木*
翻背白草(贵州草药)=簇生委陵菜
翻背红(四川南川)=血盆草
翻唇兰(海南志)=小片齿唇兰
翻唇兰属 Hetaeria Bl.(兰科)
翻魂草(图考,湖南)=西藏珊瑚苣苔
翻山虎(汪连仕:采药书)=杜鹃
翻天红(广西药用名录)=花葶薹草
翻天印(湖南药物志)=金耳挖
翻天印(陕西中草药)=湖北大戟
翻天印(四川)=青城细辛
翻天印(四川中药志)=大叶马蹄香
翻天印(云南)=蒙自藜芦
翻胃木(侯宁极:药谱)=常山
翻转红(四川)=西南远志
藩篱草(纲目)=木槿
凡登肖竹芋 Calathea vandenheckei Rgl.(竹芋科)
凡力(广西壮语)=翅子罗汉果
矾根叶虎耳草 Saxifraga hecherifolia Griseb. & Schenk (虎耳草科)
矾根属 Heuchera L.(虎耳草科)
烦果小檗 Berberis ignorata Schneid. (小檗科),*黑果小檗*
蕃柿(植物志 67-1)=番茄
繁花杜鹃(植物研究)=龙岩杜鹃
繁花杜鹃 Rhododendron floribundum Franch.(杜鹃花科)
繁花藤山柳 Clematoclethra hemsleyi Baill.(猕猴桃科)
繁缕 Stellaria media (L.) Cyr.(石竹科),*蘩,鹅肠菜,鹅耳伸筋,鹅馄饨,蘩蒌,狗蚤菜,鸡儿肠,五爪龙,滋草,薮蒌*
繁缕薄蒴草 Lepyrodiclis stellarioides Schrenk (石竹科)
繁缕虎耳草 Saxifraga stellariifolia Franch.(虎耳草科)
繁缕景天(北京志)=繁缕叶景天
繁缕亚麻(中药辞海)=野亚麻
繁缕叶景天 Sedum stellariifolium Franch.(景天科),*狗牙风,火焰草,毛狗,石豆瓣,卧儿菜,卧儿菜*
繁缕属 Stellaria L.(石竹科)
繁缕状龙胆 Gentiana alsinoides Franch.(龙胆科)
繁茂秋海棠 Begonia luxurians Scheidw.(秋海棠科)
繁穗苋 Amaranthus paniculatus L.(苋科),*天雪米,鸦谷,红苋菜,红粘谷*
繁叶金粉蕨(蕨类形态)=繁羽金粉蕨
繁羽金粉蕨 Onychium plumosum Ching(中国蕨科),*繁叶金粉蕨*
繁枝补血草 Limonium myrianthum (Schrenk) Ktze. (白花丹科)
蘩(尔雅)=蒌蒿
蘩蒌(名医别录)=繁缕
蘩露(尔雅)=落葵
反白树(四川)=石灰花楸
反瓣老鹳草(高等图鉴)=紫萼老鹳草
反瓣老鹳草 Geranium refractum Edgew. & HK. f. (牻牛儿苗科)
反瓣石斛 Dendrobium ellipsophyllum T.Tang & F.T.Wang (兰科),*黄毛石斛*
反瓣虾脊兰 Calanthe reflexa (Ktze.) Maxim.(兰科)
反苞毛兰 Eria excavata Lindl.(兰科)
反苞蒲公英 Taraxacum grypodon Dahlst.(菊科)
反背红(贵州,湖南)=血盆草
反背红(云南中草药)=裸茎千里光
反背绿丸(云南中草药)=裸茎千里光
反边杜鹃 Rhododendron thayerianum Rehd. & Wils. (杜鹃花科)
反唇兰 Smithorchis calceoliformis (W.W.Sm.) T. Tang & F.T.Wang(兰科)
反唇兰属 Smithorchis T.Tang & F.T.Wang(兰科)
反唇舌唇兰 Platanthera deflexilabella K.Y.Lang (兰科)
反刺槠(台木本志)=甜槠
反萼银莲花 Anemone reflexa Steph(毛茛科)
反毛老鹳草 Geranium strigellum R.Knuth(牻牛儿苗科)
反面红(中药大辞典)=蒙自虎耳草
反曲瓣羊耳蒜 Liparis reflexa Lindl.(兰科)
反曲高山漆姑草 Minuartia recurva (All.) Sch. & Th.(石竹科)
反曲马先蒿 Pedicularis recurva Maxim.(玄参科)
反折刺蕊草 Pogostemon reflexus Benth.(唇形科)
反折耳蕨 Polystichum deflexum Ching ex W.M. Chu(鳞毛蕨科)
反折果薹草 Carex retrofracta Kükenth.(莎草科)
反折胡颓子(新) Elaeagnus pungens var. reflexa? (胡颓子科)
反折花龙胆 Gentiana choanantha Marq.(龙胆科)
反折假鹤虱 Eritrichium deflexum (Wahlenb.) Lian & J.Q.Wang(紫草科)
反折假冷蕨(西藏志)=三角叶假冷蕨
反折黎可斯帕 Leucospermum reflexum Buek ex Beissn.(山龙眼科),*紫花南荠黎可斯帕*
反折松毛翠 Phyllodoce deflexa Ching ex H.P. Yang (杜鹃花科)
反枝苋 Amaranthus retroflexus L.(苋科),*西风谷*
返顾马先蒿 Pedicularis resupinata L.(玄参科),*返顾马先蒿返顾亚种,虎麻,练石草,马尿泡,马尿蒿,马先蒿,马新蒿*
返顾马先蒿粗茎返顾亚种(植物志 68)=粗茎返顾马先蒿
返顾马先蒿返顾亚种(植物志 68)=返顾马先蒿
返顾马先蒿毛叶亚种(植物志 68)=毛叶返顾马先蒿
返顾马先蒿鼬臭亚种(植物志 68)=鼬臭返顾马先蒿
返魂草根(斗门方)=紫菀
饭巴团(湖北利川)=金山五味子
饭包波(闽东本草)=蓬蘽
饭包草 Commelina bengalensis L.(鸭跖草科),*大叶兰花,火柴头,卵叶鸭跖草,马耳草,千日晒,圆叶鸭跖草,竹叶菜,竹仔菜*
饭杓藤(广西)=匙羹藤
饭匙草(福建)=车前
饭豆(植物志 41)=赤小豆
饭豆(植物志 41)=豇豆
饭豆藤(湖北)=旋花
饭瓜(植物志 73-1)=南瓜
饭瓜(植物志 73-1)=笋瓜
饭果藤(海南志)=牛筋藤
饭豇豆(东北)=短豇豆
饭蕨(孢子植物)=毛轴蕨
饭箩楷(广东)=紫玉盘柯
饭麦(医森纂要)=大麦
饭米果(云南昆明)=樟叶越桔
饭汤木(植物志 71-1)=水锦树
饭汤叶(广西药用名录)=裸花紫珠
饭藤子(湖北)=旋花
饭藤子(陕西)=糯米团
饭桐子(广西)=白花泡桐
饭筒树(江西)=南烛
饭团根(广西药用名录)=黑老虎
饭团簕(广州)=构棘
饭团藤(海南)=冷饭藤
饭团藤(陆川本草)=黑老虎
饭消扭(天目药志)=蓬蘽
饭甑椆(海南志)=饭甑青冈
饭甑青冈 Cyclobalanopsis fleuryi (Hick. & A. Camus) Chun(壳斗科),*饭甑椆*
范半夏(山西太谷范村)=三叶犁头尖
范弗利特小檗 Berberis vanfleetii Schneid.(小檗科)
范库弗草属 Vancouveria Morr. & Dec.(小檗科)
范氏冬青(峨眉图志)=康定冬青
范氏绣线菊(经济植物手册)=菱叶绣线菊
范塔鸢尾 Iris vartani Foster (鸢尾科)
范沃克毡毛槭 Acer velutinum var. vanvolxemi (Mast.) Rehd.(槭树科)
范志曲(纲目拾遗)=普通小麦
梵净报春 Primula fangingensis Chen & C.M.Hu (报春花科)
梵净火绒草 Leontopodium fangingense Ling(菊科)

梵净蓟 Cirsium fanjingshanense Shih(菊科)
梵净肋毛蕨 Ctenitis wantsiengshanica Ching & Shing ex Ching & C.H.Wang(叉蕨科)
梵净冷杉 Abies fanjingshanensis W.L.Huang et al. (松科)
梵净蒲儿根 Sinosenecio fanjingshanicus C.Jeffr. & Y.L.Chen(菊科)
梵净山菝葜 Smilax vanchingshanensis (Wang & Tang) Wang & Tang(百合科)
梵净山点地梅 Androsace medifissa Chen & Y.C. Yang (报春花科)
梵净山杜鹃花 Rhododendron nankingense (Cowan) Chamb. ?(杜鹃花科)
梵净山盾蕨 Neolepisorus lancifolius Ching & Shing (水龙骨科)
梵净山凤仙花 Impatiens fanjingshanica Y.L. Chen (凤仙花科)
梵净山冠唇花 Microtoena vanchingshanensis C.Y.Wu & Hsuan(唇形科)
梵净山类芦 Neyraudia fanjingshanensis L.Liu(禾本科)
梵净山柿 Diospyros fanjingshanica S.Lee(柿科)
梵净山乌头 Aconitum fanjingshanicum W.T. Wang (毛茛科)
梵净山玉山竹 Yushania complanata Yi (禾本科),*梵净玉山竹*
梵净小檗 Berberis xanthoclada Schneid. (小檗科)
梵净玉山竹(竹子研究汇刊)=梵净山玉山竹
梵茜草 Rubia manjith Roxb. ex Flem.(茜草科),*茜草*
梵天花 Urena procumbens L.(锦葵科),*八大锤,黐头婆,地棉花,狗脚迹,红野棉花,假棉花,假肉花,棉花肾,破布勒,七姐妹,犬胶爪,犬胶足迹,三合枫,三角枫,山棉花,虱麻头,铁包金,乌云盖雪,五龙会,小桃花,小叶田芙蓉,野棉花,野棉桃,野木棉,野茄,叶瓣花,粘花衣*
梵天花属 Urena L.(锦葵科)

Fang

方柄陵齿蕨 Lindsaea kusukusensis Hay.(陵齿蕨科)
方草鸟草儿(浙江丽水)=水苏
方唇羊耳蒜 Liparis glossula Rchb.f.(兰科)
方鼎木 Archileptopus fangdingianus P.T.Li(大戟科)
方鼎木属 Archileptopus L.T.Li (大戟科)
方鼎蛇根草 Ophiorrhiza fangdingii Lo(茜草科)
方豆藤(植物志 40)=耀花豆
方竿毛竹 Phyllostachys heterocycla cv. Tetrangulata (禾本科)
方秆蕨 Glaphyropteridopsis erubescens (HK.) Ching (金星蕨科)
方秆蕨属 Glaphyropteridopsis Ching(金星蕨科)
方格纹斑叶兰 Goodyera tessilata Lodd.(兰科)
方格纹万带兰 Vanda tessellata (Roxb.) HK.(兰科)
方梗草(江苏)=地瓜儿苗
方梗金钱草(江西)=活血丹
方梗金钱草(中药大辞典)=单花莸
方骨苦草(广东)=血见愁
方茎草(四川雷波)=山靛
方茎草 Leptorhabdos parviflora (Benth.) Benth. (玄参科)
方茎草属 Leptorhabdos Schrenk(玄参科)
方茎耳草 Hedyotis tetrangularis (Korth.) Walp. (茜草科)
方茎简报头草(新华本草纲要)=岩藿香
方茎金丝桃 Hypericum subalatum Hay.(藤黄科)
方茎宽筋(中草药汇编)=翅茎白粉藤
方茎青紫葛 Cissus quadrangula L.(菊科)
方茎针蔺 Heleocharis quadrangulata (Michx.) roem. & Schult.(莎草科)
方茎紫苏(昆明)=黄花香茶菜
方苦竹(江苏植物名录)=方竹
方榄 Canarium bengalense Roxb.(橄榄科),*三角榄*
方麻(浙江)=悬铃叶苎麻
方脉箬竹 Indocalamus quadratus H.R.Zhao & Y.L.Yang(禾本科)
方片砂仁 Amomum quadratolaminare S.Q.Tong (姜科)
方氏唇柱苣苔 Chirita fangii W.T.Wang(苦苣苔科)
方氏冬青(峨眉图志)=龙里冬青
方氏箭竹(峨眉图志)=冷箭竹
方氏柃(分类学报)=川柃
方氏蹄盖蕨 Athyrium fangii Ching(蹄盖蕨科),*贴肪蹄盖蕨*
方氏淫羊藿 Epimedium fangii Stearn(小檗科)
方柿(浙江)=油柿
方藤(广西中草药)=翼茎白粉藤
方腺景天 Sedum susannae Hamet(景天科),*齑瓣景天*
方腺景天大萼变种(分类学报)=大萼方腺景天
方香柏(四川)=方枝柏
方叶垂头菊 Cremanthodium principis (Franch.) Good (菊科)
方叶杉(中国裸子志)=青扦
方叶五月茶 Antidesma ghaesembilla Gaertn.(大戟科),*田边木,圆叶早禾子*
方叶子(湖南药物志)=栗寄生
方枝菝葜 Smilax quadrata A.DC.(百合科)
方枝柏 Juniperus saltuaria Rehd. & Wils.(柏科),*方香柏,方枝桧,木香*
方枝黄芩 Scutellaria delavayi Lévl.(唇形科)
方枝桧(经济植物手册)=方枝柏
方枝假卫矛 Microtropis tetragona Merr. & Freem. (卫矛科)
方枝苦草(广东)=血见愁
方枝木犀榄 Olea tetragonoclada Chia(木犀科)
方枝蒲桃 Syzygium tephrodes (Hance) Merr. & Perry(桃金娘科)
方枝守宫木 Sauropus quadrangularis (Willd.) Muell. Arg. (大戟科),*四角越南菜*
方竹 Chimonobambusa quadrangularis (Fenzi) Makino(禾本科),*方苦竹,四方竹,四角竹*
方籽栝楼 Trichosanthes tetragonosperma C.Y. Cheng & Yueh(葫芦科)
芳草花(图鉴)=马利筋
芳槁(海南)=钝叶新木姜子
芳槁润楠 Machilus suaveolens S.Lee(樟科)
芳果槁(广东,海南)=硬壳桂
芳线柱兰 Zeuxine nervosa (Lindl.) Trimen(兰科),*台湾线柱兰,黄花线柱兰,六龟线柱兰,恒春线柱兰,芳香线柱兰*
芳香白珠 Gaultheria fragrantissima Wall.(杜鹃花科)
芳香贝母兰 Coelogyne odoratissima Lindl.(兰科)
芳香薄叶兰 Lycaste aromatica (Grah.) Lindl.(兰科)
芳香齿瓣兰 Odontoglossum odoratum Lindl.(兰科)
芳香垂花报春(高等图鉴)=条裂垂花报春
芳香独蒜兰 Pleione ×confusa Cribb & C.Z. Tang (兰科)
芳香康多兰 Chondrorhyncha aromaticha (Rchb. f.) P.H.Allen (兰科)
芳香棱子芹 Pleurospermum aromaticum W.W. Sm. (伞形科)
芳香鞘蕊花 Coleus aromaticus Benth.(唇形科)
芳香石豆兰 Bulbophyllum ambrosium (Hance) Schltr. (兰科)
芳香石竹(新)Dianthus fragrans Fisch.(石竹科),*香石竹*
芳香手参 Gymnadenia odoratissima (L.) Rchb.f. (兰科)
芳香细叶芹 Chaerophyllum aromaticum L.(伞形科)
芳香线柱兰(兰花全书)=芳线柱兰
芳香小檗 Berberis fragrans Phil. ex Reiche (小檗科)
芳香月季(高等图鉴)=香水月季
芳香折叶兰 Sobralia fragrans Lindl.(兰科)
芳香柱瓣兰 Epidendrum aromaticum Batem.(兰科)
芳香紫菀 Aster oblongifolius Nutt.(菊科)
芳樟(南方各省区)=樟
芳枝蒿(四川西部)=小球花蒿
防城茶 Camellia fengchengensis Liang & Zhong (山茶科)
防城杜鹃 Rhododendron fangchengense Tam(杜鹃花科)
防城鳝藤(植物志 63)=鳝藤
防城紫金牛(植物志 58)=山血丹
防风(广西马山)=马山前胡
防风(江苏连云港)=泰山前胡
防风(青海同仁)=粗糙西风芹
防风(四川米易,贵州兴仁)=竹叶西风芹
防风 Saposhnikovia divaricata (Turcz.) Schischk. (伞形科),*北防风,关防风,哲里根呢,东防风*
防风草(广州志,科属辞典,广东,广西,福建,贵州兴义)=广防风
防风草(南川)=金山当归
防风七(湖北巴东)=黄水枝
防风属 Saposhnikovia Schischk.(伞形科)
防葵(浙江药志)=滨海前胡
防痛树(广西兽医植物)=醉鱼草
防已(广西)=广防已
防已(昆明)=毛木防已
防已(中国药典)=粉防已
防已科 Menispermaceae
防已马兜铃(高等图鉴)=广防已
防已叶菝葜 Smilax menispermoidea A.DC.(百合科)
房木(本经)=紫玉兰
房山翠雀 Delphinium grandiflorum var. fangshanense (W.T.Wang) W.T.Wang(毛茛科)
房山栎 Quercus ×fangshanensis Liou(壳斗科)
房山柳 Salix rhoophila Schneid.(杨柳科)
房山紫堇 Corydalis fangshanensis W.T.Wang ex S.Y.He(罂粟科),*石黄连,土黄连*
房县黄芪 Astragalus fangensis Simps.(豆科)
房县槭 Acer franchetii Pax(槭树科),*山枫香树,富氏槭*
房县野青茅 Deyeuxia henryi Rendle (禾本科),*亨利野青茅*
房叶藤 Micholitzia obcordata N.E.Br.(萝藦科),*澜沧球兰*

房叶藤属 Micholitzia N.E.Br.(萝藦科)
舫仔草(台湾)=补血草
仿杜鹃属 Menziesia Sm.(杜鹃花科)
仿腊树(广东)=榕叶冬青
仿栗 Sloanea hemsleyana (Ito) Rehd. & Wils.(杜英科)
纺锤毛茛 Ranunculus limprichtii Ulbr.(毛茛科)
纺锤唐松草 Thalictrum fusiforme W.T.Wang(毛茛科)
纺锤蝇子草 Silene napuligera Franch.(石竹科),*红茎蝇子草,红茎女娄菜,九子参*
纺缍棕 Hyophorbe verschaffeltii H.Wendl.(棕榈科)
放棍行(汪连仕:采药书)=接骨木
放筋藤(福建中草药)=印度羊角藤

Fei

飞菜(贵州)=地锦苗
飞菜(贵州)=花溪娃儿藤
飞插藤(湖南)=首冠藤
飞檫木(海南澄迈)=小果叶下珠
飞尺草(贵州民间药物)=相近石韦
飞蛾树(树木分类学)=飞蛾槭
飞蛾草(贵州)=杯叶西番莲
飞蛾七(四川南川)=小果唐松草
飞蛾槭 Acer oblongum Wall. ex DC.(槭树科),*飞蛾树*
飞蛾藤(广西大苗山)=大苗山羊蹄甲
飞蛾藤 Dinetus racemosa (Wall.) Sweet (旋花科),*马郎花,打米花,白花藤,小元宝,莫汝刚,六甲*
飞蛾藤属 Porana Burm.f. (旋花科),*白花叶属,三翅藤属*
飞凤花(科属辞典)=蜂出巢
飞凤花属(科属辞典)=**蜂出巢属**
飞机草(台湾志)=败酱叶菊芹
飞机草 Eupatorium odoratum L.(菊科),*香泽兰*
飞机藤(广东信宜)=李叶羊蹄甲
飞惊草(贵州)=乌苏里瓦韦
飞来凤(广东高要)=麒麟叶
飞来鹤(华东)=萝藦
飞来鹤(图考)=牛皮消
飞来花(云南)=金灯藤
飞廉 Carduus nutans L.(菊科),*俯垂飞廉,麝香飞廉*
飞廉蒿(千金翼方)=丝毛飞廉
飞廉属 Carduus L.(菊科)
飞簾(东北检索表)=丝毛飞廉
飞疔药(中草药汇编)=宽叶母草
飞龙(广西中药志)=鳞叶马尾杉
飞龙(中草药汇编)=金丝条马尾杉
飞龙斩血(云南中草药选)=飞龙掌血
飞龙掌血 Toddalia asiatica (L.) Lam.(芸香科),*八大王,抽皮簕,刺米通,大救驾,飞龙斩血,画眉跳,黄大金根,黄椒根,黄肉树,鸡爪簕,见血飞,见血散,簕钩,猫爪簕,牛丹子,牛麻簕,爬山虎,入山虎,三百棒,三文藤,散血丹,散血飞,烧酒钩,温答,溪椒,小金藤,血见愁,血莲肠,亦雷,油婆簕*
飞龙掌血属 Toddalia A.Juss.(芸香科)
飞尼牙苣苔属 Phinaea Benth.(苦苣苔科)
飞蓬(植物志 74)=小蓬草
飞蓬 Erigeron acer L.(菊科)
飞蓬属 Erigeron L.(菊科)
飞瀑草 Cladopus nymani H.Moll. (菊科),*川苔草*
飞瀑草属 Cladopus H.Moll.(川苔草科),*川苔草属*
飞轻(本经)=丝毛飞廉
飞穰(通雅)=佛手
飞穰(正字通)=佛手
飞山虎(广东中草药)=六耳铃
飞蛇仔(广东宝安)=蜜甘草
飞松(云南)=云南松
飞天驳(广东)=疏花卫矛
飞天雷公(广西)=粪箕笃
飞天龙(江西)=龙葵
飞天台(四川)=窄叶小苦荬
飞天藤(广西中草药)=无根藤
飞天蜈蚣(广西博白)=麒麟叶
飞天蜈蚣(陆川本草)=百足藤
飞天蜈蚣(四川北培)=楤木
飞天蜈蚣(图考,江西南部)=蜘蛛抱蛋
飞天蜈蚣(浙江草药)=蜈蚣兰
飞天蜈蚣(植物志 76-1)=云南蓍
飞天子(云南)=云南金钱槭
飞锡草(海南)=蝙蝠草
飞仙藤(云南)=黑龙骨
飞相草(四川)=飞扬草
飞燕草(四川理县)=平武紫堇
飞燕草(新疆中草药)=伊犁翠雀花
飞燕草 Consolida ajacis (L.) Schur(毛茛科)
飞燕草属 Consolida (DC.) S.F. Gray(毛茛科)
飞燕黄堇 Corydalis delphinioides Fedde(罂粟科),*假飞燕草*
飞扬草(岭南采药录)=千根草
飞扬草 Euphorbia hirta L.(大戟科),*大飞羊,大号乳仔草,飞相草,奶汁草,乳籽草,神仙对座草,天泡草*
飞扬藤(广东)=南方菟丝子
飞扬藤(岭南采药录)=无根藤
飞杨草(海南志)=赤山蚂蝗
飞杨藤(广东从化)=瓜馥木
飞杨藤(海南)=白叶藤
飞洋草(海南)=地旋花
飞鸢果属(科属辞典)=**风筝果属**
非常秋海棠 Begonia egregia N.E.Br.(秋海棠科)
非豆兰(台湾兰科植物)=白花石豆兰
非寻常省藤 Calamus spectatissimus Ftdo.(棕榈科)
非洲叉叶树(台湾)=疣果李叶豆
非洲刺桐 Erythrina acanthocarpa E.H.May.(豆科)
非洲戴星草 Sphaeranthus senegalensis DC.(菊科)
非洲蝶须 Antennaria carpatica (Wall.) Bluff. & Fing (菊科)
非洲风车子 Combretum schmanii Engl.(使君子科)
非洲茯蕨(台湾志)=毛叶茯蕨
非洲橄榄 Canarium schweinfurthii Engl.(橄榄科)
非洲格木 Erythrophleum africanum Harms (豆科)
非洲弓果黍 Cyrtococcum setigerum (Beauv.) Stapf (禾本科)
非洲旱茅 Eremopogon foveolatus (Del.) Stapf (禾本科)
非洲虎尾草 Chloris gayana Kunth(禾本科),*盖氏虎尾草,无芒虎尾草*
非洲黄檀 Dalbergia melanoxylon Guill. & Perre (豆科)
非洲灰毛菊 Arctotis stoechadifolia Berg.(菊科)
非洲箭毒木 Antiaris africana Endl.(桑科)
非洲菊 Gerbera jamesonii Bolus(菊科),*扶郎花*
非洲镰稃草 Harpachne schimperi Hochst.(夹竹桃科)
非洲楝 Khaya senegalensis (Desr.) A.Juss.(楝科),*仙加树*
非洲楝属 Khaya A.Juss.(楝科)
非洲鳞毛蕨 Dryopteris africana C.Chr.(鳞毛蕨科)
非洲凌霄 Podranea ricasoliana (Ranf.) Sprague (紫葳科)
非洲凌霄属 Podranea Sprague(紫葳科)
非洲罗汉松 Podocarpus latifolius (Thunb.) R.Br. (罗汉松科)
非洲马铃果 Voacanga africana Stapf(夹竹桃科)
非洲缅茄(新)Afzelia africana Smith (豆科),*缅茄*
非洲木通(思茅中草药)=翅荚决明
非洲木犀榄 Olea europaea subsp. africana (Mill.) P.S.Green(木犀科)
非洲朴 Celtis soyauxii Engl.(榆科)
非洲求米草 Oplismenus africanus Beauv.(禾本科)
非洲柿 Diospyros crassiflora Hiern(柿科)
非洲鼠尾草 Salvia aethiopis Benth.(唇形科)
非洲天门冬 Asparagus densiflorus (Kunth) Jessop(百合科),*万年青*
非洲橡胶树 Acacia horrida Willd.(豆科)
非洲小檗 Berberis africana Heb. & Ludw. ex Schult.f.(小檗科)
非洲小麦 Triticum aethiopicum Jakubz.(禾本科)
非洲鸢尾(新拉汉英)=黄鸟胶花
非洲圆柏 Juniperus procera Hochst.(柏科)
非洲紫罗兰 Saintpaulia ionantha H.Wendl.(苦苣苔科).
非洲紫罗兰属 Saintpaulia H.wendl (苦苣苔科).
绯红贝母 Fritillaria recurva var. coccinea Greene (百合科)
绯红丑角兰 Sophronitis coccinea (Lindl.) Rchb.f. (兰科)
绯红苹婆 Sterculia coccinea Roxb.(梧桐科)
绯红蒲公英 Taraxacum pseudoroseum Schischk. (菊科)
绯红鳃兰 Maxillaria coccinea (Jacq.) L.O.Wms. (兰科)
绯红唐菖蒲 Gladiolus cardinalis Curt.(鸢尾科)
绯红细瓣兰 Masdevallia coccinea Lindl.(兰科)
绯红羊蹄甲 Bauhinia coccinea (Lour.) DC.(豆科)
绯红柱花 Embothrium coccineum J.R.Forst. & G.Forst.(山龙眼科),*智利红柱花*
绯牡丹 Gymnocalycium mihanovichii var. friedrichii cv. Hibotan (仙人掌科),*红牡丹*
绯牡丹锦 Gymnocalycium mihanovichii var. fridrichii f. aureorubrovariegatum Hort.(仙人掌科)
绯色马先蒿 Pedicularis bella subsp. holophylla var. holophylla f. rosea (Marq. & Shaw) Tsoong(玄参科),*美丽马先蒿全叶亚种,全叶变种绯色变型*
绯桃 Amygdalus persica f. magnifica Schneid. (蔷薇科)
绯绣玉 Parodia sanquiniflora Backeb.(仙人掌科)
绯樱(台湾志)=钟花樱桃
菲白竹 Sasa fortunei (Van Houtte) Fiori (禾本科)

菲布里格小檗 Berberis fieberigii Schneid.(小檗科)
菲岛福木 Garcinia subelliptica Merr.(藤黄科),*福木*,*福树*
菲岛馒头果(台木本志)=甜叶算盘子
菲岛茄 Solanum cumingii Dunal(茄科),*野茄*
菲岛山林投 Freycinetia williamsii Merr.(露兜树科)
菲岛算盘子(拉汉名称)=甜叶算盘子
菲岛铁线蕨(蕨类图说)=半月铁线蕨
菲岛桐(植物志 44-2)=粗糠柴
菲迪南氏虎耳草 Saxifraga ferdinandi-coburgi J. Kellerer & Sund.(虎耳草科)
菲利普小檗 Berberis philippii Ahrendt (小檗科)
菲律宾百合 Lilium philippinense Baker (百合科)
菲律宾贝壳杉 Agathis philippinensis Warb.(南洋杉科)
菲律宾兜兰 Paphiopedilum philippinense (Rchb. f.) Pfitz.(兰科)
菲律宾耳草 Hedyotis philippensis (Willd. ex Spreng.) Merr. ex C.B.Rob.(茜草科)
菲律宾谷精草(Flora 24,新拉汉英)=流星谷精草
菲律宾合欢(海南志)=黄豆树
菲律宾厚叶蕨 Cephalomanes laciniatum (Roxb.) Devl. (膜蕨科)
菲律宾胡椒(台湾)=台东胡椒
菲律宾黄苞舌兰 Spathoglottis chrysantha Ames (兰科)
菲律宾火筒树 Leea philippinensis Merr.(葡萄科)
菲律宾假万带兰 Vandopsis lissochiloides (Gaud.) Pfitz.(兰科)
菲律宾金毛狗蕨 Cibotium cumingii Kze.(蚌壳蕨科)
菲律宾巨单竹(台湾志)=马来甜龙竹
菲律宾卡马洛兰 Camarotis philipinensis Lindl. (兰科)
菲律宾肯基拉兰 Kingiella philippinensis (Ames) Rolfe (兰科)
菲律宾罗汉松 Podocarpus philippinensis Foxw. (罗汉松科)
菲律宾马盖(产区通称)=马盖麻
菲律宾毛兰 Eria philippinensis Ams.(兰科)
菲律宾木桔 Swinglea glutinosa (Blanco) Merr. (芸香科)
菲律宾木桔属 Swinglea Merr.(芸香科)
菲律宾朴树 Celtis philippensis Blanco(榆科),*油朴*
菲律宾榕 Ficus ampelas Burm.f.(桑科)
菲律宾肉豆蔻 Myristica simiarum A.DC.(肉豆蔻科)
菲律宾十大功劳 Mahonia philippinensis Takeda (小檗科)
菲律宾石韦 Pyrrosia philippinensis Cop.(水龙骨科)
菲律宾坛花兰 Acanthephippium mantinianum Lind. & Cgn.(兰科)
菲律宾唐松草 Thalictrum philippinense C.B. Rob. (毛茛科)
菲律宾五桠果 Dillenia philippinensis Rolfe (五桠果科)
菲律宾樟树 Cinnamomum philippinense (Merr.) C.E.Chang(樟科)
菲律宾紫檀 Pterocarpus vidalianus Rolfe (豆科),*八重山紫檀*

菲律宾荸荠 Heleocharis philippinensis Sverson (莎草科)
菲叶猕猴桃 Actinidia cinerascens var. tenuifolia C.F.Liang(猕猴桃科)
菲洲旱茅 Eremopogon foveolatus (Del.) Stapf (禾本科)
菲柞 Ahernia glandulosa Merr.(大风子科)
菲柞属 Ahernia Merr.(大风子科)
肥垂兰(台湾兰科植物)=厚叶白点兰
肥儿草(丽江)=丽江紫菀
肥儿草(药性考补遗)=华南远志
肥根兰 Pelexia obliqua (J.J.Sm.) Garay(兰科)
肥根兰属 Pelexia Poit ex Lindl.(兰科)
肥后紫菀(日本名)=圆苞紫菀
肥荚红豆 Ormosia fordiana Oliv.(豆科),*大红豆*,*福氏红豆*,*鸡胆豆*,*鸡冠果*,*林罗木*,*青妙*,*青竹蛇*,*三椿*,*鸭公青*,*圆子红豆*
肥劳(壮语)=望天树
肥力漆(中草药汇编)=利黄藤
肥马草(种子植物名称)=臭草
肥满报春 Primula obsessa W.W.Sm.(报春花科)
肥牛草 Chirita hedyotidea (Chun) W.T.Wang(苦苣苔科),*红接骨草*,*耳草长蒴苣苔*,*矮脚甘松*,*石上莲*
肥牛木(分类学报)=肥牛树
肥牛木属(分类学报)=**肥牛树属**
肥牛树 Cephalomappa sinensis (Chun & How) Kosterm. (大戟科),*肥牛木*
肥牛树属 Cephalomappa Baill.(大戟科),*肥牛木属*
肥披碱草 Elymus excelsus Turcz.(禾本科)
肥肉草(广东)=透茳冷水花
肥肉草(广东)=透茎冷水花
肥肉草 Fordiophyton fordii (Oliv.) Krass.(野牡丹科),*酸酒子*,*酸杆*,*福笛木*,*羊刀尖*,*棱茎木*,*百花子*
肥田草(贵州草药)=救荒野豌豆
肥叶碱蓬 Suaeda kosssinskyi Iljin(藜科)
肥皂草 Saponaria officinalis L.(石竹科)
肥皂草属 Saponaria L.(石竹科)
肥皂荚 Gymnocladus chinensis Baill.(豆科),*肥猪子*,*肥皂树*,*油皂*,*肉皂角*
肥皂荚属 Gymnocladus Lam.(豆科)
肥皂树(湖南)=肥皂荚
肥珠子(纲目)=无患子
肥猪菜(海南)=马齿苋
肥猪草(安徽滁县)=大薸
肥猪草(湖北利川)=隆脉冷水花
肥猪草(江西草药)=鸭舌草
肥猪苗(分类草药性)=豨莶
肥猪苗(贵州民间药物)=蒲儿根
肥猪叶(广西)=糖胶树
肥猪子(中国树木志略)=肥皂荚
腓尼基桧 Juniperus phoenicea L.(柏科)
斐济贝壳杉 Agathis vitiensis (Seem.) Drake (南洋杉科)
榧(名医别录)=香榧
榧(中国裸子志,药典 2000)=榧树
榧树 Torreya grandis Fort. ex Lindl.(红豆杉科),*大圆榧*,*钝叶榧树*,*榧*,*凹叶榧*,*了木榧*,*栾泡榧*,*米榧*,*细圆榧*,*小果榧*,*小果榧树*,*药榧*,*野杉*,*圆榧*,*芝麻榧*
榧树属 Torreya Arn.(红豆杉科)
榧子草(图考)=画眉草
榧子木(福建)=南方红豆杉
翡翠倭竹 Shibataea lanceifolia cv. Smaragdina (禾本科)

翡翠掌 Aloe spuria Berger.(百合科)
翡翠珠 Senecio rowleyanus Jacobsen (菊科)
狒狒花属 Babiana Ker.(鸢尾科)
肺草(中草药汇编)=地蚕
肺草 Pulmonaria mollissima Kern.(紫草科),*腺毛肺草*
肺草属 Pulmonaria L.(紫草科)
肺风草(湖南,福建)=活血丹
肺筋草(广西药用名录)=粗叶卷柏
肺筋草(四川)=薄片变豆菜
肺筋草(图考)=粉条儿菜
肺经草(湖南药物志)=淫羊藿
肺经草(陕西)=萎软紫菀
肺经草(四川)=穆坪兔儿风
肺痨草(广西)=光石韦
肺痨草(四川)=白苞蒿
肺心草(云南药用名录)=突隔梅花草
肺形草(福建)=血见愁
肺形草(湖南药物志)=杏香兔儿风
肺形草(药用图鉴)=双蝴蝶
肺炎草(福建)=球兰
肺痈草(湖南药物志)=毛鸡矢藤
费菜(救荒本草)=堪察加费菜
费菜 Phedimus aizoon (L.) 't Hart(景天科),*八仙草*,*长生景天*,*大三七*,*豆瓣还阳*,*豆包还阳*,*多花景天三七*,*广三七*,*还阳草*,*活血丹*,*见血散*,*金不换*,*景天三七*,*九莲花*,*六月还阳*,*六月淋*,*乳毛土三七*,*生三七*,*石兰菜*,*牡丹皮*,*四季还阳*,*田三七*,*土三七*,*小种三七*,*血山草*
费菜属(东林汇刊)=**景天属**
费菜属 Phedimus Raf.(景天科)
费城百合 Lilium philadelphicum L.(百合科)
费城飞蓬 Erigeron philadelphicus L.(菊科)
费葱 Allium atrosanguineum var. fedschnekoanum (Rgl.) G.Zhu & Turl.(百合科)
费德十大功劳 Mahonia feddei Ahrendt (小檗科)
费的南多巴尔干苣苔 Haberlea ferdinandicoburgii Urum.(苦苣苔科)
费尔干鹤虱 Lappula ferganensis (Popov) Kamel. & G.L.Chu (紫草科),*宽翅鹤虱*
费尔干绢蒿 Seriphidium ferganense (Krasch. ex Poljak.) Poljak.(菊科)
费尔干岩黄芪 Hedysarum ferganense Korsh.(豆科)
费尔干猪毛菜 Salsola ferganica Drob.(藜科)
费尔南得肋秋海棠 Begonia fernandoicostae Irmsch.(秋海棠科)
费尔氏马先蒿 Pedicularis pheulpinii Bonati(玄参科),*费尔氏马先蒿费尔氏亚种*
费尔氏马先蒿费尔氏亚种(植物志 68)=费尔氏马先蒿
费尔氏马先蒿祁连亚种(植物志 68)=祁连费尔氏马先蒿
费利菊属 Felicia Cass (菊科)
费石香科 Teucrium fischeri Juz.(唇形科)
费氏马先蒿 Pedicularis fetissowii Rgl.(玄参科)
费氏狭唇兰 Sarcochilus fitzgeraldii FVM (兰科)
费氏羊茅(新拉汉英)=藏滇羊茅
费氏早熟禾 Poa fedtschenkoi Roshev.(禾本科)
费氏真碎米蕨 Cheilanthes feei Moore (中国蕨科)
费氏指甲兰 Aerides fieldingii Jennings (兰科)
痱痒草(浙江草药)=庐山楼梯草
痱子草(福建龙溪)=香茶菜
痱子草(福州,江西)=小鱼仙草

痱子草(贵州正安)=小花荠苎
痱子草(江苏,四川,贵州遵义)=石荠苎
櫠(尔雅)=柚

Fen

分叉露兜 Pandanus furcatus Roxb.(露兜树科),*帕梯,罗金堆,山菠萝,露兜,野菠萝*
分叉小檗 Berberis divaricata Rusby (小檗科)
分界树(植物志 50-2)=望天树
分筋草(湖北)=白背牛尾菜
分经草(河南中草药)=银粉背蕨
分离耳蕨 Polystichum discretum (Don) J.Sm.(鳞毛蕨科)
分裂秋海棠(新)Begonia lobata Schott (秋海棠科),*裂叶秋海棠*
分蘖堇菜 Viola oligoceps Chang(堇菜科)
分松子(浙江)=玉铃花
分心木(山西中药志)=胡桃
分药花 Perovskia abrotanoides Karel.(唇形科)
分药花属 Perovskia Karel.(唇形科)
分羽冷蕨(蕨类形态)=冷蕨
分枝补血草 Limonium ramosissimum (Poir.) Maire (白花丹科)
分枝粗糙黄堇 Corydalis scaberula var. ramifera C.Y.Wu & H.Chuang(罂粟科)
分枝大油芒 Spodiopogon ramosus Keng(禾本科)
分枝灯心草 Juncus luzuliformis Franch.(灯心草科)
分枝感应草 Biophytum fruticosum Bl.(酢浆草科),*大还魂草*
分枝火炭母 Polygonum chinense var. brachiatum (Poir.) Meisn.(蓼科)
分枝蓼(沙漠药用植物)=叉分蓼
分枝列当 Orobanche aegyptiaca Pers.(列当科),*瓜列当*
分枝麻花头 Serratula carduncula (Pall.) Schischk. (菊科)
分枝锐裂乌头 Aconitum kojimae var. ramosum Tamura(毛茛科)
分枝莎草蕨 Schizaea biroi Richter(莎草蕨科)
分枝杉叶藻 Hippuris vulgaris var. ramificans D.Yu(杉叶藻科)
分枝双药芒 Diandranthus ramosus L.Liu(禾本科)
分枝弯花 Campylanthus ramosissimus Wight (玄参科)
分枝星芒鼠麴草 Gnaphalium involucratum var. ramosum DC.(菊科)
分枝亚菊 Ajania ramosa (Chang) Shih(菊科)
分枝针茅 Stipa trichotoma Ness (禾本科)
分株紫萁 Osmunda cinnamomea L.(紫萁科),*桂皮紫萁*
芬德勒美洲茶 Ceanothus fendleri A.Gary (鼠李科)
芬德勒小檗 Berberis fendleri Gray (小檗科)
芬芳安息香 Styrax odoratissimus Champ.(安息香科),*白木,野菱莉,郁香野茉莉*
芬芳凹萼兰 Rodriguezia suaveolen (兰科)s
芬氏鼬蕊兰 Galeandra funkii (兰科)
汾河莎草 Cyperus nanellus Tang & Wang(莎草科)
粉芭蕉(云南)=大蕉
粉芭蕉 Musa sapientum L.(芭蕉科), *大蕉*
粉白杜鹃 Rhododendron hypoglaucum Hemsl.(杜鹃花科)
粉白越桔 Vaccinium glauco-album HK.f. ex C. B.Clarke (杜鹃花科)
粉柏 Sabina squamata cv. Meyeri (柏科),*山柏树,翠柏*
粉苞菊 Chondrilla piptocoma Fisch. & Mey.(菊科)
粉苞菊属 Chondrilla L.(菊科)
粉苞苣(西藏中草药)=细叶小苦荬
粉报春 Primula farinosa L.(报春花科),*长白山报春,红花粉叶报春*
粉背菝葜 Smilax hypoglauca Benth.(百合科),*大通筋,牛尾结*
粉背杜鹃(云南志)=海绵杜鹃
粉背多变杜鹃 Rhododendron selense subsp. jucundum Balf.f. & W.W.Sm.) Chamb. ex Cullen & Chamb.(杜鹃花科)
粉背鹅掌柴 Schefflera insignis C.N.Ho(五加科),*粉背叶鸭脚木*
粉背刮金板(云南植物名录)=黄苞大戟
粉背黄栌 Cotinus coggygria var. glaucophylla C. Y.Wu (漆树科)
粉背蕨(西藏志)=假粉背蕨
粉背蕨 Aleuritopteris farinosa (Forsk.) Fée(中国蕨科),*黑猪鬃草,白极石,卷叶凤尾,水狼萁,铁脚凤尾草*
粉背蕨属 Aleuritopteris Fée (中国蕨科)
粉背瘤足蕨 Plagiogyria media Ching(瘤足蕨科)
粉背南蛇藤 Celastrus hypoleucus (Oliv.) Warb. ex Loes.(卫矛科),*博根藤,落霜红,绵藤,麻妹条叶,麻妹藤,来阿片*
粉背青冈(植物志 22)=多脉青冈
粉背琼楠 Beilschmiedia glauca S.Lee & L.Lau (樟科)
粉背石栎(植物志 22)=灰背叶柯
粉背薯蓣 Dioscorea collettii var. hypoglauca (Palibin) Pei & C.T.Ting (薯蓣科),*革薢,粉革薢,黄革薢,黄姜,土黄连*
粉背溲疏 Deutzia hypoglauca Rehd.(虎耳草科)
粉背碎米花 Rhododendron hemitrichotum Balf. f. & Forr.(杜鹃花科)
粉背小檗 Berberis farinosa Benoist (小檗科)
粉背绣球(植物志 35-1)=冠盖绣球
粉背叶(湖南)=石灰花楸
粉背叶葡萄 Vitis hypoglauca Muell.(葡萄科)
粉背叶人字果 Dichocarpum hypoglaucum W.T. Wang & Hsiao(毛茛科)
粉背叶鸭脚木(分类学报)=粉背鹅掌柴
粉被报春(拉汉名称)=粉被灯台报春
粉被灯台报春 Primula pulverulenta Duthie(报春花科),*粉被报春,川东报春*
粉被金合欢 Acacia pruinescens Kurz(豆科)
粉被秋海棠 Begonia pruinata A.DC.(秋海棠科)
粉被薹草 Carex pruinosa Boott(莎草科)
粉革薢(浙江昌化)=纤细薯蓣
粉革薢(浙江天台)=山革薢
粉革薢(中药真伪鉴定)=细柄薯蓣
粉革薢(中药志)=粉背薯蓣
粉柄大戟(云南植物名录)=钩腺大戟
粉柄肖鸢尾 Moraea glaucopis Baker (鸢尾科)
粉草(群芳谱)=甘草
粉草(云南中草药)=鸢尾叶风毛菊
粉刺(纲目)=云实
粉刺锦鸡儿 Caragana pruinosa Kom.(豆科)
粉单竹 Bambusa chungii McClure (禾本科)
粉豆(陆川本草)=菜豆
粉豆花(图考)=紫茉莉
粉椴 Tilia oliveri Szyszyl.(椴树科),*鄂椴*
粉萼垂花报春 Primula sandemaniana W.W.Sm.(报春花科)
粉防已 Stephania tetrandra S.Moore(防已科),*防已,汉防已*
粉葛(七木便方)=葛
粉葛(四川)=食用葛
粉葛 Pueraria lobata var. thomsonii (Benth.van der Maesen(豆科),*葛根,甘葛,甘葛藤,葛麻藤*
粉光花 Chionodoxa gigantea var. pink Hort.(百合科)
粉果杜鹃 Rhododendron hylaeum Balf.f. & Farrer(杜鹃花科)
粉果藤 Cissus luzoniensis (Merr.) C.L.Li(葡萄科),*小花叶,光叶白粉藤,大绿藤,白葡萄*
粉果小檗 Berberis pruinocarpa C.Y.Wu ex S.Y. Bao (小檗科)
粉果兴安落叶松(东北木本志)=落叶松
粉果叶(中药大辞典)=水红木
粉果越桔 Vaccinium papillatum P.F.Stevens(杜鹃花科),*山羊叶*
粉红爆杖花 Rhododendron × duclouxii Lévl.(杜鹃花科),*昆明杜鹃花,密通花*
粉红扁桃 Amygdalus communis var. fragilis f. roseoplena (Schneid.,) Rehd. (蔷薇科)
粉红杓兰 Cypripedium acule Ait.(兰科)
粉红叉柱兰 Cheirostylis jamesleungii S.Y.Hu & Barretto(兰科)
粉红单瓣玫瑰(新)Rosa rugosa f. rosea Rehd.(蔷薇科)
粉红倒挂金钟 Fuchsia rosea Ruiz & Pav.(柳叶菜科)
粉红滇藏杜鹃 Rhododendron temenium var. dealbatum (Cowan) Chamb. ex Cullen & Chamb. (杜鹃花科)
粉红动蕊花 Kinostemon alborubrum (Hemsl.) C.Y.Wu & S.Chow(唇形科)
粉红杜鹃 Rhododendron oreodoxa var. fargesii (Franch.) Chamb. ex Cullen & Chamb.(杜鹃花科)
粉红短柱茶 Camellia puniceiflora Chang(山茶科)
粉红方秆蕨 Glaphyropteridopsis rufostraminea (Christ) Ching(金星蕨科)
粉红海棠花(新)Malus spectabilis f. albiplena Schnelle?(蔷薇科)
粉红花白千层 Melaleuca nesophila F.V.Muell.(桃金娘科)
粉红沙地马鞭草 Abronia umbellata Lam.(紫茉莉科)
粉红山银钟花 Halesia monticola f. rosea Sarg.(安息香科)
粉红树形杜鹃 Rhododendron arboreum var. roseum Lindl.(杜鹃花科),*红花杜鹃,打玛兴美玛多尔布*
粉红溲疏 Deutzia rubens Rehd.(虎耳草科)
粉红香茶菜(植物志 66)=黄花香茶菜
粉红香水月季 Rosa odorata var. erubescens (Focke) Yü & Ku (蔷薇科),*紫花香月季*
粉红绣球 Hydrangea macrophylla f. rosea (S. & Z.) Wils.(虎耳草科)
粉红珍珠菜 Lysimachia roseola Chen & C.M. Hu (报春花科)
粉花安息香 Styrax roseus Dunn(安息香科),*粉花野茉莉*
粉花唇柱苣苔 Chirita roseo-alba W.T.Wang(苦苣苔科)
粉花地榆 Sanguisorba officinalis var. carnea

(Fisch.) Rgl. ex Maxim.(蔷薇科)
粉花栝楼 Trichosanthes subrosea C.Y.Cheng & Yueh(葫芦科)
粉花凌霄 Pandorea jasminoides (L.) Schum.(紫葳科)
粉花凌霄属 Pandorea Spach. (紫葳科)
粉花麦李 Cerasus glandulosa f. rosea Koehne (蔷薇科)
粉花秋水仙 Colchicum speciosum var. giganteum Hort.(百合科)
粉花软骨边越桔 Vaccinium gaultheriifolium var. glauco-rubrum C.Y.Wu(杜鹃花科)
粉花山羊豆 Galega officinalis var. hartlandii Hort?(豆科)
粉花石斛(中药志)=美花石斛
粉花猬实 Kolkwitzia amabilis cv. Rosea (忍冬科)
粉花无心菜 Arenaria roseiflora Sprague(石竹科),*粉花蚤缀,白粉花无心菜*
粉花绣线菊 Spiraea japonica L.f.(蔷薇科),*日本绣线菊,蚂蟥梢,火烧尖*
粉花绣线菊光叶变种(植物志 36)=大绣线菊
粉花绣线菊急尖变种(植物志 36)=急尖叶粉花绣线菊(新)
粉花绣线菊渐尖叶变种(植物志 36)=狭叶绣线菊
粉花绣线菊裂叶变种(植物志 36)=裂叶粉花绣线菊(新)
粉花绣线菊椭圆叶变种(植物志 36)=大绣线菊
粉花绣线菊无毛变种(植物志 36)=红绣线菊
粉花绣线梅 Neillia rubiflora D.Don(蔷薇科)
粉花雪灵芝 Arenaria shannanensis L.H.Zhou (石竹科)
粉花野茉莉(高等图鉴)=粉花安息香
粉花蝇子草 Silene rosiflora Ward(石竹科)
粉花月见草 Oenothera rosea L'Her. ex Ait.(柳叶菜科)
粉花蚤缀(拉汉名称)=粉花无心菜
粉花重瓣麦李 Cerasus glandulosa f. sinensis (Pers.) Koehne(蔷薇科)
粉花猪牙花 Erythronium revolutum Smith.(百合科)
粉桦(东北)=白桦
粉节草(纲目)=萹蓄
粉节草(外科精要)=甘草
粉茎相思树 Acacia pruinosa Benth.(豆科)
粉壳杜鹃花 Rhododendron vaseyi A.Gray (杜鹃花科)
粉口兰 Pachystoma pubescens Bl.(兰科)
粉口兰属 Pachystoma Bl.(兰科)
粉蕾木香 Rosa pseudobanksiae Yü & Ku (蔷薇科)
粉藜(中草药汇编)=野滨藜
粉鹿蹄草(新拉汉英)=细叶鹿蹄草
粉绿白前 Cynanchum canescens (Willd.) K. Schum. (萝藦科)
粉绿秤钩风(广西)=苍白秤钩风
粉绿垂果南芥(植物志 33)=垂果南芥
粉绿迪西亚兰 Dichaea glauca (Sw.) Lindl.(兰科)
粉绿丁公藤 Erycibe glaucescens Wall. ex Choisy (旋花科)
粉绿凤仙花 Impatiens glauca HK.f. & Thoms (凤仙花科)
粉绿虎皮楠 Daphniphyllum glaucescens Bl.(虎皮楠科)
粉绿蒲公英 Taraxacum dealbatum Hand.-Mazz. (菊科)
粉绿忍冬 Lonicera glaucescens Rybd.(忍冬科)
粉绿润楠(新)Machilus glaucescens (Nees) H.W.Li (樟科),*柔毛润楠*
粉绿三小叶十大功劳 Mahonia trifoliolata var. glauca I.M.Johnston (小檗科)
粉绿嵩草 Kobresia glaucifolia Wang & Tang ex P.C.Li (莎草科)
粉绿藤 Pachygone sinica Diels(防已科)
粉绿藤属 Pachygone Miers (防已科)
粉绿铁线莲 Clematis glauca Willd.(毛茛科),*苒苒草,铁线莲*
粉绿小檗 Berberis glauca Kunth (小檗科)
粉绿延胡索(中草药汇编)=新疆元胡
粉绿野丁香 Leptodermis potanini var. glauca (Diels) H.Winkl.(茜草科),*野丁香*
粉绿叶阿尔及利亚冷杉 Abies numidica var. glauca Beiss.(松科)
粉绿叶兜兰 Paphiopedilum glaucophyllum J.J. Sm. (兰科)
粉绿叶红果冷杉 Abies magnifica var. glauca Beiss. (松科)
粉绿叶西班牙冷杉 Abies pinsapo var. glauca Carr. (松科)
粉绿叶壮丽冷杉 Abies procera var. glauca Beiss. (松科)
粉绿早熟禾 Poa pruinosa Korotki(禾本科)
粉绿竹(江苏志)=灰竹
粉绿竹 Phyllostachys glauca McClure (禾本科),*粉竹*
粉绿竹 Phyllostachys viridi-glaucescens (Carr.) A. & C.Riv.(禾本科),*金竹*
粉绿钻地风 Schizophragma integrifolium var. glaucescens Rehd.(虎耳草科),*小粉绿钻地风*
粉麻竹 Dendrocalamus pulverulentus Chia & But (禾本科)
粉毛耳草 Hedyotis minutopuberula Merr. & Metcalf (茜草科)
粉毛猕猴桃 Actinidia farinosa C.F.Liang(猕猴桃科)
粉毛素馨(分类学报)=滇素馨
粉美人蕉 Canna glauca L.(美人蕉科)
粉南星(湖北恩施) = 天南星
粉鸟胶花 Ixia scariosa Thunb.(鸢尾科)
粉帕叶羊脆骨(昆明草药)=水红木
粉苹婆 Sterculia euosma W.W.Sm.(梧桐科)
粉蕊黄杨(树木分类学)=顶花板凳果
粉色山梅花 Philadelphus rosiflorus Hort.(虎耳草科)
粉色西番莲 Passiflora incarnata L.(西番莲科)
粉色重瓣欧洲酸樱桃 Cerasus vulgaris f. perwsiciflora(蔷薇科)
粉沙参(中药志)=明党参
粉酸竹 Acidosasa chienouensis (Wen) C.S.Chao & Wen (禾本科),*建瓯大节竹*
粉棠果(云南中草药续集)=长尖叶蔷薇
粉条儿菜 Aletris spicata (Thunb.) Franch.(百合科),*金线吊白米,肺筋草,小肺筋草*
粉条儿菜属 Aletris L.(百合科)
粉葶报春 Primula melanops W.W.Sm. & Ward (报春花科)
粉桐叶(思茅中草药)=水红木
粉团 Viburnum plicatum Thunb.(忍冬科),*雪球荚蒾*
粉团花(本草拾遗)=绣球
粉团花(贵州中草药名录)=中国绣球
粉团花(盛京通志)=紫茉莉
粉团花根(纲目拾遗)=圆锥绣球
粉团蔷薇 Rosa multiflora var. cathayensis Rehd. & Wils.(蔷薇科),*阿刺吉,白残花,红刺玫,牛棘,蔷薇,野蔷薇,营实,营实蘠蘼*
粉楔叶绣线菊(新)Spiraea canescens var. glaucophylla Franch.(蔷薇科),*楔叶绣线菊粉叶变种*
粉芽鳞卫矛 Euonymus roseperulatus Loes.(卫矛科),*红鳞卫矛*
粉亚根(内蒙,甘肃)=苦豆子
粉叶大头苏铁 Encephalartos horridus (Jacq.) Lehm. (苏铁科)
粉叶地锦(天目药志)=俞藤
粉叶黄毛草莓 Fragaria nilgerrensis var. mairei (Lévl.) Hand.-Mazz.(蔷薇科)
粉叶决明 Cassia glauca Lam.(豆科)
粉叶蕨 Pityrogramme calomelanos (L.) Link(裸子蕨科)
粉叶蕨属 Pityrogramme Link (裸子蕨科)
粉叶柯 Lithocarpus macilentus Chun & Huang (壳斗科)
粉叶轮环藤 Cyclea hypoglauca (Schauer) Diels (防已科),*金线风,百解藤,银锁匙*
粉叶猕猴桃 Actinidia glauco-callosa C.Y.Wu(猕猴桃科)
粉叶楠 Phoebe glaucophylla H.W.Li(樟科)
粉叶爬山虎(经济植物手册)=俞藤
粉叶蛇葡萄 Ampelopsis hypoglauca (Hance) C.L.Li(葡萄科)
粉叶柿 Diospyros japonica S. & Z.(柿科),*山柿,短柄粉叶柿,浙江柿*
粉叶栓皮槭 Acer campestre f. pulverulentum Kirchn. (槭树科)
粉叶苏木 Caesalpinia caesia Hand.-Mazz.(豆科)
粉叶五层龙 Salacia glaucifolia C.Y.Wu(翅子藤科)
粉叶小檗 Berberis pruinosa Franch. (小檗科),*大黄连刺*
粉叶新木姜子 Neolitsea aurata var. glauca Yang (樟科)
粉叶绣线菊 Spiraea compsophylla Hand.-Mazz. (蔷薇科)
粉叶栒子 Cotoneaster glaucophyllus Franch.(蔷薇科)
粉叶栒子多花变型(植物志 36)=多花粉叶栒子(新)
粉叶栒子毛萼变种(植物志 36)=毛萼粉叶栒子(新)
粉叶栒子小叶变种(植物志 36)=小粉叶栒子(新)
粉叶鸭脚树(海南)=盆架树
粉叶沿阶草(植物志 15)=长茎沿阶草
粉叶羊蹄甲 Bauhinia glauca (Wall. ex Benth.) Benth.(豆科),*蝴蝶草,蝴蝶草根,拟粉叶羊蹄甲,燕尾藤,夜关门*
粉叶野木瓜 Stauntonia glauca Merr. & Metc. (木通科)
粉叶野桐 Mallotus garrettii Airy-Shaw(大戟科)
粉叶鱼藤 Derris glauca Merr. & Chun(豆科)
粉叶玉凤花 Habenaria glaucifolia Bur. & Franch. (兰科)
粉叶玉簪 Hosta glauca Stearn.(百合科)
粉叶肿荚豆 Antheroporum glaucum Z.Wei(豆科)
粉叶紫堇 Corydalis leucanthema C.Y.Wu(罂粟科),*白断肠草,假苁蓉*

粉榆(陕西延安)=旱榆
粉晕无心菜(植物志 26)=西南无心菜
粉晕蚤缀(拉汉名称)=西南无心菜
粉枝柳 Salix rorida Laksch.(杨柳科)
粉枝莓 Rubus biflorus Buch.-Ham. ex Smith(蔷薇科),*二花莓,二花悬钩子,甘嘎日*
粉质花马兜铃 Aristolochia transsecta (Chatterjee) C.Y.Wu ex S.M.Hwang(马兜铃科)
粉钟杜鹃 Rhododendron balfourianum Diels(杜鹃花科)
粉竹(云南新平)=粗穗龙竹
粉竹 Yushania falcatiaurita Hsueh & Yi (禾本科)
粉仔菜(广东)=藜
粉子头(四川中药志)=紫茉莉
粉紫杜鹃 Rhododendron impeditum Balf.f. & .W.W.Sm.(杜鹃花科),*易混杜鹃*
粉紫杜鹃花 Rhododendron trichophorum Wils. (杜鹃花科)
粉紫重瓣木槿 Hibiscus syriacus f. amplissimus Gagn.(锦葵科)
粉落草 Koeleria glauca (Schk.) DC.(禾本科)
奋起湖冷水花 Pilea funkikensis Hay.(荨麻科),*奋起湖冷水麻*
奋起湖冷水麻(台湾志)=奋起湖冷水花
奋起湖野茉莉(台湾志)=台湾安息香
粪虫叶(云南盈江)=石痧蔺
粪虫叶(中药大辞典)=青紫葛
粪箕笃 Stephania longa Lour.(防已科),*百解,疔草,飞天雷公,金不换,梨头菜,犁壁藤,马力壮,七厘藤,青蛙藤,松紧藤,铁板膏药草,铁箕笃,铁线藤*
粪水药(云南保山)=野草香
粪甜瓜(纲目拾遗)=甜瓜

Feng

丰城鸡血藤(江西)=丰城崖豆藤
丰城崖豆藤 Millettia nitida var. hirsutissima Z. Wei (豆科),*丰城鸡血藤*
丰管马先蒿 Pedicularis amplituba Li(玄参科)
丰花草(新拉汉英)=破帽花
丰花草 Borreria stricta (L.f.) G.Mey.(茜草科),*长叶鸭舌癀,波利亚草,假蛇舌草,乌骨四方枝节节花,四方枝节节花*
丰花草属 Borreria G.Mey.(茜草科)
丰满凤仙花 Impatiens obesa HK.f.(凤仙花科)
丰明球 Mammillaria bombycina Quehl.(仙人掌科)
丰山云杉(东北裸子植物)=红皮云杉
丰实箭竹 Fargesia ferax (Keng) Yi (禾本科),*油竹*
风包草(云南药用名录)=长叶排钱树
风不动(福建中药志)=鱼鳖金星
风不动(闽东本草)=伏石蕨
风不动(药用志)=薜荔
风不动藤(台湾志)=蔓九节
风车草(黑龙江伊春)=麻叶风轮菜
风车草(江西草药)=四叶葎
风车草(山西)=细叶益母草
风车草(新拉汉英)=东美人
风车草 Cyperus alternifolius subsp. flabelliformis (Rottb.) Kükenth.(莎草科)
风车草属 Graptopetalum Rose (景天科)
风车儿(中医药实验研究)=日本薯蓣
风车果 Pristimera cambodiana (Pierre) A.C.Sm. (翅子藤科)
风车藤(云南耿马)=大花青藤
风车藤(云南耿马)=散生女贞
风车藤(中草药彩色图谱)=风筝果
风车藤属(高等图鉴,海南志)=**风筝果属**
风车子(江西广昌)=日本薯蓣
风车子 Combretum alfredii Hance(使君子科),*华风车子,使君子藤,水番桃,清凉树*
风车子树(分类学报)=长毛风车子
风车子属 Combretum Loefl.(使君子科)
风船葛(植物志 47-1)=倒地铃
风吹不动(江西中草药)=掌裂叶秋海棠
风吹楠 Horsfieldia glabra (Bl.) Warb.(肉豆蔻科),*埋央孃,枯牛,丝迷啰,霍而飞,荷斯菲木,桃叶贺得木*
风吹楠属 Horsfieldia Willd.(肉豆蔻科)
风打草(福建,广西)=棕叶狗尾草
风灯盏(广西)=活血丹
风兜柯 Lithocarpus cucullatus Huang & Y.T. Chang (壳斗科)
风豆敢(台湾)=蒲桃
风嘎穷(植物志 62)=乌奴龙胆
风滚草(东北)=刺沙蓬
风寒草(四川北部)=三花莸
风寒豆(江苏药材志)=望江南
风寒小风寒(四川)=临时救
风葫芦草(内蒙古)=细叶益母草
风花菜(植物学大辞典)=沼生蔊菜
风花菜 Rorippa globosa (Turcz.) Hayek(十字花科),*球果蔊菜,圆果蔊菜,银条菜*
风桦(东北)=硕桦
风姜(海南)=蓬莪
风兰(图考)=笋兰
风兰 Neofinetia falcata (Thunb. ex A.Murray) H. H.Hu (兰科)
风兰属 Neofinetia H.H.Hu(兰科)
风栗(广东)=栗
风栗壳(广东中药)=栗
风铃草属 Campanula L.(桔梗科)
风流树(群芳谱)=瑞香
风龙(广东乐昌,植物志 30-1)=青藤
风龙属 Sinomenium Diels (防已科)
风轮菜 Clinopodium chinense (Benth.) O.Ktze. (唇形科),*断血流,云南亚麻荠,九层塔,苦刀草,山薄荷,野薄荷,野凉粉草,野凉粉藤*
风轮菜属 Clinopodium L.(唇形科)
风轮草(峨眉)=灯笼草
风轮桐 Epiprinus siletianus (Baill.) Croiz.(大戟科)
风轮桐属 Epiprinus Griff.(大戟科)
风轮新塔花 Ziziphora clinopodioides Lam.(唇形科),*小叶薄荷*
风毛菊 Saussurea japonica (Thunb.) DC.(菊科),*八楞木,八楞麻,三棱草,八面风,青竹标*
风毛菊属 Saussurea DC.(菊科)
风毛菊状千里光 Senecio saussureoides Hand.-Mazz. (菊科)
风帽羊耳兰(浙江中草药)=福建羊耳蒜
风气草(贵州)=下田菊
风气药(贵州)=山蒟
风茄儿(纲目)=洋金花
风茄花(江西,江苏)=洋金花
风芹(辽宁)=宽叶石防风
风庆豆腐柴 Premna crassa var. yui Moldenke (马鞭草科)
风庆小檗 Berberis holocraspedon Ahrendt(小檗科)
风沙藤(广东)=南五味子
风沙藤(岭南采药录)=黑老虎
风湿木(植物志 63)=萝芙木
风湿药(贵州罗甸)=雷公连
风瘫药(广西金秀)=石柑子
风藤(纲目)=石南藤
风藤(广西药用名录)=翼茎白粉藤
风藤(广西中草药)=酸叶胶藤
风藤(广西中草药)=异形南五味子
风藤(浙江)=女萎
风藤(浙江药用名录)=爬藤榕
风藤 Piper kadsura (Choisy) Ohwi(胡椒科),*荖藤,大风藤,海风藤,巴岩,小叶爬崖香*
风藤草(云南药用名录)=钝萼铁线莲
风藤草(中药大辞典)=云南清风藤
风藤草根(滇南本草)=金毛铁线莲
风尾参(云南中草药,云南)=大王马先蒿
风尾七(秦岭志)=小丛红景天
风箱果 Physocarpus amurensis (Maxim.) Maxim. (蔷薇科),*阿穆尔风箱果,托盘幌*
风箱果属 Physocarpus (Cambess.) Maxim.(蔷薇科),*托盘幌属,鳔鱼梅属*
风箱树 Cephalanthus tetrandrus (Roxb.) Ridsd. & Bakh.f.(茜草科),*水杨梅,马烟树,假杨梅,水杨梅蕴,山杨梅,大叶水杨梅*
风箱树属 Cephalanthus L.(茜草科)
风响杨(树木分类学)=响叶杨
风小米草(新华本草纲要)=小蓝雪花
风信子 Hyacinthus orientalis L.(百合科)
风信子兰属 Arpophyllum Lalj. & Lex.(兰科)
风信子毛兰 Eria hyacinthoides (Bl.) Lindl.(兰科)
风信子属 Hyacinthus L.(百合科)
风须草(广东)=马鞭草
风序马蓝 Pteracanthus calycinus (Nees) Bremek. (爵床科)
风血草(广东)=石痧蔺
风血木(浙江)=中华胡枝子
风雅唐菖蒲 Gladiolus scullyi Baker (鸢尾科)
风眼前仁(中药材手册)=车前
风药(广西药用名录)=定心藤
风雨花(广州志)=韭莲
风筝果 Hiptage benghalensis (L.) Kurz(金虎尾科),*风车藤,黄牛木,红龙,狗角藤*
风筝果属 Hiptage Gaertn.(金虎尾科),*风车藤属,飞鸢果属*
枫饭寄生(中草药彩色图谱)=扁枝槲寄生
枫果(纲目拾遗)=枫香树
枫荷桂(广西药用名录)=檫木
枫荷桂(广西植物名录)=树参
枫荷梨(江西)=树参
枫榔(广西都安瑶语,壮语)=地枫皮
枫柳皮(唐本草)=枫杨
枫茅 Cymbopogon winterianus Jowitt(禾本科),*爪哇香茅*
枫木鞘花(海南志)=鞘花
枫茄花(上海)=曼陀罗
枫茄花(上海)=洋金花
枫茄子(上海)=洋金花
枫球子(中药志)=枫香树
枫实(南方草木状)=枫香树
枫树(广西)=枫香树
枫树(云南)=嵩明省沽油
枫树寄生(广东英德)=枫香寄生
枫树球(药材学)=枫香树
枫藤(浙江草药)=地锦
枫香(本草经集注)=枫香树
枫香槲寄生(福建药物志)=枫香寄生
枫香寄生(生草药性备要)=扁枝槲寄生

枫香寄生 Viscum liquidambaricolum Hay.(桑寄生科),*枫树寄生*,*螃蟹脚*,*桐树寄生*,*赤柯寄生*,*棱枝槲寄生*(福建药物志),*枫香槲寄生*
枫香树 Liquidambar formosana Hance(金缕梅科)*白胶香*,*大叶枫*,*枫果*,*枫球子*,*枫实*,*枫树*,*枫树球*,*枫香*,*枫脂*,*枫仔树*,*鸡爪枫*,*胶香*,*九空子*,*路路通*,*三角枫*,*三角兰*,*芸香*
枫香树属 Liquidambar L.(金缕梅科)
枫杨 Pterocarya stenoptera D.DC.(胡桃科),*大叶柳*,*枫柳皮*,*麻柳*,*水麻柳*,*蜈蚣柳*,*溪柳*,*燕子柳*,*元宝树*
枫杨属 Pterocarya Kunth(胡桃科)
枫叶槭 Acer tonkinense subsp. liquidambarifolium (Hu & Cheng) Fang(槭树科)
枫榆(青岛木本植物名录)=水榆花楸
枫脂(通典)=枫香树
枫仔树(植物名汇)=枫香树
封怀凤仙花 Impatiens fenghwaiana Y.L.Chen(凤仙花科)
封开地黄连 Munronia hainanensis var. microphylla X.M.Chen(楝科)
封开酒饼簕 Atalantia fongkaica Huang(芸香科)
封蜡棕 Cyrtostachys renda Bl.(棕榈科)
封蜡棕属 Cyrtostachys Bl.(棕榈科)
疯狗薯(广西宁明)=鞭檐犁头尖
疯姑娘(云南)=滇桐
疯姑娘(云南)=云南金叶子
疯马豆(青海)=甘肃棘豆
疯药(云南)=赛莨菪
锋芒草 Tragus racemosus (L.) All.(禾本科),*大虱子草*
锋芒草属 Tragus Hall.(禾本科),*虱子草属*
蜂巢草(广东)=绉面草
蜂巢草 Leucas aspera (Willd.) Link(唇形科)
蜂出巢 Centrosemma multiflorum (Bl.) Decne.(萝藦科),*飞凤花*
蜂出巢属 Centrosemma Decne.(萝藦科),*飞凤花属*
蜂斗菜(植物志 77-1)=毛裂蜂斗菜
蜂斗菜 Petasites japonicus (S. & Z.) Maxim.(菊科),*八角亭*,*毒草解草*,*蜂斗叶*,*南瓜七*,*蛇头草*,*水钟流头*
蜂斗菜属 Petasites Mill.(菊科)
蜂斗菜状蟹甲草 Parasenecio petasitoides (Lévl.) Y.L.Chen (菊科)
蜂斗草 Sonerila cantonensis Stapf(野牡丹科),*四大天王*,*桑勒草*,*尖尾痧*,*喉痧药*
蜂斗草属 Sonerila Roxb.(野牡丹科)
蜂斗叶(植物志 77-1)=蜂斗菜
蜂房金花小檗 Berberis wilsonae var. favosa (W.W.Sm.) Ahrendt (小檗科)
蜂房叶山胡椒 Lindera foveolata H.W.Li(樟科)
蜂窠马兜铃 Aristolochia foveolata Merr.(马兜铃科),*高氏马兜铃*
蜂麻(河南)=蝎子草
蜂棠花(四川中药志)=棣棠花
蜂糖罐(贵州)=来江藤
蜂窝草(广东)=绉面草
蜂窝草(贵州湄潭)=灯笼草
蜂窝菊(昆明草药)=万寿菊
蜂窝木姜子 Litsea foveolata Yang & P.H.Huang(樟科)
蜂窝水韭 Isoëtes foveolata Eaton (水韭科)
蜂腰兰 Bulleyia yunnanensis Schltr.(兰科),*云南蜂腰兰*
蜂腰兰属 Bulleyia Schltr.(兰科)
蜂子草(四川)=三花莸
蜂子王(湖南)=匙萼金丝桃
豐尔基利省藤 Calamus burkillianus Becc.(棕榈科)
冯钦三宝木 Trigonostemon chinensis f. fungii (Merr.) Y.T.Chang(大戟科)
冯氏藏芥 Phaeonychium fengii Al-Shehbaz (十字花科)
冯氏观音座莲 Angiopteris fengii Ching(观音座莲科)
冯氏鳞毛蕨 Dryopteris nobilis var. fengiana Ching (鳞毛蕨科)
冯氏石韦 Pyrrosia fengiana Ching(水龙骨科)
冯氏铁线蕨 Adiantum fengianum Ching(铁线蕨科)
逢春假卫矛 Microtropis oligantha Merr. & Freem. (卫矛科)
逢莪术(药典 2000)=莪术
逢人不见面(广西全州) =天南星
逢仙草(湖南药物志)=臭牡丹
缝裂丝花苣苔 Nematanthus fissus Skog.(苦苣苔科)
缝线海桐 Pittosporum perryanum Gowda(海桐花科),*珠木*,*黄珠子*
凤城栎 Quercus ×fenchengensis H.W.Jenet L.M.Wang (壳斗科)
凤城卫矛 Euonymus maximowiczianus (Pfrokh.) Varosh(卫矛科)
凤丹 Paeonia ostii T.Hong & J.X.Zhang(芍药科)
凤蝶兰 Papilionanthe teres (Roxb.) Schltr.(兰科)
凤蝶兰属 Papilionanthe Schltr.(兰科)
凤瓜 Gymnopetalum integrifolium (Roxb.) Kurz (葫芦科)
凤冠草(生草药性备要,岭南采药录)=剑叶凤尾蕨
凤花(新中医药)=昙花
凤凰 Haworthia fasciata f. houo Hort.(百合科)
凤凰草(安徽)=米面蓊
凤凰草(贵州兴义)=铁轴草
凤凰草(秦岭志)=小丛红景天
凤凰肠(广东)=硃砂根
凤凰蛋(福建中药志)
凤凰花(广州)=凤凰木
凤凰堇菜(东北草本志)=维西堇菜
凤凰堇菜 Viola daiskei Kitag.(堇菜科)
凤凰木 Delonix regia (Boj.) Raf.(豆科),*凤凰花*,*红花楹*,*火树*
凤凰木属 Delonix Raf.(豆科)
凤凰润楠 Machilus phoenicis Dunn(樟科)
凤凰山石豆兰 Bulbophyllum fenghuangshanianum S.S.Ying(兰科)
凤凰薹草 Carex fenghuangshanica Wang & Tang ex P.C.Li(莎草科)
凤凰尾(四川)=井栏边草
凤凰尾巴草(天目药志)=刺齿半边旗
凤凰尾巴草(天目药志)=革叶耳蕨
凤凰尾巴草(天目药志)=戟叶耳蕨
凤凰尾巴草(天目药志)=棕鳞耳蕨
凤凰苇群 Phragmites australis grex fenhuangwei L.Liu(禾本科)
凤凰翔(广东)=硃砂根
凤凰玉 Astrophytum capricorne cv. Minus (仙人掌科)
凤凰蜘蛛抱蛋 Aspidistra fenghuangensis K.Y. Lang (百合科)
凤凰爪(广西兽医植物)=苦参
凤兰属(新拉汉英)=**武夷兰属**
凤梨 Ananas comosus (L.) Merr.(凤梨科),*菠萝*,*露兜子*
凤梨草莓(植物志 37)=草莓
凤梨科 Bromeliaceae
凤梨属 Ananas Tourm. ex L.(凤梨科)
凤庆长蒴苣苔 Didymocarpus pseudomengtze W.T.Wang(苦苣苔科)
凤庆冬青 Ilex fengqingensis C.Y.Wu ex Y.R.Li (冬青科)
凤庆南五味子(植物志 30-1)= 鸡血藤
凤庆葡萄 Vitis fengqinensis C.L.Li(葡萄科)
凤庆朴(植物志 22)=四蕊朴
凤山秋海棠 Begonia chingii Irmsch.(秋海棠科),*广西秋涨棠*
凤藤 Piper kadsura (Choisy) Ohwi(胡椒科),*小叶爬崖香*
凤头黍(禾本科图说)=山鸡谷草
凤头黍 Acroceras munroanum (Balansa) Henr.(禾本科),*门氏凤头黍*,*华南凤头黍*
凤头黍属 Acroceras Stapf (禾本科)
凤尾柏(河南)=千头柏
凤尾柏 Chamaecyparis obtusa cv. Filicoides (柏科)
凤尾参(杭州植物园名录)=脉叶翅棱芹
凤尾参(昆明草药)=长花马先蒿
凤尾参(昆明草药)=亨氏马先蒿
凤尾草(滇南本草)=粗糙凤尾蕨
凤尾草(广东)=石萝藦
凤尾草(广西临桂)=苏铁
凤尾草(广西药用名录)=齿牙毛蕨
凤尾草(广西药用名录)=干旱毛蕨
凤尾草(贵州民间药物)=指叶凤尾蕨
凤尾草(湖南药物志)=岩凤尾蕨
凤尾草(蕨类图说)=井栏边草
凤尾草(秦岭志)=小丛红景天
凤尾草(云南药用名录)=云南铁角蕨
凤尾草属(分类学报)=**石萝藦属**
凤尾茶(昆明)=东紫苏
凤尾贯众(昆明药草)=刺叶耳蕨
凤尾旱蕨 Pellaea paupercula (Christ) Ching(中国蕨科),*黄毛凤尾蕨*
凤尾蕉(辍耕录)=海枣
凤尾蕉(图考)=苏铁
凤尾蕉(云南)=云南苏铁
凤尾金星(中草药汇编)=江南星蕨
凤尾蕨 Pteris cretica var. nervosa (Thunb.) Ching & S.H.Wu(凤尾蕨科),*大叶井边草*,*红尾莲*,*三七莲*,*大叶凤尾*
凤尾蕨科 Pteridaceae
凤尾蕨属 Pteris L.(凤尾蕨科)
凤尾兰(台湾兰科植物)=短穗毛舌兰
凤尾兰(浙江药志)=凤尾丝兰
凤尾连(四川峨眉)=峨眉黄连
凤尾莲(福建中草药)=野雉尾金粉蕨
凤尾路鸡(湖南药物志)=毛轴碎米蕨
凤尾伸筋(湖南药物志)=石松
凤尾伸筋(江西中药)=垂穗石松
凤尾蓍草 Achillea filipendula Lam.(菊科)
凤尾丝兰 Yucca gloriosa L.(百合科),*凤尾兰*,*白棕*
凤尾松(中国科属辞典)=苏铁
凤尾搜山虎(昆明草药)=多羽节肢蕨
凤尾猪鬃草(昆明草药)=云南铁角蕨
凤尾竹(云南俗名)=绵生
凤尾竹 Bambusa multiplex cv. Fernleaf(禾本科)
凤仙(救荒本草)=凤仙花
凤仙草(珍异药品)=凤仙花
凤仙根(纲目)=凤仙花

凤仙花 Impatiens balsamina L.(凤仙花科),*灯盏花,凤仙,凤仙草,凤仙根,凤仙花子,海莲花,海蒳,早珍珠,好女儿花,急性子,夹竹桃,金凤花,染指甲草,透骨草,小桃红,指甲花*
凤仙花科 Balsaminaceae
凤仙花属 Impatiens L. (凤仙花科)
凤仙花子(摘元方)=凤仙花
凤仙透骨草(植物志 47-2)=大苞凤仙花
凤仙透骨草(中药志)=地构叶
凤县柳 Salix alfredii var. fengxianica (N.Chao) G.Zhu (杨柳科)
凤丫草(图考)=凤丫蕨
凤丫蕨 Coniogramme japonica (Thunb.) Diels (裸子蕨科),*大叶凤尾巴草,凤丫草,金丝草,眉风草,日本凤丫蕨,散血莲,蛇眼草,羊角草*
凤丫蕨属 Coniogramme Fée (裸子蕨科)
凤眼草(本草纲目拾遗)=荔枝草
凤眼草(本草汇精要)=臭椿
凤眼果(广州,植物志 49-2)=苹婆
凤眼蓝 Eichhornia crassipes (Mart.) Solms(雨久花科),*大水萍,凤眼莲,水浮莲,水葫芦,洋雨久花*
凤眼蓝属 Eichhornia Kunth(雨久花科)
凤眼莲(华东水生植物)=凤眼蓝
凤眼灵芝(植物志 13-3)=大苞鸭跖草
凤眼子(兽医常用中药)=臭椿
凤音草(四川)=单花遍地金
凤竹 Oligostachyum hupehense (J.L.Lu) Z.P. Wang & G.H.Ye (禾本科)
奉楠(广东)=钝叶桂
奉楠(海南)=香果新木姜子
麸(广雅)=普通小麦

Fo

佛毕斯卡特兰 *Cattleya forbesii Lindl.*(兰科)
佛得角杜鹃花 Rhododendron headfortianum Hutch. (杜鹃花科)
佛顶珠(贵州)=点地梅
佛顶珠(昆明草药)=全缘栝楼
佛顶珠(四川中药志)=谷精草
佛豆(广群芳谱)=蚕豆
佛肚花(浙江草药)=浙皖粗筒苣苔
佛肚毛竹 Phyllostachys heterocycla cv. Ventricosa (禾本科)
佛肚树 Jatropha podagrica HK.(大戟科),*红花金花果,麻烘娘,独脚莲,惠阳独脚莲*
佛肚竹 Bambusa ventricosa McClure (禾本科),*佛竹*
佛耳草(本草纲止拾零遗,引百草镜)=活血丹
佛耳草(脾骨论)=鼠麹草
佛柑花(四川中药志)=佛手
佛光草 Salvia substolonifera Stib.(唇形科),*湖广草,蔓茎鼠尾,小灯台草,小铜钱草,小退火草,盐咳药,走茎丹参*
佛海藨草 Scirpus fohaiensis Tang & Wang(莎草科)
佛海石韦 Pyrrosia fuohaiensis Ching & Shing (水龙骨科)
佛花(四川中药志)=佛手
佛甲草(改订植物名汇)=日本景天
佛甲草(秦岭志)=垂盆草
佛甲草 Sedum lineare Thunb.(景天科),*半枝莲,佛指甲,狗牙半支,狗牙菜,禾雀舌,金莿插,金枪药,鼠牙半枝莲,铁指甲*
佛见笑(云南)=重瓣空心泡
佛葵(四川中草药)=单花红丝线
佛兰德属(外译名)=**巨盘木属**
佛利碱茅 Puccinellia phryganodes (Trib.) Scribn. & Merr.(禾本科),*堪察加莓系*
佛罗里达稗 Echinochloa paludigena Wiegand (禾本科)
佛罗里达榧树 Torreya taxifolia Arn.(红豆杉科)
佛罗里达红豆杉 Taxus floridana Chapm.(红豆杉科)
佛罗里达鳞毛蕨 Dryopteris floridana (HK.) O. Ktze. (鳞毛蕨科)
佛罗里达葡萄(新) Vitis cinerea var. floridana Munson (葡萄科)
佛罗里达槭 Acer floridanum (Chapm.) Pax (槭树科)
佛罗里达色罗里阿 Serruria florida J.Knight.(山龙眼科)
佛罗里达山核桃 Carya floridana Sarg.(胡桃科)
佛罗里达糖槭 Acer barbatum Michx.(槭树科)
佛摩斯银叶树 Heritiera fomes Buch.(梧桐科)
佛欧里画眉草 Eragrostis fauriei Ohwi (禾本科)
佛瑞蹄盖蕨 Athyrium fauriei (Christ) Makino (蹄盖蕨科)
佛桑(南越笔记)=朱槿
佛山(广西)=广西九里香
佛氏马先蒿 Pedicularis franchetiana Maxim.(玄参科)
佛氏枸子(经济植物手册)=西南栒子
佛手 Citrus medica var. sarcodactylis (Noot.) Swingle(芸香科),*飞穰,佛柑花,佛花,佛手柑,佛手香橼,开佛手,蜜罗柑,拳佛手,十指柑,五指柑,五指香橼*
佛手参(宁夏中草药)=手参
佛手草(东北药志)=卷柏
佛手柑(纲目)=香圆
佛手柑(事物原始)=佛手
佛手根(履巉岩本草)=高良姜
佛手瓜 Sechium edule (Jacq.) Swartz (葫芦科),*洋丝瓜,手瓜*
佛手瓜属 Sechium P.browne (葫芦科)
佛手香橼(闽书)=佛手
佛手掌(北京志)=弯叶日中花
佛手掌 Glottiphyllum uncatum (S.-D.) N.E.Br. (番杏科)
佛特山复叶耳蕨 Arachniodes futeshanensis Y.T. Hsieh (鳞毛蕨科)
佛焰苞飘拂草 Fimbristylis spathacea Roth.(莎草科)
佛爷指甲(北京)=东亚唐松草
佛掌榕(海南志)=粗叶榕
佛指 Ginkgo biloba cv. Fozhi (银杏科)
佛指甲(滇南本草)=多茎景天
佛指甲(广州志)=佛甲草
佛指甲(图考)=八宝
佛竹(广东)=佛肚竹
佛座(四川洪溪)=斜萼草

Fou

否苍耳(新拉汉英)=刺苍耳

Fu

夫儿苗(河南)=欧旋花
夫兰氏橄仁(分类学报)=滇橄仁
夫人生石花 Lithops salicola L.Bol.(番杏科)
枎栘(尔雅)=唐棣
枎栘属(植物学大辞典)=**唐棣属**
肤杨树(湖南)=盐肤木
稃苞黄鹌菜(西藏志)=羽裂黄鹌菜
敷地两耳草(广西野生资源植物)=金毛耳草
敷药(云南河口)=旋花茄
麸皮(本草蒙荃)=普通小麦
弗尔南德斯槐 Sophora fernandeziana Skottsb. (豆科)
弗吉拉小果松 Microstrobos fitzgeraldii (F. Muell.) Garden & Johmson (罗汉松科)
弗吉尼亚狗脊蕨 Woodwardia virginica (L.) J. Sm. (乌毛蕨科)
弗吉尼亚虎耳草 Saxifraga virginiensis Michx. (虎耳草科)
弗吉尼亚李氏禾 Leersia virginica Wildenow (禾本科)
弗吉尼亚羊胡子草 Eriophorum virginicum L. (莎草科)
弗吉尼亚野麦 Elymus virginicus L.(禾本科)
弗来歇氏柳叶菜 Epilobium fleischeri Hochst. (柳叶菜科)
弗兰格早熟禾 Poa vrangelica Tzvel.(禾本科)
弗兰西氏柳叶菜 Epilobium franciscanum Barbey (柳叶菜科)
弗雷彻花柏 Chamaecyparis lawsoniana cv. Fletcheri (柏科)
弗雷恩冰石竹 Dianthus freyni Vandas.(石竹科)
弗雷特堇菜 Viola flettii Piper (堇菜科)
弗里堡秋海棠 Begonia friburgensis Brade
弗里卡特小檗 Berberis frikartii Schneid. ex Van de Laas.(小檗科)
弗里蒙特十大功劳 Mahonia fremontii (Torr.) Fedde (小檗科)
弗里西属(新拉汉英)=**丽穗凤梨属**
弗罗里达椴 Tilia floridana Smalll (椴树科)
弗洛里达缨瓣 Crossopetalum floridanum Gardner. (卫矛科)
弗氏肉叶荠 Braya forrestii W.W.Sm.(十字花科)
弗氏绣线菊(经济植物手册)=华北绣线菊
伏地杜(高等图鉴)=伏地杜鹃
伏地杜鹃 Chiogenes suborbicularis (W.W.Sm.) Ching ex T.Z.Hsu(杜鹃花科),*伏地杜*
伏地杜鹃属 Chiogenes Salisb.(杜鹃花科),*伏地杜属*
伏地杜属(高等图鉴)=**伏地杜鹃属**
伏地卷柏 Selaginella nipponica Franch. & Sav. (卷柏科),*小地柏,接盘藤,石打穿,日本卷柏,宽叶卷柏*
伏地蓼 Polygonum arenastrum Boreau(蓼科)
伏地梅(湖南药物志)=毛大丁草
伏地蜈蚣(沙漠药用植物)=紫筒草
伏地延胡索(江西草药)=夏天无
伏尔夫毡毛槭 Acer velutinum f. wolfii (Schwer.) Rehd.(槭树科)
伏尔加鸭跖花 Oxygraphis vulgaris Freyn (毛茛科)
伏尔加蝇子草 Silene wolgensis (Willd.) Bess. ex Spreng.(石竹科)
伏花(上海中草药)=旋覆花
伏黄芩 Scutellaria playfairi Kudo(唇形科)
伏辣子(陕西,贵州)=吴茱萸
伏令夏橙 Valenicia(芸香科晚生橙类)
伏毛八角枫 Alangium chinense subsp. strigosum Fang(八角枫科)
伏毛北乌头 Aconitum kusnezoffii var. crispulum W.T.Wang(毛茛科)
伏毛粗叶木 Lasianthus appressihirtus Simizu (茜草科)
伏毛萼羽叶楸 Stereospermum strigillosum C. Y.Wu & W.C.Yin(紫葳科)
伏毛肥肉草(高等图鉴)=异药花
伏毛鬼灯檠 Rodgersia pinnata var. strigosa J. T.Pan (虎耳草科)
伏毛虎耳草 Saxifraga strigosa Wall. ex Ser.(虎

耳草科)
伏毛金露梅 Potentilla fruticosa var. arbuscula (D.Don) Maxim.(蔷薇科)
伏毛棱喙毛茛 Ranunculus trigonus var. strigosus W.T.Wang(毛茛科)
伏毛蓼 Polygonum pubescens Bl.(蓼科),*蝙蝠草,红辣蓼,辣柳草,辣马蓼,青蓼,软水蓼,五蕉草*
伏毛楼梯草 Elatostema strigulosum W.T.Wang (荨麻科)
伏毛毛茛 Ranunculus japonicus var. propinquus (C.A.Mey.) W.T.Wang(毛茛科)
伏毛木里乌头 Aconitum phyllostegium var. pilosum Fletcher& Lauener(毛茛科)
伏毛山豆根 Euchresta horsfieldii (Lesch.) J. Benn. (豆科),*台湾山豆根,苦参*
伏毛山莓草 Sibbaldia adpressa Bge.(蔷薇科)
伏毛铁棒棒 Aconitum flavum Hand.-Mazz.(毛茛科)
伏毛绣球藤 Clematis montana var. brevifoliola Ktz.(毛茛科)
伏毛绣线菊 Spiraea teniana Rehd.(蔷薇科)
伏毛银莲花 Anemone narcissiflora subsp. protracta (Ulbr.) Ziman & Fedroncz.(毛茛科),*天山银莲花*
伏毛银露梅 Potentilla glabra var. veitchii (Wils.) Hand.-Mazz.(蔷薇科)
伏毛直序乌头 Aconitum richardsonianum var. pseudosessiliflorum (Lauener) W.T.Wang(毛茛科)
伏毛苎麻 Boehmeria strigosifolia W.T.Wang(荨麻科)
伏毛紫花小升麻(植物志 27)=小升麻
伏牛花(图考)=虎刺
伏平草(滇南本草)=浮萍
伏茄子(重庆草药)=洋金花
伏生矮茶藨(黑龙江树木志)=伏生茶藨子
伏生茶藨子 Ribes triste var. repens (Baranov) L.T.Lu(虎耳草科),*伏生矮茶藨*
伏生棘豆(植物志 42-2)=铺地棘豆
伏生石豆兰 Bulbophyllum reptans (Lindl.) Lindl. (兰科)
伏生紫堇(高等图鉴,药典 2000)=夏天无
伏石蕨 Lemmaphyllum microphyllum C.Presl (水龙骨科),*地连钱,风不动,瓜子草,瓜子莲,金茶匙,金指甲,螺厣草,痞子药,山豆片草,石耳坠,石瓜子,螭儿草,血草*
伏石蕨属 Lemmaphyllum C.Presl(水龙骨科)
伏水茫草(东北检索表)=水茫草
伏水碎米荠 Cardamine prorepens Fisch. ex DC. (十字花科),*诺古音-照古其*
伏斯特克花柏 Chamaecyparis lawsoniana cv. Forsteckensis (柏科)
伏贴石杉 Huperzia selago var. appressa (Desv.) Ching(石杉科)
伏萎陵菜(东北检索表)=朝天委陵菜
伏卧白珠树 Gaultheria procumbens L.(杜鹃花科),*野茶白珠树*
伏已卮子(雷公炮炙论)=栀子
凫茨(尔雅)=荸荠
扶芳藤 Euonymus fortunei (Turcz.) Hand.-Mazz. (卫矛科),*白墙络,爬行卫茅,接骨筋,攀援丝棉木,滂藤,千斤藤,山百足,岩青杠,坐转藤*
扶盖(名医别录)=金毛狗脊
扶筋(名医别录)=金毛狗脊
扶郎花(植物志 79)=非洲菊
扶郎花(中药辞海)=毛大丁草
扶苗(山东)=打碗花
扶七秧子(江苏)=打碗花
扶桑(本草纲目)=朱槿
扶桑金星蕨(蕨类图说)=中日金星蕨
扶绥榕 Ficus fusuiensis S.S.Chang (桑科)
扶田秧(江苏)=田旋花
扶秧(江苏)=打碗花
扶秧苗(江苏)=田旋花
扶子苗(山东)=打碗花
扶子苗(山东)=肾叶打碗花
芙兰草 Fuirena umbellata Rottb.(莎草科)
芙兰草属 Fuirena Rottb.(莎草科)
芙蕖(尔雅)=莲
芙蓉(古今注)=莲
芙蓉(广西药用名录)=美丽芙蓉
芙蓉根(纲目拾遗)=海州常山
芙蓉花(江苏,湖南,四川,陕西)=木芙蓉
芙蓉花(山东)=合欢
芙蓉菊 Crossostephium chinense (L.) Makino (菊科),*香菊,玉芙蓉,千年艾,蕲艾,白艾,白香菊*
芙蓉菊属 Crossostephium Less.(菊科)
芙蓉葵 Hibiscus moscheutos L.(锦葵科)
芙蓉麻(广西,云南,云南红河)=黄葵
芙蓉麻(华北经济志要)=大麻槿
芙蓉木槿(海南志)=美丽芙蓉
芣菜(植物志 8)=水鳖
拂风草(云南)=绣球防风
拂子茅 Calamagrostis epigeios (L.) Roth(禾本科)
拂子茅芨芨草 Achnatherum calamagrostis (禾本科)
拂子茅属 Calamagrostis Adans.(禾本科)
苻(尔雅)=白英
枹栎 Quercus serrata Thunb.(壳斗科),*枹树,绒毛枹栎,短柄枹栎,菠萝,柞树*
枹树(植物志 22)=枹栎
枹丝栗(云南)=枹丝锥
枹丝锥 Castanopsis calathiformis (Skan) Rehd. & Wils.(壳斗科),*枹丝栗,黄栗,山枇杷,杯状栲*
茯蕨属 Leptogramma J.Sm.(金星蕨科)
茯毛(会约医镜)=槟榔
浮瓜叶(上海)=紫萍
浮椒(东医宝鉴)=胡椒
浮毛茛 Ranunculus natans C.A.Mey.(毛茛科)
浮飘草(上海)=紫萍
浮瓢(河南中草药)=地梢瓜
浮苹(广西药用名录)=大薸
浮萍(各地)=紫萍
浮萍 Lemna minor L.(浮萍科),*伏平草,浮萍草,青萍,水白,水浮萍,水华,水廉,水萍,水萍草,水苏,田萍*
浮萍草(天津,江西)=浮萍
浮萍果(贵州)=野山楂
浮萍科 Lemnaceae
浮萍属 Lemna L.(浮萍科)
浮蔷(救荒岐谱)=雨久花
浮尸草(四川)=下江委陵菜
浮石斛(湖南药物志)=石仙桃
浮水碎米荠(Flora 8)=伏水碎米荠
浮小麦(纲目)=普通小麦
浮叶慈姑 Sagittaria natans Pall.(泽泻科)
浮叶眼子菜 Potamogeton natans L.(眼子菜科),*水案板,扫尔得木*
浮游省藤 Calamus aquatilis Ridley (棕榈科)
莩草 Setaria chondrachne (Steud.) Honda (禾本科),*松村稷*
匐根骆驼蓬(内蒙志)=多裂骆驼蓬
匐茎卷瓣兰 Bulbophyllum emarginatum (Finet) J.J.Sm.(兰科)
匐茎毛兰 Eria clausa King & Pantl.(兰科)
匐茎榕 Ficus sarmentosa Buch.-Ham. ex J.E.Sm. (桑科)
匐枝蓼 Polygonum emodi Meisn.(蓼科),*竹叶舒筋,红藤蓼*
匐枝毛茛 Ranunculus repens L.(毛茛科)
匐枝乌头 Aconitum macrorhynchum f. tenuissimum (Nakai & Kitag.) S.H.Li & Y.H. Huang (毛茛科)
匐枝银莲花 Anemone stolonifera Maxim.(毛茛科)
涪陵耳蕨 Polystichum consimile Ching(鳞毛蕨科)
涪陵续断 Dipsacus fulingensis C.Y.Cheng & T. M.Ai (川续断科)
菔根龙胆 Gentiana napulifera Franch.(龙胆科),*菊花参,金钱参,小菊花参,一棵参*
葍葍(尔雅)=旋花
葍子根(救荒本草)=打碗花
葍子子根(救荒本草)=旋花
福勃狗尾草(禾本科图说)=西南莩草
福莱胶枞 Abies fraseri (Pursh.) Poir (松科),*南部香脂冷杉*
福参(中药大辞典)=大齿山芹
福参 Angelica morii Hay.(伞形科),*建参,建人参,土人参,土当归,土参,山芹菜,天池参*
福德光萼荷 Aechmea fosterana L.B.Sm.(凤梨科)
福德丽穗凤梨 Vriesea fosterana L.B.Sm.(凤梨科)
福笛木(湖南)=肥肉草
福地葶苈 Draba fladnizensis Wulfen(十字花科)
福尔盖舟萼苣苔 Nautilocalyx forgetii T. Sprague (苦苣苔科)
福贡耳蕨 Polystichum fugongense Ching & W. M.Chu ex H.S.Kung & L.B.Zhang(鳞毛蕨科)
福贡假毛蕨 Pseudocyclosorus fugongensis Y.X. Lin (金星蕨科)
福贡龙竹 Dendrocalamus fugongensis Hsueh & D.Z.Li (禾本科)
福贡石楠 Photinia tsaii Rehd.(蔷薇科)
福贡蹄盖蕨 Athyrium roseum var. fugongense Z.R.Wang(蹄盖蕨科)
福贡铁线莲 Clematis tsaii W.T.Wang(毛茛科)
福贡乌蔹莓 Cayratia fugongensis C.L.Li(葡萄科)
福建柏 Fokienia hodginsii (Dunn) Henry & Thomas (柏科),*建柏,滇柏,广柏滇福建柏*
福建柏属 Fokienia Henry & Thomas (柏科)
福建薄稃草 Leptoloma fujianensis L.Liou(禾本科)
福建菜(广西)=基及树
福建茶竿竹 Pseudosasa amabilis var. convexa Z.P.Wang & G.H.Ye (禾本科)
福建冬青 Ilex fukienensis S.Y.Hu(冬青科)
福建杜鹃(树木分类学)=毛果杜鹃
福建鹅掌柴 Schefflera fukienensis Merr.(五加科)
福建复叶耳蕨 Arachniodes fujianensis Ching (鳞毛蕨科)
福建观音座莲 Angiopteris fokiensis Hieron.(观音座莲科),*大马蹄,地莲花,观音座莲,马蹄付子,马蹄蕨,马蹄树,牛蹄蕨,牛蹄劳,山羊蹄*

福建贯众 Cyrtomium conforme Ching(鳞毛蕨科)
福建过路黄 Lysimachia fukienensis Hand.-Mazz. (报春花科),*福建排草*
福建含笑 Michelia fujianensis Q.F. Zheng(木兰科)
福建红小麻 Laportea fujianensis C.J.Chen(荨麻科)
福建胡颓子 Elaeagnus oldhami Maxim.(胡颓子科),*柤梧,白叶刺根,胡颓子,柿模,咸匏柴*
福建假卫矛 Microtropis fokienensis Dunn(卫矛科)
福建拉拉藤 Galium nakaii Kudo ex Hara(茜草科)
福建狸尾豆 Uraria fujianensis Yang & Huang (豆科)
福建龙胆 Gentiana davidii var. fukiensis (Ling) T.N.Ho(龙胆科)
福建马兜铃 Aristolochia fujianensis S.M. Hwang (马兜铃科),*一条根,小号山东瓜,浦梨*
福建蔓龙胆 Crawfurdia pricei (Marq.) H.Sm. (龙胆科)
福建毛蕨 Cyclosorus fukienensis Ching(金星蕨科),*乐清毛蕨*
福建排草(高等图鉴)=福建过路黄
福建蔷薇 Rosa fukienensis Metc.?(蔷薇科)
福建青冈 Cyclobalanopsis chungii (Metc.) Y. C.Hsu & H.W.Jen(壳斗科)
福建绒紫萁 Osmunda cinnamomea var.fokiense Cop.(紫萁科)
福建山矾 Symplocos fukienensis Ling(山矾科)
福建山桐子 Idesia polycarpa var. fujianensis (G.S.Fan) S.S.Lai(大风子科)
福建山樱花(树木分类学)=钟花樱桃
福建山楂(新)Crataegus tang-chungchangii Metcalf? (蔷薇科)
福建石楠 Photinia fokienensis (Franch.) Franch. (蔷薇科)
福建酸竹 Acidosasa longiligula (Wen) C.S.Chao & C.D.Chu(禾本科),*长舌大节竹*
福建蹄盖蕨(蕨类形态)=湿生蹄盖蕨
福建铁角蕨 Asplenium fujianense Ching ex S.H. Wu (铁角蕨科)
福建通泉草 Mazus fukienensis Tsoong(玄参科)
福建倭竹 Shibataea nanpingensis var. fujianica (C.D.Chu & H.Y.Zhou) C.H.Hu(禾本科)
福建细辛 Asarum fukienense C.Y.Cheng & C.S. Yang (马兜铃科),*土里开花,薯叶细辛,马脚蹄*
福建小檗 Berberis fujianensis C.M.Hu(小檗科)
福建绣球 Hydrangea chungii Rehd.(虎耳草科),*钟氏绣球,心煊绣球*
福建悬钩子 Rubus fujianensis Yü & Lu (蔷薇科)
福建羊耳蒜 Liparis dunnii Rofle(兰科),*大唇羊耳蒜,风帽羊耳兰*
福建野鸦椿 Euscaphis fukienensis Hsu(省沽油科)
福建竹叶草 Oplismenus fujianensis S.L.Chen & Y.X.Jin (禾本科)
福建紫薇 Lagerstroemia limii Merr.(千屈菜科)
福橘 Citrus reticulata cv. Tangerina(芸香科),*川桔,柑子,红橘,橘红,橘筋,橘皮,橘子仁,绿橘,芸红,芸皮*
福克纳早熟禾 Poa falconeri HK.f.(禾本科)
福来生石花 Lithops fulleri N.E.Br.(番杏科)
福禄草 Arenaria przewalskii Maxim.(石竹科),*西北蚤缀,高原蚤缀*
福禄考(植物志 35-1)=小天蓝绣球
福木(本多造林学各论)=菲岛福木
福木 Elaeodendron glaucum Pers.(卫矛科)
福木属(台湾志)=**藤黄属**
福木属 Elaeodendron Jacq.f.(卫矛科)
福瑞奇丝花苣苔 Nematanthus fritschii Hoehin. (苦苣苔科)
福山氏耳蕨(台湾志)=中华耳蕨
福氏赤杨叶(植物图谱)=赤杨叶
福氏冬青(拉汉名称)=滇西冬青
福氏杜鹃花 Rhododendron fauriei Franch.(杜鹃花科)
福氏红豆(中大学报)=肥荚红豆
福氏马先蒿 Pedicularis forrestiana Bonati(玄参科),*福氏马先蒿福氏亚种*
福氏马先蒿福氏亚种(植物志 68)=福氏马先蒿
福氏马先蒿扇苞亚种(植物志 68)=扇苞福氏马先蒿
福氏木蓝(豆科图说)=华东木蓝
福氏藤黄 Garcinia forbesi King.(百合科)
福氏星蕨(蕨类图谱)=江南星蕨
福氏芋兰(香港植物名录)=毛唇芋兰
福氏蚤缀(拉汉名称)=西南无心菜
福氏肿足蕨 Hypodematium fordii (Bak.) Ching(肿足蕨科),*广东肿足蕨*
福氏紫菀(植物志 74)=琴叶紫菀
福寿草(新疆药志)=北侧金盏花
福寿草(新疆药志)=天山侧金盏花
福寿草(植物志 28)=侧金盏花
福树(树木分类学)=菲岛福木
福斯卡尔小檗 Berberis forskaliana Schneid.(小檗科)
福斯特拉属 Forstera L.f.(花柱草科)
福斯特郁金香 Tulipa fosteriana Hoog.(百合科)
福斯特鸢尾 Iris fosteriana Ait.(鸢尾科)
福特木(豆科图说)=干花豆
福王草 Prenanthes tatarinowii Maxim.(菊科),*盘果菊*
福王草属 Prenanthes L.(菊科)
福州金柑(植物志 43-2)=长寿金柑
福州马尾(广东)=兰香草
福州槭 Acer lingii Fang(槭树科),*君范槭*
福州杉(台湾)=台湾杉木
福州柿(植物志 60-1)=乌柿
福州薯蓣 Dioscorea futschauensis Uline ex R. Knuth (薯蓣科),*革薢,棉革薢,小革薢,三脚灵*
福州苎麻 Boehmeria formosana var. fuzhouensis W.T.Wang(荨麻科)
辐儿苗(安徽)=藤长苗
辐冠党参(高等图鉴)=薄叶鸡蛋参
辐花 Lomatogoniopsis alpina T.N.Ho & S.W.Liu (龙胆科)
辐花侧蕊(北部植物图志)=辐状肋柱花
辐花杜鹃 Rhododendron baileyi Balf.f.(杜鹃花科)
辐花苣苔 Thamnocharis esquirolii (Lévl.) W.T. Wang (苦苣苔科)
辐花苣苔属 Thamnocharis W.T.Wang(苦苣苔科)
辐花蜘蛛抱蛋 Aspidistra subrotata Y.Wan(百合科)
辐花属 Lomatogoniopsis T.N.Ho & S.W.Liu (龙胆科)
辐裂翠雀花 Delphinium beesianum var. radiatifolium (Hand.-Mazz.) W.T.Wang(毛茛科)
辐射刺芙蓉 Hibiscus radiatus Cav.(锦葵科),*金线吊芙蓉*
辐射凤仙花 Impatiens radiata HK.f.(凤仙花科)
辐射鹤顶兰(台湾兰科植物)=辐射虾脊兰
辐射龙胆 Gentiana radiata Marq.(龙胆科)
辐射松 Pinus radiata D.Don (松科)
辐射虾脊兰 Calanthe actinomorpha Fukuyama (兰科),*辐射鹤顶兰,小黄花根节兰*
辐射砖子苗 Mariscus radians (Nees & Meyen) Tang & Wang(莎草科)
辐射状柱瓣兰 Epidendrum rediatum Lindl.(兰科)
辐叶鹅掌柴 Schefflera actinophylla (Ednl.) Harms. (五加科)
辐状肋柱花 Lomatogonium rotatum (L.) Fries ex Nym.(龙胆科),*辐花侧蕊,肋柱花*
抚松乌头 Aconitum fusungense S.H.Li & Y.H. Huang (毛茛科)
斧柄锥(海南)=公孙锥
斧翅沙芥 Pugionium dolabratum Maxim.(十字花科),*宽翅沙芥,绵羊沙芥,乌日格-额乐孙罗邦,鸡冠沙芥,距果沙芥*
斧萼玉凤花 Habenaria commelinifolia (Roxb.) Lindl.(兰科)
斧突球属 Pelecyphora C.A.Ehrenb.(仙人掌科)
俯垂贝克斯(新拉汉英)=矮忍冬贝克斯
俯垂臭草 Melica nutans L.(禾本科)
俯垂二色穗 Dichrostachys nutans Benth.(豆科)
俯垂飞廉(中草药汇编)=飞廉
俯垂粉报春 Primula nutantiflora Hemsl.(报春花科),*垂花报春*
俯垂黎可斯帕 Leucospermum nutans R.Br.(山龙眼科)
俯垂马先蒿 Pedicularis cernua Bonati(玄参科),*俯垂马先蒿俯垂亚种*
俯垂马先蒿俯垂亚种(植物志 68)=俯垂马先蒿
俯垂马先蒿宽叶亚种(植物志 68)=宽叶俯垂马先蒿
俯垂小檗 Berberis nutans Linden & Pl.(小檗科)
俯垂钟花 Enkianthus cernuus (S. & Z.) Mak.(杜鹃花科)
俯垂锥花 Gomphostemma nutans HK.f.(唇形科)
俯伏猪屎豆 Crotalaria prostrata Rottler ex Willd. (豆科)
俯茎胼胝兰(海南志)=大尖囊兰
俯竹 Bambusa nutans Wall. ex Munro(禾本科)
腐巴(纲目拾遗)=大豆
腐婢(种子植物名称)=豆腐柴
腐婢属(科属辞典)=**豆腐柴属**
腐草 Gymnosiphon nana (Fukuyama & Suzuki) Tuyama(水玉簪科)
腐草属 Gymnosiphon Bl.(水玉簪科)
腐花豆蔻 Amomum putrescens D.Fang(姜科)
腐沫(纲目拾遗)=大豆
父子草(福建草药)=细叶鼠麴草
妇人参(四川峨眉)=大叶碎米荠
负嘎蹄盖蕨(云南植物研究)=毛轴蹄盖蕨
附地菜 Trigonotis peduncularis (Trev.) Benth. ex Baker & Moore(紫草科),*地胡椒,鸡肠草,特水根—好古,嘎吉日-淖嘎*
附地菜属 Trigonotis Stev.(紫草科)
附片蓟 Cirsium sieversii (Fisch. & Mey.) Petrak (菊科)
附片鼠尾草 Salvia appendiculata E.Peter(唇形科)

附生杜鹃 Rhododendron dendricola Hutch.(杜鹃花科)

附生花楸 Sorbus epidendron Hand.-Mazz.(蔷薇科)

附生毛蕨 Cyclosorus appendiculatus (Presl) Shing? (金星蕨科)

附生美丁花 Medinilla arboricola How(野牡丹科)

附体浓绿黄肉芋 Xanthosoma atrovirens var. appendiculatum Engl.(天南星科)

附通子(和汉药考)=木通

附心草(分类草药性)=旋鳞莎草

附支(本经)=木通

附着实蕨 Bolbitis scandens W.M.Chu ex Ching & C.H.Wang(实蕨科)

附子蛇葡萄(经济植物手册)=乌头叶蛇葡萄

阜康阿魏 Ferula fukanensis K.M.Shen(伞形科)

阜来氏马先蒿 Pedicularis fletcherii Tsoong(玄参科)

阜平黄堇 Corydalis chanetii Lévl.(罂粟科)

复杯角 Diplocyatha ciliata N.E.Br.(萝藦科)

复杯角属 Diplocyatha N.E.Br.(萝藦科)

复齿扁担杆 Grewia cuspidato-serrata Burret(椴树科)

复出穗砖子苗 Mariscus umbellatus var. subcompositus (C.B.Clarke) Tang & Wang (莎草科)

复合葶苈(植物志 33)=衰老葶苈

复活节钟花 Stellaria holostea L.(石竹科)

复轮藤(广西武鸣)=假鹰爪

复芒菊 Formania mekongensis W.W.Sm. & J. Small (菊科)

复芒菊属 Formania W.W.Sm. & J.Small(菊科)

复毛杜鹃 Rhododendron preptum Balf.f. & Forr.(杜鹃花科)

复毛胡椒 Piper bonii C.DC.(胡椒科)

复盆子 Rubus idaeus L.(蔷薇科),*绒毛悬钩子,珍珠杆*

复伞房蔷薇 Rosa brunonii Lindl.(蔷薇科),*勃朗蔷薇,万朵刺,倒钩刺,白刺玫*

复伞银莲花 Anemone tetrasepala Royle(毛茛科)

复生药(贵州)=红紫珠

复序变种(植物志 65-2,Flora 17)=复序美花毛建草(新)

复序假卫矛 Microtropis semipaniculata C.Y. Cheng & T.C.Kao(卫矛科)

复序利未花(图谱)=两广梭罗

复序美花毛建草(新)Dracocephalum wallichii var. proliferum C.Y.Wu & W.T.Wang(唇形科),*复序变种*

复序南梨(经济植物手册)=绣线梅

复序飘拂草 Fimbristylis bisumbellata (Forsk.) Bubani (莎草科)

复序薹草 Carex composita Boott(莎草科)

复序橐吾 Ligularia jaluensis Kom.(菊科),*东北熊疏*

复叶唇柱苣苔 Chirita pinnata W.T.Wang(苦苣苔科)

复叶耳蕨(植物学报)=刺头复叶耳蕨

复叶耳蕨 Arachniodes aspidioides Bl.(鳞毛蕨科)

复叶耳蕨属 Arachniodes Bl.(鳞毛蕨科)

复叶角蕨 Cornopteris badia Ching(蹄盖蕨科)

复叶披麻草(云南)=直梗高山唐松草

复叶葡萄(分类学报)=变叶葡萄

复叶槭(经济植物手册)=梣叶槭

复叶蹄盖蕨(蕨类形态)=喜马拉雅蹄盖蕨

复羽裂参(植物分类学)=羽叶三七

复羽蹄盖蕨(蕨类名词及名称)=姬蹄盖蕨

复羽叶栾树 Koelreuteria bipinnata Franch.(无患子科),*灯笼花,马鞍树,花楸树,泡花树*

赴鱼(蜀本草)=鸭儿芹

副萼光萼荷 Aechmea calyculata Bak.(凤梨科)

副萼翼核果(广西植物名录)=毛果翼核果

副山苍(中草药汇编)=山橿

傅氏凤尾蕨 Pteris fauriei Hieron(凤尾蕨科),*金钗凤尾蕨,东南亚凤尾蕨,羽叶凤尾蕨*

傅氏青兰(分类学报)=松叶青兰

傅氏三叉蕨(台湾志)=芽胞叉蕨

傅斯劳草(江苏)=打碗花

富尔氏龙常草(新拉汉英)=法利龙常草

富贵草(中草药汇编)=顶花板凳果

富苗秧(江苏)=打碗花

富民沙参(植物志 73-2)=天蓝沙参

富民枳 Poncirus polyandra S.Q.Ding et al.(芸香科)

富宁菝葜 Smilax fooningensis Wang & Tang(百合科)

富宁白前(植物志 63)=轮叶白前

富宁报春茜 Leptomischus funingensis Lo(茜草科)

富宁赤车 Pellionia funingensis W.T.Wang(荨麻科)

富宁附地菜 Trigonotis funingensis H.Chuang (紫草科)

富宁卷瓣兰 Bulbophyllum funingense Z.H.Tsi & S.C.Chen(兰科)

富宁栎 Quercus setulosa Hick. & A.Camus(壳斗科),*芒齿山栎*

富宁链珠藤(植物志 63)=陷边链珠藤

富宁朴 Celtis fooningensis Cheng?(榆科)

富宁槭 Acer paihengii Fang(槭树科),*丽槭,伯衡槭*

富宁秋海棠(云南植物名录)=少瓣秋海棠

富宁薹草 Carex funingensis Tang & Wang ex S.Y.Liang (莎草科)

富宁藤 Parepigynum funingense Tsaing & P.T.Li (夹竹桃科)

富宁藤属 Parepigynum Tsiang & P.T.Li (夹竹桃科)

富宁香草 Lysimachia fooningensis C.Y.Wu(报春花科)

富宁崖爬藤 Tetrastigma funingense C.L.Li(葡萄科)

富宁沿阶草 Ophiopogon fooningensis Wang & Dai(百合科)

富宁油果樟 Syndiclis fooningensis H.W.Li(樟科)

富士山杜鹃(新拉汉英)=短果杜鹃花

富士山冷杉(新拉汉英)=白叶冷杉

富氏槭(经济植物手册)=房县槭

富阳乌哺鸡竹 Phyllostachys nigella Wen (禾本科)

富源杜鹃 Rhododendron fuyuanense Z.H.Yang (杜鹃花科)

富蕴茶藨子 Ribes fuyunense Ku & Konta(虎耳草科)

富蕴黄芪 Astragalus majevskianus Kryl.(豆科),*哈巴河黄芪*

腹唇凤仙花 Impatiens gasterocheila HK.f.(凤仙花科)

腹毛柳 Salix delavayana Hand.-Mazz.(杨柳科)

腹脐草 Gastrocotyle hispida (Forssk.) Bge.(紫草科)

腹脐草属 Gastrocotyle Bge.(紫草科)

腹水草(成都中草药)=爬岩红

腹水草(高等图鉴)=细穗腹水草

腹水草 Veronicastrum stenostachyum (Hemsl.) Yamaz.(玄参科),*细穗腹水草,长穗胙腹水草,钓鱼竿*

腹水草南川亚种(植物志 67-2)=南川腹水草(新)

腹水草属 Veronicastrum Heist. ex Farbic.(玄参科)

腹泻草(中草医药经验交流)=金毛耳草

覆苞毛建草 Dracocephalum imbricatum C.Y. Wu & W.T.Wang(唇形科)

覆花(新疆药材)=旋覆花

覆裂云南金莲花 Trollius yunnanensis var. anemonifolius (Brühl) W.T.Wang(毛茛科)

覆闾(神农本草经,本草纲目)=菴闾

覆盆(名医别录)=掌叶复盆子

覆盆花 Oscularis caulescens (Mill.) Schwant.(番杏科)

覆盆花属 Oscularis Schwant.(番杏科)

覆盆子(本草经集注)=插田泡

覆盆子(本草经集注)=掌叶复盆子

覆盆子(江苏)=山莓

覆盆子(西藏)=拟复盆子

覆盆子(云南)=红泡刺藤

覆蕊白花百合 Lilium candidum var. plenum Weston (百合科),*覆蕊圣母百合*

覆蕊圣母百合(新拉汉英)=覆蕊白花百合

覆瓦繁缕 Stellaria imbricata Bge.(石竹科)

覆瓦蓟 Cirsium leducei (Franch.) Lévl.(菊科)

覆瓦委陵菜 Potentilla imbricata Kar. & Kir.(蔷薇科)

馥草(开宝本草)=玄参

馥芳艾纳香 Blumea aromatica DC.,*香艾,山风*

馥兰 Phreatia formsoana Rolfe(兰科),*套叶馥兰*

馥兰属 Phreatia Lindl.(兰科)

馥郁滇丁香 Luculia gratissima (Wall.) Sweet(茜草科),*滇丁香*

Ga

伽蓝菜 Kalanchoe ceratophylla Hawrth(景天科),*大还魂,鸡脚三七,鸡爪三七,假川莲,裂叶落地生根,小灯笼草,小灯笼草*

伽蓝菜属 Kalanchoe Adanson (景天科),*灯笼草属*

伽倩香(纲目拾遗)=白木香

嘎(西藏)=葶菊

嘎察(藏药志)=高原毛茛

嘎察(藏药志)=棉毛茛

嘎哥拉(土名译音)=香豆蔻

嘎和(四川藏族名)=黄帚橐吾

嘎吉日-淖嘎(蒙名)=附地菜

嘎伦-塔巴格(蒙语)=角茴香

尕的(西藏)=石莲叶点地梅

尕滴莫布(藏语)=糙伏点地梅

尕滴莫布(西藏藏语)=俯茎点地梅

Gai

改良橙 Citrus sinensis cv. Gailiang Cheng(芸香科),*红肉橙,漳州橙*

改则棘豆 Oxytropis gêrzêensis P.C.Li(豆科)

改则雪灵芝 Arenaria gerzeensis L.H.Zhou(石竹科)

丐县薹草 Carex setosa var. mianxinica S.Y. Liang (莎草科)

柁柑根(成都草药手册)=柚

钙生鹅观草 Roegneria calcicola Keng(禾本科)

钙生贯众(分类学报)=斜基贯众
钙生嘉赐树(云南植物研究)=石生脚骨脆
钙生瓶尔小草 Ophioglossum engelmanii Prantl (瓶尔小草科)
钙生石韦 Pyrrosia adnascens f. calcicola Shing (水龙骨科)
钙岩肋毛蕨 Ctenitis calcarea Ching & C.H. Wang (叉蕨科)
钙原小檗 Berberis calcipratorum Ahrendt(小檗科)
盖萼棕属 Calyptrocalyx Bl.(棕榈科)
盖果沟瓣 Glyptopetalum calypteratum Pierre (卫矛科)
盖喉兰 Smitinandia micrantha (Lindl.) Holttum (兰科)
盖喉兰属 Smitinandia Holttum (兰科)
盖裂果 Mitracarpus villosus (Sw.) DC.(茜草科)
盖裂果属 Mitracarpus Zucc. ex J.A.Schultes & J.H.Schultes (茜草科)
盖裂木 Talauma hodgsoni HK.f. & Thoms.(木兰科)
盖裂木属 Talauma Juss.(木兰科)
盖氏虎尾草(禾本科图说)=非洲虎尾草
盖头花(湖北)=打破碗花花
盖耶氏泽泻 Alisma geyeri Buchen.(泽泻科)

Gan

干柏杉(树木分类学)=干香柏
干柏杉(中国裸子志)=西藏柏木
干菜子(福建)=墙草
干草(广东)=独脚金
干草(中药辞海)=大独脚金
干草花(甘肃)=星毛补血草
干滴落(内蒙志)=狼爪瓦松
干地杜根藤 Calophanoides xerophila (W.W.Sm.) C.Y.Wu(爵床科)
干地绣线菊 Spiraea sicanea (W.W.Sm.) Rehd. (蔷薇科)
干冬菜(纲目拾遗)=青菜
干萼忍冬(高等图鉴)=长叶毛花忍冬
干果木 Xerospermum bonii (Lecomte) Radlk. (无患子科)
干果木属 Xerospermum Bl.(无患子科)
干汗草(广东军田)=小鱼仙草
干汗草(江西)=石荠苎
干汗子(白族名)=黄花蒿
干旱毛蕨 Cyclosorus aridus (Don) Tagawa(金星蕨科),*砍尖毛蕨,华中毛,密腺小毛蕨,密线毛蕨,凤尾草,小密腺毛蕨*
干花豆 Fordia cauliflora Hemsl.(豆科),*虾须豆,土甘草,福特木*
干花豆属 Fordia Hemsl.(豆科)
干黄草(四川)=扯根菜
干活草(甘肃)=黄花补血草
干甲树(广东,海南)=散沫花
干净杜鹃 Rhododendron detersile Franch.(杜鹃花科)
干酪鸡骨常山 Alstonia boonei De Willd.(夹竹桃科)
干漆(本经,四川中药志)=漆
干热鸢尾 Iris alberti Rgl.(鸢尾科)
干生芨芨草 Achnatherum jacquemontii (Jaub. & Spach) P.C.Kuo & S.L.Lu(禾本科)
干生铃子香 Chelonopsis siccanea W.W.Sm.(唇形科)
干生薹草 Carex aridula V.Krecz.(莎草科)
干生珍珠菜 Lysimachia lichiangensis var. xerophila C.Y.Wu(报春花科)
干氏毛兰(香港植物名录)=半柱毛兰
干桃(圣穗方)=桃
干香柏 Cupressus duclouxiana Hickel (柏科),*冲天柏,干柏杉,云南柏,滇柏*
干薤(王祯农书)=薤白
干岩千(四川南川)=毛黄堇
干叶子刺栗(西畴)=红壳锥
干油菜(四川)=蔊菜
干油菜(四川)=无瓣蔊菜
干沼草 Nardus stricta L.(禾本科)
干沼草属 Nardus L.(禾本科)
干蔗(南方草木状)=甘蔗
干枝柳(贵州)=思茅杭子稍
干枝梅(北京)=梅
干状木犀榄(分类学报)=云南木犀榄
甘比菜属(科属辞典)=**两节荠属**
甘波早熟禾 Poa gamblei Bor(禾本科)
甘藏毛茛 Ranunculus glabricaulis (Hand.-Mazz.) L.Liou(毛茛科)
甘草(丽江)=假秦艽
甘草(新疆,甘肃)=黄甘草
甘草 Glycyrrhiza uralensis Fisch.(豆科),*粉草,粉节草,疙瘩草,国老,美草,密草,甜草,甜根子,希禾日-额布斯*
甘草叶紫堇 Corydalis glycyphyllos Fedde(罂粟科),*甜叶紫堇*
甘草属 Glycyrrhiza L.(豆科)
甘草籽(经济志)=云南甘草
甘茶(药用图鉴)=中国绣球
甘储(本草纲目)=番薯
甘川灯心草 Juncus leucanthus Royle ex D.Don (灯心草科)
甘川铁线莲 Clematis akebioides (Maxim.) Hort. ex Veitch(毛茛科),*叶芒那保*
甘川圆柏(中国树木学)=大果圆柏
甘川紫菀 Aster smithianus Hand.-Mazz.(菊科)
甘得(广东金秤瑶族语)=华南远志
甘豆(广州志)=短豇豆
甘嘎日(藏名)=粉枝莓
甘葛(滇南本草)=葛
甘葛(四川)=食用葛
甘葛(中药辞海)=粉葛
甘葛藤(药典 2000)=粉葛
甘根(本经)=白及
甘瓜(名医别录)=甜瓜
甘瓠(诗经)=瓠子
甘姜(中草药汇编)=三桠乌药
甘橿(河南)=三桠乌药
甘橿(浙江)=山橿
甘蕉(南方草木状)=大蕉
甘蕉(图考)=芭蕉
甘菊(抱朴子)=菊花
甘菊 Dendranthema lavandulifolium (Fisch. ex Trautv.) Ling & Shih(菊科),*岩香菊*
甘菊甘野菊变种(植物志 76-1)=野甘菊(新)
甘菊毛叶甘菊变种(植物志 76-1)=毛叶甘菊(新)
甘菊稳舌甘菊变种(植物志 76-1)=稳舌甘菊(新)
甘蓝(群芳谱)=擘蓝
甘蓝 Brassica oleracea var. capitata L.(十字花科),*包包菜,包菜,包心菜,大头菜,疙瘩白,卷心菜,葵花白菜,莲花白,洋白菜,椰菜,圆白菜*
甘榄(陆川本草)=橄榄
甘李根白皮(金匮要略)=李
甘露儿(救荒本草)=甘露子
甘露子 Stachys sieboldi Miq.(唇形科),*宝塔菜,草石蚕,地蚕,地牯牛,地牯牛草,地母,地钮,地葱,甘露儿,甘露儿,旱螺蛳,罗汉菜,螺蛳菜,米累累,人土参,益母膏*
甘洛紫堇 Corydalis schusteriana Fedde(罂粟科)
甘蒙柽柳 Tamarix austromongolica Nakai(柽柳科)
甘蒙锦鸡儿 Caragana opulens Kom.(豆科),*柴布日-哈日嘎纳*
甘蒙雀麦 Bromus korotkiji Drob.(禾本科)
甘木通(广东)=莪蕨叶铁线莲
甘奈海杜鹃(植物学杂志)=台北杜鹃
甘南报春 Primula erratica W.W.Sm.(报春花科),*野报春*
甘南红景天 Rhodiola gannanica K.T.Fu(景天科)
甘南景天 Sedum ulricae Fröd. (景天科)
甘南小檗 Berberis integripetala Ying(小檗科)
甘南岩蕨 Woodsia macrospora C.Chr & Maxon (岩蕨科)
甘南紫堇 Corydalis sigmantha Z.Y.Su & C.Y. Wu (罂粟科),*山仙*
甘平十大功劳(中药辞海)=安坪十大功劳
甘青报春 Primula tangutica Duthie(报春花科),*奥勒西*
甘青侧金盏花 Adonis bobroviana Sim.(毛茛科)
甘青大戟 Euphorbia micractina Boiss.(大戟科),*疣果大戟*
甘青蒿(高等图鉴)=绒毛甘青蒿
甘青蒿 Artemisia tangutica Pamp.(菊科)
甘青虎耳草(高等图鉴)=唐古特虎耳草
甘青黄芪 Astragalus tanguticus Batalin(豆科),*青海黄芪,塞完*
甘青剪股颖 Agrostis hugoniana Rendle (禾本科)
甘青老鹳草 Geranium pylzowianum Maxim.(牻牛儿苗科)
甘青琉璃草 Cynoglossum gansuense Y.L.Liu (紫草科)
甘青青兰(中国药典)=全缘青兰
甘青青兰 Dracocephalum tanguticum Maxim. (唇形科),*唐古特青兰,陇塞青兰,则羊古,知羊故,杂毕样*
甘青鼠李 Rhamnus tangutica J.Vass.(鼠李科),*粗叶鼠李,冻绿*
甘青铁线莲 Clematis tangutica (Maxim.) Korsh. (毛茛科),*亦蒙,铁线莲*
甘青微孔草 Microula pseudotrichocarpa W.T. Wang (紫草科)
甘青卫矛(青海中草药名录)=八宝茶
甘青乌头 Aconitum tanguticum (Maxim.) Stapf (毛茛科),*辣辣草,雪乌,翁阿鲁,山附子,唐古特乌头,庞阿嘎保*
甘青小蒿 Artemisia przewalskii Krsch.(菊科)
甘青针茅 Stipa przewalskyi Roshev.(禾本科)
甘薯(本草纲目)=番薯
甘薯 Dioscorea esculenta (Lour.) Burkill(薯蓣科),*甜薯,山薯,马旺*
甘藷(图考,家政钱全书)=番薯
甘松 Nardostachys chinensis Bat.(败酱科),*苦弥哆,麝男,人身香*
甘松香(种子植物名称)=匙叶甘松
甘松属 Nardostachys DC.(败酱科)
甘肃矮探春 Jasminum humile f. kansuense (Kobuski) Miao(木犀科)
甘肃霸王(分类学报)=甘肃驼蹄瓣
甘肃白刺(中草药汇编)=白刺
甘肃贝母 Fritillaria przewalskii Maxim. ex

Batal. (百合科),*岷贝,西北贝母*
甘肃变种(植物志 65-2)=紫花野芝麻
甘肃糙苏 Phlomis kansuensis C.Y.Wu(唇形科)
甘肃柽柳 Tamarix gansuensis H.Z.Zhang(柽柳科)
甘肃臭草 Melica przewalskyi Roshev.(禾本科),*勃氏臭草*
甘肃翠雀花 Delphinium kansuense W.T.Wang (毛茛科)
甘肃大戟 Euphorbia kansuensis Prokh.(大戟科),*阴山大戟,狼毒,月腺大戟*
甘肃丹参(甘肃)=甘西鼠尾草
甘肃丁香(树木分类学)=华丁香
甘肃独活 Heracleum kansuense Diels(伞形科)
甘肃杜鹃 Rhododendron potanini Batal.(杜鹃花科)
甘肃短肠蕨 Allantodia kansuensis Ching(蹄盖蕨科)
甘肃多榔菊 Doronicum gansuense Y.L.Chen(菊科)
甘肃风毛菊 Saussurea kansuensis Hand.-Mazz. (菊科)
甘肃枫杨 Pterocarya macroptera Batal.(胡桃科)
甘肃复叶耳蕨 Arachniodes gansuensis (Ching) Y.T.Hsieh(鳞毛蕨科)
甘肃高葶雪山报春(高等图鉴)=心愿报春
甘肃骨牌蕨 Lepidogrammitis kansuensis Ching (水龙骨科)
甘肃海棠(华北经济志要)=陇东海棠
甘肃旱雀豆 Chesniella gansuensis (Liou f.) P.C. Li (豆科),*甘肃雀儿豆*
甘肃蒿 Artemisia gansuensis Ling & Y.R.Ling (菊科)
甘肃红景天 Rhodiola kansuensis (Fröd.) S.H.Fu (景天科)
甘肃厚叶报春(高等图鉴)=大通报春
甘肃槐树(树木分类学)=厚果槐
甘肃黄鹌菜 Youngia conjunctiva Bobc. & Stebb.? (菊科)
甘肃黄芪 Astragalus licentianus Hand.-Mazz. (豆科)
甘肃黄芩 Scutellaria rehderiana Diels(唇形科)
甘肃棘豆 Oxytropis kansuensis Bge.(豆科),*田尾草,施巴草,疯马豆,色舍儿,塞嘎尔*
甘肃荚蒾 Viburnum kansuense Batal.(忍冬科),*甘肃琼花*
甘肃假钻毛蕨 Paradavallodes kansuense Ching (骨碎补科)
甘肃锦鸡儿(豆科图说)=青甘锦鸡儿
甘肃锦鸡儿 Caragana kansuensis Pojark.(豆科),*母猪刺*
甘肃景天 Sedum perrotii Hamet(景天科)
甘肃菊叶马先蒿白花变型(植物志 68)=白花甘肃马先蒿
甘肃菊叶马先蒿厚毛亚种(植物志 68)=厚毛甘肃马先蒿
甘肃菊叶马先蒿青海亚种(植物志 68)=青海甘肃马先蒿
甘肃菊叶马先蒿雅江亚种(植物志 68)=雅江甘肃马先蒿
甘肃卷柏 Selaginella kansuensis Ching & Hsu (卷柏科)
甘肃鳞盖蕨 Microlepia kansuensis Ching?(碗蕨科)
甘肃柳 Salix fargesii var. kansuensis (Hao) N. Chao (杨柳科)
甘肃耧斗菜 Aquilegia oxysepala var. kansuensis Brühl(毛茛科)
甘肃蕗蕨 Mecodium kansuense Ching & Hsu?(膜蕨科)
甘肃马先蒿 Pedicularis kansuensis Maxim.(玄参科),*甘肃马先蒿甘肃亚种甘肃变型*
甘肃马先蒿甘肃亚种甘肃变型(植物志 68)=甘肃马先蒿
甘肃梅花草 Parnassia gansuensis Ku (虎耳草科)
甘肃米口袋 Gueldenstaedtia gansuensis H.P. Tsui (豆科)
甘肃木蓝 Indigofera potaninii Craib(豆科),*波氏木蓝,陕西木蓝,山豆根,土豆根*
甘肃南牡蒿 Artemisia eriopoda var. gansuensis Ling & Y.R.Ling(菊科)
甘肃念珠芥 Neotorularia korolkowii (Rgl. & Schmalh.) Hedge & J.Léonard(十字花科),*长果念珠芥,甘新念珠芥,莲座念珠芥*
甘肃脓疮草 Panzeria kansuensis C.Y.Wu & H. W.Li (唇形科)
甘肃槭 Acer mandshuricum subsp. kansuense (Fang & C.Y.chang) Fang(槭树科)
甘肃荨麻 Urtica dioica subsp. gansuensis C.J. Chen (荨麻科)
甘肃琼花(树木分类学)=甘肃荚蒾
甘肃雀儿豆(分类学报)=甘肃旱雀豆
甘肃忍冬 Lonicera kansuensis (Batal. ex Rehd.) Pojark.(忍冬科)
甘肃瑞香(高等图鉴)=唐古特瑞香
甘肃沙拐枣 Calligonum chinense A.Los.(蓼科)
甘肃山麦冬 Liriope kansuensis (Batal) C.H. Wright (百合科)
甘肃山梅花 Philadelphus kansuensis (Rehd.) S. Y.Hu (虎耳草科),*甘肃太平花*
甘肃山楂 Crataegus kansuensis Wils.(蔷薇科),*面旦子,野山楂*
甘肃嵩草 Kobresia kansuensis Kükenth.(莎草科)
甘肃溲疏(经济植物手册)=白溲疏
甘肃素馨(植物研究)=探春花
甘肃薹草 Carex kansuensis Nelmes(莎草科)
甘肃太平花(经济植物手册)=甘肃山梅花
甘肃桃 Amygdalus kansuensis (Rehd.) Skeels (蔷薇科)
甘肃天门冬 Asparagus kansuensis Wang & Tang (百合科)
甘肃铁角蕨 Asplenium kansuense Ching?(铁角蕨科)
甘肃铁线莲(新)Clematis brevipes Rehd.?(毛茛科)
甘肃土当归 Aralia kansuensis Hoo(五加科)
甘肃驼蹄瓣 Zygophyllum kansuense Y.X.Liou (蒺藜科),*甘肃霸王*
甘肃瓦韦 Lepisorus kasuensis Ching & Y.X.Lin (水龙骨科)
甘肃细圆齿火棘 Pyracantha crenulata var. kansuensis Rehd.(蔷薇科),*细圆齿火棘甘肃变种*
甘肃小檗 Berberis kansuensis Schneid. (小檗科),*黄檗*
甘肃小黄素馨(分类学报)=探春花
甘肃蟹甲草 Parasenecio gansuensis Y.L.Chen (菊科)
甘肃玄参 Scrophularia kansuensis Batal.(玄参科)
甘肃雪灵芝 Arenaria kansuensis Maxim.(石竹科),*甘肃蚤缀,雪灵芝,睬阿中*
甘肃丫蕊花 Ypsilandra kansuensis R.N.Zhao & Z.X.Peng(百合科)
甘肃羊茅 Festuca kansuensis Markgraf-Dann(禾本科)
甘肃野丁香 Leptodermis purdomii Hutch.(茜草科)
甘肃银莲花 Anemone baicalensis var. kansuensis (W.T.Wang) W.T.Wang(毛茛科)
甘肃鸢尾(植物志 43-3)=粗根鸢尾
甘肃蚤缀(高等图鉴)=甘肃雪灵芝
甘肃沼柳 Salix rosmarinifolia var. gannanensis C.F.Fang (杨柳科)
甘肃紫堇 Corydalis chingii Fedde(罂粟科)
甘肃醉鱼草(植物志 61)=短序醉鱼草
甘肃醉鱼草 Buddleja purdomii W.W.Sm. ?(马钱科)
甘遂 Euphorbia kansui T.N.Liou ex S.B.Ho(大戟科),*主田,甘泽,重泽,苦泽,陵泽,肿手花根*
甘棠(诗经)=杜梨
甘西鼠尾草 Salvia przewalskii Maxim.(唇形科),*紫丹参,红秦艽,甘肃丹参*
甘新念珠芥(植物志 33)=甘肃念珠芥
甘新青蒿 Artemisia polybotryoidea Y.R.Ling(菊科)
甘泽(吴普本草)=甘遂
甘蔗(中药辞海)=竹蔗
甘蔗 Saccharum officinarum L.(禾本科),*干蔗,竿蔗,石蜜,薯蔗,秀贵甘蔗,竹蔗*
甘蔗属 Saccharum L.(禾本科)
甘竹(群芳谱)= 淡竹
甘孜翠雀花 Delphinium kantzeense W.T.Wang (毛茛科)
甘孜党(四川)=灰毛党参
甘孜党(四川)=球花党参
甘孜沙参 Adenophora jasionifolia Franch.(桔梗科),*阿墩沙参,小钟沙参*
甘紫菜 Porphyra tenera Kjellm.(马鞭草科)
杆丛苣苔属 Rhabdothamnus A.Cunn.(苦苣苔科)
杆杆梢(陕西)=中华绣线梅
肝风草(中药大辞典)=葱莲
肝红(峨眉山)=扬子小连翘
肝火草(江西民间草药)=爵床
肝炎草(山东)=垂盆草
肝炎草(云南)=美丽獐牙菜
肝炎草(云南)=青叶胆
肝炎草(云南)=云南獐牙菜
肝炎药(云南)=椭圆叶花锚
柑(南方草木状)=橘
柑差蝻草(广东海康)=赤山蚂蝗
柑毒草(福建)=钩吻
柑果子 Hespercthusa crenulata (Roxb.) Roem. (芸香科)
柑果子 Hesperethusa crenulata (Roxb.) Roem. (芸香科)
柑果子属 Hesperethusa Roem.(芸香科)
柑橘(通称,植物志 43-2)=橘
柑橘科(林业土壤研究所集)=芸香科
柑橘属 Citrus L.(芸香科)
柑仔蜜(台湾)=黄花稔
柑子(四川)=福橘
柑子茵芋(分类草药性)=石柑子
竿蔗(隋息居饮食谱)=甘蔗
疳积草(湖南)=百蕊草
疳积草(湖南)=半边莲
疳积草(江西民间草药)=爵床
疳积草(云南)=华南远志

疳积草(中草药汇编)=孩儿草
疳积散(云南)=鼠尾香薷
疳积药(贵州方药集)=萹蓄
疳取草(湖南)=活血丹
秆黄杜鹃(植物研究)=腊黄杜鹃
秆色金星蕨(安徽志)=禾秆金星蕨
秆叶薹草 Carex insignis Boott(莎草科)
赶风柴(本草求原)=白桐树
赶风柴(广东,广西)=大叶紫珠
赶风柴(岭南采药录)=尖尾枫
赶风晒(本草求原,生草药性备要)=尖尾枫
赶风债(生草药性备要)=白桐树
赶狗木(广西中草药展)=苦木
赶山鞭(成都)=半枝莲
赶山鞭(贵州中草药名录)=滇星蕨
赶山鞭(湖北)=活血丹
赶山鞭(江西,湖南)=九龙盘
赶山鞭 Hypericum attenuatum Choisy(藤黄科),*打字草,地耳草,二十四节草,接骨仙桃,女儿茶,乌腺金丝桃,香龙草,小便草,小茶叶,小对叶草,小旱莲,小金雀,小金丝桃,小金钟,小叶牛心菜,胭脂草,紫草*
赶山虎(高等图鉴)=接骨草
赶山尖(四川苍溪)=头序荛花
感米(千金-食治)=薏米
感野青茅(禾本科图说)=川野青茅
感应草 Biophytum sensitivum (L.) DC.(酢浆草科),*羞礼草,荷草,罗伞草,降落草*
感应草属 Biophytum DC.(酢浆草科),*羞礼花属*
橄榄(云南)=余甘子
橄榄 Canarium album (Lour.) Rauesch.(橄榄科),*白榄,甘榄,红榄,黄榄,谏果,青橄榄,青果,青子,山榄,忠果*
橄榄佛手 Ginkgo biloba cv. Ganlanfoshou(银杏科)
橄榄果链珠藤(植物志 63)=链珠藤
橄榄科 Burseraceae
橄榄槭 Acer olivaceum Fang & P.L.Chiu(槭树科)
橄榄山矾 Symplocos atriolivacea Merr. & Chun ex Li(山矾科)
橄榄形崖爬藤 Tetrastigma oliviforme Planch.(葡萄科)
橄榄竹(云南)=油簕竹
橄榄竹 Indosasa gigantea (Wen) Wen (禾本科),*江南竹*
橄榄属 Canarium L.(橄榄科)
橄榄子(福建)=槟榔
橄树(海南)=云南银柴
擀杖花(陕西中草药)=蜀葵
淦叶高山耳蕨(蕨类名词及名称)=薄叶耳蕨
赣皖乌头 Aconitum finetianum Hand.-Mazz.(毛茛科),*草乌,缙兰花*

Gang

冈村紫菜 Porphyra okamurai Ueda (马鞭草科)
冈底斯山蝇子草 Silene moorcroftiana Wall. ex Benth.(石竹科),*西藏蝇子草*
冈噶琼(藏名)=乌奴龙胆
冈妥巴(藏名)=垂果南芥
刚布(藏名)=西藏扁芒菊
刚刺杜鹃 Rhododendron setiferum Balf.f. & Forr. (杜鹃花科),*刚毛杜鹃*
刚果咖啡 Coffea congensis Froehn.(茜草科)
刚果买麻藤 Gnetum africanum Welw.(买麻藤科)
刚蒿(甘肃,宁夏)=冷蒿
刚桧(北研丛刊)=杜松
刚健芦荟 Aloe nobilis Haw.(百合科)
刚鳞针毛蕨 Macrothelypteris setigera (Bl.) Ching (金星蕨科)
刚毛白簕 Acanthopanax trifoliatus var. setosus Li(五加科)
刚毛白辛树(云南区系报告)=白辛树
刚毛糙苏 Phlomis setigera Falcon.(唇形科)
刚毛柽柳 Tamarix hispida Willd.(柽柳科),*毛红柳,粗硬毛柽柳*
刚毛赤瓟 Thladiantha setispina A.M.Lu & Z.Y. Zhang (葫芦科),*西藏赤瓟*
刚毛灯心草 Juncus setaceus Rostk.(灯心草科)
刚毛地檀香 Gaultheria forrestii var. setigera C. Y.Wu ex T.Z.Hsu(杜鹃花科)
刚毛滇紫草 Onosma setosa Ledeb.(紫草科)
刚毛杜鹃(云南杜鹃花)=长粗毛杜鹃
刚毛杜鹃(云南志)=刚刺杜鹃
刚毛杜鹃 Rhododendron setosum D.Don(杜鹃花科)
刚毛萼刺蕊草 Pogostemon hispidocalyx C.Y. Wu & Y.C.Huang(唇形科)
刚毛耳蕨 Polystichum setillosum Ching(鳞毛蕨科)
刚毛发草 Deschampsia setacea (Hudson) Hackel (禾本科)
刚毛凤仙花 Impatiens setosa HK.f. & Thoms (凤仙花科)
刚毛腹水草 Veronicastrum villosulum var. hirsutum Chin & Hong(玄参科),*毛叶腹水草刚毛变种*
刚毛禾叶蕨 Grammitis setosa Bl.(禾叶蕨科)
刚毛虎耳草(新拉汉英)=硬毛虎耳草(新)
刚毛虎耳草 Saxifraga oreophila Franch.(虎耳草科)
刚毛槐蓝(豆科图说)=硬毛木蓝
刚毛黄蜀葵 Abelmoschus manihot var. pungens (Roxb.) Hochr.(锦葵科),*大苏子,大粘药,黄芙蓉,黄花麻,黄麻,黄秋葵,火炮药,桐麻,辛麻,野棉花,柚麻根,竹芙蓉*
刚毛假糙苏 Paraphlomis hispida C.Y.Wu(唇形科)
刚毛尖子木 Oxyspora vagans (Roxb.) Wall.(野牡丹科)
刚毛锦鸡尾 Haworthia setata haw.(百合科)
刚毛锦香草 Phyllagathis hispida (S.Y.Hu) C.Y. Wu ex C.Chen(野牡丹科)
刚毛鳞盖蕨 Microlepia hispida C.Chr.(碗蕨科)
刚毛楼梯草 Elatostema setulosum W.T.Wang (荨麻科)
刚毛马银花 Rhododendron ovatum var. setuliferum M.Y.He(杜鹃花科)
刚毛木蓝(豆科图说)=硬毛木蓝
刚毛秋海棠 Begonia setifolia Irmsch.(秋海棠科)
刚毛忍冬 Lonicera hispida Pall. ex Roem. & Schult.(忍冬科),*硬毛忍冬*
刚毛鳃兰 Maxillaria setigera Lindl.(兰科)
刚毛涩荠 Malcolmia hispida Litw.(十字花科)
刚毛山柳菊 Hieracium echioides Lumn.(菊科)
刚毛蛇头荠(植物志 33)=蛇头荠
刚毛树萝卜 Agapetes setigera D.Don(杜鹃花科)
刚毛溲疏 Deutzia setosa Zaikonn.(虎耳草科)
刚毛藤山柳 Clematoclethra scandens Maxim. (猕猴桃科)
刚毛葶苈 Draba setosa Royle(十字花科)
刚毛橐吾 Ligularia achyrotricha (Diels) Ling(菊科),*一碗水*
刚毛委陵菜 Potentilla asperrima Turcz.(蔷薇科),*刚毛萎陵菜*
刚毛萎陵菜(东北检索表)=刚毛委陵菜
刚毛无心菜 Arenaria setifera C.Y.Wu ex L.H. Zhou (石竹科)
刚毛五加 Acanthopanax simonii Schneid.(五加科),*西蒙五加,西门五加*
刚毛香茶菜 Isodon hispidus (Benth.) Murata(唇形科),*烂脚丫巴草*
刚毛小果微孔草 Microula pustulosa var. setulosa W.T.Wang(紫草科)
刚毛小叶葎 Galium asperifolium var. setosum Cuf.(茜草科)
刚毛新月蕨 Pronephrium setosum Y.X.Lin (金星蕨科)
刚毛牙蕨(植物志 6-1)=毛轴牙蕨
刚毛岩黄芪 Hedysarum setosum Ved.(豆科)
刚毛叶大萼小檗 Berberis macrosepala var. setifolia Ahrendt (小檗科)
刚毛叶落草 Koeleria setacea (Pers.) DC.(禾本科)
刚毛云南越桔 Vaccinium duclouxii var. hirticaule C.Y.Wu(杜鹃花科)
刚毛紫地榆 Geranium hispidissimum (Franch.) R.Knuth(牻牛儿苗科),*糙毛老鹳草*
刚前胡(内蒙中草药)=硬阿魏
刚松 Pinus rigida Mill.(松科),*美国短三叶松,萌芽松,硬叶松*
刚硬金合欢 Acacia rigens A.Cunn.(豆科)
刚莠竹 Microstegium ciliatum (Trin.) A.Camus (禾本科),*大种假莠竹*
刚竹(禾本科图说)=桂竹
刚竹 Phyllostachys sulphurea Viridis (禾本科),*胖竹*
刚竹属 Phyllostachys S. & Z.(禾本科)
刚子(雷斅炮炙论)=巴豆
岗巴肋柱花 Lomatogonium lloydioides (Burk.) H.Sm. ex Chater(龙胆科)
岗斑鸠菊 Vernonia clivorum Hance(菊科)
岗边菊(中草药汇编)=琴叶紫菀
岗柴 Triarrhena lutarioriparia var. gongchai L. Liu (禾本科)
岗柃 Eurya groffii Merr.(山茶科),*蚂蚁木,米碎木*
岗梅(广东大埔)=秤星树
岗仁布齐黄芪 Astragalus tatsienensis var. kangrenbuchiensis (Ni & P.C.Li) Y.C.Ho(豆科)
岗棯(广东)=桃金娘
岗松 Baeckea frutescens L.(桃金娘科),*扫把枝,铁扫把,香柴*
岗松属 Baeckea L.(桃金娘科)
岗油麻(生草药性备要)=山芝麻
岗脂麻(岭南采药录)=山芝麻
缸瓦稀(广东中药)=苦郎树
缸瓮树(广东肇庆)=紫玉盘
钢刷子(植物志 10-2)=胭脂红
崗轩满江红 Azolla pinnata R.Br.(满江红科)
港瓜馥木(植物学杂志)=香港瓜馥木
港柯(广西植物)=广南柯
港柯 Lithocarpus harlandii (Hance) Rehd.(壳斗科)
港口马兜铃 Aristolochia zollingeriana Miq.(马兜铃科)
港口线柱兰(台兰科图鉴)=关刀溪线柱兰
港鹰爪(植物学杂志)=香港鹰爪花

港油麻藤 Mucuna championii Benth.(豆科),*绢毛油麻藤*

杠板归 Polygonum perfoliatum L.(蓼科),*超级大国虎刺,刺犁尖,刺犁头,倒挂紫金钩,贯叶蓼,河白草,回头草,犁头尖,蛇倒退*

杠柳 Periploca sepium Bge.(萝藦科),*北五加皮,臭加皮,狗奶子,关角梢,关角桃,立柳,山五加皮,桃不桃柳不柳,头角桃,狭叶萝藦,香加皮,香五加皮,羊角条,羊角叶,羊奶条,羊奶子,阴柳,钻墙柳*

杠柳属 Periploca L.(萝藦科)

杠木(海南)=毛果扁担杆

杠木(宁夏中草药手册)=蒙古栎

杠香藤 Mallotus repandus var. chrysocarpus (Pamp.) S.M.Hwang(大戟科),*腺叶石岩枫*

杠竹 Sinobambusa henryi (McClure) C.D.Chu & C.S.Chao (禾本科),*茄子竹*

杠锥(海南文昌)=文昌锥

Gao

皋芦(本草拾遗)=茶

皋月杜鹃 Rhododendron indicum (L.) Sweet(杜鹃花科),*西鹃*

高艾纳香 Blumea repanda (Roxb.) Hand.-Mazz.(菊科)

高八幡草 Boykinia elata (Nutt.) Greene (虎耳草科)

高八爪(四川)=百两金

高把蕉(广东)=香蕉

高斑鸠菊 Vernonia altissima Nutt.(菊科)

高斑叶兰 Goodyera procera (Ker-Gawl.) HK.(兰科),*穗花斑叶兰,斑叶兰,石风丹,兰花草*

高杯喉毛花 Comastoma traillianum (Forr.) Holub (龙胆科)

高波罗花 Incarvillea altissima Forr.(紫葳科)

高茶藨子 Ribes altissimum Turcz. ex Pojark.(虎耳草科)

高超马先蒿 Pedicularis princeps Bur. & Franch.(玄参科)

高超蹄盖蕨 Athyrium excelsium Ching? (蹄盖蕨科)

高臭草 Melica altissima L.(禾本科),*西伯利亚臭草*

高葱(新拉汉英)=大花葱

高葱 Allium elatum Rgl.(百合科)

高丛复叶耳蕨 Arachniodes elevata Ching(鳞毛蕨科)

高丛玉簪 Hosta fortunei Bailey (百合科),*狭叶玉簪*

高丛珍珠梅 Sorbaria arborea Schneid.(蔷薇科),*野生珍珠梅,珍珠梅*

高丛珍珠梅光叶变种(植物志 36)=光叶高丛珍珠梅(新)

高丛珍珠梅毛叶变种(植物志 36)=毛叶高丛珍珠梅(新)

高大哀氏马先蒿 Pedicularis elwesii subsp. major Tsoong(玄参科),*哀氏马先蒿高大亚种*

高大变种(植物志 74)=高大紫菀木(新)

高大翅果菊 Pterocypsela elata (Hemsl.) Shih(菊科),*高莴苣,剪刀草,老蛇药,山苦菜,水紫莺,野苦麻,野洋烟*

高大杜鹃花 Rhododendron excelsum Cheval.(杜鹃花科)

高大短肠蕨 Allantodia procera (Wall. ex Clarke) Ching(蹄盖蕨科)

高大耳蕨 Polystichum altum Ching ex L.B. Zhang & H.C.Kung(鳞毛蕨科)

高大复叶耳蕨 Arachniodes gigantea Ching(鳞毛蕨科)

高大沟酸浆 Mimulus tenellus var. procerus (Grant) Hand.-Mazz.(玄参科)

高大灰叶梾木 Swida poliophylla var. praelonga (Fang & W.K.Hu) Fang & W.K.Hu(山茱萸科)

高大菅(新)Themeda gigantea (Cav.) Hack.(禾本科),*大菅*

高大鹿药 Maianthemum atropurpureum (Franch.) LaFrank.(百合科)

高大毛蕨 Cyclosorus excelsior Ching & Shing (金星蕨科)

高大槭(分类学报)=阔叶槭

高大三棱栎 Trigonobalanus excelsa Lozano(壳斗科)

高大肾蕨 Nephrolepis exaltata (L.) Schott.(骨碎补科)

高大菟丝子 Cuscuta gigantea Griff.(旋花科)

高大锡金柳叶菜(云南志)=鳞片柳叶菜

高大一枝黄花 Solidago gigantea Ait.(菊科)

高大越桔 Vaccinium corymbosum L.(杜鹃花科)

高大紫菀木(新)Asterothamnus centraliasiaticus var. procerior Novopokr.(菊科),*高大变种*

高地钩叶藤 Plectocomia himalayana Griff.(棕榈科)

高地黄 Rehmannia elata N.E.Brown(玄参科)

高地棉(广州常见植物)=陆地棉

高地省藤 Calamus nambariensis var. alpinus S.J.Pei & S.Y.Chen (棕榈科)

高地蒜 Allium oreophilum C.A.Mey.(百合科)

高地珠峰小檗 Berberis everestiana var. ventosa Ahrendt (小檗科)

高冬青 Ilex excelsa (Wall.) HK.f.(冬青科)

高墩草(云南)=花点草

高鹅掌柴 Schefflera elata (C.B.Clarke) Harms (五加科)

高额马先蒿 Pedicularis altifrontalis Tsoong(玄参科),*高萼马先蒿*

高萼马先蒿(Flora 18)=高额马先蒿

高恩淘格(蒙名)=小花糖芥

高峰景天(拉汉名称)=背药红景天

高峰乌头 Aconitum alpinonepalense Tamura(毛茛科)

高峰小报春 Primula minutissima Jacquem. ex Duby (报春花科)

高杆珍珠茅(中药辞海)=宽叶珍珠茅

高秆莎草 Cyperus exaltatus Retz.(莎草科)

高秆薹草 Carex alta Boott(莎草科)

高秆珍珠茅 Scleria elata Thw.(莎草科)

高鸽兰 Peristeria elata HK.(兰科)

高根(海南尖峰岭)=海南大风子

高根(湛江)=红花天料木

高冠白前 Cynanchum rockii M.G.Gilb.(萝藦科)

高冠黄堇 Corydalis laelia Prain(罂粟科)

高冠尼泊尔黄堇 Corydalis hendersonii var. alto-cristata C.Y.Wu & Z.Y.Su(罂粟科)

高冠曲花紫堇 Corydalis curviflora subsp. altecristata (C.Y.Wu & H.Chuang) C.Y.Wu (罂粟科)

高冠藤(云南)=尖槐藤

高冠藤属(科属检索表)=**尖槐藤属**

高贵齿瓣兰 Odontoglossum nobile Rchb.f.(兰科)

高贵凤仙花 Impatiens nobilis HK.f.(凤仙花科)

高贵蓝蓟 Echium fastousum Ait.(紫草科)

高贵龙胆 Gentiana gentilis Franch.(龙胆科)

高贵线柱兰 Zeuxine regia (Lindl.) Trimen (兰科)

高贵云南冬青 Ilex yunnanensis var. gentilis Loes. ex Diels(冬青科),*光叶云南冬青,光叶万年青*

高寒露珠草 Circaea alpina subsp. micrantha (Skvortsov) Bulfford(柳叶菜科)

高寒松 Pinus culminicola Andreson & Beaman (松科)

高寒蹄盖蕨 Athyrium rupestre Kodama? (蹄盖蕨科)

高寒早熟禾 Poa koelzii Bor(禾本科)

高蔊菜 Rorippa elata (HK.f. & Thoms.) Hand.-Mazz. (十字花科),*苦菜,葶苈*

高河菜 Megacarpaea delavayi Franch.(十字花科),*矮高河菜,短羽裂高河菜,长瓣高河菜*

高河菜属 Megacarpaea DC.(十字花科)

高红槿 Hibiscus elatus Sw.(锦葵科)

高虎耳草 Saxifraga altissima Kern.(虎耳草科)

高画眉草 Eragrostis alta Keng(禾本科)

高蓟 Cirsium altissimum Hill.(菊科)

高加索百合 Lilium monadelphum Marschall (百合科)

高加索杜鹃花 Rhododendron caucasicum Pall.(杜鹃花科)

高加索鹅观草 Roegneria caucasica C.Koch.(禾本科)

高加索番红花(新拉汉英)=金线番红黄花

高加索枫杨 Pterocarya pterocarpa (Michx.) Kunth (胡桃科)

高加索榉 Zelkova carpinifolia (Pall.) K.Koch.(榆科)

高加索冷杉 Abies nordmanniana (Steven) Spach (松科)

高加索朴 Celtis caucasica Willd.(榆科)

高加索山梅花 Philadelphus caucasicus Koehne (虎耳草科)

高加索芍药 Paeonia caucasica N.Schipcz.(芍药科)

高加索薹草 Carex caucasica Stev.(莎草科)

高加索小檗(新拉汉英)=大黄连

高加索银莲花 Anemone caucasica Willd.(毛茛科)

高加索鸢尾 Iris caucasica Hoffm.(鸢尾科)

高加索越桔(新拉汉英)=熊果越桔

高加索治疝草 Herniaria caucasica Rupr.(石竹科)

高碱蓬 Suaeda altissima (L.) Pall.(藜科)

高姜黄(新)Curcuma elata Roxb.(姜科)

高脚波(福建)=山莓

高脚刺(中药大辞典)=野花椒

高脚瓜子草(浙江)=瓜子金

高脚贯众(贵州)=紫萁

高脚豪猪脚(浙江)=霍州油菜

高脚红缸(江西)=朝天罐

高脚鸡眼(广东)=郎伞木

高脚假铁线草(广西)=团叶陵齿蕨

高脚老虎扭(植物志 37)=木莓

高脚凉伞(广西)=百两金

高脚凉伞(广西药用名录)=罗伞树

高脚蒲公英(浙江余江草药验方)=台湾翅果菊

高脚山茄(浙江)=秀丽野海棠

高脚鼠耳草(天目药志)=球序卷耳

高脚鼠耳草(浙江)=簇生卷耳

高脚铜告碑(天目药志)=黄水枝

高脚细辛(四川东部)=马蹄香

高脚香蕉(云南)=香蕉

高脚牙蕉(广东)=香蕉

高节薹草 Carex thomsonii Boott(莎草科),*块茎薹草*

高节沿阶草(Flora 24)=广东沿阶草

高节竹 Phyllostachys prominens W.Y.Xiong(禾本科)

高堇菜 Viola elatior Fires(堇菜科)

高茎翠雀花 Delphinium altissimum Wall.(毛茛科)

高茎蒿(河北)=蒌蒿

高茎卷瓣兰 Bulbophyllum elatum (HK.f.) J.J. Sm. (兰科)

高茎绿绒蒿 Meconopsis superba King ex Prain (罂粟科)

高茎毛兰 Eria pulvinata Lindl.(兰科)

高茎葶苈 Draba elata HK.f. & Thoms.(十字花科)

高茎小雀舌 Dyckia altissima Lindl.(兰科)

高茎紫堇 Corydalis elata Bur & Franch.(罂粟科)

高茎紫菀 Aster prorerus Hemsl.(菊科)

高楷子(东北)=珍珠梅

高柯(海南)=古柯

高壳槲栎(植物志 22)=北京槲栎

高蓝侧金盏花 Adonis coerulea Maxim. f. integra W.T.Wang(毛茛科)

高黎贡柯 Lithocarpus gaoligongensis Huang & Y.T.Chang (壳斗科),*老姆猪栎*

高黎贡山凤仙花 Impatiens chimiliensis Comber (凤仙花科)

高黎贡山薹草 Carex gaoligongshanensis P.C.Li (莎草科)

高黎舌唇兰 Platanthera herminioides T.Tang & F.T.Wang(兰科)

高丽花(辽宁阜新)=尾叶香茶菜

高丽槐(植物志 40)=朝鲜槐

高丽槐属(树木分类学)=**马鞍树属**

高丽碱茅 Puccinellia coreensis (Hack.) Honda (禾本科)

高丽悬钩子(华北经济志要)=插田泡

高丽云杉(东北)=红皮云杉

高良姜(江西)=华山姜

高良姜 Alpinia officinarum Hance(姜科),*膏凉姜,良姜,蛮姜,佛手根,小良姜,海良姜*

高粱泡 Rubus lambertianus Ser.(蔷薇科),*莲藨,冬牛,冬菠,刺五泡藤*

高粱属 Sorghum Moench(禾本科),*蜀黍亚族*

高粱 Sorghum bicolor (L.) Moench(禾本科),*醋糟,荻粱,高粱七,红糟,酒醅糟,芦穄,粕,蜀秫,蜀黍,甜糟,糟,爪龙*

高粱花(中药大辞典)=桦叶荚蒾

高粱七(贵州草药)=高粱

高粱七(中草药汇编)=拟高粱

高鳞毛蕨 Dryopteris simasakii (H.Ito) Kurata (鳞毛蕨科)

高岭风毛菊 Saussurea tomentosa Kom.(菊科)

高岭蒿 Artemisia brachyphylla Kitam.(菊科),*长白山蒿,绒叶蒿,塔格音-沙里尔日*

高麦珠子 Alphitonia excelsa Reiss. ex Endl.(鼠李科)

高毛鳞省藤 Calamus hoplites Dunn (棕榈科)

高帽乌头 Aconitum longecassidatum Nakai(毛茛科)

高莓系 Poa procera Roxb.(禾本科)

高拟金莲草 Hypogomphia elatior (Rgl.) Vass. (唇形科)

高牛眼菊 Buphthalmum speciossimum Ard.(菊科)

高盆樱桃 Cerasus cerasoides (D.Don) Sok.(蔷薇科),*箐樱桃,云南欧李,滇樱桃*

高坡凤仙花 Impatiens labordei HK.f.(凤仙花科)

高坡四轮香 Hanceola labordei (Lévl.) Sun(唇形科)

高坡酸(贵州)=茂汶过路黄

高浅裂菟葵 Eranthis lobulata var. elatior W.T.Wang(毛茛科)

高鞘薹草 Carex middendorffii Fr.Schmidt.(莎草科)

高砂小米草(植物志 67-2)=光叶小米草

高砂小米草 Euphrasia filicaulis Kimura(玄参科)

高砂悬钩子 Rubus nagasawanus Koidz.(蔷薇科),*粗毛悬钩子*

高砂羊茅 Festuca takasagoensis Ohwi(禾本科)

高砂早熟禾 Poa takasagomontana Ohwi(禾本科)

高山矮蒿 Artemisia comaiensis Ling & Y.R. Ling (菊科)

高山艾 Artemisia oligocarpa Hay.(菊科)

高山奥杨 Homalanthus alpinus Elm.(大戟科)

高山八角枫 Alangium alpinum (Clarke) W.W. Sm. & Cave(八角枫科)

高山白花杜鹃 Rhododendron chionanthum Tagg & Forr.(杜鹃花科)

高山白头翁(新疆中草药)=发黄白头翁

高山白珠 Gaultheria borneensis Stapf(杜鹃花科),*台湾白珠*

高山柏 Juniperus squamata Buch.-Ham. ex D. Don (柏科),*柏香,藏柏,刺柏,大香桧,浪柏,鳞桧,陇桧,山柏,团香,香青,岩刺柏,*

高山报春(拉汉名称)=杂色钟报春

高山贝母 Fritillaria fusca Turrillh.(百合科)

高山杓兰 Cypripedium himalaicum Rolfe(兰科)

高山藨草 Scirpus paniculato-corymbosus Kükenth. (莎草科)

高山捕虫堇 Pinguicula alpina L.(苦苣苔科),*捕虫堇*

高山布郎兰 Brownleea alpina (HK.f.) N.E.Br. (兰科)

高山糙苏 Phlomis alpina Pall.(唇形科)

高山茶藨子 Ribes alpinum L.(虎耳草科)

高山茶梨 Anneslea fragrans var. alpina (Li) Kobuski (山茶科),*细叶茶梨*

高山臭草 Melica taylori Hempel(禾本科)

高山雏兰(台湾兰科植物)=台湾无柱兰

高山垂穗石松(分类学报)= 高山石松

高山枞(中国裸子志)=苍山冷杉

高山丛林白珠 Gaultheria dumicola var. petanoneuron Airy-Shaw(杜鹃花科)

高山醋栗(树木志)=长刺茶藨子

高山大黄(植物志 25-1)=塔黄

高山大戟(新疆检索表)=北高山大戟

高山大戟 Euphorbia stracheyi Boiss.(大戟科),*柴胡大戟,藏西大戟,柴胡状大戟,喜马拉雅大戟,黄缘毛大戟*

高山淡色薹草(新) Carex infuscata var. gracilenta (Boott ex Strachey) P.C.Li(莎草科),*高山薹草*

高山当药(台湾志)=搭山獐牙菜

高山党参 Codonopsis alpina Nannf.(桔梗科)

高山倒提壶 Cynoglossum alpestre Ohwi (紫草科)

高山灯心草 Juncus alpinus Vill.(灯心草科)

高山地榆 Sanguisorba alpina Bge.(蔷薇科)

高山吊石苣苔(植物志 69)=吊石苣苔

高山篠蕨(植物志 2)=高山条蕨

高山顶冰花 Gagea jaeschkei Pasch.(百合科)

高山冬绿 Gaultheria humifusa (R.C.Grah.) Rybd. (杜鹃花科)

高山冬青 Ilex rockii S.Y.Hu(冬青科),*洛氏冬青,黑毛冬青*

高山冻绿 Rhamnus utilis var. szechuanensis Y.L. Chen & P.K.Chou(鼠李科)

高山豆 Tibetia himalaica (Baker) H.P.Tsui(豆科),*单花米口袋,杰巴区土,喜马拉雅米口袋,异叶米口袋,异叶米口袋*

高山豆属 Tibetia (Ali) H.P.Tsui (豆科)

高山独角蕨(峨眉药志)=扇羽阴地蕨

高山杜根藤 Calophanoides wardii (W.W.Sm.) C.Y.Wu(爵床科)

高山杜鹃 Rhododendron lapponicum (L.) Wahl. (杜鹃花科),*小叶杜鹃*

高山对叶兰 Listera bambusetorum Hand.-Mazz. (兰科)

高山鹅观草 Roegneria tschimganica (Drob.) Nevski (禾本科)

高山耳蕨(台湾志)=拉钦耳蕨

高山耳蕨 Polystichum otophorum (Franch.) Bedd. (鳞毛蕨科)

高山飞蓬 Erigeron alpinus Lam.(菊科)

高山肺形草 Tripterospermum cordifolium (Yamamoto) Satake(龙胆科)

高山粉背蕨 Aleuritopteris gresia var. alpina (Ching ex S.K.Wu) S.K.Wu(中国蕨科)

高山粉蝶兰(台兰科图鉴)=小舌唇兰

高山粉蝶兰(台湾兰科植物)=高山舌唇兰

高山粉条儿菜 Aletris alpestris Diels(百合科)

高山风毛菊 Saussurea alpina (L.) DC.(菊科)

高山风信子兰 Arpophyllum alpinum Lindl.(兰科)

高山凤尾蕨 Pteris aspericaulis var. subindivisa (Clarke) Ching(凤尾蕨科)

高山凤仙花 Impatiens nubigena W.W.Sm.(凤仙花科)

高山凤丫蕨(蕨类图谱)=直角凤丫蕨

高山附地菜 Trigonotis rockii Johnst.(紫草科)

高山谷精草 Eriocaulon alpestre HK.f. & Thoms. ex Koern.(谷精草科)

高山鬼芒(台湾地方名)=高山芒

高山蒿(四川)=球花蒿

高山红景天(长白山药志)=库页红景天

高山红景天 Rhodiola cretinii subsp. sino-alpina (Fröd.) H.Ohba(景天科),*高山蔷薇景天*

高山红兰(台湾志)=高山红门兰

高山红门兰 Orchis takasago-montana Masam. (兰科),*高山红兰,高山兰*

高山厚棱芹 Pachypleurum alpinum Ledeb.(伞形科)

高山虎耳草 Saxifraga hirculus var. alpina Engl. (虎耳草科)

高山桦 Betula delavayi Franch.(桦木科)

高山黄鹌菜(云南植物名录)=总序黄鹌菜

高山黄花茅 Anthoxanthum odoratum var. alpinum Max & Uechtr.(禾本科)

高山黄华(豆科图说)=高山野决明

高山黄堇(新疆检索表)=新疆黄堇

高山黄芪 Astragalus alpinus L.(豆科)

高山黄杨(云南志)=皱叶黄杨

高山桧(拉汉名称和手册)=西伯利亚刺柏

高山鸡藤(海南)=多刺鸡藤

高山积雪(俗名)=银边翠
高山棘豆(新拉汉英)=高山生棘豆(新)
高山棘豆 Oxytropis alpina Bge.(豆科)
高山寄生 Scurrula elata (Edgew.) Danser(桑寄生科)
高山假拟沿沟草 Paracolpodium altaicum subsp. leucolepis (Nevski) Tzvel.(禾本科)
高山碱茅 Puccinellia hackeliana Krecz.(禾本科)
高山角盘兰 Herminium alpinum (L.) Lindl.(兰科)
高山金挖耳(高等图鉴)=高原天名精
高山金腰子(秦岭志)=肾叶金腰
高山筋骨草 Ajuga nubigena Diels(唇形科)
高山锦鸡儿 Caragana alpina Liou f.(豆科)
高山韭 Allium sikkimense Baker(百合科)
高山苣(云南植物名录)=黑苞乳苣
高山瞿麦 Dianthus superbus subsp. alpestris Kabliv. ex Celakvo.(石竹科)
高山卷耳(东北草本志)=缘毛卷耳
高山卷耳 Cerastium takasagomontanum Masamune (石竹科)
高山绢蒿 Seriphidium rhodanthum (Rupr.) Poljak. (菊科)
高山栲(植物志 22)=高山锥
高山拉拉藤 Galium maborasense Masamune(茜草科)
高山辣根菜(中国药典)=无茎芥
高山辣椒(浙江中草药)=观音草
高山梾木 Swida alpina (Fang & W.K.Hu) Fang & W.K.Hu(山茱萸科)
高山兰(台兰科图鉴)=高山红门兰
高山蓝盆花 Scabiosa alpestris Kar. & Kir.(川续断科)
高山老鹳草(云南植物名录)=长根老鹳草
高山冷蕨 Cystopteris montana (Lam.) Bernh. ex Desv.(蹄盖蕨科)
高山离子芥 Chorispora bungeana Fisch. & Mey.(十字花科)
高山犁头尖 Typhonium alpinum C.Y.Wu ex H. Li et al.(天南星科),*贝母*
高山栎 Quercus semecarpifolia Smith(壳斗科),*青杠青*
高山栗(高等图鉴补编)=高山锥
高山亮叶鼠李 Rhamnus hemsleyana var. yunnanensis C.Y.Wu ex Y.L.Chen(鼠李科)
高山蓼 Polygonum alpinum All.(蓼科)
高山鳞毛蕨 Dryopteris alpicola Ching & Z.R. Wang (鳞毛蕨科)
高山岭斑叶兰(台湾兰科植物,台兰科图鉴)=多叶斑叶兰
高山柳(Flora 4)=台湾匐柳
高山柳(种子植物名称)=杯腺柳
高山柳叶菜(西藏志)=埋鳞柳叶菜
高山柳叶菜 Epilobium alpinum L.(柳叶菜科)
高山龙胆(台湾)=矮玉山龙胆
高山龙胆 Gentiana algida Pall.(龙胆科),*苦龙胆,白花龙胆,榜间喝尔布*
高山露珠草 Circaea alpina L.(柳叶菜科)
高山陆均松 Dacrydium bidwillii HK.f.(罗汉松科)
高山鹿蹄草(新拉汉英)=大花鹿蹄草
高山罗蒂(植物志 14)=西藏洼瓣花
高山罗汉松 Podocarpus nivalis HK.f.(罗汉松科)
高山落叶松 Larix lyallii Parl.(松科)
高山芒 Miscanthus transmorrisonensis Hay.(禾本科),*高山鬼芒*
高山牻牛儿苗 Erodium chamaedryoides L'Herit.(牻牛儿苗科)
高山毛茛(Flora 6)=桧林毛茛
高山毛兰 Eria reptans (Franch. & Sav.) Makino (兰科),*高山绒兰*
高山茅香 Hierochloë alpina (Sw.) Roem. & Schult.(禾本科)
高山玫瑰杜鹃花 Rhododendron ferrugineum L.(杜鹃花科),*锈色杜鹃*
高山榧(中国裸子志)=云南铁杉
高山梅花草 Parnassia cacuminum Hand.-Mazz.(虎耳草科),*玉树梅花草*
高山木姜子 Litsea chunii Cheng(樟科)
高山南芥 Arabis alpina L.(十字花科)
高山囊瓣芹 Pternopetalum subalpinum Hand.-Mazz. (伞形科)
高山鸟巢兰 Neottia listeroides Lindl.(兰科)
高山婆罗门参 Tragopogon subalpinus S.Nikit.(菊科)
高山破伞菊(台湾志)=高山兔儿伞
高山普亚凤梨 Puya alpestris (Poepp.) C.Gay.(凤梨科)
高山七叶一枝花(台湾志)=狭叶重楼
高山漆姑草属(科属辞典)=**米努草属**
高山蔷薇 Rosa transmorrisonensis Hay.(蔷薇科)
高山蔷薇景天(拉汉名称)=高山红景天
高山芹 Coelopleurum saxatile (Turcz.) Drude (伞形科)
高山芹叶荠 Smelowskia bifurcata (Ledeb.) Botsch (十字花科)
高山芹属 Coelopleurum Ledeb.(伞形科)
高山雀舌草 Stellaria alsine var. alpina (Schur) Hand.-Mazz.(石竹科)
高山绒兰(台湾兰科植物)=高山毛兰
高山榕 Ficus altissima Bl.(桑科),*鸡榕,大叶榕,大青树,万年青*
高山肉叶荠 Braya alpina Stemb. & Hoppe (十字花科)
高山三尖杉 Cephalotaxus fortunei var. alpina Li (三尖杉科),*密油果*
高山三毛草 Trisetum altaicum (Steph.) Roshev.(禾本科)
高山沙参 Adenophora himalayana subsp. alpina (Nannf.) Hong(桔梗科)
高山珊瑚(海南志)=倒吊兰
高山闪 Hieracium alpinum L.(菊科)
高山舌唇兰 Platanthera sachalinensis Fr. Schmidt (兰科),*高山粉蝶兰,长苞粉蝶兰*
高山生棘豆(新)高山生棘豆(Turcz.(豆科),*高山棘豆*
高山生蹄盖蕨(新)Athyrium alpestre (Hoppe) Rylands (蹄盖蕨科),*高山蹄盖蕨*
高山蓍 Achillea alpina L.(菊科),*锯齿草,乱头发,蜈蚣草,一枝蒿,蚰蜒草,羽衣草,蓍,蓍草*
高山石斛 Dendrobium infundibulum Lindl.(兰科)
高山石松 Diphasiastrum alpinum (L.) Holub (石松科),*高山垂穗石*
高山石竹(植物志 26)=石竹
高山石竹 Dianthus alpinus L.(石竹科)
高山鼠李 Rhamnus alpina L.(鼠李科)
高山薯蓣 Dioscorea delavayi Franch.(薯蓣科)
高山双蝴蝶 Tripterospermum luzonense (Vidal) J.Murata(龙胆科)
高山水锦树 Wendlandia subalpina W.W.Sm.(茜草科),*虎跳涧水晶棵*
高山水芹 Oenanthe hookeri C.B.Clarke(伞形科)
高山丝瓣芹 Acronema alpinum S.L.Liou & Shan (伞形科)
高山四方麻(中草药汇编)=美穗草
高山松 Pinus densata Mast.(松科),*西康油松,西康赤松*
高山松寄生 Arceuthobium pini Hawksworth & Wiens(桑寄生科),*插*
高山嵩草 Kobresia pygmaea C.B.Clarke (莎草科)
高山碎米荠(植物志 33)=弯曲碎米荠
高山穗序薹草 Carex rochebruni subsp. remotispicula (Hay.) T.Koyamam(莎草科)
高山薹草(植物志 12)=高山淡色薹草(新)
高山薹草 Carex pseudosupina Y.C.Tang ex L.K. Dai (莎草科)
高山唐松草 Thalictrum alpinum L.(毛茛科),*马尾黄连*
高山藤绣球(台湾)=蝶萼绣球
高山梯牧草 Phleum alpinum L.(禾本科)
高山蹄盖蕨(新拉汉英)=高山生蹄盖蕨(新)
高山蹄盖蕨 Athyrium silvicolum Tagawa(蹄盖蕨科),*林下蹄盖蕨*
高山条蕨 Oleandra wallichii (HK.) Presl(条蕨科)
高山铁杉(经济植物手册)=云南铁杉
高山铁线莲(Flora 6)=台中铁线莲
高山葶苈 Draba alpina L.(十字花科)
高山通泉草(新)Mazus alpinus Masam.?(玄参科)
高山头蕊兰 Cephalanthera alpicola Fukuyama (兰科)
高山兔儿伞 Syneilesis subglabrata (Yamamoto & Sasaki) Kitam.(菊科),*高山破伞菊*
高山挖耳草(云南植物名录)=缠绕挖耳草
高山瓦韦 Lepisorus eilophyllus (Diels) Ching (水龙骨科),*石豇豆,点子草*
高山望(广东阳春)=赤杨叶
高山莴苣 Lactuca alpina Benth. & HK.f.(菊科)
高山乌蕨(蕨类图谱)=黑足金粉蕨
高山乌头 Aconitum monanthum Nakai(毛茛科)
高山无茎芥(甘肃中草药)=无茎芥
高山无叶兰 Aphyllorchis alpina King & Pantl.(兰科)
高山虾脊兰(西藏志)=流苏虾脊兰
高山陷脉冬青 Ilex delavayi var. exalta Comb.(冬青科)
高山象牙参 Roscoea alpina Royle(姜科)
高山小檗 Berberis alpicola Schneid. (小檗科)
高山小耳蕨(蕨类名词及名称)=拉钦耳蕨
高山小米草 Euphrasia nankotaizanensis Yamamoto (玄参科)
高山缬草 Valeriana kawakamii Hay.(败酱科)
高山新木姜子(台湾志)=尖叶新木姜子
高山绣线菊 Spiraea alpina Pall.(蔷薇科)
高山玄参 Scrophularia hypsophila Hand.-Mazz.(玄参科)
高山旋花豆 Cochlianthus montanus (Diels) Harms (豆科)
高山雪花莲 Galanthus alpinus Sosn.(石蒜科)
高山雪莲花(拉汉名称和手册)=展毛银莲花
高山熏倒牛 Biebersteinia odora Steph. ex Fisch.(牻牛儿苗科)
高山栒子 Cotoneaster subadpressus Yü(蔷薇科)
高山丫蕊花 Ypsilandra aplinia Wang & Tang(百合科)

高山亚麻 Linum alpinum Jacq.(亚麻科)
高山岩参 Cicerbita alpina (L.) Wallr.(菊科)
高山羊不吃(峨眉)=长距紫堇
高山羊不吃(四川)=地锦苗
高山羊不吃(四川中草药)=籽纹紫堇
高山羊茅(新拉汉英)=短颖羊茅(新)
高山羊茅 Festuca arioides Lam.(禾本科),*翅天羊茅*
高山杨(树木分类学)=藏川杨
高山野丁香 Leptodermis forrestii Deils(茜草科)
高山野决明 Thermopsis alpina (Pall.) Ledeb.(豆科),*高山黄华*
高山叶山芹 Ostericum maximowiczii var. alpinum Yuan & Shan(伞形科)
高山异叶虎耳草(云南植物名录)=滇西北虎耳草
高山淫羊藿 Epimedium alpinum L.(小檗科)
高山银穗草 Leucopoa karatavica (Bge.) Krecz. & Bobr.(禾本科)
高山蝇子草 Silene alpestris jacq.(石竹科)
高山疣足蕨(拉汉名称和手册)=镰叶瘤足蕨
高山月桂(新拉汉英)=小叶山月桂
高山越桔(台湾志)=台湾越桔
高山云杉(经济植物手册)=康定云杉
高山早熟禾 Poa alpina L.(禾本科)
高山珠蕨 Cryptogramma brunoniana Wall. ex HK & Grev.(中国蕨科),*布隆珠蕨*
高山锥 Castanopsis delavayi Franch.(壳斗科),*刺栗,毛栗,白栗,滇锥栗,高山栲,高山栗*
高山紫菀 Aster alpinus L.(菊科)
高山总梗委陵菜 Potentilla peduncularis var. abbreviata Yü & Li(蔷薇科)
高山醉鱼草(西藏志)=互对醉鱼草
高尚大白杜鹃 Rhododendron decorum subsp. diaprepes (Balf.f. & W.W.Sm.) T.L.Ming(杜鹃花科),*高尚杜鹃*
高尚杜鹃(高等图鉴)=高尚大白杜鹃
高舌苦竹 Pleioblastus altiligulatus S.L.Chen & S.Y.Chen (禾本科)
高舌竹(香港竹谱)=马来甜龙竹
高升白茅 Imperata exaltata Brongn.(禾本科)
高升藁本 Ligusticum elatum (Edgew.) C.B. Clarke (伞形科)
高升菊叶马先蒿(新)Pedicularis anthemifolia subsp. elatior (Rgl.) Tsoong(玄参科),*春黄菊叶马先蒿高升亚种*
高升马先蒿 Pedicularis elata Willd.(玄参科)
高升铺散马先蒿(新)Pedicularis diffusa subsp. elatior Tsoong(玄参科),*铺散马先蒿高升亚种*
高石头花 Gypsophila altissima L.(石竹科),*高霞草*
高石竹 Dianthus elatus Ledeb.(石竹科)
高士佛豆兰(台湾志)=赤唇石豆兰
高士佛风兰(中山大辞典)=三毛白点兰
高士佛风铃兰(台湾兰艺)=三毛白点兰
高士佛羊耳蒜(台湾志)=台湾羊耳蒜
高氏马兜铃(台湾志)=蜂窠马兜铃
高氏蒲公英(植物志 80-2)=小叶蒲公英
高氏桤寄生(台湾志)=台中桑寄生
高氏山梅花 Philadelphus gordonianus Lindl.(虎耳草科)
高氏薹草 Carex kaoi Tang & Wang ex S.Y. Liang (莎草科)
高丝兰 Yucca elata Engelm.(百合科)
高耸布根海秘 Buckinghamia celsissima F.J. Muell.(山龙眼科)
高耸银树 Leucadendron adscendens R.Br.(山龙眼科)
高穗花报春 Primula vialii Delavay ex Franch. (报春花科)
高葶脆蒴报春 Primula griffithii (Watt) Pax(报春花科)
高葶点地梅 Androsace elatior Pax & Hoffm.(报春花科)
高葶韭 Allium obliquum L.(百合科)
高葶雨久花 Monochoria elata Ridel.(雨久花科)
高葶紫晶报春 Primula kingii Watt(报春花科)
高桐子(草药汇编)=油桐
高头棘豆 Oxytropis multiceps Nutt.(豆科)
高网膜籽(云南植物名录)=毛土连翘
高莴苣(高等图鉴)=高大翅果菊
高乌头 Aconitum sinomontanum Nakai(毛茛科),*背网子,辫子七,穿心莲,花花七,九连环,口袋七,龙骨七,龙蹄叶,麻布袋,麻布口袋,麻布七,破骨七,七连环,曲芍,碎骨还阳,簑衣七,统天袋,网子七*
高五棱飘拂草 Fimbristylis quinquangularis var. elata Tang & Wang(莎草科)
高霞草(拉汉名称)=高石头花
高香科 Teucrium excelsum Juz.(唇形科)
高行李叶椰子 Corypha elata Roxb.(棕榈科)
高雄茨藻 Najas browniana Rendle (茨藻科)
高雄钝果寄生 Taxillus pseudochinensis (Yamamoto) Danser(桑寄生科)
高雄金线莲(台湾志,台兰科图鉴)=恒春银线兰
高雄黧豆(新)Mucuna gigantea subsp. tashiroi Wilmot-Dear?(豆科)
高雄柳(台湾志)=台矮柳
高雄毛蕨 Cyclosorus gaoxiongensis Ching ex Shing (金星蕨科)
高雄山姜(植物志 16-2)=美山姜
高熊蟹甲草 Parasenecio nokoensis (Masam. & Suzuki) Y.L.Chen(菊科)
高玄参 Scrophularia elatior Benth.(玄参科)
高雪轮 Silene armeria L.(石竹科),*钟石竹*
高雅湖北小檗 Berberis gagnepainii var. praestans Ahrendt (小檗科)
高雅-乌混-少布特日(蒙名)=美丽茶藨子
高亚塔棕 Attalea excelsa Mart.(棕榈科)
高盐地风毛菊 Saussurea lacostei Danguy(菊科)
高檐蒲桃 Syzygium oblatum (Roxb.) Wall.(桃金娘科)
高羊耳蒜 Liparis elata Lindl.(兰科)
高羊茅 Festuca elata Keng(禾本科)
高野黍 Eriochloa procera (Retz.) Hubb.(禾本科)
高异苞棕 Heterospathe elata Scheff.(棕榈科)
高异燕麦 Helictotrichon altius (Hitchc.) Ohwi (禾本科),*北异燕麦*
高油菜(华北地区通称)=芥
高原百脉根 Lotus alpinus (Ser.) Schleich. ex Ramond (豆科)
高原报春(高等图鉴)=异葶脆蒴报春
高原扁蕾 Gentianopsis paludosa var. alpina T.N. Ho (龙胆科)
高原慈姑 Sagittaria altigena Hand.-Mazz.(泽泻科)
高原点地梅(中草药汇编)=石莲叶点地梅
高原点地梅 Androsace zambalensis (Petitim.) Hand.-Mazz. (报春花科)
高原凤尾蕨 Pteris aspericaulis var. cuspigera Ching ex Ching & S.H.Wu(凤尾蕨科)
高原扶芳藤 Euonymus fortunei var. alticolus (Hand.-Mazz.) Rehd.(卫矛科)
高原福禄草(高等图鉴补编)=华北老牛筋
高原蒿 Artemisia youngii Y.R.Ling(菊科)
高原黄檀 Dalbergia yunnanensis var. collettii (Prain) Thoth.(豆科),*郭来得黄檀*
高原芥 Christolea crassifolia Camb.(十字花科)
高原芥属 Christolea Camb.(十字花科)
高原景天(拉汉名称)=柴胡红景天
高原景天 Sedum przewalskii Maxim.(景天科)
高原绢蒿 Seriphidium grenardii (Franch.) Y.R.Ling & C.J.Humph.(菊科)
高原犁头尖 Typhonium diversifolium Wall.(天南星科)
高原露珠草 Circaea alpina subsp. imaicola (Asch. & Mag.) Kitam.(柳叶菜科)
高原马蓝 Pteracanthus duclouxii (C.B.Clarke ex R.Ben.) C.Y.Wu & C.C.Hu(爵床科),*高原紫云菜*
高原毛茛 Ranunculus tanguticus (Maxim.) Ovcz. (毛茛科),*结察,嘎察*
高原南星 Arisaema intermedium Bl.(天南星科),*土半夏*
高原荨麻 Urtica hyperborea Jacq. ex Wedd.(荨麻科)
高原茜草 Rubia chitralensis Ehrendorf.(茜草科)
高原三芒草 Aristida alpina L.Liou(禾本科)
高原苕子(云南植物名录)=二色野豌豆
高原舌唇兰 Platanthera exelliana Sóo(兰科)
高原蛇根草 Ophiorrhiza succirubra King ex HK. f. (茜草科),*滇桂蛇根草,地贵草,红汁蛇根草*
高原鼠茅 Vulpia alpina L.Liu(禾本科)
高原嵩草 Kobresia pusilla Ivan.(莎草科)
高原唐松草 Thalictrum cultratum Wall.(毛茛科),*马尾黄连,草黄连,马尾连*
高原天名精 Carpesium lipskyi Winkl.(菊科),*高山金挖耳,贡布美多露米,挖耳子草*
高原委陵菜 Potentilla pamiroalaica Juzep.(蔷薇科)
高原香薷 Elsholtzia feddei Lévl.(唇形科),*小红苏,野木香叶,异叶变型,疏苞变型,粗壮变型*
高原野青茅 Deyeuxia compacta Munro ex HK. f. (禾本科)
高原鸢尾 Iris collettii HK.f.(鸢尾科),*小棕包,小棕皮头*
高原早熟禾 Poa alpigena (Fr.) Lindm.(禾本科)
高原蚤缀(青藏图鉴)=福禄草
高原紫云菜(云南植物名录)=高原马蓝
高泽兰 Eupatorium altissimum L.(菊科)
高獐牙菜 Swertia elata H.Sm.(龙胆科)
高褶带唇兰 Tainia viridifusca (HK.) Benth. & HK.f. (兰科),*滇粤安兰,五脊安兰*
高枝假木贼 Anabasis elatior (C.A.Mey) Schischk. (藜科)
高枝小米草(新)Euphrasia pectinata subsp. simplex (Freyn) Hong(玄参科),*小米草高枝亚种*
高知铁角蕨(四川志)=稀羽铁角蕨
高州油茶 Camellia gauchowensis Chang(山茶科)
高株鹅观草 Roegneria altissima Keng(禾本科)
高株狐茅(新拉汉英)=草甸羊茅
高株毛蕨 Cyclosorus elatus Ching ex Shing(金星蕨科)
高株蹄盖蕨(蕨类形态)=峨眉蹄盖蕨
高株早熟禾 Poa alta Hitch.(禾本科)
高柱柳叶菜(河北植物志 53-2)=阔柱柳叶菜
高壮景天(拉汉名称)=狭叶红景天
膏凉姜(本草经集注)=高良姜

搞旱草(中草药汇编)=爪瓣山柑
槁木姜(海南志)=轮叶木姜子
槁树(广东西江)=轮叶木姜子
藁板(山东中药)=藁本
藁本(辽宁,吉林)=细裂藁本
藁本(辽宁,吉林)=细叶藁本
藁本 Ligusticum sinense Oliv.(伞形科),*地新,藁板,藁芨,鬼卿,微茎,西芎*
藁本菜(河南)=尖叶藁本
藁本属 Ligusticum L.(伞形科)
藁芨(山海经)=藁本
嗜链(植物志 63)=络石

Ge

戈壁蒿(宁夏)=大花蒿
戈壁蒿(新疆)=纤细绢蒿
戈壁绢蒿 Seriphidium nitrosum var. gobicum (Krasch.) Y.R.Ling(菊科)
戈壁藜 Iljinia Iljina regelii (Bge.) Korov.(藜科)
戈壁藜属 Iljinia Korov(藜科),*盐生木属*
戈壁沙拐枣 Calligonum gobicum (Bge. ex Meisn.) A.Los.(蓼科)
戈壁天门冬 Asparagus gobicus Ivan. ex Grubov (百合科),*寄马桩,鸡麻抓,赫勒尼-努德*
戈壁针茅 Stipa tianschanica var. gobica (Rishev.) P.C.Kuo & Y.H.Sun (禾本科)
戈登氏茶藨子 Ribes gordonianum Lem.(虎耳草科)
戈方(云南)=苏木
戈理曼养(傣语)=羯布罗香
戈吗嘿(傣语)=假烟叶树
戈燕(傣名)=竹叶蕉
疙瘩白(东北)=甘蓝
疙瘩草(甘肃中草药)=甘草
疙瘩草(云南腾冲)=绣球防风
疙瘩皮树花(中药材手册)=密蒙花
疙瘩七(陕西太白山)=细叶孩儿参
疙瘩七(云南)= 珠子参
疙瘩七(云南)=羽叶三七
疙瘩港(四川小金)=管鞘当归
疙瘩药(植物志 74)=东风菜
哥波(壮语)=家麻树
哥春光(广西上思)=了哥王
哥非力郎(广西都安壮语)=金丝李
哥卡(广西龙州)=长花豆蔻
哥拉氏齿瓣兰 Odontoglossum ×coradinei Rchb.f. (兰科)
哥兰叶(高等图鉴)=大芽南蛇藤
哥兰叶(广西药用名录)=大芽南蛇藤
哥伦比铁杉 Tsuga jefferi Henry (松科)
哥伦比亚凹萼兰 Rodriguezia granadensis (Lindl.) Rchb.f.(兰科)
哥伦比亚百合 Lilium columbianum hort. Amer ex G.C.(百合科)
哥伦比亚核桃 Juglans columbiensis Dode.(胡桃科)
哥伦比亚买麻藤 Gnetum paniculatum Spruce (买麻藤科)
哥伦比亚密集小檗 Berberis densa Triana & Planch. (小檗科)
哥伦比亚网脉小檗 Berberis retrinervia Triana & Planch.(小檗科)
哥伦比亚小檗 Berberis colombiana Ahrendt (小檗科)
哥麻飞(西双版纳傣语)=木奶果
哥埋养榴(云南傣语)=调料九里香
哥纳香 Goniothalamus chinensis Merr. & Chun (番荔枝科)
哥纳香属 Goniothalamus (Bl.) HK.f. & Thoms. (番荔枝科)
哥萨克欧夏至草 Marrubium goktschaicum N. Pop. (唇形科)
哥斯达黎加瓦利兰 Warrea costaricensis Schltr. (兰科)
哥他比亚花烛(新拉汉英)=花烛
鸽蛋瓜(福建草药)=王瓜
鸽豆(食用豆类作物)=木豆
鸽兰属 Peristeria HK.(兰科)
鸽石斛(台湾志)=木石斛
鸽仔豆 Dunbaria henryi Y.C.Wu(豆科),*凹子豆*
鸽子花(东北)=翠雀
鸽子嘴(新拉汉英)=窄叶蓝果忍冬
割孤露泽(开宝本草)=胡黄莲
割鸡芒(广东)=挖耳草
割鸡芒 Hypolytrum nemorum (Vahl.) Spreng. (莎草科)
割鸡芒属 Hypolytrum L.C.Rich.(莎草科)
割人藤(江苏)=葎草
割舌罗(海南志)=土坛树
割舌树 Walsura robusta Roxb.(楝科)
割舌树属 Walsura Roxb.(楝科)
割手密(广东)=甜根子草
割田藨(纲目)=灰白毛莓
割田藨(植物志 37)=蓬藟
歌绿斑叶兰 Goodyera seikoomontana Yamamoto (兰科),*歌绿怀兰,新港山斑叶兰*
歌绿怀兰(台湾兰科植物)=歌绿斑叶兰
歌温喝(云南傣语)=刺天茄
歌仙草(图鉴)=柳叶旋覆花
茖(尔雅)=茖葱
茖葱 Allium victorialis L.(百合科),*茖,山葱*
阁力(尖峰岭)=黄椿木姜子
革苞风毛菊 Saussurea coriacea Y.L.Chen & S.Y. Liang (菊科)
革苞菊 Tugarinovia mongolica Iljin(菊科)
革苞菊属 Tugarinovia Iljin (菊科)
革苞千里光 Senecio coriaceisquamus Chang(菊科)
革苞千里光 Senecio crenatus DC.(菊科)
革吉黄堇 Corydalis moorcroftiana Wall.(罂粟科),*藏西黄堇*
革命菜(植物志 76-2)=野茼蒿
革命草(江苏)=喜旱莲子草
革舌蕨 Scleroglossum pusillum (Bl.) Alderw.(禾叶蕨科)
革舌蕨属 Scleroglossum Alderw.(禾叶蕨科)
革叶报春 Primula chartacea Franch.(报春花科),*纸叶报春*
革叶茶藨子 Ribes davidii Franch.(虎耳草科),*冬茶藨,大卫茶藨,石夹生,小石生,小活血*
革叶车前 Plantago gentianoides subsp. griffithii (Decne.) Rech.f.(车前科)
革叶车前蕨 Antrophyum coriaceum (Don) Wall. ex Moore(车前蕨科)
革叶垂头菊 Cremanthodium coriaceum S.W.Liu (菊科)
革叶粗筒苣苔 Briggsia mihieri (Franch.) Craib (苦苣苔科),*岩莴苣,锈草,岩枇杷*
革叶粗叶木 Lasianthus tubiferus HK.f.(茜草科),*管萼粗叶木*
革叶冬青(台湾志)=越南冬青
革叶杜鹃 Rhododendron coriaceum Farnch.(杜鹃花科)
革叶耳蕨(蕨类图谱)=剑叶耳蕨
革叶耳蕨(新拉汉英)=革质耳蕨(新)
革叶耳蕨 Polystichum neolobatum Nakai(鳞毛蕨科),*凤凰尾巴草,新裂耳蕨,硬叶耳蕨*
革叶飞蓬 Erigeron schmalhausenii M.Pop.(菊科)
革叶风毛菊 Saussurea poochlamys Hand.-Mazz. (菊科)
革叶贯众(分类学报)=峨眉贯众
革叶华蟹甲 Sinacalia carolii (C.Winkl.) C.Jeffr. & Y.L.Chen(菊科)
革叶茴芹 Pimpinella coriacea (Franch.) de Boiss. (伞形科)
革叶蓼 Polygonum coriaceum Sam.(蓼科),*伴蛇莲,拳参,鸡爪大王,马蜂七*
革叶龙胆 Gentiana scytophylla T.N.Ho(龙胆科)
革叶马兜铃 Aristolochia scytophylla S.M. Hwang & D.L.Chen(马兜铃科),*银带*
革叶猕猴桃 Actinidia rubricaulis var. coriacea (Fin. & Gagn.) C.F.Liang(猕猴桃科),*秤砣梨*
革叶葡萄 Vitis coriacea Schut.(葡萄科)
革叶蒲儿根 Sinosenecio subcoriaceus C.Jeffr. & Y.L.Chen(菊科)
革叶桤叶树 Clethra bodinieri var. coriacea L.C. Hu (桤叶树科)
革叶槭 Acer coriaceifolium Lévl.(槭树科)
革叶荠 Stroganowia brachyota Kar. & Kir.(十字花科)
革叶荠属 Stroganowia Kar. & Kir.(十字花科)
革叶清风藤 Sabia coriacea Rehd. & Wils.(清风藤科),*厚叶清风藤*
革叶荛花 Wikstroemia scytophylla Diels(瑞香科),*小构树*
革叶三花槭 Acer triflorum var. subcoriacea Kom. (槭树科)
革叶山姜 Alpinia coriacea T.L.Wu & Senjen(姜科)
革叶鼠李 Rhamnus coriophylla Hand.-Mazz.(鼠李科),*硬叶鼠李*
革叶溲疏 Deutzia coriacea Rehd.(虎耳草科)
革叶算盘子 Glochidion daltonii (Muell.Arg.) Kurz.(大戟科),*达氏算盘子,灰叶算盘子*
革叶藤菊 Cissampelopsis corifolia C.Jeffr. & Y. L.Chen (菊科)
革叶铁角蕨(台湾志)=镰叶铁角蕨
革叶铁角蕨 Asplenium adiantoides (L.) C.Chr. (铁角蕨科)
革叶铁榄 Sinosideroxylon wightianum (HK. & Arn.) Aubr.(山榄科)
革叶土楠 Endiandra coriacea Merr. (樟科),*三蕊楠*
革叶兔耳草 Lagotis alutacea W.W.Sm.(玄参科)
革叶兔耳草唇裂变种(Flora 18,植物志 67-2)= 裂唇兔耳草(新)
革叶兔耳草多叶变种(Flora 18)=多革叶兔耳草
革叶卫矛 Euonymus lecleri Lévl.(卫矛科)
革叶乌头 Aconitum coriaceifolium W.T.Wang (毛茛科)
革叶腺萼木 Mycetia coriacea (Dunn) Merr.(茜草科),*硬叶腺萼木*
革叶小檗 Berberis coriaria Royle ex Lindl.(小檗科)
革叶羊角扭(台湾)=狭叶谷木
革叶淫羊藿 Epimedium reticulatum C.Y.Wu(小檗科)
革叶远志 Polygala chamaebuxus L.(远志科)
革质耳蕨(新)Polystichum nakenense Ching (鳞毛蕨科),*革叶耳蕨*
革质观音座莲 Angiopteris nuda Ching(观音座

莲科)
革质鳞盖蕨 Microlepia crassa Ching(碗蕨科)
革质秋海棠 Begonia coriacea Hassk.(秋海棠科)
格当虎耳草 Saxifraga gedangensis J.T.Pan(虎耳草科)
格尔里杨 Populus ×canadensis cv. Gelrica(杨柳科)
格尔木黄芪 Astragalus golmuensis Y.C.Ho(豆科)
格伏纳属 Gevuina Mol.(山龙眼科)
格哥特帕洛梯 Protea gaguedi J.F.Gmel.(山龙眼科)
格格菲恩鸢尾 Iris griffithii Baker (鸢尾科)
格海碱茅 Puccinellia grossheimiana (Krecz.) Krecz.(禾本科)
格拉巧夫小檗 Berberis glazioviana Brade (小檗科)
格兰马草 Bouteloua gracilis (H.B.K.) Lag. ex Steud. (禾本科)
格兰马草属 Bouteloua Lag.(禾本科)
格兰特小檗 Berberis grantii Ahrendt (小檗科)
格郎央(广西)=顶果树
格雷百合 Lilium grayi S.Watson (百合科)
格雷格莫顿 Mortonia greggii A.Gray (卫矛科)
格雷氏金腰子 Chrysosplenium grayarum Maxim. (虎耳草科)
格雷维尔小檗 Berberis grevileana Gill. ex HK. (小檗科)
格里克郁金香 Tulipa greigii Rgl.(百合科)
格里西氏虎耳草 Saxifraga grisebachii Deg. & Dösf.(虎耳草科)
格利氏蓝刺头(苏南植物手册)=华东蓝刺头
格林短肠蕨 Allantodia glingensis Ching & Y.X. Ling (蹄盖蕨科)
格林景天(植物志 34-1)=柴胡红景天
格林柯 Lithocarpus collettii (King ex HK.f.) A. Camus (壳斗科),*细柄柯,细柄石栎*
格林锥(植物志 22)=吊皮锥
格菱 Trapa pseudoincisa Nakai(菱科)
格鲁棕属 Acrocomia Mart.(棕榈科)
格罗兰属 Glossodia R.Br.(兰科)
格脉黄精 Polygonatum tessellatum Wang & Tang (百合科)
格脉树 Ochrocarpus yunnanensis Li(藤黄科),*梭拉批,聋梭批*
格脉树属 Ochrocarpus Thou.(藤黄科)
格密亲(傣族语)=石菖蒲
格木 Erythrophleum fordii Oliv.(豆科),*斗登风,孤坟柴,赤叶柴*
格木属 Erythrophleum R.Br.(豆科)
格脓(西藏藏语)=齿叶荆芥
格瑞氏钩叶藤 Plectocomia griffithii Becc.(棕榈科)
格瑞氏水蜡烛 Dysophylla griffithii HK.f.(唇形科)
格若氏肋枝兰 Pleurothallis grobyi Batem.(兰科)
格氏凤仙花 Impatiens griffithii HK.f. & Thoms. (凤仙花科)
格氏枸杞 Lycium grevilleanum Miers.(茄科)
格氏栲(福建)=吊皮锥
格氏石龙尾 Limnophila griffithii HK.f.(玄参科)
格氏凸额马先蒿 Pedicularis cranolopha var. garnieri (Bonati) Tsoong(玄参科),*凸额马先蒿格氏变种*
格氏香薷 Elsholtzia graffithii HK.f.(唇形科)
格氏钟萼草(新拉汉英)=藏南钟萼草
格万荆芥 Nepeta govaniana Benht.(唇形科)
格网蕨 Meniscium reticulatum (L.) Sw.(金星蕨科)
格网蕨属 Meniscium Schreb.(金星蕨科)
格药柃 Eurya muricata Dunn(山茶科),*刺柃*
格杂树(海口)=阔苞菊
格枝糯(大理白族语)=大狼毒
葛 Pueraria lobata (Willd.) Ohwi(豆科),*粉葛,甘葛,葛根条,葛谷,葛麻菇,葛藤,葛藤蔓,葛条花,葛子根,黄葛根,野葛*
葛地慕布(西藏)=景天点地梅
葛妃麻(河南)=小花扁担杆
葛根(本经)=粉葛
葛根(贵州草药)=葛麻姆
葛根(云南,贵州)=食用葛
葛根跌打(云南药用名录)=思茅崖豆
葛根条(陕西中药志)=葛
葛谷(本经)=葛
葛花(四川峨眉)=筒鞘蛇菰
葛花菜(纲目)=日本蛇菰
葛荆麻(陕西)=小花扁担杆
葛菌(四川中药志)=日本蛇菰
葛辣(广西兽医植物)=接骨草
葛勒蔓(蜀本草)=葎草
葛勒子(救荒本草)=葎草
葛勒子秧(救芒本草)=葎草
葛藟(诗经)=葛藟葡萄
葛藟葡萄 Vitis flexuosa Thunb.(葡萄科),*葛藟,光叶葡萄,藟根,蔓山葡萄,千岁藟,山葡萄,羌,小叶葛藟,野葡萄*
葛缕子 Carum carvi L.(伞形科),*藏茴香,贡中,郭鸟*
葛缕子属 Carum L.(伞形科)
葛葎草(圣济总录)=葎草
葛葎蔓(唐本草)=葎草
葛萝槭 Acer grosseri Pax(槭树科)
葛麻菇(陆川本草)=葛
葛麻姆 Pueraria lobata var. montana (Lour.) van der Maesn(豆科),*苦葛花,葛根,峨眉葛藤*
葛麻藤(天宝本草)=粉葛
葛人藤(本经逢原)=葎草
葛乳(纲目)=日本蛇菰
葛氏草(禾本科)图说)=耳稃草
葛氏费蕨(蕨类图说)=大果假瘤蕨
葛薯(药用志)=豆薯
葛藤(广西)=白花银背藤
葛藤(云南,贵州)=食用葛
葛藤(植物志 41)=葛
葛藤蔓(卫生易简方)=葛
葛条花(中药志)=葛
葛蕈(纲目拾遗)=日本蛇菰
葛枣(东北木本志)=葛枣猕猴桃
葛枣猕猴桃 Actinidia polygama (S. & Z.) Maxim. (猕猴桃科),*获菜,获留,葛枣,葛枣子,含水藤,金莲枝,马枣子,木天蓼,南扶留,蓬菜,藤天蓼,天蓼*
葛枣子(辽宁)=葛枣猕猴桃
葛属 Pueraria DC.(豆科)
葛子根(山东中药)=葛
隔布草(福建)=白花丹
隔冬青(本草纲目拾遗)=荔枝草
隔河仙(本草纲目)=海芋
隔虎刺花(大观本草)=虎刺
隔界竹 Yushania menghaiensis Yi (禾本科)
隔距兰 Cleisostoma sagittiforme Garay(兰科)
隔距兰属 Cleisostoma Bl.(兰科)
隔山堆(云南)=大狼毒
隔山锹(天宝本草)=牛皮消
隔山橇(分类草药性)=牛皮消
隔山橇(四川)=隔山消
隔山撬(云南)=苦绳
隔山香 Ostericum citriodorum (Hance) Yuan & Shan (伞形科),*枸橼当归,鸡山香,鸡爪前胡,假当归,金鸡爪,九步香,柠檬香碱草,前胡,山竹青,十里香,天木香,土白芷,香白芷,雄前胡,野茴香,野天竹,正香前胡*
隔山消(滇南本草)=紫地榆
隔山消(广西)=青花椒
隔山消(四川,贵州)=牛皮消
隔山消 Cynanchum wilfordii (Maxim.) Hemsl. (萝藦科),*过山飘,无梁藤,隔山橇*
隔蒴苘 Wissadula periplocifolia (L.) Presl ex Thwaites (锦葵科),*维沙杜*
隔蒴苘属 Wissadula Medicus (锦葵科)
隔夜找娘(云南)=波叶青牛胆
搿合山(甘肃)=七叶鬼灯檠
个卜汁(广西)=古钩藤
个吉芸(广西)=东京银背藤
个旧娃儿藤 Tylophora tuberculata M.G.Gilb. & P.T.Li(萝藦科)
个毛(广西)=聚锥水东哥
个溥 Wrightia sikkimensis Gamble(夹竹桃科)
个兴丁(广西)=滴锡眼树莲
个一豪(广西)=毛杜仲藤
各格补血草 Limonium gougetianum (Girad) O. Kuntze (白花丹科)
各黎(广西德保)=球壳柯
各骆子藤(海南定安)=山椒子
各山消(贵州)=南山藤

Gei

给哈蒿(西双版纳傣语)=云树
给结格代(维名)=沙枣
给客橙(广志)=金橘
给乐格尔-阿木-其其格(蒙名)=光果野罂粟
给鲁格日-沙里尔日(蒙语)=光沙蒿
给希-额布斯(内蒙古)=救荒野豌豆
给敦罗(本草拾遗)=骆驼刺

Gen

根出红景天 Rhodiola cretinii (Hamet) H.Ohba (景天科)
根刺棕 Cryosophila warscewiczii (wendland) Bartlett (棕榈科)
根刺棕属 Cryosophila Bl.(棕榈科)
根风藤(福建)=离根香
根根药(云南)=白枪杆
根花薹草 Carex radiciflora Dunn(莎草科)
根花属 Agalmyla Bl.(苦苣苔科)
根茎冰草 Agropyron michnoi Roshev.(禾本科)
根茎马先蒿 Pedicularis rhizomatosa Tsoong(玄参科)
根茎蔓龙胆 Crawfurdia crawfurdioides var. iochroa (Marq.) C.J.Wu(龙胆科)
根茎绒毛草 Holcus mollis L.(禾本科),*德国绒毛草*
根茎水竹叶 Murdannia hookeri (C.B.Clarke) Brückn.(鸭跖草科)
根茎嵩草 Kobresia williamsii T.Koyama(莎草科)
根罗哼表(广西瑶语)=罗汉果
根穗薹草 Carex radicalis Boott(莎草科)
根下红(江西德兴,福建)=关公须
根叶刺蕨 Egenolfia rhizophylla (Kaulf.) Fée (实蕨科),*大刺蕨*
根叶过山蕨 Camptosorus rhizophyllus (L.) Link.

(铁角蕨科)
根叶漆姑草 Sagina maxima A.Gray(石竹科),*大瓜槌草*
根用芥(内蒙志)=芥
根竹(广东龙门)=摆竹
根足薹草 Carex rhizopoda Maxim.(莎草科)
跟人走(泉州本草)=婆婆针
茛菪(神农本草经,药典 2000)=天仙子
茛密早熟禾 Poa gammieana HK.f.(禾本科)
茛山唇柱苣苔 Chirita langshanica W.T.Wang (苦苣苔科)
茛蓎(本草经集注)=天仙子

Geng

更里倒座草(横断山植物)=滇老鹳草
更里山胡椒 Lindera kariensis W.W.Sm.(樟科),*小香樟*
更生(名医别录)=箭叶蓼
耕地糙苏 Phlomis agraria Bge.(唇形科)
耕地堇菜 Viola arvensis Murr.(堇菜科)
耕地婆婆纳 Veronica agrestis L.(菊科)
耿马齿唇兰 Anoectochilus gengmanensis K.Y. Lang (兰科)
耿马假瘤蕨 Phymatopteris connexa (Ching) Pic.Serm. (水龙骨科)
耿马密花豆 Spatholobus gengmaensis Wei(豆科)
耿马卫矛 Euonymus kengmaensis C.Y.Cheng ex J.S.Ma (卫矛科)
耿马小香竹 Chimonocalamus dumosus var. pygmaeus Hsueh & Yi (禾本科)
耿马猪屎豆 Crotalaria gengmaensis Z.Wei & Chun-yu Yang(豆科)
耿氏拂子茅(分类学报)=东北拂子茅
耿氏碱茅(禾本科图说)=耿氏硬草
耿氏硬草 Sclerochloa kengiana (Ohwi) Tzvel. (禾本科),*耿氏碱茅*,*硬草*
梗苞黄堇 Corydalis bibracteolata Z.Y.Su(罂粟科)
梗草(江西)=桔梗
梗花变种(植物志 65-2)=疏麻菜
梗花粗叶木 Lasianthus biermanni King ex HK.f. (茜草科),*云贵粗叶木*
梗花椒 Zanthoxylum stipitatum Huang(芸香科),*满山香*,*红山椒*,*麻口皮子药*
梗花雀梅藤 Sageretia henryi Drumm. & Sprague (鼠李科),*红雀梅藤*,*红藤*,*皱锦藤*
梗序磨芋 Amorphophallus stipitatus Engl.(天南星科)
梗榆(广雅)=刺榆
梗子(辽宁)=山皂荚

Gong

工布报春 Primula kongboensis Ward(报春花科),*康波报春*
工布杜鹃 Rhododendron kongboense Hutch.(杜鹃花科)
工布耳蕨 Polystichum gongboense Ching & S. K.Wu (鳞毛蕨科),*工布高山耳蕨*,*稀见高山耳蕨*
工布高山耳蕨(西藏志)=工布耳蕨
工布千里光 Senecio kongboensis Ludlow(菊科)
工布乌头 Aconitum kongboense Lauener(毛茛科),*蓬阿那博*
工布小檗 Berberis kongboensis Ahrendt(小檗科)
工艺高粱 Sorghum dochna var. technicum (Koern.) Snowden (禾本科)
弓背舌唇兰 Platanthera platantheroides (T.Tang & F.T.Wang) K.Y.Lang(兰科)
弓翅芹 Arcuatopterus filipedicellus Sheh & Shan(伞形科)
弓翅芹属 Arcuatopterus Sheh & Shan (伞形科)
弓果黍 Cyrtococcum patens (L.) A.Camus (禾本科)
弓果黍属 Cyrtococcum Stapf(禾本科)
弓果藤 Toxocarpus wightianus HK. & Arn.(萝藦科),*牛茶藤*,*牛角藤*,*小羊角拗*,*圆叶弓果藤*
弓果藤属 Toxocarpus Wight & Arn.(萝藦科)
弓喙薹草 Carex capricornis Meinsh. ex Maxim. (莎草科)
弓角菱 Trapa arcuata S.H.Li & Y.L.Chang (菱科)
弓茎莓(经济植物手册)=弓茎悬钩子
弓茎小檗 Berberis buceronis Machride (小檗科)
弓茎悬钩子 Rubus flosculosus Focke(蔷薇科),*弓茎莓*,*小花莓*,*山持牌条*
弓锯蕨属 Doodia R.Br.(乌毛蕨科)
弓藤(海南)=杖藤
弓弦藤 Calamus rhabdocladus var. globulosus S.J.Pei & S.Y.Chen (棕榈科)
弓叶对节刺 Horaninowia minor Schrenk? (藜科)
弓叶鼠耳芥(植物志 33)=假鼠耳芥
弓羽柳叶蕨 Cyrtogonellum salicifolium Ching ex Y.T.Hsien(鳞毛蕨科)
公丁香(本草原始)=丁子香
公黄珠子(贵州)=马比木
公鸡果(云南)=梭子果
公鸡酸苔(新拉汉英)=华秋海棠
公鸡酸苔(中药大辞典)=花叶秋海棠
公鸡藤(思茅)=滇南山牵牛
公鸡子(云南)=云南重楼
公接骨丹(贵州草药)=狭叶落地梅
公连(广西环江)=厚叶雀舌木
公罗锅底(中药大辞典)=绞股蓝
公母草(植物志 41)=鸡眼草
公母草(中草药汇编)=棱萼母草
公石榴(广西)=朝天罐
公孙橘(广东)=四季橘
公孙橘(植物志 43-2)=金橘
公孙树(汝南圃史)=银杏
公孙锥 Castanopsis tonkinensis Seem.(壳斗科),*细刺栲*,*斧柄锥*
公须花(海南)=青皮刺
公鱼藤(中草药汇编)=琴叶球兰
公栀子(贵州)=稜果海桐
公仔瓶(广东)=猪笼草
功劳根(浙江草药)=枸骨
功劳木(饮片新参)=台湾十大功劳
功劳子(饮片新参)=台湾十大功劳
供蒿(吉林)=灰白莲蒿
宫布马先蒿 Pedicularis kongboensis Tsoong(玄参科),*宫布马先蒿宫布变种*
宫布马先蒿钝裂变种(植物志 68)=钝裂宫布马先蒿
宫布马先蒿宫布变种(植物志 68)=宫布马先蒿
宫粉型 Armeniaca mume var. mume f. alphandii (Carr.) Redh.(蔷薇科)
宫麻(四川东部)=粗齿冷水花
龚氏金茅(新拉汉英)=库民金茅(新)
龚氏金茅 Eulalia leschenaultiana (Decne) Ohwi (禾本科)
巩留黄芪 Astragalus dscharkenticus var. gongliuensis S.B.Ho(豆科)
巩乃斯蝇子草 Silene kungessana B.Fedtsch.(石竹科)
拱网核果木 Drypetes arcuatinervia Merr. & Chun (大戟科)
拱形翠雀花 Delphinium arcuatum N.Busch.(毛茛科)
拱腰老(中药鉴别法)=草血竭
拱枝绣线菊 Spiraea arcuata HK.(蔷薇科)
珙桐 Davidia involucrata Baill.(蓝果树科),*空桐*
珙桐属 Davidia Baill.(蓝果树科)
贡布莪正(西藏藏名)=腺毛唐松草
贡布红景天 Rhodiola primuloides subsp. kongboensis H.Ohba(景天科)
贡布红杉 Larix kongboensis R.R.Mill.(松科)
贡布美多露米(西藏名译音)=高原天名精
贡布区敦木(藏名)=多枝婆婆纳
贡嘎翠雀花 Delphinium gonggaense W.T.Wang (毛茛科)
贡嘎虎耳草 Saxifraga hypericoides var. rockii (Mattf.) J.T.Pan(虎耳草科)
贡嘎岭橐吾 Ligularia kongkalingensis Hand.-Mazz. (菊科)
贡嘎山杜鹃 Rhododendron gonggashanense W. K.Hu (杜鹃花科)
贡嘎山虎耳草 Saxifraga gonggashanensis J.T. Pan (虎耳草科)
贡嘎薹草 Carex gonggaensis P.C.Li(莎草科)
贡嘎乌头 Aconitum liljestrandii Hand.-Mazz. (毛茛科)
贡嘎无柱兰 Amitostigma gonggashanicum K.Y. Lang (兰科)
贡噶翠雀花 Delphinium hui Chen(毛茛科),*稻城翠雀花*
贡甲 Acronychia oligophlebia Merr.(芸香科),*白山柑*,*少脉油柑*
贡山八角 Illicium wardii A.C.Sm.(木兰科)
贡山报春(高等图鉴)=贡山紫晶报春
贡山贝母兰 Coelogyne gongshanensis H.Li ex S.C.Chen(兰科)
贡山波罗蜜 Artocarpus gongshanensis S.K.Wu ex S.S.Chang (桑科)
贡山茶藨子 Ribes griffithii var. gongshanensis (Ku) L.T.Lu (虎耳草科)
贡山长柄垫柳 Salix calyculata var. gongshanica C.Wang & C.F.Fang (杨柳科)
贡山党参 Codonopsis gombalana C.Y.Wu(桔梗科)
贡山冬青 Ilex hookeri King(冬青科)
贡山独活 Heracleum kingdoni Wolff(伞形科)
贡山杜鹃 Rhododendron gongshanense T.L. Ming (杜鹃花科)
贡山蛾眉蕨 Lunathyrium sichuanense var. gongshanense Z.R.Wang(蹄盖蕨科)
贡山鹅耳枥 Carpinus viminea var. chiukiang-ensis Hu(桦木科)
贡山耳蕨 Polystichum integrilimbum Ching & H.C.Kung(鳞毛蕨科)
贡山飞蓬 Erigeron kunshanensis Ling & Y.L. Chen (菊科)
贡山凤仙花 Impatiens gongshanensis Y.L.Chen (凤仙花科)
贡山复叶耳蕨 Arachniodes gongshanensis Ching (鳞毛蕨科)
贡山贯众 Cyrtomium kungshanense Ching & Shing?(鳞毛蕨科)
贡山蒿 Artemisia gongshanensis Y.R.Ling & C.J.

Humph. (菊科)
贡山红景天(分类学报增刊)=岷江景天
贡山厚朴(云南)=长喙厚朴
贡山虎耳草 Saxifraga insolens Irmsch.(虎耳草科)
贡山桦 Betula gynoterminalis Y.C.Hsu & C.J. Wang (桦木科)
贡山蓟 Cirsium eriophoroides (HK.f.) Petrak(菊科),*大棘儿菜,大蓟,绛策尔那布*
贡山假毛蕨 Pseudocyclosorus gongshanensis Y.X.Lin (金星蕨科)
贡山假升麻 Aruncus gombalanus Hand.-Mazz. (蔷薇科)
贡山箭竹 Fargesia gongshanensis Yi (禾本科)
贡山金腰 Chrysosplenium forrestii Diels(虎耳草科),*滇西猫眼草*
贡山堇菜(云南植物名录)=毛堇菜
贡山九子母 Dobinea vulgaris Buch.-Ham. ex D. Don (漆树科)
贡山卷瓣兰 Bulbophyllum gongshanense Z.H. Tsi (兰科)
贡山肋毛蕨 Ctenitis fengiana Ching.(叉蕨科)
贡山梨果寄生 Scurrula gongshanensis H.S.Kiu (桑寄生科)
贡山栎(植物志 22)=巴东栎
贡山柃 Eurya gungshanensis Hu & L.K.Ling(山茶科)
贡山柳 Salix fengiana C.F.Fang & Ch.Y.Yang (杨柳科)
贡山楼梯草 Elatostema gungshanense W.T. Wang (荨麻科)
贡山鹿药 Maianthemum gongshanense (S.Y. Liang) H.Li(百合科)
贡山绿绒蒿 Meconopsis smithiana (Hand.-Mazz.) Tayl.(罂粟科)
贡山马蓝 Pteracanthus gongshanensis H.P. Tsui(爵床科)
贡山马先蒿 Pedicularis gongshanensis H.P.Yang (玄参科)
贡山猕猴桃 Actinidia pilosula (Fin. & Gagn.) Stapf ex Hand.-Mazz.(猕猴桃科)
贡山木瓜红 Rehderodendron gongshanense Y. C.Tang(安息香科)
贡山木姜子 Litsea gongshanensis H.W.Li(樟科)
贡山木兰(云南)=长喙厚朴
贡山盆距兰 Gastrochilus gongshanensis Z.H.Tsi (兰科)
贡山槭 Acer kungshanense Fang & C.Y.Chang (槭树科)
贡山秋海棠 Begonia gungshanensis C.Y.Wu(秋海棠科)
贡山球兰 Hoya lii C.M.Burton(萝藦科)
贡山润楠 Machilus gongshanensis H.W.Li(樟科)
贡山三尖杉 Cephalotaxus lanceolata K.M.Feng (三尖杉科)
贡山桑 Morus cathayana var. gongshanensis (Cao) Cao(桑科)
贡山山胡椒 Lindera doniana Allen? (樟科)
贡山舌唇兰 Platanthera handel-mazzettii K. Inoue (兰科)
贡山蛇葡萄 Ampelopsis gongshanensis C.L.Li (葡萄科)
贡山薹草 Carex gongshanensis Tang & Wang ex Y.C.Yang(莎草科)
贡山蹄盖蕨(西北植物学报)=同形蹄盖蕨
贡山铁角蕨 Asplenium changputungense Ching (铁角蕨科),*菖蒲桶铁角蕨*
贡山乌头 Aconitum kungshanense W.T.Wang (毛茛科)
贡山小檗 Berberis coryi Veitch. (小檗科)
贡山新木姜子 Neolitsea sutchuanensis var. gongshanensis H.W.Li(樟科)
贡山悬钩子 Rubus gongshanensis Yü & Lu (蔷薇科)
贡山崖爬藤 Tetrastigma yunnanense var. mollisimum C.Y.Wu & W.T.Wang(葡萄科)
贡山玉叶金花 Mussaenda treutleria Stapf(茜草科)
贡山紫晶报春 Primula silaensis Petitm.(报春花科),*贡山报春*
贡檀兜(图考)=白檀
贡中(藏名)=葛缕子

Gou

勾办(广西药用名录)=厚叶崖爬藤
勾多猛(广西百色)=尾叶雀舌木
勾儿草(福建中草药)=多花勾儿茶
勾儿茶(广东)=多花勾儿茶
勾儿茶(植物志 48-1)=牯岭勾儿茶
勾儿茶 Berchemia sinica Schneid.(鼠李科),*牛鼻足秧*
勾儿茶属 Berchemia Neck.(鼠李科),*黄鳝藤属*
勾梗树(广东陆丰)=牛眼马钱
勾华(广西)=赤苍藤
勾临链(海南)=腰骨藤
沟瓣属 Glyptopetalum Thw(卫矛科)
沟繁缕虎耳草 Saxifraga elatinoides Hand.-Mazz. (虎耳草科)
沟繁缕景天(拉汉名称)=细叶景天
沟繁缕科 Elatinaceae
沟繁缕属 Elatine L.(沟繁缕科)
沟稃草 Aulacolepis treutleri (Kuntze) Hack.(禾本科)
沟稃草属 Aulacolepis Hack.(禾本科)
沟核茶荚蒾 Viburnum setigerum var. sulcatum Hsu (忍冬科),*具沟刚毛荚蒾*
沟厚(广西壮语)=岩樟
沟茎虎耳草 Saxifraga canaliculata Boiss. & Reuter (虎耳草科)
沟囊薹草 Carex canaliculata P.C.Li(莎草科)
沟顺薹草 Carex sedakovoii C.A.Mey.(莎草科)
沟酸浆 Mimulus tenellus Bge.(玄参科)
沟酸浆属 Mimulus L.(玄参科)
沟香薷(福建)=荔枝草
沟羊茅,岩羊茅(新拉汉英)=沟叶羊茅
沟羊茅 Festuca sulcata (Hock.) Nym.(禾本科)
沟叶结缕草 Zoysia matrella (L.) Merr.(禾本科)
沟叶羊茅 Festuca rupicola Heuffel(禾本科),*沟羊茅,岩羊茅*
沟颖草 Sehima nervosa (Rottl.) Stapf(禾本科)
沟颖草属 Sehima Forssk.(禾本科)
沟槽山矾 Symplocos sulcata Kurz.(山矾科),*宿苞山矾,滇灰木*
沟状哈克 Hakea subsulcata Meissn.(山龙眼科)
沟子荠 Taphrospermum altaicum C.A.Mey.(十字花科),*大果沟子荠*
沟子荠属 Taphrospermum C.A.Mey.(十字花科)
钩瓣乌头 Aconitum hamatipetalum W.T.Wang (毛茛科)
钩苞大丁草 Gerbera delavayi Franch.(菊科),*白地紫菀,白头翁,白叶不翻,大火草,牛耳朵火草,小一支箭,一枝箭*
钩柄狸尾豆 Uraria rufescens (DC.) Schindl.(豆科)
钩齿鼠李 Rhamnus lamprophylla Schneid.(鼠李科)
钩齿溲疏 Deutzia baroniana Diels(虎耳草科),*李叶溲疏*
钩刺草 Marsilea uninata A.Br.(苹科)
钩刺雀梅藤 Sageretia hamosa (Wall.) Brongn. (鼠李科),*钩雀梅藤,猴栗*
钩刺藤(植物志 48-1)=对刺藤
钩刺雾冰藜 Bassia hyssopifolia (Pall.) O.Ktz. (藜科),*狗状刺果藜*
钩豆(台湾志)=软荚豆
钩豆属(台湾志)=**软荚豆属**
钩萼(科属检索表)=钩萼草
钩萼草 Notochaete hamosa Benth.(唇形科),*钩萼*
钩萼草属 Notochaete Benth.(唇形科)
钩耳藤(四川)=打碗花
钩粉草属(海南志)=**山壳骨属**
钩芙(尔雅)=乳苣
钩梗石豆兰 Bulbophyllum nigrescens Rolfe(兰科)
钩钩藤(滇南本草)=钩藤
钩交刺(广西植物名录)=硬毛马甲子
钩脚藤(辽宁)=伞花蔷薇
钩堇 Viola adunca Smith (堇菜科)
钩距翠雀花 Delphinium hamatum Franch.(毛茛科)
钩距黄堇 Corydalis hamata Franch.(罂粟科),*都拉色布,都力色布*
钩距虾脊兰 Calanthe graciliflora Hay.(兰科),*纤花根节兰,细花根节兰*
钩栲(植物志 22)=钩锥
钩栗(植物志 22)=钩锥
钩良树(云南)=淡红素馨
钩毛草 Pseudechinolaena polystachya (H.B.K.) Stapf(禾本科),*马耳朵草*
钩毛草属 Pseudechinolaena Stapf(禾本科)
钩毛果属 Kelloggia Torrey ex Benth.(茜草科)
钩毛蕨属 Cyclogramma Tagawa (金星蕨科)
钩毛茜草 Rubia oncotricha Hand.-Mazz.(茜草科),*小茜草,红丝线,四棱草*
钩毛榕 Ficus asperiuscula Kunth & Bouch.(桑科),*薪青树*
钩毛娃儿藤 Tylophora uncinata M.G.Gilb. & P. T.Li (萝藦科)
钩毛子草 Rhopalephora scaberrima (Bl.) Faden (鸭跖草科),*毛果岗籽草,糙叶水竹叶,大水竹叶*
钩毛子草属 Rhopalephora Hassk.(鸭跖草科)
钩毛紫珠 Callicarpa peichieniana Chun & S.L. Chen (马鞭草科)
钩婆藤(海南儋县)=帘子藤
钩雀梅藤(广西植物名录)=钩刺雀梅藤
钩石斛(中草药汇编)=钩状石斛
钩撕刺(甘肃武都)=红泡刺藤
钩粕草 Sporobolus elongatus R.Br.(禾本科),*鼠尾粟*
钩藤(湖南,台湾)=龙须藤
钩藤(名医别录)=华钩藤
钩藤(名医别录)=毛钩藤
钩藤(名医别录)=平滑钩藤
钩藤(新华本草纲要)=攀茎钩藤
钩藤 Uncaria rhynchophylla (Miq.) Miq. ex Havil. (茜草科),*吊藤,鹰爪风,钩钩藤,金钩藤,挂钩藤*
钩藤根(闽东本草)=钩锥

钩藤属 Uncaria Schreb.(茜草科)
钩铁线莲(云南植物名录)=柱果铁线莲
钩吻 Gelsemium elegans (Gardn. & Champ.) Benth.(马钱科),*朝阳草,大茶药,大茶藤,大茶药,大茶叶,毒根,断肠草,柑毒草,狗向藤,荷班药,胡蔓藤,黄猛菜,黄藤,烂肠草,秦钩吻,梭葛草,文大海,野葛,猪参,猪人参*
钩吻属 Gelsemium Juss.(马钱科),*胡蔓藤属,断肠草属*
钩腺大戟 Euphorbia sieboldiana Morr. & Decne.(大戟科),*长角大戟,长圆叶大戟,粉柄大戟,黄土大戟,康定大戟,马蹄大戟,土大戟,锥腺大戟*
钩形黄腺羽蕨 Pleocnemia hamata Ching & C.H. Wang (叉蕨科)
钩序唇柱苣苔 Chirita hamosa R.Br.(苦苣苔科)
钩叶藤(海南志)=小钩叶藤
钩叶藤 Plectocomia kerrana Becc.(棕榈科)
钩叶藤属 Plectocomia Mart. ex Bl.(棕榈科)
钩叶委陵菜(高等图鉴)=皱叶委陵菜
钩鱼竿(江西)=徐长卿
钩枝扶芳藤 Euonymus fortunei cv. Uncinatus (卫矛科)
钩枝藤 Ancistrocladus tectorius (Lour.) Merr.(钩枝藤科),*本蓬藤,本叶藤*
钩枝藤科 Ancistrocladaceae
钩枝藤属 Ancistrocladus Wall. ex Arn.(钩枝藤科)
钩钟(云南德钦)=灯笼树
钩钟花(云南德钦)=灯笼树
钩柱毛茛 Ranunculus silerifolius H.Lévl.(毛茛科)
钩柱唐松草 Thalictrum uncatum Maxim.(毛茛科)
钩状寄树兰 Robiquetia hamata Schltr.(兰科)
钩状雀梅藤(海南志)=亮叶雀梅藤
钩状石斛 Dendrobium aduncum Lindl.(兰科),*红兰草,钩石斛*
钩状嵩草 Kobresia uncinoides (Boott) C.B. Clarke (莎草科)
钩状猪屎豆(豆科图说)=球果猪屎豆
钩锥 Castanopsis tibetana Hance(壳斗科),*巴栗,楮栗,大叶楮,大叶钩栗,大叶锥栗,钩栲,钩栗,猴栗,钩藤根,厚栗,葫芦树,假板,木栗,野板栗锥栗*
钩子(科属检索表,科属辞典)=钩子木
钩子木 Rostrinucula dependens (Rehd.) Kudo (唇形科),*火香,钩子*
钩子木属 Rostrinucula Kudo(唇形科)
钩子棕属 Oncosperma Bl.(棕榈科)
狗巴子(云南)=野拨子
狗半夏(云南)=犁头尖
狗臭药(云南中草药)=蜘蛛香
狗蛋子(山东烟台)=苦糖果
狗地芽皮(四川中药志)=枸杞
狗毒(甘肃)=大理白前
狗断肠(广西药用名录)=毛花点草
狗夺子(滇南本草)=狗筋蔓
狗儿蔓(陕西中草药)=打碗花
狗儿弯藤(四川)=旋花
狗儿完(开宝本草)=打碗花
狗儿秧(河南)=藤长苗
狗儿秧(陕西)=打碗花
狗耳草(救荒本草)=牵牛
狗耳苗(四川)=打碗花
狗耳丸(四川)=打碗花
狗干粮(陕西中草药)=圆叶锦葵
狗肝菜 Dicliptera chinensis (L.) Juss.(爵床科),*华九头狮子草,假红蓝,假米针,金龙棒,六角英,路边青,麦穗红,青蛇,青蛇子,土羚羊,羊肝菜,野辣椒,野青仔,紫燕草*
狗肝菜属 Dicliptera Juss.(爵床科)
狗高铁(中草药汇编)=绒毛润楠
狗狗秧(新乡中草药选)=欧旋花
狗骨草(福州)=绵萆薢
狗骨柴 Diplospora dubia (Lindl.) Masam.(茜草科),*狗骨仔,青凿树,三萼木,观音茶*
狗骨柴属(新拉汉英)=**原狗骨柴属**(新)
狗骨柴属 Diplospora DC.(茜草科)
狗骨刺(江西福安)=枸骨
狗骨节(昆明草药)=石筋草
狗骨节(中药大辞典)=马甲子
狗骨簕(广西)=酒饼簕
狗骨木(广西)=南山花
狗骨树(海南)=小盘木
狗骨头(河北)=北京忍冬
狗骨头(湖北中草药志)=穿龙薯蓣
狗骨头(陕西平利)=猫儿刺
狗骨头(云南)=密花树
狗骨头 Ardisia aberrans (Walker) C.Y.Wu & C. Chen (紫金牛科)
狗骨仔(台湾)=狗骨柴
狗核莲(福建中草药)
狗核树(中草药汇编)=寡蕊扁担杆
狗核桃(云南)=曼陀罗
狗胡花(安徽)=金丝桃
狗胡花(安徽霍山)=金丝桃
狗胡椒(高等图鉴)=毛叶木姜子
狗花椒(彩色草药图谱)=竹叶花椒
狗花椒(广药手册)=簕欓花椒
狗花椒(广药手册)=岭南花椒
狗花椒(云南)=毛刺花椒
狗脊(本经)=金毛狗脊
狗脊 Woodwardia japonica (L.f.) Sm.(乌毛蕨科),*日本狗脊蕨,狗脊蕨,虾公草,猫儿兜,大贯众*
狗脊蕨(中药辞海)=狗脊
狗脊属 Woodwardia Smith(乌毛蕨科)
狗酱子树(湖北宜恩)=宜昌木姜子
狗椒(河南,贵州,云南)=竹叶花椒
狗椒(四川)=青花椒
狗角藤(高等图鉴)=风筝果
狗脚草根(中药大辞典)=金叶子
狗脚刺(岭南采药录)=铁包金
狗脚刺(生草药性备要)=黑面神
狗脚骨(浙江)=刺毛杜鹃
狗脚迹(福建)=梵天花
狗脚迹(梧州草药及处方选)=越南叶下珠
狗脚迹(植物志 48-2)=三叶乌蔹莓
狗筋麦瓶草(东北草本志)=白玉草
狗筋蔓 Silene baccifera (L.) Roth(石竹科),*白牛膝,抽筋草,狗夺子,筋骨草,九股牛藤,太极草,小被单草,小九股牛*
狗筋蔓属(植物志 26)=**蝇子草属**
狗颈树(浪头岛)=细轴荛花
狗景天(东北检索表)=吉林费菜
狗橘(广州)=酒饼簕
狗具木(中药大辞典)=破布叶
狗啃木(贵州草药)=亮叶桦
狗狂叶(海南澄迈)=海南火麻树
狗肋巴(高等图鉴)=水红木
狗李(植物志 48-1)=冻绿
狗芦子(云南)=粗穗胡椒
狗卵子(广西)=无柄五层龙
狗姆蛇(广东)=常春藤
狗奶木(广西药用名录)=台湾榕
狗奶子(长白山药志)=蓝靛果
狗奶子(东北)=细叶小檗
狗奶子(江苏)=杠柳
狗奶子(江苏,安徽,山东)=枸杞
狗奶子(图考)=地黄
狗闹子(云南通海)=山珠南星
狗泡草(陆川本草)=黄球花
狗婆子树(江西)=琴叶榕
狗葡萄(东北)=东北茶藨子
狗杞子(河北小五台山)=青杞
狗茄子(云南景东)=喀西茄
狗青(吴普本草)=金毛狗脊
狗日草(辽宁阜新)=尾叶香茶菜
狗肉香(贵州)=马蹄香
狗肉香(贵州)=圆叶薄荷
狗肉香(贵州都匀,独山)=留兰香
狗肉香菜(广西百色)=留兰香
狗梢条(吉林)=一叶萩
狗舌草(滇南本草图谱)=倒提壶
狗舌草(广西)=同色兜兰
狗舌草(图考)=长蕊斑种草
狗舌草 Tephroseris kirilowii (Turcz. ex DC.) Holub (菊科),*狗舌头草,白火丹草,铜交杯,糯米青,铜盘一支香*
狗舌草属 Tephroseris (Reichenb.) Reichenb. (菊科)
狗舌果(广西)=土蜜藤
狗舌藤(广西)=球兰
狗舌头(中草药汇编)=草地风毛菊
狗舌头草(浙江民间草药)=狗舌草
狗舌头草(中草药汇编)=草地风毛菊
狗舌紫菀 Aster senecioides Franch.(菊科)
狗神芋(福建永泰)=尖尾芋
狗虱(吴普本草)=芝麻
狗矢蜡梅(经济植物手册)=蜡梅
狗屎豆(植物志 39)=望江南
狗屎瓜(云南)=茅瓜
狗屎花(云南)=琉璃草
狗屎橘(海南)=单叶藤橘
狗屎蓝布裙(高等图鉴)=倒提壶
狗屎木(广西)=破布木
狗屎藤(广东)=匙羹藤
狗屎香(云南保山)=野草香
狗嗽(福建)=黄独
狗藤花(安徽)=藤长苗
狗头柴胡(山东)=柴胡
狗头芙蓉(植物大辞典)=台湾芙蓉
狗头骨(云南龙陵)=龙陵新木姜子
狗头七 Gynura pseudochina (L.) DC.(菊科),*紫背天葵,萝卜母,见肿消,矮人陀,岩七,鹿衔草*
狗头三七(苏医中草药)=菊三七
狗娃花 Heteropappus hispidus (Thunb.) Less. (菊科),*布荣黑*
狗娃花属 Heteropappus Less.(菊科)
狗娃秧(河南)=欧旋花
狗尾巴参(思茅中草药)=距花万寿竹
狗尾巴草(江苏)=矮桃
狗尾巴草(江西)=南方狸藻
狗尾巴草(云南保山)=野草香
狗尾巴草(浙江)=狼尾草
狗尾巴花(植物志 25-1)=红蓼
狗尾巴香(云南)=野拨子
狗尾草(广东)=粱
狗尾草(海南)=青葙
狗尾草(西藏)=金色狗尾草

狗尾草(云南保山)=野草香
狗尾草(中药大辞典)=莠狗尾草
狗尾草 Setaria viridis (L.) Beauv.(禾本科),*谷莠子,光明草,光明子,毛嘟嘟,毛毛草,毛娃娃,犬尾草,硬度尾曲,莠*
狗尾草属 Setaria Beauv.(禾本科)
狗尾红(广州志)=红穗铁苋菜
狗尾花(南宁药志)=假地豆
狗尾射(福建药物志)=猫尾豆
*狗尾射(*赦*)草*(海南儋县,临高)=龙船草
狗尾升麻(湖北)=小果唐松草
狗尾舒筋草(四川中草药)=玉柏
狗尾树(浙江湖州)=黄杉
狗尾松(湖北兴山)=三尖杉
狗尾松(云南维西)=云南铁杉
狗尾状叶车前(新拉汉英)=赛诺普车前
狗夏茶(广东乐昌)=瓜馥木
狗响铃(思茅中草药)=响铃豆
狗向藤(广东大埔)=钩吻
狗腥草(甘肃,陕西)=蕺菜
狗牙半支(纲目)=佛甲草
狗牙半枝莲(江苏)=垂盆草
狗牙半枝莲(金华中草药选)=蜈蚣兰
狗牙瓣(秦岭志)=垂盆草
狗牙瓣(陕西)=平叶景天
狗牙贝(陕西)=西藏洼瓣花
狗牙菜(秦岭志)=佛甲草
狗牙草(湖北志)=垂盆草
狗牙齿(浙江草药)=垂盆草
狗牙大青 Clerodendrum ervatamioides C.Y.Wu (马鞭草科),*假狗牙花*
狗牙风(陕西中药名录)=繁缕叶景天
狗牙根(陕西)=枸杞
狗牙根 Cynodon dactylon (L.) Pers.(禾本科),*绊根草,鸡肠草,马鞭子草,马挽手,牛马根,爬根草,铺地草,铁线草,铜丝金,咸沙草*
狗牙根属 Cynodon Rich.(禾本科)
狗牙花(经济植物手册)=假鹰爪
狗牙花(云南)=多花素馨
狗牙花 Tabernaemontana divaricata (L.) R.Br. ex Roem. & Schult.(夹竹桃科),*单瓣狗牙花,扇形狗牙花*
狗牙花属 Tabernaemontana L.(夹竹桃科)
狗牙还阳(湖北)=石莲
狗牙堇 Erythronium denscanis L.(百合科)
狗牙木(广西)=长叶柞木
狗牙锥(广东)=罗浮锥
狗牙子(四川)=枸杞
狗芽木(广西)=黄牛木
狗咬药(云南)=长蕊珍珠菜
狗蚁草(中草药汇编)=链荚豆
狗蝇梅(花镜)=蜡梅
狗枣猕猴桃 Actinidia kolomikta (Maxim. & Rupr.) Maxim.(猕猴桃科),*狗枣子,深山木天蓼*
狗枣子(东北)=狗枣猕猴桃
狗蚤菜(广西药用名录)=繁缕
狗沾子(云南中药资源名录)=大果冬青
狗指甲(植物志 34-1)=塔花瓦松
狗指甲(中草药汇编)=瓦松
狗爪半夏(贵州织金)=象头花
狗爪半夏(四川巴东)=虎掌
狗爪半夏(四川黑水)=花南星
狗爪半夏(四川马边) =天南星
狗爪半夏(四川马尔康) = 天南星
狗爪草(甘肃)=长柱琉璃草
狗爪豆(天目药志,植物名实图考)=黧豆
狗爪南星(贵州)=象头花
狗爪南星(湖北巴东)=灯台莲
狗爪南星(湖北巴东)=花南星
狗爪樟(四川中草药)=滇润楠
狗状刺果藜(植物志 25-2)=钩刺雾冰藜
狗仔菜(海南)=咸虾花
狗仔草(广州志)=垂穗石松
狗仔花(广西中草药)=咸虾花
狗仔尾(广东)=狼尾草
狗子尾巴(云南)=扁枝石松
苟脊(本草经集注)=金毛狗脊
枸(诗经)=枳椇
枸骨 Ilex cornuta Lindl. & Paxt.(冬青科),*八角菜,八角刺,功劳根,狗骨刺,构骨,角刺茶,苦丁茶,老虎刺,老鼠刺,老鼠树,猫儿刺,猫儿刺,鸟不宿,十大功劳,羊角刺*
枸骨猫儿刺 Ilex corallina var. burfordii De France (冬青科)
枸骨叶冬青 Ilex aquifolium L.(冬青科)
枸骨叶秋海棠 Begonia acutifolia Jacq.(秋海棠科)
枸橘(橘录)=枳
枸橘属(树木分类学)=**枳属**
枸铃子(新华本草纲要)=轮叶蒲桃
枸那(花镜)=夹竹桃
枸杞 Lycium chinense Mill.(茄科),*地骨,地仙苗,狗地芽皮,狗奶子,狗牙根,狗牙子,枸杞菜,红榴根皮,红珠仔刺,牛吉力,杞杞头,甜菜*
枸杞菜(广东,广西,江西)=枸杞
枸杞小檗 Berberis lycium Royle (小檗科)
枸杞属 Lycium L.(茄科)
枸杞状康达木 Condalia lycioides (Gray) Weberb. (鼠李科)
枸杞状小檗 Berberis lycioides Stapf (小檗科)
枸瑞氏乌头 Aconitum krylovii Steinb.(毛茛科)
枸色子(四川)=交让木
枸氏乌头 Aconitum komarovii Steinb.(毛茛科)
枸丝榆(新华本草纲要)=榔榆
枸头橙 Citrus aurantium cv. Goutou Cheng(芸香科),*皮头橙,大黄橙*
枸血子(四川)=交让木
枸橼(纲目)=香圆
枸橼(异物志)=香橼
枸橼当归(苏皖五省药用植物)=隔山香
枸橼子(南方草木状)=香橼
枸子树(救荒本草)=麻栎
构骨(浙江志)=枸骨
构骨海葵(高等图鉴)=刺叶沟瓣
构光(重庆草药)=构树
构棘 Cudrania cochinchinensis (Lour.) Kudo & Masam.(桑科),*川破石,穿破石,饭团簕,奴柘,山荔枝果,隈支,隈枝,蒖芝*
构胶(纲目)=构树
构皮(云南景东)=滇瑞香
构皮麻(贵州方药集)=楮
构皮树(经济志)=滇结香
构皮岩陀(云南大理)=滇瑞香
构树 Broussonetia papyifera (L.) L,Hert. ex Vent.(桑科),*班穀,楮,楮树,楮桃,楮桃树,大叶谷,构光,构胶,构桃子,构叶,谷木子,谷桑,谷树,穀白皮,穀木皮,穀木蕈,穀树叶,穀树汁,穀枝汁,酱黄木,酱黄叶,角树子,木沙树,沙树木,沙纸树,五金胶漆,野杨梅*
构树榆(江苏)=榔榆
构桃子(陕西中药名录)=构树
构叶(子母秘录)=构树
构属 Broussonetia L,Hert. ex Vent.(桑科)
购(尔雅)=蒌蒿
够哈哄(云南)=须药藤

Gu

姑朵花(东北)=朝鲜白头翁
姑朵花(东北)=兴安白头翁
姑姑英(内蒙古)=蒲公英
姑婆芋(福建)=海芋
姑婆芋(福建)=尖尾芋
姑氏凤梨(新拉汉英)=果子蔓
姑氏凤梨属(新拉汉英)=**果子蔓属**
姑榆(尔雅)=大果榆
孤坟柴(植物志 39)=格木
孤奴(霉疠新书)=柞木
孤葡萄(果树分类学)=美洲葡萄
孤柿子根皮(疡医准绳)=柿
孤挺花 Amaryllis belladonna L.(石蒜科)
菰(新拉汉英)=水生菰
菰 Zizania latifolia (Griseb.) Stapf(禾本科),*雕菰,菰根,菰蒋根,菰米,茭白,茭包,茭儿菜,茭笋*
菰根(本草经集注) =菰
菰蒋根(补缺肘后方) =菰
菰帽悬钩子 Rubus pileatus Focke(蔷薇科)
菰米(本草经集注) =菰
菰腺忍冬(植物志 72) =红腺忍冬
菰叶薹草 Carex zizaniaefolia Raynond(莎草科)
菰属 Zizania L.(禾本科),*茭白属*
古巴葱莲 Zephyranthes rosea Lindl.(石蒜科)
古巴核桃 Juglans insularis Griseb.(胡桃科)
古巴槐 Sophora polyphylla Urb.(豆科)
古巴萝芙木 Rauvolfia cubana A.DC.(夹竹桃科)
古巴松(中国树木学)=加勒比松
古巴松 Pinus occidentalis Swartz (松科)
古城玫瑰树 Ochrosia elliptica Labill.(夹竹桃科)
古城薹草 Carex kuchunensis Tang & Wang ex S.Y.Liang(莎草科)
古当归 Archangelica officinalis (Moench) Hoffm. (伞形科)
古当归属 Archangelica Hoffm.(伞形科)
古尔德显著小檗 Berberis insignis var. gouldii Ahrendt (小檗科)
古尔蒂(西藏)=薄荷
古风子(广西)=瓜馥木
古柑(福建)=地菍
古格菜(四川)=紫花碎米荠
古钩藤 Cryptolepis buchananii Roem. & Schult.(萝藦科),*白都宗,白浆藤,白马连藤,半架牛,大暗消,大叶白叶藤,断肠草,个卜汁,扣过怀,老鸦嘴,奶浆藤,牛持脖子藤,牛角藤,牛奶藤,羊嘛,羊排果*
古加(海南)=古柯
古芥(植物志 33)=长柄芥
古芥属(东北检索表)=**长柄芥属**
古柯 Erythroxylum novogranatense (Morris) Hier. (古柯科),*古加,高柯*
古柯科 Erythroxylaceae
古柯属 Erythroxylum P.Br.(古柯科)
古克多(丽江纳西语)=野草香
古利恰黄芪 Astragalus kronenburgii B.Fedtsch. ex Kneuck.(豆科)
古林姜 Zingiber gulinense Y.M.Xia(姜科)
古林箐秋海棠 Begonia gulinqingensis S.H. Huang & Shui(秋海棠科)
古临无心菜 Arenaria littledalei Hemsl.(石竹科)
古蔺厚朴(四川)=川滇木莲

古蔺雪胆 Hemsleya pengxianensis var. gulinensis L.T.Shen & W.J.Chang(葫芦科)
古牛草(四川屏山)=夏枯草
古钮菜(广州)=少花龙葵
古钮子(植物志 67-1)=少花龙葵
古钱窗草(泉州本草)=猫尾豆
古日吉木(蒙名)=红花
古山龙 Arcangelisia gusanlung Lo(防已科),*黄藤,黄连藤*
古山龙属 Arcangelisia Becc.(防已科)
古氏凤仙花 Impatiens goughii Wight (凤仙花科)
古氏脉叶兰(台大研究报告)=流苏芋兰
古特贝克斯 Banksia goodii R.Br.(山龙眼科)
古铜色肉叶荠(植物志 33)=红花肉叶荠
古我特小檗 Berberis goudotii Tr. & Pl.(小檗科)
古羊藤(广西)=暗消藤
古终(纲目)=草棉
古宗金花小檗 Berberis wilsonae var. guhtzunica (Ahrendt) Ahrendt(小檗科)
谷白皮(千金翼方)=稻
谷地翠雀花 Delphinium davidii Franch.(毛茛科)
谷地蓼 Polygonum limosum Kom.(蓼科)
谷地葡萄 Vitis girdiana Munson (葡萄科)
谷茴香(现代实用中药)=茴香
谷精草(广州志,拉汉英名称补编,海南志)=华南谷精草
谷精草(种子植物名称)=白药谷精草
谷精草 Eriocaulon buergerianum Koern.(谷精草科),*戴星草,佛顶珠,连萼谷精草,流星草,文星草,移星草,鱼眼草,藻耳草,珍珠草*
谷精草科 Eriocaulaceae
谷精草属 Eriocaulon L.(谷精草科)
谷精珠(高等图鉴,经济志)=华南谷精草
谷栗麻(广东)=毛桐
谷蓼(中药大辞典)=华水珠草
谷蓼 Circaea erubescens Franch. & Sav.(柳叶菜科),*台湾露珠草*
谷柳 Salix taraikensis Kimura(杨柳科)*波纹柳*
谷木 Memecylon ligustrifolium Champ.(野牡丹科),*壳木山梨子,山棯仔,鱼木,子楝树,子陵木*
谷木冬青(福建志)=谷木叶冬青
谷木叶冬青 Ilex memecylifolia Champ. ex Benth. (冬青科),*谷木冬青*
谷木属 Memecylon L.(野牡丹科)
谷木子(上海中草药)
谷蘖(澹寮方)=稻
谷雀蛋(植物志 57-1)=喀西茄
谷桑(诗疏)=构树
谷沙藤(广西药用名录)=牛筋藤
谷生茴芹 Pimpinella valleculosa K.T.Fu(伞形科)
谷树(江西中草药学)=构树
谷树(诗经)=构树
谷穗补(云南崩江)=双花堇菜
谷香(现代实用中药)=茴香
谷星草(广西药用名录)=透明鳞荸荠
谷芽(纲目)=稻
谷莠子(江苏新沂)=大狗尾草
谷莠子(植物名汇)=狗尾草
谷皱草(广西)=金花树
谷子(中国植物学)=粱
牯岭东俄芹 Tongoloa stewardii Wolff(伞形科)
牯岭凤仙花 Impatiens davidii Franch.(凤仙花科),*野凤仙,岩指甲花*
牯岭勾儿茶 Berchemia kulingensis Schneid.(鼠李科),*常青藤,勾儿茶,画眉杠,青藤,山黄芪,铁骨散,小叶勾儿茶,熊柳,紫青藤根*
牯岭藜芦 Veratrum schindleri Loes.f.(百合科),*天目藜芦,邢氏藜芦*
牯岭山梅花 Philadelphus sericanthus var. kulingensis (Koehne) Hand.-Mazz.(虎耳草科)
牯岭蛇葡萄 Ampelopsis heterophylla var. kulingensis (Rehd.) C.L.Li(葡萄科),*山葡萄,木杠藤*
牯岭悬钩子 Rubus kulinganus Bailey(蔷薇科)
牯岭野豌豆 Vicia kulingiana Bailey(豆科),*山录豆,山蚕豆,红花豆,四叶豆*
牯牛岭(亨氏植物名录)=夏枯草
骨齿凤丫蕨 Coniogramme caudata (Ettingsh.) Ching(裸子蕨科),*毛叶凤丫蕨*
骨担柴(豆科图说)=东北锦鸡儿
骨风木(中药大辞典)=琴叶榕
骨红照水型 Armeniaca mume var. pendula f. atropurpurea T.Y.Chen(蔷薇科)
骨节草(贵州方药集)=犬问荆
骨美(名医别录)=白薇
骨牌蕨 Lepidogrammitis rostrata (Bedd.) Ching (水龙骨科),*上树咳,桂寄生,金锁匙*
骨牌蕨属 Lepidogrammitis Ching(水龙骨科)
骨软草(云南)=思茅狭叶山梗菜
骨首(云南彝族语)=石菖蒲
骨碎补(广西药用名录)=光亮瘤蕨
骨碎补(广西药用名录)=宽羽线蕨
骨碎补(广西药用名录)=团叶槲蕨
骨碎补(药性论)=槲蕨
骨碎补(药性论)=秦岭槲蕨
骨碎补 Davallia mariesii Moore ex Bak.(骨碎补科),*海州骨碎补*
骨碎补科 Davalliaceae
骨碎补铁角蕨 Asplenium davallioides HK.(铁角蕨科),*尖叶铁角蕨*
骨碎补属 Davallia Sm.(骨碎补科)
骨碎草(广西药用名录)=小驳骨
骨碗藤(广西)=天星藤
骨缘当归 Angelica cartilaginomarginata var. foliosa Yuan & Shan(伞形科),*山藁本,野芹菜*
骨缘囊瓣芹 Pternopetalum cartilagineum C.Y. Wu (伞形科)
骨质翠雀花 Delphinium osseticum N.Busch.(毛茛科)
蛊羊茅 Festuca fascinata Keng(禾本科)
蛊早熟禾 Poa fascinata Keng ex L.Liu(禾本科)
鹄虱(唐本草)=天名精
鹄虱(唐本草)=野胡萝卜
鹄虱(唐本草)=异刺鹤虱
鹄泻(本经)=泽泻
鼓槌草(滇南本草)=川续断
鼓槌石斛 Dendrobium chrysotoxum Lindl.(兰科),*金弓石斛*
鼓钉皮(浙江)=朵花椒
鼓节竹 Bambusa tuldoides cv. Swolleninternode (禾本科)
鼓蕨 Acrosorus exaltata Cop.(禾叶蕨科)
鼓蕨属 Acrosorus Copel.(禾叶蕨科)?
鼓岭渐尖毛蕨(福建志)=细柄毛蕨
鼓手花(云南曲靖)=两头毛
鼓子花(本草纲目)=旋花
鼓子花 Calystegia silvatica subsp. orientalis Brumm. (旋花科)
毂白皮(千金方)=构树
毂木皮(吴普本草)=构树
毂木皽(生草药手册)=构树
毂树叶(简便单方)=构树
毂树汁(日华子本草,近效方)=构树
臌萼马先蒿 Pedicularis physocalyx Bge.(玄参科)
臌囊薹草(东北草本志)=瘤囊薹草
臌胀草(福建)=荔枝草
固不婆律(酉阳杂俎)=龙脑香
固沙草 Orinus thoroldii (Stapf ex Hemsl.) Bor (禾本科)
固沙草属 Orinus Hitchc.(禾本科)
故季马(傣名)=大观音座莲

Gua

瓜槌草(图考)=漆姑草
瓜槌草属(植物分类学)=**漆姑草属**
瓜达罗浦柏木 Cupressus guadalupensis S.Wats.(柏科)
瓜岛围诞树 Pithecellobium guadalupense Chapm. (豆科)
瓜地马拉草(台湾的禾草)=磨擦草
瓜蒂(本经,和汉药考)=甜瓜
瓜丁(千金翼方)=甜瓜
瓜儿豆 Cyamopsis tetragonoloba (L.) Taub.(豆科)
瓜儿豆属 Cyamopsis DC.(豆科)
瓜耳木 Otophora unilocularis (Leenh.) H.S.Lo (无患子科)
瓜耳木属 Otophora Bl.(无患子科)
瓜馥木 Fissistigma oldhamii (Hemsl.) Merr.(番荔枝科),*飞杨藤,狗夏茶,古风子,狐狸桃,降香藤,笼藤,毛瓜馥木,山龙眼藤,藤龙眼,铁牛钻藤,香藤,香藤风,小香藤,钻山风*
瓜馥木属 Fissistigma Graiff.(番荔枝科)
瓜壳(四川中药志)=多卷须栝楼
瓜壳(四川中药志)=栝楼
瓜拉坡蟹甲草 Parasenecio koualapensis (Franch.) Y.L.Chen(菊科)
瓜栗 Pachira macrocarpa (Cham. & Schlecht.) Walp. (木棉科)
瓜栗属 Pachira Aubl.(木棉科)
瓜列当(新疆)=分枝列当
瓜蒌(植物志 73-1)=栝楼
瓜蒌仁(丹溪心法)=截叶栝楼
瓜楼(植物志 73-1)=栝楼
瓜芦苇(陶弘景)=茶
瓜络木(广西容县)=广东山龙眼
瓜米菜(陕西)=马齿苋
瓜米草(植物志 62)=深红龙胆
瓜米还阳(湖北)=西藏珊瑚苣苔
瓜米还阳(湖北中草药志)=鱼鳖金星
瓜木 Alangium plantanifolium (S. & Z.) Harms (八角枫科),*篠悬叶瓜木,八角枫*
瓜挪(佤佬族语)=木鳖子
瓜皮草(植物志 8)=矮慈姑
瓜瓤(金匮要略)=冬瓜
瓜仁草(植物志 73-2)=半边莲
瓜算盘子属(名词审查本)=**算盘子属**
瓜香草(救荒本草)=龙芽草
瓜叶菊 Senecio cineraria L.(菊科)
瓜叶栝楼 Trichosanthes cucumerina L.(葫芦科)
瓜叶马兜铃 Aristolochia cucurbitifolia Hay.(马兜铃科),*黄藤,青木香*
瓜叶千里光 Senecio cinerifolius Lévl.(菊科)
瓜叶秋海棠 Begonia cucurbitifolia C.Y.Wu(秋海棠科)

瓜叶乌头 Aconitum hemsleyanum Pritz.(毛茛科),*藤乌,草乌,羊角七,乌毒,盐附子*
瓜叶掌叶树 Brassaiopsis papayoides Hand.-Mazz.? (五加科)
瓜叶帚菊 Pertya henanensis Y.C.Tseng(菊科)
瓜子(金匮要略)=冬瓜
瓜子菜(广空中草药手册)=抱树莲
瓜子菜(广西)=吊石苣苔
瓜子菜(岭南采药录)=马齿苋
瓜子草(湖南药物志)=伏石蕨
瓜子草(四川)=卵叶远志
瓜子草(图考)=球序卷耳
瓜子草(浙江)=狭叶香港远志
瓜子草(中药志)=荞蒉
瓜子核(中草药彩色图谱)=眼树莲
瓜子黄杨(高等图鉴)=黄杨
瓜子金(东北检索表)=卵叶远志
瓜子金(广东,广西)=眼树莲
瓜子金(图考)=鱼鳖金星
瓜子金(云南)=苦远志
瓜子金(云南红河)=蓼叶远志
瓜子金(浙江药用名录)=链珠藤
瓜子金 Polygala japonica Houtt.(远志科),*产后草,辰砂草,地藤草,典瓜仁草,高脚瓜子草,歼疟草,金牛草,金锁匙,苦草,卵叶远志,日本远志,散血丹,神砂草,通性草,小金不换,小叶地丁草,小叶瓜子草,小英雄,小远志,银不换,远志草,竹叶地丁*
瓜子金属(分类学报)=**眼树莲属**
瓜子兰(河北)=沙滩黄芩
瓜子莲(广西)=垂盆草
瓜子莲(湖南药物志)=伏石蕨
瓜子莲(湖南药物志)=麦斛
瓜子莲(天目药志)=铁角蕨
瓜子鹿衔(贵州)=豆瓣绿
瓜子毛兰 Eria dasyphylla Par. & Rchb.f.(兰科)
瓜子藤(广东)=眼树莲
瓜子藤(广东,广西)=链珠藤
瓜子英(福建)=链珠藤
瓜祖马属 Guazuma Plum.(梧桐科)
刮金板(植物志 44-3)=黄苞大戟
刮金械(天宝本草)=云南土沉香
刮筋板(新华本草纲要)=云南土沉香
寡瓣红山茶 Camellia paucipetala Chang(山茶科)
寡流苏龙胆 Gentiana mairei Lévl.(龙胆科)
寡脉红山茶 Camellia oligophlebia Chang(山茶科)
寡毛变种(植物志 74)=兴安一枝黄花
寡毛菊 Oligochaeta minima (Boiss.) Briq.(菊科)
寡毛菊属 Oligochaeta C.Koch(菊科)
寡婆子树(广西)=美艳杜鹃
寡蕊扁担杆 Grewia oligandra Pierre(椴树科),*少蕊扁担杆,狗核树,四眼果*
寡扇穗茅(新拉汉英)=寡穗茅
寡穗大油芒 Spodiopogon paucistachyus L.Liu (禾本科)
寡穗茅 Littledalea przevalskyi Tzvel.(禾本科),*寡扇穗茅*
寡穗早熟禾 Poa paucispicula Scrhbn. & Merr.(禾本科)
寡头风毛菊 Saussurea popovii Lipsch.(菊科)
挂钩藤(药材学)=钩藤
挂金灯(陕西,广东,植物志 67-1)=锦灯笼
挂苦绣球 Hydrangea xanthoneura Diels(虎耳草科),*光叶黄枝挂苦子树,黄脉绣球,黄枝挂苦子树,排毛绣球,四川挂苦绣球,西康挂苦绣球,西南挂苦绣球*
挂兰(中药大辞典)=吊兰
挂梁青(浙江)=雪柳

Guai

拐棒参(植物志 73-2)=蓝花参
拐拐花(陕西华县)=河朔荛花
拐拐细辛(陕西中草药)=银线草
拐棍参(昆明)=夜香牛
拐棍竹(中草药汇编)=箭竹
拐棍竹 Fargesia robusta Yi(禾本科)
拐牛膝(云南)=川牛膝
拐芹 Angelica polymorpha Maxim.(伞形科),*白根独活,倒钩芹,独活,拐芹当归,拐子芹,山芹菜,紫杆芹*
拐芹当归(东北草本志)=拐芹
拐三七(四川)=小升麻
拐枣(华北)=北枳椇
拐枣(救荒本草)=枳椇
拐枣(西藏察隅)=俅江枳椇
拐枣金钗(陕西中草药)=日本水龙骨
拐枣七(贵州民间药物)=羽叶蓼
拐枣七(秦岭南北坡)=荷青花
拐枣七(四川金佛山)=小升麻
拐枣属(高等图鉴)=**枳椇属**
拐轴鸦葱 Scorzonera divaricata Turcz.(菊科),*阿查-哈比斯干那,叉枝鸦葱,苦葵鸦葱,女苦奶,散枝鸦葱,羊奶及及*
拐子七(陕西中草药)=荷青花
拐子芹(辽宁)=拐芹
怪叶翅子树(分类学报)=变叶翅子树

Guan

关巴巴叶(云南景东)=大序醉鱼草
关白附(植物志 27)=黄花乌头
关苍术 Atractylodes japonica Koidz.(菊科)
关刀草(贵州峨山)=石柑子
关刀溪线柱兰 Zeuxine kantokeiense Tatewaki & Masam. (兰科),*港口线柱兰*
关东丁香(树木分类学)=关东巧玲花
关东牡蒿(黑龙江)=东北牡蒿
关东槭(树木分类学)=东北槭
关东巧玲花 Syringa pubescens subsp. patula (Palibin) M.C.Chang & X.L.Chen(木犀科),*关东丁香*
关耳枝(云南大理)=腺叶醉鱼草
关防风(东北)=防风
关公须 Salvia kiangsiensis C.Y.Wu(唇形科),*根下红,关爷须,关羽须,落地红,扑地红,扑地消,土活血,小活血,叶下红*
关桂(四川)=川钓樟
关桂(四川平武)=银叶桂
关黄柏(中草药汇编)=黄檗
关角梢(江苏)=杠柳
关角桃(河南,山西)=杠柳
关节委陵菜 Potentilla articulata Franch.(蔷薇科)
关岭柳(Flora 4)=台矮柳
关门草(东北药用植物)=豆茶决明
关门草(中药大辞典)=显脉羊蹄甲
关木通 Aristolochia manshuriensis Kom. (马兜铃科),*东北木通,木通马兜铃,苦木通,马木通,木通,棺木香,万年藤*
关山耳蕨(台湾志)=剑叶耳蕨
关山红门兰 Orchis kuanshanensis S.S.Ying(兰科),*关山兰*
关山拉拉藤 Galium kwanzanense Ohwi(茜草科)
关山兰(台高等图志)=关山红门兰
关雾凤仙花 Impatiens tayemonii Hay.(凤仙花科),*黄花凤仙花*
关腰草(广西)=娃儿藤
关爷须(江西奉新)=关公须
观尝龙胆 Gentiana prolata Balf.f.(龙胆科)
观光鳞毛蕨 Dryopteris tsoongii Ching(鳞毛蕨科)
观光木 Tsoongiodendron odorum Chun(木兰科)
观光木属 Tsoongiodendron Chun (木兰科)
观光秋海棠 Begonia tsoongii C.Y.Wu(秋海棠科)
观赏胡椒 Piper ornatum N.E.Br.(胡椒科),*苏拉威西胡椒*
观赏獐牙菜 Swertia decora Franch.(龙胆科)
观音草(安徽)=豆腐柴
观音草(广西)=紫背鹿衔草
观音草(吉林)=龙胆
观音草(江西民间草药)=爵床
观音草(秦岭南北坡)=白屈菜
观音草 Peristrophe baphica (Spreng) Bremek.(爵床科),*白牛膝,大青,大叶辣椒草,对叶接骨草,高山辣椒,红蓝,红丝线,黄丁苦草,九头狮子草,蓝茶,绿骨大青,青红线,染色九头狮子草,山蓝,项开口,野靛青*
观音草属 Peristrophe Nees(爵床科),*山蓝属,九头狮子草属*
观音茶(江西)=狗骨柴
观音茶(陕西)=白毛银露梅
观音茶(生草药性备要)=草珊瑚
观音茶(四川,云南)=金珠柳
观音柴(浙江)=豆腐柴
观音串(新华本草纲要)=黄花倒水莲
观音刺(广西兽医植物)=仙人掌
观音座莲(图考)=福建观音座莲
观音倒座草(大理)=五叶老鹳草
观音倒座草(云南)=中华老鹳草
观音豆(泉州本草)=木豆
观音花(浙江药用名录)=蘘荷
观音蕉(南宁药志)=美人蕉
观音兰(庐山植物手册)=雄黄兰
观音兰 Tritonia crocata (Thunb.) Ker-Gawl.(鸢尾科)
观音兰属 Tritonia Ker-Gawl.(鸢尾科),*鸢尾兰属*
观音莲(峨眉药用植物)=峨眉观音座莲
观音莲(峨眉药用植物)=羽裂星蕨
观音莲(纲目)=海芋
观音莲(湖北)=筒鞘蛇菰
观音莲(四川)=尖尾芋
观音莲(云南河口)=越南万年青
观音柳(广州,南京)=柽柳
观音柳(拉汉名称和手册)=三春水柏枝
观音旗(广西药用名录)=大瓦韦
观音山金足草 Goldfussia feddei (Lévl.) E. Hossain (爵床科)
观音杉(湖北)=红豆杉
观音树(云南)=银叶杜茎山
观音笋(江西)=地瓜儿苗
观音藤(广西)=寄生藤
观音苋(重庆草药)=红凤菜
观音掌(贵州方药集)=仙人掌
观音竹(广西)=长序翻唇兰
观音竹(广西中药志)=竹节蓼
观音竹(树木分类学)=棕竹
观音竹(图考)=小舌唇兰
观音竹(浙江普陀)=寒竹
观音竹 Bambusa multiplex var. riviereorum

R.Maire (禾本科)
观音棕竹属(台木本志)=**棕竹属**
观音座莲(中草药汇编)=大观音座莲
观音座莲科 Angiopteridaceae *莲座蕨科*
观音座莲属 Angiopteris Hoffm.(观音座莲科)
官桂(陕西南郑,宁强)=川桂
官桂皮(中草药汇编)=银叶桂
官前胡(药材名)=前胡
官榕木(中药大辞典)=榕树
冠瓣属 Lophopetalum Wight (卫矛科)
冠唇花 Microtoena insuavis (Hance) Prain(唇形科),*广东藿香,野藿香,牙皮弯*
冠唇花属 Microtoena Prain (唇形科)
冠额马先蒿(新)Pedicularis bella subsp. holophylla var. cristifrons Tsoong(玄参科),*美丽马先蒿全叶亚种冠额变种*
冠萼花楸 Sorbus coronata (Card.) Yü & Tsai(蔷薇科)
冠萼线柱苣苔 Rhynchotechum formosanum Hatusima (苦苣苔科)
冠盖藤 Pileostegia viburnoides HK.f. & Thoms.(虎耳草科),*旱禾藤,青棉花猴头藤,红棉花藤,竹麻*
冠盖藤属 Pileostegia HK.f. & Thoms.(虎耳草科),*青棉花属*
冠盖绣球 Hydrangea anomala D.Don(虎耳草科),*对叶花,粉背绣球,绢毛藤八仙,绢毛绣球,蔓性八仙花,木枝挂苦花,木质桂苦藤,奇形绣球花,藤八仙,藤常山,藤绣球*
冠果草 Sagittaria guyanensis subsp. lappula (D. Don) Bojin (泽泻科),*土紫菀,假菱角*
冠果忍冬 Lonicera stephanocarpa Franch.(忍冬科)
冠鳞水蜈蚣 Kyllinga squamulata Thonn. ex Vahl (莎草科)
冠菱 Trapa litwinowii V.Vassil(菱科)
冠芒草(种子植物名称)=九顶草
冠芒草属(分科检索表附录)=**九顶草属**
冠毛草 Stephanachne pappophorea (Hack.) Keng (禾本科)
冠毛草属 Stephanachne Keng(禾本科)
冠毛榕 Ficus gasparriniana Miq.(桑科)
冠毛石豆兰 Bulbophyllum comosum Coll. & Hemsl.(兰科)
冠毛玉凤兰(台湾兰科植物)=丝瓣玉凤花
冠黍 Panicum cristatellum Keng(禾本科)
冠羽乌毛蕨 Blechnum orientalie var. cristata J.Sm.(乌毛蕨科)
冠状唇鸟足兰 Satyrium cristatum Sond.(兰科)
冠状旋覆花(新)Inula crithomoides L.(菊科),*旋覆花*
管苞瓶蕨 Vandenboschia birmanica (Bedd.) Ching (膜蕨科)
管苞省藤 Calamus siphonospathus Mart.(棕榈科)
管唇兰 Tuberolabium kotoense Yamamoto(兰科),*兰屿管唇兰,红头兰*
管唇兰属 Tuberolabium Yamamoto(兰科)
管萼粗叶木(分类学报)=革叶粗叶木
管萼山豆根 Euchresta tubulosa Dunn(豆科),*鄂豆根,山豆根,鸦片七*(湖北,湖南),*豆根,黄结*
管萼野丁香 Leptodermis tubicalyx Lo(茜草科)
管花葱 Allium siphonanthum J.M.Xu(百合科)
管花葱莲 Zephyranthes tubiflora (L'Heritier) Schinz.(石蒜科)
管花党参 Codonopsis tubulosa Kom.(桔梗科)
管花杜鹃 Rhododendron keysii Nutt.(杜鹃花科)
管花腹水草 Veronicastrum tubiflorum (Fisch. & Mey.) Hara(玄参科),*柳叶婆婆纳*
管花海桐 Pittosporum tubiflorum Chang & Yan (海桐花科)
管花胡颓子 Elaeagnus tubiflora C.Y.Chang(胡颓子科)
管花兰 Corymborkis veratrifolia (Reinw.) Bl.(兰科)
管花兰属 Corymborkis Thou(兰科)
管花蕾丽兰 Laelia tibicinis (Batem. ex Lindl.) L. O.Wms.(兰科)
管花龙胆(蒙大学报)=管花秦艽
管花鹿药 Maianthemum henryi (Baker) La Frank. (百合科),*螃蟹七,铁拐子,窝尔白三七*
管花马兜铃 Aristolochia tubiflora Dunn(马兜铃科),*一点血,独一味,辟蛇雷,红白药,金丝丸*
管花马铃苣苔 Oreocharis tubicella Franch.(苦苣苔科)
管花马先蒿 Pedicularis siphonantha Don(玄参科),*管花马先蒿管花变种*
管花马先蒿管花变种(植物志 68)=管花马先蒿
管花马先蒿台氏变种(植物志 68)=台氏管花马先蒿
管花木犀 Osmanthus delavayi Franch.(木犀科),*山桂花*
管花秦艽 Gentiana siphonantha Maxim. ex Kusnez. (龙胆科),*管花龙胆,五台秦艽,太白秦艽,大花秦*
管花青皮木(高等图鉴)=华南青皮木
管花忍冬 Lonicera tubuliflora Rehd.(忍冬科)
管花肉苁蓉 Cistanche mongolica Beck.(列当科)
管花薯 Ipomoea violacea L.(旋花科),*长管牵牛*
管花树苣苔 Kohleria tubiflora Hanst.(苦苣苔科)
管花羊耳蒜 Liparis seidenfadeniana Szlach.?(兰科)
管花蝇子草 Silene tubulosa Oxehm. & Lidén(石竹科)
管花柱属 Cleistocatus Lem.(仙人掌科)
管花紫菀(新) Aster likiangensis f. polianthus Ling (菊科)
管茎凤仙花 Impatiens tubulosa Hemsl.(凤仙花科)
管茎过路黄 Lysimachia fistulosa Hand.-Mazz. (报春花科)
管茎雪兔子 Saussurea fistulosa Anth.(菊科)
管兰香 Aristolochia cathcartii HK.f.(马兜铃科),*萝卜防已,白背马兜铃*
管南香(云南中草药)=广西马兜铃
管鞘当归 Angelica pseudoselinum de Boiss.(伞形科),*疙瘩羌*
管人香(广西)=青蛇藤
管丝韭 Allium semenovii Rgl.(百合科)
管细叶金(中药辞海)=黄花稔
管牙(中药辞海)=东风草
管芽(广西百色中草药)=假东风草
管叶槽舌兰 Holcoglossum kimballianum (Rchb. f.) Garay(兰科)
管叶牛角兰 Ceratostylis subulata Bl.(兰科)
管真花(福建)=野菰
管钟党参 Codonopsis bulleyana Forr. ex Diels (桔梗科)
管仲(云南)=西南委陵菜
管状长花马先蒿 Pedicularis longiflora var. tubiformis (Klotz.) Tsoong(玄参科)
管状滇紫草 Onosma fistulosum Johnst.(紫草科)
贯缎叶(广东)=白鹤藤
贯筋(新疆药材)=牻牛儿苗
贯筋藤 Dregea sinensis var. corrugata (Schneid.) Tsiang & P.T.Li(萝藦科),*奶浆果,刀口药*
贯线草(福建中草药)=糯米团
贯叶草 Canscora perfoliata Lam.(龙胆科)
贯叶柴胡(中草药汇编)=金黄柴胡
贯叶过路黄 Lysimachia perfoliata Hand.-Mazz. (报春花科)
贯叶连翘 Hypericum perforatum L.(藤黄科),*女儿茶,千层楼,上天梯,铁帚把,小对叶草,小过路黄,小汗淋草,小旱莲草,小金丝桃,小刘寄奴,小叶金丝桃,夜关门,元宝草*
贯叶蓼(植物志 25-1)=杠板归
贯叶马兜铃 Aristolochia delavayi Franch.(马兜铃科)
贯叶泽兰 Eupatorium perfoliatum L.(菊科)
贯月忍冬 Lonicera sempervirens L.(忍冬科),*穿叶忍冬*
贯枣(植物志 48-1)=枣
贯众(本经)=顶芽狗脊
贯众(本经)=荚果蕨
贯众(本经,四川中药志)=紫萁
贯众(滇南本草)=刺齿贯众
贯众(广西)=毛柄短肠蕨
贯众(广西药用名录)=华南紫萁
贯众(广西药用名录)=乌毛蕨
贯众(湖南药物志)=东方狗脊
贯众(宁夏)=粗茎鳞毛蕨
贯众(山东中医药研究资料)=全缘贯众
贯众(山西中草药)=布朗耳蕨
贯众(云南药用名录)=金冠鳞毛蕨
贯众 Cyrtomium fortunei J.Sm.(鳞毛蕨科),*大叶狼衣,昏头鸡,鸡公头,鸡脑壳,神箭根,铁狼鸡,小野鸡,小晕头鸡*
贯众耳蕨(药用孢子植物)=刺叶耳蕨
贯众溪边蕨 Stegnogramma cyrtomioides (C. Chr.) Ching(金星蕨科)
贯众叶复叶耳蕨 Arachniodes cyrtomifolia Ching (鳞毛蕨科)
贯众属 Cyrtomium Presl(鳞毛蕨科)
裸柱草属 Gymnostachyum Nees(爵床科)
灌丛报春 Primula dumicola W.W.Sm. & Forr.(报春花科),*矮林报春*
灌丛北美香柏 Thuja occidentalis cv. Ericoides (柏科)
灌丛唇柱苣苔 Chirita fruticola H.W.Li(苦苣苔科)
灌丛杜鹃 Rhododendron dumicola Tagg & Forr.(杜鹃花科)
灌丛黄芪 Astragalus dumetorum Hand.-Mazz. (豆科)
灌丛马先蒿 Pedicularis thamnophila (Hand.-Mazz.) Li(玄参科),*灌丛马先蒿灌丛亚种*
灌丛马先蒿杯状亚种(植物志 68)=杯状灌丛马先蒿
灌丛马先蒿灌丛亚种(植物志 68)=灌丛马先蒿
灌丛欧洲红豆杉 Taxus baccata cv. Adpressa (红豆杉科)
灌丛泡花树 Meliosma dumicola W.W.Sm.(清风藤科)
灌丛清风藤 Sabia purpurea subsp. dumicola (W. W.Sm.) Van de Water(清风藤科)
灌丛润楠 Machilus dumicola (W.W.Sm.) H.W. Li (樟科)
灌丛鼠尾草 Salvia dumetorum Andrz.(唇形科)

灌丛溲疏 Deutzia rehderiana Schneid.(虎耳草科),*碎米花,下关溲疏*
灌丛条果芥 Parrya fruticulosa Rgl. & Schmalh.(十字花科)
灌丛蝇子草(拉汉名称)=阿尔泰蝇子草
灌丛蝇子草 Silene dumetosa C.L.Tang(石竹科)
灌灌黄(四川)=展毛野牡丹
灌柳 Salix rehderiana var. dolia (Schneid.) N.Chao(杨柳科)
灌木金盏花 Calendula suffruticosa Vahl.(兰科)
灌木柳 Salix saposhnikovii A.Skv.(杨柳科)
灌木南烛 Lyonia fruticosa (Michx.) G.Torr. ex B.L.Robihns.(杜鹃花科)
灌木排香草 Anisochilus suffruticosus Wight (唇形科)
灌木婆婆纳 Veronica fruticans Jacq.(菊科)
灌木槭 Acer pusillum Schwer.(槭树科)
灌木秋海棠 Begonia fruticosa A.DC.(秋海棠科)
灌木铁线莲 Clematis fruticosa Turcz.(毛茛科)
灌木小甘菊 Cancrinia maximowiczii C.Winkl.(菊科)
灌木绣球防风 Leucas suffruticosa Benth.(唇形科)
灌木旋花 Convolvulus fruticosus Pall.(旋花科)
灌木亚菊 Ajania fruticulosa (Ledeb.) Poljak.(菊科)
灌木月见草 Oenothera fruticosa L.(柳叶菜科)
灌木状安匝木 Pomaderris phylicaefolia Lodd. ex Link.(鼠李科)
灌木状凤仙花 Impatiens fruticosa DC.(凤仙花科)
灌木状山槟榔 Pinanga fruticans Ridley (棕榈科)
灌木紫菀木 Asterothamnus fruticosus (C.Winkl.) Novopokr.(菊科)
灌西柳 Salix macroblasta Schneid.(杨柳科)
灌县复叶耳蕨 Arachniodes guanxianensis Ching (鳞毛蕨科)
灌县黄芪 Astragalus simpsonii Pet.-Stib.(豆科),*辛氏黄芪*
灌县假毛蕨 Pseudocyclosorus gaunxianensis Ching ex Y.X.Lin (金星蕨科)
灌县韭 Allium guanxianense J.M.Xu(百合科)
灌县狼尾草(植物志 10-1)=中型狼尾草
灌县紫堇 Corydalis flaxuosa subsp. kuanhsinensis C.Y.Wu(罂粟科)
灌状买麻藤 Gnetum gnemon L.(买麻藤科)
鹳冠卷瓣兰 Bulbophyllum setaceum T.P.Lin(兰科),*鹳冠兰*
罐罐草(四川)=蓝花参
罐罐草(四川,重庆)=心叶野海棠
罐罐花(贵州草药)=女娄菜
罐罐花(云南)=假朝天罐
罐梨(河北)=白梨
罐泰子(中草药汇编)=玉蜀黍
罐子草(湖南)=朝天罐
罐嘴菜(贵州民间药物)=堇菜

Guang

光白英 Solanum kitagawae Schönb.-Tem.(茄科)
光板猫叶草(天目药志)=大叶火焰草
光瓣兜兰 Paphiopedilum tonsum (Rchb.f.) Pfitz.(兰科)
光瓣谷精草 Eriocaulon glabripetalum W.L.Ma (谷精草科)
光瓣堇菜(高等图鉴)=紫花地丁
光瓣堇菜(静生汇报)=早开堇菜
光瓣堇菜(中药志)=紫花地丁
光苞刺头菊 Cousinia leiocephala (Rgl.) Juz.(菊科)
光苞腹毛柳 Salix delavayana f. glabra C.F.Fang (杨柳科)
光苞蓟(高等图鉴)=等苞蓟
光苞柳 Salix tenella Schneid.(杨柳科)
光苞毛鳞菊 Chaetoseris leiolepis Shih(菊科)
光苞蒲公英 Taraxacum lamprolepis Kitag.(菊科)
光苞亚菊 Ajania nitida Shih(菊科)
光藊豆 Vigna glabra Savi (豆科)
光滨藜 Atriplex laevis C.A.Mey.(藜科)
光柄芒(禾本科)图说)=双药芒
光柄筒冠花 Siphocranion nudipes (Hemsl.) Kudo (唇形科)
光柄绣球(植物志 35-1)=马桑绣球
光柄野青茅 Deyeuxia levipes Keng(禾本科)
光彩银叶花 Argyroderma schlechteri Schwant.(番杏科)
光菜(蔬菜栽培学)=甜菜
光叉序草 Isoglossa glabra (Hand.-Mazz.) B. Hansen (爵床科),*光爵床*
光翅子树 Pterospermum glabrescens W. & A.(梧桐科)
光慈姑(新疆)=伊犁郁金香
光慈菇(中草药汇编)=老鸦瓣
光刺兔唇花 Lagochilus leiacanthus Fisch. & Mey. (唇形科)
光东俄洛黄芪 Astragalus tongolensis var. glaber Pet.-Stib.(豆科)
光钝叶草 Stenotaphrum dimidiatum (L.) Brongn.(禾本科)
光萼八蕊花 Sporoxeia latifolia var. fengii (S.Y. Hu) C.Chen(野牡丹科)
光萼斑叶兰 Goodyera henryi Rolfe(兰科),*短穗斑叶兰,童山白兰,翠玉斑叶兰*
光萼报春 Primula levicalyx C.M.Hu & Z.R.Xu (报春花科)
光萼变种(植物志 65-2,Flora 17)=光萼血见愁(新)
光萼彩花 Acantholimon laevigatum (Peng) Kamelin (白花丹科)
光萼茶藨子 Ribes glabricalycinum L.T.Lu (虎耳草科)
光萼稠李 Padus cornuta (Wall. ex Royle) Carr.(蔷薇科)
光萼唇柱苣苔 Chirita anachoreta Hance(苦苣苔科)
光萼大沙叶 Pavetta arenosa f. glabrituba Chun & How ex Ko(茜草科)
光萼党参 Codonopsis levicalyx L.T.Shen(桔梗科),*五花党参*
光萼肥肉草 Fordiophyton fordii var. vernicinum Hand.-Mazz.(野牡丹科)
光萼谷精草 Eriocaulon leianthum W.L.Ma(谷精草科)
光萼荷 Aechmea chantinii (Carr.) Bak.(凤梨科),*黑纹凤梨*
光萼荷属 Aechmea Ruiz & Pav.(凤梨科)
光萼红果树(新)Stranvaesia amphidoxa var. amphileia (Hand.-Mazz.) Yü(蔷薇科),*毛萼红果树无毛变种*
光萼虎耳草 Saxifraga elliptica Engl. & Irmsch.(虎耳草科)
光萼黄芪 Astragalus lucidus Tsai & Yü(豆科)
光萼芰草(静生汇报)=光萼筒黄芪
光萼荚蒾 Viburnum formosanum subsp. leiogynum Hsu(忍冬科)
光萼蓝钟花(植物志 73-2)=光蓝钟花(新)
光萼蓝钟花 Cyananthus hookeri var. levicalyx Lian(桔梗科)
光萼茅膏菜(植物志 34-1)=茅膏菜
光萼玫瑰树 Ochrosia coccinea (Teijsm. & Binn.) Miq.(夹竹桃科)
光萼女娄菜(东北草本志)=坚硬女娄菜
光萼巧玲花 Syringa pubescens subsp. julianae (Schneid.) M.C.Chang & X.L.Chen(木犀科),*紫丁香*
光萼鞘蕊花 Coleus bracteatus Dunn(唇形科)
光萼青兰 Dracocephalum argunense Hisch. ex Link. (唇形科)
光萼石花(植物志 69)=西藏珊瑚苣苔
光萼溲疏 Deutzia glabrata Kom.(虎耳草科),*崂山溲疏,千层毛,无毛溲疏,光叶溲疏*
光萼筒黄芪 Astragalus levitubus Tsai & Yü(豆科),*光萼芰草*
光萼小蜡 Ligustrum sinense var. myrianthum (Diels) Höfk.(木犀科),*苦味散,毛女贞,山万年青,蚊子木,苦丁茶*
光萼小蓼叶蓝钟花 Cyananthus microryhombeus var. leiocalyx C.Y.Wu(桔梗科)
光萼新耳草 Neanotis hirsuta var. glabricalycina (Honda) Lewis(茜草科)
光萼血见愁(新)Teucrium viscidum var. leiocalyx C.Y.Wu & S.Chow(唇形科),*光萼变种*
光萼野百合(海南志)=光萼猪屎豆
光萼野丁香 Leptodermis hirsutiflora var. ciliata Lo (茜草科)
光萼猪屎豆 Crotalaria zanzibarica Benth.(豆科),*光萼野百合,南美猪屎豆*
光萼紫金牛 Ardisia omiessa C.M.Hu(紫金牛科)
光矾根 Heuchera glabra Willd.(虎耳草科)
光稃稻 Oryza glaberrima Steud.(禾本科)
光稃碱茅 Puccinellia leiolepis L.Liu(禾本科)
光稃落芒草 Oryzopsis tibetica var. psilolepis P.C.Kuo & Z.L.Wu(禾本科)
光稃茅香 Hierochloë glabra Trin.(禾本科)
光稃雀麦 Bromus epilis Keng(禾本科)
光稃羊茅 Festuca taiwanensis S.L.Lu(禾本科)
光稃野燕麦 Avena fatua var. glabrata Peterm.(禾本科)
光稃早熟禾 Poa psilolepis Keng ex L.Liu(禾本科)
光腹鬼灯檠 Rodgersia sambucifolia var. estrigosa J.T.Pan(虎耳草科)
光盖鳞盖蕨 Microlepia glabra Ching(碗蕨科)
光盖毛蕨 Cyclosorus decipiens Ching(金星蕨科)
光竿青皮竹 Bambusa textilis var. glabra McClure (禾本科)
光高粱 Sorghum nitidum (Vahl) Pers.(禾本科)
光梗翠雀花(植物志 27)=长距翠雀花
光梗虎耳草 Saxifraga wardii var. glabripedicellata J.T.Pan(虎耳草科)
光梗蒺藜草 Cenchrus calyculatus Cav.(禾本科)
光梗假帽莓 Rubus pseudopileatus var. glabratus Yü & Lu (蔷薇科)
光梗阔苞菊 Pluchea pteropoda Hemsl.(菊科)
光梗露珠草(云南志)=秃梗露珠草
光梗毛柱铁线莲 Clematis meyeniana var. insularis Sprague(毛茛科)
光梗墨脱乌头 Aconitum elliotii var. glabrescens

W.T.Wang & L.Q.Li(毛茛科)
光梗蔷薇(新)Rosa fargesiana Bouleng.?(蔷薇科)
光梗鸭绿乌头 Aconitum jaluense var. glabrescens Nakai(毛茛科)
光狗椒(中药大辞典)=红果山胡椒
光姑(中药鉴别法)=老鸦瓣
光冠乌口树(海南志)=海南乌口树
光光榆(秦岭)=榉树
光棍茶(中药大辞典)=远志
光棍树(北京志)=绿玉树
光果巴豆 Croton chunianus Croiz.(大戟科)
光果巴郎柳 Salix sphaeronymphoides Y.L.Chou (杨柳科)
光果茶藨子 Ribes laurifolium var. yunnanense L.T.Lu (虎耳草科)
光果赤车 Pellionia leiocarpa W.T.Wang(荨麻科)
光果赤芍(植物志 27)=川赤芍
光果川柳 Salix hylonoma var. liocarpa (Goerz.) G.Zhu(杨柳科)
光果丛菔(植物志 33)=线叶丛菔
光果翠雀 Delphinium grandiflorum var. leiocarpum W.T.Wang(毛茛科)
光果翠雀花 Delphinium leiocarpum Huth.(毛茛科)
光果大瓣芹 Semenovia rubtzovii (Schishk.) Manden. (伞形科)
光果甘草 Glycyrrhiza glabra L.(豆科),*欧甘草*,*洋甘草*
光果高山醋栗(树木志)=大刺茶藨子
光果贵南柳 Salix juparica var. tibetica (Görz.) C.F.Fang (杨柳科)
光果黄花木 Piptanthus nepalensis f. leiocarpus (Stapf) S.Q.Wei(豆科)
光果黄榆(植物研究)=光秃大果榆
光果荚蒾 Viburnum leiocarpum Hsu(豆科)
光果江界柳 Salix kangensis var. leiocarpa Kitag.(杨柳科)
光果姜 Zingiber nudicarpum D.Fang(姜科)
光果柯 Lithocarpus nitidinux (Hu) Chun(壳斗科)
光果宽叶独行菜(植物志 33)=宽叶独行菜
光果拉拉藤 Galium aparine var. leiospermum (Wallr.) Cuf.(茜草科)
光果蓝花黄芪 Astragalus caeruleopetalinus var. glabricarpus Y.C.Ho(豆科)
光果菱叶乌头 Aconitum rhombifolium var. leiocarpum W.T.Wang(毛茛科)
光果李果鹤虱 Rochelia leiocarpa Ledeb.(紫草科)
光果毛翠雀花 Delphinium trichophorum var. subglaberrimum Hand.-Mazz.(毛茛科)
光果毛叶葶苈(植物志 33)=毛叶葶苈
光果密叶翠雀花 Delphinium kingianum var. liocarpum Brühl ex Huth(毛茛科)
光果棉毛葶苈(植物志 33)=帕米尔葶苈
光果木鳖(高等图鉴)=罗汉果
光果南苜蓿(新)Medicago polymorpha var. brevispina (Benth.) Heyn(豆科)
光果南蛇藤(台湾志)=东南南蛇藤
光果婆婆纳 Veronica rockii Li (玄参科)
光果婆婆纳光果亚种(植物志 67-2)=尖果婆婆纳(新)
光果蒲公英 Taraxacum glabrum DC.(菊科)
光果柔毛杨 Populus pilosa var. leiocarpa C.Wang & Tung (杨柳科)
光果软毛虫实 Corispermum puberulum var. ellipsocarpum Tsien & C.G.Ma(藜科)
光果山茶 Camellia henryana Coh.St.(山茶科)
光果山黑豆 Dumasia villosa var. leiocarpa Benth.(豆科)
光果山棘豆 Oxytropis hailarensis f. liocarpa (H.C.Fu) P.Y.Fu & Y.A.Chen(豆科)
光果山马蝗(新拉汉英)=紫水晶山蚂蝗
光果石龙刍 Lepironia mucronata L.C.Rich.(莎草科)
光果石泉柳 Salix shihtsuanensis var. glabrata C.F.Fang & J.Q.Wang(杨柳科)
光果树萝卜 Agapetes leiocarpa S.H.Huang(杜鹃花科)
光果栓皮槭 Acer campestre var. leiocarpum Tausch (槭树科)
光果洮河柳 Salix taoensis var. leiocarpa T.Y. Ding & C.F.Fang(杨柳科)
光果田麻 Corchoropsis psilocarpa Harms & Loes. ex Loes.(椴树科)
光果葶苈(植物志 33)=葶苈
光果微孔草 Microula leiocarpa W.T.Wang(紫草科)
光果卫矛 Euonymus pseudosootepensis Y.R.Li & S.G.Wu(卫矛科)
光果乌柳 Salix cyanolimnea Hance(杨柳科)
光果梧桐杨 Populus pseudomaximowiczii f. glabrata C.Wang & Tung (杨柳科)
光果五脉绿绒蒿 Meconopsis quintuplinervia var. glabra P.H.Yang(罂粟科)
光果西藏葶苈(植物志 33)=西藏葶苈
光果西藏微孔草 Microula tibetica var. laevis W.T.Wang(紫草科)
光果细苞虫实 Corispermum stenolepis var. psilocarpum Kitag.(藜科)
光果线叶柳 Salix wilhelmsiana var. leiocarpa Ch.Y.Yang (杨柳科)
光果小白撑(植物志 27)=保山乌头
光果小雀花 Campylotropis polyantha var. leiocarpa (Pamp.) Peter-Stibal(豆科)
光果悬钩子 Rubus glabricarpus Cheng(蔷薇科)
光果野罂粟 Papaver nudicaule var.aquilegioides Fedde(罂粟科),*给乐格尔-阿木-其其格*
光果伊宁葶苈(植物志 33)=锥果葶苈
光果翼核木(台湾志)=翼核果
光果银莲花 Anemone baicalensis var. glabrata Maxim.(毛茛科)
光果莸 Caryopteris tanguitica Maxim.(马鞭草科),*白鸡婆梢*,*小六月寒*
光果羽叶花 Acomastylis elata var. leiocarpa (Evans) F.Bolle(蔷薇科)
光果珍珠茅 Scleria laeviformis Tang & Wang (莎草科)
光果砧草 Galium boreale var. lanceolatum Nakai (茜草科)
光果舟果荠(植物志 33)=舟果荠
光海棠Malus kansuensis f.calva Rehd.(蔷薇科),*陇东海棠光叶变型*
光旱蕨 Pellaea glabra Mett. ex Kuhn (中国蕨科)
光核桃 Amygdalus mira (Koehne) Yü & Lu (蔷薇科),*西藏桃*
光黑桫椤 Gymnosphaera glabra Bl.(桫椤科)
光花大苞兰 Sunipia thailandica Seidnenf.(兰科)
光花鹅观草 Roegneria leiantha Keng(禾本科)
光花梗虎耳草 Saxifraga brachypodoidea J.T. Pan (虎耳草科)
光花狗尾草 Setaria palmifolia var. leviflora (Keng) S.L.Chen & G.Y.Sheng(禾本科)
光花芒颖鹅观草 Roegneria aristiglumis var. leiantha H.L.Yang(禾本科)
光花异燕麦 Helictotrichon leianthum (Keng) Ohwi (禾本科)
光华柳叶菜(中药辞海)=光滑柳叶菜
光滑大丽花 Dahlia mercki Lehm.(菊科)
光滑方秆蕨 Glaphyropteridopsis glabrata Ching & W.M.Chu ex Y.X.Lin (金星蕨科)
光滑高粱泡 Rubus lambertianus var. glaber Hemsl.(蔷薇科),*黄水薰叶*,*红娘藤*,*三月泡*,*山泡刺藤*,*黄水泡*,*小米泡*
光滑哈克 Hakea glabella R.Br.(山龙眼科)
光滑蒿蕨 Ctenopteris moultonii (Copel.) C.Chr. & Tardieu (禾叶蕨科)
光滑厚喙菊 Dubyaea glaucescens Stebbins(菊科)
光滑花佩菊 Faberia thibetica (Franch.)Beauverd (菊科)
光滑黄皮 Clausena lenis Drake(芸香科),*鸡皮*
光滑柳叶菜 Epilobium amurense subsp. cephalostigma (Hausskn.) C.J.Chen(柳叶菜科),*岩山柳叶菜*,*早筏草*,*水串草*,*光华柳叶菜*
光滑米口袋 Gueldenstaedtia maritima Maxim. (豆科)
光滑囊瓣芹 Pternopetalum nudicaule var. esetosum Hand.-Mazz.(伞形科)
光滑匹菊 Pyrethrum arrasanicum (C.Winkl.) O. & B.Fedtsch.(菊科)
光滑秋海棠(新拉汉英)=光秋海棠(新)
光滑秋海棠 Begonia psilophylla Irmsch.(秋海棠科),*光叶秋海棠*
光滑萨拉卡棕 Salacca glabrescens Griff.(棕榈科)
光滑水筛 Blyxa leiosperma Koidz.(水鳖科)
光滑小苦荬 Ixeridium strigosum (Lévl. & Vant.) Tzvel.(菊科)
光滑悬钩子 Rubus tsangi Merr.(蔷薇科)
光滑岩黄芪 Hedysarum splendens Fisch.(豆科)
光滑早熟禾 Poa glabriflora Roshev. ex Ovcz. (禾本科)
光滑轴脉蕨 Ctenitopsis glabra Ching & C.H. Wang (叉蕨科)
光灰楸(高等图鉴)=灰楸
光棘豆(东北检索表)=山泡泡
光脊鹅观草 Roegneria leiotropis Keng(禾本科)
光荚含羞草 Mimosa sepiaria Benth. (豆科)
光荚蒾(拉汉名称)=蓝黑果荚蒾
光假爹包叶 Discocleidion glabrum Merr.(大戟科)
光碱蓬 Suaeda laevissima Kitag.?(藜科)
光脚杜鹃(高等图鉴)=西施花
光脚短肠蕨 Allantodia doederleinii (Luerss.) Ching(蹄盖蕨科),*杜氏双盖蕨*,*德氏双盖蕨*
光脚金星蕨 Parathelypteris japonica (Bak.) Ching (金星蕨科),*日本金星蕨*
光金鱼藤 Columnea glabra Oerst (苦苣苔科)
光茎翠雀花 Delphinium glabricaule W.T.Wang (毛茛科)
光茎大黄 Rheum glabricaule Sam.? (蓼科)
光茎短距翠雀花 Delphinium forrestii var. viride (W.T.Wang) W.T.Wang(毛茛科)
光茎钝叶楼梯草 Elatostema obtusum var. glabrescens W.T.Wang(荨麻科)
光茎胡椒 Piper boehmeriifolium var. glabricaule

(A.DC.) M.G.Gilb. & N.H.Xia (胡椒科)
光茎虎耳草 Saxifraga glabricaulis H.Sm.(虎耳草科)
光茎黄杨叶小檗 Berberis buxifolia var. nuda Schneid.(小檗科)
光茎蓝钟花 Cyananthus hookeri var. levicaulis Franch.(桔梗科)
光茎猕猴桃 Actinidia henryi var. glabricaulis (C.Y.Wu) C.F.Liang(猕猴桃科)
光茎猕猴桃 Actinidia renryi var. glabricaulis (C.Y.Wu) C.F.Liang (猕猴桃科)
光茎栓果菊 Launaea acaulis (Roxb.) Babcock & Kerr.(菊科),滑背草鞋,蒲公英,土蒲公英,无茎栓果菊
光茎水龙骨 Polypodiodes wattii (Bedd.) Ching (水龙骨科)
光茎乌头 Aconitum laevicaule W.T.Wang(毛茛科)
光决明(中草药汇编,云南药用名录)=光叶决明
光爵床(中国种子植物特有属)=光叉序草
光孔颖草 Bothriochloa glabra (Roxb.) A.Camus (禾本科)
光蜡树 Fraxinus griffithii C.B.Clarke(木犀科)
光蓝钟花(新)Cyananthus leiocalyx (Franch.) Cowan (桔梗科),光萼蓝钟花
光梨 Pyrus pashia var. kumaoni Stapf(蔷薇科),川梨无毛变种
光里白 Diplopterygium laevissima (Christ) Nakai (里白科)
光亮箣柊 Scolopia lucida Wall. ex Kurz.?(大风子科)
光亮大戟 Euphorbia lucida Waldst.& Kit.(大戟科)
光亮杜鹃(西藏志)=猩红杜鹃
光亮杜鹃 Rhododendron nitidulum Rehd. & Wils. (杜鹃花科)
光亮峨眉杜鹃 Rhododendron nitidulum var. omeiense Philip. & M.N.Philip.(杜鹃花科)
光亮荩草 Arthraxon micans (Nees) Hochst.(禾本科)
光亮鳞毛蕨 Dryopteris splendens (HK.) O.Ktze. (鳞毛蕨科)
光亮瘤蕨 Phymatosorus cuspidatus (D.Don) Pic. Serm.(水龙骨科),大蕨菜,骨碎补,光亮密网蕨,绿爬山虎,爬虎,爬岩龙,青飞龙,青竹标,石生姜,土元参,指掌蕨
光亮密网蕨(高等图鉴)=光亮瘤蕨
光亮苹婆 Sterculia fulgens Wall.(梧桐科)
光亮秋海棠 Begonia fulgens Lemoine (秋海棠科)
光亮山矾 Symplocos lucida (Thunb.) S. & Z.(山矾科),枝穗山矾,叶萼山矾,蒙自山矾,多倍山矾,茶条果
光亮薯蓣 Dioscorea nitens Prain & Burkill(薯蓣科)
光亮卫矛 Euonymus lucidus D.Don (卫矛科)
光亮肖竹芋(新)Calathea micans Koern.(竹芋科)
光亮悬钩子 Rubus lucens Focke(蔷薇科)
光亮玉山竹 Yushania levigata Yi (禾本科)
光亮獐牙菜 Swertia splendens H.Sm.(龙胆科)
光蓼 Polygonum glabrum Willd.(蓼科)
光柃 Eurya glaberrima Hay.(山茶科),厚叶柃木
光脉假毛蕨 Pseudocyclosorus subfalcilobus Ching (金星蕨科),近镰假毛蕨
光脉藜芦(植物志 14)=尖被藜芦
光蔓堇菜 Viola diffusoides C.J.Wang(堇菜科)
光明草(纲目)=狗尾草
光明草(湖南)=柳叶菜
光明草(湖南,江西)=狼尾草
光明草(沙漠药用植物)=额河千里光
光明子(江苏)=疏柔毛罗勒
光明子(药材名称)=狗尾草
光明子(药用志,江西安福)=罗勒
光囊薹草 Carex ligulata var. glabriutriculata Q.S.Wang?(莎草科)
光囊紫柄蕨 Pseudophegopteris subaurita (Tagawa) Ching(金星蕨科)
光溺爱杜鹃(老年药用资料)=金背杜鹃
光溺爱杜鹃(老年药用资料)=青海杜鹃
光溺爱杜鹃(老年药用资料)=太白杜鹃
光盘早熟禾 Poa elanata Keng ex L.Liu(禾本科)
光胖鹤虱 Lappula karelinii (Fisch. & C.A.Mey.) Kamel.(紫草科),新疆鹤虱
光泡桐 Paulownia tomentosa var. tisnlingensis (Pai) Gong Tong(玄参科)
光披针叶鼠李 Rhamnus lanceolata var. glabrata Gl.(鼠李科)
光皮春榆(东北木本志)=春榆
光皮冬瓜杨 Populus purdomii var. rockii (Rehd.) C.F.Fang & H.L.Yang (杨柳科)
光皮桦(树木分类学)=亮叶桦
光皮梾木 Swida wilsoniana (Wanger.) Sojak(山茱萸科),光皮树
光皮木瓜(药材通称)=木瓜
光皮树(高等图鉴)=光皮梾木
光皮喜马拉雅冷杉 Abies spectabilis var. brevifolia (Henry) Rehd. ?(松科)
光皮喜马拉雅冷杉 Abies spectabilis var. vrevifolia (Henry) Rehd.(松科)
光皮银白杨 Populus alba var. bachofenii (Wierzb.) Wesm.(杨柳科)
光槭 Acer glabrum Torr.(槭树科)
光千金藤 Stephania forsteri (DC.) A.Gray(防已科)
光千屈菜 Lythrum anceps (Koehne) Mak.(千屈菜科)
光前胡(重庆)=岩前胡
光鞘石竹 Bambusa glabro-vagina G.A.Fu(禾本科)
光茄 Solanum laeve Dunal (茄科)
光清香藤(分类学报)=清香藤
光秋海棠(新)Begonia glabra Aubl.(秋海棠科),光滑秋海棠
光蕊杜鹃 Rhododendron coryanum Tagg & Forr. (杜鹃花科)
光蕊石蝴蝶 Petrocosmea martinii var. leiandra W.T.Wang(苦苣苔科)
光蕊铁线莲 Clematis psilandra Kitag.(毛茛科)
光瑞典刺柏 Juniperus communis var. suecia f. cracovia (柏科)
光沙蒿 Artemisia oxycephala Kitag.(菊科),沙蒿,小白蒿,红杆蒿,给鲁格日-沙里尔日,塔腾海-沙巴嘎
光沙穗 Eremostachys fulgens Bge.(唇形科)
光山 Leuchtenbergia principis HK.(仙人掌科)
光山飞蓬 Erigeron leioreades M.Pop.(菊科)
光山木蓝 Indigofera decora var. chalara (Craib) Y.Y.Fang & C.Z.Zheng(豆科),华中木蓝
光山香圆 Turpinia montana var. glaberrima (Merr.) T.Z.Hsu(省沽油科)
光山属 Leuchtenbergia HK.(仙人掌科)
光石韦(西昌中草药)=膜叶星蕨
光石韦 Pyrrosia calvata (Baker) Ching(水龙骨科)大鱼刀,肺痨草,牛皮风尾草,铁牛皮
光笹竹 Sasa subglabra McClure ?(禾本科),香港赤竹
光松 Pinus glabra Walt.(松科)
光素馨(植物分类学报)=滇素馨
光宿苞豆 Shuteria involucrata var. glabrata (Wight & Arn.) Ohashi(豆科),西南宿苞豆,毛宿苞豆
光穗冰草 Agropyron cristatum var. pectiniforme (Roem. & Schult.) H.L.Yang(禾本科)
光穗鹅观草 Roegneria glaberrima Keng & S.L. Chen (禾本科)
光穗罗氏草(禾本科)图说)=光穗筒轴茅
光穗筒轴茅 Rottboellia laevispica Keng(禾本科),光穗罗氏草
光穗鸭嘴草 Ischaemum aristatum subsp. imberbe (Retz.) Hack.(禾本科)
光笋竹 Gigantochloa levis (Bles) Merr.(禾本科)
光蹄盖蕨 Athyrium otophorum (Miq.) Koidz. (蹄盖蕨科),缙云山蹄盖蕨,禾秆色蹄盖蕨,红足蹄盖蕨
光头稗 Echinochloa colonum (L.) Link(禾本科),芒稷,扒草,穇草
光头独活(四川万县,巫山,巫溪)=华中前胡
光头山碎米荠 Cardamine engleriana O.E. Schulz (十字花科)
光头山薹草 Carex kwangtoushanica K.T.Fu(莎草科)
光头碎米荠 Cardamine engleriana O.E.Schulz. (十字花科)大叶山芥碎米荠
光秃大果榆 Ulmus macrocarpa var. glabra S. Q.Nie & K.Q.Huang (榆科),光果黄榆
光秃厄瓜多尔多花小檗 Berberis multiflora var. calvescens Schneid.(小檗科)
光秃绢毛悬钩子 Rubus lineatus var. glabrescens Yü & Lu (蔷薇科)
光托紫地榆(云南志)=灰岩紫地榆
光箨篌竹 Phyllostachys nidularia f. glabrovagina (McClure) Wen(禾本科)
光箨苦竹 Pleioblastus amarus var. subglabratus S.Y.Chen (禾本科)
光箨箬竹(香港竹谱)=粽巴箬竹
光尾稃草 Urochloa reptans var. glabra S.L.Chen & Y.X.Jin (禾本科)
光乌蕨 Stenoloma clavata (L.) Fee (陵齿蕨科)
光豨莶(东北检索表)=毛梗豨莶
光腺合欢 Albizia calcarea Y.H.Huang(豆科)
光香薷 Elsholtzia glabra C.Y.Wu & S.C.Huang (唇形科)
光序刺毛越桔 Vaccinium trichocladum var. glabriracemosum C.Y.Wu(杜鹃花科)
光序翠雀花 Delphinium kamaonense Huth(毛茛科)
光序苦树 Picrasma quassioides var. glabrescens Pamp.(苦木科)
光序楼梯草 Elatostema leiocephalum W.T. Wang (荨麻科)
光序拟穹距翠雀花 Delphinium pseudocampylocentrum var. glabripes W.T.Wang(毛茛科)
光序肉实树 Sarcosperma kachinense var. simondii (Gagn.) Lam. & van Royen(山榄科)
光序乌头 Aconitum leiostachyum W.T.Wang(毛茛科)
光鸦葱 Scorzonera parviflora Jacq.(菊科)
光烟草 Nicotiana glauca Garham(茄科)
光岩蕨 Woodsia glabella R.Br. ex Richards.(岩

蕨科)
光药芨芨草 Achnatherum psilantherum Keng (禾本科)
光药列当 Orobanche brassicae Novopokr.(列当科)
光叶艾纳香 Blumea eberharidtii Gagn.(菊科)
光叶凹脉鹅掌柴 Schefflera impressa var. glabrescens Tseng & Hoo(五加科)
光叶巴东过路黄 Lysimachia patungensis f. glabrifolia C.M.Hu (报春花科)
光叶巴豆 Croton laevigatus Vahl(大戟科),*抱龙*
光叶菝葜(广州志)=土茯苓
光叶菝葜 Smilax corbularia var. woodii (Merr.) T.Koyama (百合科)
光叶白粉藤(新华本草纲要)=粉果藤
光叶白兰花(图谱)=深山含笑
光叶白头树 Garuga pierrei Guill.(橄榄科)
光叶百脉根 Lotus corniculatus var. japonicus Regel(豆科)
光叶败酱 Patrinia glabrifolia Yamamoto & Sasaki (败酱科),*秃败酱*
光叶板凳果 Pachysandra axillaris var. glaberrima (Hand.-Mazz.) C.Y.Wu?(黄杨科)
光叶报春(拉汉名称)=钻齿报春
光叶闭鞘姜 Costus tonkinensis Gagn.(姜科)
光叶扁芒菊 Waldheimia stoliczkae (C.B.Clarke) Ostenf.(菊科)
光叶变型(植物志 66)=光叶栗色鼠尾草(新)
光叶变种(植物志 66)=光叶鸡骨柴(新)
光叶变种(植物志 74)=光叶三脉紫菀(新)
光叶变种葡萄 Vitis cordifolia var. sempervirens Munson (葡萄科)
光叶糙毛草 Roegneria hirsuta var. leiophylla Keng & S.L.Chen (禾本科)
光叶草葡萄(江苏志)=掌裂蛇葡萄
光叶茶藨子 Ribes glabrifolium L.T.Lu (虎耳草科)
光叶长尾槭(树木分类学)=多齿长尾槭
光叶翅果麻 Kydia glabrescens Masters(锦葵科)
光叶唇柱苣苔 Chirita leiophylla W.T.Wang(苦苣苔科)
光叶刺玫蔷薇(东北木本志)=光叶山刺玫
光叶粗糠树(高等图鉴,植物志 64-2)= 粗糠树
光叶翠雀花 Delphinium leiophyllum (W.T. Wang) W.T.Wang(毛茛科)
光叶大丁草 Gerbera raphanifolia Franch.(菊科),*莱菔大丁*
光叶大蒜果树(云南志)=光叶海南樫木
光叶党参 Codonopsis cardiophylla Diels ex Kom. (桔梗科),*小人参*
光叶地不容(植物志 30-1)=西藏地不容
光叶滇榄仁 Terminalia franchetii var. glabra Exell(使君子科),*牛板筋,牛荆,牛筋树*
光叶篠蕨(植物志 2)=光叶条蕨
光叶丁公藤 Erycibe schmidtii Craib(旋花科),*丁公藤*
光叶东北茶藨子 Ribes mandshuricum var. subglabrum Kom.(虎耳草科)
光叶东北杏 Armeniaca mandshurica var. glabra (Nakai) Yü(蔷薇科)
光叶东陵绣球(分类学报)=东陵绣球
光叶独花报春 Omphalogramma elwesiana (King ex Watt) Franch.(报春花科),*唐古拉独花报春*
光叶度量草(高等图鉴)=度量草
光叶短距翠雀花(植物志 27)=短距翠雀花
光叶短绒槐 Sophora velutina var. cavaleriei (Lévl.) Brummitt & Gillett(豆科)
光叶耳草(广西药用名录)=粗毛耳草
光叶粉报春 Primula glabra Klatt(报春花科)
光叶风毛菊 Saussurea chetchozensis var. glabrescens (Hand.-Mazz.) Lipsch.(菊科)
光叶刚莠竹 Microstegium ciliatum var. wallichianum (Nees) Honda (禾本科)
光叶高丛珍珠梅(新)Sorbaria arborea var. glabrata Rehd.(蔷薇科),*高丛珍珠梅光叶变种*
光叶高山栎(云南志,)=毛脉高山栎
光叶珙桐 Davidia involucrata var. vilmoriniana (Dode) Wanger(蓝果树科)
光叶桂木 Artocarpus nitidus Tréc.(桑科)
光叶海南樫木 Dysoxylum mollissimum var. glaberrimum P.Y.Chen(楝科),*光叶大蒜果树*
光叶海桐 Pittosporum glabratum Lindl.(海桐花科),*长果满天香,长果满天星,大天王,广枝仁,见血飞,山海桐,山枝,山枝茶,土翘,鸭脚板树,野连翘,一朵云,榨木仁*
光叶合欢 Albizia lucidior (Steud.) Nielsen(豆科)
光叶红 Calycanthus floridus var. laevigatus (Willd.) Torr. & Gray(蜡梅科)
光叶红豆 Ormosia glaberrima Y.C.Wu(豆科),*乌心红豆,大叶青蓝木,山红豆,青同*
光叶红孩儿 Begonia palmata var. laevifolia (Irmsch.) J.Golding & C.Kareg.(秋海棠科)
光叶槲蕨(中药辞海)=石莲姜槲蕨
光叶蝴蝶草(植物志,Flora 18)=长叶蝴蝶草
光叶蝴蝶草 Torenia glabra Osbeck(玄参科),*倒胆草,光叶翼萼,苦生叶,蓝花草,蓝猪儿,老蛇药,水韩信草,水远志*
光叶花椒(海南志,拉汉名称和手册)=两面针
光叶黄杨(云南志)=变光软毛黄杨
光叶黄枝挂苦子树(树木分类学)=挂苦绣球
光叶黄钟花 Cyananthus flavus var. glaber C.Y. Wu (桔梗科)
光叶火绳 Eriolaena glabrescens A.DC.(梧桐科)
光叶火筒树 Leea amabilis var. splendens Lind. (葡萄科)
光叶火筒树 Leea glabra C.L.Li(葡萄科)
光叶鸡骨柴(新)Elsholtzia fruticosa var. glabrifolia C.Y.Wu &S.C.Huang(唇形科)
光叶棘豆(西藏志)=宽瓣棘豆
光叶假益智 Alpinia guangdongensis S.J.Chen & Z.Y.Chen(姜科)
光叶箭竹 Fargesia glabrifolia Yi (禾本科)
光叶绞股蓝 Gynostemma laxum (Wall.) Cogn. (葫芦科),*三叶绞股蓝*
光叶金合欢 Acacia delavayi Franch. (豆科),*阔叶相思树,老虎刺,丽江金合欢,酸格,酸格刺*
光叶金星蕨(蕨类图说)=针毛蕨
光叶金星蕨 Parathelypteris japonica var. glabrata (Ching) Shing(金星蕨科)
光叶堇菜(云南植物名录)=鄂西堇菜
光叶堇菜 Viola hossei W.Beck.(堇菜科)
光叶景东报春 Primula interjacens var. epilosa C.M.Hu(报春花科)
光叶榉(树木分类学)=榉树
光叶卷花丹 Scorpiothyrsus glabrifolius H.L.Li (野牡丹科)
光叶绢蒿 Seriphidium aucheri (Boiss.) Ling & Y.R.Ling (菊科)
光叶绢毛蔷薇 Rosa sericea f. glabrescens Franch. (蔷薇科)
光叶决明 Cassia floribunda Cav.(豆科),*光决明,平滑决明,怀花米*
光叶蕨(蕨类图说)=拟鳞毛蕨
光叶蕨 Cystoathyrium chinense Ching(蹄盖蕨科)
光叶蕨属(静生汇报)=**拟鳞毛蕨属**
光叶蕨属 Cystoathyrium Ching(蹄盖蕨科)
光叶柯 Lithocarpus mairei (Schott.) Rehd.(壳斗科),*光叶石栎*
光叶蓝叶藤 Marsdenia glabra Cost.(萝藦科)
光叶栗色鼠尾草(新)Salvia castanea f. glabrescens Stib.(唇形科),*光叶变型*
光叶蓼 Polygonum molle var. frondosum (Meisn.) A.J.Li(蓼科)
光叶林石草 Waldsteinia ternata var. glabriuscula Yü & Li(蔷薇科)
光叶鳞盖蕨 Microlepia calvescens (Wall.) Presl (碗蕨科)
光叶柳 Salix paraphylicifolia Ch.Y.Yang (杨柳科)
光叶楼梯草 Elatostema laevissimum W.T.Wang (荨麻科)
光叶马鞍树 Maackia tenuifolia (Hemsl.) Hand.-Mazz. (豆科),*野豆,铜身铁骨*
光叶毛瓣木蓝 Indigofera hebepetala var. glabra Ali(豆科),*船苞木蓝*
光叶毛果枳椇 Hovenia trichocarpa var. robusta (Nakai & Y.Kimura) Y.L.Chen & P.K.Chou (鼠李科)
光叶毛蕨 Cyclosorus glabrescens Ching ex Shing (金星蕨科)
光叶美登木 Maytenus garanbiensis Chang(卫矛科)
光叶美蔷薇 Rosa bella var. nuda Yü & Tsai(蔷薇科)
光叶猕猴桃 Actinidia glabra L.(猕猴桃科)
光叶密花豆 Spatholobus harmandii Gagn.(豆科),*大样荔枝藤*
光叶闽粤悬钩子 Rubus dunnii var. glabrescens Yü & Lu (蔷薇科)
光叶木兰 Magnolia dawsoniana Rehd. & Wils. (木兰科)
光叶木蓝 Indigofera neoglabra Hu(豆科)
光叶拟单性木兰 Parakmeria nitida (W.W.Sm.) Law(木兰科)
光叶牛筋条(新)Dichotomanthus tristaniaecarpa var. glabrata Rehd.(蔷薇科),*牛筋条光叶变种*
光叶牛皮消蓼 Fallopia cynanchoides var. glabriuscula (A.J.Li) A.J.Li(蓼科)
光叶泡花树 Meliosma cuneifolia var. glabriuscula Cufod.(清风藤科)
光叶蓬莱葛(中药辞海)=狭叶蓬莱葛
光叶偏瓣花 Plagiopetalum serratum (Diels) Diels (野牡丹科)
光叶葡萄(台湾志)=葛藟葡萄
光叶葡萄(中药辞海)=小果葡萄
光叶七叶树 Aesculus glabra Willd.(七叶树科)
光叶槭 Acer laevigatum Wall.(槭树科),*长叶槭树*
光叶漆 Rhus glabra L.(漆树科)
光叶棋子豆 Cylindrokelupha glabrifolia T.L.Wu (豆科)
光叶蔷薇 Rosa wichuraiana Crép.(蔷薇科),*维屈蔷薇*
光叶秋海棠(云南植物名录)=光滑秋海棠
光叶秋海棠 Begonia summoglabra Yü(秋海棠科)

光叶求米草 Oplismenus undulatifolius var. glabrus S.L.Chen & Y.X.Jin (禾本科)
光叶球果堇菜 Viola collina var. intramongolica C.J.Wang (堇菜科)
光叶荛花 Wikstroemia glabra Cheng(瑞香科), *山荆*
光叶绒毛槐 Sophora tomentosa f. glabra Steenis (豆科)
光叶榕 Ficus laevis Bl.(桑科), *平滑榕*
光叶箬竹 Indocalamus hirsutissimus var. glabrifolius Z.P.Wang & N.X.Ma (禾本科)
光叶三脉紫菀(新)Aster ageratoides var. leiophyllus (Franch. & Sav.) Ling(菊科), *光叶变种*
光叶山刺玫 Rosa davurica var. glabra Liou (蔷薇科), *光叶刺玫蔷薇*
光叶山矾 Symplocos lancifolia S. & Z.(山矾科), *广西山矾,潮州山矾,卵叶山矾,棱角山矾,留春树*
光叶山核桃 Carya glabra (Mill.) Sweet.(胡桃科)
光叶山黄麻 Trema cannabina Lour.(榆科), *果连丹,滑朗树,尖尾谷木树,仁丹树,野谷树,野山麻,硬壳朗*
光叶山姜 Alpinia intermedia Gagn.(姜科)
光叶山栎(高等图鉴)=毛脉高山栎
光叶山莓草 Sibbaldia glabriuscula Yü & Li(蔷薇科)
光叶山梅花(树木分类学)=丽江山梅花
光叶山小橘 Glycosmis craibii var. glabra (Craib) Tanaka (芸香科)
光叶山楂 Crataegus dahurica Koehne ex Schneid. (蔷薇科)
光叶山芝麻(广西植物名录)=细齿山芝麻
光叶少果乌蔹莓(云南植物名录)=脱毛乌蔹莓
光叶蛇葡萄 Ampelopsis aegirophylla (Bge.) Planch.(葡萄科)
光叶蛇葡萄 Ampelopsis heterophylla var. hancei Planch. (葡萄科)
光叶十大功劳(广东,广西)=沈氏十大功劳
光叶石栎(植物志 22)=光叶柯
光叶石楠 Photinia glabra (Thunb.) Maxim.(蔷薇科), *扇骨木,光凿树,红檬子,石斑木,山官木*
光叶石上莲(分类学报)=五数苣苔
光叶柿 Diospyros diversilimba Merr. & Chun (柿科), *黑烈树,乌力果*
光叶薯蓣 Dioscorea glabra Roxb.(薯蓣科), *苦山药,莨菇*
光叶双片苣苔 Didymostigma leiophyllum D. Fang & X.H.Lu(苦苣苔科)
光叶水青冈 Fagus lucida Rehd. & Wils.(壳斗科)
光叶四照花(分类学报)=黑毛四照花
光叶松 Pinus leiophylla Schlecht. & Cham.(松科)
光叶溲疏(经济植物手册)=光萼溲疏
光叶溲疏(植物志 35-1)=多辐线溲疏
光叶唐竹 Sinobambusa tootsik var. tenuifolia (Koidz.) S.Suzuki (禾本科), *大目竹*
光叶藤蕨 Stenochlaena palustris (Burm.) Bedd. (光叶藤蕨科)
光叶藤蕨属 Stenochlaena J.Sm.(光叶藤蕨科)
光叶条蕨 Oleandra musifolia (Bl.) Presl(条蕨科), *瑶山条蕨*
光叶铁线莲 Clematis glabrifolia K.Sun & M.S. Yan (毛茛科)
光叶铁仔 Myrsine stolonifera (Koidz.) Walker (紫金牛科), *蔓竹杞,匍匐铁仔*
光叶凸轴蕨(台湾志)=凸轴蕨
光叶凸轴蕨(台湾志)=微毛凸轴蕨
光叶土尔其葡萄(新) Vitis linsecumii var. glauca Munson (葡萄科)
光叶兔儿风 Ainsliaea glabra Hemsl.(菊科), *石风丹,心肺草,兔耳风*
光叶娃儿藤 Tylophora brownii Hay.(萝藦科)
光叶碗蕨 Dennstaedtia scabra var. glabrescens (Ching) C.Chr.(碗蕨科)
光叶万年青(树木分类学)=高贵云南冬青
光叶卫矛(新拉汉英)=无毛卫矛
光叶蚊子草 Filipendula palmata var. glabra Ledeb. ex Kom.(蔷薇科)
光叶细刺枸骨 Ilex hylonoma var. glabra S.Y.Hu (冬青科), *刺叶冬青,光枝刺缘冬青*
光叶仙茅 Curculigo glabrescens (Ridl.) Merr. (石蒜科), *无毛仙茅*
光叶小檗 Berberis lecomtei Schneid. (小檗科)
光叶小米草 Euphrasia matsudae Yamamoto(玄参科), *两列无毛小米草,齿小米草,钝齿小米草,高砂小米草*
光叶肖鸢尾 Moraea pavonia var. lutea Hort.(鸢尾科)
光叶楔叶榕 Ficus trivia var. laevigata S.S. Chang (桑科)
光叶绣线菊(中药辞海)=大绣线菊
光叶血桐 Macaranga glaberrima (Hassk.) Airy Shaw(大戟科)
光叶栒子 Cotoneaster glabratus Rehd. & Wils. (蔷薇科)
光叶眼子菜 Potamogeton lucens L.(眼子菜科)
光叶野丁香 Leptodermis lanceolata Wall.(茜草科)
光叶野丁香 Leptodermis pilosa var. glabrescens H.Winkl.(茜草科)
光叶翼萼(中药辞海)=光叶蝴蝶草
光叶淫羊藿 Epimedium sagittatum var. glabratum Ying(小檗科)
光叶银莲花 Anemone obtusiloba subsp. leiophylla W.T.Wang(毛茛科)
光叶樱桃 Cerasus glabra (Pamp.) Yü & Li(蔷薇科)
光叶鸢尾(植物学杂志)=燕子花
光叶云南草蔻 Alpinia blepharocalyx var. glabrior (Hand.-Mazz.) T.L.Wu(姜科)
光叶云南冬青(秦岭志)=高贵云南冬青
光叶珍珠花 Lyonia villosa var. sphaerantha (Hand.-Mazz.) Hand.-Mazz.(杜鹃花科), *球花毛叶米饭花*
光叶栀子皮 Itoa orientalis var. glabrescens C.Y. Wu ex G.S.Fan(大风子科), *微毛栀子皮*
光叶轴脉蕨 Ctenitopsis sagenioides var. glabrescens Ching & C.H.Wang(叉蕨科)
光叶珠穗山姜 Alpinia strobiliformis var.glabra T.L.Wu & Senjen(姜科)
光叶苎麻 Boehmeria leiophylla W.T.Wang(荨麻科)
光叶子花 Bougainvillea glabra Choisy(紫茉莉科), *宝巾,簕杜鹃,小叶九重葛,三角花,紫三角,紫亚兰,三角梅,叶子花*
光叶紫柄蕨 Pseudophegopteris pyrrhorachis var. glabrata (Clarke) Holtt.(金星蕨科)
光叶紫花苣苔 Loxostigma glabrifolium D.Fang & K.Y.Pan(苦苣苔科)
光叶紫玉盘 Uvaria boniana Finet & Gagn.(番荔枝科), *挪藤*
光叶紫珠 Callicarpa lingii Merr.(马鞭草科), *绿英柴,无柄紫珠*
光叶柞木 Xylosma controversum var. glabrum S.S.Lai(大风子科)
光颖芨芨草(东北检索表)=羽茅
光榆 Ulmus glabra Huds.(榆科), *山榆*
光羽毛蕨(蕨类形态)=台湾毛蕨
光玉凤花(海南志)=细花玉凤花
光缘大蔘(树木分类学)=波缘大参
光缘虎耳草 Saxifraga nanella Engl. & Irmsch. (虎耳草科)
光凿树(湖南)=光叶石楠
光泽凤仙花 Impatiens lucida Heyne (凤仙花科)
光泽玄参 Scrophularia iucida L.(玄参科)
光泽栒子 Cotoneaster nitens Rehd. & Wils.(蔷薇科), *亮叶栒子*
光泽锥花 Gomphostemma lacidum Wall. ex Benth. (唇形科), *咸鱼郎树*
光枝长白忍冬 Lonicera ruprechtiana var. calvescens Rehd.(忍冬科)
光枝刺缘冬青(浙江志)=光叶细刺枸骨
光枝杜鹃 Rhododendron haofui Chun & Fang (杜鹃花科), *灏富杜鹃*
光枝勾儿茶 Berchemia polyphylla var. leioclada Hand.-Mazz.(鼠李科)
光枝海南石松 Lycopodiella hainanensis f. glabra H.S.Kung (石松科)
光枝柳叶忍冬 Lonicera lanceolata var. glabra Chien ex Hsu & H.J.Wang(忍冬科)
光枝米碎花 Eurya chinensis var. glabra Hu & L.K.Ling (山茶科)
光枝木龙葵 Solanum merrillianum Liou (茄科), *白花仔草,木龙葵*
光枝楠 Phoebe neuranthoides S.Lee & f. N.Wei (樟科)
光枝洼皮冬青 Ilex nuculicava var. glabra S.Y. Hu (冬青科)
光枝楔叶柃 Eurya cuneata var. glabra Kobuski (山茶科)
光枝苎麻 Boehmeria malabarica var. leioclada (W.T.Wang) W.T.Wang(荨麻科)
光知母(中药志)=知母
光治疝草(植物分类学)=治疝草
光轴翠雀花 Delphinium leiostychyum W.T. Wang (毛茛科)
光轴勾儿茶 Berchemia hispida var. glabrata Y.L.Chen & P.K.Chou(鼠李科)
光轴红腺蕨 Diacalpe laevigata Ching & S.H. Wu (球盖蕨科)
光轴荩草 Arthraxon lanceolatus var. glabratus S.L.Chen & Y.X.Jin (禾本科)
光轴榈 Licuala glabra Griff.(棕榈科)
光轴蹄盖蕨 Athyrium mackinnonii var. glabratum Hsieh & Z.R.Wang(蹄盖蕨科)
光轴燕麦 Avena fatua var. mollis Keng(禾本科)
光轴云生早熟禾(新)Poa nubigena var. levipes Keng (禾本科), *光轴早熟禾*
光轴早熟禾(新拉汉英)= 光轴云生早熟禾
光轴早熟禾 Poa levipes (Keng) L.Liu(禾本科)
光轴肿足蕨 Hypodematium hirsutum (Don) Ching (肿足蕨科)
光轴苎叶蒟(植物志 20-1)=苎叶蒟
光轴苎叶蒟 Piper boehmeriifolium var. tonkinense C.DC.(胡椒科), *大肠风,十八症,歪叶子兰,小麻疙瘩,萱叶蒌*
光株新月蕨(孢子植物)=披针新月蕨

光竹(广西)=斑苦竹
光竹 Qiongzhuea luzhiensis Hsueh & Yi (禾本科)
光柱淡黄杜鹃(新)Rhododendron flavidum var. psilostylum Rehd. & Wils.(杜鹃花科),*光柱杜鹃*
光柱杜鹃(植物志 57-1)=光柱淡黄杜鹃(新)
光柱杜鹃 Rhododendron tanastylum Balf.f. & Ward.(杜鹃花科)
光柱杜鹃花 Rhododendron spanotricum Balf.f & W.W.Sm.(杜鹃花科)
光柱旱地木槿 Hibiscus aridicola var. glabratus Feng(锦葵科)
光柱迷人杜鹃 Rhododendron agastum var. pennivenium (Balf.f. & Forr.) T.L.Ming(杜鹃花科)
光柱铁线莲 Clematis longistyla Hand.-Mazz. (毛茛科)
光锥果葶苈(植物志 33)=苞序葶苈
光籽芥属 Leiospora (C.A.Meyer) Dvorák (十字花科)
光籽柳穿鱼 Linaria incompleta Kupr.(玄参科)
光籽柳叶菜 Epilobium tibetanum Hausskn.(柳叶菜科)
光籽棉(华北经济志要)=海岛棉
光籽木槿 Hibiscus leiospermus K.T.Fu & C.C. Fu (锦葵科),*野木槿*
光子房泰山柳 Salix taishanensis var. glabra C. F.Fang & W.D.Liu(杨柳科)
光紫黄芩 Scutellaria laeteviolacea Koidz.(唇形科)
光紫薇 Lagerstroemia glabra (Koehne) Koehne (千屈菜科)
桄榔 Arenga pinnata (Wurmb.) Merr.(棕榈科),*莎木,桄榔子,山椰子,砂糖椰子,桄榔面*
桄榔面(本草拾遗)=桄榔
桄榔属 Arenga Labill.(棕榈科),*砂糖椰子属*
桄榔子(开宝本草)=桄榔
广柏(中国裸子志)=福建柏
广扁线(四川)=血水草
广布红门兰 Orchis chusua D.Don(兰科),*库莎红门兰*
广布黄芪 Astragalus frigidus (L.) A.Gray(豆科)
广布鳞毛蕨 Dryopteris expansa (Presl) Fraser-Jenkins & Jermy(鳞毛蕨科)
广布柳叶菜(云南志)=腺茎柳叶菜
广布芦莉草 Ruellia graecizans Backer (爵床科)
广布野豌豆 Vicia cracca L.(豆科),*草藤,落豆秧*
广布芋兰 Nervilia aragoana Gaud.(兰科),芋兰,*西藏芋兰,脉叶兰,一点广,东亚脉叶兰*
广菜(贵州威宁)=紫芋
广陈皮(药性切用)=大红柑
广橙(浙江)=甜橙
广大戟(药用植物简编)=红大戟
广东半蒴苣苔 Hemiboea subcapitata var. guangdongensis (Z.Y.Li) Z.Y.Li(苦苣苔科)
广东报春 Primula kwangtungensis W.W.Sm.(报春花科)
广东扁担杆 Grewia kwangtungensis H.T.Chang (椴树科)
广东箣柊 Scolopia saeva (Hance) Hance(大风子科),*箣血,箣子,红箣,箣咸*
广东赪桐(高等图鉴)=广东大青
广东匙羹藤 Gymnema inodorum (Lour.) Decne. (萝藦科),*猪满芋,大叶匙羹藤,猪罗摆*
广东臭茉莉(云南志)=广东大青
广东楤木(树木分类学)=虎刺楤木
广东粗叶木 Lasianthus curtisii King & Gamble (茜草科)
广东大青 Clerodendrum kwangtungense Hand.-Mazz. (马鞭草科),*广东赪桐,广东臭茉莉,广东臭牡丹,红花鬼点灯*
广东倒吊笔(植物志 63)=倒吊笔
广东地构叶 Speranskia cantonensis (Hance) Pax & Hoffm.(大戟科),*白花蛋不老,蛋不老,地胡椒,黄鸡胆,六月雪,仁砂草,透骨草*
广东钓樟(海南志)=广东山胡椒
广东钓樟大叶变型(海南志)=海南山胡椒
广东蝶豆 Clitoria hanceana Hemsl.(豆科),*白花蝶豆,韩氏蝶豆,假沙葛,立蝶豆,山岗芙,山葛薯,山萝卜*
广东冬青 Ilex kwangtungensis Merr.(冬青科)
广东杜鹃 Rhododendron kwangtungense Merr. & Chun(杜鹃花科)
广东耳蕨 Polystichum kwangtungense Ching(鳞毛蕨科)
广东凤尾蕨 Pteris guangdongensis Ching ex Ching & S.H.Wu(凤尾蕨科)
广东凤丫蕨 Coniogramme guangdongensis Ching & Shing(裸子蕨科)
广东高秆莎草 Cyperus exaltatus var. tenuispicatus L.K.Dai (莎草科)
广东隔距兰 Cleisostoma simondii var. guangdongense Z.H.Tsi(兰科)
广东厚壳桂 Cryptocarya kwangtungensis H.T. Chang (樟科)
广东厚皮香(广东志)=厚叶厚皮香
广东胡枝子 Lespedeza fordii Schindl.(豆科)
广东黄肉楠 Actinodaphne koshepangii Chun ex H.T.Chang(樟科)
广东藿香(广东)=冠唇花
广东假吊钟(广西)=广东金叶子
广东假木荷(高等图鉴)=广东金叶子
广东假野芝麻(分类学报)=广东小野芝麻
广东剪股颖 Agrostis clavata var. macilenta (Keng) Y.C.Yang(禾本科)
广东金钱草(植物志 41)=广金钱草
广东金星蕨(蕨类形态)=大羽金星蕨
广东金腰 Chrysosplenium hydrocotylifolium var. guangdongense S.J.Xu & Z.X.Li(虎耳草科)
广东金叶子 Craibiodendron scleranthum var. kwangtungense (S.Y.Hu) Judd(杜鹃花科),*广东假吊钟,独牛角,广东假木荷,广东克檑木,碎骨红*
广东酒饼簕 Atalantia kwangtungensis Merr.(芸香科)
广东克檑木(植物志 57-3)=广东金叶子
广东狼毒(广东)=海芋
广东莲桂 Dehaasia kwangtungensis Kosterm. (樟科)
广东临时救(植物志 59-1)=临时救
广东临时救 Lysimachia kwangtungensis (Hand.-Mazz.) C.M.Hu(报春花科)
广东刘寄奴(福建,浙江,广东,广西)=白苞蒿
广东螺序草 Spiradiclis guangdongensis Lo(茜草科)
广东马尾杉 Phlegmariurus guangdongensis Ching (石杉科)
广东毛脉槭 Acer pubinerve var. kwangtungense (Chun) Fang(槭树科)
广东毛蕊茶 Camellia melliana Hand.-Mazz.(山茶科)
广东毛子蕨(华南所集刊)=鼎湖山毛轴线盖蕨
广东毛子蕨 Monomelangium tingwooshanicum S.H.Wu?(蹄盖蕨科)
广东美脉花楸(新)Sorbus caloneura var. kwangtungensis Yü(蔷薇科),*美脉花楸广东变种*
广东蜜柑(植物志 43-2)=椪柑
广东牡荆 Vitex sampsoni Hance(马鞭草科)
广东牡丽草 Mouretia guangdongensis Lo(茜草科)
广东木瓜红 Rehderodendron kwangtungense Chun(安息香科),*岭南木瓜红,红木冬瓜木,粤芮德木*
广东木荷 Schima kwangtungensis Chang(山茶科)
广东木姜子 Litsea kwangtungensis H.T.Chang (樟科)
广东柠檬(海南志)=柠檬
广东柠檬(植物志 43-2)=黎檬
广东泡花树 Craibiodendron kwangtunensis S.I.Hu?(杜鹃花科)
广东盆距兰 Gastrochilus guangtungensis Z.H. Tsi (兰科)
广东蒲桃 Syzygium kwangtungense Merr. & Perry (桃金娘科)
广东蔷薇 Rosa kwangtungensis Yü & Tsai(蔷薇科),*野蔷薇*
广东琼楠 Beilschmiedia fordii Dunn(樟科)
广东润楠 Machilus kwangtungensis Yang(樟科)
广东箬竹 Indocalamus guangdongensis H.R. Zhao & Y.L.Yang (禾本科)
广东山茶(高等图鉴)=香港红山茶
广东山胡椒 Lindera kwangtungensis (Liou) Allen (樟科),*广东钓樟,柳槁,猪母楠,勒墨鱼,青绒槁,青线*
广东山龙眼 Helicia kwangtungensis W.T.Wang (山龙眼科),*瓜络木*
广东杉(台湾)=台湾杉木
广东蛇葡萄 Ampelopsis cantoniensis (HK. & Arn.) Planch.(葡萄科),*田浦茶,粤蛇葡萄,无莿根,冇刺根*
广东升麻(广东中药)=华麻花头
广东省白头翁(广空中草药手册)=白鼓钉
广东石豆兰 Bulbophyllum kwangtungense Schltr.(兰科),*广石豆兰,单叶岩珠,岩枣*
广东石斛 Dendrobium wilsonii Rolfe(兰科),*铜皮兰*
广东石榴(四川)=番石榴
广东书带蕨(海南志)=剑叶书带蕨
广东水锦树 Wendlandia guangdongensis W.C. Chen (茜草科)
广东水马齿 Callitriche oryzetorum Petr.(水马齿科)
广东水莎草 Juncellus serotinus var. inundatus (Roxb.) L.K.Dai (莎草科)
广东丝瓜 Luffa acutangula (L.) Roxb.(葫芦科),*棱角丝瓜,丝瓜*
广东松(经济植物手册)=华南五针松
广东苏铁(Flora 4)=台湾苏铁
广东薹草 Carex adrienii E.G.Camus(莎草科)
广东葶苈(台湾志)=广州焊菜
广东秃茶 Camellia kwangtungensis Chang(山茶科)
广东土牛膝(广空中草药手册)=多须公
广东团扇蕨 Gonocormus matthewii (Christ) Ching(膜蕨科)
广东万年青 Aglaonema modestum Schott ex Engl. (天南星科),*大叶万年青,亮丝草,万年*

青,粤万年青

广东万年青属 Aglaonema Schott (天南星科)

广东乌饭 Vaccinium guangdongense Fang & Z.H.Pan (杜鹃花科)

广东西番莲 Passiflora kwangtungensis Merr.(西番莲科)

广东香子(植物志 30-1)=阔瓣含笑

广东小野芝麻 Galeobdolon kwangtungense C.Y.Wu (唇形科),*广东假野芝麻*

广东新耳草 Neanotis kwangtungensis (Merr. & Metcalf) Lewis(茜草科)

广东绣球 Hydrangea kwangtungensis Merr.(虎耳草科),*椭圆广东绣球,上思绣球,少脚绣球*

广东崖豆藤 Millettia fordii Dunn(豆科)

广东沿阶草 Ophiopogon reversus C.C.Huang (百合科),*高节沿阶草*

广东羊耳蒜 Liparis kwangtungensis Schltr.(兰科)

广东野靛棵 Mananthes lianshanica H.S.Lo(爵床科),*连山爵床*

广东野丁香 Leptodermis vestita Hemsl.(茜草科)

广东异型兰 Chiloschista guangdongensis Z.H.Tsi (兰科)

广东鱼木(新) Crateva falcata (Lour.) DC.? (山柑科)

广东玉叶金花 Mussaenda kwangtungensis Li (茜草科)

广东肿足蕨(蕨类形态)=福氏肿足蕨

广东重楼 Paris polyphylla var. kwangtungensis (R.H.Miao) S.C.Cheng & S.Y.Liang(百合科)

广东竹(新) Phyllostachys maudiae Dunn ?(禾本科)

广东紫菜 Porphyra guangdongensis Tseng & T.J.Chang?(马鞭草科)

广东紫杜鹃(中药大辞典)=岭南杜鹃

广东紫薇 Lagerstroemia fordii Oliv. & Koehne (千屈菜科)

广东紫珠 Callicarpa kwangtunensis Chun(马鞭草科),*臭常山,金刀菜,老鸦饭,万年青,珍珠风,止血柴*

广兜铃(中药材鉴别手册)=荞麦叶大百合

广豆根(广西植物名录)=越南槐

广肚叶(广东宝安)=紫玉盘

广防风 Anisomeles indica (L.) Ktz.(唇形科),*白艾花,薄荷,臭草,臭秽草,大密草,大羊胡腿,防风草,茴苹,秽草,假藿香,假豨莶,荆芥,九层楼,癞蛤蚂,落马衣,马衣叶,芒草,密草,抹草,排风草,七草,土防风,土藿香,旺草,豨莶草,野薄荷,野苏,野苏麻,野紫苏,猪麻苏*

广防风属 Anisomeles R.Br.(唇形科)

广防已 Aristolochia fangchi Y.C.Wu ex L.D.Chow & S.M.Hwang(马兜铃科),*防已,藤防已,防已马兜铃*

广福藤(纲目拾遗)=南五味子

广柑(四川)=甜橙

广花耳草 Hedyotis ampliflora Hance(茜草科)

广花弓果藤 Toxocarpus patens Tsiang(萝藦科)

广花鳝藤(植物志 63)=鳝藤

广花娃儿藤 Tylophora leptantha Tsiang(萝藦科)

广藿香 Pogostemon cablin (Blanco) Benth.(唇形科),*藿香,刺香,刺蕊草*

广寄生(分类学报,植物志 24)=桑寄生

广金钱草 Desmodium styracifolium (Osbeck) Merr. (豆科),*假地豆,假花生,广东金钱草,金钱草,落地金钱,马蹄草,马蹄香,铜钱沙,铜钱射草,银蹄草*

广桔(江苏,浙江,湖南)=甜橙

广口杜鹃 Rhododendron ludlowii Cowan(杜鹃花科)

广卵果黄榆(东北木本志)=大果榆

广马草(云南中草药)=藿香蓟

广木香(植物志 78-2)=木香

广南报春 Primula wangii Chen & C.M.Hu(报春花科)

广南茶 Camellia kwangnanica Chang & Chen (山茶科)

广南冬青 Ilex guangnanensis C.J.Tseng ex Y.R.Li (冬青科)

广南杜鹃 Rhododendron guangnanense R.C.Fang (杜鹃花科)

广南复叶耳蕨 Arachniodes guangnanensis Y.T.Hsieh (鳞毛蕨科)

广南柯 Lithocarpus irwinii (Hance) Rehd.(壳斗科),*港柯*

广南槭 Acer kwangnanense Hu & Cheng(槭树科)

广南蹄盖蕨 Athyrium guangnanense Ching(蹄盖蕨科),*顶果蹄盖蕨*

广南天料木 Homalium paniculiflorum How & Ko (大风子科),*红皮*

广三七(南京药草)=费菜

广商陆(广东)=闭鞘姜

广石豆兰(中草药汇编)=广东石豆兰

广石莲子(四川)=喙荚云实

广檀木(广西中草药)=仪花

广檀木属(海南志)=**仪花属**

广藤(广东,广西,四川)=细圆藤

广通复叶耳蕨 Arachniodes guangtonensis Ching(鳞毛蕨科)

广椭绣线菊 Spiraea ovalis Rehd.(蔷薇科)

广椭圆形叶小檗 Berberis ovalifolia Rusby (小檗科)

广西八角枫 Alangium kwangsiense Melch.(八角枫科)

广西白背叶 Mallotus apelta var. kwangsiensis Metc.(大戟科)

广西百灵藤(广西植物名录)=贵州醉魂藤

广西百灵藤(广西植物名录)=灵山醉魂藤

广西百仔(广西)=篱栏网

广西柏那参(分类学报增刊)=广西罗伞

广西斑鸠菊 Vernonia chingiana Hand.-Mazz. (菊科),*棠菊*

广西杯冠藤 Cynanchum kwangsiense Tsiang & Zhang (萝藦科)

广西菜豆树 Radermachera glandulosa (Bl.) Miq. (紫葳科)

广西茶 Camellia kwangsiensis Chang(山茶科)

广西茶蔗(广西植物)=湖南茶藨子

广西长梗藤(广西植物名录)=金凤藤

广西长筒蕨 Selenodesmium sianense (Christ) Ching & C.H.Wang(膜蕨科)

广西澄广花 Orophea anceps Pierre(番荔枝科),*米得洗,米敦斗*

广西赤竹 Sasa guangxiensis C.D.Chu & C.S.Chao (禾本科)

广西唇柱苣苔(云南植物研究)=异裂苣苔

广西粗筒苣苔 Briggsia stewardii Chun(苦苣苔科),*蟾蜍草*

广西大青 Clerodendrum cyrtophyllum var. kwangsiense S.L.Chen & T.D.Zhuang(马鞭草科)

广西大头茶 Gordonia kwangsiensis Chang(山茶科)

广西地不容 Stephania kwangsiensis Lo(防已科)

广西地海椒 Physaliastrum chamaesarachoides (Makino) Makino(茄科)

广西吊石苣苔 Lysionotus kwangsiensis W.T.Wang (苦苣苔科)

广西钓樟 Lindera guangxiensis H.P.Tsui(樟科)

广西豆蔻 Amomum kwangsiense D.Fang & X.X.Cheng (姜科),*砂仁,土草果,土砂仁,广西砂仁*

广西杜鹃 Rhododendron kwangsiense Hu ex Tam (杜鹃花科)

广西杜英 Elaeocarpus kwangsiensis H.T.Chang (杜英科)

广西短肠蕨(分类学报)=毛柄短肠蕨

广西盾翅藤 Aspidopterys concava (Wall.) A. Juss. (金虎尾科)

广西莪术 Curcuma kwangsiensis S.G.Lee & C.F.Liang(姜科),*毛莪术,郁金,毛莪术,桂莪术*

广西鹅掌柴 Schefflera kwangsiensis Merr. & Li (五加科),*广西鸭脚木,鸭脚木(*

广西耳蕨 Polystichum guangxiense W.M.Chu & H.G.Zhou(鳞毛蕨科)

广西复叶耳蕨 Arachniodes guangxiensis Ching (鳞毛蕨科)

广西狗牙花(植物志 63)=伞房狗牙花

广西瓜馥木 Fissistigma kwangsiense Tsiang & P.T.Li (番荔枝科)

广西观音座莲 Angiopteris kwangsiensis Ching (观音座莲科),*广西莲座蕨*

广西过路黄 Lysimachia alfredii Hance(报春花科),*四叶一枝花,斗笠花,笠麻花,斑筒花,虎头黄,立莲花,时花草*

广西孩儿草 Rungia guangxiensis H.S.Lo & D.Fang(爵床科)

广西海桐 Pittosporum kwangsiense Chang & Yan (海桐花科)

广西黑面神 Breynia hyposauropa Croiz. (大戟科),*小叶黑面神,红子仔,节节红茶,小黑面叶,红子仔*

广西红果树(新)Photinia amphidoxa var. kwangsiensis Metcalf?(蔷薇科)

广西厚膜树 Fernandoa guangxiensis D.D.Tao (紫葳科),*牛尾树*

广西虎刺 Damnacanthus guangxiensis Y.Z.Ruan (茜草科)

广西虎皮楠(树木分类学)=长柱虎皮楠

广西花椒 Zanthoxylum kwangsiense (Hand.-Mazzz.) Chun ex Huang(芸香科)

广西画眉草 Eragrostis guangxiensis S.C.Sun & H.Q.Wang (禾本科)

广西黄皮(植物志 43-2)=广西九里香

广西黄腺羽蕨 Pleocnemia kwangsiensis Ching & C.H.Wang(叉蕨科)

广西火桐 Erythropsis kwangsiensis (Hsue) Hsue (梧桐科),*广西梧桐*

广西火焰花 Phlogacanthus colaniae R.Ben.(爵床科)

广西鸡矢藤(中药辞海)=白毛鸡矢藤

广西鸡屎藤(广西药用名录)=白毛鸡矢藤

广西假毛蕨 Pseudocyclosorus guangxiensis Y.X.Lin (金星蕨科)

广西姜花 Hedychium kwangsiense T.L.Wu & Senjen (姜科)

广西九里香 Murraya kwangsiensis (Huang) Huang (芸香科),*广西黄皮,山柠檬,土前胡,*

假鸡皮,假黄皮,佛山,九柠檬檬
广西苦竹(广西竹种及栽培)=斑苦竹
广西拉拉藤 Galium elegans var. glabriusculum Req. ex DC.(茜草科)
广西来江藤 Brandisia hwangsiensis Li(玄参科)
广西冷水花 Pilea microcardia Hand.-Mazz.(荨麻科)
广西离瓣寄生 Helixanthera guangxiensis H.S. Ku (桑寄生科),*小叶山鸡茶,油茶寄生*
广西李榄(植物志 61)=广西流苏树
广西莲座蕨(孢子植物)=广西观音座莲
广西裂果薯 Schizocapsa guangxiensis P.P.Ling & C.T.Ting (蒟蒻薯科)
广西鳞盖蕨 Microlepia straminea Ching(碗蕨科)
广西鳞毛蕨 Dryopteris guangxiensis S.G.Lu(鳞毛蕨科)
广西流苏树 Chionanthus guangxiensis B.M. Miao (木犀科),*广西李榄*
广西柳叶箬 Isachne guangxiensis W.Z.Fang(禾本科)
广西龙胆 Gentiana kwangsiensis T.N.Ho(龙胆科)
广西罗伞 Brassaiopsis kwangsiensis Hoo(五加科),*广西柏那参,广西掌叶树*
广西裸柱草 Gymnostachyum kwangsiense H.S. Lo (爵床科)
广西落檐 Schismatoglottis calyptrata (Roxb.) Zoll. & Moritzi(天南星科),*过山龙*
广西马兜铃 Aristolochia kwangsiensis Chun ex C.F. Liang(马兜铃科),*大百解薯,大叶马兜铃,大总管,管南香,萝卜防已,南蛇藤,青木香,圆叶马兜铃,总管*
广西马蓝 Pteracanthus guangxiensis (S.Z.Huang) C.Y.Wu & C.C.Hu(爵床科)
广西芒毛苣苔 Aeschynanthus austroyunnanensis var. guangxiensis (Chun ex W.T.Wang) W.T.Wang(苦苣苔科)
广西毛冬青 Ilex pubescens var. kwangsiensis Hand.-Mazz.(冬青科)
广西美登木 Maytenus guangxiensis C.Y.Cheng & W.L.Sha(卫矛科)
广西猕猴桃 Actinidia melanandra var. kwangsiensis (Li) C.F.Liang(猕猴桃科)
广西米口袋 Gueldenstaedtia guangxiensis W.L. Shan & X.X.Chen(豆科)
广西密花冬青 Ilex confertiflora var. kwangsiensis S.Y.Hu(冬青科)
广西密花树 Myrsine kwangsiensis (E.Walk.) Pip. & C.Chen(紫金牛科),*狭叶密花树*
广西牡荆 Vitex kwangsiensis P'ei(马鞭草科)
广西木五加(广西植物名录)=广西树参
广西木犀榄 Olea guangxiensis Miao(木犀科)
广西蒲儿根 Sinosenecio guangxiensis C.Jeffr. & Y.L.Chen(菊科)
广西蒲桃 Syzygium guangxiense Chang & Miau (桃金娘科)
广西槭 Acer tonkinense subsp. kwangsiense (Fang & Fang f.) Fang(槭树科)
广西前胡 Peucedanum guangxiense Shan & Sheh (伞形科),*土防风*
广西青冈 Cyclobalanopsis kouangsiensis (A.Camus) Y.C.Hsu & H.W.Jen(壳斗科)
广西青梅 Vatica guangxiensis X.L.Mo(龙脑香科)
广西青牛胆 Tinospora guangxiensis Lo(防已科)
广西清明花 Beaumontia pitardii Tsiang(夹竹桃科)
广西秋海棠(高等图鉴补编)=凤山秋海棠
广西秋海棠 Begonia guangxiensis C.Y.Wu(秋海棠科)
广西秋英爵床 Cosmianthemum guangxiense H. S.Lo & D.Fang(爵床科)
广西球兰 Hoya commutata M.G.Gilb. & P.T.Li(萝藦科)
广西榕 Ficus guangxiensis S.S.Chang(桑科)
广西赛爵床 Calophanoides kwangsiensis H.S. Lo (爵床科)
广西砂仁(新华本草纲要)=广西豆蔻
广西山矾(植物志 60-2)=光叶山矾
广西山梗菜 Lobelia davidii var. kwangsiensis (E.Wimm.) Lian (桔梗科)
广西山蓝 Peristrophe guanxiensis H.S.Lo & D. Fang(爵床科)
广西山茉莉 Huodendron tomentosum var. guangxiense S.M.Hwang(安息香科)
广西山竹子(广西植物名录)=广西藤黄
广西少齿悬钩子 Rubus paucidentatus var. guangxiensis Yü & Lu (蔷薇科)
广西舌唇兰 Platanthera kwangsiensis K.Y.Lang (兰科)
广西舌花藤 Raphistemma hooperianum (Bl.) Decne. (萝藦科)
广西舌喙兰 Hemipilia kwangsiensis T.Tang & F. T.Wang ex K.Y.Lang(兰科)
广西蛇根草 Ophiorrhiza kwangsiensis Merr. ex Li(茜草科)
广西省藤 Calamus guangxiensis C.F.Wei(棕榈科)
广西石笔木 Tutcheria kwangsiensis (Chang) Chang & Ye(山茶科)
广西石楠 Photinia kwangsinensis Li(蔷薇科)
广西石蒜 Lycoris guangxiensis Y.Hsu & Q.J. Fang (石蒜科)
广西实蕨 Bolbitis annamensis Tard.-Blot & C. Chr. (实蕨科)
广西鼠李 Rhamnus kwangsiensis Y.L.Chen & P.K.Chou (鼠李科)
广西树参 Dendropanax kwangsiensis Li(五加科),*广西木五加*
广西水锦树 Wendlandia aberrans How(茜草科)
广西素馨 Jasminum guangxiense Miao(木犀科)
广西宿萼木 Strophioblanchia fimbricalyx var. efimbriata Airy-Shaw(大戟科)
广西梭罗树 Reevesia pubescens var. kwangsiensis Hsue(梧桐科),*油麻树*
广西薹草 Carex kwangsiensis Wang & Tang ex P.C.Li(莎草科)
广西檀栗 Pavieasia kwangsiensis H.S.Lo (无患子科)
广西藤黄 Garcinia kwangsiensis Merr. ex F.N. Wei (藤黄科),*广西山竹子,春杧果*
广西藤山柳 Clematoclethra guangxiensis C.F. Liang & Y.C.Chen(猕猴桃科)
广西天料木 Homalium kwangsiense How & Ko (大风子科)
广西铁仔 Myrsine elliptica Walker(紫金牛科)
广西同心结 Parsonsia goniostemon Hand.-Mazz. (夹竹桃科)
广西铜锤草 Pratia wollastonii S.Moore(桔梗科)
广西土黄芪 Nogra guangxiensis Wei(豆科)
广西乌口树 Tarenna lanceolata Chun & How ex W.C.Chen(茜草科)
广西梧桐(分类学报)=广西火桐
广西觿茅 Dimeria guangxiensis S.L.Chen & G. Y.Sheng (禾本科)
广西香花藤 Aganosma siamensis Craib(夹竹桃科),*石上羊奶树,瘳刀竹*
广西新木姜子 Neolitsea kwangsinensis Liou(樟科)
广西绣线菊 Spiraea kwangsinensis Yü(蔷薇科),*珍珠梅*
广西悬钩子 Rubus kwangsinensis Li(蔷薇科)
广西鸭脚木(广西植物名录)=广西鹅掌柴
广西崖爬藤 Tetrastigma kwangsiense C.L.Li(葡萄科)
广西异木患 Allophylus petelotii Merr(无患子科)
广西银叶杜茎山(新)Maesa argentea var. kwangsiensis Hand.-Mazz.?(紫金牛科)
广西隐棒花 Cryptocoryne kwangsiensis H.Li(天南星科)
广西油果樟 Syndiclis kwangsinensis (Kosterm.) H.W.Li(樟科)
广西羽叶楸(植物志 69)=羽叶楸
广西玉叶金花 Mussaenda kwangsiensis Li(茜草科)
广西鸢尾兰 Oberonia kwangsiensis Seidenf.(兰科)
广西越桔 Vaccinium sinicum Sleumer(杜鹃花科),*路边针*
广西掌叶秋海棠 Begonia hemsleyana var. kwangsiensis Irmsch.(秋海棠科)
广西掌叶树(广西植物名录)=广西罗伞
广西蜘蛛抱蛋 Aspidistra retusa K.Y.Lang & S. Z.Huang (百合科)
广西紫果冬青 Ilex tsoii var. guangxiensis T.R. Dudley (冬青科)
广西紫荆 Cercis chuniana Metc.(豆科),*陈氏紫荆*
广西紫麻 Oreocnide kwangsiensis Hand.-Mazz. (荨麻科)
广西醉魂藤(Flora 16)=灵山醉魂藤
广序北前胡 Peucedanum harry-smithii var. grande (K.T.Fu) Shan & Sheh(伞形科),*大前胡*
广序臭草 Melica onoei Franch. & Sav.(禾本科),*日本臭草,小野臭草*
广序假卫矛 Microtropis petelotii Merr. & Freem. (卫矛科)
广序剪股颖 Agrostis hookeriana Clarke ex HK.f. (禾本科)
广叶桉 Eucalyptus amplifolia Naud.(桃金娘科)
广叶参树(广西药用名录)=刺通草
广叶荚蒾 Viburnum amplifolium Rehd.(忍冬科),*宽叶荚蒾*
广叶假卫矛(新拉汉英)=厚叶假卫矛
广叶锯齿双盖蕨(台湾志)=毛柄短肠蕨
广叶毛蕨 Cyclosorus ensifer (Tagawa) Shieh(金星蕨科),*微缩毛蕨*
广叶葠(科属辞典)=刺通草
广叶葠属(科属辞典)=**刺通草属**
广叶书带蕨 Vittaria taeniophylla Copel.(书带蕨科)
广叶橐吾 Ligularia euryphylla (C.Winkl.) Hand.-Mazz. (菊科)
广叶星蕨 Microsorium steerei (Harr.) Ching(水龙骨科)
广羽金星蕨(蕨类图说)=卵果蕨
广玉兰(上海)=荷花玉兰
广枣(中国药典,中药志)=南酸枣

广枝仁(常用中草药配方)=光叶海桐
广栀仁(四川)=柄果海桐
广州拨地麻(图鉴)=宽叶缬草
广州槌果藤(广州志,海南志)=广州山柑
广州蓧蕨(植物志 2)=广州条蕨
广州耳草 Hedyotis cantoniensis How ex Ko(茜草科),*甜菜草,野甘草,山甘草*
广州蔊菜 Rorippa cantoniensis (Lour.) Ohwi(十字花科),*微子蔊菜,细子蔊菜,包蔊菜,广东葶苈,沙地菜*
广州山柑 Capparis cantoniensis Lour.(山柑科),*广州槌果藤*
广州蛇根草 Ophiorrhiza cantoniensis Hance(茜草科),*天青地红,血经草,岩泽兰,朱砂草,紫金莲,自来红*
广州鼠尾粟 Sporobolus hancei Rendle (禾本科)
广州条蕨 Oleandra cantonensis Ching(条蕨科)
广州相思子 Abrus cantoniensis Hance(豆科),*鸡骨草,山弯豆,地香根,土甘草,黄食草,红母鸡草,相思子*
广州喑褐飘拂草 Fimbristylis fusca var. contoniensis C.B.Clarke (莎草科)
广竹 Pseudosasa longiligula Wen (禾本科)

Gui

归经草(云南中草药)=翼齿六棱菊
归勒斯(蒙语)=杏
归叶藁本 Ligusticum angelicifolium Franch.(伞形科),*当归叶藁本*
归叶棱子芹 Pleurospermum angelicoides (Wall.) Benth. ex C.B.Clarke(伞形科)
圭八角(中草药汇编)=小花八角
圭亚那笔花豆 Stylosanthes guianensis (Aubl.) Sw.(豆科),*笔花豆*
龟背竹 Monstera deliciosa Liebm.(天南星科)
龟背竹属 Monstera Adans.(天南星科)
龟甲牡丹 Ariocarpus fissuratus (Engelm.) K. Schum. (仙人掌科)
龟甲球 Lobivia cinnabarina (HK.) Britt. & Rose (仙人掌科)
龟甲芋 Alocasia cuprea Koch (天南星科)
龟甲竹 Phyllostachys heterocycla (Carr.) Mitford(禾本科)
龟纹箭 Euphorbia lactea Haw.(大戟科)
龟叶草(植物学大辞典,图鉴,植物学大纲)=尾叶香茶菜
龟叶麻(安徽)=悬铃叶苎麻
鬼边榜(广部中草药手册)=粗喙秋海棠
鬼标(福建)=石蒜
鬼布(广西)=黄葵
鬼藏(吴普本草)=玄参
鬼叉(植物志 75)=狼杷草
鬼钗草(本草拾遗)=婆婆针
鬼吹箫 Leycesteria formosa Wall.(忍冬科),*叉活活,猴桔子,金鸡一把锁,空心草,梅竹叶,泡掌筒,狭萼鬼吹箫,夜吹箫,云通*
鬼吹箫属 Leycesteria Wall.(忍冬科)
鬼刺(植物志 75)=狼杷草
鬼灯笼(广东)=白花灯笼
鬼灯笼(广西中药志=倒地铃
鬼灯笼(南宁药志)=灯笼草
鬼灯笼树 Paraphlomis javanica var. angustifolia (C.Y. Wu) C.Y.Wu & H.W.Li(唇形科),*狭叶变种,土结香*
鬼灯檠 Rodgersia podophylla Gray(虎耳草科)
鬼灯檠属 Rodgersia Gray(虎耳草科)
鬼点灯(四川中药志)=鳞叶龙胆
鬼点灯(中药大辞典)=柔弱斑种草
鬼点火(江西)=尖齿臭茉莉
鬼督邮(本草经集注)=银线草
鬼督邮(本经)=天麻
鬼髑髅(雷公炮炙论)=桃
鬼疙针(河南)=小花鬼针草
鬼谷草(广西草药)=竹节草
鬼骨针(江苏志)=婆婆针
鬼画符(华南)=黑面神
鬼黄花(福建草药)=婆婆针
鬼疾藜(药用图鉴)=婆婆针
鬼见愁(云南中草药)=蜘蛛香
鬼见愁(植物志 42-2)=猫头刺
鬼箭(本经)=卫矛
鬼箭愁(山西)=鬼箭锦鸡儿
鬼箭锦鸡儿 Caragana jubata (Pall.) Poir.(豆科),*鬼箭愁,藏锦鸡儿,佐木香,浪麻,特莫日嘎-哈嘎*
鬼箭羽(东北药志)=毛脉卫矛
鬼箭羽(植物志 45-3)=卫矛
鬼箭羽(中草药汇编)=中亚卫矛
鬼脚掌 Agave victoriae-reginae T.Moore (石蒜科),*皇后龙舌兰*
鬼臼(本经)=八角莲
鬼臼(本经)=六角莲
鬼臼(高等图鉴)=桃儿七
鬼臼叶(纲目)=八角莲
鬼臼属 Dysosma Woodosn(小檗科)
鬼菊(闽东本草)=婆婆针
鬼蜡烛(上海)=疏毛磨芋
鬼蜡烛 Phleum paniculatum Huds.(禾本科),*假看麦娘*
鬼兰(恒春植物名录)=双唇兰
鬼栎(植物志 22)=鬼石柯
鬼荔枝(广东)=单叶豆
鬼柳根(台湾)=白背黄花稔
鬼馒头(江南)=薜荔
鬼目(本经)=石楠
鬼目(图经本草)=臭椿
鬼槭 Acer diabolicum K.Koch (槭树科)
鬼卿(本经)=藁本
鬼球(江苏志)=薜荔
鬼石柯 Lithocarpus lepidocarpus (Hay.) Hay.(壳斗科),*鬼石栎,鬼栎*
鬼石栎(植物志 22)=鬼石柯
鬼松针(河北赞皇)=阔柱柳叶菜
鬼头木(浙江)=鹅掌楸
鬼系腰(外科精要)=络石
鬼悬钩子(台木本志)=红毛悬钩子
鬼眼独活(四川)=柔毛龙眼独活
鬼眼独活(通称)=食用土当归
鬼罂粟 Papaver orientale L. (罂粟科)
鬼油麻(日华子本草)=漏芦
鬼羽带(植物志 67-2)=黑草
鬼羽箭(生草药性备要)=黑草
鬼芋(图经本草)=磨芋
鬼针(植物志 75)=狼杷草
鬼针草(植物志 75)=婆婆针
鬼针草(中草药学)=金盏银盘
鬼针草 Bidens pilosa L.(菊科),*豆渣菜,豆渣草,对叉草,黄花雾,金杯银盏,金丝苦令,金盏银盘,盲肠草,三叶鬼针草,虾钳草,蟹钳草,一把针,一包针,引线苞,粘连子,粘人草*
鬼针草属 Bidens L.(菊科)
鬼仔菊(广西中药志)=野菊
鬼子树(浙江)=鹅掌楸
鬼足獐毛(新拉汉英)=平滑獐毛
贵定杜鹃 Rhododendron fuchsiifolium Lévl.(杜鹃花科),*耳锤叶杜鹃*
贵定桤叶树 Clethra cavaleriei Lévl.(桤叶树科),*华中山柳,贵定山柳,江南山柳,直端莲*
贵定山柳(拉汉名称)=贵定桤叶树
贵港水蓑衣 Hygrophila salicifolia var. longihirsuta H.S.Lo & D.Fang(爵床科)
贵景天(拉汉名称)=优秀红景天
贵南柳 Salix juparica Görz(杨柳科)
贵青玉 Euphorbia meloformis Ait.(大戟科)
贵阳黄猄草(云南植物名录)=长花黄猄花
贵阳黄猄草 Championella labordei (Lévl.) E. Hossain (爵床科),*薄叶马蓝*
贵阳鹿蹄草 Pyrola corbieri Lévl.(鹿蹄草科),*柯氏鹿蹄草*
贵阳梅花草 Parnassia petimenginii Lévl.(虎耳草科)
贵阳山矾(新)Symplocos martini Lévl.?(山矾科)
贵阳柿 Diospyros esquirolii Lévl.(柿科)
贵阳铁角蕨 Asplenium interjectum Christ (铁角蕨科),*黔铁角蕨*
贵州八角莲 Dysosma majorensis (Gagn.) Ying (小檗科),*叶下花,梨子草,白八角莲*
贵州白花丹 Plumbago esquirolii Lévl.?(白花丹科)
贵州半蒴苣苔 Hemiboea cavaleriei Lévl.(苦苣苔科),*野蓝,软黄花金魁,翠子菜,山金花菜,石上凤仙,铁杆水草*
贵州报春(拉汉名称)=黔西报春
贵州报春 Primula kweichouensis W.W.Sm.(报春花科)
贵州叉蕨 Tectaria kweichowensis Ching & C.H. Wang (叉蕨科)
贵州茶藨子 Ribes fasciculatum var. guizhouense L.T.Lu (虎耳草科)
贵州柴胡 Bupleurum kweichowense Shan(伞形科)
贵州肠蕨(分类学报)=川黔肠蕨
贵州大花杜鹃 Rhododendron magniflorum W.K. Hu (杜鹃花科)
贵州地宝兰 Geodorum eulophioides Schltr.(兰科)
贵州地黄连 Munronia unifoliolata var. trifoliolata C.Y.Wu ex How & T.Chen(楝科)
贵州点地梅 Androsace kouytchensis Bonati(报春花科)
贵州冬青 Ilex guizhouensis C.J.Tseng(冬青科)
贵州杜鹃(树木分类学)=溪畔杜鹃
贵州杜鹃 Rhododendron guizhouense Fang f. (杜鹃花科)
贵州盾翅藤 Aspidopterys cavaleriei Lévl.(金虎尾科)
贵州鹅耳枥 Carpinus kweichowensis Hu(桦木科)
贵州耳形扁足蕨 Plagiogyria stenoptera var. major Ching(瘤足蕨科)
贵州凤尾蕨 Pteris guizhouensis Ching ex Ching & S.H.Wu(凤尾蕨科)
贵州凤仙花 Impatiens guizhouensis Y.L.Chen (凤仙花科)
贵州凤丫蕨 Coniogramme guizhouensis Ching & Shing(裸子蕨科)
贵州芙蓉 Hibiscus labordei Lévl.(锦葵科),*湖榕树*
贵州复叶耳蕨(植物学报)=日本复叶耳蕨
贵州刚竹 Phyllostachys guizhouensis C.S.Chao & J.Q.Zhang(禾本科)

贵州狗尾草 Setaria guizhouensis S.L.Chen & G.Y. Sheng (禾本科)
贵州狗牙花(植物志 63)=伞房狗牙花
贵州瓜馥木 Fissistigma wallichii (HK.f. & Thoms.) Merr.(番荔枝科)
贵州贯众 Cyrtomium guizhouense H.C.Kung & P.S.Wang (鳞毛蕨科)
贵州过路黄(Flora 15)=长柄过路黄
贵州海桐 Pittosporum kweichowense Gowda(海桐花科)
贵州汉史草(分类学报)=贵州四轮香
贵州红山茶 Camellia kweichouensis Chang(山茶科)
贵州红芽大戟 Knoxia mollis Wight & Arn.(茜草科)
贵州红子木(植物志 45-3)=青江藤
贵州花椒 Zanthoxylum esquirolii Lévl.(芸香科)
贵州黄堇 Corydalis parviflora Z.Y.Su & Lidén (罂粟科)
贵州嘉丽树 Carrierea dunniana Lévl.(大风子科)
贵州荚蒾(分类学报)=金佛山荚蒾
贵州金丝桃 Hypericum kouytchense Lévl.(藤黄科),*水香柴,刘寄奴,过路黄,上天梯*
贵州金粟兰(新)Chloranthus pernyanus Solms-Laub.? (金粟兰科)
贵州荩草 Arthraxon guizhouensis S.L.Chen & Y.X.Jin (禾本科)
贵州肋毛蕨 Ctenitis confusa Ching(叉蕨科)
贵州冷蕨 Cystopteris guizhouensis X.Y.Wang & P.S.Wang(蹄盖蕨科)
贵州黧豆 Mucuna terrens Lévl.(豆科)
贵州连蕊茶 Camellia costei Lévl.(山茶科)
贵州链珠藤(植物志 63)=筋藤
贵州鳞毛蕨 Dryopteris wallichiana var. kweichowicola (Ching & P.S.Wang) S.K.Wu (鳞毛蕨科)
贵州瘤足蕨 Plagiogyria argutissima Christ(瘤足蕨科)
贵州柳 Salix kouytchensis (Lévl.) Schneid.(杨柳科)
贵州龙胆(植物志 62)=坚龙胆
贵州鹿蹄草 Pyrola mattfeldiana H.Andr.(鹿蹄草科)
贵州卵叶报春 Primula esquirolii Petitm.(报春花科),*艾氏报春*
贵州络石 Trachelospermum bodinieri (Lévl.) Woods. ex Rehd.(夹竹桃科),*长花络石,云南络石,乳儿绳,五根树,鸡屎藤*
贵州马铃苣苔 Oreocharis cavaleriei Lévl.(苦苣苔科)
贵州毛蕨 Cyclosorus kweichowensis Ching ex Shing(金星蕨科)
贵州毛柃 Eurya kueichowensis Hu & L.K.Ling (山茶科)
贵州美登木 Maytenus esquirolii (Lévl.) C.Y. Cheng (卫矛科)
贵州木瓜红 Rehderodendron kweichowense Hu (安息香科),*毛果木瓜红,矩圆果芮德木,蒋氏芮德木,滇芮德木*
贵州泡花树 Meliosma henryi Diels(清风藤科)
贵州萍蓬草(植物志 27)=萍蓬草
贵州萍蓬草 Nuphar bornetii Lévl. & Vant. ?(睡莲科)
贵州蒲桃 Syzygium handelii Merr. & Perry(桃金娘科)
贵州桤叶树 Clethra kaipoensis Lévl.(桤叶树科),*嘉宝山柳,正安山柳,大叶山柳*
贵州千斤拔 Flemingia kweichowensis Tang & Wang ex Y.T.Wei & S.Lee(豆科)
贵州青冈 Cyclobalanopsis argyrotricha (A. Camus) Chun & Y.T.Chang (壳斗科),*白毛青冈*
贵州琼楠 Beilschmiedia kweichowensis Cheng (樟科)
贵州秋海棠 Begonia kouy-tcheouensis Guill.(秋海棠科)
贵州忍冬(高等图鉴)=短柄忍冬
贵州榕 Ficus guizhouensis S.S.Chang(桑科)
贵州赛爵床 Calophanoides kouytchensis (Lévl.) H.S.Lo(爵床科)
贵州桑寄生(分类学报)=南桑寄生
贵州缫丝花 Rosa kwichowensis Yü & Ku (蔷薇科)
贵州山橙 Melodinus chinensis P.T.Li & Z.R.Xu (夹竹桃科)
贵州山核桃 Carya kweichowensis Kuang & A. M.Lu ex Chang & Lu(胡桃科)
贵州杉(树木分类学)=长苞铁杉
贵州石笔木 Tutcheria kweichowensis Chang & Y.K.Li (山茶科)
贵州石蝴蝶 Petrocosmea cavaleriei Lévl.(苦苣苔科)
贵州石楠 Photinia bodinieri Lévl.(蔷薇科)
贵州石楠长叶变种(植物志 36)=长叶贵州石楠(新)
贵州石仙桃 Pholidota roseans Schltr.(兰科)
贵州实蕨 Bolbitis christensenii (Ching) Ching (实蕨科)
贵州鼠李 Rhamnus esquirolii Lévl.(鼠李科),*无刺鼠李*
贵州鼠尾草 Salvia cavaleriei Lévl.(唇形科)
贵州水车前 Ottelia sinensis (Lévl & Vaniot) Lévl. ex Dandy(水鳖科)
贵州水锦树 Wendlandia cavaleriei Lévl.(茜草科)
贵州睡莲(新)Nymphaea esquirolii Lévl.?(毛茛科)
贵州四轮香 Hanceola cavaleriei (Lévl.) Kudo (唇形科),*贵州汉史草*
贵州四照花(树木分类学)=小花梾木
贵州松蒿(新)Phtheirospermum esquirolii Bonati ex Petitm.?(玄参科)
贵州藤山柳 Clematoclethra guizhouensis C.F. Liang & Y.C.Chen(猕猴桃科)
贵州蹄盖蕨 Athyrium pubicostatum Ching & Z. Y.Liu (蹄盖蕨科),*假轴果蹄盖蕨,近毛轴蹄盖蕨,毛轴蹄盖蕨,柔毛蹄盖蕨,无柄蹄盖蕨,轴毛蹄盖蕨,棕秆蹄盖蕨*
贵州天名精 Carpesium faberi Winkl.(菊科)
贵州铁线莲 Clematis kweichowensis Péi(毛茛科)
贵州通泉草 Mazus kweichowensis Tsoong & Yang (玄参科)
贵州土圞儿 Apios bodinieri Lévl.?(豆科)
贵州土蜜树 Bridelia pierrei Gagn.(大戟科)
贵州橐吾 Ligularia leveillei (Vant.) Hand.-Mazz.(菊科)
贵州娃儿藤 Tylophora silvestris Tsiang(萝摩科)
贵州文殊兰(新) Crinum esquiroli Lévl.? (石蒜科)
贵州喜鹊苣苔 Ornithoboea feddei (Lévl.) Burtt (苦苣苔科)
贵州虾脊兰 Calanthe tsoogiana var. guizhouensis Z.H.Tsi (兰科)
贵州香花藤 Aganosma breviloba Kerr.(夹竹桃科)
贵州小檗 Berberis cavaleriei Lévl. (小檗科)
贵州肖笼鸡 Tarphochlamys darrisii (Lévl.) E. Hossain(爵床科),*兴义顶头马蓝*
贵州悬竹 Ampelocalamus calcareus C.D.Chu & C.S.Chao (禾本科)
贵州岩石藤(中药大辞典)=亮叶崖豆藤
贵州羊耳蒜 Liparis esquirolii Schltr.(兰科)
贵州羊奶子 Elaeagnus guizhouensis C.Y.Chang (胡颓子科)
贵州叶下珠 Phyllanthus bodinieri (Lévl.) Rehd. (大戟科)
贵州远志 Polygala dunniana Lévl.(远志科)
贵州獐牙菜 Swertia kouitchensis Franch.(龙胆科)
贵州直瓣苣苔 Ancylostemon notochlaenus (Lévl. & Vant.) Craib(苦苣苔科)
贵州轴果蕨(分类学报)=云贵轴果蕨
贵州锥 Castanopsis kweichowensis Hu(壳斗科)
贵州紫苏草 Limnophila chevalieri Vanot?(玄参科)
贵州醉魂藤 Heterostemma esquirolii (Lévl.) Tsiang (萝摩科),*黔桂百灵藤,野豇豆,老鸦花,广西百灵藤*
桂(南方草本状,广东高要)=肉桂
桂北螺序草 Spiradiclis luochengensis Le & W.L. Sha (茜草科)
桂北木姜子 Litsea subcoriacea Yang & P.H. Huang (樟科)
桂北槭(广西植物名录)=黔桂槭
桂单竹 Bambusa guangxiensis Chia & H.L.Fung (禾本科),*吊竹*
桂滇桐 Craigia kwangsiensis Hsue(椴树科)
桂滇悬钩子 Rubus shihae Metc.(蔷薇科)
桂丁掌(云南傣语)=象腿蕉
桂东杜鹃花 Rhododendron sanidodeum Tam (杜鹃花科)
桂莪术(中药辞海)=广西莪术
桂根(纲目拾遗)=木犀
桂海木 Guihaiothamnus acaulis Lo(茜草科)
桂海木属 Guihaiothamnus Lo(茜草科)
桂花(通称)=木犀
桂花矮陀陀(云南)=凹叶瑞香
桂花矮陀陀(云南)=滇瑞香
桂花跌打(思茅中草药)=毛管花
桂花寄生(广西药用名录)=离瓣寄生
桂花岩陀(云南)=滇瑞香.
桂火绳 Eriolaena kwangsiensis Hand.-Mazz.(梧桐科)
桂寄生(图考)=骨牌蕨
桂尖(西双版纳傣语)=香蕉
桂姜 Zingiber guangxiense D.Fang (姜科)
桂林唇柱苣苔 Chirita gueilinensis W.T.Wang (苦苣苔科)
桂林栲(植物志 22)=锥
桂林楼梯草 Elatostema guilinense W.T.Wang (荨麻科)
桂林梅花草 Parnassia guilinensis G.Z.Li & S.C. Tang (虎耳草科)
桂林槭 Acer kweilinense Fang & Fang f.(槭树科)
桂林乌桕 Sapium chihsinianum S.K.Lee(大戟科)
桂林小花苣苔 Chiritopsis repanda var. guilinensis W.T.Wang(苦苣苔科)
桂林紫薇 Lagerstroemia guilinensis S.Lee & L.

Lau (千屈菜科)
桂龄薹草 Carex Chuiana Wang & Tang ex P.C. Li (莎草科)
桂柳 Salix boseensis N.Chao(杨柳科)
桂母息(云南德宏傣语)=香蕉
桂木 Artocarpus nitidus subsp. lingnanensis (Merr.) Jarr.(桑科),*红桂木*
桂木香(上海饮片炮制规范)=肉桂
桂南地不容 Stephania kuinanensis Lo M.Yang (防己科),*山乌龟*
桂南爵床(广西植物)=桂南野靛棵
桂南柯 Lithocarpus phansipanensis A.Camus(壳斗科)
桂南木莲 Manglietia chingii Dandy(木兰科)
桂南蒲桃 Syzygium imitans Merr. & Perry(桃金娘科)
桂南山姜 Alpinia guinanensis D.Fang(姜科)
桂南省藤 Calamus austro-guangxiensis S.J.Pei & S.Y.Chen (棕榈科)
桂南四川冬青 Ilex szechwanensis var. huiana T.R.Dudley (冬青科)
桂南野靛棵 Mananthes austroguangxinensis (H.S.Lo & D.Fang) C.Y.Wu & C.C.Hu(爵床科),*桂南爵床*
桂楠 Phoebe kwangsinensis Liou(樟科)
桂皮(广东)=肉桂
桂皮(云南潞西,瑞丽)=柴桂
桂皮树(江西,湖南)=野黄桂
桂皮树(四川瓦山)=银叶桂
桂皮树(四川巫山)=川桂
桂皮树(云南屏边)=刀杷木
桂皮紫萁(蕨类图说)=分株紫萁
桂黔吊石苣苔 Lysionotus aeschynanthoides W.T.Wang (苦苣苔科),*山接风,五加皮*
桂琼铁角蕨(海南志)=南方铁角蕨
桂荏(尔雅)=紫苏
桂树(广东,海南)=阴香
桂树(西藏波密)=聚花桂
桂树根(纲目拾遗)=木犀
桂穗山姜 Alpinia pinnanensis T.L.Wu & Senjen (姜科)
桂吞(云南傣辣)=象头蕉
桂吞(新拉汉英)=树头芭蕉
桂西铁角蕨 Asplenium tenuifolium var. minor Ching ex S.H.Wu (铁角蕨科)
桂香柳(河南)=沙枣
桂香柱瓣兰 Epidendrum osmanthum B.R.(兰科)
桂悬钩子(新)Rubus septemlobus Li?(蔷薇科)
桂秧(海南苗语)=阴香
桂野桐 Mallotus conspurcatus Croiz.(大戟科)
桂叶茶藨子 Ribes laurifolium Jancz.(虎耳草科)
桂叶老鸦嘴(广州志)=桂叶山牵牛
桂叶槭(经济植物手册)=樟叶槭
桂叶山牵牛 Thunbergia laurifolia Lindl.(爵床科),*桂叶老鸦嘴*
桂叶素馨 Jasminum laurifolium var. brachylobum Kurz (木犀科),*岭南茉莉,大黑骨庆,鸭色盖*
桂衣店(西双版纳傣语)=香蕉
桂樱 Laurocerasus officinalis (L.) Roem.(蔷薇科)
桂樱属 Laurocerasus Tourn. ex Duh.(蔷薇科)
桂圆(植物志 43-2)=龙眼
桂粤唇柱苣苔 Chirita fordii (Hemsl.) Wood(苦苣苔科)
桂枝(广东)=肉桂
桂竹(台湾志)=台湾桂竹
桂竹 Phyllostachys bambusoides S. & Z.(禾本科),*刚竹*
桂竹糖芥(东北检索表)=小花糖芥
桂竹香 Cheiranthus cheiri (L.) Crantz.(十字花科)
桂竹香叶月见草 Oenothera cheiranthifolia K. Spreng. (柳叶菜科)
桂竹香属(植物志 33)=**糖芥属**
桂子(纲目拾遗)=天竺桂
桂子香(云南富源)=姜味草
筀笋(食物本草)=台湾桂竹
筀竹(种子植物名称)=台湾桂竹

Gun

衮天龙(广东)=轮环藤
滚地龙(广部中草药手册)=鸡骨香
滚龙珠(陕西中草药)=紫云英
棍棒石斛(中草药汇编)=叠鞘石斛
棍儿茶(沙漠药用植物)=金露梅
棍毛金锦香 Osbeckia rhopalotricha C.Y.Wu ex C.Chen (野牡丹科)
棍王茶(东北)=金露梅

Guo

郭来得黄檀(豆科图说)=高原黄檀
郭埋拉(西双版纳傣语)=大叶藤黄
郭满大(西双版纳傣语)=大叶藤黄
郭鸟(藏名)=葛缕子
郭氏悬钩子(华北经济志要)=华中悬钩子
郭万杜鹃(新拉汉英)=尼泊尔杜鹃花
锅巴草(云南中医验方)=挺茎遍地金
锅耙(王玷桂:不药良方)=稻
锅叉草(东北,华北)=小花鬼针草
锅铲叶(植物志 52-2)=镰叶西番莲
锅盖木(海南澄迈)=黑面神
锅焦(纲目拾遗)=稻
锅焦(纲目拾遗)=稷
锅老根(广西武鸣)=粗叶耳草
锅裸剁版那(云南傣语)=依兰
锅炙(药性考)=大豆
国老(名医别录)=甘草
国楣鹅掌柴(分类学报增刊)=文山鹅掌柴
国楣复叶耳蕨 Arachniodes fengii Ching(鳞毛蕨科)
国楣贯众(分类学报)=厚叶贯众
国楣马先蒿 Pedicularis fengii Li(玄参科)
国楣毛蕨 Cyclosorus fengii Ching ex Shing(金星蕨科),*兰坪毛蕨,潞西毛蕨*
国楣槭(分类学报)=蜜果槭
国楣铁线莲 Clematis fengii W.T.Wang(毛茛科)
果榇(傣语)=董棕
果东樟(云南)=云南樟
果冻棕 Butia capitata (Mart.) Becc.(棕榈科)
果冻棕属 Butia Becc.(棕榈科)
果瓜(纲目)=甜瓜
果回藤属 Carpodinus G.Don (夹竹桃科)
果裸(尔雅)=栝楼
果连丹(广东)=光叶山黄麻
果洛杜鹃 Rhododendron gologense C.J.Xu & Z. J.Zhao (杜鹃花科)
果麻(湖南药物志)=红蓼
果木花(湖北)=蜀葵
果山还阳参 Crepis bodinieri Lévl.(菊科)
果山藤(湖南)=南蛇藤
果上叶(贵州方药集)=麦斛
果上叶(文山中草药)=石仙桃
果上叶(云南中草药选)=密花石豆兰
果上叶(云南中草药选)=狭瓣贝母兰
果松(东北)=红松
果松(云南)=华山松
果香菊 Chamaemelum nobile (L.) All.(菊科),*白花春黄菊,罗马措暮米辣*
果香菊属 Chamaemelum Mill.(菊科)
果香兰 Cymbidium suavissimum Sander ex C. Curtis (兰科)
果赢(诗经)=栝楼
果园草(新拉汉英)=鸭茅
果栋(傣语)=鱼尾葵
果子蔓 Guzmania lingulata (L.) Mez.(凤梨科),*姑氏凤梨*
果子蔓属 Guzmania Ruiz & Pav.(凤梨科),*姑氏凤梨属*
裹篱樵(广州志)=小驳骨
过布柿 Diospyros susarticulata Lec.(柿科),*过布子,五指山柿*
过布子(海南崖县)=过布柿
过冬梨(福州中草药)=秋枫
过冬青(本草纲目拾遗)=荔枝草
过风藤(江西中药)=地锦
过岗龙(广西)=密花豆
过岗龙(广西融水)=爬树龙
过岗龙(生草药性备要)=龙须藤
过沟菜蕨(台湾志)=菜蕨
过沟龙(江西草药)=葎草
过骨边(福建)=链珠藤
过海龙(云南)=金钮扣
过饥草(福建)=白鼓钉
过饥草(福建)=土丁桂
过家见(植物志 57-1)=香皮树
过假麻(植物志 57-1)=香皮树
过江扁藤(广药手册)=扁担藤
过江龙(滇南本草)=扁枝石松
过江龙(广东)=榼藤
过江龙(贵州民间草药)=睡菜
过江龙(贵州中草药名录)=羽裂盾蕨
过江龙(湖南药物志)=炮烙莓
过江龙(陕西中草药)=插田泡
过江龙(四川)=过江藤
过江龙(四川中草药)=普通凤丫蕨
过江龙(天宝本草)=水龙
过江龙(云南)=大叶南苏
过江龙(云南元江)=爬树龙
过江龙(植物志 37)=长腺灰白毛莓
过江龙子(岭南采药录)=龙须藤
过江藤(四川)=台湾水龙
过江藤(浙江)=水龙
过江藤 Phyla nodiflora (L.) Greene(马鞭草科),*大二郎箭,过江龙,苦舌草,蓬莱草,水黄芹,雷公锤草,水马齿苋,铜锤草,虾子草,鸭脚板*
过江藤属 Phyla Lour.(马鞭草科)
过接桥(拉祜族常用药)=藤状火把花
过节风(广东)=山蒟
过路(救荒本草)=萝藦
过路边(陕西中草药)=尖叶乌蔹莓
过路黄(贵州)=贵州金丝桃
过路黄(贵州盘县)=扬子小连翘
过路黄(湖北)=长叶冻绿
过路黄(四川奉节)=金丝桃
过路黄(云南)=短柱金丝桃
过路黄(云南中草药)=长波叶山蚂蝗
过路黄(中药大辞典)=冻绿
过路黄 Lysimachia christinae Hance(报春花科),*遍地黄,寸骨七,大金钱草,对坐草,金钱草,路边黄,铺地莲,神仙对从草,铜钱草,仙人对座草,延地蜈蚣,真金草,走游草*

过路惊 Bredia quadrangularis Cogn.(野牡丹科)
过路清(贵州民间药物)=四川长柄山蚂蝗
过路蛇(新华本草纲要)=齿果草
过路蜈蚣(湖南)=凌霄
过路蜈蚣(江西,福建)=天胡荽
过路蜈蚣(浙江药志)=深绿卷柏
过路蜈蚣草(广西草药)=竹节草
过罗(南越志)=茶
过敏滇紫草 Onosma irritans Popov ex Pavolov (紫草科)
过墙风(四川)=活血丹
过桥草(河南)=过山蕨
过桥风(华南,湖南,河南,江苏)=络石
过山参(海南)=荫莲
过山风(广西)=铁冬青
过山风(岭南采药录)=黑老虎
过山风(药用志)=南蛇藤
过山枫(广西药用名录)=槛藤
过山枫 Celastrus aculeatus Merr.(卫矛科),*落霜红*,*穿山龙*
过山枫藤(植物志 45-3)=灰叶南蛇藤
过山蕨 Camptosorus sibiricus Rupr.(铁角蕨科),*马蹬草*,*还阳草*,*小石韦*,*过桥草*
过山蕨属 Camptosorus Link (铁角蕨科)
过山龙(草木便方)=常春油麻藤
过山龙(滇南本草)=石松
过山龙(高等图鉴)=鞭叶铁线蕨
过山龙(广西)=齿果草
过山龙(广西)=毒根斑鸠菊
过山龙(广西隆林)=广西落檐
过山龙(海南)=过山崖爬藤
过山龙(海南)=小舌菊
过山龙(海南志)=厚叶崖爬藤
过山龙(湖南)=苍白秤钩风
过山龙(湖南)=秤钩风
过山龙(江西)=南蛇藤
过山龙(江西民间草药)=胡枝子
过山龙(陕西中草药)=蓝果蛇葡萄
过山龙(陕西中草药名录)=掌裂蛇葡萄
过山龙(图考)=垂穗石松
过山龙(图考)=槲蕨
过山龙(云南)=红花五味子
过山龙(云南河口)=上树蜈蚣
过山龙(云南河口)=狮子尾
过山龙(云南红河)=爬树龙
过山龙(云南西双版纳)=毛过山龙
过山龙(浙江)=南五味子
过山龙(中药大辞典,四川)=多羽节肢蕨
过山龙(柞水)=乌头叶蛇葡萄
过山龙藤(广西)=异形南五味子
过山龙藤(海南)=黑老虎
过山飘(四川)=隔山消
过山青(四川中药志)=石海椒
过山青藤(海南澄迈)=柄果崖爬藤
过山香(福建)=鸡骨香
过山香(广东)=链珠藤
过山香(广东中药)=山鸡椒
过山香(广西药用名录)=黑老虎
过山香(台湾)=假黄皮
过山香(植物志 43-2)=千里香
过山香(中药大辞典)=豹皮樟
过山消根(贵州民间药物)=疏花酸藤子
过山崖爬藤 Tetrastigma pseudocruciatum C.L. Li (葡萄科),*过山龙*
过山照(浙江)=山木通
过石珠(广东阳山)=变色马兜铃
过坛龙(四川)=灰背铁线蕨
过坛龙(图考)=扇叶铁线蕨
过塘蛇(广西)=圆叶节节菜
过塘蛇(海疆,广州)=水龙
过天藤(生草药性备要)=无根藤
过腰蛇(海南)=地旋花
过墉藕(福建,江西,广东,广西)=三白草

Ha

哈巴百合 Lilium habaense F.T.Wang & Tang(百合科)
哈巴峨眉蕨 Lunathyrium wilsonii var. habaense Ching & Z.R.Wang(蹄盖蕨科)
哈巴耳蕨 Polystichum habaense Ching & H.C. Kung (鳞毛蕨科)
哈巴河黄芪(植物研究)=富蕴黄芪
哈巴鳞毛蕨 Dryopteris habaensis Ching(鳞毛蕨科)
哈巴山黄芪 Astragalus habamontis K.T.Fu(豆科)
哈巴山马先蒿 Pedicularis habachanensis Bonati(玄参科),*哈巴山马先蒿哈巴山亚种*
哈巴山马先蒿多羽片亚种(植物志 68)=多羽片哈巴山马先蒿
哈巴山马先蒿哈巴山亚种(植物志 68)=哈巴山马先蒿
哈巴蹄盖蕨(西北植物学报)=中甸蹄盖蕨
哈巴乌头 Aconitum habaense W.T.Wang(毛茛科)
哈达存额布斯(蒙语)=地丁草
哈丹-疏古日根(内蒙古)=石防风
哈丹-西巴嘎(蒙语)=山蒿
哈但奈-巴特哈(蒙名=石生齿缘草
哈得孙茶藨子 Ribes hudsonianum Rich.(虎耳草科)
哈得孙胶枞 Abies balsamea var. hudsonia (Jucq.) Sarg.(松科)
哈尔滨榆 Ulmus harbinensis S.Q.Nie & K.Q. Huang (榆科)
哈尔马格(中草药汇编)=白刺
哈尔-沙瓦格(蒙语)=白莲蒿
哈尔-砂瓦格(蒙语)=灰白莲蒿
哈甫木(植物志 47-1)=假山箩
哈格氏虎耳草 Saxifraga haagi Suend.(虎耳草科)
哈格郁金香 Tulipa hageri Heldr.(百合科)
哈郭-毕日阳古(蒙名)=毛建草
哈哈果(滇南本草)=蛇莓
哈加斯坦荆芥 Nepeta hajastana Grossh.(唇形科)
哈克尔西班牙小檗 Berberis hispanica var. hackeliana (Schneid.) Ahrendt (小檗科)
哈克斯肋枝兰 Pleurothallis hawkesii E.A. Flichkinger (兰科)
哈克属 Hakea Schrad.(山龙眼科)
哈拉海(东北)=宽叶荨麻
哈拉海(东北)=狭叶荨麻
哈拉海(小兴安岭)=麻叶荨麻
哈拉海(小兴安岭)=乌苏里荨麻
哈拉-沙巴嘎(蒙语)=黑沙蒿
哈拉塔日-其其格(内蒙药名)=疗齿草
哈喇瓢(东北)=萝藦
哈雷(云南傣族语)=密花树
哈理氏白头翁 Pulsatilla halleri (All.) Willd.(毛茛科)
哈蟆七(湖北)=鸢尾
哈蚂藤(云南)=青紫葛
哈骂不果(哈尼语)=暗消藤
哈骂醒合(傣语)=暗消藤
哈曼德沟瓣 Glyptopetalum harmandianum Pierre (卫矛科)
哈密瓜(植物志 73-1)=甜瓜
哈密黄芪 Astragalus hamiensis S.B.Ho(豆科)
哈密棘豆 Oxytropis przewalskii Kom.(豆科),*勃氏棘豆*
哈密毛茛 Ranunculus hamiensis J.G.Liu(毛茛科)
哈密庭荠(植物志 33)=大果翅籽荠
哈莫儿(内蒙中草药)=小果白刺
哈姆林 Hamlin(芸香科脐橙类)
哈娜迪兜兰 Paphiopedilum haynaldianum (Rchb.f.) Pfitz.(兰科)
哈尼哈那(云南哈尼族语)=爵床
哈怕都姆(傣族语)=岩芋
哈青杨 Populus charbinensis C.Wang & Skv.(杨柳科)
哈日卜嘎其-乌布斯(蒙名)=小花鬼针草
哈日根(内蒙)=中间锦鸡儿
哈日-哈达(蒙名)=黑茶藨子
哈日-乌没黑-额布苏(蒙语)=骆驼蒿
哈萨喇(图考,江西南部)=蜘蛛抱蛋
哈氏齿瓣兰 Odontoglossum harryanum Rchb.f. (兰科)
哈氏狗脊(植物志 4-2)=崇澍蕨
哈氏剪秋罗 Lychnis ×haageana Rgl.(石竹科)
哈氏山药 Dioscorea hamiltonii HK.f.(薯蓣科)
哈氏薹草 Carex harrysmithii Kükenth.(莎草科)
哈氏狭唇兰 Sarcochilus hartmanni FVM (兰科)
哈特韦格十大功劳 Mahonia hartwegii (Benth.) Fedde (小檗科)
哈特韦奇鸢尾 Iris hartwegii Baker (鸢尾科)
哈亚早熟禾 Poa hayachinensis Koidz.(禾本科)
哈正榕(中草药汇编)=水同木
蛤蒟(通称)=假蒟
蛤蒌(岭南采药录)=假蒟
蛤蟆草(滇南本草)=疏花车前
蛤蟆草(东北)=委陵菜
蛤蟆草(福建,滇南本草)=车前
蛤蟆棵(江苏)=马鞭草
蛤蚂涎(浙江)=白檀
蛤蚂叶(滇南本草)=疏花车前
蛤树(广东)=野生紫苏
蛤塘果(吉林)=笃斯越桔
蛤萎(广西中草药)=假蒟
蛤叶(广东)=龙须藤
蛤仔藤(广西)=篱栏网
蛤仔藤(广西)=细圆藤

Hai

孩儿参(云南滨川)=川滇女蒿
孩儿参 Pseudostellaria heterophylla (Miq.) Pax (石竹科),*假繁缕*,*棒棒草*,*太子参*,*异叶假繁缕*,*童参*,*四叶菜*
孩儿参属 Pseudostellaria Pax (石竹科),*假繁缕属*
孩儿草 Rungia pectinata (L.) Nees(爵床科),*疳积草*,*黄蜂草*,*积药草*,*蓝色草*,*明萼草*,*土夏枯草*,*由甲草*
孩儿草属 Rungia Nees(爵床科),*明萼草属*
孩儿茶(本草纲目)=儿茶
孩儿茶(饮膳正要)=代儿茶
孩儿拳头(救荒本草)=荚蒾
孩儿拳头(山东)=小花扁担杆
孩儿血(井岗山)=薯莨
海艾(本草纲目)=艾
海岸白刺美洲茶 Ceanothus incanus Torr. & A. Gray (鼠李科)

海岸稗 Echinochloa walteri (Pursh) Heller (禾本科)
海岸杜鹃花 Rhododendron atlanticum (Ashe) Rehd. (杜鹃花科)
海岸海桐 Pittosporum littorale Merr.(海桐花科)
海岸柃(高等图鉴)=柃木
海岸米草 Spartina maritima (Curt.) Fenard?(禾本科)
海岸母菊 Matricaria maritima L.(菊科)
海岸松 Pinus pinaster Ait.(松科)
海岸桐 Guettarda speciosa L.(茜草科)
海岸桐属 Guettarda L.(茜草科)
海巴戟(高等图鉴)=海滨木巴戟
海巴戟天(海南志)=海滨木巴戟
海白菜(陕西)=厚皮菜
海白菜(陕西)=甜菜
海斑虎(质问本草)=钗子股
海蚌含珠(广东)=铁苋菜
海边马兜铃 Aristolochia thwaitesii HK.f.(马兜铃科),*石蟾蜍*
海边柿 Diospyros maritima Bl.(柿科),*黄心仔*
海边月见草 Oenothera drummondii HK.(柳叶菜科),*海芙蓉*
海滨百金花 Centaurium littorale (Turner) G.Lmour.(龙胆科)
海滨贝克斯 Banksia littoralis R.Br.(山龙眼科)
海滨草 Cutandia maritima (L.) Benth. ex Barley (禾本科)
海滨草属 Cutandia Wilk.(禾本科)
海滨车前 Plantago camtschatica Link.(车前科),*堪察加车前,绿豆菜*
海滨大戟 Euphorbia atoto Forst.f.(大戟科),*滨大戟*
海滨大麦 Hordeum marinum Hudson (禾本科)
海滨碱茅 Puccinellia maritima (Hudson) Parl. (禾本科)
海滨绢蒿 Seriphidium maritimum (L.) Poljak (菊科)
海滨藜 Atriplex maximowicziana Makino(藜科)
海滨列当 Orobanche maritima Pugsley (列当科)
海滨柳穿鱼 Linaria japonica Miq.(玄参科)
海滨麦瓶草 Silene maritima With.(石竹科)
海滨木巴戟 Morinda citrifolia L.(茜草科),*海巴戟天,海巴戟,橘叶巴戟,橄树,水冬瓜,椿根*
海滨全能花 Pancratium maritimus L.(石蒜科)
海滨莎 Remirea maritima Aubl.(莎草科)
海滨莎属 Remirea Aubl.(莎草科)
海滨山黧豆 Lathyrus japonicus Willd.(豆科),*海滨香豌豆*
海滨天冬(东北检索表)=攀援天门冬
海滨铁角蕨 Asplenium marinum L.(铁角蕨科)
海滨香豌豆(豆科图说)=海滨山黧豆
海滨亚麻 Linum maritimum L.(亚麻科)
海滨羊蹄 Rheum maritimus L.(蓼科),*酸模*
海滨一枝黄花 Solidago sempervirens L.(菊科)
海滨异木患 Allophylus timorensis (DC.) Bl.(无患子科)
海菠菜(山东)=补血草
海菜花 Ottelia acuminata (Gagn.) Dandy(水鳖科),*异叶水车前,龙爪菜*
海参(云南中草药)=矮地榆
海草(广西药用名录)=羽裂星蕨
海菖蒲 Enhalus acoroides (L.f.) Steud.(水鳖科)
海菖蒲属 Enhalus R C.Rich.(水鳖科)
海常山(广西)=苦郎树
海赤芍(福建)=补血草
海船(四川,思芭,西双版纳)=木蝴蝶
海刀豆 Canavalia maritima (Aubl.) Thou.(豆科)
海岛冬青 Ilex goshiensis Hay.(冬青科),*圆叶冬青*
海岛陵齿蕨 Lindsaea commixta Tagawa(陵齿蕨科)
海岛龙脑香 Dipterocarpus insularis Hance (龙脑香科)
海岛轮环藤 Cyclea insularis (Makino) Hatusima (防已科)
海岛棉 Gossypium barbadense L.(锦葵科),*光籽棉,木棉,离核木棉*
海岛藤 Gymnanthera oblonga (N.L.Burm.) P.S. Green (萝藦科),*假络石*
海岛藤属 Gymnanthera R.Br.(萝藦科),*假络石属*
海岛熊果 Arctostachylos insularis Greene (杜鹃花科)
海岛远志 Polygala insularis Chun & How ex C. Y.Wu & S.K.Chen(远志科)
海岛越桔 Vaccinium wrightii Gray(杜鹃花科),*大叶越桔*
海岛苎麻 Boehmeria formosana Hay.(荨麻科)
海底龙(广西药用名录)=酸藤子
海地黄芩 Scutellaria heydei HK.f.(唇形科)
海淀子(广东,海南)=角果木
海定蒿(俗称)=臭蒿
海恩斯小檗 Berberis hainesii Ahrendt (小檗科)
海肥干(江西)=三角叶风毛菊
海风藤(本草再新)=风藤
海风藤(福建,浙江)=山蒟
海风藤(广西)=异形南五味子
海风藤(植物志 29)=木通
海枫藤(浙江)=青藤
海枫屯 Marsdenia officinalis Tsiang & P.T.Li(萝藦科)
海芙蓉(福建)=海边月见草
海芙蓉 Limonium wrightii (Hance) Ktze.(白花丹科)
海哥斯梭利(内蒙古)=火绒草
海根(本草拾遗)=金线草
海红(本草纲目)=西府海棠
海红豆 Adenanthera pavonina var. microsperma (Teijsm. & Binnend.) Nielsen(豆科),*红豆,孔雀豆,相思格*
海红豆属 Adenanthera L.(豆科),*孔雀豆属*
海红柑 Citrus truncata Tanaka (芸香科)
海胡卡(广东)=紫荆木
海虎兰(新拉汉英)=杂种芦荟
海虎兰 Aloe delaetii Radl.(百合科)
海柳子(广东,海南)=角果木
海椒(中草药汇编)=辣椒
海椒梗(中药大辞典)=辣椒
海椒七(药用志)=红毛七
海蕉(南方有毒植物)=文殊兰
海金黄(中草药)=补血草
海金沙(云南药用名录)=曲轴海金沙
海金沙 Lygodium japonicum (Thunb.) Sw.(海金沙科),*斑鸠窝,金沙藤,罗网藤,蔓蔓藤,松筋草,铁脚蜈蚣根,铁丝草,铁蜈蚣,铁线蕨,须须药,左转藤*
海金沙科 Lygodiaceae
海金沙属 Lygodium Sw.(海金沙科)
海金子 Pittosporum illicioidea Makino(海桐花科),*白背风,吊灯笼,豆威,接骨丹,朗楼肥,山海桐,山枝木,山栀茶,五月上树风,崖花海桐,崖花子*
海韭菜 Triglochin maritimum L.(眼子菜科),*水麦冬,那冷门,圆果水麦冬*
海菊花(广东)=苦槛蓝
海卡槭 Acer hyrcanum Fisch. & Mey.(槭树科)
海康钩粉草 Pseuderanthemum haikangense C.Y. Wu & H.S.Lo(爵床科)
海拉尔棘豆 Oxytropis hailarensis Kitag.(豆科),*山棘豆,呼伦贝尔棘豆*
海拉尔松(东北裸子植物)=樟子松
海拉尔绣线菊 Spiraea hailarensis Liou (蔷薇科)
海拉槭 Acer hilaense Hu & Cheng(槭树科),*顺宁槭,昌宁槭*
海腊(侯宁波:药谱)=海南龙血树
海蓝肉穗棕属 Paralinospadix Burret (棕榈科)
海榄雌 Avicennia marina (Forsk.) Vierh.(马鞭草科),*咸水矮让木*
海榄雌属 Avicennia L.(马鞭草科),*海茄冬属*
海莉亚银桦 Grevillea hilliana F.J.Muell.(山龙眼科)
海里康属(旧译名)=**蝎尾蕉属**
海莲 Bruguiera sexangula (Lour.) Poir.(红树科),*剪定树,小叶格拿稍,罗古*
海莲花(河北药材)=凤仙花
海莲子叶银桦 Grevillea crithmifolia R.Br.(山龙眼科)
海良姜(药材学)=高良姜
海凉章(傣语)=大果油麻藤
海林落叶松(分类学报)=黄花落叶松
海龙七(湖北中草药志)=穿龙薯蓣
海绿(拉汉名称)=琉璃繁缕
海伦黄芩 Scutellaria helenae Alb.(唇形科)
海伦小檗 Berberis helenae Ahrendt (小檗科)
海罗尼姆小檗 Berberis hieronymi Schneid.(小檗科)
海罗松(广东大埔)=油杉
海罗松(江西遂川)=南方红豆杉
海萝卜(中草药)=补血草
海螺(四川)=华重楼
海螺报春(拉汉名称)=亮叶报春
海螺七(四川)=西南银莲花
海螺七(四川)=狭叶重楼
海螺七(中药辞海)=球药隔重楼
海麻(海南)=黄槿
海马齿 Sesuvium portulacastrum (L.) L.(番杏科)
海马齿属 Sesuvium L.(番杏科)
海满树属(植物志 71-2)=**海茜树属**
海蔓(山东)=补血草
海蔓荆(河北)=补血草
海杧果 Cerbera manghas L.(夹竹桃科),*猴欢喜,黄金调,黄金茄,牛金茄,牛心荔,牛心茄子,山杭果,山样子,香军树*
海杧果属 Cerbera L.(夹竹桃科),*海檬果属,山样子属*
海梅(海南)=青梅
海檬果属(分类学报)=**海杧果属**
海绵杜鹃(云南志,西藏志)=雪山杜鹃
海绵杜鹃 Rhododendron pingianum Fang(杜鹃花科),*秉氏杜鹃,粉背杜鹃*
海绵基荸荠 Heleocharis pellucida var. spongiosa Tang & Wang(莎草科)
海绵基薹草 Carex stipata Muhl. ex Willd.(莎草科),*白绿薹草*
海面山牛 Thunbergia fragrans subsp. hainanensis (C.Y.Wu & H.S.Lo) H.P.Tsui(爵床科),*海南老鸦嘴*

海木(名词审查本)=鹧鸪花
海纳翅子树 Pterospermum heyneanum Wall (梧桐科)
海蒳(救荒本草)=凤仙花
海奈广防风 Anisomeles heyneana Benth.(唇形科)
海南阿艻(海南志)=海南藤春
海南艾麻(海南志)=海南火麻树
海南暗罗 Polyalthia laui Merr.(番荔枝科),*藤椿,大黑皮藤椿,山蕉椿*
海南巴豆 Croton laui Merr. & Metc.(大戟科)
海南巴戟 Morinda hainanensis Merr. & How(茜草科),*海南巴戟天*
海南巴戟天(海南志)=海南巴戟
海南白点兰(分类学报)=海台白点兰
海南白花苋 Aerva hainanensis How(苋科)
海南白桐树 Claoxylon hainanense Pax & Hoffm.(大戟科)
海南半边莲 Lobelia hainanensis E.Wimm.(桔梗科)
海南杯冠藤 Cynanchum insulanum (Hance) Hemsl. (萝藦科)
海南蝙蝠草 Christia hainanensis Yang & Huang (豆科)
海南扁担杆 Grewia piscatorum Hance(椴树科),*细叶扁担杆*
海南变种(植物志 66)=披针叶直管草
海南变种(植物志 66)=水虎尾
海南柄果木 Mischocarpus hainanensis H.S.Lo (无患子科)
海南菜豆树 Radermachera hainanensis Merr.(紫葳科),*牛尾林,大叶牛尾林,大叶牛尾连*
海南参(广东,海南)=仙茅
海南槽裂木 Pertusadina hainanensi (How) Ridsd.(茜草科),*海南水团花*
海南草海桐(科属词典修订本)=小草海桐
海南草珊瑚 Sarcandra glabra subsp. brachystachys (Bl.) Verd.(金粟兰科),*山牛耳青,驳节莲树,九节风,山泽兰*
海南箣柊(海南志)=黄杨叶箣柊
海南叉蕨 Tectaria hainanensis Ching & C.H. Wang(叉蕨科)
海南叉柱花 Staurogyne hainanensis C.Y.Wu & H.S.Lo(爵床科)
海南茶梨 Anneslea fragrans var. hainanensis Kobuski (山茶科),*海南红楣*
海南常山 Dichroa mollissima Merr.(虎耳草科)
海南赪桐 Clerodendrum hainanense Hand.-Mazz. (马鞭草科)
海南匙唇兰(高等图鉴)=匙唇兰
海南匙羹藤 Gymnema hainanense Tsiang(萝藦科)
海南赤车 Pellionia paucidentata var. hainanica Chien (荨麻科)
海南赤竹 Sasa hainanensis C.D.Chu & C.S. Chao ? (禾本科)
海南臭黄荆 Premna hainanensis Chun & How (马鞭草科)
海南槌果藤(海南志)=山柑
海南粗榧(植物志 7)=西双版纳粗榧
海南粗毛藤 Cnesmone hainanensis (Merr. & Chun) Croiz.(大戟科),*痒藤*
海南粗丝木(海南)=粗丝木
海南大苞兰 Sunipia hainanensis Z.H.Tsi(兰科)
海南大风子 Hydnocarpus hainanensis (Merr.) Sleum. (大风子科),*龙角,高根,乌壳子,海南麻风树,米糖加,青蓝木*
海南大戟 Euphorbia hainanensis Croiz.(大戟科)
海南大头茶 Gordonia hainanensis Chang(山茶科)
海南大叶白粉藤 Cissus repanda var. subferruginea (Merr. & Chun) C.L.Li(葡萄科),*琼南地锦*
海南胆八树(海南)=水石榕
海南地不容 Stephania hainanensis Lo & M. Yang (防已科)
海南地黄连 Munronia hainanensis How & T. Chen (楝科),*七叶仔,七叶子*
海南吊石苣苔 Lysionotus hainanensis Merr. & Chun (苦苣苔科)
海南篠蕨(植物志 2)=海南条蕨
海南蝶兰(分类学报)=海南蝴蝶兰
海南冬青 Ilex hainanensis Merr.(冬青科)
海南毒鼠子 Dichapetalum longipetalum (Turcz.) Engl. (毒鼠子科)
海南杜鹃 Rhododendron hainanense Merr.(杜鹃花科)
海南杜仲藤(植物志 63)=华南杜仲藤
海南短肠蕨 Allantodia hainanensis Ching(蹄盖蕨科)
海南短萼齿木 Brachytome hainanensis C.Y.Wu ex W.C.Chen (茜草科)
海南椴 Hainania trichosperma Merr.(椴树科)
海南椴属 Hainania Merr.(椴树科)
海南盾翅藤 Aspidopterys obcordata var. hainanensis J.Ar.(金虎尾科)
海南峨眉楠(植物志 31)=油丹
海南鹅耳枥 Carpinus londoniana var. lanceolata (Hand.-Mazz.) P.C.Li(桦木科)
海南鹅掌柴 Schefflera hainanensis Merr. & Chun (五加科)
海南耳草 Hedyotis hainanensis (Chun) Ko(茜草科)
海南耳稃草 Garnotia patula var. hainanensis Santos ? (禾本科)
海南翻唇兰(分类学报)=四腺翻唇兰
海南风吹楠 Horsfieldia hainanensis Merr.(肉豆蔻科),*海南荷斯菲木,海南霍而飞,水枇杷,咪桉,假玉果*
海南凤尾蕨 Pteris cadieri var. hainanensis (Ching) S.H.Wu.(凤尾蕨科)
海南凤仙花 Impatiens hainanensis Y.L.Chen(凤仙花科)
海南凤丫蕨 Coniogramme merrillii Ching(裸子蕨科)
海南复叶耳蕨 Arachniodes hainanensis (Ching) Ching?(鳞毛蕨科)
海南高秆莎草 Cyperus exaltatus var. hainanensis L.K.Dai (莎草科)
海南哥纳香 Goniothalamus howii Merr. & Chun (番荔枝科)
海南割鸡芒 Hypolytrum hainanensis (Merr.) Tang & Wang(莎草科)
海南弓果藤 Toxocarpus hainanensis Tsiang(萝藦科)
海南沟瓣 Glyptopetalum fengii (Chun & How) D.Hou (卫矛科)
海南狗牙花(植物志 63)=尖蕾狗牙花
海南谷木 Memecylon hainanense Merr. & Chun (野牡丹科)
海南顾皮消 Pararuellia hainanensis C.Y.Wu & H.S.Lo(爵床科),*海南莲楠草*
海南观音座莲 Angiopteris hainanensis Ching (观音座莲科)
海南光叶藤蕨 Stenochlaena hainanensis Ching & Chiu (光叶藤蕨科)
海南海金沙 Lygodium conforme C.Chr.(海金沙科),*掌叶海金沙*
海南合欢 Albizia attopeuensis (Pierre) Nielsen (豆科),*刘氏合欢*
海南核果木 Drypetes hainanensis Merr.(大戟科),*白梨,九巴公,海南核实*
海南核实(海南经济树木)=海南核果木
海南荷斯菲木(海南志)=海南风吹楠
海南鹤顶兰 Phaius hainanensis C.Z.Tang & S.J. Cheng (兰科)
海南黑钩叶(海南志)=海南雀舌木
海南红苞木(海南志)=窄瓣红花荷
海南红豆 Ormosia pinnata (Lour.) Merr.(豆科),*大鄂红豆,羽叶红豆,鸭公青,食虫树,万年青*
海南红果萝芙木(海南)=萝芙木
海南红楣(高等图鉴补编)=海南茶梨
海南猴欢喜 Sloanea hainanensis Merr. & Chun (杜英科)
海南厚壳桂(台湾志)=黄果厚壳桂
海南厚壳桂 Cryptocarya hainanensis Merr.(樟科)
海南厚壳树 Ehretia hainanensis Johnst.(紫草科)
海南厚皮香 Ternstroemia hainanensis H.T. Chang (山茶科)
海南蝴蝶兰 Phalaenopsis hainanensis T.Tang & F.T.Wang (兰科),*海南蝶兰*
海南虎刺 Damnacanthus hainanensis (Lo) Lo ex W.Z.Ruan (茜草科)
海南虎皮楠(海南志)=脉叶虎皮楠
海南画眉草 Eragrostis hainanensis Chia (禾本科)
海南槐(豆科图说)=绒毛槐
海南黄猄草 Championella maclurei (Merr.) C.Y. Wu & H.S.Lo(爵床科),*黄猄草*
海南黄皮 Clausena hainanensis Huang & Xing (芸香科)
海南黄杞 Engelhardtia hainanensis Chen(胡桃科)
海南黄芩 Scutellaria hainanensis C.Y.Wu(唇形科)
海南黄瑞木(高等图鉴补编)=海南杨桐
海南黄檀 Dalbergia hainanensis Merr. & Chun (豆科),*海南檀,花梨公,花梨木*
海南黄杨 Buxus hainanensis Merr.(黄杨科)
海南火麻树 Dendrocnide stimulans (L.f.) Chew(荨麻科),*海南艾麻,狗狂叶*
海南霍而飞(广东)=海南风吹楠
海南嘉赐木(植物学报)=海南脚骨脆
海南荚蒾 Viburnum hainanense Merr. & Chun (忍冬科)
海南假瘤蕨 Phymatopteris hainanensis (Ching) Pic.Serm. (水龙骨科)
海南假脉蕨 Crepidomanes hainanense Ching(膜蕨科)
海南假砂仁 Amomum chinense Chun ex T.L. Wu (姜科)
海南假韶子 Paranephelium hainanensis H.S.Lo (无患子科)
海南樫木 Dysoxylum mollissimum Bl.(楝科),*大蒜果树*
海南箭竹 Fargesia hainanensis Yi (禾本科)
海南胶核木 Myxopyrum pierrei Gagn.(木犀科)
海南脚骨脆 Casearia aequilateralis Merr.(大风子科),*海南嘉赐木*
海南节毛蕨 Lastreopsis subrecedens Ching(叉

蕨科)
海南金锦香 Osbeckia hainanensis Masam.(野牡丹科)
海南金星蕨 Parathelypteris subimmersa (Ching) Ching(金星蕨科)
海南锦香草 Phyllagathis hainanensis (Merr. & Chun) C.Chen(野牡丹科)
海南荩草 Arthraxon castratus (Griff.) Narayan. & Bor (禾本科)
海南九节 Psychotria hainanensis Li(茜草科)
海南蒟 Piper hainanense Hemsl.(胡椒科),*山胡椒*
海南卷柏 Selaginella rolandi-principis Alston (卷柏科)
海南壳砂仁(海南)=海南砂仁
海南栝楼 Trichosanthes cucumeroides var. hainanensis (Hay.) S.K.Chen(葫芦科),*白瓜,老鸦瓜*
海南兰花蕉 Orchidantha insularis T.L.Wu(芭蕉科)
海南榄仁 Terminalia hainanensis Exell(使君子科),*鸡针木,鸡占,鸡珍*
海南老鸦嘴(海南志)=海面山牛
海南肋毛蕨 Ctenitis decurrenti-pinnata (Ching) Ching (叉蕨科)
海南冷水花 Pilea tsiangiana Metc.(荨麻科)
海南黧豆 Mucuna hainanensis Hay.(豆科),*琼油麻藤,水流藤*
海南李榄(植物志 61)=海南流苏树
海南里白 Diplopterygium simulans (Ching) Ching (里白科)
海南莲楠草(海南志)=海南顾皮消
海南镰扁豆 Dolichos thorelii Gagn.(豆科),*越南扁豆*
海南链珠藤 Alyxia odorata Wall. ex G.Don(夹竹桃科),*白骨藤,乐东链珠藤,茉莉链珠藤,卫矛叶链珠藤*
海南鳞盖蕨 Microlepia hainanensis Ching(碗蕨科)
海南鳞花草 Lepidagathis hainanensis H.S.Lo (爵床科)
海南鳞毛蕨(台湾志)=变异鳞毛蕨
海南柃 Eurya hainanensis (Kobuski) H.T.Chang (山茶科)
海南陵齿蕨 Lindsaea hainanensis Ching(陵齿蕨科)
海南流苏树 Chionanthus hainanensis (Merr. & Chun) B.M.Miao(木犀科),*海南李榄*
海南留萼木 Blachia chunii Y.T.Chang & P.T.Li (大戟科)
海南瘤足蕨 Plagiogyria hainanensis Ching(瘤足蕨科)
海南柳叶箬 Isachne hainanensis Keng f.(禾本科)
海南龙船花 Ixora hainanensis Merr.(茜草科)
海南龙血树 Dracaena cambodiana Pierre ex Gagn. (百合科),*海腊,柬埔寨龙血树,剑叶木,木血竭,麒麟血,山铁树,乌猿蔗,血竭*
海南楼梯草 Elatostema hainanense W.T.Wang (荨麻科)
海南鹿角藤 Chonemorpha splendens Chun & Tsiang (夹竹桃科)
海南蕗蕨 Mecodium hainanense Ching(膜蕨科)
海南轮环藤(中药志)=铁藤
海南罗汉松 Podocarpus annamiensis N.E.Gray (罗汉松科)
海南罗伞树(植物志 58)=罗伞树
海南萝芙木(植物志 63)=萝芙木
海南螺序草 Spiradiclis hainanensis Lo(茜草科)
海南裸实(树木分类学)=海南美登木
海南麻风树(海南)=海南大风子
海南麻辣子藤(高等图鉴)=毛叶丁公藤
海南马兜铃 Aristolochia hainanensis Merr.(马兜铃科),*假青黄藤*
海南马胡卡(海南)=海南紫荆木
海南马钱(海南志)=吕宋果
海南马唐 Digitaria setigera Roth ex Roem. & Schult. (禾本科)
海南买麻藤 Gnetum hainanense C.Y.Cheng(买麻藤科)
海南猫须草(中草药汇编)=披针叶直管草
海南毛蕨 Cyclosorus hainanensis Ching(金星蕨科)
海南毛兰(高等图鉴)=黄绒毛兰
海南玫瑰木 Rhodamnia dumetorum var. hainanensis Merr. & Perry(桃金娘科)
海南美登木 Maytenus hainanensis (Merr. & Chun) C.Y.Cheng (卫矛科),*海南裸实*
海南美丁花 Medinilla hainanensis Merr. & Chun (野牡丹科)
海南牡蒿 Artemisia japonica var. hainanensis Y.R.Ling (菊科)
海南木姜子 Litsea litseaefolia (Allen) Yang & P. H.Huang (樟科),*木姜叶黄肉楠*
海南木茎排草(海南志)=海南木茎香草
海南木茎香草 Lysimachia navillei var. hainanensis Chen & C.M.Hu(报春花科),*海南木茎排草*
海南木蓝 Indigofera hainanensis Tsai & Yü(豆科)
海南木莲 Manglietia hainanensis Dandy(木兰科),*龙楠树,绿兰,绿楠*
海南木五加(广西植物名录)=海南树参
海南木犀榄 Olea hainanensis Li(木犀科)
海南牛齿兰 Appendicula anceps Bl.?(兰科)
海南牛奶菜 Marsdenia hainanensis Tsiang(萝藦科),*翅叶牛奶菜*
海南盆距兰 Gastrochilus hainanensis Z.H.Tsi (兰科)
海南飘拂草 Fimbristylis hainanensis Tang & Wang (莎草科)
海南苹婆(树木分类学)=翅苹婆
海南苹婆 Sterculia hainanensis Merr. & Chun (梧桐科),*小苹婆*
海南瓶蕨 Vandenboschia hainanensis Ching & Chiu (膜蕨科)
海南破布叶 Microcos chungii (Merr.) Chun(椴树科)
海南蒲儿根 Sinosenecio hainanensis (Chang & & Tseng) C.Jeffr. & Y.L.Chen(菊科),*海南千里光*
海南蒲桃(广州志,海南志)=乌墨
海南蒲桃 Syzygium hainanense Chang & Miau (桃金娘科)
海南槭(静生汇报)=十蕊槭
海南槭 Acer hainanense Chun & Fang(槭树科)
海南杞李葠(树木分类学,高等图鉴)=海南树参
海南千斤拔 Flemingia latifolia var. hainanensis Y.T.Wei & S.Lee(豆科)
海南千里光(海南志)=海南蒲儿根
海南千年健 Homalomena hainanensis H.Li(天南星科)
海南茄 Solanum procumbens Lour.(茄科),*卜古雀,卜古笏,耳环草,鸡公簕子,金钮头,衫纽藤,细颠茄,小丁茄*
海南青冈(植物志 22)=尖峰青冈
海南青牛胆 Tinospora hainanensis Lo & Z.X.Li (防已科)
海南青葙(新)Celosia swinhoei Hemsl.?(苋科)
海南琼楠 Beilschmiedia wangii Allen(樟科)
海南秋海棠 Begonia hainanensis Chun & F.Chun(秋海棠科)
海南秋英爵床 Cosmianthemum viriduliflorum (C.Y.Wu & H.S.Lo) H.S.Lo(爵床科),*琼紫叶*
海南球兰(植物志 63)=卵叶球兰
海南雀舌木 Leptopus hainanensis (Merr. & Chun) Pojark. (大戟科),*海南黑钩叶*
海南染木树 Saprosma hainanense Merr.(茜草科)
海南荛花 Wikstroemia hainanensis Merr.(瑞香科)
海南忍冬 Lonicera calvescens (Chun & How) Hsu & H.J.Wang(忍冬科)
海南蕊木 Kopsia hainanensis Tsiang(夹竹桃科)
海南赛爵床 Calophanoides hainanensis C.Y.Wu & H.S.Lo(爵床科)
海南三角瓣花 Prismatomeris connata subsp. hainanensis Y.Z.Ruan(茜草科)
海南三七 Kaempferia rotunda L.(姜科)
海南桑叶草 Sonerila hainanensis Merr.(野牡丹科)
海南砂仁 Amomum longiligulare T.L.Wu(姜科),*海南壳砂仁*
海南山矾 Symplocos hainanensis Merr. & Chun (山矾科)
海南山胡椒 Lindera robusta (Allen) H.P.Tsui(樟科),*广东钓樟大叶变型*
海南山姜(植物志 16-2)=草豆蔻
海南山蓝 Peristrophe floribunda (Hemsl.) C.Y. Wu & H.S.Lo(爵床科)
海南山龙眼 Helicia hainanensis Hay.(山龙眼科)
海南山绿豆(海南志)=侧序长柄山蚂蝗
海南山麻杆 Alchornea rugosa var. pubescens (Pax & Hoffm.) H.S.Kiu(大戟科)
海南山小橘 Glycosmis montana Pierre(芸香科)
海南山指甲(植物学杂志)=蕉木
海南山猪菜 Merremia hainanensis Kiu(旋花科)
海南山竹子(广州志)=岭南山竹子
海南韶子 Nephelium topengii (Merr.) H.S.Lo(无患子科),*酸古蚁*
海南蛇根草 Ophiorrhiza hainanensis Tseng(茜草科)
海南蛇菰 Balanophora kainantensis Masam.(蛇菰科)
海南深红鸡脚参(Flora 17,中药辞海)=披针叶直管草
海南省藤(中大学报)=小省藤
海南石豆兰 Bulbophyllum hainanense Z.H.Tsi (兰科)
海南石斛 Dendrobium hainanense Rolfe(兰科)
海南石松 Lycopodiella hainanensis C.Y.Yang (石松科)
海南石梓(植物志 65-1)=苦梓
海南实蕨(海南志)=华南实蕨
海南柿(树木分类学)=青茶柿
海南柿(树木分类学)=圆萼柿
海南柿 Diospyros hainanensis Merr.(柿科),*牛筋树,牛金树,硬壳果,细脚巴,参巴*
海南书带蕨 Vittaria hainanensis C.Chr. ex Ching (书带蕨科)

海南鼠李 Rhamnus hainanensis Merr. & Chun (鼠李科)

海南薯 Ipomoea sumatana (Miq.) V.Oosts.(旋花科),*野番薯,锥花薯*

海南树参 Dendropanax hainanensis (Merr. & Chun) Chun(五加科),*海南杞李葠,海南木五加,豆腐木*

海南双盖蕨 Diplazium hainanense Ching(蹄盖蕨科),*阔鳞双盖蕨*

海南水锦树 Wendlandia merrilliana Cowan(茜草科)

海南水团花(海南志)=海南槽裂木

海南水竹 Bambusa breviflora var. hainanensis G.F.Fu? (禾本科)

海南松(树木分类学)=海南五针松

海南苏铁 Cycas hainanensis C.J.Chen (苏铁科),*刺柄苏铁*

海南素馨(植物志 34-1)=扭肚藤

海南梭罗树(树木分类学)=长柄梭罗

海南檀(海南志)=海南黄檀

海南藤春 Alphonsea hainanensis Merr. & Chun (番荔枝科),*海南阿芳,扮颇*

海南藤芋 Scindapsus maclurei (Merr.) Merr. & Metc. (天南星科),*吊头藤,吊东根藤*

海南蹄盖蕨 Athyrium hainanense Ching(蹄盖蕨科)

海南天料木(植物学报)=狭叶天料木

海南条蕨 Oleandra hainanensis Ching(条蕨科)

海南铁角蕨 Asplenium hainanense Ching(铁角蕨科)

海南铁苋菜 Acalypha hainanensis Merr. & Chun (大戟科)

海南铁线蕨(分类学报)=圆柄铁线蕨

海南铁线莲 Clematis hainanensis W.T.Wang(毛茛科)

海南同心结 Parsonsia alboflavescens (Denns.) Mabb.(夹竹桃科),*同心结*

海南团扇蕨 Gonocormus australis Ching(膜蕨科)

海南娃儿藤(植物志 63)=折冠藤

海南挖耳草 Utricularia baouleensis A.Chev.(狸藻科)

海南瓦韦 Lepisorus affinis Ching(水龙骨科)

海南万寿竹 Disporum hainanense Merr.(百合科)

海南网蕨 Dictyodroma hainanense Ching(蹄盖蕨科)

海南卫矛 Euonymus hainanensis Chun & How (卫矛科)

海南乌口树 Tarenna tsangii Merr.(茜草科),*光冠乌口树*

海南梧桐 Firmiana hainanensis Kosterm.(梧桐科)

海南五层龙 Salacia hainanensis Chun & How (翅子藤科)

海南五须松(分类学报)=海南五针松

海南五月茶(树木分类学)=大果五月茶

海南五月茶 Antidesma hainanense Merr.(大戟科)

海南五针松 Pinus fenzeliana Hand.-Mazz.(松科),*海南松,粤松,海南五须松,油松,葵花松*

海南西番莲(经济植物手册)=蛇王藤

海南线果兜铃 Thottea hainanensis (Merr. & Chun) D.Hou (马兜铃科),*阿柏麻*

海南腺萼木 Mycetia hainanensis Lo(茜草科)

海南香花藤 Aganosma schlechteriana Lévl.(夹竹桃科),*短瓣海南香花藤,柔花海南香花藤*

海南肖榄(海南)=阔叶肖榄

海南新木姜子 Neolitsea hainanensis Yang & P. H.Huang (樟科)

海南新樟 Neocinnamomum lecomtei Liou(樟科),*木大刀王*

海南雪花 Argostemma hainanicum Lo(茜草科)

海南血桐(海南志)=山中平树

海南蕈树 Altingia obovata Merr. & Chun(金缕梅科)

海南崖豆藤 Millettia pachyloba Drake(豆科),*毛瓣鸡血藤,毒鱼藤,白药根,雷公藤蹄*

海南崖爬藤 Tetrastigma papillatum (Hance) C.Y.Wu(葡萄科)

海南烟斗柯 Lithocarpus corneus var. hainanensis (Merr.) Huang & Y.T.Chang (壳斗科)

海南羊耳蒜(分类学报)=圆唇羊耳蒜

海南羊蹄甲 Bauhinia hainanensis Merr. & Chun (豆科)

海南杨桐 Adinandra hainanensis Hay.(山茶科),*海南黄瑞木,赤点红淡*

海南野百合(海南志)=海南猪屎豆

海南野茉莉(树木分类学)=厚叶安息香

海南野木瓜(植物志 29)=野木瓜

海南野扇花 Sarcococca vagans Stapf(黄杨科),*大叶清香桂*

海南野桐 Mallotus hainanensis S.M.Hwang(大戟科)

海南叶下珠 Phyllanthus hainanensis Merr.(大戟科),*海南油柑*

海南翼核果 Ventilago inaequilateralis Merr. & Chun (鼠李科)

海南茵芋(植物志 43-2)=茵芋

海南油柑(树木分类学)=海南叶下珠

海南油杉 Keteleeria hainanensis Chun & Tsiang (松科)

海南鱼藤 Derris hainanensis Hay.(豆科)

海南玉叶金花 Mussaenda hainanensis Merr.(茜草科),*加辽菜藤*

海南远志 Polygala hainanensis Chun & How(远志科)

海南越桔 Vaccinium hainanense Sleumer(杜鹃花科)

海南樟(海南志)=辣汁桂

海南沼兰 Malaxis hainanensis T.Tang & F.T. Wang (兰科)

海南栀子 Gardenia hainanensis Merr.(茜草科),*黄机树*

海南蜘蛛抱蛋 Aspidistra hainanensis Chun & How (百合科)

海南柊叶 Phrynium hainanense T.L.Wu & Senjen (竹芋科)

海南重楼 Paris dunniana H.Lévl.(百合科)

海南轴脉蕨 Ctenitopsis hainanensis Ching & C. H.Wang (叉蕨科)

海南猪屎豆 Crotalaria hainanensis Huang(豆科),*海南野百合*

海南蛛毛苣苔 Paraboea hainanensis (Chun) Burtt (苦苣苔科)

海南锥 Castanopsis hainanensis Merr.(壳斗科),*坡锥,刺锥*

海南锥花 Gomphostemma hainanense C.Y.Wu (唇形科)

海南紫荆木 Madhuca hainanensis Chun & How (山榄科),*铁色,刷空母树,海南马胡卡*

海南紫麻 Oreocnide villosa Metc.(荨麻科),*越南紫麻*

海南钻喙兰 Rhynchostylis gigantea (Lindl.) Ridl.(兰科),*钻喙兰*

海南醉魂藤 Heterostemma sinicum Tsiang(萝藦科)

海牛葡萄 Vitis illex Bailey (葡萄科)

海蓬子(种子植物名称)=盐角草

海蓬子属(种子植物名称)=**盐角草属**

海漆 Excoecaria agallocha L.(大戟科)

海漆属 Excoecaria L.(大戟科)

海茜树 Timonius arboreus Elmer(茜草科),*贝木,梯木*

海茜树属 Timonius DC.(茜草科),*海满树属*

海茄冬属(分类学报)=**海榄雌属**

海雀稗 Paspalum vaginatum Sw.(禾本科)

海人树 Suriana maritima L.(苦木科),*滨樗*

海人树属 Suriana L.(苦木科)

海乳草 Glaux maritima L.(报春花科),*西尚*

海乳草属 Glaux L.(报春花科)

海三棱藨草 Scirpus ×mariqueter Tang & Wang (莎草科)

海桑 Sonneratia caseolaris (L.) Engl.(海桑科)

海桑科 Sonneratiaceae

海桑属 Sonneratia L.f.(海桑科)

海沙参(河北,江苏)=珊瑚菜

海生水毛茛 Batrachium marinum (Arrh. & Fr.) Fr. (毛茛科)

海氏百合 Lilium heldreichii Freyn (百合科)

海氏臭根子草 Bothriochloa intermedia var. haenkei (Hack.) Keng (禾本科)

海氏杨卡苣苔 Jancaea heldreichii Boiss.(苦苣苔科)

海薯(海南)=厚藤

海松(本草纲目)=红松

海索草(拉汉名称和手册)=神香草

海台白点兰 Thrixspermum annamense (Guillaum.) Garay (兰科),*海南白点兰*

海滩牵牛(海南志)=假厚藤

海檀木 Ximeria americana L.(铁青树科),*山梅树,西门木*

海檀木属 Ximenia L.(铁青树科)

海棠(广州)=木瓜

海棠(河北图志)=海棠花

海棠(通志)=西府海棠

海棠果(广东)=红厚壳

海棠果(河北)=楸子

海棠花 Malus spectabilis (Ait.) Borkh.(蔷薇科),*海棠*

海棠灰叶梾木 Swida poliophylla var. malifolia (Fang & W.K.Hu) Fang & W.K.Hu(山茱萸科)

海棠梨(纲目)=西府海棠

海棠梨(江西)=杜梨

海棠猕猴桃 Actinidia maloides Li(猕猴桃科),*四川猕猴桃*

海棠木(广东)=红厚壳

海棠叶报春 Primula obconica subsp. begoniiformis (Petitm.) W.W.Sm. & Forr.(报春花科),*海棠叶鄂报春*

海棠叶地胆(云南志)=海棠叶蜂斗草

海棠叶鄂报春(Flora 15)=海棠叶报春

海棠叶蜂斗草 Sonerila plagiocardia Diels(野牡丹科),*海棠叶地胆*

海棠叶藤(经济植物手册)=棠叶悬钩子

海棠越桔 Vaccinium haitangense Sleumer(杜鹃花科)

海天蒜 Scilla maritima L.(百合科)

海铁欧(台湾)=台湾苏铁

海通 Clerodendrum mandarinorum Diels(马鞭

草科),白灯笼,臭梧桐,满大青,牡丹树,木常山,泡桐树,朴瓜树,铁枪桐,桐木树,土常山,线桐树,小花泡桐,鞋头树
海桐(开宝本草)=刺桐
海桐 Pittosporum tobira (Thunb.) Ait.(海桐花科)
海桐花科 Pittosporaceae
海桐花属 Pittosporum Banks (海桐花科)
海桐皮(苏北)=楤木
海桐山矾 Symplocos heishanensis Hay.(山矾科)
海桐叶白英 Solanum pittosporifolium Hemsl.(茄科),疏毛海桐叶白英
海桐叶柃 Eurya pittosporifolia Hu(山茶科)
海桐叶木姜子 Litsea pittosporifolia Yang & P.H. Huang (樟科)
海桐状香草 Lysimachia pittosporoides C.Y.Wu (报春花科)
海蛇李(海南东方)=长苞柿
海湾卷柏 Selaginella ludoviciana A.Br.(卷柏科)
海猬哈克 Hakea laurina R.Br.(山龙眼科)
海仙(图考)=锦带花
海仙报春(高等图鉴)=海仙花
海仙花 Primula poissonii Franch.(报春花科),海仙报春
海椰子 Lodoicea maldivica (Gmel.) Pers.(棕榈科)
海椰子属 Lodoicea Labill.(棕榈科)
海罂粟 Glaucium fimbrilligerum Boiss.(罂粟科)
海罂粟属 Glaucium Mill.(罂粟科)
海柚(海南)=木果楝
海芋 Alocasia macrorrhiza (L.) Schott (天南星科),卜茹根,差天草,大虫楼,大虫芋,大黑附子,大麻芋,滴水芋,独脚莲,隔河仙,姑婆芋,观音莲,广东狼毒,黑附子,痕芋头,痕芋头花仁,尖尾野芋头,狼毒,老虎芋,麻哈拉,麻芋头,坡扣,朴芋头,茹根,天合芋,天荷,天蒙,野山芋,野芋,野芋实,野芋头
海芋属 Alocasia (Schott) G.Don (天南星科)
海枣 Phoenix dactylifera L.(棕榈科),波斯枣,番枣,凤尾蕉,海棕,千年枣,屈莽树,无漏果,无漏子,仙枣,香枣,伊拉克枣,枣椰子
海枣属(英拉汉名称)=**刺葵属**
海州常山 Clerodendrum trichotomum Thunb.(马鞭草科),矮桐子,百日红,臭芙蓉,臭牡丹,臭梧,臭梧桐,芙蓉根,后庭花,龙船花,泡火桐,楸叶常山,香楸,岩桐子,追骨风
海州常山属(植物学大辞典)=**大青属**
海州骨碎补(蕨类图谱)=骨碎补
海州蒿 Artemisia faurie Nakai(菊科),苏北碱蒿,矮青蒿
海州香薷 Elsholtzia splendens Nakai(唇形科),香薷,土香薷
海竹 Yushania qiaojiaensis Hsueh & Yi (禾本科)
海子山老牛筋 Arenaria haitzeshanensis Y.W. Tsui ex C.Y.Wu (石竹科),狐茅状雪灵芝
海棕(岭表录异)=海枣
亥俄棕属 Hyospathe Mar.(棕榈科)
亥氏草(禾本科)图说)=球穗草

Han

憨掌(云南傣语)=火麻树
含苞草 Symphyllocarpus exilis Maxim.(菊科),合苞菊
含苞草属 Symphyllocarpus Maxim.(菊科)
含水藤(树木分类学)=葛枣猕猴桃
含桃(礼记)=樱桃
含笑(树木志)=含笑花
含笑花 Michelia figo (Lour.) Spreng.(木兰科),含笑
含笑属 Michelia L.(木兰科)
含羞草 Mimosa pudica L.(豆科),知羞草,呼喝草,怕丑草,怕羞草,望江南,刺含羞草
含羞草决明 Cassia mimosoides L.(豆科),还瞳子,黄瓜香,梦草,山扁豆,水皂角,挞地砂,望江南
含羞草叶黄檀(豆科图说)=象鼻藤
含羞草银桦 Grevillea minosoides R.Br.(山龙眼科)
含羞草属 Mimosa L.(豆科)
含羞云实 Caesalpinia mimosoides Lam.(豆科),草云实,臭菜
寒藨(医林纂要)=灰白毛莓
寒草(福建)=蓝花参
寒草根(闽东本草)= 白茅根
寒刺泡(江西)=寒莓
寒地报春 Primula algida Adam(报春花科)
寒地蒿(甘肃)=冷蒿
寒地景天 Sedum pagetodes Fröd.(景天科)
寒豆(品汇精要)=豌豆
寒豆(药用志)=蚕豆
寒瓜(陶弘景注)=西瓜
寒兰 Cymbidium kanran Makino(兰科)
寒莓 Rubus buergeri Miq.(蔷薇科),大叶寒莓,地莓,寒刺泡,虎脚艻,咯咯红,耷朵公,猫儿艻,水漂沙
寒漠蒿(西藏)=波密蒿
寒蓬属 Psychrogeton Boiss.(菊科)
寒气草(草药汇编)=短叶水蜈蚣
寒山竹(台湾志)=箽竹
寒生耳蕨 Polystichum frigidicola H.S.Kung L.B. Zhang (鳞毛蕨科)
寒生蒲公英 Taraxacum subglaciale Schischk.(菊科)
寒生羊茅 Festuca kryloviana Reverd.(禾本科)
寒粟(图考)=粱
寒虾子(云南河口)=白颜树
寒原荠(植物志 33)=尖果寒原荠
寒原荠属 Aphragmus Andrz. ex DC.(十字花科)
寒竹 Chimonobambusa marmorea (Mitford) Makino (禾本科),观音竹
寒竹属 Chimonobambusa Makino (禾本科)
寒紫罗兰(新拉汉英)=匍匐喜荫花
韩克碎米蕨(蕨类图说)=大理碎米蕨
韩克星蕨(蕨类图说)=羽裂星蕨
韩氏蝶豆(广州志)=广东蝶豆
韩氏耳蕨(台湾志)=小戟叶耳蕨
韩氏罗曼蕨(台湾志)=宽叶荚囊蕨
韩氏木蓝(豆科图说)=绢毛木蓝
韩氏秋海棠 Begonia handroi Brade (秋海棠科)
韩氏葶苈(拉汉名称)=矮葶苈
韩氏乌毛蕨(台湾志)=宽叶荚囊蕨
韩氏星蕨(新拉汉英)=羽裂星蕨
韩氏鱼藤(植物志 40)=粤东鱼藤
韩松(东北)=红松
韩信草 Scutellaria indica L.(唇形科),大力草,大叶韩信草,调羹草,耳挖草,红叶犁头尖,虎咬黄,疔疮草,木勺草,偏向花,三合香,顺经草,向天盏,烟管草,油灯盏
罕考尼亚属 Hancornia Gomes.(夹竹桃科)
蔊菜(苏南植物手册)=无瓣蔊菜
蔊菜(台湾志)=弯曲碎米荠
蔊菜 Rorippa indica (L.) Hiern(十字花科),大叶香荠菜,干油菜,江剪刀草,青蓝菜,塘葛菜,天菜子,葶苈,香荠菜,小辣辣,野菜子,野油菜,印度蔊菜
蔊菜叶马先蒿 Pedicularis masturtiifolia Franch.(玄参科)
蔊菜属 Rorippa Scop.(十字花科)
汉白杨 Populus ningshanica C.Wang & Tung (杨柳科),大白杨,骚白杨
汉伯特小檗 Berberis humbertiana Machride (小檗科)
汉博百合 Lilium humboldtii Roezl & Leichtlin ex Ducharte (百合科)
汉城细辛 Asarum sieboldii f. seoulense (Nakai) C.Y.Cheng (马兜铃科),细辛
汉城蝇子草 Silene seoulensis Nakai(石竹科)
汉防已(剑川)=瓜叶马兜铃
汉防已(拉汉名称和手册)=粉防已
汉防已(通称)=青藤
汉宫秋(群芳谱)=剪红纱花
汉虎掌(云南)=草玉梅
汉椒(日华子本草)=花椒
汉麻(事物纪原)=大麻
汉密尔顿小檗 Berberis hamiltoniana Ahrendt (小檗科)
汉密悬钩子 Rubus hypopitys var. hanmiensis Yü & Lu (蔷薇科)
汉姆氏马先蒿 Pedicularis hemsleyana Prain(玄参科)
汉森猪牙花 Erythronium hendersonii Wats.(百合科)
汉史草(科属检索表)=四轮香
汉氏复叶耳蕨 Arachniodes haniffii (Holtt.) Ching (鳞毛蕨科)
汉源小檗 Berberis bergmanniae Schneid. (小檗科)
汉中防已(四川)=异叶马兜铃
汗斑草(广西)=细穗金足草
汗格尔(蒙药名)=冷蒿
汗苏麻(贵州)=下田菊
旱稗 Echinochloa hispidula (Retz.) Nees (禾本科)
旱倍子(湖北)=红麸杨
旱垂柳 Salix matsudana var. pseudomatsudana (Y.L.Chou & Skv.) Y.L.Chou(杨柳科)
旱茨菇(云南梁河)=刺芋
旱地莲(纲目拾遗)=金莲花
旱地木槿 Hibiscus aridicola Anthony(锦葵科)
旱冬瓜(云南)=尼泊尔桤木
旱冬瓜树(思茅中草药)=尼泊尔桤木
旱杜根藤 Calophanoides siccanea (W.W.Sm.) C. Y.Wu(爵床科)
旱芙蓉(广西药用名录)=美丽芙蓉
旱藁本(辽宁,河北)=细裂藁本
旱蒿(内蒙志)=内蒙古蒿
旱禾 Eremopoa persica (Trin.) Roshev.(禾本科)
旱禾藤(广东)=冠盖藤
旱禾属 Eremopoa Roshev.(禾本科)
旱花 Xeranthemum annum L.(菊科)
旱花属 Xeranthemum L.(菊科)
旱金莲 Tropaeolum majus L.(旱金莲科),荷叶七,旱莲花,金莲花
旱金莲科 Tropaeolaceae
旱金莲叶凤仙花 Impatiens tropaeolifolia Griff.(凤仙花科)
旱金莲叶秋海棠 Begonia francisiae Ziesenh.(秋海棠科)
旱金莲属 Tropaeolum L.(旱金莲科)
旱茎秋海棠 Begonia aridicaulis Ziesenh.(秋海

棠科)
旱蕨 Pellaea nitidula (HK.) Bak.(中国蕨科), *亨利拟旱蕨*
旱蕨属 Pellaea Link (中国蕨科)
旱快柳 Salix matsudana var. anshanensis C. Wang & J.Z.Yan (杨柳科)
旱连子(药性论)=连翘
旱莲草(植物志 75)=鳢肠
旱莲花(广西)=旱金莲
旱莲木(图考)=喜树
旱柳 Salix matsudana Koidz.(杨柳科), *白柳,长叶柳,河柳,柳树,青皮柳,山杨柳,小叶柳,杨柳,窄叶柳*
旱螺蛳(湖北鹤蜂)=甘露子
旱马鞭(贵州)=马鞭石斛
旱麦草 Eremopyrum triticeum (Gaertn.) Nevski (禾本科)
旱麦草属 Eremopyrum (Ledeb.) Jaub. & Spach (禾本科)
旱麦瓶草(中药志)=山蚂蚱草
旱茅 Eremopogon delavayi (Hack.) A.Camus (禾本科)
旱茅属 Eremopogon Stapf(禾本科)
旱莓草(浙江,浙江宁波)=小连翘
旱明琼(云南)=云南铁角蕨
旱藕(广东,广西,四川)=地笋
旱藕(广东,四川)=地瓜儿苗
旱葡萄 (大兴安岭)=黑茶藨子
旱蒲花(江苏药材志)=马蔺
旱芹 Apium graveolens L.(伞形科), *药芹,芹菜,香芹*
旱芹菜(北京志)=河北葛缕子
旱雀豆属 Chesniella Boriss.(豆科)
旱雀麦 Bromus tectorum L.(禾本科)
旱三七(通称)=三七
旱山菊(广西)=山黄菊
旱生丛菔 Solms-Laubachia xerophyta (W.W. Sm.) Comber (十字花科)
旱生点地梅 Androsace lehmanniana Spreng.(报春花科)
旱生红腺蕨 Diacalpe aspidioides var. minor Ching ex S.H.Wu(球盖蕨科)
旱生槐(新)Sophora japonica var. praecox Schwer.? (豆科)
旱生黄芪 Astragalus arenarius L.(豆科)
旱生韭 Allium hymenorrhizum var. dentatum J.M.Xu (百合科)
旱生卷柏 Selaginella stauntoniana Spring(卷柏科)
旱生木犀榄(高等图鉴)=云南木犀榄
旱生南星 Arisaema aridum H.Li(天南星科)
旱生溲疏 Deutzia calycosa var. xerophyta (Hand.-Mazz.) S.M.Hwang(虎耳草科)
旱生无心菜 Arenaria xerophila W.W.Sm.(石竹科), *旱生蚤缀*
旱生香茶菜 Isodon xerophilus (C.Y.Wu & H.W. Li) H.Hara (唇形科)
旱生蚤缀(拉汉名称)=旱生无心菜
旱生紫堇(秦岭志)=灰绿黄堇
旱黍草 Panicum trypheron Schult.(禾本科), *毛叶黍*
旱鼠李(植物志 48-1)=平卧鼠李
旱水仙(贵州草药)=韭莲
旱田草 Lindernia ruellioides (Colsm.) Pennell (玄参科), *鸭嘴癀,调经草,田蛭草,鱼尾草*
旱橐吾(云南)=洱源橐吾
旱仙桃(云南)=长蕊珍珠菜
旱仙桃草(药用志)=点地梅
旱岩蕨(东北草本志)=华北岩蕨
旱莠竹属 Ischnochloa HK.f.(禾本科)
旱榆 Ulmus glaucescens Franch.(榆科), *灰榆,崖榆,粉榆*
旱皂角(云南药用名录)=地八角
旱珍珠(纲目)=凤仙花
焊菜叶马先蒿 Pedicularis nasturtiifolia Franch. (玄参科)
菡萏(诗经)=莲

Hang

杭爱龙蒿 Artemisia dracunculus var. changaica (Krasch.) Y.R.Ling (菊科)
杭白芷(药典 2000)=台湾独活
杭白芷 Angelica dahurica cv. Hangbaizhi(伞形科), *川白芷,浙白芷,香白芷,白芷,蒿麻*
杭东薹草(新) Carex hangtongensis Lévl. & Vant.? (莎草科)
杭蓟 Cirsium tianmushanicum Shih(菊科)
杭麦冬(四川)=麦冬
杭姆巴(蒙药名)=冷蒿
杭州景天 Sedum hangzhouense K.T.Fu & G.Y. Rao (景天科)
杭州苦竹 Pleioblastus amarus var. hangzhouensis S.L.Chen & S.Y.Chen (禾本科)
杭州鳞毛蕨 Dryopteris hangchowensis Ching (鳞毛蕨科)
杭州石荠苎 Mosla hangchowensis Matsuda(唇形科)
杭州铁角蕨(新)Asplenium hangzhouense Ching & C.F.Zhang?(铁角蕨科)
杭州榆 Ulmus changii Cheng (榆科)
杭子稍 Campylotropis macrocarpa (Bge.) Rehd.(豆科), *灰旋花,假大红袍,见肿消,万年梢,小叶乌梢,宜昌杭子稍,壮筋草*
杭子稍属 Campylotropis Bge.(豆科)

Hao

蒿(云南植物名录)=辽东蒿
蒿巴巴棵(云南)=野拨子
蒿苯(拉汉名称)=白苞芹
蒿菜(得配本草)=南茼蒿
蒿果(甘肃)=桃儿七
蒿黑(四川会理)=罗勒
蒿黑(四川会理)=疏柔毛罗勒
蒿蕨(新拉汉英)=蒿叶蕨(新)
蒿蕨 Ctenopteris curtisii (Baker) Copel.(禾叶蕨科)
蒿蕨属 Ctenopteris Bl. ex Kuinze (禾叶蕨科)
蒿柳 Salix schwerinii E.L.Wolf (杨柳科), *清钢柳,伪蒿柳*
蒿坪蹄盖蕨 Athyrium criticum Ching & Y.T. Hsieh (蹄盖蕨科)
蒿苹四蕊槭 Acer tetramerum var. haopingense Fang (槭树科)
蒿蒌(尔雅)=蒌蒿
蒿香(亨氏植物名录)=岭罗麦
蒿叶蕨(新)Ctenopteris veaulosa (Bl.) Kunze (禾叶蕨科), *蒿蕨*
蒿叶马先蒿 Pedicularis abrotanifolia M.Bieb. (玄参科), *蒿叶马先蒿蒿叶变种*
蒿叶马先蒿蒿叶变种(植物志 68)=蒿叶马先蒿
蒿叶委陵菜(东北草本志)=菊叶委陵菜
蒿枝(四川)=多花蒿
蒿枝龙胆草(云南中草药)=大王马先蒿
蒿属 Artemisia L.(菊科)
蒿苎麻(高等图鉴)=糯米团
蒿状大戟 Euphorbia dracunculoides Lam.(大戟科)
蒿子(云南)=长籽柳叶菜
蒿子杆 Chrysanthemum carinatum Schousb.(菊科)
薅秧泡(分类草药性)=茅莓
薅秧泡(贵州)=红泡刺藤
毫白紫地榆(云南志)=云南老鹳草
毫猪尖(贵州)=重唇石斛
豪恩小檗 Berberis hauniensis Scheid.(小檗科)
豪氏木蓝(豆科图说)=长序木蓝
豪氏木蓝 Indigofera hawellii Craib & W.W.Sm. (豆科)
豪猪刺 Berberis julianae Schneid. (小檗科), *三颗针,土黄连*
豪猪刺黄藤 Daemonorops hystrix (Griff.) Mart. (棕榈科)
蠔壳刺(广州)=酒饼簕
蠔壳刺属(科属检索表)=**酒饼簕属**
好汉拨(东北)=白鲜
好看凤仙花 Impatiens pulchra HK.f. & Thoms. (凤仙花科)
好姆亨(内蒙古蒙语)=毛水苏
好尼-沙里勒吉(蒙语)=黄花蒿
好宁沙尔华拉 Phlomis mongolica var. macarocephala C.Y.Wu(唇形科), *大头变种*
好女儿花(纲目)=凤仙花
好如海其格(蒙语)=地丁草
好斯-其文图-尼勒格(蒙名,内蒙志)=双花堇菜
好望角福木 Elaeodendron capense Eckl. & Zeyh. (卫矛科)
好望角芦荟 Aloe ferox Mill.(百合科), *多产芦荟,芦荟*
好望角罗汉松 Podocarpus elongatus (Ait.) L'Her. ex Pers.(罗汉松科)
好望角睡莲 Nymphaea capensis Thunb.(睡莲科)
好伊日格-哈日嘎纳(蒙语)=矮脚锦鸡儿
好运草 Oxalis deppei Sweet.(酢浆草科)
郝氏省藤 Calamus holttumii Ftdo.(棕榈科)
号筒草(安徽,江西,福建,湖北,湖南,广西,贵州)=博落回
号筒杆(安徽,江西,福建,湖北,湖南,广西,贵州)=博落回
号筒管(安徽,江西,福建,湖北,湖南,广西,贵州)=博落回
号筒树(安徽,江西,福建,湖北,湖南,广西,贵州)=博落回
浩罕彩花 Acantholimon kokandense Bge.(白花丹科)
浩尼-浩如烟海日素(蒙语)=泡囊草
耗子刺(云南彝良)=刺叶冬青
耗子皮(湖南保靖)=圆锥荛花
耗子屎(四川)=天葵
耗子尾巴(四川)=犁头尖
耗子响铃(云南药用名录)=球穗千斤拔
耗子枕头(贵阳药草)=王瓜
灏富杜鹃(分类学报)=光枝杜鹃
薅田藨(本草纲目)=茅莓
獴猪刺(药典 2000)=假豪猪刺
獴猪七(陕西中药名录)=万寿竹

He

诃黎(千金方)=诃子
诃黎勒(本草纲目)=诃子
诃子(中国药典)=绒毛诃子
诃子 Terminalia chebula Retz.(使君子科), *诃黎勒,诃黎,藏青果,西青果,西藏青果*
诃子属 Terminalia L.(使君子科), *榄仁树属*

禾本科 Poaceae
禾草香豌豆 Lathyrus nissolia L.(豆科)
禾串果(广西金秀)=日本五月茶
禾串树 Bridelia insulana Hance(大戟科),*大叶逼迫子,禾串土蜜树,刺杜密*
禾串土蜜树(分类学报)=禾串树
禾秆旱蕨 Pellaea stramine Ching(中国蕨科),*西藏旱蕨*
禾秆假毛蕨 Pseudocyclosorus stramineus Ching ex Y.X.Lin (金星蕨科)
禾秆金星蕨 Parathelypteris japonica var. musashiensis (Hiyama) Jiang(金星蕨科),*秆色金星蕨*
禾秆亮毛蕨 Acystopteris tenuisecta (Bl.) Tagawa (蹄盖蕨科),*粗柄毛冷蕨*
禾秆色蹄盖蕨(植物研究)=光蹄盖蕨
禾秆薹草 Carex graminiculmis T.Koyama(莎草科)
禾秆蹄盖蕨 Athyrium yokoscense (Franch & Sav.) Christ (蹄盖蕨科),*横须加剧蹄盖蕨,厚果蹄盖蕨*
禾秆紫柄蕨 Pseudophegopteris microstegia (HK.) Ching(金星蕨科)
禾麻草(中草药汇编)=珠芽艾麻
禾木张(傣语)=火焰花
禾雀舌(岭南采药录)=佛甲草
禾虾菜(广东)=圆叶节节菜
禾叶报春 Primula graminifolia Pax & Hoffm. (报春花科)
禾叶贝母兰 Coelogyne viscosa Rchb.f.(兰科)
禾叶点地梅 Androsace graminifolia C.E.C. Fisch. (报春花科)
禾叶繁缕 Stellaria graminea L.(石竹科),*草状繁缕*
禾叶风毛菊 Saussurea graminea Dunn(菊科),*匝赤把漠卡,占车*
禾叶花柱草 Stylidium graminifolium Swartz. ex Willd.(花柱草科)
禾叶金菊 Chrysopsis graminifolia Ell.(菊科)
禾叶景天 Sedum grammophyllum Fröd.(景天科)
禾叶蕨科 Grammitidaceae
禾叶蕨属 Grammitis Sw.(禾叶蕨科)
禾叶兰 Agrostophyllum callosum Rchb.f.(兰科)
禾叶兰属 Agrostophyllum Bl.(兰科)
禾叶蓝兰 Herschelia graminifolia (Ker-Gawl.) Dur. & Schltr.(兰科)
禾叶毛兰 Eria graminifolia Lindl.(兰科),*禾叶墨斛*
禾叶墨斛(西藏中草药)=禾叶毛兰
禾叶山麦冬 Liriope graminifolia (L.) Baker(百合科)
禾叶石斛(台兰科图鉴)=菱唇石斛
禾叶手参 Gymnadenia graminifolia Rchb.f.(兰科)
禾叶丝瓣芹 Acronema graminifolium (Wolff) S.L.Liou & Shan(伞形科)
禾叶嵩草 Kobresia graminifolia C.B.Clarke (莎草科)
禾叶挖耳草 Utricularia graminifolia Vahl(狸藻科)
禾叶蟹爪兰 Zygopetalum graminifolium Rolfe (兰科)
禾叶眼子菜 Potamogeton gramineus L.(眼子菜科)
禾叶蝇子草 Silene graminifolia Otth(石竹科),*毛柱蝇子草*
禾掌簕(湖南,浙江)=白簕
禾状扁莎 Pycreus unioloides (R.Br.) Urb.(莎草科)
禾状慈姑 Sagittaria graminea Michx.(泽泻科)
禾状薹草 Carex alopecuroides D.Don(莎草科)
合瓣花(东北检索表)=荷包藤
合瓣花属(东北检索表)=**荷包藤属**
合瓣鹿药 Maianthemum tubiferum (Batal.) LaFrank. (百合科)
合苞唇柱苣苔 Chirita infundibuliformis W.T. Wang (苦苣苔科)
合苞菊(科属辞典)=含苞草
合苞铁线莲 Clematis napaulensis DC.(毛茛科),*尼泊尔铁线莲*
合苞橐吾 Ligularia schmidtii (Maxim.) Makino (菊科)
合苞叶(云南)=灰毛白鹤藤
合被韭 Allium tubiflorum Rendle(百合科)
合被藜 Chenopodium chenopodioides (L.) Aellen(藜科)
合柄铁线莲 Clematis connata DC.(毛茛科)
合菜(江西草药)=鸭舌草
合翅五角枫 Acer mono f. connivens (Nichols.) Rehd.(槭树科)
合顶黔蕨(植物研究)=黔蕨
合萼半蒴苣苔 Hemiboea gamosepala Z.Y.Li(苦苣苔科)
合萼丛菔 Solms-Laubachia gamosepala Al-Shehbaz & G.Yang(十字花科)
合萼吊石苣苔 Lysionotus gamosepalus W.T. Wang (苦苣苔科)
合萼兰 Acriopsis indica Wight(兰科)
合萼兰属 Acriopsis Bl.(兰科)
合萼肋柱花 Lomatogonium gamosepalum (Burk.) H.Sm.(龙胆科)
合耳菊 Synotis wallichii (DC.) C.Jeffr. & Y.L. Chen (菊科)
合耳菊属 Synotis (C.B.Clarke) C.Jeffr. & Y.L. Chen (菊科)
合格仁-归勒斯(蒙语)= 山杏
合骨韦(广西药用名录)=粗枝绣球
合果含笑(云南)=合果木
合果景天 Sedum concarpum Fröd.(景天科),*湖北合果景天*
合果木 Paramichelia baillonii (Pierre) Hu(木兰科),*合果含笑,山桂花,山缅桂*
合果木属 Paramichelia Hu(木兰科)
合果芋 Syngonium podophyllum Schott (天南星科),*长柄合果芋*
合果芋属 Syngonium Schott (天南星科)
合罕郎(傣族名)=思茅崖豆
合核冬青 Ilex synpyrena C.J.Tseng(冬青科)
合欢 Albizia julibrissin Durazz.(豆科),*乌绒,芙蓉花,马缨花,绒花树,绒树,夜合花,夜欢花,夜合昏*
合欢草 Desmanthus virgatus (L.) Willd.(豆科)
合欢草属 Desmanthus Willd.(豆科)
合欢花(云南)=银合欢
合欢柳叶菜 Epilobium hohuanense S.S.Ying (柳叶菜科)
合欢盆距兰 Gastrochilus rantabunensis C.Chow ex T.P.Lin(兰科),*合欢松兰*
合欢山兰(台兰科图鉴)=无柱兰
合欢山蹄盖蕨 Athyrium cryptogrammoides Hay. (蹄盖蕨科),*天台蹄盖蕨*
合欢松兰(台湾兰)=合欢盆距兰
合欢属 Albizia Durazz.(豆科)
合江杜鹃(分类学报)=合江银叶杜鹃
合江杜鹃 Rhododendron hejiangense M.Y.He (杜鹃花科)
合江方竹 Chimonobambusa hejiangensis C.D. Chu & C.S.Chao(禾本科)
合江银叶杜鹃 Rhododendron insigne var. hejiangense (Fang) Fang f.(杜鹃花科),*合江杜鹃*
合金草(湖南药物志)=垂穗石松
合景天 Pseudosedum lievenii (Ledeb.) Berger (景天科)
合景天属 Pseudosedum (Boiss.) Berger (景天科),*六瓣景天属,假景天属*
合离(酉阳杂俎)=天麻
合离草(本草图经)=天麻
合鳞薹草 Carex tristachya var. pocilliformis (Boott) Kükenth. (莎草科),*杯鳞薹草*
合麻仁(四川峨眉)=序叶苎麻
合萌 Aeschynomene indica L.(豆科),*田皂角*
合萌属 Aeschynomene L.(豆科)
合囊蕨(新拉汉英)=翼合囊蕨(新)
合囊蕨 Marattia pellucida Presl(合囊蕨科)
合囊蕨科 Marattiaceae
合囊蕨属 Marattia Sw.(合囊蕨科)
合蕊菝葜 Smilax cyclophylla Warb.(百合科)
合蕊五味子 Schisandra propinqua (Wall.) Baill.(木兰科),*拨毒草散铁骨散,黄龙藤,满山香,蛇毒药,通气香,五香藤,小血藤,中间近缘五味子*
合裳硝(湖南)=合掌消
合生花棕属 Synechanthus H.Wendl.(棕榈科)
合生荆芥 Nepeta connata Royle ex Benth.(唇形科)
合生黔蕨 Phanerophlebiopsis coadnata Ching (鳞毛蕨科)
合生铁角蕨 Asplenium adnatum Cop.(铁角蕨科)
合丝肖菝葜 Heterosmilax gaudichaudiana (Kunth) Maxim.(百合科)
合体柃(新) Eurya gynandra Vesque?(山茶科)
合头草 Sympegma regelii Bge.(藜科),*黑柴*
合头草属 Sympegma Bge.(藜科)
合头菊 Syncalathium kawaguchii (Kitam.) Ling(菊科)
合头菊属 Syncalathium Lipsch.(菊科)
合头女蒿 Hippolytia syncalathiformis Shih(菊科)
合香(陕西周至,湖北利川)=藿香
合血香(江西)=细梗香草
合叶草 Polygala subopposita S.K.Chen(远志科),*排钱金不换,合掌草,土蛇床,午时合,对叶接骨草,和合草*
合叶耳草 Hedyotis coronaria (Kurz) Craib(茜草科)
合叶子(拉汉名称)=蚊子草
合页草 Sympagis monadelpha (Nees) Bremek. (爵床科)
合页草属 Sympagis Bremek.(爵床科)
合缨大丁草 Gerbera connata Y.C.Tseng(菊科)
合掌草(湖南)=合掌消
合掌草(云南中草药)=合叶草
合掌草(植物志 50-2)=元宝草
合掌消 Cynanchum amplexicaule (S. & Z.) Hemsl.(萝藦科),*紫花合掌消,硬皮草,土胆草,甜胆草,合裳硝,合掌草*
合轴核子木 Perrottetia sympodialis Hu (卫矛科)

合轴荚蒾 Viburnum sympodiale Graebn.(忍冬科)
合柱糙果茶 Camellia connatistyla Mo & Zhong (山茶科)
合柱金莲木 Sinia rhodoleuca Diels(金莲木科), *辛木*
合柱金莲木属 Sinia Diels (金莲木科), *辛木属*
合柱金丝桃 Hypericum acutisepalum Hay.(藤黄科)
合柱矩圆叶柃 Eurya oblonga var. stylosa Yang(山茶科)
合柱兰 Diplomeris pulchella D.Don(兰科)
合柱兰属 Diplomeris D.Don (兰科)
合子(本草拾遗)=榼藤
合子叶(新疆中草药)=旋果蚊子草
合作杨(中林所)=小钻杨
何发来(勐海傣语)=嘉兰
何佛水蜡烛 Dysophylla helferi HK.f.(唇形科)
何及南博(冕宁彝语)=南黄堇
何氏报春花(川大科学版)=单伞长柄报春
何氏红豆(中大学报)=红豆树
何氏梅兰 Chiloschista hoii S.S.Ying?(兰科)
何氏盆距兰 Gastrochilus hoii T.P.Lin(兰科), *何氏松兰*
何氏松兰(台湾兰科植物)=何氏盆距兰
何首乌(南京)=牛皮消
何首乌(山东)=白首乌
何首乌 Fallopia multiflora (Thunb.) Harald.(蓼科), *地精, 多花蓼, 何相公, 红内消, 首乌, 铁秤砣, 夜交藤, 紫乌藤*
何首乌属 Fallopia Adans.(蓼科)
何树(图考)=木荷
何威特金合欢 Acacia howittii F.J.Muell.(豆科)
何相公(湖南)=何首乌
和布克塞青兰 Dracocephalum hoboksarensis G. J.Liu (唇形科)
和常山(植物志 43-2)=臭常山
和姑(古称)=半夏
和合草(纲目拾遗)=合叶草
和靖黄芪 Astragalus hejingensis Liou f.(豆科)
和静毛茛 Ranunculus hejingensis W.T.Wang(毛茛科)
和麻草(广西龙胜壮语)=刺蕚假糙苏
和平菱果薹(台湾志)=和平菱果薹草
和平菱果薹草 Carex macrandrolepis Lévl. & Vant. (莎草科), *和平菱果薹*
和气草(昆明草药)=龙头兰
和尚菜 Adenocaulon himalaicum Edgew.(菊科), *腺梗菜, 葫芦叶, 水葫芦, 水马蹄草, 土冬花*
和尚菜属 Adenocaulon HK.(菊科)
和尚头(滇南本草)=川续断
和尚头(内蒙古)=漏芦
和尚头(四川)=金樱子
和尚头(烟台中草药)=禹州漏芦
和尚乌(山东中草药)=白首乌
和社叉柱兰 Cheirostylis tortilacinia C.S.Leou (兰科), *和社指柱兰*
和社指柱兰(台大研究报告,台湾兰科图志)=和社叉柱兰
和氏木蓝(豆科图说)=苍山木蓝
和氏槭(经济植物手册)=丽江槭
和氏蔷薇(经济植物手册)=滇边蔷薇
和硕棘豆 Oxytropis immersa (Baker & Aitch.) Bge.(豆科)
和硕薹草 Carex heshuonensis S.Y.Liang(莎草科)
和他草(分类学报)=蛇婆子
和田黄芪 Astragalus hotianensis S.B.Ho(豆科)
和田毛茛 Ranunculus hetianensis L.Liou(毛茛科)
和田蒲公英 Taraxacum stanjukoviczii Schishk. (菊科)
和吓草(广东)=地耳草
和血丹(简易草药)=菊三七
和血丹(图考)=胡枝子
和圆子(雷公炮炙论)=毛叶木瓜
和圆子(中国药学大辞典)=日本木瓜
河岸棘豆 Oxytropis riparia Litv. (豆科)
河岸葡萄 Vitis riparia Michx.(葡萄科)
河岸省藤 Calamus riparius Ftdo.(棕榈科)
河岸鼠刺 Itea riparia Coll. & Hemsl.(虎耳草科), *河边鼠刺, 锥花鼠刺*
河岸岩荠(植物志 33)=河岸阴山荠
河岸阴山荠 Yinshania rivulorum (Dunn) Al-Shehbaz et al. (十字花科), *河岸岩荠, 台湾假山葵, 台湾岩荠*
河岸泽兰 Eupatorium riparium Rgl.(菊科)
河岸轴榈 Licuala paludosa Griff.(棕榈科)
河八王 Narenga porphyrocoma (Hance) Bor(禾本科), *草鞋密*
河八王属 Narenga Bor (禾本科)
河坝吊灯花 Ceropegia sootepensis Craib(萝藦科), *乾浆豆*
河白草(本草纲目拾遗)=杠板归
河柏(高等图鉴)=宽苞水柏枝
河北白喉乌头 Aconitum leucostomum var. hopeiense W.T.Wang(毛茛科)
河北大黄(中药志)=华北大黄
河北独活(北京志)=白芷
河北峨眉蕨 Lunathyrium vegetium (Kitag.) Ching (蹄盖蕨科), *疏羽峨眉蕨, 山西峨眉蕨*
河北葛缕子 Carum bretschneideri Wolff(伞形科), *旱芹菜*
河北红门兰 Orchis tschiliensis (Schltr.) Sóo(兰科), *无距红门兰*
河北假报春 Cortusa matthioli subsp. pekinensis (Al.Richt.) Kitag.(报春花科)
河北堇菜 Viola yezoensis var. hopeiensis (J.W. Wang & T.G.Ma) J.W.Wang & J.Yang(堇菜科)
河北梨 Pyrus hopeiensis Yü(蔷薇科)
河北栎 Quercus ×hopeiensis Liou(壳斗科)
河北柳 Salix taishanensis var. hebeinica C.F. Fang (杨柳科)
河北芦苇 Phragmites jeholensis Honda?(禾本科)
河北鹿蹄草(拉汉名称)=鹿蹄草
河北木蓝 Indigofera bungeana Walp.(豆科), *本氏木蓝, 鸡骨柴, 女儿红, 铁扫帚, 铁扫竹, 野蓝枝子, 野绿豆*
河北婆婆纳 Veronica chinoalpina Yamaz.(玄参科)
河北蒲公英(植物志 80-2)=白缘蒲公英
河北山梅花 Philadelphus schrenkii var. jackii Koehne (虎耳草科)
河北石头花 Gypsophila tschiliensis J.Krause(石竹科), *河北霞草, 河北丝石竹*
河北丝石竹(河北志)=河北石头花
河北薹草 Carex tangii Kükenth.(莎草科)
河北蹄盖蕨(西北植物学报)=东北蹄盖蕨
河北铁角蕨 Asplenium hebeiense Ching & S.H. Wu (铁角蕨科)
河北橐吾 Ligularia hopeiensis Nakai(菊科)
河北霞草(拉汉名称)=河北石头花
河北栒子(新)Cotoneaster villosulus (Rehd. & Wils.) Flinck & Hylmö?(蔷薇科)
河北杨 Populus hopeiensis Hu & Chow(杨柳科), *椴杨*
河边茶(云南)=毛果翼核果
河边杜鹃 Rhododendron flumineum Fang & M. Y.He (杜鹃花科)
河边杜鹃花 Rhododendron foumineum Fang & M.Y.He (杜鹃花科)
河边龙胆 Gentiana riparia Kar. & Kir.(龙胆科)
河边毛蕨 Cyclosorus transitorius Ching ex Shing (金星蕨科)
河边千斤拔 Flemingia fluminalis C.B.Clarke ex Prain (豆科), *岩豆, 水边千斤拔*
河边鼠刺(云南志)=河岸鼠刺
河池唇柱苣苔 Chirita hochiensis C.C.Huang & X.X.Chen (苦苣苔科)
河池胡椒 Piper hochiense Tseng (胡椒科)
河池毛蕨 Cyclosorus euphlebius Ching(金星蕨科)
河毒(东北)=毒芹
河凫茨(本草图经)=欧洲慈姑
河沟精(山西)=北马兜铃
河谷地不容 Stephania intermedia Lo(防已科)
河谷风毛菊 Saussurea vestitiformis Hand.-Mazz.(菊科)
河谷南星 Arisaema prazeri HK.f.(天南星科), *半夏*
河哈蒙杜鹃(植物学杂志)=砖红杜鹃
河桦 Betula nigra L.(桦木科)
河口叉蕨 Tectaria hekouensis Ching & C.H. Wang (叉蕨科)
河口长柄茶 Camellia hekouensis Wang & Fan (山茶科)
河口复叶耳蕨 Arachniodes hekouensis Ching (鳞毛蕨科)
河口观音座莲 Angiopteris hokouensis Ching(观音座莲科), *河口莲座蕨*
河口红豆 Ormosia hekouensis R.H.Chang(豆科)
河口红景天 Rhodiola alsia subsp. kawaguchii H.Ohba (景天科)
河口莲座蕨(孢子植物)=河口观音座莲
河口龙血树 Dracaena hokouensis G.Z.Ye(百合科)
河口楼梯草 Elatostema hekouense W.T.Wang (荨麻科)
河口螺序草 Spiradiclis emeiensis var. yunnanensis Lo (茜草科)
河口毛蕨 Cyclosorus hokouensis Ching(金星蕨科), *褐秆毛蕨, 相似毛蕨*
河口苹婆 Sterculia scandens Hemsl.(梧桐科)
河口葡萄 Vitis hekouensis C.L.Li(葡萄科)
河口槭 Acer fenzelianum Hand.-Mazz.(槭树科)
河口秋海棠 Begonia hekouensis S.H.Huang(秋海棠科)
河口实蕨 Bolbitis hekouensis Ching(实蕨科)
河口双盖蕨(蕨类形态)=大叶双盖蕨
河口水东哥 Saurauia tristyla var. hekouensis C.F.Liang & Y.S.Wang(猕猴桃科), *鼻涕果, 白饭果*
河口五层龙 Salacia obovatilimba S.Y.Pao(翅子藤科)
河口新月蕨 Pronephrium hekouensis Ching & Y.X.Lin (金星蕨科)
河口悬钩子 Rubus penduliflorus Wu ex Yü & Lu (蔷薇科)

河口异叶苣苔 Whytockia hekouensis Y.Z.Wang (苦苣苔科)
河口银莲花 Anemone hokouensis C.Y.Wu(毛茛科)
河口油丹 Alseodaphne hokouensis H.W.Li(樟科)
河口原始观音座莲 Archangiopteris hokouensis Ching (观音座莲科)
河口蜘蛛抱蛋 Aspidistra hekouensis H.Li et al. (百合科)
河口轴脉蕨 Ctenitopsis tamdaoensis Ching(叉蕨科)
河蓼子(山东中药)=红蓼
河柳(尔雅,毛诗传)=柽柳
河柳(江苏)=垂柳
河柳(经济志)=旱柳
河柳(树木分类学)=腺柳
河内钓樟(海南志)=假桂钓樟
河内坡垒 Hopea hongayensis Tard.-Blot.(龙脑香科)
河内卫矛 Euonymus kawachiana Nakai (卫矛科)
河南权叶槭 Acer robustum var. honanense Fang (槭树科)
河南翠雀花 Delphinium honanense W.T.Wang (毛茛科)
河南杜鹃 Rhododendron henanense Fang(杜鹃花科)
河南海棠 Malus honanensis Rehd.(蔷薇科),*大叶毛楂,牧孤梨,冬绿茶,山里锦*
河南黄芩 Scutellaria honanensis C.Y.Wu & H. W.Li (唇形科)
河南卷瓣兰 Bulbophyllum henanense J.L.Lu(兰科)
河南蓼 Polygonum honanense Kung(蓼科)
河南马先蒿 Pedicularis honanensis Tsoong(玄参科)
河南毛葡萄(河南)=桑叶葡萄
河南猕猴桃 Actinidia henanensis C.F.Liang?(猕猴桃科)
河南山梅花(树木分类学)=毛柱山梅花
河南鼠尾草 Salvia honania L.H.Bailey(唇形科),*丹参*
河南唐松草 Thalictrum honanense W.T.Wang & S.H.Wang (毛茛科)
河南瓦韦 Lepisorus honanensis Ching & S.K. Wu (水龙骨科)
河南小檗 Berberis honanensis Ahrendt(小檗科)
河南杨(河南)=小叶杨
河畔狗肝菜 Dicliptera riparia Nees(爵床科)
河芹(东北)=水芹
河楸(河南经济志)=梓
河生针茅 Stipa megapotamia Spreng. ex Trin. (禾本科)
河氏石龙尾 Limnophila helferi HK.f.(玄参科)
河朔荛花 Wikstroemia chamaedaphne Meisn. (瑞香科),*矮雁皮,羊厌厌,拐拐花,岳彦花,羊燕花,番瀉叶,老虎麻*
河朔绣球(树木分类学)=修枝荚蒾
河滩冬青 Ilex metabaptista Loes. ex Diels(冬青科),*鄂黔柔叶冬青*
河滩黄杨(云南志)=滇南黄杨
河滩岩黄芪 Hedysarum ferganense var. poncinsii (Franch.) L.Z.Shue(豆科)
河套大黄 Rheum hotaoense C.Y.Cheng & Kao (蓼科)
河通茶藨子 Ribes houghtonianum Jancz.(虎耳草科)
河头五月茶 Antidesma pleuricum Tul.(大戟科)
河西阿魏 Ferula hexiensis K.M.Shen(伞形科)
河西菊 Hexinia polydichotoma (Ostenf.) H.L. Yang (菊科)
河西菊属 Hexinia H.L.Yang(菊科)
河西苇群 Phragmites australis grex hexienses L.Liu(禾本科)
河源复叶耳蕨 Arachniodes heyuanensis Ching (鳞毛蕨科)
河源早熟禾(新拉汉英)=泽地早熟禾
河竹 Phyllostachys rivalis H.R.Zhao & A.T.Liu (禾本科)
核果茶属 Pyrenaria Bl.(山茶科)
核果木 Drypetes indica (Muell.Arg.) Pax & Hoffm. (大戟科),*琼中核果木,南仁铁色*
核果木属 Drypetes Vahl(大戟科),*核实属*
核七(东北)=珠芽蓼
核实属(种子植物名称,高等图鉴)=**核果木属**
核桃(安徽)=山核桃
核桃(通称)=胡桃
核桃楸(东北木本志)=胡桃楸
核子木 Perrottetia racemosa (Oliv.) Loes.(卫矛科)
核子木属 Perrottetia H.B.K(卫矛科)
荷班药(岭南草药志)=钩吻
荷包草(湖北建始)=密腺小连翘
荷包地不容 Stephania dicentrinifera Lo & M. Yang (防已科)
荷包豆 Phaseolus coccineus L.(豆科),*多花菜豆,红花菜豆,龙爪豆,看豆,看花豆*
荷包果属(云南志)=**刺榄属**
荷包花(湖北)=荷包牡丹
荷包花 Calceolaria crenatiflora Cav.(玄参科)
荷包花属 Calceolaria L.(玄参科)
荷包蕨 Calymmodon cuculatus (Nees & Bl.) Presl. (禾叶蕨科)
荷包蕨属 Calymmodon C.Presl(禾叶蕨科)
荷包李(广东)=臀果木
荷包麻(四川)=山麻杆
荷包牡丹(广西)=地锦苗
荷包牡丹 Dicentra spectabilis (L.) Lem.(罂粟科),*鱼儿牡丹,活血草,土当归,荷包花,耳环花*
荷包牡丹属 Dicentra Bernh.(罂粟科)
荷包山桂花 Polygala arillata Buch.-Ham. ex D. Don (远志科),*白糯消,吊吊黄,荷苞山桂花,花岩陀,黄花鸡骨,黄花远志,黄金卵,黄杨参,鸡肚子根,鸡根,小荷苞,小鸡花,阳雀花*
荷包藤 Adlumia asiatica Ohwi(罂粟科),*藤荷包牡丹,合瓣花*
荷包藤属 Adlumia Rafin.(罂粟科),*藤荷包牡丹属,合瓣花属*
荷苞草(本草纲目拾遗,引百草镜)=马蹄金
荷苞花(广东)=赪桐
荷苞山桂花(云南中草药)=荷包山桂花
荷菜(广东)=华南赤车
荷草(云南河口)=感应草
荷承草(江西草药手册)=假地蓝
荷花(通称)=莲
荷花丁香(河南,宁夏中草药)=暴马丁香
荷花蜡梅(江西)=蜡梅
荷花朗(现代实用中药)=紫云英
荷花柳 Cynanchum riparium Tsiang & Zhang (萝藦科)
荷花香(云南保山)=新樟
荷花玉兰 Magnolia grandiflora L.(木兰科),*洋玉兰,广玉兰*
荷吉三七(浙江草药)=大吴风草
荷兰豆(台湾府志)=豌豆
荷兰翘摇(植物志 42-2)=白车轴草
荷兰翘摇属(植物志 42-2)=**车轴草属**
荷兰薯(广东梅县)=阳芋
荷兰紫菀 Aster novibelgii L.(菊科)
荷莲(植物志 78-2)=雪莲花
荷莲豆菜(贵州民间药物)=荷莲豆草
荷莲豆草 Drymaria cordata (L.) Schltes(石竹科),*川线蛇,地花生,荷莲豆菜,青蛇子,十二对草,水荷豆,水青草,水天诛,野豌豆,野豌豆菜,野雪豆,有米菜,圆叶鹅儿肠月亮草*
荷莲豆草属 Drymaria Willd. ex Roem. & Schult. (石竹科),*荷莲豆属*
荷莲豆景天(拉汉名称)=大叶火焰草
荷莲豆属(种子植物名称)=**荷莲豆草属**
荷麻根(云南楚雄)=毛萼香茶菜
荷青花 Hylomecon japonica (Thunb.) Prain & Kündig (罂粟科),*补血草,大叶老鼠七,刀豆三七,拐枣七,拐子七,鸡蛋黄花,水苴三七,乌筋七,小菜子七*
荷青花属 Hylomecon Maxim.(罂粟科)
荷秋藤 Hoya griffithii HK.f.(萝藦科),*剑叶球兰,五中土,大叶石仙桃,石龙藤,长叶球兰,狭叶荷秋藤*
荷斯菲木(广东)=风吹楠
荷威棕 Howea fosterana Becc.(棕榈科)
荷威棕属 Howea Becc.(棕榈科)
荷叶暗消(云南)=地不容
荷叶对开盖蕨(蕨类图谱)=水鳖蕨
荷叶金钱草(四川万里)=荷叶铁线蕨
荷叶七(云南保山)=旱金莲
荷叶铁线蕨 Adiantum reniforme var. sinense Y. X.Lin (铁线蕨科),*荷叶金钱草*
荷叶香(云南大姚)=新樟
盒果藤 Operculina turpethum (L.) S.Manso(旋花科),*紫翅藤,松筋藤,红薯藤,软筋藤*
盒果藤属 Operculina S.Manso (旋花科)
盒子草 Actinostemma tenerum Griff.(葫芦科)
盒子草属 Actinostemma Griff.(葫芦科)
貉藻 Aldrovanda vesiculosa L.(茅膏菜科)
貉藻属 Aldrovanda L.(茅膏菜科)
贺兰翠雀花 Delphinium albocoeruleum var. przewalskii (Huth) W.T.Wang(毛茛科),*乌药*
贺兰韭 Allium eduardii Stearn(百合科)
贺兰山繁缕 Stellaria alaschanica Y.Z.Zhao(石竹科)
贺兰山孩儿参 Pseudostellaria helanshanensis W.Z.Di & Y.Ren(石竹科)
贺兰山棘豆 Oxytropis holanshanensis H.C.Fu (豆科)
贺兰山南芥 Arabis alaschanica Maxim.(十字花科),*阿拉善南芥,阿拉善乃-少布都海*
贺兰山女蒿 Hippolytia alashanensis (Ling) Shih (菊科)
贺兰山嵩草 Kobresia helanshanica W.Z.Di & M. J.Zhong (莎草科)
贺兰山玄参(植物志 67-2)=贺兰玄参
贺兰山延胡索 Corydalis alaschanica (Maxim.) Peshkova(罂粟科)
贺兰山岩黄芪 Hedysarum petrovii Yakovl.(豆科)
贺兰山蝇子草 Silene alaschanica (Maxim.) Bocquet(石竹科)
贺兰玄参 Scrophularia alaschanica Batal.(玄参科),*贺兰山玄参*

贺氏红景天(分类学报增刊)=背药红景天
褐斑伽蓝菜(新拉汉英)=月兔耳
褐斑虎耳草 Saxifraga brunneopunctata H.Sm.(虎耳草科)
褐斑丽穗凤梨 Vriesea bituminosa Wawra.(凤梨科)
褐斑苜蓿 Medicago arabica (L.) Huds.(豆科),*阿拉伯苜蓿*
褐斑南星 Arisaema meleagris Buchet (天南星科)
褐瓣番红花 Crocus chrysanthus var. ladykiller Hort. (鸢尾科)
褐苞蒿 Artemisia phaeolepis Krsch.(菊科),*褐鳞蒿,巴然-沙里尔日*
褐苞三肋果(东北检索表)=东北三肋果
褐苞三肋果 Tripleurospermum ambiguum (Ledeb.) Franch. & Sav.(菊科)
褐苞蓍 Achillea impatiens L.(菊科)
褐苞薯蓣 Dioscorea persimilis Prain & Burkill (薯蓣科),*山薯,薯仔*
褐背柳 Salix daltoniana Anderss.(杨柳科)
褐背蒲桃 Syzygium infra-rubiginosum Chang & Miau (桃金娘科)
褐柄短肠蕨 Allantodia petelotii (Tard.-Blot) Ching (蹄盖蕨科)
褐柄合耳菊 Synotis fulvipes (Ling) C.Jeffr. & Y.L.Chen (菊科)
褐柄剑蕨 Loxogramme duclouxii Christ (剑蕨科)
褐赤翅子树 Pterospermum rubiginosum Heyne (梧桐科)
褐赤苹婆 Sterculia rubiginosa Vent.(梧桐科)
褐赤色藤黄檀(新)Dalbergia rubiginosa Roxb.(豆科),*藤黄檀*
褐翅猪毛菜 Salsola korshinskyi Drob.(藜科)
褐唇贝母兰 Coelogyne cinnamomea Teijsm. & Binn.(兰科)
褐唇贝母兰 Coelogyne fuscescens Lindl.(兰科)
褐点金腰 Chrysosplenium fuscopuncticulosum Jien(虎耳草科),*褐点猫眼草*
褐点猫眼草(分类学报)=褐点金腰
褐秆毛蕨(蕨类形态)=河口毛蕨
褐冠毛蓟(新)Cirsium kawakamii Hay.?(菊科)
褐冠小苦荬 Ixeridium laevigatum (Bl.) Shih(菊科),*平滑苦荬菜*
褐果蒲公英(新)Taraxacum kozlovii Tzvel.?(菊科)
褐果薹草 Carex brunnea Thunb.(莎草科),*栗褐薹草,囊草*
褐果枣 Ziziphus fungii Merr.(鼠李科)
褐红斑卡特兰 Cattleya guttata Lindl.(兰科)
褐红脉薹草 Carex nubigena subsp. albata (Boott) T.Koyama(莎草科)
褐花杓兰 Cypripedium smithii Schltr.(兰科)
褐花灯心草(植物志 13-3)=展苞灯心草
褐花风毛菊(高等图鉴)=褐花雪莲
褐花鹿药 Maianthemum fusciduliflorum (Kawano) S.C.Chen & Kawano(百合科)
褐花香果兰 Vanilla phaeantha Rchb.f.(兰科)
褐花雪莲 Saussurea phaeantha Maxim.(菊科),*褐花风毛菊*
褐花延龄草 Trillium erectum L.(百合科),*直立延龄草*
褐黄鹌菜(云南植物名录)=厚绒黄鹌菜
褐黄鳞薹草 Carex vesicata Meinsh.(莎草科)
褐黄瘤瓣兰 Oncidium luridum Lindl.(兰科)
褐黄色风毛菊 Saussurea ochrochlaena Hand.-Mazz. (菊科)
褐黄省藤 Calamus luridus Becc.(棕榈科)
褐黄玉凤花 Habenaria fulva T.Tang & F.T. Wang (兰科)
褐黄鸢尾 Iris lurida Soland.(鸢尾科)
褐梨 Pyrus phaeocarpa Rehd.(蔷薇科),*棠杜梨,杜梨*
褐黧豆(海南志)=大果油麻藤
褐鳞短肠蕨(分类学报)=深绿短肠蕨
褐鳞高山耳蕨(西藏志)=拟栗鳞耳蕨
褐鳞蒿(内蒙志)=褐苞蒿
褐鳞鳞毛蕨 Dryopteris squamifera Ching & S.K. Wu (鳞毛蕨科)
褐鳞柳叶菜(云南志)=鳞片柳叶菜
褐鳞木 Astronia ferruginea Elmer(野牡丹科),*锈叶野牡丹*
褐鳞木属 Astronia Bl.(野牡丹科)
褐鳞飘拂草 Fimbristylis nigrobrunnea Thw.(莎草科)
褐鳞省藤 Calamus balansaeanus var. castaneolepis (C.F.Wei) S.J.Pei & S.Y.Chen (棕榈科)
褐脉黄毛槭 Acer fulvescens var. fuscescens Fang (槭树科)
褐脉楼梯草 Elatostema brunneinerve W.T.Wang (荨麻科)
褐脉槭 Acer rufinerve S. & Z.(槭树科)
褐毛安匝木 Pomaderris brunnea Wakefield.(鼠李科)
褐毛变种(植物志 66,Flora 17)=褐毛鼠尾草(新)
褐毛茶藨子 Ribes fuscescens Jancz.(虎耳草科)
褐毛稠李 Padus brunnescens Yü & Ku(蔷薇科)
褐毛垂头菊 Cremanthodium brunneo-pilosum S. W.Liu (菊科),*点头菊*
褐毛杜鹃 Rhododendron wasonii Hemsl. & Wils. (杜鹃花科),*异色杜鹃*
褐毛杜英 Elaeocarpus duclouxii Gagn.(杜英科)
褐毛狗尾草 Setaria pallidifusca (Schumach.) Stapf & Hubb.(禾本科)
褐毛海桐 Pittosporum fulvipilosum Chang & Yan (海桐花科)
褐毛花楸 Sorbus ochracea (Hand.-Mazz.) Vidal (蔷薇科)
褐毛蓟 Cirsium fusco-trichum Chang(菊科)
褐毛蓝刺头 Echinops dissectus Kitag.(菊科),*老虎球*
褐毛鳞盖蕨 Microlepia pilosula (Wall.) Presl(碗蕨科)
褐毛柳 Salix fulvopubescens Hay.(杨柳科)
褐毛毛连菜(高等图鉴)=单毛毛连菜
褐毛槭(华北经济志要)=黄毛槭
褐毛石楠 Photinia hirsuta Hand.-Mazz.(蔷薇科)
褐毛石楠裂叶变种(植物志 36)=裂叶褐毛石楠(新)
褐毛鼠尾草(新)Salvia przewalskii var. mandarinorum (Diels) Stib.(唇形科),*褐毛变种*
褐毛四照花 Dendrobenthamia ferruginea (Wu) Fang(山茱萸科)
褐毛溲疏 Deutzia pilosa Rehd.(虎耳草科),*软毛溲疏,峨眉溲疏*
褐毛铁线莲 Clematis fusca Turcz.(毛茛科)
褐毛橐吾 Ligularia purdomii (Turrill) Chittenden (菊科)
褐毛秀柱花 Eustigma balansae Oliv.(金缕梅科)
褐毛羊蹄甲 Bauhinia ornata var. kerrii (Gagn.) K. & S.S.Larsen(豆科)
褐毛野桐 Mallotus metcalfianus Croiz.(大戟科)
褐毛野豌豆 Vicia pannonica Crantz.(豆科)
褐毛掌 Opuntia microdasys var. rufida (Engelm.) K.Schum.(仙人掌科)
褐毛猪屎豆 Crotalaria mysorensis Roth(豆科)
褐毛紫菀 Aster fuscescens Burr. & Franch.(菊科)
褐皮金鸡纳(植物志 71-1)=正鸡纳树
褐皮韭 Allium korolkowii Rgl.(百合科)
褐鞘蓼 Polygonum aviculare var. fuscoochreatum (Kom.) A.J.Li(蓼科)
褐鞘毛茛(植物志 28)=新疆毛茛
褐鞘毛茛 Ranunculus sinovaginatus W.T.Wang (毛茛科)
褐鞘沿阶草 Ophiopogon dracaenoides (Baker) HK.f. (百合科),*止咳竹,八宝镇心月,竹叶青,大叶沿阶草*
褐鞘紫堇 Corydalis brunneo-vaginata Fedde(罂粟科)
褐秋海棠(新拉汉英)=斑叶秋海棠
褐绒秋海棠 Begonia pustulata Liebm.(秋海棠科)
褐色短肠蕨 Allantodia himalayensis Ching(蹄盖蕨科),*西藏短肠蕨*
褐色谷精草(植物志 13-3)=尼泊尔谷精草
褐色观音座莲 Angiopteris badia Ching(观音座莲科)
褐色柳 Salix discolor Muhl.(杨柳科)
褐色沙拐枣 Calligonum colubrinum Borszcz.(蓼科)
褐色省藤 Calamus castaneus Griff.(棕榈科)
褐沙蒿(内蒙志)=盐蒿
褐穗莎草 Cyperus fuscus L.(莎草科)
褐头蒿 Artemisia aschurbajewii C.Winkl.(菊科)
褐王草状山柳菊 Hieracium prenanthoides L.(菊科)
褐叶柄果木 Mischocarpus pentapetalus (Roxb.) Radlk. (无患子科)
褐叶杜鹃 Rhododendron pseudociliipes Cullen (杜鹃花科)
褐叶华丽杜鹃 Rhododendron eudoxum var. bruneifolium (Balf.f. & Forr.) Chamb. ex Cullen & Chamb.(杜鹃花科)
褐叶青冈 Cyclobalanopsis stewardiana (A. Camus) Y.C.Hsu & H.W.Jen(壳斗科),*黔椆,长尾青冈*
褐叶榕 Ficus pubigera (Wall. ex Miq.) Miq.(桑科),*毛榕*
褐叶土牛膝 Achyranthes asper var. rubro-fusca (Wight) HK.f.(苋科)
褐叶线蕨 Colysis wrightii (HK.) Ching(水龙骨科),*菜氏线蕨,来氏线蕨,蓝天草,连天草,小肺经草,叶下青*
褐叶星蕨(高等图鉴)=表面星蕨
褐疣瓣兜兰 Paphiopedilum callosum (Rchb.f.) Pfitz.(兰科)
褐枝短柱茶 Camellia phaeoclada Chang(山茶科)
褐子宽叶蔓豆(新)Glycine vracilis var. nigra Skv.? (豆科)
褐紫鳞薹草 Carex obscuriceps Kükenth.(莎草科)
褐紫乌头 Aconitum brunneum Hand.-Mazz.(毛茛科)
赫布里底槐 Sophora oblongata Tsoong (豆科)
赫当杜(云南少数民族名)=长节珠
赫德赖克氏葱 Allium heldreichii Boiss.(百合科)
赫德赖克松 Pinus heldreichii Christ (松科),*巴*

尔干松
赫地泡(广西)=莲座紫金牛
赫勒尼-努德(蒙名)=戈壁天门冬
赫马结(云南)=云南水壶藤
赫氏柳叶菜 Epilobium hectori Haussk.(柳叶菜科)
赫氏双袋兰 Disperis hidebrandtii Rchb.f.(兰科)
赫氏绣球防风 Leucas helferi HK.f.(唇形科)
赫斯黎野茉莉 (峨眉志)=老鸹铃
赫维十大功劳 Mahonia ×herveyi (Hort.) Ahrendt (小檗科)
鹤草 Silene fortunei Vis.(石竹科),*八月白,白柴胡,白葫芦,白花壶瓶,白花瞿麦,白接骨丹,苍蝇花,瞿麦沙参,蛇王草,水白参,土桔梗,脱力草,蚊子草,小仙桃草,小叶鲤鱼胆,野蚊子草,蝇子草,羽毛石竹,粘蝇草*
鹤巢球 Thelocactus nidulans (Quehl) Britt. & Rose (仙人掌科)
鹤顶草(土宿本草)=藜
鹤顶兰 Phaius tankervilleae (Banks ex L'Herit.) Bl.(兰科),*大白及*
鹤顶兰属 Phaius Lour.(兰科)
鹤顶山茶(群芳谱)=山茶
鹤峰银莲花(Flora 6)=裂苞鹅掌草
鹤甫碱茅 Puccinellia hauptiana (Trin.) Krecz.(禾本科),*小林碱茅,短药碱茅*
鹤冠兰(台湾兰科植物)=鹳冠卷瓣兰
鹤光飘(东北)=萝藦
鹤聒唇柱苣苔 Chirita briggsioides W.T.Wang (苦苣苔科)
鹤果薹草 Carex cranaocarpa Nelmes(莎草科)
鹤翎草(纲目拾遗)=翠云草
鹤木(广东)=楝叶吴萸
鹤瓢棵(华东)=萝藦
鹤庆矮泽芹 Chamaesium delavayi (Franch.) Shan & S.L.Liou(伞形科)
鹤庆吊灯花 Ceropegia sinoerecta M.G.Gilb. & P.T.Li (萝藦科)
鹤庆独活 Heracleum rapula Franch.(伞形科),*白云花,滇独活,毛爪参,香白芷,独活,云南独活*
鹤庆风毛菊 Saussurea lampsanifolia Franch.(菊科)
鹤庆毛鳞菊(新)Chaetoseris hirsuta (Franch.) Shih? (菊科)
鹤庆十大功劳 Mahonia bracteolata Takeda(小檗科)
鹤庆石生紫菀(新)Aster oreophilus f. umbrosus Ling(菊科)
鹤庆唐松草 Thalictrum leve (Franch.) W.T. Wang (毛茛科)
鹤庆蹄盖蕨(西北植物学报)=居中蹄盖蕨
鹤庆铁线蕨 Adiantum edentulum f. muticum (Ching) Y.X.Lin(铁线蕨科)
鹤庆铁线莲 Clematis armandii var. hefengensis (G.F.Tao) W.T.Wang(毛茛科)
鹤庆微孔草 Microula myosotidea (Franch.) Johnst. (紫草科)
鹤庆五味子 Schisandra wilsoniana A.C.Sm.(木兰科)
鹤庆栒子(新)Cotoneaster hodjingensis Klotz? (蔷薇科)
鹤庆猪屎豆 Crotalaria heqingensis Chun-yu Yang (豆科)
鹤虱(唐本草)=天名精
鹤虱(唐本草)=野胡萝卜
鹤虱(唐本草)=异刺鹤虱
鹤虱 Lappula myosotis V.Wolf(紫草科)
鹤虱草(南京,镇江,苏州)=野胡萝卜
鹤虱风(分类草药性)=野胡萝卜
鹤虱属 Lappula V.Walf(紫草科)
鹤蝨(梦溪笔谈,蜀本草)=天名精
鹤首马先蒿 Pedicularis gruina Franch.(玄参科),*鹤首马先蒿鹤首亚种*
鹤首马先蒿多毛亚种(植物志 68)=多毛鹤首马先蒿
鹤首马先蒿鹤首亚种(植物志 68)=鹤首马先蒿
鹤望兰 Strelitzia reginae Aiton(芭蕉科),*极乐鸟*
鹤望兰属 Strelitzia Aiton (芭蕉科)
Hei
黑艾(瑶族土名)=奇蒿
黑八角莲(贵州)=小升麻
黑芭蕉(云南瑞丽)=阿宽蕉
黑白蜡树 Fraxinus nigra Marsh.(木犀科)
黑白藤(广西)=大果油麻藤
黑斑草叶越桔 Vaccinium Stapfianum Sleum.(杜鹃花科)
黑斑唇龙须兰 Catasetum atratum Lindl.(兰科)
黑斑观音兰 Tritonia deusta Ker-Gawl.(禾本科)
黑斑姜 Zingiber nigrimaculatum S.Q.Tong(姜科)
黑斑向日葵 Helianthus atrorubens L.(菊科)
黑孢水韭 Isoëtes melanospora Engelm.(水韭科)
黑苞风毛菊 Saussurea melanotrica Hand.-Mazz.(菊科)
黑苞蒿 Artemisia atrata Lam.(菊科)
黑苞火绒草 Leontopodium melanolepis Ling(菊科)
黑苞匹菊 Pyrethrum keryolovianum Krasch.(菊科)
黑苞千里光 Senecio nigrocinctus Franch.(菊科)
黑苞乳苣 Mulgedium lessertianum (Wall. ex C. B.Clarke) DC.(菊科),*高山苣*
黑苞橐吾 Ligularia melanocephala (Franch.) Hand.-Mazz. (菊科)
黑北极果 Arctous alpinus var. japonicus (Nakai) Ohwi (杜鹃花科),*黑果天栌*
黑背鼠李 Rhamnus nigricans Hand.-Mazz.(鼠李科)
黑被薹草(横断山植物)=尖鳞薹草
黑边假龙胆 Gentianella azurea (Bge.) Holub(龙胆科)
黑边铁角蕨 Asplenium speluncae Christ(铁角蕨科)
黑扁莎 Pycreus sanguinolentus f. melanocephalus (Miq.) L.K.Dai (莎草科)
黑柄叉蕨(植物志 6-1)=燕尾叉蕨
黑柄叉蕨 Tectaria ebenina (C.Chr.) Ching(叉蕨科)
黑柄水韭 Isoëtes melanopoda Gay & Durieu (水韭科)
黑柄铁角蕨 Asplenium ebenoides R.R.Scott.(铁角蕨科)
黑柄铁角蕨 Asplenium subtoramanum Ching ex S.H.Wu (铁角蕨科)
黑柄细瓣兰 Masdevallia melanopus Rchb.f.(兰科)
黑薄古日根纳(蒙名)=湿生鼠麴草
黑补标(瑶族土名)=奇蒿
黑菜(福建中草药)=鸭舌草
黑参(植物志 67-2)=玄参
黑参(中草药汇编)=鄂西玄参
黑草(名医别录)=萑草
黑草 Buchnera cruciata Hamilt.(玄参科),*坡饼,鬼羽带,鬼羽箭,幼克草,克草,黑骨草,羽箭*
黑草乌(云南)=直喙乌头
黑草属 Buchnera L.(玄参科)
黑茶藨子 Ribes nigrum L.(虎耳草科),*茶藨子,旱葡萄,黑豆,黑加仑,黑果茶藨,哈日-哈达*
黑茶花 (亨氏植物名录)=野茉莉
黑茶树(云南)=大叶桂樱
黑柴(西北土名)=合头草
黑柴胡(中药大辞典)=柴胡
黑柴胡 Bupleurum smithii Wolff(伞形科)
黑铲栗(云南)=扁刺锥
黑长叶蒲桃 Syzygium melanophyllum Chang & Miau (桃金娘科)
黑翅地肤 Kochia melanoptera Bge.(藜科)
黑丑(纲目)=牵牛
黑垂头菊 Cremanthodium atrocapitatum Good (菊科)
黑刺(秦岭志)=毛冻绿
黑刺(青海)=肋果沙棘
黑刺(青海)=中国沙棘
黑刺李 Prunus spinosa L.(蔷薇科),*刺李*
黑刺蕊草 Pogostemon nigrescens Dunn(唇形科),*紫花一柱香*
黑刺卫矛(植物研究)=厚叶卫矛
黑葱 Allium nigrum L.(百合科)
黑大豆(图经本草)=大豆
黑旦子(安徽)=圆叶鼠李
黑弹朴(广东志)=紫弹树
黑弹朴(四川志)=黑弹树
黑弹树 Celtis bungeana Bl.(榆科),*小叶朴,黑弹朴,棒棒木,棒子木,白麻树*
黑弹子(云南)=黑珠芽薯蓣
黑点山丹(新拉汉英)=黑点渥丹
黑点渥丹 Lilium concolor var. stictum Stearn (百合科),*黑点山丹*
黑疔草(广西)=延叶珍珠菜
黑顶黄堇 Corydalis nigro-apicula C.Y.Wu(罂粟科),*省格色巴*
黑顶卷柏 Selaginella picta A.Br. (卷柏科)
黑豆(黑龙江)=黑茶藨子
黑豆(日华子本草)=大豆
黑豆树(大兴安岭)=笃斯越桔
黑杜仲(植物志 45-3)=大花卫矛
黑度(海南)=密鳞紫金牛
黑鹅脚板(四川中草药)=直刺变豆菜
黑萼报春 Primula russeola Balf.f. ex Hutch.(报春花科),*黑花报春*
黑萼棘豆 Oxytropis melanocalyx Bge.(豆科),*萨完,色昂*
黑萼山梅花 Philadelphus delavayi var. melanocalyx Lemoine ex L.Henry(虎耳草科)
黑恩克小檗 Berberis haenkeana Presl. ex Schult. (小檗科)
黑儿茶(通称)=儿茶
黑耳草(西藏)=椭圆叶花锚
黑饭草(日华子本草)=隐距越桔
黑风(河北内邱)=条叶岩风
黑风散(云南中草药选)=细圆藤
黑风藤(广西)=酸叶胶藤
黑风藤 Fissistigma polyanthum (HK.f. & Thoms.) Merr. (番荔枝科),*槟榔木,大力丸,多花瓜馥木,黑皮跌打,九蛇风,拉藤公,雷公根,雷利根麻哈哈,埋罕,牛利藤,酒饼子公,石拢藤,石头子,石指酸藤,通气香,野辣椒,证饼子公*
黑附子(云南富民)=海芋
黑杆铁角蕨 Asplenium resiliens Kunze (铁角蕨科)

黑秆凤丫蕨(蕨类形态)=黑轴凤丫蕨
黑秆蹄盖蕨 Athyrium wallichianum Ching(蹄盖蕨科)
黑刚毛黄藤 Daemonorops melanochaetes Bl.(棕榈科)
黑藁本(中草药汇编)=蕨叶藁本
黑疙瘩(秦岭志)=柳叶鼠李
黑疙瘩(云南富源)=线纹香茶菜
黑格(广东)=香合欢
黑格铃(内蒙古)=柳叶鼠李
黑格铃(内蒙古,河北)=小叶鼠李
黑根(贵州兴义)=显脉旋覆花
黑根紫菀(中草药汇编)=短舌紫菀
黑茛菪(新疆)=天仙子
黑钩叶(华北,名词审查本)=雀儿舌头
黑钩叶属(科属辞典)=**雀舌木属**
黑钩叶状黄芩 Scutellaria andrachnoides Vved.(唇形科)
黑狗丹(植物志 48-1)=冻绿
黑狗脊(中草药学)=乌毛蕨
黑狗筋(江苏)=太行铁线莲
黑狗筋(江苏千榆)=长冬草
黑狗尾草(四川中药志)=狼尾草
黑枸杞(云南中草药)=粗糙凤尾蕨
黑骨草(广东中药)=黑草
黑骨风(广西)=大果油麻藤
黑骨风(广西)=盾果草
黑骨蕨(广西)=薄叶碎米蕨
黑骨芒萁(高等图鉴)=扇叶铁线蕨
黑骨藤(贵州)=黑水藤
黑骨藤(云南)=黑龙骨
黑骨藤(中草药汇编)=狭叶蓬莱葛
黑骨头(广西)=青蛇藤
黑故纸(四川)=补骨脂
黑关节(广西药用名录)=两歧飘拂草
黑果菝葜 Smilax glauco-china Warb.(百合科),*金刚刺,金刚藤头,冷饭巴,鲢鱼须,龙须菜,鲇鱿须,铁菱角*
黑果薄柱草 Nertera nigricarpa Hay.(茜草科)
黑果茶藨(东北木本志)=密刺茶藨子
黑果茶藨(内蒙志)=黑茶藨子
黑果冬青 Ilex atrata W.W.Sm.(冬青科)
黑果高越桔 Vaccinium atrococcum (A.Gray) A. Heller.(杜鹃花科)
黑果枸杞 Lycium ruthenicum Murr.(茄科)
黑果果树(湖南桑植)=大果冬青
黑果黄茅 Heteropogon melanocarpus (Ell.) Benth. (禾本科)
黑果灰栒子(华北经济志要)=黑果栒子
黑果荚蒾 Viburnum melanocarpum Hsu(忍冬科)
黑果接骨木 Sambucus melanocarpa Gray (忍冬科)
黑果凉伞(中草药汇编)=小紫金牛
黑果毛茛 Ranunculus melanogynus W.T.Wang (毛茛科)
黑果飘拂草 Fimbristylis cymosa (Lam.) R.Br. (莎草科)
黑果茜草(中药辞海)=中国茜草
黑果青冈 Cyclobalanopsis chevalieri (Hick. & A.Camus) Y.C.Hsu & H.W.Jen(壳斗科)
黑果忍冬 Lonicera nigra L.(忍冬科),*毛脉黑忍冬*
黑果山姜 Alpinia nigra (Gaertn.) Burtt.(姜科)
黑果天栌(东北木本志)=黑北极果
黑果土当归 Aralia melanocarpa (Lévl.) Lauener (五加科),*丛枝土当归,白九股牛,牛角七,密油参*
黑果小檗(西藏志)=烦果小檗
黑果小檗(新疆中草药手册)=异果小檗
黑果小檗 Berberis atrocarpa Schneid. (小檗科)
黑果绣球(新拉汉英)=绵毛荚蒾
黑果栒子 Cotoneaster melanocarpus Lodd.(蔷薇科),*黑果栒子木,黑果灰栒子*
黑果栒子木(东北木本志)=黑果栒子
黑果鸦葱 Scorzonera rugulosa Chang ? (菊科)
黑果叶(滇南本草)=乌鸦果
黑果茵芋 Skimmia melanocarpa Rehd. & Wils. (芸香科)
黑果越桔 Vaccinium myrtillus L.(杜鹃花科)
黑果子(甘肃)=云南勾儿茶
黑海百合 Lilium ponticum K.Koch (百合科)
黑海贝母 Fritillaria pontica Wahlenb.(百合科)
黑海毒马草 Sideritis euxina Juz.(唇形科)
黑海黄芩 Scutellaria pontica C.Kcoh (唇形科)
黑汉豆(南方有毒植物)=亮叶猴耳环
黑汉条(湖北兴山)=烟管荚蒾
黑汉子腿(山东)=唐松草
黑蒿(山东)=青蒿
黑蒿(云南)=多花蒿
黑蒿(云南)=五月艾
黑蒿 Artemisia palustris L.(菊科),*沼泽蒿,阿拉坦-沙里尔日*
黑合蹄盖蕨 Athyrium ×pseudocryptogram-moides Yoshik.? (蹄盖蕨科)
黑河赤松(东北裸子植物)=兴凯赤松
黑核桃 Juglans nigra L.(胡桃科)
黑褐黄鹌菜(新)Youngia bifurcata Babcock & Stebbins? (菊科)
黑褐千里光 Senecio atrofuscus Griers.(菊科)
黑褐穗薹草 Carex atrofusca subsp. minor (Boott) T. Koyama (莎草科)
黑黑木(四川)=泡花树
黑红黄鹌菜(新)Youngia lanata Babcock & Stebbins? (菊科)
黑虎(福建)=白花苦灯笼
黑虎大王(云南曲靖)=马桑
黑虎耳草 Saxifraga atrata Engl.(虎耳草科),*黑花虎耳草,阿仲茶保*
黑虎七(中草药汇编)=普通凤丫蕨
黑花报春(云南植物名录)=黑萼报春
黑花糙苏 Phlomis melanantha Diels(唇形科),*狭叶变种*
黑花虎耳草(高等图鉴)=黑虎耳草
黑花女娄菜(拉汉名称)=黑花蝇子草
黑花茜草 Rubia mandersii Coll. & Hemsl(茜草科).
黑花薹草 Carex melanantha C.A.Mey.(莎草科)
黑花卫矛 Euonymus melananthus Franch. & Sav.(卫矛科)
黑花蝇子草 Silene melanantha Franch.(石竹科),*黑花女娄菜*
黑花紫菊 Notoseris melanantha (Franch.) Shih (菊科)
黑桦 Betula dahurica Pall.(桦木科),*棘皮桦*
黑桦树 Rhamnus maximovicziana J.Vass.(鼠李科)
黑环罂粟 Papaver pavoninum Fisch & Mey.(罂粟科)
黑黄檀 Dalbergia fusca Pierre(豆科),*版纳黑檀*
黑鸡婆(四川)=边缘鳞盖蕨
黑及草(贵州民间药物)=椭圆叶花锚
黑继参(云南)=刺苞斑鸠菊
黑加仑 (黑龙江)=黑茶藨子
黑家柯 Lithocarpus magneinii (Hick. & A. Camus) A.Camus(壳斗科),*黑家栗,白毛石栎*
黑家栗(云南)=黑家柯
黑荚苜蓿(高等图鉴)=天蓝苜蓿
黑疆南星 Arum palaestinum Boiss.(天南星科)
黑脚梗(海南)=蜡烛果
黑脚蕨(广西药用名录)=鞭叶铁线蕨
黑脚蕨(药用孢子植物)=扇叶铁线蕨
黑接骨木(拉汉名称和手册)=西洋接骨木
黑节草(高等图鉴)=铁皮石斛
黑节草(新拉汉英)=白花石斛
黑节草(云南)=矮石斛
黑节草(云南)=爵床
黑节草(云南)=线纹香茶菜
黑节草(云南红河)=头状花耳草
黑节草(云南药用名录)=脉耳草
黑节苦草(植物志 62)=獐牙菜
黑节竹(广西梧州)=假鹰爪
黑芥 Brassica nigra (L.) W.D.J.Koch(十字花科)
黑斤藤(贵州)=柳叶蓬莱葛
黑金喜林芋(新拉汉英)=战神喜林芋
黑荆 Acacia mearnsii De Wilde(豆科)
黑九牛(广西)=小花青藤
黑句(壮族语)=木鳖子
黑巨竹 Gigantochloa atter (Hassk.) Kurz ex Munro(禾本科)
黑柯 Lithocarpus melanochromus Chun & Tsiang (壳斗科)
黑壳楠 Lindera megaphylla Hemsl.(樟科),*八角香,花兰,大楠木,鸡屎楠,楠木,枇杷楠,猪屎楠,岩柴*
黑口莲(广西)=展毛野牡丹
黑苦楝(滇南本草整理本)=川滇无患子
黑辣子(新华本草纲要)=臭檀吴萸
黑兰(常用手册)=见血青
黑榄(广东)=乌榄
黑榄(广西)=蜡烛果
黑老虎 Kadsura coccinea (Lem.) A.C.Sm.(木兰科),*绸红南五味子,臭饭团,大饭团藤,大叶钻骨风,饭团根,饭团藤,风沙藤,过山风,过山龙藤,过山香,蛔鳅钻,鸡肠风,酒饭团,冷饭团,入地麝香,三百两银,十八症,透地连珠,血藤,钻地风*
黑老虎兰 Stanhopea pulla Rchb.f.(兰科)
黑老婆秧(山东)=太行铁线莲
黑老婆秧(山东烟台)=长冬草
黑老鼠簕 Acanthus niger Mill.(爵床科)
黑老头(中草药汇编)=狭叶蓬莱葛
黑藜芦(植物志 14)=藜芦
黑栗色女娄菜(拉汉名称)=栗色蝇子草
黑椋子(高等图鉴)=灰叶梾木
黑烈树(海南澄迈)=光叶柿
黑鳞秕藤 Calamus flagellum var. furvifurfuraceus S.J.Pei & S.Y.Chen (棕榈科)
黑鳞扁莎 Pycreus delavayi C.B.Clarke (莎草科)
黑鳞巢蕨 Neottopteris subantiqua Ching ex S.H. Wu (铁角蕨科)
黑鳞大耳蕨(蕨类图说)=黑鳞耳蕨
黑鳞顶冰花(植物志 14)=林生顶冰花
黑鳞短肠蕨 Allantodia crenata (Sommerf.) Ching (蹄盖蕨科),*圆齿蹄盖蕨*
黑鳞耳蕨(台湾志)=乌鳞耳蕨
黑鳞耳蕨 Polystichum makinoi (Tagawa) Tagawa(鳞毛蕨科),*大叶山鸡尾草,冷蕨萁,黑鳞大耳蕨*
黑鳞复叶耳蕨 Arachniodes nigrospinosa (Ching)

Ching (鳞毛蕨科)
黑鳞假瘤蕨 Phymatopteris ebenipes (HK.) Pic. Serm. (水龙骨科)
黑鳞剑蕨 Loxogramme assimilis Ching (剑蕨科)
黑鳞节肢蕨 Arthromeris nigropaleacea S.G.Lu (水龙骨科)
黑鳞鳞毛蕨 Dryopteris lepidopoda Hay.(鳞毛蕨科)
黑鳞鳞轴短肠蕨 Allantodia hirtipes f. nigropaleacea Ching(蹄盖蕨科)
黑鳞薹草 Carex melanocephala Turcz.(莎草科)
黑鳞蹄盖蕨 Athyrium melanolepis (Franch. & Sav.) Christ(蹄盖蕨科)
黑鳞铁角蕨 Asplenium asterolepis Ching(铁角蕨科)
黑鳞瓦韦 Lepisorus sordidus (C.Chr.) Ching(水龙骨科)
黑鳞西域鳞毛蕨 Dryopteris blanfordii subsp. nigrosquamosa (Ching) Fraser-Jenkins(鳞毛蕨科)
黑鳞香青(新)Anaphalis aureo-punctata var. atrata Hand.-Mazz.(菊科),*黄腺香青黑鳞变种*
黑鳞远轴鳞毛蕨 Dryopteris namegatae (Kurata) Kurata (鳞毛蕨科)
黑鳞珍珠茅 Scleria hookeriana Böcklr.(莎草科)
黑鳞轴脉蕨 Ctenitopsis fuscipes (Bedd.) Tard.-Blot & C.Chr. (叉蕨科),*拟肋毛蕨,屏东拟肋毛蕨*
黑柃 Eurya macartneyi Champ.(山茶科)
黑龙骨(云南)=紫萁
黑龙骨 Periploca forrestii Schltr.(萝藦科),*达风藤,滇杠柳,飞仙藤,黑骨藤,柳叶过山龙,牛尾蕨,青蛇胆,青香藤,铁骨头,铁散沙,铁散沙,西南杠柳,小黑牛*
黑龙江百里香 Thymus amurensis Klok.(唇形科)
黑龙江变种(植物志 65-2,Flora 17)=黄底芩
黑龙江荆芥 Nepeta manchuriensis S.Moore(唇形科)
黑龙江柳叶菜(台湾志)=毛脉柳叶菜
黑龙江葡萄(东北)=山葡萄
黑龙江酸模 Rumex amurensis Fr.Schm. ex Maxim. (蓼科)
黑龙江蹄盖蕨 Athyrium rubripes (Kom.) Kom. (蹄盖蕨科)
黑龙江橐吾 Ligularia sachalinensis Nakai(菊科)
黑龙江猬草 Koeleria komarovii Roshev.(禾本科)
黑龙江香科科 Teucrium ussuriense Kom.(唇形科)
黑龙江杨 Populus amurensis Kom.(杨柳科)
黑龙江野豌豆 Vicia amurensis Oett.(豆科),*圆叶草藤,大巢菜*
黑龙七(中草药汇编)=普通凤丫蕨
黑龙丝(云南)=半月铁线蕨,
黑龙须(云南曲靖)=马桑
黑驴蛋(四川)=大花杓兰
黑绿荆芥(植物志 33)=齿叶荆芥
黑马先蒿 Pedicularis nigra Vaniot(玄参科)
黑玛兰 Haemaria discolor (Ker-Grawl.) Lindl.(兰科)
黑玛兰属 Haemaria Lindl.(兰科)
黑麦 Secale cereale L.(禾本科)
黑麦草 Lolium perenne L.(禾本科),*多年黑麦草*
黑麦草属 Lolium L.(禾本科),*毒麦属*
黑麦嵩草 Kobresia loliacea Wang & Tang ex P.C.Li (莎草科)
黑麦属 Secale L.(禾本科)
黑麦状雀麦 Bromus secalinus L.(禾本科)
黑鳗藤 Jasminanthes pilosa (Kerr.) W.D.Stev. & P.T.Li (萝藦科),*史惠藤,博如藤,华千金子藤,茶药藤*
黑鳗藤属 Jasminanthes Bl.(萝藦科),*千金子藤属*
黑蔓(树木分类学)=东北雷公藤
黑毛糙苏(Flora 17)=黑花糙苏
黑毛冬青(四川志)=高山冬青
黑毛冬青 Ilex melanotricha Merr.(冬青科),*多花冬青*
黑毛多枝黄芪 Astragalus polycladus var. nigrescens (Franch.) Pet.-Stib.(豆科)
黑毛黄芪 Astragalus pullus Simps.(豆科)
黑毛棘豆 Oxytropis melanotricha Bge.(豆科)
黑毛巨竹 Gigantochloa nigrociliata (Büse) Kurz (禾本科)
黑毛七(陕西)=铁筷子
黑毛石斛 Dendrobium williansonii Day & Rchb.f.(兰科)
黑毛柿 Diospyros atrotricha H.W.Li(柿科)
黑毛四照花 Dendrobenthamia melanotricha (Pojark.) Fang(山茱萸科)*光叶四照花*
黑毛头刺(宁夏)=毛刺锦鸡儿
黑毛橐吾 Ligularia retusa DC.(菊科)
黑毛无心菜 Arenaria ionandra var. melanotricha Comber (石竹科),*具毛紫蕊蚤缀*
黑毛狭盔马先蒿 Pedicularis stenocorys subsp. melanotricha Tsoong(玄参科),*狭盔马先蒿黑毛亚种*
黑毛雪兔子 Saussurea hypsipeta Diels(菊科)
黑毛棕属 Roscheria H.Wendl.(棕榈科)
黑莓棕属 Desmoncus Mart.(棕榈科)
黑面防己(广东)=耳叶马兜铃
黑面神 Breynia fruticosa (L.) HK.f.(大戟科),*暗鬼木,狗脚刺,鬼画符,锅盖木,黑面叶,帕弯顿,漆鼓,青丸木,山树兰,山夜兰,四眼叶,田中逵,铁甲将军,乌漆臼,细青七树,野甜菜,夜兰茶,蚁惊树*
黑面神属 Breynia J.R. & G.Forst.(大戟科),*山漆茎属*
黑面藤(广西)=毛牵牛
黑面叶(常用中花手册)=黑面神
黑木姜子 Litsea atrata S.Lee(樟科)
黑奶奶果(云南)=假虎刺
黑南星(四川峨眉,普格,雷波)=象南星
黑南星(四川洪雅)=花南星
黑南星(四川药材名)=象头花
黑南星 Arisaema rhombiforme Buchet (天南星科)
黑牛膝(云南中草药)=紫金龙
黑挪威云杉 Picea abies var. nigra (Loud.) Th. Fries (松科)
黑炮弹果属 Enallagma Baill.(紫葳科)
黑泡刺(云南)=掌叶悬钩子
黑皮(海南保亭)=琼南柿
黑皮插柚紫(高等图鉴)=枝花流苏树
黑皮跌打(云南)=黑风藤
黑皮根(广部中草药手册)=陵水暗罗
黑皮柳 Salix limprichtii Pax & Hoftm.? (杨柳科)
黑皮楠(树木分类学)=长圆叶梾木
黑皮蛇(广东)=独行千里
黑皮柿 Diospyros nigrocortex C.Y.Wu(柿科),*黑皮树*
黑皮树(云南河口)=黑皮柿
黑皮油松 Pinus tabulaeformis var. mukdensis Uyeki (松科)
黑皮紫条(云南镇雄)=康定冬青
黑葡萄(陕西中草药,中草药汇编)=变叶葡萄
黑葡萄液汁(陕西草药)=少毛变叶葡萄
黑槭 Acer nigrum Michx.f.(槭树科)
黑扦松(河北)=青扦
黑牵牛(广西)=五爪金龙
黑牵牛(贵州)=皱叶繁缕
黑羌活(中草药汇编)=芹叶龙眼独活
黑枪杆(植物志 47-1)=茶条木
黑秦艽(内蒙古)=西伯利亚乌头
黑柔毛蒿 Artemisia pubescens var. coracina (W.Wang.) Ling & Y.R.Ling(菊科),*黑沙蒿*
黑肉风(广东)=大果油麻藤
黑蕊虎耳草 Saxifraga melanocentra Franch.(虎耳草科),*黑心虎耳草,针色达奥*
黑蕊老鹳草(拉汉名称)=黑药老鹳草
黑蕊猕猴桃 Actinidia melanandra Franch.(猕猴桃科),*黑蕊羊桃*
黑蕊无心菜 Arenaria melanandra (Maxim.) Mattf. ex Hand-Mazz.(石竹科),*黑蕊蚤缀,大板山蚤缀*
黑蕊羊桃(高等图鉴)=黑蕊猕猴桃
黑蕊蚤缀(拉汉名称)=黑蕊无心菜
黑三棱(本草拾遗)=小黑三棱
黑三棱 Sparganium stoloniferum (Graebn.) Buch.-Ham. ex Juz.(黑三棱科),*不三棱,红蒲根,京三棱,三棱,萎根*
黑三棱科 Sparganiaceae
黑三棱属 Sparganium L.(黑三棱科)
黑桑 Morus nigra L.(桑科)
黑色鳞毛蕨(天目药志,蕨类图说)=黑足鳞毛蕨
黑色秋海棠 Begonia nigricans Bailey (秋海棠科)
黑色薹草 Carex fuliniginosa Schkuhr.(莎草科)
黑色铁角蕨 Asplenium adiantum-nigrum var. yuanum (Ching) Ching (铁角蕨科),*深山铁角蕨,中国黑色铁角蕨*
黑色血红杜鹃 Rhododendron sanguineum var. didymum (Balf.f. & Forr.) T.L.Ming(杜鹃花科)
黑色叶树(河北)=栾树
黑沙蒿(分类学报)=黑柔毛蒿
黑沙蒿 Artemisia ordosica Krasch.(菊科),*鄂尔多斯蒿,哈拉-沙巴嘎,沙蒿,陶森-西巴嘎,油蒿,油蒿,籽蒿*
黑莎草 Gahnia tristis Nees (莎草科),*大头茅草,硷草茅草,瘦狗母*
黑莎草属 Gahnia J.R. & G.Forst.(莎草科)
黑山寒蓬 Psychrogeton nigromontanus (Boiss. & Buhse) Griers.(菊科)
黑山核桃 Carya texana Bukl.(胡桃科)
黑山紫菀 Aster nigromontanus Dunn(菊科)
黑椹(本草蒙荃)=桑
黑升麻(贵州民间药物)=糙叶斑鸠菊
黑升麻(陕西中药名录)=升麻
黑升麻(中草药汇编)=美穗草
黑蓍草 Achillea atrata L.(菊科)
黑矢车菊 Centaurea nigra L.(菊科)
黑氏多穗兰 Polystachya hislopii Rolfe (兰科)
黑柿 Diospyros nitida Merr.(柿科)
黑舒盘(四川)=渐尖毛蕨
黑水翠雀花 Delphinium potaninii Huth(毛茛科)
黑水大戟 Euphorbia heishuiensis W.T.Wang(大

戟科)
黑水当归 Angelica amurensis Schischk.(伞形科),*朝鲜当归,叉子芹,宛儿芹*
黑水杜鹃(高等图鉴)=硬叶杜鹃
黑水华羽芥 Sinosophiopsis heishuiensis (W.T. Wang) Al-Shehbaz(十字花科)
黑水列当 Orobanche pycnostachya var. amurensis G.Beck(列当科)
黑水鳞毛蕨 Dryopteris amurensis Christ(鳞毛蕨科)
黑水菱 Trapa amurensis Flerov (菱科)
黑水柳 Salix heishuiensis N.Chao(杨柳科)
黑水葡萄(中草药汇编)=山葡萄
黑水薹草 Carex drymophila var. abbreviata (Kükenth.) Ohwi(莎草科)
黑水藤 Biondia insignis Tsiang(萝藦科),*黑骨藤*
黑水缬草 Valeriana amurensis Smir. ex Kom.(败酱科)
黑水亚麻 Linum amurense Alef.(亚麻科)
黑水岩茴香 Ligusticum ajanense (Regel) K.-Pol.(伞形科)
黑水银莲花 Anemone amurensis (Korxh.) Kom.(毛茛科)
黑水罂粟 Papaver nudicaule var. aquilegioides f. amurense (Busch) H.Chuang(罂粟科),*山大烟,野大烟*
黑蒴 Alectra arvensis (Benth.) Merr.(玄参科),*化血胆*
黑蒴属 Alectra Thunb.(玄参科)
黑松 Pinus thunbergii Parl.(松科),*日本黑松*
黑薮筋(峨眉山)=有柄观音座莲
黑苏(江苏)=紫苏
黑穗画眉草 Eragrostis nigra Nees ex Steud.(禾本科),*露水草*
黑穗黄芪 Astragalus melanostachys Benth. ex Bge.(豆科)
黑穗箭竹 Fargesia melanostachys (Hand.-Mazz.) Yi (禾本科)
黑穗茅 Stephanachne nigrescens Keng(禾本科)
黑穗莎草 Cyperus nigrofuscus L.K.Dai (莎草科)
黑穗薹草 Carex atrata L.(莎草科)
黑穗橐吾 Ligularia melanothyrsa Hand.-mazz.(菊科)
黑穗羊茅 Festuca tristis Kryl. & Ivan.(禾本科)
黑桫椤 Gymnosphaera podophylla (HK.) Cop.(桫椤科)
黑桫椤属 Gymnosphaera Bl.(桫椤科)
黑锁梅(图考)=红泡刺藤
黑塔子(四川)=乌柿
黑檀 Diospyros ebenasta Retz.(柿科),*乌木*
黑炭木(云南)=鹿角锥
黑藤(新华本草纲要)=巴豆藤
黑藤钻(广西)=巴戟天
黑头草(广空草药手册)=球花毛麝香
黑头草(广西中药志)=鳢肠
黑头草(云南富宁)=铁轴草
黑头草(云南思茅)=四方蒿
黑头草(云南通海)=毛萼香茶菜
黑头草(中草药汇编)=长节耳草
黑头灯心草 Juncus atratus Krock.(灯心草科)
黑头果(云南)=白花酸藤子
黑脱牛奶菜 Marsdenia medogensis P.T.Li (萝藦科)
黑王球 Copiapoa cinerea (Phill.) Britt. & Rose (仙人掌科)
黑威灵(云南思茅)=显脉旋覆花
黑薇(辽宁)=徐长卿
黑纹风梨(新拉汉英)=光萼荷
黑乌苞(湖南)=灰白毛莓
黑乌苞(湖南药物志)=无腺灰白毛莓
黑乌骨(四川中药志)=青蛇藤
黑乌骨(图考)=吊石苣苔
黑细辛(安徽)=安徽金粟兰
黑细辛(云南)=全缘金粟兰
黑细辛(云南中草药选)=丝穗金粟兰
黑瞎子白菜(吉林)=臭菘
黑瞎子果(长白山药志)=蓝靛果
黑瞎子芹(辽宁)=鸭巴前胡
黑纤维虾海藻 Phyllospadix japonica Makino (眼子菜科)
黑线梾木 Cornus melanosticta C.Y.Wu (山茱萸科)
黑腺唇柱苣苔 Chirita atroglandulosa W.T.Wang (苦苣苔科)
黑腺杜英 Elaeocarpus atro-punctatus H.T.Chang (杜英科)
黑腺鄂报春 Primula obconica subsp. nigroglandulosa (W.W.Sm. & Fletch.) C.M.Hu (报春花科)
黑腺虎耳草 Saxifraga nigroglandulosa Engl. & Irmsch. (虎耳草科)
黑腺美饰悬钩子 Rubus subornatus var. melanadenus Focke(蔷薇科)
黑腺珍珠菜 Lysimachia heterogenea Klatt(报春花科),*满天星*
黑香柴(陕甘宁青中草药选)=头花杜鹃
黑香柴(中国民族药志)=千里香杜鹃
黑香豌豆 Lathyrus niger Bernh (豆科)
黑香种草 Nigella sativa L.(毛茛科),*黑种草*
黑心(海南尖峰岭)=长圆叶新木姜子
黑心虎耳草(高等图鉴)=黑蕊虎耳草
黑心黄芩 Scutellaria nigrocardia C.Y.Wu & H. W.Li (唇形科)
黑心姜(广东,广西)=蓬莪
黑心解(云南丽江)=拟玉龙乌头
黑心解(云南丽江)=玉龙乌头
黑心金光菊 Rudbeckia hirta L.(菊科),*黑眼菊*
黑心蕨 Doryopteris concolor (Langsd & Fisch.) Kuhn (中国蕨科)
黑心蕨属 Doryopteris J.Sm.(中国蕨科)
黑心绿豆(云南)=云南拟单性木兰
黑心树(云南)=铁刀木
黑星樱(李惠林,台木本志)=腺叶桂樱
黑星紫金牛(台湾)=纽子果
黑须尾 Haworthia blackbeardiana v.Poelln.(百合科)
黑血藤(广药手册)=大果油麻藤
黑岩连(广西)=铁线蕨
黑眼菊(苏南植物手册)=黑心金光菊
黑眼菊(植物志 75)=金光菊
黑羊巴巴(云南昌宁)=羽萼木
黑阳参(滇南本草)=长蕊斑种草
黑杨 Populus nigra L.(杨柳科)
黑杨柳(云南)=细序柳
黑洋参(陕西)=全裂马先蒿
黑洋参(陕西中草药)=大卫氏马先蒿
黑药鹅观草 Roegneria melanthera (Keng) Keng (禾本科)
黑药黄(植物志 62)=獐牙菜
黑药老鹳草 Geranium melanandrum Franch.(牻牛儿苗科),*黑蕊老鹳草*
黑药欧石南 Erica melanthera L.(杜鹃花科)
黑叶菝葜 Smilax nigrescens Wang & Tang ex P.Y.Li(百合科),*铁丝灵仙*
黑叶冬青 Ilex melanophylla H.T.Chang(冬青科)
黑叶谷木 Memecylon nigrescens HK. & Arn.(野牡丹科)
黑叶角蕨 Cornopteris opaca (Don)Tagawa(蹄盖蕨科)
黑叶脚骨脆 Casearia membranacea f.nigrescens S.S.Lai (大风子科)
黑叶接骨草(海南志)=黑叶小驳骨
黑叶接骨草(中草彩色药图谱)=黑叶小驳骨
黑叶金星蕨 Parathelypteris nigrescens Ching ex Shing (金星蕨科)
黑叶爵床(中药大辞典)=黑叶小驳骨
黑叶毛蕨 Cyclosorus nigrescens Ching ex Shing (金星蕨科)
黑叶木蓝 Indigofera nigrescens Kurz ex King & Prain (豆科)
黑叶楠 Phoebe nigrifolia S.Lee & F. N.Wei(樟科)
黑叶蒲桃 Syzygium thumra (Roxb.) Merr. & Perry(桃金娘科)
黑叶琼楠(植物志 31)=纸叶琼楠
黑叶山柑 Capparis sabiaefolia HK.f. & Thoms.(山柑科)
黑叶树(河南)=栾树
黑叶小驳骨 Gendarussa ventricosa (Wall. ex Sims.) Nees(爵床科),*大驳骨,大驳骨,大驳骨丹,大驳骨消,大驳节,大还魂,大接骨草,黑叶接骨草,黑叶接骨草,黑叶爵床,救命王*
黑叶牙蕨 Pteridrys nigra Ching & C.H.Wang(叉蕨科)
黑叶芋 Alocasia chantrieri Hort.(天南星科)
黑叶锥 Castanopsis nigrescens Chun & Huang (壳斗科),*岩槠*
黑阴威(瑶族名)=艾
黑樱桃 Cerasus maximowiczii (Rupr.) Kom.(蔷薇科),*深山樱*
黑油果(云南)=滇白珠
黑油换(四川)=黄杞
黑榆 Ulmus davidiana Planch.(榆科),*山毛榆,东北黑榆,热河榆*
黑元参(滇南本草)=长蕊斑种草
黑缘千里光 Senecio dodrans C.Winkl.(菊科)
黑云杉 Picea mariana B.S.P.(松科)
黑枣(河北,河南,山东)=君迁子
黑藻 Hydrilla verticillata (L.f.) HK.f.(水鳖科),*水王孙*
黑藻属 Hydrilla Rich.(水鳖科)
黑楂子(陕西)=中华绣线梅
黑芝麻(三元延寿书,纲目)=芝麻
黑芝麻(四川)=鼬瓣花
黑芝麻(云南曲靖)=野西瓜苗
黑枝(广西)=蜡烛果
黑枝黄芪 Astragalus woldemari var. atrotrichocladus S.B.Ho(豆科),*黑枝线叶黄芪*
黑枝柳 Salix pella Schneid.(杨柳科)
黑枝线叶黄芪(植物研究)=黑枝黄芪
黑种草(新疆药志)=黑香种草
黑种草(新疆药志)=腺毛黑种草
黑种草 Nigella damascena L.(毛茛科)
黑种草属 Nigella L.(毛茛科)
黑种豇豆 Vigna stipulata Hay.(豆科)
黑轴凤丫蕨 Coniogramme robusta Ching(裸子蕨科),*黑秆凤丫蕨*
黑珠芽薯蓣 Dioscorea melanophyma Prain & Buekill (薯蓣科),*黑弹子*

黑猪鬃草(云南药用名录)=粉背蕨
黑竹(草木便方)=紫竹
黑竹(广东龙门)=摆竹
黑竹(云南盈江,瑞丽)=碟环慈
黑柱蒲公英(新)Taraxacum subcoronatum Tzvel.? (菊科)
黑锥栗(植物志 22)=疏齿锥
黑仔(四川宁南)=水晶棵子
黑籽荸荠 Heleocharis caribaea (Rottb.) Blake (莎草科)
黑籽落芒草 Oryzopsis racemosa (Smith) Richer (禾本科)
黑籽水蜈蚣 Kyllinga melanosperma Nees (莎草科)
黑籽针茅 Stipa melanosperma Presl.(禾本科)
黑籽重楼(新华本草纲要 15,Flora 24)=长药隔重楼
黑籽荸荠 Heleocharis geniculata (L) Roem. & Schult. (莎草科)
黑子赤爬 Thladiantha villosula var. nigrita A.M. Lu & Z.Y.Zhang(葫芦科)
黑子宽叶蔓豆(新) Glycine vracilis var. nigra-brunea Skv.? (豆科)
黑子野豌豆(新疆)=细叶野豌豆
黑紫灯心草 Juncus nigroviolaceus K.F.Wu(灯心草科)
黑紫花黄芪 Astragalus przewalskii Bge.(豆科)
黑紫兰 Nigritella nigra (L.) Rchb.f.(兰科)
黑紫兰属 Nigritella L.C.Rich.(兰科)
黑紫藜芦 Veratrum japonicum (Baker) Loes.f. (百合科),*日本藜芦,七厘丹*
黑紫龙胆 Gentiana atropurpurea T.N.Ho(龙胆科)
黑紫披碱草 Elymus atratus (Nevski) Hand-Mazz. (禾本科)
黑紫荛花 Wikstroemia leptophylla var. atroviolacea Hand.-Mazz. (瑞香科)
黑紫苏(江苏)=荔枝草
黑紫橐吾 Ligularia atroviolacea (Franch.) Hand.-Mazz. (菊科)
黑紫獐牙菜(植物志 62)=细辛叶獐牙菜
黑足金粉蕨 Onychium contiguum Hope(中国蕨科),*高山乌蕨*
黑足鳞毛蕨 Dryopteris fuscipes C.Chr.(鳞毛蕨科),*黑色鳞毛蕨,小叶山鸡尾巴草*
黑足蹄盖蕨 Athyrium nigripes (Bl.) Moore.(蹄盖蕨科),*矮脚蹄盖蕨,蓬莱蹄盖蕨*
黑嘴蒲桃 Syzygium bullockii (Hance) Merr. & Perry (桃金娘科)
嘿当杜(傣名)=长节珠
嘿良龙(傣语)=大果油麻藤
嘿吗野(中药大辞典)=七小叶崖爬藤

Hen

痕芋头(广东)=海芋
痕芋头花仁(生草药手册)=海芋

Heng

亨利报春(拉汉名称)=滇南报春
亨利茶藨子(经济植物手册)=华中茶藨子
亨利兜兰 Paphiopedilum henryanum Braem(兰科)
亨利凤尾蕨(蕨类图说)=狭叶凤尾蕨
亨利横蕨(蕨类图说)=鄂西介蕨
亨利黄檀(豆科图说)=蒙自黄檀
亨利假檬果(分类学报)=小花檬果樟
亨利酒饼簕(植物志 43-2)=薄皮酒饼簕
亨利落芒草(种子植物名称)=湖北落芒草
亨利马唐 Digitaria henryi Rendle (禾本科)
亨利莓(经济植物手册)=鸡爪茶
亨利木蓝(豆科图说)=长梗木蓝
亨利拟旱蕨(台湾志)=旱蕨
亨利槭(经济植物手册)=建始槭
亨利槭树(科学)=建始槭
亨利三毛草(种子植物名称)=湖北三毛草
亨利五加(植物分类学)=糙叶五加
亨利线蕨(蕨类图说)=矩圆线蕨
亨利绣线菊(经济植物手册)=翠蓝绣线菊
亨利野青茅(禾本科图说)=房县野青茅
亨利原始观音座莲 Archangiopteris henryi Christ & Gies.(观音座莲科),*鸡肢莲,马蹄蕨,小散血,大凤尾草,南山鸡*
亨氏地黄连(分类学报)=矮陀陀
亨氏红豆(中大学报)=花榈木
亨氏老虎兰 Stanhopea hernandezii (Kth.) Schltr. (兰科)
亨氏马先蒿 Pedicularis henryi Maxim.(玄参科),*凤尾参,江南马先蒿*
亨氏槭(华北经济志要)=建始槭
亨氏蔷薇(广州志)=软条七蔷薇
亨氏省藤 Calamus hendersonii Ftdo.(棕榈科)
亨氏薹草 Carex henryi C.B.Clarke ex Franch. (莎草科)
恒春半插花 Hemigraphis primulifolia (Nees) F.-Vill.(爵床科),*氢春半插花*
恒春茶竿竹(竹种类及栽培)=内门竹
恒春齿唇兰(台湾兰科图志)=恒春银线兰
恒春风藤(台湾)=恒春胡椒
恒春钩藤 Uncaria lanosa f. setiloba (Benth.) Ridsd (茜草科)
恒春厚朴(植物志 30-1)=恒春拟单性木兰
恒春胡椒 Piper kawakamii Hay.(胡椒科),*恒春风藤*
恒春黄槿(植物大辞典)=桐棉
恒春火麻树 Dendrocnide meyeniana f.subglabra (Hay.) Chew(荨麻科),*恒春咬人狗*
恒春姜 Zingiber koshunense C.T.Moo(姜科)
恒春金线莲(台湾兰科植物,台兰科图鉴)=恒春银线兰
恒春冷水麻(台湾志)=石筋草
恒春拟单性木兰 Parakmeria kachirachirai (Kanehira & Yamamoto) Law (木兰科),*恒春厚朴,乌心石舅*
恒春蒲桃 Syzygium kusukusense (Hay.) Mori (桃金娘科)
恒春山药(台湾)=薯莨
恒春石斑木(新)Raphiolepis indica var. hiiranensis (Kanehira) Li(蔷薇科),*石斑木恒春变种*
恒春石豆兰(台兰科图鉴)=赤唇石豆兰
恒春台湾枇杷(新)Eriobotrya deflexa f. koshunensis (Kanehira & Sasaki) Li(蔷薇科),*台湾枇杷恒春变型*
恒春铁苋菜 Acalypha matsudai Hay.(大戟科)
恒春线柱兰(台兰科图鉴)=芳线柱兰
恒春羊耳蒜 Liparis grossa Rchb.f.(兰科)
恒春杨梅(植物志 21)=青杨梅
恒春咬人狗(台湾志)=恒春火麻树
恒春咬人狗(台湾志)=咬人狗
恒春野百合(台湾志)=圆叶猪屎豆
恒春野茉莉(台湾志)=台北安息香
恒春银线兰 Anoectochilus koshunensis Hay.(兰科),*恒春金线莲,高雄金线莲,恒春齿唇兰*
恒春锥栗(台湾)=印度锥
恒河山绿豆(海南志)=大叶山蚂蝗
恒山(敦煌新修残卷)=常山
恒山早熟禾 Poa hengshanica Keng ex L.Liu(禾本科)
横杯草(安徽)=中国野菰
横柴(浙江药志)=木荷
横断山凤仙花 Impatiens hengduanensis Y.L. Chen (凤仙花科)
横断山景天 Sedum hengduanense K.T.Fu(景天科)
横断山马唐 Digitaria hengduanensis L.Liou(禾本科)
横缟彩叶凤梨 Neoregelia zonata L.B.Sm.(凤梨科),*紫纹凤梨*
横根费菜(内蒙志)=堪察加费菜
横果薹草 Carex transvesa Boott(莎草科)
横经席(广西)=薄叶胡桐
横茎假冷蕨(分类学报)=睫毛假冷蕨
横蕨(浙江)=华中介蕨
横蕨属(蕨类图说)=**介蕨属**
横脉荚蒾 Viburnum trabeculosum C.Y.Wu ex Hsu(忍冬科)
横蒴苣苔 Beccarinda tonkinensis (Pellegr.) Burtt (苦苣苔科)
横蒴苣苔属 Beccarinda Kuntze (苦苣苔科)
横纹薹草 Carex nugata Ohwi(莎草科)
横县杜鹃 Rhododendron linearicupulare Tam (杜鹃花科),*线萼杜鹃*
横县琼楠 Beilschmiedia henghsienensis S.Lee & Y.T.Wei (樟科)
横斜紫菀 Aster hersileoides Schneid.(菊科)
横须加剧蹄盖蕨(蕨类图说)=禾秆蹄盖蕨
横叶橐吾 Ligularia transversifolia Hand.-Mazz. (菊科)
横枝竹 Indosasa patens C.D.Chu & C.S.Chao (禾本科)
衡山荚蒾 Viburnum hengshanicum Tsiang & Hsu(忍冬科)
衡山金丝桃 Hypericum hengshanense W.T. Wang (藤黄科)
衡山箬竹 Indocalamus longiauritus var. hengshanensi H.R.Zhao & Y.L.Yang(禾本科)
衡山蹄盖蕨(蕨类形态)=长柄蹄盖蕨
衡州乌药(植物志 30-1)=樟叶木防已

Hong

烘浪碗(新华本草纲要)=单叶吴萸
红艾(广东)=益母草
红艾(四川,云南)=萎蒿
红艾(云南)=艾
红八角莲(云南植物名录)=厚叶秋海棠
红白忍冬 Lonicera japonica var. chinensis (Wats.) Bvak. (忍冬科)
红白药(广东)=管花怪兜铃
红百合(日华子本草)=渥丹
红稗(滇南本草)=浆果薹草
红稗子(植物志 12)=浆果薹草
红斑卷瓣兰 Bulbophyllum melanoglossum var. rubropunctatum S.S.Ying(兰科)
红斑兰(台湾兰科植物,台兰科图鉴)=白花红门兰
红斑盆距兰 Gastrochilus fuscopunctatus (Hay.) Hay.(兰科),*红斑松兰*
红斑山姜 Alpinia rubromaculata S.Q.Tong(姜科)
红斑松兰(台湾兰)=红斑盆距兰
红半夏(红河中草药)=五彩芋
红半夏(曲靖,昆明,富沅,西畴)=象头花
红半夏(云南思茅)=岩芋
红瓣虎耳草 Saxifraga ludlowii H.Sm.(虎耳草

科)
红蚌兰花(广部中草药手册)=紫万年青
红包谷(四川峨眉)=花南星
红苞光萼荷 Aechmea bracteata (Swartz) Griseb.(凤梨科)
红苞距药姜 Cautleya spicata (Smith) Bak.(姜科)
红苞茅 Hyparrhenia rufa (Nees) Stapf(禾本科)
红苞木(植物志 35-2)=红花荷
红苞树萝卜 Agapetes rubrobracteata R.C.Fang & S.H.Huang(杜鹃花科)
红苞蹄盖蕨 Athyrium nakanoi Makino(蹄盖蕨科),*毛轴蹄盖蕨,独龙江蹄盖蕨*
红苞喜林芋 Philodendron erubescens C.Koch & Augustin (天南星科)
红宝石番红花 Crocus tomasinianus var. rubygiant Hort.(鸢尾科)
红宝石帕洛梯 Protea compacta R.Br.(山龙眼科)
红北极果 Arctous ruber (Rehd. & Wils.) Nakai (杜鹃花科),*天栌,当年枯*
红贝克斯 Banksia coccinea R.Br.(山龙眼科)
红背大黄(拉汉名称)=红脉大黄
红背杜鹃 Rhododendron rufescens Franch.(杜鹃花科)
红背耳叶马蓝 Perilepta dyeriana (Mast.) Bremek.(爵床科),*红背马蓝*
红背桂(中草药汇编)=红背桂花
红背桂花 Excoecaria cochinchinensis Lour.(大戟科),*红背桂,叶背红,金锁玉*
红背果(海南)=一点红
红背栲 Castanopsis neocaraleriei C.Amus (壳斗科),*红背甜槠*
红背兰(广西)=大叶金牛
红背马蓝(高等图鉴)=红背耳叶马蓝
红背山麻杆 Alchornea trewioides (Benth.) Muell. Arg. (大戟科),*红背叶,红罗裙,红帽娘*
红背丝绸(广西药用名录)=苦郎藤
红背酸藤(广西)=酸叶胶藤
红背甜槠(植物志 22)=甜槠
红背甜槠 Castanopsis neocavaleriei A.Camus (壳斗科)
红背甜槠(新拉汉英)=红背栲
红背兔儿风 Ainsliaea rubrifolia Franch.(菊科)
红背叶(广东,广西)=红背山麻杆
红背叶(贵州)=一点红
红背叶羊蹄甲 Bauhinia rubro-villosa K. & S.S. Larsen (豆科)
红背槠(台湾)=栲
红萆薢(云南)=长托菝葜
红萆薢(云南)=无刺菝葜
红边(广西药用名录)=裂叶秋海棠
红边扁莎 Pycreus sanguinolentus f. rubromarginatus (Schrenk) L.K.Dai (莎草科)
红边肖竹芋 Calathea roseopicta Rgl.(竹芋科)
红边竹 Phyllostachys rubromarginata McClure (禾本科)
红边竹蕉(新拉汉英)=缘叶龙血树
红扁藤(新华本草纲要)=闽赣葡萄
红冰花 Lampranthus aureus (L.) N.E.Br.(番杏科),*美丽日中花*
红柄白鹃梅 Exochorda giraldii Hesse(蔷薇科),*纪氏白鹃梅*
红柄白鹃梅绿柄变种(植物志 36)=绿柄白鹃梅
红柄凤尾蕨 Pteris scabristripes Tagawa ?(凤尾蕨科)
红柄厚壳桂 Cryptocarya tsangii Nakai(樟科),*怀德厚壳桂*
红柄柳 Salix wangiana var. tibetica C.Wang (杨柳科)
红柄木犀 Osmanthus armatus Diels(木犀科)
红柄欧亚槭 Acer pseudoplatanus f. worleei Rosenthal (槭树科)
红柄蹄盖蕨 Athyrium erythropodum Hay.(蹄盖蕨科)
红柄雪莲 Saussurea erubescens Lipsch.(菊科)
红波罗花 Incarvillea delavaryi Bur. & Franch.(紫葳科),*鸡肉参,土地黄,波罗花,红花角蒿,红罗卜花*
红薄溶(四川屏山)=血盆草
红哺鸡竹 Phyllostachys iridescens C.Y.Yao & S.Y.Chen (禾本科),*红壳竹*
红布纱(福建)=美丽胡枝子
红菜(台湾)=红凤菜
红菜头(植物志 25-2)=紫菜头
红参(湖北)=土人参
红参(江西)=野豇豆
红草(广东)=锦绣苋
红草(郭璞注:尔雅)=红蓼
红草果(植物志 16-2)=草果
红簕(广东)=广东簕柊
红茶藨子 Ribes rubrum L.(虎耳草科),*红醋栗,红果茶藨,欧洲红穗醋栗*
红茶菜(纲目)=渥丹
红茶花(分类草药性)=山茶
红柴(江苏)=荻
红柴(四川中药志)=苏木
红柴(台湾志)=台湾米仔兰
红柴胡(陕西)=银州柴胡
红柴胡(陕西)=锥叶柴胡
红柴胡 Bupleurum scorzonerifolium Willd.(伞形科),*柴胡,韭叶柴胡,南柴胡,软柴胡,软苗柴胡,细叶柴胡,狭叶柴胡,香柴胡,小柴胡,芽胡*
红柴枝 Meliosma oldhamii Maxim.(清风藤科),*南京珂楠树*
红车轴草 Trifolium pratense L.(豆科),*红花车子,红花苜蓿,红三叶,红菽草,金花菜,三叶草,戏荷兰翘摇*
红陈艾(广西)=南艾蒿
红陈艾(四川)=蒌蒿
红齿蝇子草 Silene phoenicodonta Franch.(石竹科)
红赤葛(四川中草药)=三裂蛇葡萄
红翅槭(广西桂林)=亮叶槭
红翅槭(静生汇报)=罗浮槭
红翅莎草 Cyperus pangorei Rottb.(莎草科)
红椆(海南)=杏叶柯
红椆栗(云南)=短刺锥
红椽椆(广东)=罗浮锥
红椽木子(陆川本草)=罗浮锥
红椿 Toona ciliata Roem.(楝科),*赤昨工,红楝子,双翅香椿*
红椿树(云南耿马)=紫椿
红唇莪白兰(海南志)=红唇鸢尾兰
红唇马达加斯加兰 Cymbidiella rhodochila (Rolfe) Rolfe (兰科)
红唇虾脊兰 Calanthe rubens Ridl.(兰科)
红唇隐柱兰(台兰科图鉴)=隐柱兰
红唇玉凤花(海南志)=橙黄玉凤花
红唇鸢尾兰 Oberonia rufilabris Lindl.(兰科),*红唇莪白兰*
红慈菇(草药汇编)=荸荠
红刺凤梨 Aechmea organensis Wawra (凤梨科)
红刺玫(陕西)=粉团蔷薇
红刺泡(滇南本草-整理本)=红泡刺藤
红刺苔(贵州)=红腺悬钩子
红刺桐(浙江中草药)=棘茎楤木
红刺卫矛 Euonymus rhodacanthus Pitard.(卫矛科)
红刺悬钩子 Rubus rubrisetulosus Card.(蔷薇科)
红刺棕榈 Acanthophoenix rubra H.Wendl.(棕榈科)
红葱(植物志 14)=楼子葱
红葱 Eleutherine plicata Herb.(鸢尾科),*小红蒜*
红葱属 Eleutherine Herb.(鸢尾科)
红楤木(金华中草药选)=棘茎楤木
红粗毛杜鹃(云南志)=红粘毛杜鹃
红酢浆草 Oxalis oregana Nutt.(酢浆草科)
红醋栗(拉汉名称)=红茶藨子
红鞑靼槭 Acer tataricum f. rubrum Schwer.(槭树科)
红大戟 Knoxia valerianoides Thorel ex Pitard (茜草科),*红芽戟,紫大戟,广大戟,南大戟,假红芽大戟*
红大丽花 Dahlia coccinea Cav.(菊科)
红大麻子(药材学)=蓖麻
红大岖藤(文山中草药)=冷饭藤
红丹(海南)=红毛山楠
红丹参(湖北)=丹参
红丹参(陕西中草药)=长冠鼠尾草
红丹参(四川)=橙色鼠尾草
红胆(贵州植物图鉴)=虎舌红
红旦木(广西)=华南青皮木
红淡(台湾志)=台湾杨桐
红淡比 Cleyera japonica Thunb.(山茶科),*杨桐*
红淡比属 Cleyera Thunb.(山茶科)
红党参(本草从新)=明党参
红倒钩簕(广东,广西)=两面针
红灯笼(广东,广西)=白花灯笼
红地胆(桂林)=黄埔鼠尾
红地榆(湖南药物志)=地榆
红地榆(四川)=柔毛委陵菜
红地毯(高等图鉴)=虎舌红
红蒂蛇(中药辞海)=阔叶猕猴桃
红点百合 Lilium rubellum Baker (百合科)
红点杜鹃 Rhododendron tanastylum var. lingzhiense Fang f.(杜鹃花科),*林芝杜鹃,红点杜鹃花*
红点杜鹃花(新拉汉英)=红点杜鹃
红靛(文山中草药)=血苋
红靛(云南文山)=毛萼鞘蕊花
红吊榀(中药辞海)=毛桐
红丁木(四川盐边)=土连翘
红丁香 Syringa villosa Wahl.(木犀科),*沙树,香多罗*
红钉藤(贵州民间药物)=短尾铁线莲
红顶草(新拉汉英)=巨序剪股颖
红顶果(云南)=蛇莓
红顶珠(贵州草药)=鞭打绣球
红冬蛇菰 Balanophora harlandii HK.f.(蛇菰科)
红冻(湖北)=冻绿
红豆(纲目)=赤小豆
红豆(广东)=相思子
红豆(广州)=赤豆
红豆(黑龙江)=越桔
红豆(蒙名)=沙枣
红豆(四川中草药)=红豆树
红豆(植物志 39)=海红豆
红豆(植物志 41)=豇豆

红豆草(云南中草药)=鞭打绣球
红豆果树属(祁天锡-科学杂志)=**红果树属**
红豆蔻 Alpinia galanga (L.) Willd.(姜科),*大高良姜,大良姜,山姜,良姜,红蔻,廉姜*
红豆七(云南龙陵)=大花青藤
红豆杉 Taxus wallichiana var. chinensis (Pilg.) Florin (红豆杉科),*卷柏,扁柏,红豆树,观音杉*
红豆杉科 Taxaceae
红豆杉属 Taxus L.(红豆杉科)
红豆树(贵州)=秃叶红豆
红豆树(湖北宜恩)=红豆杉
红豆树(云南)=花榈木
红豆树 Ormosia hosiei Hemsl. & Wils.(豆科),*何氏红豆,鄂西红豆,江阴红豆,红豆*
红豆属 Ormosia Jacks.(豆科)
红毒茴(中草药汇编)=红茴香
红毒茴 Illicium lanceolatum A.C.Sm.(木兰科),*八角茴,大茴,红茴香,黄楠,莽草,闷痛香,蒙董香,木蟹,木蟹柴,披针叶茴香,山桂花,山木蟹,铁苦散,土大茴,香蟹,野八角*
红独角莲(广西)=七叶一枝花
红杜仲(广西)=杜仲藤
红杜仲(广西)=少花腰骨藤
红杜仲藤(广西)=帘子藤
红杜仲藤(植物志 63)=华南杜仲藤
红短檐苣苔 Tremacron rubrum Hand.-Mazz.(苦苣苔科)
红对节子(四川中药志)=桦叶荚蒾
红萼茶藨子 Ribes rubrisepalum L.T.Lu (虎耳草科)
红萼齿唇兰 Anoectochilus clarkei (HK.f.) Seidenf (兰科)
红萼杜鹃 Rhododendron meddianum Forr.(杜鹃花科)
<u>红萼堇菜 Viola rhodosepala Kitag.(堇菜科)</u>
红萼毛茛 Ranunculus rubrocalyx Rgl. ex Kom. (毛茛科)
红萼女娄菜(西藏志)=红萼蝇子草
红萼水东哥 Saurauia rubricalyx C.F.Liang & Y.S.Wang (猕猴桃科)
红萼藤黄 Garcinia rubrisepala Y.H.Li(藤黄科)
红萼崖豆 Millettia erythrocalyx Gagn.(豆科)
红萼银莲花 Anemone smithiana Lauener & Panigrahi (毛茛科)
红萼蝇子草 Silene rubricalyx (Marq.) Bocquet (石竹科),*红萼女娄菜*
红萼月见草(经济植物手册)=黄花月见草
红番苋(福建中草药)=红凤菜
红繁荣昌盛麻(湖北)=大落新妇
红饭豆(增订伪药条辨)=赤豆
红饭藤(浙江草药)=糯米团
红肺筋(四川)=血盆草
红粉白珠 Gaultheria hookeri C.B.Clarke(杜鹃花科)
红蜂花(思茅中草药)=虾子花
红凤菜 Gynura bicolor (Willd.) DC.(菊科),*白背三七,观音苋,红菜,红番苋,红毛番,红玉菜,金枇杷,两色三七草,木耳菜,石头菜,血皮菜,血匹菜,玉枇杷,紫背天葵*
红麸杨 Rhus punjabensis var. sinica (Diels)Rehd. & Wils.(漆树科),*漆倍子,倍子树,旱倍子*
红敷地发 Phyllagathis elattandra Diels(野牡丹科),*石发,石莲*
红浮漂(贵州方药集)=满江红
红浮飘(四川中药志)=满江红
红浮萍(分类草药性,四川中药志)=满江红
红妇娘木(高等图鉴)=毛桐
红盖鳞毛蕨 Dryopteris erythrosora (Eaton) O. Ktze. (鳞毛蕨科)
红杆蒿(河北)=光沙蒿
红杆水龙骨 Polypodiodes amoena var. duclouxi (Christ) Ching(水龙骨科)
红杆一棵蒿(云南保山)=铁轴草
红秆凤尾蕨 Pteris amoena Bl.(凤尾蕨科)
红秆凤丫蕨 Coniogramme rubescens Ching & Shing (裸子蕨科)
红秆岗(植物志 10-2)=胭脂红
红葛(树木分类学)=地锦
红根(东北)=山刺玫
红根(湖南)=南丹参
红根(四川)=丹参
红根(云南巧家)=荞麦地鼠尾草
红根(云南文山)=红根南星
红根草(Flora 17)=黄埔鼠尾
红根草(甘肃菌痢治疗)=草地老鹳草
红根草(桂林)=黄埔鼠尾
红根草(图考,植物志 49-1)= 星宿菜
红根草(云南富宁)=鸡脚参
红根草 Salvia prionitis Hance (唇形科)
红根赤参(四川)=丹参
红根红参(江苏)=丹参
<u>红根花 Agalmyla parasitica O.Kuntze (苦苣苔科)</u>
红根毛倒提壶(云南中草药)=见霜黄
红根南星 Arisaema calcareum H.Li(天南星科),*红根,长虫包谷,小独角莲,见血飞,山磨芋,野磨芋*
红根叶(中草药汇编)=利黄藤
红根子(江西吉安)=黄埔鼠尾
红梗草(滇南本草)=异叶泽兰
红梗草(江西草药)=小叶三点金
红梗豺狼舌头草(浙江昌化)=刺蓼
红梗楠 Phoebe rufescens H.W.Li(樟科)
红梗润楠 Machilus rufipes H.W.Li(樟科)
红梗山茱萸(中药大辞典)=毛梾
红梗玉米膏(河北)=益母草
红梗越桔 Vaccinium ardisioides HK.f. ex C.B. Clarke (杜鹃花科)
红汞藤(广西那坡)=翅子罗汉果
红沟苏(广东)=紫苏
红狗杆木(广西)=毛茎
红枸(现代实用中药)=南天竹
红姑娘(东北,河北)=锦灯笼
红姑娘(贵州)=酸浆
红姑娘(群芳谱)=苦瓜
红骨草 Lindernia mollis (Benth.) Wetts.(玄参科),*细骨母草*
红骨丹(福建中草药)=鸡眼草
红骨蛇(台木本志)=日本南五味子
红骨竹仔菜(福建药志)=吊竹梅
红瓜 Coccinia grandis (L.) Voigt(葫芦科)
红瓜属 Coccinia Wight & Arn.(葫芦科)
红关边莲(广西药用名录)=粗喙秋海棠
<u>红观音兰 Tritonia crocata var. miniata Baker (禾本科)</u>
红冠姜 Zingiber roseum (Roxb.) Rosc.(姜科)
红冠紫菀 Aster handelii Onno(菊科)
红管药(中药志 74)=三脉紫菀
红光树 Knema furfuracea (HK.f. & Thoms.) Warb. (肉豆蔻科),*埋好迈,叭佳,梭勒帕莫*
红光树属 Knema Lour.(肉豆蔻科)
<u>红光郁金香 Tulipa oculussolis St.Amans.(百合科)</u>
红广菜(贵州榕江,剑河,镇远)=野芋
<u>红鬼槭 Acer diabolicum var. purpurascens (Franch. & Sav.) Rehd.(槭树科)</u>
红桂木(云南)=桂木
红果(河北)=山里红
红果菝葜 Smilax polycolea Warb.(百合科)
红果薄柱草 Nertera depressa Baks & Soland. ex J.Gaertn. (茜草科)
红果参(贵州)=长叶轮钟草
红果草(高等图鉴)=艾堇
红果茶藨(果树分类学)=红茶藨子
红果臭山槐(河北)=花楸树
<u>红果刺柏 Juniperus pinchotii Sudw.(柏科)</u>
红果当归(药学学报)=疏叶当归
红果钓樟(高等图鉴)=红果山胡椒
红果冬青(峨眉图志)=珊瑚冬青
红果对叶榕 Ficus hispida var. rubra Corner(桑科)
红果果(云南)=钮子瓜
红果果(植物志 44-2)=粗糠柴
红果胡椒 Piper rubrum C.DC.(胡椒科)
红果黄鹌菜 Youngia erythrocarpa (Vant.) Babcock & Stebbins(菊科)
红果黄精(青藏图鉴,中药志)=轮叶黄精
红果黄肉楠 Actinodaphne cupularis (Hemsl.) Gamble (樟科),*红树,小楠木,凉药,红果楠*
红果黄檀 Dalbergia tsoi Merr. & Chun(豆科),*红果檀,左氏黄檀*
红果樫木 Dysoxylum binectariferum (Roxb.) HK.f. ex Bedd.(楝科),*红罗,山罗*
红果类叶升麻 Actaea erythrocarpa Fisch.(毛茛科)
<u>红果冷杉 Abies magnifica A.Murr.(松科),*加州红冷杉*</u>
红果龙葵 Solanum villosum Mill.(茄科),*矮株龙葵,雪山茄,红葵*
红果罗浮槭 Acer fabri var. rubrocarpum Metc. (槭树科)
红果楠(贵州草药)=红果黄肉楠
<u>红果欧亚槭 Acer pseudoplatanus f. erythrocarpum Carr.(槭树科)</u>
红果蒲公英 Taraxacum erythrospermum Andrz. (菊科)
红果樫木(台湾志)=台湾樫木
红果沙拐枣 Calligonum rubicundum Bge.(蓼科)
红果沙(滇南本草)=浆果薹草
红果山胡椒 Lindera erythrocarpa Makino(樟科),*钓樟,丁丁黄,光狗棍,红果钓樟,枪,乌樟,小叶甘橿,野樟树,豫,詹糖香*
红果山珊瑚(五省一市名录)=血红肉果兰
<u>红果十大功劳 Mahonia haematocarpa (Wooton) Fedde (小檗科)</u>
红果树(云南)=榄绿红豆
红果树(云南金平)=山楝
红果树 Stranvaesia davidiana Dcne.(蔷薇科),*斯脱兰威木*
红果树波叶变种(植物志 36)=波叶红果树(新)
红果树柳叶变种(植物志 36)=柳叶红果树
红果树属 Stranvaesia Lindl.(蔷薇科),*红豆果树属,斯脱木属,斯脱兰木属,司托郎氏木属,斯脱兰威木属*
红果水东哥 Saurauia erythrocarpa C.F.Liang & Y.S. Wang (猕猴桃科),*红马耳,大木钩*
红果松(吉林)=红松
红果檀(海南志)=红果黄檀
红果藤(云南)=灯油藤

红果铜钱叶小檗 Berberis nummularia var. pyrocarpa Schneid.(小檗科)

红果悬钩子 Rubus erythrocarpus Yü & Lu (蔷薇科)

红果野牡丹(台湾)=厚距花

红果榆 Ulmus szechuanica Fang (榆科),*明陵榆*

红果越桔 Vaccinium hirtum Thunb.(杜鹃花科)

红果仔 Eugenia uniflora L.(桃金娘科) ,*毕当茄*

红果子(贵州)=野山楂

红孩儿(贵州方药集)=昌感秋海棠

红孩儿(陕西中草药)=抱茎蓼

红孩儿(四川)=地桃花

红孩儿(图考)=裂叶秋海棠

红孩儿(浙江,江西)=薯莨

红孩儿 Begonia palmata var. bowringiana (Champ. ex Benth.) J.Golding & C.Kareg. (秋海棠科),*裂叶秋海棠*

红海椒(高等图鉴,中草药汇编)=辣椒

红海兰 Rhizophora stylosa Griff.(红树科),*鸡爪榄,厚皮*

红旱莲(江西,宁夏)=黄海棠

红旱莲(浙江)=元宝草

红蒿枝(红河中草药)=杯菊

红耗儿(云南中草药)=云南秋海棠

红禾麻(贵州草药,贵州中草药名录)=珠芽艾麻

红河橙 Citrus hongheensis Ye et al.(芸香科),*阿蕾*

红河蝶兰(云南植物研究)=尖囊兰

红河冬青 Ilex manneiensis S.Y.Hu(冬青科)

红河鹅掌柴 Schefflera hoi (Dunn) Vig.(五加科)

红河木姜子 Litsea honghoensis Liou(樟科),*文山木姜子*

红河山壳骨 Pseuderanthemum teysmanni Ridl. (爵床科)

红河酸蔹藤 Ampelocissus hoabinhensis C.L.Li (葡萄科)

红河崖豆 Millettia cubitti Dunn(豆科),*巴莫崖豆藤*

红褐鳞毛蕨 Dryopteris rubrobrunnea W.M.Chu (鳞毛蕨科)

红褐柃 Eurya rubiginosa H.T.Chang(山茶科)

红褐毛变种(植物志 66)=红褐毛鼠尾草(新)

红褐毛鼠尾草(新)Salvia przewalskii var. rubrobrunnea C.Y.Wu(唇形科),*红褐毛变种*

红褐秋海棠 Begonia fusca Liebm.(秋海棠科)

红黑二丸(神农架中草药)=中华秋海棠

红黑二丸子(陕西中草药)=秋海棠

红红秋海棠 Begonia scharffii HK.f.(秋海棠科)

红喉崩(中草药汇编)=华南杜仲藤

红后竹 Phyllostachys rubicunda Wen (禾本科),*安吉水胖竹,华东水竹*

红厚壳 Calophyllum inophyllum L.(藤黄科),*胡桐,琼崖海棠树,海棠木,海棠果,君子树,呀拉菩*

红厚壳属 Calophyllum L.(藤黄科)

红狐茅(新拉汉英)=紫羊茅

红胡豆七(中草药汇编)=齿叶费菜

红槲栎 Quercus rubra L.(壳斗科)

红蝴蝶(广西)=罗浮槭

红蝴蝶(广州)=大花田菁

红虎刺(中药大辞典)=楤木

红虎耳草 Saxifraga sanguinea Franch.(虎耳草科),*松吉斗*

红花 Carthamus tinctorius L.(菊科),*白平子,刺红花,豆撼,古日吉木,红蓝,红蓝花,黄蓝*

红花矮陀陀(云南)=马利筋

红花艾(福建,广东,江西)=益母草

红花安纳士树(中大学报)=厚叶茶梨

红花八角(台湾志)=台湾八角

红花八角 Illicium dunnianum Tutch.(木兰科),*野八角,山八角,樟木钻,石莽草*

红花巴尔干百合 Lilium carniolicum Bernhardi & Koch (百合科)

红花斑叶兰 Goodyera grandis (Bl.) Bl.(兰科),*长苞斑叶兰,毛苞斑叶兰*

红花伴兰(台兰科图鉴)=白肋翻唇兰

红花报春(拉汉名称)=番红报春

红花比利牛斯百合 Lilium pyrenaicum var. rubrum hort. Marshall (百合科)

红花碧桃 Amygdalus persica f. rubro-plena Schneid.(蔷薇科)

红花变豆菜 Sanicula rubriflora Fr.Schmidt(伞形科)

红花变种(植物志 65-2,Flora 17)=假具苞铃子香

红花菜(图考)=紫云英

红花菜豆(植物志 41)=荷包豆

红花草(江西草药)=紫云英

红花草(陕西)=罗布麻

红花茶藨子(树木分类学)=长序茶藨子

红花长叶假糙苏(新)Paraphlomis lanceolata var. subrosea Hand.-Mazz.(唇形科),*红花变种*

红花朝鲜垂柳 Salix pseudolasiogyne var. erythrantha C.F.Fang(杨柳科)

红花车子(湖北)=红车轴草

红花除虫菊 Pyrethrum coccineum (Willd.) Worosch. (菊科)

红花垂头菊 Cremanthodium farreri W.W.Sm. (菊科)

红花酢浆草 Oxalis corymbosa DC.(酢浆草科),*大酸味草,铜锤草,南天七,紫花酢浆草,多花酢浆草,大老鸦酸,地麦子,大咸酸甜草,水酸芝*

红花大唇马先蒿(新)Pedicularis megalochila var. megalochila f. rhodantha Tsoong(玄参科),*大唇马先蒿大唇变种红花变型*

红花大岩桐 Sinningia cardinalis H.E.Moore (苦苣苔科)

红花倒血莲(湖南)=赪桐

红花地丁(云南)=苦远志

红花点草(海南)=少毛紫麻

红花点地梅(新华本草纲要)=景天点地梅

红花豆(高等图鉴)=牯岭野豌豆

红花杜鹃(西藏中草药)=粉红树形杜鹃

红花杜鹃(中草药学)=杜鹃

红花杜鹃 Rhododendron sapnotrichum Balf.f. & W.W.Sm. (杜鹃花科)

红花鹅掌柴 Schefflera rubriflora Tseng & Hoo (五加科)

红花粉叶报春(高等图鉴)=粉报春

红花凤仙 Impatiens exilipes HK.f.(凤仙花科)

红花伽蓝菜 Kalanchoe flammea Stapf (景天科)

红花高盆樱桃 Cerasus cerasoides var. rubea (C. Ingram) Yü & Li(蔷薇科),*西府海棠*

红花隔距兰 Cleisostoma williamsonii (Rchb.f.) Garay (兰科)

红花鬼点灯(广西)=广东大青

红花合头菊 Syncalathium roseum Ling(菊科)

红花荷 Rhodoleia championii HK.f.(金缕梅科),*红苞木*

红花荷属 Rhodoleia Champ.(金缕梅科)

红花红椒(高等图鉴补编)=厚叶茶梨

红花虎眼万年青 Ornithogalum splendens L.(百合科)

红花花(图考)=紫云英

红花槐 Sophora rubriflora Tsoong (豆科)

红花还阳参 Crepis lactea Lipsch.(菊科)

红花灰叶(豆科图说)=灰毛豆

红花火绒草 Leontopodium roseum Hand.-Mazz. (菊科)

红花鸡距草(广东)=地锦苗

红花姬旋花 Merremia similis Elmer(旋花科)

红花棘豆 Oxytropis rosea Bge. (豆科)

红花寄生 Scurrula parasitica L.(桑寄生科),*柏寄生,冰粉树,蠹心宝,寄生,寄生草,寄生树,寄屑,茑,茑木,柠檬寄生,桑寄生,桑上寄生,桃木寄生,宛童,油茶寄生,寓木*

红花檵木 Loropetalum chinense var. rubrum Yieh (金缕梅科)

红花加拿大百合 Lilium canadense var. coccineum Pursh (百合科)

红花夹竹桃(广州)=夹竹桃

红花疆罂粟 Roemeria refracta (Stev.) DC.(罂粟科),*红勒米花,裂叶罂粟*

红花角蒿(丽江)=红波罗花

红花角蒿(丽江)=鸡肉参

红花金花果(西双版纳傣药志)=佛肚树

红花金铃(新拉汉英)=红银叶花

红花金丝桃 Triadenum japonicum (Bl.) Makino (藤黄科),*地耳草*

红花金丝桃属(科属检索表,科属辞典)=**三腺金丝桃属**

红花金银忍冬 Lonicera maackii var. erubescens Rehd. (忍冬科)

红花金银藤(广西药用名录)=茎花来江藤

红花锦鸡儿 Caragana rosea Turcz. ex Maxim (豆科),*金雀儿,.黄枝条,乌兰-哈日嘎纳,金雀花*

红花韭 Allium rubens Schred. ex Willd.(百合科)

红花瞿麦(中药大辞典)=瞿麦

红花科雷兰 Cleistes rosea Lindl.(兰科)

红花空茎驴蹄草(植物志 37)=空茎驴蹄草

红花苦参 Sophora flavescens var. galegoides (Pall.) DC. (豆科)

红花苦豆子(新疆)=苦马豆

红花栝楼 Trichosanthes rubriflos Thorel ex Cayla (葫芦科)

红花来江藤 Brandisia rosea W.W.Sm.(玄参科)

红花来江藤黄花变种(Flora 18,植物志 67-2)=黄花来江藤(新)

红花兰(台湾兰科图志,台兰科图鉴)=红花无柱兰

红花蕾丽兰 Laelia rubescens Lindl.(兰科)

红花肋枝兰 Pleurothallis rubens Lindl.(兰科)

红花冷水花 Pilea rubriflora C.H.Wright(荨麻科)

红花莲(海南志)=朱顶红

红花琉璃草 Cynoglossum officinale L.(紫草科),*药用倒提壶,新疆倒提壶*

红花龙胆 Gentiana rhodantha Franch. ex Hemsl. (龙胆科),*二郎箭,红龙胆,龙胆草,青鱼胆,细叶龙胆,小龙胆草,小青鱼胆,星秀花,雪里明*

红花露珠杜鹃 Rhododendron irroratum subsp. pogonostylum (Balf.f. & W.W.Sm.) Chamb. ex Cullen & Chamb.(杜鹃花科),*髯柱露柱杜鹃*

红花鹿蹄草 Pyrola incarnata Fisch. ex DC.(鹿蹄草科)

红花绿绒蒿 Meconopsis punicea Maxim.(罂粟科),*阿拍几麻鲁*

红花螺序草 Spiradiclis coccinea Lo(茜草科)

红花马鞍藤(高等图鉴)=厚藤

红花马宁(海南志)=箭叶秋葵

红花芒毛苣苔 Aeschynanthus moningeriae (Merr.) Chun(苦苣苔科)

红花密花豆 Spatholobus roxburghii Benth.(豆科)

红花茉莉(树木分类学)=红素馨

红花母生(海南)=红花天料木

红花木莲 Manglietia insignis (Wall.) Bl.(木兰科)

红花木犀榄 Olea rosea Craib(木犀科)

红花苜蓿(国产牧草植物)=红车轴草

红花牛角兰 Ceratostylis rubra Amers (兰科)

红花女娄菜(拉汉名称)=掌脉蝇子草

红花婆罗门参 Tragopogon ruber S.G.Gmel.(菊科)

红花七瓣连蕊茶 Camellia septempetala var. rubra Chang & L.L.Qi(山茶科)

红花七叶树 Aesculus pavia L.(七叶树科)

红花槭 Acer rubrum L.(槭树科)

红花荠菜(陕西)=离子芥

红花茜草 Rubia kaematantha Airy-Shaw(茜草科)

红花蔷薇(高等图鉴)=华西蔷薇

红花青藤 Illigera rhodantha Hance(莲叶桐科), *毛青藤*

红花苘麻 Abutilon roseum Hand.-Mazz.(锦葵科)

红花忍冬(华北经济志要)=红花岩生忍冬

红花肉叶荠 Braya rosea (Turcz.) Bge.(十字花科), *短葶肉叶荠*, *古铜色肉叶荠*, *条叶肉叶荠*, *无毛肉叶荠*, *西藏肉叶荠*, *羽叶肉叶荠*

红花蕊木 Kopsia fruticosa (K.Gawl.) DC.(夹竹桃科)

红花砂仁 Amomum scarlatinum H.T.Tsai & P.S. Chen (姜科)

红花山茶(云南)=滇山茶

红花山牵牛 Thunbergia coccinea Wall.(爵床科)

红花石斛 Dendrobium miyakei Schltr.(兰科), *红石斛*

红花树萝卜 Agapetes hosseana Diels (杜鹃花科)

红花水锦树(云南植物名录)=薄叶水锦树

红花溲疏 Deutzia silvestrii Pamp.(虎耳草科), *华北溲疏*

红花宿苞兰 Cryptochilus sanguineus Wall.(兰科), *血红宿苞兰*

红花天料木 Homalium hainanense Gagn.(大风子科), *母生*, *山红罗*, *红花母生*, *高根*

红花条叶垂头菊 Cremanthodium lineare var. roseum Hand.-Mazz. (菊科)

红花头蕊兰 Cephalanthera rubra (L.) L.(兰科)

红花土豆子(宁夏)=苦马豆

红花土瓜 Merremia yunnanensis var. pallescens (C.Y.Wu) R.C.Fang(旋花科)

红花外一丹草(广东)=益母草

红花无心菜 Arenaria rhodantha Pax & Hoffm. (石竹科), *红花蚤缀*

红花无柱兰 Amitostigma tomingai (Hay.) Schltr. (兰科), *红花兰*

红花五味子(新拉汉英)=大红花五味子(新)

红花五味子 Schisandra rubriflora (Franch.) Rehd. & Wils.(木兰科), *滇五味子*, *香血藤*, *过山龙*, *五香血藤*

红花西番莲 Passiflora manicata Pers.(西番莲科)

红花细茎驴蹄草(植物志 37)=细茎驴蹄草

红花虾脊兰 Calanthe rosea (Lindl.) Benth.(兰科)

红花狭叶垂头菊 Cremanthodium angustifolium var. roseum Hand.-Mazz.(菊科)

红花香椿 Toona rubriflora Tseng(楝科)

红花香青 Anaphalis sinica var. remota f. rubra (Hand.-Mazz.) Ling? (菊科)

红花小茴香(河北内邱)=藿香

红花缬草 Valeriana officinalis cv. Rubra (败酱科)

红花悬钩子 Rubus inopertus (Diels) Focke(蔷薇科)

红花栒子 Cotoneaster rubens W.W.Sm.(蔷薇科)

红花栒子小叶变种(植物志 36)=小叶红花栒子(新)

红花崖爬藤 Tetrastigma subtetragonum C.L.Li (葡萄科)

红花岩黄芪 Hedysarum multijugum Maxim.(豆科)

红花岩梅 Diapensia purpurea Diels(岩梅科)

红花岩生忍冬 Lonicera rupicola var. syringantha (Maxim.) Zabel (忍冬科), *红花忍冬*, *藜西*

红花岩松(云南植物名录)=石莲

红花岩托(云南)=鸡骨常山

红花羊蹄甲 Bauhinia blakeana Dunn(豆科)

红花洋石竹 Tunica saxifraga var. rosea Hort.(石竹科)

红花野牡丹(广西药用名录)=毛菍

红花益母草(广东,广西)=大花益母草

红花益母草(江西)=益母草

红花楹(广州)=凤凰木

红花鸢尾 Iris milesii Baker ex M.Foster (鸢尾科)

红花缘石豆兰(台兰科图鉴)=莲花卷瓣兰

红花远志 Polygala tricholopha Chodat(远志科)

红花月味草(广东)=小鱼仙草

红花越桔 Vaccinium urceolatum Hemsl.(杜鹃花科)

红花枣(内蒙)=酸枣

红花蚤缀(拉汉名称)=红花无心菜

红花张口杜鹃 Rhododendron augustinii subsp. chasmanthum f. rubrum (Davidian) R.C.Fang (杜鹃花科)

红花沼兰(分类学报)=深裂沼兰

红花折叶兰 Sobralia rosea P. & E.(兰科)

红花针苞菊 Tricholepis tibetica HK.f. & Thoms. ex C.B.Clarke(菊科)

红花竹(竹种类及栽培)=林仔竹

红花竹节秋海棠 Begonia coccinea HK.(秋海棠科)

红花属 Carthamus L.(菊科)

红花紫堇 Corydalis livida Maxim.(罂粟科), *结巴铜达*

红花紫荆(植物志 39)=洋紫荆

红铧头草(植物志 51)=鸡腿堇菜

红桦 Betula albo-sinensis Burk.(桦木科), *纸皮桦*, *红皮桦*

红桦树(河南)=亮叶桦

红还阳参 Crepis rubra L.(菊科)

红黄草(植物志 75)=孔雀草

红灰毛豆 Tephrosia coccinea Wall. (豆科)

红茴香(天目药志)=红毒茴

红茴香 Illicium henryi Diels(木兰科), *红毒茴*

红桧 Chamaecyparis formosensis Matsum.(柏科), *薄皮松罗*, *松梧*, *台湾扁柏*

红桧松兰(台湾兰艺)=红松盆距兰

红火麻(秦岭)=艾麻

红火麻(四川)=大蝎子草

红火麻 Girardinia suborbiculata subsp. triloba (C.J.Chen) C.J.Chen(荨麻科), *红线麻*

红鸡蛋花 Plumeria rubra L.(夹竹桃科), *鸡蛋花*

红鸡屎藤(闽南民间草药)=落葵

红鸡踢香(陆川本草)=宜昌胡颓子

红鸡油(台湾)=榔榆

红鸡竹(植物研究)=美竹

红及藤(广东)=杜仲藤

红棘(植物志 48-1)=无刺枣

红脊立金花 Lachenalia bachmannii Baker (百合科)

红脊天香百合 Lilium auratum var. rubrum Carr. (百合科)

红荚蒾 Viburnum erubescens Wall. ex DC.(忍冬科), *淡红荚蒾*

红枧木(海南)=隐脉红淡比

红剪秋罗 Lychnis dioica L.(石竹科)

红剑叶朱蕉(新拉汉英)=剑叶朱蕉

红健秆 Eulalia splendens Keng & S.L.Chen (禾本科)

红姜(云南)=西南鬼灯檠

红姜花 Hedychium coccineum Buch.-Ham.(姜科), *白草果*, *白姜*, *蝴蝶花*, *路边姜*, *山羌活*, *土羌活*, *土砂仁*

红将军(湖北)=大叶火烧兰

红疆沿阶草 Ophiopogon hongjiangensis Y.Y. Qian (百合科)

红胶木 Tristania conferta R.Br.(桃金娘科)

红胶木属 Tristania R.Br.(桃金娘科)

红蕉 Musa coccinea Andr.(芭蕉科), *芭蕉红*, *指天蕉*

红角蒲公英 Taraxacum luridum Hagl.(菊科)

红脚兰(广东)=星宿菜

红接骨草(中草药汇编)=肥牛草

红节草(湖北)=南方露珠草

红节节草(福建)=锦绣苋

红柳(拉汉名称和手册)=多枝柽柳

红金耳环 Asarum petelotii O.C.Schmidt(马兜铃科)

红金鸡纳(植物志 71-1)=鸡纳树

红筋草(陕西)=秦岭金腰

红筋条(河南)=柽柳

红锦麻(陕西)=细野麻

红茎草(江苏,浙江)= 地锦草

红茎蒿(吉林)=红足蒿

红茎黄芩 Scutellaria yunnanensis Lévl.(唇形科), *多子草*

红茎美洲茶 Ceanothus sanguineus Pursh (鼠李科)

红茎猕猴桃 Actinidia rubricaulis Dunn(猕猴桃科)

红茎女娄菜(拉汉名称)=纺锤蝇子草

红茎秋海棠 Begonia rubricaulis HK.(秋海棠科)

红茎榕 Ficus ruficaulis Merr.(桑科), *落叶榕*

红茎小檗 Berberis rufescens Ahrendt (小檗科)

红茎蝇子草(植物志 26)=纺锤蝇子草

红荆藤(四川)=小果蔷薇

红荆条(山东)=柽柳

红景天(长白山药志)=库页红景天

红景天(西藏中草药)=圣地红景天

红景天 Rhodiola rosea L.(景天科), *蔷薇红景天*, *东疆红景天*, *深紫蔷薇景天*, *大紫红景天*

红景天小叶变种(分类学报增刊)=小叶红景天

红景天属 Rhodiola L.(景天科)

红韭菜(广西药用名录)=细竹篙草

红酒杯花 Thevetia peruviana cv.Aurantiaca(夹竹桃科)

红橘(王桢农书)=福橘

红栲(台湾)=栲

红栲楮(植物志 22)=台湾柯

红柯 Lithocarpus fenzelianus A.Camus(壳斗科),琼崖柯,赤杯,红铁椆,洽椆

红壳赤竹 Sasa rubrovaginata C.H.Hu(禾本科)

红壳寒竹 Gelidocalamus rutilans Wen (禾本科),小叶箬竹

红壳箭竹 Fargesia porphyrea Yi (禾本科)

红壳雷竹 Phyllostachys incarnata Wen (禾本科),遂昌雷竹

红壳砂(云南)=红壳砂仁

红壳砂仁 Amomum neoaurantiacum T.L.Wu et al.(姜科),红壳砂,红砂仁

红壳松(海南)=西双版纳粗榧

红壳竹(江苏志)=红哺鸡

红壳锥 Castanopsis rufotomentosa Hu(壳斗科),干叶子刺栗,红毛栲

红口立金花 Lachenalia pendula Ait.(百合科)

红口水仙 Narcissus poeticus L.(石蒜科)

红蔻(本草述钩元)=红豆蔻

红苦刺(云南药用名录)=茸毛木蓝

红苦豆(内蒙古)=苦马豆

红苦葛(云南)=苦葛

红苦藤菜(贵州)=金爪儿

红筷子(草药汇编)=柳兰

红宽筋藤(陆川本草)=翼茎白粉藤

红盔兰(台大研究报告)=台湾铠兰

红葵(刘慎谔)=红果龙葵

红辣槁树 Cinnamomum kwangtungense Merr.(樟科),红叶辣汁树

红辣椒(广西)=鸡骨常山

红辣蓼(贵州方药集)=伏毛蓼

红辣树根(广西中药志)=鸡骨常山

红兰草(广西,贵州)=钩状石斛

红蓝(崔豹:古今注)=红花

红蓝(广空中草药手册)=观音草

红蓝地花(云南中草药)=长茎飞蓬

红蓝花(纲目拾遗)=番红花

红蓝花(植物志 78-1)=红花

红蓝枣(纲目)=君迁子

红榄(高等图鉴)=秋茄树

红榄(广东)=橄榄

红榄李 Lumnitzera littorea (Jack) Voigt(使君子科)

红榔木(文山中草药)=毛枝榆

红浪(广东沿海岛屿)=秋茄树

红老虎刺(金华中草药选)=棘茎楤木

红勒米花(新疆用译名)=红花疆罂粟

红簕钩(中草药汇编)=梨叶悬钩子

红蕾荚蒾 Viburnum carlesii Hemsl.(忍冬科)

红冷草(湖南)=细柄凤仙花

红黎(广东)=罗浮锥

红李(河北图志)=杏李

红栎 Quercus borealis Michx.f.(壳斗科)

红笠球 Lobivia jajiana Backeb.(仙人掌科)

红莲子草(福建)=锦绣苋

红楝子(云南)=红椿

红凉伞 Ardisia crenata var. bicolor (Walker) C. Chen (紫金牛科),铁伞,叶下红,铁凉伞,天青地红,绿天红地

红椋(湖北,四川)=野鸦椿

红椋子 Swida hemsleyi (Schneid. & Wanger.) Sojak (山茱萸科),青构

红蓼 Polygonum orientale L.(蓼科),八字蓼,冰荭花,川蓼子,大接骨,大蓼,大乱蓼,丹药头,捣花,东方蓼,狗尾巴花,果麻,河蓼子,红草,荭草,荭草花,鸿藹,家蓼,九节龙,辣蓼,龙豆豉,龙古,山红花,石龙,水红花子,水红子,水荭,水蓬稷,游龙,追风草

红蓼子(四川中药志)=圆基长鬃蓼

红蓼子草(重庆草药)=水蓼

红裂稃草 Schizachyrium sanguineum (Retz.) Alston (禾本科)

红鳞扁莎 Pycreus sanguinolentus (Vahl) Nees (莎草科)

红鳞耳蕨 Polystichum rufopaleaceum Ching ex H.S.Kung & L.B.Zhang(鳞毛蕨科)

红鳞飘拂草 Fimbristylis rufoglumosa Tang & Wang (莎草科)

红鳞蒲桃 Syzygium hancei Merr. & Perry(桃金娘科)

红鳞水毛花 Scirpus triangulatus var. sanguineus Tang & Wang(莎草科)

红鳞薹草(横断山植物)=狭囊薹草

红鳞卫矛(新拉汉英)=粉芽鳞卫矛

红凌风草 Briza rufa (C.Presl.) Steudel (禾本科)

红铃子(浙江,江西)=华中五味子

红零子(中药大辞典)=毛楝

红榴根皮(中药材手册)=枸杞

红柳(甘肃河西,新疆)=多枝柽柳

红柳(新疆药材)=柽柳

红柳叶牛膝 Achyranthes longifolila f. rubra Ho (苋科)

红龙(中药大辞典)=风筝果

红龙串彩(陕西)(=细叶益母草

红龙胆(植物志 62)=红花龙胆

红漏斗花 Dierama pulcherrima Baker (鸢尾科)

红芦莉草 Ruellia rosea (Nees) Hemsl.(爵床科)

红轮狗舌草 Tephroseris flammea (Turcz. ex DC.) Holub(菊科),红轮千里光,甲客儿,乌兰-给其根孔夫子

红轮千里光(植物志 77-1)=红轮狗舌草

红罗(海南)=红果樫木

红罗(海南)=山楝

红罗(海南)=四瓣崖摩

红罗卜花(云南)=红波罗花

红罗裙(广空草药手册)=红背山麻杆

红萝卜(福州,江西德兴)=南丹参

红萝卜(岭南草药志)=胡萝卜

红萝木(广西)=大叶山楝

红椤(海南)=葫芦树

红椤(海南志)=粗枝崖摩

红骡子(河南)=七叶鬼灯檠

红落藜(救荒本草)=藜

红麻(陕西)=罗布麻

红麻(植物志 63)=罗布麻

红马耳(云南)=红果水东哥

红马兰(浙江草药)=裂叶马兰

红马蹄草 Hydrocotyle nepalensis Hk.(伞形科),大马蹄草,大样驳骨草,红石胡荽,金钱薄荷,闹鱼草,铜钱草,一串钱

红马蹄莲 Zantedeschia rehmannii Engl.(天南星科)

红马蹄乌(四川)=心叶大黄

红马蹄乌(四川中药志)=中华山蓼

红马银花 Rhododendron vialii Delavayi & Franch. (杜鹃花科)

红蚂蝗七(广西)=蚂蝗七

红脉大黄 Rheum inopinatum Prain(蓼科),红背大黄

红脉钓樟 Lindera rubronervia Gamble(樟科),庐山乌药

红脉东俄芹 Tongoloa rubronervis S.L.Liou(伞形科)

红脉画眉草 Eragrostis rufinerva Chia (禾本科)

红脉麦果(海南志)=苞叶木

红脉南烛(海南志)=红脉珍珠花

红脉忍冬 Lonicera nervosa Maxim.(忍冬科)

红脉蛇根草 Ophiorrhiza rhodoneura Lo(茜草科)

红脉梭罗 Reevesia rubronervia Hsue(梧桐科)

红脉兔儿风 Ainsliaea rubrinervis Chang(菊科),走马丹,紫背金牛,血筋草,土兔耳风,罗汉草,青兔耳风

红脉崖爬藤(海南志)=红枝崖爬藤

红脉珍珠花 Lyonia rubrovenia (Merr.) Chun(杜鹃花科),红脉南烛

红芒柄花 Ononis campestris Koch. & Zir.(豆科)

红毛草(贵州草药)=腺毛莓

红毛草(四川中药志)=裸花水竹叶

红毛草 Rhynchelytrum repens (Willd.) Hubb.(禾本科),红茅草

红毛草属 Rhynchelytrum Nees (禾本科)

红毛大戟(植物志 44-3)=圆苞大戟

红毛大字草(云南植物名录)=红毛虎耳草

红毛丹 Nephelium lappaceum L.(无患子科)

红毛点地梅 Androsace droftii Watt(报春花科)

红毛杜鹃(秦岭志)=黄毛杜鹃

红毛杜鹃(台湾志)=台红毛杜鹃

红毛杜鹃花(新拉汉英)=长毛杜鹃花

红毛番(福建中草药)=红凤菜

红毛过江(广西中草药)=虎舌红

红毛禾叶蕨 Grammitis hirtella (Bl.) Ching (禾叶蕨科)

红毛横蒴苣苔 Beccarinda erythrotricha W.T. Wang (苦苣苔科)

红毛虎耳草 Saxifraga rufescens Balf.f.(虎耳草科),红毛大字草

红毛花楸 Sorbus rufopilosa Schneid.(蔷薇科)

红毛鸡草(广西)=大叶山蚂蝗

红毛将军(湖南资兴)=铁轴草

红毛巾(贵州药用名录)=红毛悬钩子

红毛卷花丹 Scorpiothyrsus erythrotrichus (Merr. & Chun) H.L.Li(野牡丹科)

红毛栲(植物志 22)=红壳锥

红毛蓝 Pyrrothrix rufohirta (C.B.Clarke) C.Y. Wu & C.C.Hu(爵床科),红毛紫云

红毛蓝属 Pyrrothrix Bremek.(爵床科)

红毛里白 Diplopterygium rufopilosum (Ching & Chiu) Ching (里白科)

红毛榴莲(海南)=刺果番荔枝

红毛柳(黑龙江)=细柱柳

红毛柳(小兴安岭)=钻天柳

红毛马先蒿 Pedicularis rhodotricha Maxim.(玄参科)

红毛馒头果(台木本志)=算盘子

红毛猫耳扭(中药大辞典)=周毛悬钩子

红毛猕猴桃(新拉汉英)=红猕猴桃(新)

红毛猕猴桃 Actinidia rufotricha C.Y.Wu(猕猴桃科)

红毛七(湖北)=蛇莓

红毛七(四川)=四川金粟兰

红毛七 Caulophyllum robustum Maxim. (小檗科),类叶牡丹,葳严仙,海椒七,鸡骨升麻,红毛三七

红毛七属 Caulophyllum Michaux(小檗科)

红毛千里光(高等图鉴)=红缨合耳菊

红毛琼楠 Beilschmiedia rufohirtella H.W.Li(樟

科)
红毛三七(四川)=红毛七
红毛山楠 Phoebe hungmaoensis S.Lee(樟科),毛丹,红丹
红毛杉(湖北神家架)=青扦
红毛蛇(广西药用名录)=阴石蕨
红毛蛇根草 Ophiorrhiza rufipilis Lo(茜草科)
红毛薯(广西)=参薯
红毛树(广西中草药)=水东哥
红毛栓果菊 Launaea glabra var. rufescens Franch.? (菊科)
红毛毯(广部草药手册)=虎舌红
红毛藤(云南)=火索藤
红毛兔儿风 Ainsliaea elegans var. strigosa Mattf. (菊科)
红毛五加 Acanthopanax giraldii Harms(五加科),川加皮,刺加皮,刺甲皮,刺五甲,纪氏五加,毛五甲皮
红毛细莴苣(新)Lactuca scandens Chang?(菊科)
红毛蟹甲草 Parasenecio rufipilis (Franch.) Y.L. Chen (菊科)
红毛悬钩子 Rubus pinfaensis Lévl.(蔷薇科),鬼悬钩子,红毛巾,黄刺泡,空洞泡,老虎泡,老熊泡,牛毛大王
红毛羊胡子草 Eriophorum russeolum Fries (莎草科)
红毛羊蹄甲 Bauhinia pyrrhoclada Drake(豆科),红毛枝羊蹄甲
红毛洋参(云南)=总状绿绒蒿
红毛野海棠 Bredia tuberculata (Guillaum.) Diels (野牡丹科)
红毛樱(拉汉名称)=红毛樱桃
红毛樱桃 Cerasus rufa Wall.(蔷薇科),红毛樱
红毛玉叶金花 Mussaenda hossei Craib(茜草科),期里
红毛毡(贵州,广西)=虎舌红
红毛针(云南)=虎舌红
红毛枝羊蹄甲(豆科图说)=红毛羊蹄甲
红毛竹叶子 Streptolirion volubile subsp. khasianum (C.B.Clarke) Hong(鸭跖草科)
红毛紫金牛(彩色生草药菌谱)=虎舌红
红毛紫云菜(云南植物名录)=红毛蓝
红毛走马胎(民间常用草药汇编)=虎舌红
红毛走马胎(四川)=月月红
红毛钻地风(分类学报)=柔毛钻地风
红茅草(植物志 10-1)=红毛草
红帽顶(陆川本草)=毛桐
红帽娘(广西中草药)=红背山麻杆
红莓苔子 Vaccinium oxycoccos L.(杜鹃花科),大果毛蒿豆,酸尔蔓,甸虎
红莓子(甘肃)=西藏悬钩子
红梅蜡(高等图鉴)=小叶柳
红梅消(图考)=茅莓
红梅子叶(广东)=火碳母
红楣(广西药用名录)=茶梨
红美冠兰 Eulophia rosea (Lindl.) A.D.Hawkes (兰科)
红门兰(高等图鉴)=宽叶红门兰
红门兰样绶草 Spiranthes orchioides (Sw.) A. Rich. (兰科)
红门兰属 Orchis L.(兰科)
红檬子(四川)=光叶石楠
红猕猴桃(新)Actinidia rufa (S. & Z.) Planch. (猕猴桃科),红毛猕猴桃
红米碎木(广西药用名录)=短柄紫珠
红米藤(浙江草药)=糯米团
红绵藤(中大科技通讯)=戟叶悬钩子
红棉(广东)=木棉
红棉花藤(浙江)=冠盖藤
红面将军(广西药用名录)=宜昌胡颓子
红庙铃苣苔 Smithiantha cinnabarina O.Kuntze (苦苣苔科)
红母鸡草(南宁药志)=大叶山蚂蝗
红母鸡草(新华本草纲要)=广州相思子
红母鸡药(广西)=长柱排钱树
红母猪藤(新拉汉英)=毛叶乌蔹莓
红牡丹(新拉汉英)=绯牡丹
红木 Bixa orellana L.(红木科),胭脂木
红木巴戟 Morinda rosiflora Y.Z.Ruan(茜草科),尤央拉,丝染
红木贝克斯 Banksia serrata L.f.(山龙眼科)
红木冬瓜木(湖南)=广东木瓜红
红木耳(泉州本草)=血苋
红木科 Bixaceae
红木鼠李(山西)=柳叶鼠李
红木树(云南屏边)=屏边水锦树
红木水锦树 Wendlandia erythroxylon Cowan (茜草科)
红木香(纲目拾遗)=南五味子
红木属 Bixa L.(红木科)
红木子(四川中药志)=山羊角树
红内消(四川中草药)=三裂蛇葡萄
红内消(外科精要)=何首乌
红南瓜(中药大辞典)=桃南瓜
红南星(曲靖,昆明,富沅,西畴)=象头花
红南星(四川沐川)=西南犁头尖
红南星(四川巫山)=螃蟹七
红楠 Machilus thunbergii S. & Z.(樟科),白漆柴,乌樟,小楠,猪脚楠,楠仔木,楠柴
红楠草(广州志)=楠草
红楠刨 Litsea kwangsinensis Yang & P.H.Huang (樟科)
红楠木(西藏察隅)=长毛楠
红娘藤(陕西)=光滑高粱泡
红鸟不宿(金华中草药选)=棘茎楤木
红牛白皮(云南)=三开瓢
红牛筋(云南)=带叶石楠
红牛毛刺(贵州草药)=腺毛莓
红牛尾七(中草药汇编)=牛尾七
红扭药花 Streptanthera cuprea var. nonpicta L. (鸢尾科)
红挪威槭 Acer platanoides var. rubrum Herd.(槭树科)
红泡刺藤 Rubus niveus Thunb.(蔷薇科),白枝泡,白枝泡,倒生根,覆盆子,钩撕刺,薅秧泡,黑锁梅,红刺泡,灰毛果莓,疏风草,锁梅,硬枝黑锁梅,紫茵,钻地风
红泡勒(广西植物名录)=无腺灰白毛莓
红鹏石斛(台湾兰科植物)=串珠石斛
红皮(海南)=广南天料木
红皮(台湾)=栓叶安息香
红皮糙果茶 Camellia crappelliana Tutch.(山茶科)
红皮臭(东北)=红皮云杉
红皮毒鱼藤(云南)=羽叶金合欢
红皮椴 Tilia paucicostata var. dictyoneura (V. Engl.) H.T.Chang & R.H.Miau(椴树科)
红皮果(广西药用名录)=苹婆
红皮桦(河北)=红桦
红皮金鸡纳(植物志 71-1)=鸡纳树
红皮岭麻(广东,海南)=赤杨叶
红皮柳(高等图鉴)=筐柳
红皮柳 Salix sinopurpurea C.Wang & Ch.Y. Yang (杨柳科),水杨木白皮,水杨枝叶,水杨根,青柳,蒲柳
红皮木姜子 Litsea pedunculata (Diels) Yang & P.H.Huang (樟科)
红皮树(台湾)=栓叶安息香
红皮水锦树 Wendlandia tinctoria subsp. intermedia (How) W.C.Chen(茜草科)
红皮松(河北东陵)=油松
红皮酸橙 Hongpi Suan Cheng(芸香科)
红皮云杉 Picea koraiensis Nakai(松科),带岭云杉,岛内云杉,丰山云杉,高丽云杉,红皮臭,虎尾松,沙树,溪云杉,小片鳞松,针松
红皮紫茎 Stewartia rubiginosa Chang(山茶科)
红苹(植物志 6-2)=满江红
红葡萄(云南中草药选)=叉须崖爬藤
红葡萄 Vitis rubra Michx.(葡萄科)
红葡萄藤(狄氏植物名录)=地锦
红蒲根(图经本草)=黑三棱
红槭 Acer mono var. palmatum f. atropurpureum (Van Houtte) Schwer.(槭树科)
红漆豆(现代中药)=相思子
红芪(秦岭志)=太白岩黄芪
红旗花 Schizostylis coccinea Backh. & Harvey. (鸢尾科)
红千层 Callistemon rigidus R.Br.(桃金娘科)
红千层属 Callistemon R.Br.(桃金娘科)
红千年健 Homalomena rubescens Kunth.(天南星科)
红扦(河北)=白扦
红扦云杉(东北木本志)=白扦
红前胡 Peucedanum rubricaule Shan & Sheh(伞形科)
红钱皂(闽东本草)=醉鱼草
红墙套(闽东本草)=薜荔
红鞘薹草 Carex erythrobasis Lévl. & Vant.(莎草科)
红茄 Solanum aethiopicum L.(茄科)
红茄苳 Rhizophora mucronata Poir.(红树科),茄藤,厚皮
红茄砂 Etlingera littoralis (J.König) Giseke(姜科)
红秦艽(四川)=橙色鼠尾草
红秦艽(四川)=甘西鼠尾草
红秦艽(四川茂汶)=鄂西鼠尾草
红秦艽(四川茂汶)=灵兰香
红青菜(贵州剑河)=血盆草
红青酒缸(贵州民间药物)=四川长柄山蚂蝗
红青皮槭 Acer cappadocicum f. rubrum (Kirchn.) Rehd.(槭树科)
红青叶(贵州)=血盆草
红秋葵 Hibiscus coccineus (Medicus)Walt.(锦葵科),槭葵
红球姜 Zingiber zerumbet (L.) Rosc. ex Smith (姜科)
红雀麦 Bromus rubens L.(禾本科)
红雀梅藤(广西植物名录)=梗花雀梅藤
红雀珊瑚 Pedilanthus tithymaloides (L.) Poit. (大戟科),拖鞋花,洋珊瑚,扭曲草,玉带,百足草,珊瑚枝,止血草
红雀珊瑚属 Pedilanthus Neck. ex Poit.(大戟科)
红绒毛羊蹄甲(中药辞海)=火索藤
红肉橙(植物志 43-2)=改良橙
红肉橙兰(台湾志)=台湾血桐
红肉梨(海南东方)=山椒子
红肉猕猴桃 Actinidia chinensis var. chinensis f. rufopulpa C.F.Liang & R. Z.Wang (猕猴桃

科)
红肉牛奶菜(植物志 63)=澜沧牛奶菜
红肉榕(台湾)=绿黄葛树
红乳草(福建)=匍匐大戟
红软柴胡(陕西)=银州柴胡
红瑞木 Swida alba Opiz(山茱萸科),瑞木山茱萸,凉子木
红三百棒(贵州)=花叶尾花细辛
红三百棒(陕西中草药)=刺异叶花椒
红三百棒(中药大辞典)=如意草
红三七(植物志 25-1)=支柱蓼
红三叶(植物志 42-2)=红车轴草
红三叶地锦 Parthenocissus semicordata var. rubifolia (Lévl. & Vant.) C.L.Li(葡萄科),绿葡萄藤,三叶爬山虎,三爪金龙,喜马拉雅爬山虎,小红藤
红桑 Acalypha wilkesiana Muell.Arg.(大戟科)
红桑 Morus ruba L.(桑科)
红色倒水莲(江西)=陆日本商陆
红色杜鹃(云南志)=滇红毛杜鹃
红色马先蒿 Pedicularis rubens Steph.(玄参科)
红色梅丹(西藏志)=淡红美登木
红色木(树木分类学)=四蕊槭
红色欧氏马先蒿(新)Pedicularis oederi subsp. oederi var. oederi f. rubra (Maxim.) Tsoong(玄参科),欧氏马先蒿欧氏亚种欧氏变种红色变型
红色槭(华北经济志要)=权叶槭
红色槭(经济植物手册)=四蕊槭
红色槭 Acer rubescens Hay.(槭树科)
红色驱风通(广西)=大叶臭花椒
红色新月蕨 Pronephrium lakhimpurense (Rosenst.) Holtt.(金星蕨科)
红沙地马鞭草 Abronia maritima S.Wats.(紫茉莉科)
红砂 Reaumuria songarica (Pall.) Maxim.(柽柳科),枇杷柴,红虱,海戎芦苇根
红砂仁(云南)=红壳砂仁
红砂属 Reaumuria L.(柽柳科)
红山茶(云南中草药选)=马缨杜鹃
红山核桃 Carya glabra var. odorata (Marsh.) Little (胡桃科)
红山花(中药辞海)=血满草
红山椒(湖南)=梗花椒
红山麻(植物志 49-2)=山麻树
红山茄(浙江)=山珊瑚
红山桃草 Gaura coccinea Pursh.(柳叶菜科)
红山药(农政全书)=番薯
红杉(通用名)=北美红杉
红杉 Larix potaninii Batalin (松科),落叶松
红珊瑚(中草药汇编)=珊瑚豆
红珊瑚冬青(秦岭志)=珊瑚冬青
红梢柳(桓仁)=钻天柳
红苕(四川,贵州)=番薯
红舌垂头菊 Cremanthodium ellisii var. roseum (Hand.-Mazz.) S.W.Liu(菊科)
红舌唐竹 Sinobambusa rubroligula McClure (禾本科)
红蛇菰 Balanophora involucrata var. rubra HK.f. (蛇菰科)
红蛇球 Gymnocalycium mostii (Gürke) Britt. & Rose (仙人掌科)
红升麻(陕西太白山)=落新妇
红升麻(云南)=异叶泽兰
红升麻(云南中草药选)=溪畔落新妇
红虱,海戎芦苇根(高等图鉴)
红十八症(文山中草药)=冷饭藤

红石根(辽宁经济志)=紫草
红石胡荽(湖北)=红马蹄草
红石斛(台湾兰科植物)=红花石斛
红石薯(福建中草药)=糯米团
红柿 Diospyros oldhami Maxim.(柿科)
红菽草(国产牧草植物)=红车轴草
红薯(山西,河南)=番薯
红薯藤(广西)=盒果藤
红薯细辛(云南大姚)=小萼飞蛾藤
红树(高等图鉴)=红果黄肉楠
红树 Rhizophora apiculata Bl.(红树科),鸡笼答,五足驴
红树科 Rhizophoraceae
红树叶(中药材手册)=石楠
红树属 Rhizophora L.(红树科)
红双通(中药大辞典)=圆果秋海棠
红水草(四川)=齿叶半蒴苣苔
红水直(广西中草药)=紫背天葵
红水麻(云南)=红雾水葛
红水麻叶(植物志 53-1)=心叶野海棠
红水茄(福建)=黄果茄
红睡莲 Nymphaea alba var. rubra Lönnr.(睡莲科)
红睡莲 Nymphaea rubra Roxb.(睡莲科)
红蒴(广东)=蜡烛果
红丝酸模(中草药汇编)=网果酸模
红丝线(广东)=金剑草
红丝线(广西,海南)=多花茜草
红丝线(广西隆林)=钩毛茜草
红丝线(岭采药录)=观音草
红丝线(岭南采药录)=枪刀药
红丝线(图考)=茜草
红丝线 Lycianthes biflora (Lour.) Bitter(茄科),十萼茄,衫钮子,血见愁,野花毛辣角,毛药,野苦菜,猫耳草
红丝线属 Lycianthes (Dunal) Hassl.(茄科)
红四方藤(广西中草药)=翼茎白粉藤
红松(广西龙津)=短叶黄杉
红松(海南)=陆均松
红松 Pinus koraiensis S. & Z.(松科),海松,果松,韩松,红果松,朝鲜松
红松盆距兰 Gastrochilus raraensis Fukuyama (兰科),红桧松兰
红苏(河北,江苏,江西,广东,广西)=紫苏
红苏木(广西)=苏木
红素馨 Jasminum beesianum Forr. & Diels(木犀科),红花茉莉,皱毛红素馨,小酒瓶花,小铁藤
红粟(纲目)=稻
红酸杆(中药大辞典)=圆果秋海棠
红酸七(中草药汇编)=油点草
红算盘子 Glochidion coccineum (Buch.-Ham.) Muell. Arg. (大戟科)
红穗铁苋菜 Acalypha hispida Burm.f.(大戟科),狗尾红
红娑罗双 Shorea acuminata Dyer (龙脑香科)
红锁梅(图考)=茅莓
红滩杜鹃 Rhododendron chihshinianum Chun & Fang (杜鹃花科),济新杜鹃,龙胜杜鹃花
红檀(广西)=岭南山茉莉
红藤(广东)=独子藤
红藤(广西)=梗花雀梅藤
红藤(海南)=黄藤
红藤(云南)=暗消藤
红藤(云南)=羽叶金合欢
红藤(云南)=掌叶鱼黄草
红藤(浙江)=大血藤

红藤菜(陆川本草)=落葵
红藤蓼(植物志 25-1)=匍枝蓼
红藤子(海南)=白叶藤
红天椒(云南富宁)=岩芋
红天葵(广西药用名录)=紫背天葵
红天麻(产区土名)=天麻
红天人菊 Gaillardia amblyodon F.Gay (莎草科)
红田草乌(福建晋江:中草药手册)=锦绣苋
红条杜鹃花(新拉汉英)=美丽杜鹃
红条紫草(广西)=紫草
红铁灯台(广西)=球药隔重楼
红铁棍(海南)=红柯
红铁泡刺(贵州草药)=大乌泡
红桐(树木分类学)=秋枫
红桐(四川)=重阳木
红桐草(新拉汉英)=喜荫花
红铜盘(高等图鉴)=硃砂根
红铜水草(云南中草药选)=金钮扣
红头草(云南)=一点红
红头草(云南中草药)=见霜黄
红头垂头菊(高等图鉴)=长柱垂头菊
红头带(云南)=糯米团
红头带(云南中草药选)=铜锤玉带草
红头柑(新)Citrus kotokan Hay.(芸香科),虎头柑
红头根(广西药用名录)=印度羊角藤
红头金石斛 Flickingeria calocephala Z.H.Tsi & S.C. Chen (兰科)
红头兰(台湾兰)=管唇兰
红头索 Lysimachia liui Chien(报春花科)
红头薹草 Carex rafflesiana Boott(莎草科),戎头薹
红头铁苋(台湾志)=花莲铁苋菜
红头小仙(昆明草药)=柔毛艾纳香
红头蝇(浙江)=星宿菜
红头芋 Colocasia kotoensis Hay.(天南星科)
红头紫珠 Callicarpa kotoensis Hay.(马鞭草科)
红土瓜(云南)=山土瓜
红土子(贵州民间药物)=四川长柄山蚂蝗
红土子草(贵州民间药物)=四川长柄山蚂蝗
红退气(海南崖县)=两节豆
红微花兰 Stelis rubens Schltr.(兰科)
红尾翎 Digitaria radicosa (Presl) Miq.(禾本科),小马唐
红委陵菜(东北草本志)=大委陵菜?
红纹唇虾脊兰 Calanthe striata (Banks) R.Br. (兰科)
红纹凤仙花 Impatiens rubro-striata HK.f.(凤仙花科)
红纹鸡爪槭 Acer palmatum f. ornatum (Carr.) Andre. (槭树科)
红纹马先蒿 Pedicularis striata Pall.(玄参科),红纹马先蒿红纹亚种
红纹马先蒿红纹亚种(植物志 68)=红纹马先蒿
红纹马先蒿蛛丝亚种(植物志 68)=蛛丝红纹马先蒿
红乌桕(中草药汇编)=山乌桕
红无根藤(广西)=金灯藤
红无娘藤(云南)=大花菟丝子
红五达(四川)=血盆草
红五加(贵州草药)=毛枝崖爬藤
红五加(中草药汇编)=崖爬藤
红五泡(四川)=宜昌悬钩子
红五匹(四川)=血盆草
红五眼(广西)=落萼叶下珠
红五叶(东北)=野火球
红五爪金龙(广西药用名录)=显齿蛇葡萄
红雾水葛 Pouzolzia sanguinea (Bl.) Merr.(荨麻

科),*大粘药,大粘叶,红水麻,接骨灵,青白麻叶,涩叶树,小粘椰,玄麻,野麻公,粘药根*
红雾水藤(广西)=金灯藤
红细补药(贵州)=华东阴地蕨
红细草(浙江药志)=毛花点草
红细水草(植物志 75)=金钮扣
红虾花(云南药用名录)=虾子花
红虾子草(重庆)=纤花耳草
红仙丹草 Ixora coccinea L.(鸢尾科)
红纤维虾海藻 Phyllospadix iwatensis Makino (眼子菜科)
红苋(植物志 47-2)=湖北凤仙花
红苋菜(拉汉名称和手册)=繁穗苋
红苋菜(四川)=苋
红线草(西藏志)=篦齿眼子菜
红线草(浙江)=虎耳草
红线杜鹃 Rhododendron mekongense var. rubrolineatum (Balf.f. & Forr.) Cullen(杜鹃花科)
红线儿菹(植物志 8)=篦齿眼子菜
红线蕨(植物志 4-2)=红腺蕨
红线麻(甘肃)=红火麻
红线麻(河南)=细野麻
红线麻(秦岭)=艾麻
红腺抽芽紫珠 Callicarpa prolifera var. buroglandulosa S.L.Chen (马鞭草科)
红腺豆腐柴 Premna rubroglandulosa C.Y.Wu (马鞭草科)
红腺蕨 Diacalpe aspidioides Bl.(球盖蕨科),*红线蕨*
红腺蕨属 Diacalpe Bl.(球盖蕨科)
红腺忍冬 Lonicera hypoglauca Miq.(忍冬科),*菰腺忍冬,大银花,大金银花,大叶金银花,山银花,腺叶忍冬*
红腺蛇根草 Ophiorrhiza rufopunctata Lo(茜草科)
红腺悬钩子 Rubus sumatranus Miq.(蔷薇科),*马泡,红刺苔,牛奶莓*
红腺紫珠 Callicarpa erythrosticta Merr. & Chun (马鞭草科)
红香师菜(广东)=野生紫苏
红香树(思茅中草药)=茶梨
红香藤(陆川本草)=藤黄檀
红小苍兰 Freesia armstrongii W.Wats.(鸢尾科)
红小豆(东北)=赤豆
红小姐(图考)=粗喙秋海棠
红小姐(新拉汉英)=酸味秋海棠
红小麻 Laportea interrupta (L.) Chew(荨麻科),*红小麻草,桑叶麻*
红小麻草(检索表)=红小麻
红小扫帚苗(中药大辞典)=刺藜
红心柏(北京)=圆柏
红心刺(植物志 52-1)=柞木
红心豆兰(台湾志)=红心石豆兰
红心割(海南)=倒卵叶山龙眼
红心果(云南)=灰毛白鹤藤
红心灰藋(庚辛玉册)=藜
红心柯 Lithocarpus carolinae (Skan) Rehd.(壳斗科)
红心柳(鄂西)=皂柳
红心石豆兰 Bulbophyllum rubrolabellum T.P.Lin(兰科),*红心豆兰*
红心乌桕(广东)=山乌桕
红熊胆(广西)=铁冬青
红绣球(学圃杂疏)=龙船花
红绣线菊 Spiraea japonica var. glabra (Regel) Koidz. (蔷薇科),*粉花绣线菊无毛变种,笑靥花,小叶米筛草,李叶靥花*
红须絮菊 Filago apiculata G.E.Sm.(菊科)
红雪柳(拉汉名称和手册)=大理山梗菜
红雪柳(植物志 73-2)=西南山梗菜
红雪片莲 Leucojum roseum F.Martin (石蒜科)
红血儿(陕西中草药)=抱茎蓼
红血儿(四川金佛山)=大叶茜草
红血藤 Spatholobus sinensis Chun & T.Chen(豆科)
红枸子(河南)=唐棣
红枸子木属(华北经济志要)=**唐棣属**
红鸭脚板(贵州草药)=鸭儿芹
红鸭跖草(福建药志)=吊竹梅
红芽大戟(江苏)=大戟
红芽大戟 Knoxia corymbosa Willd.(茜草科),*类红芽大戟,黄花小罗伞,山必时*
红芽大戟属 Knoxia L.(茜草科)
红芽戟(中草药汇编)=红大戟
红芽木(中药辞海)=越南黄牛木
红芽木 Cratoxylum formosum subsp. pruniflorum (Kurz) Gogelin(藤黄科),*红眼树,黄浆果,苦沉茶,苦丁茶,牛丁角,酸浆树,土茶*
红芽槭 Acer trautvetteri Medwed.(槭树科)
红烟(广西药用名录)=长叶水麻
红岩草(中药大辞典)=蒙自虎耳草
红岩芋(云南思茅)=岩芋
红盐菜(广西)=杖藜
红盐果(江西)=盐肤木
红眼刺(陕西)=黄蔷薇
红眼睛(四川)=牛筋条
红眼树(云南河口)=红芽木
红眼树(云南河口)=越南黄牛木
红羊(泉州本草)=苦瓜
红羊草(新疆)=驴食草
红杨梅(云南)=密齿酸藤子
红洋苋(上海植物名录)=血苋
红洋苋属(上海植物名录)=**血苋属**
红药 Chirita longgangensis var. hongyao S.Z. Huang (苦苣苔科),*红药唇柱苣苔*
红药唇柱苣苔(Flora 18)=红药
红药蜡瓣花 Corylopsis veitchiana Bean(金缕梅科)
红药子(湖南)=薯莨
红药子(图经本草)=毛脉蓼
红要子(河南中药手册)=翼蓼
红野棉花(浙江,福建)=梵天花
红叶(广西药用名录)=紫背天葵
红叶 Cotinus coggygria var. cinerea Engl.(漆树科),*灰毛黄栌,黄栌*
红叶草(江苏)=满江红
红叶甘橿(树木分类学,高等图鉴,秦岭志)=三桠乌药
红叶果子蔓 Guzmania sanguinea (Andre) Andeex Mez.(凤梨科)
红叶海棠 Malus yunnanensis var. veitchii (Veitch) Rehd.(蔷薇科),*滇池海棠滇川变种,魏氏云南海棠*
红叶红杆草(中草药汇编)=糙叶千里光
红叶花楸(河北图志)=北京花楸
红叶回欢草 Anacampseros rufescens (Haw.) Sweet (马齿苋科)
红叶鸡爪槭 Acer palmatum f. rubrum Schwer. (槭树科)
红叶栲(台湾)=栲
红叶辣汁树(广东从化)=红辣槁树
红叶老鹳草 Geranium rubifolium Lindl.(牻牛儿苗科)
红叶犁头尖(湖南永兴)=韩信草
红叶藜 Chenopodium rubrum L.(藜科)
红叶螺序草 Spiradiclis rubescens Lo(茜草科)
红叶木姜子 Litsea rubescens Lec.(樟科),*大山胡椒,鸡油果,假山胡椒,辣姜子,木姜树,泡香樟,青皮树,山胡椒,山胡椒,山茴香,野春桂,野木姜,野气辣子,叶上花,油炸条,樟树根,樟树果*
红叶牛膝 Achyranthes bidentata var. bidentata f. rubra Ho(苋科)
红叶爬山虎(经济植物手册)=花叶地锦
红叶婆婆纳 Veronica rubrifolia Boiss.(玄参科)
红叶葡萄 Vitis erythrophylla W.T.Wang(葡萄科)
红叶秋海棠 Begonia rhodophylla C.Y.Wu(秋海棠科)
红叶秋树(广州志)=小叶红叶藤
红叶日本小檗 Berberis thunbergii var. rubrifolia Ahrendt (小檗科)
红叶树(分类学报)=小果山龙眼
红叶水杉(江西井冈山)=南方红豆杉
红叶酸脚杆 Medinilla erythrophylla (Wall.) Lindl. (野牡丹科)
红叶桃(浙江)=盐肤木
红叶藤(广州志)=小叶红叶藤
红叶藤 Rourea minor (Gaerth.) Leenh.(牛栓藤科)
红叶藤属 Rourea Aubl.(牛栓藤科)
红叶铁树(广西)=朱蕉
红叶乌桕(中草药汇编)=山乌桕
红叶下珠 Phyllanthus ruber (Lour.) Spreng.(大戟科),*山杨桃,地五歛,鹧鸣*
红叶苋(经济植物手册)=血苋
红叶苋属(经济植物手册)=**血苋属**
红叶雪兔子 Saussurea paxiana Deils(菊科)
红叶野桐 Mallotus paxii Pamp.(大戟科),*山桐子,庐山野桐,山桐子,白桐子,白背娘*
红叶移柟(经济植物手册)=移柰
红叶银莲花 Anemone erythrophylla Finet & Gagn. (毛茛科)
红叶橼(江西)=美叶柯
红叶子(中药大辞典)=圆果秋海棠
红姨妈菜(贵州)=白苞蒿
红淫羊藿 Epimedium rubrum Morr.(小檗科)
红银叶花 Argyroderma roseum (Haw.) Schwant. (番杏科),*红花金铃*
红英(海南尖峰岭)=细基丸
红缨大丁草 Gerbera ruficoma Franch.(菊科)
红缨合耳菊 Synotis erythropappa (Bur. & Franch.) C. Jeffr. & Y.L.Chen(菊科),*红毛千里光,红缨尾药菊*
红缨花树根(广东中医)=龙船花
红缨尾药菊(植物志 77-1)=红缨合耳菊
红优昙(云南通志)=大青树
红由(海南)=黄丹木姜子
红有龙须(分类草药性)=黄葛树
红榆(辽宁)=春榆
红榆(浙江)=蚕茧草
红玉菜(福建中草药)=红凤菜
红玉李(海南尖峰岭)=长圆叶新木姜子
红玉血橙 Ruby(芸香科血橙类)
红芋(江西)=野芋
红芋(云南思茅)=岩芋
红芋 Colocasia konischii Hay.(天南星科)
红芋头(云南马关)=岩芋
红原薹草 Carex hongyuanensis Y.C.Tang & S. Y.Liang (莎草科)

红缘莲花掌 Aeonium haworthii Webb & Berth.(景天科)
红云杉 Picea rubens Sarg.(松科)
红晕杜鹃 Rhododendron roseatum Hutch.(杜鹃花科)
红晕鸡爪槭 Acer palmatum f. roseomarginatum (Vanh.) Nichols.(槭树科)
红糟(养身必用方)=大麦
红糟(养身必用方)=稻
红糟(养身必用方)=高粱
红糟(养身必用方)=普通小麦
红枣(海南崖县)=密花核果木
红枣(医学入门)=枣
红枣树(四川)=枣
红蚤缀 Arenaria rubella (Wahlenb.) J.E.Sm.(石竹科)
红泽兰(四川中草药)=日本黄猄草
红毡(广东)=虎舌红
红粘谷(中草药汇编)=繁穗苋
红粘毛杜鹃 Rhododendron glischrum subsp. rude (Tagg & Forr.) Chamb. ex Cullen & Chamb.(杜鹃花科),*红粗毛杜鹃*
红樟(云南)=云南樟
红掌(新拉汉英)=花烛
红掌草(四川峨眉)=饿蚂蝗
红汁蛇根草(西藏志)=高原蛇根草
红枝白毛椴 Tilia heterophylla var. michauxii Sarg. (椴树科)
红枝茶藨(陕西中药名录)=细枝茶藨子
红枝茶藨子 Ribes setosum Lindl.(虎耳草科)
红枝枸杞(植物志 67-1)=新疆枸杞
红枝胡颓子 Elaeagnus lanceolata subsp. rubescens Lecomte(胡颓子科)
红枝阔叶椴 Tilia platyphyllos var. rubra (West.) Rehd.(椴树科)
红枝木藜芦 Leucothoë recurva (Buckl.) A.Gray.(杜鹃花科)
红枝蒲桃 Syzygium rehderianum Merr. & Perry (桃金娘科)
红枝桤木 Alnus rubra Bong.(桦木科)
红枝蔷薇(苏南植物手册)=银粉蔷薇
红枝琼楠 Beilschmiedia laevis Allen(樟科),*大叶槁,平滑琼楠*
红枝柿 Diospyros ehretioides Wall. ex DC.(柿科)
红枝条纹槭 Acer pensylvanicum f. erythrocladum Spaeth.(槭树科)
红枝小檗 Berberis erythroclada Ahrendt(小檗科)
红枝崖爬藤 Tetrastigma erubescens Planch.(葡萄科),*红脉崖爬藤*
红直当药(北部植物图志)=红直獐牙菜
红直獐牙菜 Swertia erythrosticta Maxim.(龙胆科),*红直当药*
红纸树 Albizia rhodesica Davy.(豆科)
红指香青 Anaphalis rhododactyla W.W.Sm.(菊科)
红雉凤仙花 Impatiens oxyanthera HK.f.(凤仙花科)
红钟杜鹃 Rhododendron sherriffii Cowan(杜鹃花科)
红轴蹄盖蕨(分类学报)=喜马拉雅蹄盖蕨
红珠草(福建民间草药)=龙珠
红珠仔刺(福建)=枸杞
红竹(云南建水)=建水龙竹
红竹壳菜(广西药志)=裸花水竹叶
红烛蛇菰 Balanophora mutinoides Hay.(蛇菰科),*山狗球,天麻公子,仇人不见面*
红柱花属 Embothrium J.R.Forst. & G.forst.(山龙眼科)
红专草(中草药资料选编)=一点血
红锥(香港)=罗浮锥
红锥 Castanopsis hystrix Miq.(壳斗科),*锥栗,刺锥栗,红锥栗,锥丝栗*),*红橡,椆栗*
红锥栗(植物志 22)=红锥
红籽佛甲草(Flora 8)=红子佛甲草
红籽细草(四川)=远志
红籽细辛(四川)=远志
红籽鸢尾 Iris foetidissima L.(鸢尾科)
红子(贵州)=细圆齿火棘
红子(贵州,湖北)=火棘
红子佛甲草 Sedum erythrospermum Hay.(景天科),*红籽佛甲草*
红子木属 Erythrospermum Lamk(大风子科)
红子仔(广西金秀,广西药用名录)=广西黑面神
红子子树(海南)=苍叶红豆
红紫翠雀花 Delphinium puniceum Pall.(毛茛科)
红紫根(江西草药手册)=雷公藤
红紫桂竹香(植物志 33)=红紫糖芥
红紫荆(植物志 39)=洋紫荆
红紫露草 Tradescantia rosea Vent.(鸭跖草科)
红紫麻(海南志)=少毛紫麻
红紫麻 Oreocnide rubescens (Bl.) Miq.(荨麻科)
红紫苏 Meehania fargesii var. radicans (Vant.) C. Y.Wu (唇形科),*走茎变种,木桐臭*
红紫糖芥 Erysimum roseum (Maxim.) Polats. (十字花科),*红紫桂竹香*
红紫鸢尾 Iris atropurpurea Baker (鸢尾科)
红紫珠 Callicarpa rubella Lindl.(马鞭草科),*贼仔树,白金子风,小红米果,漆大伯,空壳铁砂子,空壳树,复生药,对节树*
红棕杜鹃 Rhododendron rubiginosum Franch. (杜鹃花科),*茶花叶杜鹃*
红棕肋毛蕨 Ctenitis aureo-vestita (Ros.) Ching (叉蕨科)
红棕薹草 Carex przewalskii Egorova(莎草科)
红总管(江西)=瑞香
红总管(民族药志)=野花椒
红足蒿 Artemisia rubripes Nakai(菊科),*大狭叶蒿,小香艾,红茎蒿,乌兰-沙里尔日*
红足蹄盖蕨(西北植物学报)=光蹄盖蕨
红嘴绿鹦哥(植物志 41)=鹦哥花
红嘴薹草 Carex haematostoma Nees(莎草科)
红橡(广东,广西)=吊皮锥
红橡(广东,广西)=红锥
宏钟杜鹃 Rhododendron wightii HK.f.(杜鹃花科)
洪宝氏蕾丽兰 Laelia humboldtii (Rchb.f.) L. O.Wms.(兰科)
洪布氏香果兰 Vanilla humblotii Rchb.f.(兰科)
洪达木(俗称)=仔榄树
洪达木属(科属辞典)=**仔榄树属**
洪都拉斯加勒比松 Pinus caribaea var. hondurensis (Senecl.) Barrett. & Golfari (松科)
洪古禾朱日(藏名)=漏芦
洪呼图-额布斯(内蒙古)=苦马豆
洪连(中草药汇编)=兔耳草
洪平杏 Armeniaca hongpingensis Yü & Li(蔷薇科)
洪桥鼠尾草 Salvia potanini Kryl.(唇形科)
洪氏马达加斯加兰 Cymbidiella humblotii (Rolfe) Rolfe (兰科)
洪氏山芥 Barbarea hongii Al-Shehbaz & G. Yang (十字花科)
洪特兰 Huntleya meleagris Lindl.(兰科)
洪特兰属 Huntleya Batem. ex Lindl.(兰科)
洪雅耳蕨 Polystichum pseudoxiphophyllum Ching ex H.S.Kung(鳞毛蕨科)
洪雅南星 Arisaema bungyaense H.Li(天南星科)
荭草(名医别录)=红蓼
荭草花(纲目)=红蓼
虹彩毛蕨(蕨类形态)=云南毛蕨
虹鳞肋毛蕨 Ctenitis rhodolepis (Clarke) Ching (叉蕨科),*肋毛蕨*
虹香藤(四川)=滇黔黄檀
虹叶(岭南草药志)=乌桕
鸿䕱(名医别录)=红蓼

Hou

侯钩藤 Uncaria rhynchophylloides How(茜草科),*假钩藤*
侯氏观音座莲 Angiopteris howii Ching & C.H. Wang (观音座莲科)
侯氏红豆(豆科图说)=缘毛红豆
侯氏马兜铃(海南志)=南粤马兜铃
侯氏秋海棠 Begonia howii Merr.(秋海棠科)
侯氏羊蹄甲(豆科图说)=牛蹄麻
侯桃(本经)=紫玉兰
喉百草(江苏药材志)=望江南
喉崩癞(海南)=杜仲藤
喉痹草(浙江)=点地梅
喉毒药(广西植物名录)=毛冬青
喉风草(中药大辞典)=陀螺紫菀
喉甘子(广西)=余甘子
喉疳散(广西)=菝葜叶铁线莲
喉花草(高等图鉴)=喉毛花
喉花草属(高等图鉴)=**喉毛花属**
喉咙草(江苏,浙江)=点地梅
喉毛花 Comastoma pulmonarium (Turcz.) Toyokuni (龙胆科),*喉花草*
喉毛花属 Comastoma (Wettst.) Toyokuni (龙胆科),*喉花草属*
喉痧药(广东)=蜂斗草
喉痛药(贵州中草药名录)=平坝铁线莲
喉药醉鱼草 Buddleja paniculata Wall.(马钱科),*羊耳朵*
猴巴掌(江西)=大头橐吾
猴斑杜鹃 Rhododendron faucium Chamb.(杜鹃花科)
猴板栗(树木分类学)=天师栗
猴背(临沧)=单羽火筒树
猴臂草(云南)=荔枝草
猴场耳蕨 Polystichum houchangense Ching ex P.S.Wang (鳞毛蕨科)
猴刺脱(群芳谱)=紫薇
猴耳草(河南)=寻骨风
猴耳环 Pithecellobium clypearia (Jack) Benth. (豆科),*围涎树,鸡心树,蛟龙木,落地金钱,洗头树,半连旗*
猴耳环属 Pithecellobium Mart.(豆科)
猴高铁(植物志 31)=绒毛润楠
猴哥铁(中草药汇编)=绒毛润楠
猴鬼子(广东)=罗浮柿
猴欢喜(金平)=短绢毛波罗蜜
猴欢喜(台湾)=海杧果
猴欢喜 Sloanea sinensis (Hance) Hemsl.(杜英科)
猴欢喜属 Sloanea L.(杜英科)
猴姜(本草拾遗)=槲蕨
猴接骨(高等图鉴)=九节龙

猴楸树(湖南)=三桠乌药
猴局柿根(闽东本草)=硕苞蔷薇
猴桔子(中药大辞典)=鬼吹箫
猴栗(贵州)=扁刺锥
猴栗(浙江)=钩刺雀梅藤
猴栗(植物志 22)=钩锥
猴獠刺(中草药汇编)=小叶锦鸡儿
猴毛草(闽东本草)=金发草
猴面包树 Adansonia digitata L.(木棉科)
猴面包树属 Adansonia L.(木棉科)
猴面蝴蝶草属 Achimenes Pers.(苦苣苔科)
猴面柯 Lithocarpus balansae (Drake) A.Camus (壳斗科),*猴面石栎*
猴面石栎(植物志 22)=猴面柯
猴头杜鹃 Rhododendron simiarum Hance(杜鹃花科),*南华杜鹃*
猴腿蹄盖蕨(东北草本志)=东北蹄盖蕨
猴尾草(河南)=尖裂黄瓜菜
猴香子(四川)=毛叶木姜子
猴香子(四川)=木姜子
猴挟木(湖南)=猴樟
猴血七七(陕西中草药)=毛脉蓼
猴楂(江西)=野山楂
猴楂子(湖北)=湖北山楂
猴樟 Cinnamomum bodinieri Lévl.(樟科),*大胡椒树,猴挟木,猴樟果,咎荆树,楠木,牛筋条,香树,香樟,樟树*
猴樟果(贵州草药)=猴樟
猴掌草(江西民间草药)=牡蒿
猴爪(江西)=九管血
猴子埕(广东,海南)=猪笼草
猴子公(广东)=罗浮柿
猴子果(广西)=山橙
猴子果(广西)=蒜头果
猴子笼(广东)=猪笼草
猴子面瓜果(云南药用名录)=油渣果
猴子木(高等图鉴)=五柱滇山茶
猴子酸(资源)=周裂秋海棠
猴子烟袋花(云南)=大叶银背藤
猴子眼(广西)=相思子
猴子瘿袋 Artocarpus pithecogallus C.Y.Wu(桑科)
篌竹 Phyllostachys nidularia Munro(禾本科),*花竹,花重型,枪刀竹,笔笋竹*
吼筋藤(广西)=中华青牛胆
吼喃浪(云南傣语)=夜花藤
后蕊苣苔属 Opithandra Burtt(苦苣苔科),*裂檐苣苔属*
后生四川马先蒿 Pedicularis metaszetschuanica Tsoong (玄参科)
后生叶下珠 Phyllanthus dongfangensis P.T.Li (大戟科)
后庭花(江苏,福建)=海州常山
厚瓣短蕊茶 Camellia crassipetala Chang(山茶科)
厚瓣茄 Solanum crassipetalum Wall.(茄科)
厚瓣玉凤花 Habenaria delavayi Finet(兰科),*鸡肾参,鸡蛋七,大叶白及,双肾参,双肾草*
厚壁蕨 Meringium denticulatum (Sw.) Cop.(膜蕨科)
厚壁蕨属 Meringium Presl(膜蕨科)
厚壁荠 Pachypterygium multicaule (Kar. & Kir.) Bge. (十字花科)
厚壁荠属 Pachypterygium Bge.(十字花科)
厚壁秋海棠 Begonia silletensis (A.DC.) C.B.Clarke(秋海棠科)
厚边观音座莲 Angiopteris cartilaginea Ching (观音座莲科)
厚边蕨 Crepidopteris humilis (Forst.) Cop.(膜蕨科)
厚边蕨属 Crepidopteris Cop.(膜蕨科)
厚边龙胆 Gentiana simulatrix Marq.(龙胆科)
厚边木犀 Osmanthus marginatus (Champ. ex Benth.) Hemsl.(木犀科),*月桂*
厚柄连蕊茶 Camellia crassipes Sealy(山茶科)
厚柄茜草 Rubia crassipes Coll. & Hemsl.(茜草科)
厚齿石楠 Photinia callosa Chun ex Kuan(蔷薇科)
厚翅芥属(科属词典)=**厚壁荠属**
厚唇斑叶兰(台湾志)=多叶斑叶兰
厚唇粉蝶兰(台湾兰科植物,台兰科图鉴)=厚唇舌唇兰
厚唇角盘兰 Herminium carnosilabre T.Tang & F.T.Wang (兰科)
厚唇兰(台湾兰科图志)=肉兰
厚唇兰(新拉汉英)=渐尖厚唇兰(新)
厚唇兰 Epigeneium clemensiae Gagn.(兰科)
厚唇兰属 Epigeneium Gagn.(兰科)
厚唇舌唇兰 Platanthera mandarinorum subsp. pachyglossa T.P.Lin & K.Inoue(兰科),*厚唇粉蝶兰*
厚带兰(新) Taeniophyllum crassipes Fukuyama? (兰科)
厚斗柯 Lithocarpus elizabethae (Tutch.) Rehd. (壳斗科),*厚斗石栎*
厚斗石栎(植物志 22)=厚斗柯
厚短蕊茶 Camellia pachyandra Hu(山茶科)
厚萼凌霄(广西,植物志 69)=美国凌霄
厚萼天麻 Gastrodia crassisepala L.O.Wms.(兰科)
厚萼铁线莲 Clematis wissmanniana Hand.-Mazz. (毛茛科)
厚萼紫珠 Callicarpa hungtaii P'ei & S.L.Chen (马鞭草科)
厚粉茶竿竹 Pseudosasa amabilis var. farinosa C.S.Chao ex S.L.Chen & G.Y.Sheng(禾本科)
厚梗染木树 Saprosma crassipes Lo(茜草科)
厚果含笑 Michelia pachycarpa Law & R.Z. Zhou (木兰科)
厚果槐 Sophora pachycarpa Schrenk ex C.A. Meyer (豆科),*甘肃槐树*
厚果鸡血藤(高等图鉴)=厚果崖豆藤
厚果蹄盖蕨(蕨类名词及名称)=禾秆蹄盖蕨
厚果崖豆藤 Millettia pachycarpa Benth.(豆科),*冲天子,厚果鸡血藤,苦蚕子,苦檀子,日头鸡,土甘草,猪腰子*
厚花球兰 Hoya dasyantha Tsiang(萝藦科)
厚花细瓣兰 Masdevallia pachyantha Rchb.f.(兰科)
厚喙菊 Dubyaea hispida (D.Don) DC.(菊科)
厚喙菊属 Dubyaea DC.(菊科)
厚荚红豆 Ormosia elliptica Q.W.Yao & R.H. Chang (豆科)
厚茎水毛茛 Batrachium pachycaulon Nevski (毛茛科)
厚距花 Pachycentria formosana Hay.(野牡丹科),*红果野牡丹,台湾厚距花*
厚距花属 Pachycentria Bl.(野牡丹科)
厚壳(台湾)=台湾扁柏
厚壳桂 Cryptocarya chinensis (Hance) Hemsl. (樟科),*香果,硬壳槁,香花桂,铜锣桂,山饼斗,华厚壳桂*
厚壳桂属 Cryptocarya R.Br.(樟科)
厚壳红瘤果茶 Camellia rubituberculata Chang (山茶科)
厚壳树(广东梅县)=大叶新木姜子
厚壳树 Ehretia acuminata R.Br.(紫草科),*大红茶,大岗茶,松杨,苦丁茶*
厚壳树属 Ehretia L.(紫草科)
厚棱芹属 Pachypleurum Ledeb.(伞形科)
厚栗(湖南)=钩锥
厚裂凤仙花 Impatiens crassiloba HK.f.(凤仙花科)
厚鳞柯 Lithocarpus pachylepis A.Camus(壳斗科),*捻碇果,辗垫栗,厚鳞石栎*
厚鳞石栎(植物志 22)=厚鳞柯
厚瘤突瘤瓣兰 Oncidium phymatochilum Lindl. (兰科)
厚毛扁芒菊 Waldheimia vestita (HK.f. & Thoms. ex C.B.Clarke) Pamp.(菊科)
厚毛甘肃马先蒿 Pedicularis kansuensis subsp. villosa Tsoong(玄参科),*甘肃菊叶马先蒿厚毛亚种*
厚毛节肢蕨 Arthromeris tomentosa W.M.Chu (水龙骨科)
厚毛里白 Diplopterygium rufum (Ching) Ching (里白科)
厚毛水锦树 Wendlandia tinctoria subsp. callitricha (Cowan) W.C.Chen(茜草科)
厚棉紫菀 Aster prainii (Drumm.) Y.L.Chen(菊科),*棉毛紫菀*
厚膜树属 Fernandoa Welw. ex Seem.(紫葳科)
厚皮(高等图鉴)=红茄苳
厚皮(广东,海南)=红海兰
厚皮(海南文昌)=瓶花木
厚皮(四川)=凹叶木兰
厚皮(吴普本草)=厚朴
厚皮菜 Beta vulgaris var. cicla L.(藜科),*莙荙菜,猪乸菜,海白菜,莙荙子,蒜菜,甜菜,牛皮菜*
厚皮草(峨眉)=地桃花
厚皮哈青杨 Populus charbinensis var. pachydermis C.Wang & Tung (杨柳科),*隆山杨*
厚皮灰木(植物志 60-2)=山矾
厚皮酒饼簕 Atalantia dasycarpa Huang(芸香科)
厚皮林(广东阳春)=斜脉暗罗
厚皮稔(广西玉林)=银柴
厚皮树(新华本草纲要)=纽子果
厚皮树 Lannea coromandelica (Houtt.) Merr.(漆树科),*十八拉文公,蜜中,喃木,万年青,脱皮麻,胶皮树,十八拉文丁,胶皮麻*
厚皮树属 Lannea A.Rich.(漆树科)
厚皮丝栗(植物志 22)=厚皮锥
厚皮藤(海南)=酸叶胶藤
厚皮藤(海南儋县)=帘子藤
厚皮香 Ternstroemia gymnanthera (Wight & Arn.) Beddome(山茶科),*白花果,称杆血,猪血柴,气血藤*
厚皮香八角 Illicium ternstroemioides A.C.Sm. (木兰科)
厚皮香属 Ternstroemia Mutix ex L.f.(山茶科)
厚皮锥 Castanopsis chunii Cheng (壳斗科),*锥树,厚皮丝栗*
厚朴 Magnolia officinalis Rehd. & Wils.(木兰科),*百合,赤朴,川朴,调羹花,厚皮,厚实,遂折,紫油厚朴*
厚鞘早熟禾 Poa timoleontis Heldr. ex Boiss.(禾本科)
厚绒黄鹌菜 Youngia fusca (Babcock) Babcock & Stebbins (菊科),*褐黄鹌菜*

厚绒荚蒾 Viburnum inopinatum Craib(忍冬科), *特异荚蒾,毛叶荚蒾*
厚茸火绒草(新)Leontopodium japonicum var. xerogenes Hand.-Mazz.(菊科), *薄雪火绒草厚茸变种*
厚实(名医别录)=厚朴
厚穗狗尾草 Setaria viridis subsp. pachystachys (Franch. & Sav.) Masam. & Yang(禾本科)
厚藤 Ipomoea pescaprae (L.) Sweet(旋花科), *白花藤,海薯,鲎藤,马鞍藤,马六藤,马蹄草,沙灯心,沙藤,走马风,狮藤,马蹄金,红花马鞍藤*
厚檐小檗 Berberis crrasilimba C.Y.Wu ex S.Y. Bao (小檗科)
厚叶安息香 Styrax hainanensis How(安息香科), *海南野茉莉*
厚叶八角(拉汉名称)=短梗八角
厚叶八角枫 Alangium kurzii var. pachyphyllum Fang & Su(八角枫科)
厚叶巴豆 Croton merrillianus Croiz.(大戟科)
厚叶白点兰 Thrixspermum crassifolium Ridl. (兰科)
厚叶白点兰 Thrixspermum subulatum Rchb.f. (兰科), *肥垂兰,厚叶风兰*
厚叶白花酸藤子 Embelia ribes subsp. pachyphylla (Chun ex C.Y.Wu & C.Chen) Pip. & C.Chen(紫金牛科), *土海风藤,原叶白花酸藤果*
厚叶白纸扇(海南志)=楠藤
厚叶苞芽报春 Primula gemmifera var. amoena Chen(报春花科)
厚叶草 Pachyphytum oviferum J.Purpus (景天科), *星美人*
厚叶草属 Pachyphytum Link (景天科)
厚叶茶梨 Anneslea fragrans var. rubriflora (Hu & H.T.Chang) L.K.Ling(山茶科), *红花红楣,红花安纳士树*
厚叶橙 Citrus myrtifolia Raf.(芸香科)
厚叶翅膜菊 Alfredia nivea Kar. & Kir.(菊科), *白背亚飞廉*
厚叶川木香 Dolomiaea berardioides (Franch.) Shih (菊科), *青木香,木香*
厚叶槌果藤(海南志)=多毛山柑
厚叶刺蕨 Egenolfia crassifolia Ching(实蕨科)
厚叶翠雀花 Delphinium crassifolium Schrad. (毛茛科)
厚叶冬青(树木分类学)=山矾
厚叶冬青(云南志)=龙里冬青
厚叶冬青 Ilex elmerrilliana S.Y.Hu(冬青科)
厚叶杜鹃(云南志)=宽杯杜鹃
厚叶杜鹃 Rhododendron pachyphyllum Fang(杜鹃花科)
厚叶鹅耳枥 Carpinus firmifolia (H.Winkl.) Hu (桦木科)
厚叶繁缕(拉汉名称)=叶苞繁缕
厚叶飞蛾槭 Acer oblongum var. pachyphyllum Fang & Wu(槭树科)
厚叶风兰(台湾志)=厚叶白点兰
厚叶凤尾蕨 Pteris crassiuscula Ching & C.H. Wang (凤尾蕨科)
厚叶附地菜 Trigonotis orbicularifolia C.J.Wang (紫草科)
厚叶贯众 Cyrtomium pachyphyllum (Rosenst.) C.Chr. (鳞毛蕨科), *国楣贯众*
厚叶哈克 Hakea incrassata R.Br.(山龙眼科)
厚叶红淡比 Cleyera pachyphylla Chun ex H.T. Chang (山茶科)
厚叶红山茶 Camellia crassissima Chang & Shi (山茶科)
厚叶厚皮香 Ternstroemia kwangtungensis Merr. (山茶科), *华南厚皮香,广东厚皮香*
厚叶花旗杆 Dontostemon crassifolius (Bge.) Maxim. (十字花科)
厚叶黄芪 Astragalus crassifolius Ulbr.(豆科)
厚叶假柴龙树 Nothapodytes collina C.Y.Wu(茶茱萸科)
厚叶假卫矛 Microtropis latifolia Wight (卫矛科), *广叶假卫矛*
厚叶蕨 Cephalomanes sumatranum (v.A.v.R.) Cop.(膜蕨科)
厚叶蕨属 Cephalomanes Presl(膜蕨科)
厚叶柯 Lithocarpus pachyphyllus (Kurz) Rehd.(壳斗科), *厚叶石栎*
厚叶拉拉藤 Galium crassifolium W.C.Chen(茜草科)
厚叶冷水花 Pilea sinocrassifolia C.J.Chen(荨麻科)
厚叶柃 Eurya crassilimba H.T.Chang(山茶科)
厚叶柃木(台湾志)=光柃
厚叶柳叶蕨(蕨图类说)=离脉柳叶蕨
厚叶龙胆 Gentiana tentyoensis Masam.(龙胆科)
厚叶楼梯草 Elatostema crassiusculum W.T. Wang (荨麻科)
厚叶罗伞 Brassaiopsis glomerulata var. coriacea (W.W.Sm.) Li(五加科)
厚叶马蔺(新疆)=喜盐鸢尾
厚叶毛兰 Eria crassifolia Z.H.Tsi & S.C.Chen (兰科)
厚叶梅 Armeniaca mume var. pallescens (Franch.) Yü (蔷薇科), *野梅*
厚叶梅花草 Parnassia perciliata Diels(虎耳草科)
厚叶美花草 Callianthemum alatavicum Freyn (毛茛科)
厚叶美洲茶 Ceanothus crassifolia Torr.(鼠李科)
厚叶猕猴桃 Actinidia fulvicoma var. pachyphylla (Dunn) Li(猕猴桃科)
厚叶木莲 Manglietia pachyphylla Chang(木兰科)
厚叶木犀 Osmanthus marginatus var. pachyphyllus (H.T.Chang) R.L.Lu(木犀科)
厚叶牛齿兰 Appendicula cristata Bl.(兰科)
厚叶蒲公英(植物志 80-2)=窄苞蒲公英
厚叶槭 Acer crassum Hu & Cheng(槭树科)
厚叶秦岭藤 Biondia crassipes M.G.Gilb. & P.T.Li (萝藦科)
厚叶清风藤(植物志 47-1)=革叶清风藤
厚叶清香桂(云南志)=云南野扇花
厚叶琼楠 Beilschmiedia percoriacea Allen(樟科)
厚叶秋海棠 Begonia dryadis Irmsch.(秋海棠科), *红八角莲*
厚叶雀舌木 Leptopus pachyphyllus X.X.Chwn (大戟科), *公连*
厚叶榕 Ficus microcarpa var. crassifolia (Shieh) J.C.Liao? (桑科)
厚叶鳃兰 Maxillaria crassifolia (Lindl.) Rchb.f. (兰科)
厚叶沙参(植物志 73-2)=狭叶沙参
厚叶山矾 Symplocos crassilimba Merr.(山矾科), *白布果*
厚叶蛇根草 Ophiorrhiza crassifolia Lo(茜草科)
厚叶石斑木 Raphiolepis umbellata (Thunb.) Makino (蔷薇科)
厚叶石栎(植物志 22)=厚叶柯
厚叶石楠 Photinia crassifolia Lévl.(蔷薇科), *玉枇杷*
厚叶实蕨 Bolbitis hainanensis Ching & C.H. Wang (实蕨科)
厚叶鼠刺 Itea coriacea Y.C.Wu (虎耳草科)
厚叶双盖蕨 Diplazium crassiusculum Ching(蹄盖蕨科)
厚叶溲疏 Deutzia crassifolia Rehd.(虎耳草科), *少花溲疏*
厚叶素馨 Jasminum pentaneurum Hand.-Mazz. (木犀科)
厚叶算盘子 Glochidion hirsutum (Roxb.) Voigt (大戟科), *赤血仔,大洋算盘,大叶水,大云药,丹药良,毛叶算盘子,水泡木,朱口沙出山虎*
厚叶碎米蕨 Cheilosoria insignis (Ching) Ching & Shing (中国蕨科)
厚叶藤(海南保亭)=狮子尾
厚叶藤山柳 Clematoclethra pachyphylla C.F. Liang & Y.C.Chen(猕猴桃科)
厚叶蹄盖蕨(蕨类形态)=轴果蹄盖蕨
厚叶铁角蕨 Asplenium griffithianum HK.(铁角蕨科), *丛叶铁角蕨*
厚叶铁杉 Tsuga crassifolia Flous (松科)
厚叶铁线莲 Clematis crassifolia Benth.(毛茛科)
厚叶铜盆花 Ardisia obtusa subsp. pachyphylla (Dunn) Pip. & C.Chen(紫金牛科)
厚叶兔儿风 Ainsliaea crassifolia Chang(菊科)
厚叶兔耳草 Lagotis crassifolia Prain(玄参科)
厚叶卫矛 Euonymus hemsleyanus Loes.(卫矛科), *黑刺卫矛*
厚叶乌头 Aconitum coriophyllum Hand.-Mazz. (毛茛科)
厚叶香草 Lysimachia crassifolia C.Z.Gao & D. Fang (报春花科), *四棱牡丹*
厚叶绣球 Hydrangea radiata Walt.(虎耳草科)
厚叶悬钩子 Rubus crassifolius Yü & Lu (蔷薇科)
厚叶栒子 Cotoneaster coriaceus Franch.(蔷薇科), *野苦梨根*
厚叶崖爬藤 Tetrastigma pachyphyllum (Hemsl.) Chun (葡萄科), *勾办,过山龙*
厚叶岩白菜 Bergenia crassifolia (L.) Fritsch(虎耳草科), *岩白菜*(分类草药性)
厚叶沿阶草 Ophiopogon corifolius Wang & Dai (百合科)
厚叶榆 Ulmus crassifolia Nutt.(榆科)
厚叶樟(广东徐闻)=白野槁树
厚叶指甲兰 Aerides crassifolium Par. & Rchb.f. (兰科)
厚叶中华石楠(新)Photinia beauverdiana var. notabilis (Schneid.) Rehd. & Wils.(蔷薇科), *中华石楠厚叶变种*
厚叶钟报春 Primula chumbiensis W.W.Sm.(报春花科)
厚叶轴脉蕨 Ctenitopsis sinii (Ching) Ching(叉蕨科), *三相蕨*
厚叶蛛毛苣苔 Paraboea crassifolia (Hemsl.) Burtt (苦苣苔科)
厚叶锥 Castanopsis crassifolia Hick. & A. Camus (壳斗科)
厚叶钻地风 Schizophragma crassum Hand.-Mazz. (虎耳草科)
厚衣香青 Anaphalis pachylaena Chen & Ling (菊科)
厚圆果海桐 Pittosporum rehderianum Gowda (海桐花科)
厚缘青冈 Cyclobalanopsis thorelii (Hick. &

A.Camus) Hu(壳斗科)
厚轴茶 Camellia crassicolumna Chang(山茶科)
厚轴荛花(中大学报)=粗轴荛花
厚柱山麻杆 Alchornea kelungensis Hay.(大戟科),*台湾山麻杆*
厚柱头木 Pachistima myrsinites (Pursh) Raf.(卫矛科)
厚柱头木属 Pachistima Raf.(卫矛科)
厚籽凤仙花 Impatiens dasysperma Wight (凤仙花科)
候氏腺萼木 Mycetia longiflora f. howii Lo(茜草科)
鲎脚绿(台湾)=乌脚绿
鲎藤(福建)=厚藤

Hu

呼尔干-沙里尔日(蒙语)=东北丝裂蒿
呼尔干-沙里尔日(蒙语)=柔毛蒿
呼喝草(广西通志)=含羞草
呼呼斯根纳(蒙族名)=莲座蓟
呼伦贝尔棘豆(内蒙古植物研究)=海拉尔棘豆
呼伦-沙里尔日(蒙语)=盐蒿
呼玛卷柏 Selaginella borealis (Kaulf.) Rupr. (卷柏科)
呼玛柳 Salix humaensis Y.L.Chou & R.C.Chou (杨柳科)
呼日布格(内蒙志)=兴安胡枝子
呼荣-温都苏(蒙名)=紫菀
忽布(Hop 英译名,日本译音)=啤酒花菟丝子
忽布筋骨草(青藏图志)=白苞筋骨草
忽地笑 Lycoris aurea (L'Her.) Herb.(石蒜科),*大一枝箭,独脚蒜,黄花石蒜,黄龙爪,老鸦蒜,铁色箭,岩大蒜*
忽鹿麻(纲目)=扁桃
忽略野青茅(禾本科图说)=小花野青茅
忽莓 Poa neglecta Steud.(禾本科)
忽视山羊草 Aegilops neglecta Req. ex Bertol. (禾本科)
弧果黄芪 Astragalus subarcuatus Popov(豆科)
弧茎堇菜(静生汇报,拉汉名称)=如意草
弧距虾脊兰 Calanthe arcuata Rolfe(兰科),*尾唇根节兰*
狐臭柴 Premna puberula Pamp.(马鞭草科),*斑鸠占,神仙豆腐柴,臭树,臭黄荆,水白腊,长柄臭黄荆*
狐狸草 Myriactis wallichii Less.(菊科)
狐狸公(广东)=栓叶安息香
狐狸射草(海南志)=黄灰毛豆
狐狸薹草 Carex vulpina L.(莎草科)
狐狸桃(江西龙南)=瓜馥木
狐狸尾(广西药用名录,生草药性备要)=狸尾豆
狐柳(东北经济志)=崖柳
狐毛直瓣苣苔 Ancylostemon vulpinus Burtt & David. (苦苣苔科)
狐茅雀麦(新拉汉英)=疏花雀麦
狐茅属(新拉汉英)=**羊茅属**
狐茅状雪灵芝(西藏志)=海子山老牛筋
狐茅状雪灵芝 Arenaria festucoides Benth.(石竹科)
狐氏篛柊(台湾树木志)=鲁花树
狐尾草 Avena orientalis Schreb.(禾本科)
狐尾葛(云南植物名录)=密花葛
狐尾黄芪 Astragalus alopecurus Pall.(豆科)
狐尾蓼 Polygonum alopecuroides Turcz. ex Besser (蓼科)
狐尾马先蒿 Pedicularis alopecuros Franch.(玄参科),*狐尾马先蒿狐尾变种*
狐尾马先蒿狐尾变种(植物志 68)=狐尾马先蒿
狐尾马先蒿毛药变种(植物志 68)=毛药狐尾马先蒿
狐尾石松 Lycopodium alopecuroides L.(石松科)
狐尾松(新拉汉英)=巴耳弗氏松
狐尾藻 Myriophyllum verticillatum L.(小二仙草科),*轮叶狐尾藻*
狐尾藻棘豆(豆科图说,药典 2000)=多叶棘豆
狐尾藻属 Myriophyllum L.(小二仙草科)
胡巴(本草求真)=胡卢巴
胡苍子(湖南)=苍耳
胡草芩(长白山)=黄底芩
胡葱(拉汉名称和手册)=香葱
胡葱子(食疗本草)=香葱
胡地莲(江西草药手册)=双蝴蝶
胡豆(本草纲目)=蚕豆
胡豆(本草拾遗)=鹰嘴豆
胡豆草(四川中药志)=石蜈蚣草
胡豆七(湖北)=轮叶八宝
胡豆七(四川)=云南红景天
胡豆七(四川中药志)=八宝
胡瓜(嘉祐本草)=黄瓜
胡黄莲 Neopicrorhiza scrophulariiflora (Pennell) D.Y.Hong(玄参科),*割孤露泽,胡连,假黄连*
胡黄莲属 Neopicrorhiza D.Y.Hong (玄参科)
胡椒(山东)=白鲜
胡椒 Piper nigrum L.(胡椒科),*浮椒,玉椒*
胡椒菜(救荒本草)=石龙芮
胡椒草(福建)=石龙芮
胡椒草(广西本草选编)=石蝉草
胡椒草(云南曲靖)=姜味草
胡椒虎耳草叶洛美塔 Lomatia silaifolia R.Br.(山龙眼科),*皱波落木洛美塔*
胡椒𫐆(海南志)=两面针
胡椒科 Piperaceae
胡椒七(湖北)=铜钱细辛
胡椒藤 Ampelopsis arborea Koehne (葡萄科)
胡椒属 Piper L.(胡椒科),*大胡椒属*
胡芥(纲目,蜀本草)=白芥
胡堇菜(图鉴)=南山堇菜
胡堇草(图经本草)=南山堇菜
胡韭子(南州记)=补骨脂
胡克报春(拉汉名称)=春花脆蒴报春
胡克氏杜英 Elaeocarpus hookerianus Raool (杜英科)
胡克鸢尾 Iris hookeriana Foster (鸢尾科)
胡连(本草正义)=胡黄莲
胡龙须(湖南药物志)=栗寄生
胡卢巴 Trigonella foenum-graecum L.(豆科),*胡巴,季豆,苦草,芦豆,香草,香豆,香苜蓿,小木夏,芸豆,芸香草*
胡卢巴属 Trigonella L.(豆科)
胡绿(台湾)=乌脚绿
胡萝卜 Daucus carota var. sativa Hoffm.(伞形科),*黄萝卜,丁香萝卜,红萝卜,金笋*
胡萝卜叶马先蒿 Pedicularis daucifolia Bonati(玄参科)
胡萝卜属 Daucus L.(伞形科)
胡麻(江苏)=大麻
胡麻(名医别录,Flora 18)=芝麻
胡麻草 Centranthera cochinchinensis (Lour.) Merr.(玄参科)
胡麻草属 Centranthera R.Br.(玄参科)
胡麻饭(图考)=亚麻
胡麻花 Helomiopsis umbellata Baker(百合科)
胡麻花属 Helomiopsis A.Gray(百合科)
胡麻黄芪 Astragalus sesamoides Boiss.(豆科)
胡麻科 Pedaliaceae
胡麻属 Sesamum L.(胡麻科)
胡麻子(博济方)=亚麻
胡蔓藤(南方草本状)=钩吻
胡蔓藤属(名词审查本,树木分类学)=**钩吻属**
胡毛(闽东本草)=金发草
胡芹菜(山西)=密花岩风
胡寝子(药材资料汇编)=苍耳
胡森堇菜(植物志 51)=鸡腿堇菜
胡氏齿瓣兰 Odontoglossum ×humeanum Rchb.f. (兰科)
胡氏凤尾蕨 Pteris hui Ching(凤尾蕨科)
胡氏勾儿茶(黄山植物研究)=大叶勾儿茶
胡氏[illegible]METAL(植物志 22)=雷公青冈
胡氏排草(中药大辞典)=临时救
胡荽(食疗本草)=芫荽
胡桃 Juglans regia L.(胡桃科),*核桃,分心木,油胡桃*
胡桃科 Juglandaceae
胡桃庐子(河北小五台山)=臭冷杉
胡桃楸 Juglans mandshurica Maxim.(胡桃科),*核桃楸,楸树皮,山核桃,楸马核果,野胡桃,华东野胡桃,华胡桃,长果核桃*
胡桃叶冬青十大功劳 Mahonia aguifolia var. juglandifolia Jouin (小檗科)
胡桃叶显脉蕨 Phanerophlebia juglandifolia (H. B.Willd.) J.Sm.(叉蕨科)
胡桃属 Juglans L.(胡桃科)
胡桐(高等图鉴)=红厚壳
胡桐(树木分类学)=秋枫
胡颓子(福建)=福建胡颓子
胡颓子(云南)=白绿叶
胡颓子(云南)=鸡柏胡颓子
胡颓子 Elaeagnus pungens Thunb.(胡颓子科),*半春子,半含春,薄颓子,卢都子,牛奶子根,蒲颓叶,雀儿本酥,三月枣,石滚子,柿模,四枣,甜棒子,羊奶子,野樱桃,叶刺头*
胡颓子科 Elaeagnaceae
胡颓子叶柯 Lithocarpus elaeagnifolius (Seem.) Chun (壳斗科)
胡颓子属 Elaeagnus L.(胡颓子科)
胡燕葵(开宝本草)=落葵
胡杨 Populus euphratica Oliv.(杨柳科),*胡桐泪,胡同碱*
胡枝子 Lespedeza bicolor Turcz.(豆科),*豆叶柴,过山龙,和血丹,假花生,随军茶,野花生,野山豆根,夜合草*
胡枝子属 Lespedeza Michx.(豆科)
胡脂麻(药用志)=亚麻
胡子柴明油脂(中药大辞典)=车桑子
胡枲(本经)=苍耳
壶斗石栎(植物志 22)=壶壳柯
壶冠龙胆 Gentiana elwesii C.B.Clarke(龙胆科)
壶花荚蒾 Viburnum urceolatum S. & Z.(忍冬科)
壶花沙参(云南区系报告)=细萼沙参
壶花世纬苣苔 Tengia scopulorum var. pofiflora (S.Z.He) W.T.Wang(苦苣苔科)
壶壳柯 Lithocarpus echinophorus (Hick. & A. Camus) A.Camus(壳斗科),*壶斗石栎*
壶卢(日华子本草)=瓠瓜
壶瓶子花(贵州惠水)=玖檀花
壶托榕 Ficus ischnopoda Miq.(桑科),*瘦柄榕*
壶嘴柯 Lithocarpus tubulosus (Hick. & A. Camus) A.Camus(壳斗科)
湖岸剪股颖 Agrostis pubicallis Keng ex Y.C. Yang (禾本科)

湖北巴戟 Morinda hupehensis Y.S.Hu(茜草科)
湖北白前(种子植物名称)=朱砂藤
湖北百合 Lilium henryi Baker(百合科)
湖北贝母 Fritillaria monantha Migo(百合科),*天目贝母,窑贝,板贝*
湖北梣 Fraxinus hupehensis Ch'ü,Shang & Su (木犀科),*对节白蜡*
湖北长蕊琉璃草 Solenanthus hupehensis R.R. Mill. (紫草科)
湖北楤木 Aralia hupehensis Hoo(五加科)
湖北大戟(湖北志)=大戟
湖北大戟 Euphorbia hylonoma Hand.-Mazz.(大戟科),*翻天印,九牛七,九牛造,五朵云,西南大戟,震天雷*
湖北当归 Angelica cincta de Boiss.(伞形科)
湖北地黄 Rehmannia henryi N.E.Brown(玄参科),*鄂地黄,岩白菜*
湖北地桃花 Urena lobata var. henryi S.Y.Hu(锦葵科)
湖北杜茎山 Maesa hupehensis Rehd.(紫金牛科)
湖北峨眉蕨 Lunathyrium vermiforme Ching, Boufford & Shing(蹄盖蕨科)
湖北鹅耳枥 Carpinus hupeana Hu(桦木科),*鄂鹅耳枥*
湖北繁缕 Stellaria henryi Williams(石竹科)
湖北风毛菊 Saussurea hemsleyi Lipsch.(菊科)
湖北枫杨 Pterocarya hupehensis Skan(胡桃科),*山柳树*
湖北凤仙花 Impatiens pritzelii HK.f.(凤仙花科) *冷水七,红苋,霸王七,止痛丹*
湖北附地菜 Trigonotis mollis Hemsl.(紫草科)
湖北海棠 Malus hupehensis (Pamp.) Rehd.(蔷薇科),*野海棠,野花红,花红茶,秋子,茶海棠,小石枣*
湖北合果景天(湖北志)=合果景天
湖北胡枝子 Lespedeza hupehensis Rick.?(豆科)
湖北花楸 Sorbus hupehensis Schneid.(蔷薇科),*雪压花*
湖北华箬竹 Sasa hubeiensis (C.H.Hu) C.H.Hu (禾本科)
湖北黄精 Polygonatum zanlanscianense Pamp. (百合科),*虎其尾,野山姜*
湖北寄生(湖北)=灰毛桑寄生
湖北蓟 Cirsium hupehense Pamp.(菊科)
湖北荚蒾 Viburnum hupehense Rehd.(忍冬科),*西南荚蒾*
湖北金粉蕨 Onychium moupinense var. ipii (Ching) Shing(中国蕨科)
湖北金粟兰 Chloranthus henryi var. hupehensis (Pamp.) K.F.Wu(金粟兰科),*四叶七*
湖北栲(植物志 22)=湖北锥
湖北苦枥木(秦岭志)=苦枥木
湖北拉拉藤 Galium hupehense Pampan.(茜草科)
湖北老鹳草 Geranium rosthornii R.Knuth(牻牛儿苗科)
湖北冷水花(湖北志)=圆瓣冷水花
湖北裂瓜 Schizopepon dioicus Cogn.(葫芦科)
湖北瘤果茶 Camellia hupehensis Chang(山茶科)
湖北柳 Salix hupehensis Hao(杨柳科)
湖北络石(植物志 63)=亚洲络石
湖北落芒草 Oryzopsis henryi (Rendle) Keng ex P.C.Kuo (禾本科),*亨利落芒草*
湖北麦冬(药典 2000)=山麦冬
湖北毛椴 Tilia hupehensis Cheng ex H.T.Chang (椴树科)
湖北木姜子 Litsea hupehana Hemsl.(樟科)
湖北木兰(湖北)=武当木兰
湖北木莓(新)Rubus weinhoei var. hupehensis (Oliv.) Metc.?(蔷薇科)
湖北葡萄 Vitis silvestrii Pamp.(葡萄科)
湖北蔷薇(秦岭志)=软条七蔷薇
湖北桥杸(中药志)=长萼栝楼
湖北三毛草 Trisetum henryi Rendle (禾本科),*亨利三毛草*
湖北沙参 Adenophora longipedicellata Hong (桔梗科)
湖北山楂 Crataegus hupehensis Sarg.(蔷薇科),*猴楂子,酸枣,大山枣*
湖北石楠 Photinia bergerae Schneid.(蔷薇科)
湖北石杉 Huperzia hupehensis Ching(石杉科)
湖北鼠李 Rhamnus hupehensis Schneid.(鼠李科)
湖北鼠尾草 Salvia hupehensis Stib.(唇形科)
湖北双蝴蝶 Tripterospermum discoideum (Marq.) H.Sm.(龙胆科)
湖北算盘子 Glochidion wilsonii Hutch.(大戟科)
湖北铁线莲 Clematis hupehensis Hemsl. & Wils. (毛茛科)
湖北娃儿藤 Tylophora silvestrii (Pamp.) Tsiang & P.T.Li (萝藦科)
湖北卫矛 Euonymus hupehensis Loes. ?(卫矛科)
湖北香椿 Toona sinensis var. hupehana (C.DC.) P.Y.Chen(楝科)
湖北小檗 Berberis gagnepainii Schneid. (小檗科)
湖北旋覆花 Inula hupehensis (Ling) Ling(菊科)
湖北枸子(经济植物手册)=华中枸子
湖北眼子菜 Potamogeton hubeiensis Y.X.Wang (眼子菜科)
湖北野青茅 Deyeuxia hupehensis Rendle (禾本科)
湖北野桐 Mallotus barbatus var. hubeiensis S.M. Hwang (大戟科)
湖北樱桃(新)Prunus litiginosa Schneid?(蔷薇科)
湖北蝇子草 Silene hupehensis C.L.Tang(石竹科)
湖北诸葛菜(植物志 33)=诸葛菜
湖北锥 Castanopsis hupehensisC.S.Caho(壳斗科),*川鄂丝栗,湖北栲,锥栗果*
湖北紫堇 Corydalis acuminata subsp.hupehensis C.Y.Wu (罂粟科)
湖北紫荆 Cercis glabra Pampan.(豆科),*箩筐树,乌桑树,云南紫荆*
湖北紫珠 Callicarpa gracilipes Rehd.(马鞭草科)
湖边龙胆 Gentiana lawrencei Burk.(龙胆科)
湖滨嵩草 Kobresia lacustris P.C.Li (莎草科)
湖瓜草(图考)=华湖瓜草
湖瓜草属 Lipocarpha R.Br.(莎草科)
湖广草(四川,贵州绥阳)=佛光草
湖广杜鹃(植物研究)=大鳞杜鹃
湖广忍冬(拉汉名称)=云雾忍冬
湖广卫矛 Euonymus hukuangensis C.Y.Cheng ex J.S.Ma (卫矛科)
湖花(浙江中药手册)=玫瑰
湖麻(上海植物名录)=咖啡黄葵
湖南稗子 Echinochloa frumentacea (Roxb.) Link (禾本科)
湖南茶藨子 Ribes hunanense C.Y.Yang & C.J.Qi(虎耳草科),*广西茶藨*
湖南地黄连 Munronia hunanensis H.S.Lo(楝科)
湖南杜鹃 Rhododendron hunanense Chun & Tam (杜鹃花科)
湖南凤仙花 Impatiens hunanensis Y.L.Chen(凤仙花科)
湖南复叶耳蕨 Arachniodes hunanensis Ching (鳞毛蕨科)
湖南根(广西)=芡实
湖南贯众(分类学报)=峨眉贯众
湖南黄花稔 Sida cordifolioides Feng(锦葵科)
湖南黄芩 Scutellaria hunanensis C.Y.Wu(唇形科),*小叶十大川*
湖南假蹄盖蕨(分类学报)=斜升假蹄盖蕨
湖南堇菜 Viola hunanensis Hand.-Mazz.(堇菜科),*拟长萼堇菜*
湖南连翘(图考)=黄海棠
湖南鳞果星蕨 Lepidomicrosorium hunanense Ching & Shing(水龙骨科)
湖南马铃苣苔 Oreocharis nemoralis Chun(苦苣苔科)
湖南木姜子 Litsea hunnanensis Yang. & P.H. Huang (樟科)
湖南楠(秦岭志)=湘楠
湖南蒲儿根 Sinosenecio hunanensis (Ling) B. Nord. (菊科)
湖南桤叶树 Clethra sleumeriana Hao(桤叶树科)
湖南槭 Acer nayongense var. hunanense (Fang & W.K.Hu) Fang & W.K.Hu(槭树科)
湖南千里光 Senecio actinotus Hand.-Mazz.(菊科)
湖南黔蕨 Phanerophlebiopsis hunanensis Ching (鳞毛蕨科)
湖南箬竹 Indocalamus hunanensis B.M.Yang(禾本科)
湖南山核桃 Carya hunanensis Cheng & R.H. Chang ex Chang & Lu(胡桃科)
湖南山麻杆 Alchornea hunanensis H.S.Kiu(大戟科)
湖南蛇根草 Ophiorrhiza hunanica Lo(茜草科)
湖南香薷 Elsholtzia hunanensis Hand.-Mazz.(唇形科),*耳齿变种*
湖南悬钩子 Rubus hunanensis Hand.-Mazz.(蔷薇科)
湖南杨桐(树木分类学)=尖叶川杨桐
湖南阴山荠 Yinshania hunanensis (H.Y.Zhang) Al-Shehbaz et al.(十字花科)
湖南淫羊藿 Epimedium hunanense (Hand.-Mazz.) Hand.-Mazz. (小檗科),*淫羊藿,阴阳台*
湖南玉山竹 Yushania farinosa Z.P.Wang & G.H. Ye (禾本科)
湖南蜘蛛抱蛋 Aspidistra triloba F.T.Wang & K. Y.Lang (百合科)
湖南紫菀 Aster hunanensis Hand.-Mazz.(菊科)
湖榕树(广西)=贵州芙蓉
湖桑(江苏)=鲁桑
湖沼茶藨子 Ribes lacustre (Pers.) Poir.(虎耳草科)
湖沼鸢尾 Iris lacustris Nutt.(鸢尾科)
猢狲姜(本草拾遗)=槲蕨
猢狲接竹(浙江草药)=庐山楼梯草
猢狲节根(浙江中草药)=白接骨
葫(植物志 14)=蒜
葫芦(饮片新参)=瓠瓜
葫芦 Lagenaria siceraria (Molina) Standl.(葫芦

科),瓠,蒲种壳,地蒲壳
葫芦草(福建)=蓝花参
葫芦草(广西玉林)=石柑子
葫芦草(闽东本草)=金锦香
葫芦草(新华本草纲要)=蔓茎蝇子草
葫芦草 Polytoca massii (Bal.) Schenck.(禾本科)
葫芦草 Sclerachne punctata R.Br.(禾本科)
葫芦草属 Sclerachne R.Br.(禾本科),硬颖草属
葫芦茶 Tadehagi triquetrum (L.) Ohashi(豆科),百劳舌,宝剑草,剑板菜,懒狗舌,龙舌癀,麻草,牛虫草,螳草,田刀柄,咸鱼草
葫芦茶属 Tadehagi Ohashi (豆科)
葫芦刺(高等图鉴)=柞木
葫芦瓜(本草求原)=瓠瓜
葫芦罐(甘肃)=北马兜铃
葫芦茎虾脊兰 Calanthe labrosa (Rchb.f.) Rchb.f.(兰科)
葫芦科 Cucurbitaceae
葫芦麻竹 Dendrocalamus latiflorus cv. Subconvex (禾本科)
葫芦瓢(中草药学)=瓠瓜
葫芦七(陕西)=铁破锣
葫芦七(陕西中药名录)=齿叶橐吾
葫芦桑(湖北)=华桑
葫芦山矾(植物志 60-2)=山矾
葫芦树(安徽)=钩锥
葫芦树(广州)=葫芦树
葫芦树(云南屏边)=越南石梓
葫芦树 Crescentia cujete L.(紫葳科),炮弹果,瓠瓜木,葫芦树
葫芦树属 Crescentia L.(紫葳科)
葫芦藤(龙州)=地柑
葫芦叶(中草药汇编)=和尚菜
葫芦叶马兜铃 Aristolochia cucurbitoides C.F. Liang (马兜铃科)
葫芦枣 Ziziphus jujuba f. lageniformis (Nakai) Kitag.(鼠李科)
葫芦属 Lagenaria Ser.(葫芦科)
葫芒苏铁 Cycas changjiangensis N.Liu(苏铁科)
葫蒜 Allium scorodoprasum L.(百合科)
瑚珊凤梨(新拉汉英)=亮叶光萼荷
蔛菜(唐本草)=鸭舌草
蔛草(唐本草)=鸭舌草
蔛荣(唐本草)=鸭舌草
槲(唐本草)=槲树
槲寄生 Viscum coloratum (Kom.) Nakai(桑寄生科),北寄生,冬青,冻青,寄生,寄生子,桑寄生,台湾槲寄生
槲寄生属 Viscum L.(桑寄生科)
槲蕨 Drynaria roosii Nakaike(槲蕨科)骨碎补,过山龙,猴姜,猢狲姜,石庵蔄,石良姜,石毛姜
槲蕨科 Drynariaceae
槲蕨属 Drynaria (Bory) J.Sm.(槲蕨科)
槲栎 Quercus aliena Bl.(壳斗科),细皮青冈
槲树 Quercus dentata Thunb.(壳斗科),波罗树,大叶栎柴,槲,青风,橡树,柞栎
槲叶雪兔子 Saussurea quercifolia W.W.Sm.(菊科)
糊樗(台木本志,台湾志)=台湾冬青
糊溲疏(福建)=圆锥绣球
蝴蝶暗消(云南)=杯叶西番莲
蝴蝶暗消(云南)=月叶西番莲
蝴蝶草(贵州)=粉叶羊蹄甲
蝴蝶草(南宁药志)=蝙蝠草
蝴蝶草(云南)=毛宿苞豆
蝴蝶草(浙江草药)=双蝴蝶
蝴蝶草根(贵阳民间药草)=粉叶羊蹄甲
蝴蝶草属 Torenia L.(玄参科)
蝴蝶风(广西中药志)=鞍叶羊蹄甲
蝴蝶风(广西中药志)=蝙蝠草
蝴蝶果(中草药汇编)=罗浮槭
蝴蝶果 Cleidiocarpon cavaleriei (Lévl.) Airy-Shaw (大戟科),山板栗,唛别
蝴蝶果属 Cleidiocarpon Airy-Shaw(大戟科)
蝴蝶花(广东)=红姜花
蝴蝶花(广东)=亮叶槭
蝴蝶花(广西)=罗浮槭
蝴蝶花(贵州)=单色蝴蝶草
蝴蝶花(江苏,江西,福建,湖南)=射干
蝴蝶花(梅县)=姜花
蝴蝶花(札璞)=蝴蝶戏珠花
蝴蝶花(植物志 51)=三色堇菜
蝴蝶花 Iris japonica Thunb.(鸢尾科),扁担叶,扁竹,扁竹根,豆豉草,剑刀草,,开喉箭,兰花草,日本鸢尾,铁扁担,铁豆柴,燕子花,紫燕
蝴蝶花豆(植物志 41)=蝶豆
蝴蝶花豆属(豆科图说)=**蝶豆属**
蝴蝶荚蒾(高等图鉴)=蝴蝶戏珠花
蝴蝶尖(纲目拾遗)=绿竹
蝴蝶菊(图考)=还亮草
蝴蝶兰 Phalaenopsis aphrodite Rchb.f.(兰科),蝶兰,台湾蝴蝶兰
蝴蝶兰属 Phalaenopsis Bl.(兰科)
蝴蝶瘤瓣兰 Oncidium cucullatum var. phalaenopsis (Rchb.f.) Veithc (兰科)
蝴蝶满园春(花镜)=虞美人
蝴蝶米尔顿兰 Miltonia phalaenopsis Nichols.(兰科)
蝴蝶木(拉汉名称)=琼花
蝴蝶槭(分类学报)=亮叶槭
蝴蝶石斛 Dendrobium phalaenopsis Fitzg.(兰科)
蝴蝶树(曲籍便览)=蝴蝶戏珠花
蝴蝶树 Heritiera parvifolia Merr.(梧桐科)
蝴蝶藤 Passiflora papilio Li(西番莲科)
蝴蝶戏珠花 Viburnum plicatum var.tomentosum (Thunb.) Miq.(忍冬科),蝴蝶花,蝴蝶树,蝴蝶荚蒾,苦酸汤
蝴蝶香果兰 Vanilla phalaenosis Rchb.f.(兰科)
鰗鳅钻(福建)=黑老虎
虎斑兜兰 Paphiopedilum markianum Fowlie(兰科)
虎斑瘤瓣兰 Oncidium tigrinum Llave. & Lex.(兰科)
虎斑毛年木 Dracaena goldieana Bull.(百合科)
虎斑旋柱兰 Mormodes tigrinum B.-R.(兰科)
虎草(彝药志)=掌裂蟹甲草
虎刺(北京志)=铁海棠
虎刺(植物园名录)=木麒麟
虎刺 Damnacanthus indicus Gaertn.f.(茜草科),刺虎,伏牛花,隔虎刺花,黄脚鸡,两面针,乌不踏,小黄连,绣花针
虎刺楤木 Aralia armata (Wall.) Seem.(五加科),广东楤木
虎刺属 Damnacanthus Gaertn.f.(茜草科)
虎胆草(植物志 74)=熊胆草
虎颚肉黄菊 Faucaria tigrina (Haw.) Schwant.(番杏科)
虎耳(福建)=短毛熊巴掌
虎耳草(民族药志)=燃灯虎耳草
虎耳草 Saxifraga stolonifera Curt.(虎耳草科),耳朵草,红线草,金丝荷叶,金线草,金线吊芙蓉,老虎耳,巧家虎儿草,石丹药,石荷叶,丝棉吊梅,丝丝草,天荷叶,天青地红,通耳草,小虎儿草
虎耳草茴芹 Pimpinella saxifraga L.(伞形科)
虎耳草科 Saxifragaceae
虎耳草属 Saxifraga Tourn. ex L.(虎耳草科)
虎耳还魂草(贵州民间药物)=西藏珊瑚苣苔
虎耳鳞毛蕨 Dryopteris saxifraga H.Ito(鳞毛蕨科)
虎耳秋海棠 Begonia rexcultorum Bailey (秋海棠科)
虎耳藤(广西)=华南云实
虎耳芋(广西龙津)=尖尾芋
虎葛(台湾志)=乌蔹莓
虎蓟(本草经集注)=蓟
虎降子(中药大辞典)=茶荚蒾
虎脚牵牛(海南志)=虎掌藤
虎脚丑(浙江)=寒莓
虎紧卷瓣兰 Bulbophyllum retusiusculum var. tigridum (Hance) Z.H.Tsi(兰科)
虎克粗叶木 Lasianthus hookeri C.B.Clarke ex HK.f.(茜草科)
虎克凤仙花 Impatiens hookeriana Arn.(凤仙花科)
虎克贯众(蕨类图说)=尖羽贯众
虎克桄榔 Arenga hookeriana (Becc.) Whimore (棕榈科)
虎克黄花茅(禾本科图说)=藏黄花茅
虎克火蝇树 Eriolaena hookeriana W. & A.(梧桐科)
虎克鳞盖蕨 Microlepia hookeriana (Wall.) Presl (碗蕨科),虎克鳞蕨
虎克鳞蕨(蕨类图说)=虎克鳞盖蕨
虎克氏兜兰 Paphiopedilum hookerae (Rchb.f.) Pfitz.(兰科)
虎克万带兰 Vanda hookeriana Rchb.f.(兰科)
虎克小檗 Berberis hookeri Lema.(小檗科)
虎克熊果 Arctostachylos hookeri G.Don (杜鹃花科)
虎克隐囊蕨 Notholaena hookeri D.C.Eaton (中国蕨科)
虎克钟萼草 Lindenbergia hookeri Clarke (玄参科)
虎狼草(生草药性备要)=苦郎树
虎老香(湖北)=小果唐松草
虎麻(高等图鉴)=落新妇
虎麻(贵州中草药名录)=大蝎子草
虎麻(唐本草)=返顾马先蒿
虎麻草(湖北)=宽叶荨麻
虎莓(纲目)=乌蔹莓
虎梅刺(台湾)=薄瓣悬钩子
虎皮(新华本草纲要)=浙皖粗筒苣苔
虎皮草(陕西中草药)=大叶金腰
虎皮隔距兰(中山大辞典)=大序隔距兰
虎皮花 Tigridia pavonia (L.f.) Ker-Gawl.(鸢尾科),老虎百合
虎皮花属 Tigridia Juss.(鸢尾科)
虎皮菊(植物志 75)=天人菊
虎皮楠 Daphniphyllum oldhami (Hemsl.) Rosenth. (虎皮楠科),四川虎皮楠,南宁虎皮楠
虎皮楠科 Daphniphyllaceae,交让木科
虎皮楠属 Daphniphyllum Bl.(虎皮楠科)
虎皮松(山东)=白皮松
虎皮掌(新拉汉英)=小牛舌
虎皮掌 Gasteria marmorata Bak. (百合科),花脂麻掌
虎婆刺(台湾)=薄瓣悬钩子
虎玑(云南纳西族语)=云南豆腐柴

虎其尾(湖北)=湖北黄精
虎三头(广西)=毒根斑鸠菊
虎散竹(植物学大辞典)=棕竹
虎山叶(贵州)=降龙草
虎舌红 Ardisia mamillata Hance(紫金牛科),*白毛毡,豹狗舌,红胆,红地毡,红毛过江,红毛毯,红毛毡,红毛针,红毛紫金牛,红毛走马胎,红毡,老虎脷,老虎舌,毛地红,毛罗伞,蛐蛛皮,肉八爪,乳毛紫金牛,山猪怕*
虎舌兰 Epipogium roseum (D.Don) Lindl.(兰科)
虎舌兰属 Epipogium Gmelin ex Borkh.(兰科)
虎氏菅草(禾本科检索表)=西南菅草
虎氏荩草 Arthraxon hispidus var. hookeri (Hackel) Honda (禾本科)
虎氏旋柱兰 Mormodes hookeri Lem.(兰科)
虎跳涧水晶棵(云南植物名录)=高山水锦树
虎头刺(滇南本草)=云实
虎头柑(新拉汉英)=红头柑(新)
虎头柑 Citrus aurantium cv. Hutou Gan(芸香科)
虎头黄(福建)=广西过路黄
虎头蓟 Schmalhausenia nidulans (Rgl.) Petrak (菊科)
虎头蓟属 Schmalhausenia C.Winkl.(菊科)
虎头蕉(本草纲目拾遗)=美人蕉
虎头蕉(草宝)=台湾银线兰
虎头兰(思茅中草药)=纹瓣兰
虎头兰 Cymbidium hookerianum Rchb.f.(兰科)
虎图辣(中药大辞典)=康定翠雀花
虎王(中药大辞典)=树头菜
虎尾鞭(昆明草药)=毛蕊花
虎尾草(丽江)=毛萼香茶菜
虎尾草(思茅中草药)=当归藤
虎尾草(植物名汇)=棒锤草
虎尾草 Chloris virgata Sw.(禾本科),*棒锤草,刷子头,盘草*
虎尾草属 Chloris Sw.(禾本科)
虎尾蒿蕨 Ctenopteris subfalcata (Bl.) Kuze (禾叶蕨科)
虎尾花 Lysimachia barystachys Bge. (报春花科) ,*重穗排草,狼尾花*
虎尾兰(陆川本草,西双版纳傣药志)=金边虎尾兰
虎尾兰 Sansevieria trifasciata Prain(百合科),*老虎尾,花蛇草,万峨来*
虎尾兰属 Sansevieria Thunb.(百合科)
虎尾轮(闽南民间草药)=猫尾豆
虎尾松(东北)=红皮云杉
虎尾铁角蕨 Asplenium incisum Thunb.(铁角蕨科),*地柏叶,洞里仙,虐尾蕨,深裂铁角蕨,缩羽铁角蕨,万年柏,岩春草,止血丹*
虎尾珍珠菜(中药大辞典)=矮桃
虎膝(陕西)=秦岭翠雀花
虎莶(纲目)=豨莶
虎须(植物志 77-1)=款冬
虎须草(滇南本草)=穗花粉条儿菜
虎须草(纲目)=灯心草
虎须娃儿藤(Flora 16)=老虎须
虎牙草(广西昭平,全县)=齿叶矮冷水花
虎牙草(湖北)=漆姑草
虎颜花 Tigridiopalma magnifica C.Chen(野牡丹科),*大莲蓬,熊掌*
虎颜花属 Tigridiopalma C.Chen (野牡丹科)
虎眼树(四声本草)=臭椿
虎眼万年青 Ornithogalum caudatum Jacq.(百合科)
虎眼万年青属 Ornithogalum L.(百合科)
虎羊丁(陕西)=异叶茴芹
虎阳刺(吉林)=辽东楤木
虎阳刺(浙江)=楤木
虎咬黄(福建)=韩信草
虎咬黄(拉汉名称和手册)=星粟草
虎咬癀(台湾青草药)=引生草
虎阴藤(广西)=暗消藤
虎芋(贵州兴义)=花南星
虎掌(甘肃卓尼) = 天南星
虎掌(江西万年)=磨芋
虎掌(南川)=棒头南星
虎掌(山西)=东北南星
虎掌(四川洪七)=象头花
虎掌(四川洪溪)=花南星
虎掌(四川金城,浙江昌化) =天南星
虎掌(四川雷波)=象南星
虎掌 Pinellia pedatisecta Schott (天南星科),*半夏,半夏子,大三步跳,独败家子,独角莲,独脚莲,狗爪半夏,绿芋子,麻芋子,南星,天南星,掌叶半夏,真半夏*
虎掌半夏(四川合江) =天南星
虎掌草(滇南本草)=小花草玉梅
虎掌草(云南)=草玉梅
虎掌簕(广部中草药手册)=粗叶悬钩子
虎掌南星(本草纲目) = 天南星
虎掌南星(纲目)=天南星
虎掌南星(湖北利川)=螃蟹七
虎掌荨麻(云南腾冲)=大蝎子草
虎掌藤 Ipomoea pestigridis L.(旋花科),*铜钱花草,生毛藤,虎脚牵牛*
虎杖 Reynoutria japonica Houtt.(蓼科),*班草,班杖根,斑庄根,大接骨,活血丹,胖官头,散血草,酸桶芦,酸筒杆,蒤,土地榆,阴阳莲,紫金龙*
虎杖属 Reynoutria Houtt.(蓼科)
虎榛子 Ostryopsis davidiana Decne.(桦木科),*棱榆*
虎榛子属 Ostryopsis Decne.(桦木科)
虎爪龙(江西中草药)=掌裂叶秋海棠
虎爪龙(植物志 52-1)=美丽秋海棠
虎爪南星(湖北巴东)=花南星
虎仔草(泉州本草)=通泉草
琥珀千里光 Senecio ambraceus Turcz. ex DC. (菊科),*大花千里光,东北千里光*
琥珀生石花 Lithops bella N.E.Br.(番杏科)
琥头 Ferocactus acantodes (Lem.) Britt. & Rose (仙人掌科),*鯱头*
鯱头(新拉汉英)=琥头
互草(本经)=常山
互齿欧夏至草 Marrubium alternidens Rech.(唇形科)
互对醉鱼草 Buddleja wardii Marq.(马钱科),*高山醉鱼草*
互花米草 Spartina alterniflora Lois.?(禾本科)
互卷黄精 Polygonatum alternicirrhosum Hand.-Mazz.(百合科)
互生红景天 Rhodiola alterna S.H.Fu (景天科)
互生叶丁香蓼 Ludwigia alternifolia L.(柳叶菜科)
互生叶景天 Sedum chauveaudii var. margaritae (Hamet) Fröd.(景天科),*穿叶景天互生叶变种*
互生叶荛花 Wikstroemia alternifolia Batalin(瑞香科)
互生叶珍珠菜 Lysimachia alternifolia Wall.(报春花科)
互叶长蒴苣苔 Didymocarpus aromaticus Wall. ex D.Don(苦苣苔科)
互叶红砂 Reaumuria alternifolia (Labill.) Britt. (柽柳科)
互叶金腰子 Chrysosplenium alternifolium var. sibiricum Seringe ex DC.(虎耳草科)
互叶梾木 Cornus alternifolia L.(山茱萸科)
互叶铁线莲 Clematis alternata Kitamura & Tamura (毛茛科)
***互叶铁线莲属*(植物志 28)=毛茛属**
互叶獐牙菜 Swertia obtusa Ledeb.(龙胆科)
互叶醉鱼草 Buddleja alternifolia Maxim.(马钱科),*白芨,白芨梢,白积梢,泽当醉鱼草,小叶醉鱼草*
互助杜鹃 Rhododendron przewalskii subsp. huzhuense Fang & S.X.Wang(杜鹃花科)
户县白蜡树(秦岭志)=宿柱梣
户县蹄盖蕨(秦岭志)=中华蹄盖蕨
护耳草 Hoya fungii Merr.(萝藦科),*大奶汁藤,打不死*
护生草(纲目)=荠
护心草(广西草药)=三头水蜈蚣
护心草(四川中药志)=旋鳞莎草
护心胆(广西中草药)=地锦苗
瓠(食物本草会纂)=瓠瓜
瓠(植物志 73-1)=葫芦
瓠瓜 Lagenaria siceraria var. depressa (Ser.) Hara (葫芦科),*败瓢,陈壶卢瓢,壶卢,葫芦,葫芦瓜,葫芦瓢,瓠,瓠匏,旧壶卢瓢,破瓢,甜瓠瓠*
瓠瓜木(台湾)=葫芦树
瓠葫芦 Lagenaria siceraria var. turbinata (Ser.) Hara (葫芦科)
瓠匏(滇南本草)=瓠瓜
瓠子 Lagenaria siceraria var. hispida (Thunb.) Hara (葫芦科),*扁蒲,长瓠,甘瓠,瓠子子,净衕揰,龙蜜瓜,天瓜,甜瓠*
瓠子菜(福建)=马齿苋
瓠子子(滇南本草)=瓠子
萱豆(纲目)=鹿藿

Hua

花艾草(浙江)=牡蒿
花白丹(贵州)=长蕊珍珠菜
花斑叶(云南中草药选)=青紫葛
花棒(陕甘宁)=细枝岩黄芪
花包谷(四川峨眉)=花南星
花苞报春 Primula involucrata Wall. & Duby(报春花科),*大总苞报春*
花被单(新华本草纲要)=长蕊珍珠菜
花荸荠(云南)=马钱叶菝葜
花边莓系 Poa limbata Link.(禾本科)
花别刺(陕西)=西北蔷薇
花哺鸡竹 Phyllostachys glabrata S.Y.Chen & C. Y.Yao (禾本科)
花菜(江西草药)=紫云英
花菜(俗称)=花椰菜
花梣 Fraxinus orunus L.(木犀科)
花茶藨子 Ribes fargesii Franch.(虎耳草科),*法氏茶藨子,城口茶藨*
花柴彩花 Acantholimon karelinii (Shchegl.) Bge.(白花丹科)
花菖蒲(高等图鉴)=玉蝉花
花菖蒲 Iris ensata var. hortensis Makino & Nemoto (鸢尾科)
花池叶下珠(拉汉名称)=珠子木
花苁蓉(日华子本草)=列当
花大戟 Euphorbia corollata L.(大戟科)
花灯油藤 Celastrus paniculatus subsp. multiforus (Roxb.) D.Hou(卫矛科)

花等草(吉林)=牡蒿
花点草 Nanocnide japonica Bl.(荨麻科),*高墩草,幼油草,加天草,山归来*
花点草属 Nanocnide Bl.(荨麻科)
花吊丝竹 Dendrocalamus minor var. amoenus (Q.H.Dai & C.F.Huang) Hsueh & D.Z.Li (禾本科)
花豆(食用豆类作物)=木豆
花豆秧(植物志 39)=野决明
花杜仲藤(广西)=杜仲藤
花儿杆(宁夏中草药)=珍珠梅
花粉(增订伪药条辨)=栝楼
花粉头(岭南采药录)=紫茉莉
花粉已(广西)=秤钩风
花凤梨属(新拉汉英)=**铁兰属**
花盖梨(东北)=秋子梨
花杆莲(陕西)=磨芋
花杆南星(江西)=磨芋
花竿黄竹 Dendrocalamus membranaceus f. striatus Hsueh & D.Z.Li (禾本科)
花格斑叶兰 Goodyera kwangtungensis C.L.Tso (兰科)
花梗莲(江西新建)=磨芋
花菰(海南)=假野菰
花古帽(贵州)=一点红
花瓜(广东)=毒瓜
花拐藤(广西)=帘子藤
花汗菜(云南)=长蕊珍珠菜
花红 Malus asiatica Nakai(蔷薇科),*林檎,文林郎果,沙果,蜜果*(群芳谱),*五色柰*(医林纂要)
花红茶(湖北)=湖北海棠
花喉崩(海南)=杜仲藤
花蝴蝶(贵州方药集)=羽叶蓼
花蝴蝶(浙江草药)=双蝴蝶
花花草(云南)=小蜂斗草
花花柴 Karelinia caspia (Pall.) Less.(菊科),*胖姑娘*
花花柴属 Karelinia Less.(菊科)
花花七(陕西)=高乌头
花花五根草(广西隆林)=细风轮菜
花稷 Panicum paspaloides Hay.(禾本科)
花江盾翅藤 Aspidopterys esquirolii Lévl.(金虎尾科)
花胶树(高等图鉴)=亮叶桦
花椒(广西药用名录)=竹叶花椒
花椒 Zanthoxylum bungeanum Maxim.(芸香科),*川椒,大椒,点椒,汉椒,椴,椒,椒目,秦椒,蜀椒*
花椒地榆(云南中草药)=地榆
花椒簕(广东,广西)=簕欓花椒
花椒簕 Zanthoxylum scandens Bl.(芸香科),*藤花椒,花椒藤,乌口簕,通墙虎,山花椒,尖叶花椒*
花椒藤(植物志 43-2)=花椒簕
花椒叶(江苏药材志)=野花椒
花椒属 Zanthoxylum L.(芸香科)
花茎鸡脚参 Orthosiphon scapiger Benth.(唇形科)
花茎苔草(海南志)=花葶薹草
花巨竹 Gigantochloa verticillata (Willd.) Munro (禾本科),*长舌巨竹,埋霍罕*
花楷槭 Acer unkurunduense Trautv. & Mey.(槭树科)
花壳柴(中药大辞典)=豹皮樟
花葵 Lavatera arborea L.(锦葵科)
花葵属 Lavatera L.(锦葵科)
花垃杜鹃(广西植物名录,华南杜鹃花志)=椿年杜鹃
花兰(四川)=黑壳楠
花榔果(江苏)=化香树
花梨公(海南)=海南黄檀
花梨母(海南)=降香
花梨木(海南)=海南黄檀
花梨木(海南)=降香
花梨木(浙江)=花榈木
花篱属 Anthericum L.(百合科)
花丽早熟禾 Poa calliopsis Litw. ex Ovcz.(禾本科)
花莲柳 Salix tagawana Koidz.(杨柳科)
花莲三叉蕨 Tectaria kwarenkoensis (Hay.) C.Chr.? (叉蕨科)
花莲蹄盖蕨(台湾志)=台湾轴果蕨
花莲铁苋(台湾志)=花莲铁苋菜
花莲铁苋菜 Acalypha suirenbiensis Yamamoto (大戟科),*花莲铁苋,红头铁苋*
花莲兔儿风 Ainsliaea paucicapitata Hay.(菊科)
花莲悬钩子(植物志 37)=小梣叶悬钩子
花脸(湖南新宁)=雪里见
花脸王(四川)=青城细辛
花脸细辛(高等图鉴)=青城细辛
花脸叶(植物志 48-1)=青紫葛
花脸晕药(草药汇编)=羽叶蓼
花蔺 Butomus umbellatus L.(花蔺科),*莎薞*
花蔺科 Butomaceae
花蔺石竹 Dianthus granicticus Jordan.(石竹科)
花蔺属 Butomus L.(花蔺科),*莎薞属*
花菱草 Eschscholzia californica Cham.(罂粟科),*金英花*
花菱草属 Eschscholzia Cham.(罂粟科)
花龙树(江苏)=化香树
花笼(新拉汉英)=皱棱球
花榈木(新拉汉英)=吉纳檀
花榈木(植物志 40)=紫檀
花榈木 Ormosia henryi Prain(豆科),*臭桶柴,亨氏红豆,红豆树,花梨木,榈木,青龙捆地,青皮树,相思树,鸭公青*
花麻蛇(云南思茅)=磨芋
花脉蝇子草 Silene multifurcata C.L.Tang(石竹科)
花脉紫金牛 Ardisia perreticulata C.Chen(紫金牛科),*假血党*
花蔓草(图鉴)=心叶日中花
花蔓草(新拉汉英)=口红花
花毛竹 Phyllostachys heterocycla cv. Tao Kiang (禾本科)
花锚 Halenia corniculata (L.) Cornaz(龙胆科),*西伯利亚花锚,希赫日-地格达*
花锚属 Halenia Borkh.(龙胆科)
花眉桃架(闽东本草)=多花勾儿茶
花眉竹 Bambusa longispiculata Gamble ex Brandis (禾本科)
花木(广西上思)=狭叶栀子
花木蓝 Indigofera kirilowii Maxim. ex Palibin(豆科),*吉氏木蓝,山豆根,土豆根*
花木通(贵州民间药物)=清香藤
花木通(湖北,四川)=锈球藤
花木通(西藏中草药)=西南铁线莲
花木通(浙江)=女萎
花木通(浙江)=柱果铁线莲
花木香(经济志)=笔罗子
花木香(山东)=化香树
花苜蓿 Medicago ruthenica (L.) Trautv.(豆科),*扁蓿豆,布苏夯,纳林-胡岑格,奇尔克,透骨草,野苜蓿,杂花苜蓿*
花南星 Arisaema lobatum Engl.(天南星科),*白南星,半边莲,大半夏,大麻芋子,大麦冬,独角莲,狗爪半夏,狗爪南星,黑南星,红包谷,虎芋,虎掌,虎爪南星,花包谷,烂屁股,狼毒,绿南星,麻芋子,南星,南星七,蛇包谷,蛇杵棒,蛇磨芋,蛇芋头,天南星,血理箭,芋儿南星*
花佩菊 Faberia sinensis Hemsl.(菊科)
花佩菊属 Faberia Sch.-Bip.(菊科)
花皮胶藤(植物志 63)=杜仲藤
花皮胶藤属(植物志 63)=**水壶藤属**
花坪复叶耳蕨 Arachniodes huapingensis Ching & P.C.Chiu (鳞毛蕨科)
花瓶果(云南西畴)=木竹子
花旗参(通称)=西洋参
花旗杆 Dontostemon dentatus (Bge.) Ledeb.(十字花科),*齿叶花旗杆,苦葶苈,腺叶花旗杆*
花旗杆属 Dontostemon Andz. ex Ledeb.(十字花科)
花旗松 Pseudotsuga menziensii (Mirbel) Franco (松科)
花黔竹 Dendrocalamus tsiangii cv Viridistriatus (禾本科)
花墙刺(福建)=假连翘
花荞(纲目)=荞麦
花秋叶马先蒿 Pedicularis sorbifolia Tsoong(玄参科)
花楸(河南经济志)=梓
花楸(经济植物手册)=水榆花楸
花楸(新疆中草药)=天山花楸
花楸猕猴桃 Actinidia sorbifolia C.F.Liang(猕猴桃科)
花楸树(树木分类学)=复羽叶栾树
花楸树(云南镇雄,四川)=檫木
花楸树 Sorbus pohuashannensis (Hance) Hedl. (蔷薇科),*百华花楸,红果臭山槐,山槐子,马加木,绒花树*
花楸树属(树木分类学)=**花楸属**
花楸属 Sorbus L.(蔷薇科),*花楸树属*
花曲柳 Fraxinus chinensis subsp. rhynchophylla (Hance) E.Murr.(木犀科),*岑皮,梣木,梣皮,秤星树,大叶白蜡树,大叶梣,苦枥白蜡树,苦枥木,苦榴皮,苦树,蜡树皮,攀捉皮,攀鸡木,盆桂,秦木,石檀*
花荵(吉林中草药)=中华花荵
花荵 Polemonium caeruleum L.(花荵科),*鱼翅菜,手参,穴菜,电灯花*
花荵科 Polemoniaceae
花荵属 Polemonium L.(花荵科)
花萨(哈尼族名)=石生紫菀
花伞把(江西定南)=磨芋
花桑(河北)=华桑
花山耳蕨 Polystichum daguanense var. huashanicolum W.M.Chu & Z.R.He(鳞毛蕨科)
花山桑(浙江)=华桑
花商陆(杭州药志)=垂序商陆
花蛇草(西双版纳傣药志)=虎尾兰
花升麻(云南)=水棉花
花生(通称)=落花生
花生草(四川)=单花遍地金
花酸苔(思茅中草药)=华秋海棠
花穗水莎草 Juncellus pannonicus (Jacq.) C.B. Clarke (莎草科)
花唐松草 Thalictrum filamentosum Maxim.(毛茛科)
花条(陕北)=硬阿魏
花葶翠雀花 Delphinium sinoscaposum W.T. Wang (毛茛科)
花葶驴蹄草 Caltha scaposa HK.f. & Thoms.(毛

茛科)
花葶毛茛 Ranunculus oreionannos Marq. & Ariy Shaw(毛茛科)
花葶薹草 Carex scaposa C.B.Clare(莎草科),*翻天红,落地蜈蚣,花茎苔草*
花葶乌头 Aconitum scaposum Franch.(毛茛科),*一口血*
花葶獐牙菜 Swertia scapiformis T.N.Ho & S.W. Liu (龙胆科)
花头菜(贵州方药集)=球果堇菜
花头黄 Dendrocalamopsis oldhami f. revoluta (W.T.Lin & J.Y.Lin) W.T.Lin (禾本科)
花箨唐竹 Sinobambusa striata Wen (禾本科)
花豌豆(植物志 42-2)=香豌豆
花纹生石花 Lithops karasmontana (Dinter & Schwant.) N.E.Br.(番杏科)
花溪娃儿藤 Tylophora anthopotamica (Hand.-Mazz.) Tsiang & Zhang(萝藦科), *飞菜*
花溪珠子木(云南植物名录)=珠子木
花香木(植物志 60-2,中药大辞典)=黄牛奶树
花心木(广东)=南酸枣
花心藤(广西)=微花藤
花绣球(北京草桥)=蓝花丹
花轩假蹄盖蕨 Athyriopsis japonica var. variegata W.M.Chu & Z.R.He(蹄盖蕨科)
花血藤(湖南,贵州)=大血藤
花血藤(中草药汇编)=金山五味子
花烟草 Nicotiana alata Lindk & Otto(茄科)
花岩陀(云南)=荷包山桂花
花椰菜 Brassica oleracea var. botrytis L.(十字花科),*花菜*
花叶矮陀陀(高等图鉴)=地黄连
花叶八角(拉汉名称)=平滑叶八角
花叶梣叶槭 Acer negundo var. variegatum Jacq.(槭树科)
花叶川莲 Kalanchoe marmorta Bak.(景天科)
花叶地锦 Parthenocissus henryana (Hemsl.) Diels & Gilg.(葡萄科),*红叶爬山虎,花叶爬山虎*
花叶滇苦菜 Sonchus asper (L.) Hill.(菊科),*断续菊*
花叶点地梅 Androsace alchemilloides Franch.(报春花科)
花叶丁香 Syringa ×persica L.(木犀科),*波斯丁香,野丁香,历细*
花叶杜梨(陕北)=花叶海棠
花叶对叶兰 Listera puberula var. maculata (T. Tang & F.T.Wang) S.C.Chen & Y.B.Luo(兰科)
花叶高丛玉簪 Hosta fortunei var. marginata-alba Bailey (百合科)
花叶狗牙七(陕西中草药)=华北鳞毛蕨
花叶海棠 Malus transitoria (Batal.) Schneid.(蔷薇科),*花叶杜梨,马杜梨,小白石枣,涩刺子,细弱海棠*
花叶海棠长圆变种(植物志 36)=长圆果花叶海棠(新)
花叶活麻(四川)=三角叶荨麻
花叶鸡桑 Morus australis var. inusitata (Lévl.) C.Y.Wu (桑科)
花叶假杜鹃 Barleria lupulina Lindl.(爵床科),*刺血红,七星剑,血路草*
花叶疆南星 Arum pictum L.(天南星科)
花叶九节(云南植物名录)=驳骨九节
花叶九节(中草药汇编)=美果九节
花叶卷丹 Lilium tigrinum var. foliis variegatis Hort.(百合科)
花叶开唇兰(高等图鉴,海南志,浙江志,福建志,兰花全书)=金线兰
花叶冷水花 Pilea cadierei Gagn.(荨麻科),*金边山羊血*
花叶两块瓦(昆明草药)=斑叶杓兰
花叶芦荟 Aloe saponaris Haw.(百合科)
花叶鹿蹄草 Pyrola alboreticulata Hay.(鹿蹄草科),*白脉鹿蹄草*
花叶落舌蕉 Schismatoglottis picta Schott.(天南星科)
花叶麦冬(新拉汉英)=花叶绣墩草
花叶蔓长春花(Flora 16)=小蔓长春花
花叶蔓长春花 Vinca major cv. Variegata(夹竹桃科)
花叶爬山虎(拉汉名称)=花叶地锦
花叶千年木 Dracaena fragrans cv. Massangeana (百合科)
花叶荨麻(西藏中草药)=三角叶荨麻
花叶青木 Aucuba japonica var. variegata D'ombr. (山茱萸科),*洒金叶珊瑚,金沙树*
花叶秋海棠(高等图鉴,植物志 52-1)=华秋海棠
花叶秋海棠 Begonia cathcartii HK.f. & T. Thoms. (秋海棠科),*中华秋海棠,苦酸苔,公鸡酸苔*
花叶球兰 Hoya carnosa var. marmorata Hort.(萝藦科)
花叶三七(西藏中草药)=羽叶三七
花叶山姜 Alpinia pumila HK.f.(姜科),*野姜黄,假砂仁,竹节风,山姜*
花叶山麦冬 Liriope muscari var. variegata Bailey (百合科)
花叶酸筒(云南屏边)=变色秋海棠
花叶天冬 Asparagus sprengeri var. variegatus Hort. (百合科)
花叶万年青 Dieffenbachia picta (Lodd.) Schott (天南星科)
花叶万年青属 Dieffenbachia Schott (天南星科)
花叶尾花细辛 Asarum caudigerum var. cardiophyllum (Franch.) C.Y.Cheng & C.S.Yang (马兜铃科),*红三百棒*
花叶细辛(四川中药志)=地黄连
花叶绣墩草 Ophiopogon japonicus var. variegata Hort.(百合科),*花叶麦冬*
花叶寻胆(四川中药志)=地黄连
花叶沿阶草 Ophiopogon jaburan var. variegata Hort.(百合科)
花叶洋常春藤 Hedera helix cv. Variegata (五加科)
花叶叶(云南)=小蜂斗草
花叶一口血(南宁药用植物名录)=华秋海棠
花叶蜘蛛抱蛋 Aspidistra elatior var. variegata Hort.(百合科)
花叶重楼(植物志 15)=毛重楼
花叶重楼 Paris marmorata Stearn(百合科)
花叶猪棕草(云南)=银粉背蕨
花叶竹芋 Maranta bicolor Ker(竹芋科)
花用神香草(拉汉名称和手册)=神香草
花圆叶玉簪 Hosta sieboldiana var. variegata Hort. (百合科)
花月 Crassula arborescens (Mill.) Willd.(景天科)
花晕细裂秋海棠 Begonia laciniata var. bowringiana A.DC.(秋海棠科)
花针木(广西药用名录)=郎伞木
花枝杉(中国裸子志)=篦子三尖杉
花脂麻掌(新拉汉英)=虎皮掌
花蜘蛛兰 Esmeralda clarkei Rchb.f.(兰科)
花蜘蛛兰属 Esmeralda Chlb.f.(兰科)
花朱顶红 Hippeastrum vittatum (L'Her.) Herb.(石蒜科),*朱顶兰,百枝莲,绕带蒜*
花竹(中央林业专刊)=篌竹
花竹 Bambusa albo-lineata Chia (禾本科),*火管竹,火广竹,火吹竹,绿篱竹*
花竹叶(云南)=紫背鹿衔草
花烛 Anthurium andraeanum Lindl.(天南星科),*红掌,哥伦比亚花烛*
花烛属 Anthurium Schott (天南星科)
花柱草 Stylidium uliginosum Swartz(桔梗科)
花柱草科 Stylidiaceae
花柱草属 Stylidium Swartz ex Willd.(花柱草科)
花座球属 Melocactus Lind & Otto.(仙人掌科)
花耿(本草图经)=芡实
华艾纳香(中药辞海)=东风草
华八仙(台湾志)=中国绣球
华白及 Bletilla sinensis (Rolfe) Schltr.(兰科)
华白珠 Gaultheria sinensis Anth.(杜鹃花科)
华北八宝 Hylotelephium tatarinowii (Maxim.) H.Ohba (景天科),*华北景天,长药八宝*
华北白前 Cynanchum mongonicum (Maxim.) Hemsl. (萝藦科),*牛心朴子,对叶草,牛心秧,瓢柴,侧花徐长卿,牛心朴,老头瓜*
华北百蕊草 Thesium cathaicum Hendry.(檀香科)
华北薄鳞蕨 Leptolepidium kuhnii (Milde) Hsing & S. K.Wu(中国蕨科),*小蕨鸡,白粉蕨,孔氏粉背蕨,华北粉背蕨*
华北茶条槭(分类学报)=茶条槭
华北大黄 Rheum franzenbachii Münt.(蓼科),*河北大黄,山大黄,台黄,唐大黄,峪黄,籽黄*
华北大戟(秦岭志)=乳浆大戟
华北地杨梅 Luzula oligantha G.Sam.(灯心草科)
华北耳蕨(蕨类图说)=鞭叶耳蕨
华北粉背蕨(高等图鉴)=华北薄鳞蕨
华北复盆子 Rubus idaeus var. borealisinensis Yü & Lu (蔷薇科)
华北剪股颖 Agrostis clavata Trin.(禾本科)
华北景天(内蒙志)=华北八宝
华北卷耳 Cerastium limprichtii Pax & Hoffm.(石竹科),*椭圆叶卷耳*
华北蓝盆花 Scabiosa tschiliensis Grün.(川续断科),*山萝卜*
华北老牛筋 Arenaria grüningiana Pax & Hoffm.(石竹科),*高原福禄草*
华北冷杉(华北经济志)=臭冷杉
华北鳞毛蕨 Dryopteris goeringiana (Kunze) Loidz. (鳞毛蕨科)*花叶狗牙七,金毛狗脊,马牙贯众,美丽鳞毛蕨*
华北耧斗菜 Aquilegia yabeana Kitag.(毛茛科),*五铃花,紫霞耧斗,黄花华北耧斗菜*
华北落叶松 Larix gmelinii var. principisrupprechtii (Mayr) Pilger (松科),*落叶松,雾灵落叶松*
华北米蒿 Artemisia giraldii Pamp.(菊科),*吉氏蒿,艾蒿,灰蒿,米棉蒿,麻拉图西-沙里尔日,变尔芒*
华北葡萄(高等图鉴)=蘡薁
华北前胡 Peucedanum harry-smithii Fedde ex Wolff (伞形科),*毛白花前胡*
华北忍冬 Lonicera tatarinowii Maxim.(忍冬科),*藏花忍冬*
华北散血丹 Physaliastrum sinicum Kuang & A.

M.Lu (茄科),*山茄子*
华北石头花 Gypsophila huashanensis Y.W.Tsui & D.Q. Lu(石竹科)
华北石韦 Pyrrosia davidii (Baker) Ching(水龙骨科)
华北溲疏(树木分类学)=大花溲疏
华北溲疏(树木分类学)=红花溲疏
华北薹草(东北草本志)=点叶薹草
华北蹄盖蕨(东北草本志)=日本蹄盖蕨
华北铁角蕨 Asplenium boreali-chinense Ching & S.H. Wu (铁角蕨科)
华北驼绒藜 Ceratoides arborescens (Loisnsk.) Tsien & C.G.Ma(藜科)
华北乌头 Aconitum jeholense var. angustius (W.T. Wang) Y.Z.Zhao(毛茛科)
华北绣线菊 Spiraea fritschiana Schneid.(蔷薇科),*弗氏绣线菊*
华北绣线菊大叶变种(植物志 36)=大叶华北绣线菊
华北绣线菊小叶变种(植物志 36)=小叶华北绣线菊
华北玄参 Scrophularia moellendorffii Maxim.(玄参科)
华北鸦葱 Scorzonera albicaulis Bge.(菊科),*白茎鸦葱,笔管草,倒扎草,毛草七,茅草细辛,水防风,丝毛七,条参,仙茅权威*
华北岩黄芪 Hedysarum gmelinii Ledeb.(豆科)
华北岩蕨 Woodsia hancockii Bak.(岩蕨科),*旱岩蕨*
华北云杉(东北裸子植物)=青扦
华北獐牙菜 Swertia wolfangiana Grüning(龙胆科),*乌氏当药,代哇*
华北珍珠梅 Sorbaria kirilowii (Regel) Maxim.(蔷薇科),*吉氏珍珠梅,珍珠梅,曹布德力格-其其格*
华北紫丁香(树木分类学)=紫丁香
华扁豆 Sinodolichos lagopus (Dunn) Verdc.(豆科)
华扁豆属 Sinodolichos Verdc.(豆科)
华扁穗草 Blysmus sinocompressus Tang & Wang (莎草科)
华薄稃草(新) Leptoloma chinensis Liou (禾本科),*薄稃草*
华薄竹 Leptocanna chinensis (Rondle) Chia & H.L.Fung (禾本科)
华彩瘤瓣兰 Oncidium splendidum A.Rich.(兰科)
华莱士瓜(植物志 73-1)=甜瓜
华参(高等图鉴)=漏斗泡囊草
华参 Sinopanax formosanus (Hay.) Li(五加科)
华参属 Sinopanax Li (五加科)
华茶藨(高等图鉴)=华蔓茶藨子
华茶沮(中药辞海)=华蔓茶藨子
华虫实 Corispermum stauntonii Moq.(藜科)
华刺参(中草药汇编)=圆萼刺参
华刺子莞 Rhynchospora chinensis Nees & Mey.(莎草科)
华枞(中国裸子志)=巴山冷杉
华丁香 Syringa protolaciniata P.S.Green & M.C. Chang (木犀科),*甘肃丁香*
华顶杜鹃花 Rhododendron huadingense Ding & Fang (杜鹃花科)
华东安蕨 Anisocampium sheareri (Bak.) Ching (蹄盖蕨科),*安蕨*
华东菝葜 Smilax sieboldii Miq.(百合科),*钻鱼须*
华东藨草 Scirpus karuizawensis Makino(莎草科)
华东稠李(浙江药志)=橉木
华东冬青(湖南植物名录)=短梗冬青
华东椴 Tilia japonica Simonk.(椴树科),*级木*
华东复盆子(药典 2000)=掌叶复盆子
华东复叶耳蕨 Arachniodes pseudoaristata (Tagawa) Ohwi (鳞毛蕨科),*小复叶耳蕨*
华东黄杉(植物志 7)=黄杉
华东蓝刺头 Echinops grijisii Hance(菊科),*格利氏蓝刺头*
华东冷水花(江苏志)=山冷水花
华东瘤足蕨 Plagiogyria japonica Nakai(瘤足蕨科)
华东膜蕨 Hymenophyllum barbatum (v.d.B.) HK & Bak. (膜蕨科),*膜蕨,膜叶蕨*
华东木蓝 Indigofera fortunei Craib(豆科),*福氏木蓝,山豆根,土豆根*
华东楠(分类学报)=薄叶润楠
华东瓶蕨 Vandenboschia orientalis (C.Chr.) Ching (膜蕨科)
华东葡萄(新拉汉英)=克氏葡萄(新)
华东葡萄 Vitis pseudoreticulata W.T.Wang(葡萄科)
华东山柳(高等图鉴)=髭脉桤叶树
华东水竹(植物研究)=红后竹
华东松寄生(高等图鉴)=小叶钝果寄生
华东唐松草 Thalictrum fortunei S.Moore(毛茛科)
华东蹄盖蕨(高等图鉴)=日本蹄盖蕨
华东铁角蕨 Asplenium serratissimum Ching ex S.H.Wu(铁角蕨科)
华东葶苈(通称)=播娘蒿
华东小檗 Berberis chingii Cheng(小檗科),*皖赣小檗,三颗针,鸡脚刺*
华东杏叶沙参 Adenophora hunanensis subsp. huadungensis Hong(桔梗科),*沙参*
华东野核桃(植物志 21)=胡桃楸
华东野核桃 Juglans cathayensis var. formosana (Hay.) A.M.Lu & R.H.Chang?(胡桃科)
华东阴地蕨 Botrychium japonicum (Prantl) Underw. (阴地蕨科),*红细补药,满天云,日本小阴地蕨,日本阴地蕨,一朵云*
华杜英(高等图鉴)=中华杜英
华椴 Tilia chinensis Maxim.(椴树科)
华多轮草 Lerchea sinica (Lo) Lo(茜草科),*中华岩黄树*
华粉已(中药大辞典)=秤钩风
华风车子(分类学报)=风车子
华凤仙 Impatiens chinensis L.(凤仙花科),*水边指甲花,水指甲花,象鼻花*
华凤丫蕨(蕨类图谱)=普通凤丫蕨
华福花 Sinadoxa corydalifolia C.Y.Wu,Z.L.Wu & R.F. Huang (五福花科)
华福花属 Sinadoxa C.Y.Wu,Z.L.Wu & R.F. Huang (五福花科)
华盖木(中国木本志略)=石灰花楸
华盖木 Manglietiastrum sinicum Law(木兰科),*缎子绿豆树*
华盖木属 Manglietiastrum Law(木兰科)
华高野青茅 Deyeuxia sinelatior Keng ex P.C.Kuo(禾本科)
华钩藤 Uncaria sinensis (Oliv.) Havil.(茜草科),*钩藤*
华瓜木(图谱)=八角枫
华鬼吹箫 Leycesteria sinensis Hemsl.(忍冬科)
华贵黄芪 Astragalus nobilis Bge. ex B.Fedtsch.(豆科)
华合耳菊 Synotis sinica (Diels) C.Jeffr. & Y.L. Chen (菊科)
华红淡(高等图鉴)=大萼杨桐
华厚壳桂(植物志 31)=厚壳桂
华忽布 Humulus lupulus var. cordifolius (Miq.) Maxim. (桑科),*野酒花,香蛇麻,酒花,心叶忽布,心叶蛇麻*
华胡桃(浙江)=胡桃楸
华胡枝子(台湾志)=中华胡枝子
华湖瓜草 Lipocarpha chinensis (Osbeck) Tang & Wang(莎草科),*湖瓜草,钮草,七子关*
华槲蕨(蕨类图谱)=秦岭槲蕨
华黄芪 Astragalus chinensis L.f.(豆科),*地黄芪,芒牛旦*
华黄细心(海南志)=中华粘腺果
华幌伞枫 Heteropanax chinensis (Dunn) Li(五加科)
华灰木(广西)=白檀
华灰早熟禾 Poa sinoglauca Ohwi(禾本科)
华火绒草 Leontopodium sinense Hemsl.(菊科),*峨药,火把草,火草*
华矶松(新华本草纲要)=补血草
华剑蕨(蕨类图谱)=中华剑蕨
华金腰子(东北检索表)=中华金腰
华景天属(科属辞典)=**石莲属**
华九头狮子草(台湾志)=狗肝菜
华桔竹(种子植物名称)=箭竹
华克拉莎 Cladium chinense Nees (莎草科)
华空木 Stephanandra chinensis Hance(蔷薇科),*野珠兰,中国小米空木,凤尾米筛花,滴滴金*
华类早熟禾(新拉汉英)=葡系早熟禾
华擂鼓艻 Mapania sinensis H.Uittien (莎草科)
华离根香(新拉汉英)=美柱草
华立加椰子属(台木本志)=**瓦理棕属**
华丽柏那参(植物分类学)=罗伞
华丽带唇兰(新) Tainia hualienia S.S.Ying?(兰科)
华丽兜兰 Paphiopedilum superbiens (Rchb.f.) Pfitz. (兰科)
华丽豆 Calophaca chinensis Boriss.(豆科)
华丽杜鹃(植物学杂志)=丁香杜鹃
华丽杜鹃 Rhododendron eudoxum Balf.f. & Forr.(杜鹃花科),*真红杜鹃*
华丽凤仙花 Impatiens faberi HK.f.(凤仙花科)
华丽蕾丽兰(新拉汉英)=华美蕾丽兰(新)
华丽蕾丽兰 Laelia superbiens Lindl.(兰科)
华丽龙胆 Gentiana sino-ornata (Wall. ex G.Don) Grtiseb. (龙胆科),*邦见恩保,类华丽龙胆*
华丽马先蒿 Pedicularis superba Franch.(玄参科)
华丽芒毛苣苔(Flora 18)=条叶芒毛苣苔
华丽芒毛苣苔 Aeschynanthus superbus Clarke (苦苣苔科)
华丽美洲茶 Ceanothus gloriosus J.T.Howell.(鼠李科)
华丽榕 Ficus superba Miq.(桑科)
华丽赛山梅 Styrax confusus var. superbus (Chun) S.M. Hwang(安息香科)
华丽桑 Morus nobilis Schneid.(桑科)
华丽沙穗 Eremostachys superba Royle (唇形科)
华丽蛇鞭菊 Liatris elegans Willd.(菊科)
华丽石韦 Pyrrosia splendens (Presl.) Ching (水龙骨科)
华丽仙灯 Calochortus superbus Purdy (百合科)
华良姜(拉汉名称和手册)=华山姜
华蓼 Polygonum cathayanum A.J.Li(蓼科)
华柳穿鱼 Linaria vulgaris subsp. sinensis

(Debeaux) Hong(玄参科)

华萝藦 Metaplexis hemsleyana Oliv.(萝藦科),萝藦藤,奶浆藤,倒插花,奶浆草

华裸柱草 Gymnostachyum sinense (H.S.Lo) H. Chu(爵床科)

华麻花头 Serratula chinensis S.Moore(菊科),鸭麻菜,升麻,广东升麻

华麻黄(图谱)=草麻黄

华麻黄(中药辞海)=草麻黄

华马钱 Strychnos cathayensis Merr.(马钱科),三脉马钱,登欧梅罗,牛目椒,百节藤

华蔓茶藨子 Ribes fasciculatum var. chinense Maxim. (虎耳草科),华茶藨,大蔓茶藨,蔓蛇藨,三升米,华茶沮

华蔓荆(批示植物)=补血草

华芒鳞薹草 Carex sino-aristata Wang & Tang ex L.K. Dai (莎草科)

华毛叶石楠(经济植物手册)=庐山石楠

华美风毛菊 Saussurea compta Franch.(菊科)

华美蕾丽兰(新)Laelia gloriosa (Rchb.f.) L.O.Wms. (兰科),华丽蕾丽兰

华美蓼 Polygonum amplexicaule var. speciosum (Meissn.) HK.f.(蓼科)

华母草(新)Lindernia elata var. chinensis (Bonati) Hand.-Mazz.? (玄参科)

华木槿 Hibiscus sinosyriacus Bailey(锦葵科)

华苜蓿(新)Medicago ruthenica var. chinensis Sirj.?(豆科)

华南半蒴苣苔 Hemiboea follicularis Clarke(苦苣苔科),水桐,大降龙草,山竭

华南逼迫子(云南植物名录)=大叶土蜜树

华南赤车 Pellionia grijsii Hance(荨麻科),荷菜

华南椆(海南志)=华南青冈

华南刺木姜(新) Litsea variabilis f. chinensis (Allen) Yang & P.H.Huang(樟科),刺木姜华南变型

华南粗叶木 Lasianthus austrosinensis Lo(茜草科)

华南大戟(台湾志)=细齿大戟

华南蓧蕨(植物志 2)=华南条蕨

华南冬青 Ilex sterrophylla Merr. & Chun(冬青科)

华南杜英 Elaeocarpus austro-sinicus H.T.Chang (杜英科)

华南杜仲藤 Urceola quintaretii (Pierre) D.J.Middl.(夹竹桃科),海南杜仲藤,红杜仲藤,红喉崩

华南短肠蕨(分类学报)=深绿短肠蕨

华南凤头黍(海南志)=凤头黍

华南凤尾蕨 Pteris austro-sinica (Ching) Ching (凤尾蕨科)

华南复叶耳蕨 Arachniodes festina (Hance) Ching (鳞毛蕨科),细叶汝蕨

华南狗娃花 Heteropappus ciliosus (Turcz.) Ling (菊科),华南铁杆蒿

华南谷精草 Eriocaulon sexangulare L.(谷精草科),谷精草,谷精珠,大叶谷精草

华南骨碎补(蕨类图谱)=大叶骨碎补

华南骨碎补 Davallia austro-sinica Ching(骨碎补科)

华南桂 Cinnamomum austro-sinense H.T.Chang (樟科),大叶辣樟树,大叶樟,野桂皮,肉桂,华南樟

华南桂樱 Laurocerasus fordiana (Dunn) Yü & Lu (蔷薇科)

华南鹤虱(中草药汇编)=小窃衣

华南厚皮香(高等图鉴)=厚叶厚皮香

华南胡椒 Piper austrosinense Tseng (胡椒科)

华南画眉草 Eragrostis nevinii Hance (禾本科)

华南桦 Betula austro-sinensis Chun ex P.C.Li(桦木科)

华南金粟兰 Chloranthus sessilifolius var. austrosinensis K.F.Wu(金粟兰科)

华南金星蕨(蕨类图说)=普通针毛蕨

华南爵床(广西植物)=华南野靛棵

华南柯(植物志 22)=泥柯

华南可爱花 Eranthemum austrosinense H.S.Lo (爵床科)

华南梾木 Swida austrosinensis (Fang & W.K.Hu) Fang & W.K.Hu(山茱萸科)

华南蓝果树 Nyssa javanica (Bl.) Wanger(蓝果树科),华南紫树

华南梨(经济植物手册)=中华绣线梅

华南蓼 Polygonum huananense A.J.Li(蓼科)

华南鳞盖蕨 Microlepia hancei Prantl(碗蕨科),鳞盖蕨

华南鳞毛蕨 Dryopteris tenuicula Matthew & Christ (鳞毛蕨科)

华南陵齿蕨 Lindsaea austro-sinica Ching(陵齿蕨科)

华南瘤足蕨 Plagiogyria tenuifolia Cop.(瘤足蕨科)

华南龙胆 Gentiana loureirii (G.Don) Griseb.(龙胆科),地丁

华南楼梯草 Elatostema balansae Gagn.(荨麻科)

华南落新妇(植物志 34-2)=大落新妇

华南马鞍树 Maackia australis (Dunn) Takeda (豆科)

华南马尾杉 Phlegmariurus fordii (Baker) Ching (石杉科),柄叶石松,鹿子草,虱子草,石松柏,杪树千金,椭圆石松

华南毛蕨 Cyclosorus parasiticus (L.) Farwell(金星蕨科),密毛毛蕨,冷蕨棵,大风寒,密毛小毛蕨,金蚝草

华南毛柃 Eurya ciliata Merr.(山茶科)

华南美丽葡萄 Vitis bellula var. pubigera C.L.Li (葡萄科)

华南猕猴桃 Actinidia glaucophylla F.Chun(猕猴桃科),羊奶奶

华南膜蕨 Hymenophyllum austro-sinicum Ching (膜蕨科)

华南茉莉(高等图鉴)=华南素馨

华南木姜子 Litsea greenmaniana Allen(樟科)

华南泡花树 Meliosma laui Merr.(清风藤科)

华南蒲桃 Syzygium austrosinense (Mnerr. & Perry) Chang & Miau(桃金娘科)

华南桤叶树 Clethra faberi Hance(桤叶树科),罗浮山柳,山柳,石河树

华南青冈 Cyclobalanopsis edithae (Skan) Schott. (壳斗科),华南椆

华南青皮木 Schoepfia chinensis Gardn. & Champ. (铁青树科),红旦木,香芙木,管花青皮木,碎骨仔树,华青皮木

华南忍冬(植物志 72)=山银花

华南舌蕨 Elaphoglossum yoshinagae (Yatabe) Makino (舌蕨科)

华南省藤(海南志)=杖藤

华南十大功劳(高等图鉴)=台湾十大功劳

华南石笔木 Tutcheria austro-sinica Chang(山茶科)

华南石杉(云南植物研究)=有柄马尾杉

华南实蕨 Bolbitis subcordata (Cop.) Ching(实蕨科),海南实蕨

华南水壶藤 Urceola napeensis (Quint.) D.J.Middl. (夹竹桃科)

华南苏铁 Cycas rumphii Miq.(苏铁科),刺叶苏铁,龙尾苏铁

华南素馨 Jasminum cathayense Chun ex Chia (木犀科),华南茉莉

华南薹草 Carex austrosinensis Tang & Wang ex S.Y.Liang(莎草科)

华南条蕨 Oleandra cumingii J.Sm.(条蕨科)

华南铁杆蒿(海南志)=华南狗娃花

华南铁角蕨 Asplenium austro-chinense Ching (铁角蕨科)

华南兔儿风 Ainsliaea walkeri HK.f.(菊科),狭叶兔儿风

华南乌口树 Tarenna austrosinensis Chun & How ex W.C.Chen(茜草科)

华南吴萸 Evodia austrosinensis Hand.-Mazz.(芸香科),枪椿,大树椒

华南五针松 Pinus kwangtungensis Chun ex Tsiang (松科),广东松

华南小叶崖豆 Millettia pulchra var. chinensis Dunn (豆科)

华南悬钩子 Rubus hanceanus Ktze.(蔷薇科)

华南野靛棵 Mananthes austrosinensis (H.S.Lo) C.Y.Wu & C.C.Hu(爵床科),华南爵床

华南夜来香(植物志 63)=卧径夜来香

华南远志 Polygala glomerata Lour.(远志科),大金不换,大金草,大金牛,大金牛草,大兰青,大叶金不换,肥儿草,甘得,疳积草,金不换,金牛草,金牛远志,腻虫药,坡白草,杀粘,蛇总管,银不换,鹧鸪茶,紫背金牛

华南云实 Caesalpinia crista L.(豆科),假老虎簕,刺果苏木,杧果钉,虎耳藤,双角龙,见血飞

华南皂荚 Gleditsia fera (Lour.) Merr.(豆科)

华南樟(中大学报)=华南桂

华南蜘蛛抱蛋 Aspidistra austrosinensis Y.Wan & C.C.Huang(百合科)

华南锥 Castanopsis concinna (Champ. ex Benth.) A.DC. (壳斗科)

华南紫萁 Osmunda vachellii HK.(紫萁科),贯众,马肋巴,牛肋巴,鲁萁,牛利草

华南紫树(树木分类学)=华南蓝果树

华宁藤 Gymnema foetidum Tsiang(萝藦科),臭匙羹藤,化肉藤,毛脉华宁藤,软皮树,藤子杜仲秋,藤子化石胆,跳八丈,橡胶藤,银丝杜仲

华女贞 Ligustrum lianum Hsu(木犀科),李氏女贞

华飘拂草 Fimbristylis chinensis (Benth.) Tang & Wang (莎草科)

华蒲公英 Taraxacum borealisinense Kitam.(菊科),碱地蒲公英,蒲公英

华槭(分类学报)=中华槭

华槭树(经济植物手册)=中华槭

华千金榆 Carpinus cordata var. chinensis Franch. (桦木科),小果千金榆

华千金子藤(广西植物名录)=黑鳗藤

华青皮木(中草药汇编)=华南青皮木

华清香藤(高等图鉴)=华素馨

华苘麻 Abutilon sinense Oliv.(锦葵科)

华秋海棠 Begonia cathayana Hemsl.(秋海棠科),中华秋海棠,山海棠,公鸡酸苔,花叶秋海棠,花酸苔,花叶一口血

华楸珍珠梅(东北木本志)=珍珠梅

华雀麦 Bromus sinensis Keng(禾本科)

华绒苞藤 Congea chinensis Moldenke(马鞭草科)

华柔毛报春 Primula sinomollis Balf.f. & Forr. (报春花科)

华瑞香 Daphne rosmarinifolia Rehd(瑞香科)

华润楠 Machilus chinensis (Champ. ex Benth.) Hemsl. (樟科),*桢南,黄槁,八角楠,荔枝槁*
华箬竹(香港竹谱)=水银竹
华箬竹 Sasa sinica Keng(禾本科)
华箬竹属 Sasamorpha Nakai (禾本科),*荐属*
华三芒草 Aristida chinensis Munro(禾本科)
华桑 Morus cathayana Hemsl.(桑科),*葫芦桑,花桑,板皮桑*(安徽),*花山桑*
华山报春 Primula huashanensis Chen & C.M. Hu (报春花科)
华山参(陕西)=漏斗泡囊草
华山矾(植物志 60-2)=白檀
华山风毛菊 Saussurea huashanensis (Ling) X.Y. Wu (菊科)
华山黄芪 Astragalus havianus Pet.-Stib.(豆科)
华山姜 Alpinia oblongifolia Hay.(姜科),*廉姜,山姜,箭秆风,姜叶淫羊藿,高良姜,九连姜,华良姜*
华山楝 Aphanamixis sinensis How & T.Chen(楝科)
华山蒌 Piper cathayanum M.G.Gilb. & N.H.Xia (胡椒科)
华山马鞍树 Maackia hwashanensis W.T.Wang (豆科),*臭槐*
华山松 Pinus armandi Franch.(松科),*白松,五须松,果松,青松,五叶松*
华山薹草 Carex huashanica Tang & Wang ex L.K.Dai (莎草科)
华山小橘 Glycosmis pseudoracemosa (Guill.) Swingle (芸香科)
华山新麦草 Psathyrostachys huashanica Keng ex P.C.Kuo (禾本科)
华山野丁香 Leptodermis huashanica Lo(茜草科)
华山竹 Pinanga chinensis Becc.(棕榈科)
华盛顿百合 Lilium washingtonianum Kellogge (百合科)
华盛顿脐橙(植物志 43-2)=新华脐橙
华盛顿椰子(台木本志)=丝葵
华盛顿椰子属(台木本志)=**丝葵属**
华石斛 Dendrobium sinense T.Tang & F.T.Wang (兰科)
华氏马先蒿 Pedicularis wardii Bonati(玄参科)
华疏花薹草 Carex sino-dissitiflora Tang & Wang ex L.K.Dai(莎草科)
华鼠刺(江西草药)=峨眉鼠刺
华鼠尾草 Salvia chinensis Benth.(唇形科),*半支莲,大发汗,活血草,石打穿,石见穿,小丹参,野沙参,月下红,紫参*
华树松 Pinus washoensis Mason & Stockwell (松科)
华双盖蕨(台湾志)=中华短肠蕨
华水苏 Stachys chinensis Bge.(唇形科),*水苏*
华水珠草 Circaea lutetiana subsp. quadrisulcata (Maxim.) Asch & Magnus(柳叶菜科),*露珠草,水珠草,谷蓼*
华丝竹 Pleioblastus intermedius S.Y.Chen (禾本科)
华素馨 Jasminum sinense Hemsl.(木犀科),*华清香藤*
华檀梨 Pyrularia sinensis Wu(檀香科)
华桐(广东)=白花泡桐
华陀花(广西)=毛牵牛
华卫矛(中药辞海)=中华卫矛
华无柱兰(浙江中草药)=无柱兰
华西贝母 Fritillaria sichuanica S.C.Chen(百合科),*康定贝母*
华西杓兰 Cypripedium farreri W.W.Sm(兰科)
华西薄鳞蕨 Leptolepidium caesium (Christ) Hsing & S.K.Wu(中国蕨科)
华西茶藨子 Ribes maximowiczii Batalin(虎耳草科),*刺果茶藨子,马氏茶藨子*
华西臭樱 Maddenia wilsonii Koehne(蔷薇科)
华西枫杨 Pterocarya macroptera var. insignis (Rehd. & Wils.) W.E.Manning(胡桃科),*瓦山水胡桃*
华西凤尾蕨 Pteris occidentali-sinica Ching ex Ching & S.H.Wu (凤尾蕨科)
华西复叶耳蕨 Arachniodes simulans (Ching) Ching (鳞毛蕨科)
华西蒿 Artemisia occidentali-sinensis Y.R.Ling (菊科)
华西红门兰 Orchis limprichtii Schltr.(兰科),*单叶红门兰*
华西蝴蝶兰 Phalaenopsis wilsonii Rolfe(兰科),*小蝶兰,楚雄蝶兰*
华西花楸 Sorbus wilsoniana Schneid.(蔷薇科),*威氏花楸*
华西棘豆 Oxytropis giraldii Ulbr.(豆科)
华西箭竹 Fargesia nitida (Mitford) Keng f. ex Yi (禾本科),*箭竹*
华西柳 Salix occidentali-sinensis N.Chao(杨柳科)
华西柳叶菜(云南志)=圆柱柳叶菜
华西龙头草 Meehania fargesii (Lévl.) C.Y.Wu (唇形科),*水升麻,华西美汉花*
华西美汉花(分类学报)=华西龙头草
华西木蓝 Indigofera myosurus Craib(豆科)
华西前胡 Peucedanum veitchii de Boiss.(伞形科)
华西蔷薇 Rosa moyesii Hemsl. & Wils.(蔷薇科),*穆氏蔷薇,红花蔷薇*
华西忍冬 Lonicera webbiana Wall. ex DC.(忍冬科),*裂叶忍冬*
华西四照花 Dendrobenthamia japonica var. huaxiensis Fang & W.K.Hu(山茱萸科)
华西穗花杉(南大报告提纲)=穗花杉
华西委陵菜 Potentilla potaninii Wolf.(蔷薇科)
华西小檗 Berberis silva-taroucana Schneid. (小檗科)
华西小石积 Osteomeles schwerinae Schneid.(蔷薇科),*沙糖果*
华西小石积小叶变种(植物志 36)=小叶华西小石积(新)
华西绣线菊 Spiraea laeta Rehd(蔷薇科)
华西绣线菊毛叶变种(植物志 36)=毛叶华西绣线菊(新)
华西绣线菊细叶变种(植物志 36)=细叶华西绣线菊(新)
华西悬钩子 Rubus stimulans Focke(蔷薇科)
华西枸子(经济植物手册)=蒙自栒子
华西银腊梅(秦岭志)=白毛银露梅
华西银露梅(内蒙志)=白毛银露梅
华西俞藤 Yua thomsoni var. glaucescens (Diels & Gilg) C.L.Li(葡萄科)
华觿茅 Dimeria sinensis Rendle (禾本科)
华细辛(陕西,甘肃,宁夏,青海)=北细辛
华细辛(文献通称,药典 2000)=细辛
华夏慈姑(植物志 8)=慈姑
华夏蒲桃 Syzygium cathayense Merr. & Perry (桃金娘科)
华夏鸢尾 Iris cathayensis Migo(鸢尾科)
华夏子楝树 Decaspermum esquirolii (Lévl.) Chang & Miau(桃金娘科)
华腺萼木 Mycetia sinensis (Hemsl.) Craib(茜草科),*腺萼木,甜茶*
华象牙参(植物志 16-2)=早花象牙参
华肖菝葜 Heterosmilax chinensis Wang(百合科)
华斜翼 Plagiopteron chinensis X.X.Chen(椴树科)
华蟹甲 Sinacalia tangutica (Maxim.) B.Nord.(菊科),*登云鞋,水葫芦苇七,水萝卜,羽裂华蟹甲草,羽裂蟹甲草,猪肚子*
华蟹甲属 Sinacalia H.Robins. & Brettel(菊科)
华绣线菊(经济植物手册)=中华绣线菊
华须芒草 Andropogon chinensis (Nees) Merr. (禾本科)
华岩扇 Shortia sinensis Hemsl.(岩梅科)
华艳贝克斯 Banksia speciosa R.Br.(山龙眼科)
华野百合(海南志,台湾志)=中国猪屎豆
华野豌豆 Vicia chinensis Franch.(豆科)
华叶虎耳草(高等图鉴)=齿瓣虎耳草
华蓥润楠 Machilus salicoides S.Lee(樟科)
华羽芥 Sinosophiopsis bartholomewii Al-Shehbaz (十字花科)
华羽芥属 Sinosophiopsis Al-Shehbaz (十字花科)
华月桂属(植物分类学简编)=**五月茶属**
华泽兰(高等图鉴)=多须公
华粘木(加积)=粘木
华珍珠茅 Scleria chinensis Kunth(莎草科)
华榛 Corylus chinensis Franch.(桦木科),*山白果*
华中艾麻(高等图鉴)=珠芽艾麻
华中茶藨子 Ribes henryi Franch.(虎耳草科),*亨利茶藨子,睫毛茶藨,钻石风,岩马桑*
华中刺叶冬青(安徽志)=华中枸骨
华中峨眉蕨 Lunathyrium shennongense Ching, Boufford & Shing(蹄盖蕨科)
华中凤尾蕨 Pteris kiuschiuensis var. centro-chinensis Ching & S.H.Wu(凤尾蕨科)
华中茯蕨 Leptogramma centro-chinensis Ching ex Y.X.Lin (金星蕨科)
华中枸骨 Ilex centrochinensis S.Y.Hu(冬青科),*针齿冬青,小果冬青,蜀鄂冬青,华中刺叶冬青,齿缺枸骨*
华中介蕨 Dryoathyrium okubosanum (Makino) Ching (蹄盖蕨科),*大久保横,小叶山鸡尾草,深裂介蕨,横蕨*
华中冷水花 Pilea angulata subsp. latiuscula C.J. Chen (荨麻科)
华中瘤足蕨 Plagiogyria euphlebia Mett.(瘤足蕨科)
华中毛蕨(蕨类形态)=干旱毛蕨
华中木蓝(豆科图说)=光山木蓝
华中婆婆纳 Veronica henryi Yamaz.(玄参科)
华中前胡 Peucedanum medicum Dunn(伞形科),*光头独活*
华中桑寄生 Loranthus pseudoodoratus Lingelsh. (桑寄生科)
华中山柳(高等图鉴)=城口桤叶树
华中山柳(广西植物名录)=贵定桤叶树
华中山楂 Crataegus wilsonii Sarg.(蔷薇科)
华中碎米荠(植物志 33)=大叶碎米荠
华中蹄盖蕨 Athyrium wardii (HK.) Makino(蹄盖蕨科),*瓦得蹄盖蕨*
华中铁角蕨 Asplenium sarelii HK.(铁角蕨科),*草黄连,地柏叶,地柏枝,地侧柏,见血生,退血草,小凤尾草*
华中铁线莲 Clematis pseudootophora M.Y.Fang (毛茛科)

华中乌蔹莓 Cayratia oligocarpa (Lévl. & Vant.) Gagn. (葡萄科),*大母猪藤,野葡萄,绿叶扁担藤,大叶乌蔹莓*
华中五味子 Schisandra sphenanthera Rehd. & Wils.(木兰科),*大血藤,红铃子,南五味子,山包谷,五香血藤,血藤*
华中稀子蕨 Monachosorum flagellare var. nipponicum (Makino) Tagawa (稀子蕨科)
华中悬钩子 Rubus cockburnianus Hemsl.(蔷薇科),*郭氏悬钩子*
华中雪莲 Saussurea veitchiana Drumm. & Hutch. (菊科)
华中栒子 Cotoneaster silvestrii Pamp.(蔷薇科),*湖北栒子,鄂栒子*
华中樱桃 Cerasus conradinae (Koehne) Yü & Li (蔷薇科),*康拉樱,单齿樱花*
华重楼 Paris polyphylla var. chinensis (Franch.) Hara (百合科),*蚤休,白河车,草甘遂,海螺,金丝两重楼,九道箍,螺陀三七,七叶莲,七叶一盏灯,七叶一枝花,七叶遮花,七枝莲,双喜草,铁灯盏,一把伞,一支箭,芋头三七,鸳鸯虫,蚤休,中华王楼,重楼,重楼金钱,重楼一枝箭,重台,紫河车*
华帚菊 Pertya sinensis Oliv.(菊科)
华胄兰(华北经济志要)=朱顶红
华紫报春(云南植物名录)=紫花雪山报春
华紫金牛(台湾)=小紫金牛
华紫珠 Callicarpa cathayana H.T.Chang(马鞭草科),*创伤草,鲤鱼显子,米筛子,小叶珍珠风,鱼显子,鱼泻子,珍珠风,紫红鞭,紫荆,紫珠*
华箟簩竹(中国药典)=薄竹
铧头菜(云南中草药选)=紫花地丁
铧头草(中药资源志要)=白花地丁
铧头草(中药资源志要)=戟叶堇菜
铧嘴草(贵州方药集)=紫花堇菜
滑背草鞋(广西中草药)=光茎栓果菊
滑草(植物学大辞典)=囊颖草
滑腹菜(南宁药志)=落葵
滑关草(广西药用名录)=萤蔺
滑果丹参马先蒿 Pedicularis salviaeflora var. leiocarpa H.P.Yang (玄参科)
滑茎薹草 Carex micrantha Kükenth.(莎草科)
滑壳柯 Lithocarpus levis Chun & Huang (壳斗科)
滑朗树(贵州)=光叶山黄麻
滑皮柯 Lithocarpus skanianus (Dunn) Rehd.(壳斗科)
滑皮树(四川云阳)=头序荛花
滑石草(云南红河)=心果小扁豆
滑桃(海南万宁)=沙煲暗罗
滑桃树 Trewia nudiflora L.(大戟科)
滑桃树属 Trewia L.(大戟科)
滑藤(本草品汇精要)=落葵
滑藤(昆明草药)=铁箍散
滑藤 Tylophora oligophylla (Tsaing) M.G.Gib., W.D. Stev. & P.T.Li(萝藦科),*稀叶藤*
滑藤属(植物志 63)=**娃儿藤属**
滑叶跌打(云南中草药)=假鹊肾树
滑叶猕猴桃 Actinidia laevissima C.F.Liang(猕猴桃科)
滑叶润楠 Machilus ichangensis var. leiophylla Hand.-Mazz.(樟科)
滑叶山姜 Alpinia tokinensis Gagn.(姜科)
滑叶树(中药大辞典)=木姜子
滑叶藤 Clematis fasciculiflora Franch.(毛茛科),*三叶五香血藤,小粘药*
滑叶小檗 Berberis liophylla Schneid. (小檗科)
滑液灵枝草 Rhinacanthus calcaratus (Wall.) Nees (爵床科),*滑液树*
滑液树(植物志 70)=滑液灵枝草
滑蚁木(广东)=齿叶安息香
滑竹(云南景谷)=景谷箭竹
滑竹 Yushania polytricha Hsueh & Yi (禾本科)
化虫消(云南红河)=鸡脚参
化骨丹(广西阳朔)=尖尾芋
化骨丹(陕西)=三花莸
化积药(云南红河)=鸡脚参
化金丹(贵州草药)=四棱猪屎豆
化橘红(本草从新)=化州柚
化龙树(江苏)=化香树
化楠木(云南腾冲)=网叶山胡椒
化肉藤(云南弥勒)=华宁藤
化食草(闽东本草)=截叶铁扫帚
化食草(中药大辞典)=思茅杭子稍
化食丹(上海)=奇蒿
化树(江苏)=化香树
化香树 Platycarya strobilacea S. & Z.(胡桃科),*板香树,花椰果,花木香,化龙树,化树,还香树,换香树,栲花树,栲蒲,栲香,麻柳树,皮杆条,山柳树,山麻柳,鱼化树,圆果化香树*
化香树属 Platycarya S. & Z.(胡桃科)
化血丹(云南红河)=大花胡麻草
化血丹(云南中草药)=云南秋海棠
化血丹(中药大辞典)=牛蒡叶橐吾
化血胆(思茅中草药)=黑蒴
化州陈皮(本草从新)=化州柚
化州橙 Citrus sinensis cv. Huazhou Cheng(芸香科)
化州桔红(新拉汉英)=橘红
化州橘红(岭南随笔)=化州柚
化州仙橘(岭南杂志)=化州柚
化州柚 Citrus maxima cv. Tomentosa(芸香科),*化橘红,化州陈皮,化州橘红,化州仙橘,橘红,桔红,桔胎,橘红珠*
划船泡(植物志 37)=空心泡
画笔菊 Ajaniopsis penicilliformis Shih(菊科)
画笔菊属 Ajaniopsis Shih(菊科)
画笔南星 Arisaema penicillatum N.E.Brown (天南星科)
画笔状省藤 Calamus penicillatus Roxb.(棕榈科)
画架(广药手册)=簕欓花椒
画眉草 Eragrostis pilosa (L.) Beauv.(禾本科),*星星草,蚊子草,榧子草*
画眉草属 Eragrostis Wolf(禾本科),*知风草属*
画眉草状早熟禾 Poa eragrostioides L.Liu(禾本科)
画眉杠(金华中草药选编)=牯岭勾儿茶
画眉簕(广东,广西)=簕欓花椒
画眉跳(广西)=飞龙掌血
画眉跳(广西药用名录)=簕欓花椒
画叶芋 Caladium picturatum Koch.(天南星科)
画状舟萼苣苔 Nautilocalyx picturatus Skog.(苦苣苔科)
桦杆树皮(四川中草药)=亮叶桦
桦角(高等图鉴)=亮叶桦
桦木科 Betulaceae
桦木属 Betula L.(桦木科)
桦皮(开宝本草,灵苑方)=白桦
桦皮树(河北)=白桦
桦树皮(四川中草药)=亮叶桦
桦树液(吉林中草药)=白桦
桦叶安匝木 Pomaderris betulina HK.(鼠李科)
桦叶荚蒾 Viburnum betulifolium Batal.(忍冬科),*红对节子,藤草,高粱花,卵叶荚蒾*
桦叶葡萄 Vitis betulifolia Diels & Gilg(葡萄科)
桦叶鼠李 Rhamnus betulaefolia Greene (鼠李科)
桦叶四蕊槭 Acer tetramerum var. betulifolium (Maxim.) Rehd.(槭树科),*菱叶红色木*

Huai

怀德厚壳桂(海南志)=红柄厚壳桂
怀德樟(海南志)=辣汁桂
怀故子(河南)=补骨脂
怀花米(云南植物名录)=光叶决明
怀槐(中药辞海)=朝鲜槐
怀牛膝(河南)=少毛牛膝
怀庆地黄(栽培)=地黄
怀山(全国通称)=薯蓣
怀山药(全国通称)=薯蓣
怀胎草(分类草药性)=稻
怀特报春(拉汉名称)=鹃林脆蒴报春
怀特冠瓣 Lophopetalum wightianum Arn.(卫矛科)
怀特小檗 Berberis wightiana Schneid.(小檗科)
淮木通(秦岭)=锈球藤
淮木通(四川中草药)=宝兴马兜铃
淮山(贵州德江)=薯蓣
槐 Sophora japonica L.(豆科),*守宫槐,槐花木,槐花树,豆槐,金药树,家槐,中国槐*
槐豆(救荒本草)=望江南
槐花木(植物志 40)=槐
槐花树(植物志 40)=槐
槐蓝(高等图鉴)=木蓝
槐瓢(上海中草药)=槐叶苹
槐树(江苏志)=紫穗槐
槐树(辽宁,山西)=刺槐
槐叶草(中医药研究资料)=槐叶苹
槐叶决明 Cassia sophera L.(豆科),*茳芒决明,茳芒,望江南,野苦参,豆瓣叶*
槐叶苹 Salvinia natans (L.) All.(槐叶苹科),*包田麻,边箕萍,草鞋苹,大浮萍,大鱼萍水相逢,槐瓢,槐叶草,水百脚,蜈蚣漂,蜈蚣萍*
槐叶苹科 Salviniaceae
槐叶苹属 Salvinia Adans.(槐叶苹科)
槐属 Sophora L.(豆科)
蘹香(唐本草)=茴香

Huan

欢五柴(江西)=木荚红豆
欢喜报春(拉汉名称)=山南脆蒴报春
欢喜草(杭州)=灯台莲
还魂草(分类草药性)=卷柏
还魂草(福建民间草药)=翠云草
还魂草(广东罗浮山)=石香薷
还魂草(贵州民间药物)=西藏珊瑚苣苔
还魂草(秦岭志)=轮叶八宝
还魂草(四川)=陵齿蕨
还魂草(四川)=银粉背蕨
还魂草(图考)=还亮草
还魂草(植物志 74)=紫菀
还魂香(广东中药)=夜香牛
还精草(本草拾遗)=水苏
还亮草 Delphinium anthriscifolium Hance(毛茛科),*车子野芫荽,对叉草,蝴蝶菊,还魂草,绿花草,牛疔草,鱼灯苏*
还瞳子(植物志 39)=含羞草决明
还筒子(纲目)=天麻
还香树(河南,湖北)=化香树
还阳参(昆明草药)=万丈深
还阳参(内蒙中草药)=北方还阳参
还阳参(秦岭志)=云南红景天

还阳参(云南中草药)=大王马先蒿
还阳参 Crepis rigescens Diels(菊科),*川滇还阳参*
还阳参景天(拉汉名称)=云南红景天
还阳参属 Crepis L.(菊科)
还阳草(湖北)=西藏珊瑚苣苔
还阳草(湖北志)=费菜
还阳草(辽宁)=过山蕨
还阳草(青海)=银粉背蕨
还阳草(陕西中草药)=云南红景天
还阳草(云南)=大王马先蒿
还阳草根(云南中草药,云南)=大王马先蒿
还阳藤(滇南本草)=枳椇
环草(广西草药)=金钗石斛
环草石斛(药典 2000)=美花石斛
环唇石豆兰 Bulbophyllum corallinum Tix. & Guillaum. (兰科)
环萼凤仙花 Impatiens cyclosepala HK.f.(凤仙花科)
环萼树萝卜 Agapetes brandisiana W.E.Evans (杜鹃花科)
环辐丝瓣芹 Acronema radiatum (W.W.Sm.) Wolff(伞形科)
环根芹 Cyclorhiza waltonii (Wolff) Sheh & Shan(伞形科)
环根芹属 Cyclorhiza Sheh & Shan(伞形科)
环冠点地梅 Androsace coronata (Watt) Hand.-Mazz. (报春花科)
环花开口箭 Campylandra annulata (H.Li & J.L. Huang) M.N.Tamura et al.(百合科)
环喙马先蒿 Pedicularis cyclorhyncha Li(玄参科)
环荚黄芪 Astragalus contortuplicatus L.(豆科)
环鳞烟斗柯 Lithocarpus corneus var. zonatus Huang & Y.T.Chang (壳斗科)
环毛紫云菜 Strobilanthes cyclus C.B.Clarke ex W.W.Sm.(爵床科)
环青冈 Cyclobalanopsis annulata (Smith) Oerst. (壳斗科)
环条带姬凤 Cryptanthus zonatus Beer (凤梨科)
环纹矮柳 Salix annulifera Marq. & Airy-Shaw (杨柳科)
环纹榕 Ficus annulata Bl.(桑科)
环子苣(植物志 80-1)=鼠毛菊
萓 Viola moupinensis Franch.(堇菜科),*白三百棒,黄堇,鸡心七,筋骨七,母犁头菜,如意草,山羊臭,乌藨连,乌泡连*
桓(本草拾遗)=无患子
幻影鸢尾 Iris albispiritus Small.(鸢尾科)
唤猪草(种子植物名称)=野黍
换锦花 Lycoris sprengeri Comes ex Baker(石蒜科)
换香树(四川)=化香树
患珠毛冷水花 Pilea multicellularis C.J.Chen(荨麻科)
焕镛报春 Primula woonyoungiana Fang(报春花科)
焕镛粗叶木 Lasianthus chunii Lo(茜草科)
焕镛钩毛蕨 Cyclogramma chunii (Ching) Tagawa (金星蕨科)
焕镛簕竹 Bambusa chunii Chia & H.L.Fung(禾本科)
焕镛七叶树(川大科学版,高校学报生物版)=大果七叶树

Huang

荒地阿魏 Ferula syreitschikowii K.-Pol.(伞形科)
荒地蒿(陕西)=沙蒿
荒漠蒿(内蒙古)=沙蒿
荒漠黄芪 Astragalus alaschanensis H.C.Fu(豆科)
荒漠锦鸡儿 Caragana roborovskyi Kom.(豆科),*洛氏锦鸡儿,猫耳刺,枯木要里*
荒漠韭 Allium tekesicolum Rgl.(百合科),*天山韭*
荒漠蒲公英 Taraxacum monochlamydeum Hand.-Mazz. (菊科)
荒漠石头花 Gypsophila desertorum (Bge.) Fenzl (石竹科),*荒漠霞草*
荒漠委陵菜 Potentilla desertorum Bge.(蔷薇科)
荒漠霞草(内蒙志)=荒漠石头花
荒漠早熟禾 Poa bactriana Roshev.(禾本科)
荒野蒿 Artemisia campestris L.(菊科)
荒玉生石花 Lithops gracilidelineata Dtr.(番杏科)
皇帝丽穗凤梨 Vriesea imperialis E.Morr.(凤梨科)
皇冠贝母 Fritillaria imperialis L.(百合科)
皇后龙舌兰(新拉汉英)=鬼脚掌
黄艾氏肉唇兰 Cycnoches egerotonianum var. aureum (Lindl.) P.H.Allen (兰科),*黄艾氏天鹅兰*
黄艾氏天鹅兰(新拉汉英)=黄艾氏肉唇兰
黄鹌菜 Youngia japonica (L.) DC.(菊科),*苦菜药,黄花菜,山芥菜,土芥菜*
黄鹌菜属 Youngia Cass.(菊科)
黄白扁蕾 Gentianopsis barbata var. alboflavida T.N.Ho (龙胆科)
黄白翠雀花 Delphinium ochroleucum Stev.(毛茛科)
黄白杜根藤 Calophanoides xantholeuca (W.W. Sm.) C.Y.Wu(爵床科)
黄白合耳菊 Synotis xantholeuca (Hand.-Mazz.) C.Jeffr. & Y.L.Chen(菊科),*黄白千里光*
黄白槲寄生 Viscum coloratum f. lutescens (Makino) Kitag.(桑寄生科)
黄白花黄芪 Astragalus dependens var. flavescens Y.C.Ho (豆科)
黄白花蓝钟花 Cyananthus petiolatus var. pilifolius (C.Y.Wu) Lian(桔梗科)
黄白黄芪 Astragalus albidoflavus K.T.Fu(豆科)
黄白火绒草 Leontopodium ochroleucum Beauv. (菊科)
黄白龙胆 Gentiana prattii Kusnez.(龙胆科)
黄白千里光(云南植物名录)=黄白合耳菊
黄白鳃兰 Maxillaria luteoalba Lindl.(兰科)
黄白铁海棠(新)Euphorbia milii var. tananariva Leandri (大戟科)
黄白香薷 Elsholtzia ochroleuca Dunn(唇形科),*小叶变种*
黄白折叶兰 Sobralia xantholeuca Hort. ex Wms.(兰科)
黄柏(纲目)=秃叶黄檗
黄柏(华北)=侧柏
黄柏(南方各省)=黄檗
黄柏(四川)=柏木
黄柏(新疆)=匙叶小檗
黄柏(中国裸子志)=大果圆柏
黄柏刺(福建)=台湾十大功劳
黄柏木(松树植物名录)=紫檀
黄柏皮(四川中药志)=川黄檗
黄柏属(科属辞典)=**黄檗属**
黄斑百合(Flora 24)=黄花小百合
黄斑唇柱苣苔 Chirita flavimaculata W.T.Wang (苦苣苔科)
黄斑胡颓子(新) Elaeagnus pungens var. frederici? (胡颓子科)
黄斑姜 Zingiber flavomaculosum S.Q.Tong(姜科)
黄斑龙胆 Gentiana aperta var. aureo-punctata T.N.Ho (龙胆科)
黄斑美尖扁柏 Chamaecyparis thyoides f. variegata Sudw.(柏科)
黄斑太平洋梾木 Cornus nutallii cv. Goldspot (山茱萸科)
黄斑叶梣叶槭 Acer negundo f. aureo-variegatum Wesm.(槭树科)
黄斑叶欧亚槭 Acer pseudoplatanus f. flavovariegatum Hayne (槭树科)
黄斑叶溲疏 Deutzia scabra var. marmorata Rehd. (虎耳草科)
黄板叉木(中草药汇编)=杨桐
黄瓣梅花草(高等图鉴补编)=黄花梅花草
黄苞大戟 Euphorbia sikkimensis Boiss.(大戟科),*粉背刮金板,刮金板,括金板,括金盘,水黄花,水杨柳,下奶藤,小狼毒,中尼大戟*
黄苞蓟 Cirsium chrysolepis Shih(菊科)
黄苞南星 Arisaema flavum (Forsk.) Schottt (天南星科),*天南星,达果*
黄苞舌兰 Spathoglottis aurea Lindl.(兰科)
黄胞鳞蕨(蕨类图谱)=金果鳞盖蕨
黄杯杜鹃 Rhododendron wardii W.W.Sm.(杜鹃花科)
黄背草 Themeda japonica (Willd.) Tanaka (禾本科),*进肌草,黄背茅,草糖*
黄背勾儿茶 Berchemia flavescens (Wall.) Brongn. (鼠李科),*牛儿藤,甜茶,大叶甜果子,石萝藤,大鸭公藤*
黄背栎(广东)=美叶柯
黄背栎(植物志 22)=帽斗栎
黄背茅(中草药汇编)=黄背草
黄背青冈 Cyclobalanopsis poilanei (Hick. & A. Camus) Hjemq.(壳斗科)
黄背藤 Argyreia fulvo-villosa C.Y.Wu & S.H. Huang (旋花科)
黄背桐(广西临桂)=白楸
黄背小檗 Berberis hypoxantha C.Y.Wu ex S.Y.Bao(小檗科)
黄背叶柃 Eurya nitida var. aurescens (Rehd. & Wils.) Kobuski(山茶科)
黄背越桔 Vaccinium iteophyllum Hance(杜鹃花科),*大树萝卜,鼠刺叶乌饭树,糯米柴,小龙木*
黄萆薢(浙江,福州)=粉背薯蓣
黄扁柏 Chamaecyparis nootkatensis (D.Don) Spach (柏科)
黄藨(中草药汇编)=栽秧泡
黄藨根(四川中药志)=椭圆悬钩子
黄藨叶(四川中药志)=椭圆悬钩子
黄藨子(树木分类学)=宜昌悬钩子
黄柄木(植物志 46)=琼榄
黄波罗果(中药大辞典)=黄檗
黄波罗花 Incarvillea lutea Bur & Franch. (紫葳科),*黄花角蒿,圆麻参,土生地*
黄波萝(浙江药志)=大叶冬青
黄波椤树(植物志 29)=黄檗
黄伯栗(东北)=黄檗
黄薄荷(贵州)=博落回
黄檗(秦岭志)=甘肃小檗
黄檗(树木分类学)=鲜黄小檗
黄檗 Phellodendron amurense Rupr.(芸香科),*檗*

木,关黄柏,黄柏,黄波罗果,黄波椤树,黄伯栗,黄檗木,元柏

黄檗刺(甘肃)=短锥花小檗

黄檗刺(秦岭志)=首阳小檗

黄檗木(本草纲目)=黄檗

黄檗皮(云南)=秃叶黄檗

黄檗树(宁夏)=黄芦木

黄檗属 Phellodendron Rupr.(芸香科),*黄柏属*

黄才香(江苏苏州)=寻骨风

黄菜子(改订植物名汇)=堪察加费菜

黄参(百草镜)=党参

黄槽斑竹 Phyllostachys bambusoides f. mixta Z.P.Wang (禾本科)

黄槽毛竹 Phyllostachys heterocycla cv. Luteosulcata (禾本科)

黄槽石绿竹 Phyllostachys arcana cv. Luteosulcata (禾本科)

黄槽竹 Phyllostachys aureosulcata McClure (禾本科)

黄草(广西兽医植物)=金钗石斛

黄草(贵州)=罗河石斛

黄草(台湾)=艾

黄草(药物出产辨)=石斛

黄草毛 Aristida cumningiana Trin. & Rupr.(禾本科)

黄草石斛(药典 2000)=束花石斛

黄草乌 Aconitum vilmorinianum Kom.(毛茛科),*草乌,大草乌,昆明暑喇,昆明乌头*

黄岑母草 Lindernia scutellariiformis Yamaz.(玄参科)

黄茶根(四川中草药)=异叶鼠李

黄柴(云南)=毛叶鼠李

黄柴(植物志 10-2)=垂叶箐

黄蝉 Allemanda schottii Pohl.(夹竹桃科),*黄兰蝉*

黄蝉兰 Cymbidium iridioides D.Don(兰科)

黄蝉属 Allemanda L.(夹竹桃科)

黄菖蒲 Iris pseudacorus L.(鸢尾科),*黄鸢尾*

黄长春花 Catharanthus roseus cv. Flavus(夹竹桃科)

黄长筒石蒜 Lycoris longituba var. flava Y.Hsu & X.L.Huang (石蒜科)

黄长足兰 Chysis aurea Lindl.(兰科)

黄常山(植物志 35-1)=常山

黄常山属(植物志 35-1)=**常山属**

黄车轴草 Trifolium strepens Crantz(豆科)

黄齿雪山报春 Primula elongata Watt(报春花科)

黄虫树(植物志 44-2)=黄桐

黄椆(高等图鉴)=黄毛青冈

黄椆(广东)=金毛柯

黄椆(广东)=美叶柯

黄楮(广西)=烟斗柯

黄楮(植物志 45-3)=大果卫矛

黄椿木姜子 Litsea variabilis Hemsl.(樟科),*黄心槁,尖尾树,黄肚槁,阁力,尖尾樟,大烂花*

黄唇赤箭(中华林学季刊)=夏天麻

黄唇卷瓣兰(台兰科图鉴)=毛药卷瓣兰

黄唇毛兰 Eria xanthocheila Ridl.(兰科)

黄唇线柱兰 Zeuxine flava (Wall.) Bth.(兰科)

黄刺玫 Rosa xanthina Lindl.(蔷薇科),*黄刺莓*

黄刺莓(高等图鉴)=黄刺玫

黄刺泡(贵州)=红毛悬钩子

黄刺皮(青海中草药手册)=直穗小檗

黄刺条 Caragana frutex (L.) C.Koch(豆科),*木锦鸡儿*

黄刺小檗 Berberis chrysacantha Schneid.(小檗科)

黄达木(广西)=黄梨木

黄大豆(食鉴本草)=大豆

黄大戟(名医别录)=芫花

黄大金根(广东)=飞龙掌血

黄大蒜(云南)=雄黄兰

黄丹(海南)=油丹

黄丹(海南)=皱皮油丹

黄丹公(海南)=油丹

黄丹木姜子 Litsea elongata (Wall. ex Nees) Benth. & HK.f.(樟科),*长叶木姜子,打色眼树,红由,黄壳兰,毛丹,毛丹公,野枇杷木*

黄胆草(江苏,浙江,福建,江西,湖南,广东,广西,贵州,云南)=马蹄金

黄疸草(新拉汉英)=酸味秋海棠

黄疸树(江苏药材志)=庐山小檗

黄弹(岭南杂记,事物绀珠)=黄皮

黄弹子(广东通志)=黄皮

黄淡子(游宦纪闻)=黄皮

黄底芩 Scutellaria pekinensis var. ussuriensis (Regel) Hand.-Mazz.(唇形科),*黑龙江变种,小黄芩,胡草芩*

黄地榆(云南)=马蹄黄

黄蒂(海南)=琼榄

黄吊兰(台湾兰)=蛇舌兰

黄吊钟花 Enkianthus campanulatus (Miq.) Nichols (杜鹃花科)

黄丁苦草(浙江中草药)=观音草

黄豆(通称)=大豆

黄豆树(高等图鉴)=石岩枫

黄豆树(广东)=蛇王藤

黄豆树 Albizia procera (Roxb.) Benth.(豆科),*菲律宾合欢,白格*

黄豆属(豆科图说)=**大豆属**

黄独 Dioscorea bulbifera L.(薯蓣科),*狗嗽,黄独零余子,黄金山药,黄药,黄药子,金线吊蛋,金线吊蛤蟆,金线吊葫芦,苦卡拉,零余薯,零余子薯蓣,曼喃,毛薯,山慈姑,蓑衣包,铁秤陀,土首乌,土芋*

黄独零余子(中药大辞典)=黄独

黄杜鹃(本草蒙荃)=羊踯躅

黄肚槁(海南吊罗山)=黄椿木姜子

黄度梅(树木分类学)=棣棠花

黄断肠草(峨眉)=南黄堇

黄娥兰(台湾兰科植物)=长轴白点兰

黄萼红景天 Rhodiola litwinowii A.Bor.(景天科)

黄萼卷瓣兰(台湾兰科植物)=藓叶卷瓣兰

黄萼雪地黄芪 Astragalus nivalis var. aureocalycatus S.B.Ho(豆科)

黄儿茶(湖北)=黄连木

黄耳龙胆 Gentiana leucantha H.Sm.(龙胆科)

黄饭花(南宁药志)=密蒙花

黄范库弗草 Vancouveria chrysantha Greene (小檗科)

黄肥皂草 Saponaria lutea L.(石竹科)

黄狒狒花 Babiana stricta var. sulphurea Hort.(鸢尾科)

黄粉大叶报春 Primula macrophylla var. atra W.W.Sm. & Fletcher(报春花科)

黄粉缺裂报春 Primula rupicola Balf.f. & Forr.(报春花科),*石报春*

黄粉头序报春 Primula capitata subsp. lacteocapitata (Balf.f. & W.W.Sm.) W.W.Sm. & Forr.(报春花科)

黄蜂草(广东中药)=孩儿草

黄逢花(中草药汇编)=蓼子朴

黄凤仙(四川马尔康)=少蕊败酱

黄凤仙花 Impatiens flavida HK.f. & Thoms.(凤仙花科)

黄凤玉 Astrophytum capricorne cv. Aureum (仙人掌科)

黄芙蓉(云南)=刚毛黄蜀葵

黄芙蓉(云南)=黄蜀葵

黄芙蓉(云南)=全缘叶绿绒蒿

黄甘草(中药志)=胀果甘草

黄甘草 Glycyrrhiza kansuensis Chang & Peng (豆科),*甘草*

黄甘青报春 Primula tangutica var. flavescens Chen & C.M.Hu(报春花科)

黄竿京竹 Phyllostachys aureosulcata cv. Aureocaulis (禾本科)

黄竿乌哺鸡竹 Phyllostachys vivax cv. Aureocaulis (禾本科)

黄竿竹(湖南)=摆竹

黄刚毛滇紫草 Onosma setosa subsp. transrhymnense (Klokov ex Popov.) Kamel.(紫草科)

黄缸(日本)=西南红山茶

黄槁(广东,海南)=黄樟

黄槁(海南)=华润楠

黄槁(海南尖峰岭)=大萼木姜子

黄藁本(云南)=滇芹

黄藁本(云南维西)=疏毛山芹

黄葛扭(植物志 63)=羊角拗

黄葛树(贵州志)=绿黄葛树

黄葛树 Ficus virens var. sublanceolata (Miq.) Corner (桑科),*笔管树,大叶榕,红有龙须,黄桷树,黄龙须,马毛榕,披针叶黄萝树,雀榕,山榕,万年青,万年阴,小无花果,猪麻榕*

黄根(广西防城,邕宁,横县,中药资源志要)=南山花

黄根根(贵州方药集)=酸模

黄根节兰(中山大辞典)=大黄花虾脊兰

黄根紫堇 Corydalis flaxuosa subsp. pseudoheterocentra (Fedde) Lidén(罂粟科),*断肠草*

黄狗合藤(中草药汇编)=尖山橙

黄狗卵(浙江) = 天南星

黄狗皮(陕西旬阳)=小黄构

黄狗皮(四川苍溪)=头序荛花

黄狗头(四川)=异叶黄鹌菜

黄狗头(图考)=蒲公英

黄构(高等图鉴)=小黄构

黄姑娘(中草药汇编)=苦蘵

黄古竹(江苏志)=美竹

黄古竹 Phyllostachys angusta McClure (禾本科),*石竹*

黄谷精 Xyris capensis var. schoenoides (Mart.) Nilsson (黄眼草科)

黄牯牛花(浙江)=羊踯躅

黄骨狼(宁夏中草药)=锁阳

黄瓜(名医别录)=栝楼

黄瓜 Cucumis sativus L.(葫芦科),*胡瓜,王瓜,刺瓜*

黄瓜菜 Paraixeris denticulata (Houtt.) Nakai(菊科),*败酱草,苦碟子,苦丁菜,苦荬菜,墓回头,盘儿草,野苦荬菜,一点红*

黄瓜菜属 Paraixeris Nakai (菊科)

黄瓜草(广西兽医植物)=七星莲

黄瓜草(云南药用名录)=百脉根

黄瓜绿草(陕甘宁青中草药)=二裂委陵菜

黄瓜仁草(云南红河)=蓼叶远志

黄瓜香(高等图鉴)=黄花油点草

黄瓜香(贵州民间药物)=紫花堇菜

黄瓜香(植物志 39)=含羞草决明
黄瓜属 Cucumis L.(葫芦科)
黄冠菊(科属辞典)=黄缨菊
黄冠马利筋 Asclepias curassavica cv. Flaviflora (萝藦科)
黄冠蹄盖蕨(蕨类名词及名称)=峨眉蹄盖蕨
黄管杜鹃 Rhododendron kasoense Hutch. & K. Ward (杜鹃花科)
黄管秦艽 Gentiana officinalis H.Sm.(龙胆科), *大艽,大叶龙胆,鸡腿艽,解吉那保,萝卜艽,秦胶,秦纠,秦爪,山大艽,左宁根,左扭,左秦艽*
黄桂(广东鼎湖山)=尖脉木姜子
黄桂盘芋属(新拉汉英)=**黄肉芋属**
黄果(桂海虞衡志)=甜橙
黄果(海南尖峰岭)=钝叶新木姜子
黄果(植物志 31)=黄果厚壳桂
黄果 Citrus sinensis cv. Huangguo(芸香科)
黄果矮茶藨(树木志)=矮醋栗
黄果安息香 Styrax chrysocarpus Li(安息香科)
黄果波罗蜜 Artocarpus xanthocarpus Merr.(桑科), *兰屿面包树*
黄果臭山槐(河北)=北京花楸
黄果粗叶木 Lasianthus calycinus Dunn(茜草科)
黄果枸杞 Lycium barbarum var. auranticarpum K.F.Ching (茄科)
黄果桂 (两广乔灌木名录)=黄果厚壳桂
黄果厚壳桂 Cryptocarya concinna Hance(樟科), *生虫树,香港厚壳桂,黄果桂,海南厚壳桂,长果厚壳桂,黄果*
黄果冷杉 Abies ernestii Rehd.(松科), *柄果枞,箭炉冷杉*
黄果龙葵 Solanum diphyllum L.(茄科)
黄果木属 Mammea L. (藤黄科)
黄果欧洲小檗 Berberis vulgaris var. lutea L'Her. (小檗科)
黄果朴(高等图鉴)=朴树
黄果茄 Solanum virginianum L.(茄科), *刺丁茄,刺荆,刺天果,大颠茄,大苦果,大苦茄,颠茄,颠茄子,癫茄,丁茄,番鬼茄,红水茄,黄果珊瑚,黄水,黄天茄,马刺,毛果茄,磨莫仔荞,山马铃,野颠茄,野茄果,油辣果*
黄果榕 Ficus benguetensis Merr.(桑科), *黄果猪母乳*
黄果杉(中国裸子志)=黄果云杉
黄果珊瑚(四川)=黄果茄
黄果树(西双版纳)=木奶果
黄果树(云南屏边)=少花桠木
黄果树属(科属检索表)=**木奶果属**
黄果藤(植物志 45-3)=青江藤
黄果悬钩子 Rubus xanthocarpus Bureau & Franch. (蔷薇科), *黄莓子,地莓子,莓子刺,泡儿刺,黄帽子*
黄果云杉 Picea likiangensis var. hirtella (Rehd. & Wils.) Cheng ex Chen (松科), *黄果杉*
黄果猪母乳(台湾志)=黄果榕
黄果子(广东)=栀子
黄海棠 Hypericum ascyron L.(藤黄科), *八宝茶,长柱金丝桃,大茶叶,大金雀,大叶金丝桃,大叶牛心菜,对经草,对月草,红旱莲,湖南连翘,黄花刘寄奴,鸡蛋花,降龙草,金丝蝴蝶,禁宫花,救牛草,连翘,刘寄奴,六安茶,牛心菜,伞旦花,山辣椒,水黄花,四方草*
黄蒿(甘肃)=圆头蒿
黄蒿(内蒙古,黑龙江,吉林)=茵陈
黄蒿(山西,内蒙古)=南牡蒿
黄蒿(俗称)=黄花蒿
黄合叶(湖北)=白背枫
黄河虫实 Corispermum huanghoenes Tisen & C. G.Ma (藜科)
黄河江(湖南)=蓬莱葛
黄荷包牡丹(广西)=小花黄堇
黄褐杜鹃 Rhododendron minyaense Philip. & M. N.Philip. (杜鹃花科)
黄褐杜鹃花 Rhododendron fulvastrum Balf.f. & Forr.(杜鹃花科)
黄褐毛荚蒾(分类学报)=庐山荚蒾
黄褐毛梾木 Swida fulvescens (Fang & W.K.Hu) Fang & W.K.Hu(山茱萸科)
黄褐毛忍冬 Lonicera fulvotomentosa Hsu(忍冬科)
黄褐蛇根草(新拉汉英)=紫绿蛇根草
黄褐蛇根草 Ophiorrhiza lurida HK.f.(茜草科)
黄褐鸢尾 Iris variegata L.(鸢尾科)
黄褐珠光香青(新)Anaphalis margaritacea var. cinnamomea (DC.) Herd. ex Maxim.(菊科), *珠光香青黄褐变种*
黄鹤兰(台湾兰科植物图鉴)=黄花鹤顶兰
黄后冬青卫矛 Euonymus japonicus cv. Yellow Queen (卫矛科)
黄蝴蝶(植物志 47-2)=金凤花
黄蝴蝶草(海南志)=毛叶蝴蝶草
黄花艾(广西)=魁蒿
黄花白及 Bletilla ochracea Schltr.(兰科), *白及,黄术,狭叶白及*
黄花白头翁 Pulsatilla sukaczevii Kuz.(毛茛科)
黄花百合 Lilium xanthellum var. luteum Liang(百合科)
黄花败酱(北方各省,湖南)=败酱
黄花败酱(甘肃中草药)=额河千里光
黄花斑鸠菊 Vernonia henryi Dunn(菊科)
黄花瓣(山西)=连翘
黄花报春(拉汉名称)=黄花粉叶报春
黄花贝母 Fritillaria verticillata Willd.(百合科)
黄花本筋姑 Clintonia borealis Raf.(百合科)
黄花扁蕾 Gentianopsis lutea (Burk.) Ma(龙胆科)
黄花扁蓄(生草药性备要)=射干
黄花变种(植物志 66,Flora 17)=黄花云南冠唇花(新)
黄花杓兰 Cypripedium flavum P.F.Hunt & Summerh(兰科)
黄花补血草 Limonium aureum (L.) Hill.(白花丹科), *干活草,黄花苍蝇架,黄花矶松,黄里子白,金匙叶草,金佛花,金色补血草,石花子*
黄花菜(本草纲目)=黄花草
黄花菜(晋江中草药)=黄鹌菜
黄花菜 Hemerocallis citrina Baroni(百合科), *金针菜,柠檬萱草,北黄花菜*
黄花参(广东)=黄花倒水莲
黄花苍蝇架(内蒙古)=黄花补血草
黄花草(纲目)=黄花草
黄花草(纲目拾遗)=千里光
黄花草(广东)=独脚金
黄花草(广空中草药手册)=白背黄花稔
黄花草(广西)=赛葵
黄花草(广西药用名录)=节节草
黄花草(河南)=角茴香
黄花草(江苏药材志)=蒲公英
黄花草(苏州本产药材)=旋覆花
黄花草(云南药用名录)=百脉根
黄花草(云南中草药)=美形金钮扣
黄花草(植物志 75)=金钮扣
黄花草 Cleome viscosa L.(山柑科), *臭矢菜,黄花菜,黄花草,向天黄,羊角草,野油菜*
黄花草子(江苏,浙江)=南苜蓿
黄花昌都点地梅 Androsace bisulca var. aurata (Petitm.) Yang e Huang(报春花科)
黄花朝鲜百合 Lilium amabile var. luteum Hort. (百合科)
黄花痴头婆(广西药用名录)=毛刺蒴麻
黄花齿唇兰(台兰科图鉴)=齿唇兰
黄花川西獐牙菜 Swertia mussotii var. flavescens T.N.Ho & S.W.Liu(龙胆科), *地鉴,黄花药药*
黄花刺(树木分类学)=鲜黄小檗
黄花葱(藏药志)=葱
黄花葱 Allium condensatum Turcz.(百合科)
黄花粗筒苣苔 Briggsia aurantiaca Buirtt(苦苣苔科)
黄花酢浆草 Oxalis pes-caprae L.(酢浆草科)
黄花簇叶兰 Diuris aurea Sm.(兰科), *黄花都瑞斯兰*
黄花大苞姜 Caulokaempferia coenobialis (Hance) K.Larsen(姜科)
黄花大苞兰 Sunipia andersonii (King & Pantl.) P.F. Hunt (兰科), *黄花堇兰,绿花宝石兰,台湾堇兰*
黄花丹参(丽江)=黄花鼠尾草
黄花倒水莲 Polygala fallax Hemsl.(远志科), *白马胎,倒吊黄,吊吊黄,观音串,黄花参,黄花远志,黄金印,鸡仔树,假黄花远志,木本远志,念健,鸭仔兜,一身暖*
黄花地胆头(中草药汇编)=见霜黄
黄花地丁(北方)=黄堇
黄花地丁(滇南本草)=响铃豆
黄花地丁(黑龙江)=小黄紫堇
黄花地丁(湖北)=蒲公英
黄花地丁(南京药草)=鸦葱
黄花地丁(中草药汇编)=灰叶堇菜
黄花地锦苗(图考,江西,湖南)=小花黄堇
黄花地钮菜 Stachys xanthantha C.Y.Wu(唇形科), *地钮菜,黄花水苏,柔弱变种*
黄花地桃花(贵州,云南)=白背黄花稔
黄花地桃花(中医方药学)=刺蒴麻
黄花滇藏杜鹃 Rhododendron temenium var. gilvum (Cowan) Chamb. ex Cullen & Chamb.(杜鹃花科)
黄花滇紫草 Onosma gmelinii Ledeb.(紫草科)
黄花垫柳 Salix souliei Seemen(杨柳科)
黄花吊石苣苔 Lysionotus sulphureus Hand.-Mazz. (苦苣苔科)
黄花冬菊(药用图鉴)=卤地菊
黄花都瑞斯兰(新拉汉英)=黄花簇叶兰
黄花独蒜兰 Pleione forrestii Schltr.(兰科)
黄花杜鹃(横断山植物)=黄花花杜鹃
黄花杜鹃(陕甘宁青中草药选)=烈香杜鹃
黄花杜鹃 Rhododendron lutescens Franch.(杜鹃花科)
黄花短蕊茶 Camellia xanthochroma Fen & Xie (山茶科)
黄花鄂报春(高等图鉴)=圆迦报春
黄花儿(广西药用名录)=坡油甘
黄花翡翠珠 Senecio citriformis Rowley (菊科), *白寿乐*
黄花粉叶报春 Primula flava Maxim.(报春花科), *黄花报春*
黄花凤仙花(台湾志)=关雾凤仙花
黄花凤眼蓝 Eichhornia crassipes var. aurea Hort. (雨久花科)
黄花杆(河南)=连翘
黄花高山豆 Tibetia tongolensis (Ulbr.) H.P.Tsui

(豆科),*黄花米口袋*
黄花茖葱 Allium moly L.(百合科)
黄花根节兰(台兰科图鉴)=南方虾脊兰
黄花狗骨柴 Tricalysia lutea Hand.-Mazz.(茜草科)
黄花鬼吹箫 Leycesteria crocothyrsos Airy-Shaw (忍冬科)
黄花棍石斛(中药辞海)=线叶石斛
黄花海芙蓉 Limonium wrightii var. luteum (Hara) Hara (白花丹科)
黄花含笑 Michelia xanthantha C.Y.Wu(木兰科)
黄花蒿(沙漠药用植物)=蓼子朴
黄花蒿 Artemisia annua L.(菊科),*爱白强,爱兰,爱美,爱洗,巴饼草,草蒿,差芒,臭蒿,臭黄蒿,干汗子,好尼-沙里勒吉,黄蒿,黄色土因呈,黄香蒿,鸡虱草,犸蒿,假香菜,康帕,棵希怀,克朗,苦蒿,莫林-沙里尔日,青蒿,青蒿根,青蒿露,青蒿子,穷布,秋蒿,沙拉翁,蔄蒿,香苦草,香丝草,野苦草,野蔄蒿,抓艾力*
黄花合头菊 Syncalathium chrysocephalum (Shih) Shih (菊科)
黄花合叶豆 Smithia blanda Wall.(豆科),*艳丽施氏豆*
黄花鹤顶兰 Phaius flavus (Bl.) Lindl.(兰科),*斑叶鹤顶兰,黄鹤兰*
黄花红门兰 Orchis chrysea (W.W.Sm.) Schltr. (兰科)
黄花红砂 Reaumuria trigyna Maxim.(柽柳科),*黄花枇杷柴*
黄花胡椒 Piper flaviflorum C.DC.(胡椒科)
黄花蝴蝶草 Torenia flava Buch.-Ham.(玄参科)
黄花虎眼万年青 Ornithogalum miniatum Jacq. (百合科)
黄花花(江苏)=羊踯躅
黄花花杜鹃 Rhododendron boothii Nutt.(杜鹃花科),*柠檬杜鹃,黄花杜鹃*
黄花华北耧斗菜(植物志 27)=华北耧斗菜
黄花华北耧斗菜 Aqulegia yabeana f. luteola S. H.Li & Y.H.Huang (毛茛科)
黄花槐 Sophora xanthantha C.Y.Ma(豆科)
黄花茳 Viola moupinensis var. lijiangensis C.J. Wang (堇菜科)
黄花黄猄草 Championella xanthantha (Diels) Bremek.(爵床科),*黄花梭果爵*
黄花黄芪 Astragalus luteolus Tsai & Yü(豆科)
黄花黄芩(东北检索表)=粘毛黄芩
黄花霍丽兰 Houlletia chrysantha Andre (兰科)
黄花矶松(东北检索表)=黄花补血草
黄花鸡骨(江西草药)=荷包山桂花
黄花鸡爪草 Calathodes palmata HK.f. & Thoms. (毛茛科)
黄花棘豆 Oxytropis ochrocephala Bge.(豆科),*团巴草,马绊肠*
黄花蓟 Cirsium erisithales (Jacq.) Scop.(菊科)
黄花加拿大百合 Lilium canadense var. flavum Pursh (百合科)
黄花夹竹桃 Thevetia peruviana (Pers.) K.Schum. (夹竹桃科),*番仔桃,黄花状元竹,夹竹桃,酒杯花,菱角树,柳木子,铁石榴*
黄花夹竹桃属 Thevetia L.(夹竹桃科)
黄花嘉兰 Gloriosa superba f. lutea Hort.(百合科)
黄花假杜鹃 Barleria prionitis L.(爵床科)
黄花尖萼耧斗菜(植物志 27)=尖萼耧斗菜
黄花姜黄 Curcuma falviflora S.Q.Tong(姜科)
黄花角蒿(高等图鉴)=黄波罗花
黄花角蒿 Incarvillea sinensis var. przewalskii (Batal.) C.Y.Wu & W.C.Yin(紫葳科)
黄花堇菜(东北师大通报)=东方堇菜
黄花堇菜(云南植物名录)=肾叶堇菜
黄花堇菜(云南中草药)=灰叶堇菜
黄花堇兰(高等图鉴)=黄花大苞兰
黄花九轮草 Primula veris L.(报春花科)
黄花具脉荆芥 Nepeta nervosa var. lutea HK.f. (唇形科)
黄花卷瓣兰(台湾志)=斑唇卷瓣兰
黄花卷瓣兰 Bulbophyllum obtusangulum Z.H. Tsi (兰科),*紫花卷瓣兰*
黄花卷丹 Lilium tigrinum var. flaviflorum (Makino) Stearn (百合科)
黄花爵床(广西植物)=黄花野靛棵
黄花卡特兰 Cattleya labiata subvar. aurea (Lindl.) Veitch (兰科)
黄花苦菜(天目山)=败酱
黄花苦豆(西北)=披针叶野决明
黄花来江藤 Brandisia rosea var. flava C.E.C. Fisch (玄参科),*红花来江藤黄花变种*
黄花蓝岩参(云南植物名录)=黄花毛鳞菊
黄花郎(救荒本草)=蒲公英
黄花老鹳草 Geranium suzukii Masamune(牻牛儿苗科)
黄花冷水花 Piles longicaulis var. flaviflora C.H. Chen (荨麻科)
黄花狸藻 Utricularia aurea Lour. (狸藻科),*狸藻,黄花挖耳草,水上一枝黄花,金鱼茜*
黄花莲(江西)=黄蜀葵
黄花恋岩花 Echinacanthus lofouensis (Lévl.) J. R.I.Wood(爵床科)
黄花链条(河北)=连翘
黄花列当 Orobanche pycnostachya Hance(列当科),*独根草*
黄花蔺 Limnocharis flava (L.) Buch.(花蔺科)
黄花蔺属 Limnocharis Humb & Bonpl.(花蔺科)
黄花刘寄奴(图考)=黄海棠
黄花瘤瓣兰 Oncidium aureum Lindl.(兰科)
黄花柳 Salix caprea L.(杨柳科)
黄花柳叶菜 Epilobium luteum Pursh (柳叶菜科)
黄花龙胆 Gentiana flavo-maculata Hay.(龙胆科)
黄花龙舌草(福建草药)=卤地菊
黄花龙舌草(福建中草药=蟛蜞菊
黄花龙牙(图考)=败酱
黄花鹿藿 Rhynchosia lutea Dunn(豆科)
黄花绿绒蒿(高等图鉴)=椭果绿绒蒿
黄花绿绒蒿 Meconopsis georgei Tayl.(罂粟科)
黄花落叶松 Larix olgensis Henry(松科),*长白落叶松,长白落叶松中果变型,长果长白落叶松,朝鲜落叶松,多鳞兴安落叶松,海林落叶松,黄花松,毛基变型*
黄花麻(云南)=刚毛黄蜀葵
黄花马蔺 Iris lactea var. chrysantha Y.T.Zhao(鸢尾科)
黄花马铃苣苔 Oreocharis flavida Merr.(苦苣苔科),*小岩白菜,黄毛岩白菜*
黄花马尿藤(云南植物名录)=三棱枝杭子稍
黄花马宁(海南)=长毛黄葵
黄花马蹄莲 Zantedeschia elliottiana (Nght) Engl. (天南星科)
黄花马先蒿 Pedicularis flava Pall.(玄参科)
黄花脉杜鹃 Rhododendron codonananthum Balfe.f. & Forr.(杜鹃花科),*黄花腺蕊杜鹃*
黄花毛鳞菊 Chaetoseris lutea (Hand.-Mazz.) Shih (菊科),*黄花蓝岩参*
黄花毛蕊杜鹃 Rhododendron websterianum var. yulongense Philip. & M.N.Philip.(杜鹃花科)
黄花茅 Anthoxanthum odoratum L.(禾本科)
黄花茅属(分科检索表附录)=**黄花茅属**
黄花茅属 Anthoxanthum L.(禾本科),*春茅属,黄花茅属*
黄花眉兰 Ophrys lutea (Tod.) Cav.(兰科)
黄花梅花草 Parnassia lutea Batal.(虎耳草科),*黄瓣梅花草*
黄花美冠兰 Eulophia flava (Lindl.) HK.f.(兰科)
黄花美人蕉(广州常见植物)=柔瓣美人蕉
黄花美人蕉(华北经济志要)=兰花美人蕉
黄花美人蕉 Canna indica var. flava Roxb.(美人蕉科)
黄花猛(文山中草药)=白背黄花稔
黄花米口袋(豆科图说)=黄花高山豆
黄花蜜菜(福建)=卤地菊
黄花棉(广西)=赛葵
黄花母(广西药用名录)=桤叶黄花稔
黄花母(图考)=山柳菊
黄花母(文山中草药)=白背黄花稔
黄花母雾(广东)=白背黄花稔
黄花母雾猛(广东)=白背黄花稔
黄花木 Piptanthus concolor Harrow ex Craib(豆科)
黄花木属 Piptanthus D.Dopn ex Sweet (豆科)
黄花苜蓿(中药辞海)=野苜蓿
黄花牛角(新拉汉英)=龙王角
黄花欧洲百合 Lilium martagon var. flavidum Bormuller (百合科)
黄花泡叶杜鹃 Rhododendron seinghkuense K. Ward (杜鹃花科)
黄花枇杷柴(高等图鉴)=黄花红砂
黄花婆罗门参 Tragopogon orientalis L.(菊科)
黄花珀菊 Amberboa turanica Iljin(菊科),*珀菊*
黄花葡萄兰 Acineta chrysantha (C.Morr.) Lindl. & Paxt.(兰科)
黄花七叶树 Aesculus octandra Marsh.(七叶树科)
黄花蔷薇(中草药汇编)=刺梗蔷薇
黄花秋海棠 Begonia flaviflora Hara(秋海棠科)
黄花楸(云南造林树)=梓
黄花球兰 Hoya fusca Wall.(萝藦科)
黄花曲草(福建中草药)=蟛蜞菊
黄花全缘石楠(新)Photinia integrifolia var. flavidiflora (W.W.Sm.) Vidal(蔷薇科),*全缘石楠黄花变种*
黄花忍冬(东北木本志)=金花忍冬
黄花稔(广空中草药手册)=白背黄花稔
黄花稔 Sida acuta Burm.f.(锦葵科),*拨毒散,柑仔密,管细叶金,扫把麻,山麻,蛇总,午时花,亚罕闷*
黄花稔属 Sida L.(锦葵科)
黄花肉叶荠 Braya scharnhorstii Rgl. & Schmalh. (十字花科)
黄花软紫草(植物志 64-2)=内蒙紫草
黄花瑞香(经济植物手册)=橙花瑞香
黄花三宝木 Trigonostemon lutescens Y.T.Chang & J.Y.Liang(大戟科)
黄花三七(杭州药志)=蒲公英
黄花山丹(新拉汉英)=黄花渥丹
黄花山莨菪(植物志 67-1)=山莨菪
黄花山莨菪 Anisodus tanguticus var. viridulus C.Y.Wu & C.Chen(茄科)
黄花蛇根草 Ophiorrhiza ochroleuca HK.f.(茜草科)

黄花虱麻头(中医方药学)=刺蒴麻
黄花石豆兰(台兰科图鉴)=斑唇卷瓣兰
黄花石斛(台湾志)=黄石斛
黄花石斛 Dendrobium dixanthum Rchb.f.(兰科)
黄花石花(植物志 69)=西藏珊瑚苣苔
黄花石莲 Sinocrassula indica var. luteorubra (Praeg.) S.H.Fu (景天科),*宝兴景天*
黄花石蒜(湖北,广东)=忽地笑
黄花鼠尾草(藏药志)=粘毛鼠尾草
黄花树(广西那坡)=密蒙花
黄花树萝卜 Agapetes flava (HK.f.) Sleumer(杜鹃花科)
黄花水八角 Gratiola griffithii HK.f.(玄参科)
黄花水龙(浙江,福建)=台湾水龙
黄花水龙 Ludwigia peploides subsp. stipulacea (Ohwi) Raven(柳叶菜科)
黄花水毛茛 Batrachium bungei var. flavidum (Hand.-Mazz.) L.Liou(毛茛科)
黄花水苏(分类学报)=黄花地钮菜
黄花松(东北)=黄花落叶松
黄花梭果爵床(云南植物名录)=黄花黄猄草
黄花薹草 Carex chrysolepis Franch. & Sav.(莎草科)
黄花糖芥 Erysimum bungei f. flavum (Kitag) K.C.Juan (十字花科)
黄花藤(海南)=鲫鱼藤
黄花天酒地参(贵州药用名录)=云南红景天
黄花条(陕西)=连翘
黄花铁线莲 Clematis intricata Bge.(毛茛科),*透骨草,铁线透骨草*
黄花挖耳草(台湾志)=黄花狸藻
黄花瓦松 Orostachys spinosus (L.) C.A.Mey.(景天科),*瓦花草*
黄花万(拉汉名称)=日本景天
黄花委陵菜 Potentilla chrysantha Trev.(蔷薇科),*翻白草*
黄花渥丹 Lilium concolor var. coridion (Sieb. & De Vriese) Baker (百合科),*黄花山丹*
黄花乌头 Aconitum coreanum (Lévl.) Rapaics (毛茛科),*关白附,白附子,竹节白附,黄乌拉花,山喇叭花*
黄花无柱兰 Amitostigma simplex T.Tang & F.T.Wang (兰科)
黄花雾(广空中草药手册)=白背黄花稔
黄花雾(生草药性备要)=鬼针草
黄花细辛(广西中药志)=一枝黄花
黄花细辛(中草药汇编)=灰叶堇菜
黄花夏至草 Lagopsis flava Kar. & Kir.(唇形科)
黄花线柱兰(台湾志)=芳线柱兰
黄花腺蕊杜鹃(新拉汉英)=黄花脉杜鹃
黄花香(云南)=败酱
黄花香(云南屏边)=尖萼金丝桃
黄花香(中草药汇编)=栽秧花
黄花香草(云南)=石海椒
黄花香茶菜 Isodon sculponeatus (Vant.) Kudô (唇形科),*粉背香茶菜,白沙虫药,臭蒿子,方茎紫苏,鸡苏,假菇麻,假荨麻,烂脚草,痢药*
黄花香薷(Flora 17)=野苏子
黄花香薷(藏药志)=毛穗香薷
黄花小百合 Lilium nanum var. flavidum(Rendle) Sealy (百合科),*黄斑百合*
黄花小二仙草 Haloragis chinensis (Lour.) Merr. (小二仙草科)
黄花小罗伞(广西龙州)=红芽大戟
黄花小山菊 Dendranthema hypargyrum (Diels) Ling & Shih(菊科)
黄花肖鸢尾 Moraea bicolor Spae (鸢尾科)
黄花邪蒿(秦岭志)=锐齿西风芹
黄花鸭首马先蒿 Pedicularis anas var. xanthantha (Li) Tsoong(玄参科),*鸭首马先蒿黄花亚种*
黄花鸭跖柴胡 Bupleurum commelynoideum var. flaviflorum Shan & Y.Li(伞形科)
黄花亚菊 Ajania nubigena (Wall.) Shih(菊科)
黄花烟草 Nicotiana rustica L.(茄科),*小花烟,山菸*
黄花延龄草 Trillium luteum Harb.(百合科)
黄花岩报春 Primula dryadifolia subsp. chlorodryas (W.W.Sm.) Chen & C.M.Hu(报春花科),*丛毛岩报春*
黄花岩黄芪 Hedysarum citrinum E.Baker(豆科)
黄花岩居马先蒿(新)Pedicularis rupicola subsp. rupicola f. flavescens Tsoong(玄参科),*岩居马先蒿岩居亚种黄花变种*
黄花岩梅 Diapensia bulleyana Forr. ex Diels(岩梅科)
黄花岩松(云南)=白果景天
黄花羊耳蒜 Liparis luteola Lindl.(兰科)
黄花羊角棉 Alstonia henryi Stiang(夹竹桃科)
黄花羊蹄甲 Bauhinia tomentosa L.(豆科)
黄花药药(四川)=黄花川西獐牙菜
黄花野百合(江西)=假地蓝
黄花野靛棵 Mananthes pseudospicata (H.S.Lo & D.Fang) C.Y.Wu & C.C.Hu(爵床科),*黄花爵床*
黄花野青茅 Deyeuxia flavens Keng(禾本科)
黄花野苕子(云南植物名录)=西南野豌豆
黄花叶(高等图鉴)=毛桐
黄花夜香树 Cestrum aurantiacum Lindl.(茄科),*黄洋素馨*
黄花一枝蒿(甘肃中草药)=额河千里光
黄花茵陈(图考)=阴行草
黄花鹰爪豆 Spartium junceum f. ochroleuca Spreng. (豆科)
黄花油点草 Tricyrtis pilosa Wall.(百合科),*黄瓜香*
黄花鱼灯草(天目药志)=小花黄堇
黄花鸢尾(植物学杂志)=黄金鸢尾
黄花鸢尾 Iris wilsonii C.H.Wright(鸢尾科)
黄花圆叶报春 Primula elongata var.barnardoana (W.W.Sm. & Ward) C.M.Hu(报春花科)
黄花远志(高等图鉴)=荷包山桂花
黄花远志(经济志)=黄花倒水莲
黄花月见草 Oenothera glazioviana Mich.(柳叶菜科),*红萼月见草,月见草,夜来香*
黄花云南冠唇花(新)Microtoena delavayi var. lutea C.Y.Wu & Hsuan(唇形科)*黄花变种*
黄花皂帽花 Dasymaschalon sootepense Craib(番荔枝科)
黄花獐牙菜 Swertia kingii HK.f.(龙胆科),*赛保古折*
黄花蜘蛛抱蛋 Aspidistra flaviflora K.Y.Lang & Z.Y.Zhu (百合科)
黄花直瓣苣苔 Ancylostemon gamosepalus K.Y. Pan (苦苣苔科)
黄花珠(湖南)=临时救
黄花猪牙花 Erythronium citrinum Wats.(百合科)
黄花状元竹(广东潮汕)=黄花夹竹桃
黄花仔(广东)=马利筋
黄花仔(闽东本草)=一枝黄花
黄花仔(闽南民间草药)=粘毛黄花稔
黄花仔草(纲目拾遗)=鼠麴草
黄花子(陕西)=木姜子
黄花紫草(中药志)=内蒙紫草
黄花紫堇(西藏中草药)=尖突黄堇
黄花紫玉盘 Uvaria kurzii (King) P.T.Li(番荔枝科)
黄华(植物志 42-2)=野决明
黄华属(植物志 42-2)=**野决明属**
黄槐花树(中药大辞典)=腊肠树
黄槐决明 Cassia surattensis Burm.f.(豆科)
黄黄草(广西)=山香
黄灰毛豆 Tephrosia vestita Vogel(豆科),*黄毛灰叶,狐狸射草*
黄桧(台湾)=台湾扁柏
黄桧(云南)=通光散
黄机树(海南)=白颜树
黄机树(海南澄迈)=海南栀子
黄鸡菜(东北)=黄精
黄鸡胆(湖南药物志)=广东地构叶
黄鸡脚(江西药用名录)=毛狗骨柴
黄鸡郎(湖南药物志)=短刺虎刺
黄鸡肫(中草药汇编)=短刺虎刺
黄鸡尾(四川)=两头毛
黄荚蒾(海南志)=淡黄荚蒾
黄假高粱 Sorghastrum nutans Nash.(禾本科)
黄菅茅(名医别录)=黄茅
黄姜(生草药性备要)=姜黄
黄姜(四川,湖北)=盾叶薯蓣
黄姜(四川泸定)=黄山药
黄姜(浙江,湖南,广西)=粉背薯蓣
黄姜花 Hedychium flavum Roxb.(姜科)
黄姜树(广东)=木荚红豆
黄姜树(广东)=软荚红豆
黄姜子(湖北,甘肃,四川)=柴黄姜
黄浆果(云南)=越南黄牛木
黄浆果(云南屏边)=红芽木
黄浆苔(陕西)=小果博落回
黄豇豆(江苏药材志)=望江南
黄椒(贵州)=菱叶花椒
黄椒(贵州药草)=刺异叶花椒
黄椒(山西)=野花椒
黄椒根(四川)=飞龙掌血
黄椒根(中草药汇编)=蚬壳花椒
黄脚鸡(广东,湖南,广西)=虎刺
黄脚鸡(贵州草药)=深裂竹根七
黄脚鸡(四川)=短梗箭头唐松草
黄接骨丹(陕西中草药)=细叶石头花
黄结(湖北)=管萼山豆根
黄结(经验方)=越南槐
黄介子(中药志)=芥
黄金茶(浙江)=蜡梅
黄金调(海南)=海杧果
黄金粉(纲目拾遗)=稻
黄金粉(纲目拾遗)=稷
黄金凤 Impatiens siculifer HK.f.(凤仙花科),*水指甲*
黄金桂(广东)=千里香
黄金蒿 Artemisia aurata Kom.(菊科)
黄金花(中药大辞典)=百脉根
黄金间碧玉竹 Phyllostachys bambusoides var. castilloni (Latour-Mariliac) H.de Lehaie (禾本科),*金明竹,青叶竹,水竹*
黄金间碧竹 Bambusa vulgaris cv. Vittata (禾本科),*青丝金竹*
黄金菊(河南)=猫儿菊
黄金莲(浙江)=萍蓬草
黄金卵(江西草药)=荷包山桂花
黄金芒 Miscanthus flavidus Hodna(禾本科),*金平芒*

黄金茅 Eulalia aurea (Bory) Kunth (禾本科)
黄金茅属 Eulalia Kunth(禾本科)
黄金茄(海南)=海杧果
黄金山药(广东,广西)=黄独
黄金梢(广东)=柏拉木
黄金树 Catalpa speciosa (Warder ex Barney) Engelm. (紫葳科),*白花梓树*
黄金丝(江苏)=茅膏菜
黄金条根(河北,山东,内蒙,连云港,辽宁)=黄芩
黄金鸭嘴草 Ischaemum aureum (HK. & Arn.) Hack (禾本科)
黄金牙(海南崖县)=直刺鸡爪簕
黄金银花(天目山)=须蕊忍冬
黄金印(江西)=黄花倒水莲
黄金鸢尾 Iris flavissima Pall.(鸢尾科),*黄花鸢尾,黄鸢尾*
黄堇(江西)=小花黄堇
黄堇(云南植物名录)=荁
黄堇 Corydalis pallida (Thunb.) Pers.(罂粟科),*黄花地丁,鸡粪草,鸡爪莲,菊花黄连,山黄堇,深山黄堇,水黄连,土黄连,岩黄连,野芹菜,珠果黄堇*
黄槿 Hibiscus tiliaceus L.(锦葵科),*右纳,桐花,海麻,万年春,盐水面头果*
黄经树(四川)=毛药藤
黄茎凯内小檗 Berberis koehneana var. auramea Ahrendt (小檗科)
黄茎小檗 Berberis grodtmannia var. flavoramea Schneid (小檗科)
黄荆 Vitex negundo L.(马鞭草科),*布荆,荆条,埔姜,土常山,五指风,五指柑,白叶黄荆,疏序黄荆*
黄荆条(河南)=荆条
黄荆属(树木分类学)=**牡荆属**
黄猄草(海南儋州)=海南黄猄草
黄猄草 Championella tetrasperma (Champ. ex Benth.) Bremek.(爵床科),*四子马蓝*
黄猄草属 Championella Bremek.(爵床科),*梭果爵床属*(云南植物名录)
黄精(广西宁明)=长叶竹根七
黄精(名医别录)=滇黄精
黄精(陕西,青海,甘肃)=轮叶黄精
黄精(图考)=多花黄精
黄精 Polygonatum sibiricum Delar. ex Redoute (百合科),*笔管菜,黄鸡菜,鸡头参,鸡头黄精,鸡头七,鸡爪参老虎姜,乌鸦七,爪子参*
黄精姜(福建)=多花黄精
黄精叶钩吻 Croomia japonica Miq.(百部科),*金刚大*
黄精叶钩吻属 Croomia Torr. ex Torr. & Gray(百部科)
黄精属 Polygonatum Mill.(百合科)
黄膻木(海南)=中华水锦树
黄九牛(广西)=定心藤
黄菊花(贵州草药)=孔雀草
黄菊莲(广西药用名录)=蒲儿根
黄菊仔(广西)=野菊
黄榉(广西)=黄杞
黄榉(浙江,福建)=爪哇黄杞
黄桷兰(四川)=白兰
黄桷树(四川)=黄葛树
黄开口(江苏药材志)=轮叶过路黄
黄开口(浙江草药)=龙须藤
黄壳兰(广西大明山)=黄丹木姜子
黄壳竹(植物研究)=毛环竹
黄壳竹 Yushania staminea Yi (禾本科)
黄孔雀柏(新拉汉英)=羽叶花柏
黄葵(贵州,云南)=黄蜀葵
黄葵 Abelmoschus moschatus Medicus(锦葵科),*芙蓉麻,鬼布,假棉花,假三稔,假山稔,假杨桃,绿毒草,毛夹,三脚鳖,三脚破,山芙蓉,山油麻,山油麻,麝香秋葵,药虎,野芙蓉,野棉,野棉花,野油麻*
黄葵报春(拉汉名称)=皱叶报春
黄葵叶报春 Primula saturata W.W.Sm. & Fletcher (报春花科)
黄阔边红瑞木 Cornus alba var. spaethii Wittm. (山茱萸科)
黄拉坦棕 Latania verschaffeltii Lem.(棕榈科)
黄喇嘛(甘肃)=蓼子朴
黄蜡果 Stauntonia brachyanthera Hand.-Mazz. (木通科),*山木瓜,蒙姑芦,罗卜藤,短药野木瓜*
黄蜡藤(植物志 29)=五月瓜藤
黄蜡一支蒿(云南)=小白撑
黄兰(兰花全书)=长茎虾脊兰
黄兰 Michelia champaca L.(木兰科),*大黄桂,黄缅桂,黄缅花,黄玉兰,卖仲哈,檐葡*
黄兰蝉(广东宝安)=黄蝉
黄兰属 Cephalantheropsis Guill.(兰科)
黄蓝(博物志)=红花
黄蓝黄芩 Scutellaria luteocoerulea Bornm.(唇形科)
黄榄(云南金平)=橄榄
黄榄郎果(云南河口)=越榄
黄狼鼠花 Stachys kouyangensis var. franchetiana (Lévl.) C.Y.Wu(唇形科),*粗齿变种*
黄榔子属(台木本志)=**散尾葵属**
黄蕾丽兰 Laelia flava Lindl.(兰科)
黄类树(海南)=南岭黄檀
黄梨木 Boniodendron minus (Hemsl.) T.Chen (无患子科),*采木树,黄达木,米琼*
黄梨木属 Boniodendron Cagnep.(无患子科)
黄狸胆(广西)=毛荛
黄鹂芽(图考)=黄连木
黄里子白(宁夏)=黄花补血草
黄力花(云南中草药)=异叶泽兰
黄栎(植物志 22)=黄毛青冈
黄栗(云南)=枹丝锥
黄栗(中草药汇编)=锥连栎
黄栗树(云南中草药)=黄毛青冈
黄连(本经)=云南黄连
黄连(广东)=十大功劳
黄连(湖北,云南)=石生黄堇
黄连(辽宁)=白屈菜
黄连(青海门源)=迭裂黄堇
黄连 Coptis chinensis Franch.(毛茛科),*味连,川连,鸡爪连*
黄连茶(云南,福建,湖北,江苏,山东)=黄连木
黄连花 Lysimachia davurica Ledeb.(报春花科)
黄连木 Pistacia chinensis Bge.(漆树科),*茶树,黄儿茶,黄鹂芽,黄连茶,黄连树,黄连芽,黄摠头,黄练芽,黄楝头,回味,鸡冠果,鸡冠木,楷木,蓝香,烂心木,凉树,木黄连,木蓼树,田苗树,岩拐角,药木,药树*
黄连木属 Pistacia L.(漆树科)
黄连七(广西)=阴地蕨
黄连三七(四川中药志)=羽叶三七
黄连山秋海棠 Begonia coptidi-montana C.Y. Wu (秋海棠科)
黄连树(云南)=黄连木
黄连藤(植物志 30-1)=天仙藤
黄连藤(中草药汇编)=古山龙
黄连芽(湖南)=黄连木
黄连叶白蜡树(云南植物研究)=楷叶梣
黄连属 Coptis Salisb.(毛茛科)
黄摠头(食物考)=黄连木
黄练芽(纲目拾遗)=黄连木
黄楝树(河北图说)=苦木
黄楝头(物理小识)=黄连木
黄良(吴谱本草)=掌叶大黄
黄梁木(植物志 71-1)=团花
黄亮橐吾 Ligularia caloxantha (Diels) Hand.-Mazz.(菊科)
黄鳞二叶飘拂草 Fimbristylis diphylloides var. straminea Tang & Wang(莎草科)
黄凛芽(海南)=水锦树
黄铃杜鹃 Rhododendron xanthocodon Hutch. (杜鹃花科)
黄柳 Salix gordejevii Y.L.Chang (杨柳科)
黄六出花 Alstroemeria aurantiaca D.Don (石蒜科)
黄龙苞(四川宝兴)=楤木
黄龙胆(云南)=黄秦艽
黄龙胆 Gentiana lutea L.(龙胆科)
黄龙粉(云南中草药)=镰叶扁担杆
黄龙柳 Salix liouana C.Wang & Ch.Y.Yang (杨柳科)
黄龙藤(云南中草药选)=合蕊五味子
黄龙脱壳(东北)=黄紫堇
黄龙尾(滇南本草)=龙芽草
黄龙尾 Agrimonia pilosa var. nepalensis (D.Don) Nakai (蔷薇科),*白芽蒿,产后草,地草,地洞风,地罗盘,黄牛尾,金鸡嘴壳,金仙公,九龙牙,咀草,龙牙草根,龙牙肾,尼泊尔龙芽草,山昆菜,瘦狗还阳,仙鹤草*
黄龙须(图考)=椭圆悬钩子
黄龙须(云南)=蒙自藜芦
黄龙须(重庆草药)=黄葛树
黄龙爪(四川)=忽地笑
黄芦木 Berberis amurensis Rupr. (小檗科),*大叶檗,小檗,黄檗树,刀口药,大叶小檗,三颗针,刺黄柏,子檗,山石榴*
黄栌(本草拾遗)=红叶
黄栌 Cotinus coggygria Scop.(漆树科)
黄栌叶荚蒾 Viburnum cotinifolium D.Don(忍冬科)
黄栌属 Cotinus (Tourn.) Mill.(漆树科)
黄绿苞风毛菊 Saussurea flavo-virens Y.L.Chen & S.Y.Liang(菊科)
黄绿贝母兰 Coelogyne prolifera Lindl.(兰科)
黄绿蒿 Artemisia xanthochloa Krasch.(菊科)
黄绿花滇百合 Lilium bakerianum var. delavayi (Franch.) Wilson(百合科)
黄绿黄芪 Astragalus flavovirens K.T.Fu(豆科)
黄绿景天 Sedum lutzii var. viridiflavum K.T.Fu (景天科),*康定景天黄绿变种*
黄绿龙舌兰 Agave americana var. variegata Nichols. (石蒜科)
黄绿薹草 Carex psychrophila Nees(莎草科)
黄绿香青 Anaphalis virens Chang(菊科)
黄绿蝇子草(植物志 26)=中甸蝇子草
黄绿紫堇 Corydalis temolana C.Y.Wu & H. Chuang (罂粟科)
黄萝卜(本草求原)=胡萝卜
黄萝子(山东中草药)=菟丝子
黄麻(云南)=刚毛黄蜀葵
黄麻 Corchorus capsularis L.(椴树科),*大麻子,苦麻叶,络麻*
黄麻栗(云南)=刺壳柯
黄麻藤(四川)=火索藤

黄麻叶扁担杆 Grewia henryi Burret(椴树科)
黄麻叶凤仙花 Impatiens corchorifolia Franch.(凤仙花科)
黄麻竹 Dendrocalamopsis stenoaurita (W.T.Lin) Keng f. ex W.T.Lin (禾本科)
黄麻属 Corchorus L.(椴树科)
黄马铃苣苔 Oreocharis aurea Dunn(苦苣苔科),
黄马胎(广东)=定心藤
黄蚂草(四川中药志)=问荆
黄脉钓樟 Lindera flavinervia Allen(樟科),*香果树*
黄脉花楸 Sorbus xanthoneura Rehd.(蔷薇科)
黄脉九节 Psychotria straminea Hutch.(茜草科),*草绿九节*
黄脉爵床 Sanchezia nobilis HK.f.(爵床科)
黄脉爵床属 Sanchezia Ruiz & Pavon.(爵床科)
黄脉莓 Rubus xanthoneurus Focke(蔷薇科)
黄脉山胡椒(中草药汇编)=香面叶
黄脉绣球(图谱)=挂苦绣球
黄芒柄花 Ononis natrix L.(豆科)
黄毛安匝木 Pomaderris eriocephala N.A. Wakefield (鼠李科)
黄毛菜籽(甘肃)=圆头蒿
黄毛草(广东)=金发草
黄毛草(广东惠阳,广西桂林)=丝叶球柱草
黄毛草(广州)=金丝草
黄毛草莓 Fragaria nilgerrensis Schlecht. ex Gay (蔷薇科),*白藨,白草莓,白泡儿,白蒲草,草莓,三匹风,锈毛草莓,野杨莓,只大萨曾*
黄毛楤木 Aralia decaisneana Hance(五加科),*鸟不企*
黄毛粗叶木 Lasianthus koi Merr. & Chun(茜草科),*蛇咬草,斩蛇剑*
黄毛翠雀花 Delphinium chrysotrichum Finet & Gagn. (毛茛科)
黄毛冬青 Ilex dasyphylla Merr.(冬青科)
黄毛豆腐柴 Premna fulva Craib.(马鞭草科),*斑鸠占,神仙豆腐柴*
黄毛杜鹃 Rhododendron rufum Batal.(杜鹃花科),*红毛杜鹃*
黄毛钝叶栒子(新)Cotoneaster hebephyllus var. fulvidus W.W.Sm.(蔷薇科),*钝叶栒子黄毛叶变种*
黄毛萼葛 Pueraria calycina Franch.(豆科),*黄毛萼葛藤*
黄毛萼葛藤(豆科图说)=黄毛萼葛
黄毛耳草(浙江草药)=金毛耳草
黄毛凤尾蕨(蕨类图谱)=凤尾旱蕨
黄毛茛 Ranunculus distans Wall. & Royle(毛茛科)
黄毛梗乌头 Aconitum pseudogeniculatum var. pubipes W.T.Wang(毛茛科)
黄毛蒿(甘肃)=茵陈
黄毛蒿 Artemisia velutina Pamp.(菊科)
黄毛灰叶(海南志)=黄灰毛豆
黄毛火绒草 Leontopodium aurantiacum Hand.-Mazz. (菊科)
黄毛棘豆 Oxytropis ochrantha Turcz.(豆科),*黄土毛棘豆,黄穗棘豆*
黄毛金钟藤 Merremia boisiana var. fulvopilosa (Gagn.) v.Ooststr.(旋花科)
黄毛卷花丹 Scorpiothyrsus xanthotrichus (Merr. & Chun) H.L.Li(野牡丹科)
黄毛黎豆(海南志)=黄毛黧豆
黄毛黧豆 Mucuna bracteata DC. ex Kurz(豆科),*苞花油麻藤,瘴乞藤,黄毛黎豆*
黄毛马兜铃 Aristolochia fulvicoma Merr. & Chun (马兜铃科)
黄毛猕猴桃 Actinidia fulvicoma Hance(猕猴桃科)
黄毛岷江杜鹃 Rhododendron hunnewellianum subsp. rockii (Wils.) Chamb. ex Cullen & Chamb. (杜鹃花科)
黄毛牡荆 Vitex vestita Wall.(马鞭草科)
黄毛泡桐(福建)=台湾泡桐
黄毛槭 Acer fulvescens Rehd.(槭树科),*褐毛槭*
黄毛漆 Toxicodendron fulvum (Craib) C.Y.Wu & T.L.Ming(漆树科)
黄毛青冈(高等图鉴)=思茅青冈
黄毛青冈 Cyclobalanopsis delavayi (Franch.) Schott. (壳斗科),*黄椆,黄栎,黄栗树,滇黄栎*
黄毛球 Mammillaria prolifera (Mill.) Haw.(仙人掌科)
黄毛曲瓣梾木 Swida monbeigii var. xanthotricha (Fang & W.K.Hu) Fang & W.K.Hu(山茱萸科)
黄毛忍冬(云南)=锈毛忍冬
黄毛榕 Ficus esquiroliana Lévl.(桑科),*猫卵子,老虎掌,老鸦风,中毛棵,大赦婆树*
黄毛润楠 Machilus chrysotricha H.W.Li(樟科)
黄毛山莓草 Sibbaldia melinotricha Hand.-Mazz.(蔷薇科)
黄毛石斛(云南植物名录)=反瓣石斛
黄毛石韦(海南志)=西南石韦
黄毛铁线莲 Clematis grewiiflora DC.(毛茛科)
黄毛头 Kalidium cuspidatum var. sinicum A.J.Li (藜科)
黄毛兔儿风 Ainsliaea fulvips J.F.Jeffr.(菊科)
黄毛橐吾 Ligularia xanthotricha (Grün.) Ling (菊科)
黄毛委陵菜 Potentilla luteopilosa Yü & Li(蔷薇科)
黄毛乌头 Aconitum chrysotrichum W.T.Wang (毛茛科)
黄毛无心菜 Arenaria auricoma Y.W.Tsui ex L.H. Zhou (石竹科)
黄毛五月茶 Antidesma fordii Hemsl.(大戟科),*唛毅怀,木味水*
黄毛悬钩子 Rubus fusco-rubens Focke(蔷薇科)
黄毛雪山杜鹃 Rhododendron aganniphum var. flavorufum (Balf.f. & Forr.) Chamb. ex Cullen & Chamb.(杜鹃花科),*黄色海绵杜鹃*
黄毛岩白菜(中药大辞典)=黄花马铃苣苔
黄毛野扁豆 Dunbaria fusca (Wall.) Kurz(豆科)
黄毛银背藤 Argyreia velutina C.Y.Wu(旋花科)
黄毛掌 Opuntia microdasys (Lehm.) Pfeiff.(仙人掌科),*金乌帽子*
黄毛掌叶树(广西植物名录)=锈毛掌叶树
黄毛折柄茶 Hartia sinii Wu (山茶科)
黄毛枳椇(东林汇刊)=毛果枳椇
黄毛帚橐吾 Ligularia virgaurea var. pilosa S.W. Liu (菊科)
黄毛竹 Neosinocalamus affinis cv.Chrysotrichus (禾本科)
黄茅 Heteropogon contortus (L.) Beauv. ex Roem. & Schult.(禾本科),*地筋,菅根,土盘,黄菅茅,毛针子*
黄茅草(海南)=金猫尾
黄茅属 Heteropogon Pers.(禾本科)
黄帽子(中药大辞典)=黄果悬钩子
黄莓子(甘肃)=黄果悬钩子
黄梅花(广群芳谱)=蜡梅
黄梅花(浙江)=夏蜡梅
黄椢(海南)=秀丽锥
黄椢(植物志 22)=印度锥
黄美花报春 Primula calliantha subsp. mishmiensis (Ward) C.M.Hu(报春花科),*亮叶雪山报春*
黄猛菜(广西中药志)=钩吻
黄米花(东北)=蓬子菜
黄蜜蜂花 Melissa flava Benth.(唇形科)
黄棉木(广西植物名录)=多毛茜草树
黄棉木 Metadina trichotoma (Zoll. & Mor.) Bakh.f.(茜草科),*黄蕾*
黄棉木属 Metadina Bakh.f.(茜草科)
黄缅桂(云南)=黄兰
黄缅花(云南)=黄兰
黄苗(河南中草药)=蒲公英
黄皿柱兰(台湾志)=宝岛盂兰
黄牡丹(植物志 27)=紫牡丹
黄牡丹球 Lobivia haageana Backeb.(仙人掌科)
黄木(广西药用名录)=金丝梅
黄木(云南昭通)=皱叶海桐
黄木巴戟 Morinda angustifolia Roxb.(茜草科)
黄木草(河北)=益母草
黄木耳(江苏)=寻骨风
黄木树 Trigonostemon huangmosu Y.T.Chang (大戟科)
黄木犀草 Reseda lutea L.(木犀草科),*细叶木犀草*
黄木香花 Rosa banksiae f. lutea (Lindl.) Rehd. (蔷薇科)
黄木小檗 Berberis xanthoxylon Hasskarl ex Schneid. (小檗科)
黄目树(台湾)=无患子
黄内波突尼亚 Neptunia lutea Benth.(豆科)
黄楠(广东)=黄绒润楠
黄楠(浙江经志)=红毒茴
黄囊薹草 Carex korshinskyi Kom.(莎草科)
黄鸟胶花 Ixia maculata L.(鸢尾科),*非洲鸢尾,雄黄兰*
黄牛茶(广东)=黄牛木
黄牛筋(云南)=带叶石楠
黄牛木(中药大辞典)=风筝果
黄牛木 Cratoxylum cochinchinense (Lour.) Bl. (藤黄科),*茶咯桌,狗芽木,黄牛茶,黄芽木,节节花,九芽木,满天红,梅低优,美启烈,雀笼木,山狗芽,水杧果,鹧鸪木*
黄牛木属 Cratoxylum Bl.(藤黄科)
黄牛奶树 Symplocos cochinchinensis var. laurina (Retz.) Noot.(山矾科),*短穗山矾,火灰山矾,丹桂叶山矾,花香木,苦山矾,泡花子,散风木,水冬瓜,秃花叶山矾,台东山矾,狭叶黄牛奶树*
黄牛皮(江苏)=中华卷柏
黄牛藤(浙江)=南五味子
黄牛尾(山东)=黄龙尾
黄牛香(广部中草药手册)=鸡骨香
黄浓榆(河南)=蜡子树
黄袍(云南保山)=狭叶五味子
黄泡(云南)=栽秧泡
黄泡 Rubus pectinellus Maxim.(蔷薇科),*中黄泡*
黄泡刺根(昆明草药)=栽秧泡
黄泡木(四川)=黄杞
黄泡叶(四川中草药)=宜昌悬钩子
黄泡子(树木分类学)=宜昌悬钩子
黄盆花 Scabiosa ochroleuca L.(川续断科)
黄皮(湖北,湖南,广东,广西,贵州)=秃叶黄檗
黄皮 Clausena lansium (Lour.) Skeels(芸香科),*黄弹子,黄弹,黄淡子,黄皮果,黄皮皮,黄皮树*

皮,黄皮叶黄皮核,黄皮子果核,黄檀子,金弹子
黄皮椿(海南吊罗山)=囊瓣木
黄皮杜仲(云南)=滇瑞香
黄皮杜仲(云南玉溪)=云南卫矛
黄皮刚竹(江苏志)=黄皮绿筋竹
黄皮狗圞(浙江中草药)=土圞儿
黄皮果(海槎余录)=黄皮
黄皮果(云南景洪)=双籽藤黄
黄皮花树(云南植物名录)=粗叶水锦树
黄皮筋竹(分类学报)=金竹
黄皮梨(四川)=麻梨
黄皮柳 Salix carmanica Bornm.(杨柳科)
黄皮绿筋竹(分类学报)=金竹
黄皮绿筋竹 Phyllostachys sulphurea cv. Robert Young (禾本科),*黄皮刚竹*
黄皮皮(生草药性备要)=黄皮
黄皮树(树木分类学,药典 2000)=川黄檗
黄皮树(云南西畴)=石山豆腐柴
黄皮树皮(本草求原)=黄皮
黄皮酸橙 Huangpi Suan Cheng(芸香科),*酸柑子,臭柑子,药橘子*
黄皮藤椿(海南尖峰岭)=囊瓣木
黄皮小檗 Berberis xanthophloea Ahrendt(小檗科)
黄皮叶黄皮核(岭南采药录)=黄皮
黄皮属 Clausena Burm.f.(芸香科)
黄皮子(江西)=了哥王
黄皮子(江西大余)=北江荛花
黄皮子果核(本草求原)=黄皮
黄瓢子(植物志 45-3)=黄心卫矛
黄平悬钩子 Rubus huangpingensis Yü & Lu (蔷薇科)
黄婆娘(陕西)=小果博落回
黄匍匐瑞典刺柏 Juniperus communis var. suecia f. prostrataaurea (柏科)
黄埔鼠尾 Salvia prionitis Hance(唇形科),*红根草,红地胆,红根子,小丹参*
黄芪(甘肃兴隆山)=兴隆山棘豆
黄芪 Astragalus membranaceus (Fisch.) Bge.(豆科),*百本,戴椹,东山黄芪,黄芪,芰芪,箭杆花,绵黄芪,膜荚黄芪,山爆仗,蜀脂*
黄芪属 Astragalus L.(豆科),*黄芪属,紫云英属*
黄杞 Engelhardtia roxburghiana Wall.(胡桃科),*黑油换,黄泡木,假玉桂,黄榉,土厚朴,少叶黄杞,黄榉*
黄杞属 Engelhardtia Lesch. ex Bl.(胡桃科)
黄钤杓兰 Cypripedium yatabeanum Makino?(兰科)
黄羌(陕西太白)=松潘棱子芹
黄蔷薇 Rosa hugonis Hemsl.(蔷薇科),*大马茄子,红眼刺*
黄鞘蕊花 Coleus xanthanthus C.Y.Wu & Y.C. Huang (唇形科)
黄茄花(四川常用中草药)=长毛黄葵
黄芩(河北,山西,内蒙)=粘毛黄芩
黄芩(四川)=峨眉唐松草
黄芩(云南)=滇黄芩
黄芩(植物志 65-2)=连翘叶黄芩
黄芩 Scutellaria baicalensis Georgi(唇形科),*香水水草,山茶根,黄金条根*
黄芩属 Scutellaria L.(唇形科)
黄秦艽 Veratrilla baillonii Franch.(龙胆科),*滇黄芩,丽江金不换,大苦参,黄龙胆,金不换*
黄秦艽属 Veratrilla (Baill.) Franch.(龙胆科),*滇黄芩属*
黄秋葵(云南)=刚毛黄蜀葵
黄秋英 Cosmos sulphureus Cav.(菊科)
黄楸树(湖北)=檫木
黄球花 Sericocalyx chinensis (Nees) Bremek.(爵床科),*白泡草,半柱花,狗泡草,火漂藤,毛虫包,毛虫花*
黄球花属 Sericocalyx Bremek.(爵床科)
黄球小檗 Berberis chrysosphaera Mulligan. (小檗科)
黄屈花(南京药草)=败酱
黄雀儿 Priotropis cytisoides (Roxb. ex DC.) Wight & Arn.(豆科)
黄雀儿属 Priotropis Wight & Arn.(豆科)
黄雀花(纲目拾遗)=锦鸡儿
黄绒豆腐柴 Premna velutina C.Y.Wu(马鞭草科)
黄绒兰(台湾兰)=半柱毛兰
黄绒毛兰 Eria tomentosa (K.D.Koen) HK.f.(兰科),*海南毛兰*
黄绒润楠 Machilus grijsii Hance(樟科),*黄桢楠,黄楠*
黄蓉花 Dalechampia bidentata var. yunnanensis Pax & Hoffm.(大戟科)
黄蓉花属 Dalechampia L.(大戟科)
黄肉楠(台湾)=台湾翠柏
黄肉楠属 Actinodaphne Nees (樟科)
黄肉树(台湾)=飞龙掌血
黄肉芋属 Xanthosoma Schott (天南星科),*黄桂盘芋属*
黄瑞典刺柏 Juniperus communis var. suecia f. aurea (柏科)
黄瑞木(树木分类学)=杨桐
黄瑞香(四川,广西,云南西畴)=结香
黄瑞香 Daphne giraldii Nitsche(瑞香科),*祖师麻*
黄三刺皮(通称)=直穗小檗
黄三毛草 Trisetum pratense Pers.(禾本科)
黄三七(云南)=大花荷包牡丹
黄三七 Souliea vaginata (Maxim.) Franch.(毛茛科),*太白黄连,土黄连,长果升麻,太白黄连*
黄三七属 Souliea Franch.(毛茛科)
黄伞白鹤藤 Argyreia fulvocymosa C.Y.Wu(旋花科)
黄桑(云南)=柘
黄色海绵杜鹃(西藏志,云南志)=黄毛雪山杜鹃
黄色胡颓子(新) Elaeagnus pungens var. aurea-variegata? (胡颓子科)
黄色莲 Nelumbo lutea Pers.(睡莲科)
黄色木(吉林)=朝鲜槐
黄色南美苦苣苔 Gesneria citrina Urb.(苦苣苔科)
黄色土因呈(湖南)=黄花蒿
黄色悬钩子 Rubus lutescens Franch.(蔷薇科)
黄色早熟禾 Poa flavida Keng ex L.Liu(禾本科)
黄色着生杜鹃 Rhododendron kawakamii var. flaviflorum Liu & Chuang(杜鹃花科)
黄沙地马鞭草 Abronia latifolia Esch.(紫茉莉科)
黄山杜鹃 Rhododendron maculiferum subsp. anhweiense (Wils.) Chamb. ex Cullen & Chamb.(杜鹃花科)
黄山峨眉蕨(横断山植物)=九龙峨眉蕨
黄山风毛菊 Saussurea hwangshanensis Ling(菊科)
黄山桂(植物志 43-2)=茵芋
黄山花楸 Sorbus amabilis Cheng ex Yü(蔷薇科)
黄山栲(植物志 22)=瓦山锥
黄山栝楼 Trichosanthes rosthornii var. huangshanensis S.K.Chen(葫芦科)
黄山栎 Quercus stewardii Rehd.(壳斗科)
黄山鳞毛蕨 Dryopteris huangshanensis Ching (鳞毛蕨科),*小叶凤凰尾巴草*
黄山龙胆 Gentiana delicata Hance(龙胆科)
黄山栾树(植物志 47-1)=全缘叶栾树
黄山梅 Kirengeshoma palmata Yatabe(虎耳草科),*少女花,铃钟表三七,马株子*
黄山梅属 Kirengeshoma Yatabe (虎耳草科)
黄山膜蕨 Hymenophyllum whangshanense Ching & Chiu(膜蕨科)
黄山木兰 Magnolia cylindrica Wils. (木兰科)
黄山皮桃(云南)=滇瑞香
黄山石杉 Huperzia whangshanensis Ching(石杉科)
黄山鼠尾草 Salvia chienii Stib.(唇形科)
黄山松 Pinus taiwanensis Hay.(松科),*台湾松,长穗松,台湾二针松,台湾松,大明松*
黄山溲疏 Deutzia glauca Cheng(虎耳草科),*溲疏,巨骨,空木,卯花*
黄山凸轴蕨(蕨类形态)=有柄凸轴蕨
黄山乌头 Aconitum carmichaeli var. hwanshanicum W.T.Wang & Hsiao(毛茛科)
黄山蟹甲草 Parasenecio hwanshanicus (Ling) Y.L.Chen (菊科)
黄山锈毛五叶参 Pentapanax henryi var. wangshanensis Cheng (五加科)
黄山药(云南景洪)=多毛叶薯蓣
黄山药 Dioscorea panthaica Prain(薯蓣科),*黄姜,老虎姜*
黄山榆(河南)=水榆花楸
黄山紫荆 Cercis chingii Chun(豆科),*秦氏紫荆*
黄杉 Pseudotsuga sinensis Dode (松科),*短片花旗松,罗汉松,华东黄杉,浙皖黄杉,狗尾树*
黄杉钝果寄生 Taxillus kaempferi var. grandiflorus H.S.Kiu(桑寄生科),*四川松寄生*
黄杉属 Pseudotsuga Carr.(松科)
黄珊(甘肃玛曲)=宽苞棘豆
黄鳝花(广东云浮)=山银花
黄鳝藤(高等图鉴)=火碳母
黄鳝藤(图考)=多花勾儿茶
黄鳝藤(云南开远)=心叶青藤
黄鳝藤属(台湾志)=**勾儿茶属**
黄梢欧洲刺柏 Juniperus communis var. depressa f. aureaspicata (柏科)
黄生姜(江西)=纤细薯蓣
黄绳儿(拉汉名称)=短梗南蛇藤
黄十字爵床 Crossandra flava HK.(爵床科)
黄石斛 Dendrobium tosaense Makino(兰科),*黄花石斛,绿黄花石斛*
黄石榴 Punica granatum cv. Flavescens Sweet (石榴科)
黄食草(新华本草纲要)=广州相思子
黄氏开唇兰 Anoectochilus reiwardtii Bl.(兰科)
黄柿(广西)=锐尖山香圆
黄寿丹(河南)=连翘
黄熟花(南京药草)=旋覆花
黄鼠草(植物志 80-1)=苦菜
黄鼠狼(贵州民间药物)=肿足蕨
黄鼠狼花 Salvia flava Forr.(唇形科),*黄花丹参*
黄鼠李 Rhamnus fulvo-tincta Metc.(鼠李科)
黄鼠尾草 Salvia tricuspis Franch.(唇形科),*三角鼠尾*
黄蜀葵 Abelmoschus manihot (L.) Medicus(锦葵科),*霸天伞,豹子眼睛花,侧金盏,啜脓兰,大麻,黄芙蓉,黄花莲,黄葵,黄蜀葵花,黄蜀葵*

叶,黄蜀葵子,黄稀饭花,火炮药,鸡爪莲,假棉花,假阳桃,金花捷根,疽疮药,弥勒佛掌,棉花蒿,棉花葵,秋葵,辛麻,养面花,野芙蓉,野棉花,崽狗鞭,追风药
黄蜀葵花(嘉祐本草)=黄蜀葵
黄蜀葵叶(福建草药)=黄蜀葵
黄蜀葵子(本草衍义)=黄蜀葵
黄薯蓣 Dioscorea cayenensis Lam.(薯蓣科)
黄术(广西药用名录)=黄花白及
黄水蕉叶(贵州民间药物)=光滑高粱泡
黄水草(湖北)=血水草
黄水泡(贵州)=川莓
黄水泡(贵州)=光滑高梁泡
黄水荞(台湾)=刺天茄
黄水茄(福建)=黄果茄
黄水茄(中草药汇编)=野茄
黄水仙 Narcissus pseudonaricissus L.(石蒜科),*洋水仙,喇叭水仙*
黄水仙兰 Ipsea speciosa Lindl.(兰科)
黄水仙兰属 Ipsea Lindl.(兰科)
黄水芋(贵州民间药物)=血水草
黄水枝 Tiarella polyphylla D.Don(虎耳草科),*博落,水前胡,防风七,紫背金钱,高脚铜告碑*
黄水枝属 Tiarella L.(虎耳草科)
黄睡莲 Nymphaea mexicana Zucc.(睡莲科)
黄丝(北方诸省)=菟丝子
黄丝草(湖北)=微齿眼子菜
黄丝藤(安徽)=金灯藤
黄丝藤(江西)=菟丝子
黄松(海南)=鸡毛松
黄松兰(台湾志)=黄松盆距兰
黄松木节(圣惠方)=油松
黄松盆距兰 Gastrochilus japonicus (Makino) Schaltr. (兰科),*黄松兰,日本囊唇兰*
黄素馨(植物志 61)=探春花
黄粟(广东)=粱
黄粟树(广西龙胜)=东南野桐
黄穗臭草 Melica subflava Z.L.Wu(禾本科)
黄穗棘豆(东北草本志)=黄毛棘豆
黄穗兰(台湾志)=足柱兰
黄穗茅 Imperata flavida Keng ex L.Liu(禾本科)
黄穗薹(台湾志)=霹雳薹草
黄穗悬钩子 Rubus chrysobotrys Hand.-Mazz.(蔷薇科)
黄缕马唐(海南志)=毛马唐
黄锁梅(云南中草药,中药大辞典)=栽秧泡
黄檀 Dalbergia hupeana Hance(豆科),*白檀,檀木,檀树,望水檀,不知春*
黄檀香(图经本草)=檀香
黄檀属 Dalbergia L.f.(豆科)
黄檀子(八闽通志)=黄皮
黄唐松草 Thalictrum flavum L.(毛茛科)
黄藤(东北,河北,山东,山西)=南蛇藤
黄藤(纲目)=钩吻
黄藤(纲目)=天仙藤
黄藤(广西)=白花银背藤
黄藤(广西)=大叶藤
黄藤(广西)=鹿角藤
黄藤(台湾)=瓜叶马兜铃
黄藤(图考)=雷公藤
黄藤(中草药汇编)=古山龙
黄藤 Daemonorops margaritae (Hance) Becc.(棕榈科),*红藤,赤藤*
黄藤草(药用志)=雷公藤
黄藤草(云南)=大花菟丝子
黄藤木(广西药用名录)=雷公藤
黄藤属 Daemonorops Bl.(棕榈科)
黄藤子(东北药志)=菟丝子
黄天麻 Gastrodia elata f. flavida S.Chow(兰科)
黄天茄(福建)=黄果茄
黄天茄(云南勐仑)=野茄
黄条纹鹅毛竹 Shibataea chinensis cv. Aureo-striata(禾本科)
黄条纹龙胆 Gentiana gilvo-striata Marq.(龙胆科),*劲直黄条纹龙胆*
黄条早竹 Phyllostachys praecox cv. Notata (禾本科)
黄条竹 Bambusa multiplex cv Yellowstripe (禾本科)
黄桐 Endospermum chinense Benth.(大戟科),*黄虫树,大树跌打*
黄桐属 Endospermum Benth.(大戟科)
黄铜色鼠尾粟 Sporobolus aenus (Trinius) Kunth (禾本科)
黄筒花 Phacellanthus tubiflorus S. & Z.(列当科)
黄筒花属 Phacellanthus S. & Z.(列当科)
黄头凤仙花 Impatiens xanthocephala W.W.Sm.(凤仙花科)
黄头小甘菊 Cancrinia chrysocephala Kar. & Kir.(菊科)
黄酴醾(图考)=香水月季
黄土大戟(植物志 44-3)=钩腺大戟
黄土毛棘豆(豆科图说)=黄毛棘豆
黄土树(台湾志)=大叶桂樱
黄洼瓣花 Lloydia delavayi Franch.(百合科)
黄瓦韦 Lepisorus asterolepis (Baker) Ching(水龙骨科),*大石韦,金鸡尾,七星剑,石茶,瓦韦,小瓦韦,旋鸡尾*
黄弯子(山东中草药)=菟丝子
黄菀(内蒙古)=林荫千里光
黄网子(山东中草药)=菟丝子
黄薇 Heimia myrtifolia Cham. & Schlechtend.(千屈菜科)
黄薇属 Heimia Link(千屈菜科)
黄纹蝎尾蕉 Heliconia aureostriata Bull.(芭蕉科)
黄纹竹 Phyllostachys vivax cv. Huanwenzhu(禾本科)
黄翁 Notocactus leninghausii (F.A.Haage.jr.) A. Berger (仙人掌科)
黄乌拉花(植物志 27)=黄花乌头
黄稀饭花(贵州)=黄蜀葵
黄溪楠 Keenania flava Lo(茜草科)
黄细心 Boerhavia diffusa L.(紫茉莉科),*沙参*
黄细心属 Boerhavia L.(紫茉莉科)
黄纤藤(江西草药)=紫藤
黄线柳 Salix blakii Goerz.(杨柳科)
黄腺大青 Clerodendrum luteopunctatum P'ei & S.L.Chen(马鞭草科)
黄腺香青 Anaphalis aureo-punctata Lingelsh & Borza(菊科)
黄腺香青车前叶变种(植物志 75)=车前叶香青(新)
黄腺香青黑鳞变种(植物志 75)=黑鳞香青(新)
黄腺香青绒毛变种(植物志 75)=绒毛黄腺香青(新)
黄腺香青脱毛变型(植物志 75)=脱毛黄腺香青(新)
黄腺羽蕨 Pleocnemia winitii Holtt.(叉蕨科),*羽蕨,苉蕨*
黄腺羽蕨属 Pleocnemia Presl(叉蕨科)
黄腺紫珠 Callicarpa luteopunctata H.T.Chang(马鞭草科)
黄香草木犀(江苏植物名录)=草木犀
黄香草木樨 Melilotus altissima Thuill.(豆科)
黄香杜鹃花 Rhododendron luteum Sweet (杜鹃花科)
黄香根(云南)=蒙自豆腐柴
黄香果(云南)=岷江金丝桃
黄香蒿(江苏)=黄花蒿
黄香楝(中草药汇编)=栽秧花
黄香面(云南)=岷江金丝桃
黄香雪兰 Freesia refracta var. odorata Baker (鸢尾科)
黄小檗 Berberis lutea R. & P.(小檗科)
黄肖(海南霸王岭)=细基丸
黄心柏木(中国木材学)=北美香柏
黄心槁(海南琼东)=黄椿木姜子
黄心柳(云南)=小蜡
黄心龙舌兰 Agave americana var. mediopicta Trel.(石蒜科)
黄心木(广西田林)=云南木姜子
黄心楠(广西)=紫楠
黄心楠(广西药用名录)=紫楠
黄心泥藤(广东新兴)=帘子藤
黄心球花报春 Primula erythrocarpa Craib(报春花科)
黄心树(新拉汉英)=蹄状黄心树(新)
黄心树(云南)=滇榄仁
黄心树(植物志 30-1)=台湾含笑
黄心树 Machilus bombycina King ex HK.f.(樟科)
黄心藤(海南)=大果巴戟
黄心卫矛(四川志)=矩叶卫矛
黄心卫矛 Euonymus macropterus Rupr.(卫矛科),*黄瓢子,黄心子*
黄心夜合 Michelia martinii (Lévl.) Lévl.(木兰科),*马氏含笑*
黄心仔(植物志 60-1)=海边柿
黄心子(植物志 45-3)=黄心卫矛
黄馨(树木分类学)=探春花
黄绣球兰(台湾兰)=台湾鹿角兰
黄须菜(河北)=盐地碱蓬
黄雪光 Notocactus graessneri (K.Schum.) Berger (仙人掌科)
黄雪轮 Silene otites (L.) Wibel(石竹科)
黄荀根(四川中药志)=葛
黄牙桔(广东)=岭南山竹子
黄牙树(香港)=岭南山竹子
黄芽白(广州)=白菜
黄芽白菜(滇南本草)=白菜
黄芽菜(江苏)=白菜
黄芽木(广西)=黄牛木
黄芽细辛(湖南)=娃儿藤
黄亚麻(中药大辞典)=石海椒
黄胭脂花 Primula maximowiczii var. flavi-florida D.C.Lu (报春花科)
黄芫花(纲目)=荛花
黄岩蜜橘(植物志 43-2)=早橘
黄眼草(高等图鉴,江苏,浙江,广西)=马蹄金
黄眼草 Xyris indica L.(黄眼草科)
黄眼草科 Xyridaceae
黄眼草属 Xyris L.(黄眼草科)
黄眼构皮(云南)=凹叶瑞香
黄焰杜鹃花 Rhododendron calendulaceum (Mchx.) Torr.(杜鹃花科)
黄秧连(天目药志)=顶花板凳果
黄羊(广东,海南)=仔榄树
黄羊木(广东茂名)=乌檀
黄杨 Buxus sinica (Rehd. & Wils.) Cheng(黄杨

科),*黄杨木,山黄杨,千年矮,小叶黄杨,瓜子黄杨*
黄杨参(云南)=荷包山桂花
黄杨冬青 Ilex buxoides S.Y.Hu(冬青科)
黄杨杆(湖北)=博落回
黄杨科 Buxaceae
黄杨木(图考)=黄杨
黄杨叶箣柊 Scolopia buxifolia Gagn.(大风子科),*海南箣柊*
黄杨叶寄生藤 Dendrotrophe buxifolia (Bl.) Miq.(檀香科)
黄杨叶连蕊茶 Camellia buxifolia Chang(山茶科)
黄杨叶芒毛苣苔 Aeschynanthus buxifolius Hemsl. (苦苣苔科)
黄杨叶赛爵床 Calophanoides buxifolia (H.S.Lo & D.Fang) C.Y.Wu & T.Y.Ding(爵床科)
黄杨叶树萝卜 Agapetes buxifolia Nutt. ex HK.f.(杜鹃花科)
黄杨叶小檗 Berberis buxifolia Lam.(小檗科)
黄杨叶栒子 Cotoneaster buxifolius Lindl.(蔷薇科)
黄杨叶栒子多花变种(植物志 36)=多花黄杨叶栒子(新)
黄杨叶栒子小叶变种(植物志 36)=小黄杨叶栒子(新)
黄杨叶野丁香 Leptodermis buxifolia Lo(茜草科)
黄杨属 Buxus L.(黄杨科)
黄洋素馨(广州)=黄花夜香树
黄尧花(植物志 52-1)=荛花
黄药(本草原始)=黄独
黄药(经济志)=雷公藤
黄药(开宝本草)=长叶冻绿
黄药(四川)=大花荷包牡丹
黄药(云南思茅)=大黄药
黄药 Premna cavaleriei Lévl.(马鞭草科)
黄药大头茶 Gordonia chrysandra Cowan(山茶科)
黄药杜鹃 Rhododendron flavantherum Hutch. & K.Ward (杜鹃花科)
黄药家榆(东北木本志)=榆树
黄药小叶丁香(植物研究)=黄药小叶巧玲花
黄药小叶巧玲花 Syringa pubescens var. flavoanthera (X.L.Chen) M.C.Chang(木犀科),*黄药小叶丁香*
黄药子(江苏,安徽,浙江,云南等)=黄独
黄药子(陕西)=七叶鬼灯檠
黄药子(图考)=圆锥铁线莲
黄椰子(植物学大辞典)=散尾葵
黄野百合(台湾志)=三尖叶猪屎豆
黄野蒿(药用图鉴)=卤地菊
黄叶冰生溲疏 Deutzia gracilis f. aurea Schell (虎耳草科)
黄叶地不容 Stephania viridiflavens Lo & M. Yang (防已科),*金不换*
黄叶吊钟花(贵州)=齿缘吊钟花
黄叶耳草 Hedyotis xanthochroa Hance(茜草科)
黄叶加州鼠李 Rhamnus californica var. occidentalis (Howell.) Jepson.(鼠李科)
黄叶连翘(安徽霍山)=元宝草
黄叶木蓝 Indigofera dumetorum Craib(豆科)
黄叶绒柏 Chamaecyparis pisifera cv. Squarrosa Suphurea (柏科)
黄叶树 Xanthophyllum hainanensie Hu(远志科)
黄叶树属 Xanthophyllum Roxb.(远志科)
黄叶下(福建)=栀子
黄叶银白槭 Acer saccharinum f. lutescens (Spaeth.) Pax (槭树科)
黄叶鸢尾 Iris chrysophylla Howell.(鸢尾科)
黄叶珍珠伞(植物志 73-1)=钮子瓜
黄液松(海南)=陆均松
黄淫羊藿 Epimedium versicolor var. sulphureum Stearn (小檗科)
黄银陆均松 Dacrydium intermedium T.Kirk (罗汉松科)
黄莺花(云南植物名录)=中国无忧花
黄缨菊 Xanthopappus subacaulis C.Winkl.(菊科),*黄冠菊,九头妖*
黄缨菊属 Xanthopappus C.Winkl.(菊科)
黄榆(经济志)=大果榆
黄羽扇豆 Lupinus luteus L.(豆科)
黄玉兰(广东)=黄兰
黄芋芽(江西,湖北,贵州)=血水草
黄郁金香 Tulipa chrysantha Boiss. ex Baker (百合科)
黄鸢尾(东北部检索表)=黄金鸢尾
黄鸢尾(庐山植物手册)=黄菖蒲
黄缘毛大戟(云南植物研究)=高山大戟
黄凿(广东)=黄棉木
黄渣叶(陕西中草药)=山胡椒
黄粘毛翠雀花 Delphinium viscosum var. chrysotrichum Brühl. ex Huth(毛茛科)
黄粘毛黄(贵州民间药物)=长波叶山蚂蝗
黄樟 Cinnamomum porrectum (Roxb.) Kosterm.(樟科),*冰片树,臭樟,大叶樟,黄槁,假樟,梅崇,梅棠,南安,蒲香树,山椒,香喉,香湖,香樟,油樟,樟木,樟脑树,中俄,中广,中亥,中火光,中民,中折旺*
黄樟树(江西)=沉水樟
黄针仙人掌 Opuntia lindheimeri Engelm.(仙人掌科)
黄桢楠(海南)=黄绒润楠
黄枝挂苦子树(树木分类学)=挂苦绣球
黄枝阔叶椴 Tilia platyphyllos var. aurea (Loud.) Kirchn.(椴树科)
黄枝槭(树木分类学)=阔叶槭
黄枝青冈(植物志 22)=龙迈青冈
黄枝条(内蒙志)=红花锦鸡儿
黄枝油杉 Keteleeria davidiana var. calcarea (W.C.Cheng & L.K.Fu) Silba(松科)
黄知母(四川)=射干
黄栀(植物志 71-1)=栀子
黄栀榆(浙江)=大叶榉树
黄栀子(贵州,湖北)=狭叶海桐
黄栀子(植物志 71-1)=栀子
黄踯躅(纲目)=羊踯躅
黄志短肠蕨 Allantodia wangii Ching(蹄盖蕨科),*薄叶双盖蕨*
黄志贯众(分类学报)=斜基贯众
黄志毛蕨 Cyclosorus wangii Ching(金星蕨科)
黄志槭(分类学报)=天蛾槭
黄钟杜鹃 Rhododendron lanatum HK.f.(杜鹃花科)
黄钟花(植物志 73-2)=丽江黄钟花(新)
黄钟花 Tecoma stans HBK (紫葳科)
黄钟花属 Tecoma Juss.(紫葳科)
黄钟木 Tabebuia chrysantha (Jacq.) Nichols.(紫葳科)
黄钟木属属(新)Tabebuia Gomes (紫葳科)
黄肿树(植物志 44-2)=麻疯树
黄轴凤丫蕨 Coniogramme robusta var. splendens Ching ex Shing(裸子蕨科)
黄帚橐吾 Ligularia virgaurea (Maxim.) Mattf.(菊科),*日候,嘎和*
黄珠子(广西)=缝线海桐
黄珠子草 Phyllanthus virgatus Forst.f.(大戟科),*单叶下珠,地珍珠,假芋,日开夜闭,细叶油树,鱼骨草,珍珠草*
黄槠(广西)=烟斗柯
黄竹(广西)=东兴黄竹
黄竹(广西)=坭黄竹
黄竹(云南临沧)=粗毛箭竹
黄竹 Dendrocalamus membranaceus Munro(禾本科)
黄竹参(贵州药用目录)=紫背鹿衔草
黄竹丫(贵州)=罗河石斛
黄竹仔 Bambusa mutabilis McClure (禾本科)
黄爪草(广西)=石龙芮
黄爪香(植物志 37)=地榆
黄子偏花槐 Sophora secundiflora f. xanthosperma Rehd.(豆科)
黄紫齿瓣兰 Odontoglossum luteopurpureum Lindl. (兰科)
黄紫臭草(新) Melica persica var. vestida Boiss.(禾本科)
黄紫花蓝钟花 Cyananthus macrocalyx var. flavopurpureus Marq.(桔梗科)
黄紫堇 Corydalis ochotensis Turcz.(罂粟科),*黄龙脱壳,气草*
黄紫珠(江西)=枇杷叶紫珠
黄棕芒毛苣苔(植物志 69)=显苞芒毛苣苔
黄总管(江西)=野花椒
黄总花草(高等图鉴)=马蹄黄
黄总花草属(高等图鉴)=**马蹄黄属**
黄鳟藤(云南新平,玉溪)=炮仗藤
湟中翠雀花 Delphinium huangzhongense W.T. Wang (毛茛科)
幌幌木(中国村木分类学)=青皮木
幌菊 Ellisiophyllum pinnatum (Wall.) Makino (玄参科)
幌菊属 Ellisiophyllum Maxim.(玄参科)
幌伞枫 Heteropanax fragrans (Roxb.) Seem.(五加科),*大蛇药,五加通,阿婆伞,火蕾木,凉伞木*
幌伞枫属 Heteropanax Seem.(五加科),*异蓖属,罗汉伞属*

Hui

灰白棒芒草 Corynephorus canescens (L.) P.Beauv. (禾本科)
灰白报春(高等图鉴)=灰绿报春
灰白扁柄草 Lallemantia canescens (L.) Fisch. & Mey.(唇形科)
灰白扁枝石松 Diphasiastrum complanatum var. glaucum Ching(石松科),*灰白变种*
灰白变种(云南植物研究)=灰白扁枝石松
灰白变种(植物志 74)=灰白狗娃花(新)
灰白独活 Heracleum canescens Lindl.(伞形科)
灰白杜鹃 Rhododendron genestierianum Forr.(杜鹃花科)
灰白杜鹃花 Rhododendron canescens (Michx.) Sweet (杜鹃花科)
灰白方秆蕨 Glaphyropteridopsis pallida Ching & W.M.Chu ex Y.X.Lin (金星蕨科)
灰白粉苞菊 Chondrilla canescens Kar. & Kir.(菊科)
灰白风毛菊 Saussurea cana Ledeb.(菊科)
灰白佛子茅 Calamagrostis canescens (Webb.) Roth (禾本科)
灰白狗娃花(新)Heteropappus altaicus var. canescens (Nees) Serg.(菊科),*灰白变种*

灰白枸杞 Lycium pallidum Miers.(茄科)
灰白蜡瓣花 Corylopsis glandulifera var. hypoglauca (Cheng) Chang(金缕梅科)
灰白莲蒿 Artemisia sacrorum var. incana (Bess.) Y.R.Ling (菊科),*万年蒿,万年蓬,铁杆蒿,供蒿,吉吉格毛日音-西巴嘎,哈尔-砂瓦格*
灰白鳞毛蕨 Dryopteris pallida (Bory) C.Chr. ex Maire & Petitm.(鳞毛蕨科)
灰白毛柳穿鱼 Linaria incana Wall.(玄参科)
灰白毛莓 Rubus tephrodes Hance(蔷薇科),*倒水莲,割田藨,寒藨,黑乌苞,灰绿悬钩子,陵藁,蓬藁,蛇乌苞,乌苞乌龙摆尾,阴藁*
灰白毛梅蓝 Melhania incana Heyne (梧桐科)
灰白毛银胶菊 Parthenium incanum H.B. & K.(菊科)
灰白皮槭 Acer leucoderme Small.(槭树科)
灰白芹叶荠 Smelowskia alba (Pall.) Rgl.(十字花科)
灰白秋海棠 Begonia incana Lindl.(秋海棠科)
灰白山月桂(新拉汉英)=沼泽山月桂
灰白葶苈 Draba incana L.(十字花科)
灰白委陵菜(东北草本志)=茸毛委陵菜
灰白新木姜子 Neolitsea pallens (D.Don) Momiyama & Hara(樟科)
灰白熊果 Arctostachylos canescens Eastw.(杜鹃花科)
灰白尧花(植物志 52-1)=荛花
灰白叶党参(中草药汇编)=灰毛党参
灰白益母草 Leonurus glaucescens Bge.(唇形科),*灰益母草,益母草*
灰白银胶菊 Parthenium argentatum A.Gray(菊科)
灰斑磨芋 Amorphophallus microappendiculatus Engl.(天南星科)
灰苞蒿 Artemisia roxburghiana Bess.(菊科),*白蒿子,肯马巴*
灰苞橐吾 Ligularia chalybea S.W.Liu(菊科)
灰背叉柱花 Staurogyne hypoleuca R.Ben.(爵床科)
灰背杜鹃 Rhododendron hippophaeoides Balf.f. & W.W.Sm.(杜鹃花科)
灰背椴 Tilia oliveri var. cinerascens Rehd. & Wils.(椴树科)
灰背高山栎(植物志 22)=灰背栎
灰背节肢蕨 Arthromeris wardii (C.B.Clarke) Ching (水龙骨科)
灰背老鹳草 Geranium wlassowianum Fisch. ex Link (牻牛儿苗科)
灰背栎 Quercus senescens Hand.-Mazz.(壳斗科),*灰背高山栎*
灰背瘤足蕨 Plagiogyria glaucescens Ching(瘤足蕨科)
灰背清风藤 Sabia discolor Dunn(清风藤科)
灰背双扇蕨(高等图鉴)=双扇蕨
灰背铁线蕨 Adiantum myriosorum Bak.(铁线蕨科),*细蕨萁,蕨萁莲,过坛龙,铁杆猪毛七,铁扇子*
灰背杨 Populus glauca Haines(杨柳科)
灰背叶柯 Lithocarpus hypoglaucus (Hu) Huang (壳斗科),*粉背石栎*
灰背叶葡萄 Vitis cinerea Engelm.(葡萄科)
灰背叶紫麻 Oreocnide tonkinensis var. discolor Gagn.(荨麻科)
灰被杜鹃 Rhododendron tephropeplum Balf.f. & Farrer(杜鹃花科)
灰薄荷 Mentha vagans Boriss.(唇形科)
灰布荆(云南志)=灰毛牡荆
灰菜(救荒本草)=藜
灰菜(山东)=西伯利亚滨藜
灰齿杜鹃花(新拉汉英)=满山红
灰赤瓟 Thladiantha cinerascens C.Y.Wu ex A.M.Lu & Z.Y.Zhang(葫芦科)
灰春黄菊 Anthemis cinerea Panc.(菊科)
灰刺木(海南万宁)=灰莉
灰涤菜(纲目)=藜
灰碇花(新华本草纲要)=杭子梢
灰藋(本草纲目)=藜
灰冬青 Ilex cinerea Champ.(冬青科)
灰堆头菜(上海)=藜
灰干苏铁 Cycas hongheensis S.Y.Yang & S.L.Yang ex D.Y.Wang(苏铁科)
灰杆补血草 Limonium lacostei (Danguy) Kamelin (白花丹科)
灰竿竹 Bambusa polymorpha Munro(禾本科)
灰果赤松(东北木本志)=赤松
灰果蒲公英 Taraxacum maurocarpum Dahlst.(菊科),*川藏蒲公英*
灰果越桔 Vaccinium pallidum Ait.(杜鹃花科)
灰蒿(河北)=华北米蒿
灰蒿(俗称)=错那蒿
灰核桃 Juglans cinerea L.(胡桃科)
灰褐亮鳞杜鹃 Rhododendron heliolepis var. fumidum (Balf.f. & W.W.Sm.) R.C.Fang(杜鹃花科)
灰胡杨 Populus pruinosa Schrenk(杨柳科)
灰虎耳草 Saxifraga cinerascens Engl. & Irmsch.(虎耳草科)
灰花画眉草 Eragrostis tephrosanthos Schult.(禾本科)
灰化薹草 Carex cirnerascens Kükenth.(莎草科),*匍枝薹草*
灰黄芩 Scutellaria hypopolia Juz.(唇形科)
灰灰菜(四川)=藜
灰桧(中国裸子志)=塔枝圆柏
灰棘豆 Oxytropis cana Bge.(豆科)
灰蓟 Cirsium griseum Lévl.(菊科)
灰叫驴(内蒙志)=顶羽菊
灰金合欢 Acacia glauca (L.) Moench(豆科)
灰堇菜 Viola canescens Wall.(堇菜科)
灰茎节肢蕨 Arthromeris himalayensis var. niphoboloides (C.B.Clarke) S.G.Lu(水龙骨科)
灰柯 Lithocarpus henryi (Seem.) Rehd. & Wils.(壳斗科),*椆木,椆壳栗,棉槠石栎*
灰壳柯 Lithocarpus tephrocarpus (Drake) A.Camus (壳斗科)
灰蓝立金花 Lachenalia glaucina Jacq.(百合科)
灰蓝柳 Salix glauca L.(杨柳科)
灰蓝叶杜鹃花(新拉汉英)=苍白杜鹃
灰梨(尔雅)=豆梨
灰梨(山西)=杜梨
灰莉 Fagraea ceilanica Thunb.(马钱科),*鲤鱼胆,灰刺木,箐黄果,小黄果*
灰莉属 Fagraea Thunb.(马钱科)
灰藜(沙漠药用植物)=藜
灰里白 Diplopterygium reflexum (Ching & Chiu) Ching (里白科)
灰栎(云南)=泥柯
灰莲蒿(内蒙志)=矮丛蒿
灰蓼头草(上海中草药)=藜
灰鳞假瘤蕨 Phymatopteris albopes (C.Chr. & Ching) Pic.Serm.(水龙骨科)
灰柳 Salix cinerea L.(杨柳科)
灰绿报春 Primula cinerascens Franch.(报春花科),*灰白报春*
灰绿叉毛蓬 Petrosimonia glaucescens (Bge.) Iljin (藜科)
灰绿垂头菊 Cremanthodium glaucum Hand.-Mazz. (菊科)
灰绿耳蕨 Polystichum eximium (Mett. ex Kuhn) C.Chr. (鳞毛蕨科),*阿里山耳蕨,吊罗山耳蕨*
灰绿蒿 Artemisia glauca Pall. ex Willd. (菊科)
灰绿黄堇 Corydalis adunca Maxim.(罂粟科),*旱生紫堇,帅子色巴,柴布日-萨巴乐干纳*
灰绿碱茅 Puccinellia glauca (Rgl.) Krecz.(禾本科)
灰绿碱蓬(高等图鉴)=碱蓬
灰绿藜 Chenopodium glaucum L.(藜科)
灰绿蓼 Polygonum acetosum Bieb.(蓼科)
灰绿龙胆 Gentiana yokusai Burk.(龙胆科),*日本灰绿龙胆*
灰绿水苎麻 Boehmeria macrophylla var. canescens (Wedd.) Long(荨麻科)
灰绿溲疏 Deutzia glaucophylla S.M.Hwang(虎耳草科)
灰绿铁角蕨(海南志)=绿秆铁角蕨
灰绿卫矛 Euonymus cinereus Laws(卫矛科)
灰绿悬钩子(拉汉名称)=灰白毛莓
灰绿悬钩子(拉汉名称)=无腺灰白毛莓
灰绿栒子(新)Cotoneaster schlechtendalii Klotz?(蔷薇科)
灰绿盂兰 Lecanorchis thalassica T.P.Lin(兰科),*纹皿柱兰*
灰绿玉山竹 Yushania canoviridis G.H.Ye & Z.P.Wang (禾本科)
灰罗勒 Ocimum americanum L.(唇形科)
灰脉冬青(拉汉名称)=灰叶冬青
灰脉复叶耳蕨 Arachniodes leuconeura Ching (鳞毛蕨科)
灰脉薹草 Carex appendiculata (Trautv.) Kükenth. (莎草科)
灰猫条(中药大辞典)=烟管荚蒾
灰毛安匝木 Pomaderris discolor (Vent.) Desf.(鼠李科)
灰毛白鹤藤 Argyreia osyrensis var. cinerea Hand.-Mazz. (旋花科),*红心果,猪叶菜,合苞叶*
灰毛棒果芥 Sterigmostemum incanum M.Bieb.(十字花科)
灰毛报春 Primula mollis Nutt. ex HK.(报春花科),*绒毛报春*
灰毛变种(植物志 65-2,Flora 17)=灰毛滇黄芩(新)
灰毛变种(植物志 65-2,Flora 17)=灰毛甘青青兰(新)
灰毛变种(植物志 74)=灰毛萎软紫菀(新)
灰毛滨藜 Atriplex canescens (Pursh) Nutt.(藜科)
灰毛齿缘草 Eritrichium canum (Benth.) Kitamura (紫草科)
灰毛臭茉莉(云南志)=灰毛大青
灰毛川木香 Dolomiaea souliei var. mirabilis (Anth.) Shih(菊科),*木里木香,川木香*
灰毛粗筒苣苔 Briggsia agnesiae (Forr.) Craib (苦苣苔科)
灰毛大青 Clerodendrum canescens Wall.(马鞭草科),*白花鬼灯笼,白晴蜓,人叶白花鬼点灯,独子球,灰毛臭茉莉,六灯笼,毛赪桐,人瘦木,山茉莉,狮子球,粘毛赪桐*
灰毛党参 Codonopsis canescens Nannf.(桔梗科),*灰白叶党参,北路蛇头党,甘孜党,蛇头*

党,紫党
灰毛地蔷薇 Chamaerhodos canescens Krause (蔷薇科),*毛地蔷薇*
灰毛滇黄芩(新)Scutellaria amoena var. cinerea Hand.-Mazz.(唇形科),*灰毛变种*
灰毛豆 Tephrosia purpurea (L.) Pers.(豆科),*灰叶,假蓝靛,红花灰叶,山青,野蓝,野青树,野青子*
灰毛豆属 Tephrosia Pers.(豆科)
灰毛杜英 Elaeocarpus limitaneus Hand.-Mazz. (杜英科),*毛叶杜英*
灰毛钝叶栒子(新)Cotoneaster hebephyllus var. incanus W.W.Sm.(蔷薇科),*钝叶栒子灰毛变种*
灰毛费菜 Phedimus selskianus (Rgl. & Maack) 't Hart (景天科),*灰毛景天,毛景天*
灰毛风铃草 Campanula cana Wall.(桔梗科)
灰毛附地菜 Trigonotis vestita (Hemsl.) Johnst. (紫草科)
灰毛甘青青兰(新)Dracocephalum tanguticum var. cinereum Hand.-Mazz.(唇形科),*灰毛变种*
灰毛果莓(中药大辞典)=红泡刺藤
灰毛蒿(吉林)=茵陈
灰毛槐(植物志 40)=短绒槐
灰毛黄鹌菜(云南植物名录)=鼠冠黄鹌菜
灰毛黄栌(植物学报)=红叶
灰毛寄生(云南志)=灰毛桑寄生
灰毛浆果楝 Cipadessa cinerascens (Pellergr.) Hand.-Mazz.(楝科),*臭子,大苦木,假茶辣,软柏木,山黄皮,亚洛轻,野茶辣,野桐椒*
灰毛景天(植物志 34-1)=灰毛费菜
灰毛菊属 Arctotis L.(菊科)
灰毛蕨叶花楸(新)Sorbus pteridophylla var. tephroclada Hand.-Mazz.(蔷薇科),*蕨叶花楸灰毛变种*
灰毛康定黄芪 Astragalus tatsienensis var. incanus (Pet.-Stib.) Y.C.Ho(豆科)
灰毛蓝钟花 Cyananthus incanus HK.f. & Thoms. (桔梗科)
灰毛柃 Eurya gnaphalocarpa Hay.(山茶科),*毛果柃木*
灰毛柳叶菜 Epilobium densum Rafin (柳叶菜科)
灰毛麻菀 Linosyris villosa (L.) DC.(菊科)
灰毛猕猴桃 Actinidia cinerascens C.F.Liang(猕猴桃科)
灰毛牡荆 Vitex canescens Kurz(马鞭草科),*灰牡荆,灰布荆*
灰毛木地肤 Kochia prostrata var. canescens Moq. (藜科)
灰毛泡 Rubus irenaeus Focke(蔷薇科),*地五泡藤,家正牛*
灰毛婆婆纳 Veronica cana Wall.(玄参科)
灰毛槭 Acer hypoleucum Hay.(槭树科)
灰毛千里光 Senecio incanus L.(菊科)
灰毛青藤(云南)=青藤
灰毛忍冬 Lonicera cinerea Pojark.(忍冬科)
灰毛软紫草 Arnebia fimbriata Maxim.(紫草科)
灰毛桑寄生 Taxillus sutchuenensis var. duclouxii (Lecomte) H.S.Kiu(桑寄生科),*灰毛寄生,湖北寄生*
灰毛山蚂蝗(云南植物名录)=圆锥山蚂蝗
灰毛山梅花 Philadelphus henryi var. cinereus Hand.-Mazz.(虎耳草科)
灰毛蛇葡萄 Ampelopsis bodinieri var. cinerea (Gagn.) Rehd.(葡萄科),*毛叶蛇葡萄*
灰毛糖芥 Erysimum canescens Roth(十字花科)
灰毛庭荠 Alyssum canescens DC.(十字花科)
灰毛弯蕊芥(植物志 33)=弯蕊碎米荠
灰毛萎软紫菀(新)Aster flaccidus f. griseobarbatus Griers.(菊科),*灰毛变种*
灰毛香青 Anaphalis cinerascens Ling & W. Wang (菊科)
灰毛香青密聚变种(植物志 75)=密聚灰毛香青(新)
灰毛崖豆藤 Millettia cinerea Benth.(豆科)
灰毛岩风 Libanotis spodotrichoma K.T.Fu(伞形科),*长虫七,岩风,万年青*
灰毛罂粟 Papaver canescens A.Tolm.(罂粟科)
灰毛莸 Caryopteris forrestii Diels(马鞭草科),*白叶莸*
灰毛直总状花序小檗 Berberis orthobotrys var. canescens Ahrendt (小檗科)
灰毛紫穗槐 Amorpha canescens Pursh.(豆科)
灰毛紫菀 Aster polius Schneid.(菊科)
灰帽薹草 Carex mitrata Franch.(莎草科)
灰牡荆(海南志)=灰毛牡荆
灰木莲 Manglietia glauca Bl.(木兰科)
灰欧洲椴 Tilia europaea var. pallida Reich.(椴树科)
灰蓬(植物志 25-2)=白茎盐生草
灰皮葱 Allium grisellum J.M.Xu(百合科)
灰皮树(中国植物名录)=川黄檗
灰鞘粉条儿菜 Aletris cinerascens Wang & Tang (百合科)
灰青色葡萄(新拉汉英)=二色葡萄
灰楸 Catalpa fargesii Burtt(紫葳科),*川楸,紫楸,楸木,紫花楸,光灰楸*
灰绒绣球(植物志 35-1)=微绒绣球
灰瑞典刺柏 Juniperus communis var. suecia f. graui (柏科)
灰桑(湖南湘阴)=柘
灰丧鸢尾 Iris susiana L.(鸢尾科)
灰色阿魏 Ferula canescens (Ledeb.) Ledeb.(伞形科)
灰色马先蒿 Pedicularis cinerascens Franch.(玄参科)
灰色木蓝 Indigofera cinerascens Franch.(豆科)
灰色石龙尾 Limnophila cana Griff.(玄参科)
灰色薹草 Carex canescens L.(莎草科)
灰色香科 Teucrium canum Fisch. & Mey.(唇形科)
灰色紫金牛 Ardisia fordii Hemsl.(紫金牛科),*细罗伞*
灰山泡(广西植物名录)=无腺灰白毛莓
灰水竹 Phyllostachys platyglossa Z.P.Wang & Z.H.Yu (禾本科)
灰条(沙漠药用植物)=藜
灰条菜(纲目)=藜
灰藓状岩须 Cassiope hypnoides (L.) D.Don (杜鹃花科)
灰苋菜(四川中药志)=藜
灰香科 Teucrium syspirense C.Koch (唇形科)
灰香竹 Chimonocalamus pallens Hsueh & Yi (禾本科),*灰竹*
灰栒子(河南)=水栒子
灰栒子 Cotoneaster acutifolius Turcz.(蔷薇科)
灰栒子密毛变种(植物志 36)=毛灰栒子
灰栒子木属(华北经济志要)=**栒子属**
灰岩棒柄花 Cleidion bracteosum Gagn.(大戟科)
灰岩粗毛藤 Cnesmone tonkinensis (Gagn.) Croiz. (大戟科),*麻风藤,异萼粗毛藤*
灰岩风铃草 Campanula calcicola W.W.Sm.(桔梗科)
灰岩含笑 Michelia calcicola C.Y.Wu(木兰科)
灰岩虎耳草 Saxifraga saxatilis H.Sm. (虎耳草科)
灰岩黄芩 Scutellaria forrestii Diels(唇形科),*木里变种,居间变种*
灰岩兰(云南)=火烧兰
灰岩木蓝 Indigofera calcicola Criab.(豆科)
灰岩生薹草 Carex calcicola Tang & Wang(莎草科)
灰岩葶苈 Draba calcicola O.E.Schulz(十字花科)
灰岩喜鹊苣苔 Ornithoboea clacicola C.Y.Wu ex H.W.Li (苦苣苔科)
灰岩香茶菜 Isodon calcicolus (Hand.-Mazz.) H.Hara (唇形科)
灰岩肖韶子 Dimocarpus fumatus subsp. calcicola C.Y.Wu(无患子科)
灰岩血桐 Macaranga esquirolii (Lévl.) Rehd.(大戟科),*香糖树*
灰岩皱叶报春 Primula forrestii Balf.f.(报春花科),*松打七,鹿角七,猪尾七,石痨参*
灰岩紫地榆 Geranium franchetii R.Knuth(牻牛儿苗科),*光托紫地榆,圆齿老鹳草*
灰岩紫堇 Corydalis calcicola W.W.Sm.(罂粟科)
灰羊茅 Festuca cinerea Vill.(禾本科)
灰杨柳(四川,广东)=蓝桉
灰野豌豆 Vicia cracca var. canescens Maxim. ex Franch. & Sav.(豆科)
灰叶(海南)=灰毛豆
灰叶安息香 Styrax calvescens Perk.(安息香科),*灰叶野茉莉,毛垂珠花,变秃安息香*
灰叶菝葜 Smilax astrosperma Wang & Tang(百合科)
灰叶稠李 Padus grayana (Maxim.) Schneid.(蔷薇科)
灰叶吊石苣苔 Lysionotus pauciflorus var. indutus Chun ex W.T.Wang(苦苣苔科)
灰叶冬青 Ilex tetramera (Rehd.) C.J.Tseng(冬青科),*灰脉冬青*
灰叶杜茎山 Maesa chisia D.Don(紫金牛科),*乔椒,*
灰叶附地菜 Trigonotis cinereifolia C.J.Wang(紫草科)
灰叶含笑 Michelia foveolata var. cinerascens Law & Y.F.Wu (木兰科)
灰叶后蕊苣苔 Opithandra cinerea W.T.Wang(苦苣苔科)
灰叶虎耳草 Saxifraga glaucophylla Franch.(虎耳草科)
灰叶花楸 Sorbus pallescens Rehd.(蔷薇科)
灰叶黄刺条(河北)=北京锦鸡儿
灰叶黄芪 Astragalus discolor Bge. ex Maxim. (豆科)
灰叶茴芹 Pimpinella grisea Wolff(伞形科)
灰叶棘豆 Oxytropis cinerascens Bge.(豆科)
灰叶堇菜 Viola delavayi Franch.(堇菜科),*黄花堇菜,土细辛,黄花地丁,踏膀药,黄花细辛*
灰叶锦鸡儿 Caragana microphylla f. cinerea Kom.(豆科)
灰叶蕨麻 Potentilla anserina var. sericea Hayne (蔷薇科)
灰叶梾木 Swida poliophylla (Schneid. & Wanger.) Sojak(山茱萸科),*黑椋子*
灰叶柳 Salix spodiophylla Hand.-Mazz.(杨柳科)

灰叶洛美塔(新拉汉英)=白蜡叶洛美塔
灰叶美国花柏 Chamaecyparis lawsoniana cv. Glauca (柏科)
灰叶南蛇藤 Celastrus glaucophyllus Rehd. & Wils. (卫矛科),*过山枫藤,麻麻藤,藤木*
灰叶女蒿 Hippolytia tomentosa (DC.) Tzvel.(菊科)
灰叶欧石南 Erica glauca Adnr.(杜鹃花科)
灰叶匹菊 Pyrethrum pyrethroides (Kar. & Kir.) B.Fedtsch. ex Krasch.(菊科)
灰叶槭 Acer poliophyllum Fang & Wu(槭树科)
灰叶山松 Pinus hartwegii Lindl.(松科)
灰叶杉木 Cunninghamia lanceolata cv. Glauca (杉科),*深绿叶杉木*
灰叶蛇根草 Ophiorrhiza cana Lo(茜草科)
灰叶溲疏 Deutzia cinerascens Rehd.(虎耳草科)
灰叶算盘子(分类学报)=革叶算盘子
灰叶铁线莲(植物志 28)=毛灌木铁线莲
灰叶铁线莲 Clematis tomentella (Maxim.) W.T. Wang & L.Q.Li(毛茛科)
灰叶乌饭 Vaccinium glaucophyllum C.Y.Wu & R.C.Fang (杜鹃花科)
灰叶香青 Anaphalis spodiophylla Ling & Y.L. Chen (菊科)
灰叶小檗 Berberis griffithiana var. pallida (HK.f. & Thoms.) Chamb. & C.M.Hu(小檗科)
灰叶延胡索(中药志)=新疆元胡
灰叶野茉莉(高等图鉴)=灰叶安息香
灰叶珍珠菜 Lysimachia glaucina Franch.(报春花科)
灰益母草(新疆药志)=灰白益母草
灰榆(华北经济志要)=旱榆
灰早熟禾 Poa glauca Vahl.(禾本科)
灰毡毛忍冬 Lonicera macranthoides Hand.-Mazz. (忍冬科),*拟大花忍冬,大金银花,左转藤*
灰枝翅子藤 Loeseneriella griseoramula S.Y.Pao (翅子藤科)
灰枝鸦葱 Scorzonera sericeo-lanata (Bge.) Krasch. & Lipsch.(菊科)
灰枝紫菀 Aster poliothamnus Diels(菊科)
灰质棱子芹(新)Pleurospermum calcareum Wolff? (伞形科)
灰株薹草 Carex rostrata Stokes(莎草科)
灰竹(云南金平)=灰香竹
灰竹 Phyllostachys nuda McClure (禾本科),*净竹,石竹,木竹*
灰棕枝荚蒾 Viburnum rafinesquianum Schulter (忍冬科)
辉菜花(高等图鉴,植物志 47-2)=水金凤
辉韭 Allium strictum Schrader(百合科)
辉叶紫菀 Aster fulgidulus Griers.(菊科)
回菜花(经济志)=蓝蓇香茶菜
回鹘豆(辽志)=豌豆
回鹘豆(台湾)=鹰嘴豆
回欢草 Anacampseros arachnoides (Haw.) Sims. (马齿苋科)
回欢草属 Anacampseros L.(马齿苋科)
回回豆(药材学,云南)=神黄豆
回回豆(饮膳正要)=鹰嘴豆
回回米(救荒本草)=薏米
回回苏 Perilla frutescens var. crispa (Thunb.) Hand.-Mazz.(唇形科),*鸡冠紫苏,紫萝苞,皱叶白苏,皱紫苏*
回青橙(植物志 43-2)=代代酸橙
回三出芍药 Paeonia triternata Pall.(芍药科)
回生草(福建草药)=翠云草
回生草(福建中草药)=堪察加费菜
回手香(四川峨眉)=石菖蒲
回树(通称)=木荷
回头草(本草纲目拾遗)=杠板归
回头草(滇南本草)=草血竭
回味(物理小识)=黄连木
回旋扁蕾(Flora 16)=迴旋扁蕾
回阳草(滇南本草)=卷柏
回阳生(广西)=书带蕨
茴茴蒜 Ranunculus chinensis Bge.(毛茛科),*水胡椒,蝎虎草,辣辣草,水杨梅,糯虎掌*
茴苹(科属检索表)=广防风
茴芹 Pimpinella anisum L.(伞形科)
茴芹属 Pimpinella L.(伞形科)
茴香 Foeniculum vulgare Mill.(伞形科),*草茴香,谷茴香,谷香,蘹蕃,土茴香,香丝菜,小茴香,小香*
茴香报春(高等图鉴)=茴香灯台报春
茴香灯台报春 Primula anisodora Balf.f. & Forr. (报春花科),*茴香报春,异味报春*
茴香砂仁 Etlingera yunnanense T.L.Wu & S.J. Chen (姜科)
茴香砂仁属 Etlingera Giseke (姜科)
茴香叶熊菊 Ursinia foeniculacea Poir.(菊科)
茴香属 Foeniculum Mill.(伞形科)
茴叶复叶耳蕨 Arachniodes foeniculacea Ching (鳞毛蕨科)
迴文草(湖南岳麓山)=邻近风轮菜
迴旋扁蕾 Gentianopsis contorta (Royle) Ma(龙胆科),*回旋扁蕾*
蛔蒿 Seriphidium cinum (Berg. ex Poljak.) Poljak. (菊科),*山道年蒿,山道尼格,希那*
檓(尔雅)=花椒
汇囊石韦 Pyrrosia confluensis (R.Br.) Ching (水龙骨科)
汇生瓦韦 Lepisorus confluens W.M.Chu(水龙骨科)
汇药石蝴蝶 Petrocosmea confluens W.T.Wang (苦苣苔科)
会白芷(药材名)=祁白芷
会东百合 Lilium huidongense J.M.Xu(百合科)
会东杜鹃 Rhododendron huidongense T.L.Ming (杜鹃花科)
会东荛花 Wikstroemia huidongensis C.Y.Chang (瑞香科)
会东石蝴蝶 Petrocosmea mairei var. intraglabra W.T.Wang(苦苣苔科)
会东藤 Gymnema longiretinaculatum Tsiang(萝藦科)
会里乌头 Aconitum huiliense Hand.-Mazz.(毛茛科)
会理野青茅 Deyeuxia stenophylla (Hand-Mazz.) P.C.Kuo & S.L.Lu(禾本科)
会理总序报春 Primula pauliana var. huliensis Chen & C.M.Hu(报春花科)
会宁黄芪 Astragalus huiningensis Y.C.Ho(豆科)
会泽翠雀花 Delphinium hueizeense W.T.Wang (毛茛科)
会泽南星 Arisaema dahaiense H.Li(天南星科)
会泽前胡 Peucedanum acaule Shan & Sheh(伞形科)
会泽紫堇 Corydalis mairei Lévl.(罂粟科),*滇东紫堇*
荟蔓藤 Cosmostigma hainanense Tsiang(萝藦科)
荟蔓藤属 Cosmostigma Wight(萝藦科),*阔柱藤属*
桧(诗经)=圆柏
桧林毛茛 Ranunculus junipericola Ohwi(毛茛科),*高山毛茛*
桧木(拉汉名称和手册)=日本扁柏
桧叶高山漆姑草 Minuartia juniperina (L.) Aschers. & Graebn.(石竹科)
桧叶银桦 Grevillea juniperina R.Br.(山龙眼科)
秽草(广东,广西)=广防风
喙齿马先蒿 Pedicularis rhynchodonta Bur. & Franch. (玄参科)
喙赤瓟 Thladiantha henryi var. verrucosa (Cogn.) A.M.Lu & Z.Y.Zhang(葫芦科),*老蛇*
喙顶红豆 Ormosia apiculata L.Chen(豆科)
喙萼冷水花 Pilea symmeria Wedd.(荨麻科)
喙房坡参 Habenaria rostrata Lindl.(兰科)
喙果安息香 Styrax agrestis (Lour.) G.Don(安息香科),*南粤野茉莉*
喙果刺榄 Xantolis boniana var. rostrata (Merr.) van Royen(山榄科)
喙果黑面神 Breynia rostrata Merr.(大戟科),*小面瓜,小柿子*
喙果绞股蓝 Gynostemma yixingense (Z.P.Wang & Q.Z.Xie) C.Y.Wu & S.K.Chen(葫芦科)
喙果瑞香 Daphne rhynchocarpa C.Y.Chang(瑞香科)
喙果薹草 Carex truncatigluma subsp. rhynchachaenium (C.B.Clarke ex Merr.) Y.C.Tang & S.Y.Liang(莎草科),*初岛氏杜薹*
喙果卫矛 Euonymus rostratus W.W.Sm.(卫矛科)
喙果崖豆藤 Millettia tsui Metc.(豆科),*老虎豆*
喙果皂帽花 Dasymaschalon rostratum Merr. & Chun (番荔枝科),*白叶皂帽花,白面*
喙核桃 Annamocarya sinensis (Dode) Leroy(胡桃科)
喙核桃属 Annamocarya A.Chev.(胡桃科)
喙花姜 Rhynchanthus beesianus W.W.Sm.(姜科)
喙花姜属 Rhynchanthus HK.f.(姜科)
喙荚云实 Caesalpinia minax Hance(豆科),*广石莲子,苦石莲,老鸦枕头,莲子簕,南蛇簕,蚺蛇艻,石莲子,土石莲子*
喙尖杜鹃 Rhododendron esetulosum Balf.f. & Forr.(杜鹃花科)
喙尖黄藤(云南植物名录)=大喙省藤
喙裂瓜 Schizopepon bomiensis A.M.Lu & Z.Y. Zhang (葫芦科),*波密裂瓜*
喙毛马先蒿 Pedicularis rhynchotricha Tsoong (玄参科)
喙叶假瘤蕨 Phymatopteris rhynchophylla (HK.) Pic.Serm.(水龙骨科)
喙柱牛奶菜 Marsdenia oreophila W.W.Sm.(萝藦科)
喙状堇菜(新)Viola rostrata Pursh.(堇菜科),*长距堇菜*
惠方簕竹 Bambusa blumeana cv. Wei-fang Lin (禾本科),*林氏簕竹*
惠粉蝶兰(台湾兰科植物,台兰科图鉴)=台湾尾瓣舌唇兰
惠水茯蕨 Leptogramma huishuiensis Ching ex Y.X.Lin (金星蕨科)
惠水贯众 Cyrtomium grossum Christ(鳞毛蕨科)
惠托尔郁金香 Tulipa whittallii (Dykes) Elwes ex Newton (百合科)
惠阳独脚莲(广东)=佛肚树
慧香(江西)=腺叶帚菊

蕙兰 Cymbidium faberi Rolfe(兰科),*九子兰*,*九节兰*,*土百部*
箸竹 Pseudosasa hindsii (Munro) C.D.Chu & C.S.Chao (禾本科),*笛竹*,*四时竹*,*寒山竹*,*邢氏苦竹*

Hun

昏树(纲目拾遗)=刺楸
昏头鸡(四川中药志)=贯众
浑提葱(古称)=洋葱
混合黄芪 Astragalus commixtus Bge.(豆科)
混合棘豆 Oxytropis confusa Bge.(豆科)
混其日(蒙名)=蒙古黄芪
混淆鳞毛蕨 Dryopteris commixta Tagawa(鳞毛蕨科)
混型千里光 Senecio squalidus L.(菊科)
混叶委陵菜 Potentilla subdigitata Yü & Li(蔷薇科)

Huo

活抽筋(广西)=短瓣花
活鸡丁(山东)=毛叶石楠
活麻(四川)=艾麻
活麻(云南)=粗根荨麻
活麻草(四川中药志)=荨麻
活血草(孢子植物)=肿足蕨
活血草(纲目拾遗)=荷包牡丹
活血草(湖北志)=大苞景天
活血草(陕西中草药)=苦菜
活血草(陕西中草药)=中华绣线梅
活血草(四川江津)=华鼠尾草
活血草(四川青川)=长冠鼠尾草
活血丹(湖南药物志)=日本蛇根草
活血丹(江苏药材志)=虎杖
活血丹(天目药志)=紫花八宝
活血丹(浙江)=秀丽野海棠
活血丹(浙江中草药)=费菜
活血丹 Glechoma longituba (Nakai) Kupr.(唇形科),*遍地金钱*,*遍地香*,*驳骨消*,*钹儿草*,*穿墙草*,*窜地香*,*大金钱草*,*大叶金钱*,*大叶金钱草*,*苣口烧*,*对叶金钱草*,*方梗金钱草*,*肺风草*,*风灯盏*,*佛耳草*,*疳取草*,*赶山鞭*,*过墙风*,*接骨消*,*金钱艾*,*金钱薄荷*,*金钱草*,*金钱菊*,*咳嗽药*,*连金钱*,*连钱草*,*马蹄草*,*马蹄筋骨草*,*破金钱*,*破铜钱*,*蛇壳草*,*十八额*,*十八缺*,*四方雷公根*,*胎济草*,*特巩消*,*通骨消*,*铜钱草*,*铜钱玉带*,*透骨草*,*透骨消*,*土荆芥*,*团经药*,*退骨草*,*小过桥风*,*小毛铜钱菜*,*蟹壳草*,*野荆芥*,*钻地风*
活血丹属 Glechoma L.(唇形科)
活血根(江苏)=丹参
活血莲(贵州,湖南,陕西)=聚叶花葶乌头
活血莲(湖北,湖南,福建)=大吴风草
活血莲(江西)=酸模
活血莲(四川)=披针新月蕨
活血三七(内蒙志)=八宝
活血胎(高等图鉴,植物志 58)=九管血
活血胎(广西)=山血丹
活血藤(江苏)=三叶木通
活血藤(天宝本草)=翼梗五味子
活血藤(植物志 29)=木通
活血藤(中药志)=大血藤
火艾(图鉴)=薄雪火绒草
火艾(云南)=艾
火艾(植物志 75)=戟叶火绒草
火把草(云南中草药)=华火绒草
火把梗(云南)=滇南羊耳菊
火把果(贵州)=细圆齿火棘
火把果(云南)=火棘
火把果属(苏南植物手册)=**火棘属**
火把花(纲目,云南中草药)=昆明雷公藤
火把花 Colquhounia coccinea var. mollis (Schlecht.) Prain(唇形科),*密蒙花*,*细羊巴巴花*,*炮仗花*
火把花属 Colquhounia Wall.(唇形科)
火把莲 Kniphofia uvaria HK.(百合科),*火巨花*,*火杖*
火把莲属 Kniphofia Moench.(百合科)
火奔子(经济志)=昆明雷公藤
火参(吴谱本草)=掌叶大黄
火草(陕西)=琉璃草
火草(云南)=戟叶火绒草
火草(云南中草药)=华火绒草
火草(植物志 75)=松毛火绒草
火草花(陕西)=打破碗花花
火柴头(苏南植物手册)=饭包草
火吹竹(台湾)=花竹
火葱(植物志 14)=香葱
火葱 Allium cepa var. aggregatum G.Don(百合科)
火地花(云南红河)=毛萼香茶菜
火地亚属 Hoodia Sweet.(萝藦科)
火风棠(重庆草药)=皱叶酸模
火藁本(秦岭志)=岩茴香
火管竹(台湾)=花竹
火管竹 Sinobambusa tootsik var. dentata Wen (禾本科)
火广竹(台湾)=花竹
火鹤花 Anthurium scherzerianum Schott (天南星科),*安祖花*
火红地杨梅 Luzula rufescens Fisch. ex E.Mey.(灯心草科)
火红豆(云南)=菱荚红豆
火红杜鹃 Rhododendron neriiflorum Franch.(杜鹃花科)
火红萼距花 Cuphea platycentra Lem.(千屈菜科),*火焰花*,*雪茄花*
火红卷丹 Lilium tigrinum var. splendens Leichtl. ex Van Houtt (百合科)
火红旋柱兰 Mormodes igneum Lindl. & Paxt.(兰科)
火红雪轮 Silene virginica L.(石竹科)
火胡麻(贵州)=香薷
火胡麻(贵州绥阳)=绵穗苏
火黄杜鹃花 Rhododendron speciosum (Willd.) Sweet (杜鹃花科)
火灰山矾(植物志 60-2)=黄牛奶树
火灰树(广东,海南)=越南山矾
火灰树(海南)=罗伞树
火鸡果(植物志 45-3)=大花卫矛
火棘(苏南植物手册)=细圆齿火棘
火棘 Pyracantha fortuneana (Maxim.) Li(蔷薇科),*赤果*,*赤阳子*,*纯阳子*,*红子*,*火把果*,*救兵粮*,*救军粮*,*救命粮*,*水沙子*
火棘叶柃 Eurya pyracanthifolia Hsu(山茶科)
火棘属 Pyracantha Roem.(蔷薇科),*薜若属*,*火把果属*
火姜(广西)=姜
火巨花(新拉汉英)=火把莲
火炬杜鹃(新拉汉英)=堪氏杜鹃花
火炬姜 Etlingera elatior (Jack.) R.M.Sm.(姜科)
火炬兰 Grosourdya appendiculatum (Bl.) Rchb.f.(兰科),*长脚兰*
火炬兰属 Grosourdya Chb.f.(兰科)
火炬树 Rhus typhina Nutt.(漆树科)
火炬松 Pinus taeda L.(松科)
火蓝(广西,岭南采药录)=木蓝
火烙草 Echinops przewalskii Iljin (菊科)
火蕾木(广西中草药新选)=幌伞枫
火李(植物学杂志)=锐齿鼠李
火力楠(广西,广东)=醉香含笑
火连草(改订植物名汇)=垂盆草
火镰扁豆(植物志 41)=扁豆
火龙叶(岭南采药录)=粗叶榕
火炉山薹草 Carex huolushanensis P.C.Li(莎草科)
火轮树属 Stenocarpus R.Br.(山龙眼科),*狭果属*
火麻(甘肃)=麻叶荨麻
火麻(甘肃)=狭叶荨麻
火麻(湖北,云南,四川,贵州)=大麻
火麻(陕西,陇南,四川)=荨麻
火麻(陕西)=悬铃叶苎麻
火麻(陕西,甘肃)=珠芽艾麻
火麻(四川)=三角叶荨麻
火麻(云南)=粗根荨麻
火麻 Cannabis sativa subsp. indica (Lamarck) Small & Cronquist (桑科)
火麻草(湖北)=荨麻
火麻风(四川蓬溪)=大叶苎麻
火麻根(云南楚雄)=毛萼香茶菜
火麻树 Dendrocnide urentissima (Gagn.) Chew (荨麻科),*树火麻*,*麻风树*,*电树*,*麦郭罕*,*憨掌*
火麻树属 Dendrocnide Miq.(荨麻科),*树火麻属*
火媒草 Olgaea leucophylla (Turcz.) Iljin(菊科),*鳍蓟*,*白山蓟*
火米(纲目)=稻
火木麻子(中草药汇编)=紫麻
火炮草(云南红河)=野西瓜苗
火炮药(云南)=刚毛黄蜀葵
火炮药(云南)=黄蜀葵
火炮子(中草药汇编)=矮探春
火泡树(广东)=罗伞树
火漂藤(陆川本草)=黄球花
火球花(北京)=千日红
火绒草(陕西中草药)=薄雪火绒草
火绒草 Leontopodium leontopodioides (Willd.) Beauv. (菊科),*火绒蒿*,*大头毛香*,*海哥斯梭利*,*老头草*,*老头艾*,*小矛香艾*
火绒草属 Leontopodium R.Br.(菊科)
火绒根子(烟台中草药)=禹州漏芦
火绒蒿(河北)=火绒草
火绒蒿(山西)=阴地蒿
火山荔(生草药备要)=荔枝
火伤草(广西本草选编)=石蝉草
火烧花(科属辞典)=火焰树
火烧花 Mayodendron igneum (Kurz) Kurz(紫葳科),*缅木*
火烧花属 Mayodendron Kurz(紫葳科)
火烧尖(贵州)=粉花绣线菊
火烧尖(贵州民间药物)=大绣线菊
火烧角(海南兴隆)=帘子藤
火烧柯(台湾)=栲
火烧兰(云南)=大叶火烧兰
火烧兰(云南泸水)=柳兰
火烧兰 Epipactis helleborine (L.) Crantz(兰科),*小花火烧兰*,*野竹兰*,*灰岩兰*
火烧兰属 Epipactis Zinn (兰科)
火烧叶(云南)=斑鸠菊
火神(云南河口)=毛叶假鹰爪
火绳树(云南屏边)=尖叶瓜馥木
火绳树(云南屏边)=小萼瓜馥木
火绳树(云南西畴)=越南榆

火绳树 Eriolaena spectabilis (DC.) Planch. ex Masters (梧桐科),*接骨丹,赤火绳,引火绳,火索树*
火绳树属 Eriolaena DC.(梧桐科)
火绳藤 Fissistigma poilanei (Ast) Tsiang & P.T. Li (番荔枝科)
火失刻把都(本草纲目)=马钱子
火屎炭树(广东)=罗伞树
火树(植物志 39)=凤凰木
火索麻 Helicteres isora L.(梧桐科),*鞭龙,扭蒴山芝麻,大麻树,黎仔麻木,癞皮树*
火索树(云南药用名录)=火绳树
火索藤(广西金艉)=白叶瓜馥木
火索藤(广西融水)=瓜馥木
火索藤 Bauhinia aurea Lévl.(豆科),*黄麻藤,牛蹄藤,羊蹄藤,红毛藤,黄麻藤,红绒毛羊蹄甲*
火炭草(闽东本草)=鳢肠
火炭木(广西)=闭花木
火炭木(广西)=金叶子
火炭楠(台湾)=台楠
火炭树(广东)=罗伞树
火炭树(云南)=斑鸠菊
火炭叶(云南)=斑鸠菊
火碳母 Polygonum chinense L.(蓼科),*乌岩子,山荞麦草,鹊糖酶,红梅子叶,黄鳝藤,晕药*
火汤木(广西药用名录)=亮叶猴耳环
火烫叶(云南)=斑鸠菊
火桐 Erythropsis colorata (Roxb.) Burkill(梧桐科),*彩色梧桐*
火桐属 Erythropsis Lindl. ex Schott & Endl. (梧桐科)
火筒木(广东)=白花泡桐
火筒树(台湾志)=台湾火筒树
火筒树 Leea indica (Baurm.f.) Merr.(葡萄科),*祖公柴,五指枫*
火筒树科 Leeaceae
火筒树属 Leea van Royen ex L.(葡萄科)
火筒竹 Schizostachyum xinwuense Wen & J.Y.Chin (禾本科)
火头根(四川,湖北)=盾叶薯蓣
火香(陕西略阳)=钩子木
火焰草(高等图鉴,植物志 34-1,Flora 8)=繁缕叶景天
火焰草(图考)=八宝
火焰草 Castilleja pallida (L.) Kunth(玄参科)
火焰草属 Castilleja Mutis ex L.f.(玄参科)
火焰花(广西植物名录)=中国无忧花
火焰花(海南志)=金塔火焰花
火焰花(植物志 52-2)=火红萼距花
火焰花 Phlogacanthus curviflorus (Wall.) Nees(爵床科),*焰爵床,禾木张*
火焰花属 Phlogacanthus Nees(爵床科)
火焰金盏花 Adonis flammeus Jacq.(毛茛科)
火焰兰(新拉汉英)=射干鸢尾
火焰兰 Renanthera coccinea Lour.(兰科)
火焰兰属 Renanthera Lour.(兰科)
火焰木(中草药汇编)=中国无忧花
火焰秋海棠 Begonia goegoensis N.E.Br.(秋海棠科)
火焰树(新拉汉英)=尼罗火焰树(新)
火焰树 Spathodea campanulata Beauv.(紫葳科),*喷泉树,火烧花*
火焰树属 Spathodea Beauv.(紫葳科)
火焰子(陕西)=松潘乌头
火燕兰(拉汉名称)=龙头花
火殃勒 Euphorbia antiquorum L.(大戟科),*霸王鞭,纯阳草,火秧竻,金刚树,金刚纂,千年剑,羊不挨*
火秧竻(生草药性备要)=火殃勒
火一枝箭(四川中药志)=小舌唇兰
火毡花(东北)=百日菊
火杖(新拉汉英)=火把莲
火榛子(东北)=毛榛
伙连草(湖北保康)=短蕊景天
惑景天(植物志 34-1)=多茎景天
霍城黄芪 Astragalus karkarensis Popov(豆科)
霍城棘豆 Oxytropis chorgossica Vass.(豆科)
霍而飞(广西)=风吹楠
霍尔堇菜 Viola hallii Gray (堇菜科)
霍尔小檗 Berberis hallii Hieron.(小檗科)
霍赫鲁特纳小檗 Berberis hochreutinerana Machride (小檗科)
霍丽兰 Houlletia brocklehurstiana Lindl.(兰科)
霍丽兰属 Houlletia Brongn.(兰科)
霍乱草(江西)=小鱼仙草
霍宁-沙里尔日(蒙语)=碱蒿
霍宁-沙里尔日(蒙语)=莳萝蒿
霍奇鸢尾 Iris hoogiana Dykes.(鸢尾科)
霍山石斛(中草药汇编)=铁皮石斛
霍山石斛 Dendrobium huoshanense C.Z.Tang & S.J.Cheng (兰科)
霍氏柳叶菜 Epilobium hornemannii Reichenb. (柳叶菜科)
霍氏鱼藤(分类学报)=中南鱼藤
霍斯特氏虎耳草 Saxifraga hostii Tausch.(虎耳草科)
霍斯特小檗 Berberis holstii Engl.(小檗科)
霍州油菜(图考)=野决明
霍州油菜 Thermopsis chinensis Benth. ex S. Moore (豆科),*小叶野决明,高脚豪猪脚*
霍洲油菜属(植物志 42-2)=**野决明属**
藿香(广州,厦门)=广藿香
藿香(南京药草)=显脉香茶菜
藿香(西藏加查)=皱叶香茶菜
藿香(云南景东,龙陵)=滇南冠唇花
藿香(云南腾冲)=少花冠唇花
藿香 Agastache rugosa (Fisch. & Meyer) O.Ktze. (唇形科),*把蒿,白薄荷,薄荷,薄荷子,苍告,大薄荷,大叶薄荷,兜娄婆香,合香,红花小茴香,鸡苏,家茴香,猫巴蒿,猫巴虎,猫尾巴香,排香草,青茎薄荷,仁丹草,山薄荷,山灰香,山茴香,山猫巴,水麻叶,苏藿香,土藿香,香荆芥花,香蒿,小薄荷,杏仁花,野薄荷,野藿香,野苏子,叶藿香,鱼香,鱼子苏,紫苏草*
藿香蓟 Ageratum conyzoides L.(菊科),*胜红蓟,脓泡草,消炎草,广马草,水丁药,毛射香,路遇香,猫屎草,咸虾草*
藿香蓟属 Ageratum L.(菊科)
藿香叶绿绒蒿 Meconopsis betonicifolia Franch. (罂粟科)
藿香属 Agastache Clayt.(唇形科)

Ji

击常木(海南)=变叶榕
饥荒草(台湾志)=梁子菜
稘橔(雷公炮炙论)=枳椇
芨芨草 Achnatherum splendens (Trin.) Nevski (禾本科),*枳芨草,枳机草,席萁草*
芨芨草属 Achnatherum Beauv.(禾本科)
机松(东北检索表)=二色补血草
鸡柏柴藤(新华本草纲要)=鸡柏胡颓子
鸡柏胡颓子 Elaeagnus loureirii Champ.(胡颓子科),*灯吊子,吊中仔藤,胡颓子,鸡柏柴藤,金耳环,炮仗花,铺山燕*
鸡包谷(四川峨眉)=西南犁头尖
鸡波(傣名)=鹧鸪花
鸡脖子果(云南屏边)=胭脂
鸡菜(海南)=白子菜
鸡肠草(东北)=蓬子菜
鸡肠草(纲目)=鹅不食草
鸡肠草(广西)=狗牙根
鸡肠草(中药大辞典)=附地菜
鸡肠繁缕 Stellaria neglecta Weihe ex Bluff & Fingerh. (石竹科),*赛繁缕,鹅肠繁缕,鸡肚发脾气草,小鸡草,鱼肚肠草*
鸡肠风(广东)=巴戟天
鸡肠风(广西)=败酱
鸡肠风(广西药用名录)=黑老虎
鸡肠子草(陕西)=无心菜
鸡出头草(云南)=蛛丝毛蓝耳草
鸡槌簕(广州)=鸡爪簕
鸡刺子(海南琼山)=刺天茄
鸡大腿(宁夏中卫)=蝎虎驼蹄瓣
鸡大腿(玉溪中草药)=栗鳞贝母兰
鸡胆(海南)=狭叶泡花树
鸡胆豆(广东)=肥荚红豆
鸡弹木(广西)=苍叶红豆
鸡蛋参(云南药用名录)=鸡肉参
鸡蛋参 Codonopsis convolvulacea Kurz(桔梗科),*补血草,牛尾参*
鸡蛋果(云南)=扁核木
鸡蛋果 Passiflora edulis Sims(西番莲科),*洋石榴,紫果西番莲*
鸡蛋花(云南)=滇瑞香
鸡蛋花(云南)=黄海棠
鸡蛋花(Flora 16)=红鸡蛋花
鸡蛋花 Plumeria rubra cv. Acutifolia(夹竹桃科),*缅栀子,大季花,鸭脚木,蛋黄花,擂捶花*
鸡蛋花属 Plumeria L.(夹竹桃科),*缅栀子属*
鸡蛋黄(山东)=探春花
鸡蛋黄(四川城口)=星萼金丝桃
鸡蛋黄花(东北)=荷青花
鸡蛋黄花(陕西)=棣棠花
鸡蛋七(新华本草纲要)=厚瓣玉凤花
鸡蛋七(云南思茅)=姜状三七
鸡丁子(山东)=毛叶石楠
鸡豆(内蒙古)=鹰嘴豆
鸡豆木(广西兽医植物)=菜豆树
鸡窦簕竹 Bambusa funghomii McClure (禾本科)
鸡肚发脾气草(浙江草药)=鸡肠繁缕
鸡肚子根(云南景东)=荷包山桂花
鸡朵乎(海南澄迈)=皂帽花
鸡儿肠(江苏)=繁缕
鸡儿肠(误用名)=马兰
鸡儿肠(植物志 74)=三脉紫菀
鸡儿头(中草药汇编)=头花猪屎豆
鸡儿头苗(植物志 37)=匍枝委陵菜
鸡粪草(浙江)=黄堇
鸡峰黄芪(豆科图说)=鸡峰山黄芪
鸡峰山黄芪 Astragalus kifonsanicus Ulbr.(豆科),*鸡峰黄芪*
鸡肝散(云南红河,建水,屏边)=四方蒿
鸡根(云南中草药)=荷包山桂花
鸡公簕子(海南澄迈)=海南茄
鸡公柴(图考)=茶荚蒾
鸡公合藤(海南)=藤槐
鸡公辣(福建龙岩)=白花苦灯笼
鸡公柳 Salix chikungensis Schneid.(杨柳科)
鸡公木蓝 Indigofera gikongensis Y.Y.Fang & C. Z.Cheng (豆科)
鸡公木蓝 Indigofera jikongensis Y.Y.Fang & C.

Z.Zheng (豆科)
鸡公山茶竿竹 Pseudosasa maculifera J.L.Lu (禾本科)
鸡公山胡枝子(新)Lespedeza stollsae Bailey?(豆科)
鸡公头(分类草药性)=贯众
鸡公尾(广西)=醉鱼草
鸡谷草(中药大辞典)=竹节草
鸡骨菜(四川中药志)=云南双盾木
鸡骨草(广东,广西)=广州相思子
鸡骨草(广西)=毛相思子
鸡骨草(广西药用名录)=鳄嘴花
鸡骨草(湖北恩施)=圆苞金足草
鸡骨草(云南)=爵床
鸡骨柴(贵州民间药物)=河北木蓝
鸡骨柴 Elsholtzia fruticosa (D.Don) Rehd.(唇形科),*大柴胡,酒药花,老妈妈棵,木姜菜,普尔芒拉冈,扫地茶,沙虫药,山野坝子,瘦狗还阳草,双翎草,香薷,香芝麻叶,小花香棵,药酒花,紫油苏,长穗变型,藏蕊变型,小叶变种*
鸡骨常山(本草经集注)=常山
鸡骨常山 Alstonia yunnanensis Diels(夹竹桃科),*白虎木,滇鸡骨常山,红花岩托,红辣椒,红辣树根,三台高,四角枫,野辣椒,永固生*
鸡骨常山属 Alstonia R.Br.(夹竹桃科),*盆架树属,鸭脚树属*
鸡骨枫(浙江)=苦茶槭
鸡骨升麻(西北)=升麻
鸡骨升麻(药用志)=红毛七
鸡骨头(高等图鉴)=金银忍冬
鸡骨头(广西)=青蛇藤
鸡骨头(贵州)=棱果海桐
鸡骨头(河北,山东,甘肃)=穿龙薯蓣
鸡骨头(湖北)=山梅花
鸡骨头(陕西石泉)=苦糖果
鸡骨头(陕西中药名录)=粗枝绣球
鸡骨头(四川,云南)=异叶海桐
鸡骨头菜(云南麻栗坡)=膜叶刺蕊草
鸡骨头花(四川中药志)=密蒙花
鸡骨香(广东)=滇白珠
鸡骨香(广东)=链珠藤
鸡骨香(广西药用名录)=蔓赤车
鸡骨香(海南)=青藤仔
鸡骨香(南宁药志)=娃儿藤
鸡骨香(中草药学)=乌药
鸡骨香 Croton crassifolius Geisel.(大戟科),*山豆根,木沉香,驳骨消,滚地龙,黄牛香,过山香*
鸡骨香藤(广东)=寄生藤
鸡挂骨草(云南思茅)=刺蕊草
鸡冠苞覆花(豆科图说)=睫苞豆
鸡冠参(昆明)=蛛丝毛蓝耳草
鸡冠参(云南)=蓝耳草
鸡冠巢蕨 Neottopteris antrophyoides var. cristata Ching etS.H.Wu (铁角蕨科)
鸡冠齿瓣兰 Odontoglossum cristatum Lindl.(兰科)
鸡冠刺桐 Erythrina cristagalli L.(豆科)
鸡冠滇丁香 Luculia yunnanensis Hu(茜草科)
鸡冠凤尾蕨 Pteris vittata f. cristata Ching ex Ching & S.H.Wu(凤尾蕨科)
鸡冠果(广东)=肥荚红豆
鸡冠果(救荒本草)=蛇莓
鸡冠果(云南)=黄连木
鸡冠花(福建)=青葙
鸡冠花(贵州)=蜀葵
鸡冠花 Celosia cristata L.(苋科),*鸡冠子*(本草拾遗),*鸡冠苗,鸡髻花,鸡化花,老来少*
鸡冠黄堇 Corydalis cristagalli Maxim.(罂粟科)
鸡冠黄芩 Scutellaria cristata M.Pop.(唇形科)
鸡冠棱子芹 Pleurospermum cristatum de Boiss.(伞形科)
鸡冠鳞花草 Lepidagathis cristata Willd.(爵床科)
鸡冠鳞毛蕨 Dryopteris cristata (L.) Gray (鳞毛蕨科)
鸡冠瘤瓣兰 Oncidium cristagalli Rchb.f.(兰科)
鸡冠柳杉 Cryptomeria japonica cv. Cristata (杉科)
鸡冠麻(新拉汉英)=刺果藤
鸡冠苗(纲目)=鸡冠花
鸡冠木(茂名)=假苹婆
鸡冠木(台湾)=黄连木
鸡冠千日红(南京植物园名录)=银花苋
鸡冠秋海棠 Begonia cristata Koord.(秋海棠科)
鸡冠沙芥(植物志 33)=斧翅沙芥
鸡冠蹄盖蕨 Athyrium niponicum f. cristato-flabellatum (Makino) Nemegata & Kurata(蹄盖蕨科)
鸡冠铁角蕨 Asplenium cristatum Lam.(铁角蕨科)
鸡冠眼子菜 Potamogeton cristatus Rgl & Maack (眼子菜科),*小叶眼子菜,水竹叶*
鸡冠云叶兰(高等图鉴)=云叶兰
鸡冠状哈克 Hakea cristata R.Br.(山龙眼科)
鸡冠子(本草拾遗)=鸡冠花
鸡冠子花 Pedicularis mandshurica Maxim.(玄参科),*鸡冠子花马先蒿*
鸡冠子花马先蒿(Flora 18)=鸡冠子花
鸡冠紫苏(贵州,四川)=回回苏
鸡冠钻柱兰 Pelatantheria cristata (Ridl.) Ridl.(兰科)
鸡化花(福建)=鸡冠花
鸡积菜(江苏植物名录)=柱毛独行菜
鸡寄(图考)=檵木
鸡髻花(福建)=鸡冠花
鸡椒(天目药志)=竹叶花椒
鸡脚艾(福建)=五月艾
鸡脚菜(贵州)=荠
鸡脚参(云南)=折叶萱草
鸡脚参(云南)=总状绿绒蒿
鸡脚参(云南丽江)=柳叶菜
鸡脚参(中药大辞典)=藏象牙参
鸡脚参 Orthosiphon wulfenioides (Diels) Hand.-Mazz. (唇形科),*地葫芦,红根草,化虫消,化虫硝,化积药,普渡,山槟榔,山萝卜,山青菜,土地黄*
鸡脚参茎叶变种(植物志 66)=茎叶鸡脚参(新)
鸡脚参属 Orthosiphon Benth.(唇形科)
鸡脚草(草本便方)=翻白草
鸡脚草(新拉汉英)=鸭茅
鸡脚草乌(云南)=云南翠雀花
鸡脚叉(贵州中草药名录)=金鸡脚假瘤蕨
鸡脚刺(滇南本草)=蓟
鸡脚刺(滇南本草)=两面蓟
鸡脚刺(贵阳民间药草)=华东小檗
鸡脚刺(云南中草药)=昆明小檗
鸡脚连 Berberis paraspecta Ahrendt(小檗科)
鸡脚莲(四川)=膜叶星蕨
鸡脚棉(植物志 49-2)=钝叶树棉
鸡脚爬草(陕西)=石龙芮
鸡脚七(贵州民间药物)=羽叶蓼
鸡脚七(贵州中草药名录)=金鸡脚假瘤蕨
鸡脚前胡(药材名)=前胡
鸡脚三七(云南)=伽蓝菜
鸡脚玉兰(中药大辞典)=藏象牙参
鸡脚掌牛奶子(福建药志)=粗叶榕
鸡脚趾(广东东莞,惠阳)=假鹰爪
鸡脚爪(广西药用名录)=岩生远志
鸡筋参(中草药汇编)=短刺虎刺
鸡菊花(广西)=斑鸠菊
鸡橘子(纲目)=枳椇
鸡橘子(临海异物志)=金橘
鸡咀咀(陕西绥德)=地角儿苗
鸡咀簕(广东,广西)=簕欓花椒
鸡咀藤(广东)=杜仲藤
鸡距草(草本便方)=翻白草
鸡考果(广西)=京梨猕猴桃
鸡疴粘(纲目)=地胆草
鸡疴粘草(福建民间草药)=七星莲
鸡壳楠(中草药汇编)=球核荚蒾
鸡跨裤(贵州中草药名录)=蜡莲绣球
鸡量果(云南)=大果枣
鸡笼答(海南)=红树
鸡卵茶(陕西)=鹅肠菜
鸡卵槁(海南)=长圆叶新木姜子
鸡卵槁 Cryptocarya leiana Allen(樟科),*黎厚壳桂*
鸡卵果(广西)=山蜡梅
鸡卵黄(植物志 43-2)=大菅
鸡麻 Rhodotypos scandens (Thunb.) Makino(蔷薇科),*双珠母*
鸡麻属 Rhodotypos S. & Z.(蔷薇科)
鸡麻抓(蒙名)=戈壁天门冬
鸡毛菜(东北)=朝天委陵菜
鸡毛狗(宁夏中草药)=蒙疆苓菊
鸡毛松 Dacrycarpus imbricatus var. patulus D.Laub.(罗汉松科),*黄松,白松,假柏木,岭南罗汉松,流鼻松,茂松,竹叶松,爪哇罗汉松,爪哇松异叶罗汉松*
鸡毛松属 Dacrycarpus (Endl.) D.Laub.(罗汉松科)
鸡米树(贵州)=老鸦糊
鸡母草(福建)=益母草
鸡母黄(海南)=假黄皮
鸡母酸(广西)=酸藤子
鸡母珠(台湾)=相思子
鸡𫚉肪(广东乐昌)=头序楤木
鸡纳树 Cinchona succirubra Pav. ex Klotzsch.(茜草科),*红金鸡纳,红皮金鸡纳,金鸡勒*
鸡脑壳(草木便方)=贯众
鸡娘草(浙江)=鹅肠菜
鸡皮(新华本草纲要)=光滑黄皮
鸡皮果(广西药用名录)=细叶黄皮
鸡婆子(江西,高等图鉴)=狭叶山胡椒
鸡栖子(植物志 39)=山皂荚
鸡榕(广西)=高山榕
鸡肉菜(广西)=无瓣蔊菜
鸡肉菜(江苏)=牡蒿
鸡肉参(丽江)=红波罗花
鸡肉参(云南)=西南风铃草
鸡肉参(中草药汇编)=大花鸡肉参
鸡肉参 Incarvillea mairei (Lévl.) Grierson(紫葳科),*波萝花,滇川角蒿,短柄波罗花,多花角蒿,红花角蒿,鸡蛋参,山羊参,土地黄,土生地*
鸡三树(高等图鉴)=亮叶猴耳环
鸡桑 Morus australis Poir.(桑科),*小叶桑,檿桑,山桑,岩桑*
鸡色札(中药大辞典)=象鼻藤
鸡山香(图考)=隔山香
鸡山苎麻 Boehmeria delavayi var. longifolia Gagn.(荨麻科)

鸡舌草(本草拾遗)=鸭跖草
鸡舌草(泉州本草)=水竹叶
鸡舌癀(泉州本草)=水竹叶
鸡舌头树(云南)=羊角棉
鸡舌头叶(中药大辞典)=云南清风藤
鸡舌香(抱朴子)=丁香
鸡肾参(滇南本草)=厚瓣玉凤花
鸡肾草(西藏中草药)=藏南舌唇兰
鸡肾果(广西)=野鸦椿
鸡虱草(江西)=黄花蒿
鸡矢果(图考)=番石榴
鸡矢藤 Paederia scandens (Lour.) Merr.(茜草科),*臭虫藤,鸡屎藤,皆治藤,解暑藤,毛葫芦苇,牛皮冻,牛皮冻,女青*
鸡矢藤属 Paederia L.(茜草科)
鸡屎草(日华子本草)=常山
鸡屎果(广西)=小芸木
鸡屎木(广西中草药)=小芸木
鸡屎木(中草药汇编)=粗叶木
鸡屎楠(湖北)=黑壳楠
鸡屎青(广西)=大青
鸡屎青三棱草(新华本草纲要)=畦畔莎草
鸡屎树(台湾)=斜脉粗叶木
鸡屎树(中草药汇编)=粗叶木
鸡屎树 Lasianthus hirsutus (Roxb.) Merr.(茜草科)
鸡屎藤(生草药性备要)=鸡矢藤
鸡屎藤(浙江)=贵州络石
鸡树条 Viburnum opulus var. calvescens (Rehd.) Hara (忍冬科),*天目琼花,糯米条,山竹子,鸡树条荚蒾*
鸡树条荚蒾(东北木本志)=鸡树条
鸡苏(湖南,江西福建)=紫苏
鸡苏(昆明)=黄花香茶菜
鸡苏(图考)=水苏
鸡苏(重庆)=藿香
鸡嗉子(云南)=鸡嗉子榕
鸡嗉子(云南)=头状四照花
鸡嗉子果(高等图鉴)=鸡嗉子榕
鸡嗉子花(中草药汇编)=大叶火烧兰
鸡嗉子榕 Ficus semicordata Buch.-Ham. ex J.E.Sm. (桑科),*鸡嗉子果,鸡嗉子*
鸡嗉果(麻栗坡)=胭脂
鸡藤(海南)=白藤
鸡踢香(陆川本草)=藤黄檀
鸡甜菜(陆川本草)=白苞蒿
鸡桐木(广东)=刺桐
鸡头参(陕西,甘肃)=黄精
鸡头参(陕西中草药)=卷叶黄精
鸡头草(东北)=北乌头
鸡头豆(高等图鉴)=鹰嘴豆
鸡头荷(江西)=芡实
鸡头黄精(中药志)=黄精
鸡头莲(山东,江苏,河南,江西,四川,广西)=芡实
鸡头米(东北,河北,山东,江苏)=芡实
鸡头木(广东,海南)=毛菍
鸡头盘(本草图经)=芡实
鸡头七(陕西)=黄精
鸡头肉(海南)=展毛野牡丹
鸡头薯 Eriosema chinense Vog.(豆科),*大力牛,鸡头子,鸡心薯,凉薯,毛瓣花,雀脷珠,山葛,山莨薯,猪仔笠*
鸡头薯属 Eriosema (DC.) G.Don (豆科),*猪子笠属,毛瓣花属,雀脷珠属*
鸡头藤(广西)=毛杜仲藤
鸡头子(广西中药志)=鸡头薯
鸡腿菜(植物志 51)=鸡腿堇菜
鸡腿参(新疆)=新疆猪牙花
鸡腿儿(救荒本草)=翻白草
鸡腿根(陕西)=翻白草
鸡腿果(广西)=尖山橙
鸡腿果(广西)=天星藤
鸡腿艽(甘肃)=黄管秦艽
鸡腿堇菜 Viola acuminata Ledeb.(堇菜科),*鸡腿菜,胡森堇菜,红铧头草,走边疆*
鸡腿牛夕(湖北恩施)=圆苞金足草
鸡腿树(海南)=狭叶泡花树
鸡娃草 Plumbagella micrantha (Ledeb.) Spach(白花丹科),*鹅斯格莫日,小蓝雪花,蓝雪草,刺矶松*
鸡娃草属 Plumbagella Spach (白花丹科),*小蓝雪花属*
鸡豌豆(四川)=兵豆
鸡尾木(云南药用名录)=绿背桂花
鸡尾木 Excoecaria venenata S.K.Lee & F.N.Wei (大戟科)
鸡窝红麻(植物志 53-1)=心叶野海棠
鸡窝薯(南宁药志)=参薯
鸡窝子草(山西沁县)=紫花棘豆
鸡罅风(药用志)=接骨草
鸡香草(广西大新)=假鹰爪
鸡项草(本草衍经)=蓟
鸡心矮陀陀(植物志 41)=绵三七
鸡心白附(西藏)=独角莲
鸡心果(云南)=滇刺榄
鸡心梅花草 Parnassia crassifolia Franch.(虎耳草科)
鸡心七(秦岭志)=萱
鸡心七(陕西中草药资料)=抱茎蓼
鸡心七(中药大辞典)=羊耳蒜
鸡心薯(广西中药志)=鸡头薯
鸡心树(海南)=猴耳环
鸡心藤 Cissus kerrii Craib(葡萄科),*白粉藤,独脚乌桕,假葡萄,接骨藤,青龙跌打,万年薯,夜牵牛*
鸡血兰(贵州民间药物)=白杜
鸡血李(分类草药性)=*鸡血李*
鸡血七(陕西中草药)=抱茎蓼
鸡血七 Corydalis temulifolia subsp. aegopodioides (Lévl & Vant.) C.Y.Wu(罂粟科),*断肠草,人血七*
鸡血藤(广东,广西)=亮叶崖豆藤
鸡血藤(广东,广西)=密花豆
鸡血藤(广西)=白花油麻藤
鸡血藤(广西)=毛果鱼藤
鸡血藤(江西)=菟丝子
鸡血藤(四川,广西)=香花崖豆藤
鸡血藤 Kadsura interior A.C.Sm.(木兰科),*顺宁鸡血藤,凤庆南五味子,散血香*
鸡眼草 Kummerowia striata (Thunb.) Schindl. (豆科),*白斑鸠窝,斑珠科,公母草,红骨丹,牛黄黄,铺地龙,掐不齐,人字草,三叶从字草*
鸡眼草属 Kummerowia Schindl.(豆科)
鸡眼睛(四川)=野鸦椿
鸡眼梅花草(中药辞海)=鸡腊梅花草
鸡眼睛(云南)=澜沧豆腐柴
鸡眼树(广东)=苍叶红豆
鸡眼树(广东)=罗伞树
鸡眼藤(岭大植物名录)=印度羊角藤
鸡眼藤 Morinda parvifolia Bartl. ex DC.(茜草科),*百眼藤,糠藤,泥藤草,爬山虎,土藤,五眼子,细叶巴戟天,下山虎,小叶羊角藤,猪糠藤*
鸡眼子(广东)=萝芙木
鸡腰参(昆明)=珠子参
鸡腰果(维吾尔药志)=大叶肉托果
鸡腰果(植物志 45-1)=腰果
鸡腰子(荆州中草药)=藏南舌唇兰
鸡油果(云南嵩明)=红叶木姜子
鸡油树(经济植物手册)=榉树
鸡油树(浙江)=大叶榉树
鸡占(植物志 53-1)=海南榄仁
鸡掌(云南中甸)=线叶丛菔
鸡帐蓬(云南)=苞叶藤
鸡针木(植物志 53-1)=海南榄仁
鸡珍(植物志 53-1)=海南榄仁
鸡肢莲(孢子植物)=亨利原始观音座莲
鸡肘风(广西玉林)=假鹰爪
鸡爪菜(中药大辞典)=树头菜
鸡爪参(甘肃)=黄精
鸡爪参(广西)=阴地蕨
鸡爪参(贵州)=倒提壶
鸡爪参(湖南)=翻白草
鸡爪参(陕西中草药)=腋花扭柄花
鸡爪草(广西)=假鹰爪
鸡爪草(禾本科图说)=四川固沙草(新)
鸡爪草(中草药汇编)=云南金莲花
鸡爪草 Calathodes oxycarpa Sprague(毛茛科)
鸡爪草属 Calathodes HK.f. & Thoms.(毛茛科)
鸡爪茶 Rubus henryi Hemsl. & Ktze.(蔷薇科),*老林茶,亨利莓,走牛修勒*
鸡爪大黄(植物志 25-1)=唐古特大黄
鸡爪大王(广西药用名录)=革叶蓼
鸡爪防风(云南沾益)=竹叶西风芹
鸡爪风(峨眉药志)=岩凤尾蕨
鸡爪风(广西陆川,博白)=假鹰爪
鸡爪枫(浙江)=枫香树
鸡爪凤尾蕨 Pteris gallinopes Ching ex Ching & S.H.Wu (凤尾蕨科)
鸡爪根(广西桂林)=假鹰爪
鸡爪花(广西)=尖蕾狗牙花
鸡爪花(云南)=多花素馨
鸡爪黄连(湖南药物志)=南天竹
鸡爪黄连(青海祁连)=迭裂黄堇
鸡爪黄连(浙江草药)=酸模
鸡爪箭竹 Fargesia ungulata Wen ?(禾本科),*鸡爪竹,角角竹*
鸡爪兰(广西)=重唇石斛
鸡爪兰(广西兽医植物)=金钗石斛
鸡爪兰(药性考)=金粟兰
鸡爪榄(广东)=红海兰
鸡爪榄(广西合浦)=木榄
鸡爪浪(广东台山)=木榄
鸡爪簕(广东)=飞龙掌血
鸡爪簕 Oxyceros sinensis Lour.(茜草科),*鸡槌簕,猫簕,凉粉木,痧麻木,九耳木*
鸡爪簕属 Oxyceros Lour.(茜草科)
鸡爪梨(北京)=北枳椇
鸡爪栗(医术林纂要)=穆
鸡爪连(广西)=石生黄堇
鸡爪连(植物志 27)=翠雀
鸡爪连(植物志 27)=黄连
鸡爪莲(福建)=井栏边草
鸡爪莲(广西中药志)=黄堇
鸡爪莲(湖南药志)=扇叶铁线蕨
鸡爪莲(江西)=黄蜀葵
鸡爪莲(江西)=山姜
鸡爪莲(江西)=山姜
鸡爪莲(江西)=血水草
鸡爪笼(广东惠来)=假鹰爪
鸡爪木(广西桂平,平南)=假鹰爪
鸡爪七(湖北志)=大苞景天

鸡爪七(中药大辞典)=莛子藨
鸡爪槭 Acer palmatum Thunb.(槭树科)
鸡爪前胡(广西中草药选)=隔山香
鸡爪芹(辽宁)=柳叶芹
鸡爪秋海棠 Begonia imitans Irmsch.(秋海棠科)
鸡爪三七(广东)=伽蓝菜
鸡爪树(安徽,江苏)=枳椇
鸡爪树(海南海口)=暗罗
鸡爪乌(四川西部)=康定翠雀花
鸡爪香(广西桂林)=假鹰爪
鸡爪叶(广东高要)=假鹰爪
鸡爪叶桑 Morus australis var. linearipartita Cao (桑科)
鸡爪枝(广东阳春,广西北流,陆川)=假鹰爪
鸡爪珠(广西南宁)=假鹰爪
鸡爪竹(竹子研究汇刊)=鸡爪箭竹
鸡爪子(本草纲目)=枳椇
鸡肫草(Flora 8)=鸡肫梅花草
鸡肫梅花草(西藏志)=鸡肫梅花草
鸡仔木 Sinoadina racemosa (S & Z.) Ridsd.(茜草科),*水冬瓜*
鸡仔木属 Sinoadina Ridsd.(茜草科)
鸡仔树(广东)=黄花倒水莲
鸡子(海南)=鹊肾树
鸡子草(广西)=蝙蝠草
鸡子茶(中草药汇编)=杨桐
鸡子樵(福建)=绿冬青
鸡足草(四川)=细叶卷柏
鸡足刺(海南中草药,广东,海南)=蛇泡筋
鸡足葡萄 Vitis lanceolatifoliosa C.L.Li(葡萄科),*狭复叶葡萄*
鸡足山耳蕨(西藏志)=云南耳蕨
鸡足山复叶耳蕨 Arachniodes jizushanensis Ching (鳞毛蕨科)
鸡足香槐 Cladrastis delavayi (Franch.) Prain? (豆科)
鸡足叶银莲花 Anemone patula var. minor W.T.Wang (毛茛科)
鸡嘴草(广东)=牛轭草
鸡嘴豆(内蒙古乌审旗)=砂珍棘豆
鸡嘴簕 Caesalpinia sinensis (Hemsl.) Vidal(豆科),*石南龙,南茄*
鸡肫草(西藏志)=鸡肫梅花草
鸡肫梅花草 Parnassia wightiana Wall. ex Wight & Arn. (虎耳草科),*苍耳七,荞麦叶,鸡肫草,鸡肫草,鸡肫梅花草,白侧耳,鸡眼梅花草*
姬凤梨 Cryptanthus acaulis Beer (凤梨科)
姬凤梨属 Cryptanthus Otto & Dietr.(凤梨科)
姬蕨 Hypolepis punctata (Thunb.) Mett.(姬蕨科),*岩姬蕨*
姬蕨科(植物志 2)=碗蕨科
姬蕨科 Hypolepidaceae
姬蕨属 Hypolepis Bernh.(姬蕨科)
姬莲花(拉汉名称)=细小景?
姬苗(植物学大辞典,日名)=尖帽草
姬苗属(植物学大辞典)=**尖帽草属**
姬书带蕨 Vittaria anguste-elongata Hay.(书带蕨科)
姬蹄盖蕨 Athyrium subrigescens (Hay.) Hay. ex H.Ito (蹄盖蕨科),*复羽蹄盖蕨*
姬铁角蕨(台湾志)=线柄铁角蕨
屐木(广东廉江)=倒吊笔
积石柳 Salix jishiensis C.F.Fang & J.Q.Wang(杨柳科)
积雪草 Centella asiatica (L.) Urban(伞形科),*崩大宛,崩口碗,大金钱草,地钱草,地棠草,老鸦碗,落得打,马蹄草,钱齿草,铁灯盏,铜钱草*
积雪草属 Centella L.(伞形科)
积药草(广空中草药手册)=孩儿草
积药草(山东)=百蕊草
笄石菖 Juncus prismatocarpus R.Br.(灯心草科),*江南灯心草,水茅草*
基苞翠雀花 Delphinium dolichocentroides var. leiogynum W.T.Wang(毛茛科)
基出安龙花(新)Dyschoriste principis R.Ben.? (爵床科)
基独(西藏)=白苞筋骨草
基花薹草 Carex brevicuspis var. basiflora (C.B.Clarke) Kükenth.(莎草科)
基及树 Carmona microphylla (Lam.) G.Don(紫草科),*福建茶*
基及树属 Carmona Cav.(紫草科)
基尖叶野牡丹(台湾)=多花野牡丹
基节粉苞菊 Chondrilla rouillieri Kar. & Kir.(菊科)
基截紫珠 Callicarpa basitruncata Merr. ex Moldenke (马鞭草科)
基隆当归(新)Angelica kiusiana Maxim.?(伞形科)
基隆短柄草 Brachypodium kelungense (Honda) C.Hsu(禾本科)
基隆筷子芥(台湾志)=基隆南芥
基隆毛茛 Ranunculus hirtellus Royle(毛茛科),*三裂毛茛*
基隆南芥 Arabis stelleri DC. (十字花科),*基隆筷子芥*
基隆南星 Arisaema kelung-insulare Hay.(天南星科)
基隆早熟禾 Poa kelungensis Ohwi(禾本科)
基隆泽兰 Eupatorium luchuense var. kiirunense Kitam.(菊科)
基隆紫珠(植物志 65-1)=日本紫珠
基脉润楠 Machilus decursinervis Chun(樟科),*香皮树*
基毛杜鹃 Rhododendron rigidum Franch.(杜鹃花科)
基毛光苞柳 Salix tenella var. trichadenia Hand.-Mazz. (杨柳科)
基苹婆 Sterculia principis Gagn.(梧桐科)
基斯勒里小檗 Berberis keissleriana Schneid.(小檗科)
基心叶冷水花 Pilea basicordata W.T.Wang ex C.J.Chen (荨麻科),*登赫赫*
基芽耳蕨 Polystichum capillipes (Bak.) Diels (鳞毛蕨科)
基叶人字果 Dichocarpum basilare W.T.Wang & Hsiao (毛茛科),*地五加*
基枝鸦葱 Scorzonera pubescens DC.(菊科)
绩独活(安徽)=重齿当归
畸变剑叶盾蕨 Neolepisorus ensatus f. monstriferus Tagawa(水龙骨科)
畸裂盾蕨 Neolepisorus ovatus f. monstrosus Ching & Shing(水龙骨科)
畸形果鹤虱 Lappula anocarpa C.J.Wang(紫草科)
畸形黄芪 Astragalus anomalus Bge.(豆科)
畿钻岩金(湖北,四川)=铁箍散
及瓦韦(蕨类图谱)=异叶瓦韦
及泻(名医别录)=泽泻
及已 Chloranthus serratus (Thunb.) Roem. & Schult. (金粟兰科),*对叶四块瓦,老君须,牛细辛,四大金刚,四大天王,四大王,四块瓦,四叶对,四叶箭,四叶金,四叶细辛,獐耳细辛*
吉贝 Ceiba pentandra (L.) Gaertn.(木棉科),*美洲木棉,爪哇木棉,吉贝棉,娑罗木,娑罗树*
吉贝棉(台湾志)=吉贝
吉贝属 Ceiba Mill.(木棉科)
吉布森山香 Hyptis gibsoni Grah.(唇形科)
吉布斯小檗 Berberis gibbsii Ahrendt (小檗科)
吉尔吉斯岩黄芪 Hedysarum kirghisorum B. Fedtsch. (豆科)
吉格代(维语)=沙枣
吉汗(维吾尔名)=中国沙棘
吉吉格-爱日干纳(蒙语)=小酸模
吉吉格毛日音-西巴嘎(蒙语)=灰白莲蒿
吉吉格-照古其(蒙名)=小花碎米荠
吉吉麻(江苏)=罗布麻
吉解那保(植物志 62)=六叶龙胆
吉拉策小檗 Berberis guilache Fr. & Pl.(小檗科)
吉拉柳 Salix gilashanica C.Wang & P.Y.Fu(杨柳科)
吉腊夫氏相思树 Acacia giraffae Burchell.(豆科)
吉辣岗(毛难族名)=木鳖子
吉利夫藜属(科属检索表)=**绵藜属**
吉利子树(救荒本草)=小花扁担杆
吉林藨草 Scirpus komarovii Roshev.(莎草科)
吉林鹅观草 Roegneria nakaii Kitag.(禾本科),*中井鹅观草*
吉林费菜 Phedimus middendorffianus (Maxim.) 't Hart (景天科),*狗景天,吉林景天*
吉林风毛菊 Saussurea subtriangulata Kom.(菊科)
吉林景天(植物志 34-1)=吉林费菜
吉林薹草 Carex kirinensis Wang & Y.L.Chang (莎草科)
吉林乌头 Aconitum kirinense Nakai(毛茛科)
吉林延龄草 Trillium kamtschaticum Pall. ex Pursh (百合科)
吉铃子(山东)=毛叶石楠
吉龙草 Elsholtzia communis (Coll. & Hemsl.) Diels(唇形科),*暹罗香菜*
吉隆翠雀花 Delphinium tabatae Tamura(毛茛科)
吉隆灯心草(分类学报)=金灯心草
吉隆垫柳 Salix gyirongensis S.D.Zhao & C.F. Fang (杨柳科)
吉隆繁缕 Stellaria gyirongensis L.H.Zhou(石竹科)
吉隆风毛菊 Saussurea andryaloides (DC.) Sch.-Bip.(菊科)
吉隆藁本 Ligusticum gyirongense Shan & H.T. Chang (伞形科)
吉隆蒿 Artemisia jilongensis Y.R.Ling & C.J. Humph. (菊科)
吉隆假冷蕨(西藏志)=三角叶假冷蕨
吉隆碱茅 Puccinellia gyirongensis L.Liu(禾本科)
吉隆箭竹 Fargesia gyirongensis Yi (禾本科)
吉隆锦鸡儿 Caragana franchetiana var. gyirongensis (C.C.Ni) Liou f.(豆科)
吉隆老鹳草 Geranium lamberti Sweet(牻牛儿苗科)
吉隆龙胆 Gentiana gyirongensis T.N.Ho(龙胆科)
吉隆绿绒蒿 Meconopsis pinnatifolia C.Y.Wu & H.Chuang(罂粟科)
吉隆马先蒿 Pedicularis gyirongensis H.P.Yang (玄参科)
吉隆毛茛 Ranunculus jilongensis L.Liou(毛茛科)

吉隆女贞(植物志 61)=散生女贞
吉隆忍冬 Lonicera jilongensis Hsu & H.J.Wang (忍冬科)
吉隆桑 Morus serrata Roxb.(桑科)
吉隆桑寄生 Loranthus lambertianus Schult.(桑寄生科)
吉隆嵩草 Kobresia curticeps var. gyirongensis Y.C.Yang (莎草科)
吉隆铁线莲 Clematis barbellata var. obtusa Kitam. & Tamura(毛茛科)
吉隆瓦韦 Lepisorus gyriongensis Ching & S.K. Wu (水龙骨科)
吉隆微孔草 Microula jilungensis W.T.Wang(紫草科)
吉隆乌头 Aconitum jilongense W.T.Wang & L. Q.Li (毛茛科)
吉隆小檗 Berberis gilungensis Ying(小檗科)
吉隆野丁香 Leptodermis kumaonensis Parker (茜草科)
吉隆野决明 Thermopsis gyirongensis S.Q.Wei (豆科)
吉隆缘毛杨 Populus ciliata var. gyirongensis C.Wang & Tung (杨柳科)
吉曼草 Germainia capitata Bal. & Poitr.(禾本科)
吉曼草属 Germainia Bal. & Poitr.(禾本科)
吉木乃沙拐枣 Calligonum jimunaicum Z.M. Mao (蓼科)
吉纳檀 Pterocarpus marsupium Rxob.(豆科),*花榈木*
吉普塞番红花 Crocus chrysanthus var. gibsygirl Hort.(鸢尾科)
吉氏蒿(俗称)=华北米蒿
吉氏木蓝(豆科图说)=花木蓝
吉氏珍珠梅(经济植物手册)=华北珍珠梅
吉粟草(海南志)=针晶粟草
吉粟草属(海南志)=**针晶粟草属**
吉塘蒿 Artemisia gyitangnensis Ling & Y. R.Ling (菊科)
吉祥草 Reineckea carnea (Andr.) Kunth(百合科),*松寿兰,结实兰,九节连,中叶麦冬,小青胆,小叶万年青,竹叶青,长春草,玉带草,竹节草*
吉祥草属 Reineckea Kunth(百合科)
吉子嘎保(藏药名)=粘毛鼠尾草
级木(植物大辞典)=华东椴
极矮黄芪 Astragalus nanellus Tsai & Yü(豆科)
极叉分茶藨子 Ribes divaricatum Dougl.(虎耳草科)
极大杜鹃花 Rhododendron maximum L.(杜鹃花科)
极地早熟禾 Poa arctica R.Br.(禾本科)
极东锦鸡儿 Caragana fruticosa (Pall.) Bess.(豆科)
极高黄芩 Scutellaria altissima L.(唇形科)
极高瘤瓣兰 Oncidium altissimum (Jacq.) Sw.(兰科)
极尖茜草树(云南植物名录)=多毛茜草树
极简榕 Ficus simplicissima Lour.(桑科),*粗叶,粗叶榕,南芪,三龙爪,土黄芪,土五加皮,五扑龙,五指毛桃,五指牛奶,亚桠木*
极乐鸟(植物志 16-2)=鹤望兰
极丽马先蒿 Pedicularis decorissima Diels(玄参科)
极美杜鹃花 Rhododendron albrechtii Maxim.(杜鹃花科),*加拿大映红*
极美凤仙花(新)Impatiens pulcherima Dalz.(凤仙花科),*美丽凤仙花*
极美古稀(西藏志)=克拉花
极美丽省藤 Calamus speciocissimus Ftdo.(棕榈科)
极美泰洛帕 Telopea speciosissima (Sm.) R.Br.(山龙眼科)
极品鹿蹄草(拉汉名称)=长叶鹿蹄草
极弱马先蒿 Pedicularis debilis subsp. debillior Tsoong(玄参科),*弱小马先蒿极弱亚种*
极疏花婆婆纳 Veronica laxissima D.Y.Hong (玄参科)
极疏省藤 Calamus laxissimus Ridley (棕榈科)
极弯相思树 Acacia pravissima F.J.Muell.(豆科)
极细蚁棕 Korthalsia tenuissima Becc.(棕榈科)
极狭马先蒿(新)Pedicularis stenocorys subsp. stenocorys var. angustissima Tsoong(玄参科),*狭盔马先蒿狭盔亚种极狭变种*
极纤细鸢尾 Iris tenuissima Dykes (鸢尾科)
极香杜鹃花 Rhododendron inaequale Hutch.(杜鹃花科)
极香荚蒾(拉汉名称)=珊瑚树
极香石豆兰(中药大辞典)=密花石豆兰
极香柱瓣兰 Epidendrum odoratissimum Lindl.(兰科)
极小谷精草 Eriocaulon minusculum Moldenke (谷精草科)
极小羊耳蒜 Liparis perpusilla HK.f.(兰科)
极小珠芽蓼 Polygonum perpusillum HK.f.? (蓼科)
急尖长苞冷杉 Abies georgei var. smithii (Viguié & Gaussen) Cheng & L.K.Fu(松科)
急尖复叶耳蕨 Arachniodes abrupta Ching(鳞毛蕨科)
急尖冷水花(湖北志)=隆脉冷水花
急尖洛克兰 Lockhartia acuta (Lindl.) Rchb.f.(兰科)
急尖买麻藤 Gnetum cuspidatum Bl.(买麻藤科)
急尖薹草 Carex acuta L.(莎草科)
急尖叶齿缘草(新)Eritrichium sichotense M. Pop.? (紫草科)
急尖叶粉花绣线菊(新)Spiraea japonica var. acuta Yü (蔷薇科),*粉花绣线菊急尖变种*
急尖叶红河鹅掌柴 Schefflera hoi f. acuta Tseng & Hoo(五加科)
急解索(植物志 73-2)=半边莲
急流紫云菜 Strobilanthes torrentium R.Ben.(爵床科)
急怒棕榈 Aiphanes caryotifolia H.Wendl.(棕榈科)
急怒棕榈属 Aiphanes Willd.(棕榈科)
急梳假毛蕨 Pseudocyclosorus torrentis Ching ex Y.X.Lin (金星蕨科)
急弯棘豆 Oxytropis delexa (Pall.) DC.(豆科)
急性子(救荒本草)=凤仙花
急性子(植物志 47-2)=大苞凤仙花
急折百蕊草 Thesium refractum C.A.Mey.(檀香科),*九龙草,九仙草,松毛参,六天草*
疾尔色布尔(藏语)=香薷
棘(植物志 48-1)=酸枣
棘苞菊 Acantholepis orientalis Less.(菊科)
棘苞菊属 Acantholepis Less (菊科)
棘刺花(名医别录)=酸枣
棘刺卫矛 Euonymus echinatus Sprague(卫矛科),*小叶刺果卫矛*
棘豆属 Oxytropis DC.(豆科)
棘枸(纲目)=枳椇
棘黄连(贵州药物目录,湖北)=假豪猪刺
棘茎楤木(高等图鉴)=棘茎楤木
棘茎楤木 Aralia echinocaulis Hand.-Mazz.(五加科),*红楤木,红老虎刺,鸟不踏,红鸟不宿,棘茎楤木,红刺桐,千枚针*
棘盘子(广东)=马甲子
棘皮桦(河北)=黑桦
棘楸(中药大辞典)=刺楸
棘叶龙骨小檗 Berberis carinata var. echinata Diels (小檗科)
棘菀(尔雅,本经)=远志
棘枝忍冬 Lonicera spinosa Jacq. ex Walp.(忍冬科)
集束牛角兰(海南志)=牛角兰
蒺藜 Tribulus terrester L.(蒺藜科),*八角刺,白蒺藜,刺蒺藜,三角刺*
蒺藜草 Cenchrus echinatus L.(禾本科)
蒺藜草属 Cenchrus L.(禾本科)
蒺藜黄芪 Astragalus tribuloides Del.(豆科)
蒺藜栲(植物志 22)=蒺藜锥
蒺藜科 Zygophyllaceae
蒺藜叶黄芪 Astragalus tribulifolius Benth. ex Bge. (豆科)
蒺藜属 Tribulus L.(蒺藜科)
蒺藜锥 Castanopsis tribuloides (Sm.) A.DC.(壳斗科),*蒺藜栲*
蒺藜子(贵州民间药物)=紫云英
蒺兀萝卜(藏名)=涩荠
瘠草(福建)=卤地菊
瘠瘦马先蒿 Pedicularis macilenta Franch.(玄参科)
蕀蒬(尔雅,本草经)=远志
蕺(名医别录)=蕺菜
蕺菜 Houttuynia cordata Thunb.(三白草科),*鱼腥草,蕺,狗腥草,臭菜,侧耳根*
蕺菜属 Houttuynia Thunb.(三白草科)
蕺叶秋海棠 Begonia limprichtii Irmsch.(秋海棠科),*七星花*
几内亚格木 Erythrophleum guineense G.Don (豆科)
几内亚美冠兰 Eulophia guineensis Lindl.(兰科)
几内亚磨盘草 Abutilon indicum var. guineense (Shumach.) Fegn(锦葵科)
几内亚薯蓣 Dioscorea rotundata Poir.(薯蓣科)
虮子草 Leptochloa panicea (Retz.) Ohwi (禾本科)
挤果树参 Dendropanax confertus Li(五加科),*密花木五加*
脊唇斑叶兰 Goodyera fusca (Lindl.) HK.f.(兰科)
脊萼龙胆 Gentiana praeclara Marq.(龙胆科)
脊突龙胆 Gentiana cristata H.Sm.(龙胆科)
戟唇齿瓣兰 Odontoglossum hastilabium Lindl.(兰科)
戟唇叠鞘兰 Chamaegastrodia vaginata (HK.f.) Seidenf (兰科)
戟唇石豆兰 Bulbophyllum hastatum T.Tang & F.T.Wang (兰科),*箭唇石豆兰*
戟堇 Viola hastata Michx.(堇菜科)
戟蕨 Christiopteris tricuspis (HK.) Christ(水龙骨科)
戟蕨属 Christiopteris Copel.(水龙骨科)
戟裂毛鳞菊 Chaetoseris taliensis Shih(菊科)
戟柳 Salix hastata L.(杨柳科)
戟形桄榔 Arenga hastata (Becc.) Whitmore (棕榈科)
戟形荆芥 Nepeta subhastata Rgl.(唇形科)
戟形马鞭草 Verbena hastata L.(马鞭草科)

戟形扇蕨 Neocheiropteris waltoni Ching(水龙骨科),*戟叶石韦,戟叶瓦韦,渣贝筝瓦,宽带蕨*
戟形虾脊兰 Calanthe nipponica Makino(兰科)
戟叶×华火绒草(植物志 75)=×白灰火绒草
戟叶艾纳香 Blumea sagittata Gagn.(菊科)
戟叶白粉藤(中药辞海)=翼茎白粉藤
戟叶白粉藤 Cissus hastata (Miq.) Planch.(葡萄科)
戟叶滨藜 Atriplex hastata L.(藜科)
戟叶垂头菊 Cremanthodium potaninii C.Winkl.(菊科)
戟叶大黄 Rheum hastatus D.Don (蓼科),*酸浆草*
戟叶盾蕨 Neolepisorus dengii f. hastatus Ching & P.S.Wang(水龙骨科)
戟叶鹅绒藤 Cynanchum acutum subsp. sibiricum (Willd.) K.H.Rech.(萝藦科),*沙牛皮消,羊角子草,勤克立克*
戟叶耳蕨 Polystichum tripteron (Kunze) Presl (鳞毛蕨科),*三叶耳蕨,三叉耳蕨,三裂耳蕨,小叶金鸡巴草,蛇舌草,凤凰尾巴草,新裂耳蕨*
戟叶蒿(四川)=云南蒿
戟叶黑心蕨 Doryopteris ludens (Wall. ex HK.) J.Sm. (中国蕨科)
戟叶黄鹌菜 Youngia longipes (Hemsl.) Babcock & Stebbins(菊科)
戟叶黄芩 Scutellaria hastifolia L.(唇形科)
戟叶火绒草 Leontopodium dedekensii (Bur. & Franch.) Beauv.(菊科),*火艾,火草,白蒿*
戟叶火绒草小花变种(植物志 75)=小花戟叶火绒草(新)
戟叶堇菜 Viola betonicifolia J.E.Smith(堇菜科),*尼泊尔堇菜,箭叶堇菜,铧头草*
戟叶蓝岩参菊(云南植物名录)=滇藏毛鳞菊
戟叶蓼 Polygonum thunbergii S. & Z.(蓼科),*水麻,水麻芀,鹿蹄草,藏氏蓼*
戟叶蒲公英(内蒙志)=白花蒲公英
戟叶蒲公英(植物志 80-2)=亚洲蒲公英
戟叶桑 Morus australis var. hastifolia (Cao) Cao (桑科)
戟叶圣蕨 Dictyocline sagittifolia Ching(金星蕨科)
戟叶石韦(西藏中草药)=戟形扇蕨
戟叶石韦 Pyrrosia hastata (Thunb. ex Houtt.) Ching (水龙骨科)
戟叶鼠尾草 Salvia bulleyana Diels(唇形科),*紫丹参*
戟叶薯蓣(台湾)=薯蓣
戟叶酸模 Rumex hastatus D.Don(蓼科),*土大黄,酸浆草,太阳草*
戟叶薹草 Carex hastata Kükenth.(莎草科)
戟叶兔儿伞(植物志 77-1)=山尖子
戟叶槖吾(台湾志)=窄头槖吾
戟叶瓦韦(孢子植物)=戟形扇蕨
戟叶小苦荬 Ixeridium sagittaroides (C.B.Clarke) Shih (菊科),*茨菇叶苦菜*
戟叶悬钩子 Rubus hastifolius Lévl. & Vant.(蔷薇科),*红绵藤*
戟叶醉鱼草(植物志 61)=皱叶醉鱼草
戟状铁线莲 Clematis hastata Fient & Gagn.(毛茛科)
戟状蟹甲草 Parasenecio hastiformis Y.L.Chen (菊科)
麂子果(云南)=檀梨
麂子扣甘树(云南)=瑞丽紫金牛
纪氏白鹃梅(经济植物手册)=红柄白鹃梅
纪氏茶藨子(华北经济志要)=陕西茶藨子
纪氏槭(华北经济志要)=太白深灰槭
纪氏五加(经济植物手册)=红毛五加
忌裂铁角蕨 Asplenium pinnatifidum (Muhl.) Nutt.(铁角蕨科)
芰芪(名医别录)=多花黄芪
芰芪(名医别录)=黄芪
芰芪(名医别录)=金翼黄芪
季川鹅掌柴(分类学报增刊)=粗芽鹅掌柴
季川马先蒿 Pedicularis yui Li(玄参科),*季川马先蒿季川变种*
季川马先蒿季川变种(植物志 68)=季川马先蒿
季川马先蒿缘毛变种(植物志 68)=缘毛季川马先蒿
季川槭(分类学报)=川甘槭
季豆(东北药志)=胡卢巴
季茛早熟禾 Poa dshilgensis Roshev.(禾本科)
季氏报春(拉汉名称)=太白山穗花报春
季庄薹草 Carex jizhuangensis S.Y.Liang(莎草科)
济华华松 Pinus chihuahuana Engelm.(松科)
济新杜鹃(分类学报)=红滩杜鹃
寄马桩(甘肃)=攀援天门冬
寄马桩(甘肃,宁夏,青海)=攀援天门冬
寄马桩(中草药汇编)=戈壁天门冬
寄奴花(东北检索表)=毛蕊卷耳
寄奴花属(种子植物名称)=**卷耳属**
寄色草(广西)=夜香牛
寄生(四川) =四川寄生
寄生(四川)=线叶槲寄生
寄生(中药志)= 桑寄生
寄生(中药志)=红花寄生
寄生(中药志)=槲寄生
寄生包(四川中药志)=扁枝槲寄生
寄生草(滇南本草)=红花寄生
寄生茶(广西)= 桑寄生
寄生茶(广西)=柄果槲寄生
寄生花 Sapria himalayana Griff.(大花草科)
寄生花属 Sapria Griff.(大花草科)
寄生黄(贵州草药)=筒鞘蛇菰
寄生鳞叶草 Salomonia elongata (Bl.) Kurz ex Koord. (远志科),*寄生莎萝莽*
寄生泡(四川,陕西)=毛叶钝果寄生
寄生牵牛(植物志 64-1)=变色牵牛
寄生牵牛属(植物志 64-1)=**番薯属**
寄生莎萝莽(海南志)=寄生鳞叶草
寄生树(郭璞注:尔雅)=红花寄生
寄生藤 Dendrotrophe frutescens (Champ. ex Benth.) Danser(檀香科),*青藤公,左扭香,鸡骨香藤,观音藤*
寄生藤属 Dendrotrophe Miq.(檀香科)
寄生五叶参 Pentapanax parasiticus (D.Don) Seem.(五加科)
寄生子(四川)=槲寄生
寄树兰 Robiquetia succisa (Lindl.) Seidenf.(兰科),*小叶寄树兰,截叶陆宾兰*
寄树兰属 Robiquetia Gaud.(兰科)
寄屑(本经)=红花寄生
蓟 Cirsium japonicum Fisch. ex DC.(菊科),*刺蓟,大蓟,大牛喳口,地萝卜,恶鸡婆,虎蓟,鸡脚刺,鸡项草,六月台票霜,驴扎嘴,马刺草,马刺刺,牛口刺,山萝卜,土红花,野红花,蚁姆刺,猪姆刺*
蓟艽(藏名)=麻花秦艽
蓟艽(植物志 43-1)=西藏秦艽
蓟艽(植物志 43-1)=小秦艽
蓟瓦(藏名)=白刺花
蓟罂粟 Argemone mexicana L.(罂粟科),*刺罂粟*
蓟罂粟属 Argemone L.(罂粟科)
蓟属 Cirsium Mill.(菊科)
蓟状风毛菊 Saussurea carduiformis Franch.(菊科)
稷 Panicum miliaceum L.(禾本科),*锅焦,黄金粉,稷米,穄米,糜,糜子米,糜穰黍,黍,粢米*
稷米(名医别录)=稷
鲫鱼草(广空中草药手册)=咸虾花
鲫鱼草(四川)=乱草
鲫鱼草 Eragrostis tenella (L.) Beauv. ex Roem. & Schult. (禾本科)
鲫鱼胆 Maesa perlarius (Lour.) Merr.(紫金牛科),*空心花,冷饭果,嫩肉木,丁药*
鲫鱼胆草(岭南采药录)=耳草
鲫鱼姜(江西)=乌药
鲫鱼藤 Secamone elliptica R.Br.(萝藦科),*四粉块藤,黄花藤*
鲫鱼藤属 Secamone R.Br.(萝藦科),*四粉块藤属,式格藤属*
冀北翠雀花(植物志 27)=细须翠雀花
冀北翠雀花 Delphinium siwanense var. albopuberulum W.T.Wang(毛茛科)
冀韭 Allium chiwui Wang & Tang(百合科)
穄米(补缺肘后方)=稷
檕迷(陆玑诗疏)=荚蒾
檵花(图考)= 檵木
檵木 Loropetalum chinense (R.Br.) Oliv.(金缕梅科),*白花树,白清明花,刺木花,刀烟木,鸡寄,檵花,坚漆,茧漆,罗胆木,满山白,土墙花,知微木,纸末花,桎木柴*
檵木属 Loropetalum R.Br.(金缕梅科)
荠 Capsella bursa-pastoris (L.) Medic. (十字花科),*地地菜,地米花,护生草,鸡脚菜,净肠草,菱角菜,荠菜,上已菜,香荠菜*
荠菜(通称)=荠
荠儿菜(陕西)=离子芥
荠米(图考)=茶菱
荠苨 Adenophora trachelioides Maxim.(桔梗科),*白面根,老母鸡肉,甜桔梗,心叶沙参,杏叶菜,杏叶沙参*
荠叶山芫荽 Cotula coronopifolia L.(菊科)
荠属 Capsella Medic.(十字花科)
荠苎(图考,非本草拾遗,纲目之荠苎,江苏)=荔枝草
荠苎 Mosla grosseserrata Maxim.(唇形科),*臭苏,青白苏*

Jia

加播该迈(广西苗语)=算盘子
加不勒(西藏)=络石
加查虎耳草 Saxifraga sessiliflora H.Sm.(虎耳草科)
加查女娄菜(西藏志)=阿扎蝇子草
加查乌头 Aconitum chiachaense W.T.Wang(毛茛科)
加查雪兔子 Saussurea gyacaensis S.W.Liu(菊科)
加查獐牙菜 Swertia gyacaensis T.N.Ho & S.W. Liu (龙胆科)
加茶杜香 Ledum groenlandicum Oed.(杜鹃花科)
加长银莲花 Anemone elongata D.Don(毛茛科)
加刺拨豆(英译名)=毒扁豆
加当(南京)=秋枫
加地侧蕊(北部植物图志)=肋柱花
加冬(福建,台湾)=秋枫

加尔得纳刺蕊草 Pogostemon gardneri HK.f.(唇形科)
加尔恰小檗 Berberis garciae Pau (小檗科)
加尔西顿百合 Lilium chalcedonicum L.(百合科)
加芬相思树 Acacia cavenia Mol.(豆科)
加拉虎耳草 Saxifraga gyalana Marquand & Airy-Shaw(虎耳草科)
加拉萨铁线莲 Clematis jialasaensis W.T.Wang (毛茛科)
加辣莸(云南志)=辣莸
加勒比群岛蝎尾蕉 Heliconia caribaea Lam.(芭蕉科)
加勒比松 Pinus caribaea Morelet(松科),*古巴松*
加里曼丹陆均松 Dacrydium beccarii Parlat.(罗汉松科)
加里曼丹买麻藤 Gnetum diminutum Markgr (买麻藤科)
加里曼丹娑罗双 Shorea belongeran Burck (龙脑香科)
加力酸藤(海南)=羽叶金合欢
加丽尔具叶柄小檗 Berberis petiolaris var. garhwalana Ahrendt (小檗科)
加利福利亚十大功劳 Mahonia californica (Jepson) Ahrendt (小檗科)
加利福尼亚柏木 Cupressus goveniana Gord.(柏科),*加州柏木*
加辽菜藤(海南澄迈)=海南玉叶金花
加罗林铁杉 Tsuga caroliniana Engelm.(松科)
加罗雪轮 Silene caroliniana Palt.(石竹科)
加姆布小檗 Berberis gambleana Ahredt (小檗科)
加拿大白杨(树木分类学)=加杨
加拿大百合 Lilium canadense L.(百合科)
加拿大杓兰 Cypripedium passerinum (兰科)
加拿大茶藨子 Ribes oxyacanthoides L.(虎耳草科)
加拿大葱 Allium canadense L.(百合科)
加拿大灯心草 Juncus canadensis J.Gay.(灯心草科)
加拿大肥皂荚 Gymnocladus dioicus (L.) K. Koch. (豆科)
加拿大蒿 Artemisia canadensis Michx.(菊科)
加拿大红豆杉 Taxus canadensis Marsh (红豆杉科)
加拿大黄桦 Betula alleghaniensis Britt (桦木科)
加拿大金丝桃 Hypericum canadense L.(藤黄科)
加拿大莓系(新拉汉英)=加拿大早熟禾
加拿大蓬(植物志 74)=小蓬草
加拿大披碱草 Elymus canadensis L.(禾本科)
加拿大雀麦 Bromus canadensis Michx.(禾本科)
加拿大忍冬 Lonicera canadensis Marsh.(忍冬科)
加拿大山鸢尾 Iris setosa var. canadensis M.Foster (鸢尾科)
加拿大水牛果 Shepherdia canadensis Nutt.(胡颓子科)
加拿大唐棣 Amelanchier canadensis (L.) Medic. (蔷薇科)
加拿大甜茅 Glyceria canadensis (Michx.) Trinius (禾本科)
加拿大铁杉 Tsuga canadens Carr.(松科)
加拿大莴苣 Lactuca canadensis L.(菊科)
加拿大舞鹤草 Maianthemum canadensis Desf. (百合科)
加拿大杨(高等图鉴)=加杨
加拿大野青茅 Deyeuxia canadensis (Michx.) Muro (禾本科)
加拿大一枝黄花 Solidago canadensis L.(菊科)
加拿大迎红杜鹃 Rhododendron canadense (L.) Torr. (杜鹃花科)
加拿大映红(新拉汉英)=极美杜鹃花
加拿大早熟禾 Poa compressa L.(禾本科),*加拿大莓系*
加拿大紫荆 Cercis canadensis L.(豆科)
加拿楷(植物学杂志)=依兰
加拿楷属(植物学杂志)=**依兰属**
加那利刺柏 Juniperus cedrus Webb. & Benth. (柏科)
加那利骨碎补 Davallia canariensis (L.) Sm.(骨碎补科)
加那利松 Pinus canariensis C.Smith (松科),*卡内里松*
加沙尔风车子 Combretum ghasalense Engl. & Diels (使君子科)
加氏汝蕨(蕨类图说)=背囊复叶耳蕨
加苏(苗言辞名)=大丁草
加天草(植物大辞典)=花点草
加条(福建漳州)=糙叶树
加锡弥罗果属(经济植物手册)=**香肉果属**
加修(广西龙津壮语)=滇新樟
加杨 Populus ×canadensis Moench.(杨柳科),*加拿大杨,欧美杨,加拿大白杨,美国大叶白杨*
加州安息香 Styrax californica Torr.(安息香科)
加州柏木(Flora 4)=加利福尼亚柏木
加州柏木 Cupressus macnabiana Murr.(柏科)
加州杓兰 Cypripedium californicum (兰科)
加州梣叶槭 Acer negundo var. californicum (Torr. & Gray) Sarg.(槭树科)
加州茶藨子 Ribes californicum HK. & Arn.(虎耳草科)
加州倒挂金钟 Zauschneria californica K.Presl. (柳叶菜科)
加州倒挂金钟属 Zauschneria Presl.(柳叶菜科)
加州杜鹃花(新拉汉英)=西岸杜鹃花
加州核桃 Juglans californica Wats.(胡桃科)
加州红冷杉(新拉汉英)=红果冷杉
加州堇菜 Viola pedunculata Torr. & Gray (堇菜科)
加州蓝眼草 Sisyrinchium californicum Dry.(鸢尾科)
加州葡萄 Vitis californica Benth.(葡萄科)
加州七叶树 Aesculus californica (Spach) Nutt. (七叶树科)
加州全缘叶美洲茶 Ceanothus integerrimus var. californicus (Kell) Benson (鼠李科)
加州鼠李 Rhamnus californica Rsch.(鼠李科)
加州万寿竹 Disporum hookeri Nichols.(百合科)
加州夏腊梅 Calycanthus occidentalis HK. & Arn. (蜡梅科)
加州香草 Satureja caroliniana (Michx.) Briq.(唇形科)
加州熊果 Arctostachylos otayensis Wiesl. & Schreib.(杜鹃花科)
加州絮菊 Filago californica Nutt.(菊科)
加州悬铃木 Platanus racemosa Nutt.(悬铃木科)
加州雪轮 Silene californica Durand.(石竹科)
加州延龄草 Trillium chloropetalum Howell.(百合科),*绿瓣延龄草*
加州杨梅 Myrica californica Cham.(杨梅科)
加州圆柏 Juniperus californica Carr.(柏科)
加州越桔 Vaccinium ovatum Pursh.(杜鹃花科)
加州沼松(新拉汉英)=粗糙松
加州猪牙花 Erythronium californicum Purdy. (百合科)
加州紫荆 Cercis occidentalis Torr.(豆科)
加州紫穗槐 Amorpha califormica Nutt.(豆科)
加洲榧树 Torreya californica Torr.(红豆杉科)
加洲满江红 Azolla caroliniana Willd.(满江红科)
夹骨木(广东高要)=土蜜树
夹山系(生草药性备要)=龙船花
夹眼皮果(海南)=大叶千斤拔
夹竹桃(福建中草药)=黄花夹竹桃
夹竹桃(救荒本草)=凤仙花
夹竹桃 Nerium oleander L.(夹竹桃科),*白羊桃,大节肿,枸那,红花夹竹桃,叫出冬,九节肿,柳叶树,柳叶桃树,欧洲夹竹桃,水甘草,洋桃,洋桃梅*
夹竹桃科 Apocynaceae
夹竹桃叶帕洛梯 Protea neriifolia R.Br.(山龙眼科)
夹竹桃叶树萝卜 Agapetes neriifolia (King & Prain) Airy-Shaw(杜鹃花科)
夹竹桃叶素馨(植物研究)=丛林素馨
夹竹桃属 Nerium L.(夹竹桃科)
佳丽菊 Charieis heterophylla Cass.(菊科)
佳丽菊属 Charieis Cass.(菊科)
佳美鸢尾 Iris chamerieris Bert.(鸢尾科)
枷定(广东,海南)=木榄
枷果(海南)=杯萼海桑
家阿豆(贵州苗语)=络石
家艾(中药俗称)=艾
家薄荷(江苏)=罗勒
家薄荷 Mentha haplocalyx var. piperascens (Malinv.) C.Y.Wu & H.W.Li (唇形科)
家菖蒲(云南曲靖)=菖蒲
家豆薯(广西)=圆叶野扁豆
家独行菜 Lepidium sativum L.(十字花科),*台尔台孜*
家鹤儿(广西,湖南)=椴树
家槐(通称)=槐
家茴香(河北内邱)=藿香
家菊(群芳谱)=菊花
家菊(药典 2000)=菊花
家蓼(新疆中草药) =红蓼
家麻(江西)=大叶苎麻
家麻(江西)=苎麻
家麻树 Sterculia pexa Pierre(梧桐科),*棉毛苹婆,九层皮,哥波*
家佩兰(药用志)=罗勒
家桑(四川)=桑
家山黧豆 Lathyrus sativus L.(豆科)
家鼠草(福建草药)=山菅
家天竺葵 Pelargonium domesticum Bailey(牻牛儿苗科),*大花天竺葵,洋蝴蝶*
家脱力草(上海中草药)=婆婆针
家茵陈(湖北)=茵陈蒿
家榆(河北,河南)=榆树
家正牛(苗语)=灰毛泡
痂虎耳草 Saxifraga mucronulatoides J.T.Pan(虎耳草科)
葭(诗经,名医别录)=芦韦
葭花(尔雅)=芦韦
嘉宝山柳(广西植物名录)=贵州桤叶树
嘉赐树(树木分类学)=脚骨脆
嘉赐树(植物学报)=球花脚骨脆
嘉赐树属(云南植物研究)=**脚骨脆属**
嘉兰 Gloriosa superba L.(百合科),*舒筋散,何发*

来
嘉兰属 Gloriosa L.(百合科)
嘉榄属 Garuga Roxb.(橄榄科)
嘉丽树(峨眉图志)=山羊角树
嘉利树(树木分类学)=山羊角树
嘉陵花 Popowia pisocarpa (Bl.) Endl.(番荔枝科)
嘉陵花属 Popowia Endl.(番荔枝科)
嘉庆子(江苏,纲目,植物志 38)=李
嘉氏鱼藤(分类学报)=黔桂鱼藤
嘉应子(南京)=李
荚果蕨 Matteuccia struthiopteris (L.) Todaro(球子蕨科),*贯众,荚果蕨贯众*
荚果蕨贯众(中药志)=荚果蕨
荚果蕨属 Matteuccia Todaro (球子蕨科)
荚果树(植物志 39)=山皂荚
荚蒾 Viburnum dilatatum Thunb.(忍冬科),*羿先,繫迷,孩儿拳头*
荚蒾卫矛 Euonymus viburnoides Prain(卫矛科)
荚蒾叶海桐 Pittosporum viburnifolium Hay.(海桐花科)
荚蒾叶山柑 Capparis viburnifolia Gagn.(山柑科)
荚蒾叶悬钩子 Rubus viburnifolius Focke(蔷薇科)
荚蒾叶越桔 Vaccinium sikkimense C.B.Clarke (杜鹃花科)
荚蒾属 Viburnum L.(忍冬科)
荚囊蕨 Struthiopteris eburnea (Christ) Ching(乌毛蕨科),*罗曼蕨,天长乌毛蕨,象牙乌毛蕨*
荚囊蕨属 Struthiopteris Scopoli (乌毛蕨科)
戛克氏马先蒿 Pedicularis garckeana Prain(玄参科)
戛剎拢(傣语)=老鸦烟筒花
戛氏马先蒿 Pedicularis gagnepainiana Bonati (玄参科)
蛱蝶花(植物志 47-2)=金凤花
甲打白盂(藏语)=扇苞黄堇
甲打色尔娃(藏语)=扇苞黄堇
甲打色尔娃(青海藏语)=条裂黄堇
甲冬丈(广西药用名录)=柔毛艾纳香
甲多网巴(四川藏语)=白穗紫堇
甲格黄堇 Corydalis pseudodrakeana Lidén(罂粟科)
甲果贝(西藏藏族)=黄毛翠雀花
甲金刚我巴(四川藏语)=糙果紫堇
甲客儿(藏名)=红轮狗舌草
甲拉马先蒿 Pedicularis kialensis Franch.(玄参科)
甲拉蝇子草 Silene kialensis (F.N.Will.) Lidén & Oxelm.(石竹科)
甲满(云南傣语)=包疮叶
甲橡旺秋(西藏藏名)=美丽金丝桃
甲竹 Bambusa remotiflora Kuntze (禾本科),*疏花单竹,蔴竹,石竹,水竹*
甲子豆罗(藏药名)=蓝侧金盏花
贾发 Jaffa(芸香科脐橙类)
贾赫黄藤 Daemonorops kiahii Ftdo.(棕榈科)
贾筋骨草 Ajuga chia Schreb.(唇形科)
贾克百合 Lilium carniolicum var. jankae (A. Kerner) Wehrh.(百合科)
贾施克小檗 Berberis jaeschkeana Schneid.(小檗科)
贾氏凤仙花 Impatiens gardneriana Wight (凤仙花科)
贾氏轴榈 Licuala kiahii Ftdo.(棕榈科)
槚如实(维吾尔药志)=大叶肉托果
槚(尔雅)=茶
槚如树(植物志 45-1)=腰果
假矮薹草 Carex pseudohumilis Wang & Y.L. Chang ex P.C.Li(莎草科)
假八角(中草药汇编)=小花八角
假巴戟(云南植物名录)=聚果九节
假巴戟 Morinda shuanghuanensis C.Y.Chen & M.S.Huang (茜草科)
假白榄(植物志 44-2)=麻疯树
假白前(广西)=扒地蜈蚣
假百合 Notholirion bulbuliferum (Lingelsh.) Stearn (百合科),*太白米*
假百合属 Notholirion Wall. ex Boiss.(百合科)
假柏木(云南屏边)=鸡毛松
假败酱(种子植物名录,海南志)=假马鞭
假败酱属(分类学报)=**假马鞭属**
假斑叶野木瓜 Stauntonia pseudomaculata C. Y.Wu & S.H.Huang(木通科)
假板(植物志 22)=钩锥
假板栗(云南)=棕毛锥
假半边莲 Lobelia hancei Hara(桔梗科)
假半育耳蕨 Polystichum oreodoxa Ching ex H.S.Kung & L.B.Zhang(鳞毛蕨科)
假宝盖草 Nepeta lamiopsis Benth. ex HK.f.(唇形科)
假报春 Cortusa matthioli L.(报春花科)
假报春属 Cortusa L.(报春花科)
假北岭黄堇 Corydalis pseudofargesii H.Chuang (罂粟科)
假北紫堇 Corydalis pseudoimpatiens Fedde(罂粟科),*桑格丝哇*
假贝母(云南)=山慈菇
假贝母(植物志 73-1)=土贝母
假贝母属 Bolbostemma Franq.(葫芦科)
假荜拨 Piper retrofractum Vahl(胡椒科)
假蓽(岭南采药录)=蔎蒟
假边果鳞毛蕨 Dryopteris caroli-hopei Fraser-Jenkins (鳞毛蕨科)
假鞭叶铁线蕨 Adiantum malesianum Ghatak (铁线蕨科)
假扁果草(植物志 27)=拟扁果草
假槟榔 Archontophoenix alexandrae (F.Muell.) H.Wendl. & Drude(棕榈科),*亚力山大椰子*
假槟榔树(海南)=大叶仙茅
假槟榔树(西双版纳傣语)=朱蕉
假槟榔属 Archontophoenix H.Wendl. & Drude (棕榈科),*亚力山大椰子属*
假柄掌叶树 Euaraliopsis palmipes (Forr. ex W. W.Sm.) Hutch.(五加科)
假菠菜(中药辞海)=刺酸模
假薄荷(广空草药手册)=球花毛麝香
假薄荷(广西德保)=留兰香
假薄荷 Mentha asiatica Boriss.(唇形科),*香薷草*
假苍贝母(云南)=蓝耳草
假藏小檗 Berberis pseudotibetica C.Y.Wu ex S. Y.Bao (小檗科)
假糙苏 Paraphlomis javanica (Bl.) Prain(唇形科)
假糙苏属 Paraphlomis Prain (唇形科)
假叉枝鸦葱(植物志 80-1)=帚状鸦葱
假茶辣(广西)=楝叶吴萸
假茶辣(广西药用名录)=灰毛浆果楝
假柴胡(广西)=牡蒿
假柴龙树 Nothapodytes obtusifolia (Merr.) Howard(茶茱萸科)
假柴龙树属 Nothapodytes Bl.(茶茱萸科)
假长尾复叶耳蕨 Arachniodes pseudosimplicior Ching (鳞毛蕨科)
假长羽复叶耳蕨 Arachniodes pseudolongipinna Ching (鳞毛蕨科)
假长嘴薹草 Carex pseudolongerostrata Y.L. Chang & Y.L.Yang(莎草科)
假肠蕨(台湾志)=全缘网蕨
假朝天罐 Osbeckia crinita Benth.(野牡丹科),*阿不答石,把波,茶罐花,朝天罐,罐罐花,江作龙,九果根,酒罐根,柯摆奎,痢疾罐,买打亥弯,小尾光叶,张天师,盅盅花*
假秤星(广东东莞)=秤星树
假赤楠 Syzygium buxifolioideum Chang & Miau (桃金娘科),*赤楠,牛金子,赤楠蒲桃,山石榴*
假赤杨(台湾)=台湾赤杨叶
假翅柄千里光(云南植物名录)=紫背合耳菊
假翅轴蹄盖蕨(蕨类形态)=翅轴蹄盖蕨
假虫草(云南)=仙茅
假稠李(高等图鉴)=臭樱
假稠李属(植物志 38)=**臭樱属**
假川莲(台湾志)=伽蓝菜
假川西紫堇 Corydalis pseudoweigoldii Z.Y.Su (罂粟科)
假春榆 Ulmus pseudopropinqua Wang & Li(榆科)
假刺藤(广西)=瘤皮孔酸藤子
假苁蓉(峨眉)=粉叶紫堇
假葱 Nothoscordum nerinifolium Benth. & HK.f. (百合科)
假葱属 Nothoscordum Kunth (百合科)
假簇芥 Pycnoplinthopsis bhutanica Jafri(十字花科)
假簇芥属 Pycnoplinthopsis Jafri (十字花科)
假大红袍(新华本草纲要)=杭子稍
假大黄(植物志 25-1)=硬毛蓼
假大青蓝 Indigofera galegoides DC.(豆科)
假大薯(广西中药志)=耳叶马兜铃
假大头茶 Camellia changii Ye(山茶科)
假大羽铁角蕨 Asplenium pseudolaserpitiifolium Ching (铁角蕨科),*大羽铁角蕨*
假大柱头虎耳草 Saxifraga macrostigmatoides Engl.(虎耳草科),*大炮山虎耳草*
假带蕨 Paltonium lanceolatum (L.) Presl.(水龙骨科)
假带蕨属 Paltonium Presl (水龙骨科)
假单花杜鹃 Rhododendron pemakoense K.Ward (杜鹃花科)
假淡竹叶(钟观光拟)=酸模芒
假淡竹叶属(新拉汉英)=**酸模芒属**
假当归(广西兽医植物)=隔山香
假稻(新拉汉英)=蓉草
假稻 Leersia japonica (Makino) Honda(禾本科),*秕壳草,水游草*
假稻属 Leersia Swartz(禾本科),*李氏禾属,游草属*
假灯龙草(海南儋县)=龙葵
假灯心草 Juncus setchuensis var. effusoides Buchen (灯心草科)
假地胆草 Pseudelephantopus spicatus (Juss. ex Aublet) Gleason(菊科)
假地胆草属 Pseudelephantopus Rohr.(菊科)
假地豆(广药手册)=广金钱草
假地豆 Desmodium heterocarpon (L.) DC.(豆科),*稗豆,大叶青,狗尾花,假花生,木假地豆,山道根,通报导草,细叶假花生,异果山绿豆,异叶山绿豆,中蝶草*
假地枫皮 Illicium jiadifengpi B.N.Chang(木兰

科)
假地蓝 Crotalaria ferruginea Grah. ex Benth.(豆科),*大响铃豆,荷承草,黄花野百合,铃铃草,马铃草,肾气草,响亮草,响铃草,响铃子,野花生*
假靛(河南)=蓝雪花
假吊钟(广西)=滇桐
假吊钟(广西)=金叶子
假吊钟(广西)=云南金叶子
假顶冠黄堇(横断山植物)=顶冠黄堇
假东风草 Blumea riparia (Bl.) DC.(菊科),*管芽*
假冬青叶小檗 Berberis pseudoilicifolia Skottsb.(小檗科)
假斗(青海)=四数獐牙菜
假斗大王马先蒿 Pedicularis rex subsp. pseudocyathus (Vaniot ex Bonati) Tsoong(玄参科),*大王马先蒿假斗亚种*
假斗格尔布(植物志 62)=湿生扁蕾
假斗那绕(植物志 62)=湿生扁蕾
假豆兰(台兰科图鉴)=白花石豆兰
假豆稔(广西)=展毛野牡丹
假杜鹃 Barleria cristata L.(爵床科),*大寒药,紫靛*
假杜鹃属 Barleria L.(爵床科)
假杜仲(广东)=杜仲藤
假对生耳蕨(植物研究)=宜昌耳蕨
假多瓣蒲桃 Syzygium polypetaloideum Merr. & Perry (桃金娘科)
假多齿红山茶 Camellia apolyodonta Chang & Q.M.Chen (山茶科)
假多色马先蒿 Pedicularis pseudoversicolor Hand.-Mazz.(玄参科)
假多叶黄堇 Corydalis pseudofluminicola Fedde (罂粟科),*拟溪边黄堇*
假萼黄藤 Daemonorops pseudosepala Becc.(棕榈科)
假耳短肠蕨 Allantodia okudairai (Makino) Ching (蹄盖蕨科)
假番豆(中药大辞典)=密子豆
假番豆草(海南临高)=密子豆
假番薯(海南)=山猪菜
假番薯(海南)=掌叶鱼黄草
假繁缕(高等图鉴)=孩儿参
假繁缕(台湾志)=长梗星粟草
假繁缕 Theligonum macranthum Franch.(假繁缕科),*假牛繁缕*
假繁缕科 Theligonaceae,*假牛繁缕科,纤花草科*
假繁缕属(科属检索表)=**孩儿参属**
假繁缕属 Theligonum L.(假繁缕科)
假防已 Marsdenia tomentosa Morr. & Decne.(萝藦科)
假飞燕草(横断山植物)=飞燕黄堇
假肥牛树 Cleistanthus petelotii Merr. ex Croiz.(大戟科)
假粉背蕨(分类学报)=假粉背蕨
假粉背蕨 Aleuritopteris pseudofarinosa Ching & S.K.Wu (中国蕨科),*假粉背蕨,粉背蕨*
假凤仙花(陆川本草)=野凤仙花
假芙蓉(广西药用植物名录)=长毛黄葵
假福王草 Paraprenanthes sororia (Miq.) Shih(菊科),*堆莴苣*
假福王草属 Paraprenanthes Chang ex Shih(菊科)
假复叶耳蕨(台湾志)=草质假复叶耳蕨
假复叶耳蕨属 Acrorumohra (H.Ito) H.Ito(鳞毛蕨科)
假盖果草属 Pseudopyxis Miq.(茜草科)
假盖卤蕨 Neurocallis praestantissima (Bory) Fee (凤尾蕨科)
假盖卤蕨属 Neurocallis Fee (凤尾蕨科)
假干旱毛蕨 Cyclosorus pseudoaridus Ching ex Shing (金星蕨科)
假高粱属 Sorghastrum Nash.(禾本科)
假高山延胡索 Corydalis pseudoalpestris M. Popov (罂粟科)
假钩藤(药学学报)=侯钩藤
假狗牙花(云南志)=狗牙大青
假菇麻(昆明)=黄花香茶菜
假瓜蒌(云南)=三开瓢
假瓜子金(俗称)=马兰藤
假瓜子金属(分类学报)=**马兰藤属**
假管鸢尾蒜 Ixiolirion tataricum var. ixiolirioides (Rgl.) X.H.Qian(石蒜科),*居里胡子*
假光果蒲儿根 Sinosenecio phalacrocarpoides (Chang) B.Nord.(菊科),*假光果千里光*
假光果千里光(云南植物名录)=假光果蒲儿根
假光叶凸轴蕨(蕨类形态)=微毛凸轴蕨
假桄榔(拉汉名称)=鱼尾葵
假桄榔属(拉汉种子植物)=**鱼尾葵属**
假广子 Knema crratica (HK.f. & Thoms.) Warb.(肉豆蔻科),*埋好来,梭勒啪迷*
假桂(广西防城)=假桂钓樟
假桂钓樟 Lindera tonkinensis Lec.(樟科),*假桂,河内钓樟*
假桂皮(高等图鉴)=香面叶
假桂皮(广西)=香粉叶
假桂皮(四川屏山)=赛楠
假桂皮(云南)=钝叶桂
假桂皮(云南西畴)=香桂
假桂皮(云南西畴,广西)=毛桂
假桂皮树 Cinnamomum tonkinense (Lec.) A. Chev. (樟科)
假桂树(广东,海南)=阴香
假桂树(中药大辞典)=粗糠柴
假桂乌口树 Tarenna attenuata (Voigt) Hutch.(茜草科),*树节,茶山虫,土五味子*
假桂枝(中药大辞典)=阴香
假过路黄 Lysimachia peduncularis Wall. ex Kurz.(报春花科)
假海马齿 Trianthema portulacastrum L.(番杏科),*沙漠似马齿苋*
假海马齿属 Trianthema L.(番杏科),*肖海马齿属*
假海桐 Pittosporopsis kerrii Craib(茶茱萸科)
假海桐属 Pittosporopsis Craib(茶茱萸科)
假海芋(广西)=尖尾芋
假含羞草 Neptunia plena (L.) Benth.(豆科)
假含羞草属 Neptunia Lour.(豆科)
假韩酸草(广东南海)=细风轮菜
假豪猪刺 Berberis soulieana Schneid.(小檗科),*铜针刺,老鼠刺,猫儿刺,刺黄柏,棘黄连,三颗针,刺黄连,拟猿猪刺,猿猪刺*
假鹤虱 Eritrichium thymifolium (DC.) Lian & J. Q.Wang (紫草科),*小花假鹤虱,假鹤虱齿缘草*
假鹤虱齿缘草(Flora 16)=假鹤虱
假鹤虱属 Hackelia Opiz ex Bercht.(紫草科)
假黑鳞耳蕨 Polystichum pseudomakinoi Tagawa (鳞毛蕨科)
假黑小檗 Berberis hybrido-gagnepainii Suring.(小檗科)
假黑轴凤丫蕨 Coniogramme pseudorobusta Ching & Shing(裸子蕨科)
假红蓝(广西中草药)=狗肝菜
假红薯(广东,海南)=山猪菜
假红芽大戟(广西)=红大戟
假厚朴(广西药用名录)=栀子
假厚藤 Ipomoea imperati (Wahl.) Griseb. (旋花科),*海滩牵牛*
假厚叶秋海棠 Begonia pseudodryadis C.Y.Wu (秋海棠科)
假虎刺 Carissa spinarum L.(夹竹桃科),*刺郎果,黑奶奶果,锈花针,三颗针,老虎刺,刺檀香*
假虎刺属 Carissa L.(夹竹桃科),*刺黄果属*
假虎耳草 Saxifraga decipiens Ehrh.(虎耳草科)
假花板(四川)=铁杉
假花椒(岭南采药录)=酒饼簕
假花鳞草 Roegneria anthosachnoides Keng(禾本科)
假花蔺(新)Tenagocharis latifolia (D.Don) Buchenau (花蔺科),*拟花蔺*
假花蔺属 Tenagocharis Hochst.(花蔺科),*拟花蔺属*
假花生(广药手册)=假地豆
假花生(海南)=显脉山绿豆
假花生(闽东本草)=胡枝子
假花生(南宁药志)=广金钱草
假花生(植物志 39)=决明
假华箬竹(海南志)=锦帐竹
假还阳参 Crepidiastrum lanceolatum (Hourtt.) Nakai (菊科)
假还阳参属 Crepidiastrum Nakai (菊科),*假黄鹌菜属*
假黄鹌菜属(台湾志)=**假还阳参属**
假黄花(广西藤县)=浆果醉鱼草
假黄花远志(高等图鉴)=黄花倒水莲
假黄连(东北中草药)=白屈菜
假黄连(西藏)=胡黄莲
假黄麻(植物志 49-1)=甜麻
假黄木(云南河口)=毛土连翘
假黄皮(广西)=广西九里香
假黄皮(广西药用名录)=细叶黄皮
假黄皮(云南河口)=鹧鸪花
假黄皮 Clausena excavata Burm.f.(芸香科),*臭皮树,大棵,过山香,鸡母黄,假黄皮树,山黄皮,山鸡皮,五暑叶,小叶臭黄皮,野黄皮*
假黄皮树(分类学报)=假黄皮
假黄芪 Astragalus mendax Freyn(豆科)
假黄藤(广西)=大叶藤
假黄杨(广东台山)=绣球茜
假黄杨(台湾志)=齿叶冬青
假黄杨木属 Gyminda Sarg.(卫矛科)
假回菜(广东阳春)=肉叶鞘蕊花
假活血草 Scutellaria tuberifera C.Y.Wu & C. Chen (唇形科)
假藿香(广东)=山香
假藿香(广西)=广防风
假鸡皮(广西)=广西九里香
假鸡皮果(广西药用名录)=小黄皮
假加州梣叶槭 Acer negundo var. pseudocalifornicum Schwerin (槭树科)
假佳美鸢尾 Iris pseudopumila Tineo (鸢尾科)
假尖蕊属 Pseudaechmanhera Bremek.(爵床科)
假尖嘴薹草 Carex laevissima Nakai(莎草科)
假俭草 Eremochloa ophiuroides (Munro) Hack.(禾本科),*爬根草*
假俭朴草属(岭南科学期刊)=**蜈蚣草属**
假剑叶凤尾蕨(海南志)=少羽凤尾蕨

假剑叶铁角蕨(海南志)=江南铁角蕨
假渐尖毛蕨 Cyclosorus subacuminatus Ching ex Shing & J.F.Cheng(金星蕨科)
假江南短肠蕨 Allantodia yaoshanensis (Wu) W. M.Chu & Z.R.He(蹄盖蕨科)
假金发草 Pseudopogonatherum capilliphyllum S.L.Chen (禾本科),*线叶金茅*
假金发草属 Pseudopogonatherum A.Camus (禾本科)
假金桔 Rejoua dichotoma (Roxb.) Gamble(夹竹桃科)
假金桔属 Rejoua Gaud. (夹竹桃科)
假金线莲(台湾兰科植物)=白网斑叶兰
假近位蹄盖蕨(蕨类形态)=毛翼蹄盖蕨
假荆芥(广西)=小鱼仙草
假荆芥 Teucrium japonicum var. microphyllum C.Y.Wu & S.Chow(唇形科),*小叶变种*
假景天属(高等图鉴)=**合景天属**
假九节 Psychotria tutcheri Dunn (茜草科),*小叶九节*
假九眼菊 Olgaea roborowskyi Iljin(菊科)
假蒟 Piper sarmentosum Roxb.(胡椒科),*毕拨子,毕蒟,蛤蒟,蛤蒌,蛤蒌,假蒌,兰屿胡椒*
假具苞铃子香 Chelonopsis pseudobracteata C. Y.Wu & H.W.Li(唇形科),*红花变种*
假卷耳 Pseudocerastium stellarioides X.H.Guo & P.Zhang(石竹科)
假卷耳属 Pseudocerastium C.Y.Wu,X.H.Guo & X.P. Zhang (石竹科)
假咖啡豆(江苏)=决明
假看麦娘(植物志 9-3)=鬼蜡烛
假刻叶紫堇 Corydalis pseudoincisa C.Y.Wu, Z. Y.Su & Lidén(罂粟科)
假苦菜(广西)=败酱
假苦瓜(广东)=葎草
假苦瓜(广西药用名录)=罗汉果
假苦瓜(生草药性备要)=倒地铃
假苦果(广东)=龙珠果
假苦楝(广西中药志)=矮陀陀
假辣蓼(广州志)=星宿菜
假辣蓼(中药大辞典)=酸模叶蓼
假辣子 Litsea balansae Lec.(樟科),*米粮价*
假兰(海南志)=拟兰
假兰科 Apostasiaceae
假蓝(植物志 70)=曲枝假蓝
假蓝靛(海南)=灰毛豆
假蓝靛(海南)=野青树
假蓝根(广西)=美丽胡枝子
假蓝枕(广西靖西)=弯管花
假蓝属 Pteroptychia Bremek.(爵床科)
假狼毒属 Stelleropsis Pobed.(瑞香科)
假狼紫草 Nonea caspica (Willd.) G.Don(紫草科)
假狼紫草属 Nonea Medic. (紫草科)
假崂山根(山东)=三桠乌药
假老虎簕(海南志)=华南云实
假芳芋(海南)=千年健
假冷蕨(台湾志)=大叶假冷蕨
假冷蕨 Pseudocystopteris spinulosa (Maxim.) Ching (蹄盖蕨科),*尖齿蹄盖蕨*
假冷蕨属 Pseudocystopteris Ching(蹄盖蕨科)
假冷水花 Pilea pseudonotata C.J.Chen(荨麻科)
假里白 Diplopterygium glaucoides (Ching) Ching (里白科)
假荔枝根(中药大辞典)=野木瓜
假栗花灯心草(植物志 13-3)=锡金灯心草
假连翘 Duranta repens L.(马鞭草科),*莲荞,番仔刺,洋刺,花墙刺,篱笆树,桐青*
假连翘属 Duranta L.(马鞭草科)
假莲根(广西)=芡实
假莲藕(广西)=芡实
假镰叶虫实 Corispermum pseudofalcatum Tsien & C.G.Ma(藜科)
假镰羽短肠蕨 Allantodia petri (Tard.-Blot) Ching (蹄盖蕨科),*彼得短肠蕨,彼氏双盖蕨*
假鳞毛蕨属(台湾志)=**介蕨属**
假鳞毛蕨属 Lastrea Bory(金星蕨科)
假鳞叶龙胆 Gentiana pseudosquarrosa H.Sm. (龙胆科)
假陵齿蕨 Lindsaea concinna J.Sm.(陵齿蕨科)
假菱角(广西)=冠果草
假瘤蕨属 Phymatopteris Pic.Serm.(水龙骨科)
假柳叶菜 Ludwigia epilobioides Maxim.(柳叶菜科)
假六棱菊 Laggera intermedia C.B.Clarke(菊科)
假龙胆属 Gentianella Moench.(龙胆科)
假龙眼(广东)=苍叶红豆
假楼梯草 Lecanthus peduncularis (Wall. ex Royle) Wedd.(荨麻科),*长梗盘花麻,头花荨麻,水苋菜*
假楼梯草属 Lecanthus Wedd.(荨麻科)
假耧斗菜(云南植物研究)=假耧斗菜紫堇
假耧斗菜(植物志 27)=拟耧斗菜
假耧斗菜紫堇 Corydalis aquilegioides Z.Y.Su (罂粟科),*假耧斗菜*
假露伯秋海棠 Begonia pseudolubbersii Brade (秋海棠科)
假芦(钟观光拟) =类芦
假路南鳞毛蕨 Dryopteris paralunanensis W.M. Chu ex S.G.Lu(鳞毛蕨科)
假绿豆(广东)=圆叶野扁豆
假绿豆(植物志 39)=决明
假轮叶虎皮楠 Daphniphyllum subverticillatus Merr.(虎皮楠科)
假轮叶水柳(海南志)=轮叶戟
假轮状糙苏 Phlomis pararotata Sun ex C.H.Hu (唇形科)
假螺序草(新)Spiradiclis pseudocaespitosa Chun & How (茜草科),*螺序草*
假裸叶粉背蕨(秦岭志)=多羽裸叶粉背蕨
假络麻(广西药用名录)=马松子
假络石(俗称)=海岛藤
假络石属(分类学报)=**海岛藤属**
假麻区(生草药性备要)=甜麻
假马鞭 Stachytarpheta jamaicensis (L.) Vahyl (马鞭草科),*大蓝草,大种马鞭草,倒扣藤,倒团蛇,假败酱,牛鞭草,玉郎鞭,玉龙鞭*
假马鞭草(植物志 65-2)=四棱草
假马鞭属 Stachytarpheta Vahl(马鞭草科),*假败酱属*
假马齿苋 Bacopa monnieri (L.) Wettst.(玄参科)
假马齿苋属 Bacopa Aubl.(玄参科)
假马蹄(广西药用名录)=萤蔺
假马蹄 Heleocharis ochrostachys Steud.(莎草科)
假马烟树(海南)=水团花
假脉骨碎补 Davallia denticulata (Burm.f.) Mett. ex Kuhn (骨碎补科)
假脉蕨属 Crepidomanes Presl(膜蕨科)
假蔓生卫矛 Euonymus pseudovagans Pitard.(卫矛科)
假芒萁 Sticherus laevigatus Presl(里白科)
假芒萁属 Sticherus Presl(里白科)
假猫豆(广西)=南山藤
假毛被黄堇 Corydalis hebephylla var. glabrescens C.Y.Wu & Z.Y.Su(罂粟科)
假毛柄水龙骨 Polypodiodes pseudolachnopus S.G.Lu (水龙骨科)
假毛茛 Ranunculus dolosus Fisch. & Mey.(毛茛科)
假毛冠草 Trikeraia pappiformis (Keng) P.C.Kuo & S.L.Lu(禾本科)
假毛蕨 Pseudocyclosorus typlodes (Kze.) Holtt. (金星蕨科),*近假毛蕨*
假毛蕨属 Pseudocyclosorus Ching(金星蕨科)
假毛竹 Phyllostachys kwangsiensis W.Y.Hsiung et al. (禾本科)
假帽莓 Rubus pseudopileatus Card.(蔷薇科)
假美丽小檗 Berberis pseudoamoena Ying(小檗科)
假美小膜盖蕨 Araiostegia beddomei (Hope) Ching(骨碎补科),*紫轴小膜盖蕨*
假檬果(云南河口)=檬果樟
假檬果(植物志 31)=大果木姜子
假米针(广西中草药)=狗肝菜
假密果短肠蕨 Allantodia multicaudata (Wall. ex Clarke) W.M.Chu(蹄盖蕨科),*多尾短肠蕨*
假棉花(广西,云南)=黄蜀葵
假棉花(广西中草药)=黄葵
假棉花(闽南本草)=梵天花
假面果(广东)=豺皮樟
假茉莉(广州志)=苦郎树
假茉莉(生草药性备要)=白花丹
假木豆 Dendrolobium triangulare (Retz.)Schindl. (豆科),*千金不藤,野蚂蝗,木黄豆,明金条*
假木豆属 Dendrolobium (Wight & Arn.) Benth. (豆科),*木山蚂蝗属*
假木荷(高等图鉴)=金叶子
假木荷属(高等图鉴,科属辞典)=**金叶子属**
假木棉(广东信宜)=窄叶半枫荷
假木棉(广西)=绒毛锐尖山香圆
假木藤 Jasminanthes chunii (Tsiang) W.D.Stev. & P.T.Li (萝藦科)
假木通 Stephanotis chunii Tsiang(萝藦科),*假土木通*
假木香蔷薇(秦岭志)=拟木香
假木贼属 Anabasis L.(藜科)
假苜蓿 Crotalaria medicaginea Lamk.(豆科)
假楠叶冬青 Ilex pseudomachilifolia C.Y.Wu ex Y.R.Li(冬青科)
假拟蕨马先蒿 Pedicularis filiculiformis Tsoong (玄参科)
假拟沿沟草 Paracolpodium altaicum (Trin.) Tzvel.(禾本科)
假拟沿沟草属 Paracolpodium (Tzvel.) Tzvel.(禾本科)
假牛鞭草 Parapholis incurva (L.) C.E.Hubb.(禾本科)
假牛鞭草属 Parapholis C.E.Hubb.(禾本科)
假牛繁缕(高等图鉴)=假繁缕
假牛繁缕科(高等图鉴)=**假繁缕科**
假牛角森(广西防城)=亮毛红豆
假牛奶菜 Marsdenia pseudotinctoria Tsiang(萝藦科)
假纽子花属(科属辞典)=**倒缨木属**
假欧八竹(云南哈尼族语)=长穗花
假排草 Lysimachia ardisioides Masamune(报春花科),*排草*
假蓬(广西)=白酒草
假蓬(海南志)=粘毛白酒草

假蓬叶风毛菊 Saussurea conyzoides Hemsl.(菊科)
假枇杷果(台湾)=矮小天仙果
假苹婆 Sterculia lanceolata Cav.(梧桐科),*鸡冠木,赛苹婆*
假婆婆纳 Stimpsonia chamaedryoides Wright ex A.Gray (报春花科)
假婆婆纳属 Stimpsonia Wright ex A.Gray(报春花科)
假葡萄(彩色生草药图谱)=鸡心藤
假葡萄(广西药用名录)=小果葡萄
假蒲达(本草求原)=倒地铃
假蒲公英(广空中草药手册)=剪刀股
假蒲公英(植物志 80-1)=棕毛厚喙菊
假普通针毛蕨(分类学报)=翠绿针毛蕨
假七叶一枝花(广东,广西)=七指蕨
假牵牛(高等图鉴)=小牵牛
假荨麻(昆明)=黄花香茶菜
假茜砧草 Galium boreale var. pseudorubioides Schur. (茜草科)
假羌活(四川)=独活
假羌活(四川)=椴叶独活
假芹菜(长白山药志)=白花碎米荠
假芹菜(广州)=田基麻
假秦艽 Phlomis betonicoides Diels(唇形科),*粗弓,甘草,白洋参,白元参,土甘草,白玄参*
假琴叶过路黄 Lysimachia lychnoides Chen & C.M.Hu (报春花科)
假青黄藤(广西上思)=海南马兜铃
假青麻草(广东)=益母草
假青茅(粤俗称)=金茅
假青梅(高等图鉴)=秤星树
假球蒿 Artemisia globosoides Ling & Y.R.Ling (菊科)
假球子蕨 Onocleopsis hintonii F.Ball.(叉蕨科)
假球子蕨属 Onocleopsis F.Ball.(叉蕨科)
假全冠黄堇 Corydalis pseudotongolensis Lidén (罂粟科)
假雀麦(岭南科学期刊)=水蔗草
假鹊肾树 Streblus indicus (Bur.) Corner(桑科),*止血树皮,滑叶跌打,清水跌打*
假髯萼黄堇(横断山植物)=假髯萼紫堇
假髯萼紫堇 Corydalis pseudobarbisepala Fedde (罂粟科),*假髯萼黄堇*
假人参(广西)=野豇豆
假人参(药用志)=土人参
假人参 Panax pseudoginseng Wall.(五加科),*人参三七*
假韧黄芩 Scutellaria pseudotenax C.Y.Wu(唇形科),*短盾变型*
假日本双叶兰(台湾志)=耳唇对叶兰
假肉花(福建民间草药)=梵天花
假如意草 Viola pseudoarcuata Chang(堇菜科),*拟弧茎堇菜*
假乳黄杜鹃 Rhododendron rex subsp. fictolacteum (Balf.f.) Chamb.Cullen & Chamb.(杜鹃花科)
假三稔(海南)=黄葵
假伞形花小檗 Berberis pseudoumbellata Parker (小檗科)
假桑子(广东)=圆叶节节菜
假色槭(东北木本志)=紫花槭
假沙葛(中药大辞典)=广东蝶豆
假沙梨(广东芭江)=假柿木姜子
假砂仁(中药大辞典,广西)=花叶山姜
假山胡椒(云南玉溪)=红叶木姜子
假山黄皮(广西药用名录)=大管
假山脚鳖(台湾)=三叶密茱萸
假山脚鳖属(台湾志)=**密茱萸属**
假山龙眼 Heliciopsis henryi (Diels) W.T.Wang (山龙眼科)
假山龙眼属 Heliciopsis Sleum.(山龙眼科)
假山绿豆(海南志)=宽卵叶长柄山蚂蝗
假山萝花马先蒿 Pedicularis pseudomelampyriflora Bonati (玄参科)
假山箩 Harpullia cupanoides Roxd.(无患子科),*哈甫木*
假山箩属 Harpullia Roxb.(无患子科)
假山麻(广西药用名录)=紫麻
假山稔(海南志)=黄葵
假韶子属 Paranephelium Miq.(无患子科)
假蛇舌草(广药手册)=丰花草
假蛇尾草 Heteropholis cochinchinensis (Lour.) Clayton (禾本科)
假蛇尾草属 Heteropholis C.E.Hubb.(禾本科)
假蛇尾草属 Thaumastochloa C.E.Hubb.(禾本科)
假深蓝翠雀花 Delphinium pseudocyananthum Chang Y.Yang & B.Wang(毛茛科)
假葠属(科属辞典)=**梁王茶属**
假升麻(陕西)=伪泥胡菜
假升麻(云南中草药)=溪畔落新妇
假升麻 Aruncus sylvester Kostel.(蔷薇科),*棣棠升麻,升麻草,金毛三七*
假升麻属 Aruncus Adans.(蔷薇科),*棣棠升麻属*
假石柑 Pothoidium lobbianum Schott (天南星科)
假石柑属 Pothoidium Schott (天南星科)
假石榴(广西本草选编)=山石榴
假石生繁缕(云南植物名录)=箐姑草
假柿木姜子 Litsea monopetala (Roxb.) Pers.(樟科),*假柿树,假沙梨,毛黄木,毛腊树,木浆子,纳槁,山菠萝树,山口羊,水冬瓜,猪母槁*
假柿树(高等图鉴)=假柿木姜子
假柿树(广东)=假柿木姜子
假疏羽凸轴蕨(蕨类形态)=疏羽凸轴蕨
假鼠耳芥 Pseudoarabidopsis toxophylla (M. Bieb.) Al-Shehbaz. et al.(十字花科),*弓叶鼠耳芥*
假鼠妇草 Glyceria leptolepis Ohwi(禾本科),*鳞片甜茅*
假鼠李属(科属辞典)=**猫乳属**
假水晶兰(分类学报)=大果假水晶兰
假水晶兰 Cheilotheca hkasiana HK.f.(鹿蹄草科)
假水晶兰属 Cheilotheca HK.f.(鹿蹄草科),*拟水晶兰属*
假水生龙胆 Gentiana pseudoaquatica Kusnez. (龙胆科)
假水石梓(云南,广西)=铁榄
假水石梓属(云南志)=**山榄属**
假水苏 Stachyopsis oblongata (Schrenk) M.Pop. & Vved. (唇形科)
假水苏属 Stachyopsis M.Pop. & Vved.(唇形科)
假水蓑衣 Pteracanthus hygrophiloides (C.B. Clarke ex W.W.Sm.) H.W.Li(爵床科)
假硕大马先蒿 Pedicularis pseudoingens Bonati (玄参科)
假丝叶紫堇 Corydalis pseudofilisecta Lidén & Z.Y.Su (罂粟科)
假司氏马先蒿 Pedicularis pseudosteiningeri Bonati (玄参科)
假思桃(广东)=中华石楠
假死柴(陕西)=山胡椒
假姒耳芥属 Pseudoarabidopsis Al-Shehbaz et al. (十字花科)
假松叶薹草(东北草本志)=松叶薹草
假苏(北方中草药,东北中草药)= 荆芥
假素馨(岭南采药录)=扭肚藤
假酸浆 Nicandra physaloides (L.) Gaertn.(茄科),*鞭打绣珠,冰粉,草木酸木瓜,大千生,苦莪,蓝花天仙子,水晶凉粉,田珠*
假酸浆属 Nicandra Adans (茄科)
假酸枣(植物志 45-1)=岭南酸枣
假蒜芥属 Sisymbriopsis Botsch. & Tzvel.(十字花科)
假蓑衣叶(云南屏边)=倒卵叶黄肉楠
假昙花 Rhipsalidopsis rosea (Lagerh.) Britt. & Rose.(仙人掌科)
假昙花属 Rhipsalidopsis Britt. & Rose.(仙人掌科)
假桃花(南宁药志)=地桃花
假梯牧草 Phleum phleoides (L.) Karst.(禾本科)
假蹄盖蕨 Athyriopsis japonica (Thunb.) Ching (蹄盖蕨科),*东洋蹄盖蕨,小叶凤凰尾巴草,日本双盖蕨*
假蹄盖蕨属 Athyriopsis Ching(蹄盖蕨科)
假铁秆草 Pseudanthistiria heteroclita (Roxb.) HK.f.(禾本科)
假铁秆草属(高等图鉴)=**假铁秆草属**
假铁秆草属 Pseudanthistiria (Hack.) HK.f.(禾本科),*伪铁秆蒿草属,假铁秆蒿属*
假铁苋(台湾志)=台湾白桐树
假葶苈 Drabopsis nuda (Bélang.) Stapf.(十字花科)
假葶苈属 Drabopsis K.Koch (十字花科)
假通草 Euaraliopsis ciliata (Dunn) Hgutch.(五加科),*纤齿柏那参,睫毛掌叶树*
假通城虎(广西)=耳叶马兜铃
假通脱木(贵州)=穗序鹅掌柴
假茼蒿(南宁药志)=野茼蒿
假头序薹草 Carex pseudophyllocephala L.K. Dai (莎草科)
假头状马先蒿 Pedicularis pseudocephalantha Bonati(玄参科)
假土瓜藤(广西)=五爪金龙
假土木通(广西药用名录)=假木通
假团叶陵齿蕨 Lindsaea simulans Ching (陵齿蕨科)
假橐吾 Ligulariopsis shichuana Y.L.Chen(菊科)
假橐吾属 Ligulariopsis Y.L.Chen (菊科)
假弯管马先蒿 Pedicularis pseudocurvituba Tsoong(玄参科)
假弯曲碎米荠(植物志 33)=小花碎米荠
假王孙(东北)=山茄子
假网眼瓦韦 Lepisorus pseudoclathratus Ching & S.K.Wu(水龙骨科)
假苇拂子茅 Calamagrostis pseudophragmites (Hall.f.) Koel.(禾本科)
假蒌(南宁药志)=假蒟
假卫矛属 Microtropis Wall. ex Meisn(卫矛科)
假乌榄树(海南儋县)=蕊木
假乌墨 Syzygium angustinii Merr. & Perry(桃金娘科)
假五角叶粉背蕨(蕨类形态)=假银粉背蕨
假五味子(南宁药志)=盐肤木
假西藏红花(广州)=吊灯扶桑
假西藏柯 Lithocarpus pseudoxizangensis Z.K. Zhou & H.Sun(壳斗科)
假西番莲 Adenia formosana Hay.?(西番莲科)

假西南复叶耳蕨 Arachniodes pseudoassamica Ching(鳞毛蕨科)
假稀羽鳞毛蕨 Dryopteris pseudosparsa Ching (鳞毛蕨科)
假溪畔紫堇 Corydalis pseudofluminicola Fedde(罂粟科)
假豨莶(广东,广西)=广防风
假细锥香茶菜(植物志 66)=细锥香茶菜
假仙菜(福建汀源)=细风轮菜
假鲜毛蕨 Lastrea oreopteris (Ehrh.) Bory (金星蕨科)
假咸虾(广部中草药手册)=夜香牛
假咸虾花(广西)=夜香牛
假藓生马先蒿 Pedicularis pseudomuscicola Bonati (玄参科)
假线鳞耳蕨 Polystichum pseudosetosum Ching & Z.Y.Liu(鳞毛蕨科)
假香菜(广东,海南)=黄花蒿
假香冬青 Ilex wattii Loes.(冬青科)
假香附(陕西中药名录)=砖子苗
假香附子 Cyperus tuberosus Rottb.(莎草科)
假香芥属 Pseudoclausia Popov (十字花科)
假香荽(广西)=刺芹
假香野豌豆(豆科图说)=大叶野豌豆
假小檗 Berberis fallax Schneid. (小檗科)
假小刺小檗 Berberis pseudospinulosa Job (小檗科)
假小花木五加(广西植物名录)=两广树参
假小喙菊 Paramicrorhynchus procumbens (Roxb.) Kirp. (菊科),*栓果菊*
假小喙菊属 Paramicrorhynchus Kirp.(菊科)
假小叶黄堇 Corydalis pseudomicrophylla Z. Y.Su(罂粟科)
假楔形毛蕨(蕨类形态)=多网眼毛蕨
假斜叶榕 Ficus subulata Bl.(桑科),*石榕,锡金榕*
假星头紫堇 Corydalis pseudoasterostigma Fedde (罂粟科)
假雪委陵菜(东北草本志)=雪白委陵菜
假血党(广西药用名录)=花脉紫金牛
假烟叶树 Solanum erianthum D.Don(茄科),*臭虫烟,臭枇杷,臭屎花,大发散,大黄叶,大毛叶,戈吗嘿,酱杈树,毛叶,毛叶树,茄树,三杈树,山烟,山烟头,天蓬草,土烟叶,洗碗叶,袖钮果,野烟叶*
假芫荽(广东)=刺芹
假羊茅 Festuca pseudovina Hack. ex Wiesb.(禾本科)
假阳桃(福建,广东,广西)=黄蜀葵
假杨梅(岭南草药志)=风箱树
假杨桃(广东)=黄葵
假杨桃(广东北部)=银钟花
假杨桐 Eurya subintegra Kobuski(山茶科)
假野菰 Christisonia hookeri Clarke(列当科),*竹花,竹子花,花菰*
假野菰属 Christisonia Gardn.(列当科)
假野芝麻(分类学报)=小野芝麻
假野芝麻 Paralamium gracile Dunn(唇形科),*假芝麻*
假野芝麻属 Paralamium Dunn (唇形科)
假叶树 Ruscus aculeata L.(百合科)
假叶树叶肋枝兰 Pleurothallis ruscifolia (Jacq.) R.Br.(兰科)
假叶树叶小檗 Berberis ruscifolia Lam.(小檗科)
假叶树属 Ruscus L.(百合科)
假叶树状哈克 Hakea ruscifolia Labill.(山龙眼科)
假夜来香(广东)=南山藤
假夜来香属(分类学报)=**南山藤属**
假异鳞毛蕨 Dryopteris immixta Ching(鳞毛蕨科)
假益智 Alpinia maclurei Merr.(姜科)
假阴地蕨(孢子植物)=蕨萁
假淫羊藿(云南中草药)=溪畔落新妇
假银粉背蕨 Aleuritopteris subargentea Ching ex S.K.Wu(中国蕨科),*假五角叶粉背蕨*
假鹰爪 Desmos chinensis Lour.(番荔枝科),*半夜兰,波蔗,串珠,串珠酒饼叶,灯笼草,都蝶,复轮藤,狗牙花,黑节竹,鸡脚趾,鸡香草,鸡肘风,鸡爪草,鸡爪风,鸡爪根,鸡爪笼,鸡爪木,鸡爪香,鸡爪叶,鸡爪枝,鸡爪珠,朴蛇,酒饼藤,酒饼叶,山桔叶,山橘叶,山指点甲,双柱木,碎骨藤,五爪龙,爪芋根*
假鹰爪属 Desmos Lour.(番荔枝科),*山指甲属,酒饼叶属*
假油麻(广东)=地瓜儿苗
假油树(本草纲目拾遗)=叶下珠
假油桐(海南)=山楝
假友水龙骨 Polypodiodes subamoena (C.B. Clarke) Ching(水龙骨科),*亚友水龙骨*
假鱼蓝柯 Lithocarpus gymnocarpus A.Camus (壳斗科)
假鱼香(广东)=小鱼仙草
假羽白背委陵菜 Potentilla hypargyrea var. subpinnata Yü & Li(蔷薇科)
假玉桂(广西)=大叶新木姜子
假玉桂(云南,广东)=黄杞
假玉桂 Celtis timorensis Span.(榆科),*相思树,香粉木,樟叶朴*
假玉果(高等图鉴)=海南风吹楠
假芋(广西药用名录)=黄珠子草
假芋 Colocasia fallax Schott (天南星科),*野芋头,山芋*
假芸香属(东北检索表)=**拟芸香属**
假皂荚(台木本志)=台湾扁核木
假皂荚属(台湾志)=**扁核木属**
假泽兰 Mikania cordata (Burm.f.) B.L. Robinson (菊科),*米甘草*
假泽兰属 Mikania Willd.(菊科)
假泽山飞蓬 Erigeron pseudoseravschanicus Botsch.(菊科)
假泽早熟禾 Poa pseudopalustris Keng ex L.Liu (禾本科)
假奓包叶 Discocleidion rufescens (Franch.) Pax & Hoffm.(大戟科),*艾桐,老虎麻*
假奓包叶属 Discocleidion Muell.Arg.) Pax & Hoffm. (大戟科)
假獐耳紫堇 Corydalis hepaticifolia C.Y.Wu & Z.Y.Su (罂粟科)
假樟(广西防城)=黄樟
假芝麻(广西药用名录)=剑叶山芝麻
假芝麻(科属辞典)=假野芝麻
假芝麻(云南药用名录)=山芝麻
假枝冬青 Ilex wangiana S.Y.Hu(冬青科)
假枝雀麦 Bromus pseudoramosus Keng(禾本科)
假蜘蛛兰(台湾志)=拟蜘蛛兰
假指甲花(陆川本草)=野凤仙花
假舟状苞茅 Hyparrhenia pseudocymbaria (Steud.) Stapf (禾本科)
假轴果蹄盖蕨(蕨类形态)=贵州蹄盖蕨
假帚枝龙胆 Gentiana subintricata T.N.Ho(龙胆科)
假骤尖楼梯草 Elatostema pseudocuspidatum W. T.Wang (荨麻科)
假子刁竹(广西)=石萝藦
假紫草(内蒙)=内蒙紫草
假紫草属(高等图鉴)=**软紫草属**
假紫苏(广东)=叶底红
假紫苏(广东)=紫苏
假紫苏(广东宝安)=紫花香薷
假紫苏(海南)=血见愁
假紫苏(海南儋县)=小五彩苏
假紫万年青 Belosynapsis ciliata (Bl.) Rolla Rao (鸭跖草科)
假紫万年青属 Belosynapsis Hassk.(鸭跖草科)
假紫珠 Tsoongia axillariflora Merr. (马鞭草科),*钟君木,钟木,似荆,钟萼木*
假紫珠属 Tsoongia Merr.(马鞭草科),*钟木属,似荆属,钟萼木属*
假鬃尾草 Leonurus chaituroides C.Y.Wu & H.W. Li (唇形科),*鬃尾草状益母草*
假走马风(海南,广西)=吊球草
假走马胎(广西龙津)=细齿锥花
假钻毛蕨 Paradavallodes multidentatum (HK. & Bak.) Ching(骨碎补科),*毛叶小膜盖蕨,毛膜盖蕨*
假钻毛蕨属 Paradavallodes Ching(骨碎补科) **Jian**
尖阿蹄盖蕨 Athyrium ×hohuanshanense Yoshik.? (蹄盖蕨科)
尖瓣白花丹 Plumbago zeylanica var. oxypetala Boiss. (白花丹科)
尖瓣粗筒苣苔 Briggsia acutiloba K.Y.Pan(苦苣苔科)
尖瓣过路黄 Lysimachia erosipetala Chen & C. M.Hu(报春花科)
尖瓣海莲 Bruguiera sexangula var. rhynchopetala Ko (红树科)
尖瓣花 Sphenoclea zeylanica Gaertn.(桔梗科),*楔瓣花*
尖瓣花属 Sphenoclea Gaertn.(桔梗科)
尖瓣拉拉藤 Galium actum Edegew.(茜草科)
尖瓣木蓝 Indigofera acutipetala Y.Y.Fang & C.Z.Zheng (豆科)
尖瓣芹 Acronema chinense Wolff(伞形科)
尖瓣肉黄菊 Faucaria acutipetala L.Bolus.(番杏科)
尖瓣瑞香 Daphne acutiloba Rehd.(瑞香科)
尖瓣小芹 Sinocarum cruciatum var. linearilobum (Franch.) Shan & Pu(伞形科)
尖瓣野海棠 Bredia gibba Ohiw(野牡丹科),*布勒德木,小金石榴*
尖瓣异叶茴芹 Pimpinella diversifolia var. angustipetala Shan & Pu(伞形科)
尖瓣郁金香(新拉汉英)=土耳其郁金香
尖瓣紫堇(秦岭志)=川东紫堇
尖瓣紫堇 Corydalis oxypetala Franch.(罂粟科)
尖苞艾纳香 Blumea henryi Dunn(菊科)
尖苞柏那参(分类学报增刊)=尖苞罗伞
尖苞风毛菊 Saussurea subulisquama Hand.-Mazz.(菊科)
尖苞谷精草 Eriocaulon echinulatum Mart.(谷精草科)
尖苞孩儿草 Rungia pungens D.Fang & H.S.Lo (爵床科)
尖苞瘤果茶 Camellia acutiperulata Chang & Ye (山茶科)
尖苞罗伞 Brassaiopsis spinibracteata Hoo(五加科),*尖苞柏那参,尖苞掌叶树*
尖苞缩苞木 Cryptandra ericoides Sm.(鼠李科)
尖苞薹草 Carex microglochin Wahl.(莎草科)

尖苞雪莲 Saussurea polycolea var. acutisquama (Ling) Lipsch.(菊科)
尖苞掌叶树(广西植物名录)=尖苞罗伞
尖苞柊叶 Phrynium placentarium (Lour.) Merr.(竹芋科),小花柊叶
尖苞帚菊 Pertya pungens Y.C.Tseng(菊科)
尖贝(陕西)=西藏洼瓣花
尖被百合 Lilium lophophorum (Bur. & Franch.) Franch. (百合科)
尖被灯心草 Juncus turczaninowii (Buchen.) V. Krecz. (灯心草科)
尖被藜芦 Veratrum oxysepalum Turcz.(百合科),光脉藜芦,毛脉藜芦
尖被楼梯草 Elatostema acutitepalum W.T.Wang (荨麻科)
尖被郁金香 Tulipa praestans Hoog.(百合科)
尖齿艾纳香 Blumea oxyodonta DC.(菊科)
尖齿百脉根 Lotus angustissimus L.(豆科)
尖齿报春(高等图鉴)=尖齿紫晶报春
尖齿变种(植物志 66)=尖齿异野芝麻(新)
尖齿糙苏 Phlomis dentosa Franch.(唇形科),毛尖
尖齿赤车 Pellionia acutidentata W.T.Wang(荨麻科)
尖齿臭茉莉 Clerodendrum lindleyi Decne. ex Planch. (马鞭草科),臭茉莉,臭牡丹,鬼点火,尖齿大青,大风叶,臭黄根
尖齿翠雀花 Delphinium nordhagenii var. acutidentatum W.T.Wang(毛茛科)
尖齿大青(江苏志)=尖齿臭茉莉
尖齿豆腐柴 Premna acutata W.W.Sm.(马鞭草科),尖叶臭黄荆
尖齿耳蕨 Polystichum acutidens Christ(鳞毛蕨科),台东耳蕨
尖齿凤丫蕨 Coniogramme affinis Hieron(裸子蕨科)
尖齿狗舌草 Tephroseris subdentata (Bge.) Holub (菊科)
尖齿观音座莲 Angiopteris acutidentata Ching (观音座莲科)
尖齿贯众 Cyrtomium serratum Ching & Shing (鳞毛蕨科),卵羽贯众
尖齿花楸(新)Sorbus helenae var. argutiserrata Yü(蔷薇科),钝齿花楸锐齿变种
尖齿黄芪 Astragalus oxyodon Baker(豆科)
尖齿荆芥 Nepeta ucranica L.(唇形科)
尖齿肋毛蕨 Ctenitis dentisora Ching(叉蕨科)
尖齿离蕊茶 Camellia acutiserrata Chang(山茶科)
尖齿鳞毛蕨 Dryopteris acutodentata Ching(鳞毛蕨科)
尖齿柃 Eurya perserrata Kobuski(山茶科)
尖齿瘤足蕨 Plagiogyria simulans Ching(瘤足蕨科)
尖齿毛木荷 Schima khasiana var. sericans Hand.-Mazz. (山茶科)
尖齿木荷 Schima khasiana Dyer(山茶科)
尖齿木蓝 Indigofera argutidens Craib(豆科)
尖齿拟水龙骨 Polypodiastrum argutum (Wall. ex HK.) Ching(水龙骨科)
尖齿婆婆纳 Veronica arguteserrata Rgl. & Schmalh.(玄参科)
尖齿槭(新)Acer argutum Maxim.(槭树科),锐齿槭
尖齿雀麦 Bromus oxyodon Schrend.(禾本科)
尖齿蛇葡萄 Ampelopsis acutidentata W.T.Wang (葡萄科)
尖齿石笔木 Tutcheria acutiserrata Chang(山茶科)
尖齿蹄盖蕨(蕨类图说)=假冷蕨
尖齿蹄盖蕨(西北植物学报)=居中蹄盖蕨
尖齿铁角蕨 Asplenium argutum Ching (铁角蕨科)
尖齿卫矛(四川志)=冬青沟瓣
尖齿叶垫柳 Salix oreophila HK.f.(杨柳科)
尖齿异野芝麻(新)Heterolamium debile var. tochauense (Kudo) C.Y.Wu(唇形科),尖齿变种
尖齿肿足蕨(蕨类形态)=修株肿足蕨
尖齿紫晶报春 Primula amethystina subsp. argutidens (Franch.) W.W.Sm. & Fletcher(报春花科),尖齿报春
尖翅地肤 Kochia odontoptera Schrenk(藜科)
尖唇鸟巢兰 Neottia acuminata Schltr.(兰科)
尖刺柏(新)Juniperus oxycedrus L.(柏科),刺柏
尖刺蔷薇 Rosa oxyacantha M.Bieb.(蔷薇科)
尖刀草(广东潮阳中草药)=卤地菊
尖刀草(云南)=仙茅
尖刀唇石斛 Dendrobium heterocarpum Lindl. (兰科)
尖刀儿苗(救芒本草)=徐长卿
尖刀如意散(云南药用名录)=巢蕨
尖顶耳蕨 Polystichum excellens Ching(鳞毛蕨科)
尖萼梣 Fraxinus odontocalyx Hand.-Mazz.(木犀科)
尖萼常山(江苏)=白花灯笼
尖萼车前 Plantago cavaleriei Lévl.(车前科),丽江车前,长柱车前
尖萼唇柱苣苔 Chirita pungentisepala W.T.Wang (苦苣苔科)
尖萼大叶报春(西藏志)=林芝报春
尖萼刀豆 Canavalia gladiolata Sauer(豆科)
尖萼兜蕊兰 Androcorys oxysepalus K.Y.Lang (兰科)
尖萼佛甲草 Sedum parvisepalum Yamamoto(景天科)
尖萼海桐 Pittosporum subulisepalum Hu & Wang (海桐花科)
尖萼红山茶 Camellia edithae Hance(山茶科)
尖萼厚皮香 Ternstroemia luteoflora L.K.Ling (山茶科)
尖萼金丝桃 Hypericum acmosepalum N.Robson (藤黄科),黄花香,香叶树
尖萼连蕊茶 Camellia forrestii var. acutisepala (Tsai & Feng) Chang(山茶科)
尖萼瘤果茶 Camellia acuticalyx Chang(山茶科)
尖萼耧斗菜 Aquilegia oxysepala Trautv. & Mey. (毛茛科),黄花尖萼耧斗菜
尖萼毛柃 Eurya acutisepala Hu & L.K.Ling(山茶科)
尖萼蒲桃 Syzygium acutisepalum (Hay.) Mori (桃金娘科)
尖萼茜树 Aidia oxyodonta (Drake) Yamazaki (茜草科)
尖萼山猪菜(海南志)=地旋花
尖萼挖耳草 Utricularia scandens subsp. firmula (Oliv.) Z.Y.Li (狸藻科),直茎黄挖耳草
尖萼乌口树 Tarenna acutisepala How ex W.C. Chen (茜草科)
尖萼乌头 Aconitum acutiusculum Fletcher& Lauener (毛茛科)
尖萼鱼黄草(植物志 64-1)=地旋花
尖萼紫珠 Callicarpa lobo-apiculata Metc.(马鞭草科)
尖耳贯众(蕨类图说)=刺齿贯众
尖峰粗叶木 Lasianthus longisepalus var. jianfengensis Lo(茜草科)
尖峰岭锥 Castanopsis jianfenglingensis Duanmu (壳斗科)
尖峰蒲桃 Syzygium jienfunicum Chang & Miau (桃金娘科)
尖峰青冈 Cyclobalanopsis litoralis Chun & Tamex Y.C.Hsu & H.W.Jen(壳斗科),海南青冈
尖峰润楠 Machilus monticola S.Lee(樟科)
尖峰西番莲 Passiflora jianfengensis S.M. Hwang & Q.Huang(西番莲科)
尖峰猪屎豆 Crotalaria jianfengensis Chun-yu Yang(豆科)
尖凤尾(广东)=星蕨
尖稃草 Acrachne racemosa (Heyne ex Roem. & Schult.) Ohwi (禾本科),微药假龙爪茅
尖稃草属 Acrachne Wight & Arn. ex Chiov(禾本科)
尖稃野大麦 Hordeum spontaneum var. ischnatherum (Coss.) Thell.(禾本科)
尖附属物黄芩 Scutellaria oxystegia Juz.(唇形科)
尖果霸王(沙漠志)=尖果驼蹄瓣
尖果梣 Fraxinus sangustifolia subsp. oxycarpa (Willd.) Franch. & Alfonso(木犀科)
尖果穿鞘花 Amischotolype hookeri (Hassk.) Hara(鸭跖草科)
尖果狗牙花(植物志 63)=平脉狗牙花
尖果寒原荠 Aphragmus oxycarpus (HK.f. & Thoms.) Jafri(十字花科),寒原荠,无毛寒原荠,小果寒原荠
尖果胡颓子 Elaeagnus oxycarpa Schlechtend. (胡颓子科)
尖果蓼 Polygonum rigidum Skv.(蓼科)
尖果马先蒿 Pedicularis oxycarpa Franch.(玄参科)
尖果密穗柳 Salix pycnostachya var. oxycarpa (Anderss.) Y.L.Chou & C.F.Fang (杨柳科)
尖果母草 Lindernia hyssopioides (L.) Haines(玄参科),短果泥花草
尖果南芥 Arabis attenuata Royle ex HK.f. & Thoms. (十字花科)
尖果婆婆纳 Veronica rockii subsp. stenocarpa (Li) Hong (玄参科),光果婆婆纳光果亚种
尖果省藤 Calamus oxycarpus Becc.(棕榈科)
尖果水苦荬 Veronica oxycarpa Boiss.(玄参科)
尖果驼蹄瓣 Zygophyllum oxycarpum Popov(蒺藜科),尖果霸王
尖果洼瓣花 Lloydia oxycarpa Franch.(百合科)
尖花藤 Richella hainanensis (Tsiang & P.T.Li) Tsiang & P.T.Li(番荔枝科)
尖花藤属 Richella A.Gray(番荔枝科)
尖花天芥菜 Heliotropium acutiflorum Kar. & Kir. (紫草科)
尖槐藤 Oxystelma esculentum (L.f.) F.A.Schult. (萝藦科),小双飞蝴蝶,高冠藤
尖槐藤属 Oxystelma R.Br.(萝藦科),高冠藤属
尖喙隔距兰 Cleisostoma rostratum (Lodd.) Seidenf. (兰科)
尖喙棘豆 Oxytropis cuspidata Bge.(豆科),尖叶棘豆
尖喙牻牛儿苗 Erodium oxyrrhynchum M.Bieb. (牻牛儿苗科)
尖喙石笔木 Tutcheria rostrata Chang(山茶科)

尖基木藜芦 Leucothoë griffithiana C.B.Clarke (杜鹃花科),*当琴*
尖尖榆(山西翼城)=裂叶榆
尖角卷瓣兰 Bulbophyllum forrestii Seidenf.(兰科)
尖角蒲公英 Taraxacum pingue Schischk.(菊科)
尖巾草(台湾)=尖帽草
尖巾草属(名词审查本)=**尖帽草属**
尖惊药(贵州中草药)=九头狮子草
尖距翠雀花 Delphinium oxycentrum W.T.Wang (毛茛科)
尖距紫堇(高等图鉴)=地锦苗
尖蕾狗牙花 Tabernaemontana bufalina Lour.(夹竹桃科),*澄江狗牙花,海南狗牙花,艾角青,单根木,山辣椒树,独根木,鸡爪花,震天雷*
尖栗(湖南)=锥栗
尖连蕊茶 Camellia cuspidata (Kochs) Wright(山茶科),*尖叶山茶*
尖裂贡山槭 Acer kungshanense var. acuminatilobum (Fang & Chow) Fang(槭树科)
尖裂花荵 Polemonium caeruleum var. acutiflorum (Willd. ex Roem. & Schult.) Ledeb. (花荵科)
尖裂黄瓜菜 Paraixeris serotina (Maxim.) Tzvel. (菊科),*猴尾草,抱茎苦荬菜,秋抱茎苦荬菜,那木日音-道来音-伊达日阿,苦碟子,晚抱茎苦荬菜*
尖裂灰毛泡 Rubus irenaeus var. innoxius (Focke ex Diels) Yü & Lu (蔷薇科)
尖裂荚果蕨 Matteuccia struthiopteris var. acutiloba Ching(球子蕨科)
尖裂假瘤蕨 Phymatopteris oxyloba (Wall. ex Kunze) Pic.Serm.(水龙骨科)
尖裂毛蕨 Cyclosorus truncatus var. acutiloba Ching (金星蕨科)
尖裂密叶翠雀花 Delphinium kingianum var. acuminatissimum (W.T.Wang) W.T.Wang(毛茛科)
尖裂叶蒿 Artemisia incisa Pamp.(菊科)
尖裂鸢尾 Iris acutiloba Mejer.(鸢尾科)
尖裂轴榈 Licuala acutifida Mart.(棕榈科)
尖鳞薹草 Carex atrata subsp. pullata (Boott) Kükenth. (莎草科),*黑被薹草*
尖麻(贵州中草药名录)=长叶水麻
尖脉木姜子 Litsea acutivena Hay.(樟科),*毛叉树,黄桂,长果木姜子,锐脉木姜子*
尖帽草 Mitrasacme indica Wight (马钱科),*姬苗,尖巾草*
尖帽草属 Mitrasacme Labill.(马钱科),*尖巾草属,姬苗属*
尖囊兰 Kingidium braceanum (HK.f.) Seidenf. (兰科),*红河蝶兰*
尖囊兰属 Kingidium P.F.Hunt (兰科)
尖佩兰(植物志 74)=林泽兰
尖片蛾眉蕨 Lunathyrium acutum Ching(蹄盖蕨科),*西藏蛾忧虑蕨,波密蛾眉蕨,林芝蛾眉蕨*
尖破石(广东)=独行千里
尖蕊花属 Aechmanthera Nees(爵床科),*尖药花属*
尖山橙 Melodinus fusiformis Champ. ex Benth. (夹竹桃科),*竹藤,藤皮黄,鸡腿果,石芽枫,乳汁藤,黄狗合藤,咛头果*
尖山鳞盖蕨 Microlepia subtrichosticha Ching (碗蕨科)
尖舌黄芪 Astragalus oxyglottis Stev.(豆科)
尖舌苣苔 Rhynchoglossum obliquum Bl.(苦苣苔科),*大脖子药,歪冠苣苔,全唇尖舌苣苔,大脖子药*
尖舌苣苔属 Rhynchoglossum Bl.(苦苣苔科)
尖舌早熟禾 Poa ligulata Boiss.(禾本科)
尖树(广西)=锐尖山香圆
尖塔翠雀花 Delphinium pyramidatum Albov. (毛茛科)
尖塔形落草 Koeleria pyramidata (Lamk.) P. Beauv. (禾本科)
尖塔珍珠菜 Lysimachia pyramidalis Wall.(报春花科)
尖头叉风(四川武隆)=金山当归
尖头巢蕨 Neottopteris salwinensis Ching (铁角蕨科)
尖头耳蕨 Polystichum acutipinnulum Ching & Shing (鳞毛蕨科)
尖头风毛菊 Saussurea malitiosa Maxim.(菊科)
尖头果薯蓣 Dioscorea bicolor Prain & Burkill (薯蓣科)
尖头花 Acrocephalus indicus (Burm.f.) O.Kutze. (唇形科),*鱼香草,头状尖头花*
尖头花属 Acrocephalus Benth.(唇形科)
尖头类雀稗 Paspalidium punctatum (Burm.f.) A. Camus (禾本科)
尖头瓶尔小草 Ophioglossum pedunculosum Desv.(瓶尔小草科),*青藤,蛇须草,蛇咬一支箭,蛇咬子,小青藤,一矛一盾,一支箭,有梗瓶尔小草*
尖头青竹 Phyllostachys acuta C.D.Chu & C.S. Chao (禾本科)
尖头唐竹 Sinobambusa urens Wen (禾本科)
尖头蹄盖蕨 Athyrium vidalii (Franch. & Sav.) Nakai(蹄盖蕨科),*鄂西蹄盖蕨,康县蹄盖蕨,马边蹄盖蕨,山蹄盖蕨,太白山蹄盖蕨,无毛蹄盖蕨,武功山蹄盖蕨*
尖头叶藜 Chenopodium acuminatum Willd.(藜科),*绿珠藜*
尖突黄堇(中药辞海)=尖突黄堇
尖突黄堇 Corydalis mucronifera Maxim.(罂粟科),*扁柄黄堇,东丝儿,东丝勒,冬丝儿,冬司,黄花紫堇,尖突黄堇,至马尕共*
尖突穆坪紫堇 Corydalis flaxuosa subsp. mucronipetala (C.Y.Wu & H.Chuang) C.Y. Wu (罂粟科)
尖箨茶竿竹 Pseudosasa acutivagina Wen & S.C. Chen (禾本科)
尖尾篦齿槭 Acer pectinatum f. caudatilobum (Rehd.) Fang(槭树科)
尖尾长叶榕(台湾志)=尾叶榕
尖尾枫 Callicarpa longissima (Hemsl.) Merr.(马鞭草科),*赤药子,穿骨枫,大风药,赶风柴,赶风晒,牛舌广,牛舌癀,雪突,粘手风*
尖尾凤(台湾志)=小驳骨
尖尾凤属(台湾志)=**驳骨草属**
尖尾槁(海南)=乌心楠
尖尾谷木树(广西上思)=光叶山黄麻
尖尾假卫矛 Microtropis caudata C.Y.Cheng & T.C.Kao (卫矛科)
尖尾箭竹 Fargesia cuspidata (Keng) Z.P.Wang & G.H.Ye ? (禾本科)
尖尾槭 Acer caudatifolium Hay.(槭树科)
尖尾槭 Acer caudatifolium Hay.(槭树科)
尖尾榕(高等图鉴)=青藤公
尖尾锐叶柃 Eurya acuminata var. suzukii (Yamamoto) Keng(山茶科)
尖尾痧(广东)=蜂斗草
尖尾树(澄迈)=黄椿木姜子
尖尾铁苋(台湾志)=尖尾铁苋菜
尖尾铁苋菜 Acalypha caturus Bl.(大戟科),*尖尾铁苋,兰屿铁苋*
尖尾蚊母树 Distylium cuspidatum Chang(金缕梅科)
尖尾野芋头(广州)=海芋
尖尾叶旌节花(树木志)=聚尖叶旌节花
尖尾樱(拉汉名称)=尖尾樱桃
尖尾樱桃 Cerasus caudata (Franch.) Yü & Li(蔷薇科),*尖尾樱*
尖尾芋 Alocasia cucullata (Lour.) Schott (天南星科),*卜芥,大虫芋,大附子,大麻芋,独足莲,狗神芋,姑婆芋,观音莲,虎耳芋,化骨丹,假海芋,老虎耳,老虎芋,老虎掌芋,蛇芋,猪不拱,猪管豆*
尖尾樟(广东徐闻)=黄椿木姜子
尖削箭竹 Fargesia acuticontracta Yi (禾本科)
尖牙观音座莲 Angiopteris acuta Ching(观音座莲科)
尖药巴山铁线莲 Clematis pashanensis var. latisepala (M.C.Chang) W.T.Wang(毛茛科),*宽萼圆锥铁线莲*
尖药花 Aechmanthera tomentosa Nees(爵床科),*十三年花*
尖药花属(高等图鉴)=**尖蕊花属**
尖药花属 Acranthera Arn. ex Meissn.(茜草科)
尖药兰 Diphylax urceolata (Clarke) HK.f.(兰科)
尖药兰属 Diphylax HK.f.(兰科)
尖药南蛇藤(拉汉名称)=滇边南蛇藤
尖叶阿婆钱(海南)=排钱树
尖叶八蕊花 Sporoxeia latifolia (H.L.Li) C.Y.Wu & Y.C.Huang ex C.Chen(野牡丹科)
尖叶菝葜 Smilax arisanensis Hay.(百合科)
尖叶白点兰 Thrixspermum acuminatissimum (Bl.) Rchb.f.(兰科)
尖叶白蜡树(树木分类学)=白蜡树
尖叶白蜡树(树木分类学,药典 2000)=白蜡树
尖叶白前(东北检索表)=潮风草
尖叶半枫荷 Semiliquidambar caudata var. cuspidata Chang(金缕梅科)
尖叶半夏(广西)=半夏
尖叶杯冠藤 Cynanchum sinoracemosum M.G. Gilb. & P.T.Li(萝藦科)
尖叶杯腺柳 Salix cupularis var. acutifolia S.Q. Zhou (杨柳科)
尖叶梣(植物志 61)=白蜡树
尖叶茶藨(高等图鉴)=渐尖茶藨子
尖叶茶藨子 Ribes maximowiczianum Kom.(虎耳草科),*北方茶藨,远东茶藨,马氏醋李*
尖叶长柄山蚂蝗 Podocarpium podocarpum var. oxyphyllum (DC.) Yang & Huang(豆科),*山蚂蝗,小山蚂蝗,尖叶山蚂蝗,圆菱叶山蚂蝗,小粘子草*
尖叶臭黄荆(高等图鉴)=尖齿豆腐柴
尖叶川黄瑞木(高等图鉴补编)=尖叶川杨桐
尖叶川杨桐 Adinandra bockiana var. acutifolia (Hand.-Mazz.) Kobuski(山茶科),*尖叶川黄瑞木,湖南杨桐,尖叶杨桐*
尖叶豆腐柴 Premna chevalieri P.Dop(马鞭草科)
尖叶杜茎山(广西,海南志)=米珍果
尖叶杜鹃(植物学杂志)=白花杜鹃
尖叶峨眉(分类学报)=东北峨眉蕨
尖叶耳蕨 Polystichum parvipinnulum Tagawa (鳞毛蕨科)
尖叶番泻 Cassia senna L.(豆科)
尖叶风筝果 Hiptage acuminata Wall. ex A.Juss.

(金虎尾科)
尖叶藁本 Ligusticum acuminatum Franch.(伞形科),*藁本菜,水藁本*
尖叶弓果黍 Cyrtococcum oxyphyllum (Hochst. ex Steud.) Stapf(禾本科)
尖叶瓜馥木 Fissistigma acuminatissimum Merr.(番荔枝科),*火绳树*
尖叶龟背竹 Monstera acuminata C.Koch.(天南星科)
尖叶桂樱 Laurocerasus undulata (D.Don) Roem.(蔷薇科)
尖叶厚壳桂 Cryptocarya acutifolia H.W.Li(樟科)
尖叶花椒(浙江药用名录)=花椒簕
尖叶花椒 Zanthoxylum oxyphyllum Edgew.(芸香科)
尖叶黄杨 Buxus sinica subsp. aemulans (Rehd. & Wils.) M.Cheng(黄杨科)
尖叶茴芹 Pimpinella acuminata (Edgew.) C.B. Clarke (伞形科)
尖叶火烧兰 Epipactis thunbergii A.Gray(兰科)
尖叶棘豆(新疆检索表)=尖喙棘豆
尖叶棘豆 Oxytropis oxyphylla (Pall.) DC. (豆科)
尖叶加杨(植物志 20-2)=尤金杨
尖叶假龙胆 Gentianella acuta (Michx.) Hulten (龙胆科),*苦龙胆*
尖叶金果榄(云南)=云南青牛胆
尖叶堇菜 Viola acutifolia (Kar. & Kir.) W.Beck.(堇菜科)
尖叶旌节花(四川志)=聚尖叶旌节花
尖叶景天 Sedum fedtschenkoi Hamet(景天科)
尖叶酒饼簕 Atalantia acuminata Huang(芸香科)
尖叶柯 Lithocarpus attenuatus (Skan) Rehd.(壳斗科)
尖叶蓝花楹 Jacaranda cuspidifolia Mart.(紫葳科)
尖叶蓝钟喉毛花 Comastoma cyananthiflorum var. acutifolium (Franch. ex Hemsl.) Hulub (龙胆科)
尖叶栎 Quercus oxyphylla (Wils.) Hand.-Mazz.(壳斗科),*铁橿树*
尖叶链珠藤(植物志 63)=筋藤
尖叶龙胆(高等图鉴)=刺芒龙胆
尖叶龙须藤 Bauhinia lecomtei Gagn.(豆科),*黔羊蹄甲,马蹄叶*
尖叶卤蕨 Acrostichum speciosum Willd.(卤蕨科)
尖叶罗伞 Brassaiopsis acuminata Li(五加科),*披针叶柏那参*
尖叶螺序草 Spiradiclis caespitosa f. cylindrica (Wall. ex HK.f.) Lo(茜草科)
尖叶落羽松(英拉汉名称)=墨西哥落羽杉
尖叶毛柃 Eurya acuminatissima Merr. & Chun (山茶科)
尖叶美容杜鹃 Rhododendron calophytum var. openshawianum (Rehd. & Wils.) Chamb. ex Cullen & Chamb.(杜鹃花科)
尖叶猕猴桃 Actinidia callosa var. acuminata C. F.Liang (猕猴桃科)
尖叶密花树(高等图鉴)=平叶密花树
尖叶木 Urophyllum chinense Merr. & Chun(茜草科)
尖叶木蓝 Indigofera zollingeriana Miq.(豆科),*大叶狼豆柴,梯氏木蓝,密花木兰*
尖叶木犀榄(分类学报)=锈鳞木犀榄
尖叶木属 Urophyllum Jack ex Wall.(茜草科)
尖叶囊唇兰 Saccolabium acutifolium Lindl.(兰科)
尖叶鸟舌兰 Ascocentrum pumilum (Hay.) Schaltr.(兰科),*小鹿角兰*
尖叶牛尾菜(湖北)=牛尾菜
尖叶牛尾菜 Smilax riparia var. acuminata (C. H.Wright) Wang & Tang(百合科)
尖叶欧洲小檗 Berberis vulgaris var. acutifolia (Prant) Scheid.(小檗科)
尖叶漆 Toxicodendron acuminatum (DC.) C.Y. Wu & T.L.Ming(漆树科),*尾叶漆*
尖叶清风藤 Sabia swinhoei Hemsl. ex Forb. & Hemsl. (清风藤科)
尖叶秋海棠 Begonia oxyphylla A.DC.(秋海棠科)
尖叶榕 Ficus henryi Warb. ex Diels(桑科),*山枇杷*
尖叶柔毛堇菜 Viola principis var. acutifolia C.J. Wang (堇菜科)
尖叶山茶(高等图鉴)=尖连蕊茶
尖叶山苦荬(浙江草药)=东风菜
尖叶山蚂蝗(福建志)=尖叶长柄山蚂蝗
尖叶蛇根草 Ophiorrhiza hispida HK.f.(茜草科)
尖叶石豆兰 Bulbophyllum cariniflorum Richb.f.(兰科)
尖叶石仙桃 Pholidota missionariorum Gagn.(兰科)
尖叶树萝卜 Agapetes epacridea Airy-Shaw(杜鹃花科)
尖叶水丝梨 Sycopsis dunnii Hemsl.(金缕梅科)
尖叶丝石竹(北京志)=细叶石头花
尖叶四照花 Dendrobenthamia angustata (Chun) Fang (山茱萸科),*狭叶四照花,野荔枝*
尖叶薹草 Carex oxyphylla Franch.(莎草科)
尖叶唐松草 Thalictrum acutifolium (Hand.-Mazz.) Boivin(毛茛科),*石笋还阳*
尖叶藤黄 Garcinia subfalcata Y.H.Li & F.N.Wei (藤黄科)
尖叶藤山柳 Clematoclethra faberi Franch.(猕猴桃科)
尖叶铁角蕨(海南志)=镰叶铁角蕨
尖叶铁角蕨(台湾志)=骨碎补铁角蕨
尖叶铁青树 Olax acuminata Wall. ex Benth.(铁青树科)
尖叶铁扫帚 Lespedeza juncea (L.f.) Pers.(豆科)
尖叶铁仔(植物志 58)=铁仔
尖叶橐吾(西藏中草药)=苍山橐吾
尖叶微孔草 Microula blepharolepis (Maxim.) Johnst.(紫草科)
尖叶乌蔹莓 Cayratia japonica var. pseudotrifolia (W.T.Wang) C.L.Li(葡萄科),*母猪藤,过路边,蜈蚣藤*
尖叶乌蔹莓 Cayratia pseudotrifolia W.T.Wang (葡萄科)
尖叶五匹青 Pternopetalum vulgare var. acuminatum C.Y.Wu(伞形科),*刷把草*
尖叶下垂小檗 Berberis declinata var. oxyphylla Schneid.(小檗科)
尖叶下珠 Phyllanthus fanchenensis P.T.Li(大戟科)
尖叶相思 Acacia caesia (L.) Willd.(豆科),*尖叶印度相思树*
尖叶香青 Anaphalis acutifolia Hand.-Mazz.(菊科)
尖叶小蓟(浙江药志)=线叶蓟
尖叶缬草 Valeriana acutiloba Rybd.(败酱科)
尖叶新木姜子 Neolitsea acuminatissima (Hay.) Kanehira & Sasaki(樟科),*高山新木姜子*
尖叶悬钩子 Rubus acuminatus Smith(蔷薇科)
尖叶栒子(经济植物手册)=细尖栒子
尖叶栒子 Cotoneaster acuminatus Lindl.(蔷薇科)
尖叶盐爪爪 Kalidium cuspidatum (Ung-Sternb.) Grub(藜科)
尖叶眼树莲 Dischidia australis Tsiang & P.T.Li (萝藦科),*川甲草,马榴根,南瓜子金,上树瓜,石瓜子*
尖叶眼子菜 Potamogeton oxyphyllus Miq.(眼子菜科),*线叶藻*
尖叶杨桐(广西志)=尖叶川杨桐
尖叶淫羊藿(中药辞海)=粗毛淫羊藿
尖叶印度相思树(豆科图说)=尖叶相思
尖叶原始观音座莲 Archangiopteris tonkinensis (Hay.) Ching(观音座莲科)
尖叶暂花兰(台湾兰科植物)=卵唇金石斛
尖叶樟(广西)=香粉叶
尖叶子(云南)=灵香草
尖叶紫柳 Salix koriyanagi Kimura ex Görz(杨柳科)
尖叶紫珠 Callicarpa acutifolia H.T.Chang(马鞭草科)
尖颖旱禾 Eremopoa oxyglumis (Boiss.) Roshev. (禾本科)
尖颖落芒草 Oryzopsis henryi var. acuta L.Liou ex Z.L.Wu(禾本科)
尖颖早熟禾 Poa acmocalyx Keng ex L.Liu(禾本科)
尖羽贯众 Cyrtomium hookerianum (Presl) C. Chr. (鳞毛蕨科),*狭叶贯众蕨,虎克贯众*
尖羽角蕨 Cornopteris christenseniana (Koidz.) Tagawa (蹄盖蕨科)
尖羽毛蕨(海南志)=渐尖毛蕨
尖羽千里光 Senecio acutipinnus Hand.-Mazz. (菊科)
尖羽蹄盖蕨(蕨类形态)=毛翼蹄盖蕨
尖早熟禾 Poa setulosa Bor(禾本科),*细刺莓系*
尖栉齿叶蒿 Artemisia medioxima Krasch. ex Poljak. (菊科)
尖种藤(海南)=尖子藤
尖种藤属(科属检索表)=**鹿角藤属**
尖锥荚蒾(拉汉名称)=锥序荚蒾
尖子木 Oxyspora paniculata (D.Don) DC.(野牡丹科),*暴牙郎,遍山红,秤杆菜,酒瓶果,满山红,三叶藤,牙娥拨翠,砚山红*
尖子木属 Oxyspora DC.(野牡丹科)
尖子藤 Chonemorpha verrucosa (Bl.) D.J.Middl. (夹竹桃科),*尖种藤*
尖子藤属(植物志 63)=**鹿角藤属**
尖嘴蕨(海南志)=显脉尖嘴蕨
尖嘴蕨 Belvisia mucronata (Fée) Copel.(水龙骨科)
尖嘴蕨 Belvisia spicata (L.f.) Mirbel (水龙骨科)
尖嘴蕨属 Belvisia Mirbel(水龙骨科)
尖嘴林檎 Malus melliana (Hand.-Mazz.) Rehd. (蔷薇科),*麦氏海棠,锐齿亚洲海棠*
尖嘴薹草 Carex leiorhyncha C.A.Mey.(莎草科)
坚被灯心草 Juncus tenuis Willd.(灯心草科)
坚杆×戟叶火绒草 Leontopodium franchetii ×dedekensii Hand.-Mazz.(菊科)
坚杆火绒草 Leontopodium franchetii Beauv.(菊科)
坚杆向日葵 Helianthus rigidus (Carr.) Desf.(菊

科)
坚梗獐牙菜 Swertia phragmitiphylla var. rigida T.N.Ho & S.W.Liu(龙胆科)
坚骨风(江西,广东,广西,福建)=南五味子
坚果榼藤(新)Entada pursaetha. subps. Sinohimalensis Grierson & Long?(豆科)
坚核桂樱 Laurocerasus jenkinsii (HK.f.) Yü & Lu (蔷薇科),*阿萨姆稠李*
坚桦 Betula chinensis Maxim.(桦木科),*杵榆*
坚喙薹草 Carex litorhyncha Franch.(莎草科)
坚荚树(救荒本草)=常绿荚蒾
坚碱茅 Puccinellia strictura L.Liu(禾本科)
坚茎鱼藤(分类学报)=大鱼藤树
坚龙胆 Gentiana rigescens Franch. ex Hemsl. (龙胆科),*滇龙胆草,苦草,青鱼胆,小秦艽,蓝花根,炮仗花,川龙胆,贵州龙胆*
坚木麻黄(福建)=粗枝木麻黄
坚木山矾 Symplocos dryophila Clarke(山矾科)
坚漆(浙江)= 檵木
坚髓杜茎山 Maesa ambigua C.Y.Wu & C.Chen (紫金牛科)
坚桃叶柃 Eurya persicaefolia Gagn.(山茶科)
坚挺柴胡 Bupleurum longicaule var. strictum C.B. Clarke (伞形科)
坚挺短冠草 Sopubia stricta G.Don?(玄参科)
坚挺马先蒿 Pedicularis rigida Franch.(玄参科)
坚挺母草 Lindernia stricta Tsoong & Ku(玄参科)
坚挺嵩草 Kobresia seticulmis Böcklr.(莎草科)
坚挺薹草 Carex rigidae Good.(莎草科)
坚挺纤细马先蒿(新)Pedicularis gracilis subsp. stricta Tsoong(玄参科),*纤细马先蒿坚挺亚种*
坚挺岩风 Libanotis schrenkiana C.A.Mey. ex Schischk. (伞形科)
坚叶变种(植物志 74)=坚叶紫菀(新)
坚叶毛蕨 Cyclosorus subcoriaceus Ching ex Shing (金星蕨科)
坚叶樟 Cinnamomum chartophyllum H.W.Li(樟科),*梅宋容*
坚叶紫菀(新)Aster ageratoides var. firmus (Diels) Hand.-Mazz.(菊科),*坚叶变种*
坚硬变种(植物志 65-2)=野芝麻
坚硬耳稃草 Garnotia stricta Brongn.(禾本科)
坚硬黄芪 Astragalus rigidulus Benth. ex Bge. (豆科)
坚硬鳞毛蕨 Dryopteris rigida (Hoffm.) Underw. (鳞毛蕨科)
坚硬女娄菜 Silene firma S. & Z.(石竹科),*白花女娄菜,粗壮女娄菜,大叶金石榴,光萼女娄菜,坚壮女娄菜,女娄菜,砂女娄菜,叟巴,无毛女娄菜*
坚硬秋海棠 Begonia rigida Rgl.(秋海棠科)
坚硬薹草 Carex chungii var. rigida Y.C.Tang & S.Y.Liang (莎草科)
坚硬小檗 Berberis rigida Hieron.(小檗科)
坚硬岩黄芪 Hedysarum sikkimense var. rigidum Hand.-Mazz.(豆科)
坚硬一枝黄花 Solidago rigida L.(菊科)
坚硬蚁棕 Korthalsia rigida Bl.(棕榈科)
坚直复叶耳蕨 Arachniodes valida Y.T.Hsieh(鳞毛蕨科)
坚纸楼梯草 Elatostema pergameneum W.T. Wang (荨麻科)
坚纸蹄盖蕨(蕨类形态)=峨眉蹄盖蕨
坚轴草 Tenacistachya sichuanensis L.Liu(禾本科)
坚轴草属 Tenacistachya L.Liu(禾本科)
坚壮女娄菜(新华本草纲要)=坚硬女娄菜
歼疟草(江西)=瓜子金
间断阿披拉草 Apera interrupta (L.) P.Beauv.(禾本科)
间断槐 Sophora interrupta Bedd.(豆科)
间断毛蕨(海南志)=毛蕨
间断委陵菜 Potentilla interrupta Yü & Li(蔷薇科)
间断香茶菜 Isodon interruptus (C.Y.Wu & H.W. Li) H.Hara (唇形科),*昆明香茶菜*
间穗薹草 Carex loliacea L.(莎草科)
间型沿阶草 Ophiopogon intermedius D.Don(百合科)
间序豆腐柴 Premna interrupta Wall.(马鞭草科),*断序臭黄荆*
间序狗尾草 Setaria intermedia Roem. & Schult. (禾本科)
间序囊颖草 Sacciolepis interrupta (Willd.) Stapf (禾本科)
间序油麻藤 Mucuna interrupta Gagn.(豆科)
肩背秋海棠 Begonia hispida var. cucullifera Irmsch.(秋海棠科)
蒹(诗经-秦风) =芦韦
蒹杜(名医别录)= 白茅根
菅 Themeda villosa (Poir.) A.Camus (禾本科),*菅茅根,蚂炸草,接骨草,大响铃草*
菅草兰 Cymbidium goeringii var. tortisepalum (Fukuyama) Y.S.Wu & S.C.Chen(兰科)
菅根(名医别录)=黄茅
菅茅根(纲目)=菅
菅属 Themeda Forssk.(禾本科)
樫木 Dysoxylum excelsum Bl.(楝科),*葱臭木*
樫木属 Dysoxylum Bl.(楝科)
柬凋缨菊 Camchaya kampotensis Gagn.(菊科)
柬埔寨草胡椒(植物志 20-1)=石蝉草
柬埔寨龙血树(植物学报)=剑叶龙血树
柬埔寨龙血树(中草药学,Flora 24)=海南龙血树
柬埔寨乌木 Diospyros helferi Clarke (柿科)
柬埔寨崖爬藤(高等图鉴补编)=景洪崖爬藤
柬埔寨子楝树 Decaspermum cambodianum Gagn.(桃金娘科)
茧荚黄芪 Astragalus lehmannianus Bge.(豆科)
茧漆(群芳谱)=檵木
茧衣香青 Anaphalis chlamydophylla Diels(菊科)
茧子花(苏南植物手册)=白鹃梅
茧子花属(苏南植物手册)=**白鹃梅属**
减缩黄芪 Astragalus prodigiosus var. paucijugus K.T.Fu (豆科)
剪草(浙江药物志)=透骨草
剪春罗 Lychnis coronata Thunb.(石竹科),*剪红罗,剪金花,剪夏罗,阔叶鲤鱼胆,婆婆针线包,山田茶,山药田,雄黄花,一支蒿*
剪搭草(救荒本草)=欧洲慈姑
剪刀菜(云南中草药选)=紫花地丁
剪刀菜(中草药汇编)=滇苦菜
剪刀草(本草图经)=欧洲慈姑
剪刀草(分类草药性)=野慈姑
剪刀草(江苏)=细风轮菜
剪刀草(泉州本草)=独角莲
剪刀草(新拉汉英)=多茎剪刀草(新)
剪刀草(浙江)=高大翅果菊
剪刀草(中药大辞典)=长叶泽泻
剪刀草(中药大辞典)=邻近风轮菜
剪刀草 Sagittaria trifolia var. trifolia f. longiloba (Turcz.) Makino(泽泻科)
剪刀股(长白山药志)=西伯利亚蓼
剪刀股 Ixeris japonica (Burm.f.) Nakai(菊科),*沙滩苦荬菜,假蒲公英,蒲公英,鸭舌草,鹅公英*
剪刀花(中药大辞典)=瞿麦
剪刀甲(四川)=窄叶小苦荬
剪刀七(东北)=珠芽蓼
剪刀七(中草药汇编)=七筋姑
剪刀树(海南)=杯萼海桑
剪定(广东,海南)=木榄
剪定树(广东,海南)=海莲
剪股颖 Agrostis matsumurae Hack. ex Honda (禾本科),*紧穗剪股颖*
剪股颖属 Agrostis L.(禾本科)
剪红罗(证治要诀)=剪春罗
剪红纱花 Lychnis senno S. & Z.(石竹科),*汉宫秋,散血沙,阔叶鲤鱼胆,地典连,剪秋罗*
剪花火绒草(东北检索表)=团球火绒草
剪金花(植物分类学)=剪春罗
剪秋罗(中药辞海)=剪红纱花
剪秋罗(种子植物名称)=浅裂剪秋罗
剪秋罗 Lychnis fulgens Fisch.(石竹科),*大花剪秋箩*
剪秋罗属 Lychnis L.(石竹科)
剪绒花(医林纂要)=瞿麦
剪夏罗(天目药志)=剪春罗
剪叶铁角蕨(台湾志)=切边铁角蕨
剪子草(云南)=刺苞斑鸠菊
剪子果(河南)=羊奶子
剪子树(广东,海南)=角果木
硷草茅草(植物志 11)=黑莎草
硷土藨草 Scirpus paludosus A.Nelson (莎草科)
简单汝蕨(蕨类图说)=异羽复叶耳蕨
简序薹草 Carex neopolycepha var. simplex Tang & Wang ex L.K.Dai(莎草科)
碱葱(内蒙古)=盐地碱蓬
碱地风毛菊(植物志 78-2)=倒羽叶风毛菊
碱地肤 Kochia scoparia var. sieversiana (Pall.) Ulbr. ex Aschers. & Graebn.(藜科)
碱地蒲公英(药典 2000,植物志 80-2)=华蒲公英
碱独行菜 Lepidium cartilagineum (J.May.) Thell. (十字花科)
碱蒿(甘肃)=米蒿
碱蒿 Artemisia anethifolia Web. ex Stechm.(菊科),*博知莫格,臭蒿,大莳萝蒿,霍宁-沙里尔日,糜糜蒿,伪茵陈,盐蒿,*
碱蒿子(江苏)=碱蓬
碱黄鹌菜 Youngia stenoma (Turcz.) Ledeb.(菊科)
碱韭 Allium polyrhizum Turcz. ex Rgl.(百合科),*紫花韭*
碱毛茛 Halerpestes sarmentosa (Adams) Kom. & Alissova (毛茛科)
碱毛茛属 Halerpestes Green (毛茛科)
碱茅 Puccinellia distans (L.) Parl.(禾本科),*铺茅*
碱茅属 Puccinellia Parl.(禾本科),*卜氏草属,匍茅属*
碱蓬 Suaeda glauca (Bge.) Bge.(藜科),*盐蓬,灰绿碱蓬,盐蒿子,碱蒿子*
碱蓬属 Suaeda Forsk.(藜科)
碱蛇床 Cnidium salinum Turcz.(伞形科)
碱菀 Tripolium vulgare Nees(菊科),*竹叶菊,铁杆蒿,金盏菜*
碱菀属 Tripolium Nees (菊科)
见春花(陕西)=铁筷子

见毒消(江西草药)=锈毛蛇葡萄
见风黄(云南)=草玉梅
见风青(云南)=草玉梅
见风消(图考)=狭叶山胡椒
见骨草(分类草药性)=碎米莎草
见气消(湖南)=牛奶浆草
见霜黄 Blumea lacera (Burm.f.) DC.(菊科),*红头草,红根毛倒提壶,黄花地胆头*
见水蓝(云南中药资源名录)=大果冬青
见血参(湖北)=血水草
见血飞(广东)=光叶海桐
见血飞(广西药用名录)=刺壳花椒
见血飞(贵州)=羊角棉
见血飞(贵州民间药物)=竹叶花椒
见血飞(湖北)=大叶火烧兰
见血飞(湖北)=华南云实
见血飞(湖南志)=蚬壳花椒
见血飞(陕西中草药)=刺异叶花椒
见血飞(四川)=飞龙掌血
见血飞(新华本草纲要)=小花花椒
见血飞(云南文山)=红根南星
见血飞 Caesalpinia cucullata Roxb.(豆科),*麻药*
见血封喉 Antiaris toxicaria Lesch.(桑科),*箭毒木*
见血封喉属 Antiaris Lesch.(桑科)
见血封口(拉祜族常用药)=弯蕊开口箭
见血青(江西)=紫背金盘
见血青 Liparis nervosa (Thunb. ex A.Murray) Lindl. (兰科),*倒岩提,黑兰,立地好,脉羊耳兰,毛慈姑,铁耙梳,岩芋,走子草*
见血清(图考)=金疮小草
见血散(分类草药性,湖南药物志)=飞龙掌血
见血散(浙江中草药)=费菜
见血生(四川)=华中铁角蕨
见血住(湖北)=轮叶过路黄
见肿消(纲目拾遗)=菊三七
见肿消(广西昭平)=薄叶新耳草
见肿消(河南)=杭子稍
见肿消(江苏)=薄荷
见肿消(江苏)=卫矛
见肿消(江西草药)=锈毛蛇葡萄
见肿消(南京民间药草)=白蔹
见肿消(秦岭南北坡)=白屈菜
见肿消(陕西佛坪)=无毛白透骨消(新)
见肿消(陕西中草药)=路边青
见肿消(陕西中草药)=三裂蛇葡萄
见肿消(思茅中草药)=平卧菊三七
见肿消(云南)=马利筋
见肿消(云南,四川,贵州)=商陆
见肿消(植物志 77-1)=狗头七
建柏(树木分类学)=福建柏
建参(纲目拾遗)=福参
建茶(浙江)=油茶
建菖蒲(四川)=金钱蒲
建德变种(植物志 66,Flora 17)=建德石荠苎(新)
建德山梅花(树木分类学)=绢毛山梅花
建德石荠苎 Mosla hangchowensis var. cheteana (Sun ex C.H.Hu) C.Y.Wu & H.W.Li(唇形科),*建德变种*
建昆菝葜 Smilax jiankunii H.Li(百合科)
建兰 Cymbidium ensifolium (L.) Sw.(兰科),*四季兰,秋兰,八月半,兰花,土续断,兰茛*
建兰样厚唇兰 Epigeneium cymbidioides (Bl.) Summerh.(兰科)
建宁金腰 Chrysosplenium jienningense W.T. Wang (虎耳草科)
建瓯大节竹(竹子研究汇刊)=粉酸竹
建人参(金御乘方)=福参
建润楠 Machilus oreophila Hance(樟科)
建神曲(纲目拾遗)=普通小麦
建始凤仙花 Impatiens silvestrii Pamp.? (凤仙花科)
建始槭 Acer henryi Pax(槭树科),*亨利槭,亨利槭树,亨氏槭,三叶槭*
建水阔叶槭 Acer amplum var. jianshuiense Fang (槭树科)
建水龙竹 Dendrocalamus jianshuiensis Hsueh & D.Z.Li (禾本科),*红竹*
建水娃儿藤 Tylophora hui Tsiang(萝藦科)
剑柏(植物名实考)=翠云草
剑板菜(广东)=葫芦茶
剑苞藨草 Scirpus ehrenbergii Böcklr.(莎草科)
剑苞灯心草 Juncus xiphioides E.Mey.(灯心草科)
剑苞鹅耳 Carpinus londoniana var. xiphobracteata P.C.Li(桦木科)
剑菖蒲(湖北)=菖蒲
剑齿蛇根草 Ophiorrhiza ensiformis Lo(茜草科)
剑川虎耳草 Saxifraga smithiana Irmsch.(虎耳草科)
剑川韭 Allium chienchuanense J.M.Xu(百合科)
剑川马铃苣苔 Oreocharis georgei Anth.(苦苣苔科)
剑川清风藤(新) Sabia angustifolia L.Chen?(清风藤科)
剑川乌头 Aconitum handelianum Comber(毛茛科)
剑唇兜蕊兰 Androcorys pugioniformis (Lindl. ex HK.f.) K.Y.Lang (兰科),*剑唇角盘兰*
剑唇角盘兰(西藏志,横断山植物)=剑唇兜蕊兰
剑丹(图考)=瓦韦
剑刀草(湖南)=蝴蝶花
剑刀草(湖南药物志)=鳞瓦韦
剑刀草(湖南药物志)=乌苏里瓦韦
剑豆榼藤子 Entada gigas Fawc. & Rendle (豆科)
剑阁柏木 Cupressus chengiana var. jiangeensis (N.Zhao) Silba(柏科)
剑光角 Euphorbia handiensis Burch.(大戟科)
剑蕨科 Loxogrammaceae
剑蕨属 Loxogramme (Bl.) C.Presl(剑蕨科)
剑兰(高等图鉴)=纹瓣兰
剑兰(广州)=唐菖蒲
剑龙角 Huernia oculata HK.f.(萝藦科)
剑麻 Agave sisalana Perr. ex Engelm.(石蒜科),*菠萝麻*
剑门蝇子草 Silene tubiformis C.L.Tang(石竹科)
剑形瘤瓣兰 Oncidium ensatum Lindl.(兰科)
剑形鳞茅 Dimeria acinaciformis R.Br.(禾本科)
剑形叶美冠兰 Eulophia ensata Lindl.(兰科)
剑叶暗罗 Polyalthia lancilimba C.Y.Wu ex P.T. Li (番荔枝科)
剑叶叉蕨 Tectaria leptophylla (C.H.Wright) Ching (叉蕨科)
剑叶菖蒲(四川)=菖蒲
剑叶吊灯花(Flora 16)=长叶吊灯花
剑叶冬青 Ilex lancilimba Merr.(冬青科)
剑叶盾蕨 Neolepisorus ensatus (Thunb.) Ching (水龙骨科)
剑叶耳草(广西药用名录)=拟金草
剑叶耳草 Hedyotis caudatifolia Merr. & Metcalf (茜草科)
剑叶耳蕨 Polystichum xiphophyllum (Baker) Diels (鳞毛蕨科),*革叶耳蕨,关山耳蕨*
剑叶凤尾蕨 Pteris ensiformis Burm(凤尾蕨科),*井边茜,凤冠草,山凤尾*
剑叶黄芪(植物研究)=歧枝黄芪
剑叶黄芪 Astragalus suwuiformis DC.(豆科)
剑叶火杖 Kniphofia macowanii Baker (百合科)
剑叶金鸡菊 Coreopsis lanceolata L.(菊科),*大金鸡菊,线叶金鸡菊*
剑叶卷莲(湖南药物志)=单叶双盖蕨
剑叶开口箭 Campylandra ensifolia (F.T.Wang & Tang) M.N.Tamura et al.(百合科),*竹根七,小万年青,岩七,搜山虎*
剑叶克拉莎 Cladium ensigerum Hance (莎草科)
剑叶龙血树 Dracaena cochinchinensis (Lour.) S. C.Chen (百合科),*柬埔寨龙血树*
剑叶美冠兰 Eulophia sooi W.Y.Chun & T.Tang & S.C.Chen (兰科)
剑叶木(中药大辞典)=海南龙血树
剑叶木姜子 Litsea lancifolia (Roxb. ex Nees) Benth. & HK.f.(樟科)
剑叶拟兰 Apostasia wallichii R.Br.(兰科)
剑叶苹婆 Sterculia ensifolia Mast.(梧桐科)
剑叶槭 Acer lanceolatum Moll.(槭树科),*披针叶槭*
剑叶球兰(广西)=荷秋藤
剑叶三宝木 Trigonostemon xyphophylloides (Croiz.) L.K.Dai & T.L.Wu(大戟科)
剑叶莎属 Machaerina Vahl (莎草科)
剑叶山芝麻 Helicteres lanceolata DC.(梧桐科),*大叶山芝麻,大叶山芝麻,假芝麻,进驻芝麻,山油麻,万头果,粘叶山芝麻*
剑叶石斛 Dendrobium acinaciforme Roxb.(兰科)
剑叶石韦 Pyrrosia ensata Ching & Shing(水龙骨科)
剑叶书带蕨 Vittaria amboinensis Fée(书带蕨科),*广东书带蕨,宽叶书带蕨,刘氏书带蕨,秦氏书带蕨,心祈书带蕨*
剑叶榕(广西药用名录)=西藏斜叶榕
剑叶梭罗 Reevesia lancifolia Li(梧桐科)
剑叶蹄盖蕨 Athyrium attenuatum (Clarke) Tagawa (蹄盖蕨科)
剑叶铁角蕨 Asplenium ensiforme Wall. ex HK & Grev. (铁角蕨科)
剑叶铁树(广东,广西)=剑叶朱蕉
剑叶头蕊兰 Cephalanthera xiphophyllum L.f. (兰科)
剑叶万年青(广东,广西)=剑叶朱蕉
剑叶虾脊兰 Calanthe davidii Franch.(兰科),*长叶根节兰*
剑叶鸦葱 Scorzonera ensifolia M.B.(菊科)
剑叶玉凤花 Habenaria pectinata (J.E.Smith) D. Don (兰科)
剑叶鸢尾兰 Oberonia ensiformis (J.E.Smith) Lindl.(兰科)
剑叶朱蕉 Cordyline stricta Endl.(百合科), *澳洲朱蕉,剑叶铁树,小叶铁树,剑叶万年青,红剑叶朱蕉*
剑叶紫金牛 Ardisia ensifolia Walker(紫金牛科),*开喉箭*
荐属(新拉汉英)=**华箬竹属**
健蒜 Allium robustum Karelin & Kirilov(百合科)
健杨 Populus ×canadensis cv. Robusta (杨柳科)
涧边草 Peltoboykinia tellimoides (Maxim.) Hara (虎耳草科)

涧边草属 Peltoboykinia (Engl.) Hara (虎耳草科)
涧上杜鹃 Rhododendron subflumineum Tam(杜鹃花科)
渐光变种(植物志 65-2)=渐光尖齿糙苏(新)
渐尖变种(Flora 17)=渐尖齿糙苏
渐尖茶藨子 Ribes takare D.Don(虎耳草科),*川西茶藨子,尖叶茶藨*
渐尖齿糙苏(新)Phlomis dentosa var. glabrescens Danguy (唇形科),*渐尖变种*
渐尖赤桉 Eucalyptus camaldulensis var. acuminata (HK.) Blak.(桃金娘科)
渐尖二型花 Dichanthelium acuminatum (Swartz) Gould & Clarke (禾本科),*绵毛黍*
渐尖风毛菊 Saussurea acuminata Turcz. ex Fisch. & Mey.(菊科)
渐尖凤仙花 Impatiens acuminata Benth.(凤仙花科)
渐尖复叶耳蕨(植物研究)=狭长复叶耳蕨
渐尖复叶耳蕨 Arachniodes gradata Ching(鳞毛蕨科)
渐尖厚唇兰(新)Epigeneium acuminatum (Rolfe) Summerh. (兰科),*厚唇兰*
渐尖楼梯草 Elatostema acuminatum (Poir.) Brongn.(荨麻科)
渐尖毛蕨 Cyclosorus acuminatus (Houtt.) Nakai (金星蕨科),*黑舒盘,尖羽毛蕨,金星蕨,毛蕨,牛肋巴,舒筋草,小毛蕨,小水麻蕨,小叶凤凰尾巴草*
渐尖偏翅唐松草 Thalictrum delavayi var. acuminatum Franch.(毛茛科)
渐尖穗荸荠 Heleocharis attenuata (Franch. & Savat.) Palla (莎草科)
渐尖羊耳蒜(新) Liparis acuminata HK.f.?(兰科)
渐尖叶独活 Heracleum acuminatum Franch.(伞形科)
渐尖叶鹿藿 Rhynchosia acuminatifolia Makino (豆科)
渐尖叶小檗 Berberis acuminata Franch.(小檗科)
渐尖叶岩梅 Diapensia himalaica var. acutifolia (Hand.-Mazz.) W.E.Evans(岩梅科)
渐尖早熟禾 Poa attenuata Trin.(禾本科)
渐狭楼梯草 Elatostema attenuatum W.T.Wang (荨麻科)
谏果(古称)=橄榄
毽树(云南屏边)=多毛坡垒
箭靶竹 Gelidocalamus longiinternodus Wen & S.C.Chen (禾本科)
箭瓣景天 Sedum sagittipetalum Fröd.(景天科)
箭苞滨藜 Atriplex dimorphostegia var. sagittiformis Aellen(藜科)
箭报春 Primula fistulosa Turkev(报春花科)
箭草(浙江民间草药)=千里光
箭唇石豆兰(高等图鉴)=戟唇石豆兰
箭当树根(江西草药)=楤木
箭毒木(云南)=见血封喉
箭毒羊角枸 Strophanthus hispidus DC.(夹竹桃科),*毒毛旋花子*
箭耳假福王草 Paraprenanthes sagittiformis Shih (菊科)
箭杆风 Alpinia jianganfeng T.L.Wu(姜科)
箭杆花(陕西,甘肃,宁夏)=黄芪
箭杆七(云南)=中国野菰
箭杆杨(中草药汇编)=钻天杨
箭杆杨 Populus nigra var. thevestina (Dode) Bean. (杨柳科)
箭竿竹 Monocladus saxatilis var. solidus (C. D.Chu & C.S.Chao) Chia (禾本科)
箭秆风(湖南)=马蔺
箭秆风(江西)=山姜
箭秆风(经济志)=华山姜
箭秆风 Alpinia stachyoides Hance(姜科),*一枝箭,密苞山姜*
箭根薯 Tacca chantrieri Andre (蒟蒻薯科),*蒟蒻薯,大叶屈头鸡,大水田七*
箭堇 Viola sagittata Ait.(堇菜科)
箭栗(湖南)=锥栗
箭炉冷杉(经济植物手册)=黄果冷杉
箭炉五加(分类学报增刊)=康定五加
箭炉云杉(树木分类学)=云杉
箭舌野豌豆(华北)=救荒野豌豆
箭头草(贵州方药集)=球果堇菜
箭头草(江苏)=细风轮菜
箭头草(救荒本草)=紫花地丁
箭头草(山西通志)=堇菜
箭头草(云南保山)=纤花耳草
箭头风(广西中药志)=蓳头回
箭头唐松草 Thalictrum simplex L.(毛茛科)
箭药叉柱兰 Cheirostylis monteiroi S.Y.Hu & Barretto (兰科)
箭药藤属 Belostemma Wall. ex Wight (萝藦科)
箭药藤 Belostemma hirsutum Wall. ex Wight(萝藦科)
箭药兔耳草 Lagotis wardii W.W.Sm.(玄参科)
箭叶橙 Citrus hystrix DC.(芸香科),*箭叶金橘*
箭叶垂头菊 Cremanthodium sagittifolium Ling & Y.L.Chen ex S.W.Liu(菊科)
箭叶大丁草 Gerbera maxima (D.Don) Beauv. (菊科)
箭叶大油芒 Spodiopogon sagittifolius Rendle (禾本科),*茨菇草,灵芝草,催生草*
箭叶海芋 Alocasia longiloba Miq.(天南星科)
箭叶金橘(植物志 43-2)=箭叶橙
箭叶堇菜(台湾志)=戟叶堇菜
箭叶蓼 Polygonum sieboldii Meisn.(蓼科),*雀翘,去母,更生*
箭叶南芥 Arabis sagittata (Bertol.) DC.(十字花科)
箭叶萍蓬草 Nuphar sagittifolium Pursh.(睡莲科)
箭叶秋葵 Abelmoschus sagittifolius (Kurz)Merr. (锦葵科),*红花马宁,水芙蓉,铜皮,五指山参,小红芙蓉,岩酸,梓桐花*
箭叶水苏 Metastachydium sagittatum (Rgl.) C. Y.Wu & H.W.Li(唇形科)
箭叶水苏属 Metastachydium Airy-Shaw(唇形科)
箭叶薹草 Carex ensifolia Turcz.(莎草科)
箭叶橐吾 Ligularia sagitta (Maxim.) Mattf.(菊科)
箭叶喜林芋 Philodendron sagittifolium Liebm. (天南星科)
箭叶星蕨(台湾志)=羽裂星蕨
箭叶旋花(高等图鉴)=田旋花
箭叶淫羊藿 Epimedium sagittatum (S. & Z.) Maxim. (小檗科),*三枝九叶草,淫羊藿,淫羊藿根*
箭叶雨久花 Monochoria hastata (L.) Solms(雨久花科)
箭叶紫菀 Aster sagittifolius Wedem. ex Willd. (菊科)
箭羽草(四川中药志)=四棱草
箭羽筋草(四川中药志)=四棱草
箭猪腰(南京)=白蔹
箭竹(甘肃兰州)=矮箭竹
箭竹(纲目)=斑竹
箭竹(日名)=矢竹
箭竹(四川石棉)=石棉玉山竹
箭竹(四川西昌)=少花箭竹
箭竹(竹类志略)=华西箭竹
箭竹 Fargesia spathacea Franch.(禾本科),*法氏竹,华桔竹,龙头竹,拐棍竹,筱竹*
箭竹属 Fargesia Franch.emnd.Yi (禾本科) **Jiang**
江边刺葵 Phoenix roebelenii O'Brien(棕榈科),*软叶刺葵*
江边一碗水(湖北)=南方山荷叶
江城沿阶草 Ophiopogon jiangchengensis Y.Y. Qian (百合科)
江达荆芥 Nepeta jomdaensis H.W.Li (唇形科)
江达柳 Salix gyamdaensis C.F.Fang (杨柳科)
江菣鱼腥草 Geranium robertianum L.(牻牛儿苗科),*纤细老鹳草*
江华大节竹 Indosasa spogiosa C.S.Chao & B.M. Yang (禾本科)
江剪刀草(上海)=无瓣蔊菜
江剪刀草(上海,江苏)=蔊菜
江界柳 Salix kangensis Nakai(杨柳科)
江口过路黄 Lysimachia henryi var. guizhouensis C.M.Hu(报春花科)
江口盆距兰 Gastrochilus nanus Z.H.Tsi(兰科)
江梅型 Armeniaca mume var. mume f. simpliciflora T.Y.Chen(蔷薇科)
江南柏叶(广东中药)=罗汉松
江南荸荠 Heleocharis migoana Ohwi & T. Koyama (莎草科)
江南侧柏叶(广东中药)=罗汉松
江南灯心草(高等图鉴)=笄石菖
江南地不容 Stephania excentrica Lo(防已科)
江南冬青(云南植物名录)=尾叶冬青
江南豆(药用图鉴)=望江南
江南短肠蕨 Allantodia metteniana (Miq.) Ching (蹄盖蕨科),*麦氏双盖蕨,弯果短肠蕨*
江南谷精草 Eriocaulon faberi Ruhl.(谷精草科)
江南花楸 Sorbus hemsleyi (Schneid.) Rehd.(蔷薇科)
江南景天 Sedum kiangnanense D.Q.Wang & Z. F.Wu (景天科)
江南卷柏 Selaginella moellendorffii Hieron. (卷柏科),*地柏枝,地柏,石柏,岩柏草,土黄连,摩菜卷柏*
江南马先蒿(高等图鉴)=亨氏马先蒿
江南牡丹草 Gymnospermium kiangnaense (P.L. Chiu) Loconte(小檗科)
江南桤木 Alnus trabeculosa Hand.-Mazz.(桦木科)
江南散血丹 Physaliastrum heterophyllum (Hemsl.) Migo(茄科),*龙须参,刺酸浆*
江南山梗菜 Lobelia davidii Franch.(桔梗科),*苦菜,节节花,野靛,穿耳草,偏杆草*
江南山柳(高等图鉴)=贵定桤叶树
江南铁角蕨 Asplenium loxogrammioides Christ (铁角蕨科),*假剑叶铁角蕨*
江南星蕨 Microsorium fortunei (T.Moore) Ching (水龙骨科),*膀草,大号七星剑,大石韦,大星蕨,大叶骨牌草,凤尾金星,福氏星蕨,金鸡尾,金星剑,龙舌草,龙眼草,牛舌黄,排骨草,七星凤恬,七星凤尾草,七星蕨,石扁担,疏鳞星蕨,旋鸡尾,一包针*

江南野海棠(广西)=叶底红
江南油杉 Keteleeria fortunei var. cyclolepis (Flous) Silba(松科),*浙江油杉*
江南越桔 Vaccinium mandarinorum Diels(杜鹃花科),*董拉摆,米饭花,糯米饭,乌饭,五桐子,夏菠,小三条筋子树,羊豆饭,杨春花树,早禾酸,珍珠花*
江南竹(广东)=白皮唐竹
江南竹(浙江)=橄榄竹
江南紫金牛(高等图鉴)=月月红
江萨十大功劳 Mahonia jaunsarensis Ahrendt.(小檗科)
江萨早熟禾 Poa jaunsarensis Bor(禾本科)
江山倭竹 Shibataea chiangshanensis Wen (禾本科)
江山香(江西)=细梗香草
江守玉 Ferocactus covillei Britt. & Rose (仙人掌科)
江苏石蒜 Lycoris houdyshelii Traub(石蒜科)
江苏薹草 Carex kiangsuensis Kükenth.(莎草科)
江西半蒴苣苔 Hemiboea subacaulis var. jiangxiensis Z.Y.Li(苦苣苔科)
江西长叶鹿蹄草 Pyrola elegantula var. jiangxiensis Y.L.Chou & R.C.Zhou(鹿蹄草科)
江西秤锤树(树木分类学)=狭果秤锤树
江西大青 Clerodendrum kisangsiense Merr. ex H.L.Li (马鞭草科)
江西杜鹃 Rhododendron kiangsiense Fang(杜鹃花科)
江西凤尾蕨 Pteris obtusiloba Ching & S.H.Wu (凤尾蕨科)
江西复叶耳蕨 Arachniodes jiangxiensis Ching (鳞毛蕨科)
江西褐毛四照花 Dendrobenthamia ferruginea var. jiangxiensis Fang & Hsieh(山茱萸科)
江西假毛蕨(蕨类形态)=武宁假毛蕨
江西金钱草(中药通讯)=破铜钱
江西堇菜 Viola kiangsiensis W.Beck.(堇菜科)
江西腊(植物志 74)=翠菊
江西柳叶箬 Isachne nipponensis var. kiangsiensis Keng f.(禾本科)
江西马先蒿 Pedicularis kiangsiensis Tsoong & Cheng f. (玄参科)
江西满树星 Ilex kiangsiensis (S.Y.Hu) C.J. Tseng & B.W.Liu(冬青科)
江西母草 Lindernia kiangsiensis Tsoong(玄参科)
江西囊瓣芹 Pternopetalum kiangsiense (Wolff) Hand.-Mazz.(伞形科)
江西槭 Acer kiangsiense Fang & Fang f.(槭树科)
江西全唇苣苔 Deinocheilos jiangxiense W.T. Wang (苦苣苔科)
江西小檗 Berberis jiangxiensis C.M.Hu(小檗科)
江西绣球(植物研究)=中国绣球
江西悬钩子 Rubus gressittii Metc.(蔷薇科)
江西崖豆藤 Millettia kiangsinensis Z.Wei(豆科),*牛筋藤*
江西羊奶子 Elaeagnus jiangxiensis C.Y.Chang (胡颓子科)
江西野漆 Toxicodendron succedaneum var. kiangsiense C.Y.Wu(漆树科)
江西珍珠菜 Lysimachia jiangxiensis C.M.Hu(报春花科)
江杨柳(江西)=柳叶白前
江阴红豆(树木分类学)=红豆树
江永茶竿竹 Pseudosasa magilaminaria B.M. Yang (禾本科)
江浙钓樟(高等图鉴)=江浙山胡椒
江浙狗舌草 Tephroseris pierotii (Miq.) Holub (菊科)
江浙山胡椒 Lindera chienii Cheng(樟科),*江浙钓樟,钱氏钓樟*
江孜点地梅 Androsace cuttingii C.E.C.Fisch. (报春花科)
江孜繁缕 Stellaria gyangtseensis Williams(石竹科)
江孜蒿 Artemisia gyangzeensis Ling & Y.R. Ling (菊科)
江孜沙棘 Hippophaë rhamnoides subsp. gyantsensis Rousi(胡颓子科)
江孜乌头 Aconitum ludlowii Exell(毛茛科)
江孜香青 Anaphalis desertii Drumm.(菊科)
江子(瑞竹堂经验方)=巴豆
江作龙(云南佤族语)=假朝天罐
姜 Zingiber officinale Rosc.(姜科),*均姜,火姜,大肉姜,生姜衣*
姜芭果(贵州中草药)=柠蒙草
姜芭茅(贵州中草药)=柠蒙草
姜饼棕属 Hyphaene Gaertn.(棕榈科)
姜草(贵州中草药)=柠蒙草
姜椆(海南)=柄果柯
姜公犯错误鱼(广西)=长叶铁角蕨
姜花(图考)=牵牛
姜花 Hedychium coronarium Koen.(姜科),*蝴蝶花,白草果*
姜花属 Hedychium Koen.(姜科)
姜黄(唐本草)=郁金
姜黄(图经本草)=温郁金
姜黄 Curcuma longa L.(姜科),*郁金,宝鼎香,黄姜,毛毛姜黄*
姜黄属 Curcuma L.(姜科)
姜芥(广东)=小鱼仙草
姜科 Zingiberaceae
姜磨椆(海南)=毛果柯
姜皮矮陀陀(昆明草药)=云南红景天
姜朴(陕西)=玉兰
姜朴(四川)=凹叶木兰
姜朴(中药志)=紫玉兰
姜三七(广西)=土田七
姜藤(广西龙州)=百足藤
姜田七(广西)=土田七
姜味草 Micromeria biflora (Buch.-Ham. ex D. Don) Benth.(唇形科),*柏枝草,桂子香,胡椒草,灵芝草,香草,小姜草,小香草,小香薷*
姜味草属 Micromeria Benth.(唇形科)
姜形黄精(广西,江西)=多花黄精
姜牙草(广西草药)=短叶水蜈蚣
姜叶淫羊藿(贵州草药)=华山姜
姜芋(广东)=美人蕉
姜属 Zingiber Boehm.(姜科)
姜状三七 Panax zingibereensis C.Y.Wu & K.M. Feng (五加科),*野三七,鸡蛋七*
姜状沿阶草 Ophiopogon zingiberaceus Wang & Dai (百合科)
姜锥(海南)=犁耙柯
将军(李当之药录)=掌叶大黄
将军草(江苏)=白头翁
将军草(江苏云台山)=败酱
将军柴(浙江药志)=大叶冬青
将军梨(浙江)=石楠
将军树(广东)=白桂木
将乐槭 Acer laikuanii Ling(槭树科),*来官槭*
茳芏 Cyperus malaccensis Lam.(莎草科)
茳芒(名医别录)=槐叶决明
茳芒决明(尔雅注)=槐叶决明
茳茫决明香豌豆(豆科图说)=大山黧豆
浆豆(贵州方药集)=豇豆
浆罐头(华北)=萝藦
浆果苣苔 Cyrtandra umbellifera Merr.(苦苣苔科)
浆果苣苔属 Cyrtandra J.R. & G.Forst.(苦苣苔科)
浆果楝 Cipadessa baccifera (Roth.) Miq.(楝科),*亚罗椿,苦亚罗椿,秧勒,老鸦树,老鸦饭*
浆果楝属 Cipadessa Bl.(楝科)
浆果欧石南 Erica baccans L.(杜鹃花科)
浆果蓬属(高等图鉴)=**异子蓬属**
浆果水苋(植物分类学)=水苋菜
浆果薹草 Carex baccans Nees(莎草科),*红稗子,红果莎,红稗,山高粱,野红米草,野鸡稗*
浆果乌桕 Sapium baccatum Roxb.(大戟科),*山乌桕*
浆果苋 Cladostachys frutescens D.Don.(苋科),*地苓苋,地灵苋,野苋菜藤*
浆果苋属 Cladostachys D.Don (苋科),*地灵苋属,地苓苋属*
浆果猪毛菜 Salsola foliosa (L.) Schrad.(藜科)
浆果醉鱼草 Buddleja madagascariensis Lamk. (马钱科),*马达加斯加醉鱼草,假黄花*
浆衣椆(海南)=秀丽锥
豇豆 Vigna unguiculata (L.) Walp.(豆科),*饭豆,红豆,羊豆,豆角*(医林篡要),*浆豆*
豇豆树(四川)=梓
豇豆树(云南富宁)=菜豆树
豇豆树(云南麻栗坡)=滇菜豆树
豇豆树 Radermachera pentandra Hemsl.(紫葳科)
豇豆属 Vigna Savi (豆科)
橿军(山东)=三極乌药
橿树(植物志 40)=藤黄檀
橿子栎 Quercus baronii Skan(壳斗科),*橿子树,多毛橿子栎*
橿子树(树木分类学)=子栎
疆堇 Corydalis mira (Batalin) C.Y.Wu & H. Chuang (罂粟科)
疆菊 Syreitschikovia tenuifolia (Bong.) Pavl.(菊科)
疆菊属 Syreitschikovia Pavl.(菊科)
疆南星 Arum korolkowii Regel.(天南星科)
疆南星属 Arum L.(天南星科)
疆罂粟属 Roemeria Medik.(罂粟科)
蒋氏报春(拉汉名称)=绒毛报春
蒋氏马先蒿 Pedicularis tsiangii Li(玄参科)
蒋氏芮德木(植物图谱)=贵州木瓜红
蒋氏水蜡烛(分类学报)=齿叶水腊烛
蒋英冬青 Ilex tsiangiana C.J.Tseng(冬青科)
蒋英木 Tsiangia hongkongensis (Seem.) But, Hsue & P.T.Li(茜草科)
蒋英木属 Tsiangia But,Hsue & P.T.Li (茜草科)
降扯(高原治疗手册)
降龙草(安徽)=黄海棠
降龙草(贵州方药集)=铁线蕨
降龙草(江苏)=南蛇藤
降龙草 Hemiboea subcapitata Clarke(苦苣苔科),*白雌雄草,秤杆蛇药,虎山叶,降蛇草,冷水草,马拐,牛耳朵,散血毒莲,山兰,水泡菜,雪汀菜,白观音,大蚂拐菜,麻脚杆,蚂拐菜,牛耳朵菜,牛舌头,牛蹄草,山白菜,石构麦,石花,石塔青,石莴苣,石苋菜,乌梗子,岩茄子,岩莴苣,岩苋*

菜,半蒴苣苔,密齿降龙草,污毛降龙草
降落草(中草药汇编)=感应草
降马(西藏)=乌柳
降蛇草(湖北)=降龙草
降痰黄(图考)=白檀
降头(云南)=木藤蓼
降香(陆川本草)=藤黄檀
降香 Dalbergia odorifera T.Chen(豆科),*降香檀,花梨母,紫藤香,降真,降真香,花梨木*
降香檀(分类学报,药典 2000)=降香
降香藤(广西融水)=瓜馥木
降真(真腊风土记)=降香
降真香(误称)=山油柑
降真香(证类本草)=降香
降真香属(植物志 43-2)=**山油柑属**
绛策尔那布(藏族名)=贡山蓟
绛车轴草 Trifolium incarnatum L.(豆科),*绛三叶,地中海三叶草*
绛花醉鱼草(树木分类学)=大叶醉鱼草
绛梨木(中药大辞典)=薄叶鼠李
绛三叶(植物志 42-2)=绛车轴草
绛桃 Amygdalus persica f. camelliaeflora (Van Houtte) Dipp.(蔷薇科)
酱杈树(植物志 67-1)=假烟叶树
酱黄木(岭南采药录)=构树
酱黄叶(生草药性备要)=构树
酱头(贵州)=薯莨
酱头(云南中草药选)=木藤蓼
酱头(植物志 25-1)=齿叶蓼
酱头丛叶蓼(中药大辞典)=木藤蓼
酱叶树(贵州方药集)=楮

Jiao

交剪草(广东)=射干
交连假瘤蕨 Phymatopteris conjuncta (Ching) Pic.Serm. (水龙骨科)
交麻(大业拾遗录)=芝麻
交让木 Daphniphyllum macropodum Miq.(虎皮楠科),*山黄树,豆腐头,枸血子,枸色子,水红朴*
交让木科(Flora 11)=**虎皮楠科**
交让木属(科属辞典)=**虎皮楠属**
交趾果(云南)=番石榴
交趾黄檀 Dalbergia cochinchinensis Pierre (豆科)
交趾野古草(禾本科图说)=大序野古草
郊李子(四川)=薄叶鼠李
郊李子(浙江)=山鼠李
娇美石斛 Dendrobium speciosum Sm.(兰科)
娇媚梅花草 Parnassia venusta Jien(虎耳草科)
娇媚小檗 Berberis venusta Schneid.(小檗科)
茭白(新拉汉英)=菰
茭白属(新拉汉英)=**菰属**
茭包(群芳谱)=菰
茭儿菜(救荒野谱)=菰
茭蒿(内蒙古)=白叶蒿
茭笋(救荒本草)=菰
胶枞 Abies balsamea (L.) Mill.(松科),*胶冷杉,香脂冷杉*
胶东薹草 Carex jiaodongensis Y.M.Zhang & X. D.Chen (莎草科)
胶果木 Ceodes umbellifera J. & G.Forst(紫茉莉科),*皮孙木*
胶果木属 Ceodes J. & G.Forst.(紫茉莉科)
胶核木属 Myxopyrum Bl.(木犀科)
胶黄芪状棘豆 Oxytropis tragacanthoides Fisch.(豆科),*乌格提肯*
胶冷杉(新拉汉英)=胶枞
胶木(海南)=毛黄肉楠
胶木 Palaquium gutta (HK.f.) Paillon (山榄科)
胶木属 Palaquium Blanco(山榄科)
胶南竹 Sinobambusa seminuda Wen (禾本科)
胶鸟藤(经济志)=楠藤
胶皮枫香树 Liquidambar styraciflua L.(金缕梅科)
胶皮麻(中草药汇编)=厚皮树
胶皮树(经济志)=厚皮树
胶藤属 Landolphia Beauv.(夹竹桃科)
胶香(国药的药理学)=枫香树
胶饴(陶弘景)=稻
胶粘根(广西中药志)=白背黄花稔
胶粘香茶菜 Isodon glutinosus (C.Y.Wu & H.W. Li) H.Hara(唇形科)
胶樟(植物志 31)=潺槁木姜子
胶质鼠尾草 Salvia glutinosa L.(唇形科)
胶质天竺葵 Pelargonium glutinosum Ait.(牻牛儿苗科)
胶州卫矛 Euonymus kiautsshuvicus Loes.(卫矛科)
胶州延胡索 Corydalis kiautschouensis V.Poelln.(罂粟科),*老鼠屎*
椒(诗经)=花椒
椒蒿(新疆)=龙蒿
椒目(本草经集注)=花椒
椒条(东北木本志)=紫穗槐
椒叶白蜡树(西藏志)=椒叶梣
椒叶梣 Fraxinus xanthoxyloides (G.Don) DC.(木犀科),*椒叶白蜡树*
椒子树(峨眉)=云南冬青
蛟龙木(中草药汇编)=猴耳环
蕉柑 Citrus reticulata cv. Tankan(芸香科),*潮州柑,蜜桶柑,桶柑,西缧柑,暹罗柑,暹罗密桔,招柑*
蕉林紫花苣苔 Loxostigma musetorum H.W.Li (苦苣苔科)
蕉岭冬青 Ilex jiaolingensis C.J.Tseng(冬青科)
蕉麻 Musa textilis Nee(芭蕉科),*马尼拉麻*
蕉木 Oncodostigma hainanense (Merr.) Tsiang & P.T.Li(番荔枝科),*山蕉,海南山指甲,钱木,钱氏木*
蕉木属 Oncodostigma Diels (番荔枝科)
蕉藤(广东茂名)=紫玉盘
蕉藤麻(高等图鉴)=两粤黄檀
蕉芋(新拉汉英)=美人蕉
蕉芋(植物志 16-2)=美人蕉
角瓣延胡索 Corydalis repens var. watanabei (Kitag.) Y.H.Zhou(罂粟科)
角苞楼梯草 Elatostema sinense var. longecornutum (H.Schröter) W.T.Wang(荨麻科)
角苞蒲公英 Taraxacum stenoceras Dahlst.(菊科)
角倍(四川)=盐肤木
角被假楼梯草 Lecanthus petelotii var. corniculata C.J.Chen(荨麻科)
角边叶鸢尾 Iris coerulea B.Fedt.(鸢尾科)
角柄厚皮香 Ternstroemia biangulipes H.T. Chang (山茶科)
角匙藤(浙江)=女萎
角翅卫矛 Euonymus cornutus Hemsl.(卫矛科)
角刺(山东)=酸枣
角刺茶(纲目拾遗)=枸骨
角葱 Allium angulosum L.(百合科),*棱葱*
角萼唇柱苣苔 Chirita corniculata Pelleg.(苦苣苔科)
角萼翠雀花 Delphinium ceratophorum Franch.(毛茛科)
角萼卷瓣兰 Bulbophyllum helenae (Ktze.) J.J. Sm. (兰科)
角萼楼梯草 Elatostema subtrichotomum var. corniculatum W.T.Wang(荨麻科)
角萼铁线莲 Clematis corniculata W.T.Wang(毛茛科)
角冠黄鹌菜 Youngia cristata Shih(菊科)
角果胡椒 Piper pedicellatum C.DC.(胡椒科),*细苞胡椒*
角果碱蓬 Suaeda corniculata (C.A.Mey.) Bge.(藜科)
角果藜 Ceratocarpus areanrius L.(藜科)
角果藜属 Ceratocarpus L.(藜科)
角果毛茛 Ceratocephala testiculata (Crantz) Roth(毛茛科)
角果毛茛属 Ceratocephala Moench(毛茛科)
角果木 Ceriops tagal (Perr.) C.B.Rob.(红树科),*剪子树,海枷子,海淀子*
角果木属 Ceriops Arn.(红树科)
角果秋海棠 Begonia tetragona Irmsch.(秋海棠科)
角果铁线莲(新)Clematis alsomitrifolia Hay.? (毛茛科)
角果藻 Zannichellia palustris L.(茨藻科)
角果藻属 Zannichellia L.(茨藻科)
角蒿(湖南药物志)=白花碎米荠
角蒿(西藏)=藏波罗花
角蒿 Incarvillea sinensis Lam.(紫葳科),*憋肚草,冰耘草,大力草,大一枝蒿,独角虎,莪蒿,老鹳咀探,廣蒿,萝蒿,乌兰-套拉麻,乌兰-套鲁木乌,羊羝角棵,羊角草,羊角蒿,羊角透骨草,羊特角,野芝麻*
角蒿属 Incarvillea Juss.(紫葳科)
角胡麻 Martynia annua L.(胡麻科)
角胡麻科 Martyniaceae
角胡麻属 Martynia L.(角胡麻科)
角花(南川中草药=日本蛇菰
角花 Ceratanthus calcaratus (Hemsl.) G.Briq.(唇形科)
角花胡颓子 Elaeagnus gonyanthes Benth.(胡颓子科)
角花乌蔹莓 Cayratia corniculata (Benth.) Gagn.(葡萄科),*九牛薯,九牛根,九牛子*
角花崖爬藤 Tetrastigma ceratopetalum C.Y.Wu(葡萄科)
角花属 Ceratanthus F.Muell.(唇形科)
角黄芪 Astragalus ceratoides Bieb.(豆科)
角茴香(青海中草药)=细果角茴香
角茴香 Hypecoum erectum L.(罂粟科),*嘎伦-塔巴格,黄花草,茴香,麦黄草,山黄连,塔尔巴达,细叶角茴香,雪里青,咽喉草,直立角*
角茴香属 Hypecoum L.(罂粟科)
角角竹(竹子研究汇刊)=鸡爪箭竹
角堇 Viola cornuta L.(堇菜科)
角距蝴蝶兰 Phalaenopsis cornucervii (Breda) Bl. & Rchb.f.(兰科)
角距手参 Gymnadenia bicornis T.Tang & K.Y. Lang (兰科)
角蕨 Cornopteris decurrenti-alata (HK.) Nakai (蹄盖蕨科),*贞蕨*
角蕨属 Cornopteris Nakai (蹄盖蕨科)
角菌(南川中草药=日本蛇菰
角盔马先蒿 Pedicularis angularis Tsoong(玄参科)
角裂悬钩子 Rubus lobophyllus Shih ex Metc.

(蔷薇科)
角裂棕属 Ceratolobus Bl.(棕榈科)
角鳞果棕属 Pholidocarpus Bl.(棕榈科)
角洛子藤(广西上思)=香港瓜馥木
角盘兰 Herminium monorchis (L.) R.Br.(兰科), *人参果,人头七,开口箭*
角盘兰余娘子草(台兰科图鉴)=叉唇角盘兰
角盘兰属 Herminium Guett (兰科)
角树子(江苏药材志)=构树
角铁属 Ceratozamia Brongiart (苏铁科)
角桐草(台湾志)=台湾半蒴苣苔
角托楼梯草 Elatostema goniocephalum W.T. Wang (荨麻科)
角药偏翅唐松草 Thalictrum delavayi var. mucronatum (Finet & Gagn.) W.T.Wang & S.H.Wang(毛茛科)
角叶槭 Acer sycopseoides Chun(槭树科), *丝栗槭*
角叶鞘柄木 Toricellia angulata Oliv.(山茱萸科), *大接骨丹,接骨草树,烂泥树,裂叶鞘柄木,清明花,水冬瓜,水五加*
角叶梢柄木 Torricellia angulata Oliv.(梢柄木科)
角叶铁破锣 Beesia deltophylla C.Y.Wu(毛茛科)
角茵陈(中药志=阴行草
角针(山东)=酸枣
角竹(新拉汉英)=水竹
角竹 Phyllostachys fimbriligula Wen (禾本科)
角柱花(高等图鉴)=蓝雪花
角柱状果柱瓣兰 Epidendrum prismatocarpum Rchb.f.(兰科)
角状瓣玉凤花 Habenaria ceratopetala A.Rich.(兰科)
角状边虎耳草 Saxifraga marginata Sternb.(虎耳草科)
角状耳蕨 Polystichum alcicorne (Bake.) Diels (鳞毛蕨科)
角状黄堇 Corydalis cornuta Royle(罂粟科)
角状鹿角蕨(新)Platycerium alcicorne Wallemet (角蕨科), *鹿角蕨*
角状叶小檗 Berberis ceratophylla G.Don (小檗科)
绞股蓝 Gynostemma pentaphyllum (Thunb.) Makino(葫芦科), *小苦药,公罗锅底,遍地生根,七叶胆*
绞股蓝属 Gynostemma Bl.(葫芦科)
绞蛆爬(内蒙中草药)=蓼子朴
脚白藤(广西药用名录)=扁担藤
脚板陈讴(湖北,湖南)=牡蒿
脚板茹(四川)=参薯
脚板薯(通称)=参薯
脚带小草(江苏)=苦草
脚根兰(台湾兰科植物)=叉唇角盘兰
脚骨脆 Casearia balansae Gagn.(大风子科), *嘉赐树,毛嘉赐树,毛叶嘉赐树*
脚骨脆属 Casearia Jacq.(大风子科), *嘉赐树属*
脚皮(广西)=莲座紫金牛
脚薹(种子植物名称)=柄状薹草
脚癣草(云南红河)=灯笼草
脚肿草(湖南药物志)=羽叶蓼
铰剪藤 Holostemma adakodien Schult.(萝藦科), *铰剪藤*
铰剪藤属 Holostemma R.Br.(萝藦科), *铰剪藤属*
搅丝瓜(图考)=笋瓜
叫出冬(东北)=夹竹桃
叫恩妈(侗族语)=雷公连
叫李子(四川)=刺鼠李
叫驴腿(辽宁)=大叶华北绣线菊
叫驴子(植物志 48-1)=小叶鼠李
叫四门(侗族语)=雷公连
轿杠竹 Phyllostachys lithophila Hay.?(禾本科)
较高玉凤花 Habenaria altior Rendl.(兰科)
较剪草(生草药性备要)=耳草
较剪藤(科属辞典)=铰剪藤
较剪藤属(科属检索表)=**铰剪藤属**
较树(广东)=短序润楠
较小杜鹃花 Rhododendron minus Michaux (杜鹃花科)

Jie

皆治藤(纲目拾遗)=鸡矢藤
楔子(医心方)=栗
接瓣兰(新拉汉英)=蟹爪兰
接长草(植物志 70)=九头狮子草
接古草(广东)=地瓜儿苗
接骨(名医别录)=川续断
接骨草(广西宜山)=条叶楼梯草
接骨草(湖南)=木贼
接骨草(江西)=问荆
接骨草(昆明)=薄荷
接骨草(履巉岩本草)=接骨木
接骨草(南宁药志)=长柱排钱树
接骨草(群芳谱,海南志)=小驳骨
接骨草(四川)=牛至
接骨草(图考)=九头狮子草
接骨草(卫生易简方)=川续断
接骨草(云南)=宝盖草
接骨草(云南,云南南部)=芋
接骨草(云南中草药)=异叶泽兰
接骨草(浙江)=庐山楼梯草
接骨草(浙江中草药)=白接骨
接骨草(中草药汇编)=大根槽舌兰
接骨草(中草药汇编)=菅
接骨草(中草药资料选编)=倒提壶
接骨草 Sambucus chinensis Lindl.(忍冬科), *八棱麻,赤苓叶,臭草,大臭草,大血草,赶山虎,葛辣,鸡蛸风,接骨木,苛草,龙州三七,陆英,落得打,马鞭三七,排风草,七叶麻,扫地风,水马桑,蒴藋,蒴藋赤子,乌鸡腿,五甲皮,小接骨丹,血满草,秧心草,英雄草,珍珠连,珍珠麻,走马风,走马箭*
接骨草树(云南中草药)=角叶鞘柄木
接骨草属(海南志)=**驳骨草属**
接骨丹(草木便方)=接骨木
接骨丹(成都)=九龙盘
接骨丹(红河中草药)=火绳树
接骨丹(湖北)=凌霄
接骨丹(金华中草药选)=海金子
接骨丹(秦岭志)=云南红景天
接骨丹(云南)=落地生根
接骨丹(云南屏边)=髯毛远志
接骨丹(云南思茅)=攀茎耳草
接骨丹(云南思茅)=头状花耳草
接骨丹(云南中草药)=笋兰
接骨丹(云南中草药)=血满草
接骨丹(云南中草药选)=白子菜
接骨风(广西临桂)=长茎冷水花
接骨风(四川)=凌霄
接骨风(四川中药志)=接骨木
接骨筋(思茅中草药)=扶芳藤
接骨莲(云南)=野棉花
接骨莲(植物志 20-1)=草珊瑚
接骨凉伞(广西中草药)=菜豆树
接骨灵(云南药用名录)=红雾水葛
接骨木(东医宝鉴)=接骨草
接骨木(唐本草,黑龙江中药)=毛接骨木
接骨木(图考)=草珊瑚
接骨木(西藏中草药)=血满草
接骨木 Sambucus williamsii Hance(忍冬科), *放棍行,接骨草,接骨丹,接骨风,九节风,木蒴藋,七叶黄荆,七叶金,扦扦活,欓欓活,珊瑚配,铁骨散,透骨草,续骨草,续骨木*
接骨木属 Sambucus L.(忍冬科)
接骨七(四川)=云南红景天
接骨生(广西)=吊石苣苔
接骨树(高等图鉴)=思茅豆腐柴
接骨藤(福建药志)=鸡心藤
接骨藤(新华本草纲要)=大叶白粉藤
接骨筒(实用中草药)=犬问荆
接骨仙桃(江苏)=赶山鞭
接骨仙桃(通称)=蚊母草
接骨仙桃(中药大辞典)=梓木草
接骨消(广西)=活血丹
接骨药(贵州草药)=刺桐
接骨药(云南中草药)=血满草
接骨钻(广西药用名录)=称杆树
接筋草(陕西,湖北)=箐姑草
接筋藤(云南)=小花五味子
接近欧夏至草 Marrubium propinquum Fisch. & Mey (唇形科)
接力草(上海中草药)=狼杷草
接力草(植物志 75)=大狼杷草
接盘藤(广西)=伏地卷柏
接气草(四川)=短尾细辛
接生草(高等图鉴)=透骨草
接水葱(七卷食经)=鸭舌草
接续草(本草拾遗)=问荆
节鞭山姜 Alpinia conchigera Griff.(姜科)
节柄杜英 Elaeocarpus arthropus Ohwi(杜英科)
节翅地皮消 Pararuellia alata H.P.Tsui(爵床科)
节秆扁穗草 Blysmus sinocompressus var. nodosus Tang & Wang(莎草科)
节根黄精 Polygonatum nodosum Hua(百合科)
节梗大蓡(广西植物名录)=短梗大参
节骨草(东北药物志)=木贼
节骨茶(广西)=草珊瑚
节骨风(广西)=三叶香草
节瓜(纲目拾遗)=冬瓜
节瓜 Benincasa hispida var. chiehqua How(葫芦科)
节果决明 Cassia nodosa Buch.-Ham. ex Roxb.(豆科)
节花千里光 Senecio nodiflorus Chang(菊科)
节花蚬木 Excentrodendron tonkinense (A.Chev.) H.T.Chang & R.H.Miau(椴树科)
节华(本经)=菊花
节荚藤(植物志 63)=长节珠
节荚藤属(科属辞典)=**长节珠属**
节节菜(广西药用名录)=田繁缕
节节菜(药用图鉴)=犬问荆
节节菜(植物志 13-3)=节节草
节节菜 Rotala indica (Willd.) Koehne(千屈菜科), *碌耳草,水马兰,节节草*
节节菜属 Rotala L.(千屈菜科)
节节草(长白山药志)=问荆
节节草(广西上林)=脉耳草
节节草(贵州清镇)=灯笼草
节节草(江苏)=节节菜
节节草(四川)=笔管草
节节草(图考)=木贼
节节草(新英汉名称)=土木贼

节节草(中药辞海)=土木贼
节节草 Commelina diffusa Burm.f.(鸭跖草科), *黄花草,节节菜,节节花,鸭跖草,竹菜,竹蒿草,竹节草,竹筋草,竹叶花*
节节高(上海)=百日菊
节节高(云南)=滇黄精
节节寒(云南)=爵床
节节红(南宁药志)=裸花紫珠
节节红 Blumea fistulosa (Roxb.) Kurz(菊科), *聚花艾纳香*
节节红茶(中草药汇编)=广西黑面神
节节花(广东)=刺芹
节节花(广西)=黄牛木
节节花(广州)=莲子草
节节花(南宁药志)=粗糙钩毛耳草
节节花(植物志 13-3)=节节草
节节花(植物志 73-2)=江南山梗菜
节节结蕊草(泉州本草)=白花蛇舌草
节节烂(浙江药志)=裸花水竹叶
节节麦 Aegilops tauschii Coss.(禾本科)
节节木属 Arthrophytum Schrenk(藜科)
节节团扇蕨 Gonocormus prolifer (Bl.) Prantl(膜蕨科)
节节香(峨眉)=引生草
节节盐木属(科属检索表)=**盐蓬属**
节茎石仙桃 Pholidota articulata Lindl.(兰科)
节蓼(长白山药志)=酸模叶蓼
节裂角茴香(内蒙古药典,2000)=细果角茴香
节毛耳蕨 Polystichum articulatipilosum H.G. Zhou & Hua Li(鳞毛蕨科)
节毛飞廉 Carduus acanthoides L.(菊科)
节毛风毛菊 Saussurea splendida Kom.(菊科)
节毛假福王草 Paraprenanthes pilipes (Migo) Shih(菊科), *毛轴山苦荬*
节毛介蕨(植物研究)=直立介蕨
节毛蕨属 Lastreopsis Ching(叉蕨科)
节毛荠属(科属辞典)=**燥原荠属**
节毛橐吾 Ligularia ruficoma (Franch.) Hand.-Mazz. (菊科)
节毛乌蔹莓 Cayratia cilifera (Merr.) Chun(葡萄科)
节蒴木 Borthwickia trifoliata W.W.Sm.(山柑科)
节蒴木属 Borthwickia W.W.Sm.(山柑科)
节叶灯心草 Juncus grisebachii Buch. (灯心草科), *短果灯心草*
节叶秋英爵床 Cosmianthemum knoxifolium (C.B.Clarke) B.Hansen(爵床科)
节枝柳 Salix dalungensis C.Wang & P.Y.Fu(杨柳科)
节肢蕨 Arthromeris lehmanni (Mett.) Ching(水龙骨科)
节肢蕨属 Arthromeris (T.Moore) J.Sm.(水龙骨科)
劫细(广西)=荔枝草
岊楞秋海棠 Begonia bakeri C.DC.(秋海棠科)
杰巴区土(西藏)=高山豆
杰出耳蕨 Polystichum excelsius Ching & Z.Y.Liu(鳞毛蕨科)
杰尔斯基小檗 Berberis jelskiana Schneid.(小檗科)
杰克欧洲刺柏 Juniperus communis var. jackii Rehd. (柏科)
杰普森美洲茶 Ceanothus jepsonii Greene (鼠李科)
洁白薄叶兰 Lycaste virginalis (Schneid.) Lind. (兰科)
洁白天香百合 Lilium auratum var. virginale Duch. (百合科)
洁净红棕杜鹃 Rhododendron rubiginosum var. leclerei (Lévl.) R.C.Fang(杜鹃花科)
洁尼-扎吉鲁丁(蒙药名)=柳穿鱼
结巴铜达(藏名)=红花紫堇
结巴铜达(藏语)=大花帕里紫堇
结白蒿(四川,云南西部)=毛莲蒿
结察(藏名)=高原毛茛
结根草莓(青藏图鉴)=东方草莓
结根草莓(青藏图鉴)=绢毛匍匐委陵菜
结赫斗(植物志 62)=湿生扁蕾
结红山楂 Crataegus aurantia Pojark.(蔷薇科)
结节锥栗(浙江)=苦槠
结筋草(云南富民)=地盆草
结留子(纲目)=枳椇
结缕草 Zoysia japonica Steud.(禾本科), *锥子草,延地青*
结缕草属 Zoysia Willd.(禾本科)
结片(药材资料汇编)=艾纳香
结球白菜(广州志)=白菜
结球马先蒿 Pedicularis conifera Maxim.(玄参科)
结实兰(图考)=吉祥草
结香 Edgeworthia chrysantha Lindl.(瑞香科), *百结树,宝皮鞍,打结花,黄瑞香,金腰带,蒙花,梦冬花,梦花,密蒙花,三叉树,三桠皮,山棉皮,水菖花,喜花,雪花皮,雪里开,岩泽兰,野梦花,一身保暖,迎春花*
结香属 Edgeworthia Meisn.(瑞香科)
结血蒿(西藏中草药)=毛莲蒿
结衣藤(广西)=杜仲藤
结壮飘拂草 Fimbristylis rigidula Nees (莎草科), *硬飘拂草,毛蜂子,透骨风,茅草箭,野韭菜*
捷克木(植物图谱)=秤锤树
捷克薹草 Carex otruba Pobl.(莎草科)
捷姆草 Roegneria czimganica (Drob.) Nevski (禾本科)
睫苞豆 Geissaspis cristata Wight & Arn.(豆科), *鸡冠苞覆花*
睫苞豆属 Geissaspis Wight & Arn.(豆科), *苞覆花属,楷木沙属*
睫苞凤仙花 Impatiens bracteata Coleb.(凤仙花科)
睫刺冬青(峨眉图志)=纤细枸骨
睫毛茶藨(拉汉名称)=华中茶藨子
睫毛茶藨子 Ribes davidii var. ciliatum L.T.Lu (虎耳草科)
睫毛长叶繁缕(植物志 26)=长叶繁缕
睫毛齿果草(江苏志)=椭圆叶齿果草
睫毛丛菔(植物志 33)=丛菔
睫毛粗叶木 Lasianthus hookeri var. dunniana (Lévl.) H.Zhu(茜草科)
睫毛大戟 Euphorbia blepharophylla Meyer ex Ledeb.(大戟科)
睫毛点地梅 Androsace ciliifolia Ludlow(报春花科)
睫毛杜鹃 Rhododendron ciliatum HK.f.(杜鹃花科)
睫毛萼杜鹃 Rhododendron ciliicalyx Franch.(杜鹃花科)
睫毛萼凤仙花 Impatiens blepharosepala Pritz. ex Diels(凤仙花科), *睫毛萼片凤仙花,缘毛萼凤仙花*
睫毛萼片凤仙花(植物志 47-2)=睫毛萼凤仙花
睫毛假冷蕨 Pseudocystopteris schizochlamys Ching(蹄盖蕨科), *横茎假冷蕨,兰坪假冷蕨,中国假冷蕨*
睫毛金腰 Chrysosplenium lanuginosum var. ciliatum (Franch.) J.T.Pan(虎耳草科)
睫毛卷瓣兰 Bulbophyllum wightii Rchb.f.(兰科)
睫毛蕨 Pleurosoriopsis makinoi (Maxim. ex Makino) Formin (睫毛蕨科)
睫毛蕨科 Pleurosoriopsidaceae
睫毛蕨属 Pleurosoriopsis Fomin (睫毛蕨科)
睫毛毛茛 Ranunculus densiciliatus W.T.Wang(毛茛科)
睫毛秋海棠 Begonia pingbienensis C.Y.Wu(秋海棠科)
睫毛莎萝莽(海南志)=椭圆叶齿果草
睫毛葶苈(秦岭志)=喜山葶苈
睫毛岩须 Cassiope dendrotricha Hand.-Mazz. (杜鹃花科), *缘毛岩须*
睫毛杨桐(广东志)=两广杨桐
睫毛掌叶树(广西植物名录)=假通草
睫伞繁缕(东北草本志)=长叶繁缕
截苞柳 Salix resecta Diels (杨柳科)
截齿红丝线(Flora 17)=截萼红丝线
截萼变种(植物志 66,Flora 17)=截萼鼠尾草(新)
截萼枸杞 Lycium truncatum C.Y.Wang(茄科)
截萼红丝线 Lycianthes neesiana (Wall. ex Nees) D'Arcy & Z.Y.Zhang (茄科), *疏果截萼红丝线,疏齿红丝线,截齿红丝线*
截萼黄槿(植物大辞典)=桐棉
截萼毛建草 Dracocephalum truncatum Sun ex C.Y.Wu (唇形科)
截萼忍冬 Lonicera altmannii Rgl. & Schmalh. (忍冬科), *烂皮袄*
截萼鼠尾草(新)Salvia campanulata var. codonantha (Stib.) Stib.(唇形科), *截萼变种*
截耳瓣鱼藤 Derris scandens Benth.(豆科)
截果柯 Lithocarpus truncatus (King) Rehd. & Wils.(壳斗科), *截头石栎,截头柯*
截基盾蕨 Neolepisorus truncatus Ching & P.S. Wang (水龙骨科)
截基瓜叶乌头 Aconitum hemsleyanum var. chingtungense (W.T.Wang) W.T.Wang(毛茛科)
截基石韦 Pyrrosia subtruncata Ching(水龙骨科)
截基鸭绿乌头 Aconitum jaluense var. truncatum S.H.Li & Y.H.Huang(毛茛科)
截基银莲花 Anemone yulongshanica var. truncata (H.F.Comb.) W.T.Wang(毛茛科)
截裂翅子树 Pterospermum truncatolobatum Gagn.(梧桐科)
截裂毛蕨 Cyclosorus truncatus (Poir.) Farwell (金星蕨科), *截头毛蕨,稀毛蕨,大叶毛*
截裂秋海棠 Begonia miranda Irmsch.(秋海棠科), *奇异秋海棠*
截鳞薹草 Carex truncatigluma C.B.Clarke(莎草科)
截帽虾脊兰(兰花全书)=峨边虾脊兰
截平茶竿竹 Pseudosasa truncatula S.L.Chen & G.Y.Sheng(禾本科)
截头峨眉蕨 Lunathyrium truncatum Ching ex Z. R.Wang (蹄盖蕨科)
截头柯(植物志 22)=截果柯
截头肋毛蕨 Ctenitis truncata Ching & H.S. Kung ex Ching & C.H.Wang(叉蕨科)
截头毛蕨(福建志)=截裂毛蕨
截头石栎(植物志 22)=截果柯
截头紫云菜 Strobilanthes truncata D.Fang & H.S.Lo(爵床科)

截形凤仙花 Impatiens truncata Thwaites (凤仙花科)
截形旱蕨 Pellaea truncata Good.(中国蕨科)
截形姜 Zingiber neotruncatum T.L.Wu et al.(姜科)
截形嵩草 Kobresia cuneata Kükenth.(莎草科)
截形泰洛帕 Telopea truncata (Labill.) R.Br.(山龙眼科),*塔斯马尼亚泰*
截形爪唇兰 Gongora truncata Lindl.(兰科)
截叶酢浆草(拉汉名称)=三角酢浆草
截叶风毛菊 Saussurea merinoi Lévl.(菊科)
截叶虎耳草 Saxifraga clivorum H.Sm.(虎耳草科)
截叶金星蕨(台湾志)=耳羽钩毛蕨
截叶栝楼 Trichosanthes truncata C.B.Clarke(葫芦科),*大子栝楼,大叶栝楼,栝楼子,瓜蒌仁,栝楼*
截叶蓝刺头 Echinops coriophyllus Shih(菊科),*硬叶蓝刺*
截叶连蕊茶 Camellia truncata Chang & Ye(山茶科)
截叶陆宾兰(海南志)=寄树兰
截叶毛白杨 Populus tomentosa var. truncata Y.C.Fu & C.H.Wang (杨柳科)
截叶毛茛 Ranunculus transiliensis M.Pop.(毛茛科)
截叶秋海棠 Begonia truncatiloba Irmsch.(秋海棠科),*沙卡卡*
截叶雀儿豆 Chesneya cuneata (Benth.) Ali(豆科)
截叶铁扫帚 Lespedeza cuneata (Dum.-Cours.) G.Don (豆科),*闭门草,布鱼草,穿鱼串,化食草,绢毛胡枝子,老牛筋,蛇跨皮,蛇退草,石青蓬,铁马鞭,铁扫把,夜闭草,夜关门*
截叶悬钩子 Rubus tinifolius Wu ex Yü & Lu (蔷薇科)
截枝锦鸡尾 Haworthia truncata Schonl (百合科)
截柱佛甲草(植物志 34-1)=小萼佛甲草
截嘴薹草 Carex nervata Franch. & Sav.(莎草科)
羯布罗香(本草衍义)=龙脑香
羯布罗香 Dipterocarpus turbinatus Gaertn.f.(龙脑香科),*油树,戈理曼养*
羯布罗香属 Dryobalanops Gaertn.f. (龙脑香科)
姐姐花(烟台中草药)=线叶旋覆花
解宝叶(广东)=破布叶
解毒草草(广西)=三叶香草
解毒草蕨(广西中草药选)=野雉尾金粉蕨
解吉孕保(藏名)=麻花秦艽
解吉那保(藏名)=黄管秦艽
解热豆(广西)=吕宋果
解暑藤(福建)=鸡矢藤
介巴铜达(藏语)=米林紫堇
介贵山蹄盖蕨 Athyrium kenzo-satakei var. jieguishanense (Ching) Z.R.Wang(蹄盖蕨科)
介蕨 Dryoathyrium boryanum (Willd.) Ching(蹄盖蕨科),*波利横蕨,南洋假鳞毛蕨,波氏蹄盖蕨*
介蕨属 Dryoathyrium Ching(蹄盖蕨科),*横蕨属,假鳞毛蕨属,拟马蹄蕨属*
介头草(峨眉山)=少蕊败酱
芥 Brassica juncea (L.) Czern. & Coss.(十字花科),*人头菜,大叶芥菜,高油菜,根用芥,黄介子,芥菜,芥子,金丝菜,苦菜,苦芥,千筋菜,青菜,全缘菜,霜不老,雪菜,雪里红,雪里蕻,银丝菜,油芥菜*
芥菜(辽宁)=芥菜疙瘩
芥菜(通称,植物志 33)=芥
芥菜疙瘩 Brassica juncea var. napiformis (Paill. & Boiss.) Kitamura(十字花科),*芥菜,玉根,芜菁甘蓝,洋大头,布留克*
芥兰头(广州)=擘蓝
芥蓝(植物志 33)=白花甘蓝
芥蓝头(广东)=擘蓝
芥形橐吾 Ligularia brassicoides Hand.-Mazz.(菊科)
芥叶报春 Primula runcinata C.M.Hu(报春花科)
芥叶蒲公英 Taraxacum brassicaefolium Kitag.(菊科)
芥叶千里光 Senecio desfontainei Druce(菊科)
芥叶缬草 Valeriana sisymbriifolia Wahl.(败酱科)
芥状唇柱苣苔 Chirita brassicoides W.T.Wang (苦苣苔科)
芥子(名医别录)=芥
芥子(中药志)=白芥
界山三角槭 Acer buergerianum var. kaiscianense (Pamp.) Fang(槭树科)
界叶掌 Haworthia limifolia Marloth (百合科)
蚧肚草(陕西)=荔枝草
蚧瓜簕(高等图鉴)=老鼠簕
藉姑(名医别录)=欧洲慈姑

Jin

巾唇兰 Pennilabium proboscideum A.S.Rao & Joserph (兰科)
巾唇兰属 Pennilabium J.J.Sm.(兰科)
巾骨伞(陕西中草药)
金百脚(浙江草药)=蜈蚣兰
金半夏(云南保山)=犁头尖
金棒锤(陕西)=绢毛匍匐委陵菜
金棒锤(新华本草纲要)=匍匐委陵菜
金包银(南宁药志)=秤星树
金苞花 Pachystachys lutea Nees(爵床科)
金苞花属 Pachystachys Nees(爵床科)
金杯银盏(岭南采药录)=鬼针草
金背杜鹃 Rhododendron clementinae subsp. aureodorsale Fang(杜鹃花科),*金背枇杷叶,药枇杷花,光溺爱杜鹃,野枇*
金背陇蜀杜鹃 Rhododendron przewalskii subsp. chrysophyllum Fang & S.X.Wang(杜鹃花科)
金背枇杷叶(陕西中草药)=金背杜鹃
金背枇杷叶(陕西中草药)=青海杜鹃
金背枇杷叶(陕西中草药)=太白杜鹃
金背藤(广西药用名录)=宜昌胡颓子
金边梣叶槭 Acer negundo var. aureomarginatum Schwerin (槭树科)
金边棣棠花 Kerria japonica f. aureo-variegata Rehd. (蔷薇科)
金边吊兰 Chlorophytum comosum cv. Variegatum (百合科)
金边冬青卫矛 Euonymus japonicus f. aureomarginatus (Redh.) Rehd.(卫矛科),*金边黄杨*
金边红桑 Acalypha wilkesiana cv. Marginata(大戟科),*金边莲,金边桑,木本金线莲*
金边虎尾兰 Sansevieria trifasciata var. laurentii (De Wildem.) N.E.Brown(百合科),*虎尾兰*
金边黄杨(新拉汉英)=金边冬青卫矛
金边黄杨 Euonymus japonicus var. aureomarginatus? (卫矛科)
金边兰(中草药汇编)=银边吊兰
金边莲(福建)=金边红桑
金边莲(云南)=镰叶西番莲
金边龙舌兰 Agave americana var. marginata Hort. (石蒜科)
金边欧洲小檗 Berberis vulgaris var. aureomarginata (小檗科)
金边七(湖北)=南方山荷叶
金边瑞香 Daphne odora f. marginata Makino(瑞香科)
金边桑(广州)=金边红桑
金边山麦冬 Liriope platyphylla var. variegata Hort. (百合科)
金边山羊血(福州)=花叶冷水花
金边兔耳风(纲目拾遗)=杏香兔儿风
金边万年青(新拉汉英)=金缘万年青(新)
金边万年青 Rohdea japonica var. variegata Hort. (百合科),*万年青根*
金边狭叶龙舌兰 Agave angustifolia var. marginata (石蒜科)
金边叶白花百合 Lilium candidum var. aureomarginatum hort. Elwes (百合科),*金边叶圣母百合*
金边叶圣母百合(新拉汉英)=金边叶白花百合
金鞭毛竹(植物研究)=绿槽毛竹
金扁柏(福建中草药)=兖州卷柏
金钵盂(湖北,湖南,福建)=大吴风草
金伯大叶槭 Acer macrophyllum var. kimballae (槭树科)
金不换(北京志)=堪察加费菜
金不换(大理)=黄秦艽
金不换(福建龙岩,长汀)=蛇足石杉
金不换(福建野生药用植物)=台湾银线兰
金不换(福建中草药)=兖州卷柏
金不换(纲目)=三七
金不换(广东)=粪箕笃
金不换(广东)=血散薯
金不换(广西那坡)=黄叶地不容
金不换(海南志,高等图鉴)=华南远志
金不换(湖北志)=费菜
金不换(湖南药物志)=钝叶酸模
金不换(新拉汉英)=土大黄
金不换(云南)=地不容
金不换(浙江中草药)=白接骨
金不换(植物志 40)=毛相思子
金蚕(福建野生药用植物)=台湾银线兰
金蚕(中草药汇编)=金线兰
金草 Hedyotis acutangula Champ. ex Benth.(茜草科),*甜仔茶,三捻草,猪粉草,糖果草,锐棱耳草*
金茶匙(闽东本草)=伏石蕨
金钗(广西)=硬毛白珠
金钗草(广西兽医植物)=金钗石斛
金钗草(闽南民间草药)=九头狮子草
金钗凤尾蕨(新华本草纲要)=傅氏凤尾蕨
金钗股(本草拾遗)=钗子股
金钗股(苏沈良方)=忍冬
金钗股(中草药汇编)=印缅金钗股
金钗花(纲目)=石斛
金钗兰(台湾志)=叉唇钗子股
金钗石斛(本草纲目)=石斛
金钗石斛 Dendrobium moniliforme (L.) Sw.(兰科),*吊兰,耳环草细草,环草,黄草,鸡爪兰,金钗草,细茎石斛,清水山石斛,台湾石斛,铜皮石斛,细环草,小金钗,小石斛*
金柴胡(滇南本草)=云南柴胡
金柴胡(四川)=滇银柴胡
金柴胡(四川雷波)=小柴胡
金柴胡(中草药汇编)=毛果一枝黄花
金蝉草(贵州)=蛇莓

金蝉兰(台湾兰)=金唇兰
金长莲 Staurogyne sichuanica H.S.Lo(爵床科), *秤砣草*
金城碱茅 Puccinellia kanashiroi Ohwi (禾本科)
金橙(博物志)=金橘
金匙叶草 (兰州通志)=星毛补血草
金匙叶草 (饲用植物)=黄花补血草
金川粉报春 Primula fangii Chen & C.M.Hu(报春花科)
金川附地菜 Trigonotis barkamensis C.J.Wang (紫草科)
金川阔蕊兰 Peristylus jinchuanicus K.Y.Lang (兰科)
金川柳 Salix jinchuanica N.Chao(杨柳科)
金川岩黄芪 Hedysarum jinchuanense L.Z.Shue (豆科)
金疮小草(四川,四川青川)=夏枯草
金疮小草 Ajuga decumbens Thunb.(唇形科), *白毛夏枯草,白头翁,见血清,筋骨草,苦地胆,青鱼胆,青鱼胆草,散血草,土犀角,退血草,雪里,紫背金盘*
金唇白点兰 Thrixspermum fantasticum L.O. Wms. (兰科), *金唇风铃兰,小风兰*
金唇风铃兰(台湾兰科植物)=金唇白点兰
金唇兰(高等图鉴)=台湾吻兰
金唇兰 Chrysoglossum ornatum Bl.(兰科), *台湾黄唇兰,金蝉兰*
金唇兰属 Chrysoglossum Bl.(兰科)
金茨菇(云南梁河)=刺芋
金慈菇 Typhonium roxburgii Schott (天南星科)
金慈竹 Neosinocalamus affinis cv. Viridiflavus (禾本科)
金莿插(台湾志)=佛甲草
金丹(福建)=绿叶胡枝子
金旦子花(云南中草药)=棣棠花
金弹(归田录)=金橘
金弹 Fortunella carssifolia Swingle (芸香科), *金钱橘饼*(纲目拾遗), *金柑,山橘叶,金豆叶*
金弹橘(遵生八牋)=金橘
金弹子(本草求原)=黄皮
金刀菜(湖南药物志)=广东紫珠
金灯(本草拾遗)=杜鹃兰
金灯 Calochortus amabilis Purdy (百合科)
金灯笼(四川,贵州)=金灯藤
金灯藤(四川)=欧洲菟丝子
金灯藤 Cuscuta japonica Choisy(旋花科), *大粒菟丝子,大菟丝子,飞来花,红无根藤,红雾水藤,黄丝藤,金灯笼,金丝草,金丝藤,日本菟丝子,山老虎,天蓬草,菟丝子,无根草,无根藤,无量藤,无娘米,无娘藤,无头藤,雾水藤*
金灯心草 Juncus kingii Rendle(灯心草科), *吉隆灯心草*
金迪奥核子木 Perrottetia quindiuensis H.B.K. (卫矛科)
金迪奥小檗 Berberis quindiuensis Kunth (小檗科)
金蒂(海南)=琼榄
金点胡颓子(新)Elaeagnus pungens var. aurea? (胡颓子科)
金蝶兰属(新拉汉英)=**瘤瓣兰属**
金顶杜鹃 Rhododendron faberii Hemsl.(杜鹃花科)
金顶龙牙(百草镜)=龙芽草
金顶梅花草 Parnassia omeiensis Ku (虎耳草科)
金顶瓦韦 Lepisorus coaetaneus Ching & Y.X. Lin (水龙骨科)
金顶紫堇 Corydalis flaxuosa subsp. omeiana (C.Y.Wu & H.Chuang) C.Y.Wu(罂粟科), *断肠草,紫断肠草,蓝芹续草,淡蓝断肠草*
金冬番红花 Crocus chrysanthus Herb.(鸢尾科)
金冬瓜(广州)=南瓜
金冬虎耳草 Saxifraga kingdonii C.Marq.(虎耳草科)
金豆(纲目)=山橘
金豆 Fortunella venosa (Champ. ex Benth.) Huang (芸香科), *山金橘*
金豆橘(遵生八牋)=金橘
金豆橘(遵生八牋)=山橘
金豆叶(广东中药)=金弹
金豆叶(广东中药)=金柑
金豆子(纲目拾遗)=望江南
金顿沃尔德十大功劳(新拉汉英)=察隅十大功劳
金萼杜鹃 Rhododendron chrysocalyx Lévl. & Vant. (杜鹃花科), *金黄萼杜鹃*
金耳钩(广东中草药)=穿心莲
金耳环(广西)=鸡柏胡颓子
金耳环(广西)=绿萼凤仙花
金耳环(广西南宁)=长茎金耳环
金耳环(广西药用名录)=宜昌胡颓子
金耳环(四川,云南)=七叶一枝花
金耳环(中药大辞典)=小五彩苏
金耳环 Asarum insigne Diels(马兜铃科), *马蹄细辛,苕叶细辛,细辛,小犁头,瑶山金耳环,一块瓦*
金耳石斛 Dendrobium hookerianum Lindl.(兰科)
金耳挖(广西,云南)=挖耳草
金耳挖 Scutellaria indica var. subacaulis (Sun ex C.H. Hu) C.Y.Wu & C.Chen(唇形科), *倒盖菊,耳瓢草,翻天印,劳伤草,朴地菊,山烟筒头,缩茎变种,天田盏,铁骨消,挖耳草,野烟头*
金发草(广东)=金发草
金发草 Pogonatherum paniceum (Lam.) Hack. (禾本科), *笔篙草,笔茅草,笔仔草,猴毛草,胡毛,黄毛草,金发草,金发竹,金黄草,金丝草,露水草,眉草,牛尾草,墙头草,墙头竹,蓑衣草,竹篙草,竹叶草*
金发草属 Pogonatherum Beauv.(禾本科), *金丝茅属*
金发石杉 Huperzia quasipolytrichoides (Hay.) Ching (石杉科)
金发藓状蚤缀(拉汉名称)=团状福禄草
金发竹(广西)=金发草
金沸草(本经)=线叶旋覆花
金沸草(本经)=旋覆花
金沸草(四川)=峨眉羊蒴苣苔
金沸草(浙江)=旋覆花
金粉背蕨 Aleuritopteris chrysophylla (HK.) Ching (中国蕨科)
金粉大理报春 Primula taliensis subsp. procera C.M.Hu (报春花科)
金粉蕨 Onychium siliculosum (Desv.) C.Chr.(中国蕨科)
金粉蕨属 Onychium Kaulf.(中国蕨科)
金风暴胶(履巉岵本草)=菝葜
金风藤(云南红河)=昆明雷公藤
金凤儿(本草拾遗)=茑萝松
金凤花(广东)=马利筋
金凤花(世医得效方)=凤仙花
金凤花(台湾志,植物志 39 卷)=洋金凤
金凤花(云南)=滇水金凤
金凤花 Impatiens cyathiflora HK.f.(凤仙花科)
金凤藤 Dolichopetalum kwangsiense Tsiang(萝藦科), *广西长梗藤*
金凤藤属 Dolichopetalum Tsiang(萝藦科)
金佛花(青海)=黄花补血草
金佛花(植物志 75)=旋覆花
金佛山百合 Lilium jinfushanense L.J.Peng & B. N.Wang (百合科)
金佛山齿鳞草 Lathraea chinfushanica Hu & Tang (列当科)
金佛山赤竹(中药辞海)=鄂西箬竹
金佛山短肠蕨 Allantodia jinfoshanicola W.M. Chu (蹄盖蕨科)
金佛山峨眉蕨 Lunathyrium sichuanense var. jinfoshanense Z.R.Wang(蹄盖蕨科)
金佛山耳蕨 Polystichum jinfoshanense Ching & Z.Y.Liu (鳞毛蕨科)
金佛山方秆蕨 Glaphyropteridopsis jinfushanensis Ching & Y.X.Lin (金星蕨科)
金佛山方竹 Chimonobambusa utilis (Keng) Keng f. (禾本科)
金佛山方竹 Chimonobambusa utilis (Keng) Keng f.(禾本科)
金佛山茯蕨 Leptogramma jinfoshanensis Ching & Z.Y.Liu(金星蕨科)
金佛山复叶耳蕨 Arachniodes jinfoshanensis Ching (鳞毛蕨科)
金佛山荚蒾 Viburnum chinshanense Graebn.(忍冬科), *金山荚蒾,贵州荚蒾*
金佛山假蹄盖蕨 Athyriopsis jinfoshanensis Ching & Z.Y.Liu(蹄盖蕨科)
金佛山介蕨(植物研究)=峨眉介蕨
金佛山景天 Sedum nanchuanense K.T.Fu & G. Y.Rao (景天科)
金佛山兰 Tangtsinia nanchuanica S.C.Chen(兰科), *进兰*
金佛山兰属 Tangtsinia S.C.Chen (兰科)
金佛山老鹳草 Geranium bockii R.Knuth(牻牛儿苗科), *掌裂老鹳草,破骨风*
金佛山鹿药(植物志 15)=金佛山异黄精
金佛山美容杜鹃 Rhododendron calophytum var. jingfuense Fang & W.K.Hu(杜鹃花科)
金佛山薹草 Carex jinfoshanensis Tang & Wang ex S.Y.Liang(莎草科)
金佛山蹄盖蕨(植物研究)=湿生蹄盖蕨
金佛山卫矛 Euonymus jinfoshanensis Z.M.Gu (卫矛科)
金佛山溪边蕨 Stegnogramma jinfoshanensis Ching & Z.Y.Lin (金星蕨科)
金佛山小檗 Berberis jingfushanensis Ying(小檗科)
金佛山悬钩子 Rubus jinfoshanensis Yü & Lu (蔷薇科)
金佛山雪胆 Hemsleya pengxianensis var. jinfushanensis L.T.Shen & W.J.Chang(葫芦科)
金佛山异黄精 Heteropolygonatum ginfushanicum (F.T.Wang & Tang) M.N.Tamura et al. (百合科), *金佛山鹿花*
金佛山竹根七 Disporopsis jinfunshanensis Z.Y.Liu(百合科)
金佛山紫菊 Notoseris nanchuanensis Shih(菊科)
金佛铁线莲 Clematis gratopsis W.T.Wang(毛茛科), *绿木通*
金福花(上海中草药)=旋覆花
金杆蕨 Trismeria argentea Fee (裸子蕨科)
金杆蕨属 Trismeria Fee (裸子蕨科)
金柑(新华本草纲要)=金弹

金柑 Fortunella japonica (Thunb.) Swingle(芸香科),金豆叶,金橘,金钱橘饼,金枣,罗纹,罗汶,山橘叶,圆金柑,圆金橘

金柑藤(名词审查本)=白饭树

金柑藤属(名词审查本)=**白饭树属**

金柑属(树木分类学)=**金橘属**

金刚杵(滇南本草)=霸王鞭

金刚刺(陕西中草药)=短梗菝葜

金刚刺(陕西中草药)=黑果菝葜

金刚大(高等图鉴)=黄精叶钩吻

金刚兜(广西)=菝葜

金刚豆藤(贵州)=牛尾菜

金刚豆藤(贵州草药)=托柄菝葜

金刚根(日华子本草)=菝葜

金刚骨(河北,内蒙,山西)=穿龙薯蓣

金刚口摆(贵州草药)=狭叶海桐

金刚球 Mammillaria centricirrha Lem.(仙人掌科)

金刚散(云南中草药)=三裂蛇葡萄

金刚散(云南中草药)=掌叶梁王茶

金刚鼠李 Rhamnus diamantiaca Nakai(鼠李科)

金刚树(南方有毒植物)=火殃勒

金刚树(云南中草药)=掌叶梁王茶

金刚藤(广西)=匙羹藤

金刚藤(陕西)=短梗菝葜

金刚藤(四川)=多花勾儿茶

金刚藤(云南)=穿鞘菝葜

金刚藤(植物志 48-1)=多叶勾儿茶

金刚藤头(中草药汇编)=黑果菝葜

金刚头(岭南采药录)=菝葜

金刚纂(丹房本草)=霸王鞭

金刚纂(海南志)=火殃勒

金刚纂 Euphorbia neriifolia L.(大戟科),霸王鞭,五楞金刚

金钢藤 Smilax rotundifolia L.(百合科),圆叶菝葜

金弓石斛(云南植物名录)=鼓槌石斛

金钩花 Pseuduvaria indochinensis Merr.(番荔枝科)

金钩花属 Pseuduvaria Miq.(番荔枝科)

金钩莲(四川)=云南腹水草

金钩莲(新中医药)=昙花

金钩如意草(滇南本草)=师宗紫堇

金钩如意草(山西医药研究)=单子山楂

金钩如意草 Corydalis taliensis Franch.(罂粟科),大理紫堇,断肠草,金钩如王草,木琼丝哇,如意草,水黄连,水晶金钩如意草,五叶草

金钩如王草(滇南本草)=金钩如意草

金钩藤(贵州方药集)=钩藤

金狗脊黄毛(岭南采药录)=金毛狗脊

金古榄(药材名)=青牛胆

金谷香(采药书)=南五味子

金瓜(陆川本草)=南瓜

金瓜(蔬菜栽培学)=桃南瓜

金瓜 Gymnopetalum chinense (Lour.) Merr.(葫芦科),越南裸瓣瓜,天花粉,野苦瓜,老鼠瓜

金瓜果(浙江)=白鹃梅

金瓜果属(科属检索表)=**白鹃梅属**

金瓜核(广西中药志)=眼树莲

金瓜核(植物志 63)=滴锡眼树莲

金瓜核藤(广西)=滴锡眼树莲

金瓜南木皮(广西)=糖胶树

金瓜属 Gymnopetalum Bl.(葫芦科)

金冠鳞毛蕨 Dryopteris chrysocoma (Christ) C.Chr.(鳞毛蕨科),金黄鳞毛蕨,贯众

金冠龙 Ferocactus chrysacanthus (Orcutt) Britt. & Rose (仙人掌科)

金光菊(新拉汉英)=全光菊(新)

金光菊 Rudbeckia laciniata L.(菊科),黑眼菊

金光菊属(新拉汉英)=**全光菊属**

金光菊属 Rudbeckia L.(菊科)

金光沼兰 Malaxis metallica (Rchb.f.) O.Ktze.(兰科)

金龟草(植物志 27)=小升麻

金龟树(台湾)=香港算盘子

金龟子叶花柏 Chamaecyparis lawsoniana cv. Allumii (柏科)

金贵鸡(滇南本草-整理本)=草血竭

金果瓜馥木 Fissistigma cupreonitens Merr. & Chun(番荔枝科),十万大山瓜馥木

金果榄(纲目拾遗)=青牛胆

金果榄 Tinospora sagittata (Oliv.) Gagn.(防已科),地苦胆,金古榄,青牛胆,金榕榄,金牛胆,九连珠,九龙胆,九牛胆,破石珠,青鱼胆,山慈菇

金果梨(浙江)=枳椇

金果鳞盖蕨 Microlepia chrysocarpa Ching(碗蕨科),黄胞鳞蕨

金蒿枝(玉溪中草药)=熊胆草

金蚝草(广州志)=华南毛蕨

金合欢 Acacia farnesiana (L.) Willd.(豆科),刺毬花,金线梅,牛角花,绒祖刺,绒祖刺树皮,天黄豆,天黄豆树皮,消息花,鸭皂树,鸭皂树根,鸭皂树皮,洋梅花刺根,猪牙皂,猪牙皂树皮

金合欢属 Acacia Mill.(豆科),相思树属

金河槭(分类学报)=金沙槭

金红小豆(药材学)=赤小豆

金蝴蝶(图考)=大花蝇子草

金虎尾 Malpighia coccigera L.(金虎尾科)

金虎尾科 Malpighiaceae

金虎尾属 Malpighia Plum. ex L.(金虎尾科)

金琥 Echinocactus grusonii Hildm.(仙人掌科),金鯱

金琥属 Echinocactus Link & Otto (仙人掌科)

金鯱(新拉汉英)=金琥

金花(江苏药材志)=忍冬

金花柏 Chamaecyparis lawsoniana cv. Lutea (柏科)

金花豹子(百草镜)=望江南

金花菜(贵州)=百脉根

金花菜(国产牧草植物)=红车轴草

金花菜(江苏,浙江)=南苜蓿

金花菜(云南)=天蓝苜蓿

金花草(广东中药)=乌蕨

金花草(江西)=兖州卷柏

金花草(生草药性备要)=磨盘草

金花草(四川)=细叶卷柏

金花草(云南中草药选)=野雉尾金粉蕨

金花草(中草药汇编)=栗柄金粉蕨

金花茶 Camellia nitidissima Chi(山茶科)

金花捷根(福建)=黄蜀葵

金花菊(昆明草药)=万寿菊

金花猕猴桃 Actinidia chrysantha C.F.Liang(猕猴桃科)

金花茉栾藤(广州志)=篱栏网

金花忍冬 Lonicera chrysantha Turcz.(忍冬科),黄花忍冬

金花树 Blastus dunnianus Lévl.(野牡丹科),六便狼,谷皱草,巨萼柏拉木

金花小檗 Berberis wilsonae Hemsl. (小檗科),小叶小檗,小刺黄连,酸咪咪,小叶三颗针,三颗针,刺黄连,小鸡脚黄刺,土黄连

金花旋覆(思茅中草药)=臭蚤草

金花鱼黄草 Merremia gemella (Burm.f.) Hall.f.(旋花科)

金花远志 Polygala linarifolia Willd.(远志科),细叶远志

金花蚤草(植物志 75)=金仙草

金槐(贵州安龙)=玖檀花

金黄爱尔兰红豆杉 Taxus baccata cv. Stricta Aurea (红豆杉科)

金黄北美乔柏 Thuja plicata cv. Aurea (柏科)

金黄北美香柏 Thuja occidentalis cv. Aurea (柏科)

金黄贝思乐苣苔 Besleria lutea L.(苦苣苔科)

金黄草(广西)=金发草

金黄侧柏 Platycladus orientalis cv. Aurea (柏科)

金黄侧金盏花 Adonis chrysocyatha HK.f. & Thoms. (毛茛科),金色冰凉花

金黄柴胡 Bupleurum aureum Fisch.(伞形科),贯叶柴胡,穿叶柴胡

金黄臭藏红花 Crocosmia aurea (Pappe ex W.J.HK.) J.E.Planch.(鸢尾科)

金黄垂枝欧洲红豆杉 Taxus baccata cv. Repandens Aurea (红豆杉科)

金黄脆蒴报春 Primula strumosa Balf.f. & Cooper(报春花科),瘤报春

金黄杜鹃 Rhododendron rupicola var. chryseum (Balf.f. & K.Ward) Philip. & M.N.Philip.(杜鹃花科)

金黄萼杜鹃 (植物学杂志)=金萼杜鹃

金黄番红花 Crocus aureus Sibth. & Sm.(鸢尾科)

金黄凤仙花 Impatiens xanthina Comber(凤仙花科)

金黄花滇百合 Lilium bakerianum var. aureum Grove & Cotton(百合科)

金黄花石斛 Dendrobium chryseum Rolfe(兰科)

金黄还阳参(新拉汉英)=金黄色还阳参(新)

金黄还阳参 Crepis chrysantha (Ledeb.) Turcz.(菊科)

金黄角堇菜 Viola cornuta cv. Lutea Splendens (堇菜科)

金黄蕾丽兰 Laelia xanthina Lindl.(兰科)

金黄鳞毛蕨(云南药用名录)=金冠鳞毛蕨

金黄瘤瓣兰 Oncidium auriferum Rchb.f.(兰科)

金黄马先蒿 Pedicularis aurata (Bonati) Li(玄参科)

金黄欧洲红豆杉 Taxus baccata cv. Aurea (红豆杉科)

金黄青皮槭 Acer cappadocicum var. aureum (槭树科)

金黄秋海棠 Begonia xanthina HK.(秋海棠科)

金黄球柏 Platycladus orientalis cv. Semperaurescens (柏科)

金黄日本扁柏 Chamaecyparis obtusa cv. Aurea (柏科)

金黄日本槭 Acer japonicum f. aureum Schwer.(槭树科)

金黄色白头翁 Pulsatilla aurea (N.Busch) Juz.(毛茛科)

金黄色还阳参(新)Crepis aurea (L.) Carr.(菊科),金黄还阳参

金黄色柱瓣兰 Epidendrum xanthinum Lindl.(兰科)

金黄蛇根草 Ophiorrhiza aureolina Lo(茜草科)

金黄网脉种子棕 Dictyosperma aureum Nichols.(棕榈科)

金黄亚麻 Linum flavum L.(亚麻科)

金黄叶栓皮槭 Acer campestre f. postelense

Lauche (槭树科)
金黄鸢尾 Iris aurea Leindl.(鸢尾科)
金鸡草(广东怀集)=紫花香薷
金鸡草(四川中草药)=普通凤丫蕨
金鸡豇豆(云南昭通)=两头毛
金鸡脚假茀蕨(分类学报)=金鸡脚假瘤蕨
金鸡脚假瘤蕨 Phymatopteris hastata (Thunb) Kitag. (水龙骨科),*八字草,笔架草,鹅脚促筋,鹅掌金星草,鸡脚叉,鸡脚七,金鸡脚假茀蕨,金星草,爬山虎,七星草,七星剑,三把刀,三叉凤,三叉虎,三叉剑,三滴血,三角枘,三叶茀蕨,双凤尾草,小搜山虎,鸭胶掌,鸭脚草,鸭掌金星草,鸭掌香,盐桃草,八字草*
金鸡脚下黄(贵州松桃)=东亚唐松草
金鸡菊 Coreopsis drummondii Torr. & Gray (菊科)
金鸡菊属 Coreopsis L.(菊科)
金鸡勒(纲目拾遗)=鸡纳树
金鸡勒(纲目拾遗)=金鸡纳树
金鸡勒(纲目拾遗)=正鸡纳树
金鸡落地(图考)=千斤拔
金鸡纳(李承祜:药用植物学)=金鸡纳树
金鸡纳树 Cinchona ledgeriana (Howard) Moens ex Trim.(茜草科),*狭叶金鸡纳,金鸡勒,金鸡纳,奎宁树*
金鸡纳藤(广西)=波叶青牛胆
金鸡纳属 Cinchona L.(茜草科)
金鸡尾(贵州)=圆枝卷柏
金鸡尾(贵州民间药物)=黄瓦韦
金鸡尾(贵州民间药物)=指叶凤尾蕨
金鸡尾(湖南)=变异铁角蕨
金鸡尾(湖南药物志)=长叶铁角蕨
金鸡尾(湖南药物志)=醉鱼草
金鸡尾(四川中药志)=江南星蕨
金鸡尾(四川中药志)=井栏边草
金鸡尾巴草根(天目药志)=雅致针毛蕨
金鸡一把锁(中药大辞典)=鬼吹箫
金鸡爪(本草求原)=明党参
金鸡爪(广部中草药手册)=隔山香
金鸡嘴壳(浙江)=黄龙尾
金寄奴(日华子本草)=奇蒿
金甲豆(豆科图说)=棉豆
金尖罗汉柏 Thujopsis dolabrata cv. Variegata (柏科)
金剪刀(四川)=杯叶西番莲
金剪刀(浙江)=吴兴铁线莲
金剑草 Rubia alata Roxb.(茜草科),*红丝线,老麻藤,四穗竹,长柄茜草*(中药辞海)
金江鳔冠花 Cystacanthus yangzekiangensis (Lévl.) Rehd.(爵床科)
金江杜鹃 Rhododendron elegantulum Tagg & Forr.(杜鹃花科)
金江狗肝菜(云南植物名录)=优雅狗肝菜
金江火把花 Colquhounia compta W.W.Sm.(唇形科),*金江泡仗花*
金江泡仗花(分类学报)=金江火把花
金江槭(高等图鉴)=金沙槭
金江小檗 Berberis forrestii Ahrendt(小檗科)
金江珍珠菜 Lysimachia delavayi Franch.(报春花科),*丽江星宿菜*
金金棒(陕西)=绢毛匍匐委陵菜
金金棒(新华本草纲要)=匍匐委陵菜
金锦香 Osbeckia chinensis L.(野牡丹科),*昂天巷子,杯子草,朝天罐子,大香炉,葫芦草,金香炉,马松子,天吊香,天香炉,细花包,细九尺,小背笼,仰天盅,张天缸,装天瓮*
金锦香属 Osbeckia L.(野牡丹科)
金精(金匮玉函方)=菊花
金酒壶(四川)=狭叶重楼
金桔草(广东,海南)=亚香茅
金菊(草药汇编)=万寿菊
金菊花(广西)=山黄菊
金菊属 Chrysopsis Ell.(菊科)
金橘(北墅抱瓮录)=金柑
金橘(列仙传,橘录)=山橘
金橘(王祯农书)=四季橘
金橘 Fortunella margarita (Lour.) Swingle(芸香科),*长金柑,长金橘,长寿金柑,给客橙,公孙橘,鸡橘子,金橙,金弹,金弹橘,金豆橘,罗浮,牛奶柑,牛奶橘,山金橘,山橘子*
金橘属 Fortunella Swingle (芸香科),*金柑属*
金蕨(蕨类誌属)=卤蕨
金揩榄(药性考)=青牛胆
金腊梅(沙漠药用植物)=金露梅
金蜡梅(东北木本志)=金露梅
金兰(中药志)=束花石斛
金兰 Cephalanthera falcata (Thunb. ex A. Murray) Bl.(兰科),*桠雀兰,头蕊兰*
金兰柚 Citrus maxima cv. Jinlan Yu(芸香科)
金老梅(东北木本志)=金露梅
金莲儿(救荒本草)=荇菜
金莲花(科属辞典)=旱金莲
金莲花(台湾志)=水金莲花
金莲花(新疆药志)=阿尔泰金莲花
金莲花 Trollius chinensis Bge.(毛茛科),*旱地莲*
金莲花科(科属辞典)=**旱金莲科**
金莲花属 Trollius L.(毛茛科)
金莲木 Ochna integerrima (Lour.) Merr.(金莲木科),*似梨木*
金莲木科 Ochnaceae
金莲木属 Ochna L.(金莲木科),*似梨木属*
金莲枝(和汉药考)=葛枣猕猴桃
金莲子(本草)=荇菜
金链花(植物志 42-2)=毒豆
金链花属(植物志 42-2)=**毒豆属**
金链叶黄花木(高等图鉴)=尼泊尔黄花木
金鳞杜鹃花 Rhododendron chrysolepis Hutch. & Ward.(杜鹃花科)
金铃(图经本草)=牵牛
金铃花(丽江)=金钟花
金铃花(云南)=野迎春
金铃花 Abutilon striatum Dickson.(锦葵科),*灯笼草*
金铃子(侯宁极药谱)=楝
金铃子(四川)=川楝
金龙棒(广州志)=狗肝菜
金龙胆草(四川中草药通讯)=熊胆草
金龙七(中药大辞典)=绿花杓兰
金露梅 Potentilla fruticosa L.(蔷薇科),*金老梅,金蜡梅,药王茶,棍王茶,金腊梅,棍儿茶*
金缕梅 Hamamelis mollis Oliv.(金缕梅科),*木里仙,牛踏果*
金缕梅科 Hamamelidaceae
金缕梅属 Hamamelis Gronov. ex L.(金缕梅科)
金绿秋海棠 Begonia metallica G.Smith (秋海棠科),*撒金秋海棠*
金马长子(云南)=吕宋果
金马蹄草(四川)=马蹄金
金脉单药花 Aphelandra squarrosa cv. Dania(爵床科)
金脉鸢尾 Iris chrysographes Dykes(鸢尾科),*金纹鸢尾,金网鸢尾*
金猫儿(高等图鉴)=落新妇
金猫头(中草药汇编)=大花胡麻草
金猫尾 Narenga fallax (Balansa) Bor (禾本科),*黄茅草*
金毛安匝木 Pomaderris sericea Wakefield (鼠李科)
金毛草 Marsilea macropoda Engelm. ex A. Braun (苹科)
金毛杜鹃(台湾志)=砖红杜鹃
金毛杜英 Elaeocarpus auricomus C.Y.Wu & H. T.Chang (杜英科)
金毛耳草 Hedyotis chrysotricha (Palib.) Merr. (茜草科),*石打穿,伤口草,地麻筋,黄毛耳草,铺地蜈蚣,腹泻草,敷地两耳草*
金毛狗(孢子植物)=肿足蕨
金毛狗(蕨类图说,植物志 2)=金毛狗脊
金毛狗(陕西)=七叶鬼灯檠
金毛狗(陕西太白山)=落新妇
金毛狗脊(中药大辞典)=华北鳞毛蕨
金毛狗脊 Cibotium barometz (L.) J.Sm.(蚌壳蕨科),*百枝,扶盖,扶筋,狗脊,狗青,苟脊,金狗脊黄毛*
金毛狗属 Cibotium Kaulf.(蚌壳蕨科)
金毛蕨(台湾志)=台湾节毛蕨
金毛柯 Lithocarpus chrysocomus Chun & Tsiang (壳斗科),*黄椆*
金毛空竹 Cephalostachyum virgatum (Munro) Kurz (禾本科)
金毛裸蕨 Gymnopteris vestita (Wall. ex Presl) Underw (裸子蕨科),*猫耳朵草,草蚱蚂蓬,土知母,龙头凤尾*
金毛裸蕨属 Gymnopteris Bernh.(裸子蕨科)
金毛七(陕西中草药)=多花落新妇
金毛榕 Ficus chrysocarpa Reinw.(桑科)
金毛三七(浙江东天目)=落新妇
金毛三七(中药大辞典)=假升麻
金毛狮子草(中药志)=石松
金毛铁线莲 Clematis chrysocoma Franch.(毛茛科),*金丝木通,山棉花,风藤草根,野棉花,铁脚威灵*
金毛翁柱 Cephalocereus militaris (Audot) H.E. Moore (仙人掌科)
金毛新木姜子 Neolitsea chrysotricha H.W.Li(樟科)
金毛悬钩子(天目药志)=周毛悬钩子
金毛淫羊藿 Epimedium pinnatum var. colchicum Boiss.(小檗科)
金茅 Eulalia speciosa (Debeaux) Kuntze (禾本科),*假青茅*
金梅花(丽江)=金钟花
金门莎草 Cyperus rotundus var. quimoyensis L.K.Dai (莎草科)
金虽莲(修订增补天宝本草)=罗锅底
金冕草(河北地方名)=百喜草
金明竹(新拉汉英)=黄金间碧玉竹
金木犀(贵州中草药名录)=木犀
金纳香(四川中草药)=长勾刺蒴麻
金牛草(贵州方药集)=瓜子金
金牛草(陕西)=点地梅
金牛草(植物志 43-3)=华南远志
金牛草(中药志)=小花远志
金牛草(中药志)=银粉背蕨
金牛胆(湖南,广西)=青牛胆
金牛公(岭南采药录)=两面针
金牛七(陕西)=松潘乌头
金牛七(陕西太白山)=太白乌头
金牛栓皮槭 Acer campestre f. tauricum Kirchn. (槭树科)
金牛远志(海南)=华南远志

金钮草(广西草药)=短叶水蜈蚣
金钮扣 Spilanthes paniculata Wall. ex DC.(菊科),遍地红,过海龙,红铜水草,红细水草,黄花草,拟千日菊,散血草,天山文草,天文草,小铜锤,雨伞草
金钮扣根(陆川本草)=刺天茄
金钮扣属 Spilanthes Jacq.(菊科)
金钮头(岭南采药录)=刺天茄
金钮头(植物志 67-1)=海南茄
金钮子(广西草药)=三头水蜈蚣
金爬山齿(山东)=圆叶锦葵
金盘银盏(江西)=紫花地丁
金盆(分类草药性)=川东獐牙菜
金盆草(草木便方)=罗锅底
金呸般若 Astrophytum ornatum cv Mirbellii (仙人掌科)
金枇杷(贵州)=红凤菜
金平变种(植物志 66,Flora 17)=金平刺蕊草(新)
金平刺蕊草(新)Pogostemon esquirolii var. tsingpingensis C.Y.Wu & Y.C.Huang(唇形科),金平变种
金平杜鹃 Rhododendron jinpingense Fang et M.Y.He (杜鹃花科)
金平短肠蕨 Allantodia jinpingensis W.M.Chu (蹄盖蕨科)
金平鹅掌柴 Schefflera chinpinensis Tseng & Hoo (五加科)
金平复叶耳蕨 Arachniodes jingpingensis Y.T. Hsieh (鳞毛蕨科)
金平哥纳香 Goniothalamus leiocarpus (W.T. Wang) P.T.Li (番荔枝科)
金平桦 Betula jingpingensis P.C.Li(桦木科)
金平假瘤蕨 Phymatopteris kingpingensis (Ching) Pic.Serm. (水龙骨科)
金平樫木 Dysoxylum kanehirai (Sasaki) Kanehira & Hatusima(楝科)
金平金星蕨(蕨类形态)=尾羽金星蕨
金平柯 Lithocarpus echinophorus var. bidoupensis A.Camus(壳斗科),金平石栎
金平林生杜鹃 Rhododendron nemorosum R.C.Fang(杜鹃花科),林生杜鹃
金平龙竹 Dendrocalamus peculiaris Hsueh & D.Z.Li (禾本科),青壳大竹
金平楼梯草 Elatostema jinpingense W.T.Wang (荨麻科)
金平芒(台湾)=黄金芒
金平毛柱杜鹃 Rhododendron pilostylum W.K. Hu (杜鹃花科),毛柱杜鹃
金平木姜子 Litsea chingpiengensis Yang. & P.H. Huang (樟科)
金平青冈 Cyclobalanopsis jinpingensis Y.C.Hsu & H.W.Jen (壳斗科)
金平秋海棠 Begonia baviensis Gagn.(秋海棠科)
金平石栎(植物志 22)=金平柯
金平氏冬青(台木本志)=钝头冬青
金平藤 Cleghornia malaccensis (HK.) King & Gamble(夹竹桃科)
金平藤春 Alphonsea boniana Finet & Gagn.(番荔枝科)
金平藤属 Cleghornia Wight (夹竹桃科)
金平蹄盖蕨 Athyrium adpressum Ching & W.M. Chu (蹄盖蕨科)
金平香草 Lysimachia physaloides C.Y.Wu & C. Chen (报春花科)
金平玉山竹 Yushania bojieiana Yi (禾本科)
金平猪屎豆 Crotalaria prostrata var. jinpingensis (Chun-yu Yang) Chun-yu Yang(豆科)
金屏连蕊茶 Camellia tsingpienensis Hu(山茶科)
金七娘(福建)=商陆
金钱艾(广东)=活血丹
金钱百合(新拉汉英)=天香百合
金钱豹(高等图鉴)=日本金钱豹
金钱豹(泉州本草)=排钱树
金钱豹 Campanumoea javanica Bl.(桔梗科),大花金钱豹,土人参,算盘果,野党参果,土党参,西乳党参
金钱豹属 Campanumoea Bl.(桔梗科)
金钱薄荷(台湾青草药)=日本活血丹
金钱薄荷(台湾青草药)=引生草
金钱薄荷(浙江)=活血丹
金钱薄荷(浙江平阳)=红马蹄草
金钱参(云南)=菔根龙胆
金钱草(孢子植物)=团叶陵齿蕨
金钱草(本草纲目拾遗,浙江)=活血丹
金钱草(高等图鉴,江苏,浙江,广西)=马蹄金
金钱草(岭南采药录)=排钱树
金钱草(四川)=过路黄
金钱草(植物志 41,中药通讯)=广金钱草
金钱草(中药辞海)=银叶委陵菜
金钱风(广西)=长柄野扁豆
金钱根(江苏)=圆叶锦葵
金钱挂(改订植物名汇)=垂盆草
金钱寒药(云南)=一文钱
金钱花(本草图经)=旋覆花
金钱菊(陕西)=活血丹
金钱橘饼(纲目拾遗)=金弹
金钱橘饼(纲目拾遗)=金柑
金钱橘饼(纲目拾遗)=四季橘
金钱苦叶草(浙江药志)=中华金腰
金钱木根(天目药志)=铜钱树
金钱炮(广西)=小五彩苏
金钱蒲 Acorus gramineus Soland.(天南星科),钱蒲,菖蒲,石菖蒲,九节菖蒲,建菖蒲,小石菖蒲,随手香
金钱槭 Dipteronia sinensis Oliv.(槭树科),双轮果
金钱槭属 Dipteronia Oliv.(槭树科)
金钱树(安徽)=铜钱树
金钱松 Pseudolarix amabilis (Nelson) Rehd.(松科),金松,水树,土荆皮,土槿皮
金钱松属 Pseudolarix Gord.(松科)
金钱藤(天目药志)=铁马鞭
金钱掌(经济植物手册)=圆扇八宝
金钱重楼(四川)=狭叶重楼
金钱重楼 Paris delavayi Franch.(百合科)
金钱紫花葵(图考引研经堂皇葵考)=锦葵
金枪药(江西民间草药)=佛甲草
金荞麦 Fagopyrum dibotrys (D.Don) Hara(蓼科),赤地利,金锁银开,苦荞头,蓝医头,荞麦三七,天荞麦,野荞子
金球黄堇 Corydalis boweri Hemsl.(罂粟科),冬丝儿
金球桧 Juniperus chinensis cv. Aureoglobosa (柏科)
金雀儿(北京志)=红花锦鸡儿
金雀儿 Cytisus scoparius (L.) Link(豆科)
金雀儿椒(东北)=白鲜
金雀儿属 Cytisus L.(豆科)
金雀根(纲目拾遗)=锦鸡儿
金雀花(滇南本草)=锦鸡儿
金雀花(豆科图说)=紫雀花
金雀花(贵州药用名录)=四川木蓝
金雀花(青海)=红花锦鸡儿
金雀花(泉州青草药)=匙叶茅膏菜
金雀花(新疆)=白皮锦鸡儿
金雀花属(豆科图说)=**紫雀花属**
金雀花紫堇 Corydalis cytisiflora (Fedde) Lidén(罂粟科)
金雀黄芪 Astragalus cytisodes Bge.(豆科)
金雀马尾参 Ceropegia mairei (Lévl.) H.Huber(萝藦科),太子参,普吉藤
金雀梅(福建)=锦地罗
金鹊花(滇南本草)=锦鸡儿
金榕(海南万宁)=藤春
金蕊(纲目)=菊花
金色冰凉花(新疆药志)=金黄侧金盏花
金色补血草 (兰州志)=星毛补血草
金色补血草(高等图鉴)=黄花补血草
金色葱莲 Zephyranthes aurea Baker (石蒜科)
金色狗尾草 Setaria glauca (L.) Brauv.(禾本科),狗尾
金色飘拂草 Fimbristylis hookeriana Böcklr.(莎草科)
金色千里光 Senecio aureus L.(菊科)
金色缘毛杨 Populus ciliata var. aurea Marq. & Shaw(杨柳科)
金沙斑鸠菊(云南)=折苞斑鸠菊
金沙翠雀花 Delphinium majus (W.T.Wang) W.T. Wang (毛茛科)
金沙江红山茶 Camellia jinshajiangica Chang & S.L.Lee (山茶科)
金沙江寄生(云南志)=滇藏钝果寄生
金沙江蹄盖蕨 Athyrium jinshajiangense Ching & Shing (蹄盖蕨科)
金沙江莸 Caryopteris jinshajiangensis Y.K.Yang & X.D.Cong(马鞭草科)
金沙江醉鱼草 Buddleja nivea Duthie(马钱科),雪白醉鱼草
金沙荆 Vitex duclouxii P.Dop(马鞭草科)
金沙绢毛菊 Soroseris gillii (S.Moore) Stebbins (菊科),空桶参,空洞参,绢毛菊,绢毛苣,搜空瓦,搜空,喇叭花
金沙槭 Acer paxii Franch.(槭树科),金河槭,川滇三角,川滇三角槭,金江槭
金沙鼠尾黄 Rungia hirpex R.Benm.(爵床科),小苞孩儿草
金沙树(日本)=花叶青木
金沙藤(广西中草药)=海金沙
金沙獐牙菜(云南)=斜茎獐牙菜
金砂根(江西)=杜茎山
金山当归 Angelica valida Diels(伞形科),乌独活,岩当归,防风草,叉风,尖头叉风
金山杜鹃 Rhododendron longipes var. chienianum (Fang) Chamb. ex Cullen & Chamb.(杜鹃花科)
金山二月花(四川)=武当木兰
金山海棠(广西)=小天蓝绣球
金山荚蒾(拉汉名称)=金佛山荚蒾
金山开口箭 Campylandra jinshanensis (Z.L. Yang & X.G.Luo) M.N.Tamura et al.(百合科)
金山葵 Syagrus romanzoffiana (Cham.) Glassm.(棕榈科)
金山葵属 Syagrus Mart.(棕榈科)
金山田七(四川中草药)=峨参
金山五味子 Schisandra glaucescens Diels(木兰科),花血藤(中草药汇编),饭巴团
金杉扣(广东,广西)=水茄
金赏(植物志 50-2)=岭南山竹子

金蛇草 Ophiorrhiza kingiana Watt (茜草科)
金盛球 Echinopsis calochlora J.Schum.(仙人掌科)
金狮藤(广东)=大叶马兜铃
金石斛 Flickingeria comata (Bl.) Hawkes(兰科)
金石斛属 Flickingeria Hawkes (兰科)
金石榄(云南)=毛木防已
金石榴 Bredia oldhamii HK.f.(野牡丹科)
金石松(福建野生药用植物)=台湾银线兰
金石松(中草药汇编)=金线兰
金氏黄檀(豆科图说)=滇南黄檀
金手圈(浙江)=血水草
金梳子草(草药汇编)=眼子菜
金薯(本草纲目)=番薯
金丝矮陀陀(中草药汇编)=板凳果
金丝矮陀陀(中草药汇编)=土瓜狼毒
金丝矮坨坨(滇南本草)=金铁锁
金丝菜(植物志 33)=芥
金丝草(广西)=金灯藤
金丝草(沙漠药用植物,沙漠志)=臭草
金丝草(山西中药志)=银粉背蕨
金丝草(中草药汇编)=凤丫蕨
金丝草(中药大辞典)=金发草
金丝草 Pogonatherum crinitum (Thunb.) Kunth (禾本科),*笔子草,金丝茅,黄毛草,牛母草,毛毛草,猫毛草*
金丝吊蛤蟆(浙江)=金线吊乌龟
金丝杜(图考)=云南卫矛
金丝杜鹃(植物志 26)大花马齿苋
金丝杜仲(丽江中草药)=游藤卫矛
金丝杜仲(云南)=长萼鹿角藤
金丝杜仲(云南思茅)=长节珠
金丝杜仲(植物志 45-3)=大花卫矛
金丝瓜(贵州中草药)=茅瓜
金丝瓜(南宁药志)=马瓟儿
金丝海棠(山东崂山)=金丝桃
金丝海棠(新华本草纲要)=短柱金丝桃
金丝荷叶(现代实用中药)=虎耳草
金丝荷叶(云南)=地不容
金丝荷叶(浙江)=千金藤
金丝蝴蝶(内蒙古,河北)=黄海棠
金丝黄连(四川西南)=多叶唐松草
金丝苦楝(广州志)=倒地铃
金丝苦楝藤(植物志 47-1)=倒地铃
金丝苦令(福建中草药)=鬼针草
金丝李 Garcinia paucinervis Chun & How(藤黄科),*埋贵,米友波,哥非力郎,类卢敦,碎棉*
金丝莲(昆明草药)=栝楼
金丝莲(陕西石泉)=金丝桃
金丝两重楼(浙江)=华重楼
金丝麻(贵州植物药调查)=鳢肠
金丝马尾连(云南)=昭通马尾连
金丝马尾连 Thalictrum glandulosissimum (Finet & Gagn.) W.T.Wang & S.H.Wang(毛茛科),*马尾连,多腺唐松草*
金丝毛竹 Phyllostachys heterocycla cv. Gracilis (禾本科)
金丝茅(钟观光拟)=金丝草
金丝茅属(钟观光拟)=**金发草属**
金丝梅(高等图鉴)=匙萼金丝桃
金丝梅 Hypericum patulum Thunb. ex Murray(藤黄科),*芒种花,大叶黄,大田边黄,黄木*
金丝木通(思茅中草药)=菝葜叶铁线莲
金丝木通(云南药用名录)=金毛铁线莲
金丝楠(树木分类学)=紫楠
金丝雀杜草 Phalaris canariensis L.(禾本科)
金丝三七(天目山)=类叶升麻
金丝三七(浙江天目山)=小升麻
金丝桃(滇南本草)=匙萼金丝桃
金丝桃(花镜)=桃金娘
金丝桃(新拉汉英)=点地梅状金丝桃(新)
金丝桃(云南)=短柱金丝桃
金丝桃 Hypericum monogynum L.(藤黄科),*狗胡花,狗胡花,过路黄,金丝海棠,金丝莲,金线蝴蝶,木本黄开口,水面油,土连翘,五心花,小狗木,照明莲*
金丝桃虎耳草 Saxifraga hypericoides Franch. (虎耳草科),*长花柱虎耳草*
金丝桃荛花 Wikstroemia lamatsoensis Hamaya (瑞香科)
金丝桃叶白千层 Melaleuca hypericifolia Smith (桃金娘科)
金丝桃叶绣线菊 Spiraea hypericifolia L.(蔷薇科)
金丝桃属 Hypericum L.(藤黄科)
金丝藤(广西)=大花菟丝子
金丝藤(山西,江西)=菟丝子
金丝藤(浙江)=金灯藤
金丝藤(植物志 61)=青藤仔
金丝藤仲(思茅中草药)=长节珠
金丝条马尾杉 Phlegmariurus fargesii (Herter) Ching (石杉科),*马尾伸筋草,马尾青青草,飞龙,千金草,捆仙绳,马尾千金草,马尾石松*
金丝丸(浙江)=管花怪兜铃
金丝线(广西)=茑萝松
金丝醺(纲目拾遗)=烟草
金丝岩陀(思茅中草药)=矮陀陀
金丝岩柘(云南耿马)=翅叶木
金丝叶兰 Macodes petala (Bl.) Lindl.? (兰科)
金丝鱼鳖草(浙江)=鱼鳖金星
金松(杭州)=金钱松
金松 Sciadopitys verticillata (Thunb.) S. & Z.(金松科),*日本金松*
金松科 Sciadopityaceae
金松兰(台湾兰科植物)=金松盆距兰
金松盆距兰 Gastrochilus flavus T.P.Lin(兰科),*金松兰*
金松属 Sciadopitys S. & Z.(金松科)
金粟兰 Chloranthus spicatus (Thunb.) Makino (金粟兰科),*鸡爪兰,鱼子兰,珍珠兰,真珠兰,珠兰,珠兰根*
金粟兰科 Chloranthaceae
金粟兰属 Chloranthus Swartz(金粟兰科)
金碎叶(中草药汇编)=肉质伏石蕨
金穗柽柳 Tamarix jintaenia P.Y.Zhang & M.T.Liu(柽柳科)
金笋(广东)=胡萝卜
金笋(现代实用中药)=肉苁蓉
金锁匙(本草纲目拾遗,引百草镜)=马蹄金
金锁匙(福建)=独脚金
金锁匙(福建中草药)=异叶茴芹
金锁匙(广西)=天仙藤
金锁匙(广西药用植物手册)=骨牌蕨
金锁匙(海南中草药)=鹿角草
金锁匙(湖南药物志)=硃砂根
金锁匙(拉汉名称和手册)=细叶天芥菜
金锁匙(图考)=瓜子金
金锁匙(云南)=毛木防已
金锁匙(浙江)=狭叶香港远志
金锁匙(浙江草药)=一枝黄花
金锁天(雷公炮炙论)=藜
金锁银开(李氏草秘)=金荞麦
金锁玉(中草药汇编)=红背桂花
金塔柏 Platycladus orientalis cv. Beverleyensis (柏科)
金塔隔距兰 Cleisostoma filiforme (Lindl.) Garay (兰科)
金塔火焰花 Phlogacanthus pyramidalis R.Ben. (爵床科),*火焰花*
金堂葶苈(四川)=芝麻菜
金提秋海棠 Begonia gentilii De Wild.(秋海棠科)
金铁锁 Psammosilene tunicoids W.C.Wu & C.Y. Wu (石竹科),*白马分鬃,独钉子,金丝矮坨坨,昆明沙参,麻参,土人参,夷方草*
金铁锁属 Psammosilene W.C.Wu & C.Y.Wu(石竹科)
金筒球 Mammillaria elongata DC.(仙人掌科)
金头韭 Allium herderianum Rgl.(百合科)
金头鼠麴草 Gnaphalium chrysocephalum Franch. (菊科)
金挖耳(广西中药志)=马蹄金
金挖耳 Carpesium divaricatum S. & Z.(菊科),*除州鹤虱*
金挖耳属(植物志 75)=**天名精属**
金网鸢尾(植物学杂志)=金脉鸢尾
金纹鸢尾(高等图鉴)=金脉鸢尾
金乌帽子(新拉汉英)=黄毛掌
金仙草 Pulicaria chrysantha (Diels) Ling(菊科),*金花蚤草*
金仙公(浙江)=黄龙尾
金仙花(现代实用中药)=欧洲金盏花
金县白头翁 Pulsatilla chinensis var. kissii (Mandl) S.H.Li & Y.H.Huang(毛茛科)
金县芒 Miscanthus jianxianensis L.Liu(禾本科)
金线包(云南)=云南娃儿藤
金线草(江西)=虎耳草
金线草(四川中草药)=金线草
金线草(云南植物名录)=小茜草
金线草 Antenoron filiforme (Thunb.) Rob. & Vaut.(蓼科),*重阳柳,蟹壳草,白马鞭,人字草,九盘龙,一串红,土三七,铁拳头,蓼子七,金线草,海根,铁棱角三七,铁箍散*
金线草属 Antenoron Rafin.(蓼科)
金线吊白米(湖南)=粉条儿菜
金线吊蛋(广东,广西)=黄独
金线吊芙蓉(南宁药志)=锦地罗
金线吊芙蓉(生草药性备要)=虎耳草
金线吊芙蓉(厦门)=辐射刺芙蓉
金线吊蛤蟆(安徽)=纤细薯蓣
金线吊蛤蟆(浙江)=金线吊乌龟
金线吊蛤蟆(浙江,江西,湖南)=黄独
金线吊哈蟆(陕西中草药名录)=掌裂蛇葡萄
金线吊葫芦(贵州方药集)=秋海棠
金线吊葫芦(江西)=黄独
金线吊葫芦(浙江草药)=三叶崖爬藤
金线吊丝馅(广东)=娃儿藤
金线吊乌龟(四川)=汝兰
金线吊乌龟(浙江)=千金藤
金线吊乌龟 Stephania cepharantha Hay.(防已科),*白药,独脚乌桕,金线吊蛤蟆,铁秤砣,头花千金藤,玉咲葛藤*
金线番红黄花 Crocus susianus Ker.(鸢尾科),*高加索番红花*
金线风(广西)=毛叶轮环藤
金线风(四川)=三花莸
金线葫芦(图考)=昆明杯冠藤
金线蝴蝶(四川南川,浙江乐清)=金丝桃
金线虎头椒(闽东本草)=台湾银线兰
金线虎头蕉(中草药汇编)=金线兰

金线兰 Anoectochilus roxburghii (Wall.) Lindl.(兰科),*花叶开唇兰,金蚕,金石松,金线虎头蕉,金线莲,金线入骨消,鸟人参,树草莲*
金线莲(台湾兰科植物)=台湾银线兰
金线莲(中草药汇编)=金线兰
金线梅(云南)=金合欢
金线屈腰(闽东本草)=台湾银线兰
金线入骨消(中草药汇编)=金线兰
金线藤(广东)=南方菟丝子
金腺荚蒾 Viburnum chunii Hsu (忍冬科),*陈氏荚蒾*
金腺毛蕨 Cyclosorus aureo-glandulosus Ching & Shing ex Ching & C.F.Zhang(金星蕨科)
金腺莸 Caryopteris aureoglandulosa (Van.) C.Y.Wu(马鞭草科),*八瓜金*
金香草(广东中草药)=穿心莲
金香炉(广西)=金锦香
金香柚 Citrus maxima cv. Jinxiang Yu(芸香科)
金镶玉竹 Phyllostachys aureosulcata cv. Spectabilis (禾本科)
金心冬青卫矛 Euonymus japonicus f. aureo-variegatus (Rgl.) Rehd.(卫矛科),*金心黄杨*
金心黄杨(新拉汉英)=金心冬青卫矛
金心楠(树木分类学)=紫楠
金星 Dolichothele longimamma (DC.) Britt. & Rose (仙人掌科),*长疣八卦掌*
金星草(嘉祐本草)=大果假瘤蕨
金星草(昆明草药)=金鸡脚假瘤蕨
金星草(图经本草)=网眼瓦韦
金星梣叶槭 Acer negundo f. auratum Spaeth (槭树科)
金星凤尾草(滇南本草)=大瓦韦
金星虎耳草 Saxifraga stella-aurea HK.f. & Thoms.(虎耳草科)
金星剑(贵州草药)=江南星蕨
金星蕨(蕨类图说)=沼泽蕨
金星蕨(图考)=渐尖毛蕨
金星蕨 Parathelypteris glanduligera (Kze.) Ching (金星蕨科),*腺毛金星蕨,密腺副金星蕨*
金星蕨科 Thelypteridaceae
金星蕨属 Parathelypteris (H.Ito) Ching(金星蕨科)
金秀杜鹃 Rhododendron jinxiuense Fang & M. Y.He (杜鹃花科)
金秀秋海棠 Begonia glechomifolia C.M.Hu ex C.Y.Wu & Ku(秋海棠科),*心叶秋海棠*
金秀崖爬藤 Tetrastigma jinxiuense C.L.Li(葡萄科)
金须茅 Chrysopogon orientalis (Desv.) A.Camus (禾本科
金须茅属 Chrysopogon Trin.(禾本科)
金阳厚喙菊 Dubyaea jinyangensis Shih(菊科)
金阳美登木 Maytenus jinyangensis C.Y.Cheng (卫矛科)
金阳卫矛 Euonymus jinyuangensis C.Y.Cheng (卫矛科)
金阳乌头 Aconitum jinyangense W.T.Wang(毛茛科)
金腰草(民族药志)=裸茎金腰
金腰带(福建)=大叶马兜铃
金腰带(湖南)=马兰藤
金腰带(湖南药物志)=细轴荛花
金腰带(群芳谱)=迎春花
金腰带(四川)=血水草
金腰带(四川北培)=毛柱瑞香
金腰带(四川巫溪)=结香
金腰带(图考,分类草药性)=芫花
金腰带(云南)=野迎春
金腰带(中药大辞典)=绿叶胡枝子
金腰箭 Synedrella nodiflora (L.) Gaertn.(菊科),*苦草,水慈菇,猪毛草,苞壳菊*
金腰箭属 Synedrella Gaertn.(菊科)
金腰叶虎耳草 Saxifraga chrysosplenifolia Boiss.(虎耳草科)
金腰属 Chrysosplenium Tourn. ex L.(虎耳草科)
金腰子 Chrysosplenium alternifolium L.(虎耳草科)
金药树(植物志 40)=槐
金叶巴戟 Morinda citrina Y.Z.Ruang(茜草科)
金叶白冷杉 Abies concolor var. aurea Beissn. (松科)
金叶高加索冷杉 Abies nordmanniana var. aurea Beiis (松科)
金叶含笑 Michelia foveolata Merr. ex Dandy(木兰科)
金叶猴欢喜 Sloanea chingiana var. integrifolia (Chun & How) H.T.Chang(杜英科)
金叶桧 Juniperus chinensis cv. Aurea (柏科)
金叶柃 Eurya aurea (Lévl.) Hu & L.K.Ling(山茶科)
金叶欧洲山梅花 Philadelphus coronarius cv Aureus (虎耳草科)
金叶日本花柏 Chamaecyparis pisifera cv. Aurea (柏科)
金叶树 Chrysophyllum lanceolatum var. stellatocarpon van Royen(山榄科),*大横纹*
金叶树属 Chrysophyllum L.(山榄科)
金叶喜林芋 Philodendron andreanum Devansaye(天南星科)
金叶细枝柃 Eurya loquaiana var. aureo-punctata H.T.Chang (山茶科)
金叶锥 Castanopsis chaysophylla (HK.) DC.(壳斗科)
金叶子(云南志)=云南金叶子
金叶子(云南中草药)=滇桐
金叶子 Craibiodendron stellatum (Pierre) W.W.Sm.(杜鹃花科),*粗糠树,狗脚草根,火炭木,假吊钟,老火树,泡花树,三百棒,小栗叶,星芒克檑木*
金叶子属 Craibiodendron W.W.Sm.(杜鹃花科),*假木荷属,克檑树属*
金翼黄芪 Astragalus chrysopterus Bge.(豆科),*小黄芪,小白芪,蔓芪*
金银背藤 Argyreia henryi var. hypochrysa C.Y. Wu (旋花科)
金银花(本草纲目)=忍冬
金银花(广西全州)=淡红忍冬
金银莲花 Nymphoides indica (L.) O.Ktze.(睡菜科),*白花莕菜,印度莕菜,金银莕菜*
金银木(山东)=金银忍冬
金银忍冬 Lonicera maackii (Rupr.) Maxim.(忍冬科),*王八骨头,金银木,马氏忍冬,胯把树,鸡骨头*
金银藤(江西铅山,云南楚雄)=忍冬
金银莕菜(Flora 6)=金银莲花
金英 Thryallis gracilis Kuntze(金虎尾科)
金英花(植物志 32)=花菱草
金英属 Thryallis L.(金虎尾科)
金罂粟 Stylophorum lasiocarpum (Oliv.) Fedde (罂粟科),*人血草,豆叶七,人血七,大人血七,野人血草,大金盆*
金罂粟属 Stylophorum Nutt(罂粟科)
金罂子(梦溪笔谈)=金樱子
金樱蕴(生草药性备要)=金樱子
金樱子(宁夏中草药手册)=西北蔷薇
金樱子 Rosa laevigata Michx.(蔷薇科),*刺梨,刺榆子,和尚头,金罂子,金樱蕴,山鸡头子,山石榴,唐樱竻,棠球,糖钵,糖罐,糖果,糖莺蓮,脱骨丹,油饼果子*
金鱼草 Antirrhinum majus L.(玄参科),*龙头花*
金鱼草属 Antirrhinum L.(玄参科)
金鱼花 Mina lobata Cerv.(旋花科)
金鱼花属(植物志 64-1)=**番薯属**
金鱼花属 Columnea L.(苦苣苔科)
金鱼茜(广东)=黄花狸藻
金鱼藤(中草药汇编)
金鱼藻(台湾志)=穗状狐尾藻
金鱼藻 Ceratophyllum demersum L.(金鱼藻科),*细草,软草,灯笼丝藻,水藻,松藻*
金鱼藻科 Ceratophyllaceae
金鱼藻属 Ceratophyllum L.(金鱼藻科)
金玉菊 Senecio macroglossus cv. Variegatum (菊科)
金缘万年青(新)Rohdea japonica var. marginata Hort. (百合科),*金边万年青*
金枣(闽书)=金柑
金枣(陕西中草药)=密花石豆兰
金寨铁线莲 Clematis jinzhaiensis Z.W.Xue & X.W.Wang(毛茛科)
金盏菜(救荒本草)=碱菀
金盏草(图考)=欧洲金盏花
金盏儿花(救荒本草)=欧洲金盏花
金盏番红花 Crocus chrysanthus var. E.B. Bowles hort.(鸢尾科)
金盏莨台(纲目)=麦蓝菜
金盏花(泉州本草)=白背黄花稔
金盏花 Calendula officinalis L.(菊科),*水涨菊,金盏菊,山金菊,大金盏花*
金盏花属 Calendula L.(菊科)
金盏锦香草 Phyllagathis calisaurea C.Chen(野牡丹科)
金盏菊(福建中草药)=金盏花
金盏苣苔 Isometrum farreri Craib(苦苣苔科)
金盏苣苔属 Isometrum Craib(苦苣苔科)
金盏银盘(广东)=白花鬼针草
金盏银盘(广东中药)=鬼针草
金盏银盘 Bidens biternata (Lour.) Merr. & Sherff (菊科),*铁筅箒,千条鍼,鬼针草,针刺草,粘身草*
金盏银台(云南)=马利筋
金盏蒿花(内蒙)=小花糖芥
金针菜(植物志 14)=黄花菜
金枝偃伏梾木 Cornus stolonifera var. glaviamea Rehd.(山茱萸科)
金指甲(闽东本草)=伏石蕨
金钟花 Forsythia viridissima Lindl.(木犀科),*迎春柳,迎春条,金梅花,金铃花*
金钟花属(树木分类学)=**连翘属**
金钟山紫云菜(植物志 70)=腺毛马蓝
金钟藤 Merremia boisiana (Gagn.) v.Ooststr.(旋花科),*多花山猪菜*
金钟茵陈(滇南本草)=阴行草
金州锦鸡儿 Caragana litwinowii Kom.(豆科)
金州绣线菊 Spiraea nishimurae Kitag.(蔷薇科)
金珠拉虎耳草 Saxifraga jainzhuglaensis J.T.Pan (虎耳草科)
金珠柳 Maesa montana A.DC.(紫金牛科),*阿哦吐都西,白胡椒,白子木,大叶良箭,杜宏山,观音茶,普洱茶,山地杜茎山,野兰*

金竹(江苏志)=粉绿竹
金竹 Phyllostachys sulphurea (Carr.) A. & C.Riv. (禾本科),竹衣,黄皮绿筋竹,黄皮筋竹
金竹标(云南通海)=大叶南苏
金竹标(云南中草药选)=狮子尾
金爪儿 Lysimachia grammica Hance(报春花科),红苦藤菜,雷公须,路边黄,爬地黄,枪伤药,五星黄,小救驾,小苦藤菜,小茄
金爪粉背蕨 Aleuritopteris cremea Ching ex S.K.Wu(中国蕨科)
金字草(钟观光拟)=裂稃草
金字塔银桦 Grevillea pyramidalis A.Cunn.(山龙眼科)
金足草(云南植物名录)=蒙自金足草
金足草 Goldfussia capitata Nees(爵床科),头花马蓝
金足草属 Goldfussia Nees(爵床科)
津枸杞(植物志 67-1)=宁夏枸杞
筋根(本草纲目)=旋花
筋骨草(北京)=京黄芩
筋骨草(陕西)=石松
筋骨草(四川)=狗筋蔓
筋骨草(四川)=茅膏菜
筋骨草(四川)=箐姑草
筋骨草(图考)=垂穗石松
筋骨草(图考)=金疮小草
筋骨草(药用图鉴)=紫背金盘
筋骨草(云南中草药)=千针万线草
筋骨草 Ajuga ciliata Bge.(唇形科)
筋骨草属 Ajuga L.(唇形科)
筋骨七(秦岭志)=萓
筋骨散(云南)=蒙自豆腐柴
筋骨散(云南药用名录)=麻叶豆腐柴
筋角拉子(江苏)=牵牛
筋藤 Alyxia levinei Merr.(夹竹桃科),尖叶链珠藤,坎香藤,藤满山香,三托藤,香藤,骚羊果,九牛藤,贵州链珠藤
筋头竹(秘传花镜)=棕竹
紧萼凤仙花 Impatiens arctosepala HK.f.(凤仙花科)
紧密酢浆草(中药辞海)=直酢浆草
紧穗剪股颖(新拉汉英)=剪股颖
紧穗柳叶箬 Isachne globosa var. compacta W.Z.Fang ex S.L.Chen (禾本科)
紧缩早熟禾(新) Poa nemoralis var. coaictata Gand. (禾本科)
紧序变种(内蒙志)=密序阴地蒿
紧序剪股颖 Agrostis contracta Y.C.Tong ex Y.C.Yang (禾本科)
堇柄杨 Populus violascens Dode(杨柳科)
堇菜 Viola verecunda A.Gray(堇菜科),白花蚶壳草,地黄瓜,罐嘴菜,箭头草,堇堇菜,葡堇菜,如意草,消毒药,小犁头草
堇菜报春 Primula violaris W.W.Sm. & Fletcher (报春花科)
堇菜科 Violaceae
堇菜属 Viola L.(堇菜科)
堇花奥氏杜鹃花(新拉汉英)=堇花毛肋杜鹃
堇花蝴蝶兰 Phalaenopsis violacea Teijsm. & Binn.(兰科)
堇花槐 Sophora japonica var. violacea Carr. (豆科),紫花槐
堇花还阳(石柱)=川东紫堇
堇花毛肋杜鹃 Rhododendron augustini var. violascens (杜鹃花科),堇花奥氏杜鹃花
堇花唐松草 Thalictrum diffusiflorum Marq. & Shaw(毛茛科)
堇喙兰 Rhynchostylis violacea (Lindl.) Rchb.f.(兰科)
堇堇菜(救荒本草)=堇菜
堇色大花淫羊藿 Epimedium grandiflorum var. violaceum Stearn (小檗科)
堇色黄芩 Scutellaria violacea Heyne (唇形科)
堇色卡特兰 Cattleya violacea (HBK) Rolfe (兰科)
堇色兰属(新拉汉英)=**米尔顿兰属**
堇色马先蒿 Pedicularis violascens Schrenk(玄参科)
堇色槭 Acer negundo var. violaceum (Kirchn.) Jacg.(槭树科)
堇色碎米荠 Cardamine violacea (D.Don) Wall. ex HK.f. & Thoms.(十字花科),紫花山芥
堇色鸢尾 Iris violacea Klatt.(鸢尾科)
堇色早熟禾 Poa ianthina Keng ex H.L.Yang(禾本科)
堇色折叶兰 Sobralia viollacea Lind.(兰科)
堇舌紫菀 Aster ionoglossus Ling(菊科)
堇叶报春(拉汉名称)=紫穗报春
堇叶芥 Neomartinella violifolia (Lévl.) Pilger (十字花科),马庭
堇叶芥属 Neomartinella Pilger (十字花科)
堇叶苣苔 Platystemma violoides Wall.(苦苣苔科)
堇叶苣苔属 Platystemma Wall.(苦苣苔科)
堇叶山梅花(树木分类学)=薄叶山梅花
堇叶碎米荠(植物志 33)=露珠碎米荠
堇叶延胡索 Corydalis fumariifolia Maxim.(罂粟科)
锦宝球 Rebutia chrysacantha Beckeb.(仙人掌科)
锦杯角 Hoodia bainii R.A.Dyer.(萝藦科)
锦标草(中药辞海)=银叶委陵菜
锦橙 Citrus sinensis cv. Jin Cheng(芸香科),鹅蛋柑
锦带(图考)=锦带花
锦带花 Weigela florida (Bge.) A.DC.(忍冬科),锦带,海仙
锦带花属 Weigela Thunb.(忍冬科)
锦灯笼(广东,陕西)=锦灯笼
锦灯笼 Physalis alkekengi var. francheti (Mast.) Makino (茄科),天泡,挂金灯,泡泡草,红姑娘,酸浆,灯笼
锦地罗 Drosera burmannii Vahl(茅膏菜科),落地金钱,钉地金钱,乌蝇草,一朵芙蓉,金雀梅,文钱红,金线吊芙蓉
锦花沟酸浆 Mimulus luteus L.(玄参科)
锦花九管血 Ardisia brevicaulis var. violacea (Suzuki) Walker(紫金牛科)
锦花紫金牛 Ardisia violacea (T.Suzuki) W.Z. Fang & K.Yao(紫金牛科)
锦鸡儿(新疆)=白皮锦鸡儿
锦鸡儿 Caragana sinica (Buc'hoz) Rehd.(豆科),白心皮,黄雀花,金雀根,金雀花,金鹊花,娘娘袜,阳雀花,野黄芪,猪蹄花
锦鸡儿属 Caragana Fabr.(豆科)
锦鸡尾 Haworthia fasciata (Willd.) Haw.(百合科),条纹十二卷
锦橘果 Triphasia trifoliata P.Wils.(芸香科),三囊
锦葵(台湾)=欧锦葵
锦葵 Malva sinensis Cavan.(锦葵科),金钱紫花葵,荆葵,棋盘花,钱葵,淑气花,俗气花,小白淑气花,小钱花,小熟季花
锦葵科 Malvaceae
锦葵属 Malva L.(锦葵科)
锦马(国药的药理学)=粗茎鳞毛蕨
锦马贯众(中国药典)=粗茎鳞毛蕨
锦毛喜林芋 Philodendron squamiferum Poepp. (天南星科)
锦屏封(高等图鉴)=茑萝松
锦钱镖(四川)=银叶委陵菜
锦上添花(广西)=蟹爪
锦熟黄杨 Buxus sempervirens L.(远志科)
锦台报春(高等图鉴)=泽地灯台报春
锦绦花属(科属辞典)=**岩须属**
锦纹卷 Haworthia subfasciata Baker (百合科)
锦香草 Phyllagathis cavaleriei (Lévl. & Vant.) Guillaum. (野牡丹科),熊巴掌,熊巴耳,猫耳朵草,铺地毡
锦香草属 Phyllagathis Bl.(野牡丹科)
锦绣苋 Alternanthera bettzickana (Rgl.) Nichols.(苋科),五色草,红节节草,红莲子草,红草,红田草乌,山藿菜
锦绣苋属(北京志)=**莲子草属**
锦绣玉 Parodia aureispina Backeb.(仙人掌科)
锦绣玉属 Parodia Speg.(仙人掌科)
锦锈杜鹃 Rhododendron pulchrum Sweet(杜鹃花科),鲜艳杜鹃
锦帐竹 Indocalamus pseudosinicus McClure (禾本科),假华箬竹
锦竹 Bambusa subaequalis H.L.Fung & C.Y.Sia (禾本科)
锦紫苏(种子植物名称)=五彩苏
槿漆(浙江药志)=木槿
槿树(江苏志)=木槿
劲枝丹参(图考)=长冠鼠尾草
劲枝异药花 Fordiophyton strictum Diels(野牡丹科)
劲直菝葜 Smilax munita S.C.Chen(百合科)
劲直白酒草 Conyza stricta Willd.(菊科),劲直假蓬
劲直刺桐 Erythrina stricta Roxb.(豆科)
劲直耳稃草 Garnotia patula var. strictor Santos ?(禾本科)
劲直蒿(青海)=直茎蒿
劲直鹤虱 Lappula stricta (Ledeb.) Gürke(紫草科)
劲直黄芪(西藏植物名录)=笔直黄芪
劲直黄芩 Scutellaria sevanensis Sosn.(唇形科)
劲直黄条纹龙胆(植物志 62)=黄条纹龙胆
劲直假蓬(云南中草药选)=熊胆草
劲直假蓬(植物志 74)=劲直白酒草
劲直蕨萁 Botrypus strictus (Underw.) Holub (瓶尔小草科)
劲直美冠兰 Eulophia stricta (Presl) Ames (兰科)
劲直舌唇兰 Platanthera stricta Lindl.(兰科)
劲直绣球防风 Leucas stricta Benth.(唇形科)
劲直续断 Dipsacus inermis Wall.(川续断科)
劲直阴地蕨 Botrychium strictum Underw.(阴地蕨科),抓地虎,穗状假阴地蕨
近凹瓣梅花草 Parnassia submysorensis J.T.Pan (虎耳草科)
近抱茎虎耳草 Saxifraga subamplexicaulis Engl. & Irmsch.(虎耳草科)
近边耳蕨 Polystichum submarginale (Bak.) Ching ex P.S.Wang(鳞毛蕨科),边缘耳蕨
近长角条果芥 Parrya subsiliquosa M.Popov(十字花科)
近匙叶虎耳草 Saxifraga subspathulata Engl. & Irmsch. (虎耳草科)
近川西鳞毛蕨 Dryopteris neorosthornii Ching

(鳞毛蕨科),*新川西鳞毛蕨*
近刺复叶耳蕨 Arachniodes subaristata Ching & Y.T.Hsieh (鳞毛蕨科)
近簇生枸杞小檗 Berberis lycium var. subfasciculаris Ahrendt (小檗科)
近单一党参(分类学报)=藏南党参
近等叶虎耳草 Saxifraga subaequifoliata Irmsch. (虎耳草科)
近东报春(高等图鉴)=川东灯台报春
近多鳞鳞毛蕨 Dryopteris komarovii Kosshinsky (鳞毛蕨科)
近二回羽裂变种(植物志 66,Flora 17)=羽裂南丹参(新)
近革叶假糙苏 Paraphlomis subcoriacea C.Y.Wu & H.W.Li (唇形科)
近革叶酸藤果(高等图鉴)=平叶酸藤子
近光矾根 Heuchera glabella Torr. & Gray (虎耳草科)
近光滑小檗 Berberis sublevis W.W.Sm. (小檗科)
近光薯蓣(版纳植物名录)=毛胶薯蓣
近黑鳞鳞毛蕨 Dryopteris neolepidopoda Ching & S.K.Wu(鳞毛蕨科)
近加拉虎耳草 Saxifraga llonakhensis W.W.Sm. (虎耳草科)
近假毛蕨(蕨类形态)=假毛蕨
近蕨嵩草 Kobresia filicina (C.B.Clarke) C.B. Clarke (莎草科)
近蕨薹草 Carex subfilicinoides Kükenth.(莎草科)
近嚼烂状山槟榔 Pinanga subruminata Becc.(棕榈科)
近肋复叶耳蕨 Arachniodes costulisora Ching (鳞毛蕨科)
近镰假毛蕨(蕨类形态)=光脉假毛蕨
近裂淫羊藿(湖北志)=黔岭淫羊藿
近轮叶木姜子 Litsea elongata var. subverticillata (Yang) Yang & P.H.Huang(樟科)
近毛轴蹄盖蕨(植物研究)=贵州蹄盖蕨
近密鳞鳞毛蕨 Dryopteris subpycnopteroides Ching ex Fraser-Jenkins(鳞毛蕨科)
近南极小檗 Berberis subantarctica Gandoger (小檗科)
近亲萨拉卡棕 Salacca affinis Griff.(棕榈科)
近全缘千里光 Senecio subdentatus Ledeb.(菊科)
近全缘山槟榔 Pinanga subintegra Ridley (棕榈科)
近全缘叶十大功劳 Mahonia subintegrifolia Fedde (小檗科)
近实心茶竿竹 Pseudosasa subsolida S.L.Chen & G.Y.Sheng(禾本科)
近似小檗 Berberis approximata Sprague(小檗科)
近穗状冠唇花 Microtoena subspicata C.Y.Wu (唇形科)
近头形棘豆 Oxytropis subcapitata Gontsch. (豆科)
近头状豆腐柴 Premna subcapitata Rehd.(马鞭草科),*头序臭黄荆*
近位蹄盖蕨(蕨类形态)=毛翼蹄盖蕨
近无柄花小檗 Berberis subsessiliflora Pamp.(小檗科)
近无柄金丝桃 Hypericum subsessile N.Robson (藤黄科)
近无柄鳞果星蕨 Lepidomicrosorium subsessile Ching & Shing(水龙骨科)
近无柄雅榕 Ficus concinna var. subsessilis Corner (桑科),*万年青,无柄小叶榕*
近无刺苍耳 Xanthium sibiricum var. subinerme (Winkl.) Widder(菊科),*稀刺苍耳*
近无灰岩香茶菜 Isodon calcicolus var. subcalvus (Hand.-Mazz.) H.W.Li(唇形科),*近无毛变种*
近无距凤仙花 Impatiens subecalcarata (Hand.-Mazz.) Y.L.Chen(凤仙花科)
近无芒凌风草 Briza subaristata Lam.(禾本科)
近无毛变型(植物志 66)=近无毛寸金草(新)
近无毛变种(植物志 65-2)=近无毛小野芝麻(新)
近无毛变种(植物志 65-2)=野芝麻
近无毛变种(植物志 66)=近无毛香茶菜(新)
近无毛变种(植物志 66,Flora 17)=近无毛甘露子
近无毛寸金草(新)Clinopodium megalanthum f. subglabrum C.Y.Wu & Hsuan ex H.W.Li(唇形科),*近无毛变型*
近无毛飞蛾藤(植物志 64-1)=近无毛三翅藤
近无毛甘露子(新) Stachys sieboldi var. glabrescens C.Y.Wu (唇形科),*近无毛变种*
近无毛蓝花土瓜 Merremia yunnanensis var. glabrescens (C.Y.Wu) R.C.Fang(旋花科)
近无毛三翅藤 Tridynamia sinensis var. delavayi (Gagn. & Courchet) Staples(旋花科),*密叶飞蛾藤,近无毛三翅藤*
近无毛小野芝麻(新)Galeobdolon chinense var. subglabrum C.Y.Wu(唇形科),*近无毛变种*
近纤维鳞毛蕨 Dryopteris fibrillosa Ching(鳞毛蕨科)
近心叶匍匐十大功劳 Mahonia repens var. subcor-data Rehd.(小檗科)
近心叶卫矛 Euonymus subcordatus J.S.Ma?(卫矛科)
近心叶岳桦 Betula ermanii var. subcordata (Rgl.) Koidz.(桦木科)
近岩梅虎耳草 Saxifraga caveana W.W.Sm.(虎耳草科)
近异枝虎耳草 Saxifraga heterocladoides J.T. Pan (虎耳草科)
近硬叶柳 Salix sclerophylloides Y.L.Chou(杨柳科)
近优越虎耳草 Saxifraga hookeri Engl. & Irmsch. (虎耳草科)
近羽脉楼梯草 Elatostema subpenninerve W.T. Wang (荨麻科)
近羽银莲花 Anemone subpinnata W.T.Wang(毛茛科)
近缘党参(分类学报)=大叶党参
近缘苹婆 Sterculia affinis Mast.(梧桐科)
近缘小檗(新)Berberis affinis G.Don (小檗科),*库芒小檗*
近缘叶小檗 Berberis subholophylla C.Y.Wu(小檗科)
近掌脉鼠尾草 Salvia subpalmatinervis Stib.(唇形科)
近直立小檗 Berberis suberecta Ahrendt (小檗科)
近中肋鳞毛蕨 Dryopteris costalisora Tagawa(鳞毛蕨科),*能高鳞毛蕨*
近总序排草(云南区系报告)=近总序香草
近总序香草 Lysimachia chapaensis Merr.(报春花科),*近总序排草*
近总状狗娃花(新)Aster altaicus var. subracemosus Hand.-Mazz.?(菊科)
进肌草(中草药汇编)=黄背草
进兰(分类学报)=金佛山兰
进驻芝麻(高等图鉴)=剑叶山芝麻
荩草 Arthraxon hispidus (Thunb.) Makino(禾本科),*鸱肢莎,绿竹,马耳朵草,马牙草,蓐,王刍,细叶莠竹*
荩草属 Arthraxon Beauv.(禾本科)
晋冀紫菀(新)Aster tataricus subsp. decompositus Novopokr.?(菊科)
浸水营柯 Lithocarpus shinsuiensis Hay. & Kanehira (壳斗科)
浸水营木姜子 Litsea sasakii Kamikoti(樟科)?,*佐佐木氏木姜子*
缙兰花(浙江)=赣皖乌头
缙云冬青 Ilex jinyunensis Z.M.Tan(冬青科)
缙云黄芩 Scutellaria tsinyunensis C.Y.Wu & S.Chow (唇形科)
缙云瘤足蕨 Plagiogyria caudifolia Ching(瘤足蕨科)
缙云槭 Acer wangchii subsp. tsinyunense Fang (槭树科)
缙云瑞香 Daphne jinyunensis C.Y.Chang(瑞香科)
缙云山茶 Camellia jingyunshanica Chang & J.H.Xiong (山茶科)
缙云山蹄盖蕨(蕨类形态)=光蹄盖蕨
缙云四照花 Dendrobenthamia ferruginea var. jinyunensis (Fang & W.K.Hu) Fang & W.K.Hu(山茱萸科)
缙云铁线蕨 Adiantum lingi Ching? (铁线蕨科)
缙云卫矛 Euonymus chloranthoides Yang(卫矛科),*绿花卫矛*
缙云溪边蕨 Stegnogramma diplazioides Ching ex Y.X.Lin (金星蕨科)
缙云紫珠 Callicarpa giraldii var. chinyunensis P'ei & W.Z.Fang) S.L.Chen(马鞭草科)
簟竹(纲目)=人面竹

Jing

禁宫花(日华子本草)=麦蓝菜
禁宫花(四川)=黄海棠
禁生(本经)=石斛
京大戟(北京志,福建志)=大戟
京风毛菊 Saussurea chinnampoensis Lévl. & Vnt. (菊科).
京鹤鳞毛蕨 Dryopteris kinkiensis Koidz.(鳞毛蕨科)
京黄芩 Scutellaria pekinensis Maxim.(唇形科),*筋骨草,丹参*
京梨(拉汉名称和手册)=毛叶硬齿猕猴桃
京梨猕猴桃 Actinidia callosa var. henryi Maxim. (猕猴桃科),*鸡考果,水梨儿藤,水梨藤*
京芦芦(江苏中药名录)=小葫芦
京芒草 Achnatherum pekinense (Hance) Ohwi (禾本科),*京羽茅*
京三棱(开宝本草)=黑三棱
京山梅花(图谱)=太平花
京杏(授时通考)=扁桃
京玄参(四川,陕西)=阿尔泰银莲花
京羽茅(高等图鉴)=京芒草
京竹 Phyllostachys aureosulcata cv. Pekinensis (禾本科)
泾源紫堇 Corydalis jingyuanensis C.Y.Wu & H. Chuang (罂粟科)
经如草(中草药通讯)=莓叶委陵菜
经血莲(四川中药志)=日本蛇菰
茎根红丝线 Lycianthes lysimachioides var. caulorrhiza (Dunal) Bitter(茄科)

茎花变种(植物志 65-2)=茎锥花(新)
茎花冬青 Ilex cauliflora H.W.Li ex Y.R.Li(冬青科)
茎花来江藤 Brandisia cauliflora Tsoong & Lu (玄参科),*红花金银藤*
茎花南蛇藤 Celastrus stylosus subsp. glaber Ding Hou (卫矛科),*无毛南蛇藤*
茎花石豆兰 Bulbophyllum cauliflorum HK.f. (兰科)
茎花守宫木 Sauropus bonii Beille(大戟科)
茎花算盘子 Glochidion ramiflorum J.R. & G.Forst.(大戟科),*劳莫*
茎花香草 Lysimachia cauliflora C.Y.Wu(报春花科)
茎花崖爬藤 Tetrastigma cauliflorum Merr.(葡萄科)
茎皮(中药志)=探春花
茎生波喜荡 Posidonia caulini König.(眼子菜科)
茎藤(福建志)=扁担藤
茎叶变种(Flora 17)=茎叶鸡脚参(新)
茎叶变种(植物志 66,Flora 17)=茎叶子宫草(新)
茎叶鸡脚参 Orthosiphon wulfenioides var. foliosus E.Peter (唇形科),*茎叶变种*
茎叶天葵(云南植物名录)=尼泊尔菊
茎叶子宫草(新) Skapanthus oreophilus var. elongatus (Hand.-Mazz.) C.Y.Wu & H.W.Li (唇形科),*茎叶变种*
茎锥花(新)Gomphostemma chinense var. cauliflorum C.Y.Wu(唇形科),*茎花变种*
荆豆 Ulex europaeus (豆科)
荆豆哈克 Hakea ulicina R.Br.(山龙眼科)
荆豆属 Ulex L.(豆科)
荆芥(滇南本草)=蜜蜂花
荆芥(东北地区)=多裂叶荆芥
荆芥(甘肃成县,辽宁)=香薷
荆芥(广东)=广防风
荆芥(广东)=小花荠苎
荆芥(河北赞皇)=木香薷
荆芥(湖北均县)=罗勒
荆芥(江西)=疏柔毛罗勒
荆芥(云南双江)=四方蒿
荆芥(云南昭通,曲靖)=穗花荆芥
荆芥 Nepeta tenuifolia Benth.(唇形科),*裂叶荆芥,小茴香,假苏,四棱杆蒿,线芥*
荆芥草(广东宝安)=紫花香薷
荆芥叶草 Leonotis nepetaefolia Br.(唇形科)
荆芥叶草属 Leonotis Br.(唇形科)
荆芥叶绣球防风 Leucas nepetaefolia Benth.(唇形科)
荆芥属 Nepeta L.(唇形科)
荆棵(山东经济植物)=荆条
荆葵(陆玑诗疏)=锦葵
荆门藨草 Scirpus jingmenensis Tang & Wang (莎草科)
荆三棱 Scirpus yagara Ohwi (莎草科)
荆桃(尔雅)=樱桃
荆条(江苏)=木槿
荆条(陕西)=黄荆
荆条 Vitex negundo var. heterophylla (Franch.) Rehd. (马鞭草科),*刻叶黄荆,刻叶荆条,黄荆条,荆棵,山荆子*
荆条棵(江苏)=牡荆
荆子(本草经集注)=单叶蔓荆
荆子(本草经集注)=蔓荆
惊风草(贵州)=狭叶落地梅
惊风榴(福建中草药)=长蒴母草
惊风红(广西)=毒根斑鸠菊
旌节花(广群芳谱)=中国旌节花
旌节花科 Stachyuraceae
旌节花属 Stachyurus S. & Z.(旌节花科)
旌节黄鹌菜(西藏志)=总序黄鹌菜
旌节马先蒿 Pedicularis sceptrum-carolinum L. (玄参科),*旌节马先蒿旌节亚种*
旌节马先蒿旌节亚种(植物志 68)=旌节马先蒿
旌节马先蒿有毛亚种(植物志 68)=有毛旌节马先蒿
菁麻木(云南屏边)=少花桠木
菁子(广西植物资源)=野青树
晶帽石斛 Dendrobium crystallinum Rchb.f.(兰科)
晶状安祖花(新拉汉英)=水晶花烛
粳(名医别录)=稻
粳稻 Oryza sativa subsp. japonica Kato(禾本科)
粳米(名医别录)=稻
粳米泔(本草从新)=稻
精河补血草 Limonium leptolobum (Regel) Ktze. (白花丹科)
精巧球 Pelecyphora aselliformis C.A.Ehrenb. (仙人掌科)
精细小苦荬 Ixeridium elegans (Franch.) Shih (菊科)
精致野豌豆 Vicia perelegans K.T.Fu(豆科)
井边草(云南中草药)=粗糙凤尾蕨
井边茜(海南志)=剑叶凤尾蕨
井冈寒竹 Gelidocalamus stellatus Wen (禾本科)
井冈寒竹属 Gelidocalamus Wen (禾本科)
井冈栝楼 Trichosanthes jinggangshanica Yueh (葫芦科)
井冈柳(Flora 4)=百里柳
井冈葡萄 Vitis jinggangensis W.T.Wang(葡萄科)
井冈山耳蕨 Polystichum tsingkanshanense Ching? (鳞毛蕨科)
井冈山凤仙花 Impatiens jinggangensis Y.L. Chen (凤仙花科)
井冈山凤丫蕨 Coniogramme jingganshanensis Ching & Shing(裸子蕨科)
井冈山猕猴桃 Actinidia chinensis var. chinensis f. jinggangshanensis C.F.Liang(猕猴桃科)
井冈山卫矛 Euonymus jinggangshanensis M.X.Nie(卫矛科)
井岗柳 Salix levelilleana Schneid.(杨柳科),*荞麦地柳*
井岗山杜鹃 Rhododendron jingganshanicum Tam (杜鹃花科)
井栏边草 Pteris multifida Poir.(凤尾蕨科),*背阴草,凤凰尾,凤尾草,鸡爪莲,金鸡尾,九把连环剑,坳兰草,牛肋巴草,乌鸡脚,五叶灵芝,阉鸡尾*
颈果草 Metaeritrichium microuloides W.T.Wang (紫草科)
颈果草属 Metaeritrichium W.T.Wang(紫草科)
颈鞘箭竹 Fargesia collaris Yi (禾本科)
景东矮柳 Salix jingdongensis C.F.Fang (杨柳科)
景东报春 Primula interjacens Chen(报春花科)
景东杯冠藤 Cynanchum kintungense Tsiang(萝藦科)
景东翅子树 Pterospermum kingtungense C.Y. Wu ex Hsue(梧桐科),*大红毛花,大巴巴叶,大钩藤叶,大红毛叶*
景东冬青 Ilex gingtungensis H.W.Li ex Y.R.Li (冬青科)
景东短檐苣苔 Tremacron begoniifolium H.W.Li (苦苣苔科)
景东复叶耳蕨 Arachniodes jingdongensis Ching (鳞毛蕨科)
景东厚唇兰 Epigeneium fuscescens (Griff.) Summerh. (兰科)
景东茴芹 Pimpinella liiana Hiroe(伞形科)
景东嘉赐树(云南植物研究)=景东脚骨脆
景东脚骨脆 Casearia balansae var. subglabra S.Y.Bao (大风子科),*景东嘉赐树*
景东景天 Sedum chingtungense K.T.Fu (景天科)
景东君迁子 Diospyros kintungensis C.Y.Wu(柿科),*小柿花*
景东柃 Eurya jintungensis Hu & L.K.Ling(山茶科)
景东瘤足蕨 Plagiogyria coerulescens Ching(瘤足蕨科)
景东龙胆 Gentiana jingdongensis T.N.Ho(龙胆科)
景东毛蕨(蕨类形态)=齿牙毛蕨
景东毛鳞菊 Chaetoseris ciliata Shih(菊科)
景东木蓝 Indigofera jingdongensis Y.Y.Fang & C.Z.Zheng (豆科)
景东楠 Phoebe yunnanensis H.W.Li(樟科)
景东千金藤 Stephania chingtungensis Lo(防已科)
景东若菊 Sinoseris leptantha Shih (菊科)
景东山橙 Melodinus khasianus HK.f.(夹竹桃科)
景东蛇藤(云南)=大果勾儿茶
景东十大功劳 Mahonia paucijuga C.Y.Wu ex S.Y.Bao (小檗科)
景东水锦树 Wendlandia jingdongensis W.C. Chen (茜草科)
景东铁线莲(植物志 28)=滇川铁线莲
景东娃儿藤 Tylophora chingtungensis Tsiang & P.T.Li (萝藦科),*显脉娃儿藤*
景东细莴苣 Stenoseris leptantha Shih(菊科)
景东香草 Lysimachia jingdongensis Chen & C. M.Hu (报春花科)
景东小叶崖豆 Millettia pulchra var. parvifolia Z.Wei (豆科)
景东崖爬藤 Tetrastigma jingdongensis C.L.Li (葡萄科)
景东羊奶子 Elaeagnus jingdonensis C.Y.Chang (胡颓子科)
景东柘 Cudrania amboinensis (Bl.) Miq.(桑科)
景谷箭竹 Fargesia caduca Yi(禾本科),*滑竹*
景洪暗罗 Polyalthia cheliensis Hu(番荔枝科)
景洪地胆(云南志)=景洪蜂斗草
景洪蜂斗草 Sonerila cheliensis H.L.Li(野牡丹科),*景洪地胆*
景洪哥纳香 Goniothalamus cheliensis Hu(番荔枝科)
景洪核果茶 Pyrenaria cheliensis Hu(山茶科),*东里华核果茶*
景洪胡椒 Piper wangii M.G.Gilb. & N.H.Xia(胡椒科)
景洪寄生(云南)=景洪离瓣寄生
景洪离瓣寄生 Helixanthera coccinea (Jack) Danser(桑寄生科),*景洪寄生*
景洪毛蕨 Cyclosorus jinghongensis Ching ex Shing(金星蕨科),*车里毛蕨*
景洪秋海棠 Begonia discreta Craib(秋海棠科)
景洪球兰 Hoya chinghungensis (Tsiang & P.T.Li) M.G.Gilb. & P.T.Li(萝藦科),*云南眼树莲*

景洪石斛 Dendrobium exile Schltr.(兰科)
景洪薹草 Carex doisutepensis T.Koyama(莎草科)
景洪崖爬藤 Tetrastigma jinghongense C.L.Li (葡萄科),*柬埔寨崖爬藤*
景烈假毛蕨 Pseudocyclosorus tsoi Ching(金星蕨科)
景烈樟(海南志)=平托桂
景天(北京)=八宝
景天点地梅 Androsace bulleyana G.Forr.(报春花科),*地梅,葛地慕布,大红花点地梅,红花点地梅*
景天福斯特拉 Forstera sedifolia L.f.(花柱草科)
景天虎耳草 Saxifraga sediformis Engl. & Irmsch. (虎耳草科)
景天科 Crassulaceae
景天三七(苏南植物手册)=费菜
景天叶龙胆 Gentiana crassula H.Sm.(龙胆科)
景天属 Sedum L.(景天科),*费菜属*
净肠草(图考)=荠
净肠草(图考)=荞麦
净花菰腺忍冬 Lonicera hypoglauca subsp. nudiflora Hsu & H.J.Wang(忍冬科),*净花红腺忍冬*
净花红腺忍冬(中药辞海)=净花菰腺忍冬
净花荚蒾(分类学报)=台中荚蒾
净瓶(图考)=麦瓶草
净土树(广博志)=三球悬铃木
净衔揷(清别录)=瓠子
净竹(华东禾本志)=灰竹
竞生乌头 Aconitum yangii W.T.Wang & L.Q.Li (毛茛科)
竞生翠雀花 Delphinium yangii W.T.Wang(毛茛科)
靖西海菜花 Ottelia acuminata var. jingxiensis H.Q.Wang & X.Z.Sun (水鳖科)
靖西青冈 Cyclobalanopsis chingsiensis (Y.T.Chang) Y.T.Chang (壳斗科)
靖西山姜 Alpinia jingxiensis D.Fang(姜科)
靖西十大功劳 Mahonia subimbricata W.Y.Chun & F.Chun(小檗科)
靖远毛茛 Ranunculus jingyuanensis W.T.Wang (毛茛科)
静容卫矛 Euonymus chengii J.S.Ma(卫矛科)
镜泊水毛茛 Batrachium trichophyllum var. jingpoense (G.Y.Chang) W.T.Wang(毛茛科)
镜锂翠雀花 Delphinium zhangii W.T.Wang(毛茛科)
镜面草(海南)=杯苋
镜面草(云南金平)=大托叶冷水花
镜面草 Pilea peperomioides Diels(荨麻科),*翠屏草*
镜面柿(树木分类学)=琼南柿
镜叶虎耳草 Saxifraga fortunei var. koraiensis Nakai(虎耳草科),*云南虎耳草*
镜子薹草 Carex phacota Spreng.(莎草科),*七星斑囊果苔,三棱草,大三方草,三棱马尾,仙鹤草*

Jiu

究采坡组克黄芩 Scutellaria juzepczukii gontsch. (唇形科)
鸠酸(海南)=岭南山竹子
鸠酸(唐本草)=酢浆草
九巴公(海南黎语)=海南核果木
九把连环剑(广西)=井栏边草
九把伞(湖南)=皱叶雀梅藤
九白锺(中草药汇编)=蚬壳花椒
九百棒(陕西)=铁筷子
九步香(浙江东清,高等图鉴)=隔山香
九层风(广西)=密花豆
九层盖(贵州民间药物)=斑叶兰
九层楼(广西)=广防风
九层麻(中草药汇编)=异色山黄麻
九层胭(福建福鼎)=木簟竹
九层皮(广东)=苍白秤钩风
九层皮(广西阳朔)=瑶山梭罗
九层皮(云南经济植物)=家麻树
九层皮(中药大辞典)=铁冬青
九层塔(福建)=兰香草
九层塔(广东)=罗勒
九层塔(广西柳江)=风轮菜
九齿莲(广西药用名录)=裂叶秋海棠
九翅豆蔻 Amomum maximum Roxb.(姜科)
九虫根(分类草药性)=百部
九刀参(江苏)=台湾翅果菊
九倒生(贵州民间药物)=西藏珊瑚苣苔
九倒生(贵州中草药)=变异铁角蕨
九道箍(分类草药性)=华重楼
九道箍(四川)=七叶一枝花
九道箍(四川)=五指莲重楼
九道箍(四川)=狭叶重楼
九道箍(四川)=云南重楼
九丁榕 Ficus nervosa Heyne ex Roth(桑科),*大叶九重树*
九顶草 Enneapogon borealis (Grseb.) Honda (禾本科),*冠芒草*
九顶草属 Enneapogon Desv. ex Beauv.(禾本科),*冠芒草属*
九鼎柳 Salix amphibola Schneid.(杨柳科)
九度叶(广西)=糖胶树
九朵云(陕西)=铁筷子
九耳木(广西大新)=鸡爪簕
九峰山鹅观草 Roegneria alashanica var. jufinshanica C.P.Wang & H.L.Yang(禾本科)
九股牛藤(云南)=狗筋蔓
九管血 Ardisia brevicaulis Diels(紫金牛科),*矮茎朱砂根,矮凉伞子,猴爪,活血胎,散血丹,山豆根,团叶八爪金龙,乌肉鸡,小罗伞,血党,血猴爪,真猴爪*
九果根(云南)=假朝天罐
九华北鱼黄草 Merremia sibirica var. jiuhuaensis B.A. Shen & X.L.Liu(旋花科)
九华蒲儿根 Sinosenecio jiuhuashanicus C.Jeffr. & Y.L.Chen (菊科)
九华山母草 Lindernia jiuhuanica X.H.Guo & X.L.Liu (玄参科)
九华薹草 Carex manca subsp. jiuhuaensis (S.W. Su) S.Y.Liang(莎草科)
九活头(安徽)=白鹃梅
九姜连(江西)=山姜
九节 Psychotria rubra (Lour.) Poir.(茜草科),*暗山公,暗山香,吹筒管,吹筒管,大丹叶,刀斧伤根,刀枪木,刀伤木,九节木,牛屎乌,散血丹,山打大刀,山大刀根,山大颜*
九节草(陕西,甘肃,宁夏,青海)=草本威灵仙
九节茶(广东)=绒毛锐尖山香圆
九节茶(生草药性备要)=草珊瑚
九节茶(浙江)=草珊瑚
九节菖蒲(滇南本草)=金钱蒲
九节菖蒲(江苏,浙江,江西,湖南)=石菖蒲
九节菖蒲(陕西)=阿尔泰银莲花
九节虫(贵州草药)=虾脊兰
九节风(江西)=草珊瑚
九节风(经济志)=接骨木
九节风(云南)=草珊瑚
九节风(云南)=怒江冷水花
九节花(植物志 20-1)=草珊瑚
九节筋(四川)=齿缘吊钟花
九节兰(福建)=鸭海棠
九节兰(高等图鉴)=蕙兰
九节兰(湖南)=草珊瑚
九节雷(陕西中草药)=支柱蓼
九节连(四川)=吉祥草
九节连(云南)=岷江蓝雪花
九节莲(四川)=山姜
九节莲(云南)=矮桃
九节莲(云南中草药)=小蓝雪花
九节龙(湖南药物志)=红蓼
九节龙 Ardisia pusilla A.DC.(紫金牛科),*矮茶子,刺毛藤,地茶,猴接骨,轮叶紫金牛,毛青扛,蛇药,狮子头,斩龙剑*
九节木(广东)=九节
九节木属(树木分类学)=**九节属**
九节藕(江西民间草药验方)=三白草
九节肿(湖南药物志)=夹竹桃
九节属 Psychotria L.(茜草科),*九节木属*
九结莲(云南)=小蓝雪花
九尽草(青海)=款冬
九荆(高等图鉴)=南紫薇
九九花(中药志)=款冬
九空子(江苏药材志)=枫香树
九来龙 Erycibe elliptilimba Merr. & Chun(旋花科),*凹脉丁公藤*
九老洞耳蕨 Polystichum jiulaodongense W.M.Chu & Z.R.He(鳞毛蕨科)
九里草(广东)=毛山猪菜
九里光(江苏)=奇蒿
九里花(浙江)=山木通
九里火(浙江)=威灵仙
九里明(海南)=小舌菊
九里明(生草药性备要,图考)=千里光
九里香(高等图鉴)=针刺悬钩子
九里香(岭南采药录)=千里香
九里香(植物志 37)=香莓
九里香 Murraya exotica L.(芸香科),*石桂树*
九里香属 Murraya Koenig ex L.(芸香科),*十里香属,月橘属*
九连环(陕西)=高乌头
九连姜(广东,广西)=华山姜
九连珠(陕西)=青牛胆
九莲灯(广西药用名录)=镰翅羊耳蒜
九莲灯(湖南)=临时救
九莲花(秦岭志)=费菜
九龙草(纲目拾遗)=蛇莓
九龙草(云南)=长叶百蕊草
九龙草(云南)=急折百蕊草
九龙丹(陕西)=铁筷子
九龙胆(陕西)=青牛胆
九龙峨眉蕨 Lunathyrium orientale var. jiulungense (Ching) Z.R.Wang(蹄盖蕨科),*黄山峨眉蕨(*
九龙凤仙花 Impatiens chiulungensis Y.L.Chen (凤仙花科)
九龙根(陆川本草,广西中草药)=龙须藤
九龙桦 Betula jiulungensis Hu ex P.C.Li(桦木科)
九龙箭竹 Fargesia jiulongensis Yi (禾本科),*冷竹*
九龙盘(江西)=山姜
九龙盘 Aspidistra lurida Ker-Gawl.(百合科),*寸八节,地蜈蚣,地赛叶,赶山鞭,接骨丹,爬地蜈*

蚣,盘龙七,千年竹,青蛇莲,蛇退,蜈蚣草,竹叶根,竹叶盘蛇莲,走石马
九龙瑞香 Daphne tripartita H.F.Zhou ex C.Y. Chang (瑞香科)
九龙山榧树 Torreya grandis var. jiulongshanensis Z.Y.Li et al. (红豆杉科)
九龙山凤仙花 Impatiens jiulongshanica Y.L.Xu & Y.L.Chen(凤仙花科)
九龙山复叶耳蕨 Arachniodes jiulongshanensis Ching(鳞毛蕨科)
九龙山景天 Sedum jiulungshanense Y.C.Ho(景天科)
九龙山毛蕨 Cyclosorus jiulungshanensis Chiu & Yao ex Ching(金星蕨科)
九龙山蹄盖蕨(植物研究)=溪边蹄盖蕨
九龙上吊(贵州剑河)=雷公连
九龙蛇(贵州草药)=绶草
九龙台(四川)=长药隔重楼
九龙台(四川)=长药隔重楼
九龙吐珠(福建)=琉璃繁缕
九龙吐珠(福建)=裸柱菊
九龙吐珠(泉州本草)=麻叶风轮菜
九龙乌头 Aconitum jiulongense W.T.Wang(毛茛科)
九龙下海(江西)=凌霄
九龙小檗 Berberis jiulongensis Ying(小檗科)
九龙蟹甲草 Parasenecio jiulongensis Y.L.Chen (菊科)
九龙牙(浙江)=黄龙尾
九龙趾珠(广西)=美丽崖豆藤
九木香(广东)=滇白珠
九柠梓檬(广西药用名录)=广西九里香
九牛草(湖南药物志)=奇蒿
九牛草(日本植物图鉴)=柳叶蒿
九牛胆(广东,广西)=青牛胆
九牛根(广西兽医植物)=角花乌蔹莓
九牛力(广西)=肖菝葜
九牛七(陕西)=铁筷子
九牛七(陕西中草药)=湖北大戟
九牛薯(南宁药志)=角花乌蔹莓
九牛藤(广西)=筋藤
九牛造(陕西)=柳叶菜
九牛造(陕西中草药)=湖北大戟
九牛子(广西兽医植物)=角花乌蔹莓
九牛子(江西:草药手册)=土圞儿
九浓木(广东兴宁)=倒吊笔
九盘龙(广西中药志)=金线草
九庆藤(广西)=络石
九秋香(植物志 43-2)=千里香
九蠕有(图考)=山柳菊
九蛇风(广西富川)=黑风藤
九十九条根(中国土农药志)=百部
九时光(滇南本草)=千里光
九树香(植物志 43-2)=千里香
九条牛(海南)=毛叶轮环藤
九头草(昆明草药)=细蝇子草
九头草(中草药汇编)=细蝇子草
九头饭消扭(植物志 37)=香莓
九头青(植物志 43-1)=五岭龙胆
九头狮子草(江苏)=大戟
九头狮子草(丽江)=不育红
九头狮子草(图考)=徐长卿
九头狮子草(云南)=多茎景天
九头狮子草(浙江中草药)=观音草
九头狮子草 Peristrophe japonica (Thunb.) Bremek.(爵床科),*尖惊药,接长草,接骨草,金钗草,辣叶青药,绿豆青,蛇舌草,天青菜,土细辛,万年青*
九头狮子草属(科属词典,高等图鉴,台湾志)=**观音草属**
九头狮子七(秦岭志)=狭叶红景天
九头妖(甘肃)=黄缨菊
九万山唇柱苣苔 Chirita jiuwanshanica W.T. Wang (苦苣苔科)
九万山冬青 Ilex jiuwanshanensis C.J.Tseng(冬青科)
九味一枝蒿 Ajuga bracteosa Wall. ex Benth.(唇形科),*地胆草,赛西林,米苦卓杰*
九纹龙 Gymnocalycium gibbosum Pfeiff.(仙人掌科)
九窝虎耳草 Saxifraga kongboensis H.Sm.(虎耳草科)
九仙草(云南)=急折百蕊草
九仙草(云南志)=长叶百蕊草
九仙山薹草 Carex jiuxianshanensis L.K.Dai ex Y.Z.Huang (莎草科)
九信菜(生草药性备要)=了哥王
九芎(台湾)=南紫薇
九芽木(广西)=黄牛木
九眼独活(通称)=食用土当归
九眼独活(中草药汇编)=柔毛龙眼独活
九眼菊 Olgaea lanipes (C.Winkl.) Iljin(菊科)
九叶酢浆草 Oxalis enneaphylla Cav.(酢浆草科),*三块瓦*
九叶木蓝 Indigofera linnaei Ali(豆科)
九叶岩陀(云南植物名录)=羽叶鬼灯檠
九嶷山连蕊茶 Camellia jiuyishanica Chang & L.L.Qi (山茶科)
九羽见血飞 Caesalpinia enneaphylla Roxb.(豆科)
九月寒(秦岭志)=凹叶景天
九月黄(安徽)=钝药野木瓜
九月黄 Citrus reticulata cv. Erythrosa(芸香科)
九月泡(广部中草药手册)=粗叶悬钩子
九月岩陀(云南)=西南鬼灯檠
九造台(陕西)=竹灵消
九蒸姜(浙江,福建)=多花黄精
九重葛(台湾志)=叶子花
九重葛属(经济植物手册,台湾志)=**叶子花属**
九重根(草木便方)=百部
九重根(四川,云南,贵州)=大百部
九重楼(贵州,四川)=狭叶重楼
九重楼(江苏)=益母草
九重楼(四川)=球药隔重楼
九重皮(广西大苗山)=斜脉暗罗
九重塔(广东,福建,广西)=罗勒
九州耳蕨(台湾志)=大叶耳蕨
九洲山杜鹃花 Rhododendron kiusianum Makno (杜鹃花科)
九爪龙(中草药汇编)=大根槽舌兰
九转香(贵州方药集)=蜘蛛香
九子不离母(鸡足山)=羊角天麻
九子不离母(思茅)=单羽火筒树
九子参(云南)=纺锤蝇子草
九子草(江西药用植物名录)=土圞儿
九子兰(高等图鉴)=蕙兰
九子连(陕西中草药)=流苏虾脊兰
九子连环草(分类草药性)=三棱虾脊兰
九子连环草(分类草药性)=虾脊兰
九子母属 Dobinea Buch.-Ham. ex D.Don(漆树科)
九子羊(图考)=土圞儿
久苓菊(沙漠药用植物)=蒙疆苓菊
久内早熟禾 Poa hisauchii Honda(禾本科)
久治绿绒蒿 Meconopsis barbiseta C.Y.Wu & H. Chuang (罂粟科)
灸草(埤雅)=艾
玖檀花 Paraphlomis javanica var. coronata (Vaniot) C.Y.Wu & H.W.Li(唇形科),*小叶变种,十二槐花,壶瓶子花,茌子香,金槐,小叶假糙苏*
韭(植物志 14)=韭菜
韭菜 Allium tuberosum Rottl. ex Spreng.(百合科),*韭,韭菜,韭根,韭菜子,韭黄,韭菜,长生韭,扁菜,草钟乳,起阳草*
韭菜草(广西)=苦草
韭菜子(名医别录)=韭菜
韭菜子(山西中药志)=野韭
韭葱 Allium porrum L.(百合科),*扁葱*
韭根(名医别录)=韭菜
韭黄(纲目)=韭菜
韭莲 Zephyranthes carinata Herb. (石蒜科),*风雨花,旱水仙,空心韭菜,赛番红花*
韭叶柴胡(安徽)=柴胡
韭叶柴胡(江苏)=红柴胡
韭叶柴胡 Bupleurum kunmingense Y.Li & S.L. Pan (伞形科),*竹叶柴胡*
韭叶麦冬(四川)=麦冬
韭叶芸香草(滇南本草)=扭鞘香茅
韭叶芸香草(云南中草药)=芸香草
酒巴饼草(广东,海南)=黄花蒿
酒巴饼木(广东)=小花山小橘
酒杯花(广州)=黄花夹竹桃
酒饼簕 Atalantia buxifolia (Poir.) Oliv.(芸香科),*半天钓,东风橘,儿针簕,狗骨簕,狗橘,蠔壳刺,假花椒,酒饼药,雷公簕,梅橘,牛屎橘,山柑他,山橘簕,铜将军,乌柑,猪钓簕公*
酒饼簕属 Atalantia Correa (芸香科),*乌柑属,蠔壳刺属,绿黄柑属*
酒饼木(广西岭溪)=紫玉盘
酒饼婆(陆川本草)=紫玉盘
酒饼树(海南)=叶被木
酒饼藤(海南)=大果巴戟
酒饼藤(海南)=假鹰爪
酒饼药(广东)=酒饼簕
酒饼叶(广西)=小花荠苎
酒饼叶(广西阳朔)=香薷
酒饼叶(海南)=假鹰爪
酒饼叶属(科属辞典)=**假鹰爪属**
酒饼叶属(科属检索表)=**山小橘属**
酒饼子公(广东茂名)=黑风藤
酒慈(四川)=慈竹
酒饭团(中草药技术)=黑老虎
酒枹(江西)=罗浮锥
酒枹(江西)=硬壳柯
酒罐根(云南)=假朝天罐
酒红杜鹃 Rhododendron catawbiense Michx.(杜鹃花科),*山夹竹桃*
酒壶花(辽宁)=地黄
酒壶藤(湖南药物志)=鹿藿
酒花(中药大辞典)=华忽布
酒花花(云南)=密蒙花
酒假桄榔(英拉汉名称)=董棕
酒米慈(四川)=慈竹
酒醅糟(纲目)=大麦
酒醅糟(纲目)=稻
酒醅糟(纲目)=高粱
酒醅糟(纲目)=普通小麦
酒瓶独蒜兰 Pleione ×lagenaria Lindl.?(兰科)
酒瓶凤仙花 Impatiens amphorata Edgew.(凤仙花科)

酒瓶果(云南)=多花野牡丹
酒瓶果(云南)=尖子木
酒瓶花(云南红河)=滇丁香
酒泉黄芪 Astragalus jiuquanensis S.B.Ho(豆科)
酒实棕属 Oenocarpus Mart.(棕榈科)
酒仙草(云南)=长叶百蕊草
酒药草(云南)=白酒草
酒药草(云南中草药)=粗糙钩毛耳草
酒药花(广西)=野鸦椿
酒药花(贵州遵义)=鸡骨柴
酒药花(陕西中药名录)=大叶醉鱼草
酒药花醉鱼草 Buddleja myriantha Diels(马钱科),*多花醉鱼草,腺冠醉鱼草,暗蓝花醉鱼草*
酒药子树(图考)=白背叶
酒椰 Raphia vinifera Beauv.(棕榈科)
酒椰属 Raphia Beauv.(棕榈科),*罗非亚椰子属*
酒椰子(拉汉名称)=短穗鱼尾葵
酒叶草(湖南)=柳叶白前
酒糟(纲目拾遗)=大麦
酒糟(纲目拾遗)=稻
酒糟(纲目拾遗)=普通小麦
酒醉芙蓉(广东,福建)=木芙蓉
酒醉花(陕西中药志)=洋金花
旧壶卢瓢(海上方)=瓠瓜
臼莓 Vaccinium arboreum L.(杜鹃花科)
咎荆树(中草药土方土法)=猴樟
救必应(中国药典)=铁冬青
救兵粮(云南)=火棘
救荒野豌豆 Vicia sativa L.(豆科),*草藤,巢菜,春巢菜,大巢菜,肥田草,给希-额布斯,箭舌野豌豆,马豆,雀雀豆,山扁豆,苕子,薇,薇菜,野菉豆,野麻豌,野毛豆,野豌豆*
救军粮(贵州)=全缘火棘
救军粮(贵州,四川,湖北)=火棘
救命粮(陕西)=火棘
救命王(慈航活人书)=钝叶酸模
救命王(福建)=蛇足石杉
救命王(湖南)=卷柏
救命王(南宁药志,广部中草药手册)=黑叶小驳骨
救牛草(陕西)=黄海棠

Jü

居间变型(植物志 66)=南种鼠尾草
居间变种(植物志 65-2)=灰岩黄芩
居间变种(植物志 66)=寸金草
居间金腰 Chrysosplenium griffithii var. intermedium (Hara) J.T.Pan(虎耳草科)
居间欧洲卫矛 Euonymus europaeus var. intermedius Gaud.(卫矛科)
居间小檗 Berberis interposita Ahrendt (小檗科)
居里胡子(新疆)=假管鸢尾蒜
居里胡子(新疆)=鸢尾蒜
居中变种(植物志 66)=紫萼香茶菜
居中蹄盖蕨 Athyrium interjectum Ching(蹄盖蕨科),*鹤庆蹄盖蕨,尖齿蹄盖蕨*
拘罗(南越志)=茶
拘那花(桂海虞衡志)=南紫薇
疽疮药(江西)=黄蜀葵
鞠(尔雅)=菊花
桔茶藨子 Ribes pinetorum Greens.(虎耳草科)
桔梗(四川)=朱砂藤
桔梗 Platycodon grandiflorus (Jacq.) A.DC.(桔梗科),*包袱根,包袱花,大药,道拉基,梗草,桔梗草,苦菜根,苦桔梗,铃当花,铃当花,甜桔梗,紫花丁*
桔梗草(安徽)=桔梗
桔梗科 Campanulaceae
桔梗属 Platycodon A.DC.(桔梗科)
桔红(粤语)=化州柚
桔红报春(高等图鉴)=桔红灯台报春
桔红灯台报春 Primula bulleyana Forr.(报春花科),*桔红报春*
桔红悬钩子 Rubus aurantiacus Focke(蔷薇科)
桔黄独尾草 Eremurus aurantiacus Baker (百合科)
桔黄山柳菊 Hieracium aurantiacum Urv.(菊科)
桔黄香水月季 Rosa odorata var. pseudindica (Lindl.) Rehd.(蔷薇科)
桔里珍属(名词审查本)=**五月茶属**
桔梅肉(现代实用中药)=梅
桔胎(广西中药志)=化州柚
菊川七叶树(川大科学版,高校学报生物版)=小果七叶树
菊蒿 Tanacetum vulgare L.(菊科),*艾菊*
菊蒿属 Tanacetum L.(菊科)
菊花 Dendranthema morifolium (Ramat.) Tzvel.(菊科),*白菊花,甘菊,家菊,菊,节华,金精,金蕊,鞠,秋菊,容成,药菊,玉英,真菊*
菊花暗消(云南)=石生紫菀
菊花暗消(云南药用名录)=短冠东风菜
菊花菜(图考)=南茼蒿
菊花参(河南中草药)=鸦葱
菊花参(云南)=川滇女蒿
菊花参(植物志 62)=菔根龙胆
菊花黄连(广西)=石生黄堇
菊花黄连(广西药用名录)=黄堇
菊花木(广东)=龙须藤
菊花脑(南京)=野菊
菊花双叶草(高等图鉴)=扇脉杓兰
菊苣(民族药志)=腺毛菊苣
菊苣 Cichorium intybus L.(菊科)
菊苣属 Cichorium L.(菊科)
菊科 Asteraceae
菊芹(科属辞典)=梁子菜
菊芹属 Erechtites Rafin.(菊科)
菊三七(中药大辞典)=菊状千里光
菊三七 Gynura japonica (Thunb.) Juel.(菊科),*艾叶三七,狗头三七,和血丹,见肿消,菊叶三七,破血丹,乳香草,三七草,散血草,水三七,天县城地红,铁罗汉,土三七,乌七,血当归,血格,血牡丹,血七,血三七,紫蓉三七,紫三七*
菊三七属 Gynura Cass (菊科)
菊藷(植物志 75)=菊芋
菊水生石花 Lithops meyeri L.Bl.(番杏科)
菊形双瓶梅(中药志)=阿尔泰银莲花
菊叶柴胡(广西)=牡蒿
菊叶朝鲜堇菜(东北师大通报)=菊叶堇菜
菊叶刺藜(东北草本志)=菊叶香藜
菊叶红景天 Rhodiola chrysanthemifolia (Lévl.) S.H.Fu (景天科),*菊叶景天,川西红景天*
菊叶堇菜 Viola ×takahashi (Nakai) Taken.(堇菜科),*菊叶朝鲜堇菜*
菊叶景天(拉汉名称)=菊叶红景天
菊叶三七(上海中草药)=菊三七
菊叶穗花报春 Primula bellidifolia King ex HK.f.(报春花科)
菊叶天竺葵 Pelargonium radula (Cav.) L'Hér (牻牛儿苗科)
菊叶委陵菜 Potentilla tanacetifolia Willd. ex Schlecht. (蔷薇科),*叉菊委陵菜,蒿叶委陵菜*
菊叶香藜 Chenopodium foetidum Schrad.(藜科),*总状花藜,菊叶刺藜*
菊叶阴地蕨 Botrychium matricarlaefolium A.Br.(阴地蕨科)
菊叶鱼眼草 Dichrocephala chrysanthemifolia DC.(菊科)
菊芋 Helianthus tuberosus L.(菊科),*菊藷,洋羌,五星草,番羌*
菊藻(江西德光)=石龙尾
菊属 Dendranthema (DC.) Des Moul.(菊科)
菊状千里光 Senecio laetus Edgew.(菊科),*土三七,菊三七,天青地红,野青菜,山青菜*
橘 Citrus reticulata Blanco(芸香科),*柑,柑橘,宽皮橘,青柑皮,青橘皮,青皮,青皮橘,青盐陈皮,糖橘红,甜橘红,香金板*
橘草 Cymbopogon goeringii (Steud.) A.Camus (禾本科),*野香茅,五香草*
橘红(纲目)=大红橙
橘红(纲目)=福橘
橘红(新拉汉英)=檑红
橘红(粤语,植物志)=化州柚
橘红鸢尾兰 Oberonia obcordata Lindl.(兰科)
橘红珠(中药志)=化州柚
橘黄罂粟(植物志 32)=野罂粟
橘筋(中药材手册)=福橘
橘皮(本经)=福橘
橘叶巴戟(中草药汇编)=海滨木巴戟
橘仔(广东)=四季橘
橘仔(植物志 43-2)=立花橘
橘子仁(姚僧坦集验方)=福橘
咀草(福建)=黄龙尾
咀签 Gouana leptostachya DC.(鼠李科),*下果藤,嘴签,亚奔波*
咀签属 Gouana Jaeq.(鼠李科)
矩唇石斛 Dendrobium linawianum Rchb.f.(兰科),*短唇石斛*
矩距粉蝶兰(台兰科图鉴,台湾志,台湾兰科植物)=短距舌唇兰
矩镰果苜蓿(重要牧草栽培)=青海苜蓿
矩镰荚苜蓿(高原治疗手册,新华本草纲要)=青海苜蓿
矩鳞铁杉 Tsuga oblongisquamata (W.C.Cheng & L.K.Fu) L.K.Fu & Nan Li(松科)
矩鳞油杉 Keteleeria fortunei var. oblonga (W.C. Cheng & L.K.Fu) L.K.Fu & Nan Li (松科)
矩叶赤竹 Sasa oblongula C.H.Hu(禾本科)
矩叶垂头菊 Cremanthodium oglongatum C.B. Clarke (菊科)
矩叶大青(种子植物名名称补编)=长圆果菘蓝
矩叶勾儿茶 Berchemia floribunda var. oblongifolia Y.L.Chen & P.K.Chou(鼠李科)
矩叶黑桦树 Rhamnus maximovicziana var. oblongifolia Y.L.Chen & P.K.Chou(鼠李科)
矩叶吉祥草 Spatholirion elegans (Cerf.) C.Y. Wu (百合科)
矩叶老鼠刺(分类学报)=峨眉鼠刺
矩叶鼠刺(植物志 35-1)=峨眉鼠刺
矩叶酸藤果(高等图鉴)=密齿酸藤子
矩叶卫矛 Euonymus oblongifolius Loes. & Rehd. (卫矛科),*黄心卫矛*
矩叶翼核果 Ventilago oblongifolia Bl.(鼠李科)
矩叶锥 Castanopsis oblonga Y.C.Hsu & H.W. Jen (壳斗科)
矩圆短肠蕨 Allantodia pseudosetigera (Christ) Ching (蹄盖蕨科)
矩圆果芮德木(植物图谱)=贵州木瓜红
矩圆金黄报春 Primula strumosa subsp. tenuipes C.M.Hu(报春花科)
矩圆石韦(中药辞海)=蔓氏石韦
矩圆线蕨 Colysis henryi (Baker) Ching(水龙骨科),*蓖梳剑,边那坡草,大石英钟韦,亨利线*

蕨,中狭叶线蕨
矩圆叶(西藏志)=长圆叶梾木
矩圆叶椴 Tilia oblongifolia Rehd.(椴树科)
矩圆叶旌节花 Stachyurus oblongifolius Wang & Tang(旌节花科),*长圆叶旌节花*
矩圆叶蓝果树 Nyssa sinensis var. oblongifolia Fang & Soong(蓝果树科)
矩圆叶柃 Eurya oblonga Yang(山茶科)
矩圆叶买麻藤 Gnetum oblongum Markgr.(买麻藤科)
莒(古称)=芋
筥竹(竹谱详录)=车筒竹
榉树 Zelkova serrata (Thunb.) Makino(榆科),*光叶榉,鸡油树,光光榆,马柳光树*
榉树能上能下(名医别录)=大叶榉树
榉树叶(唐本草)=大叶榉树
榉榆(新华本草纲要)=大叶榉树
榉属 Zelkova Spach(榆科)
蒟酱(南方草木状)=蒌叶
蒟青(岭南草药志)=蒌叶
蒟蒻(开宝本草)=磨芋
蒟蒻薯(高等图鉴)=箭根薯
蒟蒻薯 Tacca leontopetaloids (L.) Kuntze (蒟蒻薯科)
蒟蒻薯科 Taccaceae
蒟蒻薯属 Tacca J.R.Forster & J.G.A.Forster (蒟蒻薯科)
蒟子 Piper yunnanense Tseng (胡椒科),*大麻疙瘩*
巨柏 Cupressus gigantea Cheng & L.K.Fu(柏科),*雅鲁藏布江柏木*
巨瓣兜兰 Paphiopedilum bellatulum (Richb.f.) Stein (兰科)
巨苞乌头 Aconitum magnibracteolatum W.T. Wang (毛茛科)
巨苞岩乌头 Aconitum racemulosum var. grandibracteolatum W.T.Wang(毛茛科)
巨苞鸢尾(植物学杂志)=囊花鸢尾
巨车前 Plantago maxima Juss ex Jacq.(车前科)
巨齿唐松草 Thalictrum grandidentatum W.T. Wang & S.H.Wang(毛茛科)
巨齿西南花楸(新)Sorbus rehderiana var. grosseserrata Koehne(蔷薇科),*西南花楸巨齿变种*
巨齿绣线菊(新)Spiraea salicifolia var. grosseserrata Liou (蔷薇科),*绣线菊巨齿变种*
巨唇对叶兰 Listera grandiflora var. megalochila S.C.Chen (兰科)
巨葱 Allium altissimum Rgl.(百合科)
巨大短肠蕨(分类学报)=楔羽短肠蕨
巨大狗尾草 Setaria viridis subsp. pycnocoma (Stud.) Tzvel.(禾本科)
巨大黑三棱 Sparganium eurycarpum Engelm. (黑三棱科)
巨大卡特兰 Cattleya maxima Lindl.(兰科)
巨大帕洛梯 Protea cynaroides L.(山龙眼科),*帕洛梯王*
巨大山地鱼尾葵 Caryota obtusa var. aequatorialis Becc.(棕榈科)
巨大旋柱兰 Mormodes colossus Rchb.f.(兰科)
巨灯心草 Juncus giganteus G.Sam.(灯心草科)
巨萼柏拉木(高等图鉴)=金花树
巨萼党参(中草药汇编)=大萼党参
巨腹萼兜兰 Paphiopedilum spicerianum (Rchb. f.) Pfitz.(兰科)
巨骨(名医别录)=黄山溲疏
巨果槭 Acer thomsonii Miq.(槭树科)
巨果油松(东北裸子植物)=油松
巨花雪胆 Hemsleya gigantha W.J.Chang(葫芦科)
巨火烧兰 Epipactis gigantea Dougl. ex HK.(兰科)
巨鹫玉 Ferocactus horridus Britt. & Rose (仙人掌科)
巨句麦(本经)=瞿麦
巨魁杜鹃 Rhododendron grande Wight(杜鹃花科)
巨兰 Grammatophyllum speciosum Bl.(兰科)
巨兰属 Grammatophyllum Bl.(兰科)
巨冷杉 Abies grandis Lindl.(松科),*北美冷杉*
巨黧豆 Mucuna gigantea (Willd.) DC.(豆科),*大血藤*
巨龙竹(竹类研究)=歪脚龙竹
巨陆均松 Dacrydium elatum Wall.(罗汉松科)
巨美冠兰 Eulophia gigantea (Welw.) N.E.Br.(兰科)
巨魔芋 Amorphophalus titanum Becc.(天南星科)
巨盘木 Flindersia amboinensis Poir.(芸香科)
巨盘木属 Flindersia R.Br.(芸香科),*佛兰德属*
巨人柱 Carnegiea gigantea (Engl.) Britt. & Rose (仙人掌科)
巨人柱属 Carnegiea Britt. & Rose (仙人掌科)
巨伞钟报春 Primula florindae Ward(报春花科)
巨杉 Sequoiadendron gigantea (Lindl.) Buchholz(杉科),*世界爷,北美巨杉*
巨杉属 Sequoiadendron Buchholz(杉科)
巨胜(中药志,本经)=芝麻
巨藤 Calamus giganteus Becc.(棕榈科)
巨头大丁草 Gerbera macrocephala Y.C.Tseng (菊科)
巨托悬钩子 Rubus stipulosus Yü & Lu (蔷薇科)
巨相思树 Acacia cyclopis A.Cunn.(豆科)
巨象球 Coryphantha andreae (J.Purpus & Böd.) A.Berger. (仙人掌科)
巨型毛蕨 Cyclosorus subelatus (Bak.) Ching(金星蕨科)
巨型蜘蛛抱蛋 Aspidistra longiloba G.Z.Li(百合科)
巨序剪股颖 Agrostis gigantea Roth(禾本科),*小糠草,红顶草,匍茎剪股颖,匍匐剪股颖*
巨序楼梯草 Elatostema megacephalum W.T. Wang (荨麻科)
巨羊茅 Festuca altissima All.(禾本科)
巨药剪股颖 Agrostis macranthera Chang & Skv.(禾本科)
巨叶冬青 Ilex perlata C.Chen & S.C.Huang ex Y.R.Li (冬青科)
巨叶花楸 Sorbus harrowiana (Balf.f. & W.W. Sm.) Rehd. (蔷薇科)
巨叶花远志(台湾志)=台湾远志
巨叶苹婆(新)Sterculia macrophylla Vent.(梧桐科),*大叶苹婆*
巨早熟禾 Poa ampla Merr.(禾本科),*大早熟禾*
巨竹属 Gigantochloa Kurz ex Munro (禾本科)
巨柱唇柱苣苔 Chirita demissa (Hance) W.T. Wang (苦苣苔科),*绒毛长蒴苣苔*
巨子买麻藤 Gnetum giganteum H.Shao(买麻藤科)
巨紫堇 Corydalis gigantea Trautv & Mey.(罂粟科)
苣荬(河北中药手册)=长裂苦苣菜
苣荬菜(中草药汇编)=长裂苦苣菜
苣荬菜 Sonchus arvensis L.(菊科),*牛舌头,苦荬菜,北败酱,裂叶苦荬菜*
苣荬菜花(河北中药手册)=长裂苦苣菜
苣苔花属 Gloxinia L'Herit.(苦苣苔科)
苣苔香茶菜 Isodon gesneroides (J.Sinc.) H.Hara (唇形科)
苣藤子(河北药材)=莴苣
苣叶报春 Primula sonchifolia Franch.(报春花科),*苣叶脆蒴报春,峨山雪莲花*
苣叶车前 Plantago perssonii Pilger(车前科)
苣叶脆蒴报春(西藏志)=苣叶报春
苣叶鼠尾草 Salvia sonchifolia C.Y.Wu(唇形科)
苣叶秃疮花 Dicranostigma lactucoides HK.f. & Thoms. (罂粟科)
具斑芒毛苣苔 Aeschynanthus maculatus Lindl. (苦苣苔科)
具苞抱茎葶苈(植物志 33)=山菜葶苈
具苞藏药木 Hyptianthera bracteata Craib (茜草科)
具苞茶藨子 Ribes bracteosum Dougl.(虎耳草科)
具苞矾根 Heuchera bracteata Ser.(虎耳草科)
具苞黄鹌菜(云南植物名录)=羽裂黄鹌菜
具苞江南越桔 Vaccinium mandarinorum var. austrosinense (Hand.-Mazz.) Metc.(杜鹃花科)
具苞铃子香 Chelonopsis bracteata W.W.Sm.(唇形科)
具苞念珠芥(植物志 33)=短果念珠芥
具苞片毛兰 Eria bractescens Lindl.(兰科)
具苞水柏枝(陕西中药名录)=三春水柏枝
具苞糖芥 Erysimum wardii Polats.(十字花科)
具苞紫露草 Tradescantia bracteata Small.(鸭跖草科)
具边卷柏 Selaginella limbata Alston(卷柏科)
具柄齿缘草 Eritrichium petiolare W.T.Wang(紫草科)
具柄冬青 Ilex pedunculosa Miq.(冬青科),*长梗冬青,刻脉冬青,一口红,一口血*
具柄凤尾蕨(新)Pteris podophylla Sw.(凤尾蕨科),*长柄凤尾蕨*
具柄合页草 Sympagis petiolaris (Nees) Bremek. (爵床科)
具柄冷水花 Pilea khasiana (HK.f.) C.J.Chen(荨麻科)
具柄重楼 Paris fargesii var. petiolata (Baker ex C.H.Wright) Wang & Tang(百合科)
具槽秆荸荠 Heleocharis valleculosa Ohwi (莎草科)
具槽欧洲小檗 Berberis vulgaris var. sulcata Ahrendt (小檗科)
具槽石斛 Dendrobium sulcatum Lindl.(兰科)
具齿灯油藤 Celastrus paniculatus subsp. serratus (Blanco) D.Hou(卫矛科)
具齿褐斑南星 Arisaema meleagris var. sinuatum Buchet (天南星科),*白附子,半夏*
具齿马先蒿 Pedicularis odontophora Prain(玄参科)
具翅香豌豆(豆科图说)=三脉山黧豆
具觸角钗子股(新)Luisia anteniifera Bl.(兰科),*钗子股*
具刺卷柏 Selaginella armata Bak. (卷柏科)
具点百合 Lilium chalcedonicum var. maculatum hort. Constable (百合科)
具萼茴芹 Pimpinella calycina Maxim.(伞形科)
具耳龙胆(拉汉名称)=耳褶龙胆
具耳箬竹 Indocalamus auriculatus (H.R.Zhao &

Y.L.Yang) Y.L.Yang(禾本科)
具稃贵州狗尾草 Setaria guizhouensis var. paleata S.L.Chen & G.Y.Sheng(禾本科)
具附属体水蕹 Aponogeton appendiculatus Bruggen (水蕹科)
具刚毛荸荠 Heleocharis valleculosa f. setosa (Ohwi) Kitag.(莎草科)
具刚毛扁基荸荠 Heleocharis fennica f. sareptana (Zinserl.) Tang & Wang(莎草科)
具梗笔草 Eulalia contorta var. pedicellata (Hack.) Keng (禾本科)
具梗糙苏 Phlomis pedunculata Sun ex C.H.Hu (唇形科)
具梗虎耳草 Saxifraga afghanica Aitch. & Hemsl. (虎耳草科)
具梗金丝桃 Hypericum pedunculatum R.Keller? (藤黄科)
具梗旌节花 Stachyurus yunnanensis var. pedicellatus Rehd.(旌节花科),*长柄旌节花*
具梗竹茎兰 Tropidia pedunculata Bl.(兰科)
具沟刚毛荚蒾(黄山研究)=沟核茶荚蒾
具冠黄堇 Corydalis cristata Maxim.(罂粟科)
具冠马先蒿 Pedicularis cristatella Penn. & Li (玄参科)
具脊觿茅 Dimeria ornithopoda subsp. subrobusta (Hack.) S.L.Chen & G.Y.Sheng(禾本科)
具加尔鼠茅 Muhlenbergia baicalensis Trin. ex Trucz.(禾本科)
具痂虎耳草(植物志 34-2)=无斑虎耳草
具椒子(广药手册)=竹叶花椒
具角凤仙花 Impatiens ceratophora Comber(凤仙花科)
具角肋枝兰 Pleurothallis corniculata (Sw.) Lindl. (兰科)
具茎大叶藻 Zostera caulescens Miki (眼子菜科)
具鳞凤仙花 Impatiens lepida HK.f.(凤仙花科)
具鳞水柏枝 Myricaria squamosa Desv.(柽柳科),*三春柳,球花水柏*
具鳞娑罗双 Shorea squamata Dyer (龙脑香科)
具鳞紫堇 Corydalis squamigera Z.Y.Su(罂粟科)
具瘤变种(植物志 66,Flora 17)=具瘤西南水苏(新)
具瘤西南水苏(新)Stachys kouyangensis var. tuberculata (Hand.-Mazz.) C.Y.Wu (唇形科),*具瘤变种*
具脉迪萨兰 Disa nervosa Lindl.(兰科)
具脉延龄草 Trillium nervosum Ell.(百合科)
具脉野古草 Arundinella nervosa (Roxb.) Nees (禾本科)
具蔓点地梅(西藏植物名录)=掌叶点地梅
具芒黄花茅(新拉汉英)=南欧黄花草
具芒灰帽薹草 Carex mitrata var. aristata Ohwi (莎草科)
具芒碎米莎草 Cyperus microiria Steud.(莎草科)
具芒薹草 Carex aristulifera P.C.Li(莎草科),*长芒薹草*
具芒小檗 Berberis aristata DC.(小檗科),*刺齿小檗*
具芒砖子苗 Mariscus aristatus (Rottb.) Tang & Wang (莎草科)
具毛常绿荚蒾 Viburnum sempervirens var. trichophorum Hand.-Mazz.(忍冬科)
具毛秋海棠(新)Begonia crinita Oliv. ex HK.f.(秋海棠科),*长毛秋海棠*
具毛素方花 Jasminum officinale var. piliferum P.Y.Bai(木犀科),*毛素方花*
具毛无心菜 Arenaria trichophora Franch.(石竹科),*具毛蚤缀*
具毛蚤缀(拉汉名称)=具毛无心菜
具毛紫蕊蚤缀(拉汉名称)=黑毛无心菜
具鞘皿果草 Omphalotrigonotis vaginata Y.Y. Fang (紫草科)
具色斑叶兰 Goodyera colorata (Bl.) Bl.(兰科)
具葶离子芥 Chorispora greigii Rgl.(十字花科)
具头小钩耳草 Hedyotis uncinella var. cephalophora (Wall.) C.Y.Wu (茜草科)
具纹堇菜 Viola striata Ait.(堇菜科)
具腺艾纳香 Blumea adenophora Franch.(菊科)
具腺茶藨子 Ribes glandulosum Weber.(虎耳草科)
具腺女娄菜(拉汉名称)=腺毛蝇子草
具星绣球防风 Leucas stelligera Wall.(唇形科)
具叶柄小檗 Berberis petiolaris Wall. ex G.Don (小檗科)
具枕鼠尾粟 Sporobolus pulvinatus Swallen (禾本科)
具爪曲花紫堇 Corydalis curviflora subsp. rosthornii (Fedde) C.Y.Wu(罂粟科)
秬豆(药用志)=蚕豆
距瓣豆 Centrosema pubescens Benth.(豆科)
距瓣豆属 Centrosema Benth.(豆科)
距瓣尾囊草 Urophysa rockii Ulbr.(毛茛科)
距萼过路黄 Lysimachia ceistagalli Pamp.(报春花科)
距萼过路黄 Lysimachia crista-galli Pamp. ex Hand.-Mazz.(报春花科)
距萼景天 Sedum nothodugueyi K.T.Fu (景天科)
距果沙芥(植物志 33)=斧翅沙芥
距花黄精 Polygonatum franchetii Hua(百合科)
距花忍冬(高等图鉴)=长距忍冬
距花山姜 Alpinia calcarata Rosc.(姜科)
距花黍 Ichnanthus vicinus (F.M.Bail.) Merr.(禾本科)
距花黍属 Ichnanthus Beauv.(禾本科)
距花万寿竹 Disporum calcaratum D.Don(百合科),*狗尾巴参,倒竹散*
距堇 Viola calcarata L.(堇菜科)
距药姜 Cautleya gracilis (Smith) Dandy(姜科)
距药姜属 Cautleya Royle (姜科)
锯边茴芹 Pimpinella serra Franch. & Sav.(伞形科)
锯菜(昆明中草药)=蕨菜
锯草(华北经济志要)=蓍
锯草(内蒙古中草药,高等图鉴)=高山蓍
锯齿草(广西)=刺齿泥花草
锯齿草(植物志 76-1)=高山蓍
锯齿大戟 Euphorbia serrata L.(大戟科)
锯齿瘤瓣兰 Oncidium serratum Lindl.(兰科)
锯齿柳 Salix serrulatifolia E.Wolf(杨柳科)
锯齿龙胆 Gentiana serra Franch.(龙胆科)
锯齿毛蕨 Cyclosorus serrifer Ching ex Shing(金星蕨科)
锯齿沙参 Adenophora tricuspidata (Fisch. ex Roem. & Schult.) A.DC.(桔梗科)
锯齿双盖蕨 Diplazium serratifolium Ching(蹄盖蕨科),*沙煲山双盖蕨*
锯齿蹄盖蕨(西北植物学报)=毛翼蹄盖蕨
锯齿蚊母树 Distylium pingpienense var. serratum Walker (金缕梅科)
锯齿小檗 Berberis serrata Koehne (小檗科)
锯齿叶贝克斯 Banksia prionotes Lindl.(山龙眼科)
锯齿叶长尾槠(台湾)=米槠
锯齿叶垫柳 Salix crenata Hao(杨柳科)
锯齿叶耳蕨(蕨类图谱)=芒齿耳蕨
锯齿叶粉叶小檗 Berberis pruinosa var. serratifolia Ahrendt (小檗科)
锯齿叶鳞毛蕨(台湾志)=刺尖鳞毛蕨
锯齿叶密花小檗 Berberis densiflora var. serratifolia Boiss.(小檗科)
锯齿状齿缺小檗 Berberis serratodentata Lechl. (小檗科)
锯齿锥莫尼亚 Drymonia serulata Mart.(苦苣苔科)
锯齿棕 Sernoa repens (Bartram) Small (棕榈科)
锯齿棕属 Sernoa HK.f.(棕榈科)
锯锯藤(四川,江西)=葎草
锯蕨 Micropolypodium okuboi (Yatabe) Hay.(禾叶蕨科)
锯蕨属 Micropolypodium Hay.(禾叶蕨科)
锯鳞耳蕨 Polystichum prionolepis Hay.(鳞毛蕨科),*锯叶耳蕨*
锯尾钻柱兰 Pelatantheria ctenoglossum Ridl.(兰科)
锯叶变豆菜 Sanicula serrata Wolff(伞形科)
锯叶变种(Flora 17)=钝叶峨眉黄芩(新)
锯叶耳蕨(台湾志)=锯鳞耳蕨
锯叶风毛菊 Saussurea semifasciata Hand.-Mazz. (菊科)
锯叶合耳菊 Synotis nagensium (C.B.Clarke) C. Jeffr. & Y.L.Chen(菊科),*白背艾,白叶火草,大白叶子火草,大叶艾,锯叶千里光,满山香,拿憂千里光*
锯叶家蒿(东北检索表)=歧茎蒿
锯叶千里光(高等图鉴)=锯叶合耳菊
锯叶石莲 Sinocrassula indica var. serrata (Hamet) S.H.Fu (景天科),*石莲锯叶变种*
锯叶悬钩子 Rubus serratifolius Yü & Lu (蔷薇科)
锯叶竹节树 Carallia diphopetala Hand.-Mazz. (红树科),*叶上花,鱼骨木,铁巴掌*
锯子草(贵州方药集)=拉拉藤
锯子草(图考)=茜草
聚八仙(洪武郡志)=琼花
聚果绞股蓝 Gynostemma aggregatum C.Y.Wu & S.K.Chen (葫芦科)
聚果九节 Psychotria morindoides Hutch.(茜草科),*假巴戟*
聚果榕 Ficus racemosa L.(桑科),*马郎果,丛生榕,优昙花,优昙体罗,马郎果*
聚合草 Symphytum officinale L.(紫草科),*友谊草,爱国草*
聚合草属 Symphytum L.(紫草科)
聚花艾纳香(广西植物名录)=节节红
聚花白饭树 Flueggea leucopyra Willd.(大戟科)
聚花白鹤藤 Argyreia osyrensis (Roth) Choisy (旋花科)
聚花草 Floscopa scandens Lour.(鸭跖草科),*水草,大祥竹篙草,竹叶草,水竹菜,小竹叶菜,有日散*
聚花草属 Floscopa Lour.(鸭跖草科)
聚花风铃草(植物志 73-2)=头状风铃草
聚花风铃草 Campanula glomerata L.(桔梗科),*北疆风铃草*
聚花桂 Cinnamomum contractum H.W.Li(樟科),*柴桂,桂树*
聚花过路黄(拉汉名称)=临时救
聚花海桐 Pittosporum balansae DC.(海桐花科),*山霸王,山辣椒*

聚花合耳菊 Synotis glomerata (F.J.Jeffr.) C.Jeffr. & Y.L.Chen(菊科),*团聚尾药菊*
聚花槲寄生 Viscum loranthi Elmer(桑寄生科)
聚花荚蒾 Viburnum glomeratum Maxim.(忍冬科),*丛花荚蒾,球花荚蒾*
聚花金足草 Goldfussia glomerata Nees(爵床科)
聚花马先蒿 Pedicularis confertiflora Prain(玄参科),*聚花马先蒿聚花亚种*
聚花马先蒿聚花亚种(植物志 68)=聚花马先蒿
聚花马先蒿小叶亚种(植物志 68)=小叶聚花马先蒿
聚花清香桂(云南志)=聚花野扇花
聚花野丁香 Leptodermis glomerata Hutch.(茜草科)
聚花野扇花 Sarcococca confertiflora Sealy?(黄杨科),*聚花清香桂*
聚尖叶旌节花 Stachyurus chinensis var. cuspidatus H.L.Li(旌节花科),*尖尾叶旌节花,尖叶旌节花*
聚铃花 Scilla hispanica Mill.(百合科),*西班牙蓝钟花*
聚伞翠雀花 Delphinium laxicymosum W.T. Wang (毛茛科)
聚伞花比拉蝶拉 Billardiera cymosa F.Muell. (海桐花科)
聚伞锦香草 Phyllagathis cymigera C.Chen(野牡丹科)
聚伞橐吾 Ligularia cymosa (Hand.-Mazz.) S.W. Liu (菊科)
聚伞圆锥花序敌克里桑草 Dichorisandra thyrsiflora Mikan.(鸭跖草科)
聚生穗序薹草 Carex nubigena subsp. pseudoarenicola (Hay.) T.Koyama(莎草科)
聚石斛(中药辞海)=小黄花石斛
聚石斛 Dendrobium lindleyi Steundel(兰科)
聚穗莎草(中药辞海)头状穗莎草
聚头蓟(高等图鉴)=葵花大蓟
聚头绢蒿 Seriphidium compactum (Fisch. ex Bess.) Poljak.(菊科)
聚头帚菊 Pertya desmocephala Diels(菊科)
聚叶虎耳草(植物志 34-2)=橙黄虎耳草
聚叶花葶乌头 Aconitum scaposum var. vaginatum (Pritz.) Rapaics(毛茛科),*活血莲,墨七,土莎莲独儿七,箅尖七,鞘柄乌头*
聚叶角蒿 Incarvillea potaninii Batalin(紫葳科)
聚叶龙胆(植物志 62)=四川龙胆
聚叶黔川乌头 Aconitum cavaleriei var. aggregatifolium (Chang) W.T.Wang(毛茛科)
聚叶沙参 Adenophora wilsonii Nannf.(桔梗科)
聚藻(台湾志)=穗状狐尾藻
聚株石豆兰 Bulbophyllum sutepense (Rolfe ex Downie) Siedenf.(兰科)
聚锥水东哥 Saurauia thyrsiflora C.F.Liang & Y. S.Wang (猕猴桃科),*勒苗,个毛,羊桃山枇杷*
瞿麦 Dianthus superbus L.(石竹科),*大菊蓬麦,大兰,地面,红花瞿麦,剪刀花,剪绒花,巨句麦,木碟花,南天竺草,山瞿麦,十样景,野麦,竹节草*
瞿麦沙参(浙江)=鹤草

Jüan

鹃林脆蒴报春 Primula whitei W.W.Sm.(报春花科),*怀特报春*
卷柏(四川峨眉)=红豆杉
卷柏(云南药用名录)=蔓生卷柏
卷柏 Selaginella tamariscina (Beauv.) Spring (卷柏科),*回阳草,长生不死草,还魂草,佛手草,救命王*
卷柏科 Selaginellaceae
卷柏属 Selaginella Beavu.(卷柏科)
卷柏状石松(长白山药志)=小杉兰
卷瓣忍冬 Lonicera longituba H.T.Chang ex Hsu & H.J.Wang(忍冬科)
卷瓣溲疏 Deutzia reflexa Duthine (虎耳草科)
卷瓣唐菖蒲 Gladiolus recurvus Houtt.(鸢尾科)
卷瓣延龄草 Trillium recurvatum Beck.(百合科)
卷瓣沿阶草 Ophiopogon revolutus Wang & Dai (百合科)
卷瓣重楼 Paris undulata H.Li & V.G.Souk.(百合科)
卷苞大鳍蓟 Onopordum bracteatum Boiss. & Heldr. (菊科)
卷苞风毛菊 Saussurea sclerolepis Nakai & Kitag. (菊科)
卷苞石豆兰 Bulbophyllum khasyanum Griff.(兰科)
卷边冬青 Ilex revoluta Tam(冬青科)
卷边花楸 Sorbus insignis (HK.f.) Hedl.(蔷薇科)
卷边拉拉藤 Galium majmechense Bordz.(茜草科)
卷边柳 Salix siuzevii Seemen(杨柳科)
卷边球兰 Hoya revolubilis Tsiang & P.T.Li(萝藦科)
卷边十二卷 Haworthia mirabilis Haw.(百合科)
卷边紫金牛 Ardisia replicata Walker(紫金牛科)
卷长柄槭 Acer longipes var. pubigerum (Fang) Fang (槭树科)
卷唇牛齿兰 Appendicula reflexa Bl.(兰科)
卷丹 Lilium tigrinum K.Gawl.(百合科),*山百合*
卷萼兜兰 Paphiopedilum appletonianum (Gower) Rolfe(兰科)
卷耳 Cerastium arvense subsp. strictum Gaudin (石竹科),*狭叶卷耳*
卷耳箭竹 Fargesia circinata Hsueh & Yi (禾本科)
卷耳属 Cerastium L.(石竹科),*寄奴花属*
卷耳状石头花 Gypsophila cerastioides D.Don (石竹科)
卷根子(分类草药性)=乌桕
卷冠秦岭藤 Biondia revoluta M.G.Gilb. & P.T.Li(萝藦科)
卷果涩荠 Malcolmia scorpioides (Bge.) Boiss. (十字花科)
卷花丹 Scorpiothyrsus xanthostictus (Merr. & Chun) H.L.Li(野牡丹科)
卷花丹属 Scorpiothyrsus H.L.Li (野牡丹科)
卷茎蓼 Fallopia convolvulus (L.) Löve(蓼科),*卷旋蓼*
卷裂叶秋海棠 Begonia aconitifolia A.DC.(秋海棠科)
卷毛大叶柳 Salix magnifica var. ulotricha (Schneid.) N.Chao(杨柳科)
卷毛杜鹃 Rhododendron circinnatum Cowan & K.Ward.(杜鹃花科)
卷毛耳草(中草药汇编)=粗毛耳草
卷毛荚蒾 Viburnum betulifolium var. flocculosum (Rehd.) Hsu(忍冬科)
卷毛豇豆 Vigna reflexo-pilosa Hay.(豆科)
卷毛柯 Lithocarpus floccosus Huang & Y.T. Chang (壳斗科)
卷毛梾木 Swida ulotrida (Schneid. & Wanger.) Sojak(山茱萸科),*西蜀梾木,川鄂梾木*
卷毛颅果草 Craniospermum subfloccosum Krylov (紫草科)
卷毛蔓乌头 Aconitum volubile var. pubescens Rgl. (毛茛科)
卷毛婆婆纳 Veronica teucrium L.(玄参科),*邓木扯*
卷毛秋海棠 Begonia cirrosa L.B.Smith(秋海棠科),*皱波秋海棠*
卷毛沙梾 Swida bretschneideri var. crispa (Fang & W.K.Hu) Fang & W.K.Hu(山茱萸科)
卷毛山矾 Symplocos ulotricha Ling(山矾科)
卷毛山梅花(贵州志)=滇南山梅花
卷毛石韦 Pyrrosia flocculosa (D.Don) Ching(水龙骨科)
卷毛新耳草 Neanotis boerhaavioides (Hance) Lewis (茜草科)
卷毛紫金牛(高等图鉴)=雪下红
卷鞘鸢尾 Iris potaninii Maxim.(鸢尾科)
卷圈野扁豆 Dunbaria circinalis (Benth.) Baker (豆科)
卷丝苣苔 Corallodiscus kingianus (Craib) Burtt (苦苣苔科),*卷丝苦苣苔,渣加哈梧*
卷丝苦苣苔(西藏中草药)=卷丝苣苔
卷乌毛蕨 Blechnum volubile Kaulf (乌毛蕨科)
卷心白(四川)=白菜
卷心菜(种子植物名称补编)=甘蓝
卷心莴苣 Lactuca sativa var. capitata DC. (菊科)
卷须扁芒草 Danthonia cirrata Hackel (禾本科)
卷须齿瓣兰 Odontoglossum cirrhosum Lindl.(兰科)
卷须兰属 Cirrhaea Lindl.(兰科)
卷须状薯蓣 Dioscorea tentaculigera Prain & Burkill (薯蓣科)
卷旋蓼(植物志 25-1)=卷茎蓼
卷叶贝母(植物志 14)=川贝母
卷叶杜鹃 Rhododendron roxieanum Forr.(杜鹃花科)
卷叶凤尾(湖南药物志)=粉背蕨
卷叶凤尾草(湖南药物志)=银粉背蕨
卷叶黄精 Polygonatum cirrhifolium (Wall.) Royle (百合科),*白药子,滇钩吻,鸡头参,拉尼,老虎姜,盘龙七,山姜,算盘七*
卷叶碱茅 Puccinellia convoluta (Horn.) Fourr. (禾本科)
卷叶蕨(台湾志)=石蕨
卷叶冷蕨 Cystopteris modesta Ching(蹄盖蕨科)
卷叶米锥(植物志 22)=大明山锥
卷叶十大功劳 Mahonia ×convoluta (Hort.) Ahrendt (小檗科)
卷叶松 Pinus teocote Schl. & Cham.(松科)
卷叶薹草 Carex ulobasis V.Krecz.(莎草科)
卷叶小檗 Berberis replicata W.W.Sm. (小檗科)
卷缘乳菀 Galatella scoparia (Kar. & Kir.) Novopokr. (菊科)
卷柱胡颓子 Elaeagnus retrostyla C.Y.Chang(胡颓子科)
卷柱头薹草 Carex bostrychostigma Maxim.(莎草科)
卷子树(图考)=乌桕
卷宗根白皮(草木便方)=乌桕
卷宗叶(分类草药性)=乌桕
卷宗叶瓦韦(藏医常用中草药)=扭瓦韦
绢冠茜 Porterandia sericantha (W.C.Chen) W.C.Chen (茜草科)
绢冠茜属 Porterandia Ridl.(茜草科)
绢果柳 Salix sericocarpa Anderss.(杨柳科)
绢蒿属 Seriphidium (Bess.) Poljak.(菊科)
绢柳 Salix neolapponum Ch.Y.Yang (杨柳科)
绢柳林忍冬 Lonicera virgultorum W.W.Sm.(忍

冬科)
绢毛稠李 Padus wilsonii Schneid.(蔷薇科)
绢毛大青 Clerodendrum villosum Bl.(马鞭草科),*长毛臭牡丹*
绢毛点地梅 Androsace nortonii Ludlow(报春花科)
绢毛杜鹃 Rhododendron haematodes subsp. chaetomallum (Balf.f. & Forr.) Chamb. ex Cullen & Chamb.(杜鹃花科)
绢毛杜英 Elaeocarpus nitentifolius Merr. & Chun(杜英科)
绢毛峨眉蕨 Lunathyrium liangshanense var. sericeum Ching & Z.R.Wang(蹄盖蕨科)
绢毛萼飞蛾藤(植物志 64-1)=白飞蛾藤
绢毛风毛菊 Saussurea sericea Y.L.Chen & S.Y. Liang (菊科)
绢毛风筝果 Hiptage sericea (Wall.) HK.f.?(金虎尾科)
绢毛高翠雀花 Delphinium elatum var. sericeum W.T.Wang(毛茛科)
绢毛旱蒿 Artemisia marschalliana var. sericophylla (Rupr.) Y.R.Ling(菊科)
绢毛蒿 Artemisia sericea Web. ex Stechm.(菊科),*陶尔干-沙里尔日*
绢毛鹤虱 Lappula sericata M.Pop.(紫草科)
绢毛胡枝子(高等图鉴)=截叶铁扫帚
绢毛黄鹌菜 Youngia sericea Shih(菊科)
绢毛锦鸡儿 Caragana hololeuca Bge. ex Kom. (豆科)
绢毛荆芥 Nepeta kokamirica Regel(唇形科)
绢毛菊(民族药志)=金沙绢毛菊
绢毛苣(西藏中草药)=金沙绢毛菊
绢毛苣 Soroseris glomerata (Decne.) Stebbins (菊科)
绢毛苣属 Soroseris Stebbins (菊科)
绢毛蓝钟花 Cyananthus sericeus Lian(桔梗科)
绢毛蓼 Polygonum molle D.Don(蓼科)
绢毛楼梯草 Elatostema laxisericeum W.T.Wang (荨麻科)
绢毛马铃苣苔(植物志 69)=长瓣马铃苣苔
绢毛木姜子 Litsea sericea (Nees) HK.f.(樟科)
绢毛木兰 Magnolia albosericea Chun & C. Tsoong (木兰科),*梭叶树*
绢毛木蓝 Indigofera hancockii Craib(豆科),*韩氏木蓝,苍蝇草,马鞭草*
绢毛耐寒委陵菜 Potentilla gelida var. sericea Yü & Li (蔷薇科)
绢毛排香草 Anisochilus sericeus Benth.(唇形科)
绢毛飘拂草 Fimbristylis sericea (Poir.) R.Br.(莎草科)
绢毛匍匐委陵菜 Potentilla reptans var. sericophylla Franch.(蔷薇科),*绢毛细蔓委陵菜,金金棒,金棒锤,五爪龙,结根草莓,小五爪龙*
绢毛棋子豆 Cylindrokelupha tonkinensis (Nielsen) T.L.Wu(豆科)
绢毛蔷薇 Rosa sericea Lindl.(蔷薇科),*山刺梨,刺梨根,色*
绢毛荛花 Wikstroemia pilosa var. kulingensis (Domke) S.C.Huang(瑞香科)
绢毛山莓草 Sibbaldia sericea (Grub.) Sojak.(蔷薇科)
绢毛山梅花 Philadelphus sericanthus Koehne (虎耳草科),*白花杆,大常山,建德山梅花,毛萼山梅花,山梅花根皮,探花土常山*
绢毛山野豌豆 Vicia amoena var. sericea Kitag. (豆科),*山野豌豆,绢毛野豌豆*
绢毛石花(植物志 69)=西藏珊瑚苣苔
绢毛石头花 Gypsophila sericea (Ser.) Krylov(石竹科)
绢毛水苏 Stachys sericea Wall.(唇形科)
绢毛算盘子 Glochidion sericeum (Bl.) Zoll. & Morr.(大戟科)
绢毛唐松草 Thalictrum brevisericeum W.T. Wang & S.H.Wang(毛茛科)
绢毛藤八仙(分类学报)=冠盖绣球
绢毛蹄盖蕨 Athyrium sericellum Ching(蹄盖蕨科)
绢毛委陵菜 Potentilla sericea L.(蔷薇科),*白毛小委陵菜,毛叶委陵菜*
绢毛细蔓委陵菜(秦岭志)=绢毛匍匐委陵菜
绢毛苋(高等图鉴)=白花苋
绢毛苋属(高等图鉴)=**白花苋属**
绢毛绣球(植物志 35-1)=冠盖绣球
绢毛绣线菊 Spiraea sericea Turcz.(蔷薇科)
绢毛悬钩子 Rubus lineatus Reinw.(蔷薇科)
绢毛野豌豆(中药辞海)=绢毛山野豌豆
绢毛蝇子草(植物志 26)=细蝇子草
绢毛油麻藤(广西植物名录)=港油麻藤
绢雀麦 Bromus sericeus Drob.(禾本科)
绢茸火绒草 Leontopodium smithianum Hand.-Mazz. (菊科)
绢叶旋覆花 Inula sericophylla Franch.(菊科)
绢叶异裂菊 Heteroplexis sericophylla Y.L.Chen (菊科)
蔨(尔雅)=鹿藿

Jüe

决明 Cassia tora L.(豆科),*草决明,假花生,假咖啡豆,假绿豆,马蹄决明,马蹄子,小决明,千里光,羊角豆,羊尾呼,野花生,野青豆*
决明属 Cassia L.(豆科)
决明状荚蒾 Viburnum cassinoides L.(忍冬科)
珏翁 Mammillaria hahniana Werderm.(仙人掌科)
绝伦杜鹃 Rhododendron invictum Balf.f. & Farrer (杜鹃花科)
蕨 Pteridium aquilinum var. latiusculum (Desv.) Underw. (蕨科),*蕨粑,蕨菜,蕨鸡根,蕨萁,拳头菜,如意菜,乌糯葛萁*
蕨粑(广东)=蕨
蕨菜(通称)=蕨
蕨菜 Pteridium excelsum (Bl.) Ching(蕨科),*龙爪菜,锯菜*
蕨丛土圞儿 Apios delavayi var. pteridietrorum Hand.-Mazz.? (豆科)
蕨鸡根(分类草药性)=蕨
蕨箕参(中药大辞典)=绒毛阴地蕨
蕨箕细辛(西昌中草药)=绒毛阴地蕨
蕨科 Pteridiaceae
蕨麻 Potentilla anserina L.(蔷薇科),*戳玛,鹅绒委陵菜,蕨麻委陵菜,莲花菜,人参果,延寿草*
蕨麻委陵菜(秦岭志)=蕨麻
蕨萁(四川中药志)=蕨
蕨萁 Botrychium virginianum (L.) Sw.(阴地蕨科),*春不见,一朵云,蕨綦,假阴地蕨*
蕨萁 Botrypus virginianus (L.) Hulub (瓶尔小草科)
蕨萁莲(四川)=灰背铁线蕨
蕨萁细辛(四川金佛山)=药用阴地蕨
蕨萁属 Botrypus Michx (瓶尔小草科)
蕨綦(图考)=蕨萁
蕨薯(广西药志)=肾蕨
蕨叶变种(植物志 66,Flora 17)=蕨叶南川鼠尾草(新)
蕨叶藁本 Ligusticum pteridophyllum Franch. (伞形科),*黑藁本,岩川芎,野川芎,岩林*
蕨叶花楸 Sorbus pteridophylla Hand.-Mazz.(蔷薇科)
蕨叶花楸灰毛变种(植物志 36)=灰毛蕨叶花楸(新)
蕨叶假福王草 Paraprenanthes polypodifolia (Franch.) Chang ex Shih(菊科),*水龙骨叶苣*
蕨叶马先蒿 Pedicularis pteridifolia Bonati(玄参科)
蕨叶南川鼠尾草(新) Salvia nanchuanensis var. pteridifolia Sun (唇形科),*蕨叶变种*
蕨叶派克木 Parkia filicoidea Welw. ex D.Oliv. (豆科)
蕨叶千里光 Senecio pteridophyllus Franch.(菊科)
蕨叶人字果 Dichocarpum dalzielii (Drumm. & Hutch.) W.T.Wang & Hsiao(毛茛科),*岩节连*
蕨叶鼠尾草 Salvia filicifolia Merr.(唇形科)
蕨叶铁线莲 Clematis songarica var. asplenifolia (Schrenk) Trautv.(毛茛科)
蕨叶小芹 Sinocarum filicinum Wolff(伞形科)
蕨叶银桦 Grevillea aspleniifolia R.Br. ex Salib.(山龙眼科)
蕨属 Pteridium Scopoli (蕨科)
蕨状鳞毛蕨 Dryopteris pteridoformis Christ(鳞毛蕨科)
蕨状满江红(植物志 6-2)=细叶满江红
蕨状嵩草 Kobresia filicina var. subfilicinoides P.C.Li (莎草科)
蕨状薹草 Carex filicina Nees(莎草科)
爵床 Rostellularia procumbens (L.) Nees(爵床科),*苍蝇草,赤眼,赤眼老母草,大鸭草,倒花草,肝火草,疳积草,观音草,哈尼哈那,黑节草,鸡骨草,节节寒,爵卿,辣椒草,六角英,麦穗红,麦穗癀,毛泽兰,奶疲草,奶杨草,蜻蜓草,屈胶仔,山苏麻,鼠尾红,鼠尾癀,四季青,香苏,小寒药,小黑节草,小青草,小青叶,心火草,野万年青,阴牛郎,蚱蜢腿*
爵床科 Acanthaceae
爵床属 Rostellularia Reichenb.(爵床科)
爵梅(江苏)=郁李
爵卿(吴普本草)=爵床
嚼连根(分类草药性)=薄叶鼠李

Jün

君范槭(分类学报)=福州槭
君范千里光 Senecio lingianus C.Jeffr. & Y.L. Chen(菊科)
君范橐吾 Ligularia lingiana S.W.Liu(菊科)
君迁子(陕西紫阳)=野茉莉
君迁子 Diospyros lotus L.(柿科),*丁香柿,黑枣,红蓝枣,牛奶柿,软枣,小柿,樗枣,楆枣*
君山荻 Triarrhena lutarioriparia var. junshanensis L.Liu (禾本科)
君子兰(上海植物名录)=垂笑君子兰
君子兰 Clivia miniata Rgl.(石蒜科),*大花君子兰*
君子兰属 Clivia Lindl.(石蒜科)
君子树(海南)=红厚壳
均姜(纲目)=姜
均一秋海棠 Begonia parilis Irmsch.(秋海棠科)
莙荙菜(本草纲目)=厚皮菜
莙荙菜(嘉祐本草)=甜菜
莙荙菜属(北部植物图志)=**甜菜属**
莙荙子(纲目)=厚皮菜
菌桂(本经)=肉桂
菌生马先蒿 Pedicularis mychophila Marq. &

Saw (玄参科)
筠连雪胆 Hemsleya pengxianensis var. junlianensis L.T.Shen & W.J.Chang(葫芦科)
筠竹 Phyllostachys glauca cv. Yunzhu(禾本科)

Ka

咖啡黄葵 Abelmoschus esculentus (L.) Moench (锦葵科),*越南芝麻,羊角豆,湖麻,秋葵*
咖啡素馨 Jasminum coffeinum Hand.-Mazz.(木犀科)
咖啡属 Coffea L.(茜草科)
喀布尔寒蓬 Psychrogeton cabulicus Boiss.(菊科)
喀布尔无苞芥 Olimarabidopsis cabulica (HK.f. & Thoms.) Al-Shehbaz et al.(十字花科)
喀尔喀拉勒黄芩 Scutellaria karkaralensis Juz. (唇形科)
喀拉布利亚肥皂草 Saponaria calabrica Guss. (石竹科)
喀拉塔夫黄芩 Scutellaria karatavica Juz.(唇形科)
喀拉特氏翠雀花 Delphinium karategini Korsh. (毛茛科)
喀拉蝇子草 Silene karaczukuri B.Fedtsch.(石竹科)
喀罗林叶秋海棠 Begonia carolineifolia Rgl.(秋海棠科)
喀麦隆买麻藤 Gnetum buchholzianum Engl.(买麻藤科)
喀麦隆柿 Diospyros kamerunensis Gurke (柿科)
喀什阿富汗杨 Populus afghanica var. tadishistanica (Kom.) C.Wang & Ch.Y.Yang (杨柳科)
喀什霸王 Sarcozygium kaschgaricum (Boriss.) Y.X.Liou (蒺藜科)
喀什补血草 Limonium kaschgaricum (Rupr.) Ik.-Gal. (白花丹科)
喀什彩花 Acantholimon kaschgaricum Lincz. (白花丹科)
喀什藏芥 Phaeonychium kashgaricum (Botsch.) Al-Shehbaz (十字花科),*喀什高原芥*
喀什翠雀花 Delphinium kaschgaricum Chang Y.Yang & B.Wang(毛茛科)
喀什方枝柏 Juniperus pseudosabina var. turkestanica (Kom.) Silba(柏科)
喀什风毛菊 Saussurea kaschgarica Rupr.(菊科)
喀什高原芥(植物志 33)=喀什藏芥
喀什红景天 Rhodiola kaschgarica A.Bor.(景天科)
喀什黄堇 Corydalis kaschgarica Rupr.(罂粟科)
喀什菊 Kaschgaria komarovii (Krasch. & N. Rubtz.) Poljak.(菊科)
喀什菊属 Kaschgaria Poljak.(菊科)
喀什米尔糙苏 Phlomis cashmeriana Royle (唇形科)
喀什米尔棘豆(新)Oxytropis cachemiriana Camb.(豆科),*多叶棘豆*
喀什膜果麻黄(植物志 7)=膜果麻黄
喀什兔唇花 Lagochilus kaschgaricus Rupr.(唇形科)
喀什小檗 Berberis kaschgarica Rupr. (小檗科)
喀斯早熟禾 Poa khasiana Stapf(禾本科)
喀瓦谷池马先蒿 Pedicularis kawaguchii T. Yamazaki (玄参科)
喀西白桐树 Claoxylon khasianum HK.f.(大戟科)
喀西爵床 Rostellularia khasiana (C.B.Clarke) C.Y.Wu(爵床科)
喀西毛束草 Trichodesma khasianum Clarke (紫草科)
喀西木姜子 Litsea khasyana Meissn.(樟科)
喀西茄 Solanum aculeatissimum Jacq.(茄科),*阿公,刺茄子,刺天茄,大苦葛,狗茄子,谷雀蛋,苦颠茄,苦颠茄,苦茄子,苦天茄,添钱果*
卡(西藏)=云南铁杉
卡倍景天(分类学报增刊)=矮生红景天
卡布尔柳穿鱼 Linaria cabulica Benth.(玄参科)
卡布雷拉小檗 Berberis cabrerae Job (小檗科)
卡达小檗 Berberis kartanica Ahrendt (小檗科)
卡德报春(拉汉名称)=暗紫脆蒴报春
卡尔温司克秋海棠 Begonia karwinskiana A.DC. (秋海棠科)
卡佛尔高粱 Sorghum caffrorum (Retz.) Beauv. (禾本科)
卡边(傣族语)=大薸
卡卡波乌头 Aconitum kagerpuense W.T.Wang (毛茛科)
卡开芦 Phragmites karka (Retz.) Trin.(禾本科),*芦竹芦苇,水芦荻根,水竹*
卡拉迪兰(新拉汉英)=裂缘兰
卡拉蒂早熟禾 Poa karateginensis Roshev.(禾本科)
卡拉龙胆 Gentiana suborbisepala var. kialensis (C.Marq.) T.N.Ho(龙胆科),*翅萼龙胆*
卡拉秋海棠 Begonia caraguatatubensis Brade (秋海棠科)
卡拉套绢蒿 Seriphidium karatavicum (Krasch. & Abol. ex Poljak.) Ling & Y.R.Ling(菊科)
卡拉乌头 Aconitum kialaense W.T.Wan(毛茛科)
卡兰-加松(台湾泰雅族语)=五月艾
卡郎薹草 Carex karlongensis Kükenth.(莎草科)
卡里尔扶芳藤 Euonymus fortunei f. carrierei (Vauv.) Rehd.(卫矛科)
卡里马先蒿 Pedicularis kariensis Bonati(玄参科)
卡里斯氏兜兰 Paphiopedilum charlesworthii (Rolfe) Pftiz.(兰科)
卡里蝇子草(植物志 26)=掌脉蝇子草
卡丽娜兰 Caleana major R.Br.(兰科)
卡丽娜兰属 Caleana R.Br.(兰科)
卡路金合欢 Acacia karroo Hayne (豆科)
卡罗尔小檗 Berberis caroli Schneid.(小檗科)
卡罗来纳百合 Lilium michauxii Poiret (百合科)
卡罗里那补血草 Limonium carolinianum (Walt.) Britt.(白花丹科)
卡罗利小石松 Lycopodiella caroliniana (L.) Holub (石松科)
卡罗林椴 Tilia caroliniana Mill.(椴树科)
卡罗林纳杜鹃 Rhododendron carolinianum Rehd. (杜鹃花科)
卡罗琳鼠李 Rhamnus caroliniana Walt.(鼠李科)
卡洛基兰 Calochilus campestris R.Br.(兰科)
卡洛基兰属 Calochilus R.Br.(兰科)
卡马垫柳 Salix kamanica C.Wang & P.Y.Fu(杨柳科)
卡马洛兰 Camarotis rostrata (Roxb.) Rchb.f.(兰科)
卡马洛兰属 Camarotis Lindl.(兰科)
卡马石杉 Huperzia kamaensis Ching(石杉科)
卡密(甘肃民勤)=小果白刺
卡姆皮洛兰属 Campylocentrum Benth.(兰科)
卡姆氏薄叶兰 Lycaste campbellii C.Schweinf. & Johnst.(兰科)
卡姆氏兜兰 Paphiopedilum chamberlainianum (O'Brien) Pfotz.(兰科)
卡内里松(新拉汉英)=加那利松
卡帕雀麦 Bromus cappadocicus Boiss. & Bal. (禾本科)
卡钦越桔 Vaccinium kachinense Brandis(杜鹃花科)
卡惹拉黄堇 Corydalis inopinata Prain ex Fedde (罂粟科)
卡瑞针茅 Stipa charruana Arech.(禾本科)
卡氏大戟(东北检索表)=乳浆大戟
卡氏凤仙花 Impatiens cathcartii HK.f.(凤仙花科)
卡氏画眉草(植物志 10-1)=鼠妇草
卡氏鳃兰 Maxillaria camaridii Rchb.f.(兰科)
卡氏沼生马先蒿(Flora 18)=沼地马先蒿
卡斯尼(维族名)=腺毛菊苣
卡斯藤密集小檗 Berberis conferta var. karsteniana Schneid.(小檗科)
卡特兰 Cattleya labiata Lindl.(兰科)
卡特兰属 Cattleya Lindl.(兰科),*卡特丽亚兰属*
卡特丽奥兰属 Cattleyopsis Lem.(兰科)
卡特丽亚兰属(新拉汉英)=**卡特兰属**
卡特尼拉 Cadenera(芸香科脐橙类)
卡通黄芪 Astragalus schanginianus Pall.(豆科)
卡瓦胡椒 Piper methysticum G.Forst.(胡椒科)
卡西松 Pinus kesiya Royle ex Gordon(松科),*思茅松*
卡西香茅 Cymbopogon khasianus (Munro ex Hack.) Bor (禾本科)
卡西亚小檗 Berberis khasiana Ahrendt (小檗科)
卡西亚蝇子草 Silene khasiana Rohrb.(石竹科)
卡西远志 Polygala khasiana Hassk.(远志科)

Kai

开瓣百合(植物志 14)=开瓣豹子花
开瓣豹子花 Nomocharis aperta (Franch.) Wils. (百合科),*开瓣百合,滇蜀豹子花*
开唇兰属 Anoectochilus Bl.(兰科)
开唇虾脊兰 Calanthe limprichtii Schltr.(兰科)
开唇云叶兰 Nephelaphyllum latilabre Ridl.(兰科)
开萼鼠尾草 Salvia bifidocalyx C.Y.Wu & Y.C. Huang (唇形科)
开佛手(果树分类学)=佛手
开喉箭(分类草药性)=射干
开喉箭(广西)=剑叶紫金牛
开喉箭(湖南)=蝴蝶花
开喉箭(湖南药物志)=硃砂根
开喉箭(江西,湖南,四川,贵州)=百两金
开喉箭(陕西平利)=类叶升麻
开喉箭(陕西平利)=小升麻
开喉箭(中草药汇编)=疏花酸藤子
开怀荠(新拉汉英)=小颖羊茅
开口箭(中药大辞典)=角盘兰
开口箭 Campylandra chinensis (Baker) M.N. Tamura et al.(百合科),*老蛇莲,牛尾七,山萝卜,心不干,岩七,斩蛇剑,竹根七*
开口箭属 Campylandra Baker (百合科)
开口枣(广东)=毛茬
开裂西南卫矛 Euonymus hamiltonianus var. hians (Koehne) Blakel.(卫矛科)
开屏凤毛(纲目拾遗)=翠云草
开锐茶藨子 Ribes carrierei Schneid.(虎耳草科)
开三叉凤尾蕨(蕨类图说)=西南凤尾蕨
开阳黄堇 Corydalis clematis Lévl.(罂粟科)
开远香蕉(云南)=香蕉
开展灯心草 Juncus patens E.Bey. & Buchen.(灯

心草科)
开展藁本 Ligusticum thomsonii var. evolutior C.B.Clarke(伞形科)
开展革叶小檗 Berberis coriaria var. patula Ahrendt (小檗科)
开展金莲花 Trollius patulus Salisb.(禾本科)
开展山槟榔 Pinanga patula Bl.(棕榈科)
开展早熟禾 Poa patens Keng(禾本科)
开展獐牙菜 Swertia patula H.Sm.(龙胆科)
开展紫金牛(云南药用名录)=圆果罗伞
开张龙胆 Gentiana aperta Maxim.(龙胆科)
凯百合 Lilium kelleyanum Lemmon (百合科)
凯基大青(黄山研究)=浙江大青
凯里杜鹃 Rhododendron kailiense Fang & M.Y. He (杜鹃花科)
凯里荛花(新)Wikstroemia vaccinium (Lévl.) Rehd.?(瑞香科)
凯里紫堇 Corydalis kailiensis Z.Y.Su(罂粟科)
凯内西南卫矛 Euonymus hamiltonianus f. koehneanus (Loes.) Blakel.(卫矛科),*杜促藤*
凯内小檗 Berberis koehneana Schneid.(小檗科)
凯纳鸢尾 Iris kerneriana Ascher, Sin. et Baker (鸢尾科)
凯塞利百合 Lilium kesselringianum Miscenko (百合科)
凯特威氏相思树 Acacia kettlewelliae Maiden. (豆科)
凯旋花(树木分类学)=毛序花楸
铠兰 Corybas sinii T.Tang & F.T.Wang(兰科),*辛氏铠兰*
铠兰属 Corybas Salisb(兰科)
楷木(湖南,河南,河北)=黄连木
楷木沙属(豆科图说)=**睫苞豆属**
楷叶梣 Fraxinus retusifoliolata Feng ex P.Y.Bai (木犀科),*黄连叶白蜡树*

Kan

勘莱贝克斯 Banksia caleyi R.Br.(山龙眼科)
堪察加贝母 Fritillaria camptschatcensis Ker-Gawl.(百合科)
堪察加车前(国外中医药分册)=海滨车前
堪察加杜鹃花 Rhododendron camtschaticum Pall.(杜鹃花科)
堪察加飞蓬 Erigeron kamtschaticus DC.(菊科)
堪察加费菜 Phedimus kamtschaticus (Fisch.) 't Harg (景天科),*堪察加景天,白三七,北景天,费菜,横根费菜,黄菜子,回生草,金不换,马三七,石板菜,养心草*
堪察加高山芹 Coelopleurum gmelinii (DC.) Ledeb. (伞形科)
堪察加碱茅 Puccinellia kamtschatica (Homb.) Krecz.(禾本科)
堪察加景天(植物志 34-1)=堪察加费菜
堪察加拉拉藤 Galium boreale var. kamtschaticum (Maxim.) Nakai(茜草科)
堪察加莓系(新拉汉英)=佛利碱茅
堪察加鸟巢兰(高等图鉴)=北方鸟巢兰
堪察加越桔 Vaccinium praestans Lamb.(杜鹃花科)
堪察拉拉藤(西藏志)=三脉猪殃殃
堪加(藏名)=大籽蒿
堪普曼杜鹃(新拉汉英)=康氏杜鹃花
堪氏杜鹃花 Rhododendron kaempferi Planch. (杜鹃花科),*火炬杜鹃*
堪司哥拉属(科属辞典)=**穿心草属**
坎拜厚柱头木 Pachistima canbyi A.Gray (卫矛科)
坎贝尔小檗 Berberis campbellii Ahrendt.(小檗科)
坎波其一波尔图小檗 Berberis camposportoi Brade (小檗科)
坎博早熟禾 Poa kanboensis Ohwi(禾本科)
坎拐棒子(吉林)=刺五加
坎沙木贼 Equisetum kansanum Schaffn.(木贼科)
坎香草(生草药性备要)=阴香
坎香藤(广西)=筋藤
砍尖毛蕨(蕨类形态)=干旱毛蕨
看灯花(本草崇集说)=款冬
看豆(植物志 41)=荷包豆
看瓜(中医杂志)=桃南瓜
看花豆(植物志 41)=荷包豆
看拉(四川若尔盖藏语)=小球花蒿
看麦娘 Alopecurus aequalis Sobol.(禾本科)
看麦娘雀麦 Bromus alopecuros Poiret (禾本科)
看麦娘属 Alopecurus L.(禾本科)

Kang

康巴柳 Salix kongbanica C.Wang & P.Y.Fu(杨柳科)
康巴栒子 Cotoneaster sherriffii Klotz(蔷薇科)
康柏树(名词审查本)=长毛风车子
康边报春(拉汉名称)=等梗报春
康边茶藨子 Ribes kialanum Jancz.(虎耳草科)
康波报春(拉汉名称)=工布报春
康泊东叶马先蒿 Pedicularis comptoniaefolia Franch. (玄参科)
康布栒子(新)Cotoneaster kongboensis Klotz.? (蔷薇科)
康藏长尾槭(树木分类学)=川滇长尾槭
康藏何首乌(西藏志)=木藤蓼
康藏花楸 Sorbus thibetica (Card.) Hand.-Mazz. (蔷薇科)
康藏荆芥 Nepeta prattii Lévl.(唇形科),*野藿香*
康达木属 Condalia Cav.(鼠李科)
康滇合头菊 Syncalathium souliei (Franch.) Ling (菊科)
康滇堇菜(西藏志)=康定堇菜
康定白前(植物志 63)=大理白前
康定贝母(植物志 14)=华西贝母
康定糙苏 Phlomis tatsienensis Bur. & Franch. (唇形科)
康定茶藨子 Ribes vilmorinii var. rubrisepalum L.T.Lu (虎耳草科)
康定齿缘草 Eritrichium kangdingense W.T. Wang (紫草科)
康定唇柱苣苔 Chirita tibetica (Franch.) Burtt (苦苣苔科)
康定翠雀花 Delphinium tatsienense Franch.(毛茛科),*鸡爪乌,小草乌,虎图辣,细草乌*
康定大戟(云南植物研究)=钩腺大戟
康定灯心草 Juncus kangdingensis K.F.Wu(灯心草科)
康定点地梅 Androsace limprichtii Pax & Hoffm. (报春花科),*川藏点地梅,疏花康定点地梅*
康定垫柳 Salix kangdingensis S.D.Zhao & C.F. Fang (杨柳科)
康定冬青 Ilex franchetiana Loes.(冬青科),*范氏冬青,山枇杷,黑皮紫条,野枇杷*
康定独活 Heracleum souliei de Boiss.(伞形科),*肉独活*
康定杜鹃(高等图鉴)=大叶金顶杜鹃
康定耳蕨 Polystichum kangdingense H.S.Kung & L.B.Zhang(鳞毛蕨科)
康定繁缕 Stellaria souliei Williams(石竹科),*苏氏繁缕*
康定风毛菊 Saussurea ceterach Hand.-Mazz.(菊科)
康定凤仙花 Impatiens soulieana HK.f.(凤仙花科)
康定虎耳草 Saxifraga prattii Engl. & Irmsch. (虎耳草科)
康定黄鹌菜 Youngia kangdingensis Shih(菊科)
康定黄芪 Astragalus tatsienensis Bur. & Franch. (豆科)
康定假帽莓 Rubus pseudopileatus var. kangdingensis Yü & Lu (蔷薇科)
康定节肢蕨 Arthromeris tatsienensis (Franch. & Bureau.) Ching(水龙骨科)
康定金丝桃 Hypericum maclarenii N.Robson (藤黄科)
康定筋骨草 Ajuga campylanthoides C.Y.Wu & C.Chen (唇形科)
康定堇菜 Viola szetschwanensis var. kangdiensis Chang (堇菜科),*心叶四川堇菜,康滇堇菜*
康定景天 Sedum lutzii Hamet(景天科)
康定景天黄绿变种(分类学报)=黄绿景天
康定拉拉藤 Galium prattii Cuf.(茜草科)
康定梾木 Swida schindleri (Wanger.) Sojak(山茱萸科)
康定棱子芹 Pleurospermum prattii Wolff(伞形科)
康定柳 Salix paraplesia Schneid.(杨柳科),*拟五蕊柳*
康定马先蒿 Pedicularis kangtingensis Tsoong (玄参科)
康定毛茛 Ranunculus dielsianus Ulbr.(毛茛科)
康定梅花草 Parnassia kangdingensis Ku (虎耳草科)
康定木蓝 Indigofera souliei Craib(豆科),*苏理木蓝*
康定三毛草 Trisetum clarkei var. kangdingensis Z.L.Wu (禾本科)
康定石杉 Huperzia kangdingensis (Ching) Ching (石杉科),*康定石松*
康定石松(分类学报)=康定石杉
康定鼠尾草 Salvia prattii Hemsl.(唇形科)
康定橐吾 Ligularia kangtingensis S.W.Liu(菊科)
康定委陵菜 Potentilla tatsienluensis Wolf(蔷薇科)
康定乌头 Aconitum tatsienense Finet & Gagn. (毛茛科)
康定五加 Acanthopanax lasiogyne Harms(五加科),*箭炉五加,三加皮*
康定香茶菜(植物志 66)=扇脉香茶菜
康定小檗 Berberis kangdingensis Ying(小檗科)
康定蟹甲草(云南植物名录)=蛛毛蟹甲草
康定栒子(新)Cotoneaster splendens Flinck.?(蔷薇科)
康定杨 Populus kangdingensis C.Wang & Tung (杨柳科)
康定樱桃 Cerasus tatsienensis (Batal.) Yü & Li (蔷薇科)
康定玉竹 Polygonatum prattii Baker(百合科),*小玉竹*
康定云杉 Picea likiangensis var. montigena (Mast.) Cheng ex Chen (松科),*庾叶杉,高山云杉*
康定獐牙菜 Swertia souliei Burk.(龙胆科)
康定紫堇(横断山植物)=变根紫堇
康定紫堇(云南植物研究)=粗距紫堇

康多兰属 Chondrorhyncha Lindl.(兰科)
康光(云南景颇语)=象腿蕉
康吉木 Congea vestita Griff.(马鞭草科)
康吉木属(科属辞典)=**绒苞藤属**
康菊紫(浙江)=南烛
康克桑(西双版纳傣语)=龙果
康拉巴(青海藏语与土族语)=狭裂白蒿
康拉樱(经济植物手册)=华中樱桃
康乐茶(广东)=滇白珠
康岭红竹 Phyllostachys iridescens f. striata Wen?(禾本科)
康马蒿 Artemisia kangmarensis Ling & Y.R. Ling (菊科)
康纳利岛草莓树 Arbutus canariensis Duh.(杜鹃花科),*橙果草莓树*
康乃馨(园艺名称)=香石竹
康南杜鹃 Rhododendron wongii Hemsl. & Wils.(杜鹃花科)
康帕(维吾尔语)=黄花蒿
康普灯心草 Juncus kangpuensis K.F.Wu(灯心草科)
康青锦鸡儿(豆科图说)=毛刺锦鸡儿
康氏报春(拉汉名称)=小脆蒴报春
康氏杜鹃花 Rhododendron champmanii A.Gray (杜鹃花科),*堪普曼杜鹃*
康氏鼠尾掌 Aporocactus conzattii Britt. & Rose (仙人掌科)
康松小檗 Berberis beaniana Schneid. (小檗科),*宾尼小檗*
康威直总状花序小檗 Berberis orthobotrys var. conwayi Ahrendt (小檗科)
康县峨眉蕨 Lunathyrium kanghsienense Ching & Y.P.Hsu? (蹄盖蕨科)
康县蹄盖蕨(秦岭志)=尖头蹄盖蕨
康县蟹甲草 Parasenecio kangxianensis (Z.Y. Zhang & Y.H.Gou) Y.L.Chen(菊科)
糠柏(贵州正安)=多果乌桕
糠秕杜鹃 Rhododendron sperabiloides Tagg & Forr.(杜鹃花科)
糠秕风毛菊 Saussurea paleacea Y.L.Chen & S. Y.Liang (菊科)
糠秕琼楠 Beilschmiedia furfuracea Chun ex H.T. Chang (樟科)
糠秕酸脚杆 Medinilla hayataiana H.Keng (野牡丹科),*野牡丹藤*,*兰屿野牡丹藤*
糠粃景天 Sedum ramentaceum K.T.Fu (景天科)
糠粃马先蒿 Pedicularis furfuracea Wall.(玄参科)
糠椴(东北木本志)=辽椴
糠桂(中药大辞典)=肉桂
糠稷 Panicum bisulcatum Thunb.(禾本科)
糠藤(广西)=巴戟天
糠藤(海南)=鸡眼藤
糠藤 Morinda howiana S.Y.Hu(茜草科)
扛棺回(中草药汇编)=扒地蜈蚣
扛香藤(金华中草药选)=石岩枫
伉越补血草 Limonium superbum Hubb. ex L.H. Bailey (白花丹科)
抗风桐 Ceodes grandis Choisy(紫茉莉科),*白避霜花*,*无刺藤*,*麻枫桐*
抗痢雅鸦胆子 Brucea antidysenterica J.F.Mill. (苦木科)

Kao

考胡棕 Orbignya cohune Standl.(棕榈科)
考克斯小檗 Berberis coxii Schneid.(小檗科)
考奈拟钩叶藤 Plectocomiopsis corneri Ftdo.(棕榈科)
考奈省藤 Calamus corneri Ftdo.(棕榈科)
考奈轴榈 Licuala corneri Ftdo.(棕榈科)
考氏独尾草 Eremurus kaufmannii Rgl.(百合科)
考氏厚唇兰 Epigeneium coelogyne (Rchb.f.) Summerh.(兰科)
考氏足柱兰 Dendrochilum cobbianum Rchb.f.(兰科)
考司林补血草 Limonium cosyrense (guss.) O. Kuntze (白花丹科)
栲 Castanopsis fargesii Franch.(壳斗科),*红栲*,*红叶栲*,*红背槠*,*火烧柯*
栲花树(浙江)=化香树
栲栗(海南)=秀丽锥
栲栗(中草药彩色图谱,广东)=锥
栲蒲(福建)=化香树
栲涩(广西壮语)=岩樟
栲蚬(广西壮语)=岩樟
栲香(浙江)=化香树
靠脉肋毛蕨 Ctenitis costulisora Ching(叉蕨科)
靠山红(东北中草药)=兴安杜鹃

Ke

苛草(开宝本草)=接骨草
苛草(西藏中草药)=血满草
苛留香(广东阳江)=小五彩苏
苛麻(陕西中草药)=艾麻
柯 Lithocarpus glaber (Thunb.) Nakai(壳斗科),*石栎*,*椆*,*珠子栎*,*槠子*,*柯树皮*
柯阿金合欢 Acacia koa A.Gray (豆科)
柯摆奎(云南阿昌族语)=假朝天罐
柯达薹草(新) Carex chorda Lévl. & Vant.?(莎草科)
柯来特杜鹃(新)Rhododendron collettianum Aitch. & Hemsl.(杜鹃花科),*阿富汗杜鹃花*
柯里无苣苔 Koellikeria erinoides Mansf.(苦苣苔科)
柯里无苣苔属 Koellikeria Rgl.(苦苣苔科)
柯马氏莓系(新拉汉英)=柯氏早熟禾
柯蒲木(思茅中草药)=蕊木
柯蒲木属(分类学报)=**蕊木属**
柯奇山羊草 Aegilops kotschyi Boiss.(禾本科)
柯瑞洛夫青兰 Dracocephalum krylovii Lipsky (唇形科)
柯氏鹿蹄草(拉汉名称)=贵阳鹿蹄草
柯氏青兰 Dracocephalum komarovii Lipsky (唇形科)
柯氏唐菖蒲 Gladiolus colvillei Sweet (鸢尾科)
柯氏鸢尾 Iris kochii Kerner (鸢尾科)
柯氏早熟禾 Poa komarovii Roshev.(禾本科),*柯马氏莓系*
柯树皮(本草拾遗)=柯
柯顺早熟禾 Poa korshunensis Golosk.(禾本科)
柯属 Lithocarpus Bl.(壳斗科),*椆属*,*石栎属*
珂南树 Meliosma beaniana Rehd. & Wils (清风藤科)
科阿韦拉松叶十大功劳 Mahonia pinifolia var. coahuilensis (Muller) Ahrendt (小檗科)
科莱小檗 Berberis collettii Schneid.(小檗科)
科尔切斯省沽油 Staphylea colchica Steven.(省沽油科)
科尔沁杨 Populus keerqinensis T.Y.Sun (杨柳科)
科金博小檗 Berberis coquimbensis P.Munoz (小檗科)
科赖鸢尾 Iris corygei Lynch.(鸢尾科)
科劳里亚兰 Chloraea penicillata Rchb.f.(兰科)
科劳里亚兰属 Chloraea Lindl.(兰科)
科雷兰属 Cleistes L.C.Rich (兰科)
科里麻黄 Ephedra coryi Reed (麻黄科)
科利早熟禾 Poa kolymensis Tzvel.(禾本科)
科罗可夫郁金香 Tulipa korolkovii Rgl.(百合科)
科罗拉多白冷杉(新拉汉英)=白云杉
科罗鸢尾 Iris korolkowi Rgl.(鸢尾科)
科姆伯小檗 Berberis comberi Sprague & Sandwith (小檗科)
科奇番红花 Crocus kotschyanus Koch.(鸢尾科)
科瑞安兰属(新拉汉英)=**吊桶兰属**
科氏碱茅 Puccinellia koeieana (Grossh.) Grossh.(禾本科)
科氏葶苈 Draba korshinskyi (O.Fedtsch.) Pohle (十字花科)
科西嘉岛欧石南 Erica terminalis Salisb.(杜鹃花科)
科西嘉黑松 Pinus nigra var. maritima (Aiton) Melville (松科)
科西嘉蚤缀 Arenaria balearica L.(石竹科)
棵杯墨(广西壮语)=算盘子
棵地鞋(广西壮语)=匙叶螺序草
棵龟巴(广西壮语)=罗汉果
棵黄价(广西壮语)=木蝴蝶
棵拉望(壮族语)=木鳖子
棵墨别(壮族语)=木鳖子
棵希怀(壮族名)=黄花蒿
颏兰(台湾兰科图志)=台湾厚唇兰
稞麦(植物学大辞典)=青稞
榼藤 Entada phaseoloides (L.) Merr.(豆科),*大血藤*,*过江龙*,*过山枫*,*合子*,*榼藤子*,*木腰子*,*牛肠麻*,*牛眼睛*,*扭骨风*,*扭龙*,*象豆*,*眼镜豆*
榼藤属 Entada Adans.(豆科)
榼藤子(图考)=榼藤
榼藤子崖豆藤 Millettia entadoides Z.Wei(豆科)
榼子藤(种子植物名称)=榼藤
颗粒黄芩 Scutellaria granulosa Juz.(唇形科)
颗粒碎米荠 Cardamine granulifera (Franch.) Diels (十字花科),*弯蕊石蕊芥*,*三叶弯蕊芥*
瞌睡草(山东) =雀麦
壳菜果 Mytilaria laosensis Lec.(金缕梅科),*米老排*,*朔潘*
壳菜果属 Mytilaria Lec.(金缕梅科)
壳斗科 Fagaceae
壳盖峨眉蕨 Lunathyrium vegetium var. turgidum Ching & Z.R.Wang(蹄盖蕨科)
壳木(高等图鉴)=谷木
壳木鳖(药材资料汇编)=木鳖子
咳七风(广西)=短刺虎刺
咳嗽草(峨眉)=密花香薷
咳嗽草(广西药用名录)=莲座紫金牛
咳嗽草(中草药汇编)=球穗千斤拔
咳嗽药(四川)=活血丹
咳药(中草药汇编)=美穗草
可爱春再来 Clarkia amoena A.Nels & Macbr. (柳叶菜科)
可爱迪萨兰 Disa laeta Rchb.f.(兰科)
可爱兜兰 Paphiopedilum amabile Hall.f. (兰科)
可爱杜鹃 Rhododendron rex subsp. gratum (T.L. Ming) Fang f.(杜鹃花科)
可爱杜鹃花 Rhododendron amoenum (Lindl.) Planch.(杜鹃花科),*钝叶杜鹃花*,*石岩杜鹃花*
可爱花(广州志)=喜花草
可爱荆芥 Nepeta amoena Stapf (唇形科)
可爱洛克兰 Lockhartia amoena Endr. & HK.(兰科)
可爱秋海棠 Begonia amoena Wallich (秋海棠科)

可爱汝蕨(蕨类图说)=斜方复叶耳蕨
可爱石斛 Dendrobium amoenum Wall. ex Lindl.(兰科)
可爱黍 Panicum amoenum Balansa (禾本科)
可爱树苣苔 Kohleria amabilis Fristsch (苦苣苔科)
可爱细瓣兰 Masdevallia amabilis Rchb.f.(兰科)
可爱小檗 Berberis amabilis Schneid. (小檗科)
可观山地虎耳草 Saxifraga sinomontana var. amabilis H.Sm.(虎耳草科)
可柛子肉皮(濒湖集简方)=无患子
可家曼德维拉 Mandevilla ×amabilis Dress (夹竹桃科)
可可 Theobroma cacao L.(梧桐科)
可可椰子(台木本志)=椰子
可可属 Theobroma L.(梧桐科)
可拉兰 Colax jugosus (Lindl.) Lindl.(兰科)
可拉属 Colax Lindl.(兰科)
可耐拉棕属 Cornera Furtado (棕榈科)
可赏复叶耳蕨(植物学报)=斜方复叶耳蕨
可食埃塔棕 Euterpe edulis Mart.(棕榈科)
可食人面子 Dracontomelon edule Merr.(漆树科)
可食石棕 Brahea edulis Watson (棕榈科)
可食小檗 Berberis vinifera Ying(小檗科)
可喜杜鹃 Rhododendron dichroanthum subsp. apodectum (Balf.f. & W.W.Sm.) Cowan(杜鹃花科)
可疑黄芩 Scutellaria dubia Tal. & Schir.(唇形科)
可疑棘豆(新疆检索表)=似棘豆
可疑拟钩叶藤 Plectocomiopsis dubius Becc.(棕榈科)
可用藤竹 Dinochloa utilis McClure?(禾本科)
渴瘤(唐本草)=血蝎
克草(南宁药志)=黑草
克尔新斯库得拉草 Kudrjaschevia korshinski (Lipsky) Pojark.(唇形科)
克服拿补(云南红河哈尼语)=绣球防风
克哈锡黄芩 Scutellaria khasiana Clarke (唇形科)
克可日(维族语)=顶羽菊
克库其其格(蒙名)=腺毛菊苣
克拉花 Clarkia pulchella Pursh.(柳叶菜科),*极美古稀*
克拉花属 Clarkia Pursh.(柳叶菜科)
克拉克报春 Primula clarkei Watt.(报春花科)
克拉克荆芥 Nepeta clarkei HK.f.(唇形科)
克拉克漆姑草(新)Sagina karakorensis (Em. Schid) Kozhev. (石竹科),*克拉克无心菜*
克拉克秋海棠 Begonia clarkei HK.f.(秋海棠科)
克拉克无心菜(Flora 6)=克拉克漆姑草(新)
克拉克无心菜 Arenaria karakorensis E.Schmid (石竹科)
克拉克绣球防风 Leucas clarkei HK.f.(唇形科)
克拉克亚洲小檗 Berberis asiatica var. clarkeana Schneid.(小檗科)
克拉赛夫黄芩 Scutellaria krasevii Kom. & Schischk.(唇形科)
克拉莎属 Cladium P.Brownc(莎草科)
克来名多那(哈萨克语)=天仙子
克莱阿诺匹斯 Anopyxis klaineana (Pierre) Engl.(红树科)
克兰树(树木分类学)=鹧鸪麻
克朗(藏语)=黄花蒿
克朗(四川西部藏名)=臭蒿
克劳利小檗 Berberis rubrostilla var. crawleyensis Ahrendt (小檗科)
克劳森小檗 Berberis claussenii Citerne (小檗科)
克檽树属(分类学报)=**金叶子属**
克里巴省藤 Calamus koribanus Ftdo.(棕榈科)
克里米亚椴 Tilia euchlora K.Koch.(椴树科)
克里木大鳍蓟 Onopordum tauricum Willd.(菊科)
克里木独尾草 Eremurus tauricus Stev.(百合科)
克里木雪花莲 Galanthus plicatus Bieb.(石蒜科)
克里特郁金香 Tulipa saxatilis Sieb. ex Spreng.(百合科)
克利福特状小檗 Berberis cliffortioides Diels (小檗科)
克利特小檗 Berberis cretica L.(小檗科)
克林凤仙花 Impatiens kleinii W. & A.(凤仙花科)
克鲁特报春(拉汉名称)=短茎粉报春
克鲁西郁金香 Tulipa clusiana DC.(百合科)
克鲁兹王莲 Victoria cruziana Orb.(睡莲科)
克路西番红花 Crocus clusii J.Gay.(鸢尾科)
克罗斯十大功劳 Mahonia klossii Baker f.(小檗科)
克洛氏马先蒿 Pedicularis croizatiana Li(玄参科)
克马曼省藤 Calamus kemamanensis Ftdo.(棕榈科)
克马曼轴榈 Licuala kemamaensis Ftdo.(棕榈科)
克美莲属 Camassia Lindl.(百合科)
克迷克(巩留)=大叶补血草
克脑容荆芥 Nepeta knorringiana Pojark.(唇形科)
克钮瑞叶奥莱克斯 Aulax cneorifolia Knight (山龙眼科)
克努报春(拉汉名称)=阔萼粉报春
克佩达赫荆芥 Nepeta kopetdaghensis Pojark.(唇形科)
克瑞早熟禾 Poa krylovii Reverd.(禾本科)
克赛麻套(傣语)=波叶青牛胆
克什米尔柏木 Cupressus cashmeriana Royle ex Carr.(柏科)
克什米尔胡卢巴 Trigonella cachemiriana Camb.(豆科)
克什米尔碱茅 Puccinellia kashmiriana Bor(禾本科)
克什米尔口药花 Jaeschkea gentianoides Kurz.(龙胆科)
克什米尔米努草 Minuartia kashmirica (Edgew.) Mattf. (石竹科)
克什米尔葶苈 Draba cachemirica Gand.(十字花科)
克什米尔小檗 Berberis kashmirana Ahrendt (小檗科)
克什米尔羊茅 Festuca kashmiriana Stapf(禾本科)
克什米尔蝇子草 Silene cashmeriana (Royle ex Benth.) Majumdar(石竹科)
克什米尔鸢尾 Iris kashmiriana Baker (鸢尾科)
克什米尔紫堇 Corydalis cashmeriana Royle (罂粟科)
克氏白脉竹芋 Maranta leuconeura var. kerchoveana Morr.(竹芋科)
克氏百部 Stemona kerrii Craib(百部科)
克氏报春(拉汉名称)=云南卵叶报春
克氏粉背蕨 Aleuritopteris krameri (Franch & Sav.) Ching(中国蕨科)
克氏棘豆 Oxytropis krylovii Schipcz.(豆科)
克氏马先蒿 Pedicularis clarkei HK.f.(玄参科)
克氏米尔顿兰 Miltonia clowesii Lindl.(兰科)
克氏排草(高等图鉴)=轮叶过路黄
克氏葡萄(新)Vitis kaempferi Koch. ?(葡萄科) *华东葡萄*
克氏石韦 Pyrrosia christii (Gies) Ching (水龙骨科)
克氏岩黄芪 Hedysarum krylovii Sumn.(豆科)
克氏鼬蕊兰 Galeandra claesiana Cgn.(兰科)
克特明棘豆 Oxytropis ketmenica Saposhn.(豆科)
克秀巴(青藏图鉴)=瓦松
刻节润楠 Machilus cicatricosa S.Lee(樟科)
刻锯秋海棠 Begonia incisoserrata A.DC.(秋海棠科)
刻裂羽叶菊 Nemosenecio incisifolius (J.F.Jeffr.) B.Nord.(菊科),*刻叶千里光*
刻脉冬青(台湾志)=具柄冬青
刻叶黄荆(中草药汇编)=荆条
刻叶荆条(河南)=荆条
刻叶千里光(云南植物名录)=刻裂羽叶菊
刻叶紫堇 Corydalis incisa (Thunb.) Pers.(罂粟科),*地锦苗*,*断肠草*,*烫伤草*,*天奎草*,*羊不吃*,*紫花鱼灯草*
客什方枝柏 Juniperus pseudosabina var. turkestanica (Kom.) Silba (柏科),*伊黎圆柏*,*天山方枝柏*

Ken

肯格马(藏语名)=藏龙蒿
肯基拉兰 Kingiella decumbens (Griff.) Rolfe (兰科)
肯基拉兰属 Kingiella Rolfe (兰科)
肯甲(藏语)=大籽蒿
肯马巴(藏语)=灰苞蒿
肯尼亚千里光 Senecio keniodendron R.E.Friex & Th.Fries (菊科)
肯宁安氏假槟榔 Archontophoenix cunninghamiana H.Wendl. & Drude (棕榈科)
肯诺藜(植物志 25-2)=雾冰藜
肯诺蒙属(北部植物图志)=**雾冰藜属**
肯氏苞舌兰 Spathoglottis kimballiana Hort.(兰科)
肯沃奇秋海棠 Begonia kenworthyae Ziesenh.(秋海棠科)
垦丁苦林盘 Clerodendrum intermedium Cham.(马鞭草科)
啃不死(广东)=南酸枣

Keng

坑兰(浙江)=赤车
坑兰(中草药汇编)=蔓赤车
坑冷(中草药汇编)=蔓赤车

Kong

空柄玉山竹 Yushania cava Yi (禾本科)
空洞参(陕西中草药)=金沙绢毛菊
空洞草(浙江)=博落回
空洞泡(贵州药用名录)=红毛悬钩子
空腹莲(闽东本草)=蓬蘽
空管木兰(新)Magnolia fistulosa (Finet & Gagn.) Dandy (木兰科),*长叶木兰*
空管榕(中药辞海)=水同木
空茎驴蹄草 Caltha palustris var. barthei Hance (毛茛科),*红花空茎驴蹄草*
空茎乌头 Aconitum apetalum (Huth) B.Fedtsch.(毛茛科)
空茎岩黄芪 Hedysarum fistulosum Hand.-Mazz.(豆科)

空茎鸢尾(新拉汉英)=布南鸢尾
空茎鸢尾(英拉汉名称)=西南鸢尾
空壳(中药志)=连翘
空壳洞(中草药汇编)=罗伞
空壳树(四川)=红紫珠
空壳树(四川)=屏山紫珠
空壳铁砂子(四川)=红紫珠
空棱芹 Cenolophium denudatum (Hornem.) Tutin (伞形科)
空棱芹属 Cenolophium Koch(伞形科)
空木(植物学大辞典)=黄山溲疏
空藤杆(四川中药志)=喜马山旌节花
空桐(图谱)=珙桐
空桐树(广东)=刺桐
空桶参(陕西中草药)=金沙绢毛菊
空桶参 Soroseris erysimoides (Hand.-Mazz.) Shih (菊科)
空筒菜(贵州)=蕹菜
空筒泡(云南)=多腺悬钩子
空瓦毒马草 Sideritis imbrex Juz.(唇形科)
空心菜(福建,广西,贵州,四川)=蕹菜
空心草(中药大辞典)=鬼吹箫
空心柴胡 Bupleurum longicaule var. franchetii De Boiss.(伞形科)
空心柴胡 Bupleurum petiolulatum var.franchetii de Boiss.(伞形科),*竹叶柴胡,银柴胡,长茎柴胡*
空心带鞘箭竹 Fargesia contracta f. evacuata Yi (禾本科)
空心付常山(中药大辞典)=宁波溲疏
空心秆荸荠 Heleocharis fistulosa Poir.) Link. (莎草科)
空心花(广西)=鲫鱼胆
空心箭竹 Fargesia edulis Hsueh & Yi(禾本科)
空心韭菜(贵州草药)=韭莲
空心苦 Pseudosasa aeria Wen (禾本科)
空心柳(东北)=绣线菊
空心泡 Rubus rosaefolius Smith(蔷薇科),*蔷薇莓,三月泡,划船泡,龙船泡,倒触伞,七时饭消扭*
空心苋(福建)=喜旱莲子草
空轴茅 Coelorachis striata (Nees ex Steud.) A. Camus (禾本科),*条花罗氏草*
空轴茅属 Coelorachis Brongn (禾本科),*罗氏草属*
空竹(云南龙陵,潞西)=小空竹
空竹 Cephalostachyum capitatum Munro (禾本科)
空竹 Cephalostachyum fuchsianum Gamble(禾本科)
空竹属 Cephalostachyum Munro (禾本科)
孔唇兰 Porolabium biporosum (Maxim.) T.Tang & F.T.Wang(兰科)
孔唇兰属 Porolabium T.Tang & F.T.Wang(兰科)
孔麻(上海)=苘麻
孔目矮柳 Salix kungmuensis P.Y.Mao & W.Z.Li (杨柳科)
孔雀柏 Chamaecyparis obtusa cv. Tetragona (柏科),*四棱日本扁柏*
孔雀稗 Echinochloa cruspavonis (H.B.K.) Schult. (禾本科)
孔雀抱蛋(云南)=云南苏铁
孔雀草 Tagetes patula L.(菊科),*臭菊花,缎子花,红黄草,黄菊花,西番菊,小万寿菊*
孔雀豆(植物志 39)=海红豆
孔雀豆属(树木分类学)=**海红豆属**
孔雀花(纲目拾遗)=翠云草
孔雀花 Epiphylum phyllanthus (L.) Haw.(仙人掌科)
孔雀松(中国裸子志)=日本柳杉
孔雀尾(广西药用名录)=鞭叶铁线蕨
孔雀尾(中草药汇编)=栗柄金粉蕨
孔雀肖鸢尾 Moraea pavonia Ker-Gawl.(鸢尾科)
孔雀椰子属(台木本志)=**鱼尾葵属**
孔氏粉背蕨(蕨类图说)=华北薄鳞蕨
孔氏黄藤 Daemonorops kunstleri Becc.(棕榈科)
孔氏轴榈 Licuala kunstleri Becc.(棕榈科)
孔斯秋海棠 Begonia kunthiana Walp.(秋海棠科)
孔岩草 Kungia aliciae (Raym.-Hamet) K.T.Fu(景天科),*有边石莲,有边瓦松*
孔岩草属 Kungia K.T.Fu (景天科)
孔药短筒苣苔 Boeica porosa Clarke(苦苣苔科)
孔药花 Porandra ramosa Hong(鸭跖草科)
孔药花属 Porandra Hong(鸭跖草科)
孔叶龟背竹 Monstera pertusa (L.) De Vriese (天南星科)
孔颖草 Bothriochloa pertusa (L.) A.Camus (禾本科)
孔颖草属 Bothriochloa Kuntze (禾本科)
孔颖臭根子草 Bothriochloa bladhii var. punctata (Roxb.) Steward(禾本科)
孔颖假蛇尾草(台湾志)=屏东假蛇尾草

Kou

口袋七(湖北西部)=高乌头
口盖花蜘蛛兰 Esmeralda bella Rchb.f.(兰科)
口红花 Aeschynanthus pulcher G.Don (苦苣苔科),*花蔓草*
口外糙苏 Phlomis jeholensis Nakai & Kitag.(唇形科)
口药花属 Jaeschkea Kurz.(龙胆科)
口叶青(云南中草药)=万丈深
口状复叶耳蕨 Arachniodes carvifolia (Kunze) Ching (鳞毛蕨科)
扣过怀(广东)=古钩藤
扣钮子(中草药彩色图谱)=独行千里
扣匹 Uvaria tonkinensis Finet & Gagn.(番荔枝科),*东京紫玉盘*
扣树 Ilex kaushue S.Y.Hu(冬青科),*苦丁茶冬青,苦丁茶*
扣子草(广东梅县,惠州)=少花龙葵
扣子草(图考)=马㼎儿
扣子柴(植物志 60-2)=白花龙
扣子果(云南)=纽子果
扣子花(中药大辞典)=长刺卫矛
扣子莲(江西)=半夏
扣子七(四川,湖北,西藏)= 珠子参
扣子头(南宁药志)=刺天茄
寇脱(山海经)=通脱木

Ku

枯饼(药性考)=油茶
枯灯心草 Juncus sphacelatus Decne.(灯心草科)
枯骨草(海南志)=铺地黍
枯花(纲目)=山矾
枯里珍(台湾志)=枯里珍五月茶
枯里珍五月茶 Antidesma pentandrum var. barbatum (Persl) Merr.(大戟科),*枯里珍,五蕊五巴豆*
枯鲁杜鹃 Rhododendron adenosum Davidian(杜鹃花科)
枯萝卜(山东中药)=萝卜
枯木要里(藏语)=荒漠锦鸡儿
枯牛(西双版纳佤语)=风吹楠
窟窿牙根(东北)=大三叶升麻
窟窿牙根(东北)=兴安升麻
苦艾(广西)=野艾蒿
苦艾(新疆,江苏)=中亚苦蒿
苦艾(云南)=钻叶火绒草
苦艾(云南中草药选)=熊胆草
苦芙(福建)=败酱
苦柏木(广东)=大叶山楝
苦板(纲目)=乳苣
苦菜(安徽)=菥蓂
苦菜(本经)=苦苣菜
苦菜(江西,湖北)=败酱
苦菜(庐山)=窄叶败酱
苦菜(陕西中草药)=中华绣线梅
苦菜(四川)=高葶菜
苦菜(唐本草)=龙葵
苦菜(药用图鉴)=翅果菊
苦菜(云南,云南通称)=芥
苦菜(浙江,江西大余,湖北)=攀倒甑
苦菜(植物志 73-2)=江南山梗菜
苦菜(植物志 80-1)=乳苣
苦菜 Ixeridium chinense (Thunb.) Tzvel. (菊科),*黄鼠草,活血草,中华小苦荬,七托莲,山苦荬,小苦苣,小苦荬,小苦麦菜,隐血丹*
苦菜根(河北)=桔梗
苦菜花子(汪颖:食物本草)=苦苣菜
苦菜藤(云南元江)=南山藤
苦菜药(广西药用名录)=黄鹌菜
苦参(云南)=伏毛山豆根
苦参(云南中草药)=蓝花毛鳞菊
苦参 Sophora flavescens Ait.(豆科),*白茎地骨,川参,地骨,地槐,凤凰爪,苦骨,牛参,牛苦参,山槐,野槐,沼水槐*
苦参子(本草纲目)=鸦胆子
苦蚕子(贵州民间药物)=厚果崖豆藤
苦草(东北)=胡卢巴
苦草(福建中草药)=穿心莲
苦草(广西龙州)=苦玄参
苦草(江西婺源)=细风轮菜
苦草(梧州草药)=金腰箭
苦草(云南)=瓜子金
苦草(云南)=坚龙胆
苦草(云南曲靖)=散瘀草
苦草(云南玉溪)=云南獐牙菜
苦草(浙江,江西)=紫背金盘
苦草(植物志 74)=熊胆草
苦草(中药大辞典)=北方獐牙菜
苦草 Vallisneria natans (Lour.) Hara (水鳖科),*扁草,带子札,脚带小草,韭菜草,面条草,水苗,小节草, 水茜*
苦草属 Vallisneria L.(水鳖科)
苦草子(江苏药材志)=大花益母草
苦茶(尔雅)=茶
苦茶(广药手册)=显齿蛇葡萄
苦茶 Camellia assamica var. kucha Chang & Wang (山茶科)
苦茶槭 Acer ginnala subsp. theiferum (Fang) Fang(槭树科),*苦津茶,银桑叶,女儿红,鸡骨枫,青桑,青桑头,桑芽*
苦茶叶(贵州民间药物)=日本女贞
苦菖蒲(生草药性备要)=石菖蒲
苦常(海南吊罗山,五指山,陵水,澄迈,嘉积)=倒吊笔
苦沉茶(云南河口)=红芽木
苦沉茶(云南河口)=越南黄牛木
苦樗裂榄 Bursera simaruba Sarg.(橄榄科)

苦椿菜(大同府志)=草麻黄
苦椿菜(大同府志)=木贼麻黄
苦椿皮(新华本草纲要,陕西中药志)=臭椿
苦刺(贵州,云南)=白刺花
苦刺 Solanum deflexicarpumC.Y.Wu & S.C. Huang (茄科)
苦刺花(云南药用名录)=白刺花
苦翠雀 Delphinium triste Fisch.(毛茛科)
苦胆草(广部中草药手册)=穿心莲
苦胆草(广西龙州)=苦玄参
苦胆草(云南)=青叶胆
苦胆草(植物志 62)=紫红獐牙菜
苦胆木(中药大辞典)=苦木
苦胆七(云南)=月叶西番莲
苦刀草(广西阳朔)=风轮菜
苦灯笼(广西)=白花灯笼
苦登菜(广药手册)=大叶冬青
苦地胆(本草纲目拾遗)=地胆草
苦地胆(广东)=紫背金盘
苦地胆(湖南)=金疮小草
苦地胆(陕西中草药)=土贝母
苦地胆(云南)=云南青牛胆
苦地丁(通称)=地丁草
苦颠茄(云南中草药)=喀西茄
苦颠茄(云南文山)=喀西茄
苦爹菜(图考)=异叶茴芹
苦碟子(烟台中草药)=黄瓜菜
苦碟子(植物志 80-1)=抱茎小苦荬
苦碟子(中药大辞典)=尖裂黄瓜菜
苦丁(四川中药志)=台湾翅果菊
苦丁(通称)=地丁草
苦丁菜(烟台中草药)=黄瓜菜
苦丁菜(中药辞海)=扣树
苦丁茶(本经逢原)=枸骨
苦丁茶(广西)=厚壳树
苦丁茶(贵州)=光萼小蜡
苦丁茶(贵州民间药物)=日本女贞
苦丁茶(四川)=丽叶女贞
苦丁茶(四川,贵州)=粗壮女贞
苦丁茶(云南)=红芽木
苦丁茶(云南)=越南黄牛木
苦丁茶(浙江药志)=大叶冬青
苦丁茶冬青(广西药用名录)=扣树
苦丁香(本草衍义补遗)=甜瓜
苦丁香(滇南本草)=紫茉莉
苦洞树(海南)=树头菜
苦豆(西北)=披针叶野决明
苦豆刺(云南药用名录)=白刺花
苦豆根(内蒙)=蝙蝠葛
苦豆根(内蒙中草药)=苦豆子
苦豆根(陕西中药名录)=草木樨状黄芪
苦豆根(中药材手册)=越南槐
苦豆子(新疆)=窄叶野豌豆
苦豆子 Sophora alopecuroides L.(豆科),*布亚,草槐,粉亚根,苦豆根,苦甘草,西豆根*
苦莪(广西药用名录)=假酸浆
苦芙(本草经集注)=乳苣
苦甘草(内蒙中草药)=苦豆子
苦葛 Pueraria peduncularis (Grah. ex Benth.) Benth.(豆科),*云南葛藤,白苦葛,红苦葛,羌区兴*
苦葛花(贵州草药)=葛麻姆
苦骨(纲目)=苦参
苦瓜(中草药汇编)=皱果赤瓟
苦瓜 Momordica charantia L.(葫芦科),*红姑娘,红羊,锦荔枝,癞葡萄,凉瓜,麻坏*
苦瓜莲(江西民间验方)=王瓜
苦瓜蔓(陕西佛坪)=鄂赤瓟
苦瓜藤(广东)=葎草
苦瓜藤(广西)=七爪龙
苦瓜蒌(中草药汇编)=皱果赤瓟
苦瓜掌属 Echidnopsis HK.f.(萝藦科)
苦瓜属 Momordica L.(葫芦科)
苦果(药材资料汇编)=吕宋果
苦果(云南禄丰,屏边)=刺天茄
苦蒿(四川)=白叶蒿
苦蒿(四川)=南艾蒿
苦蒿(四川,云南)=黄花蒿
苦蒿(新疆)=大籽蒿
苦蒿(新疆,江苏)=中亚苦蒿
苦蒿(新疆中草药手册)=顶羽菊
苦蒿(云南)=多花蒿
苦蒿(云南中草药)=小蓬草
苦蒿(植物志 74)=熊胆草
苦蒿尖(滇南本草)=熊胆草
苦黑子(新疆)=苦马豆
苦壶卢(纲目)=苦葫芦
苦葫芦 Lagnaria siceraria var. gourda (Ser.)Hara (葫芦科),*长柄茶壶卢,陈壶卢瓢,苦壶卢,苦瓠,苦瓠瓤,苦匏,蒲卢,细颈葫芦,药壶卢*
苦瓠(本经)=苦葫芦
苦瓠瓤(唐本草)=苦葫芦
苦花粉(中药志)=长萼栝楼
苦患树(海南)=无患子
苦黄草(药用志 43-2)=臭节草
苦黄草(植物志 43-2)=石椒草
苦黄芪 Astragalus kialensis Simps.(豆科)*西康黄芪*
苦稽(甘肃)=菥蓂
苦槛蓝 Myoporum bontioides (S. & Z.) A.Gray(苦槛蓝科),*苦槛盘,海菊花*
苦槛蓝属 Myoporum Banks & Soland. ex Forst.f. (苦槛蓝科)
苦槛盘(台湾)=苦槛蓝
苦芥(植物志 33)=芥
苦芥菜(药用图鉴)=翅果菊
苦津茶(河南)=苦茶槭
苦桔梗(安徽)=桔梗
苦苣(图考)=苦苣菜
苦苣菜 Sonchus oleraceus L.(菊科),*茶草,滇苦菜,滇苦荬菜,苦菜,苦菜花子,苦苣,苦马菜,苦荬,麻苦苣,芑,青菜,天香菜,荼,小鹅菜,选,游冬,紫苦菜*
苦苣菜属 Sonchus L.(菊科)
苦苣苔 Conandron ramondioides S. & Z.(苦苣苔科),*水鳖草,一张白*
苦苣苔科 Gesneriaceae
苦苣苔属 Conandron S. & Z.(苦苣苔科)
苦卡拉(云南)=黄独
苦苦菜(甘肃中草药)=长裂苦苣菜
苦苦菜(陕西中草药)=骆驼蓬
苦葵(图经本草)=龙葵
苦葵鸦葱(沙漠药用植物)=拐轴鸦葱
苦蓝盘(树木分类学)=苦郎树
苦蓝头菜(玉溪中草药)=泥胡菜
苦榄蓝科 Myoporaceae
苦郎树 Clerodendrum inerme (L.) Gaertn.(马鞭草科),*臭苦蓢,缸瓦冧,海常山,虎狼草,假茉莉,苦蓝盘,水胡满,许树*
苦郎藤 Cissus assamica (Laws.) Craib(葡萄科),*毛叶白粉藤,红背丝绸,野葡萄,粗壳藤*
苦李根(广西)=长叶冻绿
苦枥白蜡树(药典 2000)=花曲柳
苦枥木(高诱注:准南子)=花曲柳
苦枥木 Fraxinus insularis Hemsl.(木犀科),*齿缘苦枥木,湖北苦枥木*
苦连婆(闽东本草)=奇蒿
苦连翘(滇南本草)=匙萼金丝桃
苦连翘(云南)=短柱金丝桃
苦莲(山东威海)=烟台翠雀花
苦楝(通称)=楝
苦楝树(湖北)=苦木
苦良姜(云南永胜)=小花盾叶薯蓣
苦凉菜(思茅中草药)=旋花茄
苦凉菜(云南元江)=南山藤
苦凉藤(广西)=变色马兜铃
苦苓舅(台湾)=菜豆树
苦榴皮(中草药资料选编)=花曲柳
苦龙胆(滇南本草)=熊胆草
苦龙胆(东北检索表)=尖叶假龙胆
苦龙胆(图鉴)=高山龙胆
苦绿竹 Dendrocalamopsis basihirsuta (McClure) Keng f. & W.T.Lin (禾本科)
苦麻菜(四川)=攀倒甑
苦麻叶(汪连仕:采药书)=黄麻
苦马菜(贵州民间药物)=大丁草
苦马菜(河南中草药)=翅果菊
苦马菜(图考)=苦苣菜
苦马豆(新疆莎车)=小花棘豆
苦马豆 Sphaerophysa salsula (Pall.) DC.(豆科),*爆竹花,红花苦豆子,红花土豆子,红苦豆,洪呼图-额布斯,苦黑子,尿泡草,泡泡豆,头号卵蛋,鸦食花,羊吹泡,羊萝泡,羊尿泡*
苦马豆属 Sphaerophysa DC.(豆科)
苦买菜(云南)=泥胡菜
苦荬(图考)=苦苣菜
苦荬菜(嘉祐本草)=黄瓜菜
苦荬菜(植物志 80-1)=抱茎小苦荬
苦荬菜(中国药典)=苣荬菜
苦荬菜(中药辞海)=长裂苦苣菜
苦荬菜 Ixeris polycephala Cass.(菊科),*多头莴苣,多头苦荬菜*
苦荬菜属 Ixeris Cass.(菊科)
苦梅根(广东大埔)=秤星树
苦梅叶(云南易门)=藤状火把花
苦弥哆(金光明经)=甘松
苦木 Picrasma quassioides (D.Don) Benn.(苦木科),*赶狗木,黄楝树,苦胆木,苦楝树,苦树,苦皮树,苦皮子,苦檀木,青鱼胆,山熊胆,土樗子,熊胆树*
苦木科 Simaroubaceae
苦木通(中药材品种论述)=关木通
苦匏(国语)=苦葫芦
苦皮树(四川)=苦木
苦皮树(浙江植物名录)=苦皮藤
苦皮藤 Celastrus angulatus Maxim.(卫矛科),*吊干麻,苦皮树,苦树皮,老虎麻,老虎麻藤,老麻藤,棱枝南蛇藤,马断肠*
苦皮子(四川中药志,四川,贵州)=苦木
苦婆菜(福建)=奇蒿
苦荼(纲目)=茶
苦羌头(中药材手册)=香附子
苦荞(纲目)=苦荞麦
苦荞麦 Fagopyrum tataricum (L.) Gaertn.(蓼科),*鞑靼蓼,苦荞,荞叶七,万年荞,野南荞,野荞麦*
苦荞头(植物志 25-1)=金荞麦
苦茄(国药的药理学)=欧白英
苦茄子(植物志 67-1)=喀西茄
苦人参(广西壮语)=罗汉果
苦山矾(植物志 60-2)=黄牛奶树
苦山核桃 Carya aquatica (Michx.f.) Nutt.(胡桃

科)
苦山柰 Kaempferia marginata Carey ex Rosc.(姜科)
苦山药(云南景洪)=光叶薯蓣
苦舌草(海南)=过江藤
苦生叶(中草药汇编)=光叶蝴蝶草
苦绳 Dregea sinensis Hemsl.(萝藦科),*白浆草,白丝藤,刀愈药,隔山撬,奶浆藤,南山藤,通关散,通炎散,小木通,野泡通*
苦石莲(增订伪药条辨)=喙荚云实
苦实(本草求原)=马钱子
苦实把豆儿(飞鸿集)=马钱子
苦树(唐本草)=花曲柳
苦树(植物志 43-3)=苦木
苦树皮(江苏)=南蛇藤
苦树皮(山东)=苦皮藤
苦树属 Picrasma Bl.(苦木科)
苦酸苔(新拉汉英)=华秋海棠
苦酸汤(中药大辞典)=蝴蝶戏珠花
苦檀木(四川)=苦木
苦檀子(草木便方)=厚果崖豆藤
苦檀子(云南中药志)=网络崖豆藤
苦糖果 Lonicera fragrantissima subsp. standishii (Carr.) Hsu et H.J.Wang(忍冬科),*狗蛋子,鸡骨头,苦竹泡,驴奶果,神仙豆腐,腾杷树,羊尿泡,破骨风*
苦藤(广药手册)=棒锤瓜
苦提子(纲目)=无患子
苦天茄(云南砚山)=刺天茄
苦天茄(云南中草药)=喀西茄
苦葶苈(山东)=花旗杆
苦葶苈(山东)=小花糖芥
苦葶苈(四川中药志)=芝麻菜
苦葶苈(云南药用名录)=菥蓂
苦味扁桃 Amygdalus communis var. amara Ludwig ex DC.(蔷薇科)
苦味散(贵州)=光萼小蜡
苦味散(贵州民间药物)=日本女贞
苦味缩苞木 Cryptandra amara Sm.(鼠李科)
苦莴苣(江西)=翅果菊
苦香(海南)=青梅
苦𣝯(南越笔记)=茶
苦心胆(广西)=地锦苗
苦玄参 Picria felterrae Lour.(玄参科),*苦草,苦胆草,地胆草*
苦玄参属 Picria Lour.(玄参科)
苦悬钩子(台木本志)=三花悬钩子
苦亚罗椿(新华本草纲要)=浆果楝
苦杨(海南兴隆)=倒吊笔
苦杨 Populus laurifolia Ledeb.(杨柳科)
苦药草(广西)=血见愁
苦叶菜(广西)=醉鱼草
苦薏(植物志 76-1)=野菊
苦远志 Polygala sibirica var. megalopha Franch.(远志科),*辰砂草,瓜子金,红花地丁,兰花地丁,蓝花地丁草,四季青,小丁香,小兰花地,小万年青,小细辛,小远志,紫花地丁*
苦泽(吴普本草)=甘遂
苦斋(福建闽西,江西遂川,四川长寿)=攀倒甑
苦斋草(广东大埔)=攀倒甑
苦榛子(吉云旅钞)=鸦胆子
苦蘵(中药辞海)=败酱
苦蘵 Physalis angulata L.(茄科),*灯笼草,灯笼泡,黄姑娘,绿灯,天泡草,响铃草,小苦耽,小酸浆,蘵*
苦猪菜(江西)=败酱
苦槠 Castanopsis sclerophylla (Lindl.) Schott.(壳斗科),*结节锥栗,苦槠锥,苦槠子,血槠,株子,槠栗*
苦槠钩锥 Castanopsis ×kuchugouzhui Huang & Y.T.Chang (壳斗科)
苦槠锥(福建)=苦槠
苦槠子(本草拾遗)=苦槠
苦竹 (云南盈江,瑞丽)=碟环慈
苦竹(广西东兴)=大节竹
苦竹(湖南)=茶竿竹
苦竹(云南景东)=无量山箭竹
苦竹(竹类志略)=川竹
苦竹 Pleioblastus amarus (Keng) Keng f.(禾本科),*伞柄竹*
苦竹泡(陕西宁陕)=苦糖果
苦锥树(广东)=大叶苦柯
苦籽(四川米易)=蓝耳草
苦子(海南)=白花含笑
苦子马槟榔 Capparis yunnanensis Craib & W.W.Sm. (山柑科),*马槟榔*
苦梓(海南)=白花含笑
苦梓(海南)=苦梓含笑
苦梓 Gmelina hainanensis Oliv.(马鞭草科),*海南石梓*
苦梓含笑 Michelia balansae (A.DC.) Dandy(木兰科),*苦梓,绿楠,八角苦梓,春花苦梓*
苦𣘻(唐本草)=茶
库波灯心草 Juncus cooperis Engelm.(灯心草科)
库波秋海棠 Begonia cooperi C.DC.(秋海棠科)
库车锦鸡儿(豆科图说)=北疆锦鸡儿
库车蓼 Polygonum popovii Borod.(蓼科)
库得拉草属 Kudrjaschevia Pojark.(唇形科)
库地薹草 Carex curaica Kunth(莎草科)
库尔海蹄盖蕨 Athyrium dissitifolium var. kulhaitense (Atkinson ex Clarke) Ching(蹄盖蕨科)
库尔勒沙拐枣 Calligonum kuerlese Z.M.Mao (蓼科)
库菲杜鹃花 Rhododendron cuffeanum Craib.(杜鹃花科)
库鞠杂江(藏名)=犬问荆
库鞠恋托(藏名)=短叶水蜈蚣
库拉索芦荟 (中药辞海)=芦荟
库拉索芦荟 Aloe barbadensis Mill.(百合科),*翠叶芦荟*
库林木(中大学报)=膝柄木
库卢子(江西)=地菍
库洛胡黄连 Picrorhiza kurrooa Benth.(玄参科)
库芒小檗(新拉汉英)=近缘小檗(新)
库芒小檗 Berberis kumaonensis Schneid.(小檗科)
库莽黄堇 Corydalis govaniana Wall.(罂粟科)
库莽雪灵芝 Arenaria kumaonensis Maxim.(石竹科)
库茂恩岩黄芪 Hedysarum kumaonense Benth. ex Baker (豆科)
库门鸢尾 Iris kemaonensis D.Don (鸢尾科)
库民金茅(新)Eulalia cumingii (Nees) A.Camus (禾本科),*龚氏金茅*
库姆西(维吾尔族名)=沙生蔗茅
库纳乌尔小檗 Berberis kunawurensis Royle (小檗科)
库珀小檗 Berberis cooperi Ahrendt (小檗科)
库萨纳夫黄芩 Scutellaria kurssanovii Pavl.(唇形科)
库莎红门兰(秦岭志)=广布红门兰
库氏娑罗双 Shorea curtisii Dyer (龙脑香科)
库特斯兜兰 Paphiopedilum curtisii (Rchb.f.) Pfitz. (兰科)
库维勒茶藨子 Ribes culverwellii Macfarl.(虎耳草科)
库页白芷(东北检索表)=狭叶当归
库页红景天 Rhodiola sachalinensis A.Bor.(景天科),*红景天,高山红景天*
库页堇菜 Viola sachalinensis H.de Boiss.(堇菜科)
库页冷杉 Abies sachalinensis Mast.(松科),*萨哈林冷杉*
库页卫矛 Euonymus sachalinensis (Fr.Schmidt) Maxim.(卫矛科)
库页细辛 Asarum heterotropoides Fr.Schmidt (马兜铃科)
库页悬钩子 Rubus sachalinensis Lévl.(蔷薇科)
库页云杉 Picea glehnii (Fr.Schmidt.) Mast.(松科)
库兹粗叶木 Lasianthus kurzii HK.f.(茜草科),*勐腊粗叶木*
裤带藤(广东)=龙骨马尾杉

Kua

夸特唐菖蒲 Gladiolus quartinianus A.Rich.(鸢尾科)
胯把树(高等图鉴)=金银忍冬

Kuai

蒯草 Scirpus cyperimus (Vahl) Suringar.(莎草科)
块根糙苏(植物志 65-2)=块茎糙苏
块根糙苏 Phlomis younghushandii Mukerj. (唇形科),*露木尔,螃蟹甲,*块根糙苏,*露木,露本儿*
块根蓟 Cirsium tuberosum (L.) All.(菊科)
块根假野芝麻(分类学报)=块根小野芝麻
块根荆芥 Nepeta raphanorhiza Benth.(唇形科)
块根落葵 Ullucus tuberosus Caldas.(落葵科)
块根落葵属 Ullucus Caldas.(落葵科)
块根芍药 Paeonia intermedia C.A.Mey.(芍药科)
块根小野芝麻 Galeobdolon tuberiferum (Makino) C.Y.Wu (唇形科),*块根假野芝麻*
块根紫金牛 Ardisia corymbifera var. tuberifera C.Chen (紫金牛科)
块蓟 Cirsium salicifolium (Kitag.) Shih(菊科)
块节凤仙花 Impatiens pinfanensis HK.f.(凤仙花科)
块茎糙苏 Phlomis tuberosa L.(唇形科),*野山药,块根糙苏*
块茎汉史草(分类学报)=块茎四轮香
块茎堇菜 Viola tuberifera Franch.(堇菜科)
块茎蕨 Todea barbara (L.) Moore (紫萁科)
块茎蕨属 Todea Willd.(紫萁科)
块茎芦莉草 Ruellia tuberosa L.(爵床科)
块茎芹 Krasnovia longiloba (Kar. & Kir.) M.Pop.(伞形科)
块茎芹属 Krasnovia M.Pop. ex Schischk.(伞形科)
块茎山萮菜 Eutrema wasabia (Sieb.) Maxim.(十字花科)
块茎睡莲 Nymphaea tuberosa Paine.(睡莲科)
块茎四轮香 Hanceola tuberifera Sun(唇形科),*块茎汉史草*
块茎薹草(高等图鉴)=高节薹草
块茎岩黄芪 Hedysarum algidum L.Z.Shue(豆科)
块茎银莲花 Anemone gortschakovii Kar. & Kir.(毛茛科)
筷棒(河北)=毛花绣线菊

筷子草(贵州)=茂汶过路黄
筷子根(广西药用名录)=罗伞树
筷子木(河北)=毛花绣线菊
筷子树(内蒙)=梓

Kuan

宽瓣豹子花(植物志 14)=豹子花
宽瓣钗子股 Luisia ramosii Ames(兰科)
宽瓣棘豆 Oxytropis platysema Schrenk(豆科),*光叶棘豆*
宽瓣嘉兰 Gloriosa rothschildiana O'Brien (百合科).
宽瓣金莲花(中药辞海)=阿尔泰金莲花
宽瓣金莲花 Trollius asiaticus L.(毛茛科)
宽瓣毛茛 Ranunculus albertii Rgl. & Schmalh.(毛茛科)
宽瓣全唇兰 Myrmechis urceolata T.Tang & K.Y. Lang (兰科)
宽瓣山梅花 Philadelphus tenuifolius var. latipetalus S.Y.Hu (虎耳草科)
宽瓣绣线菊(新)Spiraea blumei var. latipetala Hemsl. (蔷薇科),*绣球绣线菊宽瓣变种*
宽瓣蝇子草 Silene principis Oxelm. & Ledén (石竹科)
宽瓣重楼(植物志 15)=云南重楼
宽苞变种(植物志 65-2,Flora 17)=宽苞糙苏
宽苞变种(植物志 66,Flora 17)=宽苞鼠尾草(新)
宽苞糙苏(新)Phlomis umbrosa var. latibracteata Sun ex C.H.Hu(唇形科),*宽苞变种*
宽苞柴胡(四川道孚县)=紫花鸭跖柴胡
宽苞刺头菊 Cousinia platylepis Schenk ex Fisch. & Mey.(菊科)
宽苞翠雀花 Delphinium maackianum Rgl.(毛茛科)
宽苞鹅耳枥 Carpinus tsaiana Hu(桦木科),*大扫把栗*
宽苞黑水翠雀花 Delphinium potaninii var. latibracteolatum W.T.Wang(毛茛科)
宽苞黄芩 Scutellaria sieversii Bge.(唇形科)
宽苞棘豆 Oxytropis latibracteata Jurtz.(豆科),*黄珊*
宽苞金背柳 Salix sclerophylla var. obtusa (C. Wang & P.Y.Fu) C.F.Fang (杨柳科)
宽苞韭 Allium platyspathum Schrenk(百合科)
宽苞毛冠菊 Nannoglottis latisquama Ling & Y. L.Chen (菊科)
宽苞十大功劳 Mahonia eurybracteata Fedde(小檗科)
宽苞鼠尾草(新)Salvia omeiana var. grandibracteata Stib.(唇形科),*宽苞变种*
宽苞水柏枝 Myricaria bracteata Royle(柽柳科),*河柏,水柽柳,臭红柳*
宽苞微孔草 Microula tangutica Maxim.(紫草科)
宽苞乌头 Aconitum bracteolatum Lauener(毛茛科)
宽苞野豌豆 Vicia latibracteolata K.T.Fu(豆科),*三昆草藤*
宽苞阴地翠雀花 Delphinium umbrosum var. drepanocentrum (Brühl ex Huth) W.T.Wang & M.J.Warnock (毛茛科)
宽苞圆瓣姜花 Hedychium forrestii var. latebracteatum T.L.Wu & S.J.Chen(姜科)
宽苞紫菀 Aster latibracteatus Franch.(菊科)
宽杯杜鹃 Rhododendron sinofalconeri Balf.f.(杜鹃花科),*厚叶杜鹃*
宽比爵床(分类学报)=腺毛疏花穿心莲
宽边观音座莲 Angiopteris late-marginata Ching (观音座莲科)
宽边蒲公英(新)Taraxacum potanini Tzvel.?(菊科)
宽边叶千年木 Dracaena sanderiana Sander (百合科)
宽柄杜鹃 Rhododendron rothschildii Davidian (杜鹃花科)
宽柄关节委陵菜 Potentilla articulata var. latipetiolata (E.C.Fischer) Yü & Li(蔷薇科)
宽柄棘豆 Oxytropis platonychia Bge.(豆科),*宽爪棘豆*
宽柄铁线莲 Clematis otophora Franch. ex Finet & Gagn.(毛茛科)
宽齿变种(植物志 66,Flora 17)=宽齿直花水苏(新)
宽齿大卫氏马先蒿 Pedicularis davidii var. platyodon Tsoong(玄参科),*大卫氏马先蒿宽齿变种*
宽齿青兰 Dracocephalum paulsenii Briq.(唇形科)
宽齿兔唇花(植物志 65-2)=大齿兔唇花
宽齿直花水苏(新)Stachys strictiflora var. latidens C.Y.Wu & H.W.Li (唇形科),*宽齿变种*
宽翅齿缘草(Flora 16)= 宽翅假鹤虱
宽翅虫实 Corispermum platypterum Kitag.(藜科)
宽翅飞蛾槭 Acer oblongum var. latialatum Pax (槭树科),*鄂西飞蛾槭*
宽翅合耳菊 Synotis ainshiaefolia C.Jeffr. & Y.L. Chen (菊科)
宽翅鹤虱(植物研究 1(4),植物志 64-2)=费尔干鹤虱
宽翅假鹤虱 Eritrichium thymifolium subsp. latialatum Lian & J.Q.Wang(紫草科),*宽翅齿缘草*
宽翅棱果花 Barthea barthei var. valdealata C. Hansen (野牡丹科)
宽翅毛茛 Ranunculus platyspermus Fisch.(毛茛科)
宽翅南芥(植物志 33)=窄翅南芥
宽翅沙芥(沙漠药用植物)=斧翅沙芥
宽翅沙芥 Pugionium dolabratum var. latipterum S.L.Yang (十字花科)
宽翅水玉簪 Burmannia nepalensis (Miers) HK.f.(水玉簪科)
宽翅菘蓝 Isatis violascens Bge.(十字花科)
宽翅碎米荠 Cardamine franchetiana Diels (十字花科),*白花弯蕊芥,宽翅弯蕊芥*
宽翅橐吾 Ligularia pterodonta Chang(菊科)
宽翅弯蕊芥(植物志 33)=宽翅碎米荠
宽翅香青 Anaphalis latialata Ling & Y.L.Chen (菊科)
宽翅香青绿变种(植物志 75)=绿宽翅香青(新)
宽唇角盘兰 Herminium josephi Rchb.f.(兰科)
宽唇盆距兰 Gastrochilus matsudai Hay.(兰科),*宽唇松兰,松田氏囊唇兰*
宽唇山姜 Alpinia platychilus K.Schum.(姜科)
宽唇神香草 Hyssopus latilabiatus C.Y.Wu & H. W.Li (唇形科)
宽唇松兰(台湾志)=宽唇盆距兰
宽刺鹤虱=粒状鹤虱
宽刺绢毛蔷薇 Rosa sericea f. pteracantha Franch. (蔷薇科)
宽刺蔷薇 Rosa platyacantha Schrendk(蔷薇科)
宽刺省藤(广西植物)=宽刺藤
宽刺藤 Calamus platyacanthus Warb. ex Becc.(棕榈科),*宽刺省藤*
宽带蕨(中药辞海)=戟形扇蕨
宽底假瘤蕨 Phymatopteris majoensis (C.Chr.) Pic.Serm.(水龙骨科)
宽顶毛蕨 Cyclosorus paracuminatus Ching ex Shing & J.F.Cheng(金星蕨科)
宽萼白叶莓 Rubus innominatus var. macrosepalus Metc.(蔷薇科)
宽萼半蒴苣苔 Hemiboea latisepala H.W.Li(苦苣苔科)
宽萼粗筒苣苔 Briggsia latisepala Chun ex K.Y. Pan (苦苣苔科)
宽萼翠雀花 Delphinium pseudopulcherrimum W.T.Wang (毛茛科)
宽萼滇紫草(植物志 64-2)=宽胀萼紫草
宽萼角盘兰 Herminium souliei Schltr.(兰科),*川滇角盘兰*
宽萼金丝桃 Hypericum bellum subsp. latisepalum N.Robson(藤黄科)
宽萼锦香草 Phyllagathis latisepala C.Chen(野牡丹科)
宽萼景天 Sedum plathsepalum Franch.(景天科)
宽萼苣苔(中药辞海)=蛛毛苣苔
宽萼口药花 Jaeschkea canaliculata (Royle ex G.Don) Knobl.(龙胆科)
宽萼毛茎 Melastoma sanguineum var. latisepalum C.Chen(野牡丹科)
宽萼偏翅唐松草 Thalictrum delavayi var. decorum Franch.(毛茛科)
宽萼石蝴蝶 Petrocosmea oblata var. latisepala (W.T.Wang) W.T.Wang(苦苣苔科)
宽萼溲疏 Deutzia wardiana Zaikonn.(虎耳草科)
宽萼岩风 Libanotis laticalycina Shan & Sheh(伞形科)
宽萼淫羊藿 Epimedium latisepalum Stearn(小檗科)
宽萼圆锥铁线莲(植物志 28)=尖药巴山铁线莲
宽盖耳蕨(西北植物学报)=阔鳞耳蕨
宽冠粉苞菊 Chondrilla laticoronata Leonova(菊科)
宽管花 Eurysolen gracilis Prain(唇形科)
宽管花属 Eurysolen Prain (唇形科)
宽果梣(华北树木志)=象蜡树
宽果长序榆 Ulmus thomasii Sarg.(榆科)
宽果丛菔 Solms-Laubachia eurycarpa (Maxim.) Botsch. (十字花科),*短柄丛菔,长果丛菔,索裸格鲁,宽叶丛菔*
宽果二色穗 Dichrostachys platycarpa Welw.(豆科)
宽果红景天(植物志 34-1)=大果红景天
宽果芥属 Eurycarpus Botsch.(十字花科)
宽果薯蓣 Dioscorea garrettii Prain & Burk.(薯蓣科)
宽果宿柱薹(台湾志)=短葶薹草
宽果算盘子 Glochidion oblatum HK.f.(大戟科),*扁圆算盘子*
宽果秃疮花 Dicranostigma platycarpum C.Y. Wu & H.Chuang(罂粟科)
宽果紫金龙 Dactylicapnos roylei (HK.f. & Thoms.) Hutch.(罂粟科),*小藤铃儿草*
宽花变种(植物志 65-2,Flora 17)=宽花毛建草(新)
宽花凤仙花 Impatiens latiflora L.(凤仙花科)
宽花毛建草(新)Dracocephalum wallichii var. platyanthum C.Y.Wu & W.T.Wang(唇形科),*宽花变种*
宽花香茶菜 Isodon scrophulariodes (Wall. ex Benth.) Murata(唇形科)

宽花序全缘叶美洲茶 Ceanothus integerrimus var. puberulus Abrams (鼠李科)
宽花紫堇 Corydalis latiflora HK.f. & Thoms.(罂粟科)
宽喙马先蒿 Pedicularis latirostris Tsoong(玄参科)
宽基多叶蓼 Polygonum foliosum var.paludicola (Mak.) Kitam.(蓼科)
宽戟橐吾 Ligularia latihastata (W.W.Sm.) Hand.-Mazz. (菊科)
宽剑叶盾蕨 Neolepisorus ensatus f. platyphyllus (Tagawa) Ching(水龙骨科)
宽角楼梯草 Elatostema platyceras W.T.Wang(荨麻科)
宽筋草(浙江)=石松
宽筋藤(广东)=中华青牛胆
宽筋藤(陆川本草)=翼茎白粉藤
宽距翠雀花 Delphinium beesianum W.W.Sm. (毛茛科)
宽距凤仙花 Impatiens platyceras Maxim.(凤仙花科)
宽距兰 Yoania japonica Maxim.(兰科)
宽距兰属 Yoania Maxim.(兰科)
宽口杓兰 Cypripedium wardii Rolfe(兰科)
宽框荠 Platycraspedum tibeticum O.E.Schulz (十字花科)
宽框荠属 Platycraspedum O.E.Schulz(十字花科),*阔脉芥属*
宽拉红景天(分类学报增刊)=大花红景天
宽镰贯众 Cyrtomium latifalcatum S.K.Wu & Mitsuta (鳞毛蕨科)
宽裂北乌头 Aconitum kusnezoffii var. gibbiferum (Reichb.) Rgl.(毛茛科)
宽裂黄堇 Corydalis latiloba (Franch.) Hand.-Mazz. (罂粟科),*岩黄连,岩连*
宽裂龙蒿 Artemisia dracunculus var. turkestanica Krsch. (菊科)
宽裂轮叶马先蒿 Pedicularis verticillata subsp. latisecta (Hulten) Tsoong(玄参科),*轮叶马先蒿宽裂亚种*
宽裂毛兰 Eria euryloba Schltr.(兰科)
宽裂沙参(高等图鉴)=杏叶沙参
宽裂掌叶报春 Primula latisecta W.W.Sm.(报春花科)
宽鳞耳蕨 Polystichum latilepis Ching & H.S. Kung (鳞毛蕨科)
宽鳞薹草 Carex latisquamea Kom.(莎草科)
宽鳞蹄盖蕨 Athyrium yokoscense var. kirisimaense (Tagawa) Li & J.Z.Wang? (蹄盖蕨科)
宽菱形翠雀花 Delphinium latirhombicum W.T. Wang (毛茛科)
宽卵叶长柄山蚂蝗 Podocarpium podocarpum var. fallax (Schindl.) Yang & Huang(豆科),*假山绿豆,宽卵叶山蚂蝗,东北山蚂蝗,野苦参*
宽卵叶山蚂蝗(豆科图说)=宽卵叶长柄山蚂蝗
宽脉唇柱苣苔 Chirita latinervis W.T.Wang(苦苣苔科)
宽脉铁角蕨 Asplenium platyneuron (L.) Oakes (铁角蕨科)
宽脉珠子木 Phyllanthodendron lativenium Croiz. (大戟科)
宽皮橘(中药辞海)=橘
宽片老鹳草 Geranium platylobum (Franch.) R. Knuth (牻牛儿苗科),*阔裂紫地榆*
宽片膜蕨 Hymenophyllum simonsianum HK.(膜蕨科)
宽钳喙兰 Erythrodes latiflolia Bl.(兰科)
宽芹叶铁线莲 Clematis aethusifolia var. latisecta Maxim.(毛茛科),*铁线透骨草*
宽蕊地榆 Sanguisorba applanata Yü & Li(蔷薇科)
宽蕊卫矛 Euonymus fertilis var. euryanthus (Hand.-Mazz.) C.Y.Chang(卫矛科)
宽伞变种(植物志 74)=宽伞三脉紫菀(新)
宽伞紫菀(新)Aster ageratoides var.laticorymbus (Vant.) Hand.-Mazz.(菊科),*宽伞变种*
宽舌垂头菊 Cremanthodium arnicoides (DC. ex Royle) Good(菊科)
宽舌带唇兰 Tainia latilingua HK.f.(兰科)
宽舌橐吾 Ligularia platyglossa (Franch.) Hand.-Mazz. (菊科)
宽肾叶老鹳草 Geranium platyrenifolium Z.M. Tan (牻牛儿苗科)
宽丝豆蔻 Amomum petaloideum (S.Q.Tong) T. L.Wu (姜科)
宽丝高原芥(植物志 33)=柔毛藏芥
宽丝獐牙菜 Swertia paniculata Wall.(龙胆科)
宽穗扁莎 Pycreus latespicatus (Böcklr.) C.B. Clarke (莎草科)
宽穗爵床 Rostellularia khasiana var. latispica (C. B.Clarke) C.Y.wu(爵床科)
宽穗赖草 Leymus ovatus (Trin.) Tzvel.(禾本科)
宽穗兔儿风 Ainsliaea latifolia var. platyphylla (Franch.) C.Y.Wu(菊科) (菊科)
宽筒杜鹃 Rhododendron eurysiphon Tagg & Forr. (杜鹃花科)
宽筒龙胆(植物志 62)=天蓝龙胆
宽托叶老鹳草 Geranium wallichianum D.Don ex Sweet(牻牛儿苗科),*无腺老鹳草*
宽弯脉蕨 Campyloneurum latum Moore (水龙骨科)
宽尾石韦(云南药用名录)=中越石韦
宽狭叶红景天(植物志 34-1)=狭叶红景天
宽线叶柳 Salix wilhelmsiana var. latifolia Ch.Y. Yang (杨柳科)
宽楔叶毛茛 Ranunculus cuneifolius var. latisectus S.H.Li & Y.H.Huang(毛茛科)
宽序乌口树 Tarenna laticorymbosa Chun & How ex W.C.Chen(茜草科)
宽序崖豆藤 Millettia eurybotrya Drake(豆科)
宽药隔玉凤花 Habenaria limprichtii Schltr(兰科)
宽药青藤 Illigera celebica Miq.(莲叶桐科),*大青藤,保龙师*
宽叶白花堇菜(东北师大通报)=白花堇菜
宽叶白茅 Imperata latifolia (HK.f.) L.Liu(禾本科)
宽叶绊根草(海南志)=弯穗狗牙根
宽叶贝壳杉 Agathis latifolia Meijer Drees (南洋杉科)
宽叶变黑蝇子草 Silene nigrescens subsp. latifolia Bocquet(石竹科)
宽叶变种(植物志 66)=宽叶刺蕊草(新)
宽叶变种(植物志 74)=宽叶短毛紫菀(新)
宽叶变种(植物志 74)=宽叶下田菊(新)
宽叶变种(植物志 74)=宽叶新疆乳菀(新)
宽叶薄鳞蕨 Leptolepidium kuhnii var. brandtii (Franch & Sav.) Hsing & S.K.Wu(中国蕨科)
宽叶长柱刺蕊草(Flora 17)=宽叶刺蕊草(新)
宽叶匙羹藤 Gymnema latifolium Wall. ex Wight (萝藦科)
宽叶齿缘草 Eritrichium latifolium Kar. & Kir. (紫草科)
宽叶慈姑 Sagittaria latifolia Willd.(泽泻科)
宽叶刺蕊草(新)Pogostemon griffithii var. latifolius C.Y.Wu & Y.C.Huang(唇形科),*宽叶长柱刺蕊草,宽叶变种*
宽叶葱 Allium karataviense Rgl.(百合科),*土耳其斯坦葱*
宽叶丛菔(植物志 33)=宽果丛菔
宽叶粗榧 Cephalotaxus latifolia W.C.Cheng & L.K.Fu ex L.K.Fu et al. (三尖杉科)
宽叶大戟 Euphorbia latifolia Meyer ex Ledeb. (大戟科)
宽叶大叶藻 Zostera asatica Miki (眼子菜科)
宽叶带蕨(蕨类图谱)=带状书带蕨
宽叶得洲梣叶槭 Acer negundo var. texanum f. latifolium Sarg.(槭树科)
宽叶滇韭 Allium rhynchogynum Diels(百合科)
宽叶吊兰 Chlorophytum capense Kuntze (百合科)
宽叶吊石苣苔 Lysionotus pauciflorus var. latifolius W.T.Wang(报春花科)
宽叶冬青(云南志)=大叶冬青
宽叶毒芹 Cicuta virosa var. latisecta Celak.(伞形科)
宽叶独行菜 Lepidium latifolium L.(十字花科),*止痢草,光果宽叶独行菜,北独行菜*
宽叶杜鹃 Rhododendron sphaeoblastum Balf.f. & Forr. (杜鹃花科)
宽叶杜香 Ledum palustre var. dilatatum Wahl. (杜鹃花科),*杜香,喇叭茶*(中草药汇编),*白云苔*
宽叶短梗南蛇藤 Celastrus rosthornianus var. loeseneri (Rehd. & Wils.) C.Y.Wu(卫矛科)
宽叶短毛紫菀(新)Aster brachytrichus var. latifolius Ling(菊科),*宽叶变种*
宽叶多脉莎草 Cyperus diffusus var. latifolius L.K.Dai (莎草科)
宽叶鹅耳枥 Carpinus londoniana var. latifolius P.C.Li (桦木科)
宽叶鹅观草 Roegneria platyphylla Keng(禾本科)
宽叶耳唇兰(高等图鉴)=耳唇兰
宽叶耳唇兰 Otochilus lancilabius Seidenf.(兰科),*耳唇兰*
宽叶翻白柳 Salix hypoleuca var. platyphylla Schneid. (杨柳科)
宽叶费菜 Phedimus aizoon var. latifolius (Maxim.) H.Ohba et al.(景天科),*宽叶土三七*
宽叶费城百合 Lilium philadelphicum var. andinum (Nutt.) Ker-Gawl.(百合科)
宽叶风仙藤(云南植物名录)=青蛇藤
宽叶凤仙花 Impatiens latifolia L.(凤仙花科)
宽叶匐枝蓼 Polygonum emodi var. dependens Diels(蓼科)
宽叶俯垂马先蒿 Pedicularis cernua subsp. latifolia (Li) Tsoong(玄参科),*俯垂马先蒿宽叶亚种*
宽叶腹水草 Veronicastrum latifolium (Hemsl.) Yamaz. (玄参科),*钓鱼竿*
宽叶甘松(中药大辞典)=匙叶甘松
宽叶割鸡芒 Hypolytrum latifolium L.C.Rich. (莎草科)
宽叶沟酸浆(植物志 67-2)=南红藤
宽叶沟酸浆(中药大辞典)=尼泊尔沟酸浆
宽叶谷精草 Eriocaulon robustius (Maxim.) Makino (谷精草科)
宽叶谷柳 Salix taraikensis var. latifolia Kimura

(杨柳科)
宽叶蒿 Artemisia latifolia Ledeb.(菊科),*乌尔根-沙里尔日*
宽叶红景天(分类学报增刊)=长鞭红景天
宽叶红门兰 Orchis latifolia L.(兰科),*红门兰*
宽叶厚唇兰 Epigeneium amplum (Lindl.) Summerh. (兰科)
宽叶胡颓子 Elaeagnus latifolia L.(胡颓子科)
宽叶胡枝子 Lespedeza maximowizii Schneid. (豆科)
宽叶虎耳草 Saxifraga tangutica var. platyphylla (H.Sm.) J.T.Pan(虎耳草科)
宽叶花苜蓿(新)Medicago ruthenica var.latifolia Freyn?(豆科)
宽叶还魂草(东北检索表)=麻叶千里光
宽叶黄刺条 Caragana frutex var. latifolia Schneid. (豆科)
宽叶黄芪 Astragalus platyphyllus Kar. & Kir. (豆科)
宽叶灰毛景天 Sedum selskianum var. latifolium Bar. & Skv.?(景天科)
宽叶火碳母 Polygonum chinense var. ovalifolium Meisn.(蓼科)
宽叶荚蒾(拉汉名称)=广叶荚蒾
宽叶荚囊蕨 Struthiopteris hancockii (Hance) Tagawa (乌毛蕨科),*韩氏乌毛蕨,韩氏罗曼蕨*
宽叶假脉蕨 Crepidomanes latifrons (v.d.B.) Ching (膜蕨科)
宽叶假檬果(分类学报)=宽叶檬果樟
宽叶角盘兰 Herminium latifolia Gagn(兰科)
宽叶接骨木 Sambucus latipinna Nakai (忍冬科)
宽叶金锦香 Osbeckia chinensis var. angustifolia (D.Don) C.Y.Wu(野牡丹科),*莞不留*
宽叶金粟兰 Chloranthus henryi Hemsl.(金粟兰科),*大叶及已,四大金刚,四大天王,四儿冈,四块瓦,四匹瓦,四叶对*
宽叶金鱼藻(植物志 27)=粗糙金鱼藻
宽叶旌节花 Stachyurus chinensis var. latus H.L. Li (旌节花科),*通草*
宽叶景天(拉汉名称)=大花红景天
宽叶景天 Sedum fui Rowley(景天科)
宽叶景天长萼变种(分类学报)=长萼宽叶景天
宽叶韭 Allium hookeri Thwaites(百合科)
宽叶卷柏(孢子植物)=伏地卷柏
宽叶拉拉藤 Galium boreale var. latifolium Turcz. (茜草科)
宽叶冷蕨(台湾志)=宝兴冷蕨
宽叶蓼 Polygonum platyphyllum Li & Chang (蓼科)
宽叶柳穿鱼 Linaria thibetica Franch.(玄参科)
宽叶柳兰 Epilobium latifolium L.(柳叶菜科)
宽叶柳叶芹 Czernaevia laevigata f. latipinna Chu(伞形科)
宽叶楼梯草 Elatostema platyphyllum Wedd.(荨麻科)
宽叶买麻藤 Gnetum latifolium Bl.(买麻藤科)
宽叶蔓豆 Glycine gracilis Skv.(豆科),*细茎大豆*
宽叶蔓乌头 Aconitum sczukinii Turcz.(毛茛科)
宽叶毛兰 Eria latifolia (Bl.) Rchb.f.(兰科)
宽叶茅膏菜(植物志 34-1)=匙叶茅膏菜
宽叶梅花草 Parnassia dilatata Hand.-Mazz.(虎耳草科)
宽叶檬果樟 Caryodaphnopsis latifolia W.T. Wang (樟科),*宽叶假檬果*
宽叶猕猴桃(中药辞海)=阔叶猕猴桃
宽叶密花兰 Diglyphosa latifolia Bl.(兰科),*密花兰*
宽叶密花兰 Diplyphosa latifolia Bl.(兰科)
宽叶母草 Lindernia nummularifolia (D.Don) Wettst. (玄参科),*小地扭,五角苓,飞疗药,圆叶母草*
宽叶牧场草 Uniola latifolia L.(禾本科)
宽叶千斤拔 Flemingia latifolia Benth.(豆科),*阔叶千斤拨*
宽叶千里光 Senecio fluviatilis Wallr.(菊科)
宽叶荨麻(新疆中草药)=异株荨麻
宽叶荨麻 Urtica laetevirens Maxim.(荨麻科),*哈拉海,虎麻草,荨麻,螫麻,青活麻,蝎子草,痒痒草*
宽叶羌活 Notopterygium forbesii de Boiss.(伞形科),*大头羌*
宽叶亲族薹草 Carex gentilis var. intermedia Tang & Wang ex L.K.Dai(莎草科)
宽叶秦岭藤 Biondia hemsleyana (Warb.) Tsiang (萝藦科)
宽叶青杨 Populus cathayana var. latifolia (C. Wang & C.Y.Wu) C.Wang & Tung (杨柳科)
宽叶日本粗叶木 Lasianthus japonicus var. latifolius (H.Zhu) Lo(茜草科)
宽叶绒苞榛 Corylus fargesii var. latifolia T.Hong & J.W.Li (桦木科)
宽叶乳浆大戟(东北草本志)=乳浆大戟
宽叶伞花百合 Lilium ×hollandicum Bergman (百合科)
宽叶散血芹 Pternopetalum botrychioides var. latipinnulatum Shan(伞形科)
宽叶山蒿 Artemisia stolonifera (Maxim.) Kom. (菊科),*天目蒿,阿古拉音-西巴嘎*
宽叶山黧豆 Lathyrus latifolius L.(豆科)
宽叶山柳菊 Hieracium coreanum Nakai(菊科)
宽叶山月桂 Kalmia latifolia L.(杜鹃花科),*山月桂*
宽叶上树南星 Anadendrum latifolium HK.f.(天南星科)
宽叶十万错 Asystasia gangetica (L.) T.Anders. (爵床科)
宽叶石防风 Peucedanum terebinthaceum var. deltoideum (Makino ex Yabe) Makino(伞形科),*风芹*
宽叶石楠(新)Photinia serrulata var. daphniophylloides (Hay.) Kuan(蔷薇科),*石楠宽叶变种*
宽叶石生驼蹄瓣 Zygophyllum rosovii var. latifolium (Schrenk) Popov(蒺藜科)
宽叶石竹(新疆检索表)=大苞石竹
宽叶石竹 Dianthus latifolius Willd.(石竹科)
宽叶书带蕨(分类学报)=剑叶书带蕨
宽叶鼠曲草(中药辞海)=宽叶鼠麹草
宽叶鼠麹草 Gnaphalium adnatum (Wall. ex DC.) Kitam. (菊科),*地膏药,岩白菜,雾水草,兔耳风,宽叶鼠曲草*
宽叶栓果芹 Cortiella caespitosa Shan & Sheh (伞形科)
宽叶水柏枝 Myricaria platyphylla Maxim.(柽柳科),*沙红柳,喇嘛杆,胖柳,喇嘛棍,阔叶柽柳*
宽叶水苏(东北检索表)=水苏
宽叶水竹叶 Murdannia japonica (Thunb.) Faden (鸭跖草科)
宽叶四川马先蒿 Pedicularis szetschuanica subsp. latifolia Tsoong(玄参科),*四川马先蒿宽叶亚种*
宽叶苏铁 Cycas balansae Warb.(苏铁科)
宽叶薹草 Carex siderosticta Hance(莎草科),*崖棕*
宽叶太白山五加 Acanthopanax stenophyllus f. dilatatus Rehd.?(五加科)
宽叶铁线莲 Clematis ethusifolia var. latisecta Maxim. (毛茛科),*芹叶铁线莲*
宽叶葶苈 Draba nemorosa f. latifolia M.-Bieb. (十字花科)
宽叶土三七(东北检索表)=宽叶费菜
宽叶兔儿风 Ainsliaea latifolia (D.Don) Sch.-Bip. (菊科),*小一支箭,牛尾一枝箭,毛叶香,天星地白子,酸恶俞,禹泻,牛耳菜,无秃,大叶一枝箭,白胡子狼毒,刀口药*
宽叶卫矛 Euonymus latifolius (L.) Mill.(卫矛科)
宽叶吻兰 Collabium nebulosum Blo.(兰科)
宽叶乌柳 Salix cheilophila var. acuminata C. Wang (杨柳科)
宽叶下田菊(新)Adenostemma lavenia var. latifolium (D.Don) Hand.-Mazz.(菊科),*宽叶变种*
宽叶仙茅 Curculigo latifolia Dry.(石蒜科)
宽叶仙女木(东北检索表)=东亚仙女木
宽叶线柱兰 Zeuxine affinis (Lindl.) Benth. ex HK.f. (兰科),*亲种线柱兰*
宽叶香茶菜 Isodon latifolius (C.Y.Wu & H.W.Li) H.Hara(唇形科)
宽叶香蒲 Typha latifolia L.(香蒲科)
宽叶小叶杨 Populus simonii var. latifolia C.Wang & Tung (杨柳科)
宽叶缬草 Valeriana officinalis var. latifolia Miq. (败酱科),*广州拨地麻*
宽叶新疆乳菀(新)Galatella songorica var. latifolia Ling & Y.L.Chen(菊科),*宽叶变种*
宽叶绣线菊(新)Spiraea yatabei var. latifolia Nakai? (蔷薇科)
宽叶雪花莲 Galanthus platyphyllus Traub & Mold. (石蒜科)
宽叶薰衣草 Lavandula latifolia Vill.(唇形科)
宽叶亚菊 Ajania latifolia Shih(菊科)
宽叶岩黄芪 Hedysarum polybotrys var. alaschanicum (B.Fedtsch.) H.C.Fu & Z.Y.Chu(豆科)
宽叶沿阶草 Ophiopogon platyphyllus Merr. & Chun(百合科)
宽叶羊耳蒜 Liparis latifolia (Bl.) Lindl.(兰科)
宽叶羊胡子草 Eriophorum latifolium Hoppe (莎草科)
宽叶羊角芹 Aegopodium latifolium Turcz.(伞形科)
宽叶野青茅 Deyeuxia arundinacea var. latifolia (Rendle) P.C.Kuo & S.L.Lu(禾本科)
宽叶隐子草 Cleistogenes hackeli var. nakai (Keng) Ohwi (禾本科)
宽叶蝇子草 Silene platyphylla Franch.(石竹科),*阔叶女娄菜,草场蝇子草*
宽叶油点草 Tricyrtis latifolia Maxim.(百合科)
宽叶云南葶苈(植物志 33)=云南葶苈
宽叶泽苔草 Caldesia grandis Samuel.(泽泻科),*圆叶泽泻*
宽叶展毛银莲花 Anemone demissa var. major W.T.Wang (毛茛科)
宽叶沼生蒲公英 Taraxacum spectabile Dahlst. (菊科)
宽叶珍珠茅 Scleria elata var. latior C.B.Clarke (莎草科),*三楞筋骨草,高杆珍珠茅*
宽叶重楼 Paris polyphylla var. latifolia Wang & Chang (百合科)

宽叶锥花 Gomphostemma latifolium C.Y.Wu (唇形科)
宽叶紫麻 Oreocnide tonkinensis (Gagn.) Merr. & Chun(荨麻科)
宽叶紫萁 Osmunda javanica Bl.(紫萁科),*爪哇薇*
宽叶紫杉(东北木本志)=东北红豆杉
宽叶足柱兰 Dendrochilum latifolium Lindl.(兰科)
宽翼柄鸢尾 Iris alata Poir.(鸢尾科)
宽翼棘豆 Oxytropis latialata P.C.Li(豆科)
宽颖草 Roegneria latiglumis (Scribn. & Smith) Nevski (禾本科)
宽颖早熟禾 Poa platyglumis (L.Liu) L.Liu(禾本科)
宽余钱草(广西中草药)=穿心草
宽羽贯众 Cyrtomium fortunei f. latipinna Ching (鳞毛蕨科)
宽羽鳞毛蕨 Dryopteris ryo-itoana Kurata(鳞毛蕨科)
宽羽毛蕨 Cyclosorus latipinnus (Benth.) Tard.-Blot (金星蕨科)
宽羽实蕨 Bolbitis latipinna Ching(实蕨科)
宽羽线蕨 Colysis elliptica var. pothifolia Ching (水龙骨科),*一包金,骨碎补*
宽玉谷精草 Eriocaulon rockianum var. latifolium W.L.Ma(谷精草科)
宽胀萼紫草 Maharanga lycopsioides (C.E.C. Fisch.)I.M.Joh.(紫草科),*宽萼滇紫草*
宽昭巴豆 Croton howii Merr. & Chun ex Y.T. Chang (大戟科)
宽昭粗叶木 Lasianthus kurzii var. howii Lo(茜草科)
宽昭龙船花 Ixora foonchowii Ko(茜草科)
宽昭螺序草 Spiradiclis howii Lo(茜草科)
宽昭蛇根草 Ophiorrhiza howii Lo (茜草科),*长花蛇根草*
宽昭新木姜(海南志)=保亭新木姜子
宽昭桢楠(海南志)=琼桂润楠
宽钟杜鹃 Rhododendron beesianum Diels(杜鹃花科)
宽柱鸢尾 Iris latistyla Y.T.Zhao(鸢尾科)
宽爪黄芪 Astragalus latiunguiculatus Y.C.Ho(豆科)
宽爪棘豆(新疆检索表)=宽柄棘豆
宽爪野豌豆 Vicia latiuniquiculata Xia (豆科)
宽籽哈克 Hakea platysperma HK.(山龙眼科)
款冬 Tussilago farfara L.(菊科),*艾冬花,冬花,虎须,九尽草,九九花,看灯花,款冬花,款花*
款冬花(植物志 77-1)=款冬
款冬属 Tussilago L.(菊科)
款花(疮疡经验全书)=款冬

Kuang

筐柳(树木分类学)=乌柳
筐柳 Salix linearistipularis (Franch.) Hao(杨柳科),*蒙古柳,红皮柳,紫柳,簸箕柳*
筐条菝葜 Smilax corbularia Kunth(百合科)
狂风藤(图考)=日本薯蓣
穬麦(名医别录)=青稞
穬麦糵(名医别录)=青稞

Kui

盔瓣景天(植物志 34-1)=方腺景天
盔形辐花 Lomatogoniopsis galeiformis T.N.Ho & S.W.Liu(龙胆科)
盔须马先蒿 Pedicularis lophotricha Li(玄参科)
盔状黄芩 Scutellaria galericulata L.(唇形科)
奎恩西小檗 Berberis guernseyensis Ahrendt (小檗科)
奎宁树(广西,新拉汉英)=萝芙木
奎宁树(云南)=金鸡纳树
奎帕特小檗 Berberis quelpaertensis Nakai (小檗科)
葵菜(湖南,贵州,四川)=冬葵
葵房(葵花研究)=向日葵
葵花白菜(图考)=甘蓝
葵花大蓟 Cirsium souliei (Franch.) Mattf.(菊科),*聚头蓟*
葵花松(贵州黔西)=海南五针松
葵菜(尔雅)=落葵
葵兰(台湾志)=心叶球柄兰
葵扇木(广西)=蒲葵
葵扇哇(广西)=蒲葵
葵叶报春 Primula malvacea Franch.(报春花科)
葵叶大黄(植物志 25-1)=掌叶大黄
葵叶茑萝 Quamoclit sloteri House(旋花科),*槭叶茑萝,杂种茑萝*
葵子(药用图鉴)=向日葵
魁斗杜鹃(云南志,西藏志)=优秀杜鹃
魁蒿 Artemisia princeps Pamp.(菊科),*艾叶,端午艾,黄花艾,陶如格-沙里尔日,王候蒿,五月艾,野艾,野艾蒿*
魁蓟 Cirsium leo Nakai & Kitag.(菊科)
魁栗(河北等省)=栗
魁芩(植物志 65-2)=连翘叶黄芩
魁伟玉 Euphorbia horrida Boiss.(大戟科)
夔州毛蕨 Cyclosorus kuizouensis Shing(金星蕨科)
溃天柱 Cereus dayamii Speg.(仙人掌科)
蒉(尔雅)=大麻

Kun

坤草(北方各省,福建,江西)=益母草
昆伯兰杜鹃花 Rhododendron cumberlandense E.Braun (杜鹃花科)
昆仑韭 Allium pevtzovii Prokh.(百合科)
昆栏树 Trochodendron aralioides S. & Z.(昆栏树科)
昆栏树科 Trochodendraceae
昆栏树属 Trochodendron S. & Z.(昆栏树科)
昆仑翠雀花 Delphinium kunlunshanicum Chang Y.Yang & B.Wang(毛茛科)
昆仑方枝柏 Juniperus centrasiatica Kom.(柏科),*昆仑山方枝柏*
昆仑蒿 Artemisia nanschanica Krasch.(菊科),*祁连山蒿,南山蒿*
昆仑碱茅 Puccinellia kunlunica Tzvel.(禾本科)
昆仑锦鸡儿 Caragana polofouensis Franch.(豆科)
昆仑绢蒿 Seriphidium korovinii (Poljak.) Poljak.(菊科)
昆仑马唐 Digitaria stewartiana Bor (禾本科)
昆仑毛茛 Ranunculus kunlunshanicus J.G.Liu (毛茛科)
昆仑沙蒿 Artemisia saposhnikovii Krasch. ex Poljak.(菊科)
昆仑山方枝柏(中国树木学)=昆仑方枝柏
昆仑雪兔子 Saussurea depsangensis Pamp.(菊科)
昆仑圆柏 Juniperus semiglobosa Rgl. (柏科)
昆仑针茅 Stipa roborowskyi Roshev.(禾本科)
昆明白前(种子植物名称)=昆明杯冠藤
昆明柏 Juniperus gaussenii W.C.Cheng(柏科)
昆明杯冠藤 Cynanchum wallichii Wight(萝藦科),*断节参,对节参,金线葫芦,昆明白前,青洋参,团花奶浆根*
昆明冬青 Ilex kunmingensis H.W.Li ex Y.R.Li (冬青科)
昆明杜鹃花(新英拉汉)=粉红爆杖花
昆明峨眉蕨 Lunathyrium dolosum (Christ) Ching (蹄盖蕨科),*大理峨眉蕨,丽江峨眉蕨*
昆明谷精草 Eriocaulon kunmingense Z.X. Zhang (谷精草科),*裂瓣谷精草*
昆明海桐 Pittosporum kunmingense Chang & Yan(海桐花科)
昆明合耳菊 Synotis cavaleriei (Lévl.) C.Jeffr. & Y.L.Chen(菊科),*昆明千里光*
昆明红景天 Rhodiola liciae (Hamet) S.H.Fu (景天科),*丽西红景天,扇叶景天*
昆明鸡血藤(图考)=网络崖豆藤
昆明鸡血藤(图考)=香花崖豆藤
昆明鸡血藤属(科学名词审定本)=**崖豆藤属**
昆明鸡爪黄连(昆明民间草药)=昆明小檗
昆明假瘤蕨 Phymatopteris hirtella (Ching) Pic.Serm.(水龙骨科)
昆明假蹄盖蕨 Athyriopsis longipes Ching(蹄盖蕨科),*狭叶假蹄盖蕨*
昆明堇菜(云南)=滇中堇菜
昆明雷公藤 Tripterygium hypoglaucum (Lévl.) Hutch(卫矛科),*大叶黄藤,掉毛草,火把花,火奔子,金风藤,昆明山海棠,六方藤,胖关藤,紫金皮,紫金藤*
昆明犁头尖 Typhonium kunmingense H.Li(天南星科)
昆明龙胆(Flora 16)=滇龙胆
昆明龙胆 Gentiana duclouxii Franch.(龙胆科)
昆明鹿藿 Rhynchosia kunmingensis Y.T.Wei & S.Lee(豆科)
昆明毛茛 Ranunculus kunmingensis W.T.Wang (毛茛科),*雷波毛茛*
昆明木蓝 Indigofera pampaniniana Craib(豆科),*班班木蓝*
昆明朴(植物志 22)=四蕊朴
昆明千里光(植物志 77-1)=昆明合耳菊
昆明沙参(图考)=金铁锁
昆明沙参 Adenophora stricta subsp. confusa (Nannf.) Hong(桔梗科),*沙参*
昆明山海棠(图考)=昆明雷公藤
昆明山梅花 Philadelphus kunmingensis S.M. Hwang (虎耳草科)
昆明石杉 Huperzia kunmingensis Ching(石杉科)
昆明石生紫菀(新)Aster oreophilus f. inaequisquamus Ling(菊科)
昆明实心竹 Fargesia yunnanensis Hsueh & Yi (禾本科)
昆明暑喇(云南)=黄草乌
昆明天门冬 Asparagus mairei Lévl.(1909)(百合科)
昆明乌木(图考)=清香木
昆明乌头(植物志 27)=黄草乌
昆明香茶菜(植物志 66)=间断香茶菜
昆明象牙参 Roscoea kunmingensis S.Q.Tong (姜科)
昆明小檗 Berberis kunmingensis C.Y.Wu ex S. Y.Bao (小檗科),*三颗针,土黄连,鸡脚刺,昆明鸡爪黄连*
昆明蟹甲草 Parasenecio tripteris (Hand.-Mazz.) Y.L.Chen(菊科)
昆明羊茅 Festuca mazzetiana E.Alexeev(禾本科)
昆明鹰爪枫(植物志 29)=八月瓜
昆明榆 Ulmus changii var. kunmingensis

(Cheng) Cheng & L.K.Fu(榆科)
昆明暮菊 Pertya bodinieri Vant.(菊科)
昆士来哈克(新拉汉英)=柳形哈克
昆士兰贝壳杉 Agathis robusta (Moore) Bailey (南洋杉科)
昆士兰坚果(新拉汉英)=全缘叶澳洲坚果树
昆氏花椒(经济植物手册)=陕甘花椒
昆亭尼亚 Quintinia serrata A.Cunn.(虎耳草科)
昆亭尼亚属 Quintinia A.DC.(虎耳草科)
捆仙绳(陕西)=琉璃草
捆仙绳(四川)=血水草
捆仙绳(天宝本草)=糯米团
捆仙绳(云南植物研究)=金丝条马尾杉
捆仙绳(中草药汇编,陕西植物药调查)=顶花板凳果
捆仙丝(中草药汇编)=青龙藤
壶小檗 Berberis chitria Lindl.(小檗科)

Kuo

扩展女贞 Ligustrum expansum Rehd.(木犀科)
括花草(广东)=扭鞘香茅
括金板(贵州方药集)=黄苞大戟
括金盘(云南药用名录)=黄苞大戟
栝楼(药性类明)=截叶栝
栝楼 Trichosanthes kirilowii Maxim.(葫芦科), *地楼,瓜壳,瓜蒌,瓜楼,果梨,果赢,花粉,黄瓜,金丝莲,蒌粉,瑞雪,屎瓜根,柿瓜,天瓜粉,天花粉,天圆子,蒌根,药瓜,泽姑,泽巨*
栝楼壳(中药鉴别法)=多卷须栝楼
栝楼皮(雷公炮炙论)=多卷须栝楼
栝楼属 Trichosanthes L.(葫芦科)
栝楼子(本草经集注)=截叶栝楼
阔瓣白兰花(高等图鉴)=阔瓣含笑
阔瓣含笑 Michelia platypetala Hand.-Mazz.(木兰科), *阔瓣白兰花,云山白兰花,广东香子*
阔瓣假脉蕨 Crepidomanes dilatatum Ching & C. H.Wang (膜蕨科), *大唇假脉蕨*
阔瓣茜草 Rubia latipetala Lo(茜草科)
阔瓣天料木 Homalium kainantense Masamune (大风子科)
阔瓣鸢尾兰 Oberonia latipetala L.O.Williams (兰科)
阔瓣蚤休(药用志)=云南重楼
阔瓣珍珠菜 Lysimachia platypetala Franch.(报春花科), *茄花香草*
阔瓣钻地风(分类学报)=钻地风
阔苞变种(植物志 74)=阔苞狗舌紫菀(新)
阔苞变种(植物志 74)=阔苞密叶飞蓬(新)
阔苞凤仙花 Impatiens latebracteata HK.f.(凤仙花科)
阔苞狗舌紫菀(新)Aster senecioides var. latisquamus Ling(菊科), *阔苞变种*
阔苞花(数据库光盘)=紫苞野靛棵
阔苞菊 Pluchea indica (L.) Less.(菊科), *格杂树,栾樨,五香香*
阔苞菊属 Pluchea Cass.(菊科)
阔苞莲叶点地梅 Androsace henryi var.simulans C.M.Hu & Y.C.Yang(报春花科)
阔苞密叶飞蓬(新)Erigeron multifolius var. amplisquamus Ling & Y.L.Chen(菊科), *阔苞变种*
阔苞缩苞木 Cryptandra spinescens Sieb. ex DC. (鼠李科)
阔边假脉蕨 Crepidomanes latemarginale (Eaton) Cop.(膜蕨科)
阔边鳞始蕨 Lindsaea ecedens Ching ?(陵齿蕨科)
阔边陵齿蕨 Lindsaea recedens Ching(陵齿蕨科)
阔柄糙果茶 Camellia latipetiolata Chi(山茶科)
阔柄杜鹃 Rhododendron platypodum Diels(杜鹃花科)
阔柄橐吾 Ligularia latipes S.W.Liu(菊科)
阔齿铁角蕨 Asplenium latidens Ching(铁角蕨科)
阔翅巢蕨 Neottopteris latipes Ching ex S.H.Wu (铁角蕨科)
阔翅槭(树木分类学)=毛花槭
阔翅槭(树木分类学)=十蕊槭
阔垂枝瑞典刺柏 Juniperus communis var. suecia f. oblongopendula (柏科)
阔唇羊耳蒜 Liparis latilabris Rofle(兰科)
阔刺兔唇花 Lagochilus platyacanthus Rupr.(唇形科)
阔带凤丫蕨 Coniogramme maxima Ching & Shing (裸子蕨科)
阔萼粉报春 Primula knuthiana Pax(报春花科), *克努报春*
阔萼凤仙花 Impatiens platysepala Y.L.Chen(凤仙花科)
阔萼堇菜 Viola grandisepala W.Beck.(堇菜科), *长茎堇菜*
阔盖粉背蕨 Aleuritopteris gresia (Blanford) Panigrahi (中国蕨科), *细柄粉背蕨*
阔果山桃草 Gaura biennis L.(柳叶菜科), *山桃草*
阔花早熟禾 Poa platyantha Kom.(禾本科)
阔基苍山蕨 Ceterachopsis latibasis Ching & Shing ex Ching & S.H.Wu (铁角蕨科), *阔茎苍山蕨*()
阔基巢蕨(海南志)=阔足巢蕨
阔基耳蕨 Polystichum mehrae f. latifundus H.C. Kung & L.B.Zhang(鳞毛蕨科)
阔基凤丫蕨 Coniogramme latibasis Ching ex Shing (裸子蕨科)
阔基复叶耳蕨 Arachniodes triangularis Ching (鳞毛蕨科)
阔基假蹄盖蕨 Athyriopsis pseudoconilii (Serizawa) W.M.Chu(蹄盖蕨科)
阔基角蕨 Cornopteris latibasis W.M.Chu(蹄盖蕨科)
阔基鳞果星蕨 Lepidomicrosorium latibasis Ching & Shing(水龙骨科)
阔基鳞毛蕨 Dryopteris dilatata (Hoffm.) A.Gray (鳞毛蕨科)
阔基鳞毛蕨 Dryopteris latibasis Ching(鳞毛蕨科)
阔基蹄盖蕨(蕨类形态)=翅轴蹄盖蕨
阔荚合欢 Albizia lebbeck (L.) Benth.(豆科), *大叶合欢,缅甸合欢,*
阔荚苜蓿 Medicago platycarpos (L.) Trautv.(豆科)
阔茎苍山蕨(蕨类形态)=阔基苍山蕨
阔口杜鹃花 Rhododendron planetum Balf.f.(杜鹃花科), *飘泊杜鹃花*
阔蜡瓣花 Corylopsis platypetala Rehd. & Wils. (金缕梅科)
阔镰鞭叶蕨 Cyrtomidictyum faberi (Bak.) Ching (鳞毛蕨科), *普陀鞭叶蕨*
阔裂片槟榔 Areca latiloba Ridley (棕榈科)
阔裂叶羊蹄甲 Bauhinia apertilobata Merr. & Metc. (豆科), *亚那藤,搭袋藤*
阔裂紫地榆(云南志)=宽片老鹳草
阔鳞耳蕨 Polystichum rigens Tagawa(鳞毛蕨科), *宽盖耳蕨*
阔鳞肋毛蕨 Ctenitis maximowicziana (Miq.) Ching (叉蕨科), *白鳞肋毛蕨*
阔鳞鳞毛蕨 Dryopteris championii (Benth.) C.Chr.(鳞毛蕨科), *毛贯众,小龙骨,小贯众,细叶土凤尾,东南鳞毛蕨*
阔鳞瘤蕨 Phymatosorus hainanensis (Noot.) S.G.Lu(水龙骨科)
阔鳞双盖蕨(分类学报)=海南双盖蕨
阔脉芥属(科属辞典)=**宽框荠属**
阔片短肠蕨 Allantodia matthewii (Copel.) Ching (蹄盖蕨科)
阔片假毛蕨 Pseudocyclosorus latilobus (Ching) Ching(金星蕨科)
阔片角蕨 Cornopteris latiloba Ching(蹄盖蕨科)
阔片金星蕨 Parathelypteris pauciloba Ching ex Ching(金星蕨科)
阔片里白 Diplopterygium blotiana (C.Chr.) Nakai (里白科)
阔片乌蕨 Stenoloma biflorum (Kaulf.) Ching(陵齿蕨科)
阔鞘小芹 Sinocarum vaginatum Wolff(伞形科)
阔球形北美香柏 Thuja occidentalis cv. Woodward (柏科)
阔蕊兰 Peristylus goodyeroides (D.Don) Lindl. (兰科), *绿花阔蕊兰,南投玉凤兰,白缘边玉凤兰*
阔蕊兰属 Peristylus Bl.(兰科)
阔舌大丁草 Gerbera latiligulata Y.C.Tseng(菊科)
阔舌羊耳蒜 Liparis platyglossa Schltr.(兰科)
阔托叶耳草 Hedyotis platystipula Merr.(茜草科)
阔叶桉 Eucalyptus platyphylla F.v.Muell.(桃金娘科)
阔叶八角枫 Alangium faberi var. platyphyllum Chun & How(八角枫科)
阔叶变种(植物志 66)=川藏香茶菜
阔叶补血草 Limonium latifolium (Sm.) O. Kuntze (白花丹科)
阔叶梣 Fraxinus latifolia Benth.(木犀科)
阔叶茶藨子 Ribes latifolium Jancz.(虎耳草科)
阔叶柽柳(拉汉名称和手册)=宽叶水柏枝
阔叶带唇兰 Tainia latifolia (Lindl.) Rchb.f.(兰科), *竹东杜鹃兰,大花邓兰,圆叶小杜鹃兰*
阔叶稻 Oryza latifolia Desv.(禾本科)
阔叶吊兰(江苏志)=钓兰
阔叶冬青 Ilex latifrons Chun(冬青科), *长叶冬青*
阔叶杜鹃 Rhododendron platyphyllum Franch. ex Balf.f. & W.W.Sm.(杜鹃花科)
阔叶杜英 Elaeocarpus sphaerocarpus H.T.Chang (杜英科)
阔叶椴 Tilia platyphyllos Scop.(椴树科)
阔叶丰花草 Borreria latifolia (Aubl.) K.Schum. (茜草科)
阔叶风车子 Combretum latifolium Bl.(使君子科)
阔叶凤尾蕨 Pteris esquirolii Christ (凤尾蕨科)
阔叶骨碎补 Davallia solida (Forst.) Sw.(骨碎补科)
阔叶瓜馥木 Fissistigma chloroneurum (Hand.-Mazz.) Tsiang(番荔枝科), *香藤*
阔叶观音座莲 Angiopteris vasta Ching(观音座莲科)
阔叶杭子稍 Campylotropis latifolia (Dunn) Schindl. (豆科)
阔叶槲寄生(云南志)=卵叶槲寄生

阔叶虎克小檗 Berberis hookeri var. platyphylla Ahrent (小檗科)
阔叶黄芦木 Berberis amurensis var. latifolia Nakai (小檗科)
阔叶鸡藤 Calamus pulchellus Burret (棕榈科), *猫藤*
阔叶荚蒾 Viburnum lobophyllum Graebn.?(忍冬科)
阔叶假黄杨木 Gyminda grisebachii Sarg.(卫矛科)
阔叶假排草 Lysimachia petelotii Merr.(报春花科)
阔叶假小檗 Berberis fallax var. latifolia C.Y.Wu & S.Y.Bao(小檗科)
阔叶胶核木 Myxopyrum smilacifolium Bl.(木犀科)
阔叶金锦香(台湾)=朝天罐
阔叶景天 Sedum roborowskii Maxim.(景天科)
阔叶蜡莲绣球(植物志 35-1)=蜡莲绣球
阔叶老鸦瓣(Flora 24)=二叶郁金香
阔叶鲤鱼胆(江苏)=剪红纱花
阔叶鲤鱼胆(浙江)=剪春罗
阔叶鳞盖蕨 Microlepia platyphylla (Don) J.Sm.(碗蕨科)
阔叶鳞毛蕨 Dryopteris austriaca (Jacq.) Waynar ex Schinz & Thell.(鳞毛蕨科)
阔叶萝芙木(广林报告)=萝芙木
阔叶猕猴桃 Actinidia latifolia (Gardn. & Champ.) Merr.(猕猴桃科), *多果猕猴桃,多花猕猴桃,宽叶猕猴桃,红蒂蛇*
阔叶女娄菜(拉汉名称)=宽叶蝇子草
阔叶蒲桃 Syzygium latilimbum Merr. & Perry (桃金娘科)
阔叶槭 Acer amplum Rehd.(槭树科), *高大槭,黄枝槭*
阔叶千斤拨(植物志 41)=宽叶千斤拔
阔叶清风藤 Sabia yunnanensis subsp. latifolia (Rehd. & Wils.) Y.F.Wu(清风藤科), *毛清风藤*
阔叶箬竹 Indocalamus latifolius (Keng) Mc Clure (禾本科), *寮竹,箬竹,亮箬竹*
阔叶三花假卫矛 Microtropis triflora var. szechuanensis C.Y.Cheng & T.C.Kao(卫矛科)
阔叶山荆子 Malus baccata var. latifolia Skv.?(蔷薇科)
阔叶山麦冬(植物志 15)=短葶山麦冬
阔叶省藤 Calamus orientalis C.E.Chang(棕榈科)
阔叶十大功劳 Mahonia bealei (Fort.) Carr. (小檗科), *老鼠刺,刺黄芩,十大功劳叶,刺黄连,石黄连,土黄柏,土黄连,十大功劳根,茨黄连*
阔叶书带蕨(蕨类图谱)=唇边书带蕨
阔叶蜀五加 Acanthopanax setchuenensis var. latifoliatus Hoo(五加科)
阔叶四叶葎 Galium bungei var. trachyspermum (A.Gray) Cuif.(茜草科)
阔叶天南星(拉汉名称和手册)=全缘灯台莲
阔叶天香百合 Lilium auratum var.platyphyllum Baker (百合科)
阔叶娃儿藤 Tylophora astephanoides Tsiang & P.T.Li(萝藦科)
阔叶瓦韦 Lepisorus tosaensis (Makino) H.Ito(水龙骨科), *拟瓦韦*
阔叶五层龙 Salacia amplifolia Merr. ex Chun & How(翅子藤科)
阔叶细笔兰(台湾志)=钳唇兰
阔叶相思树(豆科图说,植物志 39)=光叶金合欢
阔叶小檗 Berberis platyphylla (Ahrendt) Ahrendt (小檗科)
阔叶肖榄 Platea latifolia Bl.(茶茱萸科), *海南肖榄,木棍树,蒜头树*
阔叶缬草(广西)=长序缬草
阔叶缬草(拉汉名称和手册)=缬草
阔叶蟹甲草 Parasenecio latipes (Franch.) Y.L. Chen (菊科)
阔叶岩风 Libanotis acaulis Shan & Sheh(伞形科)
阔叶沿阶草 Ophiopogon jaburan Lodd.(百合科)
阔叶杨 Populus platyphylla T.Y.Sun (杨柳科)
阔叶杨桐 Adinandra latifolia L.K.Ling(山茶科)
阔叶野火球(新)Trifolium pacificum Bobrov?(豆科)
阔叶玉山竹 Yushania megalothyrsa (Hand.-Mazz.) Wen (禾本科)
阔叶原始观音座莲 Archangiopteris latipinna Ching (观音座莲科)
阔叶远志(中药大辞典)=卵叶远志
阔叶早熟禾 Poa grandis Hand.-Mazz.(禾本科), *大莓系*
阔叶樟 Cinnamomum platyphyllum (Diels) Allen (樟科)
阔叶沼兰 Malaxis latifolia J.E.Smith(兰科)
阔叶竹茎兰 Tropidia angulosa (Lindl.) Bl.(兰科), *东平静摺唇兰*
阔叶竹桃 Thevetia ahouai (L.) A.DC.(夹竹桃科)
阔羽叉蕨 Tectaria fengii Ching & C.H.Wang(叉蕨科)
阔羽肠蕨 Diplaziopsis brunoniana (Wall.) W.M. Chu (蹄盖蕨科)
阔羽短肠蕨 Allantodia latipinnula Ching & W. M.Chu (蹄盖蕨科)
阔羽粉背蕨 Aleuritopteris tamburii (HK.) Ching (中国蕨科)
阔羽复叶耳蕨 Arachniodes assamica (Kuhn) Ohwi (鳞毛蕨科), *西南复叶耳蕨*
阔羽观音座莲 Angiopteris latipinnula Ching(观音座莲科)
阔羽贯众 Cyrtomium yamamotoi Tagawa(鳞毛蕨科), *同羽贯众,狭顶贯众*
阔羽假蹄盖蕨 Athyriopsis pachyphylla Ching (蹄盖蕨科)
阔羽毛蕨 Cyclosorus macrophyllus Ching & Z. Y.Liu (金星蕨科)
阔羽溪边蕨 Stegnogramma latipinna Ching & Y.X.Lin (金星蕨科), *短柄溪边蕨*
阔柱黄杨 Buxus latistyla Gagn.(黄杨科)
阔柱柳叶菜 Epilobium platystigmatosum C. Robinson (柳叶菜科), *鬼松针,高柱柳叶菜*
阔柱藤属(科属辞典)=**荟蔓藤属**
阔紫叶堇菜 Viola cameleo H.de Boiss.(堇菜科)
阔足巢蕨 Neottopteris latibasis Ching (铁角蕨科), *阔基巢蕨*

La

拉波郑柏(蕨类图说)=细叶卷柏
拉卜楞杜鹃 Rhododendron labolengense Ching & H.P.Yang(杜鹃花科)
拉不拉多马先蒿 Pedicularis labradorica Wirsing (玄参科)
拉达克碱茅 Puccinellia ladakhensis (Hartm.) Dick. (禾本科)
拉达纳荆芥 Nepeta ladanolens Lipsky (唇形科)
拉德京棘豆 Oxytropis ladyginii Kryl.(豆科)
拉第黄芩 Scutellaria raddeana Juz.(唇形科)
拉杜属(科属检索表)=**匙叶草属**
拉冈(藏名)=走茎灯心草
拉哈尔早熟禾 Poa lahulensis Bor(禾本科)
拉加柳 Salix rockii Görz(杨柳科)
拉觉石杉 Huperzia lajouensis Ching(石杉科)
拉拉草(植物名录)=野黍
拉拉蔓(河北药材)=葎草
拉拉山冬青 Ilex rarasanensis Sasaki(冬青科)
拉拉山粉蝶兰(台兰科图鉴)=拉拉山舌唇兰
拉拉山舌唇兰 Platanthera lalashaniana S.S.Ying (兰科), *拉拉山粉蝶兰*
拉拉藤(广西)=刺儿瓜
拉拉藤(江苏,浙江)=葎草
拉拉藤 Galium aparine var. echinospermum (Wallr.) Cuf.(茜草科), *猪殃殃,爬拉殃,八仙草,小锯藤,锯子草*
拉拉藤属 Galium L.(茜草科), *猪殃殃属*
拉拉菀(宁夏中草药)=田旋花
拉拉香(辽宁)=香薷
拉拉秧(东北药志)=葎草
拉马克草 Lamarckia aurea (L.) Moench.(禾本科)
拉马克草属 Lamarckia Moench (禾本科)
拉马山柳 Salix lamashanensis Hao(杨柳科)
拉曼筋骨草 Ajuga laxmannii (L.) Benth.(唇形科)
拉毛草(拉汉名称和手册)=拉毛果
拉毛果 Dipsacus sativus (L.) Honck.(川续断科), *拉毛草,起绒草*
拉美胡桐 Calophyllum anthillanum Britt.(藤黄科)
拉美驼峰楝 Guarea guara P.Wils.(楝科)
拉蒙苣苔属 Ramonda Rich. ex Pers.(苦苣苔科)
拉尼(藏药志)=卷叶黄精
拉尼(藏药志)=轮叶黄精
拉昵棕属 Ranevea L.H.Bailey (棕榈科)
拉普兰棘豆 Oxytropis lapponica (Wahlenb.) J. Gay (豆科)
拉钦耳蕨 Polystichum lachenense (HK.) Bedd. (鳞毛蕨科), *浅裂高山耳蕨,高山小耳蕨,高山耳蕨*
拉萨长果婆婆纳(Flora 18)=矮小婆婆纳
拉萨虫实 Corispermum lhasaense Tsien & C.G. Ma (藜科)
拉萨翠雀花 Delphinium gyalanum Marq. & Shaw (毛茛科)
拉萨大黄 Rheum lhasaense A.J.Li & P.K.Hsiao (蓼科)
拉萨风毛菊(新华本草纲要)=拉萨雪兔子
拉萨狗娃花 Heteropappus gouldii (C.E.Fisch) Griers. (菊科)
拉萨厚棱芹 Pachypleurum lhasanum H.T.Chang & Shan (伞形科)
拉萨黄堇 Corydalis lhasaensis C.Y.Wu & Z.Y. Su (罂粟科), *无冠细叶黄堇*
拉萨黄芪 Astragalus lasaensis Ni & P.C.Li(豆科)
拉萨蒲公英 Taraxacum sherriffii V.soest(菊科)
拉萨千里光 Senecio lhasaensis Ling ex C.Jeffr. & Y.L.Chen(菊科)
拉萨鼠麴草 Gnaphalium flavescens Kitam.(菊科)
拉萨小檗 Berberis hemsleyana Ahrendt(小檗科)

拉萨小蓝雪花 Ceratostigma minus f. lasaënse Peng(白花丹科)
拉萨玄参 Scrophularia lhasaensis D.Y.Hong (玄参科)
拉萨雪兔子 Saussurea kingii C.E.Fisch.(菊科), *拉萨风毛菊*
拉萨栒子(新)Cotoneaster tibeticus Kltz?(蔷薇科)
拉萨野丁香 Leptodermis hirsutiflora Lo(茜草科)
拉萨蝇子草 Silene lhassana (Williams) Majumdar (石竹科)
拉萨早熟禾 Poa lhasaensis Bor(禾本科)
拉氏宝丽兰 Bollea lalindei (Rchb.f.) Rchb.f.(兰科)
拉氏风毛菊 Saussurea ladyginii Lipsch.(菊科)
拉氏柳叶菜 Epilobium lamyi Schulz (柳叶菜科)
拉氏马先蒿 Pedicularis labordei Vaniot ex Bonati(玄参科)
拉坦棕属 Latania Comm.(棕榈科)
拉特氏相思树 Acacia acinacea Lindl.(豆科)
拉特珠蕨(蕨类图说)=珠蕨
拉藤公(广东怀集)=黑风藤
拉威逊松(新拉汉英)=劳森松
拉西纳兰 Lacaena bicolor Lindl.(兰科)
拉西纳兰 Lacaena Lindl.(兰科)
喇叭茶(中草药汇编)=宽叶杜香
喇叭茶藨子 Ribes leptanthum Gray.(虎耳草科)
喇叭茶属(科属辞典)=**杜香属**
喇叭唇石斛 Dendrobium lituflorum Lindl.(兰科)
喇叭杜鹃 Rhododendron discolor Franch.(杜鹃花科)
喇叭花 (各地通称)=牵牛
喇叭花 (各地通称)=圆叶牵牛
喇叭花(福建)=木槿
喇叭花(江西,江苏)=洋金花
喇叭花(陕西)=金沙绢毛菊
喇叭花(四川)=打碗花
喇叭箭竹 Fargesia extensa Yi (禾本科)
喇叭瓶蕨 Vandenboschia assimilis Ching & Chiu (膜蕨科)
喇叭树(植物志 35-1)=无柄溲疏
喇叭水仙(上海植物名录)=黄水仙
喇叭筒(浙江)=博落回
喇叭竹(浙江)=博落回
喇嘛杆(内蒙古)=宽叶水柏枝
喇嘛棍(沙漠药用植物)=宽叶水柏枝
喇嘛蝇子草 Silene lamarum C.Y.Wu(石竹科)
腊八菜(辽宁)=槭叶草
腊肠豆(云南)=神黄豆
腊肠树(台木本志)=吊灯树
腊肠树 Cassia fistula L.(豆科), *阿勃参,阿勃勒,波斯皂荚,黄槐花树,牛角树,婆婆罗门皂荚,清泻山扁豆*
腊肠仔树(植物志 39)=双荚决明
腊刺(台湾植物总目录)=老鼠芳
腊黄杜鹃 Rhododendron subcerinum Tam(杜鹃花科), *秆黄杜鹃*
腊莲八仙花(陕西)=蜡莲绣球
腊梅(名词审查本)=蜡梅
腊梅树(中药大辞典)=木姜子
腊梅属(分类学报)=**蜡梅属**
腊叶神血草 Polygonum campanulatum var. membranifolium HK.f.(蓼科)
腊叶双蝴蝶 Tripterospermum membranaceum (C.Macq.) H.Smith(龙胆科)
腊叶獐牙菜(Flora 16)=膜叶獐牙菜
腊悠麻(云南)=野拔子
腊支(植物志 29)=五月瓜藤
腊质杜鹃花 Rhododendron transtylum Balf.f. & Ward.(杜鹃花科)
腊子树(浙江温州)=乌桕
瘌痢头花(云南玉溪)=小报春
蜡瓣花 Corylopsis sinensis Hemsl.(金缕梅科), *连核梅,连合子*
蜡瓣花属 Corylopsis S. & Z.(金缕梅科)
蜡茶藨子 Ribes cereum Dougl.(虎耳草科)
蜡达草(福建草药)=六棱菊
蜡果白珠树 Gaultheria hispida R.Br.(杜鹃花科)
蜡花欧石南 Erica diaphana K.Spreng.(杜鹃花科)
蜡花属(科属辞典)=**吊灯花属**
蜡黄报春 Primula cerina Fletcher(报春花科)
蜡菊 Helichrysum bracteatum Vent.(菊科), *麦秆菊,脆菊,麦藁菊*
蜡菊属 Helichrysum Mill.(菊科)
蜡莲绣球 Hydrangea strigosa Rehd.(虎耳草科), *八仙蜡莲绣球,长叶蜡莲绣球,倒卵蜡莲绣球,阔叶蜡莲绣球,鸡跨裤,腊莲八仙花,马桑绣球,蜜香草,狭叶蜡莲绣球,硬毛绣球,紫背绣球*
蜡毛香(四川)=羊耳菊
蜡梅 Chimonanthus praecox (L.) Link(蜡梅科), *大叶蜡梅,狗矢蜡梅,狗蝇梅,荷花蜡梅,黄金茶,黄梅花,腊梅,蜡木,麻木柴,梅花,磬口蜡梅,石凉茶,素心蜡梅,铁筷子,瓦乌柴,雪里花*
蜡梅科 Calycanthaceae
蜡梅属 Chimonanthus Lindl.(蜡梅科), *腊梅属*
蜡木(河南)=蜡梅
蜡木(浙江)=夏蜡梅
蜡色鸽兰 Peristeria cerina Lindl.(兰科)
蜡色绶草 Spiranthes cernus (L.) L.C.Rich.(兰科)
蜡树(广西)=异株木犀榄
蜡树(湖南)=女贞
蜡树皮(中药志)=花曲柳
蜡条榆(吉林)=春榆
蜡杨梅 Myrica cerifera L.(杨梅科)
蜡叶杜鹃 Rhododendron lukiangense Franch.(杜鹃花科)
蜡枝槭(树木分类学)=稀花槭
蜡枝槭 Acer ceriferum Rehd.(槭树科)
蜡质水东哥 Saurauia cerea Griff. ex Dyer(猕猴桃科)
蜡烛灯台(浙江寿昌)=元宝草
蜡烛果(新拉汉英)=桐花树(新)
蜡烛果 Aegiceras corniculatum (L.) Blanco(紫金牛科), *黑脚梗,黑榄,黑枝,红蒴,浪柴,水蒌,桐花树*
蜡烛果属(科属词典,新拉汉英)=**桐花树属**(新)
蜡烛果属 Aegiceras Gaertn.(紫金牛科)
蜡蠋稗(农业植物分类表)=御谷
蜡子树(湖北兴山)=薄叶鼠李
蜡子树 Ligustrum leucanthum (S.Moor) P.S. Green (木犀科), *水白蜡,黄浓榆*
蜡棕 Ceroxylon alpinum Bonpl.(棕榈科)
蜡棕属 Ceroxylon Bonpl.(棕榈科)
辣薄荷 Mentha piperita L.(唇形科)
辣薄荷草 Cymbopogon jwarancusa (Jones) Schult.(禾本科)
辣草(海南)=打铁树
辣多(傣语)=萝芙木
辣枫树(广东)=刺楸
辣根 Armoracia rusticana (Lam.) Gaertn.,B.Mey. & Scherb.(十字花科), *马萝卜*
辣根菜(种子植物名称补编)=岩荠
辣根草(安徽)=翠雀
辣根草(吉林)=朝鲜瑞香
辣根属 Armoracia Gaertn.,B.Mey. & Scherb.(十字花科)
辣蒿(山东)=独行菜
辣蓟(陆川本草)=毛麝香
辣姜子(陕西)=木姜子
辣姜子(云南腾冲)=红叶木姜子
辣椒 Capsicum annuum L.(茄科), *菜椒,长辣椒,朝天椒,簇生椒,大椒,番虎,海椒,海椒梗,红海椒,辣角,辣茄,辣茄,辣子,小尖椒,指天椒,辣子,牛角椒,红海椒,灯笼椒*
辣椒草(浙江)=爵床
辣椒砂仁 Amomum capsiciforme S.Q.Tong (姜科)
辣椒树(广西)=萝芙木
辣椒树(云南河口)=菜豆树
辣椒属 Capsicum L.(茄科)
辣角(中草药汇编)=辣椒
辣辣菜(图考)=独行菜
辣辣草(贵州正安)=石香薷
辣辣草(四川)=茴茴蒜
辣辣草(四川西北部)=甘青乌头
辣辣根(内蒙,甘肃)=独行菜
辣蓼(闽东本草)=绵毛酸模叶蓼
辣蓼(通称)=水蓼
辣蓼(中草药选编)=丛枝蓼
辣蓼草(江苏药材志)=绵毛酸模叶蓼
辣蓼铁线莲 Clematis terniflora var.mandshurica (Rupr.) Ohwi(毛茛科), *威灵仙,东北铁线莲*
辣柳草(贵州中医秘方验方)=伏毛蓼
辣麻麻(东北,内蒙)=独行菜
辣马蓼(江西民间验方)=伏毛蓼
辣茁(纲目拾遗)=辣椒
辣木 Moringa oleifera Lam.(辣木科)
辣木科 Moringaceae
辣木属 Moringa Adans.(辣木科)
辣皮树(云南景东)=柴桂
辣茄(纲目拾遗)=辣椒
辣死鸡草(广东)=鳞籽莎
辣味根(广西)=蓼叶远志
辣药(云南药用名录)=五叶铁线莲
辣叶青药(贵州方药集)=九头狮子草
辣油(云南植物名录)=烟草
辣莸 Garrettia siamensis Fletch.(马鞭草科), *加辣莸*
辣莸属 Garrettia Fletch.(马鞭草科)
辣汁桂 Cinnamomum tsangii Merr.(樟科), *怀德樟,海南樟*
辣汁树(广东大埔)=锈叶新木姜子
辣子(高等图鉴)=辣椒
辣子(中草药汇编)=辣椒
辣子草(四川)=扬子毛茛
辣子草(植物志 75)=牛膝菊
辣子瓜(植物志 73-1)=小雀瓜
辣子果(云南)=瘤枝微花藤
辣子七(云南)=马利筋
辣子树(云南)=云南金钱槭

Lai

来阿片(苗语)=粉背南蛇藤
来比锡杨 Populus ×canadensis cv. Leipzig (杨柳科), *里普杨*
来缠夜肖(藏语)=川西锦鸡儿

来凤唇柱苣苔 Chirita laifengensis W.T.Wang (苦苣苔科)
来官槭(分类学报)=将乐槭
来棍(西藏语)=尼泊尔黄堇
来哈特棕属 Reinhardtia Liebm.(棕榈科)
来汗古丽(维族语)=野罂粟
来江藤 Brandisia hancei HK.f.(玄参科),*密扎扎,猫花,蜂糖罐,密桶花,叶上花*
来江藤属 Brandisia HK.f. & Thoms.(玄参科)
来丽杜鹃(峨眉图志)=大钟杜鹃
来莓草(开宝本草)=葎草
来檬 Citrus aurantifolia (Christm.) Swingle(芸香科),*绿檬,赖母,来母,酸柠檬*
来母(果树分类学)=来檬
来氏百合 Lilium ledebourii (Baker) Boiss.(百合科)
来氏凤仙花 Impatiens leschenaultii Wall.(凤仙花科)
来苏槭 Acer laisuense Fang & W.K.Hu(槭树科)
涞源鹅观草 Roegneria aliena Keng(禾本科)
莱伯克松(新拉汉英)=窄果松
莱勃特属 Lambertia Sm.(山龙眼科)
莱次芦荟 Aloe reitzii Reyn.(百合科)
莱菔(唐本草)=萝卜
莱菔菜(本草从新)=萝卜
莱菔大丁草(植物志 79)=光叶大丁草
莱菔叶千里光 Senecio raphanifolius Wall. ex DC. (菊科)
莱蕨(蕨类图说)=似薄唇蕨
莱蕨属(蕨类图说)=**薄唇蕨属**
莱曼小檗 Berberis lehmannii Hieron.(小檗科)
莱曼郁金香 Tulipa lehmanniana Merckl.(百合科)
莱蒙钓钟柳 Penstemon lemmoni Gray.(玄参科)
莱蒙美洲茶 Ceanothus lemmonii Parry (鼠李科)
莱蒙纳鸢尾 Iris monnieri DC.(鸢尾科)
莱区铁角蕨(台湾志)=狭翅铁角蕨
莱氏旱蕨 Pellaea wrightiana HK.(中国蕨科)
莱氏蕗蕨 Mecodium wrightii (Vd.B.) Cop.(膜蕨科)
莱氏唐菖蒲 Gladiolus lemonia Pourr. ex Steud. (鸢尾科)
莱氏线蕨(蕨类图谱)=褐叶线蕨
莱氏珍珠菜 Lysimachia leschenaultii Duby (报春花科)
莱雅尔冬青叶十大功劳 Mahonia aquifolium var. lyallii Ahreandt (小檗科)
莱阳参(山东)=珊瑚菜
莱阳沙参(山东)=珊瑚菜
莱州崖角藤 Rhaphidophora laichouensis Gagn. (天南星科)
梾檬贝克斯 Banksia lemanniana Meisson (山龙眼科)
梾木(西藏志)=长圆叶梾木
梾木 Swida macrophylla (Wall.) Sojak(山茱萸科),*白对节子,丁榔皮,丁木树,冬青果,凉木,凉子,椋子木,毛梗梾木,松杨*
梾木属 Swida Opiz(山茱萸科)
赖草 Leymus secalinus (Georgi) Tzvel.(禾本科),*冰草白穗,冰草根*
赖草属 Leymus Hochst.(禾本科)
赖瓜瓢(华东)=萝藦
赖母(果树分类学)=来檬
赖师草(本草纲目拾遗)=荔枝草
赖特雀梅藤 Sageretia wrightii Wats.(鼠李科)
赖歇小檗 Berberis reicheana Schneid.(小檗科)
濑水龙骨 Polypodiodes lachnopus (Wall. ex HK.) Ching(水龙骨科),*毛柄水龙骨,破网水龙骨*
癞肚皮棵(江苏)=荔枝草
癞肚子苗(四川)=荔枝草
癞疙包草(贵州)=荔枝草
癞格宝草(贵州,四川)=荔枝草
癞蛤蟆草(江苏)=荔枝草
癞蛤蟆棵(云南)=水苎麻
癞蛤蚂(云南河口)=广防风
癞瓜(滇南本草)=南瓜
癞浆藤(云南)=波叶青牛胆
癞克巴草(云南)=细锥香茶菜
癞克巴草(云南文山)=细锥香茶菜
癞皮树(广部中草药手册)=火索麻
癞葡萄(江苏)=苦瓜
癞树(中药大辞典)=毛梾
癞头参(云南)=细蝇子草
癞头草(江苏)=荔枝草
癞虾蟆(图考)=纤细薯蓣
癞叶秋海棠 Begonia leprosa Hance(秋海棠科),*团扇秋海棠,老虎耳,石上海棠,石上莲,伯乐秋海棠*
癞子草(贵州,四川)=荔枝草
癞子藤(云南药用名录)=柱果铁线莲
籁萧(尔雅)=香青

Lan

兰伯特小檗 Berberis lambertii Parker (小檗科)
兰布政(云南)=路边青
兰草(图考)=佩兰
兰翅摇(贵州)=白车轴草
兰粉爱尔兰刺柏 Juniperus communis var. hibernica f. glauca (柏科)
兰格疏花小檗 Berberis laxiflora var. langeana Schneid.(小檗科)
兰茛(五朵组)=建兰
兰邯鹅耳枥(森林图志)=兰邯千金榆
兰邯千金榆 Carpinus rankanensis Hay.(桦木科),*兰邯鹅耳枥*
兰花(图考)=建兰
兰花柏 Chamaecyparis lawsoniana cv. Minima Glauca (柏科)
兰花菜(东北中草药)=折曲黄堇
兰花参(滇南本草)=蓝花参
兰花参(云南)=倒提壶
兰花草(安徽)=马蔺
兰花草(常用手册)=高斑叶兰
兰花草(湖南)=蝴蝶花
兰花草(江西)=兰香草
兰花草(拉祜族常用药)=弯蕊开口箭
兰花茶(沙漠药用植物)=蒙古莸
兰花地丁(云南)=苦远志
兰花地相(云南)=直萼黄芩
兰花蕉 Orchidantha chinensis T.L.Wu(芭蕉科)
兰花蕉属 Orchidantha N.E.Brown (芭蕉科)
兰花美人蕉 Canna orchioides Bailey(美人蕉科),*黄花美人蕉*
兰花美洲茶 Ceanothus thyrsiflorus Esch.(鼠李科)
兰花米(四川)=米仔兰
兰花石参(云南)=西南风铃草
兰花双叶草(滇南本草)=斑叶杓兰
兰花水豌豆(云南植物名录)=头花猪屎豆
兰花岩陀(云南中草药)=岩白菜
兰花野百合(河南,江西)=紫花野百合
兰花仔(广西药用名录)=长蒴母草
兰考泡桐 Paulownia elongata S.Y.Hu(玄参科)
兰科 Orchidaceae
兰麻团(河北东灵山)=紫花棘豆
兰梅(内蒙)=石生齿缘草
兰木香(植物志 29)=八月瓜
兰坪胡颓子 Elaeagnus lanpingensis C.Y.Chang (胡颓子科)
兰坪假冷蕨(分类学报)=睫毛假冷蕨
兰坪狼尾草 Pennisetum centrasiaticum var. lanpingense S.L.Chen & Y.X.Jin (禾本科)
兰坪马先蒿 Pedicularis lanpingensis H.P.Yang (玄参科)
兰坪毛蕨(蕨类形态)=国楣毛蕨
兰坪槭 Acer lanpingense Fang & Fang f.(槭树科)
兰嵌马蓝 Parachampionella rankanensis (Hay.) Bremek.(爵床科)
兰嵌马蓝属 Parachampionella Bremek.(爵床科)
兰雀花(东北中草药)=折曲黄堇
兰石草(西藏中草药)=肉果草
兰石草叶绣球防风 Leucas laenceaefolia Desf. (唇形科)
兰斯伯氏霍丽兰 Houlletia lansbergii Lindl. & Rchb.f.(兰科)
兰荪(高等图鉴)=束尾草
兰香(齐民要术)=罗勒
兰香(药用志,福建,广东)=罗勒
兰香草 Caryopteris incana (Thunb.) Miq.(马鞭草科),*福州马尾,九层塔,兰花草,卵叶莸,马蒿,婆绒花,山薄荷,石将军,小六月寒,岩薄荷,莸,紫罗毬*
兰香树(四川)=木姜子
兰叶大戟(植物志 44-3)=圆苞大戟
兰屿安息香(台湾志)=大花安息香
兰屿芭蕉 Musa insularimontana Hay.(芭蕉科)
兰屿百脉根 Lotus australis Andr.(豆科)
兰屿斑叶兰 Goodyera yumiana Fukuiama(兰科),*兰屿金银草*
兰屿车前蕨 Antrophyum sessilifolium (Cav.) Spring(车前蕨科)
兰屿大叶毛蕨 Cyclosorus productus (Kaulf.) Ching (金星蕨科),*兰屿圆腺蕨*
兰屿袋唇兰(台湾志)=袋唇兰
兰屿灯笼草(台湾志)=台东伽蓝菜
兰屿吊石苣苔 Lysionotus pauciflorus var. ikedae (Hatusima) W.T.Wang(苦苣苔科)
兰屿冬青 Ilex kusanoi Hay. (冬青科),*草野氏冬青*
兰屿粉藤(台湾志)=兰屿崖爬藤
兰屿风藤(台湾)=兰屿胡椒
兰屿福木 Garcinia linii C.E.Chang(藤黄科),*多花山竹子,咪枢,木熟果,木竹子,山桔子,山枇杷,山竹子,酸白果,酸桐子,竹节果*
兰屿观音座莲 Angiopteris palmiformis (Cav.) C.Chr.(观音座莲科)
兰屿管唇兰(台湾志)=管唇兰
兰屿光唇兰(台湾兰科植物)=袋唇兰
兰屿红厚壳 Calophyllum blancoi Planch. & Triana (藤黄科),*兰屿胡桐*
兰屿胡椒 Piper arborescens Roxb.(胡椒科),*兰屿风藤*
兰屿胡桐(台湾志)=兰屿红厚壳
兰屿花椒 Zanthoxylum integrifolium (Merr.) Merr.(芸香科)
兰屿加 Boerlagiodendron pectinatum Merr.(五加科)
兰屿加属 Boerlagiodendron Harms (五加科),

台湾五加木属
兰屿樫木 Dysoxylum cumingianum C.DC.(楝科),*兰屿栓木*
兰屿金银草(台湾兰科植物)=兰屿斑叶兰
兰屿九节木 Psychotria cephalophora Merr.(茜草科)
兰屿九里香 Murraya crenulata (Turcz.) Oliv.(芸香科)
兰屿链珠藤 Alyxia insularis Kanehira & Sasaki (夹竹桃科)
兰屿罗汉松 Podocarpus costalis Presl (罗汉松科)
兰屿面包树(台湾志)=黄果波罗蜜
兰屿木耳菜 Gynura elliptica Yabe & Hay. ex Hay. (菊科),*椭圆菊三七*
兰屿木姜子 Litsea garciae Vidal(樟科)
兰屿桤叶悬钩子(台湾志)=兰屿悬钩子
兰屿栓木(台湾志)=兰屿樫木
兰屿秋海棠 Begonia fenicis Merr.(秋海棠科)
兰屿肉桂 Cinnamomum kotoense Kanehira & Sasaki (樟科)
兰屿山槟榔 Pinanga tashiroi Hay.(棕榈科)
兰屿山矾 Symplocos cochinchinensis var. philippinensis (Brand) Noot(山矾科),*兰屿锈叶灰木*
兰屿山柑 Capparis lanceolaris DC.(山柑科)
兰屿省藤 Calamus siphonospathus var. sublaevis Becc.(棕榈科)
兰屿水丝麻 Maoutia setosa Wedd.(荨麻科)
兰屿桫椤 Alsophila fenicis (Cop.) C.Chr.(桫椤科)
兰屿铁角蕨 Asplenium matsumurae Christ ex Matsumura(铁角蕨科)
兰屿铁苋(台湾志)=尖尾铁苋菜
兰屿土沉香 Excoecaria kawakamii Hay.(大戟科)
兰屿小蝴蝶兰(台湾兰艺)=小兰屿蝴蝶兰
兰屿新木姜(台湾志)=兰屿新木姜子
兰屿新木姜子 Neolitsea kotoensis (Hay.) Kanehira & Sasaki(樟科),*兰屿新木姜*
兰屿锈叶灰木(台湾志)=兰屿山矾
兰屿悬钩子 Rubus alnifoliolatus var. kotoensis (Hay.) Li(蔷薇科),*兰屿桤叶悬钩子*
兰屿血藤 Mucuna membranacea Hay.(豆科)
兰屿崖爬藤 Tetrastigma lanyuense Chang(葡萄科),*兰屿粉藤*
兰屿咬人狗(台湾志)=咬人狗
兰屿野牡丹藤(台湾)=糠秕酸脚杆
兰屿一点广(台兰科图鉴)=兰屿芋兰
兰屿鱼藤 Derris oblonga Benth.(豆科)
兰屿芋兰 Nervilia lanyuensis S.S.Ying(兰科),*兰屿一点广*
兰屿圆腺蕨(台湾志)=兰屿大叶毛蕨
兰屿沼兰 Malaxis bancanoides Ames(兰科),*裂唇软叶兰*
兰州百合(新拉汉英)=单色百合(新)
兰州百合 Lilium davodoo var. willmottiae (Wils.) Raff.(百合科)
兰州肉苁蓉 Cistanche lanzhouensis Z.Y.Zhang (列当科)
兰州岩风 Libanotis lanzhouensis K.T.Fu ex Shan & Sheh(伞形科)
兰猪耳 Torenia fournieri Linden.(玄参科)
兰竹参(昆明草药,云南)=大叶火烧兰
兰属 Cymbidium Sw.(兰科)
兰状凤仙花 Impatiens orchioides Bedd.(凤仙花科)
拦河藤(海南)=翅茎白粉藤
拦路虎(福建药物志)=水茄
拦路虎(贵州中草药名录)=平坝铁线莲
拦路虎(陕西)=琉璃草
栏山虎(广西中草药)=三叶崖爬藤
蓝(本经)=蓼蓝
蓝桉 Eucalyptus globulus Labill.(桃金娘科),*桉叶,洋草果,灰杨柳*
蓝白龙胆 Gentiana leucomelaena Maxim.(龙胆科)
蓝苞葱 Allium atrosanguineum Schrenk(百合科),*日估,蓝色韭*
蓝彼得番红花 Crocus chrysanthus var. bluepeter Hort.(鸢尾科)
蓝边八仙花 Hydrangea macrophylla var. coerulea Wils.(虎耳草科)
蓝布裙(本草纲目拾遗)=倒提壶
蓝布正(贵州方药集)=柔毛路边青
蓝布正(四川)=变豆菜
蓝菜岩陀(云南)=岩白菜
蓝侧金盏花 Adonis coerulea Maxim.(毛茛科),*甲子豆罗*
蓝茶(湖北)=观音草
蓝匙叶银莲花 Anemone coelestina Franch.(毛茛科)
蓝翅西番莲 Passiflora alato-caerulea Lindl.(西番莲科)
蓝垂花棘豆 Oxytropis panduliflora Gontsch.(豆科)
蓝春花报春 Primula hookeri var. violacea (W.W.Sm.) C.M.Hu(报春花科)
蓝刺鹤虱 Lappula consanguinea (Fisch. & Mey.) Gürke(紫草科)
蓝刺头(东北检索表)=禹州漏芦
蓝刺头 Echinops sphaerocephalus L.(菊科)
蓝刺头属 Echinops L.(菊科)
蓝翠雀花 Delphinium caeruleum Jacq. ex Camb.(毛茛科),*雀冈*
蓝地柏(浙江药志)=翠云草
蓝靛(纲目)=马蓝
蓝靛(广东)=木蓝
蓝靛(通称)= 欧洲菘蓝
蓝靛(中草药汇编)=大青
蓝靛(中草药汇编)=蓼蓝
蓝靛果 Lonicera caerulea var. edulis Turcz. ex Herd. (忍冬科),*黑瞎子果,蓝锭果,狗奶子*
蓝靛七(湖北恩施)=圆苞金足草
蓝靛树(云南)=全缘石楠
蓝丁香 Syringa meyeri Schneid.(木犀科),*南丁香*
蓝锭果(长白山药志)=蓝靛果
蓝萼变种(植物志 66)=蓝萼香茶菜
蓝萼变种(植物志 66,Flora 17)=蓝萼香茶菜
蓝萼香茶菜(新)Isodon japonicus var. glaucocalyx (Maxim.) H.W.Li(唇形科),*蓝萼变种,倒根野苏,回菜花,蓝萼变种,山苏子,香茶菜,野苏子*
蓝耳草(中草药汇编)=蛛丝毛蓝耳草
蓝耳草 Cyanotis vaga (Lour.) Roem. & Schult.(鸭跖草科),*鸡冠参,假苍贝母,苦籽,露水草,如意草,色蚕贝,土贝母*
蓝耳草属 Cyanotis D.Don (鸭跖草科),*鞘苞花属*
蓝粉糖槭 Acer saccharum var. glaucum (Schmidt) Pax (槭树科)
蓝芙蓉(河北)=矢车菊
蓝附子(东北)=北乌头
蓝狗屎(滇南本草)=倒提壶
蓝光花 Chionodoxa gigantea Hort.(百合科)
蓝果刺葡萄 Vitis davidii var. cyamocarpa (Gagn.) Gagn.(葡萄科),*瘤葡萄*
蓝果杜鹃 Rhododendron cyanocarpum (Franch.) W.W.Sm.(杜鹃花科)
蓝果谷木 Memecylon cyanocarpum C.Y.Wu ex C.Chen (野牡丹科)
蓝果接骨木 Sambucus glauca Nutt.(忍冬科)
蓝果木(四川)=紫药女贞
蓝果忍冬(高等图鉴)=微毛忍冬
蓝果忍冬 Lonicera caerulea L.(忍冬科)
蓝果蛇葡萄 Ampelopsis bodinieri (Lévl. & Vant.) Rehd.(葡萄科),*闪光蛇葡萄,蛇葡萄,上山龙,大接骨丹,过山龙,扁担藤*
蓝果树 Nyssa sinensis Oliv.(蓝果树科),*紫树,柅萨木*
蓝果树科 Nyssaceae
蓝果树属 Nyssa Gronov. ex L.(蓝果树科)
蓝果土茯苓(中草药汇编)=同色菝葜
蓝果越桔 Vaccinium chinii Merr. ex Sleumer(杜鹃花科)
蓝黑果荚蒾 Viburnum atrocyaneum C.B.Clarke (忍冬科),*光荚蒾*
蓝胡卢巴 Trigonella coerulea (L.) Ser.(豆科),*零陵香,卢豆*
蓝蝴蝶(广州)=蝶豆
蓝蝴蝶(广州)=鸢尾
蓝花扁竹(云南中草药选)=扁竹兰
蓝花滨紫草 Mertensia dshagastanica Rgl.(紫草科)
蓝花菜(东北草药手册)=齿瓣延胡索
蓝花参 Wahlenbergia marginata (Thunb.) A.DC.(桔梗科),*拐棒参,罐罐草,寒草,葫芦草,兰花参,毛鸡腿,牛奶草,沙参草,土参,娃儿菜*
蓝花参属 Wahlenbergia Schrad. ex Roth(桔梗科)
蓝花草(广部草药手册)=毛麝香
蓝花草(南宁药志)=光叶蝴蝶草
蓝花草(陕西)=秦岭翠雀花
蓝花草(植物志 70)=芦莉草
蓝花茶(沙漠药用植物)=蒙古莸
蓝花柴胡(广西)=显脉香茶菜
蓝花柴胡(广西贺县)=溪黄草
蓝花车叶草 Asperula orientalis Boiss. & Hohen.(茜草科)
蓝花葱(中草药汇编)=天蓝韭
蓝花大叶报春 Primula coerulea Forr.(报春花科),*天蓝报春*
蓝花丹(云南)=岷江蓝雪花
蓝花丹 Plumbago auriculata Lam.(白花丹科),*花绣球,蓝茉莉,紫雪花,蓝花矶松,蓝茉莉*
蓝花地丁(草药汇编)=鳞叶龙胆
蓝花地丁(云南)=卵叶远志
蓝花地丁草(云南)=苦远志
蓝花豆(岭大植物名录)=蝶豆
蓝花凤仙花 Impatiens cyanantha HK.f.(凤仙花科)
蓝花高山豆 Tibetia coelestis (Diels) H.P.Tsui(豆科)
蓝花根(植物志 62)=坚龙胆
蓝花黄芪 Astragalus caeruleopetalinus Y.C.Ho (豆科),*蓝花芰草*
蓝花黄芩 Scutellaria formosana N.E.Brown(唇形科)
蓝花矶松(高等图鉴)=蓝花丹
蓝花棘豆 Oxytropis coerulea (Pall.) DC.(豆科)

蓝花支草(静生汇报)=蓝花黄芪
蓝花荆芥 Nepeta coerulescens Maxim.(唇形科),*密叶荆芥*
蓝花韭 Allium beesianum W.W.Sim.(百合科)
蓝花卷鞘鸢尾 Iris potaninii var. ionantha Y.T. Zhao (鸢尾科)
蓝花棵(中药资源志要)=滇鳔冠花
蓝花老鹳草 Geranium pseudosibiricum J.Mayer (牻牛儿苗科)
蓝花列当 Orobanche sinensis var. cyanescens (H.Sm.) Z.Y.Zhang(列当科)
蓝花裂叶报春(Flora 15)=蓝花裂叶脆蒴报春
蓝花裂叶脆蒴报春 Primula chionata var. violacea W.W.Sm.(报春花科),*蓝花裂叶报春*
蓝花琉璃繁缕 Anagallis arvensis f. coerulea (Shreb.) Baumg(报春花科)
蓝花龙胆(植物志 62)=丝柱龙胆
蓝花毛鳞菊 Chaetoseris cyanea (D.Don) Shih (菊科),*蓝岩参菊,蓝锡莎菊,苦参,犁头尖*
蓝花密蒙花(云南药用名录)=紫花醉鱼草
蓝花欧丁香 Syringa vulgaris f. coerulea (Weston) Schelle(木犀科),*蓝花洋丁香*
蓝花湿生堇菜 Viola cucullata Ait (堇菜科)
蓝花树(中药大辞典)=四川山胡椒
蓝花水鬼蕉 Hymenocallis calathina Nichols.(石蒜科)
蓝花藤 Petrea volubilis L.(马鞭草科)
蓝花藤属 Petrea L.(马鞭草科)
蓝花天仙子(云南)=假酸浆
蓝花土瓜 Merremia yunnanensis (Courch. & Gagn.) R.C.Fang(旋花科),*山萝卜*
蓝花莴苣 Lactuca perennis L.(菊科)
蓝花喜盐鸢尾 Iris halophila var. sogdiana (Bge.) Grubov.(鸢尾科)
蓝花岩陀(云南)=小蓝雪花
蓝花洋丁香(树木分类学)=蓝花欧丁香
蓝花楹 Jacaranda mimosifolia D.Don(紫葳科)
蓝花楹属 Jacaranda Juss.(紫葳科)
蓝花子(植物志 33)=萝卜
蓝花紫堇(四川理县)=平武紫堇
蓝灰补血草 Limonium caesium (Girald) O. Kuntze (白花丹科)
蓝灰糙毛杜鹃 Rhododendron caesium Hutch. (杜鹃花科)
蓝灰龙胆 Gentiana caeruleo-grisea T.N.Ho(龙胆科)
蓝灰省藤 Calamus caesius Bl.(棕榈科)
蓝灰石竹 Dianthus gratianopolitanus Will.(石竹科)
蓝蓟 Echium vulgare L.(紫草科)
蓝蓟穿心莲 Andrographis echioides Nees (爵床科)
蓝蓟属 Echium L.(紫草科)
蓝剑麻 Agave amaniensis Trelease & Nowell(石蒜科)
蓝堇草 Leptopyrum fumarioides (L.) Reichb.(毛茛科)
蓝堇草属 Leptopyrum Reichb.(毛茛科)
蓝克美莲 Camassia esculenta Rob.(百合科)
蓝壶花(新拉汉英)=葡萄风信子
蓝壶花属(新拉汉英)=**葡萄风信子属**
蓝兰属 Herschelia Lindl.(兰科)
蓝露(手扳发蒙)=马蓝
蓝绿光皮柏木 Cupressus glabra f. garei (柏科)
蓝茉莉(高等图鉴)=蓝花丹
蓝茉莉(华北经济志要)=蓝花丹
蓝木(海南澄迈)=蓝树
蓝木桑寄生(海南志)=小叶梨果寄生
蓝鸟番红花 Crocus chrysanthus var. bluebird Hort. (鸢尾科)
蓝鸟花(植物名汇)=雨久花
蓝盆花叶玄参 Scrophularia scabiosifolia Benth. (玄参科)
蓝盆花属 Scabiosa L.(川续断科)
蓝瓶花(新拉汉英)=葡萄风信子
蓝芹续草(峨眉)=金顶紫堇
蓝秋花(河北)=香青兰
蓝雀花(东北草药手册)=齿瓣延胡索
蓝雀花(中药辞海)=紫雀花
蓝色草(广州志)=孩儿草
蓝色长蒴苣苔 Didymocarpus cyaneus Ridley (苦苣苔科)
蓝色花旗松 Pseudotsuga menziesii var. glauca (Boiss.) Franco (松科)
蓝色韭(藏药名)=蓝苞葱
蓝色拉坦棕 Latania loddigesii Mart.(棕榈科)
蓝色鳞毛蕨 Dryopteris polita Rosenst.(鳞毛蕨科)
蓝色美洲茶 Ceanothus cyaneus Eastw.(鼠李科)
蓝筛朴 Sambucus sieboldiana (Mig.) Schwer.(忍冬科)
蓝山金柑 Lanshan Jingan(芸香科)
蓝舌飞蓬 Erigeron vicarius Botsch.(菊科)
蓝石蝴蝶 Petrocosmea coerulea C.Y.Wu ex W.T. Wang (苦苣苔科)
蓝实(本经)=蓼蓝
蓝树 Wrightia laevis HK.f.(夹竹桃科),*七星树,大青叶,大蓝靛,山蓝树,木蓝,木靛,米木,羊角汁,岭刀把,板蓝根,滞良,蓝木*
蓝睡莲(经济植物手册)=延药睡莲
蓝睡莲 Nymphaea caerulea Savigny.(睡莲科)
蓝丝草 Aira caerulea L.(禾本科)
蓝藤(图考)=石南藤
蓝天草(湖南药物志)=褐叶线蕨
蓝田竹(李衎竹谱)=南天竹
蓝兔儿风 Ainsliaea caesia Hand.-Mazz.(菊科)
蓝靰鞡花(东北)=北乌头
蓝锡莎菊(云南中草药)=蓝花毛鳞菊
蓝香(食物考)=黄连木
蓝心姜(广东,广西)=蓬莪
蓝雪草(高原治疗手册)=鸡娃草
蓝雪花 Ceratostigma plumbaginoides Bge.(白花丹科),*山灰柴,假靛,角柱花,紫金莲*
蓝雪花属 Ceratostigma Bge.(白花丹科)
蓝岩参菊(云南植物名录)=蓝花毛鳞菊
蓝岩参菊(植物志 80-1)=头嘴菊
蓝羊茅 Festuca ovina var. glauca Hack.(禾本科)
蓝药蓼 Polygonum cyanandrum Diels(蓼科)
蓝叶变种(植物志 65-2,Flora 17)=蓝叶峨眉香科科(新)
蓝叶峨眉香科科(新)Teucrium omeiense var. cyanophyllum C.Y.Wu & S.Chow(唇形科),*蓝叶变种*
蓝叶金合欢 Acacia cyanophylla Lindl.(豆科)
蓝叶柳 Salix capusii Franch.(杨柳科)
蓝叶美国花柏 Chamaecyparis lawsoniana cv. Fraseri (柏科)
蓝叶美尖扁柏 Chamaecyparis thyoides f. glauca (Endl.) Sudw.(柏科)
蓝叶藤 Marsdenia tinctoria R.Br.(萝藦科),*肖牛耳菜,肖牛耳藤,羊角豆,短序蓝叶藤,球花牛奶菜,绒毛蓝叶藤*
蓝医头(草药汇编)=金荞麦
蓝玉簪龙胆 Gentiana veitchiorum Hemsl.(龙胆科),*丛生龙胆,双色龙胆,邦见恩保*
蓝泽仙 Neomarica caerulea Sprague (鸢尾科)
蓝盏果(江苏)=腺毛翠雀
蓝枝木麻黄(广州志)=粗枝木麻黄
蓝钟喉毛花 Comastoma cyananthiflorum (Franch. ex Hemsl.) Holub(龙胆科)
蓝钟花 Cyananthus hookeri C.B.Clarke(桔梗科)
蓝钟花属 Cyananthus Wall. ex **Benth.**(桔梗科)
蓝钟藤 Sollya heterophylla Lindl.(海桐花科)
蓝钟藤属 Sollya Lindl.(海桐花科)
蓝猪儿(拉汉名称和手册)=光叶蝴蝶草
蓝猪耳(浙江)=单色蝴蝶草
蓝籽红毛七 Caulophyllum thalictroides Michx. (小檗科)
蓝子(本草经集注)=蓼蓝
蓝子木 Margaritaria indica (Dalz.) Airy-Shaw (大戟科),*紫黄*
蓝子木属 Margaritaria L.f.(大戟科)
澜沧扁担杆(红河中草药)=毛果扁担杆
澜沧楤木 Aralia lantsangensis Hoo(五加科)
澜沧翠雀花 Delphinium thibeticum Finet & Gagn.(毛茛科)
澜沧豆腐柴 Premna mekongensis W.W.Sm.(马鞭草科),*鸡眼睛*
澜沧独花报春(高等图鉴)=长柱独花报春
澜沧杜英 Elaeocarpus japonicus var. lantsangensis (Hu) H.T.Chang(杜英科)
澜沧风铃草 Campanula mekongensis Diels ex C.Y.Wu(桔梗科)
澜沧凤仙花 Impatiens principis HK.f.(凤仙花科)
澜沧凤丫蕨 Coniogramme lantsangensis Ching & Shing(裸子蕨科)
澜沧弓果藤 Toxocarpus wangianus Tsiang(萝藦科)
澜沧黄杉 Pseudotsuga forrestii Craib(松科),*湄公黄杉,长片花旗松*
澜沧火棘 Pyracantha inermis Vidal(蔷薇科)
澜沧江寄生(云南志)=短柄梨果寄生
澜沧栲(植物志 22)=湄公锥
澜沧柯(Flora 4)=茸果柯
澜沧柯 Lithocarpus mekongensis (A.Camus) C.C.Huang & Y.T.Chang(壳斗科)
澜沧冷杉(中国树木学)=云南黄果冷杉
澜沧梨藤竹 Melocalamus arrectus Yi (禾本科)
澜沧栎 Quercus kingiana Craib (壳斗科),*薄叶高山栎*
澜沧马蓝 Pteracanthus mekongensis (W.W.Sm.) C.Y.Wu & C.C.Hu(爵床科),*澜沧紫云菜*
澜沧囊瓣芹 Pternopetalum delavayi (Franch.) Hand.-Mazz.(伞形科)
澜沧七叶树 Aesculus lantsangensis Hu & Fang (七叶树科)
澜沧羌活 Notopterygium forrestii Wolff(伞形科)
澜沧球兰(植物志 63)=房叶藤
澜沧荛花 Wikstroemia delavayi Lecomte(瑞香科)
澜沧薹草 Carex lancangensis S.Y.Liang(莎草科)
澜沧乌蔹莓 Cayratia timoriensis var. mekongensis (C.Y.Wu ex W.T.Wang) C.L.Li(葡萄科)
澜沧舞花姜 Globba lancangensis Y.Y.Qian(姜科)
澜沧雪灵芝 Arenaria lancangensis L.H.Zhou(石竹科)

澜沧崖豆藤 Millettia lantsangensis Z.Wei(豆科)
澜沧粘腺果 Commicarpus lantsangensis D.Q.Lu (紫茉莉科)
澜沧紫花苣苔 Loxostigma mekongense (Franch.) Burtt(苦苣苔科)
澜沧紫云菜(云南植物名录)=澜沧马蓝
澜江百合(西藏中草药)=宝兴百合
澜沧唐松草 Thalictrum lancangense Y.Y.Qian (毛茛科)
榄核莲(植物志 70,广部中草药手册)=穿心莲
榄壳锥 Castanopsis boisii Hick. & A.Camus(壳斗科)
榄李 Lumnitzera racemosa Willd.(使君子科),滩疤树
榄李属 Lumnitzera Willd.(使君子科)
榄绿阿魏 Ferula olivacea (Diels) Wolff ex Hand.-Mazz.(伞形科),万丈深,白芷
榄绿巴豆 Croton olivaceus Y.T.Chang & P.T.Li (大戟科)
榄绿粗叶木 Lasianthus japonicus var. lancilimbus (Merr.) Lo(茜草科)
榄绿果薹草 Carex olivacea Boott(莎草科)
榄绿红豆 Ormosia olivacea L.Chen(豆科),相思红豆,红果树,胭脂树
榄仁树 Terminalia catappa L.(使君子科),山枇杷树
榄仁树属(分类学报)=**诃子属**
榄色紫金牛 Ardisia olivacea Walker(紫金牛科)
榄形风车子 Combretum olivaeforme Chao(使君子科)
榄叶柯 Lithocarpus oleaefolius A.Camus(壳斗科)
榄叶藤山柳 Clematoclethra oliviformis C.F. Liang & Y.C.Chen(猕猴桃科)
懒狗舌(江西寻乌)=葫芦茶
懒篱笆(贵州中草药名录)=木槿
烂疤眼(俗称)=乳浆大戟
烂茶叶(纲目拾遗)=茶
烂肠草(本草纲目)=钩吻
烂脚草(云南永平)=黄花香茶菜
烂脚丫巴草(云南保山)=刚毛香茶菜
烂泥树(湖北西部)=角叶鞘柄木
烂皮袄(新疆)=截萼忍冬
烂屁股(贵州)=狭叶重楼
烂屁股(四川峨眉)=花南星
烂头钵(广州)=小果叶下珠
烂心木(台湾)=黄连木
烂眼竹(广东)=油簕竹

Lang

郎德木 Rondeletia odorata Jacq.(茜草科)
郎德木属 Rondeletia L.(茜草科)
郎毒(四川云阳)=螃蟹七
郎木铁角蕨 Asplenium neovarians Ching(铁角蕨科)
郎伞(江西)=山血丹
郎伞木 Ardisia elegans Andr.(紫金牛科),高脚鸡眼,花针木,小罗伞,大罗伞,胭脂木,雀儿肾,美丽紫金牛
郎伞树(广东)=硃砂根
郎氏沟子荠 Taphrospermum lowndesii (H.Hara) Al-Shehbaz(十字花科)
郎头花(植物志 78-1)=漏芦
郎晚(云南傣语)=三桠苦
郎县黄芪 Astragalus langxianensis P.C.Li et Ni? (豆科)
郎耶草(本草拾遗)=狼杷草
狼毒(广东,福建)=海芋
狼毒(湖北鹤丰)=花南星
狼毒(神农本草经)=狼毒大戟
狼毒(中草药汇编)=甘肃大戟
狼毒 Stellera chamaejasme L.(瑞香科),断肠草,拨萝卜,燕子花,馒头花,瑞香狼毒
狼毒草疙瘩(高等图鉴)=狼毒大戟
狼毒大戟 Euphorbia fischeriana Steud.(大戟科),白狼毒,狼毒,狼毒草疙瘩,猫眼草,猫眼根,山红萝卜根
狼毒属 Stellera L.(瑞香科)
狼毒状岩须 Cassiope stellerana (Pall.) DC.(杜鹃花科)
狼茅(本草拾遗)=狼尾草
狼杷草 Bidens tripartita L.(菊科),拔毒散,大狼把草,豆渣草,鬼叉,鬼刺,鬼针,接力草,郎耶草,三叶鬼针草,田边菊,王八叉,小钣钗,夜叉头,引线包,针包草
狼萁(浙江药志)=芒萁
狼萁蕨(广西)=芒萁
狼山芹(黑龙江)=白芷
狼山芹(黑龙江)=祁白芷
狼头花(植物志 78-1)=漏芦
狼尾草(江苏)=矮桃
狼尾草 Pennisetum alopecuroides (L.) Spreng (禾本科),大狗尾草,狗尾巴草,狗仔尾,光明草,黑狗尾草,狼茅,老鼠根,老鼠狼,芮草,宿田翁,小芒草,莨草
狼尾草属 Pennisetum Rich.(禾本科)
狼尾蒿(辽宁)=蒙古蒿
狼尾花(拉汉名称)=虎尾花
狼尾拉花(广西兽医植物,湖南,广东)=四方麻
狼西瓜(维吾尔译意)=爪瓣山柑
狼牙(本草经)=狼牙委陵菜
狼牙草(秦岭巴山志)=马棘
狼牙草(四川)=马棘
狼牙草根芽(中草药通讯)=龙芽草
狼牙刺(河南,藏名)=白刺花
狼牙刺(西藏)=砂生槐
狼牙槐(陕西)=白刺花
狼牙委陵菜 Potentilla cryptotaeniae Maxim.(蔷薇科),狼牙,狼牙萎陵菜
狼牙萎陵菜(东北检索表)=狼牙委陵菜
狼叶獐牙菜 Swertia tetrapetala Pall.(龙胆科)
狼针草 Stipa baicalensis Roshev.(禾本科)
狼爪瓦松 Orostachys cartilagineus A.Bor.(景天科),辽瓦松,瓦松,干滴落
狼紫草 Anchua ovata Lehm.(紫草科),野旱烟,塔那干那
狼紫草属(植物志 64-2)=**牛舌草属**
莨菇(广西龙津)=光叶薯蓣
莨力花 Acanthus mollis L.(爵床科)
廊茵(植物学大辞典)=刺蓼
琅琊榆 Ulmus chenmoui Cheng (榆科)
榔梅(西双版纳傣语)=大叶木槿
榔皮树(植物志 49-2)=绒毛苹婆
榔色木(广东志)=雷楝
榔头草(江苏)=夏枯草
榔榆(纲目)=榔榆
榔榆 Ulmus parvifolia Jacq.(榆科),豹皮榆,大树皮,掉皮榆,构丝榆,构树榆,红鸡油,榔榆,朗榆,檽木,挠皮榆,秋榆,松心木,田树榆,细叶榆,小叶榆
朗贡灯台报春 Primula prenantha subsp. morsheadiana (Kingd.-Ward.) Chen & C.M. Hu (报春花科)
朗贡杜鹃 Rhododendron trilectorum Cowan(杜鹃花科),淡黄杜鹃
朗楼肥(侗族语)=海金子
朗坦早熟禾 Poa langtangensis Meld.(禾本科)
朗县厚喙菊(新)Dubyaea stebbinii Ludlow?(菊科)
朗县虎耳草 Saxifraga nangxianensis J.T.Pan(虎耳草科)
朗县黄堇 Corydalis quinquefoliolata Ludlow(罂粟科)
朗县金腰(西藏志)=鸦跖花金腰
朗榆(本草拾遗)=榔榆
朗孜翠雀花 Delphinium nangziense W.T.Wang (毛茛科)
浪柏(西藏)=高山柏
浪柴(广东)=蜡烛果
浪柴(广东沿海岛屿)=秋茄树
浪卡子毛茛 Ranunculus nyalamensis var. angustipetalus W.T.Wang(毛茛科)
浪卡子岩黄芪 Hedysarum nagarzense Ni(豆科)
浪麻(山西)=鬼箭锦鸡儿
浪麻鬼箭 Caragana jubata var. czetyrkininii (Sancz.) Liou f.(豆科)
浪穹耳蕨 Polystichum langchungense Ching ex H.S.Kung(鳞毛蕨科)
浪穹紫堇 Corydalis pachycentra Franch.(罂粟科)
浪穹紫菀(云南药用名录)=洱源橐吾
浪伞根(岭南采药录)=硃砂根
浪淘殿薹草 Carex coriophora subsp. langtaodianensis S.Y.Liang(莎草科)
浪岩景天 Sedum longyanense K.T.Fu(景天科)
浪叶花椒 Zanthoxylum undulatifolium Hemsl. (芸香科)

Lao

劳丹早熟禾 Poa laudanensis Roshev.(禾本科)
劳德基氏卡特兰 Cattleya loddigesii Lindl.(兰科)
劳来氏紫珠(分类学报)=枇杷叶紫珠
劳伦氏卡特兰 Cattleya lawrenceana Rchb.f.(兰科)
劳伦斯兜兰 Paphiopedilum lawrenceanum (Rchb.f.) Pfitz.(兰科)
劳伦斯多穗兰 Polystachya lawrenceana Krzl. (兰科)
劳莫(斐济土语)=茎花算盘子
劳瑞氏文殊兰 Crinum loureirii M.Roem.(石蒜科)
劳森松 Pinus lawsonii Roezl (松科),拉威逊松
劳伤草(泉州本草)=金耳挖
劳伤药(云南)=矮桃
劳伤叶(云南中草药选)=滇桐
劳氏凤仙花 Impatiens lawii HK.f. & Thoms.(凤仙花科)
劳氏马先蒿 Pedicularis roborowskii Maxim.(玄参科)
劳威氏兜兰 Paphiopedilum lowii (Lindl.) Pfitz. (兰科)
牢麻(云南屏东)=中平树
崂山溲疏(树木分类学)=光萼溲疏
痨病木(广西药用名录)=圆果罗伞
痨伤药(贵州)=细柄凤仙花
老白花(思茅中草药)=洋紫荆
老不大(浙江民间草药)=紫金牛
老菜王(江西草药)=峨眉鼠刺
老苍子(辽宁,江西,河北)=苍耳
老丹皮(植物志 60-2)=玉铃花
老地蜢(广西)=蛇莓
老豆蔓(陕西)=大花野豌豆

老豆秧 Vicia baicalensis (Turcz.) Fedtsch.(豆科),*贝加野野豌豆*
老干菜(纲目拾遗)=青菜
老公花(山东)=白头翁
老姑子花(山东)=白头翁
老谷精草(植物志 13-3)=尼泊尔谷精草
老骨头(湖南药物志)=东方狗脊
老鼓草(药用志)=菥蓂
老瓜瓢根(辽宁)=白薇
老瓜头 Cynanchum komarovii Al.Iljinski(萝藦科)
老鸹咀(河北药材)=牻牛儿苗
老鸹铃 Styrax hemsleyanus Diels(安息香科),*赫斯黎野茉莉*
老鸹瓢(辽宁)=萝藦
老鸹眼(辽宁)=乌苏里鼠李
老官草(滇南本草)=牻牛儿苗
老冠花(江苏)=白头翁
老贯草(滇南本草图谱)=牻牛儿苗
老鹳草(长白山)=长白棘豆
老鹳草(纲目拾遗)=牻牛儿苗
老鹳草 Geranium wilfordii Maxim.(牻牛儿苗科)
老鹳草属 Geranium L.(牻牛儿苗科)
老鹳咀探(河南)=角蒿
老鹳咀子(江苏药材志)=鸦葱
老鹳扇(山西)=野鸢尾
老鹳眼(辽宁)=鼠李
老鹳嘴(植物志 37)=龙芽草
老鹳草状秋海棠 Begonia geranioides HK.(秋海棠科)
老哈眼(海南)=长叶紫珠
老和尚扣(江苏)=半夏
老鹤精(贵州)=皱叶繁缕
老黑茶 Camellia atrothea Chang & Wang(山茶科)
老虎百合(栽培植物名录)=虎皮花
老虎草(纲目拾遗)=刺楸
老虎草(陕西中药名录)=墓头回
老虎刺(高等图鉴)=枸骨
老虎刺(云南)=光叶金合欢
老虎刺(云南,贵州)=假虎刺
老虎刺(植物志 39)=光叶金合欢
老虎刺 Pterolobium punctatum Hemsl.(豆科),*倒爪刺,石龙花,倒钩藤,崖婆勒,蚰蛇利*
老虎刺属 Pterolobium R.Br. ex Wight & Arn.(豆科)
老虎豆(广西)=喙果崖豆藤
老虎豆(广西)=毛牵牛
老虎耳(广东)=牛耳枫
老虎耳(广西)=尖尾芋
老虎耳(广西罗城)=癞叶秋海棠
老虎耳(生草药性备要)=虎耳草
老虎杆(四川)=展毛野牡丹
老虎广菜(贵州剑河)=紫芋
老虎合藤(广东从化)=锈毛忍冬
老虎花(纲目)=羊踯躅
老虎姜(宁夏)=黄精
老虎姜(陕西中草药)=卷叶黄精
老虎姜(四川,贵州)=多花黄精
老虎姜(四川泸定)=黄山药
老虎脚迹(植物志 28)=毛茛
老虎脚迹草(药用志)=轮叶过路黄
老虎兰 Stanhopea tigrina Batem.(兰科)
老虎兰属 Stanhopea Frost ex HK.(兰科)
老虎潦(河北涿鹿)=刺五加
老虎脷 (广东,广西)=虎舌红
老虎脷(广东)=莲座紫金牛
老虎脷(广西)=全缘火麻树
老虎楝(云南志)=鹧鸪花
老虎麻(高等图鉴)=苦皮藤
老虎麻(湖北)=假奓包叶
老虎麻(经济志)=河朔荛花
老虎麻(陕西,湖北)=荛花
老虎麻(云南)=粗根荨麻
老虎麻藤(四川,贵州)=苦皮藤
老虎毛(浙江)=山木通
老虎毛虫药(广西)=莲座紫金牛
老虎尿(湖南)=滇白珠
老虎扭(中药大辞典)=太平莓
老虎泡(广部中草药手册)=粗叶悬钩子
老虎泡(四川中草药)=红毛悬钩子
老虎皮菊(上海)=天人菊
老虎七(黄山研究)=扇脉杓兰
老虎球(河北)=褐毛蓝刺头
老虎舌(广东)=莲座紫金牛
老虎舌(广西药用名录)=虎舌红
老虎师藤(广东)=柱果铁线莲
老虎藤(安徽药材)=葎草
老虎尾(陆川本草)=虎尾兰
老虎尾巴根(湖北)=天门冬
老虎须(陕西,江西,福建,广东,广西,四川)=威灵仙
老虎须(浙江)=山木通
老虎须 Tylophora arenicola Merr.(萝藦科),*虎须娃儿藤*
老虎须藤(广西上思)=毛柱铁线莲
老虎芋(广西都安)=海芋
老虎芋(云南昭通,贵州盘县)=尖尾芋
老虎掌(中草药汇编)=黄毛榕
老虎掌芋(云南峨山)=尖尾芋
老虎爪(湖南)=紫花前胡
老虎爪(山西)=漏芦
老虎爪子(植物志 42-2)=猫头刺
老虎嘴(东北)=桃叶鸦葱
老黄咀(江苏)=半夏
老火树(云南)=金叶子
老街剑蕨 Loxogramme lankokinensis (Rosenst.) C.Chr.(剑蕨科)
老京藤(中草药汇编)=绿花崖豆藤
老荆藤(海南)=锈毛鱼藤
老荆藤(中草药彩色图谱)=网络崖豆藤
老疸草(全国中草药资料)=粗喙秋海棠
老君茶(陕西)=突脉金丝桃
老君鳞果星蕨 Lepidomicrosorium laojunense Ching & Shing(水龙骨科)
老君山杜鹃 Rhododendron laojunshanense Fang f.(杜鹃花科)
老君山蹄盖蕨(蕨类形态)=中华蹄盖蕨
老君山小檗 Berberis laojunshanensis Ying(小檗科)
老君扇(贵州)=射干
老君扇(云南)=扇形鸢尾
老君柿 Diospyros fengii C.Y.Wu(柿科)
老君须(广东)=毛白前
老君须(湖南)=七层楼
老君须(湖南药物志)=及已
老君须(南宁药志)=娃儿藤
老君须(陕西)=蜘珠香
老君须(四川)=白薇
老君须(四川)=长序缬草
老君须(四川)=竹灵消
老开皮(植物志 60-2)=玉铃花
老糠藤(广东,广西)=锡叶藤
老扣(壮语译音)=草果
老来娇(俗名)=一品红
老来少(华北经济志要)=苋
老来少(四川)=鸡冠花
老老嫩(广元)=圆萼紫堇
老乐柱 Espostoa lanata (HNK) Britt & Rose (仙人掌科)
老乐柱属 Espostoa Britt & Rose (仙人掌科)
老利儿(中药大辞典)=月桂
老林茶(湖北)=竹叶鸡爪茶
老林茶(湖北光山)=棠叶悬钩子
老林茶(湖北兴山)=鸡爪茶
老龙草(峨眉)=南黄堇
老龙树(湖南)=荛花
老龙须(江西)=白背牛尾菜
老龙须(陕西中草药)=蜘蛛香
老妈妈拐棍(云南思茅)=闭鞘姜
老妈妈棵(昆明)=鸡骨柴
老妈妈针线包(云南)=云南娃儿藤
老麻藤(陕西丹凤)=金剑草
老麻藤(浙江植物名录)=苦皮藤
老芒麦 Elymus sibiricus L.(禾本科)
老米(纲目)=稻
老米酒(昆明草药)=珍珠荚蒾
老密杆(河南)=毛萼山梅花
老母狗半夏(昆明,峨山)=象头花
老母鸡肉(植物志 73-2)=荠苨
老母楠(广东)=钝叶桂
老母猪草(云南)=打碗花
老母猪挂面(云南)=束序苎麻
老母猪桂皮(云南)=钝叶桂
老母猪果(龙陵)=瑞丽山龙眼
老母猪花头(云南中草药)=裸茎千里光
老姆猪标(云南腾冲)=高黎贡柯
老牛揣(中草药汇编)=细叶鸢尾
老牛锉(辽宁中草药)=野蓟
老牛错(黑龙江中草药)=丝毛飞廉
老牛秆(江苏)=太行铁线莲
老牛筋(高等图鉴)=截叶铁扫帚
老牛筋 Arenaria juncea M.Bieb. (石竹科),*毛轴蚤缀,毛轴鹅不食,山银柴胡,灯心草蚤缀*
老牛瓢(江苏)=牛皮消
老牛拽(东北)=细叶鸢尾
老婆子针线(峨眉药用植物)=透骨草
老枪谷(龙沙记略)=尾穗苋
老人根(广西)=香花崖豆藤
老人拐棍(丽江)=攀茎耳草
老人木(广西博白)=毛黄肉楠
老人皮(海南那大)=细基丸
老人皮(海南兴隆)=暗罗
老人皮树(海南儋县,临高,澄迈)=细基丸
老人瓢(华东)=萝藦
老人头(云南漾濞)=大花地不容
老人须 Tillandsia usuneoides L.(凤梨科),*苔花凤梨*
老山草(龙胜)=短尾楼梯草
老山芹(黑龙江)=兴安独活
老山芹(山东)=短毛独活
老山蛇根草 Ophiorrhiza laoshanica Lo(茜草科)
老少年(盛京通志)=苋
老蛇莲(广西)=开口箭
老蛇盘(四川,陕西)=七叶鬼灯檠
老蛇骚(植物志 43-2)=臭节草
老蛇藤(四川)=宝兴马兜铃
老蛇藤(云南红河)=爬树龙
老蛇头(贵州民间药物)=喙赤瓟
老蛇药(贵州药用名录)=光叶蝴蝶草

老蛇药(中药大辞典)=高大翅果菊
老鼠柏(生草药性备要)=老鼠簕
老鼠抱羊(广西植物名录)=镰翅羊耳蒜
老鼠草(广东土名)=毛俭草
老鼠吹箫(昆明草药)=云南清风藤
老鼠刺(草木便方)=细柄十大功劳
老鼠刺(纲目拾遗)=枸骨
老鼠刺(陕西,甘肃)=假豪猪刺
老鼠刺(陕西,四川)=猫儿刺
老鼠刺(树木分类学)=鼠刺
老鼠刺(四川)=短锥花小檗
老鼠刺(四川)=阔叶十大功劳
老鼠刺(台木本志)=台湾鼠刺
老鼠刺(中草药汇编)=大花糙苏
老鼠丁根(福建)=多花野牡丹
老鼠冬瓜(生草药性备要,图考)=马㼎儿
老鼠冬瓜(云南)=茅瓜
老鼠豆(湖南药物志)=鹿藿
老鼠耳(亨氏植物名汇)=铁包金
老鼠耳朵草(中药志)=锡生藤
老鼠根(广州志)=狼尾草
老鼠瓜(广西)=金瓜
老鼠瓜(江西)=茅瓜
老鼠瓜(陆川本草)=马㼎儿
老鼠瓜(新疆)=爪瓣山柑
老鼠瓜(云南景洪)=野黄瓜
老鼠核桃(云南沧源)=痄腮树
老鼠核桃(云南西部)=越南山核桃
老鼠花(丰都)=川东紫堇
老鼠花(江苏)=芫花
老鼠黄瓜(云南中草药)=马㼎儿
老鼠黄瓜根(云南)=茅瓜
老鼠癀(福建)=水珍珠菜
老鼠筋(植物志 78-1)=水飞蓟
老鼠拉冬瓜(云南,广西)=茅瓜
老鼠拉冬瓜(植物志 73-2)=木鳖子
老鼠狼(广东)=狼尾草
老鼠艻 Spinifex littoreus (Burm.f.) Merr.(禾本科),*腊刺*
老鼠簕 Acanthus ilicifolius L.(爵床科),*老鼠柏*,*软骨牡丹*,*蚧瓜簕*
老鼠簕属 Acanthus L.(爵床科)
老鼠铃(植物志 52-2)=圆叶西番莲
老鼠牛角(云南)=云南香花藤
老鼠砒(植物志 14)=山菅
老鼠乳(福建中草药)=铁包金
老鼠杉(贵州黎平,从江)=柔毛油杉
老鼠矢 Symplocos stellaris Brand(山矾科)
老鼠屎(山东)=胶州延胡索
老鼠屎(山东东北部)=多被银莲花
老鼠屎(植物志 48-1)=枣
老鼠树(江苏志)=枸骨
老鼠藤(福建中草药)=多花勾儿茶
老鼠尾(福建中草药)=鼠尾粟
老鼠尾(泉诈本草)=圆盖阴石蕨
老鼠尾(生草药性备要)=硃砂根
老鼠尾(植物志 41)=千斤拔
老鼠尾巴(新华本草纲要)=棒叶鸢尾兰
老鼠兀(广东)=鱼蓝柯
老鼠香瓜(云南中草药选)=茅瓜
老鼠眼(广东,新华本草纲要)=鹿藿
老鼠眼(植物志 41)=鹿藿
老鼠针(四川)=蓬子菜
老鼠竹(中药大辞典)=宁波溲疏
老鼠足迹(陆川本草)=球菊
老铁山茶藨(东北木本志)=陕西茶藨子
老铁山腺毛茶藨(东北木本志)=旅顺茶藨子
老头艾(东北)=火绒草
老头草(东北)=火绒草
老头瓜(植物志 63)=华北白前
老哇皮(四川松潘)=宝兴木姜子
老威蜡(河口傜语)=苹果榕
老翁须(苏沈良方)=忍冬
老挝杜英 Elaeocarpus laoticus Gagn.(杜英科)
老挝柯 Lithocarpus laoticus (Hick. & A.Camus) A.Camus(壳斗科),*老挝石栎*
老挝檬果樟 Caryodaphnopsis latica Airy-Sahw (樟科)
老挝南蛇藤 Celastrus laotica Pitard (卫矛科)
老挝石栎(植物志 22)=老挝柯
老挝天料木 Homalium ceylanicum var. laoticum (Gagn.) S.G.Fan(大风子科)
老乌眼(辽宁)=锐齿鼠李
老勿大(江苏,浙江)=紫金牛
老西垫(云南沧源佤族语)=米团花
老蟹眼(广东)=杜虹花
老熊泡(四川中草药)=红毛悬钩子
老鸦瓣 Tulipa edulis (Miq.) Baker(百合科),*光慈菇*,*光姑*,*山蛋*,*老鸦头*,*棉花包*
老鸦胆(海南)=鸦胆子
老鸦饭(江西)=广东紫珠
老鸦饭(新华本草纲要)=浆果楝
老鸦风(中草药汇编)=黄毛榕
老鸦瓜(图经本草)=王瓜
老鸦瓜(植物志 73-1)=海南栝楼
老鸦果(云南)=地檀香
老鸦果(云南)=密齿酸藤子
老鸦果(云南)=乌鸦果
老鸦糊 Callicarpa giraldii Hesse ex Rehd.(马鞭草科),*粗糠草*,*鸡米树*,*舌癀*,*小米团花*,*鱼胆*,*珍珠子*,*紫珠*
老鸦花(贵州)=醉魂藤
老鸦花(贵州民间药物)=贵州醉魂藤
老鸦花藤(云南中草药)=大果油麻藤
老鸦甲(江西)=大头橐吾
老鸦咀藤(广东)=杜仲藤
老鸦馒头藤(广部中草药手册)=薜荔
老鸦泡(云南)=乌鸦果
老鸦皮(云南,四川)=杨叶木姜子
老鸦扇(陕西)=射干
老鸦舌(南安府志)=仙人掌
老鸦柿 Diospyros rhombifolia Hemsl.(柿科),*牛奶柿*,*丁香柿*,*月有*,*枝柿*,*丁季李*,*拳李*,*糯米饭刺*
老鸦树(新华本草纲要)=浆果楝
老鸦酸(湖南)=酢浆草
老鸦酸(湖南)=直酢浆草
老鸦酸(湖南药物志)=山酢浆草
老鸦蒜(甘肃)=忽地笑
老鸦蒜(甘肃,浙江)=绵枣儿
老鸦蒜(世界得救方,江西,湖北,陕西,福建)=石蒜
老鸦头(江苏)=半夏
老鸦头(图考)=老鸦瓣
老鸦碗(浙江)=积雪草
老鸦烟筒花 Millingtonia hortensis L.f.(紫葳科),*烟筒花*,*姊妹树*,*铜罗汉*,*戛刹拢*
老鸦烟筒花属 Millingtonia L.f.(紫葳科)
老鸦眼(山东)=半夏
老鸦眼睛草(图经本草)=龙葵
老鸦芋头(山东)=半夏
老鸦枕头(云南)=喙荚云实
老鸦嘴(广东)=古钩藤
老鸦嘴(南宁药志)=暗消藤
老鸦嘴(云南)=马利筋
老鸦嘴(中草药汇编)=山牵牛
老雅泡(贵州)=攀枝莓
老秧叶(广东)=疏叶崖豆
老羊蒿(四川,云南西部)=毛莲蒿
老阳子(本草纲目)=巴豆
老腰弓(云南中草药选)=草血竭
老鹰柴(贵州民间药物)=清香藤
老鹰翅膀(云南)=石莲姜槲蕨
老鹰七(贵州)=巢蕨
老鹰枣(植物志 48-1)=毛果枣
老芋(图考)=野芋
荖藤(台湾)=风藤
栳樟(台湾)=樟
涝豆秧(东北)=山野豌豆
涝豆秧子(辽宁)=东北山黧豆
涝峪薹草 Carex giraldiana Kükenth.(莎草科)
涝峪小檗 Berberis gilgiana Fedde(小檗科)
䓖豆 Glycine soja S. & Z.(豆科),*零乌豆*,*穞豆*,*落豆秧*,*马豆*,*马米豆*,*米豆*,*鹿霍*,*山黄豆*,*乌豆*,*细黑豆*,*小落豆*,*小落豆秧*,*野大豆*,*野黄豆*,*野料豆*,*野毛豆*

Le

烙铁草(四川)=白花地丁
酪奴(纲目)=茶
乐昌含笑 Michelia chapensis Dandy(木兰科)
乐昌虾脊兰 Calanthe lechangensis Z.H.Tsi & T.Tang(兰科)
乐东变种(植物志 65-2)=乐东黄芩(新)
乐东黄芩(新)Scutellaria luzonica var. lotungensis C.Y.Wu & C.Chen(唇形科),*乐东变种*
乐东链珠藤(植物志 63)=海南链珠藤
乐东拟单性木兰 Parakmeria lotungensis (Chun & C.Tsoong) Law(木兰科)
乐东石豆兰 Bulbophyllum ledungense T.Tang & F.T.Wang(兰科)
乐东藤 Urceola xylinabariopsoides (Tsiang) D.J. Middl. (夹竹桃科)
乐东藤属(植物志 63)=**水壶藤属**
乐东油果樟 Syndiclis lotungensis S.Lee(樟科),*乐东油樟*
乐东油樟(海南志)=乐东油果樟
乐东玉叶金花 Mussaenda lotungensis Chun & Ko (茜草科)
乐东锥 Castanopsis ledongensis Huang & Y.T. Chang (壳斗科)
乐会润楠 Machilus lohuiensis S.Lee(樟科)
乐清毛蕨(植物研究)=福建毛蕨
乐山蜘蛛抱蛋 Aspidistra leshanensis K.Y.Lang & Z.Y.Zhu(百合科)
乐思绣球(植物志 35-1)=粗枝绣球
乐业瘤果茶 Camellia leyeensis Chang & Y.C. Zhong (山茶科)
乐业蜘蛛抱蛋 Aspidistra leyeensis Y.Wan & C. C.Huang (百合科)
乐叶附地菜 Trigonotis leyeensis W.T.Wang (紫草科)
艻波罗(岭南采药录)=露兜树
艻竹(竹谱详录)=车筒竹
艻子(中药大辞典)=马甲子
竻藨子(江西中药)=掌叶复盆子
竻齿树(中药大辞典)=长叶柞木
竻慈菇(岭南采药录)=刺芋
竻当(岭南采药录)=簕欓花椒
竻水菇(广东)=刺芋
竻苋菜(岭南采药录)=刺苋
竻芋(南宁药志)=刺芋

勒矮瓜(广西药用名录)=刺天茄
勒布箭竹 Fargesia farcta Yi (禾本科)
勒草(名医别录)=葎草
勒毒(傣语)=萝芙木
勒革拉花(山西)=北乌头
勒公氏马先蒿 Pedicularis lecomtei Bonati(玄参科)
勒角藤(岭南草药志)=露兜树
勒克勒里小檗 Berberis lechleriana Schneid.(小檗科)
勒勒叶(云南药用名录)=小叶干花豆
勒荔(广西中药志)=荔枝
勒马回(甘肃,陕西)=秃疮花
勒马你李马(藏名)=倒提壶
勒苗(广西)=聚锥水东哥
勒莫奈小檗 Berberis lemoinei Ahrendt (小檗科)
勒莫尼溲疏 Deutzia lemoinei Lemoine (虎耳草科)
勒墨鱼(海南东方)=广东山胡椒
勒泡(湖南药物志)=月季花
勒氏马先蒿 Pedicularis legendrei Bonati(玄参科)
勒氏线蕨(蕨类图说)=绿叶线蕨
勒藤(云南)=通光散
勒苋菜(广东)=刺苋
簕菜薯(广西陆川)=刺芋
簕欓(广药手册)=簕欓花椒
簕欓花椒 Zanthoxylum avicennae (Lam.) DC. (芸香科),*刺欓,狗花椒,花椒簕,画架,画眉簕,画眉跳,鸡咀簕,竻当,簕欓,鸟不宿,雀笼踏,搜山虎,乌鸦不企树,鹰不泊,鹰不泊蓮,鹰不沾*
簕地茹(广西玉林)=刺芋
簕杜鹃(广州)=光叶子花
簕番薯(广西)=毛牵牛
簕钩(广东)=飞龙掌血
簕古子 Pandanus forceps Martelli (露兜树科)
簕牯树(植物志 71-1)=山石榴
簕泡木(植物志 71-1)=山石榴
簕芋(广东)=刺芋
簕竹 Bambusa blumeana J.A. & J.H.Schult.(禾本科),*郁竹*
簕竹属 Bambusa Retz.(禾本科)
簕子(广东)=马甲子

Lei

雷波长蒴苣苔 Didymocarpus leiboensis Z.P. Soong & W.T.Wang(苦苣苔科)
雷波大叶筇竹 Qiongzhuea marcophylla f. leiboensis Hsueh & D.Z.Li (禾本科)
雷波得欧亚槭 Acer pseudoplatanus var. leopoldii Lem.(槭树科)
雷波杜鹃 Rhododendron leiboense Z.J.Zhao(杜鹃花科)
雷波花椒 Zanthoxylum leiboicum Huang(芸香科)
雷波黄精 Polygonatum leiboense S.C.Chen & D. Q.Liu (百合科)
雷波毛茛(植物志 28)=昆明毛茛
雷波毛蕨 Cyclosorus leipoensis Ching & H.S. Kung (金星蕨科)
雷波蒲儿根 Sinosenecio leiboensis C.Jeffr. & Y. L.Chen (菊科)
雷波槭 Acer leipoense Fang & Soong(槭树科)
雷波石杉 Huperzia laipoensis Ching(石杉科)
雷波溲疏(植物志 35-1)=四川溲疏
雷波蹄盖蕨(西北植物学报)=希陶蹄盖蕨
雷波铁角蕨 Asplenium leiboense Ching(铁角蕨科)
雷波铁线莲 Clematis pogonandra var. alata W. T.Wang & M.Y.Fang(毛茛科)
雷波乌头 Aconitum pseudohuiliense Chang(毛茛科)
雷波小檗 Berberis leboensis Ying(小檗科)
雷波叶下珠(分类学报)=云贵叶下珠
雷打果 Melodinus yunnanensis Tsiang & P.T.Li (夹竹桃科),*云南山橙*
雷胆子(湖南中草药选编)=三叶崖爬藤
雷德小檗 Berberis rehderiana Schneid.(小檗科)
雷电木(四川)=梓
雷丁马先蒿 Pedicularis retingensis Tsoong(玄参科)
雷格勒小檗 Berberis regleriana Notcutt (小檗科)
雷公菜(湖南药物志)=丝毛飞廉
雷公椆(海南志)=雷公青冈
雷公锤草(福建中草药)=过江藤
雷公鹅耳枥 Carpinus viminea Wall.(桦木科),*雷公枥*
雷公高(四川中药志)=山胡椒
雷公根(广西金秀)=黑风藤
雷公橘 Capparis membranifolia Kurz(山柑科)
雷公簕(广西)=酒饼簕
雷公枥(树木分类学)=雷公鹅耳枥
雷公连 Amydrium sinense (Engl.) H.Li(天南星科),*大匹药,大软筋藤,风湿药,叫恩妈,叫四门,九龙上吊,青藤,软筋藤,下山虎,野红苕*
雷公连属 Amydrium Schott (天南星科)
雷公木(广西)=大叶臭花椒
雷公七(贵州方药集)=蜘蛛香
雷公七(陕西中药名录)=七筋姑
雷公青(湖南药物志)=秋鼠麴草
雷公青冈 Cyclobalanopsis hui (Chun) Chun ex Y.C.Hsu & H.W.Jen(壳斗科),*雷公椆,胡氏栎*
雷公树(福建)=石斑木
雷公树叶(陕西中草药)=山胡椒
雷公藤 Tripterygium wilfordii HK.f.(卫矛科),*断肠草,红紫根,黄藤,黄藤草,黄藤木,黄药,莽草,南蛇根,山砒霜,水莽草,水莽藤,水莽子*
雷公藤蹄(岭南草药志)=海南崖豆藤
雷公藤属 Tripterygium HK.f.(卫矛科)
雷公头(纲目)=香附子
雷公须(贵州)=金爪儿
雷公凿(海南)=亮叶猴耳环
雷公种(广州)=头序楤木
雷公子(四川)=山胡椒
雷建刚(植物志 43-2)=刘勤光
雷杰尔小檗 Berberis regeliana Koehne ex Schneid. (小檗科)
雷韭 Allium humile Kunth(百合科)
雷利根(广西)=黑风藤
雷楝 Reinwardtiodendron dubium (Merr.) X.M. Chen (楝科),*椰色木*
雷楝属 Reinwardtiodendron Koord.(楝科)
雷蒙耳蕨 Polystichum lemmonii Underw (鳞毛蕨科)
雷诺木(海南志)=三角车
雷诺木属(海南志)=**三角车属**
雷切鸢尾 Iris reichenbachii Heuff.(鸢尾科)
雷琴格小檗 Berberis rechingeri Schneid.(小檗科)
雷琼牡蒿 Artemisia hancei (Pamp.) Ling & Y.R. Ling (菊科)
雷山杜鹃 Rhododendron leishanicum Fang & S. S.Chang ex Chamb.(杜鹃花科)
雷山假福王草 Paraprenanthes heptantha Shih & D.J.Liou(菊科)
雷山瑞香 Daphne leishanensis H.F.Zhou ex C.Y. Chang (瑞香科)
雷山石杉 Huperzia leishanensis X.Y.Wang(石杉科)
雷神 Agave potatorum var. verscheffeltii (石蒜科)
雷氏绣毛绣球(分类学报)=绣毛绣球
雷头玉 Neoporteria occulta (Phil.) Britt. & Rose (仙人掌科)
雷柚(裴渊广州记)=柚
雷真子(四川)=菟丝子
雷州蝴蝶草(植物志 41)=蝙蝠草
雷竹 Phyllostachys praecox cv. Prevernalis (禾本科)
檑红 Citrus grandis var. tomentosa Hort.(芸香科),*化州桔红,橘红*
藟头(植物志 14)=薤
蕾芬 Rivina humilis L.(商陆科),*数珠珊瑚*
蕾芬属 Rivina L.(商陆科),*数珠珊瑚属*
蕾丽兰属 Laelia Lindl.(兰科)
藟根(纲目)=葛藟葡萄
肋巴木(云南)=轮叶戟
肋胞石韦 Niphopsis angustata J.Sm.(水龙骨科)
肋胞石韦属 Niphopsis J.Sm.(水龙骨科)
肋果蓟 Ancathia iganiaria (Spreng.) DC.(菊科)
肋果蓟属 Ancathia DC.(菊科)
肋果沙棘 Hippophaë neurocarpa S.W.Liu & T.N. He (胡颓子科),*黑刺*
肋果菘蓝(东北草本志)=三肋菘蓝
肋脉薹草 Carex pachynura Kitag.(莎草科)
肋脉野豌豆(内蒙志)=新疆野豌豆
肋毛蕨(台湾志)=亮鳞肋毛蕨
肋毛蕨(植物志 6-1)=虹鳞肋毛蕨
肋毛蕨属 Ctenitis (C.Chr.) C.Chr.(叉蕨科)
肋痛草(丽江)=石生紫菀
肋枝兰 Pleurothallis prolifera (兰科)
肋枝兰属 Pleurothallis R.Br.(兰科)
肋柱花(高等图鉴)=辐状肋柱花
肋柱花 Lomatogonium carinthiacum (Wulf.) Reichb.(龙胆科),*加地侧蕊*
肋柱花属 Lomatogonium A.Br.(龙胆科)
泪柏(树木分类学)=陆均松
泪柏 Podocarpus dacrydioides Rich.(罗汉松科)
泪滴珍珠莲(云南植物名录)=尾尖爬藤榕
泪竹(湖南)=摆竹
类白薹草 Carex polyschoenoides K.T.Fu(莎草科)
类稗薹草 Carex echinochloaeformis Y.L.Chang & Y.L.Yang(莎草科)
类北葱 Allium schoenoprasoides Rgl.(百合科)
类北韭(新疆药志)=北葱
类变色黄芪 Astragalus pseudoversicolor Y.C.Ho(豆科)
类地毯草 Axonopus affinis A.Chase (禾本科)
类短尖薹草 Carex mucronatiformis Tang & Wang (莎草科)
类短肋黄芪 Astragalus pseudobrachytropis Gonetsch.(豆科)
类耳褶龙胆 Gentiana otophoroides H.Sm.(龙胆科)
类菰风头黍 Acroceras zizanioides (H.B.K.) Dandy (禾本科)
类黑褐穗薹草 Carex atrofuscoides K.T.Fu(莎草科)

类红芽大戟(广西药用名录)=红芽大戟
类华丽龙胆(Flora 16)=华丽龙胆
类尖头风毛菊 Saussurea pseudomalitiosa Lipsch. (菊科)
类金茅芑(禾本科图说)=类金茅双药芒
类金茅双药芒 Diandranthus eulalioides (Keng) L.Liu(禾本科)
类蓼柳叶箬 Isachne polygonoides (Lam.) Doell (禾本科)
类留土黄芪 Astragalus pseudohypogaeus S.B. Ho (豆科)
类卢敦(广西药用名录)=金丝李
类芦 Neyraudia reynaudiana (Kunth) Keng(禾本科),*聊箭杆子,石珍茅,假芦,望冬草,篱芭竹,聊竹杆子*
类芦属 Neyraudia HK.f.(禾本科),*望冬草属*
类芒齿黄芪 Astragalus camptodontoides Simps. (豆科)
类毛瓣虎耳草 Saxifraga montanella H.Sm.(虎耳草科)
类毛柱黄芪 Astragalus milingensis var. heydeoides K.T.Fu (豆科)
类霹雳薹草 Carex subperakensis L.K.Ling & Y.Z.Huang(莎草科)
类球松 Pinus strobiformis Engelm.(松科)
类雀稗 Paspalidium flavidium (Retz.) A.Camus (禾本科)
类雀稗属 Paspalidium Stapf(禾本科)
类雀麦 Bromus ramosus Huds.(禾本科),*多枝雀麦*
类三脉梅花草 Parnassia pusilla Wall. ex Arn. (虎耳草科)
类扇叶垫柳 Salix paraflabellaris S.D.Zhao(杨柳科)
类黍柳叶箬 Isachne miliacea Roth ex Roem. & Schult.(禾本科)
类黍尾稃草 Urochloa panicoides Beauv.(禾本科)
类蜀黍 Euchlaena mexicana Schrad.(禾本科),*大刍草*
类蜀黍属 Euchlaena Schrad.(禾本科)
类四腺柳 Salix paratetradenia C.Wang & P.Y.Fu (杨柳科)
类头状花序藨草 Scirpus subcapitatus Thw.(莎草科),*龙须草*
类乌齐乌头 Aconitum leiwuqiense W.T.Wang (毛茛科)
类梧桐(云南思茅)=思茅豆腐柴
类小连翘(浙江药志)=密腺小连翘
类叶牡丹(日名)=红毛七
类叶升麻 Actaea asiatica Hara(毛茛科),*绿豆升麻,开喉箭,茶七,金丝三七,五角连*
类叶升麻属 Actaea L.(毛茛科)
类圆锥薹草(安徽志)=豌豆形薹草
类早熟禾 Poa eminens C.Presl.(禾本科)
类帚黄芪 Astragalus pseudoscoparius Gntsch. (豆科)
类皱叶香茶菜 Isodon rugosiformis (Hand.-Mazz.) H.Hara(唇形科)
擂捶花(广东中药)=鸡蛋花
擂鼓芳属 Mapania Aubl.(莎草科)

Leng

棱边毛茛 Ranunculus submarginatus Ovcz.(毛茛科)
棱长柱无心菜 Arenaria longistyla var. eugonophylla Fernald(石竹科)
棱刺锥 Castanopsis clarkei King ex HK.f.(壳斗科)
棱葱(新拉汉英)=角葱
棱萼母草 Lindernia oblonga (Benth.) Merr.(玄参科),*公母草,四方草*
棱萼酸浆 Physalis cordata Mill.(茄科)
棱稃雀稗 Paspalum malacophyllum Trin.(禾本科)
棱果艾麻 Laportea elevata C.J.Chen(荨麻科),*大水苎麻*
棱果秤锤树 Sinojackia henryi (Dummer) Merr. (安息香科)
棱果刺通草 Trevesia palmata var. costata Li(五加科)
棱果谷木 Memecylon octocostatum Merr. & Chun (野牡丹科)
棱果花 Barthea barthei (Hance) Kirass.(野牡丹科),*芭茜,棱果木,大野牡丹,毛药花*
棱果花属 Barthea HK.f.(野牡丹科)
棱果芥(植物志 33)=棱果糖芥
棱果芥属(植物志 33)=**糖芥属**
棱果柯 Lithocarpus triqueter (Hick. & A.Camus) A.Camus(壳斗科)
棱果辽椴 Tilia mandshurica var. megaphylla (Nakai) Liou & Li(椴树科)
棱果裂叶铁线莲 Clematis parviloba var. rhombicoelliptica W.T.Wang(毛茛科)
棱果毛蕊茶 Camellia trigonocarpa Chang(山茶科)
棱果木(广西)=棱果花
棱果榕 Ficus septica Burm.f.(桑科)
棱果糖芥 Erysimum siliculosum (M.Bieb.) DC. (十字花科),*大果棱果芥,棱果芥*
棱果蝎子草 Girardinia suborbiculata subsp. grammata (C.J.Chen) C.J.Chen(荨麻科)
棱果玉蕊 Barringtonia fusicarpa Hu(玉蕊科)
棱荚蝶豆 Clitoria laurifolia Poir.(豆科)
棱角山矾(植物志 60-2)=光叶山矾
棱角丝瓜(高等图鉴)=广东丝瓜
棱茎八月瓜 Holboellia pterocaulis T.Chen & Q. H.Chen(木通科)
棱茎黄芩 Scutellaria scandens D.Don(唇形科)
棱茎爵床(广西植物)=棱茎野靛棵
棱茎木(广西)=肥肉草
棱茎野靛棵 Mananthes acutangula (H.S.Lo & D. Fang) C.Y.Wu & C.C.Hu(爵床科),*棱茎爵床*
棱脉蕨 Schellolepis persicifolia (Eesv.) Pic. Serm. (水龙骨科)
棱脉蕨属 Schellolepis (J.Sm.) J.Sm.(水龙骨科)
棱纹玉山竹 Yushania grammata Yi (禾本科)
棱叶韭 Allium caeruleum Pall.(百合科),*薤白,新疆韭*
棱叶直瓣苣苔 Ancylostemon rhombifolius K.Y. Pan (苦苣苔科)
棱榆(河南)=虎榛子
棱缘毛茛 Ranunculus trigonus Hand.-Mazz.(毛茛科)
棱枝草(高等图鉴)=驼舌草
棱枝草属(高等图鉴)=**驼舌草属**
棱枝冬青 Ilex angulata Merr. & Chun(冬青科)
棱枝杜英 Elaeocarpus glabripetalus var. alatus (Kunt) H.T.Chang(杜英科)
棱枝槲寄生(福建药物志)=枫香寄生
棱枝槲寄生 Viscum diospyrosicolum Hay.(桑寄生科),*柿寄生,桐木寄生*
棱枝冷水花(云南植物名录)=圆瓣冷水花
棱枝南蛇藤(华北经济志要)=苦皮藤
棱枝树萝卜 Agapetes angulata (Griff.) HK.f.(杜鹃花科)
棱枝卫矛(贵州草药)=紫刺卫矛
棱枝细瘦悬钩子 Rubus macilentus var. angulatus Delav.(蔷薇科)
棱轴短肠蕨(分类学报)=圆裂短肠蕨
棱子草(江西草药)=紫萼
棱子芹 Pleurospermum camtschaticum Hoffm. (伞形科)
棱子芹属 Pleurospermum Hoffm.(伞形科)
棱子藤(广西)=无柄五层龙
棱子吴萸 Evodia subtrigonosperma Huang(芸香科)
稜果海桐 Pittosporum trigonocarpum Lévl.(海桐花科),*瘦鱼蓼,鸡骨头,公栀子*
稜角三七(浙江临安)=香茶菜
冷藏番荔枝(福建中医药)=毛叶番荔枝
冷草(湖北)=对叶楼梯草
冷草(湖北)=楼梯草
冷草(湖北鹤峰)=大叶紫堇
冷草(湖北利川)=地瓜儿苗
冷地毛茛 Ranunculus gelidus Kar. & Kir.(毛茛科)
冷地卫矛 Euonymus frigidus Wall. ex Roxb.(卫矛科),*丝棉木卫矛*
冷地早熟禾 Poa crymophilla Keng ex L.Ling(禾本科)
冷毒草(文山中草药)=匍匐堇菜
冷毒草(云南中草药选)=七星莲
冷饭巴(四川)=黑果菝葜
冷饭果(云南)=称杆树
冷饭果(云南)=鲫鱼胆
冷饭果(云南中草药)=臭荚蒾
冷饭果(云南中草药)=乌鸦果
冷饭藤 Kadsura oblongifolia Merr.(木兰科),*吹风散,大钻,饭团藤,红大岖藤,红十八症,入地射香,水灯盏,五香血藤,细风藤*
冷饭团(福建)=黑老虎
冷饭团(浙江)=南五味子
冷饭子(贵州药用名录)=珍珠荚蒾
冷风菊(榆中)=抱茎风毛菊
冷蒿 Artemisia frigida Willd.(菊科),*阿格,白蒿,刚蒿,寒地蒿,杭姆巴,兔毛蒿,小白蒿,茵陈蒿,汗格尔*
冷桧(中国裸子志)=新疆方枝柏
冷棘豆 Oxytropis frigida Kar. & Kir.(豆科)
冷箭竹 Bashania fangiana (A.Camus) Keng f. & Wen (禾本科)*方氏箭竹,峨眉青篱竹*
冷蕨 Cystopteris fragilis (L.) Bernh.(蹄盖蕨科),*分羽冷蕨*
冷蕨棵(西昌中草药)=华南毛蕨
冷蕨萁(四川)=黑鳞耳蕨
冷蕨属 Cystopteris Bernh.(蹄盖蕨科)
冷坑兰(浙江)=庐山楼梯草
冷坑青(浙江)=庐山楼梯草
冷青篱竹 Arundinaria fangiana A.Camus (禾本科)
冷清草(台湾志)=狭叶楼梯草
冷清草(新拉汉英)=鱼公草
冷杉(河北小五台山)=臭冷杉
冷杉 Abies fabri (Mast.) Craib(松科),*塔杉*
冷杉矮槲寄生(云林学报)=冷杉寄生
冷杉寄生 Arceuthobium tibetense H.S.Kiu & W. Ren (桑寄生科),*冷杉矮槲寄生*
冷杉林乌头 Aconitum abietetorum W.T.Wang & L.Q.Li (毛茛科)
冷杉异燕麦 Helictotrichon abietetorum (Ohwi) Ohwi (禾本科)

冷杉属 Abies Mill.(松科)
冷水草(湖南)=骤尖楼梯草
冷水草(新华本草纲要)=降龙草
冷水丹(湖南)=细柄凤仙花
冷水丹(江苏,江西)=射干
冷水丹(江西草药)=四叶葎
冷水丹(陕西)=马蹄香
冷水跌打(云南)=凹叶瑞香
冷水发汗(云南)=须药藤
冷水花 Pilea notata C.H.Wright(荨麻科),*长柄冷水麻,水麻叶,土甘草,山羊血,白山羊*
冷水花假楼梯草 Lecanthus pileoides Chien & C.J.Chen (荨麻科)
冷水花属 Pilea Lindl (荨麻科)
冷水金丹(滇南本草)=霸王鞭
冷水七(湖北) =细柄凤仙花
冷水七(植物志 47-2)=湖北凤仙花
冷水竹(四川雷波)=细竿筇竹
冷竹(四川九龙)=九龙箭竹
冷竹(四川雷波)=细竿筇竹

Li

厘(尔雅)=藜
厘藤(海南)=短叶省藤
厘竹(广东)=茶竿竹
梨(名医别录)=白梨
梨(名医别录)=沙梨
梨苞滨藜 Atriplex dimorphostegia Kar. & Kir. (藜科)
梨查木属(科属辞典)=**龙胆木属**
梨茶 Camellia latilimba Hu (十字花科),*大油茶,山桐茶*
梨丁子(江西)=豆梨
梨果寄生 Scurrula philippensis (Cham & Schlecht.) G.Don(桑寄生科)
梨果寄生属 Scurrula L.(桑寄生科)
梨果柯 Lithocarpus howii Chun(壳斗科),*山林春木*
梨果榕(中草药汇编)=舶梨榕
梨果仙人掌 Opuntia ficus-indica (L.) Mill.(仙人掌科),*仙桃*
梨果栒子(新)Cotoneaster hurusawaianus Klotz? (蔷薇科)
梨果竹(植物志 9-3)=梨竹
梨花刺(陕西中草药)=单瓣白木香
梨火哄(福建)=檫木
梨寄生(云南)=滇藏钝果寄生
梨木灰(纲目)=秋子梨
梨木皮(纲目)=秋子梨
梨宁子(江西)=豆梨
梨皮(滇南本草)=秋子梨
梨润楠 Machilus pomifera (Kosterm.) S.Lee(樟科),*梨桢楠*
梨山铁线莲 Clematis peterae var. lishanensis (T. Y.Yang & T.C.Huang) W.T.Wang(毛茛科)
梨山乌头 Aconitum fukutomei Hay.(毛茛科),*奇莱乌头*
梨树根(草药汇编)=白梨
梨树根(中草药选编)=秋子梨
梨藤竹 Melocalamus campactiflorus Benth.(禾本科)
梨藤竹属 Melocalamus Benth.(禾本科)
梨头菜(福建)=粪箕笃
梨头草(广西药用名录)=欧洲慈姑
梨形橙 Citrus pyriformis Hassk.(芸香科)
梨形果山荆子 Malus baccata f. pyriformis Skr.? (蔷薇科)
梨序楼梯草 Elatostema ficoides Wedd.(荨麻科)
梨叶(唐本草)=秋子梨
梨叶白珠(高等图鉴)=鹿蹄草叶白珠
梨叶冬青 Ilex pyrifolia C.J.Tseng(冬青科)
梨叶骨牌蕨 Lepidogrammitis pyriformis Ching (水龙骨科)
梨叶木蓼 Atraphaxis pyrifolia Bge.(蓼科)
梨叶山矾 Symplocos pyrifolia Wall. ex G.Don (山矾科)
梨叶橐吾 Ligularia pyrifolia S.W.Liu(菊科)
梨叶小舌菊(广西)=小舌菊
梨叶悬钩子 Rubus pirifolius Smith(蔷薇科),*太平悬钩子,蛇泡,红簕钩,太平悬子*
梨桢楠(海南志)=梨润楠
梨枝(纲目)=秋子梨
梨竹 Melocanna baccifera (Roxb.) Kurz(禾本科),*梨果竹,象鼻竹*
梨竹属 Melocanna Trin.(禾本科)
梨属 Pyrus L.(蔷薇科),*棠梨属*
梨状牛奶子(广东)=舶梨榕
梨状牛乳子(海南志)=舶梨榕
梨子草(贵州)=贵州八角莲
狸豆(纲目)= 黧豆
狸头竹(树木分类学)=毛竹
狸尾草(广西西南)=美花狸尾豆
狸尾草(海南志)=狸尾豆
狸尾豆 Uraria lagopodioides (L.) Desv. ex DC. (豆科),*狸尾草,大叶兔尾草,兔尾草,狐狸尾,猫尾草*
狸尾豆属 Uraria Desv.(豆科)
狸藻(华东水生植物)=黄花狸藻
狸藻 Utricularia vulgaris L.(狸藻科),*闸草*
狸藻科 Lentibulariaceae
狸藻属 Utricularia L.(狸藻科)
离瓣彩叶凤梨 Neoregelia eleutheropetala (Ule) L.B.Sm.(凤梨科)
离瓣寄生 Helixanthera parasitica Lour.(桑寄生科),*五瓣桑寄生,桂花寄生,木棉寄生,油桐寄生,杉木寄生*
离瓣寄生属 Helixanthera Lour.(桑寄生科)
离瓣景天 Sedum barbeyi Hamet(景天科)
离瓣木犀(高等图鉴)=双瓣木犀
离萼杓兰 Cypripedium plectrochilum Franch(兰科)
离根香 Calogyne pilosa R.Br.(桔梗科),*肉桂草,山茵蒿,山茼蒿,根风藤*
离根香属 Calogyne R.Br.(草海桐科)
离核光桃 Amygdalus persica var. aganonucipersica (Schübler & Martens) Yü & Lu (蔷薇科),*离核油桃*
离核毛桃 Amygdalus persica var. aganopersica Reich.(蔷薇科),*离核桃*
离核木棉(云南开远)=海岛棉
离核桃(经济植物手册)=离核毛桃
离核桃(新拉汉英)=离核毛桃
离核油桃(经济植物手册)=离核光桃
离花小檗 Berberis solutiflora Ahrendt (小檗科)
离基脉冷水花 Pilea verrucosa subsp. subtriplinervia C.J.Chen(荨麻科)
离脉柳叶蕨 Cyrtogonellum caducum Ching(鳞毛蕨科),*厚叶柳叶蕨*
离母(本经)=天麻
离蕊红山茶 Camellia liberistamina Chang & Chiu (山茶科)
离蕊芥(高等图鉴)=涩荠
离蕊芥属(高等图鉴)=**涩荠属**
离舌橐吾 Ligularia veitchiana (Hemsl.) Greenm. (菊科),*棕色钟头草*
离丝野木瓜 Stauntonia libera H.N.Qin(木通科)
离穗薹草 Carex eremopyroides V.Krecz.(莎草科)
离药蓬莱葛 Gardneria distincta P.T.Li(马钱科)
离原薤 Allium jacquemontii Kunt(百合科)
离枝(上林赋)=荔枝
离枝离支(上林赋)=荔枝
离轴红腺蕨 Diacalpe christensenae Ching(球盖蕨科),*滇红腺蕨*
离柱鹅掌柴 Schefflera hypoleucoides Harms(五加科)
离柱五加 Acanthopanax eleutheristylus Hoo(五加科)
离子草(北京志)=离子芥
离子芥 Chorispora tenella (Pall.) DC.(十字花科),*离子草,荠儿菜,红花荠菜*
离子芥属 Chorispora R.Br. ex DC.(十字花科)
犁壁藤(福建,广东)=粪箕笃
犁耙柯 Lithocarpus silvicolarum (Hance) Chun (壳斗科),*坡曾,杯果,杯椆,姜锥*
犁田公藤(海南)=腰骨藤
犁头(陕西)=白花地丁
犁头草(本草求原)=犁头尖
犁头草(广东)=长萼堇菜
犁头草(广西药用名录)=异叶茴芹
犁头草(贵州榕江)=岩藿香
犁头草(江西)=地耳草
犁头草(陕西)=菥蓂
犁头草(中药大辞典)=柔毛堇菜
犁头草 Viola japonica Langsd.(堇菜科),*地丁草*
犁头尖(本草纲目拾遗)=杠板归
犁头尖(云南)=蓝花毛鳞菊
犁头尖 Typhonium divaricatum (L.) Decne.(天南星科),*白附子,百步还原,充半夏,茨菇七,打麻刺,大叶关夏,地金莲,独角莲,狗半夏,耗子尾巴,金半夏,犁头草,犁头七,坡芋,三角青,山半夏,山茨菇,生半夏,鼠尾巴,田间半夏,土半夏,小独脚莲,小野芋,野慈菇,野附子,芋头草,芋头七*
犁头尖属 Typhonium Schott (天南星科)
犁头七(广西)=犁头尖
犁头网(广西)=篱栏网
犁头叶堇菜 Viola magnifica C.J.Wang & X.D. Wang (堇菜科)
蓠芭菜(福建)=落葵
黎庵高竹(香港竹谱)=蓬莱竹
黎庵高竹 Bambusa insularis Chia & H.L.Fung (禾本科)
黎巴嫩葱 Allium libani Boiss.(百合科)
黎巴嫩小檗 Berberis libanotica Ehrenb. ex Schneid. (小檗科)
黎巴嫩雪松 Cedrus libani Rich.(松科)
黎巴嫩鸢尾 Iris sofarana Foster (鸢尾科)
黎草(药用志)=望江南
黎茶(植物志 39)=望江南
黎川悬钩子 Rubus lichuanensis Yü & Lu (蔷薇科)
黎豆(本草拾遗)= 黧豆
黎厚壳桂(海南志)=鸡卵槁
黎可斯帕属 Leucospermum R.Br.(山龙眼科)
黎辣根(湖南药物志)=长叶冻绿
黎朦(桂海虞衡志)=柠檬
黎朦子(桂海虞衡志)=黎檬
黎檬 Citrus limonia Osb.(芸香科),*广东柠檬,黎朦子,里木子,药果,宜濛子,宜母,宜母子*
黎平瘤果茶 Camellia lipingensis Chang(山茶科)

黎平秋海棠 Begonia lipingensis Irmsch.(秋海棠科),*指裂叶秋海棠*

黎婆花 Arisaema hainanense C.Y.Wu & H.Li et al. (天南星科)

黎氏冬青(峨眉图志)=柔毛冬青

黎头草(图考)=紫花地丁

黎针(广西)=三分丹

黎竹 Acidosasa venusta (McClure) Z.P.Wang(禾本科),*坭竹*

黎仔麻木(药用植物纲要)=火索麻

黎子竹 Phyllostachys heteroclada f. purpurata (McClure) Wen (禾本科)

篱芭竹(广西药用名录) =类芦

篱笆川滇小檗 Berberis jamesiana var. saepium Ahrendt (小檗科)

篱笆树(高等图鉴)=假连翘

篱栏网 Merremia hederacea (Burm.f.) Hall.f.(旋花科),*蛤仔藤,广西百仔,金花茉栾藤,犁头网,篱网藤,篱仔藤,茉栾藤,小花山猪菜,鱼黄草*

篱蓼 Fallopia dumetorum (L.) Holub(蓼科)

篱天剑(湖北)=旋花

篱网藤(广西)=篱栏网

篱尾蛇(广西)=白叶藤

篱仔藤(广西)=篱栏网

藜 Chenopodium album L.(藜科),*草木灰,冬灰,粉仔菜,鹤顶草,红落藜,红心灰藋,灰菜,灰涤菜,灰藋,灰堆头菜,灰灰菜,灰藜,灰蓼头草,灰条,灰条菜,灰苋菜,金锁天,厘,落藜,蔓华,蒙华,蓬子菜,舜芒谷,薪柴灰,胭脂菜,野灰菜,银粉菜,猪灰头菜*

藜科 Chenopodiaceae

藜芦(新疆药材名)=阿尔泰藜芦

藜芦 Veratrum nigrum L.(百合科),*黑藜芦,山葱,人头发,藜茎*

藜芦叶虾脊兰 Calanthe veratrifolia R.Br.(兰科)

藜芦獐牙菜 Swertia veratroides Maxim. ex Kom. (龙胆科)

藜芦属 Veratrum L.(百合科)

藜叶黄芩 Scutellaria chenopodiifolia Juz.(唇形科)

藜叶千里光(西藏志)=藏南蟹甲草

藜叶蟹甲草 Parasenecio chenopodifolius (DC.) Y.L.Chen(菊科)

藜属 Chenopodium L.(藜科)

藜状珍珠菜 Lysimachia chenopodioides Watt ex HK.f. (报春花科)

黧豆 Mucuna pruriens var. utilis (Wall. ex Wight) Baker ex Burck(豆科) ,*巴山虎豆,白黎豆,狗爪豆,狸豆,龙爪豆,龙爪黧,猫豆,猫爪豆,鼠豆*

黧豆属 Mucuna Adanson (豆科),*油麻藤属,血藤属*

黧蒴锥 Castanopsis fissa (Champ. ex Benth.) Rehd. & Wils.(壳斗科),*裂壳锥,大叶栎,大叶锥,大叶槠栗,大叶枹*

蠡实(神农本草经)=马蔺

李 Prunus salicina Lindl.(蔷薇科),*甘李根白皮,嘉庆子,嘉应子,李核仁,山李子,小李仁,玉皇李*

李栋山悬钩子 Rubus ritozanensis Sasaki?(蔷薇科)

李核仁(吴普本草)=李

李恒碎米荠 Cardamine lihengiana Al-Shehbaz (十字花科)

李榄 Chionanthus henryanus P.S.Green(木犀科),*滇南插柚紫*

李榄琼楠 Beilschmiedia linocieroides H.W.Li (樟科)

李榄属(植物志 61)=**流苏树属**

李普氏飞燕草 Delphinium lipskyi Korsh.(毛茛科)

李生堇菜(拉汉名称)=双花堇菜

李氏禾 Leersia hexandra Swartz(禾本科),*游草,牛草,西游草,田中游草*

李氏禾属(新拉汉英)=**假稻属**

李氏柳叶箬(禾本科图说)=小花柳叶箬

李氏木姜子(台湾志)=大武山木姜子

李氏女贞(分类学报)=华女贞

李叶溲疏(东北木本志)=钩齿溲疏

李叶笑靥花(经济植物手册)=李叶绣线菊

李叶绣线菊 Spiraea prunifolia S. & Z.(蔷薇科),*李叶笑靥花,笑靥花*

李叶绣线菊单瓣变种(植物志 36)=单瓣李叶绣线菊(新)

李叶绣线菊多毛变种(植物志 36)=多毛李叶绣线菊(新)

李叶靥花(经济植物手册)=红绣线菊

李叶榆 Ulmus prunifolia Cheng & L.K.Fu(榆科)

李属 Prunus L.(蔷薇科)

里昂思属 Lyonsia R.Br.(夹竹桃科)

里白 Diplopterygium glaucum (Thunb.) Nakai (里白科)

里白杜虹花 Callicarpa hypoleucophylla Wei-Fang (马鞭草科)

里白科 Gleicheniaceae

里白馒头果(台湾志)=里白算盘子

里白算盘子 Glochidion triandrum (Blanco) C. B.Rob. (大戟科),*里白馒头果*

里白属 Diplopterygium (Diels) Nakai (里白科)

里波斯基荆芥 Nepeta lipskyi Kudr.(唇形科)

里德绿康达木 Condalia viridis var. reedii Cory (鼠李科)

里海阿魏 Ferula caspica M.Bieb.(伞形科)

里海旋覆花 Inula caspica Bl.(菊科)

里海盐爪爪 Kalidium cuspicum (L.) Ung.-Sternb. (藜科)

里海鸢尾 Iris falcifolia Bge.(鸢尾科)

里红凤梨(新拉汉英)=巢凤梨

里脚蕨(广西药用名录)=团叶陵齿蕨

里苦艾(广西药用名录)=万寿菊

里噜(西双版纳傣语)=文殊兰

里木子(事物绀珠)=黎檬

里普杨(植物志 20-2)=来比锡杨

里氏厚唇兰 Epigeneium lyonii (Ames) Summerh. (兰科)

里氏棘豆 Oxytropis litvinovii Fedtsch. (豆科)

里氏扭藿香 Lophanthus lipskyanus Ik.-Gal.(唇形科)

里斯特报春 Primula listeri King (报春花科)

里塘小檗 Berberis tsarica var. ritangensis Ahrendt (小檗科)

里特级诺黄芩 Scutellaria litwinowii Bornm. & Sint.(唇形科)

里瓦弄无心菜(高等图鉴补编)=大雪无心菜

里文堇菜 Viola riviniana Reichb.(堇菜科)

里紫细辛(台湾志)=下紫细辛

理博树(中草药汇编)=毛叶青冈

理肺草(丽江)=攀茎耳草

理肺散(云南)=鼠尾香薷

理肺散(云南)=糖胶树

理肺散(云南双柏)=旋花茄

理肺散 Hedyotis nantoensis Hay.(茜草科)

理塘虎耳草 Saxifraga litangensis Engl.(虎耳草科)

理塘忍冬 Lonicera litangensis Batal.(忍冬科)

理县杜鹃 Rhododendron trichogynum L.C.Hu (杜鹃花科)

理县虎耳草 Saxifraga subsediformis J.T.Pan(虎耳草科)

理县金腰 Chrysosplenium lixianense Jien ex J.T. Pan (虎耳草科)

理县梾木 Swida schindleri var. lixianensis (Fang & W.K.Hu) Fang & W.K.Hu(山茱萸科)

理县乌头 Aconitum lihsienense W.T.Wang(毛茛科)

理县香茶菜 Isodon lihsienensis (C.Y.Wu & H. W.Li) H.Hara(唇形科)

理阳参 Paraphlomis albiflora var. biflora (Sun) C.Y.Wu & H.W.Li(唇形科),*二花变种*

鲤下子(云南龙陵)=西南叶下珠

鲤鱼(湖北巴东,鄂西草药名录)=龙头草

鲤鱼胆(海南儋县)=灰莉

鲤鱼胆(植物志 62)=五岭龙胆

鲤鱼橄榄(厦门)=羊角拗

鲤鱼花草(中国土药志)=醉鱼草

鲤鱼显子(浙江,江苏)=华紫珠

鳢肠 Eclipta prostrata (L.) L.(菊科),*白花蟛蜞菊,旱莲草,黑头草,火炭草,金丝麻,莲草,莲子草,墨菜,墨斗草,墨旱莲,墨烟草,墨汁草,水风仙草,水旱莲,猪牙草*

鳢肠属 Eclipta L.(菊科)

力参(植物志 26)=土人参

力酱梗(广西)=毛杜仲藤

力树(海南)=白楸

历安山黄芪(豆科图说)=莲山黄芪

历细(藏名)=花叶丁香

立地好(草药汇编)=见血青

立蝶豆(中药大辞典)=广东蝶豆

立稿辣子(广东)=小叶乌药

立花橘 Citrus tachibana (Makino) Tanaka(芸香科),*橘仔,番橘*

立花头序报春 Primula glomerata Pax(报春花科)

立金草(四川中药志)=垂穗石松

立金花 Lachenalia aloides Pers.(百合科)

立金花属 Lachenalia Jacq.(百合科)

立堇菜 Viola raddeana Regel(堇菜科),*直立堇菜*

立莲花(福建)=广西过路黄

立柳(江苏)=杜柳

立卿薹草 Carex liqingii Tang & Wang ex S.Y. Liang (莎草科)

立秋(江苏)=束尾草

立秋(江苏)=狭叶束尾草

立沙蒿(东北检索表)=柔毛蒿

立氏大王马先蒿 Pedicularis rex subsp. lipskyana Tsoong(玄参科),*大王马先蒿立氏亚种*

立紫苇群 Phragmites australis grex purpureae L. Liu (禾本科)

丽杯角 Hoodia godonii Sweet.(萝藦科)

丽春花(本草纲目)=虞美人

丽大刺小檗 Berberis macracantha var. pulchra Schneid.(小檗科)

丽豆 Calophaca sinica Rehd.(豆科)

丽豆属 Calophaca Fisch.(豆科)

丽萼熊巴掌 Phyllagathis longiradiosa var. pulchella C.Chen(野牡丹科)

丽花菝葜 Smilax ornata C.lem.(百合科)

丽花报春 Primula pulchella Franch.(报春花科)

丽花独花报春 Omphalogramma elegans Forr. (报春花科)
丽花球属 Lobivia Britt. & Rose (仙人掌科)
丽江百部(云南)=羊齿天门冬
丽江百部(植物志 13-3)=云南百部
丽江百合 Lilium lijiangense L.J.Peng(百合科)
丽江扁莎 Pycreus lijiangensis L.K.Dai (莎草科)
丽江杓兰 Cypripedium lichiangense S.C.Chen & Cribb(兰科)
丽江鳔冠花 Cystacanthus affinis W.W.Sm.(爵床科)
丽江糙苏 Phlomis likiangensis C.Y.Wu(唇形科)
丽江柴胡 Bupleurum rockii Wolff(伞形科)
丽江车前(云南植物名录)=尖萼车前
丽江赤瓟 Thladiantha lijiangensis A.M.Lu & Z. Y.Zhang (葫芦科)
丽江翠雀花 Delphinium likiangense Franch.(毛茛科),*虱子药*
丽江大丁草 Gerbera lijiangensis Y.C.Tseng(菊科)
丽江大黄 Rheum likiangense Sam.(蓼科),*雪三七*
丽江当归 Angelica likiangensis Wolff(伞形科)
丽江滇芎 Physospermopsis forrestii (Diels) Norm. (伞形科),*丽江拟贱果芹*
丽江滇紫草 Onosma lijiangense Y.L.Liu(紫草科)
丽江吊灯花 Ceropegia aridicola W.W.Sm.(萝藦科)
丽江东爪草 Tillaea likiangensis H.Chuang(景天科)
丽江独活 Heracleum likiangense Wolff(伞形科)
丽江椴 Tilia likiangensis H.T.Chang(椴树科)
丽江峨眉蕨(蕨类形态)=昆明峨眉蕨
丽江耳蕨(云大生物论文集)=陕西耳蕨
丽江粉背蕨 Aleuritopteris likiangensis Ching ex S.K.Wu(中国蕨科)
丽江风铃草 Campanula delavayi Franch.(桔梗科)
丽江风毛菊 Saussurea likiangensis Franch.(菊科)
丽江藁本 Ligusticum delavayi Franch.(伞形科)
丽江莨菪 Scopolia likiangensis C.Y.Wu & C. Chen (茄科)
丽江合耳菊 Synotis lucorum (Franch.) C.Jeffr. & Y.L.Chen(菊科),*丽江尾药菊*
丽江红景天(植物志 34-1)=粗糙红景天
丽江虎耳草 Saxifraga likiangensis Franch.(虎耳草科)
丽江黄芪 Astragalus camptodontus var. lichiangensis (Simps.) K.T.Fu(豆科)
丽江黄芩 Scutellaria likiangensis Diels(唇形科),*小黄芩*,*小黄芪*
丽江黄钟花(新)Cyananthus flavus Marq.(桔梗科),*黄钟花*
丽江茴芹 Pimpinella rockii Wolff(伞形科)
丽江蓟 Cirsium lidjiangense Petrak ex Hand.-Mazz. (菊科)
丽江鲫鱼藤 Secamone likiangensis Tsiang(萝藦科)
丽江假瘤蕨 Phymatopteris likiangensis (Ching) Pic.Serm. (水龙骨科)
丽江剪股颖 Agrostis schneideri Pilger (禾本科)
丽江金不换(云南)=黄秦艽
丽江金合欢(新华本草)=光叶金合欢
丽江景天(拉汉名称)=粗糙红景天
丽江拉拉藤 Galium forrestii Deils(茜草科)
丽江蓝岩参菊(云南植物名录)=丽江毛鳞菊
丽江蓝钟花 Cyananthus lichiangensis W.W.Sm. (桔梗科)
丽江肋柱花 Lomatogonium lijiangense T.N.Ho (龙胆科)
丽江棱子芹 Pleurospermum foetens Franch.(伞形科)
丽江栎(植物志 22)=匙叶栎
丽江连翘 Forsythia likiangensis Ching & Feng ex P.Y.Bai(木犀科)
丽江镰扁豆 Dolichos appendiculatus Hand.-Mazz. (豆科)
丽江蓼 Polygonum lichiangense W.W.Sm.(蓼科)
丽江鳞毛蕨 Dryopteris montigena Ching(鳞毛蕨科)
丽江柃 Eurya handel-mazzettii H.T.Chang(山茶科)
丽江铃子香 Chelonopsis lichiangensis W.W.Sm. (唇形科)
丽江鹿药 Maianthemum lichiangense (W.W.Sm.) LaFrank.(百合科)
丽江蕗蕨 Mecodium likiangense Ching & Chiu (膜蕨科)
丽江绿绒蒿 Meconopsis forrestii Prain(罂粟科)
丽江麻黄 Ephedra likiangensis Florin (麻黄科),*麻黄*
丽江马铃苣苔 Oreocharis forrestii (Deils) Skan (苦苣苔科)
丽江马先蒿 Pedicularis likiangensis Franch.(玄参科),*丽江马先蒿丽江亚种*
丽江马先蒿丽江亚种(植物志 68)=丽江马先蒿
丽江马先蒿美丽亚种(植物志 68)=美丽丽江马先蒿
丽江猫眼草(云南植物名录)=肾萼金腰
丽江毛茛 Ranunculus dielsianus var. suprase-riceus Hand.-Mazz.(毛茛科),*毛叶毛茛*
丽江毛鳞菊 Chaetoseris likiangensis (Franch.) Shih(菊科),*丽江蓝岩参菊*
丽江梅花草 Parnassia lijiangensis Ku (虎耳草科)
丽江木姜子 Litsea chunii var. likiangensis Yang & P.H.Huang(樟科)
丽江木蓝 Indigofera balfouriana Craib(豆科),*包氏木蓝*
丽江南星 Arisaema lichiangense W.W.Sm.(天南星科)
丽江拟贱果芹(拉汉名称)=丽江滇芎
丽江牛皮消(植物志 63)=白牛皮消
丽江蒲公英 Taraxacum dasypodum V.Soest(菊科)
丽江槭 Acer forrestii Diels(槭树科),*和氏槭*
丽江千里光 Senecio lijiangensis C.Jeffr. & Y.L.Chen(菊科)
丽江蔷薇 Rosa lichiangensis Yü & Ku (蔷薇科)
丽江清风藤(新) Sabia rockii L.Cehn?(清风藤科)
丽江荛花 Wikstroemia lichiangensis W.W.Sm. (瑞香科),*醉鱼草*
丽江沙参(植物志 73-2)=云南沙参
丽江山慈菇(植物志 14)=山慈菇
丽江山荆子 Malus rockii Rehd.(蔷薇科),*喜马拉雅山荆子*
丽江山梅花 Philadelphus calvescens (Rehd.) S.M.Hwang(虎耳草科),*光叶山梅花*
丽江山石榴(云南植物名录)=须弥茜树
丽江杉(中国裸子志)=丽江云杉
丽江舌唇兰 Platanthera likiangensis T.Tang & F. T.Wang (兰科)
丽江丝瓣芹 Acronema schneideri Wolff(伞形科)
丽江溲疏(植物志 35-1)=球花溲疏
丽江薹草 Carex dielsiana Kükenth.(莎草科)
丽江唐松草 Thalictrum wangii Boivin(毛茛科)
丽江铁杉 Tsuga chinensis var. forrestii (Diwnie) Siba (松科),*棕枝梅*
丽江铁苋菜 Acalypha schneideriana Pax & Hoffm. (大戟科)
丽江铁线莲 Clematis argentilucida var. likiangensis (Rehd.) W.T.Wang(毛茛科)
丽江铁线莲 Clematis grandidentata var. likiangensis (Rehd.) W.T.Wang(毛茛科)
丽江葶苈 Draba lichiangensis W.W.Sm.(十字花科)
丽江通泉草 Mazus rockii Li(玄参科)
丽江橐吾 Ligularia lidjiangensis Hand.-Mazz. (菊科)
丽江瓦韦 Lepisorus likiangensis Ching & S.K. Wu (水龙骨科)
丽江微孔草 Microula forrestii (Diels) Johnst.(紫草科)
丽江尾药菊(植物志 77-1)=丽江合耳菊
丽江卫矛 Euonymus lichiangensis W.W.Sm.(卫矛科)
丽江乌头 Aconitum forrestii Stapf(毛茛科)
丽江吴萸 Evodia delavayi Dode(芸香科)
丽江陷脉冬青 Ilex delavayi var. combriana S. Y.Hu (冬青科)
丽江香青 Anaphalis likiangensis (Franch.) Ling(菊科)
丽江小檗 Berberis lijiangensis C.Y.Wu ex S.Y.Bao(小檗科)
丽江蟹甲草 Parasenecio lidjangensis (Hand.-Mazz.) Y.L.Chen(菊科)
丽江星宿菜(拉汉名称)=金江珍珠菜
丽江绣线菊 Spiraea lichiangensis W.W.Sm.(蔷薇科)
丽江玄参 Scrophularia lijiangensis T.Yamazaki (玄参科)
丽江雪胆 Hemsleya lijiangensis A.M.Lu ex C.Y. Wu & C.L.Chen(葫芦科)
丽江雪灵芝(高等图鉴补编)=山生福禄草
丽江栒子(新)Cotoneaster lidjiangensis Klotz? (蔷薇科)
丽江亚菊 Ajania adenantha (Diels) Ling & Shih (菊科)
丽江岩虎耳草(植物志 34-2)=耳源虎耳草
丽江羊茅 Festuca yulungschanica E.Alexeev(禾本科)
丽江羊蹄甲 Bauhinia bohniana L.Chen(豆科)
丽江野丁香 Leptodermis dielsiana H.Winkl.(茜草科)
丽江一支箭(云南植物名录)=芜菁还阳参
丽江蝇子草 Silene lichiangensis W.W.Sm.(石竹科)
丽江硬叶杜鹃 Rhododendron tatsienense var. nudatum R.C.Fang(杜鹃花科)
丽江远志 Polygala lijiangensis C.Y.Wu & S.K. Chen (远志科)
丽江云杉 Picea likiangensis (Franch.) Pritz.(松科),*丽江杉*
丽江蚤缀(拉汉名称)=山生福禄草
丽江獐牙菜 Swertia delavayi Franch.(龙胆科)
丽江珍珠菜 Lysimachia lichiangensis Forest(报

春花科)

丽江紫金龙 Dactylicapnos lichiangensis (Fedde) Hand.-Mazz.(罂粟科)

丽江紫堇(高等图鉴)=苍山黄堇

丽江紫菀 Aster likiangensis Franch.(菊科),*肥儿草*

丽韭 Allium splendens Willd. ex Schult. & J.H. Schlt. (百合科)

丽卡斯特兰属(新拉汉英)=**薄叶兰属**

丽蓼 Polygonum pulchrum Bl.(蓼科)

丽槭(静生汇报)=富宁槭

丽庆雀麦 Bromus rechingeri Meld. ex Bor(禾本科)

丽人柳 Rhipsalis regnellii Lindb.(仙人掌科)

丽山莨菪(植物志 67-1)=铃铛子

丽蛇球 Gymnocalycium damsii Britt. & Rose (仙人掌科)

丽水苦竹 Pleioblastus maculosoides Wen (禾本科)

丽水悬钩子 Rubus lishuiensis Yü & Lu (蔷薇科)

丽穗凤梨属 Vriesea Lindl.(凤梨科),*弗里西属,斑氏凤梨属*

丽薇 Lafoensia vandelliana Cham. & Shclechtend. (千屈菜科)

丽薇属 Lafoensia Vand.(千屈菜科)

丽翁柱 Cephalocereus dybowskii (Rol.-Goss.) Britt. & Rose (仙人掌科)

丽西红景天(分类学报增刊)=昆明红景天

丽绣线菊(东北木本志)=美丽绣线菊

丽叶女贞 Ligustrum henryi Hemsl.(木犀科),*乔皮子,苦丁茶*

丽叶薯蓣 Dioscorea aspersa Prain & Burkill(薯蓣科)

丽叶铁线莲 Clematis venusta M.C.Chang(毛茛科)

丽叶沿阶草 Ophiopogon marmoratus Pierre ex Rodrig. (百合科)

丽枝(纲目拾遗)=荔枝

丽钟阁(新拉汉英)=丽钟角

丽钟角 Tavaresia grandiflora (K.Schum.) A.Berger.(萝藦科),*丽钟阁*

丽钟角属 Tavaresia Welw.(萝藦科)

丽子藤 Dregea yunnanensis (Tsiang) Tsiang & P.T.Li (萝藦科),*滇假夜来香,大丽子藤*

利比里亚虎尾兰 Sansevieria liberica Hort. ex Gerome (百合科)

利比里亚柿 Diospyros sanzaminika A.Chev.(柿科)

利伯白莱棕 Liberbaileya gracilis (Buirret) Burret. & Potzal.(棕榈科)

利伯白莱棕属 Liberbaileya Furtado (棕榈科)

利策苣苔属 Lietzia Rgl.(苦苣苔科)

利川慈姑 Sagittaria lichuanensis J.K.Chen (泽泻科)

利川开口箭 Campylandra lichuanensis (Y.K. Yang et al.) M.N.Tamura et al.(百合科)

利川楠 Phoebe lichuanensis S.Lee(樟科)

利川润楠 Machilus lichuanensis Cheng ex S.Lee (樟科)

利川绣球(植物志 35-1)=临桂绣球

利川阴山荠 Yinshania lichuanensis (Y.H.Zhang) Al-Shehbaz et al.(十字花科)

利川瘿椒树 Tapiscia lichunensis W.C.Cheng & C.D.Chu (省沽油科)

利黄藤 Pegia sarmentosa (Lecte.) Hand.-Mazz. (漆树科),*刺黄藤,大飞天蜈蚣,肥力漆,红根叶,脉果漆,泌脂藤,退黄藤*

利尖草(广西玉林)=松叶耳草

利洛小檗 Berberis lilloana Job (小檗科)

利马风毛菊 Saussurea leclerei Lévl.(菊科)

利奇小檗 Berberis leachiana Ahrendt (小檗科)

利特藁本 Ligusticum littledalei Fedde ex Wolff (伞形科)

沥口花(广东)=羊角拗

枥(植物志 22)=麻栎

栎叶柏那参(分类学报增刊)=栎叶罗伞

栎叶贝克斯 Banksia quercifolia B.Bf.(山龙眼科)

栎叶毒漆藤 Toxicodendron quercifolium (Michx.) Greene (漆树科)

栎叶杜鹃 Rhododendron phaeochrysum Balf.f. & W.W.Sm.(杜鹃花科)

栎叶槲蕨 Drynaria quercifolia (L.) J.Sm.(槲蕨科),*树上猴姜,树骨碎补*

栎叶柯 Lithocarpus quercifolius Huang & Y.T. Chang (壳斗科),*椆仔*

栎叶罗伞 Brassaiopsis quercifolia Hoo(五加科),*栎叶柏那参,栎叶掌叶树*

栎叶枇杷 Eriobotrya prinoides Rehd. & Wils. (蔷薇科)

栎叶天竺葵 Pelargonium quercifolium Ait.(牻牛儿苗科)

栎叶亚菊 Ajania guercifolia (Smith) Ling ex Shih (菊科)

栎叶亚菊 Ajania quercifolia (W.W.Sm.) Ling & Shih (菊科)

栎叶掌叶树(广西植物名录)=栎叶罗伞

栎属 Quercus L.(壳斗科)

栎子椆(海南志)=栎子青冈

栎子青冈 Cyclobalanopsis blakei (Skan) Schott. (壳斗科),*栎子椆*

疬子薯(植物志 41)=土圞儿

荔波唇柱苣苔 Chirita liboensis W.T.Wang & D. Y.Chen (苦苣苔科)

荔波大节竹 Indosasa lipoensis C.D.Chu & K.M. Lan (禾本科)

荔波吊竹 Dendrocalamus liboensis Hsueh & D. Z.Li (禾本科),*吊竹*

荔波红瘤果茶 Camellia rubimuricata Chang & Z.R.Xu(山茶科)

荔波花椒 Zanthoxylum liboense Huang(芸香科)

荔波连蕊茶 Camellia lipoensis Chang & Xu(山茶科)

荔波桑 Morus liboensis S.S.Chang (桑科)

荔波铁线莲 Clematis liboensis Z.R.Xu(毛茛科)

荔坡球兰 Hoya lipoensis P.T.Li & Z.R.Xu(萝藦科)

荔仁(广西中药志)=荔枝

荔叶杜鹃 Rhododendron litchiifolium T.C.Wu & Tam(杜鹃花科)

荔支(齐民要术)=荔枝

荔枝 Litchi chinensis Sonn.(无患子科),*大荔核,丹荔,火山荔,勒荔,离枝离支,丽枝,荔仁,荔支,枝核*

荔枝草 Salvia plebeia R.Br.(唇形科),*波罗子,臭草,大塔花,凤眼草,隔冬青,沟香,沟香薷,臌胀草,过冬青,黑紫苏,猴臂草,劫细,蚧肚草,赖师草,癞肚皮棵,癞肚子苗,癞疙包草,癞格宝草,癞蛤蟆草,癞头草,癞子草,麻鸡婆草,毛芥菜,铍皮大菜,荠苎,青蛙草,山茴香,土荆芥,土犀角,旋涛草,雪见草,雪见根,雪里青,野薄荷,野芥菜,野芝麻,野猪菜,鱼味草,泽泻,铍皮草,铍皮葱,猪婆草*

荔枝槁(海南)=华润楠

荔枝么(海南东方)=琼楠

荔枝木(植物志 57-3)=灯笼树

荔枝藤(广东)=小叶红叶藤

荔枝藤(海南)=锈毛鱼藤

荔枝叶红豆 Ormosia semicastrata f. litchifolia How (豆科),*小叶红豆,山仔蚌树*

荔枝属 Litchi Sonn.(无患子科)

郦氏落草(禾本科图说)=芒落草

栗 Castanea mollissima Bl.(壳斗科),*板栗,大栗,风栗,风栗壳,魁栗,栗刺壳,栗荴,栗毛壳,栗毛球,栗子,毛栗,掩子,撰子*

栗柄凤尾蕨 Pteris plumbea Christ(凤尾蕨科)

栗柄副金星蕨(台湾志)=台湾金星蕨

栗柄金粉蕨 Onychium japonicum var. lucidum (Don) Christ.(中国蕨科),*野鸡尾,亮叶乌蕨,金花草,孔雀尾*

栗柄鳞毛蕨 Dryopteris yoroii Serizawa(鳞毛蕨科)

栗柄水龙骨 Polypodiodes microrhizoma (C.B. Clarke) Ching(水龙骨科),*薄叶水龙骨,细根水龙骨*

栗柄岩蕨 Woodsia cycloloba Hand.-Mazz.(岩蕨科)

栗刺壳(日用本草)=栗

栗当(开宝本草)=列当

栗豆藤 Agelaea trinervis (Llanos) Merr.(牛栓藤科)

栗豆藤属 Agelaea Soland. ex Planch.(牛栓藤科)

栗荴(滇南本草)=栗

栗果野桐 Mallotus paxii var. castanopsis (Metc.) S.M.Hwang (大戟科)

栗褐薹草(高等图鉴)=褐果薹草

栗花灯心草 Juncus castaneus Smith(灯心草科)

栗花地杨梅 Luzula badia K.F.Wu(灯心草科)

栗黄马桑绣球(分类学报)=马桑绣球

栗寄生(四川中药志)=扁枝槲寄生

栗寄生 Korthalsella japonica (Thunb.) Engl.(桑寄生科),*柃寄生,方叶子,螃蟹脚步,吊兰,胡龙须*

栗寄生属 Korthalsella Van Tiegh.(桑寄生科)

栗蕨 Histiopteris incisa (Thunb.) J.Sm.(凤尾蕨科)

栗蕨属 Histiopteris (Agardh) J.Sm.(凤尾蕨科)

栗鳞贝母兰 Coelogyne flaccida Lindl.(兰科),*鸡大腿,大果上叶*

栗鳞耳蕨 Polystichum castaneum (Clarke) Nayar & Kaur(鳞毛蕨科),*栗鳞高山耳蕨*

栗鳞高山耳蕨(西藏志)=栗鳞耳蕨

栗毛钝果寄生 Taxillus balansae (Lecomte) Danser(桑寄生科),*栗毛寄生*

栗毛寄生(云南志)=栗毛钝果寄生

栗毛壳(唐本草)=栗

栗毛球(滇南本草)=栗

栗茸油麻藤(中药辞海)=大果油麻藤

栗色巴戟 Morinda badia Y.Z.Ruan(茜草科)

栗色车前蕨 Antrophyum castaneum H.Ito(车前蕨科)

栗色路蕨(蕨类图说)=蕗蕨

栗色鼠尾草 Salvia castanea Deils(唇形科)

栗色蝇子草 Silene atrocastanea Diels(石竹科),*黑栗色女娄菜*

栗叶算盘子(广药手册)=圆果算盘子

栗轴凤尾蕨 Pteris wangiana Ching(凤尾蕨科),*启无凤尾蕨*

栗属 Castanea Mil L.(壳斗科)
栗子(千金食治)=栗
栵栗(尔雅)=茅栗
砾地毛茛 Ranunculus glareosus Hand.-Mazz. (毛茛科)
砾沙早熟禾 Poa sabulosa (Roshev.) Turcz. ex Roshev.(禾本科)
砾石杜鹃 Rhododendron comisteum Balf.f. & Forr. (杜鹃花科)
砾石棘豆 Oxytropis glareosa Vass.(豆科)
砾玄参 Scrophularia incisa Weinm.(玄参科)
砾竹(新)Phyllostachys bambusoides cv. Castillon? (禾本科)
笠柴(植物志 22)=短尾柯
笠麻花(福建)=广西过路黄
笠碗子树(海南)=排钱树
粒斑卡特兰 Cattleya granulosa Lindl.(兰科)
粒瓣顶冰花 Gagea granulosa Turcz.(百合科)
粒状鹤虱 Lappula granulata (Krylov) Popov (紫草科),*宽刺鹤虱*
粒状马唐 Digitaria abludens (Roem. & Schult.) Veldk. (禾本科)
痢疾草(广西药用名录)=两色金鸡菊
痢疾罐(贵州)=假朝天罐
痢药(贵州兴仁)=黄花香茶菜
痢药草(台湾)=大叶马兜铃
痢止草(中草药资料选编)=徐长卿
痢止蒿 Ajuga forrestii Diels(唇形科),*止痢蒿*,*白龙须*,*无名草*
痢子草(岭南草药志)=千根草
溧阳复叶耳蕨 Arachniodes liyangensis Ching & Y.C.Lan (鳞毛蕨科)
溧阳鳞毛蕨 Dryopteris liyangensis Ching & Y.C.Lan?(鳞毛蕨科)
蓠麻(本经)=杭白芷
蓠麻(本经)=祁白芷
戾草(图考)=狼尾草

Lian

连孢一条线蕨 Monogramma paradoxa (Fée) Bedd.(书带蕨科),*线囊针叶蕨*,*丝蕨*
连参(甘肃)=石生蝇子草
连城薹草 Carex lienchengensis S.Y.Liang & Y.Z. Huang (莎草科)
连齿马先蒿 Pedicularis confluens Tsoong(玄参科)
连萼谷精草(台湾志)=谷精草
连杆果(云南芒市)=网叶山胡椒
连合鳞毛蕨 Dryopteris conjugata Ching(鳞毛蕨科)
连合子(天目药志)=蜡瓣花
连合子(浙江)=牛鼻栓
连核梅(天目药志)=蜡瓣花
连花生(豆科图说)=野苜蓿
连环草(重庆草药)=虾脊兰
连及草(福建,江西)=白及
连架拐(陕西略阳)=短尾铁线莲
连金钱(江西)=活血丹
连里尾树(海南)=毛排钱树
连理藤 Clytostoma callistegioides (Cham.) Burtt & Schum.(紫葳科)
连理藤属 Clytostoma Miers.(紫葳科)
连钱草(广西)=宝盖草
连钱草(广西临桂)=盾叶唐松草
连钱草(江苏至湖北)=活血丹
连钱草(陕西)=白透骨消
连钱草(台湾)=日本活血丹
连钱草(西藏中草药)=鞭打绣球
连钱草(云南)=大花活血丹
连钱草苎麻(福建志)=毛花点草
连钱黄芩 Scutellaria guilielmi A.Gray(唇形科)
连翘(河北,贵州,台湾)=黄海棠
连翘 Forsythia suspensa (Thunb.) Wahl.(木犀科),*大翘子*,*旱连子*,*黄花瓣*,*黄花杆*,*黄花链条*,*黄花条*,*黄寿丹*,*空壳*,*落翘*,*毛连翘*
连翘根节兰(台湾志)=南方虾脊兰
连翘叶黄芩 Scutellaria hypericifolia Lévl.(唇形科),*土大芩*,*黄芩*,*魁芩*,*条芩*,*川黄芩*,*子芩*
连翘属 Forsythia Vahl(木犀科),*金钟花属*
连蕊花(高等图鉴)=毛柄连蕊茶
连蕊芥 Synstemon petrovii Botsch.(十字花科)
连蕊芥属 Synstemon Botsch.(十字花科)
连蕊藤 Parabaena sagittata Miers(防已科)
连蕊藤属 Parabaena Miers (防已科)
连山耳草 Hedyotis lianshaniensis Ko(茜草科)
连山红山茶 Camellia lienshanensis Chang(山茶科)
连山爵床(广西植物)=广东野靛棵
连山葡萄 Vitis luochengensis var. tomentosonerva C.L.Li(葡萄科)
连丝果(海南志)=保亭花
连天草(湖南药物志)=褐叶线蕨
连县唇柱苣苔 Chirita lienxienensis W.T.Wang (苦苣苔科)
连香草(陕西中草药)=蜘蛛香
连香树 Cercidiphyllum japonicum S. & Z.(连香树科),*芭蕉香清*,*白果*,*山白果*,*王君树*,*圆樗*
连香树科 Cercidiphyllaceae
连香树属 Cercidiphyllum S. & Z.(连香树科)
连续薹草 Carex continua C.B.Clarke(莎草科)
连药沿阶草 Ophiopogon bockianus Diels(百合科)
连叶马先蒿 Pedicularis connata Li(玄参科)
连叶松 Pinus nelsoni Shaw (松科)
连簕簕(四川)=圆叶牵牛
连珠(日华子本草)=渥丹
连珠蕨 Aglaomorpha meyeniana Schott(槲蕨科)
连珠蕨属 Aglaomorpha Schott(槲蕨科)
连珠炮(云南)=折叶萱草
连珠石斛(台湾志)=台湾厚唇兰
连珠瓦韦 Lepisorus subconfluens Ching(水龙骨科)
连柱金丝桃 Hypericum cohaerens N.Robson(藤黄科)
帘子藤 Pottsia laxiflora (Bl.) O.Ktze.(夹竹桃科),*笔须藤*,*长果胶藤*,*钩婆藤*,*红杜仲藤*,*厚皮藤*,*花拐藤*,*黄心泥藤*,*火烧角*,*蚂蝗藤*,*毛帘子藤*,*能藤*,*坭藤母*,*乳汁藤*,*山羊角*,*亚八藤*,*腰骨藤*
帘子藤属 Pottsia HK. & Arn.(夹竹桃科),*薄槭藤属*
莲 Nelumbo nucifera Gaertn.(莲科),*白荷花露*,*白莲花露*,*葆鼻*,*芙蕖*,*芙蓉*,*菡萏*,*菡苕*,*荷花*,*莲花*,*水花*
莲阿那博(藏族名译音)=波密乌头
莲草(滇南本草)=鳢肠
莲痤点地梅 Androsace aizoon Duby(报春花科)
莲痤蓟 Cirsium esculentum (Sievers) C.A.Mey (菊科),*食用蓟*,*呼呼斯根纳*
莲痤蒲儿根 Sinosenecio subrosulatus (Hand.-Mazz.) B.Nord.(菊科)
莲桂 Dehaasia hainanensis Kosterm.(樟科)
莲桂属 Dehaasia Bl.(樟科)
莲蒿(饮膳正要)=南茼蒿
莲花(本草纲目)=莲
莲花白(四川,云南)=甘蓝
莲花菜(高等图鉴)=蕨麻
莲花还阳(湖北)=石莲 S
莲花姜(浙江药志)=杜若
莲花姜(浙江中草药)=蘘荷
莲花卷瓣兰 Bulbophyllum hirundinis (Gagn.) Seidenf.(兰科),*红花缘石豆兰*,*朱红冠毛兰*,*疏花石豆兰*
莲花山黄芪 Astragalus moellendorffii var. kansuensis Pet.-Stib.(豆科)
莲花山堇菜 Viola lianhuashanensis C.J.Wang & K. Sun (堇菜科)
莲花掌属 Aeonium Webb. & Berth.(景天科)
莲华池柃木(台湾志)=莲华柃
莲华柃 Eurya rengechiensis Yamamoto(山茶科),*莲华池柃木*
莲科 Nelumbonaceae
莲蘪(经济植物手册)=高粱泡
莲蘪(图考)=牛叠肚
莲楠草(海南志)=地皮消
莲蓬草(福建草药)=大吴风草
莲荞(广东)=假连翘
莲山黄芪 Astragalus leansanicus Ulbr.(豆科),*历安山黄芪*
莲生桂子花(图考)=马利筋
莲生桂子花属(广州志)=**马利筋属**
莲台夏枯草(云南)=宝盖草
莲台夏枯草(云南曲靖)=寸金草
莲沱兔儿风 Ainsliaea ramosa Hemsl.(菊科)
莲叶点地梅 Androsace henryi Oliv.(报春花科)
莲叶秋海棠 Begonia nelumbiifolia Schlecht. ex Cham.(秋海棠科)
莲叶桐 Hernandia sonora L.(莲叶桐科)
莲叶桐科 Hernandiaceae
莲叶桐属 Hernandia L.(莲叶桐科)
莲叶橐吾 Ligularia nelumbifolia (Bur. & Franch.) Hand.-Mazz.(菊科),*一碗水*
莲叶荇菜(北部植物图志)=莕菜
莲叶莕菜(东北检索表)=莕菜
莲属 Nelumbo Adans.(莲科)
莲子草(东北)=豆茶决明
莲子草(唐本草)=鳢肠
莲子草 Alternanthera sessilis (L.) DC.(苋科),*白花仔*,*节节花*,*满天星*,*耐惊草*,*澎蜞菊*,*曲节草*,*水牛膝*,*虾蠊菜*,*虾钳菜*
莲子草属 Alternanthera Forsk.(苋科),*满天星属*,*虾钳菜属*,*锦绣苋属*
莲子簕(岭南采药录)=喙荚云实
莲子叶(云南)=倒提壶
莲座斑叶兰 Goodyera brachystegia Hand.-Mazz.(兰科)
莲座变种(植物志 65-2,Flora 17)=莲座多花筋骨草(新)
莲座多花筋骨草(新)Ajuga multiflora var. serotina Kitag.(唇形科),*莲座变种*
莲座粉背蕨 Aleuritopteris rosulata (C.Chr.) Ching (中国蕨科)
莲座高原芥(植物志 33)=莲座鳞蕊芥
莲座狗舌草 Tephroseris changii B.Nord.(菊科)
莲座蕨科(Flora 1)=**观音座莲科**
莲座鳞蕊芥 Lepidostemon rosularis (K.C.Kuan & Z.X.An) Al-Shehbaz(十字花科),*莲座高原芥*
莲座毛连菜(新)Picris hieracioides subsp. ohwiana Kitam.?(菊科)
莲座念珠芥(植物志 33)=甘肃念珠芥
莲座石蝴蝶 Petrocosmea rosettifolia C.Y.Wu ex

H.W.Li(苦苣苔科)
莲座缬草 Valeriana excelsa Poir.(败酱科)
莲座叶龙胆 Gentiana complexa T.N.Ho(龙胆科)
莲座叶通泉草 Mazus lecomtei Bonati(玄参科),*小仙桃草*
莲座玉凤花 Habenaria plurifoliata T.Tang & F.T. Wang (兰科)
莲座獐牙菜 Swertia rosularis T.N.Ho & S.W. Liu (龙胆科)
莲座状党参 Codonopsis rosulata W.W.Sm.(桔梗科)
莲座紫金牛 Ardisia primulaefolia Gardn. & Champ. (紫金牛科),*赫地涩,脚皮,咳嗽草,老虎脷,老虎毛虫药,老虎舌,落地紫金牛,毛虫药,毛虫药公,毛脚皮,铺地罗伞*
廉姜(本草拾遗)=华山姜
廉姜(广东,广西)=红豆蔻
鲢鱼须(湖北)=黑果菝葜
镰瓣豆 Dysolobium grande (Benth.) Prian(豆科)
镰瓣豆属 Dysolobium (Benth.) Prain (豆科)
镰瓣凤仙花 Impatiens falcifer HK.f.(凤仙花科)
镰瓣瘤瓣兰 Oncidium falcipetalum Lindl.(兰科)
镰苞鹅耳枥(植物志 21)=昌化鹅耳枥
镰扁豆 Dolichos trilobus L.(豆科),*大麻药,镰叶扁山豆,麻里麻,三极方,三裂叶扁豆,山豆根,野饭豆根*
镰扁豆属 Dolichos L.(豆科)
镰翅羊耳蒜 Liparis bootanensis Griff.(兰科),*九莲灯,石葫芦,退弹草,石杨梅,石仙桃,老鼠抱羊*
镰刀草(湖南药物志)=鳞瓦韦
镰刀荚苜蓿(内蒙中草药)=野苜蓿
镰刀觿茅(广州植物名录)=镰形觿茅
镰刀叶黄皮(植物志 29)=秃叶黄檗
镰刀叶卷耳 Cerastium falcatum Bge.(石竹科),*披针叶卷耳*
镰萼凤仙花 Impatiens drepanophora HK.f.(凤仙花科)
镰萼喉毛花 Comastoma falcatum (Trurz. ex Kar. & Kir.) Toyokuni(龙胆科),*镰萼假龙胆*
镰萼假龙胆(高等图鉴)=镰萼喉毛花
镰萼虾脊兰 Calanthe puberula Lindl.(兰科)
镰稃草 Harpachne harpachnoides (Hack.) Keng (禾本科)
镰稃草属 Harpachne Hochst.(禾本科)
镰果杜鹃 Rhododendron fulvum Balf.f. & W. W.Sm.(杜鹃花科)
镰喙薹草 Carex drepanorhyncha Franch.(莎草科)
镰荚黄芪 Astragalus arpilobus Kar. & Kir.(豆科)
镰荚棘豆 Oxytropis falcata Bge.(豆科),*镰形棘豆,达夏,达哈*
镰裂刺蕨 Egenolfia tonkinensis C.Chr. ex Ching (实蕨科)
镰芒针茅 Stipa caucasica Schmalh.(禾本科)
镰片假毛蕨 Pseudocyclosorus falcilobus (HK.) Ching (金星蕨科),*镰裂金星蕨*(蕨类图说),*镰形假毛蕨*(高等图鉴)
镰尾冬青(贵州志)=弯尾冬青
镰小羽介蕨 Dryoathyrium falcatipinnulum Z.R. Wang (蹄盖蕨科)
镰形棘豆(豆科图说,药典 2000)=镰荚棘豆
镰形黔蕨(植物研究)=镰羽黔蕨
镰形乌头 Aconitum falciforme Hand.-Mazz.(毛茛科)
镰形觿茅 Dimeria falcata Hack.(禾本科),*镰刀觿茅*
镰序竹属 Drepanostachyum Keng f.(禾本科)
镰药藤 Belostemma yunnanense Tsiang(萝藦科)
镰叶扁担杆 Grewia falcata C.Y.Wu(椴树科),*炸腰果,黄龙粉*
镰叶扁山豆(中药大辞典)=镰扁豆
镰叶变型(植物志 65-2)=镰叶动蕊花(新)
镰叶虫实 Corispermum falcatum Iljin (藜科)
镰叶顶冰花 Gagea fedtschenkoana Pasch.(百合科)
镰叶动蕊花(新)Kinostemon ornatum f.falcatum C.Y.Wu & S.Chow(唇形科)
镰叶动蕊花(中药资源志要)=动蕊花
镰叶耳蕨 Polystichum manmeiense (Christ) Nakaike (鳞毛蕨科)
镰叶碱蓬 Suaeda crassifolia Pall.(藜科)
镰叶金菊 Chrysopsis falcata Ell.(菊科)
镰叶锦鸡儿 Caragana aurantiaca Koehne(豆科)
镰叶韭 Allium carolinianum DC.(百合科)
镰叶冷水花 Pilea semisessilis Hand.-Mazz.(荨麻科)
镰叶瘤足蕨 Plagiogyria distinctissima Ching (瘤足蕨科),*小贯众,高山疣足蕨,斗鸡草*
镰叶陆均松 Dacrydium falciforme (Parlat.) Pigler (罗汉松科)
镰叶罗汉松 Podocarpus falcatus R.Br.(罗汉松科)
镰叶马蔺(新疆中草药)=膜苞鸢尾
镰叶盆距兰 Gastrochilus acinacifolius Z.H.Tsi (兰科)
镰叶前胡 Peucedanum falcaria Turcz.(伞形科)
镰叶茜草 Rubia falciformis Lo(茜草科)
镰叶山龙眼 Helicia falcata C.Y.Wu(山龙眼科)
镰叶肾蕨 Nephrolepis falcata (Cav.) C.Chr.(肾蕨科)
镰叶水珍珠菜 Pogostemon falcatus (C.Y.Wu) C.Y.Wu & H.W.Li(唇形科)
镰叶嵩草 Kobresia falcata Wang & Tang ex P.C.Li (莎草科)
镰叶天冬 Asparagus drepanophyllus Welw.(百合科)
镰叶铁角蕨 Asplenium falcatum Lam.(铁角蕨科),*尖叶铁角蕨,革叶铁角蕨*
镰叶铁线莲(植物志 28)=云南铁线莲
镰叶西番莲 Passiflora wilsonii Hemsl.(西番莲科),*半节观音,半节叶,半截叶,锅铲叶,金边莲,金边莲,牙喃坝*
镰叶狭唇兰 Sarcochilus falcatus R.Br.(兰科)
镰叶雪山报春 Primula falcifolia Ward(报春花科)
镰叶蝇子草 Silene incurvifolia Kar. & Kir.(石竹科),*内弯蝇子草*
镰叶鸢尾 Iris drepanophylla Ait. & Baker (鸢尾科)
镰叶越桔 Vaccinium subfalcatum Merr. ex Sleumer(杜鹃花科),*白花乌饭紫*
镰叶紫菀 Aster falcifolius Hand.-Mazz.(菊科)
镰羽短肠蕨 Allantodia griffithii (Moore) Ching (蹄盖蕨科)
镰羽凤丫蕨 Coniogramme falcipinna Ching & Shing(裸子蕨科)
镰羽复叶耳蕨 Arachniodes falcata Ching(鳞毛蕨科)
镰羽贯众 Cyrtomium balansae (Christ) C.Chr. (鳞毛蕨科),*巴兰贯众*
镰羽假瘤蕨 Phymatopteris falcatopinnata (Hay.) S.G.Lu(水龙骨科)
镰羽蕨 Pteridium falcatum Ching ex Ching & S. H.Wu (蕨科)
镰羽柳叶蕨 Cyrtogonellum falcilobum Ching ex Y.T.Hsien(鳞毛蕨科)
镰羽黔蕨 Phanerophlebiopsis falcata Ching(鳞毛蕨科),*镰形黔蕨*
镰羽双盖蕨(福建志)=薄叶双盖蕨
镰羽蹄盖蕨(蕨类图说)=岩生蹄盖蕨
镰状楼梯草 Elatostema subfalcatum W.T.Wang (荨麻科)
镰状毛鳞蕨 Tricholepidium angustifolium var. falcatolineare Ching(水龙骨科)
镰状叶蕾丽兰 Laelia harpophylla Rchb.f.(兰科)
镰座景天 Sedum celiae Hamet(景天科)
镰序竹 Drepanostachyum falcatum (Nees) Keng f. (禾本科)
蔹莓槭 Acer cissifolium (S. & Z.) K.Koch (槭树科)
练石草(名医别录)=返顾马先蒿
练实(本草经集注)=楝
恋岩花属 Echinacanthus Nees(爵床科)
链荚豆 Alysicarpus vaginalis (L.) DC.(豆科),*小豆,水咸草,大叶春,狗蚁草,小号野花生,山花生*
链荚豆属 Alysicarpus Neck. ex Desv.(豆科)
链荚木 Ormocarpum cochinchinense (Lour.) Merr. (豆科),*滨槐*
链荚木属 Ormocarpum Beauv.(豆科)
链珠藤 Alyxia sinensis Cham. ex Benth.(夹竹桃科),*阿利藤,春根藤,橄榄果链珠藤,瓜子金,瓜子藤,瓜子英,过骨边,过山香,鸡骨香,满山香,山红本,山红来*
链珠藤属 Alyxia Banks ex R.Br.(夹竹桃科),*念珠藤属,阿莉藤属*
楝 Melia azedarach L.(楝科),*川楝,金铃子,苦楝,练实,楝树,仁枣,森树,紫花树*
楝科 Meliaceae
楝树(江苏)=楝
楝叶吴萸 Evodia glabrifolia (Champ. ex Benth.) Huang(芸香科),*檫木,檫树,鹤木,假茶辣,三苦楝,山苦楝,山漆,獭子树,贼仔树*
楝属 Melia L.(楝科)

Liang

良姜(纲目)=杜若
良姜(广西中药志)=红豆蔻
良姜(局方)=高良姜
良姜(中草药汇编)=草果药
良口茶(广东)=玉叶金花
良藤(广东)=轮环藤
良旺茶(云南中草药)=掌叶梁王茶
良枣(名医别录)=枣
凉薄荷(四川南川)=小荆芥
凉菜藤(广部中草药手册)=玉叶金花
凉茶树(贵州)=黄连木
凉茶藤(广西本草选编)=牛白藤
凉粉草(海南)=地旋花
凉粉草 Mesona chinensis Benth.(唇形科),*仙草,仙人草,仙人冻,仙人伴*
凉粉草属 Mesona Bl.(唇形科)
凉粉果(广东,湖南)=薜荔
凉粉果(树木分类学)=薜荔
凉粉木(植物志 71-1)=鸡爪簕
凉粉树(树木分类学)=珍珠莲
凉粉藤(江西草药)=薜荔

凉粉子(通称)=薜荔
凉瓜(广州)=苦瓜
凉喉茶(台湾)=台湾新耳草
凉喉茶(植物志 71-1)=攀茎耳草
凉喉茶(植物志 71-1)=头状花耳草
凉芥(桂林)=石香薷
凉郎草(广部草药手册)=毛麝香
凉木(本草拾遗)=梾木
凉伞盖珍珠(广东)=紫金牛
凉伞木(广西中草药新选)=幌伞枫
凉伞遮金珠(图考)=硃砂根
凉山白刺花 Sophora davidii var. liangshanensis C.Y.Ma (豆科)
凉山翠雀花 Delphinium liangshanense W.T. Wang (毛茛科)
凉山灯台报春 Primula stenodonta Balf.f. ex W. W.Sm. & Fletcher(报春花科)
凉山杜鹃 Rhododendron huianum Fang(杜鹃花科)
凉山峨眉蕨 Lunathyrium liangshanense Ching ex Z.R.Wang(蹄盖蕨科)
凉山开口箭 Campylandra liangshanensis (Z.Y. Zhu) M.N.Tamura et al.(百合科)
凉山千里光 Senecio liangshanensis C.Jeffr. & Y.L.Chen (菊科)
凉山石杉 Huperzia liangshanica (H.S.Kung) Ching & H.S.Kung(石杉科)
凉山乌头 Aconitum liangshanicum W.T.Wang (毛茛科),*草乌*,*雪乌*
凉山香茶菜 Isodon liangshanicus (C.Y.Wu & H. W.Li) H.Hara(唇形科)
凉山香茅 Cymbopogon liangshanensis L.Liu(禾本科)
凉山悬钩子 Rubus fockeanus Focke(蔷薇科)
凉山羊茅 Festuca liangshenica L.Liu(禾本科)
凉山银莲花 Anemone trullifolia var. liangshanica (W.T.Wang) Ziman & B.E.Dutton (毛茛科)
凉山紫菀 Aster taliangshanensis Ling(菊科)
凉生梾木 Swida alsophila (W.W.Sm.) Holub.(山茱萸科),*云南四照花*
凉薯(广西中药志)=鸡头薯
凉薯(湖南)=豆薯
凉藤(广东和平)=流苏子
凉药(中药大辞典)=红果黄肉楠
凉子(河南)=梾木
凉子木(江苏)=红瑞木
梁伯树(广西)=绒毛锐尖山香圆
梁平柚 Citrus maxima cv. Liangpin Yu(芸香科)
梁山慈(云南禄劝,四川会东)=大叶慈
梁王茶(植物分类学)=异叶梁王茶
梁王茶(种子植物名称)=掌叶梁王茶
梁王茶 Nothopanax cochleatus (Lam.) Miq.(五加科)
梁王茶属(科属辞典)=**常春木属**
梁王茶属 Nothopanax Miq.(五加科),*假葠属*
梁王山蹄盖蕨(西北植物学报)=蒙自蹄盖蕨
梁子菜 Erechtites hieracifolia (L.) Raf. ex DC. (菊科),*菊芹*,*饥荒草*
椋子木(救荒本草)=梾木
粱 Setaria italica (L.) Beauv.(禾本科),*白粱米*,*陈仓米*,*狗尾草*,*谷子*,*寒粟*,*黄粟*,*蘖米*,*青粱米*,*粟*,*粟蘖*,*籼粟*,*小米*,*硬粟*,*竹根黄*,*竹根米*
两把伞(云南)=云南重楼
两边针(岭南采药录)=两面针
两耳草 Paspalum conjugatum Berg.(禾本科)
两耳鬼箭 Caragana jubata var. biaurita Liou f.(豆科)
两广冬青 Ilex austro-sinensis C.J.Tseng(冬青科)
两广杜鹃 Rhododendron tsoi Merr.(杜鹃花科),*增城杜鹃*,*细石榴树*
两广凤尾蕨 Pteris maclurei Ching(凤尾蕨科)
两广黄芩 Scutellaria subintegra C.Y.Wu & H.W. Li (唇形科),*山韩信草*
两广黄瑞木(高等图鉴补编)=两广杨桐
两广栝楼 Trichosanthes reticulinervis C.Y.Wu ex S.K.Chen(葫芦科)
两广梾木 Cornus liankwangensis Fang & W.K. Hu?(山茱萸科)
两广鳞毛蕨 Dryopteris liangkwangensis Ching (鳞毛蕨科)
两广陵齿蕨 Lindsaea liankwangensis Ching(陵齿蕨科)
两广瘤足蕨 Plagiogyria liankwangensis Ching (瘤足蕨科)
两广螺序草 Spiradiclis fusca Lo(茜草科)
两广马蓝(广西植物)=圆苞金足草
两广猕猴桃 Actinidia liangguangensis C.F. Liang (猕猴桃科)
两广球穗飘拂草 Fimbristylis globulosa var. austrojaponica Ohwi (莎草科)
两广山矾(两广乔灌木名录)=腺缘山矾
两广蛇根草 Ophiorrhiza liangkwangensis Lo(茜草科)
两广石山棕 Guihaia grossefibrosa (Gagn.) J. Dransf., S.K.Lee & F.N.Wei(棕榈科)
两广树参 Dendropanax parvifloroides C.N.Ho (五加科),*拟小花木五加*,*假小花木五加*
两广梭罗 Reevesia thyrsoidea Lindl.(梧桐科),*复序利末花*,*油在麻*
两广铁角蕨 Asplenium pseudowrightii Ching (铁角蕨科),*矮齿铁角蕨*
两广铁线莲 Clematis chingii W.T.Wang(毛茛科)
两广锡兰莲 Naravelia pilulifera Hance(毛茛科),*锡兰莲*,*拿拉藤*
两广线叶爵床 Rostellularia linearifolia subsp. liankwangensis H.S.Lo(爵床科),*狭叶爵床*
两广杨桐 Adinandra glischroloma Hand.-Mazz. (山茶科),*两广黄瑞木*,*睫毛杨桐*,*亮叶杨桐*,*毛杨桐*
两广野桐 Mallotus barbatus var. croizatianus (Metc.) S.M.Hwang(大戟科)
两广紫麻(海南志)=舌柱麻
两花野青茅 Deyeuxia biflora Keng(禾本科)
两角山羊草 Aegilops bicornis (Forsk.) Jaub. & Spach (禾本科)
两节豆 Dicerma biarticulatum (L.) DC.(豆科),*红退气*
两节豆属 Dicerma DC.(豆科)
两节假木豆 Dendrolobium dispermum (Hay.) Schindl.(豆科),*双节山蚂蝗*
两节荠 Crambe kotschyana Boiss.(十字花科)
两节荠属 Crambe L.(十字花科),*甘比菜属*
两列毛小米草(植物志 67-2)=光叶小米草
两列山槟榔 Pinanga disticha (Roxb.) Bl. ex Wendl.(棕榈科)
两列栒子 Cotoneaster nitidus Jacq.(蔷薇科),*两列枝栒子*
两列栒子大叶变种(植物志 36)=大叶两列栒子(新)
两列枝栒子(经济植物手册)=两列栒子
两列状省藤 Calamus distichoideus Ftdo.(棕榈科)
两裂婆婆纳 Veronica biloba L.(玄参科)
两裂升麻 Cimicifuga foetida var. bifida W.T. Wang & P.K.Hsiao(毛茛科)
两芒山羊草 Aegilops biuncialis Vis.(禾本科)
两面刀(湖南药物志)=鳞瓦韦
两面蓟 Cirsium chlorolepis Petrak(菊科),*青刺蓟*,*鸡脚刺*,*大蓟*,*白马蓟*
两面青(思茅中草药)=包疮叶
两面针(广西)=虎刺
两面针 Zanthoxylum nitidum (Roxb.) DC.(芸香科),*出山虎*,*大叶椒蔃*,*大叶猫爪筋*,*钉板刺*,*光叶花椒*,*红倒钩簕*,*胡椒蔃*,*金牛公*,*两边针*,*麻药藤*,*马药子*,*入地金牛*,*入山虎*,*山花椒*,*叶下穿针*
两栖蔊菜 Rorippa amphibium (L.) Bess.(十字花科)
两栖蓼 Polygonum amphibium L.(蓼科),*小黄药*
两歧飘拂草 Fimbristylis dichotoma (L.) Vahl (莎草科),*飘拂草*,*黑关节*
两歧莎草蕨 Schizaea dichotoma (L.) Sm.(莎草蕨科)
两歧苇谷草 Pentanema divaricatum Cass.(菊科)
两歧五加 Acanthopanax divaricatus (S. & Z.) Seem.(五加科)
两蕊甜茅 Glyceria lithuanica (Gorski) Gorski (禾本科)
两色冻绿 Rhamnus crenata var. discolor Rehd. (鼠李科)
两色杜鹃 Rhododendron dichroanthum Diels(杜鹃花科)
两色金鸡菊 Coreopsis tinctoria Nutt.(菊科),*蛇目菊*,*波斯菊*,*痢疾草*
两色鳞毛蕨 Dryopteris setosa (Thunb.) Akasawa (鳞毛蕨科)
两色槭 Acer bicolor F.Chun(槭树科)
两色清风藤 Sabia schumanniana subsp. pluriflora var. bicolor (L.Chen) Y.F.Wu(清风藤科)
两色三七草(海南志)=红凤菜
两色瓦韦(高等图鉴)=二色瓦韦
两色万年蒿(内蒙志)=细裂叶莲蒿
两色乌头 Aconitum albovioláceum Kom.(毛茛科)
两色五味子(植物分类学)=二色五味子
两色芋兰 Nervilia discolor (Bl.) Schltr.(兰科)
两色展唇兰 Notylia bicolor Lindl.(兰科)
两色帚菊 Pertya discolor Rehd.(菊科)
两似蟹甲草 Parasenecio ambiguus (Ling) Y.L. Chen (菊科),*登云鞋*
两头草(重庆草药)=插田泡
两头根(广西药用名录)=鞭叶铁线蕨
两头尖(东北)=多被银莲花
两头尖(甘肃)=铁棒锤
两头连 Veronicastrum villosulum var. parviflorum Chin & Hong(玄参科)
两头忙(安徽地方名)=铁钓竿
两头毛 Incarvillea arguta (Royle) Royle(紫葳科),*城墙花*,*打破碗花*,*大花药*,*大九加*,*鼓手花*,*黄鸡尾*,*金鸡豇豆*,*麻叶子*,*马桶花*,*马尾连*,*毛子草*,*蜜糖花*,*炮仗花*,*炮胀筒*,*破碗花*,*千把刀*,*唢呐花*,*岩喇叭花*,*燕山红*,*羊胡子草*,*羊奶子*
两形鹤虱 Lappula duplicicarpa N.Pavl.(紫草科)
两型豆 Amphicarpaea edgeworthii Benth.(豆科),*阴阳豆*,*三籽两型豆*,*山巴豆*,*野毛扁豆*,*野扁*

豆
两型豆属 Amphicarpaea Elliot (豆科)
两型沙(植物志 73-2)=天蓝沙参
两型沙参(植物志 73-2)=云南沙参
两型叶乳源槭 Acer chunii subsp. dimorphophyllum Fang(槭树科)
两型叶网脉槭 Acer reticulatum var. dimorphifolium (Metc.) Fang & W.K.Hu(槭树科)
两性岩高兰 Empetrum hermaphroditicum (Lange) Hagerup.(岩高兰科)
两雄雀麦(新拉汉英)=双雄雀麦
两逊(广西瑶语)=尾叶紫金牛
两眼蛇(植物志 52-2)=蛇王藤
两叶豆苗(豆科图说)=歪头菜
两粤黄檀 Dalbergia benthami Prain(豆科),*两粤檀,藤春,蕉藤麻*
两粤檀(海南志)=两粤黄檀
两指剑(中草药汇编)=锐尖山香圆
亮白黄芪 Astragalus candidissimus Ledeb.(豆科)
亮白小报春 Primula candicans W.W.Sm.(报春花科)
亮苞蒿 Artemisia forrestii W.W.Sm.(菊科)
亮竿竹 Gelidocalamus annulatus Wen (禾本科)
亮果冷杉 Abies venusta (Dougl.) K.Koch.(松科),*硬苞冷杉*
亮果蓼(新疆药志)=椭圆叶蓼
亮果薹草(植物志 12)=亮色果薹草(新)
亮果薹草 Carex nitidiutriculata L.K.Dai(莎草科)
亮蒿 Artemisia fulgens Pamp.(菊科)
亮褐秋鼠麴草 Gnaphalium hypoleucum var. brunneonitens Hand.-Mazz.(菊科)
亮红杜鹃 Rhododendron albertsenianum Forr.(杜鹃花科),*怒江杜鹃*
亮红蒲公英(新)Taraxacum przevalskii Tzvel.?(菊科)
亮红树萝卜 Agapetes mitrarioides HK.f. ex C.B. Clarke (杜鹃花科)
亮花木属 Phaeanthus HK.f. & Thoms.(番荔枝科)
亮鳞杜鹃 Rhododendron heliolepis Franch.(杜鹃花科),*短柱杜鹃*
亮鳞肋毛蕨 Ctenitis subglandulosa (Hance) Ching (叉蕨科),*肋毛蕨*
亮绿大头苏铁 Encephalartos villosus Lemoine (苏铁科)
亮绿蒿 Artemisia glabella Kar. & Kir.(菊科)
亮绿嵩草 Kobresia nitens C.B.Clarkea(莎草科)
亮绿薹草 Carex finitima Boott(莎草科)
亮绿叶椴 Tilia laetevirens Rehd. & Wils.(椴树科)
亮绿玉山竹 Yushania laetevirens Yi (禾本科)
亮毛杜鹃 Rhododendron microphyton Franch.(杜鹃花科),*小杜鹃,亲王瓶花*
亮毛红豆 Ormosia sericeolucida L.Chen(豆科),*假牛角森,水栗木*
亮毛堇菜 Viola lucens W.Beck.(堇菜科)
亮毛蕨 Acystopteris japonica (Luerss.) Nakai(蹄盖蕨科),*毛冷蕨,中华亮毛蕨*
亮毛蕨属 Acystopteris Nakai (蹄盖蕨科)
亮毛鳞盖蕨 Microlepia trichoclada Ching(碗蕨科)
亮漆 Rhus copallina L.(漆树科)
亮箬竹(竹种类及栽培)=阔叶箬竹
亮色果薹草(新) Carex phaenocarpa Franch.(莎草科),*亮果薹草*
亮蛇床 Selinum cryptotaenium de Boiss.(伞形科)
亮蛇床属 Selinum L.(伞形科)
亮水珠(新华本草纲要)=羊耳蒜
亮丝草(广西)=广东万年青
亮穗莓系(新拉汉英)=闪穗早熟禾
亮仙丹花(云南植物名录)=亮叶龙船花
亮星草(云南)=直梗高山唐松草
亮叶报春 Primula hylobia W.W.Sm.(报春花科),*海螺报春*
亮叶地中海柏木 Cupressus sempervirens var. indica Parl.(柏科)
亮叶冬青(高等图鉴)=绿冬青
亮叶冬青 Ilex nitidissima C.J.Tseng(冬青科),*尾叶冬青*
亮叶杜鹃 Rhododendron vernicosum Franch.(杜鹃花科)
亮叶耳蕨 Polystichum lanceolatum (Bak.) Diels (鳞毛蕨科),*披针耳蕨*
亮叶复叶耳蕨 Arachniodes nitidula Ching(鳞毛蕨科)
亮叶光萼荷 Aechmea fulgens Brongn.(凤梨科),*珊瑚凤梨*
亮叶含笑 Michelia fulgens Dandy(木兰科)
亮叶合欢 Albizia lucida Benth.(豆科)
亮叶红淡(高等图鉴)=亮叶杨桐
亮叶猴耳环 Pithecellobium lucidum Benth.(豆科),*黑汉豆,火汤木,鸡三树,雷公凿,亮叶围诞树,尿桶弓,水肿木,围诞树,羊角*
亮叶厚皮香 Ternstroemia nidida Merr.(山茶科)
亮叶桦 Betula luminifera H.Winkl(桦木科),*狗啃木,光皮桦,红桦树,花胶树,桦杆树皮,桦角,桦树皮*
亮叶黄瑞木(高等图鉴补编)=亮叶杨桐
亮叶幌伞枫 Heteropanax nitentifolius Hoo(五加科)
亮叶霍氏鱼藤(分类学报)=亮叶中南鱼藤
亮叶寄生(分类学报)=亮叶木兰寄生
亮叶蜡梅(经济植物手册)=山蜡梅
亮叶陵齿蕨 Lindsaea lucida Bl.(陵齿蕨科),*洛氏林蕨*
亮叶龙船花 Ixora fulgens Roxb.(茜草科),*亮仙丹花*
亮叶龙胆 Gentiana micans C.B.Clarke(龙胆科)
亮叶鹿蹄草 Pyrola elliptica Nutt.(鹿蹄草科),*椭圆叶鹿蹄草*
亮叶马醉木 Pieris nitida Benth. & HK.f.(杜鹃花科)
亮叶面盆架木(海南经济林木)=盆架树
亮叶茉莉(高等图鉴)=亮叶素馨
亮叶木兰寄生 Taxillus limprichtii var. longiflorus (Lecomte) H.S.Kiu(桑寄生科),*亮叶寄生*
亮叶牛齿兰 Appendicula lucida Ridl.(兰科)
亮叶槭 Acer lucidum Metc.(槭树科),*蝴蝶槭,蝴蝶花,红翅槭*
亮叶芹属 Silaus Bernh.(伞形科)
亮叶青冈 Cyclobalanopsis phanera (Chun) Y.C. Hsu & H.W.Jen(壳斗科)
亮叶秋海棠 Begonia nitida Dry.(秋海棠科)
亮叶雀梅藤 Sageretia lucida Merr.(鼠李科),*钩状雀梅藤*
亮叶忍冬 Lonicera ligustrina subsp.yunnanensis (Franch.) Hsu & H.J.Wang(忍冬科),*云南蕊帽忍冬,铁楂子*
亮叶山香圆 Turpinia simplicifolia Merr.(省沽油科)
亮叶山小橘 Glycosmis lucida Wall. ex Huang (芸香科)
亮叶十大功劳 Mahonia nitensis Schneid. (小檗科)
亮叶石杉 Huperzia lucidula (Michx.) Trev. (石杉科),*长白山石杉*
亮叶鼠李 Rhamnus hemsleyana Schneid.(鼠李科)
亮叶素馨 Jasminum seguinii Lévl.(木犀科),*亮叶茉莉,西氏素馨,大理素馨*
亮叶蹄盖蕨(西北植物学报)=薄叶蹄盖蕨
亮叶围诞树(高等图鉴)=亮叶猴耳环
亮叶蚊母树 Distylium myricoides var. nitidum Chang(金缕梅科)
亮叶乌蕨(中草药汇编)=栗柄金粉蕨
亮叶香豌豆 Lathyrus splendens Kellogg (豆科),*豌豆*
亮叶小檗 Berberis lubrica Schneid. (小檗科)
亮叶雪山报春(西藏志)=黄美花报春
亮叶栒子(经济植物手册)=光泽栒子
亮叶栒子 Cotoneaster nitidifolius Marq.(蔷薇科)
亮叶崖豆藤 Millettia nitida Benth.(豆科),*贵州岩石藤,鸡血藤,血风藤,血筋藤,血藤,岩豆藤根*
亮叶杨桐(云南植物名录)=两广杨桐
亮叶杨桐 Adinandra nitida Merr. ex Li(山茶科),*亮叶黄瑞木,亮叶红淡*
亮叶夜花藤(云南)=夜花藤
亮叶银背藤 Argyreia splendens (Roxb.) Sweet (旋花科)
亮叶月季 Rosa lucidissima Lévl.(蔷薇科)
亮叶越桔 Vaccinium lamprophyllum C.Y.Wu & R.C.Fang(杜鹃花科)
亮叶中南鱼藤 Derris fordii var. lucida How(豆科),*亮叶霍氏鱼藤*
亮叶子草(云南)=直梗高山唐松草
亮叶紫菀 Aster nitidus Chang(菊科)
亮子药(贵州民间药物)=珍珠花
亮紫鸢尾(植物学杂志)=小花鸢尾
晾衫竹 Sinobambusa intermedia McClure (禾本科),*朱村赤竹*
量天尺 Hylocereus undatus (Haw.) Britt. & Rose (仙人掌科),*龙骨花,霸王鞭,三角柱,三棱箭,霸王花,七星剑花*
量天尺属 Hylocereus (Berg.) Britt. & Rose (仙人掌科)

Liao

辽东赤松(东北木本志)=赤松
辽东楤木 Aralia elata (Miq.) Seem.(五加科),*龙牙楤木,刺龙牙,刺老鸦,虎阳刺*
辽东丁香 Syringa wolfii Schneid.(木犀科)
辽东蔊菜(植物志 33)=欧亚蔊菜
辽东蒿 Artemisia verbenacea (Kom.) Kitag.(菊科),*蒿,小花蒙古蒿*
辽东桦(树木分类学)=赛黑桦
辽东碱蓬 Suaeda liaotungensis Kitag.?(藜科)
辽东堇菜 Viola savatieri Makino(堇菜科),*萨氏堇*
辽东苦竹(竹种类及栽培)=青苦竹
辽东冷杉(树木分类学)=杉松
辽东栎(植物志 22)=蒙古栎
辽东鳞毛蕨(东北草本志)=半岛鳞毛蕨
辽东桤木 Alnus hirsuta Turcz. ex Rupr.(桦木科),*水冬瓜,色赤杨,赤杨树,水冬瓜赤杨*
辽东槭(树木分类学)=青楷槭
辽东山梅花(树木分类学)=东北山梅花

辽东石竹(植物志 26)=石竹
辽东水蜡树 Ligustrum obtusifolium subsp. suave (Kitag.) Kitag.(木犀科)
辽东薹草 Carex glabrescens (Kükenth.) Ohwi (莎草科)
辽东小叶杨 Populus simonii var. liaotungensis (C.Wang & Skv.) C.Wang & Tung (杨柳科), *辽东杨*
辽东杨(东北木本志)=辽东小叶杨
辽东柞(树木分类学)=蒙古栎
辽椴 Tilia mandshurica Rupr. & Maxim.(椴树科), *糠椴,大叶椴,椴兵子*
辽藁本 Ligusticum jeholense (Nakai & Kitag.) Nakai & Kitag.(伞形科), *热河藁本*
辽吉侧金盏花 Adonis ramosa Franch.(毛茛科)
辽吉槭树(树木分类学)=髭脉槭
辽堇菜(图谱)=紫花地丁
辽宁扁核木(树木分类学)=东北扁核木
辽宁堇菜 Viola rossii Hemsl. ex Forbes & Hemsl. (堇菜科), *洛氏堇菜,洛雪堇菜,庐山堇菜,寸节七,大铧头草*
辽宁沙参(新)Adenophora pinifolia Kitag.?(桔梗科)
辽宁山楂 Crataegus sanguinea Pall.(蔷薇科)
辽宁香茶菜 Isodon websteri (Hemsl.) Kudô(唇形科)
辽沙参(子宫)=珊瑚菜
辽山荆子(河北图志)=毛山荆子
辽瓦松(内蒙志)=狼爪瓦松
辽五味(黑龙江)=五味子
辽西虫实 Corispermum dilutulum (Kitag.) Tisen & C.G.Ma(藜科)
辽西杜鹃 Rhododendron liaoxiense S.L.Tung & Z.Lu(杜鹃花科)
辽西黄芪 Astragalus sciadophorus Franch.(豆科)
辽西苜蓿 Medicago vassilczenkoi Worosh. ?(豆科)
辽细辛(中药志,植物志 24)=北细辛
辽杏(树木分类学)=东北杏
辽杨 Populus maximowiczii Henry(杨柳科), *臭梧桐*
辽野豌豆(新拉汉英)=短序野豌豆
辽野豌豆 Vicia ramuliflora f. abbreviata P.Y.Fu & Y.A.Chen(豆科)
辽叶(纲目)=箬竹
辽翼蛮芹 Pimpinella komarovi (Kitag.) Shan & Pu(伞形科)
疗齿草 Odontites vulgaris Moench.(玄参科), *齿叶草,哈拉塔日一其其格*
疗齿草属 Odontites Ludwing(玄参科)
疗疮草(浙江药志)=韩信草
疗毒蒿(东北)=蓬子菜
聊箭杆子(新拉汉英,华南经济禾草)=类芦
聊竹杆子(亚洲文会会报) =类芦
寮葫芦(昆明草药)=全缘栝楼
寮竹(种子植物名称)=阔叶箬竹
燎眉蒿(甘肃)=二色补血草
燎原亮漆 Rhus copallina var. lanceolata Gray (漆树科)
簝叶根(分类草药性)=鄂西箬竹
簝叶竹根(重庆草药)=鄂西箬竹
蓼戴戴(植物志 28)=长叶碱毛茛
蓼刁竹(江西寻乌)=石香薷
蓼科 Polygonaceae
蓼蓝 Polygonum tinctorium Ait.(蓼科), *大青叶,蓝,蓝靛,蓝实,蓝子,青黛*
蓼实(本经)=水蓼
蓼叶风毛菊 Saussurea polygonifolia Chen(菊科)
蓼叶堇菜 Viola websteri Hemsl.(堇菜科), *朝鲜蓼叶堇菜*
蓼叶秋海棠 Begonia polygonifolia A.DC.(秋海棠科)
蓼叶眼子菜 Potamogeton polygonifolius Pour. (眼子菜科)
蓼叶远志 Polygala persicariifolia DC.(远志科), *辣味根,黄瓜仁草,瓜子金,兹比比牙*
蓼属 Polygonum L.(蓼科)
蓼状微孔草 Microula polygonoides W.T.Wang (紫草科)
蓼子(补缺肘后方)=水蓼
蓼子草(四川)=蚕茧草
蓼子草(四川中药志)=圆基长鬃蓼
蓼子草 Polygonum criopolitanum Hance(蓼科)
蓼子朴 Inula salsoloides (Turcz.) Ostenf.(菊科), *巴不那,额勒森-阿拉坦-都拉苏,黄蓬花,黄花蒿,黄喇嘛,绞蛆爬,沙旋覆花,山猫眼,秃女子草,小旋覆花*
蓼子七(四川中草药)=金线草
了刁竹(广东,广西)=徐长卿
了墩黄芪 Astragalus lioui Tsai & Yü(豆科), *刘氏黄芪*
了哥脷(广西)=密齿酸藤子
了哥舌(广西陆川)=松叶耳草
了哥王 Wikstroemia indica (L.) C.A.Mey(瑞香科), *地棉根,地棉皮,哥春光,黄皮子,九信菜,南岭尧花,雀儿麻,山豆了,山棉皮,铁骨伞,桐皮子,小金腰带,子哥麻*
了木椰(浙江)=椰树
料慈竹 Bambusa distegia (Keng & Keng f.) Chia & H.L.Fung(禾本科)
料刁竹(生草药性备要)=徐长卿
料衣草(贵州民间药物)=皱叶狗尾草

Lie

列当(陕西中药名录)=草苁蓉
列当 Orobanche coerulescens Steph.(列当科), *北亚列当,草苁蓉,独根草,花苁蓉,栗当,兔子拐棍,兔子拐杖,兔子腿*
列当科 Orobanchaceae
列当属 Orobanche L.(列当科)
列当状独脚金 Striga orobanchoides Benth.(玄参科)
列驼牌(海南)=盆架树
列叶盆距兰 Gastrochilus distichus (Lindl.) Ktze. (兰科)
列兹肖竹芋 Calathea lietzei Morr.(竹芋科)
列紫菜 Porphyra seriata Kjellm.(马鞭草科)
劣狼尾草 Pennisetum incomptum Nees (禾本科)
劣质鸢尾 Iris squalens L.(鸢尾科)
烈味脚骨脆 Casearia graveolens Dalz.(大风子科), *香味嘉赐木,小耗叶,麻里棒*
烈味老虎兰 Stanhopea graveolens Lindl.(兰科)
烈味青兰 Dracocephalum foetidum Rgl.(唇形科)
烈味薹草 Carex foetida All.(莎草科)
烈香杜鹃 Rhododendron anthopogonoides Maxim.(杜鹃花科), *小叶枇杷,白香柴,黄花杜鹃*
烈香黄芪 Astragalus graveolens Buch.-Ham.(豆科)
猎狸尾草(福建中草药)=排钱树
猎腰子果(云南)=翅野木瓜
裂瓣奥里木(海南志)=齿叶赛金莲木
裂瓣翠雀 Delphinium grandiflorum var. mosoynense (Franch.) Huth(毛茛科), *粗壮翠雀,长柔毛翠雀*
裂瓣谷精草(植物志 13-3)=昆明谷精草
裂瓣角盘兰 Herminium alaschanicum Maxim. (兰科)
裂瓣球兰 Hoya lacunosa Bl.(萝藦科)
裂瓣赛金莲木(高等图鉴)=齿叶赛金莲木
裂瓣鼠尾草 Salvia schizochila E.Peter (唇形科)
裂瓣穗花报春 Primula aerinantha Balf.f. & Purdom (报春花科)
裂瓣无心菜 Arenaria weissiana var. bifida C.Y. Wu & H.Chuang(石竹科)
裂瓣小檗 Berberis obovatifolia Ying(小檗科)
裂瓣小芹 Sinocarum schizopetalum (Franch.) Wolff (伞形科)
裂瓣羊耳蒜 Liparis fissipetala Finet(兰科)
裂瓣玉凤花 Habenaria petelotii Gagn.(兰科), *毛瓣玉凤花*
裂瓣玉凤兰(台湾兰科植物)=丝裂玉凤花
裂瓣紫堇(云南植物研究)=三裂瓣紫堇
裂瓣紫堇 Corydalis radicans Hand.-Mazz.(罂粟科)
裂苞艾纳香 Blumea marginata Vant.(菊科)
裂苞艾纳香 Blumea martiniana Vant.(菊科)
裂苞粗距紫堇 Corydalis eugeniae subsp. fissibracteata (Fedde) Lidén(罂粟科)
裂苞鹅掌草 Anemone flaccida var. hofengensis Wuzhi(毛茛科), *鹤峰银莲花*
裂苞栝楼 Trichosanthes fissibracteata C.Y.Wu ex C.Y.Cheng & Yueh(葫芦科), *长方子栝楼*
裂苞瘤果芹 Trachydium involucellatum Shan & Pu(伞形科)
裂苞省藤 Calamus multispicatus Burret (棕榈科)
裂苞铁苋菜 Acalypha brachystachya Hornem. (大戟科), *短穗铁苋菜*
裂苞香科科 Teucrium veronicoides Maxim.(唇形科)
裂苞舟瓣芹 Sinolimprichtia alpina var. dissecta Shan & S.L.Liou(伞形科)
裂齿匹菊(新)Pyrethrum djilgense (Franch.) Tzvel.? (菊科)
裂唇糙苏 Phlomis fimbriata C.Y.Wu(唇形科)
裂唇虎舌兰 Epipogium aphyllum (F.W.Schmidt) Sw.(兰科)
裂唇蕾丽兰 Laelia lobata (Lindl.) Veitch.(兰科)
裂唇软叶兰(台湾志)=兰屿沼兰
裂唇舌喙兰 Hemipilia henryi Rolfe(兰科)
裂唇兔耳草 Lagotis alutacea var. rockii (H.L.Li) P.C.Tsoong ex H.P.Yang(玄参科), *革叶兔耳草唇裂变种*
裂唇线柱兰 Zeuxine nemorosa (Fukuyama) T.P.Lin (兰科), *裂唇指柱兰*
裂唇羊耳蒜 Liparis fissilabris T.Tang & F.T. Wang (兰科)
裂唇鸢尾兰 Oberonia pyrulifera Lindl.(兰科)
裂唇指柱兰(台湾志)=裂唇线柱兰
裂萼变种(植物志 66,Flora 17)=裂钟萼鼠尾草(新)
裂萼糙苏 Phlomis ruptilis C.Y.Wu(唇形科)
裂萼草莓 Fragaria daltoniana Gay.(蔷薇科)
裂萼大乌泡 Rubus multitracteatus var. lobatisepalus Yü & Lu (蔷薇科)
裂萼钉柱委陵菜 Potentilla saundersiana var. jacquemontii Franch.(蔷薇科)

裂萼杜鹃 Rhododendron schistocalyx Balf.f. & Forr. (杜鹃花科)
裂萼蔓龙胆 Crawfurdia crawfurdioides (Marq.) H.Sm. (龙胆科)
裂萼鼠尾草 Salvia schizocalyx Stib.(唇形科)
裂萼水玉簪 Burmannia oblonga Ridl.(水玉簪科)
裂稃草 Schizachyrium brevifolium (Sw.) Nees ex Büse (禾本科),*短叶裂稃草,短叶蜀黍,金字草,晚碎红,白露红,白露红*
裂稃草属 Schizachyrium Nees (禾本科)
裂稃茅 Schizachne callosa (Turcz.) Ohwi(禾本科),*紫裂稃草*
裂稃茅属 Schizachne Hack.(禾本科)
裂稃雀麦 Bromus tytthanthus Nevski(禾本科)
裂稃燕麦 Avena barbata Pott ex Link(禾本科)
裂盖鳞毛蕨 Dryopteris subexaltata (Christ) C. Chr. (鳞毛蕨科),*早田氏鳞毛蕨*
裂瓜 Schizopepon bryoniaefolius Maxim.(葫芦科)
裂瓜属 Schizopepon Maxim.(葫芦科)
裂冠花属 Chasmanthe N.E.Br.(鸢尾科)
裂冠黄堇(横断山植物)=裂果紫堇
裂冠牛奶菜 Marsdenia incisa P.T.Li & Y.H.Li (萝藦科)
裂果金花 Schizomussaenda dehiscens (Craib) Li (茜草科),*大树甘草,树甘草,白头将军,木辣*
裂果金花属 Schizomussaenda Li (茜草科)
裂果女贞 Ligustrum sempervirens (Franch.) Lingelsh. (木犀科),*常绿假丁香*
裂果漆 Toxicodendron griffithii (HK.f.) O.Ktze. (漆树科)
裂果薯 Schizocapsa plantaginea Hance (蒟蒻薯科),*水田七,水三七,水鸡仔*
裂果薯属 Schizocapsa Hance (蒟蒻薯科)
裂果卫矛 Euonymus dielsianus Loes.(卫矛科)
裂果紫堇 Corydalis flaccida HK.f. & Thoms.(罂粟科),*裂冠黄堇*
裂喙马先蒿 Pedicularis schizorhyncha Prain(玄参科)
裂距凤仙花 Impatiens fissicornis Maxim.(凤仙花科)
裂距虾脊兰 Calanthe trifida T.Tang & F.T.Wang (兰科)
裂壳锥(植物志 22)=瓤蒴锥
裂榄属 Bursera L.(橄榄科)
裂鳞景天 Sedum purdomii W.W.Sm.(景天科)
裂毛杜鹃 Rhododendron simulans (Tagg & Forr.) Chamb.(杜鹃花科)
裂毛海绵杜鹃(西藏志,云南志)=裂毛雪山杜鹃
裂毛雪山杜鹃 Rhododendron aganniphum var. schizopeplum (Balf.f. & Forr.) T.L.Ming(杜鹃花科),*裂毛海绵杜鹃*
裂舌垂头菊 Cremanthodium trilobum S.W.Liu (菊科)
裂舌姜 Zingiber bisectum D.Fang(姜科)
裂舌橐吾 Ligularia stenoglossa (Franch.) Hand.-Mazz. (菊科)
裂丝葱 Allium stenodon var. lobatum Li & Kitag? (百合科)
裂序楼梯草 Elatostema schizocephalum W.T. Wang (荨麻科)
裂檐苣苔 Opithandra pumila (W.T.Wang) W.T. Wang (苦苣苔科)
裂檐苣苔属(植物志 69)=**后蕊苣苔属**
裂叶安息香 Styrax supaii Chun & F.Chun(安息香科)
裂叶白梓树(广西植物名录)=白辛树
裂叶波齿马先蒿 Pedicularis crenata subsp. crenatiformis (Bonati) Tsoong(玄参科)
裂叶波罗花 Incarvillea dissectifoliola Q.S.Zhao (紫葳科)
裂叶茶藨子 Ribes laciniatum HK.f. & Thoms. (虎耳草科),*狭萼茶藨*
裂叶垂头菊 Cremanthodium pinnatisectum (Ludlow) Y.L.Chen & S.W.Liu(菊科)
裂叶刺楸 Kalopanax septemlobus var. maximowiczi (V.Houtte) Hand.-Mazz.(五加科)
裂叶脆蒴报春 Primula chionata W.W.Sm.(报春花科)
裂叶地黄 Rehmannia piasezkii Maxim.(玄参科)
裂叶点地梅 Androsace dissecta (Franch.)Franch. (报春花科)
裂叶独活 Heracleum millefolium Diels(伞形科),*藏当归,千叶独活*
裂叶独行菜 Lepidium lacerum C.A.Mey.(十字花科)
裂叶耳蕨 Polystichum sinense var. lobatum H. S.Kung & L.B.Zhang(鳞毛蕨科)
裂叶粉背蕨 Aleuritopteris argentea var. geraniifolia Ching & S.K.Wu(中国蕨科)
裂叶粉花绣线菊(新)Spiraea japonica var. incisa Yü(蔷薇科),*粉花绣线菊裂叶变种*
裂叶风毛菊 Saussurea laciniata Ledeb.(菊科)
裂叶蒿(四川)=椭果绿绒蒿
裂叶蒿 Artemisia tanacetifolia L.(菊科),*条蒿,深山菊蒿,萨拉巴日海-沙里尔日*
裂叶褐毛石楠(新)Photinia hirsuta var. lobulata Yü(蔷薇科),*褐毛石楠裂叶变种*
裂叶红景天 Rhodiola sinuata (Royle ex Edgew) S.H.Fu (景天科),*深波线叶景天*
裂叶花葵(植物志 49-2)=三月花葵
裂叶华西委陵菜 Potentilla potaninii var. compsophylla (Hand.-Mazz.) Yü & Li(蔷薇科)
裂叶黄芩 Scutellaria incisa Sun ex C.H.Hu(唇形科)
裂叶黄穗悬钩子 Rubus chrysobotrys var. lobophyllus Hand.-Mazz.(蔷薇科)
裂叶碱毛茛 Halerpestes sarmentosa var. multisecta (S.H.Li & Y.H.Huang) W.T.Wang (毛茛科)
裂叶金盏苣苔 Isometrum pinnatilobatum K.Y. Pan (苦苣苔科)
裂叶堇菜(拉汉名称)=总裂叶堇菜
裂叶堇菜 Viola dissecta Ledeb.(堇菜科),*深裂叶堇菜,奥尼图-尼勒-其其格,疔毒草,亚尔母尝*
裂叶荆芥(植物志 65-2)=荆芥
裂叶荆芥属(植物志 65-2)=**荆芥属**
裂叶荆芥属 Schizonepeta Briq.(唇形科)
裂叶苦荬菜(中药辞海)=苣荬菜
裂叶蓝钟花 Cyananthus lobatus Wall. ex Benth. (桔梗科)
裂叶鳞蕊藤 Lepistemon lobatum Pilger(旋花科)
裂叶龙葵(中药辞海)=青杞
裂叶罗汉果 Siraitia borneensis var. lobophylla A.M.Lu & Z.Y.Zhang(葫芦科)
裂叶落地生根(经济植物手册)=伽蓝菜
裂叶马兰 Kalimeris incisa (Fisch.) DC.(菊科),*红马兰,路边菊,马兰,马兰菊,马兰青,螃蜞头草,田菊,鱼鳅串,紫菊*
裂叶马先蒿(新)Pedicularis crenata subsp. crenatiformis (Bonati) Tsoong(玄参科),*波齿马先蒿全裂亚种*
裂叶毛茛 Ranunculus pedatifidus Sm.(毛茛科)
裂叶毛果委陵菜 Potentilla eriocarpa var. tsarongensis W.E.Evans(蔷薇科)
裂叶美洲椴 Tilia americana f. ampelophylla V.Engl.(椴树科)
裂叶蒙桑(西藏志)=山桑
裂叶囊瓣芹 Pternopetalum molle var. dissectum Shan & Pu(伞形科)
裂叶茑萝 Quamoclit lobata House (旋花科)
裂叶婆婆纳 Veronica verna L.(玄参科)
裂叶桤木 Alnus sinuata (Rgl.) Rybd.(桦木科)
裂叶荠属(科属检索表)=**芹叶荠属**
裂叶牵牛(药典 2000)=牵牛
裂叶荨麻(高等图鉴)=荨麻
裂叶荨麻 Urtica lobatifolia S.S.Ying? (荨麻科)
裂叶鞘柄木(中药辞海)=角叶鞘柄木
裂叶青皮槭(树木分类学)=三尾青皮槭
裂叶秋海棠(福建志)=红孩儿
裂叶秋海棠(新拉汉英)=分裂秋海棠(新)
裂叶秋海棠(新拉汉英)=星叶秋海棠
裂叶秋海棠(植物志 52-1)=美丽秋海棠
裂叶秋海棠 Begonia palmata D.Don(秋海棠科),*八多酸,半边莲,红边,红孩儿,九齿莲,石莲,岩红*
裂叶忍冬(拉汉名称)=华西忍冬
裂叶榕(中药辞海)=(四川中草药)
裂叶桑 Morus trilobata (S.S.Chang) Cao(桑科)
裂叶沙参 Adenophora lobophylla Hong(桔梗科)
裂叶山西乌头(植物志 27)=山西乌头
裂叶山楂 Crataegus remotilobata H.Raik. ex Popov (蔷薇科)
裂叶双盖蕨(高等图鉴,台湾志)=羽裂叶双盖蕨
裂叶水榆花楸(新)Sorbus alnifolia var. lobulata Rehd. (蔷薇科),*水榆花楸裂叶变种*
裂叶松蒿(Flora 18)=细裂叶松蒿
裂叶天胡荽 Hydrocotyle dielsiana Wolff(伞形科)
裂叶铁线莲 Clematis parviloba Gardn. & Champ. (毛茛科)
裂叶莛子藨(北部植物图志)=莛子藨
裂叶兔耳草 Lagotis pharica Prain(玄参科)
裂叶莴苣 Lactuca dissecta D.Don(菊科)
裂叶西康绣线梅(新)Neillia thibetica var. lobata (Rehd.) Yü(蔷薇科),*西康绣线梅裂叶变种*
裂叶心翼果(海南)=心翼果
裂叶星果草 Asteropyrum cavaleriei (Lévl. & Vant.) Drumm. & Hutch.(毛茛科),*五角连,鸭脚黄连,水八角,水黄莲*
裂叶星蕨(中药辞海)=羽裂星蕨
裂叶悬钩子 Rubus howii Merr. & Chun(蔷薇科)
裂叶宜昌荚蒾 Viburnum erosum var. taquetii (Lévl.) Rehd.(忍冬科)
裂叶翼首花 Pterocephalus bretschneideri (Bat.) Pritz.(川续断科)
裂叶阴石蕨(孢子植物)=阴石蕨
裂叶罂粟(高等图鉴)=红花疆罂粟
裂叶榆 Ulmus laciniata (Trautv.) Mayr.(榆科),*青榆,大青榆,麻榆,大叶榆,粘榆,尖尖榆*
裂叶月光花(植物志 64-1)=月光花
裂叶月见草 Oenothera laciniata Hill(柳叶菜科)
裂叶重羽菊 Diplazoptilon cooperi (Anth.) Shih (菊科)
裂叶紫椴 Tilia amurensis var. tricuspidata Liou & Li(椴树科)

裂翼黄芪 Astragalus laceratus Lipsky(豆科)
裂银叶铁线莲 Clematis delavayi var. limprichtii Ulbr.(毛茛科)
裂颖棒头草 Polypogon maritimus Willd.(禾本科)
裂颖茅 Diplacrum caricinum R.Br.(莎草科)
裂颖茅属 Diplacrum R.Br.(莎草科)
裂颖雀稗 Paspalum fimbriatum H.B.K.(禾本科)
裂羽崇澍蕨 Chieniopteris kempii (Cop.) Ching (乌毛蕨科),*细叶狗脊蕨*
裂羽鳞毛蕨 Dryopteris toyamae Tagawa(鳞毛蕨科)
裂羽斜方复叶耳蕨 Arachniodes rhomboidea var. yakusimensis (H.Ito) W.C.Shieh(鳞毛蕨科)
裂缘兰 Caladenia carnea R.Br.(兰科),*卡拉迪兰*
裂缘兰属 Caladenia R.Br.(兰科)
裂缘紫菜 Porphyra laciniata (Light) Ag.(马鞭草科)
裂钟萼鼠尾草(新)Salvia campanulata var. fissa Stib. (唇形科),*裂萼变种*
鬣刺属 Spinifex L.(禾本科)
鬣毛黄芪 Astragalus chaetodon Bge.(豆科)
鬣毛三芒草 Aristida jubata (Arech.) Hert.(禾本科)
鬣蜥棕属 Iguanura Bl.(棕榈科)
鳞木(高等图鉴)=小果珍珠花
鳞木属(广州志)=**珍珠花属**

Lin

邻近风轮菜 Clinopodium confine (Hance) O. Ktze. (唇形科),*四季草,迴文草,剪刀草,球花变种*
林艾蒿 Artemisia viridissima (Kom.) Pamp.(菊科),*绿蒿,一枝蒿*
林白芷(中药辞海)=林当归
林背子(贵州草药)=野漆
林刺葵 Phoenix sylvestris Roxb.(棕榈科)
林大戟 Euphorbia lucorum Rupr.(大戟科)
林当归 Angelica silvestris L.(伞形科),*阿克尔克尔哈,林白芷*
林得莱秋海棠 Begonia lindleyana Walp.(秋海棠科)
林德利氏紫菀 Aster lindleyanus Torr. & Gray (菊科)
林德利小檗 Berberis lindleyana Ahrendt (小檗科)
林德氏齿瓣兰 Odontoglossum lindleyanum Rchb.f. (兰科)
林登肖竹芋 Calathea lindeniana Wallis (竹芋科)
林地鹅观草 Roegneria sylvatica Keng & S.L. Chen (禾本科)
林地蒿(内蒙志)=阴地蒿
林地寄生(分类学报)=林地离瓣寄生
林地离瓣寄生 Helixanthera terrestris (HK.f.) Danser (桑寄生科),*林地寄生*
林地前胡 Peucedanum diversifolium Wolff(伞形科)
林地山龙眼 Helicia silvicola W.W.Sm.(山龙眼科)
林地鼠麹草 Gnaphalium sylvaticum L.(菊科)
林地水苏 Stachys sylvatica L.(唇形科)
林地铁线莲(东北检索表)=短尾铁线莲
林地通泉草 Mazus saltuarius Hand.-Mazz.(玄参科)
林地乌头 Aconitum nemorum M.Pop.(毛茛科)
林地苋 Psilotrichum ferrugneum (Roxb.) Moq. (苋科)
林地苋属 Psilotrichum Bl.(苋科),*裸果苋属*
林地香豌豆 Lathyrus sylvestris L.(豆科)
林地小檗 Berberis nemorosa Schneid. (小檗科)
林地早熟禾 Poa nemoralis L.(禾本科),*林莓系*
林地早熟禾 Poa saltuensis Fernald & Wiegand (禾本科)
林繁缕 Stellaria bungeana var. stubendorfii (Rgl.) C.Y.Chu(石竹科)
林风毛菊 Saussurea sinuata Kom.(菊科)
林光蹄盖蕨 Athyrium decorum Ching(蹄盖蕨科)
林华鼠尾草 Salvia hylocharis Deils(唇形科),*单序变种*
林蓟 Cirsium schantarense Trautv. & Mey.(菊科)
林金腰 Chrysosplenium lectus-cochleae Kitag. (虎耳草科),*林金腰子*
林金腰子(东北检索表)=林金腰
林荆子(经济植物学)=山荆子
林兰(本经)=石斛
林兰(植物志 71-1)=栀子
林柳 Salix driophila Schneid.(杨柳科)
林罗木(广西)=肥荚红豆
林马蓝 Pteracanthus dryadum (C.B.Clarke ex R. Ben.) C.Y.Wu & C.C.Hu(爵床科),*林紫云菜*
林莓系(新拉汉英)=林地早熟禾
林奈花(拉汉名称)=北极花
林奈木(科属辞典)=北极花
林奈木属(科属辞典)=**北极花属**
林奈蝇子草 Silene linnaeana Vorosch.(石竹科),*狭叶剪秋罗*
林檎(广东潮州)=番荔枝
林檎(河北图志)=花红
林沙参 Adenophora stenanthina subsp. sylvatica Hong (桔梗科)
林生斑鸠菊 Vernonia sylvatica Dunn(菊科),*藤菊*
林生藨草 Scirpus sylvaticus L.(莎草科)
林生长蒴苣苔 Didymocarpus silvarum W.W.Sm. (苦苣苔科)
林生粗叶木 Lasianthus kurzii var. sylvicola Lo (茜草科)
林生顶冰花 Gagea filiformis (Ledeb.) Kunth(百合科),*黑色顶冰花,囊瓣顶冰花*
林生杜鹃(云南志)=金平林生杜鹃
林生杜鹃 Rhododendron lanigerum Tagg(杜鹃花科)
林生风毛菊 Saussurea sylvatica Maxim.(菊科)
林生凤仙花 Impatiens lucorum HK.f.(凤仙花科)
林生棘豆 Oxytropis sylvatica (Pall.) DC.(豆科)
林生假福王草 Paraprenanthes sylvicola Shih(菊科)
林生蓝刺头 Echinops sylvicola Shih(菊科)
林生乱子草 Muhlenbergia sylvestris Torr.(禾本科)
林生杧果 Mangifera sylvatica Roxb.(漆树科)
林生七叶树 Aesculus sylvatica Bartr.(七叶树科)
林生千里光 Senecio sylvaticus L.(菊科)
林生茜草 Rubia sylvatica (Maxim.) Nakai(茜草科),*茜草*
林生石竹(植物志 26)=石竹
林生虾脊兰 Calanthe silvatica (Thou.) Lindl.(兰科)
林生香茶菜 Isodon silvaticus (C.Y.Wu & H.W. Li) H.W.Li (唇形科)
林生沿阶草 Ophiopogon sylvicola Wang & Tang (百合科)
林生一枝黄花 Solidago nemoralis Ait.(菊科)
林生越桔 Vaccinium sciaphilum C.Y.Wu(杜鹃花科)
林生紫堇 Corydalis nemoralis C.Y.Wu & H. Chuang (罂粟科)
林石草 Waldsteinia ternata (Steph.) Frisch.(蔷薇科)
林石草属 Waldsteinia Willd.(蔷薇科)
林氏八仙花(分类学报)=狭叶绣球
林氏大戟(分类学报)=线叶大戟
林氏杜鹃花 Rhododendron lindleyi T. Moore (杜鹃花科),*大花杜鹃*
林氏观音座莲 Angiopteris lingii Ching(观音座莲科)
林氏卡特丽奥兰 Cattleyopsis lindenii (Lindl.) Cgn. (兰科)
林氏箣竹(台湾志)=惠方箣竹
林氏龙胆(北部植物图志)=皱边喉毛花
林氏马先蒿 Pedicularis limprichtiana Hand.-Mazz. (玄参科)
林氏木姜子(台湾志)=白鳞木姜子
林氏薹草 Carex lingii Wang & Tang(莎草科)
林氏绣球(福建志)=狭叶绣球
林氏泽兰(湖南药物志)=林泽兰
林氏真碎米蕨 Cheilanthes lindheimeri (J.Sm.) HK.(中国蕨科)
林投(福建通志)=露兜树
林投 Pandanus tectorius var. sinensis Warb.(露兜树科)
林问荆 Equisetum sylvaticum L.(木贼科),*林下木贼*
林下艾(苏南植物手册)=阴地蒿
林下凤尾蕨 Pteris grevilleana Wall. ex Agardh (凤尾蕨科)
*林下木贼*蕨类名词及名称)=林问荆
*林下木贼*新英汉名称)==林问荆
林下蹄盖蕨(蕨类名词及名称)=高山蹄盖蕨
林下凸轴蕨 Metathelypteris hattorii (H.Ito) Ching (金星蕨科),*兴安凸轴蕨,龙胜凸轴蕨*
林下竹(闽东本草) =淡竹叶
林阴芨芨草 Achnatherum chingii var. laxum S. L.Lu (禾本科)
林荫合耳菊 Synotis sciatrephes (W.W.Sm.) C. Jeffr. & Y.L.Chen(菊科),*林荫千里光*
林荫千里光(云南植物名录)=林荫合耳菊
林荫千里光 Senecio nemorensis L.(菊科),*黄菀,森林千里光,散衣-给其根那*
林荫银莲花(植物志 28)=鹅掌草
林泽兰 Eupatorium lindleyanum DC.(菊科),*白鼓钉,秤杆草,秤杆升麻,尖佩兰,林氏泽兰,毛泽兰,野马追*
林泽兰无腺变种(植物志 74)=无腺林泽兰(新)
林芝报春 Primula ninguida W.W.Sm.(报春花科),*尖萼大叶报春*
林芝杜鹃(植物志 57-2)=红点杜鹃
林芝杜鹃 Rhododendron nyingchiense R.C. Fang & S.H.Huang(杜鹃花科)
林芝峨眉蕨(西藏志)=尖片峨眉蕨
林芝凤仙花 Impatiens lingzhiensis Y.L.Chen(凤仙花科)
林芝虎耳草 Saxifraga isophylla H.Sm.(虎耳草科)
林芝鳞毛蕨 Dryopteris nyingchiensis Ching(鳞毛蕨科)

林芝龙胆 Gentiana nyingchiensis T.N.Ho(龙胆科)
林芝马先蒿 Pedicularis nyingchiensis H.P.Yang & Y.Tateishi (玄参科)
林芝女娄菜(西藏志)=林芝蝇子草
林芝橐吾 Ligularia nyingchiensis S.W.Liu(菊科)
林芝小檗 Berberis temolaica Ahrendt(小檗科)
林芝野青茅 Deyeuxia nyingchinensis P.C.Kuo & S.L.Lu (禾本科)
林芝蝇子草 Silene wardii (Marq.) Bocquet(石竹科),*林芝女娄菜*
林芝云杉 Picea likiangensis var. linzhiensis Cheng & L.K.Fu(松科)
林中拂子茅 Calamagrostis epigeios var. sylvstica T.F.Wang (禾本科)
林中蒿(吉林)=阴地蒿
林中库矾冷杉 Abies sachalinensis var. nemorensis Mayr (松科)
林周风毛菊 Saussurea lhunzhubensis Y.L.Chen & S.Y.Liang(菊科)
林周蒲公英 Taraxacum ludlowii V.Soest(菊科)
林猪殃殃 Galium paradoxum Maxim.(茜草科),*奇特猪殃殃,异常拉拉藤*
林仔竹(海南)=托竹
林仔竹 Oligostachyum nuspiculum (McClure) Z.P.Wang & G.H.Ye (禾本科),*红花竹*
林紫云菜(云南植物名录)=林马蓝
临安槭 Acer linganense Fang & P.L.Chiu (槭树科)
临沧地不容 Stephania lincangensis Lo(防已科)
临沧嘉赐树(云南植物研究)=临沧脚骨脆
临沧脚骨脆 Casearia graveolens var. lingtsangensis S.Y.Bao(大风子科),*临沧嘉赐树*
临沧毛蕨 Cyclosorus megongensis Ching ex Shing (金星蕨科)
临沧牛奶菜 Marsdenia yuei M.G.Gilb. & P.T.Li (萝藦科)
临沧秋海棠(云南植物名录)=宿苞秋海棠
临沧乌饭 Vaccinium lincangense Fang & Z.H. Pan (杜鹃花科)
临沧崖爬藤 Tetrastigma lincangense C.L.Li(葡萄科)
临桂石楠 Photinia chihsiniana Kuan(蔷薇科)
临桂香草 Lysimachia linguiensis C.Z.Gao(报春花科),*乌龟草*
临桂绣球 Hydrangea linkweiensis Chun(虎耳草科),*利川绣球,枝序伞形绣球*
临桂钻地风 Schizophragma choufenianun Chun (虎耳草科),*畴芬钻地风*
临江延胡索 Corydalis linjiangensis Z.Y.Su ex Lidén(罂粟科)
临时救 Lysimachia congestiflora Hemsl.(报春花科),*大疮药,风寒小风寒,胡氏排草,黄花珠,九莲灯,聚花过路黄,爬地黄,甸顾龙,瞎眼蛇药,小过路黄,广东临时救*
淋漓锥 Castanopsis uraiana (Hay.) Kanehira & Hatusima (壳斗科),*鳞苞锥,榅,鸟来柯*
淋汁藤(海南)=白叶藤
鳞斑荚蒾 Viburnum punctatum Buch.-Ham. ex D.Don (忍冬科),*点叶荚蒾,大青藤*
鳞斑毛嘴杜鹃 Rhododendron trichostomum var. radinum (Balf.f. & W.W.Sm.) Cowan & David. (杜鹃花科)
鳞瓣杜鹃花 Rhododendron johnstoneanum Watt.(杜鹃花科),*约翰斯顿杜鹃花*
鳞苞乳菀 Galatella hauptii (Ledeb.) Lindl.(菊科)
鳞苞薹草 Carex vanheurckii Müell. Arg.(莎草科)
鳞苞锥(台湾)=淋漓锥
鳞被嵩草 Kobresia lepidochlamys Wang & Tant ex P.C.Li (莎草科)
鳞秕油果樟 Syndiclis furfuracea H.W.Li(樟科)
鳞秕大苏铁 Zamia furfuracea L.f.(苏铁科)
鳞秕荚蒾(拉汉名称)=大果鳞斑荚蒾
鳞柄叉蕨 Tectaria griffithii (Bak.) C.Chr.(叉蕨科)
鳞柄短肠蕨 Allantodia squamigera (Mett.) Ching (蹄盖蕨科)
鳞柄毛蕨 Cyclosorus crinipes (HK.) Ching(金星蕨科)
鳞柄蹄盖蕨(西北植物学报)=希陶蹄盖蕨
鳞柄铁角蕨(台湾志)=撕裂铁角蕨
鳞萼棘豆 Oxytropis squamulosa DC.(豆科),*查干-奥日图哲*
鳞稃雀麦 Bromus lepidus Holmb.(禾本科)
鳞盖蕨(蕨类图说)=华南鳞盖蕨
鳞盖蕨属 Microlepia Presl(碗蕨科)
鳞隔堇 Scyphellandra pierrei H.de Boiss.(堇菜科),*茜菲堇*
鳞隔堇属 Scyphellandra Thw.(堇菜科),*茜菲堇属*
鳞根柳叶菜 Epilobium gouldii Raven(柳叶菜科),*帕里柳叶菜*
鳞果变豆菜 Sanicula hacquetioides Franch.(伞形科)
鳞果草 Achyrospermum densiflorum Bl.(唇形科)
鳞果草属 Achyrospermum Bl.(唇形科)
鳞果虫实 Corispermum lepidocarpum Grubov (藜科)
鳞果褐叶榕 Ficus pubigera var. anserina Corner (桑科)
鳞果星蕨 Lepidomicrosorium buergerianum (Miq.) Ching & Shing(水龙骨科)
鳞果星蕨属 Lepidomicrosorium Ching & Shing (水龙骨科)
鳞花草 Lepidagathis incurva Buch.-Ham. ex D. Don(爵床科)
鳞花草属 Lepidagathis Willd.(爵床科)
鳞花杜鹃 Rhododendron primuliflorum var. lepidanthum (Balf.f. & W.W.Sm.) Cowan & David.(杜鹃花科)
鳞花木 Lepisanthes hainanensis H.S.Lo(无患子科)
鳞花木属 Lepisanthes Bl.(无患子科)
鳞桧(中国裸子志)=高山柏
鳞茎灯心草 Juncus bulbosus L.(灯心草科)
鳞茎点头虎耳草(新)Saxifraga cernua var. bulbilosa Engl. & Irm.(虎耳草科),*鳞茎虎耳草*
鳞茎红葱 Eleutherine bulbosa (P.Mill.) Urban.(鸢尾科)
鳞茎虎耳草(新拉汉英)=鳞茎点头虎耳草(新)
鳞茎虎耳草 Saxifraga bulbifera L.(虎耳草科)
鳞茎碱茅 Puccinellia bulbosa (Grossh.) Grossh.(禾本科)
鳞茎堇菜 Viola bulbosa Maxim.(堇菜科)
鳞茎魔杖花 Sparaxis bulbifera Ker.-Gawl.(鸢尾科)
鳞茎细叶芹 Chaerophyllum bulbosum L.(伞形科)
鳞茎早熟禾 Poa bulbosa L.(禾本科)
鳞茎状毛茛 Ranunculus bulbosus L.(毛茛科)
鳞狸鳞(豆科图说)=毛排钱树
鳞蕗蕨 Mecodium levingei (Clarke) Cop.(膜蕨科)
鳞毛柏拉木 Blastus squamosus C.Y.Wu & Y.C. Huang ex C.Chen(野牡丹科)
鳞毛椴 Tilia lepidota Rehd.(椴树科)
鳞毛贯众 Cyrtomium retrosopaleaceum Ching & Shing(鳞毛蕨科)
鳞毛荚蒾(高等图鉴)=大果鳞斑荚蒾
鳞毛蕨科 Dryopteridaceae
鳞毛蕨属 Dryopteris Adanson (鳞毛蕨科)
鳞毛溲疏 Deutzia squamosa S.M.Hwang(虎耳草科)
鳞毛蚊母树 Distylium elaeagnoides Chang(金缕梅科)
鳞毛羽节蕨(东北草本志)=欧洲羽节蕨
鳞毛肿足蕨 Hypodematium squamulosopilosum Ching (肿足蕨科),*上房山肿足蕨,宜兴肿足蕨*
鳞皮枞(中国裸子志)=鳞皮冷杉
鳞皮冷杉 Abies squamata Mast.(松科),*鳞皮枞*
鳞皮云杉(植物志 7)=云杉
鳞片冷水花 Pilea squamosa C.J.Chen(荨麻科)
鳞片柳叶菜 Epilobium sikkimense Hausskn.(柳叶菜科),*锡金柳叶菜,褐鳞柳叶菜,高大锡金柳叶菜,亚东柳叶菜,走茎柳叶菜*
鳞片龙胆(东北检索表)=鳞叶龙胆
鳞片水麻 Debregeasia squamata King ex HK.f.(荨麻科),*大血吉,野苎麻,山苎麻,山草麻,山野麻*
鳞片甜茅(新拉汉英)=假鼠妇草
鳞片沼泽蕨 Thelypteris squamulosa (Schlecht) Ching (金星蕨科)
鳞蕊芥 Lepidostemon pedunculosus HK.f. & Thoms. (十字花科)
鳞蕊芥属 Lepidostemon HK.f. & Thoms.(十字花科)
鳞蕊藤 Lepistemon binectariferum (Wall. ex Roxb.) O.Kuntze.(旋花科)
鳞蕊藤属 Lepistemon Bl.(旋花科)
鳞始蕨(高等图鉴)=陵齿蕨
鳞始蕨科(Flora 1)=**陵齿蕨科**
鳞苏铁 Lepidozamia peroffskyana Rgl.(苏铁科)
鳞苏铁属 Lepidozamia Rgl.(苏铁科)
鳞苔稷 Panicum bulbosum H.B.K.(禾本科)
鳞瓦韦(台湾志)=宝岛瓦韦
鳞瓦韦 Lepisorus oligolepidus (Baker) Ching(水龙骨科),*多鳞瓦韦,剑刀草,镰刀草,两面刀,龙骨牌,七枝剑,石韦*
鳞尾木 Lepionurus sylvestris Bl.(山柚子科)
鳞尾木属 Lepionurus Bl.(山柚子科)
鳞腺杜鹃 Rhododendron lepidotum Wall. ex G. Don (杜鹃花科)
鳞叶点地梅 Androsace squarrosula Maxim.(报春花科)
鳞叶寄生木属(植物志 24)=**重寄生属**
鳞叶节节木 Arthrophytum balchaschense (Iljin) Botsch.? (藜科)
鳞叶卷柏 Selaginella lepidophylla (HK. & Grev.) Spring (卷柏科)
鳞叶柳杉 Cryptomeria japonica cv.Dacrydioides (杉科)
鳞叶龙胆 Gentiana squarrosa Ledeb.(龙胆科),*鬼点灯,蓝花地丁,鳞片龙胆,六月绿花草,米布带,石龙胆,小龙胆,岩龙胆,紫花地丁*
鳞叶鹿蹄草 Pyrola subaphylla Maxim.(鹿蹄草

科)

鳞叶马尾杉 Phlegmariurus sieboldii (Miq.) Ching (石杉科),*马尾千金草,马尾伸筋草,马尾青青草,飞龙,绳索马尾杉*

鳞叶小檗 Berberis lepidifolia Ahrendt(小檗科)

鳞叶阴石蕨 Humata trifoliata Cav.(骨碎补科)

鳞叶紫堇 Corydalis bulbifera C.Y.Wu(罂粟科)

鳞轴短肠蕨 Allantodia hirtipes (Christ) Ching (蹄盖蕨科)

鳞轴小膜盖蕨 Araiostegia perdurans (Christ) Cop.(骨碎补科),*小膜盖蕨*

鳞籽莎 Lepidosperma chinense Nees (莎草科),*辣死鸡草*

鳞籽莎属 Lepidosperma Labill.(莎草科)

凛蒿(日本植物图鉴)=青蒿

蔍蒿(救荒本草)=角蒿

蔺花香茅(新拉汉英)=香茅

蔺状隐花草 Crypsis schoenoides (L.) Lam.(禾本科)

蔺状早熟禾 Poa schoenites Keng(禾本科)

橉木 Padus buergeriana (Miq.) Yü & Ku(蔷薇科),*华东稠李*

Ling

拎壁龙(台湾志)=蔓九节

灵宝翠雀花 Delphinium lingbaoense S.Y.Wang & Q.S.Yang(毛茛科)

灵宝杜鹃 Rhododendron henanense subsp. lingbaoense Fang(杜鹃花科)

灵川大节竹 Indosasa lingchuanensis C.D.Chu & C.S.Chao ? (禾本科)

灵疾草(陕西)=泽珍珠菜

灵继六(四川会东彝语)=绣球防风

灵兰卫矛 Euonymus crenatus C.H.Wang(卫矛科)

灵兰香 Salvia przewalskii var. glabrescens Stib. (唇形科),*少毛变种,红秦艽*

灵陵香(药材名)=灵香草

灵山玉叶金花 Mussaenda pubescens f. clematidiflora Chun ex Hsue & H.Wu(茜草科)

灵山醉魂藤 Heterostemma tsoongii Tsiang(萝藦科),*广西醉魂藤,广西百灵藤*

灵寿茨(陕西中草药)=泡花树

灵树(植物志 54-1)=赤才

灵香草 Lysimachia foenum-graecum Hance(报春花科),*尖叶子,灵陵香,零陵香,闹虫草,驱虫草,驱蛔虫草,小叶子,远柱,云香草*

灵香假卫矛 Microtropis submembranacea Merr. & Freem. (卫矛科)

灵药牛奶菜 Marsdenia cavaleriei (HLévl.) Hand.-Mazz. (萝藦科)

灵茵陈(江苏志)=阴行草

灵芝草(云南寻甸)=姜味草

灵芝草(云南药用名录)=箭叶大油芒

灵枝草 Rhinacanthus nasutus (L.) Kurz(爵床科),*白鹤灵芝,仙鹤芝灵草,癣草*

灵枝草属 Rhinacanthus Nees(爵床科),*白鹤灵枝草属*

岭刀把(海南琼中,保安)=蓝树

岭刀柄(海南)=盆架树

岭刀柄(中草药汇编,海南)=盆架树

岭罗麦 Tarennoidea wallichii (HK.f.) Tirveng. & C.Sastre(茜草科),*蒿香*

岭罗麦属 Tarennoidea Tirveng. & C.Sastre (茜草科)

岭梅(海南)=杏叶柯

岭椆(海南)=秀丽锥

岭南椆(海南志)=岭南青冈

岭南臭椿 Ailanthus triphysa (Dennst.) Alston (苦木科),*岭南樗树,毛叶南臭椿*

岭南樗树(树木分类学)=岭南臭椿

岭南倒捻子(树木分类学)=大叶藤黄

岭南倒捻子(树木分类学)=岭南山竹子

岭南杜鹃 Rhododendron mariae Hance(杜鹃花科),*玛丽杜鹃,紫花杜鹃,广东紫杜鹃,紫杜鹃,土牡丹花*

岭南凤尾蕨 Pteris macluriordes Ching ex Ching & S.H.Wu(凤尾蕨科)

岭南花椒 Zanthoxylum austrosinense Huang(芸香科),*狗花椒,满山香,皮子药,山胡椒,蛇总管,搜山虎,总管,总管皮*

岭南槐树(树木分类学)=绒毛槐

岭南来江藤 Brandisia swinglei Merr.(玄参科)

岭南梨 Pyrus lindleyi Rehd.?(蔷薇科)

岭南鳞盖蕨 Microlepia matthewii Christ(碗蕨科)

岭南瘤足蕨 Plagiogyria subadnata Ching(瘤足蕨科)

岭南罗汉松(树木分类学)=鸡毛松

岭南茉莉(树木分类学)=桂叶素馨

岭南茉莉 Jasminum laurifolium Roxb.(木犀科)

岭南木瓜红(树木分类学)=广东木瓜红

岭南槭 Acer tutcheri Duthie(槭树科),*岭南槭树*

岭南槭树(树木分类学)=岭南槭

岭南青冈 Cyclobalanopsis championii (Benth.) Oerst. (壳斗科),*岭南椆*

岭南山茉莉 Huodendron biaristatum var. parviflorum (Merr.) Rehd.(安息香科),*小花山茉莉,红檀*

岭南山竹子 Garcinia oblongifolia Champ. ex Benth.(藤黄科),*赤过,海南山竹子,黄牙桔,黄牙树,金赏,岭南倒捻子,罗蒙树,麦芽仔,木竹子,染牙果,山竹子,酸桐木,严芽桔,粘牙他,竹节果,竹桔*

岭南柿 Diospyros tutcheri Dunn(柿科)

岭南酸枣 Spondias lakonensis Pierre(漆树科),*假酸枣*

岭南梭罗树(树木分类学)=粗齿梭罗

岭南铁角蕨 Asplenium sampsoni Hance (铁角蕨科)

岭南柞木(武汉植物学研究)=南岭柞木

岭南箣竻竹 Schizostachyum jaculans Holttum (禾本科)

岭上杜鹃 Rhododendron polyraphidoideum var. montanum Tam(杜鹃花科)

苓菊 Jurinea lipskyi Iljin(菊科)

苓菊属 Jurinea Cass.(菊科)

柃寄生(湖南药物志)=栗寄生

柃木 Eurya japonica Thunb.(山茶科),*硐龙络,海岸柃,草木灰*

柃木属 Eurya Thunb.(山茶科)

柃叶冬青(云南植物名录)=滇缅冬青

柃叶冬青 Ilex euryoides C.J.Tseng(冬青科)

柃叶连蕊茶 Camellia euryoides Lindl.(山茶科)

柃叶山矾 Symplocos euryoides Hand.-Mazz.(山矾科)

玲典筒凤梨 Canistrum lindenii (Rgl.) Mez.(凤梨科)

玲殿黄肉芋 Xanthosoma lindenii (Andre) Engl.(天南星科)

玲甲花(图考)=羊蹄甲

玲珑草(台湾)=台湾半蒴苣苔

玲珑茄(西双版纳勐仑)=南青杞

玲恰彩花 Acantholimon pulchllum Korovin.(白花丹科)

凌晨癣草(东北)=白鲜

凌风草 Briza media L.(禾本科)

凌风草属 Briza L.(禾本科),*银鳞茅属*

凌扣(广西龙州)=山榄叶柿

凌氏马先蒿 Pedicularis lingelsheimiana Limpr.(玄参科)

凌水档(福建)=菖蒲

凌霄 Campsis grandiflora (Thunb.) Schum.(紫葳科),*白狗肠,堕胎花,过路蜈蚣,接骨丹,接骨风,九龙下海,女葳花,上树龙,苕华,搜骨风,藤五加,五爪龙,紫葳*

凌霄属 Campsis Lour.(紫葳科)

凌叶藜 Chenopodium bryoniaefolium Bge.(藜科)

凌源隐子草 Cleistogenes kitagawai Honda (禾本科)

凌云弓果藤 Toxocarpus paucinervius Tsiang(萝藦科)

凌云罗车子(植物志 53-1)=石风车子

凌云南星 Arisaema lingyunense H.Li(天南星科),*三步跳*

凌云蹄盖蕨 Athyrium infrapuberulum Ching(蹄盖蕨科)

凌云铁线莲 Clematis lingyunensis W.T.Wang (毛茛科)

凌云悬钩子(广西植物名录)=猬莓

凌云羊蹄甲 Bauhinia lingyuenensis T.Chen(豆科)

凌云重楼 Paris cronquistii (Takht.) H.Li(百合科)

凌云柱 Cleistocatus baumanii Lem.(仙人掌科)

铃铛菜(辽宁,河北)=玉竹

铃铛草(青海中草药)=天仙子

铃铛刺 Halimodendron halodendron (Pall.) Voss (豆科),*盐豆,耐碱树*

铃铛刺属 Halimodendron Fisch. ex DC.(豆科)

铃铛子 Anisodus luridus Lindk & Otto(茄科),*藏茄,唐冲那薄,山莨,喜马拉雅东莨菪,丽山莨菪*

铃当花(山东,植物志 73-2)=桔梗

铃当麦(亨氏植物名录)=燕麦

铃儿花(图考)=吊钟花

铃花黄兰 Cephalantheropsis calanthoides (Ames) T.S.Liu & H.J.Su(兰科)

铃兰 Convallaria majalis L.(百合科),*香水花,芦藜花*

铃兰齿瓣兰 Odontoglossum convallarioides (Schltr.) A. & C.(兰科)

铃兰属 Convallaria L.(百合科)

铃铃×淡黄香青 Anaphalis hancockii × flavescens (菊科)

铃铃×乳白香青 Anaphalis hancockii ×lectea Hand.-Mazz.?(菊科)

铃铃草(湖南)=无心菜

铃铃草(四川中药志)=假地蓝

铃铃香(河北)=铃铃香青

铃铃香青 Anaphalis hancockii Maxim.(菊科),*铃铃香,铜钱花,五月霜*

铃木冬青 Ilex suzukii S.Y.Hu(冬青科)

铃木氏杜鹃花 Rhododendron moriakianum T.Suzuki (杜鹃花科)

铃茵陈(中药志)=阴行草

铃钟表三七(浙江药志)=黄山梅

铃子三七(浙药志)=浙江铃子香

铃子香属 Chelonopsis Miq.(唇形科)

陵齿蕨 Lindsaea odorata Roxb.(陵齿蕨科),*刀叶林蕨,鳞始蕨,猪八戒毛七,还魂草,土黄连,*

刀叶林蕨
陵齿蕨科 Lindsaeaceae,*鳞始蕨科*
陵齿蕨属 Lindsaea Dry.(陵齿蕨科)
陵藁(名医别录)=灰白毛莓
陵水暗罗 Polyalthia nemoralis A.DC.(番荔枝科),*黑皮根*,*落坎薯*
陵水胡椒 Piper lingshuiense Tseng (胡椒科)
陵水紫竹(竹种类及栽培)=细柄少穗竹
陵游(本经)=龙胆
陵泽(广雅)=甘遂
绫锦 Aloe aristata Haw.(百合科),*木锉掌*
菱(云南志)=越南菱
菱 Trapa bispinosa Roxb.(菱科),*沙角*,*菱角*,*水菱*,*乌菱*
菱苞桦 Betula rhombibracteata P.C.Li(桦木科)
菱苞橐吾 Ligularia kanaitzensis var. subnudicaulis (Hand.-Mazz.) S.W.Liu(菊科)
菱唇毛兰 Eria rhomboidalis T.Tang & F.T.Wang (兰科)
菱唇山姜 Alpinia kusshakuensis Hay.(姜科)
菱唇石斛 Dendrobium leptocladum Hay.(兰科),*细茎石斛*,*禾叶石斛*
菱蒂萝属(科属辞典)=**长柱琉璃草属**
菱果柯 Lithocarpus taitoensis (Hay.) Hay.(壳斗科)
菱果薹草 Carex grallatoria Maxim.(莎草科)
菱果羊蹄甲 Bauhinia scandens var. horsfieldii (Watt ex Prain) K. & S.S.Larsen(豆科)
菱荚红豆 Ormosia pachyptera L.Chen(豆科),*火红豆*
菱角(周礼义疏)=菱
菱角菜(广州)=荠
菱角菜(四川)=榨菜
菱角花(广东)=紫万年青
菱角扭(广东)=羊角拗
菱角树(云南)=黄花夹竹桃
菱角掌 Senecio radicans (L.f.) Schult.-Bip.(菊科),*弦目*
菱科 Trapaceae
菱裂毛鳞菊 Chaetoseris rhombiformis Shih(菊科)
菱鳞云杉(经济植物手册)=麦吊云杉
菱形春再来 Clarkia rhomboidea Douglas (柳叶菜科)
菱形黄芩 Scutellaria rhomboidalis Grossh.(唇形科)
菱形乌头(植物志 27)=菱叶乌头
菱形叶杜鹃 Rhododendron rhombifolium R.C. Fang (杜鹃花科)
菱叶菝葜 Smilax hayatae T.Koyama(百合科)
菱叶扁担杆 Grewia rhombifolia Kanehira & Sasaki (椴树科)
菱叶扁豆(台湾志)=菱叶镰扁豆
菱叶滨榕 Ficus tannoensis f. rhombifolia Hay.(桑科)
菱叶常春藤 Hedera rhombea (Miq.) Bean(五加科)
菱叶唇柱苣苔 Chirita subrhomboidea W.T. Wang (苦苣苔科)
菱叶大黄 Rheum rhomboideum A.Los.(蓼科)
菱叶钓樟 Lindera supracostata Lec.(樟科),*山香桂*,*铁桂皮*,*川滇三股筋香*
菱叶凤仙花 Impatiens rhombifolia Y.Q.Lu & Y.L.Chen (凤仙花科)
菱叶腹水草 Veronicastrum rhombifolium (Hand.-Mazz.) Tsoong(玄参科)
菱叶冠毛榕 Ficus gasparriniana var. laceratifolia (Lévl. & Vant.) Corner(桑科),*树地瓜*,*山枇杷*,*斑鸠食子*,*牛奶根*,*裂叶榕*
菱叶海桐(高等图鉴)=崖花子
菱叶海桐 Pittosporum rhombifolium A. Cunn. ex HK.(海桐花科)
菱叶红景天(植物志 34-1)=云南红景天
菱叶红色木(树木分类学)=桦叶四蕊槭
菱叶花椒 Zanthoxylum rhombifoliolatum Huang(芸香科),*黄椒*
菱叶茴芹 Pimpinella rhomboidea Diels(伞形科)
菱叶菊 Dendranthema rhombifolium Ling & Shih (菊科)
菱叶镰扁豆 Dolichos rhombifolius (Hay.) Hosokawa (豆科),*菱叶扁豆*
菱叶楼梯草 Elatostema rhombiforme W.T.Wang (荨麻科)
菱叶鹿藿 Rhynchosia dielsii Harms(豆科),*山黄豆藤*,*螃蟹眼睛*,*野黄豆*,*野苋豆*
菱叶葡萄 Vitis hancockii Hance(葡萄科)
菱叶葡萄 Vitis rhombifolia Vahl.(葡萄科)
菱叶桤木 Alnus rhombifolia Nutt.(桦木科)
菱叶山蚂蝗(贵州草药)=长柄山蚂蝗
菱叶铁苋菜 Acalypha siamensis Oliv. ex Gage (大戟科)
菱叶卫矛 Euonymus tashiroi Maxim.(卫矛科)
菱叶乌头 Aconitum rhombifolium Chen(毛茛科),*菱形乌头*
菱叶雾水葛 Pouzolzia elegans var. delavayi (Gagn.) W.T.Wang(荨麻科)
菱叶西番莲 Passiflora rhombiformis S.Y.Bao (西番莲科)
菱叶蚬木 Excentrodendron rhombifolium H.T. Chang & R.H.Miau(椴树科)
菱叶小叶杨 Populus simonii f. rhombifolia (Kitag.) C.Wang & Thung (杨柳科)
菱叶绣线菊 Spiraea vanhouttei (Briot) Zabel(蔷薇科),*范氏绣线菊*
菱叶崖爬藤 Tetrastigma triphyllum (Gagn.) W.T. Wang (葡萄科)
菱叶元宝草 Alajja rhomboidea (Benth.) S. Ikonn. (唇形科)
菱叶元宝草属 Alajja S.Ikonn.(唇形科)
菱叶紫菊 Notoseris rhombiformis Shih(菊科)
菱羽耳蕨 Polystichum pseudorhomboideum H.S. Kung & L.B.Zhang(鳞毛蕨科)
菱属 Trapa L.(菱科)
零丁子(江西)=南烛
零陵唇柱苣苔 Chirita linglingensis W.T.Wang (苦苣苔科)
零陵香(救荒本草)=蓝胡卢巴
零陵香(图考,北京)=罗勒
零陵香(中药资源志要)=灵香草
零乌豆(本草汇言)=痨豆
零余虎耳草 Saxifraga cernua L.(虎耳草科),*点头虎耳草*
零余薯(广州志)=黄独
零余子(本草拾遗)=薯蓣
零余子景天(东北检索表)=珠芽八宝
零余子景天(拉汉名称)=珠芽景天
零余子荨麻(高等图鉴)=珠芽艾麻
零余子薯蓣(俄拉汉名称)=黄独
零榆(本经)=榆树
领春木 Euptelea pleiospermum HK.f. & Thoms. (领春木科),*正心木*,*水桃*
领春木科 Eupteleaceae
领春木属 Euptelea S. & Z.(领春木科)
令箭荷花 Nopalxochia ackermannii (Haw.) F.M.Knuth (仙人掌科)
令箭荷花属 Nopalxochia Britt. & Rose (仙人掌科)

Liü

溜叶含笑 Michelia laevifolia Law & Y.F.Wu(木兰科)
刘芙蓉草(中草药汇编)=长叶蓬子菜
刘寄奴(贵州)=贵州金丝桃
刘寄奴(贵州)=南艾蒿
刘寄奴(湖北,湖南)=黄海棠
刘寄奴(四川)=单花遍地金
刘寄奴(四川)=蒌蒿
刘寄奴(四川)=蒙古马兰
刘寄奴(唐-新修本草,中药俗称)=奇蒿
刘寄奴(玉溪中草药)=熊胆草
刘明根树(广东从化)=疏齿冬青
刘勤光 Lue Gim gong(芸香科晚生橙类),*雷建刚*
刘氏荸荠 Heleocharis liouana Tang & Wang(莎草科)
刘氏大戟 Euphorbia lioui C.Y.Wu & J.S.Ma(大戟科)
刘氏合欢(豆科图说)=海南合欢
刘氏黄芪(豆科图说)=了墩黄芪
刘氏书带蕨(分类学报)=剑叶书带蕨
刘氏薹草 Carex liouana Wang & Tang(莎草科)
刘易斯亚麻 Linum lewisii Pursh (亚麻科)
流鼻槁(广东,海南)=硬壳桂
流鼻松(海南)=鸡毛松
流石风铃草 Campanula crenulata Franch.(桔梗科)
流石薹草 Carex hirtelloides (Kükenth.) Wang & Tang ex P.C.Li(莎草科)
流水蒿(四川,云南)=牡蒿
流水丝花苣苔 Nematanthus fluminensis Fritsch (苦苣苔科)
流苏瓣缘黄堇 Corydalis fimbripetala Ludlow (罂粟科)
流苏贝母兰 Coelogyne fimbriata Lindl.(兰科)
流苏萼越桔 Vaccinium fimbricalyx Chun & Fang (杜鹃花科)
流苏虎耳草 Saxifraga wallichiana Sternb.(虎耳草科)
流苏黄竹 Dendrocalamus membranaceus f. fimbriligulatus Hsueh & D.Z.Li (禾本科)
流苏金石斛 Flickingeria fimbriata (Bl.) Hawkes (兰科)
流苏康多兰 Chondrorhyncha fimbriata (Lind. & Rchb.f.) Rchb.f.(兰科)
流苏龙胆 Gentiana panthaica Prain & Burk.(龙胆科)
流苏龙须兰 Catasetum fimbriatum Lindl.(兰科)
流苏秋海棠 Begonia fimbriata Liebm.(秋海棠科)
流苏曲花紫堇 Corydalis curviflora subsp. pseudosmithii (Fedde) C.Y.Wu(罂粟科)
流苏舌唇兰 Platanthera fimbriata (Dryand.) Lindl. (兰科)
流苏石斛(植物志 19)=马鞭石斛
流苏树 Chionanthus retusus Lindl. & Paxt.(木犀科),*白花菜*,*牛金茨果树*,*糯米花*,*如密花*,*四月雪*,*炭栗树*,*铁黄荆*,*晚皮树*,*油公子*
流苏树属 Chionanthus L.(木犀科),*李榄属*
流苏薹草 Carex densefimbriata Wang & Tang ex S.Y.Liang(莎草科),*密缘毛薹草*
流苏瓦松(苏南植物手册)=瓦松
流苏卫矛(西藏志)=缝叶卫矛

流苏卫矛 Euonymus gibber Hance(卫矛科)
流苏虾脊兰 Calanthe alpina HK.f. ex Lindl.(兰科),*高山虾脊兰,羽唇根节兰,马牙七,九子连,大仙茅*
流苏香竹 Chimonocalamus fimbriatus Hsueh & Yi (禾本科)
流苏芋兰 Nervilia cumberlegii Seidenf. & Smitin. (兰科),*古氏脉叶兰*
流苏蜘蛛抱蛋 Aspidistra fimbriata Wang & Lang (百合科)
流苏子 Coptosapelta diffusa (Champ. ex Benth.) Van Steenis(茜草科),*臭沙藤,凉藤,棉陂藤,棉花藤,棉丝藤,棉藤,棉絮藤,牛老药,牛老药藤,千叶藤,伤药藤,上树逼,乌龙藤,苎丝藤*
流苏子属 Coptosapelta Korth.(茜草科)
流涎槁(广东,海南)=硬壳桂
流星草(纲目)=谷精草
流星谷精草 Eriocaulon truncatum Buch.-Ham. ex Mart. (谷精草科),*平头谷精草,长菲谷精草,菲律宾谷精草*
流血桐(台湾)=血桐
留坝槭(分类学报)=庙台槭
留春树(杭州)=光叶山矾
留萼木 Blachia pentzii (Muell.Arg.) Benth.(大戟科)
留萼木属 Blachia Baill.(大戟科)
留兰香(杭州)=柠檬留兰香
留兰香(四川)=圆叶薄荷
留兰香 Mentha spicata L.(唇形科),*狗肉香,狗肉香菜,假薄荷,绿薄荷,青薄荷,土薄荷,香薄荷,香花菜,血香菜,鱼香,鱼香菜,鱼香草*
留行草 Blastus ernae Hand.-Mazz.(野牡丹科),*大莎药*
留行子(甘泉县志)=麦蓝菜
琉苞菊 Hyalea pulchella (Ledeb.) C.Koch(菊科)
琉苞菊属 Hyalea (DC.) Jaub. & Spach(菊科)
琉璃草(陕西)=梓木草
琉璃草 Cynoglossum furcatum Wall.(紫草科),*狗屎花,火草,捆仙绳,拦路虎,绿花菜,母猪油子,牛舌头草,青菜参,生扯拢,贴骨散,铁板道,铁箍散,锡兰倒提壶,小生地,粘娘娘,猪尾巴*
琉璃草根(沙漠药用植物)=大果琉璃草
琉璃草属 Cynoglossum L.(紫草科)
琉璃繁缕 Anagallis arvensis L.(报春花科),*海绿,四念癀,九龙吐珠*
琉璃繁缕属 Anagallis L.(报春花科)
琉璃姬孔雀 Aloe haworthioides Bak.(百合科)
琉璃节肢蕨 Arthromeris himalayensis (HK.) Ching (水龙骨科)
琉璃孔雀 Aloe parvula Bgr.(百合科)
琉璃枝(河南)=小叶鼠李
琉球叉柱兰 Cheirostylis liukiuensis Masam. (兰科),*琉球指柱兰,墨绿指柱兰*
琉球杜鹃花 Rhododendron scabrum G.Don (杜鹃花科)
琉球黑檀(台湾)=象牙柿
琉球豇豆 Vigna riukiuensis (Ohwi) Ohwi & Ohashi (豆科)
琉球九节 Psychotria manillensis Bartl. ex DC. (茜草科)
琉球兰嵌马蓝 Parachampionella tashiroi (Hay.) Bremek.(爵床科)
琉球山蚂蝗(台湾志)=侧序长柄山蚂蝗
琉球矢竹 Pleioblastus linearis (Hack.) Nakai (禾本科)
琉球鼠李 Rhamnus liukiuensis (Wils.) Koidz. (鼠李科)
琉球新月蕨(台湾志)=顶芽新月蕨
琉球指柱兰(台兰科图鉴)=琉球叉柱兰
琉珠乳豆 Galactia tashiroi Maxim.(豆科)
硫黄独脚金 Striga sulphurea Dalz. & Gibs.(玄参科)
硫黄棘豆 Oxytropis sulphurea (Fisch.) Ledeb. (豆科)
硫黄色岩黄芪 Hedysarum sulfurescens Rybd. (豆科)
硫黄香青 Anaphalis flavescens var. sulphurea Ling (菊科),*淡黄香青硫黄变种*
硫磺杜鹃 Rhododendron sulfureum Franch.(杜鹃花科)
硫磺粉背蕨 Aleuritopteris veitchii (Christ) Ching (中国蕨科)
硫球松 Pinus luchuensis Mayr.(松科)
硫球条叶百合 Lilium callosum var. flaviflorum Makino (百合科)
硫色凤仙花 Impatiens thiochroa Hand.-Mazz. (凤仙花科)
骝血藤(中草药彩色图谱)=网络崖豆藤
榴莲 Durio zibethinus Murr.(木棉科)
榴莲属 Durio Adans.(木棉科)
榴莓(高等图鉴)=水麻
瑠蝶生石花 Lithops ruschiorum (Dinter & Schwant.) N.E.Br.(番杏科)
瘤埃牟茶藨子(华北经济志要)=瘤糖茶藨子
瘤瓣兰属 Oncidium Sw.(兰科),*金蝶兰属*
瘤报春(拉汉名称)=金黄脆蒴报春
瘤唇卷瓣兰 Bulbophyllum japonicum (Makino) Makino(兰科),*日本卷瓣兰,日本红花石豆兰*
瘤冠麻 Cypholophus moluccanus (Bl.) Miq.(荨麻科)
瘤冠麻属 Cypholophus Wedd.(荨麻科)
瘤果变豆菜 Sanicula tuberculata Maxim.(伞形科)
瘤果茶 Camellia tuberculata Chien(山茶科)
瘤果粗叶木 Lasianthus verrucosus Lo(茜草科)
瘤果大叶附地菜(Flora 16)=瘤果附地菜
瘤果地构叶(山东,甘肃)=地构叶
瘤果凤仙花 Impatiens tuberculata HK.f. & Thoms. (凤仙花科) ,*有瘤凤仙花*
瘤果附地菜 Trigonotis macrophylla var. verrucosa Johnst.(紫草科),*瘤果大叶附地菜*
瘤果红种草(药典 2000)=腺毛黑种草
瘤果狐尾藻 Myriophyllum spicatum var. muricatum Maxim.(小二仙草科)
瘤果槲寄生 Viscum ovalifolium DC.(桑寄生科),*柚寄生,柚树寄生,禄柚寄生*
瘤果茴芹 Pimpinella tonkinensis Cherm.(伞形科)
瘤果棘豆(东北草本志)=小叶棘豆
瘤果柯 Lithocarpus handelianus A.Camus(壳斗科),*大叶橡,大脚板,大叶石栎*
瘤果棱子芹 Pleurospermum wrightianum de Boiss. (伞形科)
瘤果冷水花 Pilea dolichocarpa C.J.Chen(荨麻科)
瘤果辽椴 Tilia mandshurica var. tuberculata Liou & Li(椴树科)
瘤果芹 Trachydium roylei Lindl.(伞形科),*粗子芹*
瘤果芹属 Trachydium Lindl.(伞形科)
瘤果琼楠 Beilschmiedia muricata H.T.Chang(樟科)
瘤果蛇根草 Ophiorrhiza hayatana Ohwi(茜草科)
瘤果越桔 Vaccinium papulosum C.Y.Wu & R.C. Fang (杜鹃花科)
瘤果紫玉盘 Uvaria kweichowensis P.T.Li(番荔枝科)
瘤基忍冬 Lonicera oiwakensis Hay.(忍冬科)
瘤菅 Themeda anathera (Nees ex Steud.) Hack. (禾本科)
瘤角菱 Trapa tuberculifera V.Vassil.(菱科)
瘤茎楼梯草 Elatostema myrtillus (Lévl.) Hand.-Mazz. (荨麻科)
瘤蕨 Phymatosorus scolopendria (Burm.) Pic. Serm. (水龙骨科)
瘤蕨属 Phymatosorus Pic.Serm.(水龙骨科)
瘤毛獐牙菜 Swertia pseudochinensis Hara(龙胆科),*獐牙菜,紫花当药,他格达,比拉出特-地格达*
瘤囊薹草 Carex schmidtii Meinsh.(莎草科),*臌囊薹草*
瘤皮孔酸藤子 Embelia scandens (Lour.) Mez. (紫金牛科),*假刺藤,乌柿叶*
瘤葡萄(树木分类学)=蓝果刺葡萄
瘤穗弓果黍 Cyrtococcum patens var. schmidtii (Hack.) A.Camus (禾本科)
瘤糖茶藨子 Ribes himalense var. verruculosum (Rehd.) L.T.Lu (虎耳草科),*瘤埃牟茶藨子*
瘤腺叶下珠 Phyllanthus myrtifolius (Wight) Muell.Arg. (大戟科),*锡兰桃金娘*
瘤鸭嘴草(台湾志)=粗毛鸭嘴草
瘤叶短蕊茶 Camellia muricatula Chang(山茶科)
瘤叶延胡索 Corydalis remota var. papillosa (Kitag.) Bar. & Skv.(罂粟科)
瘤羽假毛蕨 Pseudocyclosorus tuberculiferus (C.Chr.) Ching(金星蕨科)
瘤玉属 Thelocactus (K.Schum.) Britt. & Rose (仙人掌科)
瘤枝冬青(四川志)=陷脉冬青
瘤枝杜鹃 Rhododendron asperulum Hutch. & K.Ward (杜鹃花科)
瘤枝密花树 Myrsine verruculosa (C.Y.Wu & C. Chen) Pip. & C.Chen(紫金牛科)
瘤枝榕 Ficus maclellandi King (桑科)
瘤枝微花藤 Iodes seguini (Lévl.) Rehd.(茶茱萸科),*辣子果*
瘤枝卫矛 Euonymus verrucosus Scop.(卫矛科)
瘤枝五味子 Schisandra bicolor var. tuberculata (Law) Law(木兰科),*罗裙子,龙藤*
瘤籽黄堇 Corydalis yui Lidén(罂粟科)
瘤子草 Nelsonia canescens (Lam.) Spreng.(爵床科)
瘤子草属 Nelsonia R.Br.(爵床科)
瘤足蕨 Plagiogyria adnata (Bl.) Bedd.(瘤足蕨科)
瘤足蕨科 Plagiogyriaceae
瘤足蕨属 Plagiogyria Mett.(瘤足蕨科)
柳安 Parashorea stellata Kurz.(龙脑香科)
柳安属 Parashorea Kurz(龙脑香科)
柳白皮(证类本草)=垂柳
柳橙(广东)=甜橙
柳橙 Citrus sinensis cv. Liu Cheng(芸香科)
柳穿鱼 Linaria vulgaris Mill.(玄参科),*洁尼-扎吉鲁丁*
柳穿鱼属 Linaria Mill.(玄参科)
柳槁(高等图鉴,海南)=广东山胡椒
柳槁(海南保亭)=长圆叶新木姜子
柳桂(本草别说)=肉桂

柳蒿(内蒙志)=柳叶蒿

柳寄生(四川)=柳叶钝果寄生

柳江唇柱苣苔 Chirita liujiangensis D.Fang & D.H.Qin (苦苣苔科)

柳江蜘蛛抱蛋 Aspidistra patentiloba Y.Wang & X.H.Lu (百合科)

柳兰 Epilobium angsutifolium L.(柳叶菜科),*大救驾,红筷子,火烧兰,糯芋,山麻条,铁筷子,土秦艽*

柳木子(广西)=黄花夹竹桃

柳绒蒿(东北)=蓬子菜

柳杉 Cryptomeria japonica var. sinensis Miq.(杉科),*长叶孔雀松,宝树*

柳杉叶马尾杉 Phlegmariurus cryptomerianus (Maxim.) Ching (石杉科)

柳杉属 Cryptomeria D.Don (杉科)

柳树(华北)=旱柳

柳树寄生(高等图鉴)=柳叶钝果寄生

柳条杜鹃 Rhododendron virgatum HK.f.(杜鹃花科),*油叶杜鹃*

柳条省藤 Calamus viminalis Willd.(棕榈科)

柳相思树 Acacia salicina Lindl.(豆科)

柳屑(纲目拾遗)=垂柳

柳形哈克 Hakea saligna J.Knight.(山龙眼科),*昆士来哈克*

柳叶(本经)=垂柳

柳叶桉 Eucalyptus saligna Smith(桃金娘科)

柳叶白前 Cynanchum stauntonii (Decne.) Schltr. ex Lévl.(萝藦科),*白前,草白前,鹅白前,鹅管白前,江杨柳,酒叶草,石牙,水豆粘,水杨柳,嗽药,西河柳,竹叶白前*

柳叶斑鸠菊 Vernonia saligna (Wall.) DC.(菊科),*白头升麻,白龙须*

柳叶变种(植物志 65-2,Flora 17)=血沟丹

柳叶变种(植物志 74)=柳叶多舌飞蓬(新)

柳叶变种(植物志 74)=柳叶小舌紫菀(新)

柳叶菜 Epilobium hirsutum L.(柳叶菜科),*长角草,光明草,鸡脚参,九牛造,柳叶梅,水朝阳花,水丁香,水接骨丹,通经草*

柳叶菜地胆(云南志)=柳叶菜蜂斗草

柳叶菜风毛菊 Saussurea epilobioides Maxim.(菊科)

柳叶菜蜂斗草 Sonerila epilobioides Stapf & King (野牡丹科),*柳叶菜地胆*

柳叶菜科 Onagraceae

柳叶菜属 Epilobium L.(柳叶菜科)

柳叶菜状凤仙花 Impatiens epilobioides Y.L. Chen (凤仙花科)

柳叶刺蓼 Polygonum bungeanum Turcz.(蓼科)

柳叶大花卫矛 Euonymus grandiflorus f. salicifolius Stapf & Ball(卫矛科)

柳叶大戟(云南植物研究)=白苞猩猩草

柳叶大将军(植物志 73-2)=柳叶山梗菜

柳叶吊灯花 Ceropegia salicifolia H.Huber(萝藦科)

柳叶冬青 Ilex salicina Hand.-Mazz.(冬青科),*水黄柞*

柳叶豆梨(新)Pyrus calleryana var. lanceolata Rehd. (蔷薇科),*豆梨柳叶变种*

柳叶杜茎山 Maesa salicifolia Walker(紫金牛科)

柳叶杜鹃花 Rhododendron iteophyllum Hutch.(杜鹃花科)

柳叶钝果寄生 Taxillus delavayi (Van Tiegh.) Danser (桑寄生科),*柳树寄生,柳寄生*

柳叶多舌飞蓬(新)Erigeron multiradiatus var. salicifolius Chang ex Ling & Y.L.Chen(菊科),*柳叶变种*

柳叶繁缕 Stellaria salicifolia Y.W.Tsui ex P.Ke (石竹科)

柳叶风毛菊 Saussurea salicifolia (L.) DC.(菊科)

柳叶凤仙花 Impatiens salicifolia HK.f. & Thoms. (凤仙花科)

柳叶沟酸浆 Mimulus bracteosa f. salicifolia Tsoong (玄参科)

柳叶贯众(分类学报)=线羽贯众

柳叶鬼针草 Bidens cernua L.(菊科)

柳叶过山龙(贵州草药)=黑龙骨

柳叶海金沙(蕨类图说)=曲轴海金沙

柳叶海金沙 Lygodium salicifolium Presl(海金沙科)

柳叶蒿(东北检索表)=蒌蒿

柳叶蒿(图考)=无齿蒌蒿

柳叶蒿 Artemisia integrifolia L.(菊科),*柳蒿,乌达力格-沙里尔日,九牛草*

柳叶核果木 Drypetes salicifolia Gagn.(大戟科)

柳叶红果树(新)Stranvaesia davidiana var. salicifolia (Hutch.) Rehd.(蔷薇科),*红果树柳叶变种*

柳叶红千层 Callistemon salignus DC.(桃金娘科)

柳叶胡颓子(云南植物名录)=披针叶胡颓子

柳叶虎刺 Damnacanthus labordei (Lévl.) Lo(茜草科)

柳叶槐 Sophora Dunnii Prain(豆科)

柳叶黄肉楠 Actinodaphne lecomtei Allen(樟科)

柳叶假木荷(高等图鉴)=柳叶金叶子

柳叶见血飞(云南药用名录)=五叶铁线莲

柳叶剑蕨 Loxogramme salicifolia (Makino) Makino (剑蕨科)

柳叶节肢蕨 Arthromeris salicifolia Ching & Y.X.Lin (水龙骨科)

柳叶金叶子 Craibiodendron henryi W.W.Sm.(杜鹃花科),*柳叶假木荷,毒药树*

柳叶筋骨草 Ajuga salicifolia (L.) Schreb (唇形科)

柳叶旌节花 Stachyurus salicifolius Franch.(旌节花科),*小通花,通花,铁泡桐*

柳叶景天(东北检索表)=藓状景天

柳叶韭 Allium wallichii var. platyphyllum (Diels) J.M.Xu(百合科)

柳叶蕨 Cyrtogonellum fraxinellum (Christ) Ching(鳞毛蕨科)

柳叶蕨属 Cyrtogonellum Ching (鳞毛蕨科)

柳叶柯(植物志 22)=台湾柯

柳叶柯 Lithocarpus dodonaeifolius (Hay.) Hay.(壳斗科)

柳叶蜡梅 Chimonanthus salicifolius Hu(蜡梅科)

柳叶蓼(植物志 25-1)=绵毛酸模叶蓼

柳叶蓼(中药辞海)=绵毛酸模叶蓼

柳叶鳞花草 Lepidagathis stenophylla C.B. Clarke ex Hay.(爵床科),*柳叶鳞球花*

柳叶鳞球花(台湾志)柳叶鳞花草

柳叶罗汉松 Podocarpus salignus D.Don (罗汉松科)

柳叶螺序草 Spiradiclis caespitosa f. subimmersa Lo(茜草科)

柳叶马先蒿 Pedicularis salicifolia Bonati(玄参科)

柳叶毛蕊茶 Camellia salicifolia Champ. ex Benth.(山茶科),*柳叶山花*

柳叶梅(湖北)=柳叶菜

柳叶闽粤石楠(新)Photinia benthamiana var. salicifolia Card.(蔷薇科),*闽粤石楠柳叶变种*

柳叶牛膝 Achyranthes longifolia (Makino) Makino(苋科),*土牛膝*

柳叶欧洲酸樱桃 Cerasus vulgaris f. salicifolia (蔷薇科)

柳叶蓬莱葛 Gardneria lanceolata Rehd. & Wils.(马钱科),*披针叶蓬莱葛,黑斤藤,窄叶血光藤*

柳叶婆婆纳(东北检索表)=管花腹水草

柳叶茜草 Rubia salicifolia Lo(茜草科)

柳叶茜树 Aidia salicifolia (Li) Yamazaki(茜草科),*柳叶香楠,八大木*

柳叶芹 Czernaevia laevigata Turcz.(伞形科),*小叶独活,鸡爪芹,叉子芹*

柳叶芹属 Czernaevia Turcz.(伞形科)

柳叶秋海棠 Begonia salicifolia A.DC.(秋海棠科)

柳叶荛花 Wikstroemia salicina (Lévl.) Lévl.?(瑞香科)

柳叶忍冬 Lonicera lanceolata Wall.(忍冬科),*西藏小叶忍冬*

柳叶榕(广州)=垂叶榕

柳叶锐齿石楠(新)Photinia arguta var. salicifolia (Dcne.) Vidal(蔷薇科),*锐齿石楠柳叶变种*

柳叶润楠 Machilus salicina Hance(樟科),*柳叶桢楠*

柳叶箬 Isachne globosa (Thunb.) Kuntze (禾本科)

柳叶箬属 Isachne R.Br.(禾本科)

柳叶沙参(植物志 73-2)=狭叶沙参

柳叶沙棘 Hippophaë salicifolia D.Don(胡颓子科)

柳叶山梗菜 Lobelia iteophylla C.Y.Wu(桔梗科),*柳叶大将军*

柳叶山花(高等图鉴)=柳叶毛蕊茶

柳叶山黄皮 Randia merrilii Chun (茜草科)

柳叶鳝藤(植物志 63)=鳝藤

柳叶蛇根草 Ophiorrhiza salicifolia Lo(茜草科)

柳叶蓍 Achillea salicifolia Bess.(菊科)

柳叶石斑木 Raphiolepis salicifolia Lindl.(蔷薇科)

柳叶鼠李 Rhamnus erythroxylon Pall.(鼠李科),*黑格铃,黑疙瘩,红木鼠李,窄叶鼠李*

柳叶薯蓣 Dioscorea lineari-cordata Prain & Burkill (薯蓣科)

柳叶树(山东)=夹竹桃

柳叶树萝卜(高等图鉴)=伞花树萝卜

柳叶树萝卜 Agapetes salicifolia C.B.Clarke(杜鹃花科)

柳叶双唇蕨(孢子植物)=卵叶双唇蕨

柳叶水锦树 Wendlandia salicifolia Franch. ex Drake (茜草科)

柳叶水蜡烛 Dysophylla salicifolia Dalz.(唇形科)

柳叶水麻 Debregeasia saeneb (Forssk.) Hepper & Wood (荨麻科)

柳叶水丝梨 Sycopsis salicifolia Li apud Walker (金缕梅科)

柳叶水蓑衣(台湾志)=水蓑衣

柳叶溲疏(高等图鉴补编)=狭叶溲疏

柳叶桃树(河北)=夹竹桃

柳叶天料木 Homalium sabiifolium How & Ko (大风子科)

柳叶条果芥 Parrya lancifolia Popov.(十字花科)

柳叶卫矛(常用)=柳叶中缅卫矛

柳叶莴苣 Lactuca saligna L.(菊科)

柳叶五层龙 Salacia cochinchinensis Lour.(翅子

藤科)
柳叶五月茶 Antidesma pseudomicrophyllum Croiz. (大戟科),*狭叶五月茶*
柳叶细辛(四川)=徐长卿
柳叶香楠(广西药用名录)=柳叶茜树
柳叶向日葵 Helianthus salicifolius A.Dietr.(菊科)
柳叶小檗(植物研究)=鼠叶小檗
柳叶小檗 Berberis salicaria Fedde(小檗科)
柳叶小舌紫菀(新)Aster albescens var. salignus Hand.-Mazz. (菊科),*柳叶变种*
柳叶绣球 Hydrangea stenophylla Merr. & Chun (虎耳草科),*狭叶绣球*
柳叶绣线菊(东北木本志)=绣线菊
柳叶旋覆花 Inula salicina L.(菊科),*歌仙草*
柳叶栒子 Cotoneaster salicifolius Franch.(蔷薇科),*山米麻,木帚子,翻白柴,把把柴*
柳叶栒子大叶变种(植物志 36)=大叶栒子(新)
柳叶栒子窄叶变种(植物志 36)=窄叶栒子(新)
柳叶栒子皱叶变种(植物志 36)=小叶山米麻
柳叶亚菊 Ajania salicifolia (Mattf.) Poljak.(菊科),*柳叶亚菊蒿*
柳叶亚菊蒿(甘肃中草药)=柳叶亚菊
柳叶野扇花 Sarcococca saligna (D.Don) Müll.-Arg. (黄杨科)
柳叶野豌豆 Vicia venosa (Willd.) Maxim. (豆科),*脉叶野豌豆,脉基巢菜,细脉巢菜,脉草藤*
柳叶蝇子草 Silene salicifolia C.L.Tang(石竹科)
柳叶樟(广东南桥)=竹叶木姜子
柳叶桢楠(海南志)=柳叶润楠
柳叶中缅卫矛 Euonymus lawsonii f. salicifolius (Loes.) C.Y.Cheng(卫矛科),*柳叶卫矛*
柳叶紫金牛 Ardisia hypargyrea C.Y.Wu & C. Chen (紫金牛科)
柳叶紫菀 Aster salicifolius Ait.(菊科)
柳叶紫珠 Callicarpa bodinieri var. itenophylla C.Y.Wu (马鞭草科)
柳榆(河南)=大果榆
柳羽凤丫蕨 Coniogramme emeiensis var. salicifolia Ching & Shing(裸子蕨科)
柳羽鳞毛蕨 Dryopteris subimpressa Loyal(鳞毛蕨科)
柳枝稷 Panicum virgatum L. (禾本科)
柳蚰屑(圣穗方)=垂柳
柳州胡颓子 Elaeagnus liuzhouensis C.Y.Chang (胡颓子科)
柳属 Salix L.(杨柳科)
柳状火轮树 Stenocarpus salignus R.Br.(山龙眼科)
六安茶(江苏)=黄海棠
六巴峨眉蕨 Lunathyrium acutum var. liubaense (Z.R.Wang) Z.R.Wang(蹄盖蕨科)
六瓣景天属(科属辞典)=**合景天属**
六瓣石笔木 Tutcheria hexalocularia Hu & Liang ex Chang(山茶科)
六苞楼梯草 Elatostema mabienense var. sexbracteatum W.T.Wang(荨麻科)
六苞藤 Symphorema involucratum Roxb.(马鞭草科)
六苞藤属 Symphorema Roxb.(马鞭草科)
六便狼(广西)=金花树
六尺卫矛 Euonymus bockii var. orgyalis (W.W. Sm.) C.Y.Cheng(卫矛科)
六齿卷耳 Cerastium cerastoides (L.) Britt.(石竹科)
六翅木 Berrya cordifolia (Willd.) Burret(椴树科)
六翅木属 Berrya Roxb.(椴树科)
六出花属 Alstroemeria L.(石蒜科)
六道木 Abelia biflora Turcz.(忍冬科),*六条木*
六道木属 Abelia R.Br.(忍冬科)
六灯笼(广东)=灰毛大青
六耳铃 Blumea laciniata (Roxb.) DC.(菊科),*吊钟黄,走马风,牛耳三稔,飞山虎,羊耳三稔*
六耳消(广西中药志)=六棱菊
六方藤(广西药用名录)=翅茎白粉藤
六方藤(云南楚雄)=昆明雷公藤
六谷(峨眉)=毛梾
六股筋(陕西中草药)=球核荚蒾
六龟线柱兰(台湾志)=芳线柱兰
六花柿 Diospyros hexamera C.Y.Wu(柿科)
六痂虎耳草 Saxifraga haplophylloides Franch. (虎耳草科)
六甲(绿春哈尼语)=飞蛾藤
六甲草(中草药汇编)=欧白英
六角果鸢尾 Iris hexagona Walt.(鸢尾科)
六角莲 Dysosma pleiantha (Hance) Woods. (小檗科),*八角莲,鬼臼*
六角鳞毛蕨 Dryopteris hexagonoptera (Michx) C.Chr.(鳞毛蕨科)
六角树(四川)=灯台树
六角藤(湖南)=锈毛络石
六角天麻(浙江)=益母草
六角天麻(浙江草药)=大花益母草
六角英(福建中草药)=狗肝菜
六角英(广部中草药手册)=爵床
六角英(台湾志)=枪刀药
六角楂(云南)=白木通
六棱茎冷水花 Pilea hexagona C.J.Chen(荨麻科)
六棱菊(浙江药志)=翼齿六棱菊
六棱菊 Laggera alata (D.Don) Sch.-Bip.(菊科),*八楞风,八十缺,蜡达草,六耳消,六盘金,鹿耳草,鹿耳翎,辘轴风,毛六猬,四方根,羊耳三稔,羊毛草,羊仔菊*
六棱菊属 Laggera Sch.-Bip.(菊科)
六棱椎(中药大辞典)=云南石仙桃
六稜麻(四川叙永)=细锥香茶菜
六厘柴(浙江药志)=长叶冻绿
六列山槟榔 Pinanga hexasticha (Kurz) Scheff. (棕榈科)
六轮茅(贵州)=小花鸢尾
六麻树(广东)=白木香
六盘金(闽东本划)=六棱菊
六盘山鸡爪大黄 Rheum tanguticum var. liupanshanense C.Y.Cheng & Kao(蓼科)
六盘山棘豆 Oxytropis ningxiaensis C.W.Chang (豆科),*宁夏棘豆*
六扑风(广西北流)=石柑子
六蕊沟繁缕 Elatine hexandra (Lapierre) DC.(沟繁缕科)
六蕊假卫矛 Microtropis hexandra Merr. & Freem. (卫矛科)
六神曲(本草便读)=水蓼
六氏草(云南中草药)=烟管头草
六天草(云南志)=急折百蕊草
六条木(顺天府志)=六道木
六叶红景天 Rhodiola sexifolia S.H.Fu (景天科)
六叶龙胆 Gentiana hexaphylla Maxim. ex Kusnez (龙胆科),*吉解那保*
六叶葎 Galium asperuloides subsp. hoffmeisteri (Klotzsch) Hara(茜草科)
六翼卵果蕨 Phegopteris hexagonoptera (Michx.) Fee (金星蕨科)
六月肥(云南)=倒提壶
六月寒(湖北巴东)=宜昌楼梯
六月寒(陕甘宁青中草药)=异叶茴芹
六月寒(陕西)=羊红膻
六月寒(天宝本草)=三花莸
六月禾早熟禾(新拉汉英)=草地早熟
六月还阳(湖北)=齿叶费菜
六月还阳(湖北志)=费菜
六月菊(河北)=旋覆花
六月冷(湖北巴东)=石筋草
六月冷(岭南采药录)=白马骨
六月淋(秦岭志)=费菜
六月凌(图考)=卫矛
六月零(湖北志)=赤车
六月令(河南)=碎米桠
六月绿花草(四川中药志)=鳞叶龙胆
六月泡(贵州)=桉叶悬钩子
六月青(广西)=细穗金足草
六月山葡萄 Vitis vulpina var. praecox Bailey (葡萄科)
六月霜(广西)=毛冬青
六月霜(江苏)=奇蒿
六月霜(江西草药)=绵毛鹿茸草
六月霜(生草药性备要)=多须公
六月台票霜(福建草药)=蓟
六月鲜(豆科图说)=菜豆
六月雪(福建)=三点金
六月雪(广西药用名录)=广东地构叶
六月雪(广西药用名录)=折苞斑鸠菊
六月雪(海南)=糙叶斑鸠菊
六月雪(江西)=奇蒿
六月雪(陆川本草)=多须公
六月雪(台湾青草药)=台湾泽兰
六月雪(浙江)=牡蒿
六月雪 Serissa japonica (Thunb.) Thunb.(茜草科),*白马骨,喷雪式花,白雪丹*
六月志(广东)=陌上菜
六轴子(四川中药志)=洋金花
六轴子(饮片新参)=羊踯躅
六子含花(湖南)=狭叶重楼

Lo

咯咯红(浙江)=寒莓

Long

龙柏 Juniperus chinensis cv. Kaizuca (柏科)
龙缠柱(福建草药)=绶草
龙常草 Diarrhena manshurica Maxim.(禾本科)
龙常草属 Diarrhena Beauv.(禾本科)
龙场梅花草 Parnassia esquirolii Lévl.(虎耳草科)
龙池报春 Primula lungchiensis Fang(报春花科)
龙池短肠蕨 Allantodia wichurae var. parawichurae (Ching) W.M.Chu(蹄盖蕨科)
龙穿花(四川中药志,广西中药志)=赪桐
龙船草 Nosema cochinchinensis (Lour.) Merr. (唇形科),*狗尾射(赦)草,青缸草,全缘萼*
龙船草属 Nosema Prain (唇形科)
龙船花(泉州本草)=海州常山
龙船花(台湾志)=圆锥大青
龙船花(图考)=马缨丹
龙船花 Ixora chinensis Lam.(茜草科),*番海棠,红绣球,红缨花树根,夹山系,卖子木,年竺,山丹,五月花,珠桐*
龙船花属 Ixora L.(茜草科),*仙丹花属*
龙船藨(广州)=乌毛蕨
龙船泡(湖南)=山莓
龙船泡(湖南药物志)=炮烙莓

龙船泡(植物志 37)=空心泡
龙串彩(陕西)=细叶益母草
龙次藤(广东)=龙骨马尾杉
龙刺苞(北方中草药)=楤木
龙胆 Gentiana scabra Bge.(龙胆科),草龙胆,胆草,观音草,陵游,龙胆草,龙须草,山龙胆
龙胆白前(江苏)=毛白前
龙胆草(图考)=龙胆
龙胆草(云南广南)=牛尾草
龙胆草(植物志 62)=红花龙胆
龙胆草(植物志 73-2)=丝裂沙参
龙胆蒿(植物志 74)=熊胆草
龙胆科 Gentianaceae
龙胆木 Richeriella gracilis (Merr.) Pax & Hoffm.(大戟科)
龙胆木属 Richeriella Pax & Hoffm.(大戟科),梨查木属
龙胆属 Gentiana (Tourn.) L.(龙胆科)
龙胆状车前 Plantago gentianoides Sibth. & Smith (车前科)
龙胆仔(中药大辞典)=铁冬青
龙得藜属(科属检索表)=**绒藜属**
龙得叶(岭南采药录)=龙脷叶
龙灯草(高等图鉴)=垂穗石松
龙灯碗(广东徐闻)=天胡荽
龙豆(本经)=川续断
龙豆豉(唐本草)=红蓼
龙根草(贵州草药)=大丁草
龙根天南星 Arisaema dracontium Schott (天南星科)
龙骨矮柱兰 Thelasis carinata Bl.(兰科)
龙骨齿瓣兰 Odontoglossum cariniferum Rchb.f.(兰科)
龙骨唇贝母兰 Coelogyne carinata Rolfe (兰科)
龙骨刺(广西壮语)=铁海棠
龙骨葱 Allium carinatum L.(百合科)
龙骨灯笼草(孢子植物)=龙骨马尾杉
龙骨花(海南保亭)=量天尺
龙骨角 Hereroa granulata (N.E.Br.) Dinter & Schwant. (番杏科)
龙骨角属 Hereroa Schwant.) Dinter & Schawnt.(番杏科)
龙骨莲(贵州民间药物)=萍蓬草
龙骨马尾杉 Phlegmariurus carinatus (Desv.) Ching (石杉科),大千金草,大伸筋草,裤带藤,龙次藤,龙骨灯笼草,骨石松,马毛千金草
龙骨牌(湖南药物志)=鳞瓦韦
龙骨七(贵州)=蜀葵叶薯蓣
龙骨七(陕西)=高乌头
龙骨石松(海南志)=龙骨马尾杉
龙骨书带蕨(西藏志)=书带蕨
龙骨水毛茛 Batrachium carinatum Schur.(毛茛科)
龙骨酸藤子 Embelia polypodioides Hemsl. & Mez. (紫金牛科)
龙骨小檗 Berberis carinata Lechl.(小檗科)
龙骨叶白点兰 Thrixspermum carinatifolium (Ridl.) Schltr.(兰科)
龙骨状雀麦(新拉汉英)=显脊雀麦
龙拐竹 Chimonobambusa szechuanensis var. flexuosa Hsueh & C.Li (禾本科)
龙果(吉林)=笃斯越桔
龙果 Pouteria grandifolia (Wall.) Baehni(山榄科),马鸡康,康克桑,买雄
龙蒿 Artemisia dracunculus L. (菊科),狭叶青蒿,蛇蒿,椒蒿,青蒿,伊舍根-沙里尔日,伊舍根-沙瓦格

龙胡须(云南药用名录)=中华石杉
龙胡子(云南药用名录)=中华石杉
龙虎草(江苏)=大戟
龙虎山秋海棠 Begonia umbraculifolia Y.Wan & B.N.Chang (秋海棠科)
龙江风毛菊 Saussurea amurensis Turcz.(菊科),东北燕尾风毛菊
龙江柳 Salix sachalinensis Fr.Schm.(杨柳科)
龙角(海南尖锋岭)=海南大风子
龙角 Caralluma burchardii N.E.Br.(萝藦科)
龙角牡丹 Ariocarpus scapharostrus Bod.(仙人掌科)
龙津过路黄 Lysimachia rupestris Chen & C.M.Hu (报春花科)
龙津蕨 Mesopteris tonkinensis (C.Chr.) Ching (金星蕨科)
龙津蕨属 Mesopteris Ching(金星蕨科)
龙津铁角蕨 Asplenium longjinense Ching & S.H.Wu (铁角蕨科)
龙口苏铁(中国裸子志)=叉叶苏铁
龙葵(药性论)=少花龙葵
龙葵 Solanum nigrum L.(茄科),白花菜,滨黎叶龙葵,灯龙草,地泡子,飞天龙,假灯龙草,苦菜,苦葵,老鸦眼睛草,山海椒,山辣椒,石海椒,水茄,天泡草,天泡果,天茄菜,天茄子,小果果,小苦菜,野海椒,野海角,野辣虎,野茄秧,野伞子
龙老根(丽江)=子宫草
龙脷叶 Sauropus spatulifolius Beille(大戟科),龙舌叶,龙味叶,龙得叶,龙疚叶
龙里冬青 Ilex dunniana Lévl. (冬科),狭沟冬青,方氏冬青,长叶冬青,厚叶冬青
龙荔 Dimocarpus confinis (How & Ho) H.S.Lo (无患子科),肖韶子
龙鳞 Haworthia tessellata haw.(百合科),龙鳞锉刀花,蛇皮掌
龙鳞薜荔(日华子本草)=常春藤
龙鳞草(生草药性备要)=排钱树
龙鳞草(浙江药志)=翠云草
龙鳞草(中草药汇编)=深绿卷柏
龙鳞锉刀花(新拉汉英)=龙鳞
龙陵冬青 Ilex cheniana T.R.Dudley(冬青科),密花冬青
龙陵钝果寄生 Taxillus sericus Danser(桑寄生科),龙陵寄生
龙陵风购藤 Sabia campanulata subsp. metcalfana (L.Chen) Y.F.Wu(清风藤科)
龙陵寄生(云南志)=龙陵钝果寄生
龙陵栲(植物志 22)=龙陵锥
龙陵马先蒿 Pedicularis lunglingensis Bonati(玄参科)
龙陵毛兰 Eria longlingensis S.C.Chen(兰科)
龙陵新木姜子 Neolitsea lunglingensis H.W.Li (樟科),狗头骨,三股筋,大香果
龙陵锥 Castanopsis rockii A.Camus(壳斗科),龙陵栲
龙棢 Trachycarpus nanus Becc.(棕榈科)
龙迈青冈 Cyclobalanopsis lungmaiensis Hu(壳斗科),黄枝青冈
龙门毛蕨(蕨类形态)=齿牙毛蕨
龙蜜瓜(滇南本草)=瓠子
龙南后蕊苣苔 Opithandra burttii W.T.Wang(苦苣苔科)
龙楠树(海南陵水)=海南木莲
龙脑(名医别录)=龙脑香
龙脑香 Dryobalanops aromatica Gaertn.f. (龙脑香科),冰片,冰片脑,梅花脑,固不婆律,羯布轼香,龙脑,再香脑,瑞龙脑,大脑香

龙脑香科 Dipterocarpaceae
龙脑香属 Dipterocarpus Gaertn.f.(龙脑香科)
龙女冠 Echinocactus xeranthemoides (J.Coult.) Rdb.(仙人掌科)
龙盘拉薹草 Carex longpanlaensis S.Y.Liang(莎草科)
龙栖毛蕨 Cyclosorus longqishanensis Shing(金星蕨科)
龙奇薹草 Carex chinensis var. longkiensis (Franch.) Kükenth.(莎草科)
龙泉景天 Sedum lungtsuanense S.H.Fu (景天科)
龙泉葡萄 Vitis longquanensis P.L.Qiu(葡萄科)
龙鳃草(广西)=大叶火焰草
龙沙(本经)=草麻黄
龙山杜鹃 Rhododendron chunii Fang(杜鹃花科),宿柱杜鹃,陈氏杜鹃
龙山子(广东)=砾砂根
龙舌(桂平县志)=仙人掌
龙舌草(福建中草药)=江南星蕨
龙舌草(广西平南)=白花蛇舌草
龙舌草(药用图鉴)=卤地菊
龙舌草(浙江东天目)=大叶金腰
龙舌草 Ottelia alismoides (L.) Pers.(水鳖科),白前草,龙爪草,瓢羹茶,山莴鸡,水白菜,水车前,水莴苣
龙舌黄(台湾志)=蔓茎葫芦茶
龙舌癀(福建中草药)=葫芦茶
龙舌箭(陕西中草药)=绿花杓兰
龙舌兰 Agave americana L.(石蒜科)
龙舌兰属 Agave L.(石蒜科)
龙舌三尖刀(药用图鉴)=卤地菊
龙舌岩牡丹 Ariocarpus agavoides (Castaneda) E.D.Anders.(仙人掌科)
龙舌叶(广东湛江)=龙脷叶
龙神柱 Myrtillocactus geometrizans (Mart. ex Pfeiff.) Console (仙人掌科)
龙神柱属 Myrtillocactus Consle (仙人掌科)
龙胜吊石苣苔 Lysionotus heterophyllus var. lasianthus W.T.Wang(苦苣苔科),毛花吊石苣苔
龙胜钓樟 Lindera longshengensis S.Lee (樟科)
龙胜杜鹃花(新拉汉英)=红滩杜鹃
龙胜红山茶 Camellia lungshenensis Chang(山茶科)
龙胜虎耳草 Saxifraga kwangsiensis Chun & F.C.How ex C.Z.Gao(虎耳草科)
龙胜金盏苣苔 Isometrum lungshengense (W.T.Wang) W.T.Wang & K.Y.Pan(苦苣苔科)
龙胜毛蕨 Cyclosorus parvilobus Ching & Shing (金星蕨科)
龙胜梅花草 Parnassia longshengensis Ku (虎耳草科)
龙胜槭 Acer longshengense Fang & L.C.Hu(槭树科)
龙胜柿 Diospyros longshengensis S.Lee(柿科)
龙胜薹草 Carex longshengensis Y.C.Tang & S.Y.Liang(莎草科)
龙胜凸轴蕨(蕨类形态)=林下凸轴蕨
龙胜香茶菜 Isodon lungshengensis (C.Y.Wu & H.W.Li) H.Hara(唇形科)
龙师草 Heleocharis tetraquetra Nees (莎草科)
龙树(云南蒙自)=豆果榕
龙塘山谷精草(植物志 13-3)=四国谷精草
龙藤(广西)=瘤枝五味子
龙蹄叶(河北内丘)=高乌头

龙头草(分类草药性)=龙芽草
龙头草 Meehania henryi (Hemsl.) Sun ex C.Y. Wu (唇形科),鲤鱼,长穗美汉花
龙头草属 Meehania Britt. ex Small & Vaill.(唇形科)
龙头凤尾(昆明中草药)=金毛裸蕨
龙头花(四川南川)=南川冠唇花
龙头花(新拉汉英)=金鱼草
龙头花(中药大辞典)=树头菜
龙头花 Sprekelia formosissima (L.) Herb.(石蒜科),火燕兰,燕山仙
龙头花属 Sprekelia Heist.(石蒜科)
龙头黄芩 Scutellaria meehanioides C.Y.Wu(唇形科)
龙头节肢蕨 Arthromeris lungtauensis Ching(水龙骨科),粤节肢蕨
龙头兰 Pecteilis susannae (L.) Rafin.(兰科),白蝶兰,白花参,鹅毛白蝶花,和气草,双肾草,土玉竹,兔儿草
龙头七(陕西草药)=兔儿伞
龙头唐菖蒲 Gladiolus dracocephalus HK.f.(鸢尾科)
龙头竹(四川城口)=箭竹
龙头竹(台湾志)=泰山竹
龙头竹 Fargesia dracocephala Yi (禾本科)
龙吐珠(泉诈本草)=短叶水蜈蚣
龙吐珠(植物志 37)=蛇莓
龙吐珠 Clerodendrum thomsonae Balf.(马鞭草科),白萼赪桐
龙王角 Huernia primulina N.E.Br.(萝藦科),黄花牛角
龙王角属 Huernia R.Br.(萝藦科)
龙王球 Hamatocactus setispinus Britt. & Rose (仙人掌科)
龙王山银莲花 Anemone raddeana var. lacerata Y.L.Xu (毛茛科)
龙尾(纲目)=乌蔹莓
龙尾苏铁(海南志)=华南苏铁
龙味叶(广东清远)=龙脷叶
龙溪蕉(福建)=香蕉
龙溪四轮香 Hanceola mairei (Lévl.) Sun(唇形科)
龙溪紫堇 Corydalis longkiensis C.Y.Wu,Lidén & Z.Y.Su (罂粟科)
龙香草(云南彝良)=大叶金腰
龙须(植物名实考)=翠云草
龙须菜(救荒本草)=黑果菝葜
龙须菜(通称)=石刁柏
龙须菜(图考)=水蕨
龙须菜 Asparagus schoberioides Kunth(百合科),雉隐天冬
龙须参(南京药草)=江南散血丹
龙须草(纲目)=野灯心
龙须草(广西药用名录)=铁线莲
龙须草(湖南)=白背牛尾菜
龙须草(江西)=龙胆
龙须草(内蒙古中草药)=硬质早熟禾
龙须草(秦岭)=拟金茅
龙须草(实用中草药)=钗子股
龙须草(四川中药志)=倒提壶
龙须草(粤)=类头状花序蔗草
龙须草(中草药汇编)=刺子莞
龙须草(中药大辞典)=平肋书带蕨
龙须果(广东)=龙珠果
龙须海棠(北京志)=美丽日中花
龙须海棠 Lampranthus tenuifolius (L.) Schwant. (番杏科),细叶日中花
龙须海棠属(高等科属检索表)=日中花属
龙须尖(四川南川)=齿叶赤瓟
龙须兰属 Catasetum L.(兰科)
龙须牡丹(植物志 26)=大花马齿苋
龙须藤 Bauhinia championii (Benth.) Benth.(豆科),百代藤,搭袋藤,蛤叶,钩藤,过岗龙,过江龙子,黄开口,九龙根,菊花木,罗亚多藤,木腰子,皮藤,田螺虎树,乌郎藤,五花血藤,五里藤,圆龙
龙须眼子菜(植物志 8)=篦齿眼子菜
龙须叶(云南)=长托菝葜
龙须子(辽宁)=菟丝子
龙血树(广西)=长花龙血树
龙血树 Dracaena draco L.(百合科)
龙血树属 Dracaena Vand. ex L.(百合科)
龙血藤(雷公炮炙论)=血竭
龙牙草根(本草图经)=黄龙尾
龙牙楤木(东北木本志)=辽东楤木
龙牙花 Erythrina corallodendron L.(豆科),象牙红,珊瑚树,珊瑚刺桐
龙牙肾(浙江)=黄龙尾
龙芽草 Agrimonia pilosa Ledeb.(蔷薇科),地冻风,地蜈蚣,地仙草,瓜香草,黄龙尾,金顶龙牙,狼牙草根芽,老鹳嘴,龙头草,路边黄,毛脚茵,蛇倒退,施州龙芽草,石打穿,仙鹤草,子母草
龙芽草属 Agrimonia L.(蔷薇科)
龙岩杜鹃 Rhododendron florulentum Tam(杜鹃花科),繁花杜鹃
龙眼(新拉汉英)=龙眼强刺球(新)
龙眼 Dimocarpus longan Lour.(无患子科),圆眼,桂圆,羊眼果树,益智,密脾,亚荔枝
龙眼参(南宁药志)=仪花
龙眼参属(植物志 39)=仪花属
龙眼草(贵州)=盾叶唐松草
龙眼草(中草药汇编)=江南星蕨
龙眼独活(中草药汇编)=云南龙眼独活
龙眼独活 Aralia fargesii Franch.(五加科)
龙眼根(东北)=大三叶升麻
龙眼根(东北)=兴安升麻
龙眼果(广西)=龙珠果
龙眼姜 Zingiber longyanjiang Z.Y.Zhu(姜科)
龙眼睛(广东)=小果叶下珠
龙眼柯 Lithocarpus longanoides Huang & Y.T. Chang (壳斗科)
龙眼楠(广东)=龙眼润楠
龙眼强刺球(新)Ferocactus viridescens (Torr. & A.Gary) Britt. & Rose (仙人掌科),龙眼
龙眼润楠 Machilus oculodracontis Chun(樟科),龙眼楠
龙眼属 Dimocarpus Lour.(无患子科)
龙游梅类 Armeniaca mume var. tortuosa T.Y. Chen & H.H.Lu(蔷薇科)
龙喳口(草木便方)=台湾翅果菊
龙州半蒴苣苔 Hemiboea lungzhouensis W.T. Wang ex Z.Y.Li(苦苣苔科)
龙州唇柱苣苔 Chirita lungzhouensis W.T.Wang (苦苣苔科)
龙州冬青 Ilex longzhouensis C.J.Tseng(冬青科)
龙州耳叶马蓝 Perilepta longzhouensis (H.S.Lo & D.Fang) C.Y.Wu & C.C.Hu(爵床科),龙州马蓝
龙州凤仙花 Impatiens morsei HK.f.(凤仙花科)
龙州金花茶 Camellia lungzhouensis Luo(山茶科)
龙州爵床(广西植物)=滇野靛棵
龙州留萼木 Blachia longzhouensis X.X.Chen (大戟科)
龙州楼梯草 Elatostema lunzhouense W.T.Wang (荨麻科)
龙州螺序草 Spiradiclis longzhouensis Lo(茜草科)
龙州马蓝(广西植物)=龙州耳叶马蓝
龙州葡萄 Vitis balanseana var. ficifolioides (W. T.Wang) C.L.Li(葡萄科)
龙州秋海棠 Begonia morsei Irmsch.(秋海棠科)
龙州榕 Ficus cardiophylla Merr.(桑科)
龙州三七(广西兽医植物)=接骨草
龙州山橙 Melodinus morsei Tsiang(夹竹桃科)
龙州山牡荆 Vitex quinata f. lungchouwensis S. L.Liou (马鞭草科)
龙州蛇根草 Ophiorrhiza longzhouensis Lo(茜草科)
龙州石柑 Pothos balansae Engl.(天南星科)
龙州水锦树 Wendlandia oligantha W.C.Chen(茜草科)
龙州乌蔹莓(广西植物)=乌足乌蔹莓
龙州细子龙 Amesiodendron integrifoliolatum (无患子科),米费,米眼沙
龙州珠子木 Phyllanthodendron breynioides P.T.Li(大戟科)
龙州锥 Castanopsis longzhouica Huang & Y.T. Chang (壳斗科)
龙州棕竹(广西)=粗棕竹
龙洲恋岩花 Echinacanthus longzhouensis H.S. Lo(爵床科)
龙珠 Tubocapsicum anomalum (Franch. & Sav.) Makino(茄科),赤珠,红珠草
龙珠草(广东)=龙珠果
龙珠果 Passiflora foetida L.(西番莲科),假苦果,龙须果,龙眼果,龙珠草,肉果,山木鳖,天仙果,西番莲,香瓜子,香花果,野仙桃
龙珠属 Tubocapsicum (Wettst.) Makino(茄科)
龙竹(云南泸水)=西藏牡竹
龙竹 Dendrocalamus giganteus Munro(禾本科),大麻竹,苏麻竹
龙爪 Copiapoa coquimbana (Karw.) Britt. & Rose (仙人掌科)
龙爪菜(昆明中草药)=蕨菜
龙爪菜(图考)=海菜花
龙爪参(陕西中草药)=舌唇兰
龙爪草(福建中草药)=翠云草
龙爪草(贵州方药集)=龙舌草
龙爪草(江西新淦)=球柱草
龙爪豆(图考)=莱豆
龙爪豆(图考)=黧豆
龙爪豆(植物志 41)=荷包豆
龙爪花(南京,湖北秦岭)=石蒜 L
龙爪槐 Sophora japonica f. pendula Hort.(豆科),蟠槐,倒栽槐
龙爪稷(授时通考)=穇
龙爪黧豆(豆科图说,中药辞海)=黧豆
龙爪粟(纲目)=穇
龙爪柳 Salix matsudana f. tortuosa (Vilm.) Rehd. (杨柳科)
龙爪茅 Dactyloctenium aegyptium (L.) Beauv. (禾本科)
龙爪茅属 Dactyloctenium Willd.(禾本科)
龙爪球属 Copiapoa Britt. & Rose (仙人掌科)
龙爪桑 Morus alba cv. Tortusa (桑科)
龙爪树(云南药用名录)=扁鹅掌柴
龙爪叶(云南)=多蕊木
龙爪榆 Ulmus pumila cv. Pendula(榆科)
龙爪枣 Ziziphus jujuba cv.Tortuosa(鼠李科),蟠龙爪

龙疝叶(广州志)=龙脷叶
龙古(尔雅)=红蓼
笼笼竹 Fargesia conferta Yi 泰山竹
笼藤(广西融水)=瓜馥木
聋朵公(浙江)=寒莓
聋耳朵树(云南药用名录)=斑鸠菊
聋耳麻(广东)=紫苏
聋棱批(西双版纳傣语)=格脉树
隆安秋海棠 Begonia longanensis C.Y.Wu(秋海棠科)
隆安沿阶草 Ophiopogon multiflorus Y.Wan(百合科)
隆安蜘蛛抱蛋 Aspidistra longanensis Y.Wan(百合科)
隆萼当归 Angelica oncosepala Hand.-Mazz.(伞形科),*松香疳药,土当归*
隆恩(藏药名)=皱波黄堇
隆恩(拉萨藏名)=银瑞
隆痂虎耳草 Saxifraga sphaeradena subsp. dhwojii H.Sm.(虎耳草科)
隆结路恩(藏药名)=皱波黄堇
隆克舟萼苣苔 Nautilocalyx lynchii T.Sprague (苦苣苔科)
隆林唇柱苣苔 Chirita lunglinensis W.T.Wang (苦苣苔科)
隆林耳叶柃 Eurya lunglingensis Hu & L.K.Ling (山茶科)
隆林凤尾蕨 Pteris splendida Ching ex Ching & S.H.Wu (凤尾蕨科)
隆林楼梯草 Elatostema pseudobrachyodontum W.T.Wang (荨麻科)
隆林美登木 Maytenus longlinensis C.Y.Cheng & W.L.Sha (卫矛科)
隆落伞(云南)=无柄感应草
隆脉冷水花 Pilea lomatogramma Hand.-Mazz.(荨麻科),*急尖冷水花,鼠舌草,肥猪草*
隆脉鳞盖蕨 Microlepia crenato-serrata Ching (碗蕨科)
隆山杨(黑龙江)=厚皮哈青杨
隆凸哈克 Hakea gibbosa Cav.(山龙眼科)
隆中脉小檗 Berberis costulata Gandoger (小檗科)
隆子杜鹃 Rhododendron dekatanum Cowan(杜鹃花科)
隆子拉拉藤 Galium serpylloides Royle ex HK.f. (茜草科)
隆子荛花 Wikstroemia lungtzeensis S.C.Huang (瑞香科)
隆子远志 Polygala lhunzeensis C.Y.Wu & S.K. Chen (远志科)
窿缘桉 Eucalyptus exserta F.v.Muell.(桃金娘科),*细叶桉,风吹柳*
陇川秋海棠 Begonia forrestii Irmsch.(秋海棠科)
陇东海棠 Malus kansuensis (Batal.) Schneid.(蔷薇科),*大石枣,甘肃海棠*
陇东海棠光叶变型(植物志 36)=光海棠
陇东棘豆 Oxytropis ganningensis C.W.Chang (豆科)
陇东圆柏(树木分类学)=祁连圆柏
陇桧(中国裸子志)=高山柏
陇南凤仙花 Impatiens potaninii Maxim.(凤仙花科)
陇南冷水花 Pilea gansuensis C.J.Chen(荨麻科)
陇南铁线蕨 Adiantum roborowskii Maxim.(铁线蕨科)
陇栖山薹草 Carex longxishanensis S.Y.Liang (莎草科)
陇秦槭(华北经济志要)=疏毛槭
陇塞青兰(经济志)=甘青青兰
陇塞忍冬(高等图鉴)=唐古特忍冬
陇山柳(秦岭志)=密齿柳
陇蜀杜鹃(高等图鉴)=青海杜鹃
陇蜀杜鹃 Rhododendron przewalskii Maxim.(杜鹃花科),*青海杜鹃*
陇蜀鳞毛蕨 Dryopteris thibetica (Franch.) C. Chr. (鳞毛蕨科)
陇西小檗 Berberis farreri Ahrendt(小檗科)
陇县薹草 Carex paracuraica Wang & Y.L.Chang (莎草科)
拢血红(浙江)=星宿菜

Lou

娄亮叶龙胆 Gentiana micantiformis Burk.(龙胆科)
娄氏海芋 Alocasia lowii HK.f.(天南星科),*罗伟芋*
娄氏冷杉 Abies concolor var. lowiana (A.Murr.) Lemm.(松科)
蒌粉(药材学)=栝楼
蒌蒿(内蒙古)=歧茎蒿
蒌蒿 Artemisia selengensis Turcz. ex Bess.(菊科),*奥存-沙里尔日,白蒿,蘩,高茎蒿,购,蒿蒌,红艾,红陈艾,刘寄奴,柳叶蒿,芦蒿,闾蒿,三叉叶蒿,水艾,水陈艾,水蒿,蒌,狭叶艾,香艾,小蒿子,由胡*
蒌叶 Piper betle L.(胡椒科),*蒟酱,土荜茇,蒟青,槟榔蒟,青蒌,香荖*
楼梅草(南方有毒植物)=醉鱼草
楼台草(云南通海)=灯笼草
楼台花(云南大理)=美花报春
楼台还阳(安徽)=轮叶八宝
楼梯草(广西药用名录)=蔓赤车
楼梯草(湖北志)=赤车
楼梯草 Elatostema involucratum Franch.(荨麻科),*半边伞,养血草,冷草,鹿角七,上天梯,接骨草*
楼梯草属 Elatostema J.R. & G.Forst.(荨麻科)
耧斗菜 Aquilegia viridiflora Pall.(毛茛科),*血见愁*
耧斗菜叶绣线菊 Spiraea aquilegifolia Pall.(蔷薇科),*耧斗叶绣线菊*
耧斗菜属 Aquilegia L.(毛茛科)
耧斗叶绣线菊(东北木本志)=耧斗菜叶绣线菊
耧子葱 Allium cepa var. proliferum Rgl.(百合科),*红葱*
蒌藤(南方有毒植物)=鱼藤
漏斗菜(东北中草药)=小花耧斗菜
漏斗杜鹃 Rhododendron dasycladoides Hand.-Mazz. (杜鹃花科)
漏斗风兰 Angraecum infundibulare Lindl.(兰科)
漏斗花缬草(新)Valeriana hiemalis Graebn.?(败酱科)
漏斗花属 Dierama Koch.(鸢尾科)
漏斗苣苔属 Didissandra Clarke (苦苣苔科)
漏斗泡囊草 Physochlaina infundibularis Kuang (茄科),*二月旺,大红参,大紫参,白毛参,华山参,华参,热参,秦参*
漏斗瓶蕨 Vandenboschia naseana (Christ) Ching (膜蕨科)
漏苓子(中药志)=木鳖子
漏芦(中国药典)=禹州漏芦
漏芦 Stemmacantha uniflora (L.) Ditrich(菊科),*打锣锤,大口袋花,大脑袋花,大头翁,独花山牛蒡,鬼油麻,和尚头,洪古禾朱日,郎头花,狼头花,老虎爪,馒头花,牛馒头花,牛馒土,祁州漏芦,土烟叶,野兰*
漏芦属 Stemmacantha Cass.(菊科)
漏紫多保(植物志 78-2)=唐古特雪莲

Lu

露瓣乌头 Aconitum prominens Lauener(毛茛科)
露本儿(西藏藏语) =块根糙苏
露壁(万宁)=水椰
露伯秋海棠 Begonia lubbersii E.Moor.(秋海棠科)
露草 Aptenia cordifolia (L.f.) Schwant.(番杏科)
露草属 Aptenia N.E.Br.(番杏科)
露点紫堇 Corydalis rorida H.Chuang(罂粟科)
露兜(思茅中草药)=分叉露兜
露兜草 Pandanus austrosinensis T.L.Wu(露兜树科)
露兜簕(广州志)=露兜树
露兜树 Pandanus tectorius Sol.(露兜树科),*芳波罗,勒角藴,林投,露兜簕,橹罟子,路头花,山波萝,蒝菠萝,野菠萝*
露兜树科 Pandanaceae
露兜树省藤 Calamus pandanosmus Ftdo.(棕榈科)
露兜树叶野长蒲 Thoracostachyum pandanophyllum (F.V.Muell.) Domin (莎草科),*野长蒲*
露兜树属 Pandanus L.f.(露兜树科)
露兜子(图考)=凤梨
露萼龙胆 Gentiana wardii var. emergens (C. Marq.) T.N.Ho(龙胆科)
露菇色尔布(藏名)=长筒马先蒿
露桂百蕊草 Thesium himalense Royle(檀香科)
露果猪毛菜 Salsola aperta Pauls.(藜科)
露寒草(云南)=岩匙
露花(经济植物手册)=心叶日中花
露甲(群芳谱)=瑞香
露脉蕨属(新)**Phanerophlebia** Presl.(叉蕨科),*显脉蕨属*
露美生石花 Lithops turbiniformis (Haw.) N.E. Br. (番杏科)
露美棕属 Gaussia H.Wendl.(棕榈科)
露木(西藏藏语) =块根糙苏
露木尔(西藏藏语) =块根糙苏
露蕊滇紫草 Onosma exsertum Hemsl.(紫草科)
露蕊龙胆 Gentiana vernayi Marq.(龙胆科)
露蕊乌头 Aconitum gymnandrum Maxim.(毛茛科),*泽兰,罗贴巴*
露氏秋海棠 Begonia roxburgii A.DC.(秋海棠科)
露水草(贵州草药)=黑穗画眉草
露水草(昆明)=蛛丝毛蓝耳草
露水草(昆明草药)=蓝耳草
露水草(四川)=金发草
露水草 Tradescantia virginiana L.(鸭跖草科),*本山金线莲,大华紫露草,血见愁,鸭舌黄,鸭石草,紫露草,紫鸭跖草*
露笋(广州)=石刁柏
露珠草(高等图鉴)=华水珠草
露珠草(四川德格)=准噶尔拉拉藤
露珠草 Circaea cordata Royle(柳叶菜科),*牛泷草,心叶露珠草,夜抹光*
露珠草属 Circaea L.(柳叶菜科)
露珠杜鹃 Rhododendron irroratum Franch.(杜鹃花科)
露珠碎米荠 Cardamine circaeoides HK.f. &

Thoms. (十字花科),堇叶碎米荠,阿玉碎米荠,肾叶碎米荠,异堇叶碎米荠

露珠香茶菜 Isodon irroratus (Forr. ex Diels) Kudô (唇形科),水龙胆草,长柄变种,绒辖变种,圆齿变种,大散血,对叶红线草,沙红三七,水红袍,退血草,苋菜三七

露珠珍珠菜 Lysimachia circaeoides Hemsl. (报春花科),苋菜三七,退血草,水红袍,沙红三七,对叶红线草,大散血

露籽草 Ottochloa nodosa (Kunth) Dandy(禾本科),奥图草

露籽草属 Ottochloa Dandy(禾本科),奥图草属

露子花属 Delosperma N.E.Br.(番杏科)

露子马唐 Digitaria denudata Link(禾本科)

噜公膘(云南瑶族)=余甘子

卢都子(本草纲目)=胡颓子

卢豆(植物志 42-2)=蓝胡卢巴

卢汉(四川)=深紫续断

卢桔(广东)=枇杷

卢山风毛菊 Saussurea bullockii Dunn(菊科)

卢氏梁王茶(福师学报)=短梗大参

庐山藨草(广西药用名录)=茸球藨草

庐山梣 Fraxinus sieboldiana Bl.(木犀科),小蜡树

庐山茶竿竹 Pseudosasa hirta S.L.Chen & G.Y.Sheng (禾本科)

庐山芙蓉 Hibiscus paramutabilis Bailey(锦葵科)

庐山复叶耳蕨 Arachniodes lushanensis Ching (鳞毛蕨科)

庐山荚蒾 Viburnum dilatatum var. fulvotomentosum (Hsu) Hsu(忍冬科),黄褐毛荚蒾

庐山假毛蕨 Pseudocyclosorus lushanensis Ching ex Y.X.Lin (金星蕨科)

庐山堇菜(拉汉名称)=辽宁堇菜

庐山堇菜 Viola stewardiana W.Beck.(堇菜科),拟蔓地草

庐山楼梯草 Elatostema stewardii Merr.(荨麻科),白龙骨,痱痒草,猢狲接竹,接骨草,冷坑兰,冷坑青,史氏赤车使者,乌骨麻,蜈蚣七,枵枣七,血和山

庐山蕗蕨 Mecodium lushanense Ching & Chiu (膜蕨科)

庐山葡萄 Vitis hui Cheng(葡萄科)

庐山忍冬 Lonicera modesta var. lushanensis Rehd. (忍冬科),庐山素忍冬

庐山石楠 Photinia villosa var. sinica Rehd. & Wils.(蔷薇科),毛叶石楠无毛变种,华毛叶石楠

庐山石韦 Pyrrosia sheareri (Baker) Ching(水龙骨科)

庐山疏节过路黄 Lysimachia remota var. lushanensis Chen & C.M.Hu(报春花科)

庐山鼠李(广西植物名录)=山鼠李

庐山素忍冬(黄山研究)=庐山忍冬

庐山铁角蕨 Asplenium gulingense Ching & S.H. Wu (铁角蕨科)

庐山瓦韦 Lepisorus lewissi (Baker) Ching(水龙骨科)

庐山乌药(树木分类学)=红脉钓樟

庐山香科科 Teucrium pernyi Franch.(唇形科),细沙虫草

庐山小檗 Berberis virgetorum Schneid. (小檗科),铁篱笆,土黄柏,长叶小檗,土水莲,铁树黄连,三颗针,土黄连,刺黄连,黄疸树

庐山野古草 Arundinella hondana (Koidz.) B.S. Sun & Z.H.Hu(禾本科)

庐山野桐(浙江药志)=红叶野桐

庐山玉山竹 Yushania varians Yi (禾本科)

芦(诗经,名医别录)=芦苇

芦豆(本草原始)=胡卢巴

芦豆苗(河南志)=确山野豌豆

芦堆多吉(藏语)=长花党参

芦柑(植物志 43-2)=椪柑

芦根(本草经集注)=芦苇

芦菇根(草本便方)=芦苇

芦蒿(四川)=蒌蒿

芦花(唐本草)=芦苇

芦花竹 Shibataea hispida McClure (禾本科),毛倭竹

芦荟(中国药典)=好望角芦荟

芦荟 Aloe vera (L.) N.L.Burm.(百合科),油葱,芦荟叶,库拉索芦荟,奴会,纳会,象胆

芦荟石斛 Dendrobium aloefolium (Bl.) Rchb.f. (兰科)

芦荟叶(中药大辞典)=芦荟

芦荟属 Aloe L.(百合科)

芦荻外皮(圣惠方) =芦竹

芦荻外皮(圣惠方)=芦韦

芦穄(食物本草)=高粱

芦茎(唐本草)=芦韦

芦茎十大功劳 Mahonia calamicaulis Spare & Fisch. (小檗科)

芦兰(台湾志)=台湾匙唇兰

芦莉草(中药大辞典)=地皮消

芦莉草 Ruellia brittoniana Leonard.(爵床科)

芦莉草 Ruellia brittoniana Leonard.(爵床科)

芦莉草叶(广西药用名录)=楠草

芦莉草属 Ruellia Plum ex L.(爵床科)

芦藜花(东北)=铃兰

芦利草(台湾志)=楠草

芦了柴根(南京民间药草)=芦韦

芦宁乌头 Aconitum luningense W.T.Wang(毛茛科)

芦蓬茸(小品方)=芦韦

芦秋(江苏)=束尾草

芦秋(江苏)=狭叶束尾草

芦箬(本经逢原)=芦韦

芦山淫羊藿 Epimedium ogisui Stearn(小檗科)

芦藤(杭州药志)=网络崖豆藤

芦韦 Phragmites australis Trin.(禾本科),葭,葭花,兼,芦,芦根,芦菇根,芦花,芦荻外皮,芦茎,芦了柴根,芦蓬茸,芦箬,芦叶,芦竹箨,南方芦苇,嫩芦梗,蓬箬,水萌强,顺江龙,苇,苇根,苇茎,苇子草

芦苇格琼(蒙语)=阿尔泰狗娃花

芦苇群 Phragmites australis grex australes L.Liu (禾本科)

芦苇属 Phragmites

芦荀(通称)=石刁柏

芦叶(唐本草)=芦韦

芦蔗(四川)=竹蔗

芦竹 Arundo donax L.(禾本科),荻芦竹,芦荻外皮,芦竹沥,芦竹笋,芦竹箨,芦竹箨

芦竹沥(重庆草药) =芦竹

芦竹芦苇(新拉汉英)=卡开芦

芦竹笋(重庆草药) =芦竹

芦竹箨(药对) =芦竹

芦竹属 Arundo L.(禾本科),荻芦属

芦子藤(云南中草药)=苎叶蒟

泸定百合(Flora 24)=通江百合

泸定大油芒 Spodiopogon ludingensis L.Liu(禾本科)

泸定垫柳 Salix ludingensis T.Y.Ding & C.F. Fang (杨柳科)

泸定峨眉蕨 Lunathyrium ludingense Z.R.Wang & L.B.Zhang(蹄盖蕨科)

泸定龙胆 Gentiana ludingensis T.N.Ho(龙胆科)

泸定蹄盖蕨 Athyrium ludingense Z.R.Wang & L.B.Zhang(蹄盖蕨科)

泸定兔儿风 Ainsliaea mollis Diels ex Limpr.(菊科)

泸山薹草 Carex lushanensis Kükenth.(莎草科)

泸水菝葜 Smilax lushuiensis S.C.Chen(百合科)

泸水复叶耳蕨 Arachniodes lushuiensis Y.T. Hsieh? (鳞毛蕨科)

泸水假毛蕨 Pseudocyclosorus lushuiensis Y.X. Lin (金星蕨科)

泸水箭竹 Fargesia lushuiensis Hsueh & Yi (禾本科)

泸水泡花树 Meliosma mannii Lace?(清风藤科)

泸水山梅花 Philadelphus lushuiensis Ku & S.M. Hwang (虎耳草科)

泸水虾脊兰 Calanthe plantaginea var. lushuiensis K.Y.Lang & Z.H.Tsi(兰科)

泸水沿阶草 Ophiopogon lushuiensis S.C.Chen (百合科)

泸西柴胡 Bupleurum luxiense Y.Li & S.L.Pan (伞形科),竹叶柴胡

泸旋花(植物大辞典)=打碗花

炉贝(西藏)=梭砂贝母

炉灰柯 Lithocarpus cinereus Chun & Huang (壳斗科)

炉霍杜鹃 Rhododendron luhuoense H.P.Yang (杜鹃花科)

炉霍小檗 Berberis luhuoensis Ying(小檗科)

栌菊木 Nouelia insignis Franch.(菊科)

栌菊木属 Nouelia Franch.(菊科)

栌兰(植物学大词典,图鉴)=土人参

颅果草 Craniospermum mongolicum I.M.Joh. (紫草科)

颅果草属 Craniospermum Lehm.(紫草科)

卤地菊(福建中草药=蟛蜞菊

卤地菊 Wedelia prostrata (HK. & Arn.) Hemsl.(菊科),黄花冬菊,黄花龙舌草,黄花蜜菜,黄野蒿,瘠草,尖刀草,龙舌草,龙舌三尖刀,三尖刀

卤蕨 Acrostichum aureum L.(卤蕨科),金蕨

卤蕨科 Acrostichaceae

卤蕨属 Acrostichum L.(卤蕨科)

鲁布勒氏翠雀花 Delphinium ruprechtii Nevski (毛茛科)

鲁甸冬青 Ilex ludianensis S.C.Huang ex Y.R.Li (冬青科)

鲁甸银莲花 Anemone trullifolia var. lutienensis (W.T.Wang) Ziman & B.E.Dutton(毛茛科)

鲁花树 Scolopia oldhamii Hance(大风子科),狐氏箣柊

鲁浪杜鹃 Rhododendron lulangense L.C.Hu & Y.Tateishi (杜鹃花科)

鲁萁(广东)=华南紫萁

鲁萁(陆川本草)=芒萁

鲁桑 Morus alba var. multicaulis (Perrott.) Loud. (桑科),白桑,湖桑,女桑

鲁沙香茅 Cymbopogon martinii (Roxb.) Wats. (禾本科)

鲁山假蹄盖蕨 Athyriopsis lushanensis J.X.Li (蹄盖蕨科)

鲁斯比小檗 Berberis rusbyana Ahrendt (小檗科)

鲁因特独尾 Eremurus ruiter (百合科)

鲁音-苏斯(蒙名)=三花龙胆
橹罟子(纲目)=露兜树
陆得维秋海棠 Begonia ludwigii Irmsch.(秋海棠科)
陆地棉Gossypium hirsutum L.(锦葵科),高地棉,大陆棉,美洲棉,墨西哥棉,美棉
陆汗(四川)=深紫续断
陆均松 Dacrydium pectinatum D.Laub.(罗汉松科),泪柏,卧子松,黄液松,红松,逼赏松,山松
陆均松属 Dacrydium Soland. ex Forst.(罗汉松科)
陆穹(藏药志)=圆齿狗娃花
陆生顶冰花(新)Gagea terracciänoana Pasch.(百合科)
陆氏樫木(分类学报)=多脉樫木
陆氏连蕊芥 Systemon lulianlianus Al-Shehbaz et al. (十字花科)
陆肖(晶珠本草)=山蓼
陆英(神农本草经)=接骨草
鹿安茶(山西中草药)=鹿蹄草
鹿草 Stemmacantha carthamoides (Willd.) Ditrich (菊科)
鹿肠(本经)=败酱
鹿场毛茛 Ranunculus taisanensis Hay.(毛茛科)
鹿葱(嘉祐本草)=萱草
鹿葱 Lycoris squamigera Maxim.(石蒜科),夏水仙
鹿豆(尔雅)=鹿藿
鹿儿韭(植物志 14)=卵叶韭
鹿耳菜(四川)=全缘叶绿绒蒿
鹿耳草(海南)=地胆草
鹿耳草(生草药性备要)=六棱菊
鹿耳草(四川)=地锦苗
鹿耳林(贵州草药)=翼齿六棱菊
鹿耳翎(本草求原)=六棱菊
鹿谷秋海棠 Begonia lukuana Liu & Ou(秋海棠科)
鹿含草(四川)=鹿蹄草
鹿含草(云南)=普通鹿蹄草
鹿活草(唐本草)=天名精
鹿藿(图考)=蔢豆
鹿藿 Rhynchosia volubilis Lour.(豆科),大叶野绿豆,酒壶藤,蔨,老鼠豆,老鼠眼,鹿豆,痰切豆,乌眼眼豆,野绿豆,野毛豆,萱豆
鹿藿属 Rhynchosia Lour.(豆科)
鹿酱(药性论)=败酱
鹿角(广东,海南)=臀果木
鹿角草 Glossogyne tenuifolia Cass.(菊科),鹧鹰爪,香茹,矮鬼针草,金锁匙,鹧鹰爪
鹿角草属 Glossogyne Cass.(菊科)
鹿角杜鹃 Rhododendron latoucheae Franch.(杜鹃花科),岩杜鹃
鹿角海棠 Astridia velutina (Dtr.) Dtr.(番杏科)
鹿角海棠属 Astridia Dinter & Schwantes (番杏科)
鹿角蒿(新疆)=岩蒿
鹿角桧 Juniperus chinensis cv. Pfitzeriana (柏科)
鹿角卷柏 Selaginella rossii (Bak.) Warb. (卷柏科)
鹿角蕨(新拉汉英)=角状鹿角蕨(新)
鹿角蕨 Platycerium wallichii HK.(鹿角蕨科)
鹿角蕨科 Platyceriaceae
鹿角蕨属 Platycerium Desv.(鹿角蕨科)
鹿角兰 Pomatocalpa spicatum Breda(兰科),白花鹿角兰
鹿角兰属 Pomatocalpa Breda (兰科)
鹿角七(陕西)=楼梯草
鹿角七(云南)=灰岩皱叶报春
鹿角藤 Chonemorpha eriostylis Pitard(夹竹桃科),毛柱鹿角藤,黄藤
鹿角藤属 Chonemorpha G.Don.(夹竹桃科)),尖种藤属,尖子藤属
鹿角蹄盖蕨 Athyrium araiostegioides Ching(蹄盖蕨科)
鹿角掌(新拉汉英)=圆叶虎尾兰
鹿角柱 Echinocereus pentalophus (DC.) Rümpler (仙人掌科)
鹿角柱属 Echinocereus Engelm.(仙人掌科)
鹿角锥 Castanopsis lamontii Hance(壳斗科),黑炭木,臭栲,箐板栗,上杭锥
鹿梨 (图经本草)=豆梨
鹿莓越桔(新拉汉英)=长蕊越桔
鹿莓越桔 Vaccinium caesium Greene.(杜鹃花科)
鹿皮斑木姜子(台湾志)=朝鲜木姜子
鹿茸草(图考)=绵毛鹿茸草
鹿茸草 Monochasma sheareri Maxim.(玄参科)
鹿茸草属 Monochasma Maxim.(玄参科)
鹿茸椆(海南志)=鹿茸青冈
鹿茸木 Meiogyne kwangtungensis P.T.Li(番荔枝科)
鹿茸木属 Meiogyne Miq.(番荔枝科)
鹿茸青冈 Cyclobalanopsis subhinoides (Chun & Ko) Y.C.Hsu & H.W.Jen(壳斗科),鹿茸椆
鹿声(福建)=败酱
鹿食(海南澄迈)=赤杨叶
鹿首(名医别录)=败酱
鹿寿草(陕西)=普通鹿蹄草
鹿寿草(陕西中药志)=日本鹿蹄草
鹿寿茶(陕西中草药)=鹿蹄草
鹿寿茶(陕西中药志)=日本鹿蹄草
鹿蹄草(江苏植物名录)=戟叶蓼
鹿蹄草(经验方)=杜鹃兰
鹿蹄草(拉汉名称)=圆叶鹿蹄草
鹿蹄草 Pyrola calliantha H.Andr.(鹿蹄草科),常绿茶,川北鹿蹄草,大肺筋草,河北鹿蹄草,鹿安茶,鹿含草,鹿寿茶,鹿衔草,罗汉茶,美花鹿蹄草,破血丹,纸背金牛草
鹿蹄草科 Pyrolaceae
鹿蹄草婆婆纳 Veronica piroliformis Franch.(玄参科)
鹿蹄草叶白珠 Gaultheria pyroloides HK.f. & Thoms. ex Miq.(杜鹃花科),梨叶白珠
鹿蹄草叶树萝卜 Agapetes pyrolifolia Airy-Shaw (杜鹃花科)
鹿蹄草属 Pyrola L.(鹿蹄草科)
鹿蹄根(福建草药)=冻绿
鹿蹄柳 Salix pyrolaefolia Ledeb.(杨柳科)
鹿蹄橐吾 Ligularia hodgsonii HK.(菊科),南瓜七,滇紫菀,马蹄细辛,紫菀,马蹄当归,八角乌
鹿头 Ahernia penzigii N.E.Br.(大风子科)
鹿仙草(云南大理)=筒鞘蛇菰
鹿仙草(云南思茅)=思茅蛇菰
鹿仙草(云南思茅)=穗花蛇菰
鹿衔草(滇南本草)=鹿蹄草
鹿衔草(滇南本草)=紫背鹿蹄草
鹿衔草(贵州药用名录)=狗头七
鹿衔草(陕西中药志)=日本鹿蹄草
鹿衔草(四川)=圆叶鹿蹄草
鹿啣草(云南)=普通鹿蹄草
鹿药 Maianthemum japonicum (A.Gray) LaFrank.(百合科),白窝儿七,盘龙七,螃蟹七,偏头七,山糜子,狮子七
鹿药属(植物志 15)=**舞鹤草属**
鹿寨秋海棠 Begonia luzhaiensis Ku(秋海棠科)
鹿子百合(浙江药志)=药百合
鹿子草(四川)=华南马尾杉
鹿子草甘松(植物学大辞典)=缬草
禄柚寄生(南宁药志)=瘤果槲寄生
禄春谷木 Memecylon luchuenense C.Chen(野牡丹科)
禄春酸脚杆 Medinilla luchuenensis C.Y.Wu & C.Chen (野牡丹科)
禄劝滇紫草 Onosma luquanense Y.L.Liu(紫草科)
禄劝花叶重楼 Paris luquanensis H.Li(百合科)
禄劝黄堇 Corydalis luquanensis H.Chuang(罂粟科)
禄劝假杜鹃 Barleria dichotoma var. mairei Lévl.(爵床科)
禄劝景天 Sedum luchuanicum K.T.Fu (景天科)
禄劝獐牙菜 Swertia luquanensis S.W.Liu(龙胆科)
碌毒草(台湾药志)=黄葵
碌耳草(广西)=节节菜
路边草(江苏药材志)=萹蓄
路边红(植物志 62)=深红龙胆
路边花 Weigela floribunda (S. & Z.) Rehd.(菊科),美丽锦带花
路边黄(贵州)=金爪儿
路边黄(湖北)=过路黄
路边黄(陕西)=龙芽草
路边黄(湘西福安)=灯台莲
路边黄(植物志 76-1)=野菊
路边姜(四川中药志)=红姜花
路边金(宁乡县志)=白马骨
路边金(云南下关)=腺花香茶菜
路边菊(上海中草药)=裂叶马兰
路边菊(植物志 74)=马兰
路边青(湖南,广东,广西,云南)=大青
路边青 Geum aleppicum Jacq.(蔷薇科),水杨梅,兰布政,五气朝阳草,草本水杨梅,追风七,见肿消
路边青银莲花 Anemone geum H.Lévl.(毛茛科)
路边青属 Geum L.(蔷薇科),水杨梅属
路边梢(陕西)=三花莸
路边钍(广西)=广西越桔
路柳(贵州方药集)=萹蓄
路路通(纲目拾遗)=枫香树
路路通寄生(中草药彩色图谱)=扁枝槲寄生
路南凤仙花 Impatiens loulanensis HK.f.(凤仙花科)
路南海菜花 Ottelia acminata var. lunanensis H.Li (水鳖科)
路南鳞毛蕨 Dryopteris lunanensis (Christ) C. Chr. (鳞毛蕨科)
路旁菊(西藏中草药)=圆齿狗娃花
路生胡枝子 Lespedeza viatorum Champ. ex Benth. (豆科)
路唐小檗 Berberis loudonii Ahrendt (小檗科)
路头花(南宁药志)=露兜树
路喧菊(生草药性备要)=蟛蜞菊
路易德氏蝴蝶兰 Phalaenopsis lueddemanniana Rchb.f.(兰科)
路易斯黄藤 Daemonorops lewisiana Mart.(棕榈科)
路易斯山梅花 Philadelphus lewisii Pursh.(虎耳草科)
路遇香(福建草药)=藿香蓟
樚木(普济方)=醉鱼草

辘轴风(陆川本草)=六棱菊
潞党(中草药汇编)=党参
潞西胡颓子 Elaeagnus luxiensis C.Y.Chang(胡颓子科)
潞西柯 Lithocarpus thomsonii (Miq.) Rehd.(壳斗科),*白粉毛柯*
潞西楼梯草 Elatostema luxiense W.T.Wang(荨麻科)
潞西毛蕨(蕨类形态)=国楣毛蕨
潞西山龙眼 Helicia tsaii W.T.Wang(山龙眼科)
蕗蕨 Mecodium badium (HK & Grev.) Cop.(膜蕨科),*栗色路蕨*,*马尾草*
蕗蕨属 Mecodium Presl(膜蕨科)
鹭鸶草 Diuranthera major Hemsl.(百合科),*鹭鸶兰*,*土洋参*,*鹭鸶兰*,*山韭菜*
鹭鸶草属 Diuranthera Hemsl.(百合科),*鹭鸶兰属*
鹭鸶兰(图考,Flora 24)=鹭鸶草
鹭鸶兰属(Flora 24)=**鹭鸶草属**
鹭鸶藤(履巉岩本草)=忍冬

Lü

驴打滚儿草(内蒙中草药)=北方还阳参
驴豆黄芪 Astragalus onobrychis L.(豆科)
驴断肠(北京)=芹叶铁线莲
驴耳朵(安徽)=线叶旋覆花
驴耳朵(中草药汇编)=草地风毛菊
驴耳朵菜(植物志 74)=紫菀
驴耳朵草(中草药汇编)=草地风毛菊
驴耳风毛菊(植物志 78-2)=草地风毛菊
驴耳南星 Arisaema onoticum Buchet (天南星科)
驴干粮(河南中草药)=翅果菊
驴夹板菜(植物志 74)=紫菀
驴驴蒿(甘肃,内蒙古)=米蒿
驴奶果(陕西蓝田)=苦糖果
驴欺口(辽宁,植物志 78-1)=禹州漏芦
驴食草 Onobrychis viciifolia Scop.(豆科),*红羊草*
驴食草属 Onobrychis Mill.(豆科)
驴蹄草 Caltha palustris L.(毛茛科),*马蹄叶*,*马蹄草*
驴蹄草叶报春 Primula calthifolia W.W.Sm.(报春花科)
驴蹄草叶翠雀花 Delphinium calthifolium Q.E. Yang & Y.Luo(毛茛科)
驴蹄草属 Caltha L.(毛茛科)
驴蹄碎米荠 Cardamine calthifolia H.Lévl.(十字花科)
驴扎嘴(山西中药志)=蓟
驴子刺(高等图鉴)=小叶鼠李
闾蒿(救荒本草)=蒌蒿
榈木(本草拾遗)=花榈木
榈木(高等图鉴)=紫檀
吕氏菝葜 Smilax luei T.Koyama(百合科)
吕宋短柄草 Brachypodium luzoniense Hack.(禾本科),*台湾短柄草*
吕宋鹅掌柴 Schefflera microphylla Merr.(五加科)
吕宋番樱桃 Eugenia aherniana C.B.Robins.(桃金娘科)
吕宋果 Strychnos ignatii Berg.(马钱科),*海南马钱*,*金马长子*,*解热豆*,*苦果*
吕宋黄芩 Scutellaria luzonica Rolfe(唇形科)
吕宋荚蒾 Viburnum luzonicum Rolfe(忍冬科)
吕宋菊(广西)=千日红
吕宋茄 Solanum luzoniense Merr.(茄科)
吕宋楸荚粉(李承祜:生药学)=粗糠柴
吕宋楸毛(李承祜:生药学)=粗糠柴
吕宋舌蕨 Elaphoglossum luzonicum Cop.(舌蕨科),*台湾舌蕨*
吕宋薯蓣 Dioscorea cumingii Prain & Burk.(薯蓣科)
吕宋水锦树 Wendlandia luzoniensis DC.(茜草科)
吕宋天胡荽 Hydrocotyle benguetensis Elm.(伞形科)
吕宋万带兰 Vanda luzonica Loher ex Rofle (兰科)
吕西亚山楂小檗 Berberis crataegina var. lycica Schneid.(小檗科)
旅葵(古诗)=野葵
旅人蕉 Ravenala madagascariensis Adans.(芭蕉科)
旅人蕉属 Ravenala Adans.(芭蕉科)
旅顺茶藨子 Ribes giraldii var. polyanthum Kitag. (虎耳草科),*老铁山腺毛茶藨*
旅顺桤木 Alnus sieboldiana Matsum.(桦木科)
缕丝花 Gypsophila elegans M.Bieb.(石竹科),*丝石竹*
穞豆(本经逢原)=野大豆
绿艾纳香 Blumea vrens DC.(菊科)
绿斑冬青卫矛 Euonymus japonicus var. viridi-variegatus Rehd.(卫矛科),*斑叶黄杨*
绿瓣景天 Sedum prasinopetalum Fröd.(景天科)
绿瓣绣球(分类学报)=中国绣球
绿瓣延龄草(新拉汉英)=加州延龄草
绿棒头草 Polypogon viridis (Gouan) Breistr.(禾本科)
绿包藤(云南)=波叶青牛胆
绿苞闭鞘姜 Costus viridis S.Q.Tong(闭鞘姜科)
绿苞蒿 Artemisia viridisquama Kitam.(菊科)
绿苞毛连菜(新)Picris japonica var. koreana Kitam.? (菊科)
绿苞帕洛梯 Protea scolymocephala Reichard.(山龙眼科)
绿苞山姜(植物志 16-2)=云南草蔻
绿苞细齿南星 Arisaema serratum var. viridescens Nakai (天南星科)
绿背白珠 Gaultheria hypochlora Airy-Shaw(杜鹃花科)
绿背桂花 Excoecaria formosana (Hay.) Hay.(大戟科),*毒箭木*,*鸡尾木*,*小霸王*
绿背山麻杆 Alchornea trewioides var. sinica H. S.Kiu (大戟科)
绿背溲疏 Deutzia hypoglauca var. viridis S.M. Hwang (虎耳草科)
绿背小檗 Berberis humidoumbrosa var. dispersa Ahrendt (小檗科)
绿被毒马草 Sideritis chlorostegia Juz.(唇形科)
绿边薹草 Carex viridimarginata Kükenth.(莎草科)
绿柄白鹃梅 Exochorda giraldii var. wilsonii (Rehd.) Rehd.(蔷薇科),*红柄白鹃梅绿柄变种*
绿柄剪叶铁角蕨(台湾志)=绿秆铁角蕨
绿柄铁角蕨(台湾志)=欧亚铁角蕨
绿柄铁角蕨 Asplenium viviparum (L.f.) Fresl (铁角蕨科)
绿薄荷(广东,广西百色)=留兰香
绿槽毛竹 Phyllostachys heterocycla cv. Viridisulcata (禾本科),*金鞭毛竹*
绿梣 Fraxinus pennsylvanica var. subintegerrma (Vahl) Fern.(木犀科)
绿柴(植物志 48-1)=长叶冻绿
绿赤车 Pellionia viridis C.H.Wright(荨麻科)
绿春安息香 Styrax macranthus Perk.(安息香科)
绿春假福王草 Paraprenanthes luchunensis Shih (菊科)
绿春金钩如意草 Corydalis taliensis var. potentillifolia C.Y.Wu & H.Chuang(罂粟科)
绿春山矾 Symplocos spectabilis Brand(山矾科),*云南山矾*
绿春蛇根草 Ophiorrhiza luchunensis Lo(茜草科)
绿春瓦韦 Lepisorus luchunensis Y.X.Lin (水龙骨科)
绿春悬钩子 Rubus lüchunensis Yü & Lu (蔷薇科)
绿春崖角藤 Rhaphidophora luchuensis H.Li(天南星科)
绿春玉山竹 Yushania brevis Yi (禾本科)
绿春鸢尾兰 Oberonia acaulis var. luchunensis S.C.Chen (兰科)
绿刺省藤 Calamus viridispinus Becc.(棕榈科)
绿岛风藤(台湾)=兰屿胡椒
绿岛胡椒 Piper kwashoense Hay.(胡椒科),*绿岛风藤*
绿岛榕 Ficus pubinervis Bl.(桑科)
绿岛细柄草 Capillipedium kwashotensis (Hay.) Hsu (禾本科
绿灯(上海中草药)=苦蘵
绿笛竹(湖南)=长舌茶竿竹
绿点杜鹃 Rhododendron searsiae Rehd. & Wils. (杜鹃花科)
绿冬青 Ilex viridis Champ. ex Benth.(冬青科),*大叶帽子*,*鸡子樵*,*亮叶冬青*,*青皮子樵*,*细叶三花冬青*
绿豆 Vigna radiata (L.) Wilczek(豆科),*青小豆*,*豆芽菜*,*真粉*
绿豆菜(辽宁长岛)=海滨车前
绿豆青(分类草药性)=九头狮子草
绿豆青(浙江)=大果冬青
绿豆升麻(南川)=南川升麻
绿豆升麻(陕西中草药名录)=类叶升麻
绿独行菜 Lepidium campestre (L.) R.Br.(十字花科)
绿独子藤 Celastrus virens (Wang & Tang) C.Y. Cheng & T.C.Kao(卫矛科)
绿杜楝 Turraea virens L.(楝科)
绿萼粉花溲疏 Deutzia rosea var. venusta Rehd. (虎耳草科)
绿萼凤仙花 Impatiens chlorosepala Hand.-Mazz.(凤仙花科),*金耳环*
绿萼甘藏毛茛 Ranunculus glabricaulis var. viridisepalus W.T.Wang(毛茛科)
绿萼连蕊茶 Camellia viridicalyx Chang & S.Y. Liang ex Chang(山茶科)
绿萼露珠草 Circaea quadrisulcata var. viridicalyx Hara (柳叶菜科)
绿萼梅(安徽中草药)=梅
绿萼型 Armeniaca mume var. mume f. viridicalyx (Makino) T.Y.Chen(蔷薇科)
绿风毛菊 Saussurea blanda Schrenk(菊科)
绿干柏 Cupressus arizonica Greene (柏科),*美洲柏木*
绿竿花慈竹 Neosinocalamus affinis cv. Striatus (禾本科)
绿秆铁角蕨 Asplenium obscurum Bl.(铁角蕨科),*绿柄剪叶铁角蕨*,*灰绿铁角蕨*
绿姑妮树(云南屏边)=毛梗冬青
绿骨大青(浙江中草药)=观音草

绿管银叶花 Argyroderma braunsii (Schwant.) Schwant.(番杏科)
绿果白叶冷杉 Abies veitchii var. olivacea Shiras. (松科)
绿果长白落叶松(东北裸子植物)=绿果黄花落叶松
绿果黑三棱 Sparganium chlorocarpum Rybd. (黑三棱科)
绿果黄花落叶松 Larix olgensis var. viridis (Wils.) Nakai (松科),*绿果长白落叶松*,*绿果黄花松*,*长白落叶松绿果变型*
绿果黄花松(分类学报)=绿果黄花落叶松
绿果猕猴桃 Actinidia chinensis var. hispida f. chlorocarpa C.F. Liang & R. Z.Wang (猕猴桃科)
绿果挪威云杉 Picea abies var. chlorocarpa (Purkyne) Th.Fries (松科)
绿蒿(俗称)=林艾蒿
绿虎克小檗 Berberis hookeri var. viridis Schneid. (小檗科)
绿花矮泽芹 Chamaesium viridiflorum (Franch.) Wolff ex Shan(伞形科)
绿花安兰(高等图鉴)=绿花带唇兰
绿花凹唇兰(台湾志)=凹舌兰
绿花百合 Lilium fargesii Franch.(百合科)
绿花斑叶兰 Goodyera viridiflora (Bl.) Bl.(兰科),*鸟喙斑叶兰*
绿花宝石兰(中山大辞典)=黄花大苞兰
绿花贝母兰(新拉汉英)=绿色贝母兰(新)
绿花贝母兰 Coelogyne chlorptera Rchb.f.(兰科)
绿花杓兰 Cypripedium henryi Rolfe(兰科),*龙舌箭*,*金龙七*
绿花菜(贵州)=琉璃草
绿花菜 Brassica oleracea var. italica Plenck.(十字花科)
绿花苍耳七(秦岭志)=绿花梅花草
绿花草(贵州)=还亮草
绿花草(贵州剑河)=大花还亮草
绿花茶藨子 Ribes viridiflorum (Cheng) L.T.Lu & G.Yao(虎耳草科),*绿花细枝茶藨*,*三升米*
绿花刺参 Morina chlorantha Diels(川续断科)
绿花带唇兰 Tainia hookeriana King & Pantl.(兰科),*绿花安兰*
绿花党参 Codonopsis viridiflora Maxim.(桔梗科)
绿花独活(东北检索表)=绿花山芹
绿花矾根 Heuchera chlorantha Piper (虎耳草科)
绿花繁缕(拉汉名称)=兴安繁缕
绿花凤仙花 Impatiens viridiflora Wight (凤仙花科)
绿花隔距兰 Cleisostoma uraiense (Hay.) Garay (兰科),*乌来隔距兰*,*乌来闭口兰*
绿花海桐 Pittosporum viridiflorum Sims.(海桐花科)
绿花火炬树 Rhus typhina f. viridiflora Duhamel. (漆树科)
绿花金线莲(台湾兰科图志)=白齿唇兰
绿花阔蕊兰(高等图鉴)=阔蕊兰
绿花琉璃草 Cynoglossum viridiflorum Pall. ex Lehm. (紫草科)
绿花柳叶红千层 Callistemon salignus var. viridiflorus F.V.Muell.(桃金娘科)
绿花鹿蹄草 Pyrola chlorantha Sw.(鹿蹄草科)
绿花麦瓶草 Silene viridiflora L.(石竹科)
绿花梅花草 Parnassia viridiflora Batalin(虎耳草科),*绿花苍耳七*
绿花苹婆 Sterculia gengmaensis Hsue(梧桐科)
绿花曲足兰 Cyrtopodium virescens Rchb.f. & Warm.(兰科)
绿花山芹 Ostericum viridiflorum (Turcz.) Kitag. (伞形科),*绿花独活*,*二角芹*
绿花石莲 Sinocrassula indica var. viridiflora K. T.Fu (景天科),*绿叶石莲花*,*石灯台*
绿花卫矛(植物志 45-3)=缙云卫矛
绿花细枝茶藨(树木志)=绿花茶藨子
绿花狭唇兰 Sarcochilus olivacenus Lindl.(兰科)
绿花肖头蕊兰(台湾志)=长茎虾脊兰
绿花蟹爪兰 Zygopetalum intermedium Lodd. (兰科)
绿花心(云南)=倒提壶
绿花崖豆藤 Millettia championi Benth.(豆科),*硬骨藤*,*白跌打*,*水苦楝*,*羊药头*,*老京藤*
绿花羊蹄甲 Bauhinia viridescens Desv.(豆科)
绿花油点草 Tricyrtis viridula Hir.(百合科)
绿花玉凤花 Habenaria viridiflora (Rottl ex Sw.) R.Br. (兰科),*一支枪*
绿花郁金香 Tulipa viridiflora Hort.(百合科)
绿花獐牙菜 Swertia virescens H.Sm.(龙胆科)
绿黄柑属(科属检索表)=**酒饼簕属**
绿黄葛树 Ficus virens Ait.(桑科),*白来叶*,*笔管榕*,*串珠榕*,*大叶榕树*,*红肉榕*,*黄葛树*,*马尾榕*,*鸟榕*,*鸟屎榕*,*漆舅*,*漆娘舅*,*雀榕*,*雀榕树叶*,*山榕*
绿黄花石斛(台兰科图鉴)=黄石斛
绿脊金石斛 Flickingeria tricarinata var. viridilamella Z.H.Tsi & S.C.Chen(兰科)
绿蓟 Cirsium chinense Gardn. & Champ.(菊科)
绿稷 Panicum chloroticum Nees (禾本科)
绿姜(广东,广西)=蓬莪
绿茎槲寄生 Viscum nudum Danser(桑寄生科)
绿茎还阳参 Crepis lingea (Vant.) Babcock(菊科),*马尾参*,*奶浆参*,*刷把细辛*,*铁扫把*,*万丈深*,*细草*,*竹叶青*
绿茎楼梯草 Elatostema viridicaule W.T.Wang (荨麻科)
绿荆(广东)=线叶金合欢
绿橘(浙江塘棲)=福橘
绿康达木 Condalia viridis I.M.Johnstony.(鼠李科)
绿壳砂(药典 2000)=缩砂密
绿壳砂仁(勐腊)=缩砂密
绿苦竹 Pleioblastus incarnatus S.L.Chen & G.Y. Sheng (禾本科)
绿宽翅香青(新)Anaphalis latialata var. viridis (Hand.-Mazz.) Ling & Y.L.Chen(菊科),*宽翅香青绿变种*
绿盔密穗马先蒿 Pedicularis densispica subsp. viridescens Tsoong(玄参科),*密穗马先蒿绿盔亚种*
绿兰(海南定安,保亭)=海南木莲
绿兰花(重庆草药)=通泉草
绿蓝草(植物志 66)=筒冠花
绿棱点地梅 Androsace mairei Lévl.(报春花科),*疏丛长叶点地梅*
绿篱柴(植物志 48-1)=长叶冻绿
绿篱竹(广东)=花竹
绿绿草(贵州草药)=虾须草
绿绿柴(浙江)=三桠乌药
绿萝 Epipremnum aureum (Linden & Andre) Bunting (天南星科)
绿麻黄 Ephedra viridis Cov.(麻黄科)
绿毛金星蕨(蕨类图说)=溪边假毛蕨
绿毛山柳菊 Hieracium pilosella L.(菊科)
绿梅(安徽中草药)=梅
绿檬(植物志 43-2)=来檬
绿木通(湖北志)=金佛铁线莲
绿南星(湖北)=刺柄南星
绿南星(湖北巴东)=花南星
绿南星(湖北恩施)=灯台莲
绿楠(海南)=苦梓含笑
绿楠(海南定安,保亭)=海南木莲
绿囊薹草 Carex hypochlora Freyn(莎草科)
绿泥根(福建草药)=冻绿
绿鸟胶花 Ixia viridiflora Lam.(鸢尾科)
绿爬山虎(云南)=光亮瘤蕨
绿皮刺(植物志 48-1)=冻绿
绿皮黄筋竹 Phyllostachys sulphurea cv. Houzeau (禾本科),*槽里黄刚竹*,*碧玉间黄金竹*
绿皮子(云南禄劝)=薄叶冬青
绿葡萄藤(贵州民间药物)=红三叶地锦
绿绒蒿(高原治疗手册)=全缘叶绿绒蒿
绿绒蒿属 Meconopsis Vig.(罂粟科)
绿肉山楂 Crataegus chlorosarca Maxim.(蔷薇科)
绿色贝母兰(新)Coelogyne prasina Ridl.(兰科),*绿花贝母兰*
绿色甘橿(新)Lindera neesiana (Nees) Kurz.(樟科),*绿叶甘橿*
绿色山槟榔 Pinanga viridis Burret (棕榈科)
绿色瓦韦 Lepisorus virencens Ching & S.K.Wu (水龙骨科)
绿色鸢尾 Iris virescens Delarb.(鸢尾科)
绿色柱瓣兰 Epidendrum virens Lindl.(兰科)
绿沙地锦鸡儿 Caragana davazamcii var. viridis Liou f.(豆科)
绿珊瑚(四川)=长花百蕊草
绿珊瑚(植物志 44-3)=绿玉树
绿升麻(湖北,云南)=升麻
绿升麻(湖南名录)=小升麻
绿升麻(云南)=水棉花
绿柿(江苏,浙江)=油柿
绿穗鹅观草 Roegneria viridula Keng & S.L. Chen (禾本科)
绿穗三毛草 Trisetum umbratile (Kitag.) Kitag. (禾本科)
绿穗薹草(西藏志)=刺喙薹草
绿穗薹草 Carex chlorostachys Stev.(莎草科)
绿穗苋 Amaranthus hybridus L.(苋科)
绿笋片(纲目拾遗)=绿竹
绿塔北美香柏 Thuja occidentalis cv. Robusta (柏科)
绿藤(云南)=波叶青牛胆
绿天(群芳谱)=芭蕉
绿天红地(云南)=红凉伞
绿天麻(中药大辞典)=羊角天麻
绿天麻 Gastrodia elata f. viridis (Makino) Makino (兰科)
绿头薹草 Carex chlorocephalula Wang & Tang ex P.C.Li(莎草科)
绿仙人掌(拉汉名称)=单刺仙人掌
绿莶草(中药志)=豨莶
绿苋(北部植物图志)=皱果苋
绿香青 Anaphalis viridis Cumm.(菊科)
绿香青无茎变种(植物志 75)=无茎绿香青(新)
绿心报春(高等图鉴)=展瓣紫晶报春
绿心杜鹃花 Rhododendron chlorops Cowan.(杜鹃花科)
绿心锦鸡尾 Haworthia krausii Haege & Schmidt. (百合科),*绿心十二卷*

绿心十二卷(新拉汉英)=绿心锦鸡尾
绿芽俞藤 Yua chinensis C.L.Li(葡萄科)
绿眼报春 Primula euosma Craib(报春花科),*紫心报春*
绿药淫羊藿 Epimedium chlorandrum Stearn(小檗科)
绿叶扁担藤(中药大辞典)=华中乌蔹莓
绿叶变种(植物志 65-2)=绿叶美丽沙穗(新)
绿叶地锦 Parthenocissus laetevirens Rehd.(葡萄科),*绿叶爬山虎,青叶爬山虎,大绿藤*
绿叶飞蛾槭 Acer oblongum var. concolor Pax (槭树科)
绿叶粉背蕨 Aleuritopteris tamburii var. viridis X.X.Kong(中国蕨科)
绿叶甘橿(新拉汉英)=绿色甘橿(新)
绿叶甘橿 Lindera fruticosa Hemsl.(樟科),*系系筷子*
绿叶冠毛榕 Ficus gasparriniana var. viridescens (Lévl. & Vant.) Corner(桑科),*丛毛榕,铁牛入石,小果榕,小叶钻石风,竹叶牛奶子*
绿叶胡颓子 Elaeagnus viridis Serv.(胡颓子科)
绿叶胡枝子 Lespedeza buergeri Miq.(豆科),*金丹,金腰带,木本胡枝子,女金丹,三头草,三叶豆,三叶青,山附子,土附子,血人参,粘衣草*
绿叶姜黄(新)Curcuma viridifolia Roxb.(姜科)
绿叶角唇兰(台湾兰科植物)=绿叶线柱兰
绿叶介蕨 Dryoathyrium viridifrons (Makino) Ching (蹄盖蕨科),*薄叶介蕨*
绿叶锦鸡儿 Caragana microphylla f. viridis Kom. (豆科)
绿叶柳 Salix metaglauca Ch.Y.Yang (杨柳科)
绿叶美丽沙穗(新)Eremostachys speciosa var. viridifolia M.Pop.(唇形科),*绿叶变种*
绿叶木蓼 Atraphaxis laetevirens (Ledeb.) Jaub. & Spach (蓼科)
绿叶爬山虎(分类学报)=绿叶地锦
绿叶润楠 Machilus viridis Hand.-Mazz.(樟科)
绿叶石莲花(秦岭志)=绿花石莲
绿叶铁线莲 Clematis viridis (W.T.Wang & M.C.Chang) W.T.Wang(毛茛科),*长梗灰叶铁线莲*
绿叶托红珠(通称)=青荚叶
绿叶五味子 Schisandra viridis A.C.Sm.(木兰科)
绿叶线蕨 Colysis leveillei (Christ) Ching(水龙骨科),*勒氏线蕨*
绿叶线柱兰 Zeuxine agyokuana Fukuyama(兰科),*绿叶角唇兰,阿玉山伴兰*
绿叶小膜盖蕨 Araiostegia imbricata Ching(骨碎补科)
绿叶熊果 Arctostachylos patula Greene (杜鹃花科),*展枝熊果*
绿叶悬钩子 Rubus komarovi Nakai(蔷薇科)
绿叶中华槭 Acer sinense var. concolor Pax(槭树科)
绿叶紫金牛(高等图鉴)=纽子果
绿衣枳壳(福建药材名)=枳
绿衣枳实(福建)=枳
绿英柴(安徽)=光叶紫珠
绿樱桃(云南屏边)=毛梗冬青
绿玉树 Euphorbia tirucalli L.(大戟科),*青珊瑚,光棍树,绿珊瑚,乳葱树,白蚁树*
绿芋子(河北)=虎掌
绿早熟禾 Poa viridula Palib.(禾本科)
绿泽兰(云南)=思茅豆腐柴
绿樟(广东)=樟叶泡花树
绿针茅 Stipa viridula Trin.(禾本科)
绿枝山矾 Symplocos viridissima Brand(山矾科),*瓶核山矾*
绿栉齿叶蒿 Artemisia freyniana (Pamp.) Krasch. (菊科)
绿钟党参 Codonopsis chlorocodon C.Y.Wu(桔梗科)
绿轴凤尾蕨 Pteris viridissima Ching ex Ching & S.H.Wu (凤尾蕨科)
绿珠藜(东北草本志)=尖头叶藜
绿竹(唐本草)=荩草
绿竹 Dendrocalamopsis oldhami (Munro) Keng f.(禾本科),*草鞋底,长枝竹,蝴蝶尖,绿笋片,毛绿竹,坭竹,石竹,乌药竹,效脚绿,玉版笋*
绿竹属 Dendrocalamopsis (Chia & H.L.Fung) Keng f.(禾本科)
绿柱杜鹃 Rhododendron brachyanthum subsp. hypolepidotum (Franch.) Cullen(杜鹃花科)
绿柱美国花柏 Chamaecyparis lawsoniana cv. Erecta Viridis (柏科)
绿壮丽秋海棠 Begonia imperialis var. smaragdina Lem.(秋海棠科),*宝绿叶毡毛秋海棠*
葎草 Humulus scandens (Lour.) Merr.(桑科),*穿插肠草,大叶五爪龙,割人藤,葛勒蔓,葛勒子,葛勒子秧,葛葎草,葛葎蔓,葛人藤,过沟龙,黑草,假苦瓜,锯锯藤,苦瓜藤,拉拉蔓,拉拉藤,拉拉秧,来莓草,老虎藤,勒草,马花子,涩萝蔓,五扑龙,五叶杂藤,中胶迹*
葎草属 Humulus L.(桑科)
葎叶白蔹(北京)=葎叶蛇葡萄
葎叶蛇葡萄 Ampelopsis humulifolia Bge.(葡萄科),*葎叶白蔹,小接骨丹,七角白蔹*

Luan

孪果鹤虱 Rochelia bungei Traut.(紫草科)
孪果鹤虱属 Rochelia Reichb.(紫草科),*罗舍利属*
孪花蟛蜞菊 Wedelia biflora (L.) DC.(菊科)
孪生鹅观草 Roegneria geminata Keng(禾本科)
孪叶豆 Hymenaea courbaril L.(豆科),*南美叉叶树*
孪叶豆属 Hymenaea L.(豆科)
孪叶羊蹄甲 Bauhinia didyma L.Chen(豆科),*牛耳麻,飞机藤,二裂片羊蹄甲*
孪枝早熟禾(新拉汉英)=蒙古早熟禾
峦大八角 Illicium tashiroi Maxim.(木兰科)
峦大菝葜 Smilax pygmaea Merr.(百合科)
峦大秋海棠 Begonia randaiensis Sasaki(秋海棠科)
峦大雀梅藤 Sageretia randaiensis Hay.(鼠李科)
峦大石斛(台兰科图鉴)=长爪石斛
峦大越桔 Vaccinium randaiense Hay.(杜鹃花科)
峦大紫珠 Callicarpa randaiensis Hay.(马鞭草科)
峦介芹菜(西藏)=水芹
栾(浙江黄岩)=柚
栾茶(纲目拾遗)=石楠
栾华(图考)=栾树
栾泡椰(浙江)=椰树
栾树 Koelreuteria paniculata Laxm.(无患子科),*黑色叶树,黑叶树,木栏牙,木栾,栾华,石栾树,乌拉,乌拉胶,五乌拉叶,山茶叶,软棒*
栾树属 Koelreuteria Laxm.(无患子科)
栾樨(岭南采药录)=阔苞菊
鸾凤阁 Astrophytum myriostigma cv. Columnare (仙人掌科)
鸾凤玉 Astrophytum myriostigma (Salm.-Dyck) Lem. (仙人掌科)
鸾枝 Amygdalus triloba var. petzoldii (K.Koch) Bailey (蔷薇科)
卵瓣还亮草 Delphinium anthriscifolium var. savatieri (Franch.) Munz(毛茛科)
卵苞风毛菊 Saussurea andersonii C.B.Clarke(菊科)
卵苞金足草 Goldfussia ovatibracteata (H.S.Lo & D.Fang) C.Y.Wu(爵床科),*卵苞马蓝*
卵苞马蓝(广西植物,数据库光盘)=卵苞金足草
卵苞山矾(植物志 60-2)=山矾
卵苞五蕊柳 Salix pentandra var. obovata C.Y.Yu (杨柳科)
卵苞血桐 Macaranga trigonostemonoides Croiz. (大戟科)
卵苞猪屎豆 Crotalaria dubia Grah. ex Benth.(豆科)
卵齿变种(Flora 17)=卵叶糙苏
卵齿变种(植物志 65-2,Flora 17)=卵齿筋骨草(新)
卵齿糙苏 Phlomis umbrosa var. ovalifolia C.Y.Wu (唇形科),*卵齿变种*
卵齿筋骨草(新)Ajuga ciliata var. ovatisepala C.Y.Wu & C.Chen(唇形科),*卵齿变种*
卵唇粉蝶兰(台湾兰科植物)=小舌唇兰
卵唇红门兰 Orchis cyclochila (Franch & Sav.) Maxim.(兰科)
卵唇金石斛 Flickingeria tairukounia (S.S.Ying) T.P.Lin(兰科),*尖叶暂花兰*
卵唇指柱兰(台湾志)=大鲁阁叉柱兰
卵萼变豆菜 Sanicula giraldii var. ovicalycina Shan & S.L.Liou(伞形科)
卵萼红景天 Rhodiola ovatisepala (Hamet) S.H. Fu (景天科)
卵萼红景天秦氏变种(分类学报增刊)=线萼红景天
卵萼花锚(Flora 16)=大花花锚
卵萼花锚(植物志 62)=椭圆叶花锚
卵萼假鹤虱 Eritrichium uncinatum (Benth.) Lian & J.Q.Wang(紫草科),*西藏假鹤虱*
卵萼龙胆 Gentiana bryoides Burk.(龙胆科)
卵萼毛麝香 Adenosma javanicum (Bl.) Merr. (玄参科)
卵萼羊角拗 Strophanthus caudatus (Burm.f.) Kurz(夹竹桃科)
卵萼沼兰 Malaxis ovalisepala (J.J.Sm.) Seidenf. (兰科)
卵槁(海南)=长圆叶新木姜子
卵果大黄 Rheum moocroftianum Royle(蓼科)
卵果冬青(高等图鉴)=大果珊瑚冬青
卵果短肠蕨 Allantodia ovata W.M.Chu(蹄盖蕨科)
卵果佛手 Ginkgo biloba cv. Luanguofoshou(银杏科)
卵果海桐 Pittosporum ovoideum Gowda(海桐花科)
卵果鹤虱 Lappula patula (Lehm.) Aschers. ex Gürke(紫草科)
卵果红山茶 Camellia oviformis Chang(山茶科)
卵果蕨 Phegopteris connectilis (Michx.) Watt (金星蕨科),*广羽金星蕨,长柄卵果蕨,长柄假金星蕨*
卵果蕨属 Phegopteris Fée (金星蕨科)
卵果梨(新)Pyrus ovoidea Rehd.?(蔷薇科)
卵果辽椴 Tilia mandshurica var. ovalis (Nakai) Liou & Li(椴树科)
卵果蔷薇 Rosa helenae Rehd. & Wils.(蔷薇科),*巴东蔷薇,牛黄树刺,野牯牛刺*

卵果青杞(植物志 67-1)=青杞
卵果青杞 Solanum septemlobum var. ovoidocarpum C.Y.Wu & S.C.Huang(茄科)
卵果山姜 Alpinia ovoideicarpa H.Dong & G.J.Xu (姜科)
卵果松 Pinus oocarpa Schiede (松科)
卵果薹草 Carex maackii Maxim.(莎草科),*翅囊薹草*
卵果鱼鳞云杉(植物志 7)=兴安鱼鳞云杉
卵花甜茅 Glyceria tonglensis C.B.Clarke(禾本科)
卵黄小檗 Berberis vitellina Hieron.(小檗科)
卵裂黄鹌菜 Youngia pseudosenecio (Vant.) Shih (菊科)
卵裂银莲花(植物志 28)=长毛银莲花
卵鳞耳蕨 Polystichum ovato-paleaceum (Kodama) Kurata(鳞毛蕨科)
卵囊薹草(高等图鉴)=二柱薹草
卵盘鹤虱 Lappula redowskii (Hornem.) Greene (紫草科),*中间鹤虱,蒙古鹤虱,小粘染子,塔巴格特-闹朝日嘎那*
卵穗荸荠 Heleocharis soloniensis (Dubois) Hara (莎草科)
卵穗山羊草 Aegilops ovata L.(禾本科)
卵穗薹草(高等图鉴)=寸草
卵穗薹草 Carex ovatispiculata Y.L.Chang ex S.Y.Liang (莎草科)
卵小叶垫柳 Salix ovatomicrophylla Hao(杨柳科)
卵心叶虎耳草(植物志 34-2)=蒙自虎耳草
卵心叶虎耳草 Saxifraga epiphylla Gornall & H.Ohba (虎耳草科)
卵心叶马铃苣苔 Oreocharis aurea var. cordato-ovata (C.Y.Wu ex H.W.Li) K.Y.Pan(苦苣苔科)
卵形盾叶冷水花 Pilea peltata var. ovatifolia C.J.Chen (荨麻科)
卵形五桠果 Dillenia ovatum Wall.(五桠果科)
卵形绣球防风 Leucas ovata Benth.(唇形科)
卵形锥花 Gomphostemma ovatum Wall.(唇形科)
卵叶巴豆 Croton caudatus Geisel.(大戟科)
卵叶菝葜 Smilax ovalifolia Roxb.(百合科)
卵叶白前(植物志 63)=大理白前
卵叶白绒草 Leucas martinicensis R.Br.(唇形科)
卵叶白珠树 Gaultheria ovatifolia A.Gray (杜鹃花科)
卵叶半边莲 Lobelia zeylanica L.(桔梗科)
卵叶报春 Primula ovalifolia Franch.(报春花科)
卵叶杯冠藤 Cynanchum formosanum var. ovalifolium Tsiang & P.T.Li(萝藦科)
卵叶贝母兰 Coelogyne occultata HK.f.(兰科),*有瓜石斛,卜谢罗玛切瓦*
卵叶鞭叶蕨 Cyrtomidictyum conjunctum Ching (鳞毛蕨科)
卵叶扁蕾 Gentianopsis paludosa var. ovato-deltoidea (Burk.) Ma ex T.N.Ho(龙胆科),*糙边扁蕾*
卵叶变种(植物志 65-2)=卵叶糙苏(新)
卵叶变种(植物志 74)=卵叶多舌飞蓬(新)
卵叶变种(植物志 74)=卵叶三脉紫菀(新)
卵叶变种(植物志 75)=卵叶革苞菊(新)
卵叶糙苏(新)Phlomis umbrosa var. ovalifolia C.Y.Wu (唇形科),*卵叶变种*
卵叶豺皮樟 Litsea rotundifolia var. ovatifolia Yang & P.H.Huang(樟科)
卵叶刺果卫矛 Euonymus trichocarpus Hay.(卫矛科)
卵叶粗叶木(分类学报)=文山粗叶木
卵叶带唇兰 Tainia ovifolia Z.H.Tsi & S.C.Chen (兰科)
卵叶点地梅 Androsace ovlifolia Y.C.Yang(报春花科)
卵叶钓樟 Lindera limprichtii H.Winkl.(樟科)
卵叶丁香蓼 Ludwigia ovalis Miq.(柳叶菜科),*卵叶水丁香*
卵叶兜被兰 Neottianthe ovata K.Y.Lang(兰科)
卵叶豆瓣绿 Peperomia obtusifolia A.Dietr.(胡椒科)
卵叶杜鹃 Rhododendron callimorphum Balf.f. & W.W.Sm. (杜鹃花科)
卵叶短肠蕨 Allantodia leptophylla (Christ) Ching (蹄盖蕨科),*粗叶短肠蕨*
卵叶对叶兰 Listera ovata (L.) R.Br.(兰科)
卵叶多舌飞蓬(新)Erigeron multiradiatus var. ovatifolius Ling & Y.L.Chen(菊科),*卵叶变种*
卵叶耳草 Hedyotis ovata Thunb. ex Maxim.(茜草科),
卵叶番泻 Cassia obovata Colladon(豆科)
卵叶繁缕 Stellaria ovatifolia (Mizushima) Mizushima (石竹科)
卵叶风毛菊 Saussurea ovatifolia Y.L.Chen & S.Y.Liang (菊科)
卵叶辐花 Lomatogoniopsis ovatifolia T.N.Ho & S.W.Liu (龙胆科)
卵叶茖葱(新华本草纲要)=卵叶韭
卵叶革苞菊(新)Tugarinovia mongolica var. ovatifolia Lin & Y.C.Ma(菊科),*卵叶变种*
卵叶桂 Cinnamomum rigidissimum H.T.Chang (樟科),*卵叶樟,硬叶樟*
卵叶荷包山桂花 Polygala arillata var. ovata Gagn.(远志科)
卵叶胡椒 Piper attenuatum Buch.-Ham.(胡椒科)
卵叶胡颓子 Elaeagnus ovata Serv.?(胡颓子科)
卵叶槲寄生 Viscum album var. meridianum Danser(桑寄生科),*阔叶槲寄生*
卵叶花佩菊 Faberia tsiangii (Chang) Shih(菊科)
卵叶灰毛豆 Tephrosia obovata Merr.(豆科),*台湾灰毛豆*
卵叶荚蒾(树木分类学)=桦叶荚蒾
卵叶荚蒾 Viburnum ovatifolium Rehd.?(忍冬科)
卵叶假鹤虱 Hackelia uncinatum (Benth.) C.E.C.Fisch. (紫草科)
卵叶假蜘蛛兰(台兰科图鉴)=拟蜘蛛兰
卵叶锦香草 Phyllagathis ovalifolia H.L.Li(野牡丹科),*酸猪草*
卵叶旌节花(峨眉图志)=倒卵叶旌节花
卵叶韭 Allium ovalifolium Hand.-Mazz.(百合科),*卵叶茖葱,鹿儿韭,卵叶山葱*
卵叶卷耳(Flora 6)=鄂西卷耳
卵叶柯 Lithocarpus obovatilimbus Chun(壳斗科)
卵叶栝楼 Trichosanthes ovata Cogn.(葫芦科)
卵叶蜡菊 Helichrysum bellidioides Willd.(菊科)
卵叶雷公藤(广东)=耳叶马兜铃
卵叶梨果寄生 Scurrula chingii (Cheng) H.S.Kiu (桑寄生科)
卵叶连翘 Forsythia ovata Nakai(木犀科)
卵叶鳞花草 Lepidagathis inaequalis C.B.Clarke ex Elmer(爵床科),*卵叶鳞球花*
卵叶鳞球花(台湾志)=卵叶鳞花草
卵叶鳞始蕨(新华本草纲要)=卵叶双唇蕨
卵叶柃 Eurya ovatifolia H.T.Chang(山茶科)
卵叶柳穿鱼 Linaria genistifolia (L.) Mill.(玄参科)
卵叶轮草 Galium platygalium (Maxim.) Pobed.(茜草科)
卵叶马兜铃(高等图鉴)=耳叶马兜铃
卵叶马兜铃 Aristolochia ovatifolia S.M.Hwang (马兜铃科),*大赛药*
卵叶马尾杉 Phlegmariurus salvinioides (Hert.) Ching (石杉科)
卵叶猫乳 Rhamnella wilsonii Schneid.(鼠李科),*小叶猫乳*
卵叶毛麝香 Adenosma ovatum Benth.(玄参科)
卵叶美洲茶 Ceanothus ovatus Desf.(鼠李科)
卵叶牡丹 Paeonia qiui Y.L.Pei & D.Y.Hong(芍药科)
卵叶扭柄花 Streptopus ovalis (Ohwi) Wang & Y.C.Tang (百合科)
卵叶女贞 Ligustrum ovalifolium Hassk.(木犀科)
卵叶蓬莱葛 Gardneria ovata Wall.(马钱科)
卵叶茜草 Rubia ovatifolia Z.Y.Zhang(茜草科),*小红藤,茜草红蛇儿*
卵叶羌活 Notopterygium forbesii var. oviforme (Shan) H.T.Chang(伞形科)
卵叶秋海棠 Begonia ovatifolia A.DC.(秋海棠科)
卵叶球兰 Hoya ovalifolia Wight & Arn.(萝藦科),*海南球兰*
卵叶忍冬 Lonicera inodora W.W.Sm.(忍冬科)
卵叶榕 Ficus ovatifolia S.S.Chang (桑科)
卵叶柔毛绣球(分类学报)=马桑绣球
卵叶三脉紫菀(新)Aster ageratoides var. oophyllus Ling(菊科),*卵叶变种*
卵叶山葱(Flora 24)=卵叶韭
卵叶山矾(植物志 60-2)=光叶山矾
卵叶山柳菊 Hieracium regelianum Zahn.(菊科)
卵叶山罗花 Melampyrum roseum var. ovalifolium (Nakai) Nakai ex Beauv.(玄参科),*山罗花卵叶变种*
卵叶山香圆 Turpinia ovalifolia Elmer(省沽油科)
卵叶山杨(植物志 20-2)=山杨
卵叶石笔木 Tutcheria ovalifolia Li(山茶科)
卵叶石楠(新)Photinia serrulata var. ardisiifolia (Hay.) Kuan(蔷薇科),*石楠窄叶变种*
卵叶石杉 Phlegmariurus ovatifolius (Ching) W.M.Chu(石杉科)
卵叶鼠耳芥(植物志 33)=卵叶须弥芥
卵叶鼠李 Rhamnus bungeana J.Vass.(鼠李科),*小叶鼠李,麻李*
卵叶双唇蕨 Schizoloma intertextum Ching(陵齿蕨科),*柳叶双唇蕨,卵叶鳞始蕨*
卵叶水丁香(台湾志)=卵叶丁香蓼
卵叶水芹 Oenanthe rosthornii Diels(伞形科)
卵叶溲疏(植物志 35-1)=大花溲疏
卵叶唐棣 Amelanchier ovalis (蔷薇科)
卵叶天料木 Homalium phanerophlebium var. obovatifolium S.S.Lai(大风子科)
卵叶铁角蕨 Asplenium ruta-muraria L.(铁角蕨科),*银杏叶铁角蕨*
卵叶铁苋菜 Acalypha kerrii Craib(大戟科)
卵叶橐吾(西藏中草药)=藏橐吾
卵叶娃儿藤(通称)=娃儿藤
卵叶瓦莲 Rosularia platyphylla (Schrenk) Berger(景天科)

卵叶弯曲碎米荠(植物志 33)=圆齿碎米荠
卵叶网籽草(新)Dictyospermum ovalifolium Wight? (鸭跖草科)
卵叶微孔草 Microula ovalifolia (Bur. & Franch.) Johnst. (紫草科)
卵叶无柱兰 Amitostigma hemipilioides (Finet) T.Tang & F.T.Wang(兰科)
卵叶小黄管 Sebaea ovata (Labill.) R.Br.(龙胆科)
卵叶新木姜子 Neolitsea ovatifolia Yang & P.H. Huang (樟科)
卵叶绣线菊 Spiraea japonica var. ovalifolia Franch.(蔷薇科),*粉花绣线菊椭圆叶变种*
卵叶须弥芥 Crucihimalaya wallichii (HK.f. & Thoms.) Al-Shehbaz et al.(十字花科),*卵叶鼠耳芥*
卵叶雪山报春 Primula elizabethae Ludlow(报春花科)
卵叶鸭跖草(植物志 13-3)=饭包草
卵叶延龄草 Trillium ovatum Pursh.(百合科)
卵叶岩荠(植物志 33)=卵叶阴山荠
卵叶羊蹄甲 Bauhinia ovatifolia T.Chen(豆科)
卵叶野丁香 Leptodermis ovata H.Winkl.(茜草科)
卵叶野山药 Dioscorea glabra var. vera R.Kunth (薯蓣科)
卵叶阴山荠 Yinshania paradoxa (Hance) Y.Z. Zhao (十字花科),*卵叶岩荠*
卵叶银莲花 Anemone begoniifolia Lévl. & Vant. (毛茛科)
卵叶硬毛南芥(植物志 33)=硬毛南芥
卵叶油点草 Tricyrtis ovatifolia S.S.Ying(百合科)
卵叶莸(江苏植物名录)=兰香草
卵叶玉盘柯 Lithocarpus uvariifolius var. ellipticus (Metc.) Huang & Y.T.Chang (壳斗科)
卵叶远志(广东志)=瓜子金
卵叶远志 Polygala sibirica L.(远志科),*辰砂草,大远志,地丁,瓜子草,瓜子金,阔叶远志,西伯利亚远志,女儿红,青玉丹草,甜远志,万年青,小丁香,小叶远志,远志*
卵叶越桔 Vaccinium ovalifolium Sm.(杜鹃花科)
卵叶蚤缀(东北检索表)=无心菜
卵叶獐牙菜(植物志 62)=四数獐牙菜
卵叶樟(海南志)=卵叶桂
卵叶蜘蛛抱蛋 Aspidistra typica Baill.(百合科),*棕粑叶,蛇退,蜘蛛抱蛋,俞莲*
卵叶紫菀 Aster ovalifolius Kitam.(菊科)
卵叶紫菀花苣苔 Asteranthera ovata Hanst.(苦苣苔科)
卵羽凤丫蕨 Coniogramme ovata S.K.Wu ex Shing (裸子蕨科)
卵羽贯众(分类学报)=尖齿贯众
卵羽玉龙蕨 Sorolepidium ovale Y.T.Hsien(鳞毛蕨科)
卵园蕗蕨 Mecodium ovalifolium Ching & Chiu (膜蕨科)
卵圆唇柱苣苔 Chirita rotundifolia (Hemsl.) Wood (苦苣苔科)
卵圆盾蕨 Neolepisorus ovatus f. gracilis Ching & Shing (水龙骨科)
卵状飘拂草(新)Fimbristylis ovata (Burm.f.) Kern (莎草科),*独穗飘拂草*
卵子草(甘肃,四川)=婆婆纳
乱草 Eragrostis japonica (Thunb.) Trin.(禾本科),*碎米知风草,香榧草,鲫鱼草*
乱角莲(文山中草药)=云南石仙桃
乱桃(海南)=山橘树
乱头发(贵州方药集)=高山蓍
乱子草 Muhlenbergia hugelii Trin.(禾本科)
乱子草属 Muhlenbergia Schreb.(禾本科)

Lüe

略叉开美洲茶 Ceanothus divergensis Parry.(鼠李科)
略粗糙省藤 Calamus scabridulus Becc.(棕榈科)
略粗秋海棠(新)Begonia scabrida A.DC.(秋海棠科),*粗糙秋海棠*
略大观音座莲(新)Angiopteris majuscula Ching (观音座莲科),*大观音座莲*
略毛薯蓣 Dioscorea subcalva var. submollis (R.Knuth) C.T.Ting(薯蓣科)
略斯喀特十大功劳 Mahonia nervosa (Prush) Nutt.(小檗科),*脉叶十大功劳*

Lun

伦阿蕉(云南景颇语)=野蕉
沦江新樟 Neocinnamomum mekongense (Hand.-Mazz.) Kosterm.(樟科)
轮苞血桐 Macaranga rosuliflora Croiz.(大戟科)
轮冠木 Rotula aquatica Lour.(紫草科)
轮冠木属 Rotula Lour.(紫草科)
轮花筋骨草(高原治疗手册)=白苞筋骨草
轮花木蓝 Indigofera subverticellata Gagn.(豆科)
轮花忍冬 Lonicera caprifolium L.(忍冬科),*蔓生盘叶忍冬*
轮花香草 Lysimachia subverticillata C.Y.Wu(报春花科)
轮花玄参 Scrophularia pauciflora Benth.(玄参科)
轮环藤 Cyclea racemosa Oliv.(防已科),*青藤,青藤细辛,山豆根,小解药,小青藤香,小苦,滚天龙,良藤,衮天龙*
轮环藤属 Cyclea Arn. ex Wight(防已科)
轮环娃儿藤 Tylophora cycleoides Tsiang(萝藦科)
轮伞五加 Acanthopanax verticillatus Hoo(五加科),*五加皮*
轮伞五叶参 Pentapanax verticillatus Dunn(五加科)
轮伞蝇子草 Silene komarovii Schischk.(石竹科)
轮生凤仙花 Impatiens verticillata Wight (凤仙花科)
轮生黄藤 Daemonorops verticillatis (Griff.) Mart. (棕榈科)
轮生排香草 Anisochilus verticillatus HK.f.(唇形科)
轮生小檗 Berberis verticillata Turcz.(小檗科)
轮生叶贝克斯 Banksia verticillata R.Br.(山龙眼科)
轮生叶黄华(豆科图说)=轮生叶野决明
轮生叶欧石南 Erica verticilata Bergius (杜鹃花科)
轮生叶野决明 Thermopsis inflata Camb.(豆科),*胀果黄华,轮生叶黄华*
轮生叶越桔 Vaccinium venosum Wight(杜鹃花科)
轮台鸦葱 Scorzonera luntaiensis Shih(菊科)
轮纹秋海棠 Begonia annulata K.Koch (秋海棠科)
轮叶八宝 Hylotelephium verticillatum (L.) H. Ohba (景天科),*轮叶景天,一代宗,还魂草,岩三七,胡豆七,楼台还阳*
轮叶白前 Cynanchum verticillatum Hemsl.(萝藦科),*细蓼仔,细叶蓼,富宁白前*
轮叶百合(中药志)=东北百合
轮叶柏蕾荠(高等图鉴)=轮叶无隔荠
轮叶贝母 Fritillaria maximowiczii Freyn(百合科),*一轮贝母*
轮叶党参(植物志 73-2)=羊乳
轮叶沟子荠 Taphrospermum verticillatum (Jeffr. & W.W.Sm,) Al-Shehbaz(十字花科)
轮叶过路黄 Lysimachia klattiana Hance(报春花科),*轮叶排草,黄开口,老虎脚迹草,见血住,克氏排草*
轮叶狐尾藻(高等图鉴)=狐尾藻
轮叶黄精 Polygonatum verticillatum (L.) All. (百合科),*红果黄精,地吊,羊角参,臭儿参,拉尼,红果黄精,黄精*
轮叶棘豆(西藏志,药典 2000)=臭棘豆
轮叶戟 Lasiococca comberi var. pseudoverticillata (Merr.) H.S.Kiu(大戟科),*假轮叶水柳,肋巴木*
轮叶戟属 Lasiococca HK.f.(大戟科)
轮叶节节菜 Rotala mexicana Cham. & Schlechtend. (千屈菜科),*墨西哥水松叶*
轮叶景天(拉汉名称)=轮叶八宝
轮叶景天 Sedum chauveaudii Hamet(景天科)
轮叶卷耳 Cerastium verticifolium R.L.Dang & X.M.Pi (石竹科)
轮叶铃子香 Chelonopsis souliei (Bonati) Merr. (唇形科)
轮叶绿绒蒿 Meconopsis integrifolia var. uniflora C.Y.Wu & H.Chuang(罂粟科)
轮叶马先蒿 Pedicularis verticillata L.(玄参科),*轮叶马先蒿轮叶亚种*
轮叶马先蒿宽裂亚种(植物志 68)=宽裂轮叶马先蒿
轮叶马先蒿轮叶亚种(植物志 68)=轮叶马先蒿
轮叶马先蒿唐古特亚种(植物志 68)=唐古特轮叶马先蒿
轮叶木姜子 Litsea verticillata Hance(樟科),*槁木姜,槁树,大五托*
轮叶排草(苏南植物手册)=轮叶过路黄
轮叶婆婆纳(东北检索表)=草本威灵仙
轮叶婆婆纳(植物志 67-2)=轮叶穗花
轮叶蒲桃 Syzygium grijsii (Hance) Merr. & Perry (桃金娘科),*山乌珠,枸铃子,紫藤子*
轮叶荛花 Wikstroemia stenophylla E.Pritz.(瑞香科),*窄叶荛花*
轮叶三棱栎 Trigonobalanus verticillata Forman (壳斗科)
轮叶沙参 Adenophora tetraphylla (Thunb) Fisch. (桔梗科),*南沙参,四叶沙参,泡参,泡沙参*
轮叶石龙尾(高等图鉴)=有梗石龙尾
轮叶穗花 Pseudolysimachion spurium (L.) Rausch.(玄参科),*轮叶婆婆纳*
轮叶委陵菜 Potentilla verticillaris Steph. ex Willd. (蔷薇科)
轮叶卫矛 Euonymus ternifolius Hand.-Mazz.(卫矛科)
轮叶无隔荠 Staintoniella verticillata (Jeffrey & W.W.Sm.) Hara(十字花科),*轮叶柏蕾荠*
轮叶无心菜 Arenaria galliformis C.Y.Wu(石竹科)
轮叶蟹甲草 Parasenecio cyclotus (Bur. & Franch.) Y.L.Chen(菊科)
轮叶绣球(分类学报)=圆锥绣球
轮叶獐牙菜 Swertia verticillifolia T.N.Ho & S.W.Liu (龙胆科)

轮叶紫金牛(台湾)=九节龙
轮叶紫金牛 Ardisia oridinata Walker(紫金牛科)
轮状狗尾草 Setaria verticilliformis Dumort.(禾本科)

Luo

罗比矮柳杉 Cryptomeria japonica cv. Lobbi Nana (杉科)
罗比梅 Flacourtia inermis Roxb. (大风子科)
罗伯格挪威槭 Acer platanoides var. lorbergii Van Houtte (槭树科)
罗伯利槭 Acer lobelii Ten (槭树科)
罗伯生脐橙 Robertson(芸香科脐橙类)
罗卜藤(广西)=黄蜡果
罗布欢的尔(维吾尔名)=罗布麻
罗布麻 Apocynum venetum L.(夹竹桃科),茶棵子,茶叶花,红花草,红麻,吉吉麻,罗布欢的尔,奶流,奶流子,牛茶,女儿茶,披针叶茶叶花,羊肚拉角,野菜,野茶,野麻,野务其干,泽漆麻
罗布麻属 Apocynum L.(夹竹桃科),茶叶花属,草夹竹桃属
罗布小檗 Berberis lobbiana Schneid.(小檗科)
罗城葡萄 Vitis luochengensis W.T.Wang(葡萄科)
罗城槭(川大植物资料)=黔桂槭
罗城石楠 Photinia lochengensis Yü(蔷薇科)
罗旦梅(植物志 52-1)=云南刺篱木
罗甸变种(植物志 65-2,Flora 17)=罗甸纤细假糙苏
罗甸地皮消 Pararuellia cavaleriei (Lévl.) E. Hossain(爵床科)
罗甸风筝果 Hiptage luodianensis S.K.Chen(金虎尾科)
罗甸沟瓣 Glyptopetalum feddei (Lévl.) D.Hou (卫矛科)
罗甸黄芩 Scutellaria lotienensis C.Y.Wu & S. Chow (唇形科)
罗甸秋海棠 Begonia porteri Lévl.(秋海棠科),单花秋海棠
罗甸纤细假糙苏(新)Paraphlomis gracilis var. lutienensis (Sun) C.Y.Wu(唇形科),罗甸变种
罗甸香(云南)=牛至
罗甸小蜡 Ligustrum sinense var. luodianense M. C.Chang (木犀科),水蜡树,白颜香,长柄女贞
罗甸蜘蛛抱蛋 Aspidistra luodianensis D.D.Tao (百合科)
罗顿豆 Lotononis bainesii Baker(豆科)
罗顿豆属 Lotononis (DC.) Eckl. & Zeyh(豆科)
罗恩杜鹃花 Rhododendron lowndesii Davidian (杜鹃花科)
罗泛豆(药用志)=蚕豆
罗非亚椰子属(台木本志)=**酒椰属**
罗浮(瓯江逸志)=金橘
罗浮粗叶木 Lasianthus fordii Hance(茜草科)
罗浮冬青(福建志)=矮冬青
罗浮冬青 Ilex tutcheri Merr.(冬青科)
罗浮杜鹃(广西植物名录)=弯蒴杜鹃
罗浮栲(植物志 22)=罗浮锥
罗浮鳞盖蕨 Microlepia lofoushanensis Ching (碗蕨科)
罗浮蕗蕨 Mecodium lofoushanense Ching & Chiu (膜蕨科)
罗浮买麻藤 Gnetum lofuense C.Y.Cheng(买麻藤科)
罗浮飘拂草 Fimbristylis fordii C.B.Clarke (莎草科)
罗浮苹婆 Sterculia subnobilis Hsue(梧桐科)
罗浮槭(分类学报)=滨海槭
罗浮槭 Acer fabri Hance(槭树科),红翅槭,红蝴蝶,蝴蝶果,蝴蝶花
罗浮山槭(拉汉名称)=华南梣叶树
罗浮山瓶蕨 Vandenboschia lofushanensis Ching (膜蕨科)
罗浮柿 Diospyros morrisiana Hance(柿科),猴鬼子,猴子公,牛古柿,山红柿,山埠柿,山椑树,山柿,乌蛇木,野柿,野柿花
罗浮梭罗 Reevesia lofouensis Chun & Hsue(梧桐科)
罗浮锥 Castanopsis fabri Hance(壳斗科),白橼,白锥,白橼,狗牙锥,红橼栲,红橼木子,红黎,红锥,酒枹,罗浮栲,三检锥,星刺锥
罗浮紫珠 Callicarpa oligantha Merr.(马鞭草科)
罗庚果(台湾树木志)=大叶刺篱木
罗庚梅(台高等图志)=大叶刺篱木
罗古(广东,海南)=海莲
罗拐木(贵州民间药物)=桤木
罗锅底(云南)=异叶赤爬
罗锅底(云南中草药选)=曲莲
罗锅底 Hemsleya macrosperma C.Y.Wu ex C.Y. Wu & C.L.Chen(葫芦科),大籽雪胆,金盆草,金龟莲,土马兜铃
罗汉柏 Thujopsis dolabrata (L.f.) S. & Z.(柏科),蜈蚣柏
罗汉柏属 Thujopsis S. & Z.(柏科)
罗汉菜(丽江)=甘露子
罗汉草(峨眉)=血盆草
罗汉草(陕西)=喜冬草
罗汉草(四川中药志)=红脉兔儿风
罗汉茶(四川公潘)=鹿蹄草
罗汉柴(福建南平)=竹柏
罗汉果 Siraitia grosvenorii (Swignle) C.Jeff. ex Lu & Z.Y.Zhang(葫芦科),光果木鳖,假苦瓜,根罗哼表,棵龟巴,苦人参
罗汉果属 Siraitia Merr.(葫芦科)
罗汉柯(植物志 22)=柄果柯
罗汉伞属(福师学报)=**幌伞枫属**
罗汉杉(中山传信录)=罗汉松
罗汉松(河北)=白扦
罗汉松(河北东陵)=臭冷杉
罗汉松(云南嵩明)=黄杉
罗汉松 Podocarpus macrophyllus (Thunb.) D. Don (罗汉松科),罗汉杉,土杉,江南柏叶,江南侧柏叶
罗汉松科 Podocarpaceae
罗汉松叶石楠 Photinia podocarpifolia Yü(蔷薇科)
罗汉松叶乌饭 Vaccinium podocarpoideum Fang & Z.H.Pan(杜鹃花科)
罗汉松属 Podocarpus L'Hér. ex Persoon (罗汉松科)
罗汉竹(中国竹谱)=筇竹
罗河石斛 Dendrobium lohohense T.Tang & F.T. Wang (兰科),黄竹丫,黄草,中黄草,马草,出芽草,竹亚芽
罗晃子(云南)=酸豆
罗晃子(中药大辞典)=苹婆
罗晃子属(树木分类学,海南志,台湾志)=**酸豆属**
罗杰糖槭 Acer saccharum var. rugelii (Pax) Rehd.(槭树科)
罗金堆(傣名)=分叉露兜
罗壳木(海南)=山槟叶泡花树
罗克斯伯福木 Elaeodendron glaucum var. roxburghii Lawson (卫矛科)
罗克斯伯十大功劳 Mahonia roxburghii (DC.) Takeda (小檗科)
罗蓝紫 Syringa oblata cv. Luolanzi(木犀科)
罗勒(图考)=疏柔毛罗勒
罗勒 Ocimum basilicum L.(唇形科),矮糠,薄荷树,缠头花椒,光明子,蒿黑,家薄荷,荆芥,九层塔,九重塔,兰香,零陵香,佩兰,千层塔,省头草,香菜,香草,香草头,香荆芥,香叶草,小叶薄荷,鸭香,翳子草,兰香,薄荷树,大型变种,千层塔
罗勒属 Ocimum L.(唇形科)
罗藟草(豆科图说)=铺地蝙蝠草
罗藟草属(豆科图说)=**蝙蝠草属**
罗罗葱(河南中草药)=鸦葱
罗罗格小檗 Berberis lologensis Sandwth (小檗科)
罗罗李(瑞丽)=瑞丽山龙眼
罗马措暮米辣(图鉴)=果香菊
罗曼蕨(蕨类图说)=荚囊蕨
罗曼藤蕨(海南志)=美丽藤蕨
罗芒树(海南)=密鳞紫金牛
罗蒙常山 Dichroa yaoshanensis Y.C.Wu (虎耳草科)
罗蒙树(广东)=岭南山竹子
罗蘼藤(海南)=天星藤
罗木来(西双版纳傣语)=毛叶樟
罗尼远志(云南药用名录)=密花远志
罗平凤仙花 Impatiens poculifer HK.f.(凤仙花科)
罗平山黄堇 Corydalis lopinensis Franch.(罂粟科)
罗切斯溲疏 Deutzia scabra cv. Pride of Rochester (虎耳草科)
罗区岩蕨(蕨类图说)=密毛岩蕨
罗裙带(纲目拾遗)=文殊兰
罗裙子(广西)=瘤枝五味子
罗瑞草(植物分类学)=铺地蝙蝠草
罗伞 Brassaiopsis glomerulata (Bl.) Regel(五加科),柏那参,刺鸭脚,刺鸭脚木,华丽柏那参,空壳洞,七加皮,鸭脚罗伞,掌叶树
罗伞草(云南)=无柄感应草
罗伞草(中草药汇编)=感应草
罗伞树 Ardisia quinquegona Bl.(紫金牛科),长萼罗伞树,高脚凉伞,火泡树,火屎炭树,火炭树,鸡眼树,筷子根,晒梗,提枯杨,海南罗伞树,火灰树
罗伞属 Brassaiopsis Decne. & Planch.(五加科),掌叶树属,柏氏参属,柏那参属,柏拉参属
罗桑氏紫珠(分类学报)=南川紫珠
罗森巴氏葱 Allium rosenbachianum Rgl.(百合科)
罗森鸢尾 Iris rosenbachiana Rgl.(鸢尾科)
罗舍利属(科属辞典)=**李果鹤虱属**
罗氏白刺(内蒙志)=大白刺
罗氏草(种子植物名称)=筒轴茅
罗氏草属(分科检索表附录,p.p.)=**空轴茅属**
罗氏草属(分科检索表附录,p.p.)=**筒轴茅属**
罗氏杜鹃花 Rhododendron lochae F.Muell.(杜鹃花科)
罗氏凤仙花 Impatiens rolylei Walp.(凤仙花科)
罗氏角果木 Ceriops roxburghiana Arn.(红树科)
罗氏轮叶黑藻 Hydrilla verticillata var. roxburghii Casp. (水鳖科)
罗氏马先蒿 Pedicularis roylei Maxim.(玄参科),罗氏马先蒿罗氏亚种罗氏变种
罗氏马先蒿大花亚种(植物志 68)=大花罗氏马先蒿
罗氏马先蒿罗氏亚种短盔变种(植物志 68)=短

盔罗氏马先蒿(新)
罗氏马先蒿罗氏亚种罗氏变种(植物志 68)=罗氏马先蒿
罗氏马先蒿萧氏亚种(植物志 68)=萧氏罗氏马先蒿
罗氏秋海棠 Begonia roezlii Rgl.(秋海棠科)
罗氏石龙尾 Limnophila roxburghii G.Don (玄参科)
罗氏甜根子草 Saccharum spontaneum var. roxburghii Honda (禾本科)
罗氏苋(北部植物图志)=腋花苋
罗氏绣线菊(经济植物手册)=南川绣线菊
罗氏早熟禾 Poa rossbergiana Hao(禾本科)
罗斯德氏兜兰 Paphiopedilum rothschildianum (Rchb.f.) Pfitz.(兰科)
罗松(贵州青岩)=青岩油杉
罗田玉兰 Magnolia pilocarpa Z.Z.Zhao & Z.W. Xie (木兰科)
罗贴巴(四川西北部藏族)=露蕊乌头
罗网藤(广东)=圆叶野扁豆
罗网藤(广州志)=海金沙
罗网藤(植物志 31)=无根藤
罗望子(纲目)=苹婆
罗望子(台湾有用树木志)=酸豆
罗望子叶黄檀(豆科图说)=斜叶黄檀
罗望子属(科属检索表)=**酸豆属**
罗伟芋(新拉汉英)=娄氏海芋
罗纹(浙江)=金柑
罗汶(浙江)=金柑
罗汶柑(果树分类学)=宜昌橙
罗香胡颓子 Elaeagnus luoxiangensis C.Y.Chang (胡颓子科)
罗星草 Canscora andrographioides Griff. ex C.B. Clarke (龙胆科),*糖果草*
罗星球 Gymnocalycium lafaldense Vaup.(仙人掌科)
罗亚多藤(广东)=龙须藤
罗伊尔小檗 Berberis royleana Ahrendt (小檗科)
罗胭木(广西)= 檵木
罗应(壮族名)=一枝黄花
罗志藤(树木分类学)=斑果藤
萝卜 Raphanus sativus L.(十字花科),*菜头,地灯笼,地骷髅,枯萝卜,莱菔,莱菔菜,蓝花子,茹菜,滨来菔,寿星头,仙人头*
萝卜参(昆明草药)=双参
萝卜防已(云南南部)=管兰香
萝卜防已(云南中草药)=广西马兜铃
萝卜根老鹳草 Geranium napuligerum Franch.(牻牛儿苗科)
萝卜根沙参(植物志 73-2)=天蓝沙参
萝卜艽(甘肃)=黄管秦艽
萝卜艽(植物志 43-1)=秦艽
萝卜母(贵州)=狗头七
萝卜七(湖北)=峨参
萝卜七(四川)=竹节参
萝卜秦艽 Phlomis medicinalis Deils(唇形科),*白秦艽*
萝卜树(广东)=深绿山龙眼
萝卜树(广东,广西)=网脉山龙眼
萝卜乌头 Aconitum japonicum var. napiforme (H.Lévl. & Vnt.) Kadota(毛茛科)
萝卜药(河南)=中国旌节花
萝卜属 Raphanus L.(十字花科)
萝芙木 Rauvolfia verticillata (Lour.) Baill.(夹竹桃科),*白花矮托,白花丹,大叶萝鞭木,大叶萝芙木,倒披针萝芙木,风湿木,海南红果萝芙木,海南萝芙木,鸡眼子,奎宁树,阔叶萝芙木,辣多,辣椒树,勒毒,萝芙藤,麻木端,麻桑端,霹坜萝芙木,染布子,三叉叶,山番椒,山马蹄,山马蹄根,台湾萝芙木,羊咩屎,药用萝芙木,野辣椒,鱼明木,云南萝芙木*
萝芙木属 Rauvolfia L.(夹竹桃科),*萝芙藤属,矮青木属*
萝芙藤(树木分类学)=萝芙木
萝芙藤属(树木分类学)=**萝芙木属**
萝蒿(救荒本草)=角蒿
萝藦 Metaplexis japonica (Thunb.) Makino(萝藦科),*白环藤,斑风藤,飞来鹤,过路,哈喇瓢,鹤光瓢,鹤瓢棵,浆罐头,赖瓜瓢,老鸹瓢,老人瓢,蔓藤草,奶合藤,奶浆草,奶浆藤,婆婆针袋子儿,婆婆鍼线包,千层须,天将果,天浆壳,土古藤,芄兰,细丝藤,羊角,羊角菜,洋飘飘,野蕻菜,斫合子*
萝藦科 Asclepiadaceae
萝藦藤(广西)=华萝藦
萝藦藤(云南腾冲)=美翼杯冠藤
萝藦属 Metaplexis R.Br.(萝藦科)
萝目草(福建)=弯曲碎米荠
萝丝子(江苏药材志)=菟丝子
椤木(浙江)=椤木石楠
椤木石楠 Photinia davidsoniae Rehd. & Wils. (蔷薇科),*椤木,水红树花,梅子树,凿树,山官木*
椤树(台湾)=竹柏
锣锤草(湖南)=夏枯草
箩筐树(湖北西部,四川东部)=湖北紫荆
螺瓣乌头 Aconitum spiripetalum Hand.-Mazz. (毛茛科)
螺果金合欢 Acacia spirocarpa Hichst.(豆科)
螺果荠(Flora 8)=螺喙荠
螺果荠属(Flora 8)=**螺喙荠属**
螺喙荠 Spirorrhynchus sabulosus Kar. & Kir.(十字花科),*螺果荠*
螺喙荠属 Spirorrhynchus Kar. & Kir.(十字花科),*螺果荠属*
螺距翠雀花 Delphinium spirocentrum Hand.-Mazz. (毛茛科)
螺距黑水翠雀花(Flora 6)=川黔翠雀花
螺壳柱瓣兰 Epidendrum cochleatum L.(兰科)
螺丕草(福建草药)=马蹄金
螺丝木(广西)=细叶谷木
螺丝木(广西植物名录)=双齿山茉莉
螺丝七(陕西中草药)=支柱蓼
螺蛳菜(蔬菜栽培学)=甘露子
螺陀三七(湖南=华重楼
螺序草(新拉汉英)=假螺序草(新)
螺序草 Spiradiclis caespitosa Bl.(茜草科)
螺序草属 Spiradiclis Bl.(茜草科)
螺旋凤仙花 Impatiens spirifer HK.f.?(凤仙花科)
螺旋鳞荸荠 Heleocharis spiralis (Rottb.) R.Br.(莎草科)
螺旋茄(广西药用名录)=旋花茄
螺旋杉叶藻 Hippuris spiralis D.Yu(杉叶藻科)
螺厣草(本草拾遗)=伏石蕨
儸儸菊(云南)=凋缨菊
倮倮茶(云南)=野拨子
倮倮栗果(腾冲)=山地山龙眼
裸报春 Primula farinosa var. denuadata Koch(报春花科),*无粉报春*
裸萼球属 Gymnocalycium Pfeiff.(仙人掌科)
裸耳竹 Bamgusa aurinuda McClure (禾本科)
裸果耳蕨 Polystichum nudisorum Ching(鳞毛蕨科),*漾濞耳蕨*
裸果贡山柳 Salix fengiana var. gymnocarpa P.Y.Mao & W.Z.Li(杨柳科)
裸果胡椒 Piper nudibaccatum Tseng (胡椒科)
裸果鳞毛蕨 Dryopteris gymnosora (Makino) C. Chr. (鳞毛蕨科)
裸果木 Gymnocarpos przewalskii Maxim.(石竹科),*瘦果石竹*
裸果木属 Gymnocarpos Forssk.(石竹科)
裸果嵩草 Kobresia macrantha var. nudicarpa (Y. C.Yang) P.C.Li (莎草科)
裸果苋属(科属词典)=**林地苋属**
裸果羽叶菊 Nemosenecio concinus (Franch.) C. Jeffr. & Y.L.Chen(菊科)
裸花草 Achlys japonica Maxim.(小檗科)
裸花草属 Achlys DC.(小檗科)
裸花杜鹃 Rhododendron nudiflorum (L.) Torrey (杜鹃花科)
裸花碱茅 Puccinellia nudiflora (Hack.) Tzvel. (禾本科)
裸花蜀葵 Althaea nudiflora Lindl.(锦葵科)
裸花水竹叶 Murdannia nudiflora (L.) Brenan (鸭跖草科),*地兰花,红毛草,红竹壳菜,节节烂,山海带,桃簪草*
裸花四数木(分类学报)=四数木
裸花紫珠 Callicarpa nudiflora HK. & Arn.(马鞭草科),*白花茶,大斑鸠米,饭汤叶,节节红,贼佬药*
裸槐 Sophora denudata Tory (豆科)
裸堇菜 Viola nuda W.Beck.(堇菜科),*无毛堇菜*
裸茎楤木 Aralia nudicaulis L.(五加科)
裸茎黄堇 Corydalis juncea Wall.(罂粟科)
裸茎金腰 Chrysosplenium nudicaule Bge.(虎耳草科),*亚吉玛,金腰草,猫眼草*
裸茎老牛筋 Arenaria griffithii Boiss.(石竹科),*裸茎雪灵芝*
裸茎虻眼 Dopatrium nudicaule Ham. ex Benth. (玄参科)
裸茎囊瓣芹 Pternopetalum nudicaule (de Boiss.) Hand.-Mazz. (伞形科)
裸茎千里光 Senecio nudicaulis Buch.-Ham. ex D.Don (菊科),*草板背红,反背红,反背绿丸,老母猪花头,天青地红,紫背鹿含草,紫背鹿衔草,紫背天葵草*
裸茎绒果芹 Eriocycla nuda Lindl.(伞形科)
裸茎石韦 Pyrrosia nudicaulis Ching(水龙骨科),*裸轴石韦*
裸茎粟米草(海南志)=无茎粟米草
裸茎碎米荠 Cardamine scaposa Franch. (十字花科),*落叶梅*
裸茎条果芥 Parrya nudicaulis (L.) Rgl.(十字花科)
裸茎雪灵芝(高等图鉴补编)=裸茎老牛筋
裸茎延胡索 Corydalis gyrophylla Lidén(罂粟科)
裸口苣苔花 Gloxinia gymnostoma Griseb.(苦苣苔科)
裸鸾凤阁 Astrophytum myriostigma cv. Nudum
裸麦(植物学大辞典,中药辞海)=青稞
裸美冠兰 Eulophia hildebrandii Schltr.(兰科)
裸囊蹄盖蕨 Athyrium pachyphyllum Ching(蹄盖蕨科),*湘西蹄盖蕨*
裸生杜鹃花 Rhododendron numorosum R.C. Fang (杜鹃花科)
裸蒴 Gymnotheca chinensis Decne.(三白草科)
裸蒴属 Gymnotheca Decne.(三白草科)
裸穗花 Psylliostachys spicata (Willd.) Nevski (白花丹科)

裸穗花属 Psylliostachys (Jaub. & Spach.) Nevski.(白花丹科)
裸箨海竹 Yushania qiaojiaensis f. nuda Yi (禾本科)
裸菀 Gymnaster piccolii (HK.f.) Kitam.(菊科)
裸菀属 Gymnaster Kitam.(菊科)
裸叶粉背蕨 Aleuritopteris duclouxii (Christ) Ching(中国蕨科)
裸叶鳞毛蕨 Dryopteris gymnophylla (Bak.) C.Chr.(鳞毛蕨科)
裸叶木蓝 Indigofera subunda Craib (豆科)
裸叶石韦 Pyrrosia nuda (Gies.) Ching(水龙骨科)
裸缨千里光 Senecio echaetus Y.L.Chen & K.Y.Pan(菊科)
裸芸香 Psilopeganum sinense Hemsl.(芸香科), *蛇皮草,臭草,虱子草,千垂鸟,山麻黄,蛇咬药*
裸芸香属 Psilopeganum Hemsl.(芸香科), *山麻黄属,臭草属*
裸枝树(豆科图说)=紫荆
裸轴石韦(横断山植物)=裸茎石韦
裸柱草 Gymnostachyum sanguinolentum (Vahl) T.Anders.(爵床科)
裸柱菊 Soliva anthemifolia (Juss.) R.Br.(菊科), *痤地菊,九龙吐珠,七星坠地,七星菊,鹅草*
裸柱菊属 Soliva Ruiz & Pavon.(菊科)
裸柱头柳 Salix psilostigma Anderss.(杨柳科)
裸柱橐吾 Ligularia petiolaris Hand.-Mazz.(菊科)
裸子蕨科 Hemiotidaceae
洛卜可耐棕 Cornera lobbiana (Becc.) Ftdo.(棕榈科)
洛布美洲茶 Ceanothus lobbianus HK.(鼠李科)
洛布氏茶藨子 Ribes lobbii Gray.(虎耳草科)
洛哈小檗 Berberis loxensis Benth.(小檗科)
洛克兰属 Lockhartia HK.(兰科)
洛克氏蚤缀(拉汉名称)=紫红无心菜
洛拉小报春 Primula rhodochroa var. geraldinae (W.W.Sm.) Chen & C.M.Hu(报春花科)
洛隆黄芪 Astragalus lhorongensis P.C.Li & Ni? (豆科)
洛隆紫堇 Corydalis lhorongensis C.Y.Wu & H. Chuang (罂粟科)
洛罗(海南志)=山楞
洛美塔属 Lomatia R.Br.(山龙眼科)
洛佩拉属 Roupala Aubl.(山龙眼科)
洛杉矶冷杉 Abies lasiocarpa (HK.) Nutt.(松科)
洛氏冬青(拉汉名称)=高山冬青
洛氏角状边虎耳草 Saxifraga marginata var. rocheliana (Sternb.) Engl.(虎耳草科)
洛氏堇菜(东北师大通报)=辽宁堇菜
洛氏锦鸡儿(豆科图说)=荒漠锦鸡儿
洛氏林蕨(蕨类图谱)=亮叶陵齿蕨
洛氏马先蒿(新)Pedicularis rex subsp. rex var. rockii (Bonati) Li(玄参科), *大王马先蒿洛氏亚种*
洛氏米仔兰(分类学报)=山椤
洛氏葡萄(果树分类学)=秋葡萄
洛氏弯管马先蒿 Pedicularis curvituba subsp. provoti (Franch.) Tsoong(玄参科), *弯管马先蒿洛氏亚种*
洛氏西奥兰 Cynorkis lowiana Rchb.f.(兰科)
洛氏绣球花(图谱)=粗枝绣球
洛氏羊耳蒜 Liparis loeselii (L.) L.C.Rich.(兰科)
洛氏蚤缀(拉汉名称)=青藏雪灵芝
洛威氏蝴蝶兰 Phalaenopsis lowii Rchb.f.(兰科)
洛雪堇菜(江苏植物名录)=辽宁堇菜
洛阳花(四川)=曲花紫堇
络麻(广西药用名录)=黄麻
络石 Trachelospermum jasminoides (Lind.) Lem.(夹竹桃科), *扒墙虎,白花藤,对叶肾,鬼系腰,过桥风,啃链,加不勒,家阿豆,九庆藤,络石草,络石藤,茉莉藤,耐冬,爬山虎,骑墙虎,墙络藤,软筋藤,石邦藤,石鲮,石龙藤,石盘藤,石血,藤络,铁栏杆,铁线草,铁信,万字茉莉,悬石,沿壁藤,云丹,云花,云英,云珠,折骨草*
络石草(近效方)=络石
络石藤(广东中草药)=蔓九节
络石藤(河南,江苏)=络石
络石藤(江苏志)=薜荔
络石属 Trachelospermum Lem.(夹竹桃科)
骆骑蓟 Cirsium handelii Petrak ex Hand.-Mazz. (菊科)
骆驼刺 Alhagi sparsifolia Shap.(豆科), *骆驼糖,刺糖,羊刺,羊刺蜜,给孜罗,草蜜,刺蜜*
骆驼刺属 Alhagi Gagn.(豆科)
骆驼蒿(内蒙古)=山蒿
骆驼蒿(陕甘宁青中草药)=骆驼蓬
骆驼蒿 Peganum nigellastrum Bge.(蒺藜科), *匍根骆驼蓬,哈日-乌没黑-额布苏*
骆驼蓬 Peganum harmala L.(蒺藜科), *阿热地斯忙,臭草,臭虫牡丹,臭古朵,苦苦菜,骆驼蒿,沙蓬豆豆,乌母希-乌布斯*
骆驼蓬属 Peganum L.(蒺藜科)
骆驼七(陕西)=川陕金莲花
骆驼糖(新疆药材)=骆驼刺
骆驼蹄瓣(甘肃河丁地区)=驼蹄瓣
落瓣短柱茶 Camellia kissi Wall. (山茶科), *落瓣油茶*
落瓣油茶(高等图鉴)=落瓣短柱茶
落得打(湖北)=短蕊万寿竹
落得打(江苏)=积雪草
落得打(浙江中草药)=接骨草
落地艾(广东,广西)=大花益母草
落地荷花(植物志 62)=五岭龙胆
落地烘(广西大苗山)=蓬莱葛
落地红(江西吉水,景德镇)=关公须
落地角公(植物志 37)=香莓
落地金瓜(广东,广西,广西中草药)=娃儿藤
落地金钱(本草求原)=榕树
落地金钱(广东)=锦地罗
落地金钱(广药手册)=广金钱草
落地金钱(浙江,贵州)=马蹄金
落地金钱(中草药汇编)=猴耳环
落地梅 Lysimachia paridiformis Franch.(报春花科), *重楼排草,四块瓦,四叶黄,四儿风*
落地生根 Bryophyllum pinnatum (L.f.) Oken(景天科), *打不死,接骨丹,枪刀草,枪刀叶,伤药,土三七,叶爆芽,叶生根*
落地生根属 Bryophyllum Salisb.(景天科)
落地蜈蚣(广西药用名录)=花葶薹草
落地蜈蚣(陆川本草)=百足藤
落地杨梅(广西)=蛇莓
落地玉凤花 Habenaria aitchisonii Rchb.f.(兰科)
落地珍珠(广东,浙江)=茅膏菜
落地蜘蛛(广西)=娃儿藤
落地紫金牛(广西)=莲座紫金牛
落豆秧(东北)=广布野豌豆
落豆秧(东北)=蹦豆
落豆秧(东北,山西)=山野豌豆
落萼叶下珠 Phyllanthus flexuosus (S. & Z.) Muell.Arg. (大戟科), *红五眼,弯曲叶下珠*
落花蔷薇(新疆树木学讲义)=弯刺蔷薇
落花生 Arachis hypogaea L.(豆科), *花生,地豆,番豆,长生果,番果,土豆*
落花生属 Arachis L.(豆科)
落花松(云南景东)=云南铁杉
落回(四川)=博落回
落矶山圆柏 Juniperus scopulorum Sarg.(柏科)
落基山矮十大功劳 Mahonia nana (Greene) Fedde (小檗科)
落基山藨草 Scirpus saximontanus Fernald (莎草科)
落皆(云南景洪)=大花田菁
落坎薯(广东)=陵水暗罗
落葵 Basella alba L.(落葵科), *潺菜,承露,豆腐菜,蘩露,红藤菜,胡燕葵,滑腹菜,滑藤,葵葵,蔠芭菜,木耳菜,染绛子,软藤菜,藤菜,藤儿菜,藤葵,藤露,天葵,西洋菜,胭脂菜,臙脂豆,燕脂菜,御菜,繁葵,紫葵*
落葵科 Basellaceae
落葵薯 Anredera cordifolia (Tenore) Steenis(落葵科), *马德拉藤,藤三七,藤七*
落葵薯属 Anredera Juss.(落葵科)
落葵属 Basella L.(落葵科)
落滥草(广东)=疏穗莎草
落藜(纲目)=藜
落鳞鳞毛蕨 Dryopteris sordidipes Tagawa(鳞毛蕨科)
落鳞薹草 Carex deciduisquama Wang & Tang ex P.C.Li (莎草科)
落马衣(广东)=广防风
落芒草 Oryzopsis munroi Stapf ex HK.f.(禾本科)
落芒草属 Oryzopsis Michx.(禾本科), *拟稻属*
落毛杜鹃 Rhododendron detonsum Balf.f. & Forr. (杜鹃花科)
落翘(山东)=连翘
落山葫芦(广西凌乐,苍梧)=石柑子
落神葵(台湾)=玫瑰茄
落霜红(高等图鉴)=粉背南蛇藤
落霜红(高等图鉴)=过山枫
落霜红 Ilex serrata Thunb.(冬青科), *疮草,猫秋子草,毛仔树,细毛冬青,细叶冬青,小叶冬青,硬毛冬青*
落水珠(江西)=夏天无
落苏(江苏南部)=茄
落苏(孟诜)=乳茄
落土香(广东)=娃儿藤
落尾麻(台湾志)=落尾木
落尾木 Pipturus arborescens (Link.) C.B.Clarke (荨麻科), *落尾麻*
落尾木属 Pipturus Wedd.(荨麻科)
落腺蕊属 Piptadenia Benth.(豆科)
落新妇 Astilbe chinensis (Maxim.) Franch. & Savat.(虎耳草科), *阿根八,红升麻,虎麻,金猫儿,金毛狗,金毛三七,马尾参,山花七,升麻,术活,水三七,水升麻,铁火钳,小升麻,野升麻,阴阳虎,猪屙三七*
落新妇茴芹 Pimpinella astilbifolia Hay.(伞形科)
落新妇属 Astilbe Buch.-Ham. ex D.Don (虎耳草科)
落檐 Schismatoglottis hainanensis H.Li(天南星科), *万年青草*
落檐属 Schismatoglottis Zoll.(天南星科)
落叶滨藜 Atriplex confertifolia (Tree. & Frem) Wats.(藜科)
落叶沉果胡椒 Piper infossum var. nudum Y.C. Tseng (胡椒科)

落叶花桑 Broussonetia kurzii (HK.f.) Corner(桑科)
落叶兰 Cymbidium defoliatum Y.S.Wu & S.C. Chen (兰科)
落叶鳞毛蕨 Dryopteris tenuipes (Rosenst.) Serizawa (鳞毛蕨科)
落叶毛兰 Eria extinctoria (Lindl.) Olv. ex HK.(兰科)
落叶梅(陕西平利)=裸茎碎米荠
落叶女贞(植物志 61)=女贞
落叶榕(台湾志)=红茎榕
落叶瑞香 Daphne bholua var. glacialis (W.W.Sm. & Cav) B.L.Burtt(瑞香科)
落叶石豆兰 Bulbophyllum hirtum (J.E.Sm.) Lindl. (兰科)
落叶松(陕西太白山)=秦岭红杉
落叶松(通用名)=华北落叶松
落叶松(中国裸子志)=红杉
落叶松 Larix gmelini (Rupr.) Rupr.(松科),*齿果兴安落叶松,达乌里落叶松,达乌里落叶松兴安变种,大果兴安落叶松,粉果兴安落叶松,兴安落叶松,一齐松,意气松*
落叶松薹草 Carex laricetorum Y.L.Chou(莎草科)
落叶松叶高山漆姑草 Minuartia laricifolia (L.) Sch. & Th.(石竹科)
落叶松叶蚤缀 Arenaria laricifolia L.(石竹科)
落叶松属 Larix Mill.(松科)
落叶西劳兰 Xylobium foveatum (Lindl.) Nichols. (兰科)
落羽杉 Taxodium distichum (L.) Rich.(杉科),*落羽松*
落羽杉属 Taxodium Rich.(杉科),*落羽松属*
落羽松(树木分类学)=落羽杉
落羽松叶下珠 Phyllanthus taxodiifolius Beille (大戟科),*滇橄榄*
落羽松属(科属词典)=**落羽杉属**
落帚子(日华子本草)=地肤

Ma

妈竹 Bambusa boniopsis McClure (禾本科),*硬头黄竹*
麻(诗经)=大麻
麻安梨(贵州)=沙梨
麻帮孚(西双版纳傣语)=南瓜
麻笔(高等图鉴)=白背黄花稔
麻波波(四川彝族语)=云南重楼
麻勃(本经)=大麻
麻布草(昆明)=寸金草
麻布草(云南)=西南水苏
麻布袋(贵州)=高乌头
麻布口袋(湖北西部)=高乌头
麻布七(湖北西部)=高乌头
麻布树(台湾)=山黄麻
麻参(云南)=金铁锁
麻草(闽东本草)=葫芦茶
麻草蒲(傣语)=番木瓜
麻德拉斯叶下珠 Phyllanthus maderaspatensis L.(大戟科)
麻点杜鹃 Rhododendron clementinae Forr.(杜鹃花科)
麻杜饼(寿亲养老新书)=芝麻
麻风草(广西龙州)=葡萄叶艾麻
麻风草(广西药用名录)=珠芽艾麻
麻风树(广西)=火麻树
麻风藤(广西)=灰岩粗毛藤
麻枫桐(西沙群岛)=抗风桐
麻疯刺(广西)=蚬壳花椒
麻疯根(四川会东)=蒙自木蓝
麻疯树 Jatropha curcas L.(大戟科),*黄肿树,假白榄,青桐木,臭油桐,吗洪罕*
麻疯树属 Jatropha L.(大戟科)
麻腐(花镜)=芝麻
麻盖朗(傣族语)=密齿酸藤子
麻杆花(河南)=蜀葵
麻杆七(四川叙)=艾麻
麻告(云南富宁壮语)=米槁
麻根薹草 Carex arnellii Christ ex Scheutz(莎草科)
麻哈哈(云南富宁)=黑风藤
麻哈拉(哈尼族语)=海芋
麻哈勒布樱桃(经济植物手册)=圆叶樱桃
麻蒿(甘肃,陕西)=柔毛蒿
麻核桃 Juglans hopeiensis Hu(胡桃科)
麻核藤 Natsiatopsis thunbergiaefolia Kurz(茶茱萸科)
麻核藤属 Natsiatopsis Kurz(茶茱萸科)
麻核栒子 Cotoneaster foveolatus Rehd. & Wils.(蔷薇科),*网脉灰栒子*
麻烘娘(西双版纳傣药志)=佛肚树
麻花杜鹃 Rhododendron maculiferum Franch. (杜鹃花科)
麻花艽(内蒙古大学学报,植物志 62) =麻花秦艽
麻花秦艽 Gentiana straminea Maxim.(龙胆科),*蓟芥,解吉杂保,麻花艽*
麻花头 Serratula centauroides L.(菊科)
麻花头蓟 Cirsium serratuloides (L.) Hill(菊科)
麻花头属 Serratula L.(菊科)
麻坏(西双版纳傣语)=苦瓜
麻黄(本经)=木贼麻黄
麻黄(川北,青海南部)=矮麻黄
麻黄(滇西,川西南)=丽江麻黄
麻黄(黑龙江,甘肃,河北,山西,内蒙,青海,四川,新疆,西藏)=单子麻黄
麻黄(内蒙西北,甘肃,新疆)=膜果麻黄
麻黄(神农本草经)=草麻黄
麻黄(四川,西藏)=山岭麻黄
麻黄(四川,云南,西藏)=藏麻黄
麻黄科 Ephedraceae
麻黄属 Ephedra Tourn. ex L.(麻黄科)
麻鸡婆(江西新建)=败酱
麻鸡婆草(江西)=荔枝草
麻吉-诺高(蒙名)=芝麻菜
麻绞叶(植物志 43-2)=调料九里香
麻脚杆(四川)=降龙草
麻秸(纲目)=芝麻
麻口皮(民族药志)=野花椒
麻口皮子药(湖南)=梗花椒
麻口皮子药(民族药志)=野花椒
麻苦苣(甘肃中草药)=苦苣菜
麻拉图西-沙里尔日(蒙语)=华北米蒿
麻腊干(傣族名)=绒毛戴星草
麻辣仔藤(广东沿海)=丁公藤
麻辣仔藤属(云南区系报告)=**丁公藤属**
麻辣仔属(拉汉名称)=**丁公藤属**
麻蓝(吴普本草)=大麻
麻榔树(经济志)=羽脉山黄麻
麻梨 Pyrus serrulata Rehd.(蔷薇科),*麻梨子,黄皮梨*
麻梨子(四川)=麻梨
麻李(河北)=卵叶鼠李
麻里棒(云南)=烈味脚骨脆
麻里果(云南)=短药蒲桃
麻里麻(云南中草药选)=镰扁豆
麻力光(云南中草药选)=马缨杜鹃
麻栎(纲目拾遗)=麻栎
麻栎 Quercus acutissima Carruth.(壳斗科),*枸子树,栎,麻栎,橡,橡栎,橡皮壳,橡碗树,栩,柞栎,柞树,扁果麻栗,北方麻栗,北方尖栎*
麻栎寄生(云南)=扁枝槲寄生
麻栗果(云南中草药选)=短药蒲桃
麻栗果(云南中草药选)=乌墨
麻栗金星蕨(蕨类形态)=尾羽金星蕨
麻栗坡贝母兰 Coelogyne malipoensis Z.H.Tsi (兰科)
麻栗坡冬青 Ilex marlipoensis H.W.Li ex Y.R.Li (冬青科)
麻栗坡兜兰 Paphiopedilum malipoense S.C. Chen & Z.H.Tsi(兰科)
麻栗坡杜鹃 Rhododendron malipoense M.Y.He (杜鹃花科)
麻栗坡鹅掌柴 Schefflera marlipoensis Tseng & Hoo(五加科)
麻栗坡骨碎补 Davallia brevisora Ching(骨碎补科)
麻栗坡红丝线 Lycianthes marlipoensis C.Y.Wu & S.C.Huang(茄科)
麻栗坡栎 Quercus marlipoensis Hu & Cheng (壳斗科),*大叶高山栎*
麻栗坡柃 Eurya marlipoensis Hu(山茶科)
麻栗坡枇杷 Eriobotrya malipoensis Kuan(蔷薇科)
麻栗坡青皮木 Schoepfia jasminodroa var. malipoensis Y.R.Lin(铁青树科)
麻栗坡秋海棠 Begonia malipoensis S.H.Huang & Shui(秋海棠科)
麻栗坡人字果 Dichocarpum malipoenense D.D. Tao (毛茛科)
麻栗坡少花藤 Ichnocarpus malipoensis (Tsiang & P.T.Li) D.J.Middl(夹竹桃科)
麻栗坡树萝卜 Agapetes malipoensis S.H.Huang (杜鹃花科)
麻栗坡小檗 Berberis malipoensis C.Y.Wu & S. Y.Bao (小檗科)
麻栗坡小花藤 Ichnocarpus malipoensis (Tsiang & P.T.Li) D.J.Middl(夹竹桃科)
麻栗坡悬钩子 Rubus malipoensis Yü & Lu (蔷薇科)
麻栗坡银背藤 Argyreia marlipoensis C.Y.Wu & S.H.Huang (旋花科)
麻栗坡油丹 Alseodaphne marlipoensis (H.W.Li) H.W.Li (樟科)
麻栗坡油果樟 Syndiclis marlipoensis H.W.Li (樟科)
麻栗水锦树 Wendlandia tinctoria subsp. handelii Cowan(茜草科),*野麻栗树*
麻楝 Chukrasia tabularis A.Juss.(楝科),*白椿*
麻楝属 Chukrasia A.Juss.(楝科)
麻柳(湖北)=枫杨
麻柳树(甘肃,陕西)=化香树
麻龙胆(四川)=岷县龙胆
麻路子(藏语)=紫矿
麻绿(植物志 48-1)=小叶鼠李
麻络木(广东)=山黄麻
麻麻藤(植物志 45-3)=灰叶南蛇藤
麻马(草木便方)= 淡竹
麻妹藤(贵州草药)=粉背南蛇藤
麻妹条叶(贵州草药)=粉背南蛇藤
麻母(四川若尔盖)=青海当归
麻木柴(贵州)=蜡梅
麻木端(云南)=萝芙木

麻木树(广西药用名录)=西南木荷
麻脑(云南)=柠檬
麻牛膝(云南)=头花杯苋
麻婆婆(四川)=云南重楼
麻毯(花镜)=麻叶绣线菊
麻雀蛋(四川中药志)=肾蕨
麻雀花 Aristolochia ringens Vhal(马兜铃科)
麻雀筋藤(广西)=微花藤
麻桑端(云南)=萝芙木
麻蛇饭(云南嵩明)= 天南星
麻蛇果(滇南本草)=蛇莓
麻籼(纲目)=芝麻
麻绳菜(北京)=马齿苋
麻省草(岭大植物名录)=紫苏草
麻树皮(云南)=山辣子皮
麻栗坡罗伞 Ardisia malipoensis C.M.Hu(紫金牛科)
麻糖果(四川中药志)=扁担杆
麻桐树(广东)=山黄麻
麻桐树(中草药汇编)=异色山黄麻
麻菀(新拉汉英)=麻紫菀(新)
麻菀 Linosyris vulgaris Cass. ex Less.(菊科)
麻菀属 Linosyris Cass.(菊科)
麻性草(湖南药物志)=天仙子
麻羊藤(陕西中草药,中草药汇编)=变叶葡萄
麻药(云南屏边)=见血飞
麻药藤(广东,广西)=两面针
麻叶唇柱苣苔 Chirita urticifolia Buch.-Ham. ex D.Don (苦苣苔科)
麻叶豆腐柴Premna urticifolia Rehd.(马鞭草科),*筋骨散*
麻叶杜鹃(高等图鉴)=粗脉杜鹃
麻叶风轮菜 Clinopodium urticifolium (Hance) C.Y. Wu & Husan(唇形科),*风车草,紫苏,伞莎草,九龙吐珠*
麻叶冠唇花 Microtoena urticifolia Hemsl.(唇形科)
麻叶花(云南)=展毛野牡丹
麻叶花楸 Sorbus esserteauiana Koehne(蔷薇科)
麻叶猕猴桃 Actinidia valvata var. boehmeriaefolia C.F.Liang(猕猴桃科)
麻叶蟛蜞菊 Wedelia urticifolia DC.(菊科)
麻叶千里光 Senecio cannabifolius Less.(菊科),*宽叶还魂草*
麻叶荨麻 Urtica cannabina L.(荨麻科),*哈拉海,火麻,赤麻子,蝎子草,焮麻,荨麻*
麻叶青(浙江草药)=斑叶兰
麻叶树(滇西南)=长叶水麻
麻叶铁苋菜 Acalypha lanceolata Willd.(大戟科)
麻叶绣球(贵州民间药物)=绣球绣线菊
麻叶绣球(汝南圃史)=麻叶绣线菊
麻叶绣球绣线菊(东北检索表)=麻叶绣线菊
麻叶绣线菊 Spiraea cantoniensis Lour.(蔷薇科),*麻叶绣球,粤绣线菊,麻毯,麻叶绣球绣线菊,石棒子*
麻叶绣线菊毛萼变种(植物志 36)=毛萼绣线菊(新)
麻叶栒子 Cotoneaster rhytidophyllus Rehd. & Wils. (蔷薇科),*瓦屋栒子*
麻叶子(云南曲靖)=两头毛
麻永歹(云南傣语)=白香薷
麻油香(中草药汇编)=珊瑚树
麻榆(河北)=裂叶榆
麻芋杆(云南曲靖) =一把伞南星
麻芋果(贵州)=半夏
麻芋果(贵州衾安)=虎掌
麻芋头(云南红河)=海芋
麻芋子(峨眉)=棒头南星
麻芋子(甘肃)=独角莲
麻芋子(陕西)=磨芋
麻芋子(四川)=半夏
麻芋子(四川峨眉) =天南星
麻芋子(四川会东)=银南星
麻芋子(四川青川)=虎掌
麻芋子(四川石棉)=石棉南星
麻芋子(四川天全)=花南星
麻芋子(四川小金) =一把伞南星
麻芋子(云南巧家)=象南星
麻泽兰(贵州)=地瓜儿苗
麻轧木(广西)=短萼仪花
麻竹(云南绿春哈尼族)=碟环慈
麻竹 Dendrocalamus latiflorus Munro(禾本科),*甜竹*
麻子壳柯 Lithocarpus variolosus (Franch.) Chun (壳斗科),*多变柯,多变石栎*
麻紫菀(新)Aster linosyris (L.) Benth.(菊科),*麻菀*
麻滓(纲目)=芝麻
麻醉根叶(江苏药材志)=野花椒
麻醉药(广西龙胜)=雪里见
麻蘇(纲目)=芝麻
麻柁木(广东)=短萼仪花
麻柁木属(广州志)=**仪花属**
蔴竹(广东)=甲竹
马鞍山吊灯花 Ceropegia teniana Hand.-Mazz.(萝藦科)
马鞍山双盖蕨 Diplazium maonense Ching(蹄盖蕨科)
马鞍树(贵州草药)=复羽叶栾树
马鞍树(四川)=马甲子
马鞍树 Maackia hupehensis Takeda(豆科),*臭槐,山槐*
马鞍树属 Maackia Rupr. & Maxim.(豆科),*高丽槐属*
马鞍藤(福建,广东,广西)=厚藤
马鞍藤(新华本草纲要)=肾叶打碗花
马鞍叶(植物志 39)=鞍叶羊蹄甲
马鞍叶羊蹄甲(豆科图说)=鞍叶羊蹄甲
马鞍子(云南)=马桑
马绊肠(额济纳旗,宁夏,甘肃民勤)=小花棘豆
马绊肠(宁夏,甘肃)=黄花棘豆
马绊肠(青海)=甘肃棘豆
马包(山东)=小马泡
马雹儿子(濒湖集简方)=王瓜
马比木 Nothapodytes pittosporoides (Oliv.) Sleum. (茶茱萸科),*公黄珠子,追伞*
马边金星蕨(蕨类形态)=中华金星蕨
马边楼梯草 Elatostema mabienense W.T.Wang (荨麻科)
马边槭 Acer mapienense Fang(槭树科),*纤痩槭*
马边蹄盖蕨(西北植物学报)=尖头蹄盖蕨
马边兔儿风 Ainsliaea angustata Chang(菊科)
马边绣球(广西植物名录)=西南绣球
马边玄参 Scrophularia mapienensis Tsoong(玄参科)
马边玉山竹 Yushania mabianensis Yi (禾本科)
马鞭采(河南)=白刺花
马鞭草(广西)=马鞭石斛
马鞭草(中草药汇编)=绢毛木蓝
马鞭草 Verbena offinicalis L.(马鞭草科),*风须草,蛤蟆棵,马鞭稍,马鞭子,疟马鞭,晴蜓草,晴蜓饭,散血草,铁马鞭,透骨草,土马鞭,兔子草,牙项燕,燕尾草,粘身蓝被,紫顶龙芽*
马鞭草科 Verbenaceae
马鞭草叶马先蒿 Pedicularis verbenaefolia Franch.(玄参科)
马鞭草属 Verbena L.(马鞭草科)
马鞭杆(贵州)=马鞭石斛
马鞭七(广西龙胜)=散斑竹根七
马鞭三七(浙江中草药)=接骨草
马鞭稍(滇南本草,四川)=马鞭草
马鞭石斛 Dendrobium fimbriatum HK.(兰科),*旱马鞭,马鞭杆,大黄草,马鞭草,流苏石斛*
马鞭子(云南)=马鞭草
马鞭子草(湖南药物志)=狗牙根
马槟榔(云南陇川)=苦子马槟榔
马槟榔 Capparis masaikai Lévl.(山柑科),*水槟榔,山槟榔,太极子,马金南,紫槟榔,爬山姆朽*
马波萝(中国珍稀濒危植物)=大叶龙角
马剥儿(医学入门)=王瓜
马伯乐棕 Maxburretia rupicola (Ridley) Ftdo. (棕榈科)
马伯乐棕属 Maxburretia Furtado (棕榈科)
马爬瓜(纲目)=王瓜
马草(贵州)=罗河石斛
马草(贵州民间药物)=皱叶狗尾草
马草(名医别录)=败酱
马草果(河口,屏边)=大果粗叶榕
马草坡(傣语)=番木瓜
马肠薯蓣 Dioscorea simulans Prain & Burkill (薯蓣科),*野山薯*
马肠子树(云南)=锈毛五叶参
马厂蹄盖蕨(西北植物学报)=毛翼蹄盖蕨
马齿菜(陕西)=马齿苋
马齿草(内蒙古)=马齿苋
马齿豆(台湾植物名录)=蚕豆
马齿毛兰 Eria szetchuanica Schltr.(兰科)
马齿苋 Portulaca oleracea L.(马齿苋科),*长命菜,肥猪菜,瓜米菜,瓜子菜,瓠子菜,麻绳菜,马齿菜,马齿草,马蛇子菜,马苋,马苋菜,马子菜,蚂蚁菜,蚂蚱菜,狮岳菜,酸菜,五方草,五行菜,五行草,猪母菜*
马齿苋科 Portulacaceae
马齿苋树 Portulacaria afra (L.) Jacq.(马齿苋科),*银公孙树*
马齿苋树属 Portulacaria Jacq.(马齿苋科)
马齿苋属 Portulaca L.(马齿苋科)
马刺(四川)=黄果茄
马刺草(中药材手册)=蓟
马刺刺(山西中药志)=蓟
马刺蓟 Cirsium monocephalum (Vant.) Lévl.(菊科)
马刺楷(甘肃,青海)=欧旋花
马葱 Allium maximowiczii Rgl.(百合科)
马哉(傣语)=马峰橙
马达(南方有毒植物)=暗消藤
马达加斯加兰 Cymbidiella flabellata (Thon.) Rolfe (兰科)
马达加斯加兰属 Cymbidiella Rolfe (兰科)
马达加斯加类芦 (新拉汉英)=大类芦
马达加斯加虾脊兰 Calanthe madagascariensis Rolfe (兰科)
马达加斯加醉鱼草(广西药用名录)=浆果醉鱼草
马蛋果(云南)=大叶龙角
马蛋果(云南金平)=短绢毛波罗蜜
马蛋果(云南金平)=锈毛棋子豆
马蛋果 Gynocardia codorata R.Br.(大风子科),*野沙梨,阿比坦,阿皮杜*
马蛋果属 Gynocardia R.Br.(大风子科)

马岛天冬 Asparagus madagascariensis (百合科)

马岛喜盐草 Halophila madagscariensis Doty & Stone (水鳖科)

马德拉蓝蓟 Echium candicans L.f.(紫草科)

马德拉藤(经济植物手册)=落葵薯

马德拉小檗 Berberis maderensis Lowe (小檗科)

马德雀麦 Bromus madritensis L.(禾本科)

马灯盆(云南)=盆架树

马登杜鹃花 Rhododendron maddenii HK.f. (杜鹃花科),*隐脉杜鹃*

马蹬草(河南中草药)=过山蕨

马丁鸢尾 Iris gatesii Foster (鸢尾科)

马兜铃(药性本草)=大叶马兜铃

马兜铃(药性本草)=囊花马兜铃

马兜铃(云南)=大百合

马兜铃 Aristolochia debilis S. & Z.(马兜铃科),*定海根,兜铃根,独行根,独行木香,青木香,青木香根,三百银药,蛇参果,天仙藤,土木香,土青木香,野木香根,一点气,云南根*

马兜铃科 Aristolochiaceae

马兜铃属 Aristolochia L.(马兜铃科)

马兜零(蜀本草)=北马兜铃

马斗铃(东北)=北马兜铃

马豆(本草经解)=莳豆

马豆(云南)=救荒野豌豆

马豆(植物志 39)=云实

马笃七(陕西)=杜鹃兰

马杜梨(甘肃)=花叶海棠

马断肠(高等图鉴)=苦皮藤

马尔加什石韦 Pyrrosia madagascariensis (C. Chr.) Schelpe (水龙骨科)

马尔康报春 Primula moupinensis subsp. barkamensis C.M.Hu(报春花科)

马尔康糙果芹 Trachyspermum triradiatum Wolff (伞形科)

马尔康柴胡 Bupleurum malconense Shan & Y. Li (伞形科),*马尾柴胡,竹叶柴胡*

马尔康滇紫草 Onosma maaikangense W.T.Wang ex Y.L.Liu(紫草科)

马尔康杜鹃 Rhododendron barkamense Chamb. (杜鹃花科)

马尔康居西(新疆维语)=全缘青兰

马尔康鹿蹄草 Pyrola markonica Y.L.Chou & R. C.Zhou (鹿蹄草科)

马尔康桑 Morus mongolica var. barkamensis (S.S. Chang) C.Y.Wu & Cao(桑科)

马尔康石杉(云南植物研究) =锡金石杉

马尔康铁角蕨 Asplenium barkamense Ching(铁角蕨科)

马尔康乌头 Aconitum liljestrandii var. falcatum W.T.Wang(毛茛科)

马尔康香茶菜 Isodon smithianus (Hand.-Mazz.) H.Hara (唇形科)

马尔康早熟禾 Poa maerkangica L.Liu(禾本科)

马尔台斯血橙 Maltaise(芸香科血橙类)

马尔托什(蒙语)=柔毛蒿

马尔赞居西(新疆维语)=白花枝子花

马耳草(贵州方药集)=饭包草

马耳草(云南蒙自)=竹叶吉祥草

马耳朵草(河北)=荩草

马耳朵草(云南)=钩毛草

马耳朵草(云南)=竹叶吉祥草

马耳山虎耳草 Saxifraga balfourii Engl. & Irmsch. (虎耳草科)

马耳山龙胆 Gentiana maeulchanensis Franch. (龙胆科)

马耳山乌头 Aconitum delavayi Franch.(毛茛科)

马饭(本草拾遗)=马唐

马非(陕西)=梓木草

马粪树(云南金平)=锈毛棋子豆

马峰橙 Citrus macroptera var. kerrii Swingle(芸香科),*马蜂柑,石碌柑,马虮*

马蜂橙(新拉汉英)=毛里求斯苦橙

马蜂柑(植物志 43-2)=马峰橙

马蜂毛柑(新拉汉英)=毛里求斯苦橙

马蜂七(广西药用名录)=革叶蓼

马盖麻 Agave cantula Roxb.(石蒜科),*亚洲马盖麻,菲律宾马盖*

马干铃(云南)=马干铃栝楼

马干铃栝楼 Trichosanthes lepiniana (Naud.) Cogn. (葫芦科),*马干铃*

马格草 Roegneria glaucifolia Keng(禾本科)

马格龙(西双版纳)=泪公锥

马个(西双版纳傣语)=大果人面子

马挂花(西双版纳傣语)=密齿酸藤子

马桂树(中药大辞典)=鹅掌楸

马褂兰属 Phragmipedium Rolfe (兰科)

马拐(广西)=降龙草

马关报春 Primula chapaensis Gagn.(报春花科)

马关茶 Camellia makuanica Chang & Tang(山茶科)

马关大节竹(分类学报)=毛花酸竹

马关杜鹃 Rhododendron maguanense K.M.Feng (杜鹃花科)

马关复叶耳蕨 Arachniodes maguanensis Ching & Y.T.Hsieh(鳞毛蕨科)

马关钩毛蕨 Cyclogramma maguanensis Ching ex Shing (金星蕨科)

马关黄肉楠 Actinodaphne tsaii Hu(樟科)

马关秋海棠 Begonia paucilo var. maguanensis (S.H. Huang & Shui) Ku(秋海棠科)

马关香竹 Chimonocalamus makuanensis Hsueh & Yi (禾本科)

马关崖爬藤 Tetrastigma venulosum C.Y.Wu(葡萄科)

马桂郎(西双版纳傣语)=白花酸藤子

马哈利樱桃(果树分类学)=圆叶樱桃

马蒿(图鉴)=兰香草

马亨箭竹 Fargesia communis Yi (禾本科)

马红凤仙花 Impatiens bachii Lévl.(凤仙花科)

马红金足草(云南植物名录)=蒙自金足草

马胡卡(广东)=紫荆木

马花子(辽宁)=葎草

马黄连(山东)=唐松草

马蝗果(文山中草药)=西南枸子

马鸡康(西双版纳傣语)=龙果

马棘 Indigofera pseudotinctoria Matsum.(豆科),*狼牙草,狼牙草,马料梢,山绿豆,山皂角,野槐树,野蓝枝子,一味药*

马蓟(说文系传)=苍术

马加里棕 Nannorrhops ritchiana (Griffith) Ait.(棕榈科)

马加里棕属 Nannorrhops Wendland (棕榈科)

马加木(东北)=花楸树

马甲菝葜 Smilax lanceifolia Roxb.(百合科)

马甲竹 Bambusa tulda Roxb.(禾本科)

马甲子 Paliurus ramosissimus (Lour.) Poir.(鼠李科),*白棘,刺盘子,狗骨艻,棘盘子,艻子,簕子,马鞍树,石刺木,铁篱笆,铜钱树,雄虎刺*

马甲子属 Paliurus Tourn. ex Mill.(鼠李科),*铜钱树属*

马菅 Carex idzuroei Franch. & Sav.(莎草科)

马角刺(河南)=野皂荚

马脚蹄(福建)=福建细辛

马金南(群芳谱)=马槟榔

马卡氏皱子棕 Ptychosperma macarthurii (Wendland) Nicholson (棕榈科)

马康草(种子植物词典)=涩荠

马康草属(分类学报)=**涩荠属**

马克韭 Allium maackii (Maxim.) Prokhy. ex Kom. & Aliss.-Klob.(百合科)

马克西莫氏云杉 Picea maximowiczii Rgl.(松科)

马克西莫维奇椴 Tilia maximowicziana Shiras. (椴树科)

马克西莫维奇日本小檗 Berberis thunbergii var. maximowiczii (Rgl.) Rgl.(小檗科)

马克肖竹芋 Calathea makoyana Nichols.(竹芋科)

马克逊马先蒿 Pedicularis maxonii Bonati(玄参科)

马口铃(广西药用名录)=响铃豆

马口念珠(广西)=野菰

马库薹草 Carex makuensis P.C.Li(莎草科)

马拉巴奥图草(广州志)=小花露籽草

马拉巴毛麝香 Adenosma malabaricum HK.f. (玄参科)

马拉巴秋海棠 Begonia malabarica Lam.(秋海棠科)

马拉甲轴榈 Licuala malajana Becc.(棕榈科)

马拉克鬣蜥棕 Iguanura malaccensis Becc.(棕榈科)

马拉沙勒(内蒙)=多枝柽柳

马拉苏奥比尼亚棕 Orbignya barbosiana Burret (棕榈科)

马来杜鹃花 Rhododendron malayanum Jack.(杜鹃花科)

马来假山龙眼 Heliciopsis velutina (Prain) Sleum. (山龙眼科)

马来剑蕨 Loxogramme malayana Cop.(剑蕨科)

马来山槟榔 Pinanga malaiana (Mart.) Scheff. (棕榈科)

马来蛇王藤 Passiflora moluccana Reinw. ex Bl. (西番莲科)

马来藤(植物大辞典)=牛筋藤

马来甜龙竹 Dendrocalamus asper (J.A. & J.H.Schult.) Backer (禾本科),*菲律宾巨单竹,高舌竹*

马来西亚陆均松 Dacrydium comosum Correr (罗汉松科)

马来西亚买麻藤 Gnetum gnemonoides Brongn. (买麻藤科)

马来亚白茶树 Koilodepas longifolium HK.f.(大戟科)

马来眼子菜(植物志 8)=竹叶眼子菜

马来阴石蕨 Humata pectinata (Sm.) Desv.(骨碎补科)

马来鱼藤(广西农业)=异翅鱼藤

马兰(本草拾遗)=裂叶马兰

马兰(华北,西北,东北)=马蔺

马兰(苏南植物手册)=山白菊

马兰 Kalimeris indica (L.) Sch.-Bip.(菊科),*马兰头,鸡儿肠,田边菊,路边菊,鱼鳅串,衰衣莲*

马兰草(生草药性备要)=蟛蜞菊

马兰杆(豆科图说)=圆果甘草

马兰后(广西壮语)=蒜头果

马兰花(湖南)=延叶珍珠菜

马兰菊(医林纂要)=裂叶马兰

马兰青(浙江草药)=裂叶马兰

马兰藤 Dischidanthus urceolatus (Decne.) Tsiang(萝藦科),*假瓜子金,金腰带*
马兰藤属 Dischidanthus Tsiang(萝藦科),*假瓜子金属*
马兰头(救荒本草)=马兰
马兰头花(植物志 74)=雏菊
马兰属 Kalimeris Cass.(菊科)
马蓝 Baphicacanthus cusia (Nees) Bremek.(爵床科),*板蓝,板蓝根,大青叶,淀花,淀沫,淀沫花,靛花,蓝靛,蓝露,南板蓝根,青黛,青缸花,青蛤粉*
马蓝属 Pteracanthus (Nees) Bremek.(爵床科)
马郎果(贵州)=聚果榕
马郎果(贵州志)=聚果榕
马郎花(贵州)=飞蛾藤
马狼柴(高等图鉴)=刺果甘草
马勒(中草药汇编)=西藏斜叶榕
马勒美丽柏 Callitris muelleri (Pariat.) F.Muell.(柏科)
马肋巴(四川)=华南紫萁
马梨光(四川奉节)=血皮槭
马礼士杜鹃(植物学杂志)=满山红
马里奥兰 Malleola penangiana (HK.f.) J.J.Sm. & Schltr. (兰科)
马里兰德杨(植物志 20-2)=马里兰杨
马里兰杨 Populus ×canadensis cv. Marilandica(杨柳科),*马里兰德杨,五月杨*
马里坡菝葜 Smilax malipoensis S.C.Chen(百合科)
马里亚氏翠雀 Delphinium mariae N.Busch.(毛茛科)
马力蹄(四川中草药)=普通凤丫蕨
马力斯绣球 Hydrangea macrophylla f. mariesii (Bean) wils.(虎耳草科)
马力壮(广东)=粪箕笃
马利花属 Marianthus Hueg.(海桐花科)
马利箭竹 Fargesia mali Yi (禾本科)
马利筋 Asclepias curassavica L.(萝藦科),*草木棉,刀口药,对叶莲,芳草花,红花矮陀陀,黄花仔,见肿消,金凤花,金盏银台,辣子七,老鸦嘴,莲生桂子花,七姊妹,山桃花,水羊角,唐绵,土常山,羊角丽,野鹤嘴,野辣子,竹林标,状元红*
马利筋女娄菜(拉汉名称)=掌脉蝇子草
马利筋属 Asclepias L.(萝藦科),*莲生桂子花属*
马利斯莓系 Poa mariesii Rendle (禾本科)
马连(华北,西北,东北)=马蔺
马连鞍(广西宁明)=石柑子
马莲(华北,西北,东北)=马蔺
马莲鞍(Flora 16,植物志 63)=暗消藤
马莲鞍 Streptocaulon juventas (Lour.) Merr.(萝藦科),*地苦参,古羊藤,哈骂不果,哈骂醒合,红藤,虎阴藤,老鸦嘴,马达,暗消藤,毛青才,奶藤,南苦参,藤苦参,小暗消,有毛老鸦嘴*
马莲鞍属 Streptocaulon Wight & Arn.(萝藦科)
马莲花(云南文山)=蒙自虎耳草
马蓼(长白山药志)=酸模叶蓼
马蓼(植物志 25-1)=长鬃蓼
马料梢(天目药志)=马棘
马料梢(浙江)=中华胡枝子
马列耳朵草(浙江东天目)=大叶金腰
马林果(东北)=牛叠肚
马蔺(植物志 16-1)=白花马蔺
马蔺 Iris lactea var. chinensis (Fisch.) Koidz.(鸢尾科),*旱蒲花,箭秆风,兰花草,蠡实,马兰,马连,马莲,马帚子,紫蓝草,紫雪草*
马蔺花(中药大辞典)=通脱木
马岭竹 Bambusa malingensis McClure (禾本科)
马凌(海南临高)=倒吊笔
马铃草(江西草药手册)=假地蓝
马铃草(新疆)=天仙子
马铃根(中草药汇编)=大猪屎豆
马铃骨(广东)=扁穗牛鞭草
马铃果 Voacanga chalotiana Pierre ex Stapf(夹竹桃科)
马铃果属 Voacanga Du Petit-Thouars (夹竹桃科)
马铃花(湖北)=南紫薇
马铃花(湖南)=西藏山茉莉
马铃苣苔 Oreocharis amabilis Dunn(苦苣苔科)
马铃苣苔属 Oreocharis Benth.(苦苣苔科)
马铃薯(中药辞海)=阳芋
马猸姜(广西药用名录)=崖姜蕨
马骝橙藤(广东)=山橙
马骝光(湖北)=紫茎
马骝解(广西)=球兰
马骝卵(广西药志)=肾蕨
马骝藤(广东)=山橙
马骝尾(广西药用名录)=圆盖阴石蕨
马榴根(广西)=尖叶眼树莲
马榴根(湖南药物志)=石仙桃
马柳光树(陕西略阳)=榉树
马六甲蒲桃 Syzygium malaccense (L.) Merr. & Perry (桃金娘科)
马六藤(海南)=厚藤
马六竹(竹子研究汇刊)=马鹿竹
马陆草 Eremochloa zeylanica Hack.(禾本科)
马鹿菜(云南龙陵)=短冠刺蕊草
马鹿花(云南中草药续集)=思茅崖豆
马鹿尾(云南镇康,龙陵)=牛尾草
马鹿竹 Yushania oblonga Yi (禾本科),*马六竹*
马萝卜(经济植物手册)=辣根
马毛千金草(广西)=龙骨马尾杉
马毛榕(海南)=黄葛树
马莓叶(贵州)=川莓
马蒙(云南傣语)=杧果
马蒙加锁(傣语)=蕊木
马米豆(本草汇言)=蝤豆
马米苹果 Mammea americana L.(藤黄科)
马木树(云南)=平叶密花树
马木通(四川)=关木通
马奶叶(海南志)=对叶榕
马南省藤 Calamus manan Miq.(棕榈科)
马尼拉麻(通称)=蕉麻
马尿花(苏南植物手册)=珠芽景天
马尿花(图考)=水鳖
马尿泡(山西中草药)=返顾马先蒿
马尿泡 Przewalskia tangutica Maxim.(茄科),*唐古特马尿泡,矮莨菪,唐冲嘎博,羊尿泡*
马尿泡属 Przewalskia Maxim.(茄科)
马尿烧(黑龙江中药)=毛接骨木
马尿溲(东北)=绣线菊
马尿藤 Campylotropis bonatiana (Pamp.) Schindl. (豆科),*毛三棱杭子稍,三棱梢*
马宁玉凤花(海南志)=南方玉凤花
马柠条(伊克昭盟准噶尔旗)=秦晋锦鸡儿
马泡(贵州)=红腺悬钩子
马泡瓜 Cucumis melo var. agrestis Naud.(葫芦科)
马皮瓜(江苏药材志)=鸭舌草
马葡萄(河南)=乌头叶蛇葡萄
马其顿春黄菊 Anthemis macedonica Boiss. & Orph. (菊科)
马前(本草原始)=马钱子
马钱(药典 2000)=马钱子
马钱科 Loganiaceae
马钱树(广西)=马钱子
马钱叶菝葜 Smilax lunglingensis Wang & Tang (百合科),*白萆薢,萆薢,刺萆薢,花萆薢*
马钱属 Strychnos L.(马钱科),*马钱子属*
马钱子(中草药汇编)=毛柱马钱
马钱子 Strychnos nux-vomica L.(马钱科),*长籽马钱,大方八,番木鳖,火失刻把都,苦实,苦实把豆儿,马前,马钱树,牛眼,皮氏马钱,尾叶马钱,马钱*
马钱子属(名词审查本)=**马钱属**
马乔郁金香 Tulipa marjolettii Perre & Songeon (百合科)
马朐(名医别录)=酸枣
马鹊树(四川成都)=长叶胡颓子
马日格苏图-槐(内蒙)=刺槐
马茹(陕西)=蕤核
马乳葡萄(纲目)=葡萄
马三七(湖南药物志)=堪察加费菜
马桑(金平傣名)=野树波罗
马桑 Coriaria nepalensis Wall.(马桑科),*黑虎大王,黑龙须,马鞍子,马桑柴,闹鱼儿,千年红,水马桑,乌龙须,野马桑,紫桑,醉鱼儿*
马桑白脉竹芋 Maranta leuconeura var. massangenana Schum.(竹芋科)
马桑柴(贵阳)=马桑
马桑科 Coriariaceae
马桑溲疏 Deutzia aspera Rehd.(虎耳草科),*糙枝溲疏,镇康溲疏*
马桑绣球(广西)=蜡莲绣球
马桑绣球 Hydrangea aspera D.Don(虎耳草科),*八仙马桑绣球,八仙柔毛绣球光柄绣球,粟黄马桑绣球,卵叶柔毛绣球,天全柔毛绣球,*
马桑属 Coriaria L.(马桑科)
马扫帚(广西,福建)=美丽胡枝子
马沙刺(安徽经济志)=雀梅藤
马沙弗尔小檗 Berberis masafuerana Sckottsb. (小檗科)
马山地不容 Stephania mashanica Lo & B.N. Chang (防已科)
马山前胡 Peucedanum mashanense Shan & Sheh (伞形科)*防风*
马山铁线莲 Clematis mashanensis W.T.Wang (毛茛科)
马蛇子菜(东北)=马齿苋
马肾果 Aglaia testicularis C.Y.Wu(楝科),*马腰子果*
马虱子草(云南中草药)=滇桐
马虱子树(云南)=云南金叶子
马屎蒿(唐本草)=返顾马先蒿
马氏茶藨子(经济植物手册)=华西茶藨子
马氏臭草 Melica magnolii Godron & Grenier (禾本科)
马氏醋李(小兴安岭植物)=尖叶茶藨子
马氏复叶耳蕨 Arachniodes maximowiczii (Bak.) Ching (鳞毛蕨科)
马氏含笑(分类学报)=黄心夜合
马氏棘豆 Oxytropis martijanovii Kryl.(豆科)
马氏宽果芥 Eurycarpus marinellii (Pamp.) Al-Shehbaz & G.Yang (十字花科)
马氏槭(分类学报)=五尖槭
马氏忍冬(北部植物图志)=金银忍冬
马氏榛 Corylus maxima Mill.(桦木科)
马氏锥花 Gomphostemma mastersii Benth.(唇形科)
马氏紫金牛 Ardisia malouiana (Lindl. & Rodig.) Markgr.(紫金牛科)
马薯(泉州本草)=荸荠

马树(云南植物名录)=中国无忧花
马遂(纲目)=郁金
马斯箭竹 Fargesia dura Yi (禾本科)
马斯克林属 Mascarenhasia A.DC.(夹竹桃科)
马斯槭(树木分类学)=五尖槭
马松蒿 Xizangia serrata D.Y.Hong (玄参科)
马松蒿属 Xizangia D.Y.Hong (玄参科)
马松子(海南)=金锦香
马松子 Melochia corchorifolia L.(梧桐科),*野路葵,假络麻,野棉花秸*
马松子属 Melochia L.(梧桐科)
马酸通(云南屏边)=粗喙秋海棠
马踏皮(广西)=木紫珠
马胎(广东)=走马胎
马太坪诺林 Nolina matapensis Wiggins (百合科)
马唐 Digitaria sanguinalis (L.) Scop.(禾本科),*羊麻,羊粟,马饭*
马唐属 Digitaria Hall.(禾本科)
马塘百合 Lilium matangense J.M.Xu(百合科)
马塘葶苈 Draba matangensis O.E.Schulz(十字花科)
马特薹草(新) Carex martinii Lévl. & Vant.?(莎草科)
马蹄(粤俗)=荸荠
马蹄(中草药汇编)=缬草
马蹄暗消(云南)=杯叶西番莲
马蹄参 Diplopanax stachyanthus Hand.-Mazz.(五加科),*大果五加,野枇杷*
马蹄参属 Diplopanax Hand.-Mazz.(五加科),*大果五加属*
马蹄草(福建)=厚藤
马蹄草(广东)=积雪草
马蹄草(广西志)=血水草
马蹄草(南宁药志)=广金钱草
马蹄草(天目药志)=膜叶驴蹄草
马蹄草(云南药用名录)=突隔梅花草
马蹄草(浙江)=活血丹
马蹄草(浙江天目山)=驴蹄草
马蹄大戟(植物志 44-3)=钩腺大戟
马蹄当归(贵州)=蹄叶橐吾
马蹄当归(湖北,湖南,福建)=大吴风草
马蹄当归(四川)=鹿蹄橐吾
马蹄跌打(云南景洪)=马蹄犁头尖
马蹄防风(云南)=杏叶茴芹
马蹄付子(广西)=福建观音座莲
马蹄根(思茅中草药)=大观音座莲
马蹄沟繁缕 Elatine hedropiper L.(沟繁缕科)
马蹄果 Protium serratum (Wall. ex Colebr.) Engl.(橄榄科)
马蹄果属 Protium Burm.f.(橄榄科)
马蹄荷 Exbucklandia populnea (R.Br.) R.W. Brown. (金缕梅科),*马蹄木,马蹄樟*(广西),*合掌木,盖阴树*(云南),*雀雀花*(云南中草药),*白克木*(中药大辞典)
马蹄荷属 Exbucklandia R.W.Brown (金缕梅科)
马蹄黄 Spenceria ramalana Trimen(蔷薇科),*黄地榆,白地榆,黄总花草*
马蹄黄属 Spenceria Trimen (蔷薇科),*斯宾塞草属,斯宾草属,黄总花草属*
马蹄黄草(中药大辞典)=柔毛堇菜
马蹄金(福建草药)=厚藤
马蹄金(中草药汇编)=掌叶大黄
马蹄金 Dichondra micrantha Urb.(旋花科),*荷苞草,黄胆草,黄眼草,金马蹄草,金钱草,金锁匙,金挖耳,螺丕草,落地金钱,肉馄饨草,小半边钱,小灯盏,小金钱,小金钱草,小马蹄草,小马蹄金,小铜钱草,小元宝草,玉馄饨*
马蹄金星蕨 Parathelypteris cystopteroides (Eaton) Ching (金星蕨科)
马蹄金属 Dichondra J.R. & G.Forst.(旋花科)
马蹄筋骨草(四川)=活血丹
马蹄决明(植物志 39)=决明
马蹄蕨(湖南)=亨利原始观音座莲
马蹄蕨(粤,桂)=福建观音座莲
马蹄蕨(云南)=大观音座莲
马蹄犁头尖 Typhonium trilobatum (L.) Schott (天南星科),*马蹄跌打,小黑牛,山半夏,野半夏*
马蹄莲 Zantedeschia aethiopica (L.) Spreng(天南星科)
马蹄莲属 Zantedeschia Spreng(天南星科)
马蹄萁(粤)=长柄观音座莲
马蹄芹 Dickinsia hydrocotyloides Franch.(伞形科),*大苞芹,双叉草,山荷叶*
马蹄芹属 Dickinsia Franch.(伞形科)
马蹄树(湖南药物志)=福建观音座莲
马蹄纹天竺葵 Pelargonium zonale Ait.(牻牛儿苗科)
马蹄细辛(广西)=金耳环
马蹄细辛(贵州民间药物)=心叶风毛菊
马蹄细辛(湖北宜昌)=大叶马蹄香
马蹄细辛(四川)=鹿蹄橐吾
马蹄细辛(中草药汇编)=杜衡
马蹄香(安徽)=肾叶细辛
马蹄香(广药手册)=广金钱草
马蹄香(经济志)=蜘珠香
马蹄香(浙江,江西,湖北,湖南)=小叶马蹄香
马蹄香(中草药汇编)=杜衡
马蹄香 Saruma henryi Oliv.(马兜铃科),*冷水丹,高脚细辛,狗肉香*
马蹄香属 Saruma Oliv.(马兜铃科)
马蹄叶(东北)=蹄叶橐吾
马蹄叶(四川)=驴蹄草
马蹄叶(中药大辞典)=尖叶龙须藤
马蹄叶红仙茅(丽江,兰坪)=橙色鼠尾草
马蹄叶橐吾 Ligularia odontomanes Hand.-Mazz.(菊科)
马蹄针(河南)=白刺花
马蹄竹(广西)=油簕竹
马蹄子(江苏)=决明
马庭(湖北志)=堇叶芥
马铜铃 Hemsleya graciliflora (Harms.) Cogn.(葫芦科)
马桶花(四川)=两头毛
马挽手(分类草药性)=狗牙根
马旺(傣族语)=甘薯
马尾巴草(昆明)=篦齿眼子菜
马尾边(云南丽江)=粗梗黄堇
马尾参(贵州草药)=落新妇
马尾参(云南中草药)=万丈深
马尾参(植物志 80-1)=绿茎还阳参
马尾草(广西药用名录)=蕗蕨
马尾草(广西药用名录)=茸球藨草
马尾草(云南中草药)=小叶三点金
马尾柴胡(四川)=汶川柴胡
马尾柴胡(四川马尔康)=马尔康柴胡
马尾柴胡 Bupleurum microcephalum Diels(伞形科),*线柴胡,竹叶柴胡*
马尾大艽(河北保定)=西伯利亚乌头
马尾花(云南西畴,屏边)=马尾树
马尾黄连(内蒙,宁夏)=瓣蕊唐松草
马尾黄连(内蒙,宁夏)=鞭柱唐松草
马尾黄连(四川)=贝加尔唐松草
马尾黄连(新疆药材名)=高山唐松草
马尾黄连(云南)=高原唐松草
马尾黄连(云南)=毛发唐松草
马尾黄连(云南)=偏翅唐松草
马尾黄连(云南,四川)=多叶唐松草
马尾连(北京)=东亚唐松草
马尾连(宾川)=金丝马尾连
马尾连(纲目拾遗)=高原唐松草
马尾连(青海)=贝加尔唐松草
马尾连(山东)=唐松草
马尾连(四川西南)=多叶唐松草
马尾连(云南中草药)=两头毛
马尾连(中药志)=金丝马尾连
马尾千金拨(广西)=松叶蕨
马尾千金草(广西,云南)=金丝条马尾杉
马尾千金草(广西中药志)=鳞叶马尾杉
马尾青青草(广西中药志)=鳞叶马尾杉
马尾青青草(中草药汇编)=金丝条马尾杉
马尾榕(贵州志)=绿黄葛树
马尾榕(海南)=垂叶榕
马尾杉 Phlegmariurus phlegmaria (L.) Holub(石杉科)
马尾杉属 Phlegmariurus (Herter) Holub(石杉科)
马尾伸筋(江西中药)=白背牛尾菜
马尾伸筋草(广西中药志)=鳞叶马尾杉
马尾伸筋草(中草药汇编)=金丝条马尾杉
马尾省藤 Calamus mawaiensis Ftdo.(棕榈科)
马尾石松(分类学报)=金丝条马尾杉
马尾树(高等图鉴,分类学)=木麻黄
马尾树 Rhoiptelea chiliantha Diels(马尾树科),*马尾丝,马尾花,漆榆*
马尾树科 Rhoipteleaceae
马尾树属 Rhoiptelea Diels & Hand.-Mazz.(马尾树科)
马尾丝(云南西畴,屏边)=马尾树
马尾松 Pinus massoniana Lamb.(松科),*赤龙鳞,赤龙皮,赤松皮,枞松,青松,山松,松笔头,松木笔,松树蕊*
马屎(纲目)=皂荚
马先蒿(本经)=返顾马先蒿
马先蒿属 Pedicularis L.(玄参科)
马衔山黄芪 Astragalus mahoschanicus Hand.-Mazz. (豆科)
马苋(名医别录)=马齿苋
马苋菜(内蒙古)=马齿苋
马辛(江苏药材志)=杜衡
马新蒿(唐本草)=返顾马先蒿
马熊沟虎耳草 Saxifraga maxionggouensis J.T. Pan (虎耳草科)
马须草(福建)=美丽胡枝子
马牙半枝莲(江苏)=凹叶景天
马牙草(吉林中草药)=荩草
马牙根吉(普兰藏语)=无毛卡惹拉黄堇
马牙贯众(山东中医药)=华北鳞毛蕨
马牙黄堇 Corydalis mayae Hand.-Mazz.(罂粟科)
马牙七(陕西中草药)=流苏虾脊兰
马雅马(瑶族名)=一枝黄花
马烟树(海南)=风箱树
马腰子果(云南麻栗坡)=马肾果
马药子(海南志)=两面针
马叶树(云南植物名录)=中国无忧花
马衣叶(种子植物名称)=广防风
马驿树(广东)=紫玉盘树
马音加苹婆 Sterculia maingayi Mast.(梧桐科)

马银花 Rhododendron ovatum (Lindl.) Planch. ex Maxim. (杜鹃花科)
马缨丹 Lantana camara L.(马鞭草科),*臭草,臭花根,钉虫花,龙船花,七变花,如意草,如意花,天竺草,五彩花,五雷箭,五色梅*
马缨丹属 Lantana L.(马鞭草科)
马缨杜鹃 Rhododendron delavayi Franch.(杜鹃花科),*杜鹃,红山茶,麻力光,马缨花,密筒花,映山红*
马缨花(江苏,浙江,四川)=合欢
马缨花(图考)=马缨杜鹃
马缨花(植物志 40)=山槐
马缨花(畿辅通志)=合欢
马赞居西(维吾尔语)=全缘青兰
马枣子(东北药志)=葛枣猕猴桃
马藻(本草拾遗)=穗状狐尾藻
马藻(通称)=菹草
马针蔺(新拉汉英)=细秆荸荠
马帚子(湖南)=马蔺
马株子(浙江药志)=黄山梅
马竹霄(江西安福)=斑花败酱
马兹秋海棠 Begonia mazae Ziesenh.(秋海棠科)
马子菜(江苏)=马齿苋
马祖耳蕨(台湾志)=对马耳蕨
马醉木 Pieris japonica (Thunb.) D.Don ex G. Don (杜鹃花科),*梫木,日本马醉木*
马醉木属 Pieris D.Don (杜鹃花科),*梫木属*
马瓞儿 Zehneria indica (Lour.) Keraudren(葫芦科),*单梢瓜,金丝瓜,扣子草,老鼠冬瓜,老鼠瓜,老鼠黄瓜,山鸡仔,山熊胆,天瓜,土白蔹,野黄瓜,野苦瓜,野梢瓜,银丝莲*
马　儿属 Zehneria Endl.(葫芦科)
玛啃(云南傣族)=毛大叶臭花椒
玛丽安沃森花 Watsonia meriana Mill.(鸢尾科)
玛丽杜鹃(植物学杂志)=岭南杜鹃
玛丽马先蒿 Pedicularis mariae Rgl.(玄参科)
玛利蝴蝶兰 Phalaenopsis mariae Burb.(兰科)
玛玛机机(藏名)=密穗砖子苗
玛纳斯灯心草 Juncus libanoticus Thiéb.(灯心草科)
玛瑙柑 Citrus reticulata cv. Manau Gan(芸香科),*皱皮柑*
玛瑙石榴 Punica granatum cv. Legrellei Vanhoutte (石榴科)
玛奴(藏名)=土木香
玛奴(西藏)=总状土木香
玛曲棘豆 Oxytropis falcata var. maquensis C.W. Chang (豆科)
玛曲嵩草 Kobresia maquensis Y.C.Yang(莎草科)
玛曲薹草 Carex maquensis Y.C.Yang(莎草科)
玛森早熟禾 Poa masenderana Freyn & Sint.(禾本科)
玛氏直唇兰 Herpysma merrillii Ames (兰科)
蚂拐菜(广西)=降龙草
蚂蝗莲(四川)=多羽节肢蕨
蚂蝗木(广西)=小槐花
蚂蝗七 Chirita fimbrisepala Hand.-Mazz.(苦苣苔科),*红蚂蝗七,石螃蟹,岩蚂蝗,石蜈蚣,石棉,岩白菜*
蚂蝗痧(云南文山)=香薷
蚂蝗藤(广西桂平)=帘子藤
蚂蝗藤(广西药用名录)=翼茎白粉藤
蚂蟥梢(陕西)=粉花绣线菊
蚂蟥藤(贵州)=密齿酸藤子
蚂蚁菜(东北)=马齿苋
蚂蚁草(江苏药材志)=萹蓄
蚂蚁草(云南)=遍地金
蚂蚁草(云南中草药)=挺茎遍地金
蚂蚁鼓堆树(云南思茅)=思茅豆腐柴
蚂蚁果(广西)=番荔枝
蚂蚁花 Osbeckia nepalensis HK.f.(野牡丹科),*窄腰泡*
蚂蚁木(广西药用名录)=岗柃
蚂蚁窝(昌平)=埃氏马先蒿
蚂炸草(贵州草药)=菅
蚂蚱膀子(植物志 75)=线叶旋覆花
蚂蚱菜(陕西)=马齿苋
蚂蚱腿(东北木本志)=土庄绣线菊
蚂蚱腿(中药大辞典)=柴胡
蚂蚱腿子 Myripnois dioica Bge.(菊科)
蚂蚱腿子属 Myripnois Bge (菊科)
蚂蚜骨(广西药用名录)=狭叶珍珠花
骂巴成(侗族名)=大丁草
骂补神(广西侗族语)=铜锤玉带草
骂孢(侗族语)=一枝黄花
唛别(广西宁明壮语)=蝴蝶果
唛豆荚(广西宁明)=油渣果
唛厚(广西土名)=蒜头果
唛坚(广西)=中国无忧花
唛角(广西壮语)=八角茴香
唛咖(广西壮语)=天桃木
唛螺陀(广西)=番荔枝
唛梅马(广西)=中国无忧花
唛嫩(广西壮语)=藤春
唛毅怀(广西)=黄毛五月茶
吗给安(沧源佤语)=云南藤黄
吗洪孚(傣语)=麻疯树
吗井(云南僾尼语)=油渣果

Mai

埋泵姆(西双版纳傣语)=四数木
埋波朗(西双版纳傣语)=铁力木
埋冬啷(傣语)=翅果刺桐
埋甘壮(傣语)=望天树
埋哥当牧(傣语)=毛叶青冈
埋贵(广西龙州壮语)=金丝李
埋孚(云南傣语)=黑风藤
埋好来(西双版纳傣语)=假广子
埋好迈(西双版纳傣语)=红光树
埋霍孚(傣族俗称)=花巨竹
埋鳞柳叶菜 Epilobium williamsii Raven(柳叶菜科),*高山柳叶菜*
埋任(怒江独龙语)=山木瓜
埋桑(傣语)=柚木
埋修(傣语)=洋紫荆
埋央嫩(西双版纳傣语)=风吹楠
埋扎伞(西双版纳傣语)=滇南风吹楠
埋张衲(西双版纳傣语)=琴叶风吹楠
买打亥弯(云南德宏傣语)=假朝天罐
买担别(傣语)=糖胶树
买麻藤 Gnetum montanum Markgr.(买麻藤科),*倪藤,山花生,山米藤,大节藤*
买麻藤科 Gnetaceae
买麻藤属 Gnetum L.(买麻藤科)
买马萨(西双版纳傣语)=毛瓣无患子
买雄(西双版纳傣语)=龙果
买子藤(广东)=小叶买麻藤
迈尔槭 Acer mayrii Schwerin (槭树科)
迈尔色木槭 Acer mono var. mavrii (Schwer.) Nakai (槭树科)
迈克刀秋海棠 Begonia macdougallii Ziesenh.(秋海棠科)
迈氏马先蒿 Pedicularis marrilliana Li(玄参科)
迈撕(云南傣语)=紫矿
迈亚马先蒿 Pedicularis mayana Hand.-Mazz.(玄参科)
麦(本草经集注)=普通小麦
麦抱(广西)=印度枣
麦参(云南中草药)=千针万线草
麦刺藤叶(中药大辞典)=象鼻藤
麦地龙香茶菜 Isodon medilungensis (C.Y.Wu & H.W.Li) H.Hara(唇形科)
麦地绣线菊(新)Spiraea mairei Lévl.?(蔷薇科)
麦吊杉(四川)=麦吊云杉
麦吊云杉 Picea brachytyla (Franch.) Pritz.(松科),*麦吊杉,川云杉,垂枝云杉,垂枝杉,密苞杉,萎鳞云杉*
麦冬 Ophiopogon japonicus (L.f.) Ker-Gawl.(百合科),*寸冬,地麦冬,杭麦冬,韭叶麦冬,麦门冬,麦门冬,沿阶草*
麦豆(广东)=豌豆
麦毒草(东北草本志)=麦仙翁
麦毒草属(东北草本志)=**麦仙翁属**
麦朵刚拉(西藏)=绵头雪兔子
麦朵刚拉(西藏)=雪兔子
麦夫子(河南嵩县)=独角莲
麦麸草(陕西)=细野麻
麦杆菊(通称)=蜡菊
麦秆蹄盖蕨 Athyrium fallaciosum Milde(蹄盖蕨科),*小叶蹄盖蕨*
麦藁菊(日本名)=蜡菊
麦瓜(滇南本草)=南瓜
麦桂 (两广乔灌木名录)=长序厚壳桂
麦郭孚(傣语)=火麻树
麦蒿(山东)=播娘蒿
麦斛 Bulbophyllum inconspicum Maxim.(兰科),*单叶石枣,瓜子莲,果上叶,七仙桃,石豆,石杨梅,石英,石枣子,小扣子兰,羊奶草,子上叶*
麦花草 Bacopa floribunda (R.Br.) Wetst.(玄参科)
麦黄草(河南)=角茴香
麦黄草(四川,陕西,秦岭志)=紫堇
麦黄茅 Heteropogon triticeus (R.Br.) Stapf ex Craib.(禾本科)
麦黄葡萄 Vitis bashanica He PC(葡萄科)
麦家公(江苏,江苏植物名录)=田紫草
麦卡杜鹃花 Rhododendron macabeanum Watt. ex Balf.f.(杜鹃花科)
麦拉拉(甘肃)=涩荠
麦蓝菜(滇南本草)=菥蓂
麦蓝菜 Vaccaria hispanica (Miller) Rausch.(石竹科),*大麦牛,金盏银台,禁宫花,留行子,麦蓝子,王不留行,王母牛*
麦蓝菜属 Vaccaria Medic. (石竹科),*王不留行属*
麦蓝子(河南,陕西)=麦蓝菜
麦李(浙江)=郁李
麦李 Cerasus glandulosa (Thunb.) Lois.(蔷薇科)
麦里蒿(山东)=播娘蒿
麦粒醋栗(拉汉名称)=天山茶藨子
麦粒团(安徽)=木半夏
麦粒子(山东)=羊奶子
麦门冬(江西通志)=麦冬
麦门冬(植物志 15)=麦冬
麦名名姜(本经)=天名精
麦泡(四川)=墨泡
麦皮树(海南吊罗山)=小叶木犀榄
麦撇花藤(广西)=定心藤
麦賨草 Elymus tangutorum (Nevski) Hand-Mazz. (禾本科)

麦瓶草(北京志)=石生蝇子草
麦瓶草 Silene conoidea L.(石竹科),*净瓶,米瓦罐,香炉草,梅花瓶,灯笼草*
麦瓶草属(种子植物名称)=**蝇子草属**
麦强日(热)尔瓦(青海藏语)=暗绿紫堇
麦仁珠 Galium tricorne Stokes(茜草科),*弯梗拉拉藤*
麦氏埃蕾(北部植物图志)=百金花
麦氏草 Molinia varia Schrank(禾本科)
麦氏草属 Molinia Schrank (禾本科)
麦氏醋栗(华北经济志要)=天山茶藨子
麦氏短肠蕨小羽变种(分类学报)=小叶短肠蕨
麦氏海棠(庐山植物手册)=尖嘴槭
麦氏厚壳桂(植物志 31)=长序厚壳桂
麦氏介蕨 Dryoathyrium mcdonellii (Bedd.) Z.R. Wang (蹄盖蕨科)
麦氏双盖蕨(蕨类图说)=江南短肠蕨
麦氏小檗(新)Berberis mairei Ahrendt?(小檗科),*东川小檗*
麦穗(广西龙州)=木奶果
麦穗红(闽东本草)=爵床
麦穗红(南宁药志)=狗肝菜
麦穗癀(福建中草药)=爵床
麦穗茅根 Perotis hordeiformis Nees ex HK. & Arn.(禾本科)
麦穗石豆兰 Bulbophyllum orientale Seidenf.(兰科)
麦穗夏枯草(云南丛书,图考)=夏枯草
麦薹草(东北草本志)=乳突薹草
麦特杜鹃花 Rhododendron metternichii S. & Z.(杜鹃花科)
麦托罗(西双版纳)=大黄栀子
麦无踪(湖南)=天葵
麦夏枯(滇南本草)=夏枯草
麦仙翁 Agrostemma githago L.(石竹科),*麦毒草*
麦仙翁属 Agrostemma L.(石竹科),*麦毒草属*
麦芽他(海南)=岭南山竹子
麦樱(吴普本草)=毛樱桃
麦硬(云南思茅傣语)=思茅黄肉楠
麦哲伦达尔文小檗 Berberis darwinii var. magellanica Ahrendt (小檗科)
麦哲伦岩高兰叶小檗 Berberis empetrifolia var. magellanica Schneid.(小檗科)
麦珠子 Alphitonia philippinensis Braid(鼠李科),*山木棉,蒙蒙木,白石松,银树*
麦珠子属 Alphitonia Reiss. ex Endl.(鼠李科)
卖索尔凤仙花 Impatiens mysorensis Roth.(凤仙花科)
卖仲哈(傣族名)=黄兰
卖子木(唐本草)=龙船花
脉瓣卫矛(植物志 45-3)=染用卫矛
脉草藤(内蒙古)=柳叶野豌豆
脉萼蓝钟花 Cyananthus neurocalyx C.Y.Wu(桔梗科)
脉耳草 Hedyotis costata (Roxb.) Kurz(茜草科),*节节草,小节节花,亚婆潮草,千里及,黑节草*
脉果漆(广西植物名录)=利黄藤
脉花党参 Codonopsis nervosa (Chipp) Nannf.(桔梗科)
脉基巢菜(国产牧草植物)=柳叶野豌豆
脉欧李(拉汉名称)=毛叶欧李
脉甜茅 Glyceria striata (Lamarck) Hitchocock (禾本科)
脉纹鳞毛蕨 Dryopteris lachoongensis (Bedd.) Nayar & Kaur(鳞毛蕨科)
脉羊耳兰(中药大辞典)=见血青
脉叶翅棱芹 Pterygopleurum neurophyllum (Maxim.) Kitag.(伞形科),*凤尾参*
脉叶虎皮楠 Daphniphyllum paxianum Rosenth.(虎皮楠科),*峨眉虎皮楠,海南虎皮楠,土杧果*
脉叶兰(台湾兰科植物)=广布芋兰
脉叶罗汉松(静生汇报)=百日青
脉叶木蓝 Indigofera venulosa Champ. ex Benth.(豆科)
脉叶十大功劳(新拉汉英)=略斯喀特十大功劳
脉叶野豌豆(豆科图说)=柳叶野豌豆

Man

蛮大杉(台湾)=台湾杉木
蛮刀背(四川中草药)=爪哇珍珠菜
蛮姜(履巉岩本草)=高良姜
蛮樝(本草拾遗)=木瓜
蛮竹(四川)=油簕竹
蛮竹(云南俗名)=绵生
馒头闭花木(分类学报)=馒头果
馒头菠(福建)=山莓
馒头草(拉汉名称)=头序蝇子草
馒头果(海南)=大果榕
馒头果(海南)=鹧鸪麻
馒头果 Cleistanthus tonkinensis Jabl.(大戟科),*野茶叶,馒头闭花木*
馒头果属(树木分类学)=**算盘子属**
馒头花(青海)=狼毒
馒头花(西藏中草药)=漏芦
馒头郎(广州)=薜荔
馒头柳 Salix matsudana f. umbraculifera Rehd.(杨柳科)
馒头麦瓶草(东北检索表)=头序蝇子草
槾柑(浙江)=槾橘
槾桔(浙江药志)=槾橘
槾橘 Citrus reticulata cv. Tardiferax (芸香科),*槾桔,槾柑*
槸木(佐传)=榔榆
满草(海南)=石萝藦
满大青(云南志)=海通
满登(西双版纳)=银叶锥
满地红(文山中草药)=头花蓼
满地毯(厦门中草药)=蛇婆子
满江红 Azolla imbricata (Roxb.) Nakai(满江红科),*草无根,红浮漂,红浮飘,红浮萍,红苹,红叶草,三角藻,水浮漂,紫漂,紫藻*
满江红科 Azollaceae
满江红属 Azolla Lam.(满江红科)
满露草(广东,海南)=长叶茅膏菜
满绿隐柱兰(台湾兰科植物)=隐柱兰
满坡香(贵州剑河,梵净山)=牛至
满坡香(湖南)=缬草
满山白(中草药汇编)=檵木
满山白(中草药汇编)=毛果杜鹃
满山爆竹 Sinobambusa tootsik var. laeta (Mc Clure) Wen (禾本科)
满山红(东北中草药)=兴安杜鹃
满山红(广西药用名录)=尖子木
满山红(吉林中草药)=迎红杜鹃
满山红(陕西中草药)=莓叶委陵菜
满山红 Rhododendron mariesii Hemsl. & Wils.(杜鹃花科),*山石榴,马礼士杜鹃,守城满山红,灰齿杜鹃花*
满山抛(云南德宏)=番木瓜
满山跑(竹子研究汇刊)=毛算盘竹
满山香(草药汇编)=醉鱼草
满山香(广东)=链珠藤
满山香(广空中草药手册)=山鸡椒
满山香(广西)=毛牵牛
满山香(广西)=少花海桐
满山香(广西)=四数九里香
满山香(广西凤山)=滇丁香
满山香(广西药用名录)=豆叶九里香
满山香(广西药用名录)=锯叶合耳菊
满山香(湖南)=草珊瑚
满山香(湖南)=滇白珠
满山香(湖南)=梗花椒
满山香(湖南)=岭南花椒
满山香(湖南药物志)=野花椒
满山香(江西)=细梗香草
满山香(江西吉安)=石香薷
满山香(昆明草药)=铁箍散
满山香(陕西)=缬草
满山香(生草药性备要)=千里香
满山香(四川米易)=野草香
满山香(云南)=排骨灵
满山香(云南)=小花五味子
满山香(云南曲靖)=牛至
满山香(植物志 30-1)=合蕊五味子
满山香科 Teucrium praemontanum Klok.(唇形科)
满树星 Ilex aculeolata Nakai(冬青科),*白杆根,百介树,秤星木,满天星,青心木,山秤根,鼠李冬青,天星根,天星木,土甘草*
满塘红(广西)=肉色土圞儿
满天飞(湖北)=打破碗花花
满天飞(中草药汇编)=野茼蒿
满天红(广西)=黄牛木
满天香(广西)=四数九里香
满天星(峨眉)=天胡荽
满天星(高等图鉴)=香港大沙叶
满天星(海南)=白鼓钉
满天星(黑龙江)=抱茎小苦荬
满天星(江西)=椿叶花椒
满天星(江西中药)=破铜钱
满天星(苏南植物手册)=黑腺珍珠菜
满天星(图考)=莲子草
满天星(新华本草纲要)=满树星
满天星(云南)=牛至
满天星(云南)=水棉花
满天星(云南)=野棉花
满天星(植物志 26)=圆锥石头花
满天星属(分类学报)=**莲子草属**
满天云(广西)=华东阴地蕨
满条红(江西,湖南,陕西)=紫荆
满洲茶藨子(华北经济志要)=东北茶藨子
满洲槭(静生汇报)=东北槭
曼椆(高等图鉴)=曼青冈
曼哥龙巴豆 Croton mangelong Y.T.Chang(大戟科)
曼纳(云南傣语)=银叶诃子
曼喃(云南傣语)=黄独
曼尼坡杜鹃花 Rhododendron manipurense Balf.f. & Watt.(杜鹃花科)
曼尼浦耳百合 Lilium mackliniae Sealy (百合科)
曼尼浦红丝线 Lycianthes macrodon var. manipu-rensis Bitter (茄科)
曼尼普尔小檗 Berberis manipurana Ahrendt (小檗科)
曼青冈 Cyclobalanopsis oxyodon (Miq.) Oerst.(壳斗科),*曼椆,短星毛青冈,梅花青冈*
曼陀罗 Datura stramonium L.(茄科),*枫茄花,狗核桃,闹羊花,赛斯哈塔肯,沙斯哈多那,土木特张姑,万桃花,无刺曼头罗,洋金花,野麻子,*

紫花曼头罗,醉心花
曼陀罗木(云南志)=木本曼陀罗
曼陀罗木 Brugmansia arborea (L.) Steud.(茄科)
曼陀罗木属 Brugmansia Pers.(茄科)
曼陀罗属 Datura L.(茄科)
曼陀罗子(纲目)=毛曼陀罗
曼陀茄(植物志 67-1)=茄参
墁兰草(高等图鉴)=井栏边草
墁生黄芪 Astragalus salsugineus var. multijugus S.B.Ho (豆科)
漫板树(云南)=滇刺榄
漫胆草(大理)=灯笼草
漫竹 Phyllostachys stimulosa H.R.Zhao(禾本科)
蔓(吴普本草)=芝麻
蔓坝(云南腾冲)=四方蒿
蔓白前 Cynanchum volubile (Maxim.) Hemsl. (萝藦科)
蔓白薇(浙江)=蔓剪草
蔓斑鸠菊(广州)=毒根斑鸠菊
蔓参(浙江)=羊乳
蔓草虫豆 Cajanus scarabaeoides (L.) Thouars (豆科),*虫豆*
蔓茶藨子(华北经济志要)=簇花茶藨子
蔓长春花 Vinca major L.(夹竹桃科),*攀缠长春花*
蔓长春花属 Vinca L.(夹竹桃科)
蔓赤车 Pellionia scabra Benth.(荨麻科),*粗糙赤车使者,鸡骨香,坑兰,坑冷,楼梯草,毛赤车,青麻,入脸麻,石解骨,水靛青,香蕉草,岩苋菜,洋眼草*
蔓地草(拉汉名称)=三角叶堇菜
蔓构(云南)=藤构
蔓孩儿参 Pseudostellaria davidii (Franch.) Pax (石竹科),*蔓假繁缕*
蔓胡颓子 Elaeagnus glabra Thunb.(胡颓子科),*白甜蒲,半春子,抱君子,蒲颓子,柿果,藤胡颓子,藤木楂,阳春子*
蔓虎刺 Mitchella undulata S. & Z.(茜草科)
蔓虎刺属 Mitchella L.(茜草科)
蔓华(尔雅)=藜
蔓黄芪(高等图鉴)=扁茎黄芪
蔓黄芪(陕西)=扁茎黄芪
蔓黄芪(陕西)=草木樨状黄芪
蔓黄菀(台湾志)=千里光
蔓假繁缕(高等图鉴)=蔓孩儿参
蔓剪草 Cynanchum chekiangense M.Cheng ex Tsiang & P.T.Li(萝藦科),*四叶对剪草,蔓白薇*
蔓金腰 Chrysosplenium flagelliferum Fr. Schmidt (虎耳草科),*蔓金腰子*
蔓金腰子(东北检索表)=蔓金腰
蔓茎报春 Primula alsophila Balf.f. & Farrer(报春花科)
蔓茎彩叶凤梨 Neoregelia sarmentosa (Rgl.) L.B.Sm.(凤梨科)
蔓茎点地梅(西藏植物名录)=匍茎点地梅
蔓茎葫芦茶 Tadehagi pseudotriquetrum (DC.) Yang & Huang(豆科),*龙舌黄,一条根*
蔓茎堇菜(静生汇报)=七星莲
蔓茎蓝钟花 Cyananthus incanus var. decumbens Lian (桔梗科)
蔓茎山珊瑚(台湾志)=倒吊兰
蔓茎鼠尾(植物学杂志)=佛光草
蔓茎栓果菊(海南志)=匍枝栓果菊
蔓茎沿阶草 Ophiopogon reptans HK.f.(百合科)
蔓茎蝇子草 Silene repens Patr. (石竹科),*锡林麦瓶草,锡林蝇子草,线叶蔓茎蝇子草,蔓麦瓶草,毛萼麦瓶草,匍生蝇子草,匍生鹤草,葫芦草*
蔓荆 Vitex trifolia L.(马鞭草科),*白背叶.白叶,荆子.蔓荆实.蔓青子.三叶蔓荆,水稔子,万荆子*
蔓荆实(本经)=蔓荆
蔓荆子(本草经集注)=单叶蔓荆
蔓菁甘蓝 Brassica napus var. napobrassica (L.) Reich. (十字花科),*布留克,洋大头菜,芜青甘蓝*
蔓九节 Psychotria serpens L.(茜草科),*穿根藤,风不动藤,拎壁龙,络石藤,木头疳,匍匐九节,上树龙,崧筋藤,蜈蚣藤,银珠果*
蔓柳 Salix turczaninowii Laksch.(杨柳科)
蔓龙胆属 Crawfurdia Wall.(龙胆科)
蔓绿绒(新拉汉英)=喜林芋
蔓马缨丹 Lantana montevidensis Briq.(马鞭草科)
蔓麦瓶草(东北检索表)=蔓茎蝇子草
蔓蔓藤(福建)=海金沙
蔓千斤拔(豆科图说)=千斤拔
蔓茄(高等图鉴)=白英
蔓茄(陕西丹凤)=白英
蔓青(唐本草)=芜青
蔓青子(中药材手册)=蔓荆
蔓榕 Ficus pedunculosa Miq.(桑科)
蔓三七草(海南志)=平卧菊三七
蔓山葡萄(广东药用名录)=葛藟葡萄
蔓杉石松 Lycopodium annotinum L. (石松科),*多穗石松*
蔓蛇藨(浙江土名)=华蔓茶藨子
蔓生阿芒多兰 Armodorum labrosum (Lindl.) Schltr. (兰科)
蔓生白薇 Cynanchum versicolor Bge.(萝藦科),*白花牛皮消,白龙须,白马尾,白薇,半蔓白薇,变色白前*
蔓生百部(中药志,药典 2000)=百部
蔓生贝克斯 Banksia repens Labill.(山龙眼科)
蔓生合耳菊 Synotis yui C.Jeffr. & Y.L.Chen(菊科),*蔓生尾药菊*
蔓生黄堇 Corydalis vermicularis Lidén(罂粟科)
蔓生卷柏 Selaginella davidii Franch. (卷柏科),*小过江龙,小过山龙,卷柏*
蔓生拉拉藤 Galium humifusum M.Bieb.(茜草科)
蔓生陵齿蕨 Lindsaea merrillii Cop.(陵齿蕨科)
蔓生马先蒿 Pedicularis vagans Hemsl.(玄参科)
蔓生盘叶忍冬(新拉汉英)=轮花忍冬
蔓生山珊瑚 Galeola nudifolia Lour.(兰科)
蔓生鼠李 Rhamnus procumbens Edgew.(鼠李科)
蔓生尾药菊(植物志 77-1)=蔓生合耳菊
蔓生莠竹 Microstegium vagans (Nees ex Steud.) A.Camus (禾本科)
蔓氏石韦 Pyrrosia mannii (Gies.) Ching(水龙骨科),*毛石韦,矩圆石韦*
蔓藤草(华北)=萝藦
蔓田芥(吉林长白山)=叶芽鼠耳芥
蔓委陵菜(东北检索表)=匍枝委陵菜
蔓乌头 Aconitum volubile Pall.(毛茛科)
蔓乌药(陕西)=松潘乌头
蔓五月茶 Antidesma ambiguum Pax & Hoffm. (大戟科),*拟五月茶*
蔓性八仙花(秦岭志)=冠盖绣球
蔓性落霜红(苏南)=南蛇藤
蔓性千斤拔(中药辞海)=千斤拔
蔓延香草 Lysimachia trichopoda Franch.(报春花科),*毛梗排草*
蔓越桔(新拉汉英)=大果越桔
蔓枝龙胆 Gentiana leptoclada Balf.f. & Forr.(龙胆科)
蔓竹杞(台湾)=光叶铁仔
蔓苎麻(植物志 23-2)=糯米团
镘瓣景天 Sedum trullipetalum HK.f. & Thoms. (景天科)
镘瓣景天缘毛变种(分类学报)=缘毛景天

Mang

牤牛茶(内蒙志)=兴安胡枝子
牤牛卡根(东北)=兴安升麻
芒 Miscanthus sinensis Anderss.(禾本科),*白尖草,杜荣,苦房草,度芸,笆芒,笆茅*
芒苞草 Acanthochlamys bracteata P.C.Kao(石蒜科)
芒苞草属 Acanthochlamys P.C.Kao(石蒜科)
芒柄花 Ononis arvensis L.(豆科)
芒柄花属 Ononis L.(豆科)
芒草(广东)=广防风
芒草(四川中草药)=水毛花
芒车前(植物研究)=芒区车前
芒齿灯台报春 Primula melanodonta W.W.Sm. (报春花科),*藏黄报春*
芒齿耳蕨 Polystichum hecatopteron Diels(鳞毛蕨科),*多翼耳蕨,锯齿叶耳蕨*
芒齿黄芪 Astragalus dolichochaete Diels(豆科)
芒齿山柳(高等图鉴)=富宁柝
芒齿小檗 Berberis triacanthophora Fedde(小檗科)
芒刺杜鹃 Rhododendron strigillosum Franch. (杜鹃花科)
芒刺耳蕨 Polystichum prescottianum (Wall. ex Mett.) Moore(鳞毛蕨科),*芒刺高山耳蕨,南湖耳蕨*
芒刺高山耳蕨(西藏志)=芒刺耳蕨
芒刺假瘤蕨 Phymatopteris cartilagineo-serrata (Ching & S.K.Wu) S.G.Lu(水龙骨科)
芒萼凤仙花 Impatiens atherosepala HK.f.(凤仙花科)
芒稃双药芒 Diandranthus aristatus L.Liu(禾本科)
芒稃野大麦 Hordeum spontaneum var. proskowetzii Nabel.(禾本科)
芒汗-沙里尔日(蒙语)=沙蒿
芒稷(禾本科图说)=光头稗
芒尖变种(植物志 65-2)=大理糙苏
芒尖鳞薹草 Carex tenebrosa Boott(莎草科)
芒剪股颖 Agrostis trinii Turcz.(禾本科)
芒茎(本草拾遗)=五节芒
芒康小檗 Berberis reticulinervis Ying(小檗科)
芒鳞薹草 Carex aristatisquamata Tang & Wang ex L.K.Dai(莎草科)
芒麦草(东北植物志,油印本)=芒颖大麦草
芒毛苣苔 Aeschynanthus acuminatus Wall. ex A.DC. (苦苣苔科),*牛奶树,石壁风,大叶石榕,石榕*
芒毛苣苔属 Aeschynanthus Jack (苦苣苔科)
芒牛旦(河北)=华黄芪
芒萁(新拉汉英)=鸟足芒萁(新)
芒萁 Dicranopteris dichotoma (Thunb.) Bernh. (里白科),*蚕窝草,穿路萁,狼萁,狼萁蕨,鲁萁,铁芒萁*
芒萁属 Dicranopteris Bernh.(里白科)
芒区车前 Plantago aristata Michx.(车前科),*芒车前,线叶车前*
芒穗鸭嘴草(禾本科图说)=粗毛鸭嘴草

芒尾蛇(广西中药志)=娃儿藤
芒尾蛇(中药志,广西)=毛相思子
芒小米草(高原治疗手册)=小米草
芒药苍耳七(秦岭志)=突隔梅花草
芒药坡垒 Hopea pierrei Hance (萝藦科)
芒颖大麦草 Hordeum jubatum L.(禾本科),*芒麦草*
芒颖鹅观草 Roegneria aristiglumis Keng & S.L. Chen (禾本科)
芒芋(名医别录)=泽泻
芒种草(中草药汇编)=水苦荬
芒种花(陕西中药名录)=金丝梅
芒种花(图考)=匙萼金丝桃
芒竹(云南俗名)=绵生
芒属 Miscanthus Anderss.(禾本科)
芒落草 Koeleria litvinowii Dom.(禾本科),*郦氏落草*
杧果 Mangifera indica L.(漆树科),*马蒙,抹猛果,樣果,望果,蜜望,蜜望子*
杧果钉(广部中草药手册)=华南云实
杧果属 Mangifera L.(漆树科)
盲菜(浙江雁荡山)=窄叶败酱
盲肠草(福建,广东,广西)=鬼针草
牻牛儿苗 Erodium stephanianum Willd.(牻牛儿苗科),*斗牛儿苗,贯筋,老鸦咀,老官草,老贯草,老鹳草,牵巴巴,太阳花,五瓣花,五齿粑,五叶草*
牻牛儿苗科 Geraniaceae
牻牛儿苗属 Erodium L'Hér (牻牛儿苗科)
牻牛儿苗状虎耳草 Saxifraga geranioides L.(虎耳草科)
莽草(古名)=红毒茴
莽草(海南)=粽叶芦
莽草(图考)=雷公藤
莽吉柿 Garcinia mangostana L.(藤黄科)
莽山谷精草 Eriocaulon mangshanense W.L.Ma (谷精草科)
莽山红山茶 Camellia mongshanica Chang & Ye (山茶科)
莽山绣球 Hydrangea mangshanensis Wei(虎耳草科)
莽山紫菀 Aster mangshanensis Ling(菊科)
莽叶细辛(贵州草药)=牛皮消蓼
樣果(图考)=杧果

Mao

猫巴虎(辽宁东部及南部)=藿香
猫鼻头木蓝(台湾志)=屏东木蓝
猫旦果(云南屏边)=大山龙眼
猫豆(广西药用名录,植物志 41)=黧豆
猫颚肉黄菊 Faucaria felina (Weston) Schwant ex Jacob.(番杏科)
猫儿草(浙江临安)=刺蓼
猫儿刺(本草纲目,高等图鉴)=枸骨
猫儿刺(甘肃)=短锥花小檗
猫儿刺(陕西,甘肃)=假豪猪刺
猫儿刺 Ilex pernyi Franch.(冬青科),*老鼠刺,狗骨头,裴氏冬青,八角刺*
猫儿刺耳蕨 Polystichum stimulans (Kuze ex Mett.) Bedd.(鳞毛蕨科)
猫儿兜(广西)=狗脊
猫儿瓜(秦岭)=猫儿屎
猫儿瓜(四川南川)=齿叶赤瓟
猫儿菊 Hypochaeris ciliata (Thunb.) Makino(菊科),*大黄菊,小蒲公英,黄金菊*
猫儿菊属 Hypochaeris L.(菊科)
猫儿卵(本草纲目)=白蔹
猫儿伞(贵州)=南天竹
猫儿山杜鹃 Rhododendron maoerense Fang & Q.Z.Li (杜鹃花科)
猫儿屎 Decaisnea insignis (Griff.) HK.f. & Thoms. (木通科),*矮杞树,猫儿瓜,猫儿子,都哥杆,猫儿屎果*
猫儿屎果(贵州草药)=猫儿屎
猫儿屎属 Decaisnea HK.f. & Thoms.(木通科)
猫儿香(江苏志)=枸骨
猫儿眼睛(中药大辞典)=尼泊尔蓼
猫儿眼睛草(纲目)=泽漆
猫儿子(湖北)=猫儿屎
猫儿扭(浙江)=寒莓
猫耳草(中草药汇编)=红丝线
猫耳刺(宁夏)=荒漠锦鸡儿
猫耳朵(高等图鉴)=旋蒴苣苔
猫耳朵(广西)=短毛熊巴掌
猫耳朵(贵州)=牛耳朵
猫耳朵(陕西中草药)=蒲儿根
猫耳朵 Phyllagathis wenshanensis S.Y.Hu(野牡丹科)
猫耳朵草(广西)=锦香草
猫耳朵草(江苏,河南)=寻骨风
猫耳朵草(昆明药用报告)=金毛裸蕨
猫公树(广东)=猫尾豆
猫骸头(贵州草药)=泥胡菜
猫胡子花(云南中草药选)=野香橼花
猫花(四川)=来江藤
猫脚姑(中药大辞典)=绒背蓟
猫筋(植物志 71-1)=鸡爪筋
猫胴木(云南)=东方古柯
猫卵子(西双版纳)=黄毛榕
猫卵子果(云南屏边)=大果粗叶榕
猫猫菜(四川叙水)=西南水苏
猫毛草(沙漠药用植物)=金丝草
猫枚筋(广东,海南)=蛇泡筋
猫气藤(浙江中草药)=对萼猕猴桃
猫秋子草(福建中草药)=落霜红
猫人参(浙江中草药)=对萼猕猴桃
猫乳 Rhamnella franguloides (Maxim.) Weberb. (鼠李科),*长叶绿柴,山黄,鼠矢枣,奴矢豆*
猫乳属 Rhamnella Miq.(鼠李科),*长叶绿柴属,假鼠李属*
猫舌草(天目药志)=紫花八宝
猫舌头草(陕西)=梓木草
猫食菜(新疆药材)=缬草
猫屎草(广东中药)=藿香蓟
猫屎果(广西)=南方荚蒾
猫屎树(广东)=南方荚蒾
猫屎树(云南)=云南醉鱼草
猫藤(海南)=阔叶鸡藤
猫藤(浙江药志)=藤石松
猫头刺 Oxytropis aciphylla Ledeb.(豆科),*刺叶柄棘豆,鬼见愁,老虎爪子*
猫头竹(树木分类学)=毛竹
猫尾(海南)=长毛猫尾木
猫尾巴花(东北)=毛棘豆
猫尾巴香(辽宁本溪,北镇)=藿香
猫尾草(广西药用名录)=猫尾豆
猫尾草(拉汉名称和手册)=狸尾豆
猫尾草(南宁药志)=大尾摇
猫尾草(植物志 9-3)=梯牧草
猫尾豆 Uraria crinita (L.) Desv. ex DC.(豆科),*布狗尾,长穗狸尾草,大本山菁,狗尾射,古钱窗草,狐狸尾,虎尾轮,猫公树,猫尾草,猫尾射,牛春花,七狗尾,铁金锏,统天草,土狗尾,兔狗尾,兔尾草,一箭花*
猫尾木(植物志 69)=长毛猫尾木
猫尾木属 Markhamia Seem. ex Baill.(紫葳科)
猫尾射(海南)=猫尾豆
猫须草(台湾,广东,云南)=肾茶
猫须公(广东)=肾茶
猫须兰(台湾兰科植物,台兰科图鉴)=长须阔蕊兰
猫眼草(辽宁)=狼毒大戟
猫眼草(四川甘孜)=裸茎金腰
猫眼草(浙江药志)=中华金腰
猫眼草(植物志 44-3)=乳浆大戟
猫眼草三角齿马先蒿 Pedicularis triangularidens subsp. chyrsosplenioides Tsoong(玄参科),*三角齿马先蒿猫眼亚种*
猫眼根(东北中草药)=狼毒大戟
猫眼睛(四川中药志)=尼泊尔沟酸浆
猫爪草 Ranunculus ternatus Thunb.(毛茛科),*小毛茛,三散草*
猫爪豆(广西药用名录,天目药志)=黧豆
猫爪猴耳环 Pithecellobium unguiscati Benth. (豆科)
猫爪花(河北磁县)=地角儿苗
猫爪筋(广西)=飞龙掌血
猫爪藤 Macfadyena unguis-cati (L.) A.Gentry (紫葳科)
猫爪藤属 Macfadyena A.DC.(紫葳科)
猫爪子(东北)=展枝唐松草
猫爪子(陕西)=多茎委陵菜
毛阿芳(海南志)=石密
毛鞍叶羊蹄甲 Bauhinia brachycarpa var. densiflora (Franch.) K. & S.S.Larsen(豆科)
毛暗花金挖耳 Carpesium triste var. sinense Diels (菊科)
毛八角枫 Alangium kurzii Craib(八角枫科),*长毛八角枫,毛瓜木*
毛八角莲 Dysosma hispida (Hao) Chun(小檗科),*独叶一枝花*
毛巴戟天 Morinda officinalis var. hirsuta How (茜草科)
毛白饭树 Flueggea acicularis (Croiz.) Webster (大戟科),*巴东叶底珠*
毛白花前胡(内蒙志)=华北前胡
毛白棘豆 Oxytropis ochrantha var. allipilosa P. C.Li (豆科)
毛白蜡(植物志 61)=美国红梣
毛白前 Cynanchum mooreanum Hemsl.(萝藦科),*龙胆白前,老君须,白地牛*
毛白杨 Populus tomentosa Carr.(杨柳科),*大叶杨,响杨,白杨,独摇*
毛百合 Lilium dauricum Ker-Gawl.(百合科)
毛败酱(台湾志)=攀倒甑
毛板栗(湖北)=茅栗
毛瓣白刺 Nitraria praevisa Bobr.(蒺藜科)
毛瓣杓兰 Cypripedium fargesii Franch(兰科)
毛瓣车前 Plantago lagocephala Bge.(车前科)
毛瓣杜鹃 Rhododendron dasypetalum Balf.f. & Forr. (杜鹃花科)
毛瓣狗牙花(植物志 63)=伞房狗牙花
毛瓣瓜叶乌头 Aconitum hemsleyanum var. pilopetalum W.T.Wang(毛茛科)
毛瓣虎耳草 Saxifraga ciliatopetala (Engl. & Irmsch.) J.T.Pan (虎耳草科),*毛缘虎耳草*
毛瓣花(植物志 41)=鸡头薯
毛瓣花属(植物志 41)=**鸡头薯属**
毛瓣黄花木 Piptanthus nepalensis f. sericopetalus (P.C.Li) S.Q.Wei(豆科)
毛瓣黄芪 Astragalus lasiopetalus Bge.(豆科)
毛瓣鸡血藤(海南志)=海南崖豆藤

毛瓣棘豆 Oxytropis sericopetala Prain & C.E.C. Fisch. (豆科),*哲玛*
毛瓣金花茶 Camellia pubipetala Wan & Huang (山茶科)
毛瓣堇菜 Viola trichopetala Chang(堇菜科)
毛瓣绿绒蒿 Meconopsis torquata Prain(罂粟科)
毛瓣椤木石楠(新)Photinia davidsoniae var. ambigua Card.?(蔷薇科)
毛瓣毛蕊花 Verbascum blattaria L.(玄参科)
毛瓣美丽乌头 Aconitum pulchellum var. hispidum Lauener(毛茛科)
毛瓣墨脱乌头 Aconitum elliotii var. pilopetalum W.T.Wang & L.Q.Li(毛茛科)
毛瓣木蓝 Indigofera hebepetala Benth. ex Baker (豆科)
毛瓣桤叶树 Clethra monostachya var. trichopetala Fang & L.C.Hu(桤叶树科)
毛瓣山梗菜 Lobelia pleotricha var. handelii (E. Wimm.) C.Y.Wu(桔梗科)
毛瓣山姜 Alpinia malaccensis (Burm.) Rosc.(姜科)
毛瓣石楠(新)Photinia serrulata var. lasiopetala (Hay.) Kuan(蔷薇科),*石楠毛瓣变种*
毛瓣无患子 Sapindus rarak DC.(无患子科),*买马萨*
毛瓣仙灯 Calochortus caeruleus Wats.(百合科)
毛瓣栒子(新)Cotoneaster dokeriensis Klotz?(蔷薇科)
毛瓣玉凤花(福建志)=裂瓣玉凤花
毛瓣玉凤花 Habenaria arietina HK.f.(兰科)
毛苞斑叶兰(台湾志)=红花斑叶兰
毛苞半蒴苣苔 Hemiboea gracilis var. pilobracteata Z.Y.Li(苦苣苔科)
毛苞刺头菊 Cousinia thomsonii C.B.Clarke(菊科),*棉刺头菊*
毛苞飞蓬 Erigeron lachnocephalus Botsch.(菊科)
毛苞黄藤 Daemonorops lasiospatha Ftdo.(棕榈科)
毛苞拟复叶耳蕨(台湾志)=四回毛枝蕨
毛苞舌兰 Spathoglottis tomentosa Lindl.(兰科)
毛苞橐吾 Ligularia sibirica var. araneosa DC. (菊科)
毛宝巾(广州)=叶子花
毛豹皮樟 Litsea coreana var. lanuginosa (Migo) Yang & P.H.Huang(樟科)
毛背高冬青 Ilex excelsa var. hypotricha (Loes.) S.Y.Hu (冬青科)
毛背勾儿茶 Berchemia hispida (Tsai & Fegn) Y.L.Chen & P.K.Chou(鼠李科)
毛背桂樱 Laurocerasus hypotricha (Rehd.) Yü & Lu(蔷薇科),*毛背樱*
毛背花楸 Sorbus aronioides Rehd.(蔷薇科)
毛背鸡眼藤 Morinda nanlingensis var. pilophora Y.Z.Ruan (茜草科)
毛背猫乳 Rhamnella julianae Schneid.(鼠李科)
毛背锐齿鼠李 Rhamnus arguta var. velutina Hand.-Mazz.(鼠李科)
毛背雪莲 Saussurea pubifolia S.W.Liu(菊科)
毛背樱(拉汉名称)=毛背桂樱
毛背云雾杜鹃 Rhododendron chamaethomsonii var. chamaedoron (Tagg & Forr.) Chamb. ex Cullen & Chamb.(杜鹃花科)
毛被黄堇 Corydalis hebephylla C.Y.Wu & Z.Y. Su (罂粟科)
毛被藜属(高等图鉴)=**绒藜属**
毛被毛颏马先蒿 Pedicularis lasiophrys var. sinica Maxim.(玄参科),*毛颏马先蒿毛背变种*
毛碧口柳 Salix bikouensis var. villosa Y.L.Chou (杨柳科)
毛臂形草 Brachiaria villosa (Lam.) A.Camus (禾本科)
毛边金腰 Chrysosplenium lanuginosum var. pilosomarginatum (Hara) J.T.Pan(虎耳草科),*疏毛猫眼草*
毛边卷瓣兰(海南志)=斑唇卷瓣兰
毛扁蒴藤 Pristimera setulosa A.C.Sm.(翅子藤科)
毛杓兰 Cypripedium franchetii E.H.Wilson(兰科)
毛滨蒿(吉林)=茵陈
毛柄川黔翠雀花 Delphinium eriostylum var. hispidum (W.T.Wang) W.T.Wang(毛茛科),*粗柄野木瓜*
毛柄钓樟 Lindera villipes H.P.Tsui(樟科)
毛柄杜鹃 Rhododendron valentinianum Forr. ex Hutch. (杜鹃花科)
毛柄短肠蕨 Allantodia dilatata (Bl.) Ching(蹄盖蕨科),*膨大短肠蕨,广西短肠蕨,疏羽短肠蕨,广叶锯齿双盖蕨,贯众*
毛柄肥肉草 Fordiophyton fordii var. pilosum C.Chen (野牡丹科)
毛柄凤仙花(新拉汉英)=柄毛凤仙花(新)
毛柄凤仙花 Impatiens trichopoda HK.f.(凤仙花科)
毛柄金腰 Chrysosplenium pilosum var. pilosopetiolatum (Jien) J.T.Pan(虎耳草科),*毛柄猫眼草*
毛柄堇菜 Viola hirtipes S.Moore(堇菜科),*大深山堇菜*
毛柄锦香草 Phyllagathis anisophylla Diels(野牡丹科)
毛柄连蕊茶 Camellia fraterna Hance(山茶科),*连蕊花*
毛柄柳 Salix lasiopes C.Wang & P.Y.Fu (杨柳科)
毛柄猫眼草(分类学报)=毛柄金腰
毛柄木犀 Osmanthus pubipedicellatus Chia ex H.T.Chang (木犀科)
毛柄蒲儿根 Sinosenecio eriopodus (Cumm.) C. Jeffr. & Y.L.Chen(菊科)
毛柄蒲公英 Taraxacum eriopodum (D.Don) DC. (菊科),*毛葶蒲公英*
毛柄槭 Acer pubipetiolatum Hu & Cheng(槭树科)
毛柄水龙骨(蕨类名词及名称)=濑水龙骨
毛柄水毛茛 Batrachium trichophyllum (Cahix) Bossche (毛茛科)
毛柄蹄盖蕨(台湾志)=毛轴线盖蕨
毛柄蹄盖蕨属(台湾志)=**毛轴线盖蕨属**
毛柄天胡荽 Hydrocotyle dichondroides Makino (伞形科)
毛柄凸轴蕨(台湾志)=乌来凸轴蕨
毛柄婺源槭 Acer wuyuanense var. trichopodum Fang & Wu(槭树科)
毛柄新木姜子 Neolitsea ovatifolia var. puberula Yang & P.H.Huang(樟科)
毛柄珍珠菜(广西植物名录)=细梗香草
毛玻氏蕨 Bommeria hispida (Mett.) underw.(裸子蕨科)
毛薄叶冬青 Ilex fragilis f. kingii Loes.(冬青科),*毛叶扁果冬青,峨边冬青*
毛补血草 Limonium trichogonum Blake (白花丹科)
毛糙果茶 Camellia pubifurfuracea Zhong(山茶科)
毛草(科属检索表)=绵参
毛草龙 Ludwigia octovalvis (Jacq.) Raven(柳叶菜科),*草里金钗,草龙,扫锅草,水丁香,水秧草,针筒刺*
毛草七(贵州民间药物)=华北鸦葱
毛叉树(广东梅县)=尖脉木姜子
毛茶 Antirhea chinensis (Champ. ex Benth.) Forbes & Hemsl.(茜草科)
毛茶藨(东北木本志)=毛茶藨子
毛茶藨子 Ribes pubescens (C.Hartm.) Hedl.(虎耳草科),*毛茶藨*
毛茶属 Antirhea Comm. ex Juss.(茜草科)
毛柴胡(贵州草药)=毛连菜
毛柴胡(重庆草药)=旋覆花
毛长串茶藨子 Ribes longiracemosum var. pilosum Ku (虎耳草科)
毛长梗黄堇 Corydalis longipes var. pubescens (C.Y.Wu & H.Chuang) C.Y.Wu(罂粟科),*毛黄堇*
毛长叶女贞 Ligustrum compactum var. velutinum P.A.Green(木犀科)
毛车前(浙江,江苏)=北美车前
毛车藤 Amalocalyx microlobus Pierre (夹竹桃科),*酸果藤*
毛车藤属 Amalocalyx Pierre.(夹竹桃科)
毛赪桐(高等图鉴)=灰毛大青
毛澄广花 Orophea hirsuta King(番荔枝科)
毛齿棘豆 Oxytropis trichocalycina Bge.(豆科)
毛齿叶黄皮 Clausena dunniana var. robusta (Tanaka) Huang(芸香科)
毛赤壁木 Decumaria barbata L.(虎耳草科)
毛赤车(天目药志)=蔓赤车
毛赤芍(植物志 27)=川赤芍
毛赤杨 Alnus incana (L.) Moench.(桦木科)
毛翅果槐 Sophora mollis var. hydaspidis Baker (豆科)
毛虫包(陆川本草)=黄球花
毛虫草(广西)=月月红
毛虫花(广西)=黄球花
毛虫药(广东)=莲座紫金牛
毛虫药(广西龙胜)=夏枯草
毛虫药公(广东)=莲座紫金牛
毛臭草 Melica scabrosa var. puberula Papp(禾本科)
毛臭椿 Ailanthus giraldii Dode(苦木科),*四川樗树*
毛臭节草 Boenninghausenia albiflora var. pilosa Tan(芸香科)
毛垂序木蓝 Indigofera pendula var. pubescens Y.Y. Fang & C.Z.Zheng(豆科)
毛垂序珍珠茅 Scleria onoei var. pubigera Ohwi (莎草科)
毛垂珠花(经济志)=灰叶安息香
毛椿(云南)=香椿
毛椿(云南志)=陕西香椿
毛椿叶花椒 Zanthoxylum ailanthoides var. pubescens Hatsusima(芸香科)
毛唇贝母兰(高等图鉴)=贝母兰
毛唇独蒜兰 Pleione hookeriana (Lindl.) B.S. Williams (兰科)
毛唇美冠兰 Eulophia herbacea Lindl.(兰科)
毛唇石豆兰 Bulbophyllum barbigerum Lindl.(兰科)
毛唇鼠尾草 Salvia pogonochila Diels(唇形科)

毛唇玉凤花 Habenaria hosokawa Fukuyama(兰科),*毛唇玉凤兰,细川氏玉凤兰*
毛唇玉凤兰(台湾志)=毛唇玉凤花
毛唇芋兰 Nervilia fordii (Hance) Schltr.(兰科),*出米子,独脚步莲,独叶莲,福氏芋兰,青莲,青天葵,铁帽子,珍珠叶,坠千斤*
毛慈姑(浙江草药)=见血青
毛慈姑(中药志)=独蒜兰
毛慈姑(中药志)=杜鹃兰
毛刺(青海共和)=毛刺锦鸡儿
毛刺冬青(拉汉名称)=纤细枸骨
毛刺花椒 Zanthoxylum acanthopodium var. timbor HK.f.(芸香科),*姊色果,狗花椒,岩椒,木本化血丹,野花椒*
毛刺锦鸡儿 Caragana tibetica Kom.(豆科),*康青锦鸡儿,藏锦鸡儿,毛刺,黑毛头刺,特布都-哈日嘎纳*
毛刺壳花椒 Zanthoxylum echinocarpum var. tomentosum Huang(芸香科)
毛刺蕊草 Pogostemon mollis Benth.(唇形科)
毛刺蒴麻 Triumfetta cana Bl.(椴树科),*小锌叶,痴头婆,黄花痴头婆,臭垂桉草,绒毛螺旋草*
毛粗齿绣球 Hydrangea serrata f. pubescens (Franch. & Sav.) Wils.(虎耳草科)
毛粗丝木 Gomphandra mollis Merr.(茶茱萸科)
毛粗叶水锦树 Wendlandia scabra var. pilifera How ex W.C.Chen(茜草科)
毛簇茎石竹 Dianthus repens var. scabripilosus Y.Z.Zhao (石竹科)
毛翠雀花 Delphinium trichophorum Franch.(毛茛科),*白狼毒,枪把拿朵*
毛打碗花(植物志 64-1)=欧旋花
毛大丁草 Gerbera piloselloides (L.) Cass.(菊科),*巴地香,白花白头翁,白眉,白棍,白头翁,白薇,伏地梅,扶郎花,天灯芯,贴地消,兔耳风,无风自动草,小一支箭,一枝香*
毛大果虫实 Corispermum macrocarpum var. rubrum Fuh & Wang-wei(藜科)
毛大戟 Euphorbia pilosa L.(大戟科)
毛大沙叶(拉汉名称)=毛银柴
毛大叶臭花椒 Zanthoxylum myriacanthum var. pubescens (Huang) Huang(芸香科),*炸椒,玛啃*
毛丹(海南)=红毛山楠
毛丹(海南)=黄丹木姜子
毛丹(海南尖峰岭)=大萼木姜子
毛丹参(陕西中草药)=长冠鼠尾草
毛丹公(海南)=黄丹木姜子
毛丹母(海南尖峰岭)=大果木姜子
毛单叶铁线莲 Clematis henryi var. mollis W.T. Wang (毛茛科)
毛单叶吴萸 Evodia simplicifolia var. pubescens Huang (芸香科)
毛单竹(浙江温州)=木篙竹
毛淡绵杜鹃 Rhododendron parishii C.B.Clarke (杜鹃花科)
毛地红(广西)=虎舌红
毛地黄 Digitalis purpurea L.(玄参科),*洋地黄*
毛地黄鼠尾草 Salvia digitaloides Diels(唇形科),*银紫丹参,白元参,玉名喇叭,丹参,白背丹参*
毛地黄属 Digitalis L.(玄参科)
毛地蔷薇(东北检索表)=灰毛地蔷薇
毛滇丁香 Luculia pinciana var. pubescens (W.C. Chen) W.C.Chen(茜草科)
毛跌打(广西)=钝齿红紫珠
毛丁香(植物志 61)=巧玲花
毛丁香 Syringa tomentella Bureau & Franch.(木犀科)
毛冬瓜(浙江,江西,广西)=毛花猕猴桃
毛冬青 Ilex pubescens HK. & Arn.(冬青科),*茶叶冬青,喉毒药,六月霜,毛披树,密毛冬青,密毛假黄杨,水火药,乌尾丁,痈树*
毛冻绿 Rhamnus utilis var. hypochrysa (Schneid.) Rehd. (鼠李科),*黑刺*
毛斗青冈 Cyclobalanopsis chrysocalyx (Hick. & A.Camus) Hjelmq.(壳斗科),*栎子榈*
毛豆梨(新)Pyrus calleryana f. tomentella Rehd. (蔷薇科),*豆梨绒毛变型*
毛嘟嘟(安徽,江苏)=狗尾草
毛独花报春(高等图鉴)=独花报春
毛杜茎山 Maesa permollis Kurz(紫金牛科)
毛杜仲藤 Urceola huaitingii (Chun & Tsiang) D. J.Middl. (夹竹桃科),*婢嫁,个一豪,鸡头藤,力酱梗,续断,银花藤,引汁藤,藤杜仲*
毛峨眉翠雀花(Flora 6)=柔毛峨眉翠雀花
毛莪术(中药志)=广西莪术
毛莪术郁金(唐本草)=广西莪术
毛鹅耳枥(树木分类学)=云贵鹅耳枥
毛鄂拉拉藤 Galium hupehense var. molle (Hemsl.) Cuf. (茜草科)
毛萼变种(植物志 65-2,Flora 17)=毛萼康定糙苏
毛萼茶藨子 Ribes himalense var. pubicalycinum L.T.Lu & J.T.Pan (虎耳草科)
毛萼大将军(植物志 73-2)=毛萼山梗菜
毛萼单花荠(植物志 33)=无茎芥
毛萼地不容 Stephania yunnanensis var. trichocalyx Lo & M.Yang(防已科)
毛萼杜鹃 Rhododendron bainbridgeanum Tagg & Forr.(杜鹃花科)
毛萼多花乌头 Aconitum polyanthum var. puberulum W.T.Wang(毛茛科)
毛萼鄂报春 Primula barbicalyx Wright(报春花科)
毛萼仿杜鹃 Menziesia ciliicalyx (Miq.) Maxim. (杜鹃花科)
毛萼粉叶栒子(新)Cotoneaster glaucophyllus var. vestitus W.W.Sm.(蔷薇科),*粉叶栒子毛萼变种*
毛萼凤仙花 Impatiens trichosepala Y.L.Chen(凤仙花科)
毛萼甘青铁线莲 Clematis tangutica var. pubescens M.C.Chang & P.P.Ling(毛茛科)
毛萼瓜叶乌头 Aconitum hemsleyanum var. lasiantum W.T.Wang(毛茛科)
毛萼光籽芥 Leiospora eriocalyx (Rgl. & Schm.) Dvorák (十字花科),*毛萼条果芥*
毛萼红果树 Stranvaesia amphidoxa Schneid.(蔷薇科)
毛萼红果树无毛变种(植物志 36)=光毛萼红果树(新)
毛萼红毛樱桃 Cerasus rufa var. trichantha (Koehne) Yü & Li(蔷薇科)
毛萼厚壳树 Ehretia laevis Roxb.(紫草科)
毛萼金屏连蕊茶 Camellia tsingpienensis var. pubisepala Chang(山茶科)
毛萼堇菜 Viola tenuicornis subsp. trichosepala W.Beck. (堇菜科)
毛萼锦香草 Phyllagathis setotheca var. setotuba C.Chen (野牡丹科)
毛萼康定糙苏(新)Phlomis tatsienensis var. hirticalyx (Hand.-Mazz.) C.Y.Wu(唇形科),*毛萼变种*
毛萼口红花 Aeschynanthus radicans Jack (苦苣苔科)
毛萼麦瓶草(东北草本志)=蔓茎蝇子草
毛萼芒毛苣苔 Aeschynanthus lasiocalyx W.T. Wang (苦苣苔科)
毛萼莓 Rubus chroosepalus Focke(蔷薇科),*毛萼悬钩子,紫萼悬钩子,紫萼莓*
毛萼木蓝 Indigofera canocalyx Gagn.(豆科)
毛萼蔷薇 Rosa lasiosepala Metc.(蔷薇科)
毛萼鞘蕊花 Coleus esquirolii (Lévl.) Dunn(唇形科),*白花紫苏,红靛*
毛萼忍冬(中草药汇编)=山银花
毛萼忍冬 Lonicera tricosepala (Rehd.) Hsu(忍冬科)
毛萼山梗菜 Lobelia pleotricha Diels(桔梗科),*毛萼大将军*
毛萼山梅花(经济植物手册)=绢毛山梅花
毛萼山梅花 Philadelphus dasycalyx (Rehd.) S.Y. Hu (虎耳草科),*老密杆*
毛萼山珊瑚 Galeola lindleyana (HK.f. & Thoms.) Rchb.f. (兰科)
毛萼双蝴蝶 Tripterospermum hirticalyx C.Y.Wu ex C.J.Wu(龙胆科)
毛萼素馨 Jasminum craibianum Kerr.(木犀科)
毛萼条果芥(植物志 33)=毛萼光籽芥
毛萼铁线莲 Clematis hancockiana Maxim.(毛茛科)
毛萼葶苈(青藏图鉴)=喜山葶苈
毛萼无茎芥(东林汇刊)=无茎芥
毛萼无心菜 Arenaria leucasteria Mattf.(石竹科)
毛萼锡金铁线莲 Clematis siamensis var. clarkei (Ktz.) W.T.Wang(毛茛科)
毛萼香茶菜 Isodon eriocalyx (Dunn) Kudô(唇形科),*荷麻根,黑头草,虎尾草,火地花,火麻根,沙虫药,四稜蒿,疏花变种*
毛萼香芥(Flora 8)=香花芥
毛萼香薷 Elsholtzia eriocalyx C.Y.Wu & S.C. Huang (唇形科)
毛萼绣线菊(新)Spiraea cantoniensis var. pilosa Yü (蔷薇科),*麻叶绣线菊毛萼变种*
毛萼悬钩子(秦岭志)=毛萼莓
毛萼野茉莉 Styrax japonicus var. calycothrix Gilg (安息香科)
毛萼蝇子草 Silene pubicalycina C.Y.Wu(石竹科)
毛萼圆唇苣苔 Gyrocheilos lasiocalyx W.T. Wang (苦苣苔科)
毛萼越桔 Vaccinium pubicalyx Franch.(杜鹃花科)
毛萼云南丁香(植物志 61)=云南丁香
毛萼獐牙菜 Swertia hispidicalyx Burk.(龙胆科)
毛萼珍珠树 Vaccinium chengae var. pilosum C. Y.Wu (杜鹃花科),*四川越桔*
毛萼紫薇 Lagerstroemia balansae Koehne(千屈菜科),*皱叶紫薇,大紫薇*
毛耳大黄(贵州草药)=毛连菜
毛耳朵(纲目)=鼠麹草
毛发耳蕨 Polystichum cringerum (C.Chr.) Ching (鳞毛蕨科)
毛发唐松草 Thalictrum trichopus Franch.(毛茛科),*珍珠莲,马尾黄连,水黄连*
毛房杜鹃 Rhododendron praeteritum var. hirsutum W.K.Hu(杜鹃花科)
毛房缬草(新)Valeriana trichostoma Hand.-Mazz.? (败酱科)
毛粉背蕨(蕨类图谱)=毛旱蕨
毛风草(江苏,河南)=寻骨风
毛风藤(本草拾遗)=白英

毛蜂斗草 Sonerila cantonensis var. strigosa C. Chen (野牡丹科),*桑叶草*
毛蜂子(中药大辞典)=结壮飘拂草
毛缝腹毛柳 Salix delavayana var. pilososuturalis Y.L.Chou & C.F.Fang (杨柳科)
毛凤凰竹 Bambusa multiplex var. incana B.M. Yang (禾本科)
毛凤仙花 Impatiens lasiophyton HK.f.(凤仙花科)
毛佛甲草(台湾志)=大叶火焰草
毛佛罗里达槭 Acer floridanum var. villipes Rehd.(槭树科)
毛稃冰草 Agropyron sibiricum f. pubiflorum Roshev. (禾本科)
毛稃草属(分科检索表附录)=**鹧鸪草属**
毛稃碱茅 Puccinellia dolicholepis Krecz.(禾本科)
毛稃少穗竹 Oligostachyum scopulum (McClure) Z.P.Wang & G.H.Ye (禾本科),*南丰竹*
毛稃羊茅 Festuca kirilowii Steud.(禾本科)
毛稃早熟禾 Poa ludens Stew.(禾本科)
毛扶芳藤 Euonymus fortunei var. villosus Hara (卫矛科)
毛芙兰草 Fuirena cillaris (L.) Roxb.(莎草科)
毛茯蕨 Leptogramma pilosa (Mart. & Galeot.) Underw.(金星蕨科)
毛复叶角蕨 Cornopteris badia f. quadripinnatifida (M.Kato) W.M.Chu(蹄盖蕨科)
毛盖金星蕨 Parathelypteris trichochlamys Ching ex Shing(金星蕨科)
毛盖岩蕨 Woodsia lanosa HK.(岩蕨科)
毛盖轴脉蕨 Ctenitopsis angustodissecta (Hay.) Ching (叉蕨科)
毛干药(广西药用名录)=柔毛艾纳香
毛杆蕨 Callistopteris apiifolia (Presl) Cop.(膜蕨科)
毛杆蕨属 Callistopteris Cop.(膜蕨科)
毛竿黄竹 Dendrocalamus membranaceus f. pilosus Hsueh & D.Z.Li (禾本科)
毛竿玉山竹 Yushania hirticaulis Z.P.Wang & G.H.Ye (禾本科)
毛秆鹅观草 Roegneria pubicaulis Keng(禾本科)
毛秆野古草 Arundinella hirta (Thunb.) Tanaka (禾本科)
毛高(云南傣族语)=伞形紫金牛
毛藁本 Ligusticum hispidum (Franch.) Wolff(伞形科)
毛根蕨(植物志 2)＝云南骨碎补
毛根蕨属 Trogostolon Cop.(骨碎补科)
毛茛(本草拾遗)=禺毛茛
毛茛 Ranunculus japonicus Thunb.(毛茛科),*老虎脚迹,五虎草,日本毛茛*
毛茛科 Ranunculaceae
毛茛莲花 Metanemone ranunculoides W.T.Wang (毛茛科)
毛茛莲花属 Metanemone W.T.Wang(毛茛科)
毛茛天竺葵 Pelargonium radens H.E.Moore (牻牛儿苗科)
毛茛铁线莲 Clematis ranunculoides Franch.(毛茛科)
毛茛小将军(云南)=展毛银莲花
毛茛叶报春 Primula cicutariifolia Pax(报春花科)
毛茛叶翠雀花 Delphinium hillcoatiae Munz(毛茛科)
毛茛叶乌头 Aconitum ranuculoides Turcz.(毛茛科)
毛茛泽泻属 Ranalisma Stapf.(泽泻科)
毛茛属 Ranunculus L.(毛茛科),*互叶铁线莲属*
毛茛状刺果泽泻 Echinodorus ranunculoides (L.) Engelm.(泽泻科)
毛茛状金莲花 Trollius ranunculoides Hemsl.(毛茛科),*西藏鸡爪草*
毛茛状天胡荽 Hydrocotyle ranunculoides L.(伞形科)
毛茛状银莲花 Anemone ranunculoides L.(毛茛科)
毛梗糙叶五加 Acanthopanax henryi var. faberi Harms (五加科)
毛梗长叶悬钩子 Rubus dolichophyllus var. pubescens Yü & Lu (蔷薇科)
毛梗川黔翠雀花 Delphinium eriostylum Lévl. (毛茛科),*水乌头,水川乌,毛梗翠雀花*
毛梗翠雀花(Flora 6)=毛梗川黔翠雀花
毛梗翠雀花 Delphinium honanense var. piliferum W.T.Wang(毛茛科),*云雾七,毛梗河南翠雀花*
毛梗大理翠雀花(植物志 27)=毛药翠雀花
毛梗大理翠雀花 Delphinium taliense var. pubipes W.T.Wang (毛茛科)
毛梗顶冰花 Gagea albertii Rgl.(百合科)
毛梗冬青 Ilex micrococca f. pilosa S.Y.Hu(冬青科),*毛梗细果冬青,小红果,臭化杆,绿姑妮树,绿樱桃,猪肚树*
毛梗河南翠雀花(Flora 6)=毛梗翠雀花
毛梗红毛五加 Acanthopanax giraldii var. hispidus Hoo (五加科)
毛梗寄生五叶参 Pentapanax parasiticus var. khasianus C.B.Clarke(五加科)
毛梗梾木(西藏植物名录)=梾木
毛梗兰 Eriodes barbata (Lindl.) Rolfe(兰科)
毛梗兰属 Eriodes Rolfe (兰科)
毛梗李 Prunus salicina var. pubipes (Koehne) Bailey(蔷薇科)
毛梗楼梯草 Elatostema pubipes W.T.Wang(荨麻科)
毛梗罗浮槭 Acer fabri var. virescens Fang(槭树科)
毛梗排草(拉汉名称)=蔓延香草
毛梗双花草 Dichanthium aristatum (Poir.) C.E. Hubb. (禾本科)
毛梗豨莶 Siegesbeckia glabrescens Makino(菊科),*光豨莶*
毛梗细果冬青(云南志)=毛梗冬青
毛梗小檗 Berberis hobsonii Ahrendt(小檗科)
毛梗鸦葱 Scorzonera radiata Fisch.(菊科),*狭叶鸦葱,草防风,那林-哈比斯干纳*
毛梗蚤缀(内蒙志)=毛叶老牛筋
毛弓果藤 Toxocarpus villosus (Bl.) Decne.(萝藦科)
毛钩藤 Uncaria hirsuta Havil.(茜草科),*倒吊风藤,台湾风藤,钩藤*
毛狗(湖南)=繁缕叶景天
毛狗肝菜 Dicliptera induta W.W.Sm.(爵床科)
毛狗骨柴 Diplospora fruticosa Hemsl.(茜草科),*小狗骨柴,黄鸡脚*
毛狗条(贵州)=皂柳
毛姑朵花(东北)=白头翁
毛谷精草 Eriocaulon australe R.Br.(谷精草科)
毛骨草(福建药物志)=赤车
毛瓜馥木(树木分类学)=瓜馥木
毛瓜馥木 Fissistigma maclurei Merr.(番荔枝科),*恩藤子*
毛瓜木(海南志)=毛八角枫
毛冠唇花 Microtoena mollis Lévl.(唇形科)
毛冠杜鹃 Rhododendron laudandum Cowan(杜鹃花科)
毛冠黄芪 Astragalus roseus Ledeb.(豆科)
毛冠菊 Nannoglottis carpesioides Maxim.(菊科)
毛冠菊属 Nannoglottis Maxim.(菊科)
毛冠可爱花 Eranthemum pubipetalum S.Z. Huang (爵床科)
毛冠亮鳞杜鹃 Rhododendron heliolepis var. oporinum (Balf.f. & K.Ward) Z.L.Chang ex R.C.Fang(杜鹃花科)
毛冠忍冬 Lonicera tomentella HK.f. & Thoms. (忍冬科)
毛冠水锦树 Wendlandia tinctoria subsp. affinis How ex W.C.Chen(茜草科)
毛冠四蕊草属(Flora 18)=**钟山草属**
毛冠四叶葎 Galium bungei var. setuliflorum (A.Gray) Cuf.(茜草科)
毛冠乌口树(海南志)=崖州乌口树
毛管花 Eriosolena composita (L.f.) Van Tiegh. (瑞香科),*桂花跌打,山皮条*
毛贯众(湖南药物志)=阔鳞鳞毛蕨
毛灌木铁线莲 Clematis fruticosa var. canescens Turcz. (毛茛科),*灰叶铁线莲*
毛桂 Cinnamomum appelianum Schewe(樟科),*假桂皮,三条筋,山桂皮,山桂枝,土肉桂,香桂子,香沾树*
毛桂花(树木分类学)=毛木犀
毛果巴豆 Croton lachnocarpus Benth.(大戟科),*小叶双眼龙,桃叶双眼龙,细叶双眼龙,巡山虎,山辣蓼*
毛果半蒴苣苔 Hemiboea flaccida Chun ex Z.Y. Li (苦苣苔科)
毛果棒锤瓜 Neoalsomitra pubigera (Prain) Hutch. (葫芦科)
毛果苞序葶苈(植物志 33)=毛叶葶苈
毛果扁担杆 Grewia eriocarpa Juss.(椴树科),*大叶扁担杆子,大叶捕鱼木,杠木,澜沧扁担杆,毛皮果解宝叶,山麻树,小白药,小火绳,野火绳,子金根*
毛果扁芒菊 Waldheimia lasiocarpa G.X.Fu(菊科)
毛果薄叶铁线莲 Clematis gracilifolia var. lasiocarpa W.T.Wang(毛茛科)
毛果草 Lasiocaryum densiflorum (Duthie) Johnst.(紫草科)
毛果草属 Lasiocaryum Johnst.(紫草科)
毛果茶藨子 Ribes moupinense var. pubicarpum L.T.Lu (虎耳草科)
毛果长蕊杜鹃 Rhododendron stamineum var. lasiocarpum R.C.Fang & C.H.Yang(杜鹃花科)
毛果橙舌狗舌草 Tephroseris rufa var. chaetocarpa C.Jeffr. & Y.L.Chen(菊科)
毛果齿缘草 Eritrichium lasiocarpum W.T.Wang (紫草科)
毛果川鄂乌头 Aconitum henryi var. pilocarpum W.T.Wang & L.Q.Li(毛茛科)
毛果船苞翠雀花 Delphinium naviculare var. lasiocarpum W.T.Wang(毛茛科)
毛果翠雀花 Delphinium dasycarpum Stev.(毛茛科)
毛果大瓣芹 Semenovia dasycarpa (Rgl. & Schmalh.) Korov.(伞形科)
毛果大叶附地菜(Flora 16)=毛果附地菜
毛果袋花忍冬 Lonicera saccata var. tangiana

(Chien) Hsu & H.J.Wang(忍冬科)
毛果地锦 Euphorbia chamaesyce L.(大戟科)
毛果垫柳 Salix piptotricha Hand.-Mazz.(杨柳科)
毛果冬青 Ilex trichocarpa H.W.Li ex Y.R.Li(冬青科)
毛果冻棕 Butia eriospatha (Drude) Becc.(棕榈科)
毛果杜鹃 Rhododendron seniavinii Maxim.(杜鹃花科),*福建杜鹃,孙礼文杜鹃,照山白,满山白,小药满山白*
毛果短冠草 Sopubia lasiocarpa Tsoong(玄参科)
毛果飞蛾藤 Dinetus truncatus (Kurz.) Staples (旋花科),*毛叶飞蛾藤,紫花飞蛾藤*
毛果风毛菊 Saussurea pubescens Y.L.Chen & S.Y.Liang (菊科)
毛果附地菜 Trigonotis macrophylla var. trichocarpa Hand.-Mazz.(紫草科),*毛果大叶附地菜*
毛果甘青乌头 Aconitum tanguticum var. trichocarpum Hand.-Mazz.(毛茛科)
毛果高乌头 Aconitum sinomontanum var. pilocarpum W.T.Wang(毛茛科)
毛果高原毛茛(Flora 6)=毛果毛茛
毛果旱榆 Ulmus glaucescens var. lasiocarpa Rehd. (榆科)
毛果胡卢巴(西藏志)=毛荚苜蓿
毛果胡枝子(云南植物名录)=兴安胡枝子
毛果黄芪 Astragalus lasiosemius Boiss.(豆科)
毛果黄肉楠 Actinodaphne trichocarpa Allen(樟科)
毛果黄杨 Buxus hebecarpa Hatusima(黄杨科)
毛果吉林乌头 Aconitum kirinense var. australe W.T.Wang(毛茛科)
毛果绞股蓝 Gynostemma pentaphyllum var. dasycarpum C.Y.Wu ex C.Y.Wu & S.K.Chen (葫芦科)
毛果金星蕨 Parathelypteris chinensis var. hirticarpa Ching ex Shing(金星蕨科)
毛果堇菜(苏南植物手册)=球果堇菜
毛果柯(植物志 22)=毛果柯
毛果柯 Lithocarpus pseudovestitus A.Camus(壳斗科),*白柸,姜磨椆,毛果柯,毛果石栎,毛茸石柯,密果椆,五指山椆,细叶椆*
毛果丽江乌头 Aconitum forrestii var. albovillosum (Chen & Liu) W.T.Wang(毛茛科)
毛果辽西虫实 Corispermum dilutulum var. hebecarpum Tsien & C.G.Ma(藜科)
毛果鳞盖蕨 Microlepia trichocarpa Hay.(碗蕨科)
毛果鳞蕊藤 Lepistemon binectariferum var. trichocarpum (Gagn.) V.Oost.(旋花科)
毛果柃 Eurya trichocarpa Korthals(山茶科)
毛果柃木(台湾志)=灰毛柃
毛果柳 Salix trichocarpa C.F.Fang (杨柳科)
毛果毛茛 Ranunculus tanguticus var. dasycarpus (Maxim.) L.Liou(毛茛科),*毛果高原毛茛*
毛果蒙古葶苈(植物志 33)=蒙古葶苈
毛果米饭花(云南志)=毛果珍珠花
毛果木瓜红(高等图鉴)=贵州木瓜红
毛果木姜子 Litsea veitchiana var. trichocarpa (Yang) H.S.Kun(樟科)
毛果木莲 Manglietia hebecarpa C.Y.Wu & Law (木兰科)
毛果南芥(植物志 33)=垂果南芥
毛果帕米尔虫实 Corispermum pamiricum var. pilocarpum Tsien & C.G.Ma(藜科)
毛果泡花树 Meliosma thomsonii var. trichocarpa (Hand.-Mazz.) C.Y.Wu & S.K.Chen (豆科)
毛果蓬子菜 Galium verum var. trachycarpum DC.(茜草科)
毛果婆婆纳 Veronica eriogyne H.Winkl(玄参科)
毛果朴(东林汇刊)=紫弹树
毛果桤叶树 Clethra magnifica var. trichocarpa L.C.Hu(桤叶树科)
毛果槭 Acer nikoense Maxim.(槭树科),*日光槭*
毛果荨麻 Urtica triangularis subsp. trichocarpa C.J.Chen (荨麻科)
毛果乾宁乌头 Aconitum chienningense var. lasiocarpum W.T.Wang(毛茛科)
毛果茜草 Rubia trichocarpa Lo(茜草科)
毛果茄(Flora 17)=黄果茄
毛果茄 Solanum viarum Danal(茄科)
毛果青冈 Cyclobalanopsis pachyloma (Seem.) Schott.(壳斗科),*赤椆,睦边青冈*
毛果缺顶杜鹃 Rhododendron emarginatum var. eriocarpum K.M.Feng(杜鹃花科)
毛果群心菜 Cardaria pubescens (C.A.Mey.) Jarm. (十字花科),*泡果荠,甜萝卜缨子*
毛果忍冬 Lonicera trichogyne Rehd.(忍冬科)
毛果榕 Ficus trichocarpa Bl.(桑科)
毛果锐齿石楠(新)Photinia arguta var. hookeri (Dcne.) Vidal(蔷薇科),*锐齿石楠毛果变种*
毛果山茶 Camellia trichocarpa Chang(山茶科)
毛果山柑 Capparis trichocarpa B.S.Sun(山柑科)
毛果山麻杆 Alchornea mollis (Benth.) Muell. Arg. (大戟科)
毛果芍药(植物志 27)=芍药
毛果蛇根草 Ophiorrhiza rarior Lo(茜草科)
毛果绳实虫 Corispermum declinatum var. tylocarpum (Hance) Tsien & C.G.Ma(藜科)
毛果石栎(植物志 22)=毛果柯
毛果石楠 Photinia pilosicalyx Yü(蔷薇科)
毛果薯 Ipomoea eriocarpa R.Br.(旋花科)
毛果菘蓝 Isatis tinctoria var. praecox (Kit.) Koch. (十字花科)
毛果酸藤子 Embelia heneryi Walker(紫金牛科)
毛果算盘子 Glochidion eriocarpum Champ. ex Benth. (大戟科),*大乱七,毛七哥,毛七公,毛漆,磨子果,漆大伯,漆大姑,藤蓝果,杨漆根婆,痒树棵*
毛果碎米荠(植物志 33)=弹裂碎米荠
毛果薹草 Carex miyabei var. maopengensis S.W. Su (莎草科)
毛果天芥菜 Heliotropium lasiocarpum Fisch. & C.A.Mey. (紫草科)
毛果田麻(苏南植物手册)=田麻
毛果铁木 Ostrya trichocarpa D.Fang & Y.S. Wang (桦木科)
毛果铁线莲 Clematis peterae var. trichocarpa W. T.Wang (毛茛科)
毛果通泉草 Mazus spicatus Vant.(玄参科)
毛果土庄绣线菊(新)Spiraea pubescens var. lasiocarpa Nakai(蔷薇科),*土庄绣线菊毛果变种*
毛果娃儿藤(通称)=三分丹
毛果网籽草(植物志 13-3)=钩毛子草
毛果委陵菜 Potentilla eriocarpa Wall. ex Lehm.(蔷薇科),*绵毛果委陵菜,小神砂草*
毛果锡叶藤 Tetracera scandens (L.) Merr.(五桠果科)
毛果喜山葶苈(植物志 33)=喜山葶苈
毛果狭腔芹 Stenocoelium trichocarpum Schrenk (伞形科)
毛果小垫柳 Salix brachista var. pilifera N.Chao (杨柳科)
毛果小甘菊 Cancrinia lasiocarpa C.Winkl.(菊科)
毛果小花藤(植物志 63)=小花藤
毛果楔叶葎 Galium asperifolium var. lasiocarpum W.C.Chen(茜草科)
毛果缬草 Valeriana hirticalyx L.C.Chiu(败酱科)
毛果兴安虫实 Corispermum chinganicum var. stellipile Tsien & C.G.Ma(藜科)
毛果绣球藤 Clematis montana var. glabrescens (H.F.Comb.) W.T.Wang & M.C.Chang(毛茛科),*疏金毛铁线莲*
毛果绣球绣线菊(新)Spiraea blumei var. pubicarpa Cheng (蔷薇科),*绣球绣线菊毛果变种*
毛果绣线菊 Spiraea trichocarpa Nakai(蔷薇科),*石蚌树*
毛果绣线梅(新)Neillia thyrsiflora var. tunkinensis Vidal (蔷薇科),*绣线梅毛果变种*
毛果锈球藤 Clematis montana subsp.trichogyna M.C.Fang(毛茛科)
毛果须弥芥 Crucihimalaya lasiocarpa (HK.f. & Thoms.) Al-Shehbaz et al.(十字花科),*粗根鼠耳芥*
毛果悬钩子 Rubus ptilocarpus Yü & Lu (蔷薇科)
毛果鸦葱 Scorzonera ikonnikovii Lipsch. & Krasch. ex Lipsch.(菊科)
毛果扬子铁线莲 Clematis puberula var. tenuisepala (Maxim.) W.T.Wang(毛茛科),*丝柄短尾铁线莲*
毛果野罂粟 Papaver nudicaule f. seticarpum (P.Y.Fu) Chuang(罂粟科)
毛果叶下珠 Phyllanthus gracilipes (Miq.) Muell.Arg. (大戟科)
毛果一枝黄花 Solidago virgaurea L.(菊科),*金柴胡,新疆一枝黄花*
毛果翼核果 Ventilago calyculata Tulasne(鼠李科),*河边茶,副萼翼核果*
毛果银莲花 Anemone baicalensis Turcz.(毛茛科)
毛果油点草 Tricyrtis lasiocarpa Matsumura(百合科)
毛果鱼藤 Derris eriocarpa How(豆科),*藤子甘草,鸡血藤,土甘草*
毛果云南越桔 Vaccinium duclouxii var. hirtellum C.Y.Wu(杜鹃花科)
毛果枣 Ziziphus attopensis Pierre(鼠李科),*老鹰枣*
毛果泽兰 Eupatorium shimadai Kitam.(菊科)
毛果珍珠花 Lyonia ovalifolia var. hebecarpa (Franch. ex Forb. & Hemsl.) Chun(杜鹃花科),*毛果米饭花*
毛果珍珠茅 Scleria herbecarpa Nees (莎草科)
毛果枕果榕 Ficus drupacea var. pubescens (Roth) Corner(桑科)
毛果枳椇 Hovenia trichocarpa Chun & Tsiang (鼠李科),*毛枳椇,枳椇,黄毛枳椇*
毛果诸葛菜(植物志 33)=诸葛菜
毛果猪屎豆 Crotalaria bracteata Roxb. ex DC. (豆科),*大苞叶猪屎豆*
毛果锥花 Gomphostemma eriocarpum Benth. (唇形科)
毛果紫堇 Corydalis lasiocarpa Lidén & Z.Y.Su (罂粟科)

毛过山龙 Rhaphidophora hookeri Schott (天南星科),*大岩藤,过山龙,大百部还阳,爬树龙,大叶崖角藤*
毛海滨山黧豆 Lathyrus japonicus f. pubescens (Hartm.) Ohashi & Tateishi(豆科)
毛海桐皮(中草药汇编)=朵花椒
毛旱蕨 Pellaea trichophylla (Bak.) Ching(中国蕨科),*毛粉背蕨,苍山旱蕨*
毛杭子稍 Campylotropis hirtella (Franch.) Shindl. (豆科),*白蓝地花,大和红,大红袍,地油花,山黄豆,山皮条,锈钉子,野黄豆,硬毛杭子稍*
毛蒿豆(大兴安岭)=小果红莓苔子
毛诃子(中药志)=毗黎勒
毛禾叶繁缕 Stellaria graminea var. pilosula Maxim. (石竹科)
毛禾叶蕨 Grammitis renwardtii Bl.(禾叶蕨科)
毛核冬青 Ilex liana S.Y.Hu(冬青科)
毛核木(新拉汉英)=雪果
毛核木 Symphoricarpos sinensis Rehd.(忍冬科),*雪果,雪莓*
毛核木属 Symphoricarpos Rehd.(忍冬科),*雪莓属,雪果属*
毛荷莲豆草 Drymaria villosa Cham. & Schlecht. (石竹科)
毛褐苞薯蓣 Dioscorea persimilis var. pubescens C.T.Ting & M.C.Chang(薯蓣科)
毛黑壳楠 Lindera megaphylla f. trichoclada (Rehd.) Cheng (樟科)
毛红椿 Toona ciliata var. pubescens (Franch.) Hand.-Mazz.(楝科) ,*毛红楝子*
毛红豆(树木分类学)=茸荚红豆
毛红豆蔻 Alpinia galanga var. pyramidata (Bl.) K.Schum. (姜科)
毛红花 Carthamus lanatus L.(菊科)
毛红花槭 Acer rubrum var. tomentosum Kirch. (槭树科)
毛红楝子(新拉汉英)=毛红椿
毛红柳(甘肃河西)=刚毛柽柳
毛红皮木姜子 Litsea pedunculata var. pubescens Yang & P.H.Huang(樟科)
毛喉杜鹃 Rhododendron cephalanthum Franch. (杜鹃花科)
毛喉黄芪 Astragalus dasyglottis Fisch. ex DC. (豆科)
毛喉龙胆 Gentiana faucipilosa H.Sm.(龙胆科),*尾尖毛喉龙胆*
毛喉牛奶菜 Marsdenia lachnostoma Benth.(萝藦科)
毛喉鞘蕊花 Coleus forskohlii (Willd.) Briq.(唇形科)
毛喉乌头 Aconitum lasiostomum Rchb.(毛茛科)
毛猴欢喜 Sloanea tomentosa (Benth.) Rehd. & Wils.(杜英科)
毛猴子(江苏)=莓叶委陵菜
毛狐臭柴 Premna puberula var. bodinieri (Lévl.) C.Y.Wu & S.Y.Pao(马鞭草科)
毛胡弯(河南)=藤长苗
毛湖北蝇子草 Silene hupehensis var. pubescens C.L.Tang (石竹科)
毛葫芦(陕西中草药)=毛脉蓼
毛葫芦蔓(岭南采药录)=鸡矢藤
毛槲蕨 Drynaria mollis Bedd.(槲蕨科)
毛花报春茜 Leptomischus erianthus Lo(茜草科)
毛花变种(植物志 74)=毛花密叶飞蓬(新)

毛花茶秆竹 Pseudosasa pubiflora (Keng) Keng f.(禾本科),*毛花青篱竹*
毛花长叶微孔草 Microula trichocarpa var. lasiantha W.T.Wang(紫草科)
毛花地肤 Kochia laniflora (S.G.Gmel.) Borb.(藜科)
毛花点草 Nanocnide lobata Wedd.(荨麻科),*遍地红,波丝草,灯笼草,狗断肠,红细草,连钱草苎麻,泡泡草,蛇药草,小九龙盘,雪药*
毛花吊石苣苔(植物志 69)=龙胜吊石苣苔
毛花杜鹃 Rhododendron hypenanthum Balf.f. (杜鹃花科)
毛花鹅观草 Roegneria hirtiflora C.P.Wang & H.L.Yang (禾本科)
毛花附地菜 Trigonotis heliotropifolia Hand.-Mazz. (紫草科)
毛花鸡腿堇菜 Viola acuminata var. pilifera C.J. Wang (堇菜科)
毛花荚蒾 Viburnum dasyanthum Rehd.?(忍冬科)
毛花假水晶兰 Cheilotheca pubescens (K.F.Wu) Y.L.Chou (鹿蹄草科)
毛花苣苔属 Trichantha HK.(苦苣苔科)
毛花龙胆 Gentiana pubiflora T.N.Ho(龙胆科)
毛花卵叶微孔草 Microula ovalifolia var. pubiflora W.T.Wang(紫草科)
毛花马铃苣苔 Oreocharis dasyantha Chun(苦苣苔科)
毛花马瓟儿(植物志 73-1)=帽儿瓜
毛花芒毛苣苔 Aeschynanthus lasianthus W.T. Wang (苦苣苔科)
毛花猕猴桃 Actinidia eriantha Benth.(猕猴桃科),*白花桃,白藤梨,毛冬瓜,毛花杨桃,毛藤里公,山蒲桃,生毛藤梨*
毛花密叶飞蓬(新)Erigeron multifolius var. pilanthus Ling & Y.L.Chen(菊科),*毛花变种*
毛花槭 Acer erianthum Schwer(槭树科),*阔翅槭*
毛花青篱竹 (新拉汉英)=毛花茶秆竹
毛花青篱竹 Arundinaria pubiflora Keng (禾本科)
毛花雀稗 Paspalum dilatatum Poir.(禾本科)
毛花忍冬 Lonicera trichosantha Bur. & Franch. (忍冬科)
毛花瑞香属 Eriosolena Bl.(瑞香科)
毛花山柑(台湾志)=毛蕊山柑
毛花树萝卜 Agapetes pubiflora Airy-Shaw(杜鹃花科)
毛花松下兰 Monotropa hypopitys var. hirsuta Roth(鹿蹄草科)
毛花酸竹 Acidosasa hirtiflora Z.P.Wang & G.H.Ye (禾本科),*马关大节竹,大庸酸竹*
毛花铁线莲 Clematis dasyandra Maxim.(毛茛科),*多花铁线莲*
毛花绣线菊 Spiraea dasyantha Bge.(蔷薇科),*绒毛绣线菊,石崩子,筷棒,筷子木*
毛花杨桃(高等图鉴)=毛花猕猴桃
毛花尧花(高等图鉴)=多毛荛花
毛花野丁香 Leptodermis velutiniflora Lo (茜草科)
毛花早开堇菜 Viola prionantha var. trichantha C.J.Wang (堇菜科)
毛花早熟禾 Poa ciliatiflora Roshev.(禾本科)
毛花直瓣苣苔 Ancylostemon trichanthus Burtt & David.(苦苣苔科)
毛花轴榈 Licuala dasyantha Burret (棕榈科)
毛花属 Cheiranthera Brongn.(海桐花科)

毛花柱 Trichocereus pachanii Britt. & Rose (仙人掌科)
毛花柱杜鹃 Rhododendron lasiostylum Hay.(杜鹃花科),*埔里杜鹃*
毛花柱忍冬(药典 2000)=水忍冬
毛花柱属 Trichocereus (A.Berger) Riccob.(仙人掌科)
毛华菊 Dendranthema vestitum (Hemsl.) Ling (菊科)
毛桦 Betula albosinensis var. septantrionalis Schneid.? (桦木科)
毛环短穗竹 Brachystachyum densiflorum var. villosum S.L.Chen & C.Y.Yao(禾本科)
毛环方竹 Chimonobambusa hirtinoda C.S.Chao & K.M.Lan (禾本科)
毛环水竹 Phyllostachys aurita J.L.Lu(禾本科)
毛环唐竹 Sinobambusa incana Wen (禾本科)
毛环竹 Phyllostachys meyeri McClure (禾本科),*黄壳竹*
毛黄椿木姜子 Litsea variabilis var. oblonga Lec. (樟科)
毛黄堇(西藏志)=毛长梗黄堇
毛黄堇 Corydalis tomentella Franch.(罂粟科),*岩黄连,干岩千,千岩堇,东木纳丝哇*
毛黄连(陕西)=蜀侧金盏花
毛黄连花 Lysimachia vulgaris L.(报春花科)
毛黄莲(秦岭)=野雉尾金粉蕨
毛黄栌 Cotinus coggygria var. pubescens Engl. (漆树科),*柔毛黄栌*
毛黄木(云南河口)=假柿木姜子
毛黄肉楠 Actinodaphne pilosa (Lour.) Merr.(樟科),*茶胶树,刨花,胶木,香胶,毛樟,老人木,飘花木,牛耳胶,香胶木*
毛黄杨(云南志)=软毛黄杨
毛灰栒子 Cotoneaster acutifolius var. villosulus Rehd. & Wils.(蔷薇科),*灰栒子密毛变种*
毛喙克拉莎 Cladium nipponense Ohwi (莎草科)
毛鸡骨草(植物志 40)=毛相思子
毛鸡矢藤(广西北部)=白毛鸡矢藤
毛鸡矢藤 Paederia scandens var. tomentosa (Bl.) Hand.-Mazz.(茜草科),*白鸡屎藤,臭皮藤,臭虫茎子,迎风子,肺痈草*
毛鸡腿(植物志 73-2)=蓝花参
毛鸡爪槭 Acer pubipalmatum Fang(槭树科)
毛基变型(分类学报)=黄花落叶松
毛棘豆(长白山)=长白棘豆
毛棘豆 Oxytropis hirta Bge.(豆科),*硬毛棘豆,猫尾巴花,山毛豆(*
毛夹(海南志)=黄葵
毛嘉赐树(植物学报)=脚骨脆
毛荚决明 Cassia hirsuta L.(豆科)
毛荚苜蓿 Medicago edgeworthii Sirj. ex Hand.-Mazz. (豆科),*毛果胡卢巴*
毛假柴龙树 Nothapodytes tomentosa C.Y.Wu(茶茱萸科)
毛假繁缕(东北检索表)=毛脉孩儿参
毛尖(河北,山西)=毛建草
毛尖(河北涞源)=尖齿糙苏
毛尖茶(河北张北)=串铃草
毛尖茶(山西)=毛建草
毛尖树 Actinodaphne forrestii (Allen) Kosterm. (樟科)
毛菅 Themeda trichiata S.L.Chen & T.D.Zhuang (禾本科)
毛俭草 Mnesithea mollicoma (Hance) A.Camus (禾本科),*老鼠草*

毛俭草属 Mnesithea Kunth(禾本科),*三穗茅属*
毛剪秋箩 Lychnis coronaria (L.) Desr.(石竹科),*毛缕,醉仙翁*
毛建草 Dracocephalum rupestre Hance(唇形科),*毛尖,毛尖茶,岩青兰,哈郭-毕日阳古*
毛姜(宁夏)=秦岭槲蕨
毛姜 Zingiber kawagoii Hay.(姜科)
毛姜花 Hedychium villosum Wall.(姜科)
毛将军(福建)=土丁桂
毛豇豆 Vigna pilosa (Klein ex Willd.) Baker(豆科)
毛胶薯蓣 Dioscorea subcalva Prain & Burkill (薯蓣科),*近光薯蓣,黏山药,黏粘粘,牛尾参,粘狗苕,粘山药,粘芋*
毛角萼翠雀花 Delphinium ceratophorum var. hirsutum W.T.Wang(毛茛科)
毛绞股蓝(高等图鉴)=缅甸绞股蓝
毛绞股蓝 Gynostemma pubescens (Gagn.) C.Y.Wu ex C.Y.Wu & S.K.Chen(葫芦科)
毛脚短肠蕨(西藏志)=篦齿短肠蕨
毛脚金星蕨 Parathelypteris hirsutipes (Clarke) Ching (金星蕨科),*西畴金星蕨*
毛脚龙竹 Dendrocalamus barbatus var. internodiiradicatus Hsueh & D.Z.Li (禾本科)
毛脚毛蕨 Cyclosorus hirtipes Shing & C.F. Zhang (金星蕨科)
毛脚皮(广西)=莲座紫金牛
毛脚茵(植物志 37)=龙芽草
毛接骨木 Sambucus williamsii var. miquelii (Nakai) Y.C.Tang(忍冬科),*马尿烧,接骨木,本巴木*
毛节鹅观草(新拉汉英)=毛节纤毛草
毛节毛盘草 Roegneria barbicalla var. pubinodis Keng (禾本科)
毛节兔唇花 Lagochilus lanatonodus C.Y.Wu & Hsuan (唇形科)
毛节纤毛草 Roegneria ciliaris f. eriocaulis Kitag. (禾本科),*毛节鹅观草*
毛节野古草 Arundinella barbinodis Keng ex B. S.Su & Z.H.Hu(禾本科)
毛节缘毛草 Roegneria pendulina var. pubinodis Keng (禾本科)
毛芥菜(江西)=荔枝草
毛金合欢 Acacia pubescens Ait.f.(豆科)
毛金菊 Chrysopsis villosa DC.(菊科)
毛金丝桃 Hypericum hirsutum L.(藤黄科)
毛金腰 Chrysosplenium pilosum Maxim.(虎耳草科)
毛金竹(江苏,浙江分类学报植物志 9-1)=淡竹
毛堇菜(浙药志)=心叶堇菜
毛堇菜 Viola thomsonii Oudem.(堇菜科),*贡山堇菜*
毛锦香草 Phyllagathis melastomatoides (Merr. & Chun) Ko(野牡丹科)
毛茎碧江乌头 Aconitum tsaii var. puberulum W.T.Wang (毛茛科)
毛茎茶藨子 Ribes hirtellum Michx.(虎耳草科)
毛茎翠雀花 Delphinium hirticaule Franch.(毛茛科)
毛茎多脉楼梯草 Elatostema pseudoficoides var. pubicaule W.T.Wang(荨麻科)
毛茎耳状楼梯草 Elatostema auriculatum var. strigosum W.T.Wang(荨麻科)
毛茎虎耳草 Saxifraga prattii var. obtusata Engl. (虎耳草科)
毛茎花荵 Polemonium chinense var. hirticaulum G.H.Liu & Y.C.Ma(花荵科)
毛茎黄芩 Scutellaria mairei Lévl.(唇形科)
毛茎冷水花 Pilea villicaulis Hand.-Mazz.(荨麻科)
毛茎龙胆(植物志 62)=陕南龙胆
毛茎马兰(中草药汇编)=大柴胡
毛茎萨乌尔翠雀花 Delphinium shawurense var. pseudoaemulans (Chang Y.Yang & B.Wang) W.T.Wang & M.J.Warnck(毛茛科)
毛茎薯 Ipomoea marginata (Desr.) Verd.(旋花科),*崖县牵牛*
毛茎水腊烛 Dysophylla cruciata Benth.(唇形科)
毛茎夜香树 Cestrum elengans (Brong.) Schlecht. (茄科)
毛茎紫金牛(四川中药志)=雪下红
毛茎紫堇 Corydalis pubicaulis C.Y.Wu & H. Chuang (罂粟科)
毛景天(东北检索表)=灰毛景天
毛九节(广东药手册)=驳骨九节
毛九节 Psychotria pilifera Hutch.(茜草科),*牙歪硬*
毛菊苣(药典 2000)=腺毛菊苣
毛咀签 Gouana javanica Miq.(鼠李科)
毛蒟 Piper hongkongense A.DC.(胡椒科),*南藤*
毛卷柏 Selaginella pilifera A.Br. (卷柏科)
毛蕨(高等图鉴)=毛轴蕨
毛蕨(台湾志)=渐尖毛蕨
毛蕨 Cyclosorus interruptus (Willd.) H.Ito(金星蕨科),*间断毛蕨,不育带毛蕨*
毛蕨属 Cyclosorus Link (金星蕨科)
毛栲(福建)=毛锥
毛颏马先蒿 Pedicularis lasiophrys Maxim.(玄参科),*毛颏马先蒿毛颏变种*
毛颏马先蒿毛背变种(植物志 68)=毛被毛颏马先蒿
毛颏马先蒿毛颏变种(植物志 68)=毛颏马先蒿
毛壳花哺鸡竹 Phyllostachys circumpilis C.Y. Yao & S.Y.Chen (禾本科)
毛壳竹(分类学报)=乌竹
毛壳子树(江西)=白檀
毛空轴茅 Coelorachis striata var. pubescens (Hack.) Bor (禾本科),*毛罗氏草*
毛孔樱桃(湖北志)=川西樱桃
毛苦参 Sophora flavescens var. kronei (Hance) C.Y.Ma (豆科)
毛苦豆子 Sophora alopecuroides var. tomentosa (Boiss.) Bornm.(豆科)
毛苦蘵(植物志 67-1)=小酸浆
毛苦蘵 Physalis angulata var. villosa Bonati(茄科)
毛筷子芥(种子植物名称补编)=硬毛南芥
毛盔变种(植物志 65-2,Flora 17)=毛盔西藏糙苏
毛盔糙苏 Phlomis tibetica var. wardii Marq. & Airy-Shaw(唇形科),*毛盔变种*
毛盔马先蒿 Pedicularis trichoglossa HK.f.(玄参科)
毛盔西藏糙苏(新)Phlomis tibetica var. wardii Marquand & Airy-Shaw(唇形科),*毛盔变种*
毛阔叶鳞盖蕨 Microlepia kurzii (Clarke) Bedd. (碗蕨科)
毛拉拉藤 Galium elegans var. velutinum Cuf. (茜草科)
毛腊树(云南泸水)=假柿木姜子
毛辣花 (广东,广西)=土丁桂
毛梾 Swida walteri (Wanger.) Sojak(山茱萸科),*六谷,车梁木,红零子,红梗山茱萸,癞树,八树*
毛兰属 Eria Lindl.(兰科)
毛蓝侧金盏花 Adonis coerulea f. puberula W.T. Wang (毛茛科)
毛蓝雪花 Ceratostigma griffithii Clarke(白花丹科),*星毛角柱花*
毛蓝钟花 Cyananthus macrocalyx var. pilosus Marq.(桔梗科)
毛狼毒大戟(云南植物名录)=大狼毒
毛老虎(南宁,百色,广东)=山香
毛簕竹 Bambusa dissimulator var. hispida McClure (禾本科)
毛肋杜鹃(云南植物研究)=毛脉杜鹃
毛肋杜鹃 Rhododendron augustinii Hemsl.(杜鹃花科)
毛肋石笔木 Tutcheria pubicostata Chang(山茶科)
毛冷蕨(台湾志)=亮毛蕨
毛里求斯苦橙 Citrus hystris DC.(芸香科),*马蜂毛柑,马蜂橙*
毛利披索尼亚 Persoonia toru A.Cunn.(山龙眼科)
毛荔枝(图考)=韶子
毛荔枝藤(海南临高)=刺果紫玉盘
毛栗(河南)=栗
毛栗(南京,湖南)=茅栗
毛栗(云南)=高山锥
毛连菜 Picris hieracioides L.(菊科),*枪刀菜根,毛柴胡,毛耳大黄,希拉-明拉*
毛连菜属 Picris L.(菊科)
毛连翘(植物志 61)=连翘
毛帘子藤(植物志 63)=帘子藤
毛莲蒿 Artemisia vestita Wall. ex Bess.(菊科),*老羊蒿,结白蒿,山蒿,白蒿,结血蒿,普尔那*
毛蓼 Polygonum barbatum L.(蓼科),*四季青,水辣蓼*
毛列当 Orobanche lanuginosa (C.A.Mey.) Beck ex Kyrlov (列当科)
毛裂蜂斗菜 Petasites tricholobus Franch.(菊科),*冬花,蜂斗菜*
毛鳞短肠蕨 Allantodia hirtisquama Ching & W. M.Chu (蹄盖蕨科)
毛鳞菊 Chaetoseris lyriformis Shih(菊科)
毛鳞菊属 Chaetoseris Shih(菊科)
毛鳞蕨 Tricholepidium normale (D.Don) Ching (水龙骨科)
毛鳞蕨属 Tricholepidium Ching(水龙骨科)
毛鳞球柱草 Bulbostylis puberula (Poir.) Kunth (莎草科)
毛鳞省藤 Calamus thysanolepis Hance(棕榈科)
毛鳞石韦 Pyrrosia tricholepis (Carr.) Ching (水龙骨科)
毛鳞铁线蕨 Adiantum tricholepis Fee (铁线蕨科)
毛菱叶崖爬藤 Tetrastigma triphyllum var. hirtum (Gagn.) W.T.Wang(葡萄科)
毛柳(山东)=三蕊柳
毛柳 Salix amygdaloides Anderss.(杨柳科)
毛六猬(福建草药)=六棱菊
毛龙头竹 Fargesia decurvata J.L.Lu(禾本科),*紫耳箭*
毛龙竹 Dendrocalamus tomentosus Hsueh & D. Z.Li (禾本科),*野龙竹*
毛楼梯草 Elatostema sessile J.R.Forst & G.Forst (荨麻科)
毛芦苇 Phragmites hirsuta Kitagawa (禾本科)
毛蕗蕨 Mecodium exsertum (Wall.) Cop.(膜蕨科)

毛缕(华北经济志要)=毛剪秋箩
毛绿竹(广东)=绿竹
毛罗勒(中药辞海)=疏柔毛罗勒
毛罗伞(广西药用名录)=虎舌红
毛罗氏草(禾本科图说)=毛空轴茅
毛萝菜(中药大辞典)=多苞斑种草
毛螺序草 Spiradiclis villosa X.X.Chen & W.L. Sha (茜草科)
毛麻楝 Chukrasia tabularis var. velutina (Wall.) King(楝科)
毛马齿苋 Portulaca pilosa L.(马齿苋科),*多毛马齿苋*
毛马唐 Digitaria chrysoblephara Fig. & De Not. (禾本科),*黄缝马唐*
毛脉暗罗 Polyalthia viridis Craib(番荔枝科)
毛脉舶梨榕 Ficus pyriformis var. hirtinervis S.S. Chang (桑科)
毛脉搏西南卫矛 Euonymus hamiltonianus f. lanceifolius (Loes.) C.Y.Cheng(卫矛科)
毛脉翅果菊 Pterocypsela raddeana (Maxim.) Shih (菊科),*野洋烟,毛脉山莴苣,山苦菜*
毛脉地锦 Parthenocissus cuspidifera var. pubifolia C.L.Li (葡萄科)
毛脉吊钟花 Enkianthus serrulatus var. hirtuinervus (Fang f.) T.Z.Hsu(杜鹃花科)
毛脉杜茎山 Maesa marionae Merr.(紫金牛科)
毛脉杜鹃 Rhododendron pubicostatum T.L. Ming (杜鹃花科),*毛肋杜鹃*
毛脉对叶兰 Listera longicaulis King & Pantl. (兰科)
毛脉附地菜 Trigonotis microcarpa (A.DC.) Benth. (紫草科)
毛脉腹水草(中药大辞典)=爬岩红
毛脉高山栎 Quercus rehderiana Hand.-Mazz. (壳斗科),*光叶高山栎,长穗高山栎,光叶山栎,光叶高山栎*
毛脉孩儿参 Pseudostellaria japonica (Korsh.) Pax (石竹科),*毛假繁缕*
毛脉黑忍冬(东北木本志)=黑果忍冬
毛脉花叶地锦 Parthenocissus henryana var. hirsuta Diels & Gilg(葡萄科)
毛脉华宁藤(植物志 63)=华宁藤
毛脉华岩扇 Shortia sinensis var. pubinervis C.Y. Wu (岩梅科)
毛脉火焰花 Phlogacanthus pubinervius T. Anders.(爵床科)
毛脉假毛蕨 Pseudocyclosorus pseudorepens Ching ex Y.X.Lin ex Shing(金星蕨科)
毛脉脚骨脆 Casearia glomerata f. pubinervis How & Ko(大风子科)
毛脉金粟兰 Chloranthus holostegius var. trichoneurus K.F.Wu(金粟兰科),*四块瓦*
毛脉蕨 Trichoneuron microlepioides Ching (叉蕨科)
毛脉蕨属 Trichoneuron Ching (叉蕨科)
毛脉藜芦(植物志 14)=尖被藜芦
毛脉蓼 Fallopia multiflora var. cillinerve (Nakai) A.J.Li (蓼科),*红药子,赤药子,朱砂七,朱砂莲,猴血七七,毛葫芦*
毛脉柳兰 Epilobium angsutifolium subsp. circumvagum Mosquin(柳叶菜科)
毛脉柳叶菜 Epilobium amurense Hausskn.(柳叶菜科),*黑龙江柳叶菜,水泽兰,小柳叶菜*
毛脉龙胆 Gentiana souliei Franch.(龙胆科)
毛脉南酸枣 Choerospondias axillaris var. pubinervis (Rehd. & Wils.) Burtt & Hill(漆树科)
毛脉葡萄 Vitis piloso-nerva Metc.(葡萄科)
毛脉蒲桃 Syzygium vestitum Merr. & Perry(桃金娘科)
毛脉槭(高等图鉴)=髭脉槭
毛脉槭(新拉汉英)=须川氏槭(新)
毛脉槭 Acer pubinerve Rehd. (槭树科)
毛脉青冈 Cyclobalanopsis tomentosinervis Y.C. Hsu & H.W.Jen(壳斗科)
毛脉山莴苣(东北检索表)=毛脉翅果菊
毛脉蛇根草 Ophiorrhiza alatiflora var. trichoneura Lo(茜草科)
毛脉石风车子 Combretum wallichii var. pubinerve C.Y.Wu ex T.Z.Hsu(使君子科)
毛脉鼠刺 Itea indochinensis var. pubinervia (Chang) C.Y.Wu (虎耳草科)
毛脉酸模 Rumex gmelinii Turcz. ex Ledeb.(蓼科),*乌苏图-管日干纳*
毛脉卫矛 Euonymus alatus var. pubescens Maxim.(卫矛科),*鬼箭羽,卫矛,四棱树*
毛脉乌口树(广西植物名录)=滇南乌口树
毛脉五味子 Schisandra pubescens var. pubinervis (Rehd. & Wils.) A.C.Sm.(木兰科)
毛脉显柱南蛇藤 Celastrus stylosus var. puberulus (Hsu) C.Y.Cheng & T.C.Kao(卫矛科)
毛脉崖爬藤 Tetrastigma pubinerve Merr. & Chun (葡萄科)
毛脉野枣(广西植物名录)=毛脉枣
毛脉一枝蒿(云南)=石生紫菀
毛脉枣 Ziziphus pubinervis Rehd.(鼠李科),*毛脉野枣*
毛脉蚤休(药用志)=七叶一枝花
毛脉珍珠花 Lyonia villosa var. pubescens (Franch.) Judd(杜鹃花科)
毛脉紫金牛 Ardisia pubivenula Walker(紫金牛科)
毛脉紫菀 Aster trichoneurus Ling(菊科)
毛曼青冈 Cyclobalanopsis gambleana (A.Camus) Y.C.Hsu & H.W.Jen(壳斗科)
毛曼陀罗 Datura innoxia Mill.(茄科),*曼陀罗子*
毛蔓豆 Calopogonium mucunoides Desv.(豆科)
毛蔓豆属 Calopogonium Desv.(豆科)
毛芒颖鹅观草 Roegneria aristiglumis var. hirsuta H.L.Yang(禾本科)
毛毛草(安徽,江苏)=狗尾草
毛毛草(广西药用名录)=金丝草
毛毛茶(广西)=白棠子树
毛毛蒿(四川)=茵陈
毛毛姜黄(广西)=姜黄
毛梅桑(云南沙族语)=清香木姜子
毛美洲茶 Ceanothus oliganthus Nutt.(鼠李科)
毛猕猴桃(新)Actinidia pubescens Li (猕猴桃科),*柔毛猕猴桃*
毛棉杜鹃花 Rhododendron moulmainense HK.f. (杜鹃花科),*白杜鹃,丝线吊芙蓉*
毛名(陕西)=蜀侧金盏花
毛膜盖蕨(蕨类图谱)=假钻毛蕨
毛茉莉 Jasminum multiflorum (Burm.f.) Andr. (木犀科)
毛茉栾藤(广州志)=毛山猪菜
毛母娘(河南太行山)=北京忍冬
毛母猪藤(四川城口)=白英
毛木半夏 Elaeagnus courtoisi Belval(胡颓子科)
毛木防已 Cocculus orbiculatus var. mollis (Wall. ex HK.f. & Thoms.) Hara(防已科),*防已,金锁匙,金石榄*
毛木荷 Schima villosa Hu(山茶科)
毛木蓝(广药手册)=硬毛木蓝
毛木树(云南药用名录)=西南木荷
毛木通 Clematis buchananiana DC.(毛茛科)
毛木犀 Osmanthus venosus Pampan.(木犀科),*毛桂花*
毛艻(福建福州)=芋
毛艻蕨(蕨类图说)=隐囊蕨
毛南芥(东北检索表,秦岭志)=硬毛南芥
毛南五味子 Kadsura induta A.C.Sm.(木兰科)
毛囊方秆蕨 Glaphyropteridopsis eriocarpa Ching (金星蕨科)
毛囊鳞盖蕨 Microlepia trichosora Ching(碗蕨科)
毛囊毛蕨 Cyclosorus hirtisorus (C.Chr.) Ching (金星蕨科),*线羽毛蕨,优美毛蕨*
毛囊薹草 Carex inanis Kunth(莎草科)
毛聂拉木蹄盖蕨 Athyrium nyalamense var. puberulum Z.R.Wang(蹄盖蕨科)
毛菍 Melastoma sanguineum Sims(野牡丹科),*豹牙郎,大红英,红狗杆木,红花野牡丹,黄狸胆,鸡头木,开口枣,毛稔,猛虎下山,射牙郎,甜娘,雄头叶*
毛牛斜吴萸 Evodia trichotoma var. pubescens Huang (芸香科)
毛牛尾菜 Smilax riparia var. pubescens (C.H. Wright) Wang & Tang(百合科)
毛女儿菜(质问本草)=细叶鼠麴草
毛女贞(广西药用名录)=光萼小蜡
毛糯米椴 Tilia henryana Szyszyl.(椴树科)
毛欧亚槭 Acer pseudoplatanus var. tomentosum Tausch.(槭树科)
毛排钱草(海南)=毛排钱树
毛排钱树 Phyllodium elegans (Lour.) Desv.(豆科),*鳞狸鳞,毛排钱草,连里尾树,排钱草,叠钱草,麒麟片*
毛盘鹅观草 Roegneria barbicalla Ohwi (禾本科)
毛盘黄花水丁香 Ludwigia epilobioides subsp. greatrexii (Hara) Raven?(柳叶菜科)
毛盘绿绒蒿 Meconopsis discigera Prain(罂粟科)
毛盘山梅花 Philadelphus schrenkii var. manshuricus (Maxim.) Kitag(虎耳草科)
毛泡花树 Meliosma velutina Rehd. & Wils(清风藤科)
毛泡棘豆 Oxytropis trichophysa Bge.(豆科)
毛泡桐 Paulownia tomentosa (Thunb.) Steud.(玄参科),*桐皮*
毛蓬子菜 Galium verum var. tomentosum (Nakai) Nakai(茜草科)
毛披碱草 Elymus villifer C.P.Wang & H.L.Yang (禾本科)
毛披树(广空中草药手册,中草药学)=毛冬青
毛皮果解宝叶(经济志)=毛果扁担杆
毛平车前 Plantago depressa subsp. turczaninowii (Ganj.) N.N.Tsvelev(车前科)
毛苹婆 Sterculia pubescens Mast.(梧桐科)
毛坡柳 Salix obscura Anderss.(杨柳科)
毛破布叶 Microcos stauntoniana G.Don(椴树科)
毛葡萄(北京志)=桑叶葡萄
毛葡萄 Vitis heyneana Roem. & Schult(葡萄科),*绒毛葡萄,五角叶葡萄,野葡萄,大风藤*
毛七哥(陆川本草)=毛果算盘子
毛七公(南宁药志)=毛果算盘子
毛桤木 Alnus lanata Duthie ex Bean(桦木科)
毛漆(陆川本草)=毛果算盘子
毛漆树 Toxicodendron trichocarpum (Miq.)

O.Ktze.(漆树科)
毛千金藤(新华本草纲要)=桐叶千金藤
毛牵牛(广东)=掌叶鱼黄草
毛牵牛 Ipomoea biflora (L.) Pers.(旋花科),*心萼薯,黑面藤,华陀花,老虎豆,簕番薯,满山香,亚灯堂*
毛前胡 Peucedanum pubescens Hand.-Mazz.(伞形科)
毛羌(陕西)=短毛独活
毛鞘臭草 Melica canescens (Rgl.) Lavr.(禾本科)
毛鞘芦竹 Arundo donax var. coleotricha Hack. (禾本科)
毛鞘茅香 Hierochloë odorata var. pubescens Kryl. (禾本科)
毛鞘箬竹 Indocalamus hirtivaginatus H.R.Zhao & Y.L.Yang(禾本科)
毛鞘台湾鹅观草 Roegneria formosana var. pubigera Keng(禾本科)
毛茄 Solanum lasiocarpum Dunal(茄科),*羊不食,毛茄树,大样颠茄,大叶毛刺茄*
毛茄树(广东)=毛茄
毛青才(南宁药志)=暗消藤
毛青杠(西南三省)=月月红
毛青红(云南)=七叶鬼灯檠
毛青红(云南)=西南鬼灯檠
毛青扛(贵州方药集)=九节龙
毛青藤(广东乐昌,植物志 30-1)=青藤
毛青藤(广西)=红花青藤
毛清风藤(树木分类学)=阔叶清风藤
毛球兰 Hoya villosa Cost.(萝藦科)
毛球莸 Caryopteris trichosphaera W.W.Sm.(马鞭草科),*香薷*
毛雀麦 Bromus mollis L.(禾本科)
毛染料木 Genista pilosa L.(豆科)
毛忍冬 Lonicera hirsutha Eat.(忍冬科)
毛稔(广部中草药手册)=毛菍
毛绒肾蕨(蕨类图说)=毛叶肾蕨
毛绒紫萁 Osmunda claytoniana var. pilosa (Wall.) Ching (紫萁科)
毛茸石柯(植物志 22)=毛果柯
毛榕(云南植物名录)=褐叶榕
毛蕊八蕊花 Sporoxeia hirsuta (H.L.Li) C.Y.Wu ex C.Chen (野牡丹科)
毛蕊草 Duthiea brachypodia (P.Candargy) Keng & Keng f.(禾本科)
毛蕊草报春(拉汉名称)=地黄叶报春
毛蕊草属 Duthiea Hack.(禾本科)
毛蕊翠雀花 Delphinium delavayi var. lasiandrum W.T.Wang(毛茛科)
毛蕊杜鹃 Rhododendron websterianum Rehd. & Wils.(杜鹃花科)
毛蕊红山茶 Camellia mairei (Lévl.) Melch.(山茶科)
毛蕊花(台湾志)=台湾扁枝越桔
毛蕊花 Verbascum thapsus L.(玄参科),*牛耳草,大毛叶,一柱香,虎尾鞭,霸王鞭*
毛蕊花属 Verbascum L.(玄参科)
毛蕊金盏苣苔 Isometrum giraldii (Diels) Burtt (苦苣苔科)
毛蕊菊 Pilostemon filifolia (C.Winkl.) Iljin(菊科)
毛蕊菊属 Pilostemon Iljin (菊科)
毛蕊卷耳 Cerastium pauciflorum var. oxalidiflorum (Makino) Ohwi(石竹科),*寄奴花*
毛蕊老鹳草 Geranium platyanthum Duthie(牻牛儿苗科)
毛蕊老鹤草 Geranium eriostemon Fisch.(牻牛儿苗科)
毛蕊裂瓜 Schizopepon dioicus var. trichogynus Hand.-Mazz.(葫芦科)
毛蕊龙胆 Gentiana scabrifilamenta T.N.Ho(龙胆科)
毛蕊猕猴桃 Actinidia trichogyna Franch.(猕猴桃科)
毛蕊木(树木分类学)=粗丝木
毛蕊旗杆 Dontostemon hispidus Maxim.(十字花科)
毛蕊三角草(云南植物研究)=毛蕊三角车
毛蕊三角车 Rinorea erianthera C.Y.Wu & C.Ho (堇菜科),*毛蕊三角草*
毛蕊山柑 Capparis pubiflora DC.(山柑科),*毛花山柑*
毛蕊铁线莲 Clematis lasiandra Maxim.(毛茛科),*小木通,丝瓜花*
毛蕊绣球防风(新)Leucas eriostoma HK.f.(唇形科),*绵毛绣球防风*
毛蕊银莲花 Anemone cathayensis var. hispida Tamura (毛茛科)
毛蕊郁金香 Tulipa dasystemon (Rgl.) Rgl.(百合科)
毛瑞榈 Mauritia flexuosa L.f.(棕榈科)
毛瑞榈属 Mauritia L.f.(棕榈科)
毛瑞香 Daphne kiusiana var. atrocaulis (Rehd.) F.Maekawa(瑞香科),*大黄构,大金腰带,夺香花,蒙花皮,野梦花,贼腰带,紫茎瑞香,紫枝瑞香*
毛萨瑞夫荆芥 Nepeta maussarifii Lipsky (唇形科)
毛三棱杭子稍(豆科图说)=马尿藤
毛三裂蛇葡萄 Ampelopsis delavayana var. setulosa (Diels & Gilg) C.L.Li(葡萄科)
毛三脉紫菀(新)Aster ageratoides var. wattii (C.B.Clarke) Griers?(菊科)
毛三桠苦 Evodia lepta var. cambodiana (Pierre) Huang (芸香科)
毛篸箕(广东)=毛叶轮环藤
毛沙芦草 Agropyron mongolicum var. villosum H.L.Yang (禾本科)
毛沙生冰草 Agropyron desertorum var. pilosiusculum Meld.(禾本科)
毛山茶(江西婺源)=山蜡梅
毛山矾 Symplocos groffii Merr.(山矾科)
毛山桂花 Bennettiodendron macrophyllum var. pilosum (G.S.Fan & Y.C.Hsu) S.S.Lai(大风子科)
毛山核桃 Carya alba K.Koch.(胡桃科)
毛山黄皮(海南志)=多毛茜草树
毛山鸡椒 Litsea cubeba var. formosana (Nakai) Yang & P.H.Huang(樟科)
毛山荆子 Malus manshurica (Maxim.) Kom.(蔷薇科),*辽山荆子,棠梨木*
毛山菊(东北检索表)=小山菊
毛山蒟(植物志 20-1)=石南藤
毛山黧豆 Lathyrus palustris subsp. pilosus (Cham.) Hulten (豆科)
毛山鼠李 Rhamnus wilsonii var. pilosa Rehd. (鼠李科)
毛山小橘 Glycosmis craibii Tanaka (芸香科)
毛山楂 Crataegus maximowiczii Schneid.(蔷薇科)
毛山茱萸(东北木本志)=沙棶
毛山猪菜 Merremia hirta (L.) Merr.(旋花科),*九里草,五月艾,万丈丝,毛茉栾藤,宿苞山猪菜*
毛苕子(华东)=长柔毛野豌豆
毛苕子(陕西)=大花野豌豆
毛舌薄叶兰 Lycaste lasioglossa Rchb.f.(兰科)
毛舌辣草(广西)=大叶火焰草
毛舌兰 Trichoglottis triflora (Guillaum.) Garay & Seidenf. (兰科),*小毛舌兰*
毛舌兰属 Trichoglottis Bl.(兰科)
毛蛇藤 Colubrina pubescens Kurz(鼠李科)
毛蛇王藤(广西)=长叶西番莲
毛射草(海南临高,儋县)=水珍珠菜
毛射香(广西百色)=山香
毛射香(广西民间草药)=藿香蓟
毛麝香 Adenosma glutinosum (L.) Druce(玄参科),*辣蓟,五凉草,蓝花草,凉郎草,饼草*
毛麝香属 Adenosma R.Br.(玄参科)
毛石韦(广西药用名录)=中越石韦
毛石韦(拉汉名称和手册)=蔓氏石韦
毛石韦(云南)=西南石韦
毛使君子 Quisqualis indica var. villosa C.B. Clarke (使君子科),*西蜀使君子*
毛柿(台湾)=异色柿
毛柿 Diospyros strigosa Hemsl.(柿科),*乌前*
毛疏花针茅 Stipa penicillata var. hirsuta P.C. Kuo & Y.H.Sun (禾本科)
毛鼠刺 Itea indochinensis Merr.(虎耳草科),*黔鼠刺*
毛鼠尾粟 Sporobolus piliferus (Trin.) Kunth(禾本科)
毛薯(南宁药志)=参薯
毛薯(云南)=黄独
毛束草 Trichodesma calycosum Coll. & Hemsl. (紫草科)
毛束草属 Trichodesma R.Br.(紫草科)
毛水苏 Stachys baicalensis Fisch.(唇形科),*水苏草,好姆亨,水苏,小刚毛变种,紫丁香*
毛水蓑衣 Hygrophila phlomiodes Nees(爵床科)
毛水珍珠菜(广州志)=水珍珠菜
毛丝连蕊茶 Camellia trichandra Chang(山茶科)
毛四翅银钟花 Halesia carolina var. mollis Sarg. (安息香科)
毛四叶葎 Galium bungei var. punduanoides Cuif.(茜草科)
毛素方花(Flora 15,西藏志)=具毛素方花
毛宿苞豆(海南志)=光宿苞豆
毛宿苞豆 Shuteria involucrata var. villosa (Pamp.) Ohashi(豆科),*铁马豆,蝴蝶草,草红藤,三叶红藤*
毛酸浆 Physalis philadelphica Lam.(茄科),*洋姑娘*
毛酸筒(云南屏边)=圆翅秋海棠
毛算盘竹 Indosasa glabrata var. albohispidula (Q.H.Dai & C.F.Huang) C.S.Chao & C.D. Chu (禾本科),*满山跑*
毛碎米蕨(台湾志)=隐囊蕨
毛穗柽柳(拉汉名称和手册)=短穗柽柳
毛穗杜茎山 Maesa insignis Chun(紫金牛科)
毛穗荆芥 Nepeta eriostachya Benth.(唇形科)
毛穗赖草 Leymus paboanus (Claus) Pilger (禾本科)
毛穗藜芦 Veratrum maackii Rgl.(百合科)
毛穗马先蒿 Pedicularis dasystachys Schrenk(玄参科)
毛穗夏至草 Lagopsis eriostachys (Benth.) Ik-Gal. ex Knorr.(唇形科)
毛穗香薷 Elsholtzia eriostachya Benth.(唇形科),*黄花香薷,切柔赛保*
毛穗新麦草 Psathyrostachys lanuginosa (Trin.)

Nevski (禾本科)
毛穗鸭嘴草 Ischaemum aristatum var. meyenianum (Nees) A.Camus (禾本科)
毛笋(纲目拾遗)=毛竹
毛薹草 Carex lasiocarpa Ehrh.(莎草科)
毛桃木莲 Manglietia moto Dandy(木兰科)
毛藤花(海南)=头花银背藤
毛藤里公(广西)=毛花猕猴桃
毛藤日本薯蓣 Dioscorea japonica var. pilifera C.T.Ting M.C.Chang(薯蓣科)
毛天料木 Homalium mollissimum Merr.(大风子科)
毛天仙果(浙江草药)=矮小天仙果
毛条(甘肃河西走廊)=柠条锦鸡儿
毛铁角蕨(蕨类图谱)=毛轴铁角蕨
毛葶长足兰 Pteroceras asperatus (Schltr.) P.F. Hunt (兰科)
毛葶苈 Draba eriopoda Turcz.(十字花科)
毛葶蒲公英(西藏志)=毛柄蒲公英
毛葶玉凤花 Habenaria ciliolaris Kraenzl.(兰科), *丝裂玉凤花,玉蜂兰,玉凤兰*
毛桐(中药大辞典)=尼泊尔野桐
毛桐 Mallotus barbatus (Wall.) Muell.Arg.(大戟科),*沉沙木,大毛桐子,盾叶野桐,谷栗麻,红吊褔,红妇娘木,红帽顶,黄花叶*
毛桐子(四川)=地桃花
毛筒草(广西中药志)=笔管草
毛筒玉竹 Polygonatum inflatum Kom.(百合科)
毛头寒药(云南)=大落新妇
毛头黄(四川)=狭顶鳞毛蕨
毛头牛蒡 Arctium tomentosum Mill.(菊科)
毛头银背藤 Argyreia eriocephala C.Y.Wu(旋花科)
毛土连翘 Hymenodictyon orixense (Roxb.) Mabberley (茜草科),*假黄木,猪肚树,高网膜籽*
毛托毛茛 Ranunculus trautvetterianus Rgl. ex Ovcz.(毛茛科)
毛鋅茶竿竹 Pseudosasa maculifera var. hirsuta S.L.Chen & G.Y.Sheng(禾本科)
毛娃娃(安徽,江苏)=狗尾草
毛维西无心菜(高原集刊)=微毛无心菜
毛苇谷草 Pentanema vestitum (Wall.) Ling(菊科)
毛倭竹(种子植物名称)=芦花竹
毛乌金(湖北)=长毛细辛
毛乌口树(浙南本草新编)=白花苦灯笼
毛乌蔹莓 Cayratia japonica var. mollis (Wall.) Momiyama (葡萄科)
毛梧桐叶安息香 Styrax platanifolia var. stellata (Engelm.) Cory (安息香科)
毛五甲皮(四川中药志)=红毛五加
毛五爪龙(广东)=掌叶鱼黄草
毛舞花姜 Globba barthei Gagn.(姜科)
毛豨莶(东北检索表)=腺梗豨莶
毛喜光花 Actephila excelsa (Dalz.) Muell.Arg. (大戟科),*长花喜光花*
毛细柄黄芪(豆科图说)=草珠黄芪
毛细齿崖爬藤 Tetrastigma napaulense var. puberulum (W.T.Wang) C.L.Li(葡萄科)
毛细花瑞香 Daphne tenuiflora var. legendrei (Lecomte) Hamaya(瑞香科)
毛细辛(四川)=单叶细辛
毛细辛(四川)=铜钱细辛
毛细钟花 Leptocodon hirsutus Hong(桔梗科)
毛狭穗石莲花(秦岭志)=弯毛孔岩草
毛狭叶崖爬藤 Tetrastigma serrulatum var. pubinervium C.L.Li(葡萄科)
毛线稷 Panicum capillare L.(禾本科)
毛线柱苣苔 Rhynchotechum vestitum Wall. ex Clarke (苦苣苔科)
毛腺萼木 Mycetia hirta Hutch.(茜草科)
毛相思子 Abrus mollis Hance(豆科),*晴蜓藤,油甘藤,毛鸡骨草,金不换,鸡骨草,芒尾蛇,牛甘藤*
毛香(江苏徐州)=寻骨风
毛香(康定)=毛香火绒草
毛香×艾叶火绒草 Leontopodium stracheyi × artemisiifolium Ling(菊科)
毛香×坚杆火绒草 Leontopodium stracheyi ×fracnhetii Hand.-Mazz.(菊科)
毛香×钻叶火绒草 Leontopodium stracheyi ×subulatum Hand.-Mazz.(菊科)
毛香果(云南路西)=团香果
毛香火绒草 Leontopodium stracheyi (HK.f.) C.B.Clarke (菊科),*毛香*
毛香火绒草细茎变种(植物志 75)=细茎毛香火绒草(新)
毛小鸡藤(植物志 41)=柔毛山黑豆
毛小金梅草 Hypoxis hirsuta (L.) Coville(石蒜科)
毛小叶垫柳 Salix pilosomicrophylla C.Wang & P.Y.Fu(杨柳科)
毛楔翅藤 Sphenodesme mollis Craib(马鞭草科)
毛蟹爪兰 Zygopetalum crinitum Lodd.(兰科)
毛辛夷(山西中药志)=紫玉兰
毛杏 Armeniaca sibirica var. pubescens Kost.(蔷薇科)
毛绣球防风 Leucas vestita Benth.(唇形科)
毛序安匝木 Pomaderris lanigera (Andr.) Sims. (鼠李科)
毛序贝母兰 Coelogyne tomentosa Lindl.(兰科)
毛序唇柱苣苔 Chirita obtusidentata var.mollipes W.T.Wang(苦苣苔科)
毛序粗柄铁线莲 Clematis crassipes var. pubipes W.T.Wang (毛茛科)
毛序桂樱 Laurocerasus phaeosticta f. pubipedunculata Yü & Lu(蔷薇科)
毛序红花越桔 Vaccinium urceolatum var. pubescens C.Y.Wu(杜鹃花科)
毛序花楸 Sorbus keissleri (Schneid.) Rehd.(蔷薇科),*凯旋花*
毛序棘豆(植物志 42-2)=毛状棘豆(新)
毛序棘豆 Oxytropis trichosphaera Freyn.(豆科)
毛序尖叶桂樱 Laurocerasus undulata f. pubigera Yü & Lu(蔷薇科)
毛序锦鸡儿 Caragana microphylla f. pallasiana Kom. (豆科)
毛序聚伞翠雀花 Delphinium laxicymosum var. pilostachyum W.T.Wang(毛茛科)
毛序楼梯草 Elatostema lasiocephalum W.T. Wang (荨麻科)
毛序肉实树(海南)=绒毛肉实树
毛序石斑木(新)Raphiolepis indica var. tashiroi Hay. ex Matsumura(蔷薇科),*石斑木毛序变种*
毛序西风芹 Seseli eriocephalum (Pall.) Schischk. (伞形科)
毛序陷脉石楠(新)Photinia impressivena var. urceolocarpa (Vidal) Vaidal(蔷薇科),*陷脉石楠毛序变种*
毛序小檗 Berberis trichiataYing(小檗科)
毛序燥芹(东北草本志)=柔毛胀果芹
毛序准噶尔乌头 Aconitum soongaricum var. pubescens Steinb.(毛茛科)
毛雪胆 Hemsleya chinensis var. polytricha Kuang & A.M.Lu(葫芦科)
毛血藤(贵州方药集)=牛皮消蓼
毛枸子(河南)=石灰花楸
毛鸦船(四川)=木蝴蝶
毛鸦胆子(云南志)=柔毛鸦胆子
毛鸭嘴草 Ischaemum antephoroides (Steud.) Miq. (禾本科)
毛芽椴 Tilia tuan var. chinensis Rehd. & Wils. (椴树科)
毛崖爬藤(湖南志)=毛叶崖爬藤
毛崖棕(江苏志)=毛缘宽叶薹草
毛亚麻 Linum hirsutum L.(亚麻科)
毛岩柃 Eurya saxicola f. puberula H.T.Chang(山茶科)
毛偃麦草 Elytrigia trichophora (Link.) Nevski (禾本科)
毛燕麦 Avena strigosa Schreb.(禾本科),*德国野燕麦*
毛羊茅 Festuca yunnanensis var. vilosa St.-Yves ex Hand.-Mazz.(禾本科)
毛杨梅 Myrica esculenta Buch.-Ham.(杨梅科), *杨梅树,大树杨梅,野杨梅,切近*
毛杨桐(树木分类学)=两广杨桐
毛洋槐 Robinia hispida L.(豆科)
毛药(贵州民间药物)=红丝线
毛药长蒴苣苔 Didymocarpus glandulosus var. lasiantherus (W.T.Wang) W.T.Wang(苦苣苔科)
毛药翠雀花 Delphinium lasiantherum W.T. Wang (毛茛科),*毛梗大理翠雀花*
毛药核果木 Drypetes matsumurae (Koidz.) Kanehira (大戟科)
毛药红淡(高等图鉴)=杨桐
毛药狐尾马先蒿 Pedicularis alopecuros var. lasiandra Tsoong(玄参科),*狐尾马先蒿毛药变种*
毛药花(植物志 53-1)=棱果花
毛药花 Bostrychanthera deflexa Benth.(唇形科), *垂花铃子香*
毛药花属 Bostrychanthera Benth.(唇形科)
毛药卷瓣兰 Bulbophyllum omerandrum Hay. (兰科),*溪头卷瓣兰,黄唇卷前兰*
毛药列当 Orobanche ombrochares Hance(列当科)
毛药马铃苣苔 Oreocharis bodinieri Lévl.(苦苣苔科)
毛药忍冬 Lonicera serreana Hand.-Mazz.(忍冬科)
毛药山梅花 Philadelphus reevesianus S.Y.Hu (虎耳草科)
毛药藤 Sindechites henryi Oliv.(夹竹桃科),*土牛党七,黄经树,蕃根*
毛药藤属 Sindechites Oliv.(夹竹桃科)
毛野扁豆(植物志 41)=野扁豆
毛野丁香(昆明草药)=川滇野丁香
毛野古草 Arundinella pubescens Merr. & Hack. (禾本科)
毛野豌豆 Vicia pilosa Xia (豆科)
毛叶(云南河口,建水)=假烟叶树
毛叶阿芳(树木分类学)=石密
毛叶桉 Eucalyptus torelliana F.v.Muell.(桃金娘科)
毛叶巴豆 Croton caudatus var. tomentosus HK. (大戟科),*刹埂*
毛叶白粉藤(高等图鉴)=苦郎藤

毛叶白面杜鹃 Rhododendron zaleucum var. pubifolium R.C.Fang(杜鹃花科)
毛叶报春(拉汉名称)=川东灯台报春
毛叶杯楮(植物志 22)=毛叶杯锥
毛叶杯锥 Castanopsis cerebrina (Hick. & A. Camus) Barn.(壳斗科),*毛叶杯楮*
毛叶扁果冬青(四川志)=毛薄叶冬青
毛叶变种(植物志 2)=毛叶鳞盖蕨
毛叶变种(植物志 66)=毛叶丁香罗勒
毛叶薄子木 Leptospermum pubescens Lam.(桃金娘科)
毛叶草 Marsilea vestita HK. & Grev.(苹科)
毛叶草芍药 Paeonia obovata subsp. willmottiae (Stapf.) D.Y.Hong & K.Y.Pan (芍药科),*拟草芍药*
毛叶草血竭 Polygonum paleaceum var. pubifolium Sam.(蓼科)
毛叶插田泡 Rubus coreanus var. tomentosus Card. (蔷薇科)
毛叶茶 Camellia ptilophylla Chang(山茶科),*白毛茶*
毛叶长蕊绣线菊(新)Spiraea fritschiana var. pilosula Rehd.(蔷薇科),*长蕊绣线菊毛叶变种*
毛叶翅果麻 Kydia glabrescens var. intermedia S.Y.Hu (锦葵科)
毛叶稠李 Padus racemosa var. pubescens (Rgl. & Tiling) Schneid.(蔷薇科)
毛叶臭草 Melica onoei var. pilosula Papp(禾本科)
毛叶川滇蔷薇 Rosa soulieana var. yunnanensis Schneid. (蔷薇科)
毛叶川冬青 Ilex szechwanensis var. mollissima C.Y.Wu ex Y.R.Li(冬青科)
毛叶垂头菊 Cremanthodium puberulum S.W.Liu (菊科)
毛叶刺楸 Kalopanax septemlobus var. magnificus (Zabel) Hand.-Mazz.(五加科)
毛叶楤木(福师学报,高等图鉴)=头序楤木
毛叶楤木 Aralia chinensis var. dasyphylloides Hand.-Mazz.(五加科)
毛叶翠雀花 Delphinium hirtifolium W.T.Wang (毛茛科)
毛叶大叶水榕 Ficus glaberrima var. pubescens S.S.Chang (桑科)
毛叶单室茱萸 Mastixia trichophylla Fang ex Soong (山茱萸科)
毛叶倒缨木(植物志 63)=倒缨木
毛叶地胆(云南志)=毛叶蜂斗草
毛叶滇南杜鹃(云南植物名录)=香缅树杜鹃
毛叶吊石苣苔 Lysionotus heterophyllus var. mollis W.T.Wang(苦苣苔科)
毛叶吊钟花 Enkianthus deflexus (Griff.) Schneid.(杜鹃花科),*小丁木,油萝树*
毛叶丁公藤 Erycibe hainanensis Merr. (旋花科),*海南麻辣子藤*
毛叶丁香罗勒 Ocimum gratissimum var. suave (Willd.) HK.f.(唇形科),*臭草,毛叶变种,无毛丁香罗勒*
毛叶冬青 Ilex pubilimba Merr. & Chun(冬青科)
毛叶豆瓣绿(植物志 20-1)=豆瓣绿
毛叶杜鹃(高等图鉴)=碎米花
毛叶杜鹃 Rhododendron radendum Fang(杜鹃花科)
毛叶杜英(海南志)=灰毛杜英
毛叶度量草(高等图鉴)=大叶度量草
毛叶盾翅藤 Aspidopterys nutans (Roxb. ex DC.) A.Juss.(金虎尾科)
毛叶钝萼铁线莲(植物志 28)=钝萼铁线莲
毛叶钝果寄生 Taxillus nigrans (Hance) Danser (桑寄生科),*桑寄生,寄生泡,毛叶桑寄生*
毛叶鹅观草 Roegneria amurensis (Drib.) Nevski (禾本科)
毛叶鄂报春 Primula vilmoriniana Petitm.(报春花科)
毛叶耳蕨 Polystichum mollissimum Ching(鳞毛蕨科),*毛叶高山耳蕨*
毛叶番荔枝 Annona cherinolia Mill.(番荔枝科),*冷藏番荔枝*
毛叶返顾马先蒿 Pedicularis resupinata subsp. lasiophylla Tsoong(玄参科),*返顾马先蒿毛叶亚种*
毛叶芳樟(云南经济植物)=毛叶樟
毛叶飞蛾藤(植物志 64-1)=毛果飞蛾藤
毛叶粉背蕨 Aleuritopteris squamosa (Hope & C. H.Wright) Ching(中国蕨科)
毛叶蜂斗草 Sonerila yunnanensis Jeffrey(野牡丹科),*毛叶地胆*
毛叶凤尾蕨 Pteris hekouensis Ching ex Ching & S.H.Wu(凤尾蕨科)
毛叶凤丫蕨(蕨类图谱)=骨齿凤丫蕨
毛叶麸杨 Rhus punjabensis var. pilosa Engl.(漆树科)
毛叶茯蕨 Leptogramma pozoi (Lag.) Ching(金星蕨科),*非洲茯蕨*
毛叶福岛樱(经济植物手册)=毛叶山樱花
毛叶腹水草 Veronicastrum villosulum (Miq.) Yamaz. (玄参科)
毛叶腹水草刚毛变种(植物志 67-2)=刚毛腹水草(新)
毛叶甘菊(新)Dendranthema lavandulifolium var. tomentellum (Hand.-Mazz.) Ling(菊科),*甘菊毛叶甘菊变种*
毛叶高丛珍珠梅(新)Sorbaria arborea var. subtomentosa Rehd.(蔷薇科),*高丛珍珠梅毛叶变种*
毛叶高粱泡 Rubus lambertianus var. paykouangensis (Lévl.) Hand.-Mazz.(蔷薇科)
毛叶高山耳蕨(西藏志)=毛叶耳蕨
毛叶高山唐松草(植物志 27)=直梗高山唐松草
毛叶勾儿茶 Berchemia polyphylla var. trichophylla Hand.-Mazz.(鼠李科)
毛叶狗牙花(植物志 63)=平脉狗牙花
毛叶广东蔷薇 Rosa kwangtungensis var. mollis Metc. (蔷薇科)
毛叶合欢 Albizia mollis (Wall.) Boiv.(豆科)*大毛毛花*
毛叶红毛五加 Acanthopanax giraldii var. pilosulus Rehd.(五加科)
毛叶红珠七 Antenoron filiforme var. kachinum (Nieuw.) Hara(蓼科)
毛叶胡椒 Piper puberulilimbum C.DC.(胡椒科)
毛叶槲栎(植物志 22)=云南波罗栎
毛叶蝴蝶草 Torenia benthamiana Hance(玄参科),*黄蝴蝶草*
毛叶虎耳草 Saxifraga kingiana Engl. & Irmsch. (虎耳草科)
毛叶虎榛 Ostryopsis cinerascens T.Hong & J.W.Li (桦木科)
毛叶花椒(新拉汉英)=蜀椒
毛叶花椒 Zanthoxylum bungeanum var. pubescens Huang(芸香科)
毛叶华西蔷薇 Rosa moyesii var. pubescens Yü & Tsai(蔷薇科)
毛叶华西绣线菊(新)Spiraea laeta var. subpubescens Rehd.(蔷薇科),*华西绣线菊毛叶变种*
毛叶怀槐 Maackia amurensis var. buergeri (Maxim.) Schneid.?(豆科)
毛叶槐 Sophora japonica var. pubescens (Tausch.) Bosse (豆科)
毛叶黄牛木(广西植物名录)=越南黄牛木
毛叶黄皮 Clausena vestita Tao(芸香科)
毛叶黄芪 Astragalus lasiophyllus Ledeb.(豆科)
毛叶黄杞 Engelhardtia spicata var. colebrookeana (Lindl.) Loord. & Val.(胡桃科),*短翅黄杞,胖母猪果树,胖婆娘树*
毛叶黄芩 Scutellaria mollifolia C.Y.Wu & H.W. Li (唇形科)
毛叶黄檀 Dalbergia sericea G.Don(豆科)
毛叶黄药(云南药用名录)=云南鸡矢藤
毛叶鸡蛋参 Codonopsis convolvulacea var. hirsuta (Hand.-Mazz.) Nannf.(桔梗科)
毛叶鸡树条 Viburnum opulus var. calvescens f. puberulum (Kom.) Sugimoto(忍冬科)
毛叶积雪草 Centella villosa L.(伞形科)
毛叶寄生(中药志) =四川寄生
毛叶嘉赐树(海南志)=脚骨脆
毛叶嘉赐树(武汉植物学研究)=爪哇脚骨脆
毛叶荚蒾(高等图鉴)=厚绒荚蒾
毛叶假瘤蕨 Phymatopteris nigrovenia (Christ) Pic.Serm.(水龙骨科)
毛叶假蹄盖蕨(分类学报)=毛轴假蹄盖蕨
毛叶假鹰爪 Desmos dumosus (Roxb.) Saff.(番荔枝科),*火神,都蝶,云南山指甲*
毛叶角蕨 Cornopteris decurrenti-alata f. pillosella (H.Ito) W.M.Chu(蹄盖蕨科),*腺毛角蕨*
毛叶九节 Psychotria rubra var. pilosa (Pitard) W. C.Chen (茜草科)
毛叶蕨 Pleuromanes pallidum (Bl.) Presl(膜蕨科)
毛叶蕨属 Pleuromanes Presl(膜蕨科)
毛叶苦郎藤 Cissus aristata Bl.(葡萄科)
毛叶梾木 Swida oblonga var. griffithii (Clarke) W.K.Hu (山茱萸科)
毛叶蓝盆花 Scabiosa comosa var. lachnophylla (Kitag.) Kiag.(川续断科)
毛叶蓝钟花 Cyananthus petiolatus Franch.(桔梗科)
毛叶榄 Canarium subulatum Guill.(橄榄科)
毛叶老牛筋 Arenaria capillaris Poir.(石竹科),*蚤缀,兴安鹅不食,毛梗蚤缀,细毛蚤缀*
毛叶老鸦糊 Callicarpa giraldii var. subcanescens Rehd.(马鞭草科)
毛叶藜芦 Veratrum grandiflorum (Maxim.) Loes. f. (百合科),*人头发,算藜芦*
毛叶莲花掌 Aeonium simsii (Sweet) Stearn (景天科)
毛叶链珠藤 Alyxia villilimba C.Y.Wu ex Tsiang & P.T.Li (夹竹桃科)
毛叶两面针 Zanthoxylum nitidum var. tomentosum Huang(芸香科)
毛叶鳞盖蕨(新) Microlepia marginata var. villosa (Presl) Wu(碗蕨科),*毛叶变种*
毛叶岭南花椒 Zanthoxylum austrosinense var. pubescens Huang(芸香科)
毛叶岭南酸枣 Spondias lakonensis var. hirsuta C.Y.Wu & T.L.Ming(漆树科)
毛叶楼梯草 Elatostema mollifolium W.T.Wang (荨麻科)
毛叶轮环藤 Cyclea barbata Miers(防已科),*大叶金没匙,金线风,九条牛,毛篸箕,散血丹,山*

豆根,银不换,银锁匙,猪肠换
毛叶蔓龙胆 Crawfurdia puberula C.B.Clarke(龙胆科)
毛叶猫尾木(云南志,植物志 69)=长毛猫尾木
毛叶毛茛(植物志 28)=丽江毛茛
毛叶毛兰(高等图鉴)=小叶毛兰
毛叶毛盘草 Roegneria barbicalla var. pubifolia Keng (禾本科)
毛叶米饭花(西藏志,云南志)=毛叶珍珠花
毛叶密穗蕨 Anemia hirsuta (L.) Sw.(莎草蕨科)
毛叶木瓜 Chaenomeles cathayensis (Hemsl.) Schneid. (蔷薇科),*木桃,木瓜海棠,木瓜,楂子,和圆子*
毛叶木姜子 Litsea mollis Hemsl.(樟科),*毕澄茄,大木盖子,狗胡椒,猴香子,木姜子,木香子,山胡椒,香桂子,野木浆子*
毛叶木通(云南中草药)=滇南山梅花
毛叶奶桑 Morus macroura var. mawu (Koidz.) C.Y.Wu & Cao(桑科)
毛叶南臭椿(云南植物名录)=岭南臭椿
毛叶南烛(高等图鉴)=毛叶珍珠花
毛叶牛蹄麻 Bauhinia khasiana var. tomentella T.Chen (豆科)
毛叶欧李 Cerasus dictyoneura (Diels) Yü(蔷薇科),*显脉欧李,脉欧李,郁李仁*
毛叶欧洲百合 Lilium martagon var. hirsutum Weston (百合科)
毛叶破布木 Cordia myxa L.(紫草科)
毛叶蒲公英 Taraxacum minutilobum M.Pop. ex S.Koval. (菊科)
毛叶槭 Acer stachyophyllum Hiern(槭树科)
毛叶千金榆 Carpinus cordata var. mollis (Rehd.) Cheng ex Chen(桦木科)
毛叶蔷薇 Rosa mairei Lévl.(蔷薇科)
毛叶青冈 Cyclobalanopsis kerrii (Craib) Hu(壳斗科),*平脉椆,理博树,埋哥当牧*
毛叶秋海棠(高等图鉴补编)=紫叶秋海棠
毛叶秋海棠(云南植物名录)=长毛秋海棠
毛叶雀梅藤 Sageretia thea var. tomentosa (Schneid.) Y.L.Chen & P.K.Chou(鼠李科)
毛叶人字果 Dichocarpum auriculatum var. puberulum D.Z.Fu(毛茛科)
毛叶三裂绣线菊(新)Spiraea trilobata var. pubescens Yü(蔷薇科),*三裂绣线菊毛叶变种*
毛叶三条筋(思茅中草药)=香面叶
毛叶桑寄生(高等图鉴)=毛叶钝果寄生
毛叶桑寄生(高等图鉴)=毛叶钝果寄生
毛叶山柑 Capparis pubifolia B.S.Sun.(山柑科)
毛叶山胡椒 Lindera kariensis f. glabrescens H. W.Li (樟科)
毛叶山梅花(经济植物手册)=绒毛山梅花
毛叶山梅花 Philadelphus pubescens Lois.(虎耳草科)
毛叶山木香 Rosa cymosa var. puberula Yü & Ku (蔷薇科)
毛叶山芹 Ostericum sieboldii f. hirsutum (Hiyama) Hara (伞形科)
毛叶山桐子 Idesia polycarpa var. vestita Diels (大风子科)
毛叶山银钟花 Halesia monticola var. vestita Sarg.(安息香科)
毛叶山樱花 Cerasus serrulata var. pubescens (Makino) Yü & Li(蔷薇科),*毛叶福岛樱,毛叶樱花*
毛叶陕西蔷薇 Rosa giraldii var. venulosa Rehd. & Wils.(蔷薇科)
毛叶苕子(华东)=长柔毛野豌豆
毛叶蛇葡萄(秦岭志)=灰毛蛇葡萄
毛叶蛇葡萄 Ampelopsis mollifolia W.T.Wang (葡萄科)
毛叶肾蕨 Nephrolepis hirsutula (Forst.) Presl(肾蕨科),*毛绒肾蕨*
毛叶升麻 Cimicifuga foetida var. velutina Franch. ex Finet & Gagn.(毛茛科)
毛叶石楠 Photinia villosa (Thunb.) DC.(蔷薇科),*细毛扇骨木,鸡丁子,吉铃子,活鸡丁,邓向观根*
毛叶石楠无毛变种(植物志 36)=庐山石楠
毛叶疏花蔷薇 Rosa laxa var. mollis Yü & Ku (蔷薇科)
毛叶黍(广州油印本)=旱黍草
毛叶鼠李 Rhamnus henryi Schneid.(鼠李科),*黄柴*
毛叶束尾草 Phacelurus latifolius var. trichophyllus (S.L.Zhong) B.S.Sun & Z.H.Hu(禾本科)
毛叶树(贵州)=假烟叶树
毛叶水锦树 Wendlandia villosa W.C.Chen(茜草科)
毛叶水栒子 Cotoneaster submultiflorus Popov (蔷薇科)
毛叶算盘子(西双版纳傣药志)=厚叶算盘子
毛叶梭甸(海南志)=梭罗树
毛叶薹草 Carex eriophylla (Kükenth.) Kom.(莎草科)
毛叶探春(高等图鉴)=探春花
毛叶藤仲(云南,植物志 63)=漾濞鹿角藤
毛叶蹄盖蕨 Athyrium suprapuberulum Ching (蹄盖蕨科),*木里蹄盖蕨*
毛叶铁角蕨(四川志)=西南铁角蕨
毛叶铁榄 Sinosideroxylon pedunculatum var. pubifolium H.Chuang(山榄科)
毛叶铁苋菜 Acalypha mairei (Lévl.) Schneid. (大戟科)
毛叶铁线蕨 Adiantum pubescens Schkuhr(铁线蕨科)
毛叶铁线莲 Clematis lanuginosa Lindl.(毛茛科)
毛叶葶苈 Draba lasiophylla Royle(十字花科),*光果毛叶葶苈,毛果苞序葶苈,扭果葶苈*
毛叶兔耳风(陕西中草药)=五脉绿绒蒿
毛叶弯刺蔷薇 Rosa beggeriana var. liouii (Yü & Tsai) Yü & Ku (蔷薇科)
毛叶网脉唐松草 Thalictrum reticulatum var. hirtellum W.T.Wang & S.H.Wang(毛茛科)
毛叶威灵仙 Clematis chinensis var. vestita (Rehd. & Wils.) W.T.Wang(毛茛科)
毛叶委陵菜(东北草本志)=绢毛委陵菜
毛叶乌蔹莓 Cayratia japonica var. pubifolia Merr. & Chun (葡萄科),*红母猪藤*
毛叶乌头 Aconitum carmichaeli var. pubescens W.T.Wang & Hsiao(毛茛科),*大乌药,乌药,草乌*
毛叶无心菜 Arenaria trichophylla C.Y.Wu ex L. H.Zhou (石竹科)
毛叶五匹青 Pternopetalum vulgare var. strigosum Shan & Pu(伞形科)
毛叶五味子 Schisandra pubescens Hemsl. & Wils. (木兰科)
毛叶西番莲 Passiflora mollissima Bailley (西番莲科)
毛叶夏枯(滇南本草)=宝盖草
毛叶纤毛草 Roegneria ciliaris var. lasiophylla (Kitag.) Kitag.(禾本科),*粗毛纤毛草*
毛叶鲜卑花 Sibiraea tomentosa Diels(蔷薇科)
毛叶腺萼木 Mycetia sinensis f. trichophylla Lo(茜草科)
毛叶香(贵州草药)=宽叶兔儿风
毛叶香茶菜 Isodon japonicus (N.Burm.) H. Hara (唇形科),*四棱杆,山苏子,猛一撒*
毛叶小黄素馨(分类学报)=矮探春
毛叶小膜盖蕨(植物志 6-1)=假钻毛蕨
毛叶小芸木 Micromelum integerrimum var. mollissimum Tanaka(芸香科),*月橘*
毛叶新木姜子 Neolitsea velutina W.T.Wang(樟科)
毛叶绣线菊 Spiraea mollifolia Rehd.(蔷薇科),*丝毛叶绣线菊*
毛叶绣线梅 Neillia ribescioides Rehd.(蔷薇科)
毛叶锈毛五叶参 Pentapanax henryi var. tomentosus Hoo(五加科)
毛叶悬钩子 Rubus poliophyllus Ktze.(蔷薇科)
毛叶雪下红(植物志 58)=雪下红
毛叶崖爬藤 Tetrastigma obtectum var. pilosum Gagn. (葡萄科),*毛崖爬藤*
毛叶扬子铁线莲 Clematis puberula var. subsericea (Rehd. & Wils.) W.T.Wang(毛茛科)
毛叶洋地黄 Digitalis lanata Ehrn(玄参科)
毛叶腰骨藤 Ichnocarpus frutescens f. pubescens Markgr. (夹竹桃科)
毛叶异木患 Allophylus trichophyllus Merr. & Chun (无患子科)
毛叶翼核果 Ventilago leiocarpa var. pubescens Y.L.Chen & P.K.Chou(鼠李科)
毛叶樱花(拉汉名称)=毛叶山樱花
毛叶鹰爪(植物学杂志)=毛叶鹰爪花
毛叶鹰爪花 Artabotrys pilosus Merr. & Chun (番荔枝科),*毛叶鹰爪*
毛叶硬齿猕猴桃 Actinidia callosa var.strigillosa C.F.Liang (猕猴桃科),*京梨,硬齿猕猴桃*
毛叶油丹 Alseodaphne andersonii (King ex HK.f.) Kosterm.(樟科)
毛叶羽叶楸 Stereospermum neuranthum Kurz (紫葳科)
毛叶玉兰 Magnolia globosa HK.f. & Thoms.(木兰科)
毛叶芋兰 Nervilia plicata (Andr.) Schltr.(兰科),*芋兰*
毛叶云南桤叶树 Clethra delavayi var. lanata S. Y.Hu (桤叶树科)
毛叶芸香草(滇南本草)=烟管头草
毛叶獐毛 Aeluropus pilosus (X.L.Yang) S.L. Chen & X.L.Yang(禾本科)
毛叶樟 Cinnamomum mollifolium H.W.Li(樟科),*罗木来,毛叶芳樟,香茅樟,中俄,中郎俄,中朗,中沙海*
毛叶沼泽蕨 Thelypteris palustris var. pubescens (Lawson) Fernald(金星蕨科)
毛叶蔗茅 Erianthus trichophyllus (Hand.-Mazz.) Hand.-Mazz.(禾本科)
毛叶珍珠花 Lyonia villosa (Wall. ex C.B.Clarke) Hand.-Mazz.(杜鹃花科),*西域梫木,毛叶南烛,毛叶米饭花*
毛叶轴脉蕨 Ctenitopsis devexa (Kze.) Ching & C.H.Wang (叉蕨科),*毛羽蕨*
毛叶猪腰豆 Whitfordiodendron filipes var. tomentosum Z.Wei(豆科)
毛叶锥头麻 Poikilospermum lanceolatum (Trec.) Merr. (荨麻科)
毛叶紫树(云南志)=云南蓝果树
毛叶紫菀木 Asterothamnus poliifolius Novopokr. (菊科)

毛叶紫薇(植物志 52-2)=绒毛紫薇
毛翼蹄盖蕨 Athyrium dubium Ching(蹄盖蕨科),*长羽蹄盖蕨,单行蹄盖蕨,德钦蹄盖蕨,假近位蹄盖蕨,尖羽蹄盖蕨,近位蹄盖蕨,锯齿蹄盖蕨,马厂蹄盖蕨*
毛茵陈(湖南药物志)=绵毛鹿茸草
毛银柴 Aporusa villosa (Lindl.) Baill.(大戟科),*毛大沙叶,南罗米*
毛银叶巴豆 Croton cascarilloides f. pilosus Y.T. Chang (大戟科)
毛罂粟(东北)=野罂粟
毛樱桃 Cerasus tomentosa (Thunb.) Wall.(蔷薇科),*麦樱,梅李,梅桃,牛桃,山豆子,山樱桃,英桃,樱桃,朱桃*
毛颖草 Alloteropsis semialata (R.Br.) Hitchc.(禾本科)
毛颖草属 Alloteropsis J.S.Presl ex Presl (禾本科)
毛颖芨芨草 Achnatherum pubicalyx (Ohwi) Keng ex P.C.Kuo(禾本科)
毛颖荩草 Arthraxon lanceolatus var. raizadae (Jain Hemadri & Deshpande) Welzen (禾本科)
毛颖羊茅 Festuca pubiglumis S.L.Lu(禾本科)
毛颖野古草 Arundinella tricholepis B.S.Su & Z.H.Hu (禾本科)
毛颖早熟禾 Poa pubicalyx Keng ex L.Liu(禾本科)
毛颖茵草 Beckmannia syzigachne var. hirsutiflora Roshev.(禾本科)
毛硬叶冬青 Ilex ficifolia f. daiyunshanensis C.J.Tseng (冬青科),*戴云山冬青*
毛油点草 Tricyrtis hirta HK.(百合科)
毛鱼臭目 Premna odorata Blanco (马鞭草科)
毛鱼藤 Derris elliptica (Roxb.) Benth.(豆科)
毛榆(东林学报)=醉翁榆
毛榆(中药大辞典)=大果榆
毛羽蕨(植物志 6-1)=毛叶轴脉蕨
毛羽扇豆 Lupinus pubescens Benth.(豆科)
毛玉山竹 Yushania basihirsuta (McClure) Z.P.Wang & G.H.Ye (禾本科),*迷竹*
毛芋(福建福州)=芋
毛芋兰(台湾兰科植物)=短毛美冠兰
毛芋头(四川金佛山)=毛芋头薯蓣
毛芋头薯蓣 Dioscorea kamoonensis Kunth(薯蓣科),*毛芋头*
毛郁金(中药辞海)=郁金
毛缘虎耳草(植物志 34-2)=毛瓣虎耳草
毛缘剪秋萝(东北检索表)=浅裂剪秋罗
毛缘宽叶薹草 Carex siderosticta var. pilosa Lévl. ex Nakaî(莎草科),*毛崖棕*
毛缘薹草 Carex pilosa Scop.(莎草科)
毛缘叶杜鹃花(新拉汉英)=尼泊尔杜鹃花
毛越南山矾(植物志 60-2)=越南山矾
毛云南黄皮(植物志 43-2)=弄岗黄皮
毛早花象牙参 Roscoea cautleoides var. pubescens (Z.Y.Zhu) T.L.Wu(姜科)
毛枣子(江西)=野山楂
毛皂帽花(海南通什)=皂帽花
毛泽兰(长白山药志)=林泽兰
毛泽兰(四川中药志)=爵床
毛窄叶柃 Eurya stenophylla var. stenophylla f. pubesens H.T.Chang(山茶科)
毛毡草 Blumea hieracifolia (D.Don) DC.(菊科),*丝毛千草*
毛毡苔(通称)=圆叶茅膏菜
毛獐牙菜 Swertia pubescens Franch.(龙胆科)
毛樟(广东徐闻)=毛黄肉楠
毛掌锦鸡儿 Caragana leveillei Kom.(豆科),*母猪鬃*
毛召(陆川本草)=韶子
毛折柄茶 Hartia villosa (Merr.) Merr.(山茶科)
毛折子(陕西)=翅果油树
毛柘藤 Cudrania pubescens Tréc.(桑科)
毛鹧鸪花 Trichilia hirta L.(楝科)
毛针茅 Stipa papposa Nees (禾本科)
毛针子(贵州)=黄茅
毛榛 Corylus mandshurica Maxim.(桦木科),*毛榛子,火榛子*
毛榛子(东北)=毛榛
毛枝矮欧石南 Erica peziza Lodd.(杜鹃花科)
毛枝白珠 Gaultheria trichoclada C.Y.Wu ex T.Z.Hsu(杜鹃花科),*通麦白珠*
毛枝变种(植物志 55-1)=大柴胡
毛枝陈氏荚蒾(分类学报)=毛枝金腺荚蒾
毛枝垂穗石松 Palhinhaea cernua f. sikkimensis (Müll.) Ching(石松科),*有毛变种*
毛枝粗叶木 Lasianthus fordii var. trichocladus Lo(茜草科)
毛枝垫柳 Salix hirticaulis Hand.-Mazz.(杨柳科)
毛枝吊石苣苔 Lysionotus pubescens C.B.Clarke (苦苣苔科)
毛枝冬青(福建志)=短梗冬青
毛枝冬青(高等图鉴)=毛枝珊瑚冬青
毛枝冬青 Ilex dasyclada C.Y.Wu ex Y.R.Li(冬青科)
毛枝杜鹃 Rhododendron smithii Nutt. ex HK.f. (杜鹃花科)
毛枝多变杜鹃 Rhododendron selense subsp. dasycladum (Balf.f. & W.W.Sm.) Chamb. ex Cullen & Chamb.(杜鹃花科)
毛枝福建冬青 Ilex fukienensis f. puberula C.J.Tseng(冬青科)
毛枝格药柃 Eurya muricata var. huiana (Kobuski) L.K.Ling (山茶科),*长毛刺柃*
毛枝瓜叶乌头 Aconitum hemsleyanum var. puberulum W.T.Wang & L.Q.Li(毛茛科)
毛枝光萼荚蒾(分类学报)=毛枝台中荚蒾
毛枝光叶楼梯草 Elatostema laevissimum var. puberulum W.T.Wang(荨麻科)
毛枝桂樱 Laurocerasus phaeosticta f. puberula Yü & Lui(蔷薇科)
毛枝合斗石栎 Lithocarpus synbalanos var. pubescens Hick. & A.Camus (壳斗科)
毛枝桦 Betula pubescens Ehrh.(桦木科)
毛枝黄杨 Buxus pubiramea Merr. & Chun(黄杨科)
毛枝荚蒾 Viburnum atrocyaneum subsp. harryanum (Rehd.) Hsu (忍冬科),*小叶毛枝荚蒾*
毛枝金腺荚蒾 Viburnum chunii var. piliferum Hsu(忍冬科),*毛枝陈氏荚蒾*
毛枝锦鸡儿 Caragana microphylla f. tomentosa Kom. (豆科)
毛枝卷柏(浙江药志)=布朗卷柏
毛枝蕨(高等图鉴)=毛轴线盖蕨
毛枝蕨 Leptorumohra miqueliana (Maxim.) H. Ito (鳞毛蕨科)
毛枝蕨属(高等图鉴)=**毛轴线盖蕨属**
毛枝蕨属 Leptorumohra H.Ito(鳞毛蕨科)
毛枝康定柳 Salix paraplesia var. pubescens C. Wang & C.F.Fang (杨柳科)
毛枝柯 Lithocarpus rhabdostachyus subsp. dakhaensis A.Camus(壳斗科),*毛枝石栎*
毛枝冷杉(经济植物手册)=川滇冷杉
毛枝连蕊茶 Camellia trichoclada (Rehd.) Chien(山茶科)
毛枝柳 Salix dasyclados Wimm.(杨柳科)
毛枝罗汉松 Podocarpus macrophyllus var. pilramulus Z.X.Chen & Z.Q.Li(罗汉松科)
毛枝蒙古绣线菊(新)Spiraea mongolica var. tomentulosaYü(蔷薇科),*蒙古绣线菊毛枝变种*
毛枝木姜叶柯 Lithocarpus litseifolius var. pubescens Huang & Y.T.Chang (壳斗科)
毛枝青冈 Cyclobalanopsis helferiana (A.DC.) Oerst.(壳斗科)
毛枝雀梅藤 Sageretia hamosa var. trichoclada C.Y.Wu ex Y.L.Chen(鼠李科)
毛枝三脉紫菀(中药辞海)=大柴胡
毛枝山梅花 Philadelphus delavayi var. trichocladus Hand.-Mazz.(虎耳草科)
毛枝珊瑚冬青 Ilex coralina var. pubescens S.Y. Hu (冬青科),*毛枝冬青*
毛枝蛇葡萄 Ampelopsis rubifolia (Wall.) Planch. (葡萄科),*叶牛果藤*
毛枝石栎(植物志 22)=毛枝柯
毛枝台中荚蒾 Viburnum formosanum subsp. formosanum var. pubigerum (Hsu) Hsu(忍冬科),*毛枝光萼荚蒾*
毛枝五针松 Pinus wangii Hu & Cheng(松科),*云南五针松,滇南松*
毛枝细尾楼梯草 Elatostema tenuicaudatum var. lasiocladum W.T.Wang(荨麻科)
毛枝小檗 Berberis lasoiclema Ahrendt (小檗科)
毛枝熊果(新拉汉英)=佩求熊果
毛枝熊果 Arctostachylos columbiana Piper (杜鹃花科)
毛枝绣线菊 Spiraea martinii Lévl.(蔷薇科)
毛枝绣线菊长梗变种(植物志 36)=长梗毛枝绣线菊(新)
毛枝绣线菊绒毛叶变种(植物志 36)=绒毛枝绣线菊(新)
毛枝崖爬藤 Tetrastigma obovatum (Laws.) Gagn. (葡萄科),*红五加,五爪龙,大血藤*
毛枝翼核果 Ventilago calyculata var. trichoclada Y.L.Chen & P.K.Chou(鼠李科)
毛枝榆 Ulmus androssowii var. subhirsuta (Schneid.) P.H.Huang (榆科),*红榔木,榔榔树,大树皮,榆树*
毛枝云杉(东北裸子植物)=白扦
毛枝紫菊 Notoseris wilsonii (Chnag) Shih?(菊科)
毛枝棕背杜鹃 Rhododendron alutaceum var. iodes (Balf.f. & Forr.) Chamb.(杜鹃花科)
毛枝柞木 Xylosma racemosum var. glaucescens Franch.(大风子科)
毛枳椇(树木分类学)=毛果枳椇
毛重楼(中药辞海)=七叶一枝花
毛重楼 Paris mairei H.Lévl.(百合科),*花叶重楼*
毛舟萼苣苔 Nautilocalyx villosus T.Sprague (苦苣苔科)
毛舟马先蒿 Pedicularis trichocymba Li(玄参科)
毛轴菜蕨 Callipteris esculenta var. pubescens (Link) Ching(蹄盖蕨科)
毛轴藏柳 Salix faxonianoides var. vilosa S.D. Zhao (杨柳科)
毛轴蛾眉蕨 Lunathyrium hirtirachis Ching ex Z.R.Wang (蹄盖蕨科)
毛轴鹅不食(东北草本志)=老牛筋
毛轴黑鳞假瘤蕨 Phymatopteris ebenipes var. oakesii (C.B.Clarke) Satijia & Bir(水龙骨

科)
毛轴红门兰 Orchis monophylla (Coll & Hemsl.) Rolfe(兰科)
毛轴假蹄盖蕨 Athyriopsis petersenii (Kunze) Ching (蹄盖蕨科),*毛叶假蹄盖蕨,尾头假蹄盖蕨*
毛轴蕨 Pteridium revolutum (Bl.) Nakai(蕨科),*密毛蕨,毛蕨,饭蕨*
毛轴莎草 Cyperus pilosus Vahl (莎草科)
毛轴山矾(植物志 60-2)=山矾
毛轴山苦荬(海南志)=节毛假福王草
毛轴碎米蕨 Cheilosoria chusana (HK.) Ching & Shing (中国蕨科)*舟山碎米,川层草,献鸡尾,细凤尾草,凤尾路鸡*
毛轴蹄盖蕨(植物研究)=贵州蹄盖蕨
毛轴蹄盖蕨(中国蕨类孢子植物形态)=红苞蹄盖蕨
毛轴蹄盖蕨 Athyrium hirtirachis Ching & Hsu (蹄盖蕨科),*负嘎蹄盖蕨*
毛轴铁角蕨 Asplenium crinicaule Hance (铁角蕨科),*毛铁角蕨*
毛轴线盖蕨 Monomelangium pullingeri (Bak.) Tagawa (蹄盖蕨科),*毛枝蕨,波氏双盖蕨,毛子蕨,毛柄蹄盖蕨*
毛轴线盖蕨属 Monomelangium Hay.(蹄盖蕨科),*毛子蕨属,毛枝蕨属,毛柄蹄盖蕨属*
毛轴小叶柳 Salix hypoleuca f. trichorachis C.F. Fang (杨柳科)
毛轴牙蕨 Pteridrys australis Ching(叉蕨科),*牙蕨,刚毛牙蕨*
毛轴亚东杨(植物志 20-2)=西南杨
毛轴野古草 Arundinella pilaxilis B.S.Sun & Z. H.Hu (禾本科)
毛轴异燕麦 Helictotrichon pubescens (Huds.) Pilger (禾本科)
毛轴早熟禾 Poa pilipes Keng(禾本科)
毛轴蚤缀(东北检索表)=老牛筋
毛槠(广东)=毛锥
毛竹(云南绿春哈尼族)=碟环慈
毛竹 Phyllostachys heterocycla cv. Pubescens (禾本科),*狸头竹,猫头竹,毛笋,茅竹,孟宗竹,南竹,竹精,竹精江南竹*
毛竹叶花椒 Zanthoxylum armatum var. ferrugineum (Rehd. & Wils.) Huang(芸香科)
毛柱滇紫草 Onosma hookeri var. hirsutum Y.L. Liu (紫草科),*毛柱细花滇紫草*
毛柱杜鹃(植物研究)=金平毛柱杜鹃
毛柱杜鹃 Rhododendron venator Tagg(杜鹃花科)
毛柱椴 Tilia dasystyla Stev.(椴树科)
毛柱隔距兰 Cleisostoma simondii (Gagn.) Seidenf. (兰科)
毛柱果铁线莲 Clematis uncinata var. okinawensis (Ohwi) Ohwi(毛茛科)
毛柱红淡(台湾志)=毛柱杨桐
毛柱红棕杜鹃 Rhododendron rubiginosum var. ptilostylum R.C.Fang(杜鹃花科)
毛柱胡颓子 Elaeagnus pilostyla C.Y.Chang(胡颓子科)
毛柱黄芪 Astragalus heydei Baker(豆科)
毛柱黄瑞木(高等图鉴补编)=毛柱杨桐
毛柱金银花(广西植物名录)=水忍冬
毛柱鹿角藤(广西)=鹿角藤
毛柱马钱 Strychnos nitida G.Don(马钱科),*滇南马钱,车里马钱,马钱子*
毛柱马缨花 Rhododendron delavayi var. pilostylum K.M.Feng(杜鹃花科)
毛柱莓(高等图鉴)=绵果悬钩子
毛柱瑞香 Daphne jinyunensis var. ptilostyla C.Y. Chang (瑞香科),*金腰带,滕花*
毛柱山梅花 Philadelphus subcanus Koehne(虎耳草科),*河南山梅花*
毛柱台湾杨桐 Adinandra formosana var. formosana f. formosana Keng? (山茶科)
毛柱铁线莲 Clematis meyeniana Walp.(毛茛科),*吹风藤,老虎须藤,山木通,威灵仙*
毛柱细花滇紫草(Flora 16)=毛柱滇紫草
毛柱悬钩子(华北经济志要)=绵果悬钩子
毛柱杨桐 Adinandra lasiostyla Hay.(山茶科),*毛柱黄瑞木,毛柱红淡*
毛柱樱(拉汉名称)=毛柱郁李
毛柱蝇子草(西藏志)=禾叶蝇子草
毛柱郁李 Cerasus pogonostyla (Maxim.) Yü & Li (蔷薇科),*毛柱樱*
毛柱属 Trichostigma A.rich.(商陆科)
毛抓抓(山西大同)=砂珍棘豆
毛爪参(云南)=鹤庆独活
毛爪德钦乌头 Aconitum ouvrardianum var. pilopes W.T.Wang & L.Q.Li(毛茛科)
毛状棘豆(新)Oxytropis trichophora Franch.(豆科),*毛序棘豆*
毛状剪股颖 Agrostis capillaris L.(禾本科)
毛状茅膏菜 Drosera capillaris Poir.(茅膏菜科)
毛状蔓草(秦岭志)=丝叶蔓草
毛状铁扫帚(豆科图说)=兴安胡枝子
毛锥 Castanopsis fordii Hance(壳斗科),*南岭栲,毛栲,毛槠,水橡*
毛锥栗(云南)=元江锥
毛锥莫尼亚 Drymonia mollis Oerst.(苦苣苔科)
毛锥形果 Gomphogyne cissiformis var. villosa Cogn. (葫芦科)
毛仔树(中草药汇编)=落霜红
毛籽红山茶 Camellia trichosperma Chang(山茶科)
毛籽红山桂(云南植物名录)=尾叶远志
毛籽景天 Sedum trichospermum K.T.Fu (景天科)
毛籽桔 Chaetospermum glutinosum Swingle (芸香科)
毛籽桔属 Chaetospermum Swingle (芸香科)
毛籽离蕊茶 Camellia pilosperma S.Y.Liang ex Chang (山茶科)
毛籽鱼黄草 Merremia sibirica var. trichosperma C.C.Huang ex C.Y.Wu & H.W.Li(旋花科)
毛子草(高等图鉴)=两头毛
毛子蕨(分类学报,高等图鉴)=毛轴线盖蕨
毛子蕨属(分类学报)=**毛轴线盖蕨属**
毛紫丁香(植物志 61)=紫丁香
毛紫薇 Lagerstroemia villosa Wall. ex Kurz(千屈菜科)
毛紫珠(浙江药志)=枇杷叶紫珠
毛足假木贼 Anabasis eriopoda (Schrenk) Benth. ex Volkens(藜科)
毛足铁线蕨 Adiantum bonatianum Brause(铁线蕨科)
毛嘴杜鹃 Rhododendron trichostomum Franch. (杜鹃花科)
毛落草 Koeleria hirsuta Gaudin (禾本科)
矛盾草(贵州草药)=瓶尔小草
矛日音-西巴嘎(蒙语)=白莲蒿
矛叶慈姑 Sagittaria lancifolia L.(泽泻科)
矛叶飞蓬 Erigeron lonchophyllus HK.(菊科)
矛叶合耳菊 Synotis hieraciifolia (Lévl.) C.Jeffr. & Y.L.Chen(菊科)
矛叶瘤蕨 Phymatosorus lanceus (Ching & C.H. Wang) S.G.Lu(水龙骨科)
矛状耳蕨 Polystichum lonchitis (L.) Roth(鳞毛蕨科)
茅苍术(药典 2000)=苍术
茅草箭(贵州)=结壮飘拂草
茅草箭(贵州民间药物)=秋鹅观草
茅草箭(中草药汇编)=鹅观草
茅草筋骨(重庆草药)=芸香草
茅草细辛(沙漠药用植物)=华北鸦葱
茅草细辛(四川西昌)=长叶百蕊草
茅草香子(间易草药)=元宝草
茅荻 Triarrhena lutarioriparia var. gracilior L.Liu & P.F.Chen (禾本科)
茅膏菜 Drosera peltata Smith(茅膏菜科),*捕虫草,捕蝇草,苍蝇王,陈伤子,打古子,滴水不干,地下明珠,地下珍珠,盾叶茅膏菜,光萼茅膏菜,黄金丝,筋骨草,落地珍珠,茅膏菜,泥里珠,牛打架,球子参,肉宝珠,山胡椒,山胡椒草,石龙芽草,铁钮子,土里珍珠,夏无踪,眼泪草,一粒金丹*
茅膏菜科 Droseraceae
茅膏菜属 Drosera L.(茅膏菜科)
茅根(植物名汇)= 白茅根
茅根 Perotis indica (L.) Kuntze (禾本科)
茅根属 Perotis Ait.(禾本科)
茅瓜 Solena amplexicaulis (Lam.) Gandhi(葫芦科),*抱瓜,波瓜公,杜瓜,狗屎瓜,金丝瓜,老鼠冬瓜,老鼠瓜,老鼠黄瓜根,老鼠拉冬瓜,老鼠香瓜,牛奶子,山天瓜,天瓜,土白蔹,小鸡黄瓜根,野黄瓜,异叶马瓟儿,银丝莲*
茅瓜属 Solena Lour.(葫芦科)
茅具蔺(四川)=薄叶鸢尾
茅栗 Castanea seguinii Dode(壳斗科),*野栗子,毛栗,毛板栗,栵栗*
茅灵芝(中草药汇编)=鹅观草
茅灵芝(中药大辞典)=秋鹅观草
茅萝卜(四川中药志)=蒲公英
茅莓 Rubus parvifolius L.(蔷薇科),*藨,草杨梅子,薅秧泡,红梅消,红锁梅,茅莓悬钩子,婆婆头,蛇泡簕,小叶悬钩子,牙鹰簕,薅田藨*
茅莓悬钩子(东北木本检索表)=茅莓
茅密(医林纂要)= 白茅根
茅坪荩草 Arthraxon maopingensis S.L.Chen & Y.X.Jin (禾本科)
茅山茶(中草药汇编)=二列叶柃
茅术(江苏)=苍术
茅丝栗(浙江)=甜槠
茅笋(本草拾遗)= 白茅根
茅铁香(四川)=木帚栒子
茅香 Hierochloë odorata (L.) Beauv.(禾本科),*香麻,香茅,香草*
茅香草(广药手册)=柠蒙草
茅香属 Hierochloë L.(禾本科),*香茅属,香草属*
茅叶荩草 Arthraxon lanceolatus (Roxb.) Hochst.(禾本科)
茅针(图经本草)= 白茅根
茅竹(树木分类学)=毛竹
锚刺果 Actinocarya tibetica Benth.(紫草科)
锚刺果属 Actinocarya Benth.(紫草科),*星果紫草属*
锚钩吻兰 Collabium assamicum Hay.(兰科)
锚菱 Trapa sibirica var. ussuriensis V.Vassil.(菱科)
锚柱兰 Didymoplexiella siamensis (Rolfe ex Downie) Seidenf.(兰科)
锚柱兰属 Didymoplexiella Garay(兰科)

冇刺根(中草药学)=广东蛇葡萄
冇扖(台湾)=台湾赤杨叶
冇圆树(台湾)=台湾赤杨叶
冇樟(台湾)=沉水樟
卯花(植物学大辞典)=黄山溲疏
卯天罐(广西)=朝天罐
茆(名医别录)=女菀
昴山蹄盖蕨 Athyrium maoshanense Ching & P.S.Chiu (蹄盖蕨科)
茂丽堇菜 Viola mauritii Tepl.(堇菜科)
茂松(海南)=鸡毛松
茂汶当归 Angelica maowenensis Yuan & Shan (伞形科),*骚独活*
茂汶杜鹃 Rhododendron maowenense Ching & H.P.Yang (杜鹃花科)
茂汶过路黄 Lysimachia stellarioides Hand.-Mazz. (报春花科),*退血草,背花草,高坡酸,筷子草*
茂汶薯蓣(新)Dioscorea bulbifera var. vera Prain & Burkill?(薯蓣科)
茂汶瓦韦 Lepisorus maowenensis Ching & S.K. Wu (水龙骨科)
茂汶乌头 Aconitum maowenense W.T.Wang(毛茛科)
茂汶薤 Allium maowensense J.M.Xu(百合科)
茂汶蟹甲草 Parasenecio maowenensis Y.L.Chen (菊科)
茂汶绣线菊 Spiraea sargentiana Rehd.(蔷薇科),*佘坚绣线菊*
茂汶淫羊藿 Epimedium platypetalum K.Meyer (小檗科)
茂县翠雀花 Delphinium maoxianense W.T. Wang (毛茛科)
茂县杉(中国裸子志)=云杉
茂县云杉(树木分类学)=云杉
茂县云杉 Picea asperata var. heterolepis Rehd. & Wils.(松科),*异鳞云杉*
帽苞薯藤 Ipomoea pileata Roxb.(旋花科),*盘苞牵牛*
帽斗栎 Quercus guyavaefolia Lévl.(壳斗科),*黄背栎*
帽儿瓜 Mukia maderaspatana (L.) M.J.Roem. (葫芦科),*毛花马瓟儿*
帽儿瓜属 Mukia Arn.(葫芦科)
帽儿山毛茛 Ranunculus grandis var. manshuricus H.Hara(毛茛科)
帽儿山薹草 Carex maorshanica Y.L.Chou(莎草科)
帽儿山岳桦 Betula ermanii var. macrostrobila Liou(桦木科)
帽峰椴 Tilia mofungensis Chun & Wong(椴树科)
帽果卫矛 Euonymus mitratus Pierre(卫矛科)
帽果雪胆 Hemsleya mitrata C.Y.Wu & C.L. Chen (葫芦科)
帽柯 Lithocarpus bonnetii (Hick. & A.Camus) A.Camus (壳斗科)
帽兰(四川中药志)=紫茎
帽笼草子(陆川本草)=磨盘草
帽蕊草 Mitrastemon yamamotoi Makino(大花草科)
帽蕊草属 Mitrastemon Makino (大花草科)
帽蕊木 Mitragyna rotundifolia (Roxb.) Kuntze (茜草科),*帽柱木*
帽蕊木属 Mitragyna Korth.(茜草科)
帽头菜(北方中草药)=兔儿伞
帽柱木(高等图鉴)=帽蕊木
帽子牛(台湾药志)=磨盘草
楙(本草纲目)=皱皮木瓜
懋功荛花 Wikstroemia paxiana H.Winkl.(瑞香科)
懋理茴芹(拉汉名称)=木里茴芹

Mei

没归息(云南德宏景颇族语)=长叶酸藤
没药树 Commiphora myrrha (Nees) Engl.(橄榄科)
玫辣叶肉实(广西)=绒毛肉实树
玫珥早熟禾 Poa meyeri Trin. ex Roshev.(禾本科)
玫瑰 Rosa rugosa Thunb.(蔷薇科),*徘徊花,笔头花,湖花,刺玫花*
玫瑰红葱 Allium roseum L.(百合科)
玫瑰红细瓣兰 Masdevallia rosea Lindl.(兰科)
玫瑰红绣球 Hydrangea macrophylla f. veitchii Wils.(虎耳草科)
玫瑰梾木 Cornus florida cv. Rubra (山茱萸科)
玫瑰连蕊茶 Camellia rosaeflora HK.(山茶科)
玫瑰毛兰 Eria rosea Lindl.(兰科)
玫瑰木 Rhodamnia dumetorum (Poir.) Merr. & Perry(桃金娘科)
玫瑰木属 Rhodamnia Jack(桃金娘科)
玫瑰茄 Hibiscus sabdariffa L.(锦葵科),*山茄子,落神葵*
玫瑰球果木 Isopogon roseus Lindl.(山龙眼科)
玫瑰色报春 Primula rosea Royle (报春花科)
玫瑰色美丽百合 Lilium speciosum var. roseum Masters ex Baker (百合科)
玫瑰石斛 Dendrobium crepidatum Lindl. ex Paxt. (兰科)
玫瑰石蒜 Lycoris rosea Traub & Moldenke(石蒜科)
玫瑰树 Ochrosia borbonica Gmelin(夹竹桃科)
玫瑰树属 Ochrosia Juss.(夹竹桃科)
玫瑰蹄盖蕨 Athyrium roseum Christ(蹄盖蕨科)
玫瑰无心菜(高等图鉴补编)=西南无心菜
玫瑰藓状马先蒿 Pedicularis muscoides var. rosea Li(玄参科),*藓状马先蒿玫瑰变种*
玫瑰叶秋海棠 Begonia mannii HK.f.(秋海棠科)
玫瑰鸢尾兰 Oberonia rosea HK.f.(兰科)
玫瑰紫淫羊藿 Epimedium youngianum var. roseum Stearn (小檗科)
玫红百合 Lilium amoenum Wil. ex Sealy(百合科)
玫红铃子香 Chelonopsis rosea W.W.Sm.(唇形科)
玫红山黧豆 Lathyrus tuberosus L.(豆科)
玫红省沽油 Staphylea holocarpa var. rosea Rehd. & Wils.(省沽油科)
玫红沃森花 Watsonia rosea Ker.-Gawl.(鸢尾科)
玫红野青茅 Deyeuxia rosea Bor (禾本科)
玫花豆腐柴 Premna punicea C.Y.Wu(马鞭草科)
玫花碱茅 Puccinellia florida D.F.Cui(禾本科)
玫花沙参(植物志 73-2)=云南沙参
玫花珠子木 Phyllanthodendron roseum Craib (大戟科)
莓系碱茅 Puccinellia poaeoides Keng (禾本科)
梅(中国裸子志)=铁杉
梅樱属(科属辞典)=**松毛翠属**
眉草(闽东本草)=金发草
眉豆(广州)=短豇豆
眉风草(贵州草药)=凤丫蕨
眉兰属 Ophrys L.(兰科)
眉柳 Salix wangiana Hao(杨柳科)
眉毛蒿(江苏)=播娘蒿
眉山小檗 Berberis gagnepainii var. omeiensis Schneid. (小檗科)
眉尾木(海南儋县)=暗罗
眉县薹草 Carex meihsienica K.T.Fu(莎草科)
眉原线柱兰 Zeuxine niijimai Tatewaki & Masam. (兰科),*玉线柱兰*
眉皂(中药志)=皂荚
莓儿刺(甘肃)=西藏悬钩子
莓粒团(安徽)=木半夏
莓苔状繁缕 Stellaria oxycoccoides Kom.(石竹科)
莓叶报春 Primula rubifolia C.M.Hu(报春花科)
莓叶碎米荠 Cardamine fragariifolia O.E.Schulz. (十字花科),*翅柄岩荠,腺萼碎米荠*
莓叶铁线莲 Clematis rubifolia Wright(毛茛科)
莓叶委陵菜 Potentilla fragarioides L.(蔷薇科),*经如草,满山红,毛猴子,瓢子,软梗蛇扭,雉子筵,雉子筵根*
莓叶悬钩子 Rubus fragarioides Bertol.(蔷薇科)
莓子(甘肃)=喜阴悬钩子
莓子(青海)=东方草莓
莓子刺(甘肃)=黄果悬钩子
梅 Armeniaca mume Sieb.(蔷薇科),*白梅,白梅花,白霜梅,春梅,干枝梅,绿萼梅,绿梅,梅实,霜梅,酸梅,乌梅,熏梅,盐梅*
梅崇(西双版纳傣语)=黄樟
梅丹鸢尾 Iris meda Stapf.(鸢尾科)
梅低优(西双版纳傣语)=黄牛木
梅尔参属(科属检索表)=**常春木属**
梅发破(傣名)=木紫珠
梅风(植物志 45-3)=大果卫矛
梅根(西双版纳傣语)=滇新樟
梅桂(傣语)=蕊木
梅哈忍(傣名)=山牡荆
梅汉小檗 Berberis meehanii Schneid. ex Rehd.(小檗科)
梅花(江苏)=蜡梅
梅花草 Parnassia palustris L.(虎耳草科),*孟根-地格达*
梅花草叶虎耳草(新拉汉英)=梅花异叶虎耳草(新)
梅花草叶虎耳草 Saxifraga parnassifolia D.Don (虎耳草科),*隐痂虎耳草*
梅花草属 Parnassia L.(虎耳草科),*苍耳七属*
梅花刺根(贵州草药)=扁核木
梅花刺果(贵州草药)=扁核木
梅花狗牙瓣(湖北)=石莲
梅花蕉(广东)=香蕉
梅花毛竹 Phyllostachys heterocycla cv. Obtusangula (禾本科)
梅花脑(纲目)=龙脑香
梅花瓶(陕西)=麦瓶草
梅花山青冈(植物志 22)=倒卵叶青冈
梅花山青冈 Cyclobalanopsis meihuashanensis Q.F. Zheng (壳斗科)
梅花甜菜属(植物志 35-1)=**蛛网萼属**
梅花甜茶(植物志 35-1)=蛛网萼
梅花异叶虎耳草(新)Saxifraga diversifolia var. parnassifolia (Don) Engl.(虎耳草科),*梅花草叶虎耳草*
梅花钻(广西中草药)=异形南五味子
梅橘(广西)=酒饼簕
梅兰(分类学报)=单唇无叶兰
梅兰(台兰科图鉴)=台湾异型兰
梅蓝(新拉汉英)=拟大麻梅蓝(新)
梅蓝 Melhania hamiltaniana Wall.(梧桐科)

梅蓝属 Melhania Forsk.(梧桐科)
梅乐花属(科属辞典)=**驼峰藤属**
梅乐樟(植物志 31)=山潺
梅李(东北)=毛樱桃
梅里(河口水族语)=短绢毛波罗蜜
梅笠草(高等图鉴)=喜冬草
梅笠草属(日本名称)=**喜冬草属**
梅梅树(浙江药志)=羊奶子
梅瑞节肢蕨(蕨类图说)=多羽节肢蕨
梅芍秋(傣语)=思茅豆腐柴
梅实(本经)=梅
梅氏大风子(广西)=大叶龙角
梅氏凤仙花 Impatiens meyana HK.f.(凤仙花科)
梅氏红豆(豆科图说)=云开红豆
梅氏画眉草 Eragrostis mairei Hack.(禾本科)
梅氏马先蒿 Pedicularis mairei Bonati(玄参科)
梅氏雀麦 Bromus mairei Hack.(禾本科)
梅斯纳贝克斯 Banksia meiassneri Lehm.(山龙眼科)
梅宋咨(西双版纳傣语)=坚叶樟
梅宋弋(傣语)=土连翘
梅棠(西双版纳傣语)=黄樟
梅桃(树木分类学)=毛樱桃
梅养东(侗族名)=米碎花
梅叶冬青(中药辞海)=秤星树
梅叶猕猴桃 Actinidia macrosperma var. mumoides C.F.Liang(猕猴桃科)
梅叶香(云南弥渡,楚雄,富民)=新樟
梅竹叶(云南)=鬼吹箫
梅竹叶(云南)=狭萼鬼吹箫
梅兹贝克斯 Banksia menziesii R.Br.(山龙眼科)
梅子树(贵州)=椤木石楠
梅宗英龙(西双版纳傣语)=钝叶桂
湄公黄杉(树木分类学)=澜沧黄杉
湄公栲(植物志 22)=湄公锥
湄公磨芋 Amorphophallus mekongensis Engl. & Gehrm.(天南星科)
湄公木蓝 Indigofera mekongensis Jess.(豆科)
湄公鼠尾草 Salvia mekongensis Stib.(唇形科)
湄公小檗 Berberis mekongensis W.W.Sm. (小檗科)
湄公小钩耳草 Hedyotis uncinella var. mekongensis Pierre (茜草科)
湄公锥 Castanopsis mekongensis A.Camus(壳斗科),马格龙,湄公栲,澜沧栲
霉草(高等图鉴)=喜荫草
霉草科 Triuridaceae
美爱秋海棠 Begonia decora Stapf (秋海棠科)
美凹萼兰(新) Rodriguezia decora (Lindl.) Rchb.f.(兰科),美丽凹萼兰
美苞柯 Lithocarpus calolepis Y.C.Hsu & H.W. Jen (壳斗科),美苞石栎
美苞石栎(植物志 22)=美苞柯
美苞棕属 Calospatha Becc.(棕榈科)
美被杜鹃 Rhododendron calostrotum Balf.f. & K.Ward (杜鹃花科)
美粲花(经济植物手册)=美丽日中花
美草(本草纲目)=旋花
美草(本草经集注)=山姜
美草(名医别录)=甘草
美叉列(侗族名)=羊耳菊
美齿椴 Tilia callidonta H.T.Chang(椴树科)
美齿连蕊茶 Camellia callidonta Chang(山茶科)
美丛鸢尾 Iris tenax Dougl.(鸢尾科)
美大椴 Tilia flaccida Host.(椴树科)
美大嘁(新华本草纲要)=潺槁木姜子
美登木 Maytenus hookeri Loes.(卫矛科),云南美登木
美登木属 Maytenus Molina (卫矛科)
美丁花(海南)=顶花酸脚杆
美娥(广西)=滇桐
美娥(广西)=云南金叶子
美飞蛾藤(植物志 64-1)=大花三翅藤
美凤仙花 Impatiens bella HK.f. & Thoms.(凤仙花科)
美姑灯心草 Juncus meiguensis K.F.Wu(灯心草科)
美姑耳蕨 Polystichum meiguense Ching & H.S. Kung (鳞毛蕨科)
美观糙苏 Phlomis ornata C.Y.Wu(唇形科)
美观马先蒿 Pedicularis decora Franch.(玄参科)
美冠兰 Eulophia graminea Lindl.(兰科)
美冠兰属 Eulophia R.Br. ex Lindl.(兰科)
美国白梣 Fraxinus americana L.(木犀科)
美国白藜芦 Veratrum viride Ait.(鼠李科)
美国白皮松 Pinus albicaulis Engelm.(松科)
美国白松(东北木本志)=北美乔松
美国白杨(树木分类学)=钻天杨
美国扁柏 Chamaecyparis lawsoniana (A.Murr.) Parl.(柏科)
美国薄荷(庐山植物及园圃)=拟美国薄荷
美国薄荷 Monarda didyma L.(唇形科)
美国薄荷属 Monarda L.(唇形科)
美国侧柏(树木分类学)=北美香柏
美国长三叶松(东北木本志)=西黄松
美国大叶白杨(树木分类学)=加杨
美国短三叶松(东北木本志)=刚松
美国黑三棱 Sparganium americanum Nutt.(黑三棱科)
美国红梣 Fraxinus pennsylvanica Marsh.(木犀科),毛白蜡,洋白蜡
美国红树 Rhizophora mangle L.(红树科)
美国红榆(新拉汉英)=秋榆
美国黄松(东北木本志)=西黄松
美国尖叶扁柏 Chamaecyparis thyoides (L.) Britton, Sterns & Poggenburg(柏科)
美国蜡梅 Calycanthus floridus L.(蜡梅科)
美国蜡梅属(经济植物手册)=**夏蜡梅属**
美国凌霄 Campsis radicans (L.) Seem.(紫葳科),厚萼凌霄,杜凌霄,硬骨凌霄
美国流苏树 Chionanthus virginica L.(木犀科)
美国槭(华北经济志要)=梣叶槭
美国山核桃 Carya illinoensis (Wangenh.) K.Koch.(胡桃科),薄壳山核桃
美国山胡椒 Lindera benzoin L.Blume (樟科)
美国商陆(华北经济志要)=垂序商陆
美国石竹(华北经济志要)=须苞石竹
美国水青冈 Fagus grandifolia Ehrh.(壳斗科)
美国丝带 Pilularia americana A.Br.(苹科)
美国文殊兰 Crinum americanum L.(石蒜科)
美国梧桐(树木分类学)=一球悬铃木
美国五针松(东北木本志)=北美乔松
美国小檗 Berberis canadensis Mill.(小檗科)
美国榆 Ulmus americana L.(榆科)
美国皂荚 Gleditsia triacanthos L.(豆科),三刺皂角,菠奴斯提攀登,新疆皂角
美国珠蕨 Cryptogramma acrostichoides R.Br. (中国蕨科)
美国猪牙花 Erythronium americanum Ker.(百合科)
美国梓 Catalpa bignonioides Welt.(紫葳科)
美国紫堇(云南植物名录)=囊距紫堇
美国紫菀 Aster novae-angliae L.(菊科)
美果九节 Psychotria calocarpa Kurz(茜草科),小功劳,花叶九节,牙齿硬
美汉花(分类学报)=荨麻叶龙头草
美好相思树(新)Acacia decora Rchb.(豆科),美丽相思树
美花报春 Primula calliantha Franch.(报春花科),紫鹃报春,雪山厚叶报春,楼台花
美花变种(植物志 65-2,Flora 17)=美花圆叶筋骨草(新)
美花补血草 Limonium callianthum (Peng) Kamelin (白花丹科)
美花草 Callianthemum pimpinelloides (D.Don) HK.f. & Thoms.(毛茛科)
美花草属 Callianthemum C.A.Mey.(毛茛科)
美花杜鹃(新拉汉英)=淑花杜鹃
美花风毛菊 Saussurea pulchella (Fisch.) Fisch. (菊科),球花风毛菊
美花隔距兰 Cleisostoma birmanicum (Schltr.) Garay(兰科)
美花红景天 Rhodiola calliantha (H.Ohba) H. Ohba (景天科)
美花黄堇 Corydalis pseudocristata Fedde(罂粟科)
美花卷瓣兰 Bulbophyllum rotschildianum (O'Brien) J.J.Sm.(兰科)
美花兰 Cymbidium insigne Rolfe(兰科)
美花老鹳草 Geranium calanthum Hand.-Mazz. (牻牛儿苗科)
美花老虎兰 Stanhopea insignis Frost (兰科)
美花蕾丽兰 Laelia speciosa (HBK) Schltr.(兰科)
美花肋枝兰 Pleurothallis insignis Rolfe (兰科)
美花狸尾豆 Uraria picta (Jacq.) Desv. ex DC.(豆科),叠果豆,狸尾草,美花兔尾草,美丽兔尾草,密马,退蛆草,羽叶兔尾草
美花莲属 Habranthus Herb.(石蒜科)
美花鹿蹄草(拉汉名称)=鹿蹄草
美花毛建草 Dracocephalum wallichii Sealy(唇形科)
美花美冠兰 Eulophia pulchra (Thou.) Lindl.(兰科),南洋芋兰
美花米尔顿兰 Miltonia spectabilis Lindl.(兰科)
美花米饭花(云南志)=秀丽珍珠花
美花鸟足兰 Satyrium speciosum Rolfe (兰科)
美花山蚂蝗 Desmodium callianthum Franch.(豆科)
美花石斛 Dendrobium loddigesii Rolfe(兰科),粉花石斛,小环草,环草石斛
美花绶草 Spiranthes speciosa (Jacq.) A.Rich.(兰科)
美花铁线莲 Clematis potaninii Maxim.(毛茛科)
美花兔尾草(豆科图说)=美花狸尾豆
美花兔尾草 Desmodium picta Desv.(豆科),密马
美花小檗 Berberis calliantha Mull.(小檗科)
美花崖豆藤(豆科图说)=印度崖豆
美花鱼黄草 Merremia caloxantha (Diels) Staples & R.C.Fang(旋花科)
美花鸢尾 Iris lorletii Barb.(鸢尾科)
美花圆叶筋骨草(新)Ajuga ovalifolia var. calantha (Diels) C.Y.Wu & C.Chen(唇形科),美花变种
美环石竹 Dianthus callizonus Schott. & Ky.(石竹科)
美加红松 Pinus resinosa Ait.(松科),多脂松
美金鸡纳 Cinchona calisaya Wedd.(茜草科)
美居花烛(新拉汉英)=维氏花烛
美辣伤(新华本草纲要)=山鸡椒

美蓝叶藤 Marsdenia pulchella Hand.-Mazz.(萝藦科)
美丽凹萼兰(新拉汉英)=美凹萼兰(新)
美丽凹萼兰 Rodriguezia venusta (Lindl.) Rchb.f.(兰科)
美丽白花菜 Cleome speciosa Raf. (山柑科),*西洋白花菜*
美丽百合 Lilium speciosum Thunb.(百合科)
美丽百金花 Centaurium pulchellum (Swartz) Druce(龙胆科)
美丽柏属 Callitris Vent (柏科)
美丽豹子花 Nomocharis basilissa Farrer ex W.E.Evans (百合科)
美丽贝克斯 Banksia pulchella R.Br.(山龙眼科)
美丽贝母兰 Coelogyne speciosa (Bl.) Lindl.(兰科)
美丽变种(植物志 66)=美丽寸金草(新)
美丽杓兰 Cypripedium reginae (兰科)
美丽糙苏 Phlomis spectabilis Falc.(唇形科)
美丽茶藨子 Ribes pulchellum Turcz.(虎耳草科),*小叶茶藨,碟花茶藨子,高雅-乌混-少布特日*
美丽长蒴苣苔 Didymocarpus pulcher Clarke(苦苣苔科)
美丽齿瓣兰 Odontoglossum pulchellum Baten. ex Lindl.(兰科)
美丽垂头菊 Cremanthodium pulchrum Good(菊科)
美丽唇柱苣苔 Chirita speciosa Kurz(苦苣苔科)
美丽刺蕊草 Pogostemon speciosus Benth.(唇形科)
美丽翠雀花 Delphinium speciosum M.B.(毛茛科)
美丽地宝兰 Geodorum pulchellum Ridl.(兰科)
美丽吊桶兰 Coryanthes speciosa HK.(兰科)
美丽独蒜兰 Pleione pleionoides (Kraenzl. ex Diels) Braem & H.Mohr(兰科)
美丽杜鹃(峨眉图志)=美容杜鹃
美丽杜鹃 Rhododendron formosum Wallich (杜鹃花科),*红条杜鹃花*
美丽短肠蕨 Allantodia bella (Clarke) Ching(蹄盖蕨科)
美丽多花梾木 Cornus florida cv. Cloud Nine (山茱萸科)
美丽二叶藤 Arrabidaea magnifica Sprague ex van Sttenis (紫葳科)
美丽番红花 Crocus speciosus Bieb.(鸢尾科)
美丽飞蓬 Erigeron speciosus (Lidnle) DC.(菊科)
美丽粉背蕨 Aleuritopteris speciosa Ching & S. K.Wu (中国蕨科)
美丽风毛菊(陕甘宁青中草药选)=长毛风毛菊
美丽风毛菊 Saussurea pulchra Lipsch.(菊科)
美丽凤尾蕨 Pteris formosana Bak.(凤尾蕨科),*台湾凤尾蕨*
美丽凤仙花(新拉汉英)=极美凤仙花(新)
美丽凤仙花 Impatiens bellula HK.f.(凤仙花科)
美丽凤丫蕨 Coniogramme venusta Ching ex Shing (裸子蕨科)
美丽芙蓉 Hibiscus indicus (Burm.f.) Hochr.(锦葵科),*野槿麻,野芙蓉,野棉花,大棣山芙蓉,芙蓉木槿,旱芙蓉,芙蓉*
美丽复叶耳蕨(蕨类图说)=多羽复叶耳蕨
美丽复叶耳蕨 Arachniodes speciosa (D.Don) Ching (鳞毛蕨科)
美丽高山属(新拉汉英)=**美山属**
美丽观音座莲 Angiopteris formosa Ching(观音座莲科)
美丽旱蕨 Pellaea pulchella Fee (中国蕨科)
美丽红豆草 Onobrychis pulchella Schrenk(豆科)
美丽红豆杉(经济植物手册)=红豆杉
美丽胡枝子 Lespedeza formosia (Vog.) Koehne (豆科),*红布纱,假蓝根,马扫帚,马须草,三妹木,沙牛木,夜关门*
美丽蝴蝶兰 Phalaenopsis speciosa Rchb.f.(兰科)
美丽虎耳草 Saxifraga pulchra Engl. & Irmsch. (虎耳草科)
美丽花桉 Eucalyptus ficifolia F.Muell.(桃金娘科)
美丽花楸 Sorbus decora (Sarg.) Schneid.(蔷薇科)
美丽花烛 Anthurium insigne Mart.(天南星科)
美丽画眉草 Eragrostis pulchra S.C.Sun & H.Q. Wang (禾本科)
美丽槐 Sophora arizonica var. formosa (Kearn. & Peebl.) Tsoong (豆科)
美丽火桐 Erythropsis pulcherrima (Hsue) Hsue (梧桐科),*美丽梧桐*
美丽火筒树 Leea amabilis Veitch.(葡萄科)
美丽火焰兰 Renanthera pulchella Rolfe (兰科)
美丽棘豆 Oxytropis bella B.Fedtsch.(豆科)
美丽假蹄盖蕨 Athyriopsis concinna Z.R.Wang (蹄盖蕨科)
美丽尖药木 Acokanthera spectabilis G.Don (夹竹桃科)
美丽尖嘴蕨 Belvisia longicarpa Ching (水龙骨科)
美丽箭竹 Fargesia concinna Yi (禾本科),*白竹*
美丽节肢蕨 Arthromeris elegans Ching(水龙骨科)
美丽金丝桃(新拉汉英)=小金丝桃
美丽金丝桃 Hypericum bellum Li(藤黄科),*土连翘,甲橡旺秋*
美丽锦带花(新拉汉英)=路边花
美丽决明 Cassia spectabilis DC.(豆科)
美丽莱勃特 Lambertia formosa Sm.(山龙眼科),*密花,山魔*
美丽蓝瓶花 Muscari spectabilis P.Ft.(百合科)
美丽蓝眼草 Sisyrinchium bellum Wats.(鸢尾科)
美丽蓝钟花 Cyananthus formosus Diels(桔梗科)
美丽老牛筋 Arenaria formosa Fisch. ex Ser.(石竹科),*美丽蚤缀*
美丽肋柱花 Lomatogonium bellum (Hemsl.) H. Sm. (龙胆科)
美丽棱子芹 Pleurospermum amabile Craib ex W.W.Sm. (伞形科)
美丽丽江马先蒿 Pedicularis likiangensis subsp. pulchra Tsoong(玄参科),*丽江马先蒿美丽亚种*
美丽列当 Orobanche amoena C.A.Mey(列当科)
美丽鬣蜥棕 Iguanura spectabilis Ridhley (棕榈科)
美丽鳞毛蕨(中药辞海)=华北鳞毛蕨
美丽瘤瓣兰 Oncidium pulchellum HK.(兰科)
美丽龙胆 Gentiana formosa H.Sm.(龙胆科)
美丽绿绒蒿 Meconopsis speciosa Prain(罂粟科)
美丽落舌蕉 Schismatoglottis pulchera N.E.Br. (天南星科)
美丽马兜铃 Aristolochia elegans Mast.(马兜铃科)
美丽马尾杉 Phlegmariurus pulcherrimus (Wall. ex HK. & Grev.) Löve & Löve(石杉科),*万年松,美丽石松*
美丽马先蒿 Pedicularis bella HK.f.(玄参科),*美丽马先蒿矮小亚种*
美丽马先蒿矮小亚种(植物志 68)=美丽马先蒿
美丽马先蒿全叶亚种(植物志 68)=全叶美丽马先蒿
美丽马先蒿全叶亚种冠额变种(植物志 68)=冠额马先蒿(新)
美丽马先蒿全叶亚种全叶变种(植物志 68)=全叶美丽马先蒿
美丽马先蒿全叶亚种全叶变种绯色变型(植物志 68)=绯色马先蒿
美丽马醉木 Pieris formosa (Wall.) D.Don(杜鹃花科),*兴山马醉木,长苞美丽马醉木*
美丽毛茛 Ranunculus pulchellus C.A.Mey.(毛茛科)
美丽毛鸡爪槭 Acer pubipalmatum var. pulcherrimum Fang & P.L.Chiu(槭树科)
美丽毛蕨 Cyclosorus molliusculus (Wall. ex Kuhn) Ching(金星蕨科)
美丽猕猴桃 Actinidia melliana Hand.-Mazz.(猕猴桃科)
美丽密花豆 Spatholobus pulcher Dunn(豆科)
美丽南星 Arisaema speciosum (Wall.) Mart.(天南星科)
美丽帕洛梯 Protea pulchella Andr.(山龙眼科)
美丽匹菊 Pyrethrum pulchrum Ledeb.(菊科),*小黄菊*
美丽葡萄 Vitis bellula (Rehd.) W.T.Wang(葡萄科),*小叶毛葡萄*
美丽蒲葵(新拉汉英)=圆叶蒲葵(新)
美丽蒲葵 Livistona speciosa Kurz(棕榈科),*香蒲葵*
美丽秋海棠 Begonia algaia L.B.Smith & D.C. Wassh. (秋海棠科),*裂叶秋海棠,虎爪龙*
美丽秋水仙 Colchicum speciosum Steven.(百合科)
美丽日中花(新拉汉英)=红冰花
美丽日中花 Mesembryanthemum spectabile Haw. (番杏科),*松叶菊,龙须海棠,美粲花*
美丽箬竹 Indocalamus decorus Q.H.Dai (禾本科)
美丽沙穗 Eremostachys speciosa Rupr.(唇形科)
美丽莎草蕨 Schizaea elegans (Vahl.) Sw.(莎草蕨科)
美丽山梅花 Philadelphus brachybotrys var. venustus (Koehne) S.Y.Hu (虎耳草科)
美丽芍药 Paeonia mairei Lévl.(芍药科)
美丽蛇根草 Ophiorrhiza rosea HK.f.(茜草科)
美丽石龙尾 Limnophila pulcherrima HK.f.(玄参科)
美丽石松(云南)=美丽马尾杉
美丽鼠尾草 Salvia meiliensis S.W.Su (唇形科)
美丽树苣苔 Kohleria bella C.V.Mort.(苦苣苔科)
美丽水锦树 Wendlandia speciosa Cowan(茜草科)
美丽丝头花 Dryandra formosa R.Br.(山龙眼科)
美丽溲疏 Deutzia pulchra Vidal(虎耳草科)
美丽薹草 Carex sadoensis Franch.(莎草科)
美丽唐菖蒲 Gladiolus callistus L.Bolus (鸢尾科)
美丽唐松草 Thalictrum reniforme Wall.(毛茛科),*鹅整*
美丽藤蕨 Lomariopsis spectabilis (Kze.) Mett. (藤蕨科),*罗曼藤蕨*
美丽通泉草 Mazus pulchellus Hemsl.(玄参科)

美丽桐 Wightia speciosissima (D.Don) Merr.(玄参科)
美丽桐属 Wightia Wall.(玄参科)
美丽兔尾草(中草药汇编)=美花狸尾豆
美丽弯果杜鹃 Rhododendron campylocarpum subsp. caloxanthum (Balf.f. & Farrer) Chamb. ex Cullen & Chamb.(杜鹃花科)
美丽万带兰 Vanda insignis Bl.(兰科)
美丽卫矛 Euonymus perbellus C.Y.Cheng(卫矛科)
美丽乌头 Aconitum pulchellum Hand.-Mazz.(毛茛科)
美丽梧桐(分类学报)=美丽火桐
美丽细瓣兰 Masdevallia bella Rchb.f.(兰科)
美丽相思树(新拉汉英)=美好相思树(新)
美丽相思子 Abrus pulchellus Wall. ex Thwaites (豆科),*土甘草*
美丽香科 Teucrium pulchrium Juz.(唇形科)
美丽向日葵 Helianthus laetiflora Pers.(菊科)
美丽小檗(新拉汉英)=美美小檗(新)
美丽小檗 Berberis amoena Dunn(小檗科)
美丽新木姜子 Neolitsea pulchella (Meissn.) Merr. (樟科)
美丽绣线菊(经济植物手册)=藏南绣线菊
美丽绣线菊 Spiraea elegans Pojark.(蔷薇科),*丽绣线菊*
美丽悬钩子(华北经济志要)=秀丽莓
美丽栒子(中药大辞典)=西南栒子
美丽栒子 Cotoneaster amoene Wils.?(蔷薇科)
美丽崖豆藤 Millettia speciosa Champ.(豆科),*扒山虎,大力牛,大力薯,大莲藕,地藕,九龙肚珠,牛大力藤,牛古大力,坡莲藕,山莲藕,血藤*
美丽亚塔棕 Attalea spectabilis Mart.(棕榈科)
美丽洋狗尾草 Cynosurus elegans Desf.(禾本科)
美丽野青茅 Deyeuxia venusta Keng(禾本科)
美丽叶下珠(云南植物名录)=云泰叶下珠
美丽银背藤 Argyreia nervosa (Burm.f.) Boj.(旋花科)
美丽银须草 Aira elegans Willd. ex Gaudin (禾本科)
美丽缨草 Primula pulchra Watt (报春花科)
美丽樱桃叶远志 Polygala myrtifolia var. grandiflora HK.(远志科)
美丽玉凤花 Habenaria decorata Hochst.(兰科)
美丽云叶兰 Nephelaphyllum pulchrum Bl.(兰科)
美丽蚤缀(拉汉名称)=美丽老牛筋
美丽獐牙菜 Swertia angustifolia var. pulchella (D.Don) Burk.(龙胆科),*肝炎草,青叶胆,青鱼草,水黄莲,土疸药,小青鱼胆,粤北獐牙菜*
美丽折叶兰 Sobralia decora Batem.(兰科)
美丽针茅 Stipa pulcherrima C.Koch (禾本科)
美丽紫金牛(高等图鉴)=郎伞木
美丽紫堇 Corydalis adrienii Prain(罂粟科),*美紫堇*
美鳞杜鹃 Rhododendron bellum H.P.Yang(杜鹃花科)
美苓草属(科属辞典)=**种阜草属**
美龙胆 Gentiana decorata Diels(龙胆科)
美脉粗叶木 Lasianthus lancifolius HK.f.(茜草科)
美脉杜英 Elaeocarpus varunua Buch-Ham.(杜英科)
美脉藁本 Ligusticum calophlebicum Wolff(伞形科)
美脉花楸 Sorbus caloneura (Stapf) Rehd.(蔷薇科),*川花楸,豆格盘,山黄果*
美脉花楸广东变种(植物志 36)=广东美脉花楸(新)
美脉琼楠 Beilschmiedia delicata S.Lee & Y.T. Wei (樟科)
美脉柿 Diospyros caloneura C.Y.Wu(柿科)
美毛含笑 Michelia caloptila Law & Y.F.Wu(木兰科)
美美小檗(新)Berberis bella Schneid.(小檗科),*美丽小檗*
美棉(植物志 49-2)=陆地棉
美男葛(台木本志)=日本南五味子
美浓麻竹 Dendrocalamus latiflorus cv. Meinung (禾本科)
美女石竹(新拉汉英)=洋石竹
美女樱 Verbena hybrida Voss (马鞭草科)
美启烈(广西壮语)=黄牛木
美蔷薇 Rosa bella Rehd. & Wils.(蔷薇科),*油瓶子*
美人柴(福建药物志)=刨花润楠
美人蕉(上海植物名录)=大花美人蕉
美人蕉 Canna indica L.(美人蕉科),*木蕉,虎头蕉,观音蕉,小芭蕉,姜芋,芭蕉芋, 蕉芋*
美人蕉科 Cannaceae
美人蕉属 Canna L.(美人蕉科)
美人扇(云南)=长托菝葜
美人松(长白山)=长白松
美人脱衣(四川)=短脚蔷薇
美仁子(药材资料汇编)=蕤核
美容杜鹃 Rhododendron calophytum Franch.(杜鹃花科),*美丽杜鹃*
美蕊花(植物志 39)=朱缨花
美山矾(植物志 60-2)=山矾
美山姜 Alpinia formosana Ko.Schum.(姜科)
美山属 Oreocallis R.Br.(山龙眼科),*美丽高山属*
美商陆(杭州药志)=垂序商陆
美舌美冠兰 Eulophia euglossa (Rchb.f.) Rchb.f.(兰科)
美省榜(广西侗语)=算盘子
美饰悬钩子 Rubus subornatus Focke(蔷薇科)
美穗草 Veronicastrum brunonianum (Benth.) Hong (玄参科),*高山四方麻,黑升麻,咳药,小寒药*
美穗龙竹 Dendrocalamus calostachyus (Kurz) Kurz (禾本科),*美穗竹*
美穗拳参(植物志 25-1)=长梗蓼
美穗小檗 Berberis calliobotrys Aitch.(小檗科)
美穗竹(南大学报)=美穗龙竹
美条杉(中国裸子志)=油麦吊云杉
美头合耳菊 Synotis calocephala C.Jeffr. & Y.L. Chen (菊科),*鞋头千里光*
美头火绒草 Leontopodium calocephalum (Franch.) Beauv.(菊科)
美头火绒草湿生变种(植物志 75)=湿生美头火绒草(新)
美头火绒草疏苞变种(植物志 75)=疏苞美头火绒草(新)
美味补血草 Limonium delicatulum (Girard) O. Kuntze (白花丹科)
美味曼棒花棕 Rhopalostylis sapida Wendland & Drude (棕榈科)
美味猕猴桃 Actinidia deliciosa C.F.Liang (猕猴桃科),*硬毛猕猴桃*
美味越桔 Vaccinium deliciosum Piper.(杜鹃花科),*甜越桔*
美西朴 Celtis douglasii Planch.(榆科)
美仙丹花 Ixora spectabilis Wall.(茜草科)
美小椴 Tilia flavescens A.Br.(椴树科)
美小膜盖蕨 Araiostegia pulchra (Don) Cop.(骨碎补科)
美形金钮扣 Spilanthes callimorpha A.H.Moore (菊科),*小麻药,小铜锤,黄花草,遍地红*
美秀溲疏 Deutzia elegantissima Rehd.(虎耳草科)
美艳橙黄杜鹃 Rhododendron citriniflorum var. horaeum (Balf.f. & Forr.) Chamb. ex Cullen & Chamb.(杜鹃花科),*美艳杜鹃*
美艳杜鹃(云南植物研究)=美艳橙黄杜鹃
美艳杜鹃 Rhododendron pulchroides Chun & Fang (杜鹃花科),*寡婆子树*
美叶菜豆树 Radermachera frondosa Chun & How (紫葳科),*牛尾连*
美叶藏菊(高等图鉴)=美叶川木香
美叶车前蕨 Antrophyum callifolium Bl.(车前蕨科),*水芋叶车前蕨*
美叶川木香 Dolomiaea calophylla Ling(菊科),*多罗菊,美叶藏菊*
美叶翠雀花 Delphinium calophyllum W.T.Wang (毛茛科)
美叶杜鹃花 Rhododendron calophyllum Nutt.(杜鹃花科)
美叶观音莲(新拉汉英)=美叶芋
美叶光萼荷 Aechmea fasciata Bak.(凤梨科)
美叶蒿 Artemisia calophylla Pamp.(菊科)
美叶荆芥(新) Nepeta formosa Kudr.(唇形科),*心叶荆芥*
美叶柯 Lithocarpus calophyllus Chun(壳斗科),*红叶椽,黄椆,黄背栎,者锥*
美叶青兰 Dracocephalum calophyllum Hand.-Mazz. (唇形科)
美叶舌喙兰 Hemipilia calophylla Par. & Rchb.f.(兰科)
美叶雾水葛 Pouzolzia calophylla W.T.Wang(荨麻科)
美叶显著小檗 Berberis insignis var. elegantifolia Ahrendt (小檗科)
美叶油麻藤 Mucuna calophylla W.W.Sm.(豆科)
美叶芋 Alocasia sanderiana Bull.(天南星科),*美叶观音莲*
美叶沼兰 Malaxis calophylla (Rchb.f.) Ktze.(兰科)
美翼杯冠藤 Cynanchum callialatum Ham. ex Wight (萝藦科),*萝藦藤*
美远志 Polygala senega L.(远志科)
美枣(名医别录)=枣
美州柿 Diospyros virginiana L.(柿科)
美洲安息香 Styrax americanum Lam.(安息香科)
美洲柏木(中国树学)=绿干柏
美洲波菊 Boltonia latisquama A.Bray(菊科) ,*紫波菊*
美洲薄荷(庐山植物及园圃)=拟美国薄荷
美洲茶 Ceanothus americanus L.(鼠李科)
美洲茶藨子 Ribes americanum Mill.(虎耳草科)
美洲茶属 Ceanothus L.(鼠李科),*野丁香属*
美洲刺参 Oplopanax horridus (Smith) Miq.(五加科)
美洲椴 Tilia americana L.(椴树科)
美洲鹅耳枥 Carpinus caroliniana Walt.(桦木科)
美洲矾根 Heuchera americana L.(虎耳草科)
美洲沟繁缕 Elatine americana (Pursh) Arin.(沟繁缕科)
美洲黑杨(新拉汉英)=三角杨

美洲胡颓子 Elaeagnus commutata Bernh.(胡颓子科)
美洲花楸 Sorbus americana Marsh.(蔷薇科)
美洲接骨木 Sambucus canadensis L.(忍冬科)
美洲栗 Castanea dentata Borkh.(壳斗科)
美洲梁子菜 Erechtites prealta Rafin.(菊科)
美洲绿桤木 Alnus crispa (Ait.) Pursh (桦木科)
美洲落叶松 Larix laricina K.Koch (松科),*北美落叶松*
美洲棉(经济植物手册)=陆地棉
美洲木棉(植物志 49-2)=吉贝
美洲南蛇藤 Celastrus scandens L.(卫矛科)
美洲囊颖草(新拉汉英)=显脉囊颖草
美洲葡萄 Vitis labrusca L.(葡萄科),*白肚*,*孤葡萄*
美洲朴 Celtis occidentalis L.(榆科),*西方朴*
美洲山荷叶 Diphylleia cymosa Michx.(小檗科)
美洲山麻杆 Alchornea latifolia Sw.(大戟科)
美洲商陆(经济植物手册)=垂序商陆
美洲柿 Diospyros virginiana L.(柿科)
美洲树参 Dendropanax arboreus (L.) Decne. & Planch. (五加科)
美洲田皂角 Aeschynomene americana L.(苦苣苔科)
美洲卫矛 Euonymus americanus L.(卫矛科)
美洲五味子 Schisandra coccinea Michx (木兰科)
美洲星毛蕨 Goniopteris reptana (Gmel.) Presl. (金星蕨科)
美洲星毛蕨属 Goniopteris Presl (金星蕨科)
美洲野百合(广州志)=三尖叶猪屎豆
美洲油棕 Elaeis oleifera Cortés (棕榈科)
美洲真穗草 Eustachys petraeus (Sw.) Desv(禾本科)
美洲榛 Corylus americana Marsh.(桦木科)
美洲朱兰 Pogonia ophioglossoides (L.) Ker-Gawl (兰科),*瓶尔小草朱兰*
美洲紫珠 Callicarpa americana L.(马鞭草科)
美洲醉鱼草 Buddleja americana L.(马钱科)
美竹 Phyllostachys mannii Gamble (禾本科),*黄古竹*,*红鸡竹*
美柱草 Calogyne chinensis Benth. ?(草海桐科),*华离根香*
美柱兰 Callostylis rigida Bl.(兰科)
美柱兰属 Callostylis Bl.(兰科)
美紫堇(高等图鉴补编)=美丽紫堇
妹子草(中药志)=萹蓄
篃竹(齐民要术)=箬竹
嚜林磨(广西)=石密
嚜咛(广西)=锈毛梭子果

Men

门冬薯(南宁药志)=石刁柏
门空堇菜(云南植物名录)=羽裂堇菜
门氏钓钟柳 Penstemon menziesii HK.(玄参科)
门氏凤头黍(禾本科图说)=凤头黍
门氏凤仙花 Impatiens menslowiana Arn.(凤仙花科)
门听(广西壮语)=蛛毛苣苔
门妥小檗 Berberis mentorensis L.Ames (小檗科)
门隅十大功劳 Mahonia monyulensis Ahrendt (小檗科)
门源毛茛 Ranunculus menyuanensis W.T.Wang (毛茛科)
门源嵩草 Kobresia menyuanica Y.C.Yang(莎草科)
闷奶果 Bousigonia angustifolia Pierre(夹竹桃科)
闷痛香(浙江经志)=红毒茴
闷头花(湖北神农架)=大叶紫堇
闷头花(群芳谱)=芫花
闷头花(陕西中草药,四川,陕西,秦岭志)=紫堇

Meng

虻眼 Dopatricum junceum (Roxb.) Buch.-Ham. (玄参科)
虻眼属 Dopatricum Buch.-Ham.(玄参科)
萌菜(浙江普陀,乐清)=攀倒甑
萌菜(浙江天台山)=大败酱
萌条香青 Anaphalis surculosa Hand.-Mazz.(菊科)
萌芽松(东北木本志)=刚松
萌芽松 Pinus echinata Mill.(松科)
朦花(四川北培)=毛柱瑞香
檬果樟 Caryodaphnopsis tonkinensis (Lec.) Airy-Shaw (樟科),*假檬果*
檬果樟属 Caryodaphnopsis Airy-Shaw(樟科)
檬子柴(江西)=白檀
檬子树青阳(安徽)=小米空木
勐板千斤拔 Flemingia mengpengensis Y.T.Wei & S.Lee (豆科)
勐海豆腐柴 Premna fohaiensis P'ei & S.L.Chen ex C.Y.Wu (马鞭草科)
勐海凤尾蕨 Pteris monghaiensis Ching ex Ching & S.H.Wu(凤尾蕨科)
勐海隔距兰 Cleisostoma memghaiense Z.H.Tsi (兰科)
勐海桂樱 Laurocerasus menghaiensis Yü & Lu (蔷薇科)
勐海胡椒 Piper chaudocanum C.DC.(胡椒科)
勐海胡颓子 Elaeagnus conferta var. menghaiensis W.K.Hu & H.F.Chow(胡颓子科)
勐海姜 Zingiber menghaiense S.Q.Tong(姜科)
勐海柯 Lithocarpus fohaiensis (Hu) A.Camus (壳斗科),*勐海石栎*
勐海冷水花 Pilea menghaiensis C.J.Chen(荨麻科)
勐海葡萄 Vitis menghaiensis C.L.Li(葡萄科)
勐海槭 Acer huianum Fang & Hsieh(槭树科),*步曾槭*
勐海山柑 Capparis fohaiensis B.S.Sun(山柑科)
勐海山胡椒 Lindera monghaiensis H.W.Li(樟科)
勐海山姜 Alpinia menghaiensis S.Q.Tong & Y.M.Xia (姜科)
勐海石豆兰 Bulbophyllum menghaiense Z.H. Tsi (兰科)
勐海石斛 Dendrobium minutiflorum S.C.Chen & Z.H.Tsi (兰科)
勐海石栎(植物志 22)=勐海柯
勐海天麻 Gastrodia menghaiensis Z.H.Tsi & S. C.Chen (兰科)
勐海鸢尾兰 Oberonia menghaiensis S.C.Chen (兰科)
勐海醉魂藤 Heterostemma menghaiense (H.Zhu & H.Wang) M.G.Gilb. & P.T.Li(萝藦科)
勐腊鞭藤 Calamus karinensis (Becc.) S.J.Pei & S.Y.Chen (棕榈科)
勐腊粗叶木(分类学报)=库兹粗叶木
勐腊凤尾蕨 Pteris menglaensis Ching ex Ching & S.H.Wu(凤尾蕨科)
勐腊核果茶 Pyrenaria menglaensis Tao(山茶科)
勐腊核果木 Drypetes hoaensis Gagn.(大戟科)
勐腊鞘花 Macrosolen suberosus (Lauterb.) Danser (桑寄生科)
勐腊砂仁 Amomum menglaense S.Q.Tong (姜科)
勐腊铁线莲 Clematis menglaensis M.C.Chang (毛茛科)
勐腊乌蔹莓 Cayratia menglaensis C.L.Li(葡萄科)
勐腊新木姜子 Neolitsea menglaensis Yang & P.H.Huang (樟科)
勐腊悬钩子 Rubus menglaensis Yü & Lu (蔷薇科)
勐腊银背藤 Argyreia monglaensis C.Y.Wu & S. H.Huang (旋花科)
勐腊鸢尾兰 Oberonia menglaensis S.C.Chen & Z.H.Tsi (兰科)
勐连沿阶草 Ophiopogon menglianensis H.W.Li (百合科)
勐龙链珠藤 Alyxia menglungensis Tsiang & P.T. Li (夹竹桃科)
勐龙省藤 Calamus nambariensis var. menglongensis S.J.Pei & S.Y.Chen (棕榈科)
勐龙羊蹄甲(新)Bauhinia griffithiana (Benth.) Prain? (豆科)
勐仑翅子树 Pterospermum menglunense Hsue (梧桐科)
勐仑琼楠 Beilschmiedia brachythyrsa H.W.Li (樟科)
勐仑山胡椒 Lindera nacusua var. monglunensis H.P.Tsui(樟科)
勐仑石豆兰 Bulbophyllum menlunense Z.H. Tsi & Y.Z.Ma (兰科)
勐捧省藤 Calamus viminalis var. fasciculatus (Roxb.) Becc.(棕榈科)
勐醒芒毛苣苔 Aeschynanthus mengxingensis W.T.Wang (苦苣苔科)
猛骨子(广东)=赛山梅
猛虎下山(广西)=毛叁
猛老虎(广西)=白花丹
猛树(广东)=白木乌桕
猛药(广东英德)=石柑子
猛一撒(河南)=毛叶香茶菜
猛子仁(植物志 44-2)=巴豆
蒙彼利石竹 Dianthus monspessulanus L.(石竹科)
蒙得维的亚小檗 Berberis montevidensis Schneid.(小檗科)
蒙堇香(江西)=红毒茴
蒙椴 Tilia mongolica Maxim.(椴树科),*小叶椴*,*白皮椴*,*米椴*
蒙姑卢(广西)=黄蜡果
蒙古白头翁(植物志 28)=发黄白头翁
蒙古扁桃 Amygdalus mongolica (Maxim.) Ricker (蔷薇科),*乌兰-布衣勒斯*
蒙古苍耳 Xanthium mongolicum Kitag.(菊科)
蒙古糙苏(内蒙药材选编)=串铃草
蒙古柽柳 Tamarix mongolica Niedenzu?(柽柳科)
蒙古虫实 Corispermum mongolicum Iljin(藜科)
蒙古大黄(拉汉名称)=总序大黄
蒙古短舌菊 Brachanthemum mongolicum Krasch. (菊科)
蒙古风毛菊 Saussurea mongolica (Franch.) Franch. (菊科)
蒙古旱雀豆 Chesniella mongolica (Maxim.) P.C. Li (豆科),*蒙古雀儿豆*
蒙古蒿 Artemisia mongolica (Fisch. ex Bess.) Nakai(菊科),*蒙蒿*,*狭叶蒿*,*狼尾蒿*,*水红蒿*,*蒙古-沙里尔日*

蒙古鹤虱(东北检索表)=卵盘鹤虱

蒙古鹤虱 Lappula intermedia (Ledeb.) Popov (紫草科)

蒙古黄花木(内蒙志)=沙冬青

蒙古黄芪 Astragalus membranaceus var. mongholicus (Bge.) P.K.Hsiao(豆科),*白皮芪,混其日*

蒙古黄芩 Scutellaria mongolica Sobolevsk.(唇形科)

蒙古黄榆(东北木本志)=大果榆

蒙古荚蒾 Viburnum mongolicum (Pall.) Rehd.(忍冬科),*蒙古绣球花,土连树*

蒙古堇菜 Viola mongolica Franch.(堇菜科),*白花堇菜*

蒙古锦鸡儿(豆科图说)=树锦鸡儿

蒙古韭 Allium mongolicum Rgl.(百合科)

蒙古乐-哈比斯干纳(蒙名)=蒙古鸦葱

蒙古冷水花(湖北志)=透茎冷水花

蒙古栎 Quercus mongolica Fisch. ex Ledeb.(壳斗科),*柴树,粗齿蒙古栎,大齿蒙古栎,岛榆-尔巴姆那木,杠木,辽东栎,辽东柞,蒙栎,青刚栎,青柳,小叶槲树,小叶青冈,柞栎,柞树*

蒙古柳(东北木本志)=筐柳

蒙古马兰 Kalimeris mongolica (Franch.) Kitam.(菊科),*羽叶马兰,刘寄奴*

蒙古蒲公英(湖北)=蒲公英

蒙古前胡 Peucedanum pricei Simpson(伞形科)

蒙古雀儿豆(高等图鉴)=蒙古旱雀豆

蒙古沙参(东北检索表)=扫帚沙参

蒙古沙地蒿 Artemisia klementze Krasch.(菊科)

蒙古沙棘 Hippophaë rhamnoides subsp. mongolica Rousi (胡颓子科)

蒙古-沙里尔日(蒙语)=蒙古蒿

蒙古山萝卜(内蒙中草药)=窄叶蓝盆花

蒙古石竹(东北药志)=石竹

蒙古水毛茛 Batrachium mongolicum (Kryl.) V. Krecz. (毛茛科)

蒙古穗三毛 Trisetum spicatum var. mongolicum (Hult.) P.C.Kuo & Z.L.Wu(禾本科)

蒙古糖芥 Erysimum flavum (Georgi) Bobrov(十字花科),*兴安蒙古糖芥*

蒙古特黄芪 Astragalus mongutensis Lipsky(豆科)

蒙古葶苈 Draba mongolica Turcz.(十字花科),*毛果蒙古葶苈*

蒙古芯芭 Cymbaria mongolica Maxim.(玄参科)

蒙古绣球花(树木分类学)=蒙古荚蒾

蒙古绣线菊(经济植物手册)=乌拉绣线菊

蒙古绣线菊 Spiraea mongolica Maxim.(蔷薇科)

蒙古绣线菊毛枝变种(植物志 36)=毛枝蒙古绣线菊(新)

蒙古栒子 Cotoneaster mongolicus Pojark.(蔷薇科)

蒙古鸦葱 Scorzonera mongolica Maxim.(菊科),*蒙古野葱,滨鸦葱,蒙古乐-哈比斯干纳*

蒙古岩黄芪 Hedysarum fruticosum var. mongolicum (Turcz.) Turcz. ex B.Fedtsch.(豆科)

蒙古羊茅 Festuca dahurica subsp. mongolica (Chang & Skv.) Sh.R.Liou & Ma(禾本科)

蒙古野葱(中药大辞典)=蒙古鸦葱

蒙古野韭 Allium prostratum Trevir.(百合科)

蒙古野决明 Thermopsis mongolica Czefr.(豆科)

蒙古异燕麦 Helictotrichon mongolicum (Roshev.) Henr. (禾本科)

蒙古莸 Caryopteris mongholica Bge.(马鞭草科),*白沙蒿,山狼毒,兰花茶,蒙莸,蓝花茶*

蒙古圆柏(树木分类学)=祁连圆柏

蒙古早熟禾 Poa mongolica (Rendle) Keng(禾本科),*李枝早熟禾*

蒙古针茅 Stipa mongolorum Tzvel.(禾本科)

蒙古猪毛菜 Salsola ikonnikovii Iljin (藜科)

蒙蒿(北京志)=蒙古蒿

蒙蒿子 Anaxagorea luzonensis A.Gray(番荔枝科),*长柄灯台树*

蒙蒿子属 Anaxagorea Ste.Hil.(番荔枝科)

蒙合-哈日嘎纳(内蒙志)=沙冬青

蒙花(本草求真)=密蒙花

蒙花(广西植物名录,广东乐昌)=结香

蒙花皮(金华中草药选)=毛瑞香

蒙花树(陕西平行)=密蒙花

蒙华(郭璞注:尔雅)=藜

蒙化石蚕(分类学报)=巍山香科科

蒙疆苓菊 Jurinea mongolica Maxim.(菊科),*地棉花,鸡毛狗,久苓菊,蒙新久苓菊,侵努干那*

蒙菊 Dendranthema mongolicum (Ling) Tzvel.(菊科)

蒙栎(高等图鉴)=蒙古栎

蒙胧自珂楠树(树木分类学)=南亚泡花树

蒙莓系 Poa urjanchaica Roshev.(禾本科)

蒙蒙木(植物志 48-1)=麦珠子

蒙青绢蒿 Seriphidium monogolorum (Krasch.) Ling & Y.R.Ling(菊科)

蒙桑 Morus mongolica (Bur.) Scheid.(桑科),*岩桑,刺叶桑,山崖桑*

蒙山附地菜 Trigonotis tenera Johnst.(紫草科)

蒙山柳 Salix nipponica var. mengshanensis (S.B.Liang) G.Zhu(杨柳科)

蒙山莴苣(植物志 80-1)=乳苣

蒙氏凤仙花 Impatiens munronii Wight (凤仙花科)

蒙氏马先蒿 Pedicularis monbeigiana Bonati(玄参科)

蒙氏溲疏(经济植物手册)=维西溲疏

蒙西黄芪 Astragalus steinbergianus Sumn.(豆科)

蒙新久苓菊(内蒙志)=蒙疆苓菊

蒙莸(中草药汇编)=蒙古莸

蒙子刺(四川)=短柄铜钱树

蒙子树(植物志 52-1)=柞木

蒙紫草(中药志)=内蒙紫草

蒙自报春(拉汉名称)=倒卵叶报春

蒙自草胡椒 Peperomia heyneana Miq.(胡椒科),*短穗草胡椒*

蒙自长蒴苣苔 Didymocarpus mengtze W.W.Sm.(苦苣苔科)

蒙自赤杨(贵州药药)=尼泊尔桤木

蒙自大丁草 Gerbera henryi Dunn(菊科)

蒙自吊石苣苔(植物志 69)=吊石苣苔

蒙自豆腐柴 Premna henryana (Hand.-Mazz.) C.Y.Wu (马鞭草科),*筋骨散,黄香根*

蒙自杜鹃(广西植物名录)=滇南杜鹃

蒙自杜鹃 Rhododendron mengtszense Balf.f. & W.W.Sm. (杜鹃花科)

蒙自盾翅藤 Aspidopterys henryi Hutch.(金虎尾科)

蒙自飞蛾藤 Dinetus dinetoides (C.K.Schneid) Staples(旋花科),*短萼飞蛾藤,冕宁飞蛾藤*

蒙自凤仙花 Impatiens mengtzeana HK.f.(凤仙花科)

蒙自复叶耳蕨 Arachniodes mengziensis Ching (鳞毛蕨科)

蒙自谷精草 Eriocaulon henryanum Ruhl.(谷精草科)

蒙自桂花 Osmanthus henryi P.S.Green(木犀科),*尾叶桂花*

蒙自杭子稍 Campylotropis neglecta Schindl.(豆科)

蒙自合欢 Albizia bracteata Dunn(豆科)

蒙自胡颓子(云南植物名录)=攀援胡颓子

蒙自虎耳草 Saxifraga mengtzeana Engl. & Irmsch. (虎耳草科),*大虎耳草,反面红,红岩草,卵心叶虎耳草,马莲花,心叶蒙自虎耳草,岩巴耳*

蒙自黄檀 Dalbergia henryana Prain(豆科),*亨利黄檀*

蒙自鸡屎树(云南植物名录)=西南粗叶木

蒙自金丝桃 Hypericum henryi subsp. hancockii N.Robson (藤黄科)

蒙自金足草 Goldfussia austinii (C.B.Clarke ex W.W.Sm.) Bremek.(爵床科),*金足草,马红金足草,宣威金足草*

蒙自藜芦 Veratrum mengtzeanum Loes.f.(百合科),*翻天印,黄龙须,披麻草,细毒蒜,小天蒜,小棕草*

蒙自连蕊茶 Camellia forrestii (Diels) Coh.St.(山茶科)

蒙自柃(植物志 50-1)=披针叶毛柃

蒙自猕猴桃 Actinidia henryi Dunn(猕猴桃科)

蒙自木蓝 Indigofera mengtzeana Craib(豆科),*麻疯根,铁马豆,白豆,多花木蓝,大铁帚把*

蒙自拟水龙骨 Polypodiastrum mengtzeense (Christ) Ching(水龙骨科)

蒙自苹婆 Sterculia hernyi Hemsl.(梧桐科)

蒙自葡萄 Vitis mengziensis C.L.Li(葡萄科)

蒙自桤木(高等图鉴)=尼泊尔桤木

蒙自青藤 Illigera henryi W.W.Sm.(莲叶桐科)

蒙自清风藤(新) Sabia pallida Stapf ex L.Cehn?(清风藤科)

蒙自秋海棠(云南植物名录)=撕裂秋海棠

蒙自砂仁 Amomum mengtzense H.T.Tsai & P.S.Chen (姜科)

蒙自山矾(植物志 60-2)=光亮山矾

蒙自山樱桃(新)Prunus majestica Koehne ?(蔷薇科)

蒙自石豆兰 Bulbophyllum yunnanense Rolfe (兰科)

蒙自石蝴蝶 Petrocosmea iodioides Hemsl.(苦苣苔科)

蒙自水芹 Oenanthe rivularis Dunn(伞形科),*野水芹*

蒙自蹄盖蕨 Athyrium mengtzeense Hieron.(蹄盖蕨科),*梁王山蹄盖蕨,瓦覆蹄盖蕨*

蒙自铁角蕨 Asplenium trapezoideum Ching(铁角蕨科)

蒙自铜钱树(树木分类学)=短柄铜钱树

蒙自卫矛 Euonymus mengtseanus (Loes.) Sprague (卫矛科)

蒙自栒子 Cotoneaster harrovianus Wils.(蔷薇科),*华西栒子*

蒙自崖爬藤 Tetrastigma henryi Gagn.(葡萄科)

蒙自野丁香 Leptodermis tomentella H.Winkl. ex Lo(茜草科)

蒙自樱桃 Cerasus henryi (Schneid.) Yü & Li(蔷薇科)

蒙自玉山竹 Yushania longiuscula Yi (禾本科)

蒙自獐牙菜(植物志 62)=青叶胆

孟根-地格达(内蒙中草药)=梅花草

孟加拉灯心草 Juncus benghalensis Kunth(灯心草科)

孟加拉焊菜 Rorippa benghalensis (DC.) H.Hara (虎耳草科)

孟加拉苹果(植物志 43-2)=木橘
孟加拉苹果属(植物志 43-2)=**木橘属**
孟加拉榕 Ficus bengalensis L.(桑科)
孟加拉野古草 Arundinella bengalensis (Spreng) Druce (禾本科),*密序野古草*
孟加拉中雄草 Meriandra bengalensis Benth.(唇形科)
孟加拉砖子苗 Mariscus cyperinus var. bengalensis C.B.Clarke (莎草科)
孟腊藤 Goniostemma punctatum Tsiang & P.T. Li (萝藦科)
孟腊藤属 Goniostemma Wight(萝藦科)
孟连巴豆 Croton urticifolius var. dui Y.T.Chang (大戟科)
孟连石蝴蝶 Petrocosmea menglianensis H.W.Li (苦苣苔科)
孟连崖豆 Millettia griffithi Dunn(豆科)
孟连野桐 Mallotus philippensis var. menglianensis C.Y.Wu ex S.M.Hwang(大戟科)
孟仑三宝木 Trigonostemon lii Y.T.Chang(大戟科)
孟买荆芥 Nepeta bombaiensis Dalx.(唇形科)
孟仁草 Chloris barbata Sw.(禾本科)
孟特松(新拉汉英)=山松
孟席氏茶藨子 Ribes menziesii Pursh.(虎耳草科)
孟呀(伈佬族语)=木鳖子
孟竹 Dendrocalamopsis bicicatricata (W.T.Lin) Keng f.(禾本科)
孟子根(分类草药性)=薄叶鼠李
孟宗竹(坪井竹类图谱)=毛竹
梦草(植物志 39)=含羞草决明
梦冬花(树木分类学)=结香
梦花(分类草药性)=滇结香
梦花(四川,广西,云南西畴)=结香
梦花皮(云南大理)=滇瑞香
梦佳宿柱薹(台湾志)=梦佳薹草
梦佳薹草 Carex manca subsp. takasagoana (Akiyama) T.Koyama(莎草科),*梦佳宿柱薹*
梦兰花(浙江)=水晶兰
梦森尼亚 Monsonia speciosa L.f.(牻牛儿苗科)
梦森尼亚属 Monsonia L.(牻牛儿苗科)
梦神(吴普本草)=芝麻
梦童子(江西)=白花龙

Mi

咪桉(海南黎语)=海南风吹楠
咪翠岗(广西)=藤春
咪囤(广西)=藤春
咪劳(壮语)=望天树
咪民(广西土名)=蒜头果
咪念(广西)=藤春
咪念杯(壮语)=栀子
咪使忌(广西壮语)=叶下珠
咪枢(广西壮语)=兰屿福木
咪枢(广西壮语)=木竹子
咪炸(广西)=网脉核果木
弥勒佛掌(云南)=黄蜀葵
弥勒苣苔 Paraisometrum mileense W.T.Wang (苦苣苔科)
弥勒苣苔属 Paraisometrum W.T.Wang (苦苣苔科)
弥勒千里光 Senecio humbertii Chang(菊科)
弥勒山薹草 Carex pseudolaticeps Tang & Wang ex S.Y.Liang(莎草科)
迷迭香 Rosmarinus officinalis L.(唇形科)
×迷迭香火绒草 Leontopodium rosmarinoides Hand.-Mazz. (菊科)
迷迭香叶绣球防风 Leucas rosmarinifolia Benth.(唇形科)
迷迭香叶银桦 Grevillea rosmarinifolia A.Cunn.(山龙眼科)
迷迭香属 Rosmarinus L.(唇形科)
迷果芹 Sphallerocarpus gracilis (Bess.) K.-Pol.(伞形科),*达扭*,*小叶山红萝卜*
迷果芹属 Sphallerocarpus Bess. ex DC.(伞形科)
迷惑蒲葵 Livistona decipiens Becc.(棕榈科)
迷离报春 Primula inopinata Fletcher(报春花科)
迷马庄棵(云南)=拨毒散
迷马桩棵(贵州西南至云南东南)=地桃花
迷人杜鹃 Rhododendron agastum Balf.f. & W. W.Sm. (杜鹃花科)
迷人凤仙花 Impatiens amabilis HK.f.(凤仙花科)
迷人鳞毛蕨 Dryopteris decipiens (HK.) O.Ktze.(鳞毛蕨科)
迷人欧石南 Erica decipiens K.Spreng.(杜鹃花科)
迷人凸轴蕨 Metathelypteris decipiens (Clarke) Ching (金星蕨科)
迷人薤 Allium delicatulum Siev. ex Schult. & J. H.Schult. (百合科)
迷肉巫蓉(中药大辞典)=肉苁蓉
迷竹(湖南新宁)=毛玉山竹
猕猴梨(开宝本草)=软枣猕猴桃
猕猴桃(植物志 49-2)=中华猕猴桃
猕猴桃科 Actinidiaceae
猕猴桃藤山柳 Clematoclethra actinidioides Maxim. (猕猴桃科)
猕猴桃属 Actinidia Lindl.(猕猴桃科)
縻(华氏中国植物学)=稷
縻蒿(内蒙志)=白莎蒿
縻縻蒿(内蒙古)=碱蒿
縻子米(饮膳正要)=稷
縻穰黍(广济方)=稷
蘼芜(本经)=川芎
米百合(四川宝兴)=米贝母
米柏(贵州正安)=多果乌桕
米杯(广西壮语)=尾叶紫薇
米贝母 Fritillaria davidii Franch.(百合科),*米百合*
米秕(食用本草)=稻
米布带(常用手册)=鳞叶龙胆
米布袋(纲目)= 甜地丁
米布袋(救荒本草)=紫云英
米布袋(救荒本草,河北)=米口袋
米仓山报春 Primula scopulorum Balf.f. & Farrer (报春花科)
米草(台湾植物名汇)=水蔗草
米草属 Spartina Schreb. ex J.F.Gmel.(禾本科),*大米草属*,*绳草属*
米柴山梅花 Philadelphus incanus var. mitsai (S.Y.Hu) S.M.Hwang(虎耳草科)
米打东(广西扶绥)=伞花木姜子
米得沈(广西壮语)=广西澄广花
米顶心(广西)=长叶苎麻
米豆(本经逢原)=豌豆
米豆(食用豆类作物)=木豆
米豆(植物志 41)=赤小豆
米椴(植物志 49-1)=蒙椴
米敦头(广西大新)=广西澄广花
米儿茶(中药大辞典)=远志
米尔顿兰属 Miltonia Lindl.(兰科),*堇色兰属*
米尔克棘豆 Oxytropis merkensis Bge.(豆科)
米饭果(滇南本草)=乌鸦果
米饭花(树木分类学)=江南越桔
米饭花(四川中草药)=西南越桔
米饭花(台湾志)=南烛
米饭花(图考)=珍珠花
米饭花属(西藏志,云南志)=**珍珠花属**
米饭树(浙江)=南烛
米榧(浙江)=榧树
米费(植物志 47-1)=龙州细子龙
米甘草(植物志 74)=假泽兰
米槁(广西壮语)=岩樟
米槁 Cinnamomum migao H.W.Li(樟科),*麻告*,*大果樟*
米哥(广西龙州)=槟榔柯
米哥蚁(广西)=中华安息香
米格当归(通称)=山芹
米谷冬青 Ilex miguensis S.Y.Hu(冬青科)
米瓜(广西壮语)=岩樟
米冠常(海南)=垂叶榕
米罐子(甘肃)=天仙子
米过穴(广西)=思茅杭子稍
米含(广西隆安)=余甘子
米汉(广西)=乌材
米汉四翅银钟花 Halesia carolina var. meehanii Perkins (安息香科)
米蒿(河北,山西)=南牡蒿
米蒿(内蒙古)=茵陈
米蒿(陕西)=圆头蒿
米蒿(四川)=牛尾蒿
米蒿 Artemisia dalai-lamae Krasch.(菊科),*达赖蒿*,*驴驴蒿*,*碱蒿*,*达赖-沙里尔日*
米花香荠菜(浙江,江西)=弯曲碎米荠
米黄柳 Salix michelsonii Görz(杨柳科)
米将子(广西)=藤春
米浆藤(贵州方药集)=糯米团
米结爱(广西壮语)=尾叶紫薇
米咀(广西靖西)=米咀闭花木
米咀闭花木 Cleistanthus pedicellatus HK.f.(大戟科),*米咀*
米糠(验方新编)=稻
米壳花(本草纲目拾遗)=罂粟
米孔小檗 Berberis mikuna Job (小檗科)
米口袋(河北,山西)=紫花棘豆
米口袋(山西浑源)=白花棘豆
米口袋(太白山)=秦岭棘豆
米口袋(中药辞海,药典 2000)= 甜地丁
米口袋 Gueldenstaedtia verna subsp. multiflora (Bge.) Tsui(豆科),*米布袋*,*紫花地丁*,*地丁*,*多花米口袋*
米口袋属 Gueldenstaedtia Fisch.(豆科)
米口袋状棘豆 Oxytropis gueldenstaedtioides Ulbr.(豆科)
米苦卓杰(彝族名)=九味一枝蒿
米奎尔小檗 Berberis miqueliana Ahrendt (小檗科)
米拉蒿(甘肃)=柔毛蒿
米拉山灯心草 Juncus milashanensis A.M.Lu & Z.Y.Zhang (灯心草科)
米拉藤(植物志 48-1)=铁包金
米来(广西)=乌材
米来瓜(中草药汇编)=皱果赤瓟
米兰草(台湾药志)=磨盘草
米老排(壮语)=壳菜果
米勒十大功劳 Mahonia muelleri I.M.Johnston (小檗科)
米累累(河南卢氏)=甘露子
米丽达鸢尾 Iris mellita Janka (鸢尾科)

米粮价(云南河口)=假辣子
米林糙苏 Phlomis milingensis C.Y.Wu & H.W.Li (唇形科),*螃蟹甲*
米林翠雀花 Delphinium sherriffii Munz(毛茛科)
米林杜鹃 Rhododendron mainlingense S.H.Huang & R.C.Fang(杜鹃花科)
米林繁缕 Stellaria mainlingensis L.H.Zhou(石竹科)
米林凤仙花 Impatiens nyimana Marq. & Airy-Shaw(凤仙花科)
米林虎耳草 Saxifraga tigrina H.Sm.(虎耳草科)
米林黄芪 Astragalus milingensis Ni & P.C.Li(豆科)
米林金腰(高等图鉴)=鸦跖花金腰
米林堇菜(分类学报)=四川堇菜
米林龙胆 Gentiana mailingensis T.N.Ho(龙胆科)
米林毛茛 Ranunculus mainlingensis W.T.Wang(毛茛科)
米林乌头 Aconitum milinense W.T.Wang(毛茛科)
米林杨 Populus mainlingensis C.Wang & Tung(杨柳科)
米林紫堇 Corydalis lupinoides Marq & Shaw(罂粟科),*介巴铜达*
米露(纲目拾遗)=稻
米麻(四川峨眉)=序叶苎麻
米麦数(唐本草)=普通小麦
米麦粝数(唐本草)=稻
米芒(日名)=曲芒发草
米芒属(名词审查本)=**发草属**
米米蒿(沙漠志)=醉马草
米米蒿(山东,江苏)=播娘蒿
米棉蒿(山西)=华北米蒿
米面蓊 Buckleya lanceolata (S. & Z.) Miq.(檀香科),*羽毛球树,凤凰草,柴骨皮,尿尿皮*
米面蓊属 Buckleya Torr.(檀香科)
米木(广西上思)=蓝树
米囊(开宝本草)=罂粟
米念芭 Tirpitzia ovoidea Chun & How ex Sha(亚麻科)
米牛膝(四川)=川牛膝
米努草 Minuartia regeliana (Trautv.) Mattf.(石竹科)
米努草属 Minuartia L.(石竹科),*高山漆姑草属*
米暖麻(广西)=苘麻叶扁担杆
米皮糠(纲目)=稻
米奇苏铁 Macrozamia miquellii (F.J.Muell.) A.DC. (苏铁科)
米琼(广西)=黄梨木
米曲(纲目)=鼠麴草
米却肯松 Pinus michoacana Martinez (松科)
米稔怀(广西)=栀子皮
米伞花(贵州民间药物)=紫云英
米伞花(中草药汇编)=垂花穗花报春
米伞花(中药大辞典)=滇北球花报春
米筛花草(江西草药)=紫云英
米筛竹 Bambusa pachinensis Hay.(禾本科),*八芝兰竹*
米筛子(高等图鉴)=华紫珠
米沈(纲目)=稻
米什米咖啡 Coffea bengahalensis Heyene ex Roen. & Scult.? (茜草科)
米什米木姜子 Litsea mishmiensis HK.f.? (樟科)
米氏巨兰 Grammatophyllum measuresianum Weathers (兰科)
米氏唐菖蒲 Gladiolus milleri Ker-Gawl.(鸢尾科)
米树(东北)=东北红豆杉
米思克十大功劳小檗 Mahoberberis miethkeana Melander & Eade (小檗科)
米松京(广西龙津)=短叶黄杉
米碎花(中草药汇编)=野甘草
米碎花 Eurya chinensis R.Br.(山茶科),*梅养东*
米碎木(广西药用名录)=岗柃
米碎木(海南志)=伞花冬青
米碎子木(广西)=南烛
米汤菜(贵州民间药物)=大丁草
米汤草(陕西中草药)=多花胡枝子
米汤果(云南)=密齿酸藤子
米汤果(云南)=纽子果
米汤花(四川)=密蒙花
米汤叶(拉汉名称)=大芽南蛇藤
米糖加(广西药用名录)=海南大风子
米条云杉(经济植物手册)=油麦吊云杉
米团花 Leucosceptrum canum Smith (唇形科),*白杖木,蜜蜂树花,明堂花,山蜂蜜,羊巴巴,渍糖花,渍糖树,老西垫—*
米团花属 Leucosceptrum Smith(唇形科)
米瓦罐(陕西)=麦瓶草
米夏小檗 Berberis michay Job (小檗科)
米香树(植物志 47-1)=茶条木
米心稠(植物志 22)=米心水青冈
米心树(植物志 22)=米心水青冈
米心水青冈 Fagus engleriana Seem.(壳斗科),*米心树,米心稠,恩氏山毛榉*
米亚辣(广西龙州)=山榄叶柿
米眼沙(植物志 47-1)=龙州细子龙
米扬噎 Streblus tonkinensis (Dub. & Eberh.) Corner (桑科),*霜降胶木,条隆胶树*
米洋参(中药大辞典)=三品一枝花
米易灯心草 Juncus miyiensis K.F.Wu(灯心草科)
米易地不容 Stephania miyiensis S.Y.Zhao & Lo(防已科)
米易杜鹃 Rhododendron miyiense W.K.Hu(杜鹃花科)
米易冠唇花 Microtoena miyiensis C.Y.Wu & H.W.Li (唇形科)
米易过路黄 Lysimachia miyiensis Y.I.Fang & C.Z.Cheng (报春花科)
米油(纲目拾遗)=稻
米友波(广西那坡壮语)=金丝李
米珍果 Maesa acuminatissima Merr.(紫金牛科),*尖叶杜茎山,纹果杜茎山*
米珠(中药大辞典)=山檀
米槠 Castanopsis carlesii (Hemsl.) Hay.(壳斗科),*白栲,白橼,长尾栲,锯齿叶长尾栲,米锥,石槠,细米橼,小叶槠,*
米柱薹草 Carex glaucaeformis Meinsh.(莎草科)
米锥(广西)=锥
米锥(广西,植物志 22)=米槠
米仔兰 Aglaia odorata Lour.(楝科),*兰花米,木珠兰,千里香,山胡椒,树兰,碎米兰,蚊惊树,暹罗花,夜夜兰,鱼子兰,珠兰*
米仔兰属 Aglaia Lour.(楝科)
米子子槠(植物志 22)=米槠
泌脂藤(广西植物名录)=利黄藤
秘鲁长刺小檗 Berberis armata Citerne (小檗科)
秘鲁具柄叶小檗 Berberis podophylla Schneid.(小檗科)
秘鲁阔叶小檗 Berberis latifolia R. & P.(小檗科)
秘鲁毛柱 Trichostigma peruvianum (Moq.) H.Walt. (商陆科)
秘鲁绵枣儿 Scilla peruviana L.(百合科)
秘鲁青皮木 Schoepfia schreberi Gmel.(铁青树科)
秘鲁天轮柱 Cereus peruvianus (L.) Mill.(仙人掌科)
秘鲁香胶(药用植物学)=秘鲁香胶树
秘鲁香胶树 Myroxylon balsamum var. pereirae (Royle) Harms(豆科),*秘鲁香胶,拨尔撒摩*
秘鲁橡胶树 Hevea guianensis Aubl.(大戟科)
秘鲁小檗 Berberis peruviana Schellenb.(小檗科)
秘鲁岩生小檗 Berberis saxicola Lechl.(小檗科)
密苞马蓝(广西植物)=密苞紫云菜
密苞毛兰 Eria conferta S.C.Chen & Z.H.Tsi(兰科)
密苞山姜(Flora 24)=箭秆风
密苞山姜 Alpinia stachyodes Hance(姜科)
密苞叶薹草 Carex phyllocephala T.Koyama(莎草科)
密苞鸢尾兰 Oberonia variabilis Kerr(兰科)
密苞紫云菜 Strobilanthes compacta D.Fang & H.S.Lo(爵床科),*密苞马蓝*
密布报春(拉汉名称)=散布报春
密苍杉(中国裸子志)=麦吊云杉
密草(海南儋县,海口)=广防风
密草(名医别录)=甘草
密橙(江苏洞庭)=香橙
密齿扁担杆 Grewia densiserrulata H.T.Chang(椴树科)
密齿降龙草(植物志 69)=降龙草
密齿柳 Salix characta Schneid.(杨柳科),*陇山柳*
密齿楼梯草 Elatostema pycnodontum W.T.Wang (荨麻科)
密齿千里光 Senecio densiserratus Chang(菊科)
密齿酸藤子 Embelia vestita Roxb.(紫金牛科),*白木浆果,粗糠果,打虫果,断骨藤,脉酸藤子,多皮孔酸子,红杨梅,矩叶酸藤果,老鸦果,了哥脷,麻盖朗,马挂花,蚂蟥藤,米汤果,墨绿酸藤子,纽子果,齐当嘎,赛山椒,山胡椒,网脉酸藤子*
密齿天门冬 Asparagus meioclados Lévl.(百合科)
密齿小檗 Berberis aristato-serrulata Hay. (小檗科)
密刺菝葜 Smilax densibarbata Wang & Tang (百合科)
密刺苞 Cirsium spinosissimum (L.) Scop.(菊科)
密刺茶藨子 Ribes horridum Rupr. ex Maxim.(虎耳草科),*黑果茶藨*
密刺栲(植物志 22)=密刺锥
密刺苦草 Vallisneria denseserrulata (Makino) Makino (水鳖科)
密刺蔷薇 Rosa spinosissima L.(蔷薇科)
密刺沙拐枣 Calligonum densum Borszcz.(蓼科)
密刺硕苞蔷薇 Rosa bracteata var. scabriacaulis Lindl (蔷薇科)
密刺悬钩子 Rubus subtibetanus Hand.-Mazz.(蔷薇科)
密刺锥 Castanopsis densispinosa C.H.Hsuet H.W.Jen (壳斗科),*密刺栲*
密丛鹤虱 Lappula caespitosa C.J.Wang(紫草科)
密丛棘豆 Oxytropis densa Benth. ex Bge.(豆科),*大托叶棘豆,于田棘豆*
密丛拟楼斗菜 Paraquilegia caespitosa (Boiss. &

Hohen.) J.R.Dumm. & Hutch.(毛茛科)
密丛雀麦本氏雀麦 Bromus benekenii (Lange) Trimen(禾本科)
密丛薹草 Carex densicaespitosa L.K.Dai(莎草科)
密丛天冬 Asparagus sprengeri var. compactus Hort.(百合科)
密丛文竹 Asparagus plumosus var. compactus Hort.(百合科)
密丛小报春 Primula rhodochroa W.W.Sm.(报春花科)
密垫火绒草 Leontopodium haastioides (Hand.-Mazz.) Hand.-Mazz.(菊科)
密蜂花叶锥花 Gomphostemma melissaefolium Wall.(唇形科)
密刚毛菝葜 Smilax setiramula Wang & Tang(百合科)
密根(上海中草药)=草棉
密根黄芪 Astragalus pycnorhizus Wall. ex Benth.(豆科)
密梗巴戟天 Morinda officinalis cv. Uniflora(茜草科)
密梗楠 Phoebe crassipedicellata S.Lee & F.N. Wei (樟科)
密罐(图考)=地黄
密果柯(植物志 22)=毛果柯
密果短肠蕨 Allantodia spectabilis (Wall. ex Mett.) Ching (蹄盖蕨科)
密果耳蕨 Polystichum pycnopterum (Christ) Ching ex W.M.Chu & Z.R.He(鳞毛蕨科)
密果花椒 Zanthoxylum glomeratum Huang(芸香科)
密果可耐拉棕 Cornera pycnocarpa Ftdo.(棕榈科)
密果鹿藿 Rhynchosia acuminatissima Miq.(豆科)
密果木蓝 Indigofera densifructa Y.Y.Fang & C. Z.Zheng (豆科)
密果蹄盖蕨(植物研究)=轴生蹄盖蕨
密果吴萸 Evodia compacta Hand.-Mazz.(芸香科),*野吴萸,野茶辣*
密花(新拉汉英)=美丽莱勃特
密花艾纳香(海南志)=无梗艾纳香
密花艾纳香 Blumea densiflora DC.(菊科),*大黑蒿*
密花安匝木 Pomaderris vellea Wakefield (鼠李科)
密花荸荠 Heleocharis congesta D.Don (莎草科)
密花比拉蝶拉 Billardiera thyrsoides Mart.(海桐花科)
密花补血草 Limonium congestum (Ledeb.) Kuntze (白花丹科)
密花菜(中草药汇编)=田繁缕
密花柴胡 Bupleurum densiflorum Rupr.(伞形科)
密花车前(分类学报)=长果车前
密花柽柳 Tamarix arcenthoides Bge.(柽柳科)
密花齿缘草 Eritrichium confertiflorum W.T. Wang (紫草科)
密花唇柱苣苔 Chirita pycnantha W.T.Wang(苦苣苔科)
密花翠雀花 Delphinium densiflorum Duthie ex Huth (毛茛科),*文阿玛保*
密花灯心草 Juncus lanpinguensis Novikov(灯心草科)
密花滇紫草 Onosma confertum W.W.Sm.(紫草科)
密花冬青(植物研究)=龙陵冬青
密花冬青 Ilex confertiflora Merr.(冬青科)
密花兜被兰 Neottianthe calcicola (W.W.Sm.) Schltr.(兰科)
密花豆 Spatholobus suberectus Dunn(豆科),*九层风,三叶鸡血藤,鸡血藤,血风,血龙藤,过岗龙*
密花豆属 Spatholobus Hassk.(豆科)
密花独脚金 Striga densiflora Benth.(玄参科)
密花独行菜 Lepidium densiflorum Schrad.(十字花科)
密花杜若 Pollia thyrsiflora (Bl.) Endl. ex Hassk. (鸭跖草科)
密花繁缕 Stellaria congestiflora Hara(石竹科)
密花拂子茅 Calamagrostis epigeios var. densiflora Griseb.(禾本科)
密花馥兰 Phreatia densiflora (Bl.) Lindl.(兰科)
密花葛 Pueraria alopecuroides Craib(豆科),*狐尾葛*
密花根节兰(台兰科图鉴)=密花虾脊兰
密花桂 Cinnamomum myrianthum Merr.(樟科)
密花孩儿草 Rungia densiflora H.S.Lo(爵床科)
密花杭子梢 Campylotropis bonii Schindl(豆科)
密花合耳菊 Synotis cappa (Buch.-Ham. ex D. Don) C.Jeffr. & Y.L.Chen(菊科),*密花千里光,白叶火草*
密花核果木 Drypetes congestiflora Chun & T. Chen (大戟科),*密花核实,红枣*
密花核实(海南经济树木)=密花核果木
密花红光树 Knema conferta (Lam.) Warb.(肉豆蔻科)
密花厚壳树 Ehretia densiflora F.N.Wei & H.Q. Wen (紫草科)
密花胡颓子 Elaeagnus conferta Roxb.(胡颓子科)
密花虎耳草 Saxifraga congestiflora Engl. & Irmsch. (虎耳草科)
密花黄堇(高等图鉴)=斑花黄堇
密花黄堇 Corydalis formosana Hay.(罂粟科)
密花黄芪(植物志 42-1)=舌下黄芪(新)
密花黄芪 Astragalus densiflorus Kar. & Kir.(豆科)
密花黄肉楠 Actinodaphne confertiflora Meissn. (樟科)
密花火棘 Pyracantha densiflora Yü(蔷薇科)
密花火筒树 Leea compactiflora Kurz(葡萄科)
密花棘豆 Oxytropis imbricata Kom.(豆科)
密花荚蒾 Viburnum congestum Rehd.(忍冬科),*密生荚蒾*
密花假龙胆 Gentianella gentianoides (Franch.) H.Sm. (龙胆科)
密花假卫矛 Microtropis gracilipes Merr. & Metc. (卫矛科)
密花樫木 Dysoxylum densiflorum (Bl.) Miq.(楝科)
密花姜花 Hedychium densiflorum Wall.(姜科)
密花角蒿(云南志)=密生波罗花
密花节节菜 Rotala densiflora (Roth) Koehne (千屈菜科)
密花金合欢 Acacia pycnantha Benth.(豆科)
密花荆芥 Nepeta densiflora Kar. & Kir.(唇形科)
密花兰(中国兰花全书)=宽叶密花兰
密花兰(中国兰花全书)=宽叶密花兰(新)
密花兰 Diglyphosa evrardii (Gagn.) Tang & Wang (兰科)
密花兰属 Diglyphosa Bl.(兰科)
密花肋枝兰 Pleurothallis compacta (Ames) A. & S.(兰科)
密花肋柱花 Lomatogonium forrestii var. densiflorum S.W.Liu & T.N.Ho(龙胆科)
密花狸藻(广州志)=短梗挖耳草
密花离瓣寄生 Helixanthera pierrei Danser(桑寄生科)
密花龙胆 Gentiana densiflora T.N.Ho(龙胆科)
密花芦兰(台兰科图鉴)=台湾匙唇兰
密花轮环藤(中药志)=纤细轮环藤
密花螺序草 Spiradiclis corymbosa W.L.Sha & X.X.Chen (茜草科)
密花马钱 Strychnos ovata Hill.(马钱科)
密花毛兰(新拉汉英)=稠密花毛兰(新)
密花毛兰 Eria spicata (D.Don) Hand.-Mazz.(兰科)
密花美登木 Maytenus confertiflorus J.Y.Luo & X.X.Chen(卫矛科)
密花猕猴桃 Actinidia rufotricha var. glomerata C.F.Liang (猕猴桃科)
密花木兰(拉汉英名称)=尖叶木蓝
密花木五加(广西植物名录)=挤果树参
密花欧石南 Erica multiflora L.(杜鹃花科)
密花瓶草(新拉汉英)=密花雪轮
密花婆婆纳 Veronica densiflora Ledeb.(玄参科)
密花槭 Acer pycnanthum K.Koch (槭树科)
密花千斤拔(云南植物名录)=绒毛千斤拔
密花千里光(高等图鉴)=密花合耳菊
密花三角萼溲疏 Deutzia carnea var. densiflora Rehd.(虎耳草科)
密花山矾 Symplocos congesta Benth.(山矾科)
密花舌唇兰 Platanthera hologlottis Maxim(兰科)
密花省藤(新拉汉英)=稠密花毛兰(新)
密花省藤 Calamus yunnanensis var. densiflorus S.J.Pei & S.Y.Chen (棕榈科)
密花石豆兰 Bulbophyllum odoratissimum (J.E. Sm.) Lindl.(兰科),*独叶岩珠,果上叶,极香石豆兰,金枣,石豆,石豆兰,石米,石枣,小果上叶,鸭舌兰,岩豆*
密花石斛 Dendrobium densiflorum Lindl.(兰科),*粗黄草,大典草,黄草*
密花石栎 Lithocarpus densiflorus Rehd.(壳斗科)
密花树 Myrsine seguinii H.Lévl.(紫金牛科),*狗骨头,哈雷,打铁树,大明橘*
密花树属(植物志 58)=**铁仔属**
密花水锦树 Wendlandia myriantha How(茜草科)
密花溲疏 Deutzia myriantha R.Br.(虎耳草科)
密花素馨 Jasminum tonkinense Gagn.(木犀科),*尾叶密花素馨,清明花,断肠草*
密花穗报春 Boisduvalia densiflora S.Wats.(柳叶菜科)
密花梭罗 Reevesia pycnantha Ling(梧桐科)
密花薹草 Carex confertiflora Boott(莎草科)
密花桃叶珊瑚 Aucuba confertiflora Fang & Soong (山茱萸科)
密花藤 Pycnarrhena lucida (Teijism. & Binn.) Miq.(防已科)
密花藤属 Pycnarrhena Miers ex HK.f. & Thoms. (防已科)
密花橐吾 Ligularia confertiflora Chang(菊科)
密花瓦理棕 Wallichia densiflora Mart.(棕榈科),*密花小堇棕*
密花卫矛 Euonymus contractus Sprague(卫矛科)
密花乌头 Aconitum potaninii Kom.(毛茛科)

密花五层龙 Salacia confertiflora Merr.(翅子藤科)
密花西奥兰 Cynorkis compacta Rchb.f.(兰科)
密花虾脊兰 Calanthe densiflora Lindl.(兰科),*竹叶根节兰,密花根节兰*
密花相仿薹草 Carex simulans var. densiflora Tang & Wang ex S.Y.Liang(莎草科)
密花香薷(云南镇康)=鼠尾香薷
密花香薷 Elsholtzia densa Beth.(唇形科),*臭香茹,咳嗽草,土香薷,息肉巴,蛐蟮巴,野紫苏,矮株变种,香薷,细穗变种*
密花小檗 Berberis densiflora Boiss. & Buhse (小檗科)
密花小根蒜(植物志 14)=薤白
密花小堇棕(分类学报)=密花瓦理棕
密花熊果 Arctostachylos densiflora M.S.Bak. (杜鹃花科)
密花雪轮 Silene compacta Fisch.(石竹科),*密花瓶草*
密花崖豆藤 Millettia congestiflora T.Chen(豆科)
密花岩风 Libanotis condensata (L.) Crantz(伞形科),*山胡萝卜,胡芹菜*
密花羊蹄甲 Bauhinia glauca subsp. caterviflora (L.Chen) T.Chen(豆科)
密花叶底株(台湾志)=白饭树
密花莸(高等图鉴)=锥花莸
密花玉凤花 Habenaria furcifera Lindl.(兰科)
密花玉叶金花 Mussaenda densiflora Li(茜草科)
密花远志 Polygala tricornis Gagn.(远志科),*多花远志,胖树根,小鸡花,罗尼远志*
密花早熟禾 Poa pachyantha Keng(禾本科)
密花猪殃殃 Galium pseudoasprellum var. densiflorum Cuf.(茜草科)
密花苎麻 Boehmeria penduliflora var. loochooensis (Wedd.) W.T.Wang(荨麻科),*虾公须,山水柳,木苎麻*
密花柱瓣兰 Epidendrum floribundum HBK (兰科)
密花紫云菜 Strobilanthes densa R.Ben.(爵床科)
密集毒马草 Sideritis conferta Juz.(唇形科)
密集短肠蕨(蕨类形态)=双生短肠蕨
密集黑三棱(植物志 8)=穗状黑三棱
密集落新妇 Astilbe congesta Nak.(虎耳草科)
密集千里光 Senecio congestus (R.Br.) DC.(菊科)
密集萨拉卡棕 Salacca conferta Griff.(棕榈科)
密集石龙尾 Limnophila conferta Benth.(玄参科)
密集小檗 Berberis conferta Kunth (小檗科)
密节膜苞豆=密节坡油甘
密节坡油甘 Smithia conferta Smith(豆科),*密节施氏豆,密节膜苞豆*
密节施氏豆(豆科图说)=密节坡油甘
密茎贝母兰 Coelogyne nitida (Wall. ex D.Don) Lindl. (兰科)
密距翠雀花 Delphinium pycnocentrum Franch. (毛茛科)
密聚灰毛香青(新)Anaphalis cinerascens var. congesta Ling & W.Wang(菊科),*灰毛香青密聚变种*
密聚秋海棠 Begonia compacta Bull.(秋海棠科)
密裂报春 Primula pycnoloba Bur. & Franch.(报春花科),*长萼报春*
密裂稃草 Schizachyrium condensatum (HBK) Nees (禾本科)
密鳞刺叶耳蕨(西藏志)=密鳞耳蕨
密鳞耳蕨 Polystichum squarrosum (Don) Fee (鳞毛蕨科),*密鳞刺叶耳蕨*
密鳞高鳞毛蕨 Dryopteris simasakii var. paleacea (H.Ito) Kurata(鳞毛蕨科)
密鳞金冠鳞毛蕨 Dryopteris chrysocoma var. squamosa (C.Chr.) Ching(鳞毛蕨科)
密鳞鳞毛蕨 Dryopteris pycnopteroides (Christ) C.Chr. (鳞毛蕨科)
密鳞紫金牛 Ardisia densilepidotula Merr.(紫金牛科),*罗芒树,山马皮,黑度,仙人血树*
密榴木(名词审查本)=野独活
密榴木属(植物学杂志)=**野独活属**
密瘤瘤果芹 Trachydium verrucosum Shan & Pu (伞形科)
密马(广西西南)=美花狸尾豆
密马(贵州民间药物)=美花兔尾草
密马青(云南,高等图鉴)=刺蒴麻
密脉鹅掌柴 Schefflera venulosa (Wight & Arn.) Harms (五加科),*七叶莲*
密脉凤尾蕨 Pteris confertinervia Ching ex Ching & S.H.Wu(凤尾蕨科)
密脉海桐 Pittosporum densinervatum Chang & Yan(海桐花科)
密脉九节 Psychotria densa W.C.Chen(茜草科)
密脉柯 Lithocarpus fordianus (Hemsl.) Chun(壳斗科),*黔粤椆,黔粤石栎,密腺石栎*
密脉木 Myrioneuron fabri Hemsl.(茜草科)
密脉木属 Myrioneuron R.Br. ex Kurz(茜草科)
密脉蒲桃 Syzygium chunianum Merr. & Perry (桃金娘科)
密脉箬竹 Indocalamus pseudosinicus var. densinervillus H.R.Zhao & Y.L.Yang(禾本科)
密脉蛇根草 Ophiorrhiza densa Lo(茜草科)
密脉土蜜树 Bridelia spinosa (Roxb.) Willd.(大戟科)
密毛白莲蒿 Artemisia sacrorum var. messerschmidtiana (Bess.) Y.R.Ling(菊科),*白万年蒿*
密毛柏拉木 Blastus mollissimus H.L.Li(野牡丹科)
密毛变种(高等图鉴)=密毛奇蒿
密毛粗齿堇菜 Viola urophylla var. densivillosa C.J.Wang (堇菜科)
密毛大瓣芹 Semenovia pimpinelloides (Nevski) Manden. (伞形科)
密毛点地梅 Androsace rockii W.E.Evans(报春花科)
密毛冬青(台木本志)=毛冬青
密毛短尾铁线莲 Clematis brevicaudata var. malacotricha W.T.Wang(毛茛科)
密毛多枝楼梯草 Elatostema ramosum var. villosum W.T.Wang(荨麻科)
密毛风毛菊 Saussurea graminifolia Wall. ex DC. (菊科)
密毛蒿香(浙江)=白花苦灯笼
密毛鹤虱 Lappula duplicicarpa var. densihispida C.J.Wang (紫草科),*密毛两型鹤虱*
密毛红丝线 Lycianthes biflora var. subtusochracea Bitter (茄科)
密毛假福王草 Paraprenanthes glandulosissima (Chang) Shih(菊科)
密毛假黄杨(台湾志)=毛冬青
密毛箭竹 Fargesia plurisetosa Wen (禾本科),*小苦竹*
密毛锦香草 Phyllagathis hispidissima (C.Chen) C.Chen (野牡丹科),*密毛野海棠*
密毛蕨(海南志)=毛轴蕨
密毛栝楼 Trichosanthes villosa Bl.(葫芦科)
密毛两型鹤虱(Flora 16)=密毛鹤虱
密毛鳞盖蕨 Microlepia villosa (Don) Ching(碗蕨科)
密毛蚂蝗七 Chirita fimbrisepala var. mollis W.T. Wang (苦苣苔科)
密毛毛蕨(台湾志)=华南毛蕨
密毛木地肤 Kochia prostrata var. villosissima Bong. & Mey.(藜科)
密毛澎湖爵床 Rostellularia procumbens var. hirsuta (Yamamoto) S.S.Ying(爵床科)
密毛奇蒿 Artemisia anomala var. tomentella Hand.-Mazz. (菊科),*奇蒿,密毛变种*
密毛三基脉紫菀(新)Aster trinervius var. wattii (C.B.Clarke) Griers.(菊科)
密毛山梗菜 Lobelia clavata E.Wimm.(桔梗科),*大将军,彪蚌法,白毛大将军*
密毛山姜 Alpinia coplandii Ridl.(姜科),*川上氏月桃*
密毛山梅花 Philadelphus subcanus var. dubius Koehne (虎耳草科)
密毛杉(中国裸子志)=云杉
密毛四川艾 Artemisia sichuanensis var. tomentosa Ling & Y.R.Ling(菊科)
密毛素馨(植物研究)=密叶矮探春
密毛酸模叶蓼 Polygonum lapathifolium var. lanatum (Roxb.) Stew.(蓼科)
密毛薹草 Carex hirticaulis P.C.Li(莎草科)
密毛桃叶珊瑚 Aucuba himalaica var. pilosissima Fang & Soong(山茱萸科)
密毛微孔草 Microula hispidissima W.T.Wang (紫草科)
密毛乌口树(海南志)=白花苦灯笼
密毛纤细悬钩子 Rubus hypargyrus var. niveus Hara (蔷薇科)
密毛小花苣苔 Chiritopsis mollifolia D.Fang & W.T.Wang (苦苣苔科)
密毛小毛蕨(台湾志)=华南毛蕨
密毛小雀花 Campylotropis polyantha var. tomentosa P.Y.Fu(豆科)
密毛绣球(植物研究)=微绒绣球
密毛岩蕨 Woodsia rosthorniana Diels(岩蕨科),*罗区岩蕨*
密毛野海棠(云南志)=密毛锦香草
密毛银莲花 Anemone demissa var. villosissima Brühl (毛茛科)
密毛苎麻 Boehmeria tomentosa Wedd.(荨麻科)
密毛紫柄蕨 Pseudophegopteris hirtirachis (C. Chr.) Holtt.(金星蕨科)
密毛紫菀 Aster vestitus Franch.(菊科)
密蒙花(大理)=火把花
密蒙花(纲目)=结香
密蒙花 Buddleja officinalis Maxim.(马钱科),*断肠草,疙瘩皮树花,黄饭花,黄花树,鸡骨头花,酒花花,蒙花,蒙花树,米汤花,糯米花,染饭花,小锦花,羊耳朵*
密密柏(河南)=柏木
密脾(纲目)=龙眼
密球苎麻 Boehmeria densiglomerata W.T.Wang (荨麻科),*土麻仁,野紫苏*
密绒毛油麻藤(中药辞海)=大果油麻藤
密绒亚菊 Ajania sericea Shih(菊科)
密柔毛繁缕 Stellaria yunnanensis f. villosa C.Y. Wu ex P.Ke(石竹科)
密柔毛栒子(新)Cotoneaster notabilis Klotz? (蔷薇科)

密伞千里光(植物志 77-1)=峨眉千里光
密伞天胡荽 Hydrocotyle pseudoconferta Masamune (伞形科)
密生波罗花 Incarvillea compacta Maxim.(紫葳科),*全缘角蒿,密生角蒿,欧切,野萝卜,密花角蒿*
密生福禄草 Arenaria densissima Wall. ex Edgew. & HK.f.(石竹科),*密生雪灵芝*
密生荚蒾(分类学报)=密花荚蒾
密生角蒿(青藏图鉴)=密生波罗花
密生勒莫尼溲疏 Deutzia lemoinei cv. Compacta (虎耳草科)
密生薹草 Carex crebra V.Krecz.(莎草科)
密生香青(新)Anaphalis sinica var. densata Ling (菊科),*香青密生变种*
密生雪灵芝(高等图鉴补编)=密生福禄草
密生雅谷火绒草(新)Leontopodium jacotianum var. paradoxum (Drumm.) Beauv.(菊科),*雅谷火绒草密生变种*
密生杂种紫杉 Taxus media cv. Brownii (红豆杉科)
密苏里堇菜 Viola missouriensis Greene (堇菜科)
密苏里鸢尾 Iris missouriensis Nutt.(鸢尾科)
密穗虫实 Corispermum confertum Bge.(藜科)
密穗独脚金(植物志 67-2)=独脚金
密穗黄堇 Corydalis densispica C.Y.Wu(罂粟科)
密穗蕨 Anemia philitida (L.) Sw.(莎草蕨科)
密穗蕨属 Anemia Sw.(莎草蕨科)
密穗蓼 Polygonum affine D.Don(蓼科)
密穗柳 Salix pycnostachya Anderss.(杨柳科)
密穗马先蒿 Pedicularis densispica Franch.(玄参科),*密穗马先蒿密穗亚种*
密穗马先蒿绿盔亚种(植物志 68)=绿盔许氏马先蒿
密穗马先蒿密穗亚种(植物志 68)=密穗马先蒿
密穗马先蒿许氏亚种(植物志 68)=许氏密穗马先蒿
密穗雀麦 Bromus sewerzowii Rgl.(禾本科)
密穗山姜 Alpinia shimadai Hay.(姜科),*七星山姜*
密穗薹草 Carex pycnostachya Kar. & Kir.(莎草科)
密穗小獐毛(新疆检索表)=微药獐毛
密穗野青茅 Deyeuxia conferta Keng(禾本科)
密穗早熟禾 Poa spiciformis D.F.Cui(禾本科)
密穗砖子苗 Mariscus compactus (Retz.) Druce (莎草科),*砖子苗,大香附子,玛玛机机*
密塔形北美香柏 Thuja occidentalis cv. Douglasii Pyramidalis (柏科)
密条柏(树木分类学)=密枝圆柏
密通花(昆明)=爆杖花
密通花(昆明)=粉红爆杖花
密桶花(云南)=来江藤
密筒花(云南中草药选)=马缨杜鹃
密头菊蒿 Tanacetum crassipes (Stschgel.) Tzvel. (菊科)
密西西比朴 Celtis laevigata Willd.(榆科)
密线毛蕨(台湾志)=干旱毛蕨
密腺杜茎山 Maesa densistriata C.Chen & M.Hu (紫金牛科)
密腺副金星蕨(台湾志)=金星蕨
密腺毛蒿 Artemisia viscidissima Ling & Y.R. Ling (菊科)
密腺毛蕨(台湾志)=闽台毛蕨
密腺石栎(植物志 22)=密脉柯
密腺小连翘 Hypericum seniavinii Maxim.(藤黄科),*大叶防风,对月草,荷包草,类小连翘,仙叶因宝草,小对月草,小叶连翘,元宝草,*
密腺小毛蕨(台湾志)=干旱毛蕨
密腺羽萼悬钩子 Rubus pinnatisepalus var. glandulosus Yü & Lu (蔷薇科)
密腺羽节蕨 Gymnocarpium robertianum (Hoffm.) Newman(蹄盖蕨科),*阿尔泰羽节蕨*
密香树(西藏通麦)=密香醉鱼草
密香醉鱼草 Buddleja candida Dunn(马钱科),*喜马拉雅醉鱼草,密香树*
密小花苣苔 Chiritopsis confertiflora W.T.Wang (苦苣苔科)
密心果(云南)=山地水东哥
密序变种(高等图鉴)=密序阴地蒿
密序大黄 Rheum compactum L.(蓼科)
密序黑三棱(植物志 8)=短序黑三棱
密序苣苔 Hemiboeopsis longisepala (H.W.Li) W.T.Wang (苦苣苔科)
密序苣苔属 Hemiboeopsis W.T.Wang(苦苣苔科)
密序肋柱花 Lomatogonium rotatum var. floribundum (Franch.) T.N.Ho(龙胆科)
密序马蓝 Pteracanthus congesta (Terao) C.Y.Wu & C.C.Hu(爵床科),*密序紫云菜*
密序山萮菜 Eutrema heterophylla (W.W.Sm.) Hara (十字花科),*歪叶山萮菜*
密序溲疏 Deutzia compacta Craib (虎耳草科)
密序乌头 Aconitum pycnanthum W.T.Wang(毛茛科)
密序吴萸 Evodia henryi Dode(芸香科)
密序野古草(高等图鉴)=孟加拉野古草
密序野桐 Mallotus barbatus var. congestus Metc.(大戟科)
密序阴地蒿 Artemisia sylvatica var. meridionalis Pamp. (菊科),*阴地蒿,密序变种,紧序变种*
密序早熟禾 Poa densa Troitzky(禾本科)
密序紫云菜(数据库光盘)=密序马蓝
密叶矮探春 Jasminum humile var. humile f. pubigerum (D. Don) Grohmann(木犀科),*细毛探春,密毛素馨*
密叶柄唇兰 Podochilus muricatus (Teijsm. & Binn.) Schltr. (兰科)
密叶草绣球(植物志 35-1)=台湾草绣球
密叶翠雀花 Delphinium kingianum Brühl ex Huth (毛茛科)
密叶杜鹃 Rhododendron densifolium K.M.Feng (杜鹃花科)
密叶飞蛾藤(植物志 64-1)=近无毛飞蛾藤
密叶飞蓬 Erigeron multifolius Hand.-Mazz.(菊科)
密叶岗松 Baeckea densifolia Smith (桃金娘科)
密叶红豆杉 Taxus fuana Nan Li & R.R.Mill(红豆杉科)
密叶虎耳草(秦岭志)=橙黄虎耳草
密叶虎耳草 Saxifraga densifoliata Engl. & Irmsch. (虎耳草科)
密叶棘豆(植物志 42-2)=臭棘豆
密叶棘豆 Oxytropis densifolia P.C.Li(豆科)
密叶剑蕨 Loxogramme conferta Cop.(剑蕨科)
密叶堇菜 Viola confertifolia Chang(堇菜科)
密叶锦鸡儿 Caragana densa Kom.(豆科)
密叶荆芥(植物志 65-2)=蓝花荆芥
密叶决明 Cassia multijuga Rich.(豆科)
密叶龙胆 Gentiana confertifolia Marq.(龙胆科)
密叶槭 Acer confertifolium Merr. & Metc.(槭树科),*细齿水杨槭*
密叶瑞典刺柏 Juniperus communis var. suecia f. compressa (柏科)
密叶十大功劳 Mahonia conferta Takeda(小檗科)
密叶石莲 Sinocrassula densirosulata (Praeg.) Berger (景天科)
密叶石松(云南植物研究)=石松
密叶实蕨 Bolbitis confertifolia Ching(实蕨科)
密叶水田白 Mitrasacme pygmaea var. confertifolia Tirel-Rouder(马钱科)
密叶苔草(新华本草纲要)=套鞘薹草
密叶唐松草 Thalictrum myriophyllum Ohwi(毛茛科)
密叶蹄盖蕨(蕨类形态)=中甸蹄盖蕨
密叶小檗 Berberis davidii Ahrendt. (小檗科)
密叶新木姜(高等图鉴)=簇叶新木姜子
密叶杨 Populus talassica Kom.(杨柳科)
密叶真碎米蕨 Cheilanthes myriophylla Desv. (中国蕨科)
密叶猪屎豆(台湾志)=线叶猪屎豆
密叶蛛毛苣苔 Paraboea velutina (W.T.Wang & C.Z.Gao) Burtt (苦苣苔科)
密叶紫菀 Aster pycnophyllus W.W.Sm.(菊科)
密油参(中草药汇编)=黑果土当归
密油果(云南维西)=高山三尖杉
密疣菝葜 Smilax chapaensis Gagn.(百合科)
密羽贯众 Cyrtomium confertifolium Ching & Shing(鳞毛蕨科)
密羽华中蹄盖蕨 Athyrium wardii var. densipinnum Z.R.Wang & L.B.Zhang(蹄盖蕨科)
密羽角蕨 Cornopteris approximata W.M.Chu (蹄盖蕨科)
密羽肋毛蕨 Ctenitis contigua Ching(叉蕨科)
密羽毛蕨 Cyclosorus densissimus Ching ex Shing (金星蕨科)
密羽蹄盖蕨 Athyrium imbricatum Christ(蹄盖蕨科)
密缘毛薹草(植物志 12,分类学报)=流苏薹草
密云峨眉蕨 Lunathyrium vegetium var. miyunense Ching & Z.R.Wang(蹄盖蕨科)
密扎扎(滇南本草)=来江藤
密枝杜鹃 Rhododendron fastigiatum Franch.(杜鹃花科)
密枝鹤虱 Lappula balchaschensis M.Pop. ex N. Pavl.(紫草科)
密枝喀什菊 Kaschgaria brachanthemoides (C. Winkl.) Poljak.(菊科)
密枝蓝钟花(新)Cyananthus hookeri var. densus Marq.? (桔梗科)
密枝龙胆 Gentiana franchetiana Kusnez.(龙胆科)
密枝委陵菜 Potentilla virgata Lehm.(蔷薇科)
密枝问荆(孢子植物)=散生问荆
密枝圆柏 Juniperus convallium Rehd. & Wils. (柏科),*深山柏,密条柏,细枝桧*
密枝猪毛菜 Salsola implicata Botsch.(藜科)
密执安百合 Lilium michiganense Farwell (百合科)
密茱萸 Melicope patulinervia (Merr. & Chun) Huang(芸香科)
密茱萸属 Melicope J.R. & G.Forst.(芸香科),*假山脚鳖属*
密柱北美香柏 Thuja occidentalis cv. Compacta (柏科)
密柱形北美乔柏 Thuja plicata cv. Striblingii (柏科)

密锥花鱼藤 Derris thyrsiflora Benth.(豆科),*长叶苞鱼藤*
密子豆 Pycnospora lutescens (Poir.) Schindl.(豆科),*假番豆草,假番豆*
密子豆属 Pycnospora R.Br. ex Wight & Arn.(豆科)
密棕属 Jubaea HNK (棕榈科)
蜜蜂草(河北,福州)=香薷
蜜蜂草(云南腾冲,保山)=绣球防风
蜜蜂花 Melissa axillaris (Benth.) Bakh.f.(唇形科),*滇荆芥,土荆芥,荆芥,小方杆,鼻血草,小薄荷*
蜜蜂花属 Melissa L.(唇形科)
蜜蜂眉兰 Ophrys apifera Huds.(兰科)
蜜蜂树花(云南)=米团花
蜜甘草 Phyllanthus ussuriensis Rupr. & Maxim.(大戟科),*飞蛇仔*
蜜果(群芳谱)=无花果
蜜果槭 Acer kuomeii Fang & Fang f.(槭树科),*国楣槭*
蜜花弯月杜鹃 Rhododendron mekongense var. melinanthum (Balf.f. & K.Ward) Cullen(杜鹃花科)
蜜黄血红杜鹃 Rhododendron sanguineum var. himertum (Balf.f. & Forr.) Chamb. ex Cullen & Chamb.(杜鹃花科)
蜜桷藤(江西铅山)=忍冬
蜜楷杷(河口)=大果榕
蜜楝吴萸 Evodia lenticellata Huang(芸香科)
蜜罗柑(闽游记略)=佛手
蜜囊韭 Allium subtilissimum Ledeb.(百合科)
蜜糖柑(植物志 43-2)=椪柑
蜜糖花(四川)=两头毛
蜜桶柑(福建)=蕉柑
蜜望(粤志交广录,本草纲目拾遗)=杧果
蜜望子(肇庆志)=杧果
蜜味桉 Eucalyptus melliodora A.Cunn. ex Schauer (桃金娘科)
蜜味帕洛梯 Protea mellifera Thunb.(山龙眼科)
蜜腺白叶莓 Rubus innominatus var. aralioides (Hance) Yü & Lu (蔷薇科)
蜜腺杜鹃 Rhododendron populare Cowan(杜鹃花科),*习见杜鹃*
蜜腺崖角藤(广西药用名录)=狮子尾
蜜香草(本草图经)=蜡莲绣球
蜜香草(本草图经)=中国绣球
蜜中(海南)=厚皮树
蜜稔(雷公炮炙论)=枳椇

Mian

绵萆薢 Dioscorea spongiosa J.Q.Xi et al.(薯蓣科),*畚箕斗,萆薢,大萆薢,狗骨草,山畚箕*
绵柄繁缕 Stellaria lanipes C.Y.Wu & H.Chuang (石竹科)
绵参(云南药用名录)=宝兴棱子芹
绵参 Eriophyton wallichii Benth.(唇形科),*毛草*
绵参属 Eriophyton Benth.(唇形科)
绵苍浪子(植物志 75)=苍耳
绵刺 Potaninia mongolica Maxim.(蔷薇科)
绵刺属 Potaninia Maxim.(蔷薇科),*包大宁属,三瓣蔷薇属*
绵地榆(湖北)=长蕊地榆
绵地榆(湖北蒲圻)=长叶地榆
绵管红山茶 Camellia lanosituba Chang(山茶科)
绵果黄芪 Astragalus sieversianus Pall.(豆科)
绵果棘豆 Oxytropis eriocarpa Bge.(豆科)
绵果荠 Lachnoloma lehmannii Bge.(十字花科)
绵果荠属 Lachnoloma Bge.(十字花科)
绵果芹属 Cachrys L.(伞形科)
绵果悬钩子 Rubus lasiostylus Focke(蔷薇科),*毛柱悬钩子,毛柱莓,刺泡花*
绵果芝麻菜(植物志 33)=芝麻菜
绵黄芪(图经本草)=黄芪
绵藜 Kirilowia eriantha Bge.(藜科)
绵藜属 Kirilowia Bge.(藜科),*吉利夫藜属*
绵柳(四川石柱)=水晶棵子
绵毛变型(植物志 66)=绵毛鼠尾草(新)
绵毛柄薄叶兰 Lycaste lanipes (R. & P.) Lindl.(兰科)
绵毛长蒴苣苔 Didymocarpus niveolanosus D. Fang & W.T.Wang(苦苣苔科)
绵毛丛菔 Solms-Laubachia lanata Botsch.(十字花科)
绵毛淡黄香青 Anaphalis flavescens var. lanata Ling (菊科)
绵毛点地梅(新拉汉英)=长绵毛点地梅(新)
绵毛点地梅 Androsace sublanata Hand.-Mazz.(报春花科)
绵毛杜根藤 Calophanoides albovelata (W.W. Sm.) C.Y.Wu ex Y.C.Tang(爵床科)
绵毛杜鹃 Rhododendron floccigerum Franch.(杜鹃花科)
绵毛繁缕 Stellaria lanata HK.f. ex Edgew. & HK.f. (石竹科)
绵毛房杜鹃 Rhododendron facetum Balf.f. & K. Ward (杜鹃花科)
绵毛风毛菊(新华本草纲要)=大坪风毛菊
绵毛观音兰 Tritonia lancea (Thunb.) N.E. Brown (鸢尾科)
绵毛鬼吹箫 Leycesteria stipulata (HK.f. & Thoms.) Fritsch(忍冬科)
绵毛果委陵菜(高等图鉴)=毛果委陵菜
绵毛花树苣苔 Kohleria eriantha Hanst.(苦苣苔科)
绵毛黄精(新拉汉英)=白芨黄精
绵毛棘豆 Oxytropis lanata (Pall.) DC. (豆科)
绵毛荚蒾 Viburnum lantana L.(忍冬科),*黑果绣球*
绵毛金腰 Chrysosplenium lanuginosum HK.f. & Thoms.(虎耳草科)
绵毛鳞毛蕨(中药辞海)=粗茎鳞毛蕨
绵毛柳 Salix erioclada Lévl.(杨柳科)
绵毛鹿茸草 Monochasma savatieri Franch.(玄参科),*白鸡毛,白龙骨,白山艾,白丝草,六月霜,鹿茸草,毛茵陈,牛年春,瓶儿蜈蚣草,千年艾,千牛霜,千重塔,沙氏鹿茸草,土茵陈,牙痛草*
绵毛马兜铃(苏南植物手册)=寻骨风
绵毛猕猴桃 Actinidia fulvicoma var. lanata (Hemsl.) C.F.Liang(猕猴桃科)
绵毛欧夏至草 Marrubium lanatum Benth.(唇形科)
绵毛婆婆纳 Veronica lanuginosa Benth.(玄参科)
绵毛葡萄 Vitis retordii Roman.du Caill. ex Planch. (葡萄科)
绵毛山柳菊 Hieracium lanatum (L.) Vill.(菊科)
绵毛石蝴蝶 Petrocosmea kerrii var. crinita W.T. Wang (苦苣苔科)
绵毛石楠 Photinia lanuginosa Yü(蔷薇科)
绵毛黍(禾本科图说)=渐尖二型花
绵毛鼠尾草(新)Salvia japonica f. languginosa (Franch.) Stib.(唇形科),*绵毛变型*
绵毛鼠尾草 Salvia lanata Roxb.(唇形科)
绵毛树苣苔 Kohleria lanata Hem.(苦苣苔科)
绵毛水东哥 Saurauia griffithii Dyer (猕猴桃科)
绵毛酸模叶蓼 Polygonum lapathifolium var. salicifolium Sihbth.(蓼科),*柳叶蓼,柳叶蓼,辣蓼草*
绵毛穗银桦 Grevillea eriostachya Lindl.(山龙眼科)
绵毛藤山柳 Clematoclethra lanosa Rehd.(猕猴桃科)
绵毛头排香草 Anisochilus eriocephalus Benth.(唇形科)
绵毛娃儿藤(通称)=通脉丹
绵毛绣球防风(新拉汉英)=毛蕊绣球防风(新)
绵毛绣球防风 Leucas lantata Benth.(唇形科)
绵毛岩风 Libanotis eriocarpa Schrenk(伞形科)
绵毛野丁香 Leptodermis lanata Lo(茜草科)
绵毛叶菊 Eriophyllum lanatum (Pursh) Forbes (菊科)
绵毛叶菊属 Eriophyllum Lag.(菊科)
绵毛叶朱缨花 Calliandra eriophylla Benth.(兰科)
绵毛益母草(Flora 17)=拟绵毛益母草(新)
绵毛益母草 Leonurus panzeioides M.Pop. (唇形科)
绵毛银桦 Grevillea lanigera A.Cunn.(山龙眼科)
绵毛早熟禾 Poa lanata Scribn. & Merr.(禾本科)
绵毛真碎米蕨 Cheilanthes lanosa (Michx.) D.C. Eat. (中国蕨科)
绵毛轴榈 Licuala lanuginosa Ridley (棕榈科)
绵芪(秦岭志)=太白岩黄芪
绵耆(四川)=膨果黄芪
绵三七 Eriosema himalaicum Ohashi(豆科),*鸡心矮陀陀,球茎毛瓣花,排红草,山鸡豆*
绵水苏 Stachys lanatra Jacq.(唇形科)
绵穗马先蒿 Pedicularis pilostachya Maxim.(玄参科)
绵穗苏 Comanthosphace ningpoensis (Hemsl.) Hand.-Mazz.(唇形科),*半边苏,野鱼香,野苏,火胡麻*
绵穗苏属 Comanthosphace S.Moore (唇形科)
绵藤(湖北)=粉背南蛇藤
绵条子(拉汉名称)=大芽南蛇藤
绵头雪莲花(高等图鉴)=绵头雪兔子
绵头雪兔子 Saussurea laniceps Hand.-Mazz.(菊科),*杯唾勒,大拇花,大木花,麦朵刚拉,绵头雪莲花,恰羔素巴,瞎古斯哈,瞎果羔贝,楔椤花,玄果搜花,雪荷花,雪莲*
绵羊沙芥(内蒙志)=斧翅沙芥
绵杨(周至)=响叶杨
绵茵陈(神农本草绿等)=茵陈蒿
绵枣儿 Barnardia japonica (Thunb.) Schult. & J. H.Schult. (百合科),*白绿绵枣儿,地枣,老鸦蒜,鲜白头,双芽*
绵枣儿属 Barnardia Lindl.(百合科)
绵枣儿属 Scilla L.(百合科)
绵枣象牙参 Roscoea scillifolia (Gagn.) Cowley (姜科)
绵槠(植物志 22)=短尾柯
绵竹(陕西)=慈竹
绵竹 Bambusa intermedia Hsueh & Yi (禾本科),*凤尾竹,芒竹,蛮竹*
棉苞飞蓬 Erigeron eriocalyx (Ledeb.) Vierh.(菊科)
棉陂藤(广东龙门)=流苏子
棉萆薢(中国药典)=福州薯蓣
棉苍狼(江苏)=腺梗豨莶
棉苍狼(江苏药志)=豨莶
棉刺头菊(西藏志)=毛苞刺头菊

棉豆 Phaseolus lunatus L.(豆科),*金甲豆,香豆,大白芸豆,雪豆*
棉杜仲(云南)=云南卫矛
棉杜仲(云南曲靖)=游藤卫矛
棉蒿(山西)=茵陈
棉花(纲目)=树棉
棉花包(图考)=老鸦瓣
棉花果 Ginkgo biloba cv. Mianhuaguo(银杏科)
棉花蒿(中草药汇编)=黄蜀葵
棉花壳(百草镜)=树棉
棉花葵(福建)=黄蜀葵
棉花葵(福建,广东,广西)=黄蜀葵
棉花柳 Salix ×leucopithecia Kimura ? (杨柳科),*银柳*
棉花球 Mammillaria bocasana Poselg.(仙人掌科)
棉花肾(浙江中草药)=梵天花
棉花树(湖北)=杜仲
棉花藤(江西)=流苏子
棉花团(东北)=棉团铁线莲
棉花掌 Opuntia leucotricha DC.(仙人掌科)
棉花竹 Fargesia fungosa Yi (禾本科)
棉花仔(百草镜)=树棉
棉花子花(黑龙江)=棉团铁线莲
棉槐(沙漠志,江苏志)=紫穗槐
棉筋条(江西草)=扁担杆
棉榔树(中药大辞典)=毛枝榆
棉鲁热涩(景颇族名)=羊耳菊
棉麻树(广东)=南酸枣
棉麻藤(植物志 41)=常春油麻藤
棉毛草(东北检索表)=棉毛菊
棉毛淡黄香青(新)Anaphalis flavescens var. lanata Ling (菊科),*淡黄香青棉毛变种*
棉毛飞蓬 Erigeron lanuginosus Y.L.Chen(菊科)
棉毛茛 Ranunculus membranaceus Royle(毛茛科),*嘎察*
棉毛黄芪 Astragalus lanuginosus Kar. & Kir.(豆科)
棉毛蓟 Cirsium eriophorum (L.) Scop.(菊科)
棉毛尖药花 Aechmanthera gossypina (Wall.) Nees (爵床科)
棉毛菊 Phagnalon niveum Edgew.(菊科),*棉毛草*
棉毛菊属 Phagnalon Cass.(菊科)
棉毛毛茛 Ranunculus lanuginosus L.(毛茛科)
棉毛尼泊尔天名精 Carpesium nepalense var. lanatum (HK.f. & T.Thoms. ex C.B.Clarke) Kitam. ex C.B. Clarke (菊科),*倒提壶,地朝阳,野葵花,野烟,野叶子烟,挖耳子草*
棉毛女蒿 Hippolytia gossypina (C.B.Clarke) Shih(菊科)
棉毛苹婆(高等图鉴)=家麻树
棉毛婆婆纳(新)Veronica lanosa Royle ex Benth. (玄参科),*长梗婆婆纳*
棉毛秋海棠 Begonia flocifera Beddome (秋海棠科)
棉毛石韦 Pyrrosia floocigera (Bl.) Ching (水龙骨科)
棉毛葶苈 Draba winterbottomii (HK.f. & Thoms.) Pohle(十字花科),*柱形葶苈*
棉毛橐吾 Ligularia vellerea (Franch.) Hand.-Mazz. (菊科)
棉毛香青(新)Anaphalis sinica var. lanata Ling (菊科),*香青棉毛变种*
棉毛鸦葱 Scorzonera capito Maxim.(菊科)
棉毛紫菀(青藏图志)=厚棉紫菀
棉毛紫菀 Aster lanuginosus (J.Small) Ling(菊科)
棉青木香 Saussurea gossipiphora Wall.(兰科)
棉丝藤(福建武平)=流苏子
棉螳螂(江苏志)=苍耳
棉藤(广西药用名录)=菝葜叶铁线莲
棉藤(浙江)=流苏子
棉条(东北木本志)=紫穗槐
棉头风毛菊 Saussurea eriocephala Franch.(菊科)
棉团铁线莲 Clematis hexapetala Pall.(毛茛科),*山蓼,棉花子花,野棉花,威灵仙,棉花团,山棉花*
棉絮藤(浙江,福建,江西)=流苏子
棉叶珊瑚花 Jatropha gossypiifolia L.(大戟科)
棉茵陈(本经适原)=茵陈
棉柘(救荒本草)=柘
棉槠石栎(植物志 22)=灰柯
棉属 Gossypium L.(锦葵科)
棉子树(广东)=白花龙
櫞(图经本草)=杜仲
免子油草(辽宁)=知母
沔茄(广东误写)=缅茄
冕宁慈 Dendrocalamus mianningensis Q.Li & X.Jiang (禾本科)
冕宁杜鹃 Rhododendron mianningense Z.J. Zhao (杜鹃花科)
冕宁飞蛾藤(植物志 64-1)=蒙自飞蛾藤
冕宁虎榛子(新拉汉英)=四川虎榛子
冕宁毛蕨 Cyclosorus mianningensis Ching ex Shing (金星蕨科)
冕宁乌头 Aconitum legendrei Hand.-Mazz.(毛茛科)
冕宁小檗 Berberis mianningensis Ying(小檗科)
冕宁紫堇(云南植物研究)=巧家紫堇
缅芭蕉(云南)=番木瓜
缅藏报春(拉汉名称)=异葶脆蒴报春
缅甸艾(植物研究)=中甸艾
缅甸党参(分类学报)=滇缅党参
缅甸杜鹃花 Rhododendron burmanicum Hutch. (杜鹃花科)
缅甸方竹 Chimonobambusa armata (Gamble) Hsueh & Yi (禾本科)
缅甸凤仙花 Impatiens aureliana HK.f.(凤仙花科)
缅甸合耳菊 Synotis birmanica C.Jeffr. & Y.L. Chen (菊科)
缅甸合欢(豆科图说)=阔荚合
缅甸蝴蝶果 Cleidiocarpon laurinum Airy Shaw (大戟科)
缅甸黄檀 Dalbergia burmanica Prain(豆科)
缅甸灰莉 Fagraea fragrans Roxb.(马钱科)
缅甸绞股蓝 Gynostemma burmanicum King ex Chakr. (葫芦科),*毛绞股蓝*
缅甸龙胆 Gentiana burmensis Marq.(龙胆科)
缅甸龙竹 Dendrocalamus birmanicus A. Camus (禾本科),*白麻竹*
缅甸潘氏马先蒿 Pedicularis pantlingii subsp. chimiliensis (Bonati) Tsoong(玄参科),*潘氏马先蒿缅甸亚种*
缅甸省藤 Calamus feanus Becc.(棕榈科)
缅甸树萝卜 Agapetes burmanica W.E.Evans (杜鹃花科)
缅甸双盖蕨 Diplazium burmanicum Ching? (蹄盖蕨科)
缅甸天胡荽 Hydrocotyle burmanica Kurz(伞形科)
缅甸橐吾 Ligularia chimiliensis Chang(菊科)
缅甸稀见槐 Sophora exigua var. lelatior Tsoong (豆科)
缅甸小檗 Berberis burmanica Ahrendt (小檗科)
缅甸羊蹄甲 Bauhinia ornata Kurz(豆科)
缅甸云杉 Picea farreri C.N.Page & Rushf.(松科)
缅甸早熟禾 Poa burmanica Bor(禾本科)
缅甸竹 Bambusa burmanica Gamble (禾本科)
缅瓜(云南)=番木瓜
缅桂花(云南)=白兰
缅木(科属辞典)=火烧花
缅南杭子稍 Campylotropis pinetorum (Kurz) Schindl. (豆科)
缅宁柯 Lithocarpus mianningensis Hu(壳斗科)
缅茄(新拉汉英)=非洲缅茄(新)
缅茄(新拉汉英)=树番茄
缅茄(植物志 67-1)=树番茄
缅茄 Afzelia xylocarpa (Kurz) Craib(豆科),*木茄,沔茄,细茄*
缅茄属 Afzelia Smith(豆科)
缅树(图考)=大青树
缅泰平当树 Paradombeya burmanica Stapf (梧桐科)
缅桃(四川)=番石榴
缅桐 Sumbaviopsis albicans (Bl.) J.J.Smith(大戟科)
缅桐属 Sumbaviopsis J.J.Smith(大戟科)
缅芫荽(云南)=刺芹
缅枣(广西)=滇刺枣
缅栀子(图考)=鸡蛋花
缅栀子属(树木分类学)=**鸡蛋花属**
緬甸铁线莲 Clematis burmanica Lace(毛茛科)
面包果树(植物学大辞典)=面包树
面包树 Artocarpus incisa (Thunb.) L.f.(桑科),*面包果树*
面旦子(陕西)=甘肃山楂
面竿竹 Pseudosasa orthotropa S.L.Chen & Wen (禾本科),*白毛暗竹*
面根草(开宝本草)=打碗花
面根藤(贵州)=旋花
面根藤(四川)=打碗花
面根藤(四川)=田旋花
面架木(广西)=糖胶树
面筋(宁原:食鉴本草)=普通小麦
面牛(陕西)=秦岭米面蓊
面山药(甘肃徽县)=薯蓣
面条草(广西)=苦草
面条树(云南,广西,广东)=糖胶树
面头棵(台湾)=鹧鸪麻
面蓊(河南)=秦岭米面蓊

Miao

苗栗白花龙 Styrax faberi var. formosanus (Matsumura) S.M.Hwang(安息香科),*台湾野茉莉*
苗栗冬青(台湾志)=刺叶冬青
苗婆疯(湖南)=滇白珠
苗山冬青 Ilex chingiana Hu & Tang(冬青科)
苗山桂 Cinnamomum miaoshanensis S.Lee & F. N.Wei (樟科)
苗山槭(树木分类学)=黔桂槭
苗山槭 Acer miaoshanicum Fang(槭树科)
苗山润楠 Machilus miaoshanensis F.N.Wei & C. Q.Lin (樟科)
苗山柿 Diospyros miaoshanica S.Lee(柿科)
苗榆(河南)=铁木
苗竹仔 Schizostachyum dumetorum (Hance) Munro (禾本科)

藐(尔雅)=紫草
妙峰岩蕨 Woodsia oblonga Ching & S.H.Wu(岩蕨科)
庙铃苣苔属 Smithiantha Kuntze (苦苣苔科)
庙台槭 Acer miaotaiense P.C.Tsoong(槭树科), *留坝槭*
庙王柳 Salix biondiana Seemen(杨柳科)

Mie

灭虱草(安徽)=腺毛翠雀
蔑奄郎(广西壮语)=四棱草

Min

民和杨 Populus minhoensis S.F.Yang & H.F.Wu (杨柳科)
民勤绢蒿 Seriphidium minchünense Y.R.Ling (菊科), *香蒿*
岷贝(甘肃)=甘肃贝母
岷当归(甘肃)=当归
岷谷木蓝 Indigofera lenticellata Craib(豆科), *皮孔木蓝*
岷江百合 Lilium regale Wilson(百合科)
岷江柏木 Cupressus chengiana S.Y.Hu(柏科)
岷江杜鹃 Rhododendron hunnewellianum Rehd. & Wils. (杜鹃花科)
岷江鹅耳枥(树木分类学)=短尾鹅耳枥
岷江金丝桃 Hypericum henryi var. uraloides (Rehd.) N.Robson(藤黄科), *黄香果*, *黄香面*, *地马桑*
岷江景天 Ohbaea balfourii (Raym.-Hamet) V.V. Byalt & I.V.Sok.(景天科), *贡山红景天*, *巴氏红景天*
岷江景天属 Ohbaea V.V.Byalt & I.V.Sok.(景天科)
岷江蓝雪花 Ceratostigma willmottianum Stapf (白花丹科), *扳倒甑*, *九节连*, *蓝花丹*, *铁丝岩陀*, *兴居茹马*, *叶叶兰*, *转子莲*, *紫金杯*, *紫金莲*
岷江冷杉(树木分类学)=紫果冷杉
岷江冷杉 Abies fargesii var. faxoniana (Rehd. & Wils.) Tang S.Liu (松科), *柔毛冷杉*, *柔毛枞*
岷江柳 Salix minjiangensis N.Chao(杨柳科)
岷江瑞香 Daphne penicillata Rehd.(瑞香科)
岷山苞花报春(高等图鉴)=小伞报春
岷山报春 Primula woodwardii Balf.f.(报春花科), *西藏紫花报春*
岷山鹅观草 Roegneria dura (Keng) Keng(禾本科), *耐久鹅观草*
岷山毛建草 Dracocephalum purdomii W.W.Sm. (唇形科)
岷山色木槭 Acer mono var. minshanicum Fang (槭树科)
岷山嵩草 Kobresia minshanica Tang & Wang ex Y.C.Yang(莎草科)
岷山银莲花 Anemone rockii Ulbr.(毛茛科)
岷县大戟(云南植物研究)=乳浆大戟
岷县龙胆 Gentiana purdomii Marq. (龙胆科), *无茎龙胆*, *邦见*, *邦见察保*, *榜间噶尔布*, *麻龙胆*
岷县薹草 Carex minxianensis S.Y.Liang(莎草科)
岷县橐吾 Ligularia ianthochaeta Chang(菊科)
玟瑰紫草沙蚕 Tripogon purpurascens Duthie (禾本科)
皿果草 Omphalotrigonotis cupulifera (Johnst.) W.T.Wang (紫草科)
皿果草属 Omphalotrigonotis W.T.Wang(紫草科)
闽半枫荷 Semiliquidambar cathayensis var. fukienensis Chang(金缕梅科)
闽北冷水花 Pilea verrucosa subsp. fujianensis C.J.Chen (荨麻科)
闽鄂山茶(高等图鉴)=长瓣短柱茶
闽赣长蒴苣苔 Didymocarpus heucherifolius Hand.-Mazz. (苦苣苔科)
闽赣葡萄 Vitis chungii Metc.(葡萄科), *背带藤*, *红扁藤*, *钟氏葡萄*
闽桂润楠 Machilus minkweiensis S.Lee(樟科)
闽槐 Sophora franchetiana Dunn(豆科)
闽南大戟(新)Euphorbia heyneana Spreng.(大戟科), *小叶大戟*, *小叶地锦*
闽楠 Phoebe bournei (Hemsl.) Yang(樟科), *兴安楠木*, *楠木*, *竹叶楠*
闽千里光 Senecio fukienensis Ling ex C.Jeffr. & Y.L.Chen(菊科)
闽润楠 Machilus fukienensis H.T.Chang(樟科)
闽台毛蕨 Cyclosorus jaculosus (Christ) H.Ito(金星蕨科), *密腺毛蕨*, *梳毛蕨*
闽皖八角 Illicium minwanense B.N.Chang & S. D.Zhang (木兰科)
闽油麻藤 Mucuna cyclocarpa Metc.(豆科)
闽粤千里光 Senecio stauntonii DC.(菊科)
闽粤石楠 Photinia benthamiana Hance(蔷薇科), *边沁石斑木*
闽粤石楠倒卵叶变种(植物志 36)=倒卵叶闽粤石楠(新)
闽粤石楠柳叶变种(植物志 36)=柳叶闽粤石楠(新)
闽粤蚊母树 Distylium chungii (Metc.) Cheng (金缕梅科)
闽粤悬钩子 Rubus dunnii Metc.(蔷薇科)
闽浙藜芦 Veratrum maximowiczii Baker(百合科), *七里丹*, *山棕仔*
闽浙马尾杉 Phlegmariurus mingcheensis Ching (石杉科), *青丝龙*, *阳痧草*, *阴痧草*, *地松杉*, *杉松兰*, *闽浙石松*
闽浙圣蕨 Dictyocline mingchengensis Ching(金星蕨科)
闽浙石松(福建志)=闽浙马尾杉
闽浙铁角蕨 Asplenium wilfordii Mett. ex Kuhn (铁角蕨科)
敏感景天 Sedum paracelatum Fröd.(景天科)
敏感木蓝 Indigofera sensitiva Franch.(豆科)
敏感施氏豆(豆科图说)=坡油甘
敏果(广西)=桃榄
敏吉青-扫日(蒙名)=紫筒草
敏姜岩黄芪 Hedysarum ferganense var. minjianense (Rech.f.) L.Z.Shue(豆科)
敏泉翠雀花 Delphinium yuchuanii Y.Z.Zhao(毛茛科)
敏于普尔马克(维吾尔名)=蓍

Ming

名古屋裂叶榆 Ulmus laciniata var. nikkoensis Rehd. (榆科)
名贵细辛 Hepatica nobilis Gars.(毛茛科)
名金景天(分类学报增刊)=紫花八宝
明参(四川中药志)=川明参
明党参 Changium smyrnioides Wolff(伞形科), *百丈光*, *粉沙参*, *红党参*, *金鸡爪*, *山花*, *山萝卜*, *天瓠*, *土人参*
明党参属 Changium Wolff (伞形科)
明萼草(台湾志)=中华孩儿草
明萼草(种子植物名称)=孩儿草
明萼草属(科属词典,台湾志)=**孩儿草属**
明儿草(海南志)=三品一枝花
明琥珀草(浙药志)=银粉背蕨
明间色博(藏名)=条叶垂头菊
明间色尔布(藏名)=臭蚤草
明金条(云南沪水)=假木豆
明开夜合(东北,河北,山东,山西)=南蛇藤
明开夜合(植物志 45-3)=白杜
明立花(广西)=铁仔
明亮薹草 Carex laeta Boott(莎草科)
明陵榆(南林学报)=红果榆
明脉亮丝草 Aglaonema siamense Engl.(天南星科)
明尼苏达雪白山梅花 Philadelphus virginalis cv. Minnesota Snowflake (虎耳草科)
明沙参(四川)=川明参
明堂花(云南)=米团花
明天麻(临证指南医案)=天麻
明显凤仙花 Impatiens insignis DC.(凤仙花科)
明显省藤 Calamus insignis Griff.(棕榈科)
明显肖竹芋 Calathea insignis Peter.(竹芋科)
明星水仙 Narcissus incomparabilis Mill.(石蒜科)
明杨(河南)=小叶杨
明油子(云南)=车桑子
鸣弦生石花 Lithops insularis L.Bol.(番杏科)
茗(尔雅)=茶
榠楂(图经本草)=木瓜
榠樝(本草经集注)=木瓜

Miü

谬氏马先蒿 Pedicularis mussotii Franch.(玄参科), *谬氏马先蒿谬氏变种*
谬氏马先蒿变形变种(植物志 68)=变形谬氏马先蒿
谬氏马先蒿刺冠变种(植物志 68)=刺冠谬氏马先蒿
谬氏马先蒿谬氏变种(植物志 68)=谬氏马先蒿
缪雷蔷薇(经济植物手册)=西南蔷薇

Mo

膜苞垂头菊 Cremanthodium stenactinium Diels ex Limpr.(菊科)
膜苞凤仙花 Impatiens tenuibracteata Y.L.Chen (凤仙花科)
膜苞藁本 Ligusticum oliverianum (de Boiss.) Shan (伞形科)
膜苞石头花 Gypsophila cephalotes (Schrenk) Williams (石竹科), *头状花霞草*
膜苞香青 Anaphalis hymenolepis Ling(菊科)
膜苞雪莲 Saussurea bracteata Decne.(菊科)
膜苞鸢尾 Iris scariosa Willd. ex Link.(鸢尾科), *镰叶马蔺*
膜苞早熟禾 Poa bracteosa Kom.(禾本科)
膜杯草属 Hymenocrater Fisch. & Mey.(唇形科)
膜边灯心草 Juncus clarkei var. marginatus A. Camus (灯心草科)
膜边肋毛蕨 Ctenitis clarkei (Bak.) Ching(叉蕨科)
膜边龙胆 Gentiana albo-marginata Marq.(龙胆科)
膜边獐牙菜 Swertia marginata Schrenk(龙胆科)
膜萼花 Petrorhagia saxifraga (L.) Link(石竹科), *洋石竹*
膜萼花属(新拉汉英)=**洋石竹属**
膜萼花属 Petrorhagia (Ser. ex DC.) Link(石竹科), *洋石竹属*
膜萼离蕊茶 Camellia scariosisepala Chang(山茶科)
膜萼苹婆 Sterculia hymenocalyx K.Schum.(梧桐科)
膜萼茄 Solanum griffithi (Prain) C.Y.Wu & S.C. Huang(茄科)

膜萼藤 Hymenopyranis cana Craib(马鞭草科)
膜萼藤属 Hymenopyranis Wall. ex Griff.(马鞭草科)
膜萼无心菜 Arenaria membranisepala C.Y.Wu(石竹科)
膜耳灯心草 Juncus membranaceus Royle ex D. Don (灯心草科)
膜稃草 Hymenachne acutigluma (Steud.) Gill. (禾本科)
膜稃草属 Hymenachne Beauv.(禾本科)
膜盖蕨(蕨类图说)=大膜盖蕨
膜果白刺(内蒙志)=泡泡刺
膜果龙胆(植物志 62)=西域龙胆
膜果麻黄 Ephedra przewalskii Stapf.(麻黄科), *麻黄,什膜果麻黄*
膜果秋海棠 Begonia hymenocarpa C.Y.Wu(秋海棠科)
膜果泽泻 Alisma lanceolatum Wither.(泽泻科)
膜花微花兰 Stelis hymenantha Schltr.(兰科)
膜荚黄芪(豆科图说,药典 2000)=黄芪
膜荚见血飞 Caesalpinia hymenocarpa (Prain) Hattink (豆科)
膜蕨(蕨类图说)=华东膜蕨
膜蕨科 Hymenophyllaceae
膜蕨囊瓣芹 Pternopetalum trichomanifolium (Franch.) Hand.-Mazz.(伞形科),*细沙毛*
膜蕨属 Hymenophyllum Sm.(膜蕨科)
膜孔水蕹 Aponogeton fenestralis HK.f.(水蕹科)
膜连铁角蕨 Asplenium tenerum Forst.(铁角蕨科),*柔软铁角蕨,钝齿铁角蕨*
膜盘西风芹 Seseli glabratum Willd. ex Schult. (伞形科)
膜片风毛菊 Saussurea paleata Maxim.(菊科)
膜叶报春(拉汉名称)=薄叶粉报春
膜叶茶 Camellia leptophylla S.Y.Liang ex Chang (山茶科)
膜叶槌果藤(广东志)=独行千里
膜叶刺蕊草 Pogostemon esquirolii (Lévl.) C.Y. Wu & Y.C.Huang(唇形科),*鸡骨头菜,爬努阿帕,野蓝靛*
膜叶椴 Tilia membranacea H.T.Chang(椴树科)
膜叶凤仙花 Impatiens membranifolia Franch. (凤仙花科)
膜叶贯众 Cyrtomium membranifolium Ching & Shing ex H.S.Kung(鳞毛蕨科)
膜叶猴欢喜 Sloanea dasycarpa (Benth.) Hemsl. (杜英科)
膜叶嘉赐树(植物学报)=膜叶脚骨脆
膜叶假钻毛蕨 Paradavallodes membranulosum (Wall. ex HK.) Ching(骨碎补科),*膜钻毛蕨,针蕨*
膜叶尖嘴蕨 Belvisia hymenolepioides (Christ) Ching (水龙骨科)
膜叶脚骨脆 Casearia membranacea Hance(大风子科),*膜叶嘉赐树,台湾嘉赐树,薄叶嘉赐树,薄叶嘉赐木*
膜叶荆芥 Nepeta membranifolia C.Y.Wu(唇形科)
膜叶九节(新)Psychotria membranifolia Bartl. ex DC.? (茜草科)
膜叶蕨(蕨类图说)=华东膜蕨
膜叶肋毛蕨 Ctenitis membranifolia Ching & C. H.Wang (叉蕨科)
膜叶冷蕨 Cystopteris pellucida (Franch.) Ching ex C.Chr. (蹄盖蕨科),*透明冷蕨,翅轴冷蕨*
膜叶连蕊茶 Camellia membranacea Chang(山茶科)
膜叶鳞盖蕨 Microlepia tenella Ching(碗蕨科)
膜叶柃(云南)=镇边柃
膜叶驴蹄草 Caltha palustris var. membranacea Turcz. (毛茛科),*薄叶驴蹄草,马蹄草*
膜叶马先蒿 Pedicularis membranacea Li(玄参科)
膜叶毛木通 Clematis buchananiana subsp. vitifolia HK.f. & Thoms.(毛茛科)
膜叶婆婆纳 Veronica riae H.Winkl.(玄参科)
膜叶蒲公英(新)Taraxacum roborovskyi Tzvel.? (菊科)
膜叶荨麻 Urtica membranifolia C.J.Chen(荨麻科)
膜叶蹄盖蕨(蕨类形态)=宿蹄盖蕨
膜叶土蜜树 Bridelia pubescens Kurz(大戟科)
膜叶娃儿藤 Tylophora membranacea Tsiang & P.T.Li (萝藦科)
膜叶星蕨 Microsorium membranaceum (D.Don) Ching (水龙骨科),*宝剑草,大风草,大石韦,大叶包针,断骨粘,光石韦,鸡脚莲,爬山山姜,岩姜七*
膜叶玉叶金花 Mussaenda membranifolia Merr. (茜草科)
膜叶獐牙菜 Swertia membranifolia Franch.(龙胆科),*腊叶獐牙菜*
膜叶紫麻 Oreocnide boniana (Gagn.) Hand.-Mazz. (荨麻科)
膜颖早熟禾 Poa membranigluma D.F.Cui(禾本科)
膜缘柴胡(中药志)=竹叶柴胡
膜缘川木香 Dolomiaea forrestii (Deis) Shih(菊科)
膜缘婆罗门参 Tragopogon marginifolius Pavl. (菊科)
膜质越桔(新拉汉英)=薄叶越桔
膜钻毛蕨(植物志 6-1)=膜叶假钻毛蕨
膜钻毛蕨 Davallodes membranulosa (Wall.) Cop. (骨碎补科),*针蕨*
摩莱卷柏(蕨类图说)=江南卷柏
摩顶山小檗 Berberis rockii Ahrendt (小檗科)
摩耳苏铁 Macrozamia moorei (Muell) A.DC. (苏铁科)
摩利兰(植物志 16-1)=肖鸢尾
摩咯哥橡胶树 Acacia gummifera Willd.(豆科)
摩咯哥旋花 Convolvulus mauritanicus Boiss (旋花科)
摩鹿加八宝树 Duabanga moluccana Bl.(海桑科)
摩那(海南)=盆架树
摩氏小堇棕(台地理丛刊)=云南瓦理棕
摩西轴榈 Licuala moyseyi Ftdo.(棕榈科)
摩眼子(辽宁)=香青兰
摩札沙地马鞭草 Abronia pogonantha Heimerl. (紫茉莉科)
磨擦草 Tripsacum laxum Nash(禾本科),*瓜地马拉草*
磨擦草属 Tripsacum L.(禾本科)
磨挡草(广东,广西)=磨盘草
磨地胆(广州)=地胆草
磨顶山翠雀花 Delphinium motingshanicum W. T.Wang & M.J.Warnck(毛茛科)
磨谷子(海南)=磨盘草
磨脚花(云南中草药)=蜘蛛香
磨龙子(海南)=磨盘草
磨莫仔荠(云南禄劝)=黄果茄
磨爿果(高等图鉴)=磨盘草
磨盘草(江西)=苘麻
磨盘草 Abutilon indicum (L.) Sweet.(锦葵科),*白麻,倒绑茶,冬癸子,耳响草,金花草,帽笼草子,帽子牛,米兰草,磨挡草,磨谷子,磨龙子,磨盘草根,磨爿果、磨盘根,磨盆草,磨仔草,磨子树,牛牯子麻,牛响草,石磨子,四米草,台磨草,土碧盾,研子盾草,印度苘麻*
磨盘草根(广西中草药)=磨盘草
磨盘根(广西)=磨盘草
磨盆草(南宁药志)=磨盘草
磨三转(甘肃)=铁棒锤
磨芋(上海)=疏毛磨芋
磨芋 Amorphophallus rivieri Durieu(天南星科),*白蒟蒻,鬼芋,虎掌,花杆莲,花杆南星,花梗莲,花麻蛇,花伞把,蒟蒻,麻芋子,南星,蒻头,蛇头根草,天南星,土南星,野磨芋*
磨芋属 Amorphophallus Bl.(天南星科)
磨仔草(新华本草)=磨盘草
磨子果(云南河口)=毛果算盘子
磨子树(海南)=磨盘草
魔杯角 Hoodia macrnatha Dinter.(萝藦科)
魔力棕属 Morenia Ruiz & Pav.(棕榈科)
魔神球 Parodia maassii (Heese) Backeb. & F.M. Knuth. (仙人掌科)
魔杖花属 Sparaxis Ker.(鸢尾科)
抹草(广东)=广防风
抹猛果(云南志)=杧果
末利(南方草木状)=茉莉花
末时花(新华本草纲要)=紫茉莉
茉蓝花露(纲目拾遗)=茉莉花
茉莉(岭南杂记)=茉莉花
茉莉苞 (亨氏植物名录)=野茉莉
茉莉杜鹃花 Rhododendron jasminiflorum HK. (杜鹃花科)
茉莉果 Parastyrax lacei (W.W.Sm.) W.W.Sm. (安息香科),*拟野茉莉*
茉莉果属 Parastyrax W.W.Sm.(安息香科),*拟野茉莉属*
茉莉花 Jasminum sambac (L.) Ait.(木犀科),*末利,茉蓝花露,茉莉,木梨花,柰花,小南强*
茉莉链珠藤(植物志 63)=海南链珠藤
茉莉藤(浙江)=络石
茉栾藤(云南区系报告)=篱栏网
陌上菜 Lindernia procumbens (Krock.) Philcox (玄参科),*白猪母菜,六月志,白胶墙*
陌上菅 Carex thunbergii Steud.(莎草科)
陌上香椒(中药大辞典)=狭叶母草
莫菜(中国土农药志)=酸模
莫丁越桔 Vaccinium mortinia HK.f.(杜鹃花科)
莫顿属 Mortonia A.Gray (卫矛科)
莫尔蝇子草(拉汉名称)=女娄菜
莫夫人含笑花(图谱)=深山含笑
莫拉(西双版纳傣语)=铁力木
莫莱特补血草 Limonium mouretii (Pit.) Maire (白花丹科)
莫兰十大功劳 Mahonia moranensis (Hebenstr. & Ludw.) I.M. Johnsiton (小檗科)
莫雷诺小檗 Berberis morenonis Kutze (小檗科)
莫里茨小檗 Berberis moritzii Hieron.(小檗科)
莫里寄树兰 Robiquetia mooreana (Rolfe) J.J. Sm. (兰科)
莫林-沙里尔日(蒙语)=黄花蒿
莫罗氏忍冬 Lonicera morrowii A.Gray (忍冬科)
莫洛熊果 Arctostachylos morroensis Wiesl. & Schreib.(杜鹃花科)
莫汝刚(云南潞西)=飞蛾藤
莫桑比克金莲木 Ochna mossambicensis

Klotzsch (金莲木科)
莫桑河(藏名)=青海苜蓿
莫石竹(东北草本志)=种阜草
莫石竹属(东北草本志)=**种阜草属**
莫氏迪西亚兰 Dichaea morrisii F. & R.(兰科)
莫氏龙骨角 Hereroa mccirii L.Bol.(番杏科)
莫特基椴 Tilia moltkei Spaeth (椴树科)
莫铁硝(四川)=齿缘吊钟花
莫泽十大功劳 Mahonia ×moseri (Hort.) Ahrendt (小檗科)
漠北黄芪 Astragalus austrosibiricus Schischk.(豆科)
漠蒿(内蒙志)=沙蒿
墨菜(植物志 75)=鳢肠
墨当鸣(广西)=栀子皮
墨地(四川中药志)=桃儿七
墨点樱桃(刘来经,台木本志)=腺叶桂樱
墨斗草(医学正传)=鳢肠
墨桂根(广部中草药手册)=倒吊笔
墨旱莲(饮片新参)=鳢肠
墨江百合 Lilium henricii Franch.(百合科)
墨江耳叶马蓝 Perilepta edgeworthiana(Nees) Bremek.(爵床科)
墨江千斤拔 Flemingia chappar Haom. ex Benth.(豆科)
墨江一枝箭(云南)=钝苞大丁草
墨菜(广东,广西)=水蓑衣
墨兰 Cymbidium sinense (Jackson ex Andr.) Willd. (兰科),*报岁兰*
墨兰瓶蕨 Vandenboschia cystoseiroides (Chirst) Ching (膜蕨科)
墨鳞 Melanolepis multiglandulosa (Reinw. ex Bl.) Reichb.f. & Zoll.(大戟科)
墨鳞属 Melanolepis Reichb.f. & Zoll.(大戟科),*虫屎属*
墨绿酸藤子(植物志 58)=密齿酸藤子
墨绿指柱兰(台湾兰科植物)=琉球叉柱兰
墨鉾 Gasteria maculata Haw.(百合科),*斑占脂麻掌*
墨苜蓿 Richardia scabra L.(茜草科)
墨苜蓿属 Richardia L.(茜草科)
墨泡 Styrax huanus Rehd.(安息香科),*麦泡*
墨七(四川)=聚叶花葶乌头
墨塞尼亚贝母 Fritillaria messanensis Rafin.(百合科)
墨色须草(福建中草药)=大尾摇
墨氏秋海棠 Begonia mexiae Standl.(秋海棠科)
墨仕(植物志 47-1)=田林细子龙
墨水果小檗 Berberis hakeoides (HK.f.) Schneid.(小檗科)
墨托菝葜 Smilax griffithii A.DC.(百合科)
墨托沿阶草 Ophiopogon motouensis S.C.Chen (百合科)
墨托蝇子草 Silene namlaensis (Marq.) Bocquet (石竹科)
墨脱艾麻 Laportea medogensis C.J.Chen(荨麻科)
墨脱八月瓜 Holboellia medogensis H.N.Qin(木通科)
墨脱百合 Lilium medogense S.Yun(百合科)
墨脱长蒴苣苔 Didymocarpus medogensis W.T. Wang (苦苣苔科)
墨脱唇柱苣苔 Chirita dimidiata Wall. ex Clarke (苦苣苔科)
墨脱刺蕨 Egenolfia medogensis Ching & S.K. Wu (实蕨科)
墨脱葱臭木(分类学报)=墨脱樫木
墨脱翠雀花 Delphinium medongense W.T.Wang (毛茛科)
墨脱大苞鞘花 Elytranthe parasitica (L.) Danser (桑寄生科)
墨脱吊石苣苔 Lysionotus metuoensis W.T. Wang (苦苣苔科)
墨脱冬青 Ilex medogensis Y.R.Li(冬青科)
墨脱杜鹃(分类学报)=大花杜鹃
墨脱杜鹃 Rhododendron montroseanum Davidian (杜鹃花科)
墨脱短肠蕨 Allantodia medogensis Ching & S.K.Wu (蹄盖蕨科)
墨脱峨眉蕨 Lunathyrium medogense Ching & S.K.Wu (蹄盖蕨科)
墨脱耳蕨(西藏志)=柔软耳蕨
墨脱方竹 Chimonobambusa metuoensis Hseuh & Yi (禾本科)
墨脱凤仙花 Impatiens medogensis Y.L.Chen(凤仙花科)
墨脱虎耳草 Saxifraga medogensis J.T.Pan(虎耳草科)
墨脱花椒 Zanthoxylum motuoense Huang(芸香科)
墨脱荚蒾 Viburnum burmanicum var. motoense Hsu(忍冬科)
墨脱假毛蕨(西藏志)=长根假毛蕨
墨脱樫木 Dysoxylum medogense C.Y.Wu & H. L.Li (楝科),*墨脱葱臭木*
墨脱节肢蕨 Arthromeris medogensis Ching & Y.X.Lin (水龙骨科)
墨脱柯 Lithocarpus obscurus Huang & Y.T. Chang (壳斗科)
墨脱冷杉 Abies delavayi var. motuoensis Cheng & L.K.Fu(松科)
墨脱冷水花 Pilea medogensis C.J.Chen(荨麻科)
墨脱柳 Salix medogensis Y.L.Chou(杨柳科)
墨脱龙胆 Gentiana namlaensis Marq.(龙胆科)
墨脱楼梯草 Elatostema medogense W.T.Wang (荨麻科)
墨脱马蓝(西藏志)=瑞丽叉花草
墨脱马银花 Rhododendron medoense Fang & M.Y.He (杜鹃花科)
墨脱芒毛苣苔 Aeschynanthus medogensis W.T. Wang (苦苣苔科)
墨脱毛蕨 Cyclosorus medogensis Ching & S.K. Wu (金星蕨科)
墨脱毛兰 Eria medogensis S.C.Chen & Z.H.Tsi (兰科)
墨脱楠 Phoebe motuonan S.Lee & f. N.Wei(樟科)
墨脱秋海棠 Begonia hatacoa Buch.-Ham. ex D.Don(秋海棠科)
墨脱山小橘 Glycosmis motuoensis Tao(芸香科)
墨脱省藤 Calamus feanus var. mêdogensis S.J. Pei & S.Y.Chen (棕榈科)
墨脱石豆兰 Bulbophyllum eublepharum Rchb. f.(兰科)
墨脱树萝卜 Agapetes medogensis S.H.Huang (杜鹃花科)
墨脱四苞蓝 Tetragoga nagaensis Bremek.(爵床科)
墨脱酸脚杆 Medinilla rubicunda var. tibetica C.Chen (野牡丹科)
墨脱算盘子 Glochidion medongense Chin(大戟科)
墨脱薹草 Carex motuoensis Y.C.Yang(莎草科)
墨脱蹄盖蕨 Athyrium medogense X.C.Zhang (蹄盖蕨科)
墨脱铁线莲 Clematis metouensis M.Y.Fang (毛茛科)
墨脱瓦韦 Lepisorus medogensis Ching & Y.X. Lin (水龙骨科)
墨脱乌蔹莓 Cayratia medogensis C.L.Li(葡萄科)
墨脱乌头 Aconitum elliotii Lauener(毛茛科)
墨脱吴萸(植物志 43-2)=三叶吴萸
墨脱虾脊兰 Calanthe metoensis Z.H.Tsi & K.Y. Lang (兰科)
墨脱新月蕨 Pronephrium medogensis Y.X.Lin (金星蕨科)
墨脱悬钩子 Rubus metoensis Yü & Lu (蔷薇科)
墨脱玉叶金花 Mussaenda decipiensis H.Li(茜草科)
墨脱珍珠菜 Lysimachia metogensis Chen & C. M.Hu (报春花科)
墨西哥白松 Pinus ayacahuite Ehrenb.(松科)
墨西哥柏木 Cupressus lusitanica Mill.(柏科),*葡萄牙柏木*,*速生柏*
墨西哥梣 Fraxinus uhdei (Wenzig) Lingelsh.(木犀科)
墨西哥刺柏 Juniperus deppeana Steud.(柏科)
墨西哥冬青十大功劳 Mahonia ilicina SchLindl.(小檗科)
墨西哥飞蓬 Erigeron karvinskiaus DC.(菊科)
墨西哥格鲁棕 Acrocomia mexicana Karw. ex Mart.(棕榈科)
墨西哥光萼荷 Aechmea mexicana Bak.(凤梨科)
墨西哥果松 Pinus cembroides Zucc.(松科)
墨西哥角铁 Ceratozamia mexicana Brongniart (苏铁科)
墨西哥桔 Choisya ternata HNK (芸香科)
墨西哥桔属 Choisya HNK (芸香科)
墨西哥康达木 Condalia mexicana Schlecht.(鼠李科)
墨西哥冷杉(新拉汉英)=神圣冷杉
墨西哥乱子草 Muhlenbergia mexicana Trin.(禾本科)
墨西哥落羽杉 Taxodium mucronatum Tenore (杉科),*墨西哥落羽松*,*尖叶落羽松*
墨西哥落羽松(南京)=墨西哥落羽杉
墨西哥密穗蕨 Anemia mexicana Klotz.(莎草蕨科)
墨西哥棉(华北经济志要)=陆地棉
墨西哥山核桃 Carya palmeri Manning (胡桃科)
墨西哥山梅花 Philadelphus mexicanus Schecht.(虎耳草科)
墨西哥水松叶(苏南植物手册)=轮叶节节菜
墨西哥四针松(新)Pinus cembroides var. parryana Voss.(松科),*四针松*
墨西哥熊果 Arctostachylos pungens HNK.(杜鹃花科)
墨西哥鸭跖草 Commelina coelestis Willd.(鸭跖草科)
墨西哥洋椿 Cedrela mexicana M.roem.(楝科)
墨西哥月见草 Oenothera berlandieri Walp.(柳叶菜科)
墨西哥云杉 Picea mexicana Martinez (松科)
墨叙梅笠草 Chimaphila menziesii R.Br. & D. Don (鹿蹄草科),*墨叙喜冬草*
墨叙喜冬草(新拉汉英)=墨叙梅笠草
墨烟草(纲目)=鳢肠

墨汁草(江西民间验方)=鳢肠
墨竹柳 Salix maizhokunggarensis N.Chao(杨柳科)
默脱青冈 Cyclobalanopsis motuoensis (Huang) Y.C.Hsu & H.W.Jen.(壳斗科)
蘼苓草(拉汉名称和手册)=刺续断
蘼苓草(青藏图鉴)=圆萼刺参

Mou

牟麦(纲目)=大麦
麰(广雅)=大麦
麰麦(名医别录)=大麦
荍蓿(尔雅)=紫苜蓿

Mu

母草 Lindernia crustacea (L.) F.Muell.(玄参科),*四方草,铺地莲,四方拳草,蛇通管,气痛草*
母草叶龙胆 Gentiana vandellioides Hemsl.(龙胆科)
母草属 Lindernia All.(玄参科)
母鸡窝(河南南召)=石荠苎
母菊 Matricaria recutita L.(菊科),*欧药菊,洋甘菊*(湖南药物志)
母菊属 Matricaria L.(菊科)
母犁头菜(贵州民间药物)=萱
母生(琼东,澄迈)=红花天料木
母醒香(雷公炮炙论)=丁香
母猪半夏(中草药汇编)=象头花
母猪草(四川西南)=耳状人字果
母猪刺(陕西绥德)=甘肃锦鸡儿
母猪刺(陕西榆林)=狭叶锦鸡儿
母猪果(龙陵)=深绿山龙眼
母猪花头(云南中草药)=香茶菜
母猪藤(草本便方)=乌蔹莓
母猪藤(陕西中草药)=尖叶乌蔹莓
母猪藤(天目药志)=锈毛蛇葡萄
母猪雪胆 Hemsleya villosipetala C.Y.Wu & C.L. Chen (葫芦科)
母猪牙(植物志 14)=猪牙花
母猪油子(陕西)=琉璃草
母猪鬃(陕西吴堡)=毛掌锦鸡儿
母子树(海南)=山黄麻
牡丹 Paeonia suffruticosa Andr.(芍药科)
牡丹草 Gymnospermium microrrhynchum (S. Moore) Takht. (小檗科)
牡丹草属 Gymnospermium Spach. (小檗科)
牡丹金钗兰(台湾兰)=叉唇钗子股
牡丹木(浙江)=夏蜡梅
牡丹木槿 Hibiscus syriacus f. paeoniflorus Gagn.f. (锦葵科)
牡丹皮(秦岭志)=费菜
牡丹三七(天目药志)=草绣球
牡丹三七(天目药志)=珠芽艾麻
牡丹树(云南)=海通
牡丹藤(陕西中药名录)=大叶铁线莲
牡丹叶当归 Angelica paeoniifolia Shan & Yuan (伞形科)
牡蒿(北京志)=南牡蒿
牡蒿 Artemisia japonica Thunb.(菊科),*白花蒿,布菜,匙叶艾,臭艾,鹅草药,猴掌草,花艾草,花等草,鸡肉菜,假柴胡,脚板蒿,菊叶柴胡,流水蒿,六月雪,牡菣,齐头蒿,青蒿,日本牡,水辣菜,铁菜子,茼蒿,土柴胡,胃竣痛灵,蔚,细艾,香蒿,香青蒿,熊掌草,油艾,油蒿*
牡荆 Vitex negundo var. cannabifolia (S. & Z.) Hand.-Mazz.(马鞭草科),*布荆草,荆条棵,牡荆沥,埔姜,山荆木,蚊香草,蚊子柴,五指柑*
牡荆沥(本草拾遗)=牡荆
牡荆属 Vitex L.(马鞭草科),*黄荆属*
牡丽草 Mouretia tonkinensis Pitard.(茜草科)
牡丽草属 Mouretia Pitard(茜草科)
牡菣(尔雅)=牡蒿
牡竹 Dendrocalamus strictus (Roxb.) Nees (禾本科),*印度实竹*
牡竹属 Dendrocalamus Nees (禾本科)
木艾树(金华中草药选)=木荷
木八角(纲目拾遗)=八角枫
木半夏 Elaeagnus multiflora Thunb.(胡颓子科),*麦粒团,莓粒团,牛脱,判渣,四月子,小米饭树,羊不来,羊阴子,野樱桃*
木瓣瓜馥木 Fissistigma xylopetalum Tsiang & P.T.Li (番荔枝科)
木瓣树 Xylopia vielana Pierre(番荔枝科)
木瓣树属 Xylopia L.(番荔枝科)
木本补血草 Limonium suffruticosum (L.) Ktze. (白花丹科)
木本胡枝子(福建)=绿叶胡枝子
木本化血丹(昆明中草药)=毛刺花椒
木本黄开口(浙江草药)=金丝桃
木本鸡脚棉(纲目)=树棉
木本鸡脚棉(植物志 49-2)=树棉
木本金线莲(福建)=金边红桑
木本马兜铃 Aristolochia arborea Lind.(马兜铃科)
木本曼陀罗 Datura arborea L.(茄科),*曼陀罗木*
木本苜蓿 Medicago arborea L.(豆科)
木本铁苋菜(秦岭志)=尾叶铁苋菜
木本远志(新华本草纲要)=黄花倒水莲
木本远志(植物志 43-3)=尾叶远志
木本猪毛菜 Salsola arbuscula Pall.(藜科)
木笔(花镜)=紫玉兰
木笔花(通称)=玉兰
木壁莲(树木分类学)=薜荔
木鳔子(生草药手册)=龙须藤
木鳖(开宝本草,民族药志,药典 2000)=木鳖子
木鳖子 Momordica cochinchinensis (Lour.) Spreng. (葫芦科),*阿拉坦其其格,病互,地桐子,峒冻,杜表,番木鳖,瓜挪,黑句,吉辣岗,棵拉望,棵墨别,壳木鳖,老鼠拉冬瓜,漏苓子,孟呀,木鳖,糯饭果,派否,牺拉冬,藤桐子,土木鳖,鸭屎瓜子,再维泻,孜武*
木柄杜根藤 Calophanoides xylopoda(W.W.Sm.) C.Y.Wu(爵床科)
木拨树(山东)=日本楤木
木波(云南傣语)=余甘子
木波罗(通称)=波罗蜜
木步马胎(四川)=月月红
木常山(广西)=海通
木沉香(岭南采药录)=鸡骨香
木锉掌(新拉汉英)=绫锦
木达地音-马日那(蒙语)=中国茜草
木大刀王(广东)=海南新樟
木丹(植物志 71-1)=栀子
木地肤 Kochia prostrata (L.) Schrad.(藜科)
木靛(广西苍梧)=蓝树
木碟花(中药大辞典)=瞿麦
木都(云南贡山)=白穗柯
木豆 Cajanus cajan (L.) Millsp.(豆科),*鸽豆,观音豆,花豆,米豆,扭豆,三叶豆,山豆根,树豆,野黄豆*
木豆属 Cajanus DC.(豆科)
木尔克洛夫鼠尾草 Salvia moorcroftiana Wall. (唇形科)
木耳菜(图考)=红凤菜
木耳菜(图考)=落葵
木耳菜 Gynura cusimbua (D.Don) S.Moore(菊科),*西藏三七草*
木防已(广西)=樟叶木防已
木防已 Cocculus orbiculatus (L.) DC.(防已科),*白木香,百解暑,青风藤,青檀香,青藤根,青藤香,土木香,小暗消,钻骨龙*
木防已属 Cocculus DC.(防已科)
木榧(中药大辞典)=香榧
木芙蓉 Hibiscus mutabilis L.(锦葵科),*芙蓉花,酒醉芙蓉,地芙蓉,霜降花,水芙蓉*
木符埃(云南傣语)=木奶果
木柑(四川江津)=柚
木杠藤(天目药志)=牯岭蛇葡萄
木个(西双版纳傣语)=槟榔青
木根麻花头 Serratula suffruticosa Schrenk(菊科)
木根香青 Anaphalis xylorhiza Sch.-Bip.(菊科)
木根沿阶草 Ophiopogon xylorrhizus Wang & Dai (百合科)
木瓜(本草纲目)=皱皮木瓜
木瓜(雷公炮炙论,纲目)=毛叶木瓜
木瓜(通称)=番木瓜
木瓜(植物志 47-1)=文冠果
木瓜 Chaenomeles sinensis (Thouin) Koehne(蔷薇科),*光皮木瓜,海棠,蛮樝,榠楂,榠樝,木梨,木李,瘙樝,土木瓜*
木瓜刺(四川)=全缘火棘
木瓜果(云南屏边)=苹果榕
木瓜海棠(群芳谱)=毛叶木瓜
木瓜红 Rehderodendron macrocarpum Hu(安息香科),*野草果,大果芮德木,硕果芮德木*
木瓜红属 Rehderodendron Hu (安息香科)
木瓜榄 Ceriscoides howii Lo(茜草科)
木瓜榄属 Ceriscoides (HK.f.) Tirveng.(茜草科)
木瓜树(山东)=日本楤木
木瓜属 Chaenomeles Lindl.(蔷薇科),*贴梗海棠属*
木关果(云南马关)=大果刺篱木
木桂(尔雅)=肉桂
木桂根雷(云南傣语)=小果野蕉
木棍树(广西)=阔叶肖榄
木果福木 Elaeodendron xylocarpum DC.(卫矛科)
木果海桐 Pittosporum xylocarpum Hu & Wang (海桐花科),*山枝仁,山枝茶*
木果红山茶 Camellia xylocarpa (Hu) Chang(山茶科)
木果柯 Lithocarpus xylocarpus (Kurz) Markg. (壳斗科),*木壳柯,木壳石栎*
木果楝 Xylocarpus granatum Koening(楝科),*海柚*
木果楝属 Xylocarpus Koenig(楝科)
木果缅茄(新拉汉英)=缅茄
木果卫矛 Euonymus xylocarpus C.Y.Cheng & Z. M.Gu (卫矛科)
木果蝇子草 Silene muliensis C.Y.Wu(石竹科)
木哈蒿(傣语)=水茄
木毫豪斯省藤 Calamus moorhousei Ftdo.(棕榈科)
木核山矾 Symplocos xylopyrena C.Y.Wu ex Y.F. Wu (山矾科)
木荷 Schima superba Gardn. & Champ.(山茶科),*何树,回树,木荷柴,横柴,木艾树*
木荷柴(浙江药志)=木荷
木荷树(浙江中草药)=树参
木荷属 Schima Reinw.(山茶科)
木斛(台湾植物目录)=木石斛

木蝴蝶 Oroxylum indicum (L.) Kurz(紫葳科),*白故纸,白千层,白玉纸,朝简,兜铃,海船,棵黄价,毛鸦船,牛脚筒,破故纸,千层纸,千张纸,千纸肉,三百两银药,土大黄,土黄柏,玉蝴蝶*
木蝴蝶属 Oroxylum Vent.(紫葳科)
木花生(广西)=紫荆木
木花生属(云南志)=**紫荆木属**
木患子(本草纲目)=无患子
木黄(广西北流)=粗叶木
木黄豆(云南蒙自,金平)=假木豆
木黄连(草木便方)=细柄十大功劳
木黄连(广西中药志)=沈氏十大功劳
木黄连(湖南)=黄连木
木黄芪 Astragalus arbuscula Pall.(豆科)
木鸡屎藤(中草药汇编)=粗叶木
木基栝楼 Trichosanthes quinquefolia C.Y.Wu ex C.Y.Cheng & Yueh(葫芦科)
木荚红豆 Ormosia xylocarpa Chun ex L.Chen (豆科),*欢五柴,黄姜树,牛假森,牛角木,琼州红豆,羊胆木,野油坛树*
木假地豆(广西药用名录)=假地豆
木碱蓬 Suaeda dendroides (C.A.Mey.) Moq.(藜科)
木姜菜(四川)=鸡骨柴
木姜菜(四川道孚)=川滇香薷
木姜冬青 Ilex litseaefolia Hu & Tang(冬青科)
木姜花(贵阳)=野草香
木姜花(贵州草药)=野草香
木姜楼梯草 Elatostema litseifolium W.T.Wang (荨麻科)
木姜润楠 Machilus litseifolia S.Lee(樟科)
木姜树(云南屏边)=红叶木姜子
木姜叶暗罗 Polyalthia litseifolia C.Y.Wu ex P.T. Li (番荔枝科)
木姜叶巴戟 Morinda litseifolia Y.Z.Ruan(茜草科)
木姜叶黄肉楠(海南志)=海南木姜子
木姜叶柯 Lithocarpus litseifolius (Hance) Chun (壳斗科),*甜茶,甜叶子树,胖椆,多穗石柯叶,多穗柯,多穗石栎*
木姜叶槭(分类学报)=长叶槭
木姜叶青冈 Cyclobalanopsis litseoides (Dunn) Schott. (壳斗科)
木姜子(高等图鉴)=毛叶木姜子
木姜子(广西,江西,四川)=山鸡椒
木姜子(江西)=山橿
木姜子(四川宝兴)=宝兴木姜子
木姜子 Litsea pungens Hemsl.(樟科),*陈茄子,猴香子,滑叶树,黄花子,腊梅树,辣姜子,兰香树,木椒根,木香子,木樟子,山胡椒,山姜子,生姜材,香桂子*
木姜子叶水锦树 Wendlandia litseifolia How(茜草科)
木姜子属 Litsea Lam.(樟科)
木浆花(四川叙永)=野草香
木豇豆(云南)=东方古柯
木桨子(云南河口)=假柿木姜子
木椒根(贵州草药)=木姜子
木蕉(生草药性备要)=美人蕉
木角豆(杭州药志)=梓
木金莲(天目药志)=丝带蕨
木锦鸡儿(中草药汇编)=黄刺条
木槿 Hibiscus syriacus L.(锦葵科),*朝天暮落花,川槿皮,藩篱草,槿漆,槿树,喇叭花,懒篱笆,木棉,荆条,平条子,枝槿*
木槿花(湖北)=蜀葵
木槿属 Hibiscus L.(锦葵科)

木茎×艾叶火绒草 Leontopodium stoechas ×artemisiifolium Hand.-Mazz.(菊科)
木茎×戟叶火绒草 Leontopodium stoechas ×dedekensii Hand.-Mazz.(菊科)
木茎火绒草 Leontopodium stoechas Hand.-Mazz. (菊科)
木茎火绒草小花变种(植物志 75)=小花木茎火绒草
木茎山金梅(东北检索表)=山莓草
木茎山金梅(中草药汇编)=隐瓣山莓草
木茎蛇根草 Ophiorrhiza lignosa Merr.(茜草科)
木茎香草 Lysimachia navillei (Lévl.) Hand.-Mazz. (报春花科)
木桔(植物有效成分手册)=木橘
木桔子(湖北)=野茉莉
木橘 Aegle marmelos (L.) Correa(芸香科),*孟加拉枰果,木桔,印度榅桲,印度枸桔,印度桔*
木橘属 Aegle Correa (芸香科),*印度枳属,孟加拉苹果属*
木壳柯(植物志 22)=木果柯
木壳石栎(植物志 22)=木果柯
木蜡树 Toxicodendron sylvestre (S. & Z.) O. Ktze. (漆树科),*七月倍,山漆树,野毛漆,野漆疮树,野漆树叶,野漆树根*
木辣(广西脂州)=裂果金花
木辣椒(广西药用名录)=短萼海桐
木来果(云南河口)=木奶果
木兰(述异记)=玉兰
木兰(苏南植物手册)=紫玉兰
木兰(天目药志)=丝带蕨
木兰(浙江)=称杆树
木兰杜鹃 Rhododendron nuttallii Booth(杜鹃花科)
木兰钝果寄生 Taxillus limprichtii (Gruning) H. S.Kiu (桑寄生科),*粤桑寄生*
木兰科 Magnoliaceae
木兰条(贵州快橙)=头序荛花
木兰属 Magnolia L.(木兰科)
木栏牙(河南)=栾树
木蓝(广西平南,海南)=蓝树
木蓝(陆川本草)=野青树
木蓝 Indigofera tinctoria L.(豆科),*大靛根,大蓝,槐蓝,火蓝,蓝靛,靛,青仔草,小青,小青蓝,野蓝枝子,野青靛,印度蓝*
木蓝叉(中草药土方土法)=苏木蓝
木蓝属 Indigofera L.(豆科)
木榄 Bruguiera gymnorrhiza (L.) Savigny(红树科),*包罗剪定,大头榄,鸡爪榄,鸡爪浪,剪定,枷定,五脚里,五梨蛟*
木榄属 Bruguiera Lamk.(红树科)
木勒木(海南志)=山桂花
木垒黄芪 Astragalus nicolai Boriss.(豆科)
木梨(河南)=榅桲
木梨 Pyrus xerophila Yü(蔷薇科),*酸梨,野梨,棠梨*
木梨花(树木分类学)=茉莉花
木梨(埤雅)=木瓜
木篱竹(竹谱详录)=车筒竹
木藜芦属 Leucothoë D.Don (杜鹃花科)
木李 (诗经)=木瓜
木里白酒草 Conyza muliensis Y.L.Chen(菊科)
木里白前(植物志 63)=大理白前
木里报春 Primula boreio-calliantha Balf.f. & Forr. (报春花科)
木里变种(植物志 65-2)=灰岩黄芩
木里糙苏 Phlomis muliensis C.Y.Wu(唇形科)
木里叉花草(云南植物研究)=琴叶马蓝

木里茶藨子 Ribes moupinense var. muliense S. H.Yu & J.M.Xu (虎耳草科)
木里齿冠紫堇 Corydalis bulleyana subsp. muliensis Lidén & Z.Y.Su(罂粟科)
木里赤瓟 Thladiantha lijiangensis var. latisepala A.M.Lu & Z.Y.Zhang(葫芦科)
木里垂头菊 Cremanthodium suave W.W.Sm.(菊科)
木里翠雀花 Delphinium muliense W.T.Wang(毛茛科)
木里滇芎 Physospermopsis muliensis Shan & S. L.Liou (伞形科)
木里吊灯花 Ceropegia muliensis W.W.Sm.(萝藦科)
木里杜鹃花 Rhododendron adenpsum Davidian (杜鹃花科)
木里短檐苣苔 Tremacron urceolatum K.Y.Pan (苦苣苔科)
木里多色杜鹃 Rhododendron rupicola var. muliense (Balf.f. & Forr.) Philip. & M.N. Philip. (杜鹃花科)
木里峨眉蕨 Lunathyrium wilsonii var. muliense Z.R.Wang (蹄盖蕨科)
木里凤仙花 Impatiens muliensis Y.L.Chen(凤仙花科)
木里附地菜 Trigonotis muliensis W.T.Wang (紫草科)
木里冠唇花 Microtoena muliensis C.Y.Wu ex Hsuan (唇形科)
木里合耳菊 Synotis muliensis Y.L.Chen(菊科),*木里尾药菊*
木里喉毛花 Comastoma muliense (Marq.) T. N.Ho (龙胆科)
木里厚喙菊 Dubyaea muliensis Shih(菊科)
木里厚棱芹 Pachypleurum muliense Shan & Pu (伞形科)
木里胡颓子 Elaeagnus bockii var. muliensis C. Y.Chang (胡颓子科)
木里黄堇 Corydalis muliensis C.Y.Wu & Z.Y.Su (罂粟科)
木里黄芪 Astragalus muliensis Hand.-Mazz.(豆科)
木里茴芹 Pimpinella silvatica Hand.-Mazz.(伞形科),*懋理茴芹*
木里蓟 Cirsium muliense Shih(菊科)
木里韭 Allium hookeri var. muliense Airy-Shaw (百合科)
木里栎 Quercus senescens var. muliensis (Hu) Y.C.Hsu & H.W.Jen(壳斗科)
木里鳞毛蕨 Dryopteris himachalensis Fraser-Jenkins (鳞毛蕨科)
木里瘤枝冬青(川大科学版)=木里陷脉冬青
木里柳 Salix muliensis Görz(杨柳科)
木里木蓝 Indigofera muliensis Y.Y.Fang & C.Z. Zheng (豆科)
木里木香(植物志 78-1)=灰毛川木香
木里拟蕨马先蒿 Pedicularis filicula var. saganaica Hand.-Mazz.(玄参科),*拟蕨马先蒿木里亚种*
木里千里光 Senecio muliensis C.Jeffr. & Y.L. Chen (菊科)
木里秋海棠 Begonia muliensis Yü(秋海棠科)
木里秋葵 Abelmoschus muliensis Feng(锦葵科)
木里鼠尾草 Salvia handelii Stib.(唇形科)
木里溲疏 Deutzia muliensis S.M.Hwang(虎耳草科)
木里薹草 Carex muliensis Hand.-Mazz.(莎草

科)
木里蹄盖蕨(西北植物学报)=毛叶蹄盖蕨
木里橐吾 Ligularia muliensis Hand.-Mazz.(菊科)
木里微孔草 Microula muliensis W.T.Wang(紫草科)
木里尾药菊(植物志 77-1)=木里合耳菊
木里乌头 Aconitum phyllostegium Hand.-Mazz.(毛茛科)
木里仙(浙江)=牛鼻栓
木里陷脉冬青 Ilex delavayi var. muliensis Fang & Z.M.Tan(冬青科),*木里瘤枝冬青*
木里香茶菜 Isodon muliensis (W.Sm.) Kudô(唇形科),*短维香茶菜,短叶香茶菜,雪花香茶菜*
木里香青 Anaphalis muliensis Hand.-Mazz.(菊科)
木里小檗 Berberis muliensis Ahrendt(小檗科)
木里雪莲 Saussurea muliensis Hand.-Mazz.(菊科)
木里栒子 Cotoneaster muliensis Kltz?(蔷薇科)
木理白前 Cynanchum muliense Tsiang(萝藦科)
木荔枝(广西浦北)=木奶果
木栗(浙江)=钩锥
木莲(图考)=薜荔
木莲 Manglietia fordiana Oliv.(木兰科),*黄心树*
木莲藕(中药大辞典)=珍珠莲
木莲金(天目药志)=书带蕨
木莲藤(日华子本草)=薜荔
木莲属 Manglietia Bl.(木兰科)
木梁木(广西苍梧)=秋枫
木蓼 Atraphaxis frutescens (L.) Ewersm.(蓼科)
木蓼树(湖北)=黄连木
木蓼属 Atraphaxis L.(蓼科)
木龙葵(植物志 67-1)=光枝木龙葵
木隆冬(上海中草药)=薜荔
木隆谷(上海中草药)=薜荔
木鲁星果棕 Astrocaryum murumurum Mart.(棕榈科)
木栾(救荒本草)=栾树
木落子(石药尔雅兴)=杏
木麻黄(通称)=木贼麻黄
木麻黄 Casuarina equisetifolia Forst.(木麻黄科),*短枝木麻黄,驳骨树,马尾树,驳骨松*
木麻黄科 Casuarinaceae
木麻黄属 Casuarina Adans.(木麻黄科)
木馒头(江南)=薜荔
木莓(尔雅)=山莓
木莓 Rubus swinhoei Hance(蔷薇科),*高脚老虎扭,斯氏悬钩子*
木蜜(崔豹:古今注)=枳椇
木槿(江苏)=木槿
木棉(名医别录)=杜仲
木棉(云南开远)=海岛棉
木棉 Bombax malabaricum DC.(木棉科),*红棉,英雄树,攀枝花,斑芝棉,斑芝树,攀枝*
木棉花(云南)=野棉花
木棉寄生(广西药用名录)=离瓣寄生
木棉科 Bombacaceae
木棉属 Bombax L.(木棉科)
木奶果 Baccaurea ramiflora Lour.(大戟科),*白皮,大连果,哥麻飞,黄果树,麦穗,木符埃,木来果,木荔枝,山豆,山萝葡,树葡萄,蒜产果,野黄皮树,枝花木奶果*
木奶果属 Baccaurea Lour.(大戟科),*黄果树属*
木批语藤(树木分类学)=薜荔
木皮(云南河口)=二色波罗蜜
木皮棕属 Drymophloeus Zipp.(棕榈科)

木坪耳蕨(蕨类图说)=穆坪耳蕨
木坪金粉蕨 Onychium moupinense Ching(中国蕨科),*木坪乌蕨*
木坪冷蕨(蕨类图说)=宝兴冷蕨
木坪乌蕨(蕨类图谱)=木坪金粉蕨
木坪栒子(经济植物手册)=宝兴栒子
木苹果属(经济植物手册)=**象橘属**
木麒麟 Pereskia aculeata Mill.(仙人掌科),*虎刺*
木麒麟属 Pereskia MIll.(仙人掌科)
木茄(广东高州)=缅茄
木琼丝哇(藏名)=金钩如意草
木球荚蒾(中药大辞典)=绣球荚蒾
木乳(普济方)=皂荚
木沙树(广西药用名录) =构树
木山蚂蝗属(台湾志)=**假木豆属**
木珊瑚(峨眉)=倒披针叶珊瑚
木珊瑚(纲目)=枳椇
木勺草(浙江)=韩信草
木虱槁(广东,海南)=臀果木
木虱罗(广东,海南)=臀果木
木石斛 Dendrobium crumenatum Sw.(兰科),*木斛,鸽石斛*
木氏藏芥 Phaeonychium jafrii Al-Shehbaz (十字花科)
木熟果(广西)=兰屿福木
木熟果(广西)=木竹子
木薯 Manihot esculenta Crantz(大戟科),*树葛*
木薯胶 Manihot glaziovii Muell.Arg.(大戟科)
木薯属 Manihot P.Mill.(大戟科)
木蒴藋(唐本草)=接骨木
木苏鸢尾 Iris musulmanica Fomine (鸢尾科)
木踏子(广西)=阳桃
木桃 (诗经)=毛叶木瓜
木桃果(云南屏边)=栀子皮
木藤(海南)=杖藤
木藤蓼 Fallopia aubertii (L.Henry) Holub(蓼科),*奥氏蓼,赤地胆,大红药,降头,酱头,酱头丛叶蓼,康藏何首乌,血地胆,血七*
木天蓼(唐本草)=大籽猕猴桃
木天蓼(唐本草)=葛枣猕猴桃
木田菁(广州志)=大花田菁
木通(东北)=关木通
木通(四川,云南)=五月瓜藤
木通(药性论)=白木通
木通 Akebia quinata (Houtt.) Decne. (木通科),*八月瓜,八月炸,八月炸藤,丁年藤,丁翁,附通子,附支,海风藤,活血藤,山黄瓜,山通草,通草,万年藤,五拿绳,五叶木通,羊开口,野木瓜,野香蕉,预知子*
木通根(药性论)=三叶木通
木通花(经济植物手册)=大叶铁线莲
木通科 Lardizabalaceae
木通马兜铃(东北木志,植物志 24)=关木通
木通七叶莲(中草药汇编)=野木瓜
木通树(云南)=通脱木
木通藤(云南药用名录)=钝萼铁线莲
木通属 Akebia Decne. (木通科)
木茼蒿 Argyranthemum frutescens (L.) Sch.-Bip.(菊科)
木茼蒿属 Argyranthemum Webb. ex Sch.-Bip.(菊科)
木头疳(广西药用名录)=蔓九节
木头树(江西,安徽)=杉木
木威子(金楼子,本草拾遗)=乌榄
木味水(广西博白)=黄毛五月茶
木五倍子(四川)=盐肤木
木五加(广东,广西)=树参

木五加属(科属辞典)=**树参属**
木犀 Osmanthus fragrans (Thunb.) Lour.(木犀科),*桂花,金木犀,丹桂,桂树根,桂根,四季桂子*
木犀草 Reseda odorata L.(木犀草科),*香草*
木犀草科 Resedaceae
木犀草属 Reseda L.(木犀草科)
木犀科 Oleaceae
木犀榄 Olea europaea L.(木犀科),*齐墩果,油橄榄,洋橄榄,阿列布*
木犀榄属 Olea L.(木犀科),*阿列布属,齐墩果属*
木犀属 Osmanthus Lour.(木犀科)
木锡(崔豹:古今注)=枳椇
木樨假卫矛 Microtropis osmanthoides Hand.-Mazz. (卫矛科)
木香(甘肃舟曲)=方枝柏
木香(玛利氏植物名录)=总状土木香
木香(群芳谱)=木香花
木香(四川沧溪)=宝兴马兜铃
木香(植物志 78-1)=厚叶川木香
木香 Saussurea costus (Falc.) Lipsch.(菊科),*云木香,广木香,青木香*
木香花(经济志)=单瓣白木香
木香花 Rosa banksiae Ait.(蔷薇科),*木香,七里香*
木香马兜铃(高等图鉴)=宝兴马兜铃
木香薷 Elsholtzia stauntoni Benth.(唇形科),*柴荆芥,臭荆芥,荆芥,山菁芥,山菁荆芥,香荆芥,野荆芥*
木香子(四川)=毛叶木姜子
木香子(四川)=木姜子
木椆臭(江西婺源)=红紫苏
木蟹(天目药志)=红毒茴
木蟹柴(浙江经志)=红毒茴
木绣球(拉汉名称)=绣球荚蒾
木绣球(树木分类学)=半边月
木血蝎(滇南本草)=海南龙血树
木雅景天 Sedum muyaicum K.T.Fu(景天科)
木岩黄芪 Hedysarum fruticosum var. lingosum (Trautv.) Kitag.(豆科)
木羊乳(福州)=南丹参
木羊乳(吴普本草)=丹参
木腰子(内蒙)=榼藤
木茵子(海南)=多蕊蛇菰
木油桐 Vernicia montana Lour.(大戟科),*千年桐,皱果桐*
木鱼坪淫羊藿 Epimedium franchetii Stearn(小檗科)
木泽兰 Eupatorium tashiroi Hay.(菊科)
木贼(滇南本草)=笔管草
木贼 Equisetum hiemale L.(木贼科),*节节草,接骨草,无心草,节骨草,笔头草*
木贼草(四川)=笔管草
木贼枫藤(天目药志)=石岩枫
木贼科 Equisetaceae
木贼麻黄 Ephedra equisetina Bge.(麻黄科),*木麻黄,山麻黄,麻黄,苦椿菜*
木贼属 Equisetum Milde(木贼科)
木贼状荸荠 Heleocharis equisetina J. & C.Presl (莎草科)
木樟子(高等图鉴)=木姜子
木枝挂苦藤(树木分类学)=冠盖绣球
木枝旋覆花(植物志 75)=拟羊耳菊
木质桂苦藤(四川)=冠盖绣球
木帚栒子 Cotoneaster dielsianus Pritz.(蔷薇科),*木帚子,茅铁香,石板柴,狄氏栒子*
木帚栒子小叶变种(植物志 36)=小叶木帚栒子

木帚子(四川)=柳叶栒子
木帚子(四川)=木帚栒子
木珠兰(四川中药志)=米仔兰
木竹(江苏江浦)=灰竹
木竹(江苏志)=实心竹
木竹 Bambusa rutila McClure (禾本科),*扁担竹*
木竹子(纲目拾遗)=兰屿福木
木竹子(桂海虞衡志)=岭南山竹子
木竹子 Garcinia multiflora Champ. ex Benth.(藤黄科),*阿毕早,白树仔,补朗袜,不碌果,查牙桔,大肚脐,大核果,多花山竹子,花瓶果,咪枢,木熟果,楠椰桔,山桔子,山枇杷,山竹子,酸白果,酸果,酸桐子,铁色,竹节果*
木苎麻(植物志 23-2)=密花苎麻
木锥花(思茅中草药)=小齿锥花
木锥花 Gomphostemma arbusculum C.Y.Wu(唇形科)
木子花 Rhamnus esquirolii var. glabrata Y.L. Chen & P.K.Chou(鼠李科)
木子树(湖北兴山,江西武宁)=乌桕
木紫珠 Callicarpa arborea Roxb.(马鞭草科),*南洋紫珠马踏皮,白叶子树,乔木紫珠,梅发破*
木篙竹 Bambusa wenchouensis (Wen) Q.H.Dai (禾本科),*毛单竹,王竹,大木竹,九层脑*
目浪树(台湾)=无患子
目目生珠草(泉州本草)=白花蛇舌草
沐川玉山竹 Yushania exilis Yi (禾本科)
牧场草属 Uniola L.(禾本科)
牧场茶藨子 Ribes cynosbati L.(虎耳草科)
牧场黄芪 Astragalus pastorius Tsai & Yü(豆科)
牧地狼尾草 Pennisetum setosum (Swartz) Rich. (禾本科)
牧地山黧豆 Lathyrus pratensis L.(豆科),*牧地香豌豆*
牧地香豌豆(豆科图说)=牧地山黧豆
牧豆树 Prosopis cineraria (L.) Druce (豆科)
牧豆树 Prosopis juliflora (Swartz) DC.(豆科)
牧豆树属 Prosopis L.(豆科)
牧根草 Asyneuma japonicum (Miq.) Briq.(桔梗科)
牧根草属 Asyneuma Griseb. & Schenk(桔梗科)
牧孤梨(河南)=河南海棠
牧虎梨(河南)=野山楂
牧马豆(东北检索表)=披针叶野决明
牧山景天 Sedum pratoalpinum Fröd.(景天科)
牧野杜鹃花 Rhododendron makinoi Tagg.(杜鹃花科)
牧野薹草 Carex makinoensis Franch.(莎草科)
苜蓿(名医别录)=野苜蓿
苜蓿(图考)=紫苜蓿
苜蓿菟丝子(新疆)=欧洲菟丝子
苜蓿属 Medicago L.(豆科)
墓回头(江苏)=黄瓜菜
墓回头(新疆)=中败酱
墓头灰(山西中药志)=墓头回
墓头回(纲目)=糙叶岩败酱
墓头回 Patrinia heterophylla Bge.(败酱科),*摆子草,箭头风,老虎草,墓头灰,异叶败酱,追风箭*
睦边青冈(植物志 22)=毛果青冈
睦南木莲 Manglietia chevalieri Dandy(木兰科)
慕荷(四川)=七叶鬼灯檠
慕琼单圆(西藏)=全缘叶绿绒蒿
慕索凤仙花 Impatiens mussoti HK.f.(凤仙花科)
穆垃紫菀(植物志 74)=川鄂紫菀
穆坪茶藨子(经济植物手册)=宝兴茶藨子
穆坪醋栗(华北经济志要)=宝兴茶藨子
穆坪耳蕨 Polystichum moupinense (Franch.) Bedd.(鳞毛蕨科),*宝兴耳蕨,木坪耳蕨*
穆坪冠唇花(分类学报)=宝兴冠唇花
穆坪柳(树木分类学)=宝兴柳
穆坪马先蒿 Pedicularis moupinensis Franch.(玄参科)
穆坪兔儿风 Ainsliaea lancifolia Franch.(菊科),*小血金丹,肺经草,披针叶兔耳风*
穆坪紫堇 Corydalis flaxuosa Franch.(罂粟科)
穆坪醉鱼草(树木分类学)=大叶醉鱼草
穆氏木贼 Equisetum moorei Newm.(木贼科)
穆氏蔷薇(经济植物手册)=华西蔷薇
萩蕵(救荒本草)=花蔺
萩蕵属(植物志 8)=**花蔺属**

Na

拿戛千里光(广西药用名录)=锯叶合耳菊
拿拉藤(科属辞典)=两广锡兰莲
拿拉藤属(科属辞典)=**锡兰莲属**
拿身草(广东)=小槐花
拿藤(江西)=三叶木通
那波利葱(新拉汉英)=纸花葱
那大紫玉盘 Uvaria macclurei Diels(番荔枝科)
那菲早熟禾 Poa nephelophila Bor(禾本科)
那果(海南)=钝叶厚壳桂
那加黄堇 Corydalis borii C.E.C.Fisch.(罂粟科)
那觉小檗 Berberis atroviridis Ying(小檗科)
那克哈杜鹃 Rhododendron nakaharai Hay.(杜鹃花科),*中原氏杜鹃*
那冷门(藏名)=海韭菜
那力薄其-沙里尔日(蒙语)=细叶沙蒿
那林-哈比斯干纳(蒙名)=毛梗鸦葱
那马-甲马(藏语)=垫型蒿
那木日音-道来音-伊达日阿(蒙名)=尖裂黄瓜菜
那旁亚麻 Linum narbonense L.(亚麻科)
那坡唇柱苣苔 Chirita naponensis Z.Y.Li(苦苣苔科)
那坡凤仙花 Impatiens napoensis Y.L.Chen(凤仙花科)
那坡孩儿草 Rungia napoensis D.Fang & H.S.Lo (爵床科)
那坡红豆 Ormosia napoensis Z.Wei & R.H. Chang.(豆科)
那坡爵床(广西植物)=那坡野靛棵
那坡楼梯草 Elatostema napoense W.T.Wang(荨麻科)
那坡榕 Ficus napoensis S.S.Chang(桑科)
那坡山姜 Alpinia napoensis H.Dong & G.J.Xu (姜科)
那坡蛇根草 Ophiorrhiza napoensis Lo(茜草科)
那坡铁线莲 Clematis napoensis W.T.Wang(毛茛科)
那坡腺萼木 Mycetia anlongensis var. multiciliata Lo(茜草科)
那坡野靛棵 Mananthes kampotensis(R.Ben.) C. Y.Wu & C.C.Hu(爵床科),*那坡爵床*
那塔丽拉蒙苣苔 Ramonda nathaliae Panc.(苦苣苔科)
那藤(广西药用名录)=牛藤
那托(琼中黎语)=调羹树
那猪草(广西药用名录)=柔毛艾纳香
纳迪纳库得拉草 Kudrjaschevia nadinae (Lipsky) Pojark.(唇形科)
纳槁(海南)=纳槁润楠
纳槁(海南加积,南桥)=假柿木姜子
纳槁润楠 Machilus nakao S.Lee(樟科),*纳槁*
纳葛廨(霉疠新书)=柞木
纳会(台湾青草药)=芦荟
纳林-胡岑格(内蒙)=花苜蓿
纳木拉乌头 Aconitum namlaense W.T.Wang(毛茛科)
纳闹红(广西)=穿鞘花
纳普石竹 Dianthus knappii Aschers.(石竹科)
纳日音-呼庆黑(内蒙)=细齿草木犀
纳苏乌头 Aconitum nasutum Fisch.(毛茛科)
纳塔尔秋海棠 Begonia natalensis HK.(秋海棠科)
纳拥合耳菊 Synotis nayongensis C.Jeffr. & Y.L. Chen (菊科)
纳雍耳蕨 Polystichum naoyongense P.S.Wang & X.Y.Wang(鳞毛蕨科)
纳雍槭 Acer nayongense Fang(槭树科)
娜孚(傣族名)=羊耳菊
钠猪毛菜 Salsola nitraria Pall.(藜科)

Nai

乃东(本经)=夏枯草
乃东虎耳草 Saxifraga densifoliata var. nedongensis J.T.Pan(虎耳草科)
乃蕨(蕨类图说)=欧洲金毛裸蕨
乃日扎古尔(内蒙)=中间锦鸡儿
奶参(山东,广东)=羊乳
奶果猕猴桃 Actinidia carnosifolia var. glaucescens C.F.Liang(猕猴桃科)
奶合藤(华北)=萝藦
奶瓠(福建中药志)=番木瓜
奶蓟(植物志 78-1)=水飞蓟
奶浆参(红河中草药)=绿茎还阳参
奶浆参(昆明草药)=万丈深
奶浆草(草药汇编)=萝藦
奶浆草(福建)=半边莲
奶浆草(四川)=华萝藦
奶浆草(新华本草纲要)=乳浆大戟
奶浆柴胡(中药辞海)=万丈深
奶浆果(广西)=翅果藤
奶浆果(四川中草药)=异叶榕
奶浆果(云南)=贯筋藤
奶浆果(云南西畴)=二色波罗蜜
奶浆藤(分类草药性)=打碗花
奶浆藤(广西)=古钩藤
奶浆藤(华北)=萝藦
奶浆藤(四川)=青羊参
奶浆藤(四川,贵州)=华萝藦
奶浆藤(天宝本草)=牛皮消
奶浆藤(云南,贵州)=苦绳
奶流(山西)=罗布麻
奶流子(山西)=罗布麻
奶囊蕨 Thylacopteris papillosa (Bl.) Kze.(水龙骨科)
奶囊蕨属 Thylacopteris Kunze (水龙骨科)
奶疲草(浙江)=爵床
奶桑 Morus macroura Miq.(桑科)
奶薯(高等图鉴)=羊乳
奶藤(广西)=天星藤
奶藤(南方有毒植物)=暗消藤
奶腥菜花(植物志 73-2)=泡沙参
奶杨草(浙江)=爵床
奶汁草(本经逢原)=蒲公英
奶汁草(福建)= 地锦草
奶汁草(广西)=飞扬草
奶汁树(江西草药)=条叶榕
奶汁树(中药大辞典)=琴叶榕
奶汁藤(广西)=催乳藤
奶汁藤(广西)=大叶藤
奶椎(河南中草药)=刺果甘草
奶子倒葫芦(江西)=琴叶榕

奶子藤 Bousigonia mekongensis Pierre(夹竹桃科)
奶子藤属 Bousigonia Pierre.(夹竹桃科),*菠锡岗属*
奈尔氏木属(科属检索表)=**绣线梅属**
奈特柏木 Cupressus lusitanica var. knigghtia Rehd.(柏科)
奈特小檗 Berberis knightii (Lindl.) K.Koch (小檗科)
柰(西京杂记)=苹果
柰花(丹铅杂录)=茉莉花
柰李木属(科属辞典)=**绣线梅属**
柰子(千金·食治)=苹果
耐冬(广群芳谱)=络石
耐冬果(昆明草药)=小叶栒子
耐国蝇子草 Silene zhoui C.Y.Wu(石竹科),*全缘瓣女娄菜*
耐寒杜鹃花 Rhododendron ungernii Trautv.(杜鹃花科)
耐寒委陵菜 Potentilla gelida C.A.Mey.(蔷薇科)
耐寒栒子 Cotoneaster frigidus Wall. ex Lindl.(蔷薇科)
耐旱欧石南 Erica sitiens Klotzsch (杜鹃花科)
耐碱树(豆科图说)=铃铛刺
耐惊草(救荒本草)=莲子草
耐久鹅观草(禾本科图说)=岷山鹅观草
耐酸草 Bromus pumpellianus Scribn.(禾本科)
耐阴虎耳草 Saxifraga umbrosa L.(虎耳草科)
耐阴美苓草(拉汉名称)=新疆种阜草
耐阴木贼 Equisetum umbrosum Meyer & Willd.(木贼科)
耐荫冬青 Ilex purpurea var. umbratica Loes.(冬青科)
耐荫新风轮菜 Calamintha umbrosa Benth.(唇形科)
萘西(四川若尔盖)=红花岩生忍冬

Nan

男刁樟(浙江)=舟山新木姜子
南艾蒿 Artemisia verlotorum Lamotte(菊科),*白蔽,大青蒿,苦蒿,紫蒿,红陈艾,刘寄奴*
南安(广东,海南)=黄樟
南奥杜鹃(台湾志)=短鳞芽杜鹃
南巴省藤 Calamus nambariensis Becc.(棕榈科)
南败酱(湖北中药志)=菥蓂
南板蓝根(高等图鉴)=马蓝
南边杜鹃 Rhododendron meridionale Tam(杜鹃花科)
南扁豆(图经本草,滇南本草)=扁豆
南薄荷(山东)=薄荷
南布拉虎耳草 Saxifraga nambulana H.Sm.(虎耳草科)
南布正(贵州方药集)=柔毛路边青
南部香脂冷杉(新拉汉英)=福莱胶枞
南藏菊(高等图鉴)=西藏川木香
南草(名医别录)=川续断
南柴胡(中药志)=红柴胡
南昌格菱 Trapa pseudoincisa var. nanchangensis W.H.Wan(菱科)
南昌金钱草(中药通讯)=破铜钱
南昌卫矛 Euonymus ellipticus (C.H.Wang) C.Y. Cheng (卫矛科)
南赤瓟 Thladiantha nudiflora Hemsl. ex Forbes & Hemsl.(葫芦科),*赤瓟儿,地黄瓜,球子莲,丝瓜南,野丝瓜,野丝瓜*
南臭皮藤 Paederia kerrii Craib (夹竹桃科)
南川百合 Lilium rosthornii Diels(百合科)
南川斑鸠菊 Vernonia bockiana Diels(菊科)
南川茶 Camellia nanchuanica Chang & Xiong (山茶科)
南川长柄槭 Acer longipes var. nanchuanense Fang(槭树科)
南川冬青 Ilex nanchuanensis Z.M.Tan(冬青科)
南川短肠蕨 Allantodia nanchuanica W.M.Chu (蹄盖蕨科)
南川椴 Tilia nanchuanensis H.T.Chang(椴树科)
南川对叶兰 Listera nanchuanica S.C.Chen(兰科)
南川峨眉蕨 Lunathyrium nanchuanense Ching Z.Y.Liu? (蹄盖蕨科)
南川附地菜 Trigonotis laxa Johnst.(紫草科),*野甜菜*
南川复叶耳蕨 Arachniodes nanchuanensis Ching & Z.Y.Liu? (鳞毛蕨科)
南川腹水草 Veronicastrum stenostachyum subsp. nanchuanense Chin & Hong(玄参科),*腹水草南川亚种*
南川冠唇花 Microtoena prainiana Diels(唇形科),*龙头花*
南川过路黄 Lysimachia nanchuanensis C.Y.Wu (报春花科)
南川金盏苣苔 Isometrum nanchuanicum K.Y. Pan (苦苣苔科)
南川景天 Sedum rosthornianum Diels(景天科)
南川柯 Lithocarpus rosthornii (Schott.) Barn.(壳斗科),*皱叶石栎*
南川冷水花 Pilea nanchuanensis C.J.Chen(荨麻科),*水珠麻,倒老嫩,半边座*
南川镰序竹 Drepanostachyum melicoideum Keng f. (禾本科),*爬竹*
南川鳞果星蕨 Lepidomicrosorium nanchuanense Ching & Z.Y.Liu(水龙骨科)
南川柳 Salix rosthornii Seemen(杨柳科),*白溪柳*
南川楼梯草 Elatostema nanchuanense W.T. Wang (荨麻科)
南川鹿药 Maianthemum nanchuanense H.Li & J.L.Huang (百合科)
南川鹭鸶草 Diuranthera inarticulata Wang & K. Y.Lang (百合科),*南川鹭鸶兰*
南川鹭鸶兰(Flora 24)=南川鹭鸶草
南川马先蒿 Pedicularis nanchuanensis Tsoong (玄参科)
南川毛蕨 Cyclosorus nanchuanensis Ching & Z.Y.Liu (金星蕨科)
南川梅花草 Parnassia amoena Diels(虎耳草科)
南川绵穗苏 Comanthosphace nanchuanensis C.Y.Wu & H.W.Li(唇形科)
南川木波罗 Artocarpus nanchuanensis S.S. Chang (桑科)
南川牛奶子 Elaeagnus nanchuanensis C.Y. Chang (胡颓子科)
南川盆距兰 Gastrochilus nanchuanensis Z.H.Tsi (兰科)
南川桤叶树 Clethra nanchuanensis Fang & L.C. Hu (桤叶树科)
南川前胡 Peucedanum dissolutum (Diels) Wolff (伞形科),*岩棕,岩风*
南川青荚叶 Helwingia himalaica var. nanchuanensis (Fang) Fang & Soong(山茱萸科)
南川秋海棠 Begonia dielsiana E.Pritz.(秋海棠科)
南川润楠 Machilus nanchuanensis N.Chao ex S. Lee (樟科)
南川山姜 Alpinia nanchuanensis Z.Y.Zhu(姜科)
南川升麻 Cimicifuga nanchuenensis Hsiao(毛茛科),*绿豆升麻*
南川石杉 Huperzia nanchuanensis (Ching & H. S.Kung) Ching(石杉科),*南川石松*
南川石松(分类学报)=南川石杉
南川石韦 Pyrrosia nanchuanensis Ching?(水龙骨科)
南川鼠麴草 Gnaphalium nanchuanense Ling & Tseng (菊科)
南川鼠尾草 Salvia nanchuanensis Sun(唇形科),*居间变型*
南川溲疏 Deutzia nanchuanensis W.T.Wang(虎耳草科)
南川薹草 Carex nanchuanensis Chü ex S.Y. Liang (莎草科)
南川藤山柳 Clematoclethra nanchuanensis W.T. Wang (猕猴桃科)
南川橐吾 Ligularia nanchuanica S.W.Liu(菊科)
南川卫矛 Euonymus bockii Loes.(卫矛科),*石宝茶藤*
南川细辛 Asarum nanchuanense C.S.Yang & J. L.Wu (马兜铃科),*山花椒*
南川小檗 Berberis fallaciosa Schneid. (小檗科)
南川绣球(云南植物名录)=粗枝绣球
南川绣线菊 Spiraea rosthornii Pritz.(蔷薇科),*罗氏绣线菊*
南川樱桃(新)Prunus carcharis Koehne?(蔷薇科)
南川泽兰 Eupatorium nanchuanense Ling & Shih(菊科)
南川紫菊 Notoseris porphyrolepis Shih(菊科)
南川紫珠 Callicarpa bodinieri var. rosthornii (Diels) Rehd.(马鞭草科),*罗桑氏紫珠*
南垂茉莉 Clerodendrum henryi P'ei(马鞭草科)
南大戟(药用植物简编)=红大戟
南丹参 Salvia bowleyana Dunn(唇形科),*八莲麻,奔马草,赤参,丹参,红根,红萝卜,木羊乳,七里蕉,七里麻,紫丹参,紫根*
南丹附地菜 Trigonotis nandanensis C.J.Wang (紫草科)
南丹蛇根草 Ophiorrhiza nandanica Lo(茜草科)
南丹唐竹 Sinobambusa nandanensis Wen (禾本科)
南荻 Triarrhena lutarioriparia L.Liu(禾本科),*胖节荻*
南丁香(河南)=蓝丁香
南豆(本草纲目)=蚕豆
南豆(广东,广西)=扁豆
南方变种(植物志 65-2,Flora 17)=山甘草
南方刺柏 Juniperus silicicola (Small.) Bailey (柏科)
南方大叶柴胡 Bupleurum longiradiatum f. australe Shan & Y.Li(伞形科)
南方带唇兰 Tainia ruybarrettoi (S.Y.Hu & Barretto) Z.H.Tsi(兰科)
南方杜鹃花 Rhododendron austrinum (Small.) Rehd.(杜鹃花科)
南方复叶耳蕨 Arachniodes australis Y.T.Hsieh (鳞毛蕨科),*尾形复叶耳蕨*
南方桂樱 Laurocerasus australis Yü & Lu(蔷薇科)
南方红豆杉 Taxus wallichiana var. mairei (Lemée & H.Lévl.) L.K.Fu & Nan Li(红豆杉科),*赤椎,臭榧,榧子木,海罗松,红叶水杉,美丽红豆杉,杉公子,血榧*
南方荚蒾 Viburnum fordiae Hance(忍冬科),*东南荚蒾,猫屎果,猫屎树,酸闷木,酸汤果,小雷*

公子,炎柴树,炎斋
南方碱蓬 Suaeda australis (R.Br.) Moq.(藜科)
南方狸藻 Utricularia australis R.Br.(狸藻科),*鱼刺草,狗尾巴草*
南方六道木 Abelia dielsii (Graebn.) Rehd.(忍冬科),*太白六道木*
南方露珠草 Circaea mollis S. & Z.(柳叶菜科),*细毛谷蓼,白洋漆药,红节草,野牛夕*
南方芦苇(新拉汉英)=芦韦
南方木天竺葵 Pelargonium abrotanifolium Jacq.(牻牛儿苗科)
南方泡桐(Flora 18)=台岛泡桐
南方泡桐(植物志 67-2)=川泡桐
南方泡桐 Paulownia ×taiwaniana T.W.Hu & H.J.Chang (玄参科)
南方普氏马先蒿 Pedicularis przewalskii subsp. australis (Li) Tsoong(玄参科),*普氏马先蒿南方亚种*
南方山拐枣 Poliothyrsis sinensis var. subglabra S.S.Lai(大风子科)
南方山荷叶 Diphylleia sinensis H.L.Li(小檗科),*窝儿七,江边一碗水,金边七,一碗水,窝儿参*
南方双蝴蝶 Tripterospermum australe J.Murata (龙胆科)
南方铁角蕨 Asplenium belangeri (Bory) Kze.(铁角蕨科),*桂琼铁角蕨*
南方铁杉(植物志 7)=铁杉
南方铁杉 Tsuga chinensis var. tchekiangensis (Flous) Cheng & L.K.Fu(松科),*浙江铁杉*
南方兔儿伞 Syneilesis australis Ling(菊科)
南方菟丝子 Cuscuta australis R.Br.(旋花科),*女萝,金线藤,飞扬藤,欧洲菟丝子*
南方卫矛 Euonymus hamiltonianus var. australis Kom.(卫矛科)
南方虾脊兰 Calanthe lyroglossa Rchb.f.(兰科),*连翘根节兰,黄花根节兰*
南方香简草 Keiskea australis C.Y.Wu & H.W.Li (唇形科)
南方小檗 Berberis kerriana Ahrendt(小檗科)
南方雪层杜鹃 Rhododendron nivale subsp. australe Philip. & M.N.Philip.(杜鹃花科)
南方眼子菜(植物志 8)=钝叶眼子菜
南方眼子菜 Potamogeton octandrum Poir.(眼子菜科)
南方缨瓣 Crossopetalum austrinum Gardner.(卫矛科)
南方玉凤花 Habenaria malintana (Blanco) Merr.(兰科),*马宁玉凤花*
南方紫金牛 Ardisia thyrsiflora D.Don (紫金牛科),*细柄罗伞,滇紫金牛*
南非槐 Sophora inhambanensis Klotz.(豆科)
南非黄眼草(Flora 24)=黄谷精
南非黄眼草 Xyris capensis Thunb.(黄眼草科)
南非欧石南 Erica capensis Salter (杜鹃花科)
南非蜘蛛兰 Bartholina ethelae Bolus (兰科)
南非蜘蛛兰属 Bartholina R.Br.(兰科)
南丰蜜橘 Citrus reticulata cv. Kinokuni(芸香科)
南丰竹(竹种类及栽培)=毛竿少穗竹
南扶留(和汉药考)=葛枣猕猴桃
南葛(中草药汇编)=皱果赤瓟
南贡隔距兰 Cleisostoma nangongense Z.H.Tsi (兰科)
南瓜 Cucurbita moschata (Duch. ex Lam.) Duch. ex Poiret(葫芦科),*白瓜子,北瓜,番瓜,番南瓜,番蒲,饭瓜,金冬瓜,金瓜,癞瓜,麻帮罕,麦瓜,盘肠草,倭瓜,窝瓜子*
南瓜七(浙江草药)=蜂斗菜
南瓜属 Cucurbita L.(葫芦科)
南瓜子金(广西药用名录)=尖叶眼树莲
南国山矾 Symplocos austrosinensis Hand.-Mazz.(山矾科)
南国田字苹 Marsilea crenata C.Presl(苹科)
南国玉属 Notocactus (K.Schim.) A.Berger (仙人掌科)
南海楼梯草 Elatostema edule C.B.Robinson(荨麻科)
南海瓶蕨 Vandenboschia radicans (Sw.) Cop.(膜蕨科),*长柄瓶蕨*
南海舌蕨 Elaphoglossum callifolium (Bl.) Moore (舌蕨科),*锐头舌蕨*
南海铁角蕨 Asplenium loriceum Christ(铁角蕨科)
南海芋 Alocasia hainanica N.E.Brown (天南星科)
南红藤 Mimulus tenellus var. platyphyllus (Fr.) Tsoong(玄参科),*宽叶沟酸浆*
南胡枝子 Lespedeza wilfordi Rick.(豆科)
南湖斑叶兰 Goodyera nankoensis Fukuyama(兰科)
南湖扁果薹(台湾志)=南湖薹草
南湖雏兰(台湾志)=台湾无柱兰
南湖大山拉拉藤 Galium nankotaizanum Ohiw (茜草科)
南湖大山兰(台兰科图鉴)=南湖红门兰
南湖大山早熟禾 Poa nankoensis Ohwi(禾本科)
南湖当归 Angelica morrisonicola var. nanhutashanensis Liku(伞形科)
南湖杜鹃花 Rhododendron nanfumontanum Hay.(杜鹃花科)
南湖耳蕨(台湾志)=芒刺耳蕨
南湖红门兰 Orchis nanhutashanensis S.S.Ying (兰科),*南湖大山兰*
南湖菱(浙江嘉兴)=无角菱
南湖柳叶菜 Epilobium nankotaizanense Yamamoto (柳叶菜科)
南湖毛茛(植物志 28)=蓬莱毛茛
南湖毛茛 Ranunculus nankotaizanus J.Ohwi(毛茛科)
南湖全唇兰(台兰科图鉴)=阿里山全唇兰
南湖双叶兰(台湾志)=台湾对叶兰
南湖薹草 Carex atrata subsp. apodostachya (Ohwi) T.Koyama(莎草科),*南湖扁果薹*
南湖小檗 Berberis hayatana Mizush. (小檗科)
南湖紫羊茅 Festuca rubra var. nankotaizanensis Ohwi (禾本科)
南花术(中药志)=苍术
南华杜鹃(图谱)=猴头杜鹃
南黄堇 Corydalis davidii Franch.(罂粟科),*百脉根,断肠草,何及南博,黄断肠草,老龙草,南黄紫堇,牛角花,山香,水黄连,土黄芩,小牛角草*
南黄精(广西,江西)=多花黄精
南黄芪 Astragalus australis (L.) Lam.(豆科)
南黄紫堇(高等图鉴)=南黄堇
南黄紫堇(湖北志)=北岭黄堇
南汇无心银杏(植物志 7)=无心银杏
南火绳 Eriolaena candollei Wall.(梧桐科)
南极白粉藤 Cissus antarctica Vent.(菊科)
南极黄杨叶小檗 Berberis buxifolia var. antarctica Schneid (小檗科)
南极茅香 Hierochloë antarctica (Labill.) R.Br.(禾本科)
南蓟 Cirsium argyrancanthum DC.(菊科)
南涧杜鹃 Rhododendron nanjianense K.M.Feng & Z.H.Yang(杜鹃花科)
南疆点地梅 Androsace flavescens Maxim.(报春花科)
南疆黄堇 Corydalis krasnovii M.Mikhailova(罂粟科)
南疆黄芪 Astragalus nanjiangianus K.T.Fu(豆科)
南疆荆芥(植物志 65-2)=刺尖荆芥
南疆苓菊 Jurinea kaschgarica Iljin(菊科)
南疆薹草 Carex taldycola Meinsh.(莎草科)
南疆新塔花 Ziziphora pamiroalaica Juz. ex Nevski (唇形科)
南峤滇竹 Gigantochloa parviflora (Keng f.) Keng f.(禾本科)
南芥属 Arabis L.(十字花科),*腋花芥属*
南京白杨(南京)=小叶杨
南京椴 Tilia miqueliana Maxim.(椴树科),*菩提树皮,菩提树花*
南京珂楠树(植物志 47-1)=红柴枝
南京柳 Salix nankingensis C.Wang & Tung (杨柳科)
南京木蓝 Indigofera chenii Chien(豆科),*长年木蓝*
南京玄参 Scrophularia nankinensis P.C.Tsoong (玄参科)
南京珍珠茅 Scleria nankingensis Tang & Wang (莎草科)
南靖复叶耳蕨 Arachniodes nanjingensis Ching (鳞毛蕨科)
南鹃属 Pernettya Gaud.-Beaup.(杜鹃花科)
南口锦鸡儿 Caragana zahlbrückneri Schneid.(豆科)
南苦参(广西)=暗消藤
南苦苣菜 Sonchus lingianus Shih(菊科)
南昆杜鹃 Rhododendron naamkwanense Merr.(杜鹃花科),*南昆山杜鹃*
南昆山杜鹃(防治选编)=南昆杜鹃
南昆虾脊兰 Calanthe nankunensis Z.H.Tsi(兰科)
南昆折柄茶 Hartia nankwanica Chang & Ye(山茶科)
南来新木姜(高等图鉴)=南亚新木姜子
南兰(龙津)=食用秋海棠
南梨属(科属检索表)=**绣线梅属**
南岭杜鹃 Rhododendron levinei Merr.(杜鹃花科),*北江杜鹃*
南岭虎皮楠(树木分类学)=牛耳枫
南岭黄檀 Dalbergia balansae Prain(豆科),*南岭檀,水相思,黄类树,茶丫藤*
南岭鸡眼藤 Morinda nanlingensis Y.Z.Ruan(茜草科)
南岭栲(福建)=毛锥
南岭楝树 Melia dubia Car. ?(楝科)
南岭毛蕨 Cyclosorus nanlingensis Ching ex Shing & J.F.Cheng(金星蕨科)
南岭槭 Acer metcalfii Rehd.(槭树科)
南岭前胡 Peucedanum longshengense Shan & Sheh (伞形科)
南岭山矾 Symplocos pendula var. hirtistylis (C.B.Clarke) Noot(山矾科)
南岭檀(海南志)=南岭黄檀
南岭小檗 Berberis impedita Schneid. (小檗科)
南岭尧花(中大学报)=了哥王
南岭野靛棵 Mananthes leptostachya (Hemsl.) H.S.Lo(爵床科)
南岭紫茎 Stewartia nanlingensis Yan(山茶科)
南岭柞木 Xylosma controversum Clos(大风子科),*岭南柞木*

南刘寄奴(湖北,江西)=奇蒿
南路蛇头党(四川)=球花党参
南轮环藤 Cyclea tonkenensis Gagn.(防已科),*小花轮环藤*
南罗米(云南勐连傣语)=毛银柴
南满波朗(云南傣语)=铁力木
南毛蒿 Artemisia chingii Pamp.(菊科)
南美白芨 Crybe rosea Lindl.(兰科)
南美白芨属 Crybe Lindl.(兰科)
南美叉叶树(台湾)=李叶豆
南美刺小檗 Berberis horrida C.Gay (小檗科)
南美槐 Myroxylon peruliferum L.(豆科),*厄瓜多尔胶树*
南美槐属 Myroxylon L.f.(豆科)
南美堇兰 Ionopsis utricularioides (Sw.) Lindl.(兰科)
南美堇兰属 Ionopsis HBK (兰科)
南美苦苣苔属 Gesneria L.(苦苣苔科)
南美稔 Feijoa sellowiana Berg.(桃金娘科)
南美稔属 Feijoa Berg.(桃金娘科)
南美山蚂蝗 Desmodium tortuosum (Sw.) DC.(豆科)
南美天芥菜 Heliotropium arborescens L.(紫草科),*香水草*
南美猪屎豆(台湾志)=光萼猪屎豆
南密花蚌巢草(海南志)=狭叶糯米团
南密花蚌巢草(新拉汉英)=狭叶糯米团
南面根(草药汇编)=打碗花
南牡蒿 Artemisia eriopoda Bge.(菊科),*牡蒿,拨拉蒿,黄蒿,一枝蒿,米蒿,乌苏力格-沙里尔日*
南木香(云南)=宝兴马兜铃
南木香(云南)=大叶马兜铃
南木香(云南中草药)=云南马兜铃
南苜蓿 Medicago polymorpha L.(豆科),*黄花草子,金花菜*
南宁地枫皮(广西)=地枫皮
南宁冬青 Ilex nanningensis Hand.-Mazz.(冬青科)
南宁红豆 Ormosia nanningensis L.Chen(豆科)
南宁虎皮楠(树木分类学)=虎皮楠
南宁栲(植物志 22)=南宁锥
南宁飘拂草 Fimbristylis nanningensis Tang & Wang(莎草科)
南宁锥 Castanopsis amabilis Cheng & Chao(壳斗科),*南宁栲*
南欧安息香 Styrax officinalis L.(安息香科)
南欧草莓树 Arbutus andrachne Duh.(杜鹃花科)
南欧大戟 Euphorbia peplus L.(大戟科),*癣草*
南欧黑松 Pinus nigra var. poiretiana (Ant.) Schneid.(松科),*欧洲黑松*
南欧黄花草 Anthoxanthum aristatum Boiss.(禾本科),*具芒黄花茅*
南欧麻黄 Ephedra nebrodensis Tineo(麻黄科)
南欧朴 Celtis australis L.(榆科)
南欧石南 Erica australis L.(杜鹃花科),*西班牙欧石南*
南欧石竹 Dianthus sternbergii Sieb.(石竹科)
南欧蒜(新拉汉英)=大头葱
南欧岩剪秋罗 Petrocoptis pyrenaica (Berger) A.Br.(石竹科)
南盘江苏铁(Flora 4)=四川铁杉
南平杜鹃 Rhododendron nanpingense Tam(杜鹃花科)
南平过路黄 Lysimachia nanpingensis Chen & C.M.Hu (报春花科)
南平毛蕨 Cyclosorus nanpingensis Ching(金星蕨科)
南平倭竹 Shibataea nanpingensis Q.F.Zheng & K.F.Huang (禾本科)
南平野桐 Mallotus dunnii Metc.(大戟科)
南芪(广部中草药手册)=极简榕
南茄(广西)=鸡嘴簕
南茄草(峨眉)=峨眉鼠尾草
南青杞 Solanum seaforthianum Andr.(茄科),*玲珑茄*
南雀稗 Paspalum commersonii Lam.(禾本科)
南仁山新木姜子 Neolitsea hiiranensis Liu & Liao? (樟科)
南仁铁色(台湾志)=核果木
南桑寄生 Loranthus guizhouensis H.S.Kiu(桑寄生科),*贵州桑寄生*
南沙参(沙漠志)=多枝沙参
南沙参(植物志 73-2)=轮叶沙参
南沙薯藤 Ipomoea littoralis (L.) Bl.(旋花科)
南莎草 Cyperus niveus Retz.(莎草科)
南山查(中药辞海)=野山楂
南山茶 Camellia semiserrata Chi(山茶科)
南山蒿(甘肃)=昆仑蒿
南山花 Prismatomeris connata Y.Z.Ruan(茜草科),*白狗骨,狗骨木,黄根,三角瓣花*
南山花属 Prismatomeris Thw.(茜草科)
南山鸡(湖南)=亨利原始观音座莲
南山堇菜 Viola chaerophylloides (Regel) W. Beck. (堇菜科),*胡堇草,胡堇菜,细芹叶堇,蜈蚣草,泥鳅草*
南山龙胆 Gentiana grumii Kusnez(龙胆科)
南山藤(拉汉名称和手册)=苦绳
南山藤 Dregea volubilis (L.f.) Benth. ex HK.f.(萝藦科),*大果咀彭,各山消,假猫豆,假夜来香,筋盘藤,苦菜藤,苦凉菜,帕格牙姆,帕空耸,双根藤*
南山藤属 Dregea E.Mey.(萝藦科),*假夜来香属*
南山蓊菜(Flora 8)=山蓊菜
南蛇棒 Amorphophallus dunnii Tutcher(天南星科)
南蛇风(长沙)=南蛇藤
南蛇根(湖南中草药)=雷公藤
南蛇簕(高等图鉴)=喙荚云实
南蛇簕(广东,海南)=白花悬钩子
南蛇簕藤(海南)=羽叶金合欢
南蛇藤(福建)=广西马兜铃
南蛇藤 Celastrus orbiculatus Thunb.(卫矛科),*大南蛇,地南蛇,果山藤,过山风,过山龙,黄藤,降龙草,苦树皮,蔓性落霜红,明开夜合,南蛇风,牛老筋,七寸麻,香龙草*
南蛇藤属 Celastrus L.(卫矛科)
南湿地松 Pinus elliottii var. densa Little & Dorman (松科)
南石萝藦(广西药用名录)=石萝藦
南鼠尾黄 Rungia henryi C.B.Clarke?(爵床科)
南树(浙江)=檫木
南水葱 Scirpus validus var. laeviglumis Tang & Wang (莎草科)
南水杨梅(中草药汇编)=柔毛路边青
南酸枣 Choerospondias axillaris (Roxb.) Burtt & Hill (漆树科),*鼻涕果,鼻子果,醋酸果,广枣,花心木,啃不死,棉麻树,山桉果,山枣,山枣木,山枣子,酸枣,五眼果,五眼睛果,枣*
南酸枣属 Choerospondias Burtt & Hill(漆树科)
南台湾秋海棠 Begonia austrotaiwanensis Y.K. Chen & C.I.Peng(秋海棠科)
南藤(开宝本草)=毛蒟
南藤(开宝本草)=石南藤
南天独(开宝本草)=南天竹
南天麻 Gastrodia javanica (Bl.) Lindl.(兰科)
南天七(湖北志)=红花酢浆草
南天扇(湖南药物志)
南天竹 Nandina domestica Thunb. (小檗科),*蓝田竹,大椿,红枸,鸡爪黄连,猫儿伞,南天独,南竹叶,南竹子,山黄连,山黄芩,天竹叶,土黄连,钻石黄*
南天竹属 Nandina Thunb.(小檗科)
南天竺草(圣济总录)=瞿麦
南葶苈(通称)=播娘蒿
南茼蒿 Chrysanthemum segetum L.(菊科),*蒿菜,菊花菜,莲蒿,蓬蒿菜,同蒿,茼蒿*
南头大头茶 Gordonia axillaris var. nantoensis Keng(山茶科)
南投菝葜 Smilax nantoensis T.Koyama(百合科)
南投斑叶兰(台湾志)=小斑叶兰
南投谷精草 Eriocaulon nantoense Hay.(谷精草科)
南投黄肉楠 Actinodaphne nantoensis (Hay.) Hay. (樟科),*竹叶楠,臭屎楠,细叶楠*
南投柯 Lithocarpus nantoensis (Hay.) Hay.(壳斗科)
南投连蕊茶 Camellia transnokoensis Hay.(山茶科)
南投马兜铃(新) Aristolochia liukiuensis Hatusima ? (马兜铃科)
南投秋海棠 Begonia nantoensis Lai & Chung (秋海棠科)
南投三叉蕨(台湾志)=多形叉蕨
南投万寿竹 Disporum nantouensis S.S.Ying(百合科)
南投玉凤兰(台湾志,台湾兰科植物)=阔蕊兰
南五味子(台木本志)=日本南五味子
南五味子(中药志)=华中五味子
南五味子 Kadsura longipedunculata Finet & Gagn.(木兰科),*白山环藤,长梗南五味子,大红袍,大活,大血藤,风沙藤,广福藤,过山龙,红木香,黄牛藤,坚骨风,金谷香,冷饭团,内风消,内红消,盘柱南五味子,拳头草,土木香,香藤根,小血藤,小钻,小钻骨风,浙江紫荆皮,紫金标,紫金藤,紫荆皮*
南五味子属 Kadsura Kaempf. ex Juss.(木兰科)
南五月茶(云南植物名录)=山地五月茶
南溪毛蕨 Cyclosorus nanxiensis Ching ex Shing (金星蕨科)
南锡唐菖蒲 Gladiolus nanceianus X.Hort. ex Baker (鸢尾科)
南细辛(江西)=祁阳细辛
南星(纲目) =一把伞南星
南星(纲目)= 天南星
南星(纲目,湖北巴东,四川奉节)=天南星
南星(广西河池)=磨芋
南星(湖北巴东)=刺柄南星
南星(湖北来凤)=灯台莲
南星(南川)=棒头南星
南星(四川稻城,会东平武)=象头花
南星(四川广原)=花南星
南星(四川平武)=虎掌
南星(四川石棉)=粗序南星
南星七(湖北)=刺柄南星
南星七(湖北巴东)=花南星
南亚柏拉木 Blastus cogniauxii Stapf(野牡丹科)
南亚耳蕨 Polystichum tacticopterum (Kunze) Moore(鳞毛蕨科)
南亚谷精草 Eriocaulon oryzetorum Mart.(谷精

草科)
南亚过路黄 Lysimachia debilis Wall.(报春花科)
南亚含笑 Michelia doltsopa Buch.-Ham. ex DC.(木兰科)
南亚蒿 Artemisia nilagirica (C.B.Clarke) Pamp.(菊科)
南亚稷 Panicum walense Mez.(禾本科),*矮黍*
南亚泡花树 Meliosma arnottiana Walp.(清风藤科),*蒙胧自珂楠树*
南亚枇杷 Eriobotrya bengalensis (Roxb.) HK.f.(蔷薇科)
南亚枇杷四柱变型(植物志 36)=四柱南亚枇杷(新)
南亚枇杷窄叶变型(植物志 36)=窄叶南亚枇杷(新)
南亚瓶尔小草 Ophioglossum austroasiaticum Nishda (瓶尔小草科)
南亚松 Pinus latteri Mason (松科),*越南松*,*南洋二针松*
南亚薹草 Carex fedia Nees(莎草科)
南亚乌蔹莓 Cayratia timoriensis (DC.) C.L.Li (葡萄科)
南亚新木姜子 Neolitsea zeylanica (Nees) Merr.(樟科),*南来新木姜*
南亚硬叶兰 Cymbidium bicolor subsp. bicolor (兰科)
南燕麦 Avena meridionalis (Malz.) Roshev.(禾本科)
南阳小檗 Berberis hersii Ahrendt(小檗科)
南洋白头树 Garuga floribunda Decne. (橄榄科)
南洋参 Polyscias fruticosa (L.) Harms(五加科)
南洋参属 Polyscias J.R. & G.Forst.(五加科)
南洋二针松(分类学报)=南亚松
南洋蒿蕨 Ctenopteris mollicoma (Nees & Bl.) Kunze (禾叶蕨科)
南洋厚壁蕨 Meringium holochilum (v.d.B.) Cop.(膜蕨科)
南洋假鳞毛蕨(台湾志)=介蕨
南洋假脉蕨 Crepidomanes bipunctatum (Poir.) Cop. (膜蕨科)
南洋剑蕨 Loxogramme avenia Presl.(剑蕨科)
南洋卷柏 Selaginella mayeri Hieron (卷柏科)
南洋木荷 Schima noronhae Reinw. ex Bl.(山茶科),*滇木荷*
南洋杉 Araucaria cunninghamii Sweet(南洋杉科)
南洋杉科 Araucariaceae
南洋杉属 Araucaria Juss.(南洋杉科)
南洋石韦 Pyrrosia longifolia (Burm.f.) Morton (水龙骨科)
南洋桫椤 Alsophila longeri (Christ) Tryon (桫椤科)
南洋楹 Albizia falcataria (L.) Fosberg(豆科)
南洋鱼鳞蕨 Acrophorus blumei Ching (球盖蕨科)
南洋芋兰(台湾志)=美花美冠兰
南洋紫薇 Lagerstroemia siamica Gagn.(千屈菜科)
南洋紫珠(分类学报)=木紫珠
南一笼鸡 Paragutzlaffia henryi (Hemsl.) H.P. Tsui(爵床科)
南一笼鸡属 Paragutzlaffia H.P.Tsui(爵床科)
南玉带 Asparagus oligoclonos Maxim.(百合科)
南玉叶金花 Mussaenda henryi Hutch.(茜草科)
南岳凤丫蕨 Coniogramme centro-chinensis Ching (裸子蕨科),*四明山凤丫蕨*
南岳蹄盖蕨 Athyrium nanyueense Ching(蹄盖蕨科)
南粤黄芩 Scutellaria wongkei Dunn(唇形科)
南粤马兜铃 Aristolochia howii Merr. & Chun (马兜铃科),*侯氏马兜铃*,*汪睺和*,*雅布伦*
南粤野茉莉(高等图鉴)=喙果安息香
南漳斑鸠菊 Vernonia nantcianensis (Pamp.) Hand.-Mazz.(菊科)
南漳南星 Arisaema nantciangense Pamp.?(天南星科)
南漳细辛 Asarum sprengeri pamp? (马兜铃科)
南枳椇(黄山植物的研究)=枳椇
南仲根(浙江草药)=白杜
南重楼 Paris vietnamensis (Takht.) H.Li (百合科)
南竹(树木分类学)=毛竹
南竹叶(百草镜)=南天竹
南竹叶环根芹 Cyclorhiza major (Sheh & Shan) Sheh (伞形科)
南竹子(广西中药志)=南天竹
南竺(江苏)=隐距越桔
南烛(树木分类学,高等图鉴)=珍珠花
南烛 Vaccinium bracteatum Thunb.(杜鹃花科),*苞越桔*,*称杆树*,*大禾子*,*饭筒树*,*康菊紫*,*零丁子*,*米饭花*,*米饭树*,*米碎子木*,*染菽*,*乌饭树*,*乌饭叶*,*乌饭子*
南烛根(纲目)=隐距越桔
南烛厚壳桂 Cryptocarya lyoniifolia S.Lee & F. N.Wei (樟科)
南烛枝叶(开宝本草)=隐距越桔
南烛属(树木分类学,科属辞典)=**珍珠花属**
南烛子(纲目)=隐距越桔
南庄橙 Citrus aurantium cv. Taiwanica(芸香科)
南紫薇 Lagerstroemia subcostata Koehne(千屈菜科),*马铃花*,*蚊仔花*,*九芎*,*苞饭花*,*拘那花*,*九荆*
喃木(广西)=厚皮树
喃木波朗(西双版纳傣语)=铁力木
喃吙(广西德保)=山榄叶柿
楠材(名医别录)=楠木
楠草 Dipteracanthus repens(L.)Hassk.(爵床科),*匍匐消*,*芦利草*,*芦莉草叶*,*双翅爵床*,*红楠草*,*小苞爵床*
楠草属 Dipteracanthus Nees(爵床科)
楠柴(高等图鉴)=红楠
楠木(福建)=闽楠
楠木(陕西西南部,湖北宜昌,四川)=黑壳楠
楠木(四川)=猴樟
楠木(浙江药用名录)=紫楠
楠木 Phoebe zhennan S.Lee & f. N.Wei(樟科),*桢楠*,*雅楠*,*楠树*,*楠材*
楠木根(南宁药志)=潺槁木姜子
楠木香(中草药汇编)=新樟
楠树(任昉:述异记)=楠木
楠树梨果寄生 Scurrula phoebe-formosanae (Hay.) Danser(桑寄生科)
楠藤 Mussaenda erosa Champ.(茜草科),*厚叶白纸扇*,*大茶根*,*大洋藤*,*胶鸟藤*,*啮状玉叶金花*
楠椰桔(海南)=木竹子
楠叶冬青 Ilex machilifolia H.W.Li ex Y.R.Li(冬青科)
楠叶龙胆(Flora 16)=楠叶龙胆
楠叶槭 Acer machilifolium Hu & Cheng(槭树科)
楠属 Phoebe Nees (樟科)
楠仔木(高等图鉴)=红楠

Nang

囊瓣顶冰花(植物志 14)=林生顶冰花
囊瓣亮花木 Phaeanthus saccopetaloides W.T. Wang (番荔枝科)
囊瓣木 Saccopetalum prolificum (Chun & How) Tsiang (番荔枝科),*黄皮楮*,*黄皮藤楮*
囊瓣木属 Saccopetalum Benn.(番荔枝科)
囊瓣芹(中药辞海)=五匹青
囊瓣芹 Pternopetalum davidii Franch.(伞形科),*水芹菜*
囊瓣芹属 Pternopetalum Franch.(伞形科)
囊瓣延胡索 Corydalis saccata Z.Y.Su & Lidén (罂粟科)
囊被百合 Lilium sacatum S.Y.Liang(百合科)
囊草(秦岭志)=褐果薹草
囊唇兰(海南志)=盆距兰
囊唇兰属 Saccolabium Bl.(兰科)
囊唇山兰 Oreorchis indica (Lindl.) HK.f.(兰科)
囊刺鹤虱 Lappula physacantha Golosk.(紫草科)
囊萼花 Cyrtandromoea grandiflora C.B.Clarke (玄参科)
囊萼花属 Cyrtandromoea Zoll.(玄参科)
囊萼黄芪 Astragalus cysticalyx Ledeb.(豆科)
囊萼黄芩 Scutellaria physocalyx Rgl. & Schmalh. (唇形科)
囊萼棘豆 Oxytropis sacciformis H.C.Fu(豆科)
囊萼锦鸡儿 Caragana kirghisorum Pojark.(豆科)
囊萼柿 Diospyros inflata Merr. & Chun(柿科)
囊管草瑞香 Diarthron vesiculosum C.A.Mey(瑞香科),*短叶草瑞香*
囊管花 Asystasia salicifolia Craib.(爵床科)
囊果草 Leontice incerta Pall. (小檗科)
囊果草属 Leontice L. (小檗科)
囊果黄芪 Astragalus saccatocarpus K.T.Fu(豆科)
囊果棘豆 Oxytropis physocarpa Ledeb. (豆科)
囊果碱蓬 Suaeda physophora Pall.(藜科)
囊果龙船花 Ixora subsessilis Wall. ex G.Don(茜草科)
囊果薹草 Carex physodes M.-Bieb.(莎草科)
囊果紫堇 Corydalis retingensis Ludlow(罂粟科)
囊花孩儿草 Rungia bisaccata D.Fang & H.S. Lo(爵床科)
囊花马兜铃 Aristolochia utriformis S.M.Hwang (马兜铃科),*马兜铃*
囊花香茶菜 Isodon gibbosus (C.Y.Wu & H.W.Li) H.Hara(唇形科)
囊花鸢尾 Iris ventricosa Pall.(鸢尾科),*巨苞鸢尾*
囊距翠雀花 Delphinium brunonianum Royle(毛茛科),*甲果贝*,*雀沟勃*
囊距黄芩 Scutellaria calcarata C.Y.Wu & H.W. Li (唇形科)
囊距紫堇 Corydalis benecincta W.W.Sm.(罂粟科),*美国紫堇*
囊毛鱼黄草 Merremia sibirica var. vesiculosa C.Y.Wu (旋花科)
囊谦报春 Primula lactucoides Chen & C.M.Hu (报春花科)
囊谦翠雀花 Delphinium nangchienense W.T. Wang (毛茛科),*萨贡巴*
囊谦滇紫草 Onosma nangqienense Y.L.Liu(紫草科)
囊谦虎耳草 Saxifraga nangqenica J.T.Pan(虎耳草科)
囊谦蝇子草 Silene nangqenensis C.L.Tang(石竹科)

囊吾(质问本草)=大吴风草
囊腺肋柱花(植物志 62)=云南肋柱花
囊秀竹 Leptaspis formosana C.Hsu(禾本科)
囊秀竹属 Leptaspis R.Br.(禾本科)
囊颖草 Sacciolepis indica (L.) A.Chase (禾本科),*滑草,长穗稗,英雄草*
囊颖草属 Sacciolepis Nash(禾本科)
囊种草 Thylacospermum caespitosum (Camb.) Schischk.(石竹科),*簇生囊种草,簇生柔子草*
囊种草属 Thylacospermum Fenzl (石竹科),*柔子草属*
囊爪虾脊兰 Calanthe sacculata Schltr.(兰科)
囊状嵩草 Kobresia fragilis C.B.Clarke (莎草科)
囊子(开宝本草)=罂粟
欓槐(长白山药志)=朝鲜槐
囊伽结(纲目)=波罗蜜

Nao

挠胡子(中草药汇编)=小叶鼠李
挠皮榆(江苏)=榔榆
脑子(本经逢原)=樟
闹虫草(云南)=灵香草
闹豆子(新疆)=窄叶野豌豆
闹狗菜(云南)=山慈菇
闹狗药(贵州)=羊角棉
闹狗药(云南通海) =一把伞南星
闹狗药(云南西畴,麻栗坡)=长籽马钱
闹蛆叶(云南)=圆叶西番莲
闹头(云南)=刺壳柯
闹羊花(本草纲目)=羊踯躅
闹羊花(广东)=曼陀罗
闹羊花(南方)=洋金花
闹鱼草(云南河口)=红马蹄草
闹鱼儿(成都)=马桑
闹鱼花(纲目)=醉鱼草
闹鱼花(河南)=芫花
闹鱼藤(云南)=闹鱼崖豆
闹鱼崖豆 Millettia ichthyochtona Drake(豆科),*冲天果,闹鱼藤*

Ne

讷日苏(蒙古语)=笃斯越桔

Nei

内地梣叶槭 Acer negundo var. interius (Britt.) Sarg.(槭树科)
内地灯心草 Juncus interior Wieg.(灯心草科)
内份竹(台湾)=内门竹
内风消(图考)=南五味子
内风消五味子 Schisandra nigra Maxim.(木兰科)
内格小檗 Berberis negeriana Tischl.(小檗科)
内红消(江西草)=南五味子
内华达剪股颖 Agrostis nevadensis Boiss.(禾本科)
内华达岭脊百合 Lilium parvum Kellogg (百合科)
内华达舌瓣 Glossopetalon nevadense A.Gray (卫矛科)
内华达十大功劳 Mahonia sonnei Abrams (小檗科)
内华达熊果 Arctostachylos nevadensis A.Gray.(杜鹃花科),*松林草熊果*
内卷剑蕨 Loxogramme involuta (D.Don) C. Presl (剑蕨科)
内卷唐菖蒲 Gladiolus involutus Burm.f.(鸢尾科)
内毛黄鹌菜(新)Youngia terminalis Babcock & Stebbins? (菊科)
内门竹 Drepanostachyum naibunense (Hay.) Keng f. (禾本科),*内份竹,恒春茶竿竹*
内蒙茶藨子 Ribes mandshuricum var. villosum Kom. (虎耳草科)
内蒙古荸荠 Heleocharis intersita f. acetosa Tang & Wang(莎草科)
内蒙古鹅观草 Roegneria intramongolica Sh. Chen & Gawua (禾本科),*短芒鹅观草*
内蒙古蒿 Artemisia xerophytica Krsch.(菊科),*旱蒿,小砂蒿,宝日-西巴嘎*
内蒙古棘豆 Oxytropis neimonggolica C.W. Chang & Y.Z.Zhao(豆科)
内蒙古毛茛 Ranunculus intramongolicus Y.Z. Zhao (毛茛科)
内蒙古女娄菜 Silene orientalimongolica J. Kozhevn. (石竹科)
内蒙古紫草(中药鉴别手册)=内蒙紫草
内蒙苇群 Phragmites australis grex neimongolenses L.Liu(禾本科)
内蒙西风芹 Seseli intramongolicum Y.C.Ma(伞形科),*内蒙邪蒿*
内蒙邪蒿(内蒙志)=内蒙西风芹
内蒙眼子菜 Potamogeton pectinatus var. interruptus (Kit.) Asch.(眼子菜科)
内蒙杨 Populus intramongolica T.Y.Sun & E.W. Ma (杨柳科)
内蒙野丁香 Leptodermis ordosica H.C.Fu & E. W.Ma (茜草科)
内蒙紫草 Arnebia guttata Bge.(紫草科),*巴力木,黄花紫草,假紫草,蒙紫草,内蒙古紫草,黄花软紫草,帕米尔假紫草,帕米尔紫草,希日-伯日漠洛*
内切毛银莲花 Anemone richardsonii HK.(毛茛科)
内丘铁角蕨 Asplenium propinquum Ching (铁角蕨科)
内曲繁缕(拉汉名称)=内弯繁缕
内屈草 Psilurus incurvus (Gouan) Schinz & Thell. (禾本科)
内屈草属 Psilurus Trin.(禾本科)
内弯繁缕 Stellaria infracta Maxim.(石竹科),*内曲繁缕*
内弯黄芩 Scutellaria incurva Wall.(唇形科)
内弯鸡脚参 Orthosiphon incurvus Benth.(唇形科)
内弯瘤瓣兰 Oncidium incurvum Bark.(兰科)
内弯蝇子草(拉汉名称)=镰叶蝇子草
内文十大功劳 Mahonia nevinii (A.Gray) Fedde (小檗科)
内消(纲目)=紫荆
内折香茶菜 Isodon inflexus (Thunb.) Kudô(唇形科),*山薄荷,山薄荷香茶菜*

Neng

嫩黄报春 Primula reflexa Petitm.(报春花科)
嫩芦梗(现代实用中药)=芦韦
嫩毛蕨(蕨类图谱)=薄叶鳞盖蕨
嫩肉木(中草药彩色图谱)=鲫鱼胆
嫩弱囊瓣芹 Pternopetalum delicatulum (Wolff) Hand.-Mazz.(伞形科)
嫩枝无心菜 Arenaria ramellata Williams(石竹科),*嫩枝蚤缀*
嫩枝蚤缀(拉汉名称)=嫩枝无心菜
能高佛甲草 Sedum mokoense Yamamoto (景天科)
能高佛甲草 Sedum nokoense Yamamoto(景天科),*台岛景天*
能高金丝桃 Hypericum nokoense Ohwi(藤黄科)
能高连蕊茶 Camellia nokoensis Hay.(山茶科),*能高山花*
能高鳞毛蕨(台湾志)=近中肋鳞毛蕨
能高蔷薇 Rosa pricei Hay.?(蔷薇科),*太鲁阁蔷薇*
能高山矾 Symplocos nokoensis (Hay.) Kanehira (山矾科),*能高山灰木*
能高山花(台湾树木志)=能高连蕊茶
能高山灰木(台湾志)=能高山矾
能高香青 Anaphalis transnokoensis Sasaki(菊科)
能高悬钩子 Rubus rubro-angustifolius Sasaki? (蔷薇科)
能花五加(湖南药物志)=通脱木
能加棕属 Nenga H.Wendl. & Drude (棕榈科)
能藤(广西苍梧)=帘子藤

Ni

尼邦钩子棕 Oncosperma tigillarium (Jack.) Ridley (棕榈科)
尼泊尔常春藤 Hedera nepalensis K.Koch(五加科)
尼泊尔稠李(拉汉名称)=粗梗稠李
尼泊尔垂头菊 Cremanthodium nepalense Kitam. (菊科)
尼泊尔大丁草(植物志 79)=长喙大丁草
尼泊尔单花荠 Pegaeophyton nepalense Al-Shehbaz et al.(十字花科)
尼泊尔杜鹃花 Rhododendron cowanianum Davidian (杜鹃花科),*毛缘叶杜鹃花,郭万杜鹃*
尼泊尔耳蕨 Polystichum nepalense (Spreng.) C.Chr.(鳞毛蕨科),*软骨耳蕨*
尼泊尔繁缕 Stellaria nepalensis Majumdar & Vartak(石竹科)
尼泊尔风毛菊 Saussurea nepalensis Spreng.(菊科)
尼泊尔沟酸浆 Mimulus tenellus var. nepalensis (Benth.) Tsoong(玄参科),*猫眼睛,宽叶沟酸浆*
尼泊尔谷精草 Eriocaulon nepalense Prescott ex Bong. (谷精草科),*老谷精草,褐苞谷精草,疏花谷精草*
尼泊尔胡椒 Piper nepalense Miq.(胡椒科)
尼泊尔花楸 Sorbus wallichii (HK.f.) Yü(蔷薇科)
尼泊尔黄花木 Piptanthus nepalensis (HK.) D. Don (豆科),*金链叶黄花木*
尼泊尔黄堇 Corydalis hendersonii Hemsl.(罂粟科),*日根,日贵,来棍,矮紫堇,热衮巴*
尼泊尔堇菜(台湾志)=戟叶堇菜
尼泊尔锦鸡儿 Caragana nepalensis Kitamura (豆科)
尼泊尔菊 Gynura nepalensis DC.(菊科),*茎叶天葵*
尼泊尔老鹳草 Geranium nepalense Sweet(牻牛儿苗科),*五叶草*
尼泊尔蓼 Polygonum nepalense Meisn.(蓼科),*猫儿眼睛,头状蓼*
尼泊尔龙芽草(秦岭志)=黄龙尾
尼泊尔绿绒蒿 Meconopsis napaulensis DC.(罂粟科),*山莴笋,埃贝赛保*
尼泊尔芒(禾本科图说)=尼泊尔双药芒
尼泊尔猫眼草(云南植物名录)=山溪金腰
尼泊尔桤木 Alnus nepalensis D.Don(桦木科),*旱冬瓜,蒙自赤杨,桤木,旱冬瓜树,蒙自桤木*
尼泊尔雀麦 Bromus nepalensis Meld.(禾本科)
尼泊尔十大功劳 Mahonia napaulensis DC. (小

檗科),*滇刺黄柏*
尼泊尔鼠李 Rhamnus napalensis (Wall.) Laws. (鼠李科),*纤序鼠李,染布叶*
尼泊尔双蝴蝶 Tripterospermum volubile (D. Don) Hara (龙胆科)
尼泊尔双药芒 Diandranthus nepalensis (Trin.) L.Liu(禾本科),*尼泊尔芒*
尼泊尔水东哥 Saurauia napaulensis DC.(猕猴桃科),*牛嗓管树*
尼泊尔四带芹 Tetrataenium nepalense (D.Don) Manden. (伞形科)
尼泊尔嵩草 Kobresia nepalensis (Nees) Kükenth. (莎草科)
尼泊尔酸模 Rumex nepalensis Spreng.(蓼科),*牛耳大黄*
尼泊尔藤菊 Cissampelopsis buimalia (Buch.-Ham. ex D.Don) C.Jeffr. & Y.L.Chen(菊科)
尼泊尔天名精 Carpesium nepalense Less.(菊科)
尼泊尔铁线莲(拉汉名称)=合苞铁线莲
尼泊尔雾水葛 Pouzolzia sanguinea var. nepalensis (Wedd.) Hara(荨麻科)
尼泊尔香青单头变种(植物志 75)=单头香青(新)
尼泊尔小檗 Berberis nepalensis Spreng (小檗科)
尼泊尔栒子(新)Cotoneaster staintonii Klotz? (蔷薇科)
尼泊尔延胡索 Corydalis diphylla Wall.(罂粟科)
尼泊尔野桐 Mallotus nepalensis Muell.Arg.?(大戟科),*山桐子,毛桐,臭樟木,大马桑叶*
尼泊尔蝇子草 Silene nepalensis Majumdar (石竹科)
尼泊尔鱼鳔槐 Colutea nepalensis Sims(豆科)
尼泊尔鸢尾 Iris decora Wall.(鸢尾科),*小兰花*
尼泊尔早熟禾 Poa nepalensis Wall. ex Duthie (禾本科)
尼泊尔猪毛菜 Salsola nepalensis Grub(藜科)
尼泊尔醉鱼草(西藏志)=大花醉鱼草
尼都日根-温都苏(蒙名)=川芎
尼尔基里百合 Lilium neilgherrense Wghit (百合科)
尼尔吉里小檗 Berberis nilghiriensis Ahrendt (小檗科)
尼盖无心菜 Arenaria neelgerrensis Wight & Arn.(石竹科)
尼罗河十字爵床 Crossandra nilotica Oliv.(爵床科)
尼罗火焰树(新)Spathodea nilotica Beauv.(紫葳科),*火焰树*
尼罗满江红 Azolla nilotica Caisne (满江红科)
尼马庄棵(云南)=拨毒散
尼马桩棵(贵州西南至云南东南)=地桃花
尼木早熟禾 Poa nimuana C.Ling(禾本科)
尼氏画眉草 Eragrostis neesii Trin.(禾本科)
尼氏拟马偕花(台湾志)=白接骨
尼氏扫帚叶澳洲茶 Leptospermum scoparium var. nichollsii Turrill.(桃金娘科)
尼氏早早熟禾 Poa nevskii Roshev. ex Ovcz.(禾本科)
尼氏针茅 Stipa neesiana Trin. & Rupr.(禾本科)
尼雅高原芥 Christolea niyaensis Z.X.An(十字花科)
坭黄竹 Bambusa ramispinosa Chia & H.L.Fung (禾本科),*黄竹*
坭簕竹 Bambusa dissimulator McClure (禾本科)
坭藤 Sindechites chinensis (Merr.) Markgr. & Tsiang(夹竹桃科)
坭藤母(海南临高)=帘子藤
坭竹(广东)=绿竹
坭竹(南大学报)=黎竹
坭竹 Bambusa gibba McClure (禾本科)
泥巴山复叶耳蕨 Arachniodes nibashanensis Y.T.Hsieh (鳞毛蕨科)
泥宾子(四川)=杜鹃兰
泥泊尔香青 Anaphalis nepalensis (Spreng.) Hand.-Mazz.(菊科),*打火草*
泥菖(雷公炮炙论)=菖蒲
泥菖蒲(本草纲目)=菖蒲
泥灯心(浙江丽水)=水苏
泥胡菜 Hemistepta lyrata (Bge.) Bge.(菊科),*艾草,苦蓝头菜,苦买菜,猫骸头,糯米菜,石灰菜,野苦麻,猪兜菜*
泥胡菜属 Hemistepta Bge.(菊科)
泥花草 Lindernia antipoda (L.) Alston(玄参科),*水虾子草,鸭脷草,田素馨,紫熊胆,水辣椒*
泥柯 Lithocarpus fenestratus (Roxb.) Rehd.(壳斗科),*灰栎,铁青冈,华南柯,泥锥椆*
泥里珠(浙江)=茅膏菜
泥茜(高等图鉴)=穗状狐尾藻
泥秋树(湖南)=芫花
泥鳅菜(广州志)=星宿菜
泥鳅草(浙江)=南山堇菜
泥鳅豆(滇南本草)=刀豆
泥鳅掌 Senecio pendulus (Forssk.) Schultz.-Bip.(菊科)
泥炭莓系 Poa turfosa Litw.(禾本科)
泥藤草(中药大辞典)=鸡眼藤
泥锥椆(植物志 22)=泥柯
倪藤(通称)=买麻藤
拟艾纳香 Blumeopsis flava (DC.) Gagn.(菊科)
拟艾纳香属 Blumeopsis Gagn.(菊科)
拟百里香 Thymus proximus Serg.(唇形科)
拟版纳青梅(新)Vatica fleuryana Tard.-Blot (龙脑香科)
拟北美乔松 Pinus pseudostrobus Lindl.(松科)
拟鼻花马先蒿 Pedicularis rhinanthoides Schrenk(玄参科),*拟鼻花马先蒿拟鼻花亚种*
拟鼻花马先蒿大唇亚种(植物志 68)=大唇拟鼻马先蒿
拟鼻花马先蒿拟鼻花亚种(植物志 68)=拟鼻花马先蒿
拟鼻花马先蒿西藏亚种(植物志 68)=西藏拟鼻花马先蒿
拟篦齿马先蒿 Pedicularis pectinatiformis Bonati (玄参科)
拟扁果草 Enemion raddeanum Rgl.(毛茛科),*假扁果草*
拟扁果草属 Enemion Rafin (毛茛科)
拟冰川翠雀花 Delphinium pseudoglaciale W.T. Wang (毛茛科)
拟蚕豆岩黄芪 Hedysarum vicioides Turcz.(豆科)
拟糙叶黄芪 Astragalus pseudoscaberrimus Wang & Tang ex S.B.Ho(豆科)
拟草果 Amomum paratsaoko S.Q.Tong & Y.M. Xia (姜科)
拟草芍药(Flora 6)=毛叶草芍药
拟叉蕨(植物志 6-1)=沙皮蕨
拟长萼堇菜(拉汉名称)=湖南堇菜
拟长果短肠蕨 Allantodia calogrammoides Ching ex W.M.Chu & Z.R.He(蹄盖蕨科),*心形短肠蕨*
拟长距翠雀花 Delphinium dolichocentroides W.T.Wang (毛茛科)
拟长毛锥花 Gomphostemma pseudocrinitum C.Y.Wu (唇形科)
拟长尾冬青 Ilex sublongecaudata C.J.Tseng & S.Liu ex Y.R.Li(冬青科)
拟赤杨(树木分类学)=赤杨叶
拟赤杨属(树木分类学)=**赤杨叶属**
拟川西翠雀花 Delphinium pseudotongolense W.T.Wang (毛茛科)
拟穿孔薹草 Carex foraminatiformis Y.C.Tang & S.Y.Liang(莎草科)
拟垂序木蓝 Indigofera penduloides Y.Y.Fang & C.Zheng (豆科)
拟大豆属 Ophrestia H.M.L.Forbes (豆科)
拟大花忍冬(高等图鉴)=灰毡毛忍冬
拟大麻梅蓝(新) Melhania cannabina Wight (梧桐科),*梅蓝*
拟大蹄盖蕨(台湾志)=峨眉介蕨
拟大尾摇 Heliotropium pseudoindicum H.Chuang(紫草科)
拟大羽铁角蕨 Asplenium sublaserpitiifolium Ching (铁角蕨科)
拟丹参(植物志 66)=浙皖丹参
拟丹参 Salvia paramiltiorrhiza H.W.Li & X.L. Huang (唇形科)
拟单性木兰属 Parakmeria Hu & Cheng(木兰科)
拟稻属(分科检索表附录)=**落芒草属**
拟德氏双盖蕨(台湾志)=深绿短肠蕨
拟灯心草(江苏志,秦岭志)=野灯心
拟地皮消 Leptosiphonium venustum (Hance) E. Hossain(爵床科),*飞来蓝*
拟地皮消属 Leptosiphonium F.v.Muell.(爵床科)
拟颠茄(中草药汇编)=天蓬子
拟斗叶马先蒿 Pedicularis cyathophylloides Limpr. (玄参科)
拟豆蔻 Elettariopsis monophylla (Gagn.) Loesen. (姜科)
拟豆蔻属 Elettariopsis Baker (姜科)
拟豆叶霸王(沙漠志)=拟豆叶驼蹄瓣
拟豆叶驼蹄瓣 Zygophyllum fabagoides Popov (蒺藜科),*拟豆叶霸王*
拟杜茎山 Maesa consanguinea Merr.(紫金牛科)
拟杜英(海南志)=显脉杜英
拟钝齿冬青 Ilex subcrenata S.Y.Hu(冬青科)
拟钝齿木荷 Schima paracrenata Chang(山茶科)
拟多刺绿绒蒿 Meconopsis pseudohorridula C.Y. Wu & H.Chuang(罂粟科)
拟多花堇菜(拉汉名称)=多花堇菜
拟多花沿阶草 Ophiopogon pseudotonkinensis D.Fang (百合科)
拟恶魔桑(新)Morus diabolica Koidz.(桑科),*山桑*
拟二叶飘拂草 Fimbristylis diphylloides Makino (莎草科)
拟粉蝶兰(台兰科图鉴,台湾兰科图志)=短距苞叶兰
拟粉叶小檗 Berberis parapruinosa Ying(小檗科)
拟粉叶羊蹄甲(豆科图说)=粉叶羊蹄甲
拟凤尾蕨(蕨类图谱)=双唇蕨
拟茯蕨(台湾志)=峨眉钩毛蕨
拟复盆子 Rubus idaeopsis Ficke(蔷薇科),*覆盆子*
拟高粱 Sorghum propinquum (Kunth) Hitchc. (禾本科),*高粱七,大茅根*

拟高山兔儿风(新)Ainsliaea relexa var. subalpina Hand.-Mazz.?(菊科)
拟工布乌头 Aconitum pseudokongboense W.T. Wang & L.Q.Li(毛茛科)
拟钩叶藤属 Plectocomiopsis Becc.(棕榈科)
拟孤凤头黍(新拉汉英)=稻状凤头黍
拟贯众(蕨图图谱)=小羽贯众
拟贯众 Cyclopeltis crenata (Fee) C.Chr.(鳞毛蕨科)
拟贯众属 Cyclopeltis J.Sm.(鳞毛蕨科)
拟光缘虎耳草 Saxifraga nanelloides C.Y.Wu (虎耳草科)
拟哈巴乌头 Aconitum chuianum W.T.Wang(毛茛科)
拟海南耳稃草 Garnotia patula var. hainanensis f. similis Santos ?(禾本科)
拟禾叶蕨 Grammitis jagoriana (Mett.) Tagawa (禾叶蕨科)
拟红紫珠 Callicarpa pseudorubella H.T.Chang (马鞭草科)
拟弧茎堇菜(静生汇报)=假如意草
拟狐尾黄芪 Astragalus vulpinus Willd.(豆科)
拟虎尾蒿蕨 Ctenopteris merrittii (Copel.) Tagawa (禾叶蕨科)
拟虎鸢尾(植物学杂志)=粗根鸢尾
拟花蔺(新拉汉英)=假花蔺(新)
拟花蔺 Butomopsis latifolia (D.Don) Kunth(花蔺科)
拟花蔺属 Butomopsis Kunth(花蔺科)
拟黄花虎耳草 Saxifraga chrysanthoides Engl. & Irmsch.(虎耳草科)
拟黄花乌头 Aconitum anthoroideum DC.(毛茛科),*新疆乌头,乌头*
拟黄荆 Vitex negundo var. thyrsoides P'ei(马鞭草科)
拟黄竹 Bambusa mollis Chia & H.L.Fung(禾本科)
拟及瓦韦(台湾志)=异叶瓦韦
拟贾筋骨草 Ajuga pseudochia Shost.(唇形科)
拟渐尖毛蕨 Cyclosorus sino-acuminatus Ching & Z.Y.Liu(金星蕨科)
拟角萼翠雀花 Delphinium ceratophoroides W.T. Wang (毛茛科)
拟角状耳蕨 Polystichum christii Ching(鳞毛蕨科)
拟金草 Hedyotis consanguinea Hance(茜草科),*剑叶耳草,少年红,长尾耳草,千年茶,铁扫把*
拟金莲草属 Hypogomphia Bge.(唇形科)
拟金茅 Eulaliopsis binata (Retz.) C.E.Hubb.(禾本科),*龙须草,羊草,梭草,蓑草*
拟金茅属 Eulaliopsis Honda (禾本科)
拟蕨马先蒿 Pedicularis filicula Franch.(玄参科),*拟蕨马先蒿拟蕨亚种*
拟蕨马先蒿木里亚种(植物志 68)=木里拟蕨马先蒿
拟蕨马先蒿拟蕨亚种(植物志 68)=拟蕨马先蒿
拟康定乌头 Aconitum rockii Fletcher& Lauener (毛茛科)
拟科菜小檗 Berberis coletioides Lechl.(小檗科)
拟宽穗扁莎 Pycreus pseudolatespicatus L.K.Dai (莎草科)
拟兰 Apostasia odorata Bl.(兰科),*假兰*
拟兰立金花 Lachenalia orchioides Ait.(百合科)
拟兰属 Apostasia Bl.(兰科)
拟蓝翠雀花 Delphinium pseudocaeruleum W.T. Wang (毛茛科)
拟澜沧翠雀花 Delphinium pseudothibeticum W.T.Wang & M.J.Warnock(毛茛科)
拟肋毛蕨(台湾志)=黑鳞轴脉蕨
拟栗鳞耳蕨 Polystichum pseudocastaneum Ching & S.K.Wu(鳞毛蕨科),*褐鳞高山耳蕨,拟栗鳞高山耳蕨*
拟栗鳞高山耳蕨(西藏志)=拟栗鳞耳蕨
拟两歧飘拂草 Fimbristylis dichotomoides Tang & Wang (莎草科)
拟鳞毛蕨 Kuniwatsukia cuspidata (Bedd.) Pic. Ser. (蹄盖蕨科),*光叶蕨*
拟鳞毛蕨属 Kuniwatsukia Pic.Ser.(蹄盖蕨科),*光叶蕨属*
拟鳞瓦韦 Lepisorus suboligolepidus Ching(水龙骨科)
拟鳞叶紫堇 Corydalis roseotincta C.Y.Wu & H. Chuang (罂粟科)
拟流苏耳蕨 Polystichum subfimbriatum W.M. Chu & Z.R.He(鳞毛蕨科)
拟瘤枝卫矛(植物志 45-3)=疣点卫矛
拟耧斗菜 Paraquilegia microphylla (Royle) Drumm. & Hutch.(毛茛科),*榆莫得乌锦,益母宁精,假耧斗菜,尤木丢尽*
拟耧斗菜属 Paraquilegia Drumm. & Hutch. (毛茛科)
拟卵叶银莲花 Anemone howellii J.F. Jerr. & W. W.Sm. (毛茛科)
拟罗伞树(高等图鉴)=圆果罗伞
拟罗斯鸢尾(植物学杂志)=小鸢尾
拟罗斯鸢尾大花变种(植物学杂志)=粗壮小鸢尾
拟螺距翠雀花 Delphinium bulleyanum Forr. ex Diels(毛茛科)
拟裸茎黄堇 Corydalis pseudojuncea Ludlow(罂粟科)
拟马蹄蕨属(静生汇报)=**介蕨属**
拟麦氏草 Molinia hui Pilger(禾本科),*沼原草*
拟蔓地草(拉汉名称)=庐山堇菜
拟毛毡草 Blumea sericans (Kurz) HK.f.(菊科),*丝毛艾纳香*
拟美国薄荷 Monarda fistulosa L.(唇形科),*美国薄荷,美洲薄荷*
拟蒙古白头翁 Pulsatilla ambigua var. barbata J. G.Liu (毛茛科)
拟密花树 Myrsine affinis A.DC.(紫金牛科),*山花*
拟密花丝石竹(新疆检索表)=头状石头花
拟绵毛益母草(新)Leonurus pseudopanzerioides Krestosk. (唇形科)
拟木香 Rosa banksiopsis Baker(蔷薇科),*假木香蔷薇*
拟穆坪耳蕨 Polystichum paramoupinense Ching (鳞毛蕨科),*拟穆坪高山耳蕨*
拟穆坪高山耳蕨(西藏志)=拟穆坪耳蕨
拟内卷剑蕨 Loxogramme porcata M.G.Price (剑蕨科)
拟南芥菜(苏南植物手册,科属辞典)=鼠耳芥
拟泡叶乌饭 Vaccinium pseudobullatum Fang & Z.H.Pan (杜鹃花科)
拟漆姑 Spergularia marina (L.) Griseb.(石竹科),*牛漆姑*
拟漆姑草属(高等图鉴)=**拟漆姑属**
拟漆姑属 Spergularia (Pers.) J. & C.Presl (石竹科),*拟漆姑草属,牛漆姑草属,滨瓜槌草属*
拟千金子(四川)=椭果绿绒蒿
拟千日菊(广部中草药手册)=金钮扣
拟缺刻乌头 Aconitum sinonapelloides W.T. Wang (毛茛科)
拟缺香茶菜 Isodon excisoides (Sun ex C.H.Hu) H.Hara (唇形科),*野紫苏*
拟榕叶冬青 Ilex subficoidea S.Y.Hu(冬青科)
拟柔毛堇菜(拉汉名称)=云南堇菜
拟弱距堇菜(拉汉名称)=北京堇菜
拟伞悬钩子(新)Rubus subumbellatus Card.?(蔷薇科)
拟山兰(新) Tainia gokanzanensis Masamune? (兰科)
拟山枇杷(广药手册)=拟蚬壳花椒
拟扇羽阴地蕨 Botrychium lunarioides (Michx.) Sw. (阴地蕨科)
拟石韦(蕨类志属)=石蕨
拟水晶兰(高等图鉴)=大果假水晶兰
拟水晶兰属(高等图鉴,拉汉名称)=**假水晶兰属**
拟水龙骨属 Polypodiastrum Ching(水龙骨科)
拟天冬草 Asparagus asparagoides Wight (百合科)
拟条叶银莲花 Anemone coelestina var. holophylla (Diels) Ziman & B.E.Dutton(毛茛科)
拟铁子冬青(贵州志)=紫金牛叶冬青
拟瓦韦(台湾志)=阔叶瓦韦
拟瓦韦 Paragramma longifolia (Bl.) Moore (水龙骨科)
拟瓦韦属 Paragramma (Bl.) Moore (水龙骨科)
拟弯距翠雀花 Delphinium pseudocampylocentrum W.T.Wang(毛茛科)
拟万代兰 Vandopsis gigantea (Lindl.) Pfitz.(兰科)
拟万代兰属 Vandopsis Pfitz.(兰科)
拟乌苏里瓦韦 Lepisorus pseudoussuriensis Tagawa (水龙骨科)
拟五蕊柳(高等图鉴)=康定柳
拟五月茶(拉汉名称)=蔓五月茶
拟犀角吊金钱 Ceropegia stapeliiformis Haw.(萝藦科)
拟溪边黄堇(西藏志)=假多叶黄堇
拟膝瓣乌头 Aconitum pseudogeniculatum W.T. Wang (毛茛科)
拟细萼茶 Camellia parvisepaloides Chang & Wang (山茶科)
拟细尾楼梯草 Elatostema tenuicaudatoides W.T. Wang (荨麻科)
拟虾须莪白兰(海南志)=长裂鸢尾兰
拟显柱乌头 Aconitum stylosoides W.T.Wang(毛茛科),*大草乌,草乌*
拟蚬壳花椒 Zanthoxylum laetum Drake(芸香科),*拟山枇杷,蚌椒,单面针*
拟线柱兰属 Macodes Bl.(兰科)
拟香桃木 Myrciaria cauliflora Berg.(桃金娘科)
拟香桃木属 Myrciaria Berg.(桃金娘科)
拟小斑虎耳草 Saxifraga punctulatoides J.T.Pan (虎耳草科)
拟小花木五加(分类学报)=两广树参
拟心叶党参(高等图鉴)=心叶党参
拟秀丽绿绒蒿 Meconopsis pseudovenusta Tayl. (罂粟科)
拟崖椒属 Fagaropsis Mildbr.(芸香科)
拟亚菊 Dendranthema glabriusculum (W.W.Sm.) Shih (菊科)
拟羊耳菊 Inula forrestii Anth.(菊科),*木枝旋覆花*
拟羊眼花 Inula rhizocephaloides C.B.Clarke(菊科)
拟野茉莉(云南区系报告)=茉莉果
拟野茉莉属(云南区系报告)=**茉莉果属**

拟野挺马先蒿 Pedicularis rigidiformis Bonati (玄参科)
拟伊斯鸢尾 Iris histrioides Foster (鸢尾科)
拟樱叶柃 Eurya pseudocerasifera Kobuski ? (山茶科)
拟硬叶银穗草 Leucopoa pseudosclerophylla (Kirv.) Bor(禾本科)
拟游藤卫矛 Euonymus vaganoides C.Y.Cheng ex J.S.Ma(卫矛科)
拟玉龙乌头 Aconitum pseudostapfianum W.T. Wang (毛茛科),*堵喇,黑心解*
拟鸢尾 Iris spuria L.(鸢尾科),*欧洲鸢尾*
拟云南翠雀花 Delphinium pseudoyunnanense W.T.Wang & M.H.Warnock(毛茛科)
拟芸香属 Haplophyllum A.Juss.(芸香科),*假芸香属*(东北检索表),*单叶芸香属*
拟早熟禾 Poa pseudamoena Bor(禾本科)
拟毡毛石韦 Pyrrosia pseudodrakeana Shing(水龙骨科),*凝毡毛石韦*
拟蜘蛛兰 Microtatorchis compacta (Ames) Schltr. (兰科),*假蜘蛛兰,卵叶假蜘蛛兰*
拟蜘蛛兰属 Microtatorchis Schltr.(兰科)
拟骤尖楼梯草 Elatostema subcuspidatum W.T. Wang (荨麻科)
拟锥花黄堇 Corydalis hookeri Prain(罂粟科)
拟紫堇马先蒿 Pedicularis corydaloides Hand.-Mazz. (玄参科)
拟獠猪刺(药典 1985)=假豪猪刺
苨蕨(植物志 6-1)=黄腺羽蕨
柅萨木(图谱)=蓝果树
逆阿落(西藏中草药)=叉枝蓼
逆刺(丽江)=柄花茜草
逆鳞龙 Euphorbia clandestina Jacq.(大戟科)
逆龙玉 Neoporteria subgibbosa (Haw.) Britt. & Rose.(仙人掌科)
逆叶蹄盖蕨 Athyrium reflexipinnum Hay.(蹄盖蕨科)
匿鳞薹草 Carex aphanolepis Franch. & Sav.(莎草科)
匿芒荩草 Arthraxon hispidus var. cryptatherus (Hack.) Honda (禾本科)
腻虫药(云南)=华南远志
齈鼻草(贵州方药集)=漆姑草

Nian

拈顿草(闽南民间草药)=牛筋草
年佳薹草 Carex delavayi Franch.(莎草科)
年景花(四川)=藏报春
年橘 Citrus reticulata cv. Nian Ju(芸香科)
年毛黄(东北中草药)=粗茎鳞毛蕨
年竺(岭南采药录)=龙船花
鲇鱿须(救荒本草)=黑果菝葜
黏草子(湖南永顺)=小槐花
黏凤仙花 Impatiens viscosa Bedd.(凤仙花科)
黏毛母草(Flora 18)=粘毛母草
黏山药(云南)=毛胶薯蓣
黏粘粘(云南)=毛胶薯蓣
黏质凤仙花 Impatiens viscida Wight (凤仙花科)
捻碇果(云南)=厚鳞柯
念果紫堇(新)Corydalis apletonii Hutch?(罂粟科)
念健(江西)=黄花倒水莲
念念(甘肃)=蝎虎驼蹄瓣
念珠凤仙花 Impatiens torulosa HK.f.(凤仙花科)
念珠根茎黄芩 Scutellaria moniliorrhiza Kom. (唇形科)
念珠脊龙胆 Gentiana moniliformis Marq.(龙胆科)
念珠芥 Neotorularia torulosa (Desf.) Hedge & J. Léonard (十字花科)
念珠芥属 Neotorularia Hedge & J.Léonard (十字花科)
念珠冷水花 Pilea monilifera Hand.-Mazz.(荨麻科),*项链冷水花*
念珠藤叶紫金牛(广西)=少年红
念珠藤属(种子植物名称)=**链珠藤属**
念珠无心菜 Arenaria monilifera Mattf.(石竹科)
念珠薏苡 Coix lacryma-jobi var. maxima Makino (禾本科)

Niang

娘阿拨翠(云南瑶族语)=棒距八蕊花
娘母良(云南瓦族语)=西南远志
娘娘袜(河北涞源)=锦鸡儿

Niao

鸟柄碗蕨 Dennstaedtia melanostipes Ching(碗蕨科)
鸟不企(广州志)=黄毛楤木
鸟不宿(岭南草药志)=簕欓花椒
鸟不宿(四川)=铜钱树
鸟不宿(苏南)=楤木
鸟不宿(汪连仕:采药书)=刺楸
鸟不宿(云南志)=枸骨
鸟不踏(金华中草药选)=棘茎楤木
鸟不踏(汪连仕:采药书)=刺楸
鸟巢花柏 Chamaecyparis lawsoniana cv. Nidiformis (柏科)
鸟巢兰 Neottia nidusavis (L.) Rich.(兰科)
鸟巢兰属 Neottia Guett (兰科)
鸟巢状雪莲 Saussurea nidularis Hand.-Mazz. (菊科)
鸟黐蛇菰 Balanophora tobiracola Makino(蛇菰科)
鸟喙斑叶兰(台湾兰科植物)=绿花斑叶兰
鸟喙瘤瓣兰 Oncidium ornithorhorhynchum HBK (兰科)
鸟胶花属 Ixia L.(鸢尾科)
鸟脚胡卢巴 Trigonella orinthopodioides (L.) DC. (豆科)
鸟脚木(高等图鉴)=丛花山矾
鸟苦瓜(云南屏边,勐海)=野黄瓜
鸟来柯(台湾)=淋漓锥
鸟笼胶(广东)=黄葵
鸟葡萄(广西药用名录)=网脉葡萄
鸟秋(江苏)=束尾草
鸟秋(江苏)=狭叶束尾草
鸟人参(福建中草药)=台湾银线兰
鸟人参(中草药汇编)=金线兰
鸟榕(福建,台湾)=绿黄葛树
鸟舌兰 Ascocentrum ampullaceum (Roxb.) Schltr.(兰科)
鸟舌兰属 Ascocentrum Schltr.(兰科)
鸟身香槁(海南)=平托桂
鸟屎榕(台湾)=绿黄葛树
鸟头叶菜豆(豆科图说)=鸟头叶豇豆
鸟头叶豇豆 Vigna aconitifolius (Jacq.) Marechal (豆科),*鸟头叶菜豆*
鸟缘豆(植物大辞典)=四籽野豌豆
鸟珠子(中草药汇编)=杨桐
鸟爪黄芪 Astragalus ornithopodioides Lam.(豆科)
鸟爪堇菜 Viola pedata L.(堇菜科)
鸟状棘豆 Oxytropis avisoides P.C.Li(豆科)
鸟仔藤(海南)=白叶藤
鸟足旱蕨 Pellaea ornithopus HK.(中国蕨科)
鸟足兰 Satyrium nepalense D.Don(兰科),*长距鸟足兰,对对参,壮精丹*
鸟足兰属 Satyrium Sw.(兰科)
鸟足龙胆 Gentiana pedata H.Sm.(龙胆科)
鸟足芒萁(新)Dicranopteris pedata (Houtt.) Nakaike (里白科),*芒萁*
鸟足毛茛 Ranunculus brotherusii Freyn(毛茛科)
鸟足乌蔹莓 Cayratia pedata (Lamk.) Juss.(葡萄科),*龙州乌蔹莓,七叶大麻藤*
鸟足叶铁线莲 Clematis finetiana var. pedata W. T.Wang (毛茛科)
鸟足银桦 Grevillea ornithopoda Meissn.(山龙眼科)
鸟嘴莲(台湾兰科植物,台湾志)=绒叶斑叶兰
茑(日本名)=四川蔓茶藨子
茑(诗经)=红花寄生
茑萝(花历百詠,植物学大辞典)=茑萝松
茑萝松(安徽)=小叶钝果寄生
茑萝松 Quamoclit pennata (Desr.) Boj.(旋花科),*茑萝,锦屏封,金丝线,金凤儿,翠翎草*
茑萝属 Quamoclit Mill. (旋花科)
茑木(纲目)=红花寄生
尿罐草 Corydalis moupinensis Franch.(罂粟科),*断肠草*
尿猴草(广西)=疏脉半蒴苣苔
尿尿皮(陕西)=米面蓊
尿泡草(陕甘宁青中草药)=苦马豆
尿桶弓(陆川本草)=亮叶猴耳环

Nie

涅兴(藏名)=多刺天门冬
聂波兔儿风(新)Ainsliaea felexa var. nimborum Hand.-Mazz.?(菊科)
聂拉木垫柳(分类学报)=多花小垫柳
聂拉木独活 Heracleum nyalamense Shan & T.S. Wang (伞形科)
聂拉木风毛菊 Saussurea nyalamensis Y.L.Chen & S.Y.Liang (菊科)
聂拉木厚棱芹 Pachypleurum nyalamense H.T. Chang & Shan(伞形科)
聂拉木虎耳草 Saxifraga moorcroftiana Wall. ex Sternb. (虎耳草科)
聂拉木黄堇 Corydalis cavei D.G.Long(罂粟科)
聂拉木龙胆 Gentiana nyalamensis T.N.Ho(龙胆科)
聂拉木马先蒿 Pedicularis nyalamensis H.P. Yang (玄参科)
聂拉木毛茛 Ranunculus nyalamensis W.T.Wang (毛茛科)
聂拉木石杉 Phlegmariurus nylamensis(Ching et S.K.Wu) H.S.Kung et L.B.Zhang (石杉科)
聂拉木蹄盖蕨 Athyrium nyalamense Y.T.Hsieh & Z.R.Wang(蹄盖蕨科)
聂拉木瓦韦 Lepisorus nylamensis Ching & S.K. Wu (水龙骨科)
聂拉木乌头 Aconitum nielamuense W.T.Wang (毛茛科)
聂拉木悬钩子 Rubus nyalamensis Yü & Lu (蔷薇科)
啮瓣景天 Sedum daigremontianum Hamet(景天科)
啮瓣景天大萼变种(分类学报)=大萼啮瓣景天
啮边蜘蛛抱蛋 Aspidistra marginella D.Fang & L.Zeng (百合科)
啮蚀瓣瑞香 Daphne erosiloba C.Y.Chang(瑞香科)

啮蚀杜鹃 Rhododendron erosum Cowan(杜鹃花科)
啮蚀堇菜 Viola praemorsa Gougl.(堇菜科)
啮蚀叶冷水花 Pilea longicaulis var. erosa C.J. Chen (荨麻科)
啮蚀状报春 Primula erosa Wall.(报春花科)
啮状玉叶金花(中药辞海)=楠藤
镊合猕猴桃(新华本草纲要,中药大辞典)=对萼猕猴桃
蘖米(名医别录)=稻
蘖米(名医别录)=粱
嚙蚀陵齿蕨 Lindsaea conformis Ching(陵齿蕨科)
鑷合花柱草 Stylidium reduplicatum R.Br.(花柱草科)

Ning

宁波木蓝 Indigofera decora var. cooperii (Craib) Y.Y.Fang & C.Z.Zheng(豆科),*地料梢,铜罗伞*
宁波木犀 Osmanthus cooperi Hemsl.(木犀科)
宁波三角槭 Acer buergerianum var. ningpoense (Hance) Rehd.(槭树科)
宁波溲疏 Deutzia ningpoensis Rehd.(虎耳草科),*老鼠竹,空心付常山*
宁德冬青 Ilex ningdeensis C.J.Tseng(冬青科)
宁冈青冈 Cyclobalanopsis ningangensis Cheng & Y.C.Hsu (壳斗科)
宁化唇柱苣苔(植物志 69)=大齿唇柱苣苔
宁静山铁线莲 Clematis ningjingshanica W.T. Wang (毛茛科)
宁朗山翠雀花 Delphinium ninglangshanicum W.T.Wang(毛茛科)
宁蒗杯冠藤 Cynanchum kingdongwardii M.G. Gilb. & P.T.Li(萝藦科)
宁蒗翠雀花 Delphinium pseudohamatum W.T. Wang (毛茛科)
宁蒗龙胆 Gentiana ninglangensis T.N.Ho(龙胆科)
宁明金足草 Goldfussia ningmingensis (D.Fang & H.S.Lo) C.Y.Wu(爵床科),*宁明马蓝*
宁明马蓝(广西植物,数据库光盘)=宁明金足草
宁明琼楠 Beilschmiedia ningmingensis S.Lee & Y.T.Wei (樟科)
宁南雪胆 Hemsleya chinensis var. ningnanensis L.T.Shen & W.J.Chang(葫芦科)
宁陕峨眉蕨(秦岭志)=朝鲜介蕨
宁陕耳蕨 Polystichum ningshenense Ching & Hsu(鳞毛蕨科)
宁武乌头 Aconitum ningwuense W.T.Wang(毛茛科)
宁夏枸杞 Lycium barbarum L.(茄科),*白疙针,地骨皮,津枸杞,山枸杞,西菇音—湿吉勒嘎,中宁枸杞*
宁夏棘豆(植物志 42-2)=六盘山棘豆
宁夏沙参 Adenophora ningxianica Hong(桔梗科)
宁夏蝇子草 Silene ningxiaensis C.L.Tang(石竹科)
宁新叶莲蒿(植物研究)=西北蒿
宁油麻藤(植物志 41)=褶皮黧豆
宁远槭(分类学报)=盐源槭
宁远嵩草 Kobresia kukenthaliana Hand.-Mazz.(莎草科)
宁远小檗 Berberis valida (Schneid.) Schneid.(小檗科)
咛头果(中草药汇编)=尖山橙
拧筋槭(东北木本志)=三花槭
柠鸡儿果(内蒙中草药)=小叶锦鸡儿
柠檬 Citrus limon (L.) Burm.f.(芸香科),*广东柠檬,黎朦,麻脑,西柠檬,洋柠檬,药果,宜母*
柠檬桉 Eucalyptus citriodora HK.f.(桃金娘科)
柠檬杜鹃(西藏志)=黄花花杜鹃
柠檬黄卡特兰 Cattleya citrina (Lali & Lex) Lindl. (兰科)
柠檬黄瘤瓣兰 Oncidium citrinum Lindl.(兰科)
柠檬寄生(广东)=红花寄生
柠檬金花茶 Camellia limonia C.F.Liang & Mo (山茶科)
柠檬留兰香 Mentha citrata Ehrh.(唇形科),*留兰香*
柠檬清风藤 Sabia limoniacea Wall.(清风藤科)
柠檬色百合 Lilium leichtlinii HK.f.(百合科)
柠檬色垂头菊 Cremanthodium citriflorum Good (菊科)
柠檬香碱草(广州志)=隔山香
柠檬萱草(植物志 14)=黄花菜
柠檬叶白珠树 Gaultheria shallon Pursh (杜鹃花科)
柠蒙草 Cymbopogon citratus (DC.) Stapf(禾本科),*大风茅,姜芭果,姜芭茅,姜草,茅香草,香芭茅,香麻,香茅*
柠条(内蒙新医疗法)=中间锦鸡儿
柠条(宁夏)=柠条锦鸡儿
柠条锦鸡儿 Caragana korshinskii Kom.(豆科),*柠条,白柠条,毛条,查干-哈日嘎纳*
凝固睡茄 Withania coagulans Dunal (茄科)
凝毛杜鹃 Rhododendron phaeochrysum var. agglutinatum (Balf.f. & Forr.) Chamb. ex Cullen & Chamb.(杜鹃花科),*凝毛栎叶杜鹃,达玛*
凝毛栎叶杜鹃(西藏志)=凝毛杜鹃
凝毡毛石韦(日本植物杂志)=拟毡毛石韦

Niü

牛巴嘴(四川中药志)=长波叶山蚂蝗
牛白藤(广西)=东京银背藤
牛白藤 Hedyotis hedyotidea (DC.) Merr.(茜草科),*癍痧藤,凉茶藤,脓见消,甜茶,亚婆巢*
牛板金(四川)=石风车子
牛板筋(四川)=光叶滇榄仁
牛伴木(植物志 71-1)=水锦树
牛蒡 Arctium lappa L.(菊科),*恶实,大力子,牛蒡子,蝙蝠刺,夜叉头,鼠粘根,牛菜,大夫叶,万把钩*
牛蒡叶橐吾 Ligularia lapathifolia (Franch.) Hand.-Mazz.(菊科),*大马蹄香,大独叶草,酸模叶橐吾,化血丹*
牛蒡属 Arctium L.(菊科)
牛蒡子(本草图经)=牛蒡
牛鼻角秧(广州)=多花勾儿茶
牛鼻圈(陕西)=多花勾儿茶
牛鼻拳(广州)=多花勾儿茶
牛鼻栓 Fortunearia sinensis Rehd. & Wils.(金缕梅科),*牛皮栓,木里仙,连合子*
牛鼻栓属 Fortunearia Rehd. & Wils.(金缕梅科)
牛鼻子树(云南)=束序苎麻
牛鼻足秧(河南)=勾儿茶
牛鞭草(常用手册)=假马鞭
牛鞭草(广州志)=扁穗牛鞭草
牛鞭草(中药志)=萹蓄
牛鞭草 Hemarthria altissima (Poir.) Stapf & C.E. Hubb. (禾本科),*脱节草*
牛鞭草属 Hemarthria R.Br.(禾本科)
牛鞭子草(红河中草药)=咸虾花
牛扁 Aconitum barbatum var. puberulum Ledeb. (毛茛科),*扁桃叶根,曲芍*
牛扁叶乌头 Aconitum lycoctonifolium W.T. Wang & L.Q.Li (毛茛科)
牛菜(本草衍义)=牛蒡
牛参(湖南药物志)=苦参
牛草(广东)=扁穗牛鞭草
牛草(四川中药志) =李氏禾
牛草果(中药大辞典)=五节芒
牛插鼻(福建草药)=地胆草
牛茶(吉林)=罗布麻
牛茶藤(中草药汇编)=弓果藤
牛肠麻(海南)=榼藤
牛抄藤(广西药用名录)=曲轴海金沙
牛吃埔(潮汕草药)=地胆草
牛持脖子藤(云南)=古钩藤
牛齿兰 Appendicula cornuta Bl.(兰科)
牛齿兰属 Appendicula Bl.(兰科)
牛虫草(海南澄迈)=葫芦菜
牛触臭(海南文昌)=水珍珠菜
牛春花(广东宝安)=猫尾豆
牛戳口(植物志 78-1)=野蓟
牛打架(四川)=茅膏菜
牛大黄(湖南药物志)=商陆
牛大力(岭南采芭录)=千斤拔
牛大力藤(海南志)=美丽崖豆藤
牛丹子(海南)=飞龙掌血
牛刀树(广东潮安,惠来,普宁)=紫玉盘
牛得巡(海南)=大叶千斤拔
牛的藤(福建中草药)=印度羊角藤
牛低头(河南西峡,商城)=夏枯草
牛叠肚 Rubus crataegifolius Bge.(蔷薇科),*山楂叶悬钩子,莲蘽,托盘,马林果*
牛丁角(云南盈江)=红芽木
牛丁角(云南盈江)=越南黄牛木
牛疔草(广西药用名录)=还亮草
牛豆藤(广东)=大果油麻藤
牛肚根(陕西)=银柴胡
牛肚子果(云南)=波罗蜜
牛轭草(广西药用名录)=狭叶水竹叶
牛轭草 Murdannia loriformis (Hassk.) Rolla Rao & Kammathy(鸭跖草科),*鸡嘴草,水竹草*
牛儿藤(四川)=黄背勾儿茶
牛儿藤(四川,贵州)=多花勾儿茶
牛儿竹 Bambusa prominens H.L.Fung & C.Y. Sia (禾本科)
牛耳菜(和汉药考,中药大辞典)=泽泻
牛耳菜(西藏中草药)=宽叶兔儿风
牛耳草(图考)=旋蒴苣苔
牛耳草(图考,湖南)=西藏珊瑚苣苔
牛耳草(新疆中草药)=毛蕊花
牛耳大黄(草木便方)=皱叶酸模
牛耳大黄(贵州方药集)=酸模
牛耳大黄(陕西中草药)=巴天酸模
牛耳大黄(四川)=尼泊尔酸模
牛耳大黄(新拉汉英)=土大黄
牛耳朵(广西)=降龙草
牛耳朵 Chirita eburnea Hance(苦苣苔科),*猫耳朵,爬面虎,山金兜菜,石虎耳,石三七,岩白菜,岩青菜*
牛耳朵菜(湖南)=降龙草
牛耳朵草(江苏)=车前
牛耳朵火草(昆明草药)=钩苞大丁草
牛耳风毛菊 Saussurea woodiana Hemsl.(菊科)
牛耳枫(中药大辞典)=潺槁木姜子
牛耳枫 Daphniphyllum calycinum Benth.(虎皮楠科),*老虎耳,南岭虎皮楠,牛耳铃,土鸦胆*

子,羊屎子,猪颔木
牛耳枫叶海桐 Pittosporum daphniphylloides Hay. (海桐花科)
牛耳海棠 Begonia sanguinea Raddi(秋海棠科)
牛耳胶(广西药用名录)=毛黄肉楠
牛耳铃(广西)=牛耳枫
牛耳麻(广东信宜)=李叶羊蹄甲
牛耳青(江苏)=大青
牛耳三稔(广东中草药)=六耳铃
牛耳藤(海南)=赤苍藤
牛繁缕(高等图鉴)=鹅肠菜
牛芳草(植物志 77-1)=矢镞叶蟹甲草
牛甘藤(中药志,广西)=毛相思子
牛根子(福建)=琴叶榕
牛古大力(广西)=美丽崖豆藤
牛古柿(广东汕头)=罗浮柿
牛牯缩砂(广东阳春)=疣果豆蔻
牛牯锥(海南)=秀丽锥
牛牯子麻(海南志)=磨盘草
牛黄黄(植物志 41)=鸡眼草
牛黄伞(纲目拾遗)=文殊兰
牛黄树刺(湖北)=卵果蔷薇
牛吉力(浙江)=枸杞
牛棘(本经)=粉团蔷薇
牛假森(广西)=木荚红豆
牛见愁(广东)=小叶红叶藤
牛角刺(云南)=圆叶美登木
牛角风(陕西)=竹灵消
牛角瓜 Calotropis gigantea (L.) Dryand. ex f.(萝藦科),羊浸树,断肠草,五狗卧花心
牛角瓜属 Calotropis R.Br.(萝藦科)
牛角花(贵州民间方药集)=淫羊藿
牛角花(南川)=川东紫堇
牛角花(四川)=南黄堇
牛角花(植物志 39)=金合欢
牛角花(种子植物名称)=百脉根
牛角花属(种子植物名称)=**百脉根属**
牛角椒(高等图鉴,植物志 67-1)=辣椒
牛角兰 Ceratostylis hainanensis Z.H.Tsi(兰科),集束牛角兰
牛角兰属 Ceratostylis Bl.(兰科)
牛角橹(广西)=羊角拗
牛角木(广西)=木荚红豆
牛角七(湖北,湖南)=七叶鬼灯檠
牛角七(云南中草药)=云南龙眼独活
牛角七(中草药汇编)=黑果土当归
牛角七(中草药汇编)=芹叶龙眼独活
牛角树(云南屏边)=滇赤杨叶
牛角树(植物志 39)=腊肠树
牛角藤(广西)=古钩藤
牛角藤(中草药汇编)=弓果藤
牛角藤 Urceola linearicarpa (Pierre) D.J.Middl.(夹竹桃科),养当杜,杜促藤,线果水壶藤
牛角歪(新拉汉英)=鱼木
牛角相思树 Acacia cornigera Willd.(豆科)
牛角竹 Bambusa cornigera McClure(禾本科)
牛脚筒(海南)=木蝴蝶
牛叫磨(内蒙中草药)=硬阿魏
牛金茨果树(云南)=流苏树
牛金茄(海南)=海杧果
牛金树(广东,海南)=海南柿
牛金子(图考)=赤楠
牛金子(图考)=假赤楠
牛津小檗 Berberis oxoniensis Ahrendt (小檗科)
牛筋(本草拾遗)=隐距越桔
牛筋(高等图鉴)=珍珠花
牛筋草(陕西中药志)=萹蓄
牛筋草 Eleusine indica (L.) Gaertn.(禾本科),扁草,拍顿草,千斤草,千金草,千人拔,水枯草,蟋蟀草,野鸡爪
牛筋果 Harrisonia perforata (Blanco) Merr.(苦木科)
牛筋果属 Harrisonia R.Br. ex Juss.(苦木科)
牛筋麻(广西)=桤叶黄花稔
牛筋木(广西)=中华石楠
牛筋木(四川)=小叶石楠
牛筋木(云南)=钝叶黄檀
牛筋树(高等图鉴)=山胡椒
牛筋树(广东,海南)=海南柿
牛筋树(江苏志)=紫弹树
牛筋树(云南)=光叶滇榄仁
牛筋树(浙江)=糙叶树
牛筋藤(湖北通山)=江西崖豆藤
牛筋藤 Malaisia scandens (Lour.) Planch(桑科),包饭果藤,煲稗藤,饭果藤,谷沙藤,马来藤,盘龙木,鹊鸪藤,蛙皮藤
牛筋藤属 Malaisia Bl.(桑科)
牛筋条(甘肃)=青甘锦鸡儿
牛筋条(云南)=带叶石楠
牛筋条(中草药汇编)=山胡椒
牛筋条(中草药土方土法)=猴樟
牛筋条 Dichotomanthus tristaniaecarpa Kurz(蔷薇科),红眼睛,白牛筋
牛筋条光叶变种(植物志 36)=光叶牛筋条(新)
牛筋条属 Dichotomanthus Kurz(蔷薇科)
牛筋子(内蒙志)=牛枝子
牛筋子(内蒙志)=兴安胡枝子
牛荆(四川)=光叶滇榄仁
牛荆条(分类草药性)=山胡椒
牛旧藤(植物志 39)=短叶决明
牛卷藤(广西)=酸叶胶藤
牛磕膝(植物志 25-2)=牛膝
牛口刺(浙江中药手册)=蓟
牛口蓟 Cirsium shansiense Petrak(菊科)
牛苦参(云南中药志)=苦参
牛老筋(辽宁,广西)=南蛇藤
牛老头(广东文昌,澄迈,琼海)=紫玉盘
牛老药(广东)=流苏子
牛老药藤(广东)=流苏子
牛勒(吴普本草)=野蔷薇
牛肋巴(四川)=华南紫萁
牛肋巴(四川)=渐尖毛蕨
牛肋巴(四川)=蜈蚣蕨
牛肋巴(四川中草药)=齿牙毛蕨
牛肋巴(云南)=钝叶黄檀
牛肋巴草(四川)=井栏边草
牛肋筋(贵州民间药物)=桤叶黄花稔
牛李 Artocarpus nigrifolius C.Y.Wu(桑科)
牛李子(北京)=锐齿鼠李
牛李子(湖南)=小叶石楠
牛李子(救荒本草)=鼠李
牛利 Gasteria excavata Haw.(百合科)
牛利草(广东)=华南紫萁
牛利藤(广西桂平)=黑风藤
牛泷草(高等图鉴)=露珠草
牛萝卜(四川中药志)=商陆
牛麻箭竹 Fargesia emaculata Yi (禾本科)
牛麻簕(广东)=飞龙掌血
牛马根(湖南药物志)=狗牙根
牛马藤(湖北宜昌)=常春油麻藤
牛馒头花(陕西中草药)=漏芦
牛馒土(植物志 78-1)=漏芦
牛蔓(纲目)=茜草
牛蔓头(内蒙中草药)=禹州漏芦
牛毛草(贵州民间药物)=暗褐飘拂草
牛毛草(辽宁)=球柱草
牛毛大王(贵州药用名录)=红毛悬钩子
牛毛七(四川)=地桃花
牛毛细辛(四川)=长毛细辛
牛毛毡(贵州民间药物)=暗褐飘拂草
牛毛毡(四川)=团羽铁线蕨
牛毛毡(图考)=漆姑草
牛毛毡 Heleocharis yokoscensis (Franch. & Savat.) Tang & Wang(莎草科),松毛蔺
牛弥菜属(分类学报)=**牛奶菜属**
牛面兰果(云南屏边)=团香果
牛母草(福建)=金丝草
牛姆瓜 Holboellia grandiflora Reaub. (木通科),大花牛姆瓜
牛目椒(云南志)=华马钱
牛奶白附(河北药材名)=独角莲
牛奶菜 Marsdenia sinensis Hemsl.(萝藦科),三百银,婆婆针线包,白杜仲
牛奶菜属 Marsdenia R.Br.(萝藦科),牛弥菜属
牛奶草(植物志 73-2)=蓝花参
牛奶柴(闽东本草)=矮小天仙果
牛奶柴(中药大辞典)=琴叶榕
牛奶柑(花镜)=金橘
牛奶根(四川中草药)=菱叶冠毛榕
牛奶果(广西龙州)=多苞藤春
牛奶果(海南)=星萍果
牛奶浆(浙江草药)=矮小天仙果
牛奶浆草 Euphorbia hyppocrepica Hemsl.(大戟科),铁凉伞,生死还阳,搜山虎,见气消
牛奶橘(遵生八牋)=金橘
牛奶莓(植物志 37)=红腺悬钩子
牛奶母(浙江)=掌叶复盆子
牛奶奶(云南)=一点红
牛奶奶(云南)=紫果猕猴桃
牛奶奶果(云南)=网脉琼楠
牛奶泡(贵州)=山莓
牛奶七(四川)=地锦苗
牛奶稔(中草药彩色图谱)=对叶榕
牛奶绳(浙江)=琴叶榕
牛奶柿(河北,河南,山东)=君迁子
牛奶柿(中药大辞典)=老鸦柿
牛奶树(广东)=纤冠藤
牛奶树(岭南采药录)=对叶榕
牛奶树(浙江,江西)=琴叶榕
牛奶树(中草药汇编)=芒毛苣苔
牛奶藤(广西)=古钩藤
牛奶藤(广西)=天星藤
牛奶藤(云南)=杯苋
牛奶藤(云南绥江)=四轮筋骨草
牛奶子(本草衍义)=地黄
牛奶子(广东)=对叶榕
牛奶子(海南)=石榕树
牛奶子(四川)=茅瓜
牛奶子(四川成都)=长叶胡颓子
牛奶子(图考)=羊奶子
牛奶子根(湖南)=胡颓子
牛奶子树(中草药汇编)=琴叶榕
牛奶子树(中药大辞典)=条叶榕
牛南蛇藤(广西)=大果油麻藤
牛年春(江西草药)=绵毛鹿茸草
牛尿草(筠连)=长尖突紫堇
牛荖子(广东湛江)=紫玉盘
牛皮菜(滇南本草,四川,云南,贵州)=厚皮菜
牛皮菜(滇南本草,四川,云南,贵州)=甜菜
牛皮茶(东北土名)=牛皮杜鹃
牛皮冻(湖南)=牛皮消

牛皮冻(图考)=鸡矢藤
牛皮杜鹃 Rhododendron aureum Georgi(杜鹃花科),*牛皮茶*
牛皮凤尾草(四川中草药)=光石韦
牛皮筋(浙江遂昌)=长序榆
牛皮桧(中药辞海)=牛鼻栓
牛皮枫(云南志)=峨眉鼠刺
牛皮消 Cynanchum auriculatum Royle ex Wight (萝藦科),*白首乌,耳叶牛皮消,飞来鹤,隔山锹,隔山撬,隔山消,何首乌,老牛瓢,奶浆藤,牛皮冻,瓢瓢藤,七股莲,野红苕,西藏牛皮消*
牛皮消蓼 Fallopia cynanchoides (Hemsl.) Harald. (蓼科),*胖血藤,毛血藤,云钩蓬,百解药,荞叶细辛*
牛皮消属(种植物名称)=**鹅绒藤属**
牛脾蕊(广东)=白花酸藤子
牛漆姑(科属辞典)=拟漆姑
牛漆姑草 Spergularia sativa Boenn.(石竹科)
牛漆姑草属(科属辞典)=**拟漆姑属**
牛千斤(云南)=鹰爪枫
牛千斤(中药大辞典)=腾冲卫矛
牛茄子(海南澄迈)=野茄
牛茄子(植物志 67-1)=黄果茄
牛茄子 Solanum capsicoides Allioni (茄科)
牛乳茶(中草药汇编)=矮小天仙果
牛乳榕(台湾)=天仙果
牛乳薯(广东)=七爪龙
牛乳树(植物学大辞典)=水同木
牛乳子树(植物志 23-1)=大明山榕
牛嗓管树(广西)=山地水东哥
牛嗓管树(云南中草药选)=尼泊尔水东哥
牛舌菜(纲目)=巴天酸模
牛舌草(广西中草药)=刺酸模
牛舌草(海南)=白花地胆草
牛舌草(江苏药材志)=齿果酸模
牛舌草(中药大辞典)=陀螺紫菀
牛舌草 Anchusa italica Retz.(紫草科)
牛舌草属 Anchusa L.(紫草科),*狼紫草属*
牛舌柴(浙江)=刺毛杜鹃
牛舌大黄(岭南采药录)=多须公
牛舌大黄(岭南采药录)=土牛膝
牛舌大黄 Rheum crispus L.(蓼科),*皱叶酸模,羊蹄*
牛舌广(福建)=尖尾枫
牛舌黄(贵州草药)=江南星蕨
牛舌癀(福建)=茄叶斑鸠菊
牛舌癀(福建中草药)=尖尾枫
牛舌片(贵州)=大叶火烧兰
牛舌头(岭南采药录)=土牛膝
牛舌头(四川中药志)=苣荬菜
牛舌头(浙江)=降龙草
牛舌头菜(云南中草药)=长蕊斑种草
牛舌头草(陕西)=琉璃草
牛舌头草(图考)=倒提壶
牛虱草 Eragrostis unioloides (Retz.) Nees ex Steud. (禾本科)
牛虱根(闽东本草)=百部
牛虱子(亨氏植物名录)=探春花
牛虱子(中药大辞典)=长勾刺蒴麻
牛虱子果(云南药用名录)=攀援胡颓子
牛矢果 Osmanthus matsumuranus Hay.(木犀科),*羊屎木*
牛屎草(四川)=地锦苗
牛屎柴(贵州民间药物)=珍珠花
牛屎橘(广西)=酒饼簕
牛屎藤(江西草药)=薜荔
牛屎乌(台湾志)=九节
牛氏隐囊蕨 Notholaena newberryi D.C.Eaton (中国蕨科)
牛栓藤 Connarus paniculatus Roxb.(牛栓藤科)
牛栓藤(广西植物名录)=小叶红叶藤
牛栓藤科 Connaraceae
牛栓藤属 Connarus L.(牛栓藤科)
牛獭鼻(泉州本草)=土牛膝
牛桃(博物志)=毛樱桃
牛桃(博物志)=樱桃
牛特木(广西)=白檀
牛藤(广西)=紫花络石
牛藤 Stauntonia hexaphylla Decne. (木通科),*那藤,七姐妹藤,鸭脚莲,野木瓜*
牛藤果 Stauntonia elliptica Hemsl. (木通科)
牛蹄草(浙江)=降龙草
牛蹄豆 Pithecellobium dulce (Roxb.) Benth.(豆科)
牛蹄果(经济志)=油渣果
牛蹄蕨(广东)=福建观音座莲
牛蹄劳(粤乐昌)=福建观音座莲
牛蹄麻(新拉汉英)=刺果藤
牛蹄麻 Bauhinia khasiana Baker(豆科),*侯氏羊蹄甲*
牛蹄藤(海南)=白叶藤
牛蹄藤(拉汉名称和手册)=火索藤
牛蹄细辛(四川峨眉)=川滇细辛
牛头簕(广州)=山石榴
牛头药(广东)=白珠树
牛斜树(海南志)=牛斜吴萸
牛斜吴萸 Evodia trichotoma (Lour.) Pierre(芸香科),*茶辣树,大漆玉叶,牛斜树,山茶辣,山吴萸,吴萸果,五除叶*
牛腿虱(中草药汇编)=青藤仔
牛托鼻(湖南药物志)=地果
牛脱(福建)=木半夏
牛王刺(中药大辞典)=多毛叶云实
牛尾巴(陕西)=西蜀丁香
牛尾巴蒿(云南思茅)=牛尾草
牛尾巴花(浙江草药)=八角枫
牛尾菜 Smilax riparia A.DC.(百合科),*白须公,草菝葜,草菝藓,大伸筋草,尖叶牛尾菜,金刚豆藤,千层塔,软叶菝葜*
牛尾参(滇南本草)=毛胶薯蓣
牛尾参(四川会东)=心叶青藤
牛尾参(云南中草药)=鸡蛋参
牛尾参(中草药汇编)=油点草
牛尾草(福建草药)=金发草
牛尾草(新拉汉英)=草甸羊茅
牛尾草 Isodon ternifolius (D.Don) Kudô(唇形科),*常沙,虫牙药,龙胆草,马鹿尾,牛尾巴蒿,三叉金,三托艾,三叶扫把,三姊妹,扫帚草,伤寒头,兽古犬药,兽药,四楞草,鸭边窝,*
牛尾荡(南宁药志)=千斤拔
牛尾豆(广西兽医植物)=菜豆树
牛尾独活(四川)=独活
牛尾独活(药学学报)=椴叶独活
牛尾独活(云南丽江)=狭翅独活
牛尾贯众(贵州草药)=刺齿贯众
牛尾蒿(甘肃)=臭蒿
牛尾蒿(图考)=矮蒿
牛尾蒿 Artemisia dubia Wall. ex Bess.(菊科),*艾蒿,荻蒿,米蒿,普儿芒,水蒿,指叶蒿,紫杆蒿*
牛尾结(福建)=粉背菝葜
牛尾蕨(广西)=黑龙骨
牛尾连(海南)=美叶菜豆树
牛尾林(海南)=海南菜豆树
牛尾木(广东乐昌)=头序楤木
牛尾木(广西中草药)=菜豆树
牛尾鸟(广东)=塘虱角
牛尾泡(广西中草药)=粗叶悬钩子
牛尾泡(四川中草药)=宜昌悬钩子
牛尾七(陕西中草药)=开口箭
牛尾七(四川)=万年青
牛尾七(云南)=藏边大黄
牛尾七 Rheum forrestii Deils(蓼科),*小黄,雪三七,红牛尾七*
牛尾伸筋(湖南)=白背牛尾菜
牛尾树(广西)=广西厚膜树
牛尾树(广西中草药)=菜豆树
牛尾松(台湾)=台湾油杉
牛尾藤(海南)=白花酸藤子
牛尾一枝箭(昆明草药)=宽叶兔儿风
牛尾竹(四川)=刺黑竹
牛西西(江西:中草药学)=巴天酸模
牛西西(江西:中草药学)=网果酸模
牛膝(河南南召)=野草香
牛膝 Achyranthes bidentata Bl.(苋科),*牛磕膝*
牛膝茎叶(本草图经)=少毛牛膝
牛膝菊 Galinsoga parviflora Cav.(菊科),*辣子草,向阳花,珍珠草,铜锤草*
牛膝菊属 Galinsoga Ruiz & Pav.(菊科)
牛膝属 Achyranthes L.(苋科)
牛细辛(湖南药物志)=及已
牛响草(广部草药手册)=磨盘草
牛心菜(辽宁)=黄海棠
牛心番荔枝 Annona reticulata L.(番荔枝科),*牛心果*
牛心果(广州)=圆滑番荔枝
牛心果(经济植物手册)=牛心番荔枝
牛心荔(海南)=海杧果
牛心朴(宁夏)=华北白前
牛心朴子(内蒙古)=华北白前
牛心茄子(中药大辞典)=海杧果
牛心秧(中药大辞典)=华北白前
牛血莲(四川)=背蛇生
牛牙果(广西)=大叶刺篱木
牛芽标(广西大瑶山)=野木瓜
牛眼(本草求原)=马钱子
牛眼果(广西)=栀子
牛眼果(广西)=栀子皮
牛眼睛(海南)=榼藤
牛眼睛(海南)=小刺山柑
牛眼睛(中草药汇编)=牛眼马钱
牛眼睛 Capparis zeylanica L.(山柑科),*槌果藤*
牛眼菊 Buphthalmum salicifolium L.(菊科)
牛眼菊属 Buphthalmum L.(菊科)
牛眼马钱 Strychnos angustiflora Benth.(马钱科),*牛眼珠,狭花马钱,勾梗树,车前树,牛眼睛,狭叶马钱*
牛眼珠(海南)=牛眼马钱
牛爷尾(云南药用名录)=山芝麻
牛一枫(峨眉)=常春藤
牛油果 Butyrospermum parkii Kotschy(山榄科)
牛油果属 Butyrospermum Kotschy(山榄科)
牛油树(云南屏边)=越南安息香
牛樟(台湾)=沉水樟
牛枝(甘肃)=兴安胡枝子
牛枝条(甘肃)=兴安胡枝子
牛枝子 Lespedeza potaninii Vass.(豆科),*牛筋子*
牛至 Origanum vulgare L.(唇形科),*白花土荆芥,白花茵陈,川香薷,地藿香,滇香薷,罗甸香,满坡香,满山香,满天星,糯米条,琦香,乳香草,署草,苏子草,随经草,土香薷,土茵陈,五香草,香炉草,香茹,香茹草,香薷,小田草,小叶薄荷,*

野薄荷,野荆芥,茵陈,玉兰至
牛至属 Origanum L.(唇形科)
牛仔煎(广东)=扁穗牛鞭草
扭柄花 Streptopus obtusatus Fassett (百合科)
扭柄花属 Streptopus Michx.(百合科)
扭冬青(拉汉名称)=错枝冬青
扭豆(高等图鉴)=木豆
扭肚藤 Jasminum elongatum (Bergius) Willd. (木犀科),*谢三娘,白金银花,白花茶,海南素馨,假素馨,青藤仔花,左扭藤*
扭萼凤仙花 Impatiens tortisepala HK.f.(凤仙花科)
扭梗附地菜 Trigonotis delicatula Hand.-Mazz. (紫草科)
扭骨风(广西药用名录)=榼藤
扭果柄龙胆 Gentiana harrowiana Deils(龙胆科)
扭果虫实 Corispermum retortum Wang-Wei & Fuh (藜科)
扭果花旗杆 Dontostemon elegans Maxim.(十字花科)
扭果苣苔属 Streptocarpus Lindl.(苦苣苔科)
扭果四齿芥 Tetracme contorta Boiss. (十字花科)
扭果苏木 Caesalpinia tortuosa Roxb.(豆科)
扭果葶苈(植物志 33)=毛叶葶苈
扭果紫金龙 Dactylicapnos torulosa (HK.f. & Thoms.) Hutch.(罂粟科),*大藤铃儿草,野落松*
扭黄檀(豆科图说)=弯枝黄檀
扭喙马先蒿 Pedicularis streptorhyncha Tsoong (玄参科)
扭喙薹草 Carex melinacra Franch.(莎草科)
扭藿香 Lophanthus chinensis Benth.(唇形科)
扭藿香属 Lophanthus Adans.(唇形科)
扭尖柳 Salix contortiapiculata P.Y.Mao & W.Z. Li (杨柳科)
扭筋草(湖南药物志)=直酢浆草
扭盔马先蒿(高等图鉴)=大卫氏马先蒿
扭盔马先蒿(中药辞海)=奥氏马先蒿
扭兰(南宁药志)=绶草
扭连钱 Marmoritis complanatum (Dunn) A.L. Bud. (唇形科)
扭连钱属 Marmoritis Benth.(唇形科)
扭龙(广东)=榼藤
扭芒山羊草 Aegilops columnaris Zhuk.(禾本科)
扭毛卷 Selaginella tortipila A.Br.(卷柏科)
扭鞘香茅 Cymbopogon hamatulus (Nees ex HK. & Arn.) A.Camus (禾本科),*野香茅,括花草,韭叶芸香草,芸香草,臭草*
扭曲草(植物志 44-3)=红雀珊瑚
扭曲枝北美香柏 Thuja occidentalis cv. Recurvar Nana (柏科)
扭伤草(湖南)=直酢浆草
扭蒴山芝麻(高等图鉴)=火索麻
扭松(新拉汉英)=小干松
扭庭荠 Alyssum tortuosum Waldst. & Kit. ex Willd. (十字花科)
扭瓦韦 Lepisorus contortus (Christ) Ching(水龙骨科),*一皮草,卷宗叶瓦韦*
扭序花(高等图鉴)=鳄嘴花
扭旋马先蒿 Pedicularis torta Maxim.(玄参科)
扭药花 Streptanthera cuprea Sweet (鸢尾科)
扭药花属 Streptanthera Sweet.(鸢尾科)
扭叶高加索冷杉 Abies nordmanniana var. tortifolia Rehd.(松科)
扭叶韭 Allium spirale Willd.(百合科)
扭叶眼子菜 Potamogeton intortifolius J.D.He et al. (眼子菜科)
扭枝画眉草 Eragrostis reflexa Hack.(禾本科)
扭轴鹅观草 Roegneria schrenkiana (Fisch. & Mey.) Nevski (禾本科)
扭子菜(贵州草药)=同钟花
扭子七(四川中药志)=支柱蓼
纽伯特十大功劳小檗 Mahoberberis neubertii Schneid.(小檗科)
纽榕(海南)=爬藤榕
纽榕(海南志,福建志)=爬藤榕
纽托尔堇菜 Viola nuttallii Pursh.(堇菜科)
纽子果(云南)=密齿酸藤子
纽子果 Ardisia virens Kurz(紫金牛科),*长叶纽子果,大罗伞,黑星紫金牛,厚皮树,扣子果,绿叶紫金牛,米汤果,圆齿紫金牛,珍珠伞,长叶钮子查,黄叶珍珠伞,多斑紫金牛,山豆根,天青地红,小罗伞,紫背绿,紫绿根,紫绿果*
纽子花 Vallaris solanacea (Roth) O.Ktze.(夹竹桃科)
纽子花属 Vallaris Burm.f.(夹竹桃科)
钮草(广西药用名录)=华湖瓜草
钮扣花属 Hibbertia Andr.(五桠果科)
钮子跌打(云南思茅)=短蒟
钮子瓜 Zehneria maysorensis (Wight & Arn.) Arn. (葫芦科),*长叶钮子查,大树献钮子,红果果,黄叶珍珠伞,山豆根,天罗网,小罗伞,野杜瓜,珍珠伞,争文武,紫背绿,紫绿根,紫绿果*
钮子七(陕西,甘肃,四川)= 珠子参

Nong

农吉利(中草药学)=紫花野百合
浓绿黄肉芋 Xanthosoma atrovirens C.Koch & Bouche (天南星科)
浓毛鳞盖蕨 Microlepia tripinnata Ching(碗蕨科)
浓毛山龙眼 Helicia vestita W.W.Sm.(山龙眼科)
浓泡药(贵州草药)=通泉草
浓香露兜 Pandanus odoratissimus L.f.(露兜树科)
浓香探春 Jasminum odoratissimum L.(木犀科)
浓子茉莉 Fagerlindia scandens (Thunb.) Tirveng. (茜草科),*浓子屎莉,小叶猪肚刺*
浓子茉莉属 Fagerlindia Tirveng.(茜草科)
浓子屎莉(广东海康)=浓子茉莉
浓紫龙眼独活 Aralia atropurpurea Franch.(五加科)
脓疮草 Panzeria alaschanica Kupr.(唇形科),*白龙串彩,野芝麻,白花益母草,益母草*
脓疮草属 Panzeria Moench(唇形科)
脓见愁(文山中草药)=白背黄花稔
脓见愁根(广西中草药=桤叶黄花稔
脓见消(广西本草选编)
脓见消(生草药性备要)=雾水葛
脓泡草(贵州草药)=藿香蓟
秾芀(钟观光拟)=油芒
弄岗黄皮 Clausena yunnanensis var. longgangensis Liang & Lu(芸香科),*毛云南黄皮*
弄岗金花茶 Camellia grandis (Liang & Mo) Chang & S.Y.Liang(山茶科)
弄岗马兜铃 Aristolochia longgonensis C.F. Liang(马兜铃科),*弄岗通城虎*
弄岗通城虎(广西植物)=弄岗马兜铃
弄七(广西)=栀子皮
荞岗半蒴苣苔 Hemiboea longgangensis Z.Y.Li (苦苣苔科)
荞岗唇柱苣苔 Chirita longgangensis W.T.Wang (苦苣苔科)
荞岗耳叶马蓝 Perilepta longgangensis (D.Fang & H.S.Lo) C.Y.Wu & C.C.Hu(爵床科),*荞岗马蓝*
荞岗轮环藤 Cyclea longganensis J.Y.Luo(防已科)
荞岗马蓝(广西植物)=荞岗耳叶马蓝
荞岗叶下珠(广西植物)=荞岗珠子木
荞岗珠子木 Phyllanthodendron moi (P.T.Li) P. T.Li (大戟科),*荞岗叶下珠*

Nu

奴会(台湾青草药)=芦荟
奴奇哈(新疆)=小叶棘豆
奴柘(本草拾遗)=构棘
奴柘(本草拾遗,广西)=柘
努陈香科 Teucrium nuchense C.Koch (唇形科)
努尔黄藤 Daemonorops nurii Ftdo.(棕榈科)
努斯莱秋海棠 Begonia knowsleyana Hort.(秋海棠科)
努塌滨藜 Atriplex nuttallii Wats.(藜科)
弩刀箭竹 Fargesia praecipua Yi (禾本科)
怒江矮柳 Salix coggygria Hand.-Mazz.(杨柳科)
怒江报春 Primula maikhaensis Balf.f. & Forr(报春花科)
怒江变种(分类学报)=怒江蒿
怒江川木香 Dolomiaea salwinensis (Hand.-Mazz.) Shih (菊科)
怒江冬青(四川志)=滇西冬青
怒江杜鹃(云南杜鹃花)=亮红杜鹃
怒江杜鹃 Rhododendron saluenense Franch.(杜鹃花科)
怒江耳蕨 Polystichum salwinense Ch9ing & H. S.Kung (鳞毛蕨科)
怒江耳叶紫菀(新)Aster auriculatus f. crenatus Ling? (菊科)
怒江风毛菊 Saussurea salwinensis Anthony(菊科)
怒江凤丫蕨 Coniogramme caudata var. salwinensis Ching & Shing(裸子蕨科)
怒江光叶槭 Acer laevigatum var. salweenense (W.W.Sm.) J.M.cowan ex Fang(槭树科)
怒江蒿 Artemisia nujiangensis (Ling & Y.R. Ling) Y.R.Ling(菊科),*云南蒿,怒江变种*
怒江红山茶 Camellia saluenensis Stapf ex Been (山茶科)
怒江红杉 Larix speciosa Cheng & Law(松科),*怒江落叶松*
怒江黄鹌菜 Youngia nujiangensis Shih(菊科)
怒江寄生(云南志)=短梗钝果寄生
怒江拉拉藤 Galium salwinense Hand.-Mazz.(茜草科)
怒江蜡瓣花 Corylopsis glaucescens Hand.-Mazz. (金缕梅科)
怒江冷杉 Abies nukiangensis Cheng & L.K.Fu (松科)
怒江冷水花 Pilea salwinensis (Hand.-Mazz.) C.J.Chen (荨麻科),*九节风*
怒江柃 Eurya tsaii H.T.Chang(山茶科),*蔡氏柃*
怒江瘤足蕨 Plagiogyria virescens (C.Chr.) Ching (瘤足蕨科)
怒江柳 Salix nujiangensis N.Chao(杨柳科)
怒江落叶松(分类学报)=怒江红杉
怒江泡花树 Craibiodendron forrestii W.W.Sm. (杜鹃花科)
怒江枇杷 Eriobotrya salwinensis Hand.-Mazz. (蔷薇科)
怒江蒲桃 Syzygium salwinense Merr. & Perry (桃金娘科)

怒江槭 Acer chienii Hu & Cheng(槭树科),*雨农槭*
怒江千里光(云南植物名录)=腺毛合耳菊
怒江球兰 Hoya salweenica Tsiang & P.T.Li(萝藦科)
怒江藤黄 Garcinia nujiangensis C.Y.Wu & Y.H. Li (藤黄科),*歇第,捧咖昔,哇咖扑昔*
怒江天胡荽 Hydrocotyle salwinica Shan & S.L. Liou (伞形科)
怒江铁线莲 Clematis nukiangensis M.Y.Fang (毛茛科)
怒江挖耳草 Utricularia salwinensis Hand.-Mazz. (狸藻科)
怒江无心菜 Arenaria salweenensis W.W.Sm.(石竹科),*怒江蚤缀*
怒江悬钩子 Rubus salwinensis Hand.-Mazz.(蔷薇科)
怒江栒子(新)Cotoneaster insculptus Diels?(蔷薇科)
怒江蚤缀(拉汉名称)=怒江无心菜
怒江紫菀 Aster salwinensis Onno(菊科)

Nü

女肠(广雅)=女菀
女多红(四川中草药)=异叶鼠李
女儿茶(贵州民间药物)=异叶鼠李
女儿茶(江苏)=赶山鞭
女儿茶(江苏)=罗布麻
女儿茶(陕西=贯叶连翘
女儿茶(植物志 48-1)=鼠李
女儿红(贵州)=大叶茜草
女儿红(贵州民间药物)=河北木蓝
女儿红(湖北)=灯笼树
女儿红(江苏志)=苦茶槭
女儿红(四川)=小二仙草
女儿红(天宝本草)=云南勾儿茶
女儿红(中药大辞典)=卵叶远志
女儿藤(高等图鉴)=四川清风藤
女儿香(广东)=白木香
女谷(河南)=楮
女蒿 Hippolytia trifida (Turcz.) Poljak.(菊科),*打斯都巴拉*
女蒿属 Hippolytia Poljak.(菊科)
女金丹(中药大辞典)=绿叶胡枝子
女金芦(云南药用名录)=紫柄假瘤蕨
女苦奶(内蒙中草药)=拐轴鸦葱
女娄菜(高原治疗手册)=坚硬女娄菜
女娄菜 Silene aprica Turcz. ex Fisch. & Mey.(石竹科),*莫尔蝇子草,台湾蝇子草,王不留行,桃色女娄菜,罐罐花,对叶草,对叶菜,长冠女娄菜*
女娄菜叶龙胆 Gentiana melandriifolia Franch. ex Hemsl. (龙胆科)
女娄菜状过路黄(拉汉名称)=山萝过路黄
女娄无心菜 Arenaria melandryiformis Williams (石竹科)
女萝(江苏,广东)=南方菟丝子
女南根(重庆草药)=女贞
女青(本草纲目)=鸡矢藤
女青(本草新注)=地梢瓜
女桑(尔雅,图考)=鲁桑
女神南烛 Lyonia mariana (L.) D.Don (杜鹃花科)
女菀(图考)=紫背鼠尾草(新)
女菀 Turczaninowia fastigiata (Fisch.) DC.(菊科),*白菀,织女菀,女肠,头须草,茆*
女菀属 Turczaninowia DC.(菊科)
女王大岩桐 Sinningia regina T.Sprague (苦苣苔科)
女葳花(本经)=凌霄
女萎 Clematis apiifolia DC.(毛茛科),*白棉纱,白木通,百根草,风藤,花木通,角匙藤,千里光,一把抓*
女宛(广西)=白鹤藤
女贞 Ligustrum lucidum Ait.(木犀科),*白蜡树,爆格蚤,爆竹叶,大叶蜡树,冬青,蜡树,女南根,青蜡树,鼠梓子,水蜡树,土金刚叶,小叶冻青,落叶女贞*
女贞忍冬 Lonicera ligustrina Wall.(忍冬科)
女贞叶腐婢(四川中药志)=臭黄荆
女贞叶寄生 Helixanthera ligustrina (Wall.) Danser (桑寄生科)
女贞叶南烛 Lyonia ligustrina (L.) DC.(杜鹃花科)
女贞属 Ligustrum L.(木犀科),*水蜡树属*

Nüe

疟疾草(傣语意译)=长管大青
疟疾草(江苏)=野菊
疟马鞭(广东)=马鞭草
虐尾蕨(蕨类图说)=虎尾铁角蕨

Nuan

暖地杓兰 Cypripedium subtropicum S.C.Chen & K.Y.Lang(兰科)
暖木 Meliosma veitchiorum Hemsl.(清风藤科)
暖木条荚蒾(东北木本志)=修枝荚蒾
暖木条子(东北)=修枝荚蒾

Nuo

挪挪果(分类学报)=大果刺篱木
挪藤(江西)=光叶紫玉盘
挪威蒿 Artemisia norvegica Fries (菊科)
挪威虎耳草 Saxifraga oppositifolia L.(虎耳草科)
挪威槭 Acer platanoides L.(槭树科)
挪威鼠麴草 Gnaphalium norvegicum Gunn.(菊科)
诺肺莫力气(彝族药名)=旋花茄
诺古音-照古其(蒙名)=草甸碎米荠
诺古音-照古其(蒙名)=伏水碎米荠
诺和克南洋杉(经济植物手册)=异叶南洋杉
诺林属 Nolina Michx.(百合科)
诺米早熟禾 Poa roemeri Bor(禾本科)
诺姆杭-博尔(蒙语)=中亚草原蒿
穤(名医别录)=稻
糯稻 Oryza sativa var. glutinosa Mats.(禾本科)
糯饭果(云南河口)=木鳖子
糯蒿(中药大辞典)=松蒿
糯虎掌(昆明)=茴茴蒜
糯米菜(贵州草药)=泥胡菜
糯米菜(陕西)=糯米团
糯米草(台湾植物总目录)=水蔗草
糯米草(云南,四川)=糯米团
糯米柴(贵州)=黄背越桔
糯米椴 Tilia henryana var. subglabra V.Engl.(椴树科)
糯米饭(江西)=江南越桔
糯米饭草(浙江)=野芝麻
糯米饭刺(中药大辞典)=老鸦柿
糯米饭藤(中草药汇编)=对萼猕猴桃
糯米饭竹(西双版纳)=糯竹
糯米果(中药大辞典)=臭荚蒾
糯米花(安徽)=流苏树
糯米花(云南)=密蒙花
糯米莲(江西)=糯米团
糯米青(浙江民间草药)=狗舌草
糯米树(亨氏中国树木名录)=茶荚蒾
糯米藤(江西)=糯米团
糯米条(江西)=牛至
糯米条(经济志)=鸡树条
糯米条(浙江)=糯米团
糯米条 Abelia chinensis R.Br.(忍冬科),*茶条树,白花树*
糯米条子(湖北宜昌,陕西安康)=宜昌荚蒾
糯米团 Gonostegia hirta (Bl.) Miq.(荨麻科),*蚌巢草,啜脓膏,大红袍,大拳头,饭藤子,贯线草,蒿苎麻,红饭藤,红米藤,红石薯,红头带,捆仙绳,蔓苎麻,米浆藤,糯米菜,糯米草,糯米莲,糯米藤,糯米条,糯米芽,筲箕藤,生扯拢,铁箍蔓草,铁节草,土加藤,小铁箍,小粘药,玄麻根,猪粥菜,猪仔菜,自消散*
糯米团属 Gonostegia Turcz.(荨麻科)
糯米香 Semnostachya menglaensis H.P.Tsui(爵床科)
糯米香属 Semnostachya Bremek.(爵床科)
糯米芽(陕西)=糯米团
糯米药(贵州中草药名录)=桤叶黄花稔
糯米珠(天目药志)=水榆花楸
糯树(亨氏中国树木名录)=茶荚蒾
糯帅聋(傣语)=大黄栀子
糯芋(云南丽江)=柳兰
糯竹 Cephalostachyum pergracile Munro(禾本科),*香竹,糯米饭竹*

Ou

欧白芥属(科属检索表)=**白芥属**
欧白英 Solanum dulcamara L.(茄科),*苦茄,六甲草,千年不烂心*
欧摆完保(藏名)=五脉绿绒蒿
欧滨麦 Leymus arenarius (L.) Hochst.(禾本科),*沙丘野麦*
欧薄荷 Mentha longifolia (L.) Huds.(唇形科)
欧梣 Fraxinus excelsior L.(木犀科)
欧车前(东北检索表)=长叶车前
欧当归 Levisticum officinale Koch(伞形科),*保当归*
欧当归属 Levisticum Hill (伞形科)
欧登斯大头苏铁 Encephalartos altensteinii Lehm. (苏铁科)
欧地笋 Lycopus europaeus L.(唇形科)
欧丁香 Syringa vulgaris L.(木犀科),*洋丁香*
欧毒麦(禾本科图说)=欧黑麦草
欧独活(秦岭志)=欧防风
欧防风 Pastinaca sativa L.(伞形科),*欧独活*
欧防风属 Pastinaca L.(伞形科)
欧蜂斗菜 Petasites hybrida (L.) Gaertn.(菊科)
欧甘草(中药志)=光果甘草
欧柑 Citrus reticulata cv. Suavissima(芸香科)
欧根杨(植物志 20-2)=尤金杨
欧黑麦草 Lolium persicum Boiss. & Hoh. ex Boiss.(禾本科),*欧毒麦*
欧桧(经济植物手册)=欧洲刺柏
欧活血丹 Glechoma hederacea L.(唇形科),*钱草,欧连钱草*
欧吉齐蓝果树 Nyssa ogeche Bartr.(蓝果树科)
欧锦葵 Malva sylvestris L.(锦葵科),*锦葵,小黍菊*
欧克莱省藤 Calamus oxyleyanus Teysm.(棕榈科)
欧李 Cerasus humilis (Bge.) Sok.(蔷薇科),*乌拉奈,酸丁,郁李仁,乌拉柰*
欧李子(山东经济植物)=圆叶鼠李
欧连钱草(新疆)=欧活血丹
欧菱 Trapa natans L.(菱科),*野菱,刺菱*
欧马栗(拉汉名称和手册)=欧洲七叶树

欧毛茛 Ranunculus sardous Crantz.(毛茛科)
欧美杨(树木分类学)=加杨
欧木绣球(中药大辞典)=欧洲荚蒾
欧杞柳 Salix caesia Vill.(杨柳科)
欧荨麻 Urtica urens L.(荨麻科)
欧切(藏语)=密生波罗花
欧芹 Petroselinum crispum (Mill.) Hill.(伞形科)
欧芹属 Petroselinum Hill (伞形科)
欧瑞香 Thymelaea passerina (L.) Cosson & Germ. (瑞香科)
欧瑞香属 Thymelaea Mill.(瑞香科)
欧沙针 Osyris alba L.(檀香科)
欧山黧豆 Lathyrus palustris L.(豆科)
欧蓍(东北检索表)=蓍
欧石南叶贝克斯 Banksia ericifolia L.f.(山龙眼科)
欧石南属 Erica L.(杜鹃花科)
欧石楠叶莱勃特 Lambertia ericifolia R.Br.(山龙眼科)
欧氏金鱼藤 Columnea oerstediana Klotzsch (苦苣苔科)
欧氏马先蒿 Pedicularis oederi Vahl(玄参科),*欧氏马先蒿欧氏亚种欧氏变种欧氏变型*
欧氏马先蒿多片亚种(植物志 68)=多羽片马先蒿(新)
欧氏马先蒿欧氏亚种欧氏变种红色变型(植物志 68)=红色欧氏马先蒿(新)
欧氏马先蒿欧氏亚种欧氏变种欧氏变型(植物志 68)=欧氏马先蒿
欧氏马先蒿欧氏亚种狭花变种(植物志 68)=狭花欧氏马先蒿(新)
欧氏马先蒿欧氏亚种异盔变种(植物志 68)=异盔马先蒿(新)
欧氏马先蒿欧氏亚种中国变种(植物志 68)=中国欧氏马先蒿(新)
欧氏马先蒿鲫叶亚种(植物志 68)=鲫叶马先蒿(新)
欧氏鹧鸪花 Trichilia oerstediana C.DC.(楝科)
欧鼠李 Rhamnus frangula L.(鼠李科),*药炭鼠李,药绿柴*
欧斯潘肋枝兰 Pleurothallis ospinae R.E. Schultes (兰科)
欧卫矛 Euonymus europaeus L.(卫矛科)
欧文小檗 Berberis irwinii Byhouwer (小檗科)
欧细辛 Asarum europaeum L.(马兜铃科)
欧夏枯草(新拉汉英)=夏枯草
欧夏至草 Marrubium vulgare L.(唇形科)
欧夏至草属 Marrubium L.(唇形科)
欧夏至草状绣球防风 Leucas marrubioides Desf.(唇形科)
欧小檗 Berberis vulgaris L. (小檗科)
欧缬草(高等图鉴)=缬草
欧旋花 Calystegia sepium subsp. spectabilis Brumm.(旋花科),*毛打碗花,马刺楷,狗狗秧,打碗花,夫儿苗,狗娃秧*
欧亚艾蒿 Artemisia abrotanum L.(菊科)
欧亚多足蕨 Polypodium vulgare L.(水龙骨科)
欧亚峨参 Anthriscus scandicina (Weber) Manst.(伞形科)
欧亚蔊菜 Rorippa sylvestris (L.) Bess.(十字花科),*辽东蔊菜*
欧亚列当(内蒙志)=弯管列当
欧亚列当 Orobanche cernua var. cunana (Wallr.) Beck. (列当科)
欧亚萍蓬草 Nuphar luteum (L.) J.E.Smith(睡莲科)
欧亚槭 Acer pseudoplatanus L.(槭树科)
欧亚桑寄生 Loranthus europaeus Jacq.(桑寄生科)
欧亚矢车菊 Centaurea ruthenica Lam.(菊科)
欧亚酸浆(中药志)=酸浆
欧亚铁角蕨 Asplenium viride Hudson (铁角蕨科),*绿柄铁角蕨*
欧亚香花芥 Hesperis matronalis L.(十字花科),*紫花南芥*
欧亚绣线菊 Spiraea media Schmidt(蔷薇科),*石棒绣线菊,石棒子*
欧亚旋覆花 Inula britanica L.(菊科),*旋覆花,大花旋覆花*
欧野青茅 Deyeuxia laponica (Wahlenb.) Kunth (禾本科)
欧越桔柳 Salix rectijulis Ledeb. ex Turcz.(杨柳科)
欧早熟禾 Poa sylvicola Guss.(禾本科)
欧泽芹 Sium latifolium L.(伞形科)
欧榛(新拉汉英)=欧洲榛
欧洲矮棕 Chamaerops humilis L.(棕榈科)
欧洲矮棕属 Chamaerops L.(棕榈科)
欧洲白花丹 Plumbago europaea L.(白花丹科)
欧洲白冷杉(新拉汉英)=欧洲冷杉
欧洲白栎(新疆中草药)=夏栎
欧洲白皮松 Pinus leucodermis Ant.(松科)
欧洲白榆 Ulmus laevis Pall.(榆科),*大叶榆*
欧洲百合 Lilium martagon L. (百合科)
欧洲变豆菜 Sanicula europaea L.(伞形科)
欧洲补血草 Limonium vulgare Mill.(白花丹科)
欧洲苍耳 Xanthium strumarium L.(菊科)
欧洲草莓(经济植物手册)=野草莓
欧洲茶藨子 Ribes reclinatum L.(虎耳草科),*须具利,鹅莓,圆醋栗*
欧洲赤松 Pinus sylvestris L.(松科)
欧洲慈姑 Sagittaria sagittifolia L.(泽泻科),*白地栗,槎牙,茨菇,慈姑,河凫茨,剪搭草,剪刀草,藉姑,梨头草,水慈姑,水慈菰,水萍,燕尾草*
欧洲刺柏 Juniperus communis L.(柏科),*瓔珞柏,普通柏,欧桧*
欧洲刺苞菊 Carlina vulgaris L.(菊科)
欧洲大麦披硷草 Hordelymus europaeus (L.) Jessen ex Harz.(禾本科)
欧洲大叶杨 Populus candicans Ait.(杨柳科)
欧洲稻槎菜 Lapsana communis L.(紫草科)
欧洲椴 Tilia europaea L.(椴树科)
欧洲鹅耳枥 Carpinus betulus L.(桦木科)
欧洲耳蕨 Polystichum aculeatum (L.) Roth(鳞毛蕨科)
欧洲凤尾蕨 Pteris cretica L.(凤尾蕨科)
欧洲高山杜鹃(新拉汉英)=中欧毛杜鹃花
欧洲枸杞 Lycium europaeum L.(茄科)
欧洲光叶榆 Ulmus carpinifolia Gled.(榆科),*鹅耳枥叶榆*
欧洲黑松(东北木本志)=南欧黑松
欧洲黑松 Pinus nigra Arn.(松科)
欧洲红豆杉 Taxus baccata L.(红豆杉科)
欧洲红瑞木 Swida sanguinea (L.) Opiz (山茱萸科)
欧洲红穗醋栗(果树分类学)=红茶藨子
欧洲花楸 Sorbus aucuparia L.(蔷薇科)
欧洲火棘 Pyracantha coccinea Roem.(蔷薇科)
欧洲夹竹桃 (植物志 63)=夹竹桃
欧洲荚蒾 Viburnum opulus L.(忍冬科),*欧木绣球*
欧洲剪秋罗 Lychnis coelirosa Desr.(石竹科)
欧洲金莲花 Trollius europaeus L.(禾本科)
欧洲金毛裸蕨 Gymnopteris marantae (L.)Ching (裸子蕨科),*乃蕨*
欧洲金须茅 Chrysopogon gryllus (L.) Trin.(禾本科)
欧洲金盏花 Calendula arvensis L.(菊科),*长春草,长春花,金仙花,金盏草,金盏儿花,小金盏花*
欧洲金盏花 Calendula maritima Guss.(兰科)
欧洲卷柏 Selaginella selaginoides (L.) Link(卷柏科)
欧洲蕨 Pteridium aquilinum (L.) Kuhn (蕨科)
欧洲棱子芹 Pleurospermum austriacum (L.) Hoffm. (伞形科)
欧洲冷蕨 Cystopteris sudetica A.Br. & Milde(蹄盖蕨科),*山冷蕨*
欧洲冷杉 Abies alba Mill.(松科),*银枞,欧洲白冷杉*
欧洲李 Prunus domestica L.(蔷薇科),*西洋李,洋李*
欧洲连翘 Forsythia europaea Deg. & Bald.(森犀科)
欧洲亮蛇床 Selinum sylvestre L.(伞形科)
欧洲鳞毛蕨 Dryopteris filix-mas (L.) Schott(鳞毛蕨科)
欧洲龙芽草 Agrimonia eupatoria L.(蔷薇科)
欧洲落叶松 Larix decidua Mill.(松科)
欧洲猫儿菊 Hypochaeris radicata L.(菊科)
欧洲蜜蜂花 Melittis melissophyllum L.(唇形科)
欧洲蜜蜂花属 Melittis L.(唇形科)
欧洲木莓 Rubus caesius L.(蔷薇科)
欧洲女贞 Ligustrum vulgare L.(木犀科)
欧洲七叶树 Aesculus hippocastanum L.(七叶树科),*欧马栗*
欧洲桤木 Alnus glutinosa (L.) Gaertn.(桦木科)
欧洲千里光 Senecio vulgaris L.(菊科)
欧洲前胡 Peucedanum offininale L.(伞形科)
欧洲秦艽 Gentiana cruciata L.(龙胆科)
欧洲山芥 Barbarea vulgaris R.Br.(十字花科)
欧洲山梅花 Philadelphus coronarius L.(虎耳草科)
欧洲山松 Pinus mugo Turra (松科),*中欧山松*
欧洲山杨 Populus tremula L.(杨柳科)
欧洲山茱萸 Cornus mas L.(山茱萸科)
欧洲苕子 Vicia varia Host.(豆科)
欧洲升麻 Cimicifuga europaea N.Schipcz (毛茛科)
欧洲石松 Lycopodium clavatum L.(石松科),*亚洲石松*
欧洲手参 Gymnadenia albida (L.) L.C.Rich.(兰科)
欧洲栓皮栎 Quercus suber L.(壳斗科)
欧洲菘蓝 Isatis tinctoria L.(十字花科),*大靛,大青,靛青,蓝靛,菘蓝,青黛,菘青*
欧洲酸樱桃 Cerasus vulgaris Mill.(蔷薇科)
欧洲唐松草 Thalictrum aquilegifolium L.(毛茛科),*草黄连*
欧洲天胡荽 Hydrocotyle vulgaris L.(伞形科)
欧洲甜樱桃 Cerasus avium (L.) Moench(蔷薇科),*欧洲樱桃*
欧洲庭荠 Alyssum alyssoides (L.) L.(十字花科)
欧洲菟丝子(高等图鉴)=南方菟丝子
欧洲菟丝子 Cuscuta europaea L.(旋花科),*大菟丝子,苜蓿菟丝子,金灯藤*
欧洲橡树(新拉汉英)=白栎
欧洲橡树 Quercus albus L.(壳斗科),*白栎*
欧洲小叶椴 Tilia cordata Mill.(椴树科),*心叶椴*
欧洲异燕麦 Helictotrichon sempervirens (Vill.)

Pilger (禾本科)
欧洲樱桃(经济植物手册)=欧洲甜樱桃
欧洲油菜 Brassica napus L.(十字花科)
欧洲羽节蕨 Gymnocarpium dryopteris (L.) Newman(蹄盖蕨科),*鳞毛羽节蕨*
欧洲鸢尾(新拉汉英)=拟鸢尾
欧洲云杉 Picea abies (L.) Karst.(松科)
欧洲针茅 Stipa pennata L.(禾本科)
欧洲榛 Corylus avellana L.(桦木科),*欧榛,洋榛子*
欧紫萁 Osmunda regalis L.(紫萁科)
偶栗子(山东)=圆叶鼠李
偶生翠雀花 Delphinium inopinatum Nevski (毛茛科)
偶子(中药志)=草豆蔻
藕蔬菜(救荒本草)=荇菜

Pa

趴墙虎(南京)=地锦
爬柏(甘肃张掖)=叉子圆柏
爬地黄(贵州)=金爪儿
爬地黄(贵州)=临时救
爬地龙(贵州方药集)=昌感秋海棠
爬地毛茛 Ranunculus pegaeus Hand.-Mazz.(毛茛科)
爬地泡(四川)=羽萼悬钩子
爬地蜈蚣(广东,云南)=九龙盘
爬地雪果白珠树 Gaultheria hispidula (L.) Muhlenb. ex Bigel.(杜鹃花科)
爬地早熟禾 Poa annua var. reptans Hausskn.(禾本科)
爬根草(江苏)=假俭草
爬根草(江苏铜山)=狗牙根
爬虎(广西)=光亮瘤蕨
爬岵虎(浙江草药)=地锦
爬景天(北京志)=垂盆草
爬拉殃(东北检索表)=拉拉藤
爬兰 Herpysma longicaulis Lindl.(兰科)
爬兰属 Herpysma Lindl.(兰科)
爬面虎(湖南)=牛耳朵
爬努阿帕(云南红河哈尼语)=膜叶刺蕊草
爬墙刺(滇南本草)=云实
爬墙虎(湖北)=常春藤
爬墙虎(药用志)=薜荔
爬墙藤(江西草药)=薜荔
爬山壁草(上海中草药)=薜荔
爬山豆根(贵州民间药物)=三棱枝杭子稍
爬山猴(贵州民间药物)=昌感秋海棠
爬山猴(全国中草药资料)=少瓣秋海棠
爬山虎(东北)=刺苞南蛇藤
爬山虎(广东中药,广西药用名录)=薜荔
爬山虎(广西)=飞龙掌血
爬山虎(广西南宁)=石柑子
爬山虎(河北)=独根草
爬山虎(江苏,安徽,陕西)=络石
爬山虎(经济植物手册)=地锦
爬山虎(昆明草药)=金鸡脚假瘤蕨
爬山虎(辽宁)=槭叶草
爬山虎(云南)=大叶南苏
爬山虎(中草药汇编)=崖爬藤
爬山虎(中药大辞典)=鸡眼藤
爬山虎(中药大辞典,四川)=多羽节肢蕨
爬山姜(四川)=石莲姜槲蕨
爬山姆杩(傣语)=马槟榔
爬山山姜(云南药用名录)=膜叶星蕨
爬山岩风(湖南药物志)=薜荔
爬山岩香(昆明草药)=铁箍散
爬树虎(湖北兴山)=常春藤

爬树蕨 Arthropteris palisotii (Desv.) Alston (肾蕨科),*藤蕨*
爬树蕨属 Arthropteris J.Sm.(肾蕨科)
爬树龙(广西)=毛过山龙
爬树龙(海南)=麒麟叶
爬树龙(新华本草纲要)=云南崖爬藤
爬树龙(云南元江)=大叶南苏
爬树龙(云南中草药选)=狮子尾
爬树龙 Rhaphidophora decursiva (Roxb.) Schott (天南星科),*大戆毒,大过山龙,大青龙,大青蛇,大青竹标,当年见,过岗龙,过江龙,过山龙,老蛇藤,麒麟叶,青竹标,青竹椒,山包谷,上木蜈蚣,石莲藕,石蛇,万丈洁,鸭绿江*
爬树藤(湖北兴山)=常春藤
爬松(东北)=偃松
爬藤榕 Ficus sarmentosa var. impressa (Champ.) Corner (桑科),*长叶铁牛入石,风藤,纽榕,山牛奶,小木莲,小叶风藤,抓石榕*
爬藤卫矛 Euonymus scandens Graham.(卫矛科)
爬苇 Phragmites japonica var. prostrata (Makino) L.Liu(禾本科)
爬行扶芳藤 Euonymus fortunei var. radicans (Miq.) Rehd.(卫矛科)
爬行马先蒿 Pedicularis reptans Tsoong(玄参科)
爬行卫矛(药典 2000)=扶芳藤
爬崖藤(陕西佛坪)=常春藤
爬岩板(广东)=球兰
爬岩红 Veronicastrum axillare (S. & Z.) Yamaz. (玄参科),*串鱼草,钓鱼杆,多穗草,腹水草,毛脉腹水草,小串鱼,小钓鱼竿,一串鱼*
爬岩姜(四川中药志)=秦岭槲蕨
爬岩龙(贵州方药集)=昌感秋海棠
爬岩龙(贵州中草药名录)=光亮瘤蕨
爬岩香(贵州)=山蒟
爬岩香(陕西中药名录)=珍珠莲
爬竹(四川南川)=南川镰序竹
爬竹 Drepanostachyum scandens (Hsueh & W.D. Li) Keng f. ex Yi (禾本科)
耙草(广州)=排草香
耙齿钩(广东)=鼎湖钓樟
耙齿木(广西)=长叶柞木
帕蒂小檗 Berberis petitiana Schneid.(小檗科)
帕丰小檗 Berberis pavoniana Ahrendt (小檗科)
帕夫拉哥尼亚小檗 Berberis chinensis var. paphlagonica (Schneid.) Ahrendt (小檗科)
帕格牙姆(傣语)=南山藤
帕贡(傣语)=树头菜
帕加罗熊果 Arctostachylos pajaroensis J.E. Adams. (杜鹃花科)
帕卡苯格哈兰特(维吾尔语)=中亚天仙子
帕克尔谷精草 Eriocaulon parkeri Robins.(谷精草科)
帕克曼百合 Lilium ×parkmanni T.Moore (百合科)
帕克斯十大功劳 Mahonia paxii Fedde (小檗科)
帕克小檗 Berberis parkeriana Schneid (小檗科)
帕克夜香树 Cestrum parquii Herit.(茄科)
帕空耸(傣语)=南山藤
帕拉斯奥莱克斯 Aulax pallasia Stapf.(山龙眼科)
帕拉铁角蕨 Asplenium bradleyi Eaton (铁角蕨科)
帕拉瓦苣苔属 Paliavana Vand.(苦苣苔科)
帕来克斯补血草 Limonium preauxii (Webb.) O.Kuntze (白花丹科)
帕兰氏马先蒿 Pedicularis prainiana Maxim.(玄参科)

帕累(西双版纳傣语)=酸苔菜
帕里百合 Lilium parryi S.Watson (百合科)
帕里红景天 Rhodiola purpureoviridis subsp. phariensis (H.Ohba) H.Ohba(景天科)
帕里韭 Allium phariense Rendle(百合科)
帕里柳叶菜(西藏植物名录)=鳞根柳叶菜
帕里扭连钱 Marmoritis pharicus (Prain) A.L. Bud. (唇形科)
帕里无心菜 Arenaria pharensis McNeill & Majumdar (石竹科)
帕里早熟禾 Poa phariana Bor(禾本科)
帕里紫堇 Corydalis kingii Prain(罂粟科)
帕立熊果 Arctostachylos manzanita Parry.(杜鹃花科),*北加州熊果*
帕笠(傣语)=旋花茄
帕罗德小檗 Berberis parodii Job (小檗科)
帕洛梯王(新拉汉英)=巨大帕洛梯
帕洛梯属 Protea L.(山龙眼科)
帕麦尔美洲茶 Ceanothus palmeri Trel.(鼠李科)
帕米尔白刺 Nitraria pamirica Vassil.(蒺藜科)
帕米尔滨藜 Atriplex pamirica Iljin(藜科)
帕米尔齿缘草 Eritrichium pamiricum Fedtsch. (紫草科)
帕米尔虫实 Corispermum pamiricum Iljin (藜科)
帕米尔翠雀花 Delphinium lacostei Danguy(毛茛科)
帕米尔发草 Deschampsia pamirica Roshev.(禾本科)
帕米尔繁缕 Stellaria winkleri (Briq.) Schischk. (石竹科)
帕米尔茯苓菊(植物研究)=帕米尔苓菊
帕米尔光籽芥 Leiospora pamirica (Botsch. & Vveden.) Botsch. & Pachom.(十字花科)
帕米尔蒿 Artemisia dracunculus var. pamirica (C.Winkl.) Y.R.Ling(菊科)
帕米尔胡卢巴 Trigonella pamirica Boriss.(豆科)
帕米尔黄堇 Corydalis paniculigera Rgl & Schmalh. (罂粟科)
帕米尔黄芪 Astragalus kuschakevitschii B. Fedtsch. ex O.Fedtsch.(豆科)
帕米尔黄芩 Scutellaria pamirica Juz.(唇形科)
帕米尔棘豆(植物志 42-2)=中亚棘豆(新)
帕米尔棘豆 Oxytropis poncinsii Franch.(豆科)
帕米尔假蒜芥 Sisymbriopsis pamirica (Y.C.Lan & Z.X.An) Al-Shehbaz(十字花科)
帕米尔假紫草(中药大辞典)=内蒙紫草
帕米尔碱茅 Puccinellia pamirica Krecz.(禾本科)
帕米尔荆芥 Nepeta pamirensis Franch.(唇形科)
帕米尔苓菊 Jurinea pamirica Shih(菊科),*帕米尔茯苓菊*
帕米尔柳穿鱼 Linaria kulabensis B.Fedtsch.(玄参科)
帕米尔毛茛 Ranunculus pamiri Korsh.(毛茛科)
帕米尔雀麦 Bromus pamiricus Drob.(禾本科)
帕米尔扇穗茅 Littledalea alaica (Korsh.) Petr. ex N.Vevski(禾本科)
帕米尔薹草 Carex pamirensis C.B.Clarke ex B. Fedtsch. (莎草科)
帕米尔铁线莲 Clematis pamiralaica Grey-Wilson (毛茛科)
帕米尔葶苈 Draba alajica Litv.(十字花科),*光果棉毛葶苈*
帕米尔橐吾 Ligularia alpigena Pojark.(菊科)
帕米尔鸦葱 Scorzonera pamirica Shih(菊科)

帕米尔眼子菜 Potamogeton pamiricus Baag.(眼子菜科)
帕米尔羊茅 Festuca alaica Drob.(禾本科)
帕米尔早熟禾 Poa pamirica Roshev. ex Ovcz.(禾本科)
帕米尔紫草(中草药汇编,新华本草纲要)=内蒙紫草
帕米红景天 Rhodiola pamiro-alica A.Bor.(景天科)
帕米杨 Populus pamirica Kom.(杨柳科)
帕南(傣族语)=刺芋
帕瑞杜鹃花 Rhododendron parryae Hutch.(杜鹃花科)
帕瑞斯卫矛 Euonymus occidentalis parishii (Trel.) Jeps.(卫矛科)
帕森斯小檗 Berberis parsonsii Schneid.(小檗科)
帕氏污生境 Coprosma petriei Cheesem (茜草科)
帕氏隐囊蕨 Notholaena parryi D.C.Eaton (中国蕨科)
帕梯(云南)=分叉露兜
帕弯顿(傣语)=黑面神
帕汪(云南傣语)=守宫木
帕夏嘎(西藏亚东藏语)=蛇果黄堇
怕丑草(广东)=含羞草
怕羞草(生草药性备要)=含羞草
怕痒花(群芳谱)=紫薇

Pai

拍卡(纳西族名)=黄花蒿
徘徊花(群芳谱)=玫瑰
排草(广州,南宁)=排草香
排草(江西)=元宝草
排草(图考)=假排草
排草香(四川中药志)=细梗香草
排草香 Anisochilus carnosus (L.) Wall.(唇形科),*耙草,排草*
排草香属 Anisochilus Wall.(唇形科)
排风草(广东)=广防风
排风草(药用志)=接骨草
排风藤(四川巴县)=白英
排骨草(中草药汇编)=江南星蕨
排骨灵 Fissistigma bracteolatum Chatterjee(番荔枝科),*满山香,多苞瓜馥木*
排红草(云南)=绵三七
排毛绣球(分类学报)=挂苦绣球
排钱变种(植物志 66)=排钱香茶菜(新)
排钱草(广东)=排钱树
排钱草(南宁药志)=毛排钱树
排钱豆(云南)=神黄豆
排钱金不换(云南植物研究)=合叶草
排钱树 Phyllodium pulchellum (L.) Desv.(豆科),*串钱草,叠钱草,尖叶阿婆钱,金钱豹,金钱草,笠碗子树,笠碗子树,猎狸尾草,龙鳞草,排钱草,牌钱树,钱串草,双金钱,四季春,午时合,午时灵,亚婆钱,圆叶小槐花,纸钱剑*
排钱树属 Phyllodium Desv.(豆科)
排香草(广西)=香薷
排香草(药用志)=藿香
牌楼七(陕西)=大叶火烧兰
牌楼七(四川)=大花杓兰
牌钱树(豆科图说)=排钱树
派克木(新华本草纲要)=球花豆
派克那(傣族语)=刺芋
派丕(壮族语)=木鳖子
派区虎耳草 Saxifraga paiquensis J.T.Pan(虎耳草科)
派氏马先蒿 Pedicularis paxiana Limpr.(玄参科)

Pan

潘得藜属(科属检索表)=**兜藜属**
潘吉拉杜鹃花(新拉汉英)=多斑杜鹃
潘氏马先蒿 Pedicularis pantlingii Prain(玄参科),*潘氏马先蒿潘氏亚种*
潘氏马先蒿短果亚种(植物志 68)=短果马先蒿(新)
潘氏马先蒿缅甸亚种(植物志 68)=缅甸潘氏马先蒿
潘氏马先蒿潘氏亚种(植物志 68)=潘氏马先蒿
潘西亚兰 Penthea filicornis (L.) Lindl.(兰科)
潘西亚兰属 Penthea Lindl.(兰科)
攀缠长春花(苏南植物手册)=蔓长春花
攀打科 Pandaceae,*小盘木科*
攀倒甑 Patrinia villosa (Thunb.) Juss.(败酱科),*白花败酱,败酱,败酱草,斑打甑,称杆升麻,豆渣菜,苦菜,苦麻菜,苦斋,苦斋草,毛败酱,萌菜,土升麻,胭脂麻野苦斋*
攀掜皮(神农本草经集注)=花曲柳
攀鸡木(集韵)=花曲柳
攀茎耳草 Hedyotis scandens Roxb.(茜草科),*凉喉茶,接骨丹,理肺草,老人拐棍*
攀茎钩藤 Uncaria scandens (Smith.) Hutch.(茜草科),*鹰爪风,钩藤*
攀生刺果卫矛 Euonymus acanthocarpus var. scandens (Loes.) Blakel.(卫矛科)
攀援比拉蝶拉 Billardiera scandens Smith (海桐花科)
攀援臭黄荆 Premna subscandens Merr.(马鞭草科)
攀援吊石苣苔 Lysionotus chingii Chun & W.T. Wang (苦苣苔科)
攀援勾儿茶 Berchemia scandens (Hill.) R.Koch (鼠李科),*阿拉巴马勾儿茶*
攀援胡颓子 Elaeagnus sarmentosa Rehd.(胡颓子科),*羊奶果,羊山噗树,牛虱子果,蒙自胡颓子*
攀援花烛 Anthurium scandens (Aubl.) Engl.(天南星科)
攀援槐 Sophora velutina var. scanedns C.Y.Ma (豆科)
攀援孔药花 Porandra scandens Hong(鸭跖草科)
攀援陵齿蕨 Lindsaea macraeana (HK. & Arn.) Cop.(陵齿蕨科)
攀援钮扣花 Hibbertia scandens Dryand.(五桠果科)
攀援匹索尼亚 Plumbago scandens L.(白花丹科)
攀援萨民托苣苔 Sarmienta scandens Pers.(苦苣苔科)
攀援丝棉木(江西草药)=扶芳藤
攀援天冬 Asparagus scandens Thunb.(百合科)
攀援天门冬 Asparagus brachyphyllus Turcz.(百合科),*短叶石刁竹,短叶天门冬,海滨天冬,寄马桩*
攀援喜林芋 Philodendron scandens C.Koch. & Sello (天南星科)
攀援星蕨 Microsorium buergerianum (Miq.) Ching (水龙骨科),*东南星蕨,石韦,一枝旗,灯火草,波氏星*
攀援羊蹄甲 Bauhinia scandens L.(豆科)
攀枝(福建)=木棉
攀枝花(云南)=木棉
攀枝花苏铁 Cycas panzhihuaensis L.Zhou & S.Y.Yang(苏铁科)
攀枝莓 Rubus flagelliflorus Focke ex Diels(蔷薇科),*少花乌泡,对嘴泡,老雅泡,阿格的*
盘苞牵牛(海南志)=帽苞薯藤
盘参(广西)=七叶薯蓣
盘草(河南)=棒锤草
盘肠参(滇南本草)=打碗花
盘肠草(上海中草药)=南瓜
盘萼杜鹃 Rhododendron parmulatum Cowan(杜鹃花科)
盘儿草(陕西中草药)=黄瓜菜
盘尔草(植物志 80-1)=抱茎小苦荬
盘共超(苗族名)=短葶飞蓬
盘果草 Mattiastrum himalayense (Klotzsch) Brand (紫草科)
盘果草属 Mattiastrum (Boiss.) Brand(紫草科)
盘果碱蓬 Suaeda heterophylla (Kar. & Kir.) Bge.(藜科)
盘果菊(高等图鉴)=福王草
盘果绣球(植物志 35-1)=莼兰绣球
盘花变种(植物志 74)=盘花新疆乳菀(新)
盘花垂头菊 Cremanthodium discoideum Maxim.(菊科)
盘花乳菀 Galatella biflora (L.) Nees ab Esenb.(菊科)
盘花新疆乳菀(新)Galatella songorica var. discoidea Ling & Y.L.Chen(菊科),*盘花变种*
盘龙参(图考,中药大辞典)=绶草
盘龙草(药用志)=东风菜
盘龙花(江西草药)=绶草
盘龙莲(贵州草药)=长叶铁角蕨
盘龙木(台湾志)=牛筋藤
盘龙七(贵州)=鹿药
盘龙七(秦岭)=秦岭岩白菜
盘龙七(陕西中草药)=卷叶黄精
盘龙七(重庆)=九龙盘
盘龙七 Hemsleya panlongqi A.M.Lu & W.J. Chang (葫芦科)
盘三七(四川)=三七
盘托楼梯草 Elatostema dissectum Wedd.(荨麻科),*螃蟹苦*
盘腺阔蕊兰 Peristylus fallax Lindl.(兰科)
盘腺樱桃(湖北志)=四川樱桃
盘叶忍冬(新拉汉英)=微花忍冬(新)
盘叶忍冬 Lonicera tragophylla Hemsl.(忍冬科),*大叶银花,叶藏花,杜银花,土银花*
盘叶掌叶树 Euaraliopsis fatsioides (Harms) Hutch. (五加科)
盘柱冬青(福建志)=皱柄冬青
盘柱南五味子(广东,中药中草药学)=南五味子
盘状合头菊 Syncalathium disciforme (Mattf.) Ling (菊科)
盘状台北狗娃花(新)Heteropappus oldhami f. discoidus Kitam.?(菊科)
盘状橐吾 Ligularia discoidea S.W.Liu(菊科)
蟠槐(植物志 40)=龙爪槐
蟠龙松(河北)=白皮松
蟠龙爪(植物志 48-1)=龙爪枣
蟠桃 Amygdalus persica var. compressa (Loud.) Yü & Lu (蔷薇科)
判渣(浙江药志)=木半夏

Pang

滂噶尔(西藏藏语)=船形乌头
滂藤(本草拾遗)=扶芳藤
庞阿嘎保(藏药志)=船形乌头
庞阿嘎保(藏药志)=甘青乌头
旁其(本草拾遗)=乌药
旁杞木 Carallia longipes Chun ex Ko(红树科)

旁遮普麸杨 Rhus punjabensis Stewart(漆树科)
螃皮柴(中草药学)=乌药
螃蜞头草(上海中草药)=裂叶马兰
螃蟹花(贵州民间药物)=白车轴草
螃蟹夹(四川中药志)=扁枝槲寄生
螃蟹甲(西藏米林)=米林糙苏
螃蟹甲(植物志 65-2)=块根糙苏
螃蟹脚(广东英德)=枫香寄生
螃蟹脚(四川中草药)=星花灯心草
螃蟹脚步(湖南药物志)=栗寄生
螃蟹苦(云南屏边)=盘托楼梯草
螃蟹目(闽南民间草药)=杜虹花
螃蟹七(陕西)=鹿药
螃蟹七(中草药汇编)=管花鹿药
螃蟹七 Arisaema fargesii Gbuchet (天南星科), *天南星,虎掌南星,白南星,红南星,郎毒*
螃蟹眼睛(中药大辞典)=菱叶鹿藿
鳑魮树(本草纲目)=乌药
胖椆(广东)=木姜叶柯
胖椆(植物志 22)=短尾柯
胖大海 Sterculia lychnophora Hance(梧桐科), *安南子,大洞果,通大海,大海子,大发*
胖儿草(中草药汇编)=尾叶假耳草
胖姑娘(甘肃,宁夏)=花花柴
胖关藤(云南中草药)=昆明雷公藤
胖官头(陕西)=虎杖
胖节荻(湖南)=南荻
胖苦竹 Pleioblastus amarus var. tubatus Wen (禾本科)
胖柳(沙漠药用植物)=宽叶水柏枝
胖母猪果树(中草药汇编)=毛叶黄杞
胖婆娘(云南)=下田菊
胖婆娘树(中草药汇编)=毛叶黄杞
胖树根(云南药用名录)=密花远志
胖血藤(贵州方药集)=牛皮消蓼
胖竹(新拉汉英)=刚竹
蒡萁茶(医林纂要)=乌药

Pao

抛(五杂俎)=柚
抛团(云南镇康)=绣球防风
刨花(广东)=刨花润楠
刨花(海南)=毛黄肉楠
刨花楠(广东)=刨花润楠
刨花润楠 Machilus pauhoi Kanehira(樟科), *白楠木,美人柴,刨花,刨花楠,粘柴,真楠木*
炮卜草(广州志)=倒地铃
炮弹果(广西)=清明花
炮弹果(科属辞典)=葫芦树
炮烙莓 Rubus sieboldii Bl.(蔷薇科), *龙船泡,乌泡天,八月泡,过江龙,乌泡,乌莓*
炮掌果(云南中草药)=倒地铃
炮仗花(分类学报)=火把花
炮仗花(贵州威宁)=两头毛
炮仗花(植物志 52-2)=鸡柏胡颓子
炮仗花(植物志 62)=坚龙胆
炮仗花(中草药汇编)=炮仗藤
炮仗花藤(广东增城)=三脉野木瓜
炮仗藤 Pyrostegia venusta (Ker-Gawl.) Miers (紫葳科), *黄鳝藤,炮仗花*
炮仗藤属 Pyrostegia Presl(紫葳科)
炮胀筒(云南中草药选)=两头毛
炮仔花(福建)=一串红
炮子藤(陆种本草)=酸藤子
袍褐马唐 Digitaria fuscescens (Presl) Henr.(禾本科)
匏茎亥佛棕 Hyophorbe lagenicaulis H.E.Moore (棕榈科)
跑路杆子(中草药汇编)=茶荚蒾
泡参(植物志 73-2)=泡沙参
泡参(植物志 73-2)=沙参
泡参(植物志 73-2)=丝裂沙参
泡参(植物志 73-2)=云南沙参
泡参(中草药汇编)=轮叶沙参
泡吹叶花楸 Sorbus meliosmifolia Rehd.(蔷薇科)
泡豆(高等图鉴)=毒扁豆
泡儿(陕西)=五叶草莓
泡儿刺(陕西)=黄果悬钩子
泡儿刺(陕西)=山莓
泡果拉拉藤 Galium bullatum Lipsky(茜草科)
泡果冷水花 Pilea howelliana Hand.-Mazz.(荨麻科), *腾冲冷水花*
泡果荠(高等图鉴)=毛果群心菜
泡果茜草 Microphysa elongata (Schrenk) Pobed. (茜草科)
泡果茜草属 Microphysa Schrenk(茜草科)
泡果苘 Abutilon crispum (L.) Medicus(锦葵科)
泡果沙拐枣 Calligonum junceum (Fisch. & Mey.) Litv.(蓼科)
泡核桃 Juglans sigillata Dode(胡桃科), *漾濞核桃,茶核桃,铁核桃*
泡花(广西)=瘿椒树
泡花草(贵州)=野芝麻
泡花草(贵州兴义)=绣球防风
泡花树(广西)=金叶子
泡花树(树木分类学)=复羽叶栾树
泡花树(云南)=云南金叶子
泡花树 Meliosma cuneifolia Franch.(清风藤科), *黑黑木,山漆槁,灵寿茨*
泡花树属 Meliosma Bl.(清风藤科)
泡花子(四川中药志)=黄牛奶树
泡滑竹 Yushania mitis Yi (禾本科)
泡火桐(四川)=海州常山
泡静-额布斯(内蒙)=砂珍棘豆
泡鳞肋毛蕨 Ctenitis mariformis (Ros.) Ching (叉蕨科)
泡毛杜鹃 Rhododendron vesiculiferum Tagg(杜鹃花科)
泡米花(江西)=芫花
泡沫龙胆(植物志 62)=钟花龙胆
泡木(云南)=钝叶桂
泡木根(分类草药性)=盐肤木
泡囊草 Physochlaina physaloides (L.) G.Don(茄科), *大头狼毒,汤乌普,浩尼-浩如烟海日素*
泡囊草属 Physochlaina G.Don (茄科)
泡囊蕨(植物志 4-2)=膀胱蕨
泡泡草(广西兽医植物)=灯笼草
泡泡草(江西)=锦灯笼
泡泡草(陕西子长县)=砂珍棘豆
泡泡草(四川万县)=毛花点草
泡泡刺 Nitraria sphaerocarpa Maxim.(蒺藜科), *球果白刺,膜果白刺*
泡泡豆(内蒙古乌审旗)=砂珍棘豆
泡泡豆(山西)=苦马豆
泡泡毛蕨 Cyclosorus pustuliferus Ching ex Shing (金星蕨科)
泡泡叶杜鹃 Rhododendron edgeworthii HK.f. (杜鹃花科)
泡泡叶越桔 Vaccinium bullatum (Dop) Sleumer (杜鹃花科), *山木薯*
泡沙参(中草药汇编)=轮叶沙参
泡沙参 Adenophora potaninii Korsh.(桔梗科), *灯花草,灯笼花,奶腥菜花,泡参,沙参*
泡盛落新妇 Astilbe japonica (Merr. & Decne.) Asa Gray (虎耳草科)
泡树(树木分类学)=薜荔
泡桐(本草纲目)=白花泡桐
泡桐(云南)=多核鹅掌柴
泡桐杆(陕西)=小果博落回
泡桐树(云南)=海通
泡桐属 Paulownia S. & Z.(玄参科)
泡腺血桐 Macaranga pustulata King & HK.f.(大戟科)
泡香樟(云南保山)=红叶木姜子
泡叶风毛菊 Saussurea bullata W.W.Sm.(菊科)
泡叶龙船花 Ixora nienkui Merr. & Chun(茜草科), *长叶龙船花*
泡叶檀梨 Pyrularia bullata Tam(檀香科)
泡叶栒子 Cotoneaster bullatus Boiss.(蔷薇科)
泡叶栒子大叶变种(植物志 36)=大泡叶栒子(新)
泡叶栒子多花变型(植物志 36)=多花泡叶栒子(新)
泡叶直苣苔 Ancylostemon bullatus W.T.Wang & K.Y.Pan(苦苣苔科)
泡章-乌布斯(蒙药名)= 甜地丁
泡掌筒(云南中草药)=鬼吹箫
泡竹 Pseudostachyum polymorphum Munro(禾本科)
泡竹属 Pseudostachyum Munro (禾本科)
泡状珊瑚苣苔(植物志 69)=西藏珊瑚苣苔

Pei

培枝(云南屏边瑶语)=大山龙眼
裴翠景天 Sedum marganianum E.Walth.(景天科)
裴德苣苔属 Fieldia A.Cunn.(苦苣苔科)
裴氏冬青(峨眉图志)=猫儿刺
裴氏马先蒿 Pedicularis petelotii Tsoong(玄参科)
裴氏紫珠(分类学报)=藤紫珠
裴梭浦茜砧草 Galium boreale var. hyssopifolium (Pers.) DC.(茜草科)
佩兰(江苏)=罗勒
佩兰 Eupatorium fortunei Turcz.(菊科), *大泽兰,兰草,省头草,香草,香水兰,醒头草,针尾凤*
佩求熊果 Arctostachylos pechoensis W.Dul. ex Adrams (杜鹃花科), *毛枝熊果*

Pen

喷瓜 Ecballium elaterium (L.) A.Rich.(葫芦科)
喷瓜属 Ecballium A.Rich.(葫芦科)
喷泉树(香港)=火焰树
喷雪花(亨氏植物名录)=珍珠绣线菊
喷雪式花(中药大辞典)=六月雪
盆草细辛(四川)=细辛
盆草细辛(四川南川)=皱花细辛
盆桂(日华子本草)=花曲柳
盆架树 Alstonia rostrata C.E.C.Fisch.(夹竹桃科), *阿斯通木,白叶糖胶,灯架,粉叶鸭脚树,亮叶面盆架木,列驼牌,岭刀柄,岭刀柄,马灯盆,摩那,山苦常,小叶灯台树,鸭脚常*
盆架树属(海南志,植物志 63)=**鸡骨常山属**
盆距兰 Gastrochilus calceolaris (Buch.-Ham. ex J.E.Sm.) D.Don(兰科), *囊唇兰*
盆距兰属 Gastrochilus D.Don (兰科)
盆甑草(酉阳杂俎)=牵牛

Peng

朋必(广西壮族语)=臭茉莉
彭错蒿 Artemisia penchuoensis Y.R.Ling & S.Y. Zhao (菊科)
彭蜂藤(福建草药)=薜荔
彭氏紫堇(北京志)=地丁草

彭县雪胆 Hemsleya pengxianensis W.J.Chang (葫芦科)
棚梗(广西药用名录) =肉质伏石蕨
棚压妈博(藏药名)=直序乌头
棚竹 Indosasa longispicata W.Y.Hsiung & C.S. Chao (禾本科)
硼子(河北)=三裂绣线菊
蓬阿那博(藏药名)=工布乌头
蓬菜(和汉药考)=葛枣猕猴桃
蓬莱花(花镜)=瑞香
蓬莪 Curcuma aeruginosa Roxb.(姜科),*蓝心姜,黑心姜,绿姜,风姜,莪术*
蓬莪茂(植物志 16-2)=莪术
蓬蒿(开宝本草)=大籽蒿
蓬蒿菜(本草从新)=南茼蒿
蓬莱草(泉州本草)=过江藤
蓬莱葛 Gardneria multiflora Makino(马钱科),*多花蓬莱葛,清香藤,落地烘,黄河江*
蓬莱葛属 Gardneria Wall.(马钱科)
蓬莱花(花镜)=瑞香
蓬莱黄竹 Bambusa duriuscula W.T.Lin (禾本科),*黎庵高竹*
蓬莱毛茛 Ranunculus formosa-montanus Ohwi (毛茛科),*南湖毛茛*
蓬莱蹄盖蕨(台湾志)=黑足蹄盖蕨
蓬莱隐柱兰(台湾兰科植物)=台湾隐柱兰
蓬莱竹(福建民间草药)=文竹
蓬莱紫(新本草纲目)=瑞香
蓬蘽(本经)=灰白毛莓
蓬蘽 Rubus hirsutus Thunb.(蔷薇科),*刺菠,饭包菠,饭消扭,割田藨,空腹莲,泼盘,三月泡,托盘,雅旱,野杜利*
蓬箬(唐本草)=芦韦
蓬扇树(广西)=蒲葵
蓬子菜(山西)=藜
蓬子菜 Galium verum L.(茜草科),*黄米花,鸡肠草,老鼠针,疔毒蒿,柳绒蒿,蓬子草,蛇望草,松叶草,铁尺草,乌如木杜乐,重台草*
蓬子草(陕西洋县)=蓬子菜
澎湖大豆 Glycine clandestina Wendl.(豆科)
澎湖爵床(台湾志)=早田氏爵床
澎蜞菊(四川)=莲子草
膨大短肠蕨(分类学报)=毛柄短肠蕨
膨大鞘蕊花 Coleus inflatus Benth.(唇形科)
膨萼卷耳 Cerastium dichotomum subsp. inflatum (Link) Culen(石竹科)
膨果黄芪 Astragalus turgidocarpus K.T.Fu(豆科),*绵耆*
膨果景天 Sedum raymondii Fröd.(景天科)
膨囊嵩草 Kobresia inflata P.C.Li (莎草科)
膨囊薹草 Carex lehmanii Drejer(莎草科)
膨皮豆(植物志 41)=扁豆
膨胀草(江苏)=大戟
蟛蜞花(生草药性备要)=蟛蜞菊
蟛蜞菊 Wedelia chinensis (Osbeck.) Merr.(菊科),*黄花龙舌草,黄花曲草,卤地菊,路喧菊,马兰草,蟛蜞花,水兰*
蟛蜞菊属 Wedelia Jacq.(菊科)
捧咖昔(德宏景颇语)=怒江藤黄
椪柑 Citrus reticulata cv. Ponkan(芸香科),*有柑,芦柑,汕头蜜柑,广东蜜柑,凸柑,蜜糖柑*

Pi

披碱草 Elymus dahuricus Turcz.(禾本科)
披碱草属 Elymus L.(禾本科)
披裂蓟 Cirsium interpositum Petrak(菊科)
披麻草(云南中草药选)=大理藜芦
披麻草(植物志 14)=蒙自藜芦
披散点地梅 Androsace gagnepainiana Hand.-Mazz. (报春花科)
披散鸡脚参 Orthosiphon diffusus Benth.(唇形科)
披散鬣蜥棕 Iguanura diffusa Becc.(棕榈科)
披散木贼(四川志)=散生问荆
披散小檗 Berberis diffusa C.Gay (小檗科)
披散绣球防风 Leucas diffusa Benth.(唇形科)
披散直茎蒿 Artemisia edgeworthii var. diffusa (Pamp.) Ling & Y.R.Ling(菊科)
披针瓣梅花草 Parnassia lanceolata Ku (虎耳草科)
披针唇角盘兰 Herminium singulum T.Tang & F.T.Wang (兰科)
披针唇舌唇兰 Platanthera lancilabris Schltr.(兰科)
披针吊石苣苔(植物志 69)=吊石苣苔
披针萼连蕊茶 Camellia lancicalyx Chang(山茶科)
披针耳蕨(江西志)=亮叶耳蕨
披针凤丫蕨 Coniogramme lanceolata Ching ex Shing (裸子蕨科)
披针拂子茅 Calamagrostis lanceolata Roth (禾本科)
披针骨牌蕨 Lepidogrammitis diversa (Rosenst.) Ching (水龙骨科)
披针观音座莲 Angiopteris caudatiformis Hieron. (观音座莲科)
披针贯众 Cyrtomium devexiscapulae (Koidz.) Ching (鳞毛蕨科),*无齿贯众*
披针剑蕨 Loxogramme lanceolata Presl (剑蕨科)
披针鳞果星蕨 Lepidomicrosorium lanceolatum Ching & P.S.Wang(水龙骨科)
披针鳞薹草 Carex lancisquamata L.K.Dai(莎草科)
披针瘤足蕨 Plagiogyria lineata Ching(瘤足蕨科)
披针芒毛苣苔 Aeschynanthus lancilimbus W.T. Wang (苦苣苔科)
披针毛茛 Ranunculus amurensis Kom.(毛茛科),*长叶毛茛*
披针毛鳞蕨 Tricholepidium angustifolium var. lanceolatum (Ching & S.K.Wu) Y.X.Lin (水龙骨科)
披针桤叶树 Clethra monostachya var. lancilimba (C.Y.Wu) C.Y.Wu & L.C.Hu(桤叶树科)
披针茜砧草 Galium boreale var. lancilimbum W.C.Chen(茜草科)
披针清风藤 Sabia lanceolata Colebr.(清风藤科)
披针穗飘拂草 Fimbristylis acuminata Vahl (莎草科)
披针薹草(高等图鉴)=大披针薹草
披针薹草 Carex lancifolia C.B.Clarke(莎草科)
披针五叶参 Pentapanax lanceolatus Hoo(五加科)
披针新月蕨 Pronephrium penangianum (HK.) Holtt.(金星蕨科),*地苏木,铁板金,光株新月蕨,活血莲*
披针形斑叶稠李 Padus maackii f. lanceolata Yü & Ku (蔷薇科)
披针形雀麦(新拉汉英)=大穗雀麦
披针绣球 Hydrangea longipes var. lanceolata Hemsl. (虎耳草科),*窄叶莼兰绣球*
披针叶安匝木 Pomaderris ligustrina Sieb. ex DC.(鼠李科)
披针叶白鹤芋 Spathiphyllum patinii (Hogg.) N.E.Br.(天南星科)
披针叶白蜡树(秦岭志)=狭叶梣
披针叶百部(植物志 13-3)=细花百部
披针叶百合(植物志 14)=川滇百合
披针叶柏那参(分类学报增刊)=尖叶罗伞
披针叶贝壳杉 Agathis lanceolata (Planch.) Warb. (南洋杉科)
披针叶变种(植物志 66)=寸金草
披针叶叉繁缕(东北草本志)=银柴胡
披针叶茶梨 Anneslea fragrans var. lanceolata Hay.(山茶科),*细叶茶梨,披针叶红楣*
披针叶茶叶花(植物志 63)=罗布麻
披针叶车前(北方植物研究)=长叶车前
披针叶杜英 Elaeocarpus lanceaefolius Roxb.(杜英科)
披针叶萼距花 Cuphea lanceolata Ait.(千屈菜科)
披针叶繁缕(东北草本志)=银柴胡
披针叶风毛菊(中药辞海)=小风毛菊
披针叶风毛菊 Saussurea souliei Franch.(菊科)
披针叶风筝果 Hiptage lanceolata J.Ar.(金虎尾科)
披针叶钩藤(药学学报)=倒挂金钩
披针叶桂木 Artocarpus nitidus subsp. griffithii (Kiang) Jarr.(桑科)
披针叶杭子稍 Campylotropis macrocarpa f. lanceolata P.Y.Fu(豆科)
披针叶红楣(高等图鉴补编)=披针叶茶梨
披针叶厚喙菊 Dubyaea lanceolata Shih(菊科)
披针叶胡颓子 Elaeagnus lanceolata Warb.(胡颓子科),*盐匏藤,补阴丹,咸匏,柳叶胡颓子*
披针叶黄华(豆科图说)=披针叶野决明
披针叶黄萝树(贵州志)=黄葛树
披针叶茴香(经济志)=红毒茴
披针叶荚蒾 Viburnum lancifolium Hsu(忍冬科)
披针叶堇菜 Viola lanceolata L.(堇菜科)
披针叶旌节花 Stachyurus salicifolius var. lancifolius C.Y.Wu ex S.K.Chen(旌节花科)
披针叶卷耳(Flora 6)=镰刀叶卷耳
披针叶连蕊茶 Camellia lancilimba Chang(山茶科)
披针叶柃 Eurya lanciformis Kobuski(山茶科)
披针叶馒头果(台湾志)=披针叶算盘子
披针叶蔓龙胆 Crawfurdia delavayi Franch.(龙胆科)
披针叶毛柃 Eurya henryi Hemsl.(山茶科),*蒙自柃*
披针叶米饭花(西藏志,云南志)=狭叶珍珠花
披针叶南洋杉(华北经济志)=大叶南洋杉
披针叶楠 Phoebe lanceolata (Wall. ex Nees) Nees(樟科)
披针叶蓬莱葛(高等图鉴)=柳叶蓬莱葛
披针叶槭(分类学报)=剑叶槭
披针叶青藤 Illigera khasiana C.B.Clarke(莲叶桐科)
披针叶屈曲花 Iberis intermedia Guersent(十字花科)
披针叶荛花 Wikstroemia lanceolata Merr.(瑞香科)
披针叶山桂花 Bennettiodendron lanceolatum H.L.Li (大风子科)
披针叶山尖子(湖北植物大全)=披针叶蟹甲草
披针叶十大功劳 Mahonia lanceolata (Benth.) Fedde (小檗科)
披针叶石韦 Pyrrosia lanceolata (L.) Farwell(水

龙骨科)
披针叶石枣子 Euonymus sanguineus var. lanceolatus S.Z.Qu & Y.H.He(卫矛科)
披针叶鼠李 Rhamnus lanceolata Pursh (鼠李科)
披针叶溲疏 Deutzia monbeigii var. lanceolata S.M.Hwang(虎耳草科)
披针叶素馨 Jasminum prainii Lévl.(木犀科),*蒲氏素馨*
披针叶酸模 Rumex pseudonatronatus (Borb.) Borb. ex Murb.(蓼科)
披针叶算盘子 Glochidion lanceolatum Hay.(大戟科),*披针叶馒头果*
披针叶铁线莲 Clematis lancifolia Bur. & Franch. (毛茛科),*八爪筋*
披针叶兔耳风(中草药汇编)=穆坪兔儿风
披针叶瓦韦 Lepisorus lancifolius Ching(水龙骨科)
披针叶卫矛 Euonymus lanceolatus Yatabe (卫矛科)
披针叶乌口树 Tarenna lancilimba W.C.Chen(茜草科)
披针叶五味子(中药辞海)=狭叶五味子
披针叶香茅 Cymbopogon lanceifolius L.Liu(禾本科)
披针叶小牵牛 Jacquemontia paniculata var. lanceolata S.H.Huang(旋花科)
披针叶缬草(新)Valeriana lancifolia Hand.-Mazz.? (败酱科)
披针叶蟹甲草 Parasenecio lancifolius (Franch.) Y.L.Chen (菊科),*披针叶山尖子*
披针叶杨 Populus acuminata Rybd.(杨柳科)
披针叶野决明 Thermopsis lanceolata R.Br.(豆科),*披针叶黄华,牧马豆,野决明,黄花苦豆,苦豆,西那*
披针叶榛 Corylus fargesii Schneid.(桦木科)
披针叶直管草 Orthosiphon rubicundus var. hainanensis Sun ex C.Y.Wu(唇形科),*海南深红鸡脚参,海南变种,海南猫须草,海南深红鸡脚参*
披针叶紫珠 Callicarpa longifolia var. lanceolaria (Roxb.) C.B.Clarke(马鞭草科)
披针阴地蕨 Botrychium lanceolatum (Gmel.) Angst (阴地蕨科)
砒霜子(浙江)=白檀
铍皮大菜(四川)=荔枝草
霹坜萝芙木(植物志 63)=萝芙木
霹雳萝芙木 Rauvolfia perakensis King & Gamble (夹竹桃科)
霹雳薹草 Carex perakensis C.B.Clarke(莎草科),*黄穗薹*
皮埃蒙特虎耳草 Saxifraga pedemontana All.(虎耳草科)
皮巴风(湖南)=瘿椒树
皮刺格鲁棕 Acrocomia aculeata Mart.(棕榈科)
皮刺绿绒蒿 Meconopsis aculeata Royle(罂粟科)
皮刺星果棕 Astrocaryum aculeatum G.F.Mey.(棕榈科)
皮袋香(高等图鉴)=云南含笑
皮尔斯氏秋海棠 Begonia pearcei HK.f.(秋海棠科)
皮尔斯小檗 Berberis pearcei Phil.(小檗科)
皮杆条(河南,湖北)=化香树
皮桂(云南镇雄)=川钓樟
皮孔翅子藤 Loeseneriella lenticellata C.Y.Wu (翅子藤科)
皮孔葱臭木(云南志)=皮孔樫木
皮孔樫木 Dysoxylum lenticellatum C.Y.Wu ex H.L.Li (楝科),*皮孔葱臭木*
皮孔木蓝(云南植物名录)=岷谷木蓝
皮溜刺(宁夏中卫)=狭叶锦鸡儿
皮谋石棕 Brahea pimo Becc.(棕榈科)
皮帕十大功劳 Mahonia piperiana Abrams (小檗科)
皮钦查小檗 Berberis pichinchensis Turcz.(小檗科)
皮青木(广西)=云开红豆
皮山蔗茅(新疆检索表)=沙生蔗茅
皮哨子(云南)=川滇无患子
皮氏马钱(药学学报)=长籽马钱
皮氏马钱(中药志)=马钱子
皮氏马先蒿 Pedicularis bietii Franch.(玄参科)
皮氏肉锥花 Conophytum pearsonii N.E.Br.(番杏科)
皮孙木(台湾志)=胶果木
皮孙木属(台湾志)=**腺果藤属**
皮头橙(植物志 43-2)=枸头橙
皮屑金合欢 Acacia leprosa DC.(豆科)
皮子黄(广部中草药手册)=薄叶胡桐
皮子药(湖南)=岭南花椒
枇杷(高等图鉴)=青海杜鹃
枇杷 Eriobotrya japonica (Thunb.) Lindl.(蔷薇科),*卢桔,土冬花*
枇杷柴(新疆)=红砂
枇杷木(天目药志)=紫楠
枇杷楠(湖北)=黑壳楠
枇杷叶荚蒾(高等图鉴)=皱叶荚蒾
枇杷叶柯 Lithocarpus eriobotryoides Huang & Y.T.Chang (壳斗科)
枇杷叶润楠 Machilus bonii Lec.(樟科)
枇杷叶山龙眼 Helicia obovatifolia var. mixta (Li) Sleum(山龙眼科),*野乌榄*
枇杷叶珊瑚 Aucuba eriobotryaefolia Wang(山茱萸科)
枇杷叶紫珠 Callicarpa kochiana Makino(马鞭草科),*劳来氏紫珠,长叶紫珠,山枇杷,野枇杷,毛紫珠,黄紫珠*
枇杷玉(陕西中草药)=丁座草
枇杷芋(陕西)=丁座草
枇杷属 Eriobotrya Lindl.(蔷薇科)
毗黎勒 Terminalia bellirica (Gaertn.) Roxb.(使君子科),*毛诃子*
毗邻雀麦 Bromus confinis Nees ex Steud.(禾本科)
毗陵茄子(开宝本草)=荜澄茄
啤酒蒿(新疆,江苏)=中亚苦蒿
啤酒花 Humulus lupulus L.(桑科)
啤酒花菟丝子 Cuscuta lupuliformis Krocker(旋花科),*香蛇麻,蛇麻草,啤瓦古丽,忽布*
啤瓦古丽(维吾尔名)=啤酒花菟丝子
椑柿(江苏,浙江)=油柿
脾寒草(上海)=婆婆纳
脾寒草(药用图鉴)=直立婆婆纳
罴子(陶弘景)=香榧
匹敌色罗里阿 Serruria aemula R.Br.(山龙眼科)
匹菊 Pyrethrum corymbiforme Tzvel.(菊科)
匹菊属 Pyrethrum Zinn.(菊科)
匹索尼亚属 Persoonia Sm.(山龙眼科)
痞子药(贵州民间药物)=伏石蕨

Pian

片红青(植物志 77-1)=一点红
片黄糖(本草求原)=竹蔗
片莲(江西)=血水草
片裂观音座莲 Angiopteris lobulata Ching(观音座莲科)
片马长蒴苣苔 Didymocarpus praeteritus Burtt & David. (苦苣苔科)
片马耳蕨 Polystichum pianmaense W.M.Chu(鳞毛蕨科)
片马复叶耳蕨 Arachniodes pianmaensis Ching (鳞毛蕨科)
片马蒿 Artemisia zayüensis var. pienmaensis Ling & Y.R.Ling(菊科)
片马假瘤蕨 Phymatopteris pianmaensis W.M. Chu (水龙骨科)
片马箭竹 Fargesia albo-cerea Hsueh & Yi (禾本科)
片马节肢蕨 Arthromeris elegans f. pianmaensis S.G.Lu(水龙骨科)
片马柳叶菜(云南志)=锐齿柳叶菜
片马铁线莲 Clematis pianmaensis W.T.Wang (毛茛科)
片马瓦韦 Lepisorus elegans Ching & W.M.Chu (水龙骨科)
片马獐牙菜 Swertia pianmaensis T.N.Ho & S.W. Liu (龙胆科)
片髓灯心草 Juncus inflexus L.(灯心草科)
偏瓣花 Plagiopetalum esquirolii (Lévl.) Rehd. (野牡丹科),*刺柄偏瓣花*
偏瓣花属 Plagiopetalum Redh.(野牡丹科)
偏翅龙胆 Gentiana pudica Maxim.(龙胆科)
偏翅唐松草 Thalictrum delavayi Franch.(毛茛科),*马尾黄连*
偏馥兰 Phreatia secunda (Bl.) Lindl.(兰科)
偏杆草(四川)=江南山梗菜
偏核桃(纲目)=扁桃
偏荷枫(江西草药,高等图鉴)=树参
偏花斑叶兰(海南志)=斑叶兰
偏花报春 Primula secundiflora Franch.(报春花科),*报春花,橡只玛尔布,带叶报春,条纹报春*
偏花槐 Sophora secundiflora Lag. ex DC.(豆科)
偏花黄芩 Scutellaria tayloriana Dunn(唇形科),*土黄芩*
偏花马兜铃 Aristolochia obliqua S.M.Hwang (马兜铃科),*汉防已*
偏环蕨 Loxsoma cunnighami R.Br.(偏环蕨科)
偏环蕨科 Loxsomaceae
偏环蕨属 Loxsoma R.Br.(偏环蕨科)
偏基苍耳 Xanthium inaequilaterum DC.(菊科)
偏脉耳草 Hedyotis obliquinervis Merr.(茜草科)
偏穗臭草 Melica secunda Rgl.(禾本科)
偏穗鹅观草 Roegneria komarovii (Nevski) Nevski (禾本科)
偏穗姜 Plagiostachys austrosinensis T.L.Wu & Senjen (姜科)
偏穗姜属 Plagiostachys Ridl.(姜科)
偏穗雀麦 Bromus squarrosus L.(禾本科)
偏头草(江西)=歪头菜
偏头七(陕西)=鹿药
偏凸山羊草 Aegilops ventricosa Yausck(禾本科)
偏向花(浙江)=韩信草
偏斜锦香草 Phyllagathis plagiopetala C.Chen (野牡丹科),*水角风*
偏斜淫羊藿 Epimedium truncatum H.R.Liang (小檗科)
偏心毛柃 Eurya distichophylla f. asymmetrica H. T.Chang(山茶科)
偏心叶柃 Eurya inaequalis Hsu(山茶科),*异侧柃*

偏肿欧石南 Erica ventricosa Thunb.(杜鹃花科)
Piao
漂泊欧石南 Erica vagans L.(杜鹃花科)
漂筏薹草 Carex pseudocuraica Fr.Schmidt(莎草科)
漂亮风毛菊 Saussurea bella Ling(菊科)
漂渺杜鹃花 Rhododendron decipiens Lacaita (杜鹃花科)
漂摇草(本草拾遗)=小巢菜
漂摇豆(纲目)=小巢菜
飘泊杜鹃花(新拉汉英)=阔口杜鹃花
飘带草(滇南本草)=云南柴胡
飘带草(昆明民间草药)=川滇柴胡
飘带兜兰 Paphiopedilum parishii (Rchb.f.) Stein (兰科)
飘带果 Lactuca undulata Ledeb.(菊科)
飘带石豆兰 Bulbophyllum hanifii Carr.(兰科)
飘儿菜(苏南植物手册)=青菜
飘拂草(图考)=两歧飘拂草
飘拂草属 Fimbristylis Vahl (莎草科)
瓢柴(中药大辞典)=华北白前
瓢儿菜(江苏)=青菜
瓢儿菜(青海)=芝麻菜
瓢儿果(四川中药志)=梧桐
瓢儿花(马边,沐川)=四川木莲
瓢羹茶(贵州草药)=龙舌草
瓢花木(广西药用名录)=毛黄肉楠
瓢瓢藤(江苏)=牛皮消
瓢子(陕西中草药)=莓叶委陵菜
Pie
撇蓝(纲目拾遗)=擘蓝
苤菜跌打(思茅中草药)=折叶萱草
苤蓝(北京)=擘蓝
Pin
贫齿绣线菊(新)Spiraea salicifolia var. oligodonta Yü(蔷薇科),*绣线菊贫齿变种*
贫乏凤仙花 Impatiens depauperata HK.f.(凤仙花科)
贫花鹅观草 Roegneria pauciflora (Schwein.) Hylander (禾本科)
贫花厚壳桂 Cryptocarya depauperata H.W.Li (樟科)
贫花三毛草 Trisetum pauciflorum Keng ex P.C. Kuo (禾本科)
贫脉海桐 Pittosporum oligophlebium Chang & Yan(海桐花科)
贫人果(福建志)=豆薯
贫叶早熟禾 Poa oligophylla Keng(禾本科)
贫育雀麦 Bromus sterilis L.(禾本科),*不实雀麦*
贫育早熟禾 Poa sterilis M.Bieb.(禾本科)
频婆(广志)=苹果
品仙果(草药汇编)=无花果
品藻 Lemna trisulca L.(浮萍科)
品字草(中草药汇编)=三点金
Ping
乒乓抛藤(福建中草药)=薜荔
平坝凤仙花 Impatiens ganpiuana HK.f.(凤仙花科)
平坝马先蒿 Pedicularis gampinensis Vant. ex Bonati(玄参科)
平坝槭 Acer shihweii Chun & Fang(槭树科),*世纬槭*
平坝铁线莲 Clematis clarkeana Lévl. & Vant. (毛茛科),*拦路虎,喉痛药,安顺铁线莲*
平坝通泉草 Mazus cavaleriei Bonati?(玄参科)
平瓣嘉兰 Gloriosa simplex L.(百合科)
平苞川木香 Dolomiaea platylepis (Hand.-Mazz.) Shih (菊科)
平贝母 Fritillaria ussuriensis Maxim.(百合科)
平扁黄芪 Astragalus depressus L.(豆科)
平车前 Plantago depressa Willd.(车前科),*车前草,车串串,小车前*
平翅槭 Acer zoeschense Pax (槭树科)
平翅三角槭 Acer buergerianum var. horizontale Metc.(槭树科)
平当树 Paradombeya sinensis Dunn(梧桐科)
平当树属 Paradombeya Stapf(梧桐科)
平迪利克小檗 Berberis pindilicensis Hieron.(小檗科)
平地木(李氏草秘)=紫金牛
平地木(图考)=硃砂根
平萼乌饭 Vaccinium truncatocalyx Chun ex Fang & Z.H.Pan(杜鹃花科)
平伐菝葜 Smilax pinfaensis H.Lévl. & Vant.(百合科)
平伐粗筒苣苔 Briggsia pinfaensis (Lévl.) Craib (苦苣苔科)
平伐含笑 Michelia cavaleriei Finet & Gagn.(木兰科)
平伐清风藤 Sabia dielsii Lévl.(清风藤科)
平伐山矾(新)Symplocos pinfaensis Lévl.?(山矾科)
平伐娃儿藤(植物志 63)=小叶娃儿藤
平伐重楼 Paris vaniotii H.Lévl.(百合科)
平谷铁线莲 Clematis pinnata var. ternatifolia W. T.Wang (毛茛科)
平棍子(中草药汇编)=印缅金钗股
平果金花茶 Camellia pinggaoensis Fang(山茶科)
平和冬青 Ilex pingheensis C.J.Tseng(冬青科)
平核冬青 Ilex estriata C.J.Tseng(冬青科)
平乎奶(中药志)=锡生藤
平滑菝葜 Smilax darrisii Lévl.(百合科)
平滑白前(新)Cynanchum sibiricum var. gracilentum f. hypopsilum Nakai & Kitag.?(萝藦科)
平滑瓣鳞花 Frankenia laevis L.(瓣鳞花科)
平滑长足兰 Chysis laevis Lindl.(兰科)
平滑豆腐柴 Premna laevigata C.Y.Wu(马鞭草科)
平滑弓果藤 Toxocarpus laevigatus Tsiang(萝藦科)
平滑钩藤 Uncaria laevigata Wall. ex G.Don(茜草科),*双钩藤,钩藤*
平滑果短尾铁线莲(拉汉名称)=扬子铁线莲
平滑果鹤虱 Lappula stricta var. leiocarpa M.Pop.(紫草科),*平滑劲直鹤虱*
平滑荚蒾 Viburnum recognitum Fern.(忍冬科)
平滑角裂棕 Ceratolobus laevigatus (Mart.) Becc. (棕榈科)
平滑劲直鹤虱(Flora 16)=平滑果鹤虱
平滑决明(云南药用名录)=光叶决明
平滑苦荬菜(植物志 80-1)=褐冠小苦荬
平滑米尔顿兰 Miltonia laevis (Lindl.) Rolfe (兰科)
平滑木贼 Equisetum laevigatum A.Br.(木贼科)
平滑牧豆树 Prosopis laevigata M.C.Johnst.(豆科)
平滑南蛇藤 Celastrus vaniotii var. laevis (Rehd. & Wils.) Rehd.(卫矛科)
平滑苹婆 Sterculia laevis Wall.(梧桐科)
平滑琼楠(植物志 31)=红枝琼楠
平滑榕(高等图鉴)=光叶榕
平滑榕(高等图鉴补编)=羊乳榕
平滑蛇根草 Ophiorrhiza laevifolia Lo(茜草科)
平滑石韦 Pyrrosia laevis (J.Sm. ex Bedd.) Ching(水龙骨科)
平滑唐棣 Amelanchier laevis Wieg.(蔷薇科)
平滑洼瓣花 Lloydia flavonutans Hara(百合科)
平滑小檗 Berberis levis Franch. (小檗科)
平滑叶八角 Illicium leiophyllum A.C.Sm.(木兰科),*花叶八角,野八角*
平滑叶娑罗双 Shorea laevifolia Endert (龙脑香科)
平滑獐毛 Aeluropus laevis Trin. (禾本科),*鬼足獐毛*
平基毛蕨 Cyclosorus flaccidus Ching & Z.Y.Liu (金星蕨科)
平基槭(经济植物手册)=元宝槭
平基紫珠(Flora 17)=基截紫珠
平夹大丽花 Dahlia excelsa Benth.(菊科)
平节荻 Triarrhena lutarioriparia var. planiodis L.Liu(禾本科)
平截独活 Heracleum vicinum de Boiss.(伞形科)
平肋书带蕨 Vittaria fudzinoi Makino(书带蕨科),*树韭菜,龙须草*
平利柳 Salix pingliensis Y.L.Chou(杨柳科)
平龙胆 Gentiana depressa D.Don(龙胆科)
平脉椆(海南志)=毛叶青冈
平脉狗牙花 Tabernaemontana pandacaqui Lam. (夹竹桃科),*尖果狗牙花,毛叶狗牙花,台湾狗牙花*
平脉柃 Eurya cavinervis f. laevis H.T.Chang(山茶科)
平脉藤 Anodendron formicinum (Tsiang & P.T.Li) H.J.Middl.(夹竹桃科)
平脉藤 Micrechites formicina Tsiang & P.T.Li (夹竹桃科)
平脉腺虎耳草 Saxifraga nakaoides J.T.Pan(虎耳草科)
平南冬青 Ilex pingnanensis S.Y.Hu(冬青科)
平铺绣球防风 Leucas procumbens Desf.(唇形科)
平铺圆柏 Juniperus horizontalis Moench (柏科)
平绒石韦 Pyrrosia porosa var. mollissima (Ching) Shing (水龙骨科)
平山白前 Cynanchum pingshanicum M.G.Gilb. & P.T.Li (萝藦科)
平塘榕 Ficus tuphapensis Drake(桑科),*保亭榕*
平条子(江苏志)=木槿
平头谷精草(拉汉英名称)=流星谷精草?
平头柯 Lithocarpus tabularis Y.C.Hsu & H.W. Jen (壳斗科),*平头石栎*
平头石栎(植物志 22)=平头柯
平托桂 Cinnamomum tsoi Allen(樟科),*景烈樟,乌身香槁*
平卧白珠 Gaultheria prostrata W.W.Sm.(杜鹃花科)
平卧叉毛蓬 Petrosimonia litwinowii Korsh.? (藜科)
平卧长轴杜鹃 Rhododendron longistylum subsp. decumbens R.C.Fang(杜鹃花科)
平卧杜鹃(高等图鉴)=平卧怒江杜鹃
平卧杜鹃 Rhododendron pronum Tagg & Forr. (杜鹃花科)
平卧萼距花 Cuphea procumbens Cav.(千屈菜科),*偃伏雪茄花*
平卧凤仙花 Impatiens procumbens Franch.(凤仙花科)
平卧福氏冷杉 Abies fraseri var. prostrata Rehd (松科)

平卧黄芩 Scutellaria prostrata Jacq.(唇形科)
平卧棘豆 Oxytropis prostrata Pall. (豆科)
平卧碱蓬 Suaeda prostrata Pall.(藜科)
平卧荆芥 Nepeta supina Stev.(唇形科)
平卧菊三七 Gynura procumbens (Lour.) Merr.(菊科),*白叶跌打,见肿消,蔓三七草,平卧三七草,蛇接骨,石三七,树三七,四筋口干,乌风七,羊草跌打*
平卧爵床(新)Rostellularia diffusa var. prostrata (Roxb. ex C.B.Clarke) H.S.Lo(爵床科),*小叶散爵床*
平卧藜 Chenopodium prostratum Bge.(藜科)
平卧蓼 Polygonum strindbergii Schust.(蓼科)
平卧芦莉草 Ruellia prostrata Poir.(爵床科)
平卧美洲茶 Ceanothus prostratus Benth (鼠李科)
平卧南鹃 Pernettya prostrata (Cav.) Sleum.(杜鹃花科)
平卧怒江杜鹃 Rhododendron saluenense var. prostratum (W.W.Sm.) R.C.Fang(杜鹃花科),*平卧杜鹃*
平卧曲唇兰 Panisea cavalerei Schltr.(兰科),*曲唇兰*
平卧忍冬 Lonicera prostrata Rehd.(忍冬科)
平卧三七草(中药辞海)=平卧菊三七
平卧鼠李 Rhamnus prostrata Jacq.(鼠李科),*旱鼠李*
平卧鼠麹草 Gnaphalium supinum L.(菊科)
平卧网萼木 Geniosporum prostratum Benth.(唇形科)
平卧绣线菊 Spiraea prostrata Maxim.(蔷薇科)
平卧羊耳蒜 Liparis chapaensis Gagn.(兰科),*圆翅羊耳蒜*
平卧阴石蕨(蕨类图说)=阴石蕨
平卧轴藜 Axyris prostrata L. (藜科)
平卧皱叶黄杨 Buxus rugulosa var. prostrata (W.W.Sm.) M.Cheng(黄杨科),*铺地黄杨*
平武水青冈(植物志 22)=钱氏水青冈
平武溲疏 Deutzia longifolia var. pingwuensis S.M.Hwang (虎耳草科)
平武藤山柳 Clematoclethra pingwuensis C.Y. Chang (猕猴桃科)
平武小檗 Berberis pingwuensis Ying(小檗科)
平武紫堇 Corydalis pingwuensis C.Y.Wu(罂粟科),*断肠草,飞燕草*
平行鳞毛蕨 Dryopteris indusiata (Makino) Yamamoto (鳞毛蕨科)
平阳厚壳桂(广西植物名录)=硬壳桂
平叶景天 Sedum planifolium K.T.Fu (景天科),*狗牙瓣*
平叶莲花掌 Aeonium tabulaeforme Webb & Berth.(景天科)
平叶密花树 Myrsine faberi (Mez.) Pip.(紫金牛科),*小黑果,马木树,尖叶密花树*
平叶酸藤子 Embelia undulata (Wall.) Mez.(紫金牛科),*没归息,吊罗果,酸盘子,长叶酸藤子,大叶酸藤子,阿林稀,近革叶酸藤果*
平叶鸢尾(植物园名录)=燕子花
平颖柳叶箬 Isachne truncata A.Camus (禾本科)
平羽凤尾蕨 Pteris kiuschiuensis Hieron.(凤尾蕨科)
平展叶相思树 Acacia homalophylla Benth.(豆科)
平枝灰栒子(华北经济志要)=平枝栒子
平枝榕 Ficus prostrata Wall. ex Miq.(桑科),*葡萄榕*
平枝栒子 Cotoneaster horizontalis Dcne.(蔷薇科),*栒刺木,岩楞子,山头姑娘,平枝灰栒子,矮红子,被告惹,水莲沙*
平枝栒子小叶变种(植物志 36)=小叶栒刺木
平竹 Qiongzhuea communis Hsueh & Yi (禾本科)
坪山柚 Citrus maxima cv. Pingshan Yu(芸香科)
苹 Marsilea quadrifolia L.(苹科),*破铜钱,水浮钱,水蓝酸,水四块瓦,四瓣草,四瓣莲船,四叶菜,四叶苹,田字草,叶合草*
苹果 Malus pumila Mill.(蔷薇科),*柰,西洋苹果,超凡子,天然子,频婆,柰子*
苹果花溲疏 Deutzia maliflora Rehd.(虎耳草科)
苹果榕 Ficus oligodon Miq.(桑科),*地瓜,橡胶树,木瓜果,老威蜡*
苹果叶荚蒾 Viburnum corymbiflorum subsp. malifolium Hsu(忍冬科)
苹果属 Malus Mill.(蔷薇科),*山荆子属*
苹蒿(吉林)=青蒿
苹科 Marsileaceae
苹婆 Sterculia nobilis Smith(梧桐科),*凤眼果,红皮果,罗晃子,罗望子,七姐果*
苹婆猴欢喜 Sloanea sterculiacea (Benth.) Rehd. & Wils. (杜英科)
苹婆槭 Acer sterculiaceum Wall.(槭树科)
苹婆属 Sterculia L.(梧桐科)
苹属 Marsilea L.(苹科)
屏边白珠 Gaultheria leucocarpa var. pingbienensis C.Y.Wu ex T.Z.Hsu(杜鹃花科)
屏边半蒴苣苔 Hemiboea pingbianensis Z.Y.Li (苦苣苔科)
屏边叉柱兰 Cheirostylis pingbienensis K.Y. Lang (兰科)
屏边杜鹃 Rhododendron pingbianense Fang f. (杜鹃花科)
屏边杜英 Elaeocarpus subpetiolatus H.T.Chang (杜英科)
屏边观音座莲 Angiopteris pingpinensis Ching (观音座莲科)
屏边桂 Cinnamomum pingbienense H.W.Li(樟科)
屏边孩儿草 Rungia pinpienensis H.S.Lo(爵床科)
屏边红豆 Ormosia pingbianensis W.C.Cheng & R.H.Chang (豆科),*姊到羊*
屏边厚壳树 Ehretia pingbianensis Y.L.Liu(紫草科)
屏边胡椒 Piper pingbienense Tseng (胡椒科)
屏边黄芩 Scutellaria pingbienensis C.Y.Wu & H.W.Li (唇形科)
屏边金线兰 Anoectochilus pingbianensis K.Y. Lang (兰科)
屏边开口箭 Tupistra pingbianensis J.L.Huang & X.Z.Liu(百合科)
屏边柯 Lithocarpus laetus Chun & Huang (壳斗科),*屏边石栎*
屏边鳞盖蕨 Microlepia pingpienensis Ching(碗蕨科)
屏边毛柄槭 Acer pubipetiolatum var. pingpienense Fang & W.K.Hu(槭树科)
屏边苹婆 Sterculia pinbienensis Tsai & Mao(梧桐科)
屏边青冈 Cyclobalanopsis pinbianensis Y.C.Hsu & H.W.Jen(壳斗科)
屏边秋海棠 Begonia tsaii Irmsch.(秋海棠科)
屏边莎草 Cyperus digitatus var. pingbienensis L.K.Dai (莎草科)
屏边山茶 Camellia fleuryi A.Chev. ?(十字花科)
屏边山柑 Capparis khuamak Gagn.(山柑科)
屏边蛇根草 Ophiorrhiza pingbienensis Lo(茜草科)
屏边省藤 Calamus yunnanensis var. intermedius S.J.Pei & S.Y.Chen (棕榈科)
屏边石笔木 Tutcheria pingpienensis Chang(山茶科),*脱皮木*
屏边石栎(植物志 22)=屏边柯
屏边双蝴蝶 Tripterospermum pingbianense C.Y. Wu & C.J.Wu(龙胆科)
屏边水锦树 Wendlandia pingpienensis How(茜草科),*红木树*
屏边藤三七雪胆 Hemsleya panacis-scandens var. pingbianensis C.Y.Wu & C.L.Chen(葫芦科)
屏边兔儿风 Ainsliaea pingbianensis Y.C.Tseng (菊科)
屏边蚊母树 Distylium pingpienense (Hu) Walker (金缕梅科)
屏边溪边蕨 Stegnogramma dictyoclinoides Ching (金星蕨科)
屏边小檗 Berberis pingbienensis S.Y.Bao(小檗科)
屏边新木姜子 Neolitsea pingbienensis Yang & P.H.Huang (樟科)
屏边沿阶草 Ophiopogon pingbienensis Wang & Dai (百合科)
屏边杨桐 Adinandra pingbianensis L.K.Ling(山茶科)
屏边异叶苣苔 Whytockia tsiangiana var. minor (W.W.Sm.) A.Weber(苦苣苔科)
屏边油果樟 Syndiclis pingbienensis H.W.Li(樟科)
屏边玉叶金花 Mussaenda pingpienensis C.Y. Wu ex Hsue & H.Wu(茜草科)
屏边锥 Castanopsis ouonbiensis Hick. & A. Camus (壳斗科)
屏东花椒 Zanthoxylum wutaiense Chen(芸香科)
屏东假蛇尾草 Heteropholis cochinchinensis var. chenii (Hsu) Soet.R.Koning(禾本科),*其昌假蛇尾,孔颖假蛇尾草*
屏东木姜子 Litsea akoensis Hay.(樟科)
屏东木蓝 Indigofera byobiensis Hosokawa(豆科),*猫鼻头木蓝*
屏东拟肋毛蕨(台湾志)=黑鳞轴脉蕨
屏东鳝藤(植物志 63)=鳝藤
屏东石豆兰 Bulbophyllum pingtungense S.S. Ying & Chen ex S.S.Ying?(兰科)
屏东铁苋菜 Acalypha akoensis Hay.(大戟科)
屏东铁线莲 Clematis akoensis Hay.(毛茛科)
屏东鸭嘴草 Ischaemum akonense Honda (禾本科)
屏东猪屎豆 Crotalaria similis Hemsl.(豆科),*鹅銮鼻野百合*
屏风草(云南曲靖)=直萼黄芩
屏南少穗竹 Oligostachyum glabrescens (Wen) Keng f. & Z.P.Wang(禾本科),*屏南唐竹*
屏南唐竹(竹子研究汇刊)=屏南少穗竹
屏山毛蕨 Cyclosorus pingshanensis Ching & H.S.Kung (金星蕨科)
屏山小檗 Berberis pinshanensis Sung & Hsiao (小檗科)
屏山紫珠 Callicarpa pingshanensis C.Y.Wu ex W.Z.Fang (马鞭草科),*空壳树*
瓶儿蜈蚣草(杭州药物志)=绵毛鹿茸草
瓶尔小草 Ophioglossum vulgatum L.(瓶尔小草

科),*拨云草,单枪一枝箭,独叶一支箭,独叶一枝枪,矛盾草,蛇舌草,蛇须草,蛇咬一枝箭,蛇药一支箭,一支箭*
瓶尔小草科 Ophioglossaceae
瓶尔小草朱兰(新拉汉英)=美洲朱兰
瓶尔小草属 Ophioglossum L.(瓶尔小草科)
瓶核山矾(植物志 60-2)=绿枝山矾
瓶壶卷瓣兰 Bulbophyllum insulsum (Gagn.) Seidenf.(兰科)
瓶花木 Scyphiphora hydrophyllacea Gaertn.f.(茜草科),*厚皮*
瓶花木属 Scyphiphora Gaertn.f.(茜草科)
瓶蕨 Vandenboschia auriculata (Bl.) Cop.(膜蕨科),*耳叶瓶蕨*
瓶蕨属 Vandenboschia Cop.(膜蕨科)
瓶兰花 Diospyros armata Hemsl.(柿科),*玉瓶兰*
瓶头草 Lagenophora stipitata (Labill.) Druce(菊科)
瓶头草属 Lagenophora Cass.(菊科)
瓶状棘豆 Oxytropis amplullata (Pall.) Pers.(豆科)
瓶状叶美洲茶 Ceanothus americanus var. pitcheri Torr. & Gray (鼠李科)
瓶子花 Cestrum fasciculatum var. newellii Bailey (茄科)
苹(福建,甘肃)=紫苹
苹柴(浙江)=杨梅叶蚊母树
苹蓬属(华东水生植物)=**萍蓬草属**
萍蓬草 Nuphar pumilum (Hoffm.) DC.(睡莲科),*台湾萍蓬草,黄金莲,萍蓬莲,水栗包,贵州萍蓬草,龙骨莲,水龙骨,子母莲,野藕*
萍蓬草属 Nuphar J.E.Smith(睡莲科),*萍莲属*
萍蓬莲(华东水生植物)=萍蓬草
萍沙(昆明)=芜萍

Po

坡白草(广东)=华南远志
坡白草(海南)=小花远志
坡饼(植物志 67-2)=黑草
坡参 Habenaria linguella Lindl.(兰科),*小舌玉凤花*
坡扣(傣族语)=海芋
坡垒 Hopea hainanensis Merr. & Chun(龙脑香科)
坡垒属 Hopea Roxb.(龙脑香科)
坡利维亚小檗 Berberis bolivana Lechl.(小檗科)
坡莲藕(陆川本草)
坡柳(海南)=车桑子
坡柳 Salix myrtillacea Anderss.(杨柳科)
坡露(植物志 47-1)=细子龙
坡片公(海南)=山芝麻
坡生蹄盖蕨 Athyrium clivicola Tagawa(蹄盖蕨科),*羽裂蹄盖蕨*
坡油甘 Smithia sensitiva Ait.(豆科),*黄花儿,敏感施氏豆,施氏豆,施氏豆,水百足,水老虎,田唇乌蝇翼,田基豆,田基黄*
坡油甘属 Smithia Ait.(豆科),*施氏豆属,施密草属*
坡油麻(广西博白)=山芝麻
坡芋(广东)=犁头尖
坡曾(海南)=犁耙柯
坡锥(海南)=海南锥
坡锥(植物志 22)=印度锥
泼盘(图考)=蓬蘽
泼氏翠雀花 Delphinium poltoratzkii Rupr.(毛茛科)
婆淡树(酉阳杂俎)=扁桃
婆妇草(浙江)=百部
婆故纸(药性论)=补骨脂
婆罗了(纲目)=七叶树
婆罗门参(本草纲目)=仙茅
婆罗门参 Tragopogon pratensis L.(菊科),*草地婆罗门*
婆罗门参属 Tragopogon L.(菊科)
婆罗双属 Shorea Roxb.(龙脑香科)
婆罗州贝母兰 Coelogyne borneensis Rolfe (兰科)
婆婆草(湖北)=蒲公英
婆婆地丁(湖北)=蒲公英
婆婆蒿(山东,福建)=播娘蒿
婆婆罗门皂荚(本草拾遗)=腊肠树
婆婆纳 Veronica didyma Tenore(玄参科),*卵子草,脾寒草,桑骨子,石补钉,双肾草,双铜锤*
婆婆纳 Veronica polita Fries(玄参科)
婆婆纳属 Veronica L.(玄参科)
婆婆奶(救荒本草)=地黄
婆婆头(东北)=茅莓
婆婆衣(草药汇编)=竹灵消
婆婆针 Bidens bipinnata L.(菊科),*刺儿鬼,刺针草,跟人走,鬼钗草,鬼骨针,鬼黄花,鬼疾藜,鬼菊,鬼针草,家脱力草,清胃草,山东老鸦草,索人衣,脱力草,乌藤菜,小鬼针,一把针,一包针,引线包,粘花衣,粘身草,针包草*
婆婆针袋子儿(袖珍方)=萝藦
婆婆针线包(草木便方,四川)=竹灵消
婆婆针线包(四川)=剪春罗
婆婆针线包(浙江)=牛奶菜
婆婆针线苞(云南)=翅果藤
婆婆针线属(科属检索表)=**翅果藤属**
婆婆鍼线包(河北)=萝藦
婆婆指甲菜(图考)=球序卷耳
婆婆指甲草(救荒本草)=球序卷耳
婆婆指甲草(浙江)=簇生卷耳
婆绒花(广东)=兰香草
珀蒂鸢尾 Iris purdyi Eastw.(鸢尾科)
珀菊(高等图鉴)=黄花珀菊
珀菊 Amberboa moschata (L.) DC.(菊科)
珀菊属 Amberboa (Pers.) Less.(菊科)
珀希鼠李 Rhamnus purshiana DC.(鼠李科)
破包木(中药大辞典)=破布叶
破布草(福建)=小花琉璃草
破布草(云南)=西南水苏
破布勒(福建民间草药)=梵天花
破布木 Cordia dichotoma Forst.(紫草科),*青柚翠,狗屎木*
破布木属 Cordia L.(紫草科)
破布叶 Microcos paniculata L.(椴树科),*包蔽木,布渣叶,狗具木,解宝叶,破包木,蓑叶子*
破布叶属 Microcos L.(椴树科)
破布粘(福建)=小花琉璃草
破布子(中国中部植物)=粗糠树
破风藤(江西草药)=清香藤
破骨风(分类草药性)=清香藤
破骨风(贵州)=苦糖果
破骨风(湖北)=鹰爪枫
破骨风(金佛山)=金佛山老鹳草
破骨七(贵州)=高乌头
破骨藤(湖南药物志)=清香藤
破故纸(四川)=木蝴蝶
破故纸(植物志 41)=补骨脂
破花絮草(浙江)=簇生卷耳
破坏草 Eupatorium coelestinum L.(菊科)
破金钱(浙江)=活血丹
破凉伞(广西)=狭叶落地梅
破凉伞(四川中草药)=楤木
破罗子(峨眉)=血盆草
破落子(峨眉)=血盆草
破帽花 Borreria pusila (Wall.) DC.(茜草科),*丰花草*
破篾黄竹 Bambusa contracta Chia & H.L.Fung (禾本科)
破牛膝(宁夏)=小花草玉梅
破皮袄(河北)=北京忍冬
破瓢(孙天仁集效方)=瓠瓜
破伤药(河北药材)=拳参
破石珠(湖南)=青牛胆
破天菜(植物志 73-2)=西南山梗菜
破铜钱(高等图鉴)=苹
破铜钱(陕西,湖北)=活血丹
破铜钱(图考)=天胡荽
破铜钱 Hydrocotyle sibthropioides var. batrachium (Hance) Hand.-Mazz. ex Shan(伞形科),*白毛天胡荽,江西金钱草,满天星,南昌金钱草,铜钱草,小金钱,小叶铜钱草*
破碗花(丽江)=两头毛
破网水龙骨(西藏志)=濑水龙骨
破膝风(分类草药性)=清香藤
破血草(云南)=虾子花
破血丹(分类草药性)=菊三七
破血丹(湖南药物志)=相近石韦
破血丹(四川巴县)=碎米桠
破血丹(图考)=鹿蹄草
破血丹(药用图鉴)=紫背金盘
破血丹 Saussurea acrophila Diels(菊科),*天青地红*
破血金丹(云南)=松下兰
破阳伞(浙江草药)
破子草(高等图鉴)=小窃衣
粕(纲目)=大麦
粕(纲目)=稻
粕(纲目)=高粱
粕(纲目)=普通小麦

Pu

仆公罂(本草图经)=蒲公英
扑比来斯白塞木(新拉汉英)=爪比来斯轻木
扑地红(江西)=关公须
扑地虎(陕西)=委陵菜
扑地消(江西)=关公须
扑勒蒙(蒙药名)=圆头蒿
扑罗内属 Pronaya Huegel.(海桐花科)
铺地白(土家族名)=大丁草
铺地柏 Juniperus procumbens (Sieb. ex Endl.) Miq. (柏科),*匍地柏,矮桧,偃柏*
铺地蝙蝠草 Christia obcordata (Poir.) Bahn.f.(豆科),*罗藟草,罗瑞草*
铺地参 (滇南本草)=打碗花
铺地草(福建志)=匍匐大戟
铺地草(广西中草药)=丁癸草
铺地草(云南中草药)=狗牙根
铺地穿心草 Canscora diffusa (Vahl) R.Br. ex Roem. & Schult.(龙胆科)
铺地刺蒴麻 Triumfetta procumbens Forst.f.(椴树科)
铺地虎(滇南本草)=扁枝石松
铺地花楸 Sorbus reducta Diels(蔷薇科)
铺地黄杨(云南志)=平卧皱叶黄杨
铺地棘豆 Oxytropis humifusa Kar. & Kir.(豆科),*伏生棘豆*
铺地锦(岭南采药录)=地菍
铺地卷柏 Selaginella helferi Warburg.(卷柏科)
铺地开花(中草药汇练编)=日本蛇菰
铺地狼尾草 Pennisetum cladestinum Hochst. ex

Chiov. (禾本科)
铺地莲(广部中草药手册)=母草
铺地莲(广西)=细叶野牡丹
铺地莲(湖南)=过路黄
铺地凉伞(广西药用名录)=紫金牛
铺地龙(湖南药物志)=鸡眼草
铺地罗伞(广西药用名录)=莲座紫金牛
铺地娘(南宁药志)=地胆草
铺地青兰 Dracocephalum origanoides Steph. ex Willd.(唇形科)
铺地秋海棠 Begonia prostrata Irmsch.(秋海棠科),*匍枝秋海棠*
铺地棯(广西)=细叶野牡丹
铺地舌叶花 Glottiphyllum depressum (Haw.) N.E.Br.(番杏科)
铺地黍 Panicum repens L.(禾本科),*枯骨草*
铺地委陵菜(秦岭志)=朝天委陵菜
铺地蜈蚣(福建草药,高等图鉴)=垂穗石松
铺地蜈蚣(广西兴安)=金毛耳草
铺地蜈蚣(亨氏植物名录)=小叶栒子
铺地蜈蚣(四川中药志)=地果
铺地蜈蚣属(树木分类学)=**栒子属**
铺地细辛(贵州志)=地花细辛
铺地毡(广西)=锦香草
铺地毡草(海南)=糙叶丰花草
铺地毡草(海南临高)=细叶亚婆潮
铺茅(渭河流域杂草)=碱茅
铺茅(新拉汉英)=朝鲜碱茅
铺墙草(广西)=盾果草
铺散峨眉马先蒿 Pedicularis omiiana subsp. diffusa (Bonati) Tsoong(玄参科),*峨眉马先蒿铺散亚种*
铺散耳蕨 Polystichum diffundens H.S.Kung & L.B.Zhang (鳞毛蕨科)
铺散繁缕(内蒙志)=长叶繁缕
铺散黄堇 Corydalis casimiriana Duthie & Prain ex Prain(罂粟科)
铺散肋柱花 Lomatogonium thomsonii (C.B. Clarke) Fern.(龙胆科)
铺散马先蒿 Pedicularis diffusa Prain(玄参科),*铺散马先蒿铺散亚种*
铺散马先蒿高升亚种(植物志 68)=高升铺散马先蒿
铺散马先蒿铺散亚种(植物志 68)=铺散马先蒿
铺散毛茛 Ranunculus diffusus DC.(毛茛科)
铺散石龙尾 Limnophila diffusa Benth.(玄参科)
铺散矢车菊 Centaurea diffusa Lam.(菊科)
铺散亚菊 Ajania khartensis (Dunn) Shih(菊科)
铺散沿阶草(植物志 15)=沿阶草
铺散眼子菜 Potamogeton pectinatus var. diffusus Hagström (眼子菜科)
铺山燕(广西)=鸡柏胡颓子
铺叶沼兰 Malaxis mackinnonii (Duthie) Ames (兰科)
匍地柏(江苏,浙江)=铺地柏
匍地风毛菊(青藏图鉴)=星状雪兔子
匍地龙柏 Juniperus chinensis cv. Kaizuca Procumbens (柏科)
匍地龙胆 Gentiana prostrata Haenke(龙胆科)
匍地秋海棠 Begonia ruboides C.M.Hu ex C.Y. Wu & Ku(秋海棠科)
匍地蛇根草 Ophiorrhiza rugosa Wall.(茜草科)
匍伏堇(中药大辞典)=七星莲
匍伏丝石竹 Gypsophila repens L.(石竹科)
匍匐白珠树 Gaultheria depressa HK.f.(杜鹃花科)
匍匐半插花 Hemigraphis reptans(Forst.) T.Anders. ex Hemsl.(爵床科)
匍匐报春 Primula reptans HK.f.(报春花科)
匍匐缠绕草 Alloplectus repens HK.(苦苣苔科)
匍匐大戟 Euphorbia prostrata Ait.(大戟科),*铺地草,小奶汁草,小号乳仔草,红乳草,小飞扬*
匍匐灯心草 Juncus repens Michx.(灯心草科)
匍匐地中海柏木 Cupressus sempervirens var. horizontalis Gord.(柏科)
匍匐杜鹃 Rhododendron erastum Balf.f. & Forr.(杜鹃花科),*心爱杜鹃*
匍匐风轮菜 Clinopodium repens (D.Don) Wall. (唇形科)
匍匐凤仙花(新拉汉英)=匍茎凤仙花(新)
匍匐凤仙花 Impatiens reptans HK.f.(凤仙花科)
匍匐藁本 Ligusticum reptans (Diels) Wolff(伞形科)
匍匐桂竹香(植物志 33)=匍匐糖芥
匍匐黄芩 Scutellaria repens Ham.(唇形科)
匍匐灰栒子(华北经济志要)=匍匐栒子
匍匐姬蕨 Hypolepis repens (L.) Presl (姬蕨科)
匍匐剪股颖(新拉汉英)==巨序剪股颖
匍匐金丝桃 Hypericum humifusum L.(藤黄科)
匍匐堇菜 Viola pilosa Bl.(堇菜科),*冷毒草,地黄爪*
匍匐茎堇菜 Viola rugulosa Greene (堇菜科)
匍匐茎飘拂草 Fimbristylis stolonifera C.B. Clarke (莎草科)
匍匐茎小檗 Berberis stolonifera Koehne & Wolf (小檗科)
匍匐九节(中药辞海)=蔓九节
匍匐苦荬菜(植物志 80-1)=沙苦荬
匍匐柳叶箬 Isachne repens Keng(禾本科)
匍匐露珠草 Circaea repens Wallich ex Asch. & Magnus(柳叶菜科),*匍茎谷蓼*
匍匐鹿角柱 Echinocereus procumbens (Engelm.) Rümpler (仙人掌科)
匍匐驴食豆 Onobrychis cristagalli Lam.(豆科)
匍匐芒柄花 Ononis repens L.(豆科)
匍匐毛麝香 Adenosma subrepens Benth. ex Gen.(玄参科)
匍匐南芥 Arabis flagellosa Miq.(十字花科),*鬐草*
匍匐茄 Solanum sarmentosum Nees (茄科)
匍匐秋海棠(新拉汉英)=铺地秋海棠
匍匐球子草 Peliosanthes sinica Wang & Tang (百合科)
匍匐忍冬 Lonicera crassifolia Batal.(忍冬科)
匍匐瑞典刺柏 Juniperus communis var. suecia f. prostrata (柏科)
匍匐十大功劳 Mahonia repens (Lindl.) G.Don (小檗科)
匍匐石龙尾 Limnophila repens (Benth.) Benth. (玄参科)
匍匐石韦 Pyrrosia scolopendrina Ching (水龙骨科)
匍匐鼠尾黄 Rungia stolonifera C.B.Clarke(爵床科)
匍匐水柏枝 Myricaria prostrata HK.f. & Thoms. ex Benth.HK.f.(柽柳科)
匍匐酸藤子 Embelia procumbens Hemsl.(紫金牛科)
匍匐碎米荠 Cardamine repens (Franch.) Diels (十字花科),*匍匐弯蕊芥*
匍匐薹草 Carex rochebruni subsp. reptans (Franch.) S.Y.Liang & Y.C.Tang(莎草科)
匍匐糖芥 Erysimum forrestii (W.W.Sm.) Polats. (十字花科),*匍匐桂竹香,腋花糖芥*
匍匐铁仔(高等图鉴)=光叶铁仔
匍匐葶苈(植物志 33)=衰老葶苈
匍匐弯蕊芥(植物志 33)=匍匐碎米荠
匍匐委陵菜 Potentilla reptans L.(蔷薇科),*金棒锤,金金棒,细蔓委陵菜*
匍匐五加 Acanthopanax scandens Hoo(五加科)
匍匐喜荫花 Episcia reptans Mart.(苦苣苔科),*寒紫罗兰*
匍匐消(高等图鉴)=楠草
匍匐斜叶榕 Ficus tinctoria subsp. swinhoei (King) Corner(桑科)
匍匐悬钩子 Rubus pectinarioides Hara(蔷薇科)
匍匐栒子 Cotoneaster adpressus Boiss.(蔷薇科),*匍匐灰栒子*
匍匐延胡索(黑龙江)=小药八旦子
匍匐异药花 Fordiophyton repens Y.C.Huang ex C.Chen(野牡丹科)
匍匐越桔 Vaccinium crassifolium Andr.(杜鹃花科)
匍根大戟 Euphorbia serpens H.B.K.(大戟科)
匍根冬青卫矛 Euonymus japonicus var. radicifer Nakai (卫矛科)
匍根骆驼蓬(内蒙志)=骆驼蒿
匍根早熟禾 Poa radula Fr. & Sav.(禾本科)
匍顾龙(湖南药物志)=临时救
匍茎百合 Lilium lankongense Franch.(百合科)
匍茎点地梅 Androsace sarmentosa Wall.(报春花科),*蔓茎点地梅,尕滴莫布*
匍茎短筒苣苔 Boeica stolonifera K.Y.Pan(苦苣苔科)
匍茎凤仙花(新)Impatiens repens Moon (凤仙花科),*匍匐凤仙花*
匍茎谷蓼(云南志)=匍匐露珠草
匍茎剪股颖(高等图鉴)=巨序剪股颖
匍茎卷柏 Selaginella chrysocaulos (HK. & Grev.) Spring (卷柏科)
匍茎婆婆纳 Veronica morrisonicola Hay.(玄参科)
匍茎秋海棠 Begonia repenticaulis Irmsch.(秋海棠科)
匍茎嵩草 Kobresia stolonifera Y.C.Tang ex P.C.Li (莎草科)
匍茎通泉草 Mazus japonicus var. wangii (Li) Tsoong (玄参科)
匍茎通泉草 Mazus miquelii Makino(玄参科)
匍茎小报春 Primula tenella King ex HK.f.(报春花科)
匍茎沿阶草 Ophiopogon sarmentosus Wang & Dai(百合科)
匍茎鸢尾 Iris stolonifera Maxim.(鸢尾科)
匍茎早熟禾 Poa trivialiformis Kom.(禾本科)
匍茎落草 Koeleria asiatica Dom.(禾本科)
匍生沟酸浆 Mimulus bodinieri Vant.(玄参科)
匍生鹤草(秦岭志)=蔓茎蝇子草
匍生蝇子草(高等图鉴)=蔓茎蝇子草
匍生紫菀 Aster stracheyi HK.f.(菊科)
匍行景天(经济植物手册)=垂盆草
匍行狼牙委陵菜 Potentilla cryptotaeniae var. radicans Yü & Li(蔷薇科)
匍枝×戟叶火绒草 Leontopodium stoloniferum ×dedekensii Hand.-Mazz.(菊科)
匍枝斑叶兰(台兰科图鉴)=小斑叶兰
匍枝柴胡 Bupleurum dalhousieanum (Clarke) K.-Pol. (伞形科)
匍枝杜鹃(华南杜鹃花志)=缺顶杜鹃
匍枝粉报春 Primula caldaria W.W.Sm. & Forr. (报春花科)

匍枝狗舌草 Tephroseris stolonifera (Cuf.) Holub (菊科)
匍枝火绒草 Leontopodium stoloniferum Hand.-Mazz. (菊科)
匍枝金丝桃 Hypericum reptans HK.f. & Thoms. ex Dyer (藤黄科)
匍枝筋骨草 Ajuga lobata D.Don(唇形科)
匍枝丽江麻黄(植物志 7)=藏麻黄
匍枝蒲儿根 Sinosenecio globigerus (Chang) B.Nord. (菊科)
匍枝千里光 Senecio filiferus Franch.(菊科)
匍枝秋海棠(高等图鉴补编)=铺地秋海棠
匍枝栓果菊 Launaea sarmentosa (Willd.) Merr. & Chun(菊科),*蔓茎栓果菊*
匍枝薹草(东北草本志)=灰化薹草
匍枝通泉草(新)Mazus pumilus var. wangii (L.H.Li) T.L.Chin ex D.Y.Hong(玄参科),*通泉草匍茎变种*
匍枝委陵菜(东北草本志)=曲枝委陵菜
匍枝委陵菜 Potentilla flagellaris Willd. ex Schlecht.(蔷薇科),*蔓萎陵菜,鸡儿头苗*
匍枝萎陵菜(东北检索表)=曲枝委陵菜
匍枝紫云菜 Strobilanthes stolonifera R.Ben.(爵床科)
菩萨豆(日华子本草)=续随子
菩提树 Ficus religiosa L.(桑科),*思维树,印度菩提树,卑钵罗树*
菩提树花(药用植物学)=南京椴
菩提树皮(天目药志)=南京椴
菩提子(本草纲目)=薏苡
菩提子(亨利氏植物名录)=葡萄
菩提子(云南)=川滇无患子
葡堇菜(台湾志)=堇菜
葡蟠(浙江)=楮
葡蟠 Broussonetia kaempferi Sieb.(桑科),*藤葡蟠*
葡萄 Vitis vinifera L.(葡萄科),*草龙珠,赐紫樱桃,马乳葡萄,菩提子,蒲陶,山戎芦,水晶葡萄,紫葡萄*
葡萄桉 Eucalyptus botryoides Smith(桃金娘科)
葡萄胞铁线莲 Clematis viticella L.(毛茛科)
葡萄滨藜 Atriplex repens Roth(藜科)
葡萄风信子 Muscari botryoides Mill.(百合科),*蓝壶花,蓝瓶花,葡萄麝香兰*
葡萄风信子属 Muscari Mill.(百合科),*蓝壶花属*
葡萄科 Vitaceae
葡萄兰 Acineta superba (HBK.) Rchb.f.(兰科)
葡萄兰属 Acineta Lindl.(兰科)
葡萄木(植物学杂志)=山椒子
葡萄榕(植物志 23-1)=平枝榕
葡萄麝香兰(新拉汉英)=葡萄风信子
葡萄牙柏木(南京)=墨西哥柏木
葡萄牙贝母 Fritillaria lusitanica Wikstr.(百合科)
葡萄牙茅膏菜 Drosophyllum lusitanicum Link.(茅膏菜科)
葡萄牙茅膏菜属 Drosophyllum Link.(茅膏菜科)
葡萄叶艾麻 Laportea violacea Gagn.(荨麻科),*麻风草,豆麻*
葡萄叶翠雀花 Delphinium sinovitifolium W.T.Wang (毛茛科)
葡萄叶猕猴桃 Actinidia vitifolia C.Y.Wu(猕猴桃科)
葡萄叶爬山虎 Parthenocissus vitacea Hitch.(葡萄科)
葡萄叶秋海棠(高等图鉴)=食用秋海棠
葡萄叶秋海棠(新拉汉英)=葡叶秋海棠(新)
葡萄叶秋海棠 Begonia dregei Otto & Dietr.(秋海棠科)
葡萄叶天竺葵 Pelargonium vitifolium Ait.(牻牛儿苗科)
葡萄柚 Citrus paradisi Macf.(芸香科)
葡萄园剪股颖 Agrostis vinealis Schreb.(禾本科)
葡萄杖(江西草药)=针刺悬钩子
葡萄属 Vitis L.(葡萄科)
葡系(新拉汉英)=葡系早熟禾
葡系早熟禾 Poa botryoides Trin.(禾本科),*华类早熟禾,葡系*
葡叶秋海棠(新)Begonia vitifolia Schott (秋海棠科),*葡萄叶秋海棠*
葡圆鸦葱(新)Allium vineale L.(百合科),*鸦葱*
蒲棒(本草衍义)=蒲黄
蒲棒(本草衍义)=香蒲
蒲棒花粉(药材学)=蒲黄
蒲包草根(上海中草药)=蒲黄
蒲苞草根(上海中草药)=香蒲
蒲草(植物志 8)=蒲黄
蒲草莨(四川中草药)=水毛花
蒲草黄(药材学)=蒲黄
蒲棰(本草图经)=蒲黄
蒲棰(本草图经)=香蒲
蒲槌(本草衍义)=蒲黄
蒲槌(本草衍义)=香蒲
蒲地参 (滇南本草)=打碗花
蒲萼(中药大辞典)=蒲黄
蒲萼(中药大辞典)=香蒲
蒲儿根 Sinosenecio oldhamianus (Maxim.) B.Nord. (菊科),*肥猪苗,黄菊莲,猫耳朵*
蒲儿根属 Sinosenecio B.Nord.(菊科)
蒲根儿(野菜谱)=蒲黄
蒲根儿(野菜谱)=香蒲
蒲公丁(陕西中草药)=蒲公英
蒲公英(广西药用名录)=剪刀股
蒲公英(广西中草药)=光茎栓果菊
蒲公英(唐本草)=华蒲公英
蒲公英 Taraxacum mongolicum Hand.-Mazz.(菊科),*残飞坠,地丁,姑姑英,黄狗头,黄花草,黄花地丁,黄花郎,黄花三七,黄苗,茅萝卜,蒙古蒲公英,奶汁草,婆婆草,婆婆地丁,仆公罂,蒲公丁*
蒲公英叶风毛菊 Saussurea taraxacifolia Wall. ex DC.(菊科)
蒲公英属 Taraxacum L.(菊科)
蒲瓜酸(浙江草药)=酢浆草
蒲花(江苏药材志)=蒲黄
蒲黄(本经)=香蒲
蒲黄 Typha angustifolia L.(香蒲科),*蒲棒,蒲棒花粉,蒲包草根,蒲草,蒲草黄,蒲棰,蒲槌,蒲萼,蒲根儿,蒲花,蒲黄,蒲黄滓,蒲厘,蒲厘花粉,蒲蒻,蒲笋,水腊烛实,水烛,水蜡烛,狭叶香蒲*
蒲黄滓(日华子本草)=蒲黄
蒲剑(草木便方)=菖蒲
蒲脚莲(瑶族名)=大丁草
蒲葵 Livistona chinensis (Jacq.) R.Br.(棕榈科),*葵扇哇,葵扇木,蓬扇树,余蒲葵,扇叶葵*
蒲葵属 Livistona R.Br.(棕榈科)
蒲厘(本草图经)=蒲黄
蒲厘(本草图经)=香蒲
蒲厘花粉(本草经集注)=蒲黄
蒲柳(尔雅)=红皮柳
蒲卢(礼记)=苦葫芦
蒲蒻(纲目)=蒲黄
蒲蒻(纲目)=香蒲
蒲氏素馨(分类学报)=披针叶素馨
蒲笋(日用本草)=蒲黄
蒲笋(日用本草)=香蒲
蒲桃 Syzygium jambos (L.) Alston(桃金娘科),*水葡桃(海南),檐木,香果,风豆豉*
蒲桃红豆 Ormosia eugeniifolia Tsiang ex R.H.Chang(豆科)
蒲桃叶冬青 Ilex syzygiophylla C.J.Tseng ex S.K.Chen & Y.X.Feng(冬青科)
蒲桃叶悬钩子 Rubus jambosoides Hance(蔷薇科)
蒲桃属 Syzygium Gaertn.(桃金娘科)
蒲陶(汉书)=葡萄
蒲颓叶(中藏经)=胡颓子
蒲颓子(广东)=蔓胡颓子
蒲苇 Cortaderia selloana (Schult.) Aschers. & Graebn. (禾本科)
蒲苇属 Cortaderia Stapf (禾本科)
蒲香树(云南龙陵)=黄樟
蒲种壳(药材资料汇编)=葫芦
蒲州豉(本草拾遗)=大豆
蒲竹(湖南俗称)=赤竹
濮瓜(食疗本草)=冬瓜
朴草属(学名词审查本)=**喜光花属**
朴地金钟(泉州本草)=杏香兔儿风
朴地菊(泉州本草)=金耳挖
朴瓜树(湖南)=海通
朴蛇(广西龙州)=假鹰爪
朴氏报春(拉汉名称)=紫罗兰报春
朴树 Celtis sinensis Pers.(榆科),*黄果朴,朴树疲,朴榆,千粒树,青相等,沙朴,小叶朴,紫荆朴*
朴树疲(药用图鉴)=朴树
朴香果(云南)=香面叶
朴荀儿(四川甘孜)=山地香茶菜
朴叶扁担杆 Grewia celtidifolia Juss.(椴树科)
朴叶楼梯草 Elatostema integrifolium var. tomentosum (HK.f.) W.T.Wang(荨麻科)
朴榆(江苏志)=朴树
朴芋头(广西)=海芋
朴属 Celtis L.(榆科)
埔姜(福建)=牡荆
埔姜(台湾树木志)=黄荆
埔里杜鹃(台湾志)=毛花柱杜鹃
浦梨(福建)=福建马兜铃
浦市橙 Citrus sinensis cv. Pushi Cheng(芸香科),*无核橙*
浦竹仔 Indosasa hispida McClure (禾本科)
普定娃儿藤 Tylophora tengii Tsiang(萝藦科)
普渡(贵州兴仁)=鸡脚参
普渡天胡荽 Hydrocotyle handelii Wolff(伞形科)
普儿岜(藏语)=牛尾蒿
普尔芒拉冈(藏语)=鸡骨柴
普尔那(藏族名)=毛莲蒿
普洱茶(四川)=金珠柳
普洱茶 Camellia assamica (Mast.) Chang(山茶科),*人头茶,大叶茶,茶叶,普雨茶*
普洱唇柱苣苔 Chirita puerensis Y.Y.Qian(苦苣苔科)
普洱豆腐柴 Premna puerensis Y.Y.Qian(马鞭草科)
普洱姜花 Hedychium purerense Y.Y.Qian(姜科)
普格杜鹃 Rhododendron pugeense L.C.Hu(杜鹃花科)

普格红门兰 Orchis pugeensis K.Y.Lang(兰科)
普格乌头 Aconitum pukeense W.T.Wang(毛茛科)
普吉藤(高等图鉴)=金雀马尾参
普康雀麦 Bromus pskemensis N.Pavl.(禾本科)
普莱肥莓(经济植物手册)=五叶鸡爪茶
普兰鹅观草 Roegneria pulanensis H.L.Yang(禾本科)
普兰风毛菊 Saussurea abnormis Lipsch.(菊科)
普兰假龙胆 Gentianella moorcroftiana (Wall. ex Griseb.) Airy-Shaw(龙胆科)
普兰毛茛 Ranunculus banguoensis var. grandiflorus W.T.Wang(毛茛科)
普兰女蒿 Hippolytia senecionis (Jacq. ex Bess.) Poljak. (菊科)
普兰女娄菜(西藏志)=普兰蝇子草
普兰嵩草 Kobresia burangensis Y.C.Yang(莎草科)
普兰无心菜 Arenaria puranensis L.H.Zhou(石竹科)
普兰小檗 Berberis pulangensis Ying(小檗科)
普兰蝇子草 Silene puranensis (L.H.Zhou) C.Y.Wu & H.Chuang(石竹科),*普兰女娄菜*
普兰獐牙菜 Swertia ciliata (D.Don ex G.Don) B.L.Burtt (龙胆科),*滴达*,*蒂达*
普蓝翠雀花 Delphinium pulanense W.T.Wang (毛茛科)
普勒罕达(蒙药名)=盐蒿
普林格熊果 Arctostachylos pringlei Parry.(杜鹃花科)
普柔树(静生季刊)=长梗三宝木
普瑞剪股颖 Agrostis pourretii Willd.(禾本科)
普氏锦鸡儿(豆科图说)=秦晋锦鸡儿
普氏马先蒿 Pedicularis przewalskii Maxim.(玄参科),*普氏马先蒿普氏亚种普氏变种*
普氏马先蒿矮小亚种(植物志 68)=矮小普氏马先蒿
普氏马先蒿矮小亚种矮小变种(植物志 68)=矮小普氏马先蒿
普氏马先蒿矮小亚种紫色变种(植物志 68)=紫色普氏马先蒿(新)
普氏马先蒿粗毛亚种(植物志 68)=粗毛普氏马先蒿
普氏马先蒿南方亚种(植物志 68)=南方普氏马先蒿
普氏马先蒿普氏亚种普氏变种(植物志 68)=普氏马先蒿
普氏马先蒿普氏亚种有冠变种(植物志 68)=有冠普氏马先蒿(新)
普黍树(科属辞典)=长梗三宝木
普提香(中草药汇编)=西藏水杨梅
普通柏(中国裸子志)=欧洲刺柏
普通凤丫蕨 Coniogramme intermedia Hieron.(裸子蕨科),*菜中菜*,*大叶狗牙七*,*过江龙*,*黑虎七*,*黑龙七*,*华凤丫蕨*,*金鸡草*,*铁杆七*,*马力跨*,*中华凤丫蕨*
普通红茶藨子 Ribes sativum Syme.(虎耳草科)
普通假毛蕨 Pseudocyclosorus subochthodes (Ching) Ching(金星蕨科)
普通剪股颖 Agrostis canina L.(禾本科)
普通蓼 Polygonum humifusum Merk ex C.Koch (蓼科)
普通耧斗菜 Aquilegia vulgaris L.(毛茛科)
普通鹿蹄草 Pyrola decorata H.Andr.(鹿蹄草科),*雅美鹿蹄草*,*山美人鹿蹄草*,*鹿啣草*,*鹿含草*,*鹿寿草*
普通秋海棠 Begonia plebeja Liebm.(秋海棠科)
普通唐菖蒲 Gladiolus communis L.(鸢尾科),*唐菖蒲*
普通铁线蕨 Adiantum edgewothii HK.(铁线蕨科),*爱氏铁线蕨*
普通小麦 Triticum aestivum L.(禾本科),*百草曲*,*醋糟*,*范志曲*,*麸皮*,*浮小麦*,*红糟*,*建神*,*酒酯糟*,*酒糟*,*麦*,*米麦麨*,*面筋*,*粕*,*泉州神曲*,*甜糟*,*小粉*,*小麦*,*饴糖*,*粘糖*,*糟*,*麸*
普通絮菊 Filago vulgaris Lam.(菊科)
普通早熟禾 Poa trivialis L.(禾本科)
普通针毛蕨 Macrothelypteris torresiana (Gaud.) Ching(金星蕨科),*华南金星蕨*
普陀鞭叶蕨(蕨类图谱)=阔镰鞭叶蕨
普陀鹅耳枥 Carpinus putoensis Cheng (桦木科)
普陀狗娃花 Heteropappus arenarius Kitam.(菊科)
普陀南星 Arisaema ringens (Thunb.) Schott (天南星科),*由跋*,*小南星*
普陀薹草 Carex putuoensis S.Y.Liang(莎草科)
普陀孝顺竹 Bambusa glaucescens var. lutea (Wen) Wen?(禾本科)
普文楠 Phoebe puwenensis Cheng(樟科)
普贤菜(四川峨眉)=大叶碎米荠
普香蒲 Typha przewalskii Skv.(香蒲科)
普亚凤梨属 Puya Mol.(凤梨科)
普雨茶(物理小识)=普洱茶
溥明花(江西,湖南,陕西)=紫荆
舖地锦(福建)= 地锦草

Qi

七瓣连蕊茶 Camellia septempetala Chang & L.L.Qi (山茶科)
七瓣莲 Trientalis europaea L.(报春花科)
七瓣莲属 Trientalis L.(报春花科)
七宝树(新拉汉英)=仙人笔
七变花(华北经济志要)=马缨丹
七草(广西)=广防风
七层楼 Tylophora floribunda Miq.(萝藦科),*多花娃儿藤*,*土细辛*,*双飞蝴蝶*,*一见香*,*小尾伸根*,*老君须*,*娃儿藤*
七层塔(江苏,浙江)=地耳草
七层塔(质问本草)=小连翘
七察哀喜(云南哈尼)=余甘子
七刺桐(广东)=刺桐
七寸胆(湖北利川)=棒头南星
七寸金(植物志 43-3)=小花远志
七寸麻(湖北)=南蛇藤
七寸钉(中草药汇编)=锐尖山香圆
七狗尾(岭南采药录)=猫尾豆
七股莲(江苏)=牛皮消
七河灯心草 Juncus heptapotamicus V.Krecz. & Gontsch.(灯心草科)
七加皮(海南)=鹅掌藤
七加皮(中草药汇编)=罗伞
七角白蔹(中药大辞典)=葎叶蛇葡萄
七角风(贵州草药)=短梗大参
七角莲(广西金秀)=蛇枪头
七角叶芋兰 Nervilia mackinnonii (Duthie) Schltr. (兰科)
七姐果(广州)=苹婆
七姐妹(江西草药)=梵天花
七姐妹(天目药志)=小果蔷薇
七姐妹藤(新华本草纲要)=牛藤
七筋姑 Clintonia udensis Trautv. & Mey.(百合科),*雷公七*,*搜山虎*,*剪刀七*,*竹叶七*,*对口剪*
七筋姑属 Clintonia Raf.(百合科)
七棱谷精草 Eriocaulon septangulare With.(谷精草科)
七厘丹(福建)=黑紫藜芦
七厘散(云南)=赛茛菪
七厘藤(广东)=粪箕笃
七里丹(福建药物志)=闽浙藜芦
七里蕉(福建南平)=南丹参
七里麻(福建南平)=南丹参
七里麻(南京药草)=兔儿伞
七里明 Blumea clarkei HK.f.(菊科)
七里香(纲目)=山矾
七里香(亨利植物名录)=沙枣
七里香(陕西)=单瓣木白香
七里香(陕西中药名录)=崖花子
七里香(四川)=木香花
七里香(修订增补天宝本草)=醉鱼草
七里香(云南泸水)=白背枫
七里香(植物志 43-2)=千里香
七里香(中草药汇编)=缬草
七粒扣(福建中草药)=少花龙葵
七连环(云南镇雄)=高乌头
七裂报春(拉汉名称)=七指报春
七裂薄叶槭 Acer tenellum var. septemlobum (Fang & Soong) Fang & Soong(槭树科)
七裂鸡爪槭 Acer palmatum var. septalobum (槭树科)
七裂蒲儿根 Sinosenecio septilobus (Chang) B. Nord. (菊科)
七裂槭(树木分类学)=扇叶槭
七裂槭 Acer heptalobum Diels(槭树科)
七脉偏瓣花 Plagiopetalum esquirolii var. septemnervium C.Chen(野牡丹科)
七脉槭 Acer heptaphlebium Gagn.(槭树科)
七匹散(云南中草药)=矮陀陀
七时饭消扭(植物志 37)=空心泡
七头风(红河中草药)=苇谷草
七托莲(广西药用名录)=苦菜
七托莲(广西药用名录)=中华绣线梅
七溪黄芪 Astragalus heptapotamicus Sumn.(豆科),*七叶黄芪*
七仙草(云南植物名录)=大理藜芦
七仙桃(湖南药物志)=麦斛
七小叶崖爬藤 Tetrastigma delavayi Gagn.(葡萄科),*一把篾*,*乌蔹莓*,*嘿吗野*
七星(中草药汇编)=缬草
七星斑囊果薹(台湾志)=镜子薹草
七星草(江苏药材志)=萹蓄
七星草(江苏药材志)=瓦韦
七星草(昆明草药)=金鸡脚假瘤蕨
七星草乌(大理)=苍山乌头
七星凤悟(中草药汇编)=江南星蕨
七星凤尾草(四川)=盾蕨
七星凤尾草(四川中草药)=江南星蕨
七星花(植物志 52-1)=戟叶秋海棠
七星剑(广空中草药手册)=花叶假杜鹃
七星剑(广西)=石香薷
七星剑(贵州民间药物)=黄瓦韦
七星剑(陕西)=金鸡脚假瘤蕨
七星剑花(广东中药)=量天尺
七星箭(四川中药志)=倒提壶
七星菊(福建)=裸柱菊
七星蕨(鼎湖山植物名录)=江南星蕨
七星蕨(广西药用名录)=团叶陵齿蕨
七星莲 Viola diffusa Ging.(堇菜科),*白地黄瓜*,*茶匙黄*,*地白草*,*黄瓜草*,*鸡疴粘草*,*冷毒草*,*蔓茎堇菜*,*匍伏堇*
七星蕻(南方有毒植物)=秤星树
七星山姜(台湾志)=密穗山姜
七星树(广东阳江)=蓝树

七星坠地(福建)=裸柱菊
七叶(吴普本草)=常山
七叶赤爬 Thladiantha hookeri var. heptadactyla (Cogn.) A.M.Lu & Z.Y.Zhang(葫芦科),*山土瓜*
七叶大麻藤(云南植物名录)=鸟足乌蔹莓
七叶胆(中药大辞典)=绞股蓝
七叶灯台莲 Arisaema sikokianum var. henryanum (Engl.) H.Li(天南星科)
七叶风(湖南)=短梗大参
七叶鬼灯檠 Rodgersia aesculifolia Batalin(虎耳草科),*宝剑叶,称杆七,뛰合山,红骡子,黄药子,金毛狗,老蛇盘,毛青红,慕荷,牛角七,山藕,水五龙,索骨丹,天蓬伞,枣儿红,猪屎七*
七叶黄荆(汪连仕:采药书)=接骨木
七叶黄芪(植物研究)=七溪黄芪
七叶加(云南药用名录)=扁鹅掌柴
七叶金(福建草药)=接骨木
七叶莲(广东)=野木瓜
七叶莲(广西)=心檐南星
七叶莲(湖南)=短梗大参
七叶莲(湖南)=密脉鹅掌柴
七叶莲(江西)=华重楼
七叶莲(云南药用名录)=鹅掌柴
七叶莲(中草药汇编)=扁鹅掌柴
七叶莲(中草药汇编)=鹅掌藤
七叶龙胆 Gentiana arethusae var. delicatula Marq. (龙胆科)
七叶麻(江西民间药草)=接骨草
七叶木通(植物志 29)=五指那藤
七叶薯蓣 Dioscorea esquirolii Prain & Burkill (薯蓣科),*盘参,血参,七爪金龙*
七叶树 Aesculus chinensis Bge.(七叶树科),*苏罗子,娑罗树,天师栗,娑罗果,婆罗了*
七叶树科 Hippocastanaceae
七叶树属 Aesculus L.(七叶树科)
七叶藤(广西中草药新选)=鹅掌藤
七叶一把伞(云南中草药)=倒卵叶黄肉楠
七叶一盏灯(分类草药性)=华重楼
七叶一枝花(湖北)=狭叶重楼
七叶一枝花(四川)=球药隔重楼
七叶一枝花(云南)=云南重楼
七叶一枝花(中药辞海,药典 2000)=华重楼
七叶一枝花 Paris polyphylla Sm.(百合科),*独角莲,红独角莲,金耳环,九道箍,毛脉蚤休,毛重楼,天鹅蛋,蚤休,重楼*
七叶一枝枪(广东)=七指蕨
七叶遮花(浙江)=华重楼
七叶仔(中草药汇编)=海南地黄连
七叶子(新华本草纲要)=海南地黄连
七月倍(湖南)=木蜡树
七枝剑(湖南药物志)=鳞瓦韦
七枝莲(江西)=华重楼
七指报春 Primula septeloba Franch.(报春花科),*七裂报春*
七指蕨 Helminthostachys zeylanica (L.) HK.(七指蕨科),*入地蜈蚣,水蜈蚣,七叶一枝枪,假七叶一枝花*
七指蕨科 Helminthostachyaceae
七指蕨属 Helminthostachys Kaulf(七指蕨科)
七爪金龙(广西)=七叶薯蓣
七爪龙 Ipomoea mauritiana Jacq.(旋花科),*百解薯,苦瓜藤,牛乳薯,千斤藤,山东管,山苦瓜,山水瓜,藤商陆,五爪龙,五爪薯,细种五爪龙,野牵牛,野商陆,栅手*
七爪槭 Acer palmatum var. heptalobum Rehd. (槭树科)
七子关(广西药用名录)=华湖瓜草
七子花 Heptacodium miconioides Rehd.(忍冬科)
七子花属 Heptacodium Redh.(忍冬科)
七姊妹(福建)=马利筋
七姊妹 Rosa multiflora var. carnea Thory(蔷薇科),*十姊妹,姊妹花*
栖兰粗叶木 Lasianthus hiiranensis Hay.(茜草科),*栖兰山鸡屎树*
栖兰山鸡屎树(台地理丛刊)=栖兰粗叶木
栖头果(广东)=腺果藤
桤的槿(植物志 49-2)=翅果麻
桤的木(植物志 49-2)=翅果麻
桤木(思茅中草药)=尼泊尔桤木
桤木 Alnus cremastogyne Burk.(桦木科),*桤木枝梢,桤木皮,罗拐木,菜壳蒜*
桤木皮(开宝本草)=桤木
桤木香(四川)=关木通
桤木叶秋海棠 Begonia alnifolia A.DC.(秋海棠科)
桤木枝梢(四川中药志)=桤木
桤木属 Alnus Mill.(桦木科)
桤叶黄花稔 Sida alnifolia L.(锦葵科),*地高膏,地马桩,黄花母,牛筋麻,牛肋筋,脓见愁根,糯米药,砂宁根,小柴胡,小叶黄花稔*
桤叶荚蒾 Viburnum alnifolium Marsh.(忍冬科)
桤叶蜡瓣花 Corylopsis alnifolia (Lévl.) Schneid. (金缕梅科)
桤叶楼梯草 Elatostema alnifolium W.T.Wang (荨麻科)
桤叶树 Clethra alnifolia L.(桤叶树科)
桤叶树科 Clethraceae,*山柳科*
桤叶树属 Clethra (Gronov.) L.(桤叶树科),*山柳属*
桤叶唐棣 Amelanchier alnifolia (Nutt.) Nutt.(蔷薇科)
桤叶悬钩子 Rubus alnifoliolatus Lévl.(蔷薇科)
戚氏星蕨(蕨类图谱)=显脉星蕨
期里(傣语)=红毛玉叶金花
槭(许慎,说文)=元宝槭
槭 Acer veitchii Schwer.(槭树科)
槭果黄杞(树木分类学)=爪哇黄杞
槭葵(图鉴)=红秋葵
槭树科 Aceraceae
槭叶草 Mukdenia rossii (Oliv.) Loidz.(虎耳草科),*爬山虎,腊八菜,丹顶草*
槭叶草属 Mukdenia Koidz.(虎耳草科)
槭叶荚蒾 Viburnum acerifolium L.(忍冬科)
槭叶茑萝(高等图鉴)=葵叶茑萝
槭叶千里光(植物志 77-1)=耳柄蒲儿根
槭叶秋海棠 Begonia digyna Irmsch.(秋海棠科)
槭叶秋海棠 Begonia olbia Kerchove (秋海棠科)
槭叶蛇葡萄 Ampelopsis acerifolia W.T.Wang (葡萄科)
槭叶石韦 Pyrrosia polydactyla (Hance) Ching (水龙骨科)
槭叶天竺葵 Pelargonium acerifolium Ait.(牻牛儿苗科)
槭叶铁线莲 Clematis acerifolia Maxim.(毛茛科),*岩花*
槭叶兔儿风 Ainsliaea acerifolia Sch.-Bip.(菊科)
槭叶蚊子草 Filipendula purpurea Maxim.(蔷薇科)
槭属 Acer L.(槭树科)
漆 Toxicodendron verniciflorum (Stokes) F.A. Barkl. (漆树科),*大木漆,干漆,山漆,瞎妮子,瞎妮子,小木漆,楂苜,楂苜,漆树*
漆倍子(四川)=红麸杨
漆大伯(广部中草药手册)=毛果算盘子
漆大伯(江西草药)=小叶三点金
漆大伯(四川)=红紫珠
漆大伯(四川)=紫珠
漆大姑(广西)=毛果算盘子
漆姑(陶弘景)=漆姑草
漆姑草(东北检索表)=无毛漆姑草
漆姑草 Sagina japonica (SW.) Ohwi(石竹科),*大龙叶,地兰,地松,瓜槌草,虎牙草,牛毛毡,漆姑,日本漆姑草,蛇牙草,腺漆姑草,小叶米粞草,星宿草,羊儿草,珍珠草,猪毛菜,齇鼻草*
漆姑草蚤缀(拉汉名称)=漆姑无心菜
漆姑草属 Sagina L.(石竹科),*瓜槌草属*
漆姑虎耳草 Saxifraga saginoides HK.f. & Thoms. (虎耳草科),*松吉斗*
漆姑无心菜 Arenaria saginoides Maxim.(石竹科),*漆姑草蚤缀*
漆鼓(广东陆丰)=黑面神
漆舅(福建草)=绿黄葛树
漆木(广西)=野漆
漆娘舅(福建草)=绿黄葛树
漆柿(江苏,浙江)=油柿
漆树(高等图鉴)=小漆树
漆树(药典 2000)=漆
漆树科 Anacardiaceae
漆叶泡花树 Meliosma rhoifolia Maxim(清风藤科),*山猪肉*
漆榆(树木分类学)=马尾树
漆属 Toxicodendron (Tourn.) Mill.(漆树科)
祁艾(河北)=艾
祁白芷 Angelica dahurica cv. Qibaizhi(伞形科),*禹白芷,白芷,蔄麻,狼山芹,香大活,会白芷,走马芹筒,走马芹,不踏各尔迎克*
祁连垂头菊 Cremanthodium ellisii var. ramosum (Ling) Ling & S.W.Liu(菊科)
祁连费尔氏马先蒿 Pedicularis pheulpinii subsp. chilienensis Tsoong(玄参科),*费尔氏马先蒿费尔氏亚种*
祁连山附地菜 Trigonotis petiolaris Maxim.(紫草科)
祁连山蒿(俗称)=昆仑蒿
祁连山黄芪 Astragalus chilienshanensis Y.C.Ho (豆科)
祁连山棘豆 Oxytropis qilianshanica C.W.Chang & C.L.Zhang(豆科)
祁连山乌头 Aconitum chilienshanicum W.T. Wang (毛茛科)
祁连山圆柏(中国树木学)=祁连圆柏
祁连嵩草 Kobresia macroprophylla (Y.C.Yang) P.C.Li (莎草科)
祁连圆柏 Juniperus przewalskii Kom.(柏科),*垂枝祁连圆柏,垂枝祁边柏,祁连山圆柏,陇东圆柏,蒙古圆柏,柴达木桧,柴达木圆柏,圆柏叶*
祁连獐牙菜 Swertia przewalskii Pissjauk.(龙胆科)
祁门黄芩 Scutellaria chimenensis C.Y.Wu(唇形科)
祁门鼠尾草 Salvia qimenensis S.W.Su & J.Q.He (唇形科)
祁木香(河北药材)=土木香
祁阳细辛 Asarum magnificum Tsiang ex C.Y. Cheng & C.S.Yang(马兜铃科),*山慈菇,南细辛*
祁州漏芦(河北,药典 2000)=漏芦

祁州一枝蒿(祁州药志)=小蓬草
齐当嘎(藏名)=密齿酸藤子
齐墩果(日人误译)=野茉莉
齐墩果(酉阳杂俎)=木犀榄
齐墩果属(树木分类学)=**木犀榄属**
齐马潘十大功劳 Mahonia zimapana Fedde (小檗科)
齐氏唐菖蒲 Gladiolus childsii Hort. ex Bull.(鸢尾科)
齐思曼棒花棕 Rhopalostylis cheesemanii Beccari (棕榈科)
齐头蒿(唐-新修本草)=牡蒿
齐头绒 Zippelia begoniaefolia Bl.(胡椒科)
齐头绒属 Zippelia Bl.(胡椒科)
齐云山蝇子草 Silene qiyunshanensis X.H.Guo & X.L.Liu(石竹科)
齐云薹草 Carex qiyunensis S.W.Su & S.M.Xu (莎草科)
岐笔菊 Dicercoclados triplinervis C.Jeffr. & Y.L.Chen (菊科)
岐笔菊属 Dicercoclados C.Jeffr. & Y.L.Chen (菊科)
岐伞当药(北部植物图志)=岐伞獐牙菜
岐伞花 Cymaria dichotoma Benth.(唇形科)
岐伞花属 Cymaria Benth.(唇形科)
岐伞菊 Thespis divaricata DC.(菊科)
岐伞菊属 Thespis DC.(菊科)
岐伞香茶菜 Isodon macrophyllus (Migo) H. Hara (唇形科)
岐伞星状龙胆 Gentiana stellulata var. dichotoma H.Sm.(龙胆科)
岐穗大黄 Rheum przewalskyi A.Los.(蓼科)
岐序苎麻 Boehmeria polystachya Wedd.(荨麻科)
芪其(菜云南,华北经济志要)=野葵
芪荠菜(云南,华北经济志要)=野葵
芪茄菜(云南,植物志 49-2,华北经济志要)=野葵
其本省藤 Calamus chibenhensis Fetdo.(棕榈科)
其昌假蛇尾(台湾志)=屏东假蛇尾草
其米(藏语)=圆齿狗娃花
其盘菜(湖北)=野葵
奇瓣马蓝 Pteracanthus cognatus(R.Ben.) C.Y. Wu & C.C.Hu(爵床科),*奇瓣紫云菜*(数据库光盘)
奇尔克(内蒙)=花苜蓿
奇尔特恩小檗 Berberis chilternensis Ahrendt (小檗科)
奇尔小檗 Berberis rubrostilla var. chealii Cheal (小檗科)
奇怪山槟榔 Pinanga paradoxa Scheff.(棕榈科)
奇怪鸢尾 Iris paradoxa Steven.(鸢尾科)
奇蒿(高等图鉴)=密毛奇蒿
奇蒿 Artemisia anomala S.Moore(菊科),*白花尾,黑艾,黑补标,化食丹,金寄奴,九里光,九牛草,苦连婆,苦婆菜,刘寄奴,六月霜,六月雪,南刘寄奴,乌藤菜,细白花草,野马兰头,珍珠蒿*
奇花柳 Salix atopantha Schneid.(杨柳科)
奇莱红兰(台兰科图鉴)=奇莱红门兰
奇莱红门兰 Orchis kiraishiensis Hay.(兰科),*奇莱红兰*
奇莱乌头(植物志 27)=梨山乌头
奇利安小檗 Berberis chillanensis (Schneid.) Sprague ex Bean (小檗科)
奇林翠雀花 Delphinium candelabrum Ostf(毛茛科),*奇林飞燕草,德木萨,单花翠雀花*
奇林飞燕草(中草药汇编)=奇林翠雀花
奇尼首(云南瑞丽景颇语)=大果藤黄
奇氏马先蒿 Pedicularis giraldiana Diels(玄参科)
奇数鳞毛蕨(高等图鉴)=奇羽鳞毛蕨
奇蒜 Allium paradoxum Don (百合科)
奇台沙拐枣 Calligonum klementzii A.Los.(蓼科)
奇特猪殃殃(西藏志)=林猪殃殃
奇形变种(植物志 74)=奇形银鳞紫菀(新)
奇形东亚文殊兰(新) Crinum asiaticum var. anomalum Herb.?(石蒜科)
奇形风毛菊 Saussurea fastuosa (Decne.) Sch.-Bip.(菊科)
奇形凤仙花 Impatiens paradoxa C.S.Chu & H. W.Yang (凤仙花科)
奇形橐吾 Ligularia paradoxa Hand.-Mazz.(菊科)
奇形绣球花(图谱)=冠盖绣球
奇形银鳞紫菀(新)Aster argyropholis var. paradoxus Ling(菊科),*奇形变种*
奇叶榕(云南植物名录)=山榕
奇异翠雀花 Delphinium mirabile Serg (毛茛科)
奇异杜鹃 Rhododendron paradoxum Balf.f.(杜鹃花科)
奇异黄芪 Astragalus prodigiosus K.T.Fu(豆科)
奇异鸡矢藤 Paederia praetermissa C.Puff(茜草科)
奇异假糙苏 Paraphlomis pagantha Doan(唇形科),*乡间假糙苏*
奇异碱蓬 Suaeda paradoxa Bge.(藜科)
奇异堇菜 Viola mirabilis L.(堇菜科),*伊吹堇菜*
奇异连翘 Forsythia mira M.C.Chang(木犀科)
奇异马兜铃 Aristolochia kaempferi f. mirabilis S.M.Hwang(马兜铃科)
奇异马先蒿 Pedicularis anomala P.C.Tsoong & H.P.Yang (玄参科)
奇异杧草 Phalaris paradoxa L.(禾本科),*珍杧草*
奇异南星 Arisaema decipiens Schott (天南星科),*蛇饭,铁灯台,青脚莲*
奇异排草(广西)=三叶香草
奇异秋海棠(云南植物名录)=截裂秋海棠
奇异轴榈 Licuala mirabilis Ftdo.(棕榈科)
奇羽鳞毛蕨 Dryopteris sieboldii (van Houtte ex Mett.) O.Ktze.(鳞毛蕨科),*奇数鳞毛蕨*
歧茎蒿 Artemisia igniaria Maxim.(菊科),*锯叶家蒿,白艾,蒌蒿,野艾,萨格拉嘎-沙里尔日*
歧裂水毛茛 Batrachium divaricatum (Schrank) Schur (毛茛科)
歧伞香茶菜(中药辞海)=大萼香茶菜
歧伞獐牙菜 Swertia dichotoma L.(龙胆科),*岐伞当药,腺鳞草*
歧山金丝桃 Hypericum elatoides R.Keller?(藤黄科)
歧序安息香 Bruinsmia polysperma (C.B.Clarke) Steenis(安息香科)
歧序安息香属 Bruinsmia Boerl. & Koord.(安息香科)
歧序剪股颖 Agrostis divaricatissima Mez.(禾本科)
歧序楼梯草 Elatostema subtrichotomum W.T. Wang (荨麻科)
歧颖剪股颖 Agrostis inaequiglumis var. nana Y. C.Yang (禾本科)
歧枝繁缕(北京志)=叉歧繁缕
歧枝黄芪 Astragalus gladiatus Boiss.(豆科),*剑叶黄芪*
祈连山景天 Sedum erici-magnusii subsp. chilianense K.T.Fu(景天科)
脐草 Omphalothrix longipes Maxim.(玄参科)
脐草属 Omphalothrix Maxim.(玄参科)
脐点报春(拉汉名称)=大花脆蒴报春
脐突显脉蕨 Phanerophlebia umbonata Underw. (叉蕨科)
脐形紫菜 Porphyra umbilicalis (L.) Kütz.(马鞭草科)
畦畔飘拂草 Fimbristylis squarrosa Vahl (莎草科)
畦畔莎草 Cyperus haspan L.(莎草科),*鸡屎青三棱草,三棱草*
骑马参(陕西中草药)=舌唇兰
骑墙虎(华南,湖南,江西,福建)=络石
棋盘菜(图考)=中华野葵
棋盘花(四川)=锦葵
棋盘花(四川,贵州)=蜀葵
棋盘花 Zigadenus sibiricus (L.) Gray(百合科)
棋盘花属 Zigadenus Michx.(百合科)
棋盘脚树(台湾)=滨玉蕊
棋盘叶(云南,华北经济志要)=野葵
棋子豆 Cylindrokelupha robinsonii (Gagn.) Kosterm. (豆科)
棋子豆属 Cylindrokelupha Kosterm.(豆科)
琦香(昆明)=牛至
旗唇兰 Vexillabium yakushimense (Yamamoto) F.Maekawa(兰科),*小旗唇兰*
旗唇兰属 Vexillabium F.Maekawa (兰科)
旗杆芥 Turritis glabra L.(十字花科)
旗杆芥属 Turritis L.(十字花科),*赛南芥属*
旗茅(辽宁沈阳)=球柱草
綦江复叶耳蕨 Arachniodes jijiangensis Ching(鳞毛蕨科)
綦江假毛蕨 Pseudocyclosorus jijiangensis Ching ex Y.X.Lin (金星蕨科)
蕲艾(本草纲目)=艾
蕲艾(植物志 76-1)=芙蓉菊
蕲菜(江西)=冬葵
蕲茝蘼芜(名医别录)=川芎
鳍蓟(东北检索表)=火媒草
鳍蓟(陕西中药名录)=蝟菊
麒麟吐珠 Beloperone guttata Brandegee (爵床科)
麒麟吐珠属 Beloperone Nees (爵床科)
麒麟草(纲目拾遗)=白接骨
麒麟刺(俗名,云南植物名录)=铁海棠
麒麟角 Euphorbia neriifolia cv. Cristata (大戟科),*玉麒麟*
麒麟片(广西中药志)=毛排钱树
麒麟吐珠 Calliaspidia guttata (Brandegee) Bremek.(爵床科),*虾衣花*
麒麟吐珠属 Calliaspidia Bremek.(爵床科),*虾衣花属*
麒麟竭(中药辞海,药典 2000)=血竭
麒麟血(圣惠方)=海南龙血树
麒麟叶(云南中草药选)=爬树龙
麒麟叶 Epipremnum pinatum (L.) Engl.(天南星科),*百宿蕉,百足藤,飞来凤,飞天蜈蚣,爬树龙,麒麟尾,上树龙,狮尾草*
麒麟叶属 Epipremnum Schott (天南星科)
麒麟尾(岭南采药录)=麒麟叶
鬐草(图鉴,植物学大辞典)=匍匐南芥
乞力伽(南方草木状)=白术
芑(名医别录)=地黄
芑(诗经)=苦苣菜
启无白前 Cynanchum wangii P.T.Li & W.Kitt.(萝藦科)

启无风尾蕨(海南志)=栗轴凤尾蕨
启无朴 Celtis chiwuana Cheng (榆科)
启无薹草 Carex chiwuana Wang & Tang ex P.C. Li (莎草科)
启无蹄盖蕨 Athyrium wangii Ching(蹄盖蕨科)
启扎(药材名,藏药志)=藏边大黄
杞李葠属(树木分类学)=**树参属**
杞柳 Salix integra Thunb.(杨柳科)
杞杞头(江苏药材志)=枸杞
起绒草(浙江)=拉毛果
起绒草 Dipsacus fullonum L.(川续断科)
起绒飘拂草 Fimbristylis dipsacea (Rottb.) Benth. (莎草科)
起阳草(侯宁极:药谱)=韭菜
绮丽千里光 Senecio elegans L.(菊科)
气草(东北)=黄紫堇
气喘药(四川叙永)=血盆草
气柑皮(四川中药志)=柚
气骨(广西药志)=狭叶糯米团
气管木(广东,海南)=竹节树
气辣子(四川)=吴茱萸
气泥(纲目拾遗)=烟草
气球(广东,海南)=竹节树
气死大夫(山东)=大叶铁线莲
气桃(草木便方)=桃
气藤(贵州草药)=翼梗五味子
气痛草(广空中草药手册)=母草
气血藤(浙江药志)=厚皮香
契癸日戈纳(蒙名,维吾尔名)=中国沙棘

Qia

掐不齐(东北通称)=长萼鸡眼草
掐不齐(东北通称)=鸡眼草
掐不齐(江苏药材志)细梗胡枝子
恰尔古斯-苏伊加(蒙语)=艾
恰嘎兴(西藏墨脱门巴语)=倒卵叶黄肉楠
恰羔素巴(藏名)=苞叶雪莲
恰羔素巴(藏族名)=绵头雪兔子
恰帕斯十大功劳 Mahonia chiapensis Lundell (小檗科)
恰恰都(西藏藏语)=巴嘎紫堇
洽椆(植物志 22)=红柯
落草 Koeleria cristata (L.) Pers.(禾本科)
草属 Koeleria Pers.(禾本科)

Qian

千把刀(丽江)=两头毛
千瓣白桃 Amygdalus persica f. albo-plena Schneid.(蔷薇科)
千瓣红(拉汉名称和手册)=重瓣红石榴
千瓣桃 Amygdalus persica f. dianthiflora (Van Houtte) Dipp.(蔷薇科)
千槟榔(广西)=白花丹
千层楼(湖南药物志)=丝瓜
千层楼(植物志 61)=贯叶连翘
千层毛(东北)=光萼溲疏
千层皮(青海)=葱皮忍冬
千层皮(云南)=椴树
千层皮(云南药用名录)=白花槐
千层塔(广东)=罗勒
千层塔(广东宝安)=罗勒
千层塔(江西)=大戟
千层塔(江西)=牛尾菜
千层塔(江西)=一年蓬
千层塔(图考,高等图鉴,云南植物研究)=蛇足石杉
千层塔(浙江)=小连翘
千层须(华东)=萝藦
千层纸(广西)=木蝴蝶
千垂鸟(植物志 43-2)=裸芸香
千捶草(广东中药)=球花毛麝香
千锤草(贵州)=粗叶地桃花
千锤打(广部中草药手册)=鼎湖钓樟
千锤打(广西)=吊石苣苔
千锤打(陕西)=松潘乌头
千锤打(四川)=羊齿天门冬
千打锤(中草药汇编)=锐尖山香圆
千担苕(贵州印江)=日本薯蓣
千岛碱茅 Puccinellia kurilensis Honda(禾本科)
千叠松(东北)=偃松
千根草 Euphorbia thymifolia L.(大戟科), *飞扬草*,*痢子草*,*乳汁草*,*细叶地锦草*,*小飞扬*,*小乳汁草*
千根癀(闽南民间草药)=一枝黄花
千果草(青海)=涩荠
千果榄仁 Terminalia myriocarpa Van Huerck & Muell.-Arg.(使君子科),*大马缨子花*,*千红花树*
千红花树(云南)=千果榄仁
千花橐吾 Ligularia myriocephala Ling S.W.Liu (菊科)
千花亚菊(高等图鉴)=多花亚菊
千解草 Premna herbacea Roxb.(马鞭草科),*草臭黄荆*,*细三对节*,*细八棱马*,*小八棱马*,*小常山*
千解草属(植物志 65-1)=豆腐柴属
千解草属 Pygmaeopremna Merr.(马鞭草科)
千斤拔 Flemingia philippinensis Merr. & Rolfe (豆科),*大力黄*,*吊马墩*,*吊马桩*,*金鸡落地*,*老鼠尾*,*蔓千斤拨*,*蔓性千斤拔*,*牛大力*,*牛尾蕩*,*透地龙*,*土黄鸡*,*土黄芪*,*一条根*,*钻地风*
千斤拔属 Flemingia Roxb. ex Ait.(豆科)
千斤拨(广西)=大叶千斤拔
千斤拨(山东)=白鲜
千斤拨(浙江天目山)=日本薯蓣
千斤草(上海中草药)=牛筋草
千斤红(广部中草药手册)=大叶千斤拔
千斤藤(广东)=七爪龙
千斤藤(广西药用名录)=扶芳藤
千斤藤 Crateva religiosa (G.Forst.) Miers.(山柑科)
千斤香(广东和平)=香叶树
千斤坠(云南)=丁座草
千金不倒(广西药用名录)=秋枫
千金不藤(海南)=假木豆
千金菜(清异录)=莴苣
千金草(纲目拾遗)=牛筋草
千金草(云南植物研究)=金丝条马尾杉
千金红(广东)=千日红
千金薯(广西)=长叶马兜铃
千金树(江西遂川)=香叶树
千金藤(苏沈良方)=忍冬
千金藤(西藏)=雅丽千金藤
千金藤 Stephania japonica (Thunb.) Miers(防已科),*天膏药*,*金丝荷叶*,*金线吊乌龟*
千金藤属 Stephania Lour.(防已科)
千金榆 Carpinus cordata Bl.(桦木科),*半拉子*,*见风干*
千金重(中草药资料选编)=丁座草
千金子(经济志)=续随子
千金子(浙江宁波)=小连翘
千金子 Leptochloa chinensis (L.) Nees (禾本科),*油草*,*油麻*
千金子藤属(分类学报)=**黑鳗藤属**
千金子属 Leptochloa Beauv.(禾本科)
千筋拨(福建志)=大叶千斤拔
千筋菜(植物志 33)=芥
千筋树(湖南)=水榆花楸
千筋树(树木分类学)=川陕鹅耳枥
千里光(山西中草药)=决明
千里光(苏州)=女萎
千里光(新疆中草药)=额河千里光
千里光 Senecio scandens Buch.-Ham. ex D.Don (菊科),*白苏杆*,*黄花草*,*箭草*,*九里明*,*九里明*,*九时光*,*蔓黄菀*,*千里及*,*千里急*,*软藤黄花草*,*眼明草*,*一扫光*
千里光属 Senecio L.(菊科)
千里及(本草拾遗)=千里光
千里及(海南儋县)=脉耳草
千里及(植物名汇)=白花丹
千里急(本草求经)=千里光
千里马(贵州中草药名录)=滇星蕨
千里马(云南丽江)=滇川唐松草
千里马(云南中草药)=石椒草
千里木(广西凌云)=粗叶水锦树
千里香(甘肃天水,山西武宁)=百里香
千里香(亨氏植物名录)=瑞香
千里香(陆川本草)=米仔兰
千里香 Murraya paniculata (L.) Jack.(芸香科),*过山香*,*黄金桂*,*九里香*,*九秋香*,*九树香*,*满山香*,*七里香*,*十里香*,*四季青*,*万里香*,*五里香*,*月橘*
千里香杜鹃 Rhododendron thymifolium Maxim. (杜鹃花科),*百里香杜鹃*,*黑香柴*,*塔丽色博*
千里找根(云南中草药选)=波叶青牛胆
千粒树(中药大辞典)=朴树
千两金(日华子本草)=续随子
千枚针(浙江中草药)=棘茎楤木
千密灌(河南卢氏)=针筒菜
千母草 Tolmiea menziesii (Pursh) Torr. & Gray. (虎耳草科)
千母草属 Tolmiea Torr. & Gray (虎耳草科)
千年矮(滇南本草)=乌鸦果
千年矮(高等图鉴)=黄杨
千年矮(文山中草药)=石仙桃
千年矮(中草药汇编)=板凳果
千年艾(庐山志)=绵毛鹿茸草
千年艾(植物志 76-1)=芙蓉菊
千年柏(纲目)=玉柏
千年柏(江西)=兖州卷柏
千年不大(药用志)=紫金牛
千年不烂心(植物志 67-1)=白英
千年不烂心(中药辞海)=欧白英
千年茶(中草药汇编)=拟金草
千年耗子屎(贵州)=天葵
千年红(南京)=石楠
千年红(云南)=马桑
千年剑(南方有毒植物)=火殃勒
千年健 Homalomena occulta (Lour.) Schott (天南星科),*香芋*,*团芋*,*湾洪*,*一包针*,*假芳芋*
千年健属 Homalomena Schott (天南星科)
千年老鼠屎(湖北,江苏)=天葵
千年老鼠屎(秦岭)=艾麻
千年青(广西靖西)=石柑子
千年润(纲目)=石斛
千年生(云南)=青羊参
千年树(植物志 58)=包疮叶
千年桐(广东)=木油桐
千年枣(开宝本草)=海枣
千年竹(广东,云南)=九龙盘
千年棕(江西,湖南)=仙茅
千牛霸(浙江草药)=绵毛鹿茸草
千屈菜 Lythrum salicaria L.(千屈菜科),*败毒草*,

败毒莲,蜈蚣草,对叶莲
千屈菜科 Lythraceae
千屈菜属 Lythrum L.(千屈菜科)
千人拔(福建草药)=牛筋草
千日草(东北)=大花金挖耳
千日红 Gomphrena globosa L.(苋科),*百日红,火球花,长生花,千金红,吕宋菊*
千日红属 Gomphrena L.(苋科)
千日菊 Spilanthes oleracea L.(菊科)
千日晒(福建中草药)=饭包草
千山蒿 Artemisia chienshanica Ling & W.Wang (菊科)
千山山梅花 Philadelphus chianshanensis Wng & Li (虎耳草科)
千山山梅花 Philadelphus tsianschanensis Wang & Li(虎耳草科)
千山野豌豆 Vicia chianshanensis (P.Y.Fu & Y. A.Chen) Xia(豆科)
千生珍珠菜 Lysimachia violascens var. xerophila (C.Y.Wu) C.M.Hu(报春花科)
千手丝兰 Yucca aloifolia L.(百合科)
千岁藟(图考)=葛藟葡萄
千穗苋 Amaranthus hypochondriacus L.(苋科)
千台楼(中草药汇编)=大根槽舌兰
千檀香(昆明草药)=沙针
千条鍼(纲目)=金盏银盘
千头艾纳香 Blumea lanceolaria (Roxb.) Druce (菊科)
千头柏 Platycladus orientalis cv. Sieboldii (柏科),*子孙柏,凤尾柏,扫帚柏*
千头赤松 Pinus densiflora cv. Umbraculifera (松科),*伞形赤松*
千头柳杉 Cryptomeria japonica cv.Vilmoriniana (杉科)
千下槌(江西)=地桃花
千香柴 Litsea viridis Liou (樟科)
千崖子橐吾 Ligularia kanaitzensis (Franch.) Hand.-Mazz. (菊科)
千岩堇(新华本草纲要)=毛黄堇
千叶变种(植物志 74)=千叶狗娃花(新)
千叶独活(秦岭志)=裂叶独活
千叶狗娃花(新)Heteropappus altaicus var. millefolius (Vant.) Wang(菊科),*千叶变种*
千叶蓍(东北检索表)=蓍
千叶藤(浙江)=流苏子
千叶卫矛 Euonymus chibai Makino (卫矛科)
千叶萱草(江苏志)=重瓣萱草
千张树(四川)=小蜡
千张纸(图考)=木蝴蝶
千丈树(峨眉图志)=喜树
千针草(辽宁)=野蓟
千针万线草 Stellaria yunnanensis Franch.(石竹科),*麦参,筋骨草,云南繁缕,大鹅肠菜*
千针苋 Acroglochin persicarioides (Poir) Moq. (藜科)
千针苋属 Acroglochin Schrad.(藜科)
千针叶杜鹃 Rhododendron polyraphidoideum Tam (杜鹃花科)
千只眼(云南药用名录)=豆叶九里香
千纸肉(岭南草药志)=木蝴蝶
千重楼(浙江)=地耳草
千重塔(图考)=绵毛鹿茸草
扦扦活(本经逢原)=接骨木
迁拉冬(毛难族名)=木鳖子
牵巴巴(图考)=牻牛儿苗
牵牛 Ipomoea nil (L.) Roth(旋花科),*白丑,草玉玲,丑牛子,大牵牛花,狗耳草,黑丑,姜花,金铃,筋角拉子,喇叭花,裂叶牵牛,盆甑草,牵牛花,勤娘子*
牵牛花 (各地通称)=牵牛
牵牛花 (各地通称)=圆叶牵牛
牵牛藤(广西)=五爪金龙
牵藤(四川)=鹰爪枫
铅笔柏(树木分类学)=北美圆柏
签草 Carex doniana Spreng.(莎草科)
欀欀活(汪连仕:采药书)=接骨木
前草(福建)=透骨草
前胡(湖南)=椴叶独活
前胡(江苏盱眙)=泰山前胡
前胡(名医别录)=紫花前胡
前胡(浙江,福建)=隔山香
前胡 Peucedanum praeruptorum Dunn(伞形科),*白花前胡,鸡脚前胡,官前胡,山独活*
前胡属 Peucedanum L.(伞形科)
前进景天(拉汉名称)=宽果红景天
前皮(中药志)=探春花
前原鹅观草(禾本科图说)=东瀛鹅观草
前原耳蕨 Polystichum mayebarae Tagawa(鳞毛蕨科)
荨麻(民间)=麻叶荨麻
荨麻(民间)=狭叶荨麻
荨麻(陕南,陇南)=宽叶荨麻
荨麻(云南)=粗根荨麻
荨麻 Urtica fissa E.Pritz.(荨麻科),*白活麻,白蛇麻,活麻草,火麻,火麻草,裂叶荨麻,蛇麻草,透骨风*
荨麻科 Urticaeae
荨麻母草 Lindernia elata (Benth.) Westts.(玄参科)
荨麻叶巴豆 Croton urticifolius Y.T.Chang & Q.H.Chen (大戟科)
荨麻叶报春 Primula urticifolia Maxim.(报春花科)
荨麻叶凤仙花 Impatiens urticifolia Wall.(凤仙花科)
荨麻叶黄芩 Scutellaria yangiensis H.W.Li(唇形科)
荨麻叶龙头草 Meehania urticifolia (Miq.) Makino (唇形科),*芝麻花,美汉花*
荨麻叶马蓝 Pteracanthus urticifolius(O.Ktz.) Bremek.(爵床科)
荨麻叶绣球防风 Leucas urticaefolia Br.(唇形科)
荨麻叶玄参 Scrophularia urticifolia Wall.(玄参科)
荨麻叶益母草 Leonurus urticifolius C.Y.Wu & H.W.Li (唇形科)
荨麻叶钟萼草(新拉汉英)=野地钟萼草
荨麻属 Urtica L.(荨麻科)
钱币石韦 Pyrrosia nummulariifolia (Sw.) Ching (水龙骨科)
钱草(新疆)=欧活血丹
钱齿草(江西)=积雪草
钱串草(江西省)=排钱树
钱串树(四川)=铜钱树
钱贯草(广州)=大车前
钱贯草(生草药性备要)=车前
钱葵(草花谱)=锦葵
钱麻(滇南本草)=异株荨麻
钱木(海南志)=蕉木
钱蒲(本草纲目,图考)=金钱蒲
钱氏大参(分类学报增刊)=显脉大参
钱氏钓樟(苏南植物手册)=江浙山胡椒
钱氏林蕨(蕨类图说)=钱氏陵齿蕨
钱氏陵齿蕨 Lindsaea chienii Ching(陵齿蕨科),*钱氏林蕨*
钱氏木(分类学报)=蕉木
钱氏水青冈 Fagus chienii Cheng (壳斗科),*平武水青冈*
钱线尾(中草药汇编)=醉鱼草
钱形地榆(云南中草药)=地榆
钱叶熊果 Arctostachylos nummularia A.Gray. (杜鹃花科)
钱榆(江苏)=榆树
钱支龙脑香 Dipterocarpus dyeri Pierre (龙脑香科)
钳叉状管花兰 Corymborkis forcipigera (Rchb. f.) L.O.Wms.(兰科)
钳唇兰 Erythrodes blumei (Lindl.) Schltr.(兰科),*小唇兰,台湾小蝇兰,小蝇兰,阔叶细笔兰*
钳唇兰属 Erythrodes Bl.(兰科)
钳形耳蕨 Polystichum bifidum Ching(鳞毛蕨科)
乾浆豆(四川)=河坝吊灯花
乾精菜 Phlomis congesta C.Y.Wu(唇形科),*野苏麻*
乾宁狼尾草 Pennisetum qianningense S.L. Zhong (禾本科)
乾宁乌头 Aconitum chienningense W.T.Wang (毛茛科)
乾岩腔(四川)=柔毛阴山荠
潜茎景天 Sedum latentibulbosum K.T.Fu & G.Y.Rao (景天科)
黔北淫羊藿 Epimedium boreali-guizhouense S.Z.He & Y.K.Yang(小檗科)
黔椆(高等图鉴)=褐叶青冈
黔川乌头 Aconitum cavaleriei Lévl. & Vant.(毛茛科)
黔滇木蓝(豆科图说)=黔南木蓝
黔滇崖豆藤 Millettia gentiliana Lévl.(豆科)
黔东银叶杜鹃 Rhododendron argyrophyllum subsp. nankingense (Cownan) Chamb. ex Cullen & Chamb. (杜鹃花科)
黔椴 Tilia kueichouensis Hu(椴树科)
黔鄂桑(贵州)=长穗桑
黔耳蕨(新)Polystichum munitum (Kaulf.) Presl.? (鳞毛蕨科),*黔中耳蕨*
黔芙兰草 Fuirena rhizomatifer Tang & Wang(莎草科)
黔狗舌草 Tephroseris pseudosonchus (Vant.) C. Jeffr. & Y.L.Chen(菊科),*朝阳花,抱茎狗舌草*
黔贵野锦香(广西)=匙萼柏拉木
黔桂百灵藤(广西植物名录)=贵州醉魂藤
黔桂槌果藤(广西,贵州)=野香橼花
黔桂大苞寄生 Tolypanthus esquirolii (Lévl.) Laoener (桑寄生科)
黔桂冬青 Ilex stewardii S.Y.Hu(冬青科),*施冬青*
黔桂黄肉楠 Actinodaphne kweichowensis Yang & P.H.Huang(樟科)
黔桂轮环藤 Cyclea insularis subsp.guangxiensis Lo (防已科)
黔桂槭 Acer chingii Hu(槭树科),*罗城槭,桂北槭,苗山槭,秦氏槭,子农槭*
黔桂润楠 Machilus chienkweiensis S.Lee(樟科)
黔桂悬钩子 Rubus feddei Lévl. & Vant.(蔷薇科)
黔桂鱼藤 Derris cavaleriei Gagn.(豆科),*嘉氏鱼藤*
黔桂苎麻 Boehmeria blinii Lévl.(荨麻科)

黔合耳菊 Synotis guizhouensis C.Jeffr. & Y.L. Chen (菊科)
黔黄檀(豆科图说)=狭叶黄檀
黔金足草 Goldfussia equitans(Lévl.) E. Hossain (爵床科)
黔苣苔(高等图鉴)=世纬苣苔
黔蕨 Phanerophlebiopsis tsiangiana Ching(鳞毛蕨科),*合项黔蕨*
黔蕨属 Phanerophlebiopsis Ching(鳞毛蕨科)
黔蜡瓣花 Corylopsis obovata Chang(金缕梅科)
黔灵山冬青 Ilex qianlingshanensis C.J.Tseng (冬青科)
黔岭淫羊藿 Epimedium leptorrhizum Tsearn(小檗科),*近裂淫羊藿*
黔南木蓝 Indigofera esquirolii Lévl.(豆科),*黔滇木蓝*
黔南润楠 Machilus austroguizhouensis S.Lec. & F.N.Wei?(樟科)
黔南石楠 Photinia esquirolii (Lévl.) Rehd.?(蔷薇科)
黔南羊蹄甲 Bauhinia quinanensis T.Chen(豆科)
黔怒蕨(静生汇报)=狭翅巢蕨
黔蒲儿根 Sinosenecio guizhouensis C.Jeffr. & Y. L.Chen (菊科)
黔鼠刺(植物志 35-1)=毛鼠刺
黔铁角蕨(蕨类图谱)=贵阳铁角蕨
黔蚊母树 Distylium tsiangii Chun ex Walker(金缕梅科)
黔西报春 Primula cavaleriei Petitim.(报春花科),*贵州报春*
黔羊蹄甲(贵州草药)=尖叶龙须藤
黔阳冰糖橙(植物志 43-2)=大红橙
黔阳杜鹃 Rhododendron qianyangense M.Y.He (杜鹃花科)
黔阳过路黄 Lysimachia sciadophylla Chen & C. M.Hu (报春花科)
黔粤栲(植物志 22)=密脉柯
黔粤石栎(植物志 22)=密脉柯
黔中耳蕨(新拉汉英)=黔耳蕨(新)
黔中耳蕨 Polystichum martinii Christ(鳞毛蕨科)
黔中紫菀 Aster menelii Lévl.(菊科)
黔竹 Dendrocalamus tsiangii (McClure) Chia & H.L.Fung (禾本科),*钓鱼竹,遵义单竹*
浅白黄郁金香 Tulipa stellata HK.(百合科)
浅苞橐吾 Ligularia cyathiceps Hand.-Mazz.(菊科)
浅杯鳞盖蕨 Microlepia ampla Ching(碗蕨科)
浅波叶长柄山蚂蝗 Podocarpium repandum (Vahl) Yang & Huang(豆科),*浅波叶山蚂蝗*
浅波叶山蚂蝗(豆科图说)=浅波叶长柄山蚂蝗
浅波叶五味子 Schisandra repanda (S. & Z.) Radik.(木兰科)
浅波缘糖芥(中草药)=小花糖芥
浅波状矾根 Heuchera undulata Rgl. & Rach.(虎耳草科)
浅波状叶虎耳草 Saxifraga repanda Willd. ex Sternb.(虎耳草科)
浅齿楼梯草 Elatostema crenatum W.T.Wang(荨麻科)
浅齿橐吾 Ligularia potaninii (C.Winkl.) Ling(菊科)
浅粉花溲疏 Deutzia rosea var. eximia Rehd.(虎耳草科)
浅红娑罗双 Shorea leprosula Miq.(龙脑香科)
浅红中国马先蒿(新)Pedicularis chinensis f. erubescens Tsoong(玄参科),*中国马先蒿浅红变型*
浅花地榆 Sanguisorba officinalis f. dulutiflora Kitag.?(蔷薇科)
浅花湖北百合 Lilium henryi var. citrinum hort. Wallace (百合科)
浅黄花半脊荠(植物志 33)=小叶半脊荠
浅黄马先蒿 Pedicularis lutescens Franch.(玄参科),*浅黄马先蒿浅黄亚种*
浅黄马先蒿长柄亚种(植物志 68)=长柄浅黄马先蒿
浅黄马先蒿东川亚种(植物志 68)=东川浅黄马先蒿
浅黄马先蒿短叶亚种(植物志 68)=短叶浅黄马先蒿
浅黄马先蒿多枝亚种(植物志 68)=多枝浅黄马先蒿
浅黄马先蒿浅黄亚种(植物志 68)=浅黄马先蒿
浅黄芪 Astragalus dilutus Bge.(豆科)
浅黄皱褶马先蒿 Pedicularis plicata subsp. luteola (Li) Tsoong(玄参科),*皱褶马先蒿浅黄亚种*
浅裂滨紫草 Mertensia tarbagataica B.Fedts.(紫草科)
浅裂茶藨子 Ribes davidii var. lobatum L.T.Lu (虎耳草科)
浅裂翠雀花 Delphinium vestitum Wall.(毛茛科)
浅裂短肠蕨 Allantodia lobulosa (Wall. ex Mett.) Ching (蹄盖蕨科)
浅裂对叶兰 Listera morrisonicola Hay.(兰科),*玉山双叶兰*
浅裂复叶耳蕨 Arachniodes pseudocavalerii Ching (鳞毛蕨科)
浅裂高山耳蕨(西藏志)=拉钦耳蕨
浅裂黄花秋海棠 Begonia flaviflora var. gamblei (Irmsch.) J.Golding & C.Kareg.(秋海棠科)
浅裂剪秋罗 Lychnis cognata Maxim. (石竹科),*剪秋罗,毛缘剪秋萝*
浅裂鳞毛蕨 Dryopteris sublaeta Ching & Hsu (鳞毛蕨科)
浅裂毛茛 Ranunculus lobatus Jacq.(毛茛科)
浅裂槭 Acer rotundilobum Schwer.(槭树科)
浅裂铁线莲 Clematis fruticosa var. lobata Maxim. (毛茛科)
浅裂菟葵 Eranthis lobulata W.T.Wang(毛茛科)
浅裂乌头 Aconitum lobulatum W.T.Wang(毛茛科)
浅裂小花苣苔 Chiritopsis lobulata W.T.Wang (苦苣苔科)
浅裂锈毛莓 Rubus reflexus var. hui (Diels apud. Hu) Metc.(蔷薇科)
浅裂叶阔叶椴 Tilia platyphyllos var. vitifolia (Host.) Simonk.(椴树科)
浅裂掌叶树 Euaraliopsis hainla (Ham.) Hutch. (五加科)
浅裂沼兰 Malaxis acuminata D.Don(兰科)
浅三裂碱毛茛 Halerpestes tricuspis var. intermedia W.T.Wang (毛茛科)
浅色变型(植物志 65-2)=紫花糙苏(新)
浅色茜草 Rubia pallida Diels(茜草科)
浅色紫糙苏 Phlomis atropurpurea f. pallidior C.Y.Wu (唇形科)
浅圆齿堇菜 Viola schneider W.Beck.(堇菜科)
浅紫花高河菜 Megacarpaea delavayi var. minor f. pallidiflora O.E.Schulz(十字花科)
浅棕苞鸢尾 Iris cengialtii Ambrosi (鸢尾科)
欠明脉蕨(蕨类图说)=多脉假脉蕨
欠愉大青 Clerodendrum infortunatum L.(马鞭草科)
芡(中药辞海)=芡实
芡实 Euryale ferox Salisb. ex König & Sims(睡莲科),*刺莲藕,湖南根,花蕺,鸡头荷,鸡头莲,鸡头米,鸡头盘,假莲根,假莲藕,芡,莜菜*
芡属 Euryale Salisb. ex DC.(睡莲科)
茜草(多处)=大叶茜草
茜草(吉林)=林生茜草
茜草(西藏志)=梵茜草
茜草 Rubia cordifolia L.(茜草科),*牛蔓,染绯草,血见愁,红丝线,锯子草,茜草藤*
茜草红蛇儿(四川南川)=卵叶茜草
茜草科 Rubiaceae
茜草树(植物志 71-1)=茜树
茜草藤(上海中草药)=茜草
茜草属 Rubia L.(茜草科)
茜菲堇(海南志)=鳞隔堇
茜菲堇属(海南志)=**鳞隔堇属**
茜堇菜 Viola phalacrocarpa Maxim.(堇菜科),*白果堇菜,秃果堇菜*
茜兰芥属(拉汉名称)=**棱果芥属**
茜木(香港)=香港大沙叶
茜木属(台植物研究专刊)=**大沙叶属**
茜树 Aidia cochinchinensis Lour.(茜草科),*茜草树*
茜树属 Aidia Lour.(茜草科)
茜砧草 Galium boreale var. rubioides (L.) Celak. (茜草科)
嵌果胡椒 Piper infossibaccatum A.Huang(胡椒科)
嵌环百合 Lilium bolanderi S.Watson (百合科)
纤柄菝葜 Smilax pottingeri Pain(百合科),*纤柄肖菝葜*
纤柄报春 Primula tenuipes Chen & C.M.Hu(报春花科)
纤柄脆蒴报春 Primula gracilipes Craib(报春花科),*纤秀报春*
纤柄红豆 Ormosia longipes L.Chen(豆科)
纤柄香草 Lysimachia filipes C.Z.Gao & D.Fang (报春花科)
纤柄肖菝葜(植物志 15)=纤柄菝葜
纤柄皱叶报春 Primula rockii W.W.Sm.(报春花科),*川藏皱叶报春*
纤草 Burmannia itoana Makino(水玉簪科)
纤齿柏那参(分类学报增刊)=假通草
纤齿黄芪 Astragalus gracilidentatus S.B.Ho(豆科)
纤齿卫矛 Euonymus giraldii Loes.(卫矛科)
纤杆沙蒿 Artemisia demissa Krasch.(菊科)
纤秆珍珠茅 Scleria pergracilis (Nees) Kunth(莎草科)
纤梗蒿 Artemisia pewzowi C.Winkl.(菊科)
纤梗茜草 Rubia tenuis Lo(茜草科)
纤梗山胡椒 Lindera gracilipes H.W.Li(樟科)
纤梗腺萼木 Mycetia gracilis Craib(茜草科)
纤冠藤 Gongronema nepalense (Wall.) Decne.(萝藦科),*大防已,牛奶树,乳汁藤,入地龙,睡地金牛,细羊角,羊乳藤*
纤冠藤属 Gongronema (Endl.) Decne.(萝藦科)
纤管马先蒿 Pedicularis leptosiphon Li(玄参科)
纤蒿(俗称)=纤细绢蒿
纤花草科(台湾志)=**假繁缕科**
纤花冬青 Ilex graciliflora Champ.(冬青科)
纤花耳草 Hedyotis tenelliflora Bl.(茜草科),*红虾子草,箭头草,石耳草,石枫药,铁青草,细叶龙吐珠,虾子草*
纤花根节兰(台湾志)=钩距虾脊兰

纤花狗牙花(植物志 63)=伞房狗牙花
纤花龙船花 Ixora gracilis Ko(茜草科)
纤花轮环藤 Cyclea debiliflora Miers(防已科)
纤花蒲桃 Syzygium leptanthum (Wight) Nied.(桃金娘科)
纤花千里光 Senecio graciliflorus DC.(菊科)
纤花鼠李 Rhamnus leptacantha Schneid.(鼠李科)
纤茎金丝桃 Hypericum filicaule (Dyer) N. Robson (藤黄科)
纤茎堇菜 Viola tenuissima Chang(堇菜科)
纤茎阔蕊兰 Peristylus mannii (Rolfe) Makerjee (兰科)
纤茎龙胆(蒙大学报)=纤茎秦艽
纤茎马先蒿 Pedicularis tenuicaulis Prain(玄参科)
纤茎秦艽 Gentiana tenuicaulis Ling(龙胆科),*纤茎龙胆*
纤裂马先蒿 Pedicularis tenuisecta Franch.(玄参科)
纤柳 Salix phaidima Schneid.(杨柳科)
纤脉桉 Eucalyptus leptophleba F.v.Muell.(桃金娘科)
纤毛蚌壳蕨 Dicksonia fibrosa Cop.(蚌壳蕨科)
纤毛鹅观草 Roegneria ciliaris (Trin.) Nevski (禾本科)
纤毛萼鱼藤(豆科图说)=边荚鱼藤
纤毛耳稃草 Garnotia ciliata Merr.(禾本科),*纤毛葛氏草*
纤毛葛氏草(禾本科图说)=纤毛耳稃草
纤毛画眉草 Eragrostis ciliata (Roxb.) Nees (禾本科)
纤毛柳叶箬 Isachne ciliatiflora Keng ex Keng f. (禾本科)
纤毛婆婆纳(西藏中草药)=长果婆婆纳
纤毛尾 Haworthia gracilis v.Poelln.(百合科)
纤毛仙灯 Calochortus luteus Dougl.(百合科)
纤毛鸭嘴草(植物志 10-2)=细毛鸭嘴草
纤毛野青茅 Deyeuxia arundinacea var. ciliata (Honda) P.C.Kuo & S.L.Lu(禾本科)
纤毛叶芦荟 Aloe ciliaris Haw.(百合科)
纤毛叶树萝卜 Agapetes ciliata S.H.Huang(杜鹃花科)
纤毛隐棒花 Cryptocoryne ciliata (Roxb.) Fisch. (天南星科)
纤美文竹 Asparagus plumosus var. comorensis Hort. (百合科)
纤袅凤仙花 Impatiens imbecilla HK.f.(凤仙花科)
纤弱沟酸浆 Mimulus gracilis Br.(玄参科)
纤弱黄芩 Scutellaria dependens Maxim.(唇形科)
纤弱木贼(广东,广西)=笔管草
纤弱蛇根草 Ophiorrhiza gracilis Kurz(茜草科)
纤弱早熟禾 Poa malaca Keng(禾本科)
纤穗爵床 Leptostachya wallichii Nees(爵床科),*穗序钟花草*
纤穗爵床属 Leptostachya Nees(爵床科)
纤葶粉报春 Primula glabra subsp. genestieriana (Hand.-Mazz.) C.M.Hu(报春花科)
纤维鳞毛蕨 Dryopteris sinofibrillosa Ching(鳞毛蕨科)
纤维马唐 Digitaria fibrosa (Hack.) Stapf(禾本科)
纤尾桃叶珊瑚 Aucuba filicauda Chun & How (山茱萸科)
纤细半蒴苣苔 Hemiboea gracilis Franch.(苦苣苔科),*秤杆草,地罗草,小花降龙草*
纤细苞茅 Hyparrhenia filipendula (Hochst.) Stapf (禾本科)
纤细草莓 Fragaria gracilis Lozinsk.(蔷薇科),*细弱草莓*
纤细茶藨子 Ribes longiracemosum var. gracillimum L.T.Lu (虎耳草科)
纤细茶竿竹 Pseudosasa gracilis S.L.Chen & G. Y.Sheng (禾本科)
纤细柴胡 Bupleurum gracillimum Klotzsch(伞形科)
纤细柽柳 Tamarix tenuissima Nakai?(柽柳科)
纤细茨藻 Najas gracillima (A.Br.) Magnus (茨藻科)
纤细慈姑 Sagittaria teres Wats.(泽泻科)
纤细灯心草(新)Juncus glaucus var. leptocarpus Buchen.? (灯心草科)
纤细吊石苣苔 Lysionotus gracilis W.W.Sm.(苦苣苔科)
纤细东俄芹 Tongoloa gracilis Wolff(伞形科)
纤细短柄树萝卜 Agapetes brachypoda var. gracilis Airy-Shaw (杜鹃花科)
纤细风毛菊(植物志 78-2)=萎软风毛菊
纤细风毛菊 Saussurea graciliformis Lipsch.(菊科)
纤细枸骨(云南植物名录)=纤细枸骨
纤细枸骨 Ilex ciliospinosa Loes.(冬青科),*睫刺冬青,毛刺冬青,纤细枸骨*
纤细鬼吹箫 Leycesteria gracilis (Kurz) Airy-Shaw (忍冬科)
纤细喉毛花(Flora 16)=纤枝喉毛花
纤细胡卢巴(豆科图说)=网脉胡卢巴
纤细虎耳草(秦岭志)=太白虎耳草
纤细虎耳草 Saxifraga tenella Wulf.(虎耳草科)
纤细花荆芥(新)Nepeta graciliflora Benth.(唇形科), *细花荆芥*
纤细花楸 Sorbus filipes Hand.-Mazz.(蔷薇科)
纤细还阳参 Crepis capillaris (L.) Wallr.(菊科)
纤细黄鹌菜 Youngia stebbinsiana S.Y.Hu(菊科),*细黄鹌菜*
纤细黄堇 Corydalis gracillima C.Y.Wu(罂粟科),*小黄断肠草*
×纤细火绒草 Leontopodium gracile Hand.-Mazz.(菊科),*香芸×长叶火绒草*
纤细假糙苏 Paraphlomis gracilis Kudo(唇形科)
纤细碱茅 Puccinellia tenuissima Litv. ex Krecz. (禾本科)
纤细金腰 Chrysosplenium giraldianum Engl.(虎耳草科)
纤细绢蒿 Seriphidium gracilescens (Krasch. & Iljin) Poljak. (菊科),*纤蒿,戈壁蒿*
纤细苦荬菜(植物志 80-1)=细叶小苦荬
纤细拉拉藤 Galium tenuissimum M.Bieb.(茜草科)
纤细老鹳草(高等图鉴)=江莸鱼腥草
纤细冷水花 Pilea gracilis Hand.-Mazz.(荨麻科)
纤细龙胆 Gentiana pluviarum subsp. subtilis (H. Sm.) T.N.Ho(龙胆科)
纤细龙脑香 Dipterocarpus gracilis Bl.(龙脑香科)
纤细轮环藤 Cyclea gracillima Diels(防已科),*密花轮环藤*
纤细马先蒿 Pedicularis gracilis Wall.(玄参科),*纤细马先蒿纤细亚种*
纤细马先蒿大果亚种(植物志 68)=大果纤细马先蒿
纤细马先蒿坚挺亚种(植物志 68)=坚挺纤细马先蒿(新)
纤细马先蒿纤细亚种(植物志 68)=纤细马先蒿
纤细马先蒿中国亚种(植物志 68)=中国纤细马先蒿
纤细毛兰 Eria gracilis HK.f.(兰科)
纤细囊瓣芹 Pternopetalum gracillimum (Wolff) Hand.-Mazz.(伞形科)
纤细欧石南 Erica gracilis J.C.Wendl.(杜鹃花科)
纤细飘拂草 Fimbristylis gracilenta Hance (莎草科)
纤细婆罗门参 Tragopogon gracilis D.Don(菊科)
纤细千金藤 Stephania gracilenta Miers(防已科)
纤细雀梅藤 Sageretia gracilis Drumm. & Sprague (鼠李科),*铁藤,筛子簸箕果*
纤细荛花 Wikstroemia gracilis Hemsl.(瑞香科)
纤细日本扁柏 Chamaecyparis obtusa cv. Gracillis (柏科)
纤细山槟榔 Pinanga gracilis (Roxb.) Bl.(棕榈科)
纤细山莓草 Sibbaldia tenuis Hand.-Mazz.(蔷薇科)
纤细省藤(云南植物名录)=小省藤
纤细十大功劳 Mahonia gracilis (Hartw.) Fedde (小檗科)
纤细绶草 Spiranthes gracilis (Bigel.) Beck.(兰科)
纤细薯蓣 Dioscorea gracillima Miq.(薯蓣科),*白萆薢,白姜,白薯,萆薢,粉萆薢,黄生姜,金线吊蛤蟆,癞虾蟆*
纤细嵩草 Kobresia yangii S.R.Zhang(莎草科)
纤细碎米荠 Cardamine gracilis (O.E.Schulz) T.Y.Cheo & R.C.Fang(十字花科)
纤细薹草 Carex pergracilis Nelmes(莎草科)
纤细葶苈 Draba gracillima HK.f. & Thoms.(十字花科),*岩葶苈*
纤细通泉草 Mazus gracilis Hemsl.(玄参科)
纤细土圞儿 Apios gracillima Dunn(豆科)
纤细橐吾 Ligularia tenuicaulis Chang(菊科)
纤细微花兰 Stelis gracilis Ames (兰科)
纤细委陵菜 Potentilla gracillima Yü & Li(蔷薇科)
纤细卫矛 Euonymus gracillimus Hemsl.(卫矛科)
纤细倭竹(新) Shibataea pygmaea f. Maekawa ? (禾本科)
纤细五爪金龙 Ipomoea cairica var. gracillima (Coll. & Hemsl.) C.Y.Wu(旋花科)
纤细线柱兰 Zeuxine gracilis (Breda) Bl.(兰科)
纤细絮菊 Filago minima (Sm.) Pers.(菊科)
纤细悬钩子 Rubus hypargyrus Edgew(蔷薇科)
纤细蝇子草 Silene gracilenta H.Chuang(石竹科)
纤细羽衣草 Alchemilla gracilis Opiz.(蔷薇科)
纤细真碎米蕨 Cheilanthes gracillima Eat.(中国蕨科)
纤细钟花苣苔 Codonanthe gracilis Hanst.(苦苣苔科)
纤细竹(新)Phyllostachys bambusoides cv. Slender Crookstem? (禾本科)
纤细柱瓣兰 Epidendrum gracile Lindl.(兰科)
纤小猕猴桃 Actinidia gracilis C.F.Liang(猕猴桃科)
纤秀报春(拉汉名称)=纤柄脆蒴报春
纤序柳 Salix araeostachya Schneid(杨柳科)
纤序鼠李(广西植物名录)=尼泊尔鼠李

纤叶钗子股 Luisia hancockii Rolfe(兰科)
纤叶匙叶草 (饲用植物)=粗枝补血草
纤叶美花莲 Habranthus gracilifolius Herb.(石蒜科)
纤瘦槭(分类学报)=马边槭
纤枝矮杜鹃花 Rhododendron kotschyi Simonk.(杜鹃花科)
纤枝艾纳香 Blumea veronicifolia Franch.(菊科)
纤枝冬青 Ilex gracilis C.J.Tseng(冬青科)
纤枝喉毛花 Comastoma stellariifolium (Franch. ex Hemsl.) Holub(龙胆科),*纤细喉毛花*
纤枝金丝桃 Hypericum lagarocladum N.Robson(藤黄科)
纤枝蒲桃 Syzygium stenocladum Merr. & Perry(桃金娘科)
纤枝兔儿风 Ainsliaea gracilis Franch.(菊科)
纤枝香青 Anaphalis gracilis Hand.-Mazz.(菊科)
纤枝香青糙叶变种(植物志 75)=糙叶纤枝香青(新)
纤枝香青皱缘变种(植物志 75)=皱缘香青(新)
纤枝野丁香 Leptodermis schneideri H.Winkl.(茜草科)
纤椎薹草 Carex breviculmis var. fibrillosa (Franch. & Sav.) Kükenth. ex Matsum & Hay. (莎草科),*硬短茎宿柱薹*

Qiang

羌活(峨眉)=峨眉当归
羌活 Notopterygium insicum Ting ex H.T.Chang(伞形科),*竹节羌活*,*蚕羌*
羌活属 Notopterygium de Boiss.(伞形科)
羌区兴(西藏)=苦葛
羌塘雪兔子 Saussurea welbyi Hemsl.(菊科)
羌子裸子(植物志 75)=苍耳
枪(尔雅)=红果山胡椒
枪把拿朵(藏名)=毛翠雀花
枪草(种子植物名称) =臭草
枪椿(广西)=华南吴萸
枪刺果(曲靖)=扁核木
枪刀菜(植物志 80-1)=日本毛连菜
枪刀菜 Hypoestes cumingiana Benth. & HK.f.(爵床科)
枪刀菜根(浙江药用名录)=毛连菜
枪刀草(泉州本草)=落地生根
枪刀药 Hypoestes purpurea(L.) R.Br.(爵床科),*红丝线*,*六角英*,*青丝线*
枪刀药属 Hypoestes Soland. ex R.Br.(爵床科)
枪刀叶(福建)=落地生根
枪刀竹(浙江)=篌竹
枪花药(云南)=漾濞鹿角藤
枪花药 Hypoestes poilanei R.Benoistr.(爵床科),*野辣子*
枪伤药(贵州)=金爪儿
枪头菜(东北)=苍术
枪子果(云南)=白花酸藤子
枪子蘸(广东中药)=山鸡椒
强刺球属 Ferocactus Britt. & Rose (仙人掌科)
强盗草(广西)=多枝雾水葛
强萼小檗 Berberis validisepala Ahrendt (小檗科)
强茎淫羊藿 Epimedium rhizomatosum Stearn(小檗科)
强力贝克斯 Banksia robur Cav.(山龙眼科)
强葡萄 Vitis baileyana Munson (葡萄科)
强竹 Phyllostachys heterocycla cv. Obliquinoda(禾本科)
强壮葱莲 Zephyranthes robusta Baker (石蒜科)
强壮杜鹃 Rhododendron magnificum K.Ward(杜鹃花科)
强壮风毛菊 Saussurea robusta Ledeb.(菊科)
强壮观音座莲 Angiopteris robusta Ching(观音座莲科)
强壮十大功劳小檗 Mahoberberis aquisargentii Krussm.(小檗科)
墙边柏(福建)=兖州卷柏
墙草 Parietaria micrantha Ledeb.(荨麻科),*白石薯*,*干菜子*,*软骨石薯*,*石薯*,*田薯*,*细叶贯菜子*,*小花墙草*,*指甲薯*
墙草属 Parietaria L.(荨麻科)
墙脚杜(闽东本草)=薜荔
墙络藤(华南,湖南,河南,江苏)=络石
墙蘼(神农本草经)=野蔷薇
墙上乌尔波草 Vulpia muralis (Kunth) Ness (禾本科)
墙头草(福建草药)=金发草
墙头竹(福建草药)=金发草
墙薇(本草图经)=野蔷薇
墙下红(北京)=一串红
蔷根(中药志)=毛药藤
蔷麻(本草图经)=野蔷薇
蔷薇(苏南植物手册)=野蔷薇
蔷薇(浙江药志)=粉团蔷薇
蔷薇杜鹃花 Rhododendron roseum (Loisel) Rehd.(杜鹃花科)
蔷薇果(东北)=山刺玫
蔷薇果光槭 Acer glabrum var. rhodocarpum Schwer.(槭树科)
蔷薇红景天(中药文献研究摘要)=红景天
蔷薇虎耳草 Saxifraga rosacea Moench.(虎耳草科)
蔷薇科 Rosaceae
蔷薇莓(植物志 37)=空心泡
蔷薇木(植物志 40)=紫檀
蔷薇猪毛菜 Salsola rosacea L.(藜科)
蔷薇属 Rosa L.(蔷薇科)
抢子(安徽)=苍耳
葴实(圣济总录)=苘麻

Qiao

乔伯 Joppa(芸香科脐橙类)
乔大鳞盖蕨 Microlepia gigantea Ching(碗蕨科)
乔桧(经济植物手册)=垂枝香柏
乔桧 Juniperus excelsa Bieb.(柏科)
乔极(云南景颇族语)=灰叶杜茎山
乔芒萁 Dicranopteris gigantea Ching(里白科)
乔木刺桐(植物志 41)=鹦哥花
乔木酢浆草 Oxalis ortgiesii Rgl.(酢浆草科)
乔木倒挂金钟 Fuchsia arborescens Sims (柳叶菜科)
乔木茵芋 Skimmia arborescens Anders.(芸香科)
乔木状车前 Plantago arborescens Poir.(车前科)
乔木状哈克 Hakea arborescens R.Br.(山龙眼科)
乔木状沙拐枣 Calligonum arborescens Litv.(蓼科)
乔木紫珠(云南中草药)=木紫珠
乔皮子(甘肃)=丽叶女贞
乔乔子(浙江)=四籽野豌豆
乔氏冬青(拉汉名称)=长叶枸骨
乔松 Pinus wallichiana J.B.Jacks(松科)
乔治亚茶藨子 Ribes curvatum Small.(虎耳草科)
乔治亚美洲茶 Ceanothus americanus var. intermedius (L.) Trel.(鼠李科)
乔状杜鹃 Rhododendron arborescens (Pursh.) Torr.(杜鹃花科),*甜香杜鹃花*
荞杆草(云南玉溪)=云南獐牙菜
荞花黄连(云南曲靖)=头状花耳草
荞麦 Fagopyrum esculentum Moench(蓼科),*甜荞*,*乌麦*,*莜麦*,*花荞*,*甜荞*,*荞麦秸*,*净肠草*,*荞子*
荞麦地凤仙花 Impatiens lemeei Lévl.(凤仙花科)
荞麦地柳(Flora 4)=井岗柳
荞麦地鼠尾草 Salvia kiaometiensis Lévl.(唇形科),*丹参*,*红根*
荞麦秸(纲目)=荞麦
荞麦七(陕西中草药资料)=抱茎蓼
荞麦七(陕西中药志)=翼蓼
荞麦三七(浙江草药)=金荞麦
荞麦叶 (太白山)=鸡腿梅花草
荞麦叶贝母(中药大辞典)=荞麦叶大百合
荞麦叶大百合 Cardiocrinum cathayanum (Wilson) Stearn(百合科),*水百合*,*广兜铃*,*荞麦叶贝母*
荞麦属 Fagopyrum Mill.(蓼科)
荞皮草(陕西中草药)=小婆婆纳
荞头(植物志 14)=薤
荞叶七(陕西中草药)=苦荞麦
荞子(草木便方)=荞麦
桥楼(本经)=双边栝楼
巧茶 Catha edulis Forssk.(卫矛科),*也门茶*,*阿拉伯茶*,*埃塞俄比亚茶*
巧茶属 Catha Forssk(卫矛科)
巧根藤(岭南采药录)=抱树莲
巧家凤仙花 Impatiens vaniotiana Lévl.? (凤仙花科)
巧家合欢 Albizia duclouxii Gagn.(豆科)
巧家虎儿草(中药辞海)=虎耳草
巧家五针松 Pinus squamata X.W.Li(松科)
巧家小檗 Berberis qiaojiaensis S.Y.Bao(小檗科)
巧家紫堇 Corydalis schweriniana Fedde(罂粟科),*冕宁紫堇*
巧玲花 Syringa pubescens Turcz.(木犀科),*小叶丁香*,*雀舌花*,*毛丁香*
峭壁紫堇 Corydalis praecipitorum C.Y.Wu, Z.Y. Su & Lidén(罂粟科)
翘唇玉凤兰(台湾兰科植物,台兰科图鉴)=细花玉凤花
翘喙马先蒿 Pedicularis meteororhyncha Li(玄参科)
翘茎草属 Pterygiella Oliv.(玄参科)
翘距根节兰(台湾志)=翘距虾脊兰
翘距虾脊兰 Calanthe aristulifera Rchb.f.(兰科),*翘距根节兰*,*垂花根节兰*
翘翘花(图考)=紫云英
翘首杜鹃 Rhododendron protistum Balf.f. & Forr. (杜鹃花科)
翘托叶野百合(海南志)=翅托叶猪屎豆
翘摇(本草纲目拾遗)=小巢菜
翘摇(本草拾遗)=紫云英
撬唇兰(台湾兰科植物)=槽舌兰
鞘菝葜(甘肃中草药)=鞘柄菝葜
鞘苞花 Cyanotis axillaris (L.) D.Don ex Sweet(鸭跖草科),*鞘花兰耳草*
鞘苞花属(植物志 13-3)=**蓝耳草属**
鞘苞网籽草(分类学报)=细柄水竹叶
鞘柄菝葜 Smilax stans Maxim.(百合科),*鞘菝葜*
鞘柄翠雀花 Delphinium coleopodum Hand.-Mazz. (毛茛科)
鞘柄金莲花 Trollius vaginarus Hand.-Mazz.(毛

茛科)

鞘柄木 Toricellia tiliifolia DC.(山茱萸科),*叨里木,大接骨,齿叶叨里木,椴叶鞘柄木,大接骨丹*

鞘柄木科 Toricelliaceae

鞘柄木属 Toricellia DC.(山茱萸科)

鞘柄乌头(植物志 27)=聚叶花葶乌头

鞘柄掌叶报春 Primula vaginata Watt(报春花科)

鞘翅臭草 Melica komarovii Luczn.(禾本科)

鞘冠菊 Coleostephus myconis (L.) Cass.(菊科)

鞘冠菊属 Coleostephus Cass.(菊科)

鞘花 Macrosolen cochinchinensis (Lour.) Van Tiegh (桑寄生科),*枫木鞘花,杉寄生*

鞘花兰耳草(海南志)=鞘苞花

鞘花属 Macrosolen (Bl.) Reichb.(桑寄生科)

鞘基风毛菊 Saussurea colpodes Y.L.Chen & S. Y.Liang (菊科)

鞘蕊花属 Coleus Lour.(唇形科)

鞘山芎 Conioselinum vaginatum (Spreng.) Thell. (伞形科)

鞘舌卷 Selaginella vaginata Psring(卷柏科)

鞘状黄芩 Scutellaria colpodea Nevski (唇形科)

Qie

切边铁角蕨 Asplenium excisum Presl(铁角蕨科),*剪叶铁角蕨*

切近(哈尼语)=毛杨梅

切柔赛保(藏药志)=毛穗香薷

切柱花属 Schizostylis Backh. & Harvey.(鸢尾科)

茄(开宝本草)=乳茄

茄 Solanum melongena L.(茄科),*矮瓜,吊菜子,茄子,落苏,紫茄,白茄*

茄参 Mandragora caulescens C.B.Clarke(茄科),*曼陀茄,野洋芋,向阳花*

茄参属 Mandragora L.(茄科)

茄冬(福建,台湾)=秋枫

茄冬树(树木分类学)=秋枫

茄苳树(湖南)=重阳木

茄苳属(名词审查本)=**秋枫属**

茄花香草(植物志 59-1)=阔叶假排草

茄科 Solanaceae

茄连(纲目拾遗)=擘蓝

茄树(贵州中草药名录)=假烟叶树

茄藤(台湾)=红茄苳

茄藤树(台湾)=秋茄树

茄行树(台湾)=秋茄树

茄叶斑鸠菊 Vernonia solanifolia Benth.(菊科),*白沉沙,斑鸠菊,斑鸠木,大过山龙,大消藤,牛舌癀,茄叶咸虾花,咸虾花,硬骨过山龙,肿风*

茄叶地黄 Rehmannia solanifolia Tsoong & Chin (玄参科)

茄叶千里光(云南植物名录)=茄状羽叶菊

茄叶通泉草 Mazus solanifolius Tsoong & Yang (玄参科)

茄叶咸虾花(植物志 74)=茄叶斑鸠菊

茄叶一枝蒿(云南)=展枝斑鸠菊

茄属 Solanum L.(茄科)

茄状羽叶菊 Nemosenecio solenoides (Dunn) B. Nord. (菊科),*茄叶千里光*

茄子(通称)=茄

茄子蒿 Solanum septemlobum var. indutum Hand.-Mazz.(茄科)

茄子树(湖南沅陵)=香果树

茄子竹(海南)=杠竹

窃衣(中药志)=小窃衣

窃衣 Torilis scabra (Thunb.) DC.(伞形科)

窃衣前胡 Peucedanum torilifolium de Boiss.(伞形科)

窃衣属 Torilis Adans.(伞形科)

Qin

亲哈克 Hakea propinqua A.Cunn.(山龙眼科),*沙洲哈克*

亲近翠雀花 Delphinium propinquum Nevski (毛茛科)

亲近黄藤 Daemonorops propingqua Becc.(棕榈科)

亲王瓶花(云南中草药)=亮毛杜鹃

亲种线柱兰(海南志)=宽叶线柱兰

亲族薹草 Carex gentilis Franch.(莎草科)

侵努干那(内蒙志)=蒙疆苓菊

钦州柯 Lithocarpus qinzhouicus Huang & Y.T. Chang (壳斗科)

芹菜(名医别录)=旱芹

芹菜(云南)=地锦苗

芹菜(植物志 55-2)=旱芹

芹菜三七(浙江)=白苞芹

芹花(唐本草)=水芹

芹叶钩吻(金匮要略)=毒芹

芹叶钩吻(英拉汉名称)=毒参

芹叶龙眼独活 Aralia apioides Hand.-Mazz.(五加科),*黑羌活,牛角七,肉五加*

芹叶牻牛儿苗 Erodium cicutarium (L.) L'Hér (牻牛儿苗科)

芹叶荠 Smelowskia calycina (Steph.) C.A.Mey. (十字花科)

芹叶荠属 Smelowskia C.A.May.(十字花科),*裂叶荠属*

芹叶铁线莲(东北检索表)=宽叶铁线莲

芹叶铁线莲 Clematis aethusifolia Turcz.(毛茛科),*透骨草,铁线透骨草,透骨草,驴断肠,白拉拉秧*

芹叶银莲花 Anemone baicalensis var. saniculiformis (C.Y.Wu & W.T.Wang) Ziman & B.E. Dutt. (毛茛科)

芹属 Apium L.(伞形科)

秦巴点地梅 Androsace laxa C.M.Hu & Y.C. Yang (报春花科)

秦参(陕西)=漏斗泡囊草

秦钩吻(吴普本草)=钩吻

秦归(甘肃,四川)=当归

秦归(四川)=竹叶吉祥草

秦归(云南)=滇芹

秦艽 Gentiana macrophylla Pall.(龙胆科),*大叶龙胆,大叶秦艽,萝卜艽,秦糺,秦爪,秦胶,西秦艽*

秦胶(本草纲目)=秦艽

秦胶(本草经集注)=黄管秦艽

秦椒(本草经)=花椒

秦椒(图考)=竹叶花椒

秦晋锦鸡儿 Caragana purdomii Rehd. (豆科),*普氏锦鸡儿,马柠条*

秦纠(新修本草)=黄管秦艽

秦糺(唐本草)=秦艽

秦连翘 Forsythia giraldiana Lingelsh.(木犀科)

秦岭白蜡树(树木分类学)=秦岭梣

秦岭梣 Fraxinus paxiana Lingelsh.(木犀科),*秦岭白蜡树*

秦岭柴胡 Bupleurum longicaule var. giraldii Wolff (伞形科)

秦岭柴胡 Bupleurum longicaule var. giraldii Wolff(伞形科),*竹叶柴胡*

秦岭翠雀花 Delphinium giraldii Diels(毛茛科),*虎膝,蓝花草,云雾七*

秦岭当归 Angelica tsinlingensis K.T.Fu(伞形科)

秦岭党参 Codonopsis tsinglingensis Pax & Hoffm. (桔梗科)

秦岭耳蕨 Polystichum submite (Christ) Diels(鳞毛蕨科)

秦岭风毛菊 Saussurea tsinlingensis Hand.-Mazz.(菊科)

秦岭凤仙花 Impatiens linocentra Hand.-Mazz.(凤仙花科)

秦岭附地菜 Trigonotis giraldii Brand(紫草科)

秦岭贯众 Cyrtomium tsinglingense Ching & Shing (鳞毛蕨科)

秦岭蒿 Artemisia quinlingensis Ling & Y.R. Ling (菊科)

秦岭红杉 Larix potaninii var. chinensis L.K.Fu & Nan Li(松科),*太白落叶松,落叶松,太白红杉*

秦岭槲蕨 Drynaria sinica Diels(槲蕨科),*骨碎补,华槲蕨,毛姜,爬岩姜,石良姜,石蜈蚣,中华槲蕨*

秦岭虎耳草 Saxifraga giraldiana Engl.(虎耳草科),*太白虎耳草*

秦岭黄芪 Astragalus henryi Oliv.(豆科)

秦岭火绒草 Leontopodium giraldii Diels(菊科)

秦岭棘豆 Oxytropis chinglingensis C.W.Chang (豆科),*米口袋*

秦岭箭竹 Fargesia qinlingensis Yi & J.X.Shao (禾本科),*松花竹*

秦岭金星蕨 Parathelypteris quinlingensis Ching ex Shing(金星蕨科)

秦岭金腰 Chrysosplenium biondianum Engl.(虎耳草科),*秦岭金腰子,红筋草*

秦岭金腰子(秦岭志)=秦岭金腰

秦岭金银花(树木分类学)=葱皮忍冬

秦岭锦鸡儿 Caragana shensiensis C.W.Chang (豆科)

秦岭景天 Sedum pampaninii Hamet(景天科)

秦岭冷杉 Abies chensiensis Van Tiegh.(松科),*枞树,陕西冷杉*

秦岭柳 Salix alfredii Görz.(杨柳科)

秦岭耧斗菜 Aquilegia incurvata Hsiao(毛茛科),*灯笼草,银扁担*

秦岭鹭鸶兰 Diuranthera chinglingensis J.Q. Xing & T.C.Cui(百合科)

秦岭米面蓊 Buckleya graebneriana Diels(檀香科),*线苞米面蓊,面蓊,痒痒树,面牛*

秦岭木姜子 Litsea tsinlingensis Yang & P.H. Huang (樟科)

秦岭槭 Acer tsinglingense Fang & Hsieh(槭树科)

秦岭蔷薇 Rosa tsinglingensis Pax. & Hoffm.(蔷薇科)

秦岭忍冬(木本图志)=葱皮忍冬

秦岭箬竹(秦岭志)=巴山木竹

秦岭沙参 Adenophora petiolata Pax & Hoffm. (桔梗科)

秦岭石蝴蝶 Petrocosmea qinlingensis W.T. Wang (苦苣苔科)

秦岭鼠尾草 Salvia piasezkii Maxim.(唇形科)

秦岭薹草 Carex diplodon Nelmes(莎草科)

秦岭藤 Biondia chinensis Schltr.(萝藦科)

秦岭藤白前 Cynanchum biondioides W.T.Wang ex Tsiang & P.T.Li(萝藦科)

秦岭藤属 Biondia Schltr.(萝藦科)

秦岭蹄盖蕨(秦岭志)=峨眉蹄盖蕨

秦岭铁线莲 Clematis obscura Maxim.(毛茛科)

秦岭弯花紫堇(秦岭志)=陕西紫堇
秦岭乌头 Aconitum liouii W.T.Wang(毛茛科)
秦岭无心菜 Arenaria giraldii (Diels) Mattf.(石竹科),*秦岭蚤缀*
秦岭香科科 Teucrium tsinlingense C.Y.Wu & S.Chow (唇形科)
秦岭小檗 Berberis circumserrata (Schneid.) Schneid. (小檗科)
秦岭小叶杨 Populus simonii var. tsinlingensis C.Wang & C.Y.Wu(杨柳科)
秦岭蟹甲草 Parasenecio tsinlingensis (Hand.-Mazz.) Y.L.Chen(菊科)
秦岭玄参 Scrophularia buergeriana var. tsinglingensis Tsoong(玄参科),*北秦岭玄参,北玄参秦岭变种*
秦岭岩白菜 Bergenia scopulosa T.P.Wang(虎耳草科),*盘龙七,石白菜,地白菜*
秦岭蚤缀(高等图鉴)=秦岭无心菜
秦岭紫堇 Corydalis trisecta Franch.(罂粟科)
秦柳 Salix chingiana Hao(杨柳科)
秦陇当归(经济植物手册)=山芹
秦陇槭(树木分类学)=疏毛槭
秦木(纲目)=花曲柳
秦皮(图经本草)=小叶梣
秦琼剑(纲目拾遗)=文殊兰
秦氏佛肚苣苔(新华本草纲要)=浙皖粗筒苣苔
秦氏贯众 Cyrtomium chingianum P.S.Wang(鳞毛蕨科)
秦氏芨芨草(禾本科图说)=细叶芨芨草
秦氏荚蒾(分类学报)=漾濞荚蒾
秦氏假钻毛蕨 Paradavallodes chingae (Ching) Ching (骨碎补科),*秦氏钻毛蕨*
秦氏金星蕨 Parathelypteris chingii Shing & J.F. Cheng (金星蕨科)
秦氏马先蒿 Pedicularis chingii Bonati(玄参科)
秦氏毛蕨 Cyclosorus chingii Z.Y.Liu ex Ching & Z.Y.Liu(金星蕨科),*薄叶毛*
秦氏槭(图谱)=黔桂槭
秦氏蛇根草 Ophiorrhiza chingii Lo(茜草科)
秦氏书带蕨(中大学报)=剑叶书带蕨
秦氏蹄盖蕨 Athyrium chingianum Z.R.Wang & X.C.Zhang(蹄盖蕨科)
秦氏玉山竹(竹子研究汇刊)=仁昌玉山竹
秦氏紫荆(图谱)=黄山紫荆
秦氏钻毛蕨(植物志 6-1)=秦氏假钻毛蕨
秦氏钻毛蕨 Davallodes chingiae Ching (骨碎补科)
秦头(沙漠药用植物)=草木樨状黄芪
秦榛钻地风 Schizophragma corylifolium Chun (虎耳草科)
秦中紫菀 Aster giraldii Diels(菊科)
秦州菴蕳子(政和本草)=白苞蒿
秦爪(本草纲目)=秦艽
秦爪(四声本草)=黄管秦艽
琴瓣黄芪 Astragalus panduratopetalus S.B.Ho & Z.H.Wu (豆科)
琴博小檗 Berberis chimboensis Schneid.(小檗科)
琴唇万代兰 Vanda concolor Bl.(兰科)
琴盔马先蒿 Pedicularis lyrata Prain(玄参科)
琴叶风吹楠 Horsfieldia pandurifolia H.H.Hu(肉豆蔻科),*提琴叶贺得木,埋张补,播穴,多勒啪迷*
琴叶过路黄 Lysimachia ophelioides Hemsl.(报春花科)
琴叶厚喙菊 Dubyaea panduriformis Shih(菊科)
琴叶黄芩(植物志 65-2)=仰臣黄芩
琴叶爵床(广西植物)=琴叶野靛棵
琴叶绿绒蒿 Meconopsis lyrata (Cummins & Prain) Fedde (罂粟科)
琴叶马蓝 Pteracanthus panduratus(Hand.-Mazz.) C.Y.Wu & C.C.Hu(爵床科),*木里叉花草,琴叶紫云菜*
琴叶毛蕊花 Verbascum chinense (L.) Santap.(玄参科)
琴叶南芥(植物志 33)=琴叶鼠耳芥
琴叶楠 Phoebe pandurata S.Lee & f. N.Wei(樟科)
琴叶球兰 Hoya pandurata Tsiang(萝藦科),*铁草鞋,公鱼藤*
琴叶榕 Ficus pandurata Hance(桑科),*茶叶牛奶子,狗婆子树,骨风木,奶汁树,奶子倒葫芦,牛根子,牛奶柴,牛奶细,牛奶树,牛奶子树,鼠奶子,水榕,铁牛入石,下乳草,香人乳,小无花果,小叶奶树*
琴叶鼠耳芥 Arabidopsis lyrata subsp. kamchatica (Fisch. ex DC.) O'Kane Al-Shehbaz(十字花科),*琴叶南芥,玉山南芥*
琴叶通泉草 Mazus celsioides Hand.-Mazz.(玄参科)
琴叶瓦理棕 Wallichia caryotoides Roxb.(棕榈科)
琴叶悬钩子 Rubus panduratus Hand.-Mazz.(蔷薇科)
琴叶野靛棵 Mananthes panduriformis(R.Ben.) C.Y.Wu & C.C.Hu(爵床科),*琴叶爵床*
琴叶紫菀 Aster panduratus Nees ex Walp.(菊科),*福氏紫菀,岗边菊,大风草*
琴叶紫云菜(云南植物名录)=琴叶马蓝
琴柱草 Salvia nipponica Miq.(唇形科)
勤克立克(新疆)=戟叶鹅绒藤
勤娘子(植物志 64-1)=牵牛
螓蛉皮(广东)=虎舌红
梫(尔雅)=肉桂
梫木(本草拾遗)=马醉木
梫木属(分类学报)=**马醉木属**
梫叶旱蕨 Pellaea andromedaefolia Fee (中国蕨科)
沁鸡棵(中药大辞典)=远志
蓁根(抱朴子)=黑三棱

Qing

青白(湖南)=百蕊草
青白麻叶(云南)=红雾水葛
青白苏(日华子本草)=荠苎
青白杨(甘肃)=二白杨
青背叶算盘子 Glochidion thomsonii (Muell. Arg.) HK.f. (大戟科),*淡红脉算盘子*
青薄荷(贵州毕节)=留兰香
青菜(滇南本草)=苦苣菜
青菜(四川,云南)=芥
青菜 Brassica chinensis L. (十字花科)
青菜 Brassica rapa var. chinensis (L.) Kitam.(十字花科),*白菜,菜苔,陈冬菜卤汁,陈干菜,干冬菜,老干菜,飘儿菜,瓢儿菜,菘菜,菘子,塌古菜,塌棵菜,蹋菜,蹋地白菜,乌鸡白,乌塌菜,乌蹋菜,夏菘,小白菜,小油菜,油菜,支里青*
青菜参(广西)=琉璃草
青藏大戟 Euphorbia altotibetica O.Pauls.(大戟科)
青藏垫柳 Salix lindleyana Wall.(杨柳科)
青藏风毛菊 Saussurea haoi Ling ex Y.L.Chen & S.Y.Liang(菊科)
青藏狗娃花 Heteropappus bowerii (Hemsl.) Griers. (菊科)
青藏蒿 Artemisia duthreuil-de-rhinsi Krasch.(菊科)
青藏虎耳草 Saxifraga przewalskii Engl.(虎耳草科),*大同虎耳草*
青藏黄芪 Astragalus peduncularis Royle(豆科)
青藏姜花 Hedychium qingchengense Z.Y.Zhu (姜科)
青藏金莲花 Trollius pumilus var. tanguticus Brühl (毛茛科)
青藏棱子芹 Pleurospermum pulszkyi Kanitz(伞形科)
青藏蓼 Polygonum fertile (Maxim.) A.J.Li(蓼科)
青藏龙胆 Gentiana futtereri Diels & Gilg(龙胆科)
青藏薹草 Carex moorcroftii Falc. ex Boott(莎草科)
青藏雪灵芝 Arenaria roborowskii Maxim.(石竹科),*洛氏蚤缀*
青藏野青茅 Deyeuxia holciformis (Jaub. & Spach) Bor (禾本科)
青茶(海南)=青茶柿
青茶冬青(海岛植物名录)=青茶香
青茶柿 Diospyros rubra Lec.(柿科),*青茶,海南柿*
青茶香 Ilex hanceana Maxim. (冬青科),*青茶冬青*
青檫(安徽)=檫木
青城菝葜 Smilax tsinchengshanensis Wang(百合科)
青城报春 Primula chienii Fang(报春花科)
青城假毛蕨 Pseudocyclosorus qingchengensis Y.X.Lin (金星蕨科)
青城溲疏 Deutzia hypoglauca var. shawana Zaikonn. (虎耳草科)
青城细辛 Asarum splendens (Maekawa) C.Y. Cheng & C.S.Yang(马兜铃科),*花脸细辛,花脸王,翻天印*
青榈(高等图鉴)=小叶青冈
青川箭竹 Fargesia rufa Yi (禾本科)
青茨菇花(纲目拾遗)=雨久花
青刺(天目药志)=小果蔷薇
青刺蓟(中草药汇编)=两面蓟
青刺尖(滇南本草)=扁核木
青刺香(云南师宗)=大果冬青
青黛(开宝本草)= 欧洲菘蓝
青黛(开宝本草)=马蓝
青黛(开宜判本草)=蓼蓝
青岛百合 Lilium tsingtauense Gilg(百合科)
青岛藨草 Scirpus trisetosus Tang & Wang(莎草科)
青岛薹草 Carex qingdaoensis F.Z.Li & S.J.Fan (莎草科)
青得乃(广西资源苗语)=大果卫矛
青地黄瓜(四川中药志)=白花地丁
青飞龙(广西)=光亮瘤蕨
青风(河南)=槲树
青风木(广西鹿寨)=香港大沙叶
青风藤(河南)=青藤
青风藤(秦岭)=威灵仙
青风藤(四川中药志)=木防已
青麸杨 Rhus potaninii Maxim.(漆树科),*五倍子,倍子树*
青甘臭草 Melica tangutorum Tzvel.(禾本科)
青甘翠雀(青藏图鉴)=三果大通翠雀花
青甘锦鸡儿 Caragana tangutica Maxim. ex Kom. (豆科),*甘肃锦鸡儿,牛筋条,臭柴*

青甘韭 Allium przewalskianum Rgl.(百合科)
青甘岩参(西藏志)=川甘毛鳞菊
青甘杨 Populus przewalskii Maxim.(杨柳科)
青杆独叶一枝枪(杭州) =天南星
青杆竹(中国药典)=青竿竹
青柑皮(本草求原)=橘
青竿竹 Bambusa tuldoides Munro(禾本科),*水竹,硬生桃竹,硬头黄竹,青杆竹*
青橄榄(海槎全录)=橄榄
青冈 Cyclobalanopsis glauca (Thunb.) Oerst.(壳斗科),*青冈栎,铁椆,大叶青冈,青栲,铁栎*
青冈果(河口,屏边)=大果粗叶榕
青冈栎(树木分类学)=青冈
青冈树(云南)=白栎
青冈藤(浙江)=秤钩风
青冈属 Cyclobalanopsis Oerst.(壳斗科)
青刚栎(山东)=蒙古栎
青岗柴(植物志 10-2)=一丈青
青缸草(海南澄迈)=龙船草
青缸花(外科正宗)=马蓝
青杠膏(西藏中草药)=高山栎
青杠碗(贵州草药)=栓皮栎
青葛(吴普本草)=大麻
青蛤粉(纲目)=马蓝
青根(湖南药物志)=乌苏里瓦韦
青构(峨眉山)=红椋子
青骨藤(海南)=铁青树
青骨藤(云南中草药选)=掌脉蝇子草
青骨藤(中草药汇编)=粘萼蝇子草
青鬼角 Huernia schneideriana Bgr.(萝藦科)
青桂香(广东)=白木香
青果(通称)=橄榄
青果榕 Ficus variegata var. chlorocarpa (Benth.) King (桑科)
青海报春 Primula qinghaiensis Chen & C.M.Hu (报春花科)
青海茶藨子 Ribes pseudofasciculatum Hao(虎耳草科)
青海齿缘草 Eritrichium medicarpum Lian & J. Q.Wang (紫草科),*青海假鹤*
青海刺参 Morina kokonorica Hao(川续断科),*小花刺参*
青海翠雀花 Delphinium qinghaiense W.T.Wang (毛茛科)
青海大戟(植物志 44-3)=沙生大戟
青海当归 Angelica nitida Wolff(伞形科),*麻母,独活,白芷*
青海杜鹃(四川杜鹃花)=陇蜀杜鹃
青海杜鹃 Rhododendron qinghaiense Ching & W.Y. Wang (杜鹃花科),*光滑爱杜鹃,金背枇杷叶,陇蜀杜鹃,枇杷,药枇杷花,野枇杷*
青海鹅观草 Roegneria kokonorica Keng(禾本科)
青海甘肃马先蒿 Pedicularis kansuensis subsp. kokonorica Tsoong(玄参科),*甘肃菊叶马先蒿青海亚种*
青海固沙草 Orinus kokonorica (Hao) Keng(禾本科)
青海合头菊 Syncalathium qinghaiense (Shih) Shih(菊科)
青海虎耳草(Flora 8)=矮生虎耳草
青海黄堇 Corydalis quinghaiensis Z.Y.Su & Lidén (罂粟科)
青海黄芪(青海中草药)=甘青黄芪
青海假鹤虱(植物研究室汇刊)=青海齿缘草
青海锦鸡儿 Caragana chinghaiensis Liou f.(豆科)
青海景天 Sedum tsinghaicum K.T.Fu (景天科)
青海棱子芹 Pleurospermum szechenyi Kanitz (伞形科)
青海冷蕨(分类学报)=宝兴冷蕨
青海柳 Salix qinghaiensis Y.L.Chou(杨柳科)
青海龙蒿 Artemisia dracunculus var. qinghaiensis Y.R.Ling(菊科)
青海梅花草 Parnassia qinghaiensis J.T.Pan(虎耳草科)
青海苜蓿 Medicago archiducis-nicolai Sirj.(豆科),*矩镰果苜蓿,藏青胡卢巴,矩镰荚苜蓿,莫桑河*
青海婆婆纳(高等图鉴)=长果婆婆纳
青海鳍蓟(高等图鉴)=刺疙瘩
青海茄参 Mandragora chinghaiensis Kuang & A.M.Lu (茄科)
青海肉叶荠(植物志 33)=柔毛藏芥
青海薹草 Carex qinghaiensis Y.C.Yang(莎草科)
青海苇群 Phragmites australis grex quinghaienses L.Liu(禾本科)
青海乌头 Aconitum qinghaiense Kadota(毛茛科)
青海香青(新)Anaphalis bicolor var. kokonorica Ling (菊科),*二色香青青海变种*
青海玄参 Scrophularia przewalskii Batal.(玄参科)
青海雪灵芝 Arenaria qinghaiensis Y.W.Tsui. & L.H.Zhou(石竹科)
青海野决明 Thermopsis przewalskii Czefr.(豆科)
青海野青茅 Deyeuxia kokonorica Keng(禾本科)
青海鸢尾 Iris qinghainica Y.T.Zhao(鸢尾科)
青海云杉 Picea crassifolia Kom.(松科)
青海沼柳 Salix juparica × sibirica Görz.?(杨柳科)
青海猪毛菜 Salsola chinghaiensis A.J.Li(藜科)
青海紫菀 Aster lipskyi Kom.(菊科)
青蒿(贵州,云南)=西南牡蒿
青蒿(湖北)=暗绿蒿
青蒿(上海)=牡蒿
青蒿(神农本草经,中药俗称)=黄花蒿
青蒿(新疆,甘肃)=龙蒿
青蒿 Artemisia carvifolia Buch.-Ham. ex Roxb.(菊科),*白染艮,蒝蒿,草蒿,草木灰,黑蒿,滹蒿,苹蒿,莘蒿,香蒿,邪蒿,茵陈蒿*
青蒿根(滇南本草)=黄花蒿
青蒿露(中国医学大辞典)=黄花蒿
青蒿子(食疗本草)=黄花蒿
青河毛茛 Ranunculus chinghoensis L.Liou(毛茛科)
青河薹草(新) Carex cinerea Poll?(莎草科)
青红线(常用中草药图谱)=观音草
青猴公树(台湾)=台湾红豆
青葫芦茶(广西苍梧)=石柑子
青花椒 Zanthoxylum schinifolium S. & Z.(芸香科),*刺搜山虎,隔山消,狗椒,青椒,山花椒,山甲,散血胆,天椒,野椒,王椒,香椒子,小花椒,崖椒*
青花阔蕊兰(香港植物名录)=撕唇阔蕊兰
青灰虎耳草 Saxifraga caesia L.(虎耳草科)
青灰叶下珠 Phyllanthus glaucus Wall. ex Muell. Arg. (大戟科)
青活麻(西藏)=宽叶荨麻
青活麻(中草药汇编)=粗根荨麻
青棘子(江苏)=苍耳
青荚叶 Helwingia japonica (Thunb.) Dietr.(山茱萸科),*大部参,大叶通草,绿叶托红珠,叶上果,叶上花,叶上珠,阴证药*
青荚叶属 Helwingia Willd.(山茱萸科)
青菅(植物学大词典)=青绿薹草
青箭(广西药用名录)=鳄嘴花
青江藤 Celastrushindsii Benth.(卫矛科),*夜茶藤,黄果藤*
青橿(树木分类学)=匙叶栎
青胶木(广东封川)=鸭公树
青椒(四川,药典 2000)=青花椒
青脚莲(广西)=奇异南星
青筋藤(海南志)=翼核果
青茎薄荷(广西)=藿香
青酒缸(中药大辞典)=小槐花
青橘皮(本草品汇精要)=橘
青卷莲(湖南)=盾蕨
青蕨(广西民间药物)=肿足蕨
青楷槭 Acer tegmentosum Maxim.(槭树科),*青楷子,辽东槭*
青楷子(东北各省)=青楷槭
青栲(高等图鉴)=青冈
青栲(树木分类学)=小叶青冈
青科榔(广西,湖南)=椴树
青稞 Hordeum vulgare var. nudum HK.f.(禾本科),*草麦,稞麦,穬麦,穬麦蘖,裸麦,青稞麦*
青稞麦(齐民要术)=青稞
青壳大竹(云南金平)=金平龙竹
青壳榔树(巴东)=青檀
青苦竹 Pleioblastus chino (Franch. & Savat.) Makino (禾本科),*辽东苦竹*
青蜡树(江苏)=女贞
青兰(甘肃)=香青兰
青兰 Dracocephalum ruyschiana L.(唇形科)
青兰属 Dracocephalum L.(唇形科),*长蕊青兰属*
青蓝(山西)=香青兰
青蓝菜(海南)=蔊菜
青蓝木(广西药用名录)=海南大风子
青梨(植物学大辞典)=秋子梨
青篱柴 Tirpitzia sinensis (Hemsl.) Hallier(亚麻科)
青篱柴属 Tirpitzia Hallier (亚麻科)
青篱竹(树木分类学)=茶竿竹
青篱竹属 Arundinaria Michaux (禾本科)
青莲(广东)=毛唇芋兰
青粱米(名医别录)=粱
青蓼(泉州本草)=伏毛蓼
青柳(纲目)=红皮柳
青柳(辽宁)=蒙古栎
青龙草(草本便方)=云南勾儿茶
青龙草(江西,云南)=百蕊草
青龙刀香薷(黑龙江)=香薷
青龙跌打(中草药汇编)=鸡心藤
青龙骨(江西)=日本水龙骨
青龙角(新拉汉英)=柱状苦瓜掌
青龙捆地(湖南)=花榈木
青龙木(植物学大辞典)=紫檀
青龙藤 Biondia henryi (Warb. ex Schltr. & Diels) Tsiang & P.T.Li(萝藦科),*捆仙丝,豆瓣绿,岩浆草*
青龙吐雾(台湾志)=九节
青龙须(四川中药志)=垂柳
青蒌(广东中草药)=蒌叶
青绿薹草 Carex breviculmis R.Br.(莎草科),*青菅*
青麻(东北)=苘麻
青麻(广西)=蔓赤车

青麻(桂,鄂)=苎麻
青猫儿眼睛草(台湾志)=肾萼金腰
青毛杨 Populus shanxiensis C.Wang & Tung (杨柳科)
青茅 Miscanthus tinctorius (Sieb. ex Steud.) Hack.(禾本科)
青梅(树木分类学)=青杨梅
青梅 Vatica mangachapoi Blanco(龙脑香科),*青皮,海梅,苦香,油楠,青楣*
青梅属 Vatica L.(龙脑香科)
青楣(树木分类学)=青梅
青棉花(植物志 35-1)=冠盖藤
青棉花属(经济植物手册)=**冠盖藤属**
青妙(广东)=肥荚红豆
青木 Aucuba japonica Thunb.(山茱萸科),*东瀛珊瑚*
青木香(地区药材名)=北马兜铃
青木香(高等图鉴)=四川清风藤
青木香(广西)=耳叶马兜铃
青木香(贵州药用植物目录)=广西马兜铃
青木香(江苏)=马兜铃
青木香(祁州)=土木香
青木香(四川南江)=宝兴马兜铃
青木香(台湾)=瓜叶马兜铃
青木香(云南)=宝兴马兜铃
青木香(云南)=千里香
青木香(云南)=云南马兜铃
青木香(植物志 78-1)=厚叶川木香
青木香(植物志 78-2)=木香
青木香根(江西)=马兜铃
青牛胆属 Tinospora Miers (防已科)
青牛舌头花(河北土名)=紫菀
青牛藤(云南)=野拨子
青皮(海南)=青梅
青皮(橘录)=橘
青皮刺 Capparis sepiaria L.(山柑科),*公须花,曲枝槌果藤*
青皮活血(湖南药物志)=网络崖豆藤
青皮椒(植物志 43-2)=刺异叶花椒
青皮橘(本草蒙荃)=橘
青皮柳(辽西)=旱柳
青皮木 Schoepfia jasminodora S. & Z.(铁青树科),*幌幌木,素馨地锦树,羊脆骨,脆骨风*
青皮木属 Schoepfia Schreb.(铁青树科)
青皮婆(广东)=茸荚红豆
青皮槭(四川奉节)=大果冬青
青皮槭 Acer cappadocicum Gled.(槭树科)
青皮树(峨眉)=峨眉桃叶珊瑚
青皮树(湖南药物志)=花榈木
青皮树(昆明)=多脉冬青
青皮树(云南)=云南樟
青皮树(云南富宁)=红叶木姜子
青皮树(中草药汇编)=垂丝卫矛
青皮叶(云南南部)=芋
青皮竹 Bambusa textilis McClure (禾本科),*竹黄,天竺黄,竹膏,天竹黄,竹糖*
青皮子樵(福建)=绿冬青
青椑(江苏,浙江)=油柿
青萍(天津,湖南,江西,广西)=浮萍
青杞 Solanum septemlobum Bge.(茄科),*狗杞子,裂叶龙葵,卵果青杞,蜀羊泉,药人豆,野狗杞,野辣子,野茄子*
青扦 Picea wilsonii Mast.(松科),*白扦松,白扦云杉,刺儿松,方叶杉,黑扦松,红毛杉,华北云杉,细叶杉,细叶云杉,紫木树*
青扦杉(中国裸子志)=大果青扦
青钱胆(云南)=云南獐牙菜
青钱李(浙江)=青钱柳
青钱柳 Cyclocarya paliurus (Batal.) Iljinsk.(胡桃科),*青钱李,山麻柳,山化树,甜菜树,大叶水化香*
青钱柳属 Cyclocarya Iljinsk.(胡桃科)
青茄(云南河口)=水茄
青蘘(本经)=芝麻
青绒楠(海南保亭)=广东山胡椒
青桑(浙江)=苦茶槭
青桑头(江苏志)=苦茶槭
青色银莲花 Anemone coerulea DC.(毛茛科)
青刹 Triarrhena lutarioriparia var. shachai f. qingsha L.Liu (禾本科)
青山笼(台湾志)=大果油麻藤
青山生柳 Salix oritrepha var. amnematchinensis (Hao) C.Wang & C.F.Fang (杨柳科)
青珊瑚(台湾志)=绿玉树
青蛇,路边青(陆川本草)=狗肝菜
青蛇胆(广西)=黑龙骨
青蛇莲(成都)=九龙盘
青蛇藤 Periploca calophylla (Wight) Falc.(萝藦科),*管人香,黑骨头,黑乌骨,鸡骨头,宽叶风仙藤,铁夹藤,乌骨鸡,乌骚风*
青蛇子(广东)=荷莲豆草
青蛇子(岭南草药志)=狗肝菜
青石蚕(浙江)=日本水龙骨
青术(张褒:水南翰记)=苍术
青树栎(植物志 22)=巴东栎
青水河念珠芥 Neotorularia qingshuiheense (Ma & Zong Y.Zhu) Al-Shehbaz et al.(十字花科)
青丝还阳(中草药汇编)=长叶铁角蕨
青丝黄竹 Bambusa eutuldoides var. viridivittata (W.T.Lin) Chia (禾本科)
青丝金竹(广东)=黄金间碧竹
青丝柳(本草求原)=垂柳
青丝龙(湖南药物志)=闽浙马尾杉
青丝线(广空中草药手册)=枪刀药
青松(广东,广西)=马尾松
青松(云南)=华山松
青松(云南)=云南松
青苏(浙江)=紫苏
青蒜(滇南本草)=蒜
青锁龙 Crassula lycopodioides Lam.(景天科)
青锁龙属 Crassula L.(景天科)
青檀 Pteroceltis tatarinowii Maxim.(榆科),*檀,檀树,翼朴,摇钱树,青壳榔树*
青檀树(四川天全)=云南冬青
青檀香(四川中药志)=木防已
青檀属 Pteroceltis Maxim.(榆科)
青藤(分类草药性)=尖头瓶尔小草
青藤(湖南辰溪)=雷公连
青藤(云南龙陵)=大花青藤
青藤(云南马关)=近无毛三翅藤
青藤(植物志 30-1)=轮环藤
青藤(植物志 48-1)=牯岭勾儿茶
青藤 Sinomenium acutum (Thunb.) Rehd. & Wils. (防已科),*滇防已,海枫藤,汉防已,灰毛青藤,风龙,青风藤,毛青藤,准通*
青藤根(江苏,广东)=木防已
青藤公(广东)=寄生藤
青藤公 Ficus langkokensis Drake(桑科),*尖尾榕*
青藤细辛(植物志 30-1)=轮环藤
青藤香(广东)=木防已
青藤香(广西)=变色马兜铃
青藤属 Illigera Bl.(莲叶桐科)
青藤仔 Jasminum nervosum Lour.(木犀科),*大素馨花,鸡骨香,侧鱼胆,蟹角胆藤,香花藤,金丝藤,牛腿虱*
青藤仔花(岭南采药录)=扭肚藤
青天葵(岭南采药录)=毛唇芋兰
青通草(广西泉州)=白粉青荚叶
青同(海南)=光叶红豆
青桐(尔雅)=梧桐
青桐胶(中药大辞典)=潺槁木姜子
青桐木(广西)=刺桐
青桐木(中药大辞典)=麻疯树
青铜钱 Parnassia tenella HK.f. & Thoms.(虎耳草科)
青铜色北美香柏 Thuja occidentalis cv. Douglasii Aurea (柏科)
青吐八角(海南吊罗山)=大果木姜子
青吐木(海南尖峰岭)=大果木姜子
青兔耳风(四川中药志)=红脉兔儿风
青蛙草(四川)=荔枝草
青蛙藤(广东)=粪箕笃
青蛙腿(广西)=石油菜
青丸木(广西中草药)=黑面神
青菀(植物志 74)=紫菀
青王球 Notocactus ottonis (Lehm.)A.Berger (仙人掌科)
青溪鳞毛蕨(孢子植物)=齿头鳞毛蕨
青虾蟆(树木分类学)=青榨槭
青线(海南陵水,吊罗,海口,文昌)=广东山胡椒
青相等(江苏志)=朴树
青香茅 Cymbopogon caesius (Nees ex HK. & Arn.) Stapf(禾本科)
青香薷(江西)=石香薷
青香藤(单方验方选)=石岩枫
青香藤(云南)=黑龙骨
青葙 Celosia argentea L.(苋科),*野鸡冠花,鸡冠花,百日红,狗尾草*
青葙报春(拉汉名称)=显脉报春
青葙属 Celosia L.(苋科)
青小草(江苏药志)=远志
青小豆(圣穗方)=绿豆
青心草(浙江)=大青
青心木(广西龙胜)=满树星
青岩假毛蕨 Pseudocyclosorus cavaleriei (Lévl.) Y.X.Lin (金星蕨科)
青岩油杉(植物志 7)=铁坚油杉
青岩油杉 Keteleeria davidiana var. chine-peii (Flous) Cheng & L.K.Fu(松科),*罗松*
青盐陈皮(百草镜)=橘
青羊(吴普本草)=大麻
青羊参(植物志 73-1)=大花双参
青羊参 Cynanchum otophyllum Schndeid.(萝藦科),*白岑,白蔹,白芷,白芍,白石参,白首乌,白药,地藕,毒狗药,奶浆藤,千年生,青阳参,青洋参,小白蔹*
青阳参(昆明)=青羊参
青阳薹草 Carex qingyangensis S.W.Su & S.M.Xu (莎草科)
青杨(河南)=小叶杨
青杨 Populus cathayana Rehd.(杨柳科)
青杨梅 Myrica adenophora Hance(杨梅科),*青梅,杨梅树,恒春杨梅,八树称木*
青洋参(昆明)=青羊参
青洋参(中药大辞典)=昆明杯冠藤
青椰槁(海南那大)=白野槁树
青野槁(植物志 31)=潺槁木姜子
青叶胆(高等图鉴)=云南獐牙菜
青叶胆(云南)=美丽獐牙菜
青叶胆(植物志 62)=紫红獐牙菜
青叶胆 Swertia leducii Franch.(龙胆科),*蒙自獐*

牙菜,青鱼胆,苦胆草,肝炎草
青叶爬山虎(拉汉名称)=绿叶地锦
青叶竹(新拉汉英)=黄金间碧玉竹
青叶苎麻 Boehmeria nivea var. tenacissima (Gaudich.) Miq.(荨麻科)
青叶紫苏(浙江)=野生紫苏
青油(岭南卫生方)=芝麻
青柚翠(中药大辞典)=破布木
青鱼草(湖南)=美丽獐牙菜
青鱼胆(湖北)=青牛胆
青鱼胆(湖南)=金疮小草
青鱼胆(湖南药物志)=四方麻
青鱼胆(四川)=川东獐牙菜
青鱼胆(通称,植物志 30-1)=金果榄
青鱼胆(云南)=坚龙胆
青鱼胆(云南)=青叶胆
青鱼胆(中药大辞典=苦木
青鱼胆(中药志)=红花龙胆
青鱼胆草(贵州民间药物)=日本双蝴蝶
青鱼胆草(湖南)=金疮小草
青榆(河北)=裂叶榆
青玉丹草(中药大辞典)=卵叶远志
青凿木 (两广乔灌名录)=陷脉石楠
青凿树(海南临高)=狗骨柴
青枣核果木 Drypetes cumingii (Baill.) Pax & Hoffm. (大戟科),*青枣柯*
青枣柯(海南)=青枣核果木
青皂柳 Salix pseudowallichiana Görz(杨柳科)
青泽蓝,化痰清(民间中草药汇编)=水蓑衣
青榨槭 Acer davidii Franch.(槭树科),*青虾蟆,大卫槭*
青樟木(云南)=钝叶桂
青竹标(贵州荔波)=石柑子
青竹标(贵州植物药调查)=风毛菊
青竹标(云南红河)=爬树龙
青竹标(云南玉溪)=大叶南苏
青竹标(云南中草药选)=光亮瘤蕨
青竹标根(贵州民间药物)=吊石苣苔
青竹杆草(贵州草药)=大柴胡
青竹椒(云南中草药选)=爬树龙
青竹兰(图考)=大叶火烧兰
青竹木(广东)=云开红豆
青竹茹(神农本草经集注)= 淡竹
青竹茹(神农本草经集注)=人面竹
青竹蛇(中草药汇编)=肥荚红豆
青苎(广东,广西)=大叶苎麻
青苎(广东,广西)=苎麻
青仔(台湾)=槟榔
青仔草(福建,福建中草药)=木蓝
青子(广东)=橄榄
青紫葛(新拉汉英)=肉瓶树
青紫葛 Cissus javana DC.(葡萄科),*抽筋散,花脸叶,下面红,哈蚂藤,花斑叶,粪虫叶*
青紫花比佛瑞纳兰 Bifrenaria tyrianthina (Loud.) Rchb.f.(兰科)
青紫披碱草 Elymus dahuricus var. violeus C.P. Wang & H.L.Yang(禾本科)
青紫苏木 Caesalpinia violacea (Mill.) Standl.(豆科)
青棕(云南)=鱼尾葵
青作树(广东曲江)=白花苦灯笼
氢春半插花(植物志 70)=恒春半插花
轻木 Ochroma lagopus Swartz(木棉科),*百色木*
轻木相思树 Acacia implexa Benth.(豆科)
轻木属 Ochroma Swartz(木棉科)
倾卧槐 Sophora toromiro Skottsb.(豆科)
倾卧兔耳草 Lagotis decumbens Rupr.(玄参科)
清风藤 Sabia japonica Maxim.(清风藤科),*寻风藤*
清风藤科 Sabiaceae
清风藤猕猴桃 Actinidia sabiaefolia Dunn(猕猴桃科)
清风藤属 Sabia Coleber.(清风藤科)
清钢柳(树木分类学)=蒿柳
清河糙苏 Phlomis chinghoensis C.Y.Wu(唇形科)
清河黄芪 Astragalus qingheensis Liou f.(豆科)
清凉树(中草药汇编)=风车子
清明菜(四川)=无瓣蔊菜
清明菜(四川康定)=淡黄香青
清明草(分类草药性)=细叶鼠麴草
清明花(贵州)=点地梅
清明花(贵州草药)=角叶鞘柄木
清明花(贵州民间药物)=迎春花
清明花(四川中药志)=棣棠花
清明花(云南)=密花素馨
清明花 Beaumontia grandiflora Wall.(夹竹桃科),*炮弹果,刹抢龙*
清明花属 Beaumontia Wall.(夹竹桃科),*比蒙藤属*
清明柳(云南)=垂柳
清明香(天宝本草)=鼠麴草
清水跌打(云南中草药)=假鹊肾树
清水红门兰 Orchis chingshuishania S.S.Ying(兰科),*清水山兰*
清水金丝桃 Hypericum nakamurai (Masamune) N.Robson (藤黄科)
清水女贞(台湾志)=总梗女贞
清水山粉兰(台兰科图鉴)=清水山舌唇兰
清水山兰(台兰科图鉴)=清水红门兰
清水山木通 Akebia chingshuiensis T.Shimizu (木通科)
清水山舌唇兰 Platanthera chingshuishania S.S.Ying(兰科),*清水山粉兰*
清水山石斛(台湾兰科图志)=细茎石斛
清水氏粗叶木 Lasianthus obliquinervis var. simizui Liu & Chao?(茜草科)
清水圆柏 Juniperus chinensis var. tsukusiensis (Masamune) Masamune(柏科)
清胃草(泉州本草)=婆婆针
清溪杨 Populus rotundifolia var. duclouxiana (Dode) Gomb.(杨柳科)
清香桂(云南志)=野扇花
清香桂属(云南志)=**野扇花属**
清香姜味草 Micromeria euosma (W.W.Sm.) C. Y.Wu (唇形科),*香姜味草*
清香木 Pistacia weinmannifolia J.Poisson ex Franch. (漆树科),*对节皮,昆明乌,清香树,细叶楷木,香叶树,紫叶,紫油木*
清香木姜子 Litsea euosma W.W.Sm.(樟科),*毛梅桑*
清香树(昆明)=清香木
清香藤(江西会昌)=蓬莱葛
清香藤 Jasminum lanceolarium Roxb.(木犀科),*北清香藤,川清茉莉,光清香藤,花木通,老鹰柴,破风藤,破骨风,破骨藤,破膝风,小泡通*
清泻山扁豆(国药药理学)=腊肠树
清秀复叶耳蕨 Arachniodes spectabilis (Ching) Ching (鳞毛蕨科)
清远耳草 Hedyotis assimilis Tutch.(茜草科)
清镇唇柱苣苔 Chirita secundiflora (Chun) W.T. Wang (苦苣苔科)
蜻蛉兰(秦岭志)=蜻蜓兰
蜻蜓草(纲目拾遗)=爵床
蜻蜓兰 Tulotis fuscescens (L.) Czer(兰科),*竹叶兰,蜻蛉兰*
蜻蜓兰属 Tulotis Rafin.(兰科)
晴蜓花(福建南平)=石荠苎
晴蜓藤(植物志 40)=毛相思子
晴蜓草(浙江,福建)=马鞭草
晴蜓饭(福建)=咸虾花
晴蜓饭(浙江,福建)=马鞭草
勬(尔雅,植物学大辞典)=鼠尾草
擎天树(广西)=望天树
苘麻 Abutilon theophrasti Medicus(锦葵科),*白麻,车轮草,椿麻,孔麻,磨盘草,青麻,苘麻子,塘麻,同麻根,桐麻,葈实,顸麻子*
苘麻叶扁担杆 Grewia abutilifolia Vent ex Juss. (椴树科),*苘麻叶解宝叶,米暖麻*
苘麻叶解宝叶(经济志)=苘麻叶扁担杆
苘麻属 Abutilon Mill.(锦葵科)
苘麻子(圣济总录)=苘麻
庆氏角裂棕 Ceratolobus kingianus Becc.(棕榈科)
庆氏蒲葵 Livistona kingiana Becc.(棕榈科)
庆氏轴榈 Licuala kingiana Becc.(棕榈科)
庆元冬青 Ilex qingyuanensis C.Z.Zheng(冬青科)
庆元华箬竹 Sasa qingyuanensis (C.H.Hu) C.H. Hu (禾本科)
箐板栗(植物志 22)=鹿角锥
箐边紫堇 Corydalis smithiana Fedde(罂粟科)
箐姑草 Stellaria vestita Kurz(石竹科),*抽筋草,滇繁缕,地精草,假石生繁缕,接筋草,筋骨草,石灰草,石生繁缕,疏花繁缕,星毛繁缕,地精草*
箐黄果(云南)=灰莉
箐樱桃(云南)=高盆樱桃
磬口蜡梅(广群芳谱)=蜡梅
磬口素心腊梅 Chimonanthus praecox cv. Grandiflora-concolor (蜡梅科)
顸麻子(产乳集验方)=苘麻

Qiong

邛崃山乌头 Aconitum rilongense Kadota(毛茛科)
穷布(景颇族名)=黄花蒿
穷得儿玛保(藏名)=星状雪兔子
穷汉子腿(北京)=东亚唐松草
穹隆薹草 Carex gibba Wahlenb.(莎草科)
穹叶景天互生叶变种(分类学报)=互生叶景天
筇刺(医学入门)=皂荚
筇竹 Qiongzhuea tumidinoda Hsueh & Yi (禾本科),*罗汉竹*
筇竹属 Qiongzhuea Hsueh & Yi (禾本科)
筇子(博剂方)=皂荚
琼刺榄 Xantolis longispinosa (Merr.) H.S.Lo(山榄科),*刺山榄,信筒子山榄*
琼岛染木树 Saprosma meriillii Lo(茜草科)
琼岛柿 Diospyros maclurei Merr.(柿科),*乌椿,乌云墨,大果柿,乌木*
琼岛岩黄树 Xanthophytum attopevense (Pierre ex Pitard) Lo(茜草科)
琼岛羊蹄甲 Bauhinia ornata var. austrosinensis Tang & Wang) T.Chen(豆科)
琼岛杨 Populus qiongdaoensis T.Hong & P.Luo (杨柳科)
琼岛沼兰 Malaxis insularis T.Tang & F.T.Wang (兰科)
琼滇鸡爪簕 Oxyceros griffithii (HK.f.) W.C. Chen (茜草科)
琼豆 Teyleria koordersii (Backer) Backer(豆科)

琼豆属 Teyleria Backer (豆科)
琼桂润楠 Machilus fooncheewii S.Lee(樟科),*宽昭桢楠*
琼海叉柱花 Staurogyne strigosa C.Y.Wu & H.S.Lo (爵床科)
琼海苎麻 Boehmeria lohuiensis Chien(荨麻科)
琼花 Viburnum macrocephalum f. keteleeri (Carr.) Rehd.(忍冬科),*聚八仙,八仙花,蝴蝶木,扬州琼花*
琼榄 Gonocaryum lobbianum (Miers) Kurz(茶茱萸科),*黄蒂,金蒂,黄柄木*
琼榄属 Gonocaryum Miq.(茶茱萸科)
琼梅 Meyna hainanensis Merr.(茜草科)
琼梅属 Meyna Roxb. ex Link(茜草科)
琼南地锦(分类学报)=海南大叶白粉藤
琼南凤尾蕨 Pteris morii Masamune(凤尾蕨科)
琼南木姜子 Litsea verticillifolia Yang & P.H. Huang (樟科)
琼南柿 Diospyros howii Merr. & Chun(柿科),*黑皮,镜面柿*
琼南叶木姜子 Litsea beilschmiediifolia H.W.Li (樟科)
琼南子楝树 Decaspermum austro-hainanicum Chang & Miau(桃金娘科)
琼楠 Beilschmiedia intermedia Allen(樟科),*荔枝公*
琼润楠属 Beilschmiedia Nees (樟科)
琼生草(台湾志)=石茅
琼斯东草属 (静生汇报)=**车前紫草属**
琼崖粗叶木 Lasianthus lei Merr. & Metcalf ex Lo (茜草科)
琼崖对开蕨(蕨类图谱)=细辛蕨
琼崖海棠树(树木分类学)=红厚壳
琼崖假脉蕨 Crepidomanes smithiae Ching(膜蕨科)
琼崖柯(海南志)=红柯
琼崖舌蕨 Elaphoglossum mcclurei Ching(舌蕨科)
琼崖蛇根草 Ophiorrhiza aureolina f. qiongyaensis Lo (茜草科)
琼崖石韦(日本植物杂志)=琼崖石韦
琼崖石韦 Pyrrosia eberhardtii (Christ) Ching(水龙骨科),*琼崖石韦*
琼崖穴子蕨 Prosaptia obliquata (Bl.) Mett.(禾叶蕨科)
琼油麻藤(豆科图说)=海南黧豆
琼中核果木(海南志)=核果木
琼中柯 Lithocarpus chiungchungensis Chun & Tam (壳斗科)
琼中山矾(植物志 60-2)=腺叶山矾
琼中杨桐(广东志)=保亭杨桐
琼州红豆(海南)=木荚红豆
琼紫叶(海南志)=海南秋英爵床
琼紫叶 Graptophyllum viriduliflorum C.Y.Wu & H.S.Lo (爵床科)
琼棕 Chuniophoenix hainanensis Burret (棕榈科)
琼棕属 Chuniophoenix Burret (棕榈科)

Qiū

丘比特杜鹃花 Rhododendron cubittii Hutch.(杜鹃花科)
丘角菱 Trapa japonica Flerow(菱科)
丘陵老鹳草 Geranium collinum Steph. ex Willd. (牻牛儿苗科)
丘陵鱼黄草 Merremia collina S.Y.Liu(旋花科)
丘陵紫珠 Callicarpa collina Diels(马鞭草科)
丘马(西藏亚东)=越桔叶忍冬
丘生贝克斯 Banksia collina R.Br.(山龙眼科)
丘生野青茅 Deyeuxia arundinacea var. collina (Franch.) P.C.Kuo & S.L.Lu(禾本科)
邱北冬蕙兰 Cymbidium quibeiense K.M.Feng & H.Li (兰科)
邱北山茶 Camellia chiupeiensis Hu (十字花科)
邱北铁线莲 Clematis chiupehensis M.Y.Fang (毛茛科)
邱北猪屎豆 Crotalaria qiubeiensis Chun-yu Yang (豆科)
邱园秋海棠 Begonia kewensis Hort.(秋海棠科)
邱园小檗 Berberis kewensis Schneid.(小檗科)
秋抱茎苦荬菜(新华本草纲要)=尖裂黄瓜菜
秋赤箭(台湾兰科植物)=秋天麻
秋翠雀花 Delphinium autumnale Hand.-Mazz. (毛茛科)
秋丹参(天目山)=鼠尾草
秋鹅观草 Roegneria serotina Keng(禾本科),*茅草箭,茅灵芝*
秋分草 Rhynchospermum verticillatum Reinw. (菊科),*大全鲫串*
秋分草属 Rhynchospermum Reinw. ex Bl.(菊科)
秋风子(江苏)=秋枫
秋枫 Bischofia javanica Bl.(大戟科),*赤木,过冬梨,红桐,胡桐,加当,加冬,木梁木,千金不倒,茄冬,茄冬树,秋风子,三叶红,水梁木,万年青树,鸭脚枫*
秋枫属 Bischofia Bl.(大戟科),*别重阳木属,茄苳属*
秋根李(河北昌黎)=杏李
秋果(越南笔记)=番石榴
秋海棠 Begonia grandis Dry.(秋海棠科),*八香,八月春,断肠草,断肠花,红黑二丸子,金线吊葫芦,无名断肠草,无名相思草,相思草,岩丸子,一口血*
秋海棠科 Begoniaceae
秋海棠叶凤仙花 Impatiens begonifolia S. Akiyama & H.Ohba(凤仙花科)
秋海棠叶石蝴蝶 Petrocosmea begoniifolia C.Y.Wu ex H.W.Li(苦苣苔科)
秋海棠叶蟹甲草 Parasenecio begoniaefolius (Franch.) Y.L.Chen(菊科)
秋海棠属 Begonia L.(秋海棠科)
秋杭子稍 Campylotropis wenshanica P.Y.Fu(豆科)
秋蒿(上海)=黄花蒿
秋花独蒜兰 Pleione maculata (Lindl.) Lindl.(兰科)
秋花杜鹃(新拉汉英)=长序杜鹃
秋花蕾丽兰 Laelia autumnalis Lindl.(兰科)
秋花洼皮冬青 Ilex nuculicava var. auctumnalis S.Y.Hu (冬青科)
秋华柳 Salix variegata Franch.(杨柳科)
秋画眉草 Eragrostis autumnalis Keng(禾本科)
秋金盏花 Adonis autumnalis L.(毛茛科)
秋菊(北京)=菊花
秋苦荬菜(植物志 80-1)=抱茎小苦荬
秋葵(群芳谱,福建,通称)=黄蜀葵
秋葵(植物志 49-2)=咖啡黄葵
秋葵属 Abelmoschus Medicus (锦葵科)
秋蜡梅(江西)=山蜡梅
秋兰(本草衍义)=建兰
秋牡丹 Anemone hupehensis var. japonica (Thunb.) Bowles & Stearn(毛茛科),*吹牡丹,土牡丹,压竹花*
秋木瓜(滇南本草)=皱皮木瓜
秋葡萄 Vitis romeneti Roman.du Caill. ex Planch. (葡萄科),*洛氏葡萄,紫葡萄,野葡萄,山葡萄,腺葡萄*
秋茄树 Kandelia candel (L.) Druce(红树科),*红榄,红浪,浪柴,茄藤树,茄行树,水笔树,水笔仔,硬柴*
秋茄树属 Kandelia Wight & Arn.(红树科)
秋生薹草 Carex autumnalis Ohwi(莎草科)
秋鼠曲草(中药辞海)=秋鼠麴草
秋鼠麴草 Gnaphalium hypoleucum DC.(菊科),*白调羹,大叶毛鼠曲,雷公青,秋鼠曲草,石曲菇,碎蚊草,天水蚁草,炎草*
秋水仙 Colchicum autumnale L.(百合科)
秋水仙属 Colchicum L.(百合科)
秋天麻 Gastrodia autumnalis T.P.Lin(兰科),*秋赤箭*
秋仙玉 Neoporteria ebenacantha Backeb.(仙人掌科)
秋雪片莲 Leucojum autumnale L.(石蒜科)
秋隐子草 Cleistogenes serotina (L.) Keng (禾本科),*隐子草*
秋英 Cosmos bipinnata Cav.(菊科),*大波斯菊,波斯菊*
秋英爵床属 Cosmianthemum Bremek.(爵床科)
秋英属 Cosmos Cav.(菊科)
秋榆(河南)=榔榆
秋榆 Ulmus serotina Sarg.(榆科),*美国红榆*
秋阵营 Echinofossulocactus vaupelianus (Werderm.(仙人掌科)
秋竹(福建)=油苦竹
秋子(四川)=湖北海棠
秋子梨 Pyrus ussuriensis Maxim.(蔷薇科),*花盖梨,梨木灰,梨木皮,梨皮,梨树根,梨叶,梨枝,青梨,沙果梨,山梨,酸梨,糖果梨,糖梨根,野梨*
秋紫萼 Hosta erromena Stearn.(百合科)
萩(尔雅)=香青
楸(长编)=梓
楸(图考长编)=梓
楸 Catalpa bungei C.A.Mey(紫葳科),*楸树,水王,楸木皮,楸白皮*
楸白皮(千金方)=楸
楸马核果(药用图鉴)=胡桃楸
楸木(丽江)=灰楸
楸木皮(本草拾遗)=楸
楸树(湖北)=鹅掌楸
楸树(树木分类学)=楸
楸树皮(甘肃中草药)=胡桃楸
楸叶常山(现代实用中草药)=海州常山
楸叶泡桐 Paulownia catalpifolia Gong Tong(玄参科),*山东泡桐,无籽泡桐,小叶泡桐*
楸叶悬钩子 Rubus mallotifolius Wu ex Yü & Lu (蔷薇科)
楸子 Malus prunifolia (Eilld.) Borkh.(蔷薇科),*海棠果,山楂*
求江蜡瓣花 Corylopsis trabeculosa Hu & Cheng (金缕梅科)
求江蔷薇 Rosa taronensis Yü & Ku (蔷薇科)
求米草 Oplismenus undulatifolius (Arduino) Beauv. (禾本科),*缩箬*
求米草属 Oplismenus Beauv.(禾本科)
俅江苍山蕨 Ceterachopsis qiujiangensis Ching & Fu ex Ching & S.H.Wu (铁角蕨科),*独龙江苍山蕨*
俅江飞蓬 Erigeron kiukiangensis Ling & Y.L. Chen (菊科)

俫江花楸 Sorbus kiukiangensis Yü(蔷薇科)
俫江花楸无毛变种(植物志 36)=无毛俫江花楸(新)
俫江黄芪 Astragalus chiukiangensis Tsai & Yü (豆科),*俫江芰草*
俫江芰草(静生汇报)=俫江黄芪
俫江龙胆 Gentiana quijiangensis T.N.Ho(龙胆科)
俫江槭 Acer kiukiangense Hu & Cheng(槭树科)
俫江青冈 Cyclobalanopsis kiukiangensis Y.T. Chang (壳斗科),*西藏青冈*
俫江鼠刺 Itea kiukiangensis C.C.Huang & S. C.Huang (虎耳草科)
俫江铁角蕨 Asplenium qiujiangense Ching ex S.H.Wu (铁角蕨科)
俫江枳椇 Hovenia acerba var. kiukiangensis (Hu & Cheng) C.Y.Wu ex Y.L.Chen(鼠李科),*拐枣*
俫江紫堇 Corydalis kiukiangensis C.Y.Wu, Z.Y. Su & Lidén(罂粟科)
俫全江秋海棠 Begonia asperifolia var. tomentosa Yü (秋海棠科),*绒毛糙叶秋海棠*
毬菊 Bolocephalussaus saussureoides Hand.-Mazz. (菊科),*球菊*
毬菊属 Bolocephalus Hand.-Mazz.(菊科)
毬兰属(种子植物名称)=**球兰属**
球柏 Juniperus chinensis cv. Globosa (柏科)
球半夏(广西)=半夏
球柄兰属 Mischobulbum Schltr.(兰科)
球萼蝇子草 Silene chodatii Bocquet(石竹科)
球盖蕨科 Peranemaceae
球杆毛蕨 Nesopteris thysanostoma (Makino) Cop. (膜蕨科)
球杆毛蕨属 Nesopteris Cop.(膜蕨科)
球隔麻(分类学报)=肉被麻
球隔麻属(分类学报)=**肉被麻属**
球根阿魏 Schumannia turcomanica Kuntze(伞形科)
球根阿魏属 Schumannia Kuntze (伞形科)
球根海棠 Begonia tuberhybrida Voss.(秋海棠科),*球根秋海棠*
球根老鹳草 Geranium transversale (Kar. & Kir.) Vved. (牻牛儿苗科)
球根秋海棠(新拉汉英)=球根海棠
球冠赤松 Pinus densiflora cv. Globosa (松科)
球冠远志 Polygala globulifera Dunn(远志科)
球果白刺(治沙研究)=泡泡刺
球果贝克斯 Banksia sphaerocarpa R.Br.(山龙眼科)
球果赤瓟 Thladiantha globicarpa A.M.Lu & Z. Y.Zhang (葫芦科)
球果冬青(峨眉图志)=小果冬青
球果榧(中国裸子志)=巴山榧树
球果高粱 Sorghum bicolor var. subglobosus (Hack.) Snowden (禾本科)
球果蔊菜(苏南植物手册)=风花菜
球果假水晶兰 Cheilotheca humilis (D.Don) H. Keng (鹿蹄草科),*坛果拟水晶兰,长白拟水晶兰,长白假水晶,东北假水晶兰*
球果胶枞 Abies balsamea var. macrocarpa Kent. (松科)
球果堇菜 Viola collina Bess.(堇菜科),*白毛叶地丁草,地丁子,地核桃,花头菜,箭头草,毛果堇菜,山核桃,圆叶毛堇菜*
球果木犀榄 Olea dioica var. wightiana (Wall. ex G.Don) DC.(木犀科),*魏氏木犀榄*
球果木属 Isopogon R.Br.(山龙眼科)
球果牧根草 Asyneuma chinense Hong(桔梗科)
球果群心菜 Cardaria draba subsp. chalepensis (L.) O.E.Schlz (十字花科)
球果群心菜 Cardaria draba subsp. chalepensis (L.) O.E.Schlz(十字花科)
球果山榕 Ficus pubilimba Merr.(桑科)
球果石栎(植物志 22)=球壳柯
球果石泉柳 Salix shihtsuanensis var. globosa C.Y.Yu (杨柳科)
球果藤 Aspidocarya uvifera HK.f. & Thoms.(防己科)
球果藤属 Aspidocarya HK.f. & Thoms.(防己科)
球果葶苈 Draba glomerata Royle(十字花科),*粗珠果葶苈*
球果土耳其斯小檗 Berberis heteropoda var. sphaerocarpa (Kar. & Kir.) Ahrendt (小檗科)
球果卫矛(天目药志)=垂丝卫矛
球果小檗 Berberis globosa Benth.(小檗科)
球果小檗 Berberis insignis subsp. incrassata (Ahrendt) Chamb. & Hu(小檗科)
球果猪屎豆 Crotalaria uncinella Lamk.(豆科),*钩状猪屎豆*
球果锥花 Gomphostemma strobilinum Wall.(唇形科)
球核荚蒾 Viburnum propinquum Hemsl.(忍冬科),*臭药,鸡壳精,六股筋,水马蹄,兴山荚蒾,兴山绣球,准角筋*
球花报春 Primula denticulata Smith(报春花科)
球花变种(植物志 66)=邻近风轮菜
球花党参 Codonopsis subglobosa W.W.Sm.(桔梗科),*南路蛇头党,甘孜党,柴党*
球花豆 Parkia timoriana (A.DC.) Merr.(豆科),*大叶巴克豆,派克木,白球花*
球花豆属 Parkia R.Br.(豆科)
球花风毛菊(高等图鉴)=球花雪莲
球花风毛菊(河北,山西,内蒙古)=美花风毛菊
球花含笑 Michelia sphaerantha C.Y.Wu(木兰科)
球花蒿(分类学报)=无毛川藏蒿
球花蒿 Artemisia smithii Matff.(菊科),*高山蒿*
球花虎耳草 Saxifraga globulifera Desf.(虎耳草科)
球花花楸(经济植物手册)=球穗花楸
球花棘豆 Oxytropis globiflora Bge.(豆科),*团花棘豆*
球花荚蒾(分类学报)=短序荚蒾
球花荚蒾(高等图鉴)=聚花荚蒾
球花脚骨脆 Casearia glomerata Roxb.(大风子科),*嘉赐树*
球花藜 Chenopodium foliosum (Moench) Aschers (藜科)
球花龙须兰 Catasetum globiflorum HK.(兰科)
球花马蓝(高等图鉴)=圆苞金足草
球花马先蒿 Pedicularis globifera HK.f.(玄参科)
球花毛麝香 Adenosma indianum (Lour.) Merr. (玄参科),*神曲草,黑头草,假薄荷,地松茶,土夏枯草,千捶草,大头陈*
球花毛叶米饭花(西藏志,云南志)=光叶珍珠花
球花牛奶菜(植物志 63)=蓝叶藤
球花石豆兰 Bulbophyllum poilanei Gagn.(兰科)
球花石斛 Dendrobium thyrsiflorum Rchb.f.(兰科)
球花石楠 Photinia glomerata Rehd. & Wils.(蔷薇科)
球花水柏(高等图鉴)=具鳞水柏枝
球花水柏枝 Myricaria laxa W.W.Sm.?(柽柳科)
球花溲疏 Deutzia glomeruliflora Franch.(虎耳草科),*丽江溲疏,团花溲疏*
球花雪莲 Saussurea globosa Chen(菊科),*球花风毛菊*
球花栒子 Cotoneaster glomerulatus W.W.Sm. (蔷薇科)
球花紫云英(秦岭巴山志)=地八角
球节苦竹 Pleioblastus globinodus C.H.Hu(禾本科)
球结薹草 Carex thompsonii Franch.(莎草科)
球茎大麦 Hordeum bulbosum L.(禾本科)
球茎甘蓝(高等图鉴)=擘蓝
球茎虎耳草 Saxifraga sibirica L.(虎耳草科)
球茎卷瓣兰 Bulbophyllum sphaericum Z.H.Tsi & H.Li(兰科)
球茎冷蕨 Cystopteris bulbifera (L.) Bernh. (蹄盖蕨科)
球茎毛瓣花(植物志 41)=绵三七
球茎瓶尔小草 Ophioglossum crotalophoroides Walter (瓶尔小草科)
球茎石豆兰 Bulbophyllum triste Rchb.f.(兰科)
球菊(植物志 78-1)=毬菊
球菊 Epaltes australis Less.(菊科),*鹅不食草,老鼠足迹,地胡椒,拳头菊*
球菊属(植物志 78-1)=**毬菊属**
球菊属 Epaltes Cass.(菊科)
球距无柱兰 Amitostigma physoceras Schltr.(兰科)
球壳柯 Lithocarpus sphaerocarpus (Hick. & A. Camus) A.Camus(壳斗科),*各黎,球果石栎*
球兰 Hoya carnosa (L.f.) R.Br.(萝藦科),*壁梅,草鞋,肺炎草,狗舌藤,马骝解,爬岩板,铁脚板,绣球花,雪梅,玉叠梅,玉蝶梅,石梅*
球兰属 Hoya R.Br.(萝藦科),*毬兰属*
球粒小麦 Triticum sphaerococcum Perc.(禾本科)
球毛石韦 Pyrrosia sphaerosticha (Mett.) Ching (水龙骨科)
球毛小报春 Primula primulina (Spreng.) Hara (报春花科)
球囊黄芪 Astragalus sphaerocystis Bge.(豆科)
球脬黄芪 Astragalus sphaerophysa Kar. & Kir. (豆科)
球蕊五味子 Schisandra sphaerandra Stapf(木兰科)
球穗扁莎 Pycreus globosus (All.) Reichb.(莎草科)
球穗藨草 Scirpus strobilinus Roxb.(莎草科)
球穗草 Hackelochloa granularis (L.) Kuntze (禾本科),*亥氏草,珠穗草*
球穗草属 Hackelochloa Kuntze (禾本科),*珠穗草属*
球穗胡椒 Piper thomsonii (C.DC.) HK.f.(胡椒科),*腺脉搏蒟*
球穗花楸 Sorbus glomerulata Koehne(蔷薇科),*球花花楸*
球穗飘拂草 Fimbristylis globulosa (Retz.) Kunth (莎草科)
球穗千斤拔 Flemingia strobilifera (L.) Ait.(豆科),*百咳草,半灌木千斤拨,蚌壳草,贝壳草,大苞千斤拨,大铁扫把,耗子响铃,咳嗽草,山萝卜*
球穗薹草 Carex amgunensis Fr.Schmidt(莎草科)
球穗香薷 Elsholtzia strobilifera Benth.(唇形科),*臭苏麻,野苏麻,小株变种*

球穗中雄草 Meriandra strobilifera Benth.(唇形科)
球头灯心草 Juncus yanshanuensis Novikov(灯心草科)
球尾花 Lysimachia thyrsiflora L.(报春花科),*腋花珍珠菜*
球腺肿足蕨 Hypodematium glanduloso-pilosum (Tagawa) Ohwi(肿足蕨科),*腺毛肿足蕨*
球形白冷杉 Abies concolor var. globosa Niemetz (松科)
球形北美香柏 Thuja occidentalis cv. Globosa (柏科)
球形点地梅 Androsace globifera Duby(报春花科)
球形红花槭 Acer rubrum var. globosum Rehd. (槭树科)
球形瑞典刺柏 Juniperus communis var. suecia f. hemisphaerica (柏科)
球序鹅掌柴 Schefflera glomerulata Li(五加科),*团花鸭脚木*
球序韭 Allium thunbergii G.Don(百合科),*球序薤*
球序卷耳 Cerastium glomeratum Thull.(石竹科),*婆婆指甲菜,圆序卷耳,婆婆指甲草,瓜子草,高脚鼠耳草*
球序绢蒿 Seriphidium lehmannianum (Bge.) Poljak. (菊科)
球序蓼 Polygonum wallichii Meisn.(蓼科)
球序香蒲 Typha pallida Pob.(香蒲科)
球序薤(Flora 24)=球序韭
球药隔重楼 Paris fargesii Franch.(百合科),*白菜果,独角莲,法氏王孙,海螺七,红铁灯台,九重楼,七叶一枝花,三台消,铁灯台,五叶重楼,重楼*
球银叶凤香 Hechtia glomerata Zucc.(凤梨科)
球枣 Ziziphus laui Merr.(鼠李科)
球柱草 Bulbostylis barbata (Rottb.) Kunth(莎草科),*旗茅,龙爪草,畎莎,秧草,油蔴草,牛毛草*
球柱草属 Bulbostylis C.B.Clarke (莎草科)
球柱薹草 Carex globistylosa P.C.Li(莎草科)
球状马先蒿 Pedicularis strobilacea Franch.(玄参科)
球状挪威槭 Acer platanoides var. globosum Nichols.(槭树科)
球子参(云南)=茅膏菜
球子草(植物志 76-1)=鹅不食草
球子草属 Peliosanthes Andr.(百合科)
球子复叶耳蕨 Arachniodes sphaerosora (Tagawa) Ching(鳞毛蕨科)
球子蕨 Onoclea sensibilis L.(球子蕨科)
球子蕨科 Onocleaceae
球子蕨属 Onoclea L.(球子蕨科)
球子莲(湖南中药志)=南赤瓟
球子买麻藤 Gnetum cataphaericum H.Shao(买麻藤科)
球子崖豆藤 Millettia sphaerosperma Z.Wei(豆科)
糗((释名)=稻

Qü

区菇程丹(藏名)=鞭打绣球
区限虎耳草 Saxifraga finitima W.W.Sm.(虎耳草科)
曲瓣梾木 Swida monbeigii (Hemsl.) Sojak(山茱萸科),*德钦梾木*
曲苞芋 Gonatanthus pumilus (D.Don) Engl. & Krause(天南星科),*野木鱼,岩芋*
曲苞芋属 Gonatanthus Schott (天南星科)
曲边线蕨 Colysis elliptica var. flexiloba (Christ) L.Shi & X.C.Zhang(水龙骨科),*曲裂线蕨*
曲柄报春 Primula duclouxii Ptitm.(报春花科),*杜氏报春*
曲柄当归 Angelica fargesii de Boiss.(伞形科)
曲柄铁线莲 Clematis repens Finet & Gagn.(毛茛科)
曲唇兰(分类学报)=平卧曲唇兰
曲唇兰 Panisea tricallosa Rolfe(兰科),*双叶曲唇兰*
曲唇兰属 Panisea (Lindl.) Steud.(兰科)
曲萼茶藨子 Ribes griffithii HK.f. & Thoms.(虎耳草科),*藏南茶藨*
曲萼石豆兰 Bulbophyllum pteroglossum Schltr. (兰科)
曲萼绣线菊 Spiraea flexuosa Fisch. ex Cambess. (蔷薇科)
曲萼绣线菊柔毛变种(植物志 36)=柔毛曲萼绣线菊(新)
曲萼悬钩子 Rubus refractus Lévl.(蔷薇科)
曲阜槐 Sophora vestita Nakai?(豆科)
曲阜铁角蕨(东北草本志)=东海铁角蕨
曲竿箭竹 Fargesia subflexuosa Yi (禾本科)
曲竿竹 Phyllostachys flexuosa (Carr.) A. & C. Riv. (禾本科)
曲梗崖摩 Amoora stellato-squamosa C.Y.Wu & H.L.Li (楝科)
曲果苦豆子 Sophora lehmannii O.Kuntze (豆科)
曲果岩黄芪 Hedysarum campylocarpon Ohashi (豆科)
曲花属 Cyrtanthus Ait.(石蒜科)
曲花紫堇 Corydalis curviflora Maxim.(罂粟科),*洛阳花,玉周丝哇,弯花紫堇*
曲桧(中国裸子志)=垂枝柏
曲江远志 Polygala koi Merr.(远志科)
曲角堇(植物分类学)=紫花堇菜
曲节草(福建)=莲子草
曲节草(岭南采药录)=白马骨
曲节藤(沙漠药用植物)=田旋花
曲茎虎耳草 Saxifraga flexilis W.W.Sm. (虎耳草科)
曲茎假糙苏 Paraphlomis foliata (Dunn) C.Y.Wu & H.W.Li(唇形科)
曲茎兰嵌马蓝 Parachampionella flexicaulis (Hay.) C.F.Hsieh & T.C.Huang(爵床科)
曲茎马先蒿 Pedicularis flexuosa HK.f.(玄参科)
曲茎密穗蕨 Anemia flexuosa (Sav.) Sw.(莎草蕨科)
曲茎石斛 Dendrobium flexicaule Z.H.Tsi, S.C. Sun & L.G.Xu(兰科)
曲莲 Hemsleya amabilis Diels(葫芦科),*小蛇莲,罗锅底*
曲裂线蕨(蕨类图说)=曲边线蕨
曲林柳叶菜(西藏志)=矮生柳叶菜
曲鳞书带蕨 Vittaria plurisulcata Ching(书带蕨科)
曲露帕拉(藏名)=水葫芦苗
曲麻菜(陕甘宁青中草药)=长裂苦苣菜
曲脉卫矛 Euonymus venosus Hemsl.(卫矛科)
曲芒发草 Deschampsia flexuosa (L.) Trin.(禾本科),*米芒*
曲毛赤车 Pellionia retrohispida W.T.Wang(荨麻科)
曲毛短柄乌头 Aconitum brachypodum var. crispulum W.T.Wang(毛茛科)
曲毛柳 Salix plocotricha Schneid.(杨柳科)
曲毛楼梯草 Elatostema retrohirtum Dunn(荨麻科),*铁螃蟹*
曲毛母草 Lindernia cyrtotricha Tsoong & Ku(玄参科)
曲毛日本粗叶木 Lasianthus japonicus var. satsumensis (Matsum) Makino(茜草科) ,*长尾粗叶木*
曲尿草(福建)=灯心草
曲前(叙永)=长尾当归
曲芍(贵州)=高乌头
曲芍(山西)=牛扁
曲升毛茛 Ranunculus nephelogenes var. geniculatus (Hand.-Mazz.) W.T.Wang(毛茛科)
曲氏藨草 Scirpus chuanus Tang & Wang(莎草科)
曲氏薹草 Carex chuii Nelmes(莎草科)
曲穹穗草(新)Roegneria curvata Nevski (禾本科),*弯穗草*
曲尾石杉 Huperzia bucahwangensis Ching(石杉科)
曲乡马先蒿 Pedicularis quxiangensis H.P.Yang (玄参科)
曲序南星 Arisaema tortuosum (Wall.) Schott (天南星科)
曲序娃儿藤 Tylophora tsiangii (P.T.Li) M.G.Gilb. & P.T.Li(萝藦科)
曲序香茅 Cymbopogon flexuosus (Nees ex Steud.) Wats.(禾本科),*东印度柠檬草*
曲序月见草 Oenothera oakesiana (A.Gray) Robbins ex Walson & Coulter(柳叶菜科)
曲叶丽穗凤梨 Vriesea incurvata Gaud.-Beaup. (凤梨科)
曲叶龙掌 Haworthia coarctata Haw.(百合科)
曲扎(藏药志)=穗序大黄
曲折翠雀花 Delphinium flexuosum M.B.(毛茛科)
曲折旱蕨 Pellaea flexuosa Link.(中国蕨科)
曲折罗香草(广西)=曲折四轮香
曲折四轮香 Hanceola flexuosa C.Y.Wu & H.W. Li (唇形科),*曲折罗香草*
曲折瓦来斯木 Vallesia flexuosa Woodson (夹竹桃科)
曲折早熟禾(新拉汉英)=岩地早熟禾
曲枝柏(树木分类学)=垂枝柏
曲枝补血草 Limonium flexuosum (L.) Ktze.(白花丹科)
曲枝垂柳 Salix babylonica f. tortuosa Y.L.Chou (杨柳科)
曲枝槌果藤(海南志)=青皮刺
曲枝杜鹃 Rhododendron torquatum L.C.Hu(杜鹃花科)
曲枝假蓝 Pteroptychia dalziellii(W.W.Sm.) H.S. Lo (爵床科),*假蓝*
曲枝脚骨脆 Casearia flexuosa Craib(大风子科),*蜿枝嘉赐树,云南嘉赐树*
曲枝榕 Ficus geniculata Kurz(桑科)
曲枝松 Pinus pringlei Shaw (松科)
曲枝天门冬 Asparagus trichophyllus Bge.(百合科)
曲枝委陵菜 Potentilla yokusaiana Makino(蔷薇科),*匍枝萎陵菜,匍枝委陵菜*
曲枝羊茅 Festuca undata Stapf(禾本科)
曲枝云南绣线菊(新)Spiraea yunnanensis var. tortuosa (Rehd.) Rehd.(蔷薇科),*云南绣线菊曲枝变型*
曲枝早熟禾 Poa pagophila Bor(禾本科)
曲轴海金沙 Lygodium flexuosum (L.) Sw.(海

金沙科),*柳叶海金沙,牛抄藤,海金沙,长叶海金沙,驳筋条,坐转藤*
曲轴黑三棱 Sparganium fallax Graebn.(黑三棱科)
曲轴蕨属 Paesia St.Hilaire (蕨科)
曲轴毛蕨 Cyclosorus paradentatus Ching ex Shing (金星蕨科),*鼎湖山毛蕨*
曲轴青篱竹 Pseudosasa flexuosa (Hance) Keng f.(禾本科)
曲轴石斛 Dendrobium gibsonii Lindl.(兰科),*紫斑石斛*
曲籽芋 Cyrtosperma lasioides Griff.(天南星科)
曲籽芋属 Cyrtosperma Griff.(天南星科)
曲足兰属 Cyrtopodium R.Br.(兰科)
驱虫斑鸠菊 Vernonia anthelmintica (L.) Willd.(菊科),*印度山茴香*
驱虫草(云南)=灵香草
驱虫大风子(台高等图志)=大风子
驱风通(中草药汇编)=朵花椒
驱蛔虫草(云南)=灵香草
屈胶仔(闽东本草)=爵床
屈莽树(酉阳杂俎)=海枣
屈曲花 Iberis amara L.(十字花科),*珍珠球*
屈曲花属 Iberis L.(十字花科)
屈头鸡(本草求原)=山橙
屈头鸡 Capparis versicolor Griff.(山柑科)
屈叶藤(广西药用名录)=藤黄檀
祛风藤 Biondia microcentra (Tsiang) P.T.Li(萝藦科),*浙江乳突果*
祛汗树(陕西户县)=三球悬铃木
蛆藤(云南)=大白药
蛆药(高等图鉴)=地皮消
蛐药子(湖北)=吴茱萸
曧毛金足草(数据库光盘)=圆苞金足草
衢县红壳竹 Phyllostachys rutila Wen (禾本科)
衢县苦竹 Pleioblastus juxianensis Wen et al.(禾本科)
取麻菜(中草药汇编)=长裂苦苣菜
去母(名医别录)=箭叶蓼

Qüan

圈药南星 Arisaema exappendiculatum Hara(天南星科)
全白委陵菜 Potentilla hololeuca Boiss.(蔷薇科)
全瓣红景天(分类学报增刊)=圣地红景天
全苞变种(植物志 66,Flora 17)=全苞淡黄香薷(新)
全苞淡黄香薷(新)Elsholtzia luteola var. holostegia Hand.-Mazz.(唇形科),*全苞变种*
全苞附地菜 Trigonotis bracteata C.J.Wang(紫草科)
全苞蕗蕨 Mecodium tenuifrons Ching(膜蕨科)
全边稠李(拉汉名称)=全缘桂樱
全翅地肤 Kochia krylovii Litv.(藜科)
全唇叉柱兰 Cheirostylis takeoi (Hay.) Schltr.(兰科),*全唇指柱兰,无叶指柱兰,阿里山指柱兰*
全唇花 Holocheila longipedunculata S.Chow(唇形科)
全唇花属 Holocheila (Kudo) S.Chow(唇形科)
全唇尖舌苣苔(植物志 69)=尖舌苣苔
全唇姜 Zingiber integrilabrum Hance(姜科)
全唇苣苔 Deinocheilos sichuanense W.T.Wang(苦苣苔科)
全唇苣苔属 Deinocheilos W.T.Wang(苦苣苔科)
全唇兰(横断山植物)=日本全唇兰
全唇兰 Myrmechis chinensis Rolfe(兰科)
全唇兰属 Myrmechis Bl.(兰科)
全唇皿柱兰(台湾兰科植物)=全唇盂兰
全唇线柱兰 Zeuxine integrilabella C.S.Leou(兰科)
全唇盂兰 Lecanorchis nigricans Honda(兰科),*全唇皿柱兰,紫皿柱兰*
全唇鸢尾兰 Oberonia integerrima Guill.(兰科),*粗花茎鸢尾兰*
全唇指柱兰(台湾兰科植物)=全唇叉柱兰
全毒(名医别录)=芫花
全萼春再来 Clarkia pulchella var. holopetala Voss
全萼马先蒿 Pedicularis holocalyx Hand.-Mazz.(玄参科)
全萼秦艽 Gentiana lhassica Burk.(龙胆科)
全冠黄堇 Corydalis tongolensis Franch.(罂粟科)
全光菊(新)Hololeion maximowiczii Kitam.(菊科),*金光菊*
全光菊 Hieracium hololeion Maxim.(菊科),*全缘山柳菊*
全光菊属 Hololeion Kitam.(菊科),*金光菊属*
全廉叶牛尾蒿(新拉汉英)=无毛牛尾蒿
全裂艾纳香 Blumea saussureoides Chang & Tseng (菊科)
全裂翠雀花 Delphinium trisectum W.T.Wang (毛茛科)
全裂滇川乌头 Aconitum wardii var. trisectum W.T.Wang & L.Q.Li(毛茛科)
全裂马先蒿 Pedicularis dissecta (Bonati) Pennell & Li(玄参科),*太白丽参,太白土高丽参,太白参,黑洋参*
全裂乌头 Aconitum pseudodivaricatum W.T. Wang (毛茛科)
全裂叶阿魏 Ferula dissecta (Ledeb.) Ledeb.(伞形科)
全毛猕猴桃 Actinidia holotricha Fin. & Gagn (猕猴桃科).
全能花 Pancratium biflorum Roxb.(石蒜科)
全能花属 Pancratium L.(石蒜科)
全皮(中药志)=探春花
全茸紫菀 Aster hololachnus Ling(菊科)
全舌姜 Zingiber integrum S.Q.Tong(姜科)
全桐力树(经济志)=椴树
全秃海桐 Pittosporum perglabratum Chang & Yan (海桐花科)
全腺润楠 Machilus holadena Liou.?(樟科)
全腺香茶菜 Isodon pantadenius (Hand.-Mazz.) H.W.Li (唇形科)
全血草(湖北)=血水草
全叶半蒴苣苔 Hemiboea integra C.Y.Wu ex H. W.Li (苦苣苔科)
全叶变型(植物志 65-2)=全叶动蕊花(新)
全叶大蒜芥 Sisymbrium luteum (Maxim.) O.E. Schulz (十字花科)
全叶滇芎 Physospermopsis alepidioides (Wolff & Hand.-Mazz.) Shan(伞形科)
全叶动蕊花(新)Kinostemon ornatum f. subintegrifolium C.Y.Wu & S.Chow(唇形科),*全叶变型*
全叶独活(东北检索表)=全叶山芹
全叶还阳参 Crepis integrifolia Shih(菊科)
全叶鸡儿肠(苏南植物手册)=全叶马兰
全叶荚蒾 Viburnum integrifolium Hay.(忍冬科)
全叶苦苣菜 Sonchus transcaspicus Nevski(菊科)
全叶栝楼(分类学报)=芋叶栝楼
全叶瘤足蕨 Plagiogyria integripinna Ching (瘤足蕨科)
全叶麻花头 Serratula algida Iljin(菊科)
全叶马兰 Kalimeris integrifolia Turcz. ex DC.(菊科),*全叶鸡儿肠*
全叶马先蒿 Pedicularis integrifolia HK.f.(玄参科),*全叶马先蒿全叶亚种*
全叶马先蒿全叶亚种(植物志 68)=全叶马先蒿
全叶马先蒿全缘亚种(植物志 68)=全缘全叶马先蒿
全叶美丽芙蓉 Hibiscus indicus var. integrilobus (S.Y.Hu) Feng(锦葵科)
全叶美丽马先蒿 Pedicularis bella subsp. holophylla (Marq. & Shaw) Tsoong(玄参科),*美丽马先蒿全叶亚种,美丽马先蒿全叶亚种全叶变种*
全叶牡荆(海南植物名录)=山牡荆
全叶千里光 Senecio cannabifolius var. integrifolius (Koidz.) Kitam.(菊科),*单叶还魂草*
全叶榕(高等图鉴)=全缘琴叶榕
全叶山芹 Ostericum maximowiczii (Fr.Shcmidt ex Maxim.) Kitag.(伞形科),*全叶独活*
全叶菥蓂 Thlaspi perfoliatum L.(十字花科)
全叶细莴苣 Stenoseris tenuis Shih(菊科),*三花盘果菊*
全叶香科科 Teucrium integrtifolium C.Y.Wu & S.Chow (唇形科)
全叶延胡索(中药辞海)=小药八旦子
全叶延胡索 Corydalis repens Mandl & Muehld.(罂粟科)
全叶紫菊 Notoseris guizhouensis Shih(菊科)
全叶钻地风(天目药志)=钻地风
全羽短肠蕨(分类学报)=棕鳞短肠蕨
全育卫矛 Euonymus fertilis (Loes.) C.Y.Cheng ex C.Y.Chang(卫矛科)
全缘瓣女娄菜(西藏志)=耐国蝇子草
全缘菜(广西植物名录)=芥
全缘糙果茶 Camellia integerrima Chang(山茶科)
全缘赤车 Pellionia heyneana Wedd.(荨麻科)
全缘刺果藤 Byttneria integrifolia Lace(梧桐科)
全缘粗叶榕 Ficus hirta var. brevipila Corner(桑科),*短毛佛掌榕*
全缘大苏铁 Zamia integrifolia Ait.(苏铁科)
全缘灯台莲 Arisaema sikokianum Franch. & Sav. (天南星科),*阔叶天南星,灯台莲,蛇根头,细齿灯台莲*
全缘冬青 Ilex integra Thunb.(冬青科)
全缘独行菜 Lepidium ferganense Korsh.(十字花科)
全缘椴 Tilia integerrima H.T.Chang(椴树科)
全缘多香木 Polyosma intergrifolium Bl.(虎耳草科)
全缘萼(科属检索表)=龙船草
全缘萼假杜鹃 Barleria integrisepala H.P.Tsui (爵床科)
全缘风毛菊 Saussurea integrifolia Hand.-Mazz.(菊科)
全缘凤尾蕨 Pteris insignis Mett. ex Kuhn(凤尾蕨科)
全缘凤丫蕨 Coniogramme fraxinea (Don) Diels (裸子蕨科),*大叶凤丫蕨*
全缘贯众 Cyrtomium falcatum (L.f.) Presl(鳞毛蕨科),*贯众,全缘贯众蕨*
全缘贯众蕨(台湾志)=全缘贯众
全缘光萼稠李(西藏志)=全缘叶稠李
全缘桂木 Artocarpus integra Merr.(桑科)
全缘桂樱 Laurocerasus marginata (Dunn) Yü &

Lu(蔷薇科),*全边稠李*
全缘红山茶 Camellia subintegra Huang ex Chang (山茶科)
全缘华北八宝 Hylotelephium tatarinowii var. integrifolium (Palib.) S.H.Fu (景天科),*北京景天,亚马景天*
全缘火棘 Pyracantha atalantioides (Hance) Stapf (蔷薇科),*救军粮,木瓜刺*
全缘火麻树 Dendrocnide sinuata (Bl.) Chew(荨麻科),*老虎脷,圆叶艾麻,全缘叶树火麻,毒树*
全缘角蒿(高等图鉴)=密生波罗花
全缘金粟兰 Chloranthus holostegius (Hand.-Mazz.) Pei & Shan(金粟兰科),*四块瓦,四叶金,黑细辛,对叶四块瓦,土细辛*
全缘栝楼 Trichosanthes ovigera Bl.(葫芦科),*瘠葫芦,佛顶珠,野王瓜,野屎瓜*
全缘冷水花(海南志)=石筋草
全缘楼梯草 Elatostema integrifolium (D.Don) Wedd. (荨麻科)
全缘马先蒿 Pedicularis aschistorhyncha Marq. & Shaw (玄参科)
全缘桤叶树 Clethra cavaleriei var. subintegrifolia Ching ex L.C.Hu(桤叶树科)
全缘琴叶榕 Ficus pandurata var. holophylla Migo (桑科),*全叶榕,小叶牛奶子,水风藤,水沉香,全缘榕树*
全缘青兰 Dracocephalum integrifolium Bge.(唇形科),*马尔康居西,祖帕尔,马赞居西,甘青青兰*
全缘全叶马先蒿 Pedicularis integrifolia subsp. integerrima (Pennell & Li) Tsoong(玄参科),*全叶马先蒿全缘亚种*
全缘泉七 Steudnera griffithii Schott (天南星科)
全缘榕树(海南志)=全缘琴叶榕
全缘山柳菊(东北检索表)=全光菊
全缘舌唇兰 Platanthera integra (Nutt.) A.Gray (兰科)
全缘石斑木 Raphiolepis integerrima HK. & Arn. (蔷薇科)
全缘石楠 Photinia integrifolia Lindl.(蔷薇科),*蓝靛树*
全缘石楠长柄变种(植物志 36)=长柄全缘石楠(新)
全缘石楠黄花变种(植物志 36)=黄花全缘石楠(新)
全缘藤山柳 Clematoclethra actinidioides var. integrifolia (Maxim.) C.F.Liang(猕猴桃科)
全缘蹄盖蕨(武陵检索表)=宿蹄盖蕨
全缘铁线莲 Clematis integrifolia L.(毛茛科)
全缘兔耳草 Lagotis integra W.W.Sm.(玄参科)
全缘橐吾 Ligularia mongolica (Turcz.) DC.(菊科),*大舌花*
全缘网蕨 Dictyodroma formosanum (Rosenst.) Ching(蹄盖蕨科),*台湾网蕨,假肠蕨,网脉双盖蕨*
全缘五叶参 Pentapanax leschenaultii var. forrestii (W.W.Sm.) Li(五加科)
全缘小垫柳 Salix brachista var. integra C.Wang (杨柳科)
全缘斜方复叶耳蕨 Arachniodes rhomboidea var. sinica Ching(鳞毛蕨科)
全缘绣球 Hydrangea integrifolia Hay.(虎耳草科),*大枝挂绣球*
全缘栒子 Cotoneaster integerrimus(蔷薇科),*全缘栒子木*
全缘栒子木(东北木本志)=全缘栒子
全缘杨桐 Adinandra integerrima T.Anders.(山茶科)
全缘叶澳洲坚果树 Macadamia integrifolia Maiden & Betche (山龙眼科),*昆士兰坚果*
全缘叶贝克斯 Banksia integrifolia L.f.(山龙眼科)
全缘叶碧冬茄 Petunia integrifolia (HK.) Schinz. & Thell.(茄科)
全缘叶稠李 Padus integrifolia Yü & Ku(蔷薇科),*全缘光萼稠李*
全缘叶呆白菜 Triaenophora integra (Li) Ivanina (玄参科)
全缘叶豆梨(新)Pyrus calleryana var. integrifolia Yü(蔷薇科),*豆梨全缘叶变种*
全缘叶核果木 Drypetes integrifolia Merr. & Chun (大戟科)
全缘叶金光菊 Rudbeckia fulgida Ait.(菊科)
全缘叶蓝刺头 Echinops integrifolius Kar. & Kir. (菊科)
全缘叶绿绒蒿 Meconopsis integrifolia (Maxim.) Franch. (罂粟科),*阿拍色鲁,埃贝寒保,黄芙蓉,鹿耳菜,绿绒蒿,慕琼单圆,吾巴拉,吾白思布,雅片花*
全缘叶栾树 Koelreuteria bipinnata var. integrifoliola (Merr.) T.Chen(无患子科),*图扎拉,巴拉子,山膀胱,黄山栾树*
全缘叶美洲茶 Ceanothus integerrimus HK. & Arn. (鼠李科)
全缘叶山萮菜 Eutrema integrifolium (DC.) Bge. (十字花科)
全缘叶石莲花(秦岭志)=弯毛孔岩草
全缘叶树火麻(云南植物名录)=全缘火麻树
全缘叶天山花楸(新)Sorbus tianschanica var. integrifoliata Yü(蔷薇科),*天山花楸全缘叶变种*
全缘叶细筒苣苔 Lagarosolen integrifolius D. Fang & L.Zeng(苦苣苔科)
全缘叶银柴 Aporusa planchoniana Baill. ex Muell. Arg. (大戟科)
全缘叶紫弹树(东林汇刊)=紫弹树
全缘叶紫麻 Oreocnide integrifolia (Gaudich.) Miq.(荨麻科)
全缘叶紫珠 Callicarpa integerrima Champ.(马鞭草科)
全缘叶醉鱼草(植物志 61)=腺叶醉鱼草
全缘蝇子草 Silene holopetala Bge.(石竹科)
全缘玉龙蕨(植物研究)=陕西耳蕨
全针蔷薇 Rosa persetosa Rolfe(蔷薇科)
全柱秋海棠 Begonia grandis subsp. holostyla Irmsch. (秋海棠科)
全钻形叶蒿(俗称)=线叶蒿
泉沟子荠 Taphrospermum fontanum (Maxim.) Al-Shehbaz & G.Yang(十字花科),*双脊荠*
泉七 Steudnera colocasiaefolia C.Koch.(天南星科),*小毒芋,香芋,团芋*
泉七属 Steudnera C.Koch(天南星科)
泉生眼子菜 Potamogeton fontigenus Y.H.Guo et al. (眼子菜科)
泉水茶藨子 Ribes fontenayense Jancz.(虎耳草科)
泉州神曲(药性考)=普通小麦
拳参(广西药用名录)=革叶蓼
拳参(新疆药志)=椭圆叶蓼
拳参 Polygonum bistorta L.(蓼科),*拳蓼,山虾子,倒根草,破伤药,虾参,刀枪药,草河车*
拳佛手(果树分类学)=佛手
拳距瓜叶乌头 Aconitum hemsleyanum var. circinatum W.T.Wang(毛茛科),*草乌,血乌,藤乌*
拳李(中药大辞典)=老鸦柿
拳蓼(植物志 25-1)=拳参
拳木蓼 Atraphaxis compacta Ledeb.(蓼科)
拳头菜(山东)=蕨
拳头草(广西)=南五味子
拳头菊(广西植物名录)=球菊
犬草 Roegneria canina (L.) Nevski (禾本科)
犬胶爪(福建民间草药)=梵天花
犬胶足迹(福建民间草药)=梵天花
犬山槟榔 Pinanga canina Becc.(棕榈科)
犬尾草(福建民间草药)=狗尾草
犬问荆 Equisetum palustre L.(木贼科),*骨节草,笔杆草,笔筒草,节节菜,洗碗草,接骨筒,沼泽问荆,库鞠杂江*
犬形鼠尾草 Salvia cynica Dunn(唇形科),*山藿香*
畎莎(广东)=球柱草
劝直榕 Ficus stricata Miq.(桑科)

Que

缺瓣重楼(植物志 15)=长药隔重楼
缺苞箭竹 Fargesia denudata Yi (禾本科)
缺齿横蕨(蕨类图说)=无齿介蕨
缺齿红线 Lycianthes laevis (Dunal) Bitt.(茄科)
缺顶杜鹃 Rhododendron emarginatum Hemsl. & Wils.(杜鹃花科),*卫矛叶杜鹃,匍枝杜鹃*
缺萼枫香树 Liquidambar acalycina Chang(金缕梅科)
缺耳耳蕨 Polystichum exauriforme H.S.Kung & L.B.Zhang (鳞毛蕨科)
缺罐梨(河北)=白梨
缺花丝党参(分类学报)=心叶珠子参
缺刻白粉藤 Cissus incisa Desm.(菊科)
缺刻翠雀花 Delphinium incisolobulatum W.T. Wang (毛茛科)
缺刻乌头 Aconitum incisofidum W.T.Wang(毛茛科)
缺刻叶诸葛菜(植物志 33)=诸葛菜
缺裂报春 Primula souliei Franch.(报春花科),*苏氏报春*
缺裂千里光 Senecio scandens var. incisus Franch. (菊科)
缺腰叶蓼(中药辞海)=羽叶蓼
缺叶莓系 Poa subaphylla Honda (禾本科)
缺叶钟报春 Primula ioessa W.W.Sm.(报春花科)
缺柱山萮菜(植物志 33)=日本山萮菜
雀稗 Paspalum thunbergii Kunth ex Steud.(禾本科)
雀稗花省藤 Calamus paspalanthus Becc.(棕榈科)
雀稗尾稃草 Urochloa paspaloides J.S.Presl ex Presl (禾本科)
雀稗属 Paspalum L.(禾本科)
雀斑党参 Codonopsis ussurieneis (Rupr. & Maxim.) Hemsl.(桔梗科)
雀不站(四川中草药)=楤木
雀不站(植物志 22)=枳
雀儿蛋(陕西)=无心菜
雀儿豆属 Chesneya Lindl. ex Endl.(豆科)
雀儿麻(广西容县,苍梧)=了哥王
雀儿舌头 Leptopus chinensis (Bge.) Pojark.(大戟科),*黑钩叶,断肠草*
雀儿舌头属(拉汉名称)=**雀舌木属**
雀儿肾(广西)=郎伞木
雀儿酥(炮炙论)=胡颓子

雀冈(西藏)=蓝翠雀花
雀沟勃(西藏藏族)=黄毛翠雀花
雀喙黄芪 Astragalus ornithorrhynchus Popov (豆科)
雀苣 Scariola orientalis (Boiss.) Soják (菊科)
雀苣属 Scariola F.W.Schmidt(菊科)
雀胴珠(广州)=鸡头薯
雀胴珠属(植物志 41)=**鸡头薯属**
雀笼木(海南)=黄牛木
雀笼踏(广东,广西)=簕欓花椒
雀卵生石花 Lithops mennellii L.Bol.(番杏科)
雀麦 Bromus japonicus Thunb.(禾本科),*杜姥草,瞌睡草,雀麦米,山大麦,山稷子,午星草,野大麦,野麦,野小麦,野燕麦*
雀麦米(中药大辞典)=雀麦
雀麦属 Bromus L.(禾本科)
雀麦状臭草 Melica bromoides Boland. ex A. Gray (禾本科)
雀麦状毛蕊草 Duthiea bromoides Hack.(马鞭草科)
雀麦状乌尔波草 Vulpia bromoides (L.) S.F. Gray (禾本科)
雀麦状针茅 Stipa bromoides (L.) Dörfl.(禾本科)
雀梅(江西)=郁李
雀梅藤 Sageretia thea (Osbeck) Johnst.(鼠李科),*刺冻绿,刺藤子,对角刺,对节刺,马沙刺,米碎木,沙穷勒,酸梅簕,酸色子,酸铜子,酸味,碎米子*
雀梅藤属 Sageretia Brongn.(鼠李科)
雀瓢 Cynanchum thesioides var. australe (Maxim.) Tsiang & P.T.Li(萝藦科)
雀翘(名医别录)=箭叶蓼
雀雀菜(四川南川)=地柏枝
雀雀豆(江苏)=救荒野豌豆
雀榕(福建药志)=绿黄葛树
雀榕(高等图鉴)=笔管榕
雀榕(图鉴)=黄葛树
雀榕树叶(福建草)=绿黄葛树
雀舌草(广东)=地耳草
雀舌草(中草药汇编)=挺茎遍地金
雀舌草 Stellaria alsine Grimm(石竹科),*天蓬草,革苈子,雪里花,滨繁缕*
雀舌豆(高等图鉴)=小鸡藤
雀舌花(植物志 61)=巧玲花
雀舌黄杨 Buxus bodinieri Lévl.(黄杨科)
雀舌木 Leptopus cordifolius Decne.(大戟科)
雀舌木属 Leptopus Decne.(大戟科),*雀儿舌头属,安柁拉属,黑钩叶属*
雀头香(图经本草)=香附子
雀野豆(本草纲目拾遗)=小巢菜
雀仔肾(广西)=打铁树
确山巢菜(国产牧草植物)=确山野豌豆
确山野豌豆 Vicia kioshanica Bailey(豆科),*确山巢菜,山豆根,芦豆苗*
鹊不踏(本草纲目)=楤木
鹊豆(植物志 41)=扁豆
鹊饭菜树(中草药汇编)=白饭树
鹊鸪藤(广西药用名录)=牛筋藤
鹊肾树 Streblus asper Lour.(桑科),*鸡子*
鹊肾树属 Streblus Lour.(桑科)
鹊糖酶(广东)=火碳母

Qün

群风玉 Astrophytum capricorne cv. Senile (仙人掌科)
群虎草(中草药汇编)=大理白前
群花梾木(新)Cornus florida L.(山茱萸科),*多花梾木*
群居粉报春 Primula sacialis Chen & C.M.Hu (报春花科)
群居丝花苣苔 Nematanthus gregarius D.L.Denh. (苦苣苔科)
群生鹿蹄草(拉汉名称)=珍珠鹿蹄草
群心菜 Cardaria draba (L.) Desv.(十字花科)
群心菜属 Cardaria Desv.(十字花科)

Ran

蚺蛇芳(岭南采药录)=喙荚云实
髯瓣花属(科属辞典)=**须花藤属**
髯萼黄堇(横断山植物)=髯萼紫堇
髯萼紫堇 Corydalis barbisepala Hand.-Mazz.(罂粟科),*髯萼黄堇*
髯管花 Geniostoma rupestre J.R. & G.Forst.(马钱科),*台湾髯管花,伪木荔枝*
髯管花属 Geniostoma J.R. & G.Forst.(马钱科),*伪木荔枝属*
髯花杜鹃 Rhododendron anthopogon D.Don(杜鹃花科)
髯毛八角枫 Alangium barbatum (R.Br.) Baill.(八角枫科)
髯毛贝母兰 Coelogyne barbata Griff.(兰科)
髯毛臂形草 Brachiaria villosa var. barbata Bor (禾本科)
髯毛齿稃草 Schismus barbatus (L.) Thell.(禾本科)
髯毛唇柱苣苔 Chirita barbata Sprague (苦苣苔科)
髯毛兜兰 Paphiopedilum barbatum (Lindl.) Pfitz. (兰科)
髯毛凤仙花 Impatiens barbata Comber(凤仙花科)
髯毛瘤瓣兰 Oncidium barbatum Lindl.(兰科)
髯毛龙胆 Gentiana cuneibarba H.Sm.(龙胆科)
髯毛鞘蕊花 Coleus barbatus Benth.(唇形科)
髯毛箬竹 Indocalamus barbatus McClure (禾本科)
髯毛山蚂蝗 Desmodium barbatum (L.) Benth. (豆科)
髯毛石蝴蝶 Petrocosmea barbata Craib(苦苣苔科)
髯毛无心菜 Arenaria barbata Franch.(石竹科),*髯毛蚤缀*
髯毛缬草 Valeriana barbulata Diels(败酱科)
髯毛远志 Polygala barbellata S.K.Chen(远志科),*接骨丹*
髯毛蚤缀(拉汉名称)=髯毛无心菜
髯毛紫菀 Aster barbellatus Griers.(菊科)
髯丝蛛毛苣苔 Paraboea martinii (Lévl.) Burtt (苦苣苔科),*白花蛛毛苣苔,滇桂蛛毛苣苔*
髯柱露柱杜鹃(云南志)=红花露珠杜鹃
燃灯虎耳草 Saxifraga lychnitis HK.f. & Thoms. (虎耳草科),*灯架虎耳草,虎耳草*
苒苒草(沙漠药用植物)=粉绿铁线莲
染布叶(浙江,福建)=尼泊尔鼠李
染布子(广东)=萝芙木
染饭花(昆明)=皱叶醉鱼草
染饭花(云南丽江)=密蒙花
染绯草(蜀本草)=茜草
染红杜鹃花 Rhododendron spilotum Balf.f. & Farrer (杜鹃花科)
染绛子(植物志 26)=落葵
染料木 Genista tinctoria L.(豆科)
染料木属 Genista L.(豆科)
染料沙戟 Chrozophora tinctoria (L.) A.Juss.(大戟科)
染木树 Saprosma ternatum HK.f.(茜草科)
染木树属 Saprosma Bl.(茜草科)
染色草(广西)=夜香牛
染色九头狮子草(高等图鉴)=观音草
染色麻花头 Serratula tinctoria L.(菊科)
染色茜草 Rubia tinctorum L.(茜草科)
染色水锦树 Wendlandia tinctoria (Roxb.) DC. (茜草科)
染菽(本草图经)=隐距越桔
染菽(古名)=南烛
染牙果(广西野生资源植物)=岭南山竹子
染用卫矛 Euonymus tingens Wall. (卫矛科),*阿于好,有色卫矛,脉瓣卫矛*
染用小檗 Berberis tinctoria Lesch.(小檗科)
染指甲草(救荒本草)=凤仙花

Rang

蘘荷 Zingiber mioga (Thunb.) Rosc.(姜科),*观音花,莲花姜,山姜,山麻雀,土里开花,阳藿,野姜,野老姜*
瓖塘翠雀花 Delphinium rangtangense W.T. Wang (毛茛科)
瓖塘滇紫草 Onosma liui Kamel. & T.N.Popova (紫草科)

Rao

荛花 Wikstroemia canescens (Wall.) Meisn.(瑞香科),*灰白荛,黄荛花,黄芫花,老龙树,老虎麻*
荛花香茶菜 Isodon wikstroemioides (Hand.-Mazz.) H.Hara(唇形科)
荛花属 Wikstroemia Endl.(瑞香科)
饶平石楠 Photinia raupingensis Kuan(蔷薇科),*细叶石斑树*
饶平悬钩子 Rubus raopingensis Yü & Lu (蔷薇科)
绕带蒜(上海植物名录)=花朱顶红
绕绕藤(浙江)=钝药野木瓜

Re

热参(中草药汇编)=漏斗泡囊草
热带凤尾蕨(蕨类图说)=线羽凤尾蕨
热带鳞盖蕨 Microlepia speluncae (L.) Moore (碗蕨科)
热带松 Pinus tropicalis Morelet(松科)
热带铁苋菜 Acalypha indica L.(大戟科)
热带阴石蕨 Humata vestita (Bl.) Moore (骨碎补科)
热痱草(广东)=小鱼仙草
热干巴(蒙族名)=大萼委陵菜
热衮巴(藏药名)=尼泊尔黄堇
热衮巴(藏名)=无尾果
热河灯心草 Juncus turczaninowii var. jeholensis (Satake) K.F.Wu(灯心草科)
热河藁本(植物志 55-2)=辽藁本
热河槲栎(东北木本志)=北京槲栎
热河黄精 Polygonatum macropodium Turcz(百合科),*小叶珠,多花黄精*
热河碱茅 Puccinellia jeholensis Kitagawa(禾本科)
热河蒲公英(植物志 80-2)=白缘蒲公英
热河乌头 Aconitum jeholense Nakai & Kitag. (毛茛科),*低矮华北乌头*
热河杨 Populus manshurica Nakai(杨柳科)
热河榆(东北木本志)=黑榆
热惹琼瓦(藏名)=掌叶铁线蕨
热散衣勒特孜(维吾尔名)=土木香

Ren

人唇兰 Aceras anthropophora (L.) R.Br.(兰科)
人唇兰属 Aceras R.Br.(兰科)

人柳(纲目)=柽柳
人面果(高等图鉴)=大叶藤黄
人面树(树木分类学)=人面子
人面竹 Phyllostachys aurea Carr. ex A. & C.Riv.(禾本科),*篁竹,布袋竹,竹茹,青竹茹*
人面子 Dracontomelon duperreanum Pierre(漆树科)*人面树,银莲果,银稔*(广州志)
人面子属 Dracontomelon Bl.(漆树科)
人身香(和汉药考)=甘松
人参 Panax ginseng C.A.Mey.(五加科),*棒槌,园参,竹节参*
人参果(秦岭志)=蕨麻
人参果(陕西中草药)=角盘兰
人参熤子(东北)=山茄子
人参三七(通称)=竹节参
人参三七(西藏中草药)=假人参
人参娃儿藤 Tylophora kerrii Craib(萝藦科),*土人参,土牛七,山豆根*
人参属 Panax L.(五加科)
人瘦木(广西)=灰毛大青
人头草(豆科图说)=地角儿苗
人头茶(纲目拾遗)=普洱茶
人头发(江苏药材志)=鸦葱
人头发(植物志 14)=毛叶藜芦
人头七(中药大辞典)=角盘兰
人头芪(陕西)=杜鹃兰
人土参(四川,贵州)=甘露子
人心果 Manilkara zapota (L.) van Royen(山榄科)
人心药(分类学报)=草绣球
人心药属(分类学报)=**草绣球属**
人血草(湖北)=金罂粟
人血七(陕西,高等图鉴)=金罂粟
人血七(四川武隆)=鸡血七
人字草(本草求原)=鸡眼草
人字草(广西中药志)=金线草
人字草(岭南采药录)=丁癸草
人字草 Saxifraga madida Mak.(虎耳草科)
人字果 Dichocarpum sutchuenense (Franch.) W.T.Wang & Hsiao(毛茛科)
人字果属 Dichocarpum W.T.Wang & Hsiao (毛茛科)
仁昌复叶耳蕨 Arachniodes chingii Y.T.Hsieh (鳞毛蕨科)
仁昌桂(两广乔灌木名录)=硬壳桂
仁昌厚壳桂(海南志)=硬壳桂
仁昌蕨 Chingia ferox (Bl.) Holtt (金星蕨科)
仁昌蕨属 Chingia Holtt (金星蕨科)
仁昌南五味子 Kadsura renchangiana S.F.Lan (木兰科)
仁昌玉山竹 Yushania chingii Yi (禾本科),*秦氏玉山竹*
仁昌玉叶金花 Mussaenda chingii C.Y.Wu ex Hsue & H.Wu(茜草科)
仁丹草(辽宁庄河)=藿香
仁丹树(江西)=光叶山黄麻
仁膜(江苏,浙江)=薄荷
仁砂草(广西药用名录)=广东地构叶
仁枣(侯宁极药谱)=楝
仁皂刺(广西药用名录)=下田菊
壬参(河北)=丹参
忍冬 Lonicera japonica Thunb.(忍冬科),*茶叶花,大薜荔,二宝花,二宝藤,二花秧,二色花藤,金钗股,金花,金银花,金银藤,老翁须,鹭鸶藤,蜜桷藤,千金藤,忍寒草,双花,水杨藤,甜藤,通灵草,银花,银花秧,银藤,右旋藤,右转藤,鸳鸯草,鸳鸯藤,子风藤,左缠藤,左纂藤*
忍冬贝克斯 Banksia marginata Cav.(山龙眼科)
忍冬杜鹃 Rhododendron loniceraeflorum Tam (杜鹃花科)
忍冬花(广西全州)=淡红忍冬
忍冬科 Caprifoliaceae
忍冬叶冬青 Ilex lonicerifolia Hay.(冬青科)
忍冬属 Lonicera L.(忍冬科)
忍寒草(洪氏集验方)=忍冬
荏(名医别录,图考)=紫苏
荏弱柳叶箬 Isachne debilis Rendle (禾本科)
荏弱毛茛 Ranunculus munroanus J.R.Drumm. ex Dunn (毛茛科),*藏西毛茛*
荏弱莠竹 Microstegium delicatulum (HK.f.) A. Camus (禾本科)
荏弱早熟禾 Poa gracilior Keng ex L.Liu(禾本科),*菘山莓系*
荏桐(本草衍义)=油桐
荏子(甘肃,河北)=紫苏
荏子香(贵州惠水)=玫檀花
稔水冬瓜(中草药汇编)=对叶榕
稔叶扁担杆 Grewia urenifolia (Pierre) Gagn.(椴树科)
任豆 Zenia insignis Chun(豆科),*任木*
任豆属 Zenia Chun (豆科)
任木(植物志 39)=任豆
韧喉花 Spinctacanthus siamensis C.B.Clarke ex Hosseus(爵床科)
韧喉花属 Spinctacanthus Benth.(爵床科)
韧黄芩 Scutellaria tenax W.W.Sm.(唇形科),*展毛韧黄芩,大黄芩*
韧荚红豆 Ormosia indurata L.Chen(豆科)
韧皮络石(植物志 63)=锈毛络石

Ri

日本百合 Lilium japonicum Thunb. ex Hout.(百合科)
日本百金花 Centaurium japonicum (Maxim.) Druce (龙胆科),*百金花,穗状百金花*
日本秕壳草(新拉汉英)=秕壳草
日本扁柏 Chamaecyparis obtusa (S. & Z.) Endl.(柏科),*白柏,钝叶扁柏,扁柏,桧木,白松,扁松*
日本扁枝越桔 Vaccinium japonicum Miq.(杜鹃花科)
日本补血草 Limonium tetragonum (Thunb.) Bullk (白花丹科)
日本常山(彩色中草药图谱)=臭常山
日本赤豆 Vigna angularis var. nipponensis (Ohwi) Ohwi & Ohashi?(豆科)
日本赤松(树木分类学)=赤松
日本臭草(秦岭志)=广序臭草
日本垂花白珠树 Gaultheria miqueliana Takeda (杜鹃花科)
日本垂丝卫矛 Euonymus oxyphyllus var. nipponicus (Maxim.) Blakel.(卫矛科)
日本刺柏 Juniperus communis var. nipponica (柏科)
日本刺子莞 Rhynchospora nipponica Makino (莎草科)
日本粗榧 Cephalotaxus harringtonia (Forbes) Koch (三尖杉科)
日本粗叶木 Lasianthus japonicus Miq.(茜草科),*污毛粗叶木,铁骨银参,沙莲树*
日本大白蜡树 Fraxinus excelsissima Koidz.(木犀科)
日本当归(吉林)=东当归
日本当药 Swertia japonica Makino(龙胆科)
日本颠茄(生药学)=东莨菪
日本杜鹃花 Rhododendron japonicum (A.Gray) Suring.(杜鹃花科)
日本杜英 Elaeocarpus japonicus S. & Z.(杜英科),*薯豆*
日本短肠蕨 Allantodia nipponica (Tagawa) Ching (蹄盖蕨科)
日本短颖草 Brachyelytrum erectum var. japonicum Hack (禾本科)
日本对开蕨(植物志 4-2)=对开蕨
日本对叶兰 Listera japonica Bl.(兰科),*小双叶兰*
日本多足蕨(药用孢子植物)=日本水龙骨
日本莪白兰(台湾志)=小叶鸢尾兰
日本二叶草(新曲拉汉名称)=东北山荷叶
日本榧树 Torreya nucifera (L.) S. & Z.(红豆杉科),*日榧*
日本凤尾蕨 Pteris nipponica Shieh (凤尾蕨科)
日本凤丫蕨(台湾志)=凤丫蕨
日本复叶耳蕨 Arachniodes nipponica (Rosenst.) Ohwi (鳞毛蕨科),*贵州复叶耳蕨*
日本沟稃草 Aulacolepis japonica Hack.(禾本科)
日本狗脊蕨(台湾志)=狗脊
日本瓜(海南志)=大果西番莲
日本黑松(树木分类学)=黑松
日本红花石豆兰(台兰科图鉴)=瘤唇卷瓣兰
日本厚皮香 Ternstroemia japonica Thunb.(山茶科)
日本厚朴 Magnolia hypoleuca S. & Z.(木兰科)
日本厚朴 Magnolia obovata Thunb.(木兰科)
日本胡子枝 Lespedeza japonica Bailey (豆科)
日本花柏 Chamaecyparis pisifera (S. & Z.) Endl.(柏科),*五彩松*
日本花凤梨 Tipularia japonica Matsum.(兰科)
日本黄花茅 Anthoxanthum odoratum var. nipponicum (Honda) Tzvel.(禾本科)
日本黄猄草 Championella japonica(Thunb.) Bremek.(爵床科),*垂序马兰,垂序马蓝,红泽兰,日本马蓝,泽兰*
日本黄芩 Scutellaria shikokiana Mak.(唇形科)
日本黄杉 Pseudotsuga japonica (Shiras.) Beiss.(松科)
日本黄杨 Buxus japonica Muel.-Arg.(黄杨科)
日本灰绿龙胆(植物志 62)=灰绿龙胆
日本活血丹 Glechoma grandis (A.Gray) Kupr.(唇形科),*连钱草,金钱薄荷,白花仔草*
日本假繁缕 Theligonum japonicum Okubo & Makino (假繁缕科)
日本假卫矛 Microtropis japonica (Franch. & Sav.) Hall.f.(卫矛科)
日本碱茅 Puccinellia nipponica Ohwi(禾本科)
日本金缕梅 Hamamelis japonica Z. & S.(金缕梅科)
日本金钱豹 Campanumoea javanica subsp. japonica (Makino) Hong(桔梗科),*金钱豹*
日本金松(树木分类学)=金松
日本金星蕨(蕨类图说)=光脚金星蕨
日本金腰 Chrysosplenium japonicum (Maxim.) Makino (虎耳草科),*珠芽金腰*
日本堇菜 Viola eizanensis Makino (堇菜科)
日本锦带花 Weigela japonica Thunb.(忍冬科)
日本景天 Sedum japonicum Sieb. ex Miq.(景天科),*佛甲草,石板菜,黄花万,指甲草*
日本卷柏(蕨类图说)=伏地卷柏
日本卷瓣兰(台湾志)=瘤唇卷瓣兰
日本卷丹 Lilium tigrinum var. diploid (百合科)
日本看麦娘 Alopecurus japonicus Steud.(禾本科)

日本栝楼(新拉汉英)=日产栝楼(新)
日本栝楼 Trichosanthes kirilowii var. japonica (Miq.) Kitam.(葫芦科)
日本蓝盆花 Scabiosa japonica Miq.(川续断科), *山萝卜*
日本冷水花(天目药志)=山冷水花
日本藜芦(拉汉名称和手册)=黑紫藜芦
日本栗 Castanea crenata S. & Z.(壳斗科)
日本冷杉 Abies firma S. & Z.(松科)
日本陵齿蕨 Lindsaea japonica (Bak.) Diels(陵齿蕨科)
日本刘寄奴 Nemosenecio nikoensis (Miq.) B.Nord.(菊科)
日本柳杉 Cryptomeria japonica (L.f.) D.Don (杉科),*孔雀松*
日本柳叶箬 Isachne nipponensis Ohwi (禾本科)
日本龙常草 Diarrhena japonica Franch. & Sav.(禾本科)
日本龙芽草 Agrimonia nipponica Koidz.?(蔷薇科)
日本鹿蹄草 Pyrola japonica Klenze ex Alef.(鹿蹄草科),*鹿寿草,鹿寿茶,鹿衔草*
日本路边青 Geum japonicum Thunb.(蔷薇科), *柔毛水杨梅,追风七,五氯朝阴草*
日本乱子草 Muhlenbergia japonica Steud.(禾本科)
日本落叶松 Larix kaempferi (Lamb.) Carr.(松科)
日本马蓝(高等图鉴)=日本黄猄草
日本马醉木(高等图鉴)=马醉木
日本麦氏草 Molinia japonica Hack.(禾本科)
日本满江红 Azolla japonica Fr. & Saw.(满江红科)
日本莽草 Illicium anisatum L.(木兰科)
日本毛茛(中药辞海)=毛茛
日本毛连菜 Picris japonica Thunb.(菊科),*枪刀菜*
日本毛木兰(植物志 30-1)=星花木兰
日本牡蒿(河北,陕西)=牡蒿
日本木瓜 Chaenomeles japonica (Thunb.) Lindl. ex Spach(蔷薇科),*倭海棠,楂子,和圆子*
日本南五味子 Kadsura japonica (L.) Dunal(木兰科),*南五味子,红骨蛇,美男葛*
日本囊唇兰(台兰科图鉴)=黄松盆距兰
日本牛鞭草 Hemarthria compressa var. japonica (Hack.) Ohwi (禾本科)
日本女贞 Ligustrum japonicum Thunb.(木犀科), *苦茶叶,小白蜡,苦味散,苦丁茶*
日本瓢柑 Citrus ampullacea Hort. & Tanaka (芸香科)
日本七叶树 Aesculus turbinata Bl.(七叶树科)
日本桤木 Alnus japonica (Thunb.) Steud.(桦木科),*赤杨,水柯子,木拨树,木瓜树,水冬果*
日本槭(经济植物手册)=羽扇槭
日本槭 Acer nipponicum Hara (槭树科)
日本漆姑草(东北检索表)=漆姑草
日本求米草 Oplismenus undulatifolius var. japonicus (Steud.) Koidz.(禾本科)
日本全唇兰 Myrmechis japonica (Rchb.f.) Rolfe (兰科),*全唇兰*
日本三蕊柳 Salix nipponica Franch. & Sav.(杨柳科),*赛三蕊柳,三蕊柳*
日本散血丹 Physaliastrum japonicum (Franch. & Sav.) Honda (茄科),*山茄子*
日本散血丹 Physaliastrum japonicum (Franch. & Sav.) Honda(茄科)
日本山萮菜 Eutrema tenue Makino(十字花科), *缺柱山萮菜,小山萮菜*
日本珊瑚树 Viburnum odoratissimum var. awabuki (K.Kcoh) Zabel ex Rumpl.(忍冬科), *法国冬青*
日本商陆 Phytolacca japonica Makino(商陆科), *红色倒水莲*
日本蛇根草 Ophiorrhiza japonica Bl.(茜草科), *散血草,蛇根草,猪菜,雪里荆花,雪里梅,活血丹,血和散*
日本蛇菰 Balanophora japonica Makino(蛇菰科),*葛花菜,葛菌,葛乳,葛蕈,角花,角菌,经血莲,铺地开花,蛇菰*
日本石竹 Dianthus japonicus Thunb.(石竹科), *滨瞿麦*
日本鼠李 Rhamnus japonica Maxim.(鼠李科)
日本薯蓣 Dioscorea japonica Thunb.(薯蓣科), *风车儿,风车子,狂风藤,千担苕,千斤拨,山蝴蝶,山药,土淮山,野白菇*
日本双盖蕨(蕨类图说)=假蹄盖蕨
日本双蝴蝶 Tripterospermum japonicum (S. & Z.) Maxim.(龙胆科),*青鱼胆草,胆草,对叶林,抽筋草*
日本水韭 Isoëtes japonica A.Br.(水韭科)
日本水龙骨 Polypodiodes niponica (Mett.) Ching (水龙骨科),*拐枣金钗,青龙骨,青石蚕,日本多足蕨,石蚕,石倒水莲,石龙,水龙骨,岩蚕,岩鸡尾*
日本水青冈 Fagus japonica Maxim.(壳斗科)
日本四照花 Dendrobenthamia japonica (DC.) Fang (山茱萸科),*东瀛四照花*
日本松毛翠 Phyllodoce niponica Mak.(杜鹃花科), *松毛翠*
日本碎米荠 Cardamine nipponica Franch. & Sav. (十字花科)
日本薹草 Carex japonica Thunb.(莎草科)
日本蹄盖蕨 Athyrium niponicum (Mett.) Hance (蹄盖蕨科),*华北蹄盖蕨,华东蹄盖蕨,天目山蹄盖蕨,云南蹄盖蕨*
日本甜茅(新拉汉英)=甜茅
日本铁杉 Tsuga diversifolia (Maxim.) Mast.(松科)
日本土柑 Citrus leiocarpa Hort. ex Tanaka (芸香科)
日本菟丝子(经济志)=金灯藤
日本弯芒乱子草(高等图鉴)=弯芒乱子草
日本晚樱 Cerasus serrulata var. lannesiana (Carr.) Makino (蔷薇科)
日本苇 Phragmites japonica Steud.(禾本科)
日本文殊兰 Crinum asiaticum var. japonicum Baker (石蒜科)
日本乌蕨(蕨类图说)=野雉尾金粉蕨
日本五须松(树木分类学)=日本五针松
日本五叶杜鹃 Rhododendron pentaphyllum Maxim. (杜鹃花科),*五叶杜鹃花*
日本五月茶 Antidesma japonicum S. & Z.(大戟科),*酸味子,禾串果*
日本五针松 Pinus parviflora S. & Z.(松科),*日本五须松,五钗松*
日本细辛蕨 Boniniella ikenoi (Makino) Hay.(铁角蕨科)
日本夏橙 Citrus aurantium cv. Natsudaidai(芸香科)
日本香柏 Thuja standishii (Gord.) Carr.(柏科)
日本小檗 Berberis thunbergii DC. (小檗科),*小檗*
日本小勾儿茶 Berchemiella berchemiaefolia (Makino) Nakai(鼠李科)
日本小阴地蕨(孢子植物)=华东阴地蕨
日本辛夷(树木志 30-1)=皱叶木兰
日本绣线菊(树木分类学)=粉花绣线菊
日本续断 Dipsacus japonicus Miq.(川续断科)
日本羊茅 Festuca japonica Makino(禾本科)
日本羊蹄甲 Bauhinia japonica Maxim.(豆科), *粤羊蹄甲*
日本野豌豆(豆科图说)=东方野豌豆
日本阴地蕨(蕨类图说)=华东阴地蕨
日本茵陈(俗称)=茵陈蒿
日本淫羊藿 Epimedium musschianum Morr. & Decne.(小檗科)
日本樱花(拉汉名称)=东京樱桃
日本莠竹 Microstegium japonicum (Miq.) Koidz.(禾本科)
日本榆(河北图志)=春榆
日本芋兰 Nervilia nipponica Mak.(兰科)
日本鸢尾(植物学杂志)=蝴蝶花
日本远志(东北检索表)=瓜子金
日本云杉 Picea torano (Sieb. ex K.Koch) Koehne (松科)
日本早熟禾 Poa nipponica Koidz.(禾本科)
日本皂荚(豆科图说)=山皂荚
日本獐牙菜 Swertia diluta var. tosaensis (Makino) Hara(龙胆科)
日本榛 Corylus sieboldiana Bl.(桦木科)
日本指甲兰 Aerides japonicum Rchb.f.(兰科)
日本钟花 Enkianthus peulatus (Miq.) C.K. Schneid. (杜鹃花科),*芽鳞钟花*
日本重齿玄参 Scrophularia duplicato-serrata Makino(玄参科)
日本紫萁 Osmunda lancea Thunb.(紫萁科)
日本紫珠 Callicarpa japonica Thunb.(马鞭草科), *基隆紫珠,紫珠*
日产栝楼(新) Trichosanthes japonica Rgl.(葫芦科) ,*日本栝楼*
日出 Ferocactus latispinus (Haw.) Britt. & Rose (仙人掌科)
日东薹草 Carex ridongensis P.C.Li(莎草科)
日榧(经济植物手册)=日本榧树
日根(西藏语)=尼泊尔黄堇
日估(藏药名)=蓝苞葱
日光冷杉 Abies homolepis S. & Z.(松科)
日光蓬子菜 Galium verum var. nikkoense Nakai (茜草科)
日光槭(经济植物手册)=毛果槭
日光卫矛 Euonymus hamiltonianus var. nikoensis (Nakai) Blakel.(卫矛科)
日贵(西藏语)=尼泊尔黄堇
日喝估(藏药名)=太白韭
日候(青海藏族名)=黄帚橐吾
日伙(四川藏语)=沼生橐吾
日喀则蒿 Artemisia xigazeensis Ling & Y.R. Ling (菊科)
日喀则蒿草(西藏志)=不丹蒿草
日开夜闭(南宁药志)=黄珠子草
日开夜闭(云南药用名录)=叶下珠
日轮生石花 Lithops aucampiae L.Bol.(番杏科)
日南薹草 Carex nachiana Ohwi(莎草科)
日日草(广东,广西)=长春花
日日新(广东,广西)=长春花
日头鸡(四川中药志)=厚果崖豆藤
日肖(藏名)=藏橐吾
日行千里(广东中草药)=穿心莲
日羊胡子草 Eriophorum japonicum Maxim.(莎草科)
日月潭羊耳蒜 Liparis hensoaensis Kudo(兰科)

日照马先蒿 Pedicularis rizhaoensis H.P.Yang (玄参科)
日照飘拂草(浙江草药)=水虱草
日照山虎耳草 Saxifraga rizhaoshaneneis J.T. Pan (虎耳草科)
日中花属 Lampranthus N.E.Br.(番杏科)
日中花属 Mesembryanthemum L.(番杏科),*松叶菊属,龙须海棠属*

Rong

戎芦刺(植物志 52-1)=柞木
绒白蜡树 Fraxinus tomentosa Michx.f.(木犀科)
绒柏 Chamaecyparis pisifera cv. Squarrosa (柏科)
绒苞藤 Congea tomentosa Roxb.(马鞭草科)
绒苞藤属 Congea Roxb.(马鞭草科),*康吉木属*
绒背风毛菊 Saussurea vestita Franch.(菊科)
绒背蓟 Cirsium vlassovianum Fisch. ex DC.(菊科),*猫脚姑*
绒柄杭子稍 Campylotropis tomentosipetiolata P. Y.Fu (豆科)
绒吊虾蟆(广西中草药)=丁癸草
绒萼铁线莲 Clematis moisseenkoi (Serov) W.T. Wang (毛茛科)
绒果芹 Eriocycla albescens (Franch.) Wolff(伞形科),*滇羌活*
绒果芹属 Eriocycla Lindl.(伞形科),*滇羌活属*
绒果梭罗 Reevesia tomentosa Li(梧桐科)
绒蒿(广西)=茵陈
绒蒿(广西)=茵陈蒿
绒花树(河北)=花楸树
绒花树(河南,山东,徐州)=合欢
绒花喜荫花 Episcia dianthiflora H.E.Moore & R.G.Wils. (苦苣苔科)
绒蕨(类图说)=绒紫萁
绒藜 Londesia eriantha Fisch. & Mey.(藜科)
绒藜属 Londesia Fisch. & Mey.(藜科),*龙得藜属,毛被藜属*
绒马唐 Digitaria mollicoma (Kunth) Henr.(禾本科)
绒毛安匝木 Pomaderris velutina Willis (鼠李科)
绒毛报春(拉汉名称)=灰毛报春
绒毛报春 Primula tsiangii W.W.Sm.(报春花科),*蒋氏报春*
绒毛杯苋 Cyathula tomentosa (Roth) Moq.(苋科)
绒毛变型(植物志 66)=绒毛栗色鼠尾草(新)
绒毛变型(植物志 66)=绒毛鼠尾草(新)
绒毛变种(植物志 66,Flora 17)=绒毛毛萼香薷(新)
绒毛变种(植物志 66,Flora 17)=绒毛绵穗苏
绒毛薄鳞蕨 Leptolepidium subvillosum (HK.) Hsing & S.K.Wu(中国蕨科)
绒毛糙叶秋海棠(云南植物名录)=倮全江秋海棠
绒毛草 Holcus lanatus L.(禾本科)
绒毛草属 Holcus L.(禾本科)
绒毛梣 Fraxinus velutina Torr.(木犀科)
绒毛长蒴苣苔(植物志 69)=巨柱唇柱苣苔
绒毛长穗柳 Salix radinostachya var. pseudophanera C.F.Fang (杨柳科)
绒毛成凤山茶 Camellia mairei var. velutina Sealy (十字花科)
绒毛赤竹 Sasa tomentosa C.D.Chu & C.S.Chao (禾本科)
绒毛大沙叶 Pavetta tomentosa Roxb. ex Smith (茜草科)
绒毛大油芒 Spodiopogon villosus L.Liu(禾本科)
绒毛戴星草 Sphaeranthus indicus L.(菊科),*麻腊干*
绒毛灯笼花 Agapetes lacei var. tomentella Airy-Shaw (杜鹃花科),*绒毛深红树萝卜*
绒毛滇南山矾 Symplocos hookeri var. tomentosa Y.F.Wu(山矾科)
绒毛钓樟 Lindera floribunda (Allen) H.P.Tsui (樟科)
绒毛杜鹃 Rhododendron pachytrichum Franch. (杜鹃花科)
绒毛番龙眼 Pometia tomentosa (Bl.) Teysm. & Binn.(无患子科)
绒毛枹栎(植物志 22)=枹栎
绒毛甘青蒿 Artemisia tangutica var. tomentosa Hand.-Mazz.(菊科),*甘青蒿,茸毛变种*
绒毛高原芥(植物志 33)=绒毛宽果芥
绒毛瓜祖马 Guazuma tomentosa Kunth (梧桐科)
绒毛杭子梢 Campylotropis cavaleriei (Lévl.) C. Y.Wu (豆科)
绒毛蒿 Artemisia campbellii HK.f. & Thoms. (菊科)
绒毛诃子 Terminalia chebula var. tomentella (Kurz) C.B.Clarke(使君子科),*微毛诃子,诃子*
绒毛红花荷 Rhodoleia forrestii Chun ex Exell(金缕梅科)
绒毛胡枝子 Lespedeza tomentosa (Thunb.) S. & Z.(豆科),*山豆花,小雪人参,白土子,白胡枝子*
绒毛花属 Anthyllis L.(豆科)
绒毛槐 Sophora tomentosa L.(豆科),*海南槐,岭南槐树*
绒毛黄芪 Astragalus hendersonii Baker(豆科)
绒毛黄腺香青(新)Anaphalis aureo-punctata var. tomentosa Hand.-Mazz.(菊科),*黄腺香青绒毛变种*
绒毛鸡脚参 Orthosiphon tomentosus Benth.(唇形科)
绒毛鸡矢藤 Paederia lanuginosa Wall.(茜草科)
绒毛假糙苏 Paraphlomis albotomentosa C.Y.Wu (唇形科),*野芝麻*
绒毛假蒜芥 Sisymbriopsis mollipila (Maxim.) Botsch. (十字花科),*绒毛念珠芥*
绒毛尖叶四照花 Dendrobenthamia angustata var. mollis (Rehd.) Fang(山茱萸科)
绒毛荆芥 Nepeta kokanica Regel(唇形科)
绒毛卷耳 Cerastium tomentosum L.(石竹科)
绒毛蕨萁 Botrypus lanuginosus (Wall.) Holub. (瓶尔小草科)
绒毛宽果芥 Eurycarpus lanuginosus (HK.f. & Thoms.) Botsch.(十字花科),*绒毛高原芥*
绒毛蜡瓣花 Corylopsis velutina Hand.-Mazz. (金缕梅科)
绒毛蓝叶藤(植物志 63)=蓝叶藤
绒毛梨叶悬钩子 Rubus pirifolius var. tomentosus Ktze. (蔷薇科)
绒毛栎(植物志 22)=绒毛青冈
绒毛栗色鼠尾草(新)Salvia castanea f. tomentosa Stib. (唇形科),*绒毛变型*
绒毛苓菊 Jurinea lanipes Rupr. ex Osten-Sacken & Rupr. (菊科)
绒毛瘤足蕨 Plagiogyria lanuginosa Ching(瘤足蕨科)
绒毛螺旋草(植物大辞典)=毛刺蒴麻
绒毛马铃苣苔(植物志 69)=长瓣马铃苣苔
绒毛马先蒿 Pedicularis tomentosa Li(玄参科)
绒毛毛萼香薷(新)Elsholtzia eriocalyx var. tomentosa C.Y.Wu & S.C.Huang(唇形科),*绒毛变种*
绒毛美洲安息香 Styrax americanum var. pulverulentum (Michx.) Perkens (安息香科)
绒毛绵穗苏(新)Comanthosphace ningpoensis var. stellipiloides C.Y.Wu(唇形科),*绒毛变种,石荠苧*
绒毛念珠芥(植物志 33)=绒毛假蒜芥
绒毛牛奶菜 Marsdenia tenii M.G.Gilb. & P.T.Li (萝藦科)
绒毛苹婆 Sterculia villosa Roxb.(梧桐科),*白榔皮,榔皮树,色白告*
绒毛葡萄(分类学报)=毛葡萄
绒毛漆 Toxicodendron wallichii (HK.f.) O.Ktze. (漆树科)
绒毛千斤拔 Flemingia grahamiana Wight & Arn. (豆科),*密花千斤拔*
绒毛青冈 Cyclobalanopsis hypophaea (Hay.) Kudo(壳斗科),*绒毛栎*
绒毛秋海棠 Begonia tomentosa Schott (秋海棠科)
绒毛秋葡萄 Vitis romeneti var. tomentosa Y.L. Cao & Y.H.He(葡萄科)
绒毛球 Mammillaria multiceps Salm-dyck.(仙人掌科)
绒毛肉实树 Sarcosperma kachinense (King & Prain) Exell.(山榄科),*毛序肉实树,枚辣叶肉实*
绒毛锐尖山香圆 Turpinia arguta var. pubescens T.Z.Hsu (省沽油科),*九节茶,五寸刀,梁伯树,假木棉*
绒毛润楠 Machilus velutina Champ. ex Benth. (樟科),*狗高铁,猴高铁,猴哥铁,绒楠,山枇杷,香槁树,香胶木,野枇杷*
绒毛山胡椒 Lindera nacusua (D.Don) Merr.(樟科),*绒毛樟,大石楠树*
绒毛山绿豆(海南志)=绒毛山蚂蝗
绒毛山蚂蝗 Desmodium velutinum (Willd.) DC. (豆科),*绒毛山绿豆,绒毛叶山蚂蝗*
绒毛山梅花 Philadelphus tomentosus Wall.(虎耳草科),*毛叶山梅花*
绒毛山茉莉 Huodendron tomentosum Y.C.Tang ex S.M.Hwang(安息香科)
绒毛蛇葡萄 Ampelopsis tomentosa Planch.(葡萄科)
绒毛深红树萝卜(云南志)=绒毛灯笼花
绒毛省藤 Calamus tomentosus Becc.(棕榈科)
绒毛石楠 Photinia schneideriana Rehd. & Wils. (蔷薇科)
绒毛石韦(台湾志)=线叶石韦
绒毛石韦 Pyrrosia subfurfuracea (HK.) Ching (水龙骨科)
绒毛鼠尾草(新)Salvia kiaometiensis f. tomentella Stib .(唇形科),*绒毛变型*
绒毛素馨 Jasminum hongshuihoense Jien(木犀科)
绒毛天名精 Carpesium velutinum Winkl.(菊科)
绒毛天竺葵 Pelargonium tomentosum Jacq.(牻牛儿苗科)
绒毛铁角蕨 Asplenium furfuraceum Ching(铁角蕨科)
绒毛头状花耳草 Hedyotis capitellata var. mollissima (Pitard) Ko(茜草科)
绒毛无患子 Sapindus tomentosus Kurz(无患子

科)
绒毛香科 Teucrium tomentosum Hene (唇形科)
绒毛小檗 Berberis tomentosa R. & P.(小檗科)
绒毛小果葡萄 Vitis balanseana var. tomentosa C. L.Li (葡萄科)
绒毛小叶红豆 Ormosia microphylla var. tomentosa R.H.Chang(豆科)
绒毛小阴地蕨(孢子植物)=绒毛阴地蕨
绒毛新木姜子 Neolitsea tomentosa H.W.Li(樟科)
绒毛绣线菊(经济植物手册)=毛花绣线菊
绒毛绣线菊 Spiraea velutina Franch.(蔷薇科)
绒毛悬钩子(华北经济志要,经济植物志要,药典 2000)=复盆子
绒毛鸭脚木(广西植物名录)=穗序鹅掌柴
绒毛崖豆 Millettia velutina Dunn(豆科)
绒毛野丁香 Leptodermis potanini var. tomentosa H.Winkl.(茜草科)
绒毛野桐 Mallotus japonicus var. oreophilus (Muell.Arg.) S.M.Hwang(大戟科),*止血木*
绒毛叶杭子稍 Campylotropis pinetorum subsp. velutina (Dunn) Ohashi(豆科)
绒毛叶开唇兰 Anoectochilus setaceus Bl.(兰科)
绒毛叶轮木 Ostodes kuangii Y.T.Chang(大戟科)
绒毛叶山蚂蝗(台湾志)=绒毛山蚂蝗
绒毛意大利槭 Acer opalus var. tomentosum (Tausch) Rehd.(槭树科)
绒毛阴地蕨 Botrychium lanuginosum Wall.(阴地蕨科),*独蕨萁,蕨箕参,绒毛小阴地蕨,一朵云,蕨箕细辛*
绒毛皂荚 Gleditsia japonica var. velutina L.C.Li (豆科)
绒毛皂柳 Salix wallichiana var. pachyclada (Lévl. & Vant.) C.Wang & C.F.Fang(杨柳科)
绒毛樟(海南志)=绒毛山胡椒
绒毛掌 Echeveria pulvinata Rose (景天科)
绒毛枝绣线菊(新)Spiraea martinii var. tomentosa Yü(蔷薇科),*毛枝绣线菊绒毛叶变种*
绒毛钟花蓼 Polygonum campanulatum var. fulvidum HK.f.(蓼科)
绒毛紫矿 Butea braamiana DC.(豆科)
绒毛紫薇 Lagerstroemia tomentosa Presl(千屈菜科),*毛叶紫薇*
绒楠(树木分类学)=绒毛润楠
绒球百合 Lilium pomponium L.(百合科)
绒舌马先蒿 Pedicularis lachnoglossa HK.f.(玄参科)
绒树(图考)=合欢
绒头假糙苏 Paraphlomis tomemtosocapitata Yamamoto (唇形科)
绒辖变种(植物志 66)=露珠香茶菜
绒序楼梯草 Elatostema eriocephalum W.T. Wang (荨麻科)
绒叶斑叶兰 Goodyera velutina Maxim.(兰科),*鸟嘴莲,白肋斑叶兰*
绒叶含笑 Michelia velutina DC.(木兰科)
绒叶蒿(吉林)=高岭蒿
绒叶花烛 Anthurium magnificum Lind.(天南星科)
绒叶黄花木 Piptanthus tomentosus Franch.(豆科)
绒叶鹿藿 Rhynchosia rothii Benth. ex Ait.(豆科)
绒叶毛建草 Dracocephalum velutinum C.Y.Wu & W.T.Wang(唇形科)
绒叶木姜子 Litsea wilsonii Gamble(樟科)
绒叶仙茅 Curculigo crassifolia (Baker) HK.f.(石蒜科)
绒叶肖竹芋 Calathea zebrina (Sims) Lindl.(竹芋科)
绒叶印度崖豆 Millettia pulchra var. tomentosa Prain (豆科)
绒缨花(安徽志)=绒缨菊
绒缨菊 Emilia coccinea (Sims) G.Don(菊科),*绒缨花*
绒针(草药汇编)=竹灵消
绒志算盘子 Glochidion velutinum Wight(大戟科)
绒紫萁 Osmunda claytoniana L.(紫萁科),*绒蕨*
绒祖刺(福建)=金合欢
绒祖刺树皮(福建)=金合欢
茸果柯 Lithocarpus bacgiangensis (Hick. & A. Camus) A.Camus(壳斗科)
茸果鹧鸪花 Trichilia sinensis Bentv.(楝科)
茸荚红豆 Ormosia pachycarpa Champ. ex Benth. (豆科),*毛红豆,青皮婆*
茸毛变种(高等图鉴)=绒毛甘青蒿
茸毛赤瓟 Thladiantha cordifolia var. tomentosa A.M.Lu & Z.Y.Zhang(葫芦科)
茸毛凤仙花 Impatiens tomentosa Heyne (凤仙花科)
茸毛果黄芪 Astragalus hebecarpus Cheng f. ex S.B.Ho (豆科)
茸毛胡桐 Calophyllum tomentosum Wight (藤黄科)
茸毛梅蓝 Melhania tomentosa Stocks.(梧桐科)
茸毛木蓝 Indigofera stachyodes Lindl.(豆科),*雪人参,山红花,红苦刺,血人参*
茸毛山杨 Populus davidiana var. tomentella (Schneid) Nakai(杨柳科)
茸毛芍药 Paeonia tomentosa (Lomak.) N.Busch.(芍药科)
茸毛水蜡烛 Dysophylla tomentosa Dalz.(唇形科)
茸毛蹄盖蕨(蕨类形态)=中越蹄盖蕨
茸毛委陵菜 Potentilla strigosa Pall. ex Pursh. (蔷薇科),*灰白委陵菜*
茸毛萎软紫菀(新) Aster flaccidus subsp. flaccidus f. tomentosus Winkl.(菊科)
茸毛真碎米蕨 Cheilanthes tomentosa Link (中国蕨科)
茸球藨草 Scirpus asiaticus Beetle (莎草科),*庐山藨草,马尾草*
容成(金匮玉函方)=菊花
容佛萨拉卡棕 Salacca rumphii Wall.(棕榈科)
容胡恩黄木小檗 Berberis xanthoxylon var. junghuhniana Ahrendt (小檗科)
蓉草 Leersia oryzoides (L.) Swartz.(禾本科),*秀状李氏禾,稻状游草,假稻*
蓉城竹 Phyllostachys bissetii McClure (禾本科)
榕江茶 Camellia yungkiangensis Chang(山茶科)
榕江秋海棠 Begonia rongjiangensis Ku(秋海棠科)
榕树 Ficus microcarpa L.f.(桑科),*昂风根,半天昂,不死树,倒生木,倒生树,吊须,官榕木,落地金钱,万年青,细叶榕,小叶榕,正榕*
榕叶冬青(厦大学报)=硬叶冬青
榕叶冬青 Ilex ficoidea Hemsl.(冬青科),*台湾糊樗,仿腊树,野香雪,上山虎*
榕叶树参 Dendropanax ficifolius Tseng & Hoo (五加科)
榕叶卫矛 Euonymus ficoides C.Y.Cheng ex J.S. Ma (卫矛科)
榕叶掌叶树 Euaraliopsis ficifolia Hutch.(五加科)
榕属 Ficus L.(桑科)
融安金柑 Rongan Jingan(芸香科)
融安直瓣苣苔 Ancylostemon ronganensis K.Y. Pan (苦苣苔科)

Rou

柔瓣美人蕉 Canna flaccida Salisb.(美人蕉科) *黄花美人蕉*
柔垂美登木 Maytenus flaccidissimus C.Y. Cheng & Y.Shen (卫矛科)
柔垂缬草 Valeriana flaccidissima Maxim.(败酱科)
柔果薹草 Carex mollicula Boott(莎草科)
柔花海南香花藤(植物志 63)=海南香花藤
柔花眼子菜 Potamogeton leptanthus Y.D.Chedn (眼子菜科)
柔茎凤仙花 Impatiens tenerrima Y.L.Chen(凤仙花科)
柔茎锦鸡尾 Haworthia tenera v.Poelln (百合科)
柔茎锦香草 Phyllagathis tenuicaulis C.Chen(野牡丹科)
柔茎蓼 Polygonum tenellum var. micranthum (Meisn.) C.Y.Wu(蓼科)
柔茎香茶菜 Isodon flexicaulis (C.Y.Wu & H.W. Li) H.Hara (唇形科)
柔毛艾纳香 Blumea mollis (D.Don) Merr.(菊科),*红头小仙,紫背倒提壶,毛干药,甲冬丈,那猪草*
柔毛菝葜 Smilax chingii Wang & Tang(百合科)
柔毛斑叶兰 Goodyera pubescens (Willd.) R.Br.(兰科)
柔毛半脊荠(植物志 33)=法氏半脊荠
柔毛半蒴苣苔 Hemiboea mollifolia W.T.Wang (苦苣苔科)
柔毛蚌壳蕨 Dicksonia pilosiuscula Willd.(蚌壳蕨科)
柔毛变型(植物志 66)=柔毛栗色鼠尾草(新)
柔毛变型(植物志 66)=柔毛鼠尾草(新)
柔毛变种(植物志 66,Flora 17)=柔毛西南水苏(新)
柔毛杓兰 Cypripedium calceolus var. pubescens (Willd.) Corr.(兰科)
柔毛补血草 Limonium puberulum (Webb) O.lKuntze (白花丹科)
柔毛藏芥 Phaeonychium villosum (Maxim.) Al-shehbaz (十字花科),*柔毛高原芥,宽丝高原芥,青海肉叶荠*
柔毛糙叶树 Aphananthe aspera var. pubescens C.J.Chen (榆科)
柔毛草绿色美洲茶 Ceanothus herbacea var. pubescens (Torr. & Gray) Shinnera (鼠李科)
柔毛草崖藤 Tetrastigma apiculatum var. pubescens C.L.Li (葡萄科)
柔毛长蒴苣苔 Didymocarpus mollifolius W.T. Wang (苦苣苔科)
柔毛齿叶睡莲 Nymphaea lotus var. pubescens (Willd.) HK.f. & Thoms.(睡莲科)
柔毛齿缘草 Eritrichium petiolare var. villosum W.T.Wang (紫草科),*柔毛具柄齿缘草*
柔毛枞(中国裸子志)=岷江冷杉
柔毛大戟 Euphorbia vermiculata Raf.(大戟科)
柔毛大碗花 Calystegia pubescens Lindl.(旋花科),*缠枝牡丹*
柔毛大叶蛇葡萄 Ampelopsis megalophylla var. jiangxiensis (W.T.Wang) C.L.Li(葡萄科)

柔毛冬青 Ilex macrocarpa var. reevesae (S.Y.Hu) S.Y.Hu (冬青科), *黎氏冬青*

柔毛冬青 Ilex reevesae S.Y.Hu (冬青科)

柔毛杜鹃 Rhododendron pubescens Balf.f. & Forr. (杜鹃花科)

柔毛多穗兰 Polystachya pubescens (Lindl.) Rchb.f. (兰科)

柔毛峨眉翠雀花 Delphinium omeiense var. pubescens W.T.Wang(毛茛科), *毛峨眉翠雀花*

柔毛矾根 Heuchera pubescens Pursh.(虎耳草科)

柔毛方秆蕨 Glaphyropteridopsis villosa Ching & W.M.Chu ex Y.X.Lin (金星蕨科)

柔毛粉枝莓 Rubus biflorus var. pubescens Yü & Lu (蔷薇科)

柔毛凤尾蕨 Pteris puberula Ching(凤尾蕨科)

柔毛凤仙花 Impatiens puberula DC.(凤仙花科)

柔毛佛子茅 Calamagrostis willosa (Chaix) J.F. Gmel. (禾本科)

柔毛高原芥(植物志 33)=柔毛藏芥

柔毛茛 Ranunculus membranaceus var. pubescens (W.T.Wang) W.T.Wang(毛茛科)

柔毛冠盖藤 Pileostegia viburnoides var. glabrescens (C.C.Yan) S.M.Hwang(虎耳草科)

柔毛果珍珠茅 Scleria herbecarpa var. pubescens (Steud.) C.B.Clarke (莎草科)

柔毛蒿 Artemisia pubescens Ledeb.(菊科), *变蒿, 呼尔干-沙里尔日, 立沙蒿, 麻蒿, 马尔托什, 米拉蒿, 转蒿*

柔毛合头菊 Syncalathium pilosum (Ling) Shih (菊科)

柔毛核木 Symphoricarpos mollis Nutt.(忍冬科), *柔毛雪果*

柔毛红豆 Ormosia pubescens R.H.Chang(豆科)

柔毛胡枝子 Lespedeza pubescens Hay.(豆科)

柔毛黄瓜菜(新)Ixeris denticulata subsp. pubescens Stebbins?(菊科)

柔毛黄栌(植物学报)=毛黄栌

柔毛火绒草 Leontopodium villosum Hand.-Mazz. (菊科)

柔毛假虎仗 Polygonum polystachyum var. pubescens Meisn.(蓼科)

柔毛假蛇尾草 Thaumastochloa pubescens (Domin) Hubb.(禾本科)

柔毛尖叶悬钩子 Rubus acuminatus var. puberulus Yü & Lu (蔷薇科)

柔毛剪股颖 Agrostis eriolepis Keng ex Y.C.Yang (禾本科)

柔毛接骨木 Sambucus pubens Michx.(忍冬科)

柔毛金合欢 Acacia mollissima Willd.(豆科)

柔毛金腰 Chrysosplenium pilosum var. valdepilosum Ohwi(虎耳草科), *柔毛金腰子*

柔毛金腰子(秦岭志)=柔毛金腰

柔毛金盏苣苔 Isometrum villosum K.Y.Pan(苦苣苔科)

柔毛堇菜 Viola principis H.de Boiss.(堇菜科), *紫叶堇菜, 瓮菜癀, 马蹄癀草, 宝剑草, 犁头草*

柔毛堇菜 Viola pubescens Ait.(堇菜科)

柔毛景天 Sedum giajai Hamet(景天科)

柔毛具柄齿缘草(Flora 16)=柔毛齿缘草

柔毛聚果榕 Ficus racemosa var. miquelli (King) Corner (桑科)

柔毛宽蕊地榆 Sanguisorba applanata var. villosa Yü & Li(蔷薇科)

柔毛老鹤草 Geranium molle L.(牻牛儿苗科)

柔毛冷杉(树木分类学)=岷江冷杉

柔毛梨叶悬钩子 Rubus pirifolius var. permollis Merr. (蔷薇科)

柔毛栗色鼠尾草(新)Salvia castanea f. pubescens Stib. (唇形科), *柔毛变型*

柔毛连蕊芥 Synstemon petrovii var. pilosus Botsch.(十字花科)

柔毛蓼 Polygonum sparsipilosum A.J.Li(蓼科)

柔毛龙胆 Gentiana pubigera Marq.(龙胆科), *矮脚龙胆*

柔毛龙眼独活 Aralia henryi Harms(五加科), *九眼独活, 小叶龙眼独活, 鬼眼独活, 短序熗木*

柔毛路边青 Geum japonicum var. chinense F.Bolle(蔷薇科), *地椒, 地椒草, 蓝布正, 南布正, 南水杨梅, 柔毛水杨梅, 水益母, 头晕药, 追风七*

柔毛马先蒿 Pedicularis mollis Wall.(玄参科)

柔毛莓叶悬钩子 Rubus fragarioides var. pubescens Franch.(蔷薇科)

柔毛猕猴桃(新拉汉英)=毛猕猴桃(新)

柔毛猕猴桃 Actinidia venosa f. pubescens Li(猕猴桃科)

柔毛牧豆树 Prosopis pubescens Benth.(豆科)

柔毛泡花树 Meliosma myriantha var. pilosa (Lecomte) Law(清风藤科)

柔毛茄 Solanum pubescens Willd.(茄科)

柔毛青藤 Illigera grandiflora var. pubescens Y.R. Li (莲叶桐科)

柔毛筇竹 Qiongzhuea puberula Hsueh & Yi (禾本科)

柔毛秋海棠(高等图鉴)=独牛

柔毛曲萼绣线菊(新)Spiraea flexuosa var. pubescens Liou (蔷薇科), *曲萼绣线菊柔毛变种*

柔毛润楠(新拉汉英)=粉绿润楠(新)

柔毛润楠 Machilus villosa (Roxb.) HK.f.(樟科)

柔毛箬竹 Indocalamus guangdongensis var. mollis H.R.Zhao & Y.L.Yang(禾本科)

柔毛山矾 Symplocos pilosa Rehd.(山矾科)

柔毛山黑豆 Dumasia villosa DC.(豆科), *毛小鸡藤*

柔毛苕子(秦岭志)=长柔毛野豌豆

柔毛鼠耳芥(植物志 33)=柔毛须弥芥

柔毛鼠尾草(新)Salvia kiaometiensis f. pubescens Stib. (唇形科), *柔毛变型*

柔毛薯蓣 Dioscorea martini Prain & Burkill(薯蓣科)

柔毛水龙骨 Polypodiodes amoena var. pilosa (C.B.Clarke) Ching(水龙骨科)

柔毛水杨梅(秦岭志)=柔毛路边青

柔毛水杨梅(陕西中草药,秦岭志)=日本路边青

柔毛溲疏(图谱)=钻丝溲疏

柔毛碎米花 Rhododendron mollicomum Balf.f. & W.W.Sm. (杜鹃花科)

柔毛蹄盖蕨(植物研究)=贵州蹄盖蕨

柔毛网脉崖爬藤 Tetrastigma retinervium var. pubescens C.L.Li(葡萄科), *网脉崖爬藤*

柔毛微孔草 Microula rockii Johnst.(紫草科)

柔毛委陵菜 Potentilla griffithii HK.f.(蔷薇科), *红地榆*

柔毛五加 Acanthopanax gracilistylus var. villosulus (Harms) Li(五加科)

柔毛五味子 Schisandra tomentella A.C.Sm.(木兰科)

柔毛西南水苏(新)Stachys kouyangensis var. villosissima C.Y.Wu(唇形科), *柔毛变种*

柔毛细柄草 Capillipedium parviflorum var. villosum (Nees) Chang (禾本科)

柔毛香科 Teucrium krymense Juz.(唇形科)

柔毛小檗 Berberis pubescens Pamp. (小檗科)

柔毛小花杓兰 Cypripedium parviflorum var. pubescens (兰科)

柔毛小柱悬钩子 Rubus columellaris var. villosus Yü & Lu (蔷薇科)

柔毛肖鸢尾 Moraea pavonia var. villosa Hort. (鸢尾科)

柔毛绣球(植物志 35-1)=马桑绣球

柔毛绣球防风 Leucas pubescens Benth.(唇形科)

柔毛绣线菊(经济植物手册)=土庄绣线菊

柔毛须弥芥 Crucihimalaya mollissima (C.A. Mey) Al-Shehbaz et al.(十字花科), *柔毛鼠耳芥*

柔毛悬钩子 Rubus pubifolius Yü & Lu (蔷薇科)

柔毛雪果(新拉汉英)=柔毛核木

柔毛栒子(新)Cotoneaster bakeri Klotz?(蔷薇科)

柔毛鸦胆子 Brucea mollis Wall. ex Kurz(苦木科), *大果鸦胆子, 毛鸦胆子*

柔毛崖爬藤 Tetrastigma henryi var. mollifolium W.T.Wang (葡萄科)

柔毛岩荠(植物志 33)=柔毛阴山荠

柔毛盐蓬 Halimocnemis villosa Kar. & Kir.(藜科)

柔毛盐源槭 Acer schneiderianum var. pubescens Fang & Wu(槭树科)

柔毛杨 Populus pilosa Rehd.(杨柳科)

柔毛野豌豆 Vicia amoena var. pubescens Turcz. (豆科)

柔毛益母草 Leonurus villosissimus C.Y.Wu & H.W.Li (唇形科)

柔毛阴山荠 Yinshania henryi (Oliv.) Y.H.Zhang (十字花科), *乾岩腔, 柔毛岩荠*

柔毛淫羊藿 Epimedium pubescens Maxim. (小檗科)

柔毛油杉 Keteleeria pubescens Cheng & L.K.Fu (松科), *老鼠杉*

柔毛玉叶金花 Mussaenda divaricata var. mollis Hutch. (茜草科)

柔毛郁金香 Tulipa biflora Pall.(百合科)

柔毛云南越桔 Vaccinium duclouxii var. pubipes C.Y.Wu (杜鹃花科)

柔毛胀果芹 Phlojodicarpus villosus (Turcz. ex Fisch. & Mey.) Turcz. ex Ledeb.(伞形科), *毛序燥芹*

柔毛针刺悬钩子 Rubus pungens var. villosus Card.(蔷薇科)

柔毛中华秋海棠 Begonia grandis subsp. sinensis var. villosa Ku(秋海棠科)

柔毛苎麻 Boehmeria strigosifolia var. mollis W.T.Wang (荨麻科)

柔毛钻地风 Schizophragma molle (Rehd.) Chun (虎耳草科), *长叶柔毛钻地风, 红毛钻地风*

柔日音-哈比斯干那(蒙名)=桃叶鸦葱

柔软草莓(青藏图鉴)=野草莓

柔软点地梅 Androsace mollis Hand.-Mazz.(报春花科)

柔软耳蕨 Polystichum lentum (Don) Moore(鳞毛蕨科), *长柄耳蕨, 墨脱耳蕨*

柔软剪股颖 Agrostis flaccida Hack.(禾本科)

柔软龙胆 Gentiana prainii Burk.(龙胆科)

柔软石韦(蕨类图说)=西南石韦

柔软石韦 Pyrrosia porosa (C.Presl) Hovenk.(水龙骨科)

柔软铁角蕨(海南志)=膜连铁角蕨
柔软乌头 Aconitum pubiceps (Rupr.) Trautv.(毛茛科)
柔软无心菜 Arenaria debilis HK.f.(石竹科)
柔软银莲花 Anemone debilis Fisch.(毛茛科)
柔软早熟禾 Poa lepta Keng ex L.Liu(禾本科)
柔弱斑种草 Bothriospermum zeylanicum (J. Jacq.) Druce (紫草科),*鬼点灯,小马耳朵,细茎斑种草,细叠子草*
柔弱变种(植物志 66)=黄花地钮菜
柔弱草 Centunculus tenellus Duby (报春花科)
柔弱草属 Centunculus L.(报春花科)
柔弱刺果泽泻 Echinodorus tenellus (Mart.) Buchenau (泽泻科)
柔弱方秆蕨 Glaphyropteridopsis mollis Ching & Y.X.Lin (金星蕨科)
柔弱凤仙花 Impatiens tenella Heyne (凤仙花科)
柔弱喉花草(高等图鉴)=柔弱喉毛花
柔弱喉毛花(Flora 16)=长梗喉毛花
柔弱喉毛花 Comastoma tenellum (Rottb.) Toyukuni (龙胆科),*柔弱喉花草,长梗喉毛花*
柔弱虎耳草 Saxifraga flaccida J.T.Pan(虎耳草科)
柔弱黄堇 Corydalis tenerrima C.Y.Wu(罂粟科)
柔弱黄芩 Scutellaria tenera C.Y.Wu & H.W.Li (唇形科)
柔弱母草 Lindernia delicatula Tsoong & Ku(玄参科)
柔弱瓶尔小草 Ophioglossum tenerum (Claus.) Mett.(瓶尔小草科)
柔弱秋海棠 Begonia tenera Dryand.(秋海棠科)
柔弱润楠 Machilus gracillima Chun(樟科)
柔弱野青茅 Deyeuxia flaccida Keng(禾本科)
柔弱早熟禾 Poa flaccidula Boiss. & Reut.(禾本科)
柔色还阳参 Crepis mollis (Jacq.) Aschers.(菊科)
柔丝滴草(云南区系报告)=狭叶花柱草
柔松 Pinus flexilis James (松科)
柔穗花序肋枝兰 Pleurothallis stenostachya Rchb.f.(兰科)
柔弯曲碎米荠(植物志 33)=弯曲碎米荠
柔小粉报春 Primula pumilio Maxim.(报春花科),*侏儒报春*
柔叶薹草 Carex miyabei Franch.(莎草科)
柔夷香科 Teucrium royleanum Wall.(唇形科)
柔饮水韭 Isoëtes flaccida Shuttl (水韭科)
柔鸢尾(东北部检索表)=长尾鸢尾
柔枝槐(分类学报)=越南槐
柔枝碱茅 Puccinellia manchuriensis Ohwi(禾本科),*东北碱茅*
柔枝野丁香 Leptodermis gracilis C.E.C.Fischer(茜草科)
柔枝莠竹 Microstegium vimineum (Trin.) A. Camus (禾本科)
柔子草属(科属辞典)=**囊种草属**
肉矮陀陀(贵州民间药物)=圆叶节节菜
肉八爪(云南)=虎舌红
肉白粉藤 Cissus acida L.(菊科)
肉苞栒子(新)Cotoneaster camilli-schneideri Pojark.? (蔷薇科)
肉宝珠(湖南,广东)=茅膏菜
肉被麻 Sarcochlamys pulcherrima Gaudich.(荨麻科),*球隔麻*
肉被麻属 Sarcochlamys Gaudich.(荨麻科),*球隔麻属*
肉柄琼楠 Beilschmiedia macropoda Allen(樟科)
肉草(广西地方名)=水竹叶
肉唇兰属 Cycnoches Lindl.(兰科),*天鹅兰属*
肉刺短肠蕨 Allantodia similis W.M.Chu(蹄盖蕨科)
肉刺蕨 Nothoperanema squamisetum (HK.) Ching (鳞毛蕨科)
肉刺蕨属 Nothoperanema (Tagawa) Ching(鳞毛蕨科)
肉苁蓉(中药大辞典)=盐生肉苁蓉
肉苁蓉 Cistanche deserticola Ma(列当科),*苁蓉,寸芸,大芸,地精,金笋,迷肉巫蓉,肉松蓉,纵蓉*
肉苁蓉属 Cistanche Hoffmg. & Link (列当科)
肉吊莲 Kalanchoe verticillata Elliet (景天科)
肉豆冠山核桃 Carya myristiciformis (Michx.f.) Nutt.(胡桃科)
肉豆蔻 Myristica fragrans Houtt.(肉豆蔻科),*肉果,玉果*
肉豆蔻科 Myristicaceae
肉豆蔻属 Myristica Gronov.(肉豆蔻科)
肉独活(四川)=钝叶独活
肉独活(四川)=康定独活
肉独活(四川,陕西,药材名)=重齿当归
肉杜仲秋(云南)=三开瓢
肉根毛茛 Ranunculus polii Franch. ex Hemsl. (毛茛科),*上海毛茛*
肉关边莲(广西中草药)=粗喙秋海棠
肉桂(广东)=肉桂
肉桂(江西大余)=华南桂
肉桂(云南潞西)=柴桂
肉桂 Cinnamomum cassia Presl(樟科),*大桂,桂,桂木香,桂皮,桂枝,菌桂,糠桂,柳桂木桂,棂,肉桂,筒桂,玉桂,紫桂*
肉桂草(植物志 73-2)=离根香
肉桂树(云南丽江)=新樟
肉果(广西)=肉豆蔻
肉果(云南)=龙珠果
肉果草 Lancea tibetica HK.f. & Thoms.(玄参科),*兰石草,巴雅杂瓦*
肉果草属 Lancea HK.f. & Thoms.(玄参科)
肉果秤锤树 Sinojackia sarcocarpa L.Q.Lou(安息香科)
肉果兰 Cyrtosia javanica Bl.(兰科),*爪哇山珊瑚*
肉果兰属 Cyrtosia Bl.(兰科)
肉果酸藤子 Embelia carnosisperma C.Y.Wu & C.Chen (紫金牛科)
肉红(纲目)=紫荆
肉红杜鹃 Rhododendron igneum Cowan(杜鹃花科)
肉红花贝母兰 Coelogyne carnea HK.f.(兰科)
肉红姜花 Hedychium neocarneum T.L.Wu et al.(姜科)
肉红秋海棠 Begonia incarnata Link & Otto (秋海棠科)
肉花卫矛 Euonymus carnosus Hemsl.(卫矛科),*野杜仲,痰药,四棱子*
肉花雪胆 Hemsleya carnosiflora C.Y.Wu & C.L. Chen (葫芦科)
肉黄菊属 Faucaria Schwant.(番杏科)
肉馄饨草(本草纲目拾遗,引百草镜)=马蹄金
肉荚草(云南区系报告)=袋果草
肉荚云实 Caesalpinia digyna Rottler(豆科)
肉茎牻牛儿苗属 Sarcocaulon Sweet.(牻牛儿苗科)
肉茎蛇根草 Ophiorrhiza carnosicaulis Lo(茜草科)
肉茎紫金牛 Ardisia carnosicaulis C.Chen & D. Fang (紫金牛科)
肉菊 Stebbinsia umbrella (Franch.) Lipsch.(菊科),*伞花绢毛菊,条参,雪条参*
肉菊属 Stebbinsia Lipsch.(菊科)
肉兰 Sarcophyton taiwanianum (Hay.) Garay(兰科),*台湾肉兰,厚唇兰*
肉兰属 Sarcophyton Garay(兰科)
肉连环(四川中药志)=虾脊兰
肉牛膝(四川)=川牛膝
肉爬草(新华本草纲要)=小距凤仙花
肉瓶树 Cissus juttae Dinter & Gilg ex Gilg & M.Brandt.(菊科),*青紫葛*
肉色杜鹃花 Rhododendron carneum Hutch.(杜鹃花科)
肉色红门兰 Orchis incarnata L.(兰科)
肉色马铃苣苔 Oreocharis cinnamomea Anthony (苦苣苔科)
肉色石仙桃 Pholidota carnea (Bl.) Lindl.(兰科)
肉色唐菖蒲 Gladiolus carneus Burm.(鸢尾科)
肉色土圞儿 Apios carnea (Wall.) Benth.(豆科),*满塘红*
肉色玉凤花 Habenaria carnea N.E.Br.(兰科)
肉珊瑚 Sarcostemma acidum (Roxb.) Vioigt(萝藦科),*铁珊,珊瑚,无叶藤*
肉珊瑚属 Sarcostemma R.Br.(萝藦科),*无叶藤属*
肉实树(云南)=大肉实树
肉实树 Sarcosperma laurinum (Benth.) HK.f.(山榄科),*山苦瓜,水石梓*
肉实树属 Sarcosperma HK.f.(山榄科)
肉松蓉(吴普本草)=肉苁蓉
肉算盘(植物志 73-2)=长叶轮钟草
肉碎补(广西药用名录)=团叶槲蕨
肉穗草(高等图鉴)=东方肉穗草
肉穗草 Sarcopyramis bodinieri Lévl. & Vant.(野牡丹科),*小肉穗草*
肉穗草属 Sarcopyramis Wall.(野牡丹科)
肉穗野牡丹(台湾)=东方肉穗草
肉托果属 Semecarpus L.f.(漆树科)
肉托榕 Ficus squamosa Roxb.(桑科),*紫果榕*
肉托竹柏 Nageia wallichiana (C.Presl) Ktz (罗汉松科),*大叶竹柏,大叶罗汉松*
肉五加(中草药汇编)=芹叶龙眼独活
肉药兰 Stereosandra javanica Bl.(兰科)
肉药兰属 Stereosandra Bl.(兰科)
肉叶唇柱苣苔 Chirita carnosifolia C.Y.Wu ex H.W.Li (苦苣苔科)
肉叶耳草 Hedyotis coreana Lévl.(茜草科)
肉叶荚蒾 Viburnum chingii var. carnosulum (W.W.Sm.) Hsu(忍冬科)
肉叶尖嘴蕨 Belvisia carnosa Ching (水龙骨科)
肉叶龙头草 Meehania faberi (Hemsl.) C.Y.Wu (唇形科),*铁板青,肉叶美汉花*
肉叶美汉花(分类学报)=肉叶龙头草
肉叶猕猴桃 Actinidia carnosifolia C.Y.Wu(猕猴桃科)
肉叶荠属 Braya Sternb. & Hoppe (十字花科),*柏蕾芥属*
肉叶鞘蕊花 Coleus carnosifolius (Hemsl.) Dunn (唇形科),*假回菜*
肉叶忍冬 Lonicera carnosifolia C.Y.Wu ex Hsu & H.J.Wang (忍冬科)
肉叶雾冰藜 Bassia sedoides (Pall.) Aschers(藜科)
肉叶雪兔子 Saussurea thomsonii C.B.Clarke(菊

科)
肉枣(纲目)=山茱萸
肉皂角(湖北)=肥皂荚
肉掌(广东深圳,香港九龙)=胭脂掌
肉质短肠蕨 Allantodia succulenta (Clarke) Ching (蹄盖蕨科)
肉质伏石蕨 Lemmaphyllum carnosum (Wall.) C. Presl (水龙骨科),*底绿通经,豆瓣鹿衔,金碎叶,金鱼藤,棚梗,石串莲*
肉质虎耳草 Saxifraga carnosula Mattf.(虎耳草科),*单脉虎耳草*
肉质花石斛(海南志)=昌江石斛
肉质花石斛 Dendrobium carnosum (Bl.) Rchb.f.(兰科)
肉质金腰 Chrysosplenium carnosum HK.f. & Thoms. (虎耳草科)
肉质冷水花(湖北志)=波缘冷水花
肉质茜草 Rubia cordifolia var. herbacea Chun & How (茜草科),*小血藤*
肉质叶蒿 Artemisia succulentoides Ling & Y.R. Ling (菊科)
肉轴胡椒 Piper ponesheense C.DC.(胡椒科)
肉锥花 Conophytum auriflorum N.E.Br.(番杏科)
肉锥花属 Conophytum N.E.Br.(番杏科)

Ru

如密花(江苏)=流苏树
如意菜(长白山药志)=蕨
如意菜(纲目)=泽泻
如意草(广西,广东,福建)=马缨丹
如意草(贵州民间药物)=萱
如意草(山西通志)=堇菜
如意草(云南)=金钩如意草
如意草(云南)=蓝耳草
如意草(云南)=师宗紫堇
如意草 Viola hamiltoniana D.Don(堇菜科),*弧茎堇菜,白三百棒,红三百棒*
如意花(岭南采药录)=马缨丹
茹菜(广西,四川,云南)=萝卜
茹草(吴普本草)=柴胡
茹茹(山西)=蒺核
儒侏马先蒿 Pedicularis pygmaea Maxim.(玄参科)
汝昌冬青 Ilex limii C.J.Tseng(冬青科),*显脉冬青*
汝城毛叶茶 Camellia pubescens Cahgn & Ye(山茶科)
汝兰 Stephania sinica Diels(防已科),*山乌龟,吊乌龟,金线吊乌龟*
汝氏安顾兰 Anguloa rueckeri Lindl.(兰科)
乳白×淡黄香青 Anaphalis lactea ×flavescens (菊科)
乳白垂花报春 Primula eburnea Balf.f. & Cooper (报春花科)
乳白黄芪 Astragalus galactites Pall.(豆科),*白花苋耆*
乳白三角萼溲疏 Deutzia carnea var. lactea Rehd. (虎耳草科)
乳白石蒜 Lycoris albiflora Koidz.(石蒜科)
乳白香青 Anaphalis lactea Maxim.(菊科),*大矛香艾,大白柔香,哇曰多罗*
乳白栒子 Cotoneaster lacteus W.W.Sm.?(蔷薇科)
乳白折叶兰 Sobralia leucoxantha Rchb.f.(兰科)
乳瓣景天 Sedum dielsii Hamet(景天科)
乳葱树(广东)=绿玉树
乳豆(海南志,高等图鉴)=台湾乳豆
乳豆 Galactia tenuiflora (Klein ex Willd.) Wight & Arn. (豆科),*细花乳豆*
乳豆属 Galactia P.Br.(豆科)
乳儿绳(植物志 63)=贵州络石
乳黄杜鹃 Rhododendron lacteum Franch.(杜鹃花科)
乳黄秋海棠 Begonia flaviflora var. vivida J. Golding & C.Kareg.(秋海棠科)
乳黄松毛翠(新拉汉英)=腺花松毛翠
乳黄雪山报春 Primula agleniana Balf.f. & Forr.(报春花科)
乳黄叶杜鹃 Rhododendron galactinum Balf.f. ex Tagg (杜鹃花科)
乳浆草(北京志)=乳浆大戟
乳浆草(江苏)=台湾翅果菊
乳浆草(江苏)=泽漆
乳浆大戟 Euphorbia esula L.(大戟科),*打盆打碗,打碗花,东北大戟,华北大戟,卡氏大戟,宽叶乳浆大戟,烂疤眼,猫眼草,岷县大戟,奶浆草,乳浆草,松叶乳汁大戟,太鲁阁大戟,细叶大戟,新疆大戟,窄叶大戟*
乳酱树(海南儋县)=倒吊笔
乳苣 Mulgedium tataricum (L.) DC.(菊科),*败酱,钩芙,苦板,苦菜,苦芙,蒙山莴苣,紫花山莴苣*
乳苣属 Mulgedium Cass.(菊科)
乳毛费菜 Phedimus aizoon var. scabrus (Maxim.) H.Ohba & et al.(景天科)
乳毛土三七(东北检索表)=费菜
乳毛紫金牛(中药大辞典)=虎舌红
乳牛汁麻木(海南志)=对叶榕
乳茄 Solanum mammosum L.(茄科),*矮瓜,白茄,吊菜子,落苏,茄,五角茄,五指丁茄,五指茄*
乳藤(种子植物名称)=酸叶胶藤
乳藤属(种子植物名称)=**水壶藤属**
乳痛药(广西药用名录)=中华野葵
乳头百合 Lilium papilliferum Franch.(百合科)
乳头灯心草 Juncus papillosus Franch. & Savat.(灯心草科)
乳头冬青(植物研究)=征镒冬青
乳头冬青 Ilex mamillata C.Y.Wu ex C.J.Tseng (冬青科)
乳头凤丫蕨 Coniogramme rosthornii Hieron.(裸子蕨科)
乳头基荸荠 Heleocharis mamillata Lindb.f.(莎草科)
乳头前胡 Peucedanum piliferum Hand.-Mazz.(伞形科)
乳头叶木蓼 Atraphaxis frutescens var. papillosa Y.L.Liu (蓼科)
乳头银叶树 Heritiera papilio Beddome (梧桐科)
乳突杜鹃 Rhododendron papillatum Balf.f. & Cooper (杜鹃花科)
乳突果 Adelostemma gracillimum (Wall. ex Wight) HK.f.(萝藦科),*无冠藤*
乳突果属 Adelostemma HK.f.(萝藦科),*无冠藤属*
乳突黄杨叶小檗 Berberis buxifolia var. papillosa Schneid.(小檗科)
乳突金腰 Chrysosplenium chinense (Hara) J.T. Pan (虎耳草科)
乳突锦鸡尾 Haworthia papillosa Haw.(百合科)
乳突梾木 Swida papillosa (Fang & W.K.Hu) Fang & W.K.Hu(山茱萸科)
乳突龙胆 Gentiana papillosa Franch.(龙胆科)
乳突拟耧斗菜 Paraquilegia anemonoides (Willd.) Engl. ex Ulbr.(毛茛科),*宿根假耧斗菜*
乳突青荚叶 Helwingia japonica var. papillosa Fang & Soong(山茱萸科)
乳突球属 Mammillaria Haw.(仙人掌科)
乳突酸模(中草药汇编)=网果酸模
乳突薹草 Carex maximowiczii Miq.(莎草科),*麦薹草*
乳突小檗(新拉汉英)=多乳突小檗(新)
乳突小檗 Berberis papillifera (Franch.) Koehne (小檗科)
乳突绣线菊 Spiraea papillosa Rehd.(蔷薇科)
乳突绣线菊云南变种(植物志 36)=云南乳突绣线菊(新)
乳突紫背杜鹃 Rhododendron forrestii subsp. papillatum Chamb. ex Cullen Chamb.(杜鹃花科)
乳菀(东北检索表)=兴安乳菀
乳菀 Galatella punctata (K. & W.) Nees ab Esenb. (菊科)
乳菀属 Galatella Cass.(菊科)
乳纹方竹 Chimonobambusa lactistriata W.D.Li & Q.X.Wu (禾本科)
乳香(中草药汇编)=粘胶乳香树
乳香草(纲目拾遗)=菊三七
乳香草(云南曲靖)=牛至
乳香树属 Boswellia Roxb.(橄榄科)
乳痈药(广西药用名录)=下田菊
乳源杜鹃 Rhododendron rhuyuenense Chun ex Tam(杜鹃花科)
乳源木莲 Manglietia yuyuanensis Law(木兰科)
乳源葡萄 Vitis ruyuanensis C.L.Li(葡萄科)
乳源槭 Acer chunii Fang(槭树科)
乳源榕 Ficus ruyuanensis S.S.Chang (桑科)
乳汁草(岭南草药志)=千根草
乳汁藤(广西)=大花帘子藤
乳汁藤(广西)=纤冠藤
乳汁藤(广西上思,海南临高)=帘子藤
乳汁藤(广西药用名录)=眼树莲
乳汁藤(中草药汇编)=通天连
乳钟药(广西)=长蕊珍珠菜
乳籽草(台湾志)=飞扬草
入地金牛(广东,广西)=两面针
入地老鼠(岭南采药录)=紫茉莉
入地龙(广西)=纤冠藤
入地龙(岭南采药录)=白花酸藤子
入地射香(广西)=冷饭藤
入地麝香(广西药用名录)=黑老虎
入地蜈蚣(广东)=三羽新月蕨
入地蜈蚣(广西北流)=蜘蛛抱蛋
入地蜈蚣(广西药用图志)=七指蕨
入河(纳西族语)=延龄草
入脸麻(广西)=蔓赤车
入山虎(广东,广西)=两面针
入山虎(广西)=飞龙掌血
蓐(纲目)=荩草

Ruan

阮氏杜鹃花 Rhododendron ramsdeni-anum Cowan(杜鹃花科),*长轴杜鹃*
软白杨(甘肃)=二白杨
软柏木(广西药用名录)=灰毛浆果楝
软棒(中药大辞典)=栾树
软草(四川)=金鱼藻
软柴胡(陕西)=银州柴胡
软柴胡(我国北部)=红柴胡
软刺蹄盖蕨 Athyrium strigillosum (Moore ex Lowe) Moore ex Salom(蹄盖蕨科),*糙毛蹄盖蕨*

软刺卫矛 Euonymus aculeatus Hemsl.(卫矛科)
软刺血桐 Macaranga echinocarpa Baker(大戟科)
软萼铁线莲 Clematis tongluensis var. mollisepala W.T.Wang(毛茛科)
软稃早熟禾 Poa malacantha Kom.(禾本科)
软杆子(四川)=多枝唐松草
软刚毛红丝线 Lycianthes macrodon var. molliter-setosa Bitter(茄科)
软梗蛇扭(中草药通讯)=莓叶委陵菜
软骨边越桔 Vaccinium gaultheriifolium (Griff.) HK.f. ex C.B.Clarke(杜鹃花科)
软骨耳蕨(蕨类图谱)=尼泊尔耳蕨
软骨虎耳草 Saxifraga cartilaginea Willd.(虎耳草科)
软骨牡丹(广部中草药手册)=老鼠簕
软骨青藤(防城)=蒴莲
软骨石蕈(晋江中草药)=墙草
软黄花金魁(福建)=贵州半蒴苣苔
软荚藜(山东中草药)=西伯利亚滨藜
软荚豆 Teramnus labialis (L.f.) Spreng.(豆科), *钩豆*
软荚豆属 Teramnus P.Br.(豆科), *钩豆属*
软荚红豆 Ormosia semicastrata Hance(豆科), *相思子,黄姜树*
软筋藤(广西)=盒果藤
软筋藤(广西)=络石
软筋藤(广西药用名录)=翼茎白粉藤
软筋藤(贵州镇远,四川南川)=雷公连
软锦鸡尾 Haworthia batesiana Uitew.(百合科)
软壳甜扁桃 Amygdalus communis var. fragilis (Borkh.) Ser.(蔷薇科)
软毛变种(植物志 66,Flora 17)=软毛甘露子(新)
软毛虫实 Corispermum puberulum Iljin (藜科)
软毛翠雀花 Delphinium mollipilum W.T.Wang (毛茛科)
软毛鹅耳枥 Carpinus mollicoma Hu(桦木科)
软毛甘露子(新)Stachys sieboldi var. malacotricha Hand.-Mazz.(唇形科), *软毛变种*
软毛黄杨 Buxus mollicula W.W.Sm.(黄杨科), *毛黄杨*
软毛棘豆 Oxytropis mollis Royle ex Benth.(豆科)
软毛溲疏(秦岭志)=褐毛溲疏
软毛瓦韦 Lepisorus tricholepis Shing ex Y.X. Lin (水龙骨科)
软毛紫菀 Aster molliusculus (DC.) C.B.Clarke (菊科)
软苗柴胡(中药志)=红柴胡
软木栎(植物志 22)=栓皮栎
软皮桂 Cinnamomum liangii Allen(樟科), *向日樟*
软皮树(云南红河)=大花卫矛
软皮树(中草药汇编)=华宁藤
软羌藤(广西)=杜仲藤
软雀花 Sanicula elata Hamilt.(伞形科), *三叶七,水茯苓*
软弱杜茎山 Maesa tenera Mez.(紫金牛科)
软弱黄藤 Daemonorops imbellis Becc.(棕榈科)
软弱马先蒿 Pedicularis flaccida Prain(玄参科)
软三角枫(新华本草纲要)=云南崖爬藤
软水黄连(四川=多枝唐松草
软水蓼(中药辞海)=伏毛蓼
软糖(蜀本草)=稻
软藤菜(南宁药志)=落葵
软藤黄花草(福建中草药)=千里光
软条七蔷薇 Rosa henryi Bouleng.(蔷薇科), *亨氏蔷薇,湖北蔷薇*
软叶菝葜(广西)=牛尾菜
软叶刺葵(高等图鉴)=江边刺葵
软叶刺葵 Phoenix loureirii Kunth (棕榈科)
软叶翠雀花 Delphinium malacophyllum Hand.-Mazz. (毛茛科)
软叶大苞苣苔 Anna mollifolia (W.T.Wang) W.T. Wang ex K.Y.Pan(苦苣苔科)
软叶杜松(东北裸子植物)=杜松
软叶茯苓菊(植物研究)=软叶苓菊
软叶苓菊 Jurinea flaccida Shih(菊科), *软叶茯苓菊*
软叶罗伞(广西融安)=喜马拉雅珊瑚
软叶芒毛苣苔 Aeschynanthus andersonii Clarke (苦苣苔科)
软叶杉木 Cunninghamia lanceolata cv. Mollifolia (杉科)
软叶紫菀木 Asterothamnus molliusculus Novopokr. (菊科)
软枣(河北,河南,山东)=君迁子
软枣猕猴桃 Actinidia arguta (S. & Z.) Planch. (猕猴桃科), *软枣子,藤瓜,洋桃藤,藤梨,圆枣子,猕猴梨*
软枣子(东北)=软枣猕猴桃
软枝黄蝉 Allemanda cathartica L.(夹竹桃科), *大花软枝黄蝉*
软紫草(植物志 64-2)=新疆紫草
软紫草属 Arnebia Forssk.(紫草科), *阿纳芘属,假紫草属*

Rui

蕤参(贵州)=西藏吊灯花
蕤核 Prinsepia uniflora Batal.(蔷薇科), *白桵仁,扁核木,单花扁核木,马茹,茹茹,美仁子,蕤李子,蕤仁,山桃,棫仁*
蕤核属(拉汉名称)=**扁核木属**
蕤李子(救荒本草)=蕤核
蕤仁(雷公炮炙论)=齿叶扁核木
蕤仁(雷公炮炙论)=蕤核
蕊被忍冬 Lonicera gynochlamydea Hemsl.(忍冬科)
蕊帽忍冬 Lonicera pileata Oliv.(忍冬科)
蕊木 Kopsia arborea Bl.(夹竹桃科), *假乌榄树,云南蕊木,梅桂,马蒙加锁,柯蒲木*
蕊木属 Kopsia Bl.(夹竹桃科), *柯蒲木属*
蕊丝羊耳蒜 Liparis resupinata Ridl.(兰科)
芮草(江苏)=狼尾草
芮德花楸(经济植物手册)=西南花楸
芮普亚凤梨 Puya raimondii Harms.(凤梨科)
芮氏独蒜兰 Pleione reichenbachiana T.Moore (兰科)
芮氏捷克木(植物图谱)=狭果秤锤树
芮氏米尔顿兰 Miltonia reichenheimii (Lind. & Rchb.f.) Folfe (兰科)
芮氏五加(分类学报增刊)=匙叶五加
芮子(本草拾遗)=石龙芮
锐齿白鹃梅(经济植物手册)=齿叶白鹃梅
锐齿波罗栎(植物志 22)=云南波罗栎
锐齿臭樱 Maddenia incisoserrata Yü & Ku(蔷薇科)
锐齿风毛菊 Saussurea euodonta Diels(菊科)
锐齿凤仙花 Impatiens arguta HK.f. & Thoms. (凤仙花科)
锐齿革叶鼠李 Rhamnus coriophylla var. acutidens Y.L.Chen & P.K.Chou(鼠李科)
锐齿桂樱 Laurocerasus phaeosticta f. ciliospinosa Chun ex Yü & Lu(蔷薇科)
锐齿槲栎 Quercus aliena var. acuteserrata Maxim. ex Wenz.(壳斗科), *孛孛栎*
锐齿花楸 Sorbus arguta Yü(蔷薇科)
锐齿柳叶菜 Epilobium kermodei Raven(柳叶菜科), *片马柳叶菜*
锐齿楼梯草 Elatostema cyrtandrifolium (Zoll. & Mor.) Miq.(荨麻科)
锐齿槭(新拉汉英)=尖齿槭(新)
锐齿槭 Acer hookeri Miq.(槭树科)
锐齿湿生冷水花 Pilea aquarum subsp. acutidentata C.J.Chen(荨麻科)
锐齿十大功劳 Mahonia arguta Hutch.(小檗科)
锐齿石楠 Photinia arguta Lindl.(蔷薇科)
锐齿石楠柳叶变种(植物志 36)=柳叶锐齿石楠(新)
锐齿石楠毛果变种(植物志 36)=毛果锐齿石楠(新)
锐齿鼠李 Rhamnus arguta Maxim.(鼠李科), *牛李子,照家茶,火李,老乌眼*
锐齿酥醪绣球(分类学报)=酥醪绣球
锐齿西风芹 Seseli inciso-dentatum K.T.Fu(伞形科), *黄花邪蒿*
锐齿西南委陵菜 Potentilla fulgens var. acuteserrata (Yü & Li) Yü & Li(蔷薇科)
锐齿小檗 Berberis arguta (Franch.) Schneid. (小檗科)
锐齿亚洲海棠(分类学报)=尖嘴林檎
锐刺山楂 Crataegus oxyacantha L.(蔷薇科)
锐刺兔唇花 Lagochilus pungens Schrenk(唇形科)
锐果薹草 Carex tatsutakensis Hay.(莎草科)
锐果鸢尾 Iris goniocarpa Baker(鸢尾科), *大锐果鸢尾,细锐果鸢尾,小排草*
锐尖凹瓣梅花草 Parnassia mysorensis var. aucta Diels (虎耳草科)
锐尖北美云杉 Picea pungens Engelm.(松科)
锐尖还阳参 Crepis acuminata Nutt.(菊科)
锐尖椤木石楠(新)Photinia davidsoniae var. pungens Card.? (蔷薇科)
锐尖毛蕨 Cyclosorus acutissimus Ching ex Shing & J.F.Cheng(金星蕨科)
锐尖南鹃 Pernettya mucronata (L.f.) Gaud.-Beaup.(杜鹃花科)
锐尖山香圆 Turpinia arguta (Lindl.) Seem.(省沽油科), *五寸铁树,尖树,黄柿,香圆,两指剑,千打锤,七寸针*
锐尖叶独活 Heracleum longilobum (Norm.) Sheh & T.S.Wang(伞形科)
锐尖叶堇(拉汉名称)=鄂西堇菜
锐角槭 Acer acutum Fang (槭树科)
锐棱耳草(广西药用名录)=金草
锐棱岩荠(植物志 33)=锐棱阴山荠
锐棱阴山荠 Yinshania acutangula (O.E.Schulz) Y.H.Zhang(十字花科), *锐棱岩荠,阴山荠*
锐棱荸荠 Heleocharis acutangula (Roxb.) Schult. (莎草科)
锐利双球芹 Schrenkia pungens Rgl. & Schmalh (伞形科)
锐裂齿顶叶冷水花 Pilea approximata var. incisoserrata C.J.Chen(荨麻科)
锐裂翠雀花 Delphinium thibeticum var. laceratilobum W.T.Wang(毛茛科)
锐裂峨眉蕨 Lunathyrium wilsonii var. incisoserratum Ching & Z.R.Wang(蹄盖蕨科)
锐裂风毛菊 Saussurea incisa Chen(菊科)
锐裂荷青花 Hylomecon japonica var. subincisa Fedde(罂粟科),水芹菜, *白丸,大红袍,天石七*
锐裂箭头唐松草 Thalictrum simplex var. affine

(Ledeb.) Rgl.(毛茛科)
锐裂黎可斯帕 Leucospermum incisum F.P. Phillips. (山龙眼科)
锐裂乌头 Aconitum kojimae Tamura(毛茛科)
锐裂银莲花 Anemone laceratoincisa W.T.Wang (毛茛科)
锐脉木姜子(台湾志)=尖脉木姜子
锐片毛蕨 Cyclosorus acutilobus Ching(金星蕨科)
锐头臂形草 Brachiaria subquadripara var. miliiformis (Presl) S.L.Chen & Y.X.Jin (禾本科)
锐头舌蕨(台湾志)=南海舌蕨
锐叶茴芹 Pimpinella arguta Diels(伞形科)
锐叶柃木(台湾志)=尾尖叶柃
锐叶木犀 Osmanthus lanceolatus Hay.(木犀科)
锐叶山柑(台湾志)=独行千里
锐叶台北堇菜 Viola nagasawai var. pricei (W. Beck.) Wang(堇菜科)
锐叶香青 Anaphalis oxyphylla Ling & Shih(菊科)
锐叶新木姜子(台湾志)=台湾新木姜子
锐颖葛氏草 Garnotia acutigluma (Steud.) Ohwi ? (禾本科)
锐枝木蓼 Atraphaxis pungens (Bieb.) Jaub. & Spach (蓼科)
瑞得莱槟榔 Areca ridleyana Etdo.(棕榈科)
瑞得莱省藤 Calamus ridleyanus Becc.(棕榈科)
瑞得莱氏轴榈 Licuala ridleyana Becc.(棕榈科)
瑞典草茱萸 Chamaepericlymenum suecicum (L.) Aschers. & Graebn.(山茱萸科)
瑞典刺柏 Juniperus communis var. suecia (柏科)
瑞芳楠(台湾)=香润楠
瑞凤玉 Astrophytum capricorne (A.Dieter.) Britt & Rose (仙人掌科)
瑞金巴(云南中甸)=多叶紫堇
瑞兰(亨氏植物名录)=瑞香
瑞丽安息香 Styrax sweliensis Smith (安息香科)
瑞丽叉花草 Diflugossa scoriarum(W.W.Sm.) E.Hossain(爵床科),*蝎序金足草,墨脱马蓝*
瑞丽刺榄 Xantolis shweliensis (W.W.Sm.) van Royen (山榄科),*瑞丽荷苞果*
瑞丽杜鹃 Rhododendron shweliense Balf.f. & Forr.(杜鹃花科)
瑞丽鹅掌柴 Schefflera shweliensis W.W.Sm.(五加科)
瑞丽凤仙花 Impatiens ruiliensis S.Akiyama & H.Ohba (凤仙花科)
瑞丽荷苞果(云南)=瑞丽刺榄
瑞丽黄芩 Scutellaria shwelliensis W.W.Sm. (唇形科),*挖耳草*
瑞丽荚蒾 Viburnum shweliense W.W.Sm.(忍冬科)
瑞丽蓝果树 Nyssa shweliensis (W.W.Sm.) Airy-Shaw (蓝果树科),*滇西紫树*
瑞丽罗伞 Brassaiopsis shweliensis W.W.Sm.(五加科)
瑞丽茜树 Aidia shweliensis (Anth.) W.C.Chen (茜草科)
瑞丽润楠 Machilus shweliensis W.W.Sm.(樟科)
瑞丽山壳骨 Pseuderanthemum shweliense (W.W.Sm.) C.Y.Wu & C.C.Hu(爵床科)
瑞丽山龙眼 Helicia shweliensis W.W.Sm.(山龙眼科),*罗罗李,老母猪果*
瑞丽蹄盖蕨 Athyrium ruilicolum W.M.Chu(蹄盖蕨科)
瑞丽铁角蕨 Asplenium rockii C.Chr.(铁角蕨科)
瑞丽野茉莉(高等图鉴)=瓦山安息香
瑞丽紫金牛 Ardisia shweliensis W.W.Sm.(紫金牛科),*鹿子扣甘树*
瑞丽醉鱼草(云南志)=滇川醉鱼草
瑞苓草(高等图鉴)=钝苞雪莲
瑞龙脑(图经本草)=龙脑香
瑞木(经济植物手册)=灯台树
瑞木 Corylopsis multiflora Hance(金缕梅科),*大果蜡瓣花*
瑞木山茱萸(东北木本志)=红瑞木
瑞奇枸杞 Lycium richii Gray (茄科)
瑞士黑麦草(新拉汉英)=硬直黑麦草
瑞士麦瓶草 Silene vallesii L.(石竹科)
瑞士石松(新拉汉英)=瑞士五针松
瑞士五针松 Pinus cembra L.(松科),*瑞士石松*
瑞士羊茅 Festuca valesiaca Schleich ex Gaud. (禾本科)
瑞氏楔颖草 Apocopis wrightii Munro(禾本科)
瑞特秋海棠 Begonia wrightiana A.DC.(秋海棠科)
瑞沃达早熟禾 Poa reverdattoi Roshev.(禾本科)
瑞香 Daphne odora Thunb.(瑞香科),*斗雪开,夺皮香,风流树,红总管,露甲,蓬莱花,蓬莱,蓬莱紫,千里香,瑞兰,瑞香草,山梦花,山棉皮,麝囊,沈丁花,睡香,野梦花,*
瑞香草(岭南采药录)=瑞香
瑞香草(质问本草)=小连翘
瑞香科 Thymelaeaceae
瑞香狼毒(中药辞海)=狼毒
瑞香缬草 Valeriana daphniflora Hand.-Mazz.(败酱科)
瑞香属 Daphne L.(瑞香科)
瑞雪(纲目)=栝楼
瑞云球 Gymnocalycium mihanovichii (Fric. & Gürke) Britt. & Rose (仙人掌科)
瑞兹亚属 Rhazya Decne.(夹竹桃科)

Run

润肺草 Brachystelma edule Coll. & Hemsl.(萝藦科),*地饼,短梗藤*
润肺草属 Brachystelma R.Br.(萝藦科),*短梗藤属*
润楠 Machilus pingii Cheng ex Yang(樟科)
润楠叶木姜子 Litsea machiloides Yang & P.H. Huang (樟科)
润楠属 Machilus Nees (樟科),*桢楠属*

Ruo

若阿泡(新拉汉英)=树头芭蕉
若阿泡若阿窝(云南哈尼语)=象头蕉
若阿窝(新拉汉英)=树头芭蕉
若达鸢尾 Iris spuria var. notha Bieb.(鸢尾科)
若尔盖马先蒿 Pedicularis ruoergaiensis H.P. Yang (玄参科)
若尔盖毛茛 Ranunculus luoergaiensis L.Liou (毛茛科)
若菊 Sinoseris brunnoniana (Wall. ex DC.) Shih (菊科)
若菊属 Sinoseris Shih (菊科)
若榴木(植物志 52-2)=石榴
若氏霸王(内蒙志)=石生驼蹄瓣
弱距堇菜(拉汉名称)=细距堇菜
弱氏凤仙花 Impatiens jerdoniae Wight (凤仙花科)
弱小火绒草 Leontopodium pusillum (Beauv.) Hand.-Mazz.(菊科)
弱小龙胆 Gentiana exiqua H.Sm.(龙胆科)
弱小马先蒿 Pedicularis debilis Franch.(玄参科),*弱小马先蒿弱小亚种*
弱小马先蒿极弱亚种(植物志 68)=极弱马先蒿
弱小马先蒿弱小亚种(植物志 68)=弱小马先蒿
弱小十大功劳小檗 Mahoberberis aquicandidula Krussm.(小檗科)
弱锈鳞飘拂草 Fimbristylis ferruginea var. sieboldii (Miq.) Ohwi (莎草科)
弱须羊茅 Festuca leptopogon Stapf(禾本科)
楉木(经济植物手册)=八角枫
蒻头(开宝本草)=磨芋
箬蒂(本经逢原)=箬竹
箬兰(花镜)=白及
箬叶莩(钟观光拟)=棕叶狗尾草
箬叶藻(植物学大辞典)=竹叶眼子菜
箬叶竹 Indocalamus longiauritus Hand.-Mazz. (禾本科),*长耳箬*
箬竹(经济植物学)=阔叶箬竹
箬竹 Indocalamus tessellatus (Munro) Keng f. (禾本科),*箬竹,辽叶,箬蒂*
箬竹属 Indocalamus Nakai (禾本科)

Sa

撒丁雪光花 Chionodoxa sardensis Drude.(百合科)
撒尔维亚 Salvia officinalis L.(唇形科),*药用鼠尾草*
撒金碧桃 Amygdalus persica f. versicolor (Sieb.) Voss (蔷薇科)
撒金秋海棠(新拉汉英)=金绿秋海棠
撒秧泡(贵州)=山莓
洒金花(江西民间草药)=一枝黄花
洒金乔桧 Juniperus excelsa cv. Variegata (柏科)
洒金榕(广州)=变叶木
洒金型 Armeniaca mume var. mume f. versicolor T.Y.Chen & H.H.Lu(蔷薇科)
洒金叶珊瑚(江苏)=花叶青木
萨巴尔榈属(植物学大辞典)=**菜棕属**
萨巴乐千纳(蒙语)=地丁草
萨巴椰子属(台木本志)=**菜棕属**
萨波得溲疏 Deutzia sieboldiana Maxim.(虎耳草科)
萨布特黄藤 Daemonorops sabut Becc.(棕榈科)
萨都那保(藏药志)=藏荆芥
萨尔斯堡虎耳草 Saxifraga crustata Vest (虎耳草科)
萨嘎薹草 Carex sagaensis Y.C.Yang(莎草科)
萨格拉嘎-沙里尔日(蒙语)=歧茎蒿
萨贡巴(藏语)=囊谦翠雀花
萨哈林接骨木 Sambucus sachalinensis Pojark. (忍冬科)
萨哈林冷杉(新拉汉英)=库页冷杉
萨哈林葶苈 Draba sachalingensis Fr.Schmidt (十字花科)
萨哈林早熟禾 Poa sachalinensis (Koidz.) Honda (禾本科)
萨金特柏木 Cupressus sargentii Jeps.(柏科)
萨坎德棘豆 Oxytropis sarkandensis Vass.(豆科)
萨克丹大萼小檗 Berberis macrosepala var. sakdenensis (Ahrendt) Ahrendt (小檗科)
萨拉巴日海-沙里尔日(蒙语)=裂叶蒿
萨拉草莓树 Arbutus xalapensis HBK (杜鹃花科)
萨拉套棘豆 Oxytropis meinshausenii C.A. Meyer (豆科)
萨雷古拉黄芪 Astragalus pavlovianus Gamaium (豆科)
萨马尔(藏药志)=锡金岩黄芪
萨民托苣苔属 Sarmienta Ruiz. & Pav.(苦苣苔科)

萨摩山梅花 Philadelphus satsumanus Miq.(虎耳草科)
萨珊娜帕洛梯 Protea susannae E.P.Phillips.(山龙眼科)
萨氏棘豆 Oxytropis saposhnicovii Kryl.(豆科)
萨氏堇(东北师大通报)=辽东堇菜
萨氏秋海棠 Begonia sartorii Lebm.(秋海棠科)
萨斯克(哈萨克名)=新疆阿魏
萨完(西藏)=黑萼棘豆
萨乌尔棘豆 Oxytropis saurica Saposhn.(豆科)
萨彦柳 Salix sajanensis Nas.(杨柳科)
萨依墩黄芪(植物研究)=水定黄芪

Sai

塞波德槭 Acer sieboldianum Miq.(槭树科)
塞地虎耳草 Saxifraga eschscholtzii Sternb.(虎耳草科)
塞尔蚕(四川若尔盖)=迭裂黄堇
塞尔维亚拉蒙苣苔 Ramonda serbica Panc.(苦苣苔科)
塞尔维亚云杉 Picea omorika (Pancic) Purkyne (松科)
塞嘎尔(青海经济志)=甘肃棘豆
塞窘(藏语)=川西小黄菊
塞窘美多(藏语)=川西小黄菊
塞空达苏铁 Macrozamia secunda C.Moore (苏铁科)
塞兰光轴榈 Licuala glabra var. selangorensis Becc. (棕榈科)
塞劳小檗 Berberis sellowiana Schneid.(小檗科)
塞丽亚兰(新拉汉英)=豹斑兰
塞内加尔刺葵 Phoenix reclinata Jacq.(棕榈科)
塞内加尔刺桐 Erythrina senegalensis DC.(豆科)
塞浦路斯雪松 Cedrus brevifolia (HK.f.) Henry (松科)
塞浦路斯鸢尾 Iris cypriana Baker. & Foster (鸢尾科)
塞仁交木(藏名)=山地虎耳草
塞完(藏名)=甘青黄芪
塞威氏苹果(果树栽培学)=新疆野苹果
塞文碱茅 Puccinellia savengensis Grossh.(禾本科)
塞伊耳相思树 Acacia seyal Delile (豆科)
鳃兰 Maxillaria picta HK.(兰科)
鳃兰属 Maxillaria R. & P.(兰科)
鳃叶马先蒿(新)Pedicularis oederi subsp. brachyophylla (Pennell) Tsoong(玄参科),*欧氏马先蒿鳃叶亚种*
赛巴贡珠(西藏)=多茎獐牙菜
赛拜(海南)=秀丽锥
赛保古折(植物志 62)=黄花獐牙菜
赛北紫堇 Corydalis impatiens (Pall.) Fisch.(罂粟科)
赛短花润楠 Machilus parabreviflora H.T.Chang (樟科)
赛番红花(福建药物志)=韭莲
赛繁缕(东北草本志)=鸡肠繁缕
赛防风(沙漠药用植物)=硬阿魏
赛佛棕属 Cyphokentia Brongn.(棕榈科)
赛莨菪 Anisodus carniolicoides (C.Y.Wu & C. Chen) D'Arcy & Z.Y.Zhang(茄科),*齿叶赛莨菪,七厘散,无慈,疯药,三分三,小赛莨,粗齿赛莨菪*
赛莨菪属 Scopolia Jacq.(茄科)
赛谷精草(中药志)=白药谷精草
赛黑桦 Betula schmidtii Rgl.(桦木科),*辽东桦*
赛金刚(红河中草药)=棒锤瓜
赛金刚 Hemsleya changningensis C.Y.Wu & C. L.Chen (葫芦科)
赛金莲木 Gomphia striata (V.Tiegh.) C.F.Wei (金莲木科),*粤里木*
赛金莲木属 Gomphia Schreb.(金莲木科),*奥里木属*
赛筋藤(药材名)=中华青牛胆
赛菊芋 Heliopsis helianthoides Sweet (菊科)
赛菊芋属 Heliopsis Pers.(菊科)
赛爵床属(海南志)=**杜根藤属**
赛葵 Malvastrum coromandelianum (L.) Cürcke (锦葵科),*黄花草,黄花棉,山黄麻,山桃子*
赛葵属 Malvastrum A.Gray(锦葵科)
赛里木蓟 Cirsium sairamense (C.Winkl.) O. & B.Fedtsch. (菊科)
赛里木薤 Allium sairamense Rgl.(百合科)
赛毛蕨 Cyclosorus acuminatus var. × acuminatoides Shieh & Tsai(金星蕨科)
赛牡丹(游默斋花谱)=虞美人
赛木患 Aphania oligophylla (Merr. & Chun) H.S. Lo (无患子科)
赛南芥属(拉汉名称)=**旗杆芥属**
赛楠 Nothaphoebe cavaleriei (Lévl.) Yang(樟科),*运兰树,假桂皮,峨眉赛楠,西南赛楠*
赛楠属 Nothaphoebe Bl.(樟科)
赛诺普车前 Plantago cynops L.(车前科),*狗尾状叶车前*
赛苹婆(树木分类学)=假苹婆
赛三蕊柳(东北木本志)=日本三蕊柳
赛山椒(台湾)=密齿酸藤子
赛山蓝 Blechum pyramidatum(Lam.)Urb.(爵床科)
赛山蓝属 Blechum P.Br.(爵床科)
赛山梅 Styrax confusus Hemsl.(安息香科),*白扣子,油榨果,猛骨子,乌蚊子,白山龙*
赛氏齿瓣兰 Odontoglossum cervantesii Ladi & Lex.(兰科)
赛氏棘豆 Oxytropis severzovii Bge. (豆科)
赛氏马先蒿 Pedicularis semenovii Rgl.(玄参科)
赛斯哈塔肯(维吾尔语)=曼陀罗
赛西林(云南嵩明)=九味一枝蒿
赛亚麻 Nierembergia frutescens Dur.(茄科)
赛亚麻属 Nierembergia Ruiz. & Pav.(茄科)

San

三把刀(四川)=金鸡脚假瘤蕨
三白草 Saururus chinensis (Lour.) Baill.(三白草科),*白花照水莲,百节藕,地藕,过塘藕,九节藕,三白根,塘边藕*
三白草科 Saururaceae
三白草属 Saururus L.(三白草科)
三白根(补缺肘后方)=三白草
三白根(广西靖西)=通脉丹
三百棒(广西都安)=山葛薯
三百棒(广西田林)=田林姜花
三百棒(贵州草药)=三对节
三百棒(湖南)=天门冬
三百棒(湖南,贵州)=飞龙掌血
三百棒(云南中草药)=白子菜
三百棒(中药大辞典)=金叶子
三百两银(广部中草药手册)=黑老虎
三百两银药(滇南本草)=木蝴蝶
三百银(浙江)=牛奶菜
三百银药(福建)=马兜铃
三斑刺齿马先蒿 Pedicularis armata var. trimaculata X.F.Lu (玄参科)
三板根节兰(台湾志)=三棱虾脊兰
三瓣草(云南)=紫雀花
三瓣凤仙花 Impatiens tripetala Roxb.(凤仙花科)
三瓣果 Tricarpelema chinense Hong(鸭跖草科)
三瓣果属 Tricarpelema J.K.Morton (鸭跖草科)
三瓣锦香草 Phyllagathis ternata C.Chen(野牡丹科)
三瓣鹿药 Maianthemum trifolium (L.) Sloboda (百合科)
三瓣蔷薇属(高等图鉴)=**绵刺属**
三瓣鸢尾 Iris tripetala Walt.(鸢尾科)
三瓣猪殃殃(东北检索表)=小叶猪殃殃
三苞唇柱苣苔 Chirita tribracteata W.T.Wang(苦苣苔科)
三苞小柴胡 Bupleurum tenue var. paucefulcrans C.Y.Wu (伞形科)
三苞蛛毛苣苔 Paraboea tribracteata D.Fang & W.Y.Rao (苦苣苔科)
三宝柑 Citrus sukata Tanaka (芸香科)
三宝木 Trigonostemon chinensis Merr.(大戟科)
三宝木属 Trigonostemon Bl.(大戟科)
三柄果柯 Lithocarpus propinquus Huang & Y.T. Chang (壳斗科)
三不跳(广西凌乐)=象头花
三步魂(四川)=半夏
三步接骨丹(秦岭志)=云南红景天
三步跳(广西凌乐)=凌云南星
三步跳(湖北,四川,贵州,云南)=半夏
三步跳(四川叙永)=刺柄南星
三步跳(四川叙永)=象南星
三层楼(广西植物名录)=变叶树参
三叉草(广部中草药手册)=紫苏草
三叉刺 Trifidacanthus unifoliolatus Merr.(豆科)
三叉刺属 Trifidacanthus Merr.(豆科)
三叉大麦(禾本科图说)=藏青稞
三叉耳蕨(高等图鉴)=戟叶耳蕨
三叉凤(湖南药物志)=金鸡脚假瘤蕨
三叉凤尾蕨 Pteris tripartita Sw.(凤尾蕨科)
三叉哈克 Hakea trifurcata R.Br.(山龙眼科)
三叉虎(广西药用名录)=金鸡脚假瘤蕨
三叉虎(广西药用名录)=三桠苦
三叉虎耳草 Saxifraga trifurcata Schrad.(虎耳草科)
三叉剑(湖北中草药志)=金鸡脚假瘤蕨
三叉金(广西平南)=牛尾草
三叉蕨(广西药用名录)=三羽新月蕨
三叉蕨 Tectaria subtriphylla (HK. & Arn.) Cop. (叉蕨科)
三叉苦(广西药用名录)=三桠苦
三叉明棵(河南中药手册)=猪毛菜
三叉木(湛江)=十字架树
三叉树(广西植物名录)=结香
三叉无柱兰 Amitostigma trifurcatum T.Tang, F. T.Wang & K.Y.Lang(兰科)
三叉叶(云南)=萝芙木
三叉叶蒿(吉林)=蒌蒿
三叉叶星蕨(台湾志)=有翅星蕨
三杈树(植物志 67-1)=假烟叶树
三岔叶(云南)=三桠苦
三齿草藤(甘肃)=大花野豌豆
三齿草藤(甘肃)=田旋花
三齿草藤(甘肃)=细叶野豌豆
三齿钝叶楼梯草 Elatostema obtusum var. trilobulatum (Hay.) W.T.Wang(荨麻科)
三齿萼野豌豆(豆科图说,高等图鉴)=大花野豌豆
三齿粉藜(东北草本志)=野滨藜
三齿蒿 Artemisia tridentata Nutt.(菊科)

三齿虎耳草 Saxifraga tridens (Ja ex Engl.) Engl. & Irms.(虎耳草科)
三齿卵叶报春 Primula tridentifera Chen & C.M. Hu (报春花科),*三齿叶报春*
三齿苿栾藤(云南区系报告)=地旋花
三齿苿栾藤戟叶亚种(云南区系报告)=地旋花
三齿野豌豆(秦岭志,云南植物名录)=大花野豌豆
三齿野豌豆 Vicia tridentifolia Xia (豆科)
三齿叶报春(Flora 15)=三齿卵叶报春
三齿鱼黄草(植物志 64-1)=地旋花
三翅萼 Legazpia polygonoides (Benth.) Yamaz. (玄参科)
三翅萼属 Legazpia Blanco(玄参科)
三翅秆砖子苗 Mariscus trialatus (Böcklr.) Tang & Wang (莎草科)
三翅水毛花 Scirpus triangulatus var. trialatus Tang & Wang(莎草科)
三翅藤属(Flora 16) =**飞蛾藤属**
三翅铁角蕨 Asplenium tripteropus Nakai(铁角蕨科)
三出宾川铁线莲 Clematis pinchuanensis var. tomentosa (Finet & Gagn.) W.T.Wang(毛茛科)
三出翠雀花 Delphinium biternatum Huth(毛茛科)
三出假瘤蕨 Phymatopteris trisecta (Baker) Pic. Serm. (水龙骨科)
三出三叉蕨 Tectaria heracleifolia (Willd.) Underw (叉蕨科)
三出唐松草 Thalictrum triternatum Rupr.(毛茛科)
三出委陵菜(东北检索表)=白萼委陵菜
三出叶翠雀花 Delphinium ternatum Huth.(毛茛科)
三出叶荚蒾(拉汉名称)=三叶荚蒾
三出银莲花 Anemone griffithii HK.f. & Thoms. (毛茛科)
三出蘡薁 Vitis bryoniaefolia var. ternata (W.T. Wang) C.L.Li(葡萄科)
三春柳(拉汉英名称)=具鳞水柏枝
三春柳(陕西通志)=柽柳
三春水柏枝 Myricaria paniculata P.Y.Zhang & Y.J.Zhang (柽柳科),*臭红柳,观音柳,具苞水柏枝,砂柳,水柏枝,翁波*
三椿(广西)=肥荚红豆
三次香(海南)=油丹
三刺草 Aristida triseta Keng(禾本科)
三刺野青茅 Deyeuxia tripilifera (HK.f.) Keng (禾本科)
三刺皂角(新疆中草药)=美国皂荚
三道箍(陕西)=杜鹃兰
三滴血(广西药用名录)=金鸡脚假瘤蕨
三点红(生草药性备要)=蛇莓
三点金 Desmodium triflorum (L.) DC.(豆科),*八字草,六月雪,品字草,三点金草,三点桃,三脚虎,哮灵草,蝇翅草*
三点金草(台湾志)=三点金
三点桃(中草药汇编)=三点金
三都毛蕨 Cyclosorus sanduensis Shing & P.S. Wang (金星蕨科)
三都润楠 Machilus kwangtungensis var. sanduensis Y.K.Li (樟科)
三对节 Clerodendrum serratum (L.) Moon(马鞭草科),*齿叶赪桐,齿叶戕桐,大常山,大罗伞,三百棒,三台大药,三台红花,三台花,山枇杷*
三对叶悬钩子 Rubus trijugus Focke(蔷薇科)
三萼喉毛花 Comastoma disepalum H.W.Li ex T. N.Ho (龙胆科)
三萼木(广西植物名录)=狗骨柴
三分丹(植物志 63)=娃儿藤
三分七 Anisodus acutangulus var. breviflorus C. Y.Wu & C.Chen(茄科),*三分三,野烟*
三分三(云南,云南中草药)=三分七
三分三(云南中草药)=赛莨菪
三分三 Anisodus acutangulus C.Y.Wu & C.Chen (茄科),*大搜山虎,山野烟,山茄子,野旱烟,三分子*
三分子(Flora 17)=三分三
三辐柴胡 Bupleurum triradiatum Adams ex Hoffm. (伞形科)
三甫莲(湖北)=刺柄南星
三股筋(昆明草药)=新樟
三股筋(拉汉名称和手册)=滇新樟
三股筋(云南龙陵)=龙陵新木姜子
三股筋(云南瑞丽)=柴桂
三股筋(云南新平)=三棱枝杭子稍
三股筋香 Lindera thomsonii Allen(樟科),*臭油果,香桂子,野香油果*
三光球 Echinocereus pectinatus (Scheidw.) Engelm. (仙人掌科)
三果翠雀花(青藏图鉴)=三果大通翠雀花
三果大通翠雀花 Delphinium pylzowii var. trigynum W.T.Wang(毛茛科),*三果翠雀花,青甘翠雀,下冈哇*
三果爿葱 Allium tricoccum Ait.(百合科)
三果卫矛 Euonymus tricarpus Koidz.(卫矛科)
三合枫(浙江,江西,图考)=梵天花
三合毛蕨 Cyclosorus calvescens Ching(金星蕨科)
三合香(河南商城)=韩信草
三河野豌豆 Vicia amurensis f. alba Ohasi & Tateishi (豆科)
三花灯心草 Juncus triflorus Ohwi(灯心草科)
三花顶冰花(植物志 14)=三花洼瓣花
三花冬青 Ilex triflora Bl.(冬青科),*茶果冬青,小冬青*
三花杜鹃 Rhododendron triflorum Hk.f.(杜鹃花科)
三花假卫矛 Microtropis triflora Merr. & Freem. (卫矛科)
三花拉拉藤 Galium triflorum Michx.(茜草科)
三花连蕊茶 Camellia triantha Chang(山茶科),*银花茶*
三花龙胆 Gentiana triflora Pall.(龙胆科),*狭叶龙胆,鲁音-苏斯*
三花萝蒂(高等图鉴)=三花洼瓣花
三花莓(经济植物手册)=三花悬钩子
三花盘果菊(西藏志)=全叶细莴苣
三花槭 Acer triflorum Kom.(槭树科),*伞花槭,拧筋槭*
三花枪刀药 Hypoestes triflora Roem. & Schult. (爵床科)
三花若菊 Sinoseris stenocephala Shih (菊科)
三花甜茅(新拉汉英)=东北甜茅
三花洼瓣花(高等图鉴)=三花洼瓣花
三花洼瓣花 Lloydia triflora (Ledeb.) Baker(百合科),*三花顶冰花,三花萝蒂,三花洼瓣花*
三花悬钩子 Rubus trianthus Focke(蔷薇科),*三花莓,苦悬钩子*
三花莸 Caryopteris terniflora Maxim.(马鞭草科),*大风寒草,短梗三花莸,风寒草,蜂子草,化骨丹,金线风,六月寒,路边梢,山卷宗莲,血汗草,野荆芥,野芝麻*
三花越桔 Vaccinium triflorum Rehd.(杜鹃花科)
三花紫菊 Notoseris triflora (Hemsl.) Shih(菊科)
三黄筋(四川屏山)=大叶金丝桃
三回蹄盖蕨 Athyrium tripinnatum Tagawa(蹄盖蕨科)
三基脉紫菀 Aster trinervius D.Don(菊科),*三脉叶马兰*
三极方(云南中草药选)=镰扁豆
三脊金石斛 Flickingeria tricarinata Z.H.Tsi & S. C.Chen (兰科)
三加皮(湖南,浙江,滇南本草)=白簕
三加皮(西藏)=康定五加
三荚草(岭南采药录)=短叶水蜈蚣
三甲皮(四川中药志)=白簕
三尖瓣肖鸢尾 Moraea tricuspis Ker.(鸢尾科)
三尖刀(药用图鉴)=卤地菊
三尖栝楼 Trichosanthes tricuspidata Lour.(葫芦科)
三尖千里光 Senecio tricuspis Franch.(菊科)
三尖色木槭 Acer mono var. tricuspis (Rehd.) Rehd. (槭树科)
三尖杉(植物志 7)=三尖杉
三尖杉 Cephalotaxus fortunei HK.f.(三尖杉科),*藏杉,桃松,狗尾松,三尖松,山榧树,头形杉,小叶三尖杉,绿背三尖杉*
三尖杉科 Cephalotaxaceae
三尖杉属 Cephalotaxus S. & Z.(三尖杉科)
三尖松(湖北宜昌)=三尖杉
三尖野豌豆 Vicia ternata Xia(豆科)
三尖叶猪屎豆 Crotalaria micans Link(豆科),*美洲野百合,黄野百合*
三俭草 Rhynchospora corymbosa (L.) Britt.(莎草科)
三检锥(广东)=罗浮锥
三键风(陕西)=三桠乌药
三角瓣花(海南志)=南山花
三角草(甘肃)=半夏
三角草(广西药用名录)=套鞘薹草
三角草(经济志)=水毛花
三角草(植物志 14)=小花吊兰
三角草 Trikeraia hookeri (Stapf) Bor (禾本科)
三角草属 Trikeraia Bor (禾本科)
三角车 Rinorea bengalensis (Wall.) O.Ktze.(堇菜科),*雷诺木*
三角车属 Rinorea Aubl.(堇菜科),*雷诺木属*
三角齿马先蒿 Pedicularis triangularidens Tsoong (玄参科),*三角齿马先蒿三角齿亚种三角齿变种*
三角齿马先蒿猫眼亚种(植物志 68)=猫眼草三角齿马先蒿
三角齿马先蒿三角齿亚种三角齿变种(植物志 68)=三角齿马先蒿
三角齿马先蒿三角齿亚种狭裂变种(植物志 68)=狭裂三角齿马先蒿(新)
三角齿缘草 Eritrichium deltodentum Lian & J. Q.Wang (紫草科)
三角齿锥花 Gomphostemma deltodon C.Y.Wu (唇形科)
三角刺(药用志)=蒺藜
三角酢浆草 Oxalis acetosella subsp. japonica Hara(酢浆草科),*大山酢浆草,截叶酢浆草,深山酢浆草*
三角灯笼(广西中药志)=倒地铃
三角对叶兰 Listera deltoidea Fukuyama(兰科),*三角双叶兰*
三角萼凤仙花 Impatiens trigonosepala HK.f.(凤仙花科)

三角萼溲疏 Deutzia carnea Rehd.(虎耳草科)
三角风(峨眉)=三叶地锦
三角风(湖南药物志)=地桃花
三角枫(贵州民间药物)=异叶地锦
三角枫(岭南采药录)=枫香树
三角枫(四川)=锈球藤
三角枫(四川)=羽裂盾蕨
三角枫(四川北碚)=常春藤
三角枫(图考)=三角槭
三角枫(浙江,江西,图考)=梵天花
三角凤尾蕨(高等图鉴)=线羽凤尾蕨
三角覆盆花 Oscularis deltoides (L.) Schwant.(番杏科)
三角花(华北观赏植物)=光叶子花
三角花(上海)=叶子花
三角花属(上海植物名录,庐山植物手册)=**叶子花属**
三角荚岩黄芪 Hedysarum trigonomerum Hand.-Mazz. (豆科)
三角尖(纲目)=常春藤
三角金毛裸蕨 Gymnopteris sargentii Christ(裸子蕨科)
三角锦香草 Phyllagathis deltoda C.Chen(野牡丹科)
三角兰(四川)=枫香树
三角榄(广西)=方榄
三角莲(湖北巴东)=刺柄南星
三角鳞毛蕨 Dryopteris subtriangularis (Hope) C. Chr. (鳞毛蕨科)
三角梅(厦门)=光叶子花
三角咪(中草药汇编)=板凳果
三角咪属(高等图鉴)=**板凳果属**
三角米(贵州草药)=多毛板凳果
三角牡丹 Ariocarpus trigonus (A.Web.) K. Schum. (仙人掌科)
三角泡(广西中药志)=倒地铃
三角槭 Acer buergerianum Miq.(槭树科),*三角枫*
三角青(广东龙门)=犁头尖
三角枘(四川中药志)=金鸡脚假瘤蕨
三角鼠尾(植物学杂志)=黄鼠尾草
三角薯蓣(甾体激素药源植物)=圆果三角叶薯蓣
三角双叶兰(中山大辞典)=三角对叶兰
三角水蕨 Ceratopteris deltoidea Bened.(水蕨科)
三角藤(广东)=常春藤
三角藤(广西)=巴戟天
三角藤(广州志))=倒地铃
三角条(贵州溶江)=瑶山南星
三角铁角蕨 Asplenium pumilum Sw.(铁角蕨科)
三角小檗 Berberis trigona Kunze ex Poepp. & Endl. (小檗科)
三角小胡麻(江西)=益母草
三角形枫(四川)=三桠乌药
三角形旱蕨(蕨类形态)=三角羽旱蕨
三角形冷水花 Pilea swinglei Merr.(荨麻科),*玻璃草,中原冷水花,油面草*
三角形月见草 Oenothera deltoides Torr. & Frêm. (柳叶菜科)
三角杨 Populus deltoides Marsh.(杨柳科),*美洲黑杨*
三角叶党参 Codonopsis deltoidea Chipp(桔梗科)
三角叶盾蕨(高等图鉴)=羽裂盾蕨
三角叶盾蕨 Neolepisorus ovatus f. deltoideus (Baker) Ching(水龙骨科)
三角叶粉叶蕨 Pityrogramme triangularis (Kaulf.) Maxon (裸子蕨科)
三角叶风毛菊 Saussurea deltoidea (DC.) Schi.-Bip.(菊科),*海肥干,野烟,白牛蒡根,翻白叶*
三角叶过路黄 Lysimachia deltoidea Wight(报春花科)
三角叶黄连 Coptis deltoidea C.Y.Cheng & Hsiao (毛茛科),*雅连,峨眉家连,峨眉连*
三角叶假福王草 Paraprenanthes hastata Shih (菊科)
三角叶假冷蕨 Pseudocystopteris subtriangularis (HK.) Ching(蹄盖蕨科),*长柄假冷蕨,城口假冷蕨,反折假冷蕨,吉隆假冷蕨,疏羽假冷蕨,太白山假冷蕨,微红假冷蕨,西藏假冷蕨*
三角叶堇菜 Viola triangulifolia W.Beck.(堇菜科),*蔓地草*
三角叶龙胆 Gentiana deltoidea H.Sm.(龙胆科)
三角叶驴蹄草 Caltha palustris var. sibirica Rgl.(毛茛科)
三角叶马先蒿 Pedicularis deltoidea Franch.(玄参科)
三角叶毛茛 Ranunculus triangularis W.T.Wang (毛茛科)
三角叶荨麻 Urtica triangularis Hand.-Mazz.(荨麻科),*花叶活麻,火麻,花叶荨麻*
三角叶山萮菜 Eutrema deltoideum (HK.f. & Thoms.) O.E.Schulz(十字花科),*大花山萮菜*
三角叶薯蓣 Dioscorea deltoidea Wall.(薯蓣科)
三角叶蟹甲草 Parasenecio deltophyllus (Maxim.) Y.L.Chen (菊科)
三角羽旱蕨 Pellaea calomelanos Link(中国蕨科),*三角形旱蕨*
三角藻(浙药志)=满江红
三角桢(新拉汉英)=鱼木
三角柱(北京)=量天尺
三脚鳖(台湾)=三桠苦
三脚鳖(台湾药志)=黄葵
三脚蟾(四川筠连)=三小叶人字果
三脚虎(福建)=三点金
三脚虎(福建)=蛇莓
三脚灵(湖南)=福州薯蓣
三脚破(台湾药志)=黄葵
三节剑(分类草药性)=鹅不食草
三界羊茅 Festuca kurtschumica E.Alexeev(禾本科)
三开花(甘肃)=半夏
三开瓢 Adenia cardiophylla (Mast.) Engl.(西番莲科),*三瓢果,假瓜蒌,肉杜仲秋,红牛白皮*
三颗针(分类草药性)=假豪猪刺
三颗针(分类草药性)=金花小檗
三颗针(分类草药性)=细叶小檗
三颗针(分类草药性,广西中草药)=庐山小檗
三颗针(青海)=直穗小檗
三颗针(陕西中草药)=黄芦木
三颗针(树木分类学)=鲜黄小檗
三颗针(四川)=刺黄花
三颗针(四川,陕西)=豪猪刺
三颗针(通称)=短锥花小檗
三颗针(新疆)=匙叶小檗
三颗针(云南,贵州)=假虎刺
三颗针(云南中草药)=昆明小檗
三颗针(中药大辞典)=华东小檗
三咳草(鄂西)=宝兴淫羊藿
三苦花(中药大辞典)=瀑槁木姜子
三苦楝(广西药用名录)=楝叶吴萸
三块瓦(东北)=白花酢浆草
三块瓦(广西)=三叶香草
三块瓦(新拉汉英)=九叶酢浆草
三块瓦,地海椒(四川中药志)=山酢浆草
三昆草藤(河南)=宽苞野豌豆
三赖(本草品汇精要)=山柰
三籁(南越笔记)=山柰
三肋果 Tripleurospermum limosum (Maxim.) Pobed. (菊科),*幼母菊*
三肋果 Tripleurospermum maritimum (L.) Koch.(菊科)
三肋果属 Tripleurospermum Sch.-Bip.(菊科)
三肋菘蓝 Isatis costata C.A.Mey.(十字花科),*肋果菘蓝*
三棱(本草拾遗)=黑三棱
三棱草(广西药用名录)=畦畔莎草
三棱草(贵州草药)=风毛菊
三棱草(贵州民间药物)=镜子薹草
三棱草(陕西中药名录)=砖子苗
三棱草(上海)=半夏
三棱草(中药大辞典)=三棱枝杭子稍
三棱草根(中药志)=香附子
三棱秆藨草 Scirpus mattfeldianus Kükenth.(莎草科)
三棱果蓼 Persicaria trigonocarpa (Mak.) Nakai?(蓼科)
三棱箭(北京)=量天尺
三棱茎葱 Allium triquetrum L.(百合科)
三棱栎 Formanodendron doichangensis (A. Camus) Nixon & Crepet(壳斗科)
三棱栎属 Formanodendron Nixon & Crepet(壳斗科)
三棱瘤瓣兰 Oncidium triquetrum R.Br.(兰科)
三棱马尾(贵州民间药物)=镜子薹草
三棱梢(云南植物名录)=马尿藤
三棱梢爬山豆(中药大辞典)=三棱枝杭子稍
三棱虾脊兰 Calanthe tricarinata Lindl.(兰科),*三板根节兰,九子连环草*
三棱鸢尾 Iris prismatica L.(鸢尾科)
三棱枝杭子稍 Campylotropis trigonoclada (Franch.) Schindl.(豆科),*大发表,黄花马尿藤,爬山豆根,三股筋,三棱草,三棱梢爬山豆,三楞草,野乔豆根*
三棱脂麻掌 Gasteria trigona Haw.(百合科)
三楞草(四川中药志)=碎米莎草
三楞草(云南红河)=三棱枝杭子稍
三楞筋骨草(四川中草药)=宽叶珍珠茅
三敛 Averrhoa bilimbi L.(酢浆草科)
三列飞蛾藤 Dinetus duclouxii (Gagn. & Cour.) Staples(旋花科),*腺毛飞蛾藤,乌里矮*
三列蒿(四川)=指裂蒿
三列沙拐枣 Calligonum trifarium Z.M.Mao(蓼科)
三裂白头婆(新)Eupatorium japonicum var. tripartitum Makino(菊科),*白头婆三裂叶变种*
三裂瓣紫堇 Corydalis trilobipetala Hand.-Mazz.(罂粟科),*裂瓣紫堇*
三裂宝兴茶藨子(拉汉名称)=三裂茶藨子
三裂茶藨子 Ribes moupinense var. tripartitum (Batalin) Jancz(虎耳草科),*三裂宝兴茶藨子*
三裂朝天委陵菜 Potentilla supina var. ternata Peterm. (蔷薇科)
三裂地蔷薇 Chamaerhodos trifida Ledeb.(蔷薇科),*矮地蔷薇*
三裂耳蕨(中药辞海)=戟叶耳蕨
三裂飞蛾槭 Acer oblongum var. trilobum Henry (槭树科)
三裂凤仙花 Impatiens trilobata Coleb.(凤仙花

科)
三裂瓜 Biswarea tonglensis (C.B.Clarke) Cogn.(葫芦科)
三裂瓜属 Biswarea Cogn.(葫芦科)
三裂光槭 Acer glabrum f. trisectum Sarg.(槭树科)
三裂红花槭 Acer rubrum var. trilobum K.Koch.(槭树科)
三裂狐尾藻(东北检索表)=乌苏里狐尾藻
三裂假福王草 Paraprenanthes multiformis Shih (菊科)
三裂碱毛茛 Halerpestes tricuspis (Maxim.) Hand.-Mazz. (毛茛科)
三裂距景天 Sedum costantinii Hamet(景天科),*山裂距景天*
三裂楼梯草 Elatostema sinense var. trilobatum W.T.Wang (荨麻科)
三裂毛茛(植物志 28)=基隆毛茛
三裂毛茛 Ranunculus hirtellus var. orientalis W.T.Wang (毛茛科)
三裂槭 Acer monspessulanum L.(槭树科)
三裂山矾 Symplocos fordii Hance(山矾科)
三裂蛇葡萄 Ampelopsis delavayana Planch.(葡萄科),*赤木通,德氏蛇葡萄,红赤葛,红内消,见肿消,金刚散,三裂叶蛇葡萄,玉葡萄根*
三裂水茄 Solanum trilobatum L.(茄科)
三裂西番莲 Passiflora trifasciata Lem.(西番莲科)
三裂喜林芋 Philodendron tripartitum (Jacq.) Schott (天南星科)
三裂绣线菊 Spiraea trilobata L.(蔷薇科),*石棒子,硼子,三桠绣球,团叶绣球,三裂叶绣线菊*
三裂绣线菊毛叶变种(植物志 36)=毛叶三裂绣线菊(新)
三裂延胡索 Corydalis ternata (Nakai) Nakai(罂粟科)
三裂羊耳蒜 Liparis mannii Rchb.f.(兰科)
三裂叶报春 Primula triloba Balf.f. & Forr.(报春花科)
三裂叶扁豆(台湾志)=镰扁豆
三裂叶菜豆(豆科图说)=三裂叶豇豆
三裂叶火筒树 Leea coccinea Planch.(葡萄科)
三裂叶豇豆 Vigna trilobata (L.) Verdc.(豆科),*三裂叶菜豆*
三裂叶绢蒿 Seriphidium junceum (Kar. & Kir.) Poljak. (菊科)
三裂叶蛇葡萄(江苏志)=三裂蛇葡萄
三裂叶薯 Ipomoea triloba L.(旋花科),*小花假番薯*
三裂叶豚草 Ambrosia trifida L. (菊科),*豚草*
三裂叶绣线菊(经济植物手册)=三裂绣线菊
三裂叶野葛 Pueraria phaseoloides (Roxb.) Benth. (豆科)
三裂银白槭 Acer saccharinum f. tripartitum (Schwer.) Pax (槭树科)
三裂羽芒菊 Tridax trilobata Hemsl.(菊科)
三裂中南悬钩子 Rubus grayanus var. trilobatus Yü & Lu (蔷薇科)
三裂中蟛蜞菊 Wedelia trilobata (L.) A.S.Hitchc.(菊科)
三裂紫堇 Corydalis trifoliata Franch.(罂粟科)
三铃子(贵州世间药物)=歪头菜
三龙爪(福建志)=粗叶榕
三龙爪(中药辞海)=极简榕
三轮草(分类草药性)=碎米莎草
三轮草(植物志 11)=头状穗莎草
三轮草 Cyperus orthostachyus Franch. & Savat.(莎草科)
三轮蒿(贵州民间药物)=二色香青
三脉菝葜 Smilax trinervula Miq.(百合科)
三脉变种(植物志 65-2,Flora17)=三脉钝叶黄芩(新)
三脉钝叶黄芩(新)Scutellaria obtusifolia var. trinervata (Vaniot) C.Y.Wu & H.W.Li(唇形科),*三脉变种*
三脉耳草 Hedyotis trinervia (Retz.) Roem. & Schult. (茜草科)
三脉黄精 Polygonatum griffithii Baker(百合科)
三脉堇菜 Viola trinervata Howell (堇菜科)
三脉冷水花(海南志)=长序冷水花
三脉马钱(海南志)=华马钱
三脉梅花草 Parnassia trinervis Drude(虎耳草科)
三脉美苓草(拉汉名称)=三脉种阜草
三脉蒲儿根 Sinosenecio trinervius (Chang) B. Nord. (菊科)
三脉青杨 Populus trinervis C.Wang & Tung (杨柳科)
三脉球兰(Flora 16)=铁草鞋
三脉山黧豆 Lathyrus komarovii Ohwi(豆科),*具翅香豌豆*
三脉石竹(植物志 26)=石竹
三脉守宫木 Sauropus trinervius HK.f. & Thoms. ex Muell.Arg.(大戟科)
三脉双蝴蝶 Tripterospermum trinerve Bl.(龙胆科)
三脉水丝梨 Sycopsis triplinervia Chang(金缕梅科)
三脉嵩草 Kobresia esanbeckii (Kunth) Wang & Tang ex P.C.Li (莎草科)
三脉兔儿风 Ainsliaea trinervis Y.C.Tseng(菊科)
三脉卫矛 Euonymus subtrinervis Rehd.(卫矛科)
三脉香青 Anaphalis triplinervis (Sims) C.B. Clarke (菊科)
三脉野木瓜 Stauntonia trinervia Merr. (木通科),*炮仗花藤,粗柄野木瓜*
三脉叶荚蒾 Viburnum triplinerve Hand.-Mazz.(忍冬科)
三脉叶马兰(图鉴)=三脉紫菀
三脉叶马兰(植物志 74)=三基脉紫菀
三脉种阜草 Moehringia trinervia (L.) Clairv.(石竹科),*三脉美苓草*
三脉猪殃殃 Galium kamtschaticum Steller ex Roem. & Schult.(茜草科),*堪察拉拉藤*
三脉紫菀 Aster ageratoides Turcz.(菊科),*白花千里光,白马兰,白升麻,红管药,鸡儿肠,三脉叶马兰,山白菊,山雪花,小雪花,野白菊花*
三蔓草(唐本草)=巴戟天
三芒草 Aristida adscensionis L.(禾本科),*三枪茅*
三芒草属 Aristida L.(禾本科),*三枪茅属*
三芒耳稃草 Garnotia triseta Hitchc.(禾本科),*三芒葛氏草*
三芒葛氏草(广州志)=三芒耳稃草
三芒虎耳草 Saxifraga triaristulata Hand.-Mazz.(虎耳草科)
三芒景天 Sedum triactina Berger(景天科)
三芒雀麦 Bromus danthoniae Trin.(禾本科)
三芒山羊草 Aegilops triuncialis L.(禾本科)
三毛白点兰 Thrixspermum merguense (HK.f.) Ktze. (兰科),*高士佛风铃兰,高士佛风兰*
三毛草 Trisetum bifidum (Thunb.) Ohwi (禾本科),*蟹钓草*
三毛草属 Trisetum Pers.(禾本科),*蟹钓草属*
三梅草(湖南)=酢浆草
三妹木(广西)=美丽胡枝子
三眠柳(本草衍义)=柽柳
三面刀(陕西中草药)=小升麻
三面风(江苏)=蛇莓
三面秆荸荠 Heleocharis trilateralis Tang & Wang(莎草科)
三明苦竹 Pleioblastus sanmingensis S.L.Chen & G.Y.Sheng (禾本科)
三囊(植物志 43-2)=锦橘果
三捻草(广东罗浮山)=金草
三念草(增城)=三念薹草
三念薹草 Carex tsiangii Wang & Tang(莎草科),*三念草*
三皮风(贵州民间药物)=异叶地锦
三皮风根(贵州中医验方秘方)=蛇莓
三匹方(草木便方)=蛇莓
三匹风(西藏中草药)=黄毛草莓
三匹箭 Arisaema inkiangense H.Li(天南星科),*三叶半夏*
三匹七(陕西中草药)=云南红景天
三片风(浙江草药)=三叶委陵菜
三片叶(甘肃)=半夏
三瓢果(云南)=三开瓢
三品一枝花 Burmannia coelestis D.Don(水玉簪科),*少花水玉簪,地沙,米洋参,明儿草*
三七 Panax pseudoginseng var. notoginseng (Burkill) Hoo & Tseng (五加科),*田七,山漆,金不换,参三七,旱三七,盘三七*
三七草(高等图鉴)=菊三七
三七姜(广西)=土田七
三七莲(广西)=凤尾蕨
三歧龙胆 Gentiana trichotoma Kusnez(龙胆科)
三钱三(广西)=博落回
三钱三(广西中草药)=羊踯躅
三浅裂薯蓣 Dioscorea trifida L.f.(薯蓣科)
三枪茅(钟观光拟)=三芒草
三枪茅属(钟观光拟)=**三芒草属**
三球悬铃木 Platanus orientalis L.(悬铃木科),*祛汗树,净土树,法国梧桐,悬铃木*
三稔蒟(海南志)=羽脉山麻杆
三蕊草(高等图鉴,植物志 53-1)=短药地胆
三蕊草 Sinochasea trigyna Keng(禾本科)
三蕊草属 Sinochasea Keng(禾本科)
三蕊沟繁缕 Elatine triandra Schkuhr(沟繁缕科)
三蕊兰 Neuwiedia singapureana (Bak.) Rolfe(兰科)
三蕊兰属 Neuwiedia Bl.(兰科)
三蕊柳(Flora 4)=日本三蕊柳
三蕊柳 Salix triandra L.(杨柳科),*毛柳*
三蕊楠(台湾志)=革叶土楠
三蕊石海椒(新)Reinwardtia trigyna (Roxb.) Planch.(亚麻科),*石海椒*
三散草(中药志)=猫爪草
三色薄叶兰 Lycaste tricolor (Kl.) Rchb.f.(兰科)
三色凤尾蕨 Pteris aspericaulis var. tricolor Moore apud Lowe(凤尾蕨科)
三色胡椒 Piper tricolor Tseng (胡椒科)
三色花凤梨 Tillandsia tricolor Cham. & SchLindl. (凤梨科)
三色堇(图鉴)=三色堇菜
三色堇菜 Viola tricolor L.(堇菜科),*三色堇,阿拉叶-尼勒-其其格,蝴蝶花*
三色立金花 Lachenalia tricolor Thunb.(百合科)
三色龙胆 Gentiana tricolor Diels & Gilg(龙胆科)
三色马先蒿 Pedicularis tricolor Hand.-Mazz.(玄

参科),*三色马先蒿三色变种*
三色马先蒿等凹变种(植物志 68)=等凹三色马先蒿
三色马先蒿三色变种(植物志 68)=三色马先蒿
三色莓 Rubus tricolor Focke(蔷薇科)
三色魔杖花 Sparaxis tricolor Ker.(鸢尾科)
三色鞘花 Macrosolen tricolor (Lacomte) Danser (桑寄生科)
三色青皮槭 Acer cappadocicum f. tricolor (Carr.) Rehd.(槭树科)
三色天香百合 Lilium auratum var. tricolor Baker (百合科)
三色万带兰 Vanda tricolor Lindl.(兰科)
三色苋(华北经济志要)=苋
三色旋花 Convolvulus tricolor L.(旋花科)
三扇棕属 Trithrinax Mart.(棕榈科)
三舌合耳菊 Synotis triligulata (Buch.-Ham. ex D.Don) C.Jeffr. & Y.L.Chen(菊科),*三舌千里光,三舌尾药菊*
三舌千里光(云南植物名录)=三舌合耳菊
三舌尾药菊(植物志 77-1)=三舌合耳菊
三升米(天目药志)=华蔓茶藨子
三升米(天目药志)=绿花茶藨子
三生豆(豆科图说)=菜豆
三十根(本草拾遗)=钗子股
三十六荡(广东,广西)=娃儿藤
三石(名医别录)=鸭儿芹
三数马唐 Digitaria ternata (Hochst.) Stapf ex Dyer (禾本科)
三数野海棠 Bredia amoena var. trimera C.Chen (野牡丹科)
三酸藤(广西)=酸叶胶藤
三穗草 Polytrias praemorsa Hack.(禾本科)
三穗金茅 Eulalia trispicata (Schult.) Henr.(禾本科)
三穗茅属(分科检索表附录)=**毛俭草属**
三穗石松 Lycopodium trislachyum Pursh (石松科)
三穗薹草 Carex tristachya Thunb.(莎草科)
三穗䅟 Eleusine tristachya Kunth (禾本科)
三棱瓜 Edgaria darjeelingensis C.B.Clarke(葫芦科)
三棱瓜属 Edgaria C.B.Clarke (葫芦科)
三台草(云南)=川滇变豆菜
三台大药(云南中草药) =三对节
三台高(云南)=鸡骨常山
三台观音(云南)=云南红景天
三台红花(云南中草药) =三对节
三台花(云南新平)=棒柄花
三台花(云南中草药)=三对节
三台花 Clerodendrum serratum var. amplexifolium Moldene(马鞭草科)
三台消(湖北)=球药隔重楼
三台消(湖北)=狭叶重楼
三条筋(湖北,四川)=野黄桂
三条筋(湖北光山,陕西南部)=川桂
三条筋(四川)=少花桂
三条筋(四川北碚)=毛桂
三条筋(四川南川)=川鄂新樟
三条筋(四川屏山,南川)=川钓樟
三条筋(云南中草药)=柴桂
三条筋(云南中草药选)=钝叶桂
三条筋(浙江)=香桂
三条筋(中草药汇编)=香面叶
三筒管(广西)=长叶马兜铃
三头草(中药大辞典)=绿叶胡枝子
三头水蜈蚣 Kyllinga triceps Rottb.(莎草科),*金钮子,护心草,五粒关草*
三头薹草 Carex tricephala Böckl r.(莎草科)
三头紫菀 Aster tricephalus C.B.Clarke(菊科)
三托艾(广西)=牛尾草
三托藤(广西)=筋藤
三万花(广东,广西)=长春花
三尾青皮槭 Acer cappadocicum var.tricaudatum (Rehd. ex Veitch) Rehd.(槭树科),*裂叶青皮槭*
三文藤(广东)=飞龙掌血
三峡槭 Acer wilsonii Rehd.(槭树科),*武陵槭,武陵槭树*
三线草(广西药用名录)=石筋草
三腺金丝桃 Triadenum breviflorum (Wall. ex Dyer) Y.Kimura(藤黄科)
三腺金丝桃属 Triadenum Raf.(藤黄科),*红花金丝桃*
三相蕨(浙江志)=厚叶轴脉蕨
三消草(贵州民间药物)=白车轴草
三小叶翠雀花 Delphinium trifoliolatum Finet & Gagn. (毛茛科)
三小叶当归 Angelica ternata Rgl. & Shmalh.(伞形科)
三小叶棘豆 Oxytropis triphyllae (Pall.) Pers. (豆科)
三小叶毛茛 Ranunculus japonicus var. ternatifolius L.Liao(毛茛科)
三小叶人字果 Dichocarpum trifoliolatum W.T.Wang & Hsiao(毛茛科),*羊不吃,三脚蝉*
三小叶山豆根(豆科图说)=山豆根
三小叶十大功劳 Mahonia trifoliolata (Moric) Fedde (小檗科)
三小叶碎米荠 Cardamine trifoliolata HK.f. & Thoms. (十字花科),*汶川白花弯蕊芥*
三兴草(甘肃)=半夏
三星果 Tristellateia australasiae A.Rich.(金虎尾科),*三星果藤*
三星果藤(台湾志)=三星果
三星果属 Tristellateia Thouars (金虎尾科)
三星石斛(台湾兰)=单叶厚唇兰
三型裂缘兰 Caladenia dimorpha R.Br.(兰科)
三丫苦(岭南采药录)=三桠苦
三桠苦 Evodia lepta (Spreng.) Merr.(芸香科),*白芸香,郎晚,三叉虎,三叉苦,三岔叶,三脚鳖,三丫苦,三支枪,石蛤骨,消黄散*
三桠皮(湖南,云南)=结香
三桠乌药 Lindera obtusiloba Bl.(樟科),*矮脚枫,大山胡椒,甘姜,甘橿,红叶甘橿,猴楸树,假崂山棍,橿军,绿绿柴,三键风,三角枫,三钻风,三钻七,山姜,香丽木*
三桠绣球(山东)=三裂绣线菊
三阳薹草 Carex duvaliana Franch. & Sav.(莎草科)
三药槟榔 Areca triandra Roxb. ex Buch.-Ham. (棕榈科)
三叶(名医别录)=鸭儿芹
三叶白蜡树(云南植物名录)=三叶梣
三叶半夏(山西,河南,广西)=半夏
三叶半夏(云南瑞丽)=三匹箭
三叶扁藤(广西中草药)=三叶崖爬藤
三叶藨(云南木本植物名录)=三叶悬钩子
三叶草(江西草药)=红车轴草
三叶草属(植物志 42-2)=**车轴草属**
三叶梣 Fraxinus trifoliolata W.W.Sm.(木犀科),*三叶白蜡树*
三叶赤瓟 Thladiantha hookeri var. palmatifolia Chakr. (葫芦科)
三叶从字草(广西)=鸡眼草
三叶倒挂金钟 Fuchsia triphylla L.(柳叶菜科)
三叶地锦 Parthenocissus semicordata (Wall.) Planch. (葡萄科),*三叶爬山虎,大血藤,三角风,三爪金龙*
三叶吊杆泡(广东,广西)=小柱悬钩子
三叶蝶豆 Clitoria mariana L.(豆科),*三叶蝴蝶花豆,大山豆,野黄豆,顺气豆*
三叶豆(福建)=绿叶胡枝子
三叶豆(贵州)=思茅杭子稍
三叶豆(植物志 39)=木豆
三叶豆蔻 Amomum austrosinense D.Fang (姜科)
三叶对(浙江草药)=三叶崖爬藤
三叶耳蕨(蕨类图说)=戟叶耳蕨
三叶防风(云南)=竹叶西风芹
三叶茀蕨(台湾志)=金鸡脚假瘤蕨
三叶福王草 Prenanthes vitifolia Diels?(菊科)
三叶光槭 Acer glabrum var. tripartitum (Nutt.) Pax (槭树科)
三叶鬼针草(广东,广西)=鬼针草
三叶鬼针草(中药辞海)=狼杷草
三叶海棠 Malus sieboldii (Regel) Rehd.(蔷薇科),*山茶果,野黄子,山楂子*
三叶旱蕨 Pellaea ternifolia Link.(中国蕨科)
三叶红(广西药用名录)=秋枫
三叶红藤(四川)=毛宿苞豆
三叶蝴蝶花豆(豆科图说)=三叶蝶豆
三叶花椒(台湾)=异叶花椒
三叶黄连 Coptis trifolia (L.) Salisb.(毛茛科)
三叶鸡血藤(广西)=密花豆
三叶荚蒾 Viburnum ternatum Rehd.(忍冬科),*三出叶荚蒾*
三叶绞股蓝(海南志)=光叶绞股蓝
三叶金杆蕨 Trismeria trifoliate (L.) Diels (裸子蕨科)
三叶金锦香 Osbeckia mairei Carib(野牡丹科)
三叶犁头尖 Typhonium trifoliatum Wang & Lo ex H.Li et al. (天南星科),*代半夏,范半夏*
三叶栗豆藤 Agelaea trifolia (Lam.) Gilg. (牛栓藤科)
三叶莲(植物志 29)=八月瓜
三叶龙胆 Gentiana ternifolia Franch.(龙胆科)
三叶鹭兰(青藏图鉴)=二叶玉凤花
三叶罗伞 Brassaiopsis tripteris (Lévl.) Rehd.(五加科)
三叶裸花草 Achlys triphylla (Smith) DC.(小檗科)
三叶马先蒿 Pedicularis ternata Maxim.(玄参科)
三叶蔓荆(云南志)=蔓荆
三叶毛蕨(广州志)
三叶莓(云木本名录)=三叶悬钩子
三叶密茱萸 Melicope triphylla (Lam.) Merr.(芸香科),*假山脚鳖*
三叶木蓝 Indigofera trifoliata L.(豆科),*地蓝根*
三叶木通(安徽)=白木通
三叶木通 Akebia trifoliata (Thunb.) Koidz. (木通科),*八月瓜,八月瓜藤,八月札,八月炸,八月楂,爆肚拿,活血藤,拿藤,三叶拿藤,甜果木通,木通根,预知子*
三叶拿藤(浙江)=三叶木通
三叶爬山虎(经济植物手册)=三叶地锦
三叶爬山虎(中药辞海)=红三叶地锦
三叶排草(广西)=三叶香草
三叶泡(广西药用名录)=大芽南蛇藤
三叶七(四川)=软雀花
三叶槭(图谱)=建始槭

三叶漆 Terminthia paniculata (Wall. ex G.Don) C.Y.Wu & T.L.Ming(漆树科),*扁果*
三叶漆属 Terminthia Bernh.(漆树科)
三叶芹(经济植物手册)=鸭儿芹
三叶青(高等图鉴)=三叶崖爬藤
三叶青(中药大辞典)=绿叶胡枝子
三叶青藤 Illigera trifoliata (Griff.) Dunn(莲叶桐科)
三叶扫把(云南思茅)=牛尾草
三叶山香圆 Turpinia ternata Nakai(省沽油科)
三叶蛇(江苏)=蛇莓
三叶省沽油 Staphylea trifolia L.(省沽油科)
三叶鼠尾草 Salvia trijuga Diels(唇形科),*紫丹参*,*小红丹参*,*小红参*
三叶薯蓣 Dioscorea arachidna Prain & Burkill (薯蓣科)
三叶水毛茛 Batrachium triphyllum (Wallr.) Dum. (毛茛科)
三叶酸(纲目)=酢浆草
三叶酸浆(图考)=酢浆草
三叶藤(广西药用名录)=尖子木
三叶藤(江西,福建)=铁马鞭
三叶藤(新华本草纲要)=巴豆藤
三叶藤橘 Luvunga scandens (Roxb.) Buch.-Ham. ex Wight & Arn.(芸香科)
三叶藤橘属 Luvunga (Roxb.) Hach.-Ham. ex Wight & Arn.(芸香科)
三叶头草(上海)=半夏
三叶歪头菜 Vicia unijuga var. trifoliolata Xia (豆科)
三叶弯蕊芥(植物志 33)=颗粒碎米荠
三叶王风藤 Holboellia angustifolia subsp. trifoliata H.N.Qin(木通科)
三叶委陵菜(苏南植物手册)=中华三叶委陵菜
三叶委陵菜 Potentilla freyniana Bornm.(蔷薇科),*地风子*,*地蜂子*,*地蜘蛛*,*三片风*,*三张叶*,*三爪金*,*山蜂子根*,*铁秤砣*
三叶乌蔹莓 Cayratia trifolia (L.) Domin(葡萄科),*狗脚迹*,*三爪龙*
三叶吴萸 Evodia triphylla DC.(芸香科),*墨脱吴萸*
三叶五加(广西植物名录)=白簕
三叶五香血藤(云南药用名录)=滑叶藤
三叶香草 Lysimachia insignis Hemsl.(报春花科),*跌打鼠*,*节骨风*,*解毒草草*,*奇异排草*,*三块瓦*,*三叶排草*,*三张叶*,*三支叶*,*土远志*
三叶橡胶(植物志 44-2)=橡胶树
三叶悬钩子 Rubus delavayi Franch.(蔷薇科),*三叶莓*,*绊脚刺*,*小黄泡刺*,*倒钩刺*,*三叶藨*
三叶崖豆藤 Millettia unijuga Gagn.(豆科)
三叶崖爬藤(台湾志)=台湾崖爬藤
三叶崖爬藤 Tetrastigma hemsleyanum Diels & Gilg (葡萄科),*金线吊葫芦*,*栏山虎*,*雷胆子*,*三叶扁藤*,*三叶对*,*三叶青*,*蛇附子*,*石抱子*,*石猴子*,*石老鼠*,*小扁藤*
三叶野木瓜 Stauntonia brunoniana Wall. ex Hemsl. (木通科),*印度野木瓜*
三叶早熟禾 Poa trichophylla Heldr. & Sart. ex Boiss.(禾本科)
三叶针刺悬钩子 Rubus pungens var. ternatus Card. (蔷薇科)
三叶轴榈 Licuala triphylla Griff.(棕榈科)
三叶珠(广西草药)=短叶水蜈蚣
三叶紫堇(云南植物研究)=半荷包紫堇
三颖早熟禾 Poa triglumis Keng f.(禾本科)
三羽新月蕨 Pronephrium triphyllum (Sw.) Holtt. (金星蕨科),*入地蜈蚣*,*三叉蕨*,*三叶毛蕨*,*三枝标*,*蛇鳞草*,*蛇退步*,*小一包针*
三元观音座莲 Angiopteris shanyuanensis Ching (观音座莲科)
三元麻(四川,云南)=水丝麻
三月花(云南)=紫花雪山报春
三月花葵 Lavatera trimestris L.(锦葵科),*裂叶花葵*
三月烂(贵州)=地锦苗
三月脬(江西)=山莓
三月泡(湖南)=山莓
三月泡(陕西)=光滑高粱泡
三月泡(文山中草药)=栽秧泡
三月泡(植物志 37)=空心泡
三月泡(植物志 37)=蓬蘽
三月藤(广西)=鹰爪枫
三月枣(湖北)=胡颓子
三月竹 Qiongzhuea opienensis Hsueh & Yi (禾本科)
三张叶(陕西)=三叶委陵菜
三张叶(云南中草药)=三叶香草
三褶虾脊兰 Calanthe triplicata (Willem.) Ames (兰科)
三针松(河南)=白皮松
三支枪(广东)=三桠苦
三支叶(广西)=三叶香草
三枝标(广东中药)=三羽新月蕨
三枝九叶草(本草图经)=淫羊藿
三枝九叶草(植物志 29)=箭叶淫羊藿
三枝九叶草(中药志,东北)=朝鲜淫羊藿
三指佛掌榕(云南植物名录)=薄毛粗叶榕
三指假瘤蕨 Phymatopteris triloba (Houtt.) Pic. Serm. (水龙骨科)
三指雪兔子 Saussurea tridactyla Sch.-Bip. ex HK.f. (菊科)
三重天(四川)=狭叶重楼
三轴凤尾蕨 Pteris longipes Don(凤尾蕨科)
三柱常山(植物研究)=狭叶绣球
三柱韭 Allium trifurcatum (F.T.Wang et Tang) J. M.Xu (百合科)
三爪风(广西)=藤紫珠
三爪风(植物志 37)=蛇莓
三爪金(贵州草药)=三叶委陵菜
三爪金龙(华亭)=三叶地锦
三爪金龙(中草药汇编)=红三叶地锦
三爪龙(海南澄迈)=多花茜草
三爪龙(思茅)=三叶乌蔹莓
三转半(四川)=铁棒锤
三转半(四川)=展毛短柄乌头
三籽两型豆(高等图鉴)=两型豆
三姊妹(广西)=牛尾草
三钻风(陕西中草药)=三桠乌药
三钻七(中草药汇编)=三桠乌药
伞把草(湖南药物志)=兔儿伞
伞把竹 Fargesia utilis Yi (禾本科)
伞苞石豆兰(新) Bulbophyllum formosanum (Rolfe) Seidenf.?(兰科)
伞柄竹(树木分类学补编)=苦竹
伞草(陕西中草药)=兔儿伞
伞旦花(树木分类学)=黄海棠
伞繁缕(东北检索表)=长叶繁缕
伞房贝母兰(中药大辞典)=狭瓣贝母兰
伞房变种(植物志 75)=伞房香青(新)
伞房钓钟柳 Penstemon corymbosus Benth.(玄参科)
伞房狗牙花 Tabernaemontana corymbosa Roxb. (夹竹桃科),*大陆狗牙花*,*广西狗牙花*,*贵州狗牙花*,*毛瓣狗牙花*,*纤花狗牙花*,*纤花狗牙花*,*异萼云南狗牙花*,*云南狗牙花*,*中国狗牙花*
伞房厚喙菊 Dubyaea cymiformis Shih(菊科)
伞房花翠雀花 Delphinium corymbosum Rgl.(毛茛科)
伞房花耳草 Hedyotis corymbosa (L.) Lam.(茜草科),*水线草*,*蛇舌草*,*矮脚白花蛇利草*,*水胡椒*,*汤气草*
伞房花序小檗 Berberis corymbosa HK. & Arn. (小檗科)
伞房花状六道木 Abelia corymbosa RGl. & Schmalh. (忍冬科)
伞房荚蒾 Viburnum corymbiflorum Hsu & S.C. Hsu (忍冬科)
伞房菊蒿 Tanacetum tanacetoides (DC.) Tzvel. (菊科)
伞房马先蒿 Pedicularis corymbifera H.P.Yang (玄参科)
伞房匹菊 Pyrethrum parthenifolium Willd.(菊科)
伞房蔷薇 Rosa corymbulosa Rolfe(蔷薇科)
伞房乳苣 Mulgedium umbrosum (Dunn) Shih (菊科)
伞房双药芒 Diandranthus corymbosus L.Liu(禾本科)
伞房溲疏 Deutzia corymbosa R.Br.(虎耳草科)
伞房香青(新)Anaphalis nepalensis var. corymbosa (Franch.) Hand.-Mazz.(菊科),*伞房变种*
伞房香青 Anaphalis corymbifera Chang(菊科)
伞风藤(广西)=酸叶胶藤
伞梗虎耳草(中国民族药志)=小伞虎耳草
伞花八仙(天目药志)=中国绣球
伞花刺果泽泻 Echinodorus paniculatus Micheli. (泽泻科)
伞花冬青 Ilex godajam (Colebr. ex Wall.) Wall. (冬青科),*米碎木*
伞花杜若 Pollia subumbellata C.B.Clarke(鸭跖草科)
伞花短穗柽柳 Tamarix laxa var. polystachya (Ledeb.) Bge.(柽柳科)
伞花钝果寄生 Taxillus umbelifer (Schult.) Danser (桑寄生科)
伞花繁缕 Stellaria umbellata Turcz.(石竹科)
伞花虎尾兰 Sansevieria thyrsiflora Thunb.(百合科)
伞花虎眼万年青 Ornithogalum umbellatum L.(百合科)
伞花黄堇 Corydalis corymbosa C.Y.Wu & Z.Y. Su (罂粟科)
伞花寄生藤 Dendrotrophe umbellata (Bl.) Miq. (檀香科)
伞花假木豆 Dendrolobium umbellatum (L.) Benth. (豆科),*白木苏花*
伞花卷瓣兰 Bulbophyllum umbellatum Lindl. (兰科),*伞形卷瓣兰*
伞花绢毛菊(高等图鉴)=肉菊
伞花蜡菊 Helichrysum petiolatum DC.(菊科)
伞花老鹳草 Geranium umbelliforme Franch.(牻牛儿苗科),*白隔山消*
伞花六道木 Abelia umbellata (Graebn. & Buchw.) Rehd.(忍冬科)
伞花螺序草 Spiradiclis umbelliformis Lo(茜草科)
伞花落地梅 Lysimachia sciadantha C.Y.Wu(报春花科),*十大天王*
伞花马钱 Strychnos umbellata (Lour.) Merr.(马钱科)

伞花马先蒿(Flora 18)=繖花马先蒿
伞花芒毛苣苔 Aeschynanthus macranthus (Merr.) Pellegr. (苦苣苔科)
伞花猕猴桃 Actinidia umbelloides C.F.Liang(猕猴桃科)
伞花茉莉藤 Merremia umbellata (L.) Hall.f.(旋花科)
伞花木 Eurycorymbus cavaleriei (Lévl.) Reld. & Hand.-Mazz.(无患子科)
伞花木姜子 Litsea umbellata (Lour.) Merr.(樟科),米打东
伞花木属 Eurycorymbus Hand.-Mazz.(无患子科)
伞花欧石南 Erica umbellata L.(杜鹃花科)
伞花槭(树木分类学)=三花槭
伞花蔷薇 Rosa maximowicziana Regel(蔷薇科),牙门太,牙门杠,脚藤,酸溜溜,刺玫果
伞花山柳菊(云南植物名录)=山柳菊
伞花石豆兰 Bulbophyllum shweliense W.W.Sm. (兰科)
伞花树萝卜 Agapetes forrestii W.E.Evans(杜鹃花科),柳叶树萝卜
伞花崖爬藤 Tetrastigma macrocorymbum Gagn. (葡萄科)
伞花雅洁小檗 Berberis concinna var. extensiflora Ahrendt (小檗科)
伞花野丁香 Leptodermis umbellata Batalin(茜草科)
伞花獐牙菜 Swertia multicaulis var. umbellifera T.N.Ho & S.W.Liu(龙胆科)
伞花蛛毛苣苔 Paraboea rufescens var. umbellata (Drake) K.Y.Pan(苦苣苔科)
伞莎草(中药大辞典)=麻叶风轮菜
伞莎草 Cyperus alternifolius L.(莎草科)
伞穗山羊草 Aegilops umbellulata Zhuk.(禾本科)
伞托树(常用手册)=鹅掌柴
伞形八角枫 Alangium kurzii var. umbellatum (Yang) Fang(八角枫科)
伞形北美香柏 Thuja occidentalis cv. Umbraculifera (柏科)
伞形赤松(南京)=千头赤松
伞形凤仙花 Impatiens unbellata Heyne (凤仙花科)
伞形虎眼万年青(植物志 14)=单花郁金香
伞形花耳草 Hedyotis umbellata (L.) Lam.(茜草科)
伞形花小檗 Berberis umbellata Wall. ex G.Don (小檗科)
伞形剪秋罗 Lychnis flos-jovis (L.) Desr.(石竹科)
伞形卷瓣兰(台湾兰科植物)=伞花卷瓣兰
伞形科 Apiaceae
伞形梅笠草(高等图鉴)=伞形喜冬草
伞形蓍草 Achillea umbellata Sibth. & Sm.(菊科)
伞形喜冬草 Chimaphila umbellata (L.) W. Barton (鹿蹄草科),伞形梅笠草
伞形绣球(分类学报)=中国绣球
伞形洋槐 Robinia pseudoacacia var. umbraculifera DC. (豆科)
伞形紫金牛 Ardisia corymbifera Mez.(紫金牛科),紫背绿,不待劳,毛高,西南紫金牛,紫绿西南紫金牛
伞序臭黄荆 Premna serratifolia Tinn.(马鞭草科),钝叶臭黄荆
伞序冬青 Ilex umbellulata (Wall.) Loes.(冬青科),多核冬青
伞序羊蹄甲 Bauhinia ornata var. subumbellata (Pierre ex Gagn.) K. & S.S.Larsen(豆科)
伞叶排草(拉汉名称)=狭叶落地梅
伞柱开口箭 Tupistra fungilliformis Wang & Liang (百合科)
伞柱蜘蛛抱蛋 Aspidistra fungilliformis Y.Wan (百合科)
伞棕 Hedyscephe cantherburyana (Morre & Muell.) Wendland & Drude (棕榈科)
伞棕属 Hedyscephe Wendland & Drude (棕榈科)
散白草(云南)=紫雀花
散柏枝(江西)=长江蹄盖蕨
散斑假万寿竹(高等图鉴)=散斑竹根七
散斑竹根七 Disporopsis aspera (Hua) Engl. ex Krause (百合科),散斑假万寿竹,马鞭七,玉竹
散备用草(湖北)=血水草
散播蝴蝶草 Torenia vagans Roxb.(玄参科)
散布报春 Primula conspersa Balf.f. & Purdom (报春花科),密布报春,灯台大苞报春,灯台报春
散风木(植物志 60-2)=黄牛奶树
散寒草(广西草药)=短叶水蜈蚣
散花报春 Primula effusa W.W.Sm. & Forr.(报春花科),散生报春
散花龙船花 Ixora effusa Chun & How ex Ko(茜草科)
散花唐松草(高等图鉴)=长柄唐松草
散花唐松草 Thalictrum sparsiflorum Turcz.(毛茛科)
散花硬骨菜(拉汉名称)=硬骨草
散花紫金牛 Ardisia conspersa Walker(紫金牛科)
散花紫珠 Callicarpa kochiana var. laxiflora (H.T.Chang) W.Z.Fang(马鞭草科),有梗劳来氏紫珠
散黄芩 Scutellaria laxa Dunn(唇形科)
散痂虎耳草 Saxifraga diffusicallosa C.Y.Wu (虎耳草科)
散毛樱(拉汉名称)=散毛樱桃
散毛樱桃 Cerasus patentipila (Hand.-Mazz.) Yü & Li (蔷薇科),散毛樱
散沫花 Lawsonia inermis L.(千屈菜科),指甲花,指甲叶,手甲木,指甲木,干甲树,
散沫花属 Lawsonia L.(千屈菜科)
散生报春(拉汉名称)=散花报春
散生凤仙花 Impatiens distracta HK.f.(凤仙花科)
散生基粒秋海棠 Begonia sparsipila Bak.(秋海棠科),阿拉伯秋海棠
散生木贼(高等图鉴)=散生问荆
散生女贞 Ligustrum confusum Decne.(木犀科),风车藤,吉隆女贞
散生千里光 Senecio exul Hance(菊科)
散生问荆 Equisetum diffusum D.Don(木贼科),密枝问荆,多枝木风,笔筒草,披散木贼,散生木贼
散生栒子 Cotoneaster divaricatus Rehd. & Wils.(蔷薇科),张枝栒子
散穗高粱 Sorghum nervosum var. flexibile Snowden (禾本科)
散穗葛氏草(广州植物名录)=耳稃草
散穗弓果黍 Cyrtococcum patens var. latifolium (Honda) Ohwi (禾本科)
散穗甜茅 Glyceria triflora var. effusa (Kitag.) Z. L.Wu (禾本科)
散穗野青茅 Deyeuxia diffusa Keng(禾本科)
散穗早熟禾 Poa subfastigiata Trin.(禾本科)
散头菊蒿 Tanacetum santolina C.Winkl.(菊科)
散微女孩子(中药辞海)=云南斑籽
散尾葵 Chrysalidocarpus lutescens H.Wendl.(棕榈科),黄椰子
散尾葵属 Chrysalidocarpus H.Wendl.(棕榈科),黄椰子属
散序地杨梅 Luzula effusa Buchen.(灯心草科)
散血草(广东)=星宿菜
散血草(广西全州)=日本蛇根草
散血草(贵州瓮安)=大籽筋骨草
散血草(湖南)=金疮小草
散血草(湖南)=马鞭草
散血草(简易草药)=菊三七
散血草(陕西)=草木犀
散血草(陕西)=虎杖
散血草(陕西中草药)=大花旋蒴苣苔
散血草(四川)=薄片变豆菜
散血草(四川)=天蓝变豆菜
散血草(四川青川)=长冠鼠尾草
散血草(药用图鉴)=紫背金盘
散血草(云南曲靖,昭通)=散瘀草
散血草(植物志 75)=金钮扣
散血丹(福建,四川)=紫背金盘
散血丹(广东)=毛叶轮环藤
散血丹(广西)=飞龙掌血
散血丹(广西)=九节
散血丹(广西药用名录)=九管血
散血丹(江西)=瓜子金
散血丹(江西大余)=元宝草
散血丹(岭南采药录)=硃砂根
散血丹(陕西柞水)=四叶葎
散血丹(四川米易)=浙江黄芩
散血丹 Physaliastrum kweichouense Kuang & A. M.Lu (茄科)
散血丹属 Physaliastrum Makino (茄科),地海椒属
散血胆(广西药用名录)=青花椒
散血胆(云南中草药选)=石蝉草
散血毒莲(贵州)=降龙草
散血飞(广西)=飞龙掌血
散血飞(贵州)=刺异叶花椒
散血飞(贵州民间药物)=竹叶花椒
散血莲(湖南药物志)=凤丫蕨
散血龙(海南)=翅茎白粉藤
散血芹 Pternopetalum botrychioides (Dunn) Hand.-Mazz. (伞形科),水芹花,散胭草
散血沙(四川中药志)=剪红纱花
散血藤(四川中药志)=白背钻地风
散血香(植物志 30-1)=鸡血藤
散血叶(湖南药物志)=阴地蕨
散血子(广西药用名录,高等图鉴)=紫背天葵
散血子(中药大辞典)=圆果秋海棠
散胭草(峨眉)=散血芹
散叶欧洲百合 Lilium martagon var. alternifolium (Wilczek) WooDC.ock & Coutts (百合科)
散瘀草 Ajuga pantantha Hand.-Mazz.(唇形科),山苦草,苦草,胆草,散血草
散於草(云南)=紫背金盘
散枝稷 Panicum miliaceum var. effusum Alef. (禾本科)
散枝梯翅蓬(高等图鉴)=散枝猪毛菜
散枝鸦葱(沙漠药用植物)=拐轴鸦葱
散枝猪毛菜 Salsola brachiata Pall.(藜科),散枝

梯翅蓬
散柱茶 Camellia liberistyla Chang(山茶科)
繖花马先蒿 Pedicularis umbelliformis Li(玄参科),伞花马先蒿
Sang
桑 Morus alba L.(桑科),家桑,桑树,桑椹树,白桑,乌椹,黑椹,桑蔗
桑蔗(四川中药志)=桑
桑草(日名)=细齿水蛇麻
桑橙(河北)=橙桑
桑得露兜树 Pandanus sanderi Mast.(露兜树科)
桑德石竹 Dianthus sundermannii Bornm.(石竹科)
桑德皱子棕 Ptychosperma sanderianum Ridley(棕榈科)
桑斗(藏名)=川西獐牙菜
桑斗(藏名)=唐古特虎耳草
桑格丝哇(藏名)=假北紫堇
桑给巴尔虎尾兰 Sansevieria zanzibarica (百合科)
桑骨子(中草药汇编)=婆婆纳
桑寄生(分类学报,植物志 24)=毛叶钝果寄生
桑寄生(河北)=槲寄生
桑寄生(雷公炮乐论)=红花寄生
桑寄生(四川,湖南,江西)=毛叶钝果寄生
桑寄生 Taxillus chinensis (DC.) Danser(桑寄生科),广寄生,桃树寄生,寄生茶,寄生
桑寄生科 Loranthaceae
桑寄生属 Loranthus Jacq.(桑寄生科)
桑槿(酉阳杂俎)=朱槿
桑科 Moraceae
桑勒草(广西)=蜂斗草
桑麻柚 Citrus maxima cv. Songma Yu(芸香科)
桑牛牛朳(蒙名)=细叶鸢尾
桑上寄生(本草纲目)=四川寄生
桑上寄生(本经)=红花寄生
桑椹树(救荒本草)=桑
桑氏紫菀(广州志)=短舌紫菀
桑树(通称)=桑
桑芽(江苏志)=苦茶槭
桑叶草(海南志)=毛叶斗草
桑叶风毛菊 Saussurea morifolia Chen(菊科)
桑叶麻(台湾志)=红小麻
桑叶葡萄 Vitis heyneana subsp. ficifolia (Bge.) C.L.Li (葡萄科),毛葡萄,野葡萄,河南毛葡萄
桑叶秋海棠 Begonia morifolia Yü(秋海棠科)
桑叶悬钩子 Rubus kawakamii Hay.(蔷薇科)
桑植吊石苣苔 Lysionotus sangzhiensis W.T. Wang (苦苣苔科)
桑属 Morus L.(桑科)
桑资纳博(藏名)=臭蒿
桑子嘎保(藏药志)=北方拉拉藤
桑子那保(藏语)=臭蒿
丧间(生草药性备要)=白花酸藤子
Sao
骚白杨(湖北)=汉白杨
骚独活(茂汶)=茂汶当归
骚独活(四川阿坝)=法落海
骚羌活(峨眉)=峨眉当归
骚羌活(四川茂汶)=疏叶当归
骚头股(四川)=异叶茴芹
骚羊古(草木便方)=杏叶茴芹
骚羊果(广西)=筋藤
缫丝花 Rosa roxburghii Tratt.(蔷薇科),刺蘼,刺梨,文光果,茨梨子根
扫把茶(云南)=野拔子
扫把枫(高等图鉴)=窄叶青冈
扫把蕨 Diploblechnum fraseri (A.Cunn.) DeVol.(乌毛蕨科)
扫把蕨属 Diploblechnum Hay.(乌毛蕨科)
扫把麻(海南)=黄花稔
扫把枝(广东,广西)=岗松
扫把竹 Fargesia fractiflexa Yi (禾本科)
扫地茶(云南)=鸡骨柴
扫地风(贵州方药集)=接骨草
扫地晴明草(云南)=扁枝石松
扫尔得木(藏名)=浮叶眼子菜
扫锅草(广西)=毛草龙
扫酒树(广东)=白花龙
扫罗玛尔布(汉拉英距离名称)=圣地红景天
扫帚艾(广州志)=茵陈
扫帚柏(湖南)=柏木
扫帚柏(山东)=千头柏
扫帚菜 Kochia scoparia f. trichophylla (Hort.) Schniz & Thell.(藜科)
扫帚草(云南耿马)=牛尾草
扫帚苗 Kochia scoparia var. culta Farwell (藜科)
扫帚沙参 Adenophora stenophylla Hemsl.(桔梗科),细叶沙参,蒙古沙参
扫帚松(新拉汉英)=巴尔干松
扫帚岩须 Cassiope fastigitata (Wall.) D.Don(杜鹃花科),血地红
扫帚叶澳洲茶 Leptospermum scoparium Forst.(桃金娘科)
扫帚油松 Pinus tabulaeformis var. umbraculifera Liou & Wang(松科)
扫状天门冬 Asparagus virgatus Baker (百合科)
扫状须芒草 Andropogon scoparius Michx.(禾本科)
瘙疡股(草木便方)=杏叶茴芹
瘙楂(本草拾遗)=木瓜
薞蔏(尔雅)=繁缕
Se
色昂(西藏)=黑萼棘豆
色白告(云南思茅)=绒毛苹婆
色蚕贝(云南)=蓝耳草
色赤杨(吉医大通讯)=辽东桤木
色刺植果藤(中草药汇编)=爪瓣山柑
色达黄芪 Astragalus sedaensis Y.C.Ho(豆科)
色堆嘎博(藏名)=苞叶雪莲
色萼花 Chroesthes lanceolata(T.Anders.) B. Hansen (爵床科)
色萼花属 Chroesthes R.Br.(爵床科)
色尔格美多(藏名)=波棱瓜
色古得尔音-沙里尔日(蒙语)=野艾蒿
色果策尔玛买巴(西藏中草药)=糖茶藨子
色果凤仙花 Impatiens dichrocarpa Lévl.? (凤仙花科)
色花棘豆 Oxytropis dichroantha Schrenk(豆科)
色卡(藏族名,中草药汇编)=单蕊黄芪
色罗里阿属 Serruria Salisb.(山龙眼科)
色木(中草药汇编)=色木槭
色木槭 Acer mono Maxim.(槭树科),水色槭,地锦槭,五角枫,五角槭,五龙皮,色木
色启美多(藏名)=波棱瓜
色清(藏名)=刺梗蔷薇
色舍儿(藏名)=甘肃棘豆
色瓦(藏名)=绢毛蔷薇
色叶扶芳藤 Euonymus fortunei var. coloratus (Rehd.) Rehd.(卫矛科)
色异黄芩(新)Scutellaria heterochroa Juz.(唇形科),异色黄芩
涩草(四川中药志)=银叶委陵菜
涩刺子(甘肃)=花叶海棠
涩地榆(贵州方药集)=地榆
涩疙瘩(贵州草药)=簇生委陵菜
涩疙瘩(秦岭志)=狭叶红景天
涩疙瘩(云南富源)=线纹香茶菜
涩藿香(云南)=岩柿
涩萝蔓(救荒本草)=葎草
涩荠 Malcolmia africana (L.) R.Br.(十字花科),大麦荠菜,蔊兀萝卜,离蕊芥,马康草,麦拉拉,千果草,葶苈子,硬果涩荠,紫花荠
涩荠属 Malcolmia R.Br.(十字花科),离蕊芥属,马康草属
涩叶树(广西药用名录)=红雾水葛
涩叶藤(海南)=锡叶藤
Sen
森达日阿-其其格(蒙名)=百金花
森地(藏语)=白苞筋骨草
森蒂(藏语)=大花益母草
森蒂(藏语)=益母草
森林奥兰棕 Orania sylvicola (Griff.) Moore (棕榈科)
森林白粉藤(新)Cissus vitiginea L.(菊科),森林葡萄
森林繁缕(秦岭志)=腺毛繁缕
森林狐茅(新拉汉英)=远东羊茅
森林假繁缕(东北草本志)=细叶孩儿参
森林马蓝 Pteracanthus nemorosus(R.Ben.) C.Y. Wu & C.C.Hu(爵床科)
森林葡萄(新拉汉英)=森林白粉藤(新)
森林葡萄 Vitis vinifera var. sylvestris Willd.(葡萄科)
森林千里光(药学学报)=林荫千里光
森林榕 Ficus neriifolia J.E.Sm.(桑科),阿比
森林柱瓣兰 Epidendrum nemorale (兰科)
森木朗伞(广空中草药手册)=菜豆树
森木凉伞(广西中草药)=菜豆树
森氏红淡比 Cleyera japonica var. morii (Yamamoto) Masamune(山茶科),森氏杨桐
森氏毛茛 Ranunculus morii (Yamamoto) J.Ohwi (毛茛科)
森氏水珍珠菜(广州志)=齿叶水腊烛
森氏薹草 Carex morii Hay.(莎草科)
森氏铁线莲(Flora 6)=台湾丝瓜花
森氏杨桐(台湾志)=森氏红淡比
森氏猪殃殃 Galium morii Hay.(茜草科)
森树(广东)=楝
Seng
僧帽花(杭州)=野菰
僧帽花芦荟 Aloe mitriformis Mill.(百合科)
Sha
杀虫草(广西大新)=粗叶耳草
杀虫芥(植物志 65-2)=土荆芥
杀丢那博(西藏藏语)=藏荆芥
杀狗本属(名词审查本)=**度量草属**
杀列使(广西金秀瑶语)=铁轴草
杀粘(广西大新壮语)=华南远志
沙巴猕猴桃 Actinidia petelotii Diels (猕猴桃科)
沙巴酸脚杆 Medinilla petelotii Merr.(野牡丹科)
沙把嘎(蒙语)=盐蒿
沙坝八月瓜 Holboellia chapaensis Gagn. (木通科),羊腰子
沙坝冬青 Ilex chapaensis Merr.(冬青科)
沙坝柯 Lithocarpus echinophorus var. chapensis A.Camus (壳斗科)
沙坝榕 Ficus chapaensis Gagn.(桑科)
沙白菜(内蒙中草药)=沙芥

沙白竹(广东)=茶竿竹

沙包榆(辽宁熊岳)=脱皮榆

沙煲暗罗 Polyalthia consanguinea Merr.(番荔枝科),*山蕉树,血春藤,滑桃*

沙煲山双盖蕨(分类学报)=锯齿双盖蕨

沙崩草(广西)=叶底红

沙鞭 Psammochloa villosa (Trin.) Bor (禾本科)

沙鞭属 Psammochloa Hitchc.(禾本科)

沙滨松 Pinus sabiniana Dougl.(松科)

沙参(地区药材名)=长白沙参

沙参(地区药材名)=华东杏叶沙参

沙参(地区药材名)=昆明沙参

沙参(地区药材名)=泡沙参

沙参(地区药材名)=石沙参

沙参(地区药材名)=丝裂沙参

沙参(地区药材名)=无柄沙参

沙参(地区药材名)=新疆沙参

沙参(地区药材名)=云南沙参

沙参(高等图鉴)=狭长花沙参

沙参(海南)=黄细心

沙参(四川)=川明参

沙参 Adenophora stricta Miq.(桔梗科),*杏叶沙参,泡参*

沙参草(四川)=蓝花参

沙参儿(中药志)=银柴胡

沙参属 Adenophora Fisch.(桔梗科)

沙虫草(云南盈江)=石疙蔺

沙虫药(广西)=石荠苎

沙虫药(贵州西部)=鸡骨柴

沙虫药(贵州兴义)=毛萼香茶菜

沙虫叶(云南腾冲)=石疙蔺

沙苁蓉 Cistanche sinensis G.Beck(列当科)

沙打旺(陕西)=斜茎黄芪

沙灯笼(草药汇编)=小酸浆

沙灯心(广东)=厚藤

沙地菜(湖北)=广州蔊菜

沙地粉苞菊 Chondrilla ambigua Fisch. ex Kar. & Kir. (菊科)

沙地锦鸡儿 Caragana davazamcii Sancz.(豆科)

沙地蓝耳草 Cyanotis loureiriana (Roem. & Schult.) Merr.(鸭跖草科)

沙地马鞭草属 Abronia Juss.(紫茉莉科)

沙地牧草 Ehrharta calycina Sm.(禾本科)

沙地牧草属 Ehrharta Thunb.(禾本科)

沙地葡萄 Vitis rupestris Scheele (葡萄科)

沙地青兰 Dracocephalum psammophilum C.Y. Wu & W.T.Wang(唇形科)

沙地雀麦 Bromus ircutensis Kom.(禾本科),*伊尔库特雀麦*

沙地山核桃 Carya pallida (Ashe) Engl. & Graebn.(胡桃科)

沙地丝石竹(新疆检索表)=紫萼石头花

沙地薤 Allium sabulosum Stev. ex Bge.(百合科)

沙地叶下珠 Phyllanthus arenarius Beille(大戟科)

沙冬青 Ammopiptanthus mongolicus (Maxim. & Kom.) Cheng f.(豆科),*蒙古黄花木,冬青,蒙合-哈日嘎纳*

沙冬青属 Ammopiptanthus Cheng f.(豆科)

沙弗秋海棠 Begonia scharffiana Rgl.(秋海棠科)

沙盖(陕西,宁夏)=沙芥

沙甘里(广东中草药)=丁癸草

沙柑 Citrus reticulata cv. Nobilis(芸香科)

沙柑木(广西药用名录)=山油柑

沙葛(广东,广西)=豆薯

沙孤米(东西洋考)=西米棕

沙拐枣 Calligonum mongolicum Turcz.(蓼科),*头发草*

沙拐枣属 Calligonum L.(蓼科)

沙果(河北)=花红

沙果梨(河北土名)=秋子梨

沙果吴茱萸(浙江药志)=石虎

沙蒿(东北及内蒙古包俗称)=盐蒿

沙蒿(高等图鉴)=东俄洛沙蒿

沙蒿(内蒙志)=光沙蒿

沙蒿(山西)=茵陈

沙蒿(俗称)=黑沙蒿

沙蒿 Artemisia desertorum Spreng.(菊科),*漠蒿,薄蒿,草蒿,荒地蒿,荒漠蒿,芒汗-沙里尔日*

沙蒿 Artemisia filifolia Torr.(菊科)

沙河鸢尾 Iris sari Schott ex Baer (鸢尾科)

沙红柳(宁夏)=宽叶水柏枝

沙红三七(湖南)=露珠珍珠菜

沙黄松 Pinus massoniana var. shaxianensis D.X. Zhou (松科)

沙茴香(内蒙古,辽西)=硬阿魏

沙基黄芪 Astragalus josephi Pet.-Stib.(豆科)

沙棘(新华本草纲要)=中亚沙棘

沙棘 Hippophaë rhamnoides L.(胡颓子科)

沙棘属 Hippophaë L.(胡颓子科)

沙戟 Chrozophora sabulosa Kar. & Kir(大戟科)

沙戟属 Chrozophora A.Juss.(大戟科)

沙姜(广东)=山柰

沙椒(陕北)=硬阿魏

沙角(纲目)=菱

沙芥 Pugionium cornutum (L.) Gaertn.(十字花科),*额乐沙萝邦,沙白菜,沙盖,沙芥菜,沙拉格梅,沙萝卜,山萝卜,山羊沙芥,羊沙芥*

沙芥菜(沙漠药用植物)=沙芥

沙芥属 Pugionium Gaertn.(十字花科)

沙晶兰 Eremotropa sciaphila H.Andr.(鹿蹄草科)

沙晶兰属 Eremotropa H.Andr.(鹿蹄草科)

沙卡卡(瑶语)=截叶秋海棠

沙苦荬 Chorisis repens (L.) DC.(菊科),*匍匐苦荬菜*

沙苦荬属 Chorisis DC.(菊科)

沙拉草 Urochloa mosambicensis (Hack.) Dandy (禾本科)

沙拉格梅(蒙古)=沙芥

沙拉克椰子属(台木本志)=**蛇皮果属**

沙拉-沙巴嘎(蒙语)=圆头蒿

沙拉翁(蒙语)=黄花蒿

沙梾 Swida bretschneideri (L.Henry) Sojak(山茱萸科),*毛山茱萸*

沙癞叶(新华本草纲要)=滇新樟

沙兰杨 Populus ×canadensis cv. Sacrau 79(杨柳科)

沙潦木(广西乐业)=小叶五月茶

沙梨 Pyrus pyrifolia (Burm.f.) Nakai(蔷薇科),*麻安梨,梨*

沙梨木 Crateva nurvala Buch.-Ham.(山柑科),*刺籽鱼木*

沙梨藤(中草药汇编)=对萼猕猴桃

沙里尔日(蒙语)=东北蛔蒿

沙连泡(湖北西部)=水麻

沙莲树(广西融水)=日本粗叶木

沙柳根(高原治疗手册)=乌柳

沙芦草 Agropyron mongolicum Keng(禾本科)

沙罗(海南)=山楝

沙罗单竹 Schizostachyum funghomii McClure (禾本科)

沙罗子(海南)=四瓣崖摩

沙萝卜(内蒙中草药)=沙芥

沙椤(高等图鉴)=山楝

沙马藤(药用图鉴)=肾叶打碗花

沙茅属 Calamovilfa (A.Gray) Hack.(禾本科)

沙漠嘎(蒙语)=盐蒿

沙漠绢蒿 Seriphidium santolinum (Schrenk) Poljak. (菊科)

沙漠美洲茶 Ceanothus greggii Gray (鼠李科)

沙漠蔷薇 Adenium obesum Roem. & Schult.(夹竹桃科)

沙漠蔷薇属 Adenium Roem. & Schult.(夹竹桃科)

沙漠沙地马鞭草 Abronia villosa Wats.(紫茉莉科)

沙漠似马齿苋(西沙植物和植被)=假海马齿

沙漠苇群 Phragmites australis grex deserticolae L.Liu(禾本科)

沙木(西南各省区)=杉木

沙木蓼 Atraphaxis bracteata A.Los.(蓼科)

沙楠子树(树木分类学)=紫弹树

沙牛木(广西,福建)=美丽胡枝子

沙牛木(广西宁明)=东方水锦树

沙牛皮消(中药辞海)=戟叶鹅绒藤

沙蓬 Agriophyllum squarrosum (L.) Moq.(藜科),*沙蓬米,东墙,东廧,东廧子*

沙蓬豆豆(新华本草)=骆驼蓬

沙蓬米(康熙几暇格物编)=沙蓬

沙蓬属 Agriophyllum Bieb.(藜科)

沙皮蕨 Hemigramma decurrens (HK.) Cop.(叉蕨科),*拟叉蕨*

沙皮蕨属 Hemigramma Christ(叉蕨科)

沙坪坝毛蕨 Cyclosorus shapingbaensis Ching ex Shing(金星蕨科)

沙坪薹草 Carex wui Chii ex L.K.Dai(莎草科)

沙婆罗门参 Tragopogon sabulosus Krasch. & S. Nikit. (菊科)

沙朴(浙江)=糙叶树

沙朴(中药大辞典)=朴树

沙七(云南)=滇边大黄

沙杞柳 Salix kochiana Trautv.(杨柳科)

沙前胡(沙漠药用植物)=硬阿魏

沙穷歉(中药大辞典)=雀梅藤

沙丘百金花 Centaurium turneri (Wheld. & Salm.) Butcher (龙胆科)

沙丘黄芪 Astragalus cognatus C.A.Mey.(豆科)

沙丘蒺藜草 Cenchrus tribuloides L.(禾本科)

沙丘卷柏 Selaginella arenicola Underw.(卷柏科)

沙丘龙胆(新拉汉英)=沙生龙胆

沙丘熊果 Arctostachylos pumila Nutt.(杜鹃花科),*矮熊果*

沙丘野麦(新拉汉英)=欧滨麦

沙秋麻黄 Ephedra arenicola Cutelr.(麻黄科)

沙生阿魏 Ferula dubjanskyi Korov. ex Pavlov (伞形科)

沙生冰草 Agropyron desertorum (Fisch.) Schult. (禾本科)

沙生草(高等图鉴)=小二仙草

沙生柽柳 Tamarix taklamakanensis M.T.Liu(柽柳科)

沙生大戟 Euphorbia kozlovii Prokh.(大戟科),*青海大戟,狭叶青海大戟,狭叶沙生大戟*

沙生繁缕 Stellaria arenarioides Shi L.Chen et al. (石竹科)

沙生风毛菊 Saussurea arenaria Maxim.(菊科)

沙生鹤虱 Lappula deserticola C.J.Wang(紫草

科)
沙生黄芪 Astragalus ammophilus Kar. & Kir.(豆科)
沙生蜡菊 Helichrysum arenarium (L.) Moench.(菊科)
沙生龙胆 Gentiana uliginosa Willd.(龙胆科),*沙丘龙胆*
沙生马齿苋 Portulaca psammotropha Hance(马齿苋科)
沙生茜草 Rubia deserticola Pojark.(茜草科)
沙生沙穗 Eremostachys desertorum Rgl.(唇形科)
沙生鼠尾粟 Sporobolus arenarius (Gouan.) Duavl-Jouve (禾本科)
沙生树黄芪 Astragalus ammodendron Bge.(豆科)
沙生薹草 Carex praeclara Nelmes(莎草科)
沙生岩菀 Krylovia eremophila (Bge.) Schischk.(菊科)
沙生羊茅 Festuca psammophila Hack.(禾本科)
沙生鸢尾 Iris psammocola Y.T.Zhao(鸢尾科)
沙生蔗茅 Erianthus ravennae (L.) Beauv.(禾本科),*皮山蔗茅,库姆西,下可*
沙生针茅 Stipa glareosa P.Smorn.(禾本科)
沙氏鹿茸草(植物志 67-2)=绵毛鹿茸草
沙氏新月蕨(蕨类图说)=微红新月蕨
沙树(迈氏植物名录)=红丁香
沙树(树木分类学)=红皮云杉
沙树(西南各省区)=杉木
沙树木(广西药用名录)=构树
沙斯哈多那(哈萨克语)=曼陀罗
沙松(东北)=杉松
沙松 Pinus clausa Sarg.(松科)
沙松果(中草药汇编)=云南榧树
沙穗 Eremostachys moluccelloides Bge.(唇形科)
沙穗属 Eremostachys Bge.(唇形科)
沙滩草(广西)=隐棒花
沙滩黄芩 Scutellaria strigillosa Hemsl.(唇形科),*瓜子兰*
沙滩苦荬菜(植物志 80-1)=剪刀股
沙汤果(云南中草药)=乌鸦果
沙塘木(广西药用名录)=山油柑
沙糖根(丽江)=大叶茜草
沙糖根(云南药用名录)=头状花耳草
沙糖果(贵州)=大果花楸
沙糖果(云南)=华西小石积
沙糖木(中草药汇编)=珊瑚树
沙藤(浙江)=厚藤
沙梯牧草 Phleum arenarium L.(禾本科)
沙田柚 Citrus maxima cv. Shatian Yu(芸香科)
沙桐彭(广东)=白花泡桐
沙湾还阳参 Crepis shawuanensis Shih(菊科)
沙湾绢蒿 Seriphidium sawanense Y.R.Ling & C.J.Humph. (菊科)
沙乌尔翠雀花 Delphinium shawurense W.T.Wang (毛茛科)
沙县毛蕨(蕨类形态)=短尖毛蕨
沙消(浙江)=白前
沙小菊(钟氏考订名称)=虾须草
沙旋覆花(沙漠药用植物)=蓼子朴
沙药(广西临桂)=石香薷
沙药草(广西)=钝齿红紫珠
沙叶铁线莲 Clematis meyeniana var. granulata Finet & Gagn.(毛茛科),*老虎须*
沙引藤(广东云浮)=野木瓜
沙鱼掌 Gasteria verrucosa Haw.(百合科),*脂麻掌,点纹白星龙*
沙鱼掌属(新拉汉英)=
沙苑蒺藜(本草纲目,本草求原)=扁茎黄芪
沙苑子(陕西)=扁茎黄芪
沙枣 Elaeagnus angustifolia L.(胡颓子科),*刺柳,给结格代,桂香柳,红豆,吉格代,七里香,四味果,香柳,牙格达,银柳,银柳胡颓子,则给德毛道,则给毛道*
沙掌树(中草药汇编)=珊瑚树
沙针 Osyris wightiana Wall. ex Wight(檀香科),*干檀香,山苏木,山芝麻,土檀香,香疙瘩,小青皮*
沙针属 Osyris L.(檀香科)
沙真紫云菜 Strobilanthes peteloti R.Ben.(爵床科)
沙纸树(广西药用名录)=构树
沙洲哈克(新拉汉英)=亲哈克
刹柴 Triarrhena lutarioriparia var. shachai L.Liu (禾本科)
刹埂(傣族名)=毛叶巴豆
刹枪龙喃(傣语)=漾濞鹿角藤
刹抢龙(云南少数民族名)=清明花
刹抢龙喃(傣语)=漾濞鹿角藤
砂贝母 Fritillaria karelinii (Fisch.) Baker(百合科),*滩贝母*
砂地柏(中国树木学)=叉子圆柏
砂地薹草 Carex satsumensis Franch. & Sav.(莎草科),*油薹*
砂贡子(经济志)=筛草
砂狗娃花 Heteropappus meyendorffii (Rgl. & Maack.) Kom.(菊科)
砂棘豆(东北检索表)=砂珍棘豆
砂韭 Allium bidentatum Fisch. ex Prokh(百合科)
砂壳(饮片新参)=砂仁
砂蓝刺头 Echinops gmelini Turcz.(菊科),*水漏芦,刺甲盖,恶背火草,刺头火绒草*
砂柳(青海中草药)=三春水柏枝
砂宁根(广西药用名录)=桤叶黄花稔
砂女娄菜(新华本草纲要)=坚硬女娄菜
砂仁(本草原始)=缩砂密
砂仁(广西龙州)=广西豆蔻
砂仁 Amomum villosum Lour.(姜科),*长泰砂仁,春砂仁,砂壳,缩砂蔤,缩砂蜜,缩砂仁,阳春砂,阳春砂仁*
砂生地蔷薇 Chamaerhodos sabulosa Bge.(蔷薇科)
砂生桦 Betula gmelinii Bge.(桦木科),*圆叶桦*
砂生槐(西藏中草药)=白刺花
砂生槐 Sophora moorcroftiana (Benth.) Baker (豆科),*狼牙刺*
砂生离子芥 Chorispora sabulosa Camb.(十字花科)
砂生飘拂草 Fimbristylis psammocola Tang & Wang (莎草科)
砂生小檗 Berberis sabulicola Ying(小檗科)
砂糖木(广西)=山油柑
砂糖椰子(中药大辞典)=桄榔
砂糖椰子 Arenga saccharifera Labill.(棕榈科)
砂糖椰子属(台木本志)=**桄榔属**
砂藤(广东,广西)=锡叶藤
砂苋 Allmania nodiflora (L.) R.Br.(苋科),*阿蔓苋,虾公草*
砂苋属 Allmania R.Br.(苋科),*阿蔓属,阿蔓苋属*
砂药草(江苏药材志)=鹅不食草
砂引草 Tournefortia sibirica L.(紫草科)
砂引草属(植物志 64-2)=**紫丹属**
砂珍棘豆 Oxytropis racemosa Turcz.(豆科),*砂棘豆,东北棘豆,鸡嘴豆,泡泡豆,毛抓抓,泡泡草,额勒苏音-奥日图哲,泡静-额布斯*
砂砧薹草(东北草本志)=筛草
莎草(名医别录,药典 2000)=香附子
莎草建兰 Cyperocymbidium gammieanum (King & Pantl.) A.D.Hawkes (兰科)
莎草建兰属 Cyperocymbidium A.D.Hawkes (兰科)
莎草蕨 Schizaea digitata (L.) Sw.(莎草蕨科)
莎草蕨科 Schizaeaceae
莎草蕨属 Schizaea Sm.(莎草蕨科)
莎草科 Cyperaceae
莎草兰 Cymbidium elegans Lindl.(兰科)
莎草属 Cyperus L.(莎草科)
莎草砖子苗 Mariscus cyperinus Vahl (莎草科)
莎车柽柳 Tamarix sachuensis P.Y.Zhang & M.T.Liu(柽柳科),*莎车红柳*
莎车红柳(植物志 50-2)=莎车柽柳
莎禾 Coleanthus subtilis (Tratt.) Seidel (禾本科)
莎禾属 Coleanthus Seidel (禾本科)
莎勒吉日(内蒙志)= 甜地丁
莎萝莽(海南志)=齿果草
莎萝莽属(科属辞典,海南志)=**齿果草属**
莎面(海药本草)=西米棕
莎木(本草拾遗)=桄榔
莎木面(海药本草)=西米棕
莎松(云南景东)=云南铁杉
莎随(大戴礼记)=香附子
莎薹草 Carex bohemica Schreb.(莎草科),*莎状*
莎菀 Arctogeron gramineum (L.) DC.(菊科)
莎菀属 Arctogeron DC.(菊科)
莎叶兰 Cymbidium cyperifolium Wall. ex Lindl.(兰科),*套叶兰*
莎状薹草(高等图鉴)=莎薹草
痧麻木(广西武鸣)=鸡爪簕
痧药(湖南)=腺毛金花树
痧药草(浙江草药)=苏州荠苎
傻里布(云南傣语)=刺天茄
莎簕竹 Schizostachyum diffusum (Blanco) Merr.(禾本科)

Shai

筛草 Carex kobomugi Ohwi(莎草科),*砂砧苔草,自然谷,禹余粮,砂贡子*
筛箕藤(广西)=当归藤
筛子簸箕果(云南)=纤细雀梅藤
簛箕柳(高等图鉴)=筐柳
晒不死(广西药用名录)=书带蕨
晒梗(海南黎族语)=罗伞树

Shan

山艾(山西)=大籽蒿
山艾(四川石柱)=石菖蒲
山艾 Artemisia kawakamii Hay.(菊科),*川上氏艾*
山艾叶(四川)=阴地蒿
山桉果(广西)=南酸枣
山八角(广西药用名录)=印度羊角藤
山八角(云南)=白五味子
山八角(植物志 30-1)=红花八角
山巴(海南)=铜盆花
山巴豆(吉林)=两型豆
山巴椒(广药手册)=竹叶花椒
山芭豆(广东万宁)=紫玉盘
山芭蕉(广东)=野蕉
山芭蕉(广西大瑶山)=野木瓜
山芭蕉(海南吊罗山)=细基丸

山芭蕉罗(海南万宁)=山椒子
山坝(海南)=藤春
山霸王(广西)=聚花海桐
山白菜(浙江)=降龙草
山白菜(浙江草药)=东风菜
山白菜(植物志 74)=紫菀
山白菜(中药大辞典)=地黄
山白刺美洲茶 Ceanothus cordulatus Kellogg.(鼠李科)
山白果(高等图鉴)=连香树
山白果(湖北)=华榛
山白菊(贵州土名)=三脉紫菀
山白菊 Aster ageratoides var. scaberulus (Miq.) Ling (菊科),*微糙变种,野粉团儿,马兰*
山白前 Cynanchum fordii Hemsl.(萝藦科)
山白树 Sinowilsonia henryi Hemsl.(金缕梅科)
山白树属 Sinowilsonia Hemsl.(金缕梅科)
山白松 Pinus monticola Lamb.(松科),*西部白松*
山白藤 Sphenodesme pentandra var. vallichiana (Shauner) Munir(马鞭草科),*楔翅藤*
山白芷(广东)=羊耳菊
山白芷(云南)=二管独活
山白竹 Sasa veitchii (Carr.) Rehd.(禾本科),*隈笹,维奇氏箸竹*
山百部(湖南)=短梗天门冬
山百部根(湖南)=大百部
山百根(中药志)=百部
山百合(山东)=卷丹
山百合(山东中草药)=渥丹
山百足(广西药用名录)=扶芳藤
山柏(江西)=长江蹄盖蕨
山柏(四川)=高山柏
山柏树(树木分类学)=粉柏
山柏枝(云南)=长叶百蕊草
山板登(贵州草药)=多毛板凳果
山板栗(广西)=蝴蝶果
山半夏(广东)=犁头尖
山半夏(广西)=滴水珠
山半夏(西双版纳)=马蹄犁头尖
山膀胱(南京)=全缘叶栾树
山包谷(贵州罗甸)=爬树龙
山包谷(云南) =一把伞南星
山包谷(云南)=华中五味子
山包米(云南通海)=山珠南星
山苞草(河北)=独根草
山苞谷(陕西太白山)=刺柄南星
山苞米(河南)=灯台莲
山苞米(辽宁)=东北南星
山爆仗(山东)=黄芪
山奔麦草(福建民间草药)=火碳母
山畚箕(江西)=绵萆薢
山崩子(东北中草药)=兴安杜鹃
山荸荠(梁河)=单羽火筒树
山荸荠(植物志 73-2)=长叶轮钟草
山必时(广西苍梧)=红芽大戟
山萆薢 Dioscorea tokoro Makino(薯蓣科),*粉萆薢,土黄连*
山扁柏(广西)=深绿卷柏
山扁豆(贵州民间草药)=豆茶决明
山扁豆(河南)=救荒野豌豆
山扁豆(江苏常熟)=小槐花
山扁豆(山西)=大野豌豆
山扁豆(植物志 39)=含羞草决明
山扁榆(辽宁熊山)=大果榆
山槟榔(海南志)=变色山槟榔
山槟榔(云南曲靖)=鸡脚参
山槟榔(云南思茅,曲靖)=云南鼠尾草
山槟榔(云南西畴)=马槟榔
山槟榔(云南中草药)=掌叶梁王茶
山槟榔 Pinanga baviensis Becc.(棕榈科)
山槟榔属 Pinanga Bl.(棕榈科)
山饼斗(广东惠东)=厚壳桂
山波菜(四川道孚)=中华花荵
山波罗(云南河口)=野树波罗
山波萝(岭南草药志)=露兜树
山波萝(云南)=山玉兰
山菠菜(四川雷波)=西南水苏
山菠菜 Prunella asiatica Nakai(唇形科),*灯笼头,山苏子,夏枯草,白花变种*
山菠萝(广东)=疏花蛇菰
山菠萝(云南土名)=分叉露兜
山菠萝根(云南中草药)=大百合
山菠萝树(海南澄迈)=假柿木姜子
山薄荷(广西)=石生鸡脚参
山薄荷(广西河池)=香茶菜
山薄荷(吉林)=香青兰
山薄荷(江西,广东)=兰香草
山薄荷(江西寻乌)=风轮菜
山薄荷(厦门)=山香
山薄荷(浙江)=显脉香茶菜
山薄荷(浙江临安)=藿香
山薄荷(植物学大辞典,图鉴)=内折香茶菜
山薄荷香茶菜(东北检索表)=内折香茶菜
山菜(吴普本草)=柴胡
山菜豆(台湾)=菜豆树
山菜根(山东中药)=银柴胡
山菜葶苈 Draba surculosa Franch.(十字花科),*宝兴葶苈,具苞抱茎葶苈*
山菜叶(东北)=豆茶决明
山参(广西药用名录)=雾水葛
山参(日华本草)=丹参
山蚕豆(浙江)=牯岭野豌豆
山苍树(广东,广西,湖南,江西,四川,云南)=山鸡椒
山草果 Aristolochia delavayi var. micrantha W. W.Sm. (马兜铃科),*山胡椒,山蔓草*
山草椒 Peperomia nakaharai Hay.(胡椒科),*阿里山草胡椒*
山草麻(广西)=鳞片水麻
山茶(云南)=东紫苏
山茶 Camellia japonica L.(山茶科),*茶花,玉珠山茶,红茶花,鹤顶山茶*
山茶菜(台木本志)=小花鼠刺
山茶根(河北,山东,内蒙,连云港,辽宁)=黄芩
山茶果(山东)=三叶海棠
山茶科 Theaceae
山茶辣(广西药用名录)=牛纠吴萸
山茶辣(广西药用名录)=崖花子
山茶藤(海南)=锈毛鱼藤
山茶叶(云南)=东紫苏
山茶叶(中药大辞典)=栾树
山茶叶(中药大辞典)=远志
山茶属 Camellia L.(山茶科)
山檫(浙江,江西)=檫木
山潺 Beilschmiedia appendiculata (Allen) S.Lee & Y.T.Wei(樟科),*梅乐樟*
山菖蒲(福建)=菖蒲
山常山(山东)=穿龙薯蓣
山沉香(宁夏中草药)=羽叶丁香
山橙 Melodinus suaveolens Champ. ex Benth.(夹竹桃科),*马骝藤,马骝橙藤,猴子果,屈头鸡,山大哥*
山橙属 Melodinus J.R. et G.Forst.(夹竹桃科)
山秤根(江西全南)=满树星
山持牌条(河南)=弓茎悬钩子
山椆(海南)=柄果柯
山臭草(四川城口,青川)=大叶紫堇
山川柳(药材生产手册,江苏,河南)=柽柳
山川竹 Pleioblastus communis (Makino) Nakai (禾本科)
山吹 Chamaecereus sylvestri f. varieg (仙人掌科)
山春黄菊 Anthemis montana L.(菊科)
山茨菇(滇南本草)=杜鹃兰
山茨菇(广西)=犁头尖
山茨菇(云南华宁)=刺芋
山茨菰(百一选方)=杜鹃兰
山慈姑(本草拾遗)=杜鹃兰
山慈姑(图考)=黄独
山慈姑(云南楚雄)=黄独
山慈菇(分类学报,植物志 14)=岩慈菇
山慈菇(广东)=祁阳细辛
山慈菇(广东,湖南)=五岭细辛
山慈菇(广东阳江)=鼎湖细辛
山慈菇(江西,湖南,广东,广西,贵州)=青牛胆
山慈菇 Iphigenia indica Kunth(百合科),*益辟坚,草贝母,丽江山慈菇,假贝母,闹狗菜*
山慈菇属 Iphigenia Kunth(百合科)
山刺柏(树木分类学)=刺柏
山刺梨(西藏中草药)=绢毛蔷薇
山刺玫(秦岭志)=西北蔷薇
山刺玫 Rosa davurica Pall.(蔷薇科),*刺玫果,刺玫花,刺玫蔷薇,红根,蔷薇果,野玫瑰根*
山刺子 Flacourtia montana f.Grah.(大风子科)
山葱(尔雅)=茖葱
山葱(植物志 14)=藜芦
山酢浆草(吉林)=白花酢浆草
山酢浆草 Oxalis acetosella subsp. griffithii (Edgew. & HK.f.) Hara(酢浆草科),*三块瓦,地海椒,老鸦酸,钻地蜈蚣,断脚蜈蚣,大酯梅草*
山打大刀(生草药性备要)=九节
山大刀根(广部中草药手册)=九节
山大豆根(经验方)=越南槐
山大哥(岭南采药录)=山橙
山大黄(本草拾遗)=酸模
山大黄(东北中草药)=波叶大黄
山大黄(东北中草药)=华北大黄
山大黄(广西)=天仙藤
山大活(湖北)=重齿当归
山大艽(河北)=黄管秦艽
山大料(内蒙志)=刺果甘草
山大麦(山东) =雀麦
山大烟(东北)=野罂粟
山大烟(东北中草药)=黑水罂粟
山大颜(岭南采药录,中草药汇编)=九节
山丹(学圃杂疏)=龙船花
山丹(植物志 14)=渥丹
山丹(植物志 14)=细叶百合
山丹(中药辞海)=百合
山丹柳 Salix shandanensis C.F.Fang (杨柳科)
山丹雀麦 Bromus riparius Rehm.(禾本科)
山丹薹草 Carex shandanica Y.C.Yang(莎草科)
山蛋(山西中药志)=老鸦瓣
山当归(贵州)=异叶茴芹
山党参(福建)=仙茅
山捣臼(浙江)=多花黄精
山道根(广西药用名录)=假地豆
山道楝属 Sandoricum Cav.(楝科)
山道尼格(图鉴)=蛔蒿
山道年蒿(药用图鉴)=蛔蒿

山灯盏(广西龙胜)=肾叶天胡荽
山地阿魏 Ferula akitschkensis B.Fedtsch. ex K.-Pol. (伞形科)
山地杓兰 Cypripedium montanum Dougl. ex Lindl.(兰科)
山地槟榔 Areca montana Ridley (棕榈科)
山地糙苏 Phlomis oreophila Kar. & Kir.(唇形科)
山地赤爬 Thladiantha montana Cogn.(葫芦科)
山地翠雀花 Delphinium oreophilum Huth (毛茛科)
山地豆(海南)=显脉山绿豆
山地独活 Heracleum oreocharis Wolff(伞形科)
山地杜茎山(高等图鉴)=金珠柳
山地杜鹃 Rhododendron montigenum T.L.Ming (杜鹃花科)
山地飞蓬 Erigeron oreades (Schrenk) Fisch. & Mey. (菊科)
山地风毛菊 Saussurea montana Anth.(菊科)
山地凤仙花 Impatiens monticola HK.f.(凤仙花科)
山地瓜(东北药志)=白蔹
山地虎耳草 Saxifraga sinomontana J.T.Pan & Gornall (虎耳草科),*塞仁交木*
山地还阳参 Crepis oreades Schrenk(菊科)
山地黄芪 Astragalus monticolus P.C.Li & Ni(豆科)
山地黄芩 Scutellaria oreophila Grossh.(唇形科)
山地金丝桃 Hypericum montanum L.(藤黄科)
山地菊(广西)=白酒草
山地拉拉藤 Galium takasagomontana Masamune (茜草科)
山地蓝钟花(植物志 73-2)=白钟花
山地榄属(科属词典)=**滇榄属**
山地鳞毛蕨 Dryopteris monticola (Makino) C. Chr. (鳞毛蕨科)
山地木藜芦 Leucothoë davisiae Torr. ex A.Gary. (杜鹃花科)
山地荵(生草药性备要)=地荵
山地蒲公英 Taraxacum pseudoalpinum Schischk. ex Oraz.(菊科)
山地秋海棠 Begonia oreodoxa Chun & F.Chun ex C.Y.Wu & Ku(秋海棠科)
山地雀麦 Bromus marginatus Ness ex Steud.(禾本科),*边雀麦*
山地瑞香(云南)=长瓣瑞香
山地山龙眼 Helicia clivicola W.W.Sm.(山龙眼科),*倮倮栗果*
山地舌唇兰 Platanthera montana (Banch.) Schltr. (兰科)
山地省藤 Calamus oreophilus Ftdo.(棕榈科)
山地水东哥 Saurauia napaulensis var. montana C.F.Liang & Y.S.Wang(猕猴桃科),*密心果*,*少牢木*,*牛嗓管树*,*大叶杜仲*
山地铁角蕨 Asplenium montanum Willd.(铁角蕨科)
山地卫矛(四川志)=小卫矛
山地乌头 Aconitum monticola Steinb.(毛茛科)
山地无心菜 Arenaria monantha Williams(石竹科),*山地雪灵芝*
山地五月茶 Antidesma montanum Bl.(大戟科),*南五月茶*,*山五月茶*
山地香茶菜 Isodon oresbius (W.Sm.) Kudô(唇形科),*朴荀儿*
山地香科 Teucrium pannonicum Kern.(唇形科)
山地香豌豆 Lathyrus montanus (L.) Bernh (豆科)
山地小檗 Berberis montana C.Gay (小檗科)
山地绣球防风 Leucas montana Spreng (唇形科)
山地雪灵芝(高等图鉴补编)=山地无心菜
山地血桐 Macaranga montana (Heyne) Pax & Hoffm. (大戟科)
山地岩黄芪 Hedysarum montanum B.Fedtsch. (豆科)
山地鸢尾 Iris montana Nutt.(鸢尾科)
山地早熟禾 Poa orinosa Keng ex L.Liu(禾本科)
山颠茄(广东宝安)=水茄
山靛 Mercurialis leiocarpa S. & Z.(大戟科),*方茎草*
山靛青(江苏,浙江)=大青
山靛属 Mercurialis L.(大戟科)
山丁木(峨眉)=山羊角树
山丁子(东北)=山荆子
山定子(河北)=山荆子
山东百部 Stemona shandongensis D.K.Zang(百部科)
山东峨眉蕨(植物研究)=东北峨眉蕨
山东耳蕨 Polystichum shandogense J.X.Li & Y. Wei (鳞毛蕨科)
山东丰花草 Borreria shandongensis F.Z.Li & X. D.Chen (茜草科)
山东管(广西)=七爪龙
山东贯众 Cyrtomium shandongense J.X.Li(鳞毛蕨科)
山东假蹄盖蕨 Athyriopsis shandongensis J.X.Li & Z.C.Ding(蹄盖蕨科)
山东老鸦草(福建草药)=婆婆针
山东柳 Salix koreensis var. shandongensis C.F. Fang (杨柳科)
山东泡花树(植物志 47-1)=多花泡花树
山东泡桐(河北)=楸叶泡桐
山东蒲公英(新)Taraxacum duplex Jacot.?(菊科)
山东茜草 Rubia truppeliana Loes.(茜草科),*中华茜草*
山东山楂 Crataegus wattieana Hemsl. & Lace.? (蔷薇科)
山东省蚂蝗(广西药用名录)=粗喙秋海棠
山东鼠李(新) Rhamnus meyeri Schneid.?(鼠李科)
山东万寿竹 Disporum smilacinum A.Gray(百合科)
山东栒子 Cotoneaster schantungensis Klotz(蔷薇科)
山东银莲花 Anemone shikokiana (Makino) Makino (毛茛科)
山东肿足蕨 Hypodematium sinense K.Iwats.(肿足蕨科)
山冬瓜(闽东本草)=王瓜
山冬瓜(植物志 73-1)=爪哇帽儿瓜
山豆(海南三亚)=木奶果
山豆根(高等图鉴)=木豆
山豆根(广东)=毛叶轮环藤
山豆根(广东翁源)=大叶拿身草
山豆根(广西)=人参娃儿藤
山豆根(贵州,云南)=九管血
山豆根(贵州草药)=白花槐
山豆根(贵州草药)=饿蚂蝗
山豆根(贵州草药)=苏木蓝
山豆根(河南,湖北)=宜昌木蓝
山豆根(河南,陕西)=花木蓝
山豆根(湖北,安徽)=多花木蓝
山豆根(湖北,湖南)=管萼山豆根
山豆根(湖北,江苏,安徽)=华东木蓝
山豆根(开宝本草)=越南槐
山豆根(岭南采药录)=鸡骨香
山豆根(陕西)=甘肃木蓝
山豆根(陕西)=确山野豌豆
山豆根(四川)=川西马兜铃
山豆根(四川)=雅丽千金藤
山豆根(四川)=异叶马兜铃
山豆根(图考,湖南)=百两金
山豆根(云南)=百两金
山豆根(云南)=钮子瓜
山豆根(云南)=铁破锣
山豆根(云南)=硃砂根
山豆根(云南药用名录,中草药汇编)=野豇豆
山豆根(云南中草药选)=镰扁豆
山豆根(植物志 30-1)=轮环藤
山豆根(中国药典)=蝙蝠葛
山豆根(中药大辞典)=西南槐
山豆根 Euchresta japonica HK.f. ex Regel(豆科),*三小叶山豆根*
山豆根九里香(分类学报)=豆叶九里香
山豆根属 Euchresta J.Benn.(豆科)
山豆花(图考)=绒毛胡枝子
山豆了(常用中草药手册)=了哥王
山豆片草(福建草药)=伏石蕨
山豆片草(陕西)=鱼鳖金星
山豆秧根(内蒙)=蝙蝠葛
山豆子(甘肃)=窄叶野豌豆
山豆子(河北)=毛樱桃
山豆子(内蒙中草药)=长梗扁桃
山豆子茶(山东中草药)=渥丹
山独活(江苏宜兴)=前胡
山杜英 Elaeocarpus sylvestris (Lour.) Poir.(杜英科),*羊屎树*,*羊仔树*
山杜仲(广西,广东)=疏花卫矛
山杜仲秋(中草药汇编)=疏花卫矛
山墩(中草药汇编)=长毛赤爬
山鹅(广西药用名录)=翅子罗汉果
山番椒(海南)=萝芙木
山番椒(中药大辞典)=山鸡椒
山矾 Symplocos sumuntia Buch.-Ham. ex D. Don (山矾科),*芸香*,*柘花*,*春桂*,*七里香*,*瑒花*,*椴关花*,*总状山矾*,*葫芦山矾*,*美山矾*,*长花山矾*,*腺斑山矾*,*卵苞山矾*,*毛轴山矾*,*银色山矾*,*坛果山矾*,*厚叶冬青*
山矾冬青 Ilex symplocona Chun (冬青科)
山矾科 Symplocaceae
山矾叶九节 Psychotria symplocifolia Kurz(茜草科)
山矾属 Symplocos Jacq.(山矾科)
山蕃芋(广东丛化) =一把伞南星
山飞蓬 Erigeron komarovii Botsch.(菊科)
山榧树(浙江)=三尖杉
山风(福建药物志)=馥芳艾纳香
山风穿筋藤(广西)=短萼蜂斗草
山风果 Garcinia hombroniana Pierre.(百合科)
山枫香树(树木分类学)=房县槭
山枫香树 Liquidambar formosana var. monticola Rehd. & Wils.(金缕梅科)
山峰西番莲 Passiflora jugorum W.W.Sm.(西番莲科),*石山南星*,*燕子尾*
山蜂蜜(云南红河)=米团花
山蜂子根(贵州草药)=三叶委陵菜
山凤尾(广东中药)=剑叶凤尾蕨
山芙蓉(分类学报)=长毛黄葵
山芙蓉(海南)=黄葵
山芙蓉(台湾志)=台湾芙蓉
山附子(陕西)=甘青乌头

山附子(中药大辞典)=绿叶胡枝子
山覆盆(昆明草药)=头状四照花
山甘草(广西中草药)=相思子
山甘草(闽南草药)=玉叶金花
山甘草(中药大辞典)=广州耳草
山甘草 Phlomis umbrosa var. australis Hemsl. (唇形科),*南方变种,白升麻,大黑理肺草,土玄参,豨莶草,灯笼大秦艽*
山柑(海南志)=山柑藤
山柑(台湾,广东)=山油柑
山柑 Capparis hainanensis Oliv.(山柑科),*海南槌果藤*
山柑科 Capparidaceae,*白花菜科*
山柑树(海南)=圆果算盘子
山柑算盘子(海南志)=圆果算盘子
山柑他(台湾)=酒饼簕
山柑藤 Cansjera rheedii J.F. Gmel.(山柚子科),*山柑*
山柑藤属 Cansjera Juss.(山柚子科)
山柑属 Capparis Tourn. ex L.(山柑科)
山柑子叶属(科属检索表)=**山小橘属**
山岗荚(中药大辞典)=广东蝶豆
山钢盒(浙江天台)=下江忍冬
山杠木(广西)=水花石楠
山高粱(滇南本草)=浆果薹草
山高粱(东北)=珠芽蓼
山高粱条子(东北)=珍珠梅
山高粱(东北中草药)=珍珠梅
山藁本(江苏)=骨缘当归
山藁本(江苏)=泽芹
山藁本(辽宁,河北)=细裂藁本
山葛(生草药性备要)=鸡头薯
山葛薯(广西)=山葛薯
山葛薯(南宁药志)=广东蝶豆
山葛薯 Dioscorea chingii Prain & Burkill(薯蓣科),*三百棒,山葛薯*
山蛤芦(植物志 74)=东风菜
山根菜(中药大辞典)=柴胡
山莨菪 Anisodus tanguticus (Maxim.) Pascher (茄科),*樟柳,唐川那保,唐古特莨菪,藏茄,黄花山莨菪*
山莨菪属 Anisodus Link & Otto(茄科)
山梗菜 Lobelia sessilifolia Lamb.(桔梗科),*大半边莲,天竹七*
山梗子(广东乐昌)=紫玉盘
山公榴(海南)=细叶野牡丹
山狗玖(四川)=红烛蛇菰
山狗芽(广西)=黄牛木
山枸杞(植物志 67-1)=宁夏枸杞
山古羊(广东海康)=竹叶木姜子
山谷麻(江西寻乌,广西大瑶山)=北江荛花
山谷皮(江西遂川)=北江荛花
山谷葡萄 Vitis treleasei Munson (葡萄科)
山谷子(植物志 25-1)=珠芽蓼
山骨罗竹 Schizostachyum hainanensis Merr. ex McClure (禾本科)
山瓜藤(浙江)=鹰爪枫
山拐枣 Poliothyrsis sinensis Oliv.(大风子科)
山拐枣属 Poliothyrsis Oliv.(大风子科)
山观音(海南万宁)=暗罗
山官木(广西)=光叶石楠
山官木(广西)=椤木石楠
山官木(广西)=石楠
山光杜鹃 Rhododendron oreodoxa Franch.(杜鹃花科)
山归来(贵州方药集)=杜鹃
山归来(植物大辞典)=花点草

山桂(广东,海南)=阴香
山桂花(高等图鉴,植物志 61)=管花木犀
山桂花(四川)=长毛籽远志
山桂花(台湾)=杜茎山
山桂花(天目药志)=红毒茴
山桂花(图考)=短萼海桐
山桂花(云南)=合果木
山桂花(植物志 43-2)=茵芋
山桂花 Bennettiodendron leprosipes (Clos) Merr. (大风子科),*木勒木*
山桂花属 Bennettiodendron Merr.(大风子科)
山桂楠(广东)=钝叶桂
山桂皮(广西)=毛桂
山桂枝(四川江津)=毛桂
山海带(重庆草药)=裸花水竹叶
山海椒(贵州草药)=龙葵
山海椒(云南)=野鸦椿
山海螺(纲目拾遗)=羊乳
山海棠(昆明草药)=云南秋海棠
山海棠(中药大辞典)=华秋海棠
山海桐(浙江草药)=海金子
山海桐(中药大辞典)=光叶海桐
山韩信草(广西平南)=两广黄芩
山韩信草(新拉汉英)=珊广黄芩
山杭果(海南)=海杧果
山蒿(四川,云南西部)=毛莲蒿
山蒿 Artemisia brachyloba Franch.(菊科),*岩蒿,骆驼蒿,哈丹-西巴嘎,乌拉音-西巴嘎*
山蚝菜(辽宁)=石防风
山合欢(高等图鉴)=山槐
山核桃(东北,东北药志)=胡桃楸
山核桃(贵州方药集)=球果堇菜
山核桃(云南,湖北)=野核桃
山核桃 Carya cathayensis Sarg.(胡桃科),*小核桃,山蟹,核桃,野漆树,山核*
山核桃属 Carya Nutt.(胡桃科)
山荷桃 Rhododendron championae var. ovatifolium Tam(杜鹃花科)
山荷叶(东北检索表)=大叶子
山荷叶(江西)=郑氏八角莲
山荷叶(四川)=马蹄芹
山荷叶(中草药汇编)=东北山荷叶
山荷叶属 Diphylleia Michaux(小檗科)
山黑豆(内蒙)=山野豌豆
山黑豆 Dumasia truncata S. & Z.(豆科)
山黑豆属 Dumasia DC.(豆科)
山黑麦 Secale montanum Guss.(禾本科)
山黑子(植物志 48-1)=长叶冻绿
山红本(福建草药)=链珠藤
山红草(泉州本草,福建药物志)=蘡薁
山红豆(广东)=光叶红豆
山红花(河南)=红蓼
山红花(云南药用名录)=茸毛木蓝
山红花(浙江草药)=线叶蓟
山红活麻(四川,重庆)=心叶野海棠
山红来(福建)=链珠藤
山红罗(海南)=红花天料木
山红萝卜根(东北中草药)=狼毒大戟
山红苕(高等图鉴)=山土瓜
山红苕(湖北中草药志)=穿龙薯蓣
山红柿(台湾)=罗浮柿
山红树 Pellacalyx yunnanensis Hu(红树科)
山红树属 Pellacalyx Korth.(红树科)
山红枣根(河北药材)=地榆
山红子(贵州)=小叶石楠
山胡豆 (改订植物名汇)=大苞景天
山胡椒(分类草药性)=茅膏菜

山胡椒(广东)=米仔兰
山胡椒(广西隆林)=长冠鼠尾草
山胡椒(海南中草药)=海南蒟
山胡椒(湖南)=岭南花椒
山胡椒(昆明草药)=小果珍珠花
山胡椒(丽江)=山草果
山胡椒(岭南采药录)=鹅不食草
山胡椒(四川)=毛叶木姜子
山胡椒(四川)=木姜子
山胡椒(四川)=尾叶白珠
山胡椒(四川)=竹叶胡椒
山胡椒(四川万源)=红叶木姜子
山胡椒(台湾志)=山鸡椒
山胡椒(云南)=密齿酸藤子
山胡椒(云南保山)=红叶木姜子
山胡椒 Lindera glauca (S. &.Z.) Bl.(樟科),*黄渣叶,假死柴,雷公高,雷公树叶,雷公子,牛筋树,牛筋条,牛荆条,铁箍散,洗手叶,香叶子,野胡椒,油金条,诈死枫,*
山胡椒草(四川)=茅膏菜
山胡椒属 Lindera Thunb.(樟科)
山胡萝卜(东北药志)=羊乳
山胡萝卜(河北)=密花岩风
山胡麻(中药大辞典)=远志
山葫芦(广西药用名录)=小果葡萄
山葫芦(河北)=白首乌
山蝴蝶(浙江天目山)=日本薯蓣
山花(海南)=拟密花树
山花(药用志)=明党参
山花椒(广西)=竹叶花椒
山花椒(广西药用名录)=花椒簕
山花椒(广州志)=两面针
山花椒(黑龙江)=五味子
山花椒(辽宁)=青花椒
山花椒(四川南川)=南川细辛
山花椒(植物志 43-2)=川陕花椒
山花木(广西)=石斑木
山花皮(湖北武岗)=北江荛花
山花七(贵州草药)=落新妇
山花生(广东,福建)=买麻藤
山花生(中草药汇编)=链荚豆
山化树(安徽)=青钱柳
山槐(东北)=朝鲜槐
山槐(陕西)=马鞍树
山槐(植物志 40)=苦参
山槐 Albizia kalkora (Roxb.) Parin(豆科),*山合欢,白夜合,马缨花*
山槐子(河北)=花楸树
山黄(安徽)=猫乳
山黄(广州)=长叶冻绿
山黄豆(广西)=蔏豆
山黄豆(昆明草药)=毛杭子稍
山黄豆(四川西昌)=饿蚂蝗
山黄豆藤(四川)=菱叶鹿藿
山黄瓜(山东)=木通
山黄管(农业科学通讯)=大油芒
山黄果(贵州)=美脉花楸
山黄堇(北京志)=黄堇
山黄菊 Anisopappus chinensis (L.) HK. & Arn. (菊科),*萄涧菊,旱山菊,旋覆花,金菊花*
山黄菊属 Anisopappus HK. & Arn.(菊科)
山黄连(河北)=紫堇
山黄连(辽宁)=白屈菜
山黄连(中草药汇编)=角茴香
山黄连(重庆草药)=南天竹
山黄麻(中草药汇编)=赛葵
山黄麻(中草药汇编)=异色山黄麻

山黄麻 Trema tomentosa (Roxb.) Hara(榆科),*麻桐树,麻络木,母子树,山麻,麻布树*
山黄麻属 Trema Lour.(榆科)
山黄皮(广西)=小芸木
山黄皮(广西药用名录)=灰毛浆果楝
山黄皮(广西药用名录)=小黄皮
山黄皮(海南)=假黄皮
山黄皮(台湾)=豆叶九里香
山黄皮(植物志 43-2)=大菅
山黄皮属 Randia L.(茜草科)
山黄芪(金华中草药选编)=牯岭勾儿茶
山黄芩(湖南药物志)=南天竹
山黄芩(民间常用草汇编)=细柄十大功劳
山黄树(湖北)=交让木
山黄杨(履巉岩本草)=黄杨
山黄枝(台湾)=栀子
山黄栀(植物志 71-1)=栀子
山黄竹(云南盈江,瑞丽)=野龙竹
山灰柴(河南)=蓝雪花
山灰香(河北内邱)=藿香
山茴芹(高原治疗手册)=山茴香
山茴香(贵州)=绣球绣线菊
山茴香(贵州瓮安)=荔枝草
山茴香(河北内邱)=藿香
山茴香(云南保山)=红叶木姜子
山茴香 Carlesia sinensis Dunn(伞形科),*岩茴香,山茴芹*
山茴香属 Carlesia Dunn (伞形科)
山桧(北研丛刊)=西伯利亚刺柏
山活麻(四川南川)=艾麻
山火筒(浙江)=博落回
山货榔(云南曲靖)=短梗南蛇藤
山货榔(云南中草药)=显柱南蛇藤
山藿香(峨眉,广东,福建,广西)=血见愁
山藿香(四川)=犬形鼠尾草
山藿香(云南漾濞,贵州遵义)=灯笼草
山鸡纲(中草药汇编)=白背黄花稔
山鸡稻(新拉汉英)=小粒稻
山鸡豆(云南)=绵三七
山鸡儿肠(东北检索表)=山马兰
山鸡谷(海南)=酸模芒
山鸡谷草 Neohusnotia tonkinensis (Balansa) A. Camus (禾本科),*凤头黍*
山鸡谷草属 Neohusnotia A.Camus (禾本科)
山鸡骨(浙江中草药)=树参
山鸡椒 Litsea cubeba (Lour.) Pers.(樟科),*毕澄茄,毕油果树,澄茄子,豆豉姜,过山香,满山香,美辣伤,木姜子,枪子藴,山苍树,山番椒,山胡椒,山姜子,土澄茄*
山鸡紧(广西)=小黄皮
山鸡米(广西药用名录)=大菅
山鸡米(新拉汉英)=淡竹叶
山鸡皮(广西药用名录)=假黄皮
山鸡条子(东北药志)=卫矛
山鸡头子(本草纲目)=金樱子
山鸡血藤(海南志)=香花崖豆藤
山鸡仔(泉州本草)=马瓞儿
山棘(名医别录)=野蔷薇
山棘豆(东北检索表)=海拉尔棘豆
山棘豆 Oxytropis montala (L.) DC. (豆科)
山蓟(尔雅)=白术
山稷子(山东) =雀麦
山加龙(中药大辞典)=潺槁木姜子
山夹竹桃(新拉汉英)=酒红杜鹃
山甲(广西=青花椒
山尖菜(植物志 77-1)=山尖子
山尖子 Parasenecio hastatus (L.) H.Koyama(菊科),*山尖菜,戟叶兔儿伞*
山菅 Dianella ensifolia (L.) DC.(百合科),*山菅兰,山交剪,老鼠砒,山猫儿,家鼠草,天蒜*
山菅兰(植物志 14)=山菅
山菅属 Dianella Lam.(百合科)
山涧草 Chikusichloa aquatica Koidz.(禾本科)
山涧草属 Chikusichloa Koidz.(禾本科)
山箭草(浙江药物志)=透骨草
山姜(广东省雅)=白术
山姜(广西)=花叶山姜
山姜(广西中药志)=红豆蔻
山姜(广州志)=华山姜
山姜(江西)=多花黄精
山姜(山东)=三桠乌药
山姜(陕西中草药)=卷叶黄精
山姜(浙江药用名录)=蘘荷
山姜 Alpinia japonica (Thunb.) Miq.(姜科),*鸡爪莲,箭秆风,九姜连,九节莲,九龙盘,美草,山姜花,土砂仁*
山姜黄(植物志 16-2)=莪术
山姜属 Alpinia Roxb.(姜科)
山姜子(广东)=山鸡椒
山姜子(中药大辞典)=木姜子
山豇豆(中草药汇编)=大山黧豆
山橿 Lindera reflexa Hemsl.(樟科),*大叶钓樟,大叶山橿,钓樟,副山苍,甘橿,米珠,木姜子,生姜树,铁脚樟,野樟树*
山交剪(植物志 14)=山菅
山胶木(广西)=铁榄
山胶木(中药大辞典)=潺槁木姜子
山椒(广东,海南)=黄樟
山椒(云南药用名录)=弯管花
山椒草(天目药志)=小赤车
山椒根(中草药汇编)=蚬壳花椒
山椒子(河北)=荫生鼠尾草
山椒子 Uvaria grandiflora Roxb.(番荔枝科),*川血乌,红肉梨,山芭蕉罗,各骆子藤,葡萄木*
山蕉(海南那大)=蕉木
山蕉 Mitrephora maingayi HK.f. & Thoms.(番荔枝科),*叭达,大去得使*
山蕉樁(海南嘉积)=海南暗罗
山蕉树(海南儋县)=沙煲暗罗
山角麻(中草药汇编)=异色山黄麻
山接风(广西)=桂黔吊石苣苔
山蝎(广西)=华南半蒴苣苔
山芥(吴普本草)=白术
山芥 Barbarea orthoceras Ledeb.(十字花科)
山芥菜(东北检索表)=白花碎米荠
山芥菜(晋江中草药)=黄鹌菜
山芥菜 Gynura barbareifolia Gagn.(菊科)
山芥花(河北)=少蕊败酱
山芥碎米荠 Cardamine griffithii HK.f. & Thoms. (十字花科)
山芥叶蔊菜 Rorippa barbareaefolia (DC.) Kitag. (十字花科)
山芥属 Barbarea R.Br.(十字花科)
山金兜菜(湖南)=牛耳朵
山金豆(植物志 43-2)=山橘
山金柑(纲目,橘录)=山橘
山金瓜(闽南民间草药)=算盘子
山金花菜(广西)=贵州半蒴苣苔
山金菊(福建中草药)=金盏花
山金橘(本草纲目)=金豆
山金橘(纲目)=金橘
山金橘(广西)=山橘
山金茅 Eulalia collina (Balansa) Keng (禾本科)
山金梅属(秦岭志)=**山莓草属**
山金银花(广西)=山银花
山进而黄(江苏)=郁李
山荆(高等图鉴)=香槐
山荆(浙江)=光叶蕘花
山荆木(广西)=牡荆
山荆子(山东经济植物)=荆条
山荆子 Malus baccata (L.) Borkh.(蔷薇科),*林荆子,山定子,山丁子*
山荆子垂枝变型(植物志 36)=垂枝山荆子
山荆子属(东北木本志)=**苹果属**
山菁芥(河北小五台山)=木香薷
山菁荆芥(河北小五台山)=木香薷
山精(神药经)=白术
山景龙胆 Gentiana oreodoxa H.Sm.(龙胆科)
山景天 Sedum oreades (Decne.) Hamet(景天科)
山景葶苈 Draba oreodoxa W.W.Sm.(十字花科)
山韭(千金方,尔雅)=野韭
山韭 Allium senescens L.(百合科),*岩葱*
山韭菜(昆明草药)=小鹭鸶草
山韭菜(云南中草药,中草药汇编)=多星韭
山韭菜(云南中草药选)=鹭鸶草
山救驾(陕西中草药)=探春花
山居雪灵芝 Arenaria edgeworthiana Majumddar (石竹科)
山桔叶(岭南采药录)=假鹰爪
山桔子(广东)=兰屿福木
山桔子(广东)=木竹子
山菊(东北检索表)=紫花野菊
山菊(台湾志)=台湾蜂斗菜
山菊花(福建)=野菊
山菊花(河南)=多花百日菊
山橘(中草药彩色图谱)=小花山小橘
山橘 Fortunella hindsii (Champ. ex Benth.) Swingle(芸香科),*金豆,金豆橘,金橘,山金豆,山金柑,山金橘,香港金橘,羊矢橘*
山橘簕(广西)=酒饼簕
山橘树 Glycosmis cochinchinensis (Lour.) Pierre ex Engl. (芸香科),*乱桃*
山橘叶(北产录)=金弹
山橘叶(北产录)=金柑
山橘叶(岭南采药录)=假鹰爪
山橘属(台湾志)=**山小橘属**
山橘仔(广州)=小花山小橘
山橘子(北户录)=金橘
山蒟 Piper hancei Maxim.(胡椒科),*海风藤,石南藤,过节风,爬岩香,风气药*
山瞿麦(千金方)=瞿麦
山卷耳 Cerastium pusillum Ser.(石竹科)
山卷宗莲(甘肃)=三花莸
山咖啡(福建)=望江南
山咖啡(海南儋县)=银柴
山壳骨 Pseuderanthemum latifolium(Vahl) B. Hansen(爵床科)
山壳骨属 Pseuderanthemum Radlk.(爵床科),*钩粉草属*
山口羊(海南澄迈)=假柿木姜子
山苦菜(贵州草药)=高大翅果菊
山苦菜(内蒙古)=山莴苣
山苦菜(中草药汇编)=毛脉翅果菊
山苦草(云南曲靖)=散瘀草
山苦茶 Mallotus oblongifolius (Miq.) Muell.Arg. (大戟科),*鹧鸪茶*
山苦常(海南)=盆架树
山苦瓜(广西药用名录)
山苦瓜(海南)=肉实树
山苦瓜(泉州本草,福建药物志)=蘡薁
山苦楝(广东)=楝叶吴萸

山苦荬(植物志 80-1)=苦菜

山葵花(思茅中草药)=臭蚤草

山昆菜(福建)=黄龙尾

山喇叭花(东北)=黄花乌头

山蜡梅 Chimonanthus nitens Oliv.(蜡梅科),*臭蜡梅,鸡卵果,亮叶蜡梅,毛山茶,秋蜡梅,铁筷子,香风茶,小坝王,雪里花,岩马桑,野蜡梅,白花腊梅*

山辣(纲目)=山柰

山辣椒(广西)=聚花海桐

山辣椒(河北内邱)=龙葵

山辣椒(辽宁)=黄海棠

山辣椒树(海南)=尖蕾狗牙花

山辣蓼(广州志)=毛果巴豆

山辣茄(浙江)=地菍

山辣子(云南)=云南娃儿藤

山辣子皮 Daphne papyracea var. crassiuscula Rehd.(瑞香科),*小构皮,麻树皮*

山兰(浙江)=降龙草

山兰 Oreorchis patens (Lindl.) Lindl.(兰科)

山兰根(广西药用名录)=薄叶碎米蕨

山兰属 Oreorchis Lindl.(兰科)

山蓝(广空中草药手册,植物志 70)=观音草

山蓝树(海南儋县)=蓝树

山蓝眼草 Sisyrinchium montanum Greene (鸢尾科)

山蓝属(海南志)=**观音草属**

山榄(广东,广西)=橄榄

山榄 Planchonella obovata (R.Br.) Pierre(山榄科)

山榄科 Sapotaceae

山榄叶柿 Diospyros siderophylla H.L.Li(柿科),*凌扣,呀辣,米亚辣,喃哼*

山榄属(云南志)=**桃榄属**

山榄属 Planchonella Pierre (山榄科),*假水石梓属*

山狼毒(宁夏)=蒙古莸

山莨薯(广西中药志)=鸡头薯

山老鸹藤(云南)=翼茎白粉藤

山老虎(浙江)=金灯藤

山类芦 Neyraudia montana Keng(禾本科)

山棱翘(吴普本草)=鼠尾草

山冷蕨(东北草本志)=欧洲冷蕨

山冷水花 Pilea japonica (Maxim.) Hand.-Mazz.(荨麻科),*山美豆,苔水花,华东冷水花,日本冷水花*

山梨(东北)=秋子梨

山梨(高等图鉴)=刺果茶藨子

山梨(湖南)=野山楂

山梨(陆玑诗疏)=豆梨

山梨儿(救荒本草)=菝葜

山梨儿(中药大辞典)=苍山越桔

山梨子(广东,海南)=谷木

山黧豆(救荒本草)=大花野豌豆

山黧豆(山西)=大山黧豆

山黧豆 Lathyrus quinquenervius (Miq.) Litv.(豆科),*五脉山黧豆,五脉香豌豆,铁马豆,细叶牧地香豌豆,细叶香豌豆*

山黧豆属 Lathyrus L.(豆科)

山李子(河南)=李

山李子(云南思茅)=大果刺篱木

山里红(东北检索表)=山楂

山里红(西藏中草药)=川梨

山里红 Crataegus pinnatifida var. major N.E.Br.(蔷薇科),*北山楂,赤瓜木,赤瓜实,大山楂,红果,酸查,棠棣,映山红果*

山里锦(甘肃)=河南海棠

山力叶(东北各地)=石榴

山丽报春 Primula bella Franch.(报春花科)

山荔枝(高等图鉴)=头状四照花

山荔枝(广西)=香港四照花

山荔枝果(贵州草药)=构棘

山连召(四川石柱)=吊钟花

山莲藕(广西)=美丽崖豆藤

山莲藕(广西龙津)=刺芋

山敛(纲目拾遗)=阳桃

山练草(广西兽医植物)=四方麻

山楝 Aphanamixis polystachya (Wall.) R.N. Parker (楝科),*阿麻拉树,红果树,红罗,假油桐,沙罗,沙椤,山罗,铁罗,小红果,油桐,云连树*

山楝属 Aphanamixis Bl.(楝科)

山蓼(高等图鉴)=棉团铁线莲

山蓼 Oxyria digyna (L.) Hill.(蓼科),*肾叶山蓼,酸浆菜,陆肖*

山蓼属 Oxyria Hill (蓼科)

山裂距景天(Flora 8)=三裂距景天

山林春木(海南)=梨果柯

山林果(云南)=云南山楂

山林薹草 Carex yamatsutana Ohwi(莎草科)

山岭茶藨子 Ribes roezlii Rgl.(虎耳草科)

山岭景天 Sedum henrici-robertii Hamet(景天科)

山岭麻黄 Ephedra gerardiana Wall. ex C.A.Mey.(麻黄科),*麻黄,垫状山岭麻黄*

山柳(广西植物名录,高等图鉴)=华南桤叶树

山柳(拉汉名称)=髭脉桤叶树

山柳(小兴安岭)=崖柳

山柳 Salix pseudotangii C.Wang & C.Y.Yu(杨柳科)

山柳菊 Hieracium umbellatum L.(菊科),*伞花山柳菊,九蠕有,黄花母*

山柳菊叶糖芥 Erysimum hieracifolium L.(十字花科)

山柳菊属 Hieracium L.(菊科)

山柳科(科属辞典,树木分类学,高等图鉴)=**桤叶树科**

山柳树(湖南)=化香树

山柳树(树木分类学)=湖北枫杨

山柳属(科属辞典,树木分类学,高等图鉴)=**桤叶树属**

山六厘(浙江药志)=长叶冻绿

山龙草(云南中甸)=皱叶醉鱼草

山龙胆(植物志 62)=龙胆

山龙眼(云南金屏)=双齿山茉莉

山龙眼(中草药汇编)=石岩枫

山龙眼 Helicia formosana Hemsl.(山龙眼科),*莱甫筋*

山龙眼科 Proteaceae

山龙眼藤(广东梅县)=瓜馥木

山龙眼藤(广东梅县)=香港瓜馥木

山龙眼属 Helicia Lour.(山龙眼科)

山露兜 Freycinetia formosana Hemsl.(露兜树科)

山录豆(山东)=牯岭野豌豆

山绿柴(浙江)=圆叶鼠李

山绿柴 Rhamnus brachypoda C.Y.Wu ex Y.L. Chen (鼠李科)

山绿豆(广东)=长柄野扁豆

山绿豆(四川中药志)=马棘

山绿豆(药用志)=望江南

山绿豆属(科属词典)=**山蚂蝗属**

山绿篱(植物志 48-1)=长叶冻绿

山罗(海南)=红果樫木

山罗(海南)=山楝

山罗花 Melampyrum roseum Maxim.(玄参科)

山罗花钝叶变种(植物志 67-2)=钝叶山罗花(新)

山罗花狭叶变种(植物志 67-2)=狭叶山罗花(新)

山罗花属 Melampyrum L.(玄参科)

山萝卜(广东)=蓟

山萝卜(拉汉名称和手册)=窄叶蓝盆花

山萝卜(内蒙古)=沙芥

山萝卜(南宁药志)=广东蝶豆

山萝卜(四川)=山土瓜

山萝卜(四川中草药)=开口箭

山萝卜(苏南植物手册)=日本蓝盆花

山萝卜(药用志)=野胡萝卜

山萝卜(云南,四川)=蓝花土瓜

山萝卜(云南玉溪)=鸡脚参

山萝卜(浙江中药手册)=明党参

山萝卜(植物志 73-1)=华北蓝盆花

山萝卜(中药大辞典)=球穗千斤拔

山萝过路黄 Lysimachia melampyroides R.Knuth(报春花科),*女娄菜状过路黄*

山萝花马先蒿 Pedicularis melampyriflora Franch. (玄参科)

山萝葡(海南东方)=木奶果

山椤 Aglaia roxburghiana Miq.(楝科),*洛氏米仔兰,洛罗*

山萝卜(云南,贵州,四川,湖北,陕西,河南)=商陆

山螺丝(湖北鹤峰)=地瓜儿苗

山落茄(浙江)=鸭海棠

山麻(海南)=山黄麻

山麻(江西,甘肃)=悬铃叶苎麻

山麻(山东)=大叶苎麻

山麻(台湾志)=长蒴黄麻

山麻(云南河口)=水丝麻

山麻(浙江)=紫麻

山麻(中草药汇编)=黄花稔

山麻风树 Turpinia pomifera var. minor C.C. Huang (省沽油科),*小香圆*

山麻杆 Alchornea davidii Franch.(大戟科),*荷包麻,野火麻*

山麻杆属 Alchornea Sw.(大戟科)

山麻黄(河北,山西)=木贼麻黄

山麻黄(药用志)=裸芸香

山麻黄属(分类学报)=**裸芸香属**

山麻柳(湖北,湖南)=青钱柳

山麻柳(四川)=晚绣花楸

山麻柳(四川,贵州)=化香树

山麻木(中草药汇编)=异色山黄麻

山麻雀(杭州药志)=蘘荷

山麻树(海南)=毛果扁担杆

山麻树 Commersonia bartramis (L.) Merr.(梧桐科),*红山麻*

山麻树属 Commersonia J.R. & G.Forst.(梧桐科)

山麻条(四川)=柳兰

山麻子(高等图鉴)=东北茶藨子

山麻子(河北)=菟丝子

山麻子(山西霍县)=并头黄芩

山蔴(海南志)=珠仔山矾

山马鞭草(广西药用名录)=套鞘薹草

山马菜(中药大辞典)=细叶石头花

山马草(广东)=翅果菊

山马豆根(昆明)=野豇豆

山马耳(海南)=小叶山樣子

山马兰 Kalimeris lautureana (Debx.) Kitam.(菊科),*山鸡儿肠*

山马蓝 Pteracanthus oresbius(W.W.Sm.) C.Y. Wu & C.C.Hu(爵床科), *白升麻,山紫云菜*
山马铃(广西)=黄果茄
山马皮(海南)=密鳞紫金牛
山马钱 Strychnos nux-blanda Hill.(马钱科)
山马踏菜根(山东中药)=银柴胡
山马蹄(台湾)=萝芙木
山马蹄根(海南)=萝芙木
山蚂蝗(豆科图说)=尖叶长柄山蚂蝗
山蚂蝗(贵州)=圆锥山蚂蝗
山蚂蝗(云南中草药)=长波叶山蚂蝗
山蚂蝗(植物学大辞典)=小槐花
山蚂蝗(中药大辞典)=多苞斑种草
山蚂蝗属 Desmodium Desv.(豆科), *山绿豆属*
山蚂蚱草 Silene jenisseensis Willd.(石竹科), *旱麦瓶草,叶尼塞蝇子草,长白山蚂蚱草,丝叶山蚂蚱草,小花山蚂蚱草*
山麦冬 Liriope spicata (Thunb.) Lour.(百合科), *湖北麦冬*
山麦冬属 Liriope Lour.(百合科)
山麦胡(四川南江)=野芝麻
山蔓草(云南)=山草果
山猫巴(辽宁本溪,北镇)=藿香
山猫儿(生草药性备要)=山菅
山猫眼(河北宣化)=蓼子朴
山毛豆(湖北宜城)=毛棘豆
山毛柳 Salix permollis C.Wang & C.Y.Yu(杨柳科)
山毛桃(植物志 38)=山桃
山毛榆(河南)=黑榆
山莓(江西)=中南悬钩子
山莓 Rubus corchorifolius L.f.(蔷薇科), *刺葫芦,大麦泡,对口藨,覆盆子,高脚波,龙船泡,馒头菠,木莓,牛奶泡,泡儿刺,撒秧泡,三月脬,三月泡,山抛子,树莓,树莓,四月泡,沿钩子,秧苗脬*
山莓草 Sibbaldia procumbens L.(蔷薇科), *木茎山金梅*
山莓草属 Sibbaldia L.(蔷薇科), *五蕊梅属,山金梅属*
山莓梨(中药大辞典)=无腺檵木
山梅豆(东北药用植物)=豆茶决明
山梅根(南方有毒植物)=秤星树
山梅花 Philadelphus incanus Koehne(虎耳草科), *白毛山梅花,兴隆茶,鸡骨头*
山梅花根皮(浙江药用名录)=绢毛山梅花
山梅花属 Philadelphus L.(虎耳草科)
山梅树(海南)=海檀木
山美豆(高等图鉴)=山冷水花
山美人鹿蹄草(拉汉名称)=普通鹿蹄草
山梦花(贵州草药)=瑞香
山糜子(辽宁)=鹿药
山米壳(东北)=野罂粟
山米麻(四川)=柳叶栒子
山米藤(广东,福建)=买麻藤
山蜜柑 Citrus intermedia Hort. ex Tanaka (芸香科)
山棉花(东北,内蒙)=棉团铁线莲
山棉花(海南)=白脚桐棉
山棉花(陕西)=打破碗花花
山棉花(云南药用名录)=钝萼铁线莲
山棉花(云南药用名录)=金毛铁线莲
山棉花(浙江,福建)=梵天花
山棉皮(广西资源,龙胜)=北江荛花
山棉皮(湖北巴东)=结香
山棉皮(江西石城)=了哥王
山棉皮(云南)=瑞香
山缅桂(西双版纳)=合果木
山磨芋(江西)=一把伞南星
山磨芋(四川金城,浙江昌化)=天南星
山磨芋(云南西畴)=红根南星
山麼(新拉汉英)=美丽莱勃特
山茉莉(广西)=灰毛大青
山茉莉(种子植物名称)=西藏山茉莉
山茉莉芹 Oreomyrrhis involurata Hay.(伞形科)
山茉莉芹属 Oreomyrrhis Engl.(伞形科)
山茉莉属 Huodendron Rehd.(安息香科)
山牡丹(东北)=白鲜
山牡丹(云南)=白花银背藤
山牡荆 Vitex quinata (Lour.) Will.(马鞭草科), *薄姜木,布惊,梅哈忍,全叶牡荆,山紫荆,五指风,五指疳,莺歌布荆*
山木鳖(广西)=龙珠果
山木瓜(植物志 29)=黄蜡果
山木瓜 Garcinia esculenta Y.H.Li(藤黄科), *埋任,网都希曼昔,滴让昔,朴南宝*
山木槿(四川)=白背黄花稔
山木棉(植物志 48-1)=麦珠子
山木薑(广西药用名录)=泡泡叶越桔
山木通(广西龙胜)=五指那藤
山木通(四川)=小木通
山木通(图考)=毛柱铁线莲
山木通 Clematis finetiana Lévl. & Vant.(毛茛科), *大叶光板力刚,过山照,九里花,老虎须,老虎毛,雪球藤,威灵仙*
山木樨(河北)=大野豌豆
山木香(树木分类学)=小果蔷薇
山木蟹(高等图鉴,天目药志)=红毒茴
山柰 Kaempferia galanga L.(姜科), *沙姜,三赖,山辣,三籁*
山柰属 Kaempferia L.(姜科)
山南脆蒴报春 Primula jucunda W.W.Sm.(报春花科), *欢喜报春*
山楠 Phoebe chinensis Chun(樟科)
山脑根(广东)=凹脉紫金牛
山茑萝藤(海南)=地旋花
山柠檬(广西)=广西九里香
山牛蒡(中草药汇编)=乌苏里风毛菊
山牛蒡 Synurus deltoides (Ait.) Nakai(菊科), *臭山蒡*
山牛蒡属 Synurus Iljin (菊科)
山牛蒡(中药大辞典)=心叶风毛菊
山牛耳青(海南)=草珊瑚
山牛毛毡(贵州民间药物)=暗褐飘拂草
山牛奶(广西药用名录)=爬藤榕
山女娄菜(高等图鉴)=石生蝇子草
山女桢(中药大辞典)=水红木
山藕(河南)=七叶鬼灯檠
山抛子(贵州)=山莓
山泡刺藤(陕西)=光滑高粱泡
山泡刺藤(四川中草药)=宜昌悬钩子
山泡泡 Oxytropis leptophylla (Pall.) DC.(豆科), *光棘豆,薄叶棘豆*
山蟛蜞菊 Wedelia wallichii Less.(菊科), *山螃蜞菊(中药辞海),血参*
山砒霜(福建药物志)=雷公藤
山皮棉(广西白博)=细轴荛花
山皮条(滇南本草)=一把香
山皮条(昆明中草药)=四川木蓝
山皮条(云南)=滇瑞香
山皮条(云南)=毛管花
山皮条(云南中草药)=毛杭子梢
山枇杷(高等图鉴)=康定冬青
山枇杷(高等图鉴)=枇杷叶紫珠
山枇杷(广西)=兰屿福木
山枇杷(广西)=木竹子
山枇杷(广西药用名录)=星毛冠盖藤
山枇杷(贵州草药)=三对节
山枇杷(湖北,四川)=尖叶榕
山枇杷(湖北兴山)=四川杜鹃
山枇杷(江西,湖北,广西)=大花枇杷
山枇杷(四川中草药)=菱叶冠毛榕
山枇杷(云南)=枹丝锥
山枇杷(云南)=锈毛梭子果
山枇杷(中药大辞典)=绒毛润楠
山枇杷 Manglietia kwangtungensis (Merr.) Dandy? (木兰科)
山枇杷树(海南)=榄仁树
山埤柿(高等图鉴)=罗浮柿
山椑树(广东惠阳)=罗浮柿
山飘儿草(峨眉药志)=紫红獐牙菜
山飘风 Sedum major (Hemsl.) Migo(景天科), *半枝莲*
山苤菜(云南)=折叶萱草
山平氏葡萄 Vitis champinii Planch.(葡萄科), *石灰葡萄*
山苹果(吉林长白山)=山楂海棠
山坡瓜藤(海南)=翅茎白粉藤
山坡苓(生草药性备要)=白花丹
山葡萄(滇南本草)=葛藟葡萄
山葡萄(福建)=常春藤
山葡萄(福建药物志)=蘡薁
山葡萄(天目药志)=牯岭蛇葡萄
山葡萄(植物名汇)=锈毛蛇葡萄
山葡萄(植物志 48-2)=秋葡萄
山葡萄 Vitis amurensis Rupr.(葡萄科), *阿穆尔葡萄,藤藤秧,黑水葡萄,野葡萄,黑龙江葡萄*
山葡萄根(江西草药)=锈毛蛇葡萄
山蒲公英(植物志 80-2)=白缘蒲公英
山蒲扇(辽宁,陕西)=射干
山蒲桃(本草拾遗)=蘡薁
山蒲桃(福建中草药)=毛花猕猴桃
山蒲桃(广州)=山石榴
山蒲桃(云南)=乌墨
山蒲桃(云南中草药选)=短药蒲桃
山蒲桃 Syzygium levinei (Merr.) Merr. & Perry (桃金娘科)
山朴薯(广东)=白薯莨
山埔姜(台湾志)=白背枫
山漆(本草纲目)=三七
山漆(福建),湖南)=漆
山漆(台湾)=大青
山漆(台湾)=楝叶吴萸
山漆稿(峨眉)=泡花树
山漆茎(名词审查本)=小叶黑面神
山漆茎 Glochidion lutescens Bl.(大戟科)
山漆茎属(名词审查本)= **黑面神属**
山漆树(安徽)=野漆
山漆树(广西,安徽)=木蜡树
山漆树(树木分类学,高等图鉴)=小漆树
山牵牛(云南)=单籽银背藤
山牵牛 Thunbergia grandiflora(Rottl. ex Willd.) Roxb.(爵床科), *白狗肠,大花老牙嘴,大花山牵牛,老鸦嘴,通骨消*
山牵牛属 Thunbergia Retz.(爵床科)
山羌活(分类草药性)=红姜花
山羌活(四川南川)=紫伞芹
山蔷薇 Rosa sambucina Koidz.?(蔷薇科)
山茄 Solanum macaonense Dunal(茄科), *大丁茄子*
山茄花(扁鹊心书)=洋金花

山茄子(广州)=玫瑰茄
山茄子(河北内邱)=华北散血丹
山茄子(江西草药)=杜茎山
山茄子(新拉汉英)=日本散血丹
山茄子(云南中草药)=三分三
山茄子 Brachybotrys paridiformis Maxim.(紫草科),假王孙,人参娌子
山茄子属 Brachybotrys Maxim (紫草科),短穗花属
山芹(青岛中草药手册)=变豆菜
山芹 Ostericum sieboldii (Miq.) Nakai(伞形科),背翅当归,米格当归,秦陇当归,山芹菜,山芹当归,山芹独活,望天芹,小芹当归
山芹菜(东北地区)=山芹
山芹菜(福建)=福参
山芹菜(广东)=薄片变豆菜
山芹菜(广西)=地锦苗
山芹菜(辽宁)=石防风
山芹菜(辽宁,山东)=拐芹
山芹菜(青岛中草药手册)=变豆菜
山芹菜(四川,云南)=羽苞藁本
山芹当归(高等图鉴)=山芹
山芹独活(东北检索表)=山芹
山芹属 Ostericum Hoffm.(伞形科)
山青(广部中草药手册)=灰毛豆
山青菜(四川米易)=鸡脚参
山青菜(新华本草纲要)=菊状千里光
山青兰(北京)=香青兰
山青木 Meliosma kirkii Hemsl. & Wils.(清风藤科)
山丘豆(云南玉溪)=小果叶下珠
山丘马兰(新)Kalimeris indica α. collina Hance?(菊科)
山萩(植物志 75)=珠光香青
山球兰 Hoya silvatica Tsiang & P.T.Li(萝藦科)
山雀棘豆 Oxytropis avis Saposhn.(豆科)
山茌(河南)=碎米桠
山稔仔(广东大陆)=谷木
山稔(生草药性备要)=桃金娘
山戎芦(山东)=葡萄
山榕(广西药用名录)=西藏斜叶榕
山榕(台湾)=绿黄葛树
山榕(浙江)=黄葛树
山榕 Ficus heterophylla L.f.(桑科),羊乳子,奇叶榕
山肉桂(广部中草药手册)=钝叶桂
山肉桂(广东,海南)=阴香
山肉桂(台湾)=天竺桂
山肉桂(中药大辞典)=豹皮樟
山三茄(浙江药志)=雾水葛
山桑(尔雅)=鸡桑
山桑(新拉汉英)=拟恶魔桑(新)
山桑 Morus mongolica var. diabolica Koidz.(桑科),蒐桑,裂叶蒙桑
山杉(福建)=刺柏
山杉(台湾)=竹柏
山珊瑚 Galeola faberi Rolfe(兰科),红山茄
山珊瑚属 Galeola Lour.(兰科)
山芍药(植物志 27)=草芍药
山韶子(桂海虞衡志)=韶子
山样叶泡花树 Meliosma thorelii Lecomte(清风藤科),罗壳木
山様子 Buchanania arborescens (Bl.) Bl.(漆树科)
山様子属 Buchanania Spreng.(漆树科)
山蛇床阿魏 Ferula kirialovii Pimenov(伞形科)
山生椴 Tilia monticola Sarg.(椴树科)
山生福禄草 Arenaria oreophila HK.f. ex Edgew. & HK.f.(石竹科),丽江蚤缀,丽江雪灵芝
山生虎耳草 Saxifraga oresbia Anth.(虎耳草科)
山生黄藤 Daemonorops monticola (Griff.) Mart.(棕榈科)
山生柳 Salix oritrepha Schneid.(杨柳科)
山生卫矛 Euonymus oresibius W.W.Sm.(卫矛科)
山石榴(本草纲目)=杜鹃
山石榴(本草纲目)=金樱子
山石榴(陕西)=峨眉蔷薇
山石榴(陕西通志)=满山红
山石榴(台湾)=野牡丹
山石榴(唐本草)=黄芦木
山石榴(浙江)=假赤楠
山石榴 Catunaregam spinosa (Thunb.) Tirveng.(茜草科),刺榴,刺子,假石榴,簕牯树,簕泡木,牛头簕,山蒲桃,猪肚簕
山石榴属 Catunaregam Wolf(茜草科)
山矢车菊 Centaurea montana L.(菊科)
山柿(Flora 15)=粉叶柿
山柿(广西)=中华安息香
山柿(四川)=野柿
山柿(台湾)=罗浮柿
山柿 Diospyros montana Roxb.(柿科)
山柿子(四川)=乌柿
山柿子果 Lindera longipedunculata Allen(樟科)
山黍(广州志)=心叶稷
山鼠(广西中草药)=走马胎
山鼠李 Rhamnus wilsonii Schneid.(鼠李科),庐山鼠李,冻绿,郊李子
山鼠茅 Muhlenbergia alpestris Trin.(禾本科)
山鼠尾(广西植物名录)=长叶远志
山薯(福建)=白薯莨
山薯(广西)=褐苞薯蓣
山薯(农政全书)=甘薯
山薯 Dioscorea fordii Prain & Burkill(薯蓣科)
山树兰(新华本草纲要)=黑面神
山水瓜(广西)=七爪龙
山水瓜(植物志 52-2)=蛇王藤
山水柳(台湾)=密花苎麻
山丝苗(救荒本草)=大麻
山松(广东,广西)=马尾松
山松(海南)=陆均松
山松 Pinus montezumae Lamb.(松科),孟特松
山松榆(说文)=大果榆
山嵩树(安徽)=一叶萩
山苏花(台湾志 4-2)=大鳞巢蕨
山苏花(植物志 4-2)=巢蕨
山苏麻(贵阳)=大唇香科科
山苏麻(贵州民间药物)=爵床
山苏麻(贵州遵义)=小鱼仙草
山苏麻(四川斜永)=疏麻菜
山苏木(思茅中草药)=沙针
山苏子(东北药用图鉴)=山菠菜
山苏子(福州)=香薷
山苏子(河北)=荫生鼠尾草
山苏子(河北兴隆)=蓝萼香茶菜
山苏子(河南)=毛叶香茶菜
山苏子(辽宁草河口)=野芝麻
山苏子(辽宁营口,丹东,庄河,建昌)=大叶糙苏
山桃(东北)=斑叶稠李
山桃(河南)=蕤核
山桃 Amygdalus davidiana (Carr.) C.de Vos ex Henry (蔷薇科),碧桃干,山毛桃,榹桃,桃核仁,桃花,桃胶,桃茎白皮,桃仁,桃树根,桃枝,桃子,野桃,哲日勒格-陶古日
山桃草(云南志)=阔果山桃草
山桃草 Gaura lindheimeri Engelm. & Gray(柳叶菜科),白桃花,白蝶花
山桃草属 Gaura L.(柳叶菜科)
山桃稠李(东北木本志)=斑叶稠李
山桃花(广西)=马利筋
山桃树(中药大辞典)=伯乐树
山桃子(中草药汇编)=赛葵
山蹄盖蕨(台湾志)=尖头蹄盖蕨
山天瓜(广西)=茅瓜
山天罗(浙江)=锈毛蛇葡萄
山田茶(高等图鉴)=剪春罗
山田七(中草药学)=东风菜
山甜菜(图考)=白英
山甜娘(广东)=多花野牡丹
山甜娘(海南)=柏拉木
山铁尺(广西蒙山)=香港大沙叶
山铁树(中药大辞典)=海南龙血树
山庭荠 Alyssum montanum L.(十字花科)
山葶苈(植物志 33)=曙南芥
山通草(神农本草经)=木通
山通花(四川中药志)=楤木
山通花根(中药志)=楤木
山茼蒿(福建)=离根香
山桐茶(新拉汉英)=梨茶
山桐果(广西土名)=蒜头果
山桐子(贵州民间药物)=尼泊尔野桐
山桐子(贵州药用名录)=野梧桐
山桐子(四川)=红叶野桐
山桐子(浙江药志)=红叶野桐
山桐子 Idesia polycarpa Maxim.(大风子科),椅,水冬瓜,水冬桐,椅树,椅桐,斗霜红
山桐子属 Idesia Maxim.(大风子科)
山铜材 Chunia bucklandioides Chang(金缕梅科)
山铜材属 Chunia Chang(金缕梅科)
山头姑娘(四川)=平枝栒子
山土瓜(图考)=野豇豆
山土瓜(云南)=七叶赤爬
山土瓜(云南)=五叶赤爬
山土瓜 Merremia hungaiensis (Lingelsh. & Borza) R.C.Fang(旋花科),地瓜,滇木瓜,滇土瓜,红土瓜,山红苕,山萝卜,土蛋,土瓜,野红苕,野土瓜藤
山娃儿藤 Tylophora rockii M.G.Gilb. & P.T.Li(萝藦科)
山弯豆(广西)=广州相思子
山豌豆(东北)=山野豌豆
山豌豆(河北)=大花野豌豆
山豌豆(山西)=歪头菜
山万年青(广西药用名录)=光萼小蜡
山王麻(中草药汇编)=异色山黄麻
山尾花(福建)=大青
山文头(广东志)=珍珠莲
山文竹 Asparagus acicularis Wang & S.C.Chen(百合科)
山蕹菜(福建)=锦绣苋
山莴鸡(贵州草药)=龙舌草
山莴苣(江西)=翅果菊
山莴苣 Lagedium sibiricum (L.) Sojǎk.(菊科),北山莴苣,山苦菜
山莴苣属 Lagedium Sojǎk.(菊科)
山莴笋(云南)=尼泊尔绿绒蒿
山乌龟(广西,广东)=血散薯
山乌龟(广西龙州)=桂南地不容
山乌龟(贵州)=汝兰
山乌龟(云南)=地不容

山乌桕(树木分类学)=浆果乌桕
山乌桕 Sapium discolor (Champ. ex Benth.) Muell.Arg. (大戟科),*红心乌桕,红乌桕,红叶乌桕*
山乌头(云南西南)=保山乌头
山乌珠(新华本草纲要)=轮叶蒲桃
山吴萸(中草药汇编)=牛斜吴萸
山梧桐(杭州药志)=博落回
山梧桐(辽宁)=盐肤木
山蜈蚣(泉诈本草)=短叶水蜈蚣
山五加皮(河南)=杠柳
山五甲(草木便方)=白簕
山五味子(昆明草药)=珍珠荚蒾
山五月茶(广西植物名录)=山地五月茶
山西报春(拉汉名称)=陕西报春
山西杓兰 Cypripedium shanxiense S.C.Chen(兰科)
山西赤瓟 Thladiantha dimorphantha Hand.-Mazz. (葫芦科)
山西独活 Heracleum schansianum Fedde ex Wolff (伞形科)
山西峨眉蕨(蕨类形态)=河北峨眉蕨
山西鹤虱 Lappula shanhsiensis Kitag.(紫草科)
山西胡麻(图考)=亚麻
山西黄芩 Scutellaria shansiensis C.Y.Wu & H.W.Li (唇形科)
山西鹿蹄草 Pyrola shanxiensis Y.L.Chou & R.C.Zhou (鹿蹄草科)
山西马先蒿 Pedicularis shansiensis Tsoong(玄参科)
山西莓系(新拉汉英)=山西早熟禾
山西南牡蒿 Artemisia eriopoda var. shanxiensis Y.R.Ling (菊科)
山西蒲公英 Taraxacum licentii V.Soest(菊科)
山西忍冬(新)Lonicera trichogyne var. aequila Hand-Mazz.?(忍冬科)
山西瓦韦 Lepisorus shansiensis Ching & Y.X. Lin (水龙骨科)
山西万寿竹 Disporum shimadae Hay.(百合科)
山西乌头 Aconitum smithii Ulbr. ex Hand.-Mazz.(毛茛科)
山西西风芹 Seseli sandbergiae Fedde ex Wolff (伞形科)
山西蟹甲草 Parasenecio dasythyrsus (Hand.-Mazz.) Y.L.Chen(菊科)
山西玄参 Scrophularia modesta Kitag.(玄参科)
山西岩蕨 Woodsia sinica Ching(岩蕨科)
山西异蕊芥(植物志 33)=羽裂花旗杆
山西银莲花 Anemone exigua var. shanxiensis B. L.Li & X.Y.Yu(毛茛科)
山西早熟禾 Poa shansiensis Hitchc.(禾本科),*山西莓系*
山菥蓂 Thlaspi cochleariforme DC.(十字花科)
山溪金腰 Chrysosplenium nepalense D.Don(虎耳草科),*尼泊尔猫眼草*
山虾子(江苏志)=拳参
山夏枯草(昆明)=寸金草
山仙(黄龙寺)=甘南紫堇
山嫌瓜(福建)=丁香蓼
山苋菜(山西)=少毛牛膝
山香(峨眉)=南黄堇
山香(四川中草药)=籽纹紫堇
山香 Hyptis suaveolens (L.) Poit.(唇形科),*狗骨消,臭草,黄黄草,假藿香,毛老虎,毛射香,山薄荷,蛇百子,药黄草*
山香菜(辽宁)=石防风
山香草(贵州凤岗)=碎米桠
山香桂(云南昭通)=菱叶钓樟
山香桂(云南镇雄)=川钓樟
山香果(云南腾冲)=网叶山胡椒
山香蕉(海南文昌)=刺果紫玉盘
山香科 Teucrium montanum L.(唇形科)
山香芹 Libanotis amurensis Schischk.(伞形科)
山香圆 Turpinia montana (Bl.) Kurz(省沽油科),*羊屎蒿*
山香圆属 Turpinia Vent.(省沽油科)
山香竹 Chimonocalamus montanus Hsueh & Yi (禾本科)
山香属 Hyptis Jacq.(唇形科)
山小槩(高等图鉴)=扁枝越桔
山小菜(长白山药志)=紫斑风铃草
山小橘(广州)=小花山小橘
山小橘 Glycosmis pentaphylla (Retz.) Correa(芸香科)
山小橘属 Glycosmis Correa (芸香科),*山柑子叶属,酒饼叶属,山橘属*
山小叶杨(长白山药志)=山杨
山缬草 Valeriana montana L.(败酱科)
山蟹(浙江)=山核桃
山辛夷(昆明草药)=云南含笑
山杏(东北木本志,植物志 38)=西伯利亚杏
山杏 Armeniaca vulgaris var. ansu (Maxim.) Yü (蔷薇科),*野杏,合格仁-归勒斯*
山芎 Conioselinum chinense (L.) Britton,Sterns & Poggenburg(伞形科)
山芎属 Conioselinum Fisch. ex Hoffm.(伞形科)
山熊胆(广部中草药手册)=乌檀
山熊胆(南宁药志)=马瓞儿
山熊胆(新医学)=苦木
山绣球 Hydrangea macrophylla var. normalis Wils. (虎耳草科)
山雪花(植物志 74)=三脉紫菀
山血丹 Ardisia lindleyana D.Dietr.(紫金牛科),*防城紫金牛,斑叶朱砂根,斑叶紫金牛,活血胎,郎伞,铁雨伞,细罗伞树,腺点紫金牛,小凉伞,小罗伞,血党,沿海紫金牛,珍珠盖凉伞*
山血藤(广东)=大血藤
山鸦雀儿(山东栖霞)=烟台翠雀花
山芽豆(湖南永顺)=羽叶长柄山蚂蝗
山崖桑(湖南)=蒙桑
山烟(海南)=假烟叶树
山烟(药用图鉴)=天仙子
山烟根子(北京)=白薇
山烟木(广西)=旋花茄
山烟筒头(广空中草药手册)=金耳挖
山烟筒子(广西)=锈毛莓
山烟头(福建)=假烟叶树
山菸(山西)=黄花烟草
山菸(西藏)=铃铛子
山菸根(辽宁)=地黄
山芫荽(江苏铜山)=铜山阿魏
山芫荽(植物志 76-1)=芫荽菊
山芫荽 Cotula hemisphaerica Wall.(菊科)
山芫荽属 Cotula L.(菊科)
山岩黄芪 Hedysarum alpinum L.(豆科)
山盐酸鸡(中草药汇编)=酸藤子
山羊参(丽江中草药)=鸡肉参
山羊参(云南)=异叶虎耳草
山羊参(中草药汇编)=大花鸡肉参
山羊草(云南中草药选)=臭节草
山羊草属 Aegilops L.(禾本科)
山羊臭(贵州民间药物)=萓
山羊臭虎耳草 Saxifraga hirculus L.(虎耳草科)
山羊豆 Galega officinalis L.(豆科)
山羊豆属 Galega L.(豆科)
山羊果(城口)=山羊角树
山羊角(广东)=羊角栁
山羊角(广东五华)=帘子藤
山羊角树 Carrierea calycina Franch.(大风子科),*嘉利树,嘉丽树,山丁木,山羊果,红木子*
山羊角树属 Carrierea Franch.(大风子科)
山羊柳 Salix fedtschenkoi Görz(杨柳科)
山羊梅(曲靖中草药)=圆舌粘冠草
山羊面(广东)=溪黄草
山羊沙芥(内蒙志)=沙芥
山羊蹄(纲目)=酸模
山羊蹄(浙药志)=福建观音座莲
山羊头(云南,湖南)=薯莨
山羊血(福建志)=冷水花
山羊叶(云南)=粉果越桔
山杨 Populus davidiana Dode(杨柳科),*白杨树紧,大叶杨,响杨,白杨,山小叶杨,卵叶山杨,垂枝山杨*
山杨柳(高等图鉴)=小叶柳
山杨柳(贵州)=皂柳
山杨柳(昆明草药)=细序柳
山杨柳(中草药汇编)=旱柳
山杨梅(广东)=风箱树
山杨梅(浙江)=杨梅
山杨桃(广东北部)=银钟花
山杨桃(海南澄迈)=红叶下珠
山样子(台湾)=海杧果
山样子属(树木分类学)=**海杧果属**
山药(河北)=番薯
山药(侯宁极:药谱)=参薯
山药(侯宁极:药谱,上海中草药)=薯蓣
山药(江西)=竹叶胡椒
山药(日本)=日本薯蓣
山药蛋(河北)=阳芋
山药豆(华北)=阳芋
山药田(浙江)=剪春罗
山椰子(中药大辞典)=桄榔
山野坝子(云南武定)=鸡骨柴
山野扁豆(中草药汇编)=豆茶决明
山野火绒草 Leontopodium campestre (Ledeb.) Hand.-Mazz.(菊科)
山野麻(福建)=山油麻
山野麻(广西)=鳞片水麻
山野青茅 Deyeuxia montana Beauv.(禾本科)
山野豌豆(东北药志)=绢毛山野豌豆
山野豌豆(东北药志)=狭叶山野豌豆
山野豌豆 Vicia amoena Fisch. ex DC.(豆科),*东北透骨草,涝豆秧,落豆秧,山黑豆,山豌豆,透骨草*
山野烟(云南中草药)=三分三
山野芋(海南)=大野芋
山叶树(湖南)=香粉叶
山夜兰(本草求原)=黑面神
山一笼鸡 Gutzlaffia aprica Hance(爵床科),*野古蓝*
山一笼鸡属 Gutzlaffia Hance(爵床科)
山刈叶吴萸 Evodia lunurankenda (Gaertn.) Merr. (芸香科)
山茵陈(本草纲目)=茵陈
山茵陈(闽东本草)=阴行草
山茵蒿(福建)=离根香
山银柴胡(吉药标准)=老牛筋
山银花(广东鼎湖山)=红腺忍冬
山银花 Lonicera confusa (Sweet) DC.(忍冬科),*大金银花,山金银花,华南忍冬,土花,土忍冬,土银花,左转藤,毛萼忍冬*

山银钟花 Halesia monticola Sarg.(安息香科)
山罂粟(高等图鉴)=野罂粟
山罂粟(植物志 32)=长白山罂粟
山樱花(台湾志)=钟花樱桃
山樱花 Cerasus serrulata (Lindl.) G.Don ex London (蔷薇科),*野生福岛樱,樱花*
山樱桃(东北)=东北茶藨子
山樱桃(纲目,河北,东北,名医别录)=毛樱桃
山樱桃(内蒙中草药)=长梗扁桃
山油点草(Flora 24)=紫花油点草
山油柑(闽南民间草药)=算盘子
山油柑(中草药彩色图谱)=小花山小橘
山油柑 Acronychia pedunculata (L.) Miq.(芸香科),*降真香,石苓舅,山柑,砂糖木,沙柑木,沙塘木,长柄山油柑*
山油柑属 Acronychia J.R. & G.Forst.(芸香科),*降真香属*
山油麻(福建)=丁香蓼
山油麻(福建)=黄葵
山油麻(高等图鉴)=黄葵
山油麻(广西药用名录)=剑叶山芝麻
山油麻(粤西)=山芝麻
山油麻(浙江,浙江草药)=紫花野百合
山油麻(植物志 48-1)=麦珠子
山油麻 Trema cannabina var. dielsiana (Hand.) C.J.Chen (榆科),*山油桐,野丝绵,山野麻,羊角杯*
山油桐(台湾)=山油麻
山柚子 Opilia amentacea Roxb.(山柚子科)
山柚子科 Opiliaceae
山柚子属 Opilia Roxb.(山柚子科)
山余瓜(滇南本草)=长毛赤瓟
山榆(广雅)=大果榆
山榆(辽宁,河南)=春榆
山榆(新拉汉英)=光榆
山萮菜 Eutrema yunnanense Franch.(十字花科),*南山萮菜,细弱山*
山萮菜属 Eutrema R.Br.(十字花科)
山玉桂(福建)=天竺桂
山玉桂(广东)=钝叶桂
山玉桂(广东,海南)=阴香
山玉兰 Magnolia delavayi Franch.(木兰科),*优昙花,山波萝,波罗树,野玉兰,土厚朴,野厚朴*
山玉米膏(河北)=鬈菜
山芋(江苏,浙江)=番薯
山芋(四川峨眉)=假芋
山芋头(云南中草药)=大百合
山芋头(植物志 14)=猪牙花
山育杜鹃 Rhododendron oreotrephes W.W.Sm.(杜鹃花科)
山鸢尾 Iris setosa Pall. ex Link.(鸢尾科)
山原苇群 Phragmites australis grex alpinae L. Liu (禾本科)
山月桂(新拉汉英)=宽叶山月桂
山月桂果溲疏 Deutzia kalmiaeflora Lemoine (虎耳草科)
山月桂属 Kalmia L.(杜鹃花科)
山枣(吴普本草)=野蔷薇
山枣(云南,广西,广东,湖北)=南酸枣
山枣 Ziziphus montana W.W.Sm.(鼠李科)
山枣木(广西)=南酸枣
山枣树(河南)=酸枣
山枣子(福建)=南酸枣
山枣子(植物志 37)=地榆
山蚤缀 Arenaria montana L.(石竹科)
山皂荚 Gleditsia japonica Miq.(豆科),*梗子,鸡栖子,荚果树,日本皂荚,山皂角,乌犀树,悬刀树,皂荚树,皂角刺,皂角树,皂角针,皂七板子*
山皂角(草药汇编)=马棘
山皂角(河北,河南)=山皂荚
山皂角(河南)=野皂荚
山泽兰(广西药用名录)=海南草珊瑚
山泽兰(台湾青草药)=台湾泽兰
山贼子(台湾)=野漆
山楂(成都中草药)=楸子
山楂 Crataegus pinnatifida Bge.(蔷薇科),*山里红*
山楂海棠 Malus komarovii (Sarg.) Rehd.(蔷薇科),*山苹果,薄叶山楂*
山楂槭 Acer crataegifolium S. & Z.(槭树科)
山楂无毛变种(植物志 36)=长毛山楂
山楂小檗 Berberis crataegina DC.(小檗科)
山楂叶千里光 Senecio scandens var. crataegifolius (Hay.) Kitam.(菊科),*小蔓黄菀*
山楂叶悬钩子(华北经济志要)=牛叠肚
山楂叶樱(经济植物手册)=山楂叶樱桃
山楂叶樱桃 Cerasus crataegifolius (Hand.-Mazz.) Yü & Li(蔷薇科),*山楂叶樱*
山楂属 Crataegus L.(蔷薇科)
山楂子(贵州)=三叶海棠
山折杨(中草药汇编)=响叶杨
山针楣(海南)=印度锥
山榛子(山东)=玉铃花
山芝(高等图鉴)=蛇足石杉
山芝麻(百草镜)=羊踯躅
山芝麻(东北土名)=月见草
山芝麻(辽宁旅顺)=糙苏
山芝麻(山东蒙山)=败酱
山芝麻(思茅中草药)=长序山芝麻
山芝麻(云南)=待宵草
山芝麻(云南)=沙针
山芝麻 Helicteres angustifolia L.(梧桐科),*岗油麻,岗脂麻,假芝麻,牛谷尾,坡片公,坡油麻,山油麻,牙互丁,野芝麻*
山芝麻属 Helicteres L.(梧桐科)
山枝(常用中草药配方)=光叶海桐
山枝柏(广西药用名录)=薄叶卷柏
山枝茶(常用中草药配方)=光叶海桐
山枝茶(四川,贵州)=木果海桐
山枝木(金华中草药选)=海金子
山枝仁(四川)=齿缘吊钟花
山枝仁(四川,贵州)=木果海桐
山枝子(陕西中药名录)=崖花子
山栀(植物志 71-1)=栀子
山栀茶(湖北)=海金子
山栀枝(昆明)=云南含笑
山栀子(昆明)=云南含笑
山栀子(陕西)=狭叶海桐
山栀子(云南)=匙萼金丝桃
山栀子(植物志 71-1)=栀子
山脂麻(药用志,陕西,甘肃,新疆,内蒙)=亚麻
山踯躅(本草纲目)=杜鹃
山指点甲(植物学杂志)=假鹰爪
山指甲属(植物学杂志)=**假鹰爪属**
山中平树 Macaranga hemsleyana Pax & Hoffm.(大戟科),*海南血桐*
山重楼(四川)=云南重楼
山帚条条(吉林中草药)=一叶萩
山茱萸 Cornus officinalis S. & Z.(山茱萸科),*肉枣,实枣子,蜀枣,药枣,萸肉,枣皮*
山茱萸科 Cornaceae
山茱萸属 Cornus L.(山茱萸科)
山珠半夏(云南)=山珠南星
山珠南星 Arisaema yunnanense Buchet (天南星科),*半夏,长虫磨芋,刀口药,狗闹子,山包米,山珠半夏,蛇饭果,小南星*
山猪菜 Merremia umbellata subsp. orientalis (Hall.f.) v.Ooststr.(旋花科),*假红薯,小薯藤,假番薯,山猪菜藤,野薯藤,土瓜藤*
山猪菜藤(海南)=山猪菜
山猪怕(广部草药手册)=虎舌红
山猪肉(台湾)=漆叶泡花树
山猪殃殃 Galium pseudoasprellum Makino(茜草科)
山猪药(海南)=走马胎
山竹(图鉴)=川竹
山竹公(广东,海南)=竹节树
山竹花(云南中草药,广西)=万寿竹
山竹犁(广东,海南)=竹节树
山竹青(浙江平阳,莒溪)=隔山香
山竹岩黄芪 Hedysarum fruticosum Pall.(豆科),*山竹子*
山竹叶草(四川)=紫背鹿衔草
山竹子(东北)=山竹岩黄芪
山竹子(广西草药)=兰屿福木
山竹子(海南)=岭南山竹子
山竹子(树木分类学)=单花山竹子
山竹子(树木分类学)=木竹子
山竹子(中草药汇编)=鸡树条
山竹子属(海南志)=**藤黄属**
山苎麻(广西)=鳞片水麻
山苎麻(湖南)=艾麻
山苧(图考)=大叶苎麻
山梔(广西)=大叶刺篱木
山仔蛀树(海南)=荔枝叶红豆
山子纨(加积)=粘木
山紫草(江苏志)=紫草
山紫锤草 Pratia montana (Reinw. ex Bl.) Hassk.(桔梗科)
山紫堇(新疆检索表)=真堇
山紫荆(广西)=山牡荆
山紫茉莉 Oxybaphus himalaicus Edgew.(紫茉莉科),*喜马拉雅紫茉莉,八朱,东亚紫茉莉*
山紫茉莉属 Oxybaphus L,Hér. ex Willd(紫茉莉科)
山紫菀(湖南)=窄头橐吾
山紫菀(云南)=洱源橐吾
山紫菀(中药志)=蹄叶橐吾
山紫菀(中药志)=网脉橐吾
山紫菀 Aster tagasagomontanus Sasaki(菊科)
山紫云菜(云南植物名录)=山马蓝
山字止(福建毛高)=地埂鼠尾草
山棕(福建)=大叶仙茅
山棕(中药大辞典)=双籽棕
山棕 Arenga engleri Becc.(棕榈科),*矮桄榔*
山棕榈 Trachycarpus martianus (Wall.) H.Wendl.(棕榈科)
山棕皮(云南)=仙茅
山棕仔(福建药物志)=闽浙藜芦
坬查南小檗 Berberis buchananii Schneid.(小檗科)
杉(经济植物手册)=杉木
杉本耳蕨(分类学报)=小耳蕨
杉材(本草经集注)=杉木
杉公子(四川南川)=南方红豆杉
杉公子(四川南川)=银杉
杉寄生(广东,广西)=鞘花
杉科 Taxodiaceae
杉蔓石松(秦岭志)=中华石杉
杉木(吉林)=杉松
杉木 Cunninghamia lanceolata (Lamb.) HK.(杉

科),*沙木,沙树,正杉,正木,木头树,刺杉,杉,杉材*

杉木火轮树 Stenocarpus cunninghamii R.Br.(山龙眼科)

杉木寄生(广西药用名录)=离瓣寄生

杉木属 Cunninghamia R.Br.(杉科)

杉松(植物志 7)=云南油杉

杉松 Abies holophylla Maxim.(松科),*沙松,白松,杉木,辽东冷杉,针枞*

杉松果(云南丽江,维西)=云南榧树

杉松兰(湖南药物志)=闽浙马尾杉

杉形马尾杉 Phlegmariurus cunninghamioides (Hay.) Ching(石杉科)

杉叶杜 Diplarche multiflora HK.f. & Thoms.(杜鹃花科),*多花杉叶杜*

杉叶杜属 Diplarche HK.f. & Thoms.(杜鹃花科)

杉叶佛甲草 Sedum cryptomeriodes Bartlet & Yamamoto (景天科)

杉叶红千层 Callistemon speciosus DC.(桃金娘科)

杉叶藻 Hippuris vulgaris L.(杉叶藻科)

杉叶藻科 Hippuridaceae

杉叶藻属 Hippuris L.(杉叶藻科)

杉纽根(广西)=小紫金牛

杉纽藤(海南儋县)=海南茄

杉钮果(海南)=野茄

杉钮子(广西临桂)=红丝线

珊广黄芩 Scutellaria subcaespitosa Pavl.(唇形科),*山韩信草*

珊瑚(海南)=肉珊瑚

珊瑚补血草 Limonium coralloides (Taursch) Lincz. (白花丹科)

珊瑚菜 Glehnia littoralis Fr.Schmidt ex Miq.(伞形科),*辽沙参,海沙参,莱阳参,北沙参,莱阳沙参(*

珊瑚菜属 Glehnia Fr.Schmidt ex Miq.(伞形科)

珊瑚草(昆明草药)=竹叶吉祥草

珊瑚刺桐(植物志 41)=龙牙花

珊瑚冬青 Ilex coralina Franch.(冬青科),*红果冬青,红珊瑚冬青,野白蜡叶*

珊瑚豆 Solanum pseudocapsicum var. diflorum (Vell.) Bitter(茄科),*刺石榴,冬珊瑚,红珊瑚,珊瑚樱,洋海椒,野海椒珊瑚子,野辣茄,玉珊瑚,玉珊瑚根*

珊瑚花 Cyrtanthera carnea(Lindl.) Bremek.(爵床科)

珊瑚花属 Cyrtanthera Nees(爵床科)

珊瑚火杖 Kniphofia corallina Hort.(百合科)

珊瑚姜 Zingiber corallinum Hance(姜科)

珊瑚苣苔(植物志 69)=西藏珊瑚苣苔

珊瑚苣苔属 Corallodiscus Batalin (苦苣苔科)

珊瑚兰 Corallorhiza trifida Chat.(兰科)

珊瑚兰属 Corallorhiza Gagn.(兰科)

珊瑚芦荟 Aloe striata Haw.(百合科)

珊瑚配(汪连仕:采药书)=接骨木

珊瑚朴 Celtis julianae Schneid.(榆科)

珊瑚秋海棠 Begonia corallina Carriére (秋海棠科)

珊瑚树(花镜)=雪下红

珊瑚树(植物志 41)=龙牙花

珊瑚树 Viburnum odoratissimum Ker-Gawl.(忍冬科),*极香荚蒾,早禾树,沙糖木,香柚树,麻油香,沙掌树*

珊瑚藤 Antigonon leptopus HK. & Arn.(蓼科)

珊瑚藤属 Antigonon Endl.(蓼科)

珊瑚樱(中药辞海)=珊瑚豆

珊瑚樱 Solanum pseudocapsicum L.(茄科)

珊瑚枝(生草药性备要)=红雀珊瑚

珊瑚钟 Heuchera sanguinea Engelm.(虎耳草科)

珊瑚珠(花镜)=雪下红

珊蝴花 Jatropha multifida L.(大戟科)

闪安丝石竹(新华本草纲要)=草原石头花

闪光红山茶 Camellia lucidissima Chang(山茶科)

闪光蛇葡萄(经济植物手册)=蓝果蛇葡萄

闪亮假杜鹃 Barleria micans Nees (爵床科)

闪毛党参 Codonopsis pilosula var. handeliana (Nannf.) L.T.Shen(桔梗科)

闪穗早熟禾 Poa nitidespiculata Bor(禾本科),*亮穗莓系*

陕川婆婆纳 Veronica tsinglingensis Hong(玄参科)

陕鹅耳枥(树木分类学)=陕西鹅耳枥

陕甘变种(植物志 65-2,Flora 17)=陕甘筋骨草(新)

陕甘长尾槭(分类学报)=多齿长尾槭

陕甘灯心草 Juncus tanguticus G.Sam.(灯心草科)

陕甘花楸 Sorbus koehneana Schneid.(蔷薇科),*昆氏花楸*

陕甘黄毛槭 Acer fulvescens var. fupingense (Fang & W.K.Hu) Fang & W.K.Hu(槭树科)

陕甘介蕨 Dryoathyrium confusum Ching & Hsu (蹄盖蕨科)

陕甘金腰 Chrysosplenium qinlingense Jien ex J. T.Pan (虎耳草科)

陕甘筋骨草(新)Ajuga ciliata var. chanetii (Lévl. & Van.) C.Y.Wu & C.Chen(唇形科),*陕甘变种*

陕甘木蓝 Indigofera hosieii Craib(豆科)

陕甘瑞香(树木分类学)=唐古特瑞香

陕甘山桃 Amygdalus davidiana var. potanini (Batal.) Yü & Lu (蔷薇科)

陕甘小檗 Berberis pseudothunbergii P.Y.Li?(小檗科)

陕南单叶铁线莲 Clematis henryi var. ternata M.Y.Fang (毛茛科)

陕南龙胆 Gentiana piasezkii Maxim.(龙胆科),*毛茎龙胆*

陕西报春 Primula handeliana W.W.Sm. & Forr.(报春花科),*西北厚叶报春,山西报春*

陕西茶藨子 Ribes giraldii Jancz.(虎耳草科),*纪氏茶藨子,老铁山茶藨,腺毛茶藨*

陕西点地梅 Androsace engleri R.Knuth(报春花科)

陕西东陵绣球(分类学报)=白背绣球

陕西短柱茶 Camellia shensiensis Chang(山茶科)

陕西蛾眉蕨 Lunathyrium giraldii (Christ) Ching (蹄盖蕨科)

陕西鹅耳枥 Carpinus shensiensis Hu(桦木科),*陕鹅耳枥*

陕西耳蕨 Polystichum shensiense Christ(鳞毛蕨科),*全缘玉龙蕨,丽江耳蕨,水贯众,小贯众*

陕西粉背蕨 Aleuritopteris shensiensis Ching(中国蕨科),*无银粉背蕨*

陕西荚蒾 Viburnum schensianum Maxim.(忍冬科),*土栾树,冬栾条,土栾条*

陕西假瘤蕨 Phymatopteris shensiensis (Christ) Pic.Serm. (水龙骨科),*乌鸡骗*

陕西堇菜 Viola schensiensis W.Beck.(堇菜科)

陕西狼尾草 Pennisetum shaanxiense S.L.Chen & Y.X.Jin (禾本科)

陕西老鹳草 Geranium shensianum R.Knuth(牻牛儿苗科)

陕西冷杉(华北经济志)=秦岭冷杉

陕西龙胆 Gentiana shaanxiensis T.N.Ho(龙胆科)

陕西猕猴桃 Actinidia arguta var. giraldii (Diels) Voroshilov(猕猴桃科)

陕西木蓝(中药辞海)=甘肃木蓝

陕西木梨(新)Pyrus kolupana Schneid.?(蔷薇科)

陕西葡萄 Vitis shenxiensis C.L.Li(葡萄科)

陕西槭 Acer shensiense Fang & L.C.Hu(槭树科)

陕西蔷薇 Rosa giraldii Crép.(蔷薇科)

陕西忍冬(新)Lonicera proterantha Rehd.?(忍冬科)

陕西山光杜鹃 Rhododendron oreodoxa var. shensiense Chamb.(杜鹃花科)

陕西山楂 Crataegus shensinensis Pojark.(蔷薇科)

陕西石蒜 Lycoris shaanxiensis Y.Hsu & Z.B.Hu (石蒜科)

陕西水苏(Flora 17)=狭齿水苏

陕西薹草 Carex shaanxiensis Wang & Tang ex P. C.Li (莎草科)

陕西唐松草 Thalictrum shensiense W.T.Wang & S.H.Wang (毛茛科)

陕西蹄盖蕨(西北植物学报)=中华蹄盖蕨

陕西铁线蕨 Adiantum fimbriatum var. shensiense (Ching) Ching & Y.X.Lin(铁线蕨科)

陕西铁线莲 Clematis shensiensis W.T.Wang(毛茛科),*武当铁线莲*

陕西椭果紫堇 Corydalis ellipticarpa var. taipaica C.Y.Wu (罂粟科)

陕西瓦韦 Lepisorus shensiensis Ching & S.K. Wu (水龙骨科)

陕西卫矛 Euonymus schensianus Maxim.(卫矛科)

陕西乌头 Aconitum shensiense W.T.Wang(毛茛科)

陕西溪水薹草(新) Carex heterolepis var. obtegens Kükenth.?(莎草科)

陕西香椿 Toona sinensis var. schensiana (C.DC.) X.M.Chen(楝科),*毛椿*

陕西小檗 Berberis shensiana Ahrendt(小檗科)

陕西绣球(植物志 35-1)=白背绣球

陕西绣线菊 Spiraea wilsonii Duthie(蔷薇科),*威氏绣线菊*

陕西悬钩子 Rubus piluliferus Focke(蔷薇科)

陕西栒子(新)Cotoneaster dissimilis Klotz?(蔷薇科)

陕西岩蕨 Woodsia shensiensis Ching(岩蕨科)

陕西羽叶报春 Primula filchnereae Knuth(报春花科)

陕西珠蕨 Cryptogramma shensiensis Ching(中国蕨科)

陕西紫堇 Corydalis shensiana Lidén(罂粟科),*秦岭弯花紫堇,长距曲花紫堇*

陕西紫茎 Stewartia shensiensis Chang(山茶科)

汕头大沙叶 Pavetta swatouica Bremek.(茜草科)

汕头后蕊苣苔 Opithandra dalzielii (W.W.Sm.) Burtt (苦苣苔科)

汕头黄杨 Buxus cephalantha var. shatouensis M. Chen (黄杨科)

汕头荚蒾(新)Viburnum thaiyongense W.W.Sm?

(忍冬科)
汕头蜜柑(植物志 43-2)=椪柑
苫房草(中药大辞典)=芒
扇芭蕉 Strelitzia alba (L.f.) H.C.Skeels(芭蕉科)
扇把子(甘肃)=射干
扇苞福氏马先蒿 Pedicularis forrestiana subsp. flabellifera Tsoong(玄参科),*福氏马先蒿扇苞亚种*
扇苞黄堇 Corydalis rheinbabeniana Fedde(罂粟科),*甲打色尔娃,甲打白歪*
扇苞蒟蒻薯 Tacca subflabellata P.P.Ling & C.T. Ting (蒟蒻薯科)
扇唇山姜 Alpinia flabellata Ridley(姜科)
扇唇舌喙兰 Hemipilia flabellata Bur & Franch(兰科),*独叶一枝花,雨流星草,肾子草*
扇唇羊耳蒜 Liparis stricklandiana Rchb.f.(兰科)
扇唇指甲兰 Aerides flabellata Rolfe ex Downie (兰科)
扇骨木(江苏)=光叶石楠
扇骨木(南京)=石楠
扇花冷水花(广西植物名录)=粗齿冷水花
扇蕨 Neocheiropteris palmatopedata (Baker) Christ(水龙骨科)
扇蕨属 Neocheiropteris Christ(水龙骨科)
扇脉杓兰 Cypripedium japonicum Thunb(兰科),*扇子七,老虎七,菊花双叶草,一把伞*
扇脉香茶菜 Isodon flabelliformis (C.Y.Wu) H. Hara (唇形科),*康定香茶菜*
扇木(江西)=扁枝越桔
扇穗茅 Littledalea racemosa Keng(禾本科)
扇穗茅属 Littledalea Hemsl.(禾本科)
扇仙(群芳谱)=芭蕉
扇形狗牙花(植物志 63)=狗牙花
扇形黄芩 Scutellaria flabellata Juz.(唇形科)
扇形耧斗菜 Aquilegia flabellata S. & Z.(毛茛科)
扇形萨拉卡棕 Salacca flabellata Ftdo.(棕榈科)
扇形省藤 Calamus flabellatus Becc.(棕榈科)
扇形鸢尾 Iris wattii Baker(鸢尾科),*扁竹兰,铁扇子,老君扇*
扇椰子(台木本志)=糖棕
扇椰子属(台木本志)=**糖棕属**
扇叶垂花报春 Primula flabellifera W.W.Sm.(报春花科)
扇叶垫柳 Salix flabellaris Anderss.(杨柳科)
扇叶矾根 Heuchera flabellifolia Rudb.(虎耳草科)
扇叶虎耳草 Saxifraga rufescens var. flabellifolia C.Y.Wu & J.T.Pan(虎耳草科)
扇叶桦 Betula middendorfii Trautv. & Mey.(桦木科),*小叶桦*
扇叶黄堇 Corydalis flabellata Edgew.(罂粟科)
扇叶芥 Desideria mirabilis Pamp.(十字花科)
扇叶芥属 Desideria Pamp.(十字花科)
扇叶景天(拉汉名称)=昆明红景天
扇叶葵(广东)=蒲葵
扇叶龙胆 Gentiana emodi Marq. ex J.R.Sealy (龙胆科)
扇叶露兜树 Pandanus utilis Borg.(露兜树科)
扇叶毛茛 Ranunculus felixii Lévl.(毛茛科)
扇叶猕猴桃 Actinidia umbelloides var. flabellifolia C.F.Liang(猕猴桃科)
扇叶槭 Acer flabellatum Rehd.(槭树科),*七裂槭*
扇叶日本槭 Acer japonicum var. aconitifolium Meehan (槭树科)
扇叶省藤 Calamus flabelloides Ftdo.(棕榈科)
扇叶树头榈(英拉汉名称)=糖棕
扇叶薹草 Carex peliosanthifolia Wang & Tang ex P.C.Li(莎草科)
扇叶铁线蕨 Adiantum flabellulatum L.(铁线蕨科),*铁线蕨,过坛龙,黑骨芒萁,黑脚蕨,铁脚狼萁,鸡爪莲,铁线草*
扇叶小报春 Primula occlusa W.W.Sm.(报春花科)
扇叶阴地蕨(东北草本志)=扇羽阴地蕨
扇叶直瓣苣苔 Ancylostemon flabellatus C.Y. Wu ex H.W.Li(苦苣苔科)
扇叶指柱兰(台兰科图鉴)=羽唇叉柱兰
扇羽小阴地蕨(孢子植物)=扇羽阴地蕨
扇羽阴地蕨 Botrychium lunaria (L.) Sw.(阴地蕨科),*扇叶阴地蕨,扇羽小阴地蕨,高山独角蒿*
扇竹(纲目)=射干
扇子草(河北)=野鸢尾
扇子还阳(湖北)=斑叶杓兰
扇子七(陕西中草药)=扇脉杓兰
善变鹅观草 Roegneria hirsuta var. variabilis Keng (禾本科)
善变箬竹 Indocalamus varius (Keng) Keng f (禾本科),*浙江苦竹*
善氏豆瓣绿(新)Peperomia sandersi C.DC.(胡椒科),*豆瓣绿*
鳝藤 Anodendron affine (HK. & Arn.) Druce(夹竹桃科),*铁骨藤,防城鳝藤,广花鳝藤,柳叶鳝藤,屏东鳝藤*
鳝藤属 Anodendron A.DC.(夹竹桃科),*榊葛属*
剿鸡尾草(贵州民间药物)=狭叶凤尾蕨

Shang

伤寒草(广西)=夜香牛
伤寒头(广西)=牛尾草
伤口草(高等图鉴)=金毛耳草
伤药(南宁药志)=落地生根
伤药藤(福建龙岩)=流苏子
商城薹草 Carex shangchengensis S.Y.Liang(莎草科)
商陆 Phytolacca acinosa Roxb.(商陆科),*白木鸡,春牛头,倒水莲,见肿消,金七娘,牛大黄,牛萝卜,山萝卜,水萝卜,王母牛,下山虎,章柳,猪母耳,抓肿消*
商陆科 Phytolaccaceae
商陆属 Phytolacca L.(商陆科)
商南蒿 Artemisia shangnanensis Ling & Y.R. Ling (菊科)
上八角(贵州)=白五味子
上白木(广西药用名录)=野梧桐
上别木(广东)=小叶眼树莲
上党人参(本经逢原)=党参
上房山肿足蕨(蕨类形态)=鳞毛肿足蕨
上坟花(云南)=碎米花
上海黄檀 Dalbergia sacerdotum Prain(豆科)
上海毛茛(Flora 6)=肉根毛茛
上海薹草 Carex shanghaiensis S.X.Qian & Y.Q. Liu (莎草科)
上杭薹草 Carex shanghangensis S.Y.Liang(莎草科)
上杭锥(植物志 22)=鹿角锥
上花细辛(台湾志)=台湾细辛
上举罗勒 Ocimum adscendens Willd.(唇形科)
上林蜂斗草 Sonerila shanlinensis C.Chen(野牡丹科)
上林楼梯草 Elatostema shanglinense W.T.Wang (荨麻科)
上裸秋海棠 Begonia epipsila Brade (秋海棠科)
上毛凤丫蕨 Coniogramme suprapilosa Ching (裸子蕨科)
上毛蹄盖蕨 Athyrium suprapubescens Ching(蹄盖蕨科)
上木蜈蚣(广西金秀)=爬树龙
上木蜈蚣(广西田林)=狮子尾
上山虎(广西)=榕叶冬青
上山龙(陕西中草药)=蓝果蛇葡萄
上身眉(两广乔灌木名录)=丛花山矾
上狮紫珠 Callicarpa siong-saiensis Metc.(马鞭草科)
上树逼(广东大埔)=流苏子
上树鳖(广西)=眼树莲
上树草(四川)=滇星蕨
上树瓜(广西)=尖叶眼树莲
上树瓜子(广西)=眼树莲
上树核(广西药用名录)=贴生石韦
上树葫芦(广西金秀)=石柑子
上树咳(广西中药志)=骨牌蕨
上树龙(安徽)=凌霄
上树龙(广东高要)=麒麟叶
上树龙(植物志 71-2)=蔓九节
上树南星 Anadendrum montanum (Bl.) Schott (天南星科)
上树南星属 Anadendrum Schott (天南星科)
上树蛇(广东)=异叶地锦
上树蜈蚣 Rhaphidophora lancifolia Schott (天南星科),*过山龙,小青龙*
上树虾(广西)小黄花石斛
上思冬青 Ilex peiradena S.Y.Hu(冬青科)
上思耳草 Hedyotis longiexserta Merr. & Metcalf (茜草科),*长尖耳草*
上思瓜馥木 Fissistigma shangtzeënse Tsiang & P.T.Li (番荔枝科),*藤蕉*
上思厚壳树 Ehretia tsangii Johnst.(紫草科)
上思卷花丹 Scorpiothyrsus shangszeensis C. Chen (野牡丹科)
上思蓝果树 Nyssa shangszeensis Fang & Soong (蓝果树科)
上思龙船花 Ixora tsangii Merr. ex Li(茜草科)
上思马尾杉 Phlegmariurus shangsiensis C.Y. Yang(石杉科)
上思槭 Acer shangszeense Fang & Song(槭树科)
上思青冈 Cyclobalanopsis delicatula (Chun & Tsiang) Y.C.Hsu & H.W.Jen(壳斗科)
上思琼楠 Beilschmiedia shangsiensis Y.T.Wei (樟科)
上思山桂花 Bennettiodendron brevipes var. shangsiense (X.X.Chen & J.Y.Luo) S.S.Lai (大风子科)
上思省藤 Calamus distichus var. shangsiensis S. J.Pei & S.Y.Chen (棕榈科)
上思梭罗 Reevesia shangszeensis Hsue(梧桐科)
上思小花藤(植物志 63)=小花藤
上思绣球(植物志 35-1)=广东绣球
上思鸭脚木(广西植物名录)=多叶鹅掌柴
上思竹(竹种类及栽培)=糙花少穗竹
上搜虎(贵州)=射干
上天梯(广西)=地耳草
上天梯(广西)=圆叶节节菜
上天梯(贵州)=贵州金丝桃
上天梯(陕西)=楼梯草
上天梯(四川)=蜈蚣蕨
上天梯(四川中药志)=贯叶连翘
上斜刀羽耳蕨 Polystichum assurgentipinnum W.M.Chu & B.Y.Zhang(鳞毛蕨科)

上已菜(福建)=荠
上竹龙(广西)=五爪金龙

Shao

梢柄木 Torricellia tiliifolia DC.(梢柄木科)
梢柄木科 Torricelliaceae
梢柄木属 Torricellia DC.(梢柄木科)
烧饼花(甘肃)=圆叶锦葵
烧灰树(海南)=打铁树
烧酒钩(广西)=飞龙掌血
烧酒壶根(东北)=丹参
烧伤藤(广西)=越南咀签
烧香杆(四川)=法落海
稍瓜(饮膳正要)=菜瓜
稍坚蹄盖蕨(蕨类形态)=川滇蹄盖蕨
稍小鬣蜥棕 Iguanura parvula Becc. ex Becc.(棕榈科)
稍小秋海棠(新拉汉英)=小叶秋海棠
筲箕藤(草药汇编)=糯米团
芍药 Paeonia lactiflora Pall.(芍药科),*白芍,赤芍,赤芍药,毛果芍药*
芍药科 Paeoniaceae
芍药属 Paeonia L. (芍药科)
苕(诗经)=小巢菜
苕华(神农本草经)=凌霄
苕菊(植物志 75)=大丽花
苕叶细辛(河北土方土法)=金耳环
苕子(陕西)=四籽野豌豆
苕子(四川)=救荒野豌豆
苕子 Vicia dasycarpa Ten.(豆科)
韶关大将军(植物志 73-2)=线萼山梗菜
韶脑(神效方)=樟
韶子 Nephelium chryseum Bl.(无患子科),*山韶子,毛荔枝,毛石*
韶子属 Nephelium L.(无患子科)
少斑姜 Zingiber paucipunctatum D.Fang(姜科)
少瓣秋海棠 Begonia wangii Yü(秋海棠科),*富宁秋海棠,爬山猴*
少齿变种(植物志 65-2,Flora 17)=少齿龙头黄芩(新)
少齿冬青(树木志)=疏齿冬青
少齿花楸 Sorbus oligodonta (Card.) Hand.-Mazz. (蔷薇科)
少齿黄芩 Scutellaria oligodonta Juz.(唇形科)
少齿龙头黄芩(新)Scutellaria meehanioides var. paucidentata C.Y.Wu & H.W.Li(唇形科),*少齿变种*
少齿小檗 Berberis potaninii Maxim. (小檗科)
少齿悬钩子 Rubus paucidentatus Yü & Lu (蔷薇科)
少刺毛假糙苏 Paraphlomis paucisetosa C.Y.Wu ex H.W.Li (唇形科)
少对峨眉蔷薇 Rosa omeiensis f. paucijuga Yü & Ku (蔷薇科)
少辐小芹 Sinocarum pauciradiatum Shan & Pu (伞形科)
少妇虎耳草 Saxifraga cotyledon L.(虎耳草科)
少根紫萍 Spirodela oligorrhiza (Kurz) Hegelm. (浮萍科)
少管短毛独活 Heracleum moellendorffii var. paucivittatum Shan & T.S.Wang(伞形科),*走马芹,大活*
少果八角 Illicium petelotii A.C.Sm.(木兰科)
少果胡颓子 Elaeagnus wilsonii Li?(胡颓子科)
少果景天 Sedum oligocarpum Fröd.(景天科)
少果槭 Acer oligocarpum Fang & L.C.Hu(槭树科)
少果乌蔹莓(植物志 48-2)=白毛乌蔹莓
少果栒子 Cotoneaster oligocarpus Schneid.?(蔷薇科)
少果银莲花 Anemone delavayi var. oligocarpa (C.Pei) Ziman & B.E.Dutton(毛茛科)
少花菝葜 Smilax basilata Wang & Tang(百合科)
少花柏拉木 Blastus pauciflorus (Benth.) Guillaum. (野牡丹科)
少花斑鸠菊 Vernonia chunii Chang(菊科)
少花苞舌兰 Spathoglottis ixioides (D.Don) Lindl. (兰科)
少花荸荠 Heleocharis pauciflora (Lightf.) Link (莎草科)
少花变型(植物志 65-2)=少花筋骨草(新)
少花变种(植物志 65-2)=少花糙苏(新)
少花变种(植物志 66)=香薷
少花藏薹草 Carex thibetica var. pauciflora Tang & Wang (莎草科)
少花糙苏(新)Phlomis megalantha var. pauciflora C.Y.Wu (唇形科),*少花变种*
少花茶竿竹 Pseudosasa pallidiflora (McClure) S.L.Chen & G.Y.Sheng(禾本科)
少花齿缘草 Eritrichium pauciflorum (Ledeb.) DC. (紫草科),*石生齿缘草*
少花川康绣线梅(新)Neillia affinis var. pauciflora (Rehd.) J.Vadal(蔷薇科),*川康绣线梅多果变种*
少花葱 Allium oliganthum Karelin & Kirilov(百合科)
少花葱臭木(云南志)=少花樫木
少花大苞兰 Sunipia intermedia (King & Pantl.) P.F.Hunt (兰科)
少花大披针薹草 Carex lanceolata var. laxa Ohwi (莎草科)
少花灯笼花(高等图鉴)=单花吊钟花
少花顶冰花 Gagea pauciflora Turcz.(百合科)
少花豆腐柴 Premna oligantha C.Y.Wu(马鞭草科)
少花杜鹃 Rhododendron martinianum Balf.f. & Forr. (杜鹃花科)
少花杜英 Elaeocarpus bachmaensis Gagn.(杜英科)
少花二叶獐牙菜 Swertia bifolia var. wardii (Marq.) T.N.Ho & S.W.Liu(龙胆科)
少花粉苞菊 Chondrilla pauciflora Ledeb.(菊科)
少花粉条儿菜 Aletris pauciflora (Klotz.) Franch.(百合科)
少花风毛菊 Saussurea oligantha Franch.(菊科)
少花高原芥(植物志 33)=少花扇叶芥
少花谷木 Memecylon pauciflorum Bl.(野牡丹科),*赤楠*
少花冠唇花 Microtoena pauciflora C.Y.Wu(唇形科),*藿香*
少花桂 Cinnamomum pauciflorum Nees(樟科),*臭乌桂,臭樟,硐桂,三条筋,土桂皮,香桂,香叶子树*
少花海桐 Pittosporum pauciflorum HK. & Arn. (海桐花科),*满山香*
少花红柴胡 Bupleurum scorzonerifolium f. pauciflorum Shan & Y.Li(伞形科)
少花黄鹌菜 Youngia szechuanica (Söderb.) S.Y. Hu (菊科)
少花黄瓜菜 Paraixeris chelidonifolia (Makino) Nakai (菊科)
少花黄猄草 Championella oligantha(Miq.) Bremek.(爵床科),*少花马蓝,紫云英马蓝,紫云菜*
少花黄芪 Astragalus tribulifolius var. pauciflorus Marq. & Airy-Shaw(豆科)
少花黄伞白鹤藤 Argyreia fulvo-cymosa var. pauciflora C.Y.Wu(旋花科)
少花黄叶树 Xanthophyllum oliganthum C.Y.Wu (远志科)
少花茴芹 Pimpinella rubescens (Franch.) Wolff ex Hand.-Mazz. (伞形科)
少花火炬花 Kniphofia rufa Baker (百合科)
少花鸡眼藤 Morinda nanlingensis var. pauciflora Y.Z.Ruan (茜草科)
少花棘豆 Oxytropis pauciflora Bge.(豆科)
少花蒺藜草 Cenchrus pauciflorus Benth.(禾本科)
少花荚蒾 Viburnum oliganthum Batal.(忍冬科)
少花樫木 Dysoxylum oliganthum C.Y.Wu ex H.L.Li(楝科),*少花葱臭木,黄果树,菁麻木*
少花箭竹 Fargesia pauciflora (Keng) Yi (禾本科),*箭竹*
少花姜药 Hedychium pauciflorum S.Q.Tong(姜科)
少花筋骨草(新)Ajuga ciliata f. pauciflora C.Y. Wu & C.Chen(唇形科),*少花变型*
少花拉拉藤(中药辞海)=猪殃殃
少花蜡瓣花 Corylopsis pauciflora S. & Z.(金缕梅科)
少花老鹳草 Geranium nepalense var.oliganthum (Huang) Huang & L.R.Xu(牻牛儿苗科)
少花老挝蒲桃 Syzygium laosense var. quocense (Gagn.) Chang & Miau(桃金娘科)
少花冷水花 Pilea pauciflora C.J.Chen (荨麻科)
少花狸藻 Utricularia exoleta R.Br.(狸藻科),*丝叶狸藻*
少花瘤枝卫矛 Euonymus verrucosus var. pauciflorus (Maxim.) Rgl.(卫矛科)
少花龙葵 Solanum americanum Mill.(茄科),*白花菜,打卜子,耳坠仔,古钮菜,古钮子,扣子草,龙葵,七粒扣,乌疔草,五地茄,衣扣草,痣草*
少花马蓝(高等图鉴)=少花黄猄草
少花马先蒿 Pedicularis oligantha Franch.(玄参科)
少花毛西域荚蒾 Viburnum mullata var. glabrescens (C.B.Clarke) Kitam.(忍冬科)
少花毛轴莎草 Cyperus pilosus var. pauciflorus L.K.Dai (莎草科)
少花梅花草 Parnassia palustris var. palustris f. nana Ku (虎耳草科)
少花米口袋(东林汇刊,植物志 42-2)=甜地丁
少花南美苦苣苔 Gesneria pauciflora Urb.(苦苣苔科)
少花荠苎 Mosla pauciflora (C.Y.Wu) C.Y.Wu & H.W.Li (唇形科)
少花茜草 Rubia ovatifolia var. oligantha Lo(茜草科)
少花琼楠 Beilschmiedia pauciflora H.W.Li(樟科)
少花瑞香 Daphne depauperata H.F.Zhou ex C.Y. Chang (瑞香科)
少花山梗菜 Lobelia pleotricha var. cacumiflora Lian(桔梗科)
少花山小橘 Glycosmis oligantha Huang(芸香科)
少花杉叶杜鹃 Diplarche pauciflora HK.f. & Thoms. (杜鹃花科)
少花扇叶芥 Desideria stewartii (T.Anderson) Al-Shehbaz (十字花科),*少花高原芥*
少花蛇根草 Ophiorrhiza pauciflora HK.f.(茜草

科)

少花石豆兰 Bulbophyllum subparviflorum Z.H. Tsi & S.C.Chen(兰科)

少花石斛 Dendrobium parciflorum Rchb.f. ex Lindl. (兰科)

少花鼠尾草 Salvia pauciflora Stib.(唇形科)

少花水芹(高等图鉴)=短辐水芹

少花水莎草 Juncellus serotinus f. depauperatus (Kükenth.) L.K.Dai (莎草科)

少花水玉簪(海南志)=三品一枝花

少花溲疏(植物志 35-1)=厚叶溲疏

少花穗莎草 Cyperus digitatus var. laxiflorus L.K.Dai (莎草科)

少花薹草 Carex sparsiflora (Wahlenb.) Steud. (莎草科)

少花桃叶珊瑚 Aucuba filicauda var. pauciflora Fang & Soong(山茱萸科)

少花娃儿藤 Tylophora oshimae Hay.(萝藦科)

少花万寿竹 Disporum uniflorum Baker ex S. Moore (百合科)

少花乌泡(湖北志)=攀枝莓

少花无柱兰 Amitostigma parceflorum (Finet) Schltr.(兰科)

少花虾脊兰 Calanthe delavayi Finet(兰科)

少花小檗 Berberis rariflora Lechl.(小檗科)

少花新樟(高等图鉴)=新樟

少花信筒子(中草药汇编)=疏花酸藤子

少花栒子 Cotoneaster oliganthus Pojark.(蔷薇科)

少花延胡索 Corydalis pauciflora (Steph.) Pers. (罂粟科)

少花腰骨藤 Ichnocarpus jacquetii (Pierre) D.J. Middl. (夹竹桃科),*红杜仲*

少花淫羊藿 Epimedium pauciflorum K.C.Yen (小檗科)

少花云南景天(拉汉名称)=长圆红景天

少花獐牙菜 Swertia younghusbandii Burk.(龙胆科)

少花柊叶 Phrynium oliganthum Merr.(竹芋科)

少花紫堇 Corydalis oligantha Ludlow(罂粟科)

少花紫珠 Callicarpa pauciflora Chun ex H.T. Chang (马鞭草科)

少牢木(云南)=山地水东哥

少裂凹乳芹 Vicatia bipinnata Shan & Pu(伞形科),*土当归*

少裂秋海棠 Begonia paucilobata C.Y.Wu(秋海棠科)

少裂西藏白苞芹 Nothosmyrnium xizangense var. simpliciorum Shan & T.S.Wang(伞形科)

少鳞杜鹃 Rhododendron yungchangense Cullen (杜鹃花科)

少鳞冷水花 Pilea squamosa var. sparsa C.J. Chen (荨麻科)

少脉椴 Tilia paucicostata Maxim.(椴树科),*杏鬼椴*

少脉凤仙花 Impatiens oligoneura HK.f.(凤仙花科)

少脉黄芩 Scutellaria oligophlebia Merr. & Chun (唇形科)

少脉假脉蕨 Crepidomanes paucinervium Ching (膜蕨科)

少脉假卫矛 Microtropis paucinervia Merr. & Chun ex Merr. & Freem.(卫矛科)

少脉毛椴 Tilia paucicostata var. yunnanensis Diels(椴树科)

少脉木姜子 Litsea oligophlebia H.T.Chang(樟科)

少脉爬藤榕 Ficus sarmentosa var. thunbergii (Maxim.) Corner(桑科)

少脉雀梅藤 Sageretia paucicostata Maxim.(鼠李科),*对节木,对结刺,对结子*

少脉山矾 Symplocos paucinervia Noot.(山矾科)

少脉水东哥 Saurauia paucinervis C.F.Liang & Y.S.Wang (猕猴桃科)

少脉羊蹄甲 Bauhinia paucinervata T.Chen(豆科)

少脉油柑(海南志)=贡甲

少毛白花苋 Aerva glabrata HK.f.(苋科)

少毛爆杖花 Rhododendron spinuliferum var. glabrescens K.M.Feng ex R.C.Fang(杜鹃花科)

少毛北前胡 Peucedanum harry-smithii var. subglabrum (Shan & Sheh) Shan & Sheh(伞形科)

少毛变叶葡萄 Vitis piasezkii var. pagnucii (Planch.) Rehd.(葡萄科),*少毛复叶葡萄,无毛变叶葡萄,少毛葡萄,黑葡萄液汁*

少毛变种(植物志 65-2,Flora 17)=少毛伏黄芩(新)

少毛变种(植物志 66,Flora 17)=灵兰香

少毛变种(植物志 74)=少毛紫菀(新)

少毛唇柱苣苔 Chirita glabrescens W.T.Wang & D.Y.Chen (苦苣苔科)

少毛伏黄芩(新)Scutellaria playfairi var. procumbens (Ohwi) C.Y.Wu & H.W.Li(唇形科),*少毛变种*

少毛复叶葡萄(分类学报)=少毛变叶葡萄

少毛甘露子 Stachys adulterina Hemsl.(唇形科),*蚕子*

少毛横蒴苣苔 Beccarinda paucisetulosa C.Y. Wu & ex H.W.Li(苦苣苔科)

少毛卷耳(拉汉名称)=细叶卷耳

少毛冷水花 Pilea umbrosa var. obesa Wedd.(荨麻科),*少毛荫生冷水花*

少毛毛萼越桔 Vaccinium pubicalyx var. anomalum Anth.(杜鹃花科)

少毛牛膝 Achyranthes bidentata var. japonica Miq. (苋科),*怀牛膝,山苋菜,白牛膝,牛膝茎叶,土牛膝,杜牛膝*

少毛葡萄(高等图鉴)=少毛变叶葡萄

少毛萎软紫菀(新) Aster flaccidus subsp. flaccidus f. glabratus Ling(菊科)

少毛荫生冷水花(植物研究)=少毛冷水花

少毛紫麻 Oreocnide integrifolia subsp. subglabra C.J.Chen(荨麻科),*红紫麻,红花点草*

少毛紫菀(新)Aster fuscescens var. scaberoides Chang (菊科),*少毛变种*

少囊薹草 Carex egena Lévl. & Vant.(莎草科)

少年红(中草药汇编)=拟金草

少年红 Ardisia alyxiaefolia Tsiang ex C.Chen (紫金牛科),*念珠藤叶紫金牛*

少女花(中草药汇编)=黄山梅

少女石竹(新拉汉英)=洋石竹

少卿绣球(分类学报)=广东绣球

少蕊败酱 Patrinia monandra C.B.Clarke(败酱科),*单蕊败酱,介头草,黄凤仙,山芥花*

少蕊扁担杆(中草药汇编)=寡蕊扁担杆

少蕊山柑 Capparis floribunda Wight(山柑科),*多花山柑*

少丝毛瑞香 Daphne holosericea var. wangeana Hamaya(瑞香科)

少穗割鸡芒 Hypolytrum paucistrobiliferum Tang & Wang(莎草科)

少穗落芒草 Oryzopsis wendelboi Bor (禾本科)

少穗飘拂草 Fimbristylis schoenoides (Retz.) Vahl (莎草科)

少穗薹草 Carex oligostachya Nees(莎草科)

少穗细柄藨草 Scirpus filipes var. paucispiculatus Tang & Wang(莎草科)

少穗竹 Oligostachyum sulcatum Z.P.Wang & G.H.Ye (禾本科),*大黄苦*

少穗竹属 Oligostachyum Z.P.Wang & G.H.Ye (禾本科)

少头风毛菊 Saussurea oligocephala (Ling) Ling(菊科)

少腺密叶翠雀花 Delphinium kingianum var. eglandulosum W.T.Wang(毛茛科)

少腺爪花芥 Oreoloma eglandulosum Botsch.(十字花科),*大花棒果芥*

少辛(纲目)=北细辛

少雄舌瓣 Glossopetalon meionandrum Koehne (卫矛科)

少药八角 Illicium oligandrum Merr. & Chun(木兰科)

少叶艾纳香 Blumea hamiltoni DC.(菊科),*田芥菜仔*

少叶大戟(新)Euphorbia micromera Boiss.(大戟科),*小叶大戟*

少叶黄杞(植物志 21)=黄杞

少叶黄藤 Daemonorops oligophylla Becc.(棕榈科)

少叶龙胆 Gentiana oligophylla H.Sm. ex Marq. (龙胆科)

少叶鹿药 Maianthemum stenolobum (Franch.) S.C.Chen & Kawano(百合科)

少叶山柳菊 Hieracium murorum L.(菊科)

少叶水竹叶 Murdannia medica (Lour.) Hong(鸭跖草科)

少叶碎米荠 Cardamine paucifolia Hand.-Mazz. (十字花科),*钝叶云南碎米荠*

少叶野木瓜 Stauntonia oligophylla Merr. & Chun(木通科)

少叶早熟禾 Poa paucifolia Keng(禾本科)

少羽短肠蕨(分类学报)=台湾短肠蕨

少羽凤尾蕨 Pteris ensiformis var. merrilli (C.Chr.) S.H.Wu(凤尾蕨科),*假剑叶凤尾蕨*

少羽毛蕨 Cyclosorus paucipinnus Ching & C.F. Zhang (金星蕨科)

少羽铁角蕨 Asplenium paucijugum Ching (铁角蕨科)

少枝碱茅 Puccinellia pauciramea (Hack.) Krecz. (禾本科)

少枝玉山竹 Yushania pauciramificans Yi (禾本科)

少壮山羊草 Aegilops juvenalis (Thell.) Eig.(禾本科)

少籽婆婆纳 Veronica oligosperma Hay.(玄参科)

少籽远志 Polygala oligosperma C.Y.Wu(远志科)

少子果 Bursaria sponosa Cav.(海桐花科)

少子果属 Bursaria Cav.(海桐花科)

少子黄堇 Corydalis megalosperma Z.Y.Su(罂粟科)

少子叶下珠 Phyllanthus oligospermus Hay.(大戟科),*新竹油树*

邵氏卷瓣兰 Bulbophyllum linchianum S.S.Ying (兰科),*邵氏石豆兰*

邵氏石豆兰(台湾兰科图志)=邵氏卷瓣兰

邵氏唐菖蒲 Gladiolus saundersii HK.f.(鸢尾科)

绍菜(广州)=白菜

绍氏龙胆(北部植物图志)=笔龙胆

哨子草(湖南南岳)=元宝草

She

舌瓣鼠尾草 Salvia liguliloba Sun(唇形科)

舌瓣属 Glossopetalon Gray (卫矛科)

舌唇槽舌兰 Holcoglossum lingulatum (Averyanov) Averyanov(兰科)

舌唇苣苔(植物研究)=神农架唇柱苣苔

舌唇兰 Platanthera japonica (Thunb. ex A. Murray) Lindl.(兰科),*长距兰,水麦冬,骑马参,龙爪参*

舌唇兰属 Platanthera L.C.Rich(兰科)

舌鹅草(广西药用名录)=中越石韦

舌瘢(福建)=老鸦糊

舌喙兰 Hemipilia cruciata Finet(兰科)

舌喙兰属 Hemipilia Lindl.(兰科)

舌蕨 Elaphoglossum conforme (Sw.) Schott.(舌蕨科),*阿里山舌蕨*

舌蕨科 Elaphoglossaceae

舌蕨属 Elaphoglossum Schott(舌蕨科)

舌其花(植物志 49-2)=蜀葵

舌下黄芪(新)Astragalus hypoglottis L.(豆科),*密花黄芪*

舌岩白菜 Bergenia pacumbis (Buch.-Ham.) C.Y.Wu & J.T.Pan(虎耳草科),*岩七*

舌叶垂头菊 Cremanthodium lingulatum S.W. Liu (菊科)

舌叶花 Glottiphyllum linguiforme (L.) N.E.Br. (番杏科)

舌叶花属 Glottiphyllum Haw. ex N.E.Br.(番杏科)

舌叶金腰 Chrysosplenium glossophyllum Hara (虎耳草科)

舌叶薹草 Carex ligulata Nees(莎草科)

舌叶瓦韦 Lepisorus ligulatus Ching & S.K.Wu(水龙骨科)

舌叶脂麻掌 Gasteria lingua Link (百合科)

舌叶紫菀 Aster lingulatus Franch.(菊科)

舌柱草属 Glossostigma Arn.(玄参科)

舌柱唇柱苣苔 Chirita liguliformis W.T.Wang (苦苣苔科)

舌柱麻 Archiboehmeria atrata (Gagn.) C.J.Chen (荨麻科),*细水麻叶,两广紫麻,震叶紫麻,震叶花点草*

舌柱麻属 Archiboehmeria C.J.Chen (荨麻科)

舌状大唇马先蒿 Pedicularis megalochila var. ligulata Tsoong(玄参科),*大唇马先蒿舌状变种*

舌状虎耳草 Saxifraga lingulata Bellardi (虎耳草科)

舌状铁角蕨(海南志)=齿果铁角蕨

舌状叶苹婆 Sterculia linguifolia Mast.(梧桐科)

佘坚花楸(经济植物手册)=晚绣花楸

佘坚绣球(图谱)=紫彩绣球

佘坚绣线菊(经济植物手册)=茂汶绣线菊

佘山胡颓子(苏南植物手册)=佘山羊奶子

佘山羊奶子 Elaeagnus argyi Lévl.(胡颓子科),*佘山胡颓子*

蛇白蔹(种子植物名称)=锈毛蛇葡萄

蛇百子(广西百色)=山香

蛇棒头(浙江遂昌,临安) =天南星

蛇包谷(贵州,四川) =一把伞南星

蛇包谷(贵州余庆)=灯台莲

蛇包谷(四川雷波)=雪里见

蛇包谷(四川南川)=花南星

蛇包谷(浙江淳安) =天南星

蛇包谷(重庆)=棒头南星

蛇包艻(广东)=锈毛莓

蛇包五披风(图考)=蛇含委陵菜

蛇背生(四川中药志)=阴地蕨

蛇鞭菊 Liatris spicata Willd.(菊科)

蛇鞭菊属 Liatris Schreb.(菊科)

蛇藨(纲目)=蛇莓

蛇不见(福建,浙江)=阴地蕨

蛇不见(江西)=蛇莓

蛇不见(浙江)=单苞鸢尾

蛇参果(四川,贵州)=马兜铃

蛇参果(四川中药志)=北马兜铃

蛇草头(湖北罗田) =天南星

蛇杵棒(四川宝兴)=花南星

蛇床 Cnidium monnieri (L.) Cuss(伞形科),*蛇珠,蛇粟*

蛇床茴芹 Pimpinella cnidioides Pearson ex Wolff (伞形科)

蛇床属 Cnidium Cuss.(伞形科)

蛇床子(云南曲靖)=寸金草

蛇春头(广东)=蛇枪头

蛇胆草 Tylophora secamonoides Tsiang(萝藦科),*戏班须,式格梁娃儿藤*

蛇蛋参(云南中草药)

蛇倒退(滇南本草整理)=龙芽草

蛇倒退(贵阳民间草药)=杠板归

蛇豆(植物志 73-1)=蛇瓜

蛇毒草(云南)=遍地金

蛇毒药(云南中草药)=合蕊五味子

蛇儿草(贵州药用目录)=狭叶母草

蛇饭(云南腾冲)=奇异南星

蛇饭果(云南景东)=山珠南星

蛇附子(图考)=三叶崖爬藤

蛇疙瘩(四川中药志)=草血竭

蛇疙瘩(药用志)=羽叶鬼灯檠

蛇根(新拉汉英)=蛇根草

蛇根草(通称)=日本蛇根草

蛇根草(植物志 43-2)=臭节草

蛇根草 Ophiorrhiza mungos L.(茜草科),*蛇根*

蛇根草属 Ophiorrhiza L.(茜草科)

蛇根木 Rauvolfia serpentina (L.) Benth. ex Kurz (夹竹桃科),*印度萝芙木,印度蛇木,印度蛇根木,印度蛇根草*

蛇根头(广西)=全缘灯台莲

蛇根叶 Ophiorrhiziphyllon macrobotryum Kurz. (爵床科)

蛇根叶属 Ophiorrhiziphyllon Kurz(爵床科)

蛇菇(贵州草药)=筒鞘蛇菰

蛇菰(中药辞海)=日本蛇菰

蛇菰科 Balanophoraceae

蛇菰属 Balanophora Forst. & Forst.f.(蛇菰科)

蛇瓜 Trichosanthes anguina L.(葫芦科),*蛇豆,豆角黄瓜*

蛇果黄堇 Corydalis ophiocarpa HK.f. & Thoms. (罂粟科),*弯果黄堇,断肠草,小前胡,找正,弟夏,帕夏嘎,抓桑*

蛇含(本草经)=蛇含委陵菜

蛇含草(滇南本草)=蛇莓

蛇含七(四川)=地锦苗

蛇含委陵菜 Potentilla kleiniana Wight & Arn. (蔷薇科),*地五龙,蛇包五披风,蛇含,蛇含萎陵菜,五皮草,五皮风,五叶梅,五爪虎,五爪龙,小龙牙草,紫背草*

蛇含萎陵菜(东北检索表)=蛇含委陵菜

蛇蒿(兰州通志)=龙蒿

蛇蒿(云南)=蛇莓

蛇花藤(广西)=三分丹

蛇踝节(云南俗名)=石筋草

蛇荚黄芪 Astragalus ophiocarpus Benth. ex Bge. (豆科)

蛇见怕(海南)=杯苋

蛇箭(云南)=鸢尾叶风毛菊

蛇箭草(广西)=细叶小苦荬

蛇箭草(江西)=野菰

蛇接骨(云南中草药)=平卧菊三七

蛇惊慌(海南)=杯苋

蛇壳草(上海)=活血丹

蛇跨皮(四川中药志)=截叶铁扫帚

蛇辣子(云南)=云南娃儿藤

蛇利草(广东,广西)=徐长卿

蛇莲(成都)=九龙盘

蛇莲雪胆 Hemsleya sphaerocarpa Kuang & A. M.Lu (葫芦科)

蛇蓼子(四川中药志)=小舌唇兰

蛇鳞草(广东中药)=三羽新月蕨

蛇六谷(宁波,临安) =天南星

蛇六谷(上海)=疏毛磨芋

蛇龙球 Gymnocalycium denudatum (Link. & Otto) Pfeiff.(仙人掌科)

蛇麻草(湖北巴东)=荨麻

蛇麻草(湖北巴东,恩施)=艾麻

蛇麻草(浙江)=啤酒花菟丝子

蛇莓 Duchesnea indica (Andr.) Focke(蔷薇科),*蚕莓,地锦,地莓,二杨梅,哈哈果,红顶果,红毛七,鸡冠果,金蝉草,九龙草,老地蜢,龙吐珠,落地杨梅,麻蛇果,三点红,三脚虎,三面风,三皮风根,三匹方,三叶蛇,三爪风,蛇藨,蛇不见,蛇含草,蛇蒿,蛇黾草,蛇盘草,蛇泡草,蛇婆,狮子尾,小草莓,雪丁草,血疔草,野杨梅,一点红,紫莓草*

蛇莓委陵菜 Potentilla centigrana Maxim.(蔷薇科),*蛇莓萎陵菜*

蛇莓委陵菜 Potentilla coutigrana Maxim.(蔷薇科)

蛇莓萎陵菜(东北检索表)=蛇莓委陵菜

蛇莓属 Duchesnea J.E.Smith(蔷薇科)

蛇迷草(广西)=败蕊无距花

蛇黾草(湖南)=蛇莓

蛇磨芋(湖北均县,利川,恩施)=花南星

蛇磨芋(湖北来凤)=灯台莲

蛇目菊(苏南植物手册)=两色金鸡菊

蛇目菊 Sanvitalia procumbens Lam.(菊科)

蛇目菊属 Sanvitalia Gault.(菊科)

蛇盘草(滇南本草)=蛇莓

蛇盘草(植物志 43-2)=臭节草

蛇泡(植物志 37)=梨叶悬钩子

蛇泡草(植物志 37)=蛇莓

蛇泡筋 Rubus cochinchinensis Tratt.(蔷薇科),*越南悬钩子,鸡足刺,猫枚筋,五叶泡,小猛虎,*

蛇泡筋 (岭南采药录)=茅莓

蛇皮草(湖北)=裸芸香

蛇皮草(植物志 43-2)=臭节草

蛇皮草(植物志 43-2)=石椒草

蛇皮果 Salacca zalacca (Gaertn.) Voss ex Vilm. (棕榈科)

蛇皮果属 Salacca Reinw.(棕榈科),*沙拉克椰子属*

蛇皮掌(新拉汉英)=龙鳞

蛇婆(台湾)=蛇莓

蛇婆子 Waltheria indica L.(梧桐科),*和他草,满地毯,仙人撒网*

蛇婆子属 Waltheria L.(梧桐科)

蛇葡萄(救荒本草)=锈毛蛇葡萄

蛇葡萄(秦岭志)=蓝果蛇葡萄

蛇葡萄根(天目药志)=锈毛蛇葡萄

蛇葡萄属 Ampelopsis Michaux.(葡萄科)

蛇枪头 Amorphophallus mellii Engl.(天南星科), *土南星,七角莲,蛇春头,蛇蒜头*
蛇舌草(长白山药志)=戟叶耳蕨
蛇舌草(广西博白)=伞房花耳草
蛇舌草(广西药用名录)=小戟叶耳蕨
蛇舌草(广西药用名录)=小蓬草
蛇舌草(贵州草药)=狭叶母草
蛇舌草(贵州方药集)=瓶尔小草
蛇舌草(海南澄迈)=松叶耳草
蛇舌草(湖南)=书带蕨
蛇舌草(浙江民间草药)=九头狮子草
蛇舌兰 Diploprora championii (Lindl.) HK.f.(兰科),*倒吊兰,黄吊兰*
蛇舌兰属 Diploprora HK.f.(兰科)
蛇舌莲(广西)=石莲
蛇粟(广雅)=蛇床
蛇蒜头(广东)=蛇枪头
蛇藤(海南)=羽叶金合欢
蛇藤 Colubrina asiatica (L.) Brongn.(鼠李科), *亚洲滨枣*
蛇藤属 Colubrina Rich. ex Brongn.(鼠李科),*滨枣属*
蛇天角(广西)=匙羹藤
蛇通管(广东新兴)=四孔草
蛇通管(广空中草药手册)=母草
蛇头草(广西药用名录)=羽叶蓼
蛇头草(上海)=疏毛磨芋
蛇头草(植物志 77-1)=蜂斗菜
蛇头草 Arisaema japonicum Bl.(天南星科)
蛇头党(四川)=灰毛党参
蛇头根草(江西丰城)=磨芋
蛇头花(广西)=石生鸡脚参
蛇头花(广西)=亚洲石梓
蛇头肋枝兰 Pleurothallis ophiocephala Lindl.(兰科)
蛇头荠 Dipoma iberideum Franch.(十字花科), *刚毛蛇头荠*
蛇头荠属 Dipoma Franch.(十字花科)
蛇头羌活(丽江)=心叶棱子芹
蛇头蒜(广东英德) =天南星
蛇头天南星(履巉岩本草) =一把伞南星
蛇头王(上海中草药)=一枝黄花
蛇头鸢尾 Hermodactylus tuberosus Mill.(鸢尾科)
蛇头鸢尾属 Hermodactylus Mill.(鸢尾科)
蛇退(拉祜族常用药)=卵叶蜘蛛抱蛋
蛇退(云南中草药)=九龙盘
蛇退步(广东中药)=三羽新月蕨
蛇退草(贵州方药集)=截叶铁扫帚
蛇王(海南中草药)=蛇王藤
蛇王草(广东)=地瓜儿苗
蛇王草(浙江)=鹤草
蛇王藤 Passiflora moluccana var. teysmanniana (Miq.) Wilde (西番莲科),*海南西番莲,黄豆树,两眼蛇,山水瓜,蛇王,蛇眼藤,双目灵,治蛇灵*
蛇望草(四川)=蓬子菜
蛇尾草 Ophiuros exaltatus (L.) Kuntze (禾本科)
蛇尾草属 Ophiuros Gaertn.f.(禾本科)
蛇尾蔓属 Urechites Muell.Arg.(夹竹桃科)
蛇尾树(景东)=滇菜豆树
蛇纹岩土熊果 Arctostachylos obispoensis Eastw. (杜鹃花科)
蛇乌苞(湖南)=灰白毛莓
蛇乌苞(湖南药物志)=无腺灰白毛莓
蛇系腰(云南)=大花菟丝子
蛇形弯梗芥 Lignariella serpens (W.W.Sm.) Al-Shehbaz et al.(十字花科)
蛇须草(云南)=瓶尔小草
蛇须草(云南药用名录)=尖头瓶尔小草
蛇牙草(江苏,湖北)=漆姑草
蛇岩变种(植物志 74)=蛇岩高山紫菀(新)
蛇岩高山紫菀(新)Aster alpinus var. serpentimontanus (Tamamsch.) Ling(菊科),*蛇岩变种*
蛇眼草(植物志 78-2)=鸢尾叶风毛菊
蛇眼草(中草药汇编)=凤丫蕨
蛇眼藤(植物志 52-2)=蛇王藤
蛇咬草(广西宁明)=黄毛粗叶木
蛇咬药(四川中草药)=裸芸香
蛇咬一支箭(贵州中草药名录)=尖头瓶尔小草
蛇咬一枝箭(贵州草药)=瓶尔小草
蛇咬子(四川中药志)=尖头瓶尔小草
蛇药(广东)=九节龙
蛇药(云南红河)=血见愁
蛇药草(湖北西部)=毛花点草
蛇药一支箭(云南)=瓶尔小草
蛇蚁药(昆明草药)=小鹭鸶草
蛇芋(广西都安)=尖尾芋
蛇芋(云南) =一把伞南星
蛇芋头(湖北鹤丰)=花南星
蛇芋头(湖北鹤峰)=灯台莲
蛇芋头(湖南) =一把伞南星
蛇喳品(草木便方)=地耳草
蛇知莲(广西)=石莲
蛇珠(吴普本草)=蛇床
蛇珠(浙江淳安)=滴水珠
蛇仔豆(广西兽医植物)=菜豆树
蛇子麦(云南) =一把伞南星
蛇总(中药辞海)=黄花稔
蛇总管(广东)=苍白秤钩风
蛇总管(广西河池)=香茶菜
蛇总管(江西药用名录)=岭南花椒
蛇总管(生草药性备要)=华南远志
蛇足石杉 Huperzia serrata (Thunb.) Trev.(石杉科),*千层塔,金不换,虱子草,矮杉树,虱婆药,救命王,生扯拢,蛇足石松,宝塔草,山芝*
蛇足石松(高等图鉴)=蛇足石杉
舍岗显著小檗 Berberis insignis var. shergaonensis Ahrendt (小檗科)
舍季拉虎耳草 Saxifraga sheqilaensis J.T.Pan(虎耳草科)
射干 Belamcanda chinensis (L.) DC.(鸢尾科),*蝴蝶花,黄花扁蓄,黄知母,交剪草,开喉箭,老君扇,老鸦扇,冷水丹,山蒲扇,扇把子,扇竹,上搜虎,铁扁担,乌扇,野萱花*
射干鸢尾 Crocosmia pottsii N.E.Br.(鸢尾科),*火焰兰*
射干属 Belamcanda Adans.(鸢尾科)
射鸡尾(贵州方药集)=乌苏里瓦韦
射毛悬竹 Ampelocalamus actinotrichus (Merr. & Chun) S.L.Chen,T.H.Wen & G.Y.Sheng (禾本科)
射香草(云南中草药)=芸香草
射牙郎(广东,海南)=毛菍
射阳苇群 Phragmites australis grex sheyangenses L.Liu (禾本科)
蔎(茶经)=茶
麝草报春 Primula muscarioides Hemsl.(报春花科)
麝男(和汉药考)=甘松
麝囊(群芳谱)=瑞香
麝香阿魏 Ferula sumbul (Kauffm.) HK.f.(伞形科)
麝香百合 Lilium longiflorum Thunb.(百合科)
麝香贝母兰 Coelogyne lentiginosa (兰科)
麝香菜(安徽,甘肃)=紫花前胡
麝香草(浙江,江苏)=小连翘
麝香草 Thymus vulgaris L.(唇形科),*百里香*
麝香葱 Allium moschatum L.(百合科)
麝香飞廉(中草药汇编)=飞廉
麝香虎耳草 Saxifraga moschata Wulf.(虎耳草科)
麝香美报春 Primula moschophora Balf.f. & Forr. (报春花科)
麝香秋葵(云南)=黄葵
麝香蓍草 Achillea moschata Wulf.(菊科)
麝香石竹(华北经济志要)=香石竹
麝香豌豆(植物志 42-2)=香豌豆

Shen

申打色尔娃(青海藏语)=条裂黄堇
申打丝哇(藏药名)=条裂黄堇
参巴(海南保亭)=海南柿
参草(药用志)=土人参
参萼粗齿绣球 Hydrangea serrata f. prolifera (Rgl.) Rehd.(虎耳草科)
参麻(云南)=西南鬼灯檠
参三七(通称)=三七
参薯 Dioscorea alata L.(薯蓣科),*大薯,红毛薯,鸡窝薯,脚板茹,脚板薯,毛薯,山药,云饼山药*
䅟 Eleusine coracana (L.) Gaertn.(禾本科),*䅟子,鸡爪栗,龙爪稷,龙爪栗,鸭距粟,鸭爪稗,云南稗*
䅟草(江苏)=光头稗
䅟穗莎草 Cyperus eleusinoides Kunth(莎草科)
䅟属 Eleusine Gaertn.(禾本科)
䅟子(江苏)=西来稗
䅟子(救荒本草)=䅟
伸长凤仙花 Impatiens elongata Arn.(凤仙花科)
伸长红景天(分类学报增刊)=柴胡红景天
伸梗龙胆 Gentiana producta T.N.Ho(龙胆科)
伸筋草(峨眉)=矮小石松
伸筋草(分类草药性,四川)=石松
伸筋草(广西中草药选)=藤石松
伸筋草(贵州)=扁枝石松
伸筋草(贵州荔波)=石柑子
伸筋草(河南中草药)=银粉背蕨
伸筋草(浙江草药,高等图鉴)=垂穗石松
伸筋散(云南)=矮桃
伸筋藤(广东,广西)=中华青牛胆
伸筋藤(广西药用名录)=大叶白粉藤
伸筋藤(陆川本草)=翼茎白粉藤
伸展网茅 Spartina patens (Aiton) Mühlenberg (禾本科)
深杯鳞盖蕨 Microlepia scyphoformis Ching & C.H.Wang (碗蕨科),*杯状鳞盖蕨*
深波火轮树 Stenocarpus sinuatus (A.Cunn.) Endl. (山龙眼科)
深波线叶景天(拉汉名称)=裂叶红景天
深波隐囊蕨 Notholaena sinuata (Lagas.) Kaulf. (中国蕨科)
深波状钩粉草 Pseuderanthemum sinuatum (Vahl) Radlk.(爵床科)
深齿毛茛 Ranunculus popovii var. stracheyanus (Maxim.) W.T.Wang(毛茛科)
深齿小报春 Primula meiotera (W.W.Sm. & Fletcher) C.M.Hu(报春花科)
深红光萼荷 Aechmea miniata Bak.(凤梨科)
深红火把花 Colquhounia coccinea Wall.(唇形科)
深红鸡脚参 Orthosiphon rubicundus Benth.(唇

形科)
深红龙胆 Gentiana rubicunda Franch.(龙胆科),*小儿血参,路边红,瓜米草,二郎箭*
深红欧洲卫矛 Euonymus europaeus var. atrorubens Rehd.(卫矛科)
深红石竹 Dianthus cruentus Griseb.(石竹科)
深红树萝卜(云南植物研究)=灯笼花
深红天南星 Arisaema atrorubens Bl.(天南星科)
深红小报春 Primula rubicunda Fletcher(报春花科)
深红茵芋(植物志 43-2)=茵芋
深红银桦 Grevillea punicea R.Br.(山龙眼科)
深红鸢尾(新)Iris atrofusca Baker (鸢尾科),*巴勒斯坦鸢尾*
深红越桔(树木分类学)=扁枝越桔
深红直总状花序小檗 Berberis orthobotrys var. rubicunda Ahrendt (小檗科)
深红朱砂杜鹃 Rhododendron cinnabarinum var. roylei (HK.f.) Hutch.(杜鹃花科)
深黄月兰 Selenipedium isabelianum B.-R.(兰科)
深灰槭 Acer caesium Wall. ex Brandis(槭树科)
深裂八角枫 Alangium chinense subsp. triangulare (Wanger.) Fang(八角枫科)
深裂办四翅银钟花 Halesia carolina var. dialypetala (Rehd.) Schneid.(安息香科)
深裂变种(植物志 66,Flora 17)=深裂欧地笋
深裂茶藨子 Ribes tenue var. incisum L.T.Lu (虎耳草科)
深裂刺头菊 Cousinia dissecta Kar. & Kir.(菊科)
深裂粗叶悬钩子 Rubus alceaefolius var. diversilobatus (Merr. & Chun) Yü & Lu (蔷薇科)
深裂短肠蕨 Allantodia metcalfii (Ching) Ching (蹄盖蕨科)
深裂盾蕨 Neolepisorus emeiensis f. dissectus Ching & Shing(水龙骨科)
深裂耳蕨 Polystichum incisopinnulum H.S. Kung & L.B.Zhang(鳞毛蕨科)
深裂风毛菊 Saussurea paucijuga Ling(菊科)
深裂花烛 Anthurium variabile Kunth(天南星科)
深裂黄草乌(植物志 27)=西南乌头
深裂黄姜花 Hedychium bipartitum Z.G.Li(姜科)
深裂介蕨(孢子植物)=华中介蕨
深裂苦荬菜 Ixeris dissecta (Makino) Shih(菊科)
深裂鳞毛蕨 Dryopteris incisolobata Ching(鳞毛蕨科)
深裂龙胆 Gentiana damyonensis C.Marq.(龙胆科)
深裂迷人鳞毛蕨 Dryopteris decipiens var. diplazioides (Christ) Ching(鳞毛蕨科)
深裂欧地笋(新)Lycopus europaeus var. exaltatus (Lf.) HK.f.(唇形科),*深裂变种*
深裂蒲公英 Taraxacum stenolobum Stschegl. (菊科)
深裂秋海棠 Begonia sceptrum Bull.(秋海棠科)
深裂山葡萄 Vitis amurensis var. dissecta Skvorts.(葡萄科),*百花山葡萄*
深裂树萝卜 Agapetes lobbii C.B.Clarke(杜鹃花科)
深裂铁角蕨(蕨类图说)=虎尾铁角蕨
深裂铁线莲 Clematis tripartita W.T.Wang(毛茛科)
深裂乌头 Aconitum carmichaeli var. tripartitum W.T.Wang(毛茛科)
深裂五角枫 Acer mono var. dissectum (Pax) Honda (槭树科)
深裂五裂蟹甲草 Parasenecio quinquelobus var. sinuatus (Koyama) Y.L.Chen(菊科)
深裂喜林芋 Philodendron elegans Krause (天南星科)
深裂锈毛莓 Rubus reflexus var. lanceolobus Metc. (蔷薇科)
深裂鸭儿芹 Cryptotaenia japonica f. dissecta (Yabe) Hara (伞形科)
深裂叶艾蒿(俗称)=朝鲜艾
深裂叶黄芩 Scutellaria przewalskii Juz.(唇形科)
深裂叶堇菜(拉汉名称)=裂叶堇菜
深裂叶阔叶椴 Tilia platyphyllos var. laciniata (Loud.) K.Koch (椴树科)
深裂叶羊蹄甲(豆科图说)=首冠藤
深裂沼兰 Malaxis purpurea (Lindl.) Ktze.(兰科),*红花沼兰*
深裂中华槭 Acer sinense var. longilobum Fang (槭树科)
深裂竹根七 Disporopsis pernyi (Hua) Diels(百合科),*竹根假万寿竹,玉竹,竹根七,黄脚鸡*
深裂柱贝母 Fritillaria lanceolata Pursh.(百合科)
深绿北美香柏 Thuja occidentalis cv. Nigra (柏科)
深绿大头苏铁 Encephalartos lehmannii Lehmann (苏铁科)
深绿短肠蕨 Allantodia viridissima (Christ) Ching (蹄盖蕨科),*阿里山短肠蕨,褐鳞短肠蕨,华南短肠蕨,细鳞双盖蕨,拟德氏双盖蕨*
深绿黄芪 Astragalus euchlorus K.T.Fu(豆科)
深绿卷柏 Selaginella doederleinii Hieron.(卷柏科),*大叶菜,梭罗草,岩扁柏,过路蜈蚣,龙鳞草,石上柏,山扁柏,岩青*
深绿楼梯草 Elatostema atroviride W.T.Wang(荨麻科)
深绿马先蒿 Pedicularis atroviridis Tsoong(玄参科)
深绿挪威槭 Acer platanoides var. schwedleri Nichols. (槭树科)
深绿山龙眼 Helicia nilagirica Bedd.(山龙眼科),*母猪果,豆腐渣果,萝卜树*
深绿细辛 Asarum porphyronotum var. atrovirens C.Y.Cheng & C.S.Yang(马兜铃科)
深绿小檗 Berberis atroprasina Ahrendt (小檗科)
深绿叶杉木(中国树木学)=灰叶杉木
深玫瑰多花株木 Cornus florida cv. Cherokee Chief (山茱萸科)
深玫猪牙花 Erythronium revolutum var. johnsonii Purdy (百合科)
深青叶杜鹃(植物学杂志)=大关杜鹃
深色伊斯鸢尾 Iris histrio var. atropurpurea Messes (鸢尾科)
深山柏(树木分类学)=密枝圆柏
深山酢浆草(中药辞海)=三角酢浆草
深山含笑 Michelia maudiae Dunn(木兰科),*光叶白兰花*
深山黄堇(新华本草纲要)=黄堇
深山堇菜 Viola selkirkii Pursh ex Gold.(堇菜科),*一口血*
深山菊蒿(吉林)=裂叶蒿
深山露珠草 Circaea alpina subsp. caulescens (Kom.) Tatewaki(柳叶菜科)
深山毛茛 Ranunculus franchetii De Boiss.(毛茛科)
深山米芒(日名)=发草
深山木天蓼(江苏植物名录)=狗枣猕猴桃
深山南芥 Arabis lyrata L.(十字花科)
深山唐松草 Thalictrum tuberiferum Maxim.(毛茛科)
深山蹄盖蕨(台湾志)=东亚峨眉蕨
深山铁角蕨(台湾志)=黑色铁角蕨
深山蟹甲草 Parasenecio profundorum (Dunn) Y.L.Chen (菊科)
深山悬钩子(台木本志)=喜阴悬钩子
深山樱(植物学大辞典)=黑樱桃
深山早熟禾 Poa shinanoana Ohwi (禾本科)
深纹鸡爪槭 Acer palmatum f. atrolineare Schwer. (槭树科)
深圆齿堇菜 Viola davidii Franch.(堇菜科)
深圆裂毛茛 Ranunculus dongrergensis var. altifidus W.T.Wang(毛茛科)
深岳 Euphoria abyssinica Raeuschel.(无患子科)
深紫报春 Primula melanantha (Franch.) C.M.Hu (报春花科)
深紫糙苏 Phlomis atropurpurea Dunn(唇形科)
深紫巢凤梨 Nidularium fulgens Lem.(凤梨科)
深紫葱 Allium atropurpureum Waldst. & Kit.(百合科)
深紫吊石苣苔 Lysionotus atropurpureus Hara (苦苣苔科)
深紫茴芹 Pimpinella atropurpurea C.Y.Wu ex Shan & Pu(伞形科)
深紫楼梯草 Elatostema atropurpureum Gagn. (荨麻科)
深紫鹿蹄草(拉汉名称)=紫背鹿蹄草
深紫木蓝 Indigofera atropurpurea Buch.-Ham. ex Horem. (豆科),*线苞木蓝*
深紫蔷薇景天(拉汉名称)=红景天
深紫日本小檗 Berberis thunbergii var. atropurpurea Chenault (小檗科)
深紫卫矛 Euonymus atropurpureus Jacq.(卫矛科)
深紫续断 Dipsacus atropurpureus C.Y.Cheng & Z.T.Yin (川续断科),*卢汉,陆汗*
神草(吴普本草)=天麻
神代柱 Cereus variabilis Pfeiff.(仙人掌科)
神刀 Crassula falcata H.Wendl.(景天科)
神父凤仙花 Impatiens abbatis HK.f.(凤仙花科)
神黄豆 Cassia agnes (de Wit) Brenan(豆科),*回回豆,雄黄豆,排钱豆,腊肠豆*
神箭(广雅)=卫矛
神箭根(广州)=贯众
神锦花(纲目拾遗)=翠云草
神秘果 Synsepalum dulcificum Daniell(山榄科)
神秘果属 Synsepalum aa (A.DC.) Baill. (山榄科)
神农架唇柱苣苔 Chirita tenuituba (W.T.Wang) W.T.Wang (苦苣苔科),*舌唇苣苔*
神农架冬青 Ilex shennongjiaensis T.R.Dudley (冬青科)
神农架蒿 Artemisia shennongjiaensis Ling & Y.R.Ling (菊科),*鄂西蒿*
神农架铁线莲 Clematis shenlungchiaensis M.Y. Fang (毛茛科)
神农架瓦韦 Lepisorus patungensis Ching & S.K. Wu (水龙骨科)
神农架紫堇 Corydalis ternatifolia C.Y.Wu, Z.Y. Su & Lidén(罂粟科)
神农箭竹 Fargesia murielae (Gamble) Yi (禾本科)
神农栎(植物志 22)=神农青冈
神农青冈 Cyclobalanopsis shennongii (Huang & Fu) Y.C.Hsu & H.W.Jen(壳斗科),*神农栎*

神农石韦 Pyrrosia shennongensis Shing(水龙骨科),*神衣石韦*

神荞(云南药用名录)=竹叶柴胡

神曲(本经)=黄花蒿

神曲(药性论)= 西伯利亚杏

神曲(药性论)=水蓼

神曲(药性论)=杏

神曲草(广空草药手册)=球花毛麝香

神砂草(四川)=远志

神砂草(图考)=瓜子金

神圣冷杉 Abies religiosa (H.B.K.) Schlecht.(松科),*墨西哥冷杉*

神仙草(东北)=大花金挖耳

神仙豆腐(陕西石泉)=苦糖果

神仙豆腐柴(贵州)=狐臭柴

神仙豆腐柴(中草药汇编)=黄毛豆腐柴

神仙对从草(百草镜)=过路黄

神仙对坐草(陆川本草)=百足藤

神仙对座草(福建)=飞扬草

神仙果(植物志 30-1)=大八角

神仙葫芦(江苏)=小葫芦

神仙蜡烛(广州)=倒吊笔

神仙掌霸王(本草求原)=仙人掌

神香草(新疆药材名)=硬尖神香草

神香草 Hyssopus officinalis L.(唇形科),*海索草,花用神香草*

神香草叶绣球防风 Leucas hyssopifolia Benth.(唇形科)

神香草属 Hyssopus L.(唇形科)

神衣石韦(日本植物杂志)=神农石韦

神子木(植物学大辞典)=倒卵叶算盘子

神子木属(植物学大辞典)=**算盘子属**

榊葛属(种子植物名称)=**鳝藤属**

沈丁花(新本草纲目)=瑞香

沈氏十大功劳 Mahonia shenii W.Y.Chun(小檗科),*木黄连,土黄连,北江十大功劳,无刺十大功劳,光叶十大功劳,十大功劳*

肾瓣棘豆 Oxytropis reniformis P.C.Li(豆科)

肾苞草 Phaulopsis oppositifolia (J.C.Wendl.) Lindau(爵床科)

肾苞草属 Phaulopsis Willd.(爵床科)

肾茶 Clerodendranthus spicatus (Thunb.) C.Y. Wu (唇形科),*猫须草,猫须公,牙努秒*

肾茶属 Clerodendranthus Kudo(唇形科)

肾唇虾脊兰 Calanthe brevicornu Lindl.(兰科)

肾萼金腰 Chrysosplenium delavayi Franch.(虎耳草科),*青猫儿眼睛草,丽江猫眼草*

肾耳唐竹 Sinobambusa nephroaurita C.D.Chu & C.S.Chao (禾本科)

肾盖铁线蕨 Adiantum erythrochlamys Diels(铁线蕨科),*团盖铁线蕨*

肾果小扁豆 Polygala furcata Royle(远志科),*一碗泡,叉枝远志*

肾果远志 Polygala didyma C.Y.Wu(远志科)

肾经草(荆州中草药)=藏南舌唇兰

肾蕨 Nephrolepis auriculata (L.) Trimen (肾蕨科),*冰果草,凤凰蛋,狗核莲,蕨薯,麻雀蛋,马骝卵,蛇蛋参,梳篦草*

肾蕨科 Nephrolepidaceae

肾蕨属 Nephrolepis Schott(肾蕨科)

肾气草(四川中药志)=假地蓝

肾托秋海棠 Begonia mengtzeana Irmsch.(秋海棠科)

肾西半球拉拉藤 Galium elegans var. nephrostigmaticum (Diels) W.C.Chen(茜草科)

肾形秋海棠 Begonia reniformis Dryand.(秋海棠科)

肾形子黄芪 Astragalus skythropos Bge.(豆科)

肾叶白头翁 Pulsatilla patens (L.) Mill.(毛茛科),*白头翁*

肾叶报春 Primula loeseneri Kitag.(报春花科)

肾叶长蒴苣苔 Didymocarpus reniformis W.T. Wang (苦苣苔科)

肾叶垂头菊(高等图鉴)=垂头菊

肾叶打碗花 Calystegia soldanella (L.) R.Br.(旋花科),*扶子苗,滨旋花,孝扇草根,沙马藤,马鞍藤*

肾叶风毛菊 Saussurea acromelaena Hand.-Mazz.(菊科)

肾叶合耳菊 Synotis reniformis Y.L.Chen(菊科)

肾叶虎耳草 Saxifraga geum L.(虎耳草科)

肾叶茴芹 Pimpinella renifolia Wolff(伞形科)

肾叶金腰 Chrysosplenium griffithii HK.f. & Thoms.(虎耳草科),*高山金腰子*

肾叶堇菜 Viola schulzeana W.Beck.(堇菜科),*黄花堇菜*

肾叶龙胆 Gentiana crassuloides Bureau & Franch. (龙胆科)

肾叶鹿蹄草 Pyrola renifolia Maxim.(鹿蹄草科)

肾叶蒲儿根 Sinosenecio homogyniphyllus (Cumm.) B.Nord.(菊科)

肾叶秋海棠(新拉汉英)=红叶秋海棠

肾叶秋海棠 Begonia erythrophylla Neum.(秋海棠科),*红叶秋海棠*

肾叶山蓼(植物志 25-1)=山蓼

肾叶山绿豆(海南志)=肾叶山蚂蝗

肾叶山蚂蝗 Desmodium renifolium (L.) Schindl.(豆科),*肾叶山绿豆,圆叶山蚂蝗,穿线豆*

肾叶山猪菜 Merremia emarginata (Burm.f.) Hall.f. (旋花科)

肾叶碎米荠(植物志 33)=露珠碎米荠

肾叶天胡荽 Hydrocotyle wilfordii Maxim.(伞形科),*冰大海,大样雷公根,山灯盏,水雷公根,透骨草,鱼藤草*

肾叶橐吾(中药志)=蹄叶橐吾

肾叶蚊兰(新拉汉英)=肾叶钻花兰

肾叶细辛 Asarum renicordatum C.Y.Cheng & C. S.Yang (马兜铃科),*马蹄香*

肾叶野桐 Mallotus oreophilus subsp. latifolius Boufford & T.S.Ying?(大戟科)

肾叶玉凤花 Habenaria reniformis (D.Don) HK.f.(兰科)

肾叶钻花兰 Acianthus reniformis (R.Br.) Schltr.(兰科),*肾叶蚊兰*

肾羽铁角蕨 Asplenium humistratum Ching ex S. H.Wu (铁角蕨科)

肾籽棕属 Nephrosperma Balf.f.(棕榈科)

肾子草(贵州草药)=扇唇舌喙兰

肾子草(贵州民间药物)=阿拉伯婆婆纳

肾子藤 Pachygone valida Diels(防已科)

慎谓瓦松 Orostachys malacophylla subsp. lioutchengoi H.Ohba (景天科)

Sheng

升登(中草药汇编)=西藏猫乳

升麻(本经)=兴安升麻

升麻(东北,四川)=单穗升麻

升麻(高等图鉴)=落新妇

升麻(河北,四川)=小升麻

升麻(植物志 78-1)=华麻花头

升麻 Cimicifuga foetida L.(毛茛科),*绿升麻,西升麻,川升麻,鸡骨升麻,黑升麻*

升麻草(天目药志)=假升麻

升麻属 Cimicifuga L.(毛茛科)

升马唐 Digitaria ciliaris (Retz.) Koel.(禾本科)

生艾(福建)=五月艾

生半夏(广东)=犁头尖

生半夏(江西)=半夏

生菜 Lactuca sativa var. ramosa Hort. (菊科)

生扯陇(贵州植物药调查)=白背黄花稔

生扯拢(草药汇编)=糯米团

生扯拢(贵州)=琉璃草

生扯拢(贵州)=蛇足石杉

生扯拢(四川)=点花黄精

生扯拢(云南中草药)= 西藏珊瑚苣苔

生虫树(广东高要)=黄果厚壳桂

生川莲(梧州中草药及处方选)=匙叶伽蓝菜

生刺矮瓜(广东信宜)=刺天茄

生等(中草药汇编)=西藏猫乳

生地(栽培)=地黄

生斗杂尔模(藏语)=白苞筋骨草

生风草(植物志 43-2)=臭节草

生根凤仙花 Impatiens radicans Benth.(凤仙花科)

生根狗脊蕨 Woodwardia radicans Sm.(乌毛蕨科)

生根冷水花 Pilea wightii Wedd.(荨麻科)

生瓜(本经逢原)=菜瓜

生瓜 Cucumis melo var. flexuosus Naud.(葫芦科)

生姜材(四川)=木姜子

生姜树(安徽)=山橿

生姜衣(江苏志)=姜

生筋藤(广西)=短瓣花

生驹氏马先蒿 Pedicularis ikomai Sasaki(玄参科)

生毛鸡屎藤(广东云浮)=白英

生毛藤(海南)=虎掌藤

生毛藤梨(浙江中草药)=毛花猕猴桃

生三七(南京药草)=费菜

生石花 Lithops pseudotruncatella (A.Berger) N. E.Br. (番杏科)

生石花属 Lithops N.E.Br.(番杏科)

生死还阳(湖南)=牛奶浆草

生塔(云南中功藏语)=蜀葵叶薯蓣

生藤(云南)=须药藤

生血草(云南)=紫雀花

生血丹(陕西)=委陵菜

生芽狗脊蕨(台湾志)=顶芽狗脊

生芽铁角蕨(台湾志)=倒挂铁角蕨

生油(本草衍义)=芝麻

声色草(广空中草药手册)=白鼓钉

胜沉香(纲目)=紫檀

胜春(纲目)=月季花

胜红蓟(植物志 78-1)=藿香蓟

胜利齿瓣兰 Odontoglossum triumphans Rchb.f.(兰科)

胜利哈克 Hakea victoriae J.Dumm.(山龙眼科)

胜利金合欢 Acacia victoriae Benth.(豆科)

胜利箬竹 Indocalamus victorialis Keng f.(禾本科)

绳柄草属 Catapodium Lind.(禾本科)

绳草属(南大学报)=**米草属**

绳虫实 Corispermum declinatum Steph. ex Atev.(藜科)

绳索马尾杉(中药通报)=鳞叶马尾杉

省格巴格(藏语)=淡花黄堇

省格色巴(藏语)=糙果紫堇

省格色巴(青海藏语)=黑顶黄堇

省沽油 Staphylea bumalda DC.(省沽油科),*水条,珍珠花,双蝴蝶*

省沽油科 Staphyleaceae

省沽油属 Staphylea L.(省沽油科)
省区小檗 Berberis provincialis Audb. ex Schrad.(小檗科)
省藤(高等图鉴)=单叶省藤
省藤 Calamus rotang L.(棕榈科)
省藤属 Calamus L.(棕榈科)
省头草(江苏)=疏柔毛罗勒
省头草(唐瑶经验方)=佩兰
省头草(药用志,福建)=罗勒
圣百合 Lilium inyoense Eastwood (百合科)
圣诞耳蕨 Polystichum acrostichoides (Michx.) Schott.(鳞毛蕨科)
圣诞欧石南 Erica canaliculata Andr.(杜鹃花科)
圣诞树(广西)=线叶金合欢
圣地红景天 Rhodiola sacra (Prain ex Hamet) S.H.Fu (景天科),*全瓣红景天,圣景天,扫罗玛尔布,红景天*
圣景天(拉汉名称)=圣地红景天
圣蕨 Dictyocline griffithii Moore (金星蕨科)
圣蕨属 Dictyocline Moore (金星蕨科)
圣罗勒 Ocimum sanctum L.(唇形科)
圣母百合(新拉汉英)=白花百合
圣寿生石花 Lithops umdausensis Dtr.(番杏科)
圣音毛竹 Phyllostachys heterocycla cv. Tubaeformis (禾本科)
圣云锦 Oreocereus hendriksenianus Backeb.(仙人掌科)
圣烛花 Yucca whipplei Torr.(百合科)

Shi

尸儿七(陕西中药名录)=延龄草
师宗紫堇 Corydalis duclouxii Lévl & Vant.(罂粟科),*金钩如意草,水金钩如意草,水黄边,如意草,断肠草*
虱草花(西藏中草药)=臭蚤草
虱麻头(广东乐昌)=梵天花
虱马头(广州)=苍耳
虱婆药(湖南药物志)=蛇足石杉
虱子草(四川)=华南马尾杉
虱子草(四川)=裸芸香
虱子草(四川中药志)=蛇足石杉
虱子草 Tragus berteronianus Schult.(禾本科)
虱子草属(北研丛刊)=**锋芒草属**
虱子药(云南丽江)=丽江翠雀花
施巴草(甘肃天祝)=甘肃棘豆
施第芥(科属辞典)=曙南芥
施冬青(贵州志)=黔桂冬青
施利摩缠绕草 Alloplectus schlimii Planch. & Lindl.(苦苣苔科)
施料特秋海棠 Begonia schmidtiana Rgl.(秋海棠科)
施密草属(豆科图说)=**坡油甘属**
施氏豆(分科检索表)=坡油甘
施氏豆(广西)=坡油甘
施氏豆属(豆科图说)=**坡油甘属**
施氏马先蒿 Pedicularis stadlmanniana Bonati (玄参科)
施韦林小檗 Berberis schwerinii Schneid.(小檗科)
施维令槭 Acer schwerinii Pax (槭树科)
施文樱桃桔 Citropsis schweinfurthii Swingle & Kellerm.(芸香科)
施州龙芽草(图考)=龙芽草
狮儿草(秦岭志)=狭穗八宝
狮儿七(陕西中药名录)=延龄草
狮舌细瓣兰 Masdevallia leontoglossa Rchb.f.(兰科)
狮头石竹(图考)=香石竹
狮尾草(岭南采药录)=麒麟叶
狮牙草状风毛菊 Saussurea leontodontoides (DC.) Sch.-Bip.(菊科)
狮岳菜(福建)=马齿苋
狮子草(滇南本草)=不育红
狮子草(滇南本草)=翼齿六棱菊
狮子草(广西)=石松
狮子草(广西中草药选)=穿心草
狮子草(贵州方药集)=垂穗石松
狮子草(湖南)=延叶珍珠菜
狮子草(秦岭志)=狭叶红景天
狮子滚球(岭南草药志)=算盘子
狮子花(广西)=狗牙花
狮子七(秦岭志)=狭叶红景天
狮子七(陕西)=鹿药
狮子球(广西)=灰毛大青
狮子头(广西)=九节龙
狮子头 Thelocactus lophothele (Salm-Duck) Britt. & Rose (仙人掌科)
狮子王球 Notocactus pampeanus (Speg.) Backeb. (仙人掌科)
狮子尾(生草药性备要)=蛇莓
狮子尾 Rhaphidophora hongkongensis Schott (天南星科),*百足草,大青龙,大青蛇,大软盘藤,大蛇翁,过山龙,厚叶藤,金竹标,蜜腺崖角藤,爬树龙,上木蜈蚣,石壁枫,石风,水蜈蚣,小上石*
狮子柚 Citrus pseudoyulyul Shirai (芸香科)
湿唇兰 Hygrochilus parishii (Rchb.f.) Pfitz.(兰科)
湿唇兰属 Hygrochilus Pfitz.(兰科)
湿地繁缕 Stellaria uda Williams(石竹科)
湿地风毛菊 Saussurea umbrosa Kom.(菊科)
湿地蒿 Artemisia tournefortiana Reichb.(菊科)
湿地黄芪 Astragalus uliginosus L.(豆科)
湿地蓼 Polygonum paralimicola A.J.Li(蓼科)
湿地松 Pinus elliottii Engelm.(松科)
湿地勿忘草 Myosotis caespitosa Schultz(紫草科)
湿地缬草 Valeriana uliginosa Torr. & A.Gray (败酱科)
湿地雪兔子 Saussurea uliginosa Hand.-Mazz. (菊科)
湿地岩黄芪 Hedysarum inundatum Turcz.(豆科)
湿地银莲花 Anemone rupestris Wall. ex HK.f. & Thoms.(毛茛科)
湿地玉凤花 Habenaria humidicola Rolfe(兰科)
湿地玉凤花 Habenaria uliginosa Rchb.f.(兰科)
湿地早熟禾 Poa irrigata Lindm.(禾本科)
湿地真穗草 Eustachys uliginosa (Hach.) Herter (禾本科)
湿脉薹草 Carex kirganica Kom.(莎草科)
湿生扁蕾 Gentianopsis paludosa (HK.f.) Ma(龙胆科),*沼生扁蕾,假斗那绕,结赫斗,假斗格尔布*
湿生冬青 Ilex verisimilis Chun ex C.J.Tseng ex S.K.Chen & Y.X.Feng(冬青科)
湿生狗舌草 Tephroseris palustris (L.) Four.(菊科)
湿生金锦香 Osbeckia paludosa Craib(野牡丹科)
湿生堇菜 Viola palustris L.(堇菜科)
湿生阔蕊兰 Peristylus humidicolus K.Y.Lang & D.S.Deng(兰科)
湿生冷水花 Pilea aquarum Dunn(荨麻科)
湿生美头火绒草(新)Leontopodium calocephalum var. uliginosum Beauv.(菊科),*美头火绒草湿生变种*
湿生鼠曲草(吉林中草药)=湿生鼠麹草
湿生鼠麹草 Gnaphalium tranzschelii Kirp.(菊科),*湿生鼠曲草,鼠曲草,无心草,黑薄古日根纳*
湿生碎米荠 Cardamine hygrophila T.Y.Cheo & R.C.Fang (十字花科)
湿生薹草 Carex limosa L.(莎草科)
湿生蹄盖蕨 Athyrium devolii Ching(蹄盖蕨科),*福建蹄盖蕨,金佛山蹄盖蕨*
湿生猪屎豆 Crotalaria uliginosa Huang(豆科)
湿生紫堇 Corydalis humicola Hand.-Mazz.(罂粟科)
湿生紫菀 Aster limosus Hemsl.(菊科)
湿薹草 Carex humida Y.L.Chang & Y.L.Yang (莎草科)
湿原踯躅(高等图鉴)=地桂
湿原踯躅属(分类学报)=**地桂属**
蓍(高等图鉴)=高山蓍
蓍 Achillea millefolium L.(菊科),*欧蓍,千叶蓍,锯草,洋蓍草,蜈蚣蒿,一亩蒿,敏于普尔马克*
蓍草(植物志 76-1)=云南蓍
蓍草(中草药汇编)=高山蓍
蓍草马先蒿 Pedicularis achilleifolia Steph.(玄参科)
蓍草叶马先蒿 Pedicularis achilleifolia Steph. (玄参科)
蓍草叶马先蒿 Pedicularis achilleifolia Steph. ex Willd. (玄参科)
蓍葵叶(滇南本草)=野葵
蓍叶茴芹 Pimpinella achilleifola (Wall.) C.B. Clarke (伞形科)
蓍属 Achillea L.(菊科)
蓍状亚菊 Ajania achilloides (Turcz.) Poljak. ex Grubov (菊科)
十八额(浙江青田)=活血丹
十八风藤(广西药用名录)=风藤
十八拉文丁(经济志)=厚皮树
十八拉文幺(海南)=厚皮树
十八缺(贵州兴义)=活血丹
十八学士(广西中药志)=文殊兰
十八症(常用手册)=光轴苎叶蒟
十八症(广西)=酸叶胶藤
十八症(广西)=樟叶木防已
十八症(陆川本草)=黑老虎
十八钩(广西那坡)=苞叶马兜铃
十齿花 Dipentodon sinicus Dunn(卫矛科)
十齿花属 Dipentodon Dunn(卫矛科)
十瘘楼(广西药用名录)=垂穗莎草
十出花(经济植物手册)=赤壁木
十大功劳(纲目拾遗)=枸骨
十大功劳(台湾志)=台湾十大功劳
十大功劳 Mahonia fortunei (Lindl.) Fedde(小檗科),*狭叶十大功劳,西风竹,黄连,刺黄柏,细叶十大功劳*
十大功劳根(图考)=阔叶十大功劳
十大功劳小檗属 Mahoberberis Schneid.(小檗科)
十大功劳叶(本草从新)=阔叶十大功劳
十大功劳属 Mahonia Nutall(小檗科)
十大天王(贵州毕节)=伞花落地梅
十萼茄(广州志)=红丝线
十二对草(福建)=荷莲豆草
十二槐花(贵州兴义)=玖檀花
十二卷属 Haworthia H.Duval.(百合科)
十二妹(广西兽医植物)=细竹篙草

十二月花(中药大辞典)=远志
十棱谷精草 Eriocaulon decangulare L.(谷精草科)
十棱山矾(植物志 60-2)=丛花山矾
十里香(江西草药)=隔山香
十里香(台湾志)=千里香
十里香(云南)=小黄皮
十里香属(科属检索表)=**九里香属**
十两叶(中草药汇编)=苞叶木
十裂葵 Decaschistia nervifolia Masamune(锦葵科)
十裂葵属 Decaschistia Wight & Arn.(锦葵科)
十脉变种(植物志 65-2,Flora 17)=十脉斜萼草
十脉斜萼草(新)Loxocalyx urticifolius var. decemnervius C.Y.Wu & H.W.Li(唇形科),*十脉变种*
十年果(思茅中草药)=短药蒲桃
十年果(思茅中草药)=乌墨
十蕊大参 Macropanax decandrus Hoo(五加科),*鸭麻树公*
十蕊风车子 Combretum roxburghii Spreng.(使君子科)
十蕊角果木 Ceriops decandra (红树科)
十蕊槭 Acer decandrum Merr.(槭树科),*海南槭,阔翅槭*
十三年花(新华本草纲要)=铜毛马蓝
十三年花(云南屏边)=尖药花
十万错 Asystasia chelonoides Nees(爵床科)
十万错属 Asystasia Bl.(爵床科)
十万大山瓜馥木(植物学杂志)=金果瓜馥木
十万大山润楠 Machilus shiwandashanica H.T. Chang (樟科)
十香和(福建)=菖蒲
十雄蕊秋海棠 Begonia decandra Pav. ex A.DC. (秋海棠科)
十样锦(北京)=唐菖蒲
十样锦(苏南植物手册)=须苞石竹
十样景(中药大辞典)=瞿麦
十叶金鱼藻(东北检索表)=五刺金鱼藻
十一叶木蓝(豆科图说)=穗序木蓝
十一叶雪胆 Hemsleya endecaphylla C.Y.Wu ex C.Y.Wu & C.L.Chen(葫芦科)
十月橘 Citrus reticulata cv. Shiyue Ju(芸香科),*注糖橘*
十指柑(广东)=佛手
十姊妹(闽南民间草药)=七姊妹
十姊妹(群芳谱)=七姊妹
十字唇柱苣苔 Chirita cruciformis (Chun) W.T. Wang (苦苣苔科)
十字虎耳草 Saxifraga decussata Anth.(虎耳草科),*矮生虎耳草*
十字虎尾草 Chloris cruciata (L.) Sw.(禾本科)
十字花科 Brassicaceae
十字架树 Crescentia alata H.B.K.(紫葳科),*叉叶树,三叉木*
十字假瘤蕨 Phymatopteris cruciformis (Ching) Pic.Serm. (水龙骨科)
十字苣苔 Stauranthera umbrosa (Griff.) Clarke (苦苣苔科)
十字苣苔属 Stauranthera Benth.(苦苣苔科)
十字爵床 Crossandra infundibuliformis(爵床科)
十字爵床属 Crossandra Salisb.(爵床科)
十字兰 Habenaria schindleri Schltr.(兰科)
十字马唐 Digitaria cruciata (Nees) A.Camus (禾本科)
十字山梅花 Philadelphus delavayi var. cruciflorus S.Y.Hu (虎耳草科)
十字薹草 Carex cruciata Wahlenb.(莎草科),*烟火薹*
十字形黄芪 Astragalus cruciatus Link(豆科)
十字崖爬藤 Tetrastigma cruciatum Craib & Gagn. (葡萄科)
十字珍珠草(本草求原)=大猪屎豆
十字蜘蛛抱蛋 Aspidistra cruciformis Y.Wan & X.H.Lu (百合科)
什鸡角(闽东本草)=台湾银线兰
什锦丁香 Syringa ×chinensis Schmidt(木犀科)
什锦芦荟 Aloe variegata L.(百合科),*翠花掌*
石艾(广西)=石香薷
石庵䕩(开宝本草)=槲蕨
石巴蕉(云南中草药选)=狭瓣贝母兰
石白菜(陕西)=秦岭岩白菜
石百足(广西玉林)=石柑子
石柏(广西药用名录)=粗叶卷柏
石柏(天目药志)=江南卷柏
石斑木(广东)=光叶石楠
石斑木(广东)=桃叶石楠
石斑木 Raphiolepis indica (L.) Lindl.(蔷薇科),*白杏花,车轮梅,春花,雷公树,山花木,石棠木,春花木*(陆川本草)
石斑木恒春变种(植物志 36)=恒春石斑木(新)
石斑木毛序变种(植物志 36)=毛序石斑木(新)
石斑木属 Raphiolepis Lindl.(蔷薇科),*车轮梅属*
石板菜(改订植物名汇)=东南景天
石板菜(改订植物名汇)=堪察加费菜
石板菜(改订植物名汇)=日本景天
石板菜(秦岭志)=凹叶景天
石板柴(四川)=木帚栒子
石板还阳(湖北志)=凹叶景天
石半夏(江西)=滴水珠
石邦藤(华南,湖南,江西,福建)=络石
石蚌树(辽东)=毛果绣线菊
石棒绣线菊(东北木本志)=欧亚绣线菊
石棒子(河北)=三裂绣线菊
石棒子(河南)=麻叶绣线菊
石棒子(河南)=欧亚绣线菊
石蒡子(河南)=土庄绣线菊
石宝茶藤(南川)=南川卫矛
石宝茶藤(西藏志)=游藤卫矛
石报春(拉汉名称)=黄粉缺裂报春
石抱子(江西草药)=三叶崖爬藤
石崩子(河北)=毛花绣线菊
石绷藤(江西民间验方)=薜荔
石笔木 Tutcheria championi Nakai(山茶科)
石笔木属 Tutcheria Dunn(山茶科)
石壁杜鹃(广西植物名录)=腺萼马银花
石壁风(中草药汇编)=芒毛苣苔
石壁枫(广东茂名)=狮子尾
石壁莲(植物名汇)=薜荔
石壁藤(湖南药物志)=薜荔
石壁藤(苏医中草药)=地锦
石扁担(四川中药志)=江南星蕨
石杓麦(江西)=降龙草
石波菜(陕西)=喜山葶苈
石卜扇(四川)=矩圆线蕨
石补钉(中草药汇编)=婆婆纳
石菜(本草求原)=甜菜
石菜子(四川南江)=地柏枝
石参(新华本草纲要)=紫花苣苔
石参(植物志 71-1)=石丁香
石蚕(图经本草)=圆盖阴石蕨
石蚕(药用志)=日本水龙骨
石蚕(植物大辞典,苏南植物手册)=穗花香科科
石蚕(中药大辞典)=血叶兰
石蚕香科 Teucrium chamaedrys L.(唇形科)
石蚕叶婆婆纳 Veronica chamaedrys L.(玄参科)
石蚕叶绣线菊 Spiraea chamaedryfolia L.(蔷薇科),*乌苏里绣线菊*
石草果(云南)=云南石仙桃
石草鞋(四川中草药)=香花球兰
石茶(宁夏中草药)=大瓦韦
石茶(宁夏中草药)=黄瓦韦
石茶(中草药汇编)=东南长蒴苣苔
石蝉草 Peperomia blanda (Jacq.) Kunth.(胡椒科),*散血胆,火伤草,胡椒草,豆瓣绿,柬埔塞草胡椒,东亚细穗草胡椒*
石蟾蜍(广东珠海)=海边马兜铃
石菖蒲(本草纲目,图考)=金钱蒲
石菖蒲(福建)=菖蒲
石菖蒲 Acorus tatarinowii Schott (天南星科),*薄菖蒲,菖蒲,臭菖,格密亲,骨首,回手香,九节菖蒲,苦菖蒲,山艾,石蜈蚣,水菖蒲,水剑草,随手香,香草,小石菖蒲,岩菖蒲,野韭菜,夜晚香,紫耳*
石楮(植物志 22)=米槠
石穿盘(广西中草药)=石仙桃
石串莲(云南药用名录)
石刺木(中药大辞典)=马甲子
石葱(新华本草纲要)=棒叶鸢尾兰
石葱(云南中草药选)=指叶毛兰
石打穿(本草纲目拾遗)=龙芽草
石打穿(江苏)=华鼠尾草
石打穿(四川)=翠云草
石打穿(四川)=伏地卷柏
石打穿(中药临床手册)=金毛耳草
石丹药(四川)=虎耳草
石胆草(植物志 69)= 西藏珊瑚苣苔
石倒水莲(广西)=日本水龙骨
石灯台(秦岭志)=绿花石莲
石刁柏 Asparagus officinalis L.(百合科),*露笋,小百部,门冬薯,芦荀,龙须菜*
石吊兰(图考)=吊石苣苔
石丁香 Neohymenopogon parasiticus (Wall.) S.S.R. Bennet (茜草科),*藏丁香,石老虎,石参*
石丁香属 Neohymenopogon S.S.R.Bennet(茜草科)
石碇佛甲草 Sedum sekiteiense Yamamoto(景天科),*台湾景天*
石豆(常用中草药方选)=密花石豆兰
石豆(植物名实图考) =麦斛
石豆瓣(湖南)=繁缕叶景天
石豆兰(中药辞海)=密花石豆兰
石豆兰属 Bulbophyllum Thou.(兰科)
石豆毛兰 Eria thao Gagn.(兰科)
石耳草(广西柳江)=纤花耳草
石耳坠(贵州民间药物)=伏石蕨
石发(广西)=红敷地发
石防风(湖南)=白苞芹
石防风 Peucedanum terebinthaceum (Fisch.) Fisch. ex Turcz.(伞形科),*小芹菜,山蚝菜,哈丹-疏古日根,山芹菜,山香菜,小叶芹幌*
石风(广西田林)=狮子尾
石风车子 Combretum wallichii DC.(使君子科),*瓦氏罗车子,牛板金,紫风车子,凌云罗车子*
石风丹(拉祜族常用药)=弯蕊开口箭
石风丹(图考)=翅柄蓼
石风丹(图考,常用手册)=高斑叶兰
石风子(高等图鉴)=云南石仙桃
石枫药(云南文山)=纤花耳草

石蜂杜鹃 Rhododendron scopulorum Hutch.(杜鹃花科)
石缝蝇子草 Silene foliosa Maxim.(石竹科),*叶麦瓶草,小花石缝蝇子草*
石凤丹(四川)=光叶兔儿风
石盖蕨 Lithostegia foeniculacea (HK.) Ching(鳞毛蕨科)
石盖蕨属 Lithostegia Ching(鳞毛蕨科)
石柑儿(贵州合江)=石柑子
石柑属 Pothos L.(天南星科)
石柑子(贵州)=单叶地黄连
石柑子 Pothos chinensis (Raf.) Merr.(天南星科),*巴岩姜,巴岩香,百步藤,大疮花,毒蛇上树,风瘫药,关刀草,柑子茴芋,葫芦草,金茨菇,六扑风,落山葫芦,马连鞍,猛药,爬山虎,千年青,青葫芦茶,青竹标,上树葫芦,伸筋草,石柑儿,石葫芦,石气柑,石上蟾蜍草,铁斑鸠,铁板草,小毛铜钱菜,岩石焦,竹结草,*
石橄榄(常用手册)=石仙桃
石纲(福建)=石楠
石膏山乌头 Aconitum rockii var. fengii (W.T. Wang) W.T.Wang(毛茛科)
石槁(广东鼎湖山)=锈叶新木姜子
石告杯(浙江药用名录)=多花胡枝子
石疙蔺 Isodon lophanthoides var. gerardianus (Benth.) H.Hara(唇形科),*狭叶基变种,白线草,粪虫叶,风血草,沙虫草,沙虫叶,狭基变种,熊胆草,野苏麻,猪屎粑*
石蛤骨(广西)=三桠苦
石根(云南中草药)=多茎景天
石瓜米(四川)=鱼鳖金星
石瓜子(广西)=尖叶眼树莲
石瓜子(湖南药物志)=伏石蕨
石瓜子莲(四川中药志)=石生越桔
石桂树(植物志 43-2)=九里香
石滚子(湖南)=胡颓子
石果鹤虱 Lappula spinocarpos (Forssk.) Aschers. (紫草科)
石果红山茶 Camellia lapidea Wu (山茶科)
石果珍珠茅 Scleria lithosperma (L.) Sw.(莎草科)
石哈巴(本草纲目拾遗,浙江鄞县)=香茶菜
石海椒(高等图鉴)=云南石仙桃
石海椒(四川南川)=龙葵
石海椒(新拉汉英)=三蕊石海椒(新)
石海椒 Reinwardtia indica Dum.(亚麻科),*迎春柳,黄花香草,过山青,黄亚麻*
石海椒属 Reinwardtia Dum (亚麻科)
石河树(广东)=华南桤叶树
石核木 Litosanthes biflora Bl.(茜草科)
石核木属 Litosanthes Bl.(茜草科)
石荷叶(本草纲目)=虎耳草
石荷叶(云南中草药选)= 西藏珊瑚苣苔
石猴子(高等图鉴)=三叶崖爬藤
石胡椒(植物志 43-2)=臭节草
石胡椒(植物志 43-2)=石椒草
石胡荽(四声本草)=天胡荽
石胡荽(四声本草,植物志 76-1)=鹅不食草
石胡荽属 Centipeda Lour.(菊科)
石斛 Dendrobium nobile Lindl.(兰科),*吊兰花,杜兰,黄草,金钗花,金钗石斛,禁生,林兰,千年润,石遂*
石斛露(中国医学大辞典)=矮石斛
石斛属 Dendrobium Sw.(兰科)
石葫芦(广西)=镰翅羊耳蒜
石葫芦(广西苍梧)=石柑子
石蝴蝶(天目药志)=紫花八宝
石蝴蝶(云南中草药选)= 西藏珊瑚苣苔
石蝴蝶 Petrocosmea duclouxii Craib(苦苣苔科)
石蝴蝶属 Petrocosmea Oliv.(苦苣苔科)
石虎(云南)=中华剑蕨
石虎 Evodia rutaecarpa var. officinalis (Dode) Huang (芸香科),*沙果吴茱萸*
石虎耳(高等图鉴)=牛耳朵
石花(安徽)=降龙草
石花(云南龙陵)=抽葶锥花
石花(植物志 69)=西藏珊瑚苣苔
石花菜(广西中药志)=波缘冷水花
石花子(甘肃)=黄花补血草
石花子(植物志 69)=旋蒴苣苔
石黄连(河北)=房山紫堇
石黄连(陆川本草)=阔叶十大功劳
石黄连(四川)=峨眉耳蕨
石灰菜(甘肃武都)=鹅肠菜
石灰菜(河南中草药)=泥胡菜
石灰菜(药用图鉴)=紫背金盘
石灰草(河南)=箐姑草
石灰草(昆明草药)=芸香草
石灰花楸 Sorbus folgneri (Schneid.) Rehd.(蔷薇科),*白绵子树,倒傅氏花楸,反白树,粉背叶,华盖木,毛栒子,石灰树,石灰条子*
石灰葡萄(新拉汉英)=山平氏葡萄
石灰树(江西)=石灰花楸
石灰条子(湖北)=石灰花楸
石灰岩芦莉草 Ruellia strepens L.(爵床科)
石灰岩绣线菊 Spiraea calcicola W.W.Sm.(蔷薇科)
石火枣(新华本草纲要)=羊耳蒜
石寄生(泉州本草)=松叶蕨
石夹生(云南中草药选)=革叶荼藨子
石假繁缕(东北检索表)=石生孩儿参
石见穿(本草纲目拾遗,江苏)=华鼠尾草
石姜草(四川城口)=粗壮冠唇花
石将军(纲目拾遗)=兰香草
石豇豆(陕西中草药)=高山瓦韦
石豇豆(新华本草纲要)=紫花苣苔
石豇豆(云南)=吊石苣苔
石交(图考)=石椒草
石椒(滇南本草)=石椒草
石椒草 Boenninghausenia sessilicarpa Lévl.(芸香科),*臭草,苦黄草,千里马,蛇皮草,石胡椒,石交,石椒,铁扫把,铜脚枝蒿,小狼毒,羊不吃,羊不食草,羊膻草*
石椒草属 Boenninghausenia Reichb. ex Meisn.(芸香科),*松风草属*
石角竹 Bambusa multiplex var. shimadai (Hay.) Sasaki (禾本科)
石解骨(中草药汇编)=蔓赤车
石芥菜(四川)=紫花碎米荠
石芥菜(中草药汇编)=东南长蒴苣苔
石筋草 Pilea plataniflora C.H.Wright(荨麻科),*拔毒草草,到老嫩,狗骨节,恒春冷水麻,六月冷,全缘冷水花,三线草,蛇踝节,石稔草,歪叶冷水麻,西南冷水花,血桐子草*
石蕨 Saxiglossum angustissimum (Gies.) Ching (水龙骨科),*拟石韦,卷叶蕨*
石蕨属 Saxiglossum Ching(水龙骨科)
石柯 Lithocarpus pasania Huang & Y.T.Chang (壳斗科),*椆柯*
石孔雀尾(陆川本草)=野雉尾金粉蕨
石扣子(陕西)=瓦松
石腊红(云南中草药)=天竺葵
石腊竹(广西临桂)=蔗寄生
石辣蓼(广西中药志)=头花蓼
石兰菜(秦岭志)=费菜
石栏菜(中药大辞典)=细叶石头花
石痨参(云南)=灰岩皱叶报春
石老虎(植物志 71-1)=石丁香
石老鼠(高等图鉴)=三叶崖爬藤
石里开(江西)=滴水珠
石栎(江苏)=柯
石栎属(植物志 22)=**柯属**
石栗(贵州)=扁刺锥
石栗 Aleurites molucana (L.) Willd.(大戟科)
石栗属 Aleurites J.R. & G.Forst.(大戟科)
石砾唐松草 Thalictrum squamiferum Lecoy.(毛茛科),*札阿中,展枝唐松草*
石莲(广西)=红敷地发
石莲(广西药用名录)=裂叶秋海棠
石莲(河南中草药)=小花黄堇
石莲(云南禄劝)=岩匙
石莲 Sinocrassula indica (Decne.) Berger(景天科),*狗牙还阳,红花岩松,莲花还阳,梅花狗牙瓣,蛇舌莲,蛇知莲,石山莲,碎骨还联,碎骨还阳,岩松*
石莲钝叶变种(分类学报)=钝叶石莲
石莲福氏变种(分类学报增刊)=圆叶石莲
石莲花(植物志 69)= 西藏珊瑚苣苔
石莲花 Echeveria glauca Bak.(景天科)
石莲花属(秦岭志)=**石莲属**
石莲花属 Echeveria DC.(景天科)
石莲姜槲蕨 Drynaria propinqua (Wall. ex Mett.) J.Sm. ex Bedd.(槲蕨科),*光叶槲蕨,爬山姜,老鹰翅膀*
石莲锯叶变种(分类学报)=锯叶石莲
石莲藕(广西武鸣)=爬树龙
石莲叶点地梅 Androsace integra (Maxim.) Hand.-Mazz. (报春花科),*高原点地梅,孕的,匙叶点地梅*
石莲属 Sinocrassula Berger (景天科),*华景天属,石莲花属*
石莲子(通称)=喙荚云实
石良姜(分类草药性)=槲蕨
石良姜(山西)=秦岭槲蕨
石凉草(广西南部)=石油菜
石凉茶(浙江)=蜡梅
石林短肠蕨 Allantodia lobulosa var. shilinicola W.M.Chu(蹄盖蕨科)
石林冷水花 Pilea elegantissima C.J.Chen(荨麻科)
石淋草(泉州本草)=通泉草
石苓舅(台湾)=山油柑
石鲮(植物志 63)=络石
石流垫柳 Salix glareorum P.Y.Mao & W.Z.Li(杨柳科)
石榴 Punica granatum L.(石榴科),*安石榴,山力叶,丹若,若榴木*
石榴科 Punicaceae
石榴生石花 Lithops bromfieldii L.Bol.(番杏科)
石榴树(海南)=水仙柯
石榴属 Punica L.(石榴科)
石柳(海南澄迈)=吊球草
石六轴(江苏)=羊踯躅
石龙(名医别录)=红蓼
石龙(陕西中草药)=日本水龙骨
石龙刍属 Lepironia L.C.Rich.(莎草科)
石龙胆(本草汇言)=鳞叶龙胆
石龙花(云南)=老虎刺
石龙脷(广西药用名录)=狭叶紫金牛
石龙芮 Ranunculus sceleratus L.(毛茛科),*地椹,胡椒菜,胡椒草,黄爪草,鸡脚爬草,芮子,水虎*

掌草,野芹菜
石龙藤(广群芳谱)=络石
石龙藤(广西)=荷秋藤
石龙藤(中药志)=薜荔
石龙尾 Limnophila sessiliflora (Wahl.) Bl.(玄参科),*菊藻*
石龙尾属 Limnophila R.Br.(玄参科)
石龙芽草(图考)=茅膏菜
石龙叶(广西梧州)=紫玉盘
石拢藤(广西金秀)=黑风藤
石碌柑(植物志 43-2)=马峰橙
石碌含笑 Michelia shiluensis Chun & Y.F.Wu (木兰科)
石绿竹 Phyllostachys arcana McClure(禾本科)
石栾树(浙江)=栾树
石萝卜(中药大辞典)=大花树萝卜
石萝藦 Pentasacme caudatum Wall. ex Wight (萝藦科),*五来,水杨柳,假子刁竹,南石萝藦,凤尾草,满草*
石萝藦属 Pentasacme Wall. ex Wight(萝藦科),*凤尾草属*
石萝藦(四川中草药)=黄背勾儿茶
石麻(陕西)=细叶益母草
石麻婆子草(中草药汇编)=东南长蒴苣苔
石蔓(云南植物研究)=川藻
石蔓属(云南植物研究)=**川藻属**
石芒草 Arundinella nepalensis Trin.(禾本科),*石珍芒,石清草,硬骨草,吹鸡秆*
石莽草(广西)=红花八角
石莽草(广西中药志)=头花蓼
石毛姜(日华子本草)=槲蕨
石茅 Sorghum halepense (L.) Pers.(禾本科)*亚刺伯高粱,琼生草,詹森草*
石枚冬青 Ilex shimeica Tam(冬青科)
石梅(福建)=球兰
石门毛蕨 Cyclosorus simenensis Shing & C.M. Zhang (金星蕨科)
石米(秦岭志)=小羊耳蒜
石米(陕西中草药)=密花石豆兰
石米努草 Minuartia laricina (L.) Mattf.(石竹科)
石密 Alphonsea mollis Dunn(番荔枝科),*毡衡,嘿林磨,毛阿芳,毛叶阿芳*
石蜜(唐本草)=甘蔗
石棉(湖南,新华本草纲要)=蚂蝗七
石棉白前(植物志 63)=大理白前
石棉杜鹃 Rhododendron shimianense Fang & P.S.Liu (杜鹃花科)
石棉过路黄 Lysimachia shimianensis Chen & C.M.Hu (报春花科)
石棉金粟兰 Chloranthus holostegius var. shimianensis K.F.Wu(金粟兰科)
石棉麻(广西博白)=细轴荛花
石棉南星 Arisaema shihmienense H.Li(天南星科),*麻芋子*
石棉皮(江西)=芫花
石棉乌头 Aconitum shimianense W.T.Wang(毛茛科)
石棉杨 Populus trinervis var. shimianica C. Wang & N.Chao (杨柳科)
石棉玉山竹 Yushania lineolata Yi (禾本科),*箭竹*
石棉紫堇 Corydalis shimienensis C.Y.Wu & Z.Y.Su (罂粟科),*断肠草,倒地掐*
石面报春 Primula epilithica Chen & C.M.Hu(报春花科)
石磨子(广西,福建)=磨盘草
石木姜子 Litsea elongata var. faberi (Hemsl.) Yang & P.H.Huang(樟科)
石南龙(广西)=鸡嘴簕
石南藤(广东)=山蒟
石南藤 Piper wallichii (Miq.) Hand.-Mazz.(胡椒科),*南藤,丁父,丁公藤,风藤,蓝藤,毛山蒟*
石南叶白千层 Melaleuca ericifolia Smith (桃金娘科)
石楠 Photinia serrulata Lindl.(蔷薇科),*笔树,鬼目,红树叶,将军梨,栾茶,千年红,山官木,扇骨木,石纲,石楠柴,石眼树,凿角,凿木*
石楠柴(浙江)=石楠
石楠宽叶变种(植物志 36)=宽叶石楠(新)
石楠毛瓣变种(植物志 36)=毛瓣石楠(新)
石楠叶(昆明草药)=川滇野丁香
石楠叶小檗 Berberis photiniaefolia C.M.Hu(小檗科)
石楠窄叶变种(植物志 36)=卵叶石楠(新)
石楠属 Photinia Lindl.(蔷薇科)
石盘藤(华南,湖南,河南,江苏)=络石
石螃蟹(广西)=蚂蝗七
石屏柯 Lithocarpus talangensis Huang & Y.T. Chang (壳斗科)
石屏无患子 Sapindus rarak var. velutinus C.Y.Wu(无患子科)
石坡韭 Allium petraeum Karelin & Kirilov(百合科)
石葡萄(滇南本草)=云南崖爬藤
石朴(台湾志)=四蕊朴
石祁蛇(岭南采药录)=圆盖阴石蕨
石气柑(分类草药性)=石柑子
石荠苎 Mosla scabra (Thunb.) C.Y.Wu & H.W. Li (唇形科),*斑点荠苎,北风头上一枝香,不脸草,痱子草,干汗草,母鸡窝,晴蜓花,沙虫药,水苋菜,土荆芥,土香茹草,小苏金,野薄荷,野荆芥,野棉花,野薷香,野升麻,野苏叶,野土荆芥,叶进根,月斑草,紫花草*
石荠苎属 Mosla Buch.-Ham. ex Maxim.(唇形科),*石荠苧属*
石荠苧(福州)=小鱼仙草
石荠苧(浙江)=绒毛绵穗苏(新)
石荠苧属(科属詞典)=**石荠苎属**
石青菜(云南中草药选)=蛛毛苣苔
石青蓬(上海中草药)=截叶铁扫帚
石青子(图考)=硃砂根
石清草(海南)=石芒草
石曲菇(闽东本草)=秋鼠麴草
石泉柳 Salix shihtsuanensis C.Wang & C.Y.Yu (杨柳科)
石雀还阳(湖北志)=凹叶景天
石稔草(广西植物名录)=石筋草
石榕(海南)=假斜叶榕
石榕(中草药汇编)=芒毛苣苔
石榕树 Ficus abelii Miq.(桑科),*牛奶子*
石如意大黑药(植物志 75)=翼茎羊耳菊
石茹(福州草药)=雾水葛
石三七(广西)=牛耳朵
石三七(陕西)=吊石苣苔
石三七(云南中草药)=白子菜
石三七(云南中草药)=平卧菊三七
石扫帚(四川)=松叶蕨
石沙参 Adenophora polyantha Nakai(桔梗科),*沙参*
石山巴豆 Croton euryphyllus W.W.Sm.(大戟科)
石山菖蒲(云南)=岩白菜
石山豆腐柴 Premna crassa Hand.-Mazz.(马鞭草科),*黄皮树*
石山椆(广西)=硬壳柯
石山冠唇花 Microtoena maireana Hand.-Mazz. (唇形科)
石山桂 Cinnamomum calcareum Y.K.Li (樟科)
石山桂花 Osmanthus fordii Hemsl.(木犀科)
石山花椒 Zanthoxylum calcicolum Huang(芸香科)
石山金银花(广西全州)=淡红忍冬
石山苣苔 Petrocodon dealbatus Hance(苦苣苔科)
石山苣苔属 Petrocodon Hance (苦苣苔科)
石山莲(广西)=石莲
石山木蓝(云南植物名录)=长梗
石山南星(云南)=山峰西番莲
石山楠 Phoebe calcarea S. Lee & F.N.Wei (樟科)
石山漆 Toxicodendron calcicolum C.Y.Wu(漆树科)
石山守宫木 Sauropus delavayi Croiz.(大戟科),*石山越南菜*
石山薯蓣 Dioscorea menglaensis H.Li(薯蓣科)
石山苏铁 Cycas miquelii Warb.(苏铁科)
石山吴萸 Evodia calcicola Chun ex Huang(芸香科)
石山细梗香草 Lysimachia capillipes var. cavaleriei (Lévl.) Hand.-Mazz.(报春花科)
石山秀丽栲 Castanopsis juncunda var. annularis Hick. & A.Camus (壳斗科)
石山崖摩 Amoora calcicola C.Y.Wu & H.L.Li (楝科)
石山羊蹄甲 Bauhinia comosa Craib(豆科)
石山越南菜(云南植物名录)=石山守宫木
石山蜘蛛抱蛋 Aspidistra saxicola Y.Wan(百合科)
石山棕 Guihaia argyrata (S.K.Lee & F.N.Wei) S. K.Lee, F.N.Wei & J.Dransf.(棕榈科),*崖棕*
石山棕属 Guihaia J.Dransf.,S.K.Lee & F.N.Wei (棕榈科)
石杉科 Huperziaceae
石杉属 Huperzia Bernh.(石杉科)
石上柏(新医学)=深绿卷柏
石上蟾蜍草(广西昭阳)=石柑子
石上大丁草 Gerbera saxatilis Chang & Y.C. Tseng (菊科)
石上凤尾草(广西药用名录)=长叶铁角蕨
石上凤仙(广西)=贵州半蒴苣苔
石上瓜子菜(广东)=东南景天
石上海棠(广西植物名录)=癞叶秋海棠
石上开花(中药大辞典)=四芒景天
石上老奴耳(广东)=东南景天
石上莲(常用手册)=石仙桃
石上莲(广东)=疏花蛇菰
石上莲(广西植物名录)=癞叶秋海棠
石上莲(中草药汇编)=肥牛草
石上莲 Oreocharis benthamii var. reticulata Dunn (苦苣苔科)
石上蚂蟥(广西药用名录)=圆盖阴石蕨
石上藕(常用手册)=血叶兰
石上生(本经)=单盖铁线蕨
石上蜈蚣(陆川本草)=百足藤
石上羊奶树(广西那坡)=广西香花藤
石蛇(广东惠阳)=爬树龙
石生霸王(沙漠志)=石生驼蹄瓣
石生茶藨子 Ribes saxatile Pall.(虎耳草科)
石生长瓣铁线莲(植物志 28)=长瓣铁线莲
石生齿缘草(植物志 64-2)=少花齿缘草
石生冬青 Ilex saxicola C.J.Tseng & H.H.Liu(冬青科)

石生杜鹃(四川杜鹃花)=饰石杜鹃
石生杜鹃 Rhododendron araiophyllum subsp. lapidosum (T.L.Ming) Fang f.(杜鹃花科)
石生耳蕨 Polystichum saxicola Ching ex H.S. Kung & L.B.Zhang(鳞毛蕨科)
石生繁缕(秦岭志)=箐姑草
石生风铃草 Campanula langsdorffiana Fisch. ex Trautv. & Mey.(桔梗科)
石生孩儿参 Pseudostellaria rupestris (Turcz.) Pax (石竹科),*石假繁缕*
石生海桐 Pittosporum saxicola Rehd. & Wils. (海桐花科)
石生黄堇 Corydalis saxicola Bunting(罂粟科),*岩黄连,岩连,黄连,菊花黄连,土黄连,鸡爪连,岩胡*
石生黄芪 Astragalus saxorum Simps.(豆科)
石生黄杨(云南志)=岩生黄杨
石生鸡脚参 Orthosiphon marmoritis (Hance) Dunn (唇形科),*山薄荷,蛇头花,当芽*
石生嘉赐树(云南志)=石生脚骨脆
石生姜(四川)=光亮瘤蕨
石生脚骨脆 Casearia calciphila C.Y.Wu & Y.C. Huang ex S.Y.Bao(大风子科),*钙生嘉赐树,石生嘉赐树*
石生堇菜 Viola rupestris F.W.Schmidt(堇菜科)
石生韭 Allium caricoides Rgl.(百合科)
石生楼梯草 Elatostema rupestre (Buch.-Ham.) Wedd.(荨麻科)
石生螺序草 Spiradiclis petrophila Lo(茜草科)
石生麦瓶草(东北草本志)=石生蝇子草
石生毛蕨 Cyclosorus rupicola Ching(金星蕨科)
石生蒲桃 Syzygium saxatile Chang & Miau(桃金娘科)
石生七叶树 Aesculus wangii var. rupicola (Hu & Fang) Fang(七叶树科)
石生秋海棠 Begonia lithophila C.Y.Wu(秋海棠科)
石生秋海棠 Begonia rupicola Miq.(秋海棠科)
石生莎草蕨 Schizaea rupestris Br.(莎草蕨科)
石生蹄盖蕨 Athyrium emeicola Ching(蹄盖蕨科)
石生铁角蕨 Asplenium saxicola Rosent(铁角蕨科),*粤铁角蕨*
石生驼蹄瓣 Zygophyllum rosovii Bge.(蒺藜科),*石生霸王,若氏霸王*
石生委陵菜 Potentilla rupestris L.(蔷薇科),*白花委陵菜*
石生悬钩子 Rubus saxatilis L.(蔷薇科),*天山悬钩子,悬钩木*
石生阴山荠 Yinshania rupicola (D.C.Zhang & J.Z.Shao) Al-Shehbaz et al.(十字花科)
石生蝇子草 Silene tatarinowii Rgl.(石竹科),*石生麦瓶草,麦瓶草,蝇子草,山女娄菜,太子参,连参*
石生越桔 Vaccinium saxicola Chun ex Sleumer (杜鹃花科),*石瓜子莲*
石生早熟禾 Poa lithophila Keng(禾本科)
石生针茅 Stipa tianschanica var. klemenzii (Roshev.) Norl.(禾本科)
石生紫草 Lithospermum hancockianum Oliv.(紫草科),*石松*
石生紫菀 Aster oreophilus Franch.(菊科),*阿可姬,花萨,菊花暗消,肋痛草,毛脉一枝蒿,野冬菊,*
石狮子(广西)=凹脉紫金牛
石狮子(广西)=小紫金牛
石狮子(广西,云南志)=小乔木紫金牛
石氏扭藿香 Lophanthus schttsohurowskianus (Rgl.) Lipsky (唇形科)
石氏山梅花(经济植物手册)=东北山梅花
石柿花(云南)=岩柿
石薯(晋江中草药)=墙草
石薯(台湾药用志)=狭叶糯米团
石刷把(民间常用中草药)=松叶蕨
石刷子(西昌中草药)=松叶蕨
石松(图考)=石生紫草
石松(新拉汉英)=意大利松
石松(中药辞海)=小杉兰
石松 Lycopodium japonicum Thunb.(石松科),*宽筋草,蜈蚣藤,宽筋草,筋骨草,狮子草,伸筋草,过山龙,金毛狮子草,凤尾伸筋,石松子,云南石松,喜马拉雅石松,密叶石松,中间石松*
石松柏(广西)=华南马尾杉
石松彩花 Acantholimon lycopodiodes (Girard) Boiss. (白花丹科)
石松科 Lycopodiaceae
石松毛(四川)=地桃花
石松日本扁柏 Chamaecyparis obtusa cv. Lycopodioides (柏科)
石松叶陆均松 Dacrydium lycopodioides Brongn. & Griseb.(罗汉松科)
石松属 Lycopodium L.(石松科)
石松状岩须 Cassiope lycopodioides (Pall.) D. Don (杜鹃花科)
石松子(现代实用中药,高等图鉴)=石松
石酸苔(云南屏边)=周裂秋海棠
石酸藤(湖南)=酸叶胶藤
石蒜 Lycoris radiata (L'Her.) Herb.(石蒜科),*避蛇生,鬼标,老鸦蒜,龙爪花,秃标,野独蒜,野蒜,一枝箭,银锁匙,蟑螂花*
石蒜科 Amaryllidaceae
石蒜来阳(湖北)=盾叶唐松草
石蒜属 Lycoris Herb.(石蒜科)
石遂(名医别录)=石斛
石笋(思茅中草药)=笋兰
石笋还阳(湖北巴东)=尖叶唐松草
石塔青(浙江)=降龙草
石滩翠雀花 Delphinium pseudocandelabrum W. T.Wang (毛茛科)
石檀(名医别录)=花曲柳
石棠木(广西)=石斑木
石天荞(陕西中药志)=翼蓼
石厅蛇(生草药性备要)=圆盖阴石蕨
石通(陕西略阳)=短尾铁线莲
石头菜(东北检索表)=长药八宝
石头菜(秦岭志)=垂盆草
石头菜(云南中草药选)=蛛毛苣苔
石头菜(中草药汇编)=红凤菜
石头花(中药辞海)=细叶石头花
石头花属 Gypsophila L.(石竹科),*丝石竹属,霞草属*
石头子(广西昭平)=黑风藤
石韦(广西)=鳞瓦韦
石韦(广西药用名录)=大果假瘤蕨
石韦(广西药用名录)=断线蕨
石韦(广西药用名录)=攀援星蕨
石韦(贵州中草药名录,本经,滇南本草)=西南石韦
石韦 Pyrrosia lingua (Thunb.) Farwell(水龙骨科)
石韦属 Pyrrosia Mirbel(水龙骨科)
石纹彩叶凤梨 Neoregelia marmorata (Gak.) L. B.Sm. (凤梨科)
石莴苣(四川)=降龙草
石蜈蚣(广东)=石菖蒲
石蜈蚣(广西陆川)=百足藤
石蜈蚣(贵州)=秦岭槲蕨
石蜈蚣(湖南,新华本草纲要)=蚂蝗七
石蜈蚣(金华中草药选)=蜈蚣兰
石蜈蚣(浙药志)=铁角蕨
石蜈蚣草 Scutellaria sessilifolia Hemsl.(唇形科),*胡豆草,吊鱼杆,顶序变型,枝花变型*
石西洋菜(广西中药志)=波缘冷水花
石隙紫堇 Corydalis rupifraga C.Y.Wu & Z.Y.Su (罂粟科)
石仙桃(广西)=眼树莲
石仙桃(广西植物名录)=镰翅羊耳蒜
石仙桃 Pholidota chinensis Lindl.(兰科),*川甲草,大吊兰,浮石斛,果上叶,马榴根,千年矮,石穿盘,石橄榄,石上莲,石萸肉,小扣子兰*
石仙桃属 Pholidota Lindl. ex HK.(兰科)
石苋菜(广西中草药)=波缘冷水花
石苋菜(湖南江华)=盾叶冷水花
石苋菜(浙江)=降龙草
石香薷 Mosla chinensis Maxim.(唇形科),*还魂草,辣辣草,凉芥,蓼刁竹,满山香,七星剑,青香薷,沙药,石艾,土黄连,土荆芥,土香草,土香薷,细叶七星剑,细叶香薷,香草,香茹草,香薷,香薷草,小茴香,小香薷,小叶香薷,野荆芥,野香薷,种芥*
石玄参 Nathaliella alaica B.Fedtsch.(玄参科)
石玄参属 Nathaliella B.Fedtsch.(玄参科)
石血(植物志 63)=络石
石牙(新修本草)=柳叶白前
石芽枫(广西)=尖山橙
石岩(涌幢小品)=钝叶杜鹃
石岩报春 Primula dryadifolia Franch.(报春花科)
石岩杜鹃花(新拉汉英)=可爱杜鹃花
石岩枫 Mallotus repandus (Willd.) Muell.Arg. (大戟科),*大力王,倒挂茶,倒挂金钩,黄豆树,扛香藤,木贼枫藤,青香藤,山龙眼*
石岩金(峨眉)=西南石韦
石岩生堇菜(新)Viola saxatilis F.W.Schmidt (堇菜科),*岩生堇菜*
石眼树(江苏)=石楠
石羊草(广西植物名录)=藤麻
石杨梅(广西植物名录)=镰翅羊耳蒜
石杨梅(贵州方药集)=麦斛
石杨梅(浙江)=吊石苣苔
石异腺草 Anisadenia saxatilis Wall. ex Meisn. (亚麻科)
石茵陈(本草纲目)=茵陈
石油菜(广西中药志)=波缘冷水花
石油菜 Pilea cavaleriei subsp. valida C.J.Chen (荨麻科),*石凉草,青蛙腿*
石萸(福建中草药)=麦斛
石萸肉(福建中草药)=石仙桃
石玉簪(贵州草药)=紫萼
石芋头(红河中草药)=五彩芋
石月 Stauntonia obovatifoliola Hay. (木通科)
石枣(陕西中草药)=密花石豆兰
石枣子(贵州方药集)=麦斛
石枣子(云南)=云南石仙桃
石枣子 Euonymus sanguineus Loes.(卫矛科),*云木,细梗卫矛*
石泽兰(分类草药性)=吊石苣苔
石针打不死(云南龙陵)=疏果石丁香
石珍芒(广东)=石芒草
石珍茅(新拉汉英,华南经济禾草)=类芦
石桢楠(树木分类学)=四川山胡椒

石蜘蛛 Pinellia integrifolia N.E.Brown (天南星科),*一面锣,白铃子*
石指甲(四川中药志)=垂盆草
石指酸藤(广西桂平)=黑风藤
石中珠(药用志)=铁线蕨
石珠(台湾药志)=多枝雾水葛
石珠子(植物大辞典)=多枝雾水葛
石珠子(植物大辞典)=狭叶糯米团
石猪鬃(孢子植物)=肿足蕨
石竹(广东)=甲竹
石竹(广东)=绿竹
石竹(广东)=信宜石竹
石竹(广东)=油簕竹
石竹(华东禾本志)=灰竹
石竹(江苏,浙江)=灰竹
石竹 Dianthus chinensis L.(石竹科),*钻叶石竹,蒙古石竹,丝叶石竹,兴安石竹,北石竹,长苞石竹,高山石竹,辽东石竹,长萼石竹,林生石竹,三脉石竹*
石竹根(四川,甘肃)=宝铎草
石竹科 Caryophyllaceae
石竹叶繁缕 Stellaria dianthifoliaa Williams(石竹科)
石竹叶龙胆 Gentiana caryophyllea H.Sm.(龙胆科)
石竹属 Dianthus L.(石竹科)
石竹状彩花 Acantholimon caryophyllaceum Boiss. (白花丹科)
石竹仔 Bambusa piscatorum McClure (禾本科)
石竹子(云南中草药)=笋兰
石柱藤(广西兽医植物)=网络崖豆藤
石锥(广东)=烟斗柯
石子陵木(广东)=倒卵叶南烛
石子藤(云南药用名录)=藤石松
石子藤石松(云南药用名录)=藤石松
石梓 Gmelina chinensis Benth.(马鞭草科)
石梓属 Gmelina L.(马鞭草科)
石棕属 Brahea Martius (棕榈科)
石钻子(江西大余)=独行千里
时花草(福建)=广西过路黄
时计草(广西)=西番莲
时计果(植物大辞典,台湾,广西)=西番莲
时珍淫羊藿 Epimedium lishihchenii Stearn(小檗科)
时钟花 Turnera L.(时钟花科)
时钟花科 Turneraceae
实肚竹 Phyllostachys nidularia f. farcata H.R. Zhao & A.T.Liu(禾本科)
实蕨科 Bolbitidaceae
实蕨属 Bolbitis Schott(实蕨科)
实葶葱 Allium galanthum Kar. & Kir.(百合科)
实心短枝竹 Gelidocalamus solidus C.D.Chu & C.S.Chao(禾本科)
实心苦竹 Pleioblastus solidus S.Y.Chen (禾本科)
实心竹(云南云龙)=云龙箭竹
实心竹 Phyllostachys heteroclada f. solida (S.L. Chen) Z.P.Wang & Z.H.Yu(禾本科),*木竹*
实枣子(救荒本草)=山茱萸
实竹(云南保山)=长肩毛玉山竹
实竹子 Qiongzhuea rigidula Hsueh & Yi (禾本科)
拾绿皮(中药大辞典)=冻绿
蚀瓣桤叶树 Clethra wuyishanica var. erosa L.C. Hu (桤叶树科)
蚀盖耳蕨 Polystichum erosum Ching & Shing (鳞毛蕨科)
蚀盖金粉蕨 Onychium tenuifrons Ching(中国蕨科),*狭叶乌蕨*
蚀状虎耳草 Saxifraga erosa Pursh (虎耳草科)
食虫树(广东)=海南红豆
食疙瘩(贵州威宁)=腺花香茶菜
食果白珠树 Gaultheria antipoda G.Forst.(杜鹃花科)
食蕨 Pteridium esculentum (Forst.) Cokayne(蕨科)
食松 Pinus edulis Engelm.(松科),*薄皮果松*
食托莱蓟(植物志 78-1)=莱蓟
食用楤木(经济植物手册)=食用土当归
食用葛 Pueraria edulis Pamp.(豆科),*食用葛藤,葛根,葛藤,粉葛,甘葛*
食用葛藤(豆科图说)=食用葛
食用观音座莲 Angiopteris esculenta Ching(观音座莲科)
食用蓟(内蒙中草药)=莲座蓟
食用秋海棠 Begonia edulis Lévl.(秋海棠科),*葡萄叶秋海棠,南兰*
食用日中花 Mesembryanthemum edule L.(番杏科),*冰花果*
食用苏铁 Dioon edule Lindl.(苏铁科)
食用土当归 Aralia cordata Thunb.(五加科),*土当归,食用楤木,杜当归,九眼独活,鬼眼独活*
食茱萸(台湾志)=椿叶花椒
莳萝 Anethum graveolens L.(伞形科),*土茴香,野茴香,洋茴香,莳萝子,野小茴,莳萝苗,小茴香*
莳萝蒿 Artemisia anethoides Mattf.(菊科),*肇东蒿,小碱蒿,伪茵陈,博知莫格,霍宁-沙里尔日*
莳萝苗(纲目)=莳萝
莳萝叶球果木 Isopogon anethifolius J.Kinight. (山龙眼科)
莳萝叶紫堇 Corydalis anethifolia C.Y.Wu & Z. Y.Su (罂粟科)
莳萝属 Anethum L.(伞形科)
莳萝子(开宝本草)=莳萝
史蒂瓦早熟禾 Poa stewartiana Bor(禾本科)
史多尔挪威槭 Acer platanoides f. stollii Spaeth (槭树科)
史惠藤(俗称)=黑鳗藤
史君子(植物志 53-1)=使君子
史米诺早熟禾 Poa smirnowii Roshev.(禾本科)
史密红景天(分类学报增刊)=异鳞红景天
史密斯鼠李 Rhamnus smithii Greene (鼠李科)
史密斯小檗 Berberis smithiana Sprague ex Ahrendt (小檗科)
史氏赤车使者(天目药志)=庐山楼梯草
史氏旱蕨(蕨类图谱)=西南旱蕨
史氏马先蒿 Pedicularis smithiana Bonati(玄参科)
史塔红景天(分类学报增刊)=托花红景天
史塔珠蕨(蕨类图说)=稀叶珠蕨
史梯景天 Phedimus stevenianus(Rouy. & E.G. Camus) 't Hart (景天科)
矢车菊 Centaurea cyanus L.(菊科),*蓝芙蓉*
矢车菊属 Centaurea L.(菊科)
矢叶垂头菊 Cremanthodium forrestii J.F.Jeffr. (菊科)
矢叶橐吾 Ligularia fargesii (Franch.) Diels(菊科)
矢竹 Pseudosasa japonica (S. & Z.) Makino(禾本科),*箭竹,篠竹*
矢竹属 Pseudosasa Makino ex Nakai (禾本科)
矢竹仔 Pseudosasa usawai (Hay.) Makino & Nemoto(禾本科),*包箨箭竹,台湾篱竹*
矢镞叶蟹甲草 Parasenecio rubescens (S.Moore) Y.L.Chen(菊科),*蝙蝠草,牛芳草*
豕草(植物学大辞典)=豚草
使君子 Quisqualis indica L.(使君子科),*留求子,四君子,史君子,五棱子,水君叶*
使君子科 Combretaceae
使君子藤(广东)=风车子
使君子属 Quisqualis L.(使君子科)
始兴斑叶兰 Goodyera shixingensis K.Y.Lang (兰科)
屎瓜根(四川中药志)=栝楼
士兵灯心草 Juncus militaris Bigel.(灯心草科)
士林拂尾藻(台湾志)=弯果茨藻
世界爷(树木分类学)=巨杉
世纬盾蕨 Neolepisorus dengii Ching & P.S. Wang (水龙骨科)
世纬贯众 Cyrtomium tengii Ching & Shing(鳞毛蕨科)
世纬苣苔 Tengia scopulorum Chun(苦苣苔科),*黔苣苔*
世纬苣苔属 Tengia Chun (苦苣苔科)
世纬槭(分类学报)=平坝槭
市藜 Chenopodium urbicum L.(藜科)
式格梁娃儿藤(中草药汇编)=蛇胆草
式格藤属(科属辞典)=**鲫鱼藤属**
饰冠鸢尾 Iris cristata Soland.(鸢尾科)
饰石杜鹃 Rhododendron petrocharis Diels(杜鹃花科),*石生杜鹃*
饰岩报春 Primula petrocallis Chen & C.M.Hu (报春花科)
饰岩横蒴苣苔 Beccarinda argentea (Anth.) Burtt (苦苣苔科)
拭戈木 Curatella americana L.(五桠果科)
拭戈木属 Curatella Loefl.(五桠果科)
柿 Diospyros kaki Thunb.(柿科),*镇头迦,柿木皮,孤柿子根皮*
柿饼柑(植物志 43-2)=扁柑
柿瓜(医林纂要)=栝楼
柿果(浙江药志)=蔓胡颓子
柿寄生(广东,福建,台湾)=棱枝槲寄生
柿寄生(云南中草药)=扁枝槲寄生
柿科 Ebenaceae,*柿树科*
柿模(福建)=福建胡颓子
柿模(湖北)=胡颓子
柿木皮(本草图经)=柿
柿漆(纲目)=野柿
柿树科(Flora 15)=**柿科**
柿属 Diospyros L.(柿科)
柿子椒(图考)=算盘子
适度凤仙花 Impatiens modesta Wight (凤仙花科)
适度轴榈 Licuala modesta Becc.(棕榈科)
螫麻子(东北)=狭叶荨麻
螫麻子(河北,山西)=宽叶荨麻
螫毛果 Cnestis palala (Lour.) Merr.(牛栓藤科)
螫毛果属 Cnestis Juss.(牛栓藤科)
篦簩竹 Schizostachyum pseudolima McClure (禾本科)
簩竹属 Schizostachyum Nees (禾本科)
葹耳(本草经)=苍耳
枲耳(楚辞)=苍耳

Shou

收虎梨(河南)=野山楂
手参(山西)=花葱
手参 Gymnadenia conopsea (L.) R.Br.(兰科),*手掌参,佛手参,掌参,手儿参,旺拉*

手参属 Gymnadenia R.Br.(兰科)
手儿参(陕西中草药)=手参
手瓜(广西药用名录)=佛手瓜
手甲木(广东,海南)=散沫花
手树(广西中草药新选)=鹅掌藤
手树属(华北经济志要)=**八角金盘属**
手掌参(东北药志)=手参
手杖藤(广州)=杖藤
手杖棕 Linospadix monostachya H.Wendl.(棕榈科)
手杖棕属(新拉汉英)=**杖花棕属**(新)
手杖棕属 Linospadix H.Wendl.(棕榈科)
手指柚 Microcitrus australasica Swighle (芸香科)
手指柚属 Microcitrus Swigle (芸香科)
守城满山红(台湾志)=满山红
守宫槐(群芳谱)=槐
守宫木 Sauropus androgynus (L.) Merr.(大戟科), *同序守宫木,树仔菜,越南菜,帕汪,甜菜*
守宫木属 Sauropus Bl.(大戟科), *梭罗巴属*
守田(古称)=半夏
首冠藤 Bauhinia corymbosa Roxb.(豆科), *深裂叶羊蹄甲,飞插藤*
首乌(经验方)=何首乌
首阳变豆菜 Sanicula giraldii Wolff(伞形科)
首阳小檗 Berberis dielsiana Fedde(小檗科), *黄檗刺*
寿城唇柱苣苔 Chirita shouchengensis Z.Y.Li(苦苣苔科)
寿丽生石花 Lithops julii (Dinter & Schwant.) N. E.Br.(番杏科)
寿蒜芥(东北检索表)=多型大蒜芥
寿星花(新拉汉英)=长寿花
寿星橘(植物志 43-2)=长寿金柑
寿星桃 Amygdalus persica var. densa Makino (蔷薇科)
寿星头(湖南)=萝卜
寿竹 Phyllostachys bambusoides f. shouzhu Yi (禾本科)
兽古犬药(贵州)=牛尾草
兽药(贵州兴义)=牛尾草
绶草 Spiranthes sinensis (Pers.) Ames(兰科), *九龙蛇,龙缠柱,扭兰,盘龙参,盘龙花,鹝,猪鞭草*
绶草属 Spiranthes L.C.Rich(兰科)
瘦柄榕(云南植物名录)=壶托榕
瘦地草(思茅中草药)=万丈深
瘦房兰 Ischnogyne mandarinorum (Kraenzl.) Schltr. (兰科)
瘦房兰属 Ischnogyne Schltr.(兰科)
瘦风轮(通称)=细风轮菜
瘦狗还阳(四川)=黄龙尾
瘦狗还阳草(昆明)=鸡骨柴
瘦狗母(植物志 11)=黑莎草
瘦果川甘槭 Acer yui var. leptocarpum Fang & Wu (槭树科)
瘦果石竹(内蒙古)=裸果木
瘦果铁线莲(新)Clematis trichocarpa Tamura?(毛茛科)
瘦花香茶菜 Isodon rosthornii (Diels) Kudô(唇形科), *野苏,野紫苏,白野紫苏,野藿香*
瘦华丽龙胆 Gentiana sino-ornata var. gloriosa Marq. (龙胆科)
瘦黄芩(四川普格)=半枝莲
瘦瘠柳叶箬 Isachne depauperata (Hack.) Merr. (禾本科)
瘦脊伪针茅 Pseudoraphis spinescens var. depauperata (Nees) Bor (禾本科)
瘦石榴(广西)=刺毛杜鹃
瘦小耳稃草 Garnotia ciliata f. paupercula Santos?(禾本科)
瘦野青茅 Deyeuxia macilenta (Griseb.) Keng (禾本科)
瘦叶瑞香 Daphne modesta Rehd.(瑞香科), *瘦叶荛花*
瘦叶蹄盖蕨 Athyrium deltoidofrons var. gracillinum (Ching) Z.R.Wang(蹄盖蕨科)
瘦叶雪灵芝 Arenaria ischnophylla Williams(石竹科), *瘦叶蚤缀*
瘦叶杨 Populus lancifolia N.Chao (杨柳科)
瘦叶荛花(高等图鉴)=瘦叶瑞香
瘦叶蚤缀(拉汉名称)=瘦叶雪灵芝
瘦鱼蓼(贵州)=棱果海桐
瘦直省藤 Calamus exillis Griff.(棕榈科)
瘦柱绒毛杜鹃 Rhododendron pachytrichum var. tenuistylum W.K.Hu(杜鹃花科)

Shu

书带草(滇南本草)=多星韭
书带车前蕨 Antrophyum vittarioides Bak.(车前蕨科)
书带蕨 Vittaria flexuosa Fée(书带蕨科), *矮叶书带蕨,回阳生,龙骨书带蕨,木莲金,晒不死,蛇舌草,苔草书带蕨,细柄书带蕨,细叶书带蕨,小叶书带蕨,轴果书逞蕨*
书带蕨科 Vittaceae
书带蕨属 Vittaria Sm.(书带蕨科)
书带水竹叶(广西)=细竹篙草
书带薹草 Carex rochebruni Franch. & Sav.(莎草科)
叔陆(苗族名)=羊耳菊
枢(诗经)=刺榆
梳篦草(四川中药志) =肾蕨
梳篦木(广西中草药)=薄叶胡桐
梳篦叶(广西)=双盖蕨
梳边小檗 Berberis pectinocraspedon C.Y.Wu ex S.Y.Bao (小檗科), *疏齿小檗*
梳齿悬钩子 Rubus pectinaris Focke(蔷薇科)
梳齿状半边旗(新)Pteris dispar f. inaequilatera Rosenst.?(凤尾蕨科)
梳唇砂仁 Amomum thysanochililum S.Q.Tong & Y.M.Xia (姜科)
梳唇石斛 Dendrobium strongylanthum Rchb.f. (兰科), *圆花石斛*
梳毛蕨(台湾志)=闽台毛蕨
梳帽卷瓣兰 Bulbophyllum andersonii (HK.f.) J. J.Sm. (兰科), *一匹草,一匹叶*
梳叶圆头杉(峨眉图志)=篦子三尖杉
梳状叶彼得费拉 Petrophila shuttleworthiana Meissn.(山龙眼科)
梳子草(贵州中草药名录)=盾蕨
淑花杜鹃 Rhododendron chrisanthum Hutch.(杜鹃花科), *凹叶杜鹃,美花杜鹃*
淑气花(云南)=锦葵
淑气花(植物志 49-2)=蜀葵
菽(诗经)=大豆
菽麻 Crotalaria juncea L.(豆科), *印度麻,太阳麻,自消容,大响铃,大狗响铃*
疏苞变型(植物志 66)=高原香薷
疏苞美头火绒草(新)Leontopodium calocephalum var. depauperatum Ling(菊科), *美头火绒草疏苞变种*
疏齿巴豆 Croton limitincola Croiz.(大戟科)
疏齿茶 Camellia remotiserrata Chang & Wang (山茶科)
疏齿冬青 Ilex oligodonta Merr. & Chun(冬青科), *少齿冬青,刘明根树*
疏齿红丝线(植物志 67-1)=截萼红丝线
疏齿木荷 Schima remotiserrata Chang(山茶科)
疏齿铁角蕨 Asplenium wrightioides Christ(铁角蕨科)
疏齿铁线莲(拉汉名称)=钝萼铁线莲
疏齿委陵菜 Potentilla chinensis var. oligodonta Hand.-Mazz.?(蔷薇科)
疏齿小檗(植物志 29)=梳边小檗
疏齿小檗 Berberis paucidentata Rusby (小檗科)
疏齿亚菊 Ajania remotipinna (Hand.-Mazz.) Ling & Shih(菊科)
疏齿银莲花 Anemone geum subsp. ovalifolia (Brühl) R.P.Chaudh.(毛茛科), *维西银莲花,狭叶银莲花*
疏齿锥 Castanopsis remotidenticulata Hu(壳斗科), *黑锥栗,细齿栲*
疏齿紫珠 Callicarpa remotiserrulata Hay.(马鞭草科)
疏刺齿缘草 Eritrichium oligacanthum Lian & J.Q.Wang (紫草科)
疏刺茄 Solanum nienkui Merr. & Chun(茄科)
疏刺卫矛 Euonymus spraguei Hay.(卫矛科), *刺果卫矛*
疏刺五加 Acanthopanax spinosus (L.f.) Miq.(五加科)
疏丛长叶点地梅(植物志 59-1)=绿棱点地梅
疏点红门兰 Orchis laxiflora Lam.(兰科)
疏风草(滇南本草)=红泡刺藤
疏果藏丁香(云南植物名录)=疏果石丁香
疏果耳蕨 Polystichum oligocarpum Ching ex H.S.Kung & L.B.Zhang(鳞毛蕨科)
疏果胡椒 Piper interruptum Opiz(胡椒科), *多脉风藤*
疏果假地豆(豆科图说)=疏果山蚂蝗
疏果截萼红丝线(植物志 67-1)=截萼红丝线
疏果山蚂蝗 Desmodium griffithianum Benth. (豆科), *疏果假地豆*
疏果石丁香 Neohymenopogon oligocarpus (Li) S.S.R.Bennet (茜草科), *疏果藏丁香,石针打不死*
疏果薹草 Carex hebecarpa C.A.Mey.(莎草科)
疏果蹄盖蕨(西北植物学报)=薄叶蹄盖蕨
疏忽蓼(植物志 25-1)=疏蓼
疏忽岩黄芪 Hedysarum neglectum Ledeb.(豆科)
疏花变豆菜 Sanicula tienmusis var. pauciflora Shan & Pu(伞形科)
疏花变种(Flora 18)=疏麻菜
疏花变种(植物志 66)=毛萼香茶菜
疏花糙叶杜鹃 Rhododendron scabrifolium var. pauciflorum Franch.(杜鹃花科)
疏花草果药 Hedychium spicatum var. acuminatum Wall. (姜科)
疏花草绣球 Cardiandra moellendorffii var. laxiflora (Li) Wei(虎耳草科)
疏花梣 Fraxinus depauperata (Lingelsh.) Z.Wei (木犀科)
疏花叉花草 Diflugossa divaricata (Nees) Bremek. (爵床科), *叉花草,疏花马*
疏花缠绕草 Alloplectus sparsiflorus Mart.(苦苣苔科)
疏花长柄山蚂蝗 Podocarpium laxum (DC.) Yang & Huang(豆科)
疏花车前 Plantago asiatica subsp. erosa (Wall.) Z.Y.Li(车前科), *车轮菜,车前草,滇车前,蛤*

蟆草,蛤蟆叶,小车前
疏花齿缘草 Eritrichium laxum Johnst.(紫草科)
疏花穿心莲 Andrographis laxiflora (Bl.) Lindau (爵床科),*须药草,白花穿心莲*
疏花唇柱苣苔 Chirita laxiflora W.T.Wang(苦苣苔科)
疏花刺果卫矛 Euonymus acanthocarpus var. sutchuenensis Franch. ex Loes.(卫矛科)
疏花翠雀花 Delphinium sparsiflorum Maxim. (毛茛科)
疏花大黄(新)Rheum remotiflorus Samuelss.(蓼科),*疏花酸模*
疏花单竹(海南志)=甲竹
疏花灯心草(植物志 13-3)=野灯心草
疏花地榆 Sanguisorba diandra Wall. ex Hoedb. (蔷薇科)
疏花吊兰(植物志 14)=小花吊兰
疏花丁公藤 Erycibe oligantha Merr. & Chun(旋花科)
疏花杜茎山 Maesa laxiflora Pitard(紫金牛科)
疏花鹅观草 Roegneria laxiflora Keng(禾本科)
疏花耳草 Hedyotis matthewii Dunn(茜草科)
疏花繁缕(台湾志)=箐姑草
疏花粉条儿菜 Aletris laxiflora Bur. & Franch. (百合科)
疏花风轮菜 Clinopodium laxiflorum (Hay.) C.Y. Wu & Hsuan(唇形科)
疏花凤仙花 Impatiens laxiflora Edgew.(凤仙花科)
疏花佛甲草 Sedum uniflorum HK. & Arn.(景天科)
疏花谷精草(植物志 13-3)=尼泊尔谷精草
疏花鹤顶兰 Phaius pauciflorus (Bl.) Bl.(兰科)
疏花红椿 Toona ciliata var. sublaxiflora (C.DC.) C.Y.Wu (楝科)
疏花黄芪 Astragalus hoffmeisteri (Klotzsch) Ali(豆科)
疏花火烧兰 Epipactis consimilis D.Don(兰科)
疏花鸡矢藤 Paederia laxiflora Merr. ex Li(茜草科)
疏花剪股颖 Agrostis perlaxa Pilger (禾本科)
疏花绞股蓝 Gynostemma laxiflorum C.Y.Wu & S.K.Chen(葫芦科)
疏花韭 Allium henryi C.H.Wright (百合科)
疏花卷耳 Cerastium pauciflorum Stev. ex Ser. (石竹科)
疏花康定点地梅(植物志 59-1)=康定点地梅
疏花篱蓼 Fallopia dumetorum var. pauciflora (Maxim.) A.J.Li(蓼科)
疏花龙胆 Gentiana laxiflora T.N.Ho(龙胆科)
疏花螺序草 Spiradiclis laxiflora W.L.Sha & X.X.Chen (茜草科)
疏花马蓝(高等图鉴)=疏花叉花草
疏花马先蒿(Flora 18)=修花马先蒿
疏花马先蒿 Pedicularis laxiflora Franch.(玄参科)
疏花毛茛 Ranunculus matsudae Hay. ex Masamune (毛茛科)
疏花美容杜鹃 Rhododendron calophytum var. pauciflorum W.K.Hu(杜鹃花科)
疏花木蓝 Indigofera chuniana Metc.(豆科),*陈氏木蓝*
疏花木犀榄 Olea laxiflora Li(木犀科)
疏花婆婆纳 Veronica laxa Benth.(玄参科)
疏花桤叶树 Clethra faberi var. laxiflora Fang & L.C.Hu (桤叶树科)
疏花槭 Acer laxiflorum Pax(槭树科),*川康槭*
疏花荠苎(图考)=小鱼仙草
疏花蔷薇 Rosa laxa Retz.(蔷薇科)
疏花雀麦 Bromus remotiflorus (Steud.) Ohwi (禾本科),*狐茅雀麦*
疏花雀梅藤 Sageretia laxiflora Hand.-Mazz.(鼠李科)
疏花软紫草 Arnebia szechenyi Kanitz(紫草科)
疏花山姜 Alpinia mesanthera Hay.(姜科)
疏花山蚂蝗(台湾志)=大叶拿身草
疏花山麦冬 Liriope muscari var. exiliflora Bailey (百合科)
疏花山梅花 Philadelphus laxiflorus Rehd.(虎耳草科)
疏花蛇菰 Balanophora laxiflora Hemsl.(蛇菰科),*石上莲,山菠萝,通天蜡烛*
疏花省藤 Calamus laxiflorus Becc.(棕榈科)
疏花石豆兰(台湾兰科图志)=莲花卷瓣兰
疏花石斛 Dendrobium henryi Schltr.(兰科)
疏花石枣子 Euonymus sanguineus var. laxus Loes. (卫矛科)
疏花薯蓣(海南志)=吊罗薯蓣
疏花水柏枝 Myricaria laxiflora (Franch.) P.Y.Zhang & Y.J.Zhang(柽柳科)
疏花水锦树 Wendlandia laxa S.K.Wu ex W.C. Chen (茜草科)
疏花酸模(新拉汉英)=疏花大黄(新)
疏花酸模 Rumex nepalensis var. remotiflorus (Sam.) A.J.Li(蓼科)
疏花酸藤子 Embelia pauciflora Diels(紫金牛科),*过山消根,开喉箭,少花信筒子*
疏花铁青树 Olax austro-sinensis Y.R.Ling(铁青树科),*勃藤子*
疏花葶苈 Draba remotiflora O.E.Schulz(十字花科)
疏花臀果木 Pygeum laxiflorum Merr. ex Li(蔷薇科)
疏花驼舌草 Goniolimon callicomum (C.A.Mey.) Boiss.(白花丹科)
疏花卫矛 Euonymus laxiflorus Champ ex Benth (卫矛科),*山杜仲,飞天驳,山杜仲秋*
疏花无叶莲 Petrosavia sakurai (Makino) Dandy (百合科)
疏花虾脊兰 Calanthe henryi Rolfe(兰科)
疏花仙茅 Curculigo gracilis (Wall. ex Kirz) HK.f. (石蒜科)
疏花小檗 Berberis laxiflora Schrad.(小檗科)
疏花小雀舌兰 Dyckia rariflora Schult.(兰科)
疏花小人兰 Gomesa laxiflora (Lindl.) Kl. & Rchb.f. (兰科)
疏花绣线梅 Neillia sparsiflora Rehd.(蔷薇科)
疏花岩黄芪 Hedysarum alpinum subsp. laxiflorum (Benth. ex Baker) Ohashi & Tateishi (豆科)
疏花沿阶草 Ophiopogon sparsiflorus Wang & Dai (百合科)
疏花野青茅 Deyeuxia arundinacea var. laxiflora (Rendle) P.C.Kuo & S.L.Lu(禾本科)
疏花异燕麦 Helictotrichon tibeticum var. laxiflorum Keng ex Z.L.Wu(禾本科)
疏花鱼藤 Derris laxiflora Benth.(豆科)
疏花玉叶金花 Mussaenda laxiflora Hutch.(茜草科)
疏花早熟禾 Poa chalarantha Keng(禾本科)
疏花针茅 Stipa penicillata Hand-Mazz.(禾本科)
疏花珍珠菜(新拉汉英)=疏节过路黄
疏花帚菊 Pertya corymbosa Y.C.Tseng(菊科)
疏节过路黄 Lysimachia remota Petitm.(报春花科),*疏花珍珠菜*
疏节槐 Sophora praetorulosa Chun & T.Chen(豆科)
疏节竹(图鉴)=唐竹
疏金毛铁线莲(植物志 28)=毛果绣球藤
疏茎贝母兰 Coelogyne suaveolens (Lindl.) HK.f. (兰科)
疏晶楼梯草 Elatostema hookerianum Wedd.(荨麻科)
疏锯齿柳 Salix serrulatifolia f. subintegrifolia Ch.Y.Yang (杨柳科)
疏离黑麦草 Lolium remotum Schrank(禾本科),*细重毒麦*
疏蓼 Polygonum praetermissum HK.f.(蓼科),*疏忽蓼*
疏裂刺蕨 Egenolfia fengiana Ching(实蕨科)
疏裂短肠蕨 Allantodia incompta (Tagawa) Ching (蹄盖蕨科)
疏裂凤尾蕨 Pteris finotii Christ(凤尾蕨科)
疏裂马先蒿 Pedicularis remotiloba Hand.-Mazz. (玄参科)
疏裂岩蕨 Woodsia frondosa Christ(岩蕨科)
疏鳞杜鹃花 Rhododendron lysolepis Hutch.(杜鹃花科)
疏鳞莎草 Cyperus tenuifolius L.K.Dai (莎草科)
疏鳞薹草(海南志)=短葶薹草
疏鳞星蕨(孢子植物)=江南星蕨
疏麻菜 Meehania fargesii var. pedunculata (Hemsl.) C.Y.Wu (唇形科),*梗花变种,山苏麻*
疏脉半蒴苣苔 Hemiboea cavaleriei var. paucinervis W.T.Wang(苦苣苔科),*水泡菜,岩莴苣,尿猴草*
疏脉苍山蕨 Ceterachopsis paucivenosa (Ching) Ching (铁角蕨科)
疏脉山香圆 Turpinia indochinensis Merr.(省沽油科),*大叶山香圆*
疏毛白绒草(中药辞海)=引生草
疏毛变种(植物志 65-2,Flora 17)=引生草
疏毛长蒴苣苔 Didymocarpus stenanthos var. pilosellus W.T.Wang(苦苣苔科)
疏毛长圆微孔草 Microula oblongifolia var. glabrescens W.T.Wang(紫草科)
疏毛垂果南芥(植物志 33)=垂果南芥
疏毛杜鹃 Rhododendron dignabile Cowan(杜鹃花科)
疏毛短萼齿木 Brachytome hirtellata var. glabrescens W.C.Chen(茜草科)
疏毛仿杜鹃 Menziesia pilosa (Michx.) Juss.(杜鹃花科)
疏毛冠杜鹃 Rhododendron laudandum var. temoense K.Ward ex Cowan & David.(杜鹃花科)
疏毛海桐叶白英(植物志 67-1)=海桐叶白英
疏毛荷包蕨 Calymmodon gracilis (Fee) Copel. (禾叶蕨科)
疏毛棘豆 Oxytropis pilosa (L.) DC.(豆科)
疏毛剑川乌头 Aconitum handelianum var. laxipilosum Hand.-Mazz.(毛茛科)
疏毛卷花丹 Scorpiothyrsus oligotrichus H.L.Li (野牡丹科)
疏毛棱子芹 Pleurospermum pilosum C.B. Clarke ex Wolff (伞形科)
疏毛鳞盖蕨 Microlepia communis Ching(碗蕨科)
疏毛楼梯草 Elatostema albopilosum W.T.Wang (荨麻科)

疏毛猫眼草(云南植物名录)=毛边金腰

疏毛磨芋 Amorphophallus sinensis Delval (天南星科),*土半夏,伍花莲,蛇六谷,磨芋,鬼蜡烛,蛇头草*

疏毛女娄菜 Silene firma var. pubescens (Makino) S.Y.He (石竹科)

疏毛欧石南 Erica persoluta L.(杜鹃花科)

疏毛槭 Acer pilosum Maxim.(槭树科),*秦陇槭,陇秦槭*

疏毛山芹 Ostericum scaberulum (Franch.) Yuan & Shan (伞形科),*黄藁本*

疏毛水锦树 Wendlandia uvariifolia subsp.pilosa W.C.Chen (茜草科)

疏毛水苎麻 Boehmeria pilosiuscula (Bl.) Hassk. (荨麻科)

疏毛条裂翠雀花 Delphinium pseudomosoynense var. subglabrum W.T.Wang(毛茛科)

疏毛头状花耳草 Hedyotis capitellata var. mollis (Pierre ex Pitard) Ko(茜草科)

疏毛吴茱萸(药典 2000)= 波氏吴萸

疏毛五角枫 Acer mono var. ambiguum (Pax) Rehd. (槭树科)

疏毛绣线菊 Spiraea hirsuta (Hemsl.) Schneid. (蔷薇科)

疏毛绣线菊圆叶变种(植物志 36)=圆叶疏毛绣线菊(新)

疏毛银叶七(云南植物名录)=引生草

疏毛银叶铁线莲 Clematis delavayi var. calvescens Schneid.(毛茛科)

疏毛圆锥乌头 Aconitum paniculigerum var. wulingense (Nakai) W.T.Wang(毛茛科),*雾灵乌头*

疏毛针毛蕨(江苏志)=雅致针毛蕨

疏毛中甸乌头 Aconitum piepunense var. pilosum Comber (毛茛科)

疏毛紫糙苏 Phlomis atropurpurea f. pilosa C.Y. Wu (唇形科)

疏囊毛蕨 Cyclosorus sparsisorus Ching ex Shing (金星蕨科)

疏柔毛变种(植物志 66,Flora 17)=疏柔毛罗勒

疏柔毛罗勒 Ocimum basilicum var. pilosum (Willd.) Benth.(唇形科),*矮糠,薄荷,薄荷草,薄荷树,光明子,蒿黑,荆芥,罗勒,毛罗勒,省头草,疏柔毛变种,香草,疏柔毛变种*

疏柔毛绣球防风 Leucas pilosa Benth.(唇形科)

疏柔毛叶小檗 Berberis pilosifolia Ahrendt (小檗科)

疏柔毛月见草 Oenothera pilosella Raf.(柳叶菜科)

疏伞楼梯草 Elatostema laxicymosum W.T. Wang (荨麻科)

疏散石龙尾 Limnophila laxa Benth.(玄参科)

疏散微孔草 Microula diffusa (Maxim.) Johnst. (紫草科)

疏舌橐吾 Ligularia oligonema Hand.-Mazz.(菊科)

疏生韭 Allium caespitosum Siev. ex Bong. & Mey. (百合科)

疏生香青(新)Anaphalis sinica var. remota Ling (菊科),*香青疏生变种*

疏松卷柏 Selaginella effusa Alston(卷柏科)

疏松悬钩子 Rubus laxus Focke(蔷薇科)

疏穗变种(植物志 66)=香薷

疏穗短丝花 Lapeirousia juncea Pourr.(鸢尾科)

疏穗画眉草 Eragrostis perlaxa Keng ex Keng f. & L.Liou(禾本科)

疏穗碱茅 Puccinellia roborovskyi Tzvel.(禾本科)

疏穗姜花(高等图鉴)=草果药

疏穗林地早熟禾 Poa nemoralis subsp. parca N. R.Cui (禾本科)

疏穗马先蒿 Pedicularis laxispica Li(玄参科)

疏穗莎草 Cyperus distans L.f.(莎草科),*落滥草*

疏穗嵩草 Kobresia laxa Nees (莎草科)

疏穗梭罗草 Roegneria thoroldiana var. laxiuscula (Melderis) H.L.Yang(禾本科)

疏穗薹草(高等图鉴)=丝引薹草

疏穗小野荞麦 Fagopyrum leptopodum var. grossii (Lévl.) Lauener & Ferguson(蓼科)

疏穗野荞麦 Fagopyrum caudatum (Sam.) A.J.Li (蓼科)

疏穗野青茅 Deyeuxia effusiflora Rendle (禾本科)

疏穗早熟禾 Poa lipskyi Roshev.(禾本科)

疏穗竹叶草 Oplismenus patens Honda (禾本科)

疏头过路黄 Lysimachia pseudohenryi Pamp.(报春花科)

疏网凤丫蕨 Coniogramme wilsonii Ching & Shing (裸子蕨科)

疏腺茶藨子 Ribes himalense var. glandulosum Jancz(虎耳草科)

疏序花楸(新)Sorbus macrantha Merr.?(蔷薇科)

疏序黄荆(植物志 65-1)=黄荆

疏序荩草 Arthraxon xinanensis var. laxiflorus S.L.Chen & Y.X.Jin (禾本科)

疏序球花报春 Primula laxiuscula W.W.Sm.(报春花科)

疏序日熟禾 Poa remota Fors.(禾本科)

疏序唐松草 Thalictrum laxum Ulbr.(毛茛科)

疏叶八角枫 Alangium kurzii var. laxifolium (Y. C.Wu) Fang(八角枫科)

疏叶当归 Angelica laxifoliata Diels(伞形科),*红果当归,骚羌活,猪独活*

疏叶杜鹃(分类学报)=川南杜鹃

疏叶杜鹃 Rhododendron hanceanum Hemsl.(杜鹃花科)

疏叶短肠蕨(分类学报)=异裂短肠蕨

疏叶观音座莲 Angiopteris remota Ching & C.H. Wang (观音座莲科)

疏叶虎耳草 Saxifraga substrigosa J.T.Pan(虎耳草科),*展萼虎耳草*

疏叶火绒草 Leontopodium subulatum var. bonatii (Beauv.) Hand.-Mazz.(菊科),*钻叶火绒草疏叶变种*

疏叶卷柏 Selaginella remotifolia Spring(卷柏科)

疏叶陆均松 Dacrydium laxifolium HK.f.(罗汉松科)

疏叶蹄盖蕨 Athyrium dissitifolium (Bak.) C. Chr. (蹄盖蕨科)

疏叶乌头 Aconitum parcifolium Q.E.Yang & Z.D.Fang (毛茛科)

疏叶香根芹 Osmorhiza aristata var. laxa (Royle) Constance & Shan(伞形科),*香根芹*

疏叶崖豆 Millettia pulchra var. laxior (Dunn) Z.Wei(豆科),*老秧叶,小牛力,土甘草,疏叶崖豆藤*

疏叶崖豆藤(中药辞海)=疏叶崖豆

疏叶珠蕨(台湾志)=稀叶珠蕨

疏叶总梗委陵菜 Potentilla peduncularis var. elongata Yü & Li(蔷薇科)

疏羽半边旗 Pteris dissitifolia Bak.(凤尾蕨科),*大半边旗*

疏羽叉蕨 Tectaria remotipinna Ching & C.H. Wang (叉蕨科)

疏羽短肠蕨(分类学报)=毛柄短肠蕨

疏羽峨眉蕨(蕨类形态)=河北峨眉蕨

疏羽耳蕨 Polystichum disjunctum Ching ex W. M.Chu & Z.R.He(鳞毛蕨科)

疏羽复叶耳蕨 Arachniodes sparsa Ching(鳞毛蕨科)

疏羽假冷蕨(西藏志)=三角叶假冷蕨

疏羽金星蕨(蕨类图说)=疏羽凸轴蕨

疏羽肋毛蕨 Ctenitis submariformis Ching & C. H.Wang (叉蕨科)

疏羽毛蕨 Cyclosorus dissitus Ching ex Shing (金星蕨科)

疏羽碎米蕨 Cheilosoria belangeri (Bory) Ching & Shing (中国蕨科)

疏羽蹄盖蕨 Athyrium nephrodioides (Bak.) Christ(蹄盖蕨科)

疏羽铁角蕨 Asplenium subtenuifolium (Christ) Ching & S.H.Wu(铁角蕨科)

疏羽凸轴蕨 Metathelypteris laxa (Franch. & Sav.) Ching (金星蕨科),*疏羽金星蕨,假疏羽凸轴蕨*

疏原鸢尾 Iris hexagona var. savannarum R. Foster (鸢尾科)

疏枝大黄 Rheum kialense Franch.(蓼科) ,*蟹甲状酸模*

疏枝泡花树 Meliosma longipes Merr.(清风藤科)

舒城薹草 Carex shuchengensis S.W.Su & Q. Zhang (莎草科)

舒尔茨秋海棠 Begonia schulzziana Urb. & Ekm. (秋海棠科)

舒筋草(贵州方药集)=垂穗石松

舒筋草(四川)=渐尖毛蕨

舒筋草(四川)=圆枝卷柏

舒筋草(四川中草药)=齿牙毛蕨

舒筋草(四川中药志)=藤石松

舒筋散(勐海傣语)=嘉兰

蔬菠萝(生草药手册)=露兜树

蔬花刺果卫矛 Euonymus acanthocarpus var. sutchuenensis Franch. ex Loes.(卫矛科)

蔬花薹草 Carex laxiflora Lamarck.(莎草科)

蔬食埃塔棕 Euterpe oleracea Mart.(棕榈科)

蔬蓏(群芳谱)=冬瓜

熟瓜(本草从新)=甜瓜

暑气花(植物志 49-2)=蜀葵

黍(本草纲目)=稷

黍落芒草 Oryzopsis miliacea Benth. & HK.(禾本科)

黍属 Panicum L.(禾本科)

黍状距花黍 Ichnanthus panicoides Beauv.(禾本科)

署草(陕西)=牛至

鼠鞭草 Hybanthus enneaspermus (L.) F.v.Muell. (堇菜科)

鼠鞭草属 Hybanthus Jacq.(堇菜科)

鼠刺(台湾志)=台湾鼠刺

鼠刺 Itea chinensis HK. & Arn.(虎耳草科),*老鼠刺,中国拟铁*

鼠刺含笑 Michelia iteophylla C.Y.Wu(木兰科)

鼠刺叶柯 Lithocarpus iteaphyllus (Hance) Rehd.(壳斗科)

鼠刺叶乌饭树(云南药用名录)=黄背越桔

鼠刺属 Itea L.(虎耳草科)

鼠大麦 Hordeum murinum L.(禾本科)

鼠豆(图考)= 黧豆

鼠耳(名医别录)=鼠麴草

鼠耳草(中药志)=锡生藤
鼠耳芥 Arabidopsis thaliana (L.) Heynh.(十字花科),*拟南芥菜*
鼠耳芥属 Arabidopsis(DC.)Heynh.(十字花科)
鼠妇草 Eragrostis atrovirens (Desf.) Trin. ex Steud. (禾本科),*卡氏画眉草*
鼠冠黄鹌菜 Youngia cineripappa (Babcock) Babcock & Stebbins(菊科),*灰毛黄鹌菜*
鼠梨(陆玑诗疏)=豆梨
鼠李(江苏)=冻绿
鼠李 Rhamnus davurica Pall.(鼠李科),*臭李子,大绿,女儿茶,牛李子,达乌里鼠李*
鼠李冬青(广西药用名录)=满树星
鼠李科 Rhamnaceae
鼠李叶花楸 Sorbus rhamnoides (Dcne.) Rehd. (蔷薇科)
鼠李叶守宫木 Sauropus rhammoides Bl. (大戟科)
鼠李属 Rhamnus L.(鼠李科)
鼠李状山漆茎(科学)=小叶黑面神
鼠毛菊 Epilasia hemilasia (Bge.) C.B.Clarke(菊科),*腰毛果,环子苣,腰毛鼠菊*
鼠毛菊属 Epilasia (Bge.) Benth.(菊科)
鼠茅 Vulpia myuros (L.) C.C.Gmel.(禾本科),*鼠尾乌尔波草*
鼠茅属 Vulpia C.C.Gmel.(禾本科),*乌尔波草属*
鼠米(福建中草药)=铁包金
鼠木(中草药汇编)=柞木
鼠奶子(中药大辞典)=琴叶榕
鼠皮树 Rhamnoneuron balansae (Frake) Gilg(瑞香科),*粗皮树,剥皮树*
鼠皮树属 Rhamnoneuron Gilg.(瑞香科)
鼠曲草(吉林中草药)=湿生鼠麴草
鼠曲草(中药辞海)=鼠麴草
鼠麴雪兔子 Saussurea gnaphaloides (Royle) Sch.-Bip. (菊科)
鼠麴草 Gnaphalium affine D.Don(菊科),*佛耳草,黄花仔草,毛耳朵,米曲,清明香,鼠耳,鼠曲草,水菊,水蚁草,香茅,追骨风*
鼠麴草属 Gnaphalium L.(菊科)
鼠麴火绒草 Leontopodium forrestianum Hand.-Mazz. (菊科)
鼠麴蚤草 Pulicaria gnaphaloides (Vent.) Boiss. (菊科)
鼠雀菜(四川忠县)=血盆草
鼠舌草(四川峨眉)=隆脉冷水花
鼠矢枣(浙江)=猫乳
鼠尾(中药志)=荜茇
鼠尾巴(四川)=犁头尖
鼠尾草 Salvia japonica Thunb.(唇形科),*勒,山梭翘,水青,乌草,秋丹参,消炎草,霸王鞭,翅柄变型*
鼠尾草叶荆芥 Nepeta salviaefolia Royle ex Benth. (唇形科)
鼠尾草属 Salvia L.(唇形科)
鼠尾草状水蜡烛 Dysophylla myosuroides Benth.(唇形科)
鼠尾红(台湾植物名录)=爵床
鼠尾滑草(广州志)=鼠尾囊颖草
鼠尾癀(福建中草药)=爵床
鼠尾癀(台湾青草药)=引生草
鼠尾囊颖草 Sacciolepis myosuroides (R.Br.) A. Chase ex E.G.Camus & A.Camus(禾本科)*鼠尾滑草*
鼠尾牛顿草(福建中草药)=鼠尾粟
鼠尾粟(新拉汉英)=钩稃草
鼠尾粟 Sporobolus fertilis (Steud.) W.D.Clayt. (禾本科),*线香草,老鼠尾,鼠尾牛顿草,长鼠尾粟*
鼠尾粟属 Sporobolus R.Br.(禾本科)
鼠尾薹草 Carex myosurus Nees(莎草科)
鼠尾乌尔波草(新拉汉英)=鼠茅
鼠尾香薷 Elsholtzia myosurus Dunn(唇形科),*大香花棵,大香兰麻木棵,疳积散,理肺散,密花香薷,四楞蒿,土藿香,香紫苏*
鼠尾岩须 Cassiope myosuroides W.W.Sm.(杜鹃花科)
鼠尾蚤草 Pulicaria salviifolia Bge.(菊科)
鼠尾掌 Aporocactus flagelliformis (L.) Lem.(仙人掌科)
鼠尾掌属 Aporocactus Lem.(仙人掌科)
鼠尾紫云菜 Strobilanthes myura R.Ben.(爵床科)
鼠牙半枝莲(江西草药)=佛甲草
鼠叶小檗 Berberis iteophylla C.Y.Wu ex S.Y. Bao (小檗科),*柳叶小檗*
鼠粘根(延年方)=牛蒡
鼠掌草(中药大辞典)=鼠掌老鹳草
鼠掌老鹳草 Geranium sibiricum L.(牻牛儿苗科),*西伯利亚老鹳草,鼠掌草*
鼠梓子(纲目)=女贞
蜀柏木(树木分类学)=塔枝圆柏
蜀报春(拉汉名称)=城口报春
蜀藏兜蕊兰 Androcorys spiralis T.Tang & F.T. Wang (兰科)
蜀侧金盏花 Adonis sutchuenensis Franch.(毛茛科),*毛黄连,毛名*
蜀鄂冬青(四川志)=华中枸骨
蜀季花(植物志 49-2)=蜀葵
蜀椒(本草经)=花椒
蜀椒(图考)=竹叶花椒
蜀椒 Zanthoxylum szenchuanense Fang & Meng? (芸香科),*毛叶花椒*
蜀芥(纲目,蜀本草)=白芥
蜀堇(图经本草)=紫堇
蜀葵 Althaea rosea (L.) Cavan.(锦葵科),*阿克米依里,白淑气花,白蜀葵,侧金盏,镲钹花,吃罗汤尔布,大蜀季,单片花,擀杖花,果木花,鸡冠花,木槿花,蜀葵花,蜀葵苗,蜀其花,小蜀芪,一丈花*
蜀葵花(千金-令治,湖南)=蜀葵
蜀葵苗(纲目)=蜀葵
蜀葵叶薯蓣 Dioscorea althaeoides R.Knuth(薯蓣科),*龙骨七,生塔,细山药*
蜀葵属 Althaea L.(锦葵科)
蜀柳(纲目)=柽柳
蜀漆(苗的药材名)=常山
蜀芪花(植物志 49-2)=蜀葵
蜀其花(本草推陈)=蜀葵
蜀气花(植物志 49-2)=蜀葵
蜀桑(名医别录)=芫花
蜀秫(纲目)=高粱
蜀黍(博物志)=高粱
蜀黍亚族(植物学大辞典)=**高粱属**
蜀铁线蕨 Adiantum edentulum f. refractum (Christ) Y.X.Lin (铁线蕨科)
蜀五加 Acanthopanax setchuenensis Harms ex Diels(五加科),*四川五加*
蜀西黄芪 Astragalus souliei Simps.(豆科)
蜀西香青 Anaphalis souliei Diels(菊科)
蜀羊泉(本经)=白英
蜀羊泉(图考)=青杞
蜀榆 Ulmus bergmanniana var. lasiophylla Schneid. (榆科),*西蜀榆*
蜀枣(本经)=山茱萸
蜀枣 Ziziphus xiangchengensis C.L.Chen & P.K. Chou (鼠李科)
蜀脂(名医别录)=黄芪
薯豆(植物志 49-1)=日本杜英
薯根延胡索 Corydalis ledebouriana Kar & Kir. (罂粟科),*对叶元胡,元胡*
薯莨 Dioscorea cirrhosa Lour.(薯蓣科),*避血雷,孩儿血,红孩儿,红药子,酱头,山羊头,血当归,赭魁,朱砂莲,朱砂七,猪番薯*
薯叶藤 Bauhinia dioscoreifolia L.Chen(豆科)
薯叶细辛(江西,安徽)=福建细辛
薯蓣 Dioscorea polystachy Turcz. (薯蓣科),*恒春山药,怀山,怀山药,戟叶薯蓣,零余子,面山药,淮山,山药,野脚板薯,野山豆,野山药*
薯蓣疆南星 Arum dioscoridis Sibth & Sm.(天南星科)
薯蓣科 Dioscoreaceae
薯蓣属 Dioscorea L.(薯蓣科)
薯蔗(南部赋)=甘蔗
薯仔(广西)=褐苞薯蓣
曙南芥 Stevenia cheiranthoides DC.(十字花科),*山葶苈,施第芥*
曙南芥属 Stevenia Adams & Fisch.(十字花科)
术(本经)=白术
术(苏南植物手册)=苍术
术活(四川中草药)=落新妇
术苗(本草经集注)=白术
术叶合耳菊 Synotis atractylidifolia (Ling) C. Jeffr. & Y.L.Chen(菊科),*术叶千里光*
术叶千里光(高等图鉴)=术叶合耳菊
束果茶藨子 Ribes takare var. desmocarpum (HK.f. & Thoms.) L.T.Lu (虎耳草科)
束花报春(拉汉名称)=束花粉报春
束花粉报春 Primula fasciculata Balf.f. & Ward (报春花科),*束花报春*
束花凤梨 Tillandsia fasciculata Sw.(凤梨科)
束花凤仙花 Impatiens desmantha HK.f.(凤仙花科)
束花蓝钟花 Cyananthus fasciculatus Marq.(桔梗科)
束花芒毛苣苔 Aeschynanthus hookeri Clarke (苦苣苔科)
束花石斛 Dendrobium chrysanthum Lindl.(兰科),*金兰,大黄草,水打棒,水马棒,黄草石斛*
束花铁马鞭 Lespedeza fasciculiflora Franch.(豆科)
束花紫金牛(Flora 16)=滇东紫金牛
束花紫金牛 Ardisia botryosa Walker(紫金牛科)
束伞女蒿 Hippolytia desmantha Shih(菊科)
束伞亚菊 Ajania parviflora (Grün.) Ling(菊科),*小花亚菊*
束生雀麦 Bromus fasciculatus C.Presl.(禾本科)
束丝菝葜 Smilax hemsleyana Craib(百合科)
束尾草 Phacelurus latifolius (Stend.) Ohwi (禾本科),*鸟秋,芦秋,立秋,兰苇*
束尾草属 Phacelurus Griseb.(禾本科)
束乌尔波草 Vulpia fasciculata (Forssk.) Fristsch. (禾本科)
束序双稃草 Diplachne fascicularis (Lam.) Beauv. (禾本科)
束序苎麻 Boehmeria siamensis Craib (荨麻科),*八楞马,大接骨,大糯叶,老母猪挂面,牛鼻子树,双合合,暹罗苎麻,牙呼光,野麻,野苎麻*
束腰葫芦(江苏)=小葫芦
束状史密斯鼠李 Rhamnus smithii var. fasciculata (Greene) C.B.Wolf.(鼠李科)

树八咱(云南)=长梗润楠
树八爪龙(云南志)=双蕊野扇花
树斑鸠菊 Vernonia arborea Buch.-Ham.(菊科)
树扁竹(思茅中草药)=鸢尾兰
树波罗(广州)=波罗蜜
树菜(本草推陈)=楤木
树参 Dendropanax dentiger (Harms) Merr.(五加科),*白山鸡骨,半边枫,半枫荷,边荷枫,枫荷桂,枫荷梨,木荷枫,木五加,偏荷枫,香枫桃,小荷枫,谢氏杞李葠,鸭脚木*
树参属 Dendropanax Decne. & Planch.(五加科),*隐蓑属,杞李葠属,木五加属*
树草莲(中草药汇编)=金线兰
树葱(云南中草药选,高等图鉴)=指叶毛兰
树葱(中草药汇编)=印缅金钗股
树地瓜(四川中草药)=菱叶冠毛榕
树刁(中草药汇编)=点花黄精
树吊(四川)=点花黄精
树顶豆(云南)=顶果树
树冬瓜(云南玉溪)=番木瓜
树豆(广西药用名录)=木豆
树番茄 Cyphomandra betacea Sendt.(茄科),*缅茄*
树番茄属 Cyphomandra Sendt.(茄科)
树枫杜鹃 Rhododendron changii (Fang) Fang(杜鹃花科)
树甘草(云南药用名录)=裂果金花
树葛(植物志 44-2)=木薯
树骨碎补(中草药汇编)=栎叶槲蕨
树花菜(南江)=长圆青荚叶
树黄芪 Astragalus dendroides Kar. & Kir.(豆科)
树火麻(云南植物名录)=火麻树
树火麻属(植物志 23-2)=**火麻树属**
树鸡屎藤(中草药汇编)=粗叶木
树茭瓜(思茅中草药)=纹瓣兰
树胶桉 Eucalyptus resinifera Sm.(桃金娘科)
树胶状相思树 Acacia retinodes Schlch.(豆科)
树节(广东海康)=假桂乌口树
树锦鸡儿 Caragana arborescens Lam.(豆科),*蒙古锦鸡儿,陶日格-哈日嘎纳*
树韭菜(贵州民间药物)=平肋书带蕨
树救主(中草药汇编)=小花八角
树苣苔属 Kohleria Rgl.(苦苣苔科)
树蕨萁(云南药用名录)=半园盖阴石蕨
树兰(台湾)=米仔兰
树梨(纲目)=豆梨
树莲藕(广西临桂)=短刺虎刺
树林株(药用志)=峨眉耳蕨
树萝卜(云南中草药)=大花树萝卜
树萝卜 Agapetes moorei Hemsl.(杜鹃花科)
树萝卜属 Agapetes D.Donex G.Don (杜鹃花科),*爱花属*
树锣卜(思茅中草药)=灯笼花
树莓 (太白山)=多腺悬钩子
树莓(纲目,贵州)=山莓
树梅(福建)=杨梅
树棉 Gossypium arboreum L.(锦葵科),*中棉,棉花,印度棉,棉花仔,棉花壳*
树葡萄(云南金平)=木奶果
树杞(台湾)=多枝紫金牛
树千牛 Ipomoea carnea subsp. fistulosa (Mart. ex Choisy) D.F.Austin(旋花科)
树牵牛 Ipomoea fistulosa Mart. ex Choisy(旋花科),*印度旋花*
树茄花(植物志 49-2)=蜀葵
树绒兰(台湾志)=台湾毛兰
树三加(浙药志)=吴茱萸五加
树三七(云南中草药)=平卧菊三七
树上瓜子(广西)=眼树莲
树上猴姜(中草药汇编)=栎叶槲蕨
树舌蕨 Dendroglossa normalis (J.Sm.) Presl (水龙骨科)
树舌蕨属 Dendroglossa Presl (水龙骨科)
树生杜鹃 Rhododendron dendrocharis Franch.(杜鹃花科)
树生越桔 Vaccinium dendrocharis Hand.-Mazz.(杜鹃花科)
树石竹 Dianthus arboreus L.(石竹科)
树唐棣 Amelanchier arbora (Michxf.) Fern.(蔷薇科)
树头芭蕉(植物志 16-2,云南南部)=象头蕉
树头芭蕉 Musa wilsonii Tutch.(芭蕉科),*野芭蕉,桂香,若阿泡,若阿窝*
树头菜 Crateva unilocularis Buch.-Ham.(山柑科),*鹅脚木,虎王,鸡爪菜,苦洞树,龙头花,帕贡,四方灯盏,鱼木*
树头花 Murdannia stenothyrsa (Diels) Hand.-Mazz. (鸭跖草科)
树头木 Borassodendron machadonis (Ridl.) Becc. (棕榈科)
树头木属 Borassodendron Becc.(棕榈科)
树五加(峨眉药用植物)=异叶梁王茶
树形杜鹃 Rhododendron arboreum Smith(杜鹃花科)
树形针毛蕨 Macrothelypteris ornata (Bedd.) Ching(金星蕨科)
树志楼梯草 Elatostema shuzhii W.T.Wang(荨麻科)
树状黄牛木 Cratoxylum arborescens Bl.(藤黄科)
树状麻黄 Ephedra procera Fisch. & Mey(麻黄科)
树状美洲茶 Ceanothus arboreus Greene (鼠李科)
树状欧石南 Erica arborea L.(杜鹃花科)
树状牵牛 Ipomoea arborescens Don (旋花科)
树状石杉(分类学报)=玉柏
树仔菜(海南)=守宫木
竖豆(广群芳谱)=蚕豆
竖立鹅观草 Roegneria japonensis (Honda) Keng (禾本科)
竖毛马唐 Digitaria stricta Roth ex Roem. & Schult. (禾本科)
竖枝景天(拉汉名称)=长鞭红景天
数花堇菜(新)Viola conspersa Reichb.(堇菜科),*多花堇菜*
数珠珊瑚(科属词典修订)=蕾芬
数珠珊瑚属(科属词典修订)=**蕾芬属**

Shua

刷把草(四川石柱县)=尖叶五匹青
刷把草(四川中药志)=短梗柳叶菜
刷把细辛(贵州药用名录)=绿茎还阳参
刷经寺乌头 Aconitum fangianum W.T.Wang(毛茛科)
刷空母树(海南)=海南紫荆木
刷木(广东封川)=檫木
刷子头(指示植物)=棒锤草

Shuai

衰老葶苈 Draba senilis O.E.Schulz(十字花科),*匍匐葶苈,复合葶苈*
衰衣莲(植物志 74)=马兰
帅子色巴(德钦藏语)=灰绿黄堇

Shuan

栓翅地锦 Parthenocissus suberosa Hand.-Mazz.(葡萄科),*栓翅爬山虎*
栓翅爬山虎(分类学报)=栓翅地锦
栓翅卫矛 Euonymus phellomanus Loes.(卫矛科),*翅卫矛,八肋木,白檀子,约哦*
栓果菊(植物志 80-1)=假小喙菊
栓果菊属 Launaea Cass.(菊科)
栓果芹 Cortiella hookeri (C.B.Clarke) Norm.(伞形科)
栓果芹属 Cortiella Norm.(伞形科)
栓壳红山茶 Camellia phellocapsa Chang & B.K. Lee (山茶科)
栓皮红山茶 Camellia phelloderma Chang,Liu & Zhang (山茶科)
栓皮栎 Quercus variabilis Bl.(壳斗科),*软木栎,粗皮青冈,青杠碗,粗皮栎,白麻栎,塔形栓皮栎*
栓皮木姜子 Litsea suberosa Yang & P.H.Huang (樟科)
栓皮槭(新拉汉英)=桐状槭
栓皮榆(东北木本志)=春榆
栓叶安息香 Styrax suberifolius HK. & Arn.(安息香科),*赤皮,赤血仔,赤仔尾,稠树,红皮,红皮树,狐狸公,铁甲子,叶下白,粘高树*
栓叶翅子树 Pterospermum suberifolium Lam.(梧桐科)
栓叶猕猴桃 Actinidia suberifolia C.Y.Wu(猕猴桃科)

Shuang

双柏复叶耳蕨 Arachniodes shuangbaiensis Ching (鳞毛蕨科)
双柏假毛蕨 Pseudocyclosorus shuangbaiensis Ching ex Y.X.Lin (金星蕨科)
双柏薹草 Carex shuangbaiensis L.K.Dai(莎草科)
双斑叠石斛 Dendrobium aurantiacum var. zhaojuense (S.C.Sun & L.G.Xu) Z.H.Tsi(兰科)
双斑黄堇 Corydalis bimaculata C.Y.Wu & Z.Y. Su (罂粟科)
双板斑叶兰(台湾志)=长叶斑叶兰
双板芋兰(台湾志)=台湾美冠兰
双瓣木犀 Osmanthus didymopetalus P.S.Green (木犀科)*离瓣木犀*
双胞耳蕨 Polystichum bigemmatum Ching ex L.L.Xiang (鳞毛蕨科)
双被杜鹃 Rhododendron bivelatum Balf.f.(杜鹃花科)
双臂长足兰(分类学报)=长足兰
双边栝楼 Trichosanthes rosthornii Harms(葫芦科),*中华栝楼,天花粉,栝楼*
双参 Triplostegia glandulifera Wall. ex DC.(川续断科),*都拉参,肚拉,肚拉参,萝卜参,土败酱,土洋参,西南囊苞花,一支蒿*
双参属 Triplostegia Wall. ex DC.(川续断科)
双叉草(四川)=马蹄芹
双叉细柄茅 Ptilagrostis dichotoma Keng(禾本科)
双齿冬青 Ilex bidens C.Y.Wu ex Y.R.Li(冬青科)
双齿风毛菊 Saussurea lavrenkoana Lipsch.(菊科)
双齿胡氏木(植物图谱)=双齿山茉莉
双齿山茉莉 Huodendron biaristatum (W.W.Sm.) Rehd. (安息香科),*云贵山茉莉,双齿胡氏木,螺丝木*
双齿肾蕨(蕨类图说)=长叶肾蕨
双翅爵床(中药辞海)=楠草

双翅舞花姜 Globba schomburgkii HK.f.(姜科)
双翅香椿(武汉植物研究)=红椿
双唇蕨 Schizoloma ensifolium (Sw.) J.Sm.(陵齿蕨科),*拟凤尾蕨*
双唇蕨属 Schizoloma Gaud.(陵齿蕨科)
双唇兰 Didymoplexis pallens Griff.(兰科),*鬼兰*
双唇兰属 Didymoplexis Griff.(兰科)
双唇书带蕨(西藏志)=唇边书带蕨
双唇象牙参(植物志 16-2)=早花象牙参
双刺茶藨子 Ribes diacanthum Pall.(虎耳草科),*楔叶茶藨,乌混-少布特日,二刺茶藨*
双刺藤(植物志 48-1)=对刺藤
双袋兰 Disperis siamensis Rolfe ex Downie(兰科)
双袋兰属 Disperis Sw.(兰科)
双点毛兰 Eria bipunctata Lindl.(兰科),*多节毛兰*
双点獐牙菜(植物志 62)=獐牙菜
双盾木 Dipelta floribunda Maxim.(忍冬科),*双楯*
双盾木属 Dipelta Maxim.(忍冬科)
双萼观音草 Peristrophe bicalyculata (Retz.) Nees(爵床科)
双萼景天 Sedum didymocalyx Fröd.(景天科)
双耳密花豆 Spatholobus biauritus Wei(豆科)
双耳南星 Arisaema biauriculatum W.W.Sm. ex Hand.-Mazz.(天南星科),*半夏*
双耳蛇(植物志 71-1)=水锦树
双飞蝴蝶(广西中药志)=蝙蝠草
双飞蝴蝶(广药手册)=洋紫荆
双飞蝴蝶(江西)=七层楼
双飞蝴蝶(南宁药志)=娃儿藤
双飞蝴蝶(中草药汇编)=通天连
双粉照水型 Armeniaca mume var. pendula f. modesta T.Y.Chen(蔷薇科)
双凤尾草(四川中药志)=金鸡脚假瘤蕨
双稃草 Diplachne fusca (L.) Beauv.(禾本科)
双稃草属 Diplachne Beauv.(禾本科)
双盖蕨 Diplazium donianum (Mett.)Tard.-Blot(蹄盖蕨科),*大羽双盖蕨,细柄双盖蕨,梳篦叶*
双盖蕨属 Diplazium Sw.(蹄盖蕨科)
双根藤(广东)=南山藤
双钩藤(云南经济植物)=平滑钩藤
双钩藤(云南中草药选)=大叶钩藤
双股箭(昆明草药)=心叶兔儿风
双果冬青 Ilex dicarpa Y.R.Li(冬青科)
双果荠 Megadenia pygmaea Maxim.(十字花科),*大腺荠*
双果荠属 Megadenia Maxim.(十字花科)
双果桑 Streblus macrophyllus Bl.(桑科)
双合合(图考)=元宝草
双合合(云南)=束序苎麻
双核枸骨 Ilex dipyrena Wall.(冬青科),*二核冬青,刺叶冬青*
双湖假蒜芥 Sisymbriopsis shuanghuica (K.C. Kuan & Z.X.An) Al-Shehbaz et al.(十字花科),*双湖念珠芥*
双湖碱茅 Puccinellia shuanghuensis L.Liu(禾本科)
双湖念珠芥(植物志 33)=双湖假蒜芥
双蝴蝶(湖北恩施)=峨眉繁缕
双蝴蝶(天目药志)=省沽油
双蝴蝶 Tripterospermum chinense (Migo) H.Sm.(龙胆科),*肺形草,蝴蝶草,花蝴蝶,大叶竹叶青,胡地莲*
双蝴蝶属 Tripterospermum Bl.(龙胆科)

双花(广西全州)=淡红忍冬
双花(江苏验方草药选)=忍冬
双花斑叶兰(台兰科图鉴)=大花斑叶兰
双花报春 Primula diantha Bur. & Franch.(报春花科)
双花草 Dichanthium annulatum (Forssk.) Stapf (禾本科)
双花草属 Dichanthium Willemet(禾本科)
双花耳草 Hedyotis biflora (L.) Lam.(茜草科)
双花狗牙根 Cynodon dactylon var. biflorus Merino(禾本科)
双花红门兰(秦岭志)=二叶红门兰
双花华蟹甲 Sinacalia davidii (Franch.) Koyama (菊科),*双舌蟹甲草*
双花假卫矛 Microtropis bilfora Merr. & Freem. (卫矛科)
双花金丝桃 Hypericum geminiflorum Hemsl. (藤黄科)
双花堇菜 Viola biflora L.(堇菜科),*短距黄堇,李生堇菜,好斯-其文图-尼勒格,短距黄花堇菜,谷穗补*
双花毛兰 Eria biflora Griff.(兰科)
双花木 Disanthus cercidifolius Maxim.(金缕梅科)
双花木属 Disanthus Maxim.(金缕梅科)
双花千里光(中药辞海)=网脉橐吾
双花鞘花 Macrosolen bibracteolatus (Hance) Danser (桑寄生科)
双花秋海棠 Begonia biflora Ku(秋海棠科)
双花山樱桃 Cerasus cyclamina var. biflora (Koehne) Yü (蔷薇科)
双花石豆兰 Bulbophyllum biflorum Teijsm & Binn.(兰科)
双花石斛 Dendrobium furcatopedicellatum Hay.(兰科)
双花委陵菜 Potentilla biflora Willd. ex Schlecht. (蔷薇科)
双花香草 Lysimachia biflora C.Y.Wu(报春花科)
双喙虎耳草 Saxifraga davidii Franch.(虎耳草科)
双脊草(拉汉名称)=盐泽双脊荠
双脊草属(科属辞典)=**双脊荠属**
双脊荠(植物志 33)=泉沟子荠
双脊荠属 Dilophia Thoms.(十字花科),*双脊草属*
双荚决明 Cassia bicapsularis L. (豆科),*腊肠仔树*
双尖苎麻 Boehmeria bicuspis C.J.Chen(荨麻科)
双剪草(贵州草药)=长叶吊灯花
双江谷精草 Eriocaulon acutibracteatum W.L. Ma (谷精草科)
双角草 Diodia virginiana L.(茜草科),*大钮扣草*
双角草属 Diodia L.(茜草科)
双角凤仙花 Impatiens bicornuta Wall.(凤仙花科)
双角龙(广西)=华南云实
双角蒲公英 Taraxacum bicorne Dahlst.(菊科)
双节山蚂蝗(台湾志)=两节假木豆
双节早熟 Poa binodis Keng(禾本科)
双金钱(福建中草药)=排钱树
双茎柴胡(中草药汇编)=锥叶柴胡
双锯齿秋海棠 Begonia biserrata Lindl.(秋海棠科)
双锯叶玄参(Flora 18)=台湾玄参
双葵花(贵州民间药物)=短葶飞蓬
双稜斑叶兰(台兰科图鉴)=长叶斑叶兰

双辽薹草 Carex platysperma Y.L.Chang & Y.L. Yang (莎草科)
双裂泡花树 Meliosma bifida Law(清风藤科)
双翎草(昆明)=鸡骨柴
双龙麻消(江西)=杜衡
双隆芋(广西凌乐) =天南星
双轮果(甘肃)=金钱槭
双脉囊薹草 Carex handelii Kükenth.(莎草科)
双漫草(海南)=紫苏草
双毛草 Dichelachne crinita (L.f.) HK.f.(禾本科)
双毛草属 Dichelachne Endl.(禾本科)
双目灵(广部中草药手册)=蛇王藤
双牌阴山荠 Yinshania rupicola subsp. shuangpaiensis (Z.Y.Li) Al-Shehbaz et al.(十字花科)
双盘草(四川)=单花遍地金
双胚庭荠(种子植物名称补编)=西伯利亚庭荠
双片苣苔 Didymostigma obtusum W.T.Wang(苦苣苔科),*唇柱苣苔*
双片苣苔属 Didymostigma W.T.Wang(苦苣苔科)
双飘树(中药大辞典)=鹅掌楸
双歧繁缕(拉汉名称)=叉歧繁缕
双歧卫矛 Euonymus distichus Lévl.(卫矛科)
双球芹 Schrenkia vaginata (Ledeb.) Fisch. & Meyer(伞形科)
双球芹属 Schrenkia Fisch. & Meyer (伞形科)
双球银叶花 Argyroderma testiculare (Ait.) N.E. Br. (番杏科)
双趋芥(科属辞典)=二行芥
双仁(荆州中草药)=藏南舌唇兰
双蕊兰 Diplandrorchis sinica S.C.Chen(兰科)
双蕊兰属 Diplandrorchis S.C.Chen (兰科)
双蕊鼠尾粟 Sporobolus diander (Retz.) Beauv.(禾本科)
双蕊野扇花 Sarcococca hookeriana var. digyna Franch. (黄杨科),*树八爪龙*
双三银桦 Grevillea triternata R.Br.(山龙眼科)
双色稠李(新)Prunus bicolor Koehne?(蔷薇科)
双色钩粉草(新)Pseuderanthemum bicolor (Shrank.) Radlk.?(爵床科)
双色龙胆(植物志 62)=蓝玉簪龙胆
双色须花藤(新)Genianthus bicoronatus Klack. (萝藦科)
双扇蕨 Dipteris conjugata (Kaulf.) Reinw.(双扇蕨科),*灰背双扇蕨*
双扇蕨科 Dipteridaceae
双扇蕨属 Dipteris Reinw.(双扇蕨科)
双舌千里光 Senecio biligulatus W.W.Sm.(菊科)
双舌蟹甲草(高等图鉴)=双花华蟹甲
双舌蝇子草 Silene bilingua W.W.Sm.(石竹科)
双肾参(云南)=厚瓣玉凤花
双肾草(甘肃,四川)=婆婆纳
双肾草(四川中草药)=葱叶兰
双肾草(新华本草纲要)=龙头兰
双肾草(云南)=厚瓣玉凤花
双肾子(思茅中草药)=鹅毛玉凤花
双生短肠蕨 Allantodia prolixa (Rosenst.) Ching (蹄盖蕨科),*密集短肠蕨*
双生类雀稗 Paspalidium geminatum (Forssk.) Stapf (禾本科)
双生马先蒿 Pedicularis binaria Maxim.(玄参科)
双生脉相思树 Acacia binervia Macbr.(豆科)
双生隐盘芹 Cryptodiscus didymus (Regel) Korov(伞形科)
双室木五加(分类学报,广西植物名录)=双室树参

双室树参 Dendropanax bilocularis C.N.Ho(五加科),*双室木五加*
双楯(树木分类学)=双盾木
双穗麻黄 Ephedra distachya L.(麻黄科)
双穗飘拂草 Fimbristylis subbispicata Nees & Meyen (莎草科)
双穗求米草 Oplismenus undulatifolius var. binatus S.L.Chen & Y.X.Jin (禾本科)
双穗雀稗 Paspalum paspaloides (Michx.) Scribn. (禾本科)
双穗须芒草 Andropogon distachyus L.(禾本科)
双穗野黍 Eriochloa distachya H.B.K.(禾本科)
双条带姬凤 Cryptanthus bivittatis Rgl.(凤梨科)
双铜锤(甘肃,四川)=婆婆纳
双头楼梯草 Elatostema didymocephalum W.T. Wang (荨麻科)
双凸戟叶蓼 Polygonum biconvexum Hay.(蓼科)
双喜草(湖南)=华重楼
双腺野海棠 Bredia biglandularis C.Chen(野牡丹科)
双雄雀麦 Bromus diandrus Roth(禾本科),*两雄雀麦*
双芽(江苏)=绵枣儿
双眼灵(广东)=荫莲
双眼龙(植物志 44-2)=巴豆
双药芒 Diandranthus nudipes (Griseb.) L.Liu(禾本科),*光柄芒*
双药芒属 Diandranthus L.Liu(禾本科)
双叶厚唇兰 Epigeneium rotundatum (Lindl.) Summerh. (兰科)
双叶黄藤 Daemonorops didymophylla Becc.(棕榈科)
双叶假脉蕨 Crepidomanes palmifolium (Hay.) Devol.(膜蕨科)
双叶卷瓣兰 Bulbophyllum wallichii Rchb.f.(兰科)
双叶梅花草 Parnassia bifolia Nekrass.(虎耳草科),*二叶梅花草*
双叶曲唇兰(分类学报)=曲唇兰
双叶舌唇兰 Platanthera bifolia (L.) L.(兰科)
双叶细辛 Asarum caulescens Maxim.(马兜铃科),*乌金草*
双叶岩珠(广东)细叶石仙桃
双叶羊耳蒜(台湾志)=玉簪羊耳蒜
双翼豆(豆科图说)=盾柱木
双褶贝母兰 Coelogyne stricta (D.Don) Schltr. (兰科)
双珠母(中药大辞典)=鸡麻
双柱柃 Eurya bifidostyla Feng & Mao(山茶科)
双柱柳 Salix bistyla Hand.-Mazz.(杨柳科)
双柱木(广西平南)=假鹰爪
双柱蛇菰属(科属检索表)=**盾片蛇菰属**
双柱薹草 Carex neodigyna P.C.Li(莎草科)
双柱头藨草 Scirpus distigmaticus (Kükenth.) Tang & Wang(莎草科)
双柱紫草 Coldenia procumbens L.(紫草科)
双柱紫草属 Coldenia L.(紫草科)
双籽藤(中药辞海)=双籽棕
双籽藤黄 Garcinia tetralata C.Y.Wu ex Y.H.Li (藤黄科),*黄皮果*
双籽棕 Arenga caudata (Lour.) H.E.Moore(棕榈科),*大幅棕,野棕,山棕,双籽藤*
双子柏(中国树木学)=叉子圆柏
双子冬青(峨眉图志)=刺叶冬青
双子素馨 Jasminum dispermum Wall.(木犀科),*印度素馨*

霜不老(福建,湖南)=芥
霜粉黑果小檗 Berberis glaucocarpa Stapf (小檗科)
霜红藤(拉汉名称)=大芽南蛇藤
霜降花(福建中草药)=木芙蓉
霜降胶木(广西)=米扬噎
霜降子(中药大辞典)=茶荚蒾
霜梅(纲目)=梅
霜坡虎(广西中草药)=地果
霜葡萄(新拉汉英)=心叶葡萄
爽快秋海棠 Begonia deliciosa Lind. ex Fortsch (秋海棠科)

Shui

水艾(江苏)=蒌蒿
水案板(四川)=莼菜
水案板(四川,贵州)=眼子菜
水案板(西藏中草药)=浮叶眼子菜
水八角(Flora 17)=白花水八角
水八角(分类草药性)=掌裂叶秋海棠
水八角(贵州)=裂叶星果草
水八角(陆川本草)=大叶石龙尾
水八角(云南中草药)=云南秋海棠
水八角属 Gratiola L.(玄参科)
水白(名医别录)=浮萍
水白菜(湖南)=龙舌草
水白菜(陕西中药名录)=雨久花
水白菜(中药志)=泽泻
水白参(浙江)=鹤草
水白腊(四川)=狐臭柴
水白蜡(贵州)=粗壮女贞
水白蜡(四川宝兴)=蜡子树
水白蜡(四川中草药)=小叶女贞
水白前 Cynanchum hydrophilum Tsiang & Zhang (萝藦科)
水白芷(四川中药志)=鸭儿芹
水百合(贵州民间药物)=荞麦叶大百合
水百脚(上海中草药)=槐叶苹
水百足(广西)=坡油甘
水柏(浙药志)=水蕨
水柏枝(西藏中草药)=三春水柏枝
水柏枝属 Myricaria Desv.(柽柳科)
水稗 Echinochloa phyllopogon (Stapf) Koss.(禾本科)
水稗子(南满洲植物名录)=菵草
水半夏(广西)=鞭檐犁头尖
水半夏(宁波)=滴水珠
水包谷(贵州威宁)=象南星
水逼药(云南)=须药藤
水笔树(新华本草纲要)=秋茄树
水笔仔(台湾)=秋茄树
水毕鸡(广西兽医植物)=细叶水团花
水边千斤拔(中药辞海)=河边千斤拔
水边指甲花(植物志 47-2)=华凤仙
水扁柏(广西药作名录)=水蕨
水鳖 Hydrocharis dubia (Bl.) Backer (水鳖科),*马尿花,芣菜,水旋覆,油灼灼,白苹*
水鳖草(高等图鉴)=苦苣苔
水鳖蕨 Sinephropteris delavayi (Franch.) Mickel (铁角蕨科),*荷叶对开盖蕨*
水鳖蕨属 Sinephropteris Mickel(铁角蕨科)
水鳖科 Hydrocharitaceae
水鳖属 Hydrocharis L.(水鳖科)
水滨升麻(云南中草药)=溪畔落新妇
水槟榔(广西德保)=野槟榔
水槟榔(云南西畴)=马槟榔
水菠菜(救荒本草)=北水苦荬
水菠菜(植物志 67-2)=水苦荬

水薄荷(草药汇编)=大叶石龙尾
水薄荷(大理)=水香薷
水薄荷(广东中草药)=紫苏草
水薄荷(云南,昆明)=薄荷
水菜花(植物名彙前编-汉名部)=弹裂碎米荠
水菜花 Ottelia cordata (Wall.) Dandy(水鳖科)
水草(海南)=聚花草
水茶子(中草药汇编)=茶荚蒾
水菖花(湖北)=结香
水菖蒲(滇南本草)=菖蒲
水菖蒲(四川彭水,兴文)=石菖蒲
水菖三七(浙江)=荷青花
水朝阳(云南中草药)=水朝阳旋覆花
水朝阳草(图考,滇南本草)=水朝阳旋覆花
水朝阳花(图考)=柳叶菜
水朝阳花(云南)=水朝阳旋覆花
水朝阳旋覆花 Inula helianthus-aquatica C.Y.Wu & Ling(菊科),*水朝阳花,水朝阳草,水葵花,野葵花,水朝阳,水旋覆*
水车前(日本)=龙舌草
水车前属 Ottelia Pers.(水鳖科)
水车藤(广东,广西)=锡叶藤
水沉香(广西药胜名录)=全缘琴叶榕
水陈艾(四川,云南)=蒌蒿
水柽柳(山西)=宽苞水柏枝
水城翠雀花 Delphinium shuichengense W.T. Wang (毛茛科)
水城淫羊藿 Epimedium shuichengense S.Z.He (小檗科)
水橙(广东)=甜橙
水赤麻(四川东部)=翅茎冷水花
水川乌(贵州)=毛梗川黔翠雀花
水串草(中药大辞典)=光滑柳叶菜
水茨菇(广西博白)=刺芋
水慈姑(广西药用名录)=欧洲慈姑
水慈姑(贵州民间药草)=长叶泽泻
水慈姑(四川中药志)=野慈姑
水慈菇(云南)=金腰箭
水慈菰(救荒本草)=欧洲慈姑
水刺棱 Trapa bispinosa var. culta Hu (菱科)
水葱(福建药志)=田葱
水葱 Scirpus validus Vahl (莎草科),*水丈葱*
水打棒(贵州)=束花石斛
水大活(黑龙江)=狭叶当归
水丹(图考)=野鸢尾
水单竹 Bambusa papillata (Q.H.Dai) Q.H.Dai (禾本科)
水刀豆(广东中医)=水黄皮
水稻清(云南中草药)=竹叶榕
水灯笼草(广东中药)=灯笼草
水灯心(分类草药性)=灯心草
水灯盏(广西药用名录)=冷饭藤
水滴(上林)=小花苣苔
水滴珠(江西)=滴水珠
水甸附地菜 Trigonotis myosotidea (Maxim.) Maxim. (紫草科)
水靛青(浙江)=蔓赤车
水丁香(广西药用名录)=甜麻
水丁香(台湾志)=毛草龙
水丁香(云南)=柳叶菜
水丁药(云南中草药)=藿香蓟
水疔药(贵州)=腺药珍珠菜
水定黄芪 Astragalus suidenensis Bge.(豆科),*萨依墩黄芪*
水东哥 Saurauia tristyla DC.(猕猴桃科),*白饭果,白饭木,水枇杷,水牛奶,红毛树,鼻涕果,水自环*

水东哥属 Saurauia Willd.(猕猴桃科)
水冬瓜(东北)=辽东桤木
水冬瓜(福建)=丁香蓼
水冬瓜(广西)=赤杨叶
水冬瓜(广西大苗山)=陀螺果
水冬瓜(亨利氏植物名录)=山桐子
水冬瓜(湖北西部)=水麻
水冬瓜(湖北志)=长叶水麻
水冬瓜(树木分类学)=鸡仔木
水冬瓜(新华本草纲要)=海滨木巴戟
水冬瓜(云南河口)=假柿木姜子
水冬瓜(云南中草药)=角叶鞘柄木
水冬瓜(中药大辞典)=黄牛奶树
水冬瓜赤杨(高等图鉴)=辽东桤木
水冬果(山东)=日本桤木
水冬桐(山桐子造林学)=山桐子
水冻绿(江苏)=长叶冻绿
水豆瓣(贵州)=小二仙草
水豆瓣(四川)=圆叶节节菜
水豆粘(江西)=柳叶白前
水独活(浙江)=短毛独活
水盾草属 Cabomba Aublet(莼菜科)
水番桃(中草药汇编)=风车子
水繁缕叶龙胆 Gentiana rubicunda var. samolifolia (Franch.) C.Marq.(龙胆科),*小繁缕叶龙胆*
水芳花(黑龙江,吉林,河北,山西)=香薷
水防风(陕西中草药)=华北鸦葱
水防风(新疆天山)=短茎古当归
水飞蓟 Silybum marianum (L.) Gaertn.(菊科),*水飞雉,奶蓟,老鼠筋*
水飞蓟属 Silybum Adans.(菊科)
水飞雉(植物志 78-1)=水飞蓟
水粉头(修订增补天宝本草)=紫茉莉
水风藤(福建药志)=全缘琴叶榕
水风仙草(江苏药志)=鳢肠
水凤仙花(植物志 47-2)=滇水金凤
水凤仙花 Impatiens aquatilis HK.f.(凤仙花科)
水芙蓉(福建中草药)=木芙蓉
水芙蓉(广部中草药手册)=紫苏草
水芙蓉(广西药用名录)=黄蜀葵
水芙蓉(广西药用名录)=箭叶秋葵
水茯苓(四川)=软雀花
水浮莲(黑龙江尚志)=水芋
水浮莲(植物志 13-3)=凤眼蓝
水浮莲(植物志 27)=水皮莲
水浮漂(开宝本草)=满江红
水浮萍(江西)=浮萍
水浮萍(岭南采药录)=大藻
水浮钱(福建)=苹
水甘草(现代实用中药)=夹竹桃
水甘草(云南)=粗齿冷水花
水甘草 Alstonia elliptica (Thunb. ex Murr.) Roem. & Schult.(夹竹桃科)
水甘草属 Amsonia Walt.(夹竹桃科)
水橄榄根(云南中草药)=地榆
水高粱(广西药用名录)=稗
水藁本(四川)=尖叶藁本
水姑里(云南)=云南长柄山蚂蝗
水牯草(江西民间验方)=牛筋草
水瓜(闽东本草)=王瓜
水瓜子(广西)=圆叶节节菜
水冠草 Argostemma solaniflorum Elmer(茜草科)
水管筒(广部中草药手册)=紫苏草
水贯众(青海中草药手册)=陕西耳蕨
水光钟(浙江)=杜茎山
水鬼蕉 Hymenocallis littoralis (Jacq.) Salisb.(石蒜科)
水鬼蕉属 Hymenocallis Salisb.(石蒜科)
水鬼莲(植物志 27)=水皮莲
水韩信草(南宁药志)=光叶蝴蝶草
水蔊菜(经济植物手册)=豆瓣菜
水旱莲(湖南药物志)=鳢肠
水蒿 (陕西,甘肃)=牛尾蒿
水蒿(内蒙古,河北)=蒌蒿
水禾 Hygroryza aristata (Retz.) Nees(禾本科)
水禾木(广西药用名录)=小花山小橘
水禾属 Hygroryza Nees (禾本科)
水荷豆(广西)=荷莲豆草
水荷莲(浙江,江西石城,云南元阳)=大藻
水荷叶(陕西)=蹄叶橐吾
水黑三棱 Sparganium fluctuans (Morong) Robins. (黑三棱科)
水红蒿(辽宁)=蒙古蒿
水红花(昆明药用调查)=水蓼
水红花子(滇南本草)=红蓼
水红花子(内蒙,山东药材名)=酸模叶蓼
水红花子 Polygonum lanigerum R.Br.(蓼科)
水红辣蓼(中草药选编)=丛枝蓼
水红木 Viburnum cylindricum Buch.-Ham. ex D. Don (忍冬科),*大路通,吊白叶,粉果叶,粉帕叶羊脆骨,粉桐叶,狗肋巴,山女桢*
水红袍(陕西中药志)=露珠珍珠菜
水红朴(四川)=交让木
水红树花(四川)=樱木石楠
水红子(上海中草药)=红蓼
水荭(本草拾遗)=红蓼
水后竹 Phyllostachys stimulosa f. unifoliata Wen (禾本科)
水忽草(贵州草药)=矮慈姑
水胡椒(江西)=下田菊
水胡椒(救荒本草)=茴茴蒜
水胡椒(浙江丽水)=伞房花耳草
水胡满(生草药性备要)=苦郎树
水胡桃 Pterocarya rhoifolia S. & Z.(胡桃科)
水壶藤属 Urceola Roxb.(夹竹桃科),*花皮胶藤属,乳藤属,乐东藤属,杜仲藤属*
水葫芦(黑龙江)=水芋
水葫芦(植物志 13-3)=凤眼蓝
水葫芦(中草药汇编)=和尚菜
水葫芦(中药大辞典)=心叶风毛菊
水葫芦苗 Halerpestes cymbalaria (Pursh) Green (毛茛科),*圆叶碱毛茛,曲露帕拉*
水葫芦苇七(陕西中草药)=华蟹甲
水虎尾 Dysophylla stellata (Lour.) Benth.(唇形科),*边氏水珍珠菜,水老虎,海南变种,中间变种*
水虎掌草(云南)=石龙芮
水花(崔豹:古今注)=莲
水花菜(台湾志)=弹裂碎米荠
水花生(北京)=喜旱莲子草
水花石楠 Photinia prunifolia var. denticulata Yü (蔷薇科),*桃叶石楠齿叶变种,山杠木*
水华(本经)=浮萍
水华菇(浙江)=睡菜
水黄(拉汉名称)=苞叶大黄
水黄边(滇南本草)=师宗紫堇
水黄草(河南)=白屈菜
水黄花(广西凌云)=白背枫
水黄花(贵州草药)=黄苞大戟
水黄花(河北)=黄海棠
水黄连(滇南本草)=金钩如意草
水黄连(河南)=白屈菜
水黄连(河南)=黄堇
水黄连(河南)=小花黄堇
水黄连(河南)=紫堇
水黄连(筠连)=南黄堇
水黄连(康定)=变根紫堇
水黄连(秦岭南北坡)=白屈菜
水黄连(四川)=多枝唐松草
水黄连(四川)=毛发唐松草
水黄连(四川马尔康)=鞭柱唐松草
水黄莲(贵州)=裂叶星果草
水黄莲(湖南)=美丽獐牙菜
水黄莲(湖南)=紫红獐牙菜
水黄莲(江西)=血水草
水黄莲(植物志 62)=北方獐牙菜
水黄皮 Pongamia pinnata (L.) Pierre(豆科),*水流豆,野豆,水流兵,水罗豆,水刀豆*
水黄皮属 Pongamia Vent.(豆科)
水黄芩(南京)=半枝莲
水黄芹(四川)=过江藤
水黄杨(湖北)=小蜡
水黄杨木(广西)=尾叶远志
水黄凿(陆川本草)=水团花
水黄枝(广东)=栀子
水黄枝(广西防城)=狭叶栀子
水黄柞(广西东兴)=柳叶冬青
水茴草 Samolus valerandii L.(报春花科)
水茴草属 Samolus L.(报春花科)
水茴香(分类草药性)=大叶石龙尾
水茴香(四川)=针筒菜
水火药(新编中医学概要)=毛冬青
水藿香(成都)=穗花香科科
水鸡苏(江西)=水苏
水鸡仔(广西)=裂果薯
水棘针 Amethystea caerulea L.(唇形科),*土荆芥,细叶山紫苏*
水棘针属 Amethystea L.(唇形科)
水枧木(广西桂林)=重阳木
水剑草(福建)=菖蒲
水剑草(纲目)=石菖蒲
水将军(中草药汇编)=思茅狭叶山梗菜
水蕉花(海南)=闭鞘姜
水角 Hydrocera triflora (L.) Wight & Arn.(凤仙花科)
水角风(湖南)=偏斜锦香草
水角属 Hydrocera Bl.(凤仙花科)
水接骨丹(陕西中草药)=柳叶菜
水芥菜(拉汉名录二版)=水蒜芥
水芥菜(岭南采药录)=水龙
水芥菜(中药大辞典)=豆瓣菜
水金钗(浙江药志)=水竹叶
水金凤(云南)=滇水金凤
水金凤 Impatiens nolitangere L.(凤仙花科),*辉菜花*
水金凤叶(中草药汇编)=滇水金凤
水金钩如意草(滇南本草)=师宗紫堇
水金花 Callicarpa salicifolia P'er & W.Z.Fang (马鞭草科)
水金京 Wendlandia formosana Cowan(茜草科)
水金莲花 Nymphoides aurantiacum (Dalz. ex HK.) O.Ktze.(睡菜科),*金莲花,水金荇菜*
水金荇菜(Flora 6)=水金莲花
水锦树 Wendlandia uvariifolia Hance(茜草科),*猪血木,饭汤木,双耳蛇,牛伴木,黄凛芽*
水锦树属 Wendlandia Bartl. ex DC.(茜草科)
水荆芥(河北)=香薷
水荆芥(四川中草药)=大叶石龙尾
水晶花(植物志 20-1,Flora 4)=丝穗金粟兰

水晶花烛 Anthurium crystallinum Lind. & Andre (天南星科),*晶状安祖花*
水晶金钩如意草(滇南本草)=金钩如意草
水晶棵子 Wendlandia longidens (Hance) Hutch.(茜草科),*黑仔,绵柳,水丝条*
水晶兰 Monotropa uniflora L.(鹿蹄草科),*梦兰花,水兰草,银钥匙*
水晶兰属 Monotropa L.(鹿蹄草科),*锡杖花属,松下兰属*
水晶凉粉(贵州草药名录)=假酸浆
水晶葡萄(纲目)=葡萄
水晶掌 Haworthia retusa (L.) Haw.(百合科)
水韭 Isoëtes lacustris L.(水韭科)
水韭科 Isoëtaceae
水韭属 Isoëtes L.(水韭科)
水直仔(福建)=丁香蓼
水菊(爬山问本草)=鼠麴草
水蕨 Ceratopteris thalictroides (L.) Brongn(水蕨科),*龙须菜,水松草,水扁柏,水柏*
水蕨科 Parkeriaceae
水蕨属 Ceratopteris Brongn.(水蕨科)
水君叶(生草药性备要)=使君子
水柯子(台湾)=日本榿木
水苦楝(中草药汇编)=绿花崖豆藤
水苦荬(图经本草)=北水苦荬
水苦荬 Veronica undulata Wall.(玄参科),*芒种草,水莴苣,水菠菜*
水葵花(云南)=水朝阳旋覆花
水腊烛 Dysophylla yatabeana Makino(唇形科)
水腊烛实(广东新语)=蒲黄
水腊烛实(广东新语)=香蒲
水腊烛属 Dysophylla Bl. ex El-Gazzar & Watson (唇形科)
水蜡树(广东)=罗甸小蜡
水蜡树(图考)=女贞
水蜡树 Ligustrum obtusifolium S. & Z.(木犀科)
水蜡树属(植物学大辞典)=**女贞属**
水蜡烛(植物志 8)=蒲黄
水蜡烛状排香草 Anisochilus dysophylloides Benth. (唇形科)
水辣菜(救荒本草)=牡蒿
水辣椒(广西药用名录)=长蒴母草
水辣椒(广西药用名录)=泥花草
水辣蓼(广西药用名录)=毛蓼
水辣子(云南)=云南娃儿藤
水兰(广西药用名录)=蟛蜞菊
水兰草(浙江)=水晶兰
水蓝果树 Nyssa aquatica L.(蓝果树科)
水蓝酸(台湾青草药)=苹
水狼萁(中草药汇编)=粉背蕨
水老虎(福建药物志)=水虎尾
水老虎(广西平南)=坡油甘
水竻钩(陆川流不息本草)=刺芋
水簕竹(广东)=车筒竹
水雷公根(广东临高)=肾叶天胡荽
水梨儿藤(中药大辞典)=京梨猕猴桃
水梨藤(四川中药志)=京梨猕猴桃
水栗木(广东阳春)=亮毛红豆
水栗子(云南会泽)=云南铁杉
水莲花(海南)=闭鞘姜
水莲沙(峨眉药志)=平枝栒子
水廉(吴普本草)=浮萍
水凉子(树木分类学)=中国旌节花
水蓼 Polygonum hydropiper L.(蓼科),*红蓼子草,辣蓼,蓼实,蓼子,六神曲,神曲,水红花,疼骨消*
水蓼花(广东)=水团花
水林果(云南)=白花酸藤子
水灵芝(四川)=川东獐牙菜
水灵芝(四川茂汶)=短梗岩须
水菱(本草品汇精要)=菱
水流兵(生草药性备要)=水黄皮
水流豆(植物志 43-2)=水黄皮
水流藤(海南)=海南黧豆
水榴子(质问本草)=地耳草
水柳(海南志)=水柳子
水柳(浙江)=垂柳
水柳 Salix warburgii Seemen(杨柳科),*水杨柳,细杨柳,水杨梅,水麻,虾公岔树*
水柳树(海南)=水石榕
水柳属 Homonoia Lour.(大戟科),*水柳仔属*
水柳仔属(种子植物名称)=**水柳属**
水柳子 Homonoia riparia Lour.(大戟科),*水柳,水麻,水杨梅*
水龙(广西临桂)=齿叶水腊烛
水龙(云南)=毛草龙
水龙 Ludwigia adscendens (L.) Hara(柳叶菜科),*草里银钗,过江龙,过江藤,过塘蛇,水芥菜,玉钗草,猪肥草*
水龙胆(江苏)=条叶龙胆
水龙胆草(贵州兴义)=腺花香茶菜
水龙胆草(中草药汇编)=露珠香茶菜
水龙骨(图考)=日本水龙骨
水龙骨(中药大辞典)=萍蓬草
水龙骨风毛菊 Saussurea polypodioides Anth.(菊科)
水龙骨科 Polypodiaceae
水龙骨叶苣(云南植物名录)=蕨叶假福王草
水龙骨属 Polypodiodes Ching(水龙骨科)
水蒌(植物志 58)=蜡烛果
水漏芦(沙漠药用植物)=砂蓝刺头
水芦荻根(南宁药志)=卡开芦
水芦苓(福建药志)=田葱
水录芝(湖北)=北方獐牙菜
水罗豆(广东中医)=水黄皮
水萝卜(江西)=玄参
水萝卜(药用志)=商陆
水萝卜(植物志 77-1)=华蟹甲
水麻(海南)=昂天莲
水麻(海南)=水柳子
水麻(海南志)=水柳
水麻(图考)=戟叶蓼
水麻(云南)=长叶苎麻
水麻(云南)=水苎麻
水麻 Debregeasia orientalis C.J.Chen(荨麻科),*比满,赤麻,榴莓,沙连泡,水冬瓜,水麻叶,水桑麻*
水麻黄(福建)=丁香蓼
水麻黄(云南中甸)=岩须
水麻柳(贵州中草药名录)=长叶水麻
水麻柳(四川,云南)=枫杨
水麻秧(文山中草药)=雾水葛
水麻叶(广西药用名录)=粗齿冷水花
水麻叶(广西植物名录)=水麻
水麻叶(贵州民间药物)=冷水花
水麻叶(湖南药物志)=杜茎山
水麻叶(四川中药志)=紫麻
水麻属 Debregeasia Gaudich.(荨麻科)
水麻艻(图考)=戟叶蓼
水蔴叶(四川茂汶)=藿香
水马棒(贵州)=束花石斛
水马齿 Callitriche stagnais Scop.(水马齿科)
水马齿科 Callitrichaceae
水马齿苋(改订植物名汇)=垂盆草
水马齿苋(云南)=过江藤
水马齿属 Callitriche L.(水马齿科)
水马兰(安徽)=节节菜
水马桑(高等图鉴)=半边月
水马桑(秦岭志)=长叶水麻
水马桑(陕西中草药)=接骨草
水马桑(云南)=马桑
水马蹄(药用图鉴)=大叶马蹄香
水马蹄(中草药汇编)=球核荚蒾
水马蹄草(贵州)=和尚菜
水麦冬(陕西中草药)=舌唇兰
水麦冬(中草药汇编)=海韭菜
水麦冬 Triglochin palustre L.(眼子菜科)
水麦冬属 Triglochin L.(眼子菜科)
水蔓菁 Pseudolysimachion linariifolium subsp. dihatatum (Nakai & Kitagawa) D.Y.Hong (玄参科),*追风草,一枝香,蜈蚣草,斩龙剑*
水杧果(广西)=黄牛木
水茫草 Limosella aquatica L.(玄参科),*伏水茫草*
水茫草属 Limosella L.(玄参科)
水莽草(湖南中草药)=雷公藤
水莽藤(经济志)=雷公藤
水莽子(图考)=雷公藤
水毛茛 Batrachium bungei (Steud.) L.Liou(毛茛科)
水毛茛属 Batrachium S.F. Gray(毛茛科)
水毛花 Scirpus triangulatus Roxb.(莎草科),*芒草,蒲草莨,三角草,水三棱草,席草根*
水茅 Scolochloa festucacea (Willd.) Link.(禾本科)
水茅草(江苏志)=笄石菖
水茅属 Scolochloa Link.(禾本科)
水萌强(岭南采药录)=芦韦
水密花 Combretum punctatum subsp. squamosum (Roxb. ex G.Don) Exell(使君子科)
水棉花 Anemone hupehensis f. alba W.T.Wang (毛茛科),*野棉花,满天星,花升麻,绿升麻,一扫光,五匹风*
水棉木(广西植物名录)=香楠
水面油(江苏)=金丝桃
水苗(广西)=苦草
水母鸡果(云南)=锈毛梭子果
水母雪莲花(高等图鉴)=水母雪兔子
水母雪兔子 Saussurea medusa Maxim.(菊科),*水母雪莲花,夏古贝,杂各尔手把*
水牡丹(广西)=短柄野海棠
水木贼 Equisetum heleocharis Ehrh.(木贼科)
水柠檬(经济植物手册)=樟叶西番莲
水牛果属 Shepherdia Nutt.(胡颓子科)
水牛角(新拉汉英)=水牛掌
水牛角属(新拉汉英)=**水牛掌属**
水牛奶(广西药用名录)=台湾榕
水牛奶(广西中草药)=水东哥
水牛舌头(湖南药物志)=酸模
水牛膝(四川)=莲子草
水牛掌 Caralluma nebrownii Bge.(萝藦科),*水牛角*
水牛掌属 Caralluma R.Br.(萝藦科),*水牛角属*
水泡菜(广西)=降龙草
水泡菜(云南)=疏脉半蒴苣苔
水泡木(广西中草药)=细叶水团花
水泡木(中草药汇编)=厚叶算盘子
水泡小檗 Berberis bullata Ahrendt (小檗科)
水泡舟萼苣苔 Nautilocalyx bullatus T.Sprague (苦苣苔科)
水泡状香桃木 Myrtus bullata Banks & Sol.(桃

金娘科)
水硼砂(贵州)=泽珍珠菜
水蓬稞(东北药志)=红蓼
水蓬砂(贵州)=丁香蓼
水皮莲 Nymphoides cristatum (Roxb.) O. Kuintze (睡菜科),*银莲花,水鬼莲,水浮莲*
水枇杷(广西中草药)=水东哥
水枇杷(海南)=海南风吹楠
水漂沙(江西)=寒莓
水平杉(中国裸子志)=川西云杉
水萍(本经)=浮萍
水萍(名医别录)=欧洲慈姑
水萍(神农本草)=紫萍
水萍草(杭州)=紫萍
水萍草(江西)=浮萍
水匍菜(图经本草)=紫堇
水葡桃(海南)=蒲桃
水葡萄(大兴安岭)=水葡萄茶藨子
水葡萄(甘肃)=鄂赤爬
水葡萄茶藨子 Ribes procumbens Pall.(虎耳草科),*水葡萄*
水前草(云南药用名录)=沼生蔊菜
水前胡(云南漾鼻)=黄水枝
水茜(新拉汉英)=苦草
水茄(纲目)=龙葵
水茄 Solanum torvum Swartz(茄科),*刺番茄,刺茄,金衫扣,拦路虎,木哈蒿,青茄,山颠茄,天茄子,乌凉,西好,鸭卡,野茄子*
水茄苳(台湾)=玉蕊
水茄子(元江哈尼族药名)=云南七叶树
水芹 Oenanthe javanica (Bl.) DC.(伞形科),*水芹菜,野芹菜,河芹,小叶芹,峦介芹菜,芹花*
水芹菜(湖北)=白苞芹
水芹菜(湖北)=锐裂荷青花
水芹菜(吉林长白山)=叶芽南芥
水芹菜(四川)=线叶水芹
水芹菜(四川宝兴)=囊瓣芹
水芹菜(通称)=水芹
水芹菜(云南)=短辐水芹
水芹花(峨眉)=散血芹
水芹三七(安徽歙县)=香根芹
水芹属 Oenanthe L.(伞形科)
水青(本草纲目拾遗)=鼠尾草
水青草(广东)=荷莲豆草
水青冈 Fagus longipetiolata Seem.(壳斗科),*棒枝水青冈*
水青冈属 Fagus L.(壳斗科)
水青树 Tetracentron sinense Oliv.(水青树科)
水青树科 Tetracentraceae
水青树属 Tetracentron Oliv.(水青树科)
水曲柳 Fraxinus mandschurica Rupr.(木犀科),*东北梣*
水忍冬 Lonicera dasystyla Rehd.(忍冬科),*毛花柱忍冬,毛柱金银花,水银花*
水稔子(广东)=蔓荆
水榕(福建)=琴叶榕
水榕(广东)=水翁
水三棱草(经济志)=水毛花
水三七(广西药用名录)=落新妇
水三七(贵州)=裂果薯
水三七(河北药材)=菊三七
水三七(湖北志)=云南红景天
水桑麻(陕西)=水麻
水色槭(树木分类学)=色木槭
水沙子(四川中药志)=火棘
水莎草(陕西中药名录)=头状穗莎草
水莎草(中草药汇编)=扁秆藨草
水莎草 Juncellus serotinus (Rottb.) C.B.Clarke (莎草科)
水莎草属 Juncellus (Griseb.) C.B.Clarke (莎草科)
水筛 Blyxa japonica (Miq.) Maxim.(水鳖科)
水筛属 Blyxa Thou. ex Rich.(水鳖科)
<u>水山姜 Alpinia aquatica (Koen.) Rosc.(姜科)</u>
水山姜 Alpinia aquatica (Koen.) Rosc.(姜科)
水山野青茅 Deyeuxia suizanensis (Hay.) Hsu (禾本科)
水杉 Metasequoia glyptostroboides Hu & Cheng (杉科)
水杉属 Metasequoia Miki ex Hu & Cheng(杉科 Taxodiaceae Warming)
水伤药(贵州民间药物)=腺药珍珠菜
水上一枝黄花(广西)=黄花狸藻
水蛇麻 Fatoua villosa (Thunb.) Nakai(桑科),*小蛇麻*
水蛇麻属 Fatoua Gaud.(桑科)
水社柳 Salix kusanoi (Hay.) Schneid.(杨柳科)
水社算盘子 Glochidion suishaense Hay.(大戟科)
水社野牡丹(台湾)=细叶野牡丹
水升麻(广西药用名录)=落新妇
水升麻(湖北)=紫苏
水升麻(四川米易)=华西龙头草
水生菜(河北)=豆瓣菜
水生草(新)Nechamandra alternifolia (Roxb.) Thw. (水鳖科),*虾子草*
水生草属(新)**Nechamandra** Planch.(水鳖科),*虾子草属*
水生菰 Zizania aquatica L.(禾本科),*菰*
<u>水生虎耳草 Saxifraga aquatica Lapeyr.(虎耳草科)</u>
<u>水生稷 Panicum aquaticum Poir.(禾本科)</u>
水生龙胆 Gentiana aquatica L.(龙胆科)
水生木贼 Equisetum fouviantile L.(木贼科)
水生黍 Panicum paludosum Roxb.(禾本科)
水生酸模 Rumex aquaticus L.(蓼科)
水生薏苡 Coix aquatica Roxb.(禾本科)
水虱草 Fimbristylis miliacea (L.) Vahl (莎草科),*日照飘拂草,筅帚草,鹅草*
水湿蓼(植物志 25-1)=糙毛蓼
水湿柳叶菜(云南志,辽宁)=沼生柳叶菜
水石榴(广西中草药)=细叶水团花
水石榴(中草药汇编)=舶梨榕
水石榕 Elaeocarpus hainanensis Oliv.(杜英科),*海南胆八树,水柳树*
水石韦(图考)=盾蕨
水石衣 Hydrobryum griffithii (Wall. ex Griff.) Tulasnc (川苔草科)
水石衣属 Hydrobryum Endl.(川苔草科)
水石梓(海南,广西)=肉实树
水树(浙江湖州)=金钱松
水衰衣(救芒本草,图考)=蚊母草
水水草(四川东部)=宜昌楼梯
水水苏麻(四川)=微柱麻
水丝梨 Sycopsis sinensis Oliv.(金缕梅科)
水丝梨属 Sycopsis Oliv.(金缕梅科)
水丝麻 Maoutia puya (HK.) Wedd.(荨麻科),*翻白叶麻,三元麻,野麻,山麻,半*
水丝麻属 Maoutia Wedd.(荨麻科)
水丝条(云南盐津)=水晶棵子
水四块瓦(贵州)=莘
水松 Glyptostrobus pensilis (Staunt.) Koch(杉科)
水松草(广西药作名录)=水蕨
水松罗(广西邕宁)=弯管花
水松叶(江苏)=圆叶节节菜
水松属 Glyptostrobus Endl.(杉科)
水苏(东北检索表)=华水苏
水苏(名医别录)=浮萍
水苏(中药大辞典)=毛水苏
水苏 Stachys japonica Miq.(唇形科),*白根草,白马蓝,方草鸟草儿,还精草,鸡苏,宽叶水苏,泥灯心,水鸡苏,天芝麻,望江青,血见愁,野地蚕,银脚鹭鸶,玉荃草,元宝草,芝麻草*
水苏草(内蒙古)=毛水苏
水苏麻(贵州民间药物)=大叶苎麻
水苏麻(贵州中草药名录)=长叶水麻
水苏麻(四川峨眉)=序叶苎麻
水苏麻(四川叙永)=血见愁
水苏叶藦苓草(拉汉名称和手册)=刺续断
水苏属 Stachys L.(唇形科)
水粟包(浙江)=萍蓬草
水酸草(广东,海南)=圆叶节节菜
水蒜芥 Sisymbrium irio L. (十字花科),*水芥菜,台湾播娘蒿*
水蓑衣 Hygrophila salicifolia (Vahl) Nees(爵床科),*墨菜,柳叶水蓑衣,大青草,青泽蓝,化痰清*
水蓑衣属 Hygrophila R.Br.(爵床科)
水塔花 Billbergia pyramidalis (Sims) Lindl.(凤梨科),*香水塔花,水星菠萝*
水塔花属 Billbergia Thunb.(凤梨科)
水桃(河南)=领春木
水藤(台湾志)=台湾省藤?
水天诛(广东)=荷莲豆草
水田白 Mitrasacme pygmaea R.Br.(马钱科),*短形尖巾草,多形姬苗,小姬苗*
水田稗 Echinochloa oryzoides (Ard.) Fritsch(禾本科)
水田芥(拉汉名称)=豆瓣菜
水田七(广西植物名录)=裂果薯
水田荠(种子植物名称补编)=水田碎米荠
水田碎米荠 Cardamine lyrata Bge.(十字花科),*小水田荠,水田荠,奥存-照古其,阿久*
水甜茅 Glyceria maxima (Hartm.) Holmberg(禾本科),*大甜茅*
水条(辽宁)=省沽油
水铁罗木(海南)=长叶木兰
水通草(云南)=野灯心
水同木 Ficus fistulosa Reinw. ex Bl.(桑科),*哈正榕,空管榕,牛乳树,水桐木,猪母乳牛*
水桐(广西)=华南半蒴苣苔
水桐(河南经济志)=梓
水桐木(广西)=台湾泡桐
水桐木(中草药汇编)=水同木
水桐楸(湖南衡山)=梓
水桐树皮(濒朔集简方)=白花泡桐
<u>*水团花*(新拉汉英)=</u>
水团花 Adina pilulifera (Lam.) Franch. ex Drake (茜草科),*水杨梅,假马烟树,水蓼花,溪棉条,水黄凿*
水团花属 Adina Salisb.(茜草科)
水王(埤雅)=楸
水王孙(植物志 8)=黑藻
水翁 Cleistocalyx operculatus (Roxb.) Merr. & Perry (桃金娘科),*水榕,大蛇药*
水翁属 Cleistocalyx Bl.(桃金娘科)
<u>*水蕹*(新拉汉英)=田干草</u>
水蕹 Aponogeton lakhonensis A.Camus (水蕹科),*田干菜*
水蕹菜(江苏)=喜旱莲子草

水蕹科 Aponogetonaceae
水蕹属 Aponogeton L.f.(水蕹科)
水莴苣(贵州方药集)=龙舌草
水莴苣(救荒本草)=北水苦荬
水莴苣(救芒本草)=水苦荬
水莴苣(陕西)=蚊母草
水莴笋(云南)=思茅狭叶山梗菜
水乌梅(泉诈本草)=短叶水蜈蚣
水乌头(贵州)=毛梗川黔翠雀花
水乌头(云南西南)=保山乌头
水蜈蚣(广西药用名录)=七指蕨
水蜈蚣(广西药用名录)=狮子尾
水蜈蚣(江西中草药)=掌裂叶秋海棠
水蜈蚣属 Kyllinga Rottb.(莎草科)
水五加(贵州方药集)=角叶鞘柄木
水五龙(四川)=七叶鬼灯檠
水细麻(云南)=长叶苎麻
水细辛(四川)=单叶细辛
水虾子草(四川中药志)=泥花草
水下拉(广西昭平,全县)=齿叶矮冷水花
水仙 Narcissus tazetta var. chinensis Roem.(石蒜科)
水仙菖蒲(新拉汉英)=意大利唐菖蒲
水仙杜鹃 Rhododendron sargentianum Rehd. & Wils. (杜鹃花科)
水仙花鸢尾 Iris narcissiflora Diels(鸢尾科)
水仙柯 Lithocarpus naiadarum (Hance) Chun(壳斗科),石榴树
水仙桃(广西中药志)=草龙
水仙桃草(贵州方药集)=北水苦荬
水仙属 Narcissus L.(石蒜科)
水仙状葱 Allium narcissiflorum Vill.(百合科)
水咸草(香港)=链荚豆
水苋菜(草本便方)=圆叶节节菜
水苋菜(贵州独山)=石荠苎
水苋菜(湖南江华)=齿叶矮冷水花
水苋菜(四川凉山)=假楼梯草
水苋菜 Ammannia baccifera L.(千屈菜科),细叶水苋,浆果水苋
水苋菜属 Ammannia L.(千屈菜科)
水线草(植物志 71-1)=伞房花耳草
水相思(广州)=南岭黄檀
水香(江苏)=地瓜儿苗
水香柴(贵州民间药物)=贵州金丝桃
水香附(广西草药)=短叶水蜈蚣
水香薷 Elsholtzia kachinensis Prain(唇形科),水薄荷,猪菜草,安南木
水小蜡(四川中草药)=小蜡
水泻(本经,药材学)=泽泻
水星菠萝(广西药用名录)=水塔花
水杏(甘肃土名)=阿拉善碱蓬
水喧柳(中草药彩色图谱)=竹叶榕
水旋覆(滇南本草)=水鳖
水旋覆(云南中草药)=水朝阳旋覆花
水栒子 Cotoneaster multiflorus Bge.(蔷薇科),栒子木,多花栒子,多花灰栒子,灰栒子,香李
水栒子大果变种(植物志 36)=大果水栒子
水栒子紫果变种(植物志 36)=紫果水栒子(新)
水鸭脚 Begonia formisana (Hay.) Masamune(秋海棠科)
水芽豆(广西)=长柄野扁豆
水亚木(福建)=圆锥绣球
水芫花 Pemphis acidula J.R. & Forst.(千屈菜科)
水芫花属 Pemphis Forst.(千屈菜科)
水秧草(云南)=毛草龙
水羊角(广西)=马利筋
水杨根(纲目)=红皮柳
水杨柳(广西)=石萝藦
水杨柳(贵州方药集)=黄苞大戟
水杨柳(海南)=白背枫
水杨柳(四川)=扯根菜
水杨柳(云南中草药选)=水柳
水杨柳(浙江)=柳叶白前
水杨柳(中药辞海)=小梾木
水杨罗(浙江)=油点草
水杨梅(本草纲目)=路边青
水杨梅(高等图鉴)=水柳
水杨梅(广东)=风箱树
水杨梅(广西乐业)=小叶五月茶
水杨梅(海南)=水团花
水杨梅(昆明草药)=茴茴蒜
水杨梅(云南)=水柳子
水杨梅(浙江)=细叶水团花
水杨梅蒴(岭南草药志)=风箱树
水杨梅属(拉汉名称)=**路边青属**
水杨木白皮(纲目)=红皮柳
水杨藤(苏沈良方)=忍冬
水杨枝叶(纲目)=红皮柳
水洋芋(经验鉴别法)=天麻
水椰 Nypa fructicans Wurmb.(棕榈科),露壁,烛子
水椰属 Nypa Steck (棕榈科)
水叶水苏(浙江草药)=沼生水苏
水蚁草(图考)=鼠麴草
水益母(湖南药物志)=柔毛路边青
水益母(昆明)=薄荷
水银花(广西横县,都安)=水忍冬
水银竹 Indocalamus sinicus (Hance) Nakai (禾本科),华箬竹
水罂粟 Hydrocleis nymphoides Buchenau (花蔺科)
水罂粟属 Hydrocleis L.C.Rich.(花蔺科)
水油甘 Phyllanthus parvifolius Buch.-Ham. ex D.Don (大戟科)
水游草(钟观光拟)=假稻
水榆(河南)=水榆花楸
水榆花楸 Sorbus alnifolia (S. & Z.) K.Koch(蔷薇科),水榆,黄山榆,花楸,枫榆,千筋树,粘枣子,糯米珠
水榆花楸裂叶变种(植物志 36)=裂叶水榆花楸(新)
水玉簪(陕西中草药)=鸭舌草
水玉簪 Burmannia disticha L.(水玉簪科),苍山贝母
水玉簪科 Burmanniaceae
水玉簪属 Burmannia L.(水玉簪科)
水芋(海南)=大野芋
水芋(海南)=芋
水芋 Calla palustris L.(天南星科),水葫芦,水浮莲
水芋叶车前蕨(高等图鉴)=美叶车前蕨
水芋属 Calla L.(天南星科)
水远志(南宁药志)=光叶蝴蝶草
水藻(纲目)=金鱼藻
水藻(纲目)=穗状狐尾藻
水皂荚 Gleditsia aquatica Marsh.(豆科)
水皂角(贵州草药)=含羞草决明
水皂角(贵州方药集)=豆茶决明
水皂角(植物志 39)=云实
水泽兰(贵州)=扯根菜
水泽兰(贵州草药)=北水苦荬
水泽兰(云南)=毛脉柳叶菜
水泽马先蒿 Pedicularis uliginosa Bge.(玄参科)
水泽泻(植物学大辞典)=窄叶泽泻
水樟(广东始兴)=沉水樟
水涨菊(福建中草药)=金盏花
水丈葱(药材学)=水葱
水折耳(贵州民间药物)=白苞裸蒴
水蔗草 Apluda mutica L.(禾本科),德秋草,假雀麦,米草,糯米草,丝线草,牙尖草,竹子草
水蔗草属 Apluda L.(禾本科)
水珍珠菜 Pogostemon auricularius (L.) Hassk.(唇形科),毛水珍珠菜,毛射草,牛触臭,老鼠痛
水芝(本经)=冬瓜
水知骨(高等图鉴)=半边月
水栀子(八闽通志)=栀子
水指甲(广西)=黄金凤
水指甲(贵州)=小距凤仙花
水指甲花(中药大辞典)=华凤仙
水钟流头(植物志 77-1)=蜂斗菜
水肿木(广西药用名录)=亮叶猴耳环
水珠草(植物志 53-2)=华水珠草
水珠草 Circaea lutetiana L.(柳叶菜科)
水珠麻(滇东南)=长叶水麻
水珠麻(四川南川)=南川冷水花
水珠子(甘肃土名)=阿拉善碱蓬
水猪毛漆(浙药志)=铁线蕨
水竹(广东)=甲竹
水竹(广东)=青竿竹
水竹(海南)=卡开芦
水竹(新拉汉英)=黄金间碧玉竹
水竹(云南大姚)=喜湿箭竹
水竹 Phyllostachys heteroclada Oliv.(禾本科),角竹
水竹菜(植物志 13-3)=聚花草
水竹草(广东)=牛轭草
水竹草(中药辞海)=吊竹梅
水竹草属(中药辞海,科属辞典)=**紫万年青属**
水竹蒲桃 Syzygium fluviatile (Hemsl.) Merr. & Perry (桃金娘科)
水竹消(福建)=白前
水竹叶(华东水生植物)=鸡冠眼子菜
水竹叶 Murdannia triquetra (Wall.) Bruückn.(鸭跖草科),鸡舌草,鸡舌癀,肉草,水金钗,细竹叶高草,鸭脚草,叶雅省草
水烛(植物志 8)=蒲黄
水烛香蒲(药典 2000)=蒲黄
水苎麻(四川峨眉)=序叶苎麻
水苎麻 Boehmeria macrophylla Hornem.(荨麻科),水麻,癞蛤蟆棵
水苧麻(中草药汇编)=悬铃叶苎麻
水子树(云南丽江)=云南铁杉
水紫菀(陕西中草药)=高大翅果菊
水自环(广西)=水东哥
水橡(广东)=毛锥
税氏唇柱苣苔 Chirita shuii Z.Y.Li(苦苣苔科)
睡菜(图考)=睡莲
睡菜 Menyanthes trifoliata L.(睡菜科),野慈姑,水华菇,锡打,过江龙
睡菜科 Menyanthaceae
睡菜属 Menyanthes (Tourn.) L.(睡菜科)
睡地金牛(广西)=纤冠藤
睡莲 Nymphaea tetragona Georgi(睡莲科),睡菜,睡莲菜,子午莲,茈碧花
睡莲菜(图考)=睡莲
睡莲科 Nymphaeaceae
睡莲叶刺果泽泻 Echinodorus nymphaeifolius (Griseb.) Buchenau (泽泻科)
睡莲叶杜鹃 Rhododendron nymphaeoides W.K.

Hu (杜鹃花科)
睡莲属 Nymphaea L.(睡莲科)
睡茄 Withania somnifera (L.) Bunal(茄科)
睡茄属 Withania Pauquy(茄科)
睡香(群芳谱)=瑞香

Shun

顺河柳(黑龙江)=钻天柳
顺河香(贵州)=尾花细辛
顺江龙(天宝本草)=芦韦
顺江木(云南中草药)=狭叶阴香
顺经草(贵阳药草)=韩信草
顺宁贯众(分类学报)=显脉贯众
顺宁红丝线 Lycianthes shunningensis C.Y.Wu & S.C.Huang(茄科)
顺宁厚叶柯 Lithocarpus pachyphyllus var. fruticosus (Watt. ex (King) A.Camus(壳斗科)
顺宁鸡血藤(图考)=鸡血藤
顺宁朴 Celtis shunningensis Cheng?(榆科)
顺宁槭(静生汇报)=海拉槭
顺气豆(云南)=三叶蝶豆
舜华(说文解字)=旋花
舜芒谷(救荒本草)=藜
蕣华(说文解字)=旋花

Shuo

朔北林生藨草 Scirpus sylvaticus var. maximowiczii Rgl.(莎草科)
朔潮(云南苗语)=壳菜果
硕苞蔷薇 Rosa bracteata Wendl.(蔷薇科),*野毛栗,糖钵,苞蔷薇根,猴局柿根*
硕边翠雀花 Delphinium grandilimbum W.T. Wang (毛茛科)
硕大藨草 Scirpus grossus L.f.(莎草科)
硕大凤尾蕨 Pteris majestica Ching ex Ching & S.H.Wu (凤尾蕨科)
硕大柳叶箬 Isachne truncata var. maxima Keng f. (禾本科)
硕大马先蒿 Pedicularis ingens Maxim.(玄参科)
硕萼报春 Primula veris subsp. macrocalyx (Bge.) Ludi (报春花科)
硕果芮德木(植物图谱)=木瓜红
硕花大瓣毛茛 Ranunculus platypetalus var. macranthus W.T.Wang(毛茛科)
硕花龙胆 Gentiana amplicrater Burk.(龙胆科)
硕花马先蒿 Pedicularis megalantha Don(玄参科)
硕桦 Betula costata Trautv.(桦木科),*风桦*
硕距头蕊兰 Cephalanthera calcarata S.C.Chen & K.Y.Lang (兰科)
硕鳞毛蕨 Dryopteris goldiana (HK.) Gray (鳞毛蕨科)
硕美绩众(分类学报)=云南贯众
硕首垂头菊 Cremanthodium obovatum S.W.Liu (菊科)
硕首雪兔子 Saussurea grandiceps S.W.Liu (菊科)
硕羽新月蕨 Pronephrium macrophyllum Ching & Y.X.Lin (金星蕨科)
搠骨金粟兰(通称)=草珊瑚
蒴藋(名医别录)=接骨草
蒴藋赤子(证类本草)=接骨草
蒴莲 Adenia chevalieri Gagn.(西番莲科),*猪笼藤,双眼灵,软骨青藤,土白芍,土党参,过山参*
蒴莲属 Adenia Forsk.(西番莲科)
嗽药(陶弘景)=百部
嗽药(新修本草)=柳叶白前

Si

丝瓣剪秋罗 Lychnis wilfordii (Rgl.) Maxim.(石竹科),*燕尾仙翁*
丝瓣龙胆 Gentiana exquisita H.Sm.(龙胆科)
丝瓣芹 Acronema tenerum (Wall.) Edgew.(伞形科)
丝瓣芹属 Acronema Edgew.(伞形科)
丝瓣玉凤花 Habenaria pantlingiana Kraenzl.(兰科),*冠毛玉凤兰,丝花玉凤兰,叉瓣玉凤兰*
丝苞杭子稍 Campylotropis macrocarpa f. hupehensis (Pamp.) P.Y.Fu(豆科)
丝柄短尾铁线莲(秦岭志)=毛果扬子铁线莲
丝柄薹草 Carex filipes var. sparsinux (C.B. Clarke) Kükenth. (禾本科)
丝草 Aira praecox L.(禾本科)
丝草属 Pilularia L.(苹科)
丝葱(植物志 14)=细叶韭
丝带草 Phalaris arundinacea var. picta L.(禾本科)
丝带蕨 Drymotaenium miyoshianum Makino(水龙骨科),*二条线蕨,木兰,木金莲,二条线蕨*
丝带蕨属 Drymotaenium Makino(水龙骨科)
丝带千里光(云南植物名录)=滇黔蒲儿根
丝冬(海南)=天门冬
丝多毛列当 Orobanche krylowii Beck.(列当科)
丝萼龙胆 Gentiana filisepala T.N.Ho(龙胆科)
丝粉藻 Cymodocea rotundata Asch & Schweinf.(茨藻科)
丝粉藻属 Cymodocea König.(茨藻科)
丝秆薹草 Carex filamentosa K.T.Fu(莎草科)
丝秆针茅 Stipa filiculmis Delile (禾本科)
丝梗杭子稍 Campylotropis yunnanensis var. filipes (Rick) P.Y.Fu(豆科)
丝梗假卫矛 Microtropis bivalvis (Jack.) Wall. (卫矛科)
丝梗楼梯草 Elatostema filipes W.T.Wang(荨麻科)
丝梗扭柄花 Streptopus koreanus Ohwi(百合科)
丝梗婆婆纳 Veronica filipes Tsoong(玄参科)
丝梗茜草 Rubia filiformis How ex Lo(茜草科)
丝梗三宝木 Trigonostemon filipes Y.T.Chang & X.L.Mo (大戟科)
丝梗石斛(云南植物名录)=短棒石斛
丝梗薹草 Carex filipedunculata S.W.Su(莎草科)
丝梗沿阶草 Ophiopogon filipes D.Fang(百合科)
丝梗蛛毛苣苔 Paraboea filipes (Hance) Burtt(苦苣苔科)
丝瓜(滇南本草)=广东丝瓜
丝瓜 Luffa cylindrica (L.) Roem.(葫芦科),*千层楼,天吊瓜,天罗瓜,天罗线,天罗絮,天萝水,天丝瓜,乌牛子*
丝瓜花(植物志 28)=毛蕊铁线莲
丝瓜南(四川)=南赤爬
丝瓜掌 Euphorbia mammilaris L.(大戟科)
丝瓜属 Luffa Mill.(葫芦科)
丝果大戟(云南植物名录)=圆苞大戟
丝花苣苔属 Nematanthus Schrad.(苦苣苔科)
丝花娑罗双 Shorea sericiflora Fisch. & Hutch. (龙脑香科)
丝花玉凤兰(台兰科图鉴)=丝瓣玉凤花
丝胶树 Funtumia elastica (Preuss) Stapf(夹竹桃科)
丝胶树属 Funtumia Stapf (夹竹桃科)
丝节灯心草 Juncus chrysocarpus Buchen.(灯心草科)
丝茎风铃草 Campanula chrysosplenifolia Franch. (桔梗科),*白毛风铃草*

丝茎黄芪 Astragalus filicaulis Fisch. & Mey. ex Ledeb. (豆科)
丝茎黄芩 Scutellaria filicaulis Rgl.(唇形科)
丝茎蓼 Polygonum molliiforme Boiss.(蓼科)
丝茎婆婆纳 Veronica tenuissima Boriss.(玄参科)
丝蕨(化石蕨类词典)=连孢一条线蕨
丝蕨属(植物志 3-2)=**一条线蕨属**
丝葵 Washingtonia filifera (Lind. ex André) H. Wendl. (棕榈科),*华盛顿椰子*
丝葵属 Washingtonia H.Wendl.(棕榈科),*华盛顿椰子属*
丝拉尕保(藏语)=北方拉拉藤
丝兰 Yucca smalliana Fern.(百合科),*洋波萝*
丝兰属 Yucca L.(百合科)
丝栗(湖南)=甜槠
丝栗(四川)=扁刺锥
丝栗槭(分类学报)=角叶槭
丝连皮(中药志)=杜仲
丝楝树(湖北)=杜仲
丝裂碱毛茛 Halerpestes filisecta L.Liou(毛茛科)
丝裂沙参 Adenophora capilaris Hemsl.(桔梗科),*龙胆草,泡参,沙参*
丝裂亚菊 Ajania nematoloba (Hand.-Mazz.) Ling & Shih(菊科)
丝裂玉凤花(海南志)=毛葶玉凤花
丝裂玉凤花 Habenaria polytricha Rolfe(兰科),*裂瓣玉凤兰,多裂缘玉凤兰*
丝路蓟 Cirsium arvense (L.) Scop.(菊科)
丝毛艾纳香(分类学报)=拟毛毡草
丝毛草根(中药志)= 白茅根
丝毛刺头菊 Cousinia lasiophylla Shih(菊科)
丝毛飞廉 Carduus crispus L.(菊科),*飞廉蒿,飞簾,飞轻,老牛错,雷公菜,天荠*
丝毛槐 Sophora nuttaliana Turner (豆科)
丝毛栝楼 Trichosanthes sericeifolia C.Y.Cheng & Yueh (葫芦科)
丝毛蓝刺头 Echinops nanus Bge.(菊科),*矮蓝刺*
丝毛列当 Orobanche caryophyllacea Smith(列当科),*短唇列当*
丝毛柳 Salix luctuosa Lévl.(杨柳科)
丝毛柳叶菜(云南志)=硬毛柳叶菜
丝毛芦 Phragmites karka var. cincta HK.f.(禾本科)
丝毛猕猴桃 Actinidia fulvicoma var. lanata f. arachnoidea C.F.Liang(猕猴桃科)
丝毛木蓝 Indigofera sericophylla Franch.?(豆科)
丝毛七(陕西中草药)=华北鸦葱
丝毛槭 Acer sericeum Schwer.(槭树科)
丝毛千草(中草药汇编)=毛毡草
丝毛雀稗 Paspalum urvillei Steud.(禾本科)
丝毛瑞香 Daphne holosericea (Diels) Hamaya (瑞香科)
丝毛石蝴蝶 Petrocosmea sericea C.Y.Wu ex H. W.Li (苦苣苔科)
丝毛穗臭草 Melica ciliata L.(禾本科)
丝毛野百合(广州志)=大托叶猪屎豆
丝毛叶锈线菊(经济植物手册)=毛叶锈线菊
丝茅(纲目,植物志 10-2)=白茅根
丝迷呗(云南澜沧拉古语)=风吹楠
丝绵木(植物志 45-3)=白杜
丝棉草 Gnaphalium luteo-album L.(菊科)
丝棉吊梅(药用志)=虎耳草
丝棉木卫矛(西藏中草药)=冷地卫矛
丝苹 Pilularia globulifera L.(苹科)

丝翘翘(野菜博录,云南植物名录)=四籽野豌豆
丝染(傣语)=红木巴戟
丝绒白粉藤 Cissus discolor var. mollis Phanch.(菊科)
丝石竹(北京志)=圆锥石头花
丝石竹(华北经济志要)=缕丝花
丝石竹属(华北经济志要)=**石头花属**
丝丝草(湖南)=虎耳草
丝穗金粟兰 Chloranthus fortunei (A.Gray) Solms-Laub. (金粟兰科),*白开喉箭,黑细辛,水晶花,四大金刚,四大天王,四块瓦,四叶对,四子莲,土细辛,银线草*
丝铁线莲(Flora 6,植物志 28)=菝葜叶铁线莲
丝头花属 Dryandra R.Br.(山龙眼科)
丝线草(台湾植物总目录)=水蔗草
丝线吊芙蓉(高等图鉴)=毛棉杜鹃花
丝线吊铜钟(广东)=夏枯草
丝形秋海棠 Begonia filiformis Irmsch.(秋海棠科)
丝须蒟蒻薯 Tacca integrifolia Ker.Gawl.(蒟蒻薯科)
丝悬省藤 Calamus filipendulus Becc.(棕榈科)
丝叶(岭南采药录)=余甘子
丝叶葱 Allium filifolium Rgl.(百合科)
丝叶葛缕子 Carum buriaticum f. angustissimum (Kitag.) Shan & Pu(伞形科)
丝叶谷精草 Eriocaulon setaceum L.(谷精草科)
丝叶蒿(内蒙志)=东北丝裂蒿
丝叶芥 Leptaleum filifolium (Willd.) DC.(十字花科)
丝叶芥属 Leptaleum DC.(十字花科)
丝叶韭 Allium setifolium Schrenk(百合科)
丝叶苦荬(内蒙志)=丝叶小苦荬
丝叶狸藻(台湾志)=少花狸藻
丝叶马蔺(东北)=细叶鸢尾
丝叶毛茛 Ranunculus nematolobus Hand.-Mazz.(毛茛科)
丝叶匹菊 Pyrethrum abrotanifolium Bge. ex Ledeb. (菊科)
丝叶芹 Scaligeria setacea (Schrenk) Korov.(伞形科)
丝叶芹属 Scaligeria DC.(伞形科)
丝叶球柱草 Bulbostylis densa (Wall.) Hand.-Mazz. (莎草科),*黄毛草,细黄毛草*
丝叶山蚂蚱草(植物志 26)=山蚂蚱草
丝叶山芹 Ostericum maximowiczii var. filisectum (Chu) Yuan & Shan(伞形科)
丝叶蓍 Achillea setacea Waldst. & Kit.(菊科)
丝叶石竹(东北检索表)=石竹
丝叶嵩草 Kobresia filifolia (Turcz.) C.B.Clarke (莎草科)
丝叶薹草 Carex capilliformis Franch.(莎草科),*毛状薹草*
丝叶唐松草 Thalictrum foeniclaceum Bge.(毛茛科)
丝叶小苦荬 Ixeridium graminifolium (Ledeb.) Tzvel. (菊科),*丝叶苦荬*
丝叶鸦葱 Scorzonera curvata (Popl.) Lipsch.(菊科)
丝叶眼子菜 Potamogeton filiformis Pers.(眼子菜科)
丝叶鸢尾 Iris filifolia Boiss.(鸢尾科)
丝叶紫堇 Corydalis filisecta C.Y.Wu(罂粟科)
丝引薹草 Carex remotiuscula Wahlenb(莎草科),*疏穗薹草*
丝颖针茅 Stipa capillacea Keng(禾本科)
丝藻(植物学大辞典)=小眼子菜
丝质小檗 Berberis bombycina Ahrendt (小檗科)
丝柱柳(植物志 20-2)=不丹柳
丝柱龙胆 Gentiana filistyla Balf.f. & Forr. ex Marq. (龙胆科),*邦见莪那,蓝花龙胆,小花丝柱龙胆*
丝状带叶兰 Taeniophyllum filiforme J.J.Sm.(兰科)
丝状灯心草 Juncus filiformis L.(灯心草科)
丝状针叶藻 Syringodium filiforme Kütz(眼子菜科)
丝状子楝树(新)Decaspermum sericeum Hance?(桃金娘科)
丝状棕竹 Rhapis filiformis Burret (棕榈科)
丝状足柱兰 Dendrochilum filiforme Lindl.(兰科)
司芬双藤(海南植物名录)=爪楔翅藤
司牛角 Duvalia angustiloba N.E.Br.(萝藦科)
司氏柳 Salix skvortzovii Y.L.Chang & Y.L.Chou (杨柳科)
司氏马先蒿 Pedicularis steiningeri Bonati(玄参科)
司托郎氏木属(分类学报)=**红果树属**
思蕨(植物志 6-1)=刺蕨
思茅叉蕨 Tectaria simaoensis Ching & C.H. Wang (叉蕨科)
思茅地黄连(新华本草纲要)=云南地黄连
思茅豆腐柴 Premna szemaoensis P'ei(马鞭草科),*戳皮树,接骨树,类梧桐,绿泽兰,蚂蚁鼓堆树,梅苮秒*
思茅独活 Heracleum henryi Wolff(伞形科)
思茅短蕊茶 Camellia szemaoensis Chang(山茶科)
思茅葛(思茅中草药)=须弥葛
思茅过路黄(拉汉名称)=思茅香草
思茅杭子稍 Campylotropis harmsii Schindl.(豆科),*滇南杭子稍,干枝柳,化食草,米过穴,三叶豆*
思茅红椿 Toona ciliata var. henryi (C.DC.) C.Y. Wu (楝科)
思茅厚皮香 Ternstroemia simaoensos L.K.Ling (山茶科)
思茅胡椒 Piper szemaoense C.DC.(胡椒科)
思茅黄肉楠 Actinodaphne henryi Gamble(樟科),*麦硬*
思茅黄檀(豆科图说)=秧青
思茅渐尖算盘子(云南植物名录)=泰云算盘子
思茅姜 Zingiber simaoense Y.Y.Qian(姜科)
思茅姜花 Hedychium simaoense Y.Y.Qian(姜科)
思茅栲(植物志 22)=思茅锥
思茅梅花草 Parnassia simaoensis Y.Y.Qian (虎耳草科)
思茅木姜子 Litsea pierrei var. szemois Liou(樟科)
思茅木蓝 Indigofera simaoensis Y.Y.Fang & C. Z.Zheng (豆科)
思茅蒲桃 Syzygium szemaoense Merr. & Perry (桃金娘科)
思茅青冈 Cyclobalanopsis xanthotricha (A. Camus) Y.C.Hsu & H.W.Jen(壳斗科),*黄毛青冈*
思茅清明花 Beaumontia murtonii Craib(夹竹桃科)
思茅山橙 Melodinus cochinchinensis (Lour.) Merr. (夹竹桃科),*岩山枝*
思茅山柰 Kaempferia simaoensis Y.Y.Qian(姜科)
思茅蛇菰 Balanophora simaoensis S.Y.Chang & Tam (蛇菰科),*鹿仙草*
思茅水锦树 Wendlandia augustinii Cowan(茜草科)
思茅水腊烛 Dysophylla szemaoensis C.Y.Wu & Hsuan (唇形科),*思茅珍珠菜*
思茅松(植物志 7)=卡西松
思茅唐松草 Thalictrum simaoense W.T.Wang & G.Zhu (毛茛科)
思茅藤 Epigynum auritum (Schneid.) Tsiang & P.T.Li (夹竹桃科)
思茅藤属 Epigynum Wight(夹竹桃科)
思茅铁线莲 Clematis pterantha Dunn(毛茛科)
思茅狭叶山梗菜 Lobelia colorata var. baculus E.Wimm.(桔梗科),*地莴笋,骨软草,水将军,水莴笋,小桃树*
思茅香草 Lysimachia englerii R.Knuth(报春花科),*思茅过路黄*
思茅崖豆 Millettia leptobotrya Dunn(豆科),*葛根跌打,合罕郎,马鹿花,思茅崖豆藤,窄序崖豆藤,窄叶崖豆藤,*
思茅崖豆藤(分类学报)=思茅崖豆
思茅叶下珠(云南植物名录)=滇藏叶下珠
思茅银背藤 Argyreia maymyo (W.W.Sm.) Raizada (旋花科)
思茅玉兰(树木分类学)=大叶玉兰
思茅远志 Polygala lacei Craib(远志科)
思茅珍珠菜(分类学报)=思茅水腊烛
思茅蛛毛苣苔 Paraboea paramartinii Z.R.Xu & B.L.Burtt. (苦苣苔科)
思茅锥 Castanopsis ferox (Roxb.) Spach.(壳斗科),*思茅栲,刺锥栗*
思藤子(海南澄迈)=毛瓜馥木
思维树(群芳谱)=菩提树
斯宾草属(科属词典)=**马蹄黄属**
斯宾塞草属(科属检索表)=**马蹄黄属**
斯蒂恩小檗 Berberis stearnii Ahrendt (小檗科)
斯哥佐早熟禾 Poa skvortzovii Probat.(禾本科)
斯格玛凤仙花 Impatiens sigmoidea HK.f.(凤仙花科)
斯碱茅 Puccinellia schischkinii Tzvel.(禾本科)
斯考氏黄藤 Daemonorops scortechinii Becc.(棕榈科)
斯考氏美苞棕 Calospatha scortechinii Becc.(棕榈科)
斯考氏萨拉卡棕 Salacca scortechinii Becc.(棕榈科)
斯考氏山槟榔 Pinanga scortechinii Becc.(棕榈科)
斯考氏蚁棕 Korthalsia scortechinii Becc.(棕榈科)
斯考氏轴榈 Licuala scortechinii Becc.(棕榈科)
斯克波玄参 Scrophularia scopolii Hoppe (玄参科)
斯库勒钓钟柳 Penstemon scouleri Dougl.(玄参科)
斯里兰卡桂树(拉汉名称和手册)=锡兰肉桂
斯里兰卡槐 Sophora ceylonica Trim.(豆科)
斯里兰卡金莲木 Ochna jabotapita L.(金莲木科)
斯里兰卡天料木 Homalium ceylanicum (Gardn.) Benth. (大风子科)
斯密尔杜鹃花 Rhododendron smirnowii Trautv.(杜鹃花科)
斯密氏鸭茅 Dactylis smithii Link (禾本科)
斯佩尔特小麦 Triticum spelta L.(禾本科)
斯佩思小檗 Berberis spaethii Schneid.(小檗科)

斯佩特状山羊草 Aegilops speltoides Tausch (禾本科)
斯普鲁斯小檗 Berberis spruceana (Schneid.) Ahrendt (小檗科)
斯氏报春 Primula stuartii Wall.(报春花科)
斯氏唇柱苣苔 Chirita skogiana Z.Y.Li(苦苣苔科)
斯氏阔蕊兰 Peristylus steudneri (Rchb.f.) Rolfe (兰科)
斯氏马先蒿 Pedicularis stewardii Li(玄参科)
斯氏碗蕨 Dennstaedtia smithii (HK.) Moore (碗蕨科)
斯氏悬钩子(台湾志)=木莓
斯塔夫早熟禾 Poa stapfiana Bor(禾本科)
斯太温黄芩 Scutellaria stevenii Juz.(唇形科)
斯太沃特糙苏 Phlomis stewartii HK.f.(唇形科)
斯坦福长庚花 Hesperantha stanfordiae L.Bolus (鸢尾科)
斯坦福熊果 Arctostachylos stanfordiana Parry. (杜鹃花科)
斯坦复叶耳蕨 Arachniodes standshii (Moore) Ching (鳞毛蕨科)
斯坦隐囊蕨 Notholaena standleyi Maxon (中国蕨科)
斯提氏报春 Primula stirtoniana Watt (报春花科)
斯图阿氏蝴蝶兰 Phalaenopsis stumatrana Korth. & Rchb.f.(兰科)
斯图伯尔小檗 Berberis stuebelii Hieron.(小檗科)
斯托尔克乌头 Aconitum stoerkianum Rchb.(毛茛科)
斯托克凤仙花 Impatiens stocksii HK.f. & Thoms. (凤仙花科)
斯托克火绳树 Eriolaena stocksii HK.f.(梧桐科)
斯托克水蜡烛 Dysophylla stocksii HK.f.(唇形科)
斯托克斯鸢尾 Iris stocksii Boiss.(鸢尾科)
斯托里火焰兰 Renanthera storiei Rchb.f.(兰科)
斯脱兰木属(分类学报)=**红果树属**
斯脱兰威木(经济植物手册)=红果树
斯脱兰威木属(经济植物手册)=**红果树属**
斯脱木属(科属辞典)=**红果树属**
斯瓦塞十大功劳 Mahonia swaseyi (Buckl.) Fedde (小檗科)
斯文氏碎米蕨叶马先蒿(Flora 18)=文氏马先蒿
槵(台湾)=淋漓锥
榹桃(尔雅)=山桃
撕苞蕗蕨 Mecodium stenochladum Ching & Chiu (膜蕨科)
撕唇阔蕊兰 Peristylus lacertiferus (Lindl.) J.J. Sm. (兰科),*撕唇玉凤花,细花玉凤兰,青花阔蕊兰*
撕唇玉凤花(海南志)=撕唇阔蕊兰
撕裂贝母兰 Coelogyne sanderae Kraenzl.(兰科)
撕裂边龙胆 Gentiana lacerulata H.Sm.(龙胆科)
撕裂盾蕨 Neolepisorus truncatus f. laciatus Ching & Shing(水龙骨科)
撕裂萼凤仙花 Impatiens lacinulifera Y.L.Chen (凤仙花科)
撕裂秋海棠 Begonia lacerata Irmsch.(秋海棠科),*蒙自秋海棠*
撕裂铁角蕨 Asplenium laciniatum Don (铁角蕨科),*鳞柄铁角蕨*
撕裂野丁香 Leptodermis scissa H.Winkl.(茜草科)
撕裂玉山竹 Yushania lacera Q.F.Zheng & K.F. Huang (禾本科)
死不了(河北)=大花马齿苋
四瓣草(云南)=苹
四瓣寄生(植物志 24)=滇西离瓣寄生
四瓣莲船(浙江)=苹
四瓣椤(武汉植物研究)=四瓣崖摩
四瓣马齿苋 Portulaca quadrifida L.(马齿苋科),*四裂马齿苋,小马齿苋,地锦*
四瓣米仔兰(海南志)=四瓣崖摩
四瓣崖摩 Amoora tetrapetala (Pierre) Pellegr. (楝科),*沙罗子,红罗,四瓣米仔兰,四瓣椤*
四苞蓝 Tetragoga esquirolii (Lévl.) E.Hossain (爵床科)
四苞蓝属 Tetragoga Bremek.(爵床科)
四被楼梯草 Elatostema tetratepalum W.T.Wang (荨麻科)
四部景天(拉汉名称)=叶花景天
四参草(贵州石阡)=大叶茜草
四齿芥 Tetracme quadricornis (Steph.) Bge.(十字花科)
四齿芥属 Tetracme Bge.(十字花科)
四齿筋骨草(植物志 65-2)=四齿四棱草
四齿兔唇花(植物志 65-2)=二刺叶兔唇花
四齿四棱草 Schnabelia tetrodonta (Sun) C.Y.Wu & C.Chen(唇形科),*四齿筋骨草*
四齿兔唇花(植物志 65-2)=硬毛兔唇花
四齿无心菜 Arenaria quadridentata (Maxim.) Williams (石竹科),*四齿蚤缀*
四齿蚤缀(高等图鉴)=四齿无心菜
四翅菝葜 Smilax gagnepainii T.Koyama(百合科)
四翅豆(云南)=四棱豆
四翅槐 Sophora tetraptera J.S.Mill.(豆科)
四翅崖豆 Millettia tetraptera Kurz(豆科)
四翅月见草 Oenothera tetraptera Cav.(柳叶菜科),*椎果月见草*
四川艾 Artemisia sichuanensis Ling & Y.R.Ling (菊科),*白蒿*
四川八角 Illicium jiadifengpi var. szechuanense (Cheng) Law & B.N.Chang(木兰科)
四川白苞芹(新华本草纲要)=川白苞芹
四川白珠 Gaultheria cuneata (Rehd. & Wils.) Bean (杜鹃花科),
四川白珠树(树木分类学)=铜钱叶白珠
四川报春 Primula szechuanica Pax(报春花科)
四川波罗花 Incarvillea beresowskii Batalin(紫葳科)
四川苍耳七(秦岭志)=细叉梅花草
四川侧柏(树木分类学)=崖柏
四川茶藨子 Ribes setchuense Jancz.(虎耳草科)
四川长柄山蚂蝗 Desmodium podocarpum var. szechuenense (Craib) Yang & Huang(豆科),*四川山蚂蝗,比子草,红土子,红土子草,红青酒缸,过路清*
四川臭樱 Maddenia hypoxantha Koehne(蔷薇科)
四川樗树(树木分类学)=毛臭椿
四川唇柱苣苔 Chirita sichuanensis W.T.Wang (苦苣苔科)
四川大头茶 Gordonia acuminata Chang(山茶科)
四川当归 Angelica setchuensis Diels(伞形科)
四川地杨梅 Luzula sichuanensis K.F.Wu(灯心草科)
四川点地梅(植物志 59-1)=腋花点地梅
四川吊灯花 Ceropegia exigua (H.Huber) M.G. Gilb. & P.T.Li(萝藦科)
四川吊钟花 Enkianthus sichuanensis T.Z.Hsu (杜鹃花科)
四川丁香 Syringa sweginzowii Koehne & Lingelsh. (木犀科)
四川冬青 Ilex szechwanensis Loes.(冬青科),*川冬青,枝桃树,小万年青*
四川独蒜兰 Pleione limprichtii Schltr.(兰科)
四川杜鹃 Rhododendron sutchuenense Franch.(杜鹃花科),*山枇杷,大羊角树*
四川峨眉蕨 Lunathyrium sichuanense Z.R. Wang (蹄盖蕨科)
四川鹅绒藤 Cynanchum szechuanense Tsiang & Zhang (萝藦科),*白花四川鹅绒藤*
四川方秆蕨 Glaphyropteridopsis sichuanensis Y.X.Lin (金星蕨科)
四川粉报春(拉汉名称)=雅砻花叶报春
四川粉毛女娄菜(中药辞海)=掌脉蝇子草
四川风毛菊 Saussurea sutchuenensis Franch.(菊科)
四川凤仙花 Impatiens sutchuanensis Franch. ex HK.f. (凤仙花科)
四川复叶耳蕨 Arachniodes sichuanensis Ching (鳞毛蕨科)
四川沟酸浆 Mimulus szechuanensis Pai(玄参科)
四川谷精草 Eriocaulon alpestre var. sichuanense W.L.Ma (谷精草科)
四川固沙草(新)Orinus anomala Keng ex Keng f. & L.Liou (禾本科),*鸡爪草*
四川挂苦绣球(植物志 35-1)=挂苦绣球
四川鬼吹箫(新)Leycesteria formosa var.liogyne Hand.-Mazz.?(忍冬科)
四川鬼箭 Caragana jubata f. szechuanica Kom. (豆科)
四川旱蕨 Pellaea connectens C.Chr.(中国蕨科)
四川合耳菊 Synotis setchuanensis (Franch.) C. effr. & Y.L.Chen(菊科),*四川尾药菊*
四川黑老虎 Kadsura coccinea var. sichuanensis Law(木兰科)
四川红淡(高等图鉴)=川杨桐
四川红柳 Salix haoana Fang (杨柳科)
四川红门兰 Orchis sichuanica K.Y.Lang (兰科)
四川红杉 Larix mastersiana Rehd. & Wils.(松科),*四川落叶松,川红杉*
四川厚皮香 Ternstroemia sichuanensis L.K. Ling (山茶科)
四川胡颓子 Elaeagnus davidi Franch.?(胡颓子科)
四川虎刺 Damnacanthus officinarum Huang(茜草科)
四川虎耳草 Saxifraga sublinearifolia J.T.Pan(虎耳草科)
四川虎皮楠(树木分类学)=虎皮楠
四川虎榛子 Ostryopsis mianningensis T.Hong? (桦木科),*冕宁虎榛子*
四川花楸 Sorbus setschwanensis (Schneid.) Koehne (蔷薇科)
四川黄花稔(通称)=拨毒散
四川黄栌 Cotinus szechuanensis A.Penzés(漆树科)
四川黄芪 Astragalus sutchuenensis Franch.(豆科)
四川棘豆 Oxytropis sichuanica C.W.Chang(豆科)
四川寄生 Taxillus sutchuenensis (Lecomte) Danser (桑寄生科),*桑上寄生,寄生,桑寄生,毛叶寄*

四川假野芝麻(分类学报)=四川小野芝麻
四川剪股颖 Agrostis clavata var. szechuanica Y.C.Tong & Y.C.Yang(禾本科)
四川金粟兰 Chloranthus sessilifolius K.F.Wu (金粟兰科),*四块瓦,红毛七,四大天王*
四川金罂粟 Stylophorum sutchuense (Franch.) Fedde (罂粟科),*天青地白*
四川金盏苣苔 Isometrum sichuanicum K.Y.Pan (苦苣苔科)
四川堇菜 Viola szetschwanensis W.Beck. & H. de Boiss. (堇菜科),*川黄堇菜,米林堇菜*
四川旌节花 Stachyurus szechuanensis Fang(旌节花科)
四川韭 Allium szechuanense C.M.Shu?(百合科)
四川卷耳 Cerastium szechuense Williams(石竹科)
四川拉拉藤 Galium elegans var. nemorosum Cuf. (茜草科)
四川蜡瓣花 Corylopsis willmottiae Rehd. & Wils. (金缕梅科)
四川狼尾草 Pennisetum sichuanense S.L.Chen & Y.X.Jin (禾本科)
四川列当 Orobanche sinensis H.Sm.(列当科)
四川裂瓜 Schizopepon dioicus var. wilsonii (Gagn.) A.M.Lu & Z.Y.Zhang(葫芦科)
四川鳞盖蕨 Microlepia szechuanica Ching(碗蕨科)
四川鳞果星蕨 Lepidomicrosorium sichuanense Ching & Shing(水龙骨科)
四川龙胆 Gentiana sutchuenensis Franch. ex Hemsl. (龙胆科),*聚叶龙胆*
四川鹿蹄草 Pyrola szechuanica H.Andr.(鹿蹄草科)
四川鹿药 Maianthemum szechuanicum (F.T. Wang & Tang) H.Li(百合科)
四川蕗蕨 Mecodium szechuanense Ching & Chiu(膜蕨科)
四川轮环藤 Cyclea sutchuenensis Gagn.(防已科)
四川裸菀 Gymnaster simplex (Chang) Ling(菊科)
四川落叶松(分类学报)=四川红杉
四川马先蒿 Pedicularis szetschuanica Maxim. (玄参科),*四川马先蒿四川亚种四川变种*
四川马先蒿宽叶亚种(植物志 68)=宽叶四川马先蒿
四川马先蒿四川亚种四川变种(植物志 68)=四川马先蒿
四川马先蒿网脉亚种(植物志 68)=网脉四川马先蒿
四川蔓茶藨子 Ribes ambiguum Maxim.(虎耳草科),*茑*
四川蔓龙胆 Crawfurdia tibetica Franch.(龙胆科)
四川毛鳞菊 Chaetoseris sichuanensis Shih(菊科)
四川毛蕊茶 Camellia lawii Sealy(山茶科)
四川梅花草 Parnassia chinensis var. sechuanensis Jien(虎耳草科),*中国梅花草四川变种*
四川猕猴桃(拉汉名称)=海棠猕猴桃
四川牡丹 Paeonia decomposita Hand.-Mazz.(芍药科)
四川木姜子 Litsea moupinensis var.szechuanica (Allen) Yang & P.H.Huang(樟科)
四川木蓝 Indigofera szechuensis Craib(豆科),*山皮条,金雀花*
四川木莲 Manglietia szechuanica Hu(木兰科),*瓢儿花*
四川牛奶菜 Marsdenia schneideri Tsiang(萝藦科)
四川婆婆纳 Veronica szechuanica Batal.(玄参科)
四川婆婆纳多毛亚种(植物志 67-2)=多毛婆婆纳(新)
四川蒲桃 Syzygium szechuanense Chang & Miau (桃金娘科)
四川槭 Acer sutchuenense Franch.(槭树科),*川槭*
四川千金藤 Stephania sutchuenensis Lo(防已科)
四川青荚叶 Helwingia japonica var. szechuanensis (Fang) Fang & Soong(山茱萸科)
四川清风藤 Sabia schumanniana Diels(清风藤科),*女儿藤,青木香,钻石风,铁牛钻石*
四川忍冬 Lonicera szechuanica Batal.(忍冬科),*五台金银花,五台忍冬*
四川润楠 Machilus sichuanensis N.Chao ex S. Lee (樟科)
四川箬竹(竹种类及栽培)=巴山木竹
四川莎草 Cyperus szechuanensis T.Koyama (莎草科)
四川山矾 Symplocos setchuensis Brand(山矾科)
四川山梗菜 Lobelia davidii var. sichuanensis Lian(桔梗科)
四川山胡椒 Lindera setchuenensis Gamble(樟科),*石桢楠,蓝花树*
四川山姜 Alpinia sichuanensis Z.Y.Zhu(姜科)
四川山蚂蝗(豆科图说)=四川长柄山蚂蝗
四川山梅花 Philadelphus purpurascens var. szechuanensis (Fang) S.M.Hwang(虎耳草科)
四川舌喙兰 Hemipilia amesiana Schltr.(兰科)
四川蛇根草 Ophiorrhiza sichuanensis Lo(茜草科)
四川石蝴蝶 Petrocosmea sichuanensis Chun ex W.T.Wang (苦苣苔科)
四川石杉 Huperzia sutchueniana (Hert.) Ching (石杉科)
四川石梓 Gmelina szechuanensis K.Yao(马鞭草科)
四川霜柱(分类学报)=香筒草
四川丝瓣芹 Acronema sichuanense S.L.Liou & Shan (伞形科)
四川松寄生(植物志 24)=黄杉钝果寄生
四川嵩草 Kobresia setchwanensis Hand.-Mazz. (莎草科)
四川溲疏 Deutzia setchuenensis Franch.(虎耳草科),*雷波溲疏,夏季石藤,白茂树,川溲疏,鹅毛通*
四川苏铁 Cycas szechuanensis Cheng & L.K.Fu (苏铁科)
四川酸蔹藤 Ampelocissus butoensis C.L.Li(葡萄科)
四川碎米荠(植物志 33)=弹裂碎米荠
四川薹草 Carex sutchuensis Franch.(莎草科)
四川檀梨 Pyrularia inermis Chien(檀香科)
四川糖芥 Erysimum benthamii P.Monnet(十字花科),*长角糖芥*
四川藤 Sichuania alterniloba M.g.Gilb. & P.T.Li (萝藦科)
四川藤山柳 Clematoclethra sichuanensis C.Shih (猕猴桃科)
四川藤属 Sichuania M.G.Gilb. & P.T.Li (萝藦科)
四川天门冬 Asparagus sichuanicus S.C.Chen & D.Q.Liu (百合科)
四川天名精 Carpesium szechuanense Chen & C. M.Hu (菊科)
四川铁杉 Cycas szechuanensis W.C.Cheng & L. K.Fu (苏铁科),*南盘江苏铁*
四川头花马先蒿 Pedicularis cephalantha var. szetchuanica Bonati(玄参科),*头花马先蒿四川变种*
四川兔儿风 Ainsliaea sutchuenensis Franch.(菊科)
四川尾药菊(植物志 77-1)=四川合耳菊
四川委陵菜(新)Potentilla gelida var. turczaninowiana (Stschegl.) Wolf?(蔷薇科)
四川卫矛 Euonymus szechuanensis C.H.Wang(卫矛科)
四川无心菜 Arenaria szechuanensis Williams (石竹科)
四川吴萸 Evodia sutchuenensis Dode(芸香科)
四川五加(植物分类学)=蜀五加
四川菥蓂 Thlaspi flagelliferum O.E.Schulz(十字花科)
四川虾脊兰 Calanthe whiteana King & Pantl. (兰科)
四川香茶菜 Isodon setschwanensis (Hand.-Mazz.) H.Hara (唇形科),*大理香茶菜,永胜变种*
四川香青 Anaphalis szechuanensis Ling & Y.L. Chen (菊科)
四川小檗 Berberis sichuanica Ying(小檗科)
四川小米草 Euphrasia pectinata subsp. sichuanica D.Y.Hong(玄参科),*小米草四川亚种*
四川小野芝麻 Galeobdolon szechuanense C.Y. Wu (唇形科),*四川假野芝麻*
四川新木姜子 Neolitsea sutchuanensis Yang(樟科)
四川栒子(高等图鉴)=川康栒子
四川沿阶草 Ophiopogon szechuanensis Wang & Tang (百合科)
四川杨桐(广西志)=川杨桐
四川异黄精 Heteropolygonatum xui W.K.Bao & M.N.Tamura(百合科)
四川阴地蕨 Botrychium sutchuenense Ching(阴地蕨科)
四川淫羊藿 Epimedium sutchuenense Franch. (小檗科)
四川樱(拉汉名称)=四川樱桃
四川樱桃 Cerasus szechuanica (Batal.) Yü & Li (蔷薇科),*四川樱,盘腺樱桃,野樱桃,条子*
四川玉凤花 Habenaria szechuanica Schltr.(兰科)
四川鸢尾 Iris sichuanensis Y.T.Zhao (鸢尾科)
四川圆齿狗娃花(新)Heteropappus crenatifolium var. ramosissimus Ling?(菊科)
四川越桔(云南植物研究)=毛萼珍珠树
四川越桔 Vaccinium chengae Fang(杜鹃花科),*诚君珍珠树*
四川早熟禾 Poa szechuensis Rendle(禾本科)
四川折柄茶 Hartia sichuanensis Yan(山茶科)
四川蜘蛛抱蛋 Aspidistra sichuanensis K.Y. Lang & Z.Y.Zhu(百合科)
四川紫菀 Aster sutchuenensis Franch.(菊科)
四大金刚(广西)=及已
四大金刚(湖南)=丝穗金粟兰
四大金刚(植物志 20-1)=宽叶金粟兰

四大天王(福建草药,植物志 20-1)=银线草
四大天王(广西)=蜂斗草
四大天王(湖南)=及已
四大天王(湖南)=丝穗金粟兰
四大天王(四川)=草玉梅
四大天王(四川)=四川金粟兰
四大天王(四川)=叶头过路黄
四大天王(植物志 20-1)=多穗金粟兰
四大天王(植物志 20-1)=宽叶金粟兰
四大王(福建)=及已
四带芹属 Tetrataenium (DC.) Manden.(伞形科)
四蕚猕猴桃 Actinidia tetramera Maxim.(猕猴桃科)
四儿风(四川)=落地梅
四儿风(分类草药性)=宽叶金粟兰
四方草(分类草药性)=碎米莎草
四方草(福建福安)=小鱼仙草
四方草(广部中草药手册)=母草
四方草(广西)=长叶香茶菜
四方草(广西贵县)=四棱草
四方草(广西药用名录)=长蒴母草
四方草(湖北,湖南)=黄海棠
四方草(江西草药)=四叶葎
四方草(浙江)=地耳草
四方草(中草药汇编)=棱萼母草
四方灯盏(中草药汇编)=树头菜
四方根(南宁药志)=六棱菊
四方骨(海南)=吊球草
四方蒿(云南芒市)=白香薷
四方蒿 Elsholtzia blanda Benth.(唇形科),*白香薷,大扫把菜,黑头草,鸡肝散,荆芥,蔓坝,四楞蒿,四棱蒿,铁扫把,岩合合罗,野薄荷,野苏*
四方合子草(中草药汇编,贵州民间药物)=大王马先蒿
四方雷公根(广西)=活血丹
四方莲(广东中草药)=穿心莲
四方麻 Veronicastrum cauloperum (Hance) Yamaz. (玄参科)*狼尾拉花,青鱼胆,山练草,四方青,四角草,四棱草*
四方木皮(中草药汇编)=中国无忧花
四方青(湖南药物志)=四方麻
四方拳草(广空中草药手册)=母草
四方台(广西)=杯叶西番莲
四方藤(广西中药志)=翼茎白粉藤
四方枝节节花(广东南澳)=丰花草
四方竹(日本汉字名称)=方竹
四粉块藤(俗称)=鲫鱼藤
四粉块藤属(科属检索表)=**鲫鱼藤属**
四福花 Tetradoxa omeiensis (Hara) C.Y.Wu(五福花科)
四福花属 Tetradoxa C.Y.Wu(五福花科)
四国谷精草 Eriocaulon miquelianum Körnicke (百合科),*龙塘山谷精草*
四国铁角蕨(台湾志)=稀羽铁角蕨
四果翠雀花 Delphinium tetragynum W.T.Wang (毛茛科)
四果野桐 Mallotus tetracoccus (Roxb.) Kurz(大戟科)
四合红(云南中草药)=草果药
四合木 Tetraena mongolica Maxim.(蒺藜科),*油柴*
四合木属 Tetraena Maxim.(蒺藜科)
四花合耳菊 Synotis tetrantha (DC.) C.Jeffr. & Y.L.Chen (菊科)
四花薹草 Carex quadriflora (Kukehtn.) Ohwi(莎草科)
四花野豌豆 Vicia tetrantha H.W.Kung(豆科)
四花早熟禾 Poa tetrantha Keng ex L.Liu(禾本科)
四回毛枝蕨 Leptorumohra quadripinnata (Hay.) H.Ito (鳞毛蕨科),*毛苞拟复叶耳蕨*
四会柑(植物志 43-2)=行柑
四季报春(中草药汇编)=鄂报春
四季菜(苏南植物手册)=白苞蒿
四季菜根(四川中药志)=皱叶酸模
四季草(四川筠连)=邻近风轮菜
四季春(泉州本草)=排钱树
四季丁香(甘肃)=小叶巧玲花
四季豆(滇南本草)=刀豆
四季豆(江苏)=菜豆
四季桂子(江苏药材志)=木犀
四季海棠(新拉汉英)=四季秋海棠
四季海棠 Begonia semperflorens Link & Otto (秋海棠科),*蚬肉海棠*
四季花(群芳谱)=小驳骨
四季花(益都方略记)=月季花
四季还阳(湖北)=费菜
四季堇菜 Viola florariensis Correvon (堇菜科)
四季橘 Calamondin(芸香科),*金钱橘饼,金橘,公孙橘,橘仔,大金橘,小金橘,唐金柑*
四季兰(植物志 18)=建兰
四季青(广西)=千里香
四季青(树木分类学)=冬青卫矛
四季青(图考)=毛蓼
四季青(云南)=苦远志
四季青(浙江)=细风轮菜
四季青(浙江中草药)=爵床
四季青(中草药学,安徽)=冬青
四季秋海棠 Begonia semperflorens-cultorum Hort.(秋海棠科),*四季海棠*
四季藤 Cissus sicyoides L.(菊科)
四季柚 Citrus maxima cv. Szechipaw(芸香科)
四季竹(竹种类及栽培)=大明竹
四季竹 Oligostachyum lubricum (Wen) Keng f. (禾本科)
四俭草(海南儋县)=吊球草
四角矮菱 Trapa natans var. pumila Nakano(菱科)
四角草(福建中草药)=长蒴母草
四角草(广西兽医植物)=四方麻
四角大柄菱 Trapa macropoda Miki(菱科),*东北菱*
四角豆(食用豆类作物)=四棱豆
四角风车子 Combretum quadrangulare Kurz. (使君子科)
四角枫(云南)=鸡骨常山
四角格棱 Trapa komarovii var. tetracorna Bar. & Skv.(菱科)
四角果(植物志 71-1)=香茜
四角夹子树(云南河口)=羽叶楸
四角刻叶菱 Trapa incisa S. & Z.(菱科),*野菱,刺菱*
四角老虎兰 Stanhopea quadricornis Lindl.(兰科)
四角柃 Eurya tetragonoclada Merr. & Chun(山茶科)
四角菱 Trapa quadrispinosa Roxb.(菱科)
四角鸾凤玉 Astrophytum myriostigma var. quadricostatum (H.Moell.) Borg.(仙人掌科)
四角马氏梭(江西大学学报)=细果野菱
四角蒲桃 Syzygium tetragonum Wall.(桃金娘科)
四角天竺葵 Pelargonium tetragonum Ait.(牻牛儿苗科)
四角羽叶楸(云南木材)=羽叶楸
四角越南菜(云南植物名录)=方枝守宫木
四角竹(日本汉字名称)=方竹
四筋口子(云南中草药)=平卧菊三七
四君子(新本草纲目)=使君子
四孔草 Cyanotis cristata (L.) D.Don (鸭跖草科),*蛇通管*
四块瓦(广西)=宽叶金粟兰
四块瓦(广西)=丝穗金粟兰
四块瓦(陕西)=多穗金粟兰
四块瓦(四川)=落地梅
四块瓦(四川)=四川金粟兰
四块瓦(四川)=叶头过路黄
四块瓦(云南)=豆瓣绿
四块瓦(云南)=毛脉金粟兰
四块瓦(云南)=全缘金粟兰
四块瓦(植物志 20-1)=及已
四块瓦(植物志 20-1)=银线草
四肋盆距兰 Gastrochilus saccatus Z.H.Tsi(兰科)
四棱菝葜 Smilax elegantissima Gagn.(百合科)
四棱白粉藤 Cissus subtetragona Planch. (葡萄科)
四棱草(广西凌云)=钩毛茜草
四棱草(湖南药物志)=四方麻
四棱草(四川)=显脉獐牙菜
四棱草 Schnabelia oligophylla Hand.-Mazz.(唇形科),*假马鞭草,箭羽草,箭羽筋草,蔑奄郎,四方草,四棱筋骨草*
四棱草属 Schnabelia Hand.-Mazz.(唇形科)
四棱豆 Psophocarpus tetragonolobus (L.) DC. (豆科),*翅豆,四翅豆,四角豆,杨桃豆,翼豆*
四棱豆属 Psophocarpus Neck. ex DC.(豆科)
四棱短肠蕨 Allantodia quadrangulata W.M.Chu (蹄盖蕨科)
四棱杆(河南)=毛叶香茶菜
四棱杆蒿(北方中草药)= 荆芥
四棱筋骨草(植物志 65-2)=四棱草
四棱茎比佛瑞纳兰 Bifrenaria tetragona (Lindl.) Schltr. (兰科)
四棱茎鳃兰 Maxillaria rufescens Lindl.(兰科)
四棱茎石斛 Dendrobium tetragonum A.Cunn ex Lindl. (兰科)
四棱卷瓣兰(浙江志)=浙杭卷瓣兰
四棱麻(湖南药物志)=醉鱼草
四棱毛蕨 Cyclosorus quadrangularis (Fée) Tard.-Blot (金星蕨科)
四棱美洲星毛蕨 Goniopteris tetragona (Sw.) Presl. (金星蕨科)
四棱牡丹(广西)=厚叶香草
四棱偏瓣花 Plagiopetalum serratum var. quadrangulum (Rehd.) C.Chen(野牡丹科)
四棱飘拂草 Fimbristylis tetragona R.Br.(莎草科)
四棱荠 Goldbachia laevigata (M.Bieb.) DC.(十字花科)
四棱荠属 Goldbachia DC.(十字花科)
四棱秋海棠(西藏志)=无翅秋海棠
四棱日本扁柏(新拉汉英)=孔雀柏
四棱山梅花 Philadelphus tetragonus S.M. Hwang (虎耳草科)
四棱树(东北药志)=毛脉卫矛
四棱穗莎草 Cyperus tenuiculmis Bocklr.(莎草科)
四棱穗莎草 Cyperus zollingeri Steud.(莎草科)
四棱香(四川叙永)=血见愁

四棱岩须 Cassiope tetragona (L.) D.Don(杜鹃花科)
四棱猪屎豆 Crotalaria tetragona Roxb. ex Andr.(豆科),*化金丹*
四棱子(浙江)=肉花卫矛
四棱子(中草药汇编)=大花卫矛
四楞草(云南广南)=牛尾草
四楞蒿(云南思茅)=四方蒿
四楞蒿(中草药汇编)=鼠尾香薷
四稜蒿(云南红河)=毛萼香茶菜
四稜蒿(云南龙陵)=四方蒿
四稜角(浙江临安)=香茶菜
四棱葡萄 Vitis quadrangularis L.(葡萄科)
四稜香(峨眉)=峨眉冠唇花
四列龙胆 Gentiana tetrasticha Marq.(龙胆科)
四裂白珠 Gaultheria tetramera W.W.Sm.(杜鹃花科),*小灰果*
四裂红景天 Rhodiola quadrifida (Pall.) Fisch. & Mey. (景天科),*四裂景天*
四裂红门兰 Orchis militaris L.(兰科)
四裂花黄芩 Scutellaria quadrilobulata Sun ex C.H.Hu (唇形科),*四香花*,*土薄荷*
四裂景天(拉汉名称)=四裂红景天
四裂马齿苋(海南志)=四瓣马齿苋
四裂女娄菜(拉汉名称)=四裂蝇子草
四裂山兰(横断山植物)=狭叶山兰
四裂算盘子 Glochidion assamicum (Muell.Arg.) HK.f. (大戟科),*阿萨姆算盘子*
四裂无柱兰 Amitostigma basifoliatum (Finet) Schltr. (兰科)
四裂蝇子草 Silene quadriloba Turcz. ex Kar. & Kir. (石竹科),*四裂女娄菜*
四瘤菱 Trapa mammillifera Miki(菱科)
四娄龙胆 Gentiana lineolata Franch.(龙胆科)
四轮草 Rubia cordifolia var. stenophylla Franch.(茜草科),*狭叶茜草*,*小叶红丝线*
四轮红景天 Rhodiola prainii (Hamet) H.Ohba (景天科),*有柄红景天*
四轮筋骨草(四川金佛山)=大叶茜草
四轮筋骨草 Schnabelia oligophylla var. oblongifolia C.Y.Wu & C.Chen(唇形科),*长叶四棱草*,*长叶变种*,*牛奶藤*,*万年青*
四轮麻(四川忠县)=白花假糙苏
四轮香 Hanceola sinensis (Hemsl.) Kudo(唇形科),*野薷香*,*汉史草*
四轮香属 Hanceola Kudo(唇形科)
四脉金茅 Eulalia quadrinervis (Hack.) Kuntze (禾本科)
四脉麻 Leucosyke quadrinervia C.B.Robinso(荨麻科)
四脉麻属 Leucosyke Zoll & Mor.(荨麻科)
四芒景天 Sedum tetractinum Fröd.(景天科),*四射景天*,*石上开花*
四锚属(数据库光盘)=**长苞蓝属**
四美草(内蒙古)=细叶益母草
四米草(台湾药志)=磨盘草
四面锋(浙江中药手册)=卫矛
四面戟(药材学)=卫矛
四面树(药用志)=卫矛
四明山凤丫蕨(蕨类形态)=南岳凤丫蕨
四念癀(中药大辞典)=琉璃繁缕
四皮麻(湖南药物志)=野花椒
四匹瓦(草药汇编)=宽叶金粟兰
四蕊狐尾藻 Myriophyllum tetrandrum Roxb.(小二仙草科),*四蕊茶*
四蕊锦香草 Phyllagathis tetrandra Diels(野牡丹科)
四蕊毛茛 Ranunculus tetrandrus W.T.Wang(毛茛科)
四蕊朴 Celtis tetrandra Roxb.(榆科),*石朴*,*昆明朴*,*西藏朴*,*凤庆朴*
四蕊槭 Acer tetramerum Pax(槭树科),*红色槭*,*红色木*
四蕊三角瓣花 Prismatomeris tetrantra (Roxb.) K.Schum. (茜草科)
四蕊山莓草 Sibbaldia tetrandra Bge.(蔷薇科)
四蕊茶(海南志)=四蕊狐尾藻
四色卡特兰 Cattleya labiata var. quadricolor (Lindl.) A.D.Hawkes (兰科)
四射景天(拉汉名称)=四芒景天
四生臂形草 Brachiaria subquadripara (Trin.) Hitchc. (禾本科)
四时菜(中草药汇编)=野甘草
四时春(中草药彩色图谱)=长春花
四时青(分类草药性)=云实
四时竹(植物学大辞典)=篲竹
四数花虎耳草 Saxifraga monantha H.Sm.(虎耳草科)
四数花九里香(分类学报)=豆叶九里香
四数九里香 Murraya tetramera Huang(芸香科),*满山香*,*满天香*
四数苣苔 Bournea sinensis Oliv.(苦苣苔科)
四数苣苔属 Bournea Oliv.(苦苣苔科)
四数木 Tetrameles nudiflora R.Br.(四数木科),*裸花四数*,*埋泵姆*
四数木科 Tetramelaceae
四数木属 Tetrameles R.Br.(四数木科)
四数獐牙菜 Swertia tetraptera Maxim.(龙胆科),*二型腺鳞草*,*藏茵陈*,*斗大结考日*,*假斗*,*卵叶獐牙菜*
四穗竹(广西龙州)=金剑草
四天红(广西隆林)=异色黄芩
四味果(纲目拾遗)=沙枣
四腺翻唇兰 Hetaeria biloba (Ridl.) Seidenf & J.J.Wood (兰科),*圆叶伴兰*,*海南翻唇兰*,*圆唇伴兰*
四香花(峨眉)=四裂花黄芩
四眼果(广西药用名录)=寡蕊扁担杆
四眼叶(南京市药材志)=黑面神
四药门花 Tetrathyrium subcordatum Oliv.(金缕梅科)
四药门花属 Tetrathyrium Benth.(金缕梅科)
四叶澳洲坚果 Macadamia tetraphylla Johnson (山龙眼科)
四叶菜(高等图鉴)=苹
四叶菜(中药辞海)=孩儿参
四叶草(贵州)=细叶卷柏
四叶草(江西草药)=四叶葎
四叶赤才 Lepisanthes tetraphylla (Vahl) Radlk. (无患子科)
四叶大野豌豆 Vicia pseudorobus var. tanakae Makino (豆科)
四叶豆(鄞县)=牯岭野豌豆
四叶对(安徽药材)=银线草
四叶对(福建,天目药志)=丝穗金粟兰
四叶对(植物志 20-1)=及已
四叶对(植物志 20-1)=宽叶金粟兰
四叶对剪草(浙江)=蔓剪草
四叶多荚草 Polycarpon tetraphyllum L.(石竹科)
四叶黄(四川)=落地梅
四叶箭(湖南)=及已
四叶金(福建)=及已
四叶金(福建草药)=银线草
四叶金(云南)=全缘金粟兰
四叶景天(植物志 34-1)=叶花景天
四叶龙胆 Gentiana tetraphylla Maxim. ex Kusnez. (龙胆科)
四叶葎 Galium bungei Steud.(茜草科),*风车草*,*冷水丹*,*散血丹小拉马藤*,*四方草*,*四叶草*,*细叶叶葎*
四叶萝芙木 Rauvolfia tetraphylla L.(夹竹桃科),*异叶萝芙木*
四叶苹(通称)=苹
四叶七(陕西)=湖北金粟兰
四叶七(陕西)=银线草
四叶茜草 Rubia schugnanica B.Fedtsch. ex Pojark. (茜草科)
四叶绒毛花 Anthyllis tetraphylla L.(豆科)
四叶沙参(植物志 73-2)=轮叶沙参
四叶水蜡烛 Dysophylla quadrifolia Benth.(唇形科)
四叶细辛(福建)=及已
四叶细辛(湖北)=弹刀子菜
四叶细辛(四川)=朝鲜淫羊藿
四叶细辛(植物志 20-1)=银线草
四叶一枝花(广西)=广西过路黄
四叶郁金香 Tulipa tetraphylla Rgl.(百合科)
四叶重楼 Paris quadrifolia L.(百合科)
四翼金丝桃 Hypericum tetrapterum Fr.(藤黄科)
四月红(河北)=北京忍冬
四月红(河北内丘)=郁香忍冬
四月泡(湖南)=山莓
四月雪(江苏)=流苏树
四月子(纲目拾遗)=木半夏
四枣(湖南)=胡颓子
四照花 Dendrobenthamia japonica var. chinensis (Osborn) Fang(山茱萸科)
四照花属 Dendrobenthamia Hutch.(山茱萸科)
四针松(新拉汉英)=墨西哥四针松(新)
四针松 Pinus quadrifolia Parl.(松科)
四柱南亚枇杷(新)Eriobotrya bengalensis f. intermedia Vidal(蔷薇科),*南亚枇杷四柱变型*
四籽草藤(秦岭志)=四籽野豌豆
四籽野豌豆 Vicia tetrasperma (L.) Schreber(豆科),*乔乔子*,*苕子*,*丝翘翘*,*四籽草藤*,*小乔菜*,*野扁豆*,*野苕子*,*鸟缘豆*
四子海桐 Pittosporum tonkinense Gagn.(海桐花科)
四子莲(广西)=丝穗金粟兰
四子柳 Salix tetrasperma Roxb.(杨柳科)
四子马蓝(高等图鉴)=黄猄草
四纵列黑草 Buchnera tetrasticha Benth.(玄参科)
寺竹(香港)=唐竹
似矮生薹草 Carex subpumila Tang & Wang ex L.K.Dai (莎草科)
似变绿小檗 Berberis paravirescens Ahrendt (小檗科)
似薄唇蕨 Leptochilus decurrens Bl.(水龙骨科),*莱蕨*,*网囊蕨*,*薄唇蕨*
似长瓣梅花草 Parnassia longipetaloides J.T.Pan (虎耳草科)
似横果薹草 Carex subtransversa C.B.Clarke(莎草科)
似棘豆 Oxytropis ambigua (Pall.) DC.(豆科),*可疑棘豆*
似荆(高等图鉴)=假紫珠
似荆属(高等图鉴)=**假紫珠属**
似梨木(种子植物名称)=金莲木

似梨木科(种子植物名称)=**金莲木科**

似梨木属(种子植物名称)=**金莲木属**

似镰羽假毛蕨 Pseudocyclosorus pseudofalcilobus W.M.Chu(金星蕨科)

似裸花杜鹃 Rhododendron periclymenoides (Michx.) Shinn.(杜鹃花科)

似毛鳞蕨 Tricholepidium maculosum var. subnormale (Alderw.) Ching(水龙骨科)

似柔果薹草 Carex submollicula Tang & Wang ex L.K.Dai (莎草科)

似莎薹草 Carex pseudocyperus L.(莎草科)

似秀雅杜鹃花 Rhododendron concinnoides Hutch. & F.K.Ward.(杜鹃花科)

似血杜鹃 Rhododendron haematodes Franch.(杜鹃花科)

似粘毛杜鹃花 Rhododendron glischroides Tagg. & Forr.(杜鹃花科)

似皱果薹草 Carex pseudodispalata K.T.Fu(莎草科)

姒矢豆(浙江)=猫乳

姒尾地榆(滇南本草)=地榆

饲料豌豆 Pisum arvense L.(豆科)

饲用甜菜 Beta vulgaris var. luttea DC.(藜科)

Song

松柏钝果寄生 Taxillus caloreas (Diels) Danser (桑寄生科),*松寄生*

松柏虎耳草 Saxifraga conifera Cosson & Durieu (虎耳草科)

松贝(植物志 14)=暗紫贝母

松笔头(滇南本草)=马尾松

松虫草(植物志 73-1)=紫盆花

松村稷(江苏植物名录)=莩草

松打七(云南)=灰岩皱叶报春

松番蹄盖蕨(西北植物学报)=希陶蹄盖蕨

松风草(植物志 43-2)=臭节草

松风草属(日本)=**石椒草属**

松谷蹄盖蕨 Athyrium vidalii var. amabile (Ching) Z.R.Wang (蹄盖蕨科)

松蒿 Phtheirospermum japonicum (Thunb.) Kanitz (玄参科),*糯蒿,土茵陈*

松蒿属 Phtheirospermum Bge.(玄参科)

松胡颓子(浙江)=小叶钝果寄生

松花(云南)=野拔子

松花江薹草 Carex platysperma var. sungarensis Y.L.Chang & Y.L.Yang(莎草科)

松花竹(陕西佛坪)=秦岭箭竹

松鸡越桔 Vaccinium scoparium Leib.(杜鹃花科),*帚状越桔*

松吉蒂(民族药志)=唐古特虎耳草

松吉斗(藏名)=篦齿虎耳草

松吉斗(藏名)=藏中虎耳草

松吉斗(藏名)=红虎耳草

松吉斗(藏名)=漆姑虎耳草

松寄生(高等图鉴)=松柏钝果寄生

松寄生(质问本草)=钗子股

松江格菱 Trapa komarovii var. sungariensis Bar. & Skv.(菱科)

松江柳 Salix sungkianica Y.L.Chou & Skv.(杨柳科)

松筋草(广西中药志)=海金沙

松筋藤(广东)=中华青牛胆

松筋藤(广西)=盒果藤

松筋藤(云南)=杜仲藤

松紧藤(广西)=粪箕笃

松觉底打(藏名)=星状雪兔子

松科 Pinaceae

松壳络树(云南)=云南油杉

松蓝(广西)=大叶仙茅

松郎头(药材学)=油松

松林变种(植物志 65-2,Flora 17)=松林华西龙头草(新)

松林草熊果(新拉汉英)=内华达熊果

松林叉花草 Diflugossa pinetorum (W.W.Sm.) C.Y.Wu & C.C.Hu(爵床科),*松林紫云*

松林倒座草(云南植物名录)=松林老鹳草

松林丁香 Syringa pinetorum W.W.Sm.(木犀科),*野丁香*

松林杜鹃花 Rhododendron pinetorum Tam.(杜鹃花科)

松林风毛菊 Saussurea pinetorum Hand.-Mazz.(菊科)

松林凤仙花 Impatiens pinetorum HK.f. ex W.W. Sm. (凤仙花科)

松林华西龙头草(新)Meehania fargesii var. pinetorum (Hand.-Mazz.) C.Y.Wu(唇形科),*松林变种*

松林老鹳草 Geranium pinetorum Hand.-Mazz.(牻牛儿苗科),*松林倒座草*

松林蓼 Polygonum pinetorum Hemsl.(蓼科)

松林马先蒿 Pedicularis pinetorum Hand.-Mazz.(玄参科)

松林秋海棠 Begonia pinetorum A.DC.(秋海棠科)

松林嵩草 Kobresia pinetorum Wang & Tang ex P.C.Li (莎草科)

松林紫云菜(云南植物名录)=松林叉花草

松露玉 Blossfeldia liliputana Werd.(仙人掌科)

松露玉属 Blossfeldia Werd.(仙人掌科)

松萝杜(台湾)=台湾云杉

松毛参(云南志)=急折百蕊草

松毛翠(新拉汉英)=日本松毛翠

松毛翠 Phyllodoce caerulea (L.) Bab.(杜鹃花科)

松毛翠属 Phyllodoce Salisb.(杜鹃花科),*梅樱属*

松毛火绒草 Leontopodium andersonii C.B. Clarke (菊科),*小地松,火草*

松毛蔺(陕西中药名录)=牛毛毡

松木笔(广西)=马尾松

松潘矮泽芹 Chamaesium thalictrifolium Wolff (伞形科)

松潘报春 Primula pseudoglabra Hand.-Mazz.(报春花科)

松潘叉子圆柏(植物志 7)=松潘圆柏

松潘翠雀花 Delphinium sutchuenense Franch.(毛茛科)

松潘鹅耳枥 Carpinus sungpanensis W.Y.Hsia (桦木科)

松潘附地菜 Trigonotis harrysmithii R.R.Mill.(紫草科)

松潘黄堇 Corydalis laucheana Fedde(罂粟科)

松潘黄芪 Astragalus sungpanensis Pet.-Stib.(豆科)

松潘荆芥 Nepeta sungpanensis C.Y.Wu(唇形科)

松潘韭 Allium songpanicum J.M.Xu(百合科)

松潘拉拉藤 Galium sungpanense Cuf.(茜草科)

松潘棱子芹 Pleurospermum franchetianum Hemsl. (伞形科),*异伞棱子芹,黄羌*

松潘蒲儿根 Sinosenecio sungpanensis (Hand.-Mazz.) B.Nord.(菊科)

松潘前胡 Peucedanum songpanense Shan & Pu (伞形科)

松潘乌头 Aconitum sungpanense Hand.-Mazz.(毛茛科),*火焰子,金牛七,蔓乌药,羊角七,千锤打,草乌*

松潘小檗 Berberis dictyoneura Schneid. (小檗科)

松潘绣球 Hydrangea sungpanensis Hand.-Mazz.(虎耳草科)

松潘圆柏 Juniperus sabina var. erectopatens (W.C.Cheng & L.K.Fu) Y.F.Yu & L.K.Fu(柏科),*松潘叉子圆柏*

松气草(植物志 43-2)=臭节草

松球掌 Euphorbia globosa (Haw.) Sims.(大戟科)

松球属(新拉汉英)=**翅孢属**

松伞巢凤梨 Nidularium billbergioides (Schult.f.) L.B.Sm.(凤梨科)

松寿兰(图考)=吉祥草

松树蕊(滇南本草)=马尾松

松塔(山西中草药)=白皮松

松天麻 Gastrodia elata f. alba S.Chow(兰科)

松田氏冬青 Ilex lonicerifolia var. matsudai Yamamoto (冬青科),*无毛忍冬叶冬青*

松田氏囊唇兰(台兰科图鉴)=宽唇盆距兰

松梧(福建)=油杉

松梧(台湾)=红桧

松梧(台湾)=台湾扁柏

松下兰 Monotropa hypopitys L.(鹿蹄草科),*地花,土花,破血金丹,补药*

松下兰属(高等图鉴)=**水晶兰属**

松香草(红河中草药)=苇谷草

松香疳药(云南)=隆萼当归

松香疳药(云南中草药)=云南龙眼独活

松心木(说文)=榔榆

松序茅香 Hierochloë laxa R.Br. ex HK.f.(禾本科)

松雪 Haworthia attenuata Haw.(百合科)

松杨(本草拾遗)=楝木

松杨(广西)=厚壳树

松叶奥莱克斯 Aulax pinifolia Bergius (山龙眼科)

松叶百合 Lilium pinifolium L.J.Peng(百合科)

松叶草(日名)=蓬子菜

松叶党参(高等图鉴)=松叶鸡蛋参

松叶耳草 Hedyotis pinifolia Wall. ex G.Don(茜草科),*了哥舌,利尖草,蛇舌草*

松叶防风(云南宾川)=松叶西风芹

松叶鸡蛋参 Codonopsis convolvulacea var. pinifolia (Hand.-Mazz.) Nannf.(桔梗科),*松叶党参*

松叶菊(植物大词典)=美丽日中花

松叶菊属(有花植物科志)=**日中花属**

松叶蕨 Psilotum nudum (L.) Griseb.(松叶蕨科),*马尾千金拨,石寄生,石扫帚,石刷把,石刷子,松叶兰,铁刷把,岩扫帚,岩松*

松叶蕨科 Psilotaceae

松叶蕨属 Psilotum Sw.(松叶蕨科)

松叶兰(台湾志)=槽舌兰

松叶兰(植物名汇)=松叶蕨

松叶蓼 Polygonum acerosum Ledeb. ex Meisn.(蓼科)

松叶毛茛 Ranunculus reptans L.(毛茛科)

松叶牡丹(植物志 26)=大花马齿苋

松叶青兰 Dracocephalum forrestii W.W.Sm.(唇形科),*傅氏青兰*

松叶乳汁大戟(植物志 44-3)=乳浆大戟

松叶十大功劳 Mahonia pinifolia Lundell (小檗科)

松叶薹草 Carex rara Boott(莎草科),*独穗薹草,假松叶薹草*

松叶西风芹 Seseli yunnanense Franch.(伞形科),*松叶防风,云防风*
松叶猪毛菜 Salsola laricifolia Turcz. ex Litv.(藜科)
松藻(高等图鉴)=金鱼藻
松属 Pinus L.(松科)
菘筋藤(植物志 71-2)=蔓九节
菘(南方草木状)=白菜
菘菜(本草经集注)=青菜
菘蓝(Flora 8)=欧洲菘蓝
菘蓝属 Isatis L.(十字花科)
菘萝茶(河南)=小叶巧玲花
菘青(药学学报,中药志)= 欧洲菘蓝
菘山莓系(新拉汉英)=荏弱早熟禾
菘子(本草经集注)=青菜
嵩草 Kobresia myosuroides (Villars) Fiori (莎草科)
嵩草属 Kobresia Willd.(莎草科)
嵩明木半夏 Elaeagnus angustata var. songmingensis W.K.Hu & H.F.Chow(胡颓子科)
嵩明山茶 Camellia summingensis Hu?(十字花科)
嵩明省沽油 Staphylea forrestii Balf.f.(省沽油科),*枫树*
嵩县岩蕨 Woodsia pilosa Ching(岩蕨科)
嵩叶猪毛菜 Salsola abrotanoides Bge.(藜科)
宋闷(云南傣语)=西南五月茶
送春 Cymbidium faberi var. szechuanicum (Y.S. Wu & S.C.Chen) Y.S.Wu & S.C.Chen(兰科)

Sou

廋叉柱花 Staurogyne rivularis Merr.(爵床科)
廋叶杉(中国裸子志)=康定云杉
搜骨风(四川)=凌霄
搜空(藏语)=金沙绢毛菊
搜空瓦(藏语)=金沙绢毛菊
搜山虎(广东,广西)=簕欓花椒
搜山虎(广西)=岭南花椒
搜山虎(湖南)=牛奶浆草
搜山虎(四川,云南奕良)=天蓬子
搜山虎(汪连仕:采药书)=杜鹃
搜山虎(云南)=剑叶开口箭
搜山虎(植物志 67-1)=铃铛子
搜山虎(中草药汇编)=七筋姑
搜山虎(中药大辞典)=大狼毒
搜山虎(中药大辞典,四川)=多羽节肢蕨
搜山虎 Anisodus mairei (Lévl.) C.Y.Wu & C.Chen(茄科)
搜山黄(贵州民间药物)=唐菖蒲
溲疏(本经)=黄山溲疏
溲疏属 Deutzia Thunb.(虎耳草科)
蒐桑(日名)=山桑
叟巴(藏名)=坚硬女娄菜
薮山楂子(江苏植物名录)=簇花茶藨子

Su

薮薹草 Carex remota L.(莎草科)
苏(尔雅)=紫苏
苏瓣大苞兰 Sunipia soidaoensis (Seidenf.) P.F. Hunt (兰科)
苏瓣石斛 Dendrobium harveyanum Rchb.f.(兰科)
苏北碱蒿(江苏北部)=海州蒿
苏打猪毛菜(新拉汉英)=粗株猪毛菜(新)
苏打猪毛菜 Salsola soda L.(藜科)
苏丹草 Sorghum sudanense (Piper) Stapf(禾本科)
苏丹凤仙花 Impatiens wallerana HK.f.(凤仙花科),*玻璃翠*
苏儿吉斯图-沙里尔日(蒙语)=白莎蒿
苏方(植物志 39)=苏木
苏方木(植物志 39)=苏木
苏枋(植物志 39)=苏木
苏甘大戟 Euphorbia schuganica B.Fedtsch.?(大戟科)
苏格藁本 Ligusticum scoticum L.(伞形科)
苏格拉底棕属 Socratea Karst.(棕榈科)
苏格兰欧石南 Erica cinerea L.(杜鹃花科),*钟状欧石南*
苏梗(药品化义)=野生紫苏
苏合香 Liquidambar orientalis Mill.(金缕梅科),*小亚西亚枫香树,苏合香树,帝油流,苏合油*
苏合香树(中药辞海)=苏合香
苏合油(太平寰宇记)=苏合香
苏黄芪(江苏药志)=圆叶锦葵
苏藿香(重庆)=藿香
苏菅(江西)=野生紫苏
苏拉威西胡椒(新拉汉英)=观赏胡椒
苏理木蓝(豆科图说)=康定木蓝
苏利蔷薇(经济植物手册)=川滇蔷薇
苏联肉质叶蒿 Artemisia succulenta Ledeb.(菊科)
苏联鸢尾(秦岭志)=紫苞鸢尾
苏苓氏阿芒多兰 Armodorum sulingii (Bl.) Schltr. (兰科)
苏罗朵布(藏名)=无茎芥
苏罗子(药材资料汇编)=七叶树
苏麻(湖北)=野生紫苏
苏麻竹(种子植物名称)=龙竹
苏门白酒草 Conyza sumatrensis (Retz.) Walker (菊科)
苏门达腊万带兰 Vanda sumatrana Schltr.(兰科)
苏门答拉杜鹃花 Rhododendron atjehense Sleum. (杜鹃花科)
苏门答拉蝴蝶兰 Phalaenopsis sumartrana Korht. & Rchb.f.(兰科)
苏门答腊桄榔 Arenga obtusifolia Mart.(棕榈科)
苏门答腊黄木小檗 Berberis xanthoxylon var. sumatranica Ahrendt (小檗科)
苏门答腊黄牛木 Cratoxylum sumatranum (Jack.) Bl. (藤黄科)
苏门答腊萝芙木 Rauvolfia sumatrana Jack(夹竹桃科)
苏门答腊十大功劳 Mahonia sumatrensis Merr.(小檗科)
苏姆早熟禾 Poa shumushuensis Ohwi(禾本科)
苏木 Caesalpinia sappan L.(豆科),*赤木,戈方,红柴,红苏木,苏方,苏方木,苏枋,棜木*
苏木蓝 Indigofera carlesii Craib(豆科),*山豆根,木蓝叉*
苏木山花荵 Polemonium sumushanense G.H. Liu & &.C.Ma (花荵科)
苏木帐子(辽宁庄河)=大叶糙苏
苏木属(树木分类学)=云实属
苏南荠苨 Adenophora trachelioides subsp. giangsuensis Hong(桔梗科)
苏氏报春(拉汉名称)=缺裂报春
苏氏繁缕(拉汉名称)=康定繁缕
苏氏马先蒿 Pedicularis souliei Franch.(玄参科)
苏氏秋海棠 Begonia sutherlandii HK.f.(秋海棠科)
苏氏乌头 Aconitum sukaczevii Steinb.(毛茛科)
苏檀木(广西)=小叶红豆
苏铁 Cycas revoluta Thunb.(苏铁科),*辟火蕉,避火蕉,番蕉,凤尾草,凤尾蕉,凤尾松,铁树*
苏铁蕨 Brainea insignis (HK.) J.Sm.(乌毛蕨科)
苏铁蕨属 Brainea J.Sm.(乌毛蕨科)
苏铁科 Cycadaceae
苏铁属 Cycas L.(苏铁科)
苏延胡(中药大辞典)=小药八旦子
苏枳壳(江苏)=酸橙
苏枳壳(中药志)=代代酸橙
苏州节节菜(新) Rotala pusilla Tulasne?(千屈菜科)
苏州荠苎 Mosla soochowensis Matsuda(唇形科),*土荆芥,天香油,香草,五香草,土香薷,痧药草*
苏子草(云南)=牛至
酥醪绣球 Hydrangea coenobialis Chun(虎耳草科),*紫枝柳叶绣球,锐齿酥醪绣球*
酥油草(种子植物名称)=羊茅
俗气花(云南)=锦葵
肃草 Roegneria stricta Keng (禾本科)
肃皮枫(中药大辞典)=豹皮樟
素白肖鸢尾 Moraea iridioides var. prolongata Leicht. (鸢尾科)
素方花 Jasminum officinale L.(木犀科),*大花素方花,耶悉茗,大花素馨*
素花党参 Codonopsis pilosula var. modesta (Nannf.) L.T.Shen(桔梗科),*党参*
素黄含笑 Michelia flaviflora Law & Y.F.Wu(木兰科)
素忍冬(黄山研究)=下江忍冬
素色獐牙菜 Swertia erythrosticta var. epunctata T.N.Ho ex S.W.Liu(龙胆科)
素纹杜茎山 Maesa confusa (C.M.Hu) Pip. & C. Chen (紫金牛科)
素心建兰 Cymbidium ensifolium var. susin Yen (兰科)
素心蜡梅(浙江)=蜡梅
素馨地锦树(树木分类学)=青皮木
素馨杜鹃 Rhododendron jasminoides M.Y.He (杜鹃花科)
素馨花(云南中草药)=多花素馨
素馨花 Jasminum grandiflroum L.(木犀科),*耶悉茗花,野悉蜜,玉芙蓉,素馨针*
素馨叶白英 Solanum jasminoides Paxt.(茄科)
素馨针(广东中药)=素馨花
素馨属 Jasminum L.(木犀科),*迎春花属*
素兴花(植物名实图)=多花素馨
素羊茅 Festuca modesta Steud.(禾本科)
素仔草(实用中草药)=粘毛黄花稔
速生柏(南京)=墨西哥柏木
宿瓣胡卢巴(东北检索表)=延边车轴草
宿苞豆 Shuteria involucrata (Wall.) Wight & Arn.(豆科),*中国宿苞豆,鲷钱麻黄,野豌豆*
宿苞豆属 Shuteria Wight & Arn.(豆科)
宿苞厚壳树 Ehretia asperula Zoll. & Mor.(紫草科)
宿苞兰 Cryptochilus luteus Lindl.(兰科)
宿苞兰属 Cryptochilus Wall.(兰科)
宿苞秋海棠 Begonia yui Irmsch.(秋海棠科),*临沧秋海棠*
宿苞山矾(植物志 60-2)=沟槽山矾
宿苞山猪菜(海南志)=毛山猪菜
宿苞石仙桃 Pholidota imbricata HK.(兰科)
宿萼毛茛 Ranunculus glacialiformis Hand.-Mazz. (毛茛科)
宿萼木 Strophioblanchia fimbricalyx Boerl.(大戟科)
宿萼木属 Strophioblanchia Boerl.(大戟科)
宿萼栒子(新) Cotoneaster vilmorinianus Klotz.?

(蔷薇科)
宿盖汝蕨属 Maxonia C.Chr.(叉蕨科)
宿根白酒草 Conyza perennis Hand.-Mazz.(菊科)
宿根画眉草 Eragrostis perennans Keng(禾本科)
宿根假耧斗菜(拉汉名称和手册)=乳突拟耧斗菜
宿根肋柱花 Lomatogonium perenne T.N.Ho & S.W.Liu (龙胆科),*塑根肋柱花*
宿根马唐 Digitaria thwaitesii (Hack.) Henr.(禾本科)
宿根苔子(新拉汉英)=短序野豌豆
宿根天人菊 Gailardia aristata Pursh.(菊科),*车轮菊*
宿根亚麻 Linum perenne L(亚麻科),*多年生亚麻,豆麻,野亚麻*
宿根羽扇豆 Lupinus perenius L.(豆科)
宿根獐牙菜 Swertia perennis L.(龙胆科),*北温带獐牙菜,北温带獐牙菜,东北獐牙菜*
宿鳞稠李 Padus perulata (Koehne) Yü & Ku(蔷薇科)
宿鳞杜鹃 Rhododendron aperantum Balf.f. & K.Ward (杜鹃花科)
宿生早熟禾 Poa perennis Keng ex L.Liu(禾本科)
宿蹄盖蕨 Athyrium anisopterum Christ(蹄盖蕨科),*膜叶蹄盖蕨,全缘蹄盖蕨*
宿田翁(陆玑诗疏)=狼尾草
宿叶马先蒿 Pedicularis tenacifolia Tsoong(玄参科)
宿枝小膜盖蕨 Araiostegia hookeri (Moore) Ching (骨碎补科)
宿柱白蜡树(秦岭志,药典 2000)=宿柱梣
宿柱梣 Fraxinus stylosa Lingelsh.(木犀科),*宿柱白蜡树,户县白蜡树*
宿柱杜鹃(高等图鉴)=龙山杜鹃
宿柱三角咪(高等图鉴)=多毛板凳果
宿哎(藏药名)=草玉梅
粟(名医别录,药典 2000)=粱
粟 Setaria italica var. germanica (Mill.) Schred. (禾本科)
粟草 Milium effusum L.(禾本科)
粟草属 Milium L.(禾本科)
粟壳(易简方)=罂粟
粟米草 Mollugo stricta L.(番杏科),*地麻黄*
粟米草属 Mollugo L.(番杏科)
粟蘖(本草衍义)=粱
塑根肋柱花(Flora 16)=宿根肋柱花

Suan

酸白果(云南麻栗坡)=兰屿福木
酸白果(云南麻栗坡)=木竹子
酸不溜(东北药志)=酸模
酸不溜(内蒙中草药)=叉分蓼
酸菜(福建)=马齿苋
酸草(江西)=酢浆草
酸查(山东中药)=山里红
酸橙(果树分类学)=代代酸橙
酸橙 Citrus aurantium L.(芸香科),*橙皮,川枳壳,川枳实,苏枳壳,酸柑,湘枳壳,湘枳实,枳壳,枳实*
酸橼槠(植物志 22)=甜槠
酸刺(内蒙古)=中国沙棘
酸刺柳(陕西)=中国沙棘
酸醋花(海南)=重瓣朱槿
酸醋酱(河南)=酢浆草
酸醋木(广西药用名录)=酸藤子
酸醋藤(中草药汇编)=酸藤子
酸得溜(江苏志)=酢浆草
酸丁(热河志)=欧李
酸豆 Tamarindus indica L.(豆科),*罗晃子,罗望子,酸角,酸饺,酸梜,酸梅,通血香*
酸豆属 Tamarindus L.(豆科),*罗晃子属,罗望子属*
酸恶俞(和汉药考,中药大辞典)=泽泻
酸恶俞(西藏中草药)=宽叶兔儿风
酸尔蔓(吉林)=红莓苔子
酸杆(江西)=肥肉草
酸杆杆(云南药用名录)=独牛
酸柑(中草药彩色图谱)=酸橙
酸柑子(湖南)=宜昌橙
酸柑子(植物志 43-2)=黄皮酸橙
酸格(云南药用名录)=光叶金合欢
酸格刺(云南)=光叶金合欢
酸古蚁(植物志 47-1)=海南韶子
酸果(广西)=天桃木
酸果(云南屏边)=木竹子
酸果(云南志)=西畴酸脚杆
酸果藤(高等图鉴)=酸藤子
酸果藤(云南)=毛车藤
酸猴儿(四川)=异药花
酸猴儿(中草药汇编)=掌裂叶秋海棠
酸黄瓜(云南屏边,勐海)=野黄瓜
酸叽叽树(中草药汇编)=西藏斜叶榕
酸鸡藤(云南)=短梗酸藤子
酸姜(东北药志)=酸模
酸姜(沙漠药用植物)=叉分蓼
酸姜木(四川康定)=细女贞
酸浆(本经,药典 2000)=锦灯笼
酸浆(图经本草)=酢浆草
酸浆 Physalis alkekengi L.(茄科),*欧亚酸浆,灯笼草,红姑娘,天泡子*
酸浆菜(陕西中草药)=山蓼
酸浆草(新拉汉英)=戟叶大黄
酸浆草(云南禄劝)=戟叶酸模
酸浆树(云南)=红芽木
酸浆树(云南)=越南黄牛木
酸浆属 Physalis L.(茄科)
酸酱头(山东)=盐肤木
酸角(云南)=酸豆
酸饺(滇南本草)=酸豆
酸脚杆(云南屏边)=粗喙秋海棠
酸脚杆 Medinilla lanceata (Nayer) C.Chen(野牡丹科)
酸脚杆属 Medinilla Gaud.(野牡丹科)
酸酒子(江西)=肥肉草
酸桔 Citrus sunki Hort. ex Tanaka (芸香科)
酸梜(本草拾遗)=酸豆
酸冷果(广西)=云南山楂
酸梨(甘肃)=木梨
酸梨(河北土名)=秋子梨
酸梨(图考)=豆梨
酸蔹藤 Ampelocissus artemisiaefolia Planch. ex Franch. (葡萄科),*大九节铃,铜皮铁箍,艾叶酸蔹藤*
酸蔹藤属 Ampelocissus Planch.(葡萄科)
酸溜草(山东)=酢浆草
酸溜酒(辽宁)=直酢浆草
酸溜溜(辽宁)=伞花蔷薇
酸溜溜(辽宁)=直酢浆草
酸溜溜(山西土名)=刺果茶藨子
酸溜溜(植物志 25-1)=酸模
酸栾(植物志 43-2)=朱栾
酸梅(海南)=酸豆
酸梅(植物志 38)=梅
酸梅筋(中草药汇编)=雀梅藤
酸闷木(广西)=南方荚蒾
酸咪咪(四川)=金花小檗
酸模(新拉汉英)=海滨羊蹄
酸模 Rumex acetosa L.(蓼科),*大山七,当药,遏蓝菜,黄根根,活血莲,鸡爪黄连,莫菜,牛耳大黄,山大黄,山羊蹄,水牛舌头,酸不溜,酸姜,酸溜溜,酸木通,蕵芜,田鸡脚,须,癣草,酯母,酯汤草*
酸模芒 Centotheca lappacea (L.) Desv.(禾本科),*假淡竹叶,山鸡谷*
酸模芒属 Centotheca Desv.(禾本科),*假淡竹叶属*
酸模叶蓼 Polygonum lapathifolium L.(蓼科),*大马蓼,假辣蓼,节蓼,马蓼,水红花子,蛤蟆腿*
酸模叶橐吾(高等图鉴)=牛蒡叶橐吾
酸模属 Rumex L.(蓼科)
酸母子(中药大辞典)=无腺白叶莓
酸木通(中国土农药志)=酸模
酸柠檬(果树分类学)=来檬
酸盘子(中草药汇编)=平叶酸藤子
酸胖(甘肃河西)=白刺
酸胖(甘肃河西)=小果白刺
酸蕻子(南宁药志)=酸藤子
酸色子(植物志 48-1)=雀梅藤
酸梢越桔(新拉汉英)=天鹅绒叶越桔
酸树(傣语)=云南石梓
酸水草(沙漠药用植物)=篦齿眼子菜
酸苔菜 Ardisia solanacea Roxb.(紫金牛科),*帕累*
酸苔果(云南)=短梗酸藤
酸汤杆(云南屏边)=周裂秋海棠
酸汤笋(云南屏边)=圆翅秋海棠
酸汤果(湖南)=南方荚蒾
酸藤(广西中草药)=酸叶胶藤
酸藤(图考)=锈毛蛇葡萄
酸藤 Polygonum rude var. sikkimense HK.f.(蓼科)
酸藤果(南宁药志)=酸藤子
酸藤木(陆种本草)=酸藤子
酸藤头(广部中草药手册)=酸藤子
酸藤子(云南)=顶花酸脚杆
酸藤子(云南)=短梗酸藤子
酸藤子 Embelia laeta (L.) Mez.(紫金牛科),*八地龙,白背酸藤,海底龙,鸡母酸,炮子藤,山盐酸鸡,酸醋木,酸醋藤,酸果藤,酸蕻子,酸藤果,酸藤木,酸藤头,甜酸叶,通天霸,透地龙,挖不尽,咸酸果,信筒子*
酸藤子属 Embelia Burm.f.(紫金牛科)
酸桐木(广东)=岭南山竹子
酸桐子(广东)=兰屿福木
酸桐子(广东)=木竹子
酸铜子(植物志 48-1)=雀梅藤
酸桶芦(植物志 25-1)=虎杖
酸筒杆(植物志 25-1)=虎杖
酸味(广州)=雀梅藤
酸味草(广州)=酢浆草
酸味果(广州)=锡兰莓
酸味蕴(岭南采药录)=白花酸藤子
酸味秋海棠(云南植物名录)=无翅秋海棠
酸味秋海棠 Begonia acetosa Vell.(秋海棠科),*无翅秋海棠,红小姐,黄疸草*
酸味树(常用中草药彩色图谱)=五月茶
酸味子(广东大埔)=日本五月茶
酸叶胶藤 Urceola rosea (Hk. & Arn.) D.J.Middl. (夹竹桃科),*斑鸪藤,风藤,黑风藤,红背酸藤,厚皮藤,牛卷藤,乳藤,三酸藤,伞风藤,十八症,*

石酸藤,酸藤,酸叶藤,藤风,头林心,细叶榕藤,酯藤木
酸叶秋海棠 Begonia acida Vell.(秋海棠科)
酸叶树(云南河口)=西南五月茶
酸叶藤(云南)=酸叶胶藤
酸益(日华子本草)=败酱
酸枣(江西)=湖北山楂
酸枣(云南,广东)=滇刺枣
酸枣(云南,贵州,广西)=南酸枣
酸枣 Ziziphus jujuba var. spinosa (Bge.) Hu ex H.F. Chow (鼠李科),*白棘,刺原,红花枣,棘,棘刺花,角刺,角针,马胸,山枣树,酸枣树,菥蓂,硬枣*
酸枣树(植物志 48-1)=酸枣
酸沼柳叶菜(云南志)=长柱柳叶菜
酸猪草(云南)=卵叶锦香草
酸竹 Acidosasa chinensis C.D.Chu & C.S.Chao (禾本科)
酸竹属 Acidosasa C.D.Chu & C.S.Chao (禾本科)
蒜 Allium sativum L.(百合科),*葫,大蒜,青蒜,蒜梗*
蒜瓣子草(辽宁)=知母
蒜产果(云南)=木奶果
蒜梗(纲目拾遗)=蒜
蒜芥茄 Solanum sisymbriifolium Lam.(茄科)
蒜头百合 Lilium sempervivoideum Lévl.(百合科)
蒜头果 Malania oleifera Chun & S.Lee ex S.Lee (铁青树科),*马兰后,咪民,猴子果,唛,山桐果*
蒜头果属 Malania Chun & S.Lee ex S.Lee (铁青树科)
蒜头树(云南)=阔叶肖榄
蒜味香科科 Teucrium scordium L.(唇形科)
蒜叶婆罗门参 Tragopogon porrifolius L.(菊科)
算藜芦(中药志)=毛叶藜芦
算盘果(植物志 73-2)=金钱豹
算盘花(云南植物名录)=腋花扭柄花
算盘七(陕西中草药)=卷叶黄精
算盘珠(福建草药)=算盘子
算盘竹 Indosasa glabrata C.D.Chu & C.S.Chao (禾本科)
算盘子 Glochidion puberum (L.) Hutch.(大戟科),*矮子郎,八瓣桔,百家桔,地金瓜,红毛馒头果,加播该迈,棵杯墨,美省榜,山金瓜,山油柑,狮子滚球,柿子椒,算盘珠,血木瓜,野南瓜*
算盘子密榴木(广西植物名录)=野独活
算盘子属 Glochidion J.R. & G.Forst.(大戟科),*瓜算盘子属,馒头果属,神子木属*
算珠豆 Urariopsis cordifolia (Wall.) Schindl.(豆科)
算珠豆属 Urariopsis Schindl.(豆科)

Sui

荽哈(蒙语)=艾
荽味砂砂仁 Amomum coriandriodorum S.Q. Tong & Y.M.Xia (姜科)
荽叶委陵菜 Potentilla coriandrifolia D.Don(蔷薇科)
绥定苓菊 Jurinea suidunensis (C.Winkl.) Korsh.(菊科)
绥江鳞果星蕨 Lepidomicrosorium sujiangense Ching & W.M.Chu(水龙骨科)
绥江玉山竹 Yushania suijiangensis Yi (禾本科)
绥阳雪里见 Arisaema rhizomatum var. nudum C.E.C.Fischer (天南星科)
随经草(江苏)=牛至
随军茶(救荒本草)=胡枝子
随手香(四川)=石菖蒲
随手香(四川宣汉)=金钱蒲
遂昌冬青 Ilex suichangensis C.Z.Zheng(冬青科)
遂昌凤仙花 Impatiens suichangensis Y.L.Xu & Y.L.Chen (凤仙花科)
遂昌雷竹(竹子研究汇刊)=红壳雷竹
遂折(名医别录)=厚朴
碎骨红(植物志 57-3)=广东金叶子
碎骨还联(湖北)=石莲
碎骨还阳(湖北)=石莲
碎骨还阳(湖北西部)=高乌头
碎骨莲(广部中草药手册)=薄叶胡桐
碎骨木(中药大辞典)=铁冬青
碎骨藤(广西藤县)=假鹰爪
碎骨仔树(广东)=华南青皮木
碎花溲疏 Deutzia parviflora var. micrantha (Engl.) Rehd. (虎耳草科),*多花溲疏*
碎兰花(贵州兴义)=线纹香茶菜
碎米柴(纲目)=小叶三点金
碎米果(云南)=白花酸藤子
碎米果(云南)=铁仔
碎米花(云南大理)=灌丛溲疏
碎米花 Rhododendron spiciferum Franch.(杜鹃花科),*毛叶杜鹃,上坟花*
碎米花树(云南植物名录)=粗叶水锦树
碎米蕨 Cheilosoria mysurensis (Wall. ex HK.) Ching & Shing(中国蕨科)
碎米蕨叶黄堇(高等图鉴补编)=地柏枝
碎米蕨叶马先蒿 Pedicularis cheilanthifolia Schrenk (玄参科),*碎米蕨叶马先蒿碎米蕨叶亚种*
碎米蕨叶马先蒿碎米蕨叶亚种(植物志 68)=碎米蕨叶马先蒿
碎米蕨叶马先蒿碎米蕨叶亚种等唇变种(植物志 68)=等唇马先蒿(新)
碎米蕨叶马先蒿文氏亚种(植物志 68)=文氏马先蒿(新)
碎米蕨属 Cheilosoria Trev.(中国蕨科)
碎米棵(高等图鉴)=铁仔
碎米兰(经济志)=米仔兰
碎米荠(东北检索表)=弯曲碎米荠
碎米荠(野菜谱)=紫云英
碎米荠 Cardamine hirsuta L.(十字花科),*宝岛碎米荠*
碎米荠属 Cardamine L.(十字花科),*弯蕊芥属*
碎米莎草 Cyperus iria L.(莎草科),*三楞草,三轮草,见骨草,四方草*
碎米香附(广东)=长尖莎草
碎米桠(贵州)=绣球绣线菊
碎米桠 Isodon rubescens (Hemsl.) H.Hara(唇形科),*冰凌草,冬凌草,六月令,破血丹,山荏,山香草,雪花草,野藿香,野藿香花*
碎米知风草(植物学大辞典)=乱草
碎米子(浙江)=雀梅藤
碎米子树(植物志 60-2)=白檀
碎棉(广西药用名录)=金丝李
碎束花(云南龙陵)=滇缅冬青
碎叶陵齿蕨 Lindsaea chingii C.Chr.(陵齿蕨科)
碎叶山芹(东北草本志)=大齿山芹
碎叶熊果 Arctostachylos crustacea Eastw.(杜鹃花科)
碎叶岩风 Libanotis incana (Steph.) O. & B. Fedtsch. (伞形科)
碎蚁草(江西草药)=秋鼠麴草
隧鳞石韦 Pyrrosia blepharolepis (C.Chr.) Ching (水龙骨科)
隧毛欧石南 Erica ciliaris L.(杜鹃花科)
穗菝葜 Smilax aspera L.(百合科)
穗报春属 Boisduvalia Spach.(柳叶菜科)
穗萼叶下珠 Phyllanthus fimbricalyx P.T.Li(大戟科)
穗发草 Deschampsia koelerioides Regel (禾本科)
穗反茅 Brylkinia caudata (Munro) Fr.Schmidt (禾本科),*扁穗草*
穗花 Pseudolysimachion spicatum (L.) Opiz.(玄参科),*穗花婆婆纳*
穗花斑叶兰(台湾兰科植物,台湾志)=高斑叶兰
穗花报春(拉汉名称)=穗状垂花报春
穗花报春 Primula deflexa Duthie(报春花科)
穗花刺头菊 Cousinia falconeri HK.f.(菊科)
穗花地杨梅 Luzula spicata (L.) DC.(灯心草科)
穗花粉条儿菜 Aletris pauciflora var. khasiana (HK.f.) Wang & Tang(百合科),*虎须草,百味参*
穗花风信子兰 Arpophyllum spicatum LaLi & Lex.(兰科)
穗花佛甲草(台湾志)=头状八宝
穗花槐(高等图鉴)=紫穗槐
穗花荆芥 Nepeta laevigata (D.Don) Hand.-Mazz.(唇形科),*荆芥*
穗花韭 Milula spicata Prain(百合科)
穗花韭属 Milula Prain (百合科)
穗花卷瓣兰 Bulbophyllum insulsoides Seidenf.(兰科)
穗花兰(台湾兰科植物)=足柱兰
穗花罗汉松 Podocarpus spicatus R.Br.(罗汉松科)
穗花马先蒿 Pedicularis spicata Pall.(玄参科),*穗花马先蒿穗花亚种*
穗花马先蒿穗花亚种(植物志 68)=穗花马先蒿
穗花马先蒿狭果亚种(植物志 68)=狭果穗花马先蒿
穗花马先蒿显苞亚种(植物志 68)=显苞穗花马先蒿
穗花牡荆 Vitex agnus-castus L.(马鞭草科)
穗花婆婆纳(植物志 67-2)=穗花
穗花槭 Acer spicatum Lam.(槭树科)
穗花瑞香 Daphne esquirolii Lévl.(瑞香科),*白脉瑞香*
穗花赛葵 Malvastrum americanum (L.) Torr.(锦葵科)
穗花杉 Amentotaxus argotaenia (Hance) Pilger (红豆杉科),*华西穗花杉*
穗花杉属 Amentotaxus Pilger (红豆杉科)
穗花蛇菰 Balanophora spicata Hay.(蛇菰科),*地荔枝,鹿仙草*
穗花树兰(台湾)=台湾山楝
穗花香科科 Teucrium japonicum Willd.(唇形科),*野藿香,石蚕,水藿香*
穗花玄参 Scrophularia spicata Franch.(玄参科)
穗花野丁香 Leptodermis pilosa var. spicatiformis Lo(茜草科)
穗花沼兰 Malaxis spicata Sw.(兰科)
穗花柊叶 Stachyphrynium sinense H.Li(竹芋科)
穗花轴榈 Licuala fordiana Becc.(棕榈科)
穗花属 Pseudolysimachion (W.D.J.Koch) Opiz (玄参科)
穗三毛 Trisetum spicatum (L.) Richt.(禾本科)
穗树苣苔 Kohleria spicata Oerst.(苦苣苔科)
穗乌毛蕨 Blechnum spicanta (L.) Roth (乌毛蕨科)

穗形七度灶(植物学大辞典)=星毛华楸珍珠梅
穗序补血草 Limonium spicatum O.Kuntze (白花丹科)
穗序大黄 Rheum spiciforme Royle(蓼科),*曲扎*,*亚大黄*
穗序鹅掌柴 Schefflera delavayi (Franch.) Harms ex Diels(五加科),*柴厚朴*,*大泡通*,*大通塔*,*大五加皮*,*德氏鸭脚木*,*假通脱木*,*绒毛鸭脚木*,*野巴戟*
穗序碱茅 Puccinellia subspicata Krecz.(禾本科)
穗序蔓龙胆 Crawfurdia speciosa Wall.(龙胆科)
穗序木蓝 Indigofera spicata Forst.(豆科),*十一叶木蓝*
穗序鞘蕊花 Coleus spicatus Benth.(唇形科)
穗序山香 Hyptis spicigera Lam.(唇形科)
穗序铁苋菜 Acalypha spicifolia Burm.f.(大戟科)
穗序橐吾 Ligularia subspicata (Bur. & Franch.) Hand-Mazz. (菊科)
穗序钟花草(高等图鉴)=纤穗爵床
穗叶远志 Polygala paucifolia Willd.(远志科)
穗状百金花(新拉汉英)=日本百金花
穗状扁芒草 Danthonia spicata (L.) Beauv.(禾本科)
穗状垂花报春 Primula spicata Franch. (报春花科),*穗花报春*
穗状黑三棱 Sparganium confertum Y.D.Chen (黑三棱科),*密集黑三棱*
穗状狐尾藻 Myriophyllum spicatum L.(小二仙草科),*泥茜*,*聚藻*,*金鱼藻*,*莪*,*水藻*,*马藻*
穗状假阴地蕨(中药辞海)=劲直阴地蕨
穗状槭 Acer spicatum Lam.(槭树科)
穗状香薷 Elsholtzia stachyodes (Link) C.Y.Wu (唇形科)
穗子榆(河南)=鹅耳枥
繐裂矢车菊 Centaurea nigrescens Willd.(菊科)
繸瓣脆蒴报春 Primula lacerata W.W.Sm.(报春花科)
繸瓣繁缕 Stellaria radians L.(石竹科),*垂梗繁缕*
繸瓣无心菜 Arenaria fimbriata (E.Pritz.) Mattf. (石竹科),*繸瓣蚤缀*
繸瓣蚤缀(高等图鉴)=繸瓣无心菜
繸瓣珍珠菜 Lysimachia glanduliflora Hanelt(报春花科)
繸裂石竹 Dianthus orientalis Adams(石竹科),*东方石竹*
繸叶景天 Sedum blepharophyllum Fröd.(景天科)
繸叶卫矛 Euonymus fimbriatus Wall. ex Roxb. (卫矛科),*流苏卫矛*

Sun

孙礼文杜鹃(植物学杂志)=毛果杜鹃
蕵芜(尔雅)=酸模
笋瓜 Cucurbita maxima Duch. ex Lam.(葫芦科),*搅丝瓜*,*北瓜*,*饭瓜*
笋花蒿(陕西)=侧蒿
笋尖七(湖北西部)=聚叶花葶乌头
笋兰 Thunia alba (Lindl.) Rchb.f.(兰科),*风兰*,*接骨丹*,*石笋*,*石竹子*,*通兰*,*岩角*,*岩笋*,*岩竹*
笋兰属 Thunia Rchb.f.(兰科)

Suo

娑罗果(本草纲目)=天师栗
娑罗果(纲目)=七叶树
娑罗木(南越志)=吉贝
娑罗树(百草镜)=七叶树
娑罗树(祝穆:方舆志)=吉贝
娑罗子(纲目)=浙江七叶树
桫拉木(广部中草药手册)=五层龙
桫椤 Alsophila spinulosa (HK.) Tryon (桫椤科)
桫椤科 Cyatheaceae
桫椤鳞毛蕨 Dryopteris cycadina (Franch. & Sav.) C.Chr. (鳞毛蕨科),*暗色鳞毛蕨*
桫椤椰子属(台木本志)=**轴榈属**
桫椤针毛蕨 Macrothelypteris polypodioides (HK.) Holtt. (金星蕨科),*刺柄金星蕨*
桫椤属(植物志 46)=**五层龙属**
桫椤属 Alsophila R.Br.(桫椤科)
桫树千金(广西)=华南马尾杉
梭草(云南)=拟金茅
梭葛草(福建草药)=钩吻
梭果黄芪 Astragalus ernestii Comb.(豆科)
梭拉批(西双版纳傣语)=格脉树
梭勒啪迭(西双版纳基诺语)=假广子
梭勒帕莫(西双版纳基诺语)=红光树
梭罗巴属(广州志)=**守宫木属**
梭罗草(贵州民间药物)=深绿卷柏
梭罗草 Roegneria thoroldiana (Oliv.) Keng(禾本科)
梭罗树 Reevesia pubescens Mast.(梧桐科),*毛叶梭甸*
梭罗树属 Reevesia Lindl.(梧桐科)
梭沙韭 Allium forrestii Diels(百合科)
梭砂贝母 Fritillaria delavayi Franch.(百合科),*德氏贝母*,*阿皮卡*,*炉贝*,*雪山贝*
梭穗姜 Zingiber laoticum Gagn.(姜科)
梭梭 Haloxylon ammodendron (C.A.Mey.) Bge. (藜科),*琐琐*,*梭梭柴*
梭梭柴(新疆)=梭梭
梭梭属 Haloxylon Bge.(藜科),*琐琐树属*,*盐木属*,*琐琐属*
梭叶树(植物志 30-1)=绢毛木兰
梭鱼草 Pontederia cordata L.(雨久花科)
梭鱼草属 Pontederia L.(雨久花科)
梭子果 Eberhardtia tonkinensis Lec.(山榄科),*越南血胶树*,*公鸡果*
梭子果属 Eberhardtia Lec.(山榄科)
蓑草(中药大辞典)=拟金茅
蓑叶子(广东)=破布叶
蓑衣包(云南)=黄独
蓑衣草(广西)=香丝草
蓑衣草(四川)=金发草
蓑衣草(植物志 62)=獐牙菜
蓑衣莲(玉溪中草药)=耳叶紫菀
蓑衣藤(秦岭,巴山)=小木通
蓑衣槺(植物志 22)=吊皮锥
缩苞木属 Cryptandra Sm.(鼠李科)
缩刺仙人掌 Opuntia stricta (Haw.) Haw.(仙人掌科),*刺毛团扇*
缩盖斑鸠菊(云南)=夜香牛
缩梗乌头 Aconitum sessiliflorum (Finet & Gagn.) Hand.-Mazz.(毛茛科),*铁棒七*
缩减无心菜 Arenaria reducta Hand-Mazz.(石竹科),*退化蚤缀*
缩茎变种(植物志 65-2,Flora 17)=金耳挖
缩脉火焰花(高等图鉴)=缩序火焰花
缩箬(植物学大辞典)=求米草
缩砂密 Amomum villosum var. xanthioides (Wall. ex Bak.) T.L.Wu & Senjen (姜科),*绿壳砂仁*,*绿壳砂*,*砂仁*,*缩砂仁*
缩砂密(海药本草)=砂仁
缩砂蜜(药性论)=砂仁
缩砂仁(药性论)=砂仁
缩砂仁(中药辞海)=缩砂密
缩序火焰花 Phlogacanthus abbreviatus (Craib.) R.Ben.(爵床科),*缩脉火焰花*
缩序铃子香 Chelonopsis abbreviata C.Y.Wu & H.W.Li (唇形科)
缩序米仔兰 Aglaia abbreviata C.Y.Wu(楝科)
缩叶黄细心(台湾志)=皱叶黄细心
缩羽复叶耳蕨 Arachniodes reducta Y.T.Hsieh & Y.P.Wu (鳞毛蕨科)
缩羽副金星蕨(台湾志)=长根金星蕨
缩羽肋毛蕨 Ctenitis kawakamii (Hay.) Ching (叉蕨科)
缩羽毛蕨(台湾志)=蝶状毛蕨
缩羽毛蕨 Cyclosorus abbreviatus Ching & Shing ex Shing & J.F.Cheng(金星蕨科)
缩羽铁角蕨(台湾志)=虎尾铁角蕨
簑衣七(陕西)=高乌头
簑衣槭(苏南植物手册)=小鸡爪槭
唢呐草 Mitella nuda L.(虎耳草科)
唢呐草属 Mitella Tourn. ex L.(虎耳草科)
唢呐花(云南昭通)=两头毛
索白拉虎耳草 Saxifraga elliotii H.Sm.(虎耳草科)
索尔公玛保(藏名)=星状雪兔子
索尔曼番红花 Crocus salzmannii J.Gay.(鸢尾科)
索骨丹(陕西)=七叶鬼灯檠
索花欧洲百合 Lilium martagon var. album Weston (百合科)
索科特拉秋海棠 Begonia socotrana HK.f.(秋海棠科)
索莱特贝克斯 Banksia solandri R.Br.(山龙眼科)
索鲁卡鲁(藏名)=丛菔
索鲁裸穗花 Psylliostachys suworowii (Rgl.) Roshk.(白花丹科)
索伦野豌豆 Vicia geminiflora Trautv.(豆科)
索罗补血草 Limonium suworowi O.Kuntze (白花丹科)
索裸格鲁(四川)=宽果丛菔
索马里兰槐 Sophora somalensis Chov.(豆科)
索诺门鼠尾草 Salvia sonomensis Greene (唇形科)
索人衣(江西草药)=婆婆针
索思补血草 Limonium thouinii (Viv.) O.Kuntze (白花丹科)
索县黄堇 Corydalis stramineoides C.Y.Wu & Z.Y.Su(罂粟科),*草黄堇*,*草黄花紫堇*
索弋塔黄芪 Astragalus songotensis Lipsky(豆科)
琐琐(植物名实图)=梭梭
琐琐树属(科属检索表)=**梭梭属**
琐琐属(高等图鉴)=**梭梭属**
锁喉莲(湖北巴东) =南星
锁链掌 Opuntia imbriacata (Haw.) DC.(仙人掌科)
锁眉草(江西)=问荆
锁梅(滇南本草)=红泡刺藤
锁阳 Cynomorium songaricum Rupr.(锁阳科),*乌兰高腰*,*羊锁不拉*,*地毛球*,*锈铁棒*,*黄骨狼*
锁阳科 Cynomoriaceae
锁阳属 Cynomorium L.(锁阳科)

Ta

他格达(蒙名)=瘤毛獐牙菜
他枯(云南河口瑶族语)=当归藤
塌地草(天目药志)=小赤车
塌古菜(江苏)=青菜
塌棵菜(植物志 33)=青菜

塔巴格特-闹朝日嘎那(蒙语)=卵盘鹤虱
塔柏 Juniperus chinensis cv. Pyramidalis (柏科)
塔布马先蒿 Pedicularis takpoensis Tsoong(玄参科)
塔城翠雀花 Delphinium aemulans Nevski(毛茛科)
塔城棘豆 Oxytropis schrenkii Trautv.(豆科)
塔城堇菜 Viola tarbagataica Klok.? (堇菜科)
塔城柳 Salix tarbagataica Ch.Y.Yang (杨柳科)
塔尔巴达(蒙药名)=角茴香
塔格音-沙里尔日(蒙语)=高岭蒿
塔汗蒲葵 Livistona tahanensis Ridley (棕榈科)
塔花山梗菜 Lobelia pyramidalis Wall.(桔梗科),*铁栏杆,野叶子烟*
塔花瓦松 Orostachys chanetii (Lévl.) Berger(景天科),*塔形景天,狗指甲*
塔黄 Rheum nobile HK.f. & Thoms.(蓼科),*高山大黄*
塔基棕榈 Trachycarpus takil Beccari (棕榈科)
塔吉早熟禾 Poa zaprjagajevii Ovcz.(禾本科)
塔乐斯图-哈木巴(蒙语)=东北蛔蒿
塔蕾假卫矛 Microtropis pyramidalis C.Y.Cheng & T.C.Kao (卫矛科)
塔里木柽柳 Tamarix tarimensis P.Y.Zhang & M.T.Liu (柽柳科)
塔里木沙拐枣 Calligonum roborovskii A.Los.(蓼科)
塔里亚属 Thalia L.(竹芋科)
塔丽(民族药志)=樱草杜鹃
塔丽色博(藏名)=千里香杜鹃
塔龙卫矛 Euonymus javanicus var. talungensis Pierre (卫矛科)
塔落岩黄芪 Hedysarum fruticosum var. laeve (Maxim.) H.C.Fu(豆科)
塔那干那(内蒙)=狼紫草
塔槭 Acer micranthum S. & Z.(槭树科)
塔山獐牙菜(Flora 16)=搭山獐牙菜
塔杉(四川)=冷杉
塔什克羊角芹 Aegopodium tadshikorum Shischk. (伞形科)
塔什库尔干翠雀花 Delphinium taxkorganense W.T.Wang (毛茛科)
塔什离子芥 Chorispora tashkorganica Al-Shehbaz et al. (十字花科)
塔史新月蕨(蕨类图说)=新月蕨
塔氏马先蒿 Pedicularis tatarinowii Maxim.(玄参科)
塔斯马尼亚蚌壳蕨 Dicksonia antarctica Lak.(蚌壳蕨科)
塔斯马尼亚陆均松 Dacrydium franklinii HK.f.(罗汉松科)
塔斯马尼亚罗汉松 Podocarpus alpinus HK.f.(罗汉松科)
塔斯马尼亚泰(新拉汉英)=截形泰洛帕
塔塔卡龙胆 Gentiana tatakensis Masam.(龙胆科)
塔腾海-沙巴嘎(蒙语)=光沙蒿
塔天黄芩 Scutellaria tatianae Juz.(唇形科)
塔头变种(植物志 65-2,Flora 17)=香水水草
塔西洛杜鹃(植物学杂志)=大武杜鹃
塔形冬青卫矛 Euonymus japonicus f. pyramidatus Rehd.(卫矛科)
塔形光皮柏木 Cupressus glabra f. pyramidalis (柏科)
塔形海葱 Ornithogalum pyramidale Hort.(百合科)
塔形筋骨草 Ajuga pyramidalis L.?(唇形科),*台湾筋骨草*
塔形景天(拉汉名称)=塔花瓦松
塔形阔叶椴 Tilia platyphyllos f. fastigiata Rehd.(椴树科)
塔形美洲椴 Tilia americana f. fastigiata (Slavin) Rehd. (椴树科)
塔形日本扁柏 Chamaecyparis obtusa cv. Crippsii (柏科)
塔形栓皮栎(植物志 22)=栓皮栎
塔形天冬 Asparagus densiflorus var. pyramidalis Hort.(百合科)
塔形小叶杨(植物志 20-2)=小叶杨
塔形洋槐 Robinia pseudoacacia var. pyramidalis (Pepin) Schneid.(豆科)
塔形银白槭 Acer saccharinum f. pyramidale (Spaeth.) Pax (槭树科)
塔形杂种紫杉 Taxus media cv. Hartfieldii (红豆杉科)
塔型碧桃 Amygdalus persica f. pyramidalis Dipp. (蔷薇科)
塔型银枞 Abies alba var. pyramidalis (Carr.) Voss. (松科)
塔序豆腐紫 Premna pyramidata Wall.(马鞭草科)
塔序润楠 Machilus pyramidalis H.W.Li(樟科)
塔序橐吾 Ligularia thyrsoidea (Ledeb.) DC.(菊科)
塔杨(树木分类学)=小叶杨
塔枝圆柏 Juniperus komarovii Florin (柏科),*蜀柏木,巴柏木,灰桧*
塔紫杉 Taxus cuspidata cv. Capitata (红豆杉科)
獭子树(广东)=楝叶吴萸
挞地砂(广西)=含羞草决明
踏膀药(中草药汇编)=灰叶堇菜
踏地香(贵州省中医验方秘方)=大丁草
蹋菜(姚可成:食物本草)=青菜
蹋地白菜(内蒙志)=青菜

Tai

胎济草(浙江)=活血丹
胎生狗脊(植物志 4-2)=珠芽狗脊
胎生狗脊蕨(植物志 4-2)=珠芽狗脊
胎生鳞茎早熟禾 Poa bulbosa var. vivipara Koel.(禾本科)
胎生蹄盖蕨 Athyrium viviparum Christ(蹄盖蕨科),*多刺蹄盖蕨,英德蹄盖蕨,天子山蹄盖蕨*
胎生铁角蕨 Asplenium indicum Sledge (铁角蕨科),*佘叶铁角蕨*
胎生早熟禾(新拉汉英)=短舌早熟禾
胎生早熟禾 Poa sinattenuata var. vivipara (Rendle) Keng (禾本科)
胎生紫堇 Corydalis vivipara Fedde(罂粟科)
台矮柳 Salix okamotoana Kiidz.(杨柳科),*高雄柳,关岭柳*
台白英 Solanum hidetaroi Masamune(茄科)
台北艾纳香 Blumea formosana Kitam.(菊科)
台北安息香 Styrax suberifolius var. hayataianus (Perk.) Mori(安息香科),*恒春野茉莉,早田氏红皮*
台北杜鹃 Rhododendron kanehirai Wils.(杜鹃花科),*甘奈海杜鹃,乌来杜鹃*
台北凤丫蕨 Coniogramme taipeiensis Ching ex Shing (裸子蕨科)
台北狗娃花 Heteropappus oldhami (Hemsl.) Kitam. (菊科)
台北红淡比 Cleyera japonica var. taipehensis Keng(山茶科),*台北杨桐*
台北堇菜 Viola nagasawai Makino & Hay.(堇菜科)
台北南星 Arisaema taihokense Hosokawa(天南星科)
台北桤木 Alnus henryi Schneid.(桦木科)
台北茜草树(台湾志)=香楠
台北山姜 Alpinia tonrokuensis Hay.(姜科)
台北双蝴蝶 Tripterospermum alutaceifolium (Liu & Kuo) J.Murata(龙胆科)
台北悬钩子 Rubus suzukianus Liu & Yang(蔷薇科)
台北杨桐(台湾志)=台北红淡比
台岛风毛菊 Saussurea kiraisiensis Masamune (菊科)
台岛凤尾蕨(新)Pteris scabristripes Tagawa?(凤尾蕨科)
台岛景天(拉汉名称)=能高佛甲草?
台岛鳞盖蕨 Microlepia strigosa var. interamarginalis Tagawa (碗蕨科)
台岛络石(新)Trachelospermum kuraruense Masamune? (萝藦科)
台岛泡桐 Paulownia taiwaniana Hu & Chang (玄参科),*南方泡桐*
台岛雀稗 Paspalum akoense Hay. ?(禾本科)
台岛铁线莲(新)Clematis sasakii Shimizu?(毛茛科)
台东变种(植物志 74)=台东狗娃花(新)
台东丁癸草 Zornia intecta Mohlenb.(豆科)
台东耳蕨(台湾志)=尖齿耳蕨
台东伽蓝菜 Kalanchoe tashiroi Yamamoto(景天科),*兰屿灯笼草*
台东狗舌草 Tephroseris taitoensis (Hay.) Holub (菊科)
台东狗娃花(新)Heteropappus altaicus var. taitoensis (Kitam.) Ling(菊科),*台东变种*
台东红门兰 Orchis taitungensis S.S.Ying(兰科),*台东兰*
台东胡椒 Piper philippinum Miq.(胡椒科),*菲律宾胡椒*
台东荚蒾 Viburnum taitoense Hay.(忍冬科)
台东兰(台高等图志)=台东红门兰
台东柳(台湾志)=台湾柳
台东漆(拉汉名称和手册)=大叶肉托果
台东球子草 Peliosanthes kaoi Ohwi(百合科)
台东山矾(植物志 60-2)=黄牛奶树
台东石豆兰 Bulbophyllum taitungianum S.S.Ying? (兰科)
台东悬钩子 Rubus aculeatiflorus var. taitoensis (Hay.) Liu & Yang(蔷薇科)
台尔台孜(维吾尔名)=家独行菜
台高山柳 Salix taiwanalpina Kimura(杨柳科)
台红毛杜鹃 Rhododendron rubropilosum Hay.(杜鹃花科),*红毛杜鹃*
台黄(东北中草药)=波叶大黄
台黄(东北中草药)=华北大黄
台桧(中国裸子志)=刺柏
台闽苣苔 Titanotrichum oldhamii (Hemsl.) Soler. (苦苣苔科)
台闽苣苔属 Titanotrichum Soler.(苦苣苔科)
台闽算盘子 Glochidion rubrum Bl.(大戟科),*细叶馒头果*
台磨草(新华本草)=磨盘草
台南大油芒 Spodiopogon tainanensis Hay.(禾本科)
台南伽蓝菜 Kalanchoe garambiensis Kudo(景天科),*鹅銮鼻灯笼草*
台南铁角蕨 Asplenium trigonopterum Kze.(铁角蕨科)

台南星 Arisaema formosanum Hay.(天南星科)
台楠 Phoebe formosana (Matsum. & Hay.) Hay.(樟科),*火炭楠*
台钱草 Suzukia shikikunensis Kudo(唇形科)
台钱草属 Suzukia Kudo(唇形科)
台琼海桐 Pittosporum pentandrum var. hainanense (Gagn.) Li (海桐花科),*台湾海桐花*
台琼楠 Beilschmiedia erythrophloia Hay.(樟科)
台日土斯虎耳草 Saxifraga taygetea Boiss. & Heldr. (虎耳草科)
台杉(高等图鉴)=台湾杉
台氏管花马先蒿 Pedicularis siphonantha var. delavayi (Franch.) Tsoong(玄参科),*管花马先蒿台氏变种*
台氏梁王茶(植物分类学)=掌叶梁王茶
台水毛花 Scirpus triangulatus var. tripteris Tang & Wang (莎草科)
台铁线莲(新)Clematis formosana Kutz.?(毛茛科)
台湾安息香 Styrax formosanus Matsum.(安息香科),*奋起湖野茉莉,乌皮九芎*
台湾八角 Illicium arborescens Hay.(木兰科),*红花八角,八角子*
台湾芭蕉 Musa formosana (Wall.) Hay.(芭蕉科)
台湾菝葜 Smilax elongato-umbellata Hay.(百合科)
台湾白点兰 Thrixspermum formsanum (Hah.) Schltr. (兰科),*台湾风兰,台湾风铃兰*
台湾白及(台湾兰科植物,台湾志,台兰科图鉴,台湾兰科图志)=小白及
台湾白兰花(植物志 30-1)=台湾含笑
台湾白树 Suregada aequorea (Hance) Seem.(大戟科),*白树仔*
台湾白丝草(新)Siraitos formosana Wang & Tang? (百合科)
台湾白松(经济植物手册)=台湾五针松
台湾白桐树 Claoxylon brachyandrum Pax & Hoffm. (大戟科),*假铁苋*
台湾白珠(高等图鉴)=高山白珠
台湾白珠 Gaultheria taiwaniana S.S.Ying(杜鹃花科)
台湾百合 Lilium formosanum Wallace(百合科)
台湾柏(北京志)=刺柏
台湾败酱 Patrinia monandra var. formosana (Kitam.) H.J.Wang(败酱科),*大样苦斋*
台湾斑鸠菊 Vernonia gratiosa Hance(菊科)
台湾斑叶兰(台兰科图鉴)=烟色斑叶兰
台湾半蒴苣苔 Hemiboea bicornuta (Hay.) Ohwi (苦苣苔科),*角桐草,玲珑草*
台湾棒花蒲桃 Syzygium taiwanicum Chang & Miau (桃金娘科)
台湾杯冠藤 Cynanchum formosanum (Maxim.) Hemsl. (萝藦科)
台湾蝙蝠草 Christia campanulata (Wall.) Thoth. (豆科),*蝙蝠草*
台湾扁柏(经济植物手册)=红桧
台湾扁柏 Chamaecyparis obtusa var. formosana (Hay.) Rehd.(柏科),*黄桧,厚壳,松梧,扁柏*
台湾扁核木 Prinsepia scandens Hay.(蔷薇科),*假皂荚*
台湾扁枝越桔 Vaccinium japonicum var. lasiostemon Hay.(杜鹃花科),*毛蕊花*
台湾变豆菜 Sanicula petagnioides Hay.(伞形科)
台湾杓兰 Cypripedium formosanum Hay(兰科)
台湾藨草 Scirpus subcapitatus var.morrisonensis (Hay.) Ohwi (莎草科)
台湾播娘蒿(台湾志)=水蒜芥
台湾草绣球 Cardiandra formosana Hay.(虎耳草科),*密叶草绣球,台湾草紫阳花,台湾人心药*
台湾草紫阳花(台木本志)=台湾草绣球
台湾茶藨子 Ribes formosanum Hay.(虎耳草科),*台湾醋栗*
台湾檫木 Sassafras randaiense (Hay.) Rehd.(樟科)
台湾车前蕨 Antrophyum formosanum Hieron. (车前蕨科)
台湾匙唇兰 Schoenorchis venoverbeghii Ames (兰科),*羞花兰,芦兰,密花芦兰*
台湾齿唇兰 Anoectochilus inabai Hay.(兰科),*单囊齿唇兰,白花金线莲*
台湾赤爮 Thladiantha punctata Hay.(葫芦科)
台湾赤杨叶 Alniphyllum pterospermum Matsum. (安息香科),*圆招树,假赤杨,冇圆树,冇打,翼子赤杨子,长叶拟赤杨*
台湾翅果菊 Pterocypsela formosana (Maxim.) Shih (菊科),*八楞麻,叉头草,丁萝卜,蛾子草,高脚蒲公英,九刀参,苦丁,龙喳口,乳浆草,台湾山苦荬,台湾莴苣,小山萝卜,野苦麻*
台湾翅子树 Pterospermum niveum Vidal (梧桐科)
台湾椆(高等图鉴)=台湾青冈
台湾臭椿 Ailanthus altissima var. tanakai (Hay.) Kanehira & Sasaski(苦木科),*臭椿*
台湾槌果藤(海南志)=台湾山柑
台湾刺蕊草 Pogostemon formosanus Oliv.(唇形科)
台湾楤木 Aralia bipinnata Blanco(五加科)
台湾粗榧 Cephalotaxus sinensis var. wilsoniana (Hay.) L.K.Fu & Nana Li(三尖杉科),*台湾三尖杉*
台湾粗叶木 Lasianthus formosensis Matsum.(茜草科),*台湾鸡屎树,狭尖叶粗叶木*
台湾醋栗(树木志)=台湾茶藨子
台湾翠柏 Calocedrus macrolepis var. formosana (Florin) Cheng & L.K.Fu(柏科),*肖楠,黄肉楠*
台湾大戟(台彩色图鉴)=白苞猩猩草
台湾大戟(植物志 44-3)=大狼毒
台湾大溲疏 Deutzia magnifica var. formosa Rehd.? (虎耳草科)
台湾大叶越桔(台湾志)=长柄海岛越桔
台湾党参 Codonopsis kawakamii Hay.(桔梗科)
台湾稻槎菜(新)Lapsana takasei (Sasaki) Kitam.? (菊科)
台湾灯心草 Juncus ohwianus Kao(灯心草科)
台湾地杨梅 Luzula taiwaniana Satake(灯心草科)
台湾吊钟花 Enkianthus taiwanianus S.S.Ying (杜鹃花科)
台湾丁公藤 Erycibe henryi Prain(旋花科)
台湾冬青 Ilex formosana Maxim.(冬青科),*糊樗*
台湾独活 Angelica dahurica var. formosana (de Boiss.) Yen(伞形科),*野当归,大本山芹菜,杭白芷*
台湾独蒜兰 Pleione formosana Hay.(兰科)
台湾杜鹃 Rhododendron formosanum Hemsl. (杜鹃花科)
台湾短柄草(新拉汉英)=吕宋短柄草
台湾短肠蕨 Allantodia kappanensis (Tagawa) Ching (蹄盖蕨科),*少羽短肠蕨,台湾双盖蕨*
台湾对叶兰 Listera nankomontana Fukuyama (兰科),*南湖双叶兰*
台湾盾座苣苔 Epithema taiwanensis S.S.Ying (苦苣苔科)
台湾钝果寄生 Taxillus theifer (Hay.) H.S.Kiu (桑寄生科)
台湾莪白兰(台湾兰科植物)=小叶鸢尾兰
台湾鹅观草 Roegneria formosana (Hodna) Ohwi (禾本科)
台湾鹅掌柴 Schefflera taiwaniana (Nakai) Kianehira(五加科)
台湾耳草 Hedyotis butensis Masam.(茜草科)
台湾耳蕨 Polystichum formosanum Rosenst.(鳞毛蕨科)
台湾二尾兰(台兰科图鉴,台湾志)=二尾兰
台湾二针松(分类学报)=黄山松
台湾飞蓬 Erigeron fukuyamae Kitam.(菊科)
台湾肺形草 Tripterospermum taiwanense (Masam.) Satake(龙胆科)
台湾粉背蕨 Aleuritopteris formosana (Hay.) Tagawa (中国蕨科)
台湾丰花草(新)Borreria laevia (Lamb.) Grieseb.? (茜草科)
台湾风兰(南投县植物志)=台湾白点兰
台湾风铃兰(台湾兰艺)=台湾白点兰
台湾风毛菊 Saussurea kanzanensis Kitam.(菊科)
台湾风藤(台湾志)=毛钩藤
台湾枫香树 Liquidambar tawaniana Hance?(金缕梅科)
台湾蜂斗菜 Petasites formosanus Kitam.(菊科),*山菊,台湾款冬*
台湾凤尾蕨(台湾志)=美丽凤尾蕨
台湾凤尾蕨 Pteris taiwanensis Ching ex Ching & S.H.Wu(凤尾蕨科)
台湾凤丫蕨 Coniogramme taiwanensis Ching ex Shing (裸子蕨科)
台湾佛甲草 Sedum formosanum N.E.Br.(景天科)
台湾芙蓉 Hibiscus taiwanensis S.Y.Hu(锦葵科),*山芙蓉,台湾山芙蓉,狗头芙蓉*
台湾匐柳 Salix takasagoalpina Koidz.(杨柳科),*台湾山柳,高山柳*
台湾附地菜 Trigonotis formosana Hay.(紫草科)
台湾复叶耳蕨 Arachniodes globiosora (Hay.) Ching (鳞毛蕨科)
台湾腹水草 Veronicastrum formosanum (Masam.) Yamaz. (玄参科)
台湾馥兰 Phreatia taiwaniana Fukuyama(兰科),*白芙乐兰*
台湾高山铁线蕨 Adiantum roborowskii var. taiwanianum (Tagawa) Shieh(铁线蕨科)
台湾哥纳香 Goniothalamus amuyon (Bl.) Merr. (番荔枝科)
台湾割鸡芒 Hypolytrum formosanum Ohwi (莎草科)
台湾根节兰(台湾志)=二列虾脊兰
台湾勾儿茶 Berchemia formosana Schneid.(鼠李科),*台湾黄藤*
台湾狗脊(台湾志)=珠芽狗脊
台湾狗牙花(植物志 63)=平脉狗牙花
台湾构棘(新)Vanieria cochinchinensis var. gerontogea (S. & Z.) Nakai?(桑科)
台湾骨碎补 Davallia stenolepis Hay.(骨碎补科)
台湾观音座莲 Angiopteris taiwanensis Ching (观音座莲科)
台湾贯众 Cyrtomium taiwanense Tagawa(鳞毛蕨科),*台湾贯众蕨*
台湾贯众蕨(台湾志)=台湾贯众
台湾桂竹 Phyllostachys makinoi Hay.(禾本科),*桂竹,竹花,笙笋,笙竹*

台湾果松 Pinus armandi var. mastersiana (Hay.) Hay. (松科)
台湾海棠(植物志 36)=台湾林檎
台湾海桐花(海南志)=台琼海桐
台湾含笑 Michelia compressa (Maxim.) Sarg. (木兰科),*乌心石,台湾白兰花,黄心树*
台湾禾叶兰 Agrostophyllum inocephalum (Schauer) Ames (兰科)
台湾合欢(新)Albizia longepedunculata Hay.? (豆科)
台湾合萌(新拉汉英)=台湾皂角
台湾核果木 Drypetes formosana (Kanehira & Sasaki ex Shimada) Kanehira(大戟科)
台湾核子木 Perrottetia arisanensis Hay.(卫矛科)
台湾红豆 Ormosia formosana Kahehira(豆科), *青猴公树*
台湾红兰(台湾志)=台湾红门兰
台湾红门兰 Orchis taiwanensis Fukuyama(兰科),*台湾红兰,台湾小蝶兰,台湾兰*
台湾红丝线(植物志 67-1)=中华红丝线
台湾厚唇兰 Epigeneium nakaharaei (Schltr.) Summerh. (兰科),*连珠石斛,颊兰*
台湾厚距花(台湾)=厚距花
台湾厚壳树 Ehretia resinosa Hance(紫草科)
台湾胡椒 Piper taiwanense Lin & Lu(胡椒科)
台湾胡颓子 Elaeagnus formosana Nakai(胡颓子科)
台湾槲寄生(台湾)=槲寄生
台湾糊樗(台湾志)=榕叶冬青
台湾蝴蝶兰(台湾志)=蝴蝶兰
台湾虎刺 Damnacanthus angustifolius Hay.(茜草科)
台湾虎尾草 Chloris formosana (Honda) Keng (禾本科)
台湾花楸 Sorbus randaiensis (Hay.) Koidz.(蔷薇科)
台湾黄檗(植物志 29)=秃叶黄檗
台湾黄唇兰(台湾志)=金唇兰
台湾黄花茅 Anthoxanthum formosanum Honda (禾本科)
台湾黄堇(台湾志)=北越紫堇
台湾黄猄草 Championella fauriei (R.Ben.) C.Y. Wu & C.C.Hu(爵床科)
台湾黄芩 Scutellaria taiwanensis C.Y.Wu(唇形科)
台湾黄肉楠 Actinodaphne pedicellata Hay. ex Matsum. & Hay.(樟科),*铁屎楠,小梗黄肉楠*
台湾黄瑞木(高等图鉴补编)=台湾杨桐
台湾黄杉 Pseudotsuga sinensis var. wilsoniana (Hay.) L.K.Fu & Nan Li (松科)
台湾黄藤(台湾志)=台湾勾儿茶
台湾黄腺羽蕨 Pleocnemia cumingiana Presl? (叉蕨科)
台湾黄眼草 Xyris formosana Hay.(黄眼草科), *桃园草*
台湾灰毛豆(台湾志)=卵叶灰毛豆
台湾灰毛豆 Tephrosia ionophlebia Hay.(豆科), *紫叶灰毛豆*
台湾茴芹 Pimpinella niitakayamensis Hay.(伞形科)
台湾火棘 Pyracantha koidzumii (Hay.) Rehd.(蔷薇科)
台湾火烧兰 Epipactis ohwii Fukuyama(兰科), *台湾铃兰*
台湾火筒树 Leea guineensis G.Don(葡萄科),*火筒树*
台湾鸡屎树(台湾)=台湾粗叶木
台湾鸡爪草 Calathodes polycarpa Ohwi(毛茛科),*多果鸡爪草*
台湾姬蕨 Hypolepis alte-gracillima Hay.(姬蕨科)
台湾及已(台湾)=台湾金粟兰
台湾及已 Chloranthus serratus var. taiwanensis K.F.Wu (金粟兰科)
台湾嘉赐树(台湾树木志)=膜叶脚骨脆
台湾荚蒾(分类学报)=台中荚蒾
台湾假繁缕 Theligonum formosanum (Ohwi) Ohwi & Liu(假繁缕科),*台湾纤花草*
台湾假还阳参 Crepidiastrum taiwanianum Nakai (菊科)
台湾假瘤蕨 Phymatopteris taiwanensis (Tagawa) Pic.Serm. (水龙骨科)
台湾假山葵(台湾志)=河岸阴山荠
台湾假水晶兰(分类学报)=大果假水晶兰
台湾樫木 Dysoxylum kusukusuense (Hay.) Kanshira & Hatusima(楝科),*红果樫木*
台湾剪股颖 Agrostis canina var. formosana Hack.(禾本科)
台湾剑蕨 Loxogramme formosana Nakai (剑蕨科)
台湾姜味草 Micromeria formosana Marq.(唇形科)
台湾胶木 Palaquium formosanum Hay.(山榄科)
台湾角蕨 Cornopteris succulentipes (Haay.) Ching? (蹄盖蕨科)
台湾节毛蕨 Lastreopsis tenera (R.Br.) Tindale (叉蕨科),*金毛蕨*
台湾金莲花 Trollius taihasenzanensis Masamune (毛茛科)
台湾金石榴(新)Bredia oldhamii var. ovata Ohwi? (野牡丹科)
台湾金丝桃 Hypericum formosanum Maxim.(藤黄科)
台湾金粟兰 Chloranthus oldhami Solms-Laub. (金粟兰科),*台湾及已*
台湾金线莲(台湾志,台湾兰科图志)=台湾银线兰
台湾金星蕨 Parathelypteris castanea (Tagawa) Ching (金星蕨科),*栗柄副金星蕨*
台湾金腰 Chrysosplenium lanuginosum var. formosanum (Hay.) H.Hara(虎耳草科)
台湾金足草 Goldfussia formosana (S.Moore) C. F.Hsieh & T.C.Huang(爵床科),*台湾马蓝*
台湾筋骨草(新拉汉英)=塔形筋骨草
台湾筋骨草 Ajuga pygmaea A.Gray(唇形科)
台湾堇菜 Viola formosana Hay.(堇菜科)
台湾堇兰(台兰科图鉴)=黄花大苞兰
台湾景天(拉汉名称)=石碇佛甲草?
台湾菊 Dendranthema morii (Hay.) Shih?(菊科)
台湾榉 Zelkova formosana Hay. ?(榆科)
台湾卷瓣兰 Bulbophyllum taiwanense (Fukuyama) Seidnef.(兰科),*台湾石豆兰*
台湾铠兰 Corybas taiwanensis T.P.Lin & S.Y. Leu (兰科),*红盔兰*
台湾柯 Lithocarpus formosanus (Skan) Hay.(壳斗科),*红椆椆,柳叶柯*
台湾柯丽白兰(台湾志)=台湾吻兰
台湾榼藤子 Entada pursaetha DC. ?(豆科)
台湾筷子芥(台湾志)=齿叶南芥
台湾款冬(台湾志)=台湾蜂斗菜
台湾阔蕊兰 Peristylus formosanus (Schltr.) T. P.Lin (兰科),*台湾鹭草,触须兰*
台湾拉拉藤(高等图鉴)=刺果猪殃殃
台湾兰(台兰科图鉴)=台湾红门兰
台湾蓝盆花 Scabiosa lacerifolia Hay.(川续断科),*玉山山萝卜*
台湾狼毒 Stellera formosana Hay. ex Li(瑞香科),*矮瑞香*
台湾肋毛蕨 Ctenitis transmorrisonensis (Hay.) H.Ito(叉蕨科),*玉山肋毛蕨*
台湾冷杉 Abies kawakamii (Hay.) T.Ito(松科), *川上冷杉*
台湾冷水花(新) Pilea miyakei Yamamoto? (荨麻科)
台湾梨 Pyrus kawakamii Hay.?(蔷薇科)
台湾篱竹(南林学报)=矢竹仔
台湾藜芦 Veratrum formosanum Loes.(百合科)
台湾链珠藤 Alyxia taiwanensis Lu & Yung(夹竹桃科)
台湾亮毛蕨 Acystopteris taiwaniana (Tagawa) Löve & Löve(蹄盖蕨科)
台湾裂唇兰(台兰科图鉴)=凹舌兰
台湾林檎 Malus doumeri (Boiss.) Chev. (蔷薇科),*台湾海棠*
台湾鳞盖蕨 Microlepia taiwaniana Tagawa ? (碗蕨科)
台湾鳞花草 Lepidagathis formosensis C.B. Clarke ex Hay.(爵床科),*台湾鳞球花*
台湾鳞毛蕨 Dryopteris formosana (Christ) C. Chr. (鳞毛蕨科)
台湾鳞球花(台湾志)=台湾鳞花草
台湾鳞蕊藤(新)Lepistemon intermdius Hall.f.? (旋花科)
台湾岭南槭(分类学报)=小果岭南槭
台湾柃 Eurya hayatai Yamamoto(山茶科)
台湾铃兰(中山大辞典)=台湾火烧兰
台湾陵齿蕨 Lindsaea taiwaniana Ching(陵齿蕨科)
台湾菱 Trapa bicornis var. taiwanensis (Nakai) Z.T.Xiong (菱科)
台湾菱叶常春藤 Hedera rhombea var. formosana (Nakai) Li(五加科)
台湾刘寄奴 Nemosenecio formosanus (Kitam.) B.Nord.(菊科)
台湾琉璃草 Cynoglossum formosanum Nakai (紫草科)
台湾瘤足蕨 Plagiogyria formosana Nakai(瘤足蕨科)
台湾柳(福建)=台湾相思
台湾柳 Salix doii Hay.(杨柳科),*台东柳*
台湾柳叶菜 Epilobium taiwanianum C.J.Chen, Hoch & Raven(柳叶菜科)
台湾龙胆(Flora 16)=狭瓣龙胆
台湾龙胆 Gentiana davidii var. formosana (Hay.) T.N.Ho(龙胆科)
台湾露珠草(台湾志)=谷蓼
台湾芦竹 Arundo formosana Hack.(禾本科)
台湾鹿角兰 Pomatocalpa acuminatum (Rolfe) Schltr. (兰科),*黄绣球兰*
台湾鹿蹄草 Pyrola morrisonensis (Hay.) Hay. (鹿蹄草科),*新高山鹿蹄草*
台湾鹿药 Maianthemum formosanum (Hay.) LaFrank. (百合科)
台湾鹭草(台湾兰科植物)=台湾阔蕊兰
台湾栾树 Koelreuteria elegans subsp. formosana (Hay.) Meyer(无患子科)
台湾轮叶龙胆 Gentiana yakushimensis Makino (龙胆科)
台湾罗汉果 Siraitia taiwaniana (Hay.) C.Jeff. ex Lu & Z.Y.Zhang(葫芦科)

台湾罗汉松 Podocarpus nakaii Hay.(罗汉松科),*百日青,短叶罗汉松,小罗汉松,小叶罗汉松,知叶土杉*
台湾罗勒 Ocimum tashiroi Hay.(唇形科)
台湾萝芙木(植物志 63)=萝芙木
台湾络石(植物志 63)=亚洲络石
台湾马鞍树(台湾志)=多花马鞍树
台湾马蓝(台湾志)=台湾金足草
台湾马桑 Coriaria intermedia Matsumura(马桑科)
台湾马尾杉 Phlegmariurus taiwanensis Ching(石杉科)
台湾马先蒿 Pedicularis transmorrisonensis Hay.(玄参科)
台湾马瓟儿 Zehneria mucronata (Bl.) Miq.(葫芦科),*称铊子*
台湾芒萁 Dicranopteris taiwanensis Ching & Chiu(里白科)
台湾毛茛 Ranunculus taiwanensis Hay.(毛茛科)
台湾毛蕨 Cyclosorus taiwanensis (C.Chr.) H.Ito(金星蕨科),*铜鼓山毛蕨,光羽毛蕨,台湾圆腺蕨*
台湾毛兰 Eria formosana Rolfe(兰科),*树绒兰,赤色毛花兰*
台湾毛柃 Eurya strigillosa Hay.(山茶科),*粗毛柃木*
台湾毛束草 Trichodesma calycosum var. formosanum (Matsumura) Johnst.(紫草科)
台湾莓(台湾志)=小叶悬钩子
台湾美登木 Maytenus ermarginata (Willd.) D. Hou (卫矛科)
台湾美冠兰 Eulophia bicallosa (D.Don) P.F. Hunt & Summerh.(兰科),*双板芋兰,芋兰*
台湾猕猴桃 Actinidia callosa var. formosana Fin. & Gagn.(猕猴桃科)
台湾米仔兰 Aglaia formosana (Hay.) Hay.(楝科),*红柴*
台湾绵穗苏 Comanthosphace formosana Ohwi?(唇形科)
台湾皿兰(中华林学季刊)=台湾盂兰
台湾明萼草 Rungia taiwanensis Yamazaki(爵床科)
台湾膜蕨 Hymenophyllum taiwanense Devol?(膜蕨科)
台湾磨芋 Amorphophallus henryi N.E.Brown(天南星科)
台湾木姜子 Litsea hayatae Kanehira(樟科)
台湾木蓝 Indigofera formosana Matsum?(豆科)
台湾南芥(植物志 33)=齿叶南芥
台湾囊唇兰(台兰科图鉴)=台湾盆距兰
台湾拟水晶兰(拉汉名称)=大果假水晶兰
台湾拟线柱兰(台兰科图鉴)=东部线柱兰
台湾牛齿兰 Appendicula formosana Hay.(兰科),*台湾竹节兰*
台湾牛奶菜 Marsdenia formosana Masamune(萝藦科)
台湾女贞 Ligustrum amamianum Koidz.(木犀科)
台湾糯米团 Gonostegia matsudai (Yamamoto) Yamamoto & Masamune(荨麻科)
台湾泡桐 Paulownia kawakamii Ito(玄参科),*黄毛泡桐,水桐木*
台湾盆距兰 Gastrochilus formosanus (Hay.) Hay. (兰科),*台湾松兰,台湾囊唇兰*
台湾枇杷 Eriobotrya deflexa (Hemsl.) Nakai(蔷薇科)
台湾枇杷恒春变型(植物志 36)=恒春台湾枇杷(新)
台湾枇杷武葳山变型(植物志 36)=武葳山枇杷(新)
台湾苹婆 Sterculia ceramica R.Brown(梧桐科)
台湾萍蓬草(植物志 27)=萍蓬草
台湾婆婆纳 Veronica taiwanica Yamaz.(玄参科)
台湾破布木 Cordia kanehirai Hay.(紫草科)
台湾破伞菊(台湾志)=台湾兔儿伞
台湾蒲桃 Syzygium formosanum (Hay.) Mori(桃金娘科)
台湾桤木 Alnus formosana Makino(桦木科)
台湾槭(新) Acer taiwanense Yamamoto?(槭树科)
台湾麒麟叶 Epipremnum formosanum Hay.(天南星科)
台湾荠苎 Mosla formosana Maxim.(唇形科)
台湾千金藤 Stephania sasakii Hay. ex Yamamoto (防已科)
台湾千年健 Homalomena kelungensis Hay.(天南星科)
台湾前胡 Peucedanum formosanum Hay.(伞形科)
台湾荨麻 Urtica taiwaniana S.S.Ying? (荨麻科)
台湾琴柱草 Salvia nipponica var. formosana (Hay.) Kudo(唇形科)
台湾青冈 Cyclobalanopsis morii (Hay.) Schott.(壳斗科),*台湾椆*
台湾青荚叶 Helwingia japonica subsp. formosana (Kan. & Sas.) Hara & Kuros.(山茱萸科)
台湾青牛胆 Tinospora dentata Diels(防已科)
台湾青藤 Illigera luzonensis (Presl) Merr.(莲叶桐科)
台湾青葙 Celosia taitoensis Hayata(苋科)
台湾蜻蜓兰 Tulotis devolii T.P.Lin & T.W.Hu(兰科),*长叶晴蜓兰*
台湾琼榄 Gonocaryum calleryanum (Baill.) Becc.(茶茱萸科)
台湾秋海棠 Begonia taiwaniana Hay.(秋海棠科)
台湾曲轴蕨 Paesia taiwannensis Shieh(蕨科)
台湾雀稗 Paspalum formosanum Honda (禾本科)
台湾雀麦 Bromus formosanus Honda(禾本科)
台湾髯管花(高等图鉴)=髯管花
台湾髯管花 Geniostoma fagraeoides Benth. ?(马钱科)
台湾荛花 Wikstroemia taiwanensis Chang(瑞香科)
台湾人心药(分类学报)=台湾草绣球
台湾人字果 Dichocarpum arisanense (Hay.) W. T.Wang & Hsiao(毛茛科)
台湾榕 Ficus formosana Maxim.(桑科),*长叶牛奶树,狗奶木,水牛奶,台湾天仙果,小银茶匙,羊奶子,羊屎木*
台湾肉豆蔻 Myristica cagayanensis Merr.(肉豆蔻科)
台湾肉兰(台湾志)=肉兰
台湾乳豆 Galactia formosana Matsumura(豆科),*乳豆*
台湾瑞香 Daphne arisanensis Hay.(瑞香科)
台湾赛楠 Nothaphoebe konishii (Hay.) Hay.(樟科)
台湾三尖杉(植物志 7)=台湾粗榧
台湾三角槭 Acer buergerianum var. formosamum (Hay. ex Koidz.) Sasaki(槭树科)
台湾沙参 Adenophora morrisonensis Hay.(桔梗科)
台湾山橙 Melodinus angustifolius Hay.(夹竹桃科)
台湾山地杜鹃 Rhododendron pachysanthum Hay. (杜鹃花科)
台湾山豆根(台湾热带图鉴)=伏毛山豆根
台湾山豆根 Euchresta formosana (Hay.) Ohwi(豆科)
台湾山矾(植物志 60-2)=薄叶山矾
台湾山芙蓉(植物大辞典)=台湾芙蓉
台湾山柑 Capparis formosana Hemsl.(山柑科),*台湾槌果藤*
台湾山黑豆 Dumasia bicolor Hay.(豆科)
台湾山芥 Barbarea taiwaniana Ohwi(十字花科)
台湾山苦荬(台湾志)=台湾翅果菊
台湾山楝 Aphanamixis tripetala (Blanco) Merr.(楝科),*穗花树兰*
台湾山柳(台湾志)=台湾匐柳
台湾山龙眼(新) Helicia rengetiensis Masam.?(山龙眼科)
台湾山麻杆(台湾志)=厚柱山麻杆
台湾山茉莉芹 Oreomyrrhis taiwaniana Masamune (伞形科)
台湾山荠(台湾志)=台湾葶苈
台湾山苏花(台湾志)=巢蕨
台湾山香圆 Turpinia formosana Nakai(省沽油科)
台湾山芎 Conioselinum morrisonense Hay.(伞形科)
台湾山柚 Champereia manillana (Bl.) Merr.(山柚子科)
台湾山柚属 Champereia Griff.(山柚子科)
台湾杉 Taiwania cryptomerioides Hay.(杉科),*台湾松,台杉,土杉,秃杉*
台湾杉木 Cunninghamia lanceolata var. konishii (Hay.) Fujita(杉科),*蛮大杉,广东杉,福州杉,香杉*
台湾杉属 Taiwania Hay.(杉科)
台湾鳝藤 Anodendron benthamianum Hemsl.(夹竹桃科)
台湾舌唇兰 Platanthera taiwaniana S.S.Ying(兰科)
台湾舌蕨(台湾志)=吕宋舌蕨
台湾蛇床(新)Cnidium monnieri var. formosana (Yabe) Kitag.?(伞形科)
台湾省藤 Calamus formosanus Becc.?(棕榈科),*水藤*
台湾十大功劳 Mahonia japonica (Thubn.) DC.(小檗科),*十大功劳,华南十大功劳,功劳木,茨黄连,功劳子,黄柏刺,土黄连,土黄柏,大土黄连*
台湾石笔木 Tutcheria taiwanica Chang & Ren(山茶科)
台湾石豆兰(台兰科图鉴)=台湾卷瓣兰
台湾石豆兰 Bulbophyllum aureolabellum T.P. Lin (兰科),*小豆兰,细豆兰,耳唇石唇兰*
台湾石柑 Pothos warburgii Engl.(天南星科)
台湾石斛(台湾兰科图志)=金钗石斛
台湾石楠 Photinia lucida (Dcne.) Schneid.(蔷薇科)
台湾矢竹 Gelidocalamus kunishii (Hay.) Keng f. & Wen (禾本科)
台湾鼠刺 Itea oldhamii Schneid.(虎耳草科),*奥氏鼠刺,老鼠刺,鼠刺*
台湾鼠李 Rhamnus formosana Matsum.(鼠李科),*桶钩藤*

台湾双盖蕨(台湾志)=台湾短肠蕨
台湾双蝴蝶(Flora 16)=台湾肺形草
台湾水东哥 Saurauia tristyla var. oldhami Fin. & Gagn. (猕猴桃科)
台湾水龙 Ludwigia ×taiwanensis C.I.Peng (柳叶菜科),*过江藤,黄花水龙*
台湾水龙骨 Polypodiodes formosana (Baker) Ching(水龙骨科)
台湾水青冈 Fagus hayatae Palib. ex Hay.(壳斗科)
台湾丝瓜花 Clematis morii Hay.(毛茛科),*森氏铁线莲*
台湾松(Flora 4,经济植物手册)=黄山松
台湾松(中国裸子志)=台湾杉
台湾松(中国裸子志)=台湾五针松
台湾松兰(台湾志)=台湾盆距兰
台湾溲疏 Deutzia taiwanensis (Maxim.) Schneid. (虎耳草科)
台湾苏铁 Cycas taiwaniana Carruth.(苏铁科),*海铁鸥,广东苏铁*
台湾素馨(分类学报)=川素馨
台湾酸脚杆 Medinilla formosana Hay.(野牡丹科),*台湾野牡丹藤*
台湾算盘子 Glochidion kusukusense Hay.(大戟科)
台湾穗花杉 Amentotaxus formosana Li (红豆杉科)
台湾梭罗 Reevesia formosana Sprague(梧桐科)
台湾唢呐草 Mitella formosana (Hay.) Masam. (虎耳草科)
台湾薹草 Carex bilateralis Hay.(莎草科)
台湾坛花兰(台湾省通志)=坛花兰
台湾坛花兰(中国花卉)=锥囊坛花兰
台湾唐松草 Thalictrum urbainii Hay.(毛茛科)
台湾天芥菜 Heliotropium formosanum Johnst. (紫草科)
台湾天料木 Homalium cochinchinense var. pseudopaniculatum (Yamamoto) Li(大风子科)
台湾天仙果(植物学大辞典)=台湾榕
台湾铁角蕨 Asplenium taiwanense Ching ex S. H.Wu (铁角蕨科)
台湾铁杉 Tsuga chinensis var. formosana (Hay.) H.L.Li & H.Keng (松科),*油松*
台湾铁苋(台湾志)=台湾铁苋菜
台湾铁苋菜 Acalypha angatensis Blanco(大戟科),*台湾铁苋*
台湾铁线莲 Clematis javana DC.(毛茛科)
台湾葶苈 Draba sekiyana Ohwi(十字花科),*台湾山荠*
台湾通泉草 Mazus fauriei Bonati(玄参科)
台湾筒距兰 Tipularia odorata Fukuyama(兰科)
台湾头蕊兰 Cephalanthera taiwaniana S.S.Ying (兰科)
台湾土圞儿 Apios taiwaniana Hosokawa(豆科)
台湾兔儿伞 Syneilesis intermedia (Hay.) Kitam.(菊科),*台湾破伞菊*
台湾菟丝子 Cuscuta japonica var. formosana (Hay.) Yuncker(旋花科)
台湾臀果木(新)Prunus grisea (Bl. ex Muell.) Kalkm.? (蔷薇科)
台湾橐吾 Ligularia kojimae Kitam.(菊科)
台湾娃儿藤 Tylophora insulana Tsiang & P.T.Li (萝藦科)
台湾瓦韦 Lepisorus papakensis (Masamuse) Ching (水龙骨科)
台湾碗蕨 Dennstaedtia formosae Christ(碗蕨科)
台湾万寿竹 Disporum kawakamii Hay.(百合科)
台湾网蕨(分类学报)=全缘网蕨
台湾尾瓣舌唇兰 Platanthera mandarinorum subsp. formosana T.P.Lin & K.Inoue(兰科),*惠粉蝶兰*
台湾委陵菜 Potentilla tugitakensis Masamune (蔷薇科)
台湾蚊母树 Distylium gracile Nakai(金缕梅科)
台湾蚊子草 Filipendula kiraishiensis Hay.(蔷薇科)
台湾吻兰 Collabium formosanum Hay.(兰科),*台湾柯丽白兰,金唇兰*
台湾莴苣(江苏药材志)=台湾翅果菊
台湾乌头 Aconitum formosanum Tamura(毛茛科)
台湾无柱兰 Amitostigma alpestre Fukuyama(兰科),*南湖雏兰,高山雏兰,小黄斑兰*
台湾五加木属(科属检索表)=**兰屿加属**
台湾五加属(科属辞典)=**兰屿加属**
台湾五裂槭 Acer oliverianum subsp. formosanum (Koidz.) E.Murr.(槭树科)
台湾五味子(高等图鉴)=阿里山五味子
台湾五须松(分类学报)=台湾五针松
台湾五叶参 Pentapanax castanopsisicola Hay. (五加科)
台湾五针松 Pinus morrisonicola Hay.(松科),*台湾松,台湾白松,台湾五须松*
台湾雾水葛(植物大辞典)=雾水葛
台湾鳞茅 Dimeria falcata var. taiwaniana (Ohwi) S.L.Chen & G.Y.Sheng(禾本科)
台湾细辛 Asarum epigynum Hay.(马兜铃科),*上花细辛*
台湾虾脊兰 Calanthe arisanensis Hay.(兰科),*阿里山根节兰*
台湾狭叶艾 Artemisia somai Hay.(菊科),*相马氏艾*
台湾纤花草(台湾志)=台湾假繁缕
台湾线柱兰(台湾志)=芳线柱兰
台湾相思 Acacia confusa Merr.(豆科),*台湾柳,台湾相思树,相思树,相思仔*
台湾相思树(台湾志,福建志)=台湾相思
台湾香茶菜(植物志 66)=香茶菜
台湾香荚兰 Vanilla somai Hay.(兰科)
台湾香薷 Elsholtzia oldhami Hemsl.(唇形科)
台湾香叶树 Lindera akoensis Hay.(樟科)
台湾小檗 Berberis kawakamii Hay. (小檗科),*土黄芩*
台湾小唇兰(台兰科图鉴)=袋唇兰
台湾小蝶兰(台湾兰科植物)=台湾红门兰
台湾小豇豆 Vigna minima f. dimorphophylla T. L.Wu (豆科)
台湾小米草 Euphrasia transmorrisonensis Hay. (玄参科)
台湾小膜盖蕨 Araiostegia parvipinnula (Hay.) Cop.(骨碎补科)
台湾小叶石楠(新)Photinia parvifolia var. kankoensis (Hatusima) Yü(蔷薇科),*小叶石楠台湾变种*
台湾小叶崖豆 Millettia pulchra var. microphylla Dunn (豆科)
台湾小蝇兰(台兰科图鉴)=钳唇兰
台湾肖菝葜 Heterosmilax seisuiensis (Hay.) Wang & Tang(百合科)
台湾蝎子草 Girardinia formosana Hay.(荨麻科)
台湾新耳草 Neanotis formosana (Hay.) Lewis (茜草科),*凉喉茶*
台湾新木姜子 Neolitsea acuto-trinervia (Hay.) Kanehira & Sasaki(樟科),*香桂,锐叶新木姜子*
台湾新乌檀 Neonauclea truncata (Hay.) Yamamoto (茜草科)
台湾绣线菊 Spiraea formosana Hay.(蔷薇科)
台湾玄参(Flora 18)=楔叶玄参
台湾玄参 Scrophularia yoshimurae Yamazaki (玄参科),*双锯叶玄参*
台湾悬钩子 Rubus formosensis Ktze.(蔷薇科)
台湾血桐 Macaranga sinensis (Baill.) Muell.Arg. (大戟科),*红肉橙兰*
台湾栒子 Cotoneaster morrisonensis Hay.(蔷薇科)
台湾崖爬藤 Tetrastigma formosanum (Hemsl.) Gagn. (葡萄科),*三叶崖爬藤*
台湾延胡索(广东)=溪黄草
台湾延龄草 Trillium taiwanense S.S.Ying(百合科)
台湾岩荠(植物志 33)=河岸阴山荠
台湾岩扇 Shortia exappendiculata Hay.(岩梅科)
台湾岩芋 Remusatia formosana Hay.(天南星科)
台湾眼树莲 Dischidia formosana Maxim.(萝藦科)
台湾羊耳蒜 Liparis somai Hay.(兰科),*高士佛羊耳蒜*
台湾羊茅 Festuca formosana Honda(禾本科)
台湾杨桐 Adinandra formosana Hay.(山茶科),*台湾黄瑞木,红淡*
台湾野海棠(新)Bredia penduliflora Ying?(野牡丹科)
台湾野茉莉(台湾志)=苗栗白花龙
台湾野牡丹藤(台湾)=台湾酸脚杆
台湾野木瓜(植物志 29)=倒卵叶野木瓜
台湾野青茅 Deyeuxia formosana (Hay.) Hsu(禾本科)
台湾夜来香 Telosma pallida (Roxb.) Graib(萝藦科)
台湾一点广(台兰科图鉴)=台湾芋兰
台湾异型兰 Chiloschista segawai (Masam.) Masam. & Fukuyama(兰科),*梅兰*
台湾异叶苣苔 Whytockia sasakii (Hay.) Burtt (苦苣苔科)
台湾薏苡 Coix chinensis var. formosana (Ohwi) L.Liu (禾本科)
台湾翼核果 Ventilago elegans Hemsl.(鼠李科),*翼核木*
台湾阴地蕨(新)Japano-botrychum arisanense Masamune? (阴地蕨科)
台湾阴石蕨 Humata macrostegia Tagawa(骨碎补科)
台湾银背藤 Argyreia formosana Ishig ex T. Yamazaki (旋花科)
台湾银莲花(植物志 28)=小银莲花
台湾银线兰 Anoectochilus formosanus Hay.(兰科),*虎头蕉,金不换,金蚕,金石松,金线虎头椒,金线莲,鸟人参,什鸡单,台湾金线莲*
台湾隐柱兰 Cryptostylis arachnites var. taiwaniana (Masam.) S.S.Ying(兰科),*蓬莱隐柱兰*
台湾蝇子草(植物志 26)=女娄菜
台湾油点草 Tricyrtis formosana Baker(百合科)
台湾油芒 Eccoilopus formosanus (Rendle) A. Camus (禾本科)
台湾油杉 Keteleeria davidiana var. formosana (Hay.) Hay.(松科),*油杉,牛尾松*
台湾盂兰 Lecanorchis taiwaniana S.S.Ying(兰科),*台湾皿兰*

台湾榆(东林学报)=阿里山榆
台湾羽节蕨(蕨类图谱)=细裂羽节蕨
台湾芋兰(台湾志)=宝岛美冠兰
台湾芋兰 Nervilia taiwaniana S.S.Ying(兰科), *单花脉叶兰,台湾一点广*
台湾鸢尾 Iris formosana Ohwi(鸢尾科)
台湾原始观音座莲 Archangiopteris somai Hay.(观音座莲科)
台湾圆腺蕨(台湾志)=台湾毛蕨
台湾远志 Polygala arcuata Hay.(远志科), *巨叶花远志*
台湾越桔 Vaccinium delavayi subsp. merrillianum (Hay.) R.C.Fang(杜鹃花科), *高山越桔*
台湾云杉 Picea morrisonicola Hay.(松科), *松萝杜,白松柏*
台湾早熟禾(新拉汉英)=宜兰早熟禾
台湾早熟禾 Poa formosae Ohwi(禾本科)
台湾皂角 Aeschynomene sentitive Swartz. ?(豆科), *台湾合萌*
台湾泽兰 Eupatorium formosanum Hay.(菊科), *山泽兰,六月雪*
台湾窄叶青冈 Cyclobalanopsis stenophylloides (Hay.) Kudo(壳斗科)
台湾窄叶榕 Ficus formosana var. angustifola (Cheng) Migo?(桑科)
台湾粘冠草 Myriactis longipedunculata Hay.(菊科)
台湾榛 Corylus formosana Hay.? (桦木科)
台湾指柱兰(台湾志)=中华叉柱兰
台湾肿足蕨 Hypodematium taiwanensis Ching ex Shing(肿足蕨科)
台湾轴果蕨 Rhachidosorus pulcher (Tagawa) Ching (蹄盖蕨科), *花莲蹄盖蕨*
台湾轴脉蕨 Ctenitopsis kusukusensis (Hay.) C. Chr. (叉蕨科)
台湾帚菊 Pertya shimozawai Masam.(菊科)
台湾猪肚木 Canthium gynochthodes Bail.?(茜草科)
台湾猪殃殃 Galium taiwanense Masamune(茜草科)
台湾槠(植物志 22)=秀丽锥
台湾竹节兰(新撰台湾植物名汇)=台湾牛齿兰
台湾竹叶草 Oplismenus compositus var. formosanus (Honda) S.L.Chen & Y.X.Jin (禾本科)
台湾锥(植物志 22)=秀丽锥
台湾锥花(植物志 65-2)=紫珠状锥花
台湾紫丹 Tournefortia sarmentosa Lam.(紫草科)
台湾紫菊 Notoseris formosana (Kitam.) Shih?(菊科)
台湾紫菀 Aster taiwanensis Kitam.(菊科)
台湾钻地风(树木志)=圆叶钻地风
台湾醉魂藤 Heterostemma brownii Hay.(萝藦科)
台湾醉鱼草 Buddleja curviflora HK. & Arn.(马钱科), *弯花醉鱼草*
台乌(中草药学)=乌药
台西大戟(植物学汇刊)=台西地锦
台西地锦 Euphorbia taihsiensis (Chaw & Koutnik) Oudejians(大戟科), *台西大戟*
台悬钩子(新)Rubus morii Hay.?(蔷薇科)
台岩紫菀 Aster formosanus Hay.(菊科)
台芋 Colocasia formosana Hay.(天南星科)
台蔗茅 Erianthus formosanus Stapf(禾本科)
台中叉柱兰 Cheirostylis taichungensis S.S.Ying (兰科), *台中指柱兰,雉尾指柱兰*
台中粗叶木 Lasianthus obliquinervis var. taitoensis (Simizu) Liu & Chao?(茜草科)
台中耳蕨 Polystichum taizhongense H.S.Kung (鳞毛蕨科)
台中荚蒾 Viburnum formosanum Hay.(忍冬科), *台湾荚蒾,净花荚蒾*
台中桑寄生 Loranthus kaoi (J.M.Chao) H.S.Ku (桑寄生科), *高氏桤寄生*
台中石豆兰(新) Bulbophyllum taichungianum S.S.Ying? (兰科)
台中鼠李 Rhamnus nakaharai (Hay.) Hay.(鼠李科), *中原氏鼠李*
台中薹草 Carex liui T.Koyama & Chuang(莎草科)
台中铁线莲 Clematis tsugetorum Ohwi(毛茛科), *高山铁线莲*
台中指柱兰(台兰科图鉴,台湾兰科图志)=台中叉柱兰
抬板魚(广西全县)=大野芋
抬板七(广西全县)=大野芋
苔草书带蕨(四川志)=书带蕨
苔地每系 Poa bryophila Trin.(禾本科)
苔花凤梨(新拉汉英)=老人须
苔间丝瓣芹 Acronema muscicolum (Hand.-Mazz.) Hand.-Mazz. (伞形科)
苔景天 Sedum acre L.(景天科)
苔水花(浙江)=齿叶矮冷水花
苔水花(浙江)=山冷水花
苔藓状点地梅 Androsace muscoidea Duby (报春花科)
苔藓状蚤缀(拉汉名称)=藓状雪灵芝
苔状小报春 Primula muscoides HK.f. ex Watt (报春花科)
薹草属 Carex L.(莎草科)
薹穗嵩草 Kobresia caricina Willd.(莎草科)
太白艾(陕西中草药)=异叶亚菊
太白贝母 Fritillaria taipaiensis P.Y.Li(百合科), *太贝*
太白参(陕西)=全裂马先蒿
太白参(陕西中草药)=大卫氏马先蒿
太白柴胡 Bupleurum dielsianum Wolff(伞形科)
太白翠雀花 Delphinium taipaicum W.T.Wang (毛茛科)
太白杜鹃(植物研究)=太白山杜鹃
太白杜鹃 Rhododendron purdomii Rehd. & Wils. (杜鹃花科), *金背枇杷叶,药枇杷,光泑爱杜鹃,野枇杷*
太白耳蕨(新)Polystichum craspedosorum var. giraldii Christ ex Baroni & Chrits? (鳞毛蕨科)
太白飞蓬 Erigeron taipeiensis Ling & Y.L.Chen (菊科)
太白红杉(植物志 7)=秦岭红杉
太白虎耳草(秦岭志)=秦岭虎耳草
太白虎耳草 Saxifraga josephi Engl.(虎耳草科), *纤细虎耳草*
太白花楸 Sorbus tapashana Schneid.(蔷薇科)
太白黄连(陕西)=黄三七
太白黄芪(秦岭志)=太白岩黄芪
太白金钱槭 Dipteronia sinensis var. taipeiensis Fang & Fang f.(槭树科)
太白金腰 Chrysosplenium taibaishanense J.T. Pan (虎耳草科)
太白韭 Allium prattii C.H.Wright (百合科), *野葱,日喝估,乌头,太白山葱*
太白菊(中草药汇编)=萎软紫菀
太白棱子芹 Pleurospermum giraldii Diels(伞形科), *药茴香*
太白冷杉(树木分类学)=巴山冷杉
太白丽参(中草药汇编)=全裂马先蒿
太白蓼(秦岭志)=大海蓼
太白柳 Salix taipaiensis C.Y.Yu(杨柳科)
太白六道木(树木分类学)=南方六道木
太白龙胆 Gentiana apiata N.E.Brown(龙胆科), *茱苓草*
太白落叶松(分类学报)=秦岭红杉
太白美花草 Callianthemum taipaicum W.T. Wang (毛茛科), *重叶莲*
太白米(陕西中药名录)=假百合
太白牡丹 Paeonia rockii subsp. taibaishanica D. Y.Hong (芍药科)
太白秦艽(中药志)=管花秦艽
太白忍冬 Lonicera taipeiensis Hsu & H.J.Wang (忍冬科)
太白三七(陕西中草药)=城口东俄芹
太白山葱(Flora 24)=太白韭
太白山杜鹃 Rhododendron taibaiense Ching & H.P.Yang (杜鹃花科), *太白杜鹃*
太白山凤丫蕨 Coniogramme taipaishanensis Ching & Y.T.Hsieh(裸子蕨科)
太白山杭子稍 Campylotropis macrocarpa var. giraldii (Schindl.) K.T.Fu ex P.Y.Fu(豆科)
太白山蒿 Artemisia taibaishanensis Y.R.Ling & C.J.Humph. (菊科)
太白山黄芪 Astragalus taipaishanensis Y.C.Ho & S.B.Ho (豆科)
太白山假冷蕨(秦岭志)=三角叶假冷蕨
太白山金星蕨(蕨类形态)=狭脚金星蕨
太白山毛茛 Ranunculus petrogeiton Ulbr.(毛茛科)
太白山穗花报春 Primula giraldiana Pax(报春花科), *季氏报春*
太白山薹草 Carex taipaishanica K.T.Fu(莎草科)
太白山蹄盖蕨(秦岭志)=尖头蹄盖蕨
太白山橐吾 Ligularia dolichobotrys Diels(菊科)
太白山五加 Acanthopanax stenophyllus Harms (五加科)
太白山蟹甲草 Parasenecio pilgerianus (Diels) Y. L.Chen (菊科)
太白深灰槭 Acer caesium subsp. giraldii (Pax) E.Murr. (槭树科), *纪氏槭*
太白溲疏 Deutzia taibaiensis W.T.Wang ex S.M. Hwang (虎耳草科)
太白土高丽参(中草药汇编)=全裂马先蒿
太白瓦韦 Lepisorus thaipaiensis Ching & S.K. Wu (水龙骨科)
太白乌头 Aconitum taipaicum Hand.-Mazz.(毛茛科), *金牛七*
太白细柄茅 Ptilagrostis concinna (HK.f.) Roshev. (禾本科)
太白小紫菀(陕西中草药)=细茎橐吾
太白小紫菀(陕西中药名录)=阿尔泰多榔菊
太白雪灵芝 Arenaria taibaishanensis L.H.Zhou (石竹科), *万年松*
太白岩黄芪 Hedysarum taipeicum (Hand.-Mazz.) K.T.Fu (豆科), *红芪,绵芪,太白黄芪*
太白杨(秦岭志)=冬瓜杨
太白洋参(陕西中草药)=大卫氏马先蒿
太白野豌豆 Vicia taipaica K.T.Fu(豆科)
太白银莲花 Anemone taipaiensis W.T.Wang(毛茛科)
太白紫堇 Corydalis taipaishanica H.Chuang(罂粟科)
太白紫菀(陕西)=细茎橐吾

太贝(陕西中药名录)=太白贝母
太刀岗 Echinofossulocactus phyllacanthus (Mart.) G.Lawr.(仙人掌科)
太古生石花 Lithops comptonii L.Bol.(番杏科)
太湖薹草 Carex taihuensis S.W.Su & S.M.Xu (莎草科)
太极草(滇南本草)=狗筋蔓
太极膏(纲目拾遗)=烟草
太极子(云南中药别名)=马槟榔
太鲁阁艾 Artemisia somai var. batakensis (Hay.) Kitam. (菊科)
太鲁阁大戟(台湾志)=乳浆大戟
太鲁阁当归 Angelica tarokoensis Hay.(伞形科)
太鲁阁鹅耳枥 Carpinus hebestoma Yamamoto (桦木科),*太鲁阁千金榆*
太鲁阁拉拉藤 Galium tarokoense Hay.(茜草科)
太鲁阁栎 Quercus tarokoensis Hay.(壳斗科)
太鲁阁千金榆(台湾志)=太鲁阁鹅耳枥
太鲁阁蔷薇(台木本志)=能高蔷薇
太鲁阁秋海棠 Begonia tarokoensis Lai(秋海棠科)
太鲁阁薹草 Carex purpureotincta Ohwi(莎草科)
太平杜鹃(广西植物名录)=刺毛杜鹃
太平花 Philadelphus pekinensis Rupr.(虎耳草科),*太平瑞圣花*,*京山梅花*,*白花结*
太平鳞毛蕨 Dryopteris pacifica (Nakai) Tagawa (鳞毛蕨科)
太平莓 Rubus pacificus Hance(蔷薇科),*大叶莓*,*老虎扭*
太平球 Echinocactus horizonthalonius Lem.(仙人掌科)
太平瑞圣花(群芳谱)=太平花
太平山冬青(台湾志)=短梗太平山冬青
太平山冬青 Ilex sugerokii Maxim.(冬青科)
太平山红淡比 Cleyera japonica var. taipinensis Keng (山茶科),*太平杨桐*
太平山壳骨 Pseuderanthemum tapingense (W. W.Sm.) C.Y.Wu & H.S.Lo(爵床科)
太平山双叶兰(台湾志)=无毛对叶兰
太平悬钩子(台木本志)=梨叶悬钩子
太平杨桐(台湾志)=太平山红淡比
太平洋灯心草 Juncus lescuris Cooper (灯心草科)
太平洋红果接骨木 Sambucus callicarpa Greene (忍冬科)
太平洋花楸 Sorbus sitchensis Roem.(蔷薇科)
太平洋黄芩 Scutellaria pacifica Juz.(唇形科)
太平洋梾木 Cornus nutallii Audub.(山茱萸科)
太平洋蓼 Polygonum pacificum V.Petr. ex Kom. (蓼科)
太平洋露珠草 Circaea pacifica Aschers & Mag. (柳叶菜科)
太平洋唐棣 Amelanchier florida Lindl.(蔷薇科)
太平洋银枞 Abies amabilis (Dougl.) Forb.(松科), *温哥华冷杉*
太山柳 Salix taishanensis C.Wang & C.F.Fang (杨柳科),*泰山柳*
太武禾叶蕨 Grammitis congener Bl.(禾叶蕨科)
太行阿魏 Ferula licentiana Hand.-Mazz.(伞形科)
太行白前 Cynanchum taihangense Tsiang & Zhang (萝藦科),*细梗白前*
太行花 Taihangia rupestris Yü & Li(蔷薇科)
太行花属 Taihangia Yü & Li (蔷薇科)
太行荆 Vitex trifolia var. taihangensis (L.B.Guo & S.Q.Zhou) S.L.Chen(马鞭草科)
太行菊 Opisthopappus taihangensis (Ling) Shih (菊科)
太行菊属 Opisthopappus Shih(菊科)
太行米口袋 Gueldenstaedtia taihangensis H.P. Tsui (豆科)
太行山藨草 Scirpus schansiensis (Hand.-Mazz.) Tang & Wang(莎草科)
太行山玄参 Scrophularia taihangshanensis C.S. Zhu et H.W.Yang (玄参科)
太行铁线莲 Clematis kirilowii Maxim.(毛茛科),*黑老婆秧*,*老牛杆*,*黑狗筋*
太阳草(云南中草药)=头花蓼
太阳草(云南中草药选)=戟叶酸模
太阳花(植物志 26)=大花马齿苋
太阳花(植物志 43-1)=牻牛儿苗
太阳麻(高等图鉴,台湾志)=菽麻
太原黄芪 Astragalus taiyuanensis S.B.Ho(豆科)
太子参(本草从新)=孩儿参
太子参(湖北,四川)=石生蝇子草
太子参(云南楚雄)=金雀马尾参
太子凤仙花 Impatiens alpicola Y.L.Chen & Y.Q. Lu (凤仙花科)
泰北粗叶木 Lasianthus kerrii Craib(茜草科),*泰北鸡屎树*
泰北红毛蓝 Pyrrothrix hossei (C.B.Clarke) C.Y. Wu & C.C.Hu(爵床科)
泰北鸡屎树(云南植物名录)=泰北粗叶木
泰北五月茶 Antidesma sootepense Craib(大戟科)
泰国安息香 (通称)=越南安息香
泰国苞茅 Hyparrhenia rufa var. siamensis Clayton (禾本科)
泰国垂茉莉 Clerodendrum garrettianum Craib. (马鞭草科)
泰国大风子(西双版纳植物名录植物志 52-1)=大风子
泰国德里蒙达兰 Drymoda siamensis Schltr.(兰科)
泰国杜鹃花 Rhododendron surasianum Balf.f. & Craib (杜鹃花科)
泰国耳叶马蓝 Perilepta siamensis (C.B.Clarke) Bremek.(爵床科)
泰国过路黄 Lysimachia siamensis Bonati(报春花科)
泰国黄叶树 Xanthophyllum siamense Craib(远志科)
泰国吉祥草 Spatholirion ornatum Ridl.(鸭跖草科)
泰国杧果 Mangifera siamensis Warbg. ex Craib (漆树科)
泰国缅茄 Afzelia bakeri Prain (豆科)
泰国省藤 Calamus siamensis Becc.(棕榈科)
泰国瓦理棕 Wallichia siamensis Becc.(棕榈科)
泰国珠子木 Phylanthodendron mirobile Hemsl. (大戟科)
泰国紫堇(高等图鉴)=细果紫堇
泰来藻 Thalassia hemperichii (Ehrenb.) Asch. (水鳖科)
泰来藻属 Thalassia Bank & Solanderex König. (水鳖科)
泰勒香科 Teucrium taylori Boiss.(唇形科)
泰洛帕属 Telopea R.Br.(山龙眼科)
泰宁六道木(新)Abelia chowii Hoo?(忍冬科)
泰宁毛蕨 Cyclosorus tarningensis Ching(金星蕨科)
泰山白首乌(中药材品种论述)=白首乌
泰山谷精草 Eriocaulon taishanense F.Z.Li(谷精草科)
泰山何首乌(山东)=白首乌
泰山堇菜 Viola taishanensis C.J.Wang(堇菜科)
泰山韭 Allium taishanense J.M.Xu(百合科)
泰山柳(Flora 4)=太山柳
泰山母草 Lindernia taishanensis F.Z.Li(玄参科)
泰山前胡 Peucedanum wawrae (Wolff) Su(伞形科),*前胡*,*防风*
泰山竹 Bambusa vulgaris Schrader ex Wendland (禾本科),*龙头竹*
泰氏马先蒿 Pedicularis tayloriana Tsoong(玄参科)
泰顺杜鹃 Rhododendron taishunense B.Y.Ding & Y.Y.Fang(杜鹃花科)
泰顺凤仙花 Impatiens taishunensis Y.L.Chen & Y.L.Xu (凤仙花科)
泰梭罗 Reevesia pubescens var. siamensis (Craib) Anthony(梧桐科)
泰云算盘子 Glochidion triandrum var. siamense (Airy-Shaw) P.T.Li(大戟科),*思茅渐尖算盘子*
泰竹 Thyrsostachys siamensis (Kurz ex Munro) Gamble (禾本科),*暹逻竹*
泰竹属 Thyrsostachys Gamble (禾本科)

Tan

滩疤树(海南)=榄李
滩板救(湖南药物志)=续随子
滩贝母(高等图鉴)=砂贝母
滩地韭 Allium oreoprasum Schrenk(百合科)
坛萼马先蒿 Pedicularis urceolata Tsoong(玄参科)
坛萼泡囊草(植物志 67-1)=西藏泡囊草
坛果拟水晶兰(拉汉名称)=球果假水晶兰
坛果山矾(植物志 60-2)=山矾
坛花兰 Acanthephippium sylhetense Lindl. (兰科),*钟馗兰*,*台湾坛花兰*
坛花兰属 Acanthephippium Bl.(兰科)
坛花木犀 Osmanthus urceolatus P.S.Green(木犀科)
坛花树萝卜 Agapetes miranda Airy-Shaw(杜鹃花科)
坛花蜘蛛抱蛋 Aspidistra urceolata F.T.Wang & K.Y.Lang (百合科)
坛丝韭 Allium weschniakowii Rgl.(百合科)
坛腺棋子豆 Cylindrokelupha chevalieri Kosterm. (豆科)
坛紫菜 Porphyra haitanensis T.J.Chang & B.F. Zheng (马鞭草科)
昙花 Epiphyllum oxypetalum (DC.) Haw.(仙人掌科),*风花*,*金钩莲*
昙花属 Epiphyllum Haw.(仙人掌科)
痰切豆(植物志 41)=鹿藿
痰药(湖北)=大花卫矛
痰药(湖北)=肉花卫矛
痰药(中药大辞典)=叶头过路黄
谭氏报春(拉汉名称)=心叶脆蒴报春
檀(诗经)=青檀
檀梨 Pyrularia edulis (Wall.) A.DC.(檀香科),*油葫芦*,*麂子果*
檀梨属 Pyrularia Michx.(檀香科)
檀栗属 Pavieasia Pierre (无患子科)
檀木(植物志 40)=黄檀
檀树(河北南口,河南,安徽)=青檀
檀树(植物志 40)=黄檀
檀香 Santalum album L.(檀香科),*白檀香*,*白旃檀*,*黄檀香*,*檀香树*,*浴香*,*真檀*
檀香科 Santalaceae

檀香树(广东)=檀香
檀香线(福建草药)=钗子股
檀香属 Santalum L.(檀香科)
坦布里膜蕨 Hymenophyllum tunbridgense (L.) Sm.(膜蕨科)
炭栎 Quercus utilis Hu & Cheng (壳斗科)
炭栗树(图考)=流苏树
探春(昌平县志)=香荚蒾
探春花 Jasminum floridum Bge.(木犀科),*迎夏,鸡蛋黄,牛虱子,黄素馨,黄馨,毛叶探春,茎皮,全皮,前皮,小柳拐,山救驾,甘肃小黄素馨,甘肃素馨*
探花(湖南)=绢毛山梅花

Tang

汤波森香薷 Elsholtzia thompsoni HK.f.(唇形科)
汤池八宝 Hylotelephium tangchiense R.X.Meng (景天科)
汤饭子(高等图鉴)=茶荚蒾
汤姆森假百合 Notholirion thomsonianum (Royle) Stapf (中国蕨科)
汤姆森小檗 Berberis thomsoniana Schenid.(小檗科)
汤姆生脐橙 Thomson(芸香科脐橙类)
汤气草(浙江平阳)=伞房花耳草
汤氏锥花 Gomphostemma thompsonii Benth. (唇形科)
汤乌普(内蒙)=泡囊草
饧(方言)=稻
饧糖(孟洗)=稻
唐柄榕(贵州志)=舶梨榕
唐菖蒲(新拉汉英)=普通唐菖蒲
唐菖蒲 Gladiolus gandavensis Van Houtte(鸢尾科),*十样锦,剑兰,菖兰,荸荠莲,搜山黄,标杆花*
唐菖蒲属 Gladiolus L.(鸢尾科)
唐充(藏名)=东莨菪
唐冲嘎博(藏药名)=马尿泡
唐冲那薄(藏语)=铃铛子
唐川那保(藏语)=山莨菪
唐大黄(药用志)=华北大黄
唐大黄(药用志)=波叶大黄
唐棣 Amelanchier sinica (Schneid.) Chun(蔷薇科),*扶移,红枸子*
唐棣属 Amelanchier Medic. (蔷薇科),*扶移属,红枸子木属*
唐豆(豆科图说)=菜豆
唐杜鹃(台湾志)=杜鹃
唐古红景天 Rhodiola tangutica (Maxim.) S.H. Fu (景天科)
唐古韭 Allium tanguticum Rgl.(百合科),*唐古薤*
唐古拉齿缘草 Eritrichium tangkulaense W.T. Wang (紫草科)
唐古拉翠雀花 Delphinium tangkulaense W.T. Wang (毛茛科)
唐古拉点地梅 Androsace tangulashanensis Y.C. Yang & R.F.Huang(报春花科)
唐古拉独花报春(高等图鉴)=光叶独花报春
唐古拉虎耳草 Saxifraga hirculoides Decne.(虎耳草科)
唐古拉婆婆纳 Veronica vandellioides Maxim. (玄参科)
唐古拉薹草 Carex tangulashanensis Y.C.Yang (莎草科)
唐古碎米荠 Cardamine tangutorum O.E.Schulz (十字花科),*石芥菜,古格菜,紫花碎米荠*
唐古特白刺(内蒙志)=白刺
唐古特扁桃(经济植物手册)=西康扁桃
唐古特大黄 Rheum tanguticum Maxim. ex Rgl.(蓼科),*鸡爪大黄*
唐古特莨菪(植物志 67-1)=山莨菪
唐古特虎耳草 Saxifraga tangutica Engl.(虎耳草科),*甘青虎耳草,桑斗,迭达,松吉蒂*
唐古特轮叶马先蒿 Pedicularis verticillata subsp. tangutica (Bonati) Tsoong(玄参科),*轮叶马先蒿唐古特亚种*
唐古特马尿泡(植物志 67-1)=马尿泡
唐古特青兰(分类学报)=甘青青兰
唐古特忍冬 Lonicera tangutica Maxim.(忍冬科),*陇塞忍冬*
唐古特瑞香 Daphne tangutica Maxim.(瑞香科),*甘肃瑞香,陕甘瑞香*
唐古特乌头(藏药志)=甘青乌头
唐古特雪莲 Saussurea tangutica Maxim.(菊科),*漏紫多保*
唐古特延胡索 Corydalis tangutica Peshkova(罂粟科)
唐古特岩黄芪 Hedysarum tanguticum B. Fedtsch. (豆科)
唐古薤(Flora 24)=唐古韭
唐加祺凤仙花 Impatiens tangachee Bedd.(凤仙花科)
唐豇(植物学大辞典)=菜豆
唐芥(四川)=垂果南芥
唐金柑(日本)=四季橘
唐进薹草 Carex tangiana Ohwi(莎草科)
唐绵(广东)=马利筋
唐氏早熟禾 Poa tangii Hitchc.(禾本科)
唐薯(农政全书)=番薯
唐松草 Thalictrum aquilegifolium var. sibiricum Rgl. & Tiling(毛茛科),*草黄连,马尾连,黑汉子腿,紫花顿,土黄连,马黄连*
唐松草党参 Codonopsis thalictrifolia Wall.(桔梗科)
唐松草属 Thalictrum L.(毛茛科)
唐松草状扁果草 Isopyrum thalictroides L.(毛茛科)
唐松叶弓翅芹 Arcuatopterus thalictrioideus Sheh & Shan(伞形科)
唐溲疏(日本)=小花溲疏
唐樱竻(广东)=金樱子
唐竹 Sinobambusa tootsik (Sieb.) Makino(禾本科),*寺竹,疏节竹*
唐竹属 Sinobambusa Makino ex Nakai (禾本科)
棠棣(河北)=山里红
棠棣(江西)=郁李
棠杜梨(北京)=褐梨
棠菊(广西)=广西斑鸠菊
棠梨(山西)=木梨
棠梨(图考)=杜梨
棠梨(云南景洪)=大果刺篱木
棠梨刺(云南)=川梨
棠梨木(吉林)=毛山荆子
棠梨属(植物学大辞典)=**梨属**
棠球(图考长编)=金樱子
棠叶悬钩子 Rubus malifolius Focke(蔷薇科),*羊尿泡,老林茶,海棠叶莓,羊乌泡*
棠蒸梨(食物本草)=西府海棠
塘边藕(岭南采药录)=三白草
塘橙 Citrus aurantium cv. Tancheng(芸香科)
塘葛菜(岭南采药录)=蔊菜
塘葛菜(岭南采药录)=无瓣蔊菜
塘麻(安徽)=苘麻
塘虱角 Premna sunyiensis P'ei(马鞭草科),*大蛇药,牛尾鸟*
糖(补缺肘后方)=稻
糖包查(砚山)=短绢毛波罗蜜
糖钵(浙江)=金樱子
糖钵(浙江)=硕苞蔷薇
糖茶藨子 Ribes himalense Royle ex Decne.(虎耳草科),*埃牟茶藨子,喜马拉雅茶藨子,色果策尔玛买巴,滇藏醋栗*
糖橙(江苏洞庭)=香橙
糖罐(图考长编)=金樱子
糖果(分类草药性)=金樱子
糖果草(广西武鸣)=金草
糖果草(植物志 62)=百金花
糖果根(草药汇编)=白梨
糖果梨(中草药选编)=秋子梨
糖鸡子(江西)=竹柏
糖胶树 Alstonia scholaris (L.) R.Br.(夹竹桃科),*阿根木,吃力秀,大矮陀陀,大枯树,大树理肺散,灯架树,灯台树,肥猪叶,金瓜南木皮,九度叶,理肺散,买担别,面架木,面条树,象皮木,鸭脚木,英台木,鹰爪木*
糖芥 Erysimum amurense Kitag.(十字花科),*乌兰—高恩淘格*
糖芥属 Erysimum L.(十字花科),*桂竹香属,棱果芥属,茜兰芥属*
糖橘红(纲目拾遗)=橘
糖梨(贵州)=豆梨
糖梨根(四川中药志)=白梨
糖梨根(四川中药志)=秋子梨
糖萝卜 Beta vulgaris var. saccharifera Alef.(藜科),*甜菜*
糖密草 Melinis minutiflora Beauv.(禾本科)
糖密草属 Melinis Beauv.(禾本科)
糖莺蓬(生草药性备要)=金樱子
糖泡刺(贵州)=川莓
糖槭(东北木本志)=梣叶槭
糖槭 Acer saccharum Marsh.(槭树科)
糖松 Pinus lambertiana Dougl.(松科)
糖銻(正字通)=稻
糖甜越桔 Vaccinium vacillans Torr.(杜鹃花科)
糖棕 Borassus flabellifer L.(棕榈科),*扇椰子,扇叶树头榈*
糖棕属 Borassus L.(棕榈科),*扇椰子属*
螳草(泉州本草)=葫芦茶
螳螂跌打 Pothos scandens L.(天南星科),*硬骨散,歪淋*
烫伤草(浙江)=刻叶紫堇
烫伤草(植物志 43-2)=臭节草

Tao

绦柳 Salix matsudana f. pendula Schneid.(杨柳科)
洮河风毛菊 Saussurea pseudobullockii Lipsch. (菊科)
洮河红景天 Rhodiola himalensis subsp. taohoensis (S.H.Fu) H.Ohba(景天科)
洮河棘豆 Oxytropis taochensis Kom.(豆科)
洮河冷杉(经济植物手册)=巴山冷杉
洮河柳 Salix taoensis Görz(杨柳科)
洮河小檗 Berberis haoi Ying(小檗科)
洮河栒子 Cotoneaster taoensis Klotz ?(蔷薇科)
洮南灯心草 Juncus taonanensis Satake & Kitag. (灯心草科)
洮州当归 Angelica wulsiniana Wolff(伞形科)
桃 Amygdalus persica L.(蔷薇科),*碧桃干,干桃,鬼髑髅,气桃,桃干,桃奴,桃树皮,桃枭,陶古*

日,枭景,阳桃子
桃柏松(上海)=百日青
桃不桃柳不柳(江苏)=杠柳
桃豆(内蒙古)=鹰嘴豆
桃儿七 Sinopodophyllum hexandrum (Royle) Ying (小檗科),*鬼臼,小叶莲,墨地,鹅木塞,蒿果,铜筷子*
桃儿七属 Sinopodophyllum Ying(小檗科)
桃干(现代实用中药)=桃
桃核仁(本经)=山桃
桃红蝴蝶兰(台湾经济植物名录)=小兰屿蝴蝶兰
桃花(本草图经)=山桃
桃花岛鳞毛蕨 Dryopteris hondoensis Koidz.(鳞毛蕨科)
桃花杜鹃 Rhododendron pruniflorum Hutch.(杜鹃花科)
桃花芦(钟观光拟)=蔗茅
桃花心木 Swietenia mahagoni (L.) Jacq.(楝科)
桃花心木属 Swietenia Jacq.(楝科)
桃江庐子(河北涿鹿)=臭冷杉
桃胶(名医别录)=山桃
桃金娘 Rhodomyrtus tomentosa (Ait.) Hassk.(桃金娘科),*岗棯,山棯,豆棯干,金丝桃,倒黏子*
桃金娘科 Myrtaceae
桃金娘属 Rhodomyrtus (DC.) Reich.(桃金娘科)
桃茎白皮(名医别录)=山桃
桃榄 Pouteria annamensis (Pierre) Baehni(山榄科),*大核果树,敏果*
桃榄属 Pouteria Aublet(山榄科),*山榄属*
桃木寄生(新华本草纲要)=红花寄生
桃南瓜 Cucurbita pepo var. akoda Makino (葫芦科),*看瓜,吊瓜,红南瓜,金瓜,鼎足瓜*
桃奴(名医别录)=桃
桃仁(本草经集注)=山桃
桃色女娄菜(东北检索表)=女娄菜
桃色忍冬(东北木本志)=新疆忍冬
桃色无心菜 Arenaria melandryoides Edgew. ex Edgew. & HK.f.(石竹科)
桃树根(圣穗方)=山桃
桃树寄生(广东)= 桑寄生
桃树皮(千金要方)=桃
桃松(成都)=三尖杉
桃榅(高等图鉴)=中华杜英
桃枭(本草图经)=桃
桃叶橙 Citrus sinensis cv. Taoye Cheng(芸香科)
桃叶杜鹃 Rhododendron annae Franch.(杜鹃花科)
桃叶贺得木(云南经济植物)=风吹楠
桃叶蓼(植物志 25-1)=春蓼
桃叶柃(新拉汉英)=樱桃叶柃(新)
桃叶柃 Eurya prunifolia Hsu(山茶科)
桃叶瘤足蕨 Plagiogyria attenuata Ching (瘤足蕨科)
桃叶帕洛梯 Protea grandiceps Teatt.(山龙眼科)
桃叶青荚叶 Helwingia himalaica var. prunifolia Fang & Soong(山茱萸科)
桃叶珊瑚(广西药用名录)=喜马拉雅珊瑚
桃叶珊瑚 Aucuba chinensis Benth.(山茱萸科),*天脚板,植楠树*
桃叶珊瑚属 Aucuba Thunb.(山茱萸科)
桃叶石楠 Photinia prunifolia (HK. & Arn.) Lindl. (蔷薇科),*石斑木*
桃叶石楠齿叶变种(植物志 36)=水花石楠
桃叶鼠李 Rhamnus iteinophylla Schneid.(鼠李科),*冻绿树*
桃叶双眼龙(广部中草药手册)=毛果巴豆
桃叶卫矛(树木分类学)=白杜
桃叶鸦葱 Scorzonera sinensis Lipsch. & Krasch.(菊科),*老虎嘴,柔日音-哈比斯干那*
桃椸(云南)=云南移㭎
桃园草(台湾志)=台湾黄眼草
桃簪草(浙江药志)=裸花水竹叶
桃枝(纲目)=山桃
桃属 Amygdalus L.(蔷薇科)
桃子(日用本草)=山桃
陶尔干-沙里尔日(蒙语)=绢毛蒿
陶格斯音呼(蒙语)=白萼委陵菜
陶古日(蒙语)=桃
陶日格-哈日嘎纳(蒙语)=树锦鸡儿
陶如格-沙里尔日(蒙语)=魁蒿
陶森-西巴嘎(蒙语)=黑沙蒿
陶松 Pinus torreyana Carr.(松科),*吐丽松*
萄涧菊(东北检索表)=山黄菊
套鞘薹草 Carex maubertiana Boott(莎草科),*密叶苔草,三角草,山马鞭草*
套鞘早熟禾 Poa tunicata Keng ex C.Ling(禾本科)
套叶馥兰(高等图鉴)=馥兰
套叶兰(高等图鉴)=莎叶兰
套叶兰 Hippeophyllum sinicum S.C.Chen & K.Y.Lang (兰科)
套叶兰属 Hippeophyllum Schltr.(兰科)
套叶石斛(高等图鉴)=燕石斛

Te

特布都-哈日嘎纳(蒙语)=毛刺锦鸡儿
特巩消(贵州剑河侗语)=活血丹
特克斯黄芪 Astragalus tekesensis S.B.Ho(豆科)
特拉斯棘豆 Oxytropis talassica Gontsch. (豆科)
特鲁希约小檗 Berberis truxillensis Turcz.(小檗科)
特罗尔小檗 Berberis trollii Diels (小檗科)
特洛伊鸢尾 Iris trojana Ker. ex Stapf (鸢尾科)
特莫日嘎一哈嘎那(藏名)=鬼箭锦鸡儿
特纳花属 Thenardia Kunth (夹竹桃科)
特萨菊果秋海棠 Begonia tessaricarpa C.B. Clarke (秋海棠科)
特瘦罗浮槭 Acer fabri var. gracillimum Fang(槭树科)
特殊兜兰 Paphiopedilum praestans (Rchb.f.) Pfitz. (兰科)
特水根-好古(蒙名)=附地菜
特维特氏苹婆 Sterculia thwaitesii Mast.(梧桐科)
特异补血草 Limonium insigne (Coss.) O. Kuntze (白花丹科)
特异荚蒾(拉汉名称)=厚绒荚蒾

Teng

疼骨消(广西药用名录)=水蓼
腾冲慈姑 Sagittaria tengtsungensis H.Li (泽泻科)
腾冲灯台报春 Primula chrysochlora Balf.f. & Ward(报春花科)
腾冲豆腐柴 Premna scoriarum W.W.Sm.(马鞭草科)
腾冲独活 Heracleum stenopteroides Fedde ex Wolff (伞形科)
腾冲杜鹃 Rhododendron diphrocalyx Balf.f.(杜鹃花科),*长萼杜鹃*
腾冲过路黄 Lysimachia tengyuehensis Hand.-Mazz. (报春花科)
腾冲杭子稍 Campylotropis howellii Schindl(豆科)
腾冲厚朴(云南)=长喙厚朴
腾冲箭竹 Fargesia solida Yi (禾本科)
腾冲姜花 Hedychium tengchongense Y.B.Luo (姜科)
腾冲冷水花(云南植物名录)=泡果冷水花
腾冲柳 Salix tengchongensis C.F.Fang (杨柳科)
腾冲芒毛苣苔 Aeschynanthus tengchungensis W.T.Wang (苦苣苔科)
腾冲木蓝 Indigofera tenyuehensis Tsai & Yü(豆科),*腾越木蓝*
腾冲南星 Arisaema tengtsungense H.Li(天南星科)
腾冲秋海棠 Begonia clavicaulis Irmsch.(秋海棠科)
腾冲石斛(云南植物名录)=大苞石斛
腾冲柿 Diospyros forrestii Anth.(柿科)
腾冲薯蓣(新)Dioscorea bulbifera var. simbha Prain & Burkill?(薯蓣科)
腾冲卫矛 Euonymus tengyuehensis W.W.Sm.(卫矛科),*白皮,牛千斤*
腾冲野古草 Arundinella setosa var. tengchongensis B.S.Sun & Z.H.Hu(禾本科)
腾冲异形木 Allomorphia howellii (J.F.Jeff. & W.W.Sm.) Diels(野牡丹科)
腾冲玉山竹 Yushania elevata Yi (禾本科)
腾戟紫菀 Aster rockianus Hand.-Mazz.(菊科)
腾杷树(安徽肖县)=苦糖果
腾越荚蒾 Viburnum tengyuehense (W.W.Sm.) Hsu (忍冬科),*长圆荚蒾*
腾越金足草(云南植物名录)=叉花草
腾越木蓝(豆科图说)=腾冲木蓝
腾越枇杷 Eriobotrya tengyuehensis W.W.Sm.(蔷薇科)
藤八仙(经济植物手册)=冠盖绣球
藤霸王(云南思茅)=娃儿藤
藤本福王草 Prenanthes scandens HK.f. & Thoms. ex C.B.Clarke(菊科)
藤补(广西药用名录)=滇星蕨
藤菜(本草纲目)=落葵
藤菜(河北药材)=莴苣
藤草(中药大辞典)=桦叶荚蒾
藤茶(广药手册)=显齿蛇葡萄
藤长苗 Calystegia pellita (Ledeb.) G.Don(旋花科),*缠绕天剑,大土拉苗,福儿苗,狗儿秧,狗藤花,毛胡弯,条碗花,兔耳苗,脱毛天剑,野山药,野兔子苗*
藤常山(天目药志)=冠盖绣球
藤春(海南)=两粤黄檀
藤春 Alphonsea monogyna Merr. & Chun(番荔枝科),*阿芳,单果阿芳,金榕,唛嫩,咪翠岗,咪囤,咪念,米将子,山坝*
藤春属 Alphonsea HK.f. & Thoms.(番荔枝科)
藤椿(海南吊罗山)=海南暗罗
藤单竹 Bambusa hainanensis Chie & H.L.Fung (禾本科)
藤豆(植物志 41)=扁豆
藤豆腐柴 Premna scandens Roxb.(马鞭草科)
藤杜仲(广西)=杜仲藤
藤杜仲(湖南)=紫花络石
藤杜仲(中草药汇编)=刺果卫矛
藤杜仲(中药大辞典)=毛杜仲藤
藤儿菜(日用本草)=落葵
藤防已(广西)=广防已
藤风(广西)=酸叶胶藤
藤构(四川)=小黄构
藤构 Broussonetia kaempferi var. australis Suzuki (桑科),*蔓构*

藤瓜(长白山药志)=软枣猕猴桃
藤荷包牡丹(高等图鉴)=荷包藤
藤荷包牡丹属(高等图鉴)=**荷包藤属**
藤红毛草 Rhynchelytrum dregeanum Nees (禾本科)
藤胡颓子(植物志 52-2)=蔓胡颓子
藤花椒(台湾)=花椒簕
藤槐 Bowringia callicarpa Champ. ex Benth.(豆科),*鸡公合藤*,*赤竹子*
藤槐属 Bowringia Champ. ex Benth.(豆科)
藤黄(海药本草)=印支藤黄
藤黄 Garcinia morella Desr.(藤黄科),*玉黄*
藤黄背来江藤 Brandisia glabrescens var. hypochrysa P.C.Tsoong(玄参科),*退毛来江藤黄背变种*
藤黄背来江藤 Brandisia glabrescens var. hypochrysa Tsoong(玄参科),*退毛来江藤黄背变种*
藤黄科 Clusiaceae
藤黄连(广西)=大叶藤
藤黄檀(新拉汉英)=褐赤色藤黄檀(新)
藤黄檀 Dalbergia hancei Benth.(豆科),*梣果藤*,*大香藤*,*丁香柴*,*红香藤*,*鸡踢香*,*橿树*,*降香*,*屈叶藤*,*藤檀*,*藤香*
藤黄喧咿(广西)=天仙藤
藤黄属 Garcinia L.(藤黄科),*山竹子属*,*福木属*
藤焦(广西防城)=上思瓜馥木
藤金合欢 Acacia sinuata (Lour.) Merr.(豆科),*小金合欢*
藤桔 Pothos angustifolius Presl (天南星科)
藤菊(云南)=林生斑鸠菊
藤菊 Cissampelopsis volubilis (Bl.) Miq.(菊科),*滇南千里光*
藤菊属 Cissampelopsis (DC.) Miq.(菊科)
藤橘(海南)=单叶藤橘
藤卷柏 Selaginella willdenovii Bak.(卷柏科)
藤蕨(蕨类图谱)=爬树蕨
藤蕨 Lomariopsis cochinchinensis Fée (藤蕨科)
藤蕨科 Lomariopsidaceae
藤蕨属 Lomariopsis Fée (藤蕨科)
藤苦参(云南)=暗消藤
藤葵(开宝本草)=落葵
藤蓝果(云南中草药)=毛果算盘子
藤梨(河南中草药手册,拉汉名称和手册)=软枣猕猴桃
藤梨(植物志 49-2)=中华猕猴桃
藤铃儿草(高等图鉴)=紫金龙
藤铃儿草属(高等图鉴)=**紫金龙属**
藤龙眼(台湾)=瓜馥木
藤露(药用志)=落葵
藤露兜 Freycinetia scandensis Gaudich(露兜树科)
藤露兜树属 Freycinetia Gaud.(露兜树科)
藤萝 Wisteria villosa Rehd.(豆科),*大发汗*,*紫藤*,*白藤*,*断肠叶*
藤络(湖南)=络石
藤麻 (新拉汉英)=一支林
藤麻 Procris wightiana Wall(荨麻科),*石羊草*,*乌来麻*,*虾公菜*,*下山连*,*眼睛草*,*一枝林*
藤麻黄 Ephedra pedunculata Engelm.(麻黄科)
藤麻属 Procris Comm. ex Juss.(荨麻科)
藤满山香(广西)=筋藤
藤牡丹 Diplectria barbata (Wall. ex C.B.Clarke) Franken & Roos.(野牡丹科)
藤牡丹属 Diplectria Bl. ex Reichenb.(野牡丹科)
藤木(植物志 45-3)=灰叶南蛇藤
藤木植(浙江药志)=蔓胡颓子
藤牛七(广东)=毒根斑鸠菊
藤皮黄(广西)=尖山橙
藤葡藩(浙江志)=葡蟠
藤七(四川志)=落葵薯
藤槭(新拉汉英)=旋捲槭(新)
藤漆 Pegia nitida Colobr.(漆树科)
藤漆属 Pegia Colebr.(漆树科)
藤榕 Ficus hederacea Roxb.(桑科)
藤三七(云南)=落葵薯
藤三七雪胆 Hemsleya panacis-scandens C.Y. Wu & C.L.Chen(葫芦科)
藤山柳 Clematoclethra lasioclada Maxim.(猕猴桃科)
藤山柳属 Clematoclethra Maxim.(猕猴桃科)
藤山丝(植物志 39)=天香藤
藤商陆(广东)=七爪龙
藤蛇总管(广西)=定心藤
藤石松 Lycopodiastrum casuarinoides (Spreng.) Holub (石松科),*舒筋草*,*灯笼草*,*伸筋草*,*吊壁伸筋草*,*猫藤*,*石子藤*,*石子藤石松*
藤石松属 Lycopodiastrum Holub(石松科)
藤檀(海南志)=藤黄檀
藤藤菜(江苏,四川)=蕹菜
藤藤黄(四川)=宝兴马兜铃
藤藤秧(中草药资料选编)=山葡萄
藤天蓼(本草拾遗)=葛枣猕猴桃
藤桐子(中药材手册)=木鳖子
藤乌(贵州水城)=西南乌头
藤乌(湖北,四川)=瓜叶乌头
藤乌(新华本草纲要)=拳距瓜叶乌头
藤五加(四川)=凌霄
藤五加(中草药汇编)=崖爬藤
藤五加 Acanthopanax leucorrhizus (Oliv.) Harms (五加科),*白根五加*
藤细辛(广西)=娃儿藤
藤香(陆川本草)=藤黄檀
藤香槐 Cladrastis scandens C.Y.Ma(豆科)
藤绣球(台湾志)=冠盖绣球
藤续断(广西)=白花银背藤
藤叶相思树 Acacia calamifolia Lindl.(豆科)
藤芋属 Scindapsus Schott (天南星科)
藤枣 Eleutharrhena macrocarpa (Diels) Forman (防已科)
藤枣属 Eleutharrhena Forman (防已科)
藤枝竹 Bambusa lenta Chia (禾本科)
藤仲(云南)=长萼鹿角藤
藤仲(云南中草药)=漾濞鹿角藤
藤竹草 Panicum incomtum Trin.(禾本科)
藤竹属 Dinochloa Buese (禾本科)
藤状黄蓉花 Dalechampia scandens L.(大戟科)
藤状火把花 Colquhounia sequinii Vant.(唇形科),*苦梅叶*,*藤状炮仗花*,*过接桥*,*小红花*
藤状炮仗花(分类学报)=藤状火把花
藤子暗消(云南)=月叶西番莲
藤子暗消(云南中草药选)=云南马兜铃
藤子杜仲秋(中草药汇编)=华宁藤
藤子甘草(云南药用名录)=毛果鱼藤
藤子化石胆(云南弥勒)=华宁藤
藤紫珠 Callicarpa integerrima var. chinensis (P'ei) S.L.Chen(马鞭草科),*裴氏紫珠*,*粤赣紫珠*,*三爪风*

Ti

梯翅蓬(高等图鉴)=短柱猪毛菜
梯拉状石龙尾 Limnophila tilaeoides HK.f.(玄参科)
梯脉越桔 Vaccinium subdissitifolium P.F. Stevens (杜鹃花科)
梯脉紫金牛 Ardisia scalarinervis Walker(紫金牛科)
梯木(科属辞典)=海茜树
梯牧草 Phleum pratense L.(禾本科),*猫尾草*
梯牧草属 Phleum L.(禾本科),*大粟米属*
梯氏木蓝(中药辞海)=尖叶木蓝
梯托黄芩 Scutellaria titovii Juz.(唇形科)
梯叶花楸 Sorbus scalaris Koehne(蔷薇科),*瓦山花楸*
提枯杨(海南黎族语)=罗伞树
提娄(河北)=地笋
提莫非维小麦 Triticum timopheevi Zhuk.(禾本科)
提琴叶贺得木(树木小志)=琴叶风吹楠
提云草(岭南采药录)=铁包金
提宗龙胆 Gentiana stipitata subsp. tizuensis (Franch.) T.N.Ho(龙胆科)
蹄苞蕨属(植物志 3-2)=**蹄盖蕨属**
蹄盖蕨 Athyrium filix-femina (L.)Roth? (蹄盖蕨科)
蹄盖蕨科 Athyriaceae
蹄盖蕨属 Athyrium Roth(蹄盖蕨科),*蹄苞蕨属*
蹄叶橐吾 Ligularia fischeri (Ledeb.) Turcz.(菊科),*山紫菀*,*肾叶橐吾*,*马蹄叶*,*水荷叶*,*马蹄当归*
蹄状黄心树(新)Machilus gamblei King ex HK.f.(樟科),*黄心树*
替代黄芪 Astragalus vicarius Lipsky?(豆科)
嚏根草 Helleborus niger L.(毛茛科)

Tian

天宝蕉(福建)=香蕉
天槟榔(广西)=白花丹
天菜子(四川)=蔊菜
天长乌毛蕨(台湾志)=荚囊蕨
天池参(福建)=福参
天池碎米荠 Cardamine changbaiana Al-Shehbaz. (十字花科)
天打捶(广西药用名录)=扁穗莎草
天灯笼(纲目拾遗)=白英
天灯芯(福建中草药)=毛大丁草
天地花(泉州本草)=匙叶茅膏菜
天吊瓜(滇南本草)=丝瓜
天吊香(岭南采药录)=金锦香
天丁(纲目)=皂荚
天冬(药典 2000)=天门冬
天冬草 Asparagus densiflorus var. sprengeri Hort. (百合科)
天冬叶龙胆 Gentiana asparagoides T.N.Ho(龙胆科)
天豆(植物志 39)=云实
天峨娃儿藤 Tylophora gracilenta Tsiang & P.T. Li (萝藦科)
天峨蜘蛛抱蛋 Aspidistra carinata Y.Wan & X.H. Lu (百合科)
天鹅抱蛋(江西草药)=鹅毛玉凤花
天鹅蛋(西藏)=七叶一枝花
天鹅蛋(药材资料汇编)=泽泻
天鹅兰属(新拉汉英)=**肉唇兰属**
天鹅绒草(俗称)=细叶结缕草
天鹅绒毛卫矛 Euonymus velutinus (C.A.Mey.) Fisch. & Mey.(卫矛科)
天鹅绒叶越桔 Vaccinium myrtilloides Michx. (杜鹃花科),*酸梢越桔*
天蛾槭 Acer wangchii Fang(槭树科),*黄志槭*
天浮萍(岭南采药录)=大薸
天府虾脊兰 Calanthe fargesii Finet(兰科)

天干果(云南元江)=豆腐果
天青药(浙江)=千金藤
天葛菜(广东)=无瓣蔊菜
天根不倒(贵州民间药物)=大叶千斤拔
天瓜(滇南本草)=瓠子
天瓜(云南中草药)=马瓞儿
天瓜(云南中草药选)=茅瓜
天瓜粉(重庆堂随笔)=栝楼
天果铁杉(新拉汉英)=西美山铁杉
天海螺(浙江)=羊乳
天合芋(云南文山)=海芋
天河芋(岭南采药录)=刺芋
天荷(本草纲目)=海芋
天荷叶(现代实用中药)=虎耳草
天胡荽 Hydrocotyle sibthorpioides Lam.(伞形科),*遍地锦,地钱草,鹅不食草,过路蜈蚣,龙灯碗,满天星,破铜钱,石胡荽,细叶钱凿口,小叶铜钱草,圆地炮*
天胡荽金腰 Chrysosplenium hydrocotylifolium Lévl. & Vant.(虎耳草科)
天胡荽属 Hydrocotyle L.(伞形科)
天瓠(证治准绳)=明党参
天花粉(图经本草)=栝楼
天花粉(图经本草)=双边栝楼
天花粉(云南药用名录)=金瓜
天黄豆(云南)=金合欢
天黄豆树皮(云南)=金合欢
天黄七(四川南川)=齿叶费菜
天蓟(吴普本草)=白术
天剑草(本草纲目)=旋花
天将果(华东)=萝藦
天浆壳(华北)=萝藦
天椒(植物志 43-2)=青花椒
天角刺(江西药用名录)=野花椒
天角椒(江西)=野花椒
天脚板(峨眉药志志)=桃叶珊瑚
天芥菜(纲目)=地胆草
天芥菜 Heliotropium europaeum L.(紫草科)
天芥菜属 Heliotropium L.(紫草科)
天韭(陕西中草药)=玉簪叶韭
天苴(福建)=芭蕉
天奎草(图考)=刻叶紫堇
天葵(广东梅县,怀集)=紫背天葵
天葵(名医别录)=落葵
天葵(图经本草)=中华野葵
天葵 Semiaquilegia adoxoides (DC.) Makino(毛茛科),*耗子屎,麦无踪,千年耗子屎,千年老鼠屎,菟葵,小乌头,紫背天葵*
天葵叶紫堇(西藏志)=波密紫堇
天葵属 Semiaquilegia Makino (毛茛科)
天葵子(国药的药理学)=向日葵
天来生石花 Lithops lateritia Dtr.(番杏科)
天蓝(苏州府志)=天蓝苜蓿
天蓝报春(拉汉名称)=蓝花大叶报春
天蓝变豆菜 Sanicula coerulescens Franch.(伞形科),*散血草*
天蓝布朗兰 Brownleea coerulea Harv.(兰科)
天蓝草 Sesleria coerulea (L.) Ard.(禾本科)
天蓝草属 Sesleria Scop.(禾本科)
天蓝光萼荷 Aechmea coelestis Morr.(凤梨科)
天蓝花紫菀 Aster azureus Lindl. ex HK.(菊科)
天蓝韭 Allium cyaneum Rgl.(百合科),*白狼葱,野葱,蓝花葱*
天蓝龙胆 Gentiana caelestis (Marq.) H.Sm.(龙胆科),*宽筒龙胆*
天蓝毛麝香 Adenosma coeruleum Br.(玄参科)
天蓝美洲茶 Ceanothus coeruleus Lag.(鼠李科)
天蓝苜蓿 Medicago lupulina L.(豆科),*天蓝,黑荚苜蓿,杂花苜蓿,金花菜*
天蓝沙参 Adenophora coelestis Diels(桔梗科),*滇川沙参,富民沙参,两型沙,萝卜根沙参*
天蓝绣球 Phlox paniculata L.(花荵科)
天蓝绣球属 Phlox L.(花荵科)
天蓝紫立金花 Lachenalia purpurea-caerulea Jacq. (百合科)
天蓝钻喙兰 Rhynchostylis coelestis Rchb.f.(兰科)
天老星(东北)=东北南星
天凉伞(浙江开化) =南星
天蓼(药性论)=葛枣猕猴桃
天料木 Homalium cochinchinense (Lour.) Druce (大风子科)
天料木属 Homalium Jcaq.(大风子科)
天灵芋(浙江泰顺)=滴水珠
天栌(植物志 57-3)=红北极果
天栌属(东北木本志)=**北极果属**
天轮柱属 Cereus Mill.(仙人掌科)
天罗瓜(普济方)=丝瓜
天罗网(江苏)=中华卷柏
天罗网(云南)=钮子瓜
天罗线(药材资料汇编)=丝瓜
天罗絮(群芳谱)=丝瓜
天萝水(纲目拾遗)=丝瓜
天麻 Gastrodia elata Bl.(兰科),*白龙皮,赤箭,定风草,冬膨,独摇,独摇芝,鬼督邮,合离,合离草,红天麻,还筒子,离母,明天麻,神草,水洋芋,自动草*
天麻公子(四川)=红烛蛇菰
天麻属 Gastrodia R.Br.(兰科)
天麻子(云南)=通脱木
天蔓青(名医别录)=天名精
天门草(福建药物志)=赤车
天门冬(西藏)=多刺天门冬
天门冬 Asparagus cochinchinensis (Lour.) Merr. (百合科),*三百棒,丝冬,老虎尾巴根,天冬,天虋冬*
天门冬属 Asparagus L.(百合科)
天虋冬(本经)=天门冬
天蒙(广西)=海芋
天名精 Carpesium abrotanoides L.(菊科),*北鹤虱,地菘,鹁虱,鹤虱,鹤蝨,鹿活草,麦名名姜,天蔓青,挖耳草,虾蟆蓝,野烟*
天名精属 Carpesium L.(菊科),*金挖耳属*
天木香(江西草药)=隔山香
天目贝母(植物志 14)=湖北贝母
天目变豆菜 Sanicula tienmuensis Shan & Constance (伞形科)
天目地黄 Rehmannia chingii Li(玄参科),*浙地黄,鲜生地*
天目杜鹃(中草药汇编)=云锦杜鹃
天目蒿(浙江)=宽叶山蒿
天目金粟兰 Chloranthus tianmushanensis K.F. Wu (金粟兰科)
天目藜芦(中药辞海)=牯岭藜芦
天目木姜子 Litsea auriculata Chien & Cheng(樟科),*芭蕉杨*
天目木兰 Magnolia amoena Cheng(木兰科)
天目朴树 Celtis chekiangensis Cheng (榆科)
天目槭 Acer sinopurpurascens Cheng(槭树科)
天目琼花(树木分类学)=鸡树条
天目山凤仙花 Impatiens tienmushanica Y.L. Chen (凤仙花科)
天目山景天 Sedum tianmushanense Y.C.Ho & F. Chai (景天科)
天目山蓝 Peristrophe tianmuensis H.S.Lo(爵床科)
天目山蹄盖蕨(蕨类形态)=日本蹄盖蕨
天目山铁角蕨 Asplenium tianmushanense Ching (铁角蕨科)
天目铁木 Ostrya rehderiana Chun(桦木科),*小叶穗子榆*
天目蟹甲草 Parasenecio matsudai (Kitam.) Y.L. Chen (菊科)
天目续断 Dipsacus tianmuensis C.Y.Cheng & Z.T.Yin (川续断科)
天目早竹 Phyllostachys tianmuensis Z.P.Wang & N.X.Ma (禾本科)
天目珍珠菜 Lysimachia tienmushanensis Migo (报春花科)
天目紫茎 Stewartia gemmata Chien & Cheng (山茶科)
天南星(本草拾遗)=一把伞南星
天南星(地区药材名)=阿里山南星
天南星(地区药材名)=藏南绿南星
天南星(地区药材名)=象南星
天南星(广西河池)=磨芋
天南星(河南商城)=虎掌
天南星(湖北鹤峰)=独角莲
天南星(湖北均县)=灯台莲
天南星(湖北均县,利川,恩施)=花南星
天南星(湖北利川)=螃蟹七
天南星(吉林)=朝鲜南星
天南星(辽宁)=东北南星
天南星(林芝,米林)=隐序南星
天南星(陕西太白山)=刺柄南星
天南星(四川药材名)=象头花
天南星(西藏拉萨)=黄苞南星
天南星 Arisaema heterophyllum Bl.(天南星科),
天南星科 Araceae
天南星属 Arisaema Mart.(天南星科)
天女花(高等图鉴)=天女木兰
天女木兰 Magnolia sieboldii K.Koch(木兰科),*小花木兰,天女花*
天藕(陕西)=翻白草
天藕儿(野菜谱)=翻白草
天排草(陕西中草药名录)=有边瓦韦
天泡(四川)=锦灯笼
天泡草(常用手册)=小酸浆
天泡草(纲目)=龙葵
天泡草(广东)=飞扬草
天泡草(江西草药)=苦藏
天泡果(图考)=龙葵
天泡子(分类草药性)=小酸浆
天泡子(湖北)=酸浆
天蓬草(四川)=金灯藤
天蓬草(图考)=雀舌草
天蓬草(云南征江)=假烟叶树
天蓬伞(陕西)=七叶鬼灯檠
天蓬子 Atropanthe sinensis (Hemsl.) Pascher(茄科),*白商陆,搜山虎,小独活,新莨菪,拟颠茄*
天蓬子属 Atropanthe Pascher (茄科)
天平山淫羊藿 Epimedium myrianthum Stearn (小檗科)
天荠(名医别录)=丝毛飞廉
天荞麦(唐本草)=金荞麦
天茄(高等图鉴,中草药汇编)=月光花
天茄(救荒本草)=丁香茄
天茄菜(贵州)=龙葵
天茄子(滇南本草)=刺天茄
天茄子(贵州兴义)=水茄
天茄子(图经本草)=龙葵

天茄子(图考)=丁香茄
天青菜(闽南民间草药)=九头狮子草
天青地白(陕西)=四川金罂粟
天青地白(陕西)=委陵菜
天青地白(云南)=白绿叶
天青地白(质问本草)=细叶鼠麴草
天青地白(中草药汇编)=紫麻
天青地白扭=无腺白叶莓
天青地红(贵州梵净山)=阴地蛇根草
天青地红(湖南)=长萼野海棠
天青地红(湖南)=红凉伞
天青地红(陕西)=破血丹
天青地红(陕西中草药)=铁箍散
天青地红(云南文山)=虎耳草
天青地红(云南中草药)=裸茎千里光
天青地红(中药大辞典)=广州蛇根草
天青地红(中药大辞典)=菊状千里光
天青地红(中药大辞典)=纽子果
天青地紫(江西)=大叶金牛
天青下白(浙江药志)=羊奶子
天全斑叶兰 Goodyera wuana T.Tang & F.T. Wang (兰科)
天全茶藨子 Ribes tianquanense S.H.Yu & J.M. Xu (虎耳草科)
天全钓樟 Lindera tienchuanensis W.P.Fang & H. S.Kung (樟科)
天全凤仙花 Impatiens tienchuanensis Y.L.Chen (凤仙花科)
天全黄芪 Astragalus moupinensis Franch.(豆科)
天全黄芩 Scutellaria tienchüanensis C.Y.Wu & C.Chen (唇形科)
天全囊瓣芹 Pternopetalum wangianum Hand.-Mazz. (伞形科)
天全蒲公英 Taraxacum apargiaeformie Dahlst. (菊科)
天全槭 Acer sutchuenense subsp. tienchuanense (Fang & Soong) Fang(槭树科)
天全柔毛绣球(分类学报)=马桑绣球
天全铁角蕨 Asplenium szechuanense Ching(铁角蕨科)
天全卫矛(高等图鉴)=隐刺卫矛
天全虾脊兰 Calanthe ecarinata Rolfe(兰科)
天全岩白菜 Bergenia tiangquanensis J.T.Pan(虎耳草科)
天全野丁香(新)Leptodermis limprichtii H. Winkl. (茜草科),*川南野丁香*
天全淫羊藿 Epimedium flavum Stearn(小檗科)
天全银莲花 Anemone patula Chang(毛茛科)
天全紫菀 Aster tientschuanensis Hand.-Mazz. (菊科)
天然子(滇南本草)=苹果
天人草 Comanthosphace japonica (Miq.) S. Moore (唇形科)
天人菊 Gailardia pulchella Foug.(菊科),*老虎皮菊,虎皮菊*
天人菊属 Gailardia Foug.(菊科)
天山百合 Lilium tianschanicum N.A.Ivan. ex Grubov (百合科)
天山报春 Primula nutans Georgi(报春花科),*西伯利亚报春*
天山贝母(高等图鉴)=新疆贝母
天山比那夫西(维吾尔语)=西藏堇菜
天山彩花 Acantholimon tianschanicum Czerniak. (白花丹科)
天山侧金盏花 Adonis tianschanica (Adolf) Lipsch. (毛茛科),*福寿草,天山福寿草*
天山梣 Fraxinus sogdiana Bge.(木犀科)
天山茶藨子 Ribes meyeri Maxim.(虎耳草科),*麦氏醋栗,五裂茶藨,麦粒醋栗*
天山柴胡 Bupleurum tianschanicum Freyn(伞形科)
天山翠雀花 Delphinium tianschanicum W.T. Wang (毛茛科)
天山大黄 Rheum wittrockii Lundstr.(蓼科)
天山大戟 Euphorbia thomsoniana Boiss.(大戟科)
天山点地梅 Androsace ovczinnikovii Schischk. & Bobr.(报春花科)
天山短舌菊(新)Brachanthemum kirghisorum Krasch.? (菊科)
天山对叶兰 Listera tianschanica Grubov(兰科)
天山鹅观草 Roegneria tianschanica (Drob.) Nevski (禾本科)
天山方枝柏(中国树木学)=客什方枝柏
天山飞蓬 Erigeron tianschanicus Botsch.(菊科)
天山风毛菊 Saussurea larionowii C.Winkl.(菊科)
天山福寿草(新疆药志)=天山侧金盏花
天山狗舌草 Tephroseris turczaninowii (DC.) Holub (菊科)
天山海罂粟 Glaucium elegans Fisch & Mey.(罂粟科)
天山鹤虱 Lappula tianschanica M.Pop. & Zak. (紫草科)
天山花楸 Sorbus tianschanica Rupr.(蔷薇科),*花楸*
天山花楸全缘叶变种(植物志 36)=全缘叶天山花楸(新)
天山桦 Betula tianschanica Rupr.(桦木科)
天山还阳参 Crepis tianshanica Shih(菊科)
天山黄堇 Corydalis semenovii Rgl & Herd.(罂粟科),*天山紫堇*
天山黄芪 Astragalus lepsensis Bge.(豆科)
天山棘豆 Oxytropis tianschanica Bge.(豆科)
天山蓟 Cirsium alberti Rgl & Schmalh.(菊科)
天山假狼毒 Stelleropsis tianschanica Pobed.(瑞香科)
天山碱茅 Puccinellia tianshanica (Tzvel.) S.S. Ikonni (禾本科)
天山堇菜(新疆药志)=西藏堇菜
天山韭(植物志 14)=荒漠韭
天山韭 Allium tianschanicum Rupr.(百合科)
天山卷耳 Cerastium tianschanicum Schischk. (石竹科)
天山筐柳 Salix kirilowiana Stsch.(杨柳科)
天山蜡菊 Helichrysum thianschanicum Rgl.(菊科),*天山麦杆菊*
天山赖草 Leymus tianschanicus (Drob.) Tzvel. (禾本科)
天山蓝刺头 Echinops tjanschanicus Bobr.(菊科)
天山棱子芹 Pleurospermum lindleyanum (Lipsky) B.Fedtsch. (伞形科)
天山丽豆 Calophaca tianschanica (B.Fedtsch.) Boriss? (豆科)
天山苓菊 Jurinea dshungarica (Rubtz.) Iljin(菊科)
天山瘤果芹 Trachydium tianschanicum Korov (伞形科)
天山柳 Salix tianschanica Rgel.(杨柳科)
天山柳叶菜 Epilobium tianschanicum Pavlov. (柳叶菜科)
天山龙胆(高等图鉴)=天山秦艽
天山麦杆菊(华北观赏植物)=天山蜡菊
天山毛茛 Ranunculus popovii Ovcz.(毛茛科)
天山囊果紫堇 Corydalis fedtschenkoana Rgl. (罂粟科)
天山娘(海南)=白花丹
天山扭藿香 Lophanthus schrenkii Levin(唇形科)
天山蒲公英 Taraxacum tianschanicum Pavl.(菊科)
天山槭 Acer semenovii Regel & Herder(槭树科)
天山千里光 Senecio thianshanicus Rgl. & Schmalh. (菊科)
天山秦艽 Gentiana tianschanica Rupr.(龙胆科),*天山龙胆,苿苓草,新疆秦艽*
天山乳菀 Galatella tianshanica Novopokr.(菊科)
天山软紫草 Arnebia tschimganica (Fedtsch.) G.L.Chu (紫草科)
天山沙参 Adenophora lamarkii Fisch.(桔梗科)
天山蓍 Handelia trichophylla (Schrenk ex Fisch. & Mey.) Heimerl(菊科)
天山蓍属 Handelia Heimerl(菊科)
天山矢车菊 Centaurea kasakorum Iljin(菊科)
天山鼠麴草 Gnaphalium kasachstanicum Kirp. (菊科)
天山酸模 Rumex tianschanicus Los.(蓼科)
天山条果芥 Parrya beketovi Krassn.(十字花科)
天山铁角蕨 Asplenium tainshanense Ching(铁角蕨科)
天山葶苈 Draba melanopus Kom.(十字花科)
天山橐吾 Ligularia narynensis (C.Winkl.) O. & B.Fedtsch. (菊科)
天山瓦韦 Lepisorus albertii (Rgl.) Ching(水龙骨科)
天山文草(广部中草药手册)=金钮扣
天山小甘菊 Cancrinia tianschanica (Krasch.) Tzvel. (菊科)
天山邪蒿(高等图鉴)=西归芹
天山新塔花 Ziziphora tomentosa Juz.(唇形科)
天山绣线菊 Spiraea tianschanica Pojark?(蔷薇科)
天山悬钩子(东北检索表)=石生悬钩子
天山雪莲花(中国民族药志)=雪莲花
天山栒子(新)Crataegus dsungarica Zabel?(蔷薇科)
天山鸦葱 Scorzonera transiliensis M.Pop.(菊科)
天山岩参 Cicerbita tianschanica (Rgl. & Schmlh.) Beauverd(菊科)
天山岩黄芪 Hedysarum semenovii Regel & Herd. (豆科)
天山羊茅(分类学报)=阿拉套羊茅
天山野青茅 Deyeuxia tianschanica (Rupr.) Bor (禾本科)
天山异燕麦 Helictotrichon tianschanicum (Roshev.) Henr.(禾本科)
天山银莲花(植物志 28)=伏毛银莲花
天山樱桃 Cerasus tianshanica Pojark.(蔷薇科)
天山蝇子草 Silene tianschanica Schischk.(石竹科)
天山郁金香 Tulipa tianschanica Rgl.(百合科)
天山鸢尾 Iris loczyi Kanitz(鸢尾科)
天山圆柏(中国树木学)=叉子圆柏
天山早熟禾(新拉汉英)=彼得早熟禾(新)
天山早熟禾 Poa tianschanica (Rgl.) Hack. ex Fedtsch.(禾本科)
天山泽芹 Berula erecta (Hds.) Cov.(伞形科)
天山泽芹属 Berula Hoffm.(伞形科)
天山针茅 Stipa tianschanica Roshev.(禾本科)
天山猪毛菜 Salsola junatovii Botsch.(藜科)

天山紫堇(新疆检索表)=天山黄堇
天生白虎汤(汪颖:食物本草)=西瓜
天生草(云南中草药)=小鹭鸶草
天生子(滇南本草)=无花果
天师果(松村植物名录)=矮小天仙果
天师栗(纲目)=七叶树
天师栗 Aesculus wilsonii Rehd.(七叶树科),*娑罗果,消退罗子,猴板栗*
天石七(四川)=锐裂荷青花
天水大黄(中药志)=掌叶大黄
天水小檗 Berberis tianshuiensis Ying(小檗科)
天水蚁草(图考)=秋鼠麴草
天丝瓜(本事方)=丝瓜
天蒜(广西中草药)=山菅
天蒜 Allium paepalanthoides Airy-Shaw(百合科)
天台鹅耳枥 Carpinus tientaiensis Cheng (桦木科)
天台高大槭(分类学报)=天台阔叶槭
天台黄枝槭(树木分类学)=天台阔叶槭
天台阔叶槭 Acer amplum var. tientaiense (Schneid.) Rehd.(槭树科),*天台高大槭,天台黄枝槭*
天台山蜜橘(植物志 43-2)=本地早
天台溲疏(高等图鉴)=浙江溲疏
天台蹄盖蕨(蕨类形态)=合欢山蹄盖蕨
天台铁线莲 Clematis patens var. tientaiensis (M.Y.Fang) W.T.Wang(毛茛科)
天台乌药(浙江)=乌药
天台小檗 Berberis lempergiana Ahrendt(小檗科),*长柱小檗*
天堂瓜馥木 Fissistigma tientangense Tsiang & P.T.Li (番荔枝科)
天桃木 Mangifera persiciformis C.Y.Wu & T.L. Ming (漆树科),*唛咖,酸果,扁桃*
天藤(滇南本草)=枳椇
天田盏(福建南靖)=金耳挖
天童复叶耳蕨 Arachniodes tiendongensis Ching & C.F.Zhang? (鳞毛蕨科)
天童锐角槭 Acer acutum var. tientungense Fang & Fang f.(槭树科)
天王七(陕西中草药)=莛子藨
天文草(广东)=金钮扣
天我枫(天目药志)=檫木
天蜈蚣(湖南药物志)=单叶双盖蕨
天下捶(生草药性备要)=地桃花
天仙果(西藏志)=白背爬藤榕
天仙果(云南)=龙珠果
天仙果 Ficus erecta var. beecheyana (HK. & Arn.) King (桑科),*牛乳榕*
天仙藤(江苏)=马兜铃
天仙藤(山西)=北马兜铃
天仙藤 Fibraurea recisa Pierre(防已科),*大黄藤,黄连藤,黄藤,金锁匙,山大黄,藤黄暄哗,土黄连*
天仙藤属 Fibraurea Lour.(防已科)
天仙子 Hyoscyamus niger L.(茄科),*小天仙子,苯格哈兰特,莨菪,莨蕃,黑莨菪,克来名多那,铃铛草,麻性草,马铃草,米罐子,山烟,小颠茄子,薰牙子,牙痛草,牙痛子,野大烟*
天仙子属 Hyoscyamus L.(茄科)
天县城地红(图考)=菊三七
天香百合 Lilium auratum Lindl.(百合科),*金钱百合*
天香菜(图考)=苦苣菜
天香炉(广西,海南)=金锦香
天香藤 Albizia corniculata (Lour.) Druce(豆科),*刺藤,藤山丝*
天香油(浙江台州)=苏州荠苎
天小豆(江西),*小木通*=小叶三点金
天心壶 Amorphophallus bankokensis Gagn.(天南星科)
天星地白子(贵州草药)=宽叶兔儿风
天星吊红(广东志)=小扁豆
天星根(新华本草纲要)=满树星
天星花(云南)=点地梅
天星蕨 Christensenia assamica (Griff.) Ching(天星蕨科)
天星蕨科 Christenseniaceae
天星蕨属 Christensenia Maxon (天星蕨科)
天星木(广西)=朵花椒
天星木(广西中药志)=白马骨
天星木(香港)=秤星树
天星木(新华本草纲要)=满树星
天星藤 Graphistemma pictum (Champ.) Benth. & HK.f. ex Maxim.(萝藦科),*大奶藤,鸡腿果,骨碗藤,牛奶藤,奶藤,罗摩藤*
天星藤属 Graphistemma Champ. ex Benth. & HK.f. (萝藦科)
天星星(地区药材名)=疣柄翼檐南星
天雪米(四川)=繁穗苋
天圆子(东医宝鉴)=栝楼
天镇苇群 Phragmites australis grex tianzhenenses L.Liu(禾本科)
天芝麻(百草镜,杭州)=水苏
天芝麻(纲目拾遗)=沼生水苏
天芝麻(杨氏便易良方)=羊踯躅
天竹黄(本草衍义,中草药汇编)=青皮竹
天竹七(浙江)=山梗菜
天竹叶(上海中草药)=南天竹
天竺草(湖南药物志)=马缨丹
天竺桂 Cinnamomum japonicum Sieb.(樟科),*大叶天竺桂,桂子,山肉桂,山玉桂,土桂,土肉桂,野桂,月桂,竺香*
天竺黄(开宝本草)=青皮竹
天竺葵 Pelargonium hortorum Bailey(牻牛儿苗科),*石腊红*
天竺葵属 Pelargonium L'Hér (牻牛儿苗科)
天竺牡丹(植物学大辞典)=大丽花
天竺山前胡 Peucedanum ampliatum K.T.Fu(伞形科)
天祝黄堇 Corydalis tianzhuensis M.S.Yang & C. J.Wang (罂粟科)
天子山蹄盖蕨(分类学报)=胎生蹄盖蕨
添钱果(云南易门,天茄果之论)=喀西茄
田边菊(福建)=狼杷草
田边菊(植物志 74)=马兰
田边木(通称)=方叶五月茶
田春黄菊 Anthemis arvensis L.(菊科),*刺甘菊*
田唇乌蝇翼(中草药资料选编)=坡油甘
田葱 Philydrum lanuginosum Banks & Sol. ex Gaertn. (田葱科),*中葱,水芦荟,水葱,白根子草,扁合草*
田葱科 Philydraceae
田葱属 Philydrum Banks & Sol. ex Gaertn.(田葱科)
田村铁线莲 Clematis tamurae T.Y.Yang & T.C. Huang (毛茛科)
田代氏鼓(台湾志)= 地锦草
田刀柄(广东)=葫芦茶
田繁缕 Bergia ammanioides Roxb. ex Roth (沟繁缕科),*节节菜,密花菜*
田繁缕属 Bergia L.(沟繁缕科)
田方骨 Goniothalamus donnaiensis Finet & Gagn. (番荔枝科)
田芙蓉(贵州)=粗叶地桃花
田芙蓉(贵州)=地桃花
田福花(新疆)=田旋花
田干菜(高等图鉴)=水蕹
田干草 Aponogeton natans (L.) Engl. & Krause (水蕹科),*水蕹*
田高粱(贵州民间药物)=暗褐飘拂草
田葛缕子 Carum buriaticum Turcz.(伞形科),*作杂儿*
田根草(分类草药性)=大叶石龙尾
田胡蜘蛛(海南儋县)=异叶山蚂蝗
田鸡脚(湖南药物志)=酸模
田基草(江苏宜兴)=半枝莲
田基豆(广西)=坡油甘
田基黄(广西)=坡油甘
田基黄(生草药性备要)=地耳草
田基黄 Grangea maderaspatana (L.) Poir.(菊科)
田基黄属 Grangea Adans.(菊科)
田基麻 Hydrolea zeylanica (L.) Vahl(田基麻科),*假芹菜*
田基麻科 Hydrophyllaceae
田基麻属 Hydrolea L.(田基麻科)
田基王(广东)=小果草
田间半夏(广西)=犁头尖
田间鸭嘴草 Ischaemum rugosum Salisb.(禾本科)
田树榆(新华本草纲要)=榔榆
田芥菜仔(广西植物名录)=少叶艾纳香
田菁 Sesbania cannabina (Retz.) Poir.(豆科),*向天蜈蚣,叶顶珠,铁精草*
田菁属 Sesbania Scop.(豆科)
田菊(福建草药)=裂叶马兰
田里心(山东)=半夏
田蓼草(湖南)=丁香蓼
田林杜鹃(广西植物)=田林马银花
田林姜花 Hedychium tienlinense D.Fang(姜科),*三百棒*
田林马银花 Rhododendron tianlinense Tam(杜鹃花科),*田林杜鹃*
田林细子龙 Amesiodendron tienlinense H.S.Lo (无患子科),*墨仕*
田螺菜(江西)=地瓜儿苗
田螺虎树(江西,图考)=龙须藤
田螺掩(广东中药)=薜荔
田麻 Corchoropsis tomentosa (Thunb.) Makino (椴树科),*毛果田麻,野花生*
田麻属 Corchoropsis S. & Z.(椴树科)
田苗树(湖北)=黄连木
田萍(福建,甘肃)=紫萍
田萍(天津,福建)=浮萍
田浦茶(广东)=广东蛇葡萄
田七(广西)=三七
田七(四川中药志)=峨参
田芹菜(广东)=地埂鼠尾草
田雀麦(新拉汉英)=野雀麦
田三白(福建)=三白草
田三七(广西贵县)=鞭檐犁头尖
田三七(湖北志)=费菜
田石梅(广东)=草龙
田薯(福建中草药)=墙草
田薯(闽南民间草药)=雾水葛
田素香(晋江中草药)=狭叶母草
田素馨(泉州本草)=泥花草
田蒜芥(东北检索表)=大蒜芥
田尾草(甘肃嘉峪关)=甘肃棘豆
田香蕉(晋江中草药)=狭叶母草

田玄参 Bacopa repens (Swatz.) Wetts.(玄参科)
田旋花 Convolvulus arvensis L.(旋花科),*白花藤,车子蔓,扶田秧,扶秧苗,箭叶旋花,拉拉菀,面根藤,曲节藤三齿草藤,田福花,小旋花,燕子草,野牵牛,中国旋花*
田阳鹅耳枥 Carpinus microphylla Z.C.Chen ex Y.S.Wang & J.P.Huang(桦木科)
田阳风车藤(分类学报)=田阳风筝果
田阳风筝果 Hiptage tianyangensis F.N.Wei(金虎尾科),*田阳风车藤*
田阳香草 Lysimachia tianyangensis D.Fang & C.Z.Gao (报春花科)
田野百蕊草 Thesium arvense Harvatov.(檀香科)
田野薄荷 Mentha arvensis L.(唇形科)
田野刺芹 Eryngium campestre L.(伞形科)
田野黑麦草 Lolium arvense With.(禾本科)
田野黑种草 Nigella arvensis L.(毛茛科)
田野假龙胆 Gentianella campestris (L.) Böern. (龙胆科)
田野荆芥 Nepeta campestris Benth.(唇形科)
田野龙胆 Gentiana campestris L.(龙胆科)
田野毛茛 Ranunculus arvensis L.(毛茛科)
田野拟漆姑 Spergularia rubra (L.) J. & C.Presl (石竹科),*无翅拟漆姑*
田野千里光 Senecio oryzertorum Diels(菊科),*大白顶草*
田野窃衣 Torilis arvensis (Hus.) Link.(伞形科)
田野水苏 Stachys arvensis L.(唇形科)
田皂角(图考)=合萌
田蛭草(广西药用名录)=旱田草
田中逵(岭南采药录)=黑面神
田中省藤 Calamus tanakadatei Ftdo.(棕榈科)
田中游草(分类草药性) =李氏禾
田珠(云南中草药)=假酸浆
田紫草 Lithospermum arvense L.(紫草科),*地仙桃,麦家公*
田字草(高等图鉴)=苹
甜艾(本草求原)=艾
甜艾(南宁药志)=白苞蒿
甜半夜(河南)=北枳椇
甜棒子(湖北)=胡颓子
甜菜(日华子本草)=厚皮菜
甜菜(图经本草)=枸杞
甜菜(西双版纳植物名录)=守宫木
甜菜(植物志 33)=糖萝卜
甜菜 Beta vulgaris L.(藜科),*杓菜,光菜,海白菜,莙荙菜,牛皮菜,石菜,萘菜,猪驰菜*
甜菜草(江西草药)=广州耳草
甜菜茶(广西药用名录)=粗毛耳草
甜菜牛膝(云南)=川牛膝
甜菜树(中草药汇编)=青钱柳
甜菜属 Beta L.(藜科),*莙荙菜属*
甜菜子(福建,浙江,广东,广西)=白苞蒿
甜草(东北,内蒙古)=甘草
甜草根(河北药材)= 白茅根
甜茶(安徽,浙江)=中国绣球
甜茶(广西龙州)=华腺萼木
甜茶(四川)=黄背勾儿茶
甜茶(通称)=木姜叶柯
甜茶(中草药彩色图谱)=牛白藤
甜茶 Rubus suavissimus S.Lee(蔷薇科),*甜茶藤*
甜茶藤(广西植物)=甜茶
甜茶藤(中草药汇编)=显齿蛇葡萄
甜橙 Citrus sinensis (L.) Osb.(芸香科),*橙,橙子,广橙,广柑,广桔,黄果,柳橙,水橙,香水橙,新会橙,雪柑*
甜槠 Castanopsis fabri Hand.-Mazz.(壳斗科),*红背甜槠*
甜慈(四川)=慈竹
甜大节竹 Indosasa angustata McClure (禾本科),*甜竹*
甜胆草(湖南,江西,江西草药)=合掌消
甜地丁 Gueldenstaedtia verna (Georgi) Boriss. (豆科),*地丁,多花米口袋,米布袋,米口袋,泡章-乌布斯,莎勒吉日,少花米口袋,消布音-他不格,小米口袋,紫花地丁*
甜高粱(新拉汉英)=甜糖高粱(新)
甜高粱 Sorghum dochna (Forssk.) Snowden (禾本科)
甜格缩缩草(山西宁武)=白苞筋骨草
甜根子(陕西)=甘草
甜根子草 Saccharum spontaneum L.(禾本科),*割手密*
甜瓜 Cucumis melo L.(葫芦科),*白兰瓜,穿肠瓜,粪甜瓜,甘瓜,瓜蒂,瓜丁,果瓜,哈密瓜,华莱士瓜,苦丁香,熟瓜,香瓜*
甜果木通(江苏)=三叶木通
甜果藤(广东,海南)=定心藤
甜果西番莲 Passiflora lignlaris Juss.(西番莲科)
甜瓠(千金-食治)=瓠子
甜瓠瓢(唐本草)=瓠瓜
甜假虎刺 Carissa edulis (Forssk.) Vahl(夹竹桃科)
甜芥(纲目)=荠麦
甜桔梗(纲目)=梅参(浙江)=荠苨
甜桔梗(浙江)=桔梗
甜橘红(纲目拾遗)=橘
甜龙竹(西双版纳)=版纳甜龙竹
甜龙竹(云南)=勃氏甜龙竹
甜萝卜缨子(甘肃)=毛果群心菜
甜麻 Corchorus aestuans L.(椴树科),*针筒草,假黄麻,水丁香,假麻区,野黄麻*
甜茅 Glyceria acutiflora subsp. japonica (Steud.) T.Koyama & Kawano(禾本科),*日本甜茅*
甜茅属 Glyceria R.Br.(禾本科)
甜梅(江南录)=杏
甜娘(广东)=毛菍
甜柠檬 Citrus limetta Rosso (芸香科)
甜荞(植物志 25-1)=荞麦
甜三七(陕西)=城口东俄芹
甜山葡萄 Vitis monticola Buckley (葡萄科)
甜石棕 Brahea dulcis Mart.(棕榈科)
甜实欧洲小檗 Berberis vulgaris var. dulcis Loud. (小檗科)
甜薯(广东,海南,广西合浦,博白)=甘薯
甜薯(山西,河南)=番薯
甜酸叶(海南)=酸藤子
甜笋竹 Phyllostachys elegans McClure (禾本科)
甜糖高粱(新)Sorghum saccharatum (L.) Moench (禾本科) *甜高粱*
甜糖木(海南那大)=银柴
甜藤(本草述)=忍冬
甜葶苈(通称)=播娘蒿
甜味扁桃 Amygdalus communis var. dulcis Borkh. (蔷薇科)
甜香杜鹃花(新拉汉英)=乔状杜鹃
甜香杨梅 Myrica gale L.(杨梅科)
甜杏仁(本草从新)=杏
甜杨 Populus suaveolens Fisch.(杨柳科),*西伯利亚杨*
甜叶木(广西)=甜叶算盘子
甜叶算盘子 Glochidion philippicum (Cav.) C.B. Rob. (大戟科),*菲岛算盘子,菲岛馒头果,甜叶木*
甜叶舟萼苣苔 Nautilocalyx melittifolius Wiehl. (苦苣苔科)
甜叶子树(云南)=木姜叶柯
甜叶紫堇(高等图鉴)=甘草叶紫堇
甜远志(中药大辞典)=卵叶远志
甜越桔(新拉汉英)=美味越桔
甜糟(纲目拾遗)=大麦
甜糟(纲目拾遗)=稻
甜糟(纲目拾遗)=高粱
甜糟(纲目拾遗)=普通小麦
甜枣(河南)=羊奶子
甜钟花 Leucothoë racemosa (L.) A.Gray.(杜鹃花科)
甜槠 Castanopsis eyrei (Champ.) Tutch.(壳斗科),*曹槠,反刺槠,茅丝栗,丝栗,酸橡槠,甜锥,小黄橡,槠柴,锥子*
甜竹(广东)=麻竹
甜竹(广西大青山)=甜大节竹
甜竹(西双版纳)=版纳甜龙竹
甜竹(云南)=勃氏甜龙竹
甜竹(云南新平,金平)=粗穗龙竹
甜锥(福建)=甜槠
萘菜(名医别录)=厚皮菜
萘菜(名医别录)=甜菜

Tiao

条斑庙铃苣苔 Smithiantha zebrina O.Kuntze (苦苣苔科)
条斑紫菜 Porphyra yezoensis Ueda (马鞭草科)
条瓣舌唇兰 Platanthera stenantha (HK.f.) Sóo (兰科)
条参(陕西中草药)=华北鸦葱
条参(云南)=总状绿绒蒿
条参(植物志 80-1)=肉菊
条唇阔蕊兰 Peristylus forrestii (Schltr.) K.Y. Lang (兰科)
条果芥属 Parrya R.Br.(十字花科)
条蒿(东北)=裂叶蒿
条花罗氏草(禾本科图说)=空轴茅
条蕨科 Oleandraceae
条蕨属 Oleandra Cav.(条蕨科)
条裂叉蕨 Tectaria phaeocaulis (Ros.) C.Chr.(叉蕨科)
条裂垂花报春 Primula cawdoriana Ward(报春花科),*芳香垂花报春*
条裂垂头菊 Cremanthodium laciniatum Ling & Y.L.Chen ex S.W.Liu(菊科)
条裂翠雀花 Delphinium pseudomosoynense W. T.Wang (毛茛科)
条裂大黄 Rheum laciniatum Prain(蓼科),*细裂大黄*
条裂耳蕨 Polystichum mollissimum var. laciniatum H.S.Kung & L.B.Zhang(鳞毛蕨科)
条裂虎耳草(高等图鉴)=长白虎耳草
条裂黄堇 Corydalis linarioides Maxim.(罂粟科),*铜棒锤,铜锤紫堇,甲打色尔娃,申打丝哇,申打色尔娃*
条裂黄藤 Daemonorops laciniata Ftdo.(棕榈科)
条裂龙胆 Gentiana lacinulata T.N.Ho(龙胆科)
条裂山核桃 Carya laciniosa (Michx.f.) Loud.(胡桃科)
条裂铁线蕨 Adiantum capillus-veneris f. dissectum (Mart & Galeot) Ching(铁线蕨科)
条裂委陵菜 Potentilla lancinata Card.(蔷薇科)
条裂夏枯草 Prunella laciniata L.(唇形科)
条裂叶报春 Primula laciniata Pax & Hoffm.(报春花科),*大苞裂叶报春*
条裂叶火炬树 Rhus typhina var. laciniata Wood.

(漆树科)
条裂银白槭 Acer saccharinum var. laciniatum Pax (槭树科)
条裂鸢尾兰 Oberonia jenkinsiana Griff. ex Lindl. (兰科)
条隆胶树(广东志)=米扬噎
条曼轴榈 Licuala tiomanensis Ftdo.(棕榈科)
条芩(植物志 65-2)=连翘叶黄芩
条穗薹草 Carex nemostachys Steud.(莎草科)
条碗花(安徽)=藤长苗
条纹白粉藤 Cissus striate Ruiz & Pav.(菊科)
条纹报春(高等图鉴)=偏花报春
条纹长枝竹 Bambusa dolichoclada cv. Stripe (禾本科)
条纹凤尾蕨 Pteris cadieri Christ(凤尾蕨科),*二形凤尾蕨*
条纹凤仙花 Impatiens vittata Franch.(凤仙花科)
条纹黄芩 Scutellaria striatella Gontsch.(唇形科)
条纹假葱 Nothoscordum striatum Kunth (百合科)
条纹龙胆 Gentiana striata Maxim.(龙胆科)
条纹马先蒿 Pedicularis lineata Franch.(玄参科)
条纹毛兰 Eria vittata Lindl.(兰科)
条纹苹婆 Sterculia striatiflora Mast.(梧桐科)
条纹槭 Acer pensylvanicum L.(槭树科)
条纹十二卷(新拉汉英)=锦鸡尾
条纹水麦冬 Triglochin striata R. & P.(眼子菜科)
条纹挖耳草(云南植物名录)=圆叶挖耳草
条纹叶吊兰 Chlorophytum bichetii (百合科)
条叶百合 Lilium callosum S. & Z.(百合科)
条叶长喙韭 Allium kurssanovii M.Popov(百合科)
条叶车前(高等图鉴)=小车前
条叶齿缘草 Eritrichium gracile W.T.Wang(紫草科)
条叶垂头菊 Cremanthodium lineare Maxim.(菊科),*明间色博*
条叶唇柱苣苔 Chirita ophiopogoides D.Fang & W.T.Wang (苦苣苔科)
条叶吊石苣苔(植物志 69)=吊石苣苔
条叶东俄芹 Tongoloa taeniophylla (de Boiss.) Wolff (伞形科)
条叶狒狒花 Babiana stricta Ker.(鸢尾科)
条叶弓翅芹 Arcuatopterus linearifolius Sheh & Shan (伞形科)
条叶红景天(植物志 34-1)=狭叶红景天
条叶虎耳草(高等图鉴)=线叶虎耳草
条叶虎耳草 Saxifraga linearifolia Engl. & Irmsch. (虎耳草科)
条叶蓟(浙江药志)=线叶蓟
条叶角盘兰(高等图鉴)=条叶阔蕊兰
条叶角盘兰 Herminium coiloglossum Schltr.(兰科)
条叶阔蕊兰 Peristylus bulleyi (Rolfe) K.Y.Lang (兰科),*条叶角盘兰*
条叶冷水花 Pilea linearifolia C.J.Chen(荨麻科)
条叶连蕊芥(植物志 33)=线叶花旗杆
条叶龙胆 Gentiana manshurica Kitag(龙胆科),*东北龙胆,水龙胆*
条叶楼梯草 Elatostema sublineare W.T.Wang (荨麻科),*接骨草*
条叶芒毛苣苔 Aeschynanthus linarifolius C.E.C. Fisch.(苦苣苔科),*华丽芒毛苣苔*
条叶毛茛(Flora 6)=长叶毛茛
条叶猕猴桃 Actinidia fortunatii Fin. & Gagn. (猕猴桃科)
条叶榕 Ficus pandurata var. angustifolia Cheng (桑科),*奶汁树,下乳草,牛奶子树,窄叶台湾榕,竹叶牛奶树*
条叶肉叶荠(植物志 33)=红花肉叶荠
条叶蕊帽忍冬 Lonicera pileata var. linearis Rehd. (忍冬科)
条叶舌唇兰 Platanthera leptocaulon (HK.f.) Sóo (兰科)
条叶丝瓣芹 Acronema chienii Shan(伞形科)
条叶庭荠 Alyssum linifolium Steph. ex Willd. (十字花科),*齿丝庭荠*
条叶香草 Lysimachia vittiformis Chen & C.M. Hu (报春花科)
条叶小檗(新拉汉英)=尤里小檗
条叶旋覆花(药典 2000)=线叶旋覆花
条叶崖爬藤 Tetrastigma lineare W.T.Wang(葡萄科)
条叶岩风 Libanotis lancifolia K.T.Fu(伞形科),*岩风,黑风*
条叶盐芥 Thellungiella parvula (Schrenk) Al-Shehbaz & O'Kane(十字花科)
条叶银莲花 Anemone coelestina var. linearis (Brühl) Ziman & B.E.Dutton(毛茛科)
条叶猪屎豆(高等图鉴)=线叶猪屎豆
条子(中药大辞典)=四川樱桃
跳八丈(云南临沧)=钝叶黑面神
跳八丈(中草药汇编)=华宁藤
跳皮树(思茅中草药)=锈毛梣

Tie

贴苞灯心草 Juncus triglumis L.(灯心草科)
贴地消(江西草药)=毛大丁草
贴肪蹄盖蕨(独龙江植物)=方氏蹄盖蕨
贴梗海棠(群芳谱,药典 2000)=皱皮木瓜
贴梗海棠属(科属检索表)=**木瓜属**
贴梗黄精 Polygonatum adnatum S.Y.Liang(百合科)
贴梗木瓜(高等图鉴)=皱皮木瓜
贴骨散(高等图鉴)=琉璃草
贴毛箭竹 Fargesia adpressa Yi (禾本科)
贴毛折柄茶 Hartia villosa var. kwangtungensis (Chun) Chang(山茶科)
贴毛苎麻 Boehmeria nivea var. nipononivea (Koidz.) W.T.Wang(荨麻科)
贴木儿草属(禾本科图说)=**钝基草属**
贴生白粉藤 Cissus adnata Roxb.(葡萄科),*锈毛白粉藤*
贴生骨牌蕨 Lepidogrammitis adnascens Ching (水龙骨科)
贴生石杉 Huperzia adpressa (Chapman.) Trev. (石杉科)
贴生石松 Lycopodium adpressum (Chapm.) Lloyd & Underw.(石松科)
贴生石韦 Pyrrosia adnascens (Sw.) Ching(水龙骨科),*上树核,抱树石韦*
铁巴掌(广西植物名录)=锯叶竹节树
铁斑鸠(贵州兴义)=石柑子
铁板草(云南沧源)=石柑子
铁板道(陕西)=琉璃草
铁板道人(四川)=地锦苗
铁板膏药草(福建)=粪箕笃
铁板金(贵州中草药名录)=披针新月蕨
铁板青(峨眉)=肉叶龙头草
铁棒锤(甘肃,青海)=展毛短柄乌头
铁棒锤 Aconitum pendulum Busch(毛茛科),*断肠草,两头尖,磨三转,三转半,铁牛七,乌药,小草乌,雪上一支蒿,一支蒿,一枝蒿*
铁棒七(四川若尔盖)=缩梗乌头
铁包金(广西)=羽裂盾蕨
铁包金(海南)=梵天花
铁包金(陕西)=多花勾儿茶
铁包金 Berchemia lineata (L.) DC.(鼠李科),*狗脚刺,老鼠耳,老鼠乳,米拉藤,鼠米,提云草,乌痧头,小桃茶,小叶黄鳝藤*
铁包针(贵州)=乌苏里瓦韦
铁边(广西)=白叶藤
铁鞭草(中药大辞典)=多花胡枝子
铁扁担(江西,湖南,福建)=射干
铁扁担(陕西)=北马兜铃
铁扁担(浙江药志,上海)=蝴蝶花
铁荸脐(救荒本草)=荸荠
铁菜秧(浙江丽水,天台)=香茶菜
铁菜子(贵州)=无瓣蔊菜
铁菜子(河北,山东)=牡蒿
铁草鞋(中草药汇编)=琴叶球兰
铁草鞋 Hoya pottsii Traill(萝藦科),*三脉球兰,味卖龙,狭叶铁草鞋*
铁场豆(福建)=云实
铁车木(广东茂名)=云南银柴
铁称锤(浙江乐清)=香茶菜
铁秤砣(陕西,甘肃)=珠芽艾麻
铁秤陀(浙江)=黄独
铁秤砣(贵州)=何首乌
铁秤砣(江西)=金线吊乌龟
铁秤砣(四川中草药)=三叶委陵菜
铁尺草(四川)=蓬子菜
铁尺树(广西龙胜)=黐花
铁齿铁线蕨 Adiantum venustum var. wuliangense Ching & Y.X.Lin(铁线蕨科)
铁齿铁线莲 Clematis apiifolia var. argentilucida (H.Lévl. & Vnt.) W.T.Wang(毛茛科)
铁椆(高等图鉴)=青冈
铁达子-苏勃(蒙药名)=草本威灵仙
铁打杵(贵州民间药物)=铁仔
铁打将军(广东草药图谱)=薄叶胡桐
铁打苗(图考)=长蕊斑种草
铁刀木 Cassia siamea Lam.(豆科),*黑心树*
铁灯台(广西)=奇异南星
铁灯台(湖北,四川)=球药隔重楼
铁灯台(湖南新宁)=雪里见
铁灯台(四川)=五指莲重楼
铁灯台(四川)=狭叶重楼
铁灯盏(分类草药性)=华重楼
铁灯盏(江西)=积雪草
铁灯柱(江西民间验方)=地胆草
铁钓竿 Veronicastrum villosulum var. glabrum Chin & Hong(玄参科),*两头忙*
铁丁角(浙江龙泉)=香茶菜
铁钉头(浙江平阳)=香茶菜
铁冬青 Ilex rotunda Thunb.(冬青科),*白沉香,白凡木,白兰香,白木香,白银木,白银香,过山风,红熊胆,九层皮,救必应,龙胆仔,碎骨木,消癀药,小风藤,小果铁冬青,熊胆木,羊不食*
铁冬苋(湖北,湖南,福建)=大吴风草
铁豆柴(贵州)=蝴蝶花
铁豆秧(甘肃)=窄叶野豌豆
铁杆地柏枝(中草药汇编)=北京铁角蕨
铁杆蒿(东北)=灰白莲蒿
铁杆蒿(图鉴)=碱菀
铁杆花儿结子(河北东陵)=东陵绣球
铁杆椒(贵州)=蚬壳花椒
铁杆七(中草药汇编)=普通凤丫蕨
铁杆蔷薇 Rosa prattii Hemsl.(蔷薇科),*勃拉蔷薇*

铁杆升麻(陕西西眉)=多花落新妇
铁杆水草(四川)=贵州半蒴苣苔
铁杆香(四川中药志)=羊耳菊
铁杆猪毛七(四川)=灰背铁线蕨
铁秆柴 Triarrhena lutarioriparia var. gongchai f. purpureorosa L.Liu(禾本科)
铁秆蒿(山西,辽宁)=白莲蒿
铁秆青(植物志 55-2)=一丈青
铁梗报春 Primula sinolisteri Balf.f.(报春花科), 铁丝报春
铁箍蔓草(贵阳草药)=糯米团
铁箍散(陕西中草药)=山胡椒
铁箍散(陕西中药名录)=琉璃草
铁箍散(天目药志)=金线草
铁箍散 Schisandra propinqua var. sinensis Oliv. (木兰科),八仙草,滑藤,鑽钻岩金,满山香,爬山岩香,天青地红,五香血藤,狭叶五味子,香巴戟,香血藤,小血藤,血糊藤,钻骨风
铁骨草(浙药目录)=银粉背蕨
铁骨伞(广西)=了哥王
铁骨伞(湖北鹤丰) =一把伞南星
铁骨散(金华中草药选编)=牯岭勾儿茶
铁骨散(图考)=接骨木
铁骨散(云南)=小花五味子
铁骨散(云南中草药选)=翼梗五味子
铁骨藤(广西)=鳝藤
铁骨头(广西)=黑龙骨
铁骨消(湖南药物志)=金耳挖
铁骨银参(中草药汇编)=日本粗叶木
铁拐子(西藏)=管花鹿药
铁贯藤(植物名实图考)=碗花草
铁桂皮(四川宝兴)=菱叶钓樟
铁海棠 Euphorbia milii Ch.des Moulins(大戟科),麒麟刺,虎刺,万年刺,龙骨刺
铁蒿(云南)=暗绿蒿
铁核桃(四川,云南)=泡核桃
铁黑汉条(湖北兴山)=中华绣线菊
铁红毛兰 Eria ferruginea Lindl.(兰科)
铁花(四川峨眉)=乌头
铁黄荆(安徽)=流苏树
铁火钳(贵州草药)=落新妇
铁箕笃(广西)=粪箕笃
铁夹藤(广西)=青蛇藤
铁甲大戟 Euphorbia bupleurifolia Jacq.(大戟科)
铁甲将军(新华本草纲要)=黑面神
铁甲秋海棠 Begonia masoniana Irmsch.(秋海棠科)
铁甲树(海南)=竹柏
铁甲子(广东)=栓叶安息香
铁坚杉(湖北)=铁坚油杉
铁坚油杉 Keteleeria davidiana (Bertr.) Heissn. (松科),铁坚杉
铁箭矮陀(江西)=短叶决明
铁橿树(植物志 22)=尖叶栎
铁角凤尾草(图考)=铁角蕨
铁角蕨 Asplenium trichomanes L.(铁角蕨科), 篦子草,洞里仙,瓜子莲,石蜈蚣,铁角凤尾草,蜈蚣草,猪鬃七
铁角蕨科 Aspleniaceae
铁角蕨属 Asplenium L.(铁角蕨科)
铁角蹄盖蕨 Athyrium asplenioides (Mich.) A. Eaton (蹄盖蕨科)
铁脚板(广西)=球兰
铁脚步基(四川)=蜈蚣蕨
铁脚凤尾草(江西草药)=粉背蕨
铁脚狼萁(浙江中草药)=扇叶铁线蕨
铁脚梨(河北图志)=皱皮木瓜
铁脚莲(云南)=云南红景天
铁脚灵仙(湖北恩施)=圆苞金足草
铁脚威灵(思茅中草药)=显脉旋覆花
铁脚威灵(云南)=金毛铁线莲
铁脚威灵仙(本草纲目)=威灵仙
铁脚威灵仙(南京药草,江苏,浙江,江西,安徽)=圆锥铁线莲
铁脚蜈蚣根(江西草药)=海金沙
铁脚橿(江西)=山橿
铁节草(广西中草药)=糯米团
铁金碗(泉州本草)=猫尾豆
铁精草(福建草药)=田菁
铁蕨草(湖南)=变异铁角蕨
铁蕨鸡(贵州草药)=大羽新月蕨
铁苦散(浙江经志)=红毒茴
铁筷子(贵州方药集)=蜡梅
铁筷子(贵州贵田)=山蜡梅
铁筷子(四川)=柳兰
铁筷子 Helleborus thibetanus Franch.(毛茛科), 黑毛七,九百棒,见春花,九龙丹,九朵云,小桃儿七,九牛七
铁筷子属 Helleborus L.(毛茛科)
铁兰属 Tillandsia L.(凤梨科),花凤梨属
铁栏杆(贵州)=络石
铁榄 Sinosideroxylon pedunculatum (Hemsl.) H. Chuang (山榄科),山胶木,假水石梓
铁榄属 Sinosideroxylon (Engl.) Aubr.(山榄科)
铁郎鸡(贵州)=变异铁角蕨
铁狼鸡(贵州)=贯众
铁勒鞭棵棵 Sageretia pycnophylla Schneid.(鼠李科),对节刺
铁垒(海南)=铁凌
铁棱(广西通志)=铁力木
铁棱角三七(天目药志)=金线草
铁棱角(浙江兰溪,衢县,乐清,杭州,泰顺)=香茶菜
铁篱笆(广东,广西)=庐山小檗
铁篱笆(四川)=马甲子
铁篱寨(植物志 43-2)=枳
铁力木 Mesua ferrea L.(藤黄科),铁棱,埋波朗,喃木波朗,莫拉,铁栗木,南满波朗
铁力木属 Mesua L.(藤黄科)
铁栎(高等图鉴)=青冈
铁栗木(植物志 50-2)=铁力木
铁凉伞(湖南)=牛奶浆草
铁凉伞(江西,广西)=红凉伞
铁凉伞(浙江草药)=兔儿伞
铁林刺(四川)=铁杉
铁灵花 Celtis philippensis var. consimilis (Bl.) Lerory (榆科)
铁凌 Hopea exalata W.T.Lin(龙脑香科),铁垒
铁菱角(纲目)=菝葜
铁菱角(江西石城)=茶菱
铁菱角(四川)=黑果菝葜
铁菱角(浙江)=显脉香茶菜
铁菱角(中草药汇编)=长管香茶菜
铁龙角(浙江平阳)=香茶菜
铁楼鳞毛蕨 Dryopteris tieluensis Ching & Hsu (鳞毛蕨科)
铁楼蹄盖蕨(秦岭志)=峨眉蹄盖蕨
铁屡米(广西)=鱼骨木
铁卵子(浙江)=短柄粉条儿菜
铁罗(高等图鉴)=山楝
铁罗汉(湖南药物志)=菊三七
铁罗伞(南宁药志 39)=仪花
铁罗伞属(植物志 39)=**仪花属**
铁椤 Amoora tsangii (Merr.) X.M.Chen(楝科), 曾氏米仔兰
铁骡子(云南)=西南水苏
铁麻干(浙江)=大花益母草
铁麻干(浙江)=益母草
铁马鞭(华东,华南)=马鞭草
铁马鞭(江西民间草药)=截叶铁扫帚
铁马鞭(四川巫山)=长毛香科科
铁马鞭(云南)=云南鼠李(新)
铁马鞭 Lespedeza pilosa (Thunb.) S. & Z.(豆科), 金钱藤,野花草,野花生,三叶藤
铁马齿苋(植物志 25-1)=习见蓼
铁马豆(滇南本草)=毛宿苞豆
铁马豆(滇南本草)=紫云英
铁马豆(昆明草药)=山黧豆
铁马豆(云南)=蒙自木蓝
铁马胡烧(湖北)=白刺花
铁蚂蝗(云南药用名录)=巢蕨
铁芒萁(贵州)=芒萁
铁芒萁 Dicranopteris linearis (Burm.) Underw. (里白科)
铁猫刺(陕西)=鹰爪柴
铁帽子(思茅中草药)=毛唇芋兰
铁楣(海南)=秀丽锥
铁苗柴胡(中药大辞典)=柴胡
铁木(广西那坡)=大香秋海棠
铁木 Ostrya japonica Sarg.(桦木科),苗榆
铁木属 Ostrya Scop.(桦木科)
铁牛八石(广西部队:中草药手册)=翼核果
铁牛皮(分类草药性)=芫花
铁牛皮(中草药汇骗)=光石韦
铁牛皮 Daphne limprichtii H.Winkl.(瑞香科)
铁牛七(陕西)=铁棒锤
铁牛入石(福建中草药)=绿叶冠毛榕
铁牛入石(中草药汇编)=琴叶榕
铁牛钻石(江西草药)=四川清风藤
铁牛钻藤(中药大辞典)=瓜馥木
铁钮子(贵州草药)=茅膏菜
铁耙梳(四川中草药)=见血青
铁螃蟹(四川兴文)=曲毛楼梯草
铁泡桐(四川)=柳叶旌节花
铁皮兰(广西)=铁皮石斛
铁皮石斛 Dendrobium officinale Kimura & Migo (兰科),黑节草,云南铁皮,铁皮兰,霍山石斛
铁片草(江苏药材志)=萹蓄
铁破锣 Beesia calthifolia (Maxim.) Ulbr.(毛茛科),山豆根,滇豆根,土黄连,葫芦七,定木香,单叶升麻,白细辛
铁破锣属 Beesia Balf. f. & W.W.Sm.(毛茛科)
铁钱子 Manilkara hexandra (Roxb.) Dubard(山榄科),铁色
铁钱子属 Manilkara Adans.(山榄科)
铁枪桐(贵州)=海通
铁青草(云南思茅)=纤花耳草
铁青冈(云南)=泥柯
铁青树 Olax wightiana Wall. ex Wight & Arn. (铁青树科),青骨藤
铁青树科 Olacaceae
铁青树属 Olax L.(铁青树科)
铁楸树(中草药汇编)=变叶树参
铁拳头(江西:草药手册)=金线草
铁拳头(中草药汇编)=长管香茶菜
铁伞(图考,江西)=红凉伞
铁散沙(广西)=黑龙骨
铁扫把(高等图鉴)=车桑子
铁扫把(广东,广西)=岗松
铁扫把(湖南)=变异铁角蕨

铁扫把(江西民间草药)=截叶铁扫帚
铁扫把(四川中药志)=草木犀
铁扫把(云南景东)=四方蒿
铁扫把(云南中草药)=石椒草
铁扫把(植物志 80-1)=绿茎还阳参
铁扫把(中草药汇编)=拟金草
铁扫把子(四川)=地肤
铁扫帚(江苏千榆,东海,山东蒙山)=长冬草
铁扫帚(闽东本草)=地胆草
铁扫帚(中药辞海)=河北木蓝
铁扫帚苗(中药大辞典)=刺藜
铁扫竹(贵州民间药物)=河北木蓝
铁色(广西)=紫荆木
铁色(海南)=海南紫荆木
铁色(海南)=木竹子
铁色(海南)=铁钱子
铁色(新拉汉英)=铁线子
铁色草(本草纲目)=夏枯草
铁色箭(本草纲目)=忽地笑
铁色箭 Lycoris sanguinea Maxim.(石蒜科)
铁色树(台湾)=滨海核果木
铁山矾 Symplocos pseudobarberina Gontsch.(山矾科)
铁杉 Tsuga chinensis (Franch.) Pritz.(松科),*假花板,仙柏,刺柏,铁林刺,梢,展梢,南方铁杉*
铁杉属 Tsuga Carr.(松科)
铁珊(海南)=肉珊瑚
铁扇子(四川)=灰背铁线蕨
铁扇子(云南)=扇形鸢尾
铁扇子(中草药汇编)=掌叶铁线蕨
铁生姜(浙江诸暨)=香茶菜
铁石元(贵州威宁)=腺花香茶菜
铁屎米 Canthium parvifolium Roxb.(茜草科)
铁屎楠(台湾)=台湾黄肉楠
铁树(北京俗名)=苏铁
铁树(广西)=细叶谷木
铁树(岭南杂记)=朱蕉
铁树黄连(江西)=庐山小檗
铁刷把(四川松潘)=岩须
铁刷把(四川西昌)=长叶百蕊草
铁刷把(四川中药志)=松叶蕨
铁刷子(长白山药志)=银粉背蕨
铁刷子(树木分类学)=楔叶绣线菊
铁丝报春(拉汉名称)=铁梗报春
铁丝草(江西)=海金沙
铁丝草(陕西中草药)=掌叶铁线蕨
铁丝草(四川)=长茎沿阶草
铁丝灵仙(中草药汇编)=黑叶菝葜
铁丝七(陕西中草药)=掌叶铁线蕨
铁丝岩陀(云南)=岷江蓝雪花
铁苏楔(云南)=野拔子
铁苏苏(云南)=野拔子
铁藤(广西)=小叶红叶藤
铁藤(贵州)=大叶云实
铁藤(新华本草纲要)=巴豆藤
铁藤(云南)=纤细雀梅藤
铁藤 Cyclea polypetala Dunn(防已科),*海南轮环藤,银不换*
铁头枫(四川南川)=巴山榧树
铁蜈蚣(江西民间验方)=海金沙
铁锡杖 Senecio stapeliaeformis Phillips.(菊科)
铁苋箭(纲目)=金盏银盘
铁苋菜 Acalypha australis L.(大戟科),*海蚌含珠,蚌壳草*
铁苋菜属 Acalypha L.(大戟科)
铁线草(湖南药物志)=络石
铁线草(岭南采药录)=扇叶铁线蕨
铁线草(泉州本草,福建)=铁线蕨
铁线草(云南)=狗牙根
铁线蕨(秦岭采药录)=扇叶铁线蕨
铁线蕨(云南药用名录)=海金沙
铁线蕨 Adiantum capillus-veneris L.(铁线蕨科),*黑岩连,降龙草,石中珠,水猪毛漆,铁线草,乌脚芒,小猪毛七,鱼鳞草,猪毛肺筋草,猪毛漆,猪鬃草,猪鬃漆*
铁线蕨科 Adiantaceae
铁线蕨形铁角蕨(分类学报)=阿里山铁角蕨
铁线蕨叶黄堇 Corydalis adiantifolia HK.f. & Thoms. (罂粟科)
铁线蕨属 Adiantum L.(铁线蕨科)
铁线莲(新疆药材名)=东方铁线莲
铁线莲(新疆药材名)=甘青铁线莲
铁线莲(新疆药志)=粉绿铁线莲
铁线莲 Clematis florida Thunb.(毛茛科),*龙须草*
铁线莲爱特史迪斯 Agdestis clematidea Moc. & Sesse ex DC.(商陆科)
铁线莲属 Clematis L.(毛茛科)
铁线密穗蕨 Anemia adiantifolia (L.) Sw.(莎草蕨科)
铁线鼠尾草 Salvia adiantifolia E.Peter (唇形科)
铁线藤(广西)=粪箕笃
铁线透骨草(中药志)=黄花铁线莲
铁线透骨草(中药志)=宽芹叶铁线莲
铁线透骨草(中药志)=芹叶铁线莲
铁线夏枯(滇南本草)=夏枯草
铁线夏枯草(云南丛书,图考)=夏枯草
铁线夏蕨草(昆明)=东紫苏
铁线子 Manilkara hexandra (Roxb.) Dubard (山榄科),*铁色*
铁线子属 Manilkara Adans.(山榄科)
铁香樟(四川)=滇润楠
铁象杆(中药大辞典)=小漆树
铁橡栎 Quercus cocciferoides Hand.-Mazz.(壳斗科),*大理栎*
铁橡树(树木分类学)=刺叶高山栎
铁信(贵州)=络石
铁锈合欢 Albizia ferruginea Benth.(豆科)
铁血藤(新华本草纲要)=巴豆藤
铁油杉(经济植物手册)=长苞铁杉
铁雨伞(福建中草药)=百两金
铁雨伞(浙江)=山血丹
铁楂子(四川宝兴)=亮叶忍冬
铁掌头(浙江草药)=鹅不食草
铁指甲(广州志)=佛甲草
铁轴草 Teucrium quadrifarium Buch.-Ham.(唇形科),*凤凰草,红杆一棵蒿,黑头草,绣球防风,红毛将军,杀列使*
铁帚把(四川泸定)=贯叶连翘
铁帚把(云南)=铁仔
铁帚尾(湖南药物志)=醉鱼草
铁竹 Ferrocalamus strictus Hsueh & Keng f.(禾本科)
铁竹属 Ferrocalamus Hsueh & Keng f.(禾本科)
铁仔 Myrsine africana L.(紫金牛科),*矮零子,簸赭子,炒米柴,大红袍,豆瓣柴,明立花,碎米果,碎米棵,铁打杵,铁帚把,小铁子,牙痛草,野茶,尖叶铁仔*
铁仔冬青 Ilex chuniana S.Y.Hu(冬青科)
铁仔杜鹃 Rhododendron myrsinifolium Ching ex Fang & M.Y.He(杜鹃花科)
铁仔属 Myrsine L.(紫金牛科)
铁荸荠(新拉汉英)=油莎豆
铁足板(广西)=香花球兰
铁钻(广西)=瓜馥木
帖木儿草(禾本科图说)=钝基草

Ting

汀秤仔(香港)=秤星树
听邦树萝卜 Agapetes praestigiosa Airy-Shaw (杜鹃花科)
亭立 Burmannia wallichii (Miers) HK.f.(水玉簪科)
庭菖蒲 Sisyrinchium rosulatum Bichn.(鸢尾科)
庭菖蒲鸢尾 Iris sisyrinchium L.(鸢尾科)
庭菖蒲属 Sisyrinchium L.(鸢尾科)
庭荠(东北检索表)=西伯利亚庭荠
庭荠 Alyssum desertorum Stapf. (十字花科),*小庭荠*
庭荠属 Alyssum L.(十字花科),*香芥属,香荠属*
庭藤 Indigofera decora Lindl.(豆科),*铜罗伞,夜藤*
莛子藨 Triosteum pinnatifidum Maxim.(忍冬科),*羽裂叶莛子藨,天王七,五转达七,白果七,鸡爪七,裂叶莛子藨*
莛子藨属 Triosteum L.(忍冬科)
葶花(Flora 17)=子宫草
葶花变种(植物志 66,Flora 17)=葶花鼠尾草(新)
葶花脆蒴报春 Primula scapigera (HK.f.) Craib (报春花科)
葶花凤仙花 Impatiens scapiflora Heyne (凤仙花科)
葶花卵叶报春(高等图鉴)=短葶报春
葶花鼠尾草(新)Salvia evansiana var. scaposa Stib. (唇形科),*葶花变种*
葶花水竹叶 Murdannia edulis (Stokes) Faden (鸭跖草科),*大叶水竹叶*
葶花香草 Lysimachia scapiflora C.M.Hu,Z.R. Xu & F.H.Chen (报春花科)
葶花属(植物志 66)=**子宫草属**
葶芥 Ianhedgea minutiflora (HK.f. & Thoms.) Al-Shehbaz & O'Kane(十字花科),*小花小蒜芥*
葶芥属 Ianhedgea Al-Shehbaz & O'Kane (十字花科)
葶茎天名精 Carpesium scapiforme Chen & C.M. Hu (菊科)
葶菊 Cavea tanguensis (Drumm.) W.W.Sm.(菊科),*嘎*
葶菊属 Cavea W.W.Sm.(菊科)
葶勒子(名医别录)=播娘蒿
葶立报春(高等图鉴)=葶立钟报春
葶立钟报春 Primula firmipes Balf.f. & Forr.(报春花科),*葶立报春*
葶苈(四川)=高蔊菜
葶苈(台湾志)=蔊菜
葶苈 Draba nemorosa L.(十字花科),*光果葶苈*
葶苈虎耳草 Saxifraga drabiformis Franch.(虎耳草科)
葶苈属 Draba L.(十字花科)
葶苈子(藏名)=遏蓝菜
葶苈子(湖北巴东)=雀舌草
葶苈子(四川中药志)=芝麻菜
挺茎贝母兰 Coelogyne rigida Par. & Rchb.f.(兰科)
挺茎遍地金 Hypericum elodeoides Choisy(藤黄科),*遍地金,小疳药,雀舌草,锅巴草,蚂蚁草*
挺叶柯 Lithocarpus ithyphyllus Chun ex H.T. Chang (壳斗科),*咸鱼柯*

Tong

通报导草(广西药用名录)=假地豆
通菜(广东)=蕹菜
通菜蓊(福建,广东)=蕹菜
通草(本经)=木通
通草(湖北中志药)=宽叶旌节花
通草(图考)=通脱木
通草(中药辞海)=中国旌节花
通草树(中药志)=喜马山旌节花
通肠香(浙江)=香青
通城虎(广西北流)=小果叶下珠
通城虎 Aristolochia fordiana Hemsl.(马兜铃科),*五虎通城,定心草,万丈藤,大散血,血蒟*
通刺(福建)=楤木
通大海(兽师国药及处方)=胖大海
通耳草(陕西汉中,武都)=虎耳草
通骨消(广东)=活血丹
通骨消(广西中药志)=山牵牛
通关散(中草药汇编)=苦绳
通光散 Marsdenia tenacissima (Roxb.) Wight & Arn. (萝藦科),*白暗消,扁藤,大苦藤,地甘草,黄桧,勒藤,乌骨藤,下奶藤*
通花(草木便方)=通脱木
通花(高等图鉴)=柳叶旌节花
通花(中药辞海)=中国旌节花
通花花(重庆草药)=通脱木
通江百合 Lilium sargentiae Wil.(百合科),*泸定百合*
通经草(贵州)=皱叶繁缕
通经草(山西中药志)=银粉背蕨
通经草(四川叙水)=滇藏柳叶菜
通经草(云南)=柳叶菜
通兰(中药大辞典)=笋兰
通灵草(土宿本草)=忍冬
通麦白珠(西藏志)=毛枝白珠
通麦耳蕨 Polystichum tangmaiense H.S.Kung (鳞毛蕨科)
通麦栎(新拉汉英)=通卖栎(新)
通麦栎 Quercus lanata Smith (壳斗科)
通麦虾脊兰 Calanthe griffithii Lindl.(兰科)
通麦香茅 Cymbopogon tungmaiensis L.Liu(禾本科)
通卖栎(新)Quercus tungmaiensis Y.T.Chang (壳斗科),*通麦栎*
通脉丹(植物志 63)=娃儿藤
通奶草 Euphorbia hypericifolia L.(大戟科)
通气草(草木便方)=土木贼
通气跌打(云南沧源)=大花青藤
通气香(云南)=黑风藤
通气香(云南中草药选)=合蕊五味子
通墙虎(广西药用名录)=花椒簕
通泉草 Mazus pumilus (N.L.Burm.) Stennis(玄参科),*鹅肠草,虎仔草,绿兰花,浓泡药,石淋草,五瓣梅,小板猫儿草,猪胡椒,长柄通泉草高茎变种*
通泉草大萼变种(植物志 67-2,Flora 18)=大萼通泉草
通泉草多枝变种(植物志 67-2,Flora 18)=多枝通泉草
通泉草匍茎变种(植物志 67-2,Flora 18)=匍枝通泉草
通泉草属 Mazus Lour.(玄参科)
通乳草(浙江)=羊乳
通天霸(陆种本草)=酸藤子
通天草(饮片新参)=荸荠
通天大黄(湖南药物志)=博落回
通天河锦鸡儿 Caragana przewalskii Pojark.(豆科)
通天蜡烛(广西)=疏花蛇菰
通天连 Tylophora koi Merr.(萝藦科),*乳汁藤,双飞蝴蝶*
通天烛(广西)=多蕊蛇菰
通条树(经济植物手册)=喜马山旌节花
通条树(中药志)=喜马山旌节花
通脱木 Tetrapanax papyrifer (HK.) K.Koch(五加科),*白通草,葱草,大通草,寇脱,马蔺花,木通树,能花五加,天麻子,通草,通花,通花花*
通脱木属 Tetrapanax K.Koch(五加科)
通心草(岭南采药录)=大猪屎豆
通心条(广西)=白花泡桐
通性草(植物志 43-3)=瓜子金
通血香(云南中草药选)=酸豆
通炎散(昆明)=苦绳
蓪梗花 Abelia engleriana (Graebn.) Rehd.(忍冬科),*短枝六道木,紫荆丫*
同白秋鼠麴草 Gnaphalium hypoleucum var. amoyense (Hance) Hand.-Mazz.(菊科)
同瓣黄堇 Corydalis homopetala Diels(罂粟科)
同齿樟味藜 Camphorosma monspelia subsp. lessingii (Ltv.) Aellen(藜科)
同春箬竹 Indocalamus tongchunensis K.F. Huang & Z.L.Dai (禾本科)
同萼树属 Cespedesia Goudot.(金莲木科)
同蒿(喜祐本草)=南茼蒿
同花母菊 Matricaria matricarioides (Less.) Porber ex Britton(菊科)
同戛乌头 Aconitum hicksii Lauen.(毛茛科)
同距凤仙花 Impatiens holocentra Hand.-Mazz. (凤仙花科),*同心凤仙花*
同麻根(蜀本草)=苘麻
同色菝葜 Smilax glabra var. concolor (C.H. Wright) Wang & Tang(百合科),*蓝果土茯苓*
同色白点兰 Thrixspermum trichoglottis (HK.f.) Ktze.(兰科)
同色扁担杆 Grewia concolor Merr.(椴树科)
同色灯心草 Juncus concolor G.Sam.(灯心草科)
同色兜兰 Paphiopedilum concolor (Bateman) Pfitz (兰科),*老虎猁,狮子尾,狗舌草*
同色峨眉瘤足蕨 Plagiogyria assurgens var. concolor Ching (瘤足蕨科)
同色金石斛 Flickingeria concolor Z.H.Tsi & S. C.Chen (兰科)
同色瘤瓣兰 Oncidium concolor HK.(兰科)
同色尼泊尔百合 Lilium nepalense var. concolor Cotton (百合科)
同色香青(新)Anaphalis bicolor var.subconcolor Hand.-Mazz.(菊科),*二色香青同色变种*
同色小檗 Berberis concolor W.W.Sm. (小檗科)
同色帚菊 Pertya discolor var. calvescens Ling (菊科)
同心彩叶凤梨 Neoregelia concentrica (Vell.) L. B.Sm. (凤梨科)
同心凤仙花(植物志 47-2)=同距凤仙花
同心结(植物志 63)=海南同心结
同心结属 Parsonsia R.Br.(夹竹桃科)
同形观音座莲 Angiopteris consimilis Ching(观音座莲科)
同形鳞毛蕨 Dryopteris uniformis (Makino) Makino (鳞毛蕨科)
同形蹄盖蕨 Athyrium uniforme Ching(蹄盖蕨科),*贡山蹄盖蕨,碧江蹄盖蕨*
同序守宫木(拉汉名称)=守宫木
同翼秋海棠 Begonia isoptera Dryand. ex J.E. Smith (秋海棠科)
同羽复叶耳蕨 Arachniodes similis Ching(鳞毛蕨科),*相似复叶耳蕨*
同羽贯众(分类学报)=阔羽贯众
同羽毛蕨 Cyclosorus simillimus Ching ex Shing (金星蕨科)
同钟花 Homocodon brevipes (Hemsl.) Hong(桔梗科),*异钟花,扭子菜,异种花,小三棱草*
同钟花属 Homocodon Hong(桔梗科)
茼蒿(千金·食治)=南茼蒿
茼蒿(山西)=黄花蒿
茼蒿(四川,云南)=牡蒿
茼蒿 Chrysanthemum coronarium L.(菊科),*艾菜*
茼蒿属 Chrysanthemum L.(菊科)
桐根(重庆草药)=白花泡桐
桐花(海南)=黄槿
桐花树(新)Paramentiera cerifera Seem.(紫葳科),*蜡烛果*
桐花树(植物志 58)=蜡烛果
桐花树属(新)**Parmentiera** DC.(紫葳科),*蜡烛果属*
桐麻(贵州)=刚毛黄蜀葵
桐麻(四川,陕西)=苘麻
桐麻(云南)=刚毛黄蜀葵
桐麻豌(四川中药志)=梧桐
桐棉 Thespesia populnea (L.) Soland. ex Corr. (锦葵科),*杨叶肖槿,截萼黄槿,恒春黄槿*
桐棉属 Thespesia Soland. ex Corr.(锦葵科)
桐木(纲目)=白花泡桐
桐木寄生(广西)=棱枝槲寄生
桐木树(广东增城)=长叶竹柏
桐木树(湖南)=海通
桐皮(本经)=白花泡桐
桐皮(本经)=毛泡桐
桐皮子(药用志)=了哥王
桐青(福建药物志)=假连翘
桐树寄生(四川)=枫香寄生
桐叶(本经)=白花泡桐
桐叶柯(广东)=紫玉盘柯
桐叶槭 Acer pseudoplatanus L.(槭树科)
桐叶千金藤 Stephania hernandifolia (Willd.) Walp. (防已科),*毛千金藤*
桐叶藤(天目药志)=钻地风
桐油(日华子本草)=油桐
桐油树(植物志 44-2)=油桐
桐状槭 Acer campestre L.(槭树科),*栓皮槭*
桐子果 Ginkgo biloba cv. Tongziguo(银杏科)
桐子花(重庆草药)=油桐
桐子树(植物志 44-2)=油桐
桐梓树(福建)=檫木
铜棒锤(陕西)=条裂黄堇
铜壁关凤仙花 Impatiens tongbiguanensis S. Akiyama & H.Ohba(凤仙花科)
铜川大戟 Euphorbia tongchuanensis C.Y.Wu & J.S.Ma (大戟科)
铜锤草(拉汉英名称)=红花酢浆草
铜锤草(云南)=过江藤
铜锤草(云南,广西,高等图鉴)=铜锤玉带草
铜锤草(云南,云南中草药选)=牛膝菊
铜锤玉带草 Pratia nummularia (Lam.) A.Br. & Aschers. (桔梗科),*地钮子,地茄子,红头带,骂补神,铜锤草,乌金钟,小铜锤,翳子草*
铜锤玉带属 Pratia Gaudich.(桔梗科)
铜锤紫堇(秦岭志)=条裂黄堇
铜灯台(四川)=西南银莲花
铜灯台(四川)=狭叶重楼
铜骨七(四川)=西南银莲花

铜鼓山毛蕨(蕨类形态)=台湾毛蕨
铜光冬青 Ilex cupreonitens C.Y.Wu ex Y.R.Li (冬青科)
铜将军(广西)=酒饼簕
铜交杯(浙江民间草药)=狗舌草
铜脚威(玉溪草药)=云南兔儿风
铜脚威灵仙(云南)=川滇变豆菜
铜脚威灵仙(浙江)=吴兴铁线莲
铜脚威灵仙(植物志 28)=圆锥铁线莲
铜脚葳灵(云南中草药选)=显脉旋覆花
铜脚枝蒿(云南中草药)=石椒草
铜筷子(陕西)=桃儿七
铜绿山矾 Symplocos stellaris var. aenea (Hand.-Mazz.) Noot.(山矾科),*无量山山矾*
铜罗汉(云南临沧)=老鸦烟筒花
铜罗伞(广西)=宁波木蓝
铜罗伞(广西草药)=庭藤
铜锣草(辽宁)=徐长卿
铜锣桂(广东高要)=厚壳桂
铜毛马蓝 Pteracanthus aenobarbus (W.W.Sm.) C.Y.Wu & C.C.Hu(爵床科),*十三年花*,*铜毛紫云菜*
铜毛紫云菜(云南植物名录)=铜毛马蓝
铜盘一支香(浙江民间草药)=狗舌草
铜盆花 Ardisia obtusa Mez.(紫金牛科),*山巴*,*钝叶紫金牛*
铜皮(云南)=滇南草乌
铜皮(云南)=箭叶秋葵
铜皮兰(广东,广西)=广东石斛
铜皮石斛(中药志)=金钗石斛
铜皮铁箍(丽江)=酸蔹藤
铜钱草(广西)=破铜钱
铜钱草(江苏,安徽)=积雪草
铜钱草(上海,浙江至湖北)=活血丹
铜钱草(四川)=过路黄
铜钱草(四川)=红马蹄草
铜钱草(四川城口)=中华天胡荽
铜钱草(浙江)=马蹄金
铜钱根(云南)=一文钱
铜钱花(四川)=铃铃香青
铜钱花草(海南)=虎掌藤
铜钱还阳(湖北)=西藏珊瑚苣苔
铜钱沙(海南澄迈)=广金钱草
铜钱射草(海南澄迈)=广金钱草
铜钱树(四川)=马甲子
铜钱树(浙江,江西)=乌药
铜钱树 Paliurus hemsleyanus Rehd.(鼠李科),*乌不宿*,*钱串树*,*金钱树*,*摇钱树*,*刺凉子*,*金钱木根*
铜钱树属(高等图鉴)=**马甲子属**
铜钱乌金(湖北)=铜钱细辛
铜钱细辛 Asarum debile Franch.(马兜铃科),*胡椒七*,*铜钱乌金*,*毛细辛*
铜钱叶白珠 Gaultheria nummularioides D.Don (杜鹃花科),*四川白珠树*
铜钱叶蓼 Polygonum nummularifolium Meisn. (蓼科)
铜钱叶小檗 Berberis nummularia Bge.(小檗科)
铜钱玉带(江西)=活血丹
铜色杜鹃 Rhododendron viscidifolium Davidian(杜鹃花科)
铜色桤叶树 Clethra monostachya var. cuprescens Fang & L.C.Hu(桤叶树科)
铜色鼠尾(中草药汇编)=橙色鼠尾草
铜色叶胡颓子(高等图鉴)=巴东胡颓子
铜山阿魏 Ferula licentiana var. tunshanica (Su) Shan & Q.X.Kiu(伞形科),*山芫荽*
铜身铁骨(浙江药用名录)=光叶马鞍树
铜丝草(东北,四川)=银粉背蕨
铜丝草(陕西中草药)=掌叶铁线蕨
铜丝金(浙江药志)=狗牙根
铜威灵(浙江)=圆锥铁线莲
铜叶钟花杜鹃 Rhododendron campanulatum subsp. aeruginosum (HK.f.) Chamb. ex Cullen & Chamb.(杜鹃花科)
铜针刺(天宝本草)=假豪猪刺
铜针树(广东)=鱼蓝柯
铜钻(广西)=定心藤
童参(上海)=孩儿参
童山白兰(台湾兰科植物)=光萼斑叶兰
童氏落新妇 Astilbe thunbergii Miq.(虎耳草科)
童子益母草(江苏)=益母草
统天草(闽南民间草药)=猫尾豆
统天袋(陕西)=高乌头
桶柑(植物志 43-2)=蕉柑
桶钩藤(台湾志)=台湾鼠李
桶仔竹(台湾)=长枝竹
筒瓣兰 Anthogonium gracile Lindl.(兰科)
筒瓣兰属 Anthogonium Lindl.(兰科)
筒被菝葜 Smilax synandra Gagn.(百合科),*直立肖菝葜*
筒凤梨属 Canistrum E.Morr.(凤梨科)
筒冠花 Siphocranion macranthum (HK.f.) C.Y. Wu (唇形科),*草藤乌*,*大花筒冠花*,*小叶变种*
筒冠花属 Siphocranion Kudo(唇形科)
筒桂(广西)=肉桂
筒果木蓝 Indigofera cylindracea Grah. ex Baker? (豆科)
筒花杜鹃 Rhododendron trichostomum var. ledoides (Balf.f. & W.W.Sm.) Cowan & David. (杜鹃花科)
筒花苣苔 Briggsiopsis delavayi (Frnch.) K.Y. Pan (苦苣苔科)
筒花苣苔属 Briggsiopsis K.Y.Pan (苦苣苔科)
筒花开口箭 Campylandra delavayi (Franch.) M. N.Tamura et al.(百合科)
筒花龙胆 Gentiana tubiflora (G.Don) Wall. ex Griseb. (龙胆科),*长柱龙胆*
筒花马铃苣苔 Oreocharis tubiflora K.Y.Pan(苦苣苔科)
筒花芒毛苣苔 Aeschynanthus tubulosus Anth. (苦苣苔科)
筒花木(四川)=滇白珠
筒花木藜芦 Leucothoë keiskei Miq.(杜鹃花科)
筒距兰 Tipularia szechuanica Schltr.(兰科)
筒距兰属 Tipularia Nutt.(兰科)
筒距舌唇兰 Platanthera tipuloides (L.f.) Lindl. (兰科)
筒鞘蛇菰 Balanophora involucrata HK.f.(蛇菰科),*葛花*,*鹿仙草*,*寄生黄*,*蛇菇*,*观音莲*,*文王一支笔*
筒叶菊 Senecio scaposus DC.(菊科)
筒轴茅 Rottboellia exaltata L.f.(禾本科),*罗氏草*
筒轴茅属 Rottboellia L.f.(禾本科),*罗氏草属*

Tou

头顶颗珠(云南中草药)=鞭打绣球
头顶一棵珠(湖北)=延龄草
头发草(内蒙)=沙拐枣
头号带风(广部中草药手册)=扁担藤
头号卵蛋(内蒙)=苦马豆
头花杯苋 Cyathula capitata (Wall.) Moq.(苋科),*麻牛膝*,*白牛膝*,*川牛膝*
头花赤瓟 Thladiantha capitata Cogn.(葫芦科)
头花独行菜 Lepidium capitatum HK.f. & Thoms. (十字花科)
头花杜鹃 Rhododendron capitatum Maxim.(杜鹃花科),*小叶杜鹃*,*黑香柴*
头花粉条儿菜 Aletris capitata Wang & Tang(百合科)
头花风铃草 Campanula glomeratoides Hong(桔梗科)
头花黄杨 Buxus cephalantha Lévl. & Vant.(黄杨科)
头花韭 Allium glomeratum Prokh.(百合科)
头花黎豆(中药辞海)=黧豆
头花蓼 Polygonum capitatum Buch.-Ham. ex D.Don(蓼科),*草石椒*,*石莽草*,*石辣蓼*,*太阳草*,*满地红*,*小红藤*
头花龙胆 Gentiana cephalantha Franch. ex Hemsl. (龙胆科)
头花马蓝(西藏志)=金足草
头花马先蒿 Pedicularis cephalantha Franch.(玄参科),*头花马先蒿头花变种*
头花马先蒿四川变种(植物志 68)=四川头花马先蒿
头花马先蒿头花变种(植物志 68)=头花马先蒿
头花千金藤(中药辞海)=金线吊乌龟
头花荨麻(四川洪溪)=假楼梯草
头花砂仁 Amomum subcapitatum Y.M.Xia (姜科)
头花水玉簪 Burmannia championii Thw.(水玉簪科)
头花香薷 Elsholtzia capituligera C.Y.Wu(唇形科)
头花象牙参 Roscoea capitata Smith(姜科)
头花银背藤 Argyreia capitiformis (Poir.) V.Oost. (旋花科),*硬毛白鹤藤*,*毛藤花*
头花猪屎豆 Crotalaria mairei Lévl.(豆科),*鸡儿头*,*地草果*,*大丁香*,*兰花水豌豆*
头花柱婆婆纳 Veronica capitata Royle(玄参科)
头角桃(河南,山西)=杠柳
头巾草(内蒙古)=并头黄芩
头巾杜鹃(植物研究)=头巾马银花
头巾马银花 Rhododendron mitriforme Tam(杜鹃花科),*头巾杜鹃*
头九节 Cephaelis laui (Merr. & Metc.) How & Ko(茜草科)
头九节属 Cephaelis Sawrtz(茜草科)
头林心(广西思乐)=酸叶胶藤
头钳模(海南)=杜仲藤
头蕊兰(浙江)=金兰
头蕊兰 Cephalanthera longifolia (L.) Fritsch(兰科),*长叶头蕊兰*
头蕊兰属 Cephalanthera L.C.Rich(兰科)
头石竹 Dianthus barbatus var. asiaticus Nakai (石竹科)
头痛花(本草纲目)=芫花
头痛棵(河南)=白头翁
头形杉(中国裸子志)=三尖杉
头须草(雷公炮炙论)=女菀
头序白绒草 Leucas cephalotes (Roth.) Spreng. (唇形科)
头序报春 Primula capitata HK.(报春花科)
头序赤车 Pellionia cephaloidea W.T.Wang(荨麻科)
头序臭黄荆(高等图鉴)=近头状豆腐柴
头序楤木 Aralia dasyphylla Miq.(五加科),*雷公种*,*鸡䳭盼*,*牛尾木*,*毛叶楤木*
头序大黄 Rheum globulosum Gage(蓼科)
头序甘草(内蒙志)=刺果甘草

头序瓜馥木(分类学报)=凹叶瓜馥木
头序黄芪 Astragalus handelii Tsai & Yü(豆科)
头序金锦香 Osbeckia capitata Benth.(野牡丹科)
头序麦瓶草(东北草本志)=头序蝇子草
头序荛花 Wikstroemia capitata Rehd.(瑞香科),*滑皮树,香叶子,木兰条,赶山尖,黄狗皮*
头序歪头菜 Vicia ohwiana Hosokawa(豆科)
头序无柱兰 Amitostigma capitatum T.Tang & F.T.Wang (兰科)
头序蝇子草 Silene capitata Kom.(石竹科),*馒头草,馒头麦瓶草,头序麦瓶草*
头育皮(江西)=芫花
头晕药(贵州方药集)=柔毛路边青
头柱灯心草 Juncus cephalostigma G.Sam.(灯心草科)
头状八宝 Hylotelephium subcapitatum (Hay.) H.Ohba (景天科),*穗花佛甲草,头状景天*
头状百金花 Centaurium capitatum (Willd.) Borbas (龙胆科)
头状刺草 Echinaria capitata (L.) Desf.(禾本科)
头状风铃草 Campanula glomerata subsp. cephalotes (Nakai) Hong(桔梗科),*聚花风铃草*
头状花耳草 Hedyotis capitellata Wall.(茜草科),*黑节草,接骨丹,凉喉茶,荞花黄连,沙糖根,土红参,小头凉喉茶*
头状花霞草(拉汉名称)=膜苞石头花
头状尖头花(新拉汉英)=尖头花
头状景天(拉汉名称)=头状八宝
头状昆明冬青 Ilex kunmingensis var. capitata Y.R.Li (冬青科)
头状蓼(新华本草纲要)=尼泊尔蓼
头状龙胆 Gentiana capitata Buch.-Ham. ex D. Don (龙胆科)
头状毛麝香 Adenosma capitatum Benth. ex Gen. (玄参科)
头状婆罗门参 Tragopogon capitatus S.Nikit.(菊科)
头状青兰 Dracocephalum subcapitatum (Ktze.) Lipsky (唇形科)
头状沙拐枣 Calligonum caput-medusae Schrenk (蓼科)
头状石头花 Gypsophila capituliflora Rupr.(石竹科),*拟密花丝石竹*
头状四照花 Dendrobenthamia capitata (Wall.) Hutch. (山茱萸科),*鸡嗉子,山覆盆,野荔枝,山荔枝*
头状穗莎草 Cyperus glomeratus L.(莎草科),*三轮草,状元花,喂香壶,水莎草,聚穗莎草*
头状天竺葵 Pelargonium capitatum Ait.(牻牛儿苗科)
头嘴菊 Cephalorrhynchus macrorrhizus (Royle) Tsuil (菊科),*岩参,蓝岩参菊,扎赤*
头嘴菊属 Cephalorrhynchus Boiss.(菊科)
透地连珠(广部中草药手册)=黑老虎
透地龙(岭南采药录)=千斤拔
透地龙(南宁药志)=酸藤子
透骨草(滇南本草,云南通志)=滇白珠
透骨草(东北)=花苜蓿
透骨草(东北)=山野豌豆
透骨草(福建草药)=接骨木
透骨草(广东翁源)=肾叶天胡荽
透骨草(河北,天津,宁夏,湖南,贵州)=芹叶铁线莲
透骨草(河北北部)=黄花铁线莲
透骨草(江苏)=马鞭草
透骨草(经济植物手册)=芹叶铁线莲
透骨草(灵秘丹药笺,本草原始)=地构叶
透骨草(陕西,江西)=活血丹
透骨草(误用名)=北美透骨草
透骨草(珍异药品)=凤仙花
透骨草(植物志 44-2)=广东地构叶
透骨草 Phryma leptostachya subsp. asiatica (Hara) Kitamura(透骨草科),*倒刺草,毒蛆草,剪草,接生草,老婆子针线,前草,山箭草,小青,药风草,一马光,一抹光,一扫光,蝇毒草,粘人裙,*
透骨草科 Phrymaceae
透骨草属 Phryma L.(透骨草科)
透骨风(湖北巴东)=荨麻
透骨风(湖北志)=悬铃叶苎麻
透骨风(中药大辞典)=结壮飘拂草
透骨香(贵阳草药)=滇白珠
透骨消(甘肃沅县)=无毛白透骨消(新)
透骨消(华北至陕西,广西,贵州,云南)=活血丹
透骨消(昆明草药)=滇白珠
透骨消(四川)=地檀香
透光草(云南药用名录)=豆叶九里香
透茎冷水花 Pilea pumila (L.) A.Gray(荨麻科),*肥肉草,蒙古冷水花,直苎麻,肥肉草*
透明边树萝卜 Agapetes hyalocheilos Airy-Shaw (杜鹃花科)
透明草(岭大植物名录)=小叶冷水花
透明凤仙花 Impatiens diaphana HK.f.(凤仙花科)
透明虎耳草 Saxifraga pellucida C.Y.Wu (虎耳草科)
透明冷蕨(蕨类图说)=膜叶冷蕨
透明鳞荸荠 Heleocharis pellucida Presl(莎草科),*谷星草*
透明脉观音座莲 Angiopteris henryi Hieron.(观音座莲科)
透明水玉簪 Burmannia cryptopetala Makino(水玉簪科)
透明卫矛 Euonymus pellucidifolius Hay.(卫矛科)
透明叶假瘤蕨 Phymatopteris pellucidifolia (Hay.) Pic.Serm. (水龙骨科)
透明针茅 Stipa hyalina Nees (禾本科)

Tu

凸瓣苣苔 Ancylostemon convexus Craib(苦苣苔科)
凸背鳞毛蕨 Dryopteris pseudovaria (Christ) C.Chr.(鳞毛蕨科)
凸额马先蒿 Pedicularis cranolopha Maxim.(玄参科),*凸额马先蒿凸额变种*
凸额马先蒿长角变种(植物志 68)=长角凸额马先蒿
凸额马先蒿格氏变种(植物志 68)=格氏凸额马先蒿
凸额马先蒿凸额变种(植物志 68)=凸额马先蒿
凸柑(植物志 43-2)=椪柑
凸果阔叶槭 Acer amplum var. convexum (Fang) Fang (槭树科)
凸尖杜鹃 Rhododendron sinogrande Balf.f. & W.W.Sm. (杜鹃花科)
凸尖榕 Ficus tinctoria subsp. parastica (Willd.) Corner (桑科)
凸尖唐菖蒲 Gladiolus cuspidatus Jacq.(鸢尾科)
凸尖卫矛 Euonymus cuspidatus Loes.(卫矛科)
凸尖栒子(新)Cotoneaster argenteus Kltoz?(蔷薇科)
凸尖羊耳菊 Inula cuspidata C.B.Clarke?(菊科)
凸尖野百合(海南志)=大猪屎豆
凸尖叶青蛇藤 Periploca calophylla var. mucronata P.T.Li (萝藦科)
凸尖越桔 Vaccinium cuspidifolium C.Y.Wu & R. C.Fang (杜鹃花科)
凸尖皱褶马先蒿 Pedicularis plicata subsp. apiculata Tsoong (玄参科)),*皱褶马先蒿凸尖亚种*
凸尖紫麻 Oreocnide obovata var. mucronata C.J. Chen (荨麻科)
凸角复叶耳蕨 Arachniodes cornopteris Ching (鳞毛蕨科)
凸孔角盘兰(高等图鉴)=凸孔阔蕊兰
凸孔阔蕊兰 Peristylus coeloceras Finet(兰科),*凸孔角盘兰*
凸孔坡参 Habenaria acuifera Lindl.(兰科)
凸脉冬青(植物研究)=显脉冬青
凸脉冬青 Ilex kobuskiana S.Y.Hu(冬青科)
凸脉杜鹃 Rhododendron hirsutipetiolatum Z.L. Chang & R.C.Fang(杜鹃花科)
凸脉耳蕨 Polystichum elevatovenusum Ching ex W.M.Chu & Z.R.He(鳞毛蕨科)
凸脉飞燕草 Consolida rugulosa (Boiss.) Schröd. (毛茛科)
凸脉附地菜 Trigonotis elevato-venosa Hay.(紫草科)
凸脉猕猴桃 Actinidia arguta var. nevosa C.F. Liang (猕猴桃科)
凸脉球兰 Hoya nervosa Tsiang & P.T.Li(萝藦科)
凸脉越桔 Vaccinium supracostatum Hand.-Mazz. (杜鹃花科)
凸木林(海南)=细柄少穗竹
凸起相思树 Acacia proninens A.Cunn (豆科)
凸叶杜鹃 Rhododendron pendulum HK.f.(杜鹃花科)
凸轴蕨 Metathelypteris gracilescens (Bl.) Ching (金星蕨科),*光叶凸轴蕨*
凸轴蕨属 Metathelypteris (H.Ito) Ching(金星蕨科)
秃败酱(台湾志)=光叶败酱
秃瓣杜英 Elaeocarpus glabripetalus Merr.(杜英科)
秃杨(江西)=石蒜
秃柄锦香草 Phyllagathis nudipes C.Chen(野牡丹科)
秃柄小檗 Berberis psilopoda Turcz.(小檗科)
秃茶 Camellia glaberrima Chang(山茶科)
秃疮花 Dicranostigma leptopodum (Maxim.) Fedde (罂粟科),*秃子花,勒马回*
秃疮花属 Dicranostigma HK.f. & Thoms.(罂粟科)
秃刺蒴麻 Triumfetta grandidens var. glabra R.H. Miau ex H.T.Chang(椴树科)
秃萼红淡(台湾志)=秃萼台湾杨桐
秃萼虎耳草 Saxifraga nanella var. glabrisepala J. T.Pan (虎耳草科)
秃萼黄芪 Astragalus lessertioides Benth. exBge.? (豆科)
秃萼台湾杨桐 Adinandra formosana var. hypochlora (Hay.) Yamamoto ex Keng(山茶科),*秃萼红淡*
秃房茶 Camellia gymnogyna Chang(山茶科)
秃房杜鹃 Rhododendron henryi var. dunnii (Wils.) M.Y.He (杜鹃花科)
秃房紫茎 Stewartia glabra Yan(山茶科)
秃梗连蕊茶 Camellia dubia Sealy(山茶科)

秃梗露珠草 Circaea glabrescens (Pamp.) Hand.-Mazz. (柳叶菜科),*光梗露珠草*
秃梗槭 Acer leiopodum (Hand-Mazz.) Fang & Chow (槭树科)
秃冠小轮叶越桔 Vaccinium vacciniaceum subsp. glabritubum P.F.Stevens(杜鹃花科)
秃果堇菜(拉汉名称)=茜堇菜
秃果蒲儿根 Sinosenecio phalacrocarpus (Hance) B.Nord. (菊科)
秃红紫珠 Callicarpa rubella var. subglabra (P'ei) H.T.Chang (马鞭草科)
秃华椴 Tilia chinensis var. investita (V.engl.) Rehd. (椴树科)
秃尖尾枫 Callicarpa longissima f. subglabra P'ei (马鞭草科)
秃金锦香 Osbeckia rostrata D.Don(野牡丹科)
秃茎虎耳草 Saxifraga tentaculata C.E.C.Fisch. (虎耳草科)
秃茎冷水花 Pilea villicaulis var. subglabra C.J. Chen (荨麻科)
秃茎荨麻(新拉汉英)=无刺茎荨麻
秃净灰毛豆 Tephrosia purpurea var. glabra Hosokawa (豆科)
秃蜡瓣花 Corylopsis sinensis var. calvescens Rehd. & Wils.(金缕梅科)
秃裸马先蒿 Pedicularis denudata HK.f.(玄参科)
秃毛花猕猴桃 Actinidia eriantha var. calvescens C.F.Liang (猕猴桃科)
秃女子草(甘肃)=蓼子朴
秃鞘箭竹 Fargesia similaris Hsueh & Yi (禾本科)
秃蕊杜英 Elaeocarpus gymnogynus H.T.Chang (杜英科)
秃山白树 Sinowilsonia henryi var. glabrescens Chang (金缕梅科)
秃杉(植物志 7)=台湾杉
秃穗马唐 Digitaria glabrescens (Bor) L.Liou(禾本科)
秃小耳柃 Eurya disticha Chun(山茶科)
秃序海桐 Pittosporum tobira var. calvescens Ohwi (海桐花科)
秃叶党参 Codonopsis farreri Anth.(桔梗科)
秃叶亨氏红豆(分类学报)=秃叶红豆
秃叶红豆 Ormosia nuda (How) R.H.Chang & Q. W.Yao (豆科),*秃叶亨氏红豆,红豆树*
秃叶虎耳草 Saxifraga sphaeradena H.Sm.(虎耳草科)
秃叶黄檗 Phellodendron chinense var. glabriusculum Schneid.(芸香科),*峨眉黄皮树,黄柏,黄檗皮,黄皮,镰刀叶黄皮,台湾黄檗,辛氏黄檗,云南黄皮树*
秃玉山蝇子草 Silene morrisonmontana var. glabella (Ohwi) Ohwi & Ohashi(石竹科)
秃枝润楠 Machilus kurzii King ex HK.f.(樟科)
秃柱台湾杨桐 Adinandra formosana var. formosana f. glabristyla Keng? (山茶科)
秃子花(甘肃,陕西)=秃疮花
秃子花(陕西)=二色补血草
秃子楝树 Decaspermum glabrum Chang & Miau (桃金娘科)
突隔梅花草 Parnassia delavayi Franch.(虎耳草科),*芒药苍耳七,白侧耳,肺心草,马蹄草,白折耳*
突喙薹草(植物研究)=岳西薹草
突尖毛蕨(台湾志)=细柄毛蕨
突尖香茶菜 Isodon mucronatus (C.Y.Wu & H. W.Li) H.Hara (唇形科)
突尖小毛蕨(台湾志)=细柄毛蕨
突尖紫堇 Corydalis mucronata Franch.(罂粟科)
突节荻 Triarrhena lutarioriparia var. elevatinodis L.Liu (禾本科)
突节老鹳草 Geranium krameri Franch. & Sav. (牻牛儿苗科)
突厥假香芥 Pseudoclausia turkestanica (Lipsky) A.N.Vass. (十字花科),*腺果香芥*
突厥蔷薇 Rosa damascena Mill.(蔷薇科),*大马士革蔷薇*
突厥益母草 Leonurus turkestanicus V.Krecz. & Kupr. (唇形科),*益母草*
突肋茶 Camellia costata Hu & S.Y.Liang ex Chang (山茶科)
突肋海桐 Pittosporum elevaticostatum Chang & Yan (海桐花科)
突脉冬青(云南植物名录)=异齿冬青
突脉金丝桃 Hypericum przewalskii Maxim.(藤黄科),*王不留行,老君茶,大花金丝桃,大叶刘寄奴,大对经草*
突脉青冈 Cyclobalanopsis elevaticostata Q.F. Zheng (壳斗科)
突脉榕(分类学报)=白肉榕
突氏欧夏至草 Marrubium turkeviczii Knorr.(唇形科)
图尔盖黄芩 Scutellaria turgaica Juz.(唇形科)
图尔盖针茅 Stipa turgaica Roshev.(禾本科)
图们黄芩 Scutellaria tuminensis Nakai(唇形科)
图们薹草 Carex tuminensis Kom.(莎草科)
图舍秋海棠 Begonia teuscheri Linden ex André (秋海棠科)
图氏水韭 Isoëtes tuckermannii A.Br.(水韭科)
图氏鸢尾 Iris tubergeniana Foster (鸢尾科)
图文黄芩 Scutellaria tuvensis Juz.(唇形科)
图扎拉(湖南)=全缘叶栾树
徒手巴(贵州苗语)=檫木
荼(诗经)=苦苣菜
屠氏葶苈 Draba turczaninowii Pohle & N.Busch (十字花科)
蒤(尔雅)=虎杖
土坝天(江西大余)=北江荛花
土霸王(江西民间验方)=博落回
土白参(广西)=野豇豆
土白及(西藏中草药)=二叶舌唇兰
土白前(新华本草纲要)=短冠东风菜
土白芍(上思)=菊莲
土白头翁(重庆草药)=大火草
土白蔹(生草药性备要)=马㼎儿
土白蔹(生草药性备要)=茅瓜
土白芷(广西兽医植物)=隔山香
土白芷(生草药性备要)=羊耳菊
土白芷(云南曲靖)=寸金草
土百部(陕西)=蕙兰
土百部(四川)=羊齿天门冬
土百部(云南南部)=滇南天门冬
土柏子(四川)=布朗卷柏
土败酱(昆明草药)=双参
土半夏(广东)=犁头尖
土半夏(广西药用名录)=鞭檐犁头尖
土半夏(江西)=半夏
土半夏(云南西畴)=高原南星
土半夏(浙江龙泉)=疏毛磨芋
土贝(百草镜)=土贝母
土贝母(四川会东)=蓝耳草
土贝母 Bolbostemma paniculatum (Maxim.) Franq. (葫芦科),*假贝母,土贝,大贝母,苦地胆,草贝*
土萆薢(食疗本草)=萎叶
土萆薢(广西)=肖菝葜
土薄荷(峨眉)=四裂花黄芩
土薄荷(贵州黎平,云南文山)=留兰香
土薄荷(四川)=薄荷
土薄荷(四川)=圆叶薄荷
土参(滇南本草)=蓝花参
土参(福建)=福参
土参(南京药草)=鸦葱
土参(云南滨川)=川滇女蒿
土参(中药志)=银柴胡
土苍术(中草药学)=东风菜
土草果(广西天峨)=广西豆蔻
土茶(广西)=红芽木
土茶(广西)=越南黄牛木
土茶(云南贡山)=东紫苏
土茶叶(新疆)=新疆鼠李
土柴胡(鞑族名)=一枝黄花
土柴胡(陆川本草)=牡蒿
土柴胡(生草药性备要)=地胆草
土菖蒲(四川)=菖蒲
土常山(福建)=豆腐柴
土常山(广西植物名录)=海通
土常山(湖南)=绢毛山梅花
土常山(江苏,湖北)=黄荆
土常山(辽宁)=细叶小檗
土常山(图经本草)=中国绣球
土常山(图经本草,天目药志)=圆锥绣球
土常山(云南)=马利筋
土常山(植物志 35-1)=常山
土常山(植物志 60-2)=白檀
土场白头婆 Eupatorium japonicum var. tozanense (Hay.) Kitam.?(菊科)
土沉香(经济植物志,植物志 52-1)=银木
土沉香(四川江北)=银木
土澄茄(中药大辞典)=山鸡椒
土虫草(陆川本草)=地蚕
土樗子(高等图鉴)=苦木
土椿树(山东)=盐肤木
土苁蓉(广西)=多蕊蛇菰
土大黄(草药汇编)=皱叶酸模
土大黄(东北中草药)=波叶大黄
土大黄(广西中草药)=刺酸模
土大黄(广西中药志)=木蝴蝶
土大黄(经史证类备用本草)=钝叶酸模
土大黄(陕西中草药)=巴天酸模
土大黄(浙江志)=圆苞金足草
土大黄(中草药汇编)=戟叶酸模
土大黄 Rheum nepalensis Spreng.(蓼科),*羊蹄根,金不换,牛耳大黄*
土大茴(浙江经志)=红毒茴
土大戟(湖北志)=钩腺大戟
土大戟 Euphorbia turczaninowii Kar. & Kir.(大戟科),*矮生大戟*
土大苓(四川)=连翘叶黄芩
土大香(四川中药志)=白五味子
土丹皮(广西中药志)=硃砂根
土丹皮(江西草药手册)=野扇花
土胆草(湖南,江西,江西草药)=合掌消
土疸药(云南)=美丽獐牙菜
土蛋(贵州民间药物)=土圞儿
土蛋(遵义府志)=山土瓜
土当归(福建)=福参
土当归(纲目拾遗)=荷包牡丹
土当归(湖北)=峨参
土当归(吉林)=兴安独活
土当归(吉林延边)=朝鲜当归

土当归(江苏,安徽,江西,湖南)=紫花前胡
土当归(新疆)=西归芹
土当归(药用志,高等图鉴)=食用土当归
土当归(云南)=隆萼当归
土当归(云南文山)=少裂凹乳芹
土当归属(植物学大辞典)=**楤木属**
土党参(海南)=蒴莲
土党参(云南区系报告)=小花党参
土党参(植物志 73-2)=金钱豹
土地冬青(广西药用名录)=香叶树
土地骨皮(浙江,福建)=大青
土地瓜(中药大辞典)=苍山越桔
土地黄(丽江)=红波罗花
土地黄(丽江)=鸡肉参
土地黄(云南楚雄)=鸡脚参
土地榆(分类草药性)=虎杖
土地榆(中草药)=补血草
土丁桂 Evolvulus alsinoides (L.) L.(旋花科),*白鸽草,白毛草,白毛将,白毛莲,白头妹,暴臭蛇,过饥草,毛将军,毛辣花,小鹿衔草,泻痢草,烟油花,银花草,银丝草*
土丁桂属 Evolvulus L.(旋花科)
土冬花(草药汇编)=枇杷
土冬花(四川)=和尚菜
土豆(东北)=阳芋
土豆(纲目拾遗)=落花生
土豆根(安徽,湖北)=多花木蓝
土豆根(河南,湖北)=宜昌木蓝
土豆根(河南,陕西)=花木蓝
土豆根(湖北,江苏,安徽)=华东木蓝
土豆根(陕西)=甘肃木蓝
土杜仲(广西)=杜仲藤
土杜仲(云南)=长萼鹿角藤
土杜仲(云南)=漾濞鹿角藤
土尔其葡萄 Vitis linsecumii Buckl.(葡萄科)
土耳其大鳍蓟 Onopordum sibthorpianum Boiss. & Heldr.(菊科)
土耳其槐 Sophora jaubertii Spach. ex Jaub. & Spach. (豆科)
土耳其雀麦 Bromus turkestanicus Drob.(禾本科)
土耳其斯坦葱(新拉汉英)=宽叶葱
土耳其斯坦独尾草 Eremurus turkestanicus Rgl. (百合科)
土耳其斯坦金盏花 Adonis turkestanicus (Korsh.) Adolf (毛茛科)
土耳其斯坦卫矛 Euonymus nanus var. turkestanicus (Dieck.) Krist.(卫矛科)
土耳其斯坦郁金香 Tulipa kaufmanniana Rgl. (百合科)
土耳其松 Pinus brutia Tenore (松科)
土耳其唐菖蒲 Gladiolus byzantinus Bieb.(鸢尾科)
土耳其郁金香 Tulipa acuminata Vahl.(百合科),*尖瓣郁金香*
土防风(广东药店俗称,广西)=广防风
土防风(广西武鸣,靖西)=广西前胡
土防风(云南曲靖)=灯笼草
土防已(广东)=苍白秤钩风
土防已(广西)=大叶藤
土茯苓(各地)=肖菝葜
土茯苓(贵州草药)=托柄菝葜
土茯苓 Smilax glabra Roxb.(百合科),*光叶菝葜,仙遗粮,禹余粮,白余粮,草禹余粮*
土附子(中药大辞典)=绿叶胡枝子
土甘草(广西)=厚果崖豆藤
土甘草(广西)=毛果鱼藤
土甘草(广西)=美丽相思子
土甘草(广西药志)=相思子
土甘草(贵州民间药物)=冷水花
土甘草(丽江)=假秦艽
土甘草(南宁药志)=秤星树
土甘草(四川)=疣果冷水花
土甘草(新华本草纲要)=满树星
土甘草(植物志 40)=干花豆
土甘草(中草药汇编)=野甘草
土甘草(中药大辞典)=疏叶崖豆
土甘草(中药志)=广州相思子
土高丽参(江西)=野豇豆
土高丽参(药用志)=土人参
土狗尾(植物志 41)=猫尾豆
土古藤(华北)=萝藦
土骨皮(陆川本草)=白花灯笼
土鼓藤(纲目拾遗)=常春藤
土鼓藤(图考)=地锦
土瓜(滇南本草)=山土瓜
土瓜(纲目拾遗)=番薯
土瓜(药用志)=豆薯
土瓜狼毒 Euphorbia prolifera Hamilt. ex D.Don (大戟科),*金丝矮陀陀*
土瓜仁(本草汇言)=王瓜
土瓜藤(广西)=山猪菜
土桂(福建)=天竺桂
土桂皮(广西融水)=少花桂
土桂皮(云南)=钝叶桂
土海风藤(广西药用录)=厚叶白花酸藤子
土恒山(纲目)=杜茎山
土红参(云南玉溪)=头状花耳草
土红花(四川中药志)=蓟
土厚朴(广西)=黄杞
土厚朴(云南)=滇菜豆树
土厚朴(云南)=山玉兰
土花(广东云浮)=山银花
土花(陕西)=松下兰
土花粉(闽东本草)=王瓜
土花椒(安徽,江苏,浙江,中药大辞典)=野花椒
土花椒根(医药通讯)=竹叶花椒
土花旗参(滇南本草)=土人参
土淮山(广东南昆山)=日本薯蓣
土黄柏(福建民间草药)=阔叶十大功劳
土黄柏(高等图鉴)=庐山小檗
土黄柏(广东,福建)=台湾十大功劳
土黄柏(广西)=木蝴蝶
土黄柏(南宁药志)=木蝴蝶
土黄鸡(图考)=千斤拔
土黄芃(四川筠连)=尾叶黄芩
土黄连(滇南本草)=豪猪刺
土黄连(福建中草药)=乌蕨
土黄连(甘肃)=铁破锣
土黄连(高等图鉴)=地黄连
土黄连(广东)=台湾十大功劳
土黄连(广西)=大叶藤
土黄连(广西)=石生黄堇
土黄连(广西)=天仙藤
土黄连(广西中草药)=一点红
土黄连(广西中药志)=黄堇
土黄连(广西中药志)=庐山小檗
土黄连(广西中药志)=南天竹
土黄连(广西中药志)=沈氏十大功劳
土黄连(贵州民间方药集)=阔叶十大功劳
土黄连(贵州民间药物)=大绣线菊
土黄连(贵州正安)=石香薷
土黄连(河北)=房山紫堇
土黄连(江苏溧阳)=山萆薢
土黄连(江西草药)=江南卷柏
土黄连(内蒙,吉林,黑龙江,山东,山西,河南,甘肃)=白屈菜
土黄连(内蒙古)=唐松草
土黄连(陕西)=黄三七
土黄连(四川)=金花小檗
土黄连(四川)=陵齿蕨
土黄连(云南丽江)=粗梗黄堇
土黄连(云南中草药)=矮陀陀
土黄连(云南中草药)=昆明小檗
土黄连(浙江)=粉背薯蓣
土黄莲(广西)=线纹香茶菜
土黄莲(湖南)=紫红獐牙菜
土黄芪(滇南本草)=野葵
土黄芪(福建)=白背黄花稔
土黄芪(广部中草药手册)=极简榕
土黄芪(江苏)=圆叶锦葵
土黄芪(江西中医药)=千斤拔
土黄芪(食疗本草)=紫苜蓿
土黄芪(浙江)=豆腐柴
土黄芪属 Nogra Merr.(豆科)
土黄芩(峨眉)=南黄堇
土黄芩(贵州兴义)=偏花黄芩
土黄芩(贵州兴义)=异色黄芩
土黄芩(吉林)=二歧银莲花
土黄芩(四川合川)=血沟丹
土黄芩(台湾)=台湾小檗
土黄条(陕西)=棣棠花
土茴香(本草图经)=茴香
土茴香(广西,四川,甘肃)=莳萝
土活血(江西吉安)=关公须
土藿香(广东,贵州荔波)=广防风
土藿香(江苏太苍,徐州,重庆)=藿香
土藿香(云南)=鼠尾香薷
土鸡蛋(湖南芗志)=土圞儿
土加藤(云南中草药选)=糯米团
土箭七(四川会东)=一把香
土箭芪(四川中草药)=一把香
土结香(峨眉)=鬼灯笼树
土芥菜(晋江中草药)=黄鹌菜
土金刚叶(贵州方药集)=女贞
土槿皮(中药通报)=金钱松
土荆芥(广东,龙门,广西)=小鱼仙草
土荆芥(广东宝安)=紫花香薷
土荆芥(广西)=石香薷
土荆芥(广西)=野拨子
土荆芥(广西兴安)=长苞荠苎
土荆芥(贵州)=活血丹
土荆芥(江苏)=灯笼草
土荆芥(江西,湖南衡阳)=石荠苎
土荆芥(四川斜永) =小荆芥
土荆芥(图考,昆明)=蜜蜂花
土荆芥(云南)=荔枝草
土荆芥(云南昭通)=水棘针
土荆芥(浙江台州)=苏州荠苎
土荆芥 Chenopodium ambrosioides L.(藜科),*鹅脚草,臭草,杀虫芥*
土荆皮(药材资源汇编)=金钱松
土桔梗(陕西)=鹤草
土桔梗(云南)=西南蝇子草
土桔梗(植物志 73-2)=西南风铃草
土苦参(拉汉名称和手册)=翼首草
土库曼翠雀 Delphinium turkmenum Lipsky (毛茛科)
土库曼大戟 Euphorbia granula Forssk.(大戟科)
土库曼枸杞 Lycium turcomanicum Turcz. ex Boiss. (茄科)

土库曼小檗 Berberis turcomanica Karelin ex Ledeb. (小檗科)

土癞蜘蛛香(贵州)=单叶细辛

土兰条(河南)=西北栒子

土梨(河南)=杜梨

土里开花(江西,安徽)=福建细辛

土里开花(浙江中草药)=蘘荷

土里珍珠(安徽)=茅膏菜

土连翘(本草丛新)=羊踯躅

土连翘(西藏中草药)=美丽金丝桃

土连翘 Hymenodictyon flaccidum Wall.(茜草科),*网膜木*,*网膜籽*,*红丁木*,*梅宋弋*

土连翘属 Hymenodictyon Wall.(茜草科)

土连树(陇海树产目录)=蒙古荚蒾

土良姜(昆明药用报告)=草果药

土灵芝草(南京)=野菰

土羚羊(广西中草药)=狗肝菜

土龙草(江苏)=败酱

土蘆盾(新华本草)=磨盘草

土漏芦(昆明草药) =小鹭鸶草

土栾树(救荒本草)=陕西荚蒾

土栾条(陇海树产目录)=陕西荚蒾

土圞儿 Apios fortunei Maxim.(豆科),*地栗子*,*黄皮狗圞*,*九牛子*,*九子草*,*九子羊*,*疬子薯*,*土蛋*,*土鸡蛋*,*土子*,*野凉薯*,*子鸡生蛋*

土圞儿属 Apios Fabr.(豆科)

土萝卜(药用志)=豆薯

土麻黄(河北)=问荆

土麻黄(浙江中草药)=土木贼

土麻仁(四川南部)=密球苎麻

土马鞭(广东)=马鞭草

土马兜铃(中药中药志)=罗锅底

土麦冬(广东)=小花吊兰

土麦冬(闽东本草) =淡竹叶

土杧果(海南)=脉叶虎皮楠

土门无心菜 Arenaria tumengelaensis L.H.Zhou (石竹科)

土蜜树 Bridelia tomentosa Bl.(大戟科),*逼迫子*,*夹骨木*,*猪牙木*,*土知母*,*补脑根*,*补锅树*

土蜜树属 Bridelia Willd.(大戟科)

土蜜藤 Bridelia stipularis (L.) Bl.(大戟科),*托叶土蜜树*,*狗舌果*,*大串连果*

土明参(四川)=川明参

土默特栒子 Cotoneaster tumetica Pojark.?(蔷薇科)

土牡丹(浙江)=秋牡丹

土牡丹花(广西)=岭南杜鹃

土木鳖(医宗金鉴)=木鳖子

土木瓜(福建中药志)=番木瓜

土木瓜(药材学)=榅桲

土木瓜(药材资料汇编)=木瓜

土木特张姑(内蒙)=曼陀罗

土木香(本草正)=马兜铃

土木香(福建草药)=南五味子

土木香(广东)=乌药

土木香(江苏,江西)=木防己

土木香(云南中草药)=云南马兜铃

土木香 Inula helenium L.(菊科),*青木香*,*祁木香*,*藏木香*,*玛奴*,*热散衣勒特孜*

土木贼(广东中药)=笔管草

土木贼 Equisetum ramosissima (Desf.) Boerner (木贼科),*笔筒草*,*节节草*,*通气草*,*土麻黄*,*野麻黄*

土奈佛特黄芩 Scutellaria tournefortii Benth.(唇形科)

土南星(广西武鸣)=蛇枪头

土南星(江西)=磨芋

土南星(江西大余)=野磨芋

土楠 Endiandra hainanensis Merr. & Metc. ex Allen (樟科)

土楠属 Endiandra R.Br.(樟科)

土牛党七(广西)=毛药藤

土牛七(广西)=人参娃儿藤

土牛膝(陕北)=地八角

土牛膝(生草药性备要)=多须公

土牛膝(图经本草)=柳叶牛膝

土牛膝(图经本草)=少毛牛膝

土牛膝 Achyranthes asper L.(苋科),*倒钩草*,*倒梗草*,*倒扣草*,*牛舌大黄*,*牛舌头*,*鱼鳞菜*,*牛獭鼻*,*粗毛牛膝*,*对节草*

土盘(名医别录)=黄茅

土枇杷(四川荣阳)=夏枯草

土蒲公英(广西药用名录)=光茎栓果菊

土七厘丹(福建)=大叶仙茅

土千年健(滇南本草)=乌鸦果

土前胡(广西)=广西九里香

土羌活(峨眉山)=长尾当归

土羌活(四川中药志)=红姜花

土墙花(湖南药物志)=檵木

土翘(常用中草药配方)=光叶海桐

土茄子(湖南)=地茎

土秦艽(湖北)=柳兰

土青木香(唐本草)=马兜铃

土鳅菜(神州中草药)=白苞蒿

土人参(滇南本草)=金铁锁

土人参(福建)=福参

土人参(广西)=人参娃儿藤

土人参(江苏)=地瓜儿苗

土人参(证治准绳)=明党参

土人参(植物志 73-2)=金钱豹

土人参(中药大辞典)=藓状马先蒿

土人参 Talinum paniculatum (Jacq.) Gaetrn.(马齿苋科),*波世兰*,*参草*,*红参*,*假人参*,*力参*,*栌兰*,*土高丽参*,*土花旗参*,*土洋参*,*瓦参*,*煮饭花*,*紫人参*

土人参属 Talinum Adans.(马齿苋科)

土忍冬(广州,广西)=山银花

土肉桂(江西大余)=毛桂

土肉桂(江西遂川)=香桂

土肉桂(台湾)=天竺桂

土肉桂(云南中草药选)=钝叶桂

土肉桂(中药大辞典)=阴香

土肉桂 Cinnamomum osmophloeum Kanehira (樟科)

土薷香(贵州瓮安)=牛至

土三七(滇南本草,秘方集验)=菊三七

土三七(贵州药用名录)=硬毛火碳母

土三七(江西:草药手册)=金线草

土三七(四川)=白苞蒿

土三七(通称)=费菜

土三七(图考)=落地生根

土三七(西藏中草药)=菊状千里光

土三七(云南)=云南重楼

土三七(云南)=紫背鹿衔草

土三七 Sedum album L.(景天科)

土沙参(植物志 73-2)=西南风铃草

土沙雀麦 Bromus tyttholepis Nevski(禾本科)

土砂仁(广西)=广西豆蔻

土砂仁(贵州)=艳山姜

土砂仁(云南)=红姜花

土砂仁(中药志)=山姜

土莎莲(四川)=聚叶花葶乌头

土山柰(纲目拾遗)=紫茉莉

土杉(高等图鉴)=台湾杉

土杉(台湾)=罗汉松

土蛇床(云南红河哈尼族语)=合叶草

土升麻(贵州)=攀倒甑

土升麻(新疆)=薄叶翅膜菊

土生地(福建)=地瓜儿苗

土生地(广西药志)=白子菜

土生地(丽江)=大花鸡肉参

土生地(丽江中草药)=鸡肉参

土生地(云南)=黄波罗花

土石莲子(广西)=喙荚云实

土首乌(福建)=黄独

土水莲(浙江)=庐山小檗

土太子参(浙江乐清)=菜头肾

土坛树 Alangium salviifolium (L.f.) Wnger(八角枫科),*割舌罗*

土檀香(广西药用名录)=沙针

土藤(广东,广西)=细圆藤

土藤(海南)=鸡眼藤

土天冬(云南南部)=滇南天门冬

土天竹(陕西中药名录)=文竹

土田七(广西田林)=狭叶假人参

土田七(广西中药志)=白子菜

土田七 Stahlianthus involucratus (King ex Bak.) Craib (姜科),*姜三七*,*三七姜*,*姜田七*,*竹叶三七*

土田七属 Stahlianthus O.Ktze.(姜科)

土童 Frailea asterioides Werd.(仙人掌科)

土童属 Frailea Britt. & Rose (仙人掌科)

土兔耳风(四川中药志)=红脉兔儿风

土乌药(广西)=簕柊

土五加皮(广西中草药)=极简榕

土五味子(广西本草选编)=假桂乌口树

土犀角(本草纲目拾遗)=荔枝草

土犀角(纲目拾遗)=金疮小草

土细辛(常用中草药手册)=大叶马蹄香

土细辛(东北)=徐长卿

土细辛(广西)=全缘金粟兰

土细辛(广西)=娃儿藤

土细辛(广西药用名录)=丝穗金粟兰

土细辛(广西中药志)=银线草

土细辛(江西)=七层楼

土细辛(江西莲花)=小叶马蹄香

土细辛(图考)=九头狮子草

土细辛(云南)=灰叶堇菜

土夏枯草(广东中药)=球花毛麝香

土夏枯草(广空中草药手册)=孩儿草

土苋菜(福建)=刺苋

土香草(广西)=石香薷

土香茹草(重庆)=石荠苎

土香薷(广西)=石香薷

土香薷(四川,昆明)=牛至

土香薷(四川,山东,广东,陕西,甘肃)=海州香薷

土香薷(西藏)=密花香薷

土香薷(浙江草药)=苏州荠苎

土香薷(中草药汇编)=香薷

土续断(续古今考)=建兰

土玄参(云南玉溪)=山甘草

土血竭(中药鉴别法)=草血竭

土鸦胆子(广西中药志)=牛耳枫

土烟草(福建草药)=烟草

土烟叶(广东高州)=假烟叶树

土烟叶(陕西)=漏芦

土延胡(中药大辞典)=小药八旦子

土洋参(滇南本草)=土人参

土洋参(四川)=鹭鸶草

土洋参(四川)=双参

土洋参(四川中药志)=小舌唇兰

土一枝蒿(文山中草药)=云南蓍
土茵陈(福建)=牛至
土茵陈(广西钟山)=溪黄草
土茵陈(贵州)=大王马先蒿
土茵陈(湖南药物志)=绵毛鹿茸草
土茵陈(南方各省区)=茵陈
土茵陈(中药大辞典)=松蒿
土茵陈(中药志)=阴行草
土茵子(四川)=宜昌蛇菰
土银花(峨眉)=盘叶忍冬
土银花(植物志 72)=山银花
土玉桂(广东乐昌)=大叶新木姜子
土玉竹(图考)=龙头兰
土芋(福建)=黄独
土元参(广西)=光亮瘤蕨
土元胡(山东)=折曲黄堇
土元胡(植物志 32)=小药八旦子
土元胡 Corydalis humosa Migo(罂粟科)
土远志(广西中药志)=三叶香草
土泽兰(泉州本草)=一枝黄花
土樟(台湾)=网脉桂
土芝(古称)=芋
土知母(昆明中草药)=金毛裸蕨
土知母(云南)=细竹篙草
土知母(中草药汇编)=土蜜树
土枳实(陕西)=枳
土庄花(河南)=土庄绣线菊
土庄绣线菊 Spiraea pubescens Turcz.(蔷薇科),*土庄花*,*石蒡子*,*小叶石棒子*,*蚂蚱腿*,*柔毛绣线菊*
土庄绣线菊毛果变种(植物志 36)=毛果土庄绣线菊(新)
土子(贵州民间药物)=土圞儿
土紫菀(广西)=冠果草
土佐杜鹃花 Rhododendron tosaense Makino (杜鹃花科)
土佐景天 Sedum tosaense Makino(景天科)
吐兰柳 Salix turanica Nas.(杨柳科)
吐丽松(新拉汉英)=陶松
吐鲁番锦鸡儿 Caragana turfanensis (Krassn.) Kom. (豆科)
吐上果根(贵州草药)=中华青荚叶
吐丝子(本草求源)=菟丝子
吐血草(汪连仕:采药书)=钝叶酸模
吐烟草(海南中草药)=吐烟花
吐烟花 Pellionia repens (Lour.) Merr.(荨麻科),*吐烟草*
兔唇花属 Lagochilus Bge.(唇形科)
兔打伞(江西草药)=兔儿伞
兔儿草(昆明草药)=龙头兰
兔儿风蟹甲草 Parasenecio ainsliiflorus (Franch.) Y.L.Chen (菊科),*白花蟹甲草*,*八角香*
兔儿风属 Ainsliaea DC.(菊科)
兔儿苗(江苏)=打碗花
兔儿奶(烟台中草药)=鸦葱
兔儿伞 Syneilesis aconitifolia (Bge.) Maxim.(菊科),*巾骨伞*,*龙头七*,*帽头菜*,*南天扇*,*破阳伞*,*七里麻*,*伞把草*,*伞草*,*铁凉伞*,*兔打伞*,*雪里伞*,*一把伞*,*雨伞菜*,*雨伞昌*
兔儿伞属 Syneilesis Maxim.(菊科)
兔儿尾苗 Pseudolysimachion longifolium (L.) Opiz (玄参科),*长尾婆婆纳*,*兔耳尾苗*
兔耳草(江苏)=打碗花
兔耳草 Lagotis integrifolia (Willd.) Schischk. (玄参科),*亚中兔耳草*,*洪连*
兔耳草属 Lagotis Gaertn.(玄参科)
兔耳大麦 Hordeum leporinum Link.(禾本科)
兔耳风(草木便方)=毛大丁草
兔耳风(贵州药用名录)=宽叶鼠麴草
兔耳风(中药大辞典)=光叶兔耳风
兔耳花(植物志 59-1)=仙客来
兔耳金边草(浙江草药)=杏香兔儿风
兔耳兰 Cymbidium lancifolium HK.(兰科)
兔耳苗(安徽)=藤长苗
兔耳尾苗(中药辞海)=兔儿尾苗
兔耳一枝箭(纲目拾遗)=杏香兔儿风
兔耳状石斛 Dendrobium leporinum J.J.Sm.(兰科)
兔耳子草(山西)=长叶火绒草
兔狗尾(广东)=猫尾豆
兔毛蒿(东北检索表)=线叶菊
兔毛蒿(内蒙古)=冷蒿
兔尾草(豆科图说)=狸尾豆
兔尾草(台湾志)=猫尾豆
兔尾草 Lagurus ovatus L.(禾本科)
兔尾草属 Lagurus L.(禾本科)
兔尾状黄芪 Astragalus laguroides Pall.(豆科)
兔眼越桔 Vaccinium ashei Rede (杜鹃花科)
兔子草(江苏)=马鞭草
兔子肠(中药材手册)=巴戟天
兔子拐棍(内蒙古)=列当
兔子拐杖(东北药志)=列当
兔子花(植物志 59-1)=仙客来
兔子毛(内蒙中草药)=线叶菊
兔子腿(辽宁经济志)=列当
菟葵(尔雅)=中华野葵
菟葵(湖南)=天葵
菟葵 Eranthis stellata Maxim.(毛茛科)
菟葵银莲花 Anemone eranthioides Rgl.(毛茛科)
菟葵属 Eranthis Salisb.(毛茛科)
菟丝(中药资源志要)=菟丝子
菟丝子(广西,贵州,四川,湖北)=金灯藤
菟丝子 Cuscuta chinensis Lam.(旋花科),*禅真*,*豆寄生*,*豆须子*,*豆阎王*,*黄萝子*,*黄丝*,*黄丝藤*,*黄藤子*,*黄弯子*,*黄网子*,*鸡血藤*,*金丝藤*,*雷真子*,*龙须子*,*萝丝子*,*山麻子*,*吐丝子*,*菟丝*,*无根草*,*无根藤*,*无娘藤*,*无娘藤米米*,*无叶藤*,*朱匣琼瓦*
菟丝子属 Cuscuta L.(旋花科)

Tuan

团巴草(青海湟源,甘肃天祝)=黄花棘豆
团葱(植物志 14)=薤白
团丛报春(拉汉名称)=镇康报春
团垫黄芪 Astragalus arnoldii Heml. & Pears.(豆科)
团盖铁线蕨(分类学报)=肾盖铁线蕨
团花 Neolamarckia cadamba (Roxb.) Bosser(茜草科),*黄梁木*
团花滇紫草(新拉汉英)=边界滇紫草(新)
团花滇紫草 Onosma glomeratum Y.L.Liu(紫草科)
团花冬青 Ilex glomerata King(冬青科)
团花杜鹃 Rhododendron anthosphaerum Diels (杜鹃花科)
团花棘豆(新疆检索表)=球花棘豆
团花龙船花 Ixora cephalophora Merr.(茜草科)
团花马先蒿 Pedicularis sphaerantha Tsoong(玄参科)
团花奶浆根(贵州)=昆明杯冠藤
团花牛奶菜 Marsdenia glomerata Tsiang(萝藦科)
团花蒲桃 Syzygium congestiflorum Chang & Miau (桃金娘科)
团花山矾 Symplocos glomerata King ex Gamble (山矾科),*文山山矾*,*宜章山矾*
团花石豆兰 Bulbophyllum bittnerianum Schltr. (兰科)
团花溲疏(经济植物手册)=球花溲疏
团花驼舌草 Goniolimon eximium (Schrenk) Boiss. (白花丹科)
团花腺萼木 Mycetia congestiflora How (菊科)
团花新木姜子 Neolitsea homilantha Allen(樟科)
团花鸭脚木(广西植物名录)=球序鹅掌柴
团花属 Neolamarckia Bosser (茜草科)
团集小檗 Berberis glomerata HK. & Arn.(小檗科)
团经药(贵州贵阳,广西隆林)=活血丹
团聚尾药菊(植物志 77-1)=聚花合耳菊
团矛姜 Zingiber tuanjuum Z.Y.Zhu(姜科)
团球火绒草 Leontopodium conglobatum (Turcz.) Hand.-Mazz.(菊科),*剪花火绒草*
团伞女蒿 Hippolytia glomerata Shih(菊科)
团伞蝇子草 Silene pseudofortunei Y.W.Tsui & C.L.Tang (石竹科)
团扇蕨 Gonocormus minutus (Bl.)v.d.B.(膜蕨科)
团扇蕨属 Gonocormus v.d.Bosch(膜蕨科)
团扇荠 Berteroa incana (L.) DC.(十字花科)
团扇荠属 Berteroa DC.(十字花科)
团扇秋海棠(高等图鉴)=癞叶秋海棠
团扇棕 Licuala grandis Wendland (棕榈科),*圆叶轴榈*
团穗薹草 Carex agglomerata C.B.Clarke(莎草科)
团香(四川)=高山柏
团香果 Lindera latifolia HK.f.(樟科),*牛面兰果*,*大毛叶楠毛香果*,*辛木赛儿*
团叶八爪金龙(贵州,四川)=九管血
团叶杜鹃 Rhododendron orbiculare Decne.(杜鹃花科)
团叶槲蕨 Drynaria bonii Christ(槲蕨科),*肉碎补*,*骨碎补*
团叶陵齿蕨 Lindsaea orbiculata (Lam.) Mett. (陵齿蕨科),*高脚假铁线草*,*金钱草*,*里脚蕨*,*七星蕨*,*园叶林蕨*,*圆叶鳞始蕨*,*圆叶陵齿蕨*,*月影草*
团叶毛茛 Ranunculus fraternus Schrenk(毛茛科)
团叶猕猴桃 Actinidia glaucophylla var. rotunda C.F.Liang (猕猴桃科)
团叶铁线蕨(分类学报)=团羽铁线蕨
团叶绣球(树木分类学)=三裂绣线菊
团叶杨(树木分类学)=响叶杨
团叶杨(中药大辞典)=滇南山杨
团叶越桔 Vaccinium chaetothrix Sleumer(杜鹃花科)
团羽鳞盖蕨 Microlepia obtusiloba Hay.(碗蕨科)
团羽铁线蕨 Adiantum capillus-junonis Rupr(铁线蕨科),*翅柄铁线蕨*,*牛毛毡*,*团叶铁线蕨*,*乌脚芒*,*岩浮萍*,*猪毛草*,*猪毛针*,*猪鬃草*,*猪鬃七*
团芋(思茅中草药)=泉七
团芋(云南思茅)=千年健
团竹 Fargesia obliqua Yi (禾本科)
团状福禄草 Arenaria polytrichoides Edgew. ex Edgew. & HK.f.(石竹科),*团状雪灵芝*,*金发藓状蚤缀*
团状雪灵芝(高等图鉴补编)=团状福禄草

Tui

退弹草(广西)=镰翅羊耳蒜
退骨草(贵州)=活血丹
退化蚤缀(拉汉名称)=缩减无心菜
退黄藤(中草药汇编)=利黄藤
退节草(四川忠县)=血盆草
退毛来江藤 Brandisia glabrescens Rehd.(玄参科)
退毛来江藤黄背变种(Flora 18,植物志 67-2)=藤黄背来江藤
退毛马先蒿 Pedicularis glabrecesns H.L.Li (玄参科)
退蛆草(广西西南)=美花狸尾豆
退色血红杜鹃 Rhododendron sanguineum var. cloiophorum (Balf.f. & Forr.) Chamb. ex Cullen & Chamb.(杜鹃花科)
退血草(分类草药性)=金疮小草
退血草(贵州)=露珠珍珠菜
退血草(湖南药物志)=华中铁角蕨
退血草(药用图鉴)=紫背金盘
退血草(中草药汇编)=茂汶过路黄
退秧竹(岭南采药录)= 淡竹
褪粉猕猴桃 Actinidia melanandra var. subconcolor C.F.Liang (猕猴桃科)
褪色红山茶 Camellia albescens Chang(山茶科)
褪色扭连钱 Marmoritis decolorans (Hemsl.) H. W.Li (唇形科)

Tun

芚肠草(本草纲目)=旋花
豚草(东北检索表)=三裂叶豚草
豚草 Ambrosia artemisiifolia L.(菊科),*家草*
豚草叶糙果芹 Trachyspermum scaberulum var. ambrosiifolium (Franch.) Shan(伞形科)
豚草属 Ambrosia L.(菊科)
臀果木 Pygeum topengii Merr.(蔷薇科),*臀形果,木虱槁,木虱罗,鹿角,荷包李*
臀果木属 Pygeum Gaertn.(蔷薇科),*殿形果属,野樱属*
臀形果(高等图鉴)=臀果木

Tuo

托柄菝葜 Smilax discotis Warb.(百合科),*短柄菝葜,土茯苓,金刚豆藤*
托花红景天 Rhodiola stapfii (Hamet) S.H.Fu (景天科),*史塔红景天,印边景天*
托壳果(海南)=大萼木姜子
托克逊黄芪 Astragalus toksunensis S.B.Ho(豆科)
托雷尔沟瓣 Glyptopetalum thorelii Pitard (卫矛科)
托雷麻黄 Ephedra torreyana Wats.(麻黄科)
托里阿魏 Ferula krylovii Korov.(伞形科)
托里贝母 Fritillaria tortifolia X.Z.Duan & X.J. Zheng (百合科)
托里灯心草 Juncus torreyi Cov.(灯心草科)
托里风毛菊 Saussurea tuoliensis G.M.Shen(菊科)
托卢卡十大功劳 Mahonia toluacensis J.J.Sm.(小檗科)
托马西尼番紫花 Crocus tomasinianus Herb.(鸢尾科)
托玛早熟禾 Poa tolmatchewii Roshev.(禾本科)
托毛匹菊 Pyrethrum kaschgharicum Frasch.(菊科)
托木尔峰棘豆 Oxytropis chantengriensis Vass. (豆科)
托木尔黄芪 Astragalus dscharkenticus Popov (豆科)
托穆尔鼠耳芥(植物志 33)=蚓果芥
托盘(东北)=牛叠肚
托盘(救荒本草)=蓬蘽
托盘椆(海南志)=托盘青冈
托盘果(江苏)=圆叶锦葵
托盘幌(东北木本志)=风箱果
托盘幌属(东北木本志)=**风箱果属**
托盘莲花掌 Aeonium undulatum Webb. & Berth. (景天科)
托盘青冈 Cyclobalanopsis patelliformis (Chun) Y.C.Hsu & H.W.Jen(壳斗科),*托盘椆*
托食茶(广西)=樟叶木防己
托腰散(四川中草药)=朱砂藤
托叶黄檀 Dalbergia stipulacea Roxb.(豆科)
托叶龙芽草 Agrimonia coreana Nakai(蔷薇科),*大托叶龙芽草,朝鲜龙芽草*
托叶楼梯草 Elatostema nasutum HK.f.(荨麻科)
托叶秋海棠 Begonia stipulacea Willd.(秋海棠科)
托叶舌瓣 Glossopetalon stipulifera St.John (卫矛科)
托叶土蜜树(拉汉名称)=土蜜藤
托叶悬钩子 Rubus foliaceistipulatus Yü & Lu (蔷薇科)
托叶樱(经济植物手册)=托叶樱桃
托叶樱桃 Cerasus stipulacea (Maxim.) Yü & Li (蔷薇科),*托叶樱*
托竹 Pseudosasa cantori (Munro) Keng f.(禾本科),*林仔竹*
拖鞋白点兰 Thrixspermum calceolus (Lindl.) Rchb.f. (兰科)
拖鞋花(广州)=红雀珊瑚
脱苞韭(新疆药志)=星花蒜
脱辟木(树木分类学)=多蕊木
脱辟木属(树木分类学,科属检索表)=**多蕊木属**
脱肠草(拉汉名称)=治疝草
脱萼鸦跖花 Oxygraphis delavayi Franch.(毛茛科)
脱骨丹(生草药性备要)=金樱子
脱喙芥 Litwinowia tenuissima (Pall.) N.Busch (十字花科)
脱喙荠属 Litwinowia Woron.(十字花科)
脱节草(江苏东台)=牛鞭草
脱力草(江苏药材志)=鹤草
脱力草(江苏药材志)=婆婆针
脱萝(广西)=刺通草
脱毛桉叶悬钩子 Rubus eucalyptus var. etomentosus Yü & Lu (蔷薇科)
脱毛大叶勾儿茶 Berchemia huana var. glabrescens Cheng ex Y.L.Chen(鼠李科)
脱毛弓茎悬钩子 Rubus flosculosus var. etomentosus Yü & Lu (蔷薇科)
脱毛黄芩 Scutellaria glabrata Vved.(唇形科)
脱毛黄腺香青(新)Anaphalis aureo-punctata f. calvescens (Pamp.) Chen(菊科),*黄腺香青脱毛变型*
脱毛龙胆 Gentiana ninglangensis var. glabrescens (H.Sm.) T.N.Ho(龙胆科)
脱毛琴叶悬钩子 Rubus panduratus var. etomentosus Hand.-Mazz.(蔷薇科)
脱毛天剑(北部植物图志)=藤长苗
脱毛乌蔹莓 Cayratia albifolia var. glabra (Gagn.) C.L.Li(葡萄科),*樱叶乌蔹莓,光叶少果乌蔹莓*
脱毛喜阴悬钩子 Rubus mesogaeus var. glabrescens Yü & Lu (蔷薇科)
脱毛银背柳(植物志 20-2)=银背柳
脱毛银叶委陵菜 Potentilla leuconota var. brachyphyllaria Card.(蔷薇科)
脱毛圆锥悬钩子 Rubus paniculatus var. glabrescens Yü & Lu (蔷薇科)
脱毛皱叶鼠李 Rhamnus rugulosa var. glabrata Y.L.Chen & P.K.Chou(鼠李科)
脱毛总梗委陵菜 Potentilla peduncularis var. glabriuscula Yü & Li(蔷薇科)
脱皮龙(广西药用名录)=中国绣球
脱皮麻(广东)=厚皮树
脱皮木(云南麻栗坡)=屏边石笔木
脱皮树(湖南)=西藏山茉莉
脱皮藤(广东博罗)=白叶藤
脱皮榆 Ulmus lamellosa Wang & S.L.Chang ex L.K.Fu(榆科),*沙包榆*
脱绒蛇葡萄 Ampelopsis tomentosa var. glabrescens C.L.Li(葡萄科)
脱绒委陵菜 Potentilla evestita Wolf(蔷薇科)
陀果齿缘草 Eritrichium petiolare var. subturbinatum W.T.Wang(紫草科),*陀果具柄齿缘草*
陀果具柄齿缘草(Flora 16)=陀果齿缘草
陀罗果雪胆 Hemsleya turbinata C.Y.Wu ex C.Y. Wu & C.L.Chen(葫芦科)
陀螺果 Melliodendron xylocarpum Hand.-Mazz. (安息香科),*水冬瓜,冬瓜木,鸦头梨*
陀螺果属 Melliodendron Hand.-Mazz.(安息香科),*鸦头梨属*
陀螺棘豆 Oxytropis leptophylla var. turbinata H. C.Fu (豆科)
陀螺栒子 Cotoneaster turbinatus Craib (蔷薇科)
陀螺紫菀 Aster turbinatus S.Moore(菊科),*百条根,打风草,单头紫菀,喉风草,牛舌草,野白菊,一枝香,枝香*
驼齿猕猴桃 Actinidia callosa var. ephippioidea C.F.Liang (猕猴桃科)
驼风苦豆子 Sophora gibbosa O.Kuntze (豆科)
驼峰楝 Guarea cedrata Pellegr.(楝科)
驼峰楝属 Guarea (Allem.) L.(楝科)
驼峰藤 Merrillanthus hainanensis Chun & Tsiang (萝藦科)
驼峰藤属 Merrillanthus Chun & Tsiang(萝藦科),*梅乐花属*
驼绒藜 Ceratoides latens (J.F. Gmel.Reveal & Holmgren (藜科),*优若藜*
驼绒藜属 Ceratoides (Tourn.) Gagn.(藜科),*优若属,优若藜属*
驼舌草 Goniolimon speciosum (L.) Boiss.(白花丹科),*刺叶矶松,棱枝草*
驼舌草属 Goniolimon Boiss.(白花丹科),*棱枝草属*
驼蹄瓣 Zygophyllum fabago L.(蒺藜科),*豆型霸王,骆驼蹄瓣*
驼蹄瓣属 Zygophyllum L.(蒺藜科)
橐吾 Ligularia sibirica (L.) Cass.(菊科),*西伯利亚橐吾,北橐吾*
橐吾属 Ligularia Cass.(菊科)
橐吾状蒲儿根 Sinosenecio ligularioides (Hand.-Mazz.) B.Nord.(菊科)
椭苞爵床 Rostellularia rotundifolia Nees(爵床科)
椭果绿绒蒿 Meconopsis chelidonifolia Bur & Franch.(罂粟科),*黄花绿绒蒿,断肠草,拟千金子,裂叶蒿,都辣*
椭果紫堇 Corydalis ellipticarpa C.Y.Wu & Z.Y. Su (罂粟科)
椭蕾玉兰 Magnolia elliptigemmata C.L.Guo & L.L.Huang (木兰科)

椭叶变种(植物志 74)=椭叶小舌紫菀(新)
椭叶花苜蓿(新)Medicago ruthenica var. oblongifolia Freyn?(豆科)
椭叶龙胆 Gentiana altigena H.Sm.(龙胆科),*椭叶龙胆*
椭叶南烛(江苏志)=小果珍珠花
椭叶小舌紫菀(新)Aster albescens var. limprichtii (Diels) Hand.-Mazz.(菊科),*椭叶变种*
椭圆广东绣球(分类学报)=广东绣球
椭圆果哈克 Hakea elliptica R.Br.(山龙眼科)
椭圆果蓟(新) Cirsium albexens Kitam.?(菊科)
椭圆果木姜子 Litsea lancifolia var. ellipsoidea Yang & P.H.Huang(樟科)
椭圆果葶苈 Draba ellipsoidea HK.f. & Thoms.(十字花科)
椭圆果雪胆 Hemsleya ellipsoidea L.T.Shen & W.J. Chang (葫芦科)
椭圆红柿 Diospyros oldhami f. ellipsoidea (Odashima) Li(柿科)
椭圆荆芥 Nepeta elliptica Royle ex Benth.(唇形科)
椭圆菊三七(植物志 77-1)=兰屿木耳菜
椭圆冷水花 Pilea elliptilimba C.J.Chen(荨麻科)
椭圆马铃苣苔(Flora 18)=洱源马铃苣苔
椭圆马铃苣苔 Oreocharis delavayi Franch.(苦苣苔科)
椭圆马尾杉 Phlegmariurus henryi (Baker) Ching (石杉科)
椭圆石松(福建志)=华南马尾杉
椭圆线蕨(台湾志)=线蕨
椭圆线柱苣苔 Rhynchotechum ellipticum (Wall. ex D.F.N.Dietr.) A.DC.(苦苣苔科),*线柱苣苔*
椭圆形报春 Primula elliptica Royle (报春花科)
椭圆悬钩子 Rubus ellipticus Smith(蔷薇科),*黄藨叶,黄藨根,黄龙须*
椭圆叶安匝木 Pomaderris elliptica Labill.(鼠李科)
椭圆叶白前(植物志 63)=大理白前
椭圆叶齿果草 Salomonia oblongifolia DC.(远志科),*睫毛莎萝莽,睫毛齿果草,缘毛齿果草*
椭圆叶盾翅藤 Aspidopterys ellipitca Lévl.(金虎尾科)
椭圆叶胡椒 Piper yui M.G.Gilb. & N.H.Xia(胡椒科)
椭圆叶花锚 Halenia elliptica D.Don(龙胆科),*卵萼花锚,黑及草,黑耳草,肝炎药,小儿肿消*
椭圆叶金丝桃 Hypericum elliptifolium Li(藤黄科)
椭圆叶旌节花 Stachyurus callosus C.Y.Wu(旌节花科)
椭圆叶卷耳(Flora 6)=华北卷耳
椭圆叶蓼 Polygonum ellipticum Willd. ex Spreng. (蓼科),*亮果蓼,拳参,草河车*
椭圆叶鹿蹄草(新拉汉英)=亮叶鹿蹄草
椭圆叶米仔兰 Aglaia elliptifolia Merr.(楝科),*大叶树兰*
椭圆叶木蓝 Indigofera cassoides Rottl. ex DC.(豆科)
椭圆叶青兰 Dracocephalum oblongifolium Rgl.(唇形科)
椭圆叶山桂花 Bennettiodendron leprosipes var. ellipticum S.S.Lai(大风子科)
椭圆叶山荆子 Malus baccata var. silvatica?(蔷薇科)
椭圆叶石楠 Photinia beckii Schneid.(蔷薇科)
椭圆叶水麻 Debregeasia elliptica C.J.Chen(荨麻科)
椭圆叶娑罗双 Shorea ovalis Bl.(龙脑香科)
椭圆叶天芥菜 Heliotropium ellipticum Ledeb.(紫草科)
椭圆叶乌口树 Tarenna tsangii f. elliptica Chun & How (茜草科)
椭圆叶越桔 Vaccinium pseudorobustum Sleumer (杜鹃花科)
椭圆叶紫花卫矛 Euonymus porphyreus var. ellipticus Blakel.(卫矛科)
椭圆玉叶金花 Mussaenda elliptica Hutch.(茜草科)
椭圆柱瓣兰 Epidendrum ellipticum Lindl.(兰科)
椭圆钻地风 Schizophragma elliptifolium C.F. Wei (虎耳草科)

Wa

哇咖扑昔(德宏景颇语)=怒江藤黄
哇日蛙达(藏语)=细果角茴香
哇曰多罗(藏名)=乳白香青
娃儿菜(植物志 73-2)=蓝花参
娃儿藤(江西草药)=七层楼
娃儿藤 Tylophora ovata (Lindl.) HK. ex Steud.(萝藦科),*白龙须,缠竹消,大白前,关腰草,黄芽细辛,鸡骨香,金线吊丝馅,老君须,黎针,卵叶娃儿藤,落地金瓜,落地蜘蛛,落土香,芒尾蛇,毛果娃儿藤,绵毛娃儿藤,三白根,三分丹,三十六荡,三十六根,蛇花藤,双飞蝴蝶,藤霸王,藤细辛,通脉丹,土细辛,虾箱须,小霸王,哮喘草*
娃儿藤属 Tylophora R.Br.(萝藦科)
娃尼匹(彝语)=乌蒙黄堇
娃娃皮(四川通江)=小黄构
娃娃拳(草药汇编)=扁担杆
娃娃山柳 Salix opsimantha var. wawashanica (P. Y.Mao & P.X.HE) G.Zhu(杨柳科)
挖安登(壮族语)=短葶飞蓬
挖不尽(广西)=酸藤子
挖耳草(滇南本草)=烟管头草
挖耳草(广空中草药手册)=金耳挖
挖耳草(上海中草药)=天名精
挖耳草(思茅中草药)=异色黄芩
挖耳草(云南耿马)=瑞丽黄芩
挖耳草 Utricularia bifida L.(狸藻科),*耳挖草,金耳挖,割鸡芒*
挖耳子草(四川)=棉毛尼泊尔天名精
挖耳子草(西藏中草药)=高原天名精
洼瓣花 Lloydia serotina (L.) Archb.(百合科)
洼瓣花属 Lloydia Salisb.(百合科)
洼点蓼 Polygonum glaciale var. przewalskii (SkvortS. & Borod.) A.J.Li(蓼科)
洼皮冬青 Ilex nuculicava S.Y.Hu(冬青科)
蛙皮藤(广西药用名录)=牛筋藤
蛙食草 Hydrocharis morsus-ranae L.(水鳖科)
瓦参(滇南本草)=土人参
瓦草(滇南本草)=粘萼蝇子草
瓦草(滇南本草)=掌脉蝇子草
瓦葱(四川中药志)=瓦松
瓦得蹄盖蕨(蕨类图说)=华中蹄盖蕨
瓦德栒子(经济植物手册)=白毛栒子
瓦迪早熟禾 Poa wardiana Bor(禾本科),*瓦氏莓系*
瓦顿报春(拉汉名称)=紫钟报春
瓦尔的夫小檗 Berberis valdiviana Phil.(小檗科)
瓦尔斯泽维奇小檗 Berberis warszewiczii Hieron. (小檗科)
瓦覆蹄盖蕨(西北植物学报)=蒙自蹄盖蕨
瓦格纳十大功劳 Mahonia wagneri (Jouin) Rehd.(小檗科)
瓦格纳小檗(新)Berberis hallii var. wagneriana Schneid.(小檗科)
瓦胡岛栗寄生 Korthalsella remyana Van Tiegh.(桑寄生科)
瓦花(秦岭志)=瓦松
瓦花草(江苏)=黄花瓦松
瓦灰竹(云南武定,四川会东)=大叶慈
瓦卡蛇菰(新)Balanophora cavaleriei Lévl.?(蛇菰科)
瓦克罕荆芥 Nepeta vakhanica Pojark.(唇形科)
瓦来斯木属 Vallesia Rui & Pav.(夹竹桃科)
瓦勒秋海棠 Begonia valerioi Standl.(秋海棠科)
瓦理棕 Wallichia chinensis Burret (棕榈科),*小堇棕*
瓦理棕属 Wallichia Roxb.(棕榈科),*小堇棕属,华立加椰子属*
瓦立克梭罗 Reevesia wallichii Br.(梧桐科)
瓦利赫小檗 Berberis wallichiana DC.(小檗科)
瓦利兰 Warrea warreana (Lodd. ex Lindl.) C. Schweinf. (兰科)
瓦利兰属 Warrea Lindl.(兰科)
瓦莲花(浙江草药)=瓦松
瓦莲属 Rosularia (DC.) Stapf(景天科)
瓦鳞耳蕨 Polystichum fimbriatum Christ(鳞毛蕨科)
瓦洛氏假万带兰 Vandopsis warocqueana (Rolfe) Schltr.(兰科)
瓦弄杜鹃 Rhododendron walongense K.Ward (杜鹃花科)
瓦努科小檗 Berberis huanucensis (Schneid.) Macbride (小檗科)
瓦山安息香 Styrax perkinsiae Rehd.(安息香科),*瑞丽野茉莉*
瓦山花楸(经济植物手册)=梯叶花楸
瓦山槐 Sophora wilsonii Craib(豆科)
瓦山栲(植物志 22)=瓦山锥
瓦山蜡树(树木分类学)=紫药女贞
瓦山龙胆 Gentiana wasenensis Mrq.(龙胆科)
瓦山鼠尾草 Salvia himmelbaurii Stib.(唇形科)
瓦山水胡桃(树木分类学)=华西枫杨
瓦山野丁香 Leptodermis parvifolia Hutch.(茜草科)
瓦山锥 Castanopsis ceratacantha Rehd. & Wils.(壳斗科),*刺栗子,瓦山栲,黄山栲*
瓦氏二弯苣苔 Dicyrta warscewicziana Rgl.(苦苣苔科)
瓦氏凤仙花 Impatiens waldheimiana HK.f.(凤仙花科)
瓦氏葛藤(豆科图说)=须弥葛
瓦氏老虎兰 Stanhopea wardii Lodd. ex Lindl.(兰科)
瓦氏鬣蜥棕 Iguanura wallichiana (Mart.) Benth. & HK.f. ex Becc.(棕榈科)
瓦氏龙胆(蒙大学报)=新疆秦艽
瓦氏罗车子(分类学报)=石风车子
瓦氏马先蒿 Pedicularis wallichii Bge.(玄参科)
瓦氏莓系(新拉汉英)=瓦迪早熟禾
瓦氏米尔顿兰 Miltonia warscewiczii Rchb.f.(兰科)
瓦氏秋海棠 Begonia wallichiana Lehm.(秋海棠科)
瓦氏小麦 Triticum vavilovii (Thunb.) Jakubz.(禾本科)
瓦氏棕榈 Trachycarpus wagnerianus Roster (棕榈科)

瓦氏落草 Koeleria vallesiana (Honck.) Gaudin (禾本科)
瓦松(滇南本草)=多茎景天
瓦松(内蒙志)=狼爪瓦松
瓦松(云南)=白果景天
瓦松 Orostachys fimbriatus (Turcz.) Berger(景天科), *吊吊草,狗指甲,克秀巴,流苏瓦松,石扣子,瓦葱,瓦花,瓦莲花,瓦塔,屋松*
瓦松属 Orostachys (DC.) Fisch.(景天科)
瓦塔 (中草药汇编,河北药材)=瓦松
瓦韦(宁夏中草药)=黄瓦韦
瓦韦(青海中草药)=网眼瓦韦
瓦韦 Lepisorus thunbergianus (Kaulf.) Ching(水龙骨科), *剑丹,七星草,大金刀*
瓦韦属 Lepisorus (J.Sm.) Ching(水龙骨科)
瓦乌柴(贵州罗马甸)=蜡梅
瓦屋山悬钩子 Rubus wawushanensis Yü & Lu (蔷薇科)
瓦屋薹草 Carex wawuensis Chü(莎草科)
瓦屋小檗 Berberis gagnepainii var. subovata Schneid. (小檗科)
瓦屋栒子(经济植物手册)=麻叶栒子
瓦札里斯坦小檗 Berberis wazaristanica Ahrendt (小檗科)
瓦震报春(拉汉名称)=靛蓝穗花报春
瓦子草(四川峨眉)=长波叶山蚂蝗
佤箭竹 Fargesia sagittatinea Yi (禾本科)

Wai

歪脖子果(云南思茅)=大叶藤黄
歪冠苣苔(中药大辞典)=尖舌苣苔
歪果片棕属 Loxococcus H.Wendl. & Drude (棕榈科)
歪脚龙竹 Dendrocalamus sinicus Chia & J.L. Sun (禾本科), *巨龙竹*
歪湫(傣族语)=螳螂跌打
歪头菜 Vicia unijuga A.Br.(豆科), *草豆,豆菜,豆苗菜,豆叶菜,二叶萩,两叶豆苗,偏头草,三铃子,山豌豆,鲜豆苗,野豌豆*
歪头盆距兰 Gastrochilus subpapillosus Z.H.Tsi (兰科)
歪斜麻花头 Serratula procumbens Rgl.(菊科)
歪叶冷水花 Pilea cordifolia HK.f.(荨麻科)
歪叶冷水麻(台湾志)=石筋草
歪叶秋海棠 Begonia augustinei Hemsl.(秋海棠科), *保亭秋海棠*
歪叶榕 Ficus cyrtophylla Wall. ex Miq.(桑科), *不对称榕*
歪叶山莕菜(植物志 33)=密序山莕菜
歪叶子兰(新华本草纲要)=光轴苎叶蒟
外贝加尔湖莓系(新拉汉英)=外贝加早熟禾
外贝加早熟禾 Poa transhaicalica Roshev.(禾本科), *外贝加尔湖莓系*
外菖蒲(四川,广东)=阿尔泰银莲花
外高加索荆芥 Nepeta transcaucasica Grossh.(唇形科)
外贡顺(云南)=白木香
外国脱力草(上海)=大狼杷草
外来补血草 Limonium peregrinum (Bergius) R. A.Dyer (白花丹科)
外来杜鹃花 Rhododendron peregrinum Tagg. (杜鹃花科)
外来欧夏至草 Marrubium peregrinum L.(唇形科)
外来萍蓬草 Nuphar advena Ait.f.(睡莲科)
外来山羊草 Aegilops peregrina (Hackel) Maire & Weiller (禾本科)
外来省藤 Calamus peregrinus Ftdo.(棕榈科)
外木个(西双版纳傣语)=槟榔青
外沙佛棕 Verschaffeltia splendida Wendl.(棕榈科)
外沙佛棕属 Verschaffeltia H.Wendl.(棕榈科)
外伸迪萨兰 Disa porrecta Sw.(兰科)
外伸凤仙花 Impatiens porrecta Wall.(凤仙花科)
外弯龙胆 Gentiana recurvata C.B.Clarke(龙胆科)
外弦顺(云南傣语)=云南沉香
外项木(云南傣语)=羽叶白头树
外伊犁黄芪 Astragalus transiliensis Gontsch.(豆科)
外玉山剪股颖 Agrostis transmorrisonensis Hay. (禾本科)
外折糖芥 Erysimum deflexum HK.f. & Thoms. (十字花科)
外折天冬 Asparagus scandens var. deflexus Baker (百合科)

Wan

弯瓣莱豆(新)Phaseolus anguinus Bge.?(豆科)
弯瓣兜兰 Paphiopedilum fairrieanum (Lindl.) Pfitz.(兰科)
弯苞大丁草 Gerbera curvisquama Hand.-Mazz. (菊科)
弯苞风毛菊(植物志 78-2)=折苞风毛菊
弯苞橐吾 Ligularia curvisquama Hand.-Mazz. (菊科)
弯被贝母 Fritillaria recurva Benth.(百合科)
弯柄刺天茄(植物志 67-1)=刺天茄
弯柄假复叶耳蕨 Acrorumohra diffracta (Bak.) H.Ito (鳞毛蕨科)
弯柄薹草 Carex manca Boott(莎草科)
弯柄紫堇 Corydalis geocarpa H.Sm. ex Lidén (罂粟科)
弯长筒蕨 Selenodesmium recurvum Ching & Chiu (膜蕨科)
弯齿盾果草 Solenanthus glochidiatus Maxim. (紫草科)
弯齿风毛菊 Saussurea przewalskii Maxim.(菊科)
弯齿黄芪 Astragalus camptodontus Franch.(豆科)
弯齿千里光(云南植物名录)=岩生千里光
弯翅色木槭 Acer mono var. incurvatum Fang & P.L.Chiu (槭树科)
弯春黄菊 Anthemis altissima Boiss.(菊科)
弯刺蔷薇 Rosa beggeriana Schrenk(蔷薇科), *落花蔷薇*
弯刀叶脂麻掌 Gasteria acinacifolia Haw.(百合科)
弯短距乌头 Aconitum brevicalcaratum var. lauenerianum (Fletcher) W.T.Wang(毛茛科), *短距乌头*
弯萼金丝桃 Hypericum curvisepalum N.Robson (藤黄科)
弯耳鬼箭 Caragana jubata var. recurva Liou f. (豆科)
弯梗菝葜 Smilax aberrans Gagn.(百合科)
弯梗芥 Lignariella hobsonii (Pers.) Baehni(十字花科)
弯梗芥属 Lignariella Baehni (十字花科)
弯梗拉拉藤(西藏志)=麦仁珠
弯梗紫金牛 Ardisia retroflexa Walker(紫金牛科)
弯梗紫堇 Corydalis pseudobalfouriana Lidén(罂粟科)
弯弓假瘤蕨 Phymatopteris malacodon (HK.) Pic.Serm. (水龙骨科)
弯管花 Chasalia curviflora Thwaites(茜草科), *山椒,水松罗,银锦,假蓝枕*
弯管花属 Chasalia Comm. ex Poir.(茜草科)
弯管姜 Zingiber recurvatum S.Q.Tong & Y.M. Xia (姜科)
弯管列当 Orobanche cernua Loefling(列当科), *二色列当,欧亚列当*
弯管马先蒿 Pedicularis curvituba Maxim.(玄参科), *弯管马先蒿弯管亚种*
弯管马先蒿洛氏亚种(植物志 68)=洛氏弯管马先蒿
弯管马先蒿弯管亚种(植物志 68)=弯管马先蒿
弯光萼荷 Aechmea recurvata L.B.Sm.(凤梨科)
弯果草茨藻 Najas graminea var. recurvata J.B. He et al. (茨藻科)
弯果唇柱苣苔 Chirita cyrtocarpa D.Fang & L. Zeng (苦苣苔科)
弯果茨藻 Najas ancistrocarpa A.Br. ex Magnus (茨藻科), *土林拂尾藻*
弯果杜鹃 Rhododendron campylocarpum HK.f. (杜鹃花科)
弯果短肠蕨(蕨类形态)=江南短肠蕨
弯果盾果草 Thyrocarpus glochidiatus Maxim. (紫草科)
弯果胡卢巴 Trigonella arcuata C.A.Meyer(豆科)
弯果黄堇(台湾志)=蛇果黄堇
弯果苦豆子(新拉汉英)=准噶尔苦豆子
弯果婆婆纳 Veronica campylopoda Boiss.(玄参科)
弯果蒜芥(东北检索表)=垂果大蒜芥
弯果乌头 Aconitum refracticarpum Chang(毛茛科)
弯果小檗 Berberis campylotropa Ying(小檗科)
弯花叉柱花 Staurogyne chapaensis R.Ben.(爵床科)
弯花点地梅 Androsace cernuiflora Y.C.Yang & R.F.Huang (报春花科)
弯花黄芪 Astragalus flexus Fisch.(豆科)
弯花筋骨草 Ajuga campylantha Diels(唇形科), *止痢蒿*
弯花马蓝 Pteracanthus cyphanthus (Diels) C. Y.Wu. & C.C.Hu(爵床科), *弯花紫云菜*
弯花雀梅藤 Sageretia pauciflora Tsai (鼠李科)
弯花属 Campylanthus Roth.(玄参科)
弯花紫堇(拉汉名称和手册)=曲花紫堇
弯花紫云菜(云南植物名录)=弯花马蓝
弯花醉鱼草(台湾志)=台湾醉鱼草
弯喙黄芪 Astragalus campylorrhynchus Fisch. & Mey. (豆科)
弯喙角果毛茛 Ceratocephala falcata (L.) Pers. (毛茛科)
弯喙薹草 Carex laticeps C.B.Clarke ex Franch. (莎草科)
弯喙乌头 Aconitum campylorrhynchum Hand.-Mazz. (毛茛科)
弯尖杜鹃 Rhododendron adenopodum Franch. (杜鹃花科)
弯角四齿芥 Tetracme recurvata Bge.(十字花科)
弯茎猴耳环 Pithecellobium flexicaule J.Coult. (豆科)
弯茎还阳参 Crepis flxuosa (Ledeb.) C.B.Clarke (菊科)
弯茎龙胆 Geniana flexicaulis H.Smith(龙胆科)
弯距翠雀花 Delphinium campylocentrum Maxim. (毛茛科)

弯距凤仙花 Impatiens recurvicornis Maxim.(凤仙花科)
弯脉蕨 Campyloneurum phyllitidis (L.) Presl (水龙骨科)
弯脉蕨属 Campyloneurum Presl (水龙骨科)
弯芒乱子草 Muhlenbergia curviaristata (Ohwi) Ohwi (禾本科),*日本弯芒乱子草*
弯芒蔗茅 Erianthus contortus Baldw. ex Ell.(禾本科)
弯毛臭黄荆 Premna maclurei Merr.(马鞭草科),*对木叶*
弯毛孔岩草 Kungia schoenlandii (Raym.-Hamet) K.T.Fu(景天科),*毛狭穗石莲花,全缘叶石莲花,狭穗石莲,狭穗石莲花,狭穗石莲全缘变种,狭穗瓦松*
弯毛楼梯草 Elatostema crispulum W.T.Wang(荨麻科)
弯毛玉山竹 Yushania flexa Yi (禾本科)
弯曲碎米荠 Cardamine flexuosa With.(十字花科),*碎米荠,蔊菜,白带草,野荠菜,米花香荠菜,小叶地豇豆,萝目草,峨眉碎米荠,高山碎米荠,柔弯曲碎米荠*
弯曲叶下珠(湖北志)=落萼叶下珠
弯缺岩荠(植物志 33)=弯缺阴山荠
弯缺阴山荠 Yinshania sinuata (K.C.Kuan) Al-Shehbaz. et al.(十字花科),*弯缺岩荠*
弯蕊芥(植物志 33)=细巧碎米荠
弯蕊芥属(植物志 33)=**碎米荠属**
弯蕊开口箭 Campylandra wattii C.B.Clarke(百合科),*扁竹兰,竹叶兰,兰花草,见血封口,石风丹*
弯蕊石蕊芥(种子植物名称再版)=颗粒弯蕊芥
弯蕊碎米荠 Cardamine loxostemonoides O.E. Schulz. (十字花科),*大花弯蕊芥,灰毛弯蕊芥*
弯蒴杜鹃 Rhododendron henryi Hance(杜鹃花科),*罗浮杜鹃*
弯穗补血草 Limonium drepanostachyum Ik.-Gal. (白花丹科)
弯穗草(新拉汉英)=曲弯穗草(新)
弯穗草 Dinebra retroflexa (Vahl) Panz.(禾本科)
弯穗草属 Dinebra Jacq.(禾本科)
弯穗狗牙根 Cynodon arcuatus J.S.Presl ex Presl (禾本科),*宽叶绊根草*
弯穗脂麻掌 Gasteria croucheri Baker (百合科)
弯头高粱 Sorghum cernuum (Ard.) Host.(禾本科
弯尾冬青 Ilex cyrtura Merr.(冬青科),*镰尾冬青*
弯狭小杉兰(新) Huperzia selago f. reductum-angustinum Christ?(石杉科)
弯小杉兰(新) Huperzia selago f. reductum Christ? (石杉科)
弯心刺红珠小檗 Berberis dictyophylla var. campylogyna (Ahrendt) Ahrendt (小檗科)
弯形哈克 Hakea recurva Meissn.(山龙眼科)
弯腰果(云南)=皱枣
弯腰树(云南)=皱枣
弯药龙胆 Gentiana curvianthera T.N.Ho(龙胆科)
弯叶画眉草 Eragrostis curvula (Schrad.) Nees (禾本科)
弯叶龙胆 Gentiana curviphylla T.N.Ho(龙胆科)
弯叶日中花 Mesembryanthemum uncatum Salm-Dyek (番杏科),*佛手掌*
弯叶丝兰 Yucca recurvifolia Salisb.(百合科)
弯叶嵩草 Kobresia curvata (Boott) Kükenth.(莎草科)
弯叶鸢尾 Iris curvifolia Y.T.Zhao(鸢尾科)
弯羽鳞毛蕨 Dryopteris cyclopeltiformis C.Chr. (鳞毛蕨科)
弯月杜鹃 Rhododendron mekongense Franch. (杜鹃花科)
弯折巢菜 Vicia deflexa Nakai(豆科),*羽叶野豌豆*
弯枝黄檀 Dalbergia candenatensis (Dennst.) Prain (豆科),*扭黄檀*
弯枝桧(经济植物手册)=垂枝柏
弯枝锦鸡儿 Caragana arcuata Liou f.(豆科)
弯枝乌头 Aconitum fischeri var. arcuatum (Maxim.) Rgl. (毛茛科)
弯柱杜鹃 Rhododendron campylogyum Franch. (杜鹃花科)
弯柱唐松草 Thalictrum uncinulatum Franch.(毛茛科)
弯锥香茶菜 Isodon loxothyrsus (Hand.-Mazz.) H.Hara (唇形科)
弯子芒果 Mangifera camptosperma Pierre (漆树科)
弯棕属 Cyphophoenix Benth. & HK.f.(棕榈科)
湾豆(药用志)=蚕豆
湾洪(傣族语)=千年健
蜿蜒杜鹃 Rhododendron bulu Hutch.(杜鹃花科)
蜿蜒小檗 Berberis flexuosa R. & P.(小檗科)
蜿枝嘉赐树(云南植物研究)=曲枝脚骨脆
豌豆(新拉汉英)=亮叶香豌豆
豌豆 Pisum sativum L.(豆科),*回鹘豆,琫豆,麦豆,雪豆,荷兰豆,寒豆*
豌豆跌打(思茅中草药)=紫金龙
豌豆根紫堇 Corydalis tuberi-pisiformis Z.Y.Su (罂粟科)
豌豆花(河北)=大山黧豆
豌豆七(分类学报增刊)=云南红景天
豌豆形薹草 Carex pisiformis Boott(莎草科),*白穗薹草,白雄穗薹草,白鳞薹草,类圆锥薹草,线叶宿柱薹,宜兰宿柱薹*
豌豆属 Pisum L.(豆科)
芄兰(诗疏)=萝藦
完布(植物志 62)=刺芒龙胆
玩耍秋海棠 Begonia ludicra A.DC.(秋海棠科)
宛儿芹(辽宁)=黑水当归
宛田红花油茶(高等图鉴)=多齿红山茶
宛童(尔雅)=红花寄生
晚白柚 Citrus maxima cv. Wanbei Yu(芸香科)
晚抱茎苦荬菜(中药辞海)=尖裂黄瓜菜
晚红瓦松 Orostachys japonicus A.Berg. (景天科)
晚花报春 Primula tardiflora (C.M.Hu) C.M.Hu (报春花科)
晚花大丁草 Gerbera serotina Beauverd(菊科)
晚花吊钟花 Enkianthus serotinus Chun & Fang (杜鹃花科),*晚花卵叶报春*
晚花杜鹃 Rhododendron serotinum Hutch.(杜鹃花科),*晚秋杜鹃花*
晚花卵叶报春(植物志 59-2)=晚花报春
晚花欧洲酸樱桃 Cerasus vulgaris var. semperflorens (蔷薇科)
晚花锈球藤 Clematis montana var. wilsonii Sprang. (毛茛科)
晚花杨 Populus ×canadensis cv. Serotina(杨柳科),*迟叶杨*
晚花蜘蛛眉兰 Ophrys arachnites (Leop.) Hoffm. (兰科)
晚皮树(福建)=流苏树
晚秋杜鹃花(新拉汉英)=晚花杜鹃
晚松 Pinus serotina Mich.(松科)
晚碎红(钟观光拟)=裂稃草
晚香玉 Polianthes tuberosa L.(石蒜科)
晚香玉属 Polianthes L.(石蒜科)
晚绣花楸 Sorbus sargentiana Koehne(蔷薇科),*晚绣球,佘坚花楸,山麻柳*
晚绣球(树木分类学)=晚绣花楸
莞不留(四川)=宽叶金锦香
莞草(名医别录)=茵芋
莞荽(普济方)=芫荽
皖赣小檗(高等图鉴)=华东小檗
皖南鳞盖蕨 Microlepia modesta Ching(碗蕨科)
畹町姜 Zingiber wandingense S.Q.Tong(姜科)
碗苞麻花头 Serratula chanetii Lévl.(菊科)
碗豆七(云南)=紫金龙
碗儿芹(辽宁)=鸭巴前胡
碗花草 Thunbergia fragrans Roxb.(爵床科),*铁贯藤*
碗蕨 Dennstaedtia scabra (Wall.) Moore(碗蕨科)
碗蕨科 Dennstaediaceae,*姬蕨科*
碗蕨属 Dennstaedtia Bernh.(碗蕨科)
万把钩(江苏药材志)=牛蒡
万宝 Senecio serpens Rowly (菊科)
万代兰属 Vanda W.Jones ex R.Br.(兰科)
万带兰(中草药汇编)=大根槽舌兰
万毒草虎(福建)=白绒草
万朵刺(陕西)=复伞房蔷薇
万朵刺(陕西)=西北蔷薇
万峨来(西双版纳傣语)=虎尾兰
万花针(江西,湖南)=竹叶花椒
万斤(山东中草册)=照山白
万金毛蕨 Cyclosorus subnamburensis Ching ex Shing (金星蕨科)
万经棵(山东中草册)=照山白
万荆子(浙江中药手册)=蔓荆
万钧柏 Juniperus chengii L.K.Fu & Y.F.Yu(柏科)
万里香(云南中草药)=短萼海桐
万里香(植物志 43-2)=千里香
万龙(台湾)=硃砂根
万年柏(中草药汇编)=虎尾铁角蕨
万年春(广东)=黄槿
万年春 Libanotis wannienchum K.T.Fu(伞形科)
万年刺(贵州草药)=铁海棠
万年蒿(辽宁)=灰白莲蒿
万年蒿(内蒙志)=白莲蒿
万年木(广西)=狭叶坡垒
万年蓬(辽宁)=灰白莲蒿
万年荞(中药大辞典)=苦荞麦
万年青(峨眉药用植物)=峨眉耳蕨
万年青(分类草药性)=九头狮子草
万年青(甘肃徽县)=灰毛岩风
万年青(广东)=厚皮树
万年青(广西)=广东万年青
万年青(广州)=海南红豆
万年青(河口)=大叶水榕
万年青(生草药性备要)=黄葛树
万年青(树木分类学)=云南冬青
万年青(四川宜宾)=四轮筋骨草
万年青(图考)=广东紫珠
万年青(砚山)=近无柄雅榕
万年青(云南)=橙花瑞香
万年青(云南)=卵叶远志
万年青(云南)=榕树
万年青(云南河口)=越南万年青

万年青(云南江川)=大叶南苏

万年青(云南屏边)=高山榕

万年青(云南屏边)=雅榕

万年青(云南药用名录)=狭叶楼梯草

万年青(云南中草药)=野扇花

万年青(云南中甸)=岩须

万年青(植物志 15)=非洲天门冬

万年青 Rohdea japonica (Thunb.) Roth(百合科),*白重楼,白河车,牛尾七*

万年青矮陀陀(云南)=滇瑞香

万年青草(海南临高)=落檐

万年青根(纲目拾遗)=金边万年青

万年青树(云南元谋)=秋枫

万年青属 Rohdea Roth(百合科)

万年梢(河南)=杭子稍

万年藤(福建药志)=鸡心藤

万年松(纲目)=玉柏

万年松(高等图鉴)=美丽马尾杉

万年松(高等图鉴补编)=太白雪灵芝

万年藤(东北)=关木通

万年藤(药性本草)=木通

万年阴(广州)=黄葛树

万宁柯 Lithocarpus elmerrillii Chun(壳斗科)

万宁蒲桃 Syzygium howii Merr. & Perry(桃金娘科)

万寿果(松村植物名录)=番木瓜

万寿果科(经济植物手册)=**番木瓜科**

万寿瓠(福建中药志)=番木瓜

万寿菊 Tagetes erecta L.(菊科),*臭芙蓉,金菊,芫菊,里苦艾,蜂窝菊,金花菊*

万寿菊属 Tagetes L.(菊科)

万寿竹 Disporum cantoniense (Lour.) Merr.(百合科),*白根药,白龙须,白毛七,草竹叶,倒竹散,山竹花,迎风不动草,竹根七,竹叶参,竹叶七,猿猪七*

万寿竹属 Disporum Salisb.(百合科)

万桃花(福建)=曼陀罗

万头果(高等图鉴)=剑叶山芝麻

万叶马先蒿 Pedicularis myriophylla Pall.(玄参科),*万叶马先蒿万叶变种*

万叶马先蒿万叶变种(植物志 68)=万叶马先蒿

万叶马先蒿紫色变种(植物志 68)=紫色万叶马先蒿

万雨金(台湾)=硃砂根

万源小檗 Berberis metapolyantha Ahrendt(小檗科)

万丈洁(贵州水城)=爬树龙

万丈龙(内蒙古)=北马兜铃

万丈深(云南丽江)=榄绿阿魏

万丈深(植物志 80-1)=绿茎还阳参

万丈深 Crepis phoenix Dunn(菊科),*岔子菜,还阳参,口叶青,马尾参,奶浆参,奶浆柴胡,瘦地草,细防风,小粘连*

万丈丝(广西)=毛山猪菜

万丈藤(广西)=通城虎

万枝莓(江西药用名录)=锈毛莓

万字果(福建,广东)=枳椇

万字茉莉(北京)=络石

Wang

汪喉和(黎语)=南粤马兜铃

汪瓶花(云南,中药辞海)=滇丁香

王八叉(甘肃中草药)=狼杷草

王八骨头(东北)=长白忍冬

王八骨头(吉林)=金银忍冬

王八柳(大兴安岭)=崖柳

王不留行(本草纲目)=麦蓝菜

王不留行(滇南本草)=拨毒散

王不留行(广西药用名录,广州)=薜荔

王不留行(四川青川)=长柱金丝桃

王不留行(四川松潘)=突脉金丝桃

王不留行(图考)=女娄菜

王不留行属(华北经济志要)=**麦蓝菜属**

王刍(毛诗传)=荩草

王公秋海棠 Begonia rajah Ridley (秋海棠科)

王瓜(滇南本草)=黄瓜

王瓜 Trichosanthes cucumeroides (Ser.) Maxim.(葫芦科),*赤雹子,吊瓜,堵拉,鸽蛋瓜,耗子枕头,苦瓜莲,老鸦瓜,马雹儿子,马剥儿,马爬瓜,山冬瓜,水瓜,土瓜仁,土花粉*

王瓜草(日华子本草)=菝葜

王冠龙 Ferocactus glaucescens (DC.) Britt. & Rose (仙人掌科)

王冠秋海棠 Begonia diadema Lind. ex Rodigas (秋海棠科)

王侯蒿(云南植物名录)=魁蒿

王蝴蝶(贵州)=木蝴蝶

王记叶(湖南)=白背枫

王椒(安徽)=青花椒

王君树(高等图鉴)=连香树

王卡特兰 Cattleya labiata var. rex (O.Brien) Schltr. (兰科)

王开唇兰 Anoectochilus regalis Bl.(兰科)

王莲 Victoria amazonica J.de C.Soweby (睡莲科)

王莲属 Victoria Lindl.(睡莲科)

王梅(西藏藏语)=垫状点地梅

王母牛(山东)=麦蓝菜

王母牛(山东)=商陆

王石斛 Dendrobium regium Prain (兰科)

王氏白马芥 Baimashania wangii Al-Shehbaz(十字花科)

王氏半蒴苣苔 Hemiboea wangiana Z.Y.Li(苦苣苔科)

王氏观音座莲 Angiopteris wangii Ching(观音座莲科)

王氏蕗蕨 Mecodium wangii Ching & Chiu(膜蕨科)

王氏朴 Celtis wangii Hu & Cheng (榆科)

王氏素馨(分类学报)=腺叶素馨

王氏油麻藤(豆科图说)=大果油麻藤

王孙(贵州)=云南重楼

王竹(浙江平阳)=木篼竹

王棕 Roystonea regia (Kunth) O.F.Cook (棕榈科),*大王椰子*

王棕属 Roystonea O.F.Cook (棕榈科),*大王椰子属*

网苞蒲公英 Taraxacum forrestii V.Soest(菊科)

网都希曼昔(德宏景颇语)=山木瓜

网萼(分类学报)=网萼木

网萼母草 Lindernia dictyophora Tsoong(玄参科)

网萼木 Geniosporum coloratum (D.Don) Ktze.(唇形科),*网萼*

网萼木属 Geniosporum Wall. ex Benth.(唇形科)

网果褐叶榕 Ficus pubigera var. reticulata S.S. Chang (桑科)

网果筋骨草 Ajuga dictyocarpa Hay.(唇形科)

网果酸模 Rumex chalepensis Mill.(蓼科),*红丝酸模,乳突酸模,牛西西*

网果珍珠茅 Scleria tessellata Willd.(莎草科)

网箭蕨 Dictyoxiphium panamense HK.(叉蕨科)

网箭蕨属 Dictyoxiphium HK.(叉蕨科)

网蕨 Dictyodroma heterophlebium (Mett.) Ching (蹄盖蕨科)

网蕨属 Dictyodroma Ching(蹄盖蕨科)

网络鸡血藤(福建志)=网络崖豆藤

网络马尾杉 Phlegmariurus cancellatus (Spging) Ching (石杉科),*直立马尾杉*

网络崖豆藤 Millettia reticulata Benth.(豆科),*白骨藤,白血藤,冲天子,苦檀子,昆明鸡血藤,老荆藤,骝血藤,芦藤,青皮活血,石柱藤,网络鸡血藤,血灌皮,血藤,硬壳藤*

网脉翅子树 Pterospermum reticulatum W. & A. (梧桐科)

网脉唇石斛(中药志)=重唇石斛

网脉刺蕨 Egenolfia laxireticulata (Iwatsuki) Kuo (实蕨科)

网脉大黄 Rheum reticulatum A.Los.(蓼科)

网脉冬青 Ilex reticulata C.J.Tseng(冬青科)

网脉杜茎山 Maesa reticulata C.Y.Wu(紫金牛科)

网脉短肠蕨 Allantodia stenochlamys (C.Chr.) Ching (蹄盖蕨科)

网脉繁缕 Stellaria reticulivena Hay.(石竹科)

网脉凤仙花 Impatiens reticulata Wall.(凤仙花科)

网脉扶芳藤 Euonymus fortunei f. reticulatus Rehd. (卫矛科)

网脉桂 Cinnamomum reticulatum Hay.(樟科),*土樟*

网脉海金沙 Lygodium subareolatum Christ(海金沙科)

网脉杭子稍 Campylotropis reticulinvervis C.Y. Wu? (豆科)

网脉核果木 Drypetes perreticulata Gagn.(大戟科),*白梨么,咪炸*

网脉胡卢巴 Trigonella cancellata Desf.(豆科),*纤细胡卢巴*

网脉灰栒子(华北经济志要)=麻核栒子

网脉鸡爪槭 Acer palmatum f. reticulatum Andre. (槭树科)

网脉稃(禾本科图说)=大罗网草

网脉假卫矛 Microtropis reticulata Dunn(卫矛科)

网脉林蕨(蕨类图谱)=网脉陵齿蕨

网脉陵齿蕨 Lindsaea davallioides Bl.(陵齿蕨科),*网脉林蕨*

网脉柳兰 Epilobium conspersum Hausskn.(柳叶菜科)

网脉木犀 Osmanthus reticulatus P.S.Green(木犀科)

网脉葡萄 Vitis wilsonae Veitch(葡萄科),*威氏葡萄,川鄂葡萄,野葡萄根,鸟葡萄,大叶山天萝*

网脉朴 Celtis reticulata Torr.(榆科)

网脉槭 Acer reticulatum Champ.(槭树科)

网脉琼楠 Beilschmiedia tsangii Merr.(樟科),*牛奶奶果*

网脉肉托果 Semecarpus reticulata Lectge.(漆树科)

网脉润楠 Machilus reticulata K.M.Lan (樟科)

网脉三叶薯(云南)=白薯莨

网脉山龙眼 Helicia reticulata W.T.Wang(山龙眼科),*萝卜树*

网脉十大功劳 Mahonia dictyota (Jeps.) Fedde (小檗科)

网脉十大功劳 Mahonia retinervis Hsiao & Y.S. Wang (小檗科)

网脉柿 Diospyros reticulinervis C.Y.Wu(柿科)

网脉守宫木 Sauropus reticulatus X.L.Mo ex P.T.

Li (大戟科)
网脉双盖蕨(台湾志)=全缘网蕨
网脉四川马先蒿 Pedicularis szetschuanica subsp. anastomosans Tsoong(玄参科),*四川马先蒿网脉亚种*
网脉酸藤子(植物志 58)=网脉酸藤子
网脉唐松草 Thalictrum reticulatum Franch.(毛茛科),*草黄连*
网脉铁角蕨 Asplenium finlaysonianum Wall. ex HK. (铁角蕨科)
网脉橐吾 Ligularia dictyoneura (Franch.) Hand.-Mazz. (菊科),*一扫光,榆古兴噶尔布,双花千里光,山紫菀*
网脉小檗 Berberis reticulata Byhouw. (小檗科)
网脉星蕨 Microsorium reticulatum Ching ex L. Shi (水龙骨科)
网脉悬钩子 Rubus reticulatus Wall. ex HK.f.(蔷薇科)
网脉栒子 Cotoneaster reticulatus Rehd. & Wils. (蔷薇科),*网脉叶栒子*
网脉崖爬藤(分类学报)=柔毛网脉崖爬藤
网脉野桐 Mallotus reticulatus Dunn(大戟科)
网脉叶酸藤果 Embelia rubia Hand.-Mazz.(紫金牛科)
网脉叶栒子(经济植物手册)=网脉栒子
网脉鸢尾 Iris reticulata Bieb.(鸢尾科)
网脉越桔 Vaccinium crassivenium Sleumer(杜鹃花科)
网脉种子棕属 Dictyosperma Wendl. & Drude (棕榈科)
网脉蛛毛苣苔 Paraboea dictyoneura (Hance) Burtt (苦苣苔科)
网脉紫薇 Lagerstroemia suprareticulata S.Lee & L.Lau (千屈菜科)
网膜木(名词审查本)=土连翘
网膜籽(云南植物名录)=土连翘
网囊蕨(高等图鉴)=似薄唇蕨
网囊蕨属(高等图鉴)=**薄唇蕨属**
网鞘毛兰 Eria muscicola (Lindl.) Lindl.(兰科)
网球花 Haemanthus multiflorus Martyn(石蒜科)
网球花属 Haemanthus L.(石蒜科)
网藤蕨 Lomagramma matthewii (Ching) Houtt.(藤蕨科)
网藤蕨属 Lomagramma J.Sm.(藤蕨科)
网纹草 Fittonia verchaffeltii (Lemaire) v.Houtte(爵床科)
网纹杜鹃花 Rhododendron reticulatum D.Don ex G.Don (杜鹃花科)
网纹果翠雀花 Delphinium dictyocarpum DC. (毛茛科)
网纹茜(西藏志)=香叶木
网纹悬钩子 Rubus cinclidodictyus Car.(蔷薇科)
网纹芋 Rhektophyllum mirabile N.E.Br.(天南星科)
网纹芋属 Rhektophyllum N.E.Br.(天南星科)
网腺叶忍冬(中草药汇编)=皱叶忍冬
网檐南星 Arisaema utile HK.f.(天南星科)
网眼火红杜鹃 Rhododendron neriiflorum var. agetum (Balf.f. & Forr.) T.L.Ming(杜鹃花科)
网眼瓦韦 Lepisorus clathratus (C.B.Clarke) Ching (水龙骨科),*金星草,瓦韦*
网叶马铃苣苔 Oreocharis rhytidophylla C.Y.Wu & H.W.Li?(苦苣苔科)
网叶木蓝 Indigofera reticulata Franch.(豆科)
网叶山胡椒 Lindera metcalfiana var. dictyophylla (Allen) H.P.Tsui(樟科),*山香果,化楠木,连杆果*
网叶钟报春 Primula reticulata Wall.(报春花科)
网状列当 Orobanche reticulata Wallr.(列当科)
网籽草 Dictyospermum conspicuum (Bl.) Hassk. (鸭跖草科),*白花鸭跖草*
网籽草属 Dictyospermum Wight (鸭跖草科)
网籽柳叶菜 Epilobium pengii C.J.Chen,Hoch & Raven (柳叶菜科)
网子度量草 Mitreola reticulata Tirel.-Roudet(马钱科)
网子七(陕西)=高乌头
忘萱草(东北检索表)=萱草
旺草(广东大鱼山)=广防风
旺拉(藏名)=手参
旺盛球 Echinopsis oxygona (Link) Zucc.(仙人掌科)
望春花(江苏)=紫玉兰
望春花(江西)=玉兰
望春花 Magnolia biondii Pamp.(木兰科),*望春玉兰*
望春玉兰(植物志 15)=望春花
望冬草(广东药用名录) =类芦
望冬草属(新拉汉英)=**类芦属**
望冬红(图考)=白英
望果(粤志交广录,本草纲目拾遗)=杧果
望果(云南文山)=余甘子
望江哺鸡 Phyllostachys propinqua f. laguginosa Wen (禾本科)
望江南(北京)=槐叶决明
望江南(江西)=大头橐吾
望江南(南方有毒植物)=含羞草决明
望江南(南宁药志)=含羞草
望江南 Cassia occidentalis L.(豆科),*大间角菜,风寒豆,狗屎豆,喉百草,槐豆,黄豇豆,江南豆,金豆子,金花豹子,黎草,黎茶,山咖啡,山绿豆,羊角豆,野扁豆,野鸡子豆*
望江青(本草拾遗,百草镜,杭州)=水苏
望江青(纲目拾遗)=沼生水苏
望楼柯 Lithocarpus garrettianus (Craib) A. Camus (壳斗科)
望谟毛蕨 Cyclosorus wangmoensis Shing & P.S. Wang (金星蕨科)
望谟崖摩 Amoora ouangliensis (Lévl.) C.Y.Wu (楝科)
望水檀(植物志 40)=黄檀
望水王仙桃(广西药用名录)=眼树莲
望天芹(千山)=山芹
望天树 Parashorea chinensis Wang Hsie(龙脑香科),*肥劳,分界树,埋甘壮,咪劳,擎天树,五多阿朴,硬多波*
菵草 Beckmannia syzigachne (Steud.) Fern.(禾本科),*菵米,水稗子*
草属 Beckmannia Host(禾本科)
菵米(尔雅)=菵草

Wei

危地马拉核桃 Juglans mollis Engelm.(胡桃科)
危地马拉冷杉 Abies guatemalensis Rehd.(松科)
威尔莫特鸢尾 Iris willmottiana Foster (鸢尾科)
威尔逊百合 Lilium wilsonii Leichtlin ex G.C. (百合科)
威尔逊溲疏 Deutzia wilsonii Duthie (虎耳草科)
威尔逊银桦 Grevillea wilsonii A.Cunn.(山龙眼科)
威尔逊郁金香 Tulipa wilsoniana Hoog (百合科)
威海鼠尾草 Salvia weihaiensis C.Y.Wu & H.W. Li (唇形科)
威乐比属 Willughbeia Roxb.(夹竹桃科)
威廉斯氏沟繁缕 Elatine williamsii Rybd.(沟繁缕科)
威灵仙(福建,广东,广西,湖南)=毛柱铁线莲
威灵仙(河北,陕西)=短梗菝葜
威灵仙(图考)=辣蓼铁线莲
威灵仙(图考)=棉团铁线莲
威灵仙(玉溪中草药)=大坪风毛菊
威灵仙(云南)=显脉旋覆花
威灵仙(中药志)=山木通
威灵仙 Clematis chinensis Osbeck(毛茛科),*铁脚威灵仙,青风藤,白钱草,乌头力刚,九里火,移星草,老虎须*
威灵菊(中草药汇编)=显脉旋覆花
威宁翠雀花 Delphinium weiningense W.T.Wang (毛茛科)
威宁小檗 Berberis weiningensis Ying(小檗科)
威氏白千层 Melaleuca wilsonii F.V.Muell.(桃金娘科)
威氏百合 Lilium davidii var. willmottiae (Wils.) Raffill (百合科)
威氏冬青(峨眉图志)=尾叶冬青
威氏杜鹃花(新拉汉英)=鲜绿杜鹃花
威氏槲蕨 Drynaria willdenowii (Bory) Moore (槲蕨科)
威氏花楸(经济植物手册)=华西花楸
威氏箭竹(竹类经营)=鄂西箬竹
威氏卷耳(拉汉名称)=鄂西卷耳
威氏露兜树 Pandanus veitchii Dall.(露兜树科)
威氏膜蕨 Hymenophyllum wilsonii HK.(膜蕨科)
威氏木蓝(豆科图说)=大花木蓝
威氏葡萄(经济植物手册)=网脉葡萄
威氏绣线菊(经济植物手册)=陕西绣线菊
威氏阴山荠 Yinshania acutangula subsp. wilsonii (O.W.Schulz) Al-Schehbaz et al.(十字花科)
威斯利红果小檗 Berberis rubrostilla Chitt.(小檗科)
威斯利小檗 Berberis wisleyensis Ahrendt (小檗科)
威特刺蕊草 Pogostemon wightii Benth.(唇形科)
威特凤仙花 Impatiens wightiana Bedd.(凤仙花科)
威特排香草 Anisochilus wightii HK.f.(唇形科)
威特斯坦丝花苣苔 Nematanthus wettsteinii H.E. Moore (苦苣苔科)
威特香科 Teucrium wightii HK.f.(唇形科)
威特绣球防风 Leucas wightiana Benth.(唇形科)
威信小檗 Berberis weixinensis S.Y.Bao(小檗科)
隈笹(新拉汉英)=山白竹
隈支(纲目拾遗)=构棘
隈枝(益部方物略记)=构棘
葳芝(日名,海南志)=构棘
葳参(滇南本草)=点花黄精
葳严仙(高等图鉴)=红毛七
微凹冬青 Ilex retusifolia S.Y.Hu(冬青科)
微凹虎耳草(分类学报,植物志 34-2)=无斑虎耳草
微凹虎耳草 Saxifraga retusa Gouan (虎耳草科)
微凹铁角蕨 Asplenium retusullum Ching(铁角蕨科)
微白黄芩 Scutellaria albida L.(唇形科)

微白金合欢 Acacia albida Edl.(豆科)
微白蕾丽兰 Laelia albida Batem. ex Lindl.(兰科)
微斑唇柱苣苔 Chirita minutimaculata D.Fang & W.T.Wang (苦苣苔科)
微糙变种(植物志 74)=山白菊
微齿凤丫蕨 Coniogramme fraxinea f. connexa Ching (裸子蕨科)
微齿桂樱 Laurocerasus phaeosticta f. lasioclada (Rehd.) Yü & Lu(蔷薇科)
微齿冷水麻(台湾志)=圆果冷水花
微齿楼梯草 Elatostema microdontum W.T. Wang (荨麻科)
微齿膜蕨 Hymenophyllum minuti-denticulatum Ching & Chiu(膜蕨科)
微齿山梗菜 Lobelia doniana Skottsb.(桔梗科)
微齿石杉(云南植物研究) =锡金石杉
微齿眼子菜 Potamogeton maackianus A.Benn. (眼子菜科),*黄丝草*
微唇马先蒿 Pedicularis minutilabris Tsoong(玄参科)
微刺罗汉松 Podocarpus spinulosus (Sm.) R.Br. ex Mirb.(罗汉松科)
微刺卫矛 Euonymus aculeolus C.Y.Cheng ex J.S.Ma(卫矛科)
微刺伊朗蒿 Artemisia persica var. subspinescens (Boiss.) Boiss.(菊科)
微萼凤仙花 Impatiens minimisepala HK.f.(凤仙花科)
微果草 Microcaryum pygmaeum (Clarke) Johnst. (紫草科)
微果草属 Microcaryum Johnst.(紫草科),*薇核草属*
微红假冷蕨(西藏志)=三角叶假冷蕨
微红秋海棠 Begonia rubella D.Don (秋海棠科)
微红新月蕨 Pronephrium megacuspe (Bak.) Holtt. (金星蕨科),*沙氏新月蕨*
微虎耳草 Saxifraga parvula Engl. & Irmsch.(虎耳草科)
微花荆芥(新)Nepeta parviflora M.B.(唇形科), *小花荆芥*
微花兰 Stelis racemiflora (兰科)
微花兰属 Stelis Sw.(兰科)
微花连蕊茶 Camellia minutiflora Chang(山茶科)
微花秋海棠(新)Begonia micranthera Griseb.(秋海棠科),*小花秋海棠*
微花忍冬(新)Lonicera dioica L.(忍冬科), *小花忍冬*,*盘叶忍冬*
微花藤 Iodes cirrhosa Turcz.(茶茱萸科),*麻雀筋藤*,*花心藤*
微花藤属 Iodes Bl.(茶茱萸科)
微尖苞黄芩(植物志 65-2)=宽苞黄芩
微茎(名医别录)=藁本
微晶楼梯草 Elatostema papillosum Wedd.(荨麻科)
微孔草 Microula sikkimensis (Clarke) Hemsl. (紫草科)
微孔草属 Microula Benth.(紫草科)
微孔鳞毛蕨 Dryopteris porosa Ching(鳞毛蕨科)
微裂银莲花 Anemone subindivisa W.T.Wang(毛茛科)
微鳞楼梯草 Elatostema minutifurfuraceum W.T. Wang (荨麻科)
微绿苎麻 Boehmeria nivea var. viridula Yamamoto (荨麻科)
微脉冬青 Ilex venulosa HK.f.(冬青科)
微毛变种(植物志 65-2,Flora 17)=微毛筋骨草(新)
微毛变种(植物志 65-2,Flora 17)=微毛血见愁(新)
微毛布荆 Vitex quinata var. puberula (Lam) Moldene (马鞭草科)
微毛杜鹃 Rhododendron primuliflorum var. cephalanthoides (Balf.f. & W.W.Sm.) Cowan & David.(杜鹃花科)
微毛鹅观草 Roegneria puberula Keng(禾本科)
微毛凤尾蕨 Pteris hirsutissima Ching ex Ching & S.H.Wu (凤尾蕨科)
微毛果珍珠茅 Scleria levis Retz.(莎草科)
微毛诃子(禾本科)=绒毛诃子
微毛茴芹 Pimpinella puberula (DC.) de Boiss. (伞形科)
微毛金星蕨 Parathelypteris glanduligera var. puberula (Ching) Ching ex Shing(金星蕨科)
微毛筋骨草(新)Ajuga ciliata var. glabarescens Hemsl. (唇形科),*微毛变种*
微毛柃 Eurya hebeclados Ling(山茶科)
微毛楼梯草 Elatostema microtrichum W.T. Wang (荨麻科)
微毛忍冬 Lonicera cyanocarpa Franch.(忍冬科), *蓝果忍冬*
微毛山矾 Symplocos wikstroemiifolia Hay.(山矾科),*月桂叶灰木*
微毛山黧豆 Lathyrus palustris subsp. exalatus f. pubescens Tsui (豆科)
微毛凸轴蕨 Metathelypteris adscendens (Ching) Ching (金星蕨科),*光叶凸轴蕨*,*假光叶凸轴蕨*
微毛无心菜 Arenaria weissiana var. puberula C. Y.Wu ex L.H.Zhou(石竹科),*毛维西无心菜*
微毛小檗 Berberis tomentulosa Ahrendt(小檗科)
微毛血见愁(新)Teucrium viscidum var. nepetoides (Lévl.) C.Y.Wu & S.Chow(唇形科),*微毛变种*
微毛野樱桃(经济植物手册)=微毛樱桃
微毛樱桃 Cerasus clarofolia (Schneid.) Yü & Li (蔷薇科),*微毛野樱桃*,*西南樱桃*
微毛圆唇苣苔 Gyrocheilos microtrichum W.T. Wang (苦苣苔科)
微毛越南山矾 Symplocos cochinchinensis var. puberula Huang & Y.F.Wu (山矾科)
微毛栀子皮(学会 55 周年汇编)=光叶栀子皮
微毛爪哇唐松草 Thalictrum javanicum var. puberulum W.T.Wang(毛茛科)
微萍(广州志)=芜萍
微绒毛凤仙花 Impatiens tomentella HK.f.(凤仙花科)
微绒绣球 Hydrangea heteromalla D.Don(虎耳草科),*印度白绒绣球*,*密毛绣球*,*灰绒绣球*
微柔毛变种(植物志 65-2,Flora 17)=微柔毛黄芩(新)
微柔毛花椒 Zanthoxylum pilosulum Rehd. & Wils. (芸香科)
微柔毛黄芩(新) Scutellaria scordifolia var. puberula Regel ex Kom.(唇形科),*微柔毛变种*
微柔毛棘豆 Oxytropis puberula Boriss.(豆科)
微缩毛蕨(台湾志)=广叶毛蕨
微凸栒子(新)Cotoneaster pleuriflorus Klotz?(蔷薇科)
微秃耳稃草 Garnotia ciliata var. glabriuscula Santos? (禾本科)
微弯假复叶耳蕨 Acrorumohra subreflexipinna (M.Ogata) H.Ito(鳞毛蕨科)
微无心菜 Arenaria minima C.Y.Wu ex L.H. Zhou (石竹科), *小无心菜*
微香冬青 Ilex subodorata S.Y.Hu(冬青科)
微小顶冰花(新)Gagea parva Vved. & Grossh.(百合科), *小顶冰花*
微小拉拉藤 Galium minutissimum T.Shimizu (茜草科)
微笑杜鹃 Rhododendron hyperythrum Hay.(杜鹃花科)
微心叶毛柃 Eurya subcordata Hu & L.K.Ling (山茶科)
微星毛鸭母树(福师学报)=星毛鹅掌柴
微形龙胆 Gentiana microphyta Franch. ex Hemsl. (龙胆科), *小叶龙胆*
微序楼梯草 Elatostema microcephalanthum Hay. (荨麻科)
微药假龙爪茅(植物学报)=尖稃草
微药碱茅(新拉汉英)=小药碱茅
微药碱茅 Puccinellia micrandra (Keng) Keng & S.L.Chen(禾本科)
微药金茅 Eulalia micranthera Keng & S.L.Chen (禾本科)
微药羊茅 Festuca nitidula Stapf(禾本科)
微药野青茅 Deyeuxia nivicola HK.f.(禾本科)
微药獐毛 Aeluropus micrantherus Tzvel.(禾本科), *密穗小獐毛*, *小獐毛*
微硬毛变种(植物志 66,Flora 17)=微硬毛鼠尾草(新)
微硬毛梗小檗 Berberis hirtellipes Ahrendt (小檗科)
微硬毛建草 Dracocephalum rigidulum Hand.-Mazz. (唇形科)
微硬毛秋海棠 Begonia hirtella Link.(秋海棠科)
微硬毛鼠尾草(新)Salvia campanulata var. hirtella Stib.(唇形科), *微硬毛变种*
微羽里白 Gleichenia polypodioides (L.) Sm.(里白科)
微羽里白属 Gleichenia Sm.(里白科)
微柱麻 Chamabainia cuspidata Wihgt(荨麻科), *小米麻草*,*水水苏麻*,*地水麻*
微柱麻属 Chamabainia Wight(荨麻科)
微籽龙胆 Gentiana delavayi Franch.(龙胆科)
微子蔊菜(广州志)=广州蔊菜
微子金腰 Chrysosplenium microspermum Franch. (虎耳草科)
薇(本草纲目)=救荒野豌豆
薇(诗经)=大野豌豆
薇(图考)=小巢菜
薇菜(品汇精要)=救荒野豌豆
薇菜(重要牧草栽培)=大野豌豆
薇草(名医别灵)=白薇
薇核草属(科属辞典)=**微果草属**
薇籽(思茅中草药)=云南斑籽
巍山黄芩 Scutellaria weishanensis C.Y.Wu & H.W.Li (唇形科)
巍山茴芹 Pimpinella weishanensis Shan & Pu (伞形科)
巍山香科科 Teucrium manghuaense Sun ex S. Chow (唇形科), *蒙化石蚕*
韦伯鲍尔小檗 Berberis weberbaueri Schneid. (小檗科)
韦达百合 Lilium rubellum var. album hort.Wallace ex WooDC.ock (百合科)
韦德尔小檗 Berberis weddellii Lechl.(小檗科)

韦德尔棕 Microcoelum weddellianum (Wendland) H.E.Morre (棕榈科)
韦德尔棕属 Microcoelum Burret & Potztal (棕榈科)
韦尔登番红花 Crocus biflorus var. weldenii Barker (鸢尾科)
韦氏大枫子 Hydnocarpus wightiana Bl.(大风子科),*印度大风子*
韦特斯坦小檗 Berberis wettsteiniana Schneid. (小檗科)
围裙水仙 Narcissus bulbocodium L.(石蒜科)
围涎树(高等图鉴)=猴耳环
围涎树(高等图鉴)=亮叶猴耳环
唯丝苇 Rhipsalis baccifera (Soland ex Mill.) Stearn(仙人掌科)
惟那木(本草图经)=隐距越桔
惟叶杜鹃(峨眉图志)=圆叶杜鹃
维登早熟禾 Poa vedenskyi Drob.(禾本科)
维多利亚女王兜兰 Paphiopedilum victoriae-mariae (HK.f.) Rolfe (兰科)
维多种亚女王石斛 Dendrobium victoriae-reginae Loher (兰科)
维尔莫林小檗 Berberis vilmorinii Schneid.(小檗科)
维尔沙费尔特小檗 Berberis verschaffelti Schneid. (小檗科)
维基尼鸢尾 Iris virginica L.(鸢尾科)
维加利沙穗 Eremostachys vicaryi Benth.(唇形科)
维明峨眉蕨 Lunathyrium medogense var. weimingii Z.R.Wang (蹄盖蕨科)
维奇安祖花(新拉汉英)=维氏花烛
维奇美洲茶 Ceanothus veitchianus HK.(鼠李科)
维奇秋海棠 Begonia veitchii HK.f.(秋海棠科)
维奇山楂槭 Acer crataegifolium var. veitchii Nichols.(槭树科)
维奇氏箸竹(新拉汉英)=山白竹
维奇氏箸竹(新拉汉英)=隈笹
维琪杜鹃花 Rhododendron vetchianum HK.(杜鹃花科)
维契棕 Veitchia merrillii (Becc.) Moore & Wendl. (棕榈科)
维契棕属 Veitchia H.Wendl.(棕榈科)
维屈蔷薇(经济植物手册)=光叶蔷薇
维沙杜(海南志)=隔蒴苘
维氏报春(拉汉名称)=川西縫瓣报春
维氏桄榔 Arenga westerhoutii Griff.(棕榈科)
维氏花烛 Anthurium veitchii Mast.(天南星科),*维奇安祖花,美居花烛*
维氏马先蒿 Pedicularis vialii Franch.(玄参科)
维氏双盖蕨(蕨类图说)=耳羽短肠蕨
维氏肖竹芋(新)Calathea veitchiana HK.(竹芋科)
维西长柄槭 Acer longipes var. weixiense Fang (槭树科)
维西长叶柳 Salix phanera var. weixiensis C.F. Fang (杨柳科)
维西纯红杜鹃 Rhododendron sperabile var. weihsiense Tagg & Forr.(杜鹃花科)
维西风毛菊 Saussurea spathulifolia Franch.(菊科)
维西凤仙花 Impatiens weihsiensis Y.L.Chen(凤仙花科)
维西贯众 Cyrtomium neocaryotideum Ching & Shing (鳞毛蕨科)
维西虎耳草(植物志 34-2)=藏东虎耳草
维西花楸 Sorbus monbeigii (Card.) Yü(蔷薇科)
维西黄芪 Astragalus weixiensis Y.C.Ho(豆科)
维西堇菜 Viola monbeigii W.Beck.(堇菜科),*多花堇菜,凤凰堇菜*
维西柳 Salix weixiensis Y.L.Chou(杨柳科)
维西马先蒿 Pedicularis weixiensis H.P.Yang (玄参科)
维西美 Veltheimia viridifolia Jacq.(百合科)
维西美属 Veltheimia Gleditsch.(百合科)
维西蔷薇 Rosa weisinensis Yü & Ku (蔷薇科)
维西溲疏 Deutzia monbeigii W.W.Sm.(虎耳草科),*蒙氏溲疏*
维西乌头 Aconitum weixiense W.T.Wang(毛茛科)
维西无心菜(高等图鉴补编)=多柱无心菜
维西香茶菜 Isodon weisiensis (C.Y.Wu) H.Hara (唇形科)
维西小檗 Berberis weixiensis C.Y.Wu ex S.Y. Bao (小檗科)
维西银莲花(植物志 28)=疏齿银莲花
维西缘毛杨 Populus ciliata var. weixi C.Wang & Tung (杨柳科)
维西榛 Corylus wangii Hu(桦木科)
维西钻地风 Schizophragma crassum var. hsitaoiana (Chun) Wei(虎耳草科)
伟宝球 Rebutia grandiflora Backeb.(仙人掌科)
伪粉枝柳 Salix rorida var. roridaeformis Y.L. Chang & Y.L.Chou(杨柳科)
伪蒿柳(植物志 20-2)=蒿柳
伪木荔枝(台木本志)=髯管花
伪木荔枝属(台木本志)=**髯管花属**
伪泥胡菜 Serratula coronata L.(菊科),*假升麻*
伪铁秆蒿草属(高等图鉴)=**假铁秆草属**
伪形变种(植物志 74)=伪形高山紫菀(新)
伪形高山紫菀(新)Aster alpinus var. fallax (Tamamsch.) Ling (菊科),*伪形变种*
伪茵陈(山西)=碱蒿
伪茵陈(山西)=莳萝蒿
伪针茅 Pseudoraphis spinescens (R.Br.) Vickery (禾本科)
伪针茅属 Pseudoraphis Griff.(禾本科)
尾瓣舌唇兰 Platanthera mandarinorum Rchb.f. (兰科),*秤砣草,长白山距兰*
尾苞马蓝(广西植物)=尾苞紫云菜
尾苞紫云菜 Strobilanthes moucronato-producta Lindau(爵床科),*尾苞马蓝*
尾参(湖北)=玉竹
尾唇斑叶兰(台湾志)=烟色斑叶兰
尾唇根节兰(台湾志)=弧距虾脊兰
尾唇羊耳蒜 Liparis krameri Franch.(兰科)
尾独活(叙永)=长尾当归
尾萼光萼荷 Aechmea caudata Lindm.(凤梨科)
尾萼卷瓣兰 Bulbophyllum caudatum Lindl.(兰科)
尾萼开口箭 Campylandra urotepala (Hand.-Mazz.) M.N.Tamura et al.(百合科)
尾萼蔷薇 Rosa caudata Baker(蔷薇科)
尾萼山梅花 Philadelphus caudatus S.M.Hwang (虎耳草科)
尾萼无叶兰 Aphyllorchis caudata Rolfe ex Downie (兰科)
尾稃臂形草 Brachiaria urochloaoides S.L.Chen & Y.X.Jin (禾本科)
尾稃草 Urochloa reptans (L.) Stapf(禾本科)
尾稃草属 Urochloa Beauv.(禾本科)
尾花细辛 Asarum caudigerum Hance(马兜铃科),*白三百棒,顺河香*
尾脊草(贵州)=矮桃
尾尖风毛菊 Saussurea saligna Franch.(菊科)
尾尖凤丫蕨 Coniogramme caudiformis Ching & Shing (裸子蕨科)
尾尖合耳菊 Synotis acuminata (Wall. ex DC.) C. Jeffr. & Y.L.Chen(菊科)
尾尖茴芹 Pimpinella caudata (Franch.) Wolff(伞形科)
尾尖假瘤蕨 Phymatopteris stewartii (Bedd.) Pic.Serm. (水龙骨科)
尾尖链珠藤 Alyxia fascicularis Benth.(夹竹桃科)
尾尖马褂兰 Phragmipedium caudatum (Lindl.) Rolfe (兰科)
尾尖毛喉龙胆(植物志 62)=毛喉龙胆
尾尖爬藤榕 Ficus sarmentosa var. lacrymans (Lévl. & Vant.) Corner(桑科),*泪滴珍珠莲,薄叶爬藤榕*
尾尖石仙桃 Pholidota protracta HK.f.(兰科)
尾尖铁线莲 Clematis caudigera W.T.Wang(毛茛科)
尾尖叶柃 Eurya acuminata DC.(山茶科),*锐叶柃木*
尾尖异株荨麻 Urtica dioica subsp. afghanica Chrtek (荨麻科)
尾尖中华绣线梅(新)Neillia sinensis var.caudata Rehd. (蔷薇科),*中华绣线梅尾尖叶变种*
尾裂翠雀花 Delphinium caudatolobum W.T. Wang (毛茛科)
尾囊草 Urophysa henryi (Oliv.) Ulbr.(毛茛科),*岩蝴蝶,尾囊果*
尾囊草属 Urophysa Ulbr.(毛茛科)
尾囊果(植物志 27)=尾囊草
尾球木 Urobotrya latisquama (Gagn.) Hiepko (山柚子科)
尾球木属 Urobotrya Stapf(山柚子科)
尾生根(广西)=长叶铁角蕨
尾丝钻柱兰 Pelatantheria bicuspidata (Rolfe ex Downie) T.Tang & F.T.Wang(兰科)
尾穗嵩草 Kobresia cercostachya (Franch.) C.B. Clarke (莎草科),*川滇嵩草*
尾穗薹草 Carex caudispicata Wang & Tang ex P.C.Li (莎草科)
尾穗苋 Amaranthus caudatuas L.(苋科),*老枪谷*
尾头凤尾蕨 Pteris oshimensis var. paraemeiensis Ching ex Ching & S.H.Wu(凤尾蕨科)
尾头贯众(分类学报)=峨眉贯众
尾头假蹄盖蕨(分类学报)=毛轴假蹄盖蕨
尾头鳞盖蕨 Microlepia caudifolia Ching(碗蕨科)
尾弯脉蕨 Campyloneurum costatum (Kunze) Presl (水龙骨科)
尾形复叶耳蕨(分类学报)=南方复叶耳蕨
尾叶白珠 Gaultheria griffithiana Wight(杜鹃花科),*阿门支力,山胡椒*
尾叶槌果藤(广西药用名录)=小绿刺
尾叶刺桑 Streblus zeylanicus (Thw.) Kurz(桑科)
尾叶冬青(湖南植物名录)=亮叶冬青
尾叶冬青 Ilex wilsonii Loes.(冬青科),*威氏冬青,江南冬青*
尾叶杜鹃 Rhododendron urophyllum Fang(杜鹃花科)
尾叶鹅掌柴 Schefflera producta (Dunn) Vig.(五加科)
尾叶耳蕨 Polystichum thomsonii (HK.f.) Bedd. (鳞毛蕨科)
尾叶风毛菊 Saussurea caudata Franch.(菊科)

尾叶茯蕨(台湾志)=小叶茯蕨
尾叶复叶耳蕨 Arachniodes caudifolia Ching & Y.T.Hsieh (鳞毛蕨科)
尾叶桂花(植物志 61)=蒙自桂花
尾叶红淡(台湾志)=尾叶台湾杨桐
尾叶槐 Sophora benthamii Steenis(豆科)
尾叶黄堇菜(云南植物名录)=粗齿堇菜
尾叶黄芩 Scutellaria caudifolia Sun ex C.H.Hu (唇形科),*土黄芁*
尾叶假耳草 Neanotis urophylla (Wall. ex Wight & Arn.) W.H.Lewis (茜草科),*胖儿草*
尾叶柯 Lithocarpus caudatilimbus (Merr.) A. Camus (壳斗科)
尾叶鳞盖蕨 Microlepia caudiformis Ching(碗蕨科)
尾叶鳞果星蕨 Lepidomicrosorium caudifrons Ching & W.M.Chu(水龙骨科)
尾叶瘤足蕨 Plagiogyria grandis Cop.(瘤足蕨科)
尾叶马槟榔(广西药用名录)=小绿刺
尾叶马蓝 Pteracanthus urophyllus (Nees) Bremek.(爵床科)
尾叶马钱(云南志)=长籽马钱
尾叶马钱(云南志)=马钱子
尾叶芒毛苣苔 Aeschynanthus stenosepalus Anth. (苦苣苔科)
尾叶猫乳 Rhamnella caudata Merr. & Chun(鼠李科)
尾叶蒙桑 Morus mongolica var. longicaudata Cao (桑科)
尾叶密花素馨(植物志 61)=密花素馨
尾叶木(拟名)=闭花木
尾叶木蓝 Indigofera caudata Dunn(豆科)
尾叶木犀榄 Olea caudatilimba Chia(木犀科),*多脉桂花*
尾叶那藤 Stauntonia obovatifoliola subsp. urophylla (Hand.-Mazz.) H.N.Qin(木通科),*小黄蜡果,短序野木瓜*
尾叶漆(云南志)=尖叶漆
尾叶青藤 Illigera pseudoparviflora Y.R.Li(莲叶桐科)
尾叶秋海棠 Begonia urophylla HK.(秋海棠科)
尾叶球兰 Hoya mekongensis M.G.Gilb. & P.T.Li (萝藦科)
尾叶雀梅藤 Sageretia subcaudata Schneid.(鼠李科)
尾叶雀舌木 Leptopus esquirolii (Lévl.) P.T.Li (大戟科),*勾多猛,长叶雀舌*
尾叶榕 Ficus heteropleura Bl.(桑科),*尖尾长叶榕*
尾叶山茶(高等图鉴)=长尾毛蕊茶
尾叶山黧豆 Lathyrus caudatus Wei & Tsui(豆科)
尾叶石韦(横断山植物)=尾叶石韦
尾叶石韦 Pyrrosia caudifrons Ching(水龙骨科),*尾叶石韦*
尾叶实蕨(海南志)=长叶实蕨
尾叶守宫木 Sauropus tsiangii P.T.Li(大戟科)
尾叶树萝卜 Agapetes griffithii C.B.Clarke(杜鹃花科)
尾叶台湾杨桐 Adinandra formosana var. caudata Keng(山茶科),*尾叶红淡*
尾叶铁苋菜 Acalypha acmophylla Hemsl.(大戟科),*木本铁苋菜*
尾叶铁线莲 Clematis urophylla Franch.(毛茛科),*小齿铁线莲*
尾叶五加 Acanthopanax cuspidatus Hoo(五加科)
尾叶稀子蕨 Monachosorum flagellare (Maxim.) Hay. (稀子蕨科)
尾叶纤穗爵床 Leptostachya caudatifolia H.S.Lo & D.Fang(爵床科)
尾叶香茶菜 Isodon excisus (Maxim.) Kudô(唇形科),*龟叶草,高丽花,狗日草,野苏子*
尾叶绣球 Hydrangea caudatifolia W.T.Wang & Nie(虎耳草科)
尾叶悬钩子 Rubus caudifolius Wuzhi(蔷薇科)
尾叶血桐 Macaranga kurzii (Kuntze) Pax & Hoffm. (大戟科)
尾叶崖爬藤 Tetrastigma caudatum Merr. & Chun (葡萄科)
尾叶异形木 Allomorphia urophylla Diels(野牡丹科)
尾叶樱(经济植物手册)=尾叶樱桃
尾叶樱桃 Cerasus dielsiana (Schneid.) Yü & Li (蔷薇科),*尾叶樱*
尾叶鱼藤 Derris caudatilimba How(豆科)
尾叶原始观音座莲 Archangiopteris caudata Ching (观音座莲科)
尾叶远志 Polygala caudata Rehd. & Wils.(远志科),*毛籽红山桂,乌棒子,水黄杨木,野桂花,木本远志*
尾叶越桔 Vaccinium dunalianum var. urophyllum Rehd. & Wils.(杜鹃花科),*大透骨草*
尾叶樟 Cinnamomum caudiferum Kosterm.(樟科)
尾叶珠子木 Phyllanthodendron caudatifolium P.T.Li(大戟科)
尾叶紫金牛 Ardisia caudata Hemsl.(紫金牛科),*峨眉紫金牛,点抵改房,*尾叶紫金牛
尾叶紫薇 Lagerstroemia caudata Chun & How ex S.Lee & L.Lau(千屈菜科),*米杯,米结爱*
尾叶柞木 Xylosma racemosum var. caudata (S.S. Lai) S.S.Lai (大风子科)
尾羽假毛蕨 Pseudocyclosorus caudipinnus (Ching) Ching (金星蕨科)
尾羽金星蕨 Parathelypteris caudata Ching & Shing (金星蕨科),*金平金星蕨,麻栗金星蕨,长羽金星蕨*
尾羽蕨 Pteridium caudatum (L.) Maxon (蕨科)
尾羽蹄盖蕨 Athyrium caudatum Ching(蹄盖蕨科)
尾状节肢蕨 Arthromeris caudata Ching & Y.X. Lin (水龙骨科)
尾状细瓣兰 Masdevallia caudata Lindl.(兰科)
苇(诗经,名医别录)=芦苇
苇根(湿言不由衷条辨)=芦苇
苇谷草 Pentanema indicum (L.) Ling(菊科),*糙叶地丁,草金沙,草金杉,登亚严,七头风,松香草,野杉根,止血草*
苇谷草白背变种(植物志 75)=白背苇谷草(新)
苇谷草属 Pentanema Cass.(菊科)
苇菅 Themeda arundinacea (Roxb.) Ridley(禾本科)
苇茎(千金方)=芦苇
苇叶獐牙菜 Swertia wardii C.Marq.(龙胆科)
苇状狐茅(新拉汉英)=苇状羊茅
苇状看麦娘 Alopecurus arundinaceus Poir.(禾本科),*大看麦娘*
苇状雀麦 Bromus phragmitoides Nyar.(禾本科)
苇状羊茅 Festuca arundinacea Schreb.(禾本科),*苇状狐茅*
苇子草(求荒本草)=芦苇
委东秋海棠 Begonia weltoniensis André(秋海棠科)
委陵菜 Potentilla chinensis Ser.(蔷薇科),*白头翁,翻白菜,翻白草,蛤蟆草,扑地虎,生血丹,天青地白,萎陵菜,五虎噙血,一白草*
委陵菜属 Potentilla L.(蔷薇科)
委陵菊 Dendranthema potentilloides (Hand.-Mazz.) Shih (菊科)
委陵悬钩子 Rubus potentilloides W.E.Evans(蔷薇科)
委内瑞拉葱莲 Zephyranthes tubispatha (L'Heritier) Herbert.(石蒜科)
萎(诗经)=萎蒿
萎根(雷公炮炙论)=栝楼
萎陵菜(东北检索表)=委陵菜
萎软风毛菊 Saussurea flaccida Ling(菊科),*纤细风毛菊*
萎软凤仙花 Impatiens flaccida Arn.(凤仙花科)
萎软石蝴蝶 Petrocosmea flaccida Craib(苦苣苔科)
萎软香青 Anaphalis flaccida Ling(菊科)
萎软绣球防风 Leucas flaccida Br.(唇形科)
萎软紫菀 Aster flaccidus Bge.(菊科),*太白菊,肺经草*
萎蕤(神农本草经)=玉竹
萎藤(海南)=赤苍藤
萎叶拔毒散(高等图鉴)=白背黄花稔
卫矛(东北药志)=毛脉卫矛
卫矛 Euonymus alatus (Thunb.) Sieb.(卫矛科),*鬼箭,鬼箭羽,见肿消,六月凌,山鸡条子,神箭,四面锋,四面戟,四面树*
卫矛科 Celastraceae
卫矛叶链珠藤(植物志 63)=海南链珠藤
卫矛叶蒲桃 Syzygium euonymifolium (Metcalf) Merr. & Perry(桃金娘科)
卫矛属 Euonymus L.(卫矛科)
卫茅叶连蕊茶 Camellia euonymifolia (Hu) C.Y. Wu (十字花科)
卫柔叶杜鹃(高等图鉴)=缺顶杜鹃
卫塞尔花柏 Chamaecyparis lawsoniana cv. Wisselii (柏科)
未名鸢尾 Iris neglecta Horn.(鸢尾科)
味噌草(植物学大辞典)=小槐花
味极苦姜黄 Curcuma amarissima Rosc.(姜科)
味连(植物志 27)=黄连
味卖龙(云南傣语)=铁草鞋
胃竣痛灵(瑶族土名)=牡蒿
胃药(云南药用名录)=短冠东风菜
胃益母草 Leonurus cardiaca L.(唇形科)
胃友(云南中草药)=野扇花
喂香壶(植物志 11)=头状穗莎草
猬草 Hystrix duthiei (Stapf) Bor (禾本科)
猬草属 Asperella Humb.(禾本科)
猬草属 Hystrix Moench(禾本科)
猬刺棘豆 Oxytropis hystrix Sohrenk(豆科),*多刺棘豆*
猬莓 Rubus echinoides Metc.(蔷薇科),*凌云悬钩子*
猬状哈克 Hakea erinacea Meissn.(山龙眼科)
猬状虎耳草 Saxifraga erinacea H.Sm.(虎耳草科)
蔚(诗经)=牡蒿
蝟菊 Olgaea lomonosowii (Trautv.) Iljin(菊科),*鳍蓟,大蓟*
蝟菊属 Olgaea Iljin (菊科)
蝟实 Kolkwitzia amabilis Graebn.(忍冬科)
蝟实属 Kolkwitzia Graebn.(忍冬科)
魏氏茶藨子(经济植物手册)=小果茶藨子

魏氏金茅 Eulalia wightii (HK.f.) Bor (禾本科)
魏氏马先蒿 Pedicularis wilsonii Bonati(玄参科)
魏氏木犀榄(分类学报)=球果木犀榄
魏氏绣线菊(经济植物手册)=鄂西绣线菊
魏氏云南海棠(经济植物手册)=红叶海棠
倭瓜(植物志 73-1)=南瓜
倭海棠(树木分类学)=日本木瓜
倭雷竹 Shibataea strigosa Wen (禾本科)
倭形竹(禾本科检索表)=摆竹
倭竹(种子植物名称)=鹅毛竹
倭竹 Shibataea kumasasa (Zoll. ex Steud.) Makino (禾本科)
倭竹属 Shibataea Makino ex Nakai (禾本科)
萿菜(食性本草)=芡实

Wen

温答(广西壮语)=飞龙掌血
温旦革子(东北中草药)=文冠果
温顿小檗 Berberis wintonensis Ahrendt (小檗科)(小檗科)
温莪术(浙江)=温郁金
温哥华冷杉(新拉汉英)=太平洋银枞
温克勒鸢尾 Iris winkleri Rgl.(鸢尾科)
温沓(盛京通志)=越桔
温泉翠雀花 Delphinium winklerianum Huth(毛茛科)
温泉黄芪 Astragalus wenquanensis S.B.Ho(豆科)
温泉棘豆 Oxytropis spinifer Vass.(豆科),*长刺棘豆*
温泉瓶尔小草(长白山药志)=狭叶瓶尔小草
温宿黄芪 Astragalus wensuensis S.B.Ho(豆科)
温郁金 Curcuma wenyujin Y.H.Chen & C.Ling (姜科),*温莪术,姜黄,温州蓬莪茂*
温州长蒴苣苔 Didymocarpus cortusifolius (Hance) Lévl.(苦苣苔科)
温州冬青 Ilex wenchowensis S.Y.Hu(冬青科)
温州毛蕨 Cyclosorus wenzhouensis Shing & C. F.Zhang (金星蕨科)
温州蜜柑 Citrus reticulata cv. Unshui(芸香科),*温州蜜橘,无核蜜橘*
温州蜜橘(浙江药志)=温州蜜柑
温州蓬莪茂(证类本草)=温郁金
温州葡萄 Vitis wenchouensis C.Ling ex W.T. Wang (葡萄科)
榅桲 Cydonia oblonga Mill.(蔷薇科),*木梨,土木瓜*
榅桲木波罗蜜(分类学报)=野树波罗
榅桲属 Cydonia Mill.(蔷薇科)
文阿玛保(西藏藏语)=密花翠雀花
文笔峰耳蕨 Polystichum pseudoacutidens Ching ex W.M.Chu & Z.R.He(鳞毛蕨科)
文采唇柱苣苔 Chirita wentsaii D.Fang & L. Zeng (苦苣苔科)
文采翠雀花 Delphinium wentsaii Y.Z.Zhao(毛茛科)
文采毛茛 Ranunculus wangianus Q.E.Yang(毛茛科)
文昌锥 Castanopsis wenchangensis G.A.Fu et Huang (壳斗科),*杠锥,油锥*
文川翠雀花 Delphinium wenchuanense W.T. Wang (毛茛科)
文大海(云南傣语)=钩吻
文旦(植物志 43-2)=柚
文旦 Citrus maxima cv. Wentan(芸香科)
文定果 Muntingia colabura L.(杜英科)
文定果属 Muntingia L.(杜英科)
文蛤根(分类草药性)=盐肤木
文冠果 Xanthoceras sorbifolia Bge.(无患子科),*文冠树,木瓜,文冠花,崖木瓜,文光果,温旦革子,文冠木*
文冠果属 Xanthoceras Bge.(无患子科)
文冠花(植物志 47-1)=文冠果
文冠木(东北中草药)=文冠果
文冠树(植物志 47-1)=文冠果
文光果(植物志 37)=缫丝花
文光果(植物志 47-1)=文冠果
文吉格日-哈木白(蒙名)=垂果南芥
文兰树(纲目拾遗)=文殊兰
文林郎果(本草纲目)=花红
文钱红(广西)=锦地罗
文山八角 Illicium tsaii A.C.Sm.(木兰科)
文山百合 Lilium wenshanense L.J.Pang & F.X. Li (百合科)
文山粗筒苣苔 Briggsia rosthornii var. wenshanensis K.Y.Pan(苦苣苔科)
文山粗叶木 Lasianthus bunzanensis Simizu (茜草科),*文山鸡屎树,卵叶粗叶木*
文山杜鹃 Rhododendron wenshanensis K.M. Feng? (杜鹃花科)
文山鹅掌柴 Schefflera fengii Tseng & Hoo(五加科),*国楣鹅掌柴*
文山鹤顶兰 Phaius wenshanensis F.Y.Liu(兰科)
文山红柱兰 Cymbidium wenshanense Y.S.Wu & F.Y.Liu (兰科)
文山胡颓子 Elaeagnus wenshanensis C.Y.Chang (胡颓子科)
文山黄芩 Scutellaria wenshanensis C.Y.Wu & H. W.Li (唇形科)
文山鸡屎树(台地理丛刊)=文山粗叶木
文山蓝果树 Nyssa wenshanensis Fang & Soong (蓝果树科)
文山柃 Eurya wenshanensis Hu & L.K.Ling(山茶科)
文山毛蕊茶 Camellia wenshanensis Hu(山茶科)
文山木姜子(图谱)=红河木姜子
文山蒲桃 Syzygium wenshanense Chang & Miqu(桃金娘科)
文山青紫葛 Cissus wenshanensis C.L.Li(葡萄科)
文山清风藤 Sabia calcicola C.Y.Wu?(清风藤科)
文山秋海棠 Begonia wenshanensis C.M.Hu ex C.Y.Wu & Ku(秋海棠科)
文山润楠 Machilus wenshanensis H.W.Li(樟科)
文山山矾(植物志 60-2)=团花山矾
文山山柑 Capparis fengii B.S.Sun(山柑科)
文山蛇根草 Ophiorrhiza wenshanensis Lo(茜草科)
文山石仙桃 Pholidota wenshanica S.C.Chen & Z.H.Tsi (兰科)
文山薹草 Carex wenshanensis L.K.Dai(莎草科)
文山铁线莲 Clematis wenshanensis W.T.Wang (毛茛科)
文山雪胆 Hemsleya wenshanensis A.M.Lu ex C. Y.Wu & C.L.Chen(葫芦科)
文氏马先蒿 Pedicularis cheilanthifolia subsp. svenhedinii (Pauls.) Tsoong(玄参科),*斯文氏碎米蕨叶马先蒿*
文柿 Diospyros mun (A.Chev.) Lec.(柿科)
文殊兰 Crinum asiaticum var. sinicum (Roxb. ex Herb.) Baker(石蒜科),*戌年青,海蕉,里噜,罗裙带,牛黄伞,秦琼剑,十八学士,文兰树,文珠兰,引水蕉*
文殊兰属 Crinum L.(石蒜科)
文水野丁香 Leptodermis diffusa Batalin(茜草科)
文藤 Mandevilla laxa (Ruiz & Pavon) Woods.(夹竹桃科)
文藤属 Mandevilla Lindl.(夹竹桃科)
文王一支笔(湖北)=筒鞘蛇菰
文仙果(草木便方)=无花果
文县黄芪 Astragalus wenxianensis Y.C.Ho(豆科)
文县楼梯草 Elatostema wenxienense W.T.Wang (荨麻科)
文县路蕨 Mecodium wendsienense Ching & Chiu?(膜蕨科)
文县卫矛 Euonymus wensiensis J.W.Ren & D.S. Yao (卫矛科)
文县杨 Populus wenxianica Z.C.Feng & J.L. Guo ex G.Zhu (杨柳科)
文县重楼 Paris wenxianensis Z.X.Peng & R.N. Zhao (百合科)
文星草(纲目)=谷精草
文珠兰(广州志)=文殊兰
文竹 Asparagus setaceus (Kunth) Hessop(百合科),*蓬莱竹,土天竹*
纹瓣兰 Cymbidium aloifolium (L.) Sw.(兰科),*树茭瓜,虎头兰,吊兰,硬叶兰,剑兰*
纹苞风毛菊 Saussurea lomatolepis Lipsch.(菊科)
纹苞菊 Russowia sogdiana (Bge.) B.Fedtsch.(菊科)
纹苞菊属 Russowia C.Winkl.(菊科)
纹党(四川)=党参
纹果杜茎山(植物志 58)=米珍果
纹果紫堇 Corydalis striatocarpa H.Chuang(罂粟科)
纹茎黄芪 Astragalus sulcatus L.(豆科)
纹皿柱兰(台湾兰科植物)=灰绿盂兰
纹叶木堇(中药大辞典)=长毛黄葵
蚊艾(河南)=白莲蒿
蚊草(广东)=野生紫苏
蚊惊树(纲目拾遗)=米仔兰
蚊母草 Veronica peregrina L.(玄参科),*水衰衣,仙桃草,接骨仙桃,水莴苣,鸭儿草,灯笼草*
蚊母树 Distylium racemosum S. & Z.(金缕梅科)
蚊母树属 Distylium S. & Z.(金缕梅科)
蚊蚊草(指示植物)=小画眉草
蚊香草(福建药物志)=牡荆
蚊仔花(广东)=南紫薇
蚊子草(陕西关中)=鹤草
蚊子草(陕西中草药)=北水苦荬
蚊子草(浙江药志)=无毛画眉草
蚊子草(种子植物名称)=画眉草
蚊子草 Filipendula palmata (Pall.) Maxim.(蔷薇科),*合叶子*
蚊子草属 Filipendula Mill.(蔷薇科)
蚊子柴(广西)=牡荆
蚊子花(广东)=紫薇
蚊子木(广西药用名录)=光萼小蜡
吻兰 Collabium chinense (Rolfe) T.Tang & F.T. Wang (兰科),*中国吻兰*
吻兰属 Collabium Bl.(兰科)
吻头(本草拾遗)=楤木
紊草 Roegneria confusa (Roshev.) Nevski (禾本科)
紊蒿 Elachanthemum intricatum (Franch.) Ling & Y.R.Ling(菊科),*博尔-图柳格*
紊蒿属 Elachanthemum Ling & Y.R.Ling(菊

科)
紊乱美苞棕 Calospatha confusa Ftdo.(棕榈科)
紊乱轴榈 Licuala confusa Ftdo.(棕榈科)
稳舌甘菊(新)Dendranthema lavandulifolium var. discoideum (Hand.-Mazz.) Shih(菊科), *甘菊稳舌甘菊变种*
问荆 Equisetum arvense L.(木贼科),*接续草,节节草,笔头菜,黄蚂草,接骨草,土麻黄,笔头草,锁眉草*
问客杜鹃 Rhododendron ambiguum Hemsl.(杜鹃花科),*承先杜鹃*
汶川白花弯蕊芥(植物志 33)=三小叶碎米荠
汶川柴胡 Bupleurum wenchuanense Shan & Y. Li (伞形科),*马尾柴胡*
汶川褐毛杜鹃 Rhododendron wasonii var. wenchuanense L.C.Hu(杜鹃花科)
汶川虎耳草 Saxifraga wenchuanensis T.C.Ku (虎耳草科)
汶川金盏苣苔 Isometrum lancifolium var. mucronatum K.Y.Pan(苦苣苔科)
汶川景天 Sedum wenchuanense S.H.Fu (景天科)
汶川柳 Salix ochetophylla Görz(杨柳科)
汶川龙胆 Gentiana winchuanensis T.N.Ho(龙胆科)
汶川娃儿藤 Tylophora nana Schneid.(萝藦科)
汶川无尾果 Coluria oligocarpa (J.Krause) F. Bolle (蔷薇科)
汶川小檗 Berberis bergmanniae var. acanthophylla Schneid. (小檗科)
汶川星毛杜鹃 Rhododendron asterochnoum Diels(杜鹃花科),*星毛杜鹃*

Weng

翁阿鲁(四川西北部)=甘青乌头
翁宝球 Rebutia senilis Backeb.(仙人掌科)
翁波(藏名)=三春水柏枝
翁锦 Echinocereus delaetii Gürke.(仙人掌科)
翁柱 Cephalocereus senilis (Haw.) Pfelff.(仙人掌科)
翁柱属 Cephalocereus Pfeiff.(仙人掌科)
蕹菜(福建)=蕹菜
瓮菜癀(福建)=柔毛堇菜
瓮登木(广东)=多花野牡丹
蕹菜 Ipomoea aquatica Forsk.(旋花科),*空筒菜,空心菜,藤藤菜,通菜,通菜蓊,蓊菜*

Wo

莴菜(纲目)=莴苣
莴苣 Lactuca sativa L.(菊科),*白苣,白苣子,苣藤子,千金菜,藤菜,莴菜,莴笋*
莴苣叶马蓝(数据库光盘)=莴苣叶紫云菜
莴苣叶紫云菜 Strobilanthes lactucifolia Lévl. (爵床科),*莴苣叶马蓝*
莴苣属 Lactuca L.(菊科)
莴笋(滇南本草)=莴苣
莴笋花 Costus lacerus Gagn.(姜科)
莴荀 Lactuca sativa var. angustata Irish ex Brem. (菊科)
窝儿参(陕西,甘肃)=南方山荷叶
窝儿七(陕西,甘肃)=南方山荷叶
窝尔白三七(甘肃)=管花鹿药
窝瓜子(中草药汇编)=南瓜
窝竹 Fargesia brevissima Yi (禾本科)
蜗儿菜 Stachys arrecta L.H.Bailey(唇形科),*宝塔菜*
蜗壳苜蓿 Medicago orbicularis Bart.(豆科)
蜗壳南星(湖北来凤)=灯台莲
蜗牛虎耳草 Saxifraga cochlearis Rchb.(虎耳草科)
我嘎(西藏藏名)=喜马拉雅垂头菊
我你他棕属 Vonitra Becc.(棕榈科)
沃尔德小檗 Berberis wardii Schneid.(小檗科)
沃尔夫茶藨子 Ribes wolfii Rothr.(虎耳草科)
沃尔特小檗 Berberis walterana Ahrendt.(小檗科)
沃京雀麦 Bromus wolgensis Fisch. ex Jacq.(禾本科)
沃坎十大功劳 Mahonia volcania Stadl. & Steyerm. (小檗科)
沃克凤仙花 Impatiens walkeri HK.(凤仙花科)
沃拉小檗 Berberis wawrana Schneid.(小檗科)
沃雷鸢尾 Iris warleyensis Foster (鸢尾科)
沃里独尾 Eremurus warei Reuthe (百合科)
沃利赫冠瓣 Lophopetalum wallichii Kurz.(卫矛科)
沃罗诺黄芩 Scutellaria woronowii Juz.(唇形科)
沃瑞氏拟钩叶藤 Plectocomiopsis wrayi Becc. (棕榈科)
沃瑞氏山槟榔 Pinanga wrayi Ftdo.(棕榈科)
沃森花属 Watsonia Mill.(鸢尾科)
沃森唐菖蒲 Gladiolus watsonius Thunb.(鸢尾科)
沃氏鸭茅 Dactylis woronowii Ovcz.(禾本科)
沃特林顿小檗 Berberis watlingtonensis Ahrendt (小檗科)
卧地石松 Lycopodium prostratum Harper (石松科)
卧儿菜(北京志)=繁缕叶景天
卧茎唇柱苣苔 Chirita lachenensis Clarke(苦苣苔科)
卧茎景天(东北检索表)=垂盆草
卧径夜来香 Telosma procumbens (Blanco) Merr. (萝藦科)
卧龙斑叶兰 Goodyera wolongensis K.Y.Lang (兰科)
卧龙杜鹃 Rhododendron wolongense W.K.Hu (杜鹃花科),*华南夜来香*
卧龙乌头 Aconitum wolongense W.T.Wang(毛茛科)
卧龙玉凤花 Habenaria wolongensis K.Y.Lang (兰科)
卧龙柱 Harrsia tortuosa (Forb.) Br. & R.(仙人掌科)
卧龙柱属 Harrsia Brit.(仙人掌科)
卧牛(新拉汉英)=脂麻掌
卧生水柏枝 Myricaria rosea W.W.Sm.(柽柳科)
卧银花(陕西横山)=银州柴胡
卧子松(中国裸子志)=陆均松
渥丹 Lilium concolor Salisb.(百合科),*红百合,红茶菜,连珠,山百合,山丹,山豆子茶*
渥太华小檗 Berberis ottawensis Schneid.(小檗科)
斡花榕 Ficus variegata var. garciae (Elm.) Corner (桑科)

Wu

乌巴拉色尔布(藏名)=多刺绿绒蒿
乌棒子(广西)=尾叶远志
乌苞(湖南)=灰白毛莓
乌卑树(广东)=滇白珠
乌藨连(贵州民间药物)=萓
乌藨子(纲目)=掌叶复盆子
乌藨子(树木分类学)=乌泡子
乌柄耳蕨 Polystichum melanostipes Ching & H. S.Kung (鳞毛蕨科)
乌柄凤丫蕨 Coniogramme centro-chinensis f. melanocaulis Ching (裸子蕨科)
乌柄水龙骨(蕨类图谱)=雨蕨
乌柄铁角蕨 Asplenium lauii Ching(铁角蕨科)
乌哺鸡竹 Phyllostachys vivax McClure (禾本科)
乌不踏(江西草药,福建药志)=虎刺
乌材 Diospyros eriantha Champ. ex Benth.(柿科),*米汉,米来,乌材仔,乌杆仔,乌眉,乌木,乌蛇,小叶乌椿*
乌材仔(台湾)=乌材
乌参(成都草药手册)=蜘蛛香
乌草(本草纲目拾遗)=鼠尾草
乌草(开宝本草)=隐距越桔
乌草根(广西百色)=显脉旋覆花
乌茶(海南)=长苞柿
乌茶木(海南儋县)=薄叶龙船花
乌茶子(开宝本草)=乌柏
乌巢蕨(广西药用名录)=巢蕨
乌椿(海南崖县)=琼岛柿
乌达力格-沙里尔日(蒙语)=柳叶蒿
乌丹蒿 Artemisia wudanica Liou & W.Wang.(菊科),*大头蒿,圆头蒿,希日-沙巴嘎*
乌胆(广部中草药手册)=乌檀
乌德银莲花 Anemone udensis Trautv. & Mey. (毛茛科)
乌爹泥(本草纲目)=儿茶
乌爹泥(纲目)=儿茶
乌丁(纲目)=儿茶
乌丁泥(纲目)=儿茶
乌疔草(福建中草药)=少花龙葵
乌豆(肘后方)=大豆
乌豆(广西)=蝣豆
乌豆草(贵州)=薄片变豆菜
乌豆根(贵州民间药物)=西南槐
乌毒(湖北西部)=瓜叶乌头
乌独活(南川)=金山当归
乌尔波草属(新拉汉英)=**鼠茅属**
乌尔根-沙里尔日(蒙语)=宽叶蒿
乌饭(江苏)=江南越桔
乌饭草(高等图鉴)=珍珠花
乌饭草(日华子本草)=隐距越桔
乌饭果(滇南本草)=乌鸦果
乌饭瑞香 Daphne myrtilloides Nitsche(瑞香科)
乌饭树(江苏,浙江,江西)=南烛
乌饭树叶蓼 Polygonum vaccinifolium Wall. ex Meisn. (蓼科)
乌饭树属(科属词典,树木分类学)=**越桔属**
乌饭叶(浙江)=南烛
乌饭叶矮柳 Salix vaccinioides Hand.-Mazz.(杨柳科)
乌饭叶菝葜 Smilax myrtillus A.DC.(百合科)
乌饭子(滇南本草)=乌鸦果
乌饭子(江西)=短尾越桔
乌饭子(江西)=南烛
乌饭子(四川中草药)=西南越桔
乌风七(中药大辞典)=平卧菊三七
乌杆仔(台湾)=乌材
乌柑(台湾)=酒饼簕
乌柑属(台湾志)=**酒饼簕属**
乌橄榄(海槎全录)=乌榄
乌冈栎 Quercus phillyraeoides A.Gray (壳斗科)
乌岗姆鹅观草 Roegneria ugamica (Drob.) Nevski (禾本科)
乌格提肯(青海格尔木)=胶黄芪状棘豆
乌梗子(福建)=赤车
乌梗子(福建)=降龙草
乌骨草(广东)=野古草

乌骨鸡(四川中药志)=青蛇藤
乌骨麻(浙江草药)=庐山楼梯草
乌骨四方枝节节花(广东惠来)=丰花草
乌骨藤(贵州民间药物)=白叶瓜馥木
乌骨藤(云南)=通光散
乌龟草(广西)=临桂香草
乌禾日-哈日嘎纳(蒙语)=小叶锦鸡儿
乌合日-西鲁黑(蒙名)=栉叶蒿
乌花贝母(中药志)=暗紫贝母
乌混-少布特日(蒙名)=双刺茶藨子
乌鸡白(四川)=青菜
乌鸡脚(浙江)=井栏边草
乌鸡骡(中草药汇编)=陕西假瘤蕨
乌鸡腿(陕西中草药)=接骨草
乌姜 Zingiber linyunense D.Fang(姜科)
乌脚绿 Dendrocalamopsis edulis (Odashima) Keng f. (禾本科),*胡绿,鲎脚绿*
乌脚芒(福建)=铁线蕨
乌脚芒(高等图鉴)=团羽铁线蕨
乌脚枪(江西医药)=掌叶铁线蕨
乌金草(湖北)=双叶细辛
乌金草(陕西)=二叶獐牙菜
乌金散(中药大辞典)=北方獐牙菜
乌金钟(广西苗语)=铜锤玉带草
乌筋七(秦岭南北坡)=荷青花
乌荆子李 Prunus insititia L.(蔷薇科)
乌韭(蕨类图说)=乌蕨
乌桕 Sapium sebiferum (L.) Roxb.(大戟科),*柏子树,虹叶,卷根子,卷子树,卷宗根白皮,卷宗叶,腊子树,木子树,乌茶子,油子叶*
乌桕属 Sapium P.Br.(大戟科)
乌蕨(高等图鉴)=野雉尾金粉蕨
乌蕨 Stenoloma chusanum Ching(陵齿蕨科)*乌韭,大叶金花草,金花草,土黄连,雪仙草*
乌蕨属 Stenoloma Fée (陵齿蕨科)
乌壳子(吊罗)=海南大风子
乌克兰窃衣 Torilis ucrainica Spreng.(伞形科)
乌克兰酸模 Rumex urcanicus Fisch. ex Spreng. (蓼科)
乌口簕(植物志 43-2)=花椒簕
乌口木(海南志)=珠仔山矾
乌口树 (图考)=白花苦灯笼
乌口树(广东)=珠仔山矾
乌口树属 Tarenna Gaertn.(茜草科)
乌库早熟禾 Poa ochotensis Trin.(禾本科)
乌拉(河北)=栾树
乌拉草 Carex meyeriana Kunth(莎草科)
乌拉尔棘豆 Oxytropis uralensis (L.) DC. (豆科)
乌拉尔银莲花 Anemone uralensis Fisch.(毛茛科)
乌拉胶(河北)=栾树
乌拉奈(辽宁)=欧李
乌拉特黄芪 Astragalus hoantchy Franch.(豆科),*粗壮黄芪*
乌拉绣线菊 Spiraea uratensis Franch.(蔷薇科),*蒙古绣线菊*
乌拉音-西巴嘎(蒙语)=山蒿
乌来闭口兰(台湾志)=绿花隔距兰
乌来冬青 Ilex uraiensis Mori & Yamamoto(冬青科)
乌来杜鹃(台湾志)=台北杜鹃
乌来隔距兰(台湾兰)=绿花隔距兰
乌来卷瓣兰 Bulbophyllum macraei (Lindl.) Rchb.f. (兰科),*一枝瘤,乌来石豆兰,紫花石豆兰*
乌来麻(台湾志)=藤麻
乌来石豆兰(台兰科图鉴)=乌来卷瓣兰
乌来铁角蕨 Asplenium cuneatiforme Christ(铁角蕨科),*大蓬莱铁角蕨*
乌来凸轴蕨 Metathelypteris uraiensis (Rosenst.) Ching (金星蕨科),*毛柄凸轴蕨*
乌兰-布勒嘎苏(蒙名)小穗柳
乌兰-布衣勒斯(蒙语)=蒙古扁桃
乌兰-高恩淘格(蒙语)=糖芥
乌兰高腰(内蒙志)=锁阳
乌兰-给其根孔夫子(蒙名)=红轮狗舌草
乌兰-哈日嘎纳(蒙语)=红花锦鸡儿
乌兰-沙里尔日(蒙语)=红足蒿
乌兰-套拉麻(蒙古语)=角蒿
乌兰-套鲁木乌(蒙古语)=角蒿
乌榄 Canarium pimela Leenh.(橄榄科),*木威子,黑榄,乌橄榄*
乌榄寄生(广东,广西)=五蕊寄生
乌郎藤(广东)=龙须藤
乌垒泥(纲目)=儿茶
乌梨(浙江)=沙梨
乌李豆子(山东经济植物)=圆叶鼠李
乌里矮(云南广南)=腺毛飞蛾藤
乌力果(广东临高)=光叶柿
乌蔹(广西药用名录)=显齿蛇葡萄
乌蔹莓(中药大辞典)=七小叶崖爬藤
乌蔹莓 Cayratia japonica (Thunb.) Gagn.(葡萄科),*地五加,虎葛,虎莓,龙尾,母猪藤,乌苤草,五龙草,五扑龙,五叶莓,五叶藤,五爪龙*
乌蔹莓五加 Acanthopanax cissifolius (Griff.) Harms (五加科)
乌蔹莓属 Cayratia Luss.(葡萄科)
乌凉(云南思茅)=水茄
乌蓼(药用志)=篇蓄
乌鳞短肠蕨 Allantodia nigrosquamosa Ching (蹄盖蕨科)
乌鳞耳蕨 Polystichum piceo-paleaceum Tagawa (鳞毛蕨科),*黑鳞耳蕨*
乌鳞假瘤蕨 Phymatopteris nigropaleacea (Ching) S.G.Lu (水龙骨科)
乌菱(江苏志)=菱
乌菱 Trapa bicornis Osbeck(菱科),*大头菱,扒菱,大湾角菱*
乌柳 Salix cheilophila Schneid(杨柳科),*筐柳,沙柳根,降马*
乌柳根(沙漠药用植物)=小穗柳
乌龙摆尾(湖南)=灰白毛莓
乌龙过江(云南)=大果油麻藤
乌龙毛(重庆草药)=插田泡
乌龙藤 (魔王)=流苏子
乌龙须(成都)=马桑
乌龙须(中药大辞典)=大乌泡
乌卢套棘豆 Oxytropis rhynchophysa Schrenk (豆科)
乌鲁木齐岩黄芪 Hedysarum songaricum var. urumchiense L.Z.Shue(豆科)
乌麻(千金方)=芝麻
乌麦(日名)=野燕麦
乌麦(日用本草)=荞麦
乌麦属(植物学大辞典)=**燕麦属**
乌毛蕨 Blechnum orientale L.(乌毛蕨科),*龙船蕨,东方乌毛蕨,黑狗脊,贯众*
乌毛蕨科 Blechnaceae
乌毛蕨属 Blechnum L.(乌毛蕨科)
乌眉(海南)=乌材
乌莓(湖南药物志)=炮烙莓
乌莓(云南中草药选)=叉须崖爬藤
乌梅(植物志 38)=梅
乌楣(海南)=秀丽锥
乌楣(植物志 53-1)=乌墨
乌蒙杓兰 Cypripedium wumengense S.C.Chen (兰科)
乌蒙黄堇 Corydalis latiloba subsp. wumungensis C.Y.Wu (罂粟科),*豆瓣鹿含,娃尼匹*
乌蒙宽叶杜鹃 Rhododendron sphaeoblastum var. wumengense Feng(杜鹃花科)
乌蒙绿绒蒿 Meconopsis wumungensis K.M. Feng ex C.Y.Wu & H.Chuang(罂粟科)
乌蒙山蹄盖蕨 Athyrium wumonshanicum Ching (蹄盖蕨科)
乌蒙小檗 Berberis woomungensis C.Y.Wu ex S. Y.Bao (小檗科)
乌蒙紫晶报春 Primula virginis Lévl.(报春花科),*纯白报春,处女报春*
乌面马(台湾)=白花丹
乌墨 Syzygium cumini (L.) Skeels(桃金娘科),*海南蒲桃,麻栗果,山蒲桃,十年果,乌楣,乌木,羊屎果,野冬青皮*
乌母黑-沙里尔日(蒙语)=臭蒿
乌母希-乌布斯(蒙名)=骆驼蓬
乌木(广西陆川)=白花苦灯笼
乌木(海南)=长苞柿
乌木(海南)=乌材
乌木(海南)=乌墨
乌木(海南凌水)=琼岛柿
乌木(云南)=岩柿
乌木蕨 Blechnidium melanopus (HK.) Moore (乌毛蕨科),*矮尾乌毛蕨*
乌木蕨属 Blechnidium Moore (乌毛蕨科)
乌木兰(广东廉江)=皂帽花
乌木铁角蕨 Asplenium fuscipes Bakl.(铁角蕨科)
乌牛子(纲目拾遗)=丝瓜
乌奴龙胆 Gentiana urnula H.Sm.(龙胆科),*乌双龙胆,风嘎穷,冈噶琼*
乌糯葛萁(浙江药志)=蕨
乌泡(湖南药物志)=炮烙莓
乌泡(湖南药物志)=无腺灰白毛莓
乌泡(四川)=乌泡子
乌泡(四川中草药)=川莓
乌泡(植物志 37)=大乌泡
乌泡倒触伞(重庆草药)=插田泡
乌泡连(贵州民间药物)=荁
乌泡天(湖南药物志)=炮烙莓
乌泡子 Rubus parkeri Hance(蔷薇科),*乌泡,乌藨子,小乌泡根*
乌皮九芎(台湾志)=台湾安息香
乌皮石柃(台湾)=象牙柿
乌皮树(台湾树木志)=圆果石笔木
乌皮藤(广西)=龙须藤
乌桦(江苏,浙江)=油柿
乌葡萄 Vitis munsoniana Simp.(葡萄科)
乌七(湖南药物志)=菊三七
乌漆白(新华本草纲要)=黑面神
乌恰贝母 Fritillaria ferganensis A.Los.(百合科),*伊贝母*
乌恰彩花 Acantholimon popovii Czerniak.(白花丹科)
乌恰翠雀花 Delphinium wuqiaense W.T.Wang (毛茛科)
乌恰顶冰花 Gagea olgae Rgl.(百合科)
乌恰风毛菊 Saussurea ovata Benth.(菊科)
乌恰还阳参 Crepis karelinii M.Pop. & Schischk. ex Czer. (菊科)
乌恰黄芪 Astragalus skorniakovii var. wuqiaensis S.B.Ho (豆科)

乌恰岩黄芪 Hedysarum flavescens Regel & Schmalh. ex B.Fedtsch.(豆科)
乌前(广东,海南)=毛柿
乌确码子布(藏语)=藏波罗花
乌日格-额乐孙罗邦(蒙名)=斧翅沙芥
乌绒(雷公炮制药性解)=合欢
乌肉鸡(江西)=九管血
乌如木杜乐(蒙名)=蓬子菜
乌桑树 (鄂西北,河南)=湖北紫荆
乌骚风(广西)=青蛇藤
乌痧头(福建中草药)=铁包金
乌山锦 Aloe karasbergensis Dtr.(百合科)
乌扇(滇南本草,陕西,甘肃,福建,广西)=射干
乌梢蛇(陕西)=多花勾儿茶
乌蛇(海南)=乌材
乌蛇木(广东新丰)=罗浮柿
乌身香槁(海南尖峰岭)=香果新木姜子
乌椹(本草衍义)=桑
乌氏当药(北部植物图志)=华北獐牙菜
乌市黄芪 Astragalus wulumuqianus Wang & Tang ex K.T.Fu(豆科)
乌柿 Diospyros cathayensis Steward(柿科),山柿子,丁香柿,野油柿子,黑塔子,福州柿
乌柿叶(广西药用名录)=瘤皮孔酸藤子
乌双龙胆(高等图鉴)=乌奴龙胆
乌苏里风毛菊 Saussurea ussuriensis Maxim.(菊科),山牛蒡
乌苏里狐尾藻 Myriophyllum propinquum A. Cunn. (小二仙草科),乌苏里茶,三裂狐尾藻,乌苏里金鱼藻
乌苏里金鱼藻(台湾志)=乌苏里狐尾藻
乌苏里锦鸡儿 Caragana ussuriensis (Regel) Pojark.(豆科)
乌苏里景天(东北检索表)=长白红景天
乌苏里聚藻(台湾志)=乌苏里狐尾藻
乌苏里李(果树分类学)=东北李
乌苏里荨麻 Urtica laetevirens subsp.cyanescens (Kom.) C.J.Chen(荨麻科),哈拉海
乌苏里鼠李 Rhamnus ussuriensis J.Vass.(鼠李科),老鸹眼,臭李子
乌苏里薹草 Carex ussuriensis Kom.(莎草科)
乌苏里葶苈 Draba ussuriensis Pohle(十字花科)
乌苏里瓦韦 Lepisorus ussuriensis (Rgl. & Maack) Ching (水龙骨科),大骨牌草,飞惊草,剑刀草,青根,射鸡尾,铁包针
乌苏里绣线菊(东北木本志)=石蚕叶绣线菊
乌苏里鸢尾 Iris maackii Maxim.(鸢尾科)
乌苏里早熟禾 Poa urssulensis Trin.(禾本科)
乌苏里针蔺 Heleocharis ussuriensis Zinserl.?(莎草科)
乌苏里荸荠 Heleocharis mamillata f. ussuriensis (Zinserl.) Y.L.Chang?(莎草科)
乌苏里茶(高等图鉴)=乌苏里狐尾藻
乌苏力格-沙里尔日(蒙语)=南牡蒿
乌苏图-管日干纳(蒙名)=毛脉酸模
乌苏橐吾 Ligularia calthifolia Maxim.(菊科)
乌酸桃(浙江)=盐肤木
乌塌菜(江苏)=青菜
乌蹋菜(苏南植物手册)=青菜
乌檀 Nauclea officinalis (Pierre ex Pitard) Merr. & Chun (茜草科),黄羊木,山熊胆,乌胆,细叶黄梾木,熊胆树,药乌檀
乌檀属 Nauclea L.(茜草科)
乌桃叶(武汉)=盐肤木
乌藤 Uvaria tonkinensis var. subglabra Finet & Gagn. (番荔枝科)
乌藤菜(泉州本草)=婆婆针
乌藤菜(通志)=奇蒿
乌提子(广东)=多花野牡丹
乌天麻 Gastrodia elata f. glauca S.Chow(兰科)
乌头(陕西)=太白乌头
乌头(新疆药材名)=拟黄花乌头
乌头(新疆药材名)=细叶黄乌头
乌头(新疆药志)=圆叶乌头
乌头(新疆药志)=准噶尔乌头
乌头 Aconitum carmichaeli Debx.(毛茛科),草乌,乌药,盐乌头,鹅儿花,铁花,五毒
乌头力刚(浙江)=威灵仙
乌头荠 Euclidium syriacum (L.) R.Br.(十字花科)
乌头荠属 Euclidium R.Br.(十字花科)
乌头叶八幡草 Boykinia aconitifolia Nutt.(虎耳草科)
乌头叶白蔹(植物志 48-2)=乌头叶蛇葡萄
乌头叶毛茛 Ranunculus napellifolius DC.(毛茛科)
乌头叶蛇葡萄 Ampelopsis aconitifolia Bge.(葡萄科),草白蔹,草白薇,附子蛇葡萄,过山龙,马葡萄,乌头叶白蔹,羊葡萄蔓,
乌头属 Aconitum L.(毛茛科)
乌尾丁(广西)=毛冬青
乌蚊子(广东)=赛山梅
乌犀树(植物志 39)=山皂荚
乌苍草(蜀本草)=乌蔹莓
乌腺金丝桃(东北检索表,东北草本志)=赶山鞭
乌心红豆(广东)=光叶红豆
乌心楠 Phoebe tavoyana (Meissn.) HK.f.(樟科),尖尾槁,白椰槁
乌心石(台湾)=台湾含笑
乌心石舅(台木本志)=恒春拟单性木兰
乌鸦不企树(岭南采药录)=簕欓花椒
乌鸦果 Vaccinium fragile Franch.(杜鹃花科),纯阳子,黑果叶,老鸦果,老鸦泡,冷饭果,米饭果,千年矮,沙汤果,土千年健,乌饭果,乌饭子,午饭果
乌鸦七(陕西)=黄精
乌鸦藤(福建)=匙羹藤
乌鸦子(树木分类学)=无梗五加
乌芽竹 Phyllostachys atrovaginata C.S.Chao(禾本科)
乌烟桃(武汉)=盐肤木
乌岩子(图考)=火碳母
乌盐泡(武汉)=盐肤木
乌眼眼豆(天目药志)=鹿藿
乌杨(亨氏植物名录)=重阳木
乌药(滇南本草)=滇常山
乌药(广东,广西)=小叶乌药
乌药(贺兰山)=贺兰翠雀花
乌药(青海)=铁棒锤
乌药(陕西)=毛叶乌头
乌药(四川,陕西)=乌头
乌药 Lindera aggregata (Sims) Kosterm.(樟科),矮樟,白背树,白叶柴,白叶子树,斑皮柴,蒡萁茶,鸡骨香,鲫鱼姜,旁其,螃皮柴,鳑鲏树,台乌,天台乌药,铜钱树,土木香,细叶樟,香叶子
乌药公(广东,广西)=小叶乌药
乌药花(滇南本草)=滇常山
乌药苗(湖南)=香粉叶
乌药竹(广东乐昌)=吊丝竹
乌药竹(台湾)=绿竹
乌叶秋海棠 Begonia ornithophylla Irmsch.(秋海棠科)
乌叶竹 Bambusa utilis W.C.Lin (禾本科)
乌依碗(新拉汉英)=小野荞麦
乌蝇草(广东)=锦地罗
乌蝇叶(广西)=越南叶下珠
乌蝇翼(广西)=越南叶下珠
乌蝇翼草(广东梅县)=丁癸草
乌鱼刺(四川)=小叶菝葜
乌羽玉 Lophophora williamisii (Lem.) J.Coult. (仙人掌科)
乌羽玉属 Lophophora J.Coult.(仙人掌科)
乌芋(广雅)=荸荠
乌猿煎(中药大辞典)=海南龙血树
乌云盖雪(广西中草药)=梵天花
乌云墨(海南保亭)=琼岛柿
乌樟(名医别录)=红果山胡椒
乌樟(四川,台湾)=樟
乌樟(中药大辞典)=红楠
乌趾草(中药大辞典)=百脉根
乌竹(汝南圃史)=紫竹
乌竹 Phyllostachys varioauriculata S.C.Li (禾本科),毛壳竹
乌爪簕藤(植物志 39)=春云实
乌子树(植物志 60-2)=白檀
污白冠毛蓟(新)Cirsium arisanense Kitam.?(菊科)
污槽树(广东)=五月茶
污花滇紫草(植物志 64-2)=污花胀萼紫草
污花风毛菊 Saussurea sordida Kar. & Kir.(菊科)
污花胀萼紫草 Maharanga emodii (Wall.) DC. (紫草科),污花滇紫草
污毛粗叶木(中草药汇编)=日本粗叶木
污毛降龙草(植物志 69)=降龙草
污毛香青 Anaphalis pannosa Hand.-Mazz.(菊科)
污泥蓼 Polygonum limicola Sam.(蓼科)
污色棘豆 Oxytropis sordida (Willd.) Pers. (豆科)
污色蝇子草 Silene karekirii Bocquet(石竹科)
污生境属 Coprosma Forst.(茜草科)
呜门柑 Citrus medioglobosa Tanaka (芸香科)
巫山杜鹃 Rhododendron roxieoides Chamb.(杜鹃花科)
巫山繁缕 Stellaria wushanensis Williams(石竹科),武冈繁缕
巫山黄芪 Astragalus wushanicus Simps.(豆科)
巫山堇菜 Viola henryi H.de Boiss.(堇菜科)
巫山柳(树木分类学)=川鄂柳
巫山牛奶子 Elaeagnus wushanensis C.Y.Chang (胡颓子科)
巫山新木姜子 Neolitsea wushanica (Chun)Merr. (樟科)
巫山悬钩子 Rubus wushanensis Yü & Lu (蔷薇科)
巫山淫羊藿 Epimedium wushanense Ying(小檗科)
巫山帚菊 Pertya tsoongiana Ling(菊科)
巫溪贯众(分类学报)=峨眉贯众
巫溪贯众 Cyrtomium falcipinnum Ching & Shing (鳞毛蕨科)
巫溪泡花树(新) Meliosma subverticilaris Rehd. & Wils.?(清风藤科)
巫溪箬竹 Indocalamus wuxiensis Yi (禾本科)
巫溪银莲花 Anemone rockii var. pilocarpa W.T. Wang (毛茛科)
巫溪紫堇 Corydalis bulbillifera C.Y.Wu(罂粟科)
屋得金合欢 Acacia woodii Davy.(豆科)
屋顶鸢尾(植物学杂志)=鸢尾

屋顶棕属 Thrinax Sw.(棕榈科)
屋根草 Crepis tectorum L.(菊科)
屋久岛卫矛 Euonymus yakushimensis Makino (卫矛科)
屋久假瘤蕨 Phymatopteris yakushimensis (Makino) Pic.Serm.(水龙骨科)
屋氏观音座莲 Angiopteris oldhamii Hieron.(观音座莲科)
屋松(浙江草药)=瓦松
无斑滇百合 Lilium bakerianum var. yunnanense (Franch.) Sealy ex Woodc. & Stearn(百合科)
无斑点黄芩 Scutellaria immaculata Nevski (唇形科)
无斑兜兰 Paphiopedilum henryanum var. christae Braem (兰科)
无斑虎耳草 Saxifraga omphalodifolia Hand.-Mazz. (虎耳草科),*微凹虎耳草*,*具痂虎耳草*
无斑梅花草 Parnassia epunctulata J.T.Pan(虎耳草科)
无斑山姜 Alpinia emaculata S.Q.Tong(姜科)
无瓣安匝木 Pomaderris apetala Labill.(鼠李科)
无瓣繁缕 Stellaria pallida (Dumort.) Crépin(石竹科)
无瓣蔊菜 Rorippa dubia (Pers.) Hara(十字花科),*大叶香荠菜*,*地豇豆*,*干油菜*,*蔊菜*,*鸡肉菜*,*江剪刀草*,*清明菜*,*塘葛菜*,*天葛菜*,*铁菜子*,*野菜子*,*野辣菜*,*野油菜*
无瓣女娄菜(拉汉名称)=隐瓣蝇子草
无瓣重楼 Paris thibetica var. apetala Hand.-Mazz. (百合科)
无苞杓兰 Cypripedium bardolphianum W.W.Sm & Farrer (兰科)
无苞粗叶木 Lasianthus lucidus Bl.(茜草科)
无苞繁缕 Stellaria ebracteata Kom.(石竹科)
无苞芥 Olimarabidopsis pumila (Steph.) Al-Shehbaz et al. (十字花科),*赤水鼠耳芥*,*小鼠耳芥*,*亚东鼠耳芥*
无苞芥属 Olimarabidopsis Al-Shehbaz et al. (十字花科)
无苞楼梯草 Elatostema ebracteatum W.T.Wang (荨麻科)
无苞双脊荠 Dilophia ebracteata Maxim.(十字花科)
无苞香蒲 Typha laxmannii Lepech.(香蒲科)
无柄扁担杆 Grewia sessiliflora Gagn.(椴树科)
无柄变种(植物志 65-2,Flora 17)=无柄长叶假糙苏(新)
无柄长叶假糙苏(新)Paraphlomis lanceolata var. sessilifolia Hand.-Mazz.(唇形科),*无柄变种*
无柄车前蕨 Antrophyum parvulum Bl.(车前蕨科)
无柄虫实附地菜 Trigonotis corispermoides var. sessilis W.T.Wang (紫草科)
无柄垂子买麻藤(植物志 7)=垂子买麻藤
无柄垂子买麻藤 Gnetum pendulum f. subsessile C.Y.Cheng(买麻藤科)
无柄杜鹃 Rhododendron watsonii Hemsl.(杜鹃花科)
无柄感应草 Biophytum petersianum Klotzsch. (酢浆草科),*小感应草*,*罗伞草*,*降落伞*
无柄果钩藤(药学学报,药典 2000)=白钩藤
无柄黄花柳 Salix sinica var. subsessilis (K.S. Hao ex C.F.Fang & A.K.Skv.) G.Zhu(杨柳科)
无柄鸡爪槭 Acer palmatum var. sessilifolium Maxim.(槭树科)
无柄金丝桃 Hypericum augustinii N.Robson(藤黄科)
无柄荆芥 Nepeta sessilis C.Y.Wu & Hsuan(唇形科)
无柄卷柏 Selaginella apus (L.) Spring(卷柏科)
无柄鳞毛蕨 Dryopteris submarginata Rosenst. (鳞毛蕨科)
无柄蔓龙胆 Crawfurdia sessiliflora (Marq.) H. Sm. (龙胆科)
无柄爬藤榕 Ficus sarmentosa var. luducca f. sessilis Corner(桑科)
无柄婆婆纳(植物志 67-2)=无柄穗花
无柄蒲桃 Syzygium boisianum (Gagn.) Merr. & Perry (桃金娘科)
无柄沙参 Adenophora stricta subsp. sessilifolia Hong (桔梗科),*沙参*
无柄山柑 Capparis subsessilis B.S.Sun(山柑科)
无柄石笔木 Tutcheria subsessiliflora Chang(山茶科)
无柄石泉柳 Salix shihtsuanensis var. sessilis C.Y.Yu(杨柳科)
无柄溲疏 Deutzia glabrata var. sessilifolia (Pamp.) Zaikonn. (虎耳草科),*喇叭树*
无柄穗花 Pseudolysimachion rotundum (Nakai) T.Yamazaki (玄参科),*无柄婆婆纳*
无柄蹄盖蕨(西北植物学报)=贵州蹄盖蕨
无柄卫矛 Euonymus subsessilis Sprague(卫矛科)
无柄五层龙 Salacia sessiliflora Hand.-Mazz.(翅子藤科),*野黄果*,*野柑子*,*棱子藤*,*狗卵子*
无柄西风芹 Seseli sessiliflorum Schrenk(伞形科)
无柄细钟花 Uvularia sessilifolia L.(百合科)
无柄象牙参 Roscoea schneideriana (Loes.) Cowley (姜科)
无柄小人兰 Gomesa sessilis B.-R.(兰科)
无柄小叶榕(浙江志)=近无柄雅榕
无柄新乌檀 Neonauclea sessilifolia (Roxb.) Merr. (茜草科)
无柄延龄草 Trillium sessile L.(百合科)
无柄叶半脊荠 Hemilophia sessilifolia Al-Shehbaz et al.(十字花科)
无柄叶扭果苣苔 Streptocarpus roseus Michx. (苦苣苔科)
无柄玉叶金花 Mussaenda sessilifolia Hutch.(茜草科)
无柄折叶兰 Sobralia sessilis Lindl.(兰科)
无柄纸叶榕 Ficus chartacea var. torulosa King (桑科)
无柄紫珠(浙江药志)=光叶紫珠
无长毛变种(植物志 65-2)=无长毛山地糙苏(新)
无长毛变种(植物志 65-2,Flora 17)=无长毛山地糙苏
无长毛山地糙苏(新)Phlomis oreophila var. evillosa C.Y.Wu (唇形科),*无长毛变种*
无齿艾蒿 Artemisia argyi var. eximia (Pamp.) Kitam.(菊科)
无齿贯众(分类学报)=披针贯众
无齿华苘麻 Abutilon sinense var. edentatum Feng (锦葵科)
无齿介蕨 Dryoathyrium edentulum (Kunze) Ching (蹄盖蕨科),*缺齿横蕨*
无齿镰叶贯众 Cyrtomium balansae f.edentatum Ching ex Shing(鳞毛蕨科)
无齿蒌蒿 Artemisia selengensis var. shansiensis Y.R.Ling (菊科),*柳叶蒿*
无齿毛蕊茶 Camellia edentata Chang(山茶科)
无齿青冈 Cyclobalanopsis semiserrata (Roxb.) Oerst. (壳斗科)
无齿小檗 Berberis edentata Rusby (小檗科)
无齿鸢尾兰 Oberonia delicata Z.H.Tsi & S.C. Chen (兰科)
无翅参薯 Dioscorea exalata C.T.Ting & M.C. Chang (薯蓣科)
无翅果槐 Sophora mollis var. duthiei Prain.(豆科)
无翅拟漆姑(Flora 6)=田野拟漆姑
无翅秋海棠(新拉汉英)=酸味秋海棠
无翅秋海棠 Begonia acetosella Craib(秋海棠科),*酸味秋海棠*,*四棱秋海棠*
无翅山黧豆 Lathyrus palustris subsp. exalatus Tsui (豆科)
无翅兔儿风 Ainsliaea aptera DC.(菊科)
无翅猪毛菜 Salsola komarovii Iljin(藜科)
无慈(云南)=赛莨菪
无刺菝葜 Smilax mairei Lévl.(百合科),*红萆薢*,*滇红萆薢*,*萆薢*,*小萆薢*,*白萆薢*
无刺格菱 Trapa pseudoincisa var. aspinta Z.T. Xiong (菱科)
无刺贡山悬钩子 Rubus gongshanensis var. qiujiangensis Yü & Lu (蔷薇科)
无刺含羞草 Mimosa invisa var. inermis Adelb. (豆科)
无刺黄瓜 Cucumis sativus var. anglicus Bail.(葫芦科)
无刺黄杨叶小檗 Berberis buxifolia var. inermis (Persoon) Schneid.(小檗科)
无刺金合欢 Acacia teniana Harms(豆科)
无刺茎荨麻(贵州)=小果荨麻
无刺茎荨麻 Urtica dentata var. atrichocaulis Hand.-Mazz.(菊科),*小荨麻*,*秃茎荨麻*
无刺鳞水蜈蚣 Kyllinga brevifolia var. leiolepis (Franch. & Savat.) Hara (莎草科)
无刺曼陀罗(植物志 67-1)=曼陀罗
无刺十大功劳(广东,广西)=沈氏十大功劳
无刺鼠李(高等图鉴)=贵州鼠李
无刺藤(台湾志)=抗风桐
无刺乌泡(贵州)=川莓
无刺仙人掌(广西贵县)=胭脂掌
无刺悬钩子(新)Rubus rolfei Vidal?(蔷薇科)
无刺洋槐(新拉汉英)=刺槐
无刺野古草 Arundinella setosa var. esetosa Bor (禾本科)
无刺硬核 Scleropyrum wallichianum var. mekongense (Gagn.) Lecomte(檀香科),*野葫芦*
无刺枣 Ziziphus jujuba var. inermis (Bge.) Rehd. (鼠李科),*大甜枣*,*大枣*,*红棘*,*枣皮*,*枣树*,*枣树根*,*枣树皮*,*枣叶*,*枣子*
无刺掌叶悬钩子 Rubus pentagonus var. modestus (Focke) Yü(蔷薇科)
无莿根(中草药资料选编)=广东蛇葡萄
无点加拿大百合 Lilium canadense var. immaculatum Jenkinson (百合科)
无顶腺虎耳草 Saxifraga gouldii var.eglandulosa H.Sm. (虎耳草科)
无定形茄 Solanum vagum Heyne (茄科)
无粉报春(东北草本志)=裸报春
无粉报春 Primula efarinosa Pax(报春花科)
无粉刺红珠 Berberis dictyophylla var. epruinosa Schenid (小檗科)
无粉海仙花 Primula polyphylla Franch.(报春花科)
无粉头序报春 Primula capitata subsp. sphaero-

cephala (Balf.f. & Forr.) W.W.Sm. & Forr. (报春花科)

无粉雪白粉背蕨 Aleuritopteris niphobola var. concolor Ching(中国蕨科)

无粉锥果栎(植物志 22)=长果青冈

无粉锥果栎 Cyclobalanopsis longinux var. kuoi Liao (壳斗科)

无风独摇草(本草拾遗)=长柱排钱树

无风自动草(修订增补天宝本草)=毛大丁草

无稃细柄黍 Panicum psilopodium var. epaleatum Keng (禾本科)

无盖耳蕨 Polystichum gymnocarpium Ching ex W.M. Chu & Z.R.He(鳞毛蕨科)

无盖粉背蕨 Aleuritopteris doniana S.K.Wu(中国蕨科)

无盖鳞毛蕨 Dryopteris scottii (Bedd.) Ching ex C.Chr. (鳞毛蕨科)

无盖肉刺蕨 Nothoperanema shikokianum (Makino) Ching (鳞毛蕨科)

无盖蹄盖蕨 Athyrium exindusiatum Ching(蹄盖蕨科)

无盖轴脉蕨 Ctenitopsis subsageniaca (Christ) Ching (叉蕨科)

无刚毛荸荠 Heleocharis kamtschatica f. reducta Ohwi (莎草科)

无刚毛赤箭莎 Schoenus nudifructus C.Chen (莎草科)

无隔荠属 Staintoniella Hara (十字花科)

无根草(本草求原)=无根藤

无根草(内蒙古,陕西,山西,河南,江苏)=菟丝子

无根草(浙江)=金灯藤

无根花(云南)=大花菟丝子

无根萍(广州志)=芜萍

无根藤(江西,四川,贵州,云南)=菟丝子

无根藤(浙江)=金灯藤

无根藤 Cassytha filiformis L.(樟科),*半天雪,飞天藤,飞扬藤,过天藤,罗网藤,无根草,无娘藤,无头草,无爷藤*

无根藤属 Cassytha L.(樟科)

无根状茎荸荠 Heleocharis attenuata var. erhizomatosa Tang & Wang(莎草科)

无梗艾纳香 Blumea sessiliflora Decne.(菊科),*密花艾纳香*

无梗齿缘草 Eritrichium sessilifructum Lian & J.Q.Wang (紫草科)

无梗钓樟 Lindera tonkinensis var. subsessilis H.W.Li (樟科)

无梗风毛菊 Saussurea apus Maxim.(菊科)

无梗拉拉藤 Galium smithii Cuf.(茜草科)

无梗离瓣寄生 Helixanthera apodanthes Danser (桑寄生科)

无梗柿 Diospyros carssiflora Hiern (柿科)

无梗五加 Acanthopanax sessiliflora (Rupr. & Maxim.) Seem. (五加科),*短梗五加,乌鸦子,五加皮,五加叶*

无梗小檗 Berberis reticulinervis var. brevipedicellata Ying(小檗科)

无梗越桔 Vaccinium henryi Hemsl.(杜鹃花科)

无梗藻百年 Exacum sessile L.(龙胆科)

无冠翅瓣黄堇 Corydalis pterygopetala var. ecristata H.Chuang(罂粟科)

无冠倒吊笔 Wrightia religiosa (Teijsm. & Binn.) Benth. (夹竹桃科)

无冠高茎紫堇 Corydalis elata subsp. ecristata Lidén (罂粟科)

无冠菱 Trapa korshinskyi V.Vassil.(菱科)

无冠藤(俗称)=乳突果

无冠藤属(科属检索表)=**乳突果属**

无冠细叶黄堇(西藏志)=拉萨黄堇

无冠显芽紫堇(云南植物研究)=珠芽穆坪紫堇

无冠折曲黄堇 Corydalis stracheyi var. eristata Prain(罂粟科)

无冠紫堇 Corydalis ecristata (Prain) D.G.Long (罂粟科)

无核橙(植物志 43-2)=浦市橙

无核蜜橘(各地)=温州蜜柑

无花果 Ficus carica L.(桑科),*阿驵,底珍树,蜜果,品仙果,天生子,文仙果,映日果,优昙钵*

无患子(滇南本草整理本)=川滇无患子

无患子 Sapindus mukorossi Gaertn.(无患子科),*肥珠子,桓,黄目树,可梓子肉皮,苦患树,苦提子,木患子,目浪树,洗手果,油患子,油罗树,油珠子*

无患子科 Sapindaceae

无患子叶崖豆藤 Millettia sapindiifolia T.Chen (豆科)

无患子属 Sapindus L.(无患子科)

无喙赤箭(台大研究报告)=无喙天麻

无喙兰 Holopogon gaudissartii (Hand.-Mazz.) S.C.Chen (兰科)

无喙兰属 Holopogon Kom. (兰科)

无喙绿穗薹草 Carex chlorostachys var. conferta Tang & Wang (莎草科)

无喙囊薹草 Carex davidii Franch.(莎草科)

无喙鸟巢兰(高等图鉴)=叉唇无喙兰

无喙天麻 Gastrodia appendiculata C.S.Leou & N.J.Chung (兰科),*无喙赤箭*

无脊虎眼万年青 Ornithogalum arabicum L.(百合科)

无角菱 Trapa acornis Nakano(菱科),*南湖菱*

无角蒲公英 Taraxacum ecornutum S.Koval.(菊科)

无睫毛虎耳草 Saxifraga egregia var. eciliata J.T.Pan (虎耳草科)

无茎巴索拉兰 Brassavola acaulis Lindl. & Paxt.(兰科)

无茎刺苞菊 Carlina acaulis L.(菊科)

无茎刺葵 Phoenix acaulis Roxb.(棕榈科)

无茎凤仙花 Impatiens acaulis Arn.(凤仙花科)

无茎光籽芥 Leiospora exscapa (C.A.Mey.) Dvorák (十字花科),*无茎条果芥*

无茎桂竹香(植物志 33)=无茎糖芥

无茎黄鹌菜 Youngia simulatrix (Babcock) Babcock & Stebbins(菊科)

无茎黄芪 Astragalus acaulis Baker(豆科)

无茎灰毛菊 Arctotis breviscapa Thunb.(菊科)

无茎蓟 Cirsium acaulon (L.) Scop.(菊科)

无茎芥 Pegaeophyton scapiflorum (HK.f. & Thoms.) Marq. & Shaw(十字花科),*单花荠,高山辣根菜,高山无茎芥,毛萼单花荠,毛萼无茎芥,苏罗朵布*

无茎亮蛇床 Selinum cortioides Norm.(伞形科)

无茎龙胆(青藏图鉴)=岷县龙胆

无茎绿香青(新)Anaphalis viridis var. acaulis Hand.-Mazz. (菊科),*绿香青无茎变种*

无茎麻花头 Serratula lyratifolia Schrenk(菊科)

无茎南美苦苣苔 Gesneria acaulis L.(苦苣苔科)

无茎盆距兰 Gastrochilus obliquus (Lindl.) Ktze.(兰科)

无茎雀儿豆 Chesneya acaulis (Baker) Popov(豆科)

无茎山槟榔 Pinanga acaulis Ridley (棕榈科)

无茎栓果菊(中药辞海)=光茎栓果菊

无茎粟米草 Mollugo nudicalis Lam.(番杏科),*裸茎粟米草*

无茎糖芥 Erysimum handel-mazzettii Polats.(十字花科),*无茎桂竹香*

无茎条果芥(植物志 33)=无茎光籽芥

无茎萎陵菜(东北草本志)=星毛委陵菜

无茎旋覆花 Inula acaulis Schott. & Kotschy ex Tchihat (菊科)

无茎锥花 Gomphostemma acaule Kurz.(唇形科)

无距保山乌头(植物志 27)=保山乌头

无距宾川乌头 Aconitum duclouxii var. ecalcaratum Fletcher& Lauener(毛茛科)

无距凤仙花 Impatiens margaritifera HK.f.(凤仙花科)

无距红门兰(高等图鉴)=河北红门兰

无距花 Stapfiophyton peperomiaefolium (Oliv.) H.L.Li (野牡丹科),*岩娇草*

无距花属 Stapfiophyton H.L.Li (野牡丹科)

无距角盘兰 Herminium ecalcaratum (Finet) Schltr.(兰科)

无距耧斗菜 Aquilegia ecalcarata Maxim.(毛茛科),*野前胡*

无距虾脊兰 Calanthe tsoogiana T.Tang & F.T.Wang (兰科)

无距小白撑(植物志 27)=保山乌头

无距淫羊藿 Epimedium ecalcaratum G.Y.Zhong (小檗科)

无距总状凤仙花 Impatiens racemosa var. ecalcarata HK.f. (凤仙花科)

无孔微孔草 Microula efoveolata W.T.Wang(紫草科)

无肋剑蕨 Loxogramme subecostata (HK.) C.Chr.(剑蕨科)

无棱油瓜(植物志 73-1)=腺点油瓜

无梁藤(四川)=隔山消

无量山钩毛蕨 Cyclogramma costularisorum Ching ex Shing(金星蕨科)

无量山假瘤蕨 Phymatopteris wuliangshanensis W.M.Chu (水龙骨科)

无量山箭竹 Fargesia wuliangshanensis Yi (禾本科),*苦竹*

无量山山矾(植物志 60-2)=铜绿山矾

无量山蹄盖蕨(西北植物学报)=轴生蹄盖蕨

无量山铁角蕨 Asplenium wuliangshanense Ching(铁角蕨科)

无量山小檗 Berberis wuliangshanensis C.Y.Wu ex S.Y.Bao (小檗科)

无量藤(四川)=金灯藤

无鳞肋毛蕨 Ctenitis sphaeropteroides (Bak.) Ching (叉蕨科)

无鳞罗汉果 Siraitia borneensis (Merr.) C.Jeff. ex Lu & Z.Y.Zhang(葫芦科)

无鳞毛枝蕨 Leptorumohra sino-miqueliana (Ching) Tagawa (鳞毛蕨科)

无鳞蝇子草 Silene esquamata W.W.Sm.(石竹科)

无漏果(纲目拾遗)=海枣

无漏子(本草拾遗)=海枣

无脉鸡爪簕 Oxyceros evenosa (Hutch.) Yamazaki (茜草科)

无脉木犀 Osmanthus enervius Masamune & Mori(木犀科)

无脉薹草 Carex enervis C.A.Mey.(莎草科)

无脉相思树 Acacia aneura F.J.Muell.(豆科)

无脉小檗 Berberis nullinervis Ying(小檗科)

无芒稗 Echinochloa crusgalli var. mitis (Pursh) Peterm. (禾本科)

无芒鹅观草 Roegneria mutica Keng(禾本科)

无芒耳稃草 Garnotia mutica (Munro) Druce (禾本科),*无芒葛氏草*

无芒发草 Deschampsia caespitosa. var.exaristata Z.L.Wu (禾本科)

无芒葛氏草(禾本科图说)=无芒耳稃草

无芒虎尾草(英拉汉名称)=非洲虎尾草

无芒画眉草(浙江药志)=无毛画眉草

无芒假淡竹叶 Centotheca latifolia var. inermis (Rendle) Keng (禾本科)

无芒披碱草 Elymus submuticus (Keng) Keng f. (禾本科)

无芒雀麦 Bromus inermis Leyss.(禾本科)

无芒山涧草 Chikusichloa mutica Keng(禾本科)

无芒山羊草 Aegilops mutica Boiss.(禾本科)

无芒薹草 Carex earistata Wang & Y.L.Chang ex S.Y.Liang (莎草科)

无芒铁线蕨 Adiantum bonatianum var. subaristatum Ching(铁线蕨科)

无芒鸭嘴草 Ischaemum muticum L.(禾本科)

无芒羊茅 Festuca mutica S.L.Lu(禾本科)

无芒隐子草 Cleistogenes songorica (Roshev.) Ohwi (禾本科)

无芒竹叶草 Oplismenus compositus var. submuticus S.L.Chen & Y.X.Jin (禾本科)

无毛白透骨消(新)Glechoma biondiana var. glabrescens C.Y.Wu & C.Chen(唇形科),*无毛变种,透骨消,补血丹,见肿消*

无毛比斯小檗 Berberis beesiana var. glabra Ahrendt (小檗科)

无毛臂形草 Brachiaria villosa var. glabrata S.L. Chen & Y.X.Jin (禾本科)

无毛变型(植物志 74)=无毛假泽山飞蓬(新)

无毛变叶葡萄(拉汉名称)=少毛变叶葡萄

无毛变种(Flora 17,植物志 65-2)=无毛白透骨消(新)

无毛变种(分类学报)=无毛川藏蒿

无毛变种(高等图鉴)=无绒粘毛蒿

无毛变种(植物志 65-2,Flora 17)=无毛大籽筋骨草(新)

无毛变种(植物志 66)=无毛鼠尾草(新)

无毛变种(植物志 66)=无毛香茶菜(新)

无毛变种(植物志 74)=无毛多舌飞蓬(新)

无毛变种(植物志 74)=无毛小舌紫菀(新)

无毛长蕊柳 Salix longistamina var. glabra Y.L. Chou (杨柳科)

无毛长蕊绣线菊(新)Spiraea miyabei var. glabrata Rehd. (蔷薇科),*长蕊绣线菊无毛变种*

无毛长尾冬青 Ilex longecaudata var. glabra S.Y.Hu(冬青科)

无毛长圆叶梾木 Swida oblonga var.glabrescens (Fang & W.K.Hu) Fang & W.K.Hu(山茱萸科)

无毛丑柳 Salix inamoena var. glabra C.F.Fang (杨柳科)

无毛臭黄荆 Premna fordii var. glabra S.L.Chen (马鞭草科)

无毛川藏蒿 Artemisia tainingensis var. nitida (Pamp.) Y.R.Lin(菊科),*球花蒿,无毛变种*

无毛川滇绣线菊(新)Spiraea schneideriana var. amphidoxa Rehd.(蔷薇科),*川滇绣线菊无毛变种*

无毛川柳 Salix hylonoma f. liocarpa Görz(杨柳科)

无毛垂头菊 Cremanthodium pseudooblongatum Good (菊科)

无毛刺叶石楠(新)Photinia prionophylla var. nudifolia Hand.-Mazz.(蔷薇科),*刺叶石楠无毛变种*

无毛翠竹 Sasa pygmaea var. disticha (Mitf.) C.S. Chao & G.G.Tang(禾本科)

无毛大蒜芥 Sisymbrium brassiciforme C.A. Mey. (十字花科)

无毛大砧草 Rubia chinensis var. glabrescens (Nakai) Kitag. (茜草科)

无毛大籽筋骨草(新)Ajuga macrosperma var. thomsonii (Maxim.) HK.f.(唇形科),*无毛变种*

无毛淡红忍冬 Lonicera acuminata var. depilata Hsu & H.J.Wang(忍冬科)

无毛灯笼花 Agapetes lacei var. glaberrima Airy-Shaw (杜鹃花科),*无毛深红树萝卜*

无毛滇南山蚂蝗 Desmodium megaphyllum var. glabrescens Prain (豆科)

无毛滇西冬青 Ilex forrestii var. glabra S.Y.Hu (冬青科),*无毛怒江冬青*

无毛丁香罗勒(Flora 17)=毛叶丁香罗勒

无毛对叶兰 Listera suzukii Masam.(兰科),*太平山双叶兰*

无毛多舌飞蓬(新)Erigeron multiradiatus var. glabrescens Ling & Y.L.Chen(菊科),*无毛变种*

无毛粉条儿菜 Aletris glabra Bur. & Franch.(百合科)

无毛凤丫蕨 Coniogramme intermedia var.glabra Ching (裸子蕨科)

无毛复盆子 Rubus idaeus var. glabratus Yü & Lu (蔷薇科)

无毛寒原荠(植物志 33)=尖果寒原荠

无毛禾叶蕨 Grammitis adspersa Bl.(禾叶蕨科)

无毛黑果冬青 Ilex atrata var. glabra C.Y.Wu(冬青科)

无毛黑鳞短肠蕨 Allantodia crenata var. glabra (Tagawa) W.M.Chu(蹄盖蕨科)

无毛花单木姜子 Dodecadenia grandiflora var. griffithii (HK.f.) Long (樟科)

无毛华中蹄盖蕨 Athyrium wardii var.glabratum Y.T.Hsieh & Z.R.Wang(蹄盖蕨科)

无毛画眉草 Eragrostis pilosa var. imberbis Franch. (禾本科),*无芒画眉草,星星草,蚊子草*

无毛黄花草 Cleome viscosa var. deglabrata (Back.) B.S.Sun (山柑科)

无毛黄芪 Astragalus severzovii Bge.(豆科)

无毛黄叶槐 Sophora chrysophylla var. glabrata Rock. (豆科)

无毛灰叶冬青 Ilex tetramera var. glabra (C.Y.Wu ex Y.R.Li) T.R.Dudley(冬青科)

无毛灰叶柳 Salix spodiophylla f. liocarpa Hao(杨柳科)

无毛蓟 Cirsium glabrifolium (C.Winkl.) O. & B.Fedtsch. (菊科)

无毛假泽山飞蓬(新)Erigeron pseudoseravschanicus f. glabrescens Ling & Y.L.Chen(菊科),*无毛变型*

无毛姜花 Hedychium glabrum S.Q.Tong(姜科)

无毛堇菜(拉汉名称)=裸堇菜

无毛咀签 Gouana glabra jacq. (鼠李科)

无毛卷耳 Cerastium arvense var. glabellum (Turcz.) Fenzl (石竹科)

无毛蕨麻 Potentilla anserina var. nuda Gaud.(蔷薇科)

无毛卡惹拉黄堇 Corydalis inopinata var. glabra C.Y.Wu & Z.Y.Su(罂粟科),*马牙根吉*

无毛老牛筋 Arenaria juncea var. glabra Rgl.(石竹科)

无毛漏斗苣苔 Didissandra sinica (Chun) W.T. Wang (苦苣苔科)

无毛猫乳 Hypochaeris glabra L.(菊科)

无毛南蛇藤(新拉汉英)=茎花南蛇藤

无毛牛尾蒿 Artemisia dubia var. subdigitata (Mattf.) Y.R.Ling (菊科),*全缘叶牛尾蒿*

无毛怒江冬青(四川志)=无毛滇西冬青

无毛女娄菜(北京志)=坚硬女娄菜

无毛蒲公英 Taraxacum laevigatum (Willd.) DC. (菊科)

无毛漆姑草 Sagina saginoides (L.) Karsten(石竹科),*漆姑草*

无毛青藤 Illigera glabra Y.R.Li(莲叶桐科)

无毛俅江花楸(新)Sorbus kiukiangensis var. glabrescens Yü(蔷薇科),*俅江花楸无毛变种*

无毛忍冬叶冬青(台木本志)=松田氏冬青

无毛榕 Ficus glabella Bl.(桑科)

无毛肉叶荠(植物志 33)=红花肉叶荠

无毛砂仁 Amomum glabrum S.Q.Tong (姜科)

无毛山尖子 Parasenecio hastatus var. glaber (Ledeb.) Y.L.Chen(菊科)

无毛扇苞黄堇 Corydalis rheinbabeniana var. leioneura H.Chuang(罂粟科)

无毛深红树萝卜(云南志)=无毛灯笼花

无毛饰岩报春 Primula petrocallis var. glabrata C.M.Hu (报春花科)

无毛鼠尾草(新)Salvia digitaloides var. glabrescens Stib. (唇形科),*无毛变种*

无毛溲疏(图谱)=光萼溲疏

无毛蹄盖蕨(蕨类形态)=尖头蹄盖蕨

无毛条果芥 Parrya pinnatifida var. glabra N. Busch (十字花科)

无毛网脉柿 Diospyros reticulinervis var. glabrescens C.Y.Wu(柿科)

无毛卫矛 Euonymus glaber Roxb.(卫矛科),*光叶卫矛*

无毛乌头 Aconitum glabrisepalum W.T.Wang (毛茛科)

无毛峡谷葡萄 Vitis arzonica var. glabra Munson (葡萄科)

无毛狭果葶苈(植物志 33)=狭果葶苈

无毛仙灯 Calochortus nitidus Dougl.(百合科)

无毛仙茅(分类学报)=光叶仙茅

无毛香茶菜(新)Isodon angustifolia var. glabrescens (C.Y.Wu & H.W.Li) H.W.Li(唇形科),*无毛变种*

无毛小果叶下珠 Phyllanthus reticulatus var. glaber Muell.Arg.(大戟科)

无毛小舌紫菀(新)Aster albescens var. levissimus Hand.-Mazz.(菊科),*无毛变种*

无毛小叶委陵菜 Potentilla microphylla var. glabriuscula Wall.(蔷薇科)

无毛小叶栒子(新)Cotoneaster microphyllus var. glacialis HK.f.(蔷薇科),*小叶栒子无毛变种*

无毛蟹甲草 Parasenecio subglaber (Chang) Y.L.Chen (菊科),*蟹甲菊*

无毛崖爬藤 Tetrastigma obtectum var. glabrum (Lévl. & Vant.) Gagn.(葡萄科)

无毛叶风毛菊 Saussurea glabrata (DC.) Shih(菊科)

无毛叶黄芪 Astragalus smithianus Pet.-Stib.(豆科)

无毛蚓果芥(植物志 33)=蚓果芥

无毛羽衣草 Alchemilla glabra Neygenf.(蔷薇

科)
无毛圆叶小石积(新)Osteomeles subrotunda var. glabrata Yü(蔷薇科),*圆叶小石积无毛变种*
无毛真碎米蕨 Cheilanthes alabamensis (Buckl.) Kze.(中国蕨科)
无毛纸叶冬青 Ilex chartaceifolia var. glabra C. Y.Wu ex Y.R.Li(冬青科)
无毛肿足蕨 Hypodematium glabrum Ching ex Shing (肿足蕨科)
无毛紫枝柳 Salix heterochroma var. glabra C.Y. Yu & C.F.Fang (杨柳科)
无名草(大理)=痢止蒿
无名断肠草(植物志 52-1)=秋海棠
无名木(南州记)=阿月浑子
无名相思草(本草拾遗)=秋海棠
无名鸢尾 Iris innominata L.F.Henders.(鸢尾科)
无名子(海药本草)=阿月浑子
无囊长距紫堇 Corydalis longicalcarata var. nonsacata Z.Y.Su(罂粟科),*断肠草,大紫堇*
无娘米(经济志)=金灯藤
无娘藤(广西中草药)=无根藤
无娘藤(湖北,广西,贵州,云南)=金灯藤
无娘藤(四川,贵州,云南)=菟丝子
无娘藤(云南)=大花菟丝子
无娘藤米米(中药鉴别法)=菟丝子
无盘核果木 Drypetes roxburghii (Wall.) Hurusawa (大戟科)
无皮树(灌圃草木识)=紫薇
无髯猕猴桃 Actinidia melanandra var. glabrescens C.F.Liang(猕猴桃科)
无绒粘毛蒿 Artemisia mattfeldii var. etomentosa Hand.-Mazz. (菊科),*粘毛蒿,无毛变种*
无乳突羊舌树 Symplocos glauca var. epapillata Noot.(山矾科),*倒披叶针山矾*
无舌狗娃花 Heteropappus eligulatus Ling(菊科)
无舌花紫菀木(新)Asterothamnus fruticosus f. discoideus Novopokr.?(菊科)
无舌千里光 Senecio diversipinnus var. discoideus C.Jeffr. & Y.L.Chen(菊科)
无舌三肋果 Tripleurospermum homogamum G.X.Fu (菊科)
无舌条叶垂头菊 Cremanthodium lineare var. eligulatum Ling & S.W.Liu(菊科)
无舌万寿菊 Tagetes apetala Posado (菊科)
无舌小黄菊(新)Pyrethrum tatsienense var. tanacetopsis (W.W.Sm.) Ling & Shih(菊科),*川西小黄菊无舌变种*
无饰无心菜 Arenaria inornata W.W.Sm.(石竹科),*无饰蚤缀*
无饰蚤缀(拉汉名称)=无饰无心菜
无丝姜花 Hedychium efilamentosum Hand.-Mazz.(姜科)
无穗柄薹草 Carex ivanoviae Egorova.(莎草科)
无葶脆蒴报春 Primula exscapa Chen & C.M.Hu (报春花科)
无头草(广东,海南)=无根藤
无头藤(浙江)=金灯藤
无头香附(泉诈本草)=短叶水蜈蚣
无秃(药材资料汇编)=宽叶兔儿风
无秃(药材资料汇编)=泽泻
无尾果 Coluria longifolia Maxim.(蔷薇科),*热衰巴,长叶无尾果*
无尾果属 Coluria R.Br.(蔷薇科)
无尾尖龙胆 Gentiana ecaudata Marq.(龙胆科)
无尾水筛 Blyxa aubertii Rich.(水鳖科)
无味比佛瑞纳兰 Bifrenaria inodora Lindl.(兰科)
无味母菊 Matricaria perforata Merat (菊科)
无味薹草 Carex pseudofoetida Kükenth.(莎草科)
无锡龙胆 Gentiana myriocla da var. wuxiensis T.N.Ho (龙胆科)
无腺桉叶悬钩子 Rubus eucalyptus var. trullisatus (Focke) Yü & Lu (蔷薇科)
无腺白叶莓 Rubus innominatus var. kuntzeanus (Hemsl.) Bailey(蔷薇科),*早谷藨,天青地白扭,酸母子*
无腺柄悬钩子(新)Rubus forrestianus Hand.-Mazz.? (蔷薇科)
无腺茶藨子 Ribes alpestre var. eglandulosum L.T.Lu (虎耳草科)
无腺翠雀花 Delphinium eglandulosum Chang Y.Yang & B.Wang (毛茛科)
无腺杜鹃 Rhododendron hemsleyanum var. chengianum Fang ex Ching(杜鹃花科)
无腺光滑悬钩子 Rubus tsangi var. linearifoliolus (Hay.) Yü & Lu (蔷薇科)
无腺黄瑞木(高等图鉴补编)=无腺杨桐
无腺灰白毛莓 Rubus tephrodes var. ampliflorus (Lévl. & Vant.) Hand.-Mazz.(蔷薇科),*大勒潭,倒水莲,黑乌苞,红泡勒,灰绿悬钩子,灰山泡,蛇乌苞,乌龙摆尾,乌泡*
无腺老鹳草(云南志)=宽托叶老鹳草
无腺林泽兰(新)Eupatorium lindleyanum var. eglandulosum Kitam.(菊科),*林泽兰无腺变种*
无腺橉木 Prunus brachypoda var. eglandulosa Cheng (蔷薇科),*山莓梨*
无腺毛甘草 Glycyrrhiza eglandulosa X.Y.Li(豆科)
无腺毛蕨 Cyclosorus procurrens (Mett.) Ching (金星蕨科)
无腺吴萸 Evodia fraxinifolia (D.Don) HK.f.(芸香科)
无腺狭果蝇子草 Silene huguettiae var. pilosa C.Y.Wu & H.Chuang(石竹科)
无腺腺梗豨莶(新)Siegesbeckia pubescens f. eglandulosa Ling & Hwang(菊科),*腺梗豨莶无腺变型*
无腺杨桐 Adinandra epunctata Merr. & Chun ex Tanaka & Odashima(山茶科),*无腺黄瑞木*
无腺掌叶悬钩子 Rubus pentagonus var. eglandulosus Yü & Lu (蔷薇科)
无香山梅花 Philadelphus inodoratus L.(虎耳草科)
无香味石斛 Dendrobium anosmum Lindl.(兰科)
无心菜(山东)=半夏
无心菜 Arenaria serpyllifolia L.(石竹科),*大叶米糁,鹅不食草,鸡肠子草,铃铃草,卵叶蚤缀,雀儿蛋,小无心菜,蚤缀*
无心菜属 Arenaria L.(石竹科),*蚤缀属*
无心草(北方中草药)=湿生鼠麹草
无心草(山西中药志)=木贼
无心草(浙江德清)=斑花败酱
无心银杏 Ginkgo biloba cv. Wuxinyinxing(银杏科),*南汇无心银杏*
无行毛变种(Flora 17)=无毛鼠尾草(新)
无须杜鹃花 Rhododendron imberbe Hutch.(杜鹃花科)
无须藤 Hosiea sinensis (Oliv.) Hemsl. & Wils. (茶茱萸科)
无须藤属 Hosiea Hemsl. & Wils.(茶茱萸科)
无爷藤(广东,海南)=无根藤
无叶柽柳 Tamarix aphylla (L.) Karst.(柽柳科)
无叶豆属 Eremosparton Fisch. & Mey.(豆科)
无叶假木贼 Anabasis aphylla L.(藜科)
无叶兰 Aphyllorchis montana Rchb.f.(兰科)
无叶兰属 Aphyllorchis Bl.(兰科)
无叶莲 Petrosavia sinii (Krause) Gagn.(百合科)
无叶莲属 Petrosavia Becc.(百合科),*樱井草属*
无叶美冠兰 Eulophia zollingeri (Rchb.f.) J.J.Sm.(兰科)
无叶飘拂草 Fimbristylis aphylla Steud.(莎草科)
无叶荠苎 Mosla exfoliata (C.Y.Wu) C.Y.Wu & H.W.Li (唇形科)
无叶沙拐枣 Calligonum aphyllum (Pall.) Gürke (蓼科)
无叶山柑 Capparis aphylla Roth.(山柑科)
无叶藤(海南)=肉珊瑚
无叶藤(江西)=菟丝子
无叶藤属(科属检索表)=**肉珊瑚属**
无叶香果兰 Vanilla aphylla (Roxb.) Bl.(兰科)
无叶鸢尾 Iris aphylla L.(鸢尾科)
无叶指柱兰(台兰科图鉴)=全唇叉柱兰
无翼柳叶芹 Czernaevia laevigata var. exalatocarpa Chu (伞形科)
无银粉背蕨(拉汉名称和手册)=陕西粉背蕨
无缨橐吾 Ligularia biceps Kitam.(菊科)
无忧花 Saraca indica L.(豆科)
无忧花属 Saraca L.(豆科)
无疣菝葜 Smilax nervo-marginata var. liukiuensis (Hay.) Wang & Tang(百合科)
无柱黑三棱 Sparganium hyperboreum Laest. ex Beurl. (黑三棱科)
无柱兰 Amitostigma gracile (Bl.) Schltr.(兰科),*独叶一枝枪,合欢山兰,华无柱兰,细萼无柱兰,细葶无柱兰,小雏兰*
无柱兰属 Amitostigma Schltr (兰科)
无爪虎耳草 Saxifraga dshagalensis Engl.(虎耳草科)
无髭毛建草 Dracocephalum imberbe Bge.(唇形科)
无籽欧洲小檗 Berberis vulgaris var. enuclea West. (小檗科)
无籽泡桐(河北)=楸叶泡桐
吴福花(广州志)=虾子花
吴福花属(分类学报)=**虾子花属**
吴氏宽框荠 Platycraspedum wuchengyii Al-Schhbaz et al. (十字花科)
吴氏蛇根草 Ophiorrhiza wui Lo(茜草科)
吴兴铁线莲 Clematis huchouensis Tamura(毛茛科),*金剪刀,铜脚威灵仙,大叶十月泡*
吴萸(草木便方,广东,广西,贵州)=吴茱萸
吴萸果(思茅中草药)=牛斜吴萸
吴茱叶五加(植物分类学)=吴茱萸五加
吴茱萸(本经)=波氏吴萸
吴茱萸 Evodia rutaecarpa (Juss.) Benth.(芸香科),*巴氏吴茱萸,臭辣子树,臭泡子,除油子,川西吴萸,伏辣子,气辣子,蜥药子,吴萸,异花吴茱萸,茱萸,左力*
吴茱萸五加 Acanthopanax evodiaefolius Franch. (五加科),*树三加,吴茱叶五加,萸叶五加*
吴茱萸属 Evodia J.R. & G.Forst (芸香科)
吾巴拉(藏药名)=全缘叶绿绒蒿
吾白思布(西藏藏语)=全缘叶绿绒蒿
芜(名医别录)=葛藟葡萄
芜菁甘蓝(经济植物手册)=芥菜疙瘩
芜菁还阳参 Crepis napifera (Franch.) Babcock (菊科),*丽江一支箭,大一支箭*
芜菁叶艾纳香 Blumea napifolia DC.(菊科)
芜萍 Wolffia arrhiza (L.) Wimmer(浮萍科),*萍*

沙,无根萍,微萍
芜萍属 Wolffia Hork. ex Schleid.(浮萍科)
芜青 Brassica rapa L.(十字花科),*蔓青,变萝卜,圆根,地蔓菁,扁萝卜*
芜青甘蓝(植物志 33)=蔓菁甘蓝
芜荑(神农本草经)=大果榆
梧桐 Firmiana platanifolia (L.f.) Marsili(梧桐科),*瓢儿果,桐麻碗,青桐,榇桐,榇皮*
梧桐科 Sterculiaceae
梧桐槭 Acer firmianioides Cheng(槭树科)
梧桐杨 Populus pseudomaximowiczii C.Wang & Tung (杨柳科)
梧桐叶安息香 Styrax platanifolia Engelm.(安息香科)
梧桐属 Firmiana Marsili (梧桐科)
蜈蚣柏(科学杂志)=罗汉柏
蜈蚣草(成都,湖南)=九龙盘
蜈蚣草(分类草药性)=高山蓍
蜈蚣草(福建)=半边莲
蜈蚣草(福建草药)=耳草
蜈蚣草(广西)=白叶藤
蜈蚣草(广西草药)=竹节草
蜈蚣草(广西玉林)=百足藤
蜈蚣草(湖南药物志)=对生耳蕨
蜈蚣草(湖南药物志)=铁角蕨
蜈蚣草(南宁药志)=垂穗石松
蜈蚣草(山东)=水蔓菁
蜈蚣草(图考,贵州民间药物)=蜈蚣蕨
蜈蚣草(云南中草药选)=指叶毛兰
蜈蚣草(浙江草药)=蜈蚣兰
蜈蚣草(中草药汇编)=千屈菜
蜈蚣草 Eremochloa ciliaris (L.) Merr.(禾本科),*百足草*
蜈蚣草属 Eremochloa Büse (禾本科),*假俭朴草属*
蜈蚣刺(云南药用名录)=多叶花椒
蜈蚣蒿(陕西中草药)=蓍
蜈蚣蒿(文山中草药)=云南蓍
蜈蚣蕨 Pteris vittata L.(凤尾蕨科),*长叶甘草蕨,牛肋巴,上天梯,铁脚步基,蜈蚣草,小贯众*
蜈蚣兰 Cleisostoma scolopendrifolium (Makino) Garay (兰科),*白脚蜈蚣,柏子兰,齿牙半枝莲,飞天蜈蚣,狗牙半枝莲,金百脚,石蜈蚣,蜈蚣草*
蜈蚣柳(安徽)=枫杨
蜈蚣漂(中草药汇编)=槐叶苹
蜈蚣萍(纲目拾遗)=槐叶苹
蜈蚣七(湖北)=庐山楼梯草
蜈蚣七(陕甘宁青中草药选)=抱茎蓼
蜈蚣七(陕西中草药)=大叶杓兰
蜈蚣七(陕西中草药)=支柱蓼
蜈蚣旗根(天目药志)=耳羽岩蕨
蜈蚣三七(浙江)=鹅掌草
蜈蚣薹草 Carex scolopendriformis Wang & Tang ex P.C.Li(莎草科)
蜈蚣藤(广东澄迈)=百足藤
蜈蚣藤(海南儋县)=蔓九节
蜈蚣藤(昆明)=多叶花椒
蜈蚣藤(陕西中草药)=尖叶乌蔹莓
蜈蚣藤(浙江)=石松
蜈蚣竹(广西中药志)=竹节蓼
五霸蔷(树木分类学)=醉鱼草
五瓣红山茶 Camellia pentapetala Chang(山茶科)
五瓣花(滇南本草图谱)=牻牛儿苗
五瓣梅(中草药汇编)=通泉草
五瓣桑寄生(海南志)=离瓣寄生
五瓣沙晶兰 Eremotropa wuana Y.L.Chou(鹿蹄草科)
五瓣杨 Populus yüana C.Wang & Tung (杨柳科)
五瓣子楝树 Decaspermum fruticosum J.R. & G.Forst. (桃金娘科)
五宝照水型 Armeniaca mume var. pendula f. marmorata T.Y.Chen(蔷薇科)
五倍柴(湖南)=盐肤木
五倍根(分类草药性)=盐肤木
五倍叶(广西)=草玉梅
五倍子(陕西)=青麸杨
五倍子(四川,湖南)=盐肤木
五倍子树(通称)=盐肤木
五彩花(福建)=马缨丹
五彩石竹(北京志)=须苞石竹
五彩松(广东)=日本花柏
五彩苏 Coleus scutellarioides (L.) Benth.(唇形科),*洋紫苏,锦紫苏*
五彩芋 Caladium bicolor (Ait.) Vant.(天南星科),*独角芋,红半夏,石芋头*
五彩芋属 Caladium Vant.(天南星科)
五层龙 Salacia prinoides (Willd.) DC.(翅子藤科),*桫拉木*
五层龙属 Salacia L.(翅子藤科),*桫椤属*
五叉沟乌头 Aconitum wuchangouense Y.Z. Zhao (毛茛科)
五钗松(经济植物手册)=日本五针松
五齿草 Pseudobartsia yunnanensis Hong(玄参科)
五齿草属 Pseudobartsia Hong(玄参科)
五齿大卫氏马先蒿 Pedicularis davidii var. pentodon Tsoong(玄参科),*大卫氏马先蒿五齿变种*
五齿耙(河北药材)=牻牛儿苗
五齿叶垫柳 Salix oreophila var. secta (Anderss.) Anderss. (杨柳科)
五翅莓 Agapetes serpens (Wight) Sleumer(杜鹃花科)
五出瑞香 Daphne holosericea var. thibetensis (Lecomte) Hamaya(瑞香科)
五除叶(思茅中草药)=牛糾吴萸
五唇兰 Doritis pulcherrima Lindl.(兰科)
五唇兰属 Doritis Lindl.(兰科)
五刺茶藨(高等图鉴补编)=阿尔泰茶藨子
五刺金鱼藻 Ceratophyllum platyacanthum subsp. oryzetorum (V.Kom.) Les(金鱼藻科),*十叶金鱼藻*
五寸刀(广东)=绒毛锐尖山香圆
五寸铁树(广西)=锐尖山香圆
五灯草(植物志 44-3)=泽漆
五地茄(福建中草药)=少花龙葵
五蒂柿 Diospyros corallina Chun & L.Chen(柿科)
五毒(河南鸡公山)=乌头
五毒根(东北)=北乌头
五多阿朴(哈尼语)=望天树
五朵云(陕西中草药)=湖北大戟
五朵云(植物志 44-3)=泽漆
五萼冷水花 Pilea boniana Gagn.(荨麻科)
五方草(本草纲目)=马齿苋
五风草(植物志 44-3)=泽漆
五风花(浙江)=丹参
五风藤(云南志 29)=八月瓜
五风藤(植物志 29)=五月瓜藤
五枫藤(四川志)=五月瓜藤
五凤朝阳草(贵州民间药物)=大王马先蒿
五福花 Adoxa moschatelliana L.(五福花科)
五福花科 Adoxaceae
五福花鼠尾草 Salvia adoxoides C.Y.Wu(唇形科)
五福花叶毛茛 Ranunculus adoxifolius Hand.-Mazz. (毛茛科)
五福花属 Adoxa L.(五福花科)
五根树(浙江)=贵州络石
五狗卧花心(崖县)=牛角瓜
五谷草(湖南药物志)=灯心草
五谷根(分类草药性)=薏苡
五谷树(安徽)=雪柳
五果翠雀花 Delphinium sinopentagynum W. T.Wang (毛茛科)
五虎草(植物志 28)=毛茛
五虎噙血(陕西)=委陵菜
五虎通城(广西)=通城虎
五虎下西山(中药大辞典)=大狼毒
五花(雷公炮炙论)=五加
五花党参(四川南坪)=光萼党参
五花血藤(广东)=龙须藤
五花獐牙菜 Swertia tetragona C.B.Clarke?(龙胆科)
五花紫金牛(植物志 58)=小紫金牛
五花紫金牛 Ardisia argenticaulis Yuen P.Yang & Dwyer (紫金牛科)
五环椆(植物志 22)=五环青冈
五环青冈 Cyclobalanopsis pentacycla (Y.T. Chang) Y.T.Chang (壳斗科),*五环椆*
五回复叶耳蕨 Arachniodes decomposita Ching?(鳞毛蕨科)
五脊安兰(兰花全书)=高褶带唇兰
五脊毛兰 Eria quiquelamellosa T.Tang & F.T. Wang (兰科)
五加 Acanthopanax gracilistylus W.W.Sm.(五加科),*白刺,白刺尖,白簕树,豹漆,豺节,五花,五加蕻,五加皮,五加叶,五佳,五叶路刺,五叶木,细柱五加,追风使*
五加蕻(图考)=五加
五加科 Araliaceae
五加皮(本经)=糙叶五加
五加皮(本经)=刺五加
五加皮(本经)=轮伞五加
五加皮(本经)=无梗五加
五加皮(本经)=五加
五加皮(滇南本草)=白簕
五加皮(四川)=五叶鸡爪茶
五加皮(植物志 69)=桂黔吊石苣苔
五加藤(植物志 29)=五月瓜藤
五加通(广西)=幌伞枫
五加叶(日花子本草)=五加
五加叶(日华子本草)=刺五加
五加叶(日华子本草)=无梗五加
五加属 Acanthopanax Miq.(五加科),*刺五加属*
五佳(纲目)=五加
五甲皮(广西兽医植物)=接骨草
五尖槭 Acer maximowiczii Pax(槭树科),*马斯槭,马氏槭*
五俭藤(海南)=翅茎白粉藤
五角枫(华北经济志要)=色木槭
五角枫(天目药志)=中华槭
五角逢(天目山)=类叶升麻
五角栝楼 Trichosanthes quinquangulata A.Gray (葫芦科)
五角连(广西)=裂叶星果草
五角苓(中草药汇编)=宽叶母草
五角马先蒿 Pedicularis pentagona Li(玄参科)

五角木 Prestonia quinquangularis K.Spreng.(夹竹桃科)
五角木属 Prestonia R.Br.(夹竹桃科)
五角槭(苏南植物手册)=色木槭
五角茄(中草药汇编)=乳茄
五角卫矛 Euonymus cornutus var. quinquecornutus (Comber) Blakelock (卫矛科)
五角叶粉背蕨(秦岭志)=银粉背蕨
五角叶葡萄(果树分类学)=毛葡萄
五脚里(台湾)=木榄
五脚树(树木分类学)=元宝槭
五节芒 Miscanthus floridulus (Lab.) Warb. ex Schum. & Laut.(禾本科),*巴茅果,牛草果,芒茎*
五金草(陕西)=矮金莲花
五金胶漆(日华子本草)=构树
五来(名词审查本)=石萝藦
五雷火(湖南)=打破碗花花
五雷箭(广西)=马缨丹
五肋地椒(山东)=地椒
五肋楼梯草 Elatostema quinquecostatum W.T. Wang (荨麻科)
五棱藨草 Scirpus ×trapezoideus Koidz.(莎草科)
五棱秆飘拂草 Fimbristylis quinquangularis (Vahl) Kunth (莎草科)
五棱果(勐腊)=阳桃
五棱苦丁茶 Ilex pentagona S.K.Chen,Y.X.Feng & C.F.Liang (冬青科)
五棱子(天目药志)=垂丝卫矛
五棱子(药材资料汇编)=使君子
五楞金刚(俗名)=金刚纂
五稜水腊烛 Dysophylla pentagona C.B.Clarke (唇形科)
五梨蛟(台湾)=木榄
五里藤(浙江草药)=龙须藤
五里香(湖南)=缬草
五里香(陆川本草)=千里香
五粒关草(广西药用名录)=三头水蜈蚣
五莲杨 Populus wuliangensis S.B.Liang & X.W. Li (杨柳科)
五敛子(本草纲目)=阳桃
五凉草(岭南采药录)=毛麝香
五列木 Pentaphylax euryoides Gaedn. & Champ. (五列木科)
五列木红山茶 Camellia chunii var. pentaphylax Chang (山茶科)
五列木科 Pentaphyllacaceae
五列木属 Pentaphylax Gaedn. & Champ.(五列木科)
五裂叉蕨 Tectaria quinquefida (Bak.) Ching(叉蕨科)
五裂茶藨(高等图鉴)=天山茶藨子
五裂杜鹃花 Rhododendron degronianum Carriere (杜鹃花科)
五裂黄连 Coptis quinquesecta W.T.Wang(毛茛科)
五裂黄毛槭 Acer fulvescens var. pentalobum (Fang & Soong) Fang & Soong(槭树科)
五裂老鹳草(云南志)=滇老鹳草
五裂槭 Acer oliverianum Pax(槭树科)
五裂锐角槭 Acer acutum var. quinquefidum Fang & P.L.Chiu(槭树科)
五裂兔儿风 Ainsliaea macroclinidioides var. secundiflora (Hay.) Kitam.(菊科)
五裂蟹甲草 Parasenecio quinquelobus (Wall. ex DC.) Y.L.Chen(菊科)
五裂悬钩子 Rubus lobatus Yü & Lu (蔷薇科)
五岭管茎过路黄 Lysimachia fistulosa var. wulingensis Chen & C.M.Hu(报春花科)
五岭龙胆 Gentiana davidii Franch.(龙胆科),*九头青,簇花龙胆,落地荷花,歇地龙胆,鲤鱼胆,矮杆鲤鱼胆*
五岭细辛 Asarum wulingense C.F. Liang(马兜铃科),*山慈菇,倒插花*
五铃花(山西中阳)=华北楼斗菜
五龙草(本草述)=乌蔹莓
五龙根(生草药性备要)=粗叶榕
五龙会(闽南本草)=梵天花
五龙皮(中草药汇编)=色木槭
五龙山鹅观草 Roegneria hondai Kitag.(禾本科),*本田鹅观草*
五氯朝阴草(云南中草药)=日本路边青
五脉刚毛省藤 Calamus quiquesetinervius Burret (棕榈科)
五脉槲寄生 Viscum mononicum Roxb. ex DC. (桑寄生科)
五脉绿绒蒿 Meconopsis quintuplinervia Rgl.(罂粟科),*毛叶兔耳风,欧摆完保*
五脉毛叶槭 Acer stachyophyllum var. pentaneurum (Fang & W.K.Hu) Fang(槭树科)
五脉山黧豆(东北检索表)=山黧豆
五脉香豌豆(豆科图说)=山黧豆
五脉斜萼草 Loxocalyx quinquenervius Hand.-Mazz. (唇形科)
五脉爪唇兰 Gongora quinquenervis R. & P.(兰科)
五毛矮柳 Salix annulifera var. glabra P.Y.Mao & W.Z.Li (杨柳科)
五梅草(福建)=白花菜
五膜草 Pentaphragma sinense Hemsl. & Wils. (桔梗科)
五膜草属 Pentaphragma Wall. ex G.Don (桔梗科)
五母那包(云南中草药)=矮地榆
五拿绳(浙江)=木通
五皮草(云南)=蛇含委陵菜
五皮风(云南)=蛇含委陵菜
五匹草(贵州)=打破碗花花
五匹风(贵州)=水棉花
五匹风(四川)=川滇变豆菜
五匹青 Pternopetalum vulgare (Dunn) Hand.-Mazz.(伞形科),*紫金砂,囊瓣芹*
五扑龙(福建草药)=葎草
五扑龙(广东)=乌蔹莓
五扑龙(中药辞海)=极简榕
五桤木属 Pentaclethra Benth.(豆科)
五气朝阳草(昆明药用报告)=路边青
五钳子角连(浙江天目山)=小升麻
五稔(广东)=阳桃
五蕊单室茱萸 Mastixia pentandra Bl.(山茱萸科)
五蕊东爪草 Tillaea schimperi (C.A.Mey.) M.G. Gilb. et al.(景天科)
五蕊仿杜鹃 Menziesia pentandra Maxim.(杜鹃花科)
五蕊花(新拉汉英)=草本象牙红
五蕊寄生 Dendrophthoë pentandra (L.) Miq.(桑寄生科)*乌榄寄生*
五蕊寄生属 Dendrophthoë Mart.(桑寄生科)
五蕊碱蓬 Suaeda arcuata Bge.(藜科)
五蕊老牛筋 Arenaria potaninii Schischk.(石竹科)
五蕊柳 Salix pentandra L.(杨柳科)
五蕊莓(中草药汇编)=隐瓣山莓草
五蕊梅属(高等图鉴)=**山莓草属**
五蕊树树(英拉汉名称)=多枝柽柳
五蕊五巴豆(台木本志)=枯里珍五月茶
五蕊五月茶 Antidesma pentandrum (Blanco) Merr. (大戟科)
五色草(北京)=锦绣苋
五色草(海南澄迈)=小五彩苏
五色草(内蒙药材选编)=蔄草
五色梅(华北)=马缨丹
五色梅(四川)=多花百日菊
五氏唇柱苣苔 Chirita wangiana Z.Y.Li(苦苣苔科)
五室柏那参(分类学报增刊)=五室罗伞
五室火绳 Eriolaena quinquelocularis (Wight & Arnott) Wight (梧桐科)
五室金花茶 Camellia aurea Chang(山茶科)
五室连蕊茶 Camellia stuartiana Sealy(山茶科)
五室罗伞 Brassaiopsis pentalocula Hoo(五加科),*五室柏那参*
五数苣苔 Bournea leiophylla (W.T.Wang) W.T. Wang & K.Y.Pan (苦苣苔科),*光叶石上莲*
五数离蕊茶 Camellia pentamera Chang(山茶科)
五台埃氏马先蒿 Pedicularis artselaeri var. wutaiensis Hurus. (玄参科),*埃氏马先蒿五台变种*
五台虎耳草 Saxifraga unguiculata var. limprichtii (Engl. & Irmsch.) J.T.Pan(虎耳草科)
五台金腰 Chrysosplenium serreanum Hand.-Mazz. (虎耳草科)
五台金银花(树木分类学)=四川忍冬
五台锦鸡儿 Caragana microphylla var. potaninii (Kom.) Liou f.(豆科)
五台秦艽(陕西中药名录)=管花秦艽
五台忍冬(东北木本志)=四川忍冬
五台山棘豆 Oxytropis wutaiensis Tatewaki & Hurusawa (豆科)
五台山薹草 Carex montis-wutaii T.Koyama(莎草科)
五台山延胡索 Corydalis hsiaowutaishanensis T. P.Wang (罂粟科)
五台山益母草 Leonurus wutaishanicus C.Y.Wu & H.W.Li (唇形科)
五台早熟禾 Poa nemoralis var. wutaiensis Keng (禾本科)
五桐子(江西)=江南越桔
五味菜(岭南采药录)=五月茶
五味藤(广西)=蝉翼藤
五味叶(生草药性血要)=五月茶
五味子(云南)=狭叶五味子
五味子 Schisandra chinensis (Turcz.) Baill.(木兰科),*辽五味,山花椒,北五味子*
五味子属 Schisandra Michx.(木兰科)
五乌拉叶(甘肃)=栾树
五香草(广西药用名录)=橘草
五香草(丽江,中甸)=粘毛香青
五香草(陕西)=牛至
五香草(浙江草药)=苏州荠苎
五香藤(云南中草药选)=合蕊五味子
五香香(广西药用名录)=阔苞菊
五香血藤(贵州)=华中五味子
五香血藤(贵州)=冷饭藤
五香血藤(昆明草药)=铁箍散
五香血藤(云南)=红花五味子
五小叶槭 Acer pentaphyllum Diels(槭树科),*五叶槭*
五心花(湖南药物志)=金丝桃

五星草(广西)=菊芋
五星国徽属(北京志)=**豹皮花属**
五星花 Pentas lanceolata (Forsk.) K.Schum.(茜草科)
五星花属 Pentas Benth.(茜草科)
五星黄(贵州)=金爪儿
五行菜(福建)=马齿苋
五行草(图经本草,救荒本草)=马齿苋
五行丹(纲目拾遗)=烟草
五雄白珠 Gaultheria semi-infera (C.B.Clarke) Airy-Shaw (杜鹃花科)
五须松(四川)=华山松
五桠果 Dillenia indica L.(五桠果科),*西湿阿地,第伦桃*
五桠果科 Dilleniaceae
五桠果叶木姜子 Litsea dilleniifolia P.Y.Pai & P.H.Huang (樟科)
五桠果属 Dillenia L.(五桠果科)
五眼草(广西)=地蚕
五眼果(云南)=南酸枣
五眼睛果(云南,广西,广东)=南酸枣
五眼子(中药大辞典)=鸡眼藤
五叶白粉藤 Cissus elongata Roxb.(葡萄科)
五叶白叶莓 Rubus innominatus var. quinatus Bailey(蔷薇科)
五叶参 Pentapanax leschenaultii (Wight & Arn.) Seem. (五加科),*羽叶五加,岩五加*
五叶参属 Pentapanax Seem.(五加科),*羽叶五加属,羽叶参属*
五叶草(滇南本草)=金钩如意草
五叶草(滇南本草)=牻牛儿苗
五叶草(滇南本草)=尼泊尔老鹳草
五叶草(植物志 42-2)=百脉根
五叶草莓 Fragaria pentaphylla Lozinsk.(蔷薇科),*泡儿,栽秧泡*
五叶赤瓟 Thladiantha hookeri var. pentadactyla (Cogn.) A.M.Lu & Z.Y.Zhang(葫芦科),*山土瓜*
五叶地锦 Parthenocissus quinquefolia (L.) Planch.(葡萄科),*五叶爬山虎*
五叶毒漆藤 Toxicodendron radicans var. rydbergii (漆树科)
五叶杜鹃花(新拉汉英)=日本五叶杜鹃
五叶杜鹃花 Rhododendron quinquefolium Bisset & Moore (杜鹃花科)
五叶凤尾蕨 Pteris quinquefoliata (Cop.) Ching (凤尾蕨科)
五叶瓜藤(中草药汇编)=五月瓜藤
五叶槐 Sophora japonica f. oligophylla Franch.(豆科)
五叶黄精 Polygonatum acuminatifolium Kom.(百合科)
五叶黄连 Coptis quinquefolia Miq.(毛茛科)
五叶鸡爪茶 Rubus playfairianus Hemsl.(蔷薇科),*五加皮,普莱肥莓*
五叶拉拉藤 Galium quinatum Lévl.(茜草科)
五叶老鹳草 Geranium delavayi Franch.(牻牛儿苗科),*观音倒座草*
五叶灵芝(贵州)=指叶凤尾蕨
五叶灵芝(云南)=井栏边草
五叶龙胆 Gentiana viatrix H.Sm. ex Marq.(龙胆科)
五叶路刺(四川)=五加
五叶茅莓 Rubus parvifolius var. toapiensis (Yamam.) Hosok(蔷薇科)
五叶莓(高等图鉴,蜀本草)=乌蔹莓
五叶梅(浙江,江西,贵州)=蛇含委陵菜
五叶绵果悬钩子 Rubus lasiostylus var. dizygos Focke (蔷薇科)
五叶木(新本草纲目)=五加
五叶木通(开宝本草)=木通
五叶木通(浙江)=钝药野木瓜
五叶爬山虎(经济植物手册)=五叶地锦
五叶泡(华南千种草药) =蛇泡筋
五叶槭(静生汇报)=五小叶槭
五叶茄(泉州本草)=五爪金龙
五叶山莓草 Sibbaldia pentaphylla J.Krause(蔷薇科)
五叶十大功劳 Mahonia quinquefolia (Standl.) Standl. (小檗科)
五叶薯蓣 Dioscorea pentaphylla L.(薯蓣科)
五叶双花委陵菜 Potentilla biflora var. lahulensis Wolf (蔷薇科)
五叶松(中国裸子志)=华山松
五叶藤(履巉岩本草)=乌蔹莓
五叶藤(南宁药志)=五爪金龙
五叶铁线莲 Clematis quinquefoliolata Hutch. (毛茛科),*柳叶见血飞,辣药*
五叶悬钩子 Rubus quinquefoliolatus Yü & Lu (蔷薇科)
五叶异木患 Allophylus dimorphus Radlk.(无患子科)
五叶杂藤(浙江)=葎草
五叶重楼(四川)=球药隔重楼
五月艾(福建,广东,四川)=艾
五月艾(广东)=魁蒿
五月艾(广东)=毛山猪菜
五月艾 Artemisia indica Willd.(菊科),*艾,艾叶,白艾,白蒿,草蓬,黑蒿,鸡脚艾,卡兰一加松,生艾,狭叶艾,野艾蒿,指叶艾*
五月茶 Antidesma bunius (L.) Spreng.(大戟科),*污槽树,五味叶,五味菜,酸味树*
五月茶属 Antidesma L.(大戟科),*枯里珍属,华月桂属*
五月瓜藤 Holboellia angustifolia Wall.(木通科),*八月果,白果藤,豆子,黄蜡藤,腊支,五风藤,五枫藤,五加藤,五月藤,野梅,野人瓜,预知子,紫花牛姆瓜,五叶瓜藤,八月札,木通,狭叶八月瓜*
五月花(生草药性备要)=龙船花
五月菊(云南)=翠菊
五月莲(广西)=刺齿泥花草
五月上树风(广西)=海金子
五月霜(陕西中草药)=铃铃香青
五月藤(植物志 29)=五月瓜藤
五月杨(植物志 20-2)=马里兰杨
五宅匣(高等图鉴)=刺天茄
五掌楠 Neolitsea konishii (Hay.) Kanehira & Sasaki (樟科)
五针苣苔属 Pentarhaphia Lindl (苦苣苔科)
五指草(海南志)=紫马唐
五指丁茄(中草药汇编)=乳茄
五指风(广西)=山牡荆
五指风(海南)=黄荆
五指枫(海南)=火筒树
五指柑(广东)=佛手
五指柑(广东)=牡荆
五指柑(广东,湖南)=黄荆
五指疳(广西)=山牡荆
五指合果芋 Syngonium auritum (L.) Schott (天南星科)
五指莲(云南)=五指莲重楼
五指莲重楼 Paris axialis H.Li (百合科),*铁灯台,小重楼,九道箍,大叶重楼,重楼,五指莲*
五指毛桃(广部中草药手册)=极简榕
五指毛桃(广空中草药手册)=粗叶榕
五指那藤 Stauntonia obovatifoliola subsp. intermedia (YC.Y.Wu) T.Chen(木通科),*七叶木通,山木通*
五指牛奶(广西药用名录)=粗叶榕
五指牛奶(中药辞海)=极简榕
五指茄(中草药汇编)=乳茄
五指肉唇兰 Cycnoches pentadacytylon Lindl.(兰科),*五指天鹅兰*
五指山参(云南)=箭叶秋葵
五指山榈(海南)=柄果柯
五指山榈(海南)=毛果柯
五指山蓝 Peristrophe lanceolaria (Roxb.) Nees (爵床科)
五指山柿(树木分类学)=过布柿
五指天鹅兰(新拉汉英)=五指肉唇兰
五指通(常用手册)=鹅掌柴
五指香橼(南粤笔记)=佛手
五中土(广西)=荷秋藤
五柱茶 Camellia pentastyla Chang(山茶科)
五柱滇山茶 Camellia yunnanensis (Pitard) Coh.St. (山茶科),*猴子木*
五柱鹅掌柴 Schefflera pentagyra Tseng & Hoo (五加科)
五柱红砂 Reaumuria kaschgarica Rupr.(柽柳科),*五柱枇杷柴*
五柱柃 Eurya pentagyna H.T.Chang(山茶科)
五柱枇杷柴(高等图鉴)=五柱红砂
五爪金龙(湖南药物志)=紫薇
五爪金龙(图考)=野木瓜
五爪金龙(新华本草纲要)=云南崖爬藤
五爪金龙(云南中草药)=叉须崖爬藤
五爪金龙(中草药汇编)=崖爬藤
五爪金龙 Ipomoea cairica (L.) Sweet(旋花科),*黑牵牛,假土瓜藤,牵牛藤,上竹龙,五叶茄,五叶藤,五爪龙*
五爪兰(福建)=鹰爪花
五爪龙(纲目)=乌蔹莓
五爪龙(广西)=七爪龙
五爪龙(广西)=五爪金龙
五爪龙(广西西林)=假鹰爪
五爪龙(广西药用名录)=掌裂蛇葡萄
五爪龙(湖南药物志)=繁缕
五爪龙(江苏)=凌霄
五爪龙(秦岭志)=蛇含委陵菜
五爪龙(陕西)=绢毛匍匐委陵菜
五爪龙(生草药性备要)=粗叶榕
五爪龙(中药大辞典)=毛枝崖爬藤
五爪薯(海南)=七爪龙
五爪藤(海南)=刺芙蓉
五爪藤(名医别录)=白蔹
五爪竹 Indosasa triangulata Hsueh & Yi ?(禾本科)
五转达七(中药大辞典)=莛子藨
五转七(陕西中草药)=穿心莛子藨
五足驴(海南)=红树
午饭果(高等图鉴)=乌鸦果
午时合(海南)=排钱树
午时合(植物志 43-3)=合叶草
午时花(台湾)=黄花稔
午时花(植物志 26)=大花马齿苋
午时花 Pentapetes phoenicea L.(梧桐科),*夜落金钱*
午时花属 Pentapetes L.(梧桐科)
午时灵(岭南采药录)=排钱树
午香草(云南中草药)=粘毛香青

午星草(纲目)=雀麦
伍花莲(浙江江浦)=疏毛磨芋
伍须柳 Salix wuxuhaiensis N.Chao(杨柳科)
武当菝葜 Smilax outanscianensis Pamp.(百合科)
武当木兰 Magnolia sprengeri Pamp.(木兰科),*二月花,湖北木兰,金山二月花,辛夷,应春花,迎春树,迎春树*
武当铁线莲(湖北志)=陕西铁线莲
武都棘豆 Oxytropis hirta var. wutuiensis C.W. Chang (豆科)
武都荛花 Wikstroemia haoii Domke(瑞香科)
武都薹草 Carex wutuensis K.T.Fu(莎草科)
武风尾叶冬青 Ilex wilsonii var. handelmazzettii T.R.Dudley (冬青科)
武冈繁缕(湖北志)=巫山繁缕
武功山冬青 Ilex wugonshanensis C.J.Tseng ex S.K.Chen & Y.X.Feng(冬青科)
武功山飘拂草 Fimbristylis wukungshanensis Tang & Wang(莎草科)
武功山蹄盖蕨(西北植物学报)=尖头蹄盖蕨
武功山岩荠(植物志 33)=武功山阴山荠
武功山阴山荠 Yinshania hui (O.E.Schulz.) Y.Z. Zhao (十字花科),*武功山岩荠*
武汉葡萄 Vitis wuhanensis C.L.Li(葡萄科)
武烈柱 Oreocereus celsianus var. bruennowii K.Schum (仙人掌科)
武陵贯众 Cyrtomium wulingense S.F.Wu(鳞毛蕨科)
武陵毛蕨 Cyclosorus wulingshanensis C.M. Zhang (金星蕨科)
武陵槭(经济植物手册)=三峡槭
武陵槭树(树木分类学)=三峡槭
武陵山耳蕨 Polystichum leveillei C.Chr.(鳞毛蕨科)
武隆前胡 Peucedanum wulongense Shan & Sheh (伞形科)
武鸣杜鹃 Rhododendron wumingense Fang(杜鹃花科)
武鸣鼠李 Rhamnus wumingensis Y.L.Cheng & P.K.Chou (鼠李科)
武宁假毛蕨 Pseudocyclosorus paraochthodes Ching ex Shing ex J.F.Cheng(金星蕨科),*江西假毛蕨*
武山薹草 Carex wushanensis S.Y.Liang(莎草科)
武山野豌豆 Vicia wushanica Xia(豆科)
武威秋海棠 Begonia buimontana Yamamoto(秋海棠科)
武威山新木姜(台木本志)=武威山新木姜子
武威山新木姜子 Neolitsea buisanensis Yamamoto & Kamikoti(樟科),*武威山新木姜*
武葳山枇杷(新)Eriobotrya deflexa f.buisanensis (Hay.) Nakai(蔷薇科),*台湾枇杷武葳山变型*
武靴藤(福建)=匙羹藤
武靴叶属(种子植物名称)=**匙羹藤属**
武夷兰属 Angraecum Bory (兰科),*凤兰属*
武夷瘤足蕨 Plagiogyria chinensis Ching (瘤足蕨科)
武夷蒲儿根 Sinosenecio wuyiensis Y.L.Chen(菊科)
武夷桤叶树 Clethra wuyishanica Ching ex L.C. Hu (桤叶树科)
武夷槭 Acer wuyishanicum Fang & Tan(槭树科)
武夷山茶竿竹 Pseudosasa wuyiensis S.L.Chen & G.Y.Sheng (禾本科)
武夷山方竹 Chimonobambusa setiformis Wen (禾本科)
武夷山苦竹 Pleioblastus wuyishanensis Q.F. Zheng & K.F.Huang(禾本科)
武夷山鳞毛蕨 Dryopteris wuyishanica Ching & Chiu (鳞毛蕨科)
武夷山薹草 Carex wuyishanensis Y.C.Tang ex S.Y.Liang (莎草科)
武夷山蹄盖蕨(西北植物学报)=长江蹄盖蕨
武夷山凸轴蕨 Metathelypteris wuyishanensis Ching (金星蕨科)
武夷山玉山竹 Yushania wuyishanensis Q.F. Zheng & K.F.Huang (禾本科)
武夷四照花 Dendrobenthamia angustata var. wuyishanensis (Fang & Hsieh) Fang & W. K.Hu (山茱萸科)
武夷唐松草 Thalictrum wuyishanicum W.T. Wang & S.H.Wang (毛茛科)
武夷小檗 Berberis wuyiensis C.M.Hu(小檗科)
武义薹草 Carex subcernua Ohwi(莎草科)
舞草(中药辞海)=长柱排钱树
舞草 Codariocalyx motorius (Houtt.) Ohashi(豆科),*钟萼豆*
舞草属 Codariocalyx Hassk.(豆科),*钟萼豆属*
舞鹤草 Maianthemum bifolium (L.) F.W. Schmidt (百合科),*二叶舞鹤草*
舞鹤草属 Maianthemum Web.(百合科),*鹿药属*
舞花姜 Globba racemosa Smith(姜科)
舞花姜属 Globba L.(姜科)
舞翁柱 Cephalocereus scoparius (Poselg) Br. & R. (仙人掌科)
勿茂(广西壮语)=大叶藤黄
勿忘草 Myosotis alpestris F.W.Shmidt.(紫草科)
勿忘草属 Myosotis L.(紫草科)
物罗(南越志)=茶
婺源安息香 Styrax wuyuanensis S.M.Hwang(安息香科)
婺源变种(植物志 66,Flora 17)=婺源鼠尾草(新)
婺源凤仙花 Impatiens wuyuanensis Y.L.Chen (凤仙花科)
婺源槭 Acer wuyuanense Fang & Wu(槭树科)
婺源鼠尾草(新)Salvia chienii var. wuyuania Sun (唇形科),*婺源变种*
雾冰草(植物志 25-2)=雾冰藜
雾冰草属(科属词典)=**雾冰藜属**
雾冰藜 Bassia dasyphylla (Fisch. & Mey.) O.Ktz. (藜科),*肯诺藜,星状刺果藜,雾冰草*
雾冰藜属 Bassia All.(藜科),*肯诺藜属,巴锡藜属,雾冰草属,刺果藜属*
雾灵柴胡 Bupleurum sibricum var. jeholense (Nakai) Chu (伞形科)
雾灵风毛菊 Saussurea chowana Chen(菊科)
雾灵韭 Allium stenodon Nakai & Kitagawa(百合科)
雾灵落叶松(东北木本志)=华北落叶松
雾灵沙参 Adenophora wulingshanica Hong(桔梗科)
雾灵山变种(植物志 65-2)=雾灵山黄芩(新)
雾灵山变种(植物志 65-2,Flora 17)=雾灵山黄芩(新)
雾灵山黄芩(新)Scutellaria scordifolia var. wulingshanensis (Nakai & Kitag.) C.Y.Wu & W.T.Wang (唇形科),*雾灵山变种*
雾灵山蹄盖蕨(蕨类形态)=东北蹄盖蕨
雾灵乌头(植物志 27)=疏毛圆锥乌头
雾灵香花芥(植物志 33)=北香花芥
雾录景天(东北检索表)=小丛红景天
雾社黄肉楠 Actinodaphne mushanensis (Hay.) Hay. (樟科)
雾社双盖蕨(台湾志)=大羽短肠蕨
雾社蜘蛛抱蛋 Aspidistra mushaensis Hay.(百合科)
雾水草(广西药用名录)=宽叶鼠麹草
雾水葛 Pouzolzia zeylanica (L.) Benn.(荨麻科),*白石薯,拔脓膏,啜脓膏,地消散,咄脓膏,脓见消,山参,山三茄,石茹,水麻秧,台湾雾水葛,田薯,粘榔根*
雾水葛属 Pouzolzia Gaudich.(荨麻科)
雾水沙(广东中药)=鹅不食草
雾水藤(广西)=金灯藤

Xi

夕句(本经)=夏枯草
西岸杜鹃花 Rhododendron californicum HK. (杜鹃花科),*加州杜鹃花*
西奥兰属 Cynorkis Thou.(兰科)
西巴黄芪 Astragalus laspurensis Ali(豆科)
西班牙扁柄草 Lallemantia iberica (Stev.) Fisch. & Mey.(唇形科)
西班牙雏菊 Bellis annula L.(菊科)
西班牙卷耳 Cerastium boissieri Gren.(石竹科)
西班牙蓝钟花(新拉汉英)=聚铃花
西班牙冷杉 Abies pinsapo Boiss.(松科)
西班牙欧石南(新拉汉英)=南欧石南
西班牙欧石南 Erica lusitanica K.Rudolphi (杜鹃花科)
西班牙水仙 Narcissus triandrus L.(石蒜科)
西班牙小檗 Berberis hispanica Boiss. & Teut. (小檗科)
西班牙血橙 Doublefine Ameliorée(芸香科血橙类)
西班牙鸢尾 Iris xiphium L.(鸢尾科)
西保德小檗 Berberis sieboldii Miq.(小檗科),*小牛花小檗*
西北百合(中草药汇编)=川百合
西北贝母(植物志 14)=甘肃贝母
西北风毛菊 Saussurea petrovii Lipsch.(菊科)
西北蒿 Artemisia pontica L.(菊科),*宁新叶莲蒿*
西北厚叶报春(高等图鉴)=陕西报春
西北黄芪 Astragalus fenzelianus Pet.-Stib.(豆科)
西北绢蒿 Seriphidium nitrosum (Web. ex Stechm.) Poljak. (菊科),*新疆绢蒿,察干-沙瓦格,察干-沙里尔日*
西北米努草 Minuartia litwinowii Schischk.(石竹科)
西北蔷薇 Rosa davidii Crép.(蔷薇科),*山刺玫,万朵刺,花别刺,金樱子*
西北山萮菜 Eutrema edwardsii R.Br.(十字花科)
西北天门冬(Flora 24)=西天门冬(新)
西北天门冬 Asparagus persicus Baker(百合科)
西北铁角蕨 Asplenium nesii Christ(铁角蕨科)
西北小檗(青海志)=匙叶小檗
西北栒子 Cotoneaster zabelii Schneid.(蔷薇科),*札氏栒子,杂氏灰栒子,土兰条*
西北蚤缀(高等图鉴)=福禄草
西北沼委陵菜 Comarum salesovianum (Steph.) Asch. & Gr.(蔷薇科)
西北针茅 Stipa sareptana var. krylovii (Rishev.) P.C.Kuo & Y.H.Sun (禾本科)
西比补血草 Limonium sieberi (Boiss.) O. Kuntze (白花丹科)

西伯番紫花 Crocus sieberi J.Gay.(鸢尾科)
西伯利亚白刺(治沙研究)=小果白刺
西伯利亚败酱 Patrinia sibirica (L.) Juss.(败酱科)
西伯利亚报春(高等图鉴)=天山报春
西伯利亚滨藜 Atriplex sibirica L.(藜科),*软蒺藜,灰菜*
西伯利亚冰草 Agropyron sibiricum (Willd.) Beauv. (禾本科)
西伯利亚补血草(中药辞海)=大叶补血草
西伯利亚草木犀 Melilotus dentatus subsp. sibirica (O.E.Schulz) Suv(豆科)
西伯利亚臭草(新拉汉英)=高臭草
西伯利亚刺柏 Juniperus sibirica Burg.(柏科),*鲜卑刺柏,山桧,矮桧,西伯利亚杜松,高山桧*
西伯利亚醋栗(果树分类学)=阿尔泰茶藨子
西伯利亚杜松(东北裸子植物)=西伯利亚刺柏
西伯利亚红瑞木 Cornus alba var. siberica Loud.(山茱萸科)
西伯利亚红松(分类学报)=新疆五针松
西伯利亚花锚(北部植物图志)=花锚
西伯利亚还阳参 Crepis sibirica L.(菊科)
西伯利亚黄芩 Scutellaria taurica Juz.(唇形科)
西伯利亚剪股颖 Agrostis sibirica V.Petr.(禾本科)
西伯利亚碱茅 Puccinellia sibirica Holmb.(禾本科)
西伯利亚接骨木 Sambucus sibirica Nakai(忍冬科)
西伯利亚金莲花 Trollius sibiricus (Rgl. & Til.) N.Schipcz. (禾本科)
西伯利亚卷柏 Selaginella sibirica (Milde) Hieron (卷柏科)
西伯利亚老鹳草(中药大辞典)=鼠掌老鹳草
西伯利亚冷杉(树木分类学)=新疆冷杉
西伯利亚离子芥 Chorispora sibirica (L.) DC.(十字花科)
西伯利亚蓼 Polygonum sibiricum Laxm.(蓼科),*剪刀股*
西伯利亚耧斗菜 Aquilegia sibirica Lam.(毛茛科)
西伯利亚落叶松(树木分类学)=新疆落叶松
西伯利亚绵枣儿 Scilla sibirica Haw.(百合科)
西伯利亚婆罗门参 Tragopogon sibiricus Ganesch. (菊科)
西伯利亚雀麦 Bromus sibiricus Drobov(禾本科)
西伯利亚三毛草 Trisetum sibiricum Rupr.(禾本科)
西伯利亚铁线莲 Clematis sibirica (L.) Mill.(毛茛科),*新疆木通*
西伯利亚庭荠 Alyssum sibiricum Willd. (十字花科),*庭荠,双胚庭荠*
西伯利亚葶苈 Draba sibiricua (Pall.) Thell.(十字花科)
西伯利亚菟葵 Eranthis sibirica DC.(毛茛科)
西伯利亚橐吾(高等图鉴)=橐吾
西伯利亚乌头 Aconitum barbatum var.hispidum DC. (毛茛科),*马尾大艽,黑秦艽*
西伯利亚小檗 Berberis sibirica Pall. (小檗科),*刺叶小檗*
西伯利亚杏 Armeniaca sibirica (L.) Lam.(蔷薇科),*山杏,西伯日-归勒斯,神曲,杏子,杏仁*
西伯利亚杨(树木分类学)=甜杨
西伯利亚野大麦 Hordeum sibiricum Roshev.(禾本科)
西伯利亚鱼黄草(高等图鉴)=北鱼黄草

西伯利亚鸢尾 Iris sibirica L.(鸢尾科)
西伯利亚鸢尾东方变种(东北部检索表)=溪荪
西伯利亚远志(高等图鉴,植物志 43-3)=卵叶远志
西伯利亚云杉(经济植物手册)=新疆云杉
西伯利亚早熟禾 Poa sibirica Roshev..(禾本科)
西伯利亚紫菀 Aster sibiricus L.(菊科),*鲜卑紫菀*
西伯日-归勒斯(蒙语)= 西伯利亚杏
西伯日-萨巴乐干纳(蒙古名)=北紫堇
西部白松(新拉汉英)=山白松
西参(增订伪药条辨)=西洋参
西昌翠雀花 Delphinium xichangense W.T.Wang (毛茛科)
西昌杜鹃 Rhododendron xichangense Z.J.Zhao (杜鹃花科)
西昌十大功劳 Mahonia bijuga Hand.-Mazz.? (小檗科)
西昌小檗 Berberis insolita Schneid. (小檗科)
西昌栒子(新)Cotoneaster handel-mazzettii Klotz.? (蔷薇科)
西畴鹅耳枥 Carpinus chuniana var. sichourensis (Hu) T.Hong?(桦木科)
西畴粉背蕨 Aleuritopteris sichouensi Ching & S.K.Wu (中国蕨科)
西畴附地菜 Trigonotis laxa var. xichougensis (H.Chuang) C.J.Wang(紫草科),*西畴南川附地菜*
西畴观音座莲 Angiopteris garbongensis Ching (观音座莲科)
西畴花椒 Zanthoxylum xichouense Huang(芸香科)
西畴黄芩 Scutellaria sichourensis C.Y.Wu & H.W.Li (唇形科)
西畴结香 Edgeworthia eriosolenoides Feng & S.C.Huang (瑞香科)
西畴金星蕨(蕨类形态)=毛脚金星蕨
西畴君迁子 Diospyros sichourensis C.Y.Wu(柿科)
西畴柳叶蕨 Cyrtogonellum xichouensis S.K.Wu & Mitsuda(鳞毛蕨科)
西畴楼梯草 Elatostema xichouense W.T.Wang (荨麻科)
西畴南川附地菜(Flora 16)=西畴附地菜
西畴泡花树 Meliosma xichouensis H.W.Li?(清风藤科)
西畴槭 Acer sichourense (Fang & Fang f.) Fang (槭树科)
西畴青冈 Cyclobalanopsis sichourensis Hu(壳斗科)
西畴琼楠 Beilschmiedia sichourensis H.W.Li(樟科)
西畴瑞香 Daphne xichouensis H.F.Zhou ex C.Y.Chang (瑞香科)
西畴润楠 Machilus sichourensis H.W.Li(樟科)
西畴石斛 Dendrobium xichouense S.J.Cheng & C.Z.Tang (兰科)
西畴酸脚杆 Medinilla fengii (S.Y.Hu) C.Y.Wu ex C.Chen(野牡丹科),*酸果*
西畴薹草 Carex sichouensis P.C.Li(莎草科)
西畴蹄盖蕨 Athyrium xichouense Y.T.Hsieh & Z.R.Wang(蹄盖蕨科)
西畴卫矛 Euonymus percoriaceus C.Y.Wu ex J.S.Ma (卫矛科)
西畴悬钩子 Rubus xichouensis Yü & Lu (蔷薇科)
西畴崖爬藤 Tetrastigma sichouense C.L.Li(葡萄科)
西畴油丹 Alseodaphne sichourensis H.W.Li(樟科)
西畴油果樟 Syndiclis sichourensis H.W.Li(樟科)
西畴重楼 Paris cronquistii var. xichouensis H.Li (百合科)
西畴锥 Castanopsis xichouensis Huang & Y.T. Chang (壳斗科)
西川白前(种子植物名称)=.豹药藤
西川鹅绒藤(四川)=.豹药藤
西川红景天 Rhodiola alsia (Fröd.) S.H.Fu (景天科),*长蕊景天,长蕊红景天*
西川韭 Allium xichuanense J.M.Xu(百合科)
西川朴 Celtis vandervoetiana Schneid.(榆科)
西垂茉莉 Clerodendrum girffithianum C.B. Clarke (马鞭草科)
西当归(甘肃)=当归
西豆根(内蒙,甘肃)=苦豆子
西尔加香科 Teucrium hircanicum L.(唇形科)
西尔斯郁金香 Tulipa celsiana DC.(百合科)
西番菊(群芳谱)=向日葵
西番菊(植物志 75)=孔雀草
西番莲(北京)=大丽花
西番莲(拉汉名称和手册)=龙珠果
西番莲 Passiflora coerulea L.(西番莲科),*时计草,时计果,西洋鞠,洋酸茄花,玉蕊花,转心莲,转枝莲*
西番莲科 Passifloraceae
西番莲属 Passiflora L.(西番莲科)
西方贝克斯 Banksia occidentalis R.Br.(山龙眼科)
西方杜鹃花 Rhododendron occidentale A.Gray (杜鹃花科)
西方落叶松 Larix occidentalis Nuttall.(松科)
西方毛核木 Symphoricarpos occidentalis HK.(忍冬科)
西方朴(新拉汉英)=美洲朴
西方卫矛 Euonymus occidentalis Nuut.(卫矛科)
西方乌毛蕨 Blechnum occidentale L.(乌毛蕨科)
西方越桔 Vaccinium occidentalis A.Gray.(杜鹃花科)
西方紫露草 Tradescantia occidentalis (Britt.) Smyth. (鸭跖草科)
西防风(四川中药志)=竹叶西风芹
西非合欢 Albizia aygia Macbr.(豆科)
西非黄苹婆 Sterculia oblonga Mast.(梧桐科)
西非灰毛豆 Tephrosia vogelii HK.f.(豆科)
西非狼尾草 Pennisetum chandestinum Hochst. (禾本科)
西非羊角拗 Strophanthus sarmentosus DC.(夹竹桃科)
西风(四川)=粗糙西风芹
西风(云南,四川)=竹叶西风芹
西风谷(中物志,北部植物图志)=反枝苋
西风剑(中草药汇编)=盾蕨
西风芹属 Seseli L.(伞形科)
西风竹(福建,江西)=十大功劳
西府海棠(昆明)=红花高盆樱桃
西府海棠 Malus micromalus Makino(蔷薇科),*海红,小果海棠,子母海棠,海棠,海棠梨,棠蒸梨*
西高石竹 Dianthus seguieri Vill.(石竹科)
西格尔大戟 Euphorbia seguieriana Neck.?(大戟科)
西菇音-湿吉勒嘎(蒙名)=宁夏枸杞

西谷椰子(中药辞海)=西米棕

西谷椰子 Metroxylon rumphii Mart.(棕榈科)

西固杜鹃 Rhododendron xigusense Ching & H. P.Yang (杜鹃花科)

西固凤仙花 Impatiens notolophora Maxim.(凤仙花科)

西固小檗 Berberis aridocalida Ahrendt (小檗科)

西固紫菀 Aster sikuensis W.W.Sm. & Farr.(菊科)

西瓜 Citrullus lanatus (Thunb.) Matsum. & Nakai (葫芦科),*寒瓜*,*天生白虎汤*

西瓜皮豆瓣绿 Peperomia argyreia E.Moore (胡椒科)

西瓜属 Citrullus Schrad.(葫芦科)

西归芹 Seselopsis tianshanicum Schischk. (伞形科),*土当归*,*天山邪蒿*

西归芹属 Seselopsis Schischk.(伞形科)

西国草(海上集验方)=掌叶复盆子

西国米(通称)=西米棕

西好(云南河口)=水茄

西河柳(沙漠药用植物)=多枝柽柳

西河柳(江西)=柳叶白前

西河柳(云南中草药选)=柽柳

西红花(广西)=番红花

西红柿(植物志 67-1)=番茄

西湖杨(江苏高淳)=柽柳

西葫芦 Cucurbita pepo L.(葫芦科)

西桦 Betula alnoides Buch.-Ham.(桦木科),*西南桦木*

西黄松 Pinus ponderosa Dougl. ex Laws.(松科),*美国黄松*,*美国长三叶松*

西加皮(陆川本草)=鹅掌柴

西江秋海棠 Begonia fordii Irmsch.(秋海棠科)

西疆短星菊 Brachyactis roylei (DC.) Wendelbo (菊科)

西疆飞蓬 Erigeron krylovii Serg.(菊科)

西疆韭 Allium teretifolium Rgl.(百合科)

西疆岩蕨 Woodsia alpina (Boltan) Gray(岩蕨科)

西鹃(上海)=皋月杜鹃

西康扁桃 Amygdalus tangutica (Batal.) Korsh. (蔷薇科),*唐古特扁桃*

西康赤松(中国裸子志)=高山松

西康挂苦绣球(分类学报)=挂苦绣球

西康胡氏木(植物图谱)=西藏山茉莉

西康花楸 Sorbus prattii Koehne(蔷薇科),*薄氏花楸*,*独椒*,*爪瓣花楸*,*川滇花楸*

西康花楸多对变种(植物志 36)=多对西康花楸(新)

西康黄芪(豆科图说)=苦黄芪

西康桧(经济植物手册)=大果圆柏

西康金腰 Chrysosplenium sikangense Hara(虎耳草科)

西康冷杉(树木分类学)=长苞冷杉

西康蔷薇(分类学报)=川西蔷薇

西康绣线梅 Neillia thibetica Bur. & Franch.(蔷薇科),*长穗南梨*

西康绣线梅裂叶变种(植物志 36)=裂叶西康绣线梅(新)

西康栒子(新)Cotoneaster sikangensis Flinck & Hylmö? (蔷薇科)

西康岩黄芪(豆科图说)=锡金岩黄芪

西康野青茅 Deyeuxia sikangensis Keng(禾本科)

西康油松(树木分类学)=高山松

西康玉兰 Magnolia wilsonii (Finet & Gagn.) Rehd. (木兰科)

西康圆柏(树木分类学)=大果圆柏

西康云杉(中国裸子志)=川西云杉

西可早熟禾 Poa sichotensis Probat.(禾本科)

西来稗 Echinochloa crusgalli var. zelayensis (H.B.K.) Hitchc. (禾本科),*穇子*

西劳兰属 Xylobium Lindl.(兰科)

西缧柑(广东)=蕉柑

西里伯橙 Citrus celebica Koord.(芸香科)

西里伯斯雷楝 Reinwardtiodendron celebicum Koord. (楝科)

西里西亚冷杉 Abies cilicica (Ant. & Kostschy) Carr. (松科)

西里西亚鸢尾 Iris junonia Schott & Kotschy (鸢尾科)

西林蜘蛛抱蛋 Aspidistra xilinensis Y.Wan & X.H.Lu (百合科)

西柳 Salix pseudowolohoensis Hao(杨柳科)

西马拉雅堇菜 Viola himalayensis W.Beck.(堇菜科)

西美山铁杉 Tsuga mertensiana (Bong.) Carr.(松科),*天果铁杉*

西美喜林芋 Philodendron simsii Kth.(天南星科)

西美熊果 Arctostachylos mariposa W.Dudl.(杜鹃花科)

西门木(海南)=海檀木

西门五加(经济植物手册,植物分类学)=刚毛五加

西盟姜花 Hedychium ximengense Y.Y.Qian(姜科)

西蒙斯十大功劳 Mahonia simonsii Takeda (小檗科)

西蒙斯小檗 Berberis simonsii Ahrendt (小檗科)

西蒙五加(分类学报增刊)=刚毛五加

西米椰子 Metroxylon amicarum (Wendl.) Becc. (棕榈科)

西米椰子属 Metroxylon Rottb.(棕榈科)

西米棕 Metroxylon sagu Rottb.(棕榈科),*莎木面*,*莎面*,*沙孤米*,*西国米*,*西谷椰子*

西姆拉枸杞小檗 Berberis lycium var. simlensis Ahrendt (小檗科)

西那(新疆)=披针叶野决明

西奈早熟禾 Poa sinaica Steud.(禾本科)

西南八角枫(广西植物名录)=小花八角枫

西南巴戟 Morinda scabrifolia Y.Z.Ruan(茜草科)

西南菝葜(植物志 15)=肖菝葜

西南菝葜 Smilax biumbellata T.Koyama(百合科)

西南白山茶 Camellia pitardii var. alba Chang (山茶科)

西南白头翁 Pulsatilla millefolius (Hemsl. & Wils.) Ulbr. (毛茛科)

西南报春(拉汉名称)=二郎山报春

西南变种(植物志 66)=小叶地笋

西南草莓 Fragaria moupinensis (Franch.) Card. (蔷薇科)

西南齿唇兰 Anoectochilus elwesii (Clarke ex HK.f.) King & Pantl.(兰科),*西南开唇兰*,*钟氏齿唇兰*,*单囊齿唇兰*

西南楤木 Aralia wilsonii Harms(五加科)

西南粗糠树 Ehretia corylifolia C.H.Wright(紫草科),*滇厚朴*

西南粗叶木 Lasianthus henryi Hutch.(茜草科),*蒙自鸡屎树*

西南大戟(湖北志)=湖北大戟

西南大头蒿 Artemisia speciosa (Pamp.) Ling & Y.R.Ling (菊科)

西南灯心草(植物志 13-3)=片髓灯心草

西南灯心草 Juncus inflexus subsp. austrooccidentalis K.F.Wu(灯心草科)

西南吊兰 Chlorophytum nepalense (Lindl.) Baker (百合科)

西南翻唇兰(横断山植物)=川滇叠鞘兰

西南繁缕(拉汉名称)=大叶繁缕

西南风车子 Combretum griggithii Van Huerck & Muell.-Arg. (使君子科)

西南风铃草 Campanula colorata Wall.(桔梗科),*岩兰花*,*土桔梗*,*土沙参*,*兰花石参*,*鸡肉参*,*小石参*

西南凤尾蕨 Pteris wallichiana Agardh(凤尾蕨科),*开三叉凤尾蕨*

西南莩草 Setaria forbesiana (Nees) HK.f.(禾本科),*福勃狗尾草*

西南附地菜 Trigonotis cavaleriei (Lévl.) Hand.-Mazz. (紫草科)

西南复叶耳蕨(植物学报)=阔羽复叶耳蕨

西南杠柳(俗称)=黑龙骨

西南挂苦绣球(分类学报)=挂苦绣球

西南鬼灯檠 Rodgersia sambucifolia Hemsl.(虎耳草科),*岩陀*,*毛青红*,*红姜*,*参麻*,*野黄姜*,*九月岩陀*

西南旱蕨 Pellaea smithii C.Chr(中国蕨科),*史氏旱蕨*

西南杭子稍 Campylotropis delavayi (Franch.) Schindl. (豆科),*豆角柴*

西南红豆杉(树木分类学)=西藏红豆杉

西南红山茶 Camellia pitardii Coh.St.(山茶科),*黄缸*,*西南山茶*,*野山茶*

西南胡麻草 Centranthera cochinchinensis var. nepalensis (D.Don) Merr.(玄参科)

西南蝴蝶草 Torenia cordifolia Roxb.(玄参科)

西南虎刺 Damnacanthus tsaii Hu(茜草科)

西南虎耳草 Saxifraga signata Engl. & Irmsch. (虎耳草科)

西南花楸 Sorbus rehderiana Koehne(蔷薇科),*芮德花楸*

西南花楸巨齿变种(植物志 36)=巨齿西南花楸(新)

西南花楸绣毛变种(植物志 36)=绣毛西南花楸(新)

西南桦木(树木分类学)=西桦

西南槐 Sophora prazeri var. mairei (Pamp.) Tsoong (豆科),*乌豆根*,*山豆根*,*野松皮*,*短槐*

西南黄精 Polygonatum stewartianum Diels(百合科)

西南荚蒾(分类学报)=湖北荚蒾

西南假毛蕨 Pseudocyclosorus esquirolii (Christ.) Ching (金星蕨科),*艾葵假毛蕨*,*斜叶金星蕨*,*大理假毛蕨*

西南尖药兰 Diphylax uniformis (T.Tang & F.T. Wang) T.Tang & F.T.Wang(兰科)

西南菅草 Themeda hookeri (Griseb.) A.Camus (禾本科),*虎氏菅草*,*小菅草*

西南节肢蕨(中药大辞典,四川)=多羽节肢蕨

西南金丝桃 Hypericum henryi Lévl. & Vant.(藤黄科)

西南荩草 Arthraxon xinanensis S.L.Chen & Y.X. Jin (禾本科)

西南开唇兰(横断山植物,兰花全书)=西南齿唇兰

西南拉拉藤(高等图鉴)=小红参

西南腊梅 Chimonanthus campanulatus R.H.Chang & C.S.Ding ?(蜡梅科)

西南冷水花(高等图鉴)=石筋草
西南犁头尖 Typhonium omeiense H.Li(天南星科),*半夏,鸡包谷,红南星,野水芋*
西南鳞盖蕨 Microlepia khasiyana (HK.) Presl (碗蕨科)
西南琉璃草 Cynoglossum wallichii G.Don(紫草科)
西南鹿蹄草(拉汉名称)=大理鹿蹄草
西南鹿药 Maianthemum fuscum (Wall.) La Frank. (百合科)
西南轮环藤 Cyclea wattii Diels(防已科)
西南落叶松(中国裸子志)=西藏红杉
西南马陆草 Eremochloa bimaculata Hack.(禾本科)
西南猫尾木 Markhamia stipulata (Wall.) Seem. ex K.Schum. (紫葳科),*齿叶猫尾木*
西南毛茛 Ranunculus ficariifolius Lévl. & Vant. (毛茛科),*小叶毛茛*
西南米槠(植物志 22)=短刺米槠
西南牡蒿 Artemisia parviflora Buch.-Ham. ex Roxb. (菊科),*小花牡蒿,小花蒿,青蒿*
西南木荷 Schima wallichii (DC.) Choisy(山茶科),*峨眉木荷,毛木树,麻木树*
西南木蓝 Indigofera monbeigii Craib(豆科)
西南囊苞花(中药大辞典)=双参
西南女娄菜(拉汉名称)=西南蝇子草
西南泡花树 Meliosma thomsonii King ex Brandis (清风藤科)
西南飘拂草 Fimbristylis thomsonii Böcklr.(莎草科)
西南千金藤 Stephania subpeltata Lo(防已科)
西南千里光 Senecio pseudomairiei Lévl.(菊科)
西南蔷薇 Rosa murielae Rehd. & Wils.(蔷薇科),*缪雷蔷薇*
西南忍冬 Lonicera bournei Hemsl.(忍冬科)
西南赛楠(高等图鉴)=赛楠
西南山茶(中药辞海)=西南红山茶
西南山梗菜 Lobelia sequinii Levll. & Vant.(桔梗科),*破天菜,大将军,红雪柳,野烟,野叶子烟,野莴笋*
西南山兰 Oreorchis angustata L.O.Williams ex N.Pearce & Cribb(兰科)
西南山梅花(经济植物手册)=云南山梅花
西南石韦 Pyrrosia gralla (Gies.) Ching(水龙骨科),*多形石韦,黄毛石韦,毛石韦,柔软石韦,石韦,石岩金,小经刀草*
西南手参 Gymnadenia orchidis Lindl.(兰科)
西南双药芒 Diandranthus yunnanensis (A. Camus) L.Liu (禾本科),*川芒*
西南水芹 Oenanthe dielsii de Boiss.(伞形科),*野芹菜,野芫荽,细叶水芹*
西南水苏 Stachys kouyangensis (Vant.) Dunn (唇形科),*白根药,麻布草,猫猫菜,破布草,山菠菜,铁骡子,野甘露*
西南宿苞豆(豆科图说)=光宿苞豆
西南薹草 Carex austro-occidentalis Wang & Tang (莎草科)
西南唐松草 Thalictrum fargesii Franch.(毛茛科)
西南蹄盖蕨(西北植物学报)=薄叶蹄盖蕨
西南天门冬 Asparagus munitus Wang & S.C. Chen (百合科)
西南铁角蕨 Asplenium paemorsum Sw.(铁角蕨科),*毛叶铁角蕨*
西南铁线莲 Clematis pseudopogonandra Finet & Gagn. (毛茛科),*花木通,西藏花木通*
西南臀果木 Pygeum wilsonii Koehne(蔷薇科)
西南委陵菜 Potentilla fulgens Wall. ex HK.(蔷薇科),*白地榆,白头翁,槟榔仁,地槟榔,地管子,翻白草,翻白地榆,管仲,银毛委陵菜*
西南卫矛 Euonymus hamiltonianus Wall. ex Roxb. (卫矛科)
西南文殊兰 Crinum latifolium L.(石蒜科)
西南乌头 Aconitum episcopale Lévl.(毛茛科),*堵喇,紫草乌,亚东乌头,紫乌头,深裂黄草乌,藤乌*
西南无心菜 Arenaria forrestii Diels(石竹科),*小花无心菜,福氏蚤缀,粉晕无心菜,垂花无心菜,玫瑰无心菜,粉晕蚤缀*
西南五月茶 Antidesma acidum Retz(大戟科),*宋闷,酸叶树,二蕊五月茶*
西南虾脊兰 Calanthe herbacea Lindl.(兰科)
西南小檗(湖北志)=鄂西小檗
西南小阴地蕨(孢子植物)=薄叶阴地蕨
西南新耳草 Neanotis wightiana (Wall. ex Wight & Arn.) Lewis(茜草科)
西南星月蕨(西双版纳植物名录)=大羽新月蕨
西南绣球 Hydrangea davidii Franch.(虎耳草科),*大卫绣球,云南绣球,滇绣球,马边绣球*
西南萱草 Hemerocallis forrestii Diels(百合科)
西南悬钩子 Rubus assamensis Ficke(蔷薇科)
西南栒子 Cotoneaster franchetii Boiss.(蔷薇科),*佛氏栒子,马蝗果,美丽栒子*
西南沿阶草 Ophiopogon mairei Lévl.(百合科)
西南杨 Populus schneideri (Redh.) N.Chao(杨柳科),*毛轴亚东杨,云南青杨*
西南野古草 Arundinella hookeri Munro ex Keng (禾本科)
西南野黄瓜 Cucumis sativus var. hardwickii (Royle) Alef. (葫芦科)
西南野木瓜 Stauntonia cavalerieana Gagn. (木通科),*八叶瓜*
西南野黍 Eriochloa gracilis (Furn.) Hitchc.(禾本科)
西南野豌豆 Vicia nummularia Hand.-Mazz.(豆科),*黄花野苕子*
西南叶下珠 Phyllanthus tsarongensis W.W.Sm. (大戟科),*鲤下子,察瓦龙叶下珠*
西南移柙 (经济植物手册)=云南移柭
西南银莲花 Anemone davidii Franch.(毛茛科),*铜骨七,海螺七,疔药,铜灯台,白接骨连*
西南樱桃(湖北志)=微毛樱桃
西南樱桃 Cerasus duclouxii (Koehne) Yü & Li (蔷薇科)
西南蝇子草 Silene delavayi Franch.(石竹科),*西南女娄菜,土桔梗*
西南鸢尾 Iris bulleyana Dykes(鸢尾科),*空茎鸢尾*
西南圆头蒿 Artemisia sinensis (Pamp.) Ling & Y.R.Ling (菊科),*长柄蒿*
西南远志(广西)=长毛籽远志
西南远志 Polygala crotalarioides Buch.-Ham. ex DC. (远志科),*西藏远志,地花生,翻转红,猪大肠,娘母良*
西南越桔 Vaccinium laetum Diels(杜鹃花科),*小叶珍珠花,饱饭花,乌饭子,米饭花*
西南獐牙菜 Swertia cincta Burk.(龙胆科)
西南蔗茅 Erianthus hookeri Hack.(禾本科)
西南紫金牛(高等图鉴)=伞形紫金牛
西宁冷蕨 Cystopteris kansuana C.Chr.(蹄盖蕨科)
西柠檬(植物志 43-2)=柠檬
西欧蝇子草(高等图鉴)=蝇子草
西秦艽(植物志 43-1)=秦艽
西青果(中药材手册)=诃子
西日合力格-沙里尔日(蒙语)=线叶蒿
西乳党参(浙江)=金钱豹
西沙黄细心(西沙植物和植被)=直立黄系心
西沙灰毛豆 Tephrosia luzonensis Vagel(豆科),*西沙灰叶*
西沙灰叶(西沙植物被)=西沙灰毛豆
西山堇菜 Viola hancockii W.Beck.(堇菜科)
西山委陵菜 Potentilla sischanensis Bge.(蔷薇科)
西山小檗 Berberis wangii Schneid. (小檗科)
西山银穗草 Leucopoa olgae (Rgl.) Krecz. & Bobr. (禾本科)
西尚(青海藏族土名)=海乳草
西升麻(通称)=升麻
西施花 Rhododendron ellipticum Maxim.(杜鹃花科),*光脚杜鹃*
西湿阿地(云南)=五桠果
西氏素馨(分类学报)=亮叶素馨
西蜀丁香 Syringa komarowii Schneid.(木犀科),*垂丝丁香,牛尾巴*
西蜀海棠 Malus prattii (Hemsl.) Schneid.(蔷薇科),*川滇海棠*
西蜀梾木(拉汉名称)=卷毛梾木
西蜀苹婆 Sterculia lanceaefolia Roxb.(梧桐科)
西蜀山柳(树木分类学)=单穗桤叶树
西蜀使君子(植物志 53-1)=毛使君子
西蜀榆(南林学报)=蜀榆
西双版纳粗榧 Cephalotaxus mannii HK.f.(三尖杉科),*印度三尖杉,藏杉,红壳松,薄叶篦子杉,海南粗榧*
西双版纳崖爬藤 Tetrastigma xishuangbannaense C.L.Li (葡萄科)
西双紫薇 Lagerstroemia venusta Wall. ex Clarke (千屈菜科)
西塔芽 Deyeuxia arundinacea var. sciuroides (Franch. & Sav.) P.C.Kuo & S.L.Lu(禾本科)
西太白黄芪 Astragalus monadelphus subsp. xitaibaicus K.T.Fu(豆科)
西太白棘豆 Oxytropis sitaipaiensis T.P.Wang ex C.W.Chang (豆科)
西特恩小檗 Berberis citernei Ahrendt (小檗科)
西特卡云杉(新拉汉英)=北美云杉
西天门冬(新)Asparagus breslerianus Schult. & J.H.Schult. (百合科)
西天山绢蒿 Seriphidium tianshanicum (Krasch. ex Poljak.) Y.R.Ling & C.J.Humphries(菊科)
西天山驼舌草 Goniolimon sewerzowii Herd.(白花丹科)
西湾山楂(新)Crataegus przewalskii Pojark?(蔷薇科)
西西里冷杉 Abies nebrodensis (Loj.-Paj.) Mattei (松科)
西谢(傣族名,经验鉴别法)=儿茶
西谢(植物志 48-1)=儿茶
西芎(四川,湖北,湖南,江西,植物志 55-2)=藁本
西亚香茅 Cymbopogon olivieri (Boiss.) Bor (禾本科)
西亚紫荆 Cercis siliquastrum L.(豆科)
西洋白花菜(云大生物论文集)=美丽白花菜
西洋白花菜(植物学大词典)=醉蝶花
西洋菜(本草品汇精要)=落葵
西洋菜(广东通称,上海疏菜品种志)=豆瓣菜
西洋参 Panax qunquefolius L.(五加科),*西洋人参,洋参,西参,花旗参*
西洋红(广州)=一串红
西洋接骨木 Sambucus nigra L.(忍冬科),*黑接*

骨木,洋接骨木
西洋鞠(越南笔记)=西番莲
西洋梨 Pyrus communis L.(蔷薇科)
西洋梨栽培变种(植物志 36)=洋梨
西洋李(植物志 38)=欧洲李
西洋苹果(树木分类学)=苹果
西洋人参(醋是从新)=西洋参
西洋水杨梅(广东)=紫薇
西洋万年青属(新拉汉英)=**彩叶凤梨属**
西业槭 Acer cinerascens Boiss.(槭树科)
西茵陈(本草纲目)=茵陈
西印度鼠尾粟 Sporobolus indicus (L.) R.Br.(禾本科)
西印度真穗草 Eustachys petraeus (Swartz) Desv. (禾本科)
西游草(民间中草药汇编) =李氏禾
西域百蕊草(中药辞海)=长叶百蕊草
西域黄芪 Astragalus pseudoborodinii S.B.Ho (豆科)
西域荚蒾 Viburnum mullata Buch.-Ham. ex D.Don(忍冬科)
西域碱茅 Puccinellia roshevistsiana (Schichk.) Krecz. ex Tzvel(禾本科)
西域旌节花(峨眉志,植物志 52-1)=喜马山旌节花
西域鳞毛蕨 Dryopteris blanfordii (C.Hope) C. Chr. (鳞毛蕨科)
西域龙胆 Gentiana clarkei Kusnez.(龙胆科),*膜果龙胆*
西域桤木(峨眉图志)=毛叶珍珠花
西域青荚叶 Helwingia himalaica (HK.f. & Thosm ex C.B.Clarke(山茱萸科),*喜马拉雅青荚叶,西藏青荚叶*
西域橐吾 Ligularia thomsonii (C.B.Clarke) Pojark.(菊科)
西藏阿拉善马先蒿 Pedicularis alaschanica subsp. tibetica (Maxim.) Tsoong(玄参科),*阿拉善马先蒿西藏亚种*
西藏暗罗 Polyalthia chinensis S.K.Wu & P.T.Li (番荔枝科)
西藏凹乳芹 Vicatia thibetica de Boiss.(伞形科),*野当归,独脚当归*
西藏八角 Illicium griffithii HK.f. & Thoms.(木兰科)
西藏八角莲 Dysosma tsayuensis Ying(小檗科)
西藏菝葜 Smilax elegans Wall. ex Kunth(百合科)
西藏白苞芹 Nothosmyrnium xizangense Shan & T.S.Wang (伞形科)
西藏白皮松 Pinus gerardiana Wall.(松科),*须弥白皮松*
西藏白珠 Gaultheria wardii Marq. & Airy-Shaw (杜鹃花科)
西藏柏木 Cupressus torulosa D.Don (柏科),*喜马拉雅柏木,喜马拉雅柏,干柏杉*
西藏斑籽 Baliospermum bilobatum Chin(大戟科)
西藏报春 Primula tibetica Watt(报春花科),*藏东报春*
西藏扁芒菊 Waldheimia glabra (Decne.) Rgl. (菊科),*刚布*
西藏变种(分类学报)=藏北艾
西藏变种(植物志 74)=西藏短葶飞蓬(新)
西藏杓兰 Cypripedium tibeticum King ex Rolfe (兰科),*敦盛草*
西藏薄鳞蕨 Leptolepidium subvillosum var. tibeticum Ching & S.K.Wu(中国蕨科)
西藏糙苏 Phlomis tibetica Marquand & Airy-Shaw(唇形科)
西藏草莓 Fragaria nubicola (HK.f.) Lindl. ex Lacaita (蔷薇科)
西藏茶藨子 Ribes xizangense L.T.Lu (虎耳草科)
西藏长叶松 Pinus roburghii Sarg.(松科),*喜马拉雅长叶松,须弥长叶松*
西藏赤瓟(西藏志)=刚毛赤瓟
西藏椆(植物志 22)=西藏柯
西藏川木香 Dolomiaea wardii (Hand.-Mazz.) Ling (菊科),*南藏菊*
西藏大豆蔻 Hornstedtia tibetica T.L.Wu & Senjen (姜科)
西藏大黄 Rheum tibeticum Maxim. ex HK.f.(蓼科)
西藏大戟 Euphorbia tibetica Boiss.(大戟科)
西藏大青 Clerodendrum tibetanum C.Y.Wu & S.K.Wu (马鞭草科)
西藏单侧花 Orthilia obtusata var. xizanensis Y. L.Chou (鹿蹄草科)
西藏单球芹 Haplosphaera himalayensis Ludlow (伞形科)
西藏党参 Codonopsis xizangensis Hong(桔梗科)
西藏灯心草 Juncus tibeticus Egor.(灯心草科)
西藏地不容 Stephania glabra (Roxb.) Miers(防已科),*光叶地不容*
西藏地杨梅 Luzula jilongensis K.F.Wu(灯心草科)
西藏滇紫草 Onosma waltonii Duthie(紫草科)
西藏点地梅 Androsace mariae Kanitz(报春花科)
西藏吊灯花 Ceropegia pubescens Wall.(萝藦科),*底线参,茭参,对叶林*
西藏钓樟 Lindera pulcherrima (Wall.) Benth.(樟科)
西藏冬青 Ilex xizangensis Y.R.Li(冬青科)
西藏豆瓣菜(植物志 33)=西藏花旗杆
西藏独花报春 Omphalogramma tibeticum Fletcher (报春花科)
西藏短肠蕨(分类学报)=褐色短肠蕨
西藏短肠蕨 Allantodia tibetica Ching & S.K. Wu (蹄盖蕨科)
西藏短葶飞蓬(新)Erigeron breviscapus var. tibeticus Ling & Y.L.Chen(菊科),*西藏变种*
西藏对叶黄堇 Corydalis tibeto-oppositifolia C.Y.Wu & Z.Y.Su(罂粟科)
西藏对叶兰 Listera pinetorum Lindl.(兰科)
西藏多榔菊 Doronicum thibetanum Cavill.(菊科)
西藏峨忧虑蕨(西藏志)=尖片峨眉蕨
西藏鹅观草 Roegneria tibetica (Melderis) H.L. Yang (禾本科)
西藏鹅绒藤 Cynanchum heydei HK.f.(萝藦科)
西藏鹅掌柴 Schefflera wardii Marq. & Shaw(五加科)
西藏耳蕨 Polystichum tibeticum Ching(鳞毛蕨科),*西藏高山耳蕨*
西藏繁缕 Stellaria tibetica Kurz(石竹科)
西藏风吹箫(分类学报)=西藏鬼吹箫
西藏风毛菊 Saussurea tibetica C.Winkl.(菊科)
西藏凤仙花 Impatiens cristata Wall.(凤仙花科)
西藏附地菜 Trigonotis tibetica (Clarke) Johnst. (紫草科)
西藏复叶耳蕨 Arachniodes tibetana Ching & S.K.Wu (鳞毛蕨科)
西藏高山耳蕨(西藏志)=西藏耳蕨
西藏高山黄堇 Corydalis tibeto-alpina C.Y.Wu & Z.Y.Su (罂粟科)
西藏割舌树 Glycosmis medogensis D.D.Tao (芸香科)
西藏隔距兰 Cleisostoma medogense Z.H.Tsi(兰科)
西藏弓果藤 Toxocarpus himalensis Falc. ex HK.f. (萝藦科)
西藏沟酸浆 Mimulus tibeticus Tsoong & Yang (玄参科)
西藏沟子荠 Taphrospermum tibeticum (O.E. Schulz.) Al-Shehbaz(十字花科),*西藏蛇头荠*
西藏钩毛蕨 Cyclogramma tibetica Ching & S.K. Wu (金星蕨科)
西藏瓜叶乌头 Aconitum hemsleyanum var. xizangense W.T.Wang & L.Q.Li(毛茛科)
西藏鬼吹箫 Leycesteria thibetica H.J.Wang(忍冬科),*西藏风吹箫*
西藏孩儿参 Pseudostellaria tibetica Ohwi(石竹科)
西藏含笑 Michelia kisopa Buch.-Ham.(木兰科)
西藏旱蕨(高等图鉴)=禾秆旱蕨
西藏旱蕨 Pellaea stramine var. tibetica Ching(中国蕨科)
西藏核果茶 Pyrenaria tibetana Chang(山茶科)
西藏红豆杉 Taxus wallichiana Zucc.(红豆杉科),*喜马拉雅红豆杉,须弥红豆杉,云南红豆杉,西南红豆杉*
西藏红景天 Rhodiola tibetica (HK.f. & Thoms.) S.H.Fu (景天科)
西藏红杉 Larix griffithii HK.f.(松科),*西藏落叶松,云南红杉,西南落叶松,藏红杉*
西藏红腺蕨 Diacalpe aspidioides var.hookeriana (Moore) Ching & S.H.Wu(球盖蕨科),*喜马拉雅红腺蕨*
西藏厚棱芹 Pachypleurum xizangense H.T. Chang & Shan (伞形科)
西藏虎耳草 Saxifraga tibetica A.Los.(虎耳草科)
西藏虎皮楠 Daphniphyllum himalense (Benth.) Müll.-Arg. (虎皮楠科)
西藏虎头兰 Cymbidium tracyanum L.Castle(兰科)
西藏花木通(中草药汇编)=西南铁线莲
西藏花旗杆 Dontostemon tibeticus (Maxim.) Al-Shehbaz (十字花科),*西藏豆瓣菜*
西藏黄堇 Corydalis tibetica HK.f. & Thoms.(罂粟科)
西藏黄精 Polygonatum wardii F.T.Wang & Tang (百合科)
西藏茴芹 Pimpinella xizangense Shan & Pu(伞形科)
西藏鸡爪草(甘肃中草药)=毛茛状金莲花
西藏棘豆(新)Oxytropis thomsonii Benth. ex Bge. (豆科),*长喙棘豆*
西藏假鹤虱(高等图鉴)=卵萼假鹤虱
西藏假冷蕨(分类学报)=三角叶假冷蕨
西藏假瘤蕨 Phymatopteris tibetana (Ching & S.K.Wu) W.M.Chu(水龙骨科)
西藏剑蕨 Loxogramme cuspidata (Zenker) M. G.Price (剑蕨科)
西藏箭竹 Fargesia setosa Yi (禾本科)
西藏姜味草 Micromeria wardii (Marq. & Airy-Shaw(唇形科)
西藏角果碱蓬 Suaeda corniculata var. olufsenii (Pauls.) G.L.Chu(藜科)

西藏金粉蕨 Onychium tibeticum Ching & S.K. Wu (中国蕨科)
西藏金丝桃 Hypericum himalaicum N.Robson (藤黄科)
西藏堇菜 Viola kunawarensis Royle(堇菜科), *藏东堇菜,天山堇菜,天山比那夫西*
西藏锦鸡儿 Caragana spinifera Kom.(豆科)
西藏景天(拉汉名称)=背药红景天
西藏九节 Psychotria erratica HK.f.(茜草科)
西藏绢蒿 Seriphidium thomsonianum (C.B. Clarke) Ling & Y.R.Ling(菊科)
西藏柯 Lithocarpus xizangensis Huang & Y.T. Chang (壳斗科),*西藏椆*
西藏宽花紫堇 Corydalis latiflora subsp. gerdae (Fedde) Lidén(罂粟科)
西藏宽裂黄堇 Corydalis latiloba var. tibetica Z.Y.Su(罂粟科)
西藏阔蕊兰 Peristylus elisabethae (Duthie) Gupta(兰科)
西藏狼尾草 Pennisetum lanatum Klotz.(禾本科)
西藏肋毛蕨 Ctenitis tibetica Ching & S.K.Wu (叉蕨科)
西藏棱子芹 Pleurospermum hookeri var. thomsonii C.B.Clarke(伞形科),*紫茎棱子芹*
西藏冷杉 Abies spectabilis (D.Don) Spach(松科),*喜马拉雅冷杉,喜马拉雅枞*
西藏梨藤竹 Melocalamus elevatissimus Hsueh & Yi (禾本科)
西藏栎 Quercus lodicosa E.F.Warb.(壳斗科)
西藏蓼 Polygonum tibeticum Hemsl.(蓼科)
西藏列当 Orobanche clarkei HK.f.(列当科)
西藏裂瓜 Schizopepon xizangensis A.M.Lu & Z.Y.Zhang (葫芦科)
西藏鳞果草 Achyrospermum wallichianum (Benth.) Benth.(唇形科)
西藏琉璃草 Cynoglossum schlagintweitii (Brand) Kazmi (紫草科)
西藏瘤果芹 Trachydium tibetanicum Wolff(伞形科)
西藏柳 Salix xizangensis Y.L.Chou(杨柳科)
西藏龙船花 Ixora tibetana Bremek.(茜草科)
西藏龙胆(高等图鉴)=西藏秦艽
西藏龙胆(新)Gentiana himalayaensis T.N.Ho (龙胆科),*喜马拉雅龙胆*
西藏鹿蹄草 Pyrola calliantha var. tibetana (H. Andr.) Y.L.Chou(鹿蹄草科)
西藏绿绒蒿 Meconopsis florindae Kingdon-Ward (罂粟科)
西藏卵果蕨 Phegopteris tibetica Ching(金星蕨科)
西藏螺序草 Spiradiclis xizangensis Lo(茜草科)
西藏落叶松(分类学报)=西藏红杉
西藏马兜铃 Aristolochia griffithii HK.f. & Thoms. ex Duchartre(马兜铃科),*藏木通*
西藏马蓝 Pteracanthus tibeticus (J.R.I.Wood) C. Y.Wu & C.C.Hu(爵床科)
西藏马先蒿(中草药汇编)=奥氏马先蒿
西藏马先蒿 Pedicularis tibetica Franch.(玄参科)
西藏牻牛儿苗 Erodium tibetanum Edgew.(牻牛儿苗科)
西藏猫乳 Rhamnella gilgitica Mansf. & Melch. (鼠李科),*升登,生等*
西藏毛鳞蕨 Tricholepidium tibeticum Ching & S.K.Wu (水龙骨科)
西藏毛脉杜鹃 Rhododendron niveum HK.f. (杜鹃花科),*雪山杜鹃*
西藏梅花草 Parnassia tibetana Jien ex Ku (虎耳草科)
西藏牡竹 Dendrocalamus tibeticus Hsueh & Yi (禾本科),*龙竹*
西藏木瓜 Chaenomeles thibetica Yü(蔷薇科)
西藏木姜子 Litsea tibetana Yang & P.H.Huang (樟科)
西藏木莲 Manglietia microtricha Law(木兰科)
西藏南芥 Arabis tibetica HK.f. & Thoms.(十字花科),*西藏鼠耳芥*
西藏拟鼻花马先蒿 Pedicularis rhinanthoides var. tibetica (bonati) Tsoong(玄参科),*拟鼻花马先蒿西藏亚种*
西藏念珠芥(植物志 33)=短果念珠芥
西藏牛皮消(植物志 63)=牛皮消
西藏扭藿香 Lophanthus tibeticus C.Y.Wu & Y. C.Huang (唇形科)
西藏扭连钱(植物志 65-2)=圆叶扭连钱
西藏泡囊草 Physochlaina praealta (Decne.) Miers (茄科),*坛萼泡囊草*
西藏婆婆纳 Veronica tibetica Hong(玄参科)
西藏蒲公英(西藏志)=藏蒲公英
西藏蒲桃 Syzygium xizangense Chang & Miau (桃金娘科)
西藏朴(植物志 22)=四蕊朴
西藏槭(分类学报)=察隅槭
西藏千里光 Senecio tibeticus HK.f.(菊科)
西藏荨麻 Urtica tibetica W.T.Wang (荨麻科)
西藏茜草 Rubia tibetica HK.f.(茜草科)
西藏蔷薇 Rosa tibetica Yü & Ku (蔷薇科)
西藏秦艽 Gentiana tibetica King ex HK.f.(龙胆科),*西藏龙胆,秦艽,蓟芥*
西藏青冈(植物志 22)=俅江青冈
西藏青果(饮片新参)=诃子
西藏青荚叶(中药辞海)=西域青荚叶
西藏球兰 Hoya thomsonii HK.f.(萝藦科)
西藏缺裂报春 Primula aliciae Taylor ex W.W. Sm. (报春花科)
西藏忍冬(拉汉名称)=岩生忍冬
西藏肉叶荠(植物志 33)=红花肉叶荠
西藏乳苣(新) Mulgedium tataricum var. tibeticum (HK.f) Schmidt. ? (菊科)
西藏润楠 Machilus yunnanensis var. tibetana S. Lee (樟科)
西藏三瓣果 Tricarpelema xizangense Hong(鸭跖草科)
西藏三毛草 Trisetum tibeticum P.C.Kuo & Z.L. Wu (禾本科)
西藏三七草(西藏志)=木耳菜
西藏沙棘 Hippophaë thibetana Schlechtend.(胡颓子科)
西藏沙枣(新)Elaeagnus moorcroftii Wall. ex Schlenchtend.? (胡颓子科)
西藏山胡椒 Lindera motuoensis H.P.Tsui(樟科)
西藏山龙眼 Helicia tibetensis H.S.Kiu(山龙眼科)
西藏山茉莉 Huodendron tibeticum (Anthony) Rehd. (安息香科),*脱皮树,马铃花,熊巴树,西康胡氏木,山茉莉*
西藏珊瑚苣苔 Corallodiscus lanuginosus (Wall. ex A.DC.) Burtt(苦苣苔科),*长柄珊瑚苣苔,大理珊瑚苣苔,短柄珊瑚苣苔,多花珊瑚苣苔,翻魂草,瓜米还阳,光萼石花,虎耳还魂草,还魂草,还阳草,黄花石花,九倒生,绢毛石花,牛耳草,泡状珊瑚苣苔,珊瑚苣苔,生扯拢,石胆草,石荷叶,石蝴蝶,石花,石莲花,铜钱还阳,锈毛石花,岩指甲,镇心草*
西藏蛇头荠(植物志 33)=西藏沟子荠
西藏石杉 Huperzia tibetica (Ching) Ching(石杉科)
西藏实蕨 Bolbitis tibetica Ching & S.K.Wu(实蕨科)
西藏鼠耳芥(植物志 33)=西藏南芥
西藏鼠李(新拉汉英)=藏鼠李(新)
西藏鼠李 Rhamnus xizangensis Y.L.Chen & P.K. Chou (鼠李科)
西藏鼠尾草 Salvia wardii Stib.(唇形科)
西藏树萝卜 Agapetes xizangensis S.H.Huang (杜鹃花科)
西藏双药芒 Diandranthus tibeticus L.Liu(禾本科)
西藏水锦树 Wendlandia grandis (HK.f.) Cowan (茜草科)
西藏水杨梅 Geum urbanum L.(蔷薇科),*普提香*
西藏丝瓣芹 Acronema xizangense S.L.Liou & Shan (伞形科)
西藏嵩草 Kobresia tibetica Maxim.(莎草科)
西藏溲疏 Deutzia hookeriana (Schneid.) Airy-Shaw (虎耳草科)
西藏素方花 Jasminum officinale var. tibeticum C.Y.Wu ex P.Y.Bai(木犀科)
西藏素馨(植物志 61)=淡红素馨
西藏酸蔹藤 Ampelocissus xizangensis C.L.Li (葡萄科)
西藏桃(植物志 38)=光核桃
西藏桃叶珊瑚(中药辞海)=喜马拉雅珊瑚
西藏蹄盖蕨(西藏志)=狭基蹄盖蕨
西藏天门冬 Asparagus tibeticus Wang & S.C. Chen (百合科)
西藏铁角蕨 Asplenium pseudofontanum Kossinsky (铁角蕨科)
西藏铁线蕨 Adiantum tibeticum Ching(铁线蕨科)
西藏铁线莲 Clematis tenuifolia Royle(毛茛科)
西藏葶苈 Draba tibetica HK.f. & Thoms.(十字花科),*光果西藏葶苈*
西藏通泉草 Mazus surculosus D.Don(玄参科)
西藏通脱木 Tetrapanax tibetanus Hoo(五加科)
西藏凸轴蕨 Metathelypteris uraiensis var. tibetica Shing (金星蕨科)
西藏土当归 Aralia tibetana Hoo(五加科)
西藏洼瓣花 Lloydia tibetica Baker ex Oliv.(百合科),*高山罗蒂,狗牙贝,尖贝*
西藏瓦韦 Lepisorus tibeticus Ching & S.K.Wu (水龙骨科)
西藏微孔草 Microula tibetica Benth.(紫草科)
西藏委陵菜 Potentilla xizangensis Yü & Li(蔷薇科)
西藏卫矛 Euonymus tibeticus W.W.Sm.(卫矛科)
西藏蝟菊(新)Olgaea thomsonii (HK.f.) Iljin?(菊科)
西藏无柱兰 Amitostigma tibeticum Schltr.(兰科)
西藏西风芹 Seseli nortonii Fedde ex Wolff(伞形科)
西藏菥蓂 Thlaspi andersonii (HK.f. & Thoms.) O.E.Schulz (十字花科)
西藏细距堇菜 Viola wallichiana Ging.(堇菜科),*细距堇菜*
西藏香茶菜 Isodon wardii (Marq. & Airy-Shaw) H.Hara (唇形科)
西藏香青 Anaphalis tibetica Kitam.(菊科)
西藏香竹 Chimonocalamus tortuosus Hsueh &

Yi (禾本科)
西藏小檗 Berberis thibetica Schnid. ?(小檗科)
西藏小叶忍冬(西藏)=柳叶忍冬
西藏斜叶榕 Ficus tinctoria subsp. gibbosa (Bl.) Corner (桑科),*斜叶榕,酸叽叽树,马勒,山榕,剑叶树*
西藏新小竹 Neomicrocalamus microphyllus Hsueh & Yi (禾本科)
西藏绣线菊 Spiraea thibetica Bur. & Franch.? (蔷薇科)
西藏须芒草 Andropogon munroi C.B.Clarke (禾本科)
西藏悬钩子 Rubus thibetanus Franch.(蔷薇科),*藏莓,莓儿刺,红莓子*
西藏旋覆花 Inula falconeri HK.f.?(菊科)
西藏栒子(新)Cotoneaster ludlowi Klotz.?(蔷薇科)
西藏鸭首马先蒿 Pedicularis anas var. tibetica Bonati (玄参科),*鸭首马先蒿西藏亚种,鹅首马先蒿*
西藏崖爬藤 Tetrastigma xizangense C.L.Li(葡萄科)
西藏亚菊 Ajania tibetica (HK.f. & Thoms. ex C. B.Clarke) Tzvel.(菊科)
西藏延龄草 Trillium govanianum Wall. ex Royle (百合科),*藏延龄草,延齿草*
西藏岩参 Cicerbita sikkimensis (HK.f.) Shih(菊科)
西藏岩黄芪 Hedysarum xizangense Ni(豆科)
西藏岩梅 Diapensia wardii W.E.Evans(岩梅科)
西藏岩隙玄参 Scrophularia chaspmophila subsp. xizangensis D.Y.Hong (玄参科)
西藏盐生草 Halogeton glomeratus var. tibeticus (Bge.) Grubov(藜科)
西藏野丁香 Leptodermis xizangensis Lo(茜草科)
西藏野豌豆 Vicia tibetica C.A.C.Fisch.(豆科)
西藏银莲花 Anemone tibetica W.T.Wang(毛茛科)
西藏樱桃(新)Prunus jacquemontii (Edgew.) HK.f.? (蔷薇科)
西藏蝇子草(西藏志)=冈底斯山蝇子草
西藏蝇子草 Silene tibetica Lidén & Oxehm.(石竹科)
西藏玉凤花 Habenaria tibetica Schltr ex Limpricht (兰科)
西藏玉山竹 Yushania xizangensis Yi (禾本科)
西藏芋兰(高等图鉴)=广布芋兰
西藏鸢尾 Iris clarkei Baker(鸢尾科)
西藏圆柏(树木分类学)=大果圆柏
西藏远志(云南志)=西南远志
西藏越桔 Vaccinium retusum (Griff.) HK.f. ex C.B.Clarke (杜鹃花科)
西藏云杉 Picea spinulosa (Griff.) Henry(松科),*喜马拉雅云杉,喜马拉雅杉,须弥云杉*
西藏早熟禾 Poa tibetica Munro ex Stapf(禾本科)
西藏燥原荠 Ptilotricum wageri Jafri(十字花科)
西藏獐牙菜(高等图鉴)=大药獐牙菜
西藏中麻黄(植物志 7)=中麻黄
西藏轴脉蕨 Ctenitopsis ingens (Atkinso ex Clarke) Ching (叉蕨科)
西藏苎麻 Boehmeria tibetica C.J.Chen(荨麻科)
西藏紫柄蕨 Pseudophegopteris tibetana Ching & S.K.Wu (金星蕨科)
西藏紫锤草 Pratia reflexa Lian(桔梗科)
西藏紫花报春(高等图鉴)=岷山报春
西周赤瓟 Thladiantha nudiflora var. bracteata A. M.Lu & Z.Y.Zhang (葫芦科)
吸血草(闽南民间草药)=粘毛黄花稔
吸枝棕榈 Trachycarpus fortunei var. surculosa Henry (棕榈科)
希德十大功劳 Mahonia schiedeana (SchLindl.) Fedde (小檗科)
希禾日-额布斯(内蒙)=甘草
希和日-赫其(蒙名)=小花糖芥
希赫日-地格达(蒙名)=花锚
希金斯十大功劳 Mahonia higginsiae (Munz) Ahrendt. (小檗科)
希克贝契属 Hicksbeachia F.J.Muell.(山龙眼科)
希克斯十大功劳 Mahonia hicksii Ahrendt.(小檗科)
希拉-明拉(蒙名)=毛连菜
希腊贝母 Fritillaria graeca Boiss.(百合科)
希腊冷杉 Abies cephalonica Loud.(松科)
希腊束尾草 Phacelurus digitatus (Sibth. & Smith.) Griseb. (禾本科)
希来氏蝴蝶兰 Phalaenopsis schilleriana Rchb.f. (兰科)
希乐棕属 Scheelea Karst.(棕榈科)
希那(图鉴)=蛔蒿
希日-伯日漠洛(蒙语)=内蒙紫草
希日古-绍日乃(内蒙)=野滨藜
希日-萨巴乐干纳(蒙古语)=小黄紫堇
希日-沙巴嘎(蒙语)=乌丹蒿
希萨尔早熟禾 Poa hissarica Roshev.(禾本科)
希氏金鱼藤 Columnea schiedeana Schlecht (苦苣苔科)
希氏鸢尾 Iris shrevei Small.(鸢尾科)
希斯肯早熟禾 Poa schischkinii Tzvel.(禾本科)
希陶盾蕨 Neolepisorus tsaii Ching & Shing(水龙骨科)
希陶薹草 Carex tsaiana Wang & Tang ex P.C.Li (莎草科)
希陶蹄盖蕨 Athyrium dentigerum (Wall. ex Clarke) Mehra & Bir. (蹄盖蕨科),*长圆蹄盖蕨,打箭炉蹄盖蕨,雷波蹄盖蕨,鳞柄蹄盖蕨,松番蹄盖蕨,狭身蹄盖蕨,腺叶蹄盖蕨,永自蹄盖蕨,针羽蹄盖蕨*
希王拉普(藏名)=喜山葶苈
希望百合 Lilium occidentale Purdy (百合科)
希西蒙胡颓子(新) Elaeagnus pungens var. simonii? (胡颓子科)
希仙(纲目)=豨莶
矽镁马先蒿 Pedicularis sima Maxim.(玄参科)
奚氏水青冈 Fagus sieboldii Endl.(壳斗科)
息利素落(云南丽江纳西语)=灯笼树
息肉巴(四川甘孜藏语)=密花香薷
菥蓂(名医别录)=酸枣
菥蓂 Thlaspi arvense L.(十字花科),*败酱草,臭虫虫草,大荠,遏蓝菜,瓜子草,苦菜,苦稽,苦葶苈,老鼓草,犁头草,麦蓝菜,南败酱,小山菠菜,野榆钱,则朵娃,哲噶*
菥蓂属 Thlaspi L.(十字花科),*大腺芥属,遏蓝菜属*
犀角细辛(湖北中草药志)=竹灵消
稀齿楼梯草 Elatostema cuneatum Wight(荨麻科)
稀刺苍耳(植物志 75)=近无刺苍耳
稀果杜鹃 Rhododendron oligocarpum Fang & X. S.Zhang (杜鹃花科)
稀花八角枫 Alangium chinense subsp. pauciflorum Fang (八角枫科)
稀花大溲疏 Deutzia magnifica var. eburnea Rehd. (虎耳草科)
稀花黄堇 Corydalis dubia Prain(罂粟科)
稀花蓼 Polygonum dissitiflorum Hemsl.(蓼科)
稀花槭 Acer pauciflorum Fang(槭树科),*蜡枝槭*
稀花娑罗双 Shorea pauciflora King (龙脑香科)
稀花薹草 Carex laxa Wahlenb.(莎草科)
稀花通泉草 Mazus oliganthus H.L.Li(玄参科)
稀花勿忘草 Myosotis sparsiflora Mikan(紫草科)
稀见高山耳蕨(西藏志)=工布耳蕨
稀见槐 Sophora exigua Craib.(豆科)
稀裂圆唇苣苔 Gyrocheilos retrotrichum var. oligolobum W.T.Wang(苦苣苔科)
稀脉浮萍 Lemna perpusilla Torr.(浮萍科)
稀脉桤叶树 Clethra kaipoensis var. paucinervis L.C.Hu (桤叶树科)
稀毛大黄柳 Salix raddeana var. subglabra Y.L. Chang & Skv. (杨柳科)
稀毛蕨(台湾志)=截裂毛蕨
稀毛针毛蕨(蕨类图说)=雅致针毛蕨
稀米菜(植物志 36)=小米空木
稀蕊唐松草 Thalictrum oligandrum Maxim.(毛茛科)
稀疏香科 Teucrium laxum Don (唇形科)
稀穗早熟禾 Poa laxa Haenke(禾本科)
稀吐(四川西北)=展毛翠雀花
稀序卫矛 Euonymus laxicymosus C.Y.Cheng ex J.S.Ma (卫矛科)
稀药樟(中大学报)=野黄桂
稀叶藤(云南植物名录)=滑藤
稀叶珠蕨 Cryptogramma stelleri (Gmél) Prantl(中国蕨科),*史塔珠蕨,疏叶珠蕨*
稀羽复叶耳蕨(植物学报)=异羽复叶耳蕨
稀羽鳞毛蕨 Dryopteris sparsa (Buch.-Ham. ex D.Don) O.Ktze.(鳞毛蕨科)
稀羽铁角蕨 Asplenium bullatum var. shikokianum (Makino) Ching & S.H.Wu(铁角蕨科),*四国铁角蕨,高知铁角蕨*
稀子黄堇 Corydalis oligosperma C.Y.Wu & Z.Y. Su (罂粟科)
稀子蕨 Monachosorum henryi Christ(稀子蕨科)
稀子蕨科 Monachosoraceae
稀子蕨属 Monachosorum Kunze (稀子蕨科)
溪岸凤仙花 Impatiens rivalis Wight (凤仙花科)
溪岸延龄草 Trillium rivale Wats.(百合科)
溪边蜂斗草 Sonerila rivularis Cogn.(野牡丹科)
溪边凤尾蕨 Pteris excelsa Gaud.(凤尾蕨科),*溪凤尾蕨*
溪边假毛蕨 Pseudocyclosorus ciliatus (Benth.) Ching(金星蕨科),*绿毛金星蕨*
溪边九节 Psychotria fluviatilis Chun ex W.C. Chen (茜草科)
溪边蕨属 Stegnogramma Bl.(金星蕨科)
溪边马兰(新)Kalimeris indica β. rivularis Hance? (菊科)
溪边蹄盖蕨 Athyrium deltoidofrons Makino(蹄盖蕨科),*修株蹄盖蕨,圆片蹄盖蕨,九龙山蹄盖蕨*
溪边野古草 Arundinella fluviatilis Hand.-Mazz. (禾本科)
溪菖蒲(福建)=菖蒲
溪洞碗蕨 Dennstaedtia wilfordii (Moore) Christ (碗蕨科)
溪凤尾蕨(蕨类图谱)=溪边凤尾蕨
溪沟草(广东)=溪黄草

溪黑草(广西瑶语)=线纹香茶菜
溪虎耳草 Saxifraga rivularis L.(虎耳草科)
溪黄草(广东)=线纹香茶菜
溪黄草 Isodon serra (Maxim.) Kudô(唇形科),*溪沟草,山羊面,台湾延胡索,大叶蛇总管,蓝花柴胡,土茵陈*
溪黄花(拉汉名称和手册)=线纹香茶菜
溪椒(四川)=飞龙掌血
溪堇菜 Viola epipsila Ledeb.(堇菜科)
溪柳(浙江)=枫杨
溪柳(中药大辞典)=车桑子
溪麻(浙江)=益母草
溪棉条(福建中草药)=水团花
溪南山南星 Arisaema oblanceolatum Kitam.(天南星科)
溪楠 Keenania tonkinensis Drake(茜草科)
溪楠属 Keenania HK.f.(茜草科)
溪畔冬青 Ilex lihuaensis T.R.Dudley(冬青科)
溪畔杜鹃 Rhododendron rivulare Hand.-Mazz.(杜鹃花科),*贵州杜鹃*
溪畔黄球花 Sericocalyx fluviatilis (C.B.Clarke ex W.W.Sm.) Bremek.(爵床科),*岸生半柱花*
溪畔落新妇 Astilbe rivularis Buch.-Ham. ex D. Don (虎耳草科),*野高梁,水滨升麻,假升麻,假淫羊藿,红升麻,野泽兰*
溪畔蛇根草 Ophiorrhiza humilis Tseng(茜草科),*小蛇根草*
溪瓢羹(福建)=白前
溪生谷精草(高等图鉴)=越南谷精草
溪生角蕨 Cornopteris banahaoensis (C.Chr.) K. Iwats. & Price (蹄盖蕨科),*大叶贞蕨*
溪生薹草 Carex fluviatilis Boott(莎草科)
溪水薹草 Carex forficula Franch. & Sav.(莎草科)
溪荪 Iris sanguinea Donn ex Horn.(鸢尾科),*东方鸢尾,西伯利亚鸢尾东方变种*
溪桫 Chisocheton paniculatus (Roxb.) Hiern(楝科)
溪桫属 Chisocheton Bl.(楝科)
溪桃(闽东本草)=白背枫
溪头卷瓣兰(台湾志)=毛药卷瓣兰
溪头秋海棠 Begonia chitoensis Liu & Lai (秋海棠科)
溪头石豆兰 Bulbophyllum chitouense S.S.Ying (兰科)
溪云杉(东北裸子植物)=红皮云杉
锡打(藏名)=睡菜
锡金白蜡树(云南植物名录)=锡金梣
锡金报春(高等图鉴)=钟花报春
锡金梣 Fraxinus sikkimensis (Lingelsh.) Hand.-Mazz. (木犀科),*锡金白蜡树,香白蜡树*
锡金粗叶木 Lasianthus sikkimensis HK.f.(茜草科)
锡金灯心草 Juncus sikkimensis HK.f.(灯心草科),*假栗花灯心草*
锡金冬青 Ilex sikkimensis Kurz(冬青科)
锡金短肠蕨 Allantodia sikkimensis (Clarke) Ching (蹄盖蕨科)
锡金峨眉蕨 Lunathyrium sikkimense Ching(蹄盖蕨科),*喜马拉雅峨眉蕨*
锡金海棠 Malus sikkimensis (Wenzig) Koehne (蔷薇科)
锡金红丝线 Lycianthes macrodon var. sikkimensis Bitter (茄科)
锡金假鳞毛蕨 Lastrea elwesii (HK. & Bak.) Bedd. (金星蕨科)
锡金假瘤蕨 Phymatopteris erythrocarpa (Mett. ex Kuhn) Pic.Serm. (水龙骨科)
锡金堇菜 Viola sikkimensis W.Beck.(堇菜科),*锡京堇菜*
锡金锦鸡儿 Caragana sukiensis C.K.Schneid. (豆科)
锡金景天 Sedum gagei Hamet(景天科)
锡金锯蕨 Micropolypodium sikkimensis (Hieron.) X.C.Zhang (禾叶蕨科)
锡金开唇兰 Anoectochilus sikkimensis King & Pantl. (兰科)
锡金肋柱花 Lomatogonium sikkimense (Burk.) H.Sm. (龙胆科)
锡金冷杉 Abies densa Griff.(松科)
锡金鳞毛蕨 Dryopteris sikkimensis (HK.) O. Ktze. (鳞毛蕨科)
锡金柳 Salix sikkimensis Anderss.(杨柳科)
锡金柳叶菜(云南志)=鳞片柳叶菜
锡金龙胆 Gentiana sikkimensis C.B.Clarke(龙胆科)
锡金龙竹 Dendrocalamus sikkimensis Gamble ex Oliv. (禾本科)
锡金麻黄 Ephedra saxatilis var. sikkimensis (Stapf) Florin (麻黄科)
锡金马蓝 Pteracanthus inflatus (T.Anders.) Bremek.(爵床科)
锡金蒲公英 Taraxacum sikkimense Hand.-Mazz. (菊科)
锡金槭 Acer sikkimense Miq.(槭树科)
锡金茜草 Rubia sikkimensis Kurz.(茜草科)
锡金秋海棠 Begonia sikkimensis A.DC.(秋海棠科)
锡金榕(云南植物名录)=假斜叶榕
锡金石杉 Huperzia herteriana (Kümm.) Sen et Sen (石杉科),*锡金石松,微齿石杉, 马尔康石杉,卵叶石杉,多岐石杉*
锡金石松(分类学报)=锡金石杉
锡金书带蕨 Vittaria sikkimensis Kuhn.(书带蕨科)
锡金鼠尾草 Salvia sikkimensis Stib.(唇形科)
锡金丝瓣芹 Acronema hookeri (C.B.Clarke) Wolff(伞形科)
锡金酸蔹藤 Ampelocissus sikkimensis (Laws.) Planch. (葡萄科)
锡金铁线莲 Clematis siamensis J.R.Drumm. & Craib (毛茛科),*多花锡金铁线莲*
锡金葶苈 Draba sikkimensis (HK.f. & Thoms.) Pohle (十字花科)
锡金小檗 Berberis sikkimensis (Schneid.) Ahrendt (小檗科)
锡金悬钩子 Rubus sikkimensis HK.f.(蔷薇科)
锡金岩黄芪 Hedysarum sikkimense Benth. ex Baker(豆科),*川西岩黄芪,西康岩黄芪,萨马尔*
锡金鸢尾 Iris sikkimensis Dykes (鸢尾科)
锡金早熟禾 Poa sikkimensis (Stapf) Bor(禾本科)
锡金紫菀 Aster sikkimensis HK.(菊科)
锡金醉鱼草(西藏志)=大序醉鱼草
锡京堇菜(静生汇报)=锡金堇菜
锡兰钗子股(新拉英汉)=印缅金钗股
锡兰醋栗(台湾树木志)=锡兰莓
锡兰单叶豆 Ellipanthus unifoliolatus Thwaithes.(牛栓藤科)
锡兰单叶双盖蕨(江西志)=羽裂叶双盖蕨
锡兰倒提壶(广西)=琉璃草
锡兰杜鹃花 Rhododendron zeylanicum W.B. Booth ex Cowan (杜鹃花科)
锡兰杜英 Elaeocarpus serratus L.(杜英科)
锡兰沟瓣 Glyptopetalum zeylanicum Thw.(卫矛科)
锡兰红子木 Erythrospermum phytolaccoides Gard. (大风子科)
锡兰虎尾兰 Sansevieria zeylanica Willd.(百合科)
锡兰假双盖蕨(浙江志)=羽裂叶双盖蕨
锡兰莲(海南志)=两广锡兰莲
锡兰莲 Naravelia zeylanica (L.) DC.(毛茛科)
锡兰莲属 Naravelia DC.(毛茛科),*拿拉藤属*
锡兰龙脑香 Dipterocarpus zeylanicus Thw.(龙脑香科)
锡兰莓 Dovyalis hebecarpa (Gardn.)Warb.(大风子科),*酸味果,锡兰醋栗*
锡兰莓属 Dovyalis E.Mey. ex Arn.(大风子科)
锡兰蒲桃 Syzygium seylanicum (L.) DC.(桃金娘科)
锡兰肉桂 Cinnamomum zeylanicum Bl.(樟科),*斯里兰卡桂树*
锡兰石韦 Pyrrosia ceylanica (Gies.) Sledge (水龙骨科)
锡兰双盖蕨(分类学报)=羽裂叶双盖蕨
锡兰桃金娘(台湾)=瘤腺叶下珠
锡兰小檗 Berberis ceylanica Schneid.(小檗科)
锡兰玉心花 Tarenna zeylanica Gaertn.(茜草科)
锡林麦瓶草(蒙大学报)=锡林蝇子草
锡林蝇子草(植物志 26)=蔓茎蝇子草
锡朋草(福建草药)=钗子股
锡生藤 Cissampelos pareira var. hirsuta (Buch. ex DC.) Forman (防已科),*亚呼鲁,平乎妈,鼠耳草,老鼠耳朵草,雅呼鲁*
锡生藤属 Cissampelos L.(防已科)
锡叶(岭南采药录)=锡叶藤
锡叶藤 Tetracera asiatica (Lour.) Hooglnad(五桠果科),*锡叶,砂藤,水车藤,老糠藤,涩叶藤*
锡叶藤属 Tetracera L.(五桠果科)
锡杖花属(台湾志)=**水晶兰属**
蜥蜴翠雀花 Delphinium sauricum Schischk.(毛茛科)
豨莶 Siegesbeckia orientalis L.(菊科),*大叶草,肥猪苗,虎莶,绿莶草,棉苍狼,希仙,豨莶草,虾柑草,虾蚶草,粘湖草,粘糊菜,猪膏草*
豨莶草(广东,福建)=广防风
豨莶草(唐本草)=豨莶
豨莶草(云南曲靖)=山甘草
豨莶属 Siegesbeckia L.(菊科)
膝瓣大渡乌头 Aconitum franchetii var. geniculatum W.T.Wang & P.K.Hsiao(毛茛科)
膝瓣乌头 Aconitum geniculatum Fletcher& Lauener (毛茛科)
膝柄木 Bhesa robusta (Roxb.) D.Hou(卫矛科),*库林木*
膝柄木属 Bhesa Buch.-Ham ex Arn.(卫矛科)
膝曲冬青 Ilex geniculata Maxim.(冬青科)
膝曲碱茅 Puccinellia geniculata Krecz.(禾本科)
膝曲看麦娘 Alopecurus geniculatus L.(禾本科)
膝曲山羊草 Aegilops geniculata Roth (禾本科)
膝曲乌蔹莓 Cayratia geniculata (Bl.) Gagn.(葡萄科),*大麻藤果*
膝曲莠竹 Microstegium geniculatum (Hay.) Honda (禾本科)
膝曲状黄藤 Daemonorops geniculata (Griff.) Mart. (棕榈科)
膝爪显柱乌头 Aconitum stylosum var. geniculatum Fletcher& Lauener(毛茛科)
隰沼报春(云南植物名录)=泽地灯台报春

蟋蟀巴(四川甘孜)=密花香薷
蟋蟀草(嘉兴府志)=牛筋草
蟋蟀薹草 Carex eleusinoides Turcz. ex Kunth(莎草科)
觿茅 Dimeria ornithopoda Trin.(禾本科),*雁股茅*
觿茅属 Dimeria R.Br.(禾本科),*雁股茅属*
习见杜鹃(西藏植物名录)=蜜腺杜鹃
习见蓼 Polygonum plebeium R.Br.(蓼科),*铁马齿苋,小萹蓄,腋花蓼*
习见山柳菊 Hieracium vulgatum Ear.(菊科)
习水报春 Primula lithophila Chen & C.M.Hu(报春花科)
习水秋海棠 Begonia xishuiensis Ku(秋海棠科)
席草根(四川中草药)=水毛花
席萁草(沙漠志)=芨芨草
席氏木蓝(豆科图说)=刺序木蓝
席氏木蓝 Indigofera silvestrii Pamp.(豆科)
席氏五加(经济植物手册)=异株五加
席状针蔺 Heleocharis intermedia (Muhl.) Schult. (莎草科)
媳妇菜(经济志,东北各省)=缬草
檄树(台湾)=海滨木巴戟
枲实(尔雅)=大麻
洗手果(植物志 47-1)=无患子
洗手叶(陕西中草药)=山胡椒
洗头树(广东)=猴耳环
洗碗草(闽东本草)=犬问荆
洗碗叶(云南腾冲,思茅)=假烟叶树
洗澡花(新华本草纲要)=紫茉莉
喜斑鸠菊 Vernonia blanda (Wall.) DC.(菊科)
喜冬草 Chimaphila japonica Miq.(鹿蹄草科),*梅笠草,罗汉草*
喜冬草属 Chimaphila Pursh.(鹿蹄草科),*梅笠草属,爱冬草属*
喜峰芹 Cortia depressa (Don) Norm.(伞形科)
喜峰芹属 Cortia DC.(伞形科)
喜钙轴果蕨 Rhachidosorus consimilis Ching(蹄盖蕨科),*峨眉轴果蕨*
喜高山葶苈 Draba oreades var. alpicola (Klotzcsch) O.E.Schulz(十字花科)
喜光花 Actephila merrilliana Chun(大戟科)
喜光花属 Actephila Bl.(大戟科),*滨木属,朴草属*
喜旱莲子草 Alternanthera philoxeroides (Mart.) Griseb (苋科),*空心苋,水蕹菜,革命草,水花生*
喜花(重庆草药)=结香
喜花草 Eranthemum pulchellum Andrews.(爵床科),*可爱花,爱春花*
喜花草属 Eranthemum L.(爵床科)
喜栎小苞爵床(中药大辞典)=地皮消
喜林风毛菊 Saussurea stricta Franch.(菊科)
喜林芋 Philodendron imbe Schott.(天南星科),*喜树蕉,蔓绿绒*
喜林芋叶秋海棠 Begonia valdensium A.DC.(秋海棠科)
喜林芋属 Philodendron Schott (天南星科)
喜林芋状秋海棠 Begonia philodendroides Ziesenh. (秋海棠科)
喜岭报春(拉汉名称)=藏南粉报春
喜岭大黄(拉汉名称)=喜马拉雅大黄
喜马灯心草 Juncus himalensis Klotzsch(灯心草科)
喜马独尾草 Eremurus himalaicus Baker?(百合科)
喜马红景天 Rhodiola himalensis (D.Don) S.H. Fu (景天科),*喜马拉雅红景天*
喜马拉雅柏(树木分类学)=西藏柏木
喜马拉雅茶藨子(拉汉名称)=糖茶藨子
喜马拉雅长叶松(分类学报)=西藏红豆杉
喜马拉雅臭樱 Maddenia himalaica HK.f. & Thoms. (蔷薇科)
喜马拉雅垂头菊 Cremanthodium decaisnei C.B. Clarke (菊科),*我嘎*
喜马拉雅唇形草 Roylea elegans Wall. ?(唇形科)
喜马拉雅唇形草属 Roylea Wall. ?(唇形科)
喜马拉雅枞(中国裸子志)=西藏冷杉
喜马拉雅大黄 Rheum webbianum Royle(蓼科),*喜岭大黄*
喜马拉雅大戟(西藏志)=高山大戟
喜马拉雅东莨菪(植物志 67-1)=铃铛子
喜马拉雅峨眉蕨(分类学报)=锡金峨眉蕨
喜马拉雅耳蕨 Polystichum brachypterum (Kuntze) Ching (鳞毛蕨科)
喜马拉雅矾根 Heuchera himalayensis Decne. & Jacq.?(虎耳草科)
喜马拉雅茯蕨 Leptogramma himalaica Ching (金星蕨科)
喜马拉雅高原芥(植物志 33)=须弥扇叶芥
喜马拉雅葛藤(西藏植物名录)=须弥葛
喜马拉雅鹤虱 Lappula himalayensis C.J.Wang (紫草科)
喜马拉雅红豆杉(分类学报)=西藏红豆杉
喜马拉雅红景天(分类学报增刊)=喜马红景天
喜马拉雅红杉(植物志 7)=须弥红杉
喜马拉雅红杉 Larix himalaica Cheng & L.K.Fu (松科),*喜马拉雅落叶松,须弥红杉*
喜马拉雅红腺蕨(西藏志)=西藏红腺蕨
喜马拉雅胡卢巴 Trigonella emodi Benth.(豆科),*齿黄胡卢巴*
喜马拉雅虎耳草 Saxifraga brunonis Wall. ex Ser. (虎耳草科),*直打酒曾,须弥虎耳草*
喜马拉雅假冷蕨(分类学报)=大叶假冷蕨
喜马拉雅假毛蕨(分类学报)=长根假毛蕨
喜马拉雅碱茅 Puccinellia himalaica Tzvel.(禾本科)
喜马拉雅看麦娘 Alopecurus himalaicus HK.f. (禾本科)
喜马拉雅肋柱花 Lomatogonium caeruleum (Royle) H.Sm. ex B.L.Burtt(龙胆科)
喜马拉雅冷杉(树木分类学)=西藏冷杉
喜马拉雅柳兰 Epilobium speciosum Decne.(柳叶菜科)
喜马拉雅柳叶菜(中药辞海)=短梗柳叶菜
喜马拉雅柳叶菜 Epilobium himalayense Haussk. ?(柳叶菜科)
喜马拉雅龙胆(Flora 16)=西藏龙胆(新)
喜马拉雅龙胆 Gentiana venusta (G.Don) Wall. ex Griseb. (龙胆科)
喜马拉雅鹿藿 Rhynchosia himalensis Benth. ex Baker (豆科)
喜马拉雅乱子草 Muhlenbergia himalayensis Hack. ex HK.f. (禾本科)
喜马拉雅落叶松(分类学报)=喜马拉雅红杉
喜马拉雅米口袋(西藏中草药)=高山豆
喜马拉雅爬山虎(贵州草药)=红三叶地锦
喜马拉雅荨麻 Urtica ardens Lind(荨麻科)
喜马拉雅青荚叶(树木分类学)=西域青荚叶
喜马拉雅雀麦 Bromus himalaicus Stapf(禾本科),*藏雀麦*
喜马拉雅沙参 Adenophora himalayana Feer(桔梗科)
喜马拉雅山荆子(树木分类学)=丽江山荆子
喜马拉雅山柳(植物志 36)=栒子叶柳
喜马拉雅杉(中国裸子志)=西藏云杉
喜马拉雅珊瑚 Aucuba himalaica HK.f. & Thoms. (山茱萸科),*桃叶珊瑚,软叶罗伞,西藏桃叶珊瑚*
喜马拉雅石松(云南植物研究)=石松
喜马拉雅手参 Gymnadenia himalaica Schltr.? (兰科)
喜马拉雅书带蕨 Vittaria himalayensis Ching(书带蕨科)
喜马拉雅鼠耳芥(植物志 33)=须弥芥
喜马拉雅双扇蕨 Dipteris wallichii (R.Br.) T. Moore (双扇蕨科)
喜马拉雅水龙骨 Polypodiodes hendersonii (Bedd.) S.G.Lu (水龙骨科)
喜马拉雅嵩草 Kobresia royleana (Nees) Böcklr (莎草科)
喜马拉雅穗三毛 Trisetum spicatum var. himalaicum (Hult.) P.C.Kuo & Z.L.Wu(禾本科)
喜马拉雅薹草 Carex nivalis Boott(莎草科)
喜马拉雅蹄盖蕨 Athyrium fimbriatum (HK.) Moore (蹄盖蕨科),*复叶蹄盖蕨,红轴蹄盖蕨*
喜马拉雅臀果木(新)Pygeum montanum HK.f.? (蔷薇科)
喜马拉雅香茅 Cymbopogon stracheyi (HK.f.) Raiz. & Jain (禾本科)
喜马拉雅小檗 Berberis himalaica Ahrendt?(小檗科)
喜马拉雅玄参 Scrophularia himalensis Royle? (玄参科)
喜马拉雅鸭茅 Dactylis glomerata subsp. himalayensis Domin(禾本科)
喜马拉雅崖爬藤 Tetrastigma rumicispermum (Laws.) Planch. (葡萄科)
喜马拉雅岩梅 Diapensia himalaica HK.f. & Thoms.(岩梅科)
喜马拉雅野青茅 Deyeuxia himalaica L.Liou(禾本科)
喜马拉雅蝇子草 Silene himalayensis (Rohrb.) Majumdar (石竹科)
喜马拉雅圆柏(树木分类学)=滇藏方枝柏
喜马拉雅云杉(分类学报)=西藏云杉
喜马拉雅早熟禾 Poa himalayana Nees ex Steud. (禾本科)
喜马拉雅紫茉莉(西藏志)=山紫茉莉花
喜马拉雅醉鱼草(西藏植物名录)=密香醉鱼草
喜马马尾杉 Phlegmariurus hamiltonii (Spreng.) Löve & Löve (石杉科)
喜马木犀榄 Olea salicifolia Wall. ex G.Don(木犀科)
喜马山旌节花 Stachyurus himalaicus HK.f. & Thoms. ex Benth.(旌节花科),*西域旌节花,通条树,空藤杆,小通草,鱼泡通,通草树,通条树*
喜马细画眉草 Eragrostiella nardoides (Trin.) Bor.? (禾本科)
喜马雅山柴胡(新)Bupleurum stewartianum Nasir? (伞形科)
喜泉卷耳 Cerastium fontanum Baumg.(石竹科)
喜鹊苣苔 Ornithoboea henryi Craib(苦苣苔科)
喜鹊苣苔属 Ornithoboea Parish ex Clarke (苦苣苔科)
喜沙变种(植物志 65-2,Flora 17)=喜沙黄芩(新)
喜沙黄芪 Astragalus ammodytes Pall.(豆科)
喜沙黄芩(新)Scutellaria scordifolia var. ammophila (Kitag.) C.Y.Wu & W.T.Wang(唇形科),

喜沙变种
喜沙梅花草 Parnassia davidii var. arenicola Jien (虎耳草科)
喜山葶苈 Draba oreades Schrenk(十字花科),*毛葶葶苈,石波菜,希王拉普,睫毛葶苈,毛果喜山葶苈,毛萼葶苈,沼泽葶苈*
喜湿箭竹 Fargesia hygrophila Hsueh & Yi (禾本科),*水竹*
喜湿龙胆 Gentiana helophila Balf.f. & Forr. ex Marq. (龙胆科)
喜湿蚓果芥(植物志 33)=蚓果芥
喜石黄芪 Astragalus petraeus Kar. & Kir(豆科)
喜树 Camptotheca acuminata Decne.(蓝果树科),*旱莲木,千丈树*
喜树蕉(新拉汉英)=喜林芋
喜树属 Camptotheca Decne.(蓝果树科)
喜岩堇菜(台湾志)=岩生堇菜
喜盐草 Halophila ovalis (R.Br.) HK.f.(水鳖科)
喜盐草属 Halophila Thou.(水鳖科)
喜盐黄芪 Astragalus salsugineus Kar. & Kir.(豆科)
喜盐鸢尾 Iris halophila Pall.(鸢尾科),*厚叶马蔺*
喜阴悬钩子 Rubus mesogaeus Focke(蔷薇科),*短梓刺泡藤,深山悬钩子,莓子*
喜荫草 Sciaphila tenella Bl.(霉草科),*霉草*
喜荫草属 Sciaphila Bl.(霉草科)
喜荫唇柱苣苔 Chirita umbrophila C.Y.Wu ex H.W.Li? (苦苣苔科)
喜荫花 Episcia cupresta Hanst.(苦苣苔科),*红桐草*
喜荫花属 Episcia Mart.(苦苣苔科)
喜荫黄芩 Scutellaria sciaphila S.Moore(唇形科)
喜荫筋骨草 Ajuga sciaphila W.W.Sm.(唇形科)
喜雨草 Ombrocharis dulcis Hand.-Mazz.(唇形科)
喜雨草属 Ombrocharis Hand.-Mazz.(唇形科)
喜悦榆 Ulmus amoena Cheng (榆科)
葸草属(分类学报)=**杯苋属**
蟢儿草(本草拾遗)=伏石蕨
戏班须(广西)=蛇胆草
戏荷兰翘摇(国产牧草植物)=红车轴草
戏麻草(湖南)=丁香蓼
戏头薹(台湾志)=红头薹草
系系筷子(浙江西天目山)=绿叶甘橿
细艾(湖北)=牡蒿
细八棱马(云南)=千解草
细芭霸王(沙漠志)=细茎驼蹄瓣
细白花草(湖南)=奇蒿
细斑亮丝草 Aglaonema commutatum Schott (天南星科)
细瓣兰属 Masdevallia R. & P.(兰科)
细苞虫实 Corispermum stenolepis Kitag.(藜科)
细苞藁本 Ligusticum capillaceum Wolff(伞形科)
细苞胡椒(植物志 20-1)=角果胡椒
细苞忍冬(拉汉名称)=细毡毛忍冬
细苞银背藤 Argyreia roxburghii (Wall.) Arn. ex Choisy (旋花科)
细杯药草 Cotylanthera tenuis Bl.(龙胆科)
细藨草 Scirpus heterochaetus Chase (莎草科)
细柄百两金(植物志 58)=百两金
细柄半枫荷 Semiliquidambar chingii (Metc.) Chang (金缕梅科)
细柄变种(植物志 66,Flora 17)=细柄针筒菜(新)
细柄草 Capillipedium parviflorum (R.Br.) Stapf (禾本科),*吊丝草,硬骨草*
细柄草属 Capillipedium Stapf(禾本科)
细柄柴胡 Bupleurum gracilipes Diels(伞形科)
细柄繁缕 Stellaria petiolaris Hand-Mazz.(石竹科)
细柄粉背蕨(分类学报)=阔盖粉背蕨
细柄凤仙花 Impatiens leptocaulon HK.f.(凤仙花科),*痨伤药,冷水七,冷水丹,红冷草*
细柄沟瓣 Glyptopetalum gracilipes Pierre (卫矛科)
细柄杭子稍(云南植物名录)=细花梗杭子稍
细柄黄芪 Astragalus gracilipes Benth. ex Bge. (豆科)
细柄茴芹 Pimpinella filipedicellata S.L.Liou(伞形科)
细柄嘉赐树(云南植物研究)=细柄脚骨脆
细柄假瘤蕨 Phymatopteris tenuipes (Ching Pic.Serm. (水龙骨科)
细柄脚骨脆 Casearia kurzii var. gracilis S.Y.Bao (大风子科),*细柄嘉赐树*
细柄柯(植物志 22)=格林柯
细柄罗伞(植物志 58)=南方紫金牛
细柄买麻藤 Gnetum gracilipes C.Y.Cheng(买麻藤科)
细柄蔓龙胆 Crawfurdia gracilipes H.Sm.(龙胆科)
细柄毛蕨 Cyclosorus kuliangensis (Ching) Shing (金星蕨科)*鼓岭渐尖毛蕨,突尖小毛蕨,突尖毛蕨*
细柄茅 Ptilagrostis mongholica (Turcz. ex Trin.) Griseb. (禾本科)
细柄茅属 Ptilagrostis Griseb.(禾本科)
细柄槭 Acer capillipes Maxim.(槭树科)
细柄茄 Solanum gracilipes Decne.(茄科)
细柄山绿豆(海南志)=细长柄山蚂蝗
细柄少穗竹 Oligostachyum gracilipes (McClure) G.H.Ye & Z.P.Wang(禾本科),*陵水紫竹,凸木林*
细柄十大功劳 Mahonia gracilipes (Oliv.) Fedde (小檗科),*刺黄柏,刺黄柏茎叶,细梗十大功劳,山黄芩,刺黄芩,木黄连,老鼠刺*
细柄石豆兰 Bulbophyllum striatum (Griff.) Rchb.f. (兰科)
细柄石栎(植物志 22)=格林柯
细柄书带蕨(蕨类图说)=书带蕨
细柄黍 Panicum psilopodium Trin.(禾本科)
细柄薯蓣 Dioscorea tenuipes Franch. & Savat.(薯蓣科),*粉萆薢*
细柄双盖蕨(台湾志)=双盖蕨
细柄水竹叶 Murdannia vaginata (L.) Brückn. (鸭跖草科),*鞘苞网籽草*
细柄无心菜 Arenaria filipes C.Y.Wu ex L.H. Zhou (石竹科)
细柄蕈树 Altingia gracilipes Hemsl.(金缕梅科)
细柄杨桐(广西志)=细梗杨桐
细柄野荞麦 Fagopyrum gracilipes (Hemsl.) Damm. ex Diels (蓼科)
细柄野青茅 Deyeuxia filipes Keng(禾本科)
细柄芋 Hapaline ellipticifolium C.Y.Wu & H.Li (天南星科)
细柄芋属 Hapaline Schott (天南星科)
细柄针筒菜(新)Stachys oblongifolia var. leptopoda (Hay.) C.Y.Wu(唇形科),*细柄变种,臭草*
细波齿马先蒿 Pedicularis crenularis Li(玄参科)
细草(本草经)=远志
细草(四川)=金鱼藻
细草(吴普本草)=北细辛
细草(植物志 80-1)=绿茎还阳参
细草乌(云南)=康定翠雀花
细叉梅花草 Parnassia oreophila Hance(虎耳草科),*四川苍耳七*
细长柄山蚂蝗 Podocarpium leptopum (A.Gray ex Benth.) Yang & Huang(豆科),*细柄山绿豆,长果柄山蚂蝗,细梗山蚂蝗*
细长喙薹草 Carex commixta Steud.(莎草科)
细长千金子 Leptochloa virgata (L.) Beauv.(禾本科)
细长早熟禾 Poa prolixior Rendle(禾本科)
细长真碎米蕨 Cheilanthes fendleri HK.(中国蕨科)
细肠须草(禾本科检索表)=细穗肠须草
细齿扁担杆 Grewia serrykata DC.(椴树科)
细齿变种(植物志 65-2)=细齿异野芝麻(新)
细齿变种(植物志 66,Flora 17)=细齿西南水苏(新)
细齿草木犀 Melilotus dentatus (Waldst. & Kit.) Pers.(豆科),*纳日音-呼庆黑*
细齿稠李 Padus obtusata (Koehne) Yü & Ku(蔷薇科)
细齿大戟 Euphorbia bifida HK. & Arn.(大戟科),*华南大戟*
细齿灯台莲(浙药志)=全缘灯台莲
细齿冬青 Ilex denticulata Wall.(冬青科)
细齿杜鹃花 Rhododendron serrulatum (Small.) Millais (杜鹃花科)
细齿短梗稠李 Padus brachypoda var. microdonta (Koehne) Yü & Ku(蔷薇科)
细齿鹅耳枥 Carpinus minutiserrata Hay.(桦木科),*细齿千金榆*
细齿贯众蕨(台湾志)=刺齿贯众
细齿金莲木 Ochna serrulataWalp.(金莲木科)
细齿堇菜 Viola microdonta Chang(堇菜科)
细齿栲(植物志 22)=疏齿锥
细齿冷水花 Pilea scripta (Buch.-Ham. ex D.Don) Wedd. (荨麻科)
细齿马铃苣苔 Oreocharis auricula var. denticulata K.Y.Pan (苦苣苔科)
细齿密叶槭 Acer confertifolium var. serrulatum (Dunn) Fang(槭树科)
细齿南星 Arisaema serratum (Thunb.) Schott (天南星科)
细齿泡果冷水花 Pilea howelliana var. denticulata C.J.Chen (荨麻科)
细齿千金榆(台湾志)=细齿鹅耳枥
细齿茄 Solanum denticulatum Bl.(茄科)
细齿山芝麻 Helicteres glabriuscula Wall.(梧桐科),*光叶山芝麻*
细齿十大功劳 Mahonia leptodonta Gagn. (小檗科)
细齿水蛇麻 Fatoua pilosa Gaud.(桑科),*桑草*
细齿水杨梅(广东)=密叶槭
细齿桃叶珊瑚 Aucuba chlorascens Wang(山茱萸科)
细齿天竺葵 Pelargonium denticulatum Jacq.(牻牛儿苗科)
细齿乌饭 Vaccinium serrulatum Fang & Z.H. Pan (杜鹃花科)
细齿乌毛蕨 Blechnum serrulatum Rich.(乌毛蕨科)
细齿西南水苏(新)Stachys kouyangensis var. leptodon (Dunn) C.Y.Wu(唇形科),*细齿变种*
细齿锡金槭 Acer sikkimense var. serrulatum Pax (槭树科)
细齿蕈树 Altingia gracilipes var. serrulata Tutch. (金缕梅科)

细齿崖爬藤 Tetrastigma napaulense (DC.) C.L. Li (葡萄科)
细齿叶柃 Eurya nitida Korthals(山茶科)
细齿异野芝麻(新)Heterolamium debile var. cardiophyllum (Hemsl.) C.Y.Wu(唇形科),*细齿变种,紫草*
细齿樱桃 Cerasus serrula (Franch.) Yü & Li(蔷薇科),*云南樱花*
细齿贞蕨(东北草本志)=新蹄盖蕨
细齿锥花 Gomphostemma leptodon Dunn(唇形科),*假走马胎*
细齿紫麻 Oreocnide serrulata C.J.Chen(荨麻科)
细赤箭(台湾志)=细天麻
细翅卫矛(植物志 45-3)=岩坡卫矛
细川氏玉凤兰(台兰科图鉴)=毛唇玉凤花
细刺枸骨 Ilex hylonoma Hu & Tang(冬青科),*刺叶冬青,跌打王*
细刺鹤虱 Lappula tenuis (Ledeb.) Gürke(紫草科)
细刺栲(海南)=公孙锥
细刺莓系(新拉汉英)=尖早熟禾
细刺五加 Acanthopanax setulosus Franch.(五加科)
细簇补血草(植物志 60-1)=簇枝补血草
细荻 Triarrhena lutarioriparia var. humilior L. Liu (禾本科)
细颠茄(植物志 67-1)=海南茄
细点根节兰(台湾志)=泽泻虾脊兰
细点酸脚杆 Medinilla fuligineo-glandulifera C. Chen (野牡丹科)
细点纹十二卷 Haworthia attenuata var. elaviperla Baker (百合科)
细叠子草(高等图鉴)=柔弱斑种草
细豆兰(台湾志)=台湾石豆兰
细毒蒜(红河中草药)=蒙自藜芦
细莪术 Curcuma exigua N.Liu(姜科)
细鹅毛竹 Shibataea chinensis var. gracilis C.H. Hu (禾本科)
细萼扁蕾 Gentianopsis barbata var. stenocalyx H.W.Li ex T.N.Ho(龙胆科)
细萼茶 Camellia parvisepala Chang(山茶科)
细萼吊石苣苔 Lysionotus petelotii Pellegr.(苦苣苔科)
细萼连蕊茶 Camellia tsofui Chien(山茶科)
细萼沙参 Adenophora capilaris subsp. leptosepala (Diels) Hong(桔梗科),*壶花沙参*
细萼无柱兰(中药大辞典)=无柱兰
细防风(思茅中草药)=万丈深
细榧(浙江)=香榧
细风轮菜 Clinopodium gracile (Benth.) Matsum.(唇形科),*臭草,花花五根草,假韩酸草,假仙菜,剪刀草,苦草,瘦风轮,四季青,细密草,小叶仙人草,野薄荷,野凉粉草,野仙人草,野香草,玉如意*
细风藤(广西药用名录)=冷饭藤
细凤尾草(湖南药物志)=毛轴碎米蕨
细辐射枝藨草 Scirpus filipes C.B.Clarke (莎草科)
细杆沙蒿 Artemisia macilenta (Maxim.) Krasch.(菊科),*小砂蒿,细叶蒿,那力薄其-沙里尔日*
细竿筇竹 Qiongzhuea intermedia Hsueh & D.Z. Li (禾本科),*冷竹,冷水竹*
细秆藨草 Scirpus setaceus L.(莎草科)
细秆甘蔗 Saccharum barberi Jesw.(禾本科)
细秆湖瓜草 Lipocarpha tenera Böcklr.(莎草科)
细秆薹草 Carex capillaris L.(莎草科)
细秆羊胡子草 Eriophorum gracile Koch(莎草科)
细秆萤蔺 Scirpus juncoides var. hotarui (Ohwi) Ohwi (莎草科)
细秆早熟禾 Poa tenuicula Ohwi(禾本科),*细莓系*
细秆荸荠 Heleocharis maximowiczii Zinserl.(莎草科),*马针蔺*
细葛缕子 Carum carvi f. gracile (Lindl.) Wolff (伞形科)
细根菖蒲 Acorus calamus var. veus L.(天南星科)
细根红旗花 Schizostylis pauciflora Klatt.(鸢尾科)
细根姜 Zingiber leptorrhizum D.Fang(姜科)
细根茎黄精 Polygonatum gracile P.Y.Li(百合科)
细根茎薹草 Carex radicina C.P.Wang(莎草科)
细根茎甜茅 Glyceria leptorhiza (Maxim.) Kom.(禾本科)
细根茎珍珠茅 Scleria psilorrhiza C.B.Clarke (莎草科)
细根水龙骨(蕨类名词及名称)=栗柄水龙骨
细根勿忘草 Myosotis krylovii Serg.(紫草科)
细梗白前(植物志 63)=太行白前
细梗柏那参(分类学报增刊)=细梗罗伞
细梗棒果榕 Ficus subincisa var. paucidentata (Miq.) Corner(桑科)
细梗兜蕊兰 Androcorys gracilis (King & Pantl.) Schltr. (兰科)
细梗杜茎山 Maesa macilenta Walker(紫金牛科)
细梗耳草 Hedyotis tenuipes Hemsl.(茜草科)
细梗凤仙花 Impatiens gracilipes HK.f.(凤仙花科)
细梗附地菜 Trigonotis gracilipes Johnst.(紫草科)
细梗勾儿茶 Berchemia longipedicellata Y.L. Chen & P.K.Chou(鼠李科)
细梗沟瓣 Glyptopetalum longepedunculatum Tardieu (卫矛科)
细梗红荚蒾 Viburnum erubescens var. gracilipes Rehd. (忍冬科)
细梗红椋子 Swida hemsleyi var. gracilipes (Fang & W.K.Hu) Fang & W.K.Hu(山茱萸科)
细梗胡枝子 Lespedeza virgata (Thunb.) DC.(豆科),*掐不齐*
细梗黄鹌菜 Youngia gracilipes (HK.f.) Babcock & Stebbins(菊科)
细梗黄芪 Astragalus munroi Benth. ex Bge.(豆科)
细梗黄瑞木(高等图鉴补编)=细梗杨桐
细梗灰毛豆 Tephrosia filipes Benth.(豆科)
细梗惠特木(豆科图说)=猪腰豆
细梗锦香草 Phyllagathis gracilis (Hand.-Mazz.) C.Chen (野牡丹科)
细梗绿绒蒿 Meconopsis gracilipes Tayl.(罂粟科)
细梗罗伞 Brassaiopsis gracilis Hand.-Mazz.(五加科),*细梗柏那参,细弱掌叶树*
细梗络石(植物志 63)=亚洲络石
细梗美登木 Maytenus graciliramula S.J.Pei & Y. H.Li (卫矛科)
细梗密榴木(植物学杂志)=野独活
细梗木五加(广西植物名录)=细梗树参
细梗女贞 Ligustrum tenuipes M.C.Chang (木犀科)
细梗千里光 Senecio krascheninnikovii Schischk.(菊科)
细梗蔷薇 Rosa graciliflora Rehd. & Wils.(蔷薇科),*刺栗子,野人头*
细梗青荚叶 Helwingia himalaica var. gracilipes Fang & Soong(山茱萸科)
细梗沙株 Swida bretschneideri var. gracilis (Wanger.) W.K.Hu(山茱萸科)
细梗山蚂蝗(台湾志)=细长柄山蚂蝗
细梗十大功劳(新华本草纲要)=细柄十大功劳
细梗石头花(东北检索表)=大叶石头花
细梗树参 Dendropanax gracilis Tseng & Hoo (五加科),*细梗木五加*
细梗丝瓣芹 Acronema gracile S.L.Liou & Shan (伞形科)
细梗丝石竹(东北植物手册)=大叶石头花
细梗溲疏 Deutzia gracilis S. & Z.(虎耳草科)
细梗铁线莲 Clematis tenuipes W.T.Wang(毛茛科),*长柄裂叶铁线莲*
细梗弯喙乌头 Aconitum campylorrhynchum var. tenuipes W.T.Wang(毛茛科)
细梗卫矛(四川志)=石枣子
细梗吴茱萸五加 Acanthopanax evodiaefolius var. grancilis W.W.Sm.(五加科)
细梗香草 Lysimachia capillipes Hemsl.(报春花科),*满山香,排草香,香草,合血香,江山香,毛柄珍珠菜*
细梗小檗 Berberis tenuipedicellata Ying(小檗科)
细梗楔苞楼梯草 Elatostema cuneiforme var. gracilipes W.T.Wang(荨麻科)
细梗枸子(经济植物手册)=细枝枸子
细梗杨桐 Adinandra filipes Merr. ex Kobuski (山茶科),*细梗黄瑞木,细柄杨桐*
细梗漾濞荚蒾 Viburnum chingii var. tenuipes Hsu(忍冬科)
细梗油丹 Alseodaphne gracilis Kosterm.(樟科)
细梗云南葶苈(植物志 33)=云南葶苈
细梗紫菊 Notoseris gracilipes Shih(菊科)
细梗紫麻 Oreocnide frutescens subsp. insignis C. J.Chen (荨麻科)
细姑木(海南五指山)=倒吊笔
细骨风(广部中草药手册)=小驳骨
细骨母草(Flora 18)=红骨草
细管黄芩 Scutellaria leptosiphon Nevski (唇形科)
细管马先蒿 Pedicularis gracilituba Li(玄参科),*细管马先蒿细管亚种*
细管马先蒿刺毛亚种(植物志 68)=刺毛细管马先蒿
细管马先蒿细管亚种(植物志 68)=细管马先蒿
细果长蒴苣苔 Didymocarpus stenocarpus W.T. Wang (苦苣苔科)
细果冬青(海南志)=小果冬青
细果槐 Sophora microcarpa C.Y.Ma(豆科)
细果黄芪 Astragalus tyttocarpus Gontsch.(豆科)
细果角茴香 Hypecoum leptocarpum HK.f. & Thoms. (罂粟科),*节裂角茴香,哇日蛙达,巴尔巴大,角茴香*
细果毛脉槭 Acer pubinerve var. apiferum Fang & P.L.Chiu(槭树科)
细果嵩草 Kobresia stenocarpa (Kar. & Kir.) Steud. (莎草科)
细果薹草 Carex stenocarpa Turcz. ex V.Krecz. (莎草科)
细果野菱 Trapa maximowiczii Korsh.(菱科),*四角马氏菱,小果菱*
细果紫堇 Corydalis leptocarpa HK.f. & Thoms.

(罂粟科),*泰国紫堇*
细黑豆(本经逢原)=蹓豆
细黑升麻(思茅中草药)=白头婆
细红背叶(广州志)=小一点红
细红藤(广西)=夜花藤
细花八宝树 Duabanga taylorii Jay.(海桑科)
细花白千层 Melaleuca parviflora Lindl.(桃金娘科)
细花百部 Stemona parviflora C.H.Wright (百部科),*小花百部,披针叶百部,大百部*
细花百金花 Centaurium tenuiflorum (Hoffm. ex Link) Fritsch. (龙胆科)
细花包(湖南)=金锦香
细花变种(植物志 66,Flora 17)=细花火把花(新)
细花变种(植物志 66,Flora 17)=细花香茶菜(新)
细花大麦 Hordeum ischnatherum Schulz.(禾本科)
细花滇紫草 Onosma hookeri Clarke(紫草科)
细花丁香蓼 Ludwigia perennis L.(柳叶菜科),*小花水丁香*
细花杜鹃(图谱)=小花杜鹃
细花短蕊茶 Camellia parviflora Merr. & Chun ex Sealy (山茶科)
细花飞廉 Carduus tenuiflorus Curt (菊科)
细花福王草 Prenanthes leptantha Shih(菊科)
细花根节兰(台兰科图鉴)=钩距虾脊兰
细花梗杭子稍 Campylotropis capillipes (Franch.) Schindl. (豆科),*细柄杭子稍*
细花黄芩 Scutellaria tenuiflora C.Y.Wu(唇形科)
细花火把花(新)Colquhounia elegans var. tenuiflora (HK.f.) Prain(唇形科),*细花变种,细棉花*
细花荆芥(新拉汉英)=纤细花荆芥(新)
细花荆芥 Nepeta tenuiflora Diels(唇形科)
细花毛兰 Eria tenuiflora Ridl.(兰科)
细花泡花树 Meliosma parviflora Lecomte(清风藤科)
细花绒兰(台湾志)=长囊毛兰
细花乳豆(台湾志)=乳豆
细花瑞香 Daphne tenuiflora Bur. & Franch.(瑞香科)
细花若菊 Sinoseris graciliflora (Wall. ex DC.) Shih (菊科)
细花树萝卜 Agapetes leptantha Airy-Shaw(杜鹃花科)
细花薹草 Carex tenuiflora Wahlenb.(莎草科)
细花铁线莲 Clematis tatarinowii Maxim.(毛茛科)
细花莴苣(植物志 80-1)=细莴苣
细花虾脊兰 Calanthe mannii HK.f.(兰科)
细花樱(拉汉名称)=细花樱桃
细花樱桃 Cerasus pusilliflora (Card.) Yü & Li (蔷薇科),*细花樱*
细花玉凤花 Habenaria lucida Lindl.(兰科),*光玉凤花,翘唇玉凤兰*
细花玉凤兰(台湾兰科植物,台兰科图鉴)=撕唇阔蕊兰
细花窄裂缬草 Valeriana stenoptera var. cardaminea Hand.-Mazz.(败酱科)
细花獐牙菜 Swertia graciliflora Gontsch.(龙胆科)
细花紫珠 Callicarpa minutiflora Y.Y.Qian(马鞭草科)
细画眉草 Eragrostiella lolioides (Hand.-Mazz.) Keng f. (禾本科)
细画眉草属 Eragrostiella Bor (禾本科)
细环草(广西草药)=金钗石斛
细黄鹌菜(云南植物名录)=纤细黄鹌菜
细黄毛草(广东梅县)=丝叶球柱草
细黄藤 Daemonorops leptopus (Griff.) Mart.(棕榈科)
细黄药(云南屏边)=齿果草
细喙翅果菊 Pterocypsela sonchus (Lévl. & Vant.) Shih (菊科)
细活血(云南药用名录)=野豇豆
细基丸 Polyalthia cerasoides (Roxb.) Benth. & HK.f. & Bedd.(番荔枝科),*暗香,红英,黄肖,老人皮,老人皮树,山芭蕉,雉足号*
细尖滇紫草 Onosma apiculatum Riedl.(紫草科)
细尖连蕊茶 Camellia parvicuspidata Chang(山茶科)
细尖小檗 Berberis antucoana Schneid.(小檗科)
细尖栒子 Cotoneaster apiculatus Rehd. & Wils. (蔷薇科),*尖叶栒子*
细尖叶谷木树(广西上思)=狭叶山黄麻
细角凤仙花 Impatiens leptoceras DC.(凤仙花科)
细角楼梯草 Elatostema tenuicornutum W.T. Wang (荨麻科)
细角耧斗菜(新)Aquilegia leptoceras Fisch. & Mey. (毛茛科),*细距耧斗菜*
细脚巴(海南保亭)=海南柿
细脚凤仙花 Impatiens leptopoda Arn.(凤仙花科)
细金牛(岭南采药录)=小花远志
细金牛草(广空中草药手册)=小花远志
细金鱼藻(植物志 27)=粗糙金鱼藻
细茎阿魏 Ferula gracilis (Ledeb.) Ledeb.(伞形科)
细茎斑种草(江苏志)=柔弱斑种草
细茎叉喙兰 Uncifera tenuicaulis (HK.f.) Holtt. (兰科)
细茎葱 Allium aflatuense B.Fedtsch.(百合科)
细茎翠雀花 Delphinium nortonii Dunn(毛茛科)
细茎大豆(豆科图说)=宽叶蔓豆
细茎灯心草 Juncus gracilicaulis A.Camus(灯心草科)
细茎飞蓬 Erigeron tenuicaulis Ling & Y.L.Chen (菊科)
细茎鹤顶兰(台兰科图鉴)=长茎虾脊兰
细茎鹤顶兰(台湾志)=紫花鹤顶兰
细茎红门兰 Orchis exilis Ames & Schltr.(兰科)
细茎黄鹌菜(内蒙志)=叉枝黄鹌菜
细茎黄芪(内蒙志)=细弱黄芪
细茎黄芪 Astragalus tenuicaulis Benth. ex Bge. (豆科)
细茎豇豆 Vigna gracilicaulis (Ohwi) Ohwi & Ohashi (豆科)
细茎蓼 Polygonum filicaule Wall. ex Meisn.(蓼科)
细茎驴蹄草 Caltha sinogracilis W.T.Wang(毛茛科),*红花细茎驴蹄草*
细茎马先蒿 Pedicularis tenera Li(玄参科)
细茎毛兰 Eria tenuicaulis S.C.Chen & Z.H.Tsi (兰科)
细茎毛香火绒草(新)Leontopodium stracheyi var. tenuicaule Beauv.(菊科),*毛香火绒草细茎变种*
细茎母草 Lindernia pusilla (Willd.) Bold.(玄参科)
细茎盆距兰 Gastrochilus intermedius (Griff. ex Lindl.) Ktze.(兰科)
细茎秋海棠 Begonia discrepans Irmsch.(秋海棠科)
细茎省藤(广西植物)=小省藤
细茎石斛(高等图鉴,植物志 19)= 金钗石斛
细茎石斛(台兰科图鉴)=小双花石斛
细茎石斛(台湾兰艺)=菱唇石斛
细茎石竹 Dianthus turkestanicus Preobr.(石竹科)
细茎双蝴蝶 Tripterospermum filicaule (Hemsl.) H.Sm. (龙胆科),*新疆双蝴蝶*
细茎蹄盖蕨 Athyrium tenuicaule (Hay.) Tagawa (蹄盖蕨科)
细茎铁角蕨 Asplenium tenuicaule Hay.(铁角蕨科),*小叶铁角蕨*
细茎兔儿风 Ainsliaea tenuicaulis Mattf.(菊科)
细茎驼蹄瓣 Zygophyllum brachypterum Kar. & Kir.(蒺藜科),*细芭霸王*
细茎橐吾 Ligularia hookeri (C.B.Clarke) Hand.-Mazz. (菊科),*太白紫菀,太白小紫菀*
细茎乌头 Aconitum tenuicaule W.T.Wang(毛茛科)
细茎旋花豆 Cochlianthus gracilis Benth.(豆科),*野老鼠豆,旋花豆*
细茎羊耳蒜 Liparis condylobulbon Rchb.f.(兰科)
细茎银莲花 Anemone baicalensis var. rossii (S. Moore) Kitag.(毛茛科)
细茎有柄柴胡 Bupleurum petiolulatum var. tenerum Shan & Y.Li(伞形科)
细茎鸢尾(高等图鉴)=紫苞鸢尾
细茎沼兰 Malaxis khasiana (HK.f.) Ktze.(兰科)
细茎针茅 Stipa tenuissima Trin.(禾本科)
细茎紫菀 Aster gracilicaulis Ling(菊科)
细颈葫芦(本经适原)=苦葫芦
细九尺(广西)=金锦香
细距兜被兰 Neottianthe gymnadenioides (Hand.-Mazz.) K.Y.Lang & S.C.Chen(兰科)
细距堇菜(西藏志)=西藏细距堇菜
细距堇菜 Viola tenuicornis W.Beck.(堇菜科),*弱距堇菜*
细距耧斗菜(新拉汉英)=细角耧斗菜(新)
细距耧斗菜 Aquilegia ecalcarata var. semicalcarata (Schipcz.) Hand.-Mazz.(毛茛科)
细距舌唇兰 Platanthera metabifolia F.Maekawa (兰科)
细距玉凤花 Habenaria nematocerata T.Tang & F.T.Wang (兰科)
细锯齿火棘 Pyracantha crenulata var. rogersiana A.B.Jackson? (蔷薇科)
细蕨鸡(四川)=峨眉耳蕨
细蕨萁(四川)=灰背铁线蕨
细孔紫金牛 Ardisia porifera Walker(紫金牛科)
细口袋花(西双版纳)=翅叶木
细口团扇蕨 Gonocormus nitidulus (v.d.B.) Prantl (膜蕨科)
细口团扇蕨属 Microtrichomanes (Mett.) Cop. (膜蕨科)
细苦蒿(植物志 74)=熊胆草
细郎刀(云南傣语)=小齿锥花
细连翘(湖南)=匙萼金丝桃
细蓼仔(广东)=轮叶白前
细裂白苞蒿 Artemisia lactiflora var. incisa (Pamp.) Ling & Y.R.Ling(菊科)
细裂白头翁 Pulsatilla tenuiloba (Turcz. ex Hayek) Juzepcz. (毛茛科)
细裂川鄂乌头 Aconitum henryi var. compositum Hand.-Mazz. (毛茛科)
细裂垂头菊 Cremanthodium dissectum Griers. (菊科)

细裂大黄(拉汉名称)=条裂大黄
细裂耳蕨 Polystichum wattii (Bedd.) C.Chr.(鳞毛蕨科)
细裂福王草 Prenanthes angustiloba Shih(菊科)
细裂复叶耳蕨 Arachniodes coniifolia (T.Moore) Ching(鳞毛蕨科)
细裂藁本 Ligusticum tenuisectum de Boiss.(伞形科),*藁本,旱藁本,山藁本*
细裂黄鹌菜 Youngia diversifolia (Ledeb. ex Spreng.) Ledeb.(菊科),*异叶黄鹌菜*
细裂毛爪草 Ranunculus ternatus var. dissectissimus (Migo) Hand.-Mazz.(毛茛科)
细裂梅花草 Parnassia leptophylla Hand.-Mazz.(虎耳草科)
细裂槭 Acer stenolobum Rehd.(槭树科)
细裂前胡 Peucedanum macilentum Franch.(伞形科)
细裂芹 Harrysmithia heterophylla Wolff(伞形科)
细裂芹属 Harrysmithia Wolff (伞形科)
细裂碎米荠 Cardamine caroides C.Y.Wu ex W.T.Wang (十字花科)
细裂蹄盖蕨(台湾志)=多变蹄盖蕨
细裂条叶丝瓣芹 Acronema chienii var. dissectum Shan (伞形科)
细裂铁角蕨 Asplenium tenuifolium D.Don (铁角蕨科),*薄叶铁角蕨*
细裂委陵菜 Potentilla chinensis var. lineariloba Franch. & Sav.(蔷薇科),*线叶委陵菜*
细裂小报春 Primula tenuiloba (Watt) Pax(报春花科)
细裂小膜盖蕨 Araiostegia faberiana (C.Chr.) Ching (骨碎补科)
细裂小叶委陵菜 Potentilla microphylla var. achilleifolia HK.f. (蔷薇科)
细裂亚菊 Ajania przewalskii Poljak.(菊科)
细裂叶变种葡萄 Vitis vinifera var. apiifolia Lond. (葡萄科)
细裂叶莲蒿 Artemisia gmelinii Web. ex Stechm. (菊科),*两色万年蒿,小裂齿蒿*
细裂叶马先蒿 Pedicularis dissectifolia Li(玄参科)
细裂叶桑 Morus australis var. incisa C.Y.Wu(桑科)
细裂叶松蒿 Phtheirospermum tenuisectum Bur. & Franch. (玄参科),*草柏枝,裂叶松蒿*
细裂银莲花 Anemone filisecta C.Y.Wu & W.T.Wang (毛茛科)
细裂蝇子草 Silene suaveolens Turcz. ex Kar. & Kir. (石竹科)
细裂鱼鳞蕨 Acrophorus dissectus Ching ex S.H.Wu (球盖蕨科)
细裂羽节蕨 Gymnocarpium remotepinnatum (Hay.) Ching (蹄盖蕨科),*台湾羽节蕨*
细裂玉凤花 Habenaria leptoloba Benth.(兰科)
细裂针毛蕨 Macrothelypteris contingens Ching (金星蕨科)
细鳞荚蒾(分类学报)=瑶山荚蒾
细鳞鳞毛蕨 Dryopteris microlepis (Bak.) C.Chr. (鳞毛蕨科)
细鳞双盖蕨(台湾志)=深绿短肠蕨
细榴花(广东)=小花杜鹃
细柳报春(拉汉名称)=长瓣穗花报春
细芦子藤(云南思茅)=短蒟
细绿补血草 Limonium virgatum (Willd.) O. Kuntze (白花丹科)
细绿苹(植物志 6-2)=细叶满江红
细绿藤(云南)=赤苍藤
细罗伞(广西)=灰色紫金牛
细罗伞 Ardisia sinoaustralis C.Chen(紫金牛科),*波叶紫金牛,矮脚凉伞,小郎伞*
细罗伞树(广东)=山血丹
细脉斑鸠菊(广东)=毒根斑鸠菊
细脉巢菜(吉林)=柳叶野豌豆
细脉冬青 Ilex venosa C.Y.Wu ex Y.R.Li(冬青科)
细脉木犀 Osmanthus gracilinervis Chia ex R.L. Lu (木犀科)
细脉蒲桃 Syzygium euphlebium (Hay.) Mori(桃金娘科)
细蔓点地梅 Androsace cuscutiformis Franch. (报春花科)
细蔓委陵菜(新华本草纲要)=匍匐委陵菜
细芒毛苣苔 Aeschynanthus gracilis Parins ex C. B.Clarke (苦苣苔科)
细芒羊茅 Festuca stapfii E.Alexeev(禾本科)
细毛巴戟 Morinda pubiofficinalis Y.Z.Ruan(茜草科)
细毛冬青(江西草药)=落霜红
细毛谷蓼(安徽)=南方露珠草
细毛含笑 Michelia balansae var. appressipubescens Law (木兰科)
细毛火烧兰 Epipactis papillosa Franch & Sav (兰科)
细毛拉拉藤 Galium pusillosetosum Hara(茜草科)
细毛秋海棠 Begonia leptotricha C.DC.(秋海棠科)
细毛润楠 Machilus tenuipila H.W.Li(樟科)
细毛扇骨木(江苏植物名录)=毛叶石楠
细毛探春(高等图鉴)=密叶矮探春
细毛碗蕨 Dennstaedtia pilosella (HK.) Ching(碗蕨科)
细毛香茶菜 Isodon hirtellus (Hand.-Mazz.) H. Hara (唇形科)
细毛鸭嘴草 Ischaemum indicum (Houtt.) Merr. (禾本科),*纤毛鸭嘴草*
细毛银背藤 Argyreia strigillosa C.Y.Wu(旋花科)
细毛蚤缀(拉汉名称)=毛叶老牛筋
细毛樟 Cinnamomum tenuipilum Kosterm.(樟科)
细莓系(新拉汉英)=细秆早熟禾
细米草(植物志 73-2)=半边莲
细米橼(植物志 22)=米槠
细密草(广东龙头山)=细风轮菜
细棉花(云南永德)=细花火把花
细木通(云南药用名录)=钝萼铁线莲
细木通 Clematis subumbellata Kurz(毛茛科), *小木通*
细牛草(植物志 43-3)=小花远志
细钮扣根(南宁药志)=刺天茄
细女贞 Ligustrum gracile Rehd.(木犀科),*酸姜木*
细皮红松 Pinus koraiensis f. leptodermis Weng & Chi (松科)
细皮青冈(植物志 22)=槲栎
细茜草(云南药用名录)=粗叶耳草
细巧碎米荠 Cardamine pulchella (HK.f. & Thoms.) Al-Shehbaz & G.Yang(十字花科), *弯蕊芥*
细茄(广东误写)=缅茄
细芹叶堇(拉汉名称)=南山堇菜
细青皮 Altingia excelsa Noronha(金缕梅科)
细青七树(广西上思)=黑面神
细雀麦 Bromus gracillimus Bge.(禾本科)
细软茴芹 Pimpinella flaccida C.B.Clarke(伞形科)
细锐果鸢尾(植物志 16-1)=锐果鸢尾
细弱草莓(秦岭志)=纤细草莓
细弱点地梅 Androsace gracilis Hand.-Mazz.(报春花科)
细弱顶冰花 Gagea tenera Pasch.(百合科)
细弱耳稃草 Garnotia tenuis Keng(禾本科),*细弱葛氏草*
细弱葛氏草(禾本科图说)=细弱耳稃草
细弱海棠(华北经济志要)=花叶海棠
细弱黄芪 Astragalus miniatus Bge.(豆科),*细茎黄芪*
细弱灰栒子(华北经济志要)=细弱栒子
细弱剪股颖 Agrostis tenuis Sibth.(禾本科)
细弱金腰 Chrysosplenium lanuginosum var. gracile (Franch.) Hara(虎耳草科)
细弱柳叶箬 Isachne tenuis Keng ex Keng f.(禾本科)
细弱落芒草 Oryzopsis lateralis (Regel) Stapf ex HK.f. (禾本科)
细弱伞莎草 Cyperus alternifolius var. gracilis Hort. (莎草科)
细弱山嵛菜(植物志 33)=山嵛菜
细弱嵩草(西藏志)=细序嵩草
细弱香青 Anaphalis tenuisissima Chang(菊科)
细弱绣线菊(新)Spiraea gracilis Maxim.?(蔷薇科)
细弱栒子 Cotoneaster gracilis Rehd. & Wils.(蔷薇科),*细弱灰栒子*
细弱羊茅 Festuca tenuifolia Sibth.(禾本科)
细弱隐子草 Cleistogenes gracilis Keng(禾本科)
细弱鸢尾 Iris tenuis Wats.(鸢尾科)
细弱早熟禾 Poa nemoralis var. tenella Rchb.(禾本科)
细弱掌叶树(广西植物名录)=细梗罗伞
细三对节(云南)=千解草
细沙虫草(贵州兴义)=二齿香科科
细沙虫草(中药大辞典)=庐山香科科
细沙毛(四川兴文)=膜蕨囊瓣芹
细砂仁 Amomum microcarpus C.F.Liang & D. Fang (姜科)
细山药(云南武定)=蜀葵叶薯蓣
细舌变种(植物志 74)=细舌短毛紫菀(新)
细舌短毛紫菀(新)Aster brachytrichus var. tenuiligulatus Ling(菊科),*细舌变种*
细蛇鼠尾掌 Aporocactus leptophis (DC.) Britt. & Rose (仙人掌科)
细石榴树(广东增城)=两广杜鹃
细瘦杜鹃 Rhododendron tenue Ching ex Fang M.Y.He (杜鹃花科)
细瘦鹅观草 Roegneria kamoji var. macerrima Keng (禾本科)
细瘦胡麻草(植物志 67-2)=矮胡麻草
细瘦孔颖草 Bothriochloa gracilis W.Z.Fang(禾本科)
细瘦六道木 Abelia forrestii (Diels) W.W.Sm.(忍冬科)
细瘦马先蒿 Pedicularis gracilicaulis Li(玄参科)
细瘦米口袋 Gueldenstaedtia gracilis H.P.Tsui (豆科)
细瘦悬钩子 Rubus macilentus Camb.(蔷薇科)
细瘦獐牙菜 Swertia tenuis T.N.Ho & S.W.Liu (龙胆科)
细水蜡烛 Dysophylla gracilis Dalz.(唇形科)

细水麻叶(广西大苗山)=舌柱麻
细蒴苣苔 Leptoboea multiflora (Clarke) Clarke (苦苣苔科)
细蒴苣苔属 Leptoboea Benth.(苦苣苔科)
细丝韭(植物志 13-3)=细叶韭
细丝藤(救荒本草)=萝藦
细穗贝壳杉 Agathis microstachys Bailey (南洋杉科)
细穗变种(植物志 66)=密花香薷
细穗彩花 Acantholimon lepturoides (Jaub. & Spach) Boiss.(白花丹科)
细穗草 Lepturus repens (G.Forst.) R.Br.(禾本科)
细穗草属 Lepturus R.Br.(禾本科)
细穗长嘴薹草(新) Carex longerostrata var. pallida (Kitag.) Ohwi(莎草科),*细穗薹草*
细穗肠须草 Enteropogon unispiceus (F.Muell.) W.D.Clayton (禾本科),*细肠须草*
细穗柽柳 Tamarix leptostachys Bge.(柽柳科)
细穗鹅观草 Roegneria turczaninovii var. tenuiseta Ohwi (禾本科)
细穗腹水草(高等图鉴)=腹水草
细穗腹水草 Veronicastrum stenostachyum subsp. plukenetii (Yamaz.) Hong(玄参科),*腹水草*
细穗高山桦 Betula delavayi var. microstachya P.C.Li (桦木科)
细穗碱茅 Puccinellia capillaris (Lilj.) Jans.(禾本科)
细穗金足草 Goldfussia psilostachys (C.B. Clarke ex W.W.Sm.) Bremek.(爵床科),*六月青*,*汗斑草*
细穗藜 Chenopodium gracilispicum Kung(藜科)
细穗柳 Salix tenuijulis Ledeb.(杨柳科),*二色柳*
细穗买麻藤 Gnetum leptostachyum Bl.(买麻藤科)
细穗薹草(植物志 12)=细穗长嘴薹草(新)
细穗薹草 Carex tenuispicula T.Tang ex S.Y. Liang (莎草科)
细穗兔儿风 Ainsliaea spicata Vant.(菊科)
细穗香茅 Cymbopogon microstachys (HK.f.) S. Soen. (禾本科)
细穗玄参 Scrofella chinensis Maxim.(玄参科)
细穗玄参属 Scrofella Maxim.(玄参科)
细穗支柱蓼 Polygonum suffultum var.pergracile (Hemsl.) Sam.(蓼科)
细唐松草 Thalictrum tenue Franch.(毛茛科)
细天麻 Gastrodia gracilis Bl.(兰科),*细赤箭*
细条党参(四川)=小花党参
细葶无柱兰(高等图鉴,浙江志,福建志)=无柱兰
细葶虾脊兰(海南志)=长茎虾脊兰
细筒唇杜苣苔 Chirita vestita Wood(苦苣苔科)
细筒短丝花 Laperirousia cruenta Baker (鸢尾科)
细筒苣苔 Lagarosolen hispidus W.T.Wang(苦苣苔科)
细筒苣苔属 Lagarosolen W.T.Wang(苦苣苔科)
细尾鹅观草 Roegneria leptoura Nevski (禾本科)
细尾冷水花 Pilea matsudai Yamamoto(荨麻科),*细尾冷水麻*
细尾冷水麻(台湾志)=细尾冷水花
细尾楼梯草 Elatostema tenuicaudatum W.T. Wang (荨麻科)
细莴苣 Stenoseris graciliflora (Wall. ex DC.) Shih (菊科),*细花莴苣*
细莴苣属 Stenoseris Shih(菊科)
细蜈蚣草(广东)=百足藤
细蜈蚣草(广西玉林)=百足藤
细觿茅 Dimeria falcata var. tenuior Keng & Y.L. Yang (禾本科)
细线堇菜 Viola gracilis Sibth. & Smith (堇菜科)
细香葱(拉汉英中草药名称)=北葱
细香葱(植物志 14)=香葱
细祥竻果(广州)=刺篱木
细小棘豆 Oxytropis pusilla Bge.(豆科)
细小金黄凤仙花 Impatiens xanthina var. pusilla Y.L.Chen(凤仙花科)
细小景天 Sedum subtile Miq.(景天科),*姬莲花*
细小马先蒿 Pedicularis minima Tsoong & Cheng f. (玄参科)
细小秋海棠(新)Begonia minor Jacq.(秋海棠科),*小秋海棠*
细小莎草蕨 Schizaea pusilla Pursh.(莎草蕨科)
细小石头花 gypsophila muralis L.(石竹科)
细小鼠曲草(中药辞海)=细叶鼠麴草
细小叶枸子(新)Cotoneaster microphyllus var. thymifolius (Baker) Koehne(蔷薇科),*小叶枸子细叶变种*
细小轴榈 Licuala pusilla Becc.(棕榈科)
细辛(本草经集注)=汉城细辛
细辛(广西药用名录)=金耳环
细辛(药材名)=北细辛
细辛 Asarum sieboldii Miq.(马兜铃科),*华细辛*,*盆草细辛*
细辛锦香草 Phyllagathis asarifolia C.Chen(野牡丹科)
细辛蕨 Boniniella cardiophylla (Hance) Tagawa (铁角蕨科),*琼崖对开蕨*
细辛蕨属 Boniniella Hay.(铁角蕨科)
细辛鳞果星蕨 Lepidomicrosorium asarifolium Ching & Shing(水龙骨科)
细辛铁线蕨 Adiantum reniforme var. asariforme (Willd.) Sim.(铁线蕨科)
细辛叶报春 Primula asarifolia Fletcher(报春花科),*心叶鄂报春*
细辛叶獐牙菜 Swertia asarifolia Franch.(龙胆科),*黑紫獐牙菜*
细辛属 Asarum L.(马兜铃科)
细星毛桤叶树 Clethra monostachya var. minutistellata (C.Y.Wu) C.Y.Wu & L.C.Hu(桤叶树科)
细形薹草 Carex tenuiformis Lévl. & Vant.(莎草科)
细须草(江苏)=百蕊草
细须翠雀花 Delphinium siwanense Franch. (毛茛科),*冀北翠雀花*
细序鹅掌柴 Schefflera tenuis Li(五加科)
细序柳 Salix guebrianthiana Schneid.(杨柳科),*山杨柳*,*黑杨柳*
细序嵩草 Kobresia angusta C.B.Clarke (莎草科),*细弱嵩草*
细序薹草 Carex tenuipaniculata P.C.Li(莎草科)
细序苎麻 Boehmeria hamiltoniana Wedd.(荨麻科)
细雅碱茅 Puccinellia tenella (Lange) Holmb. ex Pors.(禾本科)
细亚锡饭(图考)=白棠子树
细羊巴巴花(云南凤庆)=火把花
细羊角(广西)=纤冠藤
细杨柳(云南中草药选)=水柳
细样苦斋(广西桂林)=斑花败酱
细样猪菜藤(广东,海南及沿海)=猪菜藤
细野麻 Boehmeria gracilis C.H.Wright(荨麻科),*麦麸草*,*野线麻*,*红锦麻*,*红线麻*
细叶艾(南方俗称)=矮蒿
细叶艾(新疆)=北艾
细叶桉 Eucalyptus tereticornis Smith(桃金娘科)
细叶巴戟天(海南志)=鸡眼藤
细叶白头翁 Pulsatilla turczaninovii Kryl. & Serg. (毛茛科)
细叶百合 Lilium pumilum DC.(百合科),*山丹*
细叶百脉根 Lotus tenuis Waldst. & Kit. ex Willd. (豆科)
细叶北韭 Allium clathratum Ledeb.(百合科)
细叶扁担杆(海南志)=海南扁担杆
细叶扁穗草 Blysmus sinocompressus var. stenuifolius Tang & Wang(莎草科)
细叶驳骨兰(中草药汇编)=小驳骨
细叶补血草 Limonium tataricum var. angustifolium Hubb.(白花丹科)
细叶彩花 Acantholimon borodinii Krassn.(白花丹科)
细叶草 Marsilea tenuifolia Kuntze (苹科)
细叶茶梨(台湾志)=高山茶梨
细叶茶梨(台湾志)=披针叶茶梨
细叶柴胡(东北)=红柴胡
细叶长蕊绣线菊(新)Spiraea miyabei var. tenuifolia Rehd.(蔷薇科),*长蕊绣线菊细叶变种*
细叶车前(内蒙,甘肃,宁夏)=小车前
细叶榈(海南)=毛果柯
细叶臭草 Melica radula Franch.(禾本科)
细叶刺参(西藏中草药)=刺续断
细叶刺针草(东北,华北)=小花鬼针草
细叶刺子莞 Rhynchospora faberi C.B.Clarke (莎草科)
细叶丛菔 Solms-Laubachia minor Hand.-Mazz. (十字花科)
细叶大戟(药用图鉴)=乳浆大戟
细叶当药(台湾志)=细叶獐牙菜
细叶地锦草(植物志 44-3)=千根草
细叶地榆 Sanguisorba tenuifolia Fisch.(蔷薇科),*垂穗粉花地榆*
细叶东俄芹 Tongoloa tenuifolia Wolff(伞形科)
细叶冬青(江西草药)=落霜红
细叶独根(云南)=细蝇子草
细叶杜鹃花 Rhododendron sikayotaizaizanense Masamune (杜鹃花科)
细叶杜香(东北木本志)=杜香
细叶短柱茶 Camellia microphylla (Merr.) Chien (山茶科)
细叶鹅观草 Roegneria japonensis var. hackeliana (Honda) Keng(禾本科)
细叶二行芥 Diplotaxis tenuifolia (L.) DC.(十字花科)
细叶繁缕 Stellaria filicaulis Ohwi(石竹科),*线茎繁缕*
细叶防风(拉汉名称和手册)=伊犁岩风
细叶凤尾草(中药通报)=刺头复叶耳蕨
细叶凤尾蕨(台湾志) Pteris angustipinna Tagawa? (凤尾蕨科)
细叶藁本(秦岭志)=岩茴香
细叶藁本 Ligusticum tenuissimum (Nakai) Kitag. (伞形科),*藁本*
细叶狗脊蕨(台湾志)=裂羽崇澍蕨
细叶谷木 Memecylon scutellatum (Lour.) HK. & Arn. (野牡丹科),*羊角*,*羊角扭*,*螺丝木*,*铁树*
细叶贯菜子(福建)=墙草

细叶孩儿参 Pseudostellaria sylvatica (Maxim.) Pax(石竹科),*疙瘩七,狭叶假繁缕,森林假繁缕*
细叶海南水锦树 Wendlandia merrilliana var. parvifolia How(茜草科)
细叶海桐 Pittosporum tenuifolium Gaertn.(海桐花科)
细叶旱稗 Echinochloa crusgalli var. praticola Ohwi (禾本科)
细叶旱芹 Apium leptophyllum (Pers.) F.Muell.(伞形科)
细叶蒿(内蒙古)=细杆沙蒿
细叶蒿草(广西药用名录)=细竹篙草
细叶蒿蕨 Ctenopteris tenuisecta (Bl.) J.Sm.(禾叶蕨科)
细叶蒿柳 Salix viminalis var. angustifolia Turcz.(杨柳科)
细叶华西绣线菊(新)Spiraea laeta var. tenuis Rehd. (蔷薇科),*华西绣线菊细叶变种*
细叶黄鹌菜 Youngia tenuifolia (Willd.) Babcock & Stebbins (菊科)
细叶黄堇 Corydalis meifolia Wall.(罂粟科)
细叶黄棵木(广西防城)=乌檀
细叶黄皮 Clausena anisumolens (Blanco) Merr.(芸香科),*小叶黄皮,假黄皮,鸡皮果*
细叶黄皮 Clausena indica (Dalz.) Oliv.(芸香科),*小叶黄皮*
细叶黄芪 Astragalus melilotoides var. tenuis Ledeb (豆科)
细叶黄乌头 Aconitum barbatum Pers.(毛茛科),*乌头*
细叶芨芨草 Achnatherum chingii (Hitchc.) Keng ex P.C.Kuo(禾本科),*秦氏芨芨草*
细叶鸡爪槭 Acer palmatum var. dissectum Maxim. (槭树科)
细叶棘豆 Oxytropis glabra var. tenuis Palib.(豆科)
细叶假花生(南宁药志)=假地豆
细叶假樟(四川盐边)=香叶树
细叶角茴香(中药大辞典)=角茴香
细叶结缕草 Zoysia tenuifolia Willd. ex Trin.(禾本科),*天鹅绒草*
细叶金不换(岭南采药录)=小花远志
细叶金鸡尾(湖南)=兖州卷柏
细叶金丝桃 Hypericum gramineum G.Forster (藤黄科)
细叶景天(分类学报)=细叶山景天
细叶景天 Sedum elatinoides Franch.(景天科),*疣果景天,小鹅儿肠,半边莲,崖松,沟繁缕景天,灯台草*
细叶韭 Allium tenuissimum L.(百合科),*细丝韭,丝葱*
细叶菊 Dendranthema maximowiczii (Kom.) Tzvel. (菊科)
细叶菊艾(植物志 76-1)=细叶亚菊
细叶卷柏 Selaginella labordei Hieron.(卷柏科),*心基卷柏,柏地丁,地柏枝,拉波郑柏,金花草,鸡足草,四叶草*
细叶卷耳 Cerastium subpilosum Hay.(石竹科),*少毛卷耳*
细叶楷木(四川)=清香木
细叶兰邯千金榆 Carpinus rankanensis var. mutsudae Yamamoto(桦木科)
细叶蓝钟花 Cyananthus delavayi Franch.(桔梗科)
细叶冷水花 Pilea somai Hay.(荨麻科),*细叶冷水麻*
细叶冷水麻(台湾志)=细叶冷水花
细叶狸藻 Utricularia minor L.(狸藻科)
细叶连蕊茶 Camellia parvilimba Merr. & Metc.(山茶科)
细叶亮蛇床 Selinum candollei DC.(伞形科)
细叶蓼(广东)=轮叶白前
细叶蓼 Polygonum taquetii Lévl.(蓼科)
细叶鳞毛蕨 Dryopteris subatrata Tagawa (鳞毛蕨科)
细叶鳞毛蕨 Dryopteris woodsiisora Hay.(鳞毛蕨科)
细叶零余子草(台湾志)=叉唇角盘兰
细叶龙胆(中药志)=红花龙胆
细叶龙吐珠(台湾志)=纤花耳草
细叶鹿蹄草 Pyrola asarifolia Michx.(鹿蹄草科),*粉鹿蹄草*
细叶蕗蕨 Mecodium polyanthos (Sw.) Cop.(膜蕨科)
细叶马料梢(常用中草药方选)=中华胡枝子
细叶马蔺(东北)=细叶鸢尾
细叶馒头果(台木本志)=台闽算盘子
细叶满江红 Azolla filiculoides Lam.(满江红科),*细绿苹,蕨状满江红*
细叶茅草(云南中草药)=芸香草
细叶母草 Lindernia tenuifolia (Colsm.) Alston (玄参科)
细叶木犀草(东北检索表)=黄木犀草
细叶牧地香豌豆(中药辞海)=山黧豆
细叶楠(台湾)=南投黄肉楠
细叶楠 Phoebe hui Cheng ex Yang(樟科)
细叶黏头猛(广州)=刺蒴麻
细叶飘拂草 Fimbristylis polytrichoides (Retz.) Vahl (莎草科)
细叶婆婆纳(植物志 67-2)=细叶穗花
细叶七星剑(广东)=石香薷
细叶七星剑(广东)=小花荠苎
细叶槭 Acer leptophyllum Fang(槭树科)
细叶千斤拔 Flemingia lineata (L.) Roxb. ex Ait.(豆科)
细叶钱凿口(广东梅县)=天胡荽
细叶芹 Chaerophyllum villosum Wall. ex DC.(伞形科),*香叶芹*
细叶芹属 Chaerophyllum L.(伞形科)
细叶青冈 Cyclobalanopsis gracilis (Rehd. & Wals.) Cheng & T.Hong (壳斗科),*小叶青冈栎,长叶粉背青冈*
细叶青藤(广西)=吊山桃
细叶秋海棠 Begonia tenuifolia Dryand.(秋海棠科)
细叶荛花 Wikstroemia leptophylla W.W.Sm.(瑞香科)
细叶忍冬 Lonicera minutifolia Kitam.(忍冬科)
细叶日本薯蓣 Dioscorea japonica var. oldhamii Uline ex R.Knuth(薯蓣科),*竹高薯*
细叶日中花(新拉汉英)=龙须海棠
细叶榕(广东)=垂叶榕
细叶榕(广东)=榕树
细叶榕藤(湖南)=酸叶胶藤
细叶汝蕨(蕨类图说)=华南复叶耳蕨
细叶鳃兰 Maxillaria tenuifolia Lindl.(兰科)
细叶三花冬青(海南志)=绿冬青
细叶沙参(东北检索表)=扫帚沙参
细叶沙参 Adenophora paniculata Nannf.(桔梗科),*紫沙参,圆锥沙参*
细叶砂引草 Tournefortia sibirica var. angustior (DC.) G.L.Chu & M.G.Gibert (紫草科)
细叶山艾 Artemisia morrisonensis Hay.(菊科)
细叶山景天 Sedum franchetii Grande(景天科),*细叶景天*
细叶山萝卜(东北检索表)=窄叶蓝盆花
细叶山蚂蝗 Desmodium gracillimum Hemsl.(豆科)
细叶山紫苏(吉林抚松)=水棘针
细叶芍药 Paeonia tenuifolia L.(芍药科)
细叶十大功劳(台湾志)=台湾十大功劳
细叶石斑木 Raphiolepis lanceolata Hu (蔷薇科)
细叶石斑树(广东)=饶平石楠
细叶石斛 Dendrobium hancockii Rolfe(兰科)
细叶石芥花(东北检索表)=细叶碎米荠
细叶石头花 Gypsophila licentiana Hand-Mazz.(石竹科),*尖叶丝石竹,黄接骨丹,石头花山马菜,狭叶霞草,石栏菜*
细叶石仙桃 Pholidota cantonensis Rolfe(兰科),*岩珠,双叶岩珠,对叶草,小石仙桃,岩豆*
细叶书带蕨(安徽志)=书带蕨
细叶书带蕨(台湾志)=中囊书带蕨
细叶鼠刺(分类学报)=峨眉鼠刺
细叶鼠李(广西植物名录)=薄叶鼠李
细叶鼠麴草 Gnaphalium japonicum Thunb.(菊科),*菠萝草,父子草,毛女儿菜,清明草,天青地白,细小鼠曲草,小火草,野清明草,叶下白*
细叶双眼龙(广西)=毛果巴豆
细叶水丁香(台湾志)=草龙
细叶水芹(秦岭志)=西南水芹
细叶水芹 Oenanthe dielsii var. stenophylla de Boiss.(伞形科),*野芹菜*
细叶水榕树(中草药彩色图谱)=竹叶榕
细叶水团花 Adina rubella Hance(茜草科),*水杨梅,水泡木,水石榴,水毕鸡,小叶水团花*
细叶水苋(海南志)=水苋菜
细叶丝兰 Yucca flaccida Haw.(百合科)
细叶四叶葎(图鉴)=小叶猪殃殃
细叶松(中国裸子志)=青扦
细叶松 Pinus termifolia Benth.(松科)
细叶碎米荠 Cardamine trifida (Lam. ex Poir.) B.M.G.Jones (十字花科),*细叶石芥花*
细叶穗花 Pseudolysimachion linariifolium (Pall. ex Link) Holub (玄参科),*细叶婆婆纳*
细叶台湾榕 Ficus formosana var. shimadai Hay.(桑科)
细叶苔草(新拉汉英)=狭叶薹草(新)
细叶薹草 Carex duriuscula subsp. stenophylloides (V.Krecz.) S.Y.Liang & Y.C.Tang(莎草科)
细叶蹄盖蕨(台湾志)=长江蹄盖蕨
细叶蹄盖蕨 Athyrium goeringianum (Kze.) Moore (蹄盖蕨科)
细叶天芥菜 Heliotropium strigosum Willd.(紫草科),*金锁匙*
细叶铁角蕨(台湾志)=线裂铁角蕨
细叶铁线蕨 Adiantum venustum Don(铁线蕨科)
细叶庭荠 Alyssum tenuifolium Stephan ex Willd. (十字花科)
细叶土凤尾(广西药用名录)=阔鳞鳞毛蕨
细叶委陵菜(东北检索表)=多裂委陵菜
细叶蚊子草 Filipendula angustiloba (Turcz.) Maxim. (蔷薇科)
细叶乌头 Aconitum macrorhynchum Turcz.(毛茛科)
细叶乌药(广东)=小叶乌药
细叶西伯利亚蓼 Polygonum sibiricum var. thomsonii Meisn. ex Stew.(蓼科)
细叶线柱兰(台湾志)=线柱兰

细叶香茶菜 Isodon tenuifolius (W.Sm.) Kudô (唇形科),瘤深格鲁
细叶香桂(高等图鉴)=香桂
细叶香薷(广西,湖南)=石香薷
细叶香豌豆(云南)=山黧豆
细叶小檗 Berberis poiretii Schneid. (小檗科),小檗,针雀,土常山,狗奶子,三颗针
细叶小豇豆 Vigna minima f. linearis (Hosokawa) Huang & Ohashi(豆科)
细叶小苦荬 Ixeridium gracile (DC.) Shih(菊科),纤细苦荬菜,粉苞苣,蛇箭草,杂水咸巴
细叶旋覆花 Inula ensifolia L.(菊科)
细叶鸦葱 Scorzonera pusilla Pall.(菊科)
细叶亚菊 Ajania tenuifolia (Jacq.) Tzvel.(菊科),细叶菊艾
细叶亚麻 Linum tenuifolium L.(亚麻科)
细叶亚婆潮 Hedyotis auricularia var. mina Ko (茜草科),铺地毡草
细叶野花生(浙江)=中华胡枝子
细叶野牡丹 Melastoma intermedium Dunn(野牡丹科),山公榴,铺地莲,铺地棯,水社野牡丹
细叶野豌豆 Vicia tenuifolia Roth(豆科),黑子野豌豆,三齿草藤
细叶叶葎(苏南植物手册)=四叶葎
细叶益母草 Leonurus sibiricus L.(唇形科),风车草,风葫芦草,红龙串彩,龙串彩,石麻,四美草,益母草
细叶阴地蕨 Botrychium tenuifolium Underw (阴地蕨科)
细叶隐棱芹 Aphanopleura capillifolia (Rgl. & Schmalh.) Lipsky(伞形科)
细叶油树(台湾)=黄珠子草
细叶莠竹(广东志)=荩草
细叶榆(新华本草纲要)=榔榆
细叶鸢尾 Iris tenuifolia Pall.(鸢尾科),老牛拽,细叶马蔺,丝叶马蔺,老牛,安胎黄,桑牛牛朴
细叶远志(广东志)=长毛籽远志
细叶远志(广东志)=金花远志
细叶远志(中药大辞典)=远志
细叶月桂(浙江)=香桂
细叶云南松 Pinus yunnanensis var. tenuifolia Cheng & Law(松科)
细叶云杉(经济植物手册)=青扦
细叶早熟禾 Poa angustifolia L.(禾本科)
细叶獐牙菜 Swertia matsudae Hay. ex Satake (龙胆科),细叶当药
细叶樟(江西)=乌药
细叶沼柳 Salix rosmarinifolia L.(杨柳科)
细叶针茅 Stipa lessingiana Trin. & Rupr.(禾本科)
细叶周至柳 Salix tangii var. angustifolia C.Y.Yu (杨柳科)
细叶珠芽蓼 Polygonum viviparum var. angustum A.J.Li (蓼科)
细叶猪毛草 Salsola ruthenica var. filifolia A.J. Li (藜科)
细叶猪殃殃(苏南植物手册)=小叶猪殃殃
细叶子(云南)=云南金叶子
细蝇子草 Silene gracilicaulis C.L.Tang(石竹科),绢毛蝇子草,九头草,滇瞿麦,小九股牛,细叶独根,大花细蝇子草,紫茎九头草,癞头参,九头草
细颖狐茅(新拉汉英)=小颖羊茅
细羽凤尾蕨(新拉汉英)=薄羽凤尾蕨(新)
细羽凤尾蕨 Pteris splendida var. longlinensis Ching ex Ching & S.H.Wu(凤尾蕨科)
细圆齿凤仙花 Impatiens crenulata HK.f.(凤仙花科)
细圆齿火棘 Pyracantha crenulata (D.Don)Roem. (蔷薇科),薜若,火棘,红子,火把果
细圆齿火棘甘肃变种(植物志 36)=甘肃细圆齿火棘
细圆齿小檗 Berberis crenulata Schrad.(小檗科)
细圆榧(浙江)=榧树
细圆藤 Pericampylus glaucus (Lam.) Merr.(防已科),黑风散,广藤,小广东省藤,土藤,蛤仔藤,东线藤
细圆藤属 Pericampylus Miers (防已科)
细早熟禾 Poa debilior Hitchc.(禾本科)
细毡毛忍冬 Lonicera similis Hemsl.(忍冬科),细苞忍冬,大金奶花,吊子银花
细针蔺 Heleocharis tenuis (Willd.) Schult.(莎草科)
细枝补血草 Limonium tenellum (Turcz.) Ktze. (白花丹科),纤叶匙叶草
细枝茶藨子 Ribes tenue Jancz.(虎耳草科),狭萼茶藨子,红枝茶藨
细枝冬青 Ilex tsangii S.Y.Hu(冬青科)
细枝杜鹃 Rhododendron amandum Cowan(杜鹃花科)
细枝杭子稍 Campylotropis tenuiramea P.Y.Fu (豆科)
细枝鹤虱 Lappula tianschanica var. gracilis C.J. Wang (紫草科),细枝天山鹤虱
细枝胡枝子 Lespedeza veitchii Rick.?(豆科)
细枝桧(经济植物手册)=密枝圆柏
细枝荚蒾 Viburnum lentago L.(忍冬科)
细枝箭竹 Fargesia stenoclada Yi (禾本科)
细枝柃 Eurya loquaiana Dunn(山茶科)
细枝柳 Salix gracilior (Siuz.) Nakai(杨柳科)
细枝龙血树 Dracaena elliptica Thunb.(百合科)
细枝木半夏 Elaeagnus multiflora var. tenuipes C.Y.Chang (胡颓子科)
细枝木蓼 Atraphaxis decipiens Jaub. & Spach (蓼科)
细枝木麻黄 Casuarina cunninghamiana Miq.(木麻黄科),银线木麻黄
细枝四季秋海棠 Begonia semperflorens-cultorum var. gracilis Hort.(秋海棠科)
细枝天门冬 Asparagus trichoclados (Wang & Tang) Wang & S.C.Chen(百合科)
细枝天山鹤虱(Flora 16)=细枝鹤虱
细枝苋 Amaranthus gracilentus Kung(苋科)
细枝小檗 Berberis virgata R. & P.(小檗科)
细枝绣球 Hydrangea gracilis W.T.Wang & Nie (虎耳草科)
细枝绣线菊 Spiraea myrtilloides Rehd.(蔷薇科)
细枝栒子 Cotoneaster tenuipes Rehd. & Wils. (蔷薇科),细梗栒子
细枝岩黄芪 Hedysarum scoparium Fisch. & May. (豆科),花棒
细枝盐爪爪 Kalidium gracile Fenzl(藜科)
细枝叶下珠 Phyllanthus leptoclados Benth.(大戟科)
细枝隐棱芹 Aphanopleura leptoclada (Aitch. & Hemsl.) Lipsky(伞形科)
细枝越桔 Vaccinium virgatum Ait.(杜鹃花科)
细钟花 Leptocodon gracilis (HK.f.) HK.f. & Thoms. (桔梗科)
细钟花属(新拉汉英)=细种花属(新)
细钟花属 Leptocodon HK.f. & Thoms.(桔梗科)
细种花属(新)**Uvularia** L.(百合科),细钟花属
细种五爪龙(广东)=七爪龙
细重毒麦(新拉汉英)=疏离黑麦草
细轴蒲桃 Syzygium tenuirhachis Chang & Miau (桃金娘科)
细轴荛花 Wikstroemia nutans Champ. ex Benth. (瑞香科),野棉花,地棉麻,野发麻,狗颈树,石棉麻,山皮棉,金腰带,垂穗花
细株短柄草 Brachypodium sylvaticum var. gracile (Weig.) Keng(禾本科)
细猪母藤(贵州药用植物目录)=俞藤
细竹篙草 Murdannia simplex (Vahl) Brenan (鸭跖草科),书带水竹叶,细叶蒿草,云芋草,红韭菜,斑茅胆草,十二妹,土知母
细竹蒿草(贵州)=紫背鹿衔草
细竹叶高草(广东)=水竹叶
细柱柳 Salix gracilistyla Miq.(杨柳科),红毛柳
细柱五加(中药辞海)=五加
细柱西番莲 Passiflora gracilis Jacq. ex Link.(西番莲科)
细锥香茶菜 Isodon coetsa (Buch.-Ham. ex D. Don) Kudô (唇形科),多穗香茶菜,多花香茶菜,假细锥香茶菜,异唇香茶菜,野坝子,癞克巴草,地疳,六稜麻,野苏麻,
细籽柳叶菜 Epilobium minutiflorum Hausskn. (柳叶菜科)
细子灯心草 Juncus leptospermus Buchen.(灯心草科)
细子蔊菜(苏南植物手册)=广州蔊菜
细子龙 Amesiodendron chinense (Merr.) Hu(无患子科),鸢哥木,坡露
细子龙属 Amesiodendron Hu (无患子科)
细子麻黄 Ephedra regeliana Florin (麻黄科)
细棕竹 Rhapis gracilis Burret (棕榈科)
细足盾蕨 Neolepisorus tenuipes Ching & Shing (水龙骨科)

Xia

虾参(山东中药)=拳参
虾飞木(广西上思)=短花水金京
虾柑草(广州)=豨莶
虾公菜(海南志)=藤麻
虾公草(广东海南)=砂苋
虾公草(湖南药物志)=狗脊
虾公卷树(海南志)=水柳
虾公脚(广东)=笔管草
虾公木(广西)=大叶土蜜树
虾公须(台湾)=密花苎麻
虾海藻 Phyllospadix scouleri HK.(眼子菜科)
虾海藻属 Phyllospadix HK.(眼子菜科)
虾蚶草(本草求原)=扁枝槲寄生
虾蚶草(广西中药志)=豨莶
虾蚶花 Cheiridopsis bifida (番杏科)
虾蚶花 Cheiridopsis N.E.Br.(番杏科)
虾火菜(新拉汉英)=一支林
虾脊兰 Calanthe discolor Lindl.(兰科),串白鸡,九节虫,九子连环草,连环草,肉连环,一串纽子,硬九头狮子草,珠串珠
虾脊兰属 Calanthe R.Br.(兰科)
虾蠊菜(生草药性备要)=莲子草
虾蟆蓝(本经)=天名精
虾蟆衣子(履巉岩本草)=车前
虾钳菜(广州)=莲子草
虾钳菜属(广州志)=**莲子草属**
虾钳草(广东,广西)=鬼针草
虾尾兰 Parapteroceras elobe (Seidenf.) Averyanov (兰科)
虾尾兰属 Parapteroceras Veryanov(兰科)
虾箱须(广东)=娃儿藤
虾须草 Sheareria nana S.Moore(菊科),沙小菊,

绿绿草,草麻黄
虾须草属 Sheareria S.Moore (菊科)
虾须豆(植物志 40)=千花豆
虾衣花(海南志)=麒麟吐珠
虾衣花 Drejerella guttata Brandegee) Bemek.(爵床科)
虾衣花属(高等图鉴)=**麒麟吐珠属**
虾衣花属 Drejerella Lindau (爵床科)
虾藻(高等图鉴)=菹草
虾藻(植物学大辞典)=菹草
虾子草(安徽)=小花黄堇
虾子草(四川)=过江藤
虾子草(四川中药志)=纤花耳草
虾子草(植物志 8)=水生草(新)
虾子草 Mimulicalyx rosulatus Tsoong(玄参科)
虾子草属(植物志 8)=**水生草属**(新)
虾子草属 Mimulicalyx Tsoong(玄参科)
虾子花 Woodfordia fruticosa (L.) Kurz(千屈菜科),*吴福花,红蜂花,红虾花,吴福花,野红花,破血草*
虾子花属 Woodfordia Salisb.(千屈菜科),*吴福花属*
瞎古斯哈(藏族名)=绵头雪兔子
瞎果羔贝(藏族名)=绵头雪兔子
瞎妮子(山东)=漆
瞎眼蛇药(江西)=临时救
蝦蟆腿(长白山药志)=酸模叶蓼
峡萼冠唇花 (Flora 17)=狭萼冠唇花
峡谷葡萄 Vitis arizonica Engelm.(葡萄科)
狭瓣贝母兰 Coelogyne punctulata Lindl.(兰科),*斑唇贝母兰,贝母兰,对叶果,果上叶,伞房贝母兰,石巴蕉,小绿芨,止血果*
狭瓣纺锤毛茛 Ranunculus limprichtii var.flavus Hand.-Mazz. (毛茛科)
狭瓣粉蝶兰(台湾兰科植物,台湾志)=狭瓣舌唇兰
狭瓣粉条儿菜 Aletris stenoloba Franch.(百合科)
狭瓣虎耳草 Saxifraga pseudohirculus Engl.(虎耳草科)
狭瓣黄瑞木(高等图鉴补编)=狭瓣杨桐
狭瓣龙胆 Gentiana taiwanica T.N.Ho(龙胆科),*台湾龙胆*
狭瓣瑞香 Daphne angustiloba Rehd.(瑞香科)
狭瓣舌唇兰 Platanthera stenoglossa Hay.(兰科),*狭瓣粉蝶兰,薄唇粉蝶兰*
狭瓣绣球(分类学报)=中国绣球
狭瓣杨桐 Adinandra lancipetala L.K.Ling(山茶科),*狭瓣黄瑞木*
狭瓣银叶花 Argyroderma angustipetalum L.Bolus.(番杏科),*碧铃*
狭瓣鹰爪(植物学杂志)=狭瓣鹰爪花
狭瓣鹰爪花 Artabotrys hainanensis R.E.Fries (番荔枝科),*狭瓣鹰爪*
狭瓣玉凤花 Habenaria stenopetala Lindl.(兰科),*线瓣玉凤兰*
狭瓣柱瓣兰 Epidendrum stenopetalum HK.(兰科)
狭瓣紫薇 Lagerstroemia stenopetala Chun(千屈菜科)
狭苞斑种草 Bothriospermum kusnezowii Bge.(紫草科)
狭苞变种(植物志 65-2,Flora 17)=狭苞巍山香科科(新)
狭苞变种(植物志 74)=狭苞短毛紫菀(新)
狭苞变种(植物志 74)=狭苞马兰(新)
狭苞变种(植物志 74)=狭苞云南紫菀(新)
狭苞薄叶天名精 Carpesium leptophyllum var. linearibracteatum Chen & C.M.Hu(菊科)
狭苞短毛紫菀(新)Aster brachytrichus var. angustisquamus Ling(菊科)
狭苞黄藤 Daemonorops angustispatha Ftdo.(棕榈科)
狭苞马兰(新)Kalimeris indica var. stenolepis (Hand.-Mazz.) Kitam.(菊科),*狭苞变种*
狭苞蒲公英 Taraxacum platypecidum var. angustibracteatum Ling(菊科)
狭苞兔耳草 Lagotis angustibracteata Tsoong & Yang (玄参科)
狭苞橐吾 Ligularia intermedia Nakai(菊科)
狭苞巍山香科科(新)Teucrium manghuaense var. angustum C.Y.Wu & S.Chow(唇形科),*狭苞变种*
狭苞香青 Anaphalis stenocephala Ling & Shih (菊科)
狭苞悬钩子 Rubus angustibracteatus Yü & Lu (蔷薇科)
狭苞异叶虎耳草 Saxifraga diversifolia var. angustibracteata (Engl. & Irmsch.) J.T.Pan (虎耳草科)
狭苞云南紫菀(新)Aster yunnanensis var. angustior Hand.-Mazz.(菊科),*狭苞变种*
狭苞紫菀 Aster farreri W.W.Sm. & J.F.Jeffr.(菊科)
狭被楼梯草 Elatostema angustitepalum W.T. Wang (荨麻科)
狭长斑鸠菊 Vernonia attenuata (Wall.) DC.(菊科)
狭长复叶耳蕨 Arachniodes attenuata Ching(鳞毛蕨科),*渐尖复叶耳蕨*
狭长花沙参 Adenophora elata Nannf.(桔梗科),*沙参*
狭齿变种(植物志 65-2)=尖齿婆婆纳
狭齿水苏 Stachys pseudophlomis C.Y.Wu(唇形科),*陕西水苏*
狭齿松潘荆芥(新)Nepeta sungpanensis var. angustidentata C.Y.Wu & Y.C.Huang(唇形科),*狭齿变种*
狭翅巢蕨 Neottopteris antrophyoides (Christ) Ching (铁角蕨科),*黔怒蕨,斩妖剑,狭基巢蕨,真武剑*
狭翅独活 Heracleum stenopterum Diels(伞形科),*牛尾独活,独活*
狭翅短肠蕨 Allantodia alata (Christ) Ching(蹄盖蕨科)
狭翅钩柱唐松草 Thalictrum uncatum var. angustialatum W.T.Wang(毛茛科)
狭翅桦 Betula fargesii Franch.(桦木科)
狭翅龙胆(蒙大学报)=中亚秦艽
狭翅铁角蕨(海南志)=有翅铁角蕨
狭翅铁角蕨 Asplenium wrightii Eaton ex HK.(铁角蕨科),*莱区铁角蕨*
狭翅兔儿风 Ainsliaea apteroides (Chang) Y.C. Tseng (菊科)
狭翅羊耳蒜 Liparis bootanensis var. angustissima S.C.Chen & K.Y.Lang(兰科)
狭唇角盘兰 Herminium angustilabre King & Pantl. (兰科)
狭唇卷瓣兰 Bulbophyllum fordii (Rofle) J.J.Sm.(兰科)
狭唇兰属 Sarcochilus R.Br.(兰科)
狭唇马先蒿 Pedicularis angustilabris Li(玄参科)
狭带瓦韦 Lepisorus stenistus (C.B.Clarke) Y. X.Lin (水龙骨科)
狭刀豆 Canavalia lineata (Thunb.) DC.(豆科)
狭顶贯众(分类学报)=阔羽贯众
狭顶鳞毛蕨 Dryopteris lacera (Thunb.) O.Ktze.(鳞毛蕨科),*熊蕨根,半边草,毛头黄*
狭萼白透骨消(新) Glechoma biondiana var. angustituba C.Y.Wu & C.Chen(唇形科),*狭萼变种*
狭萼报春 Primula stenocalyx Maxim.(报春花科)
狭萼扁担杆 Grewia angustisepala H.T.Chang (椴树科)
狭萼变种(植物志 65-2)=狭萼白透骨消(新)
狭萼变种(植物志 65-2,Flora 17)=狭萼糙苏
狭萼糙苏 Phlomis umbrosa var. stenocalyx (Diels) C.Y.Wu (唇形科),*狭萼变种*
狭萼茶藨(西藏志)=裂叶茶藨子
狭萼茶藨子(秦岭志)=细枝茶藨子
狭萼粗距翠雀花 Delphinium pachycentrum var. lancisepalum (Hand.-Mazz.) W.T.Wang(毛茛科)
狭萼吊石苣苔 Lysionotus levipes (C.B.Clarke) B.L.Burtt (苦苣苔科)
狭萼豆兰(中山大辞典)=圆叶石豆兰
狭萼冠唇花(Flora 17)=狭萼冠唇花
狭萼冠唇花 Microtoena stenocalyx C.Y.Wu & Husan (唇形科),*峡萼冠唇花*
狭萼鬼吹箫(中药辞海)=鬼吹箫
狭萼鬼吹箫 Leycesteria formosa var. stenosepala Rehd.(忍冬科),*叉活活,梅竹叶*
狭萼荷苞果(云南)=滇刺榄
狭萼虎耳草 Saxifraga caveana var. lanceolata J.T.Pan (虎耳草科)
狭萼毛茛 Ranunculus angustisepalus W.T.Wang (毛茛科)
狭萼片芒毛苣苔 Aeschynanthus tubulosus var. angustilobus Anth.(苦苣苔科)
狭萼石豆兰(分类学报)=圆叶石豆兰
狭萼腺萼木 Mycetia sinensis f. angustisepala Lo(茜草科)
狭萼折柄茶 Hartia densivillosa Hu ex Chang & Ye (山茶科)
狭萼珍珠菜(中药大辞典)=腺药珍珠菜
狭萼中型树萝卜 Agapetes interdicta var. stenoloba (W.E.Evans) Sleumer(杜鹃花科)
狭萼紫金牛(植物志 58)=腺齿紫金牛
狭耳簕竹 Bambusa angustissmia Chia & H.L. Fung (禾本科)
狭耳坭竹 Bambusa angustiaurita W.T.Lin (禾本科)
狭复叶葡萄(广西植物)=鸡足葡萄
狭盖粉背蕨 Aleuritopteris stenochlamys Ching ex S.K.Wu(中国蕨科)
狭沟冬青(高等图鉴补编)=龙里冬青
狭冠长蒴苣苔 Didymocarpus stenanthos Clarke (苦苣苔科)
狭管黄芩 Scutellaria stenosiphon Hemsl.(唇形科)
狭管马先蒿 Pedicularis tenuituba Li(玄参科)
狭管忍冬(新)Lonicera stenosiphon Franch.?(忍冬科)
狭管紫草(科属辞典)=紫筒草
狭管紫草属(科属辞典)=**紫筒草属**
狭果茶藨(高等图鉴)=长果茶藨子
狭果秤锤树 Sinojackia rehderiana Hu(安息香科),*芮氏捷克木,江西秤锤树*
狭果鹤虱 Lappula semiglabra (Ledeb.) Gürke

(紫草科)
狭果蕨 Stenosemia aurita Presl (叉蕨科)
狭果蕨属 Stenosemia Presl (叉蕨科)
狭果囊薹草 Carex angustiutricula Wang & Tang ex L.K.Dai (莎草科)
狭果师古草 Trichosanthes cucumeroides var. stenocarpa Honda(葫芦科)
狭果穗花马先蒿 Pedicularis spicata subsp. stenocarpa Tsoong(玄参科),*穗花马先蒿狭果亚种*
狭果葶苈 Draba stenocarpa HK.f. & Thoms.(十字花科),*无毛狭果葶苈*
狭果蝇子草 Silene huguettiae Bocquet(石竹科)
狭果属(新拉汉英)=**火轮树属**
狭花凤仙花 Impatiens angustiflora HK.f.(凤仙花科)
狭花马钱(广西植物名录)=牛眼马钱
狭花芒毛苣苔 Aeschynanthus wardii Merr.(苦苣苔科)
狭花牛奶菜 Marsdenia stenantha Hand.-Mazz.(萝藦科)
狭花欧氏马先蒿(新)Pedicularis oederi subsp. oederi var. angustiflora (Limpr.) Tsoong(玄参科),*欧氏马先蒿欧氏亚种狭花变种*
狭花心萼薯(植物志 64-1)=齿萼薯
狭花紫堇 Corydalis angustiflora C.Y.Wu(罂粟科)
狭基变种(植物志 66)=石疙蔺
狭基叉蕨 Tectaria polymorpha var. subcuneata Ching & C.H.Wang(叉蕨科)
狭基巢蕨(中药辞海)=狭翅巢蕨
狭基钩毛蕨(台湾志)=峨眉钩毛蕨
狭基钩毛蕨 Cyclogramma leveillei (Christ) Ching (金星蕨科)
狭基毛蕨 Cyclosorus cuneatus Ching ex Shing (金星蕨科)
狭基蹄盖蕨 Athyrium mehrae Bir.(蹄盖蕨科),*西藏蹄盖蕨*
狭荚黄芪 Astragalus stenoceras C.A.Mey.(豆科)
狭尖叶粗叶木(高等图鉴)=台湾粗叶木
狭尖叶桂樱 Laurocerasus undulata f. elongata (Koehne) Yü & Lu(蔷薇科)
狭脚金星蕨 Parathelypteris borealis (Hara) Shing(金星蕨科),*太白山金星蕨*(
狭脚毛蕨 Cyclosorus stenopes Ching & Shing ex Shing (金星蕨科)
狭茎栗寄生 Korthalsella japonica var. fasciculata (Van Tiegh.) H.S.Kiu(桑寄生科)
狭矩芒毛苣苔 Aeschynanthus angustioblongus W.T.Wang (苦苣苔科)
狭距紫堇 Corydalis kokiana Hand.-Mazz.(罂粟科)
狭盔高乌头 Aconitum sinomontanum var. angustius W.T.Wang(毛茛科),*狭叶牛扁*
狭盔马先蒿 Pedicularis stenocorys Franch.(玄参科),*狭盔马先蒿狭盔亚种狭盔变种*
狭盔马先蒿黑毛亚种(植物志 68)=黑毛狭盔马先蒿
狭盔马先蒿狭盔亚种极狭变种(植物志 68)=极狭马先蒿(新)
狭盔马先蒿狭盔亚种狭盔变种(植物志 68)=狭盔马先蒿
狭盔乌头 Aconitum angusticassidatum Steinb.(毛茛科)
狭裂白蒿 Artemisia kanashiroi Kitam.(菊科),*白蒿,康拉巴*
狭裂瓣蕊唐松草 Thalictrum petaloideum var. supradecompositum (Nakai) Kitag.(毛茛科)
狭裂薄叶铁线莲 Clematis gracilifolia var. dissectifolia W.T.Wang & M.C.Chang(毛茛科)
狭裂假福王草 Paraprenanthes longiloba Ling & Shih (菊科)
狭裂马蹄莲 Zantedeschia angustiloba (Schott) Engl. (天南星科)
狭裂马先蒿 Pedicularis angustiloba Tsoong(玄参科)
狭裂三角齿马先蒿(新)Pedicularis triangularidens subsp. triangularidens var. angustiloba Tsoong(玄参科),*三角齿马先蒿三角齿亚种狭裂变种*
狭裂太行铁线莲 Clematis kirilowii var. chanetii (Lévl.) Hand.-Mazz.(毛茛科)
狭裂乌头 Aconitum refractum (Finet & Gagn.) Hand.-Mazz.(毛茛科)
狭裂延胡索(拉汉名称和手册)=齿瓣延胡索
狭裂中印铁线莲 Clematis tibetana var. lineariloba W.T.Wang(毛茛科)
狭裂珠果黄堇(东北检索表)=珠果黄堇
狭鳞巢蕨 Neottopteris grevillei (Wall.) J.Sm.(铁角蕨科)
狭鳞鳞毛蕨 Dryopteris stenolepis (Bak.) C.Chr.(鳞毛蕨科)
狭鳞双盖蕨 Diplazium stenolepis Ching(蹄盖蕨科)
狭菱形翠雀花 Delphinium angustirhombicum W.T.Wang (毛茛科)
狭囊薹草 Carex cruenta Nees(莎草科),*红鳞薹草*
狭浅裂苦瓜掌 Echidnopsis angustiloba Druce & Bally.(萝藦科)
狭腔芹 Stenocoelium athamantoides (M.B.) Ledeb. (伞形科)
狭腔芹属 Stenocoelium Ledeb.(伞形科)
狭舌垂头菊 Cremanthodium stenoglossum Ling & S.W.Liu(菊科)
狭舌多榔菊 Doronicum stenoglossum Maxim.(菊科)
狭舌毛冠菊 Nannoglottis gynura (C.Winkl.) Ling & Y.L.Chen (菊科)
狭舌米尔顿兰 Miltonia stenopglossa Schltr.(兰科)
狭身蹄盖蕨(蕨类形态)=希陶蹄盖蕨
狭矢叶海芋 Alocasia micholitziana Sander (天南星科)
狭室马先蒿 Pedicularis stenotheca Tsoong(玄参科)
狭穗八宝 Hylotelephium angustum (Maxim.) H. Ohba (景天科),*狭穗景天,狮儿草*
狭穗大麦 Hordeum stenostachys Godron (禾本科)
狭穗景天(湖北志)=狭穗八宝
狭穗孔岩草 Kungia schoenlandii var. stenostachya (Fröd.) K.T.Fu(景天科)
狭穗阔蕊兰 Peristylus densus (Lindl.) Santap.(兰科),*狭穗鹭兰,倒杆章,狭穗露兰*
狭穗露兰(中草药汇编)=狭穗阔蕊兰
狭穗鹭兰(广州志)=狭穗阔蕊兰
狭穗石莲(植物志 34-1)=弯毛孔岩草
狭穗石莲花(秦岭志)=弯毛孔岩草
狭穗石莲全缘变种(分类学报增刊)=弯毛孔岩草
狭穗薹草 Carex ischnostachya Steud.(莎草科)
狭穗瓦松(植物志 34-1)=弯毛孔岩草
狭穗针茅 Stipa regeliana Hack.(禾本科),*紫花芨芨草*
狭缩毛蕨 Cyclosorus contractus Ching ex Shing (金星蕨科)
狭头风毛菊 Saussurea dielsiana Koidz.(菊科)
狭托叶堇菜 Viola angustistipulata Chang(堇菜科)
狭哇乌蔹莓 Cayratia mollissima var. lanceolata C.L.Li (葡萄科)
狭倭叶竹(南大学报)=狭叶倭竹
狭夏枯草(新)Prunella vulgaris var. lanceolata (Barton) fernald(唇形科)
狭线叶猪屎豆 Crotalaria linifolia var. stenophylla (Vogel) Chun-yu Yang(豆科)
狭小杉兰(新) Huperzia selago f. angustinus (Christ) Hert.?(石杉科)
狭序翠雀花 Delphinium wrightii Chen(毛茛科)
狭序鸡矢藤 Paederia stenobotrya Merr.(茜草科)
狭序拉拉藤 Galium saurense Litw.(茜草科)
狭序泡花树 Meliosma paupera Hand.-Mazz.(清风藤科)
狭序唐松草 Thalictrum atriplex Finet & Gagn.(毛茛科)
狭眼凤尾蕨 Pteris biaurita L.(凤尾蕨科)
狭叶艾(河北)=野艾蒿
狭叶艾(湖南)=五月艾
狭叶艾(苏南植物手册)=蒌蒿
狭叶艾纳香 Blumea tenuifolia C.Y.Wu(菊科)
狭叶安兰(分类学报)=狭叶带唇兰
狭叶八月瓜(植物志 29)=五月瓜藤
狭叶巴戟天(海南志)=狭叶鸡眼藤
狭叶白蝶兰(植物学研究)=狭叶白蝶兰
狭叶白蝶兰 Pecteilis radiata (Thunb.) Rafin.(兰科),*狭叶白蝶兰*
狭叶白花野大豆 Glycine soja var. albiflora f. angustifolia P.Y.Fu & Y.A.Chen? (豆科)
狭叶白花野大豆 Glycine soja var. albiflora f. angustifolia P.Y.Fu & Y.A.Chen? (豆科)
狭叶白及(中草药汇编)=黄花白
狭叶白前 Cynanchum stenophyllum Hemsl.(萝藦科)
狭叶白芷(东北检索表)=狭叶短毛独活
狭叶百部(植物志 13-3)=云南百部
狭叶败酱(贵州草药)=窄叶败酱
狭叶斑籽 Baliospermum angustifolium Y.T. Chang (大戟科)
狭叶薜荔(中药大辞典)=爬藤榕
狭叶变型(植物志 65-2)=白花糙苏(新)
狭叶变型(植物志 65-2)=狭圆叶筋骨草(新)
狭叶变种(Flora 17)=石疙蔺
狭叶变种(Flora 17)=狭叶夏枯草
狭叶变种(植物志 65-2)=黑花糙苏
狭叶变种(植物志 65-2)=夏枯草
狭叶变种(植物志 65-2,Flora 17)=鬼灯笼树
狭叶变种(植物志 65-2,Flora 17)=狭叶金疮小草(新)
狭叶变种(植物志66,Flora 17)=狭叶毛水苏(新)
狭叶变种(植物志 74)=狭叶马兰(新)
狭叶变种(植物志 74)=狭叶三脉紫菀(新)
狭叶变种(植物志 74)=狭叶小舌紫菀(新)
狭叶菜豆(海南志)=贼小豆
狭叶草原石头花 Gypsophila davurica var. angustifolia Fenzl(石竹科)
狭叶梣 Fraxinus baroniana Diels(木犀科),*披针叶白蜡树*
狭叶叉柱花 Staurogyne stenophylla Merr. & Chun (爵床科),*叉柱花*

狭叶茶 Camellia angustifolia Chang(山茶科)
狭叶柴胡(中药志,药典 2000)=红柴胡
狭叶长舌茶竿竹 Pseudosasa nanunica var. angustifolia S.L.Chen & G.Y.Sheng(禾本科)
狭叶长药八宝 Hylotelephium spetabele var. angustifolium (Kitag.) S.H.Fu (景天科),*狭叶长药景天*
狭叶长药景天(东北检索表)=狭叶长药八宝
狭叶巢蕨(海南志)=长叶巢蕨
狭叶巢蕨 Neottopteris simonsiana (HK.) J.Sm. (铁角蕨科)
狭叶齿缘草 Eritrichium angustifolium Lian & J. Q.Wang (紫草科)
狭叶赤车 Pellionia subundulata var. angustifolia W.T.Wang (荨麻科)
狭叶垂头菊 Cremanthodium angustifolium W. W.Sm. (菊科)
狭叶垂序木蓝 Indigofera pendula var. umbrosa (Craib) Y.Y.Fang & C.Z.Zheng(豆科)
狭叶刺蕊草 Pogostemon dielsianus Dunn(唇形科)
狭叶丛菔 Solms-Laubachia pulcherrima var. angustifolia O.E.Schulz(十字花科)
狭叶粗涩溲疏 Deutzia scabra var. angustifolia Voss (虎耳草科)
狭叶带唇兰 Tainia angustifolia (Lindl.) Benth. & HK.f. (兰科),*狭叶安兰*
狭叶当归 Angelica anomala Ave-Lall.(伞形科),*库页白芷,白山独活,额水独活,异形当归,水大活*
狭叶点地梅 Androsace stenophylla (Petitm.) Hand.-Mazz.(报春花科)
狭叶吊灯花 Ceropegia stenophylla Schneid.(萝藦科)
狭叶吊兰 Chlorophytum chinense Bur. & Franch. (百合科)
狭叶东北牛防风(东北草本志)=狭叶短毛独活
狭叶冬青(秦岭志)=线叶冬青
狭叶冬青 Ilex fargesii Franch.(冬青科),*法氏冬青,城口冬青*
狭叶豆蔻 Amomum jingxiense D.Fang & D.H. Qin (姜科)
狭叶独脚金 Striga angustifolia (D.Don) C.J. Sald. (玄参科)
狭叶杜香(高等图鉴,内蒙志)=杜香
狭叶短毛独活 Heracleum moellendorffii var. subbipinnatum (Franch.) Kitag.(伞形科),*狭叶白芷,狭叶东北牛防风,多裂叶短毛独活*
狭叶短期茅 Glyceria spiculosa (F.Schm.) Roshev. (禾本科),*小穗甜茅*
狭叶短檐苣苔 Tremacron obliquifolium K.Y. Pan (苦苣苔科)
狭叶多脉胡椒 Piper submultinerve var. nandanicum Tseng (胡椒科)
狭叶鹅耳枥 Carpinus fargesiana var. hwai (Hu & Cheng) P.C.Li(桦木科)
狭叶鹅观草 Roegneria sinica var. angustifolia C. P.Wang & H.L.Yang(禾本科)
狭叶鹅掌柴 Schefflera angsutifoliolata C.N.Ho (五加科),*狭叶鸭脚木*
狭叶耳唇兰 Otochilus fuscus Lindl.(兰科)
狭叶方竹 Chimonobambusa angustifolia C.D. Chu & C.S.Chao(禾本科),*线叶方竹*
狭叶费菜 Phedimus aizoon var. yamatutae (Kitag.) H.Ohba et al.(景天科),*狭叶土三七*
狭叶粉苞苣 Chondrilla juncea L.(菊科)
狭叶缝线海桐 Pittosporum perryanum var. linearifolium Chang & Yan(海桐花科)
狭叶凤尾蕨 Pteris henryi Christ(凤尾蕨科),*亨利凤尾蕨,猪毛草,剿鸡尾草,小凤尾草,新凤尾草*
狭叶扶芳藤 Euonymus fortunei f. angustifolius Hara (卫矛科)
狭叶附地菜 Trigonotis compressa Johnst.(紫草科)
狭叶钩粉草 Pseuderanthemum couderci R.Ben. (爵床科)
狭叶谷精草 Eriocaulon angustulum W.L.Ma(谷精草科)
狭叶谷木 Memecylon lanceolatum Blanco(野牡丹科),*革叶羊角扭*
狭叶贯众蕨(台湾志)=尖羽贯众
狭叶光萼荷 Aechmea angustifolia Poepp. & Endl. (凤梨科)
狭叶桂北木姜子 Litsea subcoriacea var. stenophylla Yang & P.H.Huang(樟科)
狭叶桂樱 Laurocerasus zippeliana f. angustifolia Yü & Lu(蔷薇科)
狭叶海金沙 Lygodium microstachyum Desv.(海金沙科)
狭叶海金子 Pittosporum illicioidea var. stenophyllum P.L.Chiu (海桐花科)
狭叶海桐 Pittosporum glabratum var.neriifolium Rehd. & Wils.(海桐花科),*广栀仁,黄栀子,金刚口摆,山栀子,狭叶厓子花,斩蛇剑*
狭叶海桐 Pittosporum phillyraeoides DC.(海桐花科)
狭叶含笑 Michelia angustioblonga Law & Y.F. Wu (木兰科)
狭叶韩信草(广州志)=半枝莲
狭叶汉城蝇子草 Silene seoulensis var.angustata C.L.Tang (石竹科)
狭叶蒿(吉林)=白山蒿
狭叶蒿(江苏)=蒙古蒿
狭叶荷秋藤(植物志 63)=荷秋藤
狭叶黑三棱 Sparganium stenophyllum Maxim. ex Meinsh.(黑三棱科)
狭叶黑紫兰 Nigritella angustifolia (兰科)
狭叶红粉白珠 Gaultheria hookeri var. angustifolia C.B.Clarke (杜鹃花科)
狭叶红光树 Knema cinerea var. glauca (Bl.) Y. H.Li (肉豆蔻科)
狭叶红花灰叶(海南志)=狭叶红灰毛豆
狭叶红灰毛豆 Tephrosia coccinea var. stenophylla Hosokawa (豆科),*狭叶红花灰叶*
狭叶红景天 Rhodiola kirilowii (Rgl.) Maxim. (景天科),*狮子七,狮子草,九头狮子七,涩疙瘩,高壮景天,长茎红景天,大株红景天,大鳞红景天,宽狭叶红景天,条叶红景天,壮健红景天*
狭叶红紫珠 Callicarpa rubella f. angustata P'ei (马鞭草科)
狭叶胡椒 Piper angustifolium Ruiz. & Pav.(胡椒科)
狭叶虎耳草 Saxifraga angustata H.Sm. (虎耳草科)
狭叶虎皮楠 Daphniphyllum angustifolium Hutch. (虎皮楠科)
狭叶花椒 Zanthoxylum stenophyllum Hemsl.(芸香科)
狭叶花佩菊 Faberia nanchuanensis Shih(菊科)
狭叶花柱草 Stylidium tenellum Swartz (桔梗科),*柔丝滴草*
狭叶华南木姜子 Litsea greenmaniana var. angustifolia Yang & P.H.Huang(樟科)
狭叶滑叶藤 Clematis fasciculiflora var. angustifolia Comb.(毛茛科)
狭叶画眉草 Eragrostis stenophylla Hochst.(禾本科)
狭叶槐 Sophora stenophylla A.Gray (豆科)
狭叶黄精 Polygonatum stenophyllum Maxim. (百合科)
狭叶黄牛奶树(植物志 60-2)=黄牛奶树
狭叶黄芪 Astragalus angustifoliolatus K.T.Fu (豆科)
狭叶黄芩 Scutellaria regeliana Nakai(唇形科)
狭叶黄檀 Dalbergia stenophylla Prain(豆科),*黔黄檀*
狭叶黄藤 Daemonorops angustifolia Mart.(棕榈科)
狭叶黄杨 Buxus stenophylla Hance(黄杨科)
狭叶幌伞枫 Heteropanax fragrans var.attenuatus C.B.Clarke(五加科)
狭叶灰叶柳 Salix spodiophylla f. angustifolia C.F.Fang (杨柳科)
狭叶鸡桑 Morus australis var. oblongifolia Cao (桑科)
狭叶鸡矢藤 Paederia stenophylla Merr.(茜草科)
狭叶鸡眼藤 Morinda brevipes var. stenophylla Chun & How(茜草科),*狭叶巴戟天*
狭叶姬蕨 Hypolepis tenera Ching(姬蕨科)
狭叶假繁缕(高等图鉴)=细叶孩儿参
狭叶假马鞭 Stachytarpheta angustifolia (Mill.) Vah (马鞭草科)
狭叶假人参 Panax pseudoginseng var. angustifolius (Burkill) Li (五加科),*狭叶竹节参,土田七*
狭叶假蹄盖蕨(武汉植物学研究)=昆明假蹄盖蕨
狭叶尖头藜 Chenopodium acuminatum subsp. virgatum (Thunb.) Kitam.(藜科)
狭叶剪秋罗(植物志 26)=林奈蝇子草
狭叶碱毛茛 Halerpestes lancifolia (Bert.) Hand.-Mazz. (毛茛科)
狭叶豇豆 Vigna acuminata Hay.(豆科)
狭叶金疮小草(新)Ajuga decumbens var. oblancifolia Sun ex C.H.Hu(唇形科),*狭叶变种*
狭叶金粉蕨(高等图鉴)=蚀盖金粉蕨
狭叶金粉蕨 Onychium angustifrons Ching(中国蕨科)
狭叶金鸡纳(植物志 71-1)=金鸡纳树
狭叶金石斛 Flickingeria angustifolia (Bl.) Hawkes (兰科)
狭叶金丝桃 Hypericum linarifolium Vahl.(藤黄科)
狭叶金粟兰 Chloranthus angustifolius Oliv.(金粟兰科)
狭叶金星蕨(蕨类图说)=延羽卵果蕨
狭叶金星蕨 Parathelypteris angustifrons (Miq.) Ching (金星蕨科),*小梯呈副金星蕨*
狭叶金盏苣苔 Isometrum lancifolium var. tsingchenshanicum W.T.Wang & K.Y.Pan(苦苣苔科)
狭叶锦鸡儿 Caragana stenophylla Pojark.(豆科),*皮溜刺,母猪刺*
狭叶荆芥 Nepeta souliei Lévl.(唇形科)
狭叶卷耳(植物志 26)=卷耳
狭叶绢毛悬钩子 Rubus lineatus var. angustifolius HK.f. (蔷薇科)
狭叶蕨(广州志)=薄叶碎米蕨
狭叶爵床(台湾志)=两广线叶爵床

狭叶爵床 Rostellularia procumbens var. linearifolia (Yamamoto) S.S.Ying(爵床科)
狭叶咖啡 Coffea stenophylla G.Don(茜草科)
狭叶康定柳 Salix paraplesia f. lanceolata C. Wang & C.Y.Yu(杨柳科)
狭叶拉拉藤 Galium elegans var. angustifolium Cuf. (茜草科)
狭叶蜡莲绣球(分类学报)=蜡莲绣球
狭叶兰香草 Caryopteris incana var. angustifolia S.L.Chen & R.L.Guo(马鞭草科)
狭叶藜芦 Veratrum stenophyllum Diels(百合科)
狭叶綟木(广州志)=狭叶珍珠花
狭叶链珠藤 Alyxia schlechteri Lévl.(夹竹桃科)
狭叶蓼 Polygonum angustifolium Pall.(蓼科)
狭叶鳞果星蕨 Lepidomicrosorium angustifolium Ching & Shing(水龙骨科)
狭叶鳞毛蕨 Dryopteris angustifrons (HK.) O. Ktze. (鳞毛蕨科)
狭叶陵齿蕨 Lindsaea changii C.Chr.(陵齿蕨科)
狭叶瘤果茶 Camellia neriifolia Chang(山茶科)
狭叶瘤足蕨 Plagiogyria angustipinna Ching(瘤足蕨科)
狭叶龙胆(内蒙)=三花龙胆
狭叶龙舌兰 Agave angustifolia Haw.(石蒜科)
狭叶龙头草 Meehania pinfaensis (Lévl.) Sun ex C.Y.Wu (唇形科),*狭叶美汉花*
狭叶楼梯草 Elatostema lineolatum var. majus Wedd.(荨麻科),*冷清草,鱼公草,豆瓣七,万年青*
狭叶露珠草 Circaea alpina subsp. angustifolia (Hand.-Mazz.) Boufford(柳叶菜科)
狭叶罗汉松 Podocarpus macrophyllus var. angustifolius Bl.(罗汉松科)
狭叶萝藦(四川)=杠柳
狭叶落地梅 Lysimachia paridiformis var. stenophylla Franch.(报春花科),*背花草,灯台草,公接骨丹,惊风草,破凉伞,伞叶排草,狭叶排草,小凉伞,一把伞,追风伞*
狭叶落新妇 Astilbe rivularis var.angustifoliolata Hara (虎耳草科)
狭叶马兰(新)Kalimeris indica var. stenophylla Kitam. (菊科),*狭叶变种*
狭叶马钱(中草药汇编)=牛眼马钱
狭叶马牙黄堇 Corydalis mayae var. stenophylla (Fedde) C.Y.Wu(罂粟科)
狭叶马缨花 Rhododendron delavayi var. peramoenum (Balf.f. & Forr.) T.L.Ming(杜鹃花科),*悦人杜鹃*
狭叶芒毛苣苔 Aeschynanthus angustissimus (W.T.Wang) W.T.Wang(苦苣苔科)
狭叶毛蕨 Cyclosorus pumilus Ching ex Shing (金星蕨科)
狭叶毛鳞蕨 Tricholepidium angustifolium Ching (水龙骨科)
狭叶毛水苏(新) Stachys baicalensis var. angustifolia Honda (唇形科),*狭叶变种*
狭叶美汉花(分类学报)=狭叶龙头草
狭叶美洲卫矛 Euonymus americanus var. angustifolius (Prush.) Wood.(卫矛科)
狭叶米口袋 Gueldenstaedtia stenophylla Bge. (豆科),*地丁*
狭叶密花树(云南志,植物志 58)=广西密花树
狭叶母草 Lindernia micrantha D.Don(玄参科),*陌上香椒,蛇儿草,蛇舌草,田素香,田香蕉,羊角草,羊角桃,窄叶母草*
狭叶牡丹(植物志 27)=紫牡丹
狭叶牡蒿 Artemisia angustissima Nakai(菊科)
狭叶木犀 Osmanthus attenuatus P.S.Green(木犀科)
狭叶木犀榄 Olea neriifolia Li(木犀科)
狭叶南边杜鹃 Rhododendron meridionale var. minor Tam(杜鹃花科)
狭叶南星 Arisaema angustatum Franch. & Sav. (天南星科)
狭叶南烛(树木分类学)=狭叶珍珠花
狭叶牛扁(天目药志)=狭盔高乌头
狭叶女贞 Ligustrum angustum Miao(木犀科)
狭叶糯米团 Gonostegia pentandra var. hypericifolia (Bl.) Masamune(荨麻科),*石薯,气骨,石珠子,南密花蚌巢草*
狭叶糯米团 Pouzolzia pentandra (Roxb.) Wedd. (荨麻科),*南密花蚌巢草*
狭叶欧洲卫矛 Euonymus europaeus var. angustifolius Reichb.(卫矛科)
狭叶排草(中药大辞典)=狭叶落地梅
狭叶泡花树 Meliosma angustifolia Merr.(清风藤科),*香椿木,鸡胆,鸡腿树,鹧鸪木*
狭叶佩兰(新)Eupatorium fortunei var. angustilobum Ling? (菊科)
狭叶盆距兰 Gastrochilus linearifolius Z.H.Tsi (兰科)
狭叶蓬莱葛 Gardneria angustifolia Wall.(马钱科),*黑骨藤,黑老头,大种黑骨头,小血光藤,光叶蓬莱葛*
狭叶瓶尔小草 Ophioglossum thermale Kom.(瓶尔小草科),*温泉瓶尔小草*
狭叶坡垒 Hopea chinensis Hand.-Mazz.(龙脑香科),*万年木*
狭叶葡萄 Vitis tsoii Merr.(葡萄科)
狭叶蒲桃 Syzygium tsoongi (Merr.) Merr. & Perry (桃金娘科)
狭叶荨麻 Urtica angustifolia Fisch. ex Hornem. (荨麻科),*螫麻子,哈拉海,荨麻,焮麻,火麻*
狭叶茜草(广西药用名录)=四轮草
狭叶茄 Solanum angustifolium Mill.(茄科)
狭叶青海大戟(沙漠志)=沙生大戟
狭叶青蒿(高等图鉴)=龙蒿
狭叶青苦竹 Pleioblastus chino var. hisauchii Makino (禾本科)
狭叶青藤 Illigera rhodantha var. angustifoliolata Y.R.Li (莲叶桐科)
狭叶求米草 Oplismenus undulatifolius var. imbecillis (R.Br.) Hack.(禾本科)
狭叶球核荚蒾 Viburnum propinquum var.mairei W.W.Sm. (忍冬科),*滇南兴山荚蒾*
狭叶忍冬 Lonicera angustifolia Wall. ex DC.(忍冬科)
狭叶榕(云南中草药)=竹叶榕
狭叶润楠 Machilus rehderi Allen(樟科)
狭叶赛爵床 Calophanoides loheri (C.B.Clarke) Bremek.(爵床科)
狭叶三脉紫菀(新)Aster ageratoides var. gerlachii (Hance) Chang(菊科),*狭叶变种*
狭叶沙参 Adenophora gmelinii (Spreng.) Fisch (桔梗科).,*柳叶沙参,厚叶沙参*
狭叶沙生大戟(内蒙志)=沙生大戟
狭叶山矾 Symplocos cochinchinensis var. angustifolia (Guill.) Noot.(山矾科)
狭叶山梗菜 Lobelia colorata Wall.(桔梗科)
狭叶山胡椒 Lindera angustifolia Cheng(樟科),*鸡婆子,小鸡条,见风消,香叶子树*
狭叶山黄麻 Trema angustifolia (Planch.) Bl.(榆科),*小麻筋木,细尖叶谷木树,野婆树*
狭叶山姜 Alpinia graminifolia D.Fang & G.Y. Lo (姜科)
狭叶山兰 Oreorchis micrantha Lindl.(兰科),*四裂山兰*
狭叶山榄 Planchonella clemensii (Lecomte) P. Royen (山榄科)
狭叶山黧豆 Lathyrus krylovii Serg.(豆科)
狭叶山罗花(新)Melampyrum roseum var. setaceum Maxim.(玄参科),*山罗花狭叶变种*
狭叶山蚂蝗 Desmodium stenophyllum Pamp. (豆科)
狭叶山芹 Ostericum sieboldii var. praeteritum (Kitag.) Huang(伞形科)
狭叶山香圆 Turpinia montana var. stenophylla (Merr. & Perry) T.Z.Hsu(省沽油科)
狭叶山野豌豆 Vicia amoena var. oblongifolia Regel(豆科),*山野豌豆,狭叶野豌豆*
狭叶山月桂 Kalmia angustifolia L.(杜鹃花科),*矮山月桂*
狭叶蛇葡萄 Ampelopsis delavayana var. tomentella (Diels & Gilg) C.L.Li(葡萄科)
狭叶十大功劳(福建,江西)=十大功劳
狭叶十大功劳 Mahonia angusifolia (Hartw.) Fedde (小檗科)
狭叶石韦 Pyrrosia stenophylla (Bedd.) Ching(水龙骨科)
狭叶石竹 Dianthus semenovii (Rgl. & Herd.) Vierh. (石竹科)
狭叶束尾草 Phacelurus latifolius var. angustifolius (Debeaux.) Keng(禾本科),*乌秋,芦秋,立秋*
狭叶水竹叶 Murdannia kainantensis (Masam.) Hong(鸭跖草科),*牛轭草*
狭叶四叶葎 Galium bungei var. angustiflolium (Loesen.) Cuf.(茜草科)
狭叶四照花(高等图鉴)=尖叶四照花
狭叶溲疏 Deutzia esquirolii (Lévl.) Rehd.(虎耳草科),*柳叶溲疏*
狭叶酸模 Rumex stenophyllus Ledeb.(蓼科)
狭叶碎米荠 Cardamine stenoloba Hemsl.(十字花科),*狭叶弯蕊芥*
狭叶台南星 Arisaema formosanum var. stenophyllum Hay.(天南星科)
狭叶薹草(新)Carex stenophylla Wahlb.(禾本科),*细叶苔草*
狭叶太白山五加 Acanthopanax stenophyllus f. angustissimus Rehd.?(五加科)
狭叶桃叶珊瑚 Aucuba chinensis subsp. chinensis var. angusta Wang(山茱萸科)
狭叶藤蕨 Stenochlaena tenuifolia (Desv.) Moore (光叶蕨科)
狭叶藤五加 Acanthopanax leucorrhizus var. scaberulus Harms & Rehd.(五加科)
狭叶蹄盖蕨(蕨类图说)=中华蹄盖蕨
狭叶蹄盖蕨 Athyrium flabellulatum (Clarke) Tard.-Blot (蹄盖蕨科)
狭叶天料木 Homalium stenophyllum Merr. & Chun(大风子科),*海南天料木*
狭叶天仙果 Ficus erecta var. beecheyana f. koshunensis (Hay.) Corner(桑科)
狭叶铁草鞋(植物志 63)=铁草鞋
狭叶铁角蕨 Asplenium soortechinii Bedd.(铁角蕨科),*越南铁角蕨*
狭叶通泉草 Mazus lanceifolius Hemsl.(玄参科)
狭叶土沉香 Excoecaria acerifolia var. cuspidata (Muell.Arg.) Muell.Arg.(大戟科)
狭叶土三七(东北检索表)=狭叶费菜
狭叶兔儿风(高等图鉴)=华南兔儿风

狭叶兔儿风 Ainsliaea angustifolia HK.f. & Thoms. ex C.B.Clarke(菊科)
狭叶瓦尔的夫小檗 Berberis valdiviana var. gracilifolia Ahrendt (小檗科)
狭叶瓦韦 Lepisorus angustus Ching(水龙骨科)
狭叶弯脉蕨 Campyloneurum angustifolium (Sw.) Fee.(水龙骨科)
狭叶弯蕊芥(植物志 33)=狭叶碎米荠
狭叶微孔草 Microula stenophylla W.T.Wang(紫草科)
狭叶委陵菜 Potentilla stenophylla (Franch.) Diels (蔷薇科)
狭叶倭竹 Shibataea lanceifolia C.H.Hu(禾本科), *狭倭叶竹*
狭叶乌蕨(蕨类图谱)=蚀盖金粉蕨
狭叶无心菜 Arenaria yulongshanensis L.H. Zhou (石竹科)
狭叶五加 Acanthopanax wilsonii Harms(五加科)
狭叶五味子(河南志)=铁箍散
狭叶五味子 Schisandra lancifolia (Rehd. & Wils.) A.C.Sm.(木兰科), *黄袍,披针叶五味子,五味子,香石藤,小密细藤,小血藤*
狭叶五月茶(海南志)=柳叶五月茶
狭叶雾水葛 Pouzolzia angustifolia Wight(荨麻科)
狭叶西南红山茶 Camellia pitardii var. yunnanica Sealy(山茶科)
狭叶虾脊兰 Calanthe angustifolia (Bl.) Lindl. (兰科), *矮根节兰,小根节兰*
狭叶霞草(中药大辞典)=细叶石头花
狭叶显柱南蛇藤 Celastrus stylosus var. angustifolius C.Y.Cheng & T.C.Kao (卫矛科)
狭叶香茶菜 Isodon angsutifolius (Dunn) Kudô (唇形科)
狭叶香港远志 Polygala hongkongensis var. stenophylla (Hay.) Migo(远志科), *金锁匙,瓜子草,地丁草,狭叶远志,鸭舌子*
狭叶香科 Teucrium polium L.(唇形科)
狭叶香蒲(植物志 8)=蒲黄
狭叶小檗 Berberis graminea Ahrendt(小檗科)
狭叶小漆树 Toxicodendron delavayi var. angustifolium C.Y.Wu(漆树科)
狭叶小雀花 Campylotropis polyantha f. souliei (Schindl.) P.Y.Fu(豆科)
狭叶小舌紫菀(新)Aster albescens var. gracilior Hand.-Mazz.(菊科), *狭叶变种*
狭叶绣球(图谱)=柳叶绣球
狭叶绣球 Hydrangea lingii Hoo(虎耳草科), *林氏八仙花,林氏绣球,三柱常山,紫叶绣球*
狭叶绣线菊 Spiraea japonica var. acuminata Franch.(蔷薇科), *粉花绣线菊渐尖叶变种*
狭叶雪下红(植物志 58)=雪下红
狭叶鸦葱(植物志 80-1)=毛梗鸦葱
狭叶鸭脚木(分类学报)=狭叶鹅掌柴
狭叶芽胞耳蕨 Polystichum stenophyllum Christ (鳞毛蕨科), *芽胞耳蕨*
狭叶匡子花(广东)=狭叶海桐
狭叶崖爬藤 Tetrastigma serrulatum (Roxb.) Planch. (葡萄科)
狭叶岩爬藤(中药辞海)=叉须崖爬藤
狭叶沿阶草 Ophiopogon stenophyllus (Merr.) Rodrig. (百合科)
狭叶杨 Populus angustifolia James (杨柳科)
狭叶杨梅黄杨 Buxus myrica var. angustifolia Gagn. (黄杨科)
狭叶杨桐(广东志)=长梗杨桐
狭叶野丁香 Leptodermis potanini var. angustifolia Lo (茜草科)
狭叶野豌豆(中药辞海)=狭叶山野豌豆
狭叶一担柴 Colona thorelii (Gagn.) Burret(椴树科)
狭叶异型柳(植物志 20-2)=异型柳
狭叶阴香 Cinnamomum burmannii f.heyneanum (Nees) H.W.Li(樟科), *顺江木,大舒筋活血,狭叶樟*
狭叶银莲花(植物志 28)=疏齿银莲花
狭叶油茶 Camellia lanceoleosa Chang & Chiu ex Chang & Ren(山茶科)
狭叶疣囊薹草 Carex pallida var. angustifolia Y.L.Chang (莎草科)
狭叶羽扇豆 Lupinus angustifolius L.(豆科)
狭叶玉簪(新拉汉英)=高丛玉簪
狭叶鸢尾兰 Oberonia caulescens Lindl.(兰科), *二裂唇莪白兰*
狭叶圆穗蓼 Polygonum macrophyllum var. stenophyllum (Meisn.) A.J.Li(蓼科)
狭叶远志(浙江药志)=狭叶香港远志
狭叶越桔 Vaccinium angustifolium Ait.(杜鹃花科), *矮灌蓝莓*
狭叶早花悬钩子 Rubus preptanthus var. mairei (Lévl.) Yü & Lu (蔷薇科)
狭叶蚤休(药用志)=狭叶重楼
狭叶獐牙菜 Swertia angustifolia Buch.-Ham. ex D.Don (龙胆科)
狭叶樟(中药大辞典)=狭叶阴香
狭叶珍珠菜 Lysimachia pentapetala Bge.(报春花科)
狭叶珍珠花 Lyonia ovalifolia var. lanceolata (Wall.) Hand.-Mazz.(杜鹃花科), *狭叶南烛,狭叶線木,披针叶米饭花,灯笼草,蚂蚓骨*
狭叶砧草 Galium boreale var. angustifolium (Freyn) Cuf. (茜草科)
狭叶栀子 Gardenia stenophylla Merr.(茜草科), *野白蝉,花木,水黄枝*
狭叶重楼 Paris polyphylla var. stenophylla Franch. (百合科), *白重楼,半截烂,虫蒌,独角莲,高山七叶一枝花,海螺七,金酒壶,金钱重楼,九道箍,九重楼,烂屁股,六子含花,七叶一枝花,三台消,三重天,铁灯台,铜灯台,狭叶蚤休,小叶子重楼,小重楼,一盏灯*
狭叶帚菊 Pertya angustifolia Y.C.Tseng(菊科)
狭叶猪屎豆 Crotalaria ochroleuca G.Don(豆科)
狭叶竹节参(广西药用名录)=狭叶假人参
狭叶竹叶草 Oplismenus patens var.angustifolius (Chia) S.L.Chen & Y.X.Jin (禾本科)
狭叶锥莫尼亚 Drymonia stenophylla H.E.Moore (苦苣苔科)
狭叶兹姑(中药辞海)=野慈姑
狭叶紫金牛 Ardisia filiformis Walker(紫金牛科), *喘咳木,石龙胭,竹叶凉伞*
狭叶紫毛兜兰 Paphiopedilum villosum var. annamens Hort.(兰科)
狭叶紫萁 Osmunda angustifolia Ching(紫萁科)
狭叶醉鱼草(广西木本选编)=白背枫
狭翼风毛菊 Saussurea frondosa Hand.-Mazz. (菊科)
狭虉草 Phalaris angusta Nees (禾本科)
狭颖鹅观草 Roegneria angustiglumis (Nevski) Nevski (禾本科)
狭颖早熟禾 Poa angustiglumis Roshev.(禾本科)
狭羽凤尾蕨 Pteris stenophylla Wall. ex HK & Grev. (蕨科)
狭羽观音座莲 Angiopteris angustipinnula Ching (观音座莲科)
狭羽假毛蕨 Pseudocyclosorus angustipinnus Ching ex Y.X.Lin (金星蕨科)
狭羽节肢蕨 Arthromeris tenuicauda (HK.) Ching (水龙骨科)
狭羽鳞盖蕨 Microlepia angustipinna Ching(碗蕨科)
狭羽毛蕨(分类学报)=心祁毛蕨
狭羽毛蕨 Cyclosorus angustus Ching(金星蕨科)
狭羽拟水龙骨 Polypodiastrum argutum var. angustum Ching(水龙骨科)
狭圆叶筋骨草(新)Ajuga ovalifolia f. angustifolia (Diels) C.Y.Wu & C.Chen(唇形科), *狭叶变型*
狭锥福王草 Prenanthes faberi Hemsl.(菊科)
霞草(南京植物园名录)=长蕊石头花
霞草属(秦岭志)=**石头花属**
霞红报春(高等图鉴)=霞红灯台报春
霞红灯台报春 Primula beesiana Forr.(报春花科), *霞红报春*
霞山大戟(植物志 44-3)=大狼毒
霞山坭竹 Bambusa xiashanensis Chia & H.L. Fung (禾本科)
下巴子(内蒙古固阳)=粘毛黄芩
下垂白千层 Melaleuca armillaris Smith (桃金娘科)
下垂菜豆 Phaseolus demissus Kitagawa (豆科)
下垂鸽兰 Peristeria pendula HK.(兰科)
下垂黄皮花树(云南植物名录)=悬花水锦树
下垂山马蝗 Desmodium elegans var. nutans (HK.) Ohashi (豆科)
下垂石豆兰(新) Bulbophyllum secundum HK.f.? (兰科)
下垂小檗 Berberis declinata Schrad.(小檗科)
下垂延龄草 Trillium cernuum L.(百合科)
下风草(四川野生态)=小二仙草
下冈哇(青藏图鉴)=三果大通翠雀花
下冈哇(青海藏语)=大通翠雀花
下冈哇(青海藏族)=展毛翠雀花
下关溲疏(高等图鉴补编)=灌丛溲疏
下果藤(云南中草药选)=咀签
下花细辛 Asarum hypogynum Hay.? (马兜铃科)
下江忍冬 Lonicera modesta Rehd.(忍冬科), *素忍冬,右利子树,山钢盒*
下江委陵菜 Potentilla limprichtii J.Krause(蔷薇科), *浮尸草*
下可(维吾尔族名)=沙生蔗茅
下龙新木姜子 Neolitsea alongensis Lec.(樟科)
下面红(植物志 48-1)=青紫葛
下奶藤(云南)=通光散
下奶藤(云南药用名录)=黄苞大戟
下奶药(云南)=折叶萱草
下曲茴芹 Pimpinella refracta Wolff(伞形科)
下乳草(江西)=琴叶榕
下乳草(中药大辞典)=条叶榕
下山虎(广西)=滇白珠
下山虎(湖南通道)=雷公连
下山虎(湖南药物志)=商陆
下山虎(中药大辞典)=鸡眼藤
下山黄(广西)=滇白珠
下山连(广西药用名录)=藤麻
下山蜈蚣(广西博白)=百足藤
下田菊 Adenostemma lavenia (L.) O.Ktze.(菊科), *白龙须,风气草,汗苏麻,胖婆娘,仁皂刺,乳痈药,水胡椒,牙桑西哈,猪耳朵叶*

下田菊属 Adenostemma J.R. & G.Forst.(菊科)
下突苣苔属 Hypocyrta Mart.(苦苣苔科)
下弯东亚文殊兰(新) Crinum asiaticum var. declinatum Herb.?(石蒜科)
下弯杜鹃花 Rhododendron recurvoides Tagg & Ward.(杜鹃花科)
下弯发草 Deschampsia refracta (Lag.) Roem. & Schult.(禾本科)
下延叉蕨 Tectaria decurrens (Presl) Cop.(叉蕨科)
下延古当归(高等图鉴)=下延叶古当归
下延蕨萁 Botrypus decurrens (Ching) Ching (瓶尔小草科)
下延毛蕨 Cyclosorus attenuatus Ching ex Shing (金星蕨科)
下延石韦 Pyrrosia costata (C.Presl) Tagawa & K.Iwats. (水龙骨科)
下延香松 Libocedrus decurrens Torr.(柏科)
下延叶古当归 Archangelica decurrens Ledeb. (伞形科),*下延古当归,走马芹*
下延阴地蕨 Botrychium decurrens Ching(阴地蕨科)
下紫细辛 Asarum infrapurpureum Hay.(马兜铃科),*里紫细辛*
夏菠(福建)=江南越桔
夏草(河北,广西)=紫背金盘
夏侧金盏花 Adonis aestivalis L.(毛茛科)
夏橙 Citrus matsudai Hay.(芸香科)
夏丹参(江西)=丹参
夏豆(上海中草药)=蚕豆
夏风信子 Galtonia candicans Decne.(百合科),*蜘蛛莲*
夏风信子属 Galtonia Decne.(百合科)
夏弗塔雪轮 Silene schafta Gmel.(石竹科)
夏古贝(西藏)=水母雪兔子
夏河变种(植物志 74)=夏河云南紫菀(新)
夏河嵩草 Kobresia squamaeformis Y.C.Yang(莎草科)
夏河缬草 Valeriana xiaheensis L.C.Chiu(败酱科)
夏河云南紫菀(新)Aster yunnanensis var. labrangensis (Hand.-Mazz.) Ling(菊科),*夏河变种*
夏花绶草 Spiranthes aestivalis A.Rich.(兰科)
夏黄草(吉林中草药)=草木樨状黄芪
夏黄芪(东北检索表)=扁茎黄芪
夏季石藤(中国植物名录)=四川溲疏
夏菊(纲目)=旋覆花
夏枯菜(藏名)=夏枯草
夏枯草(滇南本草)=夏至草
夏枯草(东北药用图鉴)=山菠菜
夏枯草(云南曲靖)=灯笼草
夏枯草 Prunella vulgaris L.(唇形科), *白花变种,棒槌草,棒头花,滁州夏枯草,灯笼草,欧夏枯草,古牛草,牯牛岭,金疮小草,榔头草,锣锤草,麦穗夏枯草,麦夏枯,毛虫药,乃东,牛低头,丝线吊铜钟,铁色草,铁线夏枯,铁线夏枯草,土枇杷,夕句,夏枯菜,小本蛇药草,燕面,羊蹄尖,狭叶变种*
夏枯草属 Prunella L.(唇形科)
夏蜡梅 Calycanthus chinensis Cheng & S.Y. Chang (蜡梅科),*夏梅,牡丹木,大叶柴,蜡木,黄梅花*
夏蜡梅属 Calycanthus L.(蜡梅科),*洋蜡梅属,美国蜡梅属*
夏栎 Quercus robur L.(壳斗科),*欧洲白栎,橡树,橡子碗*
夏梅(林业科学)=夏蜡梅
夏眠鸢尾 Iris grantiduffii Baker (鸢尾科)
夏飘拂草 Fimbristylis aestivalis (Retz.) Vahl (莎草科)
夏葡萄 Vitis aestivalis Michx.(葡萄科)
夏水仙(苏南植物手册)=鹿葱
夏斯塔红果冷杉 Abies magnifica var. shastensis (Lemm.) Lermm.(松科)
夏菘(窥政全书)=青菜
夏天麻 Gastrodia flabilabella S.S.Ying(兰科),*黄唇赤箭*
夏天无 Corydalis decumbens (Thunb.) Pers.(罂粟科),*东北延胡索,洞里仙,伏地延胡索,伏生紫堇,落水珠,延胡索,野延胡,一粒金丹*
夏无踪(湖南药物志)=茅膏菜
夏无踪(江西)=单苞鸢尾
夏苋草(吉林中草药)=扁茎黄芪
夏须草 Theropogon pallidus Maxim.(百合科)
夏须草属 Theropogon Maxim.(百合科)
夏雪片莲 Leucojum aestivum L.(石蒜科)
夏至草(新拉汉英) =真夏至草(新)
夏至草 Lagopsis supina (Steph.) Ik-Gal. ex Knorr.(唇形科),*灯笼棵,夏枯草,白花夏枯,白花益母,益母草,小益母草*
夏至草属 Lagopsis Bge. ex Benth.(唇形科)
厦门老鼠簕 Acanthus ebracteatus var. xiamenensis (R.T.Zhang) C.Y.Wu & C.C.Hu (爵床科)
厦门小冠花 Coronilla buxifolia Hance?(豆科)

Xian

仙白草(药用志)=东风菜
仙柏(四川)=铁杉
仙半夏(纲目拾遗)=半夏
仙笔鹤顶兰 Phaius columnaris C.Z.Tang & S.J. Cheng (兰科)
仙草(东北)=大花金挖耳
仙草(分类学报,广东)=凉粉草
仙达龙血树(新拉汉英)=银叶龙血树
仙丹花属(树木分类学)=**龙船花属**
仙灯 Calochortus albus Dougl.(百合科)
仙豆(药用志)=蚕豆
仙鹤草(贵州民间药物)=镜子薹草
仙鹤草(伪药条辩)=黄龙尾
仙鹤草(中国药学大辞典)=龙芽草
仙鹤芝灵草(广州)=灵枝草
仙加树(华南植物园名录)=非洲楝
仙居苦竹 Pleioblastus hsienchuensis Wen (禾本科)
仙客来 Cyclamen persicum Mill.(报春花科),*兔耳花,兔子花,一品冠*
仙客来垂头菊 Cremanthodium cyclaminanthum Hand.-Mazz.(菊科)
仙客来蒲儿根 Sinosenecio cyclamniifolius (Franch.) B.Nord.(菊科)
仙客来属 Cyclamen L.(报春花科)
仙灵脾(雷公炮炙论)=淫羊藿
仙茅 Curculigo orchioides Gaertn.(石蒜科),*地棕,独脚仙茅,独茅,海南参,假虫草,尖刀草,婆罗门参,千年棕,山党参,山棕皮,仙茅参,小棕苞,芽瓜子*
仙茅参(云南)=仙茅
仙茅权威(陕西植物药调查)=华北鸦葱
仙茅摺唇兰(台湾志)=短穗竹茎兰
仙茅属 Curculigo Gaertn.(石蒜科)
仙牛桃(陕西)=点地梅
仙女木 Dryas octopetala L.(蔷薇科)
仙女木属 Dryas L.(蔷薇科),*多瓣木属*
仙女扇 Clarkia breweri Greene (柳叶菜科)
仙人伴(广东)=凉粉草
仙人棒属 Rhipsalis Gaertn.(仙人掌科)
仙人宝(经济植物手册)=圆扇八宝
仙人笔 Senecio articulatus (L.f.) Shultz-Bip.(菊科),*七宝树*
仙人草(广东梅县)=凉粉草
仙人冻(本草拾遗,广东)=凉粉草
仙人对座草(浙江,江西)=过路黄
仙人饭(云南)=滇黄精
仙人架桥(湖南)=长叶铁角蕨
仙人球 Echinopsis multiplex Zucc(仙人掌科)
仙人球 Echinopsis tubiflora (Pfeiff.) Zucc.(仙人掌科)
仙人球属 Echinopsis Zucc.(仙人掌科)
仙人撒网(厦门中草药)=蛇婆子
仙人头(江苏)=萝卜
仙人血树(海南)=密鳞紫金牛
仙人掌(滇志)=单刺仙人掌
仙人掌(广西百色)=胭脂掌
仙人掌 Opuntia stricta var. dillenii (Ker-Gawl.) Benson (仙人掌科),*观音刺,观音掌,老鸦舌,龙舌,神仙掌霸王,仙掌子,玉芙蓉,玉英*
仙人掌科 Cactaceae
仙人掌属 Opuntia Mill.(仙人掌科)
仙人杖(本草拾遗)= 淡竹
仙人杖(中药大辞典)=楤木
仙人指 Schlumbergera bridgesii (Lem.) Löfgr. (仙人掌科)
仙人指属 Schlumbergera Lemarire(仙人掌科)
仙术(纲目)=苍术
仙素莲 Cissus cactiformis Gilg (菊科)
仙台薹草 Carex sendaica Franch.(莎草科)
仙桃(川西俗称)=梨果仙人掌
仙桃(邱北)=短绢毛波罗蜜
仙桃草(陕西中草药)=小婆婆纳
仙桃草(四川中药志)=北水苦荬
仙桃草(中草药汇编)=蚊母草
仙霞铁线蕨 Adiantum juxtapositum Ching(铁线蕨科)
仙叶因宝草(鹤峰)=密腺小连翘
仙遗粮(滇南本草)=土茯苓
仙枣(云南元谋)=海枣
仙掌子(纲目拾遗)=仙人掌
先花象牙参 Roscoea praecox K.Schum.(姜科)
秈粟(纲目)=粱
籼稻 Oryza sativa subsp. indica Kato(禾本科),*籼米*
籼米(名实图考)=籼稻
鲜白头(江苏)=绵枣儿
鲜卑刺柏(Flora 4)=西伯利亚刺柏
鲜卑花 Sibiraea laevigata (L.) Maxim.(蔷薇科)
鲜卑花属 Sibiraea Maxim.(蔷薇科)
鲜卑落叶松(Flora 4)=新疆落叶松
鲜卑云杉(Flora 4)=新疆云杉
鲜卑紫菀(植物志 74)=西伯利亚紫菀
鲜豆苗(山东)=歪头菜
鲜红果红花槭 Acer rubrum var. drummondii (HK. & Arn.) Sarg.(槭树科)
鲜红花巢凤梨 Nidularium rutilans E.Morr.(凤梨科)
鲜黄北美香柏 Thuja occidentalis cv. Lutea (柏科)
鲜黄杜鹃 Rhododendron xanthostephanum Merr. (杜鹃花科)
鲜黄多花株木 Cornus florida cv. Rainbow (山茱萸科)

鲜黄连 Plagiorhegma dubia Maxim. (小檗科)
鲜黄连属 Plagiorhegma Maxim. (小檗科)
鲜黄欧亚槭 Acer pseudoplatanus f. corstorphinense Schwer.(槭树科)
鲜黄塔柏 Thuja occidentalis cv. Master Lutea (柏科)
鲜黄小檗 Berberis diaphana Maxim. (小檗科), *三颗针,黄花刺,黄檗*
鲜黄鸢尾 Iris crocea Jacq.(鸢尾科)
鲜苦楝(广西中药志)=鸦胆子
鲜绿杜鹃花 Rhododendron laetevirens Rehd.(杜鹃花科),*威氏杜鹃花*
鲜绿凸轴蕨 Metathelypteris singalanensis (Bak.) Ching (金星蕨科)
鲜生地(中草药汇编)=天目地黄
鲜新黄连属 Jeffersonia B.S.Barton (小檗科)
鲜艳杜鹃(植物学杂志)=锦锈杜鹃
暹罗安息香(英拉汉名称)=滇南安息香
暹罗柑(广东)=蕉柑
暹罗花(广东)=米仔兰
暹罗密桔(上海)=蕉柑
暹罗香菜(云南)=吉龙草
暹罗苎麻(中药大辞典)=束序苎麻
暹逻竹(台湾志)=泰竹
弦目(新拉汉英)=菱角掌
贤育柳叶箬(分类学报)=浙江柳叶箬
咸(名医别录)=玄参
咸卜子菜(中草药汇编)=野滨藜
咸酒(云南禄劝)=大叶茜草
咸匏(中草药汇编)=披针叶胡颓子
咸匏柴(福建)=福建胡颓子
咸沙草(海南)=狗牙根
咸沙木(广西)=羽叶楸
咸水矮让木(广东)=海榄雌
咸水草(广东)=短叶茳芏
咸水苇群 Phragmites australis grex salsuginosae L.Liu(禾本科)
咸酸果(广西)=酸藤子
咸酸蕴(生草药性备要)=白花酸藤子
咸虾草(福建草药)=藿香蓟
咸虾花(植物志 74)=茄叶斑鸠菊
咸虾花 Vernonia patula (Dryand.) Merr.(菊科), *大叶咸虾花,狗仔菜,狗仔花,鲫鱼草,牛鞭子草,晴蜓饭,展叶斑鸠菊,*
咸鱼草(广东)=葫芦茶
咸鱼柯(植物志 22)=挺叶柯
咸鱼郎树(海南)=光泽锥花
咸鱼头(海南)=白桐树
涎衣草(唐本草)=地肤
舷叶橐吾(高等图鉴)=舟叶橐吾
显苞灯心草 Juncus bracteatus Buchen.(灯心草科)
显苞过路黄 Lysimachia rubiginosa Hemsl.(报春花科)
显苞楼梯草 Elatostema bracteosum W.T.Wang (荨麻科)
显苞芒毛苣苔 Aeschynanthus bracteatus Wall. ex A.DC. (苦苣苔科)
显苞穗花马先蒿 Pedicularis spicata subsp. bracteata Tsoong (玄参科),*穗花马先蒿显苞亚种*
显苞乌头 Aconitum bracteolosum W.T.Wang(毛茛科)
显齿蛇葡萄 Ampelopsis grossedentata (Hand.-Mazz.) W.T.Wang(葡萄科),*红五爪金龙,苦茶,藤茶,乌蔹,甜茶藤*
显萼杜鹃 Rhododendron erythrocalyx Balf.f. & Forr. (杜鹃花科)
显耳玉山竹 Yushania auctiaurita Yi (禾本科)
显稃早熟禾 Poa insiginis Litw. ex Roshev.(禾本科)
显梗风毛菊 Saussurea peduncularis Franch.(菊科)
显花蓼 Polygonum japonicum var. conspicuum Nakai (蓼科)
显脊雀麦 Bromus carinatus HK. & Arn.(禾本科),*龙骨状雀麦*
显胶枞 Abies balsamea var. phanerolepis Ferl. (松科)
显孔崖爬藤 Tetrastigma lenticellatum C.Y.Wu ex W.T.Wang (葡萄科),*大五爪金龙*
显盔马先蒿 Pedicularis galeata Bonati(玄参科)
显绿杜鹃 Rhododendron viridescens Hutch.(杜鹃花科)
显脉安匝木 Pomaderris andromedifolia A.Cunn. (鼠李科)
显脉百里香 Thymus nervulosus Klok.(唇形科)
显脉柏氏参(分类学报)=显脉罗伞
显脉报春 Primula celsiaeformis Franch.(报春花科),*青葙报春*
显脉垂头菊 Cremanthodium nervosum S.W.Liu (菊科)
显脉大参 Macropanax chienii Hoo(五加科),*钱氏大参*
显脉冬青(福建志)=汝昌冬青
显脉冬青 Ilex editicostata Hu & Tang(冬青科), *凸脉冬青*
显脉杜英 Elaeocarpus dubius A.DC.(杜英科), *拟杜英*
显脉钝果寄生 Taxillus caloreas var. fargesii (Lecomte) H.S.Kiu(桑寄生科),*显脉松寄生*
显脉芬德勒美洲茶 Ceanothus fendleri var. venosus Trel.(鼠李科)
显脉贯众 Cyrtomium nervosum Ching & Shing(鳞毛蕨科),*长柄贯众,顺宁贯众*
显脉红花荷 Rhodoleia henryi Tong(金缕梅科)
显脉黄芩 Scutellaria reticulata C.Y.Wu & W.T. Wang (唇形科)
显脉寄生(分类学报)=显脉木兰寄生
显脉荚蒾 Viburnum nervosum D.Don(忍冬科), *心叶荚蒾*
显脉尖嘴蕨 Belvisia annamensis (C.Chr.) Tagawa (水龙骨科),*尖嘴蕨*
显脉金花茶 Camellia euphlebia Merr. ex Sealy (山茶科)
显脉蕨 Goniophlebium triseriale (Sw.) Wherry (水龙骨科)
显脉蕨 Phanerophlebia nobilis (Schlecht. & Cham) Presl (叉蕨科)
显脉蕨属(新拉汉英) =**露脉蕨属**(新)
显脉蕨属 Goniophlebium (Bl.) Presl (水龙骨科)
显脉拉拉藤 Galium kinuta Nakai & Hara(茜草科)
显脉瘤蕨 Phymatosorus membranifolius (R.Br.) S.G.Lu (水龙骨科)
显脉楼梯草 Elatostema longistipulum Hand.-Mazz. (荨麻科)
显脉罗伞 Brassaiopsis phanerophlebia (Merr. & Chun) C.N.Ho(五加科),*显脉柏氏参,显脉掌叶树*
显脉毛鳞蕨 Tricholepidium venosum Ching(水龙骨科)
显脉猕猴桃 Actinidia venosa Rehd.(猕猴桃科)
显脉密花豆 Spatholobus roxburghii var. denudatus Baker (豆科)
显脉木兰寄生 Taxillus limprichtii var. liquidambaricolus (Hay.) H.S.Kiu(桑寄生科),*显脉寄生,大叶桑寄生*
显脉木犀 Osmanthus hainanensis P.S.Green(木犀科)
显脉囊颖草 Sacciolepis striata (L.) Nash(禾本科),*美洲囊颖草*
显脉欧李(华北经济志要)=毛叶欧李
显脉棋子豆 Cylindrokelupha dalatensis (Kosterm.) T.L.Wu (豆科)
显脉青藤 Illigera nervosa Merr.(莲叶桐科)
显脉山绿豆 Desmodium reticulatum Champ. ex Benth. (豆科),*山地豆,假花生*
显脉山莓草 Sibbaldia phanerophylebia Yü & Li (蔷薇科)
显脉石蝴蝶 Petrocosmea nervosa Craib(苦苣苔科)
显脉石韦 Pyrrosia princeps (Mett.) Morton (水龙骨科)
显脉松寄生(云南志)=显脉钝果寄生
显脉天料木 Homalium phanerophlebium How & Ko (大风子科)
显脉娃儿藤(Flora 16)=景东娃儿藤
显脉瓦韦 Lepisorus venosus Ching & S.K.Wu (水龙骨科)
显脉委陵菜 Potentilla nervosa Juzep.(蔷薇科)
显脉乌头 Aconitum validinerve W.T.Wang(毛茛科)
显脉香茶菜 Isodon nervosus (Hemsl.) Kudô(唇形科),*蓝花柴胡,大叶蛇总管,藿香,山薄荷,铁菱角*
显脉小檗(新拉汉英)=血珠小檗
显脉小檗 Berberis phanera Schneid. (小檗科)
显脉新木姜子 Neolitsea phanerophlebia Merr. (樟科)
显脉星蕨 Microsorium zippelii (Bl.) Ching(水龙骨科),*威氏星蕨*
显脉旋覆花 Inula nervosa Wall.(菊科),*草威灵,黑根,黑威灵,铁脚威灵,铜脚葳灵,威灵仙,威录菊,乌草根,小黑药*
显脉雪兔子 Saussurea chionophora Hand.-Mazz. (菊科)
显脉羊蹄甲 Bauhinia glauca subsp. pernervosa (L.Chen) T.Chen(豆科),*多脉叶羊蹄甲,大夜关门,关门草,羊蹄风*
显脉野木瓜 Stauntonia conspicua R.H.Chang (木通科),*腺脉野木瓜*
显脉鸢尾兰 Oberonia acaulis Griff.(兰科)
显脉早熟禾 Poa nervosa (HK.) Vesey (禾本科)
显脉獐牙菜 Swertia nervosa (G.Don) Wall. ex C.B.Clarke (龙胆科),*翼梗獐牙菜,四棱草,叶脉獐牙菜*
显脉掌叶树(广西植物名录)=显脉罗伞
显脉胀果树参 Dendropanax inflatus f. promineus Tseng & Hoo(五加科)
显脉紫金牛 Ardisia alutacea C.Y.Wu & C.Chen (紫金牛科)
显鞘风毛菊 Saussurea rockii Anth.(菊科)
显穗薹草 Carex infossa var. extensa S.W.Su(莎草科)
显腺矢车菊 Centaurea nervosa Willd.(菊科)
显芽紫堇 Corydalis flaxuosa subsp. gemmipera (H.Chuang) C.Y.Wu(罂粟科)
显叶金莲花 Trollius pumilus var. foliosus (W.T. Wang) W.T.Wang(毛茛科)

显异薹草 Carex emineus Nees(莎草科)
显异唐菖蒲 Gladiolus insignis X.Paxt.(鸢尾科)
显柱楼梯草 Elatostema stigmatosum W.T.Wang (荨麻科)
显柱南蛇藤 Celastrus stylosus Wall.(卫矛科), *山货榔*
显柱乌头 Aconitum stylosum Stapf(毛茛科), *草乌*
显著马先蒿 Pedicularis insignis Bonati(玄参科)
显著相思树 Acacia spectabilis A.Cunn.(豆科)
显著小檗 Berberis insignis HK.f. & Thoms.(小檗科)
显著蝎尾蕉 Heliconia illustris Bull.(芭蕉科)
显子草 Phaenosperma globosa Munro ex Benth. (禾本科)
显子草属 Phaenosperma Munro ex Benth. & HK.f. (禾本科)
蚬壳花椒 Zanthoxylum dissitum Hemsl.(芸香科), *白皮两面针,白三百棒,大花椒,大叶花椒,单虎,单面针,黄椒根,见血飞,九白锤,麻疯刺,山椒根,铁杆椒,岩花椒,钻山虎*
蚬木 Excentrodendron hsienmu (Chun & How) H.T.Chang & R.H.Miau(椴树科)
蚬木属 Excentrodendron H.T.Chang & R.H. Miau (椴树科)
蚬肉海棠(梧州草药处方选)=四季海棠
苋帚草(中药大辞典)=水虱草
藓丛粗筒苣苔 Briggsia muscicola (Diels) Craib (苦苣苔科)
藓丛毛茛 Ranunculus muscigenus W.T.Wang(毛茛科)
藓茎景天 Sedum dugueyi Mamet(景天科), *藓状景天*
藓生龙胆 Gentiana muscicola Marq.(龙胆科)
藓生马先蒿 Pedicularis muscicola Maxim.(玄参科)
藓叶卷瓣兰 Bulbophyllum retusiusculum Ricbh.f. (兰科), *黄萼卷瓣兰*
藓状虎耳草 Saxifraga hypnoides L.(虎耳草科)
藓状火绒草 Leontopodium muscoides Hand.-Mazz. (菊科)
藓状景天(分类学报)=藓茎景天
藓状景天 Sedum polytrichoides Hemsl.(景天科), *柳叶景天*
藓状马先蒿 Pedicularis muscoides Li(玄参科), *藓状马先蒿藓状变种,土人参*
藓状马先蒿玫瑰变种(植物志 68)=玫瑰藓状马先蒿
藓状马先蒿藓状变种(植物志 68)=藓状马先蒿
藓状雪灵芝 Arenaria bryophylla Fernald(石竹科), *苔藓状蚤缀*
櫶木(广西平南)=猪血木
苋 Amaranthus tricolor L.(苋科), *雁来红,老少年,老来少,三色苋,苋实,红苋菜*
苋菜三七(湖南)=露珠珍珠菜
苋菊(广西药用名录)=万寿菊
苋科 Amaranthaceae
苋实(本经)=苋
苋属 Amaranthus L.(苋科)
苋状刺蕊草 Pogostemon amarantoides Benth. (唇形科)
线柏 Chamaecyparis pisifera cv. Filifera (柏科)
线瓣石豆兰 Bulbophyllum gymnopus HK.f.(兰科)
线瓣蝇子草 Silene lineariloba C.Y.Wu(石竹科)
线瓣玉凤花 Habenaria fordii Rolfe(兰科)
线瓣玉凤兰(台湾兰科植物,台兰科图鉴)=狭瓣玉凤花
线苞黄芪 Astragalus pastorius var. linearibracteatus K.T.Fu (豆科)
线苞棘豆 Oxytropis linearibracteata P.C.Li(豆科)
线苞两型豆 Amphicarpaea linearis Chun & T. Chen (豆科)
线苞米面蓊(高等图鉴)=秦岭米面蓊
线苞木蓝(西藏志)=深紫木蓝
线苞山柳菊(新)Hieracium pinanense Kitam.? (菊科)
线柄薹草 Carex filipes Franch. & Sav.(莎草科)
线柄铁角蕨 Asplenium capillipes Makino(铁角蕨科), *阴地铁角蕨,姬铁角蕨*
线柄樱草 Primula filipes Watt.(报春花科)
线茶(中药大辞典)=远志
线柴胡(四川康定)=马尾柴胡
线齿瓣延胡索(中草药汇编)=齿瓣延胡索
线齿滇常山 Clerodendrum yunnanense var. linearilobum S.L.Chen & G.Y.Sheng(马鞭草科)
线齿香茶菜 Isodon barbeyanus (H.Lévl.) H.W. Li (唇形科)
线党(四川)=大萼党参
线党参 Codonopsis levicalyx var. hirsuticalyx L. T.Shen (桔梗科)
线萼白前 Cynanchum linearisepalum P.T.Li(萝藦科)
线萼粗叶木 Lasianthus linearisepalus c.Y.Wu & H.Zhu (茜草科)
线萼杜鹃(华南杜鹃花志,广西植物)=横县杜鹃
线萼杜鹃 Rhododendron linearilobum R.C.Fang & Z.L.Chang(杜鹃花科)
线萼红景天 Rhodiola ovatisepala var. chingii S. H.Fu (景天科), *卵萼红景天秦氏变种*
线萼金花树 Blastus apricus (Hand.-Mazz.) H.L. Li (野牡丹科), *叶下红*
线萼山梗菜 Lobelia melliana E.Wimm.(桔梗科), *韶关大将军,东南山梗菜,大种半边莲*
线萼针刺悬钩子 Rubus pungens var. linearisepalus Yü & Lu (蔷薇科)
线萼蜘蛛抱蛋 Aspidistra linearifolia Y.Wan & C.C.Huang (百合科)
线萼蜘蛛花 Silvianthus tonkinensis (Gagn.) Ridsd. (茜草科)
线儿茶(植物志 43-3)=远志
线梗胡椒 Piper pleiocarpum Chang ex Tseng (胡椒科)
线梗拉拉藤 Galium comari Lévl. & Vant.(茜草科)
线冠蓟(新)Cirsium morii Hay.?(菊科)
线果兜铃属 Thottea Rottb.(马兜铃科)
线果高原芥(植物志 33)=线果扇叶芥
线果芥 Conringia planisiliqua Fisch. & Mey.(十字花科)
线果芥属 Conringia Adans.(十字花科)
线果扇叶芥 Desideria linearis (N.Busch.) Al-Shehbaz (十字花科), *线果高原芥*
线果水壶藤(Flora 16)=牛角藤
线果弯梗芥 Lignariella ohbana Al-Shehbaz & Arai(十字花科)
线花南星 Arisaema matsudai Hay.(天南星科)
线鸡腿(湖南)=朝天罐
线鸡尾(湖南)=变异铁角蕨
线棘豆 Oxytropis filiformis DC.(豆科)
线假牛鞭草 Parapholis filiformis (Roth) C.E. Hubb. (禾本科)
线芥(江西,湖南)= 荆芥
线茎繁缕(拉汉名称)=细叶繁缕
线茎虎耳草 Saxifraga filicaulis Wall. ex Ser.(虎耳草科)
线茎薹草 Carex tsoi Merr. & Chun(莎草科)
线蕨 Colysis elliptica (Thunb.) Ching(水龙骨科), *羊七莲,椭圆线蕨*
线蕨属 Colysis C.Presl(水龙骨科)
线裂齿瓣延胡索 Corydalis turtschaninovii f. lineariloba (Maxim) Kitag.(罂粟科)
线裂东北延胡索 Corydalis ambigua var. lineariloba Maxim.(罂粟科)
线裂杜鹃 Rhododendron ramipilosum T.L.Ming (杜鹃花科)
线裂杜鹃花 Rhododendron linearicalyx T.L. Ming (杜鹃花科)
线裂凤尾蕨 Pteris angustipinnula Ching & S.H. Wu (凤尾蕨科)
线裂鸡爪槭 Acer palmatum var. linearilobum Miq. (槭树科)
线裂老鹳草 Geranium soboliferum Kom.(牻牛儿苗科)
线裂棱子芹 Pleurospermum linearilobum W.W. Sm. (伞形科)
线裂棉穗柳 Salix eriostachya var. lineariloba (N. Chao) G.Zhu(杨柳科)
线裂铁角蕨 Asplenium coenobiale Hance (铁角蕨科), *细叶铁角蕨,紫柄铁角蕨*
线裂绣线菊 Spiraea sublobata Hand.-Mazz.(蔷薇科)
线麻(东北)=大麻
线麻(甘肃)=赤麻
线木通(湖北)=钝萼铁线莲
线木通(湖北巴东)=粗齿铁线莲
线囊群瓦韦 Lepisorus vittaroides Ching(水龙骨科)
线囊针叶蕨(蕨类名词及名称)=连孢一条线蕨
线片长筒蕨 Selenodesmium obscurum (Bl.) Cop. (膜蕨科)
线舌紫菀 Aster bietii Franch.(菊科)
线鼠鞭草 Hybanthus filiformis (DC.) F.Muell. (百合科)
线条芒毛苣苔 Aeschynanthus lineatus Craib(苦苣苔科)
线桐树(湖南)=海通
线尾榕 Ficus filicauda Hand.-Mazz.(桑科)
线纹香茶菜 Isodon lophanthoides (Buch.-Ham. ex D.Don) H.Hara(唇形科), *草三七,黑疙瘩,黑节草,涩疙瘩,碎兰花,土黄莲,溪黑草,溪黄草,溪黄花,小癫疙瘩,熊胆草,因陈草*
线香草(福建中草药)=鼠尾粟
线香草(江苏)=徐长卿
线形草沙蚕 Tripogon filiformis Nees ex Steud. (禾本科)
线形凤仙花 Impatiens linearis Arn.(凤仙花科)
线形卷叶杜鹃 Rhododendron roxieanum var. oreonastes (Balf.f. & Forr.) T.L.Ming(杜鹃花科)
线形茅膏菜 Drosera filiformis Raf.(茅膏菜科)
线形书带蕨 Vittaria lineata (L.) J.E.Sm.(书带蕨科)
线形嵩草(横断山植物)=新都嵩草
线形嵩草 Kobresia duthiei C.B.Clarke (莎草科)
线形叶苞繁缕 Stellaria crassifolia var. linearis Fenzl (石竹科), *叶苞繁缕*
线序剪股颖 Agrostis sinkiangensis Y.C.Yang(禾本科)

线药算盘子 Glochidion chademenosocarpum Hay. (大戟科)
线叶八月瓜 Holboellia linearifolia (T.Chen & H.N.Qin) T.Chen(木通科)
线叶白绒草 Leucas lavandulifolia Smith(唇形科)
线叶百部(植物志 13-3)=云南百部
线叶百合 Lilium lophophorum var.linearifolium (Sealy) Liang(百合科)
线叶杯冠藤 Cynanchum insulanum var. lineare (Tsiang & Zhang) Tsiang & Zhang(萝藦科)
线叶笔草 Pseudopogonatherum contortum var. linearifolium S.L.Chen (禾本科)
线叶柄果海桐 Pittosporum podocarpum var. angustatum Gowda(海桐花科)
线叶叉繁缕(东北草本志)=线叶繁缕
线叶柴胡 Bupleurum angustissimum (Franch.) Kitag. (伞形科)
线叶车前(山东)=芒区车前
线叶池杉 Taxodium ascendens cv. Xianyechisha (杉科)
线叶春兰 Cymbidium goeringii var. serratum (Schltr.) Y.S.Wu & S.C.Chen(兰科)
线叶唇柱苣苔 Chirita linearifolia W.T.Wang(苦苣苔科)
线叶丛菔 Solms-Laubachia linearifolia (W.W. Sm.) O.E.Schulz (十字花科),*鸡掌,光果丛菔*
线叶大戟 Euphorbia lingiana Shih(大戟科),*林氏大戟*
线叶丁香蓼(云南志)=草龙
线叶冬青 Ilex fargesii var. angustifolia C.Y. Chang (冬青科),*狭叶冬青*
线叶杜鹃花 Rhododendron linearifolium S. & Z. (杜鹃花科)
线叶繁缕 Stellaria dichotoma var. linearis Fenzl (石竹科),*线叶叉繁缕*
线叶方竹(竹子研究汇刊)=狭叶方竹
线叶蒿 Artemisia subulata Nakai(菊科),*全钻形叶蒿,西日合力格-沙里尔日*
线叶黑三棱 Sparganium angustifolium Michx. (黑三棱科)
线叶槲寄生 Viscum fargesii Lecomte(桑寄生科),*寄生*
线叶虎耳草 Saxifraga taraktophylla Marquand & Airy-Shaw(虎耳草科),*条叶虎耳草*
线叶花旗杆 Dontostemon integrifolius (L.) Ledeb. (十字花科),*条叶连蕊芥*
线叶黄堇 Corydalis linearis C.Y.Wu(罂粟科)
线叶黄芪 Astragalus nematodes Bge. ex Boiss. (豆科)
线叶黄杨 Buxus linearifolia M.Cheng(黄杨科)
线叶蓟 Cirsium lineare (Thunb.) Sch.-Bip.(菊科),*野红花,山红花,条叶蓟,尖叶小蓟*
线叶金合欢 Acacia decurrens Willd.(豆科),*绿荆,阿卡锡,圣诞树,鱼骨槐*
线叶金鸡菊(南京)=剑叶金鸡菊
线叶金茅(华东禾本志)=假金发草
线叶筋骨草 Ajuga linearifolia Pamp.(唇形科)
线叶荆芥 Nepeta linearis Royle (唇形科)
线叶菊 Filifolium sibiricum (L.) Kitam.(菊科),*兔毛蒿,兔子毛*
线叶菊属 Filifolium Kitam.(菊科)
线叶拉拉藤 Galium linearifolium Turcz.(茜草科)
线叶两歧飘拂草 Fimbristylis dichotoma f. annua (All.) Ohwi (莎草科)
线叶蓼 Polygonum paronychioides C.A.Mey ex Hohen. (蓼科)
线叶鳞果星蕨 Lepidomicrosorium lineare Ching & Shing(水龙骨科)
线叶柳 Salix wilhelmsiana M.B.(杨柳科)
线叶龙胆 Gentiana lawrencei var. farreri (I.B. Balf.) T.N.Ho(龙胆科)
线叶蕗蕨 Mecodium lineatum Ching & Chiu(膜蕨科)
线叶蔓茎蝇子草(植物志 26)=蔓茎蝇子草
线叶毛鳞菊(新)Chaetoseris beesiana (Diels) Shih?(菊科)
线叶南星 Arisaema lineare Buchet (天南星科)
线叶南洋参 Polyscias filicifolia (Ridley) Bailey (五加科)
线叶蓬莱葛 Gardneria nutans S. & Z. (马钱科)
线叶蒲桃 Syzygium jambos var. linearilimbum Chang & Miau(桃金娘科)
线叶青兰 Dracocephalum fruticulosum Steph. ex Willd. (唇形科)
线叶球兰 Hoya linearis Wall. ex Wight(萝藦科)
线叶雀舌木 Leptopus lolonum (Hand.-Mazz.) Pojark. (大戟科)
线叶荛花 Wikstroemia linearifolia H.F.Zhou(瑞香科)
线叶莎草 Cyperus acuminatus R.xb. & Clarke (莎草科)
线叶山黧豆 Lathyrus palustris var. linearifolius Ser. (豆科),*线叶沼生香豌豆*
线叶山土瓜 Merremia hungaiensis var. linifolia (C.C.Huang ex C.Y.Wu & H.W.Li) R.C.Fang(旋花科)
线叶石斛 Dendrobium aurantiacum Rchb.f.(兰科),*大黄草,黄花棍石斛*
线叶石韦 Pyrrosia linearifolia (HK.) Ching(水龙骨科),*绒毛石韦*
线叶书带蕨 Vittaria linearifolia Ching(书带蕨科)
线叶树萝卜 Agapetes linearifolia C.B.Clarke(杜鹃花科)
线叶水腊烛 Dysophylla linearis Benth.(唇形科)
线叶水马齿 Callitriche hermaphroditica L.(水马齿科)
线叶水芹 Oenanthe linearis Wall. ex DC.(伞形科),*水芹菜*
线叶嵩草 Kobresia capillifolia (Decne.) C.B. Clarke (莎草科)
线叶宿柱薹(台湾志)=豌豆形薹草
线叶粟米草 Mollugo cerviana (L.) Ser.(番杏科)
线叶缩苞木 Cryptandra propinqua A.Cunn.(鼠李科)
线叶唐菖蒲 Gladiolus angustus L.(鸢尾科)
线叶铁角蕨(台湾志)=叉叶铁角蕨
线叶铁角蕨 Asplenium ensiforme f. stenophyllum (Bedd.) Ching(铁角蕨科)
线叶庭荠(东北检索表)=北方庭荠
线叶葶苈 Draba linearifolia L.L.Lou & T.Y. Cheo (十字花科)
线叶瓦韦 Lepisorus lineariformis Ching & S.K. Wu (水龙骨科)
线叶王八瓜 Holboellia angustifolia subsp. linearifolia T.Chen & H.N.Qin(木通科)
线叶委陵菜(东北草本志)=细裂委陵菜
线叶卫矛 Euonymus linearifolius Franch.(卫矛科)
线叶乌蕨 Stenoloma eberhardtii (Christ) Ching (陵齿蕨科)
线叶无心菜 Arenaria pseudostellaria C.Y.Wu(石竹科),*薄叶无心菜*
线叶陷脉冬青 Ilex delavayi var. linearifolia S.Y. Hu (冬青科)
线叶小报春 Primula subularia W.W.Sm.(报春花科)
线叶小檗 Berberis linearifolia Phil.(小檗科)
线叶旋覆花 Inula lineariifolia Turcz.(菊科),*驴耳朵,窄叶旋覆花,蚂蚱膀子,姐姐花,金沸草,条叶旋覆花*
线叶旋花 Convolvulus lineatus L.(旋花科)
线叶崖豆藤 Millettia reticulata var. stenophylla Merr. & Chun(豆科)
线叶眼子菜(东北检索表)=小眼子菜
线叶野百合(海南志)=线叶猪屎豆
线叶野荞麦 Fagopyrum lineare (Sam.) Harald. (蓼科)
线叶银背藤 Argyreia lineariloba C.Y.Wu(旋花科)
线叶羽裂花旗杆 Dontostemon pinnatifidus subsp. linearifolius (Maxim.) Al-Shehbaz & H.Ohba (十字花科)
线叶玉凤花(江苏志)=线叶玉凤花
线叶玉凤花 Habenaria linearifolia Maxim.(兰科),*线叶玉凤花*
线叶郁金香 Tulipa linifolia Rgl.(百合科)
线叶月见草(云南)=待宵草
线叶藻(植物学大辞典)=尖叶眼子菜
线叶沼生香豌豆(新拉汉英)=线叶山黧豆
线叶珍珠菜 Lysimachia linearifolia Griff.(报春花科)
线叶珠光香青(新)Anaphalis margaritacea var. japonica (Sch.-Bip.) Makino(菊科),*珠光香青线叶变种*
线叶猪屎豆 Crotalaria linifolia L.f.(豆科),*条叶猪屎豆,线叶野百合,密叶猪屎豆,响铃草,小苦参*
线叶紫菀 Aster lavanduliifolius Hand.-Mazz.(菊科)
线羽凤尾蕨 Pteris linearis Poir.(凤尾蕨科),*热带凤尾蕨,三角凤尾蕨*
线羽贯众 Cyrtomium urophyllum Ching(鳞毛蕨科),柳叶贯众
线羽假毛蕨 Pseudocyclosorus linearis Ching & Shing ex Y.X.Lin (金星蕨科)
线羽鳞盖蕨 Microlepia formosana Ching(碗蕨科)
线羽毛蕨(蕨类形态)=毛囊毛蕨
线羽毛蕨 Cyclosorus angustipinnus (Ching) Shing (金星蕨科)
线羽蹄盖蕨 Athyrium lineare Ching(蹄盖蕨科)
线枝蒲桃 Syzygium araiocladum Merr. & Perry (桃金娘科)
线柱苣苔(植物志 69)=椭圆线柱苣苔
线柱苣苔属 Rhynchotechum Bl.(苦苣苔科)
线柱兰 Zeuxine strateumatica (L.) Schltr. (兰科),*细叶线柱兰*
线柱兰属 Zeuxine Lindl.(兰科)
线状匍匐茎藨草 Scirpus lineolatus Franch. & Savat. (莎草科)
线状穗莎草 Cyperus linearispiculatus L.K.Dai (莎草科)
限叶树(云南腾冲)=大花八角
陷苞蕨 Lecanium membranaceum (L.) Presl.(膜蕨科)
陷苞蕨属 Lecanium Presl.(膜蕨科)
陷边链珠藤 Alyxia marginata Pitard(夹竹桃科),*富宁链珠藤*

陷脉冬青 Ilex delavayi Franch.(冬青科),*代拉氏冬青,瘤枝冬青*
陷脉石楠 Photinia impressivena Hay.(蔷薇科),*青凿木*
陷脉石楠毛序变种(植物志 36)=毛序陷脉石楠(新)
陷脉鼠李 Rhamnus bodinieri Lévl.(鼠李科)
陷脉悬钩子 Rubus impressinervius Metc.(蔷薇科)
献干粮(陕西中草药)=圆叶锦葵
献鸡尾(广西药用名录)=毛轴碎米蕨
腺斑柳叶箬 Isachne albens var. glandulifera Keng f. (禾本科)
腺斑山矾(植物志 60-2)=山矾
腺瓣虎耳草 Saxifraga wardii W.W.Sm.(虎耳草科)
腺苞狗舌草 Tephroseris adenolepis C.Jeffr. & Y.L.Chen (菊科)
腺苞金足草 Goldfussia glandibracteata (D.Fang & H.S.Lo) C.Y.Wu(爵床科),*腺苞马蓝*
腺苞马蓝(广西植物)=腺苞金足草
腺苞蒲儿根 Sinosenecio globigerus var. adenophyllus C.Jeffr. & Y.L.Chen(菊科)
腺背长粗毛杜鹃 Rhododendron crinigerum var. euadenium Tagg & Forr.(杜鹃花科)
腺背蓝属 Adenacanthus Nees(爵床科)
腺柄杯萼杜鹃 Rhododendron pocophorum var. hemidartum (Tagg) Chamb. ex Cullen & Chamb.(杜鹃花科),*腺梗杯萼杜鹃*
腺柄山矾 Symplocos adenopus Hance(山矾科),*赤牙木,被毛腺柄山矾*
腺齿蔷薇 Rosa albertii Regel(蔷薇科)
腺齿省沽油 Staphylea shweliensis W.W.Sm.(省沽油科)
腺齿铁角蕨 Asplenium glanduli-serrulatum Ching ex S.H.Wu(铁角蕨科)
腺齿越桔 Vaccinium oldhami Miq.(杜鹃花科)
腺齿紫金牛 Ardisia cornudentata Mez.(紫金牛科),*雨伞子,狭萼紫金牛,阿里山雨伞仔*
腺刺杜鹃(植物研究)=腺刺马银花
腺刺马银花 Rhododendron mitriforme var. setaceum Tam (杜鹃花科),*腺刺杜鹃*
腺地榆 Sanguisorba officinalis var. glandulosa (Kom.) Worosch.(蔷薇科)
腺点变种(植物志 74)=腺点紫菀(新)
腺点风毛菊 Saussurea glandulosa Kitam.(菊科)
腺点柔毛蓼 Polygonum sparsipilosum var. hubertii (Lingelsh.) A.J.Li(蓼科)
腺点油瓜 Hodgsonia macrocarpa var. capniocarpa (Ridl.) Tsai(葫芦科),*无棱油瓜*
腺点紫金牛(广西中草药)=山血丹
腺点紫菀(新)Aster albescens var. glandulosus Hand.-Mazz.(菊科),*腺点变种*
腺独行菜(东北检索表)=独行菜
腺萼半蒴苣苔 Hemiboea glandulosa Z.Y.Li(苦苣苔科)
腺萼长蒴苣苔 Didymocarpus adenocalyx W.T. Wang (苦苣苔科)
腺萼红果悬钩子 Rubus erythrocarpus var. wexiensis Yu & Lui(蔷薇科)
腺萼落新妇 Astilbe rubra HK.f. & Thoms.(虎耳草科)
腺萼马蓝(台湾志)=圆苞金足草
腺萼马银花 Rhododendron bachii Lévl.(杜鹃花科),*石壁杜鹃*
腺萼木(广药手册)=华腺萼木
腺萼木 Mycetia glandulosa Craib(茜草科)
腺萼木属 Mycetia Reinw.(茜草科)
腺萼碎米荠(植物志 33)=莓叶碎米荠
腺萼悬钩子 Rubus glandulosocalycinus Hay.(蔷薇科)
腺萼蝇子草 Silene adenocalyx Williams(石竹科)
腺萼越桔 Vaccinium pseudotonkinense Sleumer (杜鹃花科)
腺房杜鹃 Rhododendron adenogynum Diels (杜鹃花科)
腺房红萼杜鹃 Rhododendron meddianum var. atrokermesinum Tagg(杜鹃花科)
腺房火红杜鹃 Rhododendron neriiflorum var. appropinquans (Tagg & Forr.) W.K.Hu(杜鹃花科)
腺房棕背杜鹃 Rhododendron alutaceum var. russotinctum (Balf.f. & Forr.) Chamb. ex Cullen & Chamb.(杜鹃花科)
腺梗杯萼杜鹃(云南志)=腺柄杯萼杜鹃
腺梗菜(植物志 75)=和尚菜
腺梗等苞紫菀 Aster homochlamydeus f. filipes Ling(菊科)
腺梗杜鹃花 Rhododendron agaopetum Balf.f. & Ward.(杜鹃花科)
腺梗两色杜鹃 Rhododendron dichroanthum subsp. septentrionale Cowan(杜鹃花科)
腺梗蔷薇 Rosa filipes Rehd. & Wils.(蔷薇科),*白桂花*
腺梗豨莶 Siegesbeckia pubescens Makino(菊科),*毛豨莶,棉苍狼,珠草*
腺梗豨莶无腺变型(植物志 75)=无腺腺梗豨莶(新)
腺梗小头蓼 Polygonum microcephalum var. sphaerocephalum (Wall. ex Meisn.) Murata(蓼科)
腺冠醉鱼草(植物志 61)=酒药醉鱼草
腺果大叶蔷薇 Rosa macrophylla var. glandulifera Yü & Ku (蔷薇科)
腺果杜鹃 Rhododendron davidii Franch.(杜鹃花科)
腺果蜡瓣花 Corylopsis glandulifera Hemsl.(金缕梅科)
腺果苓菊 Jurinea adenocarpa Schrenk(菊科)
腺果蔷薇 Rosa fedtschenkoana Regel(蔷薇科)
腺果藤 Pisonia aculeata L.(紫茉莉科),*避霜花,刺藤,栖头果,猪钩搭*
腺果藤属 Pisonia L.(紫茉莉科),*避霜花属,皮孙木属*
腺果香芥(植物志 33)=突厥假香芥
腺花滇紫草 Onosma adenopus Johnst.(紫草科)
腺花杜鹃(云南志)=大果杜鹃
腺花杜鹃 Rhododendron adenanthum M.Y.He (杜鹃花科)
腺花茅莓 Rubus parvifolius var. adenochlamys (Focke) Migo(蔷薇科),*倒莓子*
腺花旗杆 Dontostemon glandulosus (Kar. & Kir.) O.E.Schulz.(十字花科),*腺异蕊芥*
腺花松毛翠 Phyllodoce glanduliflora (HK.) Cov. (杜鹃花科),*乳黄松毛翠*
腺花香茶菜 Isodon adenanthus (Diels) Kudô(唇形科),*路边金,大钮子七,铁石元,食疙瘩,水龙胆草*
腺桦 Betula glandulosa Michx.(桦木科)
腺灰岩紫地榆 Geranium franchetii var. glandulosum Z.M.Tan(牻牛儿苗科)
腺荚白粉藤 Cissus adenopodus Sprangue (菊科)
腺茎独行菜(秦岭志)=独行菜
腺茎柳叶菜 Epilobium brevifolium subsp. trichoneurum (Hausskn.) Raven(柳叶菜科),*广布柳叶菜*
腺荆芥 Nepeta glutinosa Benth.(唇形科)
腺粒委陵菜 Potentilla granulosa Yü & Li(蔷薇科)
腺鳞草(高等图鉴)=歧伞獐牙菜
腺鳞杜香 Ledum glandulosum Nutt.(杜鹃花科)
腺鳞果槐 Sophora howinsula (Oliv.) Tsoong (豆科)
腺鳞毛蕨(台湾志)=多雄拉鳞毛蕨
腺柃 Eurya glandulosa Merr.(山茶科)
腺柳 Salix chaenomeloides Kimura(杨柳科),*河柳*
腺柳叶菜 Epilobium glandulosum Lehm.(柳叶菜科)
腺龙胆 Gentiana cephalantha var. vaniotii (H. Lévl.) T.N.Ho (龙胆科)
腺脉蒟(植物志 20-1)=球穗胡椒
腺脉毛蕨 Cyclosorus opulentus (Kaulf.) Nakai (金星蕨科)
腺脉野木瓜(Flora 6)=显脉野木瓜
腺毛白珠树 Gaultheria adenothrix (Miq.) Maxim. (杜鹃花科)
腺毛柏拉木 Blastus cavaleriei var. tomentosus (H.L.Li) C.Chen(野牡丹科)
腺毛半蒴苣苔 Hemiboea strigosa Chun & W.T. Wang (苦苣苔科)
腺毛播娘蒿 Descurainia sophioides (Fisch.) O.E. Schulz (十字花科)
腺毛茶藨(高等图鉴补编)=陕西茶藨子
腺毛茶藨子 Ribes longiracemosum var. davidii Jancz.(虎耳草科),*腺毛长串茶藨*
腺毛长串茶藨(树木志)=腺毛茶藨子
腺毛长蒴苣苔 Didymocarpus glandulosus (W. W.Sm.) W.T.Wang(苦苣苔科)
腺毛垂柳 Salix babylonica var. glandulipilosa P.Y.Mao (杨柳科)
腺毛垂头菊 Cremanthodium glandulipilosum Y. L.Chen ex S.W.Liu(菊科)
腺毛刺萼悬钩子 Rubus alexeterius var. acaenocalyx (Hara) Yü & Lu (蔷薇科)
腺毛翠雀 Delphinium grandiflorum var. gilgianum (Pilg. ex Gilg) Finet & Gagn.(毛茛科),*灭虱草,瓣根草,蓝盏果,鹦哥花*
腺毛大红泡 Rubus eustephanus var. glanduliger Yü & Lu (蔷薇科)
腺毛短星菊 Brachyactis pubescens (DC.) Aitch. & C.B.Clarke(菊科)
腺毛繁缕 Stellaria nemorum L.(石竹科),*森林繁缕*
腺毛飞蛾藤 Porana duclouxii var. lasia (C.K. Schneid.) Hand.-Mazz. (旋花科)
腺毛肺草(Flora 16)=肺草
腺毛粉条儿菜 Aletris glandulifera Bur. & Franch. (百合科)
腺毛粉枝莓 Rubus biflorus var. andenophorus Franch. (蔷薇科)
腺毛风毛菊 Saussurea glanduligera Sch.-Bip. ex HK.f. (菊科)
腺毛福王草(新)Prenanthes glandulosa Dunn? (菊科)
腺毛高粱泡 Rubus lambertianus var. glandulosus Card. (蔷薇科)
腺毛蒿 Artemisia viscida (Mattf.) Pamp.(菊科)
腺毛合耳菊 Synotis saluenensis (Diels) C.Jeffr.

& Y.L.Chen (菊科),*怒江千里光,腺毛尾药菊*
腺毛黑种草 Nigella glandulifera Freyn & Sint. (毛茛科),*瘤果红种草,黑种草*
腺毛虎耳草 Saxifraga manshuriensis (Engl.) Kom. (虎耳草科),*东北虎耳草*
腺毛黄脉莓 Rubus xanthoneurus var. glandulosus Yü & Lu (蔷薇科)
腺毛黄芩(药用图鉴)=粘毛黄芩
腺毛加查乌头 Aconitum chiachaense var. glandulosum W.T.Wang(毛茛科)
腺毛箭头唐松草 Thalictrum simplex var. glandulosum W.T.Wang(毛茛科)
腺毛角蕨(武陵检索表)=毛叶角蕨
腺毛金花树 Blastus dunnianus var. glandulo-setosus C.Chen (野牡丹科),*大痧药,痧药*
腺毛金星蕨(蕨类图说)=金星蕨
腺毛锦香草 Phyllagathis velutina (Diels) C. Chen (野牡丹科),*腺毛野海棠*
腺毛茎翠雀花 Delphinium hirticaule var. mollipes W.T.Wang(毛茛科)
腺毛菊苣 Cichorium glandulosum Boiss. & Huet.(菊科),*菊苣,卡斯尼,克库其其格,毛菊苣*
腺毛老鹳草(云南志)=大姚老鹳草
腺毛鳞毛蕨 Dryopteris sericea C.Chr.(鳞毛蕨科)
腺毛耧斗菜 Aquilegia moorcroftiana Wall.(毛茛科)
腺毛马蓝 Pteracanthus forrestii (Diels) C.Y. Wu(爵床科),*金钟山紫云菜*
腺毛莓 Rubus adenophorus Rolfe(蔷薇科),*红牛毛刺,红毛草*
腺毛莓叶悬钩子 Rubus fragarioides var. adenophorus Franch.(蔷薇科)
腺毛米饭花 Vaccinium iteophyllum var. glan-dulosum C.Y.Wu & R.C.Fang(杜鹃花科)
腺毛密刺悬钩子 Rubus subtibetanus var. glandulosus Yü & Lu(蔷薇科)
腺毛木蓝 Indigofera scabrida Dunn(豆科)
腺毛欧石南 Erica glandulosa Thunb.(杜鹃花科)
腺毛泡花树 Meliosma glandulosa Cufod.(清风藤科)
腺毛千斤拔 Flemingia glutinosa (Prain) Y.t.We & S.Lee (豆科)
腺毛疏花穿心莲 Andrographis laxiflora var. glomerulifera(Bremek.)H.Chu(爵床科),*宽比爵床,腺毛须药草*
腺毛霜柱(分类学报)=腺毛香简草
腺毛水竹叶 Murdannia spectabilis (Kurz) Faden (鸭跖草科)
腺毛酸藤子 Embelia laeta subsp. papilligera (Nakai) Pip. & C.Chen(紫金牛科)
腺毛唐松草 Thalictrum foetidum L.(毛茛科),*贡布莪正*
腺毛藤菊 Cissampelopsis glandulosa C.Jeffr. & Y.L.Chen (菊科)
腺毛蹄盖蕨 Athyrium glandulosum Ching(蹄盖蕨科)
腺毛尾药菊(植物志 77-1)=腺毛合耳菊
腺毛委陵菜 Potentilla longifolia Willd. ex Schlecht.(蔷薇科),*粘委陵菜*
腺毛萎软紫菀(新)Aster flaccidus subsp. glan-dulosus (Keissl.) Onno(菊科),*腺毛亚种*
腺毛喜阴悬钩子 Rubus mesogaeus var. oxycomus Focke (蔷薇科)
腺毛香简草 Keiskea glandulosa C.Y.Wu(唇形科),*腺毛霜柱*
腺毛小报春 Primula walshii Craib(报春花科)
腺毛熊果 Arctostaphylos glandulosa Eastw.(杜鹃花科)
腺毛须药草(植物研究)=腺毛疏花穿心莲
腺毛悬钩子(新)Rubus croceacanthus var. glaber Koidz.? (蔷薇科)
腺毛亚种(植物志 74)=腺毛萎软紫菀(新)
腺毛岩白菜 Bergenia ciliata (Royel) A.Br.(虎耳草科)
腺毛野海棠(云南志)=腺毛锦香草
腺毛叶苞点地梅 Androsace rotundifolia var. thomsonii Watt (报春花科)
腺毛阴行草 Siphonostegia laeta S.Moore(玄参科)
腺毛淫羊藿 Epimedium glandulosopilosum H.R. Liang (小檗科)
腺毛蝇子草 Silene yetii Bocquet(石竹科),*具腺女娄菜*
腺毛莸 Caryopteris siccanea W.Sm.(马鞭草科),*心叶石蚕*
腺毛羽节蕨(新疆志)=羽节蕨
腺毛蚤缀(拉汉名称)=小腺无心菜
腺毛掌裂蟹甲草 Parasenecio palmatisectus var. moupinensis (Franch.) Y.L.Chen(菊科)
腺毛肿足蕨(山东志)=球腺肿足蕨
腺毛肿足蕨 Hypodematium glandulosum Ching ex Shing(肿足蕨科)
腺茉莉 Clerodendrum colebrookianum Walp.(马鞭草科),*臭牡丹*
腺木叶蛇根草 Ophiorrhiza mycetiifolia Lo(茜草科)
腺牧豆树 Prosopis glandulosa Torr.(豆科)
腺葡萄(河南)=秋葡萄
腺漆姑草(拉汉名称)=漆姑草
腺绒杜鹃 Rhododendron leptopeplum Balf.f. & Forr.(杜鹃花科)
腺蕊杜鹃 Rhododendron codonanthum Balf.f. & Forr. (杜鹃花科)
腺饰毛蕨 Cyclosorus aureoglandulifer Ching ex Shing (金星蕨科),*亚光毛蕨*
腺鼠刺 Itea glutinosa Hand.-Mazz.(虎耳草科)
腺体黄芩 Scutellaria glandulosa HK.f.(唇形科)
腺形黄芩 Scutellaria linearis Benth.(唇形科)
腺序点地梅 Androsace adenocephala Hand.-Mazz. (报春花科)
腺药珍珠菜 Lysimachia stenosepala Hemsl.(报春花科),*水伤药,水疔药,血经草,狭萼珍珠菜*
腺叶暗罗 Polyalthia simiarum (Ham. ex HK.f. & Thoms.) Benth. ex HK.f. & Thoms.(番荔枝科)
腺叶扁刺蔷薇 Rosa sweginzowii var.glandulosa Card. (蔷薇科)
腺叶长白蔷薇 Rosa koreana var. glandulosa Yü & Ku (蔷薇科)
腺叶稠李(拉汉名称)=腺叶桂樱
腺叶川木香 Dolomiaea georgii (Anth.) Shih(菊科)
腺叶大红蔷薇 Rosa saturata var. glandulosa Yü & Ku (蔷薇科)
腺叶豆腐柴 Premna glandulosa Hand.-Mazz.(马鞭草科)
腺叶杜茎山 Maesa membranacea A.DC.(紫金牛科),*圆叶杜茎山,得意旦*
腺叶峨眉蔷薇 Rosa omeiensis f. glandulosa Yü & Ku (蔷薇科)
腺叶桂樱 Laurocerasus phaeosticta (Hance) Schneid. (蔷薇科),*腺叶野樱,腺叶稠李,墨点樱桃,黑星樱*
腺叶花旗杆(植物志 33)=花旗杆
腺叶荚蒾 Viburnum lobophyllum var. silvestrii Pamp.? (忍冬科)
腺叶绢毛蔷薇 Rosa sericea f. glandulosa Yü & Ku (蔷薇科)
腺叶拉拉藤 Galium glandulosum Hand.-Mazz. (茜草科),*腺叶猪殃殃*
腺叶离蕊茶 Camellia paucipunctata (Merr. & Chun) Chun(山茶科)
腺叶马钱 Strychnos lucida R.Br.(马钱科)
腺叶木犀榄(植物志 61)=朱叶木犀榄
腺叶桤叶树 Clethra glandulosa Fang & L.C.Hu (桤叶树科)
腺叶蔷薇 Rosa kokanica Rgl. ex Juzep.(蔷薇科)
腺叶山矾 Symplocos adenophylla Wall. ex G. Don (山矾科),*琼中山矾*
腺叶鳝藤 Anodendron punctatum Tsiang(夹竹桃科)
腺叶石岩枫(湖北志)=杠香藤
腺叶素馨 Jasminum subglandulosum Kurz(木犀科),*王氏素馨,滇南素馨*
腺叶藤 Stictocardia tiliaefolia (Desr.) Hall.f.(旋花科)
腺叶藤属 Stictocardia Hall.f.(旋花科)
腺叶蹄盖蕨(蕨类形态)=希陶蹄盖蕨
腺叶蹄盖蕨 Athyrium supraspinescens C.Chr. (蹄盖蕨科)
腺叶腺柳 Salix chaenomeloides var. glanduli-folia (C.Wang & C.Y.Yu) C.F.Fang (杨柳科)
腺叶香茶菜 Isodon adenolomus (Hand.-Mazz.) H.Hara (唇形科)
腺叶悬钩子蔷薇 Rosa rubus f. glandulifera Yü & Ku (蔷薇科)
腺叶杨桐 Adinandra nigroglandulosa L.K.Ling (山茶科)
腺叶野樱(广州志)=腺叶桂樱
腺叶帚菊 Pertya pubescens Ling(菊科),*慧香*
腺叶猪殃殃(西藏志)=腺叶拉拉藤
腺叶醉鱼草 Buddleja delavayi Gagn.(马钱科),*全缘醉鱼草,缘叶醉鱼草,关耳枝*
腺异蕊芥(植物志 33)=腺花旗杆
腺缘山矾 Symplocos glandulifera Brand(山矾科),*两广山矾*
腺枝葡萄 Vitis adenoclada Hand.-Mazz.(葡萄科)
腺柱杜鹃 Rhododendron glandulostylum Fang & M.Y.He (杜鹃花科)
腺柱杜鹃花 Rhododendron adenostylum Fang & M.Y.He (杜鹃花科)
腺柱山光杜鹃 Rhododendron oreodoxa var. adenostylosum Fang & W.K.Hu(杜鹃花科)

Xiang

乡城百合 Lilium xanthellum Wang & Tang(百合科)
乡城翠雀花 Delphinium humilius (W.T.Wang) W.T.Wang (毛茛科)
乡城黄芪 Astragalus sanbilingensis Tsai & Yü (豆科)
乡城韭 Allium xiangchengense J.M.Xu(百合科)
乡城马先蒿 Pedicularis xiangchengensis H.P. Yang (玄参科)
乡城乌头 Aconitum xiangchengense W.T.Wang (毛茛科)
乡城无心菜 Arenaria xerophila var. xiang-

chengensis (L.H.Zhou) C.Y.Wu(石竹科)
乡城岩黄芪 Hedysarum sikkimense var. xiangchengense L.Z.Shue(豆科)
乡城杨 Populus xiangchengensis C.Wang & Tung (杨柳科)
乡间假糙苏(分类学报)=奇异假糙苏
乡土竹 Bambusa indigena Chia & H.L.Fung(禾本科)
相断草(云南植物名录)=烟草
相仿薹草 Carex simulans C.B.Clarke(莎草科)
相近冠唇花 Microtoena affinis C.Y.Wu & Husan (唇形科)
相近石韦 Pyrrosia assimilis (Baker) Ching(水龙骨科),*相异石韦,小石韦,飞尺草,破血丹,小蛇头草,相似石韦*
相岭南星 Arisaema smithii Krase(天南星科)
相马石杉 Huperzia somai (Hay.) Ching(石杉科)
相马氏艾(台湾志)=台湾狭叶艾
相马莠竹(台湾的禾草)=多芒莠竹
相思草(漳州府志)=秋海棠
相思豆(广东)=相思子
相思豆(广西)=苍叶红豆
相思格(广东)=海红豆
相思红豆(云南)=榄绿红豆
相思树(福建)=台湾相思
相思树(广东)=假玉桂
相思树(湖南药物志)=花榈木
相思树属(树木分类学)=**金合欢属**
相思藤(广西)=相思子
相思仔(台湾)=台湾相思
相思子(本草纲目)=软荚红豆
相思子(新华本草纲要)=广州相思子
相思子 Abrus precatorius L.(豆科),*红豆,红漆豆,猴子眼,鸡母珠,山甘草,土甘草,相思豆,相思藤,相思子根,鸳鸯豆,*
相思子根(南宁药志)=相思子
相思子属 Abrus Adans.(豆科)
相似复叶耳蕨(植物研究)=同羽复叶耳蕨
相似毛蕨(植物志 4-1)=河口毛蕨
相似石韦(高等图鉴)=相近石韦
相似石韦 Pyrrosia similis Ching(水龙骨科)
相似铁角蕨 Asplenium consimile Ching ex S. H.Wu (铁角蕨科)
相似小檗 Berberis consimilis Schneid.(小檗科)
相星根(广西梧州)=秤星树
相异石韦(日本植物杂志)=相近石韦
香阿福花 Asphodeline lutea Reichb.(百合科)
香阿魏(中药辞海)=准噶尔阿魏
香艾(分类学报)=馥芳艾纳香
香艾(广西)=香叶天竺葵
香艾(四川)=蒌蒿
香巴戟(四川)=铁箍散
香芭茅(四川中药志)=柠蒙草
香白蜡树(云南植物名录)=锡金梣
香白星花 Leucocrinum montanum Nutt.(百合科)
香白芷(广西兽医植物)=隔山香
香白芷(茂汶)=峨眉当归
香白芷(云南)=鹤庆独活
香白芷(云南)=印度独活
香白芷(浙江)=杭白芷
香柏(北京)=雪松
香柏(河北)=侧柏
香柏(三辅旧事)=柏木
香柏(通用名)=北美香柏
香柏 Juniperus pingii var. wilsonii (Rehd.) Silba (柏科),*小果香柏,小果香桧*
香报春(拉汉名称)=香花报春
香扁柏(四川)=柏木
香薄荷(广东)=留兰香
香材(海南志)=白木香
香彩雀 Angelonia gardneri HK.(玄参科)
香彩雀属 Angelonia Hudm & Bonpl.(玄参科)
香菜(本草拾遗)=芫荽
香菜(药用志)=罗勒
香菜(云南)=刺芹
香草(福州)=香薷
香草(纲目)=佩兰
香草(广东,福建,北京)=罗勒
香草(广东,广西)=芸香
香草(广西药用名录)=异叶茴芹
香草(河北,甘肃)=缬草
香草(江西宜黄)=石香薷
香草(上海植物名录)=木犀草
香草(四川中药志)=细梗香草
香草(云南)=姜味草
香草(云南河口)=疏柔毛罗勒
香草(云南玉溪)=石菖蒲
香草(浙江龙泉)=苏州荠苎
香草(植物志 42-2)=胡卢巴
香草(质问本草)=地耳草
香草(中药大辞典)=茅香
香草头(浙江)=罗勒
香草属(兰州植物志 9-3)=**茅香属**
香草属 Satureja L.(唇形科)
香草子(陕西中草药)=蜘蛛香
香茶藨子 Ribes odoratum Wendl.(虎耳草科)
香茶菜(中草药汇编)=蓝萼香茶菜
香茶菜 Isodon amethystoides (Benth.) H.Hara (唇形科),*痱子草,棱角三七,母猪花头,山薄荷,蛇总管,石哈巴,四棱角血龙七,铁菜秧,铁称锤,铁丁角,铁钉头,铁秧角,铁龙角,铁生姜,小叶蛇总管*
香茶菜属 Isodon (Schrad. ex Benth.) Spach.(唇形科)
香茶菜状刺蕊草 Pogostemon plectranthoides Desf. (唇形科)
香柴(广东,海南)=阴香
香柴(江西)=岗松
香柴胡(东北)=红柴胡
香车叶草(秦岭志)=车轴草
香橙 Citrus junos Sieb. ex Tanaka(芸香科),*橙子,橙,蟹酿橙,密橙,糖橙*
香椿 Toona sinensis (A.Juss.) Roem.(楝科),*春颠皮,春尖油,春甜树,春阳树,椿,椿尖花,椿木叶,椿树叶,椿芽,椿芽树花,毛椿*
香椿木(海南)=狭叶泡花树
香椿属 Toona Roem.(楝科)
香葱 Allium cepiforme G.Don(百合科),*火葱,细香葱,胡葱,胡葱子*
香大黄(中草药汇编)=掌叶大黄
香大活(东北)=白芷
香大活(黑龙江)=祁白芷
香丁(江苏志)=紫弹树
香冬青 Ilex suaveolens (Lévl.) Loes.(冬青科)
香豆(松村植物名录)=棉豆
香豆(植物志 42-2)=胡卢巴
香豆蔻 Amomum subulatum Roxb.(姜科),*嘎哥拉*
香豆子(高等图鉴)=鹰嘴豆
香独活(浙江)=重齿当归
香短星菊 Brachyactis anomalum (DC.) Kitam. (菊科)
香多罗(河北)=红丁香
香榧 Torreya grandis cv. Merrllii (红豆杉科),*赤果,榧,木榧,罴子,细榧,羊角榧,野杉,玉榧,玉山果*
香榧草(贵州草药)=乱草
香酚草 Cymbopogon eugenolatus L.Liu(禾本科)
香粉木(广东)=假玉桂
香粉叶 Lindera pulcherrima var. attenuata Allen (樟科),*香叶,香叶树,乌药苗,山叶树,假桂皮,尖叶樟*
香风茶(安徽)=山蜡梅
香枫桃(浙江中草药)=树参
香蜂斗菜 Petasites fragrans (Vill.) C.Presl.(菊科)
香蜂花 Melissa officinalis L.(唇形科)
香芙木(高等图鉴)=华南青皮木
香芙木 Schoepfia fragrans Wall.(铁青树科)
香芙蓉 Hibiscus fragrans Roxb.(锦葵科)
香附(纲目)=香附子
香附草(中草药汇编)=粘毛香青
香附子 Cyperus rotundus L.(莎草科),*地毛,苦羌头,雷公头,雀头香,三棱草根,莎草,莎随,香附,香头草,猪通草菇*
香港安兰(高等图鉴)=香港带唇兰
香港巴豆 Croton hancei Benth.(大戟科)
香港斑叶兰 Goodyera youngsayei S.Y.Hu & Barretto (兰科)
香港赤竹(香港竹谱)=光笹竹
香港葱臭木(云南志)=香港樫木
香港大沙叶 Pavetta hongkongensis Bremek.(茜草科),*茜木,满天星,大叶满天星,山铁尺,青凤木*
香港带唇兰 Tainia hongkongensis Rolfe(兰科),*香港安兰*
香港倒捻子(拉汉名称)=大叶藤黄
香港耳草 Hedyotis vachellii HK. & Arn.(茜草科)
香港凤仙花 Impatiens hongkongensis C.Grey-Wilson (凤仙花科)
香港瓜馥木 Fissistigma uonicum (Dunn) Merr. (番荔枝科),*港瓜馥木,角洛子藤,大酒饼子,打鼓藤,山龙眼藤*
香港过路黄 Lysimachia alpestris Champ. ex Benth.(报春花科)
香港红山茶 Camellia hongkongensis Seem.(山茶科),*广东山茶*
香港厚壳桂(树木分类学)=黄果厚壳桂
香港胡颓子 Elaeagnus tutcheri Dunn(胡颓子科)
香港黄檀 Dalbergia millettii Benth.(豆科)
香港樫木 Dysoxylum hongkongense (Tutch.) Merr. (楝科),*香港葱臭木*
香港金橘(植物志 43-2)=山橘
香港金线兰 Anoectochilus yungianus S.Y.Hu (兰科)
香港卷瓣兰 Bulbophyllum tseanum (S.Y.Hu & Barretto) Z.H.Tsi (兰科)
香港马鞍树 Maackia ellipticocarpa Merr.(豆科)
香港马兜铃 Aristolochia westlandii Hemsl.(马兜铃科)
香港毛兰 Eria gagnepainii Hawkes & Hller(兰科)
香港毛蕊茶 Camellia assimilis Champ. ex Benth. (山茶科)
香港磨芋 Amorphophallus oncophyllus Prain ex HK.f. (天南星科)
香港木兰 Magnolia chamopionii Benth.(木兰

科),*香港玉兰*
香港双袋兰 Disperis nantauensis S.Y.Hu(兰科)
香港双蝴蝶 Tripterospermum nienkui (Marq.) C.J.Wu (龙胆科)
香港水玉簪 Burmannia pusilla var. hongkongensis Jonk. (水玉簪科)
香港四照花 Dendrobenthamia hongkongensis (Hemsl.) Hutch.(山茱萸科),*山荔枝*
香港算盘子 Glochidion zeylanicum (Gaertn.) A.Juss. (大戟科),*金龟树,大叶面豆果,大红心*
香港薹草 Carex ligata Boott(莎草科)
香港新木姜子 Neolitsea cambodiana var. glabra Allen (樟科)
香港崖豆 Millettia oraria Dunn(豆科),*香港崖豆藤*
香港崖豆藤(豆科图说)=香港崖豆
香港银柴(拉汉名称)=银柴
香港鹰爪(海南志)=香港鹰爪花
香港鹰爪花 Artabotrys hongkongensis Hance (番荔枝科),*港鹰爪,香港鹰爪,野鹰爪藤*
香港油麻藤(新)Mucuna nigricans var. hongkongensis Wilmot-Dear.?(豆科)
香港玉凤花 Habenaria coultousii Barretto(兰科)
香港玉兰(树木分类学)=香港木兰
香港远志 Polygala hongkongensis Hemsl.(远志科)
香港珍珠茅 Scleria radula Hance (莎草科)
香膏杜鹃花 Rhododendron balsaminiflorum (Carriere) Nichols.(杜鹃花科)
香膏萼距花 Cuphea balsamona Cham. & Schlechtend. (千屈菜科)
香膏石龙尾 Limnophila balsamea Benth.(玄参科)
香槁树(江西遂川,福建)=香桂
香槁树(中草药汇编)=绒毛润楠
香藁本(浙江)=白苞芹
香疙瘩(昆明草药)=沙针
香格木 Erythrophleum suaveolens Brenan (豆科)
香根草 Vetiveria zizanioides (L.) Nash(禾本科),*岩兰草*
香根草属 Vetiveria Bory(禾本科)
香根芹(西藏中草药)=疏叶香根芹
香根芹 Osmorhiza aristata (Thunb.) Makino & Yabe (伞形科),*水芹三七,野胡萝卜*
香根芹属 Osmorhiza Rafin.(伞形科)
香根藤(云南)=须药藤
香根鸢尾 Iris florentina Ker.(鸢尾科)
香根鸢尾 Iris pallida Lamarck (鸢尾科)
香构(四川)=一把香
香构(四川南川)=小黄构
香构(四川中草药)=小黄构
香瓜(滇南本草,本草纲目)=甜瓜
香瓜子(广西)=龙珠果
香桂(广东,海南)=阴香
香桂(海南陵水)=长圆叶新木姜子
香桂(四川)=少花桂
香桂(台木本志)=台湾新木姜子
香桂 Cinnamomum subavenium Miq.(樟科),*假桂皮,三条筋,土肉桂,细叶香桂,细叶月桂,香槁树,香桂皮,香树皮,月桂*
香桂楠(广东)=钝叶桂
香桂皮(浙江)=香桂
香桂树(四川)=粗糠柴
香桂子(广西)=毛桂
香桂子(湖北)=毛叶木姜子
香桂子(四川)=滇润楠
香桂子(四川米易)=新樟
香桂子(云南)=木姜子
香桂子(云南)=三股筋香
香桂子树(陕西岗皋)=簇叶新木姜子
香果(海南)=厚壳桂
香果(台湾)=蒲桃
香果变种葡萄 Vitis cordifolia var. foetida Engelm.(葡萄科)
香果兰 Vanilla annamica Gagn.(兰科)
香果树(云南经济植物,药典 2000)=香叶树
香果树(云南龙陵)=黄脉钓樟
香果树 Emmenopterys henryi Oliv.(茜草科),*丁木,大叶水桐子,茄子树,小冬瓜*
香果树属 Emmenopterys Oliv.(茜草科)
香果新木姜(海南志)=香果新木姜子
香果新木姜子 Neolitsea ellipsoidea Allen(樟科),*乌身香槁,奉楠,香果新木姜*
香海仙报春 Primula wilsonii Dunn(报春花科)
香蒿(甘肃)=民勤绢蒿
香蒿(谷称)=青蒿
香蒿(河北,陕西)=茵陈
香蒿(青海)=圆头蒿
香蒿(山西,辽宁)=白莲蒿
香蒿(四川,云南)=牡蒿
香合欢 Albizia odoratissima (L.f.) Benth.(豆科),*香茜藤,香须树,黑格*
香喉(广东,海南)=黄樟
香湖(广东,海南)=黄樟
香花暗罗 Polyalthia rumphii (Bl.)ex Hensch.) Merr. (番荔枝科),*大花暗罗*
香花白杜鹃 Rhododendron ciliipes Hutch.(杜鹃花科)
香花报春 Primula aromatica W.W.Sm & Forr. (报春花科),*香报春*
香花菜(广东,云南文山)=留兰香
香花草(广东)=小鱼仙草
香花茶 Camellia sinensis var. waldenae (S.Y.Hu) Chang (山茶科)
香花桂(海南)=厚壳桂
香花果(云南)=龙珠果
香花黄皮 Clausena odorata Huang(芸香科)
香花芥 Clausia trichosepala (Turcz.) Dvorák(十字花科),*毛萼香芥*
香花芥属 Hesperis L.(十字花科)
香花毛兰 Eria javanica (Sw.) Bl.(兰科),*大叶绒毛*
香花木姜子 Litsea panamonja (Nees) HK.(樟科)
香花木犀 Osmanthus suavis King ex C.B.Clarke (木犀科)
香花枇杷 Eriobotrya fragrans Champ.(蔷薇科)
香花球兰 Hoya lyi Lévl.(萝藦科),*铁足板,石草鞋*
香花藤(云南)=青藤仔
香花藤(植物志 63)=云南香花藤
香花藤 Aganosma marginata (Roxb.) G.Don(夹竹桃科)
香花藤属 Aganosma G.Don.(夹竹桃科),*阿根藤属*
香花虾脊兰 Calanthe odora Griff.(兰科)
香花崖豆藤 Millettia dielsiana Harms(豆科),*大血藤,鸡血藤,昆明鸡血藤,老人根,山鸡血藤,血风藤,岩豆根,岩豆藤*
香花羊耳蒜 Liparis odorata (Willd.) Lindl.(兰科)
香花郁金香 Tulipa suaveolens Roth.(百合科)
香花蜘蛛兰 Arachnis hookeriana (Rchb.f.) Rchb.f. (兰科)
香花指甲兰 Aerides odorata Lour.(兰科)
香花柱瓣兰 Epidendrum fragrans Sw.(兰科)
香花子(河北)=香青兰
香花紫堇 Corydalis flaxuosa subsp.balsamiflora (Prain) C.Y.Wu(罂粟科)
香华丽百合 Lilium nobilissimum (Makino) Makino (百合科)
香桦 Betula insignis Franch.(桦木科)
香槐 Cladrastis wilsonii Takeda(豆科),*香近豆,山荆*
香槐属 Cladrastis Rafin.(豆科)
香黄芪 Astragalus odoratus Lam.(豆科)
香霍丽兰 Houlletia odoratissima Lindl.(兰科)
香加皮(四川,中药志)=杠柳
香荚兰属 Vanilla Plumier ex P.Miller (兰科)
香荚蒾 Viburnum farreri W.T.Stearn (忍冬科),*探春,野绣球,香探春*
香简草 Keiskea szechuanensis C.Y.Wu(唇形科),*四川霜柱*
香简草属 Keiskea Miq.(唇形科)
香姜 Alpinia coriandriodora D.Fang(姜科)
香姜味草(分类学报)=清香姜味草
香胶(湛江)=毛黄肉楠
香胶木(陆川本草)=毛黄肉楠
香胶木(植物志 31)=绒毛润楠
香胶木(中药大辞典)=潺槁木姜子
香胶蒲桃 Syzygium balsameum Wall.(桃金娘科)
香胶叶(广东,海南)=阴香
香椒(江西)=野花椒
香椒槁(海南加积)=大萼木姜子
香椒子(湖南,四川)=青花椒
香蕉(纲目拾遗)=大蕉
香蕉 Musa nana Lour.(芭蕉科),*矮把蕉,矮脚盾地雷,矮脚香蕉,高把蕉,高脚香蕉,高脚牙蕉,桂尖,桂母息,桂衣店,开远香蕉,龙溪蕉,梅花蕉,天宝蕉,芎蕉,油蕉,中国香蕉,中脚盾地雷*
香蕉草(广西)=蔓赤车
香秸颗(河北)=东北土当归
香芥 Clausia aprica (Steph.) Kornuch-Trotzky (十字花科)
香芥属(检索表)=**庭荠属**
香芥属 Clausia Kornuch.-Trotzky (十字花科)
香金板(纲目拾遗)=橘
香金光菊 Rudbeckia subtomentosa Pursh.(菊科)
香堇菜 Viola odorata L.(堇菜科)
香近豆(浙江药用名录)=香槐
香茎鸢尾 Iris graminea L.(鸢尾科)
香荆芥(河北小五台山)=木香薷
香荆芥(河南)=罗勒
香荆芥花(河北)=藿香
香景天(拉汉名称)=小丛红景天
香菊(植物志 76-1)=芙蓉菊
香军树(广东)=海杧果
香菌柯 Lithocarpus lycoperdon (Skan) A.Camus(壳斗科)
香柯树(湖北宣恩,利川)=侧柏
香科科 Teucrium simplex Vaniot(唇形科)
香科科属 Teucrium L.(唇形科)
香苦草(上海)=黄花蒿
香兰 Haraella retrocalla (Hay.) Kudo(兰科)
香兰属 Haraella Kudo(兰科)
香蒈(广东中草药)=蒌叶
香藜 Chenopodium botrys L.(藜科)
香李(河南)=水栒子

香里藤(福建)=大叶马兜铃

香丽木(河南)=三桠乌药

香蓼 Polygonum viscosum Buch.-Ham. ex D. Don (蓼科),粘毛蓼

香鳞毛蕨 Dryopteris fragrans (L.) Schott(鳞毛蕨科)

香铃草(昆明)=野西瓜苗

香柳(河南)=沙枣

香龙草(安徽)=赶山鞭

香龙草(长沙)=南蛇藤

香龙血树 Dracaena fragrans (L.) Ker.-Gawl.(百合科)

香露兜 Pandanus amaryllifolius Roxb.(露兜树科),板兰香

香炉草(四川)=麦瓶草

香炉草(四川)=牛至

香栾(桔录)=代代酸橙

香栾(植物志 43-2)=朱栾

香麻(图经本草)=茅香

香麻(图经本草)=柠蒙草

香马料(黑龙江)=草木犀

香麦(亨氏植物名录)=燕麦

香茅(本草拾遗)=鼠麴草

香茅(纲目)=茅香

香茅(宋开宝本草)=柠蒙草

香茅 Cymbopogon schoenanthus (L.) Spreng.(禾本科),蔺花香茅

香茅草(云南中草药)=芸香草

香茅樟(云南经济植物)=毛叶樟

香茅属(名词审查本)=**茅香属**

香茅属 Cymbopogon Spreng.(禾本科)

香莓 Rubus pungens var. oldhamii (Miq.)Maxim.(蔷薇科),九里香,落地角公,九头饭消扭

香缅树杜鹃 Rhododendron tutcherae Hemsl. & Wils. (杜鹃花科),毛叶滇南杜鹃

香面叶 Lindera caudata (Nees) HK.f.(樟科),黄脉山胡椒,假桂皮,毛叶三条筋,朴香果,三条筋,香油果,香油树

香明草(广西)=野拨子

香木瓜(成都中草药)=皱皮木瓜

香木菌桂(现代实用中药)=柊树

香木莲 Manglietia aromatica Dandy(木兰科)

香苜蓿(东北)=胡卢巴

香楠(台湾)=香润楠

香楠 Aidia canthioides (Champ. ex Benth.) Masam. (茜草科),水棉木,台北茜草树

香柠檬 Citrus meyerii Tananka (芸香科)

香皮树(广西)=基脉润楠

香皮树 Meliosma fordii Hemsl.(清风藤科),过家见,过假麻,钝叶泡花树

香苹婆 Sterculia foetida L.(梧桐科)

香坡垒 Hopea odorata Roxb.(萝藦科)

香蒲(上海,浙江,福建)=菖蒲

香蒲 Typha orientalis Presl(香蒲科),东方香蒲,蒲棒,蒲苞草根,蒲棰,蒲槌,蒲萼,蒲根儿,蒲黄,蒲厘,蒲蒻,蒲笋,水腊烛实

香蒲科 Typhaceae

香蒲葵(云南植物名录)=美丽蒲葵

香蒲桃 Syzygium odoratum (Lour.) DC.(桃金娘科)

香蒲叶鸢尾(东北部检索表)=北陵鸢尾

香蒲属 Typha L.(香蒲科)

香漆 Rhus aromatica Ait.(漆树科)

香荠菜(安徽)=荠

香荠菜(江苏)=焯菜

香荠属(科属辞典)=**庭荠属**

香茜 Carlemannia tetragona HK.f.(茜草科),斗斛草,四角果

香茜藤(海南)=香合欢

香茜属 Carlemannia Benth.(茜草科)

香芹(本草推陈)=旱芹

香芹 Libanotis seseloides (Fisch. & Mey.) Turcz.(伞形科)

香青(四川)=高山柏

香青 Anaphalis sinica Hance(菊科),通肠香,萩,籁箫,翅茎香青

香青蒿(上海)=牡蒿

香青兰 Dracocephalum moldavica L.(唇形科),白赖杆,臭蒿,臭兰香,臭仙欢,蓝秋花,摩眼子,青兰,青蓝,山薄荷,山青兰,香花子,小兰花,野青兰,玉米草,紫藁

香青密生变种(植物志 75)=密生香青(新)

香青棉毛变种(植物志 75)=棉毛香青(新)

香青疏生变种(植物志 75)=疏生香青(新)

香青属 Anaphalis DC.(菊科)

香庆尖(泉州本草)=独角莲

香秋海棠 Begonia odorata Willd.(秋海棠科)

香楸(山东)=海州常山

香楸藤(江西)=粗糠柴

香人乳(浙江)=琴叶榕

香肉果 Casimiroa edulis La Llave(芸香科)

香肉果属 Casimiroa La Llave (芸香科),加锡弥罗果属

香茹(云南,曲靖)=牛至

香茹(植物志 75)=鹿角草

香茹草(广西临桂)=石香薷

香茹草(昆明,四川)=牛至

香茹草(四川)=香薷

香薷(滇南本草,云南,曲靖)=牛至

香薷(甘肃) =小荆芥

香薷(河北蔚县)=藿香

香薷(江西彭泽,福建福州,广东连县,广西,四川叙永)=石香薷

香薷(名医别录)=海州香薷

香薷(四川)=鸡骨柴

香薷(四川)=毛球莸

香薷(四川丹巴,雅江)=白叶香茶菜

香薷(新疆)=密花香薷

香薷(云南耿马)=白香薷

香薷 Elsholtzia ciliata (Thunb.) Hyland.(唇形科),半连边苏,边枝花,臭荆芥,臭香麻,德昌香薷,火胡麻,疾尔色布尔,荆芥,酒饼叶,拉拉香,蚂蝗痧,蜜蜂草,排香草,青龙刀香薷,山苏子,水芳花,水荆芥,土香薷,香草,香茹草,小荆芥,小叶苏子,野芭子,野芝麻,野紫苏,鱼香草,真荆芥,疏穗变种,少花变种,多枝变种,短苞柄变种

香薷草(湖南)=石香薷

香薷草(四川)=薄荷

香薷草(新疆托克逊)=假薄荷

香薷属 Elsholtzia Willd.(唇形科)

香薷状刺蕊草 Pogostemon elsholtzioides Benth.(唇形科)

香薷状霜柱(分类学报)=香薷状香简草

香薷状香简草 Keiskea elsholtzioides Merr.(唇形科),香薷状霜柱

香蕊(中药大辞典)=樟

香润楠 Machilus zuihoensis Hay.(樟科),香楠,瑞芳楠

香杉(中国裸子志)=台湾杉木

香蛇麻(新疆中草药)=啤酒花菟丝子

香蛇麻(中药大辞典)=华忽布

香蓍草 Achillea ageratum L.(菊科)

香石蒜 Lycoris incarnata Comes ex C.Sprenger (石蒜科)

香石藤(云南)=小花五味子

香石藤(云南中草药选)=翼梗五味子

香石藤(中药大辞典)=狭叶五味子

香石竹(新拉汉英)=芳香石竹(新)

香石竹 Dianthus caryophyllus L.(石竹科),狮头石竹,康乃馨,麝香石竹,大花石竹

香树(湖北宣恩,利川)=侧柏

香树(四川)=猴樟

香树(中药大辞典)=香叶子

香树皮(浙江)=香桂

香水草(植物志 64-2)=南美天芥菜

香水橙(广东)=甜橙

香水花(东北)=铃兰

香水花(陕西中草药)=单瓣白木香

香水兰(开宝本草)=佩兰

香水树(台湾)=依兰

香水水草(内蒙古商都)=黄芩

香水水草 Scutellaria regeliana var. ikonnikovii (Juz.) C.Y.Wu & H.W.Li(唇形科),塔头变种

香水塔花(梧州草药及处方选)=水塔花

香水月季 Rosa odorata (Andr.) Sweet(蔷薇科),黄酴醾,芳香月季

香睡莲 Nymphaea odorata Ait.(睡莲科)

香丝柏(四川)=柏木

香丝菜(广西)=野生紫苏

香丝菜(图考,中草药汇编)=茴香

香丝草(广东,海南)=黄花蒿

香丝草 Conyza bonariensis (L.) Cronq.(菊科),野塘蒿,野地黄菊,蓑衣草,小加蓬

香松属 Libocedrus Endl.(柏科)

香苏(东北,河北)=紫苏

香苏(名医别录)=爵床

香苏草(云南)=野拨子

香苏茶(云南曲靖)=东紫苏

香苏子(浙江天目山)=二色五味子

香荽(广东)=紫苏

香檀(别称)=粗糠柴

香探春(华北经济志要)=香荚蒾

香糖树(广西)=灰岩血桐

香桃木 Myrtus communis L.(桃金娘科)

香桃木属 Myrtus L.(桃金娘科)

香藤(广东)=筋藤

香藤(广西)=阔叶瓜馥木

香藤(中药大辞典)=瓜馥木

香藤风(广西)=瓜馥木

香藤根(浙江)=南五味子

香天冬草 Asparagus crispus Lam.(百合科)

香天竺葵 Pelargonium ×fragrans Willd.(牻牛儿苗科)

香甜哈克 Hakea suaveolens R.Br.(山龙眼科)

香甜相思树 Acacia suaveolens Willd.(豆科)

香甜锥头麻(拉汉名称)=锥头麻

香头草(广州)=香附子

香头草(江苏药材志)=鸭舌草

香豌豆(新疆中草药)=对叶香豌豆

香豌豆 Lathyrus odoratus L.(豆科),麝香豌豆,花豌豆

香味嘉赐木(植物学报)=烈味脚骨脆

香味铁线蕨 Adiantum melanoleucum Willd.(铁线蕨科)

香味叶(拉汉名称和手册)=滇新樟

香五加皮(四川中药志)=杠柳

香线柱兰 Zeuxine odorata Fukuyama(兰科)

香肖鸢尾 Moraea edulis Ker-Gawl.(鸢尾科)

香蟹(浙江经志)=红毒茴

香信(广东)=刺芹

香须树(高等图鉴)=香合欢
香雪 Syringa oblata cv. Xiangxue(木犀科)
香雪兰 Freesia refracta Klatt(鸢尾科),*小菖兰,菖蒲兰*
香雪兰属 Freesia Klatt (鸢尾科),*小菖兰属*
香雪球 Lobularia maritima (L.) Desv.(十字花科)
香雪球属 Lobularia Desv.(十字花科)
香雪山梅花 Philadelphus lemoinei Lemoine (虎耳草科)
香血藤(昆明草药)=铁箍散
香血藤(云南)=红花五味子
香杨 Populus koreana Rehd.(杨柳科),*大青杨*
香叶(湖南)=香粉叶
香叶(四川北培)=小黄构
香叶(药用图鉴)=香叶天竺葵
香叶草(江西安福)=罗勒
香叶多香树 Pimenta racemosa J.W.Moore (桃金娘科)
香叶蒿 Artemisia rutifolia Steph. ex Spreng.(菊科),*芸香叶蒿,察汗-沙里尔日*
香叶木 Spermadictyon suaveolens Roxb.(茜草科),*网纹茜*
香叶木属 Spermadictyon Roxb.(茜草科)
香叶芹(高等图鉴)=细叶芹
香叶树(湖南)=香粉叶
香叶树(思茅中草药)=茶梨
香叶树(四川)=多脉猫乳
香叶树(西藏察隅)=云南樟
香叶树(云南)=尖萼金丝桃
香叶树(云南)=清香木
香叶树(云南楚雄,武定)=新樟
香叶树 Lindera communis Hemsl.(樟科),*臭油果,大香叶,疗疮树,千斤香,千金树,土地冬青,细叶假樟,香果树,香叶子,小粘叶,野木姜子,一面光*
香叶天竺葵 Pelargonium graveolens L'Hér(牻牛儿苗科),*香叶,香艾*
香叶万寿菊 Tagetes lucida Cav.(菊科)
香叶子(安徽)=山胡椒
香叶子(湖北)=香叶树
香叶子(四川宝兴)=川钓樟
香叶子(四川盐边,金阳)=新樟
香叶子(四川云阳)=头序荛花
香叶子(云南)=地檀香
香叶子(浙江)=乌药
香叶子(中药大辞典)=豹皮樟
香叶子 Lindera fragrans Oliv.(樟科),*香树*
香叶子树(高等图鉴)=狭叶山胡椒
香叶子树(四川)=少花桂
香叶子树(四川)=油樟
香一枝黄花 Solidago odora Ait.(菊科)
香荫树 Hymenosporum flavum F.L.Muell.(海桐花科)
香荫树属 Hymenosporum F.Muell.(海桐花科)
香蝇子草 Silene odoratissima Bge.(石竹科)
香油罐(东北)=大花金挖耳
香油罐(黑龙江)=芝麻菜
香油果(云南)=香面叶
香油树(高等图鉴)=香面叶
香柚树(中草药汇编)=珊瑚树
香莸 Caryopteris bicolor (Roxb. ex Hardw.) Mabb. (马鞭草科)
香芋(思茅中草药)=泉七
香芋(云南思茅)=千年健
香圆(中草药汇编)=锐尖山香圆
香圆 Citrus grandis ×junos(芸香科),*香圆杯,枸橼,佛手柑,春橼*
香圆杯(山家清供)=香圆
香橼 Citrus medica L.(芸香科),*枸橼,枸橼子*
香芸×长叶火绒草(植物志 75)=×纤细火绒草
香芸火绒草 Leontopodium haplophylloides Hand.-Mazz.(菊科)
香枣(岭南采药录)=海枣
香泽兰(广部中草药手册)=飞机草
香泽仙花 Neomarica northiana Sprague (鸢尾科)
香沾树(四川江津)=毛桂
香樟(分类草药性,南方各省区)=樟
香樟(陕西南部,四川梓潼)=银木
香樟(四川)=猴樟
香樟(四川)=油樟
香樟(四川,云南)=云南樟
香樟(云南思茅)=黄樟
香芝麻(云南)=野拨子
香芝麻蒿(云南)=野拨子
香芝麻叶(云南玉溪)=鸡骨柴
香脂冷杉(新拉汉英)=胶枞
香竹(西双版纳)=糯竹
香竹 Chimonocalamus delicatus Hsueh & Yi (禾本科)
香竹属 Chimonocalamus Hsueh & Yi (禾本科)
香爪鸢尾 Iris unguicularis Foir.(鸢尾科)
香子含笑 Michelia hedyosperma Law(木兰科)
香紫罗兰 Matthiola odoratissima Br.(十字花科)
香紫苏(云南)=鼠尾香薷
湘粉已(中药大辞典)=秤钩风
湘赣艾蒿 Artemisia gilvescens Miq.(菊科)
湘桂栝楼 Trichosanthes hylonoma Hand.-Mazz.(葫芦科)
湘桂马铃苣苔 Oreocharis xiangguiensis W.T. Wang & K.Y.Pan(苦苣苔科)
湘桂柿 Diospyros xiangguiensis S.Lee(柿科)
湘桂新木姜子 Neolitsea hsiangkweiensis Yang & P.H.Huang(樟科)
湘桂羊角芹 Aegopodium handelii Wolff(伞形科)
湘柳 Salix balansaei var. hunanensis N.Chao(杨柳科)
湘南星 Arisaema hunanense Hand.-Mazz.(天南星科)
湘楠 Phoebe hunanensis Hand.-Mazz.(樟科),*湖南楠*
湘黔复叶耳蕨 Arachniodes michelii (Lévl.) Ching (鳞毛蕨科)
湘西蹄盖蕨(武陵检索表)=裸囊蹄盖蕨
湘枳壳(湖南)=酸橙
湘枳实(湖南)=酸橙
箱根乱子草 Muhlenbergia hakonensis (Hack.) Makino (禾本科)
箱根野青茅 Deyeuxia hakonensis (Franch. & Sav.) Keng (禾本科)
襄托羊蹄甲 Bauhinia touranensis Gagn.(豆科),*越南羊蹄甲*
襄阳山樱(经济植物手册)=襄阳山樱桃
襄阳山樱桃 Cerasus cyclamina (Koehne) Yü & Li (蔷薇科),*襄阳山樱*
镶边报春(拉汉名称)=匙叶雪山报春
镶边竹蕉(新拉汉英)=银叶龙血树
响盒子 Hura crepitans L.(大戟科),*洋红*
响盒子属 Hura L.(大戟科)
响亮草(江西草药手册)=假地蓝
响铃草(滇南本草)=假地蓝
响铃草(广西)=翅托叶猪屎豆
响铃草(湖南药物志)=苦蘵
响铃草(四川)=线叶猪屎豆
响铃草(云南)=野西瓜苗
响铃豆 Crotalaria albida Heyne ex Roth(豆科),*黄花地丁,野豌豆,马口铃,小响铃,狗响铃*
响铃果(云南)=响铃金锦香
响铃金锦香 Osbeckia pulchra Geddes(野牡丹科),*响铃果*
响铃子(江西)=白花龙
响铃子(药用志)=假地蓝
响毛杨 Populus ×pseudotomentosa C.Wang & Tung (杨柳科)
响杨(长白山药志)=山杨
响杨(高等图鉴)=毛白杨
响叶杨 Populus adenopoda Maxim.(杨柳科),*绵杨,白杨树,山折杨,风响杨,团叶杨,小果响叶杨,楔叶响叶杨*
响子竹 Monocladus levigatus Chia et al.(禾本科)
向地杜鹃花 Rhododendron chamaezelum Balf. F. & Forrest.(杜鹃花科)
向日垂头菊 Cremanthodium hilianthus (Franch.) W.W.Sm. (菊科)
向日葵 Helianthus annuus L.(菊科),*丈菊,天葵子,葵子,西番菊,迎阳花,葵房*
向日葵属 Helianthus L.(菊科)
向日樟(海南志)=软皮桂
向天葫芦(植物志 53-1)=心叶野海棠
向天黄(台湾)=黄花草
向天蜈蚣(福建草药)=田菁
向天盏(浙江药志)=韩信草
向阳花(云南)=茄参
向阳花(植物志 75)=牛膝菊
向阳柯 Lithocarpus apricus Huang & Y.T.Chang (壳斗科)
向阳柳(贵州)=粗壮女贞
项开口(浙江中草药)=观音草
项链冷水花(湖北志)=念珠冷水花
象贝(通称)=浙贝母
象鼻草(福建中草药)=大尾摇
象鼻花(中药大辞典)=华凤仙
象鼻黄苹婆 Sterculia rhinopetala K.Schum.(梧桐科)
象鼻兰 Nothodoritis zhejiangensis Z.H.Tsi(兰科)
象鼻兰属 Nothodoritis Z.H.Tsi (兰科)
象鼻藤 Dalbergia mimosoides Franch.(豆科),*含羞草叶黄檀,麦刺藤叶,鸡色札*
象鼻竹(植物志 9-3)=梨竹
象鼻子(西藏林芝)=象南星
象草 Pennisetum purpureum Schum.(禾本科)
象胆(台湾青草药)=芦荟
象豆(南方草木状)=榼藤
象耳豆 Enterolobium cyclocarpum (Jacq.) Griieseb. (豆科)
象耳豆属 Enterolobium Mart.(豆科)
象耳芋(杭州)=大野芋
象谷(开宝本草)=罂粟
象橘 Feronia limonia (L.) Swingle(芸香科)
象橘属 Feronia Correa (芸香科),*木苹果属*
象蜡树 Fraxinus platypoda Oliv.(木犀科),*宽果梣*
象奶果(云南禄劝)=大果爬藤榕
象南星 Arisaema elephas Buchet (天南星科),*半节烂,大半夏,大麻芋子,黑南星,虎掌,麻芋子,三步跳,水包谷,天南星,象鼻子,银半夏*
象皮木(广西)=糖胶树

象皮藤(广西)=蝉翼藤

象蒲 Typha elephantina Roxb.(香蒲科)

象泉亚菊(新)Ajania gracilis (HK.f. & Thoms.) Poilak.? (菊科)

象头花 Arisaema franchetianum Engl.(天南星科),*半夏,大半夏,独叶半夏,狗爪半夏,狗爪南星,黑南星,红半夏,红南星,虎掌,老母狗半夏,母猪半夏,南星,三不跳,天南星,小独角莲,岩芋,野磨芋,野芋头*

象头蕉 Ensete wilsonii (Tutch.) Cheesm. (芭蕉科),*野芭蕉,桂吞,若阿泡若阿窝*

象头细瓣兰 Masdevallia elephanticeps Rchb.f. (兰科)

象腿芭蕉(云南南部)=象腿蕉

象腿蕉 Ensete glaucum (Roxb.) Cheesm.(芭蕉科),*象腿芭蕉,康光,桂丁掌*

象腿蕉属 Ensete Bruce ex Horan.(芭蕉科)

象尾菜(云南)=云南苏铁

象牙白老虎兰 Stanhopea eburnea Lindl.(兰科)

象牙参(中药大辞典)=藏象牙参

象牙参 Roscoea purpurea Smith(姜科)

象牙参属 Roscoea Smith(姜科)

象牙海岸格木 Erythrophleum ivorense A.Chev. (豆科)

象牙海棠(云南)=一串红

象牙红(广州)=一串红

象牙红(植物志 41)=龙牙花

象牙花 Erythrina speciosa Andr.(豆科)

象牙球 Coryphantha elephantidens Lem.(仙人掌科)

象牙柿 Diospyros ferrea (Willd.) Bakh.(柿科),*乌皮石柃,琉球黑檀*

象牙树 Maba buxifolia Pers.(柿科)

象牙树属 Maba J.R. & G.Forst.(柿科)

象牙乌毛蕨(植物志 4-2)=荚囊蕨

象牙皂(名医别录)=皂荚

象牙棕属 Phytelephas Ruiz. & Pav.(棕榈科)

象治恩保(藏语)=白心球花报春

象治赛保 (藏语)=钟花报春

橡(庄子)=麻栎

橡胶草 Taraxacum kok-saghyz Rodin(菊科)

橡胶树(云南漾濞)=苹果榕

橡胶树(植物志 44-2)=橡胶树

橡胶树 Hevea brasiliensis (Willd. ex A.Juss.) Muell.Arg. (大戟科),*巴西橡胶,橡胶树,三叶橡胶*

橡胶树属 Hevea Aubl.(大戟科)

橡胶藤(广西)=锈毛络石

橡胶藤(中草药汇编)=华宁藤

橡栎(图经本草)=麻栎

橡皮草(江西中草药学)=白接骨

橡皮壳(唐本草)=麻栎

橡皮树(通称)=印度榕

橡树(东北)=槲树

橡树(新疆中草药)=夏栎

橡碗树(植物志 22)=麻栎

橡只玛尔布(藏名)=偏花报春

橡子碗(新疆中草药)=夏栎

Xiao

枭景(名医别录)=桃

枵枣七(陕西)=庐山楼梯草

消布音-他不格(内蒙志)= 甜地丁

消毒草(江西草药)=小叶三点金

消毒药(贵州民间药物)=堇菜

消风草(江西,湖南,图考)=粗叶地桃花

消黄散(贵州民间药物)=云南勾儿茶

消黄散(云南)=三桠苦

消黄散(云南中草药)=小叶三点金

消癀药(贵州)=铁冬青

消结草(福建)=白前

消山虎(广西)=夜香牛

消食树(广西)=樟叶木防已

消退罗子(本草纲目)=天师栗

消息花(植物志 39)=金合欢

消炎草(桂林)=鼠尾草

消炎草(云南中草药选)=藿香蓟

逍遥草(云南中草药,江西)=小叶三点金

逍遥竹(江西)=徐长卿

萧氏罗氏马先蒿 Pedicularis roylei subsp. shawii (Tsoong) Tsoong(玄参科),*罗氏马先蒿萧氏亚种*

小阿达西(浙江药物志)=白接骨

小矮泽芹 Chamaesium spatuliferum var. minor Shan & S.L.Liou(伞形科)

小艾(台湾志)=矮蒿

小鞍叶羊蹄甲 Bauhinia brachycarpa var. microphylla (Oliv. ex Craib) K. & S.S.Larsen(豆科),*小马鞍叶羊蹄甲*

小暗消(云南)=暗消藤

小暗消(云南)=木防已

小八角(拉汉名称)=滇南八角

小八角莲 Dysosma difformis (Hemsl. & Wils.) T.H. Wang ex Ying(小檗科),*一块砖,单叶一枝花,包袱莲*

小八楼马(云南)=千解草

小巴豆(四川)=续随子

小巴豆 Croton tiglium var. xiaopadou Y.T. Chang & S.Z.Huang (大戟科)

小芭蕉(四川中药志)=美人蕉

小疤秋海棠 Begonia stigmosa Lindl.(秋海棠科)

小坝王(贵州遵义)=山蜡梅

小霸王(思茅)=绿背桂花

小霸王(云南思茅)=娃儿藤

小掰角(云南)=百灵草

小白菜(通称)=青菜

小白草(四川米易)=直梗高山唐松草

小白撑 Aconitum nagarum var. heterotrichum Fletcher & Lauener(毛茛科),*黄蜡一支蒿,雪上一支蒿,皱叶乌头*

小白娥兰(台湾兰)=长轴白点兰

小白蒿(东北检索表)=冷蒿

小白蒿(内蒙古)=光沙蒿

小白蒿(陕西)=茵陈

小白蒿(四川西部)=小球花蒿

小白花草(贵州)=单叶地黄连

小白花草(云南)=大独脚金

小白花地榆 Sanguisorba tenuifolia var. alba Trautv. & Mey.(蔷薇科)

小白花杜鹃(新拉汉英)=照山白杜鹃花

小白花苏(云南中草药)=大独脚金

小白芨(云南中草药)=云南独蒜兰

小白及(甘肃,云南)=白及

小白及 Bletilla formosana (Hay.) Schltr. (兰科),*台湾白及*

小白酒草(高等图鉴)=小蓬草

小白蜡(贵州民间药物)=日本女贞

小白蜡树(中药大辞典)=小叶女贞

小白藜 Chenopodium iljinii Golosk.(藜科)

小白栎(云南志)=白栎

小白蔹(云南中草药选)=青羊参

小白芪(河北,青海,甘肃)=金翼黄芪

小白前(云南)=大白药

小白石枣(甘肃)=花叶海棠

小白淑气花(滇南本草)=锦葵

小白藤 Calamus balansaeanus Becc.(棕榈科)

小白头翁(陕西)=薄雪火绒草

小白薇(云南)=云南娃儿藤

小白药(红河中草药)=毛果扁担杆

小白药(云南)=百灵草

小百部(广西中草药)=石刁柏

小百部(云南)=羊齿天门冬

小百合 Lilium nanum Klotz. & Garcke(百合科)

小百金花 Centaurium minus Moench(龙胆科)

小百日草 Zinnia angustifolia H.B.et K.(菊科)

小败火草(西藏中草药)=多枝婆婆纳

小斑虎耳草 Saxifraga punctulata Engl.(虎耳草科)

小斑叶兰 Goodyera repens (L.) R.Br.(兰科),*袖珍斑叶兰,匍枝斑叶兰,南投斑叶兰,斑叶兰*

小板栗(广西)=锥

小板猫儿草(中草药汇编)=通泉草

小钣钗(东北药志)=狼杷草

小半边钱(湖南)=马蹄金

小半圆叶杜鹃 Rhododendron thomsonii subsp. lopsangianum (Cowan) Chamb.(杜鹃花科)

小瓣翠雀花 Delphinium micropetalum Finet & Gagn. (毛茛科)

小瓣萼距花 Cuphea mircopetala H.B.K.(千屈菜科)

小瓣谷精草 Eriocaulon nantoense var. micropetalum W.L.Ma(谷精草科)

小瓣金花茶 Camellia parvipetala J.Y.Liang & Su (山茶科)

小瓣卷耳 Cerastium parvipetalum Hosok.(石竹科)

小瓣小檗 Berberis micropetala Ying(小檗科)

小苞半蒴苣苔 Hemiboea parvibracteata W.T. Wang & Z.Y.Li(苦苣苔科)

小苞报春 Primula bracteata Franch.(报春花科)

小苞沟酸浆 Mimulus bracteosa Tsoong(玄参科)

小苞孩儿草(分类学报)=金沙鼠尾黄

小苞黄脉爵床 Sanchezia parvibracteata Sprag. & Hutch.(爵床科)

小苞黄芪 Astragalus prattii Simps.(豆科)

小苞姜花 Hedychium parvibracteatum T.L.Wu & Senjen (姜科)

小苞爵床(广西植物名录)=楠草

小苞爵床属 Sphinctacanthus Benth.(爵床科)

小苞毛茛 Ranunculus minor (L.Liou) W.T.Wang (毛茛科)

小苞木里翠雀花 Delphinium muliense var. minutibracteolatum W.T.Wang(毛茛科)

小苞瓦松 Orostachys thyrsiflorus Fisch.(景天科),*刺叶瓦松*

小苞雪莲 Saussurea pubifolia var. lhasaensis S. W.Liu (菊科)

小苞叶薹草 Carex subebracteata (Kükenth.) Ohwi (莎草科)

小报春(拉汉名称)=雪山小报春

小报春 Primula forbesii Franch.(报春花科),*痢痢头花*

小杯红景天 Rhodiola sherriffii H.Ohba(景天科)

小北美香柏 Thuja occidentalis cv. Pumila (柏科)

小背笼(湖南)=金锦香

小被单草(云南中草药)=狗筋蔓

小本蛇药草(广西融水)=夏枯草

小本土荆芥(福州)=小鱼仙草

小萆薢(湖南)=福州薯蓣

小萆薢(云南)=无刺菝葜

小萹蓄(高原治疗手册)=习见蓼

小扁豆(四川)=兵豆
小扁豆 Polygala tatarinowii Regel(远志科),*小远志,野豌豆草,天星吊红*
小扁芒菊 Waldheimia nivea (HK.f. & Thoms. ex C.B.Clarke) Rgl.(菊科)
小扁藤(广西中草药)=三叶崖爬藤
小便草(东北)=赶山鞭
小滨菊 Leucanthemella linearis (Matsum.) Tzvel. (菊科)
小滨菊属 Leucanthemella Tzvel.(菊科)
小柄果海桐 Pittosporum henryi Gowda(海桐花科)
小拨毒(云南中草药选)=拨毒散
小驳骨 Gendarussa vulgaris Nees(爵床科),*百节芒,驳骨草,驳骨丹,驳骨消,长生木,臭黄藤,大力王,骨碎草,裹篱樵,尖尾风,接骨草,四季花,细骨风,细叶驳骨兰,小骨,小还魂,小接骨草,小叶金不换*
小薄荷(湖北均县)=藿香
小薄荷(四川米易)=蜜蜂花
小薄荷(四川青川) =小荆芥
小檗(秦岭志)=黄芦木
小檗(唐本草)=日本小檗
小檗(唐本草)=细叶小檗
小檗科 Berberidaceae
小檗美登木 Maytenus berberoides (W.W.Sm.) S.J.Pei & Y.H.Li (卫矛科),*檗状美登木*
小檗叶蔷薇 Rosa berberifolia Pall.(蔷薇科),*单叶蔷薇*
小檗叶石楠 Photinia berberidifolia Rehd. & Wils. (蔷薇科)
小檗属 Berberis L. (小檗科)
小檗状帚菊(植物志 79)=异叶帚菊
小补血草 Limonium minutum (L.) O.Kuntze (白花丹科)
小菜子七(湖北)=荷青花
小藏薹草 Carex thibetica var. minor Kükenth.(莎草科)
小糙皮山核桃 Carya ovata (Mill.) K.Koch.(胡桃科),*粗皮山核桃*
小糙野青茅 Deyeuxia scabrescens var. humilis (Griseb.) HK.f.(禾本科)
小草(本草经)=远志
小草 Microchloa indica (L.f.) Beauv.(禾本科)
小草根(山东)=远志
小草海桐 Scaevola hainanensis Hance(草海桐科),*海南草海桐*
小草蔻(云南)=云南草蔻
小草蔻(植物志 16-2)=草豆蔻
小草莓(陆川本草)=蛇莓
小草面瓜(云南思茅)=白毛算盘子
小草沙蚕 Tripogon nanus Keng ex Keng f. & L. Liou (禾本科)
小草乌(甘肃)=铁棒锤
小草乌(丽江语误用名)=小距紫堇
小草乌(图考)=康定翠雀花
小草乌(云南中草药)=云南翠雀花
小草属 Microchloa R.Br.(禾本科)
小侧金盏花 Adonis aestivalis var. parviflora M.Bieb.(毛茛科)
小梣叶悬钩子 Rubus parvifraxinifolius Hay.?(蔷薇科),*花莲悬钩子*
小杈叶槭 Acer robustum var. minus Fang(槭树科)
小茶叶(山东,江苏)=赶山鞭
小柴胡(甘肃)=红柴胡
小柴胡(广空中草药手册)=白背黄花稔
小柴胡(海南)=桤叶黄花稔
小柴胡(四川小金县)=紫花鸭跖柴胡
小柴胡(四川中药志)=滇银柴胡
小柴胡 Bupleurum tenue Buch.-Ham. ex D.Don (伞形科),*金柴胡,芫荽柴胡,竹叶柴胡,滇银柴胡*
小菖兰(拉汉名称)=香雪兰
小菖兰属(植物志 16-1)=**香雪兰属**
小菖蒲(四川)=阿尔泰银莲花
小长茎薹草 Carex setigera var.schlagintweitiana (Boeck.) Kükenth.(莎草科)
小长距兰(江苏志)=小舌唇兰
小长尾连蕊茶 Camellia parvicaudata Chang(山茶科)
小肠枫(广东梅县)=白花苦灯笼
小常山(云南)=千解草
小巢菜 Vicia hirsuta (L.) S.F.Gray(豆科),*漂摇草,漂摇豆,翘摇,雀野豆,苕,薇,小野麻豌豆,野蚕豆,野豌豆,硬毛果野豌豆,元修菜*
小车前(昆明)=疏花车前
小车前(拉汉名称)=平车前
小车前 Plantago minuta Pall.(车前科),*条叶车前,细叶车前*
小齿唇兰 Anoectochilus crispus Lindl. (兰科)
小齿黄芪 Astragalus minutidentatus Y.C.Ho(豆科)
小齿堇菜 Viola serrula W.Beck.(堇菜科)
小齿冷水花(云南植物名录)=点乳冷水花
小齿冷水花 Pilea subedentata C.J.Chen(荨麻科)
小齿龙胆 Gentiana microdonta Franch. ex Hemsl. (龙胆科)
小齿芒毛苣苔 Aeschynanthus denticuliger W. T.Wang (苦苣苔科)
小齿铁线莲(植物志 28)=尾叶铁线莲
小齿野靛棵 Mananthes microdonta (W.W.Sm.) C.Y.Wu & C.C.Hu(爵床科)
小齿叶柳 Salix parvidenticulata C.F.Fang (杨柳科)
小齿锥花 Gomphostemma microdon Dunn(唇形科),*木锥花,细郎刀*
小齿钻地风(分类学报)=钻地风
小赤车 Pellionia minima Makino(荨麻科),*山椒草,塌地草,卜罗草*
小赤麻(湖南吉首)=翅茎冷水花
小赤麻 Boehmeria spicata (Thunb.) Thunb.(荨麻科),*赤麻*
小雏兰(台湾志)=无柱兰
小串鱼(四川)=爬岩红
小疮菊 Garhadiolus papposus Boiss. & Buhse (菊科)
小疮菊属 Garhadiolus Jaub. & Spach(菊科)
小垂花报春 Primula sapphirina HK.f. & Thoms. (报春花科)
小垂头菊(青藏图志)=矮垂头菊
小垂头菊 Cremanthodium nanum (Decne.) W.W. Sm. (菊科)
小唇兰(台湾兰科植物,台兰科图鉴)=钳唇兰
小唇马先蒿 Pedicularis microchila Franch.(玄参科)
小唇盆距兰 Gastrochilus pseudodistichus (King & Pantl.) Schltr.(兰科)
小唇柱苣苔 Chirita speluncae (Hand.-Mazz.) Wood (苦苣苔科)
小茨藻 Najas minor All.(茨藻科)
小慈姑 Sagittaria potamogetifolia Merr.(泽泻科)
小刺棒棕 Bactris minor Jacq.(棕榈科)
小刺叉(东北,华北)=小花鬼针草
小刺瓜(云南)=刺瓜
小刺鹤虱 Lappula duplicicarpa var. brevispinula C.J.Wang (紫草科),*小刺两型鹤虱*
小刺黄连(云南)=金花小檗
小刺黄芩 Scutellaria microdasys Juz.(唇形科)
小刺黄藤 Daemonorops micracantha Becc.(棕榈科)
小刺两型鹤虱(Flora 16)=小刺鹤虱
小刺鳞毛蕨 Dryopteris spinulosa (O.F.Mull.) Watt (鳞毛蕨科)
小刺毛假糙苏 Paraphlomis setulosa C.Y.Wu & H.W.Li (唇形科)
小刺青兰 Dracocephalum spinulosum M.Pop. (唇形科)
小刺蕊草 Pogostemon menthoides Bl.(唇形科)
小刺山柑 Capparis micracantha DC.(山柑科),*牛眼睛*
小刺蒴麻(海南志)=单毛刺蒴麻
小刺小檗 Berberis spinulosa St.Hil.(小檗科)
小丛点地梅 Androsace minor (Hand.-Mazz.) C. M.Hu & Y.C.Yang(报春花科)
小丛红景天 Rhodiola dumulosa (Franch.) S.H. Fu (景天科),*凤尾七,凤尾草,香景天,雾录景天,凤凰草*
小丛生棘豆 Oxytropis caespitosula Gontsch. ex Vass & B.Fedtsch.(豆科),*丛生棘豆*
小丛生龙胆 Gentiana thunbergii var. minor Maxim. (龙胆科)
小粗筒苣苔 Briggsia humilis K.Y.Pan(苦苣苔科)
小脆蒴报春 Primula cunninghamii King & Craib (报春花科),*康氏报春*
小寸金黄 Lysimachia deltoidea var. cinerascens Franch. (报春花科),*小茄*
小大黄 Rheum pumilum Maxim.(蓼科),*矮大黄*
小丹参(江西,湖南)=华鼠尾草
小丹参(江西莲塘)=黄埔鼠尾
小丹参(图考)=血盆草
小丹参(图考)=云南鼠尾草
小单花荠 Pegaeophyton minutum Hara(十字花科)
小刀豆(广东,广西)=扁豆
小刀豆 Canavalia cathartica Thou.(豆科),*野刀板豆*
小倒卵叶景天 Sedum morotii var. pinoyi (Hamet) Fröd. (景天科)
小灯笼草(台湾志)=伽蓝菜
小灯台草(四川正安)=佛光草
小灯心草 Juncus bufonius L.(灯心草科)
小灯盏(四川)=马蹄金
小地柏(中草药汇编)=伏地卷柏
小地黄连(云南志)=云南地黄连
小地扭(中草药汇编)=宽叶母草
小地松(云南)=松毛火绒草
小颠茄(生草药性备要)=刺天茄
小颠茄子(岭南采药录)=天仙子
小点地梅 Androsace gmelinii (Gaertn.) Roem. & Schult. (报春花科)
小垫柳 Salix brachista Schneid.(杨柳科)
小钓鱼竿(草药汇编)=爬岩红
小蝶兰(云南植物研究)=华西蝴蝶兰
小丁木(四川)=毛叶吊钟花
小丁茄(徐闻)=海南茄
小丁香(云南)=苦远志
小丁香(云南)=西伯利亚远志
小顶冰花(Flora 24)=陆生顶冰花(新)

小顶冰花(新拉汉英)=微小顶冰花(新)
小顶冰花 Gagea hiensis Pasch.(百合科)
小冬瓜(云南镇雄)=香果树
小冬青(广西)=三花冬青
小冻绿树 Rhamnus rosthornii Pritz.(鼠李科)
小兜蕊兰 Androcorys pusillus (Ohwi & Fukuyama) Masam.(兰科),*小无距兰*
小豆(广西贵港)=链荚豆
小豆(通称)=赤豆
小豆柴(贵州民间药物)=珍珠花
小豆花(云南药用名录)=须弥葛
小豆蔻(中药大辞典)=爪哇白豆蔻
小豆兰(台湾兰科植物)=台湾石豆兰
小毒芋(云南思茅)=泉七
小独根(新华本草纲要)=云南地黄连
小独花报春 Omphalogramma minus Hand.-Mazz. (报春花科)
小独活(贵州赫章)=天蓬子
小独角莲(云南昆明)=象头花
小独角莲(云南文山)=红根南星
小独脚莲(云南)=犁头尖
小杜鹃(植物学杂志)=亮毛杜鹃
小短尖虎耳草 Saxifraga mucronulata Royle(虎耳草科)
小对节生(云南)=百灵草
小对经草(陕西)=长籽柳叶菜
小对叶草(贵州草药)=贯叶连翘
小对叶草(湖北)=赶山鞭
小对叶草(四川)=地耳草
小对叶草(四川)=小连翘
小对月草(四川越西)=密腺小连翘
小盾蕨 Neolepisorus minor W.M.Chu(水龙骨科)
小朵林(云南)=短萼海桐
小朵令箭荷花 Nopalxochia phyllanthoides (DC.) Britt. & Rose (仙人掌科)
小鹅菜(云南药用名录)=苦苣菜
小鹅儿肠(贵州)=短序吊灯花
小鹅儿肠(秦岭志)=细叶景天
小萼菜豆树 Radermachera microcalyx C.Y.Wu & W.C.Yin (紫葳科)
小萼飞蛾藤(植物志 64-1)=白飞蛾藤
小萼佛甲草 Sedum microsepalum Hay.(景天科),*小萼景,等萼佛甲草,截柱佛甲草*
小萼瓜馥木 Fissistigma minuticalyx (McGr. & W.W.Sm.) Chatterjee(番荔枝科),*火绳树*
小萼景天(拉汉名称)=小萼佛甲草?
小萼马先蒿 Pedicularis microcalyx HK.f.(玄参科)
小萼素馨 Jasminum microcalyx Hance(木犀科)
小儿血参(植物志 62)=深红龙胆
小儿肿消(四川)=椭圆叶花锚
小耳环(广西)=眼树莲
小耳蕨 Polystichum inaense (Tagawa) Tagawa (鳞毛蕨科),*杉本耳蕨*
小耳褶龙胆 Gentiana infelix C.B.Clarke(龙胆科)
小二仙草 Haloragis micrantha (Thunb.) R.Br. (小二仙草科),*扁宿草,船板草,地花椒,豆瓣菜,豆瓣草,女儿红,沙生草,水豆瓣,下风草*
小二仙草科 Haloragidaceae
小二仙草属 Haloragis J.R. & G.Forst.(小二仙草科)
小法罗海(四川)=短毛独活
小法鸭脚木(云南药用名录)=鹅掌柴
小番红花 Crocus minimus (DC.) Rehd.(鸢尾科)
小繁缕 Stellaria pusilla E.Schmid(石竹科)
小繁缕叶龙胆(Flora 16)=水繁缕叶龙胆
小返魂(台湾)=珠子草
小方杆(云南文山)=蜜蜂花
小方杆(中药大辞典)=北方獐牙菜
小方竹 Chimonobambusa convoluta Q.H.Dai & X.L.Tao (禾本科)
小飞蓬(植物志 74)=小蓬草
小飞扬(福建)=匍匐大戟
小飞扬(云南植物名录)=千根草
小肺筋草(四川中药志)=粉条儿菜
小肺经草(湖南药物志)=褐叶线蕨
小粉(纲目)=普通小麦
小粉绿钻地风(分类学报)=粉绿钻地风
小粉叶栒子(新)Cotoneaster glaucophyllus var. meiophyllus W.W.Sm.(蔷薇科),*粉叶栒子小叶变种*
小风兰(台湾志)=金唇白点兰
小风毛菊 Saussurea minuta C.Winkl.(菊科),*披针叶风毛菊,匝赤把漠*
小风藤(中药大辞典)=铁冬青
小蜂斗草 Sonerila laeta Stapf(野牡丹科),*彩斑桑勒草,地胆,花叶叶,花花草,小花草*
小逢竹 Drepanostachyum luodianense (Yi & R.S.Wang) Keng f.(禾本科)
小凤尾草(贵州民间药物)=狭叶凤尾蕨
小凤尾草(湖南药物志)=华中铁角蕨
小凤尾草(陕西)=北京铁角蕨
小佛手 Ginkgo biloba cv. Xiaofoshou(银杏科)
小伏毛丝花苣苔 Nematanthus strigullosus H.E. Moore (苦苣苔科)
小扶芳藤 Euonymus fortunei var. minima (Simon-Louis) Rehd.(卫矛科)
小芙蓉 Munronia heterotricha H.S.Lo(楝科)
小枹丝栗(云南)=圆芽锥
小茯桑(福建厦门)=小悬铃花
小浮叶眼子菜(植物志 8)=钝叶眼子菜
小付心草(四川)=地耳草
小复叶耳蕨(台湾志)=华东复叶耳蕨
小甘菊 Cancrinia discoidea (Ledeb.) Poljak.(菊科)
小甘菊属 Cancrinia Kar. & Kir.(菊科)
小甘肃蒿 Artemisia gansuensis var. oligantha Ling & Y.R.Ling(菊科)
小柑(拉汉名称补编)=大营
小疳药(云南)=遍地金
小疳药(中草药汇编)=挺茎遍地金
小感应草(云南志)=无柄感应草
小刚毛菝葜 Smilax kwangsiensis var. setulosa Wang & Tang(百合科)
小刚毛变种(植物志 66,Flora 17)=小刚毛水苏(新)
小刚毛虎耳草 Saxifraga gongshanensis T.C.Ku (虎耳草科)
小刚毛水苏(新)Stachys baicalensis var. hispidula (Rgl.) Nakai(唇形科),*小刚毛变种,紫丁香*
小格罗兰 Glossodia minor R.Br.(兰科)
小葛瓢(中药志)=潮风草
小根节兰(台兰科图鉴)=狭叶虾脊兰
小根马先蒿 Pedicularis ludwigii Rgl.(玄参科)
小根蒜(植物志 14,药典 2000)=薤白
小梗葱(中国药典)=薤白
小梗黄肉楠(台湾)=台湾黄肉楠
小公子 Conophytum nelianum Schwant.(番杏科)
小功劳(云南药用名录)=美果九节
小功劳(云南植物名录)=驳骨九节
小勾儿茶 Berchemiella wilsonii (Schneid.) Nakai (鼠李科)
小勾儿茶属 Berchemiella Nakai (鼠李科)
小沟繁缕 Elatine minima (Nutt.) Fisch. & Meyer (沟繁缕科)
小沟稃草 Aulacolepis agrostoides (Merr.) Ohwi (禾本科)
小钩耳草(植物志 71-1)=长节耳草
小钩叶藤 Plectocomia microstachys Burret (棕榈科),*钩叶藤*
小狗骨柴(广西植物名录,江西药用名录)=毛狗骨柴
小狗木(广西)=金丝桃
小构皮(四川)=白瑞香
小构皮(云南)=山辣子皮
小构树(秦岭)=楮
小构树(云南禄劝)=革叶荛花
小构树 Broussonetia kazinoki S. & Z.(兰科)
小姑娘茶(云南)=包疮叶
小姑娘果(云南沧源)=云南藤黄
小孤茅状雪灵芝 Arenaria festucoides var. imbricata Edgew. & HK.f. (石竹科)
小谷精草(台湾志)=白药谷精草
小谷精草 Eriocaulon luzulaefolium Mart.(谷精草科)
小骨(中草药学)=小驳骨
小骨碎补(广西药用名录)=大叶骨碎补
小骨碎补(云南)=紫柄假瘤蕨
小冠花属 Coronilla L.(豆科)
小冠薰 Basilicum polystachyon (L.) Moench(唇形科)
小冠薰属 Basilicum Moench(唇形科)
小管仲(四川)=长柔毛委陵菜
小贯众(湖南药物志)=阔鳞鳞毛蕨
小贯众(陕西)=陕西耳蕨
小贯众(四川)=镰叶瘤足蕨
小贯众(云南中草药选)=蜈蚣蕨
小灌齿缘草 Eritrichium fruticulosum Klotzsch (紫草科)
小灌木棘豆 Oxytropis fruticulosa(豆科)
小灌木南芥 Arabis fruticulosa C.A.Mey.(十字花科)
小光山柳 Salix xiaoguongshanica Y.L.Chou & N.Chao (杨柳科)
小广东省藤(广东,广西)=细圆藤
小广西过路黄 Lysimachia alfredii var. chrysosple-nioides (Hand.-Mazz.) Chen & C. M.Hu (报春花科)
小鬼叉(东北,华北)=小花鬼针草
小鬼针(江苏药材志)=婆婆针
小桂皮(广西)=阴香
小果(海南志)=小花山小橘
小果阿尔泰葶苈(植物志 33)=阿尔泰葶苈
小果菝葜 Smilax davidiana A.DC.(百合科)
小果白刺 Nitraria sibirica Pall.(蒺藜科),*西伯利亚白刺,白刺,酸胖,卡密,哈莫儿*
小果白蜡树 Fraxinus oxycarpa Willd.(木犀科)
小果白叶冷杉 Abies veitchii var. nikkoensis Mayr (松科)
小果滨藜 Microgynoecium tibeticum HK.f.(藜科)
小果滨藜属 Microgynoecium HK.f.(藜科)
小果博落回 Macleaya microcarpa (Maxim.) Fedde(罂粟科),*吹火筒,吹火筒,黄浆苔,黄婆娘,泡桐杆,野狐杆,野麻子,野婆娘*
小果草 Microcarpaea minima (Koen.) Merr.(玄参科),*田基王*

小果草属 Microcarpaea R.Br.(玄参科)
小果茶藨子 Ribes vilmorinii Jancz.(虎耳草科), *魏氏茶藨子*
小果齿果草 Salomonia cantoniensis var. edentula (DC.) Gagn.(远志科), *小腻药*
小果齿缘草 Eritrichium sinomicrocarpum W.T.Wang (紫草科)
小果垂枝柏 Juniperus recurva var. coxii (A.B.Jacks.) Melv.(柏科)
小果大叶漆 Toxicodendron hookeri var. microcarpum (C.C.Huang ex T.L.Ming) C.Y.Wu & T.L.Ming(漆树科)
小果倒地铃(中药大辞典,中草药彩色图谱)=倒地铃
小果德钦杨 Populus haoana var. microcarpa C.Wang & Tung (杨柳科)
小果调羹树(云南志)=痄腮树
小果冬青(树木志)=华中枸骨
小果冬青 Ilex micrococca Maxim.(冬青科), *细果冬青,球果冬青*
小果短柱茶 Camellia confusa Craib(山茶科)
小果盾翅藤 Aspidopterys microcarpa H.W.Li ex S.K.Chen (金虎尾科)
小果方枝柏(高等图鉴)=滇藏方枝柏
小果榧(中国裸子志)=榧树
小果榧树(树木分类学)=榧树
小果革叶槭 Acer coriaceifolium var. microcarpum Fang & S.S.Chang(槭树科)
小果观音座莲 Angiopteris tenera Ching(观音座莲科)
小果果(云南河口)=龙葵
小果海木(分类学报)=小果鹧鸪花
小果海棠(华北经济志要)=西府海棠
小果海棠木(广西)=薄叶胡桐
小果海桐 Pittosporum parvicapsulare Chang & Yan (海桐花科)
小果寒原荠(植物志 33)=尖果寒原荠
小果鹤虱 Lappula microcarpa N.Pavl.(紫草科)
小果红莓苔子 Vaccinium microcarpum (Turcz. ex Rupr.) Schmalh.(杜鹃花科), *毛蒿豆,称黑斯*
小果厚壳桂(植物志 31)=长序厚壳桂
小果虎耳草 Saxifraga microgyna Engl. & Irmsch. (虎耳草科)
小果虎克小檗 Berberis hookeri var. microcarpa Ahrendt (小檗科)
小果黄芪 Astragalus tataricus Franch.(豆科)
小果金花茶 Camellia nitidissima var. microcarpa Chang & Ye(山茶科)
小果栲(植物志 22)=小果锥
小果柯 Lithocarpus microspermus A.Camus(壳斗科), *小果石栎*
小果蜡瓣花 Corylopsis microcarpa Chang(金缕梅科)
小果裂果漆 Toxicodendron griffithii var. microcarpum C.Y.Wu & T.L.Ming(漆树科)
小果鳞果星蕨 Lepidomicrosorium microsorioides (W.M.Chu) Ching & W.M. Chu (水龙骨科)
小果岭南槭 Acer tutcheri var. shimadai Hay.(槭树科), *台湾岭南槭*
小果蓼(云南志)=细果野菱
小果蕗蕨 Mecodium microsorum (v.d.B.) Ching (膜蕨科)
小果卵叶梫木(峨眉图志)=小果珍珠花
小果螺序草 Spiradiclis microcarpa Lo(茜草科)
小果毛蕊茶 Camellia villicarpa Chien(山茶科)
小果米饭花(云南志)=小果珍珠花
小果南蛇藤 Celastrus homaliifolius Hsu(卫矛科), *多花南蛇藤*
小果南烛(树木分类学)=小果珍珠花
小果囊薹草 Carex limprichtiana Kükenth.(莎草科)
小果排草(云南区系报告)=小果香草
小果葡萄 Vitis balanseana Planch.(葡萄科), *补刀藤,穿过山,光叶葡萄,假葡萄,山葫芦,小果野葡萄,小葡萄*
小果蒲公英 Taraxacum lipskyi Schischk.(菊科)
小果朴 Celtis cerasifera Schneid.(榆科), *樱果朴*
小果七叶树 Aesculus tsiangii Hu & Fang(七叶树科), *菊川七叶树*
小果桤叶树 Clethra purpurea var. microcarpa Fang & L.C.Hu(桤叶树科)
小果千金榆(天目药志)=华千金榆
小果荨麻 Urtica atrichocaulis (Hand.-Mazz.) C.J.Chen (荨麻科), *无刺茎荨麻*
小果蔷薇 Rosa cymosa Tratt.(蔷薇科), *倒钩笏,倒钩笏,红荆藤,七姐妹,青刺,山木香,小和尚藤,小金樱,鱼杆子*
小果青藤 Illigera grandiflora var. microcarpa C.Y.Wu (莲叶桐科)
小果绒毛漆 Toxicodendron wallichii var. microcarpum C.C.Huang ex T.L.Ming(漆树科)
小果榕(中药辞海)=绿叶冠毛榕
小果肉托果 Semecarpus microcarpa Wall.(漆树科)
小果润楠 Machilus microcarpa Hemsl.(樟科)
小果山龙眼 Helicia cochinchinensis Lour.(山龙眼科), *越南山龙眼,红叶树,羊屎果*
小果上叶(昆明草药)=密花石豆兰
小果十大功劳 Mahonia bodinieri Gagn. (小檗科)
小果石笔木 Tutcheria microcarpa Dunn(山茶科)
小果石栎(植物志 22)=小果柯
小果柿 Diospyros vaccinioides Lindl.(柿科), *长叶小果柿*
小果松属 Microstrobos Garden & Johnson (罗汉松科)
小果菘蓝 Isatis minima Bge.(十字花科)
小果酸浆(广东)=灯笼果
小果酸模 Rumex microcarpus Campd.(蓼科)
小果唐松草 Thalictrum microgynum Lecoy. ex Oliv.(毛茛科), *虎老香,狗尾升麻,飞蛾七,岩风七*
小果铁冬青(中药辞海)=铁冬青
小果微花藤 Iodes vitiginea (Hance) Hemsl.(茶茱萸科)
小果微孔草 Microula pustulosa (Clarke) Duthie (紫草科)
小果卫矛 Euonymus microcarpus (Oliv.) Sprague (卫矛科)
小果无梗五加 Acanthopanax sessiliflora var. parviceps Rehd.(五加科)
小果五叶参 Pentapanax henryi var. fangii Hoo (五加科)
小果香柏(树木分类学)=香柏
小果香草 Lysimachia microcarpa C.Y.Wu(报春花科), *小果排草*
小果香椿(树木分类学)=紫椿
小果香桧(中国裸子志)=香柏
小果响叶杨(植物志 20-2)=响叶杨
小果秀丽莓 Rubus amabilis var. microcarpus Yü & Lu (蔷薇科)
小果雪兔子 Saussurea simpsoniana (Field. & Gardn.) Lipsch.(菊科)
小果丫蕊花 Ypsilandra cavaleriei Lévl. & Vant. (百合科)
小果亚麻荠 Camelina microcarpa Andrz.(十字花科), *小叶亚麻荠,野亚麻荠*
小果岩荠(植物志 33)=小果阴山荠
小果野蕉 Musa acuminata Colla(芭蕉科), *阿加蕉,木桂根雷*
小果野葡萄(广州志)=小果葡萄
小果野桐 Mallotus microcarpus Pax & Hoffm. (大戟科)
小果叶下珠 Phyllanthus reticulatus Poir.(大戟科), *白仔,多花油柑,飞檫木,烂头钵,龙眼睛,山丘豆,通城虎*
小果阴山荠 Yinshania acutangula subsp. microcarpa (K.C.Kuan) Al-Schhbaz et al.(十字花科), *小果岩荠*
小果榆 Ulmus microcarpus L.K.Fu(榆科)
小果枣 Ziziphus oenoplia (L.) Mill.(鼠李科), *锈毛叶野枣*
小果皂荚 Gleditsia australis Hemsl.(豆科)
小果鹧鸪花 Trichilia connaroides var. microcarpa (Pierre) Bentv.(楝科), *小果海木*
小果珍珠花 Lyonia ovalifolia var. elliptica (S. & Z.) Hand.-Mazz.(杜鹃花科), *白心木,線木,山胡椒,椭叶南烛,小果卵叶梫木,小果米饭花,小果南烛*
小果中华槭 Acer sinense var. microcarpum Metc (槭树科)
小果锥 Castanopsis fleuryi Hick. & A.Camus(壳斗科), *小果栲*
小果紫花槭 Acer pseudosieboldianum var. koreanum Nakai(槭树科)
小果总花栒子 Cotoneaster soongoricus var. microcarpus (Rehd. & Wils.) Klotz(蔷薇科), *准噶尔栒子小果变种*
小过江龙(昆明草药)=蔓生卷柏
小过路黄(贵州方药集)=贯叶连翘
小过路黄(中药大辞典)=临时救
小过桥风(四川)=活血丹
小过山龙(云南药用名录)=蔓生卷柏
小过山龙(云南元江)=大叶南苏
小寒药(四川)=一文钱
小寒药(云南)=爵床
小寒药(中草药汇编)=美穗草
小汗淋草(南京药草)=贯叶连翘
小旱稗 Echinochloa crusgalli var. austrojaponensis Ohwi (禾本科)
小旱莲(江苏)=赶山鞭
小旱莲草(江苏)=贯叶连翘
小杭子稍 Campylotropis macrocarpa f. microphylla K.T.Fu (豆科)
小蒿子(江苏)=蒌蒿
小号乳仔草(福建)=匍匐大戟
小号山东瓜(福建)=福建马兜铃
小号野花生(中草药汇编)=链荚豆
小耗叶(云南)=烈味脚骨脆
小诃子(云南)=银叶诃子
小和尚藤(重庆草药)=小果蔷薇
小核冬青 Ilex micropyrena C.Y.Wu ex Y.R.Li (冬青科)
小核桃(浙江)=山核桃
小荷苞(云南中草药)=荷包山桂花
小荷草(新华本草纲要)=浙皖粗筒苣苔
小荷枫(湖南)=树参

小黑果(云南)=平叶密花树
小黑节草(云南)=爵床
小黑面叶(中草药汇编)=广西黑面神
小黑牛(广西)=黑龙骨
小黑牛(昆明草药)=小叶栒子
小黑牛(云南景东)=滇南草乌
小黑牛(云南丽江)=直喙乌头
小黑牛(云南莲山)=马蹄犁头尖
小黑牛(云南西南)=保山乌头
小黑牛(植物名实图孝,云南腾冲)=无距小白撑
小黑牛筋(云南)=小叶栒子
小黑三棱 Sparganium simplex Huds.(黑三棱科),*黑三棱*
小黑升麻(云南)=展枝斑鸠菊
小黑桫椤 Gymnosphaera metteniana (Hance) Tagawa (桫椤科)
小黑藤(云南)=一文钱
小黑杨 Populus ×xiaohei T.S.Hwang & Liang (杨柳科)
小黑药(云南,贵州)=显脉旋覆花
小黑药(云南中草药)=川滇变豆菜
小横蒴苣苔 Beccarinda minima K.Y.Pan(苦苣苔科)
小红参(云南师宗)=大叶茜草
小红参(云南中甸)=三叶鼠尾草
小红参(中药志)=紫参
小红参 Galium elegans Wall. ex Roxb.(茜草科),*西南拉拉藤,小活血*
小红橙(浙江黄岩)=朱栾
小红橙 Citrus aurantium cv. Xiaohong Cheng(芸香科)
小红丹参(丽江)=三叶鼠尾草
小红豆(云南)=鞭打绣球
小红芙蓉(云南)=箭叶秋葵
小红果(云南河口)=山楝
小红果(云南文山)=毛梗冬青
小红果(云南鑫屏)=双齿山茉莉
小红蒿(思茅中草药)=杯菊
小红花(拉祜族常用药)=藤状火把花
小红花(云南蒙自)=朱唇
小红花寄生 Scurrula parasitica var. graciliflora (Wall. ex DC.) H.S.Kiu(桑寄生科)
小红荚蒾 Viburnum erubescens var. parvum Hsu & S.C.Hsu(忍冬科)
小红菊 Dendranthema chanetii (Lévl.) Shih(菊科)
小红柳(沙漠药用植物)小穗柳
小红柳 Salix microstachya var. bordensis (Nakai) C.F.Fang (杨柳科)
小红米果(云南)=红紫珠
小红人(思茅中草药)=硬毛火碳母
小红薯(广东)=小心叶薯
小红丝丝(广西)=猪殃殃
小红苏(云南昭通)=高原香薷
小红蒜(云南)=红葱
小红蒜 Eleutherine americana Merr. & Heyne (鸢尾科)
小红藤(广西植物名录)=头花蓼
小红藤(贵州民间药物)=红三叶地锦
小红藤(四川南川)=卵叶茜草
小红藤(云南中草药)=叉须崖爬藤
小红药(云南红河)=大花胡麻草
小狐茅状雪灵芝 Arenaria festucoides var. imbricata Edge. & HK.f.(毛茛科)
小狐茅状雪灵芝 Arenaria festucoides var. imbricata Edgew. & HK.f.(石竹科)
小胡麻(江苏药材志)=大花益母草
小胡麻(中国药学大辞典)=芝麻
小胡颓子 Elaeagnus schlechtendalii Serv.(胡颓子科)
小葫芦 Lagenaria siceraria var. microcarpa (Naud.) Hara (葫芦科),*京芦芦,神仙葫芦,药葫芦,束腰葫芦,棰腰葫芦*
小槲蕨 Drynaria parishii (Bedd.) Bedd.(槲蕨科)
小虎儿草(中草药汇编)=虎耳草
小虎耳草 Saxifraga parva Hemsl.(虎耳草科)
小瓠花(云南)=北鱼黄草
小花阿赖山黄芪 Astragalus saratagius var. minutiflorus S.B.Ho(豆科)
小花矮锦鸡儿 Caragana pygmaea var. parviflora H.C.Fu (豆科)
小花矮龙胆 Gentiana wardii var. micrantha Marq. (龙胆科)
小花暗罗 Polyalthia florulenta C.Y.Wu ex P.T.Li (番荔枝科)
小花八角 Illicium micranthum Dunn(木兰科),*树救主,假八角,圭八角,野八角*
小花八角枫 Alangium faberi Oliv.(八角枫科),*西南八角枫*
小花白桐树 Claoxylon parviflorum A.Juss.(大戟科)
小花百部(海南志)=细花百部
小花斑籽 Baliospermum micranthum Muell.Arg. (大戟科)
小花半蒴苣苔 Hemiboea parviflora Z.Y.Li(苦苣苔科)
小花报春茜 Leptomischus parviflorus Lo(茜草科)
小花杯冠藤 Cynanchum duclouxii M.G.Gilb. & P.T.Li(萝藦科)
小花贝母 Fritillaria pudica Spreng.(百合科)
小花扁担杆 Grewia biloba var. parviflora (Bge.) Hand.-Mazz.(椴树科),*拗山皮,板筒柴,扁担木,二裂解宝叶,葛妃麻,葛荆麻,孩儿拳头,吉利子树*
小花变种(植物志 65-2)=小花美观糙苏(新)
小花变种(植物志 65-2)=小胀疮草(新)
小花变种(植物志 66,Flora 17)=小花香茶菜(新)
小花变种(植物志 74)=小花三脉紫菀(新)
小花变种(植物志 74)=小花下田菊(新)
小花杓兰 Cypripedium micranthum Franch.(兰科)
小花杓兰 Cypripedium parviflorum (兰科)
小花槽舌兰(分类学报)=圆柱叶鸟舌兰
小花草(云南)=小蜂斗草
小花草木犀(广州志)=印度草木犀
小花草玉梅 Anemone rivularis var. floreminore Maxim. (毛茛科),*虎掌草,白头翁,破牛膝*
小花茶藨子 Ribes longeracemosum var. wilsonii Jancz.(虎耳草科)
小花钗子股 Luisia brachystachys (Lindl.) Bl.(兰科)
小花车前 Plantago tenuiflora Waldst. & Kit.(车前科)
小花橙 Citrus micrantha Wester (芸香科)
小花匙唇兰 Schoenorchis micrantha Bl.(兰科)
小花刺参(高等图鉴)=青海刺参
小花刺参 Morina parviflora Kar. & Kir.(川续断科),*小花刺续断*
小花刺薯蓣 Dioscorea scortenchinii var. parviflora Prain & Burkill(薯蓣科)
小花刺续断(新拉汉英)=小花刺参
小花刺针草(中草药汇编)=小花鬼针草
小花粗叶木 Lasianthus micranthus HK.f.(茜草科)
小花大参 Macropanax parviflorus Hoo(五加科)
小花党参 Codonopsis micrantha Chipp(桔梗科),*土党参,细条党参,臭党参*
小花灯台报春 Primula prenantha Balf.f. & W.W. Sm. (报春花科)
小花灯心草 Juncus articulatus L.(灯心草科)
小花迪波兰 Dipodium parviflorum J.J.Sm.(兰科)
小花地不容 Stephania micrnatha Lo & M.Yang (防已科)
小花地笋 Lycopus parviflorus Maxim.(唇形科)
小花地杨梅 Luzula parviflora (Ehrh.) Desv.(灯心草科)
小花滇紫草 Onosma farreri I.M.Joh (紫草科)
小花吊兰 Chlorophytum laxum R.Br.(百合科),*疏花吊兰,三角草,土麦冬*
小花杜鹃(云南植物研究)=短蕊杜鹃
小花杜鹃 Rhododendron minutiflorum Hu(杜鹃花科),*细花杜鹃,细榴花*
小花椴 Tilia kiusiana Mak. & Shiras.(椴树科)
小花对叶兰 Listera taizanensis Fukuyama(兰科),*大山双叶兰*
小花盾叶薯蓣 Dioscorea sinoparviflora C.T. Ting (薯蓣科),*苦良姜*
小花峨眉翠雀花 Delphinium omeiense var. micranthum G.F.Tao(毛茛科)
小花矾根 Heuchera micrantha Dougl.(虎耳草科)
小花繁缕 Stellaria media var. micrantha (Hay.) T.SH.Liu & SH.SH.Ying(石竹科)
小花范库弗草 Vancouveria planipetala Calloni (小檗科)
小花方竹 Chimonobambusa microfloscula McClure (禾本科)
小花风毛菊 Saussurea parviflora (Poir.) DC.(菊科)
小花风筝果 Hiptage minor Dunn(金虎尾科)
小花凤仙花(湖北植物大全)=鄂西凤仙花
小花凤仙花 Impatiens parviflora DC.(凤仙花科)
小花拂子茅 Calamagrostis epigeios var. parviflora Keng ex T.F.Wang(禾本科)
小花桄榔 Arenga micrantha C.F.Wei(棕榈科)
小花鬼针草 Bidens parviflora Willd.(菊科),*小花刺针草,小刺叉,小鬼叉,细叶刺针草,哈日卜嘎其-乌布斯,草,一包针,鬼疙针,钢叉*
小花杭子稍 Campylotropis parviflora (Kurz) Schindl. (豆科)
小花蒿(四川)=西南牡蒿
小花红花荷 Rhodoleia parvipetala Tong(金缕梅科)
小花后蕊苣苔 Opithandra acaulis (Merr.) Burtt (苦苣苔科)
小花蝴蝶草 Torenia parviflora Ham.(玄参科)
小花虎耳草(云南植物名录)=多叶虎耳草
小花花椒 Zanthoxylum micranthum Hemsl.(芸香科),*刺辣树,野花椒,见血飞*
小花花佩菊(新)Faberia cavaleriei Lévl.?(菊科)
小花花旗杆 Dontostemon micranthus C.A.Mey. (十字花科)
小花黄堇 Corydalis racemosa (Thunb.) Pers.(罂粟科),*白断肠草,断肠草,黄荷包牡丹,黄花地锦苗,黄花鱼灯草,黄堇,石莲,水黄连,虾子草,野水芹,鱼子草*
小花黄芪 Astragalus tongolensis var. breviflorus Tsai & Yü(豆科)

小花黄檀 Dalbergia parviflora Roxb.(豆科)

小花火绒草 Leontopodium micranthum Ling(菊科)

小花火烧兰(高等图鉴)=火烧兰

小花姬凤梨 Cryptanthus beuckeri Morr.(凤梨科)

小花棘豆 Oxytropis glabra (Lam.) DC. (豆科),*马绊肠,醉马草,绊肠草,苦马豆,醉马豆,断肠草*

小花戟叶火绒草(新)Leontopodium dedekensii var. microcalathinum Ling(菊科),*戟叶火绒草小花变种*

小花假糙苏 Paraphlomis parviflora C.Y.Wu & H.W.Li (唇形科)

小花假番薯(广东)=三裂叶薯

小花假鹤虱(新拉汉英)=假鹤虱

小花假卫矛 Microtropis micrantha (Hay.) Koidz.? (卫矛科)

小花尖叶木 Urophyllum parviflorum How ex Lo (茜草科)

小花剪股颖 Agrostis micrantha Steud.(禾本科)

小花姜花 Hedychium sino-aureum Stapf.(姜科)

小花降龙草(四川)=纤细半蒴苣苔

小花椒(安徽)=青花椒

小花角茴香 Hypecoum parviflorum Kar & Kir.(罂粟科)

小花金花茶 Camellia micrantha S.Y.Liang & Y.C.Zhong ex Liang(山茶科)

小花金莲花 Trollius micranthus Hand.-Mazz.(毛茛科)

小花金挖耳 Carpesium minum Hemsl.(菊科)

小花筋骨草 Ajuga parviflora Benth.(唇形科)

小花锦葵 Malva parviflora L.(锦葵科)

小花荆芥(新拉汉英)=微花荆芥(新)

小花荆芥 Nepeta micrantha Bge.(唇形科)

小花苣苔 Chiritopsis repanda W.T.Wang (苦苣苔科),*阴山泽,水滴*

小花苣苔属 Chiritopsis W.T.Wang(苦苣苔科)

小花卡姆皮洛兰 Campylocentrum micranthus (Lindl.) Rolfe (兰科)

小花宽瓣黄堇 Corydalis giraldii Fedde.(罂粟科)

小花葵 Helianthus debilis Nutt.(菊科)

小花栝楼 Trichosanthes parviflora C.Y.Wu ex S.K.Chen (葫芦科)

小花阔蕊兰 Peristylus affinis (D.Don) Seidenf (兰科)

小花梾木 Swida parviflora (Chien) Holub(山茱萸科),*贵州四照花*

小花蓝盆花 Scabiosa olivieri Coult.(川续断科)

小花老鼠刺(台木本志)=小花鼠刺

小花老鼠簕 Acanthus ebracteatus Vahl(爵床科)

小花肋柱花 Lomatogonium micranthum H.Sm.(龙胆科)

小花离子芥 Chorispora macaropoda Trautv.(十字花科)

小花藜芦 Veratrum micranthum Wang & Tang (百合科)

小花凉粉草 Mesona parviflora (Benth.) Briq.(唇形科)

小花琉璃草 Cynoglossum lanceolatum Forsk.(紫草科),*牙痛草,破布草,破布粘,大号疟草*

小花瘤瓣兰 Oncidium parviflorum L.O.Wms.(兰科)

小花柳叶菜 Epilobium parviflorum Schreber(柳叶菜科)

小花柳叶箬 Isachne beneckei Hack.(禾本科),*李氏柳叶箬*

小花龙芽草 Agrimonia nipponica var. occidentalis Skalicky (蔷薇科)

小花耧斗菜 Aquilegia parviflora Ledeb.(毛茛科),*血见愁,漏斗菜*

小花露籽草 Ottochloa nodosa var. micrantha (Balansa) Keng f.(禾本科),*马拉巴奥图草*

小花鹿藿(植物志 41)=小鹿藿

小花鹿角藤 Chonemorpha parviflora Tsiang & P.T.Li (夹竹桃科)

小花轮环藤(植物志 30-1)=南轮环藤

小花轮钟草 Campanumoea parviflora (Wall. ex A.DC.) Benth. (桔梗科)

小花洛克兰 Lockhartia micrantha Rchb.f.(兰科)

小花马兜铃 Aristolochia yunnanensis var. meionantha Hand.-Mazz. (马兜铃科)

小花马先蒿 Pedicularis micrantha Li(玄参科)

小花毛果草 Lasiocaryum munroi (Clarke) Johnst. (紫草科)

小花毛核木 Symphoricarpos orbiculatus Moench (忍冬科),*圆叶雪果*

小花毛建草 Dracocephalum microflorum C.Y. Wu & W.T.Wang (唇形科)

小花莓(湖北志)=弓茎悬钩子

小花美观糙苏(新)Phlomis ornata var. minor C.Y.Wu (唇形科),*小花变种*

小花檬果樟 Caryodaphnopsis henryi Airy-Shaw (樟科),*亨利假檬果*

小花蒙古蒿(内蒙志)=辽东蒿

小花磨盘草 Abutilon indicum var. forrestii (S.Y.Hu) Feng (锦葵科)

小花牡蒿(西藏志)=西南牡蒿

小花木荷 Schima parviflora Cheng & Chang ex Chang (山茶科)

小花木茎火绒草(新)Leontopodium stoechas var. minor (Hand.-Mazz.) Ling(菊科),*木茎火绒草小花变种*

小花木兰(高等图鉴)=天女木兰

小花木兰杜鹃(新)Rhododendron nuttallii var. stellatum Hutch.? (杜鹃花科)

小花穆坪紫堇 Corydalis flaxuosa subsp. microflora (C.Y.Wu & H.Chuang) C.Y.Wu(罂粟科)

小花南芥(植物志 33)=圆锥南芥

小花楠 Phoebe minutiflora H.W.Li(樟科)

小花鸟足兰 Satyrium parviflorum Sw.(兰科)

小花聂拉木龙胆 Gentiana nyalamensis var. parviflora T.N.Ho (龙胆科)

小花牛齿兰 Appendicula micrantha Lindl.(兰科)

小花扭柄花 Streptopus parviflorus Franch.(百合科)

小花脓疮草 Panzeria parviflora C.Y.Wu & H.W. Li (唇形科)

小花欧夏至草 Marrubium parviflorum Fisch. & Mey.(唇形科)

小花泡桐(云南)=海通

小花苹婆 Sterculia micrantha Chun & Hsue(梧桐科)

小花苹婆 Sterculia parviflora Roxb.(梧桐科)

小花坡垒 Hopea parviflora Bedd.(萝藦科)

小花蒲公英 Taraxacum parvulum (Wall.) DC. (菊科)

小花桤叶树 Clethra bodinieri var. parviflora Fang & L.C.Hu(桤叶树科)

小花荠苎 Mosla cavaleriei Lévl.(唇形科),*荆芥,野香薷,野香薷,细叶七星剑,薄荷,酒饼叶,痱子草*

小花墙草(东北草本志)=墙草

小花鞘蕊花 Coleus parviflorus Benth.(唇形科)

小花秦岭藤 Biondia parviurnula M.G.Gilb. & P.T. Li (萝藦科)

小花青藤 Illigera parviflora Dunn(莲叶桐科),*黑九牛,翅果藤*

小花清风藤 Sabia parviflora Wall. ex Roxb.(清风藤科)

小花蜻蜓兰 Tulotis ussuriensis (Rgl & Maack.) H.Hara (兰科),*半春莲,半层莲,大叶黄龙缠树*

小花秋海棠(新拉汉英)=微花秋海棠(新)

小花秋海棠 Begonia peii C.Y.Wu(秋海棠科)

小花曲花 Cyrtanthus parviflorus Bak.(石蒜科)

小花雀梅藤 Sageretia minutiflora (Michx.) Trel.(鼠李科)

小花荛花 Wikstroemia parviflora S.C.Huang(瑞香科)

小花人字果 Dichocarpum franchetii (Finet & Gagn.) W.T.Wang & Hsiao(毛茛科)

小花忍冬(新拉汉英)=微花忍冬(新)

小花忍冬 Lonicera tatarica var. micrantha Trautv. (忍冬科)

小花荵(植物志 64-1)=中华花荵

小花三脉紫菀(新)Aster ageratoides var. micranthus Ling (菊科),*小花变种*

小花沙参 Adenophora micrantha Nannf.(桔梗科)

小花山姜 Alpinia brevis T.L.Wu & Senjen(姜科)

小花山蚂蚱草(植物志 26)=山蚂蚱草

小花山茉莉(高等图鉴)=岭南山茉莉

小花山桃草 Gaura parviflora Dougl.(柳叶菜科)

小花山小橘 Glycosmis parviflora (Sims) Kurz (芸香科),*酒巴饼木,山橘,山橘仔,山小橘,山油柑,水禾木,小果,野沙柑*

小花山猪菜(海南志)=篱栏网

小花舌唇兰 Platanthera minutiflora Schltr.(兰科)

小花蛇根草 Ophiorrhiza liukiuensis Hay.(茜草科)

小花石缝蝇子草(植物志 26)=石缝蝇子草

小花石龙尾 Limnophila micrantha Benth.(玄参科)

小花石楠 Photinia parviflora Card.(蔷薇科)

小花矢车菊 Centaurea squarosa Willd.(菊科)

小花使君子 Quisqualis caudata Craib(使君子科)

小花鼠刺 Itea parviflora Hemsl.(虎耳草科),*小花老鼠刺,山茶菜*

小花水柏枝 Myricaria wardii Marquand(柽柳科)

小花水丁香(台湾志)=细花丁香蓼

小花水锦树 Wendlandia parviflora W.C.Chen (茜草科)

小花水毛茛 Batrachium bungei var. micranthum W.T.Wang (毛茛科)

小花水苏 Stachys parviflora Benth.(唇形科)

小花丝柱龙胆(植物志 62)=丝柱龙胆

小花溲疏 Deutzia parviflora Bge.(虎耳草科),*唐溲疏*

小花酸藤子(云南志)=当归藤

小花酸藤子(中药大辞典,中草药汇编)=当归藤

小花碎米荠 Cardamine parviflora L.(十字花科),*吉吉格-照古其,假弯曲碎米荠*

小花台湾异型兰(新) Chiloschista segawai var.

taiwaniana S.S.Ying?(兰科)

小花糖芥 Erysimum cheiranthoides L.(十字花科),*打水水花,高恩淘格,桂竹糖芥,金盏盏花,苦葶苈,浅波缘糖芥,希和日-赫其,野菜子*

小花藤 Ichnocarpus polyanthus (Bl.) P.I.Forst.(夹竹桃科),*毛果小花藤,上思小花藤,云南小花藤*

小花藤属(植物志 63)=**腰骨藤属**

小花天芥菜 Heliotropium micranthum (Pall.) Bge.(紫草科)

小花葶苈 Draba parviflora (E.Rgl.) O.E.Schulz (十字花科)

小花兔尾黄芪 Astragalus laguroides var. micranthus S.B.Ho (豆科)

小花瓦莲 Rosularia turkestanica (Rgl. & Winkl.) Berger (景天科)

小花微花兰 Stelis micrantha (Sw.) Sw.(兰科)

小花乌头 Aconitum pseudobrunneum W.T. Wang (毛茛科)

小花无心菜(植物志 26)=西南无心菜

小花五味子 Schisandra micrantha A.C.Sm.(木兰科),*大促筋草,接筋藤,满山香,铁骨散,香石藤,小密细藤*

小花五桠果 Dillenia pentagyna Roxb.(五桠果科)

小花西藏微孔草 Microula tibetica var. pratensis (Maxim.) W.T.Wang(紫草科)

小花细柄茅 Ptilagrostis dichotoma var. roshevitsiana Tzvel.(禾本科)

小花狭唇兰 Sarcochilus parviflorus (兰科)

小花狭距紫堇(云南植物研究)=小花紫堇

小花下田菊(新)Adenostemma lavenia var. parviflorum (Bl.) Hochreut.(菊科),*小花变种*

小花香茶菜(新)Isodon lophanthoides var. micranthus (C.Y.Wu) H.W.Li(唇形科),*小花变种*

小花香槐 Cladrastis sinensis Hemsl.(豆科)

小花香科 Teucrium parviflorum Schreb.(唇形科)

小花香楺(云南)=鸡骨柴

小花小檗 Berberis minutiflora Schneid. (小檗科)

小花小蒜芥(植物志 33)=葶芥

小花肖菝葜 Heterosmilax micrandra T.Koyama (百合科)

小花缬草 Valeriana minutiflora Hand.-Mazz.(败酱科)

小花星宿菜(拉汉名称)=兴义香草

小花绣毛槐 Sophora prazeri var. micrantha Tsoong (豆科)

小花玄参 Scrophularia souliei Franch.(玄参科)

小花亚菊(高等图鉴)=束伞亚菊

小花烟(陕西)=黄花烟草

小花羊耳蒜 Liparis parviflora (Bl.) Lindl.(兰科)

小花羊耳蒜 Liparis platyrachis HK.f.(兰科)

小花羊奶子 Elaeagnus micrantha C.Y.Chang(胡颓子科)

小花野葛 Pueraria stricta Kurz(豆科)

小花野古草 Arundinella parviflora B.S.Sun & Z. H.Hu (禾本科)

小花野青茅 Deyeuxia neglecta (Ehrh.) Kunth (禾本科),*忽略野青茅*

小花叶(新华本草纲要)=粉果藤

小花叶底红 Phyllagathis fordii var. micrantha C.Chen (野牡丹科)

小花夜香牛 Vernonia cinerea var. parviflora (Reinw.) DC.(菊科)

小花异裂菊 Heteroplexis microcephala Y.L. Chen (五加科)

小花银钟花 Halesia parviflora Michx.(安息香科)

小花鹰爪豆 Spartium junceum f. odoratissima Sweet (豆科)

小花鹰爪枫 Holboellia parviflora (Hemsl.) Gagn. (木通科)

小花蝇子草 Silene borysthenica (Gruner) Walters (石竹科)

小花玉凤花 Habenaria acianthoides Schltr.(兰科)

小花鸢尾 Iris speculatrix Hance(鸢尾科),*亮紫鸢尾,八棱麻,六轮茅*

小花鸢尾兰 Oberonia mannii HK.f.(兰科)

小花远志 Polygala arvensis Willd.(远志科),*辰沙草,多年红,金牛草,坡白草,七寸金,细金牛,细金牛草,细牛草,细叶金不换,小金不换,小金牛草,小兰青,紫背金牛,紫花地丁*

小花远志黄堇 Corydalis polygalina var. micrantha C.Y.Wu (罂粟科)

小花月见草 Oenothera parviflora L.(柳叶菜科)

小花窄萼凤仙花 Impatiens stenosepala var. parviflora Pritz. ex Diels(凤仙花科)

小花折柄茶 Hartia micrantha Chun(山茶科)

小花蜘蛛抱蛋 Aspidistra minutiflora Stapf(百合科)

小花柊叶(科属辞典)=尖苞柊叶

小花蛛毛苣苔 Paraboea thirionii (Lévl.) Burtt (苦苣苔科)

小花锥花 Gomphostemma parviflorum Wall.(唇形科)

小花锥莫尼亚 Drymonia parviflora Hanst.(苦苣苔科)

小花紫草 Lithospermum officinale L.(紫草科),*珍珠透骨草,白果紫草,查干伯晶漠格*

小花紫金牛 Ardisia graciliflora Pitard(紫金牛科)

小花紫堇 Corydalis minutiflora C.Y.Wu(罂粟科),*小花狭距紫堇*

小花紫罗兰 Matthiola annua Sweet (十字花科)

小花紫薇 Lagerstroemia micrantha Merr.(千屈菜科)

小花紫玉盘 Uvaria rufa Bl.(番荔枝科)

小花落草 Koeleria cristata. var. poaeformis (Dom.) Tzvel. (禾本科)

小华雀麦 Bromus sinensis var. minor L.Liu(禾本科)

小华盛顿百合 Lilium washingtonianum var. minor Prudy (百合科)

小桦叶(中草药汇编)=毛刺蒴麻

小化血(云南)=遍地金

小画眉草 Eragrostis minor Host (禾本科),*星星草,蚊蚊草*

小槐花 Desmodium caudatum (Thunb.) DC.(豆科),*蚂蝗木,拿身草,黏草子,青酒缸,山扁豆,山蚂蝗,味噌草,粘人麻,粘身柴咽*

小还魂(岭南采药录)=小驳骨

小还魂(台湾)=地耳草

小环草(广西)=美花石斛

小黄(云南植物名录)=牛尾七

小黄(中药大辞典)=冻绿

小黄斑兰(台兰科图鉴)=台湾无柱兰

小黄断肠草(四川)=纤细黄堇

小黄狗皮(四川巫溪)=小黄构

小黄构 Wikstroemia micrantha Hemsl.(瑞香科),*黄狗皮,黄构,藤构,娃娃皮,香构,香构,香叶,小黄狗皮,野棉皮*

小黄管 Sebaea microphylla (Edgew.) Knobl.(龙胆科)

小黄管属 Sebaea Soland. ex R.Br.(龙胆科)

小黄果(云南)=灯油藤

小黄果(云南麻栗坡)=灰莉

小黄花(图考)=匙萼金丝桃

小黄花(中草药汇编)=栽秧花

小黄花菜 Hemerocallis minor Mill.(百合科),*小萱草根*

小黄花茶 Camellia luteoflora Li ex Chang(山茶科)

小黄花根节兰(台兰科图鉴)=辐射虾脊兰

小黄花龙胆 Gentiana xanthonannos H.Sm.(龙胆科)

小黄花石斛 Dendrobium jenkinsii Lindl.(兰科),*聚石斛,上树虾*

小黄花鸢尾 Iris minutoaurea Makino(鸢尾科)

小黄金鸭嘴草 Ischaemum setaceum Honda (禾本科)

小黄菊(高等图鉴)=美丽匹菊

小黄蜡果(植物志 29)=尾叶那藤

小黄连(湖南)=虎刺

小黄连树(湖北)=川黄檗

小黄泡刺(四川)=三叶悬钩子

小黄皮(广西药用名录)=小芸木

小黄皮 Clausena emarginata Huang(芸香科),*山鸡紧,十里香,山黄皮,假鸡皮果*

小黄芪(河北,青海,甘肃)=金翼黄芪

小黄芪(河北内丘)=紫花棘豆

小黄芪(丽江)=丽江黄芩

小黄芩(长白山)=黄底芩

小黄芩(昆明)=直萼黄芩

小黄芩(丽江)=丽江黄芩

小黄伞(云南勐海)=鹧鸪花

小黄鳝藤(云南中草药)=盐源双蝴蝶

小黄树(云南红河)=滇丁香

小黄素馨(分类学报)=矮探春

小黄藤(广西)=圆叶野扁豆

小黄藤(图考)=紫藤

小黄馨(树木分类学)=矮探春

小黄杨叶栒子(新)Cotoneaster buxifolius var. vellaeus (Franch.) Klotz(蔷薇科),*黄杨叶栒子小叶变种*

小黄药(贵州草药)=两栖蓼

小黄药(云南中草药)=拨毒散

小黄药(植物志 43-2)=臭节草

小黄橼(广西)=甜槠

小黄紫堇 Corydalis raddeana Rgl.(罂粟科),*黄花地丁,希日-萨巴乐干纳*

小灰果(云南)=四裂白珠

小灰蒿(西藏)=垫型蒿

小茴香(广西)=莳萝

小茴香(江西定南)=石香薷

小茴香(四川夹江)= 荆芥

小茴香(中药名称)=茴香

小喙翻唇兰(横断山植物)=叠鞘兰

小喙唐松草 Thalictrum rostellatum HK.f. & Thoms. (毛茛科)

小活血(江西,福建)=关公须

小活血(昆明)=小红参

小活血(中草药汇编)=革叶茶藨子

小火草(四川中药志)=细叶鼠麹草

小火绳(红河中草药)=毛果扁担杆

小芨芨草 Achnatherum caragana (Trin. & Rupr.) Nevski (禾本科)

小鸡菜(山东)=地丁草
小鸡草(浙江草药)=鸡肠繁缕
小鸡骨常山(贵州)=羊角棉
小鸡花(云南禄劝)=荷包山桂花
小鸡花(云南药用名录)=密花远志
小鸡黄瓜根(云南)=茅瓜
小鸡脚黄刺(云南)=金花小檗
小鸡藤 Dumasia forrestii Diels(豆科),*雀舌豆,大苞山黑豆*
小鸡条(江苏)=狭叶山胡椒
小鸡爪槭 Acer palmatum var. thunbergii Pax(槭树科),*簑衣槭*
小姬苗(海南志)=水田白
小基隆毛茛 Ranunculus hirtellus var. humilis W.T.Wang (毛茛科)
小急解锁(江苏,湖南,广东,广西)=半边莲
小戟叶耳蕨 Polystichum hancockii (Hance) Diels (鳞毛蕨科),*小三叶耳蕨,韩氏耳蕨,蛇舌草*
小蓟(东北中草药)=长裂苦苣菜
小蓟(植物志 78-1)=刺儿菜
小加蓬(福建药物志)=香丝草
小尖风毛菊 Saussurea mucronulata Lipsch.(菊科)
小尖堇菜 Viola mucronulifera Hand.-Mazz.(堇菜科)
小尖囊兰 Kingidium taeniale (Lindl.) P.F.Hunt (兰科)
小尖叶越桔 Vaccinium spiculatum C.Y.Wu & R.C.Fang (杜鹃花科)
小尖隐子草 Cleistogenes mucronata Keng(禾本科)
小坚轴草 Tenacistachya minor L.Liu(禾本科)
小菅草(高等图鉴)=西南菅草
小菅草 Themeda minor L.Liu(禾本科)
小碱蒿(河北)=莳萝蒿
小箭草(四川中药志)=珠芽景天
小姜草(云南昆明,红河,曲靖,富源)=姜味草
小将军(浙江药用名录)=斑叶兰
小角刺(广西药用名录)=长叶柞木
<u>小角鬣蜥棕 Iguanura corniculata Becc.(棕榈科)</u>
<u>小角鳌毛果 Cnestis corniculata Lam.(牛栓藤科)</u>
小角柱花(高等图鉴)=小蓝雪花
小脚筒兰(台湾的野生兰)=粗茎毛兰
小接骨(广西药用名录)=鳄嘴花
小接骨草(南宁药志)=小驳骨
小接骨丹(陕南)=葎叶蛇葡萄
小接骨丹(陕西中草药)=接骨草
小接骨丹(中药大辞典)=心叶兔儿风
小接筋草(陕西中草药)=小杉兰
小节草(江苏)=苦草
小节节花(广西降林)=脉耳草
小节眼子菜 Potamogeton nodosus Poir.(眼子菜科)
小截果柯 Lithocarpus truncatus var. baviensis (Drake) A.Camus(壳斗科),*滇南柯*
小解药(植物志 30-1)=轮环藤
小金扁豆(云南)=兵豆
小金不换(广西)=瓜子金
小金不换(植物志 43-3)=小花远志
小金钗(广西草药)=金钗石斛
小金冬青 Ilex xiaojinensis Y.Q.Wang & P.Y. Chen (冬青科)
小金合欢(通称)=藤金合欢
小金合欢 Acacia busseri Harms?(豆科)
小金虎耳草 Saxifraga egregia var. xiaojinensis J.T.Pan (虎耳草科)
小金黄芪 Astragalus xiaojianensis Y.C.Ho(豆科)
小金鸡尾巴草(天目药志)=对马耳蕨
小金橘(浙江)=四季橘
小金莲花 Trollius pumilus D.Don(毛茛科)
小金梅草 Hypoxis aurea Lour.(石蒜科),*野鸡草,小金锁梅,小仙茅,独脚仙茅*
小金梅草属 Hypoxis L.(石蒜科)
小金牛草(植物志 43-3)=小花远志
小金钱(江西)=马蹄金
小金钱(江西中药)=破铜钱
小金钱草(江苏,福建,广东,广西,贵州,云南,四川)=马蹄金
小金雀(江苏)=赶山鞭
小金雀(江苏吴县)=小连翘
小金石榴(台湾)=尖瓣野海棠
小金丝桃(山东)=赶山鞭
小金丝桃(陕西佛坪)=贯叶连翘
<u>小金丝桃 Hypericum pulchrum L.(藤黄科),*美丽金丝桃*</u>
小金锁梅(云南)=小金梅草
小金藤(广西)=飞龙掌血
小金腰带(江西草药)=了哥王
小金樱 Rosa taiwanensis Nakai?(蔷薇科)
小金樱(生草药性备要)=小果蔷薇
小金盏花(中药辞海)=<u>欧洲金盏花</u>
小金钟(山东)=赶山鞭
小筋骨藤(云南中草药)=盐源双蝴蝶
小堇菜(图鉴)=东方堇菜
小堇棕(高等图鉴)=瓦理棕
小堇棕属(高等图鉴)=**瓦理棕属**
小锦花(雷公炮炙论)=密蒙花
小荩草 Arthraxon microphyllus (Trin.) Hochst.(禾本科)
小经刀草(广西药用名录)=西南石韦
小茎叶天冬(云南南部)=滇南天门冬
小荆芥(湖北,植物志 65-2) =小荆芥
小荆芥(辽宁)=香薷
小荆芥 Nepeta cataria L.(唇形科),*巴毛,薄荷,大茴香,凉薄荷,土荆芥,香薷,小薄荷,荆芥,樟脑草*
小景天 Sedum fischeri Hamet(景天科)
小九股牛(滇南本草)=狗筋蔓
小九股牛(中药大辞典)=细蝇子草
小九龙盘(湖北西部)=毛花点草
小酒瓶花(云南)=红素馨
小救驾(贵州)=金爪儿
小救驾(陕西,四川)=缬草
小菊花参(云南)=篦根龙胆
小距凤仙花 Impatiens microcentra Hand.-Mazz.(凤仙花科),*肉爬草,水指甲,短距凤仙花*
小距纤细黄堇 Corydalis gracillima var. microcalcarata H.Chuang(罂粟科)
小距紫堇 Corydalis appendiculata Hand.-Mazz.(罂粟科),*雪山一枝蒿,小草乌*
小锯藤(贵州方药集)=拉拉藤
小聚花溲疏 Deutzia cymuligera S.M.Hwang(虎耳草科)
小卷柏 Selaginella helvetica (L.) Link(卷柏科)
小决明(药典 2000)=决明
小蕨鸡(贵州草药)=华北薄鳞蕨
小蕨蕨(云南药用名录)=云南铁角蕨
<u>小卡丽娜兰 Caleana minor R.Br.(兰科)</u>
<u>小卡特兰 Cattleya labiata var. mossiae (HK.) Lindl. (兰科)</u>
小楷槭 Acer komarovii Pojark.(槭树科)
小糠草(高等图鉴)=巨序剪股颖
小空竹 Cephalostachyum pallidum Munro(禾本科),*空竹*
小孔颖草 Bothriochloa nana W.Z.Fang(禾本科)
小口袋花(吉林)=紫点杓兰
小扣子兰(广东)=麦斛
小扣子兰(文山中草药)=石仙桃
小苦菜(四川会东)=龙葵
小苦参(贵州)=线叶猪屎豆
小苦耽(本草拾遗)=苦蘵
小苦胆草(云南玉溪)=云南獐牙菜
小苦丁茶(安徽霍山)=大别山冬青
小苦苣(植物志 80-1)=苦菜
小苦楝(广西中草药)=鸦胆子
小苦荬(陕西中草药)=苦菜
小苦荬(陕西中草药)=中华绣线梅
小苦荬 Ixeridium dentatum (Thunb.) Tzvel.(菊科)
小苦荬属 Ixeridium (A.Gray) Tzvel.(菊科)
小苦麦菜(广西药用名录)=苦菜
小苦麦菜(广西药用名录)=中华绣线梅
小苦藤菜(贵州)=金爪儿
小苦药(中药大辞典)=绞股蓝
小苦竹(云南孟海)=密毛箭竹
小拉马藤(陕西丹凤)=四叶葎
小蜡 Ligustrum sinense Lour.(木犀科),*黄心柳,水黄杨,千张树,水小蜡*
小蜡瓣花 Corylopsis sinensisi var. parvifolia Chang (金缕梅科)
小蜡树(树木分类学)=庐山梣
小蜡树(中药大辞典)=小叶女贞
小辣辣(甘肃)=葶菜
小辣子(广东)=小叶乌药
小梾木 Swida paucinervis (Hance) Sojak(山茱萸科),*穿鱼藤,大穿鱼草,水杨柳*
小癞疙瘩(云南)=线纹香茶菜
小兰花(内蒙)=香青兰
小兰花(云南)=尼泊尔鸢尾
小兰花地丁(云南)=苦远志
小兰花烟(山西宁武)=糙苏
小兰青(岭南采药录)=小花远志
小兰屿蝴蝶兰 Phalaenopsis equestris (Schauer) Rchb.f. (兰科),*桃红蝴蝶兰,兰屿小蝴蝶兰*
小蓝青(广西药用名录)=野青树
小蓝万代兰 Vanda coerulescens Griff.(兰科)
小蓝雪(高等图鉴)=小蓝雪花
小蓝雪花(科属辞典)=鸡娃草
小蓝雪花 Ceratostigma minus Stapf ex Prain(白花丹科),*东南菊,对叶兰,风小米草,九节莲,九结莲,蓝花岩陀,小角柱花,小蓝雪,岩五姜,紫金标*
小蓝雪花属(科属辞典)=**鸡娃草属**
小郎伞(广西药用名录)=细罗伞
小狼毒(云南)=石椒草
小狼毒(云南药用名录)=黄苞大戟
小簕竹 Bambusa flexuosa Munro(禾本科)
小雷公子(广西)=南方荚蒾
小肋五月茶 Antidesma costulatum Pax & Hoffm. (大戟科)
小狸藻(植物学大辞典)=异枝狸藻
小犁头(广西)=金耳环
小犁头草(贵州民间药物)=堇菜
<u>小篱竹 Arundinaria funghomii McClure (禾本科)</u>
小藜 Chenopodium serotinum L.(藜科)
小李仁(四川中药志)=李
小丽草 Coelachne simpliciuscula (Wight & Arn.)

Munro ex Benth.(禾本科)
小丽草属 Coelachne R.Br.(禾本科)
小丽葱 Allium bellulum Prokh.(百合科)
小丽矛 Deyeuxia pulchella (Griseb.) HK.f.(禾本科)
小栗叶(中药大辞典)=金叶子
小笠卷柏 Selaginella boninensis Bak.(卷柏科)
小笠原露兜树 Pandanus boninensis Warb.(露兜树科)
小笠原卫矛 Euonymus boninensis Koidz.(卫矛科)
小粒稻 Oryza minuta Presl (禾本科),*山鸡稻*
小粒蒿(辽宁)=一叶萩
小粒咖啡 Coffea arabica L.(茜草科)
小粒薹草 Carex karoi (Freyn) Freyn(莎草科)
小连翘(湖北)=长柱金丝桃
小连翘(江西,四川)=地耳草
小连翘 Hypericum erectum Thunb. ex Murray (藤黄科),*草黄,旱莓草,七层塔,千层塔,千金,瑞香草,麝香草,小对叶草,小金雀,小翘,小元宝草*
小莲枝(四川米)=油杉寄生
小良姜(中药志)=高良姜
小凉伞(广空草药手册)=山血丹
小凉伞(广西)=狭叶落地梅
小凉伞(中草药汇编)=小紫金牛
小亮苞蒿 Artemisia mairei Lévl.(菊科)
小疗药(云南思茅)=丁香蓼
小蓼 Polygonum minus Huds.?(蓼科)
小蓼 Polygonum tenellum Bl.(蓼科)
小蓼花 Polygonum muricatum Meisn.(蓼科)
小蓼子草(四川中药志)=圆基长鬃蓼
小列当 Orobanche minor Sm.(列当科)
小裂齿蒿(青海)=细裂叶莲蒿
小裂蒿(新疆)=钝裂蒿
小裂叶荆芥 Nepeta annua Pall.(唇形科)
小林碱茅(新拉汉英)=鹤甫碱茅
小菱叶茴芹 Pimpinella rhomboides var. tenulloba Shan & Pu(伞形科)
小菱叶蓝钟花 Cyananthus microryhombeus C. Y.Wu (桔梗科)
小刘寄奴(陕西)=贯叶连翘
小琉球鳞花草 Lepidagathis secunda (Blanco.) Nees (爵床科),*小琉球鳞球花*
小琉球鳞球花(台湾志)=小琉球鳞花草
小琉球马齿苋 Portulaca insularis Hosokawa(马齿苋科)
小瘤瓣兰 Oncidium pusillum (L.) Rchb.f.(兰科)
小瘤刺蕊草 Pogostemon tuberculosus Benth.(唇形科)
小瘤果茶 Camellia parvimuricata Chang(山茶科)
小瘤龙脑香 Dipterocarpus tuberculatus Roxb. (龙脑香科)
小瘤足蕨 Plagiogyria yunnanensis Ching (瘤足蕨科)
小柳穿鱼 Linaria minor Desf.(玄参科)
小柳拐(陕西中草药)=探春花
小柳叶菜(湖北)=毛脉柳叶菜
小柳叶蕨 Cyrtogonellum minimum T.Y.Hsieh (鳞毛蕨科)
小六月寒(甘肃)=兰香草
小六月寒(陕西)=光果莸
小龙船花(云南图志)=白花龙船花
小龙胆(植物志 62)=鳞叶龙胆
小龙胆 Gentiana parvula H.Sm.(龙胆科)
小龙胆草(云南玉溪)=云南獐牙菜
小龙胆草(云南中草药)=红花龙胆
小龙骨(湖南药物志)=阔鳞鳞毛蕨
小龙木(广西)=黄背越桔
小龙牙草(湖北)=蛇含委陵菜
小露兜 Pandanus gressittii B.C.Stone (露兜树科)
小芦荟 Aloe humilis Haw.(百合科)
小鹿藿 Rhynchosia minima (L.) DC.(豆科),*小花鹿藿*
小鹿角兰(中山大辞典)=尖叶鸟舌兰
小鹿衔草(福建草药)=土丁桂
小鹭鸶草 Diuranthera minor (C.H.Wright) Hemsl. (百合科),*白干针石线草,大兰花参,山韭菜,蛇蚊药,天生草,土漏芦,小鹭鸶兰*
小鹭鸶兰(Flora 24)=小鹭鸶草
小绿刺 Capparis urophylla F.Chun(山柑科),*尾叶槌果藤,尾叶马槟榔*
小绿芨(中草药资料选编)=狭瓣贝母兰
小卵叶连蕊茶 Camellia parviovata Chang & S. S.Wang & Chang(山茶科)
小轮叶越桔 Vaccinium vacciniaceum (Roxb.) Sleumer (杜鹃花科)
小罗汉松(树木分类学)=台湾罗汉松
小罗伞 (广东,广西)=九管血
小罗伞(广东)=郎伞木
小罗伞(广东)=山血丹
小罗伞(岭南采药录)=多须公
小罗伞(陆川本草)=雪下红
小罗伞(中药大辞典)=纽子果
小罗伞树(海南)=粗脉紫金牛
小萝卜(云南屏边)=绣球防风
小萝卜大戟 Euphorbia rapulum Kar. & Kir.(大戟科),*圆根大戟*
小落豆(东北)=璇豆
小落豆秧(东北)=璇豆
小落芒草 Oryzopsis gracilis (Mez.) Pilger (禾本科)
小麻疙瘩(云南)=光轴苎叶蒟
小麻黄(中国裸子志)=单子麻黄
小麻筋木(广东)=狭叶山黄麻
小麻药(云南)=美形金钮扣
小麻药(云南中草药)=美形金钮扣
小马鞍叶羊蹄甲(豆科图说)=小鞍叶羊蹄甲
小马齿苋(中草药汇编)=四瓣马齿苋
小马耳朵(草药汇编)=柔弱斑种草
小马铃苣苔 Oreocharis minor (Craib) Pellegr. (苦苣苔科)
小马泡 Cucumis bisexualis A.M.Lu & G.C. Wang ex lu & Z.Y.Zhang(葫芦科),*马包*
小马唐(台湾的禾草)=红尾翎
小马蹄草(贵州方药集)=马蹄金
小马蹄金(江苏,江西,广东,贵州,云南,四川)=马蹄金
小麦(本草经集注)=普通小麦
小麦属 Triticum L.(禾本科)
小蔓长春花 Vinca minor L.(夹竹桃科),*花叶蔓长春花*
小蔓黄菀(台湾志)=山楂叶千里光
小芒柄花 Ononis reclinata L.(豆科)
小芒草(图考)=狼尾草
小芒虎耳草 Saxifraga aristulata HK.f. & Thoms. (虎耳草科),*大柱头虎耳草*
小芒十大功劳 Mahonia aristulata Ahrendta (小檗科)
小猫子草(四川)=赤水野海棠
小毛萼獐牙菜 Swertia hispidicalyx var. minima Burk. (龙胆科)
小毛茛(中药辞海,药典 2000)=猫爪草
小毛茛 Ranunculus pygmaeus Wahlb.(毛茛科)
小毛姜花 Hedychium villosum var. tenuiflorum Wall. ex Bak.(姜科)
小毛蕨(台湾志)=渐尖毛蕨
小毛兰 Eria sinica (Lindl.) Lindl.(兰科)
小毛蓼(种子植物名称)=圆基长鬃蓼
小毛毛花(图考)=野香橼花
小毛舌兰(分类学报)=毛舌兰
小毛铜钱菜(贵州榕江)=活血丹
小毛铜钱菜(贵州榕江)=石柑子
小毛香(植物志 75)=薄雪火绒草
小毛小檗 Berberis microtricha Schneid. (小檗科)
小毛毡苔(通称)=匙叶茅膏菜
小矛香艾(青海中草药)=火绒草
小帽桉 Eucalyptus microcorys F.v.Muell.(桃金娘科)
小梅花树(广西药用名录)=长刺卫矛
小美石斛(中药志)=矮石斛
小猛虎(海南中草药)=蛇泡筋
小米(黄河以北各地)=粱
小米草(西藏中草药)=短腺小米草
小米草 Euphrasia pectinata Ten.(玄参科),*芒小米草,药用小米草*
小米草高枝亚种(植物志 67-2)=高枝小米草(新)
小米草四川亚种(植物志 67-2)=四川小米草(新)
小米草属 Euphrasia L.(玄参科)
小米柴(中草药汇编)=珍珠花
小米饭树(安徽)=木半夏
小米干饭(山东)=白棠子树
小米黄芪 Astragalus satoi Kitag.(豆科)
小米空木 Stephanandra incisa (Thunb.) Zabel (蔷薇科),*小野珠兰,檬子树青阳,稀米菜*
小米空木属 Stephanandra S. & Z.(蔷薇科),*野珠兰属*
小米口袋(豆科图说,内蒙志)= 甜地丁
小米辣(植物志 67-1)=辣椒
小米麻草(四川)=微柱麻
小米泡(贵州)=光滑高粱泡
小米团花(云南)=老鸦糊
小密石斛(云南植物名录)=草石斛
小密细藤(云南)=小花五味子
小密细藤(云南思茅)=狭叶五味子
小密腺毛蕨(新拉汉英)=干旱毛蕨
小密早熟禾 Poa densissima Roshev. ex Ovcz. (禾本科)
小棉(植物志 49-2)=草棉
小面瓜(中草药汇编)=喙果黑面神
小膜盖蕨(台湾志)=鳞轴小膜盖蕨.
小膜盖蕨 Araiostegia delavayi (Bedd.) Ching (骨碎补科)
小膜盖蕨属 Araiostegia Cop.(骨碎补科)
小牡丹草 Leontice venosa S.Moore (唇形科)
小木莲(天目药志)=珍珠莲
小木莲(浙江药志)=爬藤榕
小木米藤(广西)=小叶买麻藤
小木漆(湖北,湖南,福建)=漆
小木通(经济植物手册)=毛蕊铁线莲
小木通(昆明)=苦绳
小木通(四川)=粗齿铁线莲
小木通(四川)=短尾铁线莲
小木通(云南)=细木通
小木通(云南药用名录)=钝萼铁线莲
小木通 Clematis armandii Franch.(毛茛科),*蓑*

衣藤,川木通,山木通
小木夏(新疆中草药)=胡卢巴
小苜蓿 Medicago minima (L.) Grufb.(豆科)
小奶汁草(广西梧州,广西中草药)=匍匐大戟
小南木香(四川)=异叶马兜铃
小南木香(云南中草药)=云南马兜铃
小南强(清异录)=茉莉花
小南蛇藤 Celastrus cuneatus (Rehd. & Wils.) C. Y.Cheng & T.C.Kao(卫矛科)
小南蛇藤 Celastrus orbiculatus var. humilis Maxim. (卫矛科)
小南苏(云南)=大叶南苏
小南星(图考)=普陀南星
小南星(图考)=山珠南星
小南星 Arisaema parvum N.E.Brown (天南星科)
小楠(高等图鉴)=红楠
小楠木(中药大辞典)=红果黄肉楠
小囊灰脉薹草 Carex appendiculata var. sacculiformis Y.L.Chang & Y.L.Yang(莎草科)
小闹杨(生草药性备要)=刺天茄
小能加棕属 Nengella Becc.(棕榈科)
小腻药(云南屏边)=小果齿果草
小年药(滇南本草)=拨毒散
小念珠芥(植物志 33)=短果念珠芥
小牛蒡 Arctium minus Bernh.(菊科)
小牛鞭草 Hemarthria protensa Steud.(禾本科)
小牛花小檗(新拉汉英)=西保德小檗
小牛角草(南川)=南黄堇
小牛力(广西中药志)=疏叶崖豆
小牛舌 Gasteria minima Hort.(百合科),虎皮掌,小仙人元宝
小牛胃花(四川峨眉)=多花落新妇
小脓疮草(新)Panzeria alaschanica var. minor C. Y.Wu & H.W.Li(唇形科),小花变种
小排草(四川)=锐果鸢尾
小攀龙(台湾兰)=单叶厚唇兰
小盘木 Microdesmis caseariifolia Planch.(攀打科),狗骨树
小盘木科(Flora 11)=**攀打科**
小盘木属 Microdesmis HK.f. ex HK.(攀打科)
小判草(新拉汉英)=大凌风草
小泡虎耳草 Saxifraga bulleyana Engl. & Irmsch.(虎耳草科)
小泡通(贵州民间药物)=清香藤
小泡通(云南)=星毛鹅掌柴
小泡通树(云南)=星毛鹅掌柴
小蓬 Nanophyton erinaceum (Pall.) Bge.(藜科)
小蓬草 Conyza canadensis (L.) Cronq.(菊科),飞蓬,加拿大蓬,苦蒿,祁州一枝蒿,蛇舌草,小白酒草,小飞蓬,鱼胆草,竹叶艾
小蓬蒿(浙江)=矮蒿
小蓬属 Nanophyton Less (藜科)
小片齿唇兰 Anoectochilus abbreviatus (Lindl.) Seidenf. (兰科),翻唇兰
小片鳞松(东北)=红皮云杉
小飘儿菜(高等图鉴)=丫蕊花
小飘拂草 Fimbristylis aphylla var. gracilis Tang & Wang (莎草科)
小苹果属(科属检索表)=**小芸木属**
小苹婆(树木分类学)=海南苹婆
小婆婆纳 Veronica serpyllifolia L.(玄参科),地涩涩,仙桃草,荞皮草,百里香叶婆婆纳
小葡萄(海南志)=小果葡萄
小蒲公英(河南)=猫儿菊
小七指报春 Primula septeloba var. minor Ward (报春花科)
小漆树 Toxicodendron delavayi (Franch.) F.A. Barkl.(漆树科),山漆树,铁象杆,野漆树,漆树
小骑士兰(中华兰艺)=宝岛套叶兰
小旗唇兰(台湾志)=旗唇兰
小千金(中药大辞典)=紫刺卫矛
小千松 Pinus contorta Loud.(松科),扭松
小牵牛 Jacquemontia paniculata (Burm.f.) Hall.f.(旋花科),假牵牛
小牵牛属 Jacquemontia Choisy (旋花科)
小前胡(湖北)=蛇果黄堇
小荨麻(滇南本草)=异株荨麻
小荨麻(新拉汉英)=无刺茎荨麻
小荨麻(云南蒿明)=淡黄香茶菜
小钱花(江苏)=锦葵
小茜草(云南文山)=钩毛茜草
小茜草(云南中草药选)=紫参
小茜草 Rubia membranacea Deils(茜草科),金线草
小乔菜(浙江)=四籽野豌豆
小乔木紫金牛 Ardisia garrettii H.R.Fletch.(紫金牛科),石狮子
小巧舌唇兰 Platanthera juncea (King & Pantl.) Kraenzl (兰科)
小巧羊耳蒜 Liparis delicatula HK.f.(兰科)
小巧羊蹄甲 Bauhinia venustula T.Chen(豆科)
小巧玉凤花 Habenaria diplonema Schltr.(兰科)
小翘(唐本草)=小连翘
小茄(贵州草药)=小寸金黄
小茄(浙江)=金爪儿
小茄 Lysimachia japonica Thunb.(报春花科)
小窃衣 Torilis japonica (Houtt.) DC.(伞形科),大叶山萝卜,破子草,窃衣,华南鹤虱
小芹菜(辽宁)=石防风
小芹当归(北京志)=山芹
小芹属 Sinocarum Wolff ex Shan & Pu (伞形科)
小秦艽(新疆药材名)=斜升秦艽
小秦艽(云南)=坚龙胆
小秦艽 Gentiana dahurica Fisch.(龙胆科),达乌里龙胆,达弗里亚龙胆,达乌里秦艽,小叶秦艽,蓟芥,兴安龙胆
小琴丝竹 Bambusa multiplex cv. Alphonse-Karr (禾本科)
小青(高等图鉴)=木蓝
小青(贵州草药)=透骨草
小青(图考)=紫金牛
小青草(百花镜)=爵床
小青草(四川米易)=直梗高山唐松草
小青胆(四川)=吉祥草
小青海锦鸡儿 Caragana chinghaiensis var. minima Liou f.(豆科)
小青蓝(树木分类学)=木蓝
小青龙(云南凤庆)=上树蜈蚣
小青皮(昆明草药)=沙针
小青藤(四川中药志)=尖头瓶尔小草
小青藤香(植物志 30-1)=轮环藤
小青杨 Populus pseudosimonii Kigat.(杨柳科)
小青叶(浙江)=爵床
小青鱼胆(云南)=美丽獐牙菜
小青鱼胆(植物志 62)=红花龙胆
小轻藤(云南)=波叶青牛胆
小丘风车子 Combretum collinum Fresen (使君子科)
小秋海棠(高等图鉴补编)=小叶秋海棠
小秋海棠(新拉汉英)=细小秋海棠(新)
小秋海棠 Begonia parva Merrill (秋海棠科)
小秋葵(贵阳)=野西瓜苗
小球花蒿 Artemisia moorcroftiana Wall. ex DC. (菊科),大叶青蒿,小白蒿,芳枝蒿,看拉
小球棘豆 Oxytropis microsphaera Bge.(豆科)
小球穗扁莎 Pycreus globosus var. nilagiricus (Hochst.) C.B.Clarke (莎草科)
小雀儿麻(广西桂林)=圆锥荛花
小雀瓜 Cyclanthera pedata (L.) Schrad.(葫芦科),辣子瓜
小雀瓜属 Cyclanthera Schrand.(葫芦科)
小雀花 Campylotropis polyantha (Franch.) Schindl.(豆科),多花胡枝子
小雀舌兰 Dyckia brevifolia Bak.(兰科)
小雀舌兰属 Dyckia Schult.(兰科)
小髯鸢尾 Iris barbatula Noltie & K.Y.Guan(鸢尾科)
小人参(贵州民间药物)=光叶党参
小人兰属 Gomesa R.Br.(兰科)
小人血草(陕西)=白屈菜
小人血七(秦岭南北坡)=白屈菜
小肉穗草(云南志)=肉穗草
小乳汁草(广部中草药手册)=千根草
小瑞香(云南)=滇瑞香
小赛格多(云南)=杜仲藤
小赛莨(中草药汇编)=赛莨菪
小三楞草(云南)=同钟花
小三芒景天 Sedum triactina subsp. leptum Fröd. (景天科)
小三条筋子树(湖北)=江南越桔
小三叶耳蕨(蕨类图说)=小戟叶耳蕨
小伞报春 Primula sertulum Franch.(报春花科),岷山苞花报春
小伞虎耳草 Saxifraga umbellulata HK.f. & Thoms. (虎耳草科),伞梗虎耳草,篦齿虎耳草,栉齿虎耳草
小伞花繁缕 Stellaria parvi-umbellata Y.Z.Zhao (石竹科)
小散血(湖南)=亨利原始观音座莲
小散血(云南)=紫花丹
小沙冬青 Ammopiptanthus nanus (M.Pop.) Cheng f.(豆科)
小沙拐枣 Calligonum pumilum A.Los.(蓼科)
小沙蓬 Agriophyllum minus Fisch. & Mey.(藜科)
小砂蒿(辽宁)=细杆沙蒿
小砂蒿(内蒙古)=内蒙古蒿
小山菠菜(山东)=薪蓂
小山茶(昆明,云南曲靖)=东紫苏
小山锄板(辽宁)=白花酢浆草
小山豆根(中草药汇编)=雅丽千金藤
小山菊 Dendranthema oreastrum (Hance) Ling (菊科),毛山菊
小山辣子(云南)=野鸦椿
小山兰(高等图鉴,新拉汉英)=短梗山兰
小山柳(广西植物名录)=单毛桤叶树
小山萝卜(草木便方)=台湾翅果菊
小山萝过路黄 Lysimachia melampyroides var. brunelloides (Pax & Hoffm.) Chen & C.M. Hu (报春花科)
小山蚂蝗(台湾志)=尖叶长柄山蚂蝗
小山飘风 Sedum filipes Hemsl.(景天科),豆瓣还阳
小山苏(云南)=野拨子
小山蒜 Allium pallasii Murr.(百合科),小山薤
小山薤(Flora 24)=小山蒜
小山葥菜(台湾志)=日本山葥菜
小杉兰(长白山药志)=石杉
小杉兰 Huperzia selago (L.) Bernh. ex Schrak &

Mart. (石杉科),*小接筋草,石杉,卷柏状石松*
小上石百足(广西玉林)=狮子尾
小舌唇兰 Platanthera minor (Miq.) Rchb.f.(兰科),*高山粉蝶兰,观音竹,火一枝箭,卵唇粉蝶兰,蛇蓼子,土洋参,小长距兰,猪獠参*
小舌风毛菊 Saussurea lingulata Franch.(菊科)
小舌菊 Microglossa pyrifolia (Lam.) O.Ktze.(菊科),*九里明,过山龙,梨叶小舌菊*
小舌菊属 Microglossa DC.(菊科)
小舌玉凤花(海南志)=坡参
小舌紫菀 Aster albescens (DC.) Hand.-Mazz.(菊科)
小蛇根草(广药手册)=短小蛇根草
小蛇根草(海南志)=溪畔蛇根草
小蛇菰(新)Balanophora minor Hemsl.?(蛇菰科)
小蛇莲(高等图鉴)=曲莲
小蛇麻(台湾)=水蛇麻
小蛇头草(湖南药物志)=相近石韦
小伸筋(图考)=垂穗石松
小伸筋草(湖南药物志)=扁枝石松
小伸筋草(云南中草药)=短冠草
小神砂草(陕西)=毛果委陵菜
小升麻(本草拾遗)=落新妇
小升麻 Cimicifuga japonica (Thunb.) Spreng.(毛茛科),*茶七,独叶八角草,伏毛紫花小升麻,拐三七,拐枣七,黑八角莲,金龟草,金丝三七,开喉箭,绿升麻,三面刀,升麻,五钳子角连,硬毛小升麻,紫花金龟草,紫花小升麻*
小生地(贵州)=琉璃草
小省藤 Calamus gracilis Roxb.(棕榈科),*细茎省藤,海南省藤,纤细省藤*
小狮子(中草药汇编)=小紫金牛
小狮子草 Hygrophila polysperma T.Anders.(爵床科)
小狮子球 Frailea schilinzkyana (F.A.Haageje) Britt. & Rose (仙人掌科)
小十八风藤(广西桂平)=紫玉盘
小石参(四川)=西南风铃草
小石菖蒲(四川合川)=石菖蒲
小石菖蒲(四川南江)=金钱蒲
小石豆兰(台兰科图鉴)=圆叶石豆兰
小石果连蕊茶 Camellia parvilapidea Chang(山茶科)
小石斛(广西兽医植物)=金钗石斛
小石蝴蝶 Petrocosmea minor Hemsl.(苦苣苔科)
小石花 Corallodiscus conchaefolius Batalin(苦苣苔科)
小石积(经济植物手册)=圆叶小石积
小石积 Osteomeles anthyllidifolia Lindl.(蔷薇科)
小石积属 Osteomeles Lindl.(蔷薇科)
小石剑(福建中草药)=单叶双盖蕨
小石榴树(云南永平)=丁香蓼
小石榴叶(云南永平)=丁香蓼
小石生(中草药汇编)=革叶茶藨子
小石松(分类学报)=矮小石松
小石松 Lycopodiella inundata (L.) Holub(石松科)
小石松属 Lycopodiella Holub(石松科)
小石韦(广西药用名录)=中越石韦
小石韦(贵州民间药物)=相近石韦
小石韦(山东)=过山蕨
小石仙桃(图考)细叶石仙桃
小石枣(甘肃)=湖北海棠
小石竹(拉汉名称)=玉山石竹
小柿(广州志)=君迁子
小柿花(云南景东)=景东君迁子
小柿子(云南)=喙果黑面神
小柿子叶(云南中草药)=钝叶黑面神
小熟季花(中草药汇编)=锦葵
小黍菊(台湾)=欧锦葵
小鼠耳芥(植物志 33)=无苞芥
小蜀芪(滇南本)=蜀葵
小薯藤(广东)=山猪菜
小双飞蝴蝶(中草药汇编)=尖槐藤
小双花金丝桃 Hypericum geminiflorum subsp. simplicistylum (Hay.) N.Robson(藤黄科)
小双花石斛 Dendrobium somai Hay.(兰科),*细茎石斛*
小双叶兰(台湾志)=日本对叶兰
小水龙骨(东北草本志)=东北多足蕨
小水麻蕨(广西药用名录)=渐尖毛蕨
小水毛茛 Batrachium eradicatum (Laest.) Fries (毛茛科)
小水田荠(江苏植物名录,植物学大辞典)=水田碎米荠
小水仙 Narcissus papyraceus Ker.-Gawl.(石蒜科)
小睡莲秋海棠 Begonia hydrocotylifolia Ott ex HK. (秋海棠科)
小丝瓜(河南中草药)=地梢瓜
小丝兰 Yucca glauca Nutt.(百合科)
小思茅香草 Lysimachia englerii var. glabra (Bonati) Chen & C.M.Hu(报春花科)
小松毛茶(云南曲靖)=东紫苏
小搜山虎(昆明草药)=金鸡脚假瘤蕨
小苏尔熊果 Arctostachylos edmundsii T.Howell (杜鹃花科)
小苏金(江西宜黄)=石荠苎
小酸浆(中草药汇编)=苦蘵
小酸浆 Physalis minima L.(茄科),*毛苦蘵,天泡子,沙灯笼,灯笼草,天泡草*
小酸模 Rumex acetosella L.(蓼科),*吉吉格-爱日干纳*
小蒜(通称)=薤白
小蒜芥属 Microsisymbrium O.E.Schulz (十字花科)
小穗稗 Echinochloa microstachys (Wieg.) Rybd.(禾本科)
小穗臭草 Melica taurica C.Koch(禾本科)
小穗发草 Deschampsia caespitosa var. microstachya Roshev.(禾本科)
小穗凤仙花 Impatiens microstachys HK.f.(凤仙花科)
小穗裂稃草 Schizachyrium microstachyum (Desv.) Ros.Arr. & Izag.(禾本科)
小穗柳 Salix microstachya Turcz.(杨柳科),*乌柳根,小红柳,乌兰-布勒嘎苏*
小穗薹草 Carex dichroa Freyn(莎草科)
小穗甜茅(新拉汉英)=狭叶短期茅
小穗砖子苗 Mariscus umbellatus var. microstachys (Kükenth.) Tang & Wang(莎草科)
小蓑衣藤(云南)=钝萼铁线莲
小蓑衣藤莲 Clematis gouriana Roxb. ex DC.(毛茛科)
小苔(植物志 30-1)=轮环藤
小薹草 Carex parva Nees(莎草科)
小唐松草(内蒙药材选编)=亚欧唐松草
小糖芥 Erysimum sisymbrioides C.A.Mey.(十字花科)
小桃茶(岭南采药录)=铁包金
小桃儿七(陕西)=铁筷子
小桃红(救荒本草)=凤仙花
小桃花(广东)=梵天花
小桃树(新华本草纲要)=思茅狭叶山梗菜
小藤铃儿草(高等图鉴)=宽果紫金龙
小梯呈副金星蕨(台湾志)=狭叶金星蕨
小蹄盖蕨 Athyrium minimum Ching(蹄盖蕨科)
小天蓝绣球 Phlox drummondii HK.(花荵科),*雁来红,金山海棠,福禄考*
小天老星(东北,华北)=半夏
小天蓼(唐本草)=大籽猕猴桃
小天南星(福建)=半夏
小天青(四川)=长柔毛委陵菜
小天蒜(云南经济植物)=蒙自藜芦
小天仙子(植物志 67-1)=天仙子
小田草(贵州)=牛至
小铁箍(云南中草药)=糯米团
小铁角蕨(东北草本志)=钝齿铁角蕨
小铁牛(云南维西)=不育红
小铁苏(云南)=野拨子
小铁藤(云南)=红素馨
小铁线蕨 Adiantum mariesii Bak.(铁线蕨科)
小铁子(植物志 58)=铁仔
小町 Notocactus scopa (K.Spreng.) A.Berger (仙人掌科)
小町草(植物分类学)=大蔓樱草
小庭荠(种子植物名称补编)=庭荠
小葶苈 Draba humillima O.E.Schulz.(十字花科)
小通草(四川中草药,中药大辞典)=喜马山旌节花
小通草(四川中药志)=中国旌节花
小通花(广西植物名录)=多叶勾儿茶
小通花(四川中药志)=棣棠花
小通花(四川中药志)=柳叶旌节花
小铜锤(高等图鉴)=铜锤玉带草
小铜锤(云南中草药)=美形金钮扣
小铜锤(云南中草药选)=鞭打绣球
小铜锤(植物志 75)=金钮扣
小铜钱草(湖南)=马蹄金
小铜钱草(四川平安)=佛光草
小铜钱七(广西)=宝盖草
小头薄雪火绒草(新)Leontopodium japonicum var. microcephalum Hand.-Mazz.(菊科),*薄雪火绒草小头变种*
小头大白杜鹃 Rhododendron decorum subsp. parvistigmaticum W.K.Hu(杜鹃花科)
小头风毛菊 Saussurea crispa Vant.(菊科)
小头花香薷 Elsholtzia cephalantha Hand.-Mazz.(唇形科)
小头荆芥 Nepeta microcephala Pojark.(唇形科)
小头凉喉茶(云南植物名录)=头状花耳草
小头蓼 Polygonum microcephalum D.Don(蓼科)
小头毛麝香 Adenosma microcephalum HK.f.(玄参科)
小头橐吾 Ligularia microcephala (Hand.-Mazz.) Hand.-Mazz.(菊科)
小头状美味草 Micromeria capitellata Benth.(唇形科)
小兔儿风 Ainsliaea nana Y.C.Tseng(菊科)
小团叶(云南)=大叶银背藤
小退火草(贵州正安)=佛光草
小托盘(中药材手册)=掌叶复盆子
小娃娃皮 Daphne gracilis E.Pritz.(瑞香科)
小洼瓣花 Lloydia serotina var. parva (Marq. & Shaw) Hara(百合科),*矮小洼瓣花*
小瓦松 Orostachys minutus (Kom.) Berger(景天科)
小瓦韦(高等图鉴)=黄瓦韦
小万年青(云南)=剑叶开口箭

小万年青(云南)=苦远志
小万年青(云南镇雄)=四川冬青
小万寿菊(植物志 75)=孔雀草
<u>小万寿菊 Tagetes micrantha Cav.(菊科)</u>
小微孔草 Microula younghusbandii Duthie(紫草科)
小尾光叶(云南)=假朝天罐
小尾伸根(江西)=七层楼
<u>小尾崖爬藤 Tetrastigma harmandii Planch.(葡萄科)</u>
小卫矛 Euonymus nanoides Loes.(卫矛科),*山地卫矛*
<u>小纹冬青卫矛 Euonymus japonicus cv. Microphylls Variegatus (卫矛科)</u>
小乌泡根(重庆草药)=乌泡子
小乌头(南昌)=天葵
小无花果(贵州)=黄葛树
小无花果(贵州)=琴叶榕
小无距兰(台兰科图鉴)=小兜蕊兰
小无心菜(高原集刊)=微无心菜
小无心菜(图考)=无心菜
小五彩苏 Coleus scutellarioides var. crispipilus (Merr.) H.Keng(唇形科),*假紫苏,金耳环,金钱炮,苛留香,五色草,小洋紫苏,洋紫苏*
小五台山风毛菊 Saussurea sylvatica var. hsiao-wutaishanensis (Chen) Lipsch.(菊科)
小五台瓦韦 Lepisorus hsiawutaiensis Ching & S.K.Wu (水龙骨科)
小五爪金龙(云南中草药)=叉须崖爬藤
小五爪龙(陕西中草药)=绢毛匍匐委陵菜
小溪杜鹃 Rhododendron xiaoxidongense W.K. Hu (杜鹃花科)
小觿茅 Dimeria parva (Keng & Y.L.Yang) S.L. Chen & G.Y.Sheng(禾本科)
小喜盐草 Halophila minor (Zoll.) Hartog(水鳖科)
小细辛(云南)=苦远志
<u>小细叶山梅花(新)Philadelphus microphyllus A.Gray (虎耳草科),*小叶山梅花*</u>
小狭叶芽胞耳蕨 Polystichum atkinsonii Bedd. (鳞毛蕨科),*小羽耳蕨,小芽胞耳蕨*
小仙丹花(云南植物名录)=白花龙船花
小仙龙船花 Ixora philippinensis Merr.(茜草科)
小仙茅(贵州,云南)=小金梅草
<u>*小仙人元宝*(新拉汉英)=小牛舌</u>
小仙桃草(云南)=莲座叶通泉草
小仙桃草(浙江)=鹤草
小腺无心菜 Arenaria glanduligera Edgew. ex Edgew. & HK.f.(石竹科),*腺毛蚤缀*
小乡玖(中草药汇编)=长节耳草
小香(四川中药志)=茴香
小香艾(山西)=红足蒿
小香草(昆明)=姜味草
小香茶(云南曲靖)=东紫苏
小香茅草(四川中药志)=芸香草
小香蒲 Typha minima Funk.(香蒲科)
小香薷(景德镇,贵州梵净山)=石香薷
小香薷(云南)=东紫苏
小香薷(云南)=姜味草
小香薷(云南红河)=大黄药
小香薷 Micromeria barosma (W.W.Sm.) Hand.-Mazz. (唇形科)
小香藤(广西)=瓜馥木
小香圆(云南景洪)=山麻风树
小香樟(云南维西)=更里山胡椒
小香芝麻叶(云南)=野拨子
小香竹 Chimonocalamus dumosus Hsueh & Yi (禾本科)
小箱桐(植物志 22)=小箱柯
小箱柯 Lithocarpus arcuala (Spreng.) Huang & Y.T.Chang (壳斗科),*小箱桐*
小响铃(思茅中草药)=响铃豆
小小斑叶兰 Goodyera yangmeishanensis T.P. Lin (兰科)
小小苏(云南)=野拨子
小缬草 Valeriana tangutica Bat.(败酱科)
小心叶薯 Ipomoea obscura (L.) Ker-Gawl.(旋花科),*小红薯,紫心牵牛*
小辛(本草经集注)=北细辛
小新塔花 Ziziphora tenuior L.(唇形科)
小星穗水蜈蚣 Kyllinga brevifolia var. stellulata (Suringar) Tang & Wang(莎草科)
小星穗薹草 Carex angustior Mack.(莎草科)
小星无心菜 Arenaria microstella C.Y.Wu ex L. H.Zhou (石竹科)
小星鸭脚木(广西植物名录)=星毛鹅掌柴
小型报春 Primula obconica subsp. parva (Balf.f.) W.W.Sm. & Forr.(报春花科),*小型鄂报春*
小型鄂报春(Flora 15)=小型报春
小型青荚叶 Helwingia himalaica var. parvifolia Li (山茱萸科)
小型油点草 Tricyrtis formosana var. glandosa (Simizu) T.S.Liu & S.S.Ying(百合科)
<u>小型珍珠茅 Scleria parvula Steud.(莎草科)</u>
小荇菜(Flora 6)=小莕菜
小莕菜 Nymphoides coreanum (Lévl.) Hara(睡菜科),*小荇菜*
小须唇兰(中山大辞典)=小朱兰
小萱草 Hemerocallis dumortieri Morr.(百合科)
小萱草根(药材名)=小黄花菜
小悬铃花 Malvaviscus arboreus var. drummondii Schery (锦葵科),*小茯桑*
小旋覆花(河北)=蓼子朴
小旋花(江苏,陕西)=打碗花
小旋花(四川,甘肃)=田旋花
小旋花,燕子草(宁夏中草药)=田旋花
小雪花(贵州民间药物)三脉紫菀
小雪花 Argostemma verticillatum Wall.(茜草科)
小雪人参(贵州民间药物)=绒毛胡枝子
小血光藤(四川)=狭叶蓬莱葛
小血金丹(四川)=穆坪兔儿风
小血散(丽江)=大叶茜草
小血藤(版纳植物名录)=滇藏五味子
小血藤(贵州)=肉质茜草
小血藤(湖北,云南,贵州)=南五味子
小血藤(陕西)=铁箍散
小血藤(云南红河)=狭叶五味子
小血藤(云南中草药选)=合蕊五味子
小血藤(云南中草药选)=翼梗五味子
小鸦葱 Scorzonera subacaulis (Rgl.) Lipsch.(菊科),*矮鸦葱*
小鸦跖花 Oxygraphis tenuifolia W.E.Evans(毛茛科)
<u>小鸭嘴草 Ischaemum minus Presl.(禾本科)</u>
小牙草 Dentella repens (L.) J.R. & G.Forst.(茜草科)
小牙草属 Dentella J.R. & G.Forst.(茜草科)
小芽胞耳蕨(蕨类名词及名称)=小狭叶芽胞耳蕨
小芽虎耳草 Saxifraga gemmigera var. gemmuligera (Engl.) J.T.Pan & Gornall(虎耳草科),*邦参布柔*
小芽新木姜(台木本志)=小芽新木姜子
小芽新木姜子 Neolitsea parvigemma (Hay.) Kanehira & Sasaki(樟科),*小芽新木姜*
小亚西亚枫香树(新拉汉英)=苏合香
小岩白菜(四川中药志)=黄花马铃苣苔
小岩匙(高等图鉴)=岩匙
小岩花(河北)=独根草
小岩居香草 Lysimachia saxicola var. minor C.F.Liang ex Chen & C.M.Hu(报春花科)
小岩生忍冬(新)Lonicera syringantha var. minor Maxim.? (忍冬科)
小沿沟草属 Catabrosella (Tzvel.) Tzvel.(禾本科)
小盐芥 Thellungiella halophila (C.A.Mey.) O.E. Schulz (十字花科)
小眼子菜 Potamogeton pusilus L.(眼子菜科),*丝藻,线叶眼子菜*
小羊耳蒜 Liparis fargesii Finet(兰科),*石米*
小羊角拗(中草药汇编)=弓果藤
小羊角兰(贵州)=波缘大参
小羊角扭(广西)=匙羹藤
小羊奶果(云南)=白绿叶
小羊膻(云南)=杏叶茴芹
小羊桃(贵州草药)=紫果猕猴桃
小杨柳(云南河口)=小叶五月茶
小洋紫苏(广西药用名录)=小五彩苏
小药八旦子 Corydalis caudata (Lam.) Pers.(罂粟科),*土元胡,元胡,北京元胡,土延胡,苏延胡,全叶延胡索,匍匐延胡索*
小药碱茅 Puccinellia micrandra (Keng) Keng (禾本科),*微药碱茅*
小药满山白(中草药汇编)=毛果杜鹃
小药早熟禾 Poa micrandra Keng(禾本科)
小药猪毛菜 Salsola micranthera Botsch.(藜科)
小野百合(海南志)=小猪屎豆
小野臭草(禾本科图说)=广序臭草
小野鸡(湖南)=贯众
小野麻豌豆(四川中药志)=小巢菜
小野荞麦 Fagopyrum leptopodum (Diels) Hedb. (蓼科),*乌依碗*
小野人血草(秦岭南北坡)=白屈菜
小野芋(广东)=犁头尖
小野芝麻 Galeobdolon chinense (Benth.) C.Y. Wu (唇形科),*假野芝麻,地绵绵*
小野芝麻属 Galeobdolon Adans.(唇形科)
小野珠兰(高等图鉴)=小米空木
小野锥尾草(江西 南京)=野雉尾金粉蕨
小叶矮探春 Jasminum humile var.microphyllum (Chia) P.S.Green(木犀科),*小叶小黄素馨,小叶素馨*
小叶艾(河北)=野艾蒿
小叶爱楠(思茅中草药)=灯笼花
小叶安息香 Styrax wilsonii Rehd.(安息香科),*小叶野茉莉,矮茉莉*
小叶八角枫 Alangium faberi var. perforatum (Lévl.) Rehd. (八角枫科)
小叶菝葜 Smilax microphylla C.H.Wright (百合科),*乌鱼刺,地茯苓藤*
小叶白点兰 Thrixspermum japonicum (Mikq.) Rchb.f. (兰科)
小叶白辛树 Pterostyrax corymbosus S. & Z.(安息香科)
小叶百合 Lilium formosanum var.microphyllum T.S.Liu & S.S.Ying(百合科)
小叶半枫荷 Semiliquidambar cathayensis var. parvifolia Chang(金缕梅科)
小叶半脊荠 Hemilophia rockii O.E.Schulz(十字花科),*浅黄花半脊荠*

小叶扁担杆 Grewia biloba var. microphylla (Maxim.) Hand.-Mazz.(椴树科)
小叶变种(植物志 65-2,Flora 17)=假荆芥
小叶变种(植物志 65-2,Flora 17)=玖榴花
小叶变种(植物志 65-2,Flora 17)=小叶韩信草(新)
小叶变种(植物志 66)=黄白香薷
小叶变种(植物志 66)=鸡骨柴
小叶变种(植物志 66)=筒冠花
小叶柄唇兰 Podochilus microphyllus Lindl.(兰科)
小叶薄荷 (新疆药志)=新塔花
小叶薄荷(广西)=罗勒
小叶薄荷(图考)=牛至
小叶薄荷(新疆药用植物志)=风轮新塔花
小叶彩花 Acantholimon diapensioides Boiss.(白花丹科)
小叶梣 Fraxinus bungeana DC.(木犀科),*梣,秦皮*
小叶茶(云南通海)=东紫苏
小叶茶藨(东北木本志)=美丽茶藨子
小叶茶藨(树木志)=圆叶茶藨子
小叶长花柳 Salix longiflora var. albescens Burkill (杨柳科)
小叶赤车(海南志)=短叶赤车
小叶臭黄皮(云南中草药选)=假黄皮
小叶臭味新耳草 Neanotis ingrata f. parvifolia How ex Ko(茜草科)
小叶川滇蔷薇 Rosa soulieana var. microphylla Yü & Ku (蔷薇科)
小叶垂头菊 Cremanthodium microphyllum S.W. Liu (菊科)
小叶槌果藤(中药辞海)=独行千里
小叶唇柱苣苔 Chirita parvifolia W.T.Wang(苦苣苔科)
小叶刺果卫矛(西藏志)=棘刺卫矛
小叶楤木 Aralia foliolosa (Wall.) Seem(五加科)
小叶粗筒苣苔 Briggsia parvifolia K.Y.Pan(苦苣苔科)
小叶粗叶木 Lasianthus microphyllus Elmer(茜草科),*小叶鸡屎树*
小叶大翅驼蹄瓣 Zygophyllum macropterum var. microphyllum Boriss.(蒺藜科)
小叶大戟(福建志)=闽南大戟(新)
小叶大戟(新拉汉英)=少叶大戟(新)
小叶大戟 Euphorbia makinoi Hay.(大戟科)
小叶大节竹 Indosasa parvifolia C.S.Chao & Q.H.Dai (禾本科)
小叶当年枯 Arctous microphyllus C.Y.Wu(杜鹃花科)
小叶灯台树(中草药汇编)=盆架树
小叶地不容 Stephania succifera Lo & M.Yang (防已科)
小叶地丁草(浙江)=瓜子金
小叶地豇豆(云南)=弯曲碎米荠
小叶地锦(植物志 44-3)=闽南大戟(新)
小叶地锦 Parthenocissus chinensis C.L.Li(葡萄科)
小叶地笋 Lycopus cavaleriei H.Lévl.(唇形科) *西南变种*
小叶滇杨 Populus yunnanensis var. microphylla C.Wang & Tung (杨柳科)
小叶滇紫草 Onosma sinicum Diels(紫草科)
小叶点地梅 Androsace microphylla HK.f.(报春花科)
小叶吊石苣苔 Lysionotus microphyllus W.T. Wang (苦苣苔科)
小叶钓樟(海南志)=小叶乌药
小叶丁香(高等图鉴)=小叶巧玲花
小叶丁香(河南)=巧玲花
小叶冬青(江西草药)=落霜红
小叶冬青卫矛 Euonymus japonicus cv. Microphyllus (卫矛科)
小叶冻绿(贵州)=帚枝鼠李
小叶冻青(医林纂要)=女贞
小叶兜兰 Paphiopedilum barbigerum T.Tang & F.T.Wang (兰科)
小叶豆腐柴 Premna parvilimba P'ei(马鞭草科)
小叶独活(东北检索表)=柳叶芹
小叶杜茎山 Maesa parvifolia A.DC.(紫金牛科),*小种茶*
小叶杜鹃(高等图鉴)=高山杜鹃
小叶杜鹃(陕甘宁青中草药选)=头花杜鹃
小叶杜香 Ledum palustre var. decumbens Ait. (杜鹃花科)
小叶度量草 Mitreola petiolatoides P.T.Li(马钱科)
小叶短肠蕨 Allantodia metteniana var. fauriei (Christ) Ching(蹄盖蕨科),*麦氏短肠蕨小羽变种*
小叶椴(植物志 49-1)=蒙椴
小叶对叶兰 Listera smithii Schltr.(兰科)
小叶钝果寄生 Taxillus kaempferi (DC.) Danser (桑寄生科),*华东松寄生,松胡颓子,茑萝松*
小叶鹅耳枥 Carpinus stipulata H.Winkl.(桦木科),*单齿鹅耳枥*
小叶鹅绒藤 Cynanchum anthonyanum Hand.-Mazz. (萝藦科),*滇白前*
小叶鹅掌柴 Schefflera parvifoliolata Tseng & Hoo (五加科)
小叶鄂报春 Primula densa Balf.f.(报春花科)
小叶范氏冬青(峨眉图志)=小叶康定冬青
小叶梵天花 Urena procumbens var. microphylla Feng (锦葵科)
小叶风藤(浙江药志)=爬藤榕
小叶枫(植物志 47-1)=异木患
小叶凤凰尾巴草(天目药志)=黄山鳞毛蕨
小叶凤凰尾巴草(天目药志)=假蹄盖蕨
小叶凤凰尾巴草(天目药志)=渐尖毛蕨
小叶凤尾草(云南药用名录)=云南铁角蕨
小叶凤仙花 Impatiens parvifolia Bedd.(凤仙花科)
小叶扶芳藤 Euonymus fortunei var. microphyllus Sieb.(卫矛科)
小叶茯蕨 Leptogramma tottoides H.Ito(金星蕨科),*尾叶茯蕨*
小叶干花豆 Fordia microphylla Dunn ex Z.Wei (豆科),*野京豆,矮地黄,勒勒叶,野扁豆*
小叶甘橿(中药大辞典)=红果山胡椒
小叶高河菜 Megacarpaea delavayi var. minor f. microphylla O.E.Schulz(十字花科)
小叶高山柏 Juniperus squamata var. parviflora Y.F.Yu & L.K.Fu(柏科)
小叶格拿稍(广东,海南)=海莲
小叶葛藟(中药辞海)=葛藟葡萄
小叶弓果藤 Toxocarpus villosus var. thorelii Cost. (萝藦科)
小叶勾儿茶(四川)=腋花勾儿茶
小叶勾儿茶(植物志 48-1)=牯岭勾儿茶
小叶钩毛蕨 Cyclogramma flexilis (Christ) Tagawa (金星蕨科)
小叶瓜子草(浙江)=瓜子金
小叶观音座莲 Angiopteris parvifolia Ching & Fu (观音座莲科)
小叶光板力刚(浙江)=柱果铁线莲
小叶海金沙 Lygodium scandens (L.) Sw.(海金沙科)
小叶海桐 Pittosporum parvilimbum Chang & Yan (海桐花科)
小叶韩信草(新) Scutellaria indica var.parvifolia (Makino) Makino (唇形科),*小叶变种*
小叶杭子稍 Campylotropis wilsonii Schndl.(豆科)
小叶黑柴胡 Bupleurum smithii var. parvifolium Shan & Y.Li(伞形科)
小叶黑面神(广西植物名录)=广西黑面神
小叶黑面神 Breynia vitis-idaea (Burm.f.) C.E.C. Fischer (大戟科),*山漆茎,鼠李状山漆茎*
小叶黑面叶(中药辞海)=钝叶黑面神
小叶红淡比 Cleyera parvifolia (Kobuski) Hu ex L.K.Ling (山茶科),*小叶杨桐*
小叶红豆(海南)=荔枝叶红豆
小叶红豆 Ormosia microphylla Merr.(豆科),*苏檀木,紫檀*
小叶红光树 Knema globularia (Lam.) Warb.(肉豆蔻科)
小叶红花栒子(新)Cotoneaster rubens var. minianus Yü(蔷薇科),*红花栒子小叶变种*
小叶红景天 Rhodiola rosea var. microphylla (Fröd) S.H.Fu (景天科),*红景天小叶变种*
小叶红丝线(广西昭平,富川)=四轮草
小叶红藤(天目药志)=异叶地锦
小叶红腺蕨 Diacalpe adscendens Ching ex S.H. Wu (球盖蕨科)
小叶红叶藤 Rourea microphylla (HK. & Arn.) Planch. (牛栓藤科),*红叶藤,荔枝藤,牛见愁,铁藤,红叶秋树,牛栓藤*
小叶厚皮香 Ternstroemia microphylla Merr.(山茶科)
小叶槲树(东北)=蒙古栎
小叶虎耳草 Saxifraga aphylla Sternb.(虎耳草科)
小叶华北绣线菊 Spiraea fritschiana var. pavrifolia Liou (蔷薇科),*华北绣线菊小叶变种*
小叶华西小石积(新)Osteomeles schwerinae var. microphylla Rehd. & Wils.(蔷薇科),*华西小石积小叶变种*
小叶桦(东北木本志)=扇叶桦
小叶桦 Betula microphylla Bge.(桦木科)
小叶槐 Sophora microphylla Soland. ex Ait.(豆科)
小叶黄花稔(中草药汇编)=桤叶黄花稔
小叶黄花稔 Sida rhombifolia var. microphylla (Cavan.) S.Y.Hu(锦葵科),*小叶小柴胡*
小叶黄皮(广西药用名录)=细叶黄皮
小叶黄皮(新拉汉英)=细叶黄皮
小叶黄芪 Astragalus hulunensis P.Y.Fu & Y.A. Chen (豆科)
小叶黄鳝藤(台湾志)=铁包金
小叶黄杨(药典 2000)=黄杨
小叶黄杨 Buxus sinica var. parvifolia M.Cheng (黄杨科)
小叶灰毛莸 Caryopteris forrestii var. minor P'ei (马鞭草科)
小叶火绒草 Leontopodium microphyllum Hay. (菊科)
小叶鸡屎树(广西药用名录)=斜基粗叶木
小叶鸡屎树(台地理丛刊)=小叶粗叶木
小叶棘豆 Oxytropis microphylla (Pall.) DC.(豆科),*瘤果棘豆,奴奇哈,奥打夏*
小叶寄树兰(高等图鉴)=寄树兰

小叶稷Panicum linearifolium Scribner (禾本科)
小叶荚蒾 Viburnum parvifolium Hay.(忍冬科)
小叶假糙苏(中药辞海)=玫檀花
小叶碱蓬 Suaeda microphylla (C.A.Mey.) Pall. (藜科)
小叶脚疔草(浙江草药)=紫花八宝
小叶金不换(南宁药志)=小驳骨
小叶金花草(广西中药志)=野雉尾金粉蕨
小叶金鸡巴草(药用孢子植物)戟叶耳蕨
小叶金鸡尾巴草(天目药志)=变异鳞毛蕨
小叶金鸡尾巴草(天目药志)=异羽复叶耳蕨
小叶金老梅(高原治疗手册)=小叶金露梅
小叶金露梅Potentilla parvifolia Fisch. ap.Lehm. (蔷薇科),*小叶金老梅,柏拉*
小叶金缕梅 Hamamelis subaequalis Chang(金缕梅科)
小叶金丝桃(河南卢氏)=贯叶连翘
小叶锦鸡儿 Caragana microphylla Lam.(豆科), *雪里洼,乌禾日-哈日嘎纳,阿拉他嘎纳,柠鸡儿果,猴獠刺*
小叶荩草 Arthraxon lancifolius (Trin.) Hochst. (禾本科)
小叶荆 Vitex negundo var. microphylla Hand.-Mazz. (马鞭草科)
小叶九节(广西植物名录)=假九节
小叶九里香 Murraya microphylla (Merr. & Chun) Swingle (芸香科)
小叶九重葛(台湾志)=光叶子花
小叶菊 Dendranthema parvifolium (Chang) Shih? (菊科)
小叶榉(新拉汉英)=北部湾榉
小叶榉树(树木分类学)=大果榉
小叶聚花荚蒾(新)Viburnum glomeratum var. rockii Rehd.?(忍冬科)
小叶聚花马先蒿 Pedicularis confertiflora subsp. parvifolia (Hand.-Mazz.) Tsoong(玄参科),*聚花马先蒿小叶亚种*
小叶蕨萁 Botrypus parvus (Ching) Holub (瓶尔小草科)
小叶康定冬青 Ilex franchetiana var. parvifolia S.Y.Hu (冬青科),*小叶范氏冬青*
小叶孔药花 Porandra microphylla Y.Wan (鸭跖草科)
小叶蓝丁香 Syringa meyeri var. spontanea M.C. Chang (木犀科),*白花小叶蓝丁香*
小叶蓝钟花 Cyananthus microphyllus Edgew (桔梗科)
小叶澜沧豆腐柴 Premna mekongensis var. meiophylla W.W.Sm.(马鞭草科)
小叶榄 Canarium parvum Leenh.(橄榄科)
小叶涝豆(辽宁)=东北山黧豆
小叶冷水花 Pilea microphylla (L.) Liebm.(荨麻科),*透明草,小叶冷水麻*
小叶冷水麻(台湾志)=小叶冷水花
小叶梨果寄生 Scurrula notothixoides (Hance) Danser (桑寄生科),*蓝木桑寄生*
小叶梨状越桔(树木分类学)=扁枝越桔
小叶李榄(分类学报)=小叶木犀榄
小叶鲤鱼胆(浙江)=鹤草
小叶力刚(浙江)=圆锥铁线莲
小叶栎 Quercus chenii Nakai(壳斗科)
小叶连翘(西天目山)=密腺小连翘
小叶莲(中国药典)=桃儿七
小叶两列栒子(新)Cotoneaster nitidus var. parvifolius (Yü) Yü(蔷薇科),*两列栒子小叶变种*
小叶蓼 Polygonum delicatulum Meisn.(蓼科)
小叶裂榄 Bursera microphylla A.Gray (橄榄科)
小叶铃子香 Chelonopsis giraldii Diels(唇形科)
小叶柳(经济志)=旱柳
小叶柳 Salix hypoleuca Seemen(杨柳科),*山杨柳,红梅蜡,翻白柳*
小叶六道木 Abelia parvifolia Hemsl.(忍冬科)
小叶龙胆(Flora 16)=微形龙胆
小叶龙眼独活(中药志)=柔毛龙眼独活
小叶龙竹 Dendrocalamus barbatus Hsueh & D. Z.Li (禾本科)
小叶楼梯草 Elatostema parvum (Bl.) Miq.(荨麻科)
小叶芦(山西)=北乌头
小叶鹿蹄草 Pyrola media Sw.(鹿蹄草科)
小叶葎 Galium asperifolium var. sikkimense (Gand.) Cuf. (茜草科)
小叶轮钟草 Campanumoea celebica Bl.(桔梗科)
小叶罗汉松(中国裸子志)=台湾罗汉松
小叶罗汉松 Podocarpus wangii C.C.Chang(罗汉松科),*小叶竹柏松,短叶罗汉松*
小叶螺序草 Spiradiclis microphylla Lo(茜草科)
小叶落新妇 Astilbe microphylla Knoll (虎耳草科)
小叶马铃苣苔(植物志 69)=洱源马铃苣苔
小叶马蹄香 Asarum ichangense C.Y.Cheng & C. S.Yang (马兜铃科),*马蹄香,土细辛*
小叶买麻藤 Gnetum parvifolium (Warbv.) C.Y. Cheng ex Chun (买麻藤科),*买子藤,竹芦藤,驳骨藤,大节藤,小木米藤*
小叶猫乳(高等图鉴)=卵叶猫乳
小叶毛茛(植物志 28)=西南毛茛
小叶毛蕨 Cyclosorus parvifolius Ching(金星蕨科)
小叶毛兰 Eria microphylla (Bl.) Bl.(兰科),*毛叶毛兰*
小叶毛葡萄(树木分类学)=美丽葡萄
小叶毛枝荚蒾(分类学报)=毛枝荚蒾
小叶美被杜鹃 Rhododendron calostrotum var. calciphilum (Hutch. & K.Ward) David.(杜鹃花科)
小叶猕猴桃 Actinidia lanceolata Dunn(猕猴桃科)
小叶米筛草(中药大辞典)=红绣线菊
小叶米糯草(浙江)=漆姑草
小叶米仔兰 Aglaia odorata var. microphyllina C. DC. (楝科)
小叶密花远志 Polygala tricornis var. obcordata C.Y.Wu & S.K.Chen(远志科)
小叶膜蕨 Hymenophyllum oxyodon Bak.(膜蕨科)
小叶木犀榄 Olea parvilimba (Merr. & Chun) Maio (木犀科),*麦皮树,小叶李榄*
小叶木帚子 Cotoneaster dielsianus var. elegans Rehd. & Wils.(蔷薇科),*木帚栒子小叶变种*
小叶奶树(浙江)=琴叶榕
小叶南烛 Vaccinium bracteatum var. chinense (Lodd.) Chun ex Sleumer(杜鹃花科)
小叶楠 Phoebe microphylla H.W.Li(樟科)
小叶嫩蒲紫(天目药志)=紫楠
小叶牛奶子(福建药志)=全缘琴叶榕
小叶牛膝 Achyranthes ogatai Yamamoto(苋科)
小叶牛心菜(山东)=赶山鞭
小叶女贞 Ligustrum quihoui Carr.(木犀科),*水白蜡,小蜡树,小白蜡树*
小叶糯米团 Gonostegia neurocarpa (Yamamoto) Yamamoto & Masamune(荨麻科)
小叶欧洲酸樱桃 Cerasus vulgaris f. umbraculifera (蔷薇科)
小叶爬山虎 Parthenocissus vitacea var. laciniata Rehd.(葡萄科)
小叶爬崖香(植物志 20-1)=风藤
小叶爬崖香 Piper sintenense Hat.(胡椒科)
小叶泡桐(河南)=楸叶泡桐
小叶枇杷(老年药用资料)=烈香杜鹃
小叶枇杷 Eriobotrya seguinii (Lévl.) Card. ex Guillaumin (蔷薇科)
小叶平枝栒子(中药辞海)=小叶栒刺木
小叶瓶尔小草 Ophioglossum parvifolium Grev. & HK. (瓶尔小草科)
小叶葡萄 Vitis sinocinerea W.T.Wang(葡萄科)
小叶蒲公英 Taraxacum goloskokovii Schischk. (菊科),*高氏蒲公英*
小叶朴(台湾志)=朴树
小叶朴(种子植物名称)=黑弹树
小叶漆 Rhus microphylla Engelm.(漆树科)
小叶茜草 Rubia rezniczenkoana Litw.(茜草科)
小叶蔷薇 Rosa willmottiae Hemsl.(蔷薇科)
小叶巧玲花 Syringa pubescens subsp. microphylla (Diels) M.C.Chang & X.L.Chen(木犀科),*小叶丁香,四季丁香,菘萝茶*
小叶芹(东北)=水芹
小叶芹幌(辽宁)=石防风
小叶秦艽(植物志 43-1)=小秦艽
小叶琴丝竹 Bambusa multiplex cv. Stripestem Fernleaf (禾本科)
小叶青(浙江草药)=斑叶兰
小叶青(浙江草药)=东风菜
小叶青冈(辽宁)=蒙古栎
小叶青冈 Cyclobalanopsis myrsinaefolia (Bl.) Oerst.(壳斗科),*青栲,青椆*
小叶青冈栎(植物志 22)=细叶青冈
小叶青海柳 Salix qinghaiensis var. microphylla Y.L.Chou (杨柳科)
小叶青荚叶 Helwingia chinensis var. microphylla Fang & Soong(山茱萸科)
小叶青皮槭 Acer cappadocicum var. sinicum Rehd.(槭树科)
小叶秋海棠 Begonia parvula Lévl.(秋海棠科),*小秋海棠,稍小秋海棠*
小叶求米草 Oplismenus undulatifolius var. microphyllus (Honda) Ohwi (禾本科)
小叶球核荚蒾(新)Viburnum propinquum var. parvifolium Graebn.?(忍冬科)
小叶球穗胡椒 Piper thomsonii var. microphyllum Tseng (胡椒科)
小叶雀舌木 Leptopus nanus P.T.Li(大戟科)
小叶忍冬 Lonicera microphylla Willd. ex Roem. & Schult. (忍冬科)
小叶日本槭 Acer japonicum f. microphyllum Veitch.(槭树科)
小叶榕(高等图鉴补编)=雅榕
小叶榕(海南)=垂叶榕
小叶榕(中药大辞典)=榕树
小叶肉实树 Sarcosperma griffithii HK.f.(山榄科)
小叶肉穗草 Sarcopyramis parvifolia Merr. ex H.L.Li (野牡丹科)
小叶瑞木 Corylopsis multiflora var. parvifolia Chang (金缕梅科)
小叶箬竹(江西俗称)=红壳寒竹
小叶塞波德槭 Acer sieboldianum var. microphyllum Maxim.(槭树科)
小叶赛山梅 Styrax confusus var. microphyllus

Perk.(安息香科)
小叶三点金 Desmodium microphyllum (Thunb.) DC. (豆科), *八字草,斑鸠窝,瓣子草根,辫子草,红梗草,马尾草,漆大伯,碎米柴,天小豆,消毒草,消黄散,逍遥草,小木通,小叶山绿豆,小叶山蚂蝗,哮灵草*
小叶三尖杉(树木分类学)=三尖杉
小叶三颗针(四川,云南中草药)=金花小檗
小叶散爵床(海南志,云南植物名录,植物志 70)=卧爵床(新)
小叶散爵床 Rostellularia diffusa (Willd.) Nees (爵床科)
小叶桑(河南)=鸡桑
小叶山红萝卜(河北宛平)=迷果芹
小叶山鸡茶(海南)=广西离瓣寄生
小叶山鸡尾巴(浙江)=边缘鳞盖蕨
小叶山鸡尾巴草(天目药志)=黑足鳞毛蕨
小叶山鸡尾草(天目药志)=华中介蕨
小叶山绿豆(海南志)=小叶三点金
小叶山蚂蝗(台湾志)=小叶三点金
小叶山毛柳 Salix pseudopermollis C.Y.Yu & Ch. Y.Yang (杨柳科)
小叶山梅花(新拉汉英)=小细叶山梅花(新)
小叶山梅花 Philadelphus kunmingensis var. parvifolius S.M.Hwang(虎耳草科)
小叶山米麻 Cotoneaster salicifolius var. rugosus (Pritz.) Rehd. & Wils.(蔷薇科), *柳叶栒子皱叶变种*
小叶山木豆(海南)=单节假木豆
小叶山漆茎(树木分类学)=钝叶黑面神
小叶山檬子 Buchanania microphylla Engl.(漆树科), *山马耳,赤南*
小叶山水芹(浙江)=峨参
小叶山月桂 Kalmia microphylla (HK.) A.Heller (杜鹃花科), *高山月桂*
小叶山楂(河南)=野山楂
小叶山楂(中药辞海)=野山楂
小叶蛇莓 Duchesnea indica var. microphylla Yü & Ku (蔷薇科)
小叶蛇葡萄 Ampelopsis cordata Michx.(葡萄科)
小叶蛇总管(广西中药志)=香茶菜
小叶十大川(湖南临湘)=湖南黄芩
小叶十大功劳 Mahonia microphylla Ying & G. R.Long (小檗科)
小叶石棒子(河南)=土庄绣线菊
小叶石豆兰 Bulbophyllum tokioi Fukuyama(兰科)
小叶石楠 Photinia parvifolia (Pritz.) Schneid. (蔷薇科), *牛筋木,牛李子,山红子*
小叶石楠台湾变种(植物志 36)=台湾小叶石楠(新)
小叶石梓 Gmelina delavayana P.Dop(马鞭草科)
小叶柿(云南)=岩柿
小叶书带蕨(安徽志)=书带蕨
小叶鼠李(河北,山西)=卵叶鼠李
小叶鼠李 Rhamnus parvifolia Bge.(鼠李科), *臭李子,刺,大绿,黑格铃,叫驴子,琉璃枝,驴子刺,麻绿,挠胡子*
小叶双蝴蝶 Tripterospermum mircorphyllum H. Sm. (龙胆科)
小叶双眼龙(广东中药)=毛果巴豆
小叶水锦树 Wendlandia ligustrina Wall. ex G. Don (茜草科)
小叶水蓑衣 Hygrophila erecta (Burm.f.) Hochr. (爵床科)
小叶水团花(广西兽医植物)=细叶水团花
小叶丝叶芹 Scaligeria microcarpa DC.(伞形科)
小叶苏子(辽宁)=香薷
小叶素馨(植物研究)=小叶矮探春
小叶碎米荠 Cardamine microzyga O.E.Schulz (十字花科)
小叶穗子榆(树木分类学)=天目铁木
小叶娑罗双 Shorea parvifolia Dyer (龙脑香科)
小叶唐松草 Thalictrum elegans Wall.(毛茛科)
小叶蹄盖蕨(蕨类图说)=麦秆蹄盖蕨
小叶田芙蓉(福建)=梵天花
小叶铁角蕨(台湾志)=细茎铁角蕨
小叶铁树(广东,广西)=剑叶朱蕉
小叶铁线莲 Clematis nannophylla Maxim.(毛茛科)
小叶铁仔 Myrsine africana var. microphylla Derge (紫金牛科)
小叶铜钱白珠 Gaultheria nummularioides var. microphylla C.Y.Wu & T.Z.Hsu(杜鹃花科)
小叶铜钱草(安徽)=破铜钱
小叶铜钱草(安徽休宁)=天胡荽
小叶兔儿风(新)Ainsliaea parvifolia Merr.?(菊科)
小叶橐吾 Ligularia parvifolia Chang(菊科)
小叶娃儿藤 Tylophora flexuosa R.Br.(萝藦科), *平伐娃儿藤*
小叶瓦韦 Lepisorus macrosphaerus f. minimus (Ching) Y.X.Lin (水龙骨科)
小叶万年青(四川)=吉祥草
小叶微柱麻 Chamabainia cuspidata var. morii (Hay.) W.T.Wang(荨麻科)
小叶委陵菜 Potentilla microphylla D.Don(蔷薇科)
小叶卫矛 Euonymus alatus f. microphyllus Hara (卫矛科)
小叶蚊母树 Distylium buxifolium (Hance) Merr. (金缕梅科)
小叶沃利赫冠瓣 Lophopetalum wallichii var. parvifolium Pietard (卫矛科)
小叶乌桕(海南)=乌材
小叶乌梢(浙江药志)=杭子梢
小叶乌药 Lindera aggregata var. playfairii (Hemsl.) H.P.Tsui (樟科), *小叶钓樟,细叶乌药,小辣子,立稿辣子,乌药,乌药公*
小叶无萼齿野豌豆 Vicia edentata f. minima Lou (豆科)
小叶五月茶 Antidesma venosum E.Mey. ex Tul. (大戟科), *小杨柳,沙潦木,水杨梅*
小叶仙人草(江西)=细风轮菜
小叶香(广东,广西)=芸香
小叶香茶菜 Isodon parvifolius (Batal.) H.Hara (唇形科)
小叶香槐 Cladrastis parvifolia C.Y.Ma(豆科)
小叶香薷(江西德兴)=石香薷
小叶小檗(秦岭志)=金花小檗
小叶小檗 Berberis microphylla Forst.(小檗科)
小叶小柴胡(海南志)=小叶黄花稔
小叶小黄素馨(分类学报)=小叶矮探春
小叶新月蕨 Pronephrium gracilis Ching & Y.X. Lin (金星蕨科)
小叶绣毛槐 Sophora prazeri var. burkei Tsoong (豆科)
小叶绣线菊(新)Spiraea blumei var. microphylla Rehd. (菊科), *绣球绣线菊小叶变种*
小叶锈球藤 Clematis montana subsp. sterilis Hand.-Mazz. (毛茛科)
小叶悬钩子(华北经济志要)=茅莓
小叶悬钩子 Rubus taiwanicolus Koidz. & Ohwi (蔷薇科), *台湾莓*
小叶栒刺木 Cotoneaster horizontalis var. perpusillus Schneid.(蔷薇科), *平枝栒子小叶变种,地红子根,小叶平枝栒子,矮红子*
小叶栒子 Cotoneaster microphyllus Wall. ex Lindl. (蔷薇科), *铺地蜈蚣,地锅钯,耐冬果,小黑牛,刀口药,小黑牛筋*
小叶栒子白毛变种(植物志 36)=白毛小叶栒子(新)
小叶栒子大果变种(植物志 36)=大果小叶栒子(新)
小叶栒子无毛变种(植物志 36)=无毛小叶栒子(新)
小叶栒子细叶变种(植物志 36)=细小叶栒子(新)
小叶鸦儿芦(河北)=北乌头
小叶鸦鹊饭(新华本草纲要)=白棠子树
小叶亚麻荠(植物志 33)=小果亚麻荠
小叶眼树莲(植物志 63)=圆叶眼树莲
小叶眼子菜(植物学大辞典)=鸡冠眼子菜
小叶羊角芹 Aegopodium alpestre f. tenuisectum Kitag. (伞形科)
小叶羊角藤(广州志)=鸡眼藤
小叶杨 Populus simonii Carr.(杨柳科), *南京白杨,河南杨,明杨,青杨,塔形小叶杨,垂枝小叶杨,垂杨,塔杨,扎鲁小叶杨*
小叶杨桐(台湾志)=小叶红淡比
小叶野扁豆 Dunbaria parvifolia X.X.Chen(豆科)
小叶野海棠 Bredia microphylla H.L.Li(野牡丹科)
小叶野决明(豆科图说)=霍州油菜
小叶野茉莉(高等图鉴)=小叶安息香
小叶野漆 Toxicodendron succedaneum var. microphyllum C.Y.Wu & T.L.Ming(漆树科)
小叶阴地蕨 Botrychium parvum Ching(阴地蕨科)
小叶淫羊藿 Epimedium parvifolium S.Z.He & T.L.Zhang (小檗科)
小叶鹰嘴豆 Cicer microphyllum Benth.(豆科)
小叶硬田螺(浙江)=垂珠花
小叶硬叶柳 Salix sclerophylla var. tibetica (Goerz. ex Rehd. & Kobuski) C.F.Fang(杨柳科)
小叶硬叶柳 Salix sclerophylla var. tibetica (Görz) C.F.Fang (杨柳科)
小叶油茶 Camellia oleifera var. monosperma Chang(山茶科), *单籽油茶*
小叶疣点卫矛 Euonymus verrucosoides var. viridiflorus Loes.(卫矛科), *阿坝卫矛*
小叶榆(河北图志)=榔榆
小叶鸢尾兰 Oberonia japonica (Maxim.) Makino (兰科), *台湾莪白兰,日本莪白兰*
小叶远志(山东)=西伯利亚远志
小叶月桂 Osmanthus minor P.S.Green(木犀科)
小叶越桔 Vaccinium parvifolium Sm.(杜鹃花科)
小叶云南冬青 Ilex yunnanensis var. parvifolia (Hay.) S.Y.Hu(冬青科), *云南冬青*
小叶云南虎榛子 Ostryopsis nobilis var. parvifolia Hu ex T.Hong & J.W.Li?(桦木科)
小叶云实 Caesalpinia millettii HK. & Arn.(豆科)
小叶章 Deyeuxia angustifolia (Kom.) Y.L. Chang (禾本科)
小叶折柄茶 Hartia tonkinensis Merr.(山茶科)
小叶珍珠菜 Lysimachia parvifolia Franch.(报春

花科)
小叶珍珠风(浙江)=华紫珠
小叶珍珠花(树木分类学)=西南越桔
小叶真碎米蕨 Cheilanthes microphylla Sw.(中国蕨科)
小叶中国蕨 Sinopteris albofusca (Bak.) Ching (中国蕨科),*云南中国蕨*
小叶帚菊(高等图鉴)=针叶帚菊
小叶珠(河北)=热河黄精
小叶猪肚刺(海南万宁)=浓子茉莉
小叶猪殃殃 Galium trifidum L.(茜草科),*细叶四叶葎三瓣猪殃殃,细叶猪殃殃*
小叶槠(植物志 22)=米槠
小叶竹柏松(海南)=小叶罗汉松
小叶子(云南)=灵香草
小叶子重楼(四川)=狭叶重楼
小叶紫椴 Tilia amurensis var. taquetii (Schneid.) Liou & Li (椴树科)
小叶紫珠(广西药用名录)=白棠子树
小叶钻石风(福建中草药)=绿叶冠毛榕
小叶醉鱼草(西藏志)=互叶醉鱼草
小一包针(广西)
小一点红 Emilia prenanthoidea DC.(菊科),*细红背叶,耳挖草*
小一口血(四川中药志)=点地梅
小一支箭(滇南本草)=毛大丁草
小一支箭(玉溪中草药)=宽叶兔儿风
小一支箭(玉溪中草药)=云南兔儿风
小一支箭(云南中草药选)=钩苞大丁草
小依兰 Cananga odorata var. fruticosa (Craib) Sincl.(番荔枝科)
小蚁药(植物志 60-2)=地耳草
小异被赤车 Pellionia heteroloba var. minor W. T.Wang (荨麻科)
小益母草(大理)=灯笼草
小益母草(中草药汇编)=夏至草
小意杨(南林学报)=小钻杨
小翼果驼蹄瓣 Zygophyllum pterocarpum var. microcarpum Y.X.Liou(蒺藜科)
小淫羊藿(湖北)=盾叶唐松草
小银茶匙(图考,赣南)=台湾榕
小银莲花 Anemone exgua Maxim.(毛茛科),*台湾银莲花*
小银叶蒿 Artemisia argyrophylla var. brevis (Pamp.) Y.R.Ling (菊科)
小英雄(江西)=瓜子金
小罂粟(新疆)=野罂粟
小蝇兰(台兰科图鉴)=钳唇
小颖短柄草 Brachypodium sylvaticum var. breviglume Keng(禾本科)
小颖鹅观草 Roegneria parvigluma Keng(禾本科)
小颖沟稃草 Aulacolepis agrostoides var. formosana Ohwi. (禾本科)
小颖羊茅 Festuca parvigluma Steud.(禾本科),*细颖狐茅,开怀茅*
小颖异燕麦 Helictotrichon schumidii var. parviglumum Keng ex Z.L.Wu(禾本科)
小油菜(经济植物手册)=青菜
小疣杜鹃花 Rhododendron verruclosum Rehd. & Wils.(杜鹃花科)
小鱼辣树(中药大辞典)=宜昌荚蒾
小鱼仙草 Mosla dianthera (Buch.-Ham.) Maxim.(唇形科),*臭草,大叶香薷,痱子草,干汗草,红花月味草,霍乱草,假荆芥,假鱼香,姜芥,热痱草,山苏麻,石荠苧,疏花荠苧,四方草,土荆芥,香花草,小本土荆芥,野荆芥,野香薷,月味草*
小鱼眼草 Dichrocephala benthamii C.B.Clarke (菊科)
小羽对马耳蕨 Polystichum tsus-simense var. parvipinnulum W.M.Chu(鳞毛蕨科)
小羽耳蕨(秦岭志)=小狭叶芽胞耳蕨
小羽耳蕨 Polystichum parvifoliolatum W.M. Chu (鳞毛蕨科)
小羽观音座莲 Angiopteris parvipinnula Ching (观音座莲科)
小羽贯众(植物志 5-2)=多羽贯众(新)
小羽贯众 Cyrtomium lonchitoides (Christ) Christ (鳞毛蕨科),*拟贯众*
小玉叶金花 Mussaenda parviflora Miq.(茜草科)
小玉竹(中药志)=康定玉竹
小玉竹 Polygonatum humile Fisch. ex Maxim. (百合科)
小鸢尾 Iris proantha Diels(鸢尾科),*拟罗斯鸢尾*
小元宝(广西)=飞蛾藤
小元宝草(江苏)=马蹄金
小元宝草(浙江)=地耳草
小元宝草(浙江)=小连翘
小圆叶冬青 Ilex nothofagifolia Ward.(冬青科)
小远志(东北草本志)=小扁豆
小远志(药用志)=瓜子金
小远志(植物志 43-3)=苦远志
小芸木 Micromelum integerrimum (Buch.-Ham.) Roem. (芸香科),*半边枫,鸡屎果,鸡屎木,山黄皮,小黄皮,野茶辣,野黄皮*
小芸木属 Micromelum Bl.(芸香科),*小苹果属*
小晕头鸡(陕西中草药)=贯众
小早熟禾 Poa parvissima Kuo ex D.F.Cui(禾本科)
小皂角(山西)=野皂荚
小皂角(中药志)=皂荚
小泽泻 Alisma nanum D.F.Cui (泽泻科)
小粘榔(云南)(云南)=红雾水葛
小粘连(云南中草药)=万丈深
小粘染子(内蒙志)=卵盘鹤虱
小粘药(昆明)=拨毒散
小粘药(云南)=糯米团
小粘药(云南药用名录)=滑叶藤
小粘药(云南中草药选)=钝叶桂
小粘叶(云南中草药选)=香叶树
小粘子草(贵州)=尖叶长柄山蚂蝗
小粘子草(中药大辞典)=长柄山蚂蝗
小獐毛(新拉汉英)=微药獐毛
小獐毛 Aeluropus pungens (M.Bieb.) C.Koch(禾本科)
小掌唇兰 Staurochilus loratus (Rolfe ex Downie) Seidenf. (兰科)
小掌叶毛茛 Ranunculus gmelinii DC.(毛茛科)
小找色葱(经济志)=野灯心
小沼兰 Malaxis microtatantha (Schltr.) T.Tang & F.T.Wang (兰科)
小针裂叶绢蒿 Seriphidium amoenum (Poljak.) Poljak. (菊科)
小脂麻掌 Gasteria liliputana Poelln.(百合科)
小指裂蒿 Artemisia tridactyla var. minima Y.R. Ling (菊科)
小雉尾草(湖南 安徽)=野雉尾金粉蕨
小钟沙参(植物志 73-2)=甘孜沙参
小种茶(海南)=小叶杜茎山
小种楠藤(海南)=白花酸藤子
小种三七(贵州方药集)=费菜
小重楼(四川)=五指莲重楼
小重楼(四川)=狭叶重楼
小重楼 Paris polyphylla var. minor S.F.Wang(百合科)
小朱兰 Pogonia minor (Makino) Makino(兰科),*小须唇兰*
小株变种(植物志 66)=球穗香薷
小株鹅观草 Roegneria minor Keng(禾本科)
小株红景天 Rhodiola handelii H.OHba(景天科)
小株紫堇 Corydalis inconspicua Bge. ex Ledeb. (罂粟科)
小珠舞花姜 Globba schomburgkii var. angustata Gagn. (姜科)
小珠薏苡 Coix puellarum Balansa (禾本科)
小猪毛七(四川中药志)=铁线蕨
小猪屎豆 Crotalaria nana Burm.(豆科),*小野百合*
小猪殃殃 Galium trifidum var. modestum (Diels) Cuf. (茜草科),*东川拉拉藤*
小竹(浙江通志,处州府志等)=鹅毛竹
小竹叶菜(四川)=地地藕
小竹叶菜(植物志 13-3)=聚花草
小柱芥属 Microstigma Trautv.(十字花科)
小柱悬钩子 Rubus columellaris Tutcher(蔷薇科),*三叶吊杆泡*
小髭细柄茅 Ptilagrostis mongholica var. barbellata Roschev.(禾本科)
小籽绞股蓝 Gynostemma microspermum C.Y. Wu & S.K.Chen(葫芦科)
小籽口药花 Jaeschkea microsperma C.B.Clarke (龙胆科)
小籽杠草 Phalaris minor Retz.(禾本科)
小籽泉沟子荠 Taphrospermum fontanum subsp. microspermum Al-Shehbaz & G.Yang(十字花科)
小籽野葡萄(新) Vitis longii var. microsperma Bailey (葡萄科)
小子买麻藤 Gnetum microcarpum Bl.(买麻藤科)
小子圆柏 Juniperus convallium var.microsperma (W.C.Cheng & L.K.Fu) Silba(柏科)
小紫果槭 Acer cordatum var. microcordatum Metc. (槭树科),*小紫槭*
小紫含笑(图考)=大叶火烧兰
小紫花菜(浙江)=直刺变豆菜
小紫花橐吾 Ligularia dux var. minima S.W.Liu (菊科)
小紫黄芩 Scutellaria microviolacea C.Y.Wu(唇形科)
小紫金牛 Ardisia chinensis Benth.(紫金牛科),*产后草,黑果凉伞,华紫金牛,衫纽根,石狮子,小凉伞,小狮子,五花紫金牛,石狮子*
小紫槭(分类学报)=小紫果槭
小紫苏(云南)=野拔子
小紫菀(陕西)=阿尔泰多榔菊
小棕包(高等图鉴)=高原鸢尾
小棕苞(云南)=仙茅
小棕草(植物志 14)=蒙自藜芦
小棕皮头(昆明草药)=高原鸢尾
小总序凤仙花 Impatiens racemulosa Wall.(凤仙花科)
小钻(广西)=南五味子
小钻骨风(广西)=南五味子
小钻杨 Populus ×xiaozhuanica W.Y.Hsu & Liang (杨柳科),*赤峰杨,大关杨,白城杨,合作杨,小意杨*
筱竹(中药大辞典)=箭竹
筱竹 Thamnocalamus spathiflorus (Tirn.) Munro (禾本科)
筱竹属 Thamnocalamus Munro (禾本科)

篠悬叶瓜木(图谱)=瓜木
孝扇草根(药用图鉴)=肾叶打碗花
孝顺竹 Bambusa multiplex (Lour.) Raeuschel ex J.A & J.H.Schult.(禾本科)
孝竹(竹谱详录)=慈竹
肖菝葜 Heterosmilax japonica Kunth(百合科), *西南菝葜,土茯苓,九牛力,土萆薢,白土苓*
肖菝葜属 Heterosmilax Kunth(百合科)
肖糙果茶 Camellia parafurfuracea S.Y.Liang ex Chang (山茶科)
肖长尖连蕊茶 Camellia subacutissima Chang (山茶科)
肖梵天花(广州志)=地桃花
肖风木(广西)=异形木
肖海马齿属(高等图鉴)=**假海马齿属**
肖槿(海南志)=白脚桐棉
肖榄属 Platea Bl.(茶茱萸科)
肖丽草 Coelachne pulchella R.Br.(禾本科)
肖柃(广西)=凹脉红淡比
肖笼鸡 Tarphochlamys affinis (Griff.) Bremek. (爵床科),*顶头马蓝*
肖笼鸡属 Tarphochlamys Bremek.(爵床科)
肖楠(台湾)=台湾翠柏
肖牛耳菜(通称)=蓝叶藤
肖牛耳藤(通称)=蓝叶藤
肖婆麻(海南)=雁婆麻
肖蒲桃 Acmena acuminatissima (Bl.) Merr. & Perry (桃金娘科)
肖蒲桃属 Acmena DC.(桃金娘科)
肖散柱茶 Camellia liberistyloides Chang(山茶科)
肖韶子(植物志 47-1)=龙荔
肖野牡丹(广州志)=展毛野牡丹
肖樱叶柃 Eurya pseudocerasifera Kobuski(山茶科)
肖鸢尾 Moraea iridioides L.(鸢尾科),*摩利兰*
肖鸢尾属 Moraea Mill.(鸢尾科)
肖竹芋 Calathea ornata (Lind.) Koern.(竹芋科)
肖竹芋属 Calathea G.F.W.Mey.(竹芋科)
哮喘草(广东,广西,湖南)=娃儿藤
哮灵草(四川)=小叶三点金
哮灵草(中草药汇编)=三点金
效脚绿(台湾)=绿竹
笑靥花(花镜)=李叶绣线菊
笑靥花(天目药志)=红绣线菊

Xie

楔瓣花(云南区系报告)=尖瓣花
楔苞楼梯草 Elatostema cuneiforme W.T.Wang (荨麻科)
楔苞山柳菊(新)Hieracium morii Hay.?(菊科)
楔翅藤(海南志)=山白藤
楔翅藤 Sphenodesme pentandra (Roxb.) Jack(马鞭草科)
楔翅藤属 Sphenodesme Jack(马鞭草科)
楔基耳蕨 Polystichum cuneatiforme W.M.Chu & Z.R.He (鳞毛蕨科)
楔基贯众(分类学报)=等基贯众
楔基腺柃 Eurya glandulosa var. cuneiformis H. T.Chang (山茶科)
楔楔花(普米族名)=绵头雪兔子
楔桃(广雅)=樱桃
楔湾缺秦艽 Gentiana olivieri Griseb.(龙胆科)
楔形翠雀花 Delphinium cuneatum Ster.(毛茛科)
楔形观音座莲 Angiopteris subcuneata Ching(观音座莲科)
楔形肯度里亚 Hibbertia cuneiformis Sm.(五桠果科)
楔形毛蕨 Cyclosorus pseudocuneatus Ching ex Shing (金星蕨科)
楔形叶鱼藤 Derris cuneifolia Benth.(豆科)
楔叶变种(植物志 65-2,Flora 17)=楔叶红茎黄芩(新)
楔叶糙苏 Phlomis cuneata C.Y.Wu(唇形科)
楔叶叉柱花 Staurogyne longicuneata H.S.Lo (爵床科)
楔叶茶藨(东北木本志)=双刺茶藨子
楔叶长白茶藨子 Ribes komarovii var. cuneifolium Liou (虎耳草科)
楔叶滇芎 Physospermopsis cuneata Wolff(伞形科)
楔叶东北杨 Populus girinensis var. ivaschkevitchii Skv. (杨柳科)
楔叶豆腐柴 Premna latifolia var. cuneata C.B. Clarke (马鞭草科)
楔叶豆梨(新)Pyrus calleryana var. koehnei (Schneid.) Yü(蔷薇科),*豆梨楔叶变种*
楔叶独行菜 Lepidium cuneiforme C.Y.Wu (十字花科)
楔叶杜鹃 Rhododendron cuneatum W.W.Sm.(杜鹃花科)
楔叶红茎黄芩(新)Scutellaria yunnanensis var. cuneata C.Y.Wu & W.T.Wang (唇形科),*楔叶变种*
楔叶虎耳草 Saxifraga cuneifolia L.(虎耳草科)
楔叶花苜蓿(新)Medicago ruthenica var. petraea β. cuneiloba Freyn?(豆科)
楔叶金腰 Chrysosplenium japonicum var. cuneifolium X.H.Guo & X.P.Zhang(虎耳草科)
楔叶菊 Dendranthema naktongense (Nakai) Tzvel. (菊科)
楔叶柃 Eurya cuneata Kobuski(山茶科)
楔叶葎 Galium asperifolium Wall. ex Roxb.(茜草科)
楔叶毛茛 Ranunculus cuneifolius Maxim.(毛茛科)
楔叶猕猴桃 Actinidia fasciculoides var. cuneata C.F.Liang (猕猴桃科)
楔叶南美苦苣苔 Gesneria cuneifolia Fritesch (苦苣苔科)
楔叶南山藤 Dregea cuneifolia Tsiang & P.T.Li (萝藦科)
楔叶榕 Ficus trivia Corner(桑科),*半稔子*
楔叶山莓草 Sibbaldia cuneata Hornem. ex Ktze. (蔷薇科)
楔叶山杨 Populus davidiana f. laticuneata Nakai(杨柳科)
楔叶委陵菜 Potentilla cuneata Wall. ex Lehm. (蔷薇科)
楔叶腺毛茶藨(东北木本志)=滨海茶藨子
楔叶响叶杨(植物志 20-2)=响叶杨
楔叶小檗 Berberis cuneata DC.(小檗科)
楔叶绣线菊 Spiraea canescens D.Don(蔷薇科), *铁刷子,刺杨*
楔叶绣线菊粉叶变种(植物志 36)=粉楔叶绣线菊(新)
楔叶绣线菊窄叶变种(植物志 36)=窄楔叶绣线菊(新)
楔叶玄参 Scrophularia formosana Li (玄参科), *台湾玄参*
楔叶獐牙菜 Swertia cuneata Wall. ex D.Don(龙胆科),*星萼獐牙菜*
楔翼锦鸡儿 Caragana cuneato-alata Liou f.(豆科)
楔颖草 Apocopis paleacea (Trin.) Hochr.(禾本科)
楔颖草属 Apocopis Nees (禾本科)
楔羽短肠蕨 Allantodia subdilatata Ching(蹄盖蕨科),*巨大短肠蕨*
楔状美洲茶 Ceanothus cuneatus (HK.) Nutt.(鼠李科)
歇地龙胆(植物志 62)=五岭龙胆
歇第(怒江独龙语)=怒江藤黄
蝎虎霸王(沙漠志)=蝎虎驼蹄瓣
蝎虎草(甘肃)=蝎虎驼蹄瓣
蝎虎草(救荒本草)=茴茴蒜
蝎虎驼蹄瓣 Zygophyllum mucronatum Maxim. (蒺藜科),*蝎虎霸王,蝎虎草,念念,鸡大腿*
蝎尾蕉 Heliconia metallica Planch. & Lind. ex HK.f.(芭蕉科)
蝎尾蕉属 Heliconia L.(芭蕉科),*海里康属*
蝎尾菊 Koelpinia linearis Pall.(菊科)
蝎尾菊属 Koelpinia Pall.(菊科)
蝎尾山蚂蝗 Desmodium scorpiurus (Sw.) Desv. (豆科)
蝎序金足草(云南植物名录)=瑞丽叉花草
蝎子草(河北)=麻叶荨麻
蝎子草(河北,山西)=宽叶荨麻
蝎子草(河北,陕西太白)=艾麻
蝎子草(拉汉名称)=长药八宝
蝎子草(图考)=半夏
蝎子草(云南中草药)=大蝎子草
蝎子草 Girardinia suborbiculata C.J.Chen(荨麻科),*蜂麻*
蝎子草属 Girardinia Gaudich.(荨麻科)
蝎子花(四川,陕西,秦岭志)=紫堇
蝎子七(东北)=珠芽蓼
蝎子旃那 Coronilla emerus L.(豆科)
蝎子掌(拉汉名称)=长药八宝
邪蒿(救荒本昌,野菜博录)=青蒿
挟剑豆(酉阳杂俎)=刀豆
斜瓣翻唇兰 Hetaeria obliqua Bl.(兰科)
斜对叶(植物志 41)=丁癸草
斜萼糙苏 Phlomis inaequalisepala C.Y.Wu(唇形科)
斜萼草 Loxocalyx urticifolius Hemsl.(唇形科), *佛座*
斜萼草属 Loxocalyx Hemsl.(唇形科)
斜方刺耳蕨(横断山植物)=斜方刺叶耳蕨
斜方刺叶耳蕨 Polystichum rhombiforme Ching & S.K.Wu (鳞毛蕨科),*斜方刺耳蕨*
斜方复叶耳蕨 Arachniodes rhomboidea (Wall. ex Mett.) Ching(鳞毛蕨科),*可赏复叶耳蕨,大叶鸭脚莲,可爱汝蕨*
斜方贯众 Cyrtomium trapezoideum Ching & Shing (鳞毛蕨科)
斜方鳞盖蕨 Microlepia rhomboides (Wall.) Presl (碗蕨科)
斜果菊 Plagiobasis centauroides Schrenk(菊科)
斜果菊属 Plagiobasis Schrenk(菊科)
斜果山羊豆 Galega officinalis var. patus (Stev.) Schmalh.? (豆科)
斜果挖耳草 Utricularia minutissima Vahl(狸藻科)
斜喉兔唇花(植物志 65-2)=二刺叶兔唇花
斜花雪山报春 Primula obliqua W.W.Sm.(报春花科)
斜基粗叶木 Lasianthus wallichii (Wight & Arn.) Wight (茜草科),*小叶鸡屎树,斜基鸡屎树*
斜基贯众 Cyrtomium obliquum Ching & Shing

(鳞毛蕨科),*钙生贯众,黄志贯众*
斜基鸡屎树(广西药用名录)=斜基粗叶木
斜基柳叶蕨 Cyrtogonellum inaequalis Ching(鳞毛蕨科)
斜基绿赤车 Pellionia viridis var. basinaequalis W.T.Wang (荨麻科)
斜基叶柃 Eurya obliquifolia Hemsl.(山茶科),*斜叶柃*
斜基原始观音座莲 Archangiopteris subintegra Hay.(观音座莲科)
斜茎黄芪 Astragalus adsurgens Pall.(豆科),*直立黄芪,沙打旺*
斜茎獐牙菜 Swertia patens Burk.(龙胆科),*金沙獐牙菜*
斜裂铁角蕨 Asplenium pseudopraemorsum Ching (铁角蕨科)
斜脉暗罗 Polyalthia plagioneura Diels(番荔枝科),*九重皮,厚皮林*
斜脉粗叶木 Lasianthus obliquinervis Merr.(茜草科),*鸡屎树*
斜脉假卫矛 Microtropis obliquinervia Merr. & Freem. (卫矛科)
斜脉胶桉 Eucalyptus kirtoniana F.v.Muell.(桃金娘科)
斜脉石楠 Photinia obliqua Stapf(蔷薇科)
斜倾报春花(高等图鉴)=垂花穗花报春
斜升假蹄盖蕨 Athyriopsis dickasonii (M.Kato) W.M.Chu (蹄盖蕨科),*湖南假蹄盖蕨*
斜升龙胆(东北检索表)=斜升秦艽
斜升秦艽 Gentiana decumbens L.f.(龙胆科),*斜升龙胆,小秦艽*
斜生扁芒草 Danthonia decumbens (L.) DC.(禾本科)
斜下假瘤蕨 Phymatopteris stracheyi (Ching) Pic.Serm. (水龙骨科)
斜须裂稃草 Schizachyrium obliquiberbe (Hack.) A.Camus (禾本科)
斜叶百里香 Thymus inaequalis Klok.(唇形科)
斜叶变种(植物志 65-2,Flora 17)=野鸡黄
斜叶龟背竹 Monstera obliqua (Miq.) Walp.(天南星科)
斜叶黄檀 Dalbergia pinnata (Lour.) Merr.(豆科),*斜叶檀,罗望子叶黄檀,羽叶檀*
斜叶金星蕨(台湾志)=西南假毛蕨
斜叶蒟 Piper senporeiense Yamam.(胡椒科)
斜叶梾木 Cornus oblianus Raf.(山茱萸科)
斜叶柃(高等图鉴补编)=斜基叶柃
斜叶马铃苣苔 Oreocharis obliqua C.Y.Wu & H.W.Li? (苦苣苔科)
斜叶榕(西藏志)=西藏斜叶榕
斜叶榕 Ficus tinctoria Forst.f.(桑科)
斜叶檀(海南志)=斜叶黄檀
斜倚箭竹 Fargesia declivis Yi (禾本科)
斜翼属 Plagiopteron Griff.(椴树科)
斜羽耳蕨 Polystichum obliquum (Don) Moore (鳞毛蕨科),*知本耳蕨*
斜羽凤尾蕨 Pteris oshimensis Hieron(凤尾蕨科)
斜羽假蹄盖蕨(新拉汉英)=斜羽叶假蹄盖蕨(新)
斜羽假蹄盖蕨 Athyriopsis japonica var. oshimensis (Christ) Ching(蹄盖蕨科)
斜羽蹄盖蕨 Athyrium adscendens Ching(蹄盖蕨科)
斜羽叶假蹄盖蕨(新) Athyriopsis oshimensis (Christ) Ching (蹄盖蕨科),*斜羽假蹄盖蕨*
斜展假毛蕨 Pseudocyclosorus obliquus Ching ex Y.X.Lin (金星蕨科)
缬草 Valeriana officinalis L.(败酱科),*拔地麻,穿心排草,大救驾,地花椒,阔叶缬草,鹿子草甘松,马蹄,满坡香,满山香,猫食菜,欧缬草,七里香,七星,五里香,媳妇菜,香草,小救驾,珍珠七,珍珠香,蜘蛛七,抓地虎*
缬草属 Valeriana L.(败酱科)
鞋底叶树(云南屏边)=草鞋木
鞋头千里光(云南植物名录)=美头合耳菊
鞋头树(湖南)=海通
泻痢草(福建草药)=土丁桂
泻亚麻 Linum catharticum L.(亚麻科)
谢米诺夫棘豆 Oxytropis semenovii Bge.(豆科)
谢婆菜(图经本草)=北水苦荬
谢三娘(广东澄迈)=紫花丹
谢三娘(海南)=扭肚藤
谢氏贝母 Fritillaria sewerzowi Rgl.(百合科)
谢氏杞李葠(福师学报)=树参
薤 Allium chinense G.Don(百合科),*藠头,荞头*
薤白(新疆药材名)=北葱
薤白(新疆药材名)=棱叶韭
薤白(新疆药材名)=星花蒜
薤白 Allium macrostemon Bge.(百合科),*干薤,密花小根蒜,团葱,小根蒜,小梗葱,小蒜,薤叶,野薤*
薤叶(政和本草)=薤白
蟹钓草(日名)=三毛草
蟹钓草属(植物学大辞典)=**三毛草属**
蟹甲草 Parasenecio forrestii W.W.Sm. & Small (菊科)
蟹甲草属 Parasenecio W.W.Sm. & J.Small(菊科)
蟹甲菊(广西植物名录)=无毛蟹甲草
蟹甲状酸模(新拉汉英)=疏枝大黄
蟹角胆藤(海南)=青藤仔
蟹壳草(花镜)=金线草
蟹壳草(浙江)=活血丹
蟹酿橙(山家清供)=香橙
蟹钳草(广东,广西)=鬼针草
蟹珠眼草(浙江)=圆锥铁线莲
蟹爪 Zygocactus truncactus (Haw.) Schum.(仙人掌科),*锦上添花,蟹足霸王鞭*
蟹爪盾蕨 Neolepisorus ovatus f. doryopteris (Christ) Ching(水龙骨科)
蟹爪兰 Zygopetalum mackayi HK.(兰科),*接瓣兰*
蟹爪兰属(科属词典)=**蟹爪属**
蟹爪兰属 Zygopetalum HK.(兰科)
蟹爪属 Zygocactus K.Schum.(仙人掌科)
蟹足霸王鞭(高等图鉴)=蟹爪

Xin

心爱杜鹃(云南杜鹃花)=匍匐杜鹃
心瓣黑顶黄堇 Corydalis nigro-apiculata var. erosipelata C.Y.Wu(罂粟科)
心瓣蝇子草 Silene cardiopetala Franch.(石竹科)
心不干(云南,陕西)=开口箭
心不死(中草药汇编)=大根槽舌兰
心唇金钗兰(台湾志)=圆叶钗子股
心唇虾脊兰 Calanthe cardioglossa Schltr.(兰科)
心唇沼兰 Malaxis ramosii Ames(兰科)
心胆草(贵州民间药物)=长籽柳叶菜
心萼凤仙花 Impatiens henryi Pritz. ex Diels(凤仙花科)
心萼李果鹤虱 Rochelia cardiosepala Bge.(紫草科)
心萼薯(植物志 64-1)=毛牵牛
心萼薯属 Aniseia Choisy (旋花科)
心肺草(四川)=光叶兔儿风
心果囊瓣芹 Pternopetalum cardiocarpum (Franch.) Hand.-Mazz.(伞形科)
心果婆婆纳 Veronica cardiocarpa (Kar. & Kir.) Walp. (玄参科)
心果山核桃 Carya cordiformis (Wangenh.) K. Koch. (胡桃科)
心果小扁豆 Polygala isocarpa Chodat(远志科),*滑石草*
心虎耳草 Saxifraga cordigera HK.f. & Thoms. (虎耳草科)
心火草(浙江)=爵床
心基大白杜鹃 Rhododendron decorum subsp. cordatum W.K.Hu(杜鹃花科)
心基杜鹃 Rhododendron orbiculare subsp. cardiobasis (Sleumer) Chamb.(杜鹃花科)
心基凤丫蕨 Coniogramme petelotii Tard-Blotin (裸子蕨科)
心基卷柏(孢子植物)=细叶卷柏
心基扇叶毛茛 Ranunculus felixii var. forrestii Hand.-Mazz. (毛茛科)
心卵叶四轮香 Hanceola cordiovata Sun(唇形科)
心木涕区荚(藏名)=短腺小米草
心祁毛蕨 Cyclosorus laui Ching(金星蕨科),*狭羽毛蕨*
心祈书带蕨(海南志)=剑叶书带蕨
心托冷水花 Pilea cordistipulata C.J.Chen(荨麻科)
心纹冬青卫矛 Euonymus japonicus cv. Mediopicta (卫矛科)
心形齿瓣兰 Odontoglossum cordatum Lindl.(兰科)
心形短肠蕨(蕨类形态)=拟长果短肠蕨
心形凤仙花 Impatiens cordata Wight (凤仙花科)
心形莱蕨(海南志)=心叶薄唇蕨
心形沙拐枣 Calligonum cordatum E.Kor. ex N. Pavl. (蓼科)
心煊绣球(分类学报)=福建绣球
心岩蕨(东北草本志)=等基岩蕨
心檐南星 Arisaema cordatum N.E.Brown (天南星科),*七叶莲*
心叶艾麻 Laportea bulbifera subsp. latiuscula C.J.Chen (荨麻科)
心叶凹唇姜 Boesenbergia longiflora (Wall.) Kuntze. (姜科)
心叶八宝 Hylotelephium pseudospectabile (Praeg.) S.H.Fu (景天科),*心叶景天*
心叶斑籽 Baliospermum yui Y.T.Chang(大戟科)
心叶报春 Primula partschiana Pax(报春花科)
心叶报春茜 Leptomischus guangxiensis Lo(茜草科)
心叶薄唇蕨 Leptochilus cantoniensis (Baker) Ching (水龙骨科),*心形莱蕨*
心叶唇柱苣苔 Chirita cordifolia W.T.Wang(苦苣苔科)
心叶脆蒴报春 Primula tanneri King(报春花科),*谭氏报春*
心叶大百合 Cardiocrinum cordatum (Thunb.) Makino (百合科)
心叶大合欢 Zygia cordifolia T.L.Wu(豆科)
心叶大黄 Rheum acuminatum HK.f. & Thoms. ex HK. (蓼科),*红马蹄乌*
心叶大戟 Euphorbia sparrmannii Boiss.(大戟

科)
心叶单花红丝线 Lycianthes lysimachioides var. cordifolia C.Y.Wu & S.C.Huang(茄科)
心叶党参 Codonopsis cordifolioidea Tsoong(桔梗科),*拟心叶党参*
心叶钓钟柳 Penstemon cordifolius Benth.(玄参科)
心叶独行菜 Lepidium cordatum Willd. ex Stev.(十字花科),*北方独行菜*
心叶椴(新拉汉英)=欧洲小叶椴
心叶多榔菊 Doronicum pardalianthes L.(菊科)
心叶鄂报春(高等图鉴)=细辛叶报春
心叶风毛菊 Saussurea cordifolia Hemsl.(菊科),*马蹄细辛,山牛蒡,水葫芦*
心叶海棠猕猴桃 Actinidia maloides f. cordata C.F.Liang (猕猴桃科)
心叶合耳菊 Synotis cordifolia Y.L.Chen(菊科)
心叶猴欢喜 Sloanea cordifolia K.M.Feng ex H.T.Chang (杜英科)
心叶忽布(中草药汇编)=华忽布
心叶虎耳草 Saxifraga cardiophylla Franch.(虎耳草科)
心叶黄瓜菜 Paraixeris humifusa (Dunn) Shih(菊科)
心叶黄花报春 Primula tzetsouensis Petitm.(报春花科)
心叶黄花稔 Sida cordifolia L.(锦葵科)
心叶幌伞枫 Heteropanax fragrans var. subcordatus C.B.Clarke (五加科)
心叶灰绿龙胆 Gentiana yokusai var. cordifolia T.N.Ho (龙胆科)
心叶稷 Panicum notatum Retz.(禾本科),*山黍,硬骨草*
心叶荚蒾(拉汉名称)=显脉荚蒾
心叶假水苏 Stachyopsis lamiiflora (Rupr.) M. Pop. & Vved. (唇形科)
心叶箭药藤 Belostemma cordifolium (Link,Klotz. & Otto) P.T.Li (萝藦科)
心叶金合欢 Acacia cardiophylla Benth.(豆科)
心叶堇菜 Viola concordifolia C.J.Wang(堇菜科),*毛堇菜*
心叶荆芥(新拉汉英)=美叶荆芥(新)
心叶荆芥 Nepeta fordii Hemsl.(唇形科)
心叶景天(东北检索表)=心叶八宝
心叶韭(植物志 14)=心叶山葱
心叶爵床(广西植物)=心叶野靛棵
心叶宽筋藤(中国民族药志)=心叶青牛胆
心叶栝楼 Trichosanthes cordata Roxb.(葫芦科)
心叶蓝钟花 Cyananthus cordifolius Duthie(桔梗科)
心叶肋柱花 Lomatogonium cordifolium (Franch.) H.W.Li ex T.N.Ho(龙胆科)
心叶棱子芹 Pleurospermum rivulorum (Diels) K.T.Fu & Y.C.Ho(伞形科),*蛇头羌活*
心叶鳞花木 Lepisanthes basicardia Radlk(无患子科)
心叶琉璃草 Cynoglossum triste Diels(紫草科)
心叶柳箬 Isachne truncata var. cordata A.Camus (禾本科)
心叶露珠草(台湾志)=露珠草
心叶螺序草 Spiradiclis cordata Lo & W.L.Sha (茜草科)
心叶马铃苣苔 Oreocharis cordatula (Craib) Pellegr. (苦苣苔科)
心叶毛蕊茶 Camellia cordifolia (Metc.) Nakai (山茶科),*野山茶*
心叶梅花草 Parnassia cordata (Drude) Jien ex Ku (虎耳草科)
心叶蒙自虎耳草(中药大辞典)=蒙自虎耳草
心叶猕猴桃 Actinidia arguta var. cordifolia (Miq.) Bean (猕猴桃科)
心叶茉莉(高等图鉴)=心叶素馨
心叶木 Haldina cordifolia (Roxb.) Ridsd.(茜草科)
心叶木属 Haldina Ridsd.(茜草科)
心叶牛眼菊 Buphthalmum speciosum Schreb.(菊科)
心叶瓶尔小草(广西)=心脏叶瓶尔小草
心叶葡萄 Vitis cordifolia Michx.(葡萄科),*霜葡萄*
心叶青牛胆 Tinospora cordifolia Miers.(防已科),*心叶宽筋藤*
心叶青藤 Illigera cordata Dunn(莲叶桐科),*牛尾参,翼果藤,黄鳝藤*
心叶秋海棠(分类学报)=金秀秋海棠
心叶秋海棠 Begonia cordifolia Thwaites.(秋海棠科)
心叶秋海棠 Begonia labordei Lévl.(秋海棠科),*侏江秋海棠*
心叶球柄兰 Mischobulbum cordifolium (HK.f.) Schltr. (兰科),*葵兰*
心叶球兰 Hoya cordata P.T.Li & S.Z.Huang(萝藦科)
心叶雀梅藤 Sageretia thea var. cordiformis Y.L. Chen & P.K.Chou(鼠李科)
心叶日中花 Mesembryanthemum cordifolium L.f.(番杏科),*花蔓草,露花*
心叶榕 Ficus rumphii Bl.(桑科)
心叶瑞木 Corylopsis multiflora var. cordata (Merr.) Chang (金缕梅科)
心叶沙参(植物志 73-2)=荠苨
心叶沙参 Adenophora cordifolia Hong(桔梗科)
心叶山葱 Allium ovalifolium var. cordifolium (J. M.Xu) J.M.Xu(百合科)
心叶山黑豆 Dumasia cordifolia Benth. ex Baker (豆科)
心叶山土瓜 Merremia cordata C.Y.Wu & R.C. Fang (旋花科)
心叶山香圆 Turpinia subsessilifolia C.Y.Wu(省沽油科)
心叶舌喙兰 Hemipilia cordifolia Lindl.(兰科)
心叶蛇根草 Ophiorrhiza cordata W.L.Sha(茜草科)
心叶蛇麻(中草药汇编)=华忽布
心叶石笔木 Tutcheria hirta var. cordatula Li(山茶科)
心叶石蚕(植物志 65-1)=腺毛莸
心叶石蚕 Cardioteucris cordifolia C.Y.Wu(唇形科)
心叶石蚕属 Cardioteucris C.Y.Wu(唇形科)
心叶双蝴蝶 Tripterospermum cordifolioides J.Murata (龙胆科)
心叶水柏枝 Myricaria pulcherrima Batal.(柽柳科)
心叶四川堇菜(拉汉名称)=康定堇菜
心叶素馨 Jasminum pierreanum Gagn.(木犀科),*心叶西氏素馨,心叶茉莉*
心叶宿萼木 Strophioblanchia glandulosa var. cordifolia Airy-Shaw(大戟科)
心叶碎米荠(植物志 33)=心叶诸葛菜
心叶藤山柳(新) Clematoclethra cordifolia Franch.? (猕猴桃科)
心叶天名精 Carpesium cordatum Chen & C.M. Hu (菊科)
心叶铁线莲 Clematis ranunculoides var. cordata M.Y.Fang (毛茛科)
心叶兔儿风 Ainsliaea bonatii Beauverd(菊科),*双股箭,小接骨丹,大一枝箭*
心叶驼绒藜 Ceratoides ewersmanniana (Stschegl. ex Losinsk.) Botsch. & Ikonn.(藜科)
心叶橐吾 Ligularia microcardia Hand.-Mazz.(菊科)
心叶尾稃草 Urochloa cordata Keng ex S.L. Chen (禾本科)
心叶乌蔹莓 Cayratia cordifolia C.Y.Wu(葡萄科)
心叶五叶参 Pentapanax subcordatus (Wall.) Seem. (五加科)
心叶西番莲 Passiflora eberhardtii Gagn.(西番莲科)
心叶西氏素馨(分类学报)=心叶素馨
心叶喜林芋 Philodendron gloriosum Andre(天南星科)
心叶香草 Lysimachia cordifolia Hand.-Mazz. (报春花科)
心叶小檗 Berberis retusa Ying(小檗科)
心叶小花苣苔 Chiritopsis cordifolia D.Fang & W.T.Wang (苦苣苔科)
心叶缬草(中药大辞典)=蜘蛛香
心叶熊果 Arctostachylos andersonii A.Gray (杜鹃花科)
心叶羊耳蒜 Liparis cordifolia HK.f.(兰科),*银铃虫兰*
心叶野靛棵 Mananthes cardiophylla (D.Fang & H.S.Lo) C.Y.Wu & C.C.Hu(爵床科),*心叶爵床*
心叶野海棠 Bredia esquirolii var. cordata (H.L. Li) C.Chen (野牡丹科),*山红活麻,罐罐草,鸡窝红麻,向天葫芦,红水麻叶*
心叶野荞麦 Fagopyrum gilesii (Hemsl.) Hedb. (蓼科)
心叶异药花 Fordiophyton cordifolium C.Y.Wu ex C.Chen (野牡丹科)
心叶淫羊藿(拉汉名称和手册)=淫羊藿
心叶隐棒花 Cryptocoryne cordata Girff.(天南星科)
心叶粘冠草(新)Myriactis wightii var. cordata Ling & Shih?(菊科)
心叶獐牙菜 Swertia cordata (G.Don) Wall. ex C.B.Clarke (龙胆科)
心叶折柄茶 Hartia cordifolia Li(山茶科)
心叶帚菊 Pertya cordifolia Mattf.(菊科)
心叶珠子参 Codonopsis convolvulacea var. efilamentosa (W.W.Sm.) L.T.Shen(桔梗科),*缺花丝党参*
心叶诸葛菜 Orychophragmus limprichtianus (Pax) Al-Scheh. & G.Yan(十字花科),*大叶葱芥,心叶碎米荠*
心叶紫金牛 Ardisia maclurei Merr.(紫金牛科)
心叶紫菀 Aster cordifolius L.(菊科)
心叶醉魂藤 Heterostemma siamicum Craib.(萝藦科)
心翼果 Peripterygium quinquelobum Hassk.(茶茱萸科),*裂叶心翼果*
心翼果属 Peripterygium Hassk.(茶茱萸科)
心羽旱蕨 Pellaea bridgesii HK.(中国蕨科)
心愿报春 Primula optata Farrer(报春花科),*甘肃高葶雪山报春*
心脏形观音座莲 Angiopteris subcordata Ching (观音座莲科)

心脏叶瓶尔小草 Ophioglossum reticulatum L.(瓶尔小草科),*心叶瓶尔小草*
心状梨叶悬钩子 Rubus pirifolius var. cordatus Yü & Lu (蔷薇科)
心籽绞股蓝 Gynostemma cardiospermum Cogn. ex Oliv. (葫芦科)
芯芭(蒙语)=达乌里芯芭
芯芭属 Cymbaria L.(玄参科)
芯玛芭(蒙语)=达乌里芯芭
辛伯楷杜鹃(植物学杂志)=大字杜鹃
辛果漆 Drimycarpus racemosus (Roxb.) HK.f.(漆树科)
辛果漆属 Drimycarpus HK.f.(漆树科)
辛棘十字爵庆 Crossandra pungens Lindau (爵床科)
辛家山蟹甲草 Parasenecio xinjiashanensis (Z.Y. Zhang & Y.H.Guo) Y.L.Chen(菊科)
辛苦草(福建)=白鼓钉
辛麻(云南)=黄蜀葵
辛麻(云南中草药选)=刚毛黄蜀葵
辛木(广西)=合柱金莲木
辛木赛儿(云南贡山独龙语)=团香果
辛木属(科属辞典)=**合柱金莲木属**
辛矧(本经)=紫玉兰
辛氏黄檗(植物志 29)=秃叶黄檗
辛氏黄芪(豆科图说)=灌县黄芪
辛氏铠兰(分类学报)=铠兰
辛氏泡花树 Meliosma fordii var. sinii (Diels) Law (清风藤科)
辛氏铁线莲 Clematis sinii W.T.Wang(毛茛科)
辛氏钻花兰 Acianthus sinclirii (兰科)
辛松(新拉汉英)=刺针松
辛夷(本经)=玉兰
辛夷(江苏)=紫玉兰
辛夷(四川,湖北)=武当木兰
新巴黄芪 Astragalus hsinbaticus P.Y.Fu & Y.A. Chen (豆科)
新藏风铃草 Campanula albertii Truautv.(桔梗科)
新藏假紫草(中药大辞典)=新疆紫草
新常绿漆 Rhus choriophylla Woot. & Standl.(漆树科)
新翅轴蹄盖蕨(西北植物学报)=翅轴蹄盖蕨
新川西鳞毛蕨(云南植物研究)=近川西鳞毛蕨
新刺复叶耳蕨 Arachniodes neoaristata Ching (鳞毛蕨科)
新粗管马先蒿 Pedicularis neolatituba Tsoong (玄参科)
新粗毛鳞盖蕨 Microlepia neostrigosa Ching(碗蕨科)
新大羽铁角蕨(海南志)=大羽铁角蕨
新单蕊黄芪 Astragalus neomonadelphus Tsai & Yü (豆科)
新店线蕨 Colysis ×shintenensis (Hay.) H.Ito(水龙骨科)
新店悬钩子(台木本志)=羽萼悬钩子
新店獐牙菜 Swertia shintenensis Hay.(龙胆科)
新都桥乌头 Aconitum tongolense Ulbr.(毛茛科),*东俄洛乌头*
新都嵩草 Kobresia pygmaea var. filiculmis Kükenth. (莎草科),*线形嵩草*
新对生耳蕨 Polystichum paradeltodon L.L. Xiang (鳞毛蕨科)
新多穗薹草 Carex neopolycepha Tang & Wang ex L.K.Dai (莎草科)
新俄黄芩 Scutellaria novorossica Juz.(唇形科)
新耳草 Neanotis thwaitesiana (Hance) Lewis(茜草科)
新耳草属 Neanotis Lewis (茜草科)
新风轮 Calamintha debilis (Bge.) Benth.(唇形科)
新风轮菜 Calamintha clinopodium Benth.(唇形科)
新风轮属 Calamintha Mill.(唇形科)
新凤尾草(孢子植物)=狭叶凤尾蕨
新港山斑叶兰(台兰科图鉴)=歌绿斑叶兰
新高荚蒾 Viburnum morrisonense Hay.?(忍冬科)
新高山景天(拉汉名称)=玉山佛甲草
新高山鹿蹄草(拉汉名称)=台湾鹿蹄草
新高山女娄菜(拉汉名称)=玉山蝇子草
新高山绣线菊 Spiraea morrisonicola Hay.(蔷薇科)
新茛菪(高等图鉴)=天蓬子
新华藨草 Scirpus neochinensis Tang & Wang (莎草科)
新华脐橙 Washington navel(芸香科脐橙类),*华盛顿脐橙*
新黄淫羊藿 Epimedium versicolor var. neosulphureum Stearn (小檗科)
新会橙(图考)=甜橙
新会橙 Citrus sinensis cv. Xinhui Cheng(芸香科)
新会柑(植物志 43-2)=茶枝柑
新会皮(药性切用)=大红柑
新惠铁线莲 Clematis xinhuiensis R.J.Wang(毛茛科)
新几内亚贝壳杉 Agathis ovata Warb.(南洋杉科)
新几内亚陆均松 Dacrydium xanthaudrum Pilg.(罗汉松科)
新加兰鹅掌柴 Schefflera singalangensis Ridl.(五加科)
新疆阿魏 Ferula sinkiangensis K.M.Shen(伞形科),*阿魏,萨斯克,英,兴渠*
新疆霸王(沙漠志)=新疆驼蹄瓣
新疆白芥 Sinapis arvensis L.(十字花科)
新疆百合 Lilium martagon var. pilosiusculum Freyn (百合科)
新疆百脉根 Lotus frondosus (Freyn) Kupr.(豆科)
新疆贝母 Fritillaria walujewii Rgl.(百合科),*天山贝母*
新疆扁芒菊(高等图鉴)=扁芒菊
新疆补血草 Limonium rezniczenkoanum Lincz.(白花丹科)
新疆彩花 Acantholimon roborowskii Czemiak (白花丹科)
新疆柴胡 Bupleurum exaltatum Marsch.-Bieb.(伞形科)
新疆齿缘草 Eritrichium sub-jacquemontii M. Pop. (紫草科)
新疆刺苞木(分类学报)=刺苞菊
新疆大戟(沙漠志)=乳浆大戟
新疆大蒜芥 Sisymbrium loeselii L.(十字花科),*短果大蒜芥*
新疆党参 Codonopsis clematidea (Schrenk) C.B. Clarke (桔梗科)
新疆倒提壶(中草药汇编)=红花琉璃草
新疆顶冰花 Gagea neopopovii Golosk(百合科)
新疆短舌菊(新)Brachanthemum fruticulosum (Ledeb.) DC.?(菊科)
新疆方枝柏 Juniperus pseudosabina Fisch. & C. A.Mey. (柏科),*冷桧,阿尔泰圆柏,阿尔泰方枝柏*
新疆防风(新疆中草药)=伊犁岩风
新疆风毛菊 Saussurea alberti Rgl. & Schmalh.(菊科)
新疆高翠雀花 Delphinium sinoelatum Chang Y.Yang & B.Wang(毛茛科)
新疆枸杞 Lycium dasystemum Pojark.(茄科),*红枝枸杞*
新疆海罂粟 Glaucium squamigerum Kar & Kir.(罂粟科)
新疆旱禾 Eremopoa songarica (Schrenk) Roshev.(禾本科)
新疆鹤虱(植物志 64-2)=光胖鹤虱
新疆花葵 Lavatera cashemiriana Cambess.(锦葵科)
新疆还阳参 Crepis darvazica Krasch.?(菊科)
新疆黄堇 Corydalis gortschakovii Schrenk(罂粟科),*高山黄堇*
新疆黄精 Polygonatum roseum (Ledeb.) Kunth (百合科),*紫花黄精,玉竹*
新疆火烧兰 Epipactis palustris (L.) Crantz(兰科)
新疆棘豆 Oxytropis sinkiangensis Cheng f. ex C.W.Chang (豆科)
新疆蓟 Cirsium semenovii Rgl. & Schmalh.(菊科)
新疆假龙胆 Gentianella turkestanorum (Gand.) Holub (龙胆科)
新疆筋骨草 Ajuga turkestanica (Rgl.) Briq.(唇形科)
新疆锦鸡儿 Caragana turkestanica Kom.(豆科)
新疆韭(新疆药志)=棱叶韭
新疆韭 Allium flavidum Ledeb.(百合科)
新疆绢蒿(新疆)=西北绢蒿
新疆绢蒿 Seriphidium kaschgaricum (Krasch.) Poljak. (菊科)
新疆拉拉藤 Galium xinjiangense W.C.Chen(茜草科)
新疆冷杉 Abies sibirica Ledeb.(松科),*西伯利亚冷杉*
新疆梨 Pyrus sinkiangensis Yü(蔷薇科)
新疆藜 Aellenia glauca (Bieb.) Aellen(藜科)
新疆藜芦(新疆药志)=阿尔泰藜芦
新疆藜属 Aellenia Ulbr (藜科)
新疆丽豆 Calophaca soongorica Kar. & Kir.(豆科)
新疆蓼 Polygonum schischkinii Ivan. ex Borod.(蓼科)
新疆柳穿鱼 Linaria vulgaris subsp. acutiloba (Fisch. ex Rchb.) Hong(玄参科)
新疆柳叶菜 Epilobium anagallidifolium Lam.(柳叶菜科)
新疆龙胆 Gentiana prostrata var. karelinii (Griseb.) Kusen. (龙胆科)
新疆鹿蹄草 Pyrola xinjiangensis Y.L.Chou & R. C.Zhou (鹿蹄草科)
新疆落芒草 Oryzopsis songarica (Trin. & Rupr.) B.Fedtsch. (禾本科)
新疆落叶松 Larix sibirica Ledeb.(松科),*西伯利亚落叶松,俄国落叶松,鲜卑落叶松*
新疆麻花头 Serratula rugosa Iljin(菊科)
新疆麻菀 Linosyris tatarica (Less) C.A.Meyer (菊科)
新疆猫儿菊 Hypochaeris maculata L.(菊科)
新疆毛茛 Ranunculus songoricus Schrenk(毛茛科),*褐鞘毛茛*
新疆毛连菜 Picris similis V.Vassil.(菊科)

新疆梅花草 Parnassia laxmanni Pall.(虎耳草科)
新疆米努草 Minuartia kryloviana Schischk.(石竹科)
新疆木通(新疆药志)=西伯利亚铁线莲
新疆苜蓿 Medicago schischkinii Sumn (豆科)
新疆南芥 Arabis borealis Andrz.(十字花科)
新疆拟金莲草 Hypogomphia turkestana Bge. ?(唇形科)
新疆女蒿 Hippolytia herderi (Rgl. & Schmalh.) Poljak. (菊科)
新疆匹菊 Pyrethrum alatavicum (Herd.) O & B. Fedtsch. (菊科)
新疆千里光 Senecio jacobaea L.(菊科),*羽叶千里光,千里光*
新疆秦艽(新疆)=天山秦艽
新疆秦艽 Gentiana walujewii Regel & Schmlh. (龙胆科),*瓦氏龙胆*
新疆忍冬 Lonicera tatarica L.(忍冬科),*桃色忍冬*
新疆绒果芹 Eriocycla pelliotii (de Boiss.) Wolff (伞形科)
新疆乳菀 Galatella songorica Novopokr.(菊科)
新疆三肋果 Tripleurospermum inodorum (L.) Sch.-Bip. (菊科)
新疆沙参 Adenophora liliifolia (L.) Bess.(桔梗科),*沙参*
新疆山黧豆 Lathyrus gmelini (Fisch.) Fritsch. (豆科)
新疆山柳菊 Hieracium korshinskyi Zahn.(菊科)
新疆芍药(Flora 6,植物志 27)=窄叶芍药
新疆鼠李 Rhamnus songorica Gontsch.(鼠李科),*土茶叶*
新疆鼠尾草 Salvia deserta Schang(唇形科)
新疆双蝴蝶(Flora 16)=细茎双蝴蝶
新疆水八角 Gratiola officinalis L.(玄参科)
新疆蒜 Allium roborowskianum Rgl.(百合科)
新疆薹草 Carex turkestanica Rgl.(莎草科)
新疆桃 Amygdalus ferganensis (Kost. & Rjab.) Yü & Lu (蔷薇科),*大宛桃*
新疆天芥菜 Heliotropium arguzioides Karel. & Kirilov (紫草科)
新疆天门冬 Asparagus neglectus Kar. & Kir.(百合科)
新疆铁角蕨 Asplenium xinjiangense Ching (铁角蕨科)
新疆庭荠 Alyssum simplex Rudoolphi.(十字花科)
新疆兔唇花 Lagochilus xinjiangensis G.L.Liu (唇形科)
新疆驼蹄瓣 Zygophyllum sinkiangense Y.X. Liou (蒺藜科),*新疆霸王*
新疆卫矛(中草药汇编)=中亚卫矛
新疆蝟菊 Olgaea pectinata Iljin(菊科)
新疆乌头(植物志 27)=拟黄花乌头
新疆乌头 Aconitum sinchiangense W.T.Wang (毛茛科)
新疆五针松 Pinus sibirica (Loud.) Mayr (松科),*西伯利亚红松,鲜卑五针松*
新疆菥蓂 Thlaspi ferganense N.Busch(十字花科)
新疆细叶芹 Chaerophyllum prescottii DC.(伞形科)
新疆缬草 Valeriana fedtschenkoi Coincy(败酱科)
新疆玄参 Scrophularia heucheriiflora Schrenk (玄参科)
新疆亚菊 Ajania fastigiata (C.Winkl.) Poljak.(菊科)
新疆杨 Populus alba var. pyramidalis Bge.(杨柳科)
新疆野决明 Thermopsis turkestanica Gand.(豆科)
新疆野苹果 Malus sieversii (Ledeb.) Roem.(蔷薇科),*塞威氏苹果*
新疆野豌豆 Vicia costata Ledeb.(豆科),*肋脉野豌豆,白花野豌豆*
新疆一枝黄花(新疆中草药)=毛果一枝黄花
新疆异株荨麻 Urtica dioica subsp. xingjianensis C.J.Chen (荨麻科)
新疆郁金香 Tulipa sinkiangensis Z.M.Mao(百合科)
新疆元胡(新疆)=长距元胡
新疆元胡 Corydalis glaucescens Rgl.(罂粟科),*元胡,灰叶延胡索,粉绿延胡索*
新疆圆柏(中国树学)=叉子圆柏
新疆远志 Polygala hybrida DC.(远志科),*远志*
新疆云杉 Picea obovata Ledeb.(松科),*西伯利亚云杉,鲜卑云杉*
新疆早熟禾 Poa relaxa Ovcz.(禾本科)
新疆皂角(新疆)=美国皂荚
新疆樟味藜(新)Camphorosma soongoricum Bge.? (藜科)
新疆针茅 Stipa sareptana Becker (禾本科)
新疆种阜草 Moehringia umbrosa (Bge.) Fenzl (石竹科),*耐阴美苓草*
新疆猪毛菜 Salsola sinkiangensis A.J.Li(藜科)
新疆猪牙花 Erythronium sibiricum (Fisch. & Mey.) Kryl.(百合科),*鸡腿参*
新疆紫草 Arnebia euchroma (Royle) Johnst.(紫草科),*软紫草,紫草,新藏假紫草*
新疆紫罗兰 Matthiola stoddarti Bge.(十字花科)
新喀多尼亚陆均松 Dacrydium balansae Brongn. & Griseb (罗汉松科)
新裂耳蕨(蕨类图说)=革叶耳蕨
新裂耳蕨(天目药志)=戟叶耳蕨
新裂耳蕨(天目药志)=棕鳞耳蕨
新裂瓜 Schizopepon bicirrhosus (C.B.Clarke) C. Jeff. (葫芦科)
新麦草 Psathyrostachys juncea (Fisch) Nevski (禾本科)
新麦草属 Psathyrostachys Nevski (禾本科)
新木姜(高等图鉴)=新木姜子
新木姜子(新华本草纲要)=浙江新木姜子
新木姜子 Neolitsea aurata (Hay.) Koidz.(樟科),*新木姜*
新木姜子属 Neolitsea Merr.(樟科)
新宁唇柱苣苔 Chirita xinningensis W.T.Wang (苦苣苔科)
新宁贯众 Cyrtomium sinningngese Ching & Shing(鳞毛蕨科)
新宁楼梯草 Elatostema xinningense W.T.Wang (荨麻科)
新宁毛茛 Ranunculus xinningensis W.T.Wang (毛茛科)
新宁新木姜子 Neolitsea shingningensis Yang & P.H.Huang (樟科)
新平复叶耳蕨 Arachniodes xinpingensis Ching (鳞毛蕨科)
新平假毛蕨 Pseudocyclosorus xinpingensis Ching ex Y.X.Lin (金星蕨科)
新平鳞盖蕨 Microlepia singpinensis Ching(碗蕨科)
新平蹄盖蕨(蕨类形态)=芽胞蹄盖蕨
新锐石松 Lycopodium neopungens H.S.Kung et L.B.Zhang(石松科)
新山生柳 Salix neoamnematchinensis T.Y.Ding C.F.Fang (杨柳科)
新生杨 Populus ×canadensis cv. Regenerata(杨柳科)
新塔翠雀花 Delphinium tarbagataicum Chang Y.Yang & B.Wang(毛茛科)
新塔花 Ziziphora bungeana Juz.(唇形科),*小叶薄荷,续则*
新塔花属 Ziziphora L.(唇形科)
新坦直总状花序小檗 Berberis orthobotrys var. sinthanensis Ahrendt (小檗科)
新特尼斯荆芥 Nepeta sintenisii Bornm.(唇形科)
新蹄盖蕨 Neoathyrium crenulatoserrulatum (Makino) Ching & Z.R.Wang(蹄盖蕨科),*细齿贞蕨*
新蹄盖蕨属 Neoathyrium Ching & Z.R.Wang (蹄盖蕨科)
新天地 Gymnocalycium saglionlis (Diels) Britt. & Rose (仙人掌科)
新乌檀 Neonauclea griffithii (HK.f.) Merr.(茜草科)
新乌檀属 Neonauclea Merr.(茜草科)
新西兰贝壳杉 Agathis australis (D.Don) Salisb. (南洋杉科)
新西兰菠菜(植物志 26)=番杏
新西兰鹅掌柴 Schefflera digitata J.R. & G.Forst. (五加科)
新西兰槐 Sophora prostrata J.Buch.(豆科)
新西兰陆松 Dacrydium cupressinum Soland. ex Forst. (三尖杉科)
新西兰罗汉松 Podocarpus totara D.Don ex Lamb. (罗汉松科)
新西兰琼楠 Beilschmiedia tawa Benth.(樟科)
新西兰亚麻 Linum monogynum Forst.(亚麻科)
新西兰朱蕉 Cordyline australis HK.(百合科)
新香草(彝药志)=云南长蒴苣苔
新小竹 Neomicrocalamus prainii (Gamble) Keng f. (禾本科)
新小竹属 Neomicrocalamus Keng f.(禾本科)
新星木兰(新) Magnolia sinostellata P.L.Chiu & Z.H.Chen? (木兰科)
新型兰 Neogyna gardneriana (Lindl.) Rchb.f.(兰科)
新型兰属 Neogyna Rchb.f.(兰科)
新雅紫菀 Aster neo-elegans Griers.(菊科)
新源翠雀花 Delphinium mollifolium W.T.Wang (毛茛科)
新源蒲公英 Taraxacum xinyuanicum D.T.Zhai & Z.X.An (菊科)
新月蕨(蕨类图说)=单叶新月蕨
新月蕨 Pronephrium gymnopteridifrons (Hay.) Holtt. (金星蕨科),*塔史新月蕨*
新月蕨属 Pronephrium Presl(金星蕨科)
新月翼盖蕨 Didymochlaena junulata Desv.(叉蕨科)
新泽仙花 Neomarica gracilis Sprague (鸢尾科)
新泽仙属 Neomarica Sprague (鸢尾科)
新樟 Neocinnamomum dalavayi (Lec.) Liou(樟科),*荷花香,荷叶香,梅叶香,楠木香,肉桂树,三股筋,少花新樟,香桂子,香叶树,香叶子,羊角香,野香叶树,云南柴桂,云南桂*
新樟属 Neocinnamomum Liou.(樟科)
新砧草 Galium boreale var. intermedium DC.(茜草科)
新雉(甘泉赋)=紫玉兰

新竹地锦 Euphorbia hsinchuensis (Lin & Chaw) C.Y.Wu & J.S.Ma(大戟科)

新竹石斛(台湾志)=串珠石斛

新竹铁角蕨 Asplenium tenuissimum Hay.(铁角蕨科)

新竹油树(台湾志)=少子叶下珠

新紫柳 Salix neowilsonii Fang (杨柳科)

薪柴灰(纲目)=藜

薪青树(云南屏边)=钩毛榕

馨香木兰 Magnolia odoratissima Law & R.Z. Zhou (木兰科)

信筒子(福建)=酸藤子

信筒子山榄(海南)=琼刺榄

信宜杜鹃(广西植物名录)=大云锦杜鹃

信宜毛柃 Eurya velutina Chun(山茶科)

信宜木荷 Schima xinyiensis Chang & Z.Y.Su ex Chang & Ren(山茶科)

信宜苹婆 Sterculia subracemosa Chun & Hsue (梧桐科)

信宜槭 Acer sunyiense Fang(槭树科)

信宜秋海棠 Begonia xinyiensis Ku(秋海棠科)

信宜润楠 Machilus wangchiana Chun(樟科)

信宜石竹 Bambusa subtruncata Chia & H.L. Fung (禾本科),*石竹*

信宜柿 Diospyros sunyiensis Chun & L.Chen(柿科)

信宜铁角蕨 Asplenium xinyiense Ching & S.H. Wu (铁角蕨科)

信子柴(江西)=盐肤木

焮麻(种子植物名称)=狭叶荨麻

焮麻(种子植物名录)=麻叶荨麻

狈蒿(蜀本草)=黄花蒿

Xing

兴安白头翁 Pulsatilla dahurica (Fisch.) Spreng. (毛茛科),*姑朵花*

兴安白芷(高等图鉴)=白芷

兴安柏(东北木本志)=兴安圆柏

兴安薄荷 Mentha dahurica Fisch.(唇形科)

兴安柴胡 Bupleurum sibiricum Vest(伞形科)

兴安虫实 Corispermum chinganicum Iljin(藜科)

兴安翠雀花 Delphinium hsinganense S.H.Li & Z.F. Fang (毛茛科)

兴安蝶须(东北检索表)=蝶须

兴安独活 Heracleum dissectum Ledeb.(伞形科),*老山芹,土当归,兴安牛防风*

兴安杜鹃 Rhododendron dahuricum L.(杜鹃花科),*达子香,满山红,映山红,迎山红,山崩子,靠山红*

兴安鹅不食(东北草本志)=毛叶老牛筋

兴安繁缕 Stellaria cherleriae (Fisch. ex Ser.) Williams (石竹科),*东北繁缕,绿花繁缕*

兴安费菜 Phedimus hsinganicus (C.Y.Chu ex S. H.Fu & Y.H.Huang) H.Ohba et al.(景天科),*兴安景天*

兴安红景天 Rhodiola stephanii (Cham.) Trautv. & Mey. (景天科)

兴安胡枝子 Lespedeza daurica (Laxm.) Schindl. (豆科),*达呼尔胡枝子,达乌里胡枝子,豆豆苗,呼日布格,牤牛茶,毛果胡枝子,毛状铁扫帚,牛筋子,牛枝,牛枝条,枝儿条*

兴安黄芪(东北检索表)=达乌里黄芪

兴安桧(东北木本志)=兴安圆柏

兴安堇菜 Viola gmeliniana Roem. & Schult.(堇菜科)

兴安锦鸡儿 Caragana microphylla f. daurica Kom. (豆科)

兴安景天(植物志 34-1)=兴安费菜

兴安老鹳草 Geranium maximowiczii Regel & Maack (牻牛儿苗科)

兴安藜芦 Veratrum dahuricum (Turcz.) Loes.f. (百合科)

兴安柳 Salix hsinganica Y.L.Chang & Skv.(杨柳科)

兴安龙胆(中药志)=小秦艽

兴安鹿蹄草 Pyrola dahurica (H.Andr.) Kom.(鹿蹄草科)

兴安鹿药 Maianthemum dahuricum (Turcz. ex Fisch. & C.A.Mey.) LaFrank.(百合科)

兴安落叶松(东北木本志)=落叶松

兴安毛茛 Ranunculus smirnovii Ovcz.(毛茛科)

兴安梅花草 Parnassia xinganensis C.Z.Gao & G. Z.Li (虎耳草科)

兴安蒙古糖芥(植物志 33)=蒙古糖芥

兴安木贼 Equisetum variegatum Schleich(木贼科)

兴安楠木(广西)=闽楠

兴安牛防风(东北草本志)=兴安独活

兴安女娄菜(东北检索表)=准噶尔蝇子草

兴安前胡 Peucedanum baicalense (Redow.) Koch (伞形科),*兴安石防风*

兴安乳菀 Galatella dahurica DC.(菊科),*乳菀*

兴安蛇床 Cnidium dahuricum (Jacq.) Turcz. ex Fisch. & Mey.(伞形科)

兴安升麻 Cimicifuga dahurica (Turcz.) Maxim. (毛茛科),*升麻,窟窿牙根,牤牛卡根,龙眼根*

兴安石防风(东北检索表)=兴安前胡

兴安石竹(植物志 26)=石竹

兴安薹草 Carex chinganensis Litw.(莎草科)

兴安蹄盖蕨(西北植物学报)=薄叶蹄盖蕨

兴安天门冬 Asparagus dauricus Fisch. ex Link (百合科)

兴安凸轴蕨(植物志 4-1)=林下凸轴蕨

兴安乌头 Aconitum ambiguum Reichb.(毛茛科)

兴安悬钩子 Rubus chamaemorus L.(蔷薇科)

兴安杨 Populus hsinganica C.Wang & Skv.(杨柳科)

兴安野青茅 Deyeuxia turczaninowii (Litv.) Y.L. Chang (禾本科)

兴安一枝黄花 Solidago virgaurea var. dahurica Kitag.(菊科),*寡毛变种*

兴安益母草 Leonurus deminutus V.Krecz. ex Kupr. (唇形科)

兴安鱼鳞云杉 Picea jezoensis var. microsperma (Lindl.) Cheng & L.K.Fu(松科),*鱼鳞松,卵果鱼鳞云杉*

兴安圆柏 Juniperus davurica Pall.(柏科),*兴安柏,兴安桧*

兴安圆叶堇菜 Viola brachyceras Turcz.(堇菜科)

兴安獐牙菜(东北检索表)=北方獐牙菜

兴安梓叶槭 Acer catalpifolium subsp. xinganense Fang (槭树科)

兴滚(蒙名,藏名)=新疆阿魏

兴居茹马(西藏)=岷江蓝雪花

兴凯赤松 Pinus densiflora var. ussuriensis Liou & Q.L.Wang (松科),*兴凯松,兴凯湖松,黑河赤松*

兴凯松(中国树木学)=兴凯赤松

兴隆茶(甘肃)=山梅花

兴隆连蕊芥 Synstemon petrovii var. xinglonicus Z.X.An (十字花科)

兴隆山棘豆 Oxytropis xinglongshanica C.W. Chang (豆科),*黄芪*

兴帕夏噶(西藏藏语)=紫苏

兴仁凤丫蕨 Coniogramme xingrenensis Ching & Shing (裸子蕨科)

兴仁龙胆 Gentiana xingrenensis T.N.Ho(龙胆科)

兴仁女贞 Ligustrum xingrenense D.J.Liu(木犀科)

兴山荚蒾(拉汉名称)=球核荚蒾

兴山景天 Sedum wilsonii Fröd.(景天科)

兴山柳 Salix mictotricha Schneid.(杨柳科)

兴山马醉木(树木分类学)=美丽马醉木

兴山清风藤(新) Sabia puberula Rehd. & Wils? (清风藤科)

兴山唐松草 Thalictrum xingshanicum G.F.Tao (毛茛科)

兴山五味子 Schisandra incarnata Stapf(木兰科)

兴山小檗 Berberis silvicola Schneid. (小檗科)

兴山绣球(树木分类学)=球核荚蒾

兴山樱桃(新)Prunus laxiflora Koehne?(蔷薇科)

兴山榆 Ulmus bergmanniana Schneid.(榆科)

兴山醉鱼草(树木分类学)=大叶醉鱼草

兴文溪边蕨 Stegnogramma xingwenensis Ching ex Y.X.Lin (金星蕨科)

兴文小檗 Berberis xingwenensis Ying(小檗科)

兴阳草(滇南本草,云南,湖北)=宝兴淫羊藿

兴义顶头马蓝(云南植物名录)=贵州肖笼鸡

兴义楠 Phoebe neurantha var. cavaleriei Liou(樟科)

兴义秋海棠 Begonia xingyiensis Ku(秋海棠科)

兴义香草 Lysimachia millietii (Lévl.) Hand.-Mazz. (报春花科),*小花星宿菜*

星草 Aletris farinosa Ll.(百合科),*北美粉条儿菜*

星刺卫矛 Euonymus actinocarpus Leos.(卫矛科)

星刺锥(植物志 22)=罗浮锥

星点黛粉叶 Dieffenbachia bausei Hort.(天南星科),*鲍斯花叶万年青*

星点木(新拉汉英)=星龙血树

星点秋海棠(新拉汉英)=白彩秋海棠

星萼金丝桃 Hypericum stellatum N.Robson(藤黄科),*鸡蛋黄*

星萼龙胆 Gentiana asterocalyx Diels(龙胆科)

星萼獐牙菜(植物志 62)=楔叶獐牙菜

星冠(新拉汉英)=星球

星果草 Asteropyrum peltatum (Franch.) Dumm. & Hutch. (毛茛科)

星果草属 Asteropyrum Drumm. & Hutch.(毛茛科)

星果佛甲草 Sedum actinocarpum Yamamoto(景天科)

星果紫草属(科属辞典)=**锚刺果属**

星果棕 Astrocaryum mexicanum Lebm.(棕榈科)

星果棕属 Astrocaryum G.F.Mey.(棕榈科)

星虎耳草 Saxifraga stellaris L.(虎耳草科)

星花草 Cephalostigma hookeri C.B.Clarke(桔梗科)

星花草属 Cephalostigma A.DC.(桔梗科)

星花灯心草 Juncus diastrophanthus Buchen.(灯心草科),*螃蟹脚*

星花粉条儿菜 Aletris gracilis Rednl.(百合科)

星花碱蓬 Suaeda stellatiflora G.L.Chu(藜科)

星花绵枣儿 Scilla amoena L.(百合科)

星花木兰 Magnolia tomentosa Thunb.(木兰科),*日本毛木兰*

星花木五加(广西植物名录)=星柱树参

星花蒜 Allium decipiens Fisch. ex Roem. &

Schult. (百合科),*薤白,脱苞韭*
星花淫羊藿 Epimedium stellulatum Stearn(小檗科)
星花郁金香 Tulipa australis Link.(百合科)
星蕨 Microsorium punctatum (L.) Copel.(水龙骨科),*野苦荬,尖凤尾,二郎剑*
星蕨属 Microsorium Link(水龙骨科)
星龙血树 Dracaena godseffiana Hort. ex Bak.(百合科),*星点木*
星芒克檑木(中药大辞典)=金叶子
星芒鼠麴草 Gnaphalium involucratum Forst.(菊科)
星毛抱树莲(广州志)=抱树莲
星毛补血草 Limonium potaninii Ikonnikov-Galitzky (白花丹科),*干草花,金色补血草,金匙叶草*
星毛稠李 Padus stellipila (Koehne) Yü & Ku(蔷薇科)
星毛杜鹃(高等图鉴)=汶川星毛杜鹃
星毛杜鹃 Rhododendron kyawi Lace & W.W. Sm. (杜鹃花科)
星毛短舌菊 Brachanthemum pulvinatum (Hand.-Mazz.) Shih(菊科)
星毛鹅掌柴 Schefflera minutistellata Merr. ex Li (五加科),*微星毛鸭母树,小泡通,小泡通树,小星鸭脚木,星毛鸭脚木,鸭麻木,*
星毛繁缕(云南植物名录)=箐姑草
星毛冠盖藤 Pileostegia tomentella Hand.-Mazz.(虎耳草科),*星毛青棉花,山枇杷*
星毛胡颓子(高等图鉴)=星毛羊奶子
星毛华楸珍珠梅 Sorbaria sorbifolia var. stellipila Maxim. (蔷薇科),*穗形七度灶,珍珠梅星毛变种*
星毛角柱花(高等图鉴)=毛蓝雪花
星毛芥属(高等图鉴)=**锥果芥属**
星毛金锦香 Osbeckia sikkimensis Carib(野牡丹科)
星毛蕨 Ampelopteris prolifera (Retz.) Cop.(金星蕨科)
星毛蕨属 Ampelopteris Kunze (金星蕨科)
星毛柯 Lithocarpus petelotii A.Camus(壳斗科),*星毛石栎*
星毛蜡瓣花 Corylopsis stelligera Guill.(金缕梅科)
星毛猕猴桃 Actinidia stellato-pilosa C.Y.Chang (猕猴桃科)
星毛青棉花(植物志 35-1)=星毛冠盖藤
星毛石栎(植物志 22)=星毛柯
星毛粟米草(中药辞海)=星粟草
星毛唐松草 Thalictrum cirrhosum Lévl.(毛茛科)
星毛糖芥 Erysimum odoratum Ehrh.(十字花科)
星毛庭荠 Alyssum lenense var. dasycarpum C.A. Mey (十字花科)
星毛葶苈 Draba incompta Steven(十字花科)
星毛委陵菜 Potentilla acaulis L.(蔷薇科),*无茎委陵菜*
星毛鸭脚木(中药辞海)=星毛鹅掌柴
星毛崖摩 Amoora stellata C.Y.Wu(楝科)
星毛羊奶子 Elaeagnus stellipila Rehd.(胡颓子科),*星毛胡颓子*
星毛紫柄蕨 Pseudophegopteris levingei (Clarke) Ching (金星蕨科)
星毛紫金牛 Ardisia nigropilosa Pitard(紫金牛科)
星美人(新拉汉英)=厚叶草
星萍果 Chrysophyllum cainito L.(山榄科),*牛奶果*
星球 Astrophytum asterias (Zucc.) Lem.(仙人掌科),*星冠,兜*
星球属 Astrophytum Lem.(仙人掌科)
星色草(广东)=白鼓钉
星舌紫菀 Aster asteroides (DC.) O.Ktze.(菊科)
星拭草(岭南采药录)=夜香牛
星宿菜(救荒本草)=泽珍珠菜
星宿菜 Lysimachia fortunei Maxim.(报春花科),*大田基黄,红脚兰,红根草,红头蝇,假辣蓼,拢血红,泥鳅菜,散血草,血丝草*
星宿草(四川)=漆姑草
星粟草 Glinus lotoides L.(番杏科),*虎咬黄,星毛粟米草*
星粟草属 Glinus L.(番杏科)
星穗薹草 Carex omiana Franch. & Sav.(莎草科)
星星草(宁夏中草药)=小画眉草
星星草(浙江药志)=无毛画眉草
星星草(植物名汇)=画眉草
星星草(中药大辞典)=大画眉草
星星草 Puccinellia tenuiflora (Griseb.) Scribn. & Merr.(禾本科)
星秀花(植物志 62)=红花龙胆
星序楼梯草 Elatostema asterocephalum W.T. Wang (荨麻科)
星叶草 Circaeaster agrestis Maxim.(毛茛科)
星叶草属 Circaeaster Maxim.(毛茛科)
星叶秋海棠 Begonia heracleifolia Schlecht. & Cham.(秋海棠科),*裂叶秋海棠*
星叶丝瓣芹 Acronema astrantiifolium Wolff(伞形科)
星叶兔儿伞(植物志 77-1)=星叶蟹甲草
星叶蟹甲草 Parasenecio komarovianus (Pojark.) Y.L.Chen (菊科),*星叶兔儿伞*
星莠草 Dichrocephala integrifolia (L.f.) O.Ktze.(菊科)
星柱树参 Dendropanax stellatus Li(五加科),*星花木五加*
星状刺果藜(植物志 25-2)=雾冰藜
星状风毛菊(中药大辞典)=星状雪兔子
星状龙胆 Gentiana stellulata H.Sm.(龙胆科)
星状麦瓶草(新拉汉英)=星状蝇子草
星状雪兔子 Saussurea stella Maxim.(菊科),*匍地风毛菊,穷得儿玛保,松觉底打,索尔公玛保,星状风毛菊,紫星菊*
星状蝇子草 Silene stellata Ait.(石竹科),*星状麦瓶草*
猩红杜鹃 Rhododendron fulgens HK.f.(杜鹃花科),*光亮杜鹃*
猩猩草 Euphorbia cyathophora Murr.(大戟科),*草一品红,叶象花,一品红*
猩猩木(植物志 44-3)=一品红
猩猩椰子 Cyrtostachys lakka Becc.(棕榈科)
行柑 Citrus reticulata cv. Hanggan(芸香科),*四会柑*
行蕉果(广东新会)=紫玉盘
行李椰子属(植物学大辞典)=**贝叶棕属**
行李叶椰子(植物学大辞典)=贝叶棕
邢氏贯众 Cyrtomium shingianum H.S.Kung & P.S.Wang (鳞毛蕨科)
邢氏苦竹(台湾志)=簪竹
邢氏藜芦(中药志)=牯岭藜芦
醒头草(得配本草)=佩兰
杏 Armeniaca vulgaris Lam.(蔷薇科),*归勒斯,木落子,神曲,甜梅,甜杏仁,杏花,杏梅仁,杏树*
杏公须(纲目)=莕菜
杏鬼椴(陕西)=少脉椴
杏花(花镜)=杏
杏黄兜兰 Paphiopedilum armeniacum S.C.Chen & F.Y.Liu (兰科)
杏黄爪唇兰 Gongora ameniaca (Lindl. & Paxt.) Rchb.f. (兰科)
杏寄生(山西)=北桑寄生
杏李 Prunus simonii Carr.(蔷薇科),*红李,秋根李,鸡血李*
杏梅类 Armeniaca mume var. bungo Makino(蔷薇科)
杏梅仁(浙江中草药手册)=杏
杏仁(本草经集注)= 西伯利亚杏
杏仁(本草经集注)=东北杏
杏仁厚壳桂 Cryptocarya amygdalina Nees(樟科)
杏仁花(湖南新化)=藿香
杏树(救荒本草)=杏
杏香兔儿风 Ainsliaea fragrans Champ.(菊科),*朝天一柱香,兔耳金边草,肺形草,朴地金钟,兔耳一枝箭,金边兔耳风*
杏叶菜(植物志 73-2)=荠苨
杏叶防风(滇南本草)=杏叶茴芹
杏叶茴芹 Pimpinella candolleana Wight & Arn.(伞形科),*杏叶防风,羊膻臭虫,马蹄防风,小羊膻,骚羊古,瘰疬股*
杏叶柯 Lithocarpus amygdalifolius (Skan) Hay.(壳斗科),*红椆,岭梅,杏叶石栎,崖柯,陡崖杏叶柯*
杏叶梨 Pyrus armeniacaefolia Yü(蔷薇科),*野梨*
杏叶沙参(救荒本草)=荠苨
杏叶沙参(苏南植物手册)=沙参
杏叶沙参 Adenophora hunanensis Nannf.(桔梗科),*宽裂沙参*
杏叶石栎(植物志 22)=杏叶柯
杏属 Armeniaca Mill.(蔷薇科)
杏籽栝楼 Trichosanthes trichocarpa C.Y.Wu ex C.Y.Cheng & Hueh(葫芦科),*顶毛栝楼*
杏子(图经本草,伤寒论)= 西伯利亚杏
杏子(图经本草,伤寒论)=东北杏
荇菜(Flora 6)=莕菜
荇菜属(Flora 6)=**莕菜属**
荇丝菜(救荒本草)=莕菜
莕菜 Nymphoides peltatum (Gmel.) O.Ktze.(睡菜科),*金莲儿,金莲子,莲叶荇菜,莲叶莕菜,藕蔬菜,杏公须,荇丝菜,荇菜*
莕菜属 Nymphoides Seguier (睡菜科),*荇菜属*

Xiong

匈牙利丁香 Syringa josikaea Jacq.f.(木犀科)
匈牙利椴 Tilia juranyana Simonk.(椴树科)
匈牙利老鼠簕 Acanthus hungaricus (Borb.) Baenitz (爵床科)
芎蕉(广东潮汕)=香蕉
芎藭(神农本草经)=川芎
雄虎刺(福建)=马甲子
雄黄草(秦岭南北坡)=白屈菜
雄黄豆(云南)=神黄豆
雄黄花(植物分类学)=剪春罗
雄黄兰(新拉汉英)=黄鸟胶花
雄黄兰 Crocosmia crocosmiflora (Nichols.) N.E. Br. (鸢尾科),*标竿花,倒挂金钩,黄大蒜,观音兰*
雄黄兰属 Crocosmia Planch.(鸢尾科)
雄前胡(浙江草药)=隔山香
雄蕊根花 Agalmyla staminea Bl.(苦苣苔科)
雄蕊拟漆姑(Flora 6)=二蕊拟漆姑
雄蕊雀麦 Bromus stamineus Desv.(禾本科)
雄枝黑三棱 Sparganium androcladum (Engelm.)

Morong.(黑三棱科)
熊巴耳(广西)=短毛熊巴掌
熊巴耳(广西)=锦香草
熊巴树(广西)=西藏山茉莉
熊巴掌(广西)=锦香草
熊葱 Allium ursinum L.(百合科)
熊胆草(广东)=石疙蔺
熊胆草(广西)=线纹香茶菜
熊胆草(云南临沧)=异色黄芩
熊胆草 Conyza blinii Lévl.(菊科),*矮脚苦蒿,虎胆草,金蒿枝,金龙胆草,劲直假蓬,苦艾,苦草,苦蒿,苦蒿尖,苦龙胆,刘寄奴,龙胆蒿,细苦蒿,鱼胆草*
熊胆木(广东,广西)=铁冬青
熊胆树(广部中草药手册)=乌檀.
熊胆树(植物志 43-3)=苦木
熊耳草 Ageratum houstonianum Miller.(菊科)
熊果 Arctostachylos uvaursi (L.) K.Spreng.(杜鹃花科)
熊果梾木 Cornus amomum Mill.(山茱萸科)
熊果叶(新疆中草药)=越桔
熊果越桔 Vaccinium arctostaphylos L.(杜鹃花科),*高加索越桔*
熊果属 Arctostachylos Adans.(杜鹃花科)
熊菊属 Ursinia Gaertn.(菊科)
熊蕨根(国药的药理学)=狭顶鳞毛蕨
熊柳(植物志 48-1)=牯岭勾儿茶
熊柳藤(福建中草药)=多花勾儿茶
熊掌(广东)=虎颜花
熊掌草(江苏)=牡蒿

Xiū

休得布朗大头苏铁 Encephalartos hildebrandtii A. Br. & Bouche (苏铁科)
休宁荛花 Wikstroemia monnula var. xiuningensis D.C.Zhang & J.Z.Shao(瑞香科)
休宁通泉草 Mazus xiuningensis x.h.gauo ex X. L.Liu (玄参科)
休宁小花苣苔 Chiritopsis xiuningensis X.L.Liu & X.H.Guo (苦苣苔科)
休氏马先蒿 Pedicularis sherriffii Tsoong(玄参科)
修花马先蒿 Pedicularis dolichantha Bonati(玄参科),*疏花马先蒿*
修蕨 Selliguea feei Bory(水龙骨科)
修蕨属 Selliguea Bory(水龙骨科)
修仙果(云南禄劝)=野苏子
修枝荚蒾 Viburnum burejaeticum Rgl. & Herd. (忍冬科),*河朔绣球,暖木条荚蒾,暖木条子*
修株蹄盖蕨(蕨类名词及名称)=溪边蹄盖蕨
修株肿足蕨 Hypodematium gracile Ching(肿足蕨科),*尖齿肿足蕨,中华肿足蕨*
羞花兰(台湾兰科植物)=台湾匙唇兰
羞礼草(台湾志)=感应草
羞礼花属(台湾志)=**感应草属**
羞怯杜鹃 Rhododendron pudorosum Cowan(杜鹃花科)
羞怯凤仙花 Impatiens pudica HK.f.(凤仙花科)
秀苞败酱 Patrinia speciosa Hand.-Mazz.(败酱科)
秀贵甘蔗(台湾的禾草)=甘蔗
秀果黄藤 Daemonorops calicarpa (Griff.) Mart. (棕榈科)
秀丽百合 Lilium amabile Palib.(百合科)
秀丽斑叶兰 Goodyera vittata Benth. ex HK.f. (兰科)
秀丽彩花(新拉汉英)=大花彩花
秀丽楤木 Aralia elegans C.N.Ho(五加科)
秀丽翠雀花 Delphinium wangii M.J.Warnock (毛茛科)
秀丽兜兰 Paphiopedilum venustum (Sims) Pfitz (兰科)
秀丽海桐 Pittosporum pulchrum Gagn.(海桐花科)
秀丽火把花 Colquhounia elegans Wall.(唇形科),*秀丽炮仗花*
秀丽假人参(中药志,植物志 54)=珠子参
秀丽角盘兰 Herminium quinquelobum King & Pantl (兰科)
秀丽栲(植物志 22)=秀丽锥
秀丽龙胆 Gentiana bella Franch. & Hemsl.(龙胆科)
秀丽绿绒蒿 Meconopsis venusta Prain(罂粟科)
秀丽马先蒿 Pedicularis venusta Schangan(玄参科)
秀丽莓 Rubus amabilis Focke(蔷薇科),*美丽悬钩子*
秀丽炮仗花(分类学报)=秀丽火把花
秀丽槭 Acer elegantulum Fang & P.L.Chiu(槭树科)
秀丽曲苞芋 Gonatanthus ornathus Schott (天南星科)
秀丽生石花 Lithops schlechteri L.Bol.(番杏科)
秀丽鼠刺 Itea amoena Chun(虎耳草科)
秀丽水柏枝 Myricaria elegans Royle(柽柳科)
秀丽四照花 Dendrobenthamia elegans Fang & Hsieh (山茱萸科)
秀丽薹草 Carex munda Bott(莎草科)
秀丽铁线莲 Clematis grata Wall.(毛茛科)
秀丽兔儿风 Ainsliaea elegans Hemsl.(菊科)
秀丽野海棠 Bredia amoena Diels(野牡丹科),*大叶活血丹,活血丹,高脚山茄*
秀丽珍珠花 Lyonia compta (W.W.Sm. & Jeffr.) Hand.-Mazz. (杜鹃花科),*美花米饭花*
秀丽锥 Castanopsis jucunda Hance(壳斗科),*湖北栲,黄椆,浆衣椆,栲栗,岭椆,牛牯锥,赛拜,台湾槠,台湾锥,铁椆,乌椆,锥栗果*
秀山杜鹃(分类学报)=秀山金萼杜鹃
秀山金萼杜鹃 Rhododendron chrysocalyx var. xiushanense (Fang) M.Y.He(杜鹃花科),*秀山杜鹃*
秀雅杜鹃 Rhododendron concinnum Hemsl.(杜鹃花科)
秀英冬青 Ilex huiana C.J.Tseng ex S.K.Chen & Y.X.Feng (冬青科)
秀英卫矛 Euonymus hui J.S.Ma(卫矛科)
秀英竹 Oligostachyum shiuyingianum (Chia & But) G.H.Ye & Z.P.Wang(禾本科)
秀柱花 Eustigma oblongifolium Gaedn. & Champ. (金缕梅科)
秀柱花属 Eustigma Gaerdn. & Champ.(金缕梅科)
秀状李氏禾(新拉汉英)=蓉草
绣花针(图考)=虎刺
绣脉蚊子草 Filipendula vestita (Wall.) Maxim. (蔷薇科)
绣毛海州常山 Clerodendrum trichotomum var. ferrgineum Nakai(马鞭草科)
绣毛络石 Trachelospermum dunnii (H.Lévl.) H. Lévl.(夹竹桃科),*韧皮络石*
绣毛石斑木 Raphiolepis ferruginea Metcalf(蔷薇科)
绣毛石斑木齿叶变种(植物志 36)=齿叶石斑木(新)
绣毛太行花 Taihangia rupestris var. ciliata Yü & Lu(蔷薇科)
绣毛西南花楸(新)Sorbus rehderiana var. cupreonitens Hand.-Mazz.(蔷薇科),*西南花楸绣毛变种*
绣毛绣球 Hydrangea longipes var. fulvescens (Rehd.) W.T.Wang ex Wei(虎耳草科),*雷氏绣毛绣球*
绣毛崖豆藤 Millettia sericosema Hance(豆科)
绣球(广群芳谱)=绣球荚蒾
绣球(江苏)=绣球绣线菊
绣球(中药辞海)=中国绣球
绣球 Hydrangea macrophylla (Thunb.) Ser.(虎耳草科),*八仙花,紫绣球,粉团花,八仙绣球*
绣球百合 Haemanthus katherinae Bak.(石蒜科)
绣球草(云南曲靖)=灯笼草
绣球草(云南腾冲,镇康,保山)=绣球防风
绣球草(中草药汇编)=刺子莞
绣球防风(云南马关)=铁轴草
绣球防风 Leucas ciliata Benth.(唇形科),*包团草,拂风草,疙瘩草,克服拿补,灵继六,蜜蜂草,抛团,泡花草,小萝卜,绣球草,月亮花,紫药*
绣球防风属 Leucas R.Br.(唇形科)
绣球花(福建)=球兰
绣球花(福建草药)=八宝
绣球花(中药大辞典)=绣球荚蒾
绣球荚蒾 Viburnum macrocephalum Fort.(忍冬科),*绣球,木绣球,八仙花,紫阳花,木球荚蒾,绣球花*
绣球茜 Dunnia sinensis Tutch.(茜草科),*假黄杨*
绣球茜属 Dunnia Tutch.(茜草科)
绣球蔷薇 Rosa glomerata Rehd. & Wils.(蔷薇科)
绣球松 Asparagus retrofractus L.(百合科)
绣球藤(图考)=绣球藤
绣球小冠花 Coronilla varia L.(豆科)
绣球绣线菊 Spiraea blumei G.Don(蔷薇科),*补氏绣线菊,麻叶绣球,山茴香,碎米桠,绣球,珍珠梅,珍珠绣球*
绣球绣线菊宽瓣变种(植物志 36)=宽瓣绣线菊(新)
绣球绣线菊毛果变种(植物志 36)=毛果绣球绣线菊(新)
绣球绣线菊小叶变种(植物志 36)=小叶绣线菊(新)
绣球属 Hydrangea L.(虎耳草科),*八仙花属*
绣线菊(苏南植物手册)=大绣线菊
绣线菊 Spiraea salicifolia L.(蔷薇科),*柳叶绣线菊,珍珠梅,空心柳,马尿溲*
绣线菊巨齿变种(植物志 36)=巨齿绣线菊(新)
绣线菊贫齿变种(植物志 36)=贫齿绣线菊(新)
绣线菊属 Spiraea L.(蔷薇科),*珍珠梅属*
绣线梅(标准化本草纲要)=中华绣线梅
绣线梅 Neillia thyrsiflora D.Don(蔷薇科),*复序南梨*
绣线梅毛果变种(植物志 36)=毛果绣线梅(新)
绣线梅属 Neillia D.Don (蔷薇科),*南梨属,奈尔氏木属,柰李木属*
绣再教育防风(广西)=绉面草
袖扣果(广西龙州)=刺天茄
袖钮果(南宁)=假烟叶树
袖珍斑叶兰(台湾兰科植物)=小斑叶兰
袖珍椰子 Chamaedorea elegans Martius (棕榈科)
袖珍椰子属 Chamaedorea Willd.(棕榈科)
袖棕属 Manicaria Gaertn.(棕榈科)
锈苞蒿 Artemisia imponens Pamp.(菊科)
锈北爵床(广西植物)=锈北野靛棵

锈北马蓝(广西植物)=锈背耳叶马蓝
锈北野靛棵 Mananthes ferruginea (H.S.Lo & D.Fang) C.Y.Wu & C.C.Hu(爵床科),*锈北爵床*
锈背耳叶马蓝 Perilepta ferruginea (D.Fang & H.S.Lo) C.Y.Wu & C.C.Hu(爵床科),*锈北马蓝*
锈草(植物志 69)=革叶粗筒苣苔
锈草(中药大辞典)=单花红丝线
锈点刺毛薹草(新) Carex setosa var. punctata S.Y.Liang (莎草科),*锈点薹草*
锈点薹草(植物志 12)=锈点刺毛薹草(新)
锈点薹草 Carex pseudoligulata L.K.Dai(莎草科)
锈钉子(滇南本草)=毛杭子稍
锈果薹草 Carex metallica Lévl. & Vant.(莎草科)
锈红杜鹃(云南植物研究,植物志 57-2)=锈红毛杜鹃
锈红杜鹃 Rhododendron complexum Balf.f & W.W.Sm. (杜鹃花科)
锈红毛杜鹃 Rhododendron bureavii Franch.(杜鹃花科),*锈红毛杜鹃*
锈花胡颓子 Elaeagnus fruticosa (Lour.) A. Schlecht. (胡颓子科)
锈花针(云南,贵州)=假虎刺
锈花轴榈 Licuala ferruginea Becc.(棕榈科)
锈荚藤 Bauhinia erythropoda Hay.(豆科)
锈茎楼梯草 Elatostema ferrugineum W.T.Wang (荨麻科)
锈茎螺序草 Spiradiclis ferruginea D.Fang & D.H.Qin (茜草科)
锈丽缬草 Valeriana venusta L.C.Chiu(败酱科)
锈鳞木犀榄 Olea europaea subsp. cuspidata (Wall. ex G.Don) Ciferri(木犀科),*尖叶木犀榄*
锈鳞飘拂草 Fimbristylis ferruginea (L.) Vahl (莎草科)
锈脉安匝木 Pomaderris rugosa Cheesem.(鼠李科)
锈毛安匝木 Pomaderris prunifolia Fenzl.(鼠李科)
锈毛白粉藤(云南植物名录)=贴生白粉藤
锈毛白蜡树(云南植物名录)=锈毛梣
锈毛柏那参(分类学报增刊)=锈毛掌叶树
锈毛闭花木 Cleistanthus tomentosus Hance(大戟科)
锈毛草莓(秦岭志)=黄毛草莓
锈毛梣 Fraxinus ferruginea Lingelsh.(木犀科),*锈毛白蜡树,跳皮树*
锈毛长柄地锦 Parthenocissus feddei var. pubescens C.L.Li (葡萄科)
锈毛刺葡萄 Vitis davidii var. ferruginea Merr. & Chun (葡萄科)
锈毛粗筒苣苔 Briggsia rosthornii var. xingrenensis K.Y.Pan (苦苣苔科)
锈毛丁公藤 Erycibe expansa Wall. ex G.Don(旋花科),*锈毛麻辣仔藤*
锈毛冬青 Ilex ferruginea Hand.-Mazz.(冬青科)
锈毛杜英 Elaeocarpus howii Merr. & Chun(杜英科)
锈毛短筒苣苔 Boeica ferruginea Drake(苦苣苔科)
锈毛钝果寄生 Taxillus levinei (Merr.) H.S.Kiu (桑寄生科)
锈毛仿杜鹃 Menziesia ferruginea Sm.(杜鹃花科)
锈毛弓果藤 Toxocarpus fuscus Tsiang(萝藦科)
锈毛过路黄 Lysimachia drymarifolia Franch.(报春花科),*鞭绣球,长梗过路黄*
锈毛槐 Sophora prazeri Prain(豆科)
锈毛黄猄草 Championella fulvihispida (D.Fang & H.s.Lo) C.Y.Wu & C.C.Hu(爵床科),*锈毛马蓝*
锈毛鲫鱼藤 Secamone ferruginea Pierre(萝藦科)
锈毛金腰 Chrysosplenium davidianum Decne. ex Maxim. (虎耳草科)
锈毛梨果寄生 Scurrula ferruginea (Jack) Danser (桑寄生科),*滇南寄生*
锈毛两型豆 Amphicarpaea rufescens (Franch.) Y.T.Wei & S.Lee(豆科)
锈毛楼梯草 Elatostema monandrum f. ciliatum (HK.f.) Hara (荨麻科)
锈毛罗伞(高等图鉴)=锈毛掌叶树
锈毛络石 Trachelospermum dunnii (Lévl.) Lévl. (夹竹桃科),*大黑骨头,橡胶藤,六角藤*
锈毛麻辣仔藤(云南区系报告)=锈毛丁公藤
锈毛马蓝(广西植物)=锈毛黄猄草
锈毛马铃苣苔 Oreocharis dasyantha var. ferruginosa K.Y.Pan(苦苣苔科)
锈毛莓 Rubus reflexus Ker(蔷薇科),*蛇包艻,大叶蛇勒,山烟筒子,万枝莓*
锈毛木兰(植物志 30-1)=圆叶玉兰
锈毛木莲 Manglietia rufibarbata Dandy(木兰科)
锈毛棋子豆 Cylindrokelupha balansae (Oliv.) Kosterm. (豆科),*马粪树,马蛋果*
锈毛青藤 Illigera rhodantha var. dunniana (Lévl.) Kubitzki (莲叶桐科)
锈毛雀藤(高等图鉴)=皱叶雀梅藤
锈毛忍冬 Lonicera ferruginea Rehd.(忍冬科),*老虎合藤,黄毛忍冬,白花丹*
锈毛山龙眼 Helicia vestita var. longipes W.T. Wang (山龙眼科)
锈毛山小橘 Glycosmis esquirolii (Lévl.) Tanaka (芸香科)
锈毛蛇葡萄 Ampelopsis heterophylla var.vestita Rehd. (葡萄科),*蛇葡萄,酸藤,野葡萄,烟火藤,母猪藤,蛇葡萄根,见肿消,见毒消,山葡萄根,山葡萄,山天罗,野葡萄根,蛇白蔹*
锈毛蛇藤 Colubrina ferruginosa Brongn.(鼠李科)
锈毛石花(植物志 69)=西藏珊瑚苣苔
锈毛树萝卜 Agapetes anonyma Airy-Shaw(杜鹃花科)
锈毛苏铁 Cycas ferruginea F.N.Wei(苏铁科)
锈毛梭子果 Eberhardtia aurata (Pierre ex Dubard) Lec. (山榄科),*山枇杷,血胶树,水母鸡果,嘿哼,油柯木*
锈毛铁线莲 Clematis leschenaultiana DC.(毛茛科),*齿叶铁线莲*
锈毛吴茱萸五加 Acanthopanax evodiaefolius var. ferrugineus W.W.Sm.(五加科)
锈毛五叶参 Pentapanax henryi Harms(五加科),*圆叶五叶参,大麻漆,马肠子树*
锈毛喜马拉雅崖爬藤 Tetrastigma rumicispermum var. lasiogynum (W.T.Wang) C.L.Li(葡萄科)
锈毛旋覆花 Inula hookeri C.B.Clarke(菊科)
锈毛野桐 Mallotus anomalus Merr. & Chun(大戟科)
锈毛叶野枣(广西植物名录)=小果枣
锈毛鱼藤 Derris ferruginea (Roxb.) Benth.(豆科),*荔枝藤,老荆藤,山茶藤,锈叶鱼藤*
锈毛榆(南林学报)=多脉榆
锈毛掌叶树 Euaraliopsis ferruginea (Li) Hoo & Tseng (五加科),*锈毛柏那参,锈毛罗伞,黄毛掌叶树*
锈球藤 Clematis montana Buch.-Ham. ex DC. (毛茛科),*柴木通,川木通,花木通,淮木通,三角枫,绣球藤,亦蒙吱薄*
锈色杜鹃(新拉汉英)=高山玫瑰杜鹃花
锈色花楸 Sorbus ferruginea (Wenzig) Rehd.(蔷薇科)
锈色鬣蜥棕 Iguanura ferruginea Becc.(棕榈科)
锈色南烛 Lyonia ferruginea (Walt.) Nutt.(杜鹃花科)
锈色薹草 Carex ferruginea Scop.(莎草科)
锈色雪莲 Saussurea iodostegia var. ferruginipes Drumm. ex Hand.-Mazz.(菊科)
锈色羊耳蒜 Liparis ferruginea Lindl.(兰科)
锈色隐囊蕨 Notholaena bonariensis C.Chr.(中国蕨科)
锈色蛛毛苣苔 Paraboea rufescens (Franch.) Burtt (苦苣苔科)
锈山茶(云南曲靖)=东紫苏
锈铁棒(新疆药材)=锁阳
锈叶杜鹃 Rhododendron siderophyllum Franch. (杜鹃花科)
锈叶木姜(海南志)=锈叶新木姜子
锈叶琼楠 Beilschmiedia obconica Allen(樟科)
锈叶新木姜子 Neolitsea cambodiana Lec.(樟科),*辣汁树,石槁,大叶樟,白背樟,锈叶木姜*
锈叶悬钩子 Rubus fuscifolius Yü & Lu (蔷薇科)
锈叶野牡丹(台湾)=褐鳞木
锈叶鱼藤(广西)=锈毛鱼藤
锈枝红豆 Ormosia ferruginea R.H.Chang(豆科)

Xü

胥邪(司马相如:上林赋)=椰子
胥耶(司马相如:上林赋)=椰子
胥余(史记)=椰子
须(尔雅)=酸模
须瓣开口箭(云南植物名录)=齿瓣开口箭
须苞石竹 Dianthus barbatus L.(石竹科),*美国石竹,十样锦,五彩石竹*
须草 Roegneria fibrosa (Schrenk) Nevski (禾本科)
须川氏槭(新)Acer tschonoskii Maxim.(槭树科),*毛脉槭*
须唇羊耳蒜 Liparis barbata Lindl.(兰科)
须花翠雀花 Delphinium delavayi var. pogonathum (Hand.-Mazz.) W.T.Wang(毛茛科),*白升麻*
须花藤(Flora 16)=双色须花藤(新)
须花藤 Genianthus laurifolius (Roxb.) HK.f.(萝藦科)
须花藤属 Genianthus HK.f.(萝藦科),*髯瓣花属*
须花无心菜 Arenaria pogonantha W.W.Sm.(石竹科)
须具利(华北经济志要)=欧洲茶藨子
须芒草 Andropogon yunnanensis Hack.(禾本科)
须芒草属 Andropogon L.(禾本科)
须毛堇菜(新)Viola selkirkii var. subbarbata W. Beck.? (堇菜科)
须毛马先蒿 Pedicularis trichomata Li(玄参科)
须毛水锦树(云南植物名录)=粗毛水锦树
须弥巴戟 Morinda villosa HK.f. (大戟科)
须弥白皮松(Flora 4)=西藏白皮松
须弥长叶松(Flora 4)=西藏红豆杉
须弥葛 Pueraria wallichii DC.(豆科),*喜马拉雅葛藤,瓦氏葛藤,思茅葛,紫铆树,小豆花,紫梗*

藤

须弥沟子荠 Taphrospermum himalaicum (HK.f. & Thoms.) Al-Shehbaz et al.(十字花科)

须弥孩儿参 Pseudostellaria himalaica (Franch.) Pax (石竹科)

须弥红豆杉(Flora 4)=西藏红豆杉

须弥红杉(Flora 4)=喜马拉雅红杉

须弥虎耳草(Flora 8)=喜马拉雅虎耳草

须弥芥 Crucihimalaya himalaica (Edgew.) Al-Shehbaz et al.(十字花科),*喜马拉雅鼠耳芥*

须弥芥属 Crucihimalaya Al-Shehbaz et al.(十字花科)

须弥千里光 Senecio kumaonensis Duthie ex C.Jeffr. & Y.L.Chen(菊科)

须弥茜树 Himalrandia lichiangensis (W.W.Sm.) Tirveng. (茜草科),*丽江山石榴*

须弥茜树属 Himalrandia Yamazaki (茜草科)

须弥扇叶芥 Desideria himalayensis (Camb.) Al-Shehbaz (十字花科),*喜马拉雅高原芥*

须弥香青 Anaphalis royleana DC.(菊科)

须弥云杉(Flora 4)=西藏云杉

须弥紫菀 Aster himalaicus C.B.Clarke(菊科)

须蕊忍冬 Lonicera chrysantha subsp. koehneana (Redh.) Hsu & H.J.Wang(忍冬科),*黄金银花*

须蕊铁线莲 Clematis pogonandra Maxim.(毛茛科)

须须药(贵州方药集)=海金沙

须药草(云南植物名录)=疏花穿心莲

须药藤 Stelmacrypton khasianum (Benth.) H. Baill.(萝藦科),*生藤,香根藤,水逼药,冷水发汗,够哈哄,羊角藤*

须药藤属 Stelmacrypton H.Baill.(萝藦科),*须叶藤属*

须叶藤 Flagellaria indica L.(须叶藤科),*鞭藤*

须叶藤科 Flagellariaceae

须叶藤属(科属检索表)=**须药藤属**

须叶藤属 Flagellaria L.(须叶藤科)

徐长卿 Cynanchum paniculatum (Bge.) Kitag. (萝藦科),*白细辛,对节莲,对月莲,钩鱼竿,黑薇,尖刀儿苗,九头狮子草,痢止草,了刁竹,料刁竹,柳叶细辛,蛇利草,铜锣草,土细辛,线香草,逍遥竹,牙蛀消,药王,一枝箭,一枝香,獐耳草,竹叶细辛*

许格小檗 Berberis huegeliana Schneid (小檗科)

许氏密穗马先蒿 Pedicularis densispica subsp. schneideri (Bonati) Tsoong(玄参科),*密穗马先蒿许氏亚种*

许树(海南志)=苦郎树

栩(诗经)=麻栎

序柄猴面蝴蝶草 Achimenes pedunculata Benth. (苦苣苔科)

序柄南美苦苣苔 Gesneria pedunculosa Fritsch. (苦苣苔科)

序托冷水花 Pilea receptacularis C.J.Chen(荨麻科),*地水麻*

序叶苎麻 Boehmeria clidemioides var. diffusa (Wedd.) Hand.-Mazz.(荨麻科),*合麻仁,水苎麻,水苏麻,米麻,野麻藤*

叙利亚刺柏 Juniperus drupacea Labill.(柏科)

叙利亚槭 Acer syriacum Boiss. & Gaill.(槭树科)

叙永梅花草 Parnassia rhombipetala B.L.Chai (虎耳草科)

叙永小檗 Berberis hsuyunensis Hsiao & Sung (小檗科)

畜辩(吴普本草)=萹蓄

畜蔓(吴普本草)=萹蓄

续断(本经)=川续断

续断(广西)=毛杜仲藤

续断(陕西华县,靖巴,甘肃)=糙苏

续断 Dipsacus asper Wall.(川续断科)

续骨草(本草纲目)=接骨木

续骨木(纲目)=接骨木

续筋根(本草纲目)=旋花

续随子 Euphorbia lathyris L.(大戟科),*千金子,千两金,菩萨豆,滩板救,小巴豆*

续则(维吾尔语)=新塔花

絮菊 Filago arvensis L. (菊科)

絮菊属 Filago L.(菊科)

嗅树(浙江草药)=臭牡丹

蓿草(高等图鉴)=紫苜蓿

Xüan

宣恩盆距兰 Gastrochilus xuanenensis Z.H.Tsi (兰科)

宣木瓜(安徽)=皱皮木瓜

宣威金足草(植物志 70)=蒙自金足草

宣威乌头 Aconitum nagarum var. lasiandrum W.T.Wang (毛茛科),*雪上一枝蒿*

萱草 Hemerocallis fulva (L.) L.(百合科),*忘萱草,鹿葱,大萱草根*

萱草属 Hemerocallis L.(百合科)

萱叶荽(广西)=光轴苎叶蒟

玄参(陕西)=阿尔泰银莲花

玄参 Scrophularia ningpoensis Hemsl.(玄参科),*八秽麻,馥草,鬼藏,黑参,水萝卜,咸,野脂麻,元参,浙玄参,正马,重台,逐马*

玄参科 Scrophulariaceae

玄参属 Scrophularia L.(玄参科)

玄果搜花(晶珠本草)=绵头雪兔子

玄麻(西昌中草药)=红雾水葛

玄麻根(四川中药志)=糯米团

玄台(中草药汇编)=鄂西玄参

悬垂风铃兰(台湾兰艺)=垂枝白点兰

悬垂凤仙花 Impatiens pendula Heyne (凤仙花科)

悬垂黄芪 Astragalus dependens Bge.(豆科)

悬垂角茴香 Hypecoum pendulum L.(罂粟科)

悬垂卷须兰 Cirrhaea dependens (Lodd.) Rchb.f. (兰科)

悬垂千里光 Senecio jacobsenii Rowley (菊科)

悬垂秋海棠 Begonia pendula Ridl.(秋海棠科)

悬刀树(植物志 39)=山皂荚

悬钩木(藏药标准)=石生悬钩子

悬钩木(中国民族药志)=多腺悬钩子

悬钩子蔷薇 Rosa rubus Lévl. & Vant.(蔷薇科)

悬钩子属 Rubus L.(蔷薇科)

悬果堇菜 Viola pendulicarpa W.Beck.(堇菜科),*垂果堇菜*

悬果紫堇(云南植物名录)=短爪黄堇

悬果紫堇 Corydalis eccremocarpa W.W.Sm.(罂粟科)

悬花水锦树 Wendlandia scabra var. dependens Cowan (茜草科),*下垂黄皮花树*

悬铃花 Malvaviscus arboreus Cav.(锦葵科)

悬铃花属 Malvaviscus Dill. ex Adans.(锦葵科)

悬铃木(通用名)=三球悬铃木

悬铃木科 Platanaceae

悬铃木秋海棠 Begonia platanifolia Schott (秋海棠科)

悬铃木属 Platanus L.(悬铃木科)

悬铃叶苎麻 Boehmeria tricuspis (Hance) Makino (荨麻科),*八角麻,大水庇,方麻,龟叶麻,火麻,山麻,水苧麻,透骨风,野苎麻,野苎麻*

悬石(植物志 63)=络石

悬岩棘豆 Oxytropis rupifraga Bge.(豆科)

悬岩马先蒿 Pedicularis praeruptorum Bonati(玄参科)

悬竹属 Ampelocalamus S.L.Chen et al.(禾本科)

旋苞隐棒花 Cryptocoryne retrospiralis (Roxb.) Fisch. ex Wydler(天南星科)

旋柄茄(彝族药名)=旋花茄

旋菖(本草纲目)=旋花

旋菖(蜀本草)=旋花

旋覆梗(苏州本产药材)=旋覆花

旋覆花(广西)=山黄菊

旋覆花(图鉴)=欧亚旋覆花

旋覆花(新拉汉英)=冠状旋覆花(新)

旋覆花 Inula japonica Thunb.(菊科),*白芷胡,戴椹,滴滴金,伏花,覆花,黄花草,黄熟花,金沸草,金佛花,金福花,金钱花,六月菊,毛柴胡,夏菊,旋覆梗*

旋覆花属 Inula L.(菊科)

旋果蚊子草 Filipendula ulmaria (L.) Maxim.(蔷薇科),*合子叶*

旋花(图考)=打碗花

旋花 Calystegia sepium (L.) R.Br.(旋花科),*包颈草,打破碗花,打碗花,吊茄子,饭豆藤,饭藤子,菖蔓,菖子根,狗儿弯藤,鼓子花,筋根,篱天剑,美草,面根藤,舜华,天剑草,甴肠草,续筋根,旋菖,旋菖,野苕,橓华,*

旋花豆(云南植物名录)=细茎旋花豆

旋花豆属 Cochlianthus Benth.(豆科)

旋花科 Convolvulaceae

旋花苦蔓(山西)=打碗花

旋花茄 Solanum spirale Roxb.(茄科),*白条花,百两金,大苦溜溜,倒提壶,滴打稀,敷药,苦凉菜,理肺散,螺旋茄,诺肺莫力气,帕笠,山烟木,旋柄茄*

旋花秋海棠 Begonia convolvulacea A.DC.(秋海棠科)

旋花藤(广西)=白花银背藤

旋花羊角拗 Strophanthus gratus (Wall. & HK. ex Benth.) Baill.(夹竹桃科)

旋花属 Convolvulus L.(旋花科)

旋喙马先蒿 Pedicularis gyrorhyncha Franch.(玄参科)

旋鸡尾(四川中药志)=江南星蕨

旋鸡尾(新华本草纲要)=黄瓦韦

旋卷槭(新)Acer circinatum Prush (槭树科),*藤槭*

旋栗(湖北)=锥栗

旋鳞莎草 Cyperus michelianus (L.) Link.(莎草科),*护心草,附心草*

旋扭花美冠兰 Eulophia streptopetala (Lindl.) Lindl. (兰科)

旋扭绶草 Spiranthes tortilis (Sw.) L.c.Rich.(兰科)

旋生蛇菰 Balanophora harlandii var. spiralis Tam. (蛇菰科)

旋氏溲疏(图谱)=长江溲疏

旋蒴苣苔(高等图鉴)=大花旋蒴苣苔

旋蒴苣苔 Boea hygrometrica (Bge.) R.Br.(苦苣苔科),*猫耳朵,牛耳草,八宝茶,石花子*

旋蒴苣苔属 Boea Comm. ex Lam.(苦苣苔科)

旋涛草(湖北)=荔枝草

旋叶囊唇兰 Saccolabium tortifolium Jayaweera (兰科)

旋叶苏铁 Macrozamia spiralis (Salisb.) Miq.(苏铁科)

旋叶香青 Anaphalis contorta (D.Don) HK.f.(菊科)
旋叶香青薄叶变种(植物志 75)=薄旋叶香青(新)
旋柱兰属 Mormodes Lindl.(兰科)
选(本经)=苦苣菜
选穗莎草 Cyperus imbricatus Retz.(莎草科)
癣草(福建)=巴天酸模
癣草(福建药志)=南欧大戟
癣草(广部中草药手册)=灵枝草
癣草(河南)=酸模
癣药(湖南药物志)=钝叶酸模
癣药草(广西中草药)=刺酸模
泫苏开口箭(中草药汇编)=齿瓣开口箭
绚烂生石花 Lithops marthae Loesch & Tisch.(番杏科)

Xüe

薛氏箭竹(竹子研究汇刊)=冬竹
穴菜(山西)=花葱
穴果棱脉蕨 Schellolepis subauriculata (Bl.) J. Sm. (水龙骨科)
穴果木 Coelospermum kanehirae Merr.(茜草科)
穴果木属 Coelospermum Bl.(茜草科)
穴丝荠 Coelonema draboides Maxim.(十字花科),*草原葶苈*
穴丝荠属 Coelonema Maxim.(十字花科)
穴种(河北)=北乌头
穴子蕨 Prosaptia khasyana (HK.) C.Chr. & Tardieu (禾叶蕨科)
穴子蕨属 Prosaptia C.Presl(禾叶蕨科)
学煜贯众(分类学报)=等基贯众
学煜毛蕨 Cyclosorus houi Ching(金星蕨科)
雪白兜兰 Paphiopedilum niveum (Rchb.) Pfitz.(兰科)
雪白粉背蕨 Aleuritopteris niphobola (C.Chr.) Ching(中国蕨科)
雪白苣苔属 Niphaea Lindl.(苦苣苔科)
雪白山梅花 Philadelphus virginalis Rehd.(虎耳草科)
雪白舌唇兰 Platanthera nivea (Nutt.) Lindl.(兰科)
雪白睡莲 Nymphaea candida C.Presl(睡莲科)
雪白委陵菜 Potentilla nivea L.(蔷薇科),*白萎陵菜,假雪委陵菜*
雪白锥花 Gomphostemma niveum HK.f.(唇形科)
雪白醉鱼草(华北经济志要)=金沙江醉鱼草
雪菜(江苏)=雪里蕻
雪参(云南)=总状绿绒蒿
雪层杜鹃 Rhododendron nivale HK.f.(杜鹃花科)
雪茶藨子 Ribes niveum Lindl.(虎耳草科)
雪橙 Citrus sinensis cv. Xue Cheng(芸香科),*雪柑*
雪胆 Hemsleya chinensis Cogn. ex Forbes & Hemsl. (葫芦科)
雪胆属 Hemsleya Cogn.(葫芦科)
雪地虎耳草 Saxifraga chionophila Franch.(虎耳草科)
雪地黄芪 Astragalus nivalis Kar. & Kir.(豆科)
雪地棘豆 Oxytropis chionobia Bge.(豆科)
雪地扭藿香 Lophanthus subnivalis Lipsky (唇形科)
雪地扭连钱 Marmoritis nivalis (Jacq. ex Benth.) Hedge. (唇形科)
雪地早熟禾 Poa rangkulensis Ovcz. ex Czuk.(禾本科)
雪丁草(云南)=蛇莓
雪豆(广东)=豌豆
雪豆(植物志 41)=棉豆
雪峰虾脊兰 Calanthe graciliflora var. xuafengensis Z.H.Tsi (兰科)
雪峰崖豆藤 Millettia dielsiana var. solida T. Chen (豆科)
雪柑(广东)=甜橙
雪柑(植物志 43-2)=雪橙
雪光 Notocactus haselbergii (F.A.Haage.jr.) A. Berger (仙人掌科)
雪光花 Chionodoxa luciliae Boiss.(百合科)
雪光花属 Chionodoxa Boiss.(百合科)
雪果(广西药用名录)=紫麻
雪果(科属辞典)=毛核木
雪果 Symphoricarpos albus (L.) Blake (忍冬科),*毛核木*
雪果属(科属辞典)=**毛核木属**
雪荷(中药辞海)=雪莲花
雪荷花(西北域记)=绵头雪兔子
雪花草(贵州瓮安)=碎米桠
雪花丹 Plumbago auriculata f. alba (Pasq.) Peng (白花丹科)
雪花莲 Galanthus nivalis L.(石蒜科)
雪花莲属 Galanthus L.(石蒜科)
雪花皮(广东乐昌)=结香
雪花沙参(植物志 73-2)=云南沙参
雪花香茶菜(植物志 66)=木里香茶菜
雪花罂粟(广西志)=血水草
雪花属 Argostemma Wall.(茜草科)
雪见草(浙江)=荔枝草
雪见根(陕西中药名录)=荔枝草
雪里红(江苏)=芥
雪里蕻(植物志 33)=芥
雪里花(纲目拾遗)=雀舌草
雪里花(贵州)=蜡梅
雪里花(云南)=山蜡梅
雪里见 Arisaema rhizomatum C.E.C.Fischer(天南星科),*半截烂,大半夏,大麻药,独角莲,躲雷草,花脸,麻醉药,蛇包谷,铁灯台,野包谷*
雪里荆花(浙江草药)=日本蛇根草
雪里开(四川,广西,云南西畴)=结香
雪里开(浙江)=单叶铁线莲
雪里梅(浙江草药)=日本蛇根草
雪里明(中药志)=红花龙胆
雪里蟠桃(四川)=竹灵消
雪里青(本草纲目拾遗)=荔枝草
雪里青(纲目拾遗)=金疮小草
雪里青(河南)=角茴香
雪里伞(江西草药)=兔儿伞
雪里洼(内蒙古昭乌达盟)=小叶锦鸡儿
雪里珠(图考长编)=紫金牛
雪莲(西北域记)=绵头雪兔子
雪莲(植物志 78-2)=雪莲花
雪莲花 Saussurea involucrata (Kar. & Kir.)Sch.-Bip. (菊科),*雪莲,荷莲,雪荷,天山雪莲花*
雪灵芝(民间常用草药汇编)=甘肃雪灵芝
雪灵芝(云南中甸)=岩须
雪灵芝 Arenaria brevipetala Y.W.Tsui & L.H. Zhou (石竹科),*短瓣雪灵芝*
雪灵芝状繁缕(西藏志)=错那繁缕
雪岭杉 Picea schrenkiana Fisch. & Mey.(松科),*雪岭云杉*
雪岭云杉(华北经济志)=雪岭杉
雪柳(山东)=珍珠绣线菊
雪柳 Fontanesia philliraeoides subsp. fortunei (Carr.) Yalt. (木犀科),*五谷树,挂梁青*
雪柳属 Fontanesia Labill.(木犀科)
雪龙胆 Gentiana mivalis L.(龙胆科)
雪龙美被杜鹃 Rhododendron calostrotum var. riparioides (Cullen) R.C.Fang(杜鹃花科)
雪毛杜鹃花 Rhododendron poxophorum Balf.f. ex Tagg.(杜鹃花科),*羊毛杜鹃花,杯萼杜鹃*
雪莓(树木分类学)=毛核木
雪莓属(树木分类学)=**毛核木属**
雪梅(福建)=球兰
雪欧石南(新拉汉英)=春花欧石南
雪片莲 Leucojum vernum L.(石蒜科)
雪片莲属 Leucojum L.(石蒜科)
雪茄花(植物志 52-2)=火红萼距花
雪茄花属(植物志 52-2)=**萼距花属**
雪球点地梅 Androsace robusta (R.Knuth) Hand.-Mazz. (报春花科)
雪球虎耳草 Saxifraga nivalis L.(虎耳草科)
雪球荚蒾(高等图鉴)=粉团
雪球藤(浙江)=山木通
雪人参(贵州方药集)=茸毛木蓝
雪三七(云南植物名录)=丽江大黄
雪三七(云南中草药)=牛尾七
雪散草(新华本草纲要)=羊耳蒜
雪山艾 Artemisia tsugitakaensis (Ktam.) Ling & Y.R.Ling (菊科)
雪山报春 Primula nivalis Pall.(报春花科)
雪山贝(云南)=梭砂贝母
雪山大戟(植物志 44-3)=圆苞大戟
雪山当归 Angelica forrestii Diels(伞形科)
雪山点地梅(高等图鉴)=北点地梅
雪山冬青 Ilex tugitakayamensis Sasaki(冬青科)
雪山杜鹃(西藏志)=西藏毛脉杜鹃
雪山杜鹃 Rhododendron aganniphum Balf.f. & W.W.Sm. (杜鹃花科),*海绵杜鹃*
雪山厚叶报春(高等图鉴)=美花报春
雪山箭竹 Fargesia lincangensis Yi (禾本科)
雪山堇菜 Viola tsugitakaensis Masamune(堇菜科)
雪山林(陕西中草药)=顶花板凳果
雪山苓(中草药汇编)=顶花板凳果
雪山茄(植物志 67-1)=红果龙葵
雪山鼠尾草 Salvia evansiana Hand.-Mazz.(唇形科),*埃望鼠尾,紫花丹参*
雪山无心菜 Arenaria schneideriana Hand-Mazz.(石竹科),*雪山蚤缀*
雪山小报春 Primula minor Balf.f. & Ward(报春花科),*小报春*
雪山栒子(新) Cotoneaster vernae Schneid.?(蔷薇科)
雪山一枝蒿(丽江误用名)=小距紫堇
雪山蚤缀(拉汉名称)=雪山无心菜
雪上一支蒿(甘肃,四川)=铁棒锤
雪上一支蒿(贵州清镇)=岩乌头
雪上一支蒿(云南)=小白撑
雪上一支蒿(云南)=展毛短柄乌头
雪上一枝蒿(中药志)=宣威乌头
雪松 Cedrus deodara (Roxb.) G.Don (松科),*香柏*
雪松属 Cedrus Trew(松科)
雪条参(中草药汇编)=肉菊
雪汀菜(贵州)=降龙草
雪头开花(云南)=岩白菜
雪窝(福建)=尖尾枫
雪兔子 Saussurea gossypiphora D.Don(菊科),*麦朵刚拉*
雪委陵菜(秦岭志)=丛生钉柱委陵菜
雪乌(四川)=船形乌头

雪乌(四川西北部)=甘青乌头
雪乌(四川越西)=凉山乌头
雪溪 Echinofossulocactus albatus (A.Dietr.) Britt. & Rose (仙人掌科)
雪下红 Ardisia villosa Roxb.(紫金牛科),*矮茶风,矮脚甸伞,矮脚三朗,卷毛紫金牛,毛茎紫金牛,珊瑚树,珊瑚珠,小罗伞,医药师,毛叶雪下红,狭叶雪下红*
雪仙草(江西民间草药)=乌蕨
雪香兰 Hedyosmum orientale Merr. & Chun(金粟兰科)
雪香兰属 Hedyosmum Swartz(金粟兰科)
雪压花(树木分类学)=湖北花楸
雪药(四川中药志)=毛花点草
雪叶棘豆 Oxytropis chionophylla Schrenk(豆科)
雪毡雾水葛 Pouzolzia niveotomentosa W.T. Wang (荨麻科)
血参(广西)=七叶薯蓣
血参(江苏,湖北)=丹参
血参(云南中草药选)=山螃蜞菊
血参根(东北)=丹参
血草(福建草药)=伏石蕨
血春藤(海南万宁)=沙煲暗罗
血当归(贵州)=薯莨
血当归(贵州方药集)=菊三七
血当归(湖南药物志)=钝叶酸模
血当归(云南中草药)=羽叶蓼
血党(广西)=山血丹
血党(江西,广西,高等图鉴)=九管血
血地胆(云南)=木藤蓼
血地红(西藏亚东)=扫帚岩须
血疔草(云南)=蛇莓
血榧(天目药志)=南方红豆杉
血风(广东)=密花豆
血风根(海南志)=翼核果
血风藤(广西)=亮叶崖豆藤
血风藤(中草药汇编)=香花崖豆藤
血枫(广西中草药)=走马胎
血枫藤(广东)=白花油麻藤
血枫藤(广西中草药)=翼核果
血芙蓉(生草药性备要)=血见愁
血格(贵州方药集)=菊三七
血根(江苏)=丹参
血沟丹 Scutellaria yunnanensis var. salicifolia Sun ex C.H.Hu(唇形科),*柳叶变种,土黄芩,一麻消*
血管草(云南中草药)=血满草
血灌皮(湖南药物志)=网络崖豆藤
血果蒲公英 Taraxacum repandun Pavl.(菊科)
血汗草(陕西)=三花莸
血和散(江西药用名录)=日本蛇根草
血和山(浙江草药)=庐山楼梯草
血红薄叶兰 Lycaste cruenta Lindl.(兰科)
血红彩叶凤梨 Neoregelia cruenta (R.Grah.) L.B.sm. (凤梨科)
血红茶藨子 Ribes glutinosum Benth.(虎耳草科)
血红迪萨兰 Disa sanguinea Sond.(兰科)
血红杜鹃 Rhododendron sanguineum Franch. (杜鹃花科)
血红鸡爪槭 Acer palmatum f. sanguineum Lem. (槭树科)、
血红蕉 Musa sanguinea HK.f.(芭蕉科)
血红欧石南 Erica cruenta Soland.(杜鹃花科)
血红肉果兰 Cyrtosia septentrionalis (Rchb.f.) Garay (兰科),*红果山珊瑚*
血红石斛 Dendrobium sanguinolentum Lindl.(兰科)
血红宿苞兰(新拉汉英)=红花宿苞兰
血红穗荸荠 Heleocharis pellucida var. sanguinolenta Tang & Wang(莎草科)
血红唐菖蒲 Gladiolus cruentus T.Moore (鸢尾科)
血红小檗 Berberis sanguinea Franch. (小檗科)
血猴爪(江西)=九管血
血糊藤(经济植物手册)=铁箍散
血还红(广西)=叶底红
血还魂(广西)=叶底红
血见愁(本草拾遗)=水苏
血见愁(东北)=杂配藜
血见愁(东北,华北,西北)= 地锦草
血见愁(东北中草药)=楼斗菜
血见愁(广西中药志)=露水草
血见愁(贵阳民间草药)=飞龙掌血
血见愁(黑龙江漠河)=小花楼斗菜
血见愁(图考)=红丝线
血见愁(土宿本草)=茜草
血见愁 Teucrium viscidum Bl.(唇形科),*布地锦,冲天泡,方骨苦草,方枝苦草,肺形草,假紫苏,苦药草,山藿香,蛇药,水苏麻,四棱香,血芙蓉,野薄荷,野苏麻,野芝麻,贼子草,皱面草*
血胶树(云南)=锈毛梭子果
血筋草(四川中药志)=红脉兔儿风
血筋草(天目药志)=斑地锦
血筋藤(广东,广西)=亮叶崖豆藤
血经草(贵州)=腺药珍珠菜
血经草(贵州剑河,都匀)=阴地蛇根草
血经草(湖南)=长萼野海棠
血经草(中药大辞典)=广州蛇根草
血榉(江苏杨州)=大叶榉树
血蒟(广东)=通城虎
血兰(植物志 17)=滇南开唇兰
血理箭(四川武隆)=花南星
血莲 Haemanthus coccineus L.(石蒜科)
血莲肠(分类草药性)=飞龙掌血
血龙七(云南中草药)=香茶菜
血龙藤(广西)=密花豆
血路草(广空中草药手册)=花叶假杜鹃
血满草(云南中草药选)=接骨草
血满草 Sambucus adnata Wall. ex DC.(忍冬科),*大血草,红山花,接骨丹,接骨木,接骨药,苛草,血管草,血莽草,榆古兴那布,珍珠麻*
血莽草(高等图鉴)=血满草
血牡丹(天宝本草)=菊三七
血木瓜(草药汇编)=算盘子
血南星(四川) =一把伞南星
血盆草 Salvia cavaleriei var. simplicifolia Sitb. (唇形科),*单叶波罗子,单叶血盆草,翻背红,反背红,红薄洛,红肺筋,红青菜,红青叶,红五达,红五匹,罗汉草,破罗子,破落子,气喘药,鼠雀菜,退节草,小丹参,叶下红,朱砂草*
血皮菜(图考)=红凤菜
血皮槭 Acer griseum (Franch.) Pax(槭树科),*马梨光*
血匹菜(重庆草药)=红凤菜
血七(贵州方药集)=菊三七
血七(云南楚雄)=木藤蓼
血人参(贵阳民间草药)=绿叶胡枝子
血人参(贵药调查)=茸毛木蓝
血三七(贵州)=草血竭
血三七(贵州方药集)=菊三七
血三七(天目药志)=支柱蓼
血三七(云南)=云南红景天
血散薯 Stephania dielsiana Y.C.Wu(防已科),*金不换,一滴血,山乌龟,独脚乌桕*
血色栒子 Cotoneaster sanguineus Yü(蔷薇科)
血山草(山西中药志)=费菜
血生根(辽宁)=丹参
血水草 Eomecon chionantha Hance(罂粟科),*扒山虎,兜莲菜,斗蓬草,广扁线,黄水草,黄水芋,黄芋芽,鸡爪莲,见血参,金手圈,金腰带,捆仙绳,马蹄草,片莲,全血草,散备用草,水黄莲,雪花罂粟*
血水草属 Eomecon Hance (罂粟科)
血丝草(江西)=星宿菜
血藤(本草图经)=大血藤
血藤(广东,广西)=亮叶崖豆藤
血藤(广西药用名录)=黑老虎
血藤(广西药用名录,广西)=美丽崖豆藤
血藤(四川中药志)=华中五味子
血藤(四川中药志)=翼梗五味子
血藤(台湾志)=大果油麻藤
血藤(新华本草纲要)=巴豆藤
血藤(中草药彩色图谱)=网络崖豆藤
血藤属(台湾志)=**黧豆属**
血桐 Macaranga tanarius (L.) Muell.Arg.(大戟科),*流血桐,帐篷树*
血桐属 Macaranga Thou.(大戟科)
血桐子草(四川东部)=石筋草
血乌(峨眉)=拳距瓜叶乌头
血苋 Iresine herbstii HK.f.(苋科),*红叶苋,红洋苋,红木耳,红靛,一口红*
血苋属 Iresine P.Br.(苋科),*红叶苋属,红洋苋属*
血香菜(贵州)=圆叶薄荷
血香菜(贵州毕节)=留兰香
血蝎(雷公炮炙论)=长花龙血树
血蝎(雷公炮炙论)=海南龙血树
血蝎,Daemonorops draco Bl.(百合科),*龙血藤,渴溜,麒麟蝎*
血叶兰 Ludisia discolor (Ker-Gawl.) A.Rich. (兰科),*异色血叶兰,石上藕,石蚕,真金草*
血叶兰属 Ludisia A.Rich(兰科)
血榆(新华本草纲要)=大叶榉树
血珠小檗 Berberis oritrepha Schneid.(小檗科),*显脉小檗*
血槠(本草纲目)=苦槠

Xün

熏宝球 Rebutia xanthocarpua Backeb.(仙人掌科)
熏倒牛 Biebersteinia heterostemon Maxim.(牻牛儿苗科),*臭婆娘*
熏倒牛属 Biebersteinia Steph. ex Fisch.(牻牛儿苗科)
熏陆香(中草药汇编)=粘胶乳香树
熏梅(现代实用中药)=梅
薰草(药用志,北京)=罗勒
薰牙子(陕西中草药志)=天仙子
薰衣草 Lavandula angustifolia Mill.(唇形科)
薰衣草银桦 Grevillea lavandulacea Schlecht.(山龙眼科)
薰衣草属 Lavandula L.(唇形科)
寻风藤(本草纲目)=清风藤
寻骨风(四川中药志)=羊耳菊
寻骨风 Aristolochia mollissima Hance(马兜铃科),*白毛藤,穿地筋,鹅婆娘,猴耳草,黄才香,黄木耳,猫耳朵草,毛风草,毛香,绵毛马兜铃,烟袋锅*
寻乌鳞毛蕨 Dryopteris xunwuensis Ching & Shing (鳞毛蕨科)
寻乌毛蕨 Cyclosorus xunwuensis Ching & J.F.

Cheng (金星蕨科)
寻乌阴山荠 Yinshania sinuata subsp. qianwuensis (Y.H.Zhang) Al-Shehbaz et al.(十字花科)
巡山虎(广西)=毛果巴豆
栒刺木(四川)=平枝栒子
栒子安匝木 Pomaderris cotoneaster Wakefield (鼠李科)
栒子木(东北木本志)=水栒子
栒子木属(东北木本志)=**栒子属**
栒子叶柳 Salix karelinii Turcz. ex Stschegl.(杨柳科),*喜马拉雅柳*
栒子属 Cotoneaster B.Ehrhart(蔷薇科),*灰栒子木属,铺地蜈蚣属,栒子木属*
训(藏语音,西藏察隅)=大叶榉树
蕈树 Altingia chinensis (Champ.) Oliv. ex Hance (金缕梅科)
蕈树属 Altingia Noronha (金缕梅科)

Ya

丫枫小树(图考)=粗叶榕
丫角树(树木分类学)=中华槭
丫口合耳菊 Synotis yakoensis (J.F.Jeffr.) C.Jeffr. & Y.L.Chen (菊科),*丫口千里光,丫口尾药*
丫口千里光(云南植物名录)=丫口合耳菊
丫口尾药(植物志 77-1)=丫口合耳菊
丫蕊花 Ypsilandra thibetica Franch.(百合科),*峨眉石凤丹,小飘儿菜*
丫蕊花属 Ypsilandra Franch.(百合科)
丫蕊薹草 Carex ypsilandraefolia Wang & Tang (莎草科),*U 药花属叶薹草*
压扁谷精草 Eriocaulon compressum Lam.(谷精草科)
压竹花(图考)=秋牡丹
呀拉菩(台湾)=红厚壳
呀辣(广西龙州)=山榄叶柿
鸦椿卫矛 Euonymus euscaphis Hand.-Mazz.(卫矛科)
鸦葱(新拉汉英)=葡圆鸦葱(新)
鸦葱 Scorzonera austriaca Willd.(菊科),*黄花地丁,菊花参,老鹳咀子,罗罗葱,人头发,土参,兔儿奶*
鸦葱属 Scorzonera L.(菊科)
鸦胆(吉云旅钞)=鸦胆子
鸦胆子(图考)=云南土沉香
鸦胆子 Brucea javanica (L.) Merr.(苦木科),*苦参子,苦榛子,老鸦胆,鲜苦楝,小苦楝,鸦胆,鸦蛋子*
鸦胆子属 Brucea J.F.Mill.(苦木科)
鸦蛋子(图考)=鸦胆子
鸦公藤(四川)=云南勾儿茶
鸦谷(四川)=繁穗苋
鸦麻(图经本草)=亚麻
鸦片(本草纲目拾遗)=罂粟
鸦片七(湖北,湖南)=管萼山豆根
鸦雀子窝(宜昌)=中国繁缕
鸦鹊饭(树木分类学)=杜虹花
鸦食花(山西)=苦马豆
鸦头(河北)=北乌头
鸦头梨(高等图鉴)=陀螺果
鸦头梨属(高等图鉴)=**陀螺果属**
鸦衔草(纲目)=紫草
鸦跖花 Oxygraphis glacialis (Fisch.) Bge.(毛茛科)
鸦跖花金腰 Chrysosplenium oxygraphoides Hand.-Mazz. (虎耳草科),*米林金腰,朗县金腰*
鸦跖花属 Oxygraphis Bge.(毛茛科)
桠雀兰(浙江)=金兰
桠腰葫芦(江苏)=小葫芦
鸭巴前胡 Angelica decursiva f. albiflora (Maxim.) Nakai (伞形科),*白花日本前胡,叉子芹,大鸭巴芹,独梗芹,黑瞎子芹,碗儿芹,鸭巴芹*
鸭巴芹(辽宁)=鸭巴前胡
鸭边窝(云南莲山)=牛尾草
鸭达木(台湾药志)=鹅掌柴
鸭蛋花 Cameraria latifolia L.(夹竹桃科)
鸭蛋花属 Cameraria L.(夹竹桃科)
鸭儿菜(南宁药志)=鸭舌草
鸭儿草(陕西)=蚊母草
鸭儿草(四川中药志)=北水苦荬
鸭儿草(图考)=鸭舌草
鸭儿芹 Cryptotaenia japonica Hassk.(伞形科),*大鸭脚板,赴鱼,红鸭脚板,三石,三叶,三叶芹,水白芷,鸭脚板草,牙痛草*
鸭儿芹属 Cryptotaenia DC.(伞形科)
鸭公青(草本便方)=云南勾儿茶
鸭公青(广东)=海南红豆
鸭公青(湖南)=花榈木
鸭公青(江西,广东)=大青
鸭公青(中草药汇编)=肥荚红豆
鸭公树 Neolitsea chuii Merr.(樟科),*青胶木,大叶樟,大香籽*
鸭公头(贵州民间药物)=云南勾儿茶
鸭海棠 Bredia sinensis (Diels) H.L.Li(野牡丹科),*山落茄,雨伞子,九节兰,中华野海棠*
鸭胶掌(闽东本草)=金鸡脚假瘤蕨
鸭脚(云南)=多核鹅掌柴
鸭脚艾(生草药性备要)=白苞蒿
鸭脚板(广西)=野菰
鸭脚板(四川)=变豆菜
鸭脚板(云南)=过江藤
鸭脚板草(四川中药志)=鸭儿芹
鸭脚板草(中药大辞典)=扬子毛茛
鸭脚板树(湖北)=光叶海桐
鸭脚草(江苏药材志,湖北中草药志)=金鸡脚假瘤蕨
鸭脚草(浙江药志)=水竹叶
鸭脚常(海南)=盆架树
鸭脚当归(湖南)=紫花前胡
鸭脚枫(广西药用名录)=秋枫
鸭脚黄连(广西)=裂叶星果草
鸭脚莲(新华本草纲要)=牛藤
鸭脚罗伞(高等图鉴)=罗伞
鸭脚木(广东,广西)=鹅掌柴
鸭脚木(广西)=广西鹅掌柴
鸭脚木(广西)=鸡蛋花
鸭脚木(江西草药,高等图鉴)=树参
鸭脚木(云南)=糖胶树
鸭脚木(云南)=异叶鹅掌柴
鸭脚木(云南药用名录)=扁鹅掌柴
鸭脚七(四川)=短刺变豆菜
鸭脚前胡(湖南)=紫花前胡
鸭脚树属(分类学报)=**鸡骨常山属**
鸭脚子(本草纲目)=银杏
鸭距粟(广东)=穇
鸭卞(中草药汇编)=水茄
鸭脷草(广州志)=泥花草
鸭绿报春 Primula jesoana Miq.(报春花科)
鸭绿江(广西凤山)=爬树龙
鸭绿蔷薇 Rosa jaluana Kom.?(蔷薇科)
鸭绿薹草 Carex jaluensis Kom.(莎草科)
鸭绿乌头 Aconitum jaluense Kom.(毛茛科)
鸭麻菜(广东)=华麻花头
鸭麻木(广东)=星毛鹅掌柴
鸭麻树(海南)=十蕊大参
鸭茅 Dactylis glomerata L.(禾本科),*鸡脚草,果园草*
鸭茅属 Dactylis L.(禾本科)
鸭母草(福建)=益母草
鸭母桂(广东)=钝叶桂
鸭母楠(广东)=钝叶桂
鸭母树(种子植物名称)=鹅掌柴
鸭母树属(种子植物名称,经济植物手册)=**鹅掌柴属**
鸭嘴草 Paspalum scrobiculatum L.(禾本科)
鸭色盖(傣族名)=桂叶素馨
鸭舌草(广东惠阳中草药)=剪刀股
鸭舌草(图经醋是)=地肤
鸭舌草 Monochoria vaginalis (Burm.f.) Presl(雨久花科),*肥猪草,合菜,黑菜,蓟菜,蓟草,蓟菜,接水葱,马皮瓜,水玉簪,香头草,鸭儿菜,鸭儿草,鸭仔菜,鸭嘴菜,猪耳菜*
鸭舌红(福建药志)=吊竹梅
鸭舌黄(泉州本草)=露水草
鸭舌癀(台湾)=糙叶丰花草
鸭舌兰(浙江草药)=密花石豆兰
鸭舌头(贵州草药)=矮慈姑
鸭舌子(贵州草药)=矮慈姑
鸭舌子(浙江药志)=狭叶香港远志
鸭石草(泉州本草)=露水草
鸭屎草(日华子本草)=常山
鸭屎瓜子(药材学)=木鳖子
鸭首马先蒿 Pedicularis anas Maxim.(玄参科),*鸭首马先蒿鸭首亚种*
鸭首马先蒿黄花亚种(植物志 68)=黄花鸭首马先蒿
鸭首马先蒿西藏亚种(植物志 68)=西藏鸭首马先蒿
鸭首马先蒿鸭首亚种(植物志 68)=鸭首马先蒿
鸭尾银杏 Ginkgo biloba cv. Yaweiyinxing(银杏科)
鸭香(广西)=罗勒
鸭雄青(海南)=长脐红豆
鸭皂树(药用图鉴)=金合欢
鸭皂树(植物志 39)=金合欢
鸭皂树根(晋江中草药)=金合欢
鸭皂树皮(云南)=金合欢
鸭掌金星草(浙江药志)=金鸡脚假瘤蕨
鸭掌树(北京)=银杏
鸭掌香(闽东本草)=金鸡脚假瘤蕨
鸭肢菜(湖南,广西)=白苞蒿
鸭跖草(岭南采药录)=节节草
鸭跖草 Commelina communis L.(鸭跖草科),*碧竹子,淡竹叶,地地藕,鸡舌草,鸭仔草,竹鸡草,竹节菜,竹叶菜*
鸭跖草科 Commelinaceae
鸭跖草叶沼兰 Malaxis commelinifolia (Zoll.) O.Ktze.(兰科)
鸭跖草属 Commelina L.(鸭跖草科)
鸭跖草状凤仙花 Impatiens commellinoides Hand.-Mazz. (凤仙花科)
鸭爪稗(纲目)=穇
鸭仔菜(南宁药志,福建中草药)=鸭舌草
鸭仔草(福建中草药)=鸭跖草
鸭仔兜(广西恭城瑶语)=黄花倒水莲
鸭子菜(高等图鉴)=眼子菜
鸭子草(海南保亭)=百足藤
鸭子草(云南双柏)=东紫苏
鸭子草(植物志 8)=眼子菜
鸭子食(植物志 80-1)=抱茎小苦荬

鸭足板(四川)=禺毛茛
鸭足状磨擦草 Tripsacum dactyloides (L.) L.(禾本科)
鸭嘴菜(江苏药材志)=鸭舌草
鸭嘴草 Ischaemum aristatum var. glaucum (Honda) T.Koyama (禾本科)
鸭嘴草尖双花草 Dichanthium ischaemum (L.) Roberty (禾本科)
鸭嘴草属 Ischaemum L.(禾本科)
鸭嘴花 Adhatoda vasica Nees(爵床科)
鸭嘴花属 Adhatoda Mill.(爵床科)
鸭嘴癀(福建中草药)=旱田草
牙齿草(滇南本草,高等图鉴)=眼子菜
牙齿硬(中草药汇编)=美果九节
牙娥拨翠(云南河口傜语)=尖子木
牙干-图如古(蒙名)=顶羽菊
牙疳药(云南中草药)=粗糙钩毛耳草
牙赶庄(西双版纳傣语)=云南重楼
牙疙瘩(大兴安岭)=越桔
牙格达(蒙名)=沙枣
牙根消(南京药草)=一年蓬
牙关转于亮(傣名)=长管大青
牙呼光(傣族名)=束序苎麻
牙互丁(西双版纳傣语)=山芝麻
牙尖草(广西土名)=水蔗草
牙蕉(福建)=芭蕉
牙蕨(植物志 6-1)=毛轴牙蕨
牙蕨属 Pteridrys C.Chr. & Ching(叉蕨科)
牙买加鼠尾粟 Sporobolus indicus (L.) R.Br.(禾本科)
牙买加天轮柱 Cereus jamacarus DC.(仙人掌科)
牙买加铁苋菜 Acalypha hernantdiifolia Sw.(大戟科)
牙门杠(东北)=伞花蔷薇
牙门太(东北)=伞花蔷薇
牙喃坝(云南)=镰叶西番莲
牙努秋(西双版纳傣语)=肾茶
牙皮弯(西双版纳傣语)=滇南冠唇花
牙皮弯(云南傣语)=冠唇花
牙桑西哈(傣语)=下田菊
牙拾草(滇南本草)=眼子菜
牙刷草(苏州)=半枝莲
牙刷草(云南玉溪)=东紫苏
牙刷花(酒江西广昌)=紫花香薷
牙刷树(植物志 46)=刺茉莉
牙痛草(福建)=小花琉璃草
牙痛草(甘肃)=鸭儿芹
牙痛草(青海)=天仙子
牙痛草(云南)=铁仔
牙痛草(云南)=圆舌粘冠草
牙痛草(浙江草药)=绵毛鹿茸草
牙痛子(清海)=天仙子
牙歪硬(傣语)=毛九节
牙香树(广东)=白木香
牙项燕(傣语)=马鞭草
牙鹰簕(广州)=茅莓
牙皂(四川)=皂荚
牙肿消(南京药草)=一年蓬
牙竹麻(西双版纳傣语)=朱蕉
牙蛀消(江苏)=徐长卿
芽胞叉蕨 Tectaria fauriei Tagawa(叉蕨科),*傅氏三叉蕨*
芽胞耳蕨(蕨类图谱)=狭叶芽胞耳蕨
芽胞蹄盖蕨 Athyrium clarkei Bedd.(蹄盖蕨科),*新平蹄盖蕨*
芽瓜子(本草纲目)=仙茅
芽胡(江苏)=红柴胡
芽虎耳草 Saxifraga gemmigera Engl.(虎耳草科)
芽姜(新) Alpinia hibinoi Massam.?(姜科)
芽鳞钟花(新拉汉英)=日本钟花
芽曲藤(福建)=钝药野木瓜
芽生虎耳草 Saxifraga gemmipara Farnch.(虎耳草科)
芽竹 Phyllostachys robustiramea S.Y.Chen & C.Y.Yao (禾本科)
芽子包铁角蕨 Asplenium bulbiferum Forest.(铁角蕨科)
芽子木(湖南)=野鸦椿
崖柏 Thuja sutchuenensis Franch.(柏科),*崖柏树,四川侧柏*
崖柏树(中国树木志略)=崖柏
崖柏属 Thuja L.(柏科)
崖壁杜鹃 Rhododendron saxatile B.Y.Ding & Y.Y.Fang (杜鹃花科)
崖豆藤 Mallotus millietii Lévl.(大戟科)
崖豆藤属 Millettia Wight & Arn.(豆科),*昆明鸡血藤属*
崖花海桐(高等图鉴)=海金子
崖花子(高等图鉴)=海金子
崖花子 Pittosporum truncatum Pritz.(海桐花科),*菱叶海桐,山茶辣,山枝子,七里香*
崖姜(贵州)=崖姜蕨
崖姜蕨 Pseudodrynaria coronans (Wall. ex Mett.) Ching (槲蕨科),*穿石剑,大骨碎补,马骝姜,崖姜,崖爬姜,崖羌蕨,玉麒麟*
崖姜蕨属 Pseudodrynaria C.Chr.) C.Chr.(槲蕨科)
崖椒(图考)=竹叶花椒
崖椒(植物志 43-2)=青花椒
崖角藤属 Rhaphidophora Hassk.(天南星科)
崖柯(植物志 22)=杏叶柯
崖荔子(树木分类学)=珍珠莲
崖柳 Salix floderusii Nakai(杨柳科),*山柳,王八柳,狐柳*
崖摩属 Amoora Roxb.(楝科)
崖木瓜(植物志 47-1)=文冠果
崖楠 Phoebe yaiensis S.Lee(樟科)
崖爬姜(云南药用名录)=崖姜蕨
崖爬藤 Tetrastigma obtectum (Wall.) Planch.(葡萄科),*爬山虎,红五加,藤五加,五爪金龙,走游草*
崖爬藤属 Tetrastigma (Miq.) Planch.(葡萄科)
崖婆勒(广东)=老虎刺
崖羌蕨(广东)=崖姜蕨
崖生虎耳草 Saxifraga rupicola Franch.(虎耳草科)
崖石榴(图考)=珍珠莲
崖柿 Diospyros chunii Metc. & L.Chen(柿科)
崖松(秦岭志)=细叶景天
崖藤 Albertisia laurifolia Yamamoto(防已科)
崖藤属 Albertisia Becc.(防已科)
崖县扁担杆 Grewia chuniana Burret(椴树科)
崖县牵牛(海南志)=毛茎薯
崖县球兰 Hoya liangii Tsiang(萝藦科)
崖县叶下珠 Phyllanthus annamensis Beille(大戟科)
崖香(广东)=白木香
崖樱桃 Cerasus scopulorum (Koehne) Yü & Li (蔷薇科)
崖榆(陕西延安)=旱榆
崖枣树(树木分类学)=异叶鼠李
崖州地黄连 Munronia simplicifolia Merr.(楝科)
崖州乌口树 Tarenna laui Merr.(茜草科),*毛冠乌口树*
崖州野百合(分类学报,海南志)=崖州猪屎豆
崖州猪屎豆 Crotalaria yaihsiensis T.Chen(豆科),*崖州野百合*
崖洲竹 Bambusa textilis var. gracilis McClure (禾本科)
崖棕(广西植物)=石山棕
崖棕(秦岭志)=宽叶薹草
雅安粉条儿菜 Aletris yaanica G.H.Yang(百合科)
雅安茯蕨 Leptogramma yahanensis Ching ex Y.X.Lin (金星蕨科)
雅安厚壳桂 Cryptocarya yaanica N.Chao ex H.W.Li (樟科)
雅安蹄盖蕨(西北植物学报)=薄叶蹄盖蕨
雅安紫云菜 Strobilanthes limprichtii Diels(爵床科)
雅白菜(侗族名)=大丁草
雅卜(藏药材名)=藏荆芥
雅布伦(黎语)=南粤马兜铃
雅灯心草 Juncus concinnus D.Don (灯心草科)
雅东粉报春 Primula fernaldiana W.W.Sm.(报春花科)
雅夫风-沙里尔日(蒙语)=东北丝裂蒿
雅谷火绒草 Leontopodium jacotianum Beauv.(菊科)
雅谷火绒草长茎变种(植物志 75)=长茎雅谷火绒草(新)
雅谷火绒草密生变种(植物志 75)=密生雅谷火绒草(新)
雅害黑(傣名)=掌叶梁王茶
雅旱(闽东本草)=蓬虆
雅呼鲁(云南傣语)=锡生藤
雅加松 Pinus massoniana var. hainanensis Cheng & L.K.Fu (松科)
雅江报春 Primula involucrata subsp. yargongensis (Petitm.) W.W.Sm. & For.(报春花科)
雅江臭草 Melica yajiangensis Z.L.Wu(禾本科)
雅江翠雀花 Delphinium yajiangense W.T.Wang (毛茛科)
雅江滇紫草 Onosma yajiangense W.T.Wang ex Y.L.Liu (紫草科)
雅江点地梅 Androsace yargongensis Petitm.(报春花科)
雅江甘肃马先蒿 Pedicularis kansuensis subsp. yargongensis (Bonati) Tsoong(玄参科),*甘肃菊叶马先蒿雅江亚种*
雅江杭子稍 Campylotropis yajiangensis P.Y.Fu (豆科)
雅江棱子芹 Pleurospermum astrantioideum (de Boiss.) K.T.Fu & Y.C.Ho(伞形科)
雅江薹草 Carex yajiangensis Tang & Wang(莎草科)
雅江乌头 Aconitum yachiangense W.T.Wang (毛茛科)
雅江野丁香 Leptodermis buxifolia f. strigosa Lo (茜草科)
雅江早熟禾 Poa yakiangensis L.Liu(禾本科)
雅江紫堇 Corydalis yargongensis C.Y.Wu(罂粟科)
雅洁粉报春 Primula concinna Watt(报春花科)
雅洁小檗 Berberis concinna HK.f. & Thoms. (小檗科)
雅韭 Allium elegantulum Kitagawa(百合科)
雅库杜鹃花 Rhododendron yakusimanum Nakai (杜鹃花科)

雅库羊茅 Festuca jacutica Drob.(禾本科)
雅丽千金藤 Stephania elegans HK.f. & Thoms.(防已科),*小山豆根,山豆根,千金藤,雅致千金藤*
雅连(植物志 27)=三角叶黄连
雅龙江风毛菊 Saussurea hultenii Lipsch.(菊科)
雅砻粉背蕨 Aleuritopteris yalungensis X.X. Kong (中国蕨科)
雅砻黄报春 Primula prattii Hemsl.(报春花科)
雅砻江楠 Phoebe legendrei Lec.(樟科)
雅砻雪胆 Hemsleya delavayui var. yalungensis (Hand.-Mazz.) C.Y.Wu & C.L.Chen(葫芦科)
雅鲁藏布虎耳草 Saxifraga yaluzangbuensis J.T. Pan (虎耳草科)
雅鲁藏布江柏木(分类学报)=巨柏
雅曼-沙进而尔日(蒙语)=茵陈
雅美鹿蹄草(拉汉名称)=普通鹿蹄草
雅美万代兰 Vanda lamellata Lindl.(兰科)
雅美紫菀 Aster amellus L.(菊科),*意大利紫菀*
雅目草(闽南民间草药)=杜虹花
雅楠(树木分类学)=楠木
雅配牙钩(傣语)=鳄嘴花
雅片花(云南)=全缘叶绿绒蒿
雅容杜鹃 Rhododendron charitopes Balf.f. & Farrer(杜鹃花科)
雅榕 Ficus concinna (Miq.) Miq.(桑科),*小叶榕,万年青*
雅跖花叶报春 Primula oxygraphidifolia W.W. Sm. & Ward (报春花科),*四川粉报春*
雅致艾 Artemisia indica var. elegantissima (Pamp.) Y.R.Ling & C.J.Humph.(菊科)
雅致杓兰 Cypripedium elegans Rchb.f.(兰科)
雅致耳蕨(考察与研究)=宜昌耳蕨
雅致含笑 Michelia elegans Law & Y.F.Wu(木兰科)
雅致黄金凤 Impatiens siculifer var. mitis Lingesh. & Borza (凤仙花科)
雅致角盘兰 Herminium glossophyllum T.Tang & F.T.Wang (兰科)
雅致肋枝兰 Pleurothallis elegans (HBK) Lindl.(兰科)
雅致冷水花 Pilea oxyodon Wedd.(荨麻科)
雅致柳叶菜 Epilobium clarkeanum Hausskn.(柳叶菜科)
雅致洛克兰 Lockhartia elegans (Lodd.) HK.(兰科)
雅致膜杯草 Hymenocrater elegans Bge.(唇形科)
雅致木槿 Hibiscus syriacus f. elegantissimus Gagn.f. (锦葵科)
雅致扭藿香 Lophanthus elegans (Lipscky) Levin (唇形科)
雅致千金藤(中药辞海)=雅丽千金藤
雅致前胡(拉汉名称和手册)=刺尖前胡
雅致山蚂蝗(西藏志)=圆锥山蚂蝗
雅致舌唇兰 Platanthera elegans Lindl.(兰科)
雅致省藤 Calamus elegans Ridley (棕榈科)
雅致雾水葛 Pouzolzia elegans Wedd.(荨麻科)
雅致线柱兰 Zigadenus elegans Pursh (兰科)
雅致香青 Anaphalis elegans Ling(菊科)
雅致羊耳蒜 Liparis elegans Lindl.(兰科)
雅致玉凤花 Habenaria fargesii Finet(兰科)
雅致远志 Polygala elegans Wall.(远志科)
雅致针毛蕨 Macrothelypteris oligophlebia var. elegans (Koidz.) Ching(金星蕨科),*疏毛针毛蕨,稀毛针毛蕨,金鸡尾巴草根*
雅致柱瓣兰 Epidendrum elegans (Ku. & Westc.) Lindl. (兰科)
亚澳薹草 Carex brownii Tuckerm.(莎草科)
亚八藤(海南澄迈)=帘子藤
亚白竹(广东)=茶竿竹
亚奔波(傣名)=咀签
亚柄薹草 Carex lanceolata var. subpediformis Kükenth. (莎草科),*早春薹草*
亚布泉(维吾尔语)=茵陈
亚查红景天 Rhodiola atsaensis (Fröd.) H.Ohba (景天科),*柴胡红景天*
亚刺伯高粱(广州志)=石茅
亚粗毛鳞盖蕨 Microlepia substrigosa Tagawa (碗蕨科)
亚大黄(民族药志)=穗序大黄
亚德氏蹄盖蕨(台湾志)=大叶假冷蕨
亚灯堂(广西)=毛牵牛
亚丁骆驼刺 Alhagi maurorum(豆科)
亚东垂头菊 Cremanthodium yadongense S.W.Liu(菊科)
亚东灯台报春 Primula smithiana Craib(报春花科)
亚东点地梅 Androsace hookeriana Klatt(报春花科),*异叶点地梅*
亚东耳蕨 Polystichum yadongense Ching & S.K. Wu (鳞毛蕨科)
亚东高山豆 Tibetia yadongensis H.P.Tsui(豆科)
亚东蒿 Artemisia yadongensis Ling & Y.R.Ling (菊科)
亚东黄芪 Astragalus yatungensis Ni & P.C.Li (豆科)
亚东肋柱花 Lomatogonium chumbicum (Burk.) H.Sm. (龙胆科)
亚东棱子芹(新)Pleurospermum album C.B. Clarke ex Wolff? (伞形科)
亚东柳 Salix paratetradenia var. yatungensis C. Wang & P.Y.Fu (杨柳科)
亚东柳叶菜(西藏志)=鳞片柳叶菜
亚东毛柳 Salix yadongensis N.Chao(杨柳科)
亚东蒲公英 Taraxacum mitalii V.Soest(菊科)
亚东鼠耳芥(植物志 33)=无苞芥
亚东丝瓣芹 Acronema yadongense S.L.Liou(伞形科)
亚东嵩草 Kobresia yadongensis Y.C.Yang(莎草科)
亚东橐吾 Ligularia atkinsonii (C.B.Clarke) S.W. Liu (菊科)
亚东乌头(中药辞海)=紫乌头
亚东乌头 Aconitum spicatum Stapf(毛茛科)
亚东杨 Populus yatungensis (C.Wang & P.Y.Fu) C.Wang & Tung (杨柳科)
亚东玉山竹 Yushania yadongensis Yi (禾本科),*长柄玉山竹*
亚尔母尝(藏名)=裂叶堇菜
亚飞廉(高等图鉴)=薄叶翅膜菊
亚飞廉属(高等图鉴)=**翅膜菊属**
亚高山茶藨子(华北经济志)=长刺茶藨子
亚高山荚蒾 Viburnum subalpinum Hand.-Mazz. (忍冬科)
亚高山景天(植物志 34-1)=大炮山景天
亚高山冷水花 Pilea racemosa (Royle) Tuyama (荨麻科)
亚革质冷水花(云南植物名录)=翅茎冷水花
亚革质柳叶菜 Epilobium subcoriaceum Hausskn. (柳叶菜科)
亚灌木秋海棠 Begonia suffruticosa Meissn.(秋海棠科)
亚灌木香青 Anaphalis suffruticosa Hand.-Mazz. (菊科)
亚光姬蕨 Hypolepis glabrescens Ching(姬蕨科)
亚光毛蕨(蕨类形态)=腺饰毛蕨
亚罕闷(西双版纳傣语)=黄花稔
亚呼鲁(云南傣语)=锡生藤
亚吉(藏名)=长梗金腰
亚吉玛(藏名)=蔽果金腰
亚吉玛(藏名)=裸茎金腰
亚尖叶小檗 Berberis subacuminata Schneid. (小檗科)
亚尖叶锥(植物志 22)=印度锥
亚菊 Ajania pallasiana (Fisch. ex Bess.) Poljak. (菊科)
亚菊属 Ajania Poljak (菊科)
亚客勒库得拉草 Kudrjaschevia jacubi (Lipsky) Pojark.(唇形科)
亚拉满(西双版纳傣语)=榛叶黄花稔
亚力山大椰子(台木本志)=假槟榔
亚力山大椰子属(台木本志)=**假槟榔属**
亚利桑那梣叶槭 Acer negundo var. arizonicum Sarg. (槭树科)
亚利桑那槐 Sophora arizonica S.Watson (豆科)
亚利桑那松 Pinus arizonica Engelm.(松科)
亚利桑纳铁木 Ostrya knowltonii Cov.(桦木科)
亚荔枝(开宝本草)=龙眼
亚罗椿(中草药汇编)=浆果楝
亚洛轻(思茅中草药)=灰毛浆果楝
亚麻(中草药汇编)=野亚麻
亚麻 Linum usitatissimum L.(亚麻科),*壁虱胡麻,大麻,胡麻饭,胡麻子,胡脂麻,山西胡麻,山脂麻,鸦麻*
亚麻科 Linaceae
亚麻荠 Camelina sativa (L.) Crantz(十字花科)
亚麻荠属 Camelina Crantz (十字花科)
亚麻荛花 Wikstroemia linoides Hemsl.(瑞香科)
亚麻叶碱蓬 Suaeda linifolia Pall.(藜科)
亚麻叶鸢尾 Iris linifolia Juno (鸢尾科)
亚麻属 Linum L.(亚麻科)
亚麻状龙胆 Gentiana linoides Franch. ex Hemsl. (龙胆科)
亚马景天(植物志 34-1)=全缘华北八宝
亚马逊展多兰 Chondrorhyncha amazonica (Rchb.f. & Warsc.) A.D.Howkes (兰科)
亚马逊买麻藤 Gnetum leyoboldii Tul.(买麻藤科)
亚美峨眉蕨(分类学报)=东北峨眉蕨
亚美利亚黄芩 Scutellaria araxensis Grossh.(唇形科)
亚美尼亚彩花 Acantholimon armenum Boiss. & Huet.(白花丹科)
亚美尼亚蓝壶花 Muscari armeniacum Leicht. (百合科),*阿美尼亚麝香兰*
亚美尼亚山楂小檗 Berberis crataegina var. armeniaca Schneid.(小檗科)
亚美尼亚柱瓣兰 Epidendrum armeniacum Lindl. (兰科)
亚美薹草 Carex aperta Boott(莎草科)
亚美蹄盖蕨(蕨类图说)=东北峨眉蕨
亚母头(广西壮语)=白背黄花稔
亚那藤(广东大埔)=阔裂叶羊蹄甲
亚欧唐松草 Thalictrum minus L.(毛茛科),*小唐松草*
亚婆巢(中草药彩色图谱)=牛白藤
亚婆潮草(海南儋县)=脉耳草
亚婆钱(江西寻邬)=排钱树
亚全缘观音座莲 Angiopteris subintegra Ching (观音座莲科)

亚伞花繁缕 Stellaria subumbellata Edgew.(石竹科)
亚塔棕 Attalea funifera Mart.(棕榈科),巴西棕
亚塔棕属 Attalea HNK.(棕榈科)
亚泰果冻棕 Butia vatay (Mart.) Becc.(棕榈科)
亚蹄盖蕨(台湾志)=东亚峨眉蕨
亚蹄盖蕨属(台湾志)=**峨眉蕨属**
亚香茅 Cymbopogon nardus (L.) Rendle (禾本科),*金桔草*
亚心形凤仙花 Impatiens subcordata Arn.(凤仙花科)
亚桠木(中药辞海)=极简榕
亚友水龙骨(横断山植物)=假友水龙骨
亚中兔耳草(中草药汇编)=兔耳草
亚洲岩风 Libanotis sibirica (L.) C.A.Mey.(伞形科)
亚洲变种(植物志 66,Flora 17)=亚洲地椒(新)
亚洲滨枣(植物志 48-1)=蛇藤
亚洲大花蒿 Artemisia macrantha Ledeb.(菊科),*大花蒿*
亚洲地椒(新)Thymus quinquecostatus var. asiaticus (Kitag.) C.Y.Wu & Y.C.Huang(唇形科),*亚洲变种*
亚洲光叶藤蕨 Stenochlaena asiatica Ching & Chiu (光叶蕨科)
亚洲假鳞毛蕨 Lastrea quelpaertensis (Christ) Cop. (金星蕨科)
亚洲络石 Trachelospermum asaticum (S. & Z.) Nakai (夹竹桃科),*湖北络石,台湾络石,细梗络石*
亚洲马盖麻(广西植物名录)=马盖麻
亚洲蓬子菜(中草药汇编)=长叶蓬子菜
亚洲蒲公英(内蒙志)=白花蒲公英
亚洲蒲公英 Taraxacum asiaticum Dahlst.(菊科),*戟叶蒲公英*
亚洲蓍 Achillea asiatica Serg.(菊科)
亚洲石松(云南植物研究)=欧洲石松
亚洲石梓 Gmelina asiatica L.(马鞭草科),*蛇头花*
亚洲小檗 Berberis asiatica Roxb. ex DC.(小檗科)
垭口盘果菊(云南植物名录)=云南福王草 **Yan**
咽喉草(河南)=角茴香
剨鸡尾(云南)=矮桃
烟包树(云南)=云南黄杞
烟草 Nicotiana tabacum L.(茄科),*鼻烟,金丝醺,辣油,气泥,太极膏,土烟草,五行丹,相断草,烟叶,野烟*
烟草色黄藤 Daemonorops tabacina Becc.(棕榈科)
烟草属 Nicotiana L.(茄科)
烟袋草(植物志 75)=烟管头草
烟袋锅(山东)=寻骨风
烟袋锅花(辽宁)=北细辛
烟斗花(广西)=野菰
烟斗柯 Lithocarpus corneus (Lour.) Rehd.(壳斗科),*石锥,烟斗子,黄楮,黄槠*
烟斗子(广东)=烟斗柯
烟豆 Glycine tabacina Benth.(豆科)
烟管草(无锡)=韩信草
烟管蓟 Cirsium pendulum Fisch. ex DC.(菊科)
烟管荚蒾 Viburnum utile Hemsl.(忍冬科),*黑汉条,灰猫条,羊柴,羊奶根,羊食子根,羊屎条,有用荚蒾*
烟管头草(江苏)=野菰
烟管头草 Carpesium cernuum L.(菊科),*杓儿菜,倒提壶,六氏草,毛叶芸香草,挖耳草,烟袋草,烟管状草,野朝阳柄,野葵花,野思草,野烟,芸香草*
烟管状草(长白山药志)=烟管头草
烟锅草(陕西)=东亚唐松草
烟灰色青兰 Dracocephalum fumosum Gontsch.(唇形科)
烟火藁(台湾志)=十字薹草
烟火藤(江苏志)=锈毛蛇葡萄
烟堇 Fumaria schleicheri Soy-Willem.(罂粟科)
烟堇属 Fumaria L.(罂粟科)
烟色斑叶兰 Goodyera fumata Thw.(兰科),*台湾斑叶兰,尾唇斑叶兰*
烟台补血草 Limonium franchetii (Debx.) Ktze.(白花丹科)
烟台柴胡 Bupleurum chinense f. vanheurckii (Muell-Arg.) Shan & Y.Li(伞形科)
烟台翠雀花 Delphinium chefoense Franch.(毛茛科),*山鸦雀儿,苦莲*
烟台当归(新)Angelica gracilis Franch.?(伞形科)
烟台飘拂草 Fimbristylis stauntoni Debeaux & Franch. (莎草科)
烟筒花(高等图鉴)=老鸦烟筒花
烟筒石(闽东本草)=薜荔
烟洋椿 Cedrela odorata L.(楝科)
烟叶(北方)=烟草
烟叶长蒴苣苔(海南志)=烟叶唇柱苣苔
烟叶唇柱苣苔 Chirita heterotricha Merr.(苦苣苔科),*烟叶长蒴苣苔*
烟油花(广西)=土丁桂
胭木 Wrightia arborea (Denns.) Mabb.(夹竹桃科),*胭树*
胭树(拉汉名称和手册)=胭木
胭脂 Artocarpus tonkinensis A.Chev. ex Gagn.(桑科),*胭脂树,鸡脖子果,鸡嗉果*
胭脂菜(福建)=落葵
胭脂菜(纲目)=藜
胭脂草(山东)=赶山鞭
胭脂粉花溲疏 Deutzia rosea var. carminea Rehd.(虎耳草科)
胭脂红 Triarrhena lutarioriparia var. gongchai f. coccinea L.Liu(禾本科),*钢刷子,红杆岗*
胭脂花(草花谱)=紫茉莉
胭脂花 Primula maximowiczii Regel(报春花科)
胭脂花头(四川中药志)=紫茉莉
胭脂麻(四川泸县)=攀倒甑
胭脂木(广西)=郎伞木
胭脂木(海南)=白桂木
胭脂木(云南金平)=红木
胭脂树(海南)=胭脂
胭脂树(云南)=榄绿红豆
胭脂仙人掌(图鉴)=胭脂掌
胭脂掌 Opuntia cochinellifera (L.) Mill.(仙人掌科),*胭脂仙人掌,仙人掌,无刺仙人掌,肉掌*
阉鸡尾(药用志)=井栏边草
掩子(医心方)=栗
臙脂豆(图考)=落葵
延安小檗 Berberis purdomii Schneid. (小檗科)
延苞蓝 Hymenochlaena pteroclada (R.Ben.) C.Y.Wu & C.C.Hu(爵床科),*延苞马蓝*
延苞蓝属 Hymenochlaena Bremek.(爵床科)
延苞马蓝(广西植物)=延苞蓝
延苞象牙参 Roscoea kunmingensis var. elongatobractea S.Q.Tong(姜科)
延边车轴草 Trifolium gordejevi (Kom.) Z.Wei (豆科),*宿瓣胡卢巴*
延边当归(吉林)=东当归
延长薹草 Carex prolongata Kükenth.(莎草科)
延齿草(西藏中草药)=西藏延龄草
延翅风毛菊 Saussurea pteriodophylla Hand.-Mazz. (菊科)
延翅蛇根草 Ophiorrhiza alatiflora Lo(茜草科)
延地青(浙江宁波)=结缕草
延地蜈蚣(浙江,江西)=过路黄
延胡索(东北)=夏天无
延胡索 Corydalis yanhusuo W.T.Wang ex Z. Y.Su & C.Y.Wu (罂粟科),*元胡,元胡索*
延辉巴豆 Croton yanhui Y.T.Chang(大戟科)
延龄草 Trillium tschonoskii Maxim.(百合科),*入河,尸儿七,狮儿七,头顶一棵珠,芋儿七*
延龄草属 Trillium L.(百合科)
延龄耳草 Hedyotis paridifolia Dunn(茜草科)
延命菊(植物志 74)=雏菊
延平柿 Diospyros tsangii Merr.(柿科)
延寿草(秦岭志)=蕨麻
延药睡莲 Nymphaea nouchali N.L.Burm.(睡莲科),*蓝睡莲*
延叶山桂花 Bennettiodendron brevipes var. margopatens S.S.Lai(大风子科)
延叶珍珠菜 Lysimachia decurrens Forst.f.(报春花科),*马兰花,狮子草,白当归,黑疔草*
延羽卵果蕨 Phegopteris decursive-pinnata (van Hall.) Fée (金星蕨科),*狭叶金星蕨,短柄卵果蕨,翅轴假金星蕨*
严芽桔(广东)=岭南山竹子
岩巴耳(中药大辞典)=蒙自虎耳草
岩白菜(Flora 18)=岩白翠
岩白菜(广西药用名录)=宽叶鼠麴草
岩白菜(贵州)=牛耳朵
岩白菜(湖北)=湖北地黄
岩白菜(湖南,新华本草纲要)=蚂蝗七
岩白菜(新华本草纲要)=浙皖粗筒苣苔
岩白菜 Bergenia purpurascens (HK.f. & Thoms.) Engl. (虎耳草科),*矮白菜,呆白菜,滇岩白菜,兰花岩陀,蓝菜岩陀,石山菖蒲,雪头开花,岩壁菜,岩菖蒲,岩七*
岩白菜属 Bergenia Moench(虎耳草科)
岩白草(四川)=布朗卷柏
岩白翠 Mazus omeiensis Li(玄参科),*岩白菜*
岩白芷(峨眉)=峨眉当归
岩柏草(天目药志)=江南卷柏
岩败酱 Patrinia rupestris (Pall.) Juss.(败酱科)
岩斑竹 Fargesia canaliculata Yi (禾本科)
岩板菜(湖北志)=凹叶景天
岩瓣蓍 Achillea rupestris Huter ex Beck (菊科)
岩壁菜(云南)=岩白菜
岩壁垫柳 Salix scopulicola P.Y.Mao & W.Z.Li (杨柳科)
岩扁柏(浙江药志)=深绿卷柏
岩菠菜(峨眉)=岩匙
岩薄荷(江西)=兰香草
岩参(新华本草纲要)=紫花苣苔
岩参(云南中草药选,植物志 20-1)=岩椒(新)
岩参(植物志 80-1)=头嘴菊
岩参 Cicerbita azurea (Ledeb.) Beauverd(菊科)
岩参属 Cicerbita Wallr.(菊科)
岩蚕(浙江药志)=日本水龙骨
岩茶(贵州方药集)=吊石苣苔
岩柴(新华本草纲要)=黑壳楠
岩菖蒲(广东)=石菖蒲
岩菖蒲(云南中草药)=岩白菜
岩菖蒲 Tofieldia thibetica Franch.(百合科),*岩飘子*

岩菖蒲属 Tofieldia Huds.(百合科)
岩匙 Berneuxia thibetica Decne.(岩梅科),*岩菠菜,岩筋菜,白奴花,石莲,小岩匙,露寒草*
岩匙属 Berneuxia Decne.(岩梅科)
岩川芎(中草药汇编)=蕨叶藁本
岩春草(浙药志)=虎尾铁角蕨
岩慈菇 Asarum sagittarioides C.F. Liang(马兜铃科),*山慈菇*
岩刺柏(峨眉图谱)=高山柏
岩葱(思茅中草药)=指叶毛兰
岩葱(云南中草药选)=棒叶鸢尾兰
岩葱(植物志 14)=山韭
岩大戟(植物志 44-3)=大狼毒
岩大蒜(四川)=忽地笑
岩当归(南川)=金山当归
岩地芨(湖南药物志)=地榆
岩地早熟禾 Poa granitica Braun-Blanq.(禾本科),*曲折早熟禾*
岩豆(常用中草药方选)=密花石豆兰
岩豆(四川中草药)=河边千斤拔
岩豆(图考)=细叶石仙桃
岩豆瓣(云南)=豆瓣绿
岩豆草(广西)=盾蕨
岩豆根(分类草药性)=香花崖豆藤
岩豆藤(四川中药志)=香花崖豆藤
岩豆藤根(贵州民间药物)=亮叶崖豆藤
岩杜鹃(广西植物名录)=鹿角杜鹃
岩鹅耳枥(森林图志)=岩生鹅耳枥
岩风(陕西华县,灵宝)=条叶岩风
岩风(陕西山阳,旬阳)=灰毛岩风
岩风(四川南川)=南川前胡
岩风(中草药汇编,中药大辞典)=长刺卫矛
岩风 Libanotis buchtormensis (Fisch.) DC.(伞形科),*长虫七,长春七*
岩风七(四川南川)=小果唐松草
岩风属 Libanotis Hill.(伞形科)
岩凤尾蕨 Pteris deltodon Bak.(凤尾蕨科),*凤尾草,粗金鸡尾,鸡爪风*
岩浮萍(高等图鉴)=团羽铁线蕨
岩高兰 Empetrum nigrum L.(岩高兰科)
岩高兰科 Empetraceae
岩高兰叶小檗 Berberis empetrifolia Lam.(小檗科)
岩高兰属 Empetrum L.(岩高兰科)
岩高兰状松毛翠 Phyllodoce empetriformis (Sm.) D.Don (杜鹃花科)
岩谷杜鹃 Rhododendron rupivalleculatum Tam (杜鹃花科)
岩瓜子草(湖南)=鱼鳖金星
岩拐角(四川)=黄连木
岩观音草 Peristrophe montana Nees(爵床科),*岩山蓝*
岩果紫(贵州民间药物)=异叶鼠李
岩蒿(植物研究)=山蒿
岩蒿 Artemisia rupestris L.(菊科),*鹿角蒿,一枝蒿*
岩合合罗(云南红河哈尼语)=四方蒿
岩核桃 Juglans rupestris Engelm.(胡桃科)
岩红(云南中草药选)=裂叶秋海棠
岩胡(贵州)=石生黄堇
岩蝴蝶(贵阳)=尾囊草
岩花(河北)=独根草
岩花(河北)=槭叶铁线莲
岩花椒(贵州)=蚬壳花椒
岩花椒(云南)=刺花椒
岩桦 Betula calcicola (W.W.Sm.) P.C.Li(桦木科)
岩还阳(湖北志)=云南红景天
岩黄瓜菜 Paraixeris saxatilis (A.Baran.) Tzvel.(菊科)
岩黄连(湖北,四川,贵州,广西)=石生黄堇
岩黄连(湖北巴东,陕西镇坪)=毛黄堇
岩黄连(神农架)=川鄂黄堇
岩黄连(四川峨眉)=峨眉黄连
岩黄连(四川金阳)=宽裂黄堇
岩黄连(四川木里)=短葶黄堇
岩黄连(中草药汇编)=黄堇
岩黄芪(新疆中草药)=紫花岩黄芪
岩黄芪属 Hedysarum L.(豆科)
岩黄树 Xanthophytum kwangtungense (Chun & How) Lo (茜草科)
岩黄树属 Xanthophytum Reinw. ex Bl.(茜草科)
岩茴香(山东)=山茴香
岩茴香 Ligusticum tachiroei (Franch. & Sav.) Horoe & Constance(伞形科),*细叶藁本,火藁本*
岩藿香 Scutellaria franchetiana Lévl.(唇形科),*犁头草,方茎筒报头草*
岩鸡尾(贵州民间药物)=日本水龙骨
岩姬蕨(蕨类图说)=姬蕨
岩剪秋罗 Petrocoptis lagascae Willk.(石竹科)
岩剪秋罗属 Petrocoptis A.Br.(石竹科)
岩见血参(湖北志)=云南红景天
岩姜七(四川)=膜叶星蕨
岩浆草(云南中草药)=青龙藤
岩豇豆(中草药汇编)=印缅金钗股
岩娇草(香港)=无距花
岩椒(彩色草药图谱)=竹叶花椒
岩椒(昆明中草药)=毛刺花椒
岩椒(新)Piper pubicatulum C.DC.(胡椒科),*岩参*
岩椒草(四川中药志)=臭节草
岩角(云南中草药)=笋兰
岩节连(贵州兴仁)=蕨叶人字果
岩筋菜(峨眉)=岩匙
岩井柑 Citrus iwaika Tanaka (芸香科)
岩韭 Allium spurium G.Don(百合科)
岩居点地梅 Androsace wilsoniana Hand.-Mazz.(报春花科)
岩居马先蒿 Pedicularis rupicola Franch.(玄参科),*岩居马先蒿岩居亚种岩居变种*
岩居马先蒿川西亚种(植物志 68)=川西岩居马先蒿
岩居马先蒿岩居亚种黄花变种(植物志 68)=黄花岩居马先蒿(新)
岩居马先蒿岩居亚种岩居变种(植物志 68)=岩居马先蒿
岩居香草 Lysimachia saxicola Chun & F.Chun (报春花科)
岩菊蒿 Tanacetum scopulorum (Krasch.) Tzvel.(菊科)
岩卷柏(中草药汇编)=薄叶卷柏
岩蕨(台湾志)=耳羽岩蕨
岩蕨 Woodsia ilvensis (L.) R.Br.(岩蕨科)
岩蕨科 Woodsiaceae
岩蕨属 Woodsia R.Br.(岩蕨科)
岩喇叭花(云南曲靖)=两头毛
岩兰草(通称)=香根草
岩兰花(植物志 73-2)=西南风铃草
岩老鼠(湖北志)=云南红景天
岩楞子(四川)=平枝栒子
岩栎 Quercus acrodonta Seem.(壳斗科)
岩连(四川金阳)=石生黄堇
岩连(云南禄劝)=宽裂黄堇
岩莲(云南)=直梗高山唐松草
岩蓼 Polygonum cognatum Meisn.(蓼科)
岩林(中草药汇编)=蕨叶藁本
岩柃 Eurya saxicola H.T.Chang(山茶科)
岩龙胆(植物志 62)=鳞叶龙胆
岩龙香(彝药志)=灯笼花
岩罗汉(湖南)=吊石苣苔
岩马桑(贵州兴义)=山蜡梅
岩马桑(贵州中草药名录)=华中茶藨子
岩蚂蝗(湖南)=蚂蝗七
岩梅 Diapensia lapponica L.(岩梅科)
岩梅虎耳草 Saxifraga diapensia H.Sm.(虎耳草科)
岩梅科 Diapensiaceae
岩梅属 Diapensia L.(岩梅科)
岩牡丹 Ariocarpus retusus Scheidw.(仙人掌科)
岩牡丹属 Ariocarpus Scheidw.(仙人掌科)
岩木瓜 Ficus tsiangii Merr. ex Corner(桑科),*阿巴果*
岩披玉凤花 Habenaria minor Fukuyama ex Masam. (兰科),*岩坡玉凤兰*
岩枇杷(贵州)=革叶粗筒苣苔
岩匹菊 Pyrethrum petrareum Shih(菊科)
岩飘子(四川)=岩菖蒲
岩萍(湖南药物志)=翠云草
岩坡卫矛 Euonymus clivicolus W.W.Sm.(卫矛科),*细翅卫矛*
岩坡玉凤兰(台湾兰科植物,台兰科图鉴)=岩披玉凤花
岩七(昆明草药)=狗头七
岩七(云南)=剑叶开口箭
岩七(云南)=岩白菜
岩七(云南,陕西)=开口箭
岩七(云南临沧)=舌岩白菜
岩荠 Cochlearia officinalis L.(十字花科),*辣根菜*
岩荠属 Cochlearia L. (十字花科)
岩前胡 Peucedanum medicum var. gracile Dunn ex Shan & Sheh(伞形科),*光前胡*
岩茄子(湖北)=降龙草
岩青(四川)=深绿卷柏
岩青菜(湖北西部)=牛耳朵
岩青菜(植物志 69)=浙皖粗筒苣苔
岩青杠(贵州民间药物)=扶芳藤
岩青兰(高原治疗手册)=毛建草
岩人参(云南中草药)=紫花党参
岩如意(云南)=多茎景天
岩三七(湖北)=轮叶八宝
岩三七(云南)=滇边大黄
岩桑(广西,云南)=鸡桑
岩桑(湖北)=蒙桑
岩扫把(贵州)=盾叶唐松草
岩扫帚(浙江药志)=松叶蕨
岩山蓝(海南志)=岩观音草
岩山柳叶菜(安徽)=光滑柳叶菜
岩山枝(贵州)=思茅山橙
岩杉树 Wikstroemia angustifolia Hemsl.(瑞香科)
岩扇属 Shortia Torr. & Gray (岩梅科)
岩上珠 Clarkella nana (Endgew.) HK.f.(茜草科),*矮独叶*
岩上珠属 Clarkella HK.f.(茜草科)
岩生艾菊 Tanacetum capitatum Torr. & Gray.(菊科)
岩生白珠树 Gaultheria rupestris (L.f.) G.Don (杜鹃花科)

岩生报春 Primula saxatilis Kom.(报春花科)
岩生翠雀花 Delphinium davidii var. saxatile (W.T.Wang) W.T.Wang (毛茛科)
岩生翠雀花 Delphinium saxatile W.T.Wang(毛茛科)
岩生独蒜兰 Pleione saxicola T.Tang & F.T. Wang ex S.C.Chen(兰科)
岩生鹅耳枥 Carpinus rupestris A.Camus(桦木科),*岩鹅耳枥*
岩生耳蕨 Polystichum rupicola Ching ex W.M. Chu (鳞毛蕨科)
岩生繁缕 Stellaria petraea Bge.(石竹科)
岩生肥皂草 Saponaria ocymoides L.(石竹科)
岩生红豆 Ormosia saxatilis K.M.Lan(豆科)
岩生厚壳桂 Cryptocarya calcicola H.W.Li(樟科)
岩生虎耳草 Saxifraga saxicola H.Sm.(虎耳草科)
岩生黄芪 Astragalus lithophilus Kar. & Kir.(豆科)
岩生黄杨 Buxus rugulosa subsp. rupicola (W.W. Sm.) Hatusima(黄杨科),*石生黄杨*
岩生剪股颖 Agrostis rupestris All.(禾本科)
岩生堇菜(新拉汉英)=石岩生堇菜(新)
岩生堇菜 Viola adenothrix Hay.(堇菜科),*喜岩堇菜*
岩生卷柏 Selaginella rupestris (L.) Spring(卷柏科)
岩生棱子芹 Pleurospermum rupestre (M.Po.) K. T.Fu & Y.C.Ho(伞形科)
岩生南美苦苣苔 Gesneria saxatilis Alain.(苦苣苔科)
岩生南星 Arisaema saxatile Buchet (天南星科)
岩生女娄菜(拉汉名称)=岩生蝇子草
岩生蒲儿根 Sinosenecio saxatilis Y.L.Chen(菊科)
岩生千里光 Senecio wightii (DC. ex Wight) Benth. ex C.B.Clarke(菊科),*弯齿千里光*
岩生秋海棠 Begonia ravenii C.I.Peng & Y.K. Chen (秋海棠科)
岩生忍冬 Lonicera rupicola HK.f. & Thoms.(忍冬科),*西藏忍冬*
岩生石斛 Dendrobium rupicola Rchb.f. ex Krzl.(兰科)
岩生石仙桃 Pholidota rupestris Hand.-Mazz.(兰科)
岩生石竹 Dianthus petraeus W. & K.(石竹科)
岩生鼠尾草 Salvia saxicola Wall.(唇形科)
岩生树萝卜(西藏志)=藏布江树萝卜
岩生碎米荠 Cardamine calcicola W.W.Sm.(十字花科)
岩生薹草 Carex saxicola Tang & Wang(莎草科)
岩生蹄盖蕨 Athyrium rupicola (Edgew ex Hope) C.Chr. (蹄盖蕨科),*镰羽蹄盖蕨*
岩生头嘴菊 Cephalorrhynchus saxatilis (Edgew.) Shih (菊科)
岩生香薷 Elsholtzia saxatilis (Kom.) Nakai(唇形科)
岩生小报春 Primula rimicola W.W.Sm.(报春花科)
岩生小檗(新拉汉英)=岩生直总状花序小檗
岩生小檗(新拉汉英)=直总状花序小檗
岩生小檗 Berberis petrogena Schneid.(小檗科)
岩生羊角棉 Alstonia rupestris Kerr(夹竹桃科)
岩生野古草 Arundinella rupestris A.Camus (禾本科)
岩生银莲花 Anemone rupicola Camb.(毛茛科)
岩生蝇子草 Silene scopulorum Franch.(石竹科),*岩生女娄菜*
岩生远志(广东志)=大叶金牛
岩生远志 Polygala saxicola Dunn(远志科),*岩生紫金牛,鸡脚爪*
岩生越桔 Vaccinium scopulorum W.W.Sm.(杜鹃花科),*杨梅树*
岩生蚤缀 Arenaria stricta Michx.(石竹科)
岩生直总状花序小檗 Berberis orthobotrys var. rupestris Ahrendt (小檗科),*岩生小檗*
岩生珠子木 Phyllanthodendron petraeum P.T.Li (大戟科)
岩生紫金牛(云南植物名录)=岩生远志
岩生紫堇 Corydalis petrophila Franch.(罂粟科)
岩虱子(贵州草药)=鞭叶铁线蕨
岩石唇柱苣苔 Chirita rupestris Ridl.(苦苣苔科)
岩石刺蕊草 Pogostemon rupestris Benth.(唇形科)
岩石焦(贵州荔波)=石柑子
岩石兰(湖南药物志)=吊石苣苔
岩石榴(台湾志)=白背爬藤榕
岩石榴(图考,嵩明)=珍珠莲
岩石松(云南药用名录)=中华石杉
岩石羊(广西灌阳)=短刺虎刺
岩柿 Diospyros dumetorum W.W.Sm.(柿科),*小叶柿,石柿花,紫藿香,涩藿香,乌木*
岩刷子 Spiraea chinensis var. grandiflora Yü(蔷薇科),*中华绣线菊大花变种*
岩松(广西)=松叶蕨
岩松(昆明草药)=白果景天
岩松(中药大辞典)=石莲
岩酸(云南思茅,云南志))=箭叶秋葵
岩酸(云南药用名录)=独牛
岩酸菇(云南思茅)=掌叶秋海棠
岩笋(云南中草药选)=笋兰
岩檀香(四川中草药)=苍山越桔
岩田三七(湖北志)=云南红景天
岩铁杉(经济植物手册)=云南铁杉
岩葶苈(植物志 33)=纤细葶苈
岩桐子(药用志)=海州常山
岩头三七(浙江)=吊石苣苔
岩陀(云南)=西南鬼灯檠
岩陀(云南景东)=滇瑞香
岩陀(云南植物名录)=羽叶鬼灯檠
岩瓦翠雀花 Delphinium yanwaense W.T.Wang (毛茛科)
岩豌豆(湖北志)=云南红景天
岩丸子(湖北)=鄂报春
岩丸子(神农架中草药)=中华秋海棠
岩丸子(中草药汇编)=独牛
岩丸子(中草药汇编)=秋海棠
岩菀 Krylovia limoniifolia (Less.) Schischhk.(菊科)
岩菀属 Krylovia Schischk.(菊科)
岩威灵仙(中药大辞典)=地皮消
岩卫矛 Euonymus saxicolus Loes. & Rehd.(卫矛科)
岩莴苣(广西)=疏脉半蒴苣苔
岩莴苣(四川)=降龙草
岩莴苣(植物志 69)=革叶粗筒苣苔
岩窝鸡(四川东部)=大叶金腰
岩乌(四川南川)=岩乌头
岩乌金菜(安徽)=大叶金腰
岩乌头 Aconitum racemulosum Franch.(毛茛科),*岩乌子,岩乌,雪上一支蒿*
岩乌子(四川南川)=岩乌头
岩蜈蚣(贵州民间药物)=昌感秋海棠
岩五加(云南)=五叶参
岩五姜(新华本草纲要)=小蓝雪花
岩隙玄参 Scrophularia chasmophila W.W.Sm.(玄参科)
岩下青(浙江)=赤车
岩苋菜(湖北)=降龙草
岩苋菜(湖南)=蔓赤车
岩香菊(东北检索表)=甘菊
岩须 Cassiope selaginoides HK.f. & Thoms.(杜鹃花科),*八股绳,草灵芝,长梗岩须,水麻黄,铁刷把,万年青,雪灵芝*
岩须属 Cassiope D.Don (杜鹃花科),*锦绦花属*
岩玄参 Scrophularia amugensis Fr.Schmiklt?(玄参科)
岩穴蕨 Ptilopteris maximowiczii Hance(稀子蕨科)
岩穴蕨属 Ptilopteris Hance (稀子蕨科)
岩穴千里光(高等图鉴)=岩穴藤菊
岩穴藤菊 Cissampelopsis spelaeicola (Vant.) C. Jeffr. & Y.L.Chen(菊科),*岩穴千里光*
岩雪花 Argostemma saxatile Chun & How(茜草科)
岩雪下(分类学报)=峨屏草
岩野古蓝(植物研究)=岩一笼鸡
岩一笼鸡 Gutzlaffia aprica var. glabra (Imlay) H. S.Lo(爵床科),*岩野古蓝*
岩罂粟(东北)=野罂粟
岩油菜(贵州中草药名录)=波缘冷水花
岩芋(贵州罗甸)=滇磨芋
岩芋(昆明)=象头花
岩芋(云南中甸)=曲苞芋
岩芋(浙江草药)=见血青
岩芋(浙江龙泉)=滴水珠
岩芋 Remusatia vivipara (Lodd.) Schott (天南星科),*红芋,红半夏,红岩芋,红天椒,红芋头,哈怕都姆*
岩芋属 Remusatia Schott (天南星科)
岩枣(浙江)=广东石豆兰
岩泽兰(贵州草药)=结香
岩泽兰(贵州民间药物)=广州蛇根草
岩泽兰(贵州民间药物)=阴地蛇根草
岩泽兰(湖南)=吊石苣苔
岩樟 Cinnamomum saxatile H.W.Li(樟科),*米槁,米瓜,沟厚,椁蚬,椁涩*
岩指甲(云南中草药)= 西藏珊瑚苣苔
岩指甲花(贵州民间药物)=牯岭凤仙花
岩珠(浙江)细叶石仙桃
岩珠(浙江乐清)=滴水珠
岩槠(福建)=黑叶锥
岩竹(思茅中草药)=笋兰
岩子果(云南)=地檀香
岩棕(四川南川)=南川前胡
沿壁藤(湖南药物志)=络石
沿沟草 Catabrosa aquatica (L.) Beauv.(禾本科)
沿沟草属 Catabrosa Beauv.(禾本科)
沿钩子(纲目)=山莓
沿海车前 Plantago maritima L.(车前科)
沿海紫金牛(高等图鉴)=山血丹
沿阶草(植物志 15)=麦冬
沿阶草 Ophiopogon bodinieri H.Lévl.(百合科),*矮小沿阶草,铺散沿阶草*
沿阶草属 Ophiopogon Ker-Gawl.(百合科)
沿篱豆(植物志 41)=扁豆
炎草(湖南药物志)=秋鼠麴草
炎柴树(广东)=南方荚蒾
炎斋(广东)=南方荚蒾
研子盾草(台湾药志)=磨盘草

盐巴菜(云南西畴)=栀子皮
盐边天门冬 Asparagus yanbianensis S.C.Chen (百合科)
盐地柽柳 Tamarix karelinii Bge.(柽柳科)
盐地灯心草 Juncus gerardis Lisel.(灯心草科)
盐地风毛菊 Saussurea salsa (Pall.) Spreng.(菊科)
盐地碱蓬 Suaeda salsa (L.) Pall.(藜科),*翅碱蓬,黄须菜,碱葱*
盐地鼠尾粟 Sporobolus virginicus (L.) Kunth (禾本科)
盐豆木(豆科图说)=铃铛刺
盐丰龙胆 Gentiana expansa H.Sm.(龙胆科)
盐丰毛鳞菊(新)Chaetoseris teniana (Beauverd) Shih? (菊科)
盐丰蟹甲草 Parasenecio tenianus (Hand.-Mazz.) Y.L.Chen (菊科)
盐肤木 Rhus chinensis Mill.(漆树科),*倍子柴,肤杨树,红盐果,红叶桃,假五味子,角倍,木五倍子,泡木根,山梧桐,酸酱头,土椿树,文蛤根,乌酸桃,乌桃叶,乌烟桃,乌盐泡,五倍柴,五倍根,五倍子,五倍子树,信子柴,盐肤叶,盐肤子,盐树根,盐酸白*
盐肤木属 Rhus (Tourn.) L.emend.Moench(漆树科)
盐肤叶(开宝本草)=盐肤木
盐肤子(开宝本草,图考)=盐肤木
盐附子(河南)=瓜叶乌头
盐蒿(陕西)=碱蒿
盐蒿 Artemisia halodendron Turcz. ex Bess.(菊科),*差把嘎蒿,差不嘎蒿,褐沙蒿,呼伦-沙里尔日,普勒罕达,沙把嘎,沙蒿,沙漠嘎*
盐蒿子(江苏)=碱蓬
盐桦 Betula halophila Ching ex P.C.Li(桦木科)
盐碱土膜苞豆(植物志 41)=盐碱土坡油甘
盐碱土坡油甘 Smithia salsuginea Hance(豆科),*盐碱土施氏豆,盐碱土膜苞豆*
盐碱土施氏豆(豆科图说)=盐碱土坡油甘
盐角草 Salicornia europaea L.(藜科),*海蓬子*
盐角草属 Salicornia L.(藜科),*盐角属,海蓬子属*
盐角属(北部植物图志)=**盐角草属**
盐节草属(科属检索表)=**盐节木属**
盐节木 Halocnemum strobilaceum (Pall.) Bieb. (藜科)
盐节木属 Halocnemum Bieb.(藜科),*盐节草属*
盐芥 Thellungiella salsuginea (Pall.) O.E.Schulz (十字花科)
盐芥属 Thellungiella O.E.Schulz (十字花科)
盐津大戟 Euphorbia yanjianensis W.T.Wang(大戟科)
盐津木莲(植物志 30-1)=川滇木莲
盐咳药(贵州绥阳)=佛光草
盐梅(尚书)=梅
盐木属(科属词典)=**梭梭属**
盐匏藤(中草药汇编)=披针叶胡颓子
盐蓬(救荒本草)=碱蓬
盐蓬属 Halimocnemis Less (藜科),*节节盐木属*
盐千屈菜 Halopeplis pygmaea (Pall.) Kalidium(藜科)
盐千屈菜属 Halopeplis Bge. ex Ung.-Sternb. (藜科)
盐生草 Halogeton glomeratus (Bieb.) C.A.Mey. (藜科)
盐生草属 Halogeton C.A.Mey(藜科)
盐生车前 Plantago maritima subsp. ciliata Printz. (车前科)
盐生棘豆 Oxytropis salina Vass.(豆科)
盐生假木贼 Anabasis salsa (C.A.Mey) Benth. (藜科)
盐生木属(高等图鉴)=**戈壁藜属**
盐生肉苁蓉 Cistanche salsa (C.A.Mey) G.Beck (列当科),*肉苁蓉*
盐树根(浙江)=盐肤木
盐霜白(岭南采药录)=滨盐肤木
盐水面头果(台湾)=黄槿
盐酸白(广东,福建)=盐肤木
盐穗草属(科属检索表)=**盐穗木属**
盐穗木 Halostachys caspica (Bieb.) C.A.Mey. (藜科)
盐穗木属 Halostachys C.A.Mey.(藜科),*盐穗草属*
盐桃草(湖南药物志)=金鸡脚假瘤蕨
盐乌头(四川,陕西)=乌头
盐烟苏(四川会东)=寸金草
盐源蜂斗菜 Petasites versipilus Hand.-Mazz.(菊科)
盐源堇菜 Viola bambusetorum Hand.-Mazz.(堇菜科)
盐源马先蒿 Pedicularis yanyuanensis H.P.Yang (玄参科)
盐源梅花草 Parnassia yanyuanensis Ku (虎耳草科)
盐源槭 Acer schneiderianum Pax & Hoffm.(槭树科),*宁远槭*
盐源山蚂蝗 Desmodium elegans var. handelii (Schindl.) Ohashi(豆科)
盐源双蝴蝶 Tripterospermum coeruleum (Hand.-Mazz.) H.Sm.(龙胆科),*小筋骨藤,小黄鳝藤*
盐源天门冬 Asparagus yanyuanensis S.C.Chen (百合科)
盐源乌头 Aconitum yanyuanense W.T.Wang & L.Q.Li (毛茛科)
盐云草(苏南植物手册)=补血草
盐泽双脊荠 Dilophia salsa Thoms.(十字花科),*双脊草*
盐爪爪 Kalidium foliatum (Pall.) Moq.(藜科)
盐爪爪属 Kalidium Moq (藜科)
阎王刺(贵州)=云实
檐木(台湾)=蒲桃
檐葡(梵文音译)=黄兰
兖州卷柏 Selaginella involvens (Sw.) Spring(卷柏科),*地柏枝,金不换,金扁柏,柏叶草,地侧柏,金花草,千年柏,墙边柏,细叶金鸡尾*
奄美岛松 Pinus amamiana Koidz.(松科)
奄美短肠蕨 Allantodia amamiana (Tagawa) W.M.Chu & Z.R.He(蹄盖蕨科)
偃柏(中国树木学)=铺地柏
偃柏 Juniperus chinensis var. sargentii A.Henry (柏科),*偃桧*
偃伏梾木 Cornus stolonifera Michx (山茱萸科)
偃伏雪茄花(植物志 52-2)=平卧萼距花
偃桧(经济植物手册)=偃柏
偃桧(新拉汉英)=偃柏
偃麦草 Elytrigia repens (L.) Nevksi (禾本科)
偃麦草属 Elytrigia Desv.(禾本科)
偃松 Pinus pumila (Pall.) Regel (松科),*爬松,矮松,千叠松*
偃卧耳稃草 Garnotia triseta var. decumbens Keng (禾本科)
偃卧繁缕 Stellaria decumbens Edgew.(石竹科)
偃樱(经济植物手册)=偃樱桃
偃樱桃 Cerasus mugus (Hand.-Mazz.) Yü & Li (蔷薇科),*偃樱*
眼斑贝母兰 Coelogyne corymbosa Lindl.(兰科)
眼斑汉博百合 Lilium humboldtii var. ocellatum (Keggogg) Elwes (百合科)
眼斑猴面蝴蝶草 Achimenes ocellata HK.(苦苣苔科)
眼斑堇菜 Viola ocellata Torr. & Gray (堇菜科)
眼斑树苣苔 Kohleria ocellata Fritsch (苦苣苔科)
眼角蓝(广西)=杜仲藤
眼睛草(新拉汉英)=一支林
眼睛草(云南中草药)=藤麻
眼镜豆(海南)=榼藤
眼泪草(广西)=茅膏菜
眼明草(履巉岩本草)=千里光
眼蛇药(广东)=菝葜叶铁线莲
眼树莲 Dischidia chinensis Champ. ex Benth. (萝藦科),*瓜子核,瓜子金,瓜子藤,金瓜核,乳汁藤,上树鳖,上树瓜子,石仙桃,树上瓜子,望水王仙桃,小耳环,翼鱼草*
眼树莲属 Dischidia B.Br.(萝藦科),*瓜子金属*
眼状老虎兰 Stanhopea oculata (Lodd.) Lindl.(兰科)
眼子菜(沙漠药用植物)=篦齿眼子菜
眼子菜 Potamogeton distinctus A.Benn.(眼子菜科),*案棉线芽,滇鸭子草,钉耙七,金梳子草,水案板,鸭子草,鸭子草,牙齿草,牙拾草*
眼子菜科 Potamogetonaceae
眼子菜属 Potamogeton L.(眼子菜科)
檿桑(尔雅)=鸡桑
砚山红(云南)=尖子木
砚山毛茛 Ranunculus yanshanensis W.T.Wang (毛茛科)
砚山毛兰 Eria yanshanensis S.C.Chen(兰科)
砚山石栎(植物志 22)=白柯
艳红天香百合 Lilium auratum var. pictum Wall.(百合科)
艳红郁金香 Tulipa didieri var. mauriana Baker (百合科)
艳花酸藤子(植物志 58)=当归藤
艳丽齿唇兰 Anoectochilus moulmeinensis (Par & Rchb.f.) Seidenf. (兰科),*艳丽开唇兰*
艳丽耳草 Hedyotis pulcherrima Dunn(茜草科)
艳丽开唇兰(西藏植物)=艳丽齿唇兰
艳丽施氏豆(豆科图说)=黄花合叶豆
艳美彩叶凤梨 Neoregelia spectabilis (T.Moore) L.B.Sm.(凤梨科)
艳山红(分类草药性)=杜鹃
艳山姜 Alpinia zerumbet (Pers.) Burtt. & Smith (姜科),*大草蔻,玉桃,大豆蔻,草蔻,草豆蔻,土砂仁*
艳雪红(泉州本草)=月季花
焰苞唇柱苣苔 Chirita spadiciformis W.T.Wang (苦苣苔科)
焰苞丽穗凤梨 Vriesea flammea L.B.Sm.(凤梨科)
焰苞肖鸢尾 Moraea spathacea Thunb.(鸢尾科)
焰红杜鹃 Rhododendron miniatum Cowan(杜鹃花科)
焰爵床(中草药汇编)=火焰花
焰序山龙眼 Helicia pyrrhobotrya Kurz(山龙眼科)
雁荡毛蕨 Cyclosorus yandangensis Ching & Shing(金星蕨科)
雁荡润楠 Machilus minutiloba S.Lee(樟科)
雁荡三角槭 Acer buergerianum var.yentangense Fang & Fang f.(槭树科)

雁荡山复叶耳蕨 Arachniodes yandangshanensis Y.T.Hsieh (鳞毛蕨科)
雁股茅(植物学大辞典)=鳚茅
雁股茅属(植物学大辞典)=**鳚茅属**
雁来红(高等图鉴)=圆叶乌桕
雁来红(广东)=长春花
雁来红(江苏)=小天蓝绣球
雁来红(救荒本草)=苋
雁婆麻 Helicteres hirsuta Lour.(梧桐科),*肖婆麻*
燕艾(广西)=益母草
燕草叶蟹甲草(云南植物名录)=翠雀叶蟹甲草
燕覆子 (图考)=打碗花
燕含珠(广西草药)=短叶水蜈蚣
燕麦 Avena sativa L.(禾本科),*铃当麦,香麦,燕麦草*
燕麦草(和汉药)=燕麦
燕麦草(普通植物学)=野燕麦
燕麦草 Arrhenatherum elatius (L.) Presl(禾本科),*大蟹钓*
燕麦草属 Arrhenatherum Beauv.(禾本科)
燕麦灵(昆明草药)=云南兔儿风
燕麦属 Avena L.(禾本科),*乌麦属*
燕麦状彩花 Acantholimon avenaceum Bge.(白花丹科)
燕面(名医别录)=夏枯草
燕山红(云南昭通)=两头毛
燕山仙(上海植物名录)=龙头花
燕石斛 Dendrobium equitans Kraenzl.(兰科),*套叶石斛,燕子石斛*
燕尾草(傣名意译)=马鞭草
燕尾草(贵州草药)=野慈姑
燕尾草(日华子本草)=欧洲慈姑
燕尾草(云南)=杯叶西番莲
燕尾叉蕨 Tectaria simonsii (Bak.) Ching(叉蕨科),*黑柄叉蕨*
燕尾蕨 Cheiropleuria bicuspis (Bl.) C.Presl(燕尾蕨科)*二尖燕尾蕨*
燕尾蕨科 Cheiropleuriaceae
燕尾蕨属 Cheiropleuria C.Presl(燕尾蕨科)
燕尾山槟榔 Pinanga sinii Burret (棕榈科),*瑶山山槟榔*
燕尾藤(广西)=粉叶羊蹄甲
燕尾仙翁(种子植物名称)=丝瓣剪秋罗
燕脂菜(纲目)=落葵
燕子草(山东)=田旋花
燕子草(中药大辞典)=远志
燕子花(河北)=狼毒
燕子花(浙江草药,浙江)=蝴蝶花
燕子花 Iris laevigata Fisch. (鸢尾科),*平叶鸢尾,光叶鸢尾*
燕子柳(江苏)=枫杨
燕子石斛(台湾志)=燕石斛
燕子石斛 Dendrobium ventricosum Kranzl.(兰科)
燕子薹草 Carex cremostachys Franch.(莎草科)
燕子尾(广西)=半夏
燕子尾(云南)=山峰西番莲
燕子尾(云南)=月叶西番莲
燕子尾(植物志 52-2)=圆叶西番莲

Yang

秧草(滇南本草)=野灯心草
秧草(海南琼山)=球柱草
秧勒(新华本草纲要)=浆果楝
秧李(河南)=郁李
秧苗脬(江西)=山莓
秧青(四川中草药)=滇黔黄檀
秧青 Dalbergia assamica Benth.(豆科),*思茅黄檀,紫花黄檀*
秧心草(四川中药志)=接骨草
扬州琼花(博物)=琼花
扬子黄芪 Astragalus yangtzeanus Simps.(豆科)
扬子黄肉楠(高等图鉴)=豹皮樟
扬子毛茛 Ranunculus sieboldii Miq.(毛茛科),*辣子草,地胡椒,鸭脚板草*
扬子铁线莲 Clematis puberula var. ganpiniana (H.Lévl.) & Vnt.) W.T.Wang (Lévl. & Vant.) Tamura (毛茛科),*平滑果短尾铁线莲,镇平铁线莲*
扬子小连翘 Hypericum faberi R.Keller ex Hand.-Mazz. (藤黄科),*过路黄,肝红*
羊巴巴(云南保山)=米团花
羊不挨(广西)=火殃勒
羊不吃(四川)=刻叶紫堇
羊不吃(四川筠连)=三小叶人字果
羊不吃(云南中草药)=石椒草
羊不来(安徽)=木半夏
羊不奶棵(河南中草药)=地梢瓜
羊不食(贵州)=铁冬青
羊不食(松村任三植物名汇)=毛茄
羊不食草(本草拾遗)=羊踯躅
羊不食草(植物志 43-2)=石椒草
羊草(广州常见经济植物)=大黍
羊草(云南)=拟金茅
羊草 Leymus chinensis (Trin.) Tzvel.(禾本科)
羊草跌打(思茅中草药)=平卧菊三七
羊柴(纲目)=烟管荚蒾
羊齿囊瓣芹 Pternopetalum filicinum (Franch.) Hand.-Mazz.(伞形科)
羊齿天门冬 Asparagus filicinus Ham. ex D.Don (百合科),*百部,滇百部,丽江百部,千锤打,土百部,小百部,月牙一支蒿*
羊齿叶马先蒿 Pedicularis filicifolia Hemsl.(玄参科)
羊吹泡(新疆)=苦马豆
羊刺(北史)=骆驼刺
羊刺蜜(北史)=骆驼刺
羊脆骨(云南)=青皮木
羊脆骨(云南)=羊脆木
羊脆木 Pittosporum kerrii Craib (海桐花科),*羊脆骨,羊耳朵树,白箐檀木,杨翠木*
羊带归(广西中药志)=地桃花
羊胆木(广西)=木荚红豆
羊刀尖(广西)=肥肉草
羊羝角棵(北方中草药)=角蒿
羊豆(医林纂要)=豇豆
羊豆饭(湖南)=江南越桔
羊肚拉角(陕北)=罗布麻
羊儿草(南川中草药)=漆姑草
羊耳(湖北)=盾叶唐松草
羊耳茶(福建中草药)=羊耳菊
羊耳朵(滇南本草)=密蒙花
羊耳朵(云南)=大叶紫珠
羊耳朵(云南嵩明)=喉药醉鱼草
羊耳朵(植物志 78-2)=草地风毛菊
羊耳朵树(云南)=羊脆木
羊耳风(贵州)=羊耳菊
羊耳菊 Inula cappa (Buch.-Ham.) DC.(菊科),*八面风,白面风,白面猫子骨,白牛胆,大力王,蜡毛香,美叉列,棉鲁热涩,娜罕,山白芷,叔陆,铁杆香,土白芷,寻骨风,羊耳茶,羊耳风,猪耳风,壮牛浪*
羊耳三稔(广东中草药)=六耳铃
羊耳三稔(广东中药)=六棱菊
羊耳蒜 Liparis japonica (Miq.) Maxim.(兰科),*独脚莲,鸡心七,亮水珠,石火枣,雪散草,珍珠七*
羊耳蒜属 Liparis L.C.Rich.(兰科)
羊肝菜(广西中草药)=狗肝菜
羊肝狼头草(图考)=大王马先蒿
羊公板仔(海南)=白花酸藤子
羊瓜藤 Stauntonia duclouxii Gagn. (木通科),*云南野木瓜*
羊红膻 Pimpinella thellungiana Wolff(伞形科),*六月寒*
羊胡髭草(江苏志)=大披针薹草
羊胡子草(经济志)=大披针薹草
羊胡子草(云南曲靖)=两头毛
羊胡子草属 Eriophorum L.(莎草科)
羊胡子根(河北)=知母
羊胡子花(陕西)=白头翁
羊藿叶(东北)=朝鲜淫羊藿
羊饥藤(中药大辞典)=云南清风藤
羊角(广东)=羊角拗
羊角(广东,海南)=细叶谷木
羊角(华北)=萝藦
羊角(南方有毒植物)=亮叶猴耳环
羊角拗 Strophanthus divaricatus (Lour.) HK. & Arn.(夹竹桃科),*布渣叶,大羊角扭蓝,断肠草,打破碗花,黄葛扭,鲤鱼橄榄,沥口花,菱角扭,牛角橹,山羊角,羊角,羊角果,羊角黎,羊角墓,羊角扭,羊角柳,羊角藕,羊角树,羊角藤,阳角右藤,猪屎壳*
羊角拗属 Strophanthus DC.(夹竹桃科)
羊角杯(贵州翁安)=山油麻
羊角杓兰 Cypripedium arietinum R.Br.(兰科)
羊角菜(救荒本草)=萝藦
羊角菜(植物学大词典)=白花菜
羊角参(陕西中草药)=轮叶黄精
羊角草(福建,广西,中草药汇编)=黄花草
羊角草(广西)=凤丫蕨
羊角草(河北)=角蒿
羊角草(江苏)=野鸢尾
羊角草(晋江中草药)=狭叶母草
羊角刺(湖南药物志)=枸骨
羊角迪萨兰 Disa capricornis Rchb.f.(兰科)
羊角豆(广东)=咖啡黄葵
羊角豆(广东,广西,四川,云南)=决明
羊角豆(广西)=蓝叶藤
羊角豆(植物志 39)=望江南
羊角杜鹃(广西植物名录)=多花杜鹃
羊角儿菜(四川)=榨菜
羊角榧(浙江)=香榧
羊角果(广东)=羊角拗
羊角果(湖南)=紫花络石
羊角蒿(辽宁)=角蒿
羊角黎(植物志 63)=羊角拗
羊角丽(广东)=马利筋
羊角柳(广东中药)=羊角拗
羊角棉 Alstonia mairei Lévl.(夹竹桃科),*鸡舌头树,闹狗药,见血飞,小鸡骨常山*
羊角墓(广东)=羊角拗
羊角扭(广东,广西,贵州)=羊角拗
羊角扭(广东,海南)=细叶谷木
羊角藕(广东)=羊角拗
羊角七(湖北西部)=瓜叶乌头
羊角七(陕西)=松潘乌头
羊角槭 Acer yajuechi Fang & P.L.Chiu(槭树科)
羊角芹 Aegopodium podagraria L.(伞形科)
羊角芹属 Aegopodium L.(伞形科)
羊角树(广东)=羊角拗
羊角桃(贵州草药)=狭叶母草

羊角藤(广东)=匙羹藤
羊角藤(广西)=羊角树
羊角藤(广西药用名录)=印度羊角藤
羊角藤(海南)=腰骨藤
羊角藤(云南)=大叶银背藤
羊角藤 Morinda umbellata subsp. obovata Y.Z. Ruan (茜草科)
羊角天麻 Dobinea delavayi (Baill.) Baill.(漆树科),*大九股牛,九子不离母,绿天麻,大接骨,多槟榔*
羊角条(河南)=杠柳
羊角透骨草(山东)=角蒿
羊角香(云南鹤庆)=新樟
羊角香(云南玉溪)=滇新樟
羊角叶(河北,河南)=杠柳
羊角掌 Aloe eru Bgr.(百合科)
羊角汁(广西,广西东兴)=蓝树
羊角子(乾坤生意秘韫)=紫花地丁
羊角子草(植物志 63)=戟叶鹅绒藤
羊浸树(云南,广东)=牛角瓜
羊开口(植物志 29)=木通
羊肋树(云南)=白绿叶
羊萝泡(甘肃)=苦马豆
羊麻(名医别录)=马唐
羊嘛(广东)=古钩藤
羊毛草(贵州草药)=六棱菊
羊毛杜鹃 Rhododendron mallotum Balf.f. & K. Ward (杜鹃花科)
羊毛杜鹃花(新拉汉英)=雪毛杜鹃花
羊毛胡子(经济志)=大披针薹草
羊毛火绒草(四川)=钻叶火绒草
羊茅 Festuca ovina L.(禾本科),*酥油草*
羊茅属 Festuca L.(禾本科),*狐茅属*
羊茅状碱茅 Puccinellia festuciformis (Host.) Parl.(禾本科)
羊茅状早熟禾 Poa parafestuca L.Liu(禾本科)
羊咩屎(广西)=萝芙木
羊膜草(植物志 67-2)=鞭打绣球
羊母锁(药用图鉴)=多花勾儿茶
羊奶参(植物志 73-2)=羊乳
羊奶草(贵州方药集)=麦斛
羊奶根(分类草药性)=烟管荚蒾
羊奶果(云南药用名录)=攀援胡颓子
羊奶及及(沙漠药用植物)=拐轴鸦葱
羊奶奶(广西)=华南猕猴桃
羊奶条(河北,河南)=杠柳
羊奶子(东北)=杠柳
羊奶子(广西药用名录)=异叶榕
羊奶子(贵州)=紫果猕猴桃
羊奶子(海南志)=台湾榕
羊奶子(湖北)=胡颓子
羊奶子(云南昭通)=两头毛
羊奶子 Elaeagnus umbellata Thunb.(胡颓子科),*剪子果,麦粒子,梅梅树,牛奶,天青下白,甜枣*
羊尿泡(高等图鉴)=棠叶悬钩子
羊尿泡(青海中草药)=马尿泡
羊尿泡(四川南川)=苦糖果
羊尿泡(图考)=苦马豆
羊排果(广东)=古钩藤
羊皮袋(昆明)=云南含笑
羊坪凤仙花 Impatiens leveillei HK.f.(凤仙花科)
羊葡萄蔓(陕西中草药)=乌头叶蛇葡萄
羊七莲(广西药用名录)=线蕨
羊乳 Codonopsis lanceolata (S. & Z.) Trautv.(桔梗科),*白蟒肉,轮叶党参,蔓参,奶参,奶薯,山海螺,山胡萝卜,天海螺,通乳草,羊奶参*
羊乳榕 Ficus sagittata Vahl(桑科),*平滑榕*
羊乳藤(广西)=纤冠藤
羊乳子(海南)=山榕
羊沙芥(沙漠药用植物)=沙芥
羊山刺(广西,贵州)=异叶花椒
羊山噗树(云南药用名录)=攀援胡颓子
羊膻草(云南中草药)=石椒草
羊膻臭虫(四川)=杏叶茴芹
羊膻七(陕西)=异叶茴芹
羊舌树 Symplocos glauca (Thunb.) Koidz.(山矾科),*大叶山矾*
羊舌头(浙江)=巴天酸模
羊食阿魏 Ferula ovina (Boiss.) Boiss.(伞形科)
羊食子根(四川中药志)=烟管荚蒾
羊矢橘(闽书)=山橘
羊屎蛋(山东)=紫花野百合
羊屎果(广东)=小果山龙眼
羊屎果(思茅中草药)=短药蒲桃
羊屎果(思茅中草药)=乌墨
羊屎蒿(广东)=山香圆
羊屎木(广西药用名录)=台湾榕
羊屎木(南宁药志)=牛矢果
羊屎树(植物志 49-1)=山杜英
羊屎条(分类草药性)=烟管荚蒾
羊屎乌(高等图鉴)=中华杜英
羊屎子(中药材手册)=牛耳枫
羊粟(名医别录)=马唐
羊锁不拉(内蒙志)=锁阳
羊桃(广东,广西)=阳桃
羊桃(植物志 49-2)=中华猕猴桃
羊桃山枇杷(贵州)=聚锥水东哥
羊桃藤(植物志 49-2)=中华猕猴桃
羊犄角(内蒙)=角蒿
羊蹄(新拉汉英)=牛舌大黄
羊蹄 Rumex japonicus Houtt.(蓼科)
羊蹄暗消(云南)=杯叶西番莲
羊蹄暗消(云南中草药选)=月叶西番莲
羊蹄草(东北)=白鲜
羊蹄草(广西)=杯叶西番莲
羊蹄草(贵州)=一点红
羊蹄草(通称)=皱叶酸模
羊蹄风(中药大辞典)=显脉羊蹄甲
羊蹄根(吉林中草药)=皱叶酸模
羊蹄根(新拉汉英)=土大黄
羊蹄甲(植物志 39)=洋紫荆
羊蹄甲 Bauhinia purpurea L.(豆科),*玲甲花,紫花羊蹄甲,紫荆*
羊蹄甲花杜鹃 Rhododendron bauhiniiflorum G. Watt. ex Hutch.(杜鹃花科)
羊蹄甲属 Bauhinia L.(豆科)
羊蹄尖(四川广元)=夏枯草
羊蹄实(唐本草)=巴天酸模
羊蹄藤(广西中药志)=鞍叶羊蹄甲
羊蹄藤(云南)=火索藤
羊蹄叶(日华子本草)=巴天酸模
羊尾吼(广东,广西,四川,云南)=决明
羊乌泡(湖南)=棠叶悬钩子
羊须草 Carex callitrichos V.Krecz.(莎草科)
羊眼半夏(唐本草)=半夏
羊眼果树(植物志 43-2)=龙眼
羊眼花 Inula rhizocephala Schrenk(菊科)
羊眼子 Wikstroemia ligustrina Rehd.(瑞香科),*白腊叶荛花*
羊厌厌(陕北)=河朔荛花
羊燕花(河南灵宝)=河朔荛花
羊腰子(云南)=沙坝八月瓜
羊腰子果(云南)=白木通
羊药头(中草药汇编)=绿花崖豆藤
羊阴子(中草药汇编)=木半夏
羊踯躅 Rhododendron molle (Bl.) G.Don(杜鹃花科),*八厘麻,巴山虎,黄杜鹃,黄牯牛花,黄花,黄踯躅,老虎花,六轴子,闹羊花,三钱三,山芝麻,石六轴,天芝麻,土连翘,羊不食草,映山黄,玉枝*
羊竹子 Drepanostachyum saxatile (Hsueh & Yi) Keng f. ex Yi (禾本科)
羊仔菊(福建草药)=六棱菊
羊仔树(植物志 59-1)=山杜英
羊子屎(江西)=白檀
阳包树(药用志)=醉鱼草
阳春冬青 Ilex yangchunensis C.J.Tseng(冬青科)
阳春耳草 Hedyotis yangchunensis Ko & Zhang (茜草科)
阳春红淡比 Cleyera yangchunensis L.K.Ling (山茶科)
阳春砂(药典 2000)=砂仁
阳春砂仁(植物志 16-2)=砂仁
阳春山姜 Alpinia stachyodes var. yangchunensis Z.L.Zhao & L.S.Xu(姜科)
阳春省藤 Calamus yangchunensis C.F.Wei(棕榈科)
阳春鼠刺 Itea yangchunensis Jin(虎耳草科)
阳春小花苣苔 Chiritopsis subulata var. yangchunensis W.T.Wang(苦苣苔科)
阳春子(图考)=蔓胡颓子
阳荷 Zingiber striolatum Diels(姜科),*野姜*
阳藿(广西志)=蘘荷
阳角右藤(广西)=羊角树
阳明山杜鹃 Rhododendron yangmingshanense Tam (杜鹃花科)
阳雀花(滇南本草)=锦鸡儿
阳雀花(四川)=荷包山桂花
阳雀花(西藏中草药)=云南锦鸡儿
阳痧草(湖南药物志)=闽浙马尾杉
阳朔过路黄 Lysimachia carinata Y.I.Fang & C. Z.Cheng (报春花科)
阳朔假野芝麻(分类学报)=阳朔小野芝麻
阳朔薹草 Carex yangshuoensis Tang & Wang ex S.Y.Liang (莎草科)
阳朔小野芝麻 Galeobdolon yangsoense Sun ex C.Y.Wu (唇形科),*阳朔假野芝麻*
阳檖(尔雅)=豆梨
阳桃(植物志 49-2)=中华猕猴桃
阳桃 Averrhoa carambola L.(酢浆草科),*木踏子,山敛,五棱果,五敛子,五稔,羊桃,洋桃,酯桃,*
阳桃属 Averrhoa L.(酢浆草科)
阳桃子(分类草药性)=桃
阳芋 Solanum tuberosum L.(茄科),*地蛋,荷兰薯,马铃薯,山药蛋,山药豆,土豆,洋番薯,洋山芋,洋芋*
杨波叶(福建中草药)白背枫
杨春花树(江西)=江南越桔
杨翠木(云南植物名录)=羊脆木
杨枹蓟(尔雅)=白术
杨卡苣苔属 Jancaea Boiss.(苦苣苔科)
杨柳(纲目拾遗)=垂柳
杨柳(中草药汇编)=旱柳
杨柳科 Salicaceae
杨栌(唐本草)=半边月
杨梅 Myrica rubra (Lour.) S. & Z.(杨梅科),*山杨梅,朱红,珠蓉,树梅,杨梅根*
杨梅根(纲目)=杨梅
杨梅根(云南中草药选)=云南杨梅

杨梅黄杨 Buxus myrica Lévl.(黄杨科)
杨梅科 Myricaceae
杨梅树(广东,海南)=青杨梅
杨梅树(云南腾冲)=岩生越桔
杨梅树(云南中草药)=毛杨梅
杨梅叶蚊母树 Distylium myricoides Hemsl.(金缕梅科),*萍柴*
杨梅珠草(浙江药志)=叶下珠
杨梅属 Myrica L.(杨梅科)
杨漆根婆(南方毒植物)=毛果算盘子
杨氏安息香 Styrax youngae Cory (安息香科)
杨氏淫羊藿 Epimedium youngianum Fisch. & Mey.(小檗科)
杨檖(陆玑诗疏)=豆梨
杨桃豆(食用豆类作物)=四棱豆
杨桐(高等图鉴,台湾志)=红淡比
杨桐 Adinandra millettii (HK. & Arn.) Benth. & HK.f. ex Hance(山茶科),*黄板叉木,黄瑞木,鸡子茶,毛药红淡,乌珠子*
杨桐属 Adinandra Jack(山茶科)
杨叶椴 Tilia populifolia H.T.Chang(椴树科)
杨叶风毛菊 Saussurea populifolia Hemsl.(菊科)
杨叶桦 Betula populifolia Marsh.(桦木科)
杨叶木姜子 Litsea populifolia (Hemsl.) Gamble (樟科),*老鸦皮*
杨叶木藜芦 Leucothoë populifolia (Lam.) Dipp. (杜鹃花科)
杨叶苹婆 Sterculia populifolia Roxb.(梧桐科)
杨叶曲瓣梾木 Swida monbeigii var. populifolia (Fang & W.K.Hu) Fang & W.K.Hu(山茱萸科)
杨叶藤山柳 Clematoclethra actinidioides var. populifolia C.F.Liang & Y.C.Chen(猕猴桃科)
杨叶肖槿(海南志)=桐棉
杨属 Populus L.(杨柳科)
洋艾(苏南植物手册)=中亚苦蒿
洋白菜(北京)=甘蓝
洋白蜡(植物志 61)=美国红梣
洋波罗(广西龙州)=番荔枝
洋波萝(浙江)=丝兰
洋菠菜(俗称)=榆钱菠菜
洋参(湖北)=地瓜儿苗
洋参(药性考)=西洋参
洋草果(云南,广东)=蓝桉
洋常春藤 Hedera helix L.(五加科)
洋椿 Cedrela glaziovii C.DC.(楝科)
洋椿属 Cedrela P.Br.(楝科)
洋刺(福建)=假连翘
洋刺杉(福州,新拉汉英)=大叶南洋杉
洋葱 Allium cepa L.(百合科),*浑提葱*
洋大麻子花(山东中药)=洋金花
洋大头(江苏)=芥菜疙瘩
洋大头菜(江苏)=蔓菁甘蓝
洋刀豆(植物志 41)=直生刀豆
洋地黄(植物志 67-2,中草药汇编)=毛地黄
洋丁香(树木分类学)=欧丁香
洋番薯(蔬菜栽培学)=阳芋
洋甘草(豆科图说,植物志 42-2)=光果甘草
洋橄榄(新华本草纲要)=木犀榄
洋狗尾草 Cynosurus cristatus L.(禾本科)
洋狗尾草属 Cynosurus L.(禾本科)
洋姑娘(吉林)=毛酸浆
洋海椒(四川雷波)=珊瑚豆
洋海棠(图考)=赪桐
洋红(海南文昌)=响盒子
洋红美丽百合 Lilium speciosum var. rubrum Masters ex Baker (百合科)
洋红秋海棠 Begonia carminata Veitch.(秋海棠科)
洋红小檗 Berberis carminea Chitt. ex Ahrendt (小檗科)
洋蝴蝶(北京志)=家天竺葵
洋槐(树木分类学)=刺槐
洋槐属(树木分类学)=**刺槐属**
洋茴香(黑龙江)=莳萝
洋蓟(拉汉名称和手册)=菜蓟
洋剪秋罗 Lychnis viscaria L.(石竹科)
洋接骨木(中草药汇编)=西洋接骨木
洋金凤 Caesalpinia pulcherrima (L.) Sw.(豆科),*金凤花,黄蝴蝶,蛱蝶花*
洋金花(山东)=曼陀罗
洋金花 Datura metel L.(茄科),*白花曼陀罗,白曼陀罗,风茄儿,风茄花,枫茄花,枫茄子,伏茄子,酒醉花,叭花,六轴子,闹羊花,山茄花,洋大麻子花*
洋蜡梅属(庐山植物手册)=**夏蜡梅属**
洋辣子(新华本草纲要)=包疮叶
洋梨 Pyrus communis var. sativa (DC.) DC.(蔷薇科),*西洋梨栽培变种*
洋犁头(福建)=半夏
洋李(植物志 38)=欧洲李
洋麻(经济植物手册)=大麻槿
洋马齿苋(植物志 26)=大花马齿苋
洋梅花刺根(云南经济志)=金合欢
洋柠檬(植物志 43-2)=柠檬
洋飘飘(江苏)=萝藦
洋蒲桃 Syzygium samarangense (Bl.) Merr. & Perry (桃金娘科)
洋羌(植物志 75)=菊芋
洋蔷薇(树木分类学)=百叶蔷薇
洋山芋(南方俗称)=阳芋
洋珊瑚(广州)=红雀珊瑚
洋商陆(图鉴)=垂序商陆
洋芍药(广州)=大丽花
洋蓍草(药用图鉴)=蓍
洋石榴(云南)=鸡蛋果
洋石竹(华北经济志要)=膜萼花
洋石竹 Dianthus deltoides L.(石竹科),*少女石竹,美女石竹*
洋石竹属(华北经济志要)=**膜萼花属**
洋石竹属 Tunica (Hall.) Scop.(石竹科),*膜萼花属*
洋水仙(华北经济志要)=黄水仙
洋丝瓜(云南)=佛手瓜
洋松子(云南)=展毛野牡丹
洋苏木(植物志 39)=采木
洋素馨(广州)=夜香树
洋酸茄花(云南)=西番莲
洋桃(广东,广西)=阳桃
洋桃(河南开封)=夹竹桃
洋桃梅(山西)=夹竹桃
洋桃藤(贵州药用目录)=软枣猕猴桃
洋县风毛菊 Saussurea kungii Ling(菊科)
洋芫荽(广西,云南)=刺芹
洋眼草(中草药汇编)=蔓赤车
洋野黍 Panicum dichotomiflorum Michx.(禾本科)
洋雨久花(图鉴)=凤眼蓝
洋玉兰(树木分类学)=荷花玉兰
洋玉叶金花 Mussaenda frondosa L.(茜草科)
洋芋(通称)=阳芋
洋榛子(新拉汉英)=欧洲榛
洋洲满江红 Azolla rubra R.Br.(满江红科)
洋竹草 Callisia repens L.(鸭跖草科)
洋竹草属 Callisia Loefl.(鸭跖草科)
洋紫荆 Bauhinia variegata L.(豆科),*白花羊蹄甲,变叶树,红花紫荆,红紫荆,老白花,埋修,双飞蝴蝶,羊蹄甲,猪迹树,紫荆树*
洋紫苏(广东阳江)=小五彩苏
洋紫苏(广州志)=五彩苏
仰天盅(陆川本草)=金锦香
仰卧秆藨草 Scirpus supinus L.(莎草科)
仰卧黄芩 Scutellaria supina L.(唇形科),*不齐齿黄芩,琴叶黄芩*
仰卧马鞭草 Verbena supina L.(马鞭草科)
仰卧漆姑草 Sagina procumbens L.(石竹科)
仰卧委陵菜(苏南植物手册)=朝天委陵菜
仰卧早熟禾 Poa supina Schrad.(禾本科)
块茎羊茅 Festuca tuberculosa Coss. & Dur.(禾本科)
养当杜(云南少数民族名)=牛角藤
养面花(昆明)=黄蜀葵
养心草(福建民间草药)=堪察加费菜
养血草(四川)=楼梯草
养血莲(成都草药手册)=蜘蛛香
痒见消(图考长编)=醉鱼草
痒漆树(广西,四川,河南)=野漆
痒树棵(云南中草药选)=毛果算盘子
痒藤(广西合浦)=海南粗毛藤
痒痒草(河北,山西)=宽叶荨麻
痒痒花(山东)=紫薇
痒痒树(河南,陕西)=紫薇
痒痒树(秦岭)=秦岭米面翁
漾濞耳蕨(横断山植物)=裸果耳蕨
漾濞复叶耳蕨 Arachniodes yunnanensis Ching (鳞毛蕨科)
漾濞核桃(云南)=泡核桃
漾濞荚蒾 Viburnum chingii Hsu(忍冬科),*秦氏荚蒾*
漾濞楼梯草 Elatostema yangbiense W.T.Wang (荨麻科)
漾濞鹿角藤 Chonemorpha griffithii HK.f.(夹竹桃科),*毛叶藤仲,剎抢龙喃,藤仲,枪花药,土杜仲,剎枪龙喃*
漾濞牛奶菜 Marsdenia yunnanensis (H.Lévl.) Wood. (萝藦科),*云南牛奶菜,红肉牛奶菜*
漾短(云南傣语)=滇榄
漾蕊(云南布朗族语)=滇榄

Yao

妖嫩黄堇 Corydalis delicatula D.G.Long(罂粟科)
葽绕(植物志 43-3)=远志
腰带藤(广部中草药手册)=扁担藤
腰骨藤(海南万宁)=帘子藤
腰骨藤 Ichnocarpus frutescens (L.) W.T.Aiton (夹竹桃科),*犁田公藤,羊角藤,勾临链*
腰骨藤属 Ichnocarpus R.Br.(夹竹桃科),*小花藤属*
腰果 Anacardium occidentale L.(漆树科),*鸡腰果,槚如树,都咸子,都咸树*
腰果楠 Dehaasia incrassata (Jack) Kosterm.(樟科)
腰果小檗 Berberis johannis Ahrendt(小檗科)
腰果属 Anacardium (L.) Rottboell(漆树科)
腰毛果(植物志 80-1)=鼠毛菊
腰毛鼠菊(植物志 80-1)=鼠毛菊
腰子草(荆州中草药)=藏南舌唇兰
尧花叶山矾(植物大辞典)=黄牛奶树
姚氏毛茛 Ranunculus yaoanus W.T.Wang(毛茛科)

窑贝(植物志 14)=湖北贝母
傜山蓧蕨(蕨类图谱)=光叶条蕨
傜山稀子蕨 Monachosorum elegans Ching(稀子蕨科)
摇车(尔雅-注)=紫云英
摇钱树(陕西)=铜钱树
摇钱树(陕西华山)=青檀
摇叶秋海棠 Begonia phyllomaniaca Mart.(秋海棠科)
瑶马山复叶耳蕨 Arachniodes yaomashanensis Ching (鳞毛蕨科)
瑶人柴(广西融水)=樟
瑶山蝉翼藤 Securidaca yaoshanensis Hao(远志科)
瑶山丁公藤 Erycibe sinii How(旋花科)
瑶山杜鹃 Rhododendron yaoshanicum Fang & M.Y.He (杜鹃花科)
瑶山谷精草(植物志 13-3)=越南谷精草
瑶山荚蒾 Viburnum squamulosum Hsu(忍冬科),*细鳞荚蒾*
瑶山金耳环(分类学报)=金耳环
瑶山苣苔 Dayaoshania cotinifolia W.T.Wang(苦苣苔科)
瑶山苣苔属 Dayaoshania W.T.Wang(苦苣苔科)
瑶山楼梯草 Elatostema yaoshanense W.T.Wang (荨麻科)
瑶山毛药花 Bostrychanthera yaoshanensis S.L. Mo & F.N.Wei (唇形科)
瑶山母草 Lindernia yaoshanensis Tsoong(玄参科)
瑶山木姜子 Litsea yaoshanensis Yang & P.H. Huang (樟科)
瑶山南星 Arisaema sinii Krause(天南星科),*独角莲,三角条*
瑶山七姐妹(植物志 29)=瑶山野木瓜
瑶山槭 Acer yaoshanicum Fang(槭树科)
瑶山山槟榔(广西)=燕尾山槟榔
瑶山山黑豆 Dumasia nitida Chun & Y.T.Wei & S.Lee (豆科)
瑶山省藤 Calamus melanochrous Burret(禾本科)
瑶山梭罗 Reevesia glaucophylla Hsue(梧桐科),*九层皮*
瑶山条蕨(蕨类图谱)=光叶条蕨
瑶山瓦韦 Lepisorus kuchenensis (Y.C.Wu) Ching (水龙骨科)
瑶山细枝冬青 Ilex tsangii var. guangxiensis T.R.Dudley (冬青科)
瑶山野木瓜 Stauntonia yaoshanensis F.N.Wei & S.L.Mo (木通科),*瑶山七姐妹*
瑶山越桔 Vaccinium yaoshanicum Sleumer(杜鹃花科)
咬人狗 Dendrocnide meyeniana (Walp.) Chew (荨麻科),*咬人狗艾麻,兰屿咬人狗,恒春咬人狗,咬人狗火麻树*
咬人狗艾麻(树木志)=咬人狗
咬人狗火麻树(中药辞海)=咬人狗
咬人猫(台湾)=咬人荨麻
咬人荨麻 Urtica thubergiana S. & Z.(荨麻科),*咬人猫*
咬眼刺(广东)=变叶美登木
舀求子(南方草木状)=使君子
药(云南傣语)=阿宽蕉
药百合 Lilium speciosum var. gloriosoides Baker(百合科),*百合,鹿子百合*
药榧(安徽黄山)=榧树
药风草(河北)=透骨草
药杆子(江苏药材志)=醉鱼草
药狗丹(东北,华北)=半夏
药瓜(植物志 73-1)=栝楼
药果(广东)=黎檬
药果(广东新语)=柠檬
药壶卢(纲目)=苦葫芦
药葫芦(江苏)=小葫芦
药虎(台湾药志)=黄葵
U 药花属叶蘽草(北研丛刊)=丫蕊蘽草
药黄草(南宁)=山香
药茴香(太白山)=太白棱子芹
药酒花(贵州)=鸡骨柴
药菊(河北药材)=菊花
药橘子(植物志 43-2)=黄皮酸橙
药蕨 Ceterach officinarum Willd.(铁角蕨科)
药蕨属 Ceterach Willd.(铁角蕨科)
药老(沙漠志)=醉马草
药绿柴(新疆)=欧鼠李
药木(甘肃)=黄连木
药囊花 Cyphotheca montana Diels(野牡丹科)
药囊花属 Cyphotheca Diels (野牡丹科)
药枇杷(广西)=太白杜鹃
药枇杷花(陕西中草药)=金背杜鹃
药枇杷花(陕西中草药)=青海杜鹃
药蒲公英(植物志 80-2)=药用蒲公英
药芹(江苏)=旱芹
药人豆(沙漠药用植物)=青杞
药山千里光(云南植物名录)=羽裂合耳菊
药山兔儿风 Ainsliaea mairei Lévl.(菊科)
药山无心菜 Arenaria iochanensis C.Y.Wu(石竹科)
药山紫堇 Corydalis iochanensis Lévl.(罂粟科)
药虱药(河南)=百部
药鼠李 Rhamnus cathartica L.(鼠李科)
药蜀葵 Althaea officinalis L.(锦葵科)
药树(陕西)=黄连木
药水苏 Betonica officinalis L.(唇形科)
药水苏属 Betonica L.(唇形科)
药炭鼠李(树木分类学)=欧鼠李
药王(广东,广西)=徐长卿
药王茶(东北)=金露梅
药王子(湖北宜昌)=云实
药乌檀(广西植物名录)=乌檀
药用安息香 Styrax officinalis L.(安息香科)
药用唇柱苣苔 Chirita medica D.Fang ex W.T. Wang (苦苣苔科)
药用大黄 Rheum officinale Baill.(蓼科),*马蹄大黄,南大黄,大黄*
药用倒提壶(新疆中草药)=红花琉璃草
药用稻 Oryza officinalis Wall. ex Wall.(禾本科)
药用地不容 Stephania officinarum Lo & M. Yang (防已科)
药用狗牙花 Tabernaemontana bovina Lour.(夹竹桃科)
药用萝芙木(植物志 63)=萝芙木
药用芒毛苣苔 Aeschynanthus poilanei Pellegr. (苦苣苔科)
药用牛舌草 Anchusa officinalis L.(紫草科)
药用蒲公英 Taraxacum officinale F.H.Wigg.(菊科),*药蒲公英*
药用鼠尾草(拉汉名称和手册)=撒尔维亚
药用小米草(新华本草纲要)=小米草
药用薰衣草 Lavandula officinalis Cahix.(唇形科)
药用阴地蕨 Botrychium officinale Ching(阴地蕨科),*蕨萁细辛*
药用紫菀(新)Aster tataricus var. petersianus Hort. ex Bailey (菊科)
药鱼草(江苏)=芫花
药鱼子(除害灭病手册)=醉鱼草
药枣(四川中药志)=山茱萸
要料鸡眼木 Morinda tincotoria Roxb.(茜草科)
鹞落薹草 Carex otarunensis Franch.(莎草科)
鹞鹰爪(广西)=鹿角草
鹞子草(南宁药志)=蝙蝠草
耀花豆(新拉汉英)=原耀花豆(新)
耀花豆 Sarcodum scandens Lour.(豆科),*方豆藤*
耀花豆属(新拉汉英)=**原耀花豆属**(新)
耀花豆属 Sarcodum Lour.(豆科)

Ye

椰菜(广东,广西)=甘蓝
椰树(浙江平阳)=竹柏
椰子 Cocos nucifera L.(棕榈科),*可可椰子,胥余,胥耶,胥邪,越王头*
椰子属 Cocos L.(棕榈科)
耶仆兰胡椒 Piper jaborandii Vell.(胡椒科),*巴西胡椒*
耶悉茗(南方草木状)=素方花
耶悉茗花(南方草木状)=素馨花
也门茶(植物志 45-3)=巧茶
野艾(河北)=歧茎蒿
野艾(湖北,湖南,广东,四川)=艾
野艾(湖南)=魁蒿
野艾(内蒙志)=朝鲜艾
野艾(青海)=北艾
野艾(俗称)=野艾蒿
野艾蒿(河北)=白叶蒿
野艾蒿(江苏志)=矮蒿
野艾蒿(图考)=魁蒿
野艾蒿(图考)=五月艾
野艾蒿 Artemisia lavandulaefolia DC.(菊科),*艾叶,陈艾,苦艾,色古得尔音-沙里尔日,狭叶艾,小叶艾,野艾,荫地蒿,哲尔日格-蒌哈*
野桉 Eucalyptus rudis Endl.(桃金娘科)
野八角(江西)=红毒茴
野八角(香港植物名称)=平滑叶八角
野八角(植物志 30-1)=红花八角
野八角(中草药汇编)=小花八角
野八角 Illicium simonsii Maxim.(木兰科)
野巴蒿(云南)=野拨子
野巴鹅(昆明草药)=穗序鹅掌柴
野巴子(云南)=野拨子
野芭蕉(新拉汉英)=树头芭蕉
野芭蕉(云南通称)=象头蕉
野芭子(云南保山)=香薷
野坝草(云南)=野拨子
野坝蒿(四川)=野拨子
野坝子(云南龙陵)=细锥香茶菜
野白菜(内蒙古)=垂果南芥
野白菜(中药大辞典)=樱草
野白蝉(广西上思)=狭叶栀子
野白菇(湖南南岳)=日本薯蓣
野白菊(中药大辞典)=陀螺紫菀
野白菊花(图考)=三脉紫菀
野白蜡叶(中药大辞典,新华本草纲要)=珊瑚冬青
野白木香(四川盐边)=野草香
野白纸扇(广州)=玉叶金花
野百合(台湾药材图鉴)=宝兴百合
野百合(图考)=紫花野百合
野百合 Lilium brownii F.E.Brown ex Miellez(百合科),*白花百合*
野板栗(广西)=钩锥

野板栗(云南)=棕毛锥
野半夏(江西)=半夏
野半夏(江西民间草药)=独角莲
野半夏(拉汉名称和手册)=马蹄犁头尖
野包谷(贵州)=雪里见
野报春(拉汉名称)=甘南报春
野荸荠 Heleocharis plantagineiformis Tang & Wang (莎草科)
野扁豆(陕西)=四籽野豌豆
野扁豆(天目药志)=两型豆
野扁豆(云南药用名录)=小叶干花豆
野扁豆(植物志 39)=望江南
野扁豆 Dunbaria villosa (Thunb.) Makino(豆科), *毛野扁豆,野赤小豆*
野扁豆属 Dunbaria Wight & Arn.(豆科)
野滨藜 Atriplex fera (L.) Bge.(藜科), *三齿粉藜,粉藜,咸卜子菜,希日古-绍日乃*
野槟榔(昆明草药)=白柯
野槟榔 Capparis chingiana B.S.Sun.(山柑科), *水槟榔*
野拨子 Elsholtzia rugulosa Hemsl.(唇形科), *矮香薷,把子草,白背蒿,半边香,草拨子,臭香蒿,地檀香,狗巴子,狗尾巴香,蒿巴巴棵,腊悠麻,倮倮茶,青牛藤,扫把茶,松花,铁苏棵,铁苏苏,土荆芥,香明草,香芝麻,香芝麻蒿,小山苏,小铁苏,小香芝麻叶,小小苏,小紫苏,野巴蒿,野巴子,野坝草,野坝蒿,野苏,野苏子,野香苏*
野波罗蜜 Artocarpus lacucha Buch.-Ham. ex D. Don (桑科)
野菠菜(广西中草药)=刺酸模
野菠菜(上海)=巴天酸模
野菠萝(广部中草药手册)=露兜树
野菠萝(思茅中草药)=分叉露兜
野箔荷(广西田林)=波翅豆蔻
野薄荷(福建沙县)=广防风
野薄荷(各地)=薄荷
野薄荷(广东)=血见愁
野薄荷(广东梅县)=风轮菜
野薄荷(贵阳)=大唇香科科
野薄荷(贵州兴义)=四方蒿
野薄荷(河南卢氏)=野草香
野薄荷(湖北竹溪,福建崇安)=石荠苎
野薄荷(湖南)=荔枝草
野薄荷(南昌,吉水)=细风轮菜
野薄荷(陕西)=牛至
野薄荷(浙江昌化)=紫花香薷
野薄荷(浙江东阳)=藿香
野菜(陕西中草药)=罗布麻
野菜升麻(经济植物手册)=单穗升麻
野菜子(甘肃)=芝麻菜
野菜子(陕西)=小花糖芥
野菜子(四川)=蔊菜
野菜子(四川)=无瓣蔊菜
野参须(陕西中草药)=腋花扭柄花
野蚕豆(本草拾遗)=小巢菜
野蚕豆(图考)=紫云英
野草果(云南文山)=木瓜红
野草果 Amomum koenigii J.F.Gmelin(姜科)
野草莓(东北)=东方草莓
野草莓 Fragaria vesca L.(蔷薇科), *欧洲草莓,草莓,地瓢儿,直打酒巴曾,柔软草莓*
野草香 Elsholtzia cypriani (Pavol.) S.Chow(唇形科), *常山,粪水药,狗屎香,狗尾巴草,狗尾草,古克多,满山香,木姜花,木浆花,牛膝,小姜花,野白木香,野薄荷,野狗芝麻,野苏麻,野香苏,鱼香菜,窄叶变种*
野茶(山东,江苏)=罗布麻
野茶(陕西)=铁仔
<u>*野茶白珠树*(新拉汉英)=伏卧白珠树</u>
野茶辣(广西)=臭辣吴萸
野茶辣(广西药用名录)=灰毛浆果楝
野茶辣(广西药用名录)=小芸木
野茶辣(湖北,广西)=密果吴萸
野茶叶(云南河口)=馒头果
野菖蒲(浙江)=菖蒲
野长蒲(云南)=露兜树叶野长蒲
野长蒲属 Thoracostachyum Kurz(莎草科)
野朝阳柄(云南中草药)=烟管头草
野赤小豆(植物志 41)=野扁豆
野川芎(中草药汇编)=蕨叶藁本
野春桂(图考)=红叶木姜子
野茨菇(云南华宁)=刺芋
野慈姑(广西)=滴水珠
野慈姑(浙江)=睡菜
野慈姑 Sagittaria trifolia L.(泽泻科), *慈姑,水慈姑,剪刀草,燕尾草,狭叶慈姑*
野慈菇(广东)=犁头尖
野慈菇(泉州本草)=独角莲
野刺玫(陕西)=扁刺蔷薇
<u>*野葱*(新拉汉英)=白野葱(新)</u>
野葱(中草药汇编)=太白韭
野葱(中草药汇编)=天蓝韭
野葱 Allium chrysanthum Rgl.(百合科)
野葱草(广东)=银穗胡瓜草
野大豆(豆科图说)=豌豆
野大黄(福建)=巴天酸模
野大麦(湖南药物志) =雀麦
野大烟(东北)=野罂粟
野大烟(河南中草药)=翅果菊
野大烟(黑龙江)=黑水罂粟
野大烟(药用图鉴)=天仙子
野丹参 Salvia vasta H.W.Li (唇形科)
野当归(峨眉)=峨眉当归
野当归(吉林延边)=朝鲜当归
野当归(四川马尔康)=西藏凹乳芹
野当归(台湾志)=台湾独活
野当归(西南各省)=紫花前胡
野党参果(植物志 73-2)=金钱豹
野刀板豆(海南)=小刀豆
<u>野稻 Oryza meyeriana subsp. granulata (Nees & Arn. ex Watt.) Tateoka (禾本科)</u>
野灯笼花(广西大苗山县)=红丝线
野灯心草 Juncus setchuensis Buch. ex Diels(灯心草科), *疏花灯心草,秧草,龙须草,水通草,拟灯心草,小找色葱*
野地蚕(浙江草药)=沼生水苏
野地蚕(浙江丽水)=水苏
野地瓜藤(贵州中草药)=地果
野地黄菊(广西)=香丝草
野地栗苗(江苏)=荸荠
野地藕(四川)=地瓜儿苗
野地钟萼草 Lindenbergia muraria (Roxb. ex D.Don) Brühl (玄参科) , *荨麻叶钟萼草*
野颠茄(中药资源志要,高等图鉴)=黄果茄
野靛(四川)=江南山梗菜
野靛(云南景东)=刺蕊草
野靛棵 Mananthes patentiflora (Hemsl.) Bremek. (爵床科)
野靛棵属 Mananthes Bremek.(爵床科)
野靛青(浙江)=大青
野靛青(浙江中草药)=观音草
野丁香(滇南本草)=紫茉莉
野丁香(红河中草药,云南)=滇丁香
野丁香(树木分类学)=松林丁香
野丁香(西藏中草药)=花叶丁香
野丁香(云南中草药续集)=粉绿野丁香
野丁香 Leptodermis potanini Batalin(茜草科)
野丁香花(山东)=芫花
<u>*野丁香属*(新拉汉英)=**美洲茶属**</u>
野丁香属 Leptodermis Wall.(茜草科)
野冬菊(昆明)=石生紫菀
野冬麦(四川甘洛)=粗壮女贞
野冬青果(云南中草药)=短药蒲桃
野冬青皮(思茅中草药)=乌墨
野豆(浙江宁波)=光叶马鞍树
野豆(植物志 43-2)=水黄皮
野豆子(四川中药志)=长波叶山蚂蝗
野独活 Miliusa chunii W.T.Wang(番荔枝科), *密榴木,细梗密榴木,算盘子密榴木*
野独活属 Miliusa Lesch. ex DC.(番荔枝科), *密榴木属*
野独蒜(福建)=石蒜
野杜瓜(植物志 73-1)=钮子瓜
野杜利(植物志 37)=蓬蘽
野杜仲(高等图鉴)=肉花卫矛
野杜仲(湖北)=白杜
野杜仲(经济志)=大花卫矛
野发麻(福建)=细轴荛花
野番豆 Uraria clarkei (Clarke) Gagn.(豆科)
野番薯(广西)=海南薯
野饭豆根(云南中草药选)=镰扁豆
野粉团儿(湖南土名)=山白菊
野凤仙(高等图鉴,植物志 47-2)=牯岭凤仙花
野凤仙花 Impatiens textori Miq.(凤仙花科), *假凤仙花,假指甲花,霸王七*
野芙蓉(广西)=黄蜀葵
野芙蓉(广西,云南)=黄蜀葵
野芙蓉(广西药用植物名录)=长毛黄葵
野芙蓉(云南)=美丽芙蓉
野附子(云南楚雄)=犁头尖
野甘草(广西药用名录)=粗毛耳草
野甘草(云南元江)=翅果藤
野甘草(中药大辞典)=广州耳草
野甘草 Scoparia dulcis L.(玄参科), *冰糖草,土甘草,四时菜,米碎花*
野甘草属 Scoparia L.(玄参科)
野甘菊(新)Dendranthema lavandulifolium var. seticuspe (Maxm.) Shih(菊科), *甘菊甘野菊变种*
野甘蓝 Brassica oleracea L.(十字花科)
野甘露(云南)=西南水苏
野柑子(湖南)=宜昌橙
野柑子(云南)=无柄五层龙
野高粱(云南中草药)=溪畔落新妇
野葛(抱扑子,唐本草)=刺果毒漆藤
野葛(本草纲目,药典 2000)=葛
野葛(唐本草注)=钩吻
野葛薯(广西)=白薯茛
野狗杞(内蒙锡盟,陕西绥德)=青杞
野狗芝麻(云南保山)=野草香
野菰 Aeginetia indica L.(列当科), *赤腭花,管真花,马口念珠,僧帽花,蛇箭草,土灵芝草,鸭脚板,烟斗花,烟管头草*
野菰属 Aeginetia L.(列当科)
野古草 Arundinella anomala Steud.(禾本科), *硬骨草,白牛公,乌骨草*
野古草属 Arundinella Raddi (禾本科)
野古蓝(植物研究)=山一笼鸡
野谷树(江西)=光叶山黄麻
野牯牛刺(陕西)=卵果蔷薇
野故草(福建)=益母草

野瓜(湖北恩施)=鄂赤爬
野广石榴(云南)=多花野牡丹
野桂(中药大辞典)=天竺桂
野桂花(广西)=尾叶远志
野桂花(中草药汇编)=异叶海桐
野桂花 Osmanthus yunnanensis (Franch.) P.S. Green (木犀科),*云南桂花*
野桂皮(江西安福)=华南桂
野桂树(广东,海南)=阴香
野海椒(四川屏山,南川)=龙葵
野海椒(四川盐边)=刺天茄
野海椒珊瑚子(中草药汇编)=珊瑚豆
野海角(四川盐边)=龙葵
野海茄(广西)=野茄
野海茄 Solanum japonense Nakai(茄科)
野海棠(高等图鉴)=叶底红
野海棠(广西植物名录)=周裂秋海棠
野海棠(贵州民间药物)=昌感秋海棠
野海棠(河南)=湖北海棠
野海棠(红河中草药)=圆果秋海棠
野海棠(昆明草药)=云南秋海棠
野海棠(四川)=峨眉唐松草
野海棠 Bredia hirsuta var. scandens Ito & Matsum. (野牡丹科)
野海棠属 Bredia Bl.(野牡丹科)
野含笑 Michelia skinneriana Dunn(木兰科)
野旱烟(昆明中草药)=三分三
野旱烟(内蒙)=狼紫草
野蒿(江苏)=一年蓬
野核桃(植物志 21)=胡桃楸
野鹤嘴(广西)=马利筋
野黑麦(植物学杂志)=短芒大麦草
野黑麦 Secale sylvestre Host(禾本科)
野红稗(贵州中草药名录)=大落新妇
野红花(纲目)=蓟
野红花(云南)=虾子花
野红花(浙江)=刺儿菜
野红花(浙江草药)=线叶蓟
野红米草(云南中草药)=浆果薹草
野红芹菜(四川)=白苞蒿
野红苕(常用手册)=牛皮消
野红苕(贵州榕江)=雷公连
野红苕(四川)=山土瓜
野红薯藤(广西)=朱砂藤
野蔊菜(华东)=葶苈
野猴枣(江西:草药手册)=百两金
野厚朴(广西)=栀子
野厚朴(云南)=山玉兰
野厚朴(浙江)=鹅掌楸
野狐杆(甘肃)=小果博落回
野胡椒(广西)=杜茎山
野胡椒(河南,湖南,图考)=山胡椒
野胡萝卜(苏南植物手册)=香根芹
野胡萝卜 Daucus carota L.(伞形科),*鹑虱,鹤虱,鹤虱草,鹤虱风,山萝卜,野萝卜*
野胡麻 Dodartia orientalis L.(玄参科),*牛含水,倒打草,刺儿草,多德草,紫花草*
野胡麻属 Dodartia L.(玄参科)
野葫芦(云南)=无刺硬核
野花棓 (亨氏植物名录)=野茉莉
野花草(天目药志)=铁马鞭
野花红(浙江)=湖北海棠
野花椒(河南,贵州,云南)=竹叶花椒
野花椒(昆明中草药)=毛刺花椒
野花椒(新华本草纲要)=小花花椒
野花椒 Zanthoxylum simulans Hance(芸香科),*臭椒,川椒,刺椒,大花椒,高脚刺,红总管,花椒叶,黄椒,黄总管,麻口皮,麻口皮子药,麻醉根叶,满山香,四皮麻,天角刺,天角椒,土花椒,香椒,总管皮*
野花椒皮(江苏)=白鲜
野花毛辣角(贵州独山)=红丝线
野花生(福建草药)=胡枝子
野花生(贵州)=紫堇
野花生(江西,福建)=铁马鞭
野花生(山东)=紫花野百合
野花生(思茅中草药)=决明
野花生(台湾志)=假地蓝
野花生(浙江)=田麻
野槐(植物志 40)=苦参
野槐树(图考)=马棘
野黄豆(滇南本草)=毛杭子稍
野黄豆(峨山)=三叶蝶豆
野黄豆(广西)=蔞豆
野黄豆(秦岭巴山志)=菱叶鹿藿
野黄豆(中草药汇编)=木豆
野黄瓜(贵州)=纵肋人字果
野黄瓜(湖北神农架)=斑赤爬
野黄瓜(昆明中草药)=马瓟儿
野黄瓜(昆明中草药)=茅瓜
野黄瓜 Cucumis hystrix Chakr.(葫芦科),*酸黄瓜,鸟苦瓜,老鼠瓜*
野黄桂 Cinnamomum jensenianum Hand.-Mazz.(樟科),*桂皮树,三条筋,稀药樟*
野黄果(云南)=无柄五层龙
野黄花(黑龙江)=败酱
野黄姜(贵州)=西南鬼灯檠
野黄韭 Allium rude J.M.Xu(百合科)
野黄菊(江苏药材志)=野菊
野黄连(四川峨眉)=峨眉黄连
野黄麻(广东)=甜麻
野黄麻(浙江草药)=大花益母草
野黄皮(广东)=长柱瑞香
野黄皮(广药手册)=齿叶黄皮
野黄皮(思茅中草药)=小芸木
野黄皮(云南)=假黄皮
野黄皮(植物志 43-2,中草药彩色图谱)=大管
野黄皮树(海南儋县)=木奶果
野黄芪(浙江中药手册)=锦鸡儿
野黄子(贵州)=三叶海棠
野灰菜(山西)=藜
野茴香(甘肃民勤)=硬阿魏
野茴香(甘肃玉门)=耳叶补血草
野茴香(高等图鉴,江西会昌)=隔山香
野茴香(广西,四川,甘肃)=莳萝
野火荻(植物志 42-2)=野火球
野火麻(中药大辞典)=山麻杆
野火球 Trifolium lupinaster L.(豆科),*红五叶,野火荻*
野火绳(中药大辞典)=毛果扁担杆
野藿麻(云南)=紫苏
野藿香(峨眉)=瘦花香茶菜
野藿香(贵阳)=长冠鼠尾草
野藿香(贵州贵阳)=碎米桠
野藿香(四川平武)=野芝麻
野藿香(四川小金)=康藏荆芥
野藿香(松村任三,植物名汇)=穗花香科科
野藿香(浙江,东阳,江山)=藿香
野藿香(中草药汇编)=冠唇花
野藿香花(湖北房县)=碎米桠
野鸡稗(云南中草药)=浆果薹草
野鸡膀子(东北)=粗茎鳞毛蕨
野鸡草(贵州民间药物)=小金梅草
野鸡草(云南中草药)=粗糙钩毛耳草
野鸡冠花(山东,江苏,浙江,四川)=青葙
野鸡花(云南)=地桃花
野鸡黄 Scutellaria caudifolia var. obliquifolia C. Y.Wu & S.Chow(唇形科),*斜叶变种*
野鸡头(四川)=大叶贯众
野鸡尾(江西,秦岭)=野雉尾金粉蕨
野鸡尾(中草药汇编)=栗柄金粉蕨
野鸡爪(闽东本草)=牛筋草
野鸡子豆(福建草药)=望江南
野蓟 Cirsium maakii Maxim.(菊科),*牛戳口,老牛锉,千针草,大蓟*
野江子(江西)=醉鱼草
野姜(江西)=蘘荷
野姜(植物志 16-2)=蘘荷
野姜(中草药汇编)=草果药
野姜黄(广东)=花叶山姜
野豇豆(贵州)=醉魂藤
野豇豆(贵州民间药物)=贵州醉魂藤
野豇豆 Vigna vexillata (L.) Rich.(豆科),*红参,假人参,山豆根,山马豆根,山土瓜,土白参,土高丽参,细活血,野绿豆,野马豆,野汤豆,云南山土瓜,云南野豇豆*
野胶树(海南)=白野槁树
野椒(植物志 43-2)=青花椒
野蕉 Musa balbisiana Colla(芭蕉科),*伦阿蕉,山芭蕉*
野脚板薯(湖南南岳)=薯蓣
野芥菜(江西)=荔枝草
野金瓜(浙江草药)=大吴风草
野堇菜(东北师大通报)=紫花地丁
野锦葵(山东)=圆叶锦葵
野槿麻(云南)=美丽芙蓉
野京豆(云南)=小叶干花豆
野荆芥(广西,江西)=小鱼仙草
野荆芥(河南洛阳)=木香薷
野荆芥(湖北巴东,重庆,贵州毕节,广西)=石荠苎
野荆芥(江苏)=牛至
野荆芥(陕西)=三花莸
野荆芥(陕西,浙江)=石香薷
野荆芥(四川)=活血丹
野韭 Allium ramosum L.(百合科),*韭菜子,山韭*
野韭菜(滇南本草)=多星韭
野韭菜(江苏)=结壮飘拂草
野韭菜(云南玉溪)=石菖蒲
野酒花(陕西中草药)=华忽布
野菊 Dendranthema indicum (L.) Des Moul.(菊科),*鬼仔菊,黄菊仔,菊花脑,苦薏,路边黄,疟疾草,山菊花,野黄菊,野菊花,野山菊*
野菊花(本草正要)=野菊
野橘(海南)=单叶藤橘
野决明(宁夏,四川)=披针叶野决明
野决明 Thermopsis lupinoides (L.) Link(豆科),*黄华,花豆秧,霍州油菜*
野决明属 Thermopsis R.Br.(豆科),*黄华属,霍洲油菜属*
野苦菜(福建)=败酱
野苦菜(贵州民间药物)=红丝线
野苦菜(陕甘宁青中草药)=长裂苦苣菜
野苦参(湖南)=宽卵叶长柄山蚂蝗
野苦参(中草药汇编)=槐叶决明
野苦草(上海)=黄花蒿
野苦瓜(广西)=金瓜
野苦瓜(图考)=马瓟儿
野苦瓜(云南)=刺瓜
野苦瓜(植物志 47-1)=倒地铃
野苦瓜藤(四川)=鄂赤爬

野苦梨根(贵州民间药物)=厚叶栒子
野苦麻(云南)=泥胡菜
野苦麻(浙江)=高大翅果菊
野苦麻(浙江余江草药验方)=台湾翅果菊
野苦荬(广西药用名录)=星蕨
野苦荬菜(中草药汇编)=黄瓜菜
野苦斋(江西)=攀倒甑
野葵 Malva verticillata L.(锦葵科),*巴巴叶,把把叶,冬苋菜,旅葵,芪其菜,芪荠菜,芪茄菜,其盘菜,棋盘叶,蕎葵叶,土黄芪,冬葵*
野葵花(云南)=棉毛尼泊尔天名精
野葵花(云南)=水朝阳旋覆花
野葵花(云南中草药)=烟管头草
野蜡梅(云南)=山蜡梅
野辣菜(安徽)=无瓣蔊菜
野辣虎(苏州)=龙葵
野辣椒(广东中药)=狗肝菜
野辣椒(广西)=萝芙木
野辣椒(贵州,云南,广西)=鸡骨常山
野辣椒(云南)=云南娃儿藤
野辣椒(云南河口)=黑风藤
野辣茄(中草药汇编)=珊瑚豆
野辣烟(文山)=滇缅斑鸠菊
野辣烟(中草药汇编)=粘毛香青
野辣子(贵州民间药物)=枪花药
野辣子(沙漠药用植物)=青杞
野辣子(云南)=马利筋
野辣子(云南)=云南娃儿藤
野兰(本经)=漏芦
野兰(四川)=金珠柳
野蓝(广部中草药手册)=灰毛豆
野蓝(江西)=贵州半蒴苣苔
野蓝靛(广西田林)=膜叶刺蕊草
野蓝枝子(高等图鉴)=木蓝
野蓝枝子(广西)=河北木蓝
野蓝枝子(四川)=马棘
野榔皮(浙江遂昌)=长序榆
野老鹳草 Geranium carolinianum L.(牻牛儿苗科)
野老姜(浙江中草药)=蘘荷
野老鼠豆(云南,新华本草纲要)=细茎旋花豆
野竻芋(广东)=刺芋
野勒苋(广西)=刺苋
野簕芋(广东)=刺芋
野梨(河北图志)=秋子梨
野梨(江西)=豆梨
野梨(陕西)=木梨
野梨(新疆土名)=杏叶梨
野梨子(江西)=杜梨
野李子(江苏)=郁李
野李子(云南思茅)=大果刺篱木
野荔枝(高等图鉴)=头状四照花
野荔枝(红河中草药)=尖叶四照花
野栗子(江苏,浙江)=茅栗
野笠薹草 Carex drymophila Turcz.(莎草科)
野连翘(湖北)=光叶海桐
野凉粉草(广东从化)=细风轮菜
野凉粉草(桂林)=风轮菜
野凉粉藤(桂林)=风轮菜
野凉薯(湖南药志)=土圞儿
野料豆(饮片新参)=劳豆
野菱(安徽,福建)=四角刻叶菱
野菱(新拉汉英)=欧菱
野菱 Trapa incisa var. quadricaudata Glück.(菱科),*刺菱*
野菱莉(浙江昌化)=芬芳安息香
野龙竹(云南沧源)=毛龙竹
野龙竹 Dendrocalamus semiscandens Hsueh & D.Z.Li (禾本科),*野竹,山黄竹*
野菉豆(图考)=救荒野豌豆
野路葵(植物志 49-2)=马松子
野绿豆(纲目)=鹿藿
野绿豆(贵州民间药物)=河北木蓝
野绿豆(江西)=野豇豆
野绿麻(浙江中医杂志)=珠芽艾麻
野萝卜(分类草药性)=野胡萝卜
野萝卜(青海互助)=密生波罗花
野萝卜 Raphanus raphanistrum L.(十字花科)
野落松(云南)=扭果紫金龙
野麻(广西)=束序苎麻
野麻(贵州)=紫麻
野麻(江苏)=大麻
野麻(江苏,云南)=益母草
野麻(图考)=大花益母草
野麻(新疆,青海)=白麻
野麻(新疆,青海,甘肃)=罗布麻
野麻(粤,黔,湘,鄂,皖)=苎麻
野麻(云南河口)=水丝麻
野麻杆(河南)=博落回
野麻公(海南)=红雾水葛
野麻花(内蒙古)=地瓜儿苗
野麻黄(浙江中草药)=土木贼
野麻栗树(高等图鉴)=麻栗水锦树
野麻藤(四川峨眉)=序叶苎麻
野麻豌(草本便方)=救荒野豌豆
野麻子(江苏)=曼陀罗
野麻子(江西太和)=地蚕
野麻子(中药辞海)=小果博落回
野马齿苋(改订植物名汇)=垂盆草
野马豆(中草药汇编)=野豇豆
野马兰头(江苏)=奇蒿
野马桑(云南)=马桑
野马蹄草(广西中草药)=蚩蔺
野马追(中药志)=林泽兰
野蚂蝗(广西)=假木豆
野麦(湖南药物志) =雀麦
野麦(中药大辞典)=瞿麦
野麦冬(滇南本草)=多星韭
野麦子(重庆草药)=野燕麦
野猫酸(云南)=短梗酸藤子
野毛扁豆(植物志 41)=两型豆
野毛草(广西阳朔)=白花益母草
野毛豆(百草镜)=劳豆
野毛豆(湖南药物志)=鹿藿
野毛豆(浙江)=救荒野豌豆
野毛耳(豆科图说)=多茎野豌豆
野毛蕨(台湾志)=齿牙毛蕨
野毛栗(植物志 37)=硕苞蔷薇
野毛漆(浙江)=木蜡树
野玫瑰根(吉林医药资料)=山刺玫
野梅(植物志 29)=五月瓜藤
野梅(植物志 38)=厚叶梅
野梦花(湖北)=结香
野梦花(湖北,湖南)=毛瑞香
野梦花(湖北,湖南,贵州,贵州草药)=瑞香
野梦花 Daphne tangutica var. wilsonii (Rehd.) H. F.Zhou ex C.Y.Chang(瑞香科)
野棉(广西)=黄葵
野棉花(福建建瓯)=石荠苎
野棉花(广东,广西)=细轴荛花
野棉花(广西,云南红河)=黄葵
野棉花(广西药用名录)=黄蜀葵
野棉花(辽宁)=棉团铁线莲
野棉花(陕西)=大火草
野棉花(四川,湖南,湖北,陕西)=打破碗花花
野棉花(云南)=长毛黄葵
野棉花(云南)=刚毛黄蜀葵
野棉花(云南)=金毛铁线莲
野棉花(云南)=美丽芙蓉
野棉花(云南)=水棉花
野棉花(浙江,福建)=梵天花
野棉花(浙江,湖北,四川,广西)=地桃花
野棉花 Anemone vitifolia Buch.-Ham.(毛茛科),*满天星,木棉花,接骨莲*
野棉花秸(高等图鉴)=马松子
野棉皮(高等图鉴)=小黄构
野棉桃(江西民间草药验方)=梵天花
野磨芋(广西凌乐)=象头花
野磨芋(广西融水,云南西畴) =一把伞南星
野磨芋(江西)=磨芋
野磨芋(云南西畴)=红根南星
野磨芋 Amorphophallus variabilis Bl.(天南星科),*土南星*
野茉莉(图考)=紫茉莉
野茉莉 Styrax japonicus S. & Z.(安息香科),*耳完桃,黑茶花,君迁子,茉莉苞,木桔子,齐墩果,野花棓*
野茉莉科(Flora 15)=**安息香科**
野茉莉属(植物志 60-2)=**安息香属**
野牡丹(植物志 27,中药辞海)=紫牡丹
野牡丹 Melastoma candidum D.Don(野牡丹科),*地茄,山石榴,大金香炉,猪古稔,豹牙兰*
野牡丹科 Melastomataceae
野牡丹藤(台湾)=糠秕酸脚杆
野牡丹属 Melastoma L.(野牡丹科)
野木耳菜(贵州)=一点红
野木瓜(国药的药理学)=牛藤
野木瓜(救荒本草,植物志 29)=木通
野木瓜 Stauntonia chinensis DC. (木通科),*海南野木瓜,牛芽标,七叶莲,沙引藤,山芭蕉,木通七叶莲,五爪金龙,假荔枝根*
野木瓜属 Stauntonia DC. (木通科)
野木姜(四川忠县)=红叶木姜子
野木姜子(贵州楚净山)=香叶树
野木浆子(湖北)=毛叶木姜子
野木槿(陕西宝鸡)=光籽木槿
野木棉(广东)=樟叶泡花树
野木棉(浙江中草药)=梵天花
野木犀(山东)=草木犀
野木香根(江西)=马兜铃
野木香叶(四川马尔康)=高原香薷
野木鱼(云南屏边)=曲苞芋
野苜莉(福建)=白花丹
野苜蓿(黑龙江齐齐哈尔)=长萼鸡眼草
野苜蓿(中药辞海)=花苜蓿
野苜蓿 Medicago falcata L.(豆科),*镰刀荚苜蓿,豆豆苗,苜蓿,黄花苜蓿,连花生,*
野南瓜(图考)=算盘子
野南芥(东北检索表,植物学大辞典,图鉴)=硬毛南芥
野南荞(中药大辞典)=苦荞麦
野牛草 Buchloë dactyloides (Nutt.) Engelm.(禾本科)
野牛草属 Buchloë Engl.(禾本科)
野牛夕(湖北)=南方露珠草
野欧白芥 Sinapis arvensis L.(十字花科)
野藕(中药大辞典)=萍蓬草
野泡通(贵州)=苦绳
野皮果(广西药用名录)=齿叶黄皮
野枇杷(草药汇编)=康定冬青
野枇杷(福建)=菖蒲

野枇杷(高等图鉴)=枇杷叶紫珠
野枇杷(广西)=马蹄参
野枇杷(广西)=硃毛水东哥
野枇杷(江西草药)=绒毛润楠
野枇杷(老年药用资料)=金背杜鹃
野枇杷(老年药用资料)=太白杜鹃
野枇杷(树木分类学)=笔罗子
野枇杷(浙江草药)=矮小天仙果
野枇杷木(广东乐昌)=黄丹木姜子
野婆娘(陕西)=小果博落回
野婆树(拉汉名称和手册)=狭叶山黄麻
野葡萄(东北)=山葡萄
野葡萄(广西药用名录)=苦郎藤
野葡萄(河北)=桑叶葡萄
野葡萄(河南)=葛藟葡萄
野葡萄(湖南)=白毛乌蔹莓
野葡萄(泉州本草)=锈毛蛇葡萄
野葡萄(陕西中草药,中草药汇编)=变叶葡萄
野葡萄(云南师宗)=毛葡萄
野葡萄(植物志 48-2)=秋葡萄
野葡萄(植物志 48-2)=蘡薁
野葡萄(中药大辞典)=华中乌蔹莓
野葡萄 Vitis longii Prince (葡萄科)
野葡萄根(泉州本草)=锈毛蛇葡萄
野葡萄根(中药大辞典)=网脉葡萄
野漆 Toxicodendron succedaneum (L.) O.Ktze. (漆树科),*野漆树,大木漆,山漆树,痒漆树,漆木,檫仔漆,山贼子,林背子*
野漆疮树(安徽)=木蜡树
野漆树(安徽)=山核桃
野漆树(图考)=野漆
野漆树(中药大辞典)=小漆树
野漆树根(福建草药)=木蜡树
野漆树叶(福建草药)=木蜡树
野气辣子(四川万源)=红叶木姜子
野荠菜(内蒙)=播娘蒿
野荠菜(浙江,江西)=弯曲碎米荠
野牵牛(广西)=七爪龙
野牵牛(宁夏中草药)=田旋花
野前胡(陕西,贵州)=无距耧斗菜
野蔷薇(广东)=广东蔷薇
野蔷薇(浙江药志)=粉团蔷薇
野蔷薇 Rosa multiflora Thunb.(蔷薇科),*阿刺吉,白残花,刺花,刺蘼,多花蔷薇,牛勒,墙蘼,墙薇,蔷麻,蔷薇,山棘,山枣,营实墙蘼*
野乔豆根(云南药用名录)=三棱枝杭子稍
野荞麦(中药大辞典)=苦荞麦
野荞子(分类草药性)=金荞麦
野茄(Flora 17)=菲岛茄
野茄(福建民间草药)=梵天花
野茄(河北)=苍耳
野茄 Solanum coagulans Forsk.(茄科),*大颠茄,颠茄树,丁茄,黄水茄,黄天茄,牛茄子,衫钮果,野海茄*
野茄果(云南河口)=黄果茄
野茄秧(云南蒙自)=龙葵
野茄猪耳(纲目)=苍耳
野茄子(贵州安龙)=荔枝草
野茄子(河北,陕西吴起,靖边)=青杞
野茄子(云南金平,河口)=水茄
野茄子(植物志 75)=苍耳
野芹(黑龙江)=败酱
野芹(江苏)=毒芹
野芹菜(东北)=水芹
野芹菜(广东)=薄片变豆菜
野芹菜(湖南,广西)=白苞蒿
野芹菜(江苏)=骨缘当归
野芹菜(江西)=西南水芹
野芹菜(江西)=细叶水芹
野芹菜(陕西)=石龙芮
野芹菜(中草药汇编)=黄堇
野青菜(贵阳中草药)=菊状千里光
野青菜(云南)=败酱
野青靛(福建,福建中草药)=木蓝
野青豆(江西草药)=决明
野青冈(树木分类学)=川西栎
野青兰(陕西)=香青兰
野青茅 Deyeuxia arundinacea (L.) Beauv.(禾本科)
野青茅属 Deyeuxia Clarion (禾本科),*杜氏草属*
野青树(高等图鉴)=灰毛豆
野青树 Indigofera suffruticosa Mill.(豆科),*假蓝靛,小蓝青,木蓝,菁子*
野青仔(福建中草药)=狗肝菜
野青子(高等图鉴)=灰毛豆
野清明草(重庆草药)=细叶鼠麴草
野犬麻(峨眉)=峨眉冠唇花
野雀麦 Bromus arvensis L.(禾本科),*田雀麦*
野人瓜(植物志 29)=五月瓜藤
野人头(中药大辞典)=细梗蔷薇
野人血草(陕西,高等图鉴)=金罂粟
野仁丹草(江苏)=薄荷
野肉桂(云南河口)=滇南桂
野薷香(峨眉)=四轮香
野薷香(江西)=北刺蕊草
野薷香(江西)=石荠苎
野瑞香(云南)=滇瑞香
野三七(云南文山,蒙自,思茅)=姜状三七
野伞子(四川城口)=龙葵
野沙参(南宁)=华鼠尾草
野沙梨(云南屏边)=马蛋果
野沙柑(广东)=小花山小橘
野山茶(高等图鉴)=心叶毛蕊茶
野山茶(昆明)=东紫苏
野山茶(云南)=滇山茶
野山茶(云南)=西南红山茶
野山豆(江苏睢宁)=薯蓣
野山豆根(江西民间草药)=胡枝子
野山姜(湖北)=湖北黄精
野山菊(图考)=野菊
野山蓝 Peristrophe fera C.B.Clarke(爵床科),*大叶观音草*
野山里(中草药汇编)=二列叶柃
野山麻(广东)=光叶山黄麻
野山蚂蝗(湖南药物志)=多苞斑种草
野山薯(广西)=马肠薯蓣
野山杏(西藏中草药)=川梨
野山药(高等治疗手册)=块茎糙苏
野山药(河北)=白首乌
野山药(江苏)=藤长苗
野山药(中药辞海)=薯蓣
野山芋(海南)=海芋
野山芋(江西)=野芋
野山楂(青海)=甘肃山楂
野山楂 Crataegus cuneata S. & Z.(蔷薇科),*大红子,浮萍果,红果子,猴楂,毛枣子,牧虎梨,南山查,山梨,收虎梨,小叶山楂,*
野杉(纲目)=香榧
野杉(江西,浙江)=榧树
野杉根(红河中草药)=苇谷草
野扇花 Sarcococca ruscifolia Stapf(黄杨科),*大风消,清香桂,土丹皮,万年青,胃友,野樱桃,叶上花,*
野扇花属 Sarcococca Lindl.(黄杨科),*清香桂属*
野商陆(广西)=七爪龙
野梢瓜(浙江)=马㼎儿
野芍药(植物志 27)=草芍药
野苕(湖北)=旋花
野苕子(陕西)=四籽野豌豆
野升麻(陕西中药名录,浙江临安)=单穗升麻
野升麻(浙江台州,四川巴县)=石荠苎
野升麻(浙江中草药)=落新妇
野升麻(中药大辞典)=白头婆
野生白檀(新)Chamaecereus sylvestri (Speg.) Britt. & Rose.(仙人掌科),*白檀*
野生稻 Oryza rufipogon Griff.(禾本科)
野生地(福建)=地瓜儿苗
野生二粒小麦 Triticum turgidum var. dicoccoides (Koern.) Bowden (禾本科)
野生福岛樱(经济植物手册)=山樱花
野生稷 Panicum miliaceum var. ruderale Kitagawa (禾本科)
野生稷草 Panicum spontaneum Lyssev (禾本科)
野生姜(浙江,福建,湖北)=多花黄精
野生荆芥 Nepeta ruderalis Hamilt.(唇形科)
野生六棱大麦 Hordeum agriocrithon Aberg.(禾本科)
野生麻(云南河口)=椴叶山麻杆
野生瓶形大麦 Hordeum lagunculiforme Bakht. (禾本科)
野生珍珠梅(经济植物手册)=高丛珍珠梅
野生紫苏 Perilla frutescens var. purpurascens (Hay.) H.W.Li (唇形科),*白丝草,臭草,蚧树,红香师菜,青叶紫苏,苏梗,苏管,苏麻,蚊草,香丝菜,野香丝,野猪疏,紫禾草,紫苏*
野石榴(陕西)=单瓣缫丝花
野石榴(云南楚雄)=云南卫矛
野屎瓜(广西药胜名录)=全缘栝楼
野柿(中草药汇编)=罗浮柿
野柿 Diospyros kaki var. silvestris Makino(柿科),*山柿,油柿,柿漆*
野柿花(云南)=罗浮柿
野黍 Eriochloa villosa (Thunb.) Kunth(禾本科),*拉拉草,唤猪草*
野黍属 Eriochloa Kunth(禾本科)
野薯藤(广东,海南及沿海)=猪菜藤
野薯藤(广西)=山猪菜
野树波罗 Artocarpus chama Buch.-Ham. ex Wall. (桑科),*榅桲木波罗蜜,山波罗,马桑*
野栓皮槭 Acer campestre var. hebecarpum DC. (槭树科)
野水芹(安徽)=小花黄堇
野水芹(中草药汇编)=蒙自水芹
野水芋(广西融水)=西南犁头尖
野丝瓜(湖北)=南赤瓟
野丝绵(湖北)=山油麻
野思草(草木便方)=烟管头草
野松皮(云南药用名录)=西南槐
野苏(峨眉)=瘦花香茶菜
野苏(贵州兴义)=绵穗苏
野苏(四川金阳)=广防风
野苏(云南)=野拨子
野苏(云南屏边)=四方蒿
野苏麻(贵州兴义)=广防风
野苏麻(贵州兴义)=细锥香茶菜
野苏麻(湖北,四川)=紫苏
野苏麻(湖南保靖,峨眉)=野草香
野苏麻(四川会理)=石疙蔺
野苏麻(四川凉山)=球穗香薷
野苏麻(四川米易)=腺毛莸
野苏麻(四川冕宁)=峨眉鼠尾草

野苏麻(四川冕宁)=乾精菜
野苏麻(云南红河)=血见愁
野苏叶(江西)=石荠苎
野苏子(黑龙江)=鼬瓣花
野苏子(吉林九台)=尾叶香茶菜
野苏子(吉林中草药)=蓝萼香茶菜
野苏子(辽宁庄河)=藿香
野苏子(通称)=大叶糙苏
野苏子(云南)=野拔子
野苏子 Elsholtzia flava (Benth.) Benth.(唇形科),黄花香薷,修仙果,大野坝艾,大叶香芝麻,大叶香薷
野苏子根(东北)=丹参
野苏子棵(云南西畴)=大黄药
野苏子马先蒿 Pedicularis grandiflora Fisch.(玄参科)
野素馨(昆明草药)=多花素馨
野蒜(江西)=石蒜
野汤豆(云南药用名录)=野豇豆
野塘蒿(广西)=香丝草
野桃(闽东本草)=白背枫
野桃(植物志 38)=山桃
野天麻(福建,江苏)=益母草
野天麻(江苏,福建)=大花益母草
野天门冬(四川,云南,贵州)=大百部
野天门冬(杨氏经验方)=百部
野天竹(江西草药)=隔山香
野甜菜(傣语)=黑面神
野甜菜(四川)=南川附地菜
野铁扫把(贵州方药集)=萹蓄
野通心菜(云南)=地旋花
野同蒿(救荒本草,图考)=茵陈
野茼蒿(江苏)=黄花蒿
野茼蒿 Crassocephalum crepidioides (Benth.) S.Moore (菊科),革命菜,假茼蒿,冬风菜,满天飞
野茼蒿属 Crassocephalum Moench.(菊科)
野桐(海南)=白背叶
野桐 Mallotus japonicus var. floccosus (Muell. Arg.) S.M.Hwang(大戟科),巴巴树,薄叶野桐
野桐椒(广西药用名录)=灰毛浆果楝
野桐属 Mallotus Lour.(大戟科)
野土瓜藤(贵州)=山土瓜
野土荆芥(南方通称)=石荠苎
野兔子苗(江苏)=藤长苗
野豌豆(本草纲目)=救荒野豌豆
野豌豆(豆科图说)=小巢菜
野豌豆(广西)=荷莲豆草
野豌豆(广西药用名录)=响铃豆
野豌豆(贵州世间药物)=歪头菜
野豌豆(山东崂山)=大山黧豆
野豌豆(陕西,山西,四川)=大花野豌豆
野豌豆(新华本草纲要)=宿苞豆
野豌豆 Vicia sepium L.(豆科),滇野豌豆
野豌豆菜(云南)=荷莲豆草
野豌豆草(云南红河)=小扁豆
野豌豆属 Vicia L.(豆科)
野莞豆(秦岭巴山志)=菱叶鹿藿
野万年青(四川米易)=苍山越桔
野万年青(四川中药志)=爵床
野王瓜(云南药用名录)=全缘栝楼
野苇子(山东)=荻
野蚊子草(苏南植物手册)=鹤草
野莴菜(中草药汇编)=滇苦菜
野莴苣(海南志)=翅果菊
野莴苣 Lactuca seriola Torner(菊科),银齿莴苣
野莴笋(云南)=西南山梗菜
野乌榄(广西)=枇杷叶山龙眼
野吴萸(湖北,广西)=密果吴萸
野吴萸(湖南)=臭辣吴萸
野梧桐 Mallotus japonicus (Thunb.) Muell.Arg. (大戟科),赤芽楸,赤芽槲,山桐子,上白木
野务其干(新疆维语)=罗布麻
野西瓜(中草药汇编)=爪瓣山柑
野西瓜苗 Hibiscus trionum L.(锦葵科),灯笼草,灯笼花,黑芝麻,火炮草,香铃草,响铃草,小秋葵,野芝麻
野悉蜜(酉阳杂俎)=素馨花
野仙人草(江西赣州)=细风轮菜
野仙桃(云南)=龙珠果
野苋(图考)=凹头苋
野苋菜(滇南本草)=凹头苋
野苋菜(福建)=刺苋
野苋菜藤(云南)=浆果苋
野线麻(安徽)=大叶苎麻
野线麻(陕西)=细野麻
野香草(广东)=刺芹
野香草(浙江)=细风轮菜
野香蕉(浙江)=木通
野香茅(海南志)=扭鞘香茅
野香茅(庐山中草药)=橘草
野香薷(广东)=石香薷
野香薷(广东)=小花荠苎
野香薷(江西)=小鱼仙草
野香薷(云南)=云南冠唇花
野香薷(云南耿马,梁河)=滇南冠唇花
野香丝(广西)=野生紫苏
野香苏(云南)=野拔子
野香苏(云南)=野草香
野香雪(浙江遂昌)=榕叶冬青
野香叶树(云南楚雄)=新樟
野香油果(云南)=三股筋香
野香橼花 Capparis bodinieri Lévl.(山柑科),小毛毛花,猫胡子花,叶上花,黔桂槌果藤
野小茴(甘肃)=莳萝
野小麦(湖南药物志) =雀麦
野小毛蕨(台湾志)=齿牙毛蕨
野薤(王祯农书)=薤白
野行草(云南潞西)=异色黄芩
野杏(植物志 38)=山杏
野绣球(图考)=香荚蒾
野绣球(图考)=宜昌荚蒾
野萱花(陕西,江西,广东,广西,纲目)=射干
野雪豆(广东)=荷莲豆草
野鸦椿 Euscaphis japonica (Thunb.) Dippel.(省沽油科),红椋,鸡肾果,鸡眼睛,酒药花,山海椒,小山辣子,芽子木
野鸦椿属 Euscaphis S. & Z.(省沽油科)
野亚麻(兰州通志)=宿根亚麻
野亚麻 Linum stelleroides Planch.(亚麻科),亚麻,疔毒草草,繁缕亚麻
野亚麻荠(植物志 33)=小果亚麻荠
野烟(滇南本草)=烟草
野烟(分类草药性)=烟管头草
野烟(广西)=三角叶风毛菊
野烟(贵州方药集)=天名精
野烟(云南,贵州)=棉毛尼泊尔天名精
野烟(植物志 73-2)=西南山梗菜
野烟头(重庆草药)=金耳挖
野烟叶(广东徐闻,桂林)=假烟叶树
野胭脂(杭州药志)=垂序商陆
野菸(峨眉)=峨眉香科科
野菸(四川)=三分七
野延胡(纲目拾遗)=夏天无
野芫荽(广东)=刺芹
野芫荽(广西)=西南水芹
野燕麦(江苏) =雀麦
野燕麦(种子植物名称)=异燕麦
野燕麦 Avena fatua L.(禾本科),乌麦,燕麦草,野麦子
野燕麦属(种子植物名称)=**异燕麦属**
野杨莓(西藏中草药)=黄毛草莓
野杨梅(江苏药材志)=构树
野杨梅(救荒本草)=蛇莓
野杨梅(云南)=毛杨梅
野洋参(高等图鉴)=垂花穗花报春
野洋参(贵州民间药物)=斑叶兰
野洋参(贵州民间药物)=滇北球花报春
野洋烟(中草药汇编)=毛脉翅果菊
野洋烟(中药大辞典)=高大翅果菊
野洋芋(甘肃盐池)=串铃草
野洋芋(中草药汇编)=茄参
野叶子烟(湖北,贵州,云南)=西南山梗菜
野叶子烟(云南,贵州)=棉毛尼泊尔天名精
野罂粟 Papaver nudicaule L.(罂粟科),藏金莲,橘黄罂粟,来汗古丽,毛罂粟,山大烟,山米壳,山罂粟,小罂粟,岩罂粟,野大烟
野樱桃(安徽)=胡颓子
野樱桃(纲目拾遗)=木半夏
野樱桃(昆明草药)=野扇花
野樱桃(宁夏中草药)=四川樱桃
野樱属(刘业经-台木本志)=**臀果木属**
野鹰爪藤(广西上思)=香港鹰爪花
野迎春 Jasminum mesnyi Hance(木犀科),云南黄馨, 云南黄素馨,迎春柳花,金腰带,金铃花
野油菜(高等图鉴)=黄花草
野油菜(高等图鉴)=无瓣蔊菜
野油菜(浙江)=蔊菜
野油麻(广西,云南红河)=黄葵
野油麻(贵州剑河)=针筒菜
野油柿子(四川)=乌柿
野油坛树(广西)=木荚红豆
野鱼香(贵州兴义)=绵穗苏
野鱼腥草(广西龙胜)=灯笼草
野榆(浙江遂昌)=长序榆
野榆钱(陕西)=菥蓂
野榆钱菠菜 Atriplex aucheri Moq.(藜科)
野羽扇豆 Lupinus noothatensis Dunn (豆科)
野玉桂树(广东,海南)=阴香
野玉兰(云南)=山玉兰
野芋(湖北均县)=独角莲
野芋(云南元江)=海芋
野芋 Colocasia antiquorum Schott (天南星科),野芋头,红芋,野山芋,红广菜,老芋
野芋实(岭南采药录)=海芋
野芋头(广西凌乐,广东,云南红河)=海芋
野芋头(江苏)=半夏
野芋头(江西)=野芋
野芋头(云南武定)=假芋
野芋头(云南昭通)=象头花
野鸢尾 Iris dichotoma Pall.(鸢尾科),白射干,扁蒲扇闪,二歧鸢尾,老鹳扇,扇子草,水丹,羊角草
野云香草(云南中草药)=芸香草
野皂荚 Gleditsia microphylla Gordon ex Y.T. Lee(豆科),山皂角,马角刺,小皂角,短荚皂角
野皂角(江西)=短叶决明
野皂角(四川康定)=扁刺锦鸡儿
野泽兰(云南中草药选)=溪畔落新妇

野樟树(广东,海南)=阴香
野樟树(图考)=山橿
野樟树(中药大辞典)=红果山胡椒
野丈人(本经)=白头翁
野支子(四川)=齿缘吊钟花
野芝麻(甘肃平罗)=脓疮草
野芝麻(河南)=角蒿
野芝麻(湖南永顺)=绒毛假糙苏
野芝麻(江苏,贵州,四川)=荔枝草
野芝麻(江西修水)=折齿假糙苏
野芝麻(陕西)=三花莸
野芝麻(四川)=引生草
野芝麻(四川江津)=引生草
野芝麻(四川金汤)=鼬瓣花
野芝麻(新疆药材名)=短柄野芝麻
野芝麻(云南)=长序山芝麻
野芝麻(云南)=血见愁
野芝麻(云南)=野西瓜苗
野芝麻(云南西畴)=大黄药
野芝麻(云南药用名录)=山芝麻
野芝麻(云南镇雄)=香薷
野芝麻(浙江)=益母草
野芝麻(浙江,浙江草药)=紫花野百合
野芝麻 Lamium barbatum S. & Z.(唇形科),*白花菜,白花野芝麻,白花益母草,白益母草,包团草,地蚤,糯米饭草,泡花草,山麦胡,山苏子,野藿香,近无毛变种,坚硬变种,硬毛变种*
野芝麻马蓝 Pteracanthus lamius (C.B.Clarke ex W.W.Sm.) C.Y.Wu & C.C.Hu(爵床科)
野芝麻叶荆芥 Nepeta lamiifolia Willd.(唇形科)
野芝麻叶绣球防风 Leucas lamiifolia Desf.(唇形科)
野芝麻属 Lamium L.(唇形科)
野脂麻(纲目)=玄参
野指甲花(平武)=长尖突紫堇
野雉尾金粉蕨 Onychium japonicum (Thunb.) Kze.(中国蕨科),*柏香莲,草黄莲,凤尾莲,解毒草蕨,金花草,毛黄莲,日本乌蕨,石孔雀尾,乌蕨,小野锥尾草,小叶金花草,小雉尾草,野鸡尾,*
野珠兰(浙江)=华空木
野珠兰属(科属辞典)=**小米空木属**
野猪菜(江苏)=荔枝草
野猪疏(福建)=野生紫苏
野竹(云南盈江,西盟)=野龙竹
野竹兰(新华本草纲要)=火烧兰
野苎(安徽,湖南)=苎麻
野苎麻(贵州,浙江,江苏,湖北,河南,陕西,甘肃,湖南,安徽)=苎麻
野苎麻(海南琼中)=鳞片水麻
野苎麻(江苏,湖北,安徽,湖南)=大叶苎麻
野苎麻(江西,安徽,甘肃)=悬铃叶苎麻
野苎麻(云南中草药选)=束序苎麻
野紫苏(峨眉)=拟缺香茶菜
野紫苏(峨眉)=瘦花香茶菜
野紫苏(四川布拖)=广防风
野紫苏(四川灌县)=香薷
野紫苏(四川马尔康)=密花香薷
野紫苏(四川南部)=密球苎麻
野紫苏(云南)=大黄药
野紫苏子(湖南,江西,四川,云南)=紫苏
野棕(广西)=大叶仙茅
野棕(思茅中草药)=双籽棕
野棕(云南,广西)=大叶仙茅
业平竹 Semiarundinaria fastuosa (Mitford) Makino (禾本科)
业平竹属 Semiarundinaria Makino ex Nakai (禾本科)
叶瓣花(福建)=梵天花
叶苞脆蒴报春 Primula bracteosa Craib(报春花科)
叶苞点地梅 Androsace rotundifolia Hardw.(报春花科)
叶苞繁缕(东北草本名称)=线形叶苞繁缕
叶苞繁缕 Stellaria crassifolia Ehrh.(石竹科),*厚叶繁缕*
叶苞过路黄 Lysimachia hemsleyi Franch.(报春花科)
叶苞蒿 Artemisia phyllobotrys (Hand.-Mazz.) Ling & Y.R.Ling (菊科)
叶苞银背藤 Argyreia mastersii (Prain) Raizada (旋花科)
叶苞紫堇 Corydalis foliaceo-bracteata C.Y.Wu & Z.Y.Su (罂粟科)
叶苞紫菀 Aster indamellus Griers.(菊科)
叶爆芽(陆川本草)=落地生根
叶背红(中草药汇编)=红背桂花
叶被木 Streblus taxoides (Heyen) Kurz(桑科),*酒饼树*
叶柄龙胆 Gentiana phyllopoda Lévl.(龙胆科)
叶柄香茶菜(Flora 17)=柄叶香茶菜
叶藏花(陇海树产目录)=盘叶忍冬
叶长花 (陇海树产目录,树木分类学)=中华青荚叶
叶城翠雀花 Delphinium yechengense Chang Y.Yang & B.Wang(毛茛科)
叶城假蒜芥 Sisymbriopsis yechengica (Z.X.An) Al-Shehbaz et al.(十字花科),*叶城小蒜芥*
叶城毛茛 Ranunculus yechengensis W.T.Wang (毛茛科)
叶城小蒜芥(植物志 33)=叶城假蒜芥
叶刺苞菊 Carlina acanthifolia All.(菊科)
叶刺头(泉州本草)=胡颓子
叶底红 Phyllagathis fordii (Hance) C.Chen(野牡丹科),*大毛蛇,假紫苏,江南野海棠,沙崩草,血还红,野海棠,叶下红*
叶底花凤仙花 Impatiens cornucopia Franch.(凤仙花科)
叶底珠(高等图鉴)=一叶萩
叶顶珠(福建草药)=田菁
叶萼龙胆 Gentiana phyllocalyx C.B.Clarke(龙胆科)
叶萼山矾(植物志 60-2)=光亮山矾
叶萼獐牙菜 Swertia calycina Franch.(龙胆科),*草黄莲*
叶合草(高等图鉴)=苹
叶花景天 Sedum phyllanthum Lévl. & Vant.(景天科),*四部景天,四叶景天*
叶藿香(重庆)=藿香
叶进根(江苏江宁)=石荠苎
叶铃子(四川中药志)=薄叶鼠李
叶轮木 Ostodes paniculata Bl.(大戟科)
叶轮木属 Ostodes Bl.(大戟科)
叶麦瓶草(东北检索表)=石缝蝇子草
叶脉獐牙菜(Flora 16)=显脉獐牙菜
叶芒那保(民族药志)=甘川铁线莲
叶尼塞蝇子草(植物志 26)=山蚂蚱草
叶牛果藤(云南植物名录)=毛枝蛇葡萄
叶三七(云南)=川滇变豆菜
叶上果(药用力产鉴)=青荚叶
叶上果根(贵州民间药物)=椴树
叶上花(峨眉药志)=青荚叶
叶上花(云南)=来江藤
叶上花(云南武定)=红叶木姜子
叶上花(云南中草药)=锯叶竹节树
叶上花(云南中草药)=野扇花
叶上花(云南中草药选)=野香橼花
叶上花(中药大辞典)=大花树萝卜
叶上珠(草药汇编)=中华青荚叶
叶上珠(四川)=青荚叶
叶生根(图考,广西中药志)=落地生根
叶穗香茶菜 Isodon phyllostachys (Diels) Kudô (唇形科),*薄叶变种*
叶头风毛菊 Saussurea peguensis C.B.Clarke(菊科)
叶头过路黄 Lysimachia phyllocephala Hand.-Mazz. (报春花科),*大过路黄,痰药,四块瓦,四大天王*
叶下白(湖南)=翻白草
叶下白(闽东本草)=细叶鼠麴草
叶下白(台湾)=栓叶安息香
叶下穿针(广东,广西)=两面针
叶下红(福建)=短毛熊巴掌
叶下红(贵州,湖南)=血盆草
叶下红(湖南)=长萼野海棠
叶下红(湖南)=线萼金花树
叶下红(江西)=红凉伞
叶下红(江西建昌)=关公须
叶下红(李氏草秘)=紫金牛
叶下红(浙江)=叶底红
叶下红(植物志 77-1)=一点红
叶下花(贵州)=贵州八角莲
叶下青(湖南药物志)=褐叶线蕨
叶下珍珠(江西民间草药)=紫金牛
叶下珠(浙江)=一叶萩
叶下珠 Phyllanthus urinaria L.(大戟科),*蓖萁草,假油树,咪使忌,日开夜闭,杨梅珠草,夜合草,夜合珍珠,阴阳草,油柑草,珍珠草,真珠草,珠仔草*
叶下珠属 Phyllanthus L.(大戟科),*油柑属*
叶下珠状美登木 Maytenus phyllanthoides Benth. (卫矛科)
叶象花(文山中草药)=猩猩草
叶楔铁线蕨 Adiantum cuneatum Langsd. & Fisch. (铁线蕨科)
叶芽南芥(植物志 33)=叶芽鼠耳芥
叶芽鼠耳芥 Arabidopsis halleri subsp. gemmifera (Matsumura) O'Kane & Al-Shehbaz(十字花科),*水芹菜,蔓田芥,叶芽南芥*
叶雅省草(浙江药志)=水竹叶
叶叶兰(云南)=岷江蓝雪花
叶枝虎耳草 Saxifraga yezhiensis C.Y.Wu (虎耳草科)
叶轴香豌豆 Lathyrus aphaca L.(豆科)
叶珠木(广西植物名录)=珠子木
叶珠木属(科属辞典)=**珠子木属**
叶状苞杜鹃 Rhododendron redowkianum Maxim. (杜鹃花科),*云间杜鹃*
叶状柄垂头菊 Cremanthodium phyllodineum S.W.Liu (菊科)
叶状鞘橐吾 Ligularia phyllocolea Hand.-Mazz. (菊科)
叶子花(昆明草药)=光叶子花
叶子花 Bougainvillea spectabilis Willd.(紫茉莉科),*毛宝巾,九重葛,三角花*
叶子花属 Bougainvillea Comm. ex Juss.(紫茉莉科),*九重葛属,宝巾属,三角花属*
夜闭草(浙江草药)=截叶铁扫帚
夜变红(中药大辞典)=圆果秋海棠
夜叉头(救荒本草)=牛蒡
夜叉头(植物志 75)=狼杷草

夜叉竹 Semiarundinaria yashadake (Makino) Makino (禾本科)
夜茶藤(植物志 45-3)=青江藤
夜吹箫(云南药用名录)=鬼吹箫
夜渡红(广西中草药)=紫背天葵
夜饭花(上海)=紫茉莉
夜关草(东北)=豆茶决明
夜关门(广西)=美丽胡枝子
夜关门(贵州)=粉叶羊蹄甲
夜关门(四川城口)=贯叶连翘
夜关门(植物志 39)=鞍叶羊蹄甲
夜关门(植物志 41)=截叶铁扫帚
夜合(国经本草)=合欢
夜合草(福建药物志)=叶下珠
夜合草(江西)=短叶决明
夜合草(闽东本草)=胡枝子
夜合花(本草衍义)=合欢
夜合花(图考)=夜香木兰
夜合欢(云南)=银合欢
夜合叶(贵州药用名录)=鞍叶羊蹄甲
夜合珍珠(四川中药志)=叶下珠
夜花女娄菜(拉汉名称)=夜花蝇子草
夜花薯藤(植物志 64-1)=月光花
夜花薯藤 Ipomoea aculeata var. mollissima (Zoll.) H.Hall ex V.Oost.(旋花科)
夜花藤 Hypserpa nitida Miers(防已科),*细红藤,吼喃浪,亮叶夜花藤*
夜花藤属 Hypserpa Miers (防已科)
夜花蝇子草 Silene noctiflora L.(石竹科),*夜花女娄菜*
夜花柱瓣兰 Epidendrum nocturnum Jacq.(兰科)
夜欢花(本草衍义)=合欢
夜交藤(本经适原,植物志 25-1)=何首乌
夜娇娇(新华本草纲要)=紫茉莉
夜来香(安徽,浙江)=待宵草
夜来香(东北土名)=月见草
夜来香(贵州)=黄花月见草
夜来香 Telosma cordata (Burm.f.) Merr.(萝藦科),*夜香花,夜兰香*
夜来香属 Telosma Coville (萝藦科)
夜兰茶(岭南草药志)=黑面神
夜兰香(广州)=夜来香
夜落金钱(秘传花镜)=午时花
夜抹光(贵州)=露珠草
夜牵牛(斗门方)=紫菀
夜牵牛(海南志)=月光花
夜牵牛(岭南采药录)=夜香牛
夜牵牛(中草药汇编)=鸡心藤
夜藤(豆科图说)=庭藤
夜晚香(四川金城山)=石菖蒲
夜息香(山东)=薄荷
夜香花(广州)=夜来香
夜香木兰 Magnolia coco (Lour.) DC.(木兰科),*夜合花*
夜香牛 Vernonia cinerea (L.) Less.(菊科),*拐棍参,还魂香,寄色草,假咸虾,假咸虾花,染色草,伤寒草,缩盖斑鸠菊,消山虎,星拭草,夜牵牛,枝香草*
夜香树 Cestrum nocturnum L.(茄科),*洋素馨*
夜香树属 Cestrum L.(茄科)
夜行草(云南)=异色黄芩
夜行草(云南潞西)=异色黄芩
夜夜兰(纲目拾遗)=米仔兰
腋花 Nyctanthes arbor-tristis L.(木犀科)
腋花齿缘草 Eritrichium axillare W.T.Wang(紫草科)
腋花齿缘草 Eritrichium leucanthum W.T.Wang (紫草科)
腋花点地梅 Androsace axillaris (Franch.) Franch. (报春花科),*四川点地梅*
腋花杜鹃 Rhododendron racemosum Franch.(杜鹃花科)
腋花勾儿茶 Berchemia edgeworthii Laws.(鼠李科),*小叶勾儿茶*
腋花孩儿草 Rungia axilliflora H.S.Lo(爵床科)
腋花黄芩 Scutellaria axilliflora Hand.-Mazz.(唇形科)
腋花芥(植物志 33)=腋花南芥
腋花芥属(植物志 33)=**南芥属**
腋花金腰(秦岭志)=长梗金腰
腋花蓼(中药辞海)=习见蓼
腋花马钱 Strychnos axillaris Colebr.(马钱科)
腋花马先蒿 Pedicularis axillaris Franch.(玄参科),*腋花马先蒿腋花亚种*
腋花马先蒿巴氏亚种(植物志 68)=巴氏腋花马先蒿
腋花马先蒿腋花亚种(植物志 68)=腋花马先蒿
腋花南芥 Arabis axilliflora (Jafri) H.Hara (十字花科),*腋花芥*
腋花扭柄花 Streptopus simplex D.Don(百合科),*竹林消,鸡爪参,野参须,单茎算盘草,算盘花*
腋花瑞香 Daphne axillaris (Merr. & Chun) Chun & C.F.Wei (瑞香科),*腋生瑞香*
腋花山橙 Melodinus axillaris W.T.Wang ex Tsiang & P.T.Li(夹竹桃科)
腋花山红树 Pellacalyx axillaris Korth.(红树科)
腋花糖芥(植物志 33)=匍匐糖芥
腋花莛子藨 Triosteum sinuatum Maxim.(忍冬科)
腋花兔儿风 Ainsliaea pertyoides Franch.(菊科)
腋花乌头 Aconitum sinoaxillare W.T.Wang(毛茛科)
腋花苋 Amaranthus roxburghianus Kung(苋科),*罗氏苋*
腋花须弥芥 Crucihimalaya axillaris (HK.f. & Thoms.) Al-Shehbaz et al.(十字花科)
腋花玄参 Scrophularia maximowiczii Gorschk.?(玄参科)
腋花珍珠菜(拉汉名称)=球尾花
腋花属 Nyctanthes L.(木犀科)
腋花苎麻 Boehmeria glomerulifera Miq.(荨麻科)
腋毛勾儿茶 Berchemia barbigera C.Y.Wu ex Y. L.Chen (鼠李科)
腋毛泡花树 Meliosma rhoifolia var. barbulata (Cufod.) Law(清风藤科)
腋毛藤五加 Acanthopanax leucorrhizus var. axillaritomentosus Hoo(五加科)
腋球顶冰花 Gagea bulbifera (Pall.) Roem. & Schult. (百合科),*珠芽顶冰花*
腋球苎麻 Boehmeria malabarica Wedd.(荨麻科)
腋生碧冬茄 Petunia axillaria (Lam.) Brillon (茄科)
腋生尖头花 Acrocephalus axillaris Benth.(唇形科)
腋生瑞香(高等图鉴)=腋花瑞香
腋生省藤 Calamus axillaris Becc.(棕榈科)
腋生弯蕊芥(植物志 33)=单茎碎米荠
腋头风毛菊 Saussurea komarnitzkii Lipsch.(菊科)
腋序木藜芦 Leucothoë axillaris (Lam.) D.Don (杜鹃花科)
腋枕碱茅 Puccinellia pulvinata (Fr.) Krecz.(禾本科)

Yi

一把篾(思茅中草药)=七小叶崖爬藤
一把伞(高等图鉴)=扇脉杓兰
一把伞(广东,广西)=川八角莲
一把伞(贵州)=云南重楼
一把伞(贵州,云南)=狭叶落地梅
一把伞(贵州民间药物)=兔儿伞
一把伞(湖南)=华重楼
一把伞(云南曲靖) =一把伞南星
一把伞南星 Arisaema erubescens (Wall.) Schott (天南星科),*白南星,半夏,打蛇棒,胆南星,胆星,刀口药,都士不礼,独角莲,法夏,粉南星,狗爪半夏,虎掌,虎掌南星,黄狗卵,麻蛇饭,麻芋杆,麻芋子,南星,闹狗药,山包谷,山蕃芋,山磨芋,蛇包谷,蛇头天南星,蛇芋,蛇芋头,蛇子麦,天南星,铁骨伞,血南星,野磨芋,一把伞*
一把香 Wikstroemia dolichantha Diels(瑞香科),*矮包包,矮陀陀,长花尧花,山皮条,土箭七土箭芪,香构,一柱香,竹腊皮*
一把针(浙江草药)=鬼针草
一把针(浙江草药)=婆婆针
一把抓(滇南本草)=倒提壶
一把抓(浙江)=女萎
一白草(陕西)=委陵菜
一百针(河北兴隆)=刺五加
一包花(广西)=大叶金牛
一包金(广西药用名录)=宽羽线蕨
一包针(东北,华北)=小花鬼针草
一包针(广西金秀)=千年健
一包针(江西草药)=婆婆针
一包针(四川)=白绒草
一包针(浙江,江苏)=鬼针草
一包针(中草药汇编)=江南星蕨
一齿小米草(植物志 67-2)=光叶小米草
一串红(江西:草药手册)=金线草
一串红(通称)=朱唇
一串红 Salvia splendens Ker-Gawl.(唇形科),*象牙红,西洋红,墙下红,象牙海棠,炮仔花*
一串金丹(浙江)=珠芽地锦苗
一串蓝 Salvia farinacea Benth.(唇形科)
一串纽子(贵州草药)=虾脊兰
一串钱(四川)=红马蹄草
一串鱼(四川)=爬岩红
一代宗(高等图鉴)=云南红景天
一代宗(陕西)=轮叶八宝
一担柴 Colona floribunda (Wall.) Craib(椴树科),*大泡火绳*
一担柴属 Colona Cav.(椴树科)
一滴血(广西,广东)=血散薯
一滴珠(江西)=滴水珠
一点广(台兰科图鉴)=广布芋兰
一点红(岭南采药录)=蛇莓
一点红(陕西)=黄瓜菜
一点红(植物志 52-1)=一点血
一点红 Emilia sonchifolia (L.) DC.(菊科),*红背果,红背叶,红头草,花古帽,牛奶奶,片红青,土黄连,羊蹄草,野木耳菜,叶下红,紫背草,紫背犁头草,紫背叶*
一点红属 Emilia Cass.(菊科)
一点气(江苏)=马兜铃
一点血(广西桂林)=管花怪兜铃
一点血(广西中药志)=大叶马兜铃
一点血(神农架中草药)=中华秋海棠
一点血 Begonia wilsonii Gagn.(秋海棠科),*一点血秋海棠,一点红,红专草*
一点血秋海棠(高等图鉴)=一点血
一朵芙蓉 (岭南采药录)=锦地罗

一朵花杜鹃 Rhododendron monanthum Balf.f. & W.W.Sm. (杜鹃花科)
一朵云 (广东,广西)=光叶海桐
一朵云(广西)=华东阴地蕨
一朵云(秦岭志)=大苞景天
一朵云(陕西中草药)=蕨萁
一朵云(四川,贵州)=薄叶阴地蕨
一朵云(天宝本草)=阴地蕨
一朵云(云南药用名录)=绒毛阴地蕨
一杆针(云南)=长籽柳叶菜
一根葱(中药大辞典)=葱叶兰
一根箭(陕西,四川)=钝头瓶尔小草
一号黄药(云南红河)=大黄药
一花黄芪 Astragalus prattii var. uniflorus Pet-Stib. (豆科)
一花无柱兰 Amitostigma monanthum (Finet) Schltr. (兰科),*单花无柱兰*
一回羽状观音座莲 Angiopteris pinnata Ching (观音座莲科)
一见喜(泉州本草,思茅)=穿心莲
一见香(江西)=七层楼
一见消(海南)=白花丹
一箭花(福建药物志)=猫尾豆
一箭珠(广西草药)=短叶水蜈蚣
一棵参(云南)=腹根龙胆
一颗血(贵州草药)=紫雀花
一口红(湖北中草药志)=具柄冬青
一口红(文山中草药)=血苋
一口血(分类草药性)=秋海棠
一口血(湖北西部)=花葶乌头
一口血(湖北中草药志)=具柄冬青
一口血(秦岭志)=深山堇菜
一口血(四川中草药)=掌裂叶秋海棠
一口血(四川中药志)=草血竭
一口血(文山中草药)=云南秋海棠
一口血(植物志 52-1)=周裂秋海棠
一口血(中草药汇编)=独牛
一块瓦(广西)=金耳环
一块瓦(广西东兴)=长茎金耳环
一块砖(湖南)=小八角莲
一粒金丹(纲目拾遗)=夏天无
一粒金丹(广东,浙江)=茅膏菜
一粒小麦 Triticum monococcum L.(禾本科)
一粒珠(浙江兰溪)=滴水珠
一轮贝母(中药志)=轮叶贝母
一麻消(贵州赤水)=血沟丹
一马光(陕西植物调查)=透骨草
一矛一盾(云南药用名录)=尖头瓶尔小草
一面光(广西药用名录)=香叶树
一面锣(四川叙永)=石蜘蛛
一面锣(四川中药志)=独牛
一面青(分类草药性)=珠光香青
一苗蒿(陕西中草药)=蓍
一摩消(广西)=蝉翼藤
一抹光(贵州草药)=透骨草
一年风铃草 Campanula canescens Wall. ex A. DC. (桔梗科)
一年蓬 Erigeron annuus (L.) Pers.(菊科),*千层塔,治疟草,野蒿,白马兰,牙根消,牙肿消*
一年生落草 Koeleria phleoides Pers.(禾本科)
一皮草(峨眉药志)=扭瓦韦
一匹草(草药汇编)=梳帽卷瓣兰
一匹绸(广东,广西)=银背藤
一匹绸(广西)=白鹤藤
一匹绸(云南)=东京银背藤
一匹瓦(四川)=峨眉獐牙菜
一匹叶(草药汇编)=梳帽卷瓣兰
一品冠(植物志 59-1)=仙客来
一品红(文山中草药)=猩猩草
一品红 Euphorbia pulcherrima Willd. ex Kl.(大戟科),*猩猩木,老来娇*
一齐松(东北)=落叶松
一球悬铃木 Platanus occidentalis L.(悬铃木科),*美国梧桐*
一扫光(分类草药性)=千里光
一扫光(湖南,贵州,云南)=透骨草
一扫光(四川)=水棉花
一扫光(西藏中草药)=网脉橐吾
一扫光(云南)=大果玄参
一扫光(云南中草药选)=地皮消
一扫光(中草药汇编)=长节耳草
一身保暖(广西)=结香
一身暖(广西)=黄花倒水莲
一条根(福建)=丁癸草
一条根(福建)=福建马兜铃
一条根(台湾志)=蔓茎葫芦茶
一条根(植物志 41)=千斤拔
一条线蕨(台湾志)=针叶蕨
一条线蕨 Monogramma gramicea (Poir.) Schkuhr (书带蕨科)
一条线蕨属 Monogramma Commerson ex Schkuhr (书带蕨科),*丝蕨属*
一碗泡(广西)=齿果草
一碗泡(云南文山)=肾果小扁豆
一碗水(陕西)=八角莲
一碗水(陕西)=刚毛橐吾
一碗水(陕西,甘肃)=南方山荷叶
一碗水(陕西中草药)=莲叶橐吾
一味药(贵州方药集)=马棘
一文钱 Stephania delavayi Diels(防已科),*小寒药,铜钱根,小黑藤,金钱寒药*
一窝虎(江苏)=直立百部
一窝鸡(湖南)=短梗天门冬
一叶兜被兰 Neottianthe monophylla (Ames & Schltr.) Schltr.(兰科)
一叶黄芪 Astragalus monophyllus Bge. ex Maxim.? (豆科)
一叶莲(湖北,湖南,福建)=大吴风草
一叶米口袋 Gueldenstaedtia monophylla (Fisch.) C.Y.Wu (豆科)
一叶萩 Flueggea suffruticosa (Pall.) Baill.(大戟科),*白几木,白帚条,狗梢条,山嵩树,山帚条条,小粒蒿,叶底珠,叶下珠*
一叶萩属(植物学大辞典)=**白饭树属**
一叶一枝花(广西药用名录)=长柱瑞香
一叶钟馗兰(中山大辞典)=锥囊坛花兰
一盏灯(四川)=狭叶重楼
一张白(高等图鉴)=苦苣苔
一掌参 Peristylus forceps Finet(兰科)
一丈红(陕西,贵州)=蜀葵
一丈花(草木记)=蜀葵
一丈青 Triarrhena lutarioriparia var. gongchai f. altissima L.Liu(禾本科),*青岗柴,铁杆青*
一支蒿(四川)=剪春罗
一支蒿(宁夏)=铁棒锤
一支蒿(四川)=双参
一支蒿(植物志 76-1)=云南蓍
一支箭(草本便方)=尖头瓶尔小草
一支箭(贵州)=薄片变豆菜
一支箭(湖南)=华重楼
一支箭(云南思茅,红河)=异色黄芩
一支箭(浙江,广东,广西,四川)=瓶尔小草
一支林 Procris crenata C.B.Clark (荨麻科),*虾火菜,眼睛草,藤麻*
一支枪(广西)=绿花玉凤花
一枝蒿(纲目拾遗)=高山蓍
一枝蒿(吉林)=林艾蒿
一枝蒿(山西)=南牡蒿
一枝蒿(新疆)=岩蒿
一枝花(陕西)=矮金莲花
一枝花(中草药汇编)=泽泻
一枝黄花 Solidago decurrens Lour.(菊科),*得爽单,黄花细辛,黄花仔,金锁匙,罗应,马雅马,骂袍,千根癀,洒金花,蛇头王,土柴胡,土泽兰,一枝香*
一枝黄花属 Solidago L.(菊科)
一枝箭(百草镜)=石蒜
一枝箭(江西)=徐长卿
一枝箭(四川)=箭杆风
一枝箭(四川)=铁棒锤
一枝箭(云南)=钩苞大丁草
一枝林(云南中草药)=藤麻
一枝瘤(台湾三科植物)=乌来卷瓣兰
一枝旗(广西)=攀援星蕨
一枝香(广东中药)=一枝黄花
一枝香(江苏)=徐长卿
一枝香(图考)=毛大丁草
一枝香(新华本草纲要,江苏)=水蔓菁
一枝香(植物志 74)=陀螺紫菀
一柱齿唇兰 Anoectochilus tortus (King & Pantl.) King & Pantl(兰科)
一柱香(贵州民间药物)=臭味新耳草
一柱香(四川)=一把香
一柱香(云南中草药)=毛蕊花
伊贝母(新疆)=乌恰贝母
伊贝母 Fritillaria pallidiflora Schrenk(百合科),*伊利贝母*
伊吹堇菜(高等图鉴)=奇异堇菜
伊东杜鹃花 Rhododendron keiskei Miguel.(杜鹃花科)
伊尔库特棘豆 Oxytropis nitens Turcz. (豆科)
伊尔库特雀麦(禾本科图说)=沙地雀麦
伊尔库早熟禾 Poa ircutica Roshev.(禾本科)
伊拉克枣(近代通称)=海枣
伊朗臭草 Melica persica Kunth(禾本科)
伊朗地肤 Kochia iranica Litv. ex Bornm(藜科)
伊朗蒿 Artemisia persica Boiss.(菊科),*波斯蒿*
伊朗棘豆 Oxytropis savellanica Bge. ex Boiss. (豆科)
伊朗紫罗兰 Matthiola chorassnica Bge. ex Boiss. (十字花科)
伊犁霸王(沙漠志)=伊犁驼蹄瓣
伊犁翠雀花 Delphinium iliense Huth(毛茛科),*伊犁飞燕草,飞燕草*
伊犁飞燕草(新疆中草药)=伊犁翠雀花
伊犁花 Ikonnikovia kaufmanniana (Regel) Lincz. (白花丹科)
伊犁花属 Ikonnikovia Lincz.(白花丹科)
伊犁黄芪 Astragalus iliensis Bge.(豆科)
伊犁碱茅 Puccinellia iliensis Krecz.(禾本科)
伊犁绢蒿 Seriphidium transiliense (Poljak.) Poljak.(菊科)
伊犁利北芹(拉汉名称和手册)=伊犁岩风
伊犁柳 Salix iliensis Rgl.(杨柳科)
伊犁芒柄花 Ononis antiquorum L.(豆科)
伊犁泡囊草 Physochlaina capitata A.M.Lu(茄科)
伊犁芹 Talassia transiliensis (Herd.) Korov.(伞形科)
伊犁芹属 Talassia Korov.(伞形科)
伊犁蒜 Allium winklerianum Rgl.(百合科)

伊犁铁线莲 Clematis iliensis Y.S.Hou & W.H. Hou (毛茛科)
伊犁驼蹄瓣 Zygophyllum iliense Popov(蒺藜科),*伊犁霸王*
伊犁乌头 Aconitum talassicum var. villosulum W.T.Wang (毛茛科)
伊犁小檗 Berberis iliensis Popov. (小檗科),*伊宁小檗*
伊犁岩风 Libanotis iliensis (Lipsky) Korov.(伞形科),*新疆防风,细叶防风,伊犁利北芹*
伊犁岩黄芪 Hedysarum iliense B.Fedtsch.(豆科)
伊犁杨 Populus iliensis Drob.(杨柳科)
伊犁郁金香 Tulipa iliensis Rgl.(百合科),*光慈姑*
伊黎圆柏(树木分类学)=客什方枝柏
伊利贝母(药典 2000)=伊贝母
伊利顶冰花 Gagea iliensis Popov.(百合科)
伊利里亚全能花 Pancratium illyricum L.(石蒜科)
伊利诺合欢草 Desmanthus illinoensis MacMill.(豆科)
伊麻干-沙里尔日(蒙语)=茵陈
伊宁灯心草 Juncus heptapotamicus var. yiningensis K.F.Wu(灯心草科)
伊宁风毛菊 Saussurea canescens C.Winkl.(菊科)
伊宁葶苈 Draba stylaris J.Gay ex E.Thomas(十字花科)
伊宁小檗(中药辞海)=伊犁小檗
伊塞克绢蒿 Seriphidium issykkulense (Poljak.) Poljak. (菊科)
伊舍根-沙里尔日(蒙语)=龙蒿
伊舍根-沙瓦格(蒙语)=龙蒿
伊斯鸢尾 Iris histrio Reichb.(鸢尾科)
伊藤原始观音座莲 Archangiopteris itoi Shieh (观音座莲科)
伊桐(广西药用名录)=栀子
伊桐(树木分类学)=栀子皮
伊泽山龙胆 Gentiana itzershanensis liu & Kuo (龙胆科)
衣白皮 Deutzia longifolia var. yunnanensis Franch.? (虎耳草科)
衣扣草(植物志 67-1)=少花龙葵
医草(名医别录)=艾
医药师(云南)=雪下红
依果白 (瑶族语)=赤杨叶
依果红(瑶语)=滇赤杨叶
依兰 Cananga odorata (Lamk.) HK.f. & Thoms.(番荔枝科),*加拿楷,依兰香,锅裸刹版那,香水树*
依兰香(热带植物研究)=依兰
依兰属 Cananga (DC.) HK.f. & Thoms.(番荔枝科),*夷兰属,加拿楷属*
依力棕属 Iriartea Ruiz & Pav.(棕榈科)
依斯伍德百合 Lilium nevadense Eastwood (百合科)
黟县阴山荠 Yinshania yixianensis (Y.H.Zhang) Al-Shehbaz et al.(十字花科)
仪花 Lysidice rhodostegia Hance(豆科),*单刀根,龙眼参,铁罗伞,广檀木*
仪花属 Lysidice Hance (豆科),*麻杞木属,广檀木属,龙眼参属,铁罗伞属*
夷方草(云南)=金铁锁
夷兰属(种子植物名称)=**依兰属**
宜昌百合 Lilium leucanthum (Baker) Baker(百合科)
宜昌橙 Citrus ichangensis Swingle(芸香科),*野柑子,酸柑子,宜昌柑,罗汶柑*
宜昌当归 Angelica henryi Wolff(伞形科)
宜昌东俄芹 Tongoloa dunnii (de Boiss.) Wolff (伞形科)
宜昌耳蕨 Polystichum ichangense Christ(鳞毛蕨科),*假对生耳蕨,雅致耳蕨*
宜昌柑(果树分类学)=宜昌橙
宜昌过路黄 Lysimachia henryi Hemsl.(报春花科)
宜昌旱蕨 Pellaea patula (Bak.) Ching(中国蕨科)
宜昌杭子稍(浙江药志)=杭子稍
宜昌胡颓子 Elaeagnus henryi Warb.(胡颓子科),*红鸡踢香,金背藤,红面将军,金耳环*
宜昌槐 Sophora japonica var. vestita Rehd.(豆科)
宜昌黄杨 Buxus ichangensis Hatusima(黄杨科)
宜昌荚蒾 Viburnum erosum Thunb.(忍冬科),*野绣球,糯米条子,对叶散花,猪婆子藤,小鱼辣树*
宜昌鳞毛蕨 Dryopteris enneaphylla (Bak.) C. Chr. (鳞毛蕨科),*顶羽鳞毛蕨*
宜昌楼梯草 Elatostema ichangense H.Schröter (荨麻科),*六月寒,水水草*
宜昌木姜子 Litsea ichangensis Gamble(樟科),*狗酱子树*
宜昌木蓝 Indigofera decora var. ichangensis (Craib.) Y.Y.Fang & C.Z.Zheng(豆科),*山豆根,土豆根*
宜昌女贞 Ligustrum strongylophyllum Hemsl. (木犀科)
宜昌飘拂草 Fimbristylis henryi C.B.Clarke (莎草科)
宜昌润楠 Machilus ichangensis Rehd. & Wils. (樟科),*竹叶楠*
宜昌蛇菰 Balanophora henryi Hemsl.(蛇菰科),*土菌子*
宜昌薹草 Carex ascocetra C.B.Clarke(莎草科),*宝岛宿柱薹*
宜昌娃儿藤 Tylophora augustiniana (Hemsl.) Craib (萝藦科)
宜昌悬钩子 Rubus ichangensis Hemsl. & Ktze. (蔷薇科),*红五泡,红五泡,黄藨子,黄泡叶,黄泡子,牛尾泡,山泡刺藤*
宜兰宿柱薹(台湾志)=豌豆形薹草
宜兰早熟禾 Poa taiwanicola Ohwi(禾本科),*台湾早熟禾*
宜良囊瓣芹 Pternopetalum yiliangense Shan & Pu (伞形科)
宜濛子(吴莱)=黎檬
宜母(广东)=黎檬
宜母(广东新语)=柠檬
宜母子(事物绀珠)=黎檬
宜山秋海棠 Begonia yishanensis Ku(秋海棠科)
宜山石楠 Photinia chingiana Hand.-Mazz.(蔷薇科)
宜兴复叶耳蕨 Arachniodes yixinensis Ching & Y.T.Hsieh (鳞毛蕨科)
宜兴苦竹 Pleioblastus yixingensis S.L.Chen & S.Y.Chen (禾本科)
宜兴溪荪 Iris sanguinea var. yixingensis Y.T. Zhao (鸢尾科)
宜兴肿足蕨(蕨类形态)=鳞毛肿足蕨
宜章山矾(植物志 60-2)=团花山矾
宜章十大功劳 Mahonia cardiophylla Ying & Bouff. (小檗科)
宜枝(陕西)=北桑寄生
饴糖(本草经集注)=稻
饴糖(本草经集注)=普通小麦
饴糖(本草经集注)=玉蜀黍
粭糖(补缺肘后方)=稻
粭糖(补缺肘后方)=普通小麦
粭糖(补缺肘后方)=玉蜀黍
移柛属(经济植物手册)=**移柭属**
移柭(云南中草药选)=云南移柭
移柭 Docynia indica (Wall.) Dcne.(蔷薇科),*红叶移柛*
移　属 Docynia Dcne.(蔷薇科),*多胜属,移柛属*
移星草(现代实用中药)=谷精草
移星草(浙江)=威灵仙
椬梧(中药大辞典,福建)=福建胡颓子
疑似小檗 Berberis ambigua Ahrendt (小檗科)
疑早熟禾 Poa incerta Keng ex L.Liu(禾本科)
彝良梅花草 Parnassia yiliangensis Ku (虎耳草科)
以夸䶵(傈族名)=黄花蒿
以木香(祁州药志)=总状土木香
苡米(本草求原)=薏苡
蚁花 Mezzettiopsis creaghii Ridl.(番荔枝科)
蚁花属 Mezzettiopsis Ridl.(番荔枝科)
蚁惊树(岭南杂记)=黑面神
蚁姆刺(福建草药)=蓟
蚁药(四川)=遍地金
蚁棕属 Korthalsia Bl.(棕榈科)
椅(诗经)=山桐子
椅树(峨眉图志)=山桐子
椅桐(庐山)=山桐子
椅杨 Populus wilsonii Schneid.(杨柳科),*短柚椅杨,长果柄椅杨*
椅子竹 Dendrocalamus bambusoides Hsueh & D.Z.Li (禾本科)
义竹(竹谱详录)=慈竹
弋壁霸王(沙漠志)=弋壁驼蹄瓣
弋壁驼蹄瓣 Zygophyllum gobicum Maxim.(蒺藜科), *弋壁霸王*
弋尔诺黄芪 Astragalus skorniakovii B.Fedtsch. (豆科)
刈穗玉 Ferocactus gracilis H.E.Gates.(仙人掌科)
艺林黄鹌菜 Youngia yilingi Shih(菊科)
亦雷(广西瑶语)=飞龙掌血
亦蒙(藏药名)=甘青铁线莲
亦蒙戌薄(藏药名)=锈球藤
异瓣郁金香 Tulipa heteropetala Ledeb.(百合科)
异孢蹄盖蕨 Athyrium ×heterosporum Y.T.Hsieh & Z.R.Wang? (蹄盖蕨科)
异苞变种(植物志 74)=异苞高山紫菀(新)
异苞滨藜 Atriplex micrantha C.A.Mey.(藜科)
异苞高山紫菀(新)Aster alpinus var. diversisquamus Ling(菊科),*异苞变种*
异苞蒲公英 Taraxacum heterolepis Nakai & Koidz. ex Kitag.(菊科)
异苞紫菀 Aster heterolepis Hand.-Mazz.(菊科)
异苞棕属 Heterospathe Scheff.(棕榈科)
异被赤车 Pellionia heteroloba Wedd.(荨麻科)
异被地杨梅 Luzula inaequalis K.F.Wu(灯心草科)
异被冷水花(秦岭志)=大叶冷水花
异侧柃(云南)=偏心叶柃
异长齿黄芪 Astragalus monbeigii Simps.(豆科)
异长穗小檗 Berberis feddeana Schneid. (小檗科)
异常杜鹃 Rhododendron heteroclitum H.P.Yang

(杜鹃花科)
异常拉拉藤(云南植物名录)=林猪殃殃
异齿冬青 Ilex subrugosa Loes.(冬青科),*次糙冬青,突脉冬青*
异齿红景天 Rhodiola heterodonta (HK.f. & Thoms.) A.Bor.(景天科)
异齿黄芪 Astragalus heterodontus Boriss.(豆科)
异齿紫堇 Corydalis heterodonta Lévl.(罂粟科)
异翅独尾草 Eremurus anisopterus (Kar. & Kir.) Rgl.(百合科)
异翅鱼藤 Derris malaccensis (Benth.) Prain(豆科),*马来鱼藤*
异唇花 Anisochilus pallidus Wall.(唇形科)
异唇苣苔 Allocheilos cortusiflorum W.T.Wang (苦苣苔科)
异唇苣苔属 Allocheilos W.T.Wang(苦苣苔科)
异唇香茶菜 (植物志 66)=细锥香茶菜
异刺鹤虱 Lappula heteracantha (Ledeb.) Gürke (紫草科),*东北鹤,鹤虱,鹄虱*
异滇竹 Oxytenanthera aliena McClure (禾本科)
异萼粗毛藤(海南志)=灰岩粗毛藤
异萼飞蛾藤(高等图鉴)=大果三翅藤
异萼凤仙花 Impatiens heterosepala S.Y.Wang (凤仙花科)
异萼假龙胆 Gentianella anomala (Marq.) T.N. Ho (龙胆科)
异萼木 Dimorphocalyx poilanei Gagn.(大戟科)
异萼木属 Dimorphocalyx Thw.(大戟科)
异萼忍冬 Lonicera anisocalyx Rehd.(忍冬科)
异萼柿 Diospyros anisocalyx C.Y.Wu(柿科)
异萼亚麻 Linum heterosepalum Regel(亚麻科)
异萼云南狗牙花(植物志 63)=伞房狗牙花
异梗韭 Allium heteronema Wang & Tang(百合科)
异果齿缘草 Eritrichium heterocarpum Lian & J.Q.Wang (紫草科)
异果短肠蕨 Allantodia heterocarpa (Ching) Ching (蹄盖蕨科),*酉阳短肠蕨*
异果鹤虱 Heterocaryum rigidum DC.(紫草科)
异果鹤虱属 Heterocaryum DC.(紫草科)
异果黄堇 Corydalis heterocarpa S. & Z.(罂粟科)
异果芥 Diptychocarpus strictus (Fisch. ex M.Bieb.) Trautv.(十字花科)
异果芥属 Diptychocarpus Trautv.(十字花科)
异果毛蕨 Cyclosorus heterocarpus (Bl.) Ching (金星蕨科)
异果山绿豆(高等图鉴)=假地豆
异果小檗 Berberis heteropoda Schrenk. (小檗科),*刺黄柏,黑果小檗*
异果崖豆藤 Millettia dielsiana var. heterocarpa (Chun ex T.Chen) Z.Wei(豆科)
异花繁缕(高等图鉴补编)=异花孩儿参
异花孩儿参 Pseudostellaria heterantha (Maxim.) Pax (石竹科),*异花繁缕*
异花寄生藤 Dendrotrophe heterantha (Wall. ex DC.) A.N.Henry & B.Roy(檀香科)
异花木蓝 Indigofera heterantha Wall. ex Brand. (豆科)
异花兔儿风 Ainsliaea heterantha Hand.-Mazz. (菊科)
异花吴茱萸(中草药汇编)=吴茱萸
异花鳞茅 Dimeria heterantha S.L.Chen & G.Y. Sheng (禾本科)
异花小檗 Berberis variiflora Schneid.(小檗科)
异花獐牙菜(中药大辞典)=二叶獐牙菜
异花珍珠菜 Lysimachia crispidens (Hance) Hemsl. (报春花科)
异黄精 Heteropolygonatum roseolum M.H. Tamura & Ogisu(百合科)
异黄精属 Heteropolygonatum M.N.Tamura & Ogisu (百合科)
异喙菊 Heteracia szovitsii Fisch. & C.A.Mey. (菊科)
异喙菊属 Heteracia Fisch. & C.A.Mey.(菊科)
异基短肠蕨 Allantodia virescens var. sugimotoi (Kurata) W.M.Chu(蹄盖蕨科)
异堇叶碎米荠(植物志 33)=露珠碎米荠
异菊 Dendranthema dichrum Shih(菊科)
异块茎薯蓣 Dioscorea cirrhosa var. cylindrica C.T.Ting & M.C.Chang(薯蓣科)
异盔马先蒿(新)Pedicularis oederi subsp. oederi var. heteroglossa Prain(玄参科),*欧氏马先蒿欧氏亚种异盔变种*
异裂短肠蕨 Allantodia laxifrons (Rosent.) Ching (蹄盖蕨科),*疏叶短肠蕨,长大短肠蕨,大明山短肠蕨*
异裂风毛菊 Saussurea irregularis Y.L.Chen & S.Y.Liang (菊科)
异裂吉林乌头 Aconitum kirinense var. heterophyllum W.T.Wang(毛茛科)
异裂菊 Heteroplexis vernonioides Chang(菊科)
异裂菊属 Heteroplexis Chang(菊科)
异裂苣苔 Pseudochirita guangxiensis (S.Z.Huang) W.T.Wang(苦苣苔科),*广西唇柱苣苔*
异裂苣苔属 Pseudochirita W.T.Wang(苦苣苔科)
异鳞杜鹃 Rhododendron micromeres Tagg(杜鹃花科)
异鳞红景天 Rhodiola smithii (Hamet) S.H.Fu (景天科),*藏布红景天,史密红景天*
异鳞肋毛蕨 Ctenitis heterolaena (C.Chr.) Ching (叉蕨科)
异鳞毛蕨(江苏志)=变异鳞毛蕨
异鳞薹草 Carex heterolepis Bge.(莎草科)
异鳞云杉(经济植物手册)=云杉
异鳞云杉(新拉汉英)=茂县云杉
异马唐 Digitaria bicornis (Lam.) Roem. & Schult. (禾本科)
异芒鹅观草 Roegneria abolinii (Drob.) Nevski (禾本科)
异毛茶藨子 Ribes himalense var. trichophyllum Ku (虎耳草科)
异毛虎耳草 Saxifraga heterotricha Marquand & Airy-Shaw (虎耳草科)
异毛库得拉草 Kudrjaschevia allotricha Pojark. (唇形科)
异毛忍冬 Lonicera macrantha var. heterotricha Hsu & H.J.Wang(忍冬科),*弯子银花*
异木患 Allophylus viridis Radlk(无患子科),*大果,小叶枫*
异木患属 Allophylus L.(无患子科)
异片苣苔 Allostigma guangxiensis W.T.Wang (苦苣苔科)
异片苣苔属 Allostigma W.T.Wang(苦苣苔科)
异蕊草 Thysanotus chinensis Benth.(百合科)
异蕊草属 Thysanotus R.Br.(百合科)
异蕊芥(植物志 33)=羽裂花旗杆
异蕊芥属 Dimorphostemon Kitag.(十字花科)
异蕊柳 Salix heteromera Hand.-Mazz.(杨柳科)
异蕊龙胆(植物志 62)=大理龙胆
异蕊马铃苣苔 Oreocharis heterandra D.Fang & D.H.Qin (苦苣苔科)
异蕊一笼鸡 Paragutzlaffia lyi (Lévl.) H.P.Tsui (爵床科)
异伞棱子芹(高等图鉴)=松潘棱子芹
异伞棱子芹 Pleurospermum heterosciadium Wolff(伞形科)
异色白点兰 Thrixspermum eximium L.O.Wms. (兰科),*异色瓣,异色瓣白娥兰*
异色瓣(中华林学季刊)=异色白点兰
异色瓣白娥兰(台兰科图鉴)=异色白点兰
异色柴胡景天(拉汉名称)=异色红景天
异色杜鹃(高等图鉴)=褐毛杜鹃
异色繁缕(高等图鉴)=翻白繁缕
异色飞蓬 Erigeron allochrous Botsch.(菊科)
异色风轮菜 Clinopodium discolor (Diels) C.Y. Wu & Husan(唇形科)
异色风毛菊 Saussurea brunneopilosa Hand.-Mazz. (菊科)
异色凤仙花 Impatiens discolor Wall.(凤仙花科)
异色藁本 Ligusticum discolor Ledeb.(伞形科)
异色红景天 Rhodiola discolor (Franch.) S.H.Fu (景天科),*异色柴胡景天*
异色红毛蓝 Pyrrothrix heterochroa (Hand.-Mazz.) C.Y.Wu & C.C.Hu(爵床科),*异色紫云菜*
异色黄芩(新拉汉英)=色异黄芩(新)
异色黄芩 Scutellaria discolor Wall. ex Benth. (唇形科),*四天红,土黄芩,挖耳草,熊胆草,野行草,夜行草,夜行草,一支箭,追天花根*
异色黄穗棘豆 Oxytropis ochrantha f. diversicolor H.C.Fu & Y.C.Ma(豆科)
异色假卫矛 Microtropis discolor Wall.(卫矛科)
异色荆芥 Nepeta discolor Benth.(唇形科)
异色菊 Homogyne discolor (Jacq.) Carr.(菊科)
异色菊属 Homogyne Cass.(菊科)
异色来江藤 Brandisia discolor HK.f. & Thoms. (玄参科)
异色柳 Salix dibapha Schneid.(杨柳科)
异色龙须兰 Catasetum discolor (Lindl.) Lindl.(兰科)
异色猕猴桃 Actinidia callosa var. discolor C.F. Liang (猕猴桃科)
异色泡花树 Meliosma myriantha var. discolor Dunn (清风藤科)
异色槭 Acer discolor Maxim.(槭树科)
异色青兰 Dracocephalum discolor Bge.(唇形科)
异色山黄麻 Trema orientalis (L.) Bl.(榆科),*九层麻,麻桐树,山黄麻,山角麻,山麻木,山王麻*
异色柿 Diospyros philippensis (Desr.) Gürke(柿科),*毛柿*
异色鼠尾草 Salvia heterochroa Stib.(唇形科)
异色薯蓣 Dioscorea discolor Hort.(薯蓣科)
异色树萝卜 Agapetes discolor C.B.Clarke(杜鹃花科)
异色溲疏 Deutzia discolor Hemsl.(虎耳草科), *白花溲疏*
异色同萼树 Cespedesia discolor Bull.(金莲木科)
异色仙灯 Calochortus venustus Dougl.(百合科)
异色线柱苣苔 Rhynchotechum discolor (Maxim.) Burtt (苦苣苔科)
异色小檗 Berberis discolor Tuircz.(小檗科)
异色雪花 Argostemma discolor Merr.(茜草科)
异色血叶兰(海南志)=血叶兰
异色岩芋 Steudnera discolor Bull.(梧桐科)
异色紫云菜(云南植物名录)=异色红毛蓝
异葠属(科属检索表)=**幌伞枫属**

异穗卷柏 Selaginella heterostachys Bak.(卷柏科)
异穗薹草 Carex heterostachya Bge.(莎草科)
异穗楔颖草 Apocopis heterogama Keng & S.L. Chen (禾本科)
异条叶虎耳草 Saxifraga lepidostolonosa H.Sm.(虎耳草科)
异葶脆蒴报春 Primula chamaethauma W.W.Sm.(报春花科),*高原报春,缅藏报春*
异味报春(拉汉名称)=茴香灯台报春
异味狒狒花 Babiana sambucina Ker.-Gawl.(鸢尾科)
异味龙血树 Dracaena deremensis Engl.(百合科)
异味蔷薇 Rosa foetida Herrm.(蔷薇科)
异味鸢尾 Iris sambucina L.(鸢尾科)
异五棱飘拂草 Fimbristylis quinquangularis var. bistaminifera Tang & Wang(莎草科)
异腺草 Anisadenia pubescens Griff.(亚麻科)
异腺草属 Anisadenia Wall.(亚麻科)
异心紫堇 Corydalis heterocentra Diels(罂粟科)
异形当归(植物分类学)=狭叶当归
异形鹤虱 Lappula heteromorpha C.J.Wang(紫草科)
异形花月见草 Oenothera heterantha Nutt.(柳叶菜科)
异形木 Allomorphia balansae Cong.(野牡丹科),*肖风木*
异形木属 Allomorphia Bl.(野牡丹科)
异形南五味子 Kadsura heteroclita (Roxb.)Craib (木兰科),*吹风散,大饭团,大风沙藤,大钻骨风,地血香,风藤,过山龙藤,海风藤,梅花钻*
异形狭果鹤虱 Lappula semiglabra var. heterocaryoides M.Pop. ex C.J.Wang(紫草科)
异形小檗 Berberis heteropsis Ahrendt (小檗科)
异形叶铁苋菜 Acalypha diversifolia Jacq.(大戟科)
异形玉叶金花 Mussaenda anomala Li(茜草科)
异形柱瓣兰 Epidendrum difforme Jacq.(兰科)
异型假鹤虱 Hackelia difformis (Y.S.Lian & J.Q. Wang (紫草科)
异型兰 Chiloschista yunnanensis Schltr.(兰科)
异型兰属 Chiloschista Lindl.(兰科)
异型菱果薹 Carex grallatoria subsp. heteroclita (Franch.) T.Koyama(莎草科)
异型柳 Salix dissa Schneid.(杨柳科),*狭叶异形柳*
异型莎草 Cyperus difformis L.(莎草科)
异型小蜡 Ligustrum sinense var. dissimile S.J. Hao (木犀科)
异型叶凤仙花 Impatiens dimorphophylla Franch. (凤仙花科)
异雄柳(植物志 20-2)=藏截苞矮柳
异序虎尾草 Chloris anomala B.S.Sun & Z.H.Hu (禾本科)
异序马蓝(广西植物)=异序紫云菜
异序美登木 Maytenus diversicymosa S.J.Pei & Y.H.Li (卫矛科)
异序乌桕 Sapium insigne (Royle) Benth. ex HK.f.(大戟科)
异序紫云菜 Strobilanthes heteroclita D.Fang & H.S.Lo(爵床科),*异序马蓝*
异燕麦 Helictotrichon schellianum (Hack.) Kitag. (禾本科),*野燕麦*
异燕麦属 Helictotrichon Bess.(禾本科),*野燕麦属*
异羊茅 Festuca heterophylla Lam.(禾本科)
异药花 Fordiophyton faberi Stapf(野牡丹科),*酸猴儿,臭骨草,伏毛肥肉草,峨眉异药花*
异药花属 Fordiophyton Stapf (野牡丹科)
异药芥 Atelanthera perpusilla HK.f. & Thoms.(十字花科)
异药芥属 Atelanthera HK.f. & Thoms.(十字花科)
异药龙胆 Gentiana anisostemon Marq.(龙胆科)
异药沿阶草 Ophiopogon heterandrus Wang & Dai (百合科)
异野芝麻 Heterolamium debile (Hemsl.) C.Y. Wu (唇形科)
异野芝麻属 Heterolamium C.Y.Wu(唇形科)
异叶八角枫 Alangium faberi var. heterophyllum Yang (八角枫科)
异叶败酱(高等图鉴)=墓头回
异叶变型(植物志 66)=高原香薷
异叶变种(植物志 66,Flora 17)=异叶地笋(新)
异叶变种(植物志 74)=玉米托子花
异叶赤瓟 Thladiantha hookeri C.B.Clarke(葫芦科),*罗锅底*
异叶翅子木(海南志)=翻白叶树
异叶翅子树 Pterospermum diversifolium Bl.(梧桐科)
异叶地锦(天目药志)=异叶地锦
异叶地锦 Parthenocissus dalzielii Gagn.(葡萄科),*白花藤子,草叶藤,吊岩风,三角枫,三皮风,上树蛇,小叶红藤,异叶地锦,异叶爬山虎*
异叶地笋(新)Lycopus lucidus var. maackianus Maxim. ex Herd.(唇形科),*异叶变种*
异叶点地梅(西藏植物名录)=亚东点地梅
异叶点地梅 Androsace runcinata Hand.-Mazz.(报春花科)
异叶吊石苣苔 Lysionotus heterophyllus Franch.(苦苣苔科)
异叶钓钟柳 Penstemon heterophyllus Lindl.(玄参科)
异叶豆囊蕨 Microgramma heterophylla (L.) Wherry (水龙骨科)
异叶杜香(新)Ledum palustre subsp. diversipilosum (Nakai) Hara?(杜鹃花科)
异叶鹅掌柴 Schefflera diversifoliolata Li(五加科),*鸭脚木*
异叶凤仙花 Impatiens diversifolia Wall.(凤仙花科)
异叶海桐 Pittosporum heterophyllum Franch.(海桐花科),*臭虫皮,臭椿皮,野桂花,臭皮,鸡骨头*
异叶杭子稍 Campylotropis diversifolia (Hemsl.) Schindl. (豆科)
异叶猴面蝴蝶草 Achimenes heterophylla DC.(苦苣苔科)
异叶虎耳草 Saxifraga diversifolia Wall. ex Ser.(虎耳草科),*山羊参*
异叶花椒 Zanthoxylum ovalifolium Wight(芸香科),*苍椒,刺三加,羊山刺,三叶花椒*
异叶黄鹌菜(西藏志)=细裂黄鹌菜
异叶黄鹌菜 Youngia heterophylla (Hemsl.) Babcock & Stebbins (菊科),*黄狗头*
异叶茴芹 Pimpinella diversifolia DC.(伞形科),*八月白,鹅脚板,虎羊丁,金锁匙,苦爹菜,犁头草,六月寒,骚头股,山当归,香草,羊膻七*
异叶蓟 Cirsium heterophyllum (L.) Hill.(菊科)
异叶假繁缕(东北检索表)=孩儿参
异叶假福王草 Paraprenanthes prenanthoides (Hemsl.) Shih (菊科),*重庆苣*
异叶假盖果草 Pseudopyxis heterophylla (Miq.) Maxim. (茜草科)
异叶节节菜 Rotala diversifolia Koehne(千屈菜科)
异叶苣苔 Whytockia chiritiflora (Oliv.) W.W. Sm. (苦苣苔科)
异叶苣苔属 Whytockia W.W.Sm.(苦苣苔科)
异叶冷水花 Pilea anisophylla Wedd.(荨麻科)
异叶梁王茶 Nothopanax davidii (Franch.) Harms ex Diels (五加科),*梁王茶,大卫梁王茶,树五加*
异叶蓼(中草药汇编)=萹蓄
异叶楼梯草 Elatostema monandrum (D.Don) Hara (荨麻科)
异叶轮草 Galium maximowiczii (Kom.) Pobed.(茜草科),*车叶草*
异叶罗汉松(中国裸子志)=鸡毛松
异叶萝芙木(俗称)=四叶萝芙木
异叶马兜铃 Aristolochia kaempferi f. heterophylla (Hemsl.) S.M.Hwang(马兜铃科),*汉中防己,山豆根,小南木香*
异叶马瓞儿(植物志 73-1)=茅瓜
异叶蔓荆 Vitex trifolia var. subtrisecta (O.Ktze.) Moldene (马鞭草科)
异叶米口袋(豆科图说,中药辞海)=高山豆
异叶南洋杉 Araucaria heterophylla (Salisb.) Franco(南洋杉科),*诺和克南洋杉*
异叶囊瓣芹 Pternopetalum heterophyllum Hand.-Mazz. (伞形科)
异叶糯米团 Gonostegia pentandra var. akoensis (Yamamoto) Yamamoto & Masamune(荨麻科)
异叶爬山虎(拉汉名称)=异叶地锦
异叶前胡 Peucedanum heterophyllum Franch.(伞形科)
异叶青兰(中药志)=白花枝子花
异叶青兰 Dracocephalum diversifolium Rupr.(唇形科)
异叶清香藤(高等图鉴)=异叶素馨
异叶秋海棠 Begonia gracilis HNK.(秋海棠科)
异叶忍冬 Lonicera heterophylla Decne.(忍冬科)
异叶榕 Ficus heteromorpha Hemsl.(桑科),*异叶天仙果,奶浆果,大山枇杷,羊奶子,斑鸠树*
异叶三宝木 Trigonostemon heterophyllus Merr.(大戟科)
异叶三裂碱毛茛 Halerpestes tricuspis var. heterophylla W.T.Wang(毛茛科)
异叶山绿豆(广州志)=异叶山蚂蝗
异叶山绿豆(海南)=假地豆
异叶山蚂蝗 Desmodium heterophyllum (Willd.) DC. (豆科),*异叶山绿豆,变叶山蚂蝗,田胡蜘蛛*
异叶蛇葡萄 Ampelopsis heterophylla (Thunb.) S. & Z. (葡萄科)
异叶石龙尾 Limnophila heterophylla (Roxb.) Benth.(玄参科)
异叶鼠李 Rhamnus heterophylla Oliv.(鼠李科),*崖枣树,女儿茶,岩果紫,黄茶根,女多红*
异叶薯蓣 Dioscorea biformifolia Pei & C.T.Ting(薯蓣科)
异叶双唇蕨 Schizoloma heterophyllum (Dry.) J.Sm.(陵齿蕨科)
异叶水车前(海南志)=海菜花
异叶蒴莲 Adenia heterophylla (Bl.) Koord.(西番莲科)
异叶溲疏 Deutzia heterophylla S.M.Hwang(虎耳草科)
异叶素馨 Jasminum wengeri C.E.C.Fisch.(木犀

科),*异叶清香藤*
异叶碎米荠(植物志 33)=云南碎米荠
异叶天南星(药典 2000) =天南星
异叶天仙果(秦岭志)=异叶榕
异叶铁杉 Tsuga heterophylla (Raf.) Sarg.(松科)
异叶兔儿风 Ainsliaea foliosa Hand.-Mazz.(菊科)
异叶橐吾 Ligularia heterophylla Rupr.(菊科)
异叶瓦韦 Lepisorus heterolepis (Rosenst.) Ching (水龙骨科),*及瓦韦,拟及瓦韦*
异叶线蕨 Colysis diversifolia W.M.Chu(水龙骨科)
异叶香薷 Elsholtzia heterophylla Diels(唇形科)
异叶小檗 Berberis heterophylla Juss. ex Poir.(小檗科)
异叶小檗 Berberis hypericifolia Ying(小檗科)
异叶型木犀(台湾志)=异叶柊树
异叶亚菊 Ajania variifolia (Chang) Tzvel.(菊科),*太白艾*
异叶眼子菜 Potamogeton heterophyllus Schreb. (眼子菜科)
异叶杨梅 Myrica heterophylla Raf.(杨梅科)
异叶银柴(拉汉名称)=银柴
异叶郁金香 Tulipa heterophylla (Rgl.) Baker(百合科)
异叶元宝草 Alajja anomala (Juz.) S.Ikonn.(唇形科)
异叶泽兰 Eupatorium heterophyllum DC.(菊科),*红梗草,红升麻,黄力花,接骨草,泽兰*
异叶止熟禾 Poa diversifolia (Boiss. & Bal.) Hack. ex Boiss.(禾本科)
异叶柊树 Osmanthus heterophyllus var. bibracteatis (Hay.) P.S.Green(木犀科),*异叶型木犀*
异叶帚菊 Pertya berberidoides (Hand.-Mazz.) Y. C.Tseng (菊科),*小檗状帚菊*
异叶苎麻 Boehmeria allophylla W.T.Wang(荨麻科)
异叶紫弹(福建志)=紫弹树
异叶紫珠 Callicarpa anisophylla C.Y.Wu ex W. Z.Fang (马鞭草科)
异颖草 Anisachne gracilis Keng(禾本科)
异颖草属 Anisachne Keng(禾本科)
异颖芨芨草 Achnatherum inaequiglume Keng ex P.C.Kuo (禾本科)
异颖三芒草 Aristida depressa Retz.(禾本科)
异颖燕麦 Avena eriantha Dur.(禾本科)
异羽复叶耳蕨 Arachniodes simplicior (Makino) Ohwi (鳞毛蕨科),*稀羽复叶耳蕨,简单汝蕨,长叶复叶耳蕨,小叶金鸡尾巴草*
异羽千里光 Senecio diversipinnus Ling(菊科)
异针茅 Stipa aliena Keng(禾本科)
异枝虎耳草 Saxifraga heteroclada var. aurantia H.Sm. (虎耳草科)
异枝碱茅 Puccinellia anisoclada Krecz.(禾本科)
异枝狸藻 Utricularia intermedia Hayne (狸藻科),*小狸藻*
异枝竹 Metasasa carinata W.T.Lin (禾本科)
异枝竹属 Metasasa W.T.Li (禾本科)
异钟花(科属辞典)=同钟花
异株矮麻黄(植物志 7)=矮麻黄
异株百里香 Thymus marschallianus Willd.(唇形科)
异株木犀榄 Olea dioica Roxb.(木犀科),*蜡树*
异株荨麻 Urtica dioica L.(荨麻科),*大荨麻,钱麻,小荨麻,宽叶荨麻,单性荨麻*
异株薹草 Carex gynocrates Wormskj. ex Drejer (莎草科)
异株五加 Acanthopanax sieboldianus Makino (五加科),*席氏五加*
异子蓬 Borszczowia aralocaspica Bge.(藜科)
异子蓬属 Borszczowia Bge.(藜科),*浆果蓬属*
易变石斛 Dendrobium mutabile (Bl.) Lindl.(兰科)
易变小檗 Berberis mutabilis Phil.(小檗科)
易断青兰 Dracocephalum fragile Turcz.(唇形科)
易贡鳞毛蕨 Dryopteris yigongensis Ching(鳞毛蕨科)
易贡蹄盖蕨 Athyrium mackinnonii var. yigongense Ching & S.K.Wu(蹄盖蕨科)
易贡紫柄蕨 Pseudophegopteris yigongensis Ching (金星蕨科)
易混杜鹃(云南志)=粉紫杜鹃
易乐早熟禾 Poa eleanorae Bor(禾本科)
易门滇紫草 Onosma decastichum Y.L.Liu(紫草科)
易门小檗 Berberis pruinosa var. barresiana Ahrendt (小檗科)
易武柯 Lithocarpus farinulentus (Hance) A. Camus (壳斗科)
易武栎 Quercus yiwuensis Huang (壳斗科)
易武崖爬藤 Tetrastigma yiwuense C.L.Li(葡萄科)
奕良龙胆 Gentiana yiliangensis T.N.Ho(龙胆科)
奕武悬钩子 Rubus yiwuanus Fang(蔷薇科)
羿先(唐本草)=荚蒾
益辟坚(植物志 14)=山慈菇
益母艾(广东,广西)=大花益母草
益母艾(广东,广西)=益母草
益母草(甘肃部分地区)=夏至草
益母草(河北)=宝盖草
益母草(河北,河南,江苏,新疆北部,陕西)=錾菜
益母草(内蒙西部)=脓疮草
益母草(陕西)=细叶益母草
益母草(新疆)=灰白益母草
益母草(新疆北部)=突厥益母草
益母草(浙江)=白花益母草
益母草(中国药典)=大花益母草
益母草 Leonurus japonicus Houtt.(唇形科),*艾草,爱母草,臭艾,臭艾花,大样益母草,灯笼草,地落地艾,地母草,红艾,红梗玉米膏,红花艾,红花外一丹草,红花益母草,黄木草,鸡母草,假青麻草,九重楼,坤草,六角天麻,三角小胡麻,森蒂,铁麻,童子益母草,溪麻,鸭母草,燕艾,野故草,野麻,野天麻,野芝麻,益母艾,益母蒿,益母花,益母夏枯,玉米草*
益母草属 Leonurus L.(唇形科)
益母草状欧夏至草 Marrubium leonuroides Desr. (唇形科)
益母膏(河北)=甘露子
益母蒿(北方各省)=大花益母草
益母蒿(北方各省)=益母草
益母花(江苏)=益母草
益母宁精(四川西北藏族)=拟耧斗菜
益母夏枯(滇南本草)=益母草
益母夏枯草(滇南本草)=大花益母草
益阳箬竹 Indocalamus longiauritus var. yiyangensis H.R.Zhao & Y.L.Yang(禾本科)
益智(本经)=龙眼
益智 Alpinia oxyphylla Miq.(姜科),*益智仁,益智子,摘芋子*
益智仁(得配本草)=益智
益智子(开宝本草)=益智
谊柯 Lithocarpus listeri (King) Grieson & Long (壳斗科)
意百里鸢尾 Iris iberica Hoffm.(鸢尾科)
意大利 214 杨 Populus ×canadensis cv. I-214(杨柳科)
意大利疆南星 Arum italicum Mill.(天南星科)
意大利绵枣儿 Scilla italica L.(百合科)
意大利槭 Acer opalus Mill.(槭树科)
意大利绒毛卷耳 Cerastium tomentosum var. columnae (Ten.) Arc.(石竹科)
意大利鼠李 Rhamnus alaternus L.(鼠李科)
意大利松 Pinus pinea L. (松科),*石松,意大利五针松*
意大利唐菖蒲 Gladiolus segetum Ker.(鸢尾科),*水仙菖蒲*
意大利五针松(新拉汉英)=意大利松
意大利紫菀(新拉汉英)=雅美紫菀
意气松(东北)=落叶松
意斯帕罕荆芥 Nepeta ispahanica Boiss.(唇形科)
意苡(药典 2000)=薏米
缢苞麻花头 Serratula stragulata Iljin(菊科),*蕴苞麻花头*
缢筒列当 Orobanche kotschyi Reut.(列当科)
鷊(诗经)=绶草
薏米 Coix chinensis Tod.(禾本科),*芭实,川谷,打碗子根,感米,回回米,薏仁,意苡*
薏米包(箕林篡要)=玉蜀黍
薏米强(岭南采药录)=白饭树
薏仁(本草新编)=薏米
薏苡 Coix lacryma-jobi L.(禾本科),*菩提子,苡米,五谷根*
薏苡属 Coix L.(禾本科)
翳子草(贵州)=铜锤玉带草
翳子草(药用志)=罗勒
翼柄白鹤芋 Spathiphyllum floribundum (Lind. & Andre) N.E.Br.(天南星科),*多花苞叶芋*
翼柄翅果菊 Pterocypsela triangulata (Maxim.) Shih (菊科),*翼柄山莴苣*
翼柄风毛菊 Saussurea alatipes Hemsl.(菊科)
翼柄厚喙菊 Dubyaea pteropoda Shih(菊科)
翼柄蒲公英 Taraxacum alatopetiolum D.T.Zhai & Z.X.An (菊科)
翼柄瑞香 Daphne laciniata Lecomte(瑞香科)
翼柄山莴苣(高等图鉴)=翼柄翅果菊
翼柄碎米荠 Cardamine komarovii Nakai(十字花科)
翼柄紫菀 Aster alatipes Hemsl.(菊科)
翼齿大丁草 Gerbera pterodonta Y.C.Tseng(菊科)
翼齿六棱菊 Laggera pterodonta (DC.) Benth. (菊科),*臭灵丹,臭叶子,大黑药,归经草,六棱菊,鹿耳林,狮子草*
翼豆(食用豆类作物)=四棱豆
翼萼凤仙花 Impatiens pterosepala HK.f.(凤仙花科)
翼萼龙胆 Gentiana pterocalyx Franch. ex Hemsl. (龙胆科)
翼萼蔓 Pterygocalyx volubilis Maxim.(龙胆科),*翼萼蔓龙胆*
翼萼蔓龙胆(植物志 62)=翼萼蔓
翼萼蔓属 Pterygocalyx Maxim.(龙胆科)
翼盖蕨属 Didymochlaena Desv.(叉蕨科)
翼梗五味子 Schisandra henryi Clarke(木兰科),*大血藤,峨眉五味子,活血藤,气藤,铁骨散,香石藤,小血藤,血藤,紫金血藤*
翼梗獐牙菜(四川)=显脉獐牙菜

翼果霸王(沙漠志)=翼果驼蹄瓣
翼果薹草 Carex neurocarpa Maxim.(莎草科)
翼果藤(四川凉山)=心叶青藤
翼果驼蹄瓣 Zygophyllum pterocarpum Bge.(蒺藜科),翼果霸王
翼合囊蕨(新)Marattia alata Sw.(合囊蕨科),合囊蕨
翼核果 Ventilago leiocarpa Benth.(鼠李科),扁果藤,扁藤,穿破石,光果翼核木,青筋藤,铁牛八石,血风根,血枫藤
翼核果藤 Ventilago cristata Pierre (鼠李科)
翼核果属 Ventilago Gaertn.(鼠李科),翼核木属
翼核木(台湾志)=台湾翼核果
翼核木属(台湾志)=**翼核果属**
翼蓟 Cirsium vulgare (Savi) Ten.(菊科)
翼茎白粉藤 Cissus pteroclada Hay.(葡萄科),春根藤,方藤,风藤,红宽筋藤,红四方藤,戟叶白粉藤,宽筋藤,蚂蝗藤,软筋藤,山老鸪藤,伸筋藤,四方藤
翼茎草 Pterocaulon redolens (Forst.f.) F.-Vill.(菊科)
翼茎草属 Pterocaulon Ell.(菊科)
翼茎刺头菊 Cousinia alata Schrenk(菊科)
翼茎风毛菊 Saussurea alata DC.(菊科)
翼茎羊耳菊 Inula pterocaula Franch.(菊科),石如意大黑药,大黑根,大黑洋参,大黑药
翼蓼 Pteroxygonum giraldii Damm. & Diels(蓼科),荞麦七,白药子,石天荞,红要子
翼蓼属 Pteroxygonum Damm. & Diels (蓼科)
翼朴(河北图志)=青檀
翼蕊羊耳蒜 Liparis regnieri Finet(兰科)
翼蛇莲 Hemsleya dipterygia Kuang & A.M.Lu (葫芦科)
翼首草 Pterocephalus hookeri (C.B.Clarke) Höck (川续断科),匙叶翼首花,帮子毒乌,土苦参,绑始多
翼首花属 Pterocephalus Vaill. ex Adans.(川续断科)
翼唐菖蒲 Gladiolus alatus Jacq. ?(鸢尾科)
翼檐南星 Arisaema griffithii Schott (天南星科)
翼药花 Pternandra caerulescens Jack(野牡丹科)
翼药花属 Pternandra Jack(野牡丹科)
翼叶花椒 Zanthoxylum pteracanthum Rehd. & Wils. (芸香科)
翼叶九里香 Murraya alata Drake(芸香科)
翼叶棱子芹 Pleurospermum decurrens Franch.(伞形科)
翼叶山牵牛 Thunbergia alata Bojer ex Sims(爵床科)
翼鱼草(广西)=眼树莲
翼枝行序榆 Ulmus alata Michx.(榆科)
翼柱瓣兰 Epidendrum alatum Batem.(兰科)
翼柱短筒苣苔 Boeica yunnanensis (H.W.Li) K.Y.Pan (苦苣苔科),翼柱苣苔
翼柱苣苔(云南植物研究)=翼柱短筒苣苔
翼子赤杨子(台湾)=台湾赤杨叶
虉草 Phalaris arundinacea L.(禾本科),五色草,草芦
虉草属 Phalaris L.(禾本科),草芦属

Yin

因尘(神农本草绿等)=茵陈蒿
因陈(神农本草绿等)=茵陈蒿
因陈草(广东怀集)=线纹香茶菜
因预(纲目)=茵芋
阴草(生草药性备要)=阴香
阴草树(云南元江)=元江田菁
阴地翠雀花 Delphinium umbrosum Hand.-Mazz.(毛茛科)
阴地蒿(高等图鉴,内蒙志)=密序阴地蒿
阴地蒿 Artemisia sylvatica Maxim.(菊科),白蒿,白脸蒿,茶绒蒿,火绒蒿,林地蒿,林下艾,林中蒿,山艾叶
阴地堇菜 Viola yezoensis Maxim.(堇菜科)
阴地蕨 Botrychium ternatum (Thunb.) Sw.(阴地蕨科),春不见,黄连七,鸡爪参,散血叶,蛇背生,蛇不见,一朵云
阴地蕨科 Botrychiaceae
阴地蕨属 Botrychium Sw.(阴地蕨科)
阴地三叉蕨(台湾志)=大齿叉蕨
阴地蛇根草 Ophiorrhiza umbricola W.W.Sm.(茜草科),岩泽兰,自来血,天青地红,血经草
阴地唐松草 Thalictrum umbricola Ulbr.(毛茛科)
阴地铁角蕨(蕨类图谱)=线柄铁角蕨
阴地银莲花 Anemone umbrosa C.A.Mey.(毛茛科)
阴地针薹草(东北检索表)=针叶薹草
阴地苎麻 Boehmeria umbrosa (Hand.-Mazz.) W.T.Wang (荨麻科)
阴兜药(四川)=耳羽金毛裸蕨
阴粉蝶兰(台湾兰科植物,台兰科图鉴)=阴生舌唇兰
阴蘽(名医别录)=灰白毛莓
阴柳(江苏)=杠柳
阴脉鳞盖蕨 Microlepia ganlanbaensis Ching(碗蕨科)
阴蒙藤(中药大辞典)=赤车
阴牛郎(江苏药材志)=爵床
阴痧草(湖南药物志)=闽浙马尾杉
阴山长花马先蒿 Pedicularis longiflora var. yingshanensis Z.Y.Chu & Y.Z.Zhao (玄参科)
阴山大戟(分类学报)=甘肃大戟
阴山胡枝子 Lespedeza inschanica (Maxim.) Schindl. (豆科),白指甲花
阴山棘豆 Oxytropis inschanica H.C.Fu & Cheng f. (豆科)
阴山荠(植物志 33)=锐棱阴山荠
阴山毛茛 Ranunculus yinshanicus (Y.Z.Zhao) Y.Z.Zhao (毛茛科)
阴山荠属 Yinshania Y.C.Ma & Y.Z.Zhao (十字花科)
阴山乌头 Aconitum yinschanicum Y.Z.Zhao(毛茛科)
阴山泽(桂林)=小花苣苔
阴生红门兰 Orchis umbrosa Kar & Kir.(兰科)
阴生蕾丽兰 Laelia tenebrosa Rolfe (兰科)
阴生舌唇兰 Platanthera yangmeiensis T.P.Lin (兰科),阴粉蝶兰
阴生小檗 Berberis umbratica Ying(小檗科)
阴生沿阶草 Ophiopogon umbraticola Hance(百合科)
阴湿铁角蕨 Asplenium unilaterale var. udum Atkinson ex Clarke (铁角蕨科)
阴湿小檗 Berberis humido-umbrosa Ahrendt(小檗科)
阴石蕨(蕨类图说)=园盖阴石蕨
阴石蕨 Humata repens (L.f.) Diels(骨碎补科),平卧阴石蕨,裂叶阴石蕨,红毛蛇
阴石蕨属 Humata Cav.(骨碎补科)
阴香 Cinnamomum burmannii (C.G. & Th.Nees) Bl.(樟科),阿尼茶,八角,炳继树,大叶樟,桂树,桂秧,假桂树,假桂枝,坎香草,山桂,山肉桂,山玉桂,土肉桂,香柴,香桂,香胶叶,小桂皮,野桂树,野玉桂树,野樟树,阴草
阴行草(浙江)=丹参
阴行草 Siphonostegia chinensis Benth.(玄参科),北刘寄予奴,草茵陈,吹风草,吊钟草,黄花茵陈,角茵陈,金钟茵陈,灵茵陈,铃茵陈,山茵陈,土茵陈,油罐草
阴行草属 Siphonostegia Benth.(玄参科)
阴阳草(本草纲目拾遗)=叶下珠
阴阳豆(种子植物名称)=两型豆
阴阳豆(种子植物名称,天目药志)=两型豆
阴阳和(云南)=帚枝唐松草
阴阳虎(浙江西天目)=落新妇
阴阳莲(浙江)=虎杖
阴阳台(广西)=湖南淫羊藿
阴郁马先蒿 Pedicularis tristis L.(玄参科)
阴证药(图考)=青荚叶
茵陈(本草经集主注)=茵陈
茵陈(江西)=牛至
茵陈(神农本草绿等)=茵陈蒿
茵陈 Artemisia scoparia Waldst. & Kit.(菊科),阿各弄,阿仲,白蒿,白毛蒿,白青蒿,白头蒿,白茵陈,北茵陈,滨蒿,察尔旺,臭蒿,东北茵陈蒿,黄蒿,黄毛蒿,灰毛蒿,毛滨蒿,毛毛蒿,米蒿,棉蒿,棉茵陈,绒蒿,扫帚艾,沙蒿,山茵陈,石茵陈,土茵陈,西茵陈,香蒿,小白蒿,雅曼-沙进而尔日,亚布泉,野同蒿,伊麻干-沙里尔日,迎春蒿,猪毛蒿
茵陈蒿(汉英韻府)=青蒿
茵陈蒿(吉林,新疆)=冷蒿
茵陈蒿 Artemisia capillaris Thunb.(菊科),安吕草,白茵陈,臭蒿,家茵陈,绵茵陈,日本茵陈,绒蒿,因尘,因陈,茵陈,茵蔯蒿
茵陈狼牙(沙漠药用植物)=地蔷薇
茵蔯蒿(神农本草绿等)=茵陈蒿
茵垫黄芪 Astragalus mattam Tsai & Yü(豆科)
茵芋 Skimmia reevesiana Fort.(芸香科),阿里山茵芋,卑共,卑山共,海南茵芋,黄山桂,山桂花,深红茵芋,莞草,因预,茵蓣
茵芋属 Skimmia Thunb.(芸香科)
茵蓣(千金方)=茵芋
荫蔽毛茛 Ranunculus nemorosus DC.(毛茛科)
荫蔽银莲花 Anemone nemorosa L.(毛茛科)
荫地蒿(内蒙志)=野艾蒿
荫地冷水花 Pilea pumila var. hamaoi (Makino) C.J.Chen (荨麻科)
荫地蓼 Polygonum umbrosum Sam.(蓼科)
荫风轮(贵州草药,药典 2000)=灯笼草
荫昆槭(分类学报)=都安槭
荫生冷水花 Pilea umbrosa Bl.(荨麻科)
荫生鼠尾草 Salvia umbratica Hance(唇形科),山苏子,山椒子
音加 Inga affinis DC.(豆科)
音加属 Inga Mill.(豆科)
淫羊藿(滇南本草,云南,湖北)=宝兴淫羊藿
淫羊藿(湖南)=湖南淫羊藿
淫羊藿(药典)=粗毛淫羊藿
淫羊藿(药典)=箭叶淫羊藿
淫羊藿(药典,高等图鉴,东北)=朝鲜淫羊藿
淫羊藿 Epimedium brevicornu Maxim. (小檗科),短角淫羊藿,心叶淫羊藿,肺经草,牛角花,三枝九叶草,仙灵脾
淫羊藿根(分类草药性)=朝鲜淫羊藿
淫羊藿根(分类草药性)=箭叶淫羊藿
淫羊藿根(纲目)=粗毛淫羊藿
淫羊藿属 Epimedium L. (小檗科)
银白美国扁柏 Chamaecyparis lawsoniana cv. Argentea (柏科)
银白槭 Acer saccharinum L.(槭树科)

银白杨 Populus alba L.(杨柳科),*白背杨,银叶杨*
银斑爱尔兰红豆杉 Taxus baccata cv. Stricta Variegata (红豆杉科)
银斑芋 Caladium humboldtii Schott.(天南星科)
银半夏(云南丽江)=象南星
银半夏(云南丽江)=银南星
银背风毛菊 Saussurea nivea Turcz.(菊科)
银背菊 Dendranthema argyrophyllum (Ling) Ling & Shih (菊科)
银背柳 Salix ernesti Schneid.(杨柳科),*脱毛银背柳*
银背藤(广东)=白鹤藤
银背藤 Argyreia mollis (N.L.Burm.) Choisy(旋花科),*一匹绸,白面水鸡,绸缎根,白背绸缎,白底丝绸*
银背藤属 Argyreia Lour.(旋花科)
银背委陵菜 Potentilla argentea L.(蔷薇科)
银背叶(广东)=白鹤藤
银背叶党参 Codonopsis argentea Tsoong(桔梗科)
银边八仙花 Hydrangea macrophylla var. maculata Wils.(虎耳草科)
银边草 Arrhenatherum elatius var. bulbosum f. variegatum Hitchc.(禾本科)
银边翠 Euphorbia marginata Pursh.(大戟科),*高山积雪*
银边棣棠花 Kerria japonica f. picta (Sieb.) Rehd.(蔷薇科)
银边吊兰 Chlorophytum capense var. variegatum Hort. (百合科),*银边兰,金边兰*
银边冬青卫矛 Euonymus japonicus f. albomarginatus (Moore) Rehd.(卫矛科),*银边黄杨*
银边扶芳藤 Euonymus fortunei var. argenteomarginatus Rehd.(卫矛科)
银边褐脉槭 Acer rufinerve var. albolimbatum HK. (槭树科)
银边红瑞木 Cornus alba var. argenteo-marginata Rehd.(山茱萸科)
银边黄杨(新拉汉英)=银边冬青卫矛
银边黄杨 Euonymus japonicus var. albomarginatus? (卫矛科)
银边兰(中草药汇编)=银边吊兰
银边南洋参 Polyscias guilfoylei var. laciniata Bailey (五加科)
银边欧洲小檗 Berberis vulgaris var. argenteomarginata Usteri (小檗科)
银边日本小檗 Berberis thunbergii var. argenteomarginata Schneid.(小檗科)
银边洋常春藤 Hedera helix cv. Albo-Marginata (五加科)
银扁担(陕西)=秦岭耧斗菜
银波锦 Cotyledon undulata Haw.(景天科)
银不换(广西)=瓜子金
银不换(广西)=华南远志
银不换(海南)=铁藤
银不换(中药志)=毛叶轮环藤
银柴 Aporusa dioica (Roxb.) Muell.Arg.(大戟科),*大沙叶,厚皮稔,山咖啡,甜糖木,香港银柴,异叶银柴,占米赤树*
银柴胡(贵州)=大柴胡
银柴胡(云南药用名录)=空心柴胡
银柴胡 Stellaria dichotoma var. lanceolata Bge.(石竹科),*白根子,牛肚根,披针叶叉繁缕,披针叶繁缕,沙参儿,山菜根,山马踏菜根,土参,银胡*
银柴属 Aporusa Bl.(大戟科),*阿苇属*
银齿莴苣(秦岭志)=野莴苣
银锤掌 Senecio haworthii Schultz.-Bip.(菊科)
银枞(新拉汉英)=欧洲冷杉
银带(广西)=革叶马兜铃
银带虾脊兰 Calanthe argenteo-striata C.Z.Tang & S.J.Cheng (兰科)
银豆 Argyrolobium argenteum (Jacq.) Eckl. & Zeyh.(豆科)
银豆属 Argyrolobium Eckl. & Zeyh.(豆科)
银杜仲(丽江)=游藤卫矛
银萼龙胆 Gentiana albicalyx Burk.(龙胆科)
银粉背蕨 Aleuritopteris argentea (Gmél.) Fée (中国蕨科),*分经草,花叶猪棕草,还魂草,还阳草,金牛草,金丝草,卷叶凤尾草,明玻珀草,伸筋草,铁骨草,铁刷子,通经草,铜丝草,五角叶粉背蕨,止惊草,猪棕草*
银粉菜(云南)=藜
银粉蔷薇 Rosa anemoniflora Fort. ex Lindl.(蔷薇科),*银莲花蔷薇,红枝蔷薇*
银公孙树(新拉汉英)=马齿苋树
银钩花 Mitrephora thorelii Pierre(番荔枝科),*定春,大叶杂古*
银钩花属 Mitrephora (Bl.) HK.f. & Thoms.(番荔枝科)
银光柳 Salix argyrophegga Schneid.(杨柳科)
银光委陵菜 Potentilla argyrophylla Wall.(蔷薇科)
银果胡颓子(高等图鉴)=银果牛奶子
银果牛奶子 Elaeagnus magna Rehd.(胡颓子科),*银果胡颓子*
银蒿 Artemisia austriaca Jacq.(菊科),*银叶蒿*
银合欢 Leucaena leucocephala (Lam.) De Wit (豆科),*白合欢,夜合欢,合欢花*
银合欢属 Leucaena Benth.(豆科)
银后冬青卫矛 Euonymus japonicus cv. Silver Queen (卫矛科)
银胡(本草求真)=银柴胡
银花(温病条辨)=忍冬
银花草(广西)=土丁桂
银花茶(广西)=三花连蕊茶
银花素馨 Jasminum nintooides Rehd.(木犀科)
银花藤(广西)=毛杜仲藤
银花藤山柳 Clematoclethra loniceroides C.F. Liang & Y.C.Chen(猕猴桃科)
银花苋 Gomphrena celosioides Mart.(苋科),*鸡冠千日红*
银花秧(河南中草药)=忍冬
银桦 Grevillea robusta A.Cunn. ex R.Br.(山龙眼科)
银桦属 Grevillea R.Br.(山龙眼科)
银灰杜鹃 Rhododendron sidereum Balf.f.(杜鹃花科)
银灰毛豆 Tephrosia kerrii Drummond & Craib (豆科),*银毛灰叶*
银灰旋花 Convolvulus ammannii Desr.(旋花科),*彩木*
银灰杨 Populus canescens (Ait.) Smith(杨柳科)
银棘豆 Oxytropis argentata (Pall.) Pers.(豆科)
银胶菊 Parthenium hysterophorus L.(菊科)
银胶菊属 Parthenium L.(菊科)
银脚鹭鸶(本草拾遗,杭州)=水苏
银脚鹭鸶(纲目拾遗)=沼生水苏
银锦(广西大新)=弯管花
银荆 Acacia dealbata Link(豆科),*鱼骨松,鱼骨槐,阿卡锡,鱼骨槐,鱼骨松*
银净花(福建)=玉簪
银坑朴 Celtis yunconensis Cheng (榆科)
银兰 Cephalanthera erecta (Thunb. ex A.Murray) Bl.(兰科),*鱼头兰花*
银老梅(东北木本志)=银露梅
银莲果(云南河口)=人面子
银莲花(台湾志)=水皮莲
银莲花 Anemone cathayensis Kitag.(毛茛科)
银莲花蔷薇(拉汉名称)=银粉蔷薇
银莲花叶毛茛 Ranunculus anemonifolius DC.(毛茛科)
银莲花叶球果木 Isopogon anemonifolius J.Knight.(山龙眼科)
银莲花属 Anemone L.(毛茛科)
银鳞荸荠 Heleocharis argyrolepis Kjeruff. ex Bge.(莎草科)
银鳞茅 Briza minor L.(禾本科)
银鳞茅属(新拉汉英)=**凌风草属**
银鳞紫菀 Aster argyropholis Hand.-Mazz.(菊科)
银铃虫兰(台湾兰)=心叶羊耳蒜
银柳(辽宁熊岳)=沙枣
银柳(新拉汉英)=棉花柳
银柳(植物志 20-2)=棉花柳?
银柳 Salix argyracea E.Wolf(杨柳科)
银柳胡颓子(东北木本志)=沙枣
银露梅 Potentilla glabra Lodd.(蔷薇科),*银老梅,白花棍儿茶*
银脉观音莲 Alocasia korthalsii Schott.(天南星科)
银脉爵床 Kudoacanthus albonervosa Hosok.(爵床科)
银脉爵床属 Kudoacanthus Hosok.(爵床科)
银脉龙胆 Gentiana argentea (D.Don) Griseb.(龙胆科)
银毛椴 Tilia tomentosa Moench.(椴树科)
银毛果柳 Salix argyrotrichocarpa C.F.Fang (杨柳科)
银毛灰叶(豆科图说)=银灰毛豆
银毛肋毛蕨 Ctenitis fulgens Ching & C.H.Wang (叉蕨科)
银毛千里光 Senecio bicolor (Willd.) Tod.(菊科)
银毛球 Mammillaria gracilis Pfeiff.(仙人掌科)
银毛树 Tournefortia argentea L.f.(紫草科)
银毛土牛膝 Achyranthes asper var. argentea (Thwaites) HK.f.(苋科)
银毛委陵菜(植物志 37)=西南委陵菜
银毛岩须 Cassiope argyrotricha T.Z.Hsu(杜鹃花科)
银梅草(植物志 35-1)=叉叶蓝
银梅草属(植物志 35-1)=**叉叶蓝属**
银苗 Stachys floridana Schuttl. ex Benth.(唇形科)
银明竹(新拉汉英)=碧玉间黄金竹
银木 Cinnamomum septentrionale Hand.-Mazz.(樟科),*香樟,土沉香*
银木荷 Schima argentea Pritz. ex Diels(山茶科)
银木麻黄(植物志 20-1)=粗枝木麻黄
银南星 Arisaema bathycoleum Hand.-Mazz.(天南星科),*半夏,麻芋子,银半夏*
银钮子(云南)=白酒草
银屏牡丹 Paeonia suffruticosa subsp. yinpingmuda D.Y.Hong et al.(芍药科)
银钱菊(云南)=耳叶紫菀
银雀树(误译)=瘿椒树
银瑞 Corydalis imbricata Z.Y.Su & Lidén(罂粟科),*爪商,隆恩*
银桑叶(河南)=苦茶槭
银色山矾(植物志 60-2)=山矾

银砂槐 Ammodendron bifolium (Pall.) Yakovl.(豆科)

银砂槐属 Ammodendron Fisch. ex DC.(豆科)

银杉 Cathaya argyrophylla Chen & Kuang(松科),*杉公子*

银杉属 Cathaya Chun & Kuang(松科)

银树(植物志 48-1)=麦珠子

银树 Leucadendron argenteum R.Br.(山龙眼科)

银树属 Leucadendron R.Br.(山龙眼科)

银水牛果 Shepherdia argentea Nutt.(胡颓子科)

银丝矮陀陀(云南)=紫花丹

银丝菜(植物志 33)=芥

银丝草(广州志)=土丁桂

银丝草 Evolvulus alsinoides var. decumbens (R.Br.) v.Ooststr. (旋花科)

银丝大眼竹 Bambusa eutuldoides var. basistriata McClure (禾本科),*斑坭竹*

银丝杜仲(丽江)=游藤卫矛

银丝杜仲(思茅中草药)=长节珠

银丝杜仲(云南)=长萼鹿角藤

银丝杜仲(中草药汇编)=华宁藤

银丝金茅 Eulalia mollis (Griseb.) Kuntze (禾本科)

银丝莲(昆明中草药)=马瓟儿

银丝莲(昆明中草药)=茅瓜

银丝竹 Bambusa multiplex cv. Siverstripe (禾本科)

银穗草 Leucopoa albida (Turcz.) V.Krecz. & Bobr.(禾本科),*白莓*

银穗草属 Leucopoa Griseb.(禾本科)

银穗胡瓜草 Lipocarpha senegalensis (Lam.) Dandy (莎草科),*野葱草*

银锁匙(纲目拾遗,引百草镜)=石蒜

银锁匙(广西)=毛叶轮环藤

银藤(浙江临海,江苏)=忍冬

银蹄草(南宁药志)=广金钱草

银条菜(湖南)=地瓜儿苗

银条菜(图考)=风花菜

银翁玉 Neoporteria nidus (Sohrens ex K.Schum.) Britt. & Rose.(仙人掌科)

银线草(江西,浙江草药)=丝穗金粟兰

银线草 Chloranthus japonicus Sieb.(金粟兰科),*白毛七,灯笼花,独摇草,拐拐细辛,鬼督邮,四大天王,四块瓦,四叶对,四叶金,四叶七,四叶细辛,土细辛,银线草根*

银线草根(安徽药材)=银线草

银线豆瓣绿 Peperomia argyroneura Hort.(胡椒科)

银线莲(台湾志)=白网斑叶兰

银线木麻黄(广州)=细枝木麻黄

银线盆(峨眉药志)=斑叶兰

银星秋海棠 Begonia argenteo-guttata Hort. ex L. H.Bailey (秋海棠科)

银杏 Ginkgo biloba L.(银杏科),*白果,公孙树,鸭脚子,鸭掌树*

银杏科 Ginkgoaceae

银杏叶铁角蕨(台湾志)=卵叶铁角蕨

银杏属 Ginkgo L.(银杏科)

银须草 Aira caryophyllea L.(禾本科)

银须草属 Aira L.(禾本科)

银旋花 Convolvulus cneorum L.(旋花科)

银叶安息香 Styrax argentifolius Li(安息香科)

银叶巴豆 Croton cascarilloides Raeusch.(大戟科)

银叶菝葜 Smilax cocculoides Warb.(百合科)

银叶杜茎山 Maesa argentea (Wall.) A.DC.(紫金牛科),*观音树*

银叶杜鹃 Rhododendron argyrophyllum Franch.(杜鹃花科)

银叶凤香 Hechtia argentea Bak.(凤梨科)

银叶凤香属 Hechtia Klotzsch.(凤梨科)

银叶桂 Cinnamomum mairei Lévl.(樟科),*川桂,川桂皮,关桂,官桂皮,桂皮树,银叶樟,樟桂*

银叶杭子稍 Campylotropis argentea Schindl.(豆科)

银叶蒿(俗称)=银蒿

银叶蒿 Artemisia argyrophylla Ledeb.(菊科)

银叶诃子 Terminalia argyrophylla Pott. & Prain (使君子科),*小诃子,曼纳*

银叶红果冷杉 Abies magnifica var. argentea Beiss.(松科)

银叶花(云南)=白绒草

银叶花 Argyroderma octophyllum (Haw.) Schwant.(番杏科)

银叶花属 Argyroderma N.E.Br.(番杏科)

银叶火绒草 Leontopodium souliei Beauv.(菊科)

银叶栲(西双版纳)=银叶锥

银叶老鹤草 Geranium argenteum L.(牻牛儿苗科)

银叶柳 Salix chienii Cheng (杨柳科)

银叶龙血树 Dracaena sanderiana Hort.(百合科),*仙达龙血树,镶边竹蕉*

银叶毛茛 Ranunculus japonicus var. hsinganensis (Kitag.) W.T.Wang(毛茛科)

银叶葡萄 Vitis argentifolia Munson (葡萄科)

银叶砂仁 Amomum sericeum Roxb.(姜科)

银叶山黄麻 Trema nitida C.J.Chen(榆科)

银叶蓍草 Achillea clavennae L.(菊科)

银叶树 Heritiera littoralis Dryand.(梧桐科),*大白叶仔*

银叶树属 Heritiera Dryand.(梧桐科)

银叶藤山柳 Clematoclethra argentifolia C.F. Liang & C.Y.Chen (猕猴桃科)

银叶铁线莲(秦岭志)=粗齿铁线莲

银叶铁线莲 Clematis delavayi Franch.(毛茛科)

银叶委陵菜 Potentilla leuconota D.Don(蔷薇科),*锦钱镖,涩草,锦标草,金钱草*

银叶雾水葛 Pouzolzia argenteonitida W.T.Wang (荨麻科)

银叶喜林芋 Philodendron sodiroi Hort.(天南星科)

银叶相思树 Acacia brachybotrya Benth.(豆科)

银叶向日葵 Helianthus argophyllus Torr. & Gray (菊科)

银叶熊果 Arctostachylos silvicola Jeps. & Wiesl.(杜鹃花科)

银叶杨(湖北)=银白杨

银叶樟(中国树木志略)=银叶桂

银叶锥 Castanopsis argyrophylla King ex HK.f.(壳斗科),*银叶栲,满登*

银衣香青 Anaphalis contortiformis Hand.-Mazz.(菊科)

银圆铁线蕨 Adiantum peruvianum Kl.(铁线蕨科)

银钥匙(浙江)=水晶兰

银针七(云南永德)=白绒草

银针绣球 Hydrangea dumicola W.W.Sm.(虎耳草科)

银钟花 Halesia macgregorii Chun(安息香科),*假杨桃,山杨桃*

银钟花属 Halesia Ellia ex L.(安息香科)

银州柴胡 Bupleurum yinchowense Shan & Y.Li (伞形科),*红柴胡,红软柴胡,软柴胡,卧银花*

银周色尔瓦(青海藏语)=暗绿紫堇

银珠 Peltophorum tonkinense (Pierre) Gagn.(豆科),*油楠*

银珠果(天然彩色台湾药草)=蔓九节

银苎(纲目拾遗)=大叶苎麻

银苎(纲目拾遗)=苎麻

银子(甘肃,河北)=紫苏

银紫丹参(丽江)=毛地黄鼠尾草

尹氏齿瓣兰 Odontoglossum insleayi (Bark.) Lindl.(兰科)

尹氏微花兰 Stelis endresii Rchb.f.(兰科)

引火绳(云南药用名录)=火绳树

引生草 Leucas mollissima var. chinensis Benth.(唇形科),*白花草,虎咬癀,节节香,金钱薄荷,疏毛白绒草,疏毛变种,疏毛银叶七,鼠尾癀,野芝麻,野芝麻,皱面草*

引水蕉(泉州本草)=文殊兰

引线包(杭州药志)=狼杷草

引线包(浙江草药)=婆婆针

引线苞(江苏,浙江)=鬼针草

引汁藤(广西)=毛杜仲藤

蚓果芥 Neotorularia humilis (C.A.Mey.) Hedge & J. Léonard (十字花科),*大花蚓果芥,托穆尔鼠耳芥,无毛蚓果芥,喜湿蚓果芥,窄叶蚓果芥*

隐瓣山金梅(秦岭志)=山莓草

隐瓣山莓草 Sibbaldia procumbens var. aphanopetala (Hand.-Mazz.) Yü & Li(蔷薇科),*隐瓣山金梅,五蕊莓,木茎山金梅*

隐瓣蝇子草 Silene gonosperma (Ruipr.) Bocquet (石竹科),*无瓣女娄菜*

隐棒花 Cryptocoryne sinensis Merr.(天南星科),*沙滩草*

隐棒花属 Cryptocoryne Fischer ex Wyedler (天南星科)

隐柄尖嘴蕨 Belvisia henryi (Hieron) Tagawa(水龙骨科)

隐刺卫矛 Euonymus chuii Hand.-Mazz.(卫矛科),*天全卫矛,宝兴卫矛*

隐冠藤属(新拉汉英)=**桉叶藤属**

隐果鹤虱 Lappula occultata M.Pop. (紫草科),*闭果鹤虱*

隐果薹草 Carex cryptocarpa C.A.Mey(莎草科)

隐花草 Crypsis aculeata (L.) Ait.(禾本科),*扎屁股草*

隐花草属 Crypsis Ait.(禾本科)

隐花马先蒿 Pedicularis cryptantha Marq. & Shaw (玄参科),*隐花马先蒿隐花亚种*

隐花马先蒿隐花亚种(植物志 68)=隐花马先蒿

隐花马先蒿直立亚种(植物志 68)=直立隐花马先蒿

隐稷 Panicum clandestinum L.(禾本科)

隐痂虎耳草(植物志 34-2)=梅花草叶虎耳草

隐茎虎耳草 Saxifraga jacquemontiana Decne.(虎耳草科)

隐距越桔 Vaccinium exaristatum Kurz(杜鹃花科),*苞越桔,草木之王,黑饭草,南竺,南烛根,南烛枝叶,南烛子,牛筋,染菽,惟那木,乌草,乌饭草*

隐棱芹属 Aphanopleura Boiss.(伞形科)

隐脉安匝木 Pomaderris ledifolia A.Cunn.(鼠李科)

隐脉杜鹃(西藏志)=马登杜鹃花

隐脉杜鹃 Rhododendron subenerve Tam(杜鹃花科)

隐脉沟瓣花(中大学报)=白树沟瓣

隐脉红淡比 Cleyera obscurinervis (Mnerr. & Chun) H.T.Chang(山茶科),*红柃木*

隐脉红山茶 Camellia cryptoneura Chang(山茶科)
隐脉黄肉楠 Actinodaphne obscurinervia Yang & P.H.Huang (樟科)
隐脉假卫矛 Microtropis obscurinervia Merr. & Freem. (卫矛科)
隐脉楼梯草 Elatostema obscurinerve W.T.Wang (荨麻科)
隐脉琼楠 Beilschmiedia obscurinervia H.T. Chang (樟科)
隐脉润楠 Machilus obscurinervia S.Lee(樟科)
隐脉双盖蕨 Diplazium donianum var. aphanoneuron (Ohwi) Tagawa (蹄盖蕨科)
隐脉小檗 Berberis tsarica Ahrendt(小檗科)
隐脉叶下珠 Phyllanthus guandongensis P.T.Li (大戟科)
隐囊蕨 Notholaena hirsuta (Poir.) Desv.(中国蕨科),*毛芀蕨,毛碎米蕨*
隐囊蕨属 Notholaena R.Br.(中国蕨科)
隐匿景天 Sedum celatum Fröd.(景天科)
隐匿薹草 Carex infossa C.P.Wang(莎草科)
隐盘芹 Cryptodiscus cachroides Schrenk(伞形科)
隐盘芹属 Cryptodiscus Schrenk(伞形科)
隐蕊杜鹃 Rhododendron intricatum Franch.(杜鹃花科)
隐舌橐吾 Ligularia franchetiana (Lévl.) Hand.-Mazz. (菊科)
隐穗柄薹草 Carex courtallensis Nees ex Boott (莎草科)
隐穗薹草 Carex cryptostachys Brongn.(莎草科),*多序宿柱薹*
隐衰属(植物学大辞典)=**树参属**
隐纹杜茎山 Maesa manipurensis Mez.(紫金牛科)
隐序南星 Arisaema wardii Marq. & Shaw.(天南星科),*天南星*
隐血丹(陕西中草药)=苦菜
隐血丹(陕西中草药)=中华绣线梅
隐翼(分类学报,高等图鉴)=隐翼木
隐翼科 Crypteroniaceae
隐翼木 Crypteronia paniculata Bl.(隐翼科),*隐翼*
隐翼属 Crypteronia Bl.(隐翼科)
隐元豆(植物学大辞典)=菜豆
隐轴蛇菰 Balanophora cryptocaudex S.Y.Chang & Tam (蛇菰科)
隐柱鹤虱 Lappula transalaica (B.Fedts. ex Popov) Nabiev (紫草科)
隐柱兰 Cryptostylis arachnites (Bl.) Hassk.(兰科),*红唇隐柱兰,满绿隐柱兰*
隐柱兰属 Cryptostylis R.Br.(兰科)
隐子草(新拉汉英)=秋隐子草
隐子草 Cleistogenes serotina (L.) Keng (禾本科)
隐子草属 Cleistogenes Keng(禾本科)
隐子芥 Cryptospora falcata Kar. & Kir.(十字花科)
隐子芥属 Cryptospora Kar. & Kir.(十字花科)
隐子蕨 Crypsinus waryi (Bak.) Cop.(水龙骨科)
隐子蕨属 Crypsinus Presl (水龙骨科)
印巴省沽油 Staphylea emodi Wall.(省沽油科)
印边景天(拉汉名称)=托花红景天
印度白绒绣球(分类学报)=微绒绣球
印度草(植物志 70,广部中草药手册)=穿心莲
印度草木犀 Melilotus indica (L.) All.(豆科),*小花草木犀*

印度肠须草 Enteropogon melicoides (Koen.) Nees (禾本科)
印度大苞寄生 Tolypanthus involucratus (Roxb.) Van Tiegh.(桑寄生科)
印度大风子(中药志)=韦氏大枫子
印度大风子 Hydnocarpus kurzii (King)Warb.(大风子科)
印度灯心草 Juncus clarkei Buchen.(灯心草科)
印度独活 Heracleum barmanicum Kurz(伞形科),*香白芷*
印度对刺藤 Scutia circumscissa (L.f.) Radlk.(鼠李科)
印度莪术 Curcuma zanthorrhiza Roxb.(姜科)
印度鹅掌柴 Schefflera cephalotes (C.B.Clarke) Harms.(五加科)
印度番泻叶(中药志)=耳叶决明
印度狗肝菜 Dicliptera bupleuroides Nees(爵床科)
印度枸桔(植物有效成分手册)=木橘
印度谷精草 Eriocaulon brownianum var. nilagirense (Steud.) Fyson (谷精草科)
印度蔊菜(苏南植物手册)=蔊菜
印度黑核桃 Juglans hindsii (Jeps.) Jeps.(胡桃科)
印度红杜鹃花 Rhododendron elliottii Watt. ex Brandis (杜鹃花科)
印度槲寄生 Viscum angulatum Heyne ex DC. (桑寄生科)
印度槐 Sophora bakeri C.B.Clarke (豆科)
印度黄檀 Dalbergia sissoo Roxb.(豆科),*印度檀*
印度鸡血藤(广州志)=印度崖豆
印度蓟 Cirsium edule Nutt.(菊科)
印度嘉赐树(云南植物研究)=印度脚骨脆
印度胶树(高等图鉴)=印度榕
印度脚骨脆 Casearia kurzii C.B.Clarke(大风子科),*印度嘉赐树,滇南脚骨脆*
印度锦鸡儿 Caragana gerardiana Royle(豆科)
印度桔(拉汉名称和手册)=木橘
印度栲(植物志 22)=印度锥
印度兰屿加 Boerlagiodendron palmatum (Zipp.) Harms (五加科)
印度蓝(树木分类学)=木蓝
印度簕竹 Bambusa arundinacea (Retz.) Willd. (禾本科),*茨竹*
印度冷杉 Abies pindrow Royle (松科)
印度轮叶戟 Lasiococca comberi Haines(大戟科)
印度萝芙木(药学学报)=蛇根木
印度麻(广州常见植物)=菽麻
印度马来海芋 Alocasia indica (Roxb.) Schott. (天南星科)
印度买麻藤 Gnetum ula Brongn.(买麻藤科)
印度毛俭草 Mnesthea laevis (Retz.) Kunth(禾本科)
印度玫瑰木 Dalbergia latifolia Roxb.(豆科)
印度米甘草 Mikania cordata var. indica Kitam. (菊科)
印度棉(海南志)=树棉
印度菩提树(树木分类学)=菩提树
印度蒲公英 Taraxacum indicum Hand.-Mazz. (菊科)
印度七叶树 Aesculus indica Colebr.(七叶树科)
印度鞘蕊花 Coleus malabaricus Benth.(唇形科)
印度苘麻(英拉汉名称)=磨盘草
印度榕 Ficus elastica Roxb. ex Hornem.(桑科),*橡皮树,印度胶树*
印度三尖杉(树木分类学)=西双版纳粗榧

印度山道楝 Sandoricum indicum Cav.(楝科)
印度山茴香(植物志 74)=驱虫斑鸠菊
印度蛇根草(药学学报)=蛇根木
印度蛇根木(药学学报)=蛇根木
印度蛇菰 Balanophora indica (Arn.) Griff.(蛇菰科)
印度蛇木(药学学报)=蛇根木
印度石楠 Photinia lindleyana Wight & Arn.(蔷薇科)
印度实竹(台湾志)=牡竹
印度素馨(分类学报)=双子素馨
印度薹草 Carex indica L.(莎草科)
印度檀(海南志)=印度黄檀
印度藤黄 Garcinia indica Choisy (藤黄科)
印度天南星 Arisaema triphyllum Torr.(天南星科)
印度田菁 Sesbania sesban (L.) Merr.(豆科),*埃及田菁*
印度榅桲(植物有效成分手册)=木橘
印度乌木 Diospyros tomentosa Roxb.(柿科)
印度型薹草 Carex indicaeformis Wang & Tang ex P.C.Li (莎草科)
印度荇菜(北部植物图志)=金银莲花
印度旋花(海南)=树牵牛
印度血桐 Macaranga indica Wight(大戟科)
印度崖豆 Millettia pulchra (Benth.) Kurz(豆科),*印度鸡血藤,美花崖豆藤*
印度羊角藤 Morinda umbellata L.(茜草科),*白面麻,放筋藤,红头根,鸡眼藤,牛的藤,山八角,羊角藤*
印度野桔 Citrus indica Tanaka (芸香科)
印度野木瓜(植物志 29)=三叶野木瓜
印度翼核果 Ventilago maderaspatana Gaertn. (鼠李科)
印度蝇子草 Silene indica Roxb. ex Otth(石竹科)
印度芋 Colocasia indica (Lour.) Hassk.(天南星科)
印度郁金香 Tulipa clusiana var. chrysantha Sealy (百合科)
印度早熟禾 Poa indattenuata Keng ex L.Liu(禾本科)
印度枣 Ziziphus incurva Roxb.(鼠李科),*滇枣,麦抱*
印度珍珠茅 Scleria sumatrensis Retz.(莎草科)
印度枳属(经济植物手册)=**木橘属**
印度锥 Castanopsis indica (Roxb.) Miq.(壳斗科),*山针椆,坡锥,黄椆,印度栲,印度锥栗,亚尖叶锥*
印度锥栗(植物志 22)=印度锥
印江复叶耳蕨 Arachniodes yinjiangensis Ching (鳞毛蕨科)
印缅肠须草 Ischaemum melicoides (Koen.) Ness. (禾本科)
印缅橙 Citrus latipes (Swingle) Tanaka (芸香科)
印缅红果树 Stranvaesia nussia (Buch.-Ham.) Dcne. (蔷薇科)
印缅金钗股 Luisia zeylanica Lindl.(兰科),*锡兰钗子股,金钗股,树葱,平棍子,岩豇豆*
印缅榆 Holoptelea integrifolia Planch.(榆科)
印缅榆属 Holoptelea Planch.(榆科)
印南娑罗双 Shorea talura Roxb.(龙脑香科)
印茄 Intsia bijuga (Lolbr.) Ktze.(豆科)
印茄属 Intsia Thouars (豆科)
印斯留萼木 Blachia umbellata (Willd.) Baill.(大戟科)

印斯异萼木 Dimorphocalyx glabellus Thw.(大戟科)
印西耳蕨 Polystichum mehrae Fraser-Jenkins & Khullar (鳞毛蕨科)
印支娑罗双 Shorea cochinchinensis Pierre (龙脑香科)
印支藤黄 Garcinia hanburyi HK.f.(藤黄科),*粟*

Ying

应春花(湖北)=玉兰
应春花(四川)=凹叶木兰
应春花(中药真伪鉴别)=武当木兰
英(维族名)=新疆阿魏
英德尔大戟 Euphorbia inderiensis Less. ex Kar. & Kir. (大戟科)
英德凤仙花 Impatiens eramosa Tutch. ex Chun? (凤仙花科)
英德过路黄 Lysimachia yindeensis Chen & C.M. Hu (报春花科)
英德黄芩 Scutellaria yingtakensis Sun(唇形科)
英德蹄盖蕨(西北植物学报)=胎生蹄盖蕨
英德羊蹄甲 Bauhinia championii var. yingtakensis (Merr. & Metc.) T.Chen(豆科)
英国大叶小檗 Berberis magnifolia Ahrendt (小檗科)
英国碱茅 Puccinellia rupestris (With.) Fernald & Weath.(禾本科)
英国蓝钟花 Scilla noscripta Hoffmgg. & Link. (百合科)
英国龙胆 Gentiana anglica Pugsl.(龙胆科)
英国梧桐(树木分类学)=二球悬铃木
英国榆 Ulmus procera Salisb.(榆科)
英吉里岳桦 Betula ermanii var. yinkiliensis Liou & Wang (桦木科)
英吉利茶藨子 Ribes palczewskii (Jancz.) Pojark. (虎耳草科)
英吉利鸢尾 Iris xiphioides Ehrh.(鸢尾科)
英吉沙沙拐枣 Calligonum yingisaricum Z.M. Mao (蓼科)
英蓼(海南)=杜仲藤
英瑙生石花 Lithops erniana Loesch & Tisch.(番杏科)
英生(台湾青草药)=东北薄荷
英台木(广西)=糖胶树
英桃(博物志)=毛樱桃
英桃(博物志)=樱桃
英雄草(分类草药性)=接骨草
英雄草(广西)=囊颖草
英雄草(广西植物名录)=短冠草
英雄树(广东)=木棉
莺哥木(植物志 47-1)=细子龙
莺哥木 Vitex pierreana P.Dop(马鞭草科)
莺歌(海南植物名录)=山牡荆
莺歌布荆(广州志)=山牡荆
莺粟(滇南本草)=罂粟
莺桃(本草纲目)=樱桃
莺爪(草木典)=鹰爪花
莺爪风(草木便方)=钩藤
缨瓣属 Crossopetalum P.Br.(卫矛科)
罂粟 Papaver somniferum L.(罂粟科),*阿芙蓉,阿片,大烟,米壳花,米囊,囊子,粟壳,象谷,鸦片,莺粟,罂子粟,御米*
罂粟科 Papaveraceae
罂粟莲花 Anemoclema glaucifolium (Franch.) W.T.Wang (毛茛科)
罂粟莲花属 Anemoclema (Franch.) W.T.Wang (毛茛科)
罂粟属 Papaver L.(罂粟科)
罂子粟(本草纲目拾遗)=罂粟
罂子桐(本草拾遗)=油桐
樱草 Primula sieboldii E.Morren(报春花科),*翠南报春,野白菜*
樱草杜鹃 Rhododendron primuliflorum Bur. & Franch. (杜鹃花科),*塔丽*
樱草蔷薇 Rosa primula Bouleng.(蔷薇科),*大马茄子*
樱草状虎耳草 Saxifraga umbrosa var. primuloides (虎耳草科)
樱额(纲目拾遗)=稠李
樱额梨(盛京通志)=稠李
樱果朴(贵州志)=小果朴
樱核圆柏 Juniperus monosperma (Engelm.) Sarg.(柏科)
樱花(高等图鉴)=山樱花
樱花(经济植物手册)=东京樱桃
樱花杜鹃 Rhododendron cerasinum Tagg(杜鹃花科)
樱花短柱茶 Camellia maliflora Lindl.(山茶科)
樱井草属(科属词典)=**无叶莲属**
樱李(植物志 38)=樱桃李
樱桃(东北)=毛樱桃
樱桃 Cerasus pseudocerasus (Lindl.) G.Don(蔷薇科),*含桃,荆桃,牛桃,楔桃,英桃,莺桃,樱珠,朱果,朱樱*
樱桃红小檗 Berberis cerasina Schrad.(小檗科)
樱桃桔属 Citropsis Swingle & Kellerm.(芸香科)
樱桃李 Prunus cerasifera Ehrh.(蔷薇科),*樱李*
樱桃忍冬 Lonicera fragrantissima subsp. phyllocarpa (Maxim.) Hsu & H.J.Wang(忍冬科),*白花杆*
樱桃叶柃(新)Eurya cerasifolia D.Don) Kobuski (山茶科),*桃叶柃*
樱叶杜英 Elaeocarpus prunifolioides Hu(杜英科)
樱叶荚蒾 Viburnum prunifolium L.(忍冬科)
樱叶楼梯草 Elatostema prunifolium W.T.Wang (荨麻科)
樱叶乌蔹莓(分类学报)=脱毛乌蔹莓
樱珠(江苏)=樱桃
樱属 Cerasus Mill.(蔷薇科)
璎珞柏(江苏南通)=百日青
璎珞柏(树木分类学)=欧洲刺柏
鹦哥花(甘肃)=腺毛翠雀
鹦哥花(天中记,云南药用植物)=刺桐
鹦哥花 Erythrina arborescens Roxb.(豆科),*乔木刺桐,刺木通,红嘴绿鹦哥,刺桐树*
鹦哥花藤(云南)=大果油麻藤
鹦鹉六出花 Alstroemeria pulchella L.f.(石蒜科)
鹦鹉唐菖蒲 Gladiolus psittacinus HK.(鸢尾科)
鹦鹉蝎尾蕉 Heliconia psittacorum L.(芭蕉科)
鹰不泊(广东,广西)=簕欓花椒
鹰不泊蓪(本草求原)=簕欓花椒
鹰不沾(中药资源志要)=簕欓花椒
鹰爪(内蒙古)=鹰爪柴
鹰爪(植物学杂志)=鹰爪花
鹰爪 Haworthia radula (Jacq.) Haw.(百合科)
鹰爪柴 Convolvulus gortschakovii Schrenk(旋花科),*铁猫刺,鹰爪*
鹰爪豆 Spartium junceum L.(豆科)
鹰爪豆属 Spartium L.(豆科)
鹰爪风(中草药学)=攀茎钩藤
鹰爪枫 Holboellia coriacea Diels(木通科),*八月瓜,八月栌,八月札,大叶根绳,大叶青藤,牛千斤,破骨风,牵藤,三月藤,山瓜藤*
鹰爪花 Artabotrys hexapetalus (L.f.) Bhandari (番荔枝科),*莺爪,鹰爪,鹰爪兰,五爪兰*
鹰爪花属 Artabotrys R.Br. ex Ker (番荔枝科),*鹰爪属*
鹰爪兰(广东琼海,高要)=鹰爪花
鹰爪木(广西)=糖胶树
鹰爪挪威槭 Acer platanoides var. lacinianum Ait.(槭树科)
鹰爪属(植物学杂志)=**鹰爪花属**
鹰嘴豆 Cicer arietinum L.(豆科),*胡豆,回鹘豆,回回豆,鸡豆,鸡头豆,桃豆,香豆子*
鹰嘴豆属 Cicer L.(豆科)
鹰嘴萼冷水花 Pilea unciformis C.J.Chen(荨麻科)
鹰嘴马先蒿 Pedicularis aquilina Bonati(玄参科)
蘡薁 Vitis bryoniaefolia Bge.(葡萄科),*华北葡萄,山红草,山苦瓜,山葡萄,山蒲桃,野葡萄*
迎春(纲目拾遗)=紫玉兰
迎春蒿(甘肃)=茵陈
迎春花(浙江)=玉兰
迎春花(重庆草药)=结香
迎春花 Jasminum nudiflorum Lindl.(木犀科),*金腰带,清明花*
迎春花属(植物学大辞典)=**素馨属**
迎春柳(云南)=石海椒
迎春柳(浙江)=金钟花
迎春柳花(云南)=野迎春
迎春树(湖北)=武当木兰
迎春条(南京)=金钟花
迎春樱桃 Cerasus discoidea Yü & Li(蔷薇科)
迎风不动草(云南)
迎风子(图考)=毛鸡矢藤
迎红杜鹃 Rhododendron mucronulatum Turcz. (杜鹃花科),*迎山红,满山红,映山红*
迎山红(东北中草药)=兴安杜鹃
迎山红(吉林中草药)=迎红杜鹃
迎夏(河南)=探春花
迎阳报春 Primula oreodoxa Franch.(报春花科)
迎阳花(群芳谱)=向日葵
盈江凤仙花 Impatiens yingjiangensis S. Akiyama & H.Ohba(凤仙花科)
盈江胡椒 Piper yinkiangense Tseng (胡椒科)
盈江姜 Zingiber yingjiangense S.Q.Tong(姜科)
盈江姜花 Hedychium yingjiangense S.Q.Tong (姜科)
盈江柯 Lithocarpus jenkinsii (Benth.) Huang & Y.T.Chang (壳斗科)
盈江青冈 Cyclobalanopsis yingjiangensis Y.C. Hsu & Q.Z.Dong (壳斗科)
盈江砂仁 Amomum yingjiangense S.Q.Tong & Y.M.Xia (姜科)
盈江省藤 Calamus nambariensis var. yingjiangensis S.J.Pei & S.Y.Chen (棕榈科)
盈江守宫木 Sauropus pierrei (Beille) Croiz.(大戟科)
盈江薯蓣 Dioscorea wallichii HK.f.(薯蓣科)
盈江素馨 Jasminum flexile Vahl(木犀科)
盈江羽唇兰 Ornithochilus yingjiangensis Z.H. Tsi (兰科)
盈江玉山竹 Yushania glandulosa Hsueh & Yi (禾本科)
盈江蜘蛛抱蛋 Aspidistra yingjiangensis L.J. Peng (百合科)
盈江苎麻 Boehmeria ingjiangensis W.T.Wang (荨麻科)
萤蔺 Scirpus juncoides Roxb.(莎草科),*野马蹄草,假马蹄,灯草根,滑关草*

营实(本经)=粉团蔷薇
营实墙蘼(图考)=野蔷薇
营实薔蘼(本经)=粉团蔷薇
楹树 Albizia chinensis (Osbeck) Merr.(豆科)
蝇翅草(台湾志)=三点金
蝇毒草(日本名)=透骨草
蝇眉兰 Ophrys muscifera Huds.(兰科)
蝇子草(北京志)=石生蝇子草
蝇子草(华北经济志要)=鹤草
蝇子草 Silene gallica L. (石竹科),*白花蝇子草,西欧蝇子草*
蝇子草属 Silene L.(石竹科),*麦瓶草属*
蝇子架(陕西,甘肃)=二色补血草
榑枣(广州志)=君迁子
颖毛旱熟禾 Poa hirtiglumis HK.f.(禾本科)
颖状彩花 Acantholimon glumaceum (Jaub. & Spach.) Boiss.(白花丹科)
颖状足柱兰 Dendrochilum glumaceum Lindl.(兰科)
瘿椒树 Tapiscia sinensis Oliv.(省沽油科),*泡花,皮巴风,银雀树,瘿漆树,丹树*
瘿椒树属 Tapiscia Oliv.(省沽油科)
瘿漆树(湖北)=瘿椒树
映日果(便民图纂)=无花果
映山红(本草纲目)=杜鹃
映山红(东北中草药)=兴安杜鹃
映山红(贵州药用名录)=马缨杜鹃
映山红(吉林中草药)=迎红杜鹃
映山红果(救荒本草)=山里红
映山黄(江苏)=羊踯躅
硬阿魏 Ferula bungeana Kitag.(伞形科),*额勒森-照日古达苏,刚前胡,花条,牛叫磨,赛防风,沙茴香,沙椒,沙前胡,野茴香*
硬苞刺头菊 Cousinia sclerolepis Shih(菊科)
硬苞风毛菊 Saussurea coriolepis Hand.-Mazz.(菊科)
硬苞冷杉(新拉汉英)=亮果冷杉
硬草(新拉汉英) =耿氏硬草
硬草属 Sclerochloa Beauv.(禾本科),*硬茅属*
硬柴(高等图鉴)=秋茄树
硬齿猕猴桃(拉汉名称和手册)=毛叶硬齿猕猴桃
硬齿猕猴桃 Actinidia callosa Lindl.(猕猴桃科)
硬翅鹤虱(植物研究,植物志 64-2)=阿拉套鹤虱
硬刺苍耳 Xanthium echinatum Murr.(菊科)
硬刺杜鹃 Rhododendron barbatum Wall. ex G. Don (杜鹃花科)
硬刺蓝刺头(新)Echinops cornigerus DC.?(菊科)
硬钉树(广东)=豺皮樟
硬度尾曲(福建民间草药)=狗尾草
硬短茎宿柱薹(台湾志)=纤椎薹草
硬多波(傻佤语)=望天树
硬萼软紫草 Arnebia decumbens (Vent.) Coss. & Kral. (紫草科)
硬稃稗 Echinochloa glabrescens Murno ex HK.f.(禾本科)
硬稃狗尾草 Setaria glauca var. dura (I.C.Chun) I.C.Chung (禾本科)
硬拂子茅(东北检索表)=刺稃拂子茅
硬杆獐牙菜 Swertia wardii var. rigida T.N.Ho & S.W.Liu (龙胆科)
硬秆地杨梅 Luzula multiflora subsp. frigida (Buchen.) V.Krecz.(灯心草科)
硬秆鹅观草 Roegneria rigidula Keng(禾本科)
硬秆高粱 Sorghum durra (Forssk.) Stapf(禾本科)
硬秆子草 Capillipedium assimile (Steud.) A. Camus (禾本科),*竹枝细柄草*
硬骨草(福建)=石芒草
硬骨草(广东)=细柄草
硬骨草(广东)=野古草
硬骨草(海南)=心叶稷
硬骨草 Holosteum umbellatum L.(石竹科),*散花硬骨菜*
硬骨草属 Holosteum L.(石竹科)
硬骨柴(江西民间草药)=白马骨
硬骨过山龙(广西药用名录) 茄叶斑鸠菊
硬骨凌霄(中草药汇编)=美国凌霄
硬骨凌霄 Tecommaria capensis (Thunb.) Spach.(紫葳科),*竹林标*
硬骨凌霄属 Tecomia Spach.(紫葳科)
硬骨散(莨芽)=螳螂跌打
硬骨碎补(广东)=大叶骨碎补
硬骨藤(中草药汇编)=绿花崖豆藤
硬骨藤 Pycnarrhena poilanei (Gagn.) Forman(防己科)
硬果沟瓣 Glyptopetalum sclerocarpum (Kurz.) Laws (卫矛科)
硬果鳞毛蕨 Dryopteris fructuosa (Christ) C.Chr.(鳞毛蕨科)
硬果涩荠(植物志 33)=涩荠
硬果薹草 Carex sclerocarpa Franch.(莎草科)
硬旱麦草 Eremopyrum bonaepartis (Sprengl.) Nevski (禾本科)
硬核 Scleropyrum wallichianum (Wight & Arn.) Arn (檀香科)
硬核属 Scleropyrum Arn (檀香科)
硬虎耳草 Saxifraga callosa Sm.(虎耳草科)
硬花金叶子 Craibiodendron scleranthum (Dop) Judd. (杜鹃花科)
硬脊槐 Sophora mollis var. griffithii (Stock.) Tsoong (豆科)
硬尖神香草 Hyssopus cuspidatus Boriss.(唇形科),*神香草,白花变种*
硬碱茅 Puccinellia sclerodes Krecz(禾本科)
硬筋藤(中药大辞典)=紫刺卫矛
硬九头狮子草(草药汇编)=虾脊兰
硬壳槁(广东,海南)=硬壳桂
硬壳槁(海南)=丛花厚壳桂
硬壳槁(海南)=厚壳桂
硬壳桂 Cryptocarya chingii Cheng(樟科),*芳果槁,流鼻槁,流涎槁,平阳厚壳桂,仁昌桂,仁昌厚壳桂,硬壳槁*
硬壳果(广东,海南)=海南柿
硬壳果(海南琼海)=痄腮树
硬壳果(植物志 31)=油丹
硬壳果树(海南临高)=长柄梭罗
硬壳柯 Lithocarpus hancei (Benth.) Rehd.(壳斗科),*赤皮杠,酒枹,棒椆,石山槁*
硬壳朗(中药大辞典)=光叶山黄麻
硬壳藤(广西兽医植物)=网络崖豆藤
硬壳玉山竹 Yushania cartilaginea Wen (禾本科)
硬粒小麦 Triticum turgidum var. durum (Desf.) Yan ex P.C.Kuo (禾本科)
硬鳞铁杉(经济植物手册)=云南铁杉
硬毛白鹤藤(海南志)=头花银背藤
硬毛白珠 Gaultheria leucocarpa var. hirsuta (D. Fang & N,K.Liang) T.Z.Hsu(杜鹃花科),*硬毛滇白珠,金钗*
硬毛扁担杆 Grewia rugulosa C.Y.Wu ex H.T. Chang (椴树科)
硬毛变种(植物志 65-2)=野芝麻
硬毛变种(植物志 65-2,Flora 17)=硬毛黄芩(新)
硬毛变种(植物志 66,Flora 17)=白补药
硬毛变种(植物志 66,Flora 17)=地瓜儿苗
硬毛草胡椒 Peperomia cavaleriei C.DC.(胡椒科)
硬毛常山 Dichroa hirsuta Gagn.(虎耳草科)
硬毛赤车 Pellionia crispulihirtella W.T.Wang(荨麻科)
硬毛虫豆 Cajanus goensis Dalz.(豆科)
硬毛垂蓼 Polygonum flaccidum var. hispidum HK.f.(蓼科)
硬毛垂穗草 Bouteloua hirsuta Lag.(禾本科)
硬毛刺蕊草 Pogostemon hirsutus Benth.(唇形科)
硬毛楤木 Aralia hispida Vent.(五加科)
硬毛粗叶木 Lasianthus wallichii var. setosus (Craib) C.Y.Wu & H.Zhu(茜草科)
硬毛大理翠雀花 Delphinium taliense var. hirsutum W.T.Wang(毛茛科)
硬毛滇白珠(分类学报)=硬毛白珠
硬毛冬青(浙江志)=落霜红
硬毛冬青 Ilex hirsuta C.J.Tseng ex S.K.Chen & Y.X.Feng (冬青科)
硬毛杜鹃 Rhododendron hirtipes Tagg(杜鹃花科)
硬毛矾根 Heuchera hispida Pursh.(虎耳草科)
硬毛伏杜鹃 Chiogenes hispidula (L.) Torr. & Gray (杜鹃花科)
硬毛附地菜 Trigonotis laxa var. hirsuta W.T. Wang ex C.J.Wang (紫草科),*硬毛南川附地菜*
硬毛果野豌豆(豆科图说)=小巢菜
硬毛旱麦草 Eremopyrum hirsutum Bertol.) Nevski (禾本科)
硬毛杭子稍(云南中草药)=毛杭子梢
硬毛蝴蝶草 Torenia hirtella HK.f.(玄参科)
硬毛虎耳草(新)Saxifraga hirsuta L.(虎耳草科),*刚毛虎耳草*
硬毛槐 Sophora fernandeziana f. glacilior Skottsb.(豆科)
硬毛黄芩(新)Scutellaria quadrilobulata var. pilosa C.Y.Wu & S.Chow(唇形科),*硬毛变种*
硬毛活血丹 Glechoma hirsuta W. & K.(唇形科)
硬毛火碳母 Polygonum chinense var. hispidum HK.f. (蓼科),*小红人,土三七,大碎米草*
硬毛棘豆(豆科图说)=毛棘豆
硬毛棘豆 Oxytropis fetissovii Bge.(豆科)
硬毛金沙绢毛苣(云南植物名录)=羽裂绢毛苣
硬毛堇菜 Viola hirta L.(堇菜科),*紫花地丁,硬毛香堇*
硬毛拉拉藤 Galium boreale var. ciliatum Nakai (茜草科)
硬毛肋枝兰 Pleurothallis hirsuta Ames (兰科)
硬毛亮叶杨桐(云南植物名录)=粗毛杨桐
硬毛蓼 Polygonum hookeri Meisn.(蓼科),*假大黄*
硬毛柳叶菜 Epilobium pannosum Hausskn.(柳叶菜科),*丝毛柳叶菜*
硬毛龙胆 Gentiana hirsuta Ma e E.W.Ma ex T.N. Ho(龙胆科)
硬毛楼梯草 Elatostema hirtellum (W.T.Wang) W.T.Wang (荨麻科)
硬毛马甲子 Paliurus hirsutus Hemsl.(鼠李科),*长梗铜钱树,钩交刺*
硬毛毛连菜(新)Picris junnanensis V.Vassil.?(菊科)
硬毛猕猴桃(新拉汉英)=美味猕猴桃

硬毛猕猴桃 Actinidia chinensis var. hispida C.F. Liang (猕猴桃科)
硬毛磨芋 Amorphophallus hirtus N.E.Brown (天南星科)
硬毛木蓝 Indigofera hirsuta L.(豆科),*刚毛木蓝,毛木蓝,刚毛槐蓝*
硬毛南川附地菜(Flora 16)=硬毛附地菜
硬毛南芥 Arabis hirsuta (L.) Scop. (十字花科), *卵叶硬毛南芥,野南芥,毛筷子芥,毛南芥,紫花硬毛南芥*
硬毛南蛇藤 Celastrus hirsutus Comber(卫矛科)
硬毛欧石南 Erica hirtiflora Curtis (杜鹃花科)
硬毛漆 Toxicodendron hirtellum C.Y.Wu(漆树科)
硬毛奇利安小檗 Berberis chillanensis var. hirsutipes Sprague (小檗科)
硬毛秋海棠 Begonia hirsuta Aubl.(秋海棠科)
硬毛忍冬(中草药汇编)=刚毛忍冬
硬毛箬竹 Indocalamus hispidus H.R.Zhao & Y. L.Yang (禾本科)
硬毛山黑豆 Dumasia hirsuta Craib(豆科)
硬毛山梅花 Philadelphus hirsutus Nutt.(虎耳草科)
硬毛山香圆 Turpinia affinis Merr. & Perry(省沽油科),*大果山香圆*
硬毛四叶葎 Galium bungei var. hispidum (Kitag.) Cuf. (茜草科)
硬毛松(新拉汉英)=刺果松
硬毛宿苞豆 Shuteria hirsuta Baker(豆科)
硬毛薹草 Carex hirtella Drejer(莎草科)
硬毛葶苈 Draba hirta L.(十字花科)
硬毛兔唇花 Lagochilus hirtus Fisch. & Mey.(唇形科),*短刺兔唇花,斜喉兔唇花*
硬毛无心菜 Arenaria barbata var. hirsutissima W.W.Sm. (石竹科),*硬髯毛蚤缀*
硬毛吴萸 Evodia hirsutifolia Hay.(芸香科)
硬毛夏枯草 Prunella hispida Benth.(唇形科)
硬毛香堇(中药辞海)=硬毛堇菜
硬毛小升麻(植物志 27)=小升麻
硬毛绣球(浙江药志)=蜡莲绣球
硬毛绣球防风 Leucas hirta Spreng.(唇形科)
硬毛旋花(新)Convlvulus bryoneae-folius Sims?(旋花科)
硬毛雪兔子 Saussurea delavayi f. hirsuta Anth. (菊科)
硬毛越桔(新拉汉英)=多毛越桔
硬毛锥花 Gomphostemma stellatohirsutum C.Y. Wu (唇形科)
硬茅 Sclerochloa dura (L.) P.Beauv.(禾本科)
硬茅属(新拉汉英)=**硬草属**
硬榧(中国裸子志)=云南铁杉
硬米(本草求原)=稻
硬苗柴胡(东北药用鉴)=柴胡
硬木树(傣名意译)=柚木
硬皮草(湖南,湖南药物志)=合掌消
硬皮葱 Allium ledebourianum Roem. & Schult. (百合科)
硬皮豆 Macrotyloma uniflorum (Lam.) Verdc. (豆科),*长硬皮豆*
硬皮豆属 Macrotyloma (Wight & Arn.) Verdc. (豆科)
硬皮榕 Ficus callosa Willd.(桑科)
硬飘拂草(贵州草药)=结壮飘拂草
硬千果榄仁 Terminalia myriocarpa var. hirsuta Craib (使君子科)
硬雀麦 Bromus rigidus Roth(禾本科),*长柔毛雀麦*
硬髯毛蚤缀(拉汉名称)=硬毛无心菜
硬生桃竹(广东)=青竿竹
硬绳柄草 Catapodium rigidum (L.) C.E.Hubb. (禾本科)
硬水黄连(四川)=短梗箭头唐松草
硬四带芹 Tetrataenium rigens (Wall.) Manden. (伞形科)
硬粟(医学入门)=粱
硬头青竹(广东)=青竿竹
硬头黄竹(海南)=妈竹
硬头黄竹 Bambusa rigida Keng & Keng f.(禾本科)
硬头苦竹 Pleioblastus longifimbriatus S.Y.Chen (禾本科)
硬头青竹 Phyllostachys veitchiana Rendle (禾本科)
硬序羊茅 Festuca durata B.X.Sun & H.Peng(禾本科)
硬序重寄生 Phacellaria rigidula Benth.(檀香科)
硬羊茅 Festuca ovina var. duriuscula (L.) Koch (禾本科)
硬叶糙果茶 Camellia gaudichaudii (Gagn.) Sealy (山茶科)
硬叶唇柱苣苔 Chirita sclerophylla W.T.Wang (苦苣苔科)
硬叶葱草 Xyris complanata R.Br.(黄眼草科)
硬叶冬青 Ilex ficifolia C.J.Tseng ex S.K.Chen & Y.X.Feng (冬青科),*榕叶冬青*
硬叶兜兰 Paphiopedilum micranthum T.Tang & F.T.Wang (兰科)
硬叶杜鹃 Rhododendron tatsienense Franch.(杜鹃花科),*黑水杜鹃*
硬叶耳蕨(台湾志)=革叶耳蕨
硬叶粉苞菊 Chondrilla aspera (Schrad. ex Willd.) Poir. (菊科)
硬叶风毛菊 Saussurea ciliaris Franch.(菊科)
硬叶谷精草 Eriocaulon sclerophyllum W.L.Ma (谷精草科)
硬叶观音座莲 Angiopteris crassifolia Ching(观音座莲科)
硬叶槲蕨 Drynaria rigidula (Sw.) Bnedd.(槲蕨科)
硬叶柯 Lithocarpus crassifolius A.Camus(壳斗科)
硬叶兰(广西药用名录)=纹瓣兰
硬叶兰 Cymbidium bicolor subsp.obtusum Du Puy & Cribb (兰科)
硬叶蓝刺头(植物志 78-1)=截叶蓝刺头
硬叶蓝刺头 Echinops ritro L.(菊科)
硬叶柳 Salix sclerophylla Anderss.(杨柳科)
硬叶绿春悬钩子 Rubus lüchunensis var. coriaceus Yü & Lu (蔷薇科)
硬叶美洲星毛蕨 Goniopteris siderophylla (Poep. ex Kunze) Wherry (金星蕨科)
硬叶木蓝 Indigofera rigioclada Craib(豆科)
硬叶蒲桃 Syzygium sterrophyllum Merr. & Perry (桃金娘科)
硬叶山兰 Oreorchis nana Schltr.(兰科)
硬叶鼠李(广西植物名录)=革叶鼠李
硬叶水毛茛 Batrachium foeniculaceum (Gilib.) Krecz. (毛茛科)
硬叶松(东北裸子植物)=刚松
硬叶乌苏里风毛菊 Saussurea ussuriensis var. firma Kitag. (菊科)
硬叶腺萼木(植物志 71-1)=革叶腺萼木
硬叶小檗 Berberis rigidifolia Kunth (小檗科)
硬叶偃麦草 Elytrigia simithii (Rydb.) Nevski (禾本科)
硬叶野古草 Arundinella flavida Keng(禾本科)
硬叶银桦 Grevillea bipinnatifida R.Br.(山龙眼科)
硬叶银穗草 Leucopoa sclerophylla (Boiss. & Bisch.) Krecz. & Bobr.(禾本科)
硬叶云南冬青 Ilex yunnanensis var. paucidentata S.Y.Hu (冬青科)
硬叶旱熟禾 Poa stereophylla Keng ex L.Liu(禾本科)
硬叶樟(中大学报)=卵叶桂
硬颖草属(新拉汉英)=**葫芦草属**
硬枣(河南)=酸枣
硬枝点地梅 Androsace rigida Hand.-Mazz.(报春花科)
硬枝黑锁梅(滇南本草)=红泡刺藤
硬枝碱蓬 Suaeda rigida Kung & G.L.Chu(藜科)
硬枝老鸦嘴(广州志)=直立山牵牛
硬枝万年荞(植物志 25-1)=硬枝野荞麦
硬枝野荞麦 Fagopyrum urophyllum (Bur. & Franch.) H.Gross (蓼科),*硬枝万年荞*
硬枝展松 Pinus greggii Engelm.(松科)
硬直黑麦草 Lolium rigidum Gaud.(禾本科),*瑞士黑麦草*
硬质旱熟禾 Poa sphondylodes Trin.(禾本科) , *龙须草*
硬终藤(南越志)=草棉
硬紫草(中药志)=紫草

Yong

痈草(浙江中草药)=对萼猕猴桃
痈树(广西)=毛冬青
邕宁香草 Lysimachia heterobotrys Chen & C.M. Hu (报春花科)
永安青冈 Cyclobalanopsis yonganensis (L.Lin & Huang) Y.C.Hsu & H.W.Jen(壳斗科)
永瓣藤 Monimopetalum chinense Rehd.(卫矛科)
永瓣藤属 Monimopetalum Redh(卫矛科)
永德鳞毛蕨 Dryopteris yongdeensis W.M.Chu ex S.G.Lu (鳞毛蕨科)
永登韭 Allium yongdengense J.M.Xu(百合科)
永福柯 Lithocarpus yongfuensis Q.F. Zheng (壳斗科)
永富唇柱苣苔 Chirita yungfuensis W.T.Wang (苦苣苔科)
永固生(云南)=鸡骨常山
永健香青 Anaphalis nagasawai Hay.(菊科)
永宁翠雀花 Delphinium yongningense W.T. Wang & M.J.Warnock(毛茛科)
永宁独活 Heracleum yungningense Hand.-Mazz. (伞形科),*独活*
永宁杜鹃 Rhododendron yungningense Balf.f. ex Hutch. (杜鹃花科)
永宁千里光 Senecio yungningensis Hand.-Mazz. (菊科)
永宁酸模 Rumex yungningensis Sam.(蓼科)
永善方竹 Chimonobambusa tuberculata Hsueh & L.Z.Gao (禾本科)
永胜变种(植物志 66)=四川香茶菜
永顺堇叶芥 Neomartinella yungshunensis (W.T. Wang) Al-Shehbaz(十字花科)
永顺楼梯草 Elatostema yungshunense W.T. Wang (荨麻科)
永顺黔蕨(植物研究)=中间黔蕨
永思小檗 Berberis tsienii Ying(小檗科)
永泰黄芩 Scutellaria inghokensis Metcalf(唇形科)

永修柳叶箬 Isachne hirsuta var. yongxiouensis W.Z.Fang (禾本科)
永自鳞毛蕨 Dryopteris yungtzeensis Ching(鳞毛蕨科)
永自蹄盖蕨(西北植物学报)=希陶蹄盖蕨

You

优材草莓树 Arbutus menziesii Pursh (杜鹃花科)
优贵马兜铃 Aristolochia gentilis Franch.(马兜铃科)
优美大参(植物分类学)=波缘大参
优美杜鹃 Rhododendron sikiangense var. exquistum (T.L.Ming) T.L.Ming(杜鹃花科)
优美凤丫蕨 Coniogramme intermedia var. pulchra Ching & Shing(裸子蕨科)
优美红景天(植物志 34-1)=德钦红景天
优美毛蕨(蕨类形态)=毛囊毛蕨
优美双盾木 Dipelta elegans Batal.(忍冬科)
优若藜(科属检索表)=驼绒藜
优若藜属(科属检索表)=**驼绒藜属**
优若属(北部植物图志)=**驼绒藜属**
优昙钵(广州志)=无花果
优昙花(台湾药志)=聚果榕
优昙花(云南)=山玉兰
优昙体罗(植物大辞典)=聚果榕
优香天门冬 Asparagus flacatus L.(百合科)
优秀杜鹃 Rhododendron praestans Balf.f & W. W.Sm. (杜鹃花科),*魁斗杜鹃*
优秀红景天 Rhodiola nobilis (Franch.) S.H.Fu (景天科),*贵景天*
优秀小檗 Berberis praecipua Schneid.(小檗科)
优雅春再来 Clarkia concinna Greene (柳叶菜科)
优雅风毛菊 Saussurea elegans Ledeb.(菊科)
优雅凤仙花 Impatiens elegans Bedd.(凤仙花科)
优雅狗肝菜 Dicliptera elegans W.W.Sm.(爵床科),*金江狗肝菜*
优雅黄堇 Corydalis concinna C.Y.Wu & H. Chuang (罂粟科),*大花黄堇*
优雅鳞毛蕨 Dryopteris nobilis Ching(鳞毛蕨科)
优雅绿绒蒿 Meconopsis concinna Prain(罂粟科)
优雅落苞芭蕉 Schismatoglottis concinna Schott. (天南星科)
优雅秋海棠 Begonia concinna Schott (秋海棠科)
优雅三毛草 Trisetum scitulum Bor (禾本科)
优雅省藤 Calamus concinnus Mart.(棕榈科)
优雅石棕 Brahea elegans H.E.Moore (棕榈科)
优雅皱子棕 Ptychosperma elegans Bl.
优异杜鹃 Rhododendron mimetes Tagg & Forr.(杜鹃花科)
优越虎耳草 Saxifraga egregia Engl.(虎耳草科)
尤斑克鸢尾 Iris ewbankiana Foster (鸢尾科)
尤尔都斯薤 Allium juldusicolum Rgl.(百合科)
尤金杨 Populus ×canadensis cv. Eugenei(杨柳科),*欧根杨*,*尖叶加杨*
尤里小檗 Berberis ulicina HK.f. & Thoms. (小檗科) ,*条叶小檗*
尤力克柠檬 Eurckalemon(芸香科柑橘类)
尤木丢尽(藏药名)=拟楼斗菜
尤斯特小檗 Berberis jaeschkeana var. usteriana Schneid.(小檗科)
尤央拉(傣语)=红木巴戟
由跋(名医别录)=普陀南星
由胡(尔雅)=蒌蒿
由基松棕属 Eugeissona Griff.(棕榈科)
由甲草(广东中药)=孩儿草
犹他刺柏 Juniperus osteosperma (Torr.) Little (柏科)
犹他莫顿 Mortonia utahensis (Coville) A.Nels. (卫矛科)
油艾(福建)=牡蒿
油白菜 Brassica chinensis var. oleifera Makino & Nemoto (十字花科)
油饼果子(安徽)=金樱子
油菜(东北)=青菜
油菜(通称)=芸苔
油草(湖南药物志)=千金子
油茶 Camellia oleifera Abel(山茶科),*白花菜*,*桴木*,*桴树子油*,*茶麸*,*茶枯*,*茶油巴*,*茶油麸*,*茶油树*,*茶子饼*,*茶子麸*,*茶子木*,*茶子木花*,*茶子心*,*建茶*,*枯饼*,*油子树*,*楂*
油茶寄生(广西)=广西离瓣寄生
油茶寄生(新华本草纲要)=红花寄生
油茶离瓣寄生 Helixanthera sampsoni (Hance) Danser (桑寄生科),*油茶桑寄生*
油茶桑寄生(海南志)=油茶离瓣寄生
油柴(内蒙古乌海)=四合木
油柴柳 Salix caspica Pall.(杨柳科)
油葱(中药辞海)=芦荟
油丹 Alseodaphne hainanensis Merr.(樟科),*黄丹*,*三次香*,*黄丹公*,*硬壳果*,*海南峨眉楠*
油丹属 Alseodaphne Nees (樟科)
油灯盏(浙江)=韩信草
油点草 Tricyrtis macropoda Miq.(百合科),*红酸七*,*竹叶七*,*牛尾参*,*白七*,*水杨罗*
油点草属 Tricyrtis Wall.(百合科)
油甘藤(植物志 40)=毛相思子
油甘子(华南)=余甘子
油柑草(福建中草药)=叶下珠
油柑根(岭南采药录)=余甘子
油柑木皮(陆川本草)=余甘子
油柑叶(岭南采药录)=余甘子
油柑属(树木分类学,台湾志)=**叶下珠属**
油橄榄(俗称)=木犀榄
油橄榄银桦 Grevillea oleoides Sieb.(山龙眼科)
油槁树(植物志 31)=潺槁木姜子
油公子(江苏)=流苏树
油瓜(植物志 73-1)=油渣果
油罐草(贵药调查)=阴行草
油果樟 Syndiclis chinensis Allen(樟科),*白面柴*,*油樟*
油果樟属 Syndiclis HK.f.(樟科)
油蒿(吉林)=牡蒿
油蒿(内蒙古)=黑沙蒿
油蒿(内蒙中草药)=黑沙蒿
油胡桃(纲目)=胡桃
油葫芦(云南)=檀梨
油葫芦子(植物志 48-1)=冻绿
油桦 Betula ovalifolia Rupr.(桦木科)
油患子(四川)=川滇无患子
油患子(四川)=无患子
油蕉(广东)=香蕉
油芥菜(植物志 33)=芥
油金条(安徽)=山胡椒
油柯木(广东)=锈毛梭子果
油苦竹 Pleioblastus oleosus Wen (禾本科),*秋竹*
油辣果(贵州)=黄果茄
油榔子属(台木本志)=**油棕属**
油簕竹 Bambusa lapidea McClure (禾本科),*烂眼竹*,*石竹*,*马蹄竹*,*蛮竹*,*橄榄竹*
油梨(通称)=鳄梨
油玲花(福建中草药)=地桃花
油绿柿(江苏,浙江)=油柿
油罗树(植物志 47-1)=无患子
油萝树(广西药用名录)=毛叶吊钟花
油麻(食疗本草)=芝麻
油麻(中药大辞典)=千金子
油麻树(广西龙胜)=广西梭罗树
油麻松(广西阳朔)=白花益母草
油麻藤(浙江药用名录)=常春油麻藤
油麻藤属(豆科图说)=**黧豆属**
油麻血藤(中草药资料)=常春油麻藤
油蔴草(广西桂林)=球柱草
油麦(经济植物学)=莜麦
油麦吊杉(中国树木学)=油麦吊云杉
油麦吊云杉 Picea brachytyla var. complanata (Mast.) Cheng ex Rehd.(松科),*油麦吊杉*,*美条杉*,*米条云杉*
油芒 Eccoilopus cotulifer (Thunb.) A.Camus (禾本科),*秾茅*
油芒属 Eccoilopus Steud.(禾本科)
油面草(福建志)=三角形冷水花
油楠(广东)=银珠
油楠(拉汉名称)=青梅
油楠 Sindora glabra Merr. ex de Wit(豆科),*蚌壳树*
油楠属 Sindora Miq.(豆科)
油脑(药材资料汇编)=樟
油瓶子(河北)=美蔷薇
油瓶子(陕西)=扁刺蔷薇
油婆簕(广西)=飞龙掌血
油朴(高等图鉴)=菲律宾朴树
油砂蒿(陕西)=圆头蒿
油莎草(新拉汉英)=油莎豆
油莎豆 Cyperus esculentus L.(莎草科),*油莎草*,*铁荸荠*,*地栗*
油杉(台湾)=台湾油杉
油杉 Keteleeria fortunei (Murr.) Carr.(松科),*松梧*,*杜松*,*海罗松*
油杉寄生 Arceuthobium chinense Lecomte(桑寄生科),*小莲枝*,*枝*
油杉寄生属 Arceuthobium M.Bieb.(桑寄生科)
油杉属 Keteleeria Carr.(松科)
油柿(四川)=野柿
油柿 Diospyros oleifera Cheng(柿科),*方柿*,*绿柿*,*椑柿*,*漆柿*,*青椑*,*乌椑*,*油绿柿*
油树(云南经济植物)=羯布罗香
油松(广西靖西)=短叶黄杉
油松(海南)=百日青
油松(海南)=海南五针松
油松(台湾)=台湾铁杉
油松 Pinus tabulaeformis Carr.(松科),*东北黑松*,*短叶马尾松*,*短叶松*,*红皮松*,*黄松木节*,*巨果油松*,*松郎头*,*紫翅油松*
油薹(台湾志)=砂地薹草
油桐(云南金平)=山楝
油桐 Vernicia fordii (Hemsl.) Airy-Shaw(大戟科),*高桐子*,*荏桐*,*桐油*,*桐油树*,*桐子花*,*桐子树*,*罂子桐*,*油桐子桐*,*柚油树蓏*
油桐寄生(广西药用名录)=离瓣寄生
油桐属 Vernicia Lour.(大戟科)
油桐子树(纲目)=油桐
油头草(云南)=圆舌粘冠草
油椰子(台木本志)=油棕
油叶慈姑 Sagittaria platyphylla (Engelm.) Smith (泽泻科)
油叶杜鹃(高等图鉴)=柳条杜鹃
油叶杜仔(台湾)=油叶柯

油叶花椒 Zanthoxylum bungeanum var. punctatum Huang (芸香科)
油叶柯 Lithocarpus konishii (Hay.) Hay.(壳斗科),*油叶杜仔*
油在麻(惠阳莲花山)=两广梭罗
油皂(湖南)=肥皂荚
油渣果 Hodgsonia macrocarpa (Bl.) Cogn.(葫芦科),*猴子面瓜果,唛豆荚,吗井,牛蹄果,油瓜,有棱油瓜,渣尼咕噜,猪油果*
油渣果属 Hodgsonia HK.f. & Thoms.(葫芦科)
油炸条(云南昆明)=红叶木姜子
油榨果(广东)=赛山梅
油樟(海南志)=油果樟
油樟(江西)=黄樟
油樟(南方各省区)=樟
油樟 Cinnamomum longepaniculatum (Gamble) N.Chao ex H.W.Li(樟科),*香叶子树,香樟,樟木*
油珠子(纲目)=无患子
油竹(四川)=丰实箭竹
油竹 Bambusa surrecta (Q.H.Dai) Q.H.Dai (禾本科)
油竹子 Fargesia angustissima Yi (禾本科)
油椎(广州)=紫玉盘
油锥(海南文昌)=文昌锥
油灼灼(野菜赞)=水鳖
油子树(中药大辞典)=油茶
油子叶(生草药性备要)=乌桕
油棕 Elaeis guineensis Jacq.(棕榈科),*油椰子*
油棕属 Elaeis Jacq.(棕榈科),*油椰子属*
柚 Citrus maxima (Burm.) Merr.(芸香科),*苞,櫾,柁柑根,雷柚,栾,木柑,抛,气柑皮,文旦,櫾*
柚柴(海南尖峰岭)=枝花流苏树
柚寄生(广西梧州)=瘤果槲寄生
柚麻根(贵州草药)=刚毛黄蜀葵
柚木 Tectona grandis L.f.(马鞭草科),*脂树,紫油木,埋桑,硬木树*
柚木属 Tectona L.f.(马鞭草科)
柚树寄生(南宁药志)=瘤果槲寄生
柚树寄生(生草药性备要)=瘤果槲寄生
柚油树蕴(岭南采药录)=油桐
疣苞滨藜 Atriplex verrucifera Bieb.(藜科)
疣柄磨芋 Amorphophallus virosus N.E.Brown (天南星科)
疣柄翼檐南星 Arisaema griffithii var. verrucosum (Schott) Hara(天南星科),*天星星*
疣草 Murdannia keisak (Hassk.) Hand.-Mazz. (鸭跖草科)
疣点开口箭 Campylandra verruculosa (Q.H. Chen) M.N.Tamura et al.(百合科)
疣点卫矛 Euonymus verrucosoides Loes.(卫矛科),*拟瘤枝卫矛*
疣萼鱼黄草 Merremia verruculosa S.Y.Liu(旋花科)
疣梗杜鹃 Rhododendron verruciferum W.K.Hu (杜鹃花科)
疣果匙荠 Bunias orientalis L.(十字花科)
疣果大戟(西藏志)=甘青大戟
疣果豆蔻 Amomum muricarpum Elm.(姜科),*牛牯缩砂*
疣果花楸 Sorbus granulosa (Bertol.) Rehd.(蔷薇科)
疣果景天(秦岭志)=细叶景天
疣果冷水花 Pilea verrucosa Hand.-Mazz.(荨麻科),*土甘草*
疣果楼梯草 Elatostema trichocarpum Hand.-Mazz. (荨麻科)
疣果李叶豆 Hymenaea verrucosa Gaertn.(豆科),*非洲叉叶树*
疣果毛茛 Ranunculus trachycarpus Fisch. & C. A.Mey. (毛茛科)
疣果飘拂草 Fimbristylis verrucifera (Maxim.) Makino (莎草科)
疣桦(高等图鉴)=垂枝桦
疣粒稻 Oryza granulata Nees & Arn. ex HK.f. (禾本科)
疣囊薹草 Carex pallida C.A.Mey.(莎草科)
疣鞘贝母兰 Coelogyne schultesii Jain & Das(兰科)
疣鞘独蒜兰 Pleione praecox (J.E.Sm.) D.Don (兰科)
疣天麻 Gastrodia tuberculata F.Y.Liu & S.C. Chen (兰科)
疣序南星 Arisaema handelii Stapf ex Hand.-Mazz.(天南星科)
疣叶暗罗 Polyalthia verrucipes C.Y.Wu ex P.T. Li (番荔枝科)
疣枝菝葜 Smilax aspericaulis Wall. ex A.DC. (百合科)
疣枝寄生藤 Dendrotrophe granulata (HK.f. & Thoms ex A.DC.) A.N.Henry(檀香科)
疣枝润楠 Machilus verruculosa H.W.Li(樟科)
疣枝小檗 Berberis verruculosa Hemsl. (小檗科)
疣枝栒子 Cotoneaster verruculosus Diels(蔷薇科)
疣状叉蕨 Tectaria variolosa (Wall. ex HK.) C. Chr. (叉蕨科),*二型叉蕨,变叶三叉蕨*
疣状毒漆藤 Toxicodendron radicans var. verrucosa Scheele (漆树科)
疣状旋覆花(新)Inula verrucosa Klatt?(菊科)
疣子砂仁 Amomum verrucosum S.Q.Tong (姜科)
莜麦(日用本草)=荞麦
莜麦 Avena chinensis (Fisch. ex Roem. & Schult.) Metzg. (禾本科),*油麦*
莸(树木分类学)=兰香草
莸(苏南植物手册)=单花莸
莸 Caryopteris divaricata (S. & Z.) Maxim.(马鞭草科),*叉枝莸*
莸草属(分类学报)=**莸属**
莸叶醉鱼草(植物志 61)=皱叶醉鱼草
莸属 Caryopteris Bge.(马鞭草科),*莸草属*
莸状黄芩 Scutellaria caryopteroides Hand.-Mazz. (唇形科)
蚰蛇利(广东)=老虎刺
蚰蜒草(植物志 76-1)=高山蓍
游草(四川中药志,新拉汉英)=李氏禾
游草属(海南志)=**假稻属**
游冬(名医别录)=苦苣菜
游龙(诗经)=红蓼
游藤卫矛 Euonymus vagans Wall. ex Roxb.(卫矛科),*石宝茶藤,金丝杜仲,银丝杜仲,银杜仲,棉杜仲*
鱿鱼草(福建草药)=大尾摇
櫾(山海经)=柚
友巴(国外通称)=竹蔗
友和复叶耳蕨(植物学报)=多羽复叶耳蕨
友水龙骨 Polypodiodes amoena (Wall. ex Mett.) Ching (水龙骨科)
友文红景天(分类学报增刊)=长毛圣地红景天
友谊草(吉林)=聚合草
有斑百合 Lilium concolor var. pulchellum (Fisch.) Rgl.(百合科)
有苞荆芥 Nepeta bracteata Benth.(唇形科)
有苞桢楠(中药大辞典)=滇润楠
有边石莲(植物志 34-1)=孔岩草
有边瓦松(植物志 34-1)=孔岩草
有边瓦韦 Lepisorus marginatus Ching(水龙骨科),*天排草*
有柄报春 Primula petiolaris Wall.(报春花科)
有柄柴胡 Bupleurum petiolulatum Franch.(伞形科)
有柄观音座莲 Angiopteris petiolulata Ching(观音座莲科),*黑蔽筋*
有柄红景天(植物志 34-1)=四轮红景天
有柄黄藤 Daemonorops stipitata Ftdo.(棕榈科)
有柄马尾杉 Phlegmariurus petiolatus (Clarke) H.S.Kung(石杉科),*华南石杉*
有柄南美苦苣苔 Gesneria pedicellaris Alain.(苦苣苔科)
有柄石韦 Pyrrosia petiolosa (Christ) Ching(水龙骨科)
有柄水苦荬 Veronica beccabunga subsp. muscosa (Korsh.) Elenevsky (玄参科),*有柄水苦荬*
有柄凸轴蕨 Metathelypteris petiolulata Ching ex Shing (金星蕨科),*黄山凸轴蕨*
有柄岩卫矛 Euonymus saxicolus var. petoilatus C.Y.Cheng (卫矛科)
有槽秋海棠 Begonia sulcata Scheidw.(秋海棠科)
有齿格网蕨 Meniscium serratum Cavan (金星蕨科)
有齿金星蕨 Parathelypteris serrutula (Ching) Ching(金星蕨科),*齿叶金星蕨*
有齿钮扣花 Hibbertia dentata R.Br.(五桠果科)
有齿鞘柄木 Toricellia angulata var. intermedia (Harms) Hu(山茱萸科),*齿叶烂泥树,齿叶鞘柄木,大接骨丹*
有齿铁角蕨 Asplenium dentatum L.(铁角蕨科)
有齿通泉草 Mazus dentatus Wall.(玄参科)
有翅决明(豆科图说)=翅荚决明
有翅苹婆 Sterculia armata Mast.(梧桐科)
有翅蛇根草 Ophiorrhiza alata Craib(茜草科)
有翅铁角蕨 Asplenium alatulum Ching(铁角蕨科),*狭翅铁角蕨*
有翅星蕨 Microsorium pteropus (Bl.) Copel.(水龙骨科),*三叉叶星蕨*
有刺凤尾蕨 Pteris setuloso-costulata Hay.(凤尾蕨科)
有刺甘薯 Dioscorea esculenta var. spinosa (Roxb. ex Wall.) R.Knuth(薯蓣科),*刺薯蓣*
有刺钩子棕 Oncosperma horridum (Griff.) Scheff. (棕榈科)
有刺天竺葵 Pelargonium echinatum Curtis (牻牛儿苗科)
有刺盐肤木(中草药汇编)=朵花椒
有附属体凤仙花 Impatiens appendiculata Arn. (凤仙花科)
有盖肉刺蕨 Nothoperanema hendersonii (Bedd.) Ching (鳞毛蕨科)
有柑(植物志 43-2)=椪柑
有梗鞭打绣球(新)Hemiphragma heterophyllum var. pedicellatum Hand.-Mazz.(玄参科),*鞭打绣球有梗变种*
有梗蓝钟花 Cyananthus pedunculatus C.B. Clarke (桔梗科)
有梗劳来氏紫珠(分类学报)=散花紫珠
有梗木姜子 Litsea lancifolia var. pedicellata HK.f. (樟科)
有梗瓶尔小草(蕨类图说)=尖头瓶尔小草

有梗石龙尾 Limnophila indica (L.) Druce(玄参科),*轮叶石龙尾*
有梗越桔 Vaccinium henryi var. chingii(Sleumer) C.Y.Wu & R.C.Fang(杜鹃花科)
有梗醉鱼草(云南志)=滇川醉鱼草
有钩凤仙花 Impatiens uncinata Wight (凤仙花科)
有瓜石斛(藏名)=卵叶贝母兰
有冠普氏马先蒿(新)Pedicularis przewalskii subsp. przewalskii var. cristata (Li) Tsoong (玄参科),*普氏马先蒿普氏亚种有冠变种*
有管苹婆 Sterculia tubulata Mast.(梧桐科)
有角凤仙花 Impatiens cornigera Arn.(凤仙花科)
有角秋海棠 Begonia angularis Raddi (秋海棠科)
有节灯心草 Juncus nodosus L.(灯心草科)
有节窃衣 Torilis nodosa (L.) Gaertn.(伞形科)
有结天竺葵 Pelargonium gibbosum Ait.(牻牛儿苗科)
有孔青兰 Dracocephalum scrobiculatum Rgl.(唇形科)
有棱小檗 Berberis angulosa Wall. ex HK.f. & Thoms. (小檗科)
有棱绣球防风 Leucas angularis Benth.(唇形科)
有棱油瓜(植物志 73-1)=油渣果
有瘤凤仙花(新拉汉英)=瘤果凤仙花
有脉秋海棠 Begonia venosa HK.f.(秋海棠科)
有脉丝花苣苔 Nematanthus nervosus H.E. Moore (苦苣苔科)
有芒筱竹 Thamnocalamus aristatus (Gamble) E.G.Camux (禾本科)
有芒鸭嘴草 Ischaemum aristatum L.(禾本科),*本田鸭嘴草*
有毛宝石冠 Lopezia hirsuta Jacq.(柳叶菜科)
有毛变种(云南植物研究)=毛枝垂穗石松
有毛冬青 Ilex pubigera (C.Y.Wu ex Y.R.Li) S.K. Chen & Y.X.Feng(冬青科)
有毛荆芥 Nepeta mollis Benth.(唇形科)
有毛旌节马先蒿 Pedicularis sceptrumcarolinum subsp. pubescens Tsoong(玄参科),*旌节马先蒿有毛亚种*
有毛老鸦嘴(广西)=暗消藤
有毛老鸦嘴(南宁药志)=暗消藤
有毛条果芥 Parrya pinnatifida var. hirsuta N. Busch (十字花科)
有米菜(海南)=荷莲豆草
有日散(广西金秀瑶语)=聚花草
有色茶藨子 Ribes coloradense Cov.(虎耳草科)
有色黄芩 Scutellaria picta Juz.(唇形科)
有色雀麦 Bromus coloratus Steudel (禾本科)
有色鳃兰 Maxillaria fucata Rchb.f.(兰科)
有色卫矛(植物志 45-3)=染用卫矛
有色柱瓣兰 Epidendrum fucatum Lindl.(兰科)
有色落草 Melica apieta Koch (禾本科)
有舌凤仙花 Impatiens ligulata Bedd.(凤仙花科)
有水茶藨子 Ribes irriguum Dougl.(虎耳草科)
有尾水筛 Blyxa echinosperma (Clarke) HK.f. (水鳖科)
有尾铁线蕨(高等图鉴)=鞭叶铁线蕨
有腺凤仙花 Impatiens glandulifera Arn.(凤仙花科)
有腺泡花树 Meliosma oldhamii var.glandulifera Cufod. (清风藤科)
有腺凸轴蕨 Metathelypteris glandulifera Ching ex Shing (金星蕨科)
有腺泽番椒 Deinostemma adenocaula (Maxim.) T. Yamazaki (玄参科)
有檐奥托蕠特草 Otostegia limbata Benth.(唇形科)
有用荚蒾(拉汉名称)=烟管荚蒾
有爪春再来 Clarkia unguiculata Lindl.(柳叶菜科)
酉阳短肠蕨(分类学报)=异果短肠蕨
酉阳楼梯草 Elatostema youyangense W.T.Wang (荨麻科)
莠(诗经,礼记)=狗尾草
莠狗尾草 Setaria geniculata (Lam.) Beauv.(禾本科),*狗尾草*
莠竹 Microstegium nodosum (Kom.) Tzvel.(禾本科)
莠竹属 Microstegium Nees (禾本科)
右利子树(天目山)=下江忍冬
右纳(中山传信录)=黄槿
右旋藤(贵州方药集)=忍冬
右转藤(四川)=忍冬
右子痰梗(岭南采药录)=扁枝槲寄生
幼肺三七(浙江)=獐耳细辛
幼克草(南宁药志)=黑草
幼母菊(东北检索表)=三肋果
幼油草(天目药志)=花点草
鼬瓣花 Galeopsis bifida Boenn.(唇形科),*野芝麻,野苏子,黑芝麻*
鼬瓣花属 Galeopsis L.(唇形科)
鼬臭返顾马先蒿 Pedicularis resupinata subsp. galeobdolon (Diels) Tsoong(玄参科),*返顾马先蒿鼬臭亚种*
鼬蕊兰属 Galeandra Lindl.(兰科)

Yü

迂头鸡(四川中药志)=草血竭
淤泥木贼 Equisetum limosum L.(木贼科)
于田棘豆(新疆检索表)=密丛棘豆
余甘树属(拉汉名称)=**珠子木属**
余甘子 Phyllanthus emblica L.(大戟科),*庵摩勒,庵摩落迦果,橄榄,喉甘子,噜公膘,米含,木波,七察哀喜,丝叶,望果,油甘子,油柑根,油柑木皮,油柑叶,鱼木果,紫荆皮*
余蒲葵(广西罗城仫佬族语)=蒲葵
余叶铁角蕨(台湾志)=胎生铁角蕨
盂兰 Lecanorchis japonica Bl.(兰科)
盂兰属 Lecanorchis Bl.(兰科)
鱼鳔槐 Colutea arborescens L.(豆科)
鱼鳔槐属 Colutea L.(豆科)
鱼鳔黄芪 Astragalus hedinii Ulbr.(豆科)
鱼鳖金星 Lepidogrammitis drymoglossoides (Baker) Ching (水龙骨科),*抱树莲,风不动,瓜米还阳,瓜子金,金丝鱼鳖草,山豆爿草,石瓜米,岩瓜子草*
鱼翅菜(辽宁)=花葱
鱼刺草(安徽)=南方狸藻
鱼胆(四川)=老鸦糊
鱼胆草(四川)=川东獐牙菜
鱼胆草(云南中草药)=小蓬草
鱼胆草(植物志 74)=熊胆草
鱼灯苏(浙江天目山)=还亮草
鱼肚肠草(浙江草药)=鸡肠繁缕
鱼肚腩竹 Bambusa gibboides W.T.Lin (禾本科)
鱼儿牡丹(宋周必大诗,花镜)=荷包牡丹
鱼杆子(天目药志)=小果蔷薇
鱼公草(图考)=狭叶楼梯草
鱼公草 Elatostema lineolatum Wight (荨麻科),*冷清草,多齿楼梯草*
鱼骨菜(中药大辞典)=白饭树
鱼骨草(南宁药志)=黄珠子草
鱼骨槐(云南)=线叶金合欢
鱼骨槐(云南)=银荆
鱼骨木(广西植物名录)=锯叶竹节树
鱼骨木 Canthium dicoccum (Gaertn.) Teysmann & Binnedijk (茜草科),*步散,铁屡米,白骨木*
鱼骨木属 Canthium Lam.(茜草科),*步散属*
鱼骨树(广西都安)=珠子木
鱼骨松(云南)=银荆
鱼化树(福建)=化香树
鱼黄草(高等图鉴)=篱栏网
鱼黄草属 Merremia Dennst.(旋花科)
鱼蓟 Cirsium pumilum Spreng.(菊科)
鱼蓝柯 Lithocarpus cyrtocarpus (Drake) A. Camus (壳斗科),*老鼠兀,铜针树*
鱼鳞菜(岭南采药录)=土牛膝
鱼鳞草(泉州本草,福建)=铁线蕨
鱼鳞蕨 Acrophorus stipellatus (Wall.) Moore (球盖蕨科)
鱼鳞蕨属 Acrophorus Presl(球盖蕨科)
鱼鳞杉(中国裸子志)=鱼鳞云杉
鱼鳞松(东北)=鱼鳞云杉
鱼鳞云杉 Picea jezoensis (S. & Z.) Carr.(松科)
鱼鳞子(安徽药材)=醉鱼草
鱼门子(江西)=醉鱼草
鱼明木(广西)=萝芙木
鱼木(广东,海南)=谷木
鱼木(中草药汇编)=树头菜
鱼木 Crateva formosensis (Jacobs) B.S.Sun(山柑科),*牛角歪,三角棹*
鱼木果(广西)=余甘子
鱼木属 Crateva L.(山柑科)
鱼泡草(福建中草药)=醉鱼草
鱼泡通(中药大辞典)=喜马山旌节花
鱼鳅串(草木便方)=裂叶马兰
鱼鳅串(植物志 74)=马兰
鱼藤 Derris trifoliata Lour.(豆科),*毒鱼藤,篓藤*
鱼藤草(广西全县)=肾叶天胡荽
鱼藤属 Derris Lour.(豆科)
鱼尾草(广西药用名录)=旱田草
鱼尾草(履巉岩本)=醉鱼草
鱼尾菊(广州)=百日菊
鱼尾葵 Caryota ochlandra Hance(棕榈科),*青棕,假桄榔,果株*
鱼尾葵属 Caryota L.(棕榈科),*假桄榔属,孔雀椰子属*
鱼尾雪(江西)=醉鱼草
鱼味草(广东)=荔枝草
鱼显子(云南志)=华紫珠
鱼香(四川)=留兰香
鱼香(四川米易)=藿香
鱼香菜(贵州都匀)=野草香
鱼香菜(贵州独山)=留兰香
鱼香草(分类草药性)=圆叶薄荷
鱼香草(贵州兴义)=尖头花
鱼香草(四川)=薄荷
鱼香草(四川)=留兰香
鱼香草(四川南川)=香薷
鱼香根(分类草药性)=圆叶薄荷
鱼泻子(浙江)=华紫珠
鱼腥草(纲目)=蕺菜
鱼眼草(陆川本草)=谷精草
鱼眼草 Dichrocephala auriculata (Thunb.) Druce (菊科)
鱼眼草属 Dichrocephala DC.(菊科)
鱼眼根(南宁药志)=白饭树
鱼眼果冷水花 Pilea longipedunculata Chien & C.J.Chen(荨麻科)

鱼眼木(中药大辞典,中草药汇编)=白饭树

鱼子草(湖南)=小花黄堇

鱼子兰(广西)=米仔兰

鱼子兰(花经)=金粟兰

鱼子兰 Chloranthus erectus (Buch.-Ham.) Verd.(金粟兰科)

鱼子苏(湖北平江)=藿香

俞莲(拉祜族常用药)=卵叶蜘蛛抱蛋

俞氏楼梯草 Elatostema yui W.T.Wang(荨麻科)

俞氏梅花草 Parnassia yui Jien(虎耳草科)

俞氏朴 Celtis yui Cheng (榆科)

俞氏蹄盖蕨 Athyrium yui Ching(蹄盖蕨科)

俞氏铁线莲 Clematis yui W.T.Wang(毛茛科)

俞藤 Yua thomsoni (Laws.) C.L.Li(葡萄科),*粉叶爬山虎,粉叶地锦,细猪母藤*

俞藤属 Yua C.L.Li.(葡萄科)

禺毛茛 Ranunculus cantoniensis DC.(毛茛科),*自扣草,毛茛,鸭足板*

萸肉(医学衷中参西录)=山茱萸

萸叶五加(广西植物名录)=吴茱萸五加

愉柯 Lithocarpus amoenus Chun & Huang (壳斗科),*悦柯*

愉悦蓼 Polygonum jucundum Meisn.(蓼科)

愉悦葶苈 Draba jucunda W.W.Sm.(十字花科)

榆(尔雅)=榆树

榆白皮(药性论)=榆树

榆古兴噶尔布(藏名)=网脉橐吾

榆古兴那布(藏名)=血满草

榆橘 Ptelea trifoliata L.(芸香科)

榆橘属 Ptelea L.(芸香科),*翅果椒属*

榆科 Ulmaceae

榆林圆柏 Juniperus sabina var. yulinensis (T.C. Chang & C.G.Chen)Y.F.Yui & L.K.Fu(柏科)

榆绿木 Anogeissus acuminata var. lanceolata Wall. ex C.B.Clarke(使君子科)

榆绿木属 Anogeissus Wall. ex Guillaum. & Perr.(使君子科)

榆莫得乌锦(西藏藏语)=拟耧斗菜

榆皮(本经)=榆树

榆钱菠菜 Atriplex hortensis L.(藜科),*洋菠菜*

榆仁(食疗本草)=榆树

榆仁酱(食疗本草)=榆树

榆树(云南)=毛枝榆

榆树 Ulmus pumila L.(榆科),*白榆,长叶家榆,黄药家榆,家榆,零榆钱榆,榆,榆白皮,榆皮,榆仁,榆仁酱,榆子,钻天榆*

榆叶白鹃梅(东北木本志)=齿叶白鹃梅

榆叶梅 Amygdalus triloba (Lindl.) Richer(蔷薇科),*额勒伯特-其其格*

榆叶猕猴桃 Actinidia ulmifolia C.F.Liang(猕猴桃科)

榆叶秋海棠 Begonia ulmifolia Willd.(秋海棠科)

榆中贝母 Fritillaria yuzhongensis G.D.Yu & Y.S. Zhou (百合科)

榆属 Ulmus L.(榆科)

榆子(食疗本草)=榆树

虞美人 Papaver rhoeas L.(罂粟科),*丽春花,赛牡丹,百般娇,蝴蝶满圆春,虞美人花*

虞美人花(云南迪庆)=虞美人

羽苞藁本 Ligusticum daucoides (Franch.) Franch. (伞形科),*山芹菜*

羽苞穆坪紫堇 Corydalis flaxuosa subsp. pinnatibracteata (C.Y.Wu & H.Chuang) C.Y.Wu (罂粟科)

羽唇叉柱兰 Cheirostylis inabai Hay. (兰科),*羽唇接续柱兰,扇叶指柱兰*

羽唇根节兰(台湾志)=流苏虾脊兰

羽唇接续柱兰(台湾兰科植物,台湾志)=羽唇叉柱兰

羽唇兰 Ornithochilus difformis (Lindl.) Schltr.(兰科)

羽唇兰属 Ornithochilus (Lindl.) Wall. ex Benth.(兰科)

羽萼(科属检索表)=羽萼木

羽萼木 Colebrookea oppositifolia Smith(唇形科),*黑羊巴巴,羽萼*

羽萼木属 Colebrookea Smith(唇形科)

羽萼悬钩子 Rubus pinnatisepalus Hemsl.(蔷薇科),*爬地泡,新店悬钩子*

羽冠大翅蓟 Onopordum leptolepis DC.(菊科)

羽冠苓菊 Jurinea pilostemonoides Iljin(菊科)

羽箭(广东中药)=黑草

羽节蕨(台湾志)=东亚羽节蕨

羽节蕨 Gymnocarpium jessoense (Koidz.) Koidz.(蹄盖蕨科),*腺毛羽节蕨,大羽节蕨*

羽节蕨属 Gymnocarpium Newman (蹄盖蕨科)

羽蕨(植物志 6-1)=黄腺羽蕨

羽裂白酒草 Conyza stricta var. pinnatifida (D.Don) Kitam. (菊科),*羽裂变种*

羽裂报春(拉汉名称)=羽叶穗花报春

羽裂变种(植物志 74)=羽裂白酒草

羽裂垂头菊 Cremanthodium pinnatifidum Benth. (菊科)

羽裂唇柱苣苔 Chirita pinnatifida (Hand.-Mazz.) Burtt (苦苣苔科)

羽裂吊灯树(新)Kigelia pinnata DC.(紫葳科),*吊灯树*

羽裂短肠蕨 Allantodia pinnatifido-pinnata (HK.) Ching (蹄盖蕨科)

羽裂盾蕨 Neolepisorus deltoidea (Bak.) Ching (水龙骨科),*三角叶盾蕨,过江龙,铁包金,三角枫*

羽裂风毛菊 Saussurea pinnatidentata Lipsch.(菊科)

羽裂海金沙 Lygodium polystachyum Wall.(海金沙科)

羽裂合耳菊 Synotis vaniotii (Lévl.) C.Jeffr. & Y. L.Chen (菊科),*药山千里光*

羽裂红景天 Rhodiola pinnatifida A.Bor.(景天科)

羽裂花旗杆 Dontostemon pinnatifidus (Willd.) Al-Shehbaz & H.Ohba(十字花科),*椿叶芥,山西异蕊芥,异蕊芥*

羽裂华蟹甲草(中药辞海)=华蟹甲

羽裂黄鹌菜 Youngia paleacea (Diels) Babcock & Stebbins (菊科),*稃苞黄鹌菜,具苞黄鹌菜*

羽裂黄瓜菜 Paraixeris pinnatipartita (Makino) Tzvel. (菊科)

羽裂金盏苣苔 Isometrum primuliflorum (Batalin) Burtt (苦苣苔科)

羽裂堇菜 Viola forrestiana W.Beck.(堇菜科),*昌都堇菜,门空堇菜*

羽裂绢毛苣 Soroseris hirsuta (Anth.) Shih(菊科),*硬毛金沙绢毛苣*

羽裂蓝刺头 Echinops pseudosetifer Kitag.(菊科)

羽裂鳞毛蕨 Dryopteris integriloba C.Chr.(鳞毛蕨科)

羽裂楼梯草 Elatostema monandrum f. pinnatifidum (HK.f.) Hara(荨麻科)

羽裂麻花头 Serratula dissecta Ledeb.(菊科)

羽裂马蓝 Pteracanthus pinnatifidus (C.Z.Zheng) C.Y.Wu & C.C.Hu(爵床科)

羽裂密枝委陵菜 Potentilla virgata var. pinnatifida (Lehm.) Yü & Li(蔷薇科)

羽裂南丹参(新)Salvia bowleyana var. subbipinnata C.Y.Wu(唇形科),*近二回羽裂变种*

羽裂荨麻 Urtica triangularis subsp. pinnatifida (Hand.-Mazz.) C.J.Chen(荨麻科)

羽裂山芥(Flora 8)=羽裂叶山芥

羽裂圣蕨 Dictyocline wilfordii (HK.) J.Sm.(金星蕨科)

羽裂蹄盖蕨(浙江志)=坡生蹄盖蕨

羽裂条果芥 Parrya pinnatifida Kar. & Kir.(十字花科)

羽裂喜林芋(新拉汉英)=春羽

羽裂小花苣苔 Chiritopsis bipinnatifida W.T. Wang (苦苣苔科)

羽裂蟹甲草(高等图鉴)=华蟹甲

羽裂星蕨 Microsorium insigne (Bl.) Copel.(水龙骨科),*韩氏星蕨,韩克星蕨,箭叶星蕨,观音莲,海草,裂叶星蕨*

羽裂玄参 Scrophularia kiriloviana Schischk.(玄参科)

羽裂雪兔子 Saussurea leucoma Diels(菊科)

羽裂鸭儿芹 Cryptotaenia japonica f. pinnatisecta S.L.Liou (伞形科)

羽裂叶荠 Sophiopsis sisymbrioides (Rgl. & Herd.) O.E.Schulz (十字花科)

羽裂叶荠属 Sophiopsis O.E.Schulz (十字花科)

羽裂叶山芥 Barbarea intermedia Boreau (十字花科),*羽裂山芥*

羽裂叶双盖蕨 Diplazium tomitaroanum Masam.(蹄盖蕨科),*裂叶双盖蕨,锡兰双盖蕨,锡兰单叶双盖蕨,锡兰假双盖蕨*

羽裂叶莛子藨(北部植物图志)=莛子藨

羽裂异色线柱苣苔 Rhynchotechum discolor var. incisum (Owhi) Walker(苦苣苔科)

羽裂粘冠草 Myriactis delevayi Gagn.(菊科)

羽裂状半裂 Crepidiastrum lanceolatum f. pinnatilobum (Maxim.) Nakai(菊科)

羽脉赤车 Pellionia incisoserrata (H.Schröter) W.T.Wang (荨麻科)

羽脉冷水花 Pilea ternifolia Wedd.(荨麻科)

羽脉山黄麻 Trema levigata Hand.-Mazz.(榆科),*麻椰树*

羽脉山麻杆 Alchornea rugosa (Lour.) Muell. Arg. (大戟科),*三稔蒟*

羽脉山牵牛 Thunbergia lutea T.Anders.(爵床科)

羽脉相思树 Acacia penninervis DC.(豆科)

羽脉新木姜子 Neolitsea pinninervis Yang & P.H.Huang (樟科)

羽脉野扇花 Sarcococca hookeriana Baill.(黄杨科)

羽芒菊 Tridax procumbens L.(菊科)

羽芒菊属 Tridax L.(菊科)

羽毛荸荠 Heleocharis wichurai Böcklr.(莎草科)

羽毛地杨梅 Luzula plumosa E.Mey.(灯心草科)

羽毛球树(种子植物分类)=米面蓊

羽毛三芒草 Aristida pennata Trin.(禾本科)

羽毛石竹(鄂西草药名录)=鹤草

羽毛委陵菜 Potentilla plumosa Yü & Li(蔷薇科)

羽毛越桔 Vaccinium lanigerum Sleumer(杜鹃花科)

羽茅 Achnatherum sibiricum (L.) Keng(禾本科),*光颖芨芨草*

羽茅属(植物学大辞典)=**针茅属**

羽扇豆 Lupinus micranthus Guss.(豆科)

羽扇豆属 Lupinus L.(豆科)
羽扇槭 Acer japonicum Thunb.(槭树科),*日本槭*
羽穗草 Desmostachya bipinnata (L.) Stapf(禾本科)
羽穗草属 Desmostachya (Stapf) Stapf(禾本科)
羽序灯心草 Juncus ochraceus Buchen.(灯心草科)
羽叶阿里山鼠尾草(新)Salvia hayatae var. pinnata (Hay.) C.Y.Wu (唇形科),*羽叶变种*
羽叶矮探春 Jasminum humile var. humile f. wallichianum (Lind.) P.S.Green(木犀科),*羽叶素馨*
羽叶白头树 Garuga pinnata Roxb.(橄榄科),*外项木*
羽叶报春(高等图鉴)=糙毛报春
羽叶扁芒菊 Waldheimia tomentosa (Decne.) Rgl. (菊科)
羽叶变种(植物志 66,Flora 17)=羽叶阿里山鼠尾草(新)
羽叶参属(植物分类学)=**五叶参属**
羽叶长柄山蚂蝗 Podocarpium oldhamii (Oliv.) Yang & Huang(豆科),*羽叶山蚂蝗,羽叶山绿豆山芽豆*
羽叶池杉 Taxodium ascendens cv Yuyechisha(杉科)
羽叶楤木 Aralia plumosa Li(五加科)
羽叶大豆(豆科图说)=羽叶拟大豆
羽叶点地梅 Pomatosace filicula Maxim.(报春花科)
羽叶点地梅属 Pomatosace Maxim.(报春花科)
羽叶丁香 Syringa pinnatifolia Hemsl.(木犀科),*山沉香*
羽叶钉柱委陵菜 Potentilla saundersiana var. subpinnata Hand.-Mazz.(蔷薇科)
羽叶二药藻 Halodule pinifolia (Miki) Hartog.(眼子菜科)
羽叶风毛菊 Saussurea maximowiczii Herd.(菊科)
羽叶凤尾蕨(鼎湖山植物手册)=傅氏凤尾蕨
羽叶鬼灯檠 Rodgersia pinnata Franch.(虎耳草科),*岩陀,九叶岩陀,大红袍,蛇疙瘩*
羽叶鬼针草 Bidens maximoviczіana Oett.(菊科)
羽叶红豆(广东)=海南红豆
羽叶花 Acomastylis elata f. Bolle(蔷薇科)
羽叶花柏 Chamaecyparis pisifera cv. Plumosa (柏科),*黄孔雀柏*
羽叶花属 Acomastylis Greene (蔷薇科)
羽叶金合欢 Acacia pennata (L.) Willd.(豆科),*倒钩藤,红皮毒鱼藤,红藤,加力酸藤,南蛇簕藤,蛇藤*
羽叶菊属 Nemosenecio (Kitam.) B.Nord.(菊科)
羽叶蓼 Polygonum runcinatum Buch.-Ham. ex D.Don (蓼科),*赤胫散,拐枣七,花蝴蝶,花脸晕药,鸡脚七,脚肿草,缺腰叶蓼,蛇头草,血当归,皂药根*
羽叶马兰(四川)=蒙古马兰
羽叶南洋参 Polyscias fruticosa var. plumata Bailey (五加科)
羽叶拟大豆 Ophrestia pinnata (Merr) H.M.L. Forbes (豆科),*羽叶大豆*
羽叶泡花树 Meliosma pinnata Roxb. ex Maxim.(清风藤科)
羽叶婆婆纳(植物志 67-2)=羽叶穗花
羽叶千里光(植物志 77-1)=额河千里光
羽叶楸 Stereospermum colais (Buch.-Ham. ex Dillwyn) Mabberley (紫葳科),*广西羽叶楸,四角羽叶楸,咸沙木,钝刀木,四角夹子树*
羽叶楸属 Stereospermum Cham.(紫葳科)
羽叶肉叶荠(植物志 33)=红花肉叶荠
羽叶三七 Panax pseudoginseng var. bipinnatifidus (Seem.) Li(五加科),*花叶三七,疙瘩七,羽叶竹节参,黄连三七,复羽裂参*
羽叶山绿豆(高等图鉴)=羽叶长柄山蚂蝗
羽叶山蚂蝗(豆科图说)=羽叶长柄山蚂蝗
羽叶蛇葡萄 Ampelopsis chaffanjoni (Lévl. & Vant.) Rehd. (葡萄科)
羽叶薯 Ipomoea polymorpha Roem. & Schult.(旋花科)
羽叶素馨(植物研究)=羽叶矮探春
羽叶穗花 Pseudolysimachion pinnatum (L.) Holub (玄参科),*羽叶婆婆纳*
羽叶穗花报春 Primula pinnatifida Franch.(报春花科),*羽裂报春*
羽叶檀(植物志 40)=斜叶黄檀
羽叶檀(植物志 40)=紫檀
羽叶铁线莲 Clematis pinnata Maxim.(毛茛科)
羽叶兔尾草(台湾志)=美花狸尾豆
羽叶五加(种子植物名称)=五叶参
羽叶五加属(种子植物名称,科属辞典)=**五叶参属**
羽叶希克贝契 Hicksbeachia pinnatifolia F.J.Muell.(山龙眼科)
羽叶喜林芋 Philodendron bipinnatifidum Schott (天南星科)
羽叶新月蕨 Pronephrium parishii (Bedd.) Holtt.(金星蕨科)
羽叶野豌豆(属种检索表)=弯折巢菜
羽叶照夜白 Nyctocalos pinnata van Steenis(紫葳科)
羽叶枝子花 Dracocephalum bipinnatum Rupr.(唇形科),*二花变种,短裂变种*
羽叶竹节参(中药志)=羽叶三七
羽叶紫堇 Corydalis pinnata Lidén & Z.Y.Su(罂粟科)
羽衣草(植物志 76-1)=高山蓍
羽衣草 Alchemilla japonica Nakai & Hara(蔷薇科),*斗蓬草*
羽衣草属 Alchemilla L.(蔷薇科),*斗蓬草属*
羽衣甘蓝 Brassica oleracea var. acephala f. tricolor Hort. (十字花科)
羽中裂喜林芋 Philodendron pinnatifiscum (Jacq.) Kth. (天南星科)
羽轴丝瓣芹 Acronema nervosum Wolff(伞形科)
羽柱针茅 Stipa subsessiliflora var. basiplumosa (Munro ex HK.f.) P.C.Kuo & Y.H.Sun (禾本科)
羽状短柄草 Brachypodium pinnatum (L.) Beauv. (禾本科)
羽状刚毛藨草 Scirpus subulatus Vahl (莎草科)
羽状毛连菜(新)Picris hieracioides subsp. morrisonensis (Hay.) Kitam.?(菊科)
羽状美丽高山(新拉汉英)=羽状美山
羽状美山 Oreocallis pinnata (Maiden & Betche) Sleum.(山龙眼科),*羽状美丽高山*
羽状欧夏至草 Marrubium plumosum C.A.M.(唇形科)
羽状穗砖子苗 Mariscus javanicus (Houtt.) Merr. & Metc. (莎草科)
羽状香松 Libocedrus plumosa (D.Don) Sargent (柏科)
羽状叶省沽油 Staphylea pinnata L.(省沽油科)
羽状叶银树 Leucadendron plumosum R.Br.(山龙眼科)
羽状淫羊藿 Epimedium pinnatum Fisch.(小檗科)
雨过天青(植物志 78-2)=鸢尾叶风毛菊
雨久花 Monochoria korsakowii Regel & Maack (雨久花科),*浮蔷,蓝鸟花,青茨菇花,水白菜,雨韭*
雨久花科 Pontederiaceae
雨久花属 Monochoria Presl (雨久花科)
雨韭(纲目拾遗)=雨久花
雨蕨 Gymnogrammitis dareiformis (HK.) Ching ex Tard.-Blot & C.Chr.(雨蕨科),*乌柄水龙骨*
雨蕨科 Gymnogrammitidaceae
雨蕨属 Gymnogrammitis Griff.(雨蕨科)
雨流星草(贵州草药)=扇唇舌喙兰
雨农蒲儿根 Sinosenecio chienii (Hand.-Mazz.) B.Nord. (菊科)
雨农槭(静生汇报)=怒江槭
雨伞菜(北方中草药)=兔儿伞
雨伞草(广部中草药手册)=金钮扣
雨伞昌(浙江草药)=兔儿伞
雨伞子(福建)=鸭海棠
雨伞子(台湾)=腺齿紫金牛
雨师(诗疏)=柽柳
雨树 Samanea saman (Jacq.) Merr.(豆科)
雨树属 Samanea Merr.(豆科)
雨丝(纲目)=柽柳
禹白附(河北药材名)=独角莲
禹白芷(河南)=祁白芷
禹孙(纲目)=泽泻
禹泻(和汉药考,中药大辞典)=泽泻
禹泻(西藏中草药)=宽叶兔儿风
禹余粮(名医别录)=土茯苓
禹余粮(张华博物志)=篩草
禹州漏芦(中药志)=禹州漏芦
禹州漏芦 Echinops latifolius Tausch.(菊科),*八里花,八里麻,大口袋花,和尚头火绒根子,蓝刺头,漏芦,牛蔓头,驴欺口,追骨风*
瘐黄狗(四川屏山)=大叶金丝桃
瘐槭(经济植物手册)=薄叶槭
玉柏 Lycopodium obscurum L.(石松科),*玉柏石松,玉遂,千年柏,万年松,狗尾舒筋草,树状石杉*
玉柏石松(名医别录)=玉柏
玉版笋(纲目)=绿竹
玉钗草(本草纲目拾遗)=水龙
玉蝉花 Iris ensata Thunb. (鸢尾科),*花菖蒲,紫花鸢尾,东北鸢尾*
玉春棒(北京)=玉簪
玉带(南宁药志)=红雀珊瑚
玉带草(云南)=吉祥草
玉吊钟 Kalanchoe fedtschenkoi cv. Rosy Daun (景天科)
玉叠梅(图考)=球兰
玉碟型 Armeniaca mume var. mume f. alboplena (Bailey) Rehd.(蔷薇科)
玉蝶梅(图考)=球兰
玉榧(日用本草)=香榧
玉蜂兰(台湾兰科植物)=毛葶玉凤花
玉凤花(中药大辞典)=鹅毛玉凤花
玉凤花根(江西草药)=鹅毛玉凤花
玉凤花属 Habenaria Willd.(兰科)
玉凤兰(台湾志,台兰科图鉴)=毛葶玉凤花
玉芙蓉 (图考)=仙人掌
玉芙蓉(花镜)=素馨花
玉芙蓉(植物志 76-1)=芙蓉菊
玉高粱(纲目)=玉蜀黍

玉根(辽宁)=芥菜疙瘩
玉梗半枝莲(白草镜)=白接骨
玉桂(广东)=肉桂
玉果(广西)=肉豆蔻
玉蝴蝶(昆明草药)=云南红景天
玉蝴蝶(张聿青医案)=木蝴蝶
玉皇李(北京)=李
玉皇柳 Salix yuhuangshanensis C.Wang & C.Y.Yu (杨柳科)
玉黄(中药大辞典)=藤黄
玉馄饨(江苏,浙江)=马蹄金
玉活(江西)=重齿当归
玉椒(湖南药物志)=竹叶花椒
玉椒(通雅)=胡椒
玉蕉草(药用志)=伏毛蓼
玉接骨(纲目拾遗)=白接骨
玉兰 Magnolia denutata Desr.(木兰科),*白玉兰,姜朴,木笔花,木兰,望春花,辛夷,应春花,迎春花,玉堂春*
玉兰叶木姜子 Litsea magoliifolia Yang & P.H. Huang (樟科)
玉兰至(云南)=牛至
玉郎鞭(广西)=假马鞭
玉连环(纲目拾遗)=白接骨
玉帘(日本名)=葱莲
玉铃花 Styrax obassia S. & Z.(安息香科),*山棒子,老开皮,老丹皮,分松子*
玉柳 Rhipsalis paradoxa Salm-Dyck.(仙人掌科)
玉龙鞭(广西,广东)=假马鞭
玉龙杓兰 Cypripedium forrestii Cribb(兰科)
玉龙藁本 Ligusticum rechingerana (Leute) Shan & Pu (伞形科)
玉龙虎耳草 Saxifraga forrestii Engl. & Irmsch. (虎耳草科)
玉龙蕨 Sorolepidium glaciale Christ(鳞毛蕨科)
玉龙蕨属 Sorolepidium Christ emend. Ching (鳞毛蕨科)
玉龙拉拉藤 Galium baldensiforme Hand.-Mazz. (茜草科)
玉龙盘(白草镜)=白接骨
玉龙山翠雀花 Delphinium yulungshanicum W. T.Wang (毛茛科)
玉龙山谷精草 Eriocaulon rockianum Hand.-Mazz. (谷精草科)
玉龙山箭竹 Fargesia yulongshanensis Yi (禾本科)
玉龙山梅花草 Parnassia yulongshanensis Ku (虎耳草科)
玉龙山无心菜 Arenaria fridericae Hand-Mazz. (石竹科),*玉龙山蚤缀*
玉龙山银莲花 Anemone yulongshanica W.T. Wang (毛茛科)
玉龙山蚤缀(拉汉名称)=玉龙山无心菜
玉龙嵩草 Kobresia tunicata Hand.-Mazz.(莎草科)
玉龙薹草 Carex yulungshanensis P.C.Li(莎草科)
玉龙乌头 Aconitum stapfianum Hand.-Mazz.(毛茛科),*黑心解*
玉龙蟹甲草 Parasenecio rockianus (Hand.-Mazz.) Y.L.Chen (菊科)
玉龙羊茅 Festuca forrestii St.-Yves(禾本科)
玉露秫秫(图考)=玉蜀黍
玉麦(农政全书)=玉蜀黍
玉麦须(滇南本草)=玉蜀黍
玉蔓菁(山西通志)=擘蓝
玉门点地梅 Androsace brachystegia Hand.-Mazz. (报春花科)
玉门黄芪 Astragalus yumenensis S.B.Ho(豆科)
玉门柳 Salix yumenensis H.L.Yang(杨柳科)
玉门透骨草(沙漠志)=直立紫堇
玉米(盛京通志)=玉蜀黍
玉米草(河北)=香青兰
玉米草(河北)=益母草
玉米托子花 Aster ageratoides var. heterophyllus Maxim. (菊科),*异叶变种*
玉牛角 Duvalia elegans (Mass.) Haw (萝藦科)
玉牛角属 Duvalia Haw.(萝藦科)
玉泡花(广东,四川)=玉簪
玉枇杷(贵州)=红凤菜
玉枇杷(贵州独山)=厚叶石楠
玉瓶兰(植物志 60-1)=瓶兰花
玉葡萄根(中药志)=三裂蛇葡萄
玉麒麟(新拉汉英)=麒麟角
玉麒麟(广西药用名录)=崖姜蕨
玉泉杨 Populus nakaii Skv.(杨柳科)
玉如意(江苏)=细风轮菜
玉蕊 Barringtonia racemosa (L.) Spreng(玉蕊科),*水茄苳*
玉蕊花(花镜)=西番莲
玉蕊科 Lecythidaceae
玉蕊属 Barringtonia J.R. & Forst.(玉蕊科)
玉山艾 Artemisia niitakyamensis Hay.(菊科)
玉山当归 Angelica morrisonicola Hay.(伞形科)
玉山灯台报春 Primula miyabeana Ito & Kawakami(报春花科),*玉山樱草*
玉山杜鹃 Rhododendron morii Hay.(杜鹃花科)
玉山耳蕨 Polystichum morii Hay.(鳞毛蕨科)
玉山飞蓬 Erigeron morrisonensis Hay.(菊科)
玉山佛甲草 Sedum morrisonense Hay.(景天科),*新高山景天*
玉山果(东坡诗集)=香榧
玉山黄肉楠 Actinodaphne morrisonensis (Hay.) Hay. (樟科)
玉山黄菀(台湾)=玉山千里光
玉山剪股颖 Agrostis morrisonensis Hay.(禾本科)
玉山箭竹(台植物名汇)=玉山竹
玉山金丝桃 Hypericum nagasawai Hay.(藤黄科)
玉山卷耳 Cerastium morrisonense Hay.(石竹科)
玉山肋毛蕨(台湾志)=台湾肋毛蕨
玉山柳 Salix morrisonicola Kimura(杨柳科)
玉山龙胆 Gentiana scabrida Hay.(龙胆科)
玉山南芥(植物志 33)=琴叶鼠耳芥
玉山女贞 Ligustrum morrisonense Kanehira & Sasaki (木犀科)
玉山千里光 Senecio morrisonensis Hay.(菊科),*玉山黄菀*
玉山蔷薇 Rosa morrisonensis Hay.(蔷薇科)
玉山雀麦 Bromus morrisonensis Honda(禾本科)
玉山忍冬 Lonicera kawakamii (Hay.) Masam. (忍冬科)
玉山山萝卜(台湾植物图谱)=台湾蓝盆花
玉山石竹 Dianthus pygmaeus Hay.(石竹科),*小石竹*
玉山双蝴蝶 Tripterospermum lanceolatum (Hay.) Hara ex Satake(龙胆科)
玉山双叶兰(台湾志)=浅裂对叶兰
玉山瓦韦(台湾志)=白边瓦韦
玉山卫矛 Euonymus morrisonensis Kanehira & Sasaki (卫矛科)
玉山香青 Anaphalis morrisonicola Hay.(菊科)
玉山小檗 Berberis morrisonensis Hay. (小檗科)
玉山蟹甲草 Parasenecio morrisonensis Y.L. Chen (菊科)
玉山悬钩子 Rubus calycinoides Hay.(蔷薇科)
玉山樱草(台湾志)=玉山灯台报春
玉山蝇子草 Silene morrisonmontana (Hay.) Ohwi & Ohashi (石竹科),*新高山女娄菜*
玉山竹 Yushania niitakayamensis (Hay.) Keng f. (禾本科),*玉山箭竹*
玉山竹属 Yushania Keng f.(禾本科)
玉山紫菀 Aster morrisonensis Hay.(菊科)
玉山紫羊茅 Festuca rubra var. niitakensis Ohwi (禾本科)
玉珊瑚(日本)=珊瑚豆
玉珊瑚根(贵州民间药物)=珊瑚豆
玉黍(齐民要术)=玉蜀黍
玉蜀秫(农政全书)=玉蜀黍
玉蜀黍 Zea mays L.(禾本科),*棒子毛,包谷,包芦,苞芦,苞米,罐泰子,饴糖,粘糖,薏米包,玉高粱,玉麦,玉麦须,玉米,玉黍,玉蜀秫,珍珠米,抓地虎,玉露秫秫*
玉蜀黍属 Zea L.(禾本科)
玉术(滇南本草)=点花黄精
玉树(药用图鉴)=白千层
玉树杜鹃(高原丛刊)=玉树杜鹃花
玉树杜鹃 Rhododendron yushuense Z.J.Zhao(杜鹃花科)
玉树杜鹃花 Rhododendron przewalskii subsp. yushuense Fang & S.X.Wang(杜鹃花科),*玉树杜鹃*
玉树虎耳草 Saxifraga yushuensis J.T.Pan(虎耳草科)
玉树龙蒿 Artemisia waltonii var. yüshuensis Y. R.Ling (菊科)
玉树梅花草(植物志 35-1)=高山梅花草
玉树嵩草 Kobresia yushuensis Y.C.Yang(莎草科)
玉树雪兔子(新)Saussurea yushuensis S.W.Liu & T.N.Ho? (菊科)
玉树野决明 Thermopsis yushuensis S.Q.Wei(豆科)
玉遂(名医别录)=玉柏
玉堂春(广州)=玉兰
玉桃(图考)=艳山姜
玉头(内蒙古)=擘蓝
玉荟草(本草拾遗)=水苏
玉线柱兰(台兰科图鉴)=眉原线柱兰
玉咲葛藤(台湾)=金线吊乌龟
玉咲葛藤(中药辞海)=金线吊乌龟
玉叶金花 Mussaenda pubescens Ait.f.(茜草科),*白茶,白蝴蝶,白头公,良口茶,凉菜藤,山甘草,野白纸扇*
玉叶金花属 Mussaenda L.(茜草科)
玉英(金匮玉函方)=菊花
玉英(云南通志)=仙人掌
玉簪 Hosta plantaginea (Lam.) Aschers.(百合科),*白鹤花,白鹤仙,银净花,玉春棒,玉泡花,竹节草*
玉簪薹草 Carex globularis L.(莎草科)
玉簪羊耳蒜 Liparis auriculata Bl. ex Miq.(兰科),*双叶羊耳蒜*
玉簪叶韭 Allium funckiaefolium Hand.-Mazz. (百合科),*天韭*
玉簪属 Hosta Tratt.(百合科)
玉札(植物志 37)=地榆
玉枕薯(台湾府志)=番薯
玉枝(名医别录)=羊踯躅

玉周丝哇(甘肃夏河藏语)=曲花紫堇
玉珠山茶(百草镜)=山茶
玉竹(广西全州)=散斑竹根七
玉竹(广西天峨)=深裂竹根七
玉竹(新疆药材名)=新疆黄精
玉竹 Polygonatum odoratum (Mill.) Druce(百合科),*萎蕤,地管子,尾参,铃铛菜*
芋 Colocasia esculenta (L.) Schott (天南星科),*独皮叶,蹲鸱,接骨草,莒,毛艿,毛芋,青皮叶,水芋,土芝,芋芨,芋魁,芋苗花,芋头,*
芋儿南星(四川北川)=花南星
芋儿七(陕西中草药)=延龄草
芋芨(福建福州)=芋
芋魁(汉书)=芋
芋兰(分类学报)=毛叶芋兰
芋兰(台兰科图鉴)=台湾美冠兰
芋兰(西藏志)=广布芋兰
芋兰属 Nervilia Comm. ex Gaud.(兰科)
芋苗花(生草药性备要)=芋
芋头(各地)=芋
芋头草(生草药性备要)=犁头尖
芋头花(云南)=紫芋
芋头七(云南)=犁头尖
芋头三七(湖南)=华重楼
芋叶半夏(广西)=犁头尖
芋叶半夏(广西临桂)=独角莲
芋叶栝楼 Trichosanthes homophylla Hay.(葫芦科),*全叶栝楼*
芋叶细辛 Asarum hayatanum Maekawa ? (马兜铃科)
芋属 Colocasia Schott (天南星科)
郁蝉草(神农本草)=丹参
郁金(唐本草)=广西莪术
郁金(唐本草)=姜黄
郁金 Curcuma aromatica Salisb.(姜科),*姜黄,马蒁,毛郁金*
郁金香 Tulipa gesneriana L.(百合科)
郁金香属 Tulipa L.(百合科)
郁金叶蒜 Allium tulipifolium Ledeb.(百合科)
郁李 Cerasus japonica (Thunb.) Lois.(蔷薇科),*爵梅,秧李,赤李子,山进而黄,野李子,雀梅,棠棣,麦李*
郁李仁(本经)=欧李
郁李仁(东北)=长梗郁李
郁李仁(宁夏中草药)=毛叶欧李
郁香忍冬 Lonicera fragrantissima Lindl. & Paxt.(忍冬科),*四月红*
郁香野茉莉(高等图鉴)=芬芳安息香
郁竹(台湾)=箭竹
<u>堇状单蕊草 Cinna arundinacea L.(禾本科),*粗单蕊草*</u>
峪黄(大同药用手册)=波叶大黄
峪黄(大同药用手册)=华北大黄
浴香(纲目)=檀香
预知子(开宝本草)=木通
预知子(药典,开宝本草)=三叶木通
预知子(植物志 29)=五月瓜藤
寓木(尔雅)=红花寄生
御菜(纲目)=落葵
御谷 Pennisetum americarum (L.) Leeke (禾本科),*珍珠粟,蜡蠋稗*
御米(开宝本草)=罂粟
棫仁(药材资料汇编)=蕤核
裕民贝母 Fritillaria yuminensis X.Z.Duan(百合科)
豫(山海经)=红果山胡椒
豫陕鳞毛蕨 Dryopteris pulcherrima Ching(鳞毛蕨科)
鹬形马先蒿 Pedicularis scolopax Maxim.(玄参科)

Yüan

鸢尾 Iris tectorum Maxim.(鸢尾科),*屋顶鸢尾,蓝蝴蝶,扁竹,紫蝴蝶,哈蟆七*
鸢尾科 Iridaceae
<u>鸢尾兰 Iris orchioides Carr.(鸢尾科)</u>
鸢尾兰 Oberonia iridifolia Roxb. ex Lindl.(兰科),*树扁竹*
鸢尾兰属(植物志 16-1)=**观音兰属**
鸢尾兰属 Oberonia Lindl.(兰科)
鸢尾蒜 Ixiolirion tataricum (Pall.) Herb.(石蒜科),*居里胡子*
鸢尾蒜属 Ixiolirion (Fisch.) Herb.(石蒜科)
鸢尾叶风毛菊 Saussurea romuleifolia Franch.(菊科),*蛇眼草,雨过天青,大麻草,粉草,蛇箭*
<u>鸢尾叶蓝眼草 Sisyrinchium iridifolium Kunth (鸢尾科)</u>
鸢尾属 Iris L.(鸢尾科)
鸢属(科属词典)=**茶藨子属**
鸢子银花(四川兴文)=异毛忍冬
冤仇骨倒水莲(广东中草药)=紫苏草
鸳鸯鼻铁线莲 Clematis terniflora var. garanbiensis (Hay.) M.C.Chang(毛茛科),*鸯鸯鼻铁线莲*
鸳鸯草(墨庄漫录)=忍冬
鸳鸯虫(分类草药性)=华重楼
鸳鸯豆(中药材手册)=相思子
<u>鸳鸯茉莉 Brunfelsia latifolia Benth.(茄科)</u>
<u>*鸳鸯茉莉属*(新拉汉英)=**番茉莉属**</u>
鸳鸯七(神农架中草药)=中华秋海棠
鸳鸯藤(福建)=忍冬
元柏(东北)=黄檗
元宝草(纲目拾遗)=贯叶连翘
元宝草(杭州)=密腺小连翘
元宝草(南京)=水苏
元宝草 Hypericum sampsonii Hance(藤黄科),*宝塔草,穿心箭,大对叶草,大还魂,大叶野烟子,灯台,对对草,对经草,对叶草,对月草,合掌草,红旱莲,黄叶连翘,蜡烛灯台,茅草香子,排草,散血丹,哨子草,双合合*
元宝草马先蒿 Pedicularis lamioides Hand.-Mazz. (玄参科)
元宝槭 Acer truncatum Bge.(槭树科),*元宝树,平基槭,五脚树,槭*
元宝山冷杉 Abies yuanbaoshanensis Y.J.Lü & L.K.Fu (松科)
元宝树(河北图说)=元宝槭
元宝树(江苏)=枫杨
<u>元宝掌 Gastrolea imbricata (Bgr.) E.Walth.(百合科)</u>
<u>**元宝掌属 Gastrolea** E.Walth.(百合科)</u>
元参(江西)=玄参
元胡(新疆)=长距元胡
元胡(新疆)=薯根延胡索
元胡(新疆药志)=新疆元胡
元胡(植物志 32)=小药八旦子
元胡(中药志)=延胡索
元胡索(药品化义)=延胡索
元江短蕊茶 Camellia yankiangensis Chang(山茶科)
元江风车子 Combretum yuankiangense C.C. Huang & S.C.Huang ex T.Z.Hsu(使君子科)
元江杭子稍 Campylotropis henryi (Schindl.) Schindl. (豆科)
元江花椒 Zanthoxylum yuanjiangense Huang (芸香科)
元江寄生(云南)=元江梨果寄生
元江箭竹 Fargesia yuanjangensis Hsueh & Yi (禾本科)
元江栲(植物志 22)=元江锥
元江梨果寄生 Scurrula sootepensis (Craib) Danser (桑寄生科),*元江寄生*
元江毛蕨 Cyclosorus yuanjiangensis Ching ex Shing (金星蕨科),*滨海毛蕨*
元江山柑 Capparis wui B.S.Sun(山柑科)
元江素馨 Jasminum yuanjiangense P.Y.Bai(木犀科)
元江田菁 Sesbania sesban var. bicolor (Wight & Arn.) F.W.Andrew(豆科),*阴草树*
元江铁线莲 Clematis yuanjiangensis W.T.Wang (毛茛科)
元江羊蹄甲 Bauhinia esquirolii Gagn.(豆科)
元江猪屎豆 Crotalaria yuanjiangensis Chun-yu Yang (豆科)
元江锥 Castanopsis orthacantha Franch.(壳斗科),*锥栗,扁栗,猪栗,毛锥栗,元江栲*
元谋扁担杆(新) Grewia humilis Wall.?(椴树科)
元谋恶味苘麻 Abutilon hirtum var. yuanmouense Fegn (锦葵科)
元谋菅 Themeda yuanmounensis S.L.Chen & T. D.Zhuang (禾本科)
元谋尾稃草 Urochloa longifolia var. yuanmiuensis (B.S.Sun & Z.H.Hu) S.L.Chen & Y.X. Jin (禾本科)
<u>元宵柑 Citrus genshokan Hort & Tanaka (芸香科)</u>
元修菜(本草拾遗)=小巢菜
元阳石豆兰 Bulbophyllum yuanyangense Z.H. Tsi (兰科)
元阳蹄盖蕨 Athyrium yuanyangense Y.T.Hsieh & W.M.Chu (蹄盖蕨科)
芫花 Daphne genkwa S. & Z.(瑞香科),*黄大戟,金腰带,老鼠花,闷头花,闹鱼花,泥秋树,泡米花,全毒,石棉皮,蜀桑,铁牛皮,头痛花,头育皮,药鱼草,野丁香花*
芫花叶白前(中药志,药典 2000)=白前
芫荽 Coriandrum sativum L.(伞形科),*香菜,胡荽,圆荽,芫荽*
芫荽柴胡(四川)=滇银柴胡
芫荽柴胡(四川甘洛县,会东)=小柴胡
芫荽菊 Cotula anthemoides L.(菊科),*山芫荽*
芫荽属 Coriandrum L.(伞形科)
芫香(广东)=白木香
园参(栽培品)=人参
园齿观音座莲 Angiopteris crenata Ching(观音座莲科)
园齿鳞盖蕨 Microlepia crenata Ching(碗蕨科)
园基原始观音座莲 Archangiopteris subrotunda Ching (观音座莲科)
园叶林蕨(蕨类图说)=团叶陵齿蕨
<u>园艺绿绒蒿 Meconopsis harleyana Taylor (罂粟科)</u>
园艺小舌紫菀(新)Aster albescens var. harrowianus? (菊科)
园锥路蕨(蕨类图说)=扁苞蕗蕨
沅陵长蒴苣苔 Didymocarpus yuenlingensis W. T.Wang (苦苣苔科)
原赤木(广西凌云)=粗叶水锦树
原狗骨柴属(新)**Tricalysia** A.Rich.(茜草科),*狗骨柴属*
原拉拉藤 Galium aparine L.(茜草科)
原始观音座莲属 Archangiopteris Christ &

Gies. (观音座莲科)
原天麻 Gastrodia angusta S.Chow & S.C.Chen (兰科)
原耀花豆(新)Clianthus scandens (Lour.) Merr.(豆科),*耀花豆*
原耀花豆属(新)**Clianthus** Soland ex Lindl.(豆科),*耀花豆属*
原野菟丝子 Cuscuta campestris Yuncker(旋花科)
原叶白花酸藤果(中药辞海)=厚叶白花酸藤子
圆白菜(内蒙古)=甘蓝
圆白蓟 Cirsium oleraceum (L.) Scop.(菊科)
圆柏 Juniperus chinensis L.(柏科),*桧,刺柏,红心柏,珍珠柏*
圆柏寄生 Arceuthobium oxycedri (DC.) M.Bieb. (桑寄生科)
圆柏叶(沙漠药用植物)=漆姑草
圆柏属 Sabina Mill.(柏科)
圆瓣大苞兰 Sunipia rimannii (Rchb.f.) Seidnenf. (兰科)
圆瓣虎耳草 Saxifraga rotundipetala J.T.Pan(虎耳草科)
圆瓣黄花报春 Primula orbicularis Hemsl.(报春花科),*圆叶报春*
圆瓣姜 Zingiber orbiculatum S.Q.Tong(姜科)
圆瓣姜花 Hedychium forrestii Diels(姜科)
圆瓣冷水花 Pilea angulata (Bl.) Bl.(荨麻科),*圆瓣冷水麻,棱枝冷水花,湖北冷水花*
圆瓣冷水麻(台湾志)=圆瓣冷水花
圆瓣委陵菜(新)Potentilla poterioides var. minor Card.? (蔷薇科)
圆瓣珍珠菜 Lysimachia orbicularis Chen & C. M.Hu (报春花科)
圆苞大戟 Euphorbia griffithii HK.f.(大戟科),*雪山大戟,兰叶大戟,红毛大戟,紫星大戟,丝果大戟*
圆苞吊石苣苔 Lysionotus involucratus Franch. (苦苣苔科)
圆苞杜根藤 Calophanoides chinensis (Champ.) C.Y.Wu & H.S.Lo ex Y.C.Tang(爵床科),*杜根藤*
圆苞金足草 Goldfussia pentstemonoides Nees (爵床科),*鸡骨草,鸡腿牛夕,蓝靛七,两广马蓝,球花马蓝,温毛金足草,铁脚灵仙,土大黄,腺萼马蓝*
圆苞山罗花 Melampyrum laxum Miq.(玄参科)
圆苞鼠尾草 Salvia cyclostegia Stib.(唇形科)
圆苞紫菀 Aster maackii Rgl.(菊科),*肥后紫菀*
圆柄铁线蕨 Adiantum induratum Christ(铁线蕨科),*海南铁线蕨*
圆齿变种(植物志 65-2,Flora 17)=圆齿绒叶毛建草(新)
圆齿变种(植物志 66)=露珠香茶菜
圆齿迟花柳 Salix ernesti ×opsimentha Görz(杨柳科)
圆齿刺蕨 Egenolfia crenata Ching & Chiu ex Ching & C.H.Wang(实蕨科)
圆齿垫柳 Salix anticecrenata Kimura(杨柳科)
圆齿冬青(安徽志)=齿叶冬青
圆齿凤仙花 Impatiens crenata Bedd.(凤仙花科)
圆齿凤丫蕨 Coniogramme crenato-serrata Ching & Shing(裸子蕨科)
圆齿狗娃花 Heteropappus crenatifolius (Hand.-Mazz.) Griers. (菊科),*路旁菊,其米,陆穹*
圆齿鸡油树(经济植物手册)=大果榉
圆齿假瘤蕨 Phymatopteris incisocrenata Ching ex W.M.Chu & S.G.Lui(水龙骨科)
圆齿金盏苣苔 Isometrum crenatum K.Y.Pan(苦苣苔科)
圆齿荆芥 Nepeta wilsonii Duthie(唇形科)
圆齿老鹳草(湖北志)=灰岩紫地榆
圆齿肋毛蕨 Ctenitis silaensis Ching(叉蕨科)
圆齿两色槭 Acer bicolor var. serrulatum (Metc.) Fang (槭树科)
圆齿鳞果星蕨 Lepidomicrosorium crenatum Ching & Shing(水龙骨科)
圆齿囊瓣芹 Pternopetalum molle var. crenulatum Shan & Pu(伞形科)
圆齿绒叶毛建草(新)Dracocephalum velutinum var. intermedium C.Y.Wu & W.T.Wang(唇形科),*圆齿变种*
圆齿肉穗草 Sarcopyramis crenata H.L.Li(野牡丹科)
圆齿石油菜 Pilea cavaleriei subsp. crenata C.J. Chen (荨麻科)
圆齿碎米荠 Cardamine scutata Thunb.(十字花科),*长白山碎米荠,大顶叶碎米荠,卵叶弯曲碎米荠,圆裂碎米荠,浙江碎米荠*
圆齿蹄盖蕨(东北草本志)=黑鳞短肠蕨
圆齿铁角蕨 Asplenium subcrenatum Ching ex S.H.Wu (铁角蕨科)
圆齿铁线蕨 Adiantum breviserratum (Ching) Ching & Y.X.Lin (铁线蕨科)
圆齿瓦韦 Lepisorus sinuatus (Ching & S.K.Wu) Y.X.Lin (水龙骨科)
圆齿委陵菜 Potentilla crenulataYü & Li(蔷薇科)
圆齿小柴胡(海南志)=倒卵叶黄花稔
圆齿小柴胡(新拉汉英)=倒卵叶黄花稔
圆齿鸦跖花 Oxygraphis endicheri (Walp.) Bennet & Sumer(毛茛科)
圆齿亚东杨 Populus yatungensis var. crenata C.Wang & Tung (杨柳科)
圆齿延胡索(中草药汇编)=齿瓣延胡索
圆齿褶龙胆 Gentiana crenulato-truncata (Marq.) T.N.Ho (龙胆科)
圆齿紫金牛(海南志)=纽子果
圆翅青藤 Illigera rhodantha var. orbiculata Y.R. Li (莲叶桐科)
圆翅秋海棠 Begonia laminariae Irmsch.(秋海棠科),*薄叶秋海棠,毛酸筒,酸汤竿*
圆翅羊耳蒜(高等图鉴)=平卧羊耳蒜
圆椁(峨眉)=连香树
圆唇伴兰(台大研究报告)=四腺翻唇兰
圆唇对叶兰 Listera oblata S.C.Chen(兰科)
圆唇假脉蕨 Crepidomanes bilabiatum (Nees & Bl.) Cop.(膜蕨科)
圆唇苣苔 Gyrocheilos chorisepalum W.T.Wang (苦苣苔科)
圆唇苣苔属 Gyrocheilos W.T.Wang(苦苣苔科)
圆唇软叶兰(台湾志)=圆钝沼兰
圆唇虾脊兰 Calanthe petelotiana Gagn.(兰科)
圆唇羊耳蒜 Liparis balansae Gagn.(兰科),*海南羊耳蒜*
圆刺蕊草 Pogostemon rotundatus Benth.(唇形科)
圆丛红景天 Rhodiola coccinea (Royle) Borissova (景天科)
圆醋栗(拉汉名称)=欧洲茶藨子
圆大果花楸(新)Sorbus megalocarpa var.cuneata Rehd. (蔷薇科),*大果花楸圆果变种*
圆底佛手 Ginkgo biloba cv. Yuandifoshou(银杏科)
圆地炮(广东大埔)=天胡荽
圆顶耳蕨 Polystichum dielsii Christ(鳞毛蕨科),*边果耳蕨*
圆顶假瘤蕨 Phymatopteris obtusa (Ching) Pic. Serm. (水龙骨科)
圆顶蒲桃 Syzygium kashotense (Hay.) Mori(桃金娘科)
圆顶越桔 Vaccinium cavinerve C.Y.Wu(杜鹃花科)
圆钝沼兰 Malaxis copelandii Ames(兰科),*圆唇软叶兰*
圆萼刺参 Morina chinensis (Bat.) Diels(川续断科),*摩苓草,华刺参*
圆萼繁缕 Stellaria strongylosepala Hand-Mazz. (石竹科)
圆萼龙胆 Gentiana suborbisepala Marq.(龙胆科)
圆萼柿 Diospyros metcalfii Chun & L.Chen(柿科),*海南柿*
圆萼折柄茶 Hartia crassifolia Yan(山茶科)
圆萼紫堇 Corydalis pseudomucoronata var. cristata C.Y.Wu (罂粟科),*老老嫩*
圆耳假福王草 Paraprenanthes auriculiformis Shih (菊科)
圆耳紫菀 Aster sphaerotus Ling(菊科)
圆榧(浙江)=榧树
圆盖阴石蕨 Humata tyermanni Moore (骨碎补科),*白毛岩蚕,白伸盘,老鼠尾,马骝尾,石蚕,石祁蛇,石上蚂蟥,石斤蛇,阴石蕨*
圆秆珍珠茅 Scleria harlandii Hance (莎草科)
圆根(云南,西藏)=芜青
圆根大戟(新疆检索表)=小萝卜大戟
圆根紫堇 Corydalis uvaria Lidén(罂粟科)
圆冠榆 Ulmus densa Litw.(榆科)
圆果灯心草 Juncus amuricus (Maxim.) V.I. Krecz. & Gontsch.(灯心草科)
圆果杜英 Elaeocarpus ganitrus Roxb.(杜英科)
圆果杜英 Elaeocarpus sphaericus (Gaertn.) K. Schum. (杜英科)
圆果甘草 Glycyrrhiza squamulosa Franch.(豆科),*马兰杆*
圆果葶菜(广州志)=风花菜
圆果花楸 Sorbus globosa Yü & Tsai(蔷薇科)
圆果化香树(植物志 21)=化香树
圆果假卫矛 Microtropis sphaerocarpa C.Y. Cheng & T.C.Kao (卫矛科)
圆果金丝桃 Hypericum longistylum var. giraldii (R.Keller) N.Robson(藤黄科)
圆果堇菜 Viola sphaerocarpa W.Beck.(堇菜科)
圆果苣苔 Gyrogyne subaequifolia W.T.Wang(苦苣苔科)
圆果苣苔属 Gyrogyne W.T.Wang(苦苣苔科)
圆果冷水花 Pilea rotundinucula Hay.(荨麻科),*圆果冷水麻,微齿冷水麻*
圆果冷水麻(台湾志)=圆果冷水花
圆果罗伞 Ardisia depressa C.B.Clarke(紫金牛科),*拟罗伞树,痨病木,开展紫金牛*
圆果猕猴桃 Actinidia globosa C.F.Liang(猕猴桃科)
圆果木姜子 Litsea globosa Yang & P.H.Huang (樟科)
圆果秋海棠 Begonia hayatae Gagn.(秋海棠科),*丹叶,红双通,红酸杆,红叶子,散血子,野海棠,夜变红*
圆果雀稗 Paspalum orbiculare Forst.(禾本科)
圆果乳头荸荠 Heleocharis mamillata var. cyclocarpa Kitag.(莎草科)
圆果三角叶薯蓣 Dioscorea deltoidea var.

orbiculata Prain & Burkill(薯蓣科),*三角薯蓣*
圆果石笔木 Tutcheria shinkoensis (Hay.) Nakai (山茶科),*乌皮树*
圆果水麦冬(中药辞海)=海韭菜
圆果算盘子 Glochidion sphaerogynum (Muell. Arg.) Kurz (大戟科),*山柑树,山柑算盘子,栗叶算盘子*
圆果蹄盖蕨 Athyrium bucahwangense Ching(蹄盖蕨科)
圆花石斛(云南植物名录)=梳唇石斛
圆滑番荔枝 Annona glabra L.(番荔枝科),*牛心果*
圆基茶 Camellia rotundata Chang & Yü(山茶科)
圆基长鬃蓼 Polygonum longisetum var. rotundatum A.J.Li(蓼科),*蓼子草,小蓼子草,红蓼子,小毛蓼*
圆基藤蕨(植物志 2)=园基条蕨
圆基凤丫蕨 Coniogramme emeiensis var. lancipinna Ching & Shing(裸子蕨科)
圆基火麻树 Dendrocnide basirotunda (C.Y.Wu) Chew (荨麻科),*圆基叶树火麻*
圆基木藜芦 Leucothoë tonkinensis Dop(杜鹃花科)
圆基条蕨 Oleandra intermedia Ching(条蕨科)
圆基叶变种(植物志 65-2,Flora 17)=圆基叶龙头草(新)
圆基叶龙头草 Meehania henryi var. stachydifolia (H.Lévl.) C.Y.Wu(唇形科),*圆基叶变种*
圆基叶树火麻(分类学报)=圆基火麻树
圆迦报春 Primula ambita Balf.f.(报春花科),*黄花鄂报春*
圆坚果薹草 Carex orbicularinucis L.K.Dai(莎草科)
圆金柑(新华本草纲要,植物志 43-2)=金柑
圆金橘(植物志 43-2)=金柑
圆茎翅茎草 Pterygiella cylindrica Tsoong(玄参科)
圆茎耳草 Hedyotis corymbosa var. tereticaulis Ko (茜草科)
圆茎茜草 Rubia linii Chao? (茜草科)
圆景天(拉汉名称)=大花红景天
圆柱叶柱瓣兰 Epidendrum teretifolium Sw.(兰科)
圆裂东北延胡索 Corydalis ambigua var. rotundiloba Maxim.(罂粟科)
圆裂短肠蕨 Allantodia uraiensis (Rosenst.) Ching (蹄盖蕨科),*棱轴短肠蕨*
圆裂毛茛 Ranunculus dongrergensis Hand.-Mazz. (毛茛科)
圆裂四川牡丹 Paeonia decomposita subsp. rotundiloba D.Y.Hong(芍药科)
圆裂碎米荠(植物志 33)=圆齿碎米荠
圆菱叶山蚂蝗(豆科图说)=尖叶长柄山蚂蝗
圆龙(广东)=龙须藤
圆麻参(丽江)=黄波罗花
圆囊薹草 Carex orbicularis Boott(莎草科)
圆片耳蕨(新拉汉英)=圆形耳蕨(新)
圆片耳蕨 Polystichum cyclolobum C.Chr.(鳞毛蕨科)
圆片蹄盖蕨(福建志)=溪边蹄盖蕨
圆平等叶山蚂蝗(新华本草纲要)=长柄山蚂蝗
圆球侧柏 Platycladus orientalis cv. Bonita (柏
圆球柳杉 Cryptomeria japonica cv. Compacto-globosa (杉科),*圆头柳杉*
圆球龙胆 Gentiana globosa T.N.Ho(龙胆科)
圆扇八宝 Hylotelephium sieboldii (Sweet ex HK.) H.Ohba (景天科),*圆扇景天,金钱掌,仙人宝*
圆扇景天(湖北志)=圆扇八宝
圆舌粘冠草 Myriactis nepalensis Less.(菊科),*山羊梅,油头草,牙痛草*
圆肾铁线蕨 Adiantum reniforme L.(铁线蕨科)
圆荽(东轩笔录)=芫荽
圆穗蓼 Polygonum macrophyllum D.Don(蓼科)
圆穗薹草 Carex angarae Steud.(莎草科),*紫鳞薹草*
圆穗兔耳草 Lagotis ramalana Batal.(玄参科),*圆叶兔耳草*
圆穗早熟禾 Poa rhomboidea Roshev.(禾本科)
圆筒水蜈蚣 Kyllinga cylindrica Nees (莎草科)
圆头大花葱 Allium sphaerocephalum L.(百合科)
圆头杜鹃 Rhododendron semnoides Tagg & Forr. (杜鹃花科)
圆头凤尾蕨 Pteris wallichiana var. obtusa S.H. Wu ex Ching & S.H.Wu(凤尾蕨科)
圆头蒿(内蒙古)=乌丹蒿
圆头蒿 Artemisia sphaerocephala Krasch.(菊科),*阿根,白杆子砂蒿,白砂蒿,查干-西巴嘎,黄蒿,黄毛菜籽,米蒿,扑勒蒙,沙拉-沙巴嘎,香蒿,油砂蒿,籽蒿*
圆头红腺蕨 Diacalpe annamensis Tagawa(球盖蕨科)
圆头藜 Chenopodium strictum Roth.(藜科)
圆头柳 Salix capitata Y.L.Chou & Skv.(杨柳科)
圆头柳杉(庐山植物手册)=圆球柳杉
圆头柳杉 Cryptomeria japonica cv. Yuantouliusha (杉科)
圆头牛奶菜(植物志 63)=大叶牛奶菜
圆头球果木 Isopogon sphaerocephalus Lindl. (山龙眼科)
圆头蚊母树 Distylium buxifolium var. rotundum Chang (金缕梅科)
圆尾槁(海南澄迈)=白野槁树
圆腺火筒树 Leea aequata L.(葡萄科)
圆腺獐牙菜 Swertia rotundiglandula T.N.Ho & S.W.Liu (龙胆科)
圆心秋海棠 Begonia froebelii A.DC.(秋海棠科)
圆形耳蕨(新)Polystichum rotundilobum Ching (鳞毛蕨科),*圆片耳蕨*
圆形沟酸浆 Mimulus orbicularis Benth.(玄参科)
圆形黄芪 Astragalus orbiculatus Ledeb.(豆科)
圆形叶葡萄 Vitis helleri Small.(葡萄科)
圆序卷耳(西藏志)=球序卷耳
圆芽箭竹 Fargesia semiorbiculata Yi (禾本科)
圆芽锥 Castanopsis globigemmata Chun & Huang (壳斗科),*大刺麻栗,小袍丝栗*
圆眼(植物志 47-1)=龙眼
圆叶艾麻(海南志)=全缘火麻树
圆叶奥杨 Homalanthus fastuosus (Lind.) F.Vill.(大戟科),*圆叶血桐*
圆叶八宝 Hylotelephium ewersii (Ledeb.) H. Ohba (景天科),*圆叶景天*
圆叶八幡草 Boykinia rotundifolia Parry (虎耳草科)
圆叶菝葜(新拉汉英)=金钢藤
圆叶菝葜 Smilax bauhinioides Kunth(百合科)
圆叶白粉藤 Cissus rotundifolia Vahl (菊科)
圆叶伴兰(台兰科图鉴)=四腺翻唇兰
圆叶报春(拉汉名称)=圆瓣黄花报春
圆叶报春(植物志 59-2)=圆叶鞘柄报春
圆叶报春 Primula baileyana Ward(报春花科)
圆叶彼得费拉 Petrophila media R.Br.(山龙眼科)
圆叶扁担杆 Grewia rotunda C.Y.Wu ex H.T. Chang (椴树科)
圆叶薄荷 Mentha rotundifolia (L.) Kuds.(唇形科),*狗肉香,留兰香,土薄荷,血香菜,鱼香草,鱼香根,圆叶留兰香*
圆叶薄荷 Mentha suaveolens Ehrh.(唇形科)
圆叶布勒德藤(台湾)=圆叶野海棠
圆叶草藤(东北)=黑龙江野豌豆
圆叶茶藨子 Ribes heterotrichum Meyer(虎耳草科),*小叶茶藨*
圆叶茶藨子 Ribes rotundifolium Michx.(虎耳草科)
圆叶钗子股 Luisia cordata Fukuyama(兰科),*心唇金钗兰*
圆叶柴胡 Bupleurum rotundifolium L.(伞形科)
圆叶豺皮樟 Litsea rotundifolia Hemsl.(樟科)
圆叶长筒莲 Cotyledon orbiculata L.(景天科)
圆叶匙唇兰 Schoenorchis tixieri (Guillaum.) Siedenf. (兰科)
圆叶唇柱苣苔 Chirita dielsii (Borza) Burtt(苦苣苔科)
圆叶刺鼠李 Rhamnus dumetorum var. crenoserrata Rehd. & Wils.(鼠李科)
圆叶楤木 Aralia caesia Hand.-Mazz.(五加科)
圆叶丛菔(植物志 33)=总状丛菔
圆叶大黄 Rheum tataricum L.(蓼科)
圆叶单花红丝线 Lycianthes lysimachioides var. rotundifolia C.Y.Wu & S.C.Huang(茄科)
圆叶点地梅 Androsace graceae G.Forr.(报春花科)
圆叶丁香 Syringa wardii W.W.Sm.(木犀科)
圆叶冬青(台湾志)=海岛冬青
圆叶豆瓣草(中草药汇编)=矮冷水花
圆叶豆腐柴 Premna tenii P'ei(马鞭草科)
圆叶杜茎山(植物志 58)=腺叶杜茎山
圆叶杜鹃 Rhododendron williamsianum Rehd. & Wils. (杜鹃花科),*椎叶杜鹃*
圆叶鹅儿肠(贵州)=荷莲豆草
圆叶矾根 Heuchera cylindrica Dorugl.(虎耳草科)
圆叶风毛菊 Saussurea rotundifolia Chen(菊科)
圆叶附地菜 Trigonotis rotundata Johnst.(紫草科)
圆叶弓果藤(植物志 63)=弓果藤
圆叶合头菊 Syncalathium orbiculaiforme Shih (菊科)
圆叶红景天(植物志 34-1)=云南红景天
圆叶猴欢喜 Sloanea rotundifolia H.T.Chang(杜英科)
圆叶胡颓子(植物志 52-2)=大叶胡颓子
圆叶虎耳草 Saxifraga rotundifolia L.(虎耳草科)
圆叶虎尾兰 Sansevieria cylindrica Bojer (百合科),*鹿角掌*
圆叶桦(东北木本志)=砂生桦
圆叶桦 Betula rotundifolia Spach.(桦木科)
圆叶槐 Sophora fernandeziana var. reedeana Skottsb. (豆科)
圆叶槐叶苹 Salvinia auriculata Aublet (槐叶苹科)
圆叶黄花稔 Sida alnifolia var. orbiculata S.Y.Hu (锦葵科)

圆叶黄花稔 Sida rhombifolia var. orbiculata S.Y.Hu (锦葵科)
圆叶黄芪 Astragalus orbicularifolius P.C.Li & Ni (豆科)
圆叶灰背葡萄(新) Vitis cinerea var. canescens Bailey (葡萄科)
圆叶鸡眼草(台湾志)=长萼鸡眼草
圆叶蕺菜(贵州)=白苞裸蒴
圆叶荚蒾 Viburnum glomeratum subsp. rotundifolium (Hsu) Hsu(忍冬科)
圆叶碱毛茛(植物志 28)=水葫芦苗
圆叶节节菜 Rotala rotundifolia (Buch.-Ham. ex Roxb.) Koehne(千屈菜科),*豆瓣菜,过塘蛇,禾虾菜,禾虾菜,假桑子,肉矮陀陀,上天梯,水豆瓣,水瓜子,水松叶,水松叶,水酸草,水苋菜,指甲叶,猪肥菜*
圆叶筋骨草 Ajuga ovalifolia Bur. & Franch.(唇形科)
圆叶堇菜 Viola pseudobambusetorum Chang(堇菜科),*圆叶小堇菜*
圆叶堇菜 Viola rotundifolia Michx.(堇菜科)
圆叶锦葵 Malva rothundifolia L.(锦葵科),*狗于粮,金爬山齿,金钱根,烧饼花,苏黄芪,土黄芪,托盘果,献干粮,野锦葵*
圆叶景天(植物志 34-1)=圆叶八宝
圆叶景天 Sedum makinoi Maxim.(景天科)
圆叶苦荬菜 Ixeris stolonifera A.Gray (菊科)
圆叶蜡瓣花 Corylopsis rotundifolia Chang(金缕梅科)
圆叶梾木 Cornus rugosa Lam.(山茱萸科)
圆叶老鹳草 Geranium rotundifolium L.(牻牛儿苗科)
圆叶肋柱花 Lomatogonium oreocharis (Diels) Marq. (龙胆科)
圆叶蓼 Polygonum intramongolicum A.J.Li(蓼科)
圆叶鳞始蕨(孢子植物)=团叶陵齿蕨
圆叶陵齿蕨(广西)=团叶陵齿蕨
圆叶留兰香(贵州)=圆叶薄荷
圆叶柳 Salix rotundifolia Trautv.(杨柳科)
圆叶鹿蹄草 Pyrola rotundifolia L.(鹿蹄草科),*鹿蹄草,鹿衔草*
圆叶马兜铃(广西)=广西马兜铃
圆叶马蓝 Pteracanthus rotundifolius (D.don) Bremek.(爵床科),*圆叶紫云菜*
圆叶马铃苣苔 Oreocharis rotundifolia K.Y.Pan (苦苣苔科)
圆叶马先蒿 Pedicularis rotundifolia C.E.Fisch. (玄参科)
圆叶毛茛 Ranunculus indivisus (Maxim.) Hand.-Mazz. (毛茛科)
圆叶毛堇菜(东北师大通报)=球果堇菜
圆叶茅膏菜 Drosera rotundifolia L.(茅膏菜科),*毛毡苔,叉梗茅膏菜*
圆叶美登木 Maytenus orbiculatus C.Y.Wu(卫矛科),*大丁刺,牛角刺*
圆叶蒙桑 Morus mongolica var. totundifolia Wu Yu-bi (桑科)
圆叶猕猴桃 Actinidia fasciculoides var. orbiculata C.F.Liang (猕猴桃科)
圆叶米饭花(云南志)=圆叶珍珠花
圆叶母草(高等图鉴)=宽叶母草
圆叶木姜子(台湾志)=豺皮樟
圆叶南芥 Arabis halleri L.(十字花科)
圆叶南牡蒿 Artemisia eriopoda var. rotundifolia (Debeaux) Y.R.Ling(菊科)
圆叶南蛇藤 Celastrus kusanoi Hay.(卫矛科)
圆叶南洋参 Polyscias balfouriana Bailey (五加科)
圆叶南烛(高等图鉴)=圆叶珍珠花
圆叶茑萝(植物学大辞典)=橙红茑萝
圆叶扭连钱 Marmoritis rotundifolia Benth.(唇形科),*西藏扭连钱*
圆叶欧石南 Erica globosa Andr.(杜鹃花科)
圆叶爬卫矛(新拉汉英)=变叶扶芳藤
圆叶匍匐十大功劳 Mahonia repens var. rotundifolia Fedde (小檗科)
圆叶葡萄 Vitis rotundifolia Michx.(葡萄科)
圆叶蒲儿根 Sinosenecio rotundifolius Y.L.Chen (菊科)
圆叶蒲葵(新)Livistona rotundifolia (Lamarck) Martius (棕榈科),*美丽蒲葵*
圆叶千金藤 Stephania rotunda Lour.(防已科)
圆叶牵牛 Ipomoea purpurea (L.) Roth(旋花科),*牵牛花,喇叭花,连簪簪,打碗花,紫花牵牛*
圆叶鞘柄报春 Primula vaginata subsp. eucyclia (W.W.Sm. & Forr.) Chen & C.M.Hu(报春花科),*正轮掌叶报春*
圆叶青藤 Illigera orbiculata C.Y.Wu(莲叶桐科)
圆叶秋海棠 Begonia rotundilimba S.H.Huang & Shui (秋海棠科)
圆叶忍冬 Lonicera myrtillus var. cyclophylla Rehd. (忍冬科)
圆叶榕(高等图鉴补编)=大青树
圆叶锐齿槭 Acer hookeri var. orbiculare Fang & Wu(槭树科)
圆叶山蚂蝗(豆科图说)=肾叶山蚂蝗
圆叶舌蕨 Elaphoglossum sinii C.Chr. ex Wu(舌蕨科)
圆叶肾蕨 Nephrolepis duffii Moore (肾蕨科)
圆叶石豆兰 Bulbophyllum drymoglossum Maxim. ex Okubo(兰科),*狭萼豆兰,小石豆兰,狭萼石豆兰*
圆叶石莲 Sinocrassula indica var. forrestii (Hamet) S.H.Fu (景天科),*石莲福氏变种*
圆叶疏毛绣线菊(新)Spiraea hirsuta var. rotundifolia (Hemsl.) Rehd.(蔷薇科),*疏毛绣线菊圆叶变种*
圆叶鼠李 Rhamnus globosa Bge.(鼠李科),*山绿柴,冻绿,冻绿树,黑旦子,偶栗子,欧李子,乌李豆子*
圆叶水苎麻 Boehmeria macrophylla var. rotundifolia (D.Don) W.T.Wang(荨麻科)
圆叶梭罗 Reevesia orbicularifolia Hsue(梧桐科)
圆叶唐菖蒲 Gladiolus tristis L.(鸢尾科)
圆叶唐棣 Amelanchier sanguinea (Pursh) DC.(蔷薇科)
圆叶唐松草 Thalictrum rotundifolium DC.(毛茛科)
圆叶藤山柳 Clematoclethra franchetii Kom.(猕猴桃科)
圆叶铁角蕨 Asplenium suborbiculare Ching(铁角蕨科)
圆叶土丁桂 Evolvulus alsinoides var. rotundifolia Hay. (旋花科)
圆叶土蜜树 Bridelia poilanei Gagn.(大戟科)
圆叶兔耳草(Flora 18)=圆穗兔耳草
圆叶娃儿藤 Tylophora rotundifolia Buch.-Ham. ex Wight (萝藦科)
圆叶挖耳草 Utricularia striatula J.Smith (狸藻科),*圆叶香藻,条纹挖耳草*
圆叶乌桕 Sapium rotundifolium Hemsl.(大戟科),*雁来红*
圆叶乌头 Aconitum rotundifolium Kar. & Kir.(毛茛科),*乌头,阿克泊泊*
圆叶无心菜 Arenaria orbiculata Royle ex Edgew. & HK.f. (石竹科),*圆叶蚤缀*
圆叶五叶参(高等图鉴)=锈毛五叶参
圆叶舞草 Codariocalyx gyroides (Roxb. & Link.) Hassk. (豆科)
圆叶西番莲 Passiflora henryi Hemsl.(西番莲科),*燕子尾,老鼠铃,闹蛆叶*
圆叶香藻(海南志)=圆叶挖耳草
圆叶小檗 Berberis rotundifolia Poepp. & Endl. (小檗科)
圆叶小杜鹃兰(台兰科图鉴)=阔叶带唇兰
圆叶小槐花(台湾志)=排钱树
圆叶小堇菜(拉汉名称)=圆叶堇菜
圆叶小堇菜 Viola rockiana W.Beck.(堇菜科)
圆叶小石积 Osteomeles subrotunda K.Koch(蔷薇科),*小石积*
圆叶小石积无毛变种(植物志 36)=无毛圆叶小石积(新)
圆叶小叶杨 Populus simonii var. rotundifolia S.C. Lu ex C.Wang & Tung(杨柳科)
圆叶绣球(植物志 35-1)=粗枝绣球
圆叶雪果(新拉汉英)=小花毛核木
圆叶血桐(台湾)=圆叶奥杨
圆叶栒子 Cotoneaster ortundifolius Wall. ex Lindl. (蔷薇科)
圆叶鸭跖草(植物志 13-3)=饭包草
圆叶盐爪爪 Kalidium schrenkianum Bge. ex Ung.-Sternb. (藜科)
圆叶眼树莲 Dischidia nummularia R.Br.(萝藦科),*上别木*
圆叶杨 Populus rotundifolia Griff.(杨柳科)
圆叶野百合(台湾志)=针状猪屎豆
圆叶野扁豆 Dunbaria rotundifolia (Lour.) Merr.(豆科),*罗网藤,假绿豆,小黄藤,家豆薯*
圆叶野海棠 Bredia rotundifolia Y.C.Liu & C.H. Ou (野牡丹科),*圆叶布勒德藤*
圆叶野桐 Mallotus roxburghianus Muell.Arg.(大戟科)
圆叶樱桃 Cerasus mahaleb (L.) Mill.(蔷薇科),*麻哈勒布樱桃,马哈利樱桃*
圆叶玉兰 Magnolia sinensis (Rehd. & Wils.) Stapf (木兰科),*锈毛木兰*
圆叶玉簪 Hosta sieboldiana Hort.(百合科)
圆叶早禾子(广西上思)=方叶五月茶
圆叶蚤缀(拉汉名称)=圆叶无心菜
圆叶泽藓(植物志 8)=宽叶泽苔草
圆叶珍珠花 Lyonia doyonensis (Hand.-Mazz.) Hand.-Mazz. (杜鹃花科),*圆叶南烛,圆叶米饭花*
圆叶轴榈(新拉汉英)=团扇棕
圆叶珠子木 Phyllanthodendron orbicularifolium P.T.Li(大戟科)
圆叶猪屎豆 Crotalaria incana L.(豆科),*恒春野百合*
圆叶苎麻 Boehmeria ternifolia D.Don (荨麻科)
圆叶紫云菜(云南植物名录)=圆叶马蓝
圆叶钻地风 Schizophragma fauriei Hay.(虎耳草科),*台湾钻地风*
圆羽蹄盖蕨 Athyrium clivicola var. rotundum (Ching) Z.R.Wang(蹄盖蕨科)
圆枣子(河南中草药手册,新华本草纲要)=软枣猕猴桃
圆招树(台湾)=台湾赤杨叶
圆枝杜英 Elaeocarpus glabripetalus var. teres H.T.Chang (杜英科)

圆枝多核果 Pyrenocarpa teretis Chang & Miau (桃金娘科)
圆枝卷柏 Selaginella sanguinolenta (L.) Spring. (卷柏科),*地柏叶,舒筋草,地柏树,金鸡尾*
圆柱斑鸠菊(云南)=刺苞斑鸠菊
圆柱迪萨兰 Disa cylindrica (Thunb.) Sw.(兰科)
圆柱花序沼兰 Malaxis cylindrostachya (Rchb.f.) O. Ktze.(兰科)
圆柱柳叶菜 Epilobium cylindricum D.Don(柳叶菜科),*华西柳叶菜*
圆柱挪威槭 Acer platanoides f. columnare Carr. (槭树科)
圆柱披碱草 Elymus cylindricus (Franch.) Honda (禾本科)
圆柱山羊草 Aegilops cylindrica Host(禾本科)
圆柱薹草(横断山植物)=柱穗薹草
圆柱形绣球防风 Leucas teres Benth.(唇形科)
圆柱鸭嘴草 Ischaemum goebelii Hack.(禾本科)
圆柱叶钗子股 Luisia teretifolia Gaud.(兰科)
圆柱叶灯心草 Juncus prismatocarpus subsp. teretifolius K.F.Wu(灯心草科)
圆柱叶鸟舌兰 Ascocentrum himalaicum (Deb. Sengupta & Malich) Christenson(兰科),*小花槽舌兰*
圆柱叶石斛 Dendrobium teretifolium R.Br.(兰科)
圆锥菝葜 Smilax bracteata Presl(百合科)
圆锥白花叶 Poranopsis paniculata (Roxb.) roberty (旋花科),*圆锥飞蛾藤*
圆锥北美香柏 Thuja occidentalis cv. Conica (柏科)
圆锥侧柏 Platycladus orientalis cv. Blue Cone (柏科)
圆锥大青 Clerodendrum paniculatum L.(马鞭草科),*龙船花*
圆锥飞蛾藤(植物志 64-1)=圆锥白花叶
圆锥果山荆子 Malus baccata f. gordjevii Skv.? (蔷薇科)
圆锥果雪胆 Hemsleya obconica C.Y.Wu & C. L.Chen (葫芦科)
圆锥海桐 Pittosporum paniculiferum Chang & Yan (海桐花科)
圆锥杭子梢 Campylotropis paniculata Schindl.? (豆科)
圆锥花桉 Eucalyptus paniculata Smith(桃金娘科)
圆锥花番樱桃 Eugenia paniculata Banks (桃金娘科)
圆锥花丝石竹(经济植物手册)=圆锥石头花
圆锥花序刺蕊草 Pogostemon paniculatus Benth. (唇形科)
圆锥花序排香草 Anisochilus paniculatus Benth. (唇形科)
圆锥花序小檗 Berberis paniculata Juss. ex DC. (小檗科)
圆锥花银桦 Grevillea paniculata Meissn.(山龙眼科)
圆锥花远志 Polygala paniculata L.(远志科)
圆锥喙可耐拉棕 Cornera conirostris (Becc.) Ftdo. (棕榈科)
圆锥鸡矢藤(华东五省一市名录)=耳叶鸡矢藤
圆锥茎阿魏 Ferula conocaula Korov.(伞形科)
圆锥柯 Lithocarpus paniculatus Hand.-Mazz.(壳斗科)
圆锥拉拉藤 Galium paniculatum (Bge.) Pobed. (茜草科)
圆锥梾木 Cornus racemosa Lam.(山茱萸科)
圆锥柳叶菜 Epilobium paniculatum Nutt.(柳叶菜科)
圆锥木姜子 Litsea liyuyingi Liou(樟科)
圆锥南芥 Arabis paniculata Franch.(十字花科),*小花南芥*
圆锥南蛇藤(拉汉名称)=灯油藤
圆锥苘麻 Abutilon paniculatum Hand.-Mazz. (锦葵科)
圆锥荛花 Wikstroemia micrantha var. paniculata (Li) S.C.Huang (瑞香科),*耗子皮,小雀儿麻*
圆锥沙参(新华本草纲要)=细叶沙参
圆锥山蚂蝗 Desmodium elegans DC.(豆科),*总状花序山蚂蝗,粘人草,山蚂蝗,雅致山蚂蝗,灰毛山蚂蝗*
圆锥少穗竹 Oligostachyum paniculatum G.H. Ye & Z.P.Wang (禾本科)
圆锥蛇根草 Ophiorrhiza paniculiformis Lo(茜草科)
圆锥十大功劳 Mahonia paniculata Oerst.(小檗科)
圆锥石头花 Gypsophila paniculata L.(石竹科),*锥花丝石竹,圆锥花丝石竹,丝石竹,锥花霞草,满天星*
圆锥矢车菊 Centaurea paniculata L.(菊科)
圆锥丝瓣芹 Acronema paniculatum (Franch.) Wolff (伞形科)
圆锥薹草 Carex diandra Schrank(莎草科)
圆锥糖槭 Acer saccharum var. conicum Fern (槭树科)
圆锥铁线莲 Clematis terniflora DC.(毛茛科),*白花藤,黄药子,铁脚威灵仙,铜脚威灵仙,铜威灵,小叶力刚,蟹珠眼草*
圆锥乌头 Aconitum paniculigerum Nakai(毛茛科),*草乌*
圆锥相思树 Acacia paniculata Macbr.(豆科)
圆锥小麦 Triticum turgidum L.(禾本科)
圆锥绣球 Hydrangea paniculata Sieb.(虎耳草科),*白花丹,驳骨木,粉团花根,糊溲疏,轮叶绣球,水亚木,土常山*
圆锥须药草(广部中草药手册)=穿心莲
圆锥序柱瓣兰 Epidendrum paniculatum R. & P. (兰科)
圆锥悬钩子 Rubus paniculatus Smith(蔷薇科)
圆锥异色冷杉 Abies concolor var. conica Slavin (松科)
圆锥胀果树参 Dendropanax inflatus f. multiflorus Tseng & Hoo(五加科)
圆锥状伞房花序小檗 Berberis corymbosa var. paniculata Phil.(小檗科)
圆锥紫菀 Aster paniculatus Lam.(菊科)
圆籽荷 Apterosperma oblata Chang(山茶科)
圆籽荷属 Apterosperma Chang(山茶科)
圆子红豆(广西)=肥荚红豆
圆紫菜 Porphyra suborbiculata Kjellm.(马鞭草科)
缘白穗莎草 Cyperus fuscus f. pallescens Husnet (莎草科)
缘翅拟漆姑 Spergularia media (L.) C.Presl(石竹科)
缘里白 Diplopterygium maximum (Ching) Ching (里白科)
缘脉菝葜 Smilax nervo-marginata Hay.(百合科)
缘毛菝葜 Smilax kwangsiensis Wang & Tang (百合科)
缘毛薄叶兰 Lycaste ciliata (Persl.) Veitch.(兰科)
缘毛齿果草(广东志)=椭圆叶齿果草
缘毛兜兰 Paphiopedilum ciliolare (Rchb.f.) Stein (兰科)
缘毛鹅观草 Roegneria pendulina Nevski (禾本科)
缘毛萼凤仙花(植物志 47-2)=睫毛萼凤仙花
缘毛合叶豆 Smithia ciliata Royle(豆科),*薄萼坡油甘*
缘毛红豆 Ormosia bowii Merr. & Chun(豆科),*侯氏红豆*
缘毛胡椒 Piper semiimmersum C.DC.(胡椒科)
缘毛蝴蝶草 Torenia ciliata Smith (玄参科)
缘毛棘豆 Oxytropis ciliata Turcz.(豆科)
缘毛季川马先蒿 Pedicularis yui var. ciliata Tsoong (玄参科),*季川马先蒿缘毛变种*
缘毛荆芥 Nepeta ciliaris Benth.(唇形科)
缘毛景天 Sedum trullipetalum var. ciliatum Fröd. (景天科),*镘瓣景天缘毛变种*
缘毛卷柏 Selaginella ciliaris (Rtetz.) Spring(卷柏科)
缘毛卷耳 Cerastium furcatum Cham. & Schlecht. (石竹科),*高山卷耳*
缘毛肋枝兰 Pleurothallis ciliaris (Lindl.) L.O. Wms. (兰科)
缘毛马先蒿 Pedicularis craspedotricha Maxim. (玄参科)
缘毛毛鳞菊 Chaetoseris macrantha (C.B.Clarke) Shih (菊科),*大花岩参*
缘毛南星 Arisaema ciliatum H.Li(天南星科)
缘毛鸟足兰 Satyrium ciliatum Lindl.(兰科)
缘毛琼楠 Beilschmiedia percoriacea var. ciliata H.W.Li (樟科)
缘毛榕 Ficus cilata S.S.Chang (桑科)
缘毛舌唇兰 Platanthera ciliaris (L.) Lindl.(兰科)
缘毛省藤 Calamus ciliartis Bl.(棕榈科)
缘毛薹草 Carex craspedotricha Nelmes(莎草科)
缘毛橐吾 Ligularia liatroides (C.Winkl.) Hand.-Mazz. (菊科),*当布打下*
缘毛微花兰 Stelis ciliaris Lindl.(兰科)
缘毛无心菜 Arenaria ciliolata Edgew.(石竹科)
缘毛纤齿卫矛 Euonymus giraldii var. ciliatus Loes. (卫矛科)
缘毛小檗 Berberis ciliaris Lindl.(小檗科)
缘毛岩须(云南志)=睫毛岩须
缘毛杨 Populus ciliata Wall.(杨柳科)
缘毛叶芦莉草 Ruellia ciliosa Pursh (爵床科)
缘毛柱瓣兰 Epidendrum ciliare L.(兰科)
缘毛紫菀 Aster souliei Franch.(菊科)
缘生穴子蕨 Prosaptia contigua (G.Forst.) C.Presl (禾叶蕨科)
缘腺雀舌木 Leptopus clarkei (HK.f.) Pojark.(大戟科)
缘叶龙血树 Dracaena marginata Lam.(百合科),*红边竹蕉*
缘叶三七草 Gynura integrifolia Gagn.(菊科)
缘叶小膜盖蕨 Araiostegia imbricata Ching (骨碎补科)
缘叶醉鱼草(云南志)=腺叶醉鱼草
滚天龙(植物志 30-1)=轮环藤
远齿粗壮景天 Sedum engleri var. dentatum S.H. Fu (景天科),*齿圆佛甲草*
远东茶藨(树木志)=尖叶茶藨子
远东芨芨草 Achnatherum extremiorientale (Hara) Keng ex P.C.Kuo(禾本科)
远东绒紫萁 Osmunda cinnamomea var. asiatica Fernald (紫萁科)
远东羊茅 Festuca extremiorientalis Ohwi(禾本

科),*森林狐茅*
远华丽补血草 Limonium transwallianum (Pugsl.) Pugsl. (白花丹科)
远离荆芥 Nepeta distans Benth.(唇形科)
远叶瓦韦 Lepisorus distans (Makino) Ching (水龙骨科)
远羽里白 Diplopterygium remotum Ching) Ching (里白科)
远志(新疆)=新疆远志
远志(云南)=西伯利亚远志
远志 Polygala tenuifolia Willd.(远志科),*草远志,光棍茶,红籽细草,红籽细辛,棘蒬,葽绕,米儿茶,沁鸡棵,青小草,山茶叶,山胡麻,神砂草,十二月花,细草,细叶远志,线茶,线儿茶,小草,燕子草,葽绕*
远志草(分类草药性)=瓜子金
远志黄堇 Corydalis polygalina HK.f. & Thoms. (罂粟科)
远志黄芪 Astragalus polygala Pall.(豆科)
远志科 Polygalaceae
远志木蓝 Indigofera squalida Prain(豆科),*虫豆柴*
远志属 Polygala L.(远志科)
远志状马先蒿 Pedicularis polygaloides HK.f. (玄参科)
远轴鳞毛蕨 Dryopteris dickinsii (Franch. & Sav.) C.Chr. (鳞毛蕨科)
远柱(湖南瑶语)=灵香草

Yüe

约弗亚松 Pinus jeffreyi A.Murr.(松科)
约翰森肋枝兰 Pleurothallis johnsoni Ames (兰科)
约翰司顿秋海棠 Begonia johnstonii D.Oliv. ex HK.f. (秋海棠科)
约翰斯顿杜鹃花(新拉汉英)=鳞瓣杜鹃花
约翰斯顿十大功劳 Mahonia johnstonii (Stadnl. & Steyerm.) Stadl. & Steyerm.(小檗科)
约翰棕属 Johannesteijsmannia H.E.Moore (棕榈科)
约哦(藏名)=栓翅卫矛
月斑草(福建宁化)=石荠苎
月光花 Ipomoea alba L.(旋花科),*夜花薯藤,夜牵牛,嫦娥奔月,天茄,裂叶月光花,*
月光花属 Calonyction Choisy (旋花科)
月桂(纲目)=天竺桂
月桂(高等图鉴)=厚边木犀
月桂(浙江)=香桂
月桂 Laurus nobilis L.(樟科),*老利儿*
月桂小檗 Berberis laurina Billbg.(小檗科)
月桂茵芋 Skimmia laureola (DC.) S. & Z. ex Walp. (芸香科)
月桂属 Laurus L.(樟科)
月季(河北,药典 2000)=月季花
月季花 Rosa chinensis Jacq.(蔷薇科),*斗雪红,勒泡,胜春,四季花,艳雪红,月月红,月月花,月月开,月季*
月季石榴 Punica granatum cv. Nana Pers.(石榴科)
月见草(苏南植物手册)=黄花月见草
月见草(云南志)=待宵草
月见草 Oenothera biennis L.(柳叶菜科),*山芝麻,夜来香*
月见草属 Oenothera L.(柳叶菜科)
月见罗藟草(豆科图说)=蝙蝠草
月桔叶灰木(台湾)=微毛山矾
月橘(云南)=毛叶小芸木
月橘(植物志 43-2)=千里香
月橘属(台湾志)=九里香属
月兰属 Selenipedium Rchb.f.(兰科)
月亮草(云南)=荷莲豆草
月亮花(云南屏边)=绣球防风
月母草(四川)=大花益母草
月世界 Episthelantha micromeris (Engelm.) A. Web. ex Britt.(仙人掌科)
月世界属 Episthelantha A.Web. ex Britt. & Rose (仙人掌科)
月兔耳 Kalanchoe tomentosa Bak.(景天科),*褐斑伽蓝菜*
月味草(广东乐昌,惠阳,大埔)=小鱼仙草
月下参(图考)=云南翠雀花
月下红(江苏)=华鼠尾草
月下珠(云南红河)=珠子草
月腺大戟(中药辞海)=甘肃大戟
月牙一支蒿(云南)=羊齿天门冬
月芽铁线蕨 Adiantum edentulum Ching(铁线蕨科)
月叶西番莲 Passiflora altebilobata Hemsl.(西番莲科),*羊蹄暗消,蝴蝶暗消,藤子暗消,苦胆七,燕子尾*
月影草(鼎湖手册)=团叶陵齿蕨
月有(中药大辞典)=老鸦柿
月月红(江苏,浙江)=月季花
月月红 Ardisia faberi Hemsl.(紫金牛科),*毛虫草,木步马胎,红毛走马胎,毛青杠,江南紫金牛,短柄月月红*
月月花(四川)=月季花
月月橘(植物志 43-2)=长寿金柑
月月开(分类草药性)=月季花
月月开(四川)=重瓣朱槿
月月青(树木分类学)=冬青叶鼠刺
月月竹 Sinobambusa sichuanensis Yi ?(禾本科)
月座景天 Sedum semilunatum K.T.Fu (景天科)
岳桦 Betula ermanii Cham.(桦木科)
岳麓连蕊茶 Camellia handelii Sealy(山茶科)
岳麓山茶竿竹 Pseudosasa yuelushanensis B.M. Yang (禾本科)
岳麓山假蹄盖蕨 Athyriopsis abbreviata W.M. Chu (蹄盖蕨科)
岳麓山毛蕨 Cyclosorus pararidus Ching ex Shing (金星蕨科)
岳麓紫菀 Aster sinianus Hand.-Mazz.(菊科)
岳西薹草 Carex yuexiensis S.W.Su & S.M.Xu (莎草科),*突喙薹草*
岳彦花(陕西合阳)=河朔荛花
悦花唐菖蒲 Gladiolus blandus Ait.(鸢尾科)
悦花鸢尾 Iris amoena DC.(鸢尾科)
悦柯(广西植物)=愉柯
悦人杜鹃(高等图鉴)=狭叶马缨花
粤北鹅耳枥 Carpinus chuniana Hu(桦木科),*滇粤鹅耳枥*
粤北柯 Lithocarpus chifui Chun & Tsiang (壳斗科)
粤北双盖蕨(蕨类名词及名称)=大叶双盖蕨
粤北獐牙菜(广州志)=美丽獐牙菜
粤北轴脉蕨 Ctenitopsis matthewi (Ching) Ching (叉蕨科)
粤东鱼藤 Derris hancei Hemsl.(豆科),*韩氏鱼藤*
粤赣荚蒾 Viburnum dalzielii W.W.Sm.(忍冬科)
粤赣紫珠(广西植物名录)=藤紫珠
粤港耳草 Hedyotis loganioides Benth.(茜草科)
粤桂冬青 Ilex occulta C.J.Tseng(冬青科)
粤节肢蕨(蕨类图谱)=龙头节肢蕨
粤里白 Diplopterygium cantonense Ching (里白科)
粤里木(海南志)=赛金莲木
粤柳 Salix mesnyi Hance(杨柳科)
粤琼玉凤花 Habenaria hysitris Ames(兰科)
粤芮德木(植物图谱)=广东木瓜红
粤桑寄生(海南志)=木兰钝果寄生
粤蛇葡萄(广州志)=广东蛇葡萄
粤松(树木分类学)=海南五针松
粤铁角蕨(蕨类图谱)=石生铁角蕨
粤铁线蕨 Adiantum lianxianense Ching & Y.X. Lin (铁线蕨科)
粤瓦韦 Lepisorus obscure-venulosus (Hay.) Ching (水龙骨科)
粤万年青(广西药用名录)=广东万年青
粤西绣球 Hydrangea kwangsinensis Hu (虎耳草科),*短柄绣球,白皮绣球*
粤绣线菊(经济植物手册)=麻叶绣线菊
粤羊蹄甲(豆科图说)=日本羊蹄甲
粤中八角 Illicium tsangii A.C.Sm.(木兰科)
粤紫萁 Osmunda mildei C.Chr.(紫萁科)
越北里白 Diplopterygium tamdaoense (Ching & Chiu) Ching (里白科)
越北毛蕨 Cyclosorus proximus Ching & C.H. Wang (金星蕨科)
越瓜(本草经集注)=菜瓜
越桔 Vaccinium vitis-idaea L.(杜鹃花科),*温普,红豆,牙疙瘩,熊果叶*
越桔杜鹃 Rhododendron vaccinioides HK.f.(杜鹃花科)
越桔科 Vacciniaceae
越桔柳 Salix myrtilloides L.(杨柳科)
越桔叶蔓榕 Ficus vaccinioides Hemsl. ex King (桑科)
越桔叶忍冬 Lonicera myrtillus HK.f. & Thoms. (忍冬科),*丘马*
越桔属 Vaccinium L.(杜鹃花科),*乌饭树属*
越橘叶黄杨 Buxus sinica var. vacciniifolia M. Cheng (黄杨科)
越隽川木香 Dolomiaea denticulata (Ling) Shih (菊科)
越隽木香(四川中药志)=川木香
越榄 Canarium tonkinense Engl.(橄榄科),*黄榄郎果*
越南安息香 Styrax tonkinensis (Pierre) Craib ex Hartw. (安息香科),*八翻龙,白背安息香,白花榔树,白花木,白花树,白脉安息香,大青山安息香,滇桂野茉莉,牛油树,泰国安息香,姊永*
越南巴豆 Croton kongensis Gagn.(大戟科)
越南白花风筝果 Hiptage candicans var. harmandiana (Pierre) P.Dop(金虎尾科)
越南苞叶木 Chaydaia tonkinensis Pitard(鼠李科)
越南贝母兰 Coelogyne annamensis Rolfe (兰科)
越南扁豆(海南志)=海南镰扁豆
越南菜(云南河口)=守宫木
越南赤瓟 Thladiantha cordifolia var. tonkinensis (Cogn.) A.M.Lu & Z.Y.Zhang(葫芦科)
越南刺榄 Xantolis boniana (Dubard) van Royen (山榄科)
越南地宝兰(海南志)=大花地宝兰
越南吊钟花 Enkianthus ruber Dop(杜鹃花科)
越南冬青 Ilex cochinchinensis (Lour.) Loes.(冬青科),*革叶冬青*
越南杜鹃花 Rhododendron annamense Rehd. (杜鹃花科)
越南耳草 Hedyotis chereevensis (Pierre ex

Pitard) Ko(茜草科)
越南绯红羊蹄甲 Bauhinia coccinea subsp. tonkinensis (Gagn.) K. & S.S.Larsen(豆科)
越南风筝果 Hiptage benghalensis var. tonkinensis (Dop) S.K.Chen(金虎尾科)
越南枫杨 Pterocarya tonkinensis (Franch.) Dode(胡桃科)
越南凤仙花 Impatiens musyana HK.f.(凤仙花科)
越南福木 Elaeodendron glaucum var. cochinchinensis Pierre (卫矛科)
越南割舌树 Walsura cochinchinensis (Baill.) Harms(楝科)
越南勾儿茶 Berchemia annamensis Pitard(鼠李科),*柏子藤*
越南谷精草 Eriocaulon tonkinense Ruhl.(谷精草科),*溪生谷精草*
越南胡颓子 Elaeagnus tonkinensis Serv.(胡颓子科)
越南槐 Sophora tonkinensis Gagn.(豆科),*广豆根,黄结,苦豆根,柔枝槐,山大豆根,山豆根*
越南黄牛木 Cratoxylum formosum (Jack) Dyer (藤黄科),*茶盖,红芽木,红眼树,黄浆果,苦沉茶,苦丁茶,毛叶黄牛木,牛丁角,酸浆树,土茶*
越南黄檀 Dalbergia tonkinensis Prain(豆科)
越南假楼梯草 Lecanthus petelotii (Gagn.) C.J. Chen (荨麻科)
越南假卫矛 Microtropis fallax Pitard (卫矛科)
越南咀签 Gouana leptostachya var. tonkinensis Pitard (鼠李科),*烧伤藤*
越南栲 Castanopsis annamensis Hick. & A. Camus (壳斗科)
越南菱 Trapa bicornis var. cochinchinensis (Lour.) H. Gluck ex Steenis(菱科),*菱*
越南裸瓣瓜(植物志 73-1)=金瓜
越南密脉木 Myrioneuron tonkinensis Pitard (茜草科)
越南牡荆 Vitex tripinnata (Lour.) Merr.(马鞭草科)
越南木瓜红 Rehderodendron indochinense Li (安息香科)
越南木姜子 Litsea pierrei Lec.(樟科)
越南破布木 Cordia cochinchinensis Gagn.(紫草科)
越南青冈 Cyclobalanopsis austrocochinchinensis (Hisk. & A.Camus) Hjelmq.(壳斗科)
越南秋海棠 Begonia bonii Gagn.(秋海棠科)
越南山矾 Symplocos cochinchinensis (Lour.) S. Moore (山矾科),*火灰树,毛越南山矾*
越南山核桃 Carya tonkinensis Lecomt.(胡桃科),*安南山核桃,老鼠核桃*
越南山龙眼(广州志)=小果山龙眼
越南山香圆 Turpinia cochinchinensis (Lour.) Merr. (省沽油科)
越南十大功劳 Mahonia annamica Gagn.(小檗科)
越南石韦(海南志)=中越石韦
越南石梓 Gmelina lecomtei P.Dop(马鞭草科),*葫芦树*
越南鼠李 Rhamnus tonkinensis Pitard. (鼠李科)
越南水东哥 Saurauia griffithii var. annamica Gagn. (猕猴桃科)
越南松(中国裸子志)=南亚松
越南松 Pinus krempfii Lec.(松科)
越南宿萼木 Strophioblanchia glandulosa Pax(大戟科)
越南藤黄 Garcinia schefferi Pierre(藤黄科)
越南铁角蕨(海南志)=狭叶铁角蕨
越南万年青 Aglaonema tenuipes Engl.(天南星科),*万年青,观音莲*
越南五月茶(云南植物名录)=滇越五月茶
越南悬钩子(海南志)=蛇泡筋
越南血胶树(云南)=梭子果
越南崖爬藤 Tetrastigma tonkinense Gagn.(葡萄科)
越南羊蹄甲(豆科图说)=褒托羊蹄甲
越南叶下珠 Phyllanthus cochinchinensis (Lour.) Spreng.(大戟科),*狗脚迹,乌蝇叶,乌蝇翼,苍蝇草*
越南异形木 Allomorphia baviensis Guillaum. (野牡丹科)
越南油茶 Camellia vietnamensis Huang & Hu (山茶科)
越南鱼藤(豆科图说)=东京鱼藤
越南榆 Ulmus tonkinensis Gagn.(榆科),*火绳树,大树皮*
越南芝麻(湖南)=咖啡黄葵
越南蜘蛛兰 Arachnis annamensis (Rolfe) J.J.Sm. (兰科)
越南苎麻 Boehmeria tonkinensis Gagn.(荨麻科)
越南紫菜 Porphyra vietnamensis Tanaka & Ho (马鞭草科)
越南紫金牛 Ardisia waitakii C.M.Hu(紫金牛科)
越南紫麻(海南志)=海南紫麻
越桃(植物志 71-1)=栀子
越王头(南方草木状)=椰子

Yün

云白芍(云药标准)=紫牡丹
云北石豆兰 Bulbophyllum tengchongense Z. H.Tsi (兰科)
云藊豆(图考)=菜豆
云饼山药(云南腾冲)=参薯
云丹(植物志 63)=络石
云豆(豆科图说)=菜豆
云防风(四川会东)=竹叶西风芹
云防风(中药大辞典)=松叶西风芹
云钩蓬(贵州方药集)=牛皮消蓼
云广粗叶木 Lasianthus longicaudus HK.f (茜草科),*长尾鸡屎树*
云归(云南)=当归
云贵粗叶木(高等图鉴)=梗花粗叶木
云贵鹅耳枥 Carpinus pubescens Burk.(桦木科),*毛鹅耳枥,云桂鹅耳枥*
云贵谷精草 Eriocaulon schochianum Hand.-Mazz. (谷精草科)
云贵厚壳树 Ehretia dunniana Lévl.(紫草科)
云贵卷柏 Selaginella mairei Lévl.(卷柏科)
云贵肋柱花 Lomatogonium forrestii var. bonatianum (Burk.) T.N.Ho(龙胆科)
云贵女贞 Ligustrum yunguiense Miao(木犀科)
云贵山茉莉(树木分类学)=双齿山茉莉
云贵铁线莲 Clematis vaniotii Lévl. & Port.(毛茛科),*粗糠藤*
云贵腺药珍珠菜 Lysimachia stenosepala var. flavescens Chen & C.M.Hu(报春花科)
云贵新月蕨 Pronephrium yunguiensis Ching & Y.X.Lin (金星蕨科)
云贵牙蕨 Pteridrys lofouensis (Christ) C.Chr. & Ching (叉蕨科)
云贵叶下珠 Phyllanthus franchetianus Lévl.(大戟科),*雷波叶下珠,成凤叶下珠*
云贵轴果蕨 Rhachidosorus truncatus Ching(蹄盖蕨科),*贵州轴果蕨,云南轴果蕨*
云贵紫柄蕨 Pseudophegopteris pyunkweiensis (Ching) Ching(金星蕨科)
云桂暗罗 Polyalthia petelotii Merr.(番荔枝科)
云桂鹅耳枥(Flora 4)=云贵鹅耳枥
云桂骨碎补 Davallia amabilis Ching(骨碎补科)
云桂虎刺 Damnacanthus henryi (Lévl.) Lo(茜草科)
云桂鸡矢藤 Paederia spectatissima H.Li ex C. Puff(茜草科)
云桂叶下珠 Phyllanthus pulcher Well. ex Muell. Arg. (大戟科)
云和哺鸡竹 Phyllostachys yunhoensis S.Y.Chen & C.Y.Yao(禾本科)
云和假糙苏 Paraphlomis lancidentata Sun(唇形科)
云和少穗竹 Oligostachyum lanceolatum G.H.Ye & Z.P.Wang(禾本科)
云和新木姜子 Neolitsea aurata var. paraciculata (Nakai) Yang & P.H.Huang(樟科)
云花(植物志 63)=络石
云间地杨梅 Luzula wahlenbergii Rupr.(灯心草科)
云间杜鹃(高等图鉴)=叶状苞杜鹃
云间杜鹃 Therorhodion redowskianum (Maxim.) Hutch.(杜鹃花科)
云间杜鹃属 Therorhodion Small.(杜鹃花科)
云锦杜鹃 Rhododendron fortunei Lindl.(杜鹃花科),*天目杜鹃*
云开红豆 Ormosia merrilliana L.Chen(豆科),*梅氏红豆,皮青木,青竹木*
云丽棱子芹(新)Pleurospermum likiangense Wolff? (伞形科)
云连(药典 2000,植物志 27)=云南黄连
云连树(云南河口)=山楝
云岭虎耳草 Saxifraga zayuensis T.C.Ku(虎耳草科)
云岭火绒草 Leontopodium delavayanum Hand.-Mazz. (菊科)
云岭薹草 Carex yunlingensis P.C.Li(莎草科)
云岭乌头 Aconitum yunlingense Q.E.Yang & Z.D.Fang (毛茛科)
云龙报春 Primula prevernalis Chen & C.M.Hu (报春花科)
云龙党(海南)=蒴莲
云龙箭竹 Fargesia papyrifera Yi (禾本科),*实心竹*
云茅草(广西药用名录)=细竹篙草
云梅花草 Parnassia nubicola Wall. ex Royle (虎耳草科)
云母草(福建)=益母草
云木(青海)=石枣子
云木香(植物志 78-2)=木香
云南桉叶悬钩子 Rubus eucalyptus var. yunnanensis Yü & Lu (蔷薇科)
云南凹脉柃 Eurya cavinervis Vesque(山茶科)
云南八角(新华本草纲要)=白五味子
云南八角枫 Alangium yunnanense C.Y.Wu ex Fang et al.(八角枫科)
云南八角莲 Dysosma aurantiocaulis (Hand.-Mazz.) Hu (小檗科),*八角莲,多花八角莲*
云南巴豆 Croton yunnanensis W.W.Sm.(大戟科)
云南菝葜 Smilax yunnanensis S.C.Chen(百合科)
云南白蜡树(云南植物名录)=白蜡树
云南白杨(高等图鉴)=滇杨
云南白珠树(树木分类学)=刺毛白珠

云南百部(云南)=百灵草
云南百部 Stemona mairei (Lévl.) Krause(百部科),*狭叶百部,线叶百部,丽江百部*
云南柏(中国裸子志)=干香柏
云南柏拉木 Blastus tsaii H.L.Li(野牡丹科)
云南稗(医术林纂要)=穇
云南斑种草 Bothriospermum hispidissimum Hand.-Mazz.(紫草科)
云南斑籽 Baliospermum effusum Pax & Hoffm.(大戟科),*藏籽,抱冬籽,散微女孩子*
云南报春 Primula yunnanensis Franch.(报春花科)
云南豹子花 Nomocharis saluenensis I.B.Balf.(百合科),*碟花百合*
云南荸荠 Heleocharis yunnanensis Svens.(莎草科)
云南扁担杆 Grewia yunnanensis H.T.Chang (椴树科)
云南杓兰 Cypripedium yunnanense Franch.(兰科)
云南波罗栎 Quercus yunnanensis Franch.(壳斗科),*锐齿波罗栎,毛叶槲栎*
云南藏榄 Diploknema yunnanensis D.D.Tao, Z.H.Yang & Q.T.Zhang(山榄科)
云南草蔻 Alpinia blepharocalyx K.Schm.(姜科),*滇草蔻,小草蔻,绿苞山姜*
云南草沙蚕 Tripogon bromoides var. yunnanensis (Keng ex J.L.Yang) S.L.Chen & X.L. Yang (禾本科)
云南梣(植物志 61)=白蜡树
云南叉蕨 Tectaria yunnanensis (Bak.) Ching(叉蕨科)
云南叉柱花 Staurogyne yunnanensis H.S.Lo(爵床科)
云南叉柱兰 Cheirostylis yunnanensis Rolfe(兰科)
云南茶藨子(拉汉名称)=鄂西茶藨子
云南柴桂(中草药汇编)=新樟
云南柴胡 Bupleurum yunnanense Franch.(伞形科),*飘带草,竹柴胡,金柴胡*
云南长柄山蚂蝗 Podocarpium duclouxii (Pamp.) Yang & Huang(豆科),*水姑里*
云南长梗美登木(云南植物研究)=长梗美登木
云南长蒴苣苔 Didymocarpus yunnanensis (Franch.) W.W.Sm.(苦苣苔科),*新香草*
云南常山 Dichroa yunnanensis S.M.Hwang (虎耳草科)
云南沉香 Aquilaria yunnanensis S.C.Huang (瑞香科),*外弦顺*
云南澄广花 Orophea yunnanensis P.T.Li(番荔枝科)
云南匙羹藤 Gymnema yunnanense Tsiang(萝藦科)
云南齿唇兰(高等图鉴)=齿唇兰
云南齿缘草 Eritrichium echinocaryum (Johnst.) Lian & J.Q.Wang(紫草科)
云南赤瓟 Thladiantha pustulata (Lévl.) C.Jeff. ex Lu & Z.Y.Zhang(葫芦科)
云南赤车 Pellionia yunnanensis (H.Schröter) W.T.Wang (荨麻科)
云南翅子树 Pterospermum yunnanense Hsue (梧桐科)
云南翅子藤 Loeseneriella yunnanensis (Hu) A.C.Sm. (翅子藤科)
云南刺蕨 Egenolfia yunnanensis Ching & Chiu ex Ching & C.H.Wang(实蕨科)
云南刺篱木 Flacourtia jangomas (Lour.) Rauschel.(大风子科)
云南刺桐 Erythrina yunnanensis Tsai & Yü(豆科)
云南枞(中国裸子志)=川滇冷杉
云南楤木 Aralia thomsonii Seem.(五加科)
云南粗糠树 Ehretia confinis Johnst.(紫草科)
云南粗筒苣苔 Briggsia forrestii Craib(苦苣苔科)
云南翠雀花 Delphinium yunnanense Franch.(毛茛科),*小草乌,月下参,鸡脚草乌,倒提壶*
云南大白合(中药鉴别手册)=大百合
云南大黄 Rheum yunnanense Sam.(蓼科),*滇大黄*
云南大戟(横断山植物)=大果大戟
云南大沙叶(广西植物名录)=云南银柴
云南大蒜芥 Sisymbrium yunnanense W.W.Sm.(十字花科)
云南大柱藤 Megistostigma yunnanense Croiz.(大戟科)
云南丹参 Salvia nubicola Wall. ex Sweet (唇形科)
云南单室茱萸 Mastixia pentandra subsp. chinensis (Merr.) Matthew(山茱萸科)
云南倒吊笔 Wrightia coccinea (Roxb.) Sims(夹竹桃科)
云南灯心草 Juncus yunnanensis A.Camus(灯心草科)
云南地不容 Stephania yunnanensis Lo(防已科)
云南地构叶 Speranskia yunnanensis S.M. Hwang (大戟科)
云南地黄连 Munronia delavayi Franch.(楝科),*小地黄连,矮陀陀,思茅地黄连,小独根*
云南地桃花 Urena lobata var. yunnanensis S.Y. Hu (锦葵科)
云南蓧蕨(植物志 2)=云南条蕨
云南丁香 Syringa yunnanensis Franch.(木犀科),*毛萼云南丁香*
云南东俄芹 Tongoloa loloensis (de Boiss.) Wolff (伞形科)
云南东爪草 Tillaea alata Viviani(景天科)
云南冬青(台湾志)=小叶云南冬青
云南冬青 Ilex yunnanensis Franch.(冬青科),*万年青,滇冬青,椒子树,青檀树*
云南豆腐柴 Premna yunnanensis W.W.Sm.(马鞭草科),*虎珀*
云南豆蔻 Amomum repoeense Pierre ex Gagn.(姜科)
云南独活(图考)=鹤庆独活
云南独活 Heracleum yunnanense Franch.(伞形科)
云南独蒜兰 Pleione yunnanensis (Rolfe) Rolfe (兰科),*独叶白及,小白芨,独菇*
云南杜鹃 Rhododendron yunnanense Franch.(杜鹃花科)
云南椴 Tilia yunnanensis Hu(椴树科)
云南对叶兰 Listera yunnanensis S.C.Chen(兰科)
云南鹅耳枥 Carpinus monbeigiana Hand.-Mazz.(桦木科)
云南鹅掌柴 Schefflera yunnanensis Li(五加科)
云南耳蕨 Polystichum yunnanense Christ(鳞毛蕨科),*鸡足山耳蕨*
云南繁缕(云南植物研究)=千针万线草
云南方竹 Chimonobambusa yunnanensis Hsueh & W.P.Zhang(禾本科)
云南仿栗(新)Sloanea hemsleyana var.yunnanica Coode?(杜英科)
云南榧树 Torreya fargesii var. yunnanensis (W.C.Cheng & L.K.Fu) N.Kang (红豆杉科),*杉松果,滇榧子,沙松果,杉松果*
云南风车子 Combretum yunnanense Exell(使君子科)
云南风铃草 Campanula yunnanensis Hong(桔梗科)
云南风毛菊 Saussurea yunnanensis Franch.(菊科)
云南风筝果 Hiptage yunnanensis Huang ex S.K. Chen (金虎尾科)
云南枫杨 Pterocarya macroptera var. delavayi (Franch.) W.E.Manning(胡桃科)
云南蜂腰兰(高等图鉴)=蜂腰兰
云南凤尾蕨 Pteris wallichiana var. yunnanensis (Christ) Ching S.H.Wu(凤尾蕨科)
云南凤仙花 Impatiens yunnanensis Franch.(凤仙花科)
云南芙蓉 Hibiscus yunnanensis S.Y.Hu(锦葵科)
云南福王草 Prenanthes yakoensis J.F.Jeffr. ex Diels (菊科),*垭口盘果菊*
云南腹水草 Veronicastrum yunnanense (W.W. Sm.) Yamaz.(玄参科),*金钩莲*
云南甘草 Glycyrrhiza yunnanensis Cheng f. & L.K.Dai ex P.C.Li(豆科),*刺球,甘草籽*
云南高山豆 Tibetia yunnanensis (Franch.) H.P.Tsui (豆科),*云南米口袋*
云南哥纳香 Goniothalamus yunnanensis W.T. Wang (番荔枝科)
云南割舌树 Walsura yunnanensis C.Y.Wu(楝科)
云南葛藤(豆科图说)=苦葛
云南根(图经本草)=马兜铃
云南弓果藤 Toxocarpus aurantiacus C.Y.Wu ex Tsiang & P.T.Li(萝藦科)
云南公孙锥(新)Castanopsis tonkinensis var. laocaiensis Luong?(壳斗科)
云南勾儿茶 Berchemia yunnanensis Franch.(鼠李科),*黑果子,女儿红,青龙草,消黄散,鸦公藤,鸭公青,鸭公头*
云南钩毛草 Kelloggia chinensis Franch.(茜草科)
云南钩藤 Uncaria yunnanensis K.C.Hsia(茜草科)
云南狗骨柴 Diplospora mollissima Hutch.(茜草科),*多毛狗骨柴*
云南狗尾草 Setaria yunnanensis Keng & K.D. Yu ex Keng f. & Y.K.Ma (禾本科)
云南狗牙花(植物志 63)=伞房狗牙花
云南枸杞 Lycium yunnanense Kuang & A.M.Lu (茄科)
云南谷精草 Eriocaulon brownianum Mart.(谷精草科)
云南骨碎补 Davallia cylindrica Ching(骨碎补科),*毛根蕨*
云南观音座莲 Angiopteris yunnanensis Hieron.(观音座莲科)
云南冠唇花 Microtoena delavayi Prain(唇形科),*野香薷*
云南贯众 Cyrtomium yunnanense Ching & Shing (鳞毛蕨科),*硕美绩众*
云南桂(树木分类学)=新樟
云南桂花(云南志)=野桂花
云南桂樱 Laurocerasus andersonii (HK.f.) Yü & Lu(蔷薇科)
云南过路黄 Lysimachia albescens Franch.(报春花科)
云南孩儿草 Rungia yunnanensis H.S.Lo(爵床

科)
云南海金沙 Lygodium yunnanense Ching(海金沙科)
云南海棠(经济植物手册)=滇池海棠
云南含笑 Michelia yunnanensis Franch. ex Finet & Gagn.(木兰科),*皮袋香,山辛夷,羊皮袋,山栀子,山栀枝*
云南旱蕨 Pellaea yunnanesis Ching(中国蕨科)
云南蒿(分类学报)=怒江蒿
云南蒿 Artemisia yunnanensis J.F.Jeffr. ex Diels (菊科),*滇艾,戟叶蒿*
云南核果茶 Pyrenaria yunnanensis Hu(山茶科)
云南盒子草 Actinostemma tenerum var. yunnanensis A.M.Lu & Z.Y.Zhang(葫芦科)
云南黑鳗藤 Jasminanthes saxatilis (Tsiang & P.T.Li) W.D.Stev. & P.T.Li(萝藦科)
云南黑三棱 Sparganium yunnanense Y.D.Chen (黑三棱科)
云南红豆 Ormosia yunnanensis Prain.(豆科)
云南红豆杉(植物志 7)=西藏红豆杉
云南红景天 Rhodiola yunnanensis (Franch.) S.H.Fu (景天科),*白三七,打不死,逗豌七,胡豆七,还阳参,还阳参景天,还阳草,黄花天酒地参,姜皮矮陀陀,接骨丹,接骨七,菱叶红景天,三步接骨丹,三匹七,三台观音,水三七,铁脚莲,豌豆七,血三七,岩还阳,岩见血参,岩老鼠,岩田三七,岩豌豆,一代宗,玉蝴蝶,圆叶红景天,云南景天,肿果红景天*
云南红杉(树木分类学)=西藏红杉
云南厚壳桂 Cryptocarya yunnanensis H.W.Li (樟科)
云南厚皮香 Ternstroemia yunnanensis L.K.Ling (山茶科)
云南狐狸草(新)Myriactis mekongensis Hand.-Mazz.? (菊科)
云南胡桐(高等图鉴)=滇南红厚壳
云南槲寄生 Viscum yunnanensis H.S.Kiu(桑寄生科)
云南虎耳草(高等图鉴)=镜叶虎耳草
云南虎耳草(中药辞海)=蒙自虎耳草
云南虎尾蕨(云南)=云南铁角蕨
云南花椒 Zanthoxylum khasianum HK.f.(芸香科)
云南槐 Sophora yunnanensis C.Y.Ma(豆科)
云南槐树(树木分类学)=翅果槐
云南黄果冷杉 Abies ernestii var. salouenensis (Bordéres-Rey & Gaussen) Cheng & L.K.Fu (松科),*澜沧冷杉,大黄果冷杉*
云南黄花稔 Sida yunnanensis S.Y.Hu(锦葵科)
云南黄连 Coptis teeta Wall.(毛茛科),*云连,黄连*
云南黄皮 Clausena yunnanensis Huang(芸香科)
云南黄皮树(植物志 29)=秃叶黄檗
云南黄芪 Astragalus yunnanensis Franch.(豆科)
云南黄杞 Engelhardtia spicata Lesch. ex Bl.(胡桃科),*烟包树*
云南黄素馨(分类学报)=野迎春
云南黄馨(树木分类学)=野迎春
云南黄叶树 Xanthophyllum yunnanense C.Y. Wu (远志科)
云南幌伞枫 Heteropanax yunnanensis Hoo(五加科)
云南灰毛豆 Tephrosia purpurea var. yunnanensis Z.Wei(豆科)
云南茴芹 Pimpinella yunnanensis (Franch.) Wolff (伞形科)
云南茴香(中药大辞典)=白五味子
云南火焰兰 Renanthera imschootiana Rolfe(兰科)
云南鸡矢藤 Paederia yunnanensis (Lévl.) Rehd. (茜草科),*白鸡矢藤,毛叶黄药*
云南姬蕨 Hypolepis yunnanensis Ching(姬蕨科)
云南棘豆 Oxytropis yunnanensis Franch.(豆科)
云南嘉赐树(武汉植物学研究)=曲枝脚骨脆
云南嘉赐树(植物学报)=云南脚骨脆
云南荚蒾 Viburnum yunnanense Rehd.(忍冬科)
云南假福王草 Paraprenanthes yunnanensis (Franch.) Shih(菊科)
云南假虎刺 Carissa yunnanensis Tsiang & P.T.Li (夹竹桃科)
云南假楼梯草 Lecanthus petelotii var. yunnanensis C.J.Chen(荨麻科)
云南假脉蕨 Crepidomanes yunnanense Ching & Chiu (膜蕨科)
云南假木荷(高等图鉴)=云南金叶子
云南假韶子 Paranephelium hystrix W.W.Sm.(无患子科)
云南假卫矛 Microtropis yunnanensis (Hu) C.Y. Cheng & T.C.Kao(卫矛科)
云南假鹰爪 Desmos yunnanensis (Hu) P.T.Li(番荔枝科)
云南菅 Themeda yunnanensis S.L.Chen & T.D. Zhuang (禾本科)
云南剑蕨 Loxogramme subensifrons Ching?(剑蕨科)
云南姜 Zingiber yunnanense S.Q.Tong & X.Z. Liu (姜科)
云南角盘兰 Herminium yunnanense Rolfe(兰科)
云南脚骨脆 Casearia yunnanensis How & Ko (大风子科),*云南嘉赐树*
云南金莲花 Trollius yunnanensis (Franch.) Ulbr. (毛茛科),*鸡爪草*
云南金茅 Eulalia yunnanensis Keng & S.L.Chen (禾本科)
云南金钱槭 Dipteronia dyerana Henry(槭树科),*辣子树,飞天子*
云南金叶子(中药辞海)=滇桐
云南金叶子 Craibiodendron yunnanense W.W. Sm. (杜鹃花科),*补骨灵,疯姑娘,假吊钟,金叶子,马虱子树,美娥,泡花树,细叶子,云南假木荷*
云南堇菜 Viola yunnanensis W.Beck. & H.de Boiss. (堇菜科),*滇堇菜,拟柔毛堇菜,紫萝兰*
云南锦鸡儿 Caragana franchetiana Kom.(豆科),*渣玛兴,阳雀花,查阳雀花*
云南旌节花 Stachyurus yunnanensis Franch.(旌节花科),*滇旌节花*
云南景天(拉汉名称)=云南红景天
云南九节 Psychotria yunnanensis Hutch.(茜草科)
云南聚花草 Floscopa yunnanensis Hong(鸭跖草科)
云南蕨 Pteridium yunnannense Ching & S.H. Wu (蕨科)
云南蕨萁 Botrypus yunnanensis (Ching) Ching? (瓶尔小草科)
云南开口箭 Campylandra yunnanensis (F.T. Wang & S.Y.Liang) M.N.Tamura et al.(百合科)
云南可爱花 Eranthemum splendens (T.Anders.) Hort. ex Sieb. & Voss(爵床科)
云南克檑木(云南中草药)=滇桐
云南孔颖草 Bothriochloa yunnanensis W.Z. Fang (禾本科)
云南蓝果树 Nyssa yunnanensis W.C.Yin(蓝果树科),*毛叶紫树*
云南榄仁(树木分类学)=错枝榄仁
云南老鹳草 Geranium yunnanense Franch.(牻牛儿苗科),*滇紫地榆,毫白紫地榆*
云南肋毛蕨 Ctenitis yunnanensis Ching & C.H. Wang (叉蕨科)
云南肋柱花 Lomatogonium forrestii (Balf.f.) Fern. (龙胆科),*囊腺肋柱花*
云南棱子芹 Pleurospermum yunnanense Franch. (伞形科)
云南李榄(新)Linociera caudata Coll1?(木犀科)
云南里白 Diplopterygium yunnanense (Ching) Ching(里白科)
云南连翘(云南)=匙萼金丝桃
云南连蕊茶 Camellia tsaii Hu(山茶科)
云南链荚豆 Alysicarpus yunnanensis Yang & Huang (豆科)
云南鳞盖蕨 Microlepia yunnanensis Ching(碗蕨科)
云南柃 Eurya yunnanensis Hsu(山茶科)
云南陵齿蕨 Lindsaea yunnanensis Ching(陵齿蕨科)
云南瘤果芹 Trachydium kingdonwardii Wolff (伞形科)
云南柳 Salix cavaleriei Lévl.(杨柳科),*滇大叶柳*
云南柳穿鱼 Linaria yunnanensis W.W.Sm.(玄参科)
云南柳杉 Cryptomeria fortunei f. wawaii (Hay.) Cheng & H.P.Tsui?(杉科)
云南龙船花 Ixora yunnanensis Hutch.(茜草科)
云南龙胆 Gentiana yunnanensis Franch.(龙胆科)
云南龙眼独活 Aralia yunnanensis Franch.(五加科),*草独活,松香疳药,龙眼独活,大九股牛,牛角七*
云南龙竹 Dendrocalamus yunnanicus Hsueh & D.Z.Li (禾本科),*大竹,大桡竹*
云南鹿藿 Rhynchosia yunnanensis Franch.(豆科)
云南卵叶报春 Primula klaveriana Forr.(报春花科),*克氏报春*
云南轮环藤 Cyclea meeboldii Diels(防已科)
云南罗汉果 Siraitia borneensis var. yunnaensis A.M.Lu & Z.Y.Zhang(葫芦科)
云南萝芙木(植物志 63)=萝芙木
云南络石(植物志 63)=贵州络石
云南马兜铃 Aristolochia yunnanensis Franch. (马兜铃科),*追风散,南木香,小南木香,土木香,藤子暗消,地檀香,青木香*
云南马蓝 Pteracanthus yunnanensis (Diels) C.Y. Wu & C.C.Hu(爵床科),*滇紫云菜*
云南马钱(云南经济植物)=长籽马钱
云南马唐 Digitaria fibrosa var. yunnanensis (Henr.) L.Liou(禾本科)
云南马尾杉 Huperzia yunnanense (Ching) Holub. (石杉科)
云南马先蒿 Pedicularis yunnanensis Franch.(玄参科)
云南马瓞儿 Zehneria marginata (Bl.) Keraudren (葫芦科)
云南蔓龙胆 Crawfurdia campanulacea Wall. & Griff. ex C.B.Clarke(龙胆科)
云南毛茛 Ranunculus yunnanensis Franch.(毛茛科)

云南毛果草 Lasiocaryum trichocarpum (Hand.-Mazz.) Johnst.(紫草科)
云南毛蕨 Cyclosorus yunnanensis Ching ex Shing (金星蕨科),*虹彩毛蕨*
云南毛鳞菊 Chaetoseris yunnanensis Shih(菊科)
云南梅(中国裸子志)=云南铁杉
云南梅花草 Parnassia yunnanensis Franch.(虎耳草科)
云南梅花草长柄变种(分类学报)=长柄云南梅花草
云南美登木(云南植物研究)=美登木
云南美冠兰 Eulophia yunnanensis Rolfe(兰科)
云南米口袋(豆科图说)=云南高山豆
云南密花豆 Spatholobus varians Dunn(豆科)
云南蜜蜂花 Melissa yunnanensis C.Y.Wu & Y.C.Huang (唇形科)
云南木鳖 Momordica dioica Roxb. ex Willd.(葫芦科)
云南木姜子 Litsea yunnanensis Yang & P.H.Huang (樟科),*黄心木*
云南木犀榄 Olea tsoongii (Merr.) P.S.Green(木犀科),*千状木犀榄,短柄木犀榄,旱生木犀榄,白桂花*
云南楠木(云南)=滇润楠
云南囊管花 Cyrtandromoea pterocaulis D.D.Tao, X.D.Li & X.Yang?(玄参科)
云南拟单性木兰 Parakmeria yunnanensis Hu (木兰科),*云南拟克林丽木,黑心绿豆*
云南拟克林丽木(云南)=云南拟单性木兰
云南鸟足兰 Satyrium yunnanense Rolfe(兰科)
云南牛奶菜(Flora 16)=漾濞牛奶菜
云南牛奶菜(植物志 63)=四川牛奶菜
云南牛栓藤 Connarus yunnanensis Schellenb. (牛栓藤科)
云南欧李(高等图鉴)=高盆樱桃
云南泡花树 Meliosma yunnanensis Franch.(清风藤科)
云南盆距兰 Gastrochilus yunnanensis Schltr.(兰科)
云南婆罗双 Shorea assamica Dyer(龙脑香科)
云南婆婆纳 Veronica yunnanensis Hong(玄参科)
云南葡萄 Vitis yunnanensis C.L.Li(葡萄科)
云南蒲桃 Syzygium yunnanense Merr. & Perry (桃金娘科)
云南七叶树 Aesculus wangii Hu(七叶树科),*水茄子*
云南桤叶树 Clethra delavayi Franch.(桤叶树科),*云南山柳,滇西山柳*
云南槭树(树木分类学)=云南扇叶槭
云南漆 Toxicodendron yunnanense C.Y.Wu(漆树科)
云南棋子豆 Cylindrokelupha yunnanensis (Kosterm.) T.L.Wu(豆科)
云南千斤拔 Flemingia wallichii Wight & Arn. (豆科),*滇千斤拔*
云南前胡 Peucedanum yunnanense Wolff(伞形科)
云南荨麻(高等图鉴)=滇藏荨麻
云南青牛胆 Tinospora sagittata var. yunnanensis (S.Y.Hu) Lo(防已科),*尖叶金果榄,苦地胆*
云南青杨(植物志 20-1)=西南杨
云南清风藤 Sabia yunnanensis Franch.(清风藤科),*老鼠吹箫,羊饥藤,鸡舌头叶,风藤草*
云南清明花 Beaumontia khasiana HK.(夹竹桃科)
云南秋海棠 Begonia yunnanensis Lévl.(秋海棠科),*白棉胡,红耗儿,化血丹,山海棠,水八角,野海棠,一口血*
云南球子草 Peliosanthes yunnanensis Wang & Tang(百合科)
云南曲唇兰 Panisea yunnanensis S.C.Chen & Z.H.Tsi(兰科)
云南雀稗 Paspalum delavayi Henr.(禾本科)
云南雀舌木 Leptopus yunnanensis P.T.Li(大戟科)
云南染木树 Saprosma henryi Hutch.(茜草科)
云南忍冬 Lonicera yunnanensis Franch.(忍冬科)
云南榕 Ficus yunnanensis S.S.Chang(桑科)
云南肉豆蔻 Myristica yunnanensis Y.H.Li(肉豆蔻科)
云南乳突绣线菊(新)Spiraea papillosa var. yunnanensis Yü(蔷薇科),*乳突绣线菊云南变种*
云南蕊帽忍冬(高等图鉴)=亮叶忍冬
云南蕊木(植物志 63)=蕊木
云南瑞香(树木分类学)=橙花瑞香
云南瑞香 Daphne yunnanensis H.F.Zhou ex C.Y.Chang (瑞香科)
云南三花杜鹃 Rhododendron triflorum subsp. multiflorum R.C.Fang(杜鹃花科)
云南散血丹 Physaliastrum yuunanense Kuang & A.M.Lu(茄科)
云南桑 Morus mongolica var. yunnanensis (Koidz.) C.Y.Wu & Cao(桑科)
云南沙参 Adenophora khasiana (HK.f. & Thoms.) Coll. & Hemsl.(桔梗科),*变白沙参,丽江沙参,两型沙参,玫花沙参,泡参,沙参,雪花沙,重齿沙参*
云南沙地叶下珠 Phyllanthus arenarius var. yunnanensis Chin(大戟科)
云南沙棘 Hippophaë rhamnoides subsp. yunnanensis Rousi(胡颓子科)
云南砂仁 Amomum yunnanense S.Q.Tong(姜科)
云南莎草 Cyperus duclouxii E.-G.Camus (莎草科)
云南山茶(广西志)=滇山茶
云南山橙(分类学报)=雷打果
云南山黑豆 Dumasia yunnanensis Y.T.Wei & S.Lee (豆科)
云南山壳骨 Pseuderanthemum graciliflorum (Nees) Ridley(爵床科)
云南山柳(树木分类学)=云南桤叶树
云南山蚂蝗 Desmodium yunnanense Franch.(豆科)
云南山梅花 Philadelphus delavayi L.Henry(虎耳草科),*西南山梅花*
云南山茉莉 Huodendron yunnanensis Herb.?(安息香科)
云南山槚子 Buchanania yunnanensis C.Y.Wu (漆树科)
云南山土瓜(云南植物名录)=野豇豆
云南山楂 Crataegus scabrifolia (Franch.) Rehd. (蔷薇科),*山林果,大果山楂,酸冷果*
云南山指甲(分类学报)=毛叶假鹰爪
云南山竹子(高等图鉴)=云树
云南杉松(中国树木学)=云南油杉
云南珊瑚树 Viburnum odoratissimum var. sessiliflorum (Geddes) Fukuoka(忍冬科)
云南扇叶槭 Acer flabellatum var. yunnanense (Rehd.) Fang(槭树科),*云南槭树*
云南舌蕨 Elaphoglossum yunnanense (Bak.) C.Chr. (舌蕨科)
云南升麻 Cimicifuga yunnanensis Hsiao(毛茛科)
云南省藤 Calamus yunnanensis S.J.Pei & S.Y.Chen (棕榈科)
云南蓍 Achillea wilsoniana Heimerl ex Hand.-Mazz. (菊科),*刀口药,飞天蜈蚣,蓍草,土一枝蒿,蜈蚣蒿,一支蒿*
云南石笔木 Tutcheria sophiae (Hu) Chang(山茶科)
云南石芥菜(拉汉名称)=云南碎米荠
云南石莲 Sinocrassula yunnanensis (Franch.) Berger (景天科)
云南石松(云南植物研究)=石松
云南石仙桃 Pholidota yunnanensis Rolfe(兰科),*六棱椎,乱角莲,石草果,石风子,石海椒,石枣子*
云南石梓 Gmelina arborea Roxb.(马鞭草科),*滇石梓,酸树*
云南实蕨 Bolbitis yunnanensis Ching(实蕨科)
云南柿 Diospyros yunnanensis Rehd. & Wils. (柿科)
云南鼠刺(高等图鉴)=滇鼠刺
云南鼠李(新) Rhamnus aurea Heppl.(鼠李科),*铁马鞭*
云南鼠尾草 Salvia yunnanensis C.H.Wright(唇形科),*奔马草,丹参,滇丹参,山槟榔,小丹参,朱砂理肺散,紫参,紫丹参*
云南薯蓣 Dioscorea yunnanensis Prain & Burkill (薯蓣科)
云南树参 Dendropanax yunnanensis Tseng & Hoo (五加科)
云南双盾木 Dipelta yunnanensis Franch.(忍冬科),*云南双楯,鸡骨菜,垂枝双盾木*
云南双楯(树木分类学)=云南双盾木
云南水东哥 Saurauia yunnanensis C.F.Liang & Y.S.Wang (猕猴桃科)
云南水壶藤 Urceola tournieri (Pierre) D.J.Middl. (夹竹桃科),*大赛格多,赫马结*
云南水竹叶 Murdannia yunnanensis Hong(鸭跖草科)
云南四照花(树木分类学)=凉生梾木
云南松 Pinus yunnanensis Franch.(松科),*青松,松,长毛松*
云南溲疏 Deutzia yunnanensis S.M.Hwang(虎耳草科)
云南苏铁 Cycas siamensis Miq.(苏铁科),*象尾菜,孔雀抱蛋,凤尾蕉*
云南素馨 Jasminum rufohirtum Gagn.(木犀科)
云南碎米荠 Cardamine yunnanensis Franch.(十字花科),*云南石芥菜,异叶碎米荠*
云南穗花杉 Amentotaxus yunnanensis Li (红豆杉科)
云南薹草 Carex yunnanensis Franch.(莎草科)
云南檀栗 Pavieasia yunnanensis H.S.Lo(无患子科)
云南唐松草 Thalictrum yunnanense W.T.Wang (毛茛科)
云南糖芥(植物志 33)=波齿糖芥
云南藤黄 Garcinia yunnanensis Hu(藤黄科),*小姑娘果,鸣给安*
云南蹄盖蕨(秦岭志)=日本蹄盖蕨
云南条蕨 Oleandra yunnanensis Ching(条蕨科)
云南铁角蕨 Asplenium yunnanense Franch.(铁角蕨科),*凤尾草,凤尾猪鬃草,小蕨蕨,小叶凤尾草,旱明琼,云南虎尾蕨,猪鬃草*

云南铁木 Ostrya yunnanensis Hu ex P.C.Li(桦木科)
云南铁皮(云南)=铁皮石斛
云南铁杉 Tsuga dumosa (D.Don) Eichler (松科), *高山栂,高山铁杉,狗尾松,卡,落花松,莎松,水栗子,水子树,岩铁杉,硬鳞铁杉,硬栂,云南栂*
云南铁线莲 Clematis yunnanensis Franch.(毛茛科), *镰叶铁线莲,川滇铁线莲*
云南葶苈 Draba yunnanensis Franch.(十字花科), *宽叶云南葶苈,细梗云南葶苈*
云南头蕊兰(新) Cephalanthera thomsonii Rchb.f.? (兰科)
云南土沉香 Excoecaria acerifolia Didr.(大戟科), *刮筋板,刮金械,走马胎,鸦胆子,草沉香*
云南土圞儿 Apios delavayi Franch.(豆科)
云南兔儿风 Ainsliaea yunnanensis Franch.(菊科), *铜脚威,小一支箭,燕麦灵*
云南兔耳草 Lagotis yunnanensis W.W.Sm.(玄参科)
云南菟丝子(高等图鉴)=大花菟丝子
云南臀果木 Pygeum henryi Dunn(蔷薇科)
云南橐吾 Ligularia yunnanensis (Franch.) Chang (菊科)
云南娃儿藤 Tylophora yunnanensis Schltr.(萝藦科), *白龙须,白藤,白薇,金线包,老妈妈针线包,山辣子,蛇辣子,水辣子,小白薇,野辣椒,野辣子*
云南洼瓣花 Lloydia yunnanensis Franch.(百合科)
云南瓦理棕 Wallichia mooreana Basu(棕榈科), *摩氏小堇棕*
云南瓦韦 Lepisorus xiphiopteris (Baker) W.M. Chu (水龙骨科)
云南网蕨 Dictyodroma yunnanense Ching(蹄盖蕨科), *滇南网蕨*
云南网藤蕨 Lomagramma yunnanensis Ching (藤蕨科)
云南卫矛 Euonymus yunnanensis Franch.(卫矛科), *金丝杜,黄皮杜仲,野石榴,棉杜仲*
云南乌口树 Tarenna yunnanensis How ex W.C. Chen (茜草科)
云南无心菜 Arenaria yunnanensis Franch.(石竹科), *云南蚤缀*
云南无忧花 Saraca griffithiana Prain(豆科)
云南吴萸 Evodia ailanthifolia Pierre(芸香科)
云南梧桐 Firmiana major (W.W.Sm.) Hand.-Mazz. (梧桐科)
云南五加 Acanthopanax yui Li(五加科)
云南五叶参 Pentapanax yunnanensis Franch.(五加科)
云南五针松(树木分类学)=毛枝五针松
云南菥蓂 Thlaspi yunnanense Franch.(十字花科)
云南细裂芹 Harrysmithia dissecta (Franch.) Wolff ex Shan(伞形科)
云南显脉荚蒾(新)Viburnum cordifolium var. hypsophilum Hand.-Mazz.?(忍冬科)
云南腺萼木 Mycetia yunnanica Lo(茜草科)
云南相思树 Acacia yunnanensis Franch.(豆科)
云南香茶菜(滇南酝草)=不育红
云南香花藤 Aganosma cymosa (Roxb.) G.Don (夹竹桃科), *老鼠牛角*
云南香青 Anaphalis yunnanensis (Franch.) Diels (菊科)
云南香橼 Citrus medica var. yunnanensis S.Q. Ding ex Huang(芸香科)
云南小檗 Berberis yunnanensis Franch. (小檗科)
云南小花藤(植物志 63)=小花藤
云南小苦荬 Ixeridium yunnanense Shih(菊科)
云南小连翘 Hypericum petiolulatum subsp. yunnanense (Franch.) N.Robson(藤黄科)
云南小膜盖蕨 Araiostegia yunnanensis (Christ) Cop. (骨碎补科)
云南肖菝葜 Heterosmilax yunnanensis Gagn. (百合科), *短柱肖菝葜*
云南秀柱花 Eustigma lenticellatum C.Y.Wu (金缕梅科)
云南绣球(分类学报)=西南绣球
云南绣线菊 Spiraea yunnanensis Franch.(蔷薇科)
云南绣线菊曲枝变型(植物志 36)=曲枝云南绣线菊(新)
云南绣线梅 Neillia serratisepala Li(蔷薇科)
云南玄参 Scrophularia yunnanensis Franch.(玄参科)
云南悬钩子 Rubus yunnanicus Ktze.(蔷薇科)
云南雪灵芝(高等图鉴补编)=大花福禄草
云南栒子(经济植物手册)=钝叶栒子
云南蕈树 Altingia yunnanensis Rehd. & Wils. (金缕梅科)
云南丫蕊花 Ypsilandra yunnanensis W.W.Sm. & J.F.Jeffr.(百合科)
云南牙蕨(植物志 6-1)=薄叶牙蕨
云南崖豆 Millettia pulchra var. yunnanensis (Pamp.) Dunn(豆科)
云南崖摩 Amoora yunnanensis (H.L.Li) C.Y.Wu (楝科)
云南崖爬藤 Tetrastigma yunnanense Gagn.(葡萄科), *滇崖爬藤,石葡萄,爬树龙,五爪金龙,软三角枫*
云南亚菊 Ajania elegantyla (W.W.Sm.) Shih? (菊科)
云南亚麻荠(植物志 66)=风轮菜
云南岩镜 Schizocodon yunnanensis Yamazaki? (岩梅科)
云南沿阶草 Ophiopogon tienensis Wang & Tang (百合科)
云南眼树莲(植物志 63)=景洪球兰
云南羊角树 Strophanthus wallichii A.DC.(夹竹桃科)
云南羊茅(高等图鉴)=藏滇羊茅
云南羊奶子 Elaeagnus yunnanensis Serv.?(胡颓子科)
云南羊蹄甲 Bauhinia yunnanensis Franch.(豆科)
云南杨梅 Myrica nana Cheval.(杨梅科), *矮杨梅,杨梅根*
云南野独活 Miliusa tenuistipitata W.T.Wang(番荔枝科), *短柄密榴木*
云南野古草 Arundinella yunnanensis Keng (禾本科)
云南野海棠 Bredia yunnanensis (Lévl.) Diels (野牡丹科)
云南野豇豆(植物志 41)=野豇豆
云南野木瓜(植物志 71-2)=羊瓜藤
云南野扇花 Sarcococca wallichii Stapf(黄杨科), *厚叶清香桂*
云南野桐 Mallotus yunnanensis Pax & Hoffm. (大戟科)
云南叶轮木 Ostodes katharinae Pax(大戟科)
云南叶下珠(拉汉名称)=刺果叶下珠
云南移柂 Docynia delavayi (Franch.) Schneid. (蔷薇科), *西南移柂,桃榛,移柂*
云南异木患 Allophylus hirsutus Radlk.(无患子科)
云南异蕊龙胆(植物志 62)=大理龙胆
云南异燕麦 Helictotrichon delavayi (Hack.) Henr. (禾本科)
云南阴地蕨 Botrychium yunnanense Ching (阴地蕨科)
云南阴石蕨 Humata henryana (Bak.) Ching (骨碎补科)
云南银柴 Aporusa yunnanensis (Pax & Hoffm.) Metc.(大戟科), *橄树,铁车木,云南大沙叶*
云南银钩花 Mitrephora wangii Hu(番荔枝科)
云南银莲花 Anemone demissa var. yunnanensis Franch.(毛茛科)
云南樱花(经济植物手册)=细齿樱桃
云南樱桃 Cerasus yunnanensis (Franch.) Yü & Li (蔷薇科)
云南蝇子草 Silene yunnanensis Franch.(石竹科)
云南瘿椒树 Tapiscia yunnanensis W.C.Cheng & C.D.Chu (省沽油科), *白毛椿*
云南油丹 Alseodaphne yunnanensis Kosterm. (樟科)
云南油杉 Keteleeria evelyniana Mast.(松科), *杉松,云南杉松,松壳络树*
云南莠竹 Microstegium yunnanense R.J.Yang (禾本科)
云南鱼藤 Derris yunnanensis Chun & How(豆科)
云南鸢尾 Iris forrestii Dykers(鸢尾科), *大紫石蒲*
云南越桔 Vaccinium duclouxii (Lévl.) Hand.-Mazz. (杜鹃花科)
云南蚤缀(高等图鉴)=云南无心菜
云南藻百年 Exacum teres Wall.(龙胆科)
云南粘木 Ixonanthes cochinchinensis Pierre(古柯科)
云南獐牙菜 Swertia yunnanensis Burk.(龙胆科), *滇獐牙菜,肝炎草,苦草,荞杆草,青钱胆,青叶胆,小苦胆草,小龙胆草,紫花苦胆草,走胆药*
云南樟 Cinnamomum glanduliferum (Wall.) Nees (樟科), *白樟,臭樟,大黑叶樟,果东樟,红樟,青皮树,香叶树,香樟,樟木,樟脑树,樟叶树*
云南沼兰 Malaxis bahanensis (Hand.-Mazz.) T. Tang & F.T.Wang(兰科)
云南折柄茶 Hartia yunnanensis Hu(山茶科), *云南舟柄花*
云南针苞菊(新)Tricholepis karensium Kurz ex C.B.Clarke? (菊科)
云南中国蕨(秦岭志)=小叶中国蕨
云南柊叶 Phrynium tonkinense Gagn.(竹芋科)
云南重楼 Paris polyphylla var. yunnanensis (Franch.) Hand.-Mazz.(百合科), *宽瓣重楼,滇重楼,独角莲,独足莲,公鸡子,九道箍,阔瓣蚤休,两把伞,麻波波,麻婆婆,七叶一枝花,山重楼,土三七,王孙,牙赶庄,一把伞,重楼,重楼一枝箭*
云南舟柄花(高等图鉴)=云南折柄茶
云南轴果蕨(分类学报)=云贵轴果蕨
云南朱兰 Pogonia yunnanensis Finet(兰科)
云南珠子木 Phyllanthodendron yunnanense Croiz (大戟科), *滇珠子木*
云南猪屎豆 Crotalaria yunnanensis Franch.(豆科)
云南蛛毛苣苔 Paraboea neurophylla (Coll. &

Hemsl.) Burtt(苦苣苔科)
云南竹叶草 Oplismenus patens var. yunnanensis S.L.Chen & Y.X.Jin (禾本科)
云南紫茎 Stewartia yunnanensis Chang(山茶科)
云南紫荆(豆科图说)=湖北紫荆
云南紫菊 Notoseris yunnanensis Shih(菊科)
云南紫菀 Aster yunnanensis Franch.(菊科)
云南紫薇 Lagerstroemia intermedia Koehne(千屈菜科)
云南紫珠 Callicarpa yunnanensis W.Z.Fang(马鞭草科)
云南醉魂藤 Heterostemma wallichii Wight(萝藦科)
云南醉鱼草 Buddleja yunnanensis Gagn.(马钱科),*滇醉鱼草,猫屎树*
云片柏 Chamaecyparis obtusa cv. Breviramea (柏科)
云栖复叶耳蕨 Arachniodes yunqiensis Y.T. Hsieh (鳞毛蕨科)
云楸(河北)=刺楸
云山八角枫 Alangium kurzii var. handelii (Schnarf) Fang(八角枫科),*大花八角枫*
云山白兰花(植物志 30-1)=阔瓣含笑
云山椆(高等图鉴)=云山青冈
云山椴 Tilia obscura Hand.-Mazz.(椴树科)
云山青冈 Cyclobalanopsis sessilifolia (Bl.) Schott. (壳斗科),*云山椆*
云杉 Picea asperata Mast.(松科),*茂县云杉,茂县杉,异鳞云杉,大云杉,大果云杉,白松,箭炉云杉,密毛杉*
云杉寄生 Arceuthobium pini var. sichuanense H. S.Kiu (桑寄生科)
云杉属 Picea Dietr.(松科)
云上杜鹃 Rhododendron pachypodum Balf.f. & W.W.Sm.(杜鹃花科),*白豆花,波瓣杜鹃*
云生毛茛 Ranunculus nephelogenes Edgew.(毛茛科)
云生早熟禾 Poa nubigena Keng ex L.Liu(禾本科)
云实 Caesalpinia decapetala (Roth) Alston(豆科),*草云田,倒挂刺,粉刺,虎头刺,马豆,爬墙刺,水皂角,四时青,天豆,铁场豆,阎王刺,药王子*
云实属 Caesalpinia L.(豆科),*苏木属*
云树 Garcinia cowa Roxb.(藤黄科),*云南山竹子,给哈蒿*
云松茶(云南玉溪)=东紫苏
云台南星 Arisaema dubois-reymondiae Engl.(天南星科)
云泰叶下珠 Phyllanthus sootepensis Craib(大戟科),*美丽叶下珠*
云通(西藏)=鬼吹箫
云雾杜鹃 Rhododendron chamaethomsonii (Tagg & Forr.) Cowan & Davidian(杜鹃花科)
云雾杜鹃花 Rhododendron chamae Thoms.(杜鹃花科),*矮小杜鹃杜鹃,矮汤姆逊杜鹃*
云雾龙胆 Gentiana nubigena Edgew.(龙胆科),*邦见那保*
云雾罗汉松 Podocarpus nubigenus Lindl.(罗汉松科)
云雾七(陕西平利)=毛梗翠雀花
云雾七(陕西中草药)=秦岭翠雀花
云雾雀儿豆 Chesneya nubigena (D.Don) Ali(豆科)
云雾忍冬 Lonicera nubium (Hand.-Mazz.) Hand.-Mazz.(忍冬科),*湖广忍冬*
云雾算盘子 Glochidion nubigenum HK.f.(大戟科)
云雾薹草 Carex nubigena D.Don(莎草科)
云香草(云南)=灵香草
云雄丁香(本草蒙荃)=丁子香
云叶兰 Nephelaphyllum tenuiflorum Bl.(兰科),*鸡冠云叶兰*
云叶兰属 Nephelaphyllum Bl.(兰科)
云英(植物志 63)=络石
云支花(贵州志)=大铜钱叶蓼
云中冬青 Ilex nubicola C.Y.Wu ex Y.R.Li(冬青科)
云珠(植物志 63)=络石
云状雪兔子 Saussurea aster Hemsl.(菊科)
沄山当归(綦江)=长尾当归
芸豆(植物志 42-2)=胡卢巴
芸红(中药学)=大红橙
芸红(中药学)=福橘
芸芥(西北)=芝麻菜
芸皮(中药学)=大红橙
芸皮(中药学)=福橘
芸苔 Brassica rapa var. oleifera DC.(十字花科),*油菜*
芸苔属 Brassica L.(十字花科)
芸香(本草原始)=枫香树
芸香(纲目)=山矾
芸香(西北)=芝麻菜
芸香 Ruta graveolens L.(芸香科),*臭草,香草,百应草,小叶香,臭艾*
芸香草(滇南本草)=烟管头草
芸香草(盛京通京)=胡卢巴
芸香草(中药鉴别法)=扭鞘香茅
芸香草 Cymbopogon distans (Nees) Wats.(禾本科),*臭草,韭叶芸香草,茅草筋骨,射香草,石灰草,细叶茅草,香茅草,香茅盘骨草,小香茅草,野云香草,诸葛草*
芸香科 Rutaceae,*柑橘科*
芸香叶补血草 Limonium brassicifolium (Webb & Benth.) O.Kuntze (白花丹科)
芸香叶蒿(内蒙古)=香叶蒿
芸香叶唐松草 Thalictrum rutifolium HK.f. & Thoms. (毛茛科),*奥甲决拉*
芸香竹 Monocladus amplexicaulis Chia et al.(禾本科)
芸香属 Ruta L.(芸香科)
运兰树(四川宜宾)=赛楠
晕药(高等图鉴)=火碳母
韫珍金腰 Chrysosplenium wuwenchenii Jien(虎耳草科),*韫珍猫眼草*
韫珍猫眼草(分类学报)=韫珍金腰
蕴苞麻花头(高等图鉴)=缢苞麻花头

Za

匝赤把漠(藏药名)=小风毛菊
匝赤把漠卡(藏名)=禾叶风毛菊
杂毕梓(西藏)=甘青青兰
杂赤咸巴(藏名)=细叶小苦荬
杂多雪灵芝 Arenaria zadoiensis L.H.Zhou(石竹科)
杂多紫堇 Corydalis zadoiensis L.H.Zhou(罂粟科)
杂高粱 Sorghum ×almum Parodi (禾本科)
杂各尔手把(西藏)=水母雪兔子
杂花苜蓿(高等图鉴)=天蓝苜蓿
杂花苜蓿(中药辞海)=花苜蓿
杂交鹅观草 Roegneria hybrida Keng(禾本科)
杂交费菜 Phedimus hybridus (L.) 't Hart(景天科),*杂景天,杂种景天,杂交景天*
杂交锦带花(新)Weigela hybrida Hort.?(忍冬科)
杂交景天(植物志 34-1)=杂交费菜
杂交苜蓿 Medicago varia Martyn(豆科)
杂金鸡纳 Cinchona hybrida Hort.(茜草科)
杂景天(东北检索表)=杂交费菜
杂毛蓝钟花 Cyananthus sherriffii Cown(桔梗科)
杂蟠槐 Sophora japonica var. japonica f. hybrida Carr.? (豆科)
杂配藜 Chenopodium hybridum L.(藜科),*大叶藜,血见愁,八角灰菜,大叶灰菜*
杂配轴藜 Axyris hybrida L.(藜科)
杂色豹皮花 Stapelia variegata L.(萝藦科)
杂色杜鹃 Rhododendron eclecteum Balf.f. & Forr. (杜鹃花科)
杂色瘤瓣兰 Oncidium variegatum (Sw.) Sw.(兰科)
杂色榕 Ficus variegata Bl.(桑科)
杂色钟报春 Primula alpicola (W.W.Sm.) Stapf (报春花科),*顶花报春,高山报春*
杂氏灰栒子(华北经济志要)=西北栒子
杂穗嵩草 Kobresia clarkeana (Kükenth.) Kükenth. (莎草科)
杂哇苟知(甘肃夏河藏语)=草黄堇
杂性脱肠草(拉汉名称)=杂性治疝草
杂性鸭茅 Dactylis polygama Horvato (禾本科)
杂性治疝草 Herniaria polygama J.Gay(石竹科),*杂性脱肠草*
杂早熟禾 Poa hybrida Gaud.(禾本科)
杂种苞叶芋 Spathiphyllum hybridum N.E.Br. (天南星科)
杂种车轴草 Trifolium hybridum L.(豆科)
杂种堇菜 Viola ×wittrockiana Gams.(堇菜科)
杂种景天(经济植物手册)=杂交费菜
杂种苦叶槭 Acer coriaceum Tausch.(槭树科)
杂种芦荟 Aloe delaetoe Radl.(百合科),*海虎兰*
杂种茑萝(植物志 64-1)=葵叶茑萝
杂种扭果苣苔 Streptocarpus ×hybridus Voss. (苦苣苔科)
杂种槭 Acer hybridum Spach.(槭树科)
杂种唐菖蒲 Gladiolus princeps Hort.(鸢尾科)
杂种显著小檗 Berberis notabilis Schneid.(小檗科)
杂种燕麦 Avena hybrida Peterm.(禾本科)
杂种鱼鳔槐 Colutea×media Willd. (豆科)
杂种紫杉 Taxus media Rehd.(红豆杉科)

Zai

栽培二棱大麦 Hordeum distichon L.(禾本科)
栽培菊苣 Cichorium endivia L.(菊科)
栽培葡萄 Vitis vinifera var. sativa DC.(葡萄科)
栽秧花(贵州)=蜀葵
栽秧花 Hypericum beanii N.Robson(藤黄科),*黄花香,打烂碗花,黄香棵,小黄花*
栽秧泡(陕西)=五叶草莓
栽秧泡 Rubus ellipticus var. obcordatus (Franch) Focke(蔷薇科),*倒竹伞,黄藨,黄泡,黄泡刺根,黄锁梅,三月泡,钻地风*
崽狗鞭(云南瑶语)=黄蜀葵
再风艾(岭南采药录)=艾纳香
再裂变种(植物志 74)=再裂粘冠草(新)
再裂粘冠草(新)Myriactis longipedunculata var. bipinnatisecta (Kitam.) Kitam.(菊科),*再裂变种*
再生稻(民间草药汇编)=稻
再维泻(苗族名)=木鳖子
再香脑(图经本草)=龙脑香

Zan

褶深格鲁(四川若尔盖)=细叶香茶菜

赞比亚凤仙花 Impatiens usambarensis Grey-Wils.(凤仙花科)

赞木噶(藏语)=宝盖草

錾菜(药学学报)=大花益母草

錾菜 Leonurus pseudomacranthus Kitag.(唇形科),*山玉米膏*,*白花益母膏*,*益母草*

Zang

藏白蒿 Artemisia younghushandii J.R.Drumm. ex Pamp.(菊科)

藏百合 Lilium paradoxum Stearn(百合科)

藏柏(四川)=高山柏

藏棒锤瓜 Neoalsomitra clarigera (Wall.) Hutch.(葫芦科)

藏报春 Primula sinensis Sabine ex Lindl.(报春花科),*年景花*

藏北艾 Artemisia vulgaris var. xizangensis Ling & Y.R.Ling(菊科),*北艾*,*西藏变种*

藏北高原芥(植物志 33)=藏北扇叶芥

藏北碱茅 Puccinellia staphfiana R.R.Stew.(禾本科)

藏北梅花草 Parnassia filchneri Ulbr.(虎耳草科)

藏北扇叶芥 Desideria baiogoensis (K.C.Kuan & Z.X.An) Al-Shehbaz(十字花科),*藏北高原芥*

藏北嵩草 Kobresia littledalei C.B.Clarke (莎草科)

藏北薹草 Carex satakeana T.Koyama(莎草科)

藏北葶苈 Draba zangbeiensis L.L.Lou(十字花科)

藏北早熟禾 Poa borealitibetica C.Ling(禾本科)

藏边大黄 Rheum australe D.Don(蓼科),*启扎*,*牛尾七*,*大岩*

藏边蔷薇 Rosa webbiana Wall. ex Royle(蔷薇科)

藏边栒子 Cotoneaster affinis Lindl.(蔷薇科)

藏波罗花 Incarvillea younghushandii Sprague (紫葳科),*乌确玛子布*,*角蒿*

藏布杜鹃 Rhododendron charitopes subsp. tsangpoense (K.Ward) Cullen(杜鹃花科)

藏布红景天(分类学报增刊)=异鳞红景天

藏布江树萝卜 Agapetes praeclara Marq.(杜鹃花科),*岩生树萝卜*

藏布鳞毛蕨 Dryopteris redactopinnata S.K.Basu & Panigr.(鳞毛蕨科)

藏布三芒草 Aristida tsangpoensis L.Liou(禾本科)

藏草乌 Aconitum balfourii Stapf?(毛茛科)

藏菖蒲(药典 2000)=菖蒲

藏虫实 Corispermum tibeticum Iljin(藜科)

藏臭草 Melica tibetica Roshev.(禾本科)

藏川杨 Populus szechuanica var. tibetica Schneid. (杨柳科),*高山杨*

藏刺薯蓣 Dioscorea xizangensis C.T.Ting(薯蓣科)

藏刺榛 Corylus ferox var. thibetica (Batal.) Franch.(桦木科)

藏葱 Allium atrosanguineum var. tibeticum (Rgl.) G.Zhu & Turl.(百合科)

藏当归(青海)=裂叶独活

藏当归(西藏)=白亮独活

藏党参(民族药志)=长花党参

藏滇风铃草 Campanula modesta HK.f. & Thoms. (桔梗科)

藏滇还阳参 Crepis elongata Babcock(菊科),*长茎还阳参*

藏滇羊茅 Festuca vierhapperi Hand.-Mazz.(禾本科),*云南羊茅*,*费氏羊茅*

藏丁香(图考)=石丁香

藏东百蕊草 Thesium tongolicum Hendry.(檀香科),*东俄洛百蕊草*

藏东报春(拉汉名称)=西藏报春

藏东臭草 Melica schuetzeana Hempel(禾本科)

藏东杜鹃 Rhododendron oreogenum L.C.Hu(杜鹃花科)

藏东耳蕨 Polystichum orientali-tibeticum Ching (鳞毛蕨科)

藏东蒿 Artemisia vexans Pamp.(菊科)

藏东虎耳草 Saxifraga implicans H.Sm.(虎耳草科),*维西虎耳草*

藏东堇菜(高等图鉴补编)=西藏堇菜

藏东南虎耳草 Saxifraga subtsangchanensis J.T. Pan (虎耳草科)

藏东忍冬(新)Lonicera cyanocarpa var. prophyrantha Marq. & Shaw?(忍冬科)

藏东瑞香 Daphne bholua Buch.-Ham. ex D.Don (瑞香科)

藏东薹草 Carex cardiolepis Nees(莎草科)

藏东蹄盖蕨 Athyrium austro-orientale Ching(蹄盖蕨科),*大金蹄盖蕨*,*刺齿蹄盖蕨*

藏豆 Stracheya tibetica Benth.(豆科)

藏豆属 Stracheya Benth.(豆科)

藏飞蛾藤 dinetus grandiflora (Wall.) Staples (旋花科)

藏匐柳 Salix faxonianoides C.Wang (杨柳科)

藏瓜 Indofevillea khasiana Chatt.(葫芦科)

藏瓜属 Indofevillea Chatt.(葫芦科)

藏寒蓬 Psychrogeton poncinsii (Franch.) Ling & Y.L.Chen(菊科)

藏旱蒿 Artemisia nortonii Pamp.(菊科)

藏合欢 Albizia sherriffii Baker(豆科)

藏红花(英拉汉名称)=番红花

藏红花属(植物志 16-1)=**番红花属**

藏花忍冬(拉汉名称)=华北忍冬

藏黄报春(高等图鉴)=芒齿灯台报春

藏黄花茅 Anthoxanthum hookeri (Griseb.) Endle (禾本科),*虎克黄花茅*

藏黄芪(豆科图说)=藏新黄芪

藏黄芩 Scutellaria kingiana Prain (唇形科)

藏茴芹 Pimpinella tibetanica Wolff(伞形科)

藏茴香(药用图鉴)=葛缕子

藏桧(经济植物手册)=大果圆柏

藏芨芨草 Achnatherum duthiei (Hookl.f.) P.C. Kuo & S.L.Lu(禾本科)

藏蓟 Cirsium lanatum (Roxb. ex Willd.) Spreng. (菊科)

藏假拟沿沟草 Paracolpodium tibeticum (Bor) E.Alexeev(禾本科)

藏截苞矮柳 Salix resectoides Hand.-Mazz.(杨柳科),*异雄柳*

藏芥 Phaeonychium parryoides (Kurz ex HK.f. & T.Anders.) O.E.Schulz(十字花科)

藏芥属 Phaeonychium O.E.Schulz(十字花科)

藏金莲(云南志)=野罂粟

藏锦鸡儿(内蒙志)=毛刺锦鸡儿

藏锦鸡儿(青海)=鬼箭锦鸡儿

藏荆芥 Nepeta hemsleyana Oliv. ex Prain (唇形科),*杀丢那博*,*萨都那保*,*雅卜*

藏榄 Diploknema butyracea (Roxb.) Lam.(山榄科)

藏榄属 Diploknema Pierre (山榄科)

藏冷蕨 Cystopteris tibetica Z.R.Wang(蹄盖蕨科)

藏柳 Salix zangica N.Chao(杨柳科)

藏龙蒿 Artemisia waltonii J.R.Drumm. ex Pamp. (菊科),*肯格马*

藏落芒草 Oryzopsis tibetica (Roshev.) P.C.Kuo (禾本科)

藏麻黄 Ephedra saxatilis Royle ex Florin (麻黄科),*麻黄*,*匍枝丽江麻黄*

藏莓(经济植物手册)=西藏悬钩子

藏莓系(新拉汉英)=藏南早熟禾

藏木通(西藏志)=云南马兜铃

藏木香(中药志)=土木香

藏南百蕊草 Thesium emodi Hendry.(檀香科)

藏南报春(Flora 15)=藏南粉报春

藏南茶藨(高等图鉴补编)=曲萼茶藨子

藏南长蒴苣苔 Didymocarpus primulifolius D. Don (苦苣苔科)

藏南党参 Codonopsis subsimplex HK.f. & Thoms. (桔梗科),*近单一党参*

藏南丁香 Syringa tibetica P.Y.Bai(木犀科)

藏南杜鹃 Rhododendron principis Bur. & Franch. (杜鹃花科),*紫斑杜鹃*

藏南繁缕 Stellaria zangnanensis L.H.Zhou(石竹科)

藏南粉报春 Primula jaffreyana King(报春花科),*藏南报春*,*喜岭报春*

藏南风铃草 Campanula nakaoi Kitam.(桔梗科)

藏南凤仙花 Impatiens serrata Benth. ex HK.f. & Thoms.(凤仙花科)

藏南红景天(分类学报增刊)=巴塘红景天

藏南虎耳草 Saxifraga engleriana H.Sm.(虎耳草科)

藏南金钱豹 Campanumoea inflata (HK.f.) C.B. Clarke (桔梗科)

藏南卷耳 Cerastium thomsonii HK.f.(石竹科)

藏南犁头尖 Typhonium austro-tibeticum H.Li (天南星科)

藏南柳 Salix austro-tibetica N.Chao(杨柳科)

藏南龙胆 Gentiana huxleyi Kusnzez(龙胆科),*倒卵叶龙胆*

藏南绿南星 Arisaema jacquemontii Bl.(天南星科),*天南星*

藏南绿绒蒿 Meconopsis zangnanensis L.H. Zhou (罂粟科)

藏南麻黄 Ephedra saxatilis var. sikikimensis (Stapf) Florin(麻黄科)

藏南槭 Acer campbellii HK.f. & Thoms. ex Hiern (槭树科)

藏南舌唇兰 Platanthera clavigera Lindl.(兰科),*鸡肾草*,*鸡腰子*,*腰子草*,*双仁*,*肾经草*

藏南石斛 Dendrobium monticola P.F.Hunt & Summerh.(兰科)

藏南藤乌 Aconitum elwesii Stapf(毛茛科)

藏南卫矛 Euonymus austro-tibetanus Y.R.Li(卫矛科)

藏南蟹甲草 Parasenecio chola (W.W.Sm.) Y.L. Chen (菊科),*藜叶千里光*

藏南星 Arisaema propinquum Schott (天南星科)

藏南绣线菊 Spiraea bella Sims(蔷薇科),*美丽绣线菊*

藏南悬钩子 Rubus austro-tibetanus Yü & Lu (蔷薇科)

藏南栒子 Cotoneaster taylorii Yü(蔷薇科)

藏南早熟禾 Poa tibeticola Bor(禾本科),*藏莓系*

藏南钟萼草 Lindenbergia griffithii HK.f.?(玄参科),*格氏钟萼草*

藏南紫堇 Corydalis jigmei C.E.C.Fisch & K.N.

Kaul (罂粟科)
藏女蒿(高等图鉴)=垫状女蒿
藏女贞(中草药汇编)=粗壮女贞
藏匹菊 Pyrethrum atkinsonii (C.B.Clarke) Ling & Shih(菊科)
藏蒲公英 Taraxacum tibetanum Hand.-Mazz.(菊科),*西藏蒲公英*
藏荠 Hedinia tibetica (Thoms.) Ostenf.(十字花科)
藏荠属 Hedinia Ostenf.(十字花科)
藏茄(陕甘宁青中草药选)=山莨菪
藏茄(云南,中药辞典)=铃铛子
藏青果(中药材手册)=诃子
藏青胡卢巴(西藏志)=青海苜蓿
藏青稞 Hordeum vulgare var. trifurcatum (Schlecht.) Alef.(禾本科),*三叉大麦*
藏楸 Catalpa tibetica Forr.(紫葳科)
藏雀麦(新拉汉英)=喜马拉雅雀麦
藏蕊变型(植物志 66)=鸡骨柴
藏沙蒿 Artemisia wellbyi Hemsl. & Pears. ex Deasy (菊科)
藏杉(四川天全)=三尖杉
藏杉(中国裸子志)=西双版纳粗榧
藏扇穗茅 Littledalea tibetica Hemsl.(禾本科)
藏氏蓼(北部植物图志)=戟叶蓼
藏鼠李(新)Rhamnus tibetica Y.L.Chen & P.K.Chou ?(鼠李科),*西藏鼠李*
藏水苏 Stachys tibetica Vatke?(唇形科)
藏薹草 Carex thibetica Franch.(莎草科)
藏天葵叶紫堇(云南植物研究)=波密紫堇
藏橐吾 Ligularia rumicifolia (Drumm.) S.W.Liu (菊科),*卵叶橐吾*,*日肖*
藏西大戟(植物志 44-3)=高山大戟
藏西凤仙花 Impatiens thomsonii HK.f.(凤仙花科)
藏西黄堇(高等图鉴补编)=革吉黄堇
藏西黄芪 Astragalus webbianus Grah. ex Benth. (豆科)
藏西柳 Salix insignis Anderss.(杨柳科)
藏西毛茛(Flora 6)=茬弱毛茛
藏西忍冬 Lonicera semenovii Rgl.(忍冬科)
藏西嵩草 Kobresia deasyi C.B.Clarke (莎草科)
藏西铁线莲(植物志 28)=扎达铁线莲
藏西无心菜 Arenaria stracheyi Edgew.(石竹科)
藏西岩黄芪 Hedysarum falconeri Benth. ex Baker (豆科)
藏西野青茅 Deyeuxia zangxiensis P.C.Kuo & S.L.Lu(禾本科)
藏腺毛蒿 Artemisia thellungiana Pamp.(菊科)
藏香茅 Cymbopogon tibeticus Bor (禾本科)
藏象牙参 Roscoea tibetica Bat.(姜科),*土中闻*,*鸡脚参*,*象牙参*,*鸡脚玉兰*
藏新黄芪 Astragalus tibetanus Benth. ex Bge. (豆科),*藏黄芪*
藏杏 Armeniaca holosericea (Batal.) Lost.(蔷薇科)
藏玄参 Oreosolen wattii HK.f.(玄参科)
藏玄参属 Oreosolen HK.f.(玄参科)
藏延龄草(中草药汇编)=西藏延龄草
藏岩蒿 Artemisia prattii (Pamp.) Ling & Y.R. Ling (菊科)
藏羊茅 Festuca wallichiana E.Alexeev(禾本科)
藏药木 Hyptianthera stricta (Roxb.) Wight & Arn. (茜草科)
藏药木属 Hyptianthera Wight & Arn.(茜草科)
藏野青茅 Deyeuxia tibetica Bor (禾本科)
藏掖花 Cnicus benedictus L.(菊科)
藏掖花属 Cnicus L.(菊科)
藏异燕麦 Helictotrichon tibeticum (Roshev.) Holub. (禾本科)
藏茵陈(青海)=川西獐牙菜
藏茵陈(青海)=四数獐牙菜
藏银穗草 Leucopoa deasyi (Rendle) L.Liu(禾本科)
藏迎春(分类学报)=垫状迎春
藏蝇子草 Silene subcretacea F.N.Will.(石竹科)
藏獐牙菜 Swertia racemosa (Griseb.) Wall. ex C. B.Clarke (龙胆科)
藏珍珠菜 Lysimachia tsarongensis Hand.-Mazz. (报春花科)
藏中虎耳草 Saxifraga signatella Marquand(虎耳草科),*松吉斗*
藏中黄堇 Corydalis anaginova Lidén & Z.Y.Su (罂粟科)
藏紫堇 Corydalis tsangensis Lidén & Z.Y.Su(罂粟科)
藏紫枝柳 Salix paraheterochroma C.Wang & P. Y.Fu (杨柳科)

Zao

糟(日华子本草)=稻
糟(日华子本草)=高粱
糟(日华子本草)=普通小麦
凿角(广东)=石斑木
凿角(广东)=石楠
凿木(科属辞典)=石楠
凿树(广东)=椤木石楠
凿子木(纲目)=柞木
凿子树(植物志 52-1)=柞木
早春杜鹃 Rhododendron praevernum Hutch.(杜鹃花科)
早春旌节花 Stachyurus praecox S. & Z.(旌节花科)
早春薹草(东北检索表)=亚柄薹草
早筱草(四川中草药)=光滑柳叶菜
早谷藨(天目药志)=无腺白叶莓
早禾树(广东惠阳,广州)=珊瑚树
早禾酸(江西)=江南越桔
早禾子(江西)=短尾越桔
早红 Citrus reticulata cv. Zaohong(芸香科),*早橘子*,*洞庭红*
早花白花百合 Lilium candidum var. salonikae Stoker (百合科),*早花圣母百合*
早花脆蒴报春 Primula praeflorens Chen & C.M. Hu (报春花科)
早花大丁草 Gerbera bonatiana (Beauverd) Beauverd (菊科)
早花苜蓿 Medicago praecox DC.(豆科)
早花秋水仙 Colchicum bornmuelleri Freyn.(百合科)
早花忍冬 Lonicera praeflorens Batal.(忍冬科)
早花圣母百合(新拉汉英)=早花白花百合
早花水亚木 Hydrangea paniculata var. praecox Rehd. (虎耳草科)
早花象牙参 Roscoea cautleoides Gagn. (姜科),*滇象牙参*,*双唇象牙参*,*华象牙参*
早花悬钩子 Rubus preptanthus Focke(蔷薇科)
早花岩芋 Remusatia hookeriana Schtott (天南星科)
早锦带花 Weigela paecox (Lemoine) Bailey (忍冬科)
早橘 Citrus reticulata cv. Subcompressa(芸香科),*黄岩蜜橘*
早橘子(植物志 43-2)=早红
早开地丁(中草药汇编)=早开堇菜
早开堇菜 Viola prionantha Bge.(堇菜科),*光瓣堇菜*,*早开地丁*
早落通泉草 Mazus caducifer Hance(玄参科)
早雀麦 Bromus valdiviensis (禾本科)
早生欧夏至草 Marrubium praecox Jaka.(唇形科)
早生郁金香 Tulipa praecox Ten.(百合科)
早熟虫实 Corispermum praecox Tsien & C.G. Ma (藜科)
早熟禾 Poa annua L.(禾本科)
早熟禾属 Poa L.(禾本科)
早熟苇群 Phragmites australis grex aestivales L.Liu(禾本科)
早熟猪毛菜 Salsola praecox Litv.(藜科)
早田氏冬青 Ilex hayataiana Loes.(冬青科)
早田氏红皮(台湾志)=台北安息香
早田氏爵床 Rostellularia procumbens var. ciliata (Yamamoto) S.S.Ying(爵床科),*澎湖爵床*
早田氏鳞毛蕨(台湾志)=裂盖鳞毛蕨
早田氏杨桐(台湾志)=早田野氏红淡比
早田铁线莲(新)Clematis owatarii Hay.?(毛茛科)
早田野氏红淡比 Cleyera japonica var. hayatai (Masamune & Yamamoto) Kobuski(山茶科),*早田氏杨桐*
早园竹 Phyllostachys propinqua McClure (禾本科),*浙江淡竹*
早竹 Phyllostachys praecox C.D.Chu & C.S. Chao (禾本科)
枣(福建)=南酸枣
枣 Ziziphus jujuba Mill.(鼠李科),*刺枣*,*大枣*,*贯枣*,*红枣*,*红枣树*,*老鼠屎*,*良枣*,*美枣*,*枣树*,*枣子*,*枣子树*
枣儿红(云南)=七叶鬼灯檠
枣皮(本草经集注)=无刺枣
枣皮(会约医镜)=山茱萸
枣树(俗称)=枣
枣树(植物志 48-1)=无刺枣
枣树根(纲目)=无刺枣
枣树皮(纲目)=无刺枣
枣椰子(译名)=海枣
枣叶(本经)=无刺枣
枣叶翅果麻 Kydia jujubifolia Criff.(锦葵科)
枣属 Ziziphus Mill.(鼠李科)
枣子(俗称)=枣
枣子(植物志 48-1)=无刺枣
枣子树(植物志 48-1)=枣
蚤草 Pulicaria prostrata (Gilib.) Ascher(菊科)
蚤草属 Pulicaria Gaertn.(菊科)
蚤休(本经)=华重楼
蚤休(图考)=七叶一枝花
蚤缀(东北检索表)=毛叶老牛筋
蚤缀(高等图鉴)=无心菜
蚤缀属(植物学词典)=**无心菜属**
藻百年 Exacum tetragonum Roxb.(龙胆科)
藻百年属 Exacum L.(龙胆科)
藻耳草(四川中药志)=谷精草
皂荚 Gleditsia sinensis Lam.(豆科),*长皂角*,*大皂角*,*刀皂*,*马屎*,*眉皂*,*木乳*,*筇刺*,*筇子*,*天丁*,*象牙皂*,*小皂角*,*牙皂*,*皂荚树*,*皂角*,*皂针*,*猪牙皂*
皂荚树(浙江)=皂荚
皂荚树(植物志 39)=山皂荚
皂荚属 Gleditsia L.(豆科)
皂角(高等图鉴)=皂荚
皂角刺(中草药汇编)=山皂荚

皂角树(植物志 39)=山皂荚
皂角针(中草药汇编)=山皂荚
皂柳 Salix wallichiana Anderss.(杨柳科),*红心柳,毛狗条,山杨柳*
皂帽花 Dasymaschalon trichophorum Merr.(番荔枝科),*僧丹帽花,毛皂帽花,鸡朵乎,菴罗,乌木兰*
皂帽花属 Dasymaschalon HK.f. & Thoms.) Dalle Torre & Harms(番荔枝科)
皂七板子(中草药汇编)=山皂荚
皂药根(分类草药性)=羽叶蓼
皂针(中药材手册)=皂荚
燥原蒿(沙漠药用植物)=阿尔泰狗娃花
燥原荠 Ptilotricum canescens (DC.) C.A.Mey.(十字花科)
燥原荠属 Ptilotricum C.A.Mey.(十字花科),*节毛荠属*

Ze

啫喳木(广东)=豺皮樟
则朵娃(藏名)=菥蓂
则给德毛道(蒙名)=沙枣
则给毛道(蒙名)=沙枣
则羊古(清海,西藏藏语)=甘青青兰
泽八绣球 Hydrangea serrata f. acuminata (S. & Z.) Wils. & Chun ?(虎耳草科)
泽败(名医别录)=败酱
泽当水柏枝 Myricaria elegans var. tsetangensis P.Y.Zhang & Y.J.Zhang(柽柳科)
泽当醉鱼草(西藏志)=互叶醉鱼草
泽地灯台报春 Primula helodoxa Blaf.f.(报春花科),*饰沼报春,锦台报春,指状报春*
泽地早熟禾 Poa palustris L.(禾本科),*河源早熟禾*
泽蕃椒 Deinostemma violaceum (Maxim.) Yamaz. (玄参科)
泽蕃椒属 Deinostemma Yamaz.(玄参科)
泽姑(名医别录)=栝楼
泽巨(吴普本草)=栝楼
泽库杜鹃 Rhododendron zhekoense Y.D.Sun & Z.J.Zhao(杜鹃花科)
泽库虎耳草 Saxifraga zekoensis J.T.Pan(虎耳草科)
泽库棱子芹 Pleurospermum tsekuense Shan(伞形科)
泽库秦艽 Gentiana zekuensis T.N.Ho & S.W. Liu (龙胆科)
泽库薹草 Carex zekogensis Y.C.Yang(莎草科)
泽拉显著小檗 Berberis insignis var. zelaica Ahrendt (小檗科)
泽兰(东北,河北,江苏,福建,湖南,广西)=地瓜儿苗
泽兰(广东,广西,四川,湖南,湖北,福建)=佩兰
泽兰(青海民和)=露蕊乌头
泽兰(四川西部)=日本黄猄草
泽兰(云南中草药)=异叶泽兰
泽兰(植物名实图鉴)=地笋
泽兰(植物志 74)=白头婆
泽兰羊耳菊 Inula eupatorioides DC.(菊科)
泽兰属 Eupatorium L.(菊科)
泽栗(浙江)=白栎
泽米属(新拉汉英)=**大苏铁属**
泽漆 Euphorbia helioscopia L.(大戟科),*大戟,倒毒草散,猫儿眼睛草,漆茎,乳浆草,五灯草,五朵云,五风草*
泽漆麻(江苏)=罗布麻
泽芹 Sium suave Walt.(伞形科),*山藁本*
泽芹属 Sium L.(伞形科)
泽山飞蓬 Erigeron seravschanicus M.Pop.(菊科)
泽生薹草 Carex riparia Curt.(莎草科)
泽生藤 Calamus palustris Griff.(棕榈科) ,*沼泽省藤*
泽水苋 Ammannia myriophylloides Dunn(千屈菜科)
泽苔草 Caldesia parnassifolia (Bassi ex L.) Parl. (泽泻科)
泽苔草属 Caldesia Parl.(泽泻科)
泽泻(湖北)=荔枝草
泽泻(药典 2000)=东方泽泻
泽泻 Alisma plantago-aquatica L.(泽泻科),*水泻,鹄泻,及泻,芒芋,泽芝,禹孙,如意菜,泽泻实,水白菜,一枝花,车苦菜,天鹅蛋,无秃,禹泻,牛耳菜,酸恶俞*
泽泻蕨 Hemionitis arifolia (Burm.) Moore(裸子蕨科)
泽泻蕨属 Hemionitis L.(裸子蕨科)
泽泻科 Alismataceae
泽泻实(纲目)=泽泻
泽泻虾脊兰 Calanthe alismaefolia Lindl.(兰科),*细点根节兰*
泽泻属 Alisma L.(泽泻科)
泽星宿菜(高等图鉴)=泽珍珠菜
泽珍珠菜 Lysimachia candida Lindl.(报春花科),*白水花,水硼砂,单条草,星宿菜,灵疾草,泽星宿菜*
泽芝(典术)=泽泻
仄棱蛋(山西)=翅果油树
贼老藤(广西)=长柄野扁豆
贼佬药(广西)=裸花紫珠
贼绿柴(山西)=翅果油树
贼小豆 Vigna minima (Roxb.) Ohwi & Ohashi (豆科),*狭叶菜豆*
贼腰带(浙江)=毛瑞香
贼仔树(广东)=楝叶吴萸
贼仔树(广西药用名录)=红紫珠
贼子草(福建)=杜虹花
贼子草(海南)=血见愁
贼子叶(广东,广西)=大叶紫珠

Zeng

曾氏米仔兰(分类学报)=铁椤
增城杜鹃(防治选编)=两广杜鹃

Zha

喳吧叶(四川)=展毛野牡丹
渣贝筝瓦(藏名)=戟形扇蕨
渣加哈梧(藏名)=卷丝苣苔
渣玛兴(藏名)=云南锦鸡儿
渣尼咕噜(云南僾尼语)=油渣果
渣意尔香科 Teucrium jailae Juz.(唇形科)
樝(农政全书)=油茶
樝苜(湖南)=漆
樝首(湖南)=漆
樝叶槭 Acer crataegifolium S. et Z.(槭树科)
樝子(本草经集注)=毛叶木瓜
樝子(中国药学大辞典)=日本木瓜
扎巴兴罗玛涅买(藏名)=川梨
扎柏(藏名,高原治疗手册)=长瓦韦
扎草(高等图鉴)=渣草
扎赤(民族药志)=头嘴菊
扎达沙棘(西藏志)=中亚沙棘
扎达铁线莲 Clematis zandaensis W.T.Wang(毛茛科),*藏西铁线莲*
扎多点地梅 Androsace alaschanica var. zadoensis Y.C.Yang & R.F.Huang(报春花科)
扎鲁小叶杨(植物志 20-2)=小叶杨
扎蓬棵(河北中药手册)=猪毛菜
扎屁股草(指示植物)=隐花草
札阿中(藏药名)=石砾唐松草
札伯尔小檗 Berberis zabeliana Schneid.(小檗科)
札达黄芪 Astragalus tsataensis Ni & P.C.Li(豆科)
札达荆芥 Nepeta zandaensis H.W.Li (唇形科)
札尔布鲁克纳团集小檗 Berberis glomerata var. zahlbruckneriana (Schneid.) Ahrendt (小檗科)
札克翅子树 Pterospermum jackianum Wall.(梧桐科)
札氏栒子(经济植物手册)=西北栒子
札尤栒子(新)Cotoneaster zuyulensis Klotz?(蔷薇科)
闸草(北京)=狸藻
诈死枫(中草药汇编)=山胡椒
栅手(海南)=七爪龙
栅枝垫柳 Salix clathrata Hand.-Mazz.(杨柳科)
炸椒(云南爱尼族)=毛大叶臭花椒
炸山叶(云南)=地檀香
炸腰果(云南中草药选)=镰叶扁担杆
炸腰花(云南)=展毛野牡丹
痄腮树 Heliciopsis terminalis (Kur) Sleum.(山龙眼科),*硬壳果,鹅掌枫,老鼠核桃,小果调羹树*
蚱蜢腿(浙江中草药)=爵床
榨菜 Brassica juncea var. tumida Tsen & Lee(十字花科),*菱角菜,羊角儿菜*
榨木仁(四川中药志)=光叶海桐

Zhai

斋桑泊 Euphorbia consanguinea Schrenk.?(大戟科)
斋桑黄芪 Astragalus zaissanensis Sumn.(豆科)
斋桑棘豆 Oxytropis recognita Bge.(豆科)
斋桑蝇子草 Silene alexandrae B.A.Keller(石竹科)
摘艼子(中药材手册)=益智
窄斑叶珊瑚 Aucuba albo-punctifolia var. angustula Fang & Soong(山茱萸科)
窄瓣白花百合 Lilium candidum var. cernuum Weston (百合科),*窄瓣圣母百合*
窄瓣兜兰 Paphiopedilum stonii HK.f.) Pfitz.(兰科)
窄瓣红花荷 Rhodoleia stenopetala Chang(金缕梅科),*海南红苞木*
窄瓣鹿药 Maianthemum tatsiennese (Franch.) LaFrank. (百合科)
窄瓣毛茛 Ranunculus micronivalis Hand.-Mazz. (毛茛科)
窄瓣梅花草 Parnassia angustipetala Ku (虎耳草科)
窄瓣三角萼溲疏 Deutzia carnea var. stellata Rehd. (虎耳草科)
窄瓣圣母百合(新拉汉英)=窄瓣白花百合
窄苞风毛菊 Saussurea stenolepis Nakai(菊科)
窄苞蒲公英 Taraxacum bessarabicum (Hornem.) Hand.-Mazz.(菊科),*厚叶蒲公英*
窄苞石豆兰 Bulbophyllum rufinum Rchb.f.(兰科)
窄边蒲公英 Taraxacum pseudoatratum Oraz.(菊科)
窄翅南芥 Arabis pterosperma Edgew.(十字花科),*宽翅南芥*
窄唇虎舌兰 Epipogium roseum var. stenochilum Hand.-Mazz.(小檗科)

窄唇蜘蛛兰 Arachnis labrosa (Lindl. & Paxt.) Rchb.f. (兰科)
窄萼凤仙花 Impatiens stenosepala Pritz. ex Diels (凤仙花科)
窄隔单花荠 Pegaeophyton angustiseptatum Al-Shehbaz et al.(十字花科)
窄沟草属(名词审查本)=**钝叶草属**
窄冠侧柏 Platycladus orientalis cv. Zhaiguan-cebai (柏科)
窄管香雪兰 Freesia refracta var. leichtlinii W. Miller (鸢尾科)
窄果脆兰 Acampe ochracea (Lindl.) Hochr.(兰科)
窄果松 Pinus attenuata Lemm.(松科),*莱伯克松*
窄果苔草 Carex angustifructus (Kükenth.) V. Krecz. (莎草科)
窄果薏苡 Coix stenocarpa Balansa (禾本科)
窄花凤仙花 Impatiens stenantha HK.f.(凤仙花科)
窄花假龙胆 Gentianella angustiflora H.Sm.(龙胆科)
窄花柳叶箬 Isachne hirsuta var. angusta W.Z. Fang (禾本科)
窄花序全缘叶美洲茶 Ceanothus integerrimus var. peduncularis Jeps.(鼠李科)
窄基红褐柃 Eurya rubiginosa var. attenuata H.T.Chang(山茶科)
窄裂委陵菜 Potentilla angustiloba Yü & Li(蔷薇科)
窄裂缬草 Valeriana stenoptera Diels(败酱科)
窄膜棘豆 Oxytropis moellendorffii Bge.(豆科)
窄膜麻黄 Ephedra lomatolepis Schrenk(麻黄科)
窄穗剪股颖 Agrostis inaequiglumis Griseb.(禾本科)
窄穗莎草 Cyperus tenuispica Steud.(莎草科)
窄穗细柄茅 Ptilagrostis junatovii Grub.(禾本科)
窄筒小报春 Primula waddellii Balf.f. & W.W. Sm. (报春花科)
窄头橐吾 Ligularia stenocephala (Maxim.) Matsum. & Koidz.(菊科),*戟叶橐吾*,*山紫菀*
窄小叶郁金香 Tulipa sprengeri Baker (百合科)
窄楔叶绣线菊(新)Spiraea canescens var. oblanceolata Rehd.(蔷薇科),*楔叶绣线菊窄叶变种*
窄序雀麦 Bromus stenostachys Boiss.(禾本科)
窄序崖豆藤(豆科图说)=思茅崖豆
窄沿沟草 Catabrosa aquatica var. angusta Stapf (禾本科)
窄檐糙叶秋海棠 Begonia asperifolia var. unialata Ku(秋海棠科)
窄檐心叶秋海棠 Begonia labordei var. unialata Ku (秋海棠科)
窄腰泡(云南)=蚂蚁花
窄叶矮锦鸡儿 Caragana pygmaea var. angustissima Schneid.(豆科)
窄叶安匝木 Pomaderris angustifolia (Benth.) Wakefield (鼠李科)
窄叶百合(植物志 14)=紫喉百合
窄叶败酱 Patrinia heterophylla subsp. angustifolia (Hemsl.) H.J.Wang(败酱科),*盲菜*,*苦菜*,*白升麻*,*狭叶败酱*
窄叶半枫荷 Pterospermum lanceaefolium Roxb.(梧桐科),*假木棉*,*翅子树*
窄叶豹斑百合 Lilium pardalinum var. angustiflolium Kellogg (百合科)
窄叶变种(植物志 66)=野草香
窄叶变种(植物志 74)=窄叶新疆乳菀(新)
窄叶车前(苏南植物手册)=长叶车前
窄叶莼兰绣球(分类学报)=披针绣球
窄叶大黄 Rheum sublanceolatum C.Y.Cheng & Kao (蓼科)
窄叶大戟(沙漠药用植物)=乳浆大戟
窄叶大龙骨巢菜(国产牧草植物)=大龙骨野豌豆
窄叶大龙骨野豌豆(豆科图说)=大龙骨野豌豆
窄叶单花鸢尾 Iris uniflora var. caricina Kitag.(鸢尾科)
窄叶杜鹃 Rhododendron araiophyllum Balf.f. & W.W.Sm.(杜鹃花科)
窄叶短柱茶 Camellia fluviatilis Hand.-Mazz.(山茶科)
窄叶附地菜 Trigonotis cavaleriei var. angustifolia C.J.Wang(紫草科)
窄叶华野豌豆 Vicia chinensis var. angustifolia Xia (豆科)
窄叶火棘 Pyracantha angustifolia (Franch.) Schneid. (蔷薇科)
窄叶火碳母 Polygonum chinense var. paradoxum (Lévl.) A.J.Li(蓼科)
窄叶火筒树 Leea longifolia Merr.(葡萄科)
窄叶锦香草 Phyllagathis stenophylla H.L.Li(野牡丹科)
窄叶聚花海桐 Pittosporum balansae var. angustifolium Gagn.(海桐花科)
窄叶柯 Lithocarpus confinis Huang (壳斗科),*长叶栎*,*窄叶石栎*
窄叶蓝果忍冬 Lonicera caerulea var. angustifolia Bge. (忍冬科),*鸽子嘴*
窄叶蓝盆花 Scabiosa comosa Fisch. ex Roem. & Schult.(川续断科),*细叶山萝卜*,*蒙古山萝卜*,*山萝卜*
窄叶冷地卫矛 Euonymus frigidus var. cornutioides (Loes.) C.Y.Cheng(卫矛科)
窄叶柃 Eurya stenophylla Merr.(山茶科)
窄叶柳(山东)=旱柳
窄叶裸菀 Gymnaster angustifolius (Chang) Ling (菊科)
窄叶马铃苣苔 Oreocharis argyreia var. angustifolia K.Y.Pan(苦苣苔科)
窄叶母草(中药辞海)=狭叶母草
窄叶木半夏 Elaeagnus angustata (Rehd.) C.Y. Chang (胡颓子科)
窄叶南蛇藤 Celastrus oblanceifolius Wang & Tsoong (卫矛科)
窄叶南亚枇杷(新)Eriobotrya bengalensis f. angustifolia (Card.) Vidal(蔷薇科),*南亚枇杷窄叶变型*
窄叶南洋杉 Araucaria angustifolia (Bertol.) Kuntze (南洋杉科)
窄叶枇杷 Eriobotrya henryi Nakai(蔷薇科)
窄叶飘带草(云南)=滇银柴胡
窄叶青冈 Cyclobalanopsis angustinii (Skan) Schott. (壳斗科),*扫把椆*
窄叶青荚叶 Helwingia chinensis var. stenophylla (Merr.) Fang & Soong(山茱萸科)
窄叶雀梅藤 Sageretia brandrethiana Aitch.(鼠李科)
窄叶荛花 Wikstroemia chuii Merr.(瑞香科)
窄叶乳菀 Galatella angustissima (Tausch.) Novopokr. (菊科)
窄叶芍药 Paeonia anomala L. (芍药科)
窄叶石栎(植物志 22)=窄叶柯
窄叶石楠 Photinia stenophylla Hand.-Mazz.(蔷薇科)
窄叶鼠李(拉汉名称和手册)=柳叶鼠李
窄叶碎米荠(植物志 33)=弹裂碎米荠
窄叶台湾榕(海南志)=条叶榕
窄叶薹草 Carex montis-everestii Kükenth.(莎草科)
窄叶唐松草 Thalictrrum angustifolium L.(毛茛科)
窄叶庭菖蒲 Sisyrinchium angustifolium Mill.(鸢尾科)
窄叶蚊母树 Distylium dunnianum Lévl.(金缕梅科)
窄叶鲜卑花 Sibiraea angustata (Rehd.) Hand.-Mazz. (蔷薇科)
窄叶小苦荬 Ixeridium gramineum (Fisch.) Tzvel. (菊科),*剪刀甲*,*飞天台*,*颠倒菜*
窄叶新疆乳菀(新)Galatella songorica var. angustifolia Novopokr.(菊科),*窄叶变种*
窄叶新疆野豌豆 Vicia costata var. angusta Xia (豆科)
窄叶绣线菊 Spiraea dahurica Maxim.(蔷薇科)
窄叶旋覆花(苏南植物手册)=线叶旋覆花
窄叶血光藤(四川)=柳叶蓬莱葛
窄叶栒子(新)Cotoneaster salicifolius var. angustus Yü(蔷薇科),*柳叶栒子窄叶变种*
窄叶蕈树 Altingia angustifolia Chang(金缕梅科)
窄叶崖豆藤(豆科图说)=思茅崖豆
窄叶亚麻 Linum angustifolium Huds.(亚麻科)
窄叶烟斗柯 Lithocarpus corneus var. angustifolius Huang & Y.T.Chang (壳斗科)
窄叶羊胡子草 Eriophorum angustifolium Roth.(莎草科)
窄叶尧花(高等图鉴)=轮叶荛花
窄叶野豌豆 Vicia angustifolia L. ex Reichard (豆科),*苦豆子*,*闹豆子*,*紫花苕子*,*山豆子*,*铁豆秧*
窄叶意大利鼠李 Rhamnus alaternus var. angustifolia (Mill.) Ait.(鼠李科)
窄叶蚓果芥(植物志 33)=蚓果芥
窄叶早熟禾 Poa nemoralis var. stenophylla Keng (禾本科)
窄叶泽泻 Alisma canaliculatum A.Braun & Bouche (泽泻科),*水泽泻*,*大箭*
窄叶蔗茅 Erianthus stenophyllus L.Liu(禾本科)
窄叶针茅 Stipa stenophylla (Lind.) Trautv.(禾本科)
窄叶直瓣苣苔 Ancylostemon aureus var. angustifolius K.Y.Pan(苦苣苔科)
窄叶中华卫矛 Euonymus nitidus f. tsoi (Merr.) C.Y.Cheng (卫矛科)
窄叶竹柏(植物志 7)=竹柏
窄叶竹柏 Podocarpus formosensis Dummer (罗汉松科)
窄叶竹柏 Podocarpus formosensis Dümmer (罗汉松科)
窄叶锥 Castanopsis choboensis Hick. & A.Camus (壳斗科)
窄叶紫珠 Callicarpa membranacea Chang(马鞭草科)
窄翼黄芪 Astragalus degensis Ulbr.(豆科)
窄颖鹅观草 Roegneria stenachyra Keng(禾本科)
窄颖赖草 Leymus angustus (Trin.) Pilger (禾本科)
窄颖早熟禾 Poa stenachyra Keng(禾本科)
窄蔗茅 Erianthus strictus Baldw.(禾本科)
窄竹叶柴胡 Bupleurum marginatum var. steno-

phyllum (Wolff) Shan & Y.Li(伞形科)
窄爪野豌豆 Vicia angustiunguiculata Xia (豆科)

Zhan

毡衡(海南黎语)=石密
毡毛稠李 Padus velutina (Batal.) Schneid.(蔷薇科)
毡毛风毛菊(高等图鉴)=毡毛雪莲
毡毛后蕊苣苔 Opithandra sinohenryi (Chun) Burtt (苦苣苔科)
毡毛花椒 Zanthoxylum tomentellum HK.f.(芸香科)
毡毛荆芥 Nepeta velutina Pojark.(唇形科)
毡毛栎叶杜鹃 Rhododendron phaeochrysum var. levistratum (Balf.f. & Forr.) Chamb. ex Cullen & Chamb.(杜鹃花科)
毡毛马兰 Kalimeris shimadai (Kitam.) Kitam.(菊科),*岛田鸡儿肠*
毡毛马松子 Melochia velutina Beddome (梧桐科)
毡毛美洲茶 Ceanothus velutinus Dougl.(鼠李科)
毡毛泡花树 Meliosma rigida var. pannosa (Hand.-Mazz.) Law(清风藤科)
毡毛槭 Acer velutinum Boiss.(槭树科)
毡毛秋海棠(新拉汉英)=壮丽秋海棠
毡毛山核桃 Carya tomentosa (Poir.) Nutt.(壳斗科)
毡毛石韦 Pyrrosia drakeana (Franch.) Ching(水龙骨科)
毡毛鼠李 Rhamnus velutina Anth.(鼠李科)
毡毛薯蓣 Dioscorea velutipes Prain & Burkill (薯蓣科)
毡毛绣球 Hydrangea coacta Wei(虎耳草科)
毡毛雪莲 Saussurea velutina W.W.Sm.(菊科),*毡毛风毛菊*
毡毛栒子 Cotoneaster pannosus Franch.(蔷薇科)
毡毛栒子大叶变种(植物志 36)=大叶毡毛栒子(新)
毡毛紫菀 Aster velutinosus Ling(菊科)
毡帽泡花(云南)=展毛野牡丹
毡状石韦 Pyrrosia pannosa (Mett.) Ching (水龙骨科)
粘草(云南)=大叶山蚂蝗
粘茶藨子 Ribes viscosissimum Pursh.(虎耳草科)
粘柴(福州)=刨花润楠
粘萼蝇子草 Silene viscidula Franch.(石竹科),*瓦草,滇白前,青骨藤*
粘高树(中药大辞典)=栓叶安息香
粘狗苔(贵州)=毛胶薯蓣
粘冠草 Myriactis wightii DC.(菊科)
粘冠草属 Myriactis Less.(菊科)
粘核光桃 Amygdalus persica var. scleronucipersica (Schübler & Martens) Yü & Lu (蔷薇科),*粘核油桃*
粘核毛桃 Amygdalus persica var. sclerpersica (Reich.) Yü & Lu (蔷薇科),*粘核桃*
粘核桃(经济植物手册)=粘核毛桃
粘核油桃(经济植物手册)=粘核光桃
粘湖草(救荒本草)=豨莶
粘糊菜(植物志 75)=豨莶
粘花衣(闽东本草)=婆婆针
粘花衣(闽南本草)=梵天花
粘胶乳香树 Pistacia lentiscus L.(漆树科),*熏陆香,乳香*
粘椒根(文山中草药)=雾水葛
粘连子(云南)=鬼针草
粘蓼 Polygonum viscoferum Mak.(蓼科)
粘柳叶菜 Epilobium adenocaulon Haussk.(柳叶菜科)
粘鹿藿 Rhynchosia viscosa (Roth) DC.(豆科)
粘毛白酒草 Conyza leucantha (D.Don) Ludlow & Raven(菊科),*粘毛假蓬,假蓬*
粘毛赪桐(海南志)=灰毛大青
粘毛杜鹃 Rhododendron glischrum Balf.f. & W. W.Sm. (杜鹃花科)
粘毛萼距花 Cuphea petiolata (L.) Koehne(千屈菜科)
粘毛甘肃翠雀花 Delphinium kansuense var. villosiusculum W.T.Wang(毛茛科)
粘毛蒿(高等图鉴)=无绒粘毛蒿
粘毛蒿 Artemisia mattfeldii Pamp.(菊科)
粘毛黄花稔 Sida mysorensis Wight & Arn.(锦葵科),*黄花仔,吸血草,素仔草*
粘毛黄芩 Scutellaria viscidula Bge.(唇形科),*下巴子,黄花黄芩,腺毛黄芩,黄芩*
粘毛假尖蕊 Pseudaechmanhera glutinosa (Nees) Bremek.(爵床科)
粘毛假蓬(海南志)=粘毛白酒草
粘毛蓼(植物志 25-1)=香蓼
粘毛螺序草 Spiradiclis tomentosa D.Fang & D. H.Qin (茜草科)
粘毛母草 Lindernia viscosa (Horn.) Bold.(玄参科),*黏毛母草*
粘毛千里光 Senecio viscosus L.(菊科)
粘毛忍冬 Lonicera fargesii Franch.(忍冬科)
粘毛山芝麻 Helicteres viscida Bl.(梧桐科)
粘毛鼠尾草 Salvia roborowskii Maxim.(唇形科),*黄花鼠尾草,吉子嘎保*
粘毛香青 Anaphalis bulleyana (J.F.Jeffr.) Chang (菊科),*五香草,午香草,香附草,野辣烟*
粘迷马桩(滇南本草)=拨毒散
粘木 Ixonanthes chinensis Champ.(古柯科),*华粘木,山子纣*
粘木属 Ixonanthes Jack(古柯科)
粘黏黏(云南)=粘山药
粘娘娘(贵州)=琉璃草
粘人草(广州经济植物)=竹节草
粘人草(贵州)=圆锥山蚂蝗
粘人草(云南)=大叶山蚂蝗
粘人草(云南)=鬼针草
粘人草(云南药用名录)=长叶排钱树
粘人花(贵州民间药物)=长波叶山蚂蝗
粘人麻(江西寻邬)=小槐花
粘人裙(福建,药用志)=透骨草
粘山药(昆明草药)=毛胶薯蓣
粘山药(云南盈江)=多毛叶薯蓣
粘山药 Dioscorea hemsleyi Prain & Burkill(薯蓣科),*粘黏黏*
粘身草(广西草药)=竹节草
粘身草(广西中草药)=饿蚂蝗
粘身草(河北)=金盏银盘
粘身草(中药大辞典)=婆婆针
粘身柴咽(广西苍梧)=小槐花
粘身蓝被(广东)=马鞭草
粘石竹 Dianthus viscidus Bory & Chaub.(石竹科)
粘手风(广西)=尖尾枫
粘塔 Haworthia viscosa Haw.(百合科)
粘唐松草 Thalictrum viscosum C.Y.Wu(毛茛科)
粘头婆(植物志 75)=苍耳
粘萎陵菜(种子植物名称)=腺毛委陵菜
粘腺果属 Commicarpus Standl.(紫茉莉科)
粘牙仔(海南)=岭南山竹子
粘芽杜鹃 Rhododendron viscigemmatum Tam (杜鹃花科)
粘药根(云南)=红雾水葛
粘叶山芝麻(拉汉名称和手册)=剑叶山芝麻
粘叶莸 Caryopteris glutinosa Rehd.(马鞭草科)
粘衣草(中药大辞典)=绿叶胡枝子
粘蝇草(河北,山西)=鹤草
粘油子(峨眉)=地桃花
粘榆(东北)=大果榆
粘芋(贵州)=毛胶薯蓣
粘枣子(河北)=水榆花楸
粘质杜鹃 Rhododendron viscidum C.Z.Guo & Z. H.Liu (杜鹃花科)
詹加尔特黄芪 Astragalus dschangartensis Sumn.(豆科)
詹姆森小檗 Berberis jamesonii Lindl.(小檗科)
詹森草(台湾志)=石茅
詹糖香(本草纲目,图考,浙江)=红果山胡椒
斩龙草(东北中草药)=额河千里光
斩龙剑(广西中药志)=竹节蓼
斩龙剑(贵州方药集)=九节龙
斩龙剑(山东)=水蔓菁
斩龙剑(沈药学报)=草本威灵仙
斩蛇剑(广部中草药手册)=穿心莲
斩蛇剑(广东)=狭叶海桐
斩蛇剑(广西)=齿果草
斩蛇剑(广西龙州)=黄毛粗叶木
斩蛇剑(广西药用名录)=单叶双盖蕨
斩蛇剑(图考)=开口箭
斩妖剑(孢子植物)=狭翅巢蕨
展瓣菟丝子(中药志)=大花菟丝子
展瓣紫晶报春 Primula dickieana Watt(报春花科),*绿心报春*
展苞灯心草 Juncus thomsonii Buch. (灯心草科),*褐花灯心草*
展苞飞蓬 Erigeron patentisquamus J.F.Jeffr.(菊科)
展翅马蓝 Pteracanthus extensus (Nees) Bremek.(爵床科)
展唇兰属 Notylia Lindl.(兰科)
展萼虎耳草(植物志 34-2)=疏叶虎耳草
展萼金丝桃 Hypericum lancasteri N.Robson(藤黄科)
展萼雪山报春 Primula youngeriana W.W.Sm.(报春花科)
展花南蛇藤 Celastrus pateniflorus Hay.(卫矛科)
展花乌头 Aconitum chasmanthum Stapf(毛茛科)
展喙乌头 Aconitum novoluridum Munz(毛茛科)
展毛变种(植物志 65-2,Flora 17)=展毛韧黄芩(新)
展毛变种(植物志 66,Flora 17)=展毛地椒
展毛川鄂乌头 Aconitum henryi var. villosum W. T.Wang (毛茛科)
展毛翠雀花 Delphinium kamaonense var. glabrescens (W.T.Wang) W.T.Wang(毛茛科),*稀吐,下冈哇*
展毛地椒(新)Thymus quinquecostatus var. przewalskii (Kom.) Ronn.(唇形科),*展毛变种*
展毛滇黔楼梯草 Elatostema backei var. villosulum W.T.Wang(荨麻科)
展毛东俄洛乌头 Aconitum tongolense var. patentipilum Q.E.Yang & Z.D.Fang(毛茛科)

展毛短柄乌头 Aconitum brachypodum var. laxiflorum Fletcher& Lauener(毛茛科),*雪上一支蒿,铁棒锤,三转半*
展毛多根乌头 Aconitum karakolicum var. patentipilum W.T.Wang(毛茛科)
展毛鹅掌草 Anemone flaccida var. hirtella W.T. Wang (毛茛科)
展毛工布乌头 Aconitum kongboense var. villosum W.T.Wang(毛茛科)
展毛瓜叶乌头 Aconitum hemsleyanum var. atropurpureum (Hand.-Mazz.) W.T.Wang(毛茛科)
展毛含笑 Michelia macclurei var. sublanea Dandy (木兰科)
展毛黄草乌 Aconitum vilmorinianum var. patentipilum W.T.Wang(毛茛科)
展毛黄芪 Astragalus tibetanus var. patentipilus K.T.Fu (豆科)
展毛黄芩 Scutellaria orthotricha C.Y.Wu & H.W. Li (唇形科)
展毛假糙苏 Paraphlomis patentisetulosa C.Y. Wu ex H.W.Li(唇形科)
展毛尖萼乌头 Aconitum acutiusculum var. aureopilosum W.T.Wang(毛茛科)
展毛竞生乌头 Aconitum yangii var. villosulum W.T.Wang & L.Q.Li(毛茛科)
展毛拟缺刻乌头 Aconitum sinonapelloides var. wesiense W.T.Wang(毛茛科)
展毛韧黄芩(新)Scutellaria tenax var. patentipilosa (Hand.-Mazz.) C.Y.Wu(唇形科),*展毛变种*
展毛韧黄芩(中药辞海)=韧黄芩
展毛松潘乌头 Aconitum sungpanense var. villosulum W.T.Wang(毛茛科)
展毛弯喙乌头 Aconitum campylorrhynchum var. patentipilum W.T.Wang(毛茛科)
展毛乌头 Aconitum carmichaeli var. truppelianum (Ulbr.) W.T.Wang & Hsiao(毛茛科),*草乌*
展毛野牡丹 Melastoma normale D.Don(野牡丹科),*暴牙郎,大金香炉,灌灌黄,黑口莲,鸡头肉,假豆稔,老虎杆,麻叶花,肖野牡丹,洋松子,喳吧叶,炸腰花,毡帽泡花,张口叭,猪姑稔*
展毛阴地翠雀花 Delphinium umbrosum var. hispidum W.T.Wang(毛茛科)
展毛银莲花 Anemone demissa HK.f. & Thoms.(毛茛科),*垂枝莲,毛茛小将军,高山雪莲花*
展杉(中国裸子志)=铁杉
展穗碱茅 Puccinellia diffusa Krecz(禾本科)
展穗膜稃草 Hymenachne patens L.Liou(禾本科)
展穗三角草 Trikeraia hookeri var. ramosa Bor (禾本科)
展穗砖子苗 Mariscus umbellatus var. evolutior (C.B.Clarke) E.-G.Camus (莎草科)
展尾昆明毛茛 Ranunculus kunmingnensis var. hispidus W.T.Wang(毛茛科)
展叶斑鸠菊(广西)=咸虾花
展叶凤仙花 Impatiens extensifolia HK.f.(凤仙花科)
<u>展叶松 Pinus patula Schlecht. & Cham.(松科)</u>
展羽假瘤蕨 Phymatopteris quasidivaricata (Hay.) Pic.Serm.(水龙骨科)
展羽毛蕨 Cyclosorus evolutus (Bedd.) Ching(金星蕨科)
展枝斑鸠菊 Vernonia extensa (Wall.) DC.(菊科),*小黑升麻,棒头斑鸠菊,茄叶一枝蒿*
展枝过路黄 Lysimachia brittenii R.Knuth(报春花科)
展枝胡枝子 Lespedeza patens Nakai(豆科)
展枝假木贼 Anabasis truncata (Schrenk) Bge.(藜科)
展枝康定乌头 Aconitum tatsienense var. divaricatum (Finet & Gagn.) W.T.Wang(毛茛科)
展枝蓼 Polygonum patulum Bieb.(蓼科)
展枝沙参 Adenophora divaricata Franch. & Sav.(桔梗科)
展枝唐松草(沙漠药用植物)=石砾唐松草
展枝唐松草 Thalictrum squarrosum Steph.(毛茛科),*猫爪子*
展枝小青杨 Populus pseudosimonii var. patula T.Y.Sun (杨柳科)
<u>*展枝熊果*(新拉汉英)=绿叶熊果</u>
展枝玉叶金花 Mussaenda divaricata Hutch.(茜草科),*白常山*
辗垫栗(云南)=厚鳞柯
占车(藏名)=禾叶风毛菊
占点领(傣族名)=大杜若
占米赤树(广西上思)=银柴
<u>战神喜林芋 Philodendron martianum Engl.(天南星科),*黑金喜林芋*</u>
栈香(本草纲目拾遗)=白木香

Zhang

张萼变种(植物志 66,Flora 17)=张萼鼠尾草(新)
张萼鼠尾草(新)Salvia sikkimensis var. chaenocalyx Stib.(唇形科),*张萼变种*
张口叭(四川)=展毛野牡丹
张口杜鹃 Rhododendron augustinii subsp. chasmanthum (Diels) Cullen(杜鹃花科)
<u>张口马利花 Marianthus ringens F.J.Muell.(海桐花科)</u>
<u>张口鳃兰 Maxillaria ringens Rchb.f.(兰科)</u>
<u>张脉柱瓣兰 Epidendrum varicosum Ratem. ex Lindl. (兰科)</u>
张天缸(江西)=朝天罐
张天缸(江西)=金锦香
张天师(云南)=假朝天罐
张枝栒子(经济植物手册)=散生栒子
章表(广部中草药手册)=倒吊笔
章柳(古代通称)=商陆
彰武赤松 Pinus densiflora var. zhangwuensis S.J. Zhang et al.(松科)
漳蒺藜(中药志)=扁茎黄芪
漳州橙(植物志 43-2)=改良橙
獐耳草(本草纲目拾遗)=徐长卿
獐耳细辛(福建)=及已
獐耳细辛 Hepatica nobilis var. asiatica (Nakai) Hara (毛茛科),*幼肺三七*
獐耳细辛属 Hepatica Mill (毛茛科)
獐毛 Aeluropus sinensis (Debeaux) Tzvel.(禾本科)
獐毛属 Aeluropus Trin (禾本科)
獐牙菜(东北检索表)=北方獐牙菜
獐牙菜(内蒙中草药)=瘤毛獐牙菜
獐牙菜 Swertia bimaculata (S. & Z.) HK.f. & Thoms. ex C.B.Clarke(龙胆科),*大苦草,黑节苦草,黑药黄,蓑衣草,双点獐牙菜,紫花青叶胆,走胆草*
獐牙菜属 Swertia L.(龙胆科)
樟 Cinnamomum camphora (L.) Presl(樟科),*潮脑,臭樟,吹风散,大木姜子,芳樟,栳樟,脑子,韶脑,乌樟,香蕊,香樟,瑶人柴,油脑,油樟,樟材,樟公,樟扣,樟梨,樟木,樟木蔻,樟木子,樟脑树*
樟材(本草拾遗)=樟
樟公(花木考)=樟
樟桂(四川峨眉)=银叶桂
樟科 Lauraceae
樟扣(广西中药志)=樟
樟耶乡南星 Arisaema zanlascianense Pamp.?(天南星科),*独角莲*
樟梨(纲目拾遗)=樟
樟梨(通称)=鳄梨
樟柳(青海)=山莨菪
樟柳头(广州)=闭鞘姜
樟木(广东,海南)=黄樟
樟木(南方各省区)=樟
樟木(四川)=油樟
樟木(云南)=云南樟
樟木黄芪 Astragalus changmuicus Ni & P.C.Li (豆科)
樟木箭竹 Fargesia ampullais Yi (禾本科)
樟木蔻(广东中药)=樟
樟木秋海棠 Begonia picta J.E.Smith(秋海棠科)
樟木子(中药志)=樟
樟木钻(中草药汇编)=红花八角
樟脑草(南宁) =小荆芥
樟脑树(云南)=云南樟
樟脑树(云南勐海)=黄樟
樟脑树(中药大辞典)=樟
<u>樟脑味阔苞菊 Pluchea camphorata DC.(菊科)</u>
<u>樟脑味毛麝香 Adenosma camphoratum HK.f.(玄参科)</u>
樟树(湖北)=猴樟
樟树根(西藏中草药)=红叶木姜子
樟树果(西藏中草药)=红叶木姜子
樟味藜 Camphorosma monspeliaca L.(藜科)
樟味藜属 Camphorosma L.(藜科)
樟叶巴戟 Morinda cinnamomifoliata Y.Z.Ruan (茜草科)
樟叶猴欢喜 Sloanea changii M.J.E.Coode(杜英科)
樟叶胡椒 Piper polysyphorum C.DC.(胡椒科)
樟叶胡颓子 Elaeagnus cinnamomifolia W.K.Hu & H.F.Chow(胡颓子科)
樟叶荚蒾 Viburnum cinnamomifolium Rehd.(忍冬科)
樟叶槿 Hibiscus grewiifolius Hassk.(锦葵科)
樟叶梾木 Swida oligophlebia (Merr.) W.K.Hu (山茱萸科)
樟叶楼梯草 Elatostema petelotii Gagn.(荨麻科)
樟叶木防已 Cocculus laurifolius DC.(防已科),*衡州乌药,木防已,十八症,托食茶,消食树*
樟叶泡花树 Meliosma squamulara Hance(清风藤科),*绿樟,秤先树,野木棉,饼汁树*
樟叶苹婆 Sterculia cinnamomifolia Tsai & Mao (梧桐科)
樟叶朴(福建志)=假玉桂
<u>樟叶朴 Celtis cinnamomifolia Nakai (榆科)</u>
樟叶槭 Acer cinnamomifolium Hay.(槭树科),*桂叶槭*
樟叶树(云南)=云南樟
樟叶水丝梨 Sycopsis laurifolia Hemsl.(金缕梅科)
樟叶素馨 Jasminum cinnamomifolium Kibuski (木犀科)
樟叶西番莲 Passiflora laurifolia L.(西番莲科),*水柠檬*
樟叶野桐 Mallotus pallidus (Airy-Shaw?(大戟科)
樟叶越桔 Vaccinium dunalianum Wight(杜鹃花

科),*饭米果*,*长尾越桔*
樟属 Cinnamomum Trew(樟科)
樟子松 Pinus sylvestris var. mongolica Litv.(松科),*海拉尔松*
蟑螂花(上海)=石蒜
掌苞紫堇 Corydalis quantmeyeriana Fedde(罂粟科)
掌参(宁夏中草药)=手参
掌唇兰 Staurochilus dawsonianus (Rchb.f.) Schltr. (兰科)
掌唇兰属 Staurochilus Ridl. ex Pfitz.(兰科)
掌凤尾蕨(蕨类图谱)=指叶凤尾蕨
掌竿竹 Gelidocalamus latifolius Q.H.Dai & T. Chen (禾本科)
掌裂草葡萄(分类学报)=掌裂蛇葡萄
掌裂草葡萄 Ampelopsis aconitifolia var. palmiloba (Carr.) Rehd.(葡萄科)
掌裂蒿 Artemisia kuschakewiczii C.Winkl.(菊科)
掌裂合耳菊 Synotis palmatisecta Y.L.Chen & D. J.Liu (菊科)
掌裂华千里光(贵州志)=掌裂蒲儿根
掌裂老鹳草(四川志)=金佛山老鹳草
掌裂毛茛 Ranunculus rigescens Turcz. ex Ovcz. (毛茛科)
掌裂蒲儿根 Sinosenecio palmatilobus (Kitam.) C.Jeffr. & Y.L.Chen(菊科),*掌裂华千里光*
掌裂蛇葡萄 Ampelopsis delavayana var. glabra (Diels & Gilg) C.L.Li(葡萄科),*独脚蟾蜍*,*光叶草葡萄*,*过山龙*,*金线吊哈蟆*,*五爪龙*,*掌裂草葡萄*
掌裂铁角蕨 Asplenium subdigitatum Ching (铁角蕨科)
掌裂蟹甲草 Parasenecio palmatisectus (J.F.Jeffr.) Y.L.Chen(菊科),*虎草*
掌裂叶秋海棠 Begonia pedatifida Lévl.(秋海棠科),*风吹不动*,*虎爪龙*,*水八角*,*水蜈蚣*,*酸猴儿*,*一口血*
掌裂棕红悬钩子 Rubus rufus var. palmatifidus Card.(蔷薇科)
掌脉长蒴苣苔 Didymocarpus subpalmatinervis W.T.Wang (苦苣苔科)
掌脉蝇子草 Silene asclepiadea Franch.(石竹科),*红花女娄菜*,*卡里蝇子草*,*丛林蝇子草*,*大牛膝*,*滇白前*,*马利筋女娄菜*,*青骨藤*,*四川粉毛女娄菜*,*瓦草*
掌叶白粉藤 Cissus triloba (Lour.) Merr.(葡萄科)
掌叶白头翁 Pulsatilla patens subsp. multifida (Pritz.) Zämels(毛茛科)
掌叶半夏(四川,河北)=虎掌
掌叶报春 Primula palmata Hand.-Mazz.(报春花科)
掌叶垂头菊 Cremanthodium palmatum Benth. (菊科)
掌叶大黄 Rheum palmatum L.(蓼科),*北大黄*,*川军*,*黄良*,*火参*,*将军*,*葵叶大黄*,*马蹄金*,*天水大黄*,*香大黄*
掌叶点地梅 Androsace geraniifolia Watt(报春花科),*具蔓点地梅*
掌叶多裂委陵菜 Potentilla multifida var. ornithopoda Wolf(蔷薇科),*爪细叶委陵菜*
掌叶蜂斗菜 Petasites tatewakianus Kitam.(菊科)
掌叶复盆子 Rubus chingii Hu (蔷薇科),*大号角公*,*覆盆*,*覆盆子*,*华东复盆子*,*竻藨子*,*牛奶母*,*乌藨子*,*西国草*,*小托盘*
掌叶海金沙(蕨类图说)=海南海金沙
掌叶海金沙 Lygodium digitatum Presl(海金沙科)
掌叶黑槭 Acer nigrum var. palmeri Sarg.(槭树科)
掌叶黑心蕨 Doryopteris palmata J.Sm.(中国蕨科)
掌叶花烛 Anthurium pedato-radiatum Schott (天南星科)
掌叶黄钟木(新)Tabebuia rosea (Bertol.) DC. (紫葳科)
掌叶假瘤蕨 Phymatopteris digitata (Ching) Pic. Serm. (水龙骨科)
掌叶堇菜 Viola dactyloides Roem. & Schult.(堇菜科)
掌叶蒟蒻薯 Tacca palmata Bl.(蒟蒻薯科)
掌叶梁王茶 Nothopanax delavayi (Franch.) Harms ex Diels(五加科),*白鸡骨头树*,*宝金刚*,*金刚散*,*金刚树*,*良旺茶*,*梁王茶*,*山槟榔*,*台氏梁王茶*,*雅害黑*
掌叶蓼 Polygonum palmatum Dunn(蓼科)
掌叶驴蹄草 Caltha palustris var. umbrosa Diels (毛茛科)
掌叶毛茛 Ranunculus cheirophyllus Hay.(毛茛科)
掌叶木(植物志 69)=掌叶黄钟木(新)
掌叶木(植物志 69 卷)=掌叶树
掌叶木 Handeliodendron bodinieri (Lévl.) Rehd. (无患子科)
掌叶木属 Handeliodendron Rehd.(无患子科)
掌叶挪威槭 Acer platanoides var. palmatifidum Tausch (槭树科)
掌叶瓶尔小草 Ophioglossum palmatum L.(瓶尔小草科)
掌叶葡萄 Vitis palmata Vahl.(葡萄科)
掌叶青兰 Dracocephalum palmatoides C.Y.Wu & W.T.Wang(唇形科)
掌叶秋海棠 Begonia hemsleyana HK.f.(秋海棠科),*刺海棠*,*岩酸菇*
掌叶榕(高等图鉴,中药辞海)=粗叶榕
掌叶山猪菜(海南志)=掌叶鱼黄草
掌叶石蚕 Rubiteucris palmata (Benth.) Kudo(唇形科)
掌叶石蚕属 Rubiteucris Kudo(唇形科)
掌叶树(种子植物名称,广西植物名录)=罗伞
掌叶树 Euaraliopsis palmata (Roxb.) Hutch.(五加科)
掌叶树属(种子植物名称)=**罗伞属**
掌叶树属 Euaraliopsis Hutch.(五加科)
掌叶苏铁 Cycas circinalis L.(苏铁科)
掌叶铁线蕨 Adiantum pedatum L.(铁线蕨科),*热惹琼瓦*,*乌脚枪*,*铁扇子*,*猪棕七*,*铜丝草*,*铁丝草*,*铁丝七*
掌叶橐吾 Ligularia przewalskii (Maxim.) Diels (菊科)
掌叶线蕨 Colysis digitata (Baker) Ching(水龙骨科)
掌叶蝎子草(湖北志)=大蝎子草
掌叶悬钩子 Rubus pentagonus Wall. ex Focke (蔷薇科),*黑泡刺*
掌叶鱼黄草 Merremia vitifolia (Burm.f.) Hall.f. (旋花科),*毛五爪龙*,*毛牵牛*,*假番薯*,*红藤*,*掌叶山猪菜*
掌叶鱼藤 Derris palmifolia Chun & How(豆科)
掌叶泽泻蕨 Hemionitis palmata L.(禾本科)
掌叶紫堇 Corydalis cheirifolia Franch.(罂粟科)
掌羽凤尾蕨(中草药汇编,孢子植物)=指叶凤尾蕨
掌羽海金沙 Lygodium palmatum Sw.(海金沙科)
掌状叉蕨 Tectaria subpedata (Harr.) Ching(叉蕨科)
掌状鳞毛蕨 Dryopteris pedana (Desv.) O.Ktze. (鳞毛蕨科)
掌状青兰 Dracocephalum palmatum Steph.(唇形科)
丈菊(图考)=向日葵
丈野古草 Arundinella decempedalis (Kuntze) Janow. (禾本科)
帐篷树(广东台山)=血桐
杖花棕属(新)**Rhopaloblaste** Scheff.(棕榈科),*手杖棕属*
杖藜 Chenopodium giganteum D.Don(藜科),*红盐菜*
杖省藤 Calamus scipionus Lour.(棕榈科)
杖藤 Calamus rhabdocladus Burret (棕榈科),*华南省藤*,*手杖藤*,*弓藤*,*木藤*,*梓藤*
胀萼黄芪 Astragalus ellipsoideus Ledeb.(豆科)
胀萼蓝钟花 Cyananthus inflatus HK.f. & Thoms. (桔梗科)
胀萼猫头刺 Oxytropis aciphylla var. utriculata H.C.Fu (豆科)
胀萼紫草属 Maharanga DC.(紫草科)
胀管玉叶金花 Mussaenda inflata Hsue & H.Wu (茜草科)
胀果甘草 Glycyrrhiza inflata Batal.(豆科),*黄甘草*
胀果黄华(西藏志)=轮生叶野决明
胀果棘豆 Oxytropis stracheyana Bge.(豆科)
胀果美登木 Maytenus inflata S.J.Pei & Y.H.Li (卫矛科)
胀果木五加(广西植物名录)=胀果树参
胀果芹 Phlojodicarpus sibricus (Steph. ex Spreng.) K.-Pol.(伞形科)
胀果芹属 Phlojodicarpus Turcz. ex Bess.(伞形科)
胀果树参 Dendropanax inflatus Li(五加科),*胀果木五加*
胀荚红豆 Ormosia inflata Merr. & Chun ex L. Chen (豆科),*凹叶红豆*
胀囊薹草 Carex vesicaria L.(莎草科)
瘴乞藤(云南药用名录,新华本草纲要)=黄毛黧豆

Zhao

招豆藤(本草拾遗)=紫藤
招福生石花 Lithops schwantesii Dinter (番杏科)
招柑(台湾)=蕉柑
招展杜鹃 Rhododendron megeratum Balf.f. & Forr. (杜鹃花科)
昭白杜鹃(高原治疗手册)=照山白
昭觉乌头 Aconitum zhaojiueense W.T.Wang & P.K.Hsiao (毛茛科)
昭苏滇紫草 Onosma echioides L.(紫草科)
昭苏乳菀 Galatella regelii Tzvel.(菊科)
昭苏蝇子草 Silene pseudotenuis Schischk.(石竹科)
昭通滇紫草 Onosma cingulatum W.W.Sm.(紫草科)
昭通杜鹃 Rhododendron tsaii Fang(杜鹃花科)
昭通黄鹌菜(新)Youngia blinii (Lévl.) Lauener? (菊科)
昭通马尾连 Thalictrum glandulosissimum var. chaotungense W.T.Wang & S.H.Wang(毛茛

科),*昭通唐松草*,*金丝马尾连*
昭通猕猴桃 Actinidia rubus Lévl.(猕猴桃科)
昭通秋海棠 Begonia gagnepainiana Irmsch.(秋海棠科)
昭通唐松草(中药辞海)=昭通马尾连
找正(西藏亚东藏语)=蛇果黄堇
沼地虎耳草 Saxifraga heleonastes H.Sm.(虎耳草科)
沼地马先蒿 Pedicularis palustris subsp. karoi (Freyn) Tsoong(玄参科),*卡氏沼生马先蒿*,*沼生马先蒿卡氏亚种*
沼地毛茛 Ranunculus radicans C.A.Mey.(毛茛科)
沼繁缕(植物研究)=沼生繁缕
沼菊 Enydra fluctuans Lour.(菊科)
沼菊属 Enydra Lour.(菊科)
沼拉拉藤(内蒙志)=沼猪殃殃
沼兰 Malaxis monophyllos (L.) Sw.(兰科)
沼兰属 Malaxis Soland. ex Sw.(兰科)
沼柳 Salix rosmarinifolia var. brachypoda (Trautv. & Mey.) Y.L.Chou(杨柳科)
沼落羽松(经济植物手册)=池杉
沼楠 Phoebe amgustifolia Meissn.(樟科)
沼泞碱茅 Puccinellia limosa (Schur.) Holmb.(禾本科)
沼沙参 Adenophora palustris Kom.(桔梗科)
沼生扁蕾(植物志 62)=湿生扁蕾
沼生杜鹃花 Rhododendron viscosum (L.) Torr.(杜鹃花科)
沼生繁缕 Stellaria palustris Ehrh. ex Retz.(石竹科),*沼泽繁缕*,*沼繁缕*
沼生菰 Zizania palustris L.(禾本科)
沼生蔊菜 Rorippa palustris (L.) Bess.(十字花科),*风花菜*,*水前草*
沼生黑三棱 Sparganium limosum Y.D.Chen (黑三棱科)
沼生还阳参 Crepis paludosa (L.) Moench (菊科)
沼生茴芹 Pimpinella helosciadia de Boiss.(伞形科)
沼生苦苣菜 Sonchus palustris L.(菊科)
沼生拉拉藤 Galium palustre L.(茜草科)
沼生栎 Quercus palustris Muench.(壳斗科)
沼生柳叶菜 Epilobium palustre L.(柳叶菜科),*水湿柳叶菜*,*沼泽柳叶菜*,*独木牛*
沼生马先蒿 Pedicularis palustris L.(玄参科),*沼生马先蒿沼生亚种*
沼生马先蒿卡氏亚种(植物志 68)=沼地马先蒿
沼生马先蒿沼生亚种(植物志 68)=沼生马先蒿
沼生木贼 Equisetum telmateja Ehrh.(木贼科)
沼生蒲公英 Taraxacum palustre (Lyons) DC.(菊科)
沼生千里光 Senecio paludorus L.(菊科)
沼生忍冬 Lonicera alberti Rgl.(忍冬科)
沼生水马齿 Callitriche palustris L.(水马齿科)
沼生水莎草 Juncellus limosus (Maxim.) C.B. Clarke (莎草科)
沼生水苏 Stachys palustris(唇形科),*白根草*,*水叶水苏*,*天芝麻*,*望江青*,*野地蚕*,*银脚鹭鸶*
沼生丝粉藻 Cymodocea aequorea König.(茨藻科)
沼生田菁 Sesbania javanica Miq.(豆科)
沼生橐吾 Ligularia lamarum (Diels) Chang(菊科),*日伙*
沼生虾子草 Mimulicalyx paludigenus Tsoong (玄参科)
沼生星舌紫菀(新)Aster asteroides f. paludosus Ling (菊科)
沼水槐(云南中药志)=苦参
沼委陵菜 Comarum palustre L.(蔷薇科)
沼委陵菜属 Comarum L.(蔷薇科)
沼原草(高等图鉴)=拟麦氏草
沼泽百合 Lilium superbum L.(百合科)
沼泽荸荠 Heleocharis eupalustris Lindb.f.(莎草科)
沼泽刺葵 Phoenix paludosa Roxb.(棕榈科)
沼泽刺蕊草 Pogostemon paludosus Benth.(唇形科)
沼泽迪波兰 Dipodium paludosum (Griff.) Rchb.f. (兰科)
沼泽繁缕(秦岭志)=沼生繁缕
沼泽凤仙花 Impatiens paludosa HK.f.(凤仙花科)
沼泽蒿(辽宁,内蒙古)=黑蒿
沼泽红门兰 Orchis palustris Jacq.(兰科)
沼泽蓟 Cirsium muticum Michx.(菊科)
沼泽加拿大金丝桃 Hypericum eloides L.(藤黄科)
沼泽蕨 Thelypteris palustris (L.) Schott(金星蕨科),*金星蕨*
沼泽蕨属 Thelypteris Schmidel(金星蕨科)
沼泽柳叶菜(内蒙)=沼生柳叶菜
沼泽龙胆(新拉汉英)=长枝龙胆
沼泽欧石南 Erica tetralix L.(杜鹃花科)
沼泽千里光 Senecio aquaricus Hiel (菊科)
沼泽曲足兰 Cyrtopodium paludicolum Koehne (兰科)
沼泽山槟榔 Pinanga limosa Ridley (棕榈科)
沼泽山核桃 Carya leiodermis Sarg.(胡桃科)
沼泽山月桂 Kalmia paliifolia Wangenh.(杜鹃花科),*灰白山月桂*
沼泽省藤(新拉汉英)=泽生藤
沼泽葶苈(植物志 33)=喜山葶苈
沼泽苇群 Phragmites australis grex palustres L. Liu (禾本科)
沼泽问荆(孢子植物)=犬问荆
沼泽香科科 Teucrium scordioides Schreb.(唇形科)
沼泽向日葵 Helianthus angustiflolius L.(菊科)
沼泽蚁棕 Korthalsia paludosa Ftdo.(棕榈科)
沼针蔺 Heleocharis palustris (L.) Roem. & Schult. (莎草科)
沼猪殃殃 Galium uliginosum L.(茜草科),*沼拉拉藤*
照家茶(河南)=锐齿鼠李
照明莲(广西)=金丝桃
照山白(华南杜鹃花志)=毛果杜鹃
照山白 Rhododendron micranthum Turcz.(杜鹃花科),*白镜子*,*达里*,*万斤*,*万经棵*,*昭白杜鹃*
照山白杜鹃花 Rhododendron microleucum Hutch.(杜鹃花科),*小白花杜鹃*
照山红(河南)=杜鹃
照水梅类 Armeniaca mume var. pendula Sieb.(蔷薇科)
照药(广西)=白花丹
照夜白 Nyctocalos brunfelsiiflora Teijsm. & Binn. (紫葳科)
照夜白属 Nyctocalos Teijsm. & Binn.(紫葳科)
罩壁木(秦岭志)=赤壁木
罩壁木属(秦岭志)=**赤壁木属**
肇东蒿(植物研究)=莳萝蒿
肇骞合耳菊 Synotis changiana Y.L.Chen(菊科)

Zhe

遮阳树(云南)=鹅掌楸
折瓣树萝卜 Agapetes refracta Airy-Shaw(杜鹃花科)
折瓣雪山报春 Primula advena W.W.Sm.(报春花科)
折瓣珍珠菜 Lysimachia reflexiloba Hand.-Mazz.(报春花科)
折苞斑鸠菊 Vernonia spirei Gandog.(菊科),*金沙斑鸠菊*,*六月雪*
折苞耳叶马蓝 Perilepta refracta (D.Fang,Y.G. Wei & J.Murata) C.Y.Wu & C.C.Hu(爵床科),*折苞马蓝*
折苞风毛菊 Saussurea recurvata (Maxim.) Lipsch. (菊科),*弯苞风毛菊*
折苞马蓝(分类学报)=折苞耳叶马蓝
折苞挖耳草(云南植物名录)=短梗挖耳草
折苞羊耳蒜 Liparis tschangii Schltr.(兰科)
折被韭 Allium chrysocephalum Rgl.(百合科)
折柄茶 Hartia sinensis Dunn(山茶科),*舟柄花*
折柄茶属 Hartia Dunn(山茶科)
折齿假糙苏 Paraphlomis reflexa C.Y.Wu & H. W.Li (唇形科),*野芝麻*
折唇羊耳蒜 Liparis bistriata Par. & Rchb.f.(兰科)
折多杜鹃 Rhododendron bonvalotii Bureau & Franch. (杜鹃花科)
折多景天 Sedum feddei Hamet(景天科)
折萼杜鹃 Rhododendron auritum Tagg(杜鹃花科)
折梗点地梅 Androsace refracta Hand.-Mazz.(报春花科)
折梗紫金牛 Ardisia curvula C.Y.Wu & C.Chen (紫金牛科)
折骨草(湖南药物志)=络石
折冠牛皮消 Cynanchum boudieri H.Lévl. & Vant.(萝藦科)
折冠藤 Lygisma inflexum (Cost) Kerr.(萝藦科),*海南娃儿藤*
折冠藤属 Lygisma HK.f.(萝藦科)
折花补血草 Limonium tataricum var. album Hort. (白花丹科)
折毛圆唇苣苔 Gyrocheilos retrotrichum W.T. Wang (苦苣苔科)
折曲黄堇 Corydalis stracheyi Duthie ex Prain (罂粟科),*齿瓣延胡索*,*兰雀花*,*兰花菜*,*东北元胡*,*土元胡*
折甜茅 Glyceria plicata (Fries) Fries(禾本科)
折听藤(广西)=长叶苎麻
折叶耳稃草 Garnotia ciliata var. conduplicata Santos (禾本科)
折叶兰属 Sobralia R. & P.(兰科)
折叶萱草 Hemerocallis plicata Stapf(百合科),*苤菜跌打*,*山苤菜*,*连珠炮*,*下奶药*,*鸡脚参*
折枝菝葜 Smilax lanceifolia var. elongata (Warb.) Wang & Tang(百合科)
折枝天门冬 Asparagus angulofractus Iljin(百合科)
哲东苣苔属 Jerdonia Wight (苦苣苔科)
哲尔日格-宴哈(蒙语)=野艾蒿
哲噶(藏名)=菥蓂
哲里根呢(内蒙古)=防风
哲玛(西藏曲水)=毛瓣棘豆
哲日勒格-陶古日(蒙语)=山桃
者锥(广西)=美叶柯
赭黄柱瓣兰 Epidendrum ochraceum Lindl.(兰科)
赭魁(名医别录)=薯莨
褶苞香青 Anaphalis plicata Kitam.(菊科)

褶皮黧豆 Mucuna lamellata Wilmot-Dear(豆科),*宁油麻藤*
柘 Cudrania tricuspidata (Carr.) Bur. ex Lavallee (桑科),*奴柘,灰桑,棉柘,柘树,黄桑,柘木*
柘果(河北)=橙桑
柘木(嘉祐本草)=柘
柘树(树木分类学)=柘
柘藤 Cudrania fruticosa (Roxb.) Wight ex Kurz (桑科)
柘榆(广雅)=刺榆
柘属 Cudrania Tréc.(桑科)
浙白芷(浙江)=杭白芷
浙贝母 Fritillaria thunbergii Miq.(百合科),*象贝,大贝,珠贝*
浙地黄(中草药汇编)=天目地黄
浙二泔(纲目)=稻
浙榧(中国裸子志)=长叶榧树
浙赣车前紫草 Sinojohnstonia chekiangensis (Migo) W.T.Wang ex Z.Y.Zhang(紫草科)
浙杭卷瓣兰 Bulbophyllum quadrangulum Z.H. Tsi (兰科),*四棱卷瓣兰*
浙怀槐(豆科图说)=浙江马鞍树
浙江安息香 Styrax zhejiangensis S.M.Hwang & L.L.Yu(安息香科)
浙江百合 Lilium medeoloides A.Gray(百合科)
浙江扁莎 Pycreus chekiangensis Tang & Wang (莎草科)
浙江大青 Clerodendrum kaichianum Hsu(马鞭草科),*凯基大青*
浙江淡竹(中药辞海)=早园竹
浙江凤仙花 Impatiens chekiangensis Y.L.Chen (凤仙花科)
浙江枸骨 Ilex zhejiangensis C.J.Tseng ex S.K. Chen & Y.X.Feng(冬青科)
浙江过路黄 Lysimachia chekiangensis C.Y.Wu (报春花科)
浙江红花油茶(分类学报)=浙江红山茶
浙江红山茶 Camellia chekiangoleosa Hu(山茶科),*浙江红花油茶*
浙江虎刺(植物研究)=浙皖虎刺
浙江黄芩 Scutellaria chekiangensis C.Y.Wu(唇形科),*散血丹*
浙江荚蒾 Viburnum schensianum subsp. chekiangense Hsu & P.L.Chiu(忍冬科)
浙江假水晶兰(分类学报)=大果假水晶兰
浙江尖连蕊茶 Camellia cuspidata var. chekiangensis Sealy(山茶科)
浙江金线兰 Anoectochilus zhejiangensis Z.Wei & Y.B.Chang(兰科),*浙江开唇兰*
浙江开唇兰(植物研究,福建志)=浙江金线兰
浙江苦竹(新拉汉英)=善变箬竹
浙江铃子香 Chelonopsis chekiangensis C.Y.Wu (唇形科),*铃子三七*
浙江柳 Salix chekiangensis Cheng (杨柳科)
浙江柳叶箬 Isachne hoi Keng f.(禾本科),*贤育柳叶箬*
浙江马鞍树 Maackia chekiangensis Chien(豆科),*浙怀槐*
浙江木蓝 Indigofera parkesii Craib(豆科),*巴克木蓝*
浙江楠 Phoebe chekiangensis C.B.Shang(樟科)
浙江葡萄 Vitis zhejiang-adstricta P.L.Qiu(葡萄科)
浙江七叶树 Aesculus chinensis var. chekiangensis (Hu & Fang) Fang(七叶树科),*娑罗子*
浙江七子花 Heptacodium jasminoides Airy-Shaw?(忍冬科)
浙江青荚叶 Helwingia zhejiangensis Fang & Soong (山茱萸科)
浙江乳突果(植物志 63)=祛风藤
浙江润楠 Machilus chekiangensis S.Lee(樟科)
浙江山梅花 Philadelphus zhejiangensis (Cheng) S.M.Hwang (虎耳草科)
浙江柿(树木分类学)=粉叶柿
浙江鼠李 Rhamnus rugulosa var. chekiangensis (Cheng) Y.L.Chen & P.K.Chou(鼠李科)
浙江溲疏 Deutzia faberi Rehd.(虎耳草科),*天台溲疏*
浙江碎米荠(植物志 33)=圆齿碎米荠
浙江铁角蕨(新)Asplenium parviusculum Ching? (铁角蕨科)
浙江铁杉(庐山植物手册)=南方铁杉
浙江铁线莲 Clematis chekiangensis Péi(毛茛科)
浙江橐吾 Ligularia chekiangensis Kitam.(菊科)
浙江蝎子草 Girardinia chingiana Chien(荨麻科)
浙江新木姜子 Neolitsea aurata var.hekiangensis (Nakai) Yang & P.H.Huang(樟科),*新木姜子*
浙江雪胆 Hemsleya zhejiangensis C.Z.Zheng (葫芦科)
浙江岩荠(植物志 33)=紫堇叶阴山荠
浙江叶下珠 Phyllanthus chekiangensis Croiz. & Metc. (大戟科)
浙江油杉(中国树木学)=江南油杉
浙江獐牙菜 Swertia hickinii Burk.(龙胆科)
浙江紫荆皮(药材学)=南五味子
浙荆芥 Nepeta everardi S.Moore(唇形科)
浙闽新木姜子 Neolitsea aurata var. undulatula Yang & P.H.Huang(樟科)
浙闽樱桃 Cerasus schneideriana (Koehne) Yü & Li (蔷薇科)
浙南菝葜 Smilax austrozhejiangensis Q.Lin(百合科)
浙皖凤仙花 Impatiens neglecta Y.L.Xu & Y.L. Chen (凤仙花科)
浙皖粗筒苣苔 Briggsia chienii Chun(苦苣苔科),*佛肚花,虎皮,秦氏佛肚苣苔,小荷草,岩白菜,岩青菜*
浙皖丹参 Salvia sinica Migo (唇形科),*拟丹参*
浙皖虎刺 Damnacanthus macrophyllus Sieb. ex Miq. (茜草科),*浙江虎刺*
浙皖黄杉(经济植物手册)=黄杉
浙皖荚蒾 Viburnum wrightii Miq.(忍冬科)
浙皖菅 Themeda unica S.L.Chen & T.D.Zhuang (禾本科)
浙皖绣球 Hydrangea zhewanensis Hsu & X.P. Zhang (虎耳草科)
浙玄参(江西)=玄参
浙雁皮(植物大辞典)=多毛荛花
蔗黄杜鹃 Rhododendron spadiceum Tam(杜鹃花科)
蔗茅 Erianthus rufipilus (Steud.) Griseb.(禾本科),*桃花芦*
蔗茅属 Erianthus Michaux.(禾本科)
鹧鸪草 Eriachne pallescens R.Br.(禾本科)
鹧鸪草属 Eriachne R.Br.(禾本科),*毛稃草属*
鹧鸪茶(海南)=山苦茶
鹧鸪茶(生草药性备要)=华南远志
鹧鸪杜鹃 Rhododendron zheguense Ching & H. P.Yang (杜鹃花科)
鹧鸪花 Trichilia connaroides (Wight ex Arn.) Bentv. (楝科),*海木,老虎楝,小黄伞,假黄皮,鸡波*
鹧鸪花属 Trichilia P.Br.(楝科)
鹧鸪韭 Allium plurifoliatum var. zhegushanense J.M.Xu (百合科)
鹧鸪柳 Salix zhegushanica N.Chao(杨柳科)
鹧鸪麻 Kleinhovia hospita L.(梧桐科),*克兰树,馒头果,面头粿*
鹧鸪麻属 Kleinhovia L.(梧桐科)
鹧鸪木(广西)=黄牛木
鹧鸪木(广西防城)=狭叶泡花树
鹧鸪山囊瓣芹 Pternopetalum trifoliatum Shan & Pu (伞形科)
鹧鸣(海南文昌)=红叶下珠

Zhen

贞丰粗筒苣苔 Briggsia rosthornii var. crenulata (Hand.-Mazz.) K.Y.Pan(苦苣苔科)
贞丰泡花树(新) Meliosma trichocarpa Hand.-Mazz.? (清风藤科)
贞丰柿 Diospyros zhenfengensis S.Lee(柿科)
贞丰蹄盖蕨 Athyrium zhenfengense Ching(蹄盖蕨科)
贞蕨(蕨类图说)=角蕨
贞榕(四川)=灯笼树
贞桐花(广东)=赪桐
针包草(杭州药志)=狼杷草
针包草(浙江草药)=婆婆针
针苞菊 Tricholepis furcata DC.(菊科)
针苞菊属 Tricholepis DC.(菊科)
针边蚬壳花椒 Zanthoxylum dissitum var. acutiserratum Huang(芸香科)
针齿冬青(拉汉名称)=华中枸骨
针齿马先蒿 Pedicularis subulatidens Tsoong(玄参科)
针齿铁仔 Myrsine semiserrata Wall.(紫金牛科),*齿叶铁仔*
针刺草(江苏)=金盏银盘
针刺草(台湾志)=钟花草
针刺齿缘草 Eritrichium aciculare Lian & J.Q. Wang (紫草科)
针刺矢车菊 Centaurea iberica Trev.(菊科)
针刺悬钩子 Rubus pungens Camb.(蔷薇科),*倒扎龙,倒毒散,葡萄杖,九里香*
针枞(中国裸子志)=杉松
针灯心草 Juncus wallichianus Laharpe(灯心草科)
针尖藜(植物志 25-2)=刺藜
针晶粟草 Gisekia pharnaceoides L.(番杏科),*吉粟草*
针晶粟草属 Gisekia L.(番杏科),*吉粟草属*
针蕨(蕨类志属)=膜叶假钻毛蕨
针蕨(蕨类誌属)=膜钻毛蕨
针葵(新拉汉英)=槟榔竹
针裂叶绢蒿 Seriphidium sublessingianum (Kell.) Poljak. (菊科)
针毛蕨 Macrothelypteris oligophlebia (Bak.) Ching (金星蕨科),*光叶金星蕨*
针毛蕨属 Macrothelypteris (H.Ito) Ching(金星蕨科)
针毛鳞盖蕨 Microlepia trapeziformis (Roxb.) Kuhn (碗蕨科)
针毛新月蕨 Pronephrium hirsutum Ching & Y. X.Lin (金星蕨科)
针茅 Stipa capillata L.(禾本科)
针茅灯心草 Juncus roemerianus Scheele.(灯心草科)
针茅属 Stipa L.(禾本科),*羽茅属*
针雀(高等图鉴)=细叶小檗
针色达奥(藏名)=黑蕊虎耳草

针松(东北)=红皮云杉
针薹草 Carex dahurica Kükenth.(莎草科)
针筒菜 Stachys oblongifolia Benth.(唇形科),*野油麻,地参,水茴香,千密灌,长圆叶水苏,针筒菜*
针筒草(广东)=草龙
针筒草(广东)=甜麻
针筒刺(海南)=毛草龙
针筒菜(中药辞海)=针筒菜
针尾凤(广东中药)=佩兰
针叶彩花 Acantholimon acerosum (Willd.) Boiss. (白花丹科)
针叶耳蕨(台湾志)=刺叶耳蕨
针叶风铃草(云南区系报告)=钻裂风铃草
针叶哈克 Hakea acicularis R.Br.(山龙眼科)
针叶韭 Allium aciphyllum J.M.Xu(百合科)
针叶蕨 Vaginularia trichoidea Fée(书带蕨科),*一条线蕨*
针叶蕨属 Vaginularia Fée (书带蕨科)
针叶老牛筋 Arenaria acicularis Williams ex Keissler (石竹科),*针叶雪灵芝*
针叶蓼 Polygonum polycnemoides Jaub. & Spach (蓼科)
针叶龙胆 Gentiana heleonastes H.Sm. ex Marq. (龙胆科)
针叶石斛 Dendrobium pseudotenellum Guillaum. (兰科)
针叶石松 Lycopodium annotinum var. acicularis Christ (石松科)
针叶石竹 Dianthus acicularis Fisch. ex Ledeb. (石竹科)
针叶薹草 Carex onoei Franch. & Sav.(莎草科),*阴地针薹草*
针叶天蓝绣球 Phlox subulata L.(花荵科)
针叶苋 Trichurus monsoniae (L.f.) C.C. Townsend (苋科)
针叶苋属 Trichurus C.C.Townsend(苋科)
针叶雪灵芝(高等图鉴补编)=针叶老牛筋
针叶雪轮 Silene saxifraga L.(石竹科)
针叶藻 Syringodium isoetifolium (Asch.) Dandy (眼子菜科)
针叶藻属 Syringodium Kütz.(眼子菜科)
针叶帚菊 Pertya phylicoides J.F.Jeffr.(菊科),*小叶帚菊*
针羽蹄盖蕨(西北植物学报)=希陶蹄盖蕨
针枝芸香 Haplophyllum tragacanthoides Diels (芸香科)
针状野百合(海南志)=针状猪屎豆
针状猪屎豆 Crotalaria acicularis Buch.-Ham. ex Benth. (豆科),*针状野百合,圆叶野百合*
针子草 Rhaphidospora vagabunda (R.Ben.) C.Y. Wu ex Y.C.Tang(爵床科)
针子草属 Rhaphidospora Nees(爵床科)
针棕 Rhapidophyllum hystrix (Pursh) Wendland & Drude (棕榈科)
针棕属 Rhapidophyllum Wendland & Drude (棕榈科)
珍杧草(新拉汉英)=奇异杧草
珍珠 (高等图鉴)=珍珠猪毛菜
珍珠矮 Cymbidium nanulum Y.S.Wu & S.C. Chen (兰科)
珍珠柏(云南)=圆柏
珍珠菜属 Lysimachia L.(报春花科)
珍珠草(滇南本草)=漆姑草
珍珠草(东北)=百蕊草
珍珠草(广西)=叶下珠
珍珠草(湖南)=矮桃
珍珠草(江苏志)=谷精草
珍珠草(南宁药志)=黄珠子草
珍珠草(植物志 75)=牛膝菊
珍珠箣柊 Scolopia henryi Sleum.(大风子科)
珍珠风(安徽,广东)=白棠子树
珍珠风(江苏)=华紫珠
珍珠风(中药大辞典)=广东紫珠
珍珠枫(四川)=紫珠
珍珠盖凉伞(广空草药手册)=山血丹
珍珠杆(宁夏中草药)=珍珠梅
珍珠杆(中国药典)=复盆子
珍珠蒿(台湾志)=奇蒿
珍珠花(花镜)=珍珠绣线菊
珍珠花(救荒本草)=省沽油
珍珠花(台湾志)=长尾叶越桔
珍珠花(图考)=江南越桔
珍珠花(图考)=珍珠荚蒾
珍珠花 Lyonia ovalifolia (Wall.) Drude(杜鹃花科),*饱饭花,亮子药,米饭花,南烛,牛筋,牛屎柴,乌饭草,小豆柴,小米柴*
珍珠花属(科属检索表)=**珍珠梅属**
珍珠花属 Lyonia Nutt(杜鹃花科),*綵木属,南烛属,米饭花属*
珍珠荚蒾 Viburnum foetidum var. ceanothoides (C.H.Wright) Hand.-Mazz.(忍冬科),*珍珠花,山五味子,老米酒,冷饭子*
珍珠菊(江西)=白苞蒿
珍珠兰(岭南杂记)=金粟兰
珍珠连(浙江中草药)=接骨草
珍珠莲(南昌)=宝盖草
珍珠莲(云南)=毛发唐松草
珍珠莲 Ficus sarmentosa var. henryi (King ex Oliv.) Corner (桑科),*巴梨子,冰粉子,凉粉树,木莲葛,爬岩香,山文头,小木莲,崖荔子,崖石榴,岩石榴*
珍珠柳(草木便方)=紫珠
珍珠露水草(云南曲靖)=蛛丝毛蓝耳草
珍珠鹿蹄草 Pyrola sororia H.Andr.(鹿蹄草科),*群生鹿蹄草*
珍珠麻(高等图鉴)=血满草
珍珠麻(云南中草药选)=接骨草
珍珠茅属 Scleria Berg.(莎草科)
珍珠梅(东北中草药)=高丛珍珠梅
珍珠梅(高等图鉴)=华北珍珠梅
珍珠梅(广西)=广西绣线菊
珍珠梅(四川)=绣球绣线菊
珍珠梅(图考)=绣线菊
珍珠梅 Sorbaria sorbifolia (L.) A.Br.(蔷薇科),*八本条,八木条,东北珍珠梅,高楷子,花儿杆,华楸珍珠梅,山高粱条子,山高粱,珍珠杆*
珍珠梅星毛变种(植物志 36)=星毛华楸珍珠梅
珍珠梅属(树木分类学)=**绣线菊属**
珍珠梅属 Sorbaria (Ser.) A.Br. ex Aschers.(蔷薇科),*珍珠花属*
珍珠米(华英字典)=玉蜀黍
珍珠七(中草药汇编)=缬草
珍珠七(中药大辞典)=羊耳蒜
珍珠球(北京)=屈曲花
珍珠伞(江苏,浙江)=硃砂根
珍珠伞(江西,浙江,广东)=百两金
珍珠伞(植物志 73-1)=钮子瓜
珍珠十二卷 Haworthia margaritifera (L.) Haw. (百合科),*点纹十二卷*
珍珠粟(英译名,种了植物)=御谷
珍珠透骨草(江苏)=地构叶
珍珠透骨草(新疆)=小花紫草
珍珠香(湖北,四川)=蜘蛛香
珍珠香(陕西)=缬草
珍珠香(中草药汇编)=缬草
珍珠绣球(树木分类学)=绣球绣线菊
珍珠绣线菊 Spiraea thunbergii Sieb. ex Bl.(蔷薇科),*雪柳,喷雪花,珍珠花*
珍珠叶(广西中药志)=毛唇芋兰
珍珠猪毛菜 Salsola passerina Bge.(藜科)
珍珠猪毛菜 Salsola passerina Bge.(藜科),*珍珠*
珍珠子(贵州)=老鸦糊
珍子木 Margaritaria nobilis L.(大戟科)
桢南(海南志)=华润楠
桢楠 (成都)=楠木
桢楠属(树木分类学)=**润楠属**
真半夏(广西南宁)=虎掌
真齿无心菜 Arenaria euodonta W.W.Sm.(石竹科),*真齿蚤缀*
真齿蚤缀(拉汉名称)=真齿无心菜
真粉(日用本草)=绿豆
真红杜鹃(云南杜鹃花)=华丽杜鹃
真猴爪(江西)=九管血
真金草(云南)=过路黄
真金草(中药大辞典)=血叶兰
真堇 Corydalis capnoides (L.) Pers.(罂粟科),*山紫堇*
真荆芥(河北)=香薷
真菊(抱朴子)=菊花
真毛黄芪 Astragalus complanatus var. eutrichus Hand.-Mazz.(豆科)
真楠木(福建药物志)=刨花润楠
真三叶十大功劳 Mahonia eutriphylla Fedde (小檗科)
真碎米蕨 Cheilanthes micropteris Sw.(中国蕨科)
真碎米蕨属 Cheilanthes Sw.(中国蕨科)
真穗草 Eustachys tener (J.S.Presl) A.Camus (禾本科)
真穗草属 Eustachys Desv.(禾本科)
真檀(本草纲目)=檀香
真五月茶 Antidesma alexiterum L.(大戟科)
真武剑(广西)=狭翅巢蕨
真夏至草(新)Lagopsis marrubiastrum (Steph.) Ik.-Gal.(唇形科),*夏至草*
真正毛蕊花 Verbascum celsioides Benth.(玄参科)
真珠草(纲目拾遗)=叶下珠
真珠兰(花经)=金粟兰
真珠凉伞(福建中草药)=百两金
真珠相思树 Acacia podalyriifolia A.Cunn.(豆科)
真籽韭 Allium eusperma Airy-Shaw(百合科)
砧草(青藏图鉴)=北方拉拉藤
榛 Corylus heterophylla Fisch. ex Trautv.(桦木科),*榛子,榧子*
榛栗(四川)=锥栗
榛叶黄花稔 Sida subcordata Span.(锦葵科),*亚拉满*
榛属 Corylus L.(桦木科)
榛子(东北)=榛
枕瓜(药用志)=冬瓜
枕果榕 Ficus drupacea Thunb.(桑科)
枕状虎耳草 Saxifraga culcitosa Mattf.(虎耳草科)
镇巴木竹(分类学报)=巴山木竹
镇边柃 Eurya tsingpienensis Hu(山茶科),*膜叶柃*
镇江白前 Cynanchum sublanceolatum (Miq.) Matsum. ex Dunn & Tutch. (萝藦科)

镇康报春 Primula comata Fletcher(报春花科), *团丛报春*
镇康贝母兰 Coelogyne zhenkangensis S.C.Chen & K.Y.Lang(兰科)
镇康长蒴苣苔 Didymocarpus zhenkangensios W.T.Wang (苦苣苔科)
镇康滇紫草(植物志 64-2)=镇康胀萼紫草
镇康耳蕨 Polystichum oblongum Ching ex W.M. Chu & Z.R.He(鳞毛蕨科)
镇康裂果漆 Toxicodendron griffithii var. barbatum C.Y.Wu & T.L.Ming(漆树科)
镇康罗伞 Brassaiopsis chengkangensis Hu(五加科)
镇康溲疏(植物志 35-1)=马桑溲疏
镇康薹草 Carex zhengkangensis Wang & Tang (莎草科)
镇康铁角蕨 Asplenium quercicola Ching(铁角蕨科)
镇康无心菜 Arenaria nigricans var. zhenkangensis (C.Y.Wu ex L.H.Zhou) C.Y. Wu(石竹科)
镇康栒子 Cotoneaster chengkangensis Yü(蔷薇科)
镇康银莲花 Anemone obtusiloba subsp. megaphylla W.T.Wang(毛茛科)
镇康胀萼紫草 Maharanga microstoma (I.M.Joh) I.M.Joh (紫草科), *镇康滇紫草*
镇宁紫云菜 Strobilanthes martinii Lévl.(爵床科)
镇平铁线莲(湖北志)=扬子铁线莲
镇坪淫羊藿 Epimedium ilicifolium Stearn(小檗科)
镇头迦(纲目)=柿
镇心草(云南中草药)= 西藏珊瑚苣苔
镇心丸(植物志 74)=滇缅斑鸠菊
震天雷(南川中草药)=湖北大戟
震叶花点草(广西植物名录)=舌柱麻
震叶紫麻(广西植物名录)=舌柱麻
榧关花(图考)=山矾

Zheng

争文武(广西苗语)=钮子瓜
征纹生石花 Lithops fulviceps (N.E.Br.) N.E.Br. (番杏科)
征镒冬青 Ilex wuiana T.R.Dudley(冬青科), *乳头冬青*
征镒卫矛 Euonymus wui J.S.Ma(卫矛科)
正安肋毛蕨 Ctenitis changanensis Ching(叉蕨科)
正安山柳(拉汉名称)=贵州桤叶树
正骨草(草药汇编)=竹灵消
正鸡纳树 Cinchona officinalis L.(茜草科), *褐皮金鸡纳,棕金鸡纳树,金鸡勒*
正里白 Diplopterygium criticum (Ching & Chiu) Ching(里白科)
正鳞盖蕨 Microlepia critica Ching(碗蕨科)
正轮掌叶报春(西藏志)=圆叶报春
正马(吴普本草)=玄参
正木(浙江)=杉木
正木(植物志 45-3)=冬青卫矛
正榕(中药大辞典)=榕树
正肉桂 Cinnamomum verum Presl.(樟科)
正杉(浙江)=杉木
正香前胡(浙江龙朱)=隔山香
正心木(河南)=领春木
正宇耳蕨 Polystichum liui Ching(鳞毛蕨科)
证饼子公(广东)=黑风藤
郑氏八角莲 Dysosma chengii (Chien) Keng f. (小檗科), *山荷叶*

Zhi

之形喙马先蒿 Pedicularis sigmoides Franch.(玄参科), *芝行喙马先蒿*
支解香(本草蒙荃)=丁子香
支里青(苏南植物手册)=青菜
支朴(云南)=长喙厚朴
支柱蓼 Polygonum suffultum Maxim.(蓼科), *红三七,九节雷,螺丝七,扭子七,蜈蚣七,血三七*
芝菜科(Flora 22)=**冰沼草科**
芝麻 Sesamum indicum L.(胡麻科), *白胡麻,白脂麻,狗虱,黑芝麻,胡麻,交麻,巨胜,麻杜饼,麻腐,麻秸,麻籼,麻滓,麻藍,蔓,梦神,青蘘,青油,生油,乌麻,小胡麻,油麻,脂麻*
芝麻菜 Eruca vesicaria subsp. sativa (Mill.)Thell.(十字花科), *臭菜,臭芥,臭萝卜,金堂葶苈,苦葶苈,麻吉-诺高,绵果芝麻菜,瓢儿菜,葶苈子,香油罐,野菜子芸芥,芸香,芝麻黄*
芝麻菜属 Eruca Mill.(十字花科)
芝麻草(江苏阜宁)=水苏
芝麻榧(浙江)=榧树
芝麻花(辽宁)=荨麻叶龙头草
芝麻黄(新疆)=芝麻菜
芝麻响铃铃(浙江,浙江草药)=紫花野百合
芝行喙马先蒿(Flora 18)=之形喙马先蒿
枝(云南禄丰)=油杉寄生
枝翅叶下珠(广西植物)=枝翅珠子木
枝翅珠子木 Phyllanthodendron dunnianum Lévl.(大戟科), *枝翅叶下珠*
枝儿条(沙漠药用植物)=兴安胡枝子
枝核(四川中药志)=荔枝
枝花变型(植物志 65-2)=石蜈蚣草
枝花李榄(植物志 61)=枝花流苏树
枝花流苏树(考察与研究)=枝花流苏树
枝花流苏树 Chionanthus ramiflorus Roxb.(木犀科), *枝花李榄,黑皮插柚紫,枝花流苏树,柚柴*
枝花木奶果(海南志)=木奶果
枝花隐子草 Cleistogenes ramiflora Keng & C.P. Wang (禾本科)
枝槿(广西药用名录)=木槿
枝毛野牡丹 Melastoma dendrisetosum C.Chen (野牡丹科)
枝实属(科属辞典)=**白大凤属**
枝柿(中药大辞典)=老鸦柿
枝穗大黄 Rheum rhizostachyum Schrenk(蓼科)
枝穗山矾(植物志 60-2)=光亮山矾
枝桃树(云南元江)=四川冬青
枝桐木(广东茂名)=倒吊笔
枝香(浙江)=陀螺紫菀
枝香草(广部中草药手册)=夜香牛
枝序伞形绣球(植物研究)=临桂绣球
枝叶草(中草药汇编)=白背黄花稔
枝展黑面神(西藏志)=钝叶黑面神
枝子(陕西)=北桑寄生
知本耳蕨(台湾志)=斜羽耳蕨
知风草 Eragrostis ferruginea (Thunb.) Beauv.(禾本科), *程咬金*
知风草属(岭南科学期刊)=**画眉草属**
知风飘拂草 Fimbristylis eragrostis (Nees) Hance (莎草科)
知荆(广东)=单叶豆
知荆属(植物志 38)=**单叶豆属**
知母 Anemarrhena asphodeloides Bge.(百合科), *兔子油草,穿地龙,光知母,羊胡子根,蒜瓣子草*
知母薤 Allium caesium Svhrenk(百合科)
知母属 Anemarrhena Bge.(百合科)
知微老(药谱)=白薇
知羞草(南越笔记)=含羞草
知羊故(西藏)=甘青青兰
知叶土杉(高等图鉴)=台湾罗汉松
知枝浙江铃子香 Chelonopsis chekiangensis var. brevipes C.Y.Wu & H.W.Li(唇形科), *短梗变种*
织女菀(吴普本草)=女菀
知微木(广东)= 檵木
栀花素馨 Jasminum lang Gagn.(木犀科)
栀子 Gardenia jasminoides Ellis(茜草科), *大黄树,伏已卮子,黄果子,黄叶下,黄栀,黄栀子,假厚朴,林兰,咪念怀,木丹,牛眼果,山黄枝,山黄栀,山栀,山栀子,水黄枝,水栀子,野厚朴,伊桐,越桃*
栀子花(浙南本草新编)=白蟾
栀子皮 Itoa orientalis Hemsl.(大风子科), *白心树,长叶子老重,米稔怀,墨当鸣,木桃果,牛眼果,弄七,盐巴菜,伊桐*
栀子皮属 Itoa Hemsl.(大风子科)
栀子属 Gardenia Ellis (茜草科)
脂麻(高等图鉴,本草衍义)=芝麻
脂麻掌(新拉汉英)=沙鱼掌
脂麻掌 Gasteria armstrongii Schoenl.(百合科), *卧牛*
脂麻掌属 Gasteria Duval.(百合科), *沙鱼掌属*
脂树(云南)=柚木
脂杨 Populus baloamifera L.(杨柳科), *大叶钻天杨*
蜘蛛白点兰 Thrixspermum arachnites (Bl.) Rchb.f. (兰科)
蜘蛛抱蛋(拉祜族常用药)=卵叶蜘蛛抱蛋
蜘蛛抱蛋 Aspidistra elatior Bl.(百合科), *飞天蜈蚣,哈萨喇,入地蜈蚣*
蜘蛛抱蛋属 Aspidistra Ker-Gawl.(百合科)
蜘蛛果(贵州)=长叶轮钟草
蜘蛛花 Silvianthus bracteatus HK.f.(茜草科)
蜘蛛花属 Silvianthus HK.f.(茜草科)
蜘蛛兰(台湾兰)=带叶兰
蜘蛛兰属 Arachnis Bl.(兰科)
蜘蛛莲(新拉汉英)=夏风信子
蜘蛛眉兰 Ophrys aranifera Huds.(兰科)
蜘蛛七(中草药汇编)=缬草
蜘蛛石斛 Dendrobium arachnites Rchb.f.(兰科)
蜘蛛香 Valeriana jatamansi Joens(败酱科), *臭药,大救驾,豆豉菜根,豆豉草,狗臭药,鬼见愁,九转香,老君须,老龙须,雷公七,连香草,马蹄香,磨脚花,乌参,香草子,心叶缬草,养血莲,珍珠香*
蜘蛛岩蕨 Woodsia andersonii (Bedd.) Christ(岩蕨科)
藏(尔雅)=苦藏
桎木柴(广东)= 檵木
直瓣苣苔 Ancylostemon saxatilis (Hemsl.) Craib (苦苣苔科)
直瓣苣苔属 Ancylostemon Craib(苦苣苔科)
直柄老鹳草(四川志)=紫地榆
直柄李果鹤虱 Rochelia rectipes Stocks (紫草科)
直长筒蕨 Selenodesmium cupressoides (Desv.) Cop. (膜蕨科)
直齿荆芥 Nepeta nuda L.(唇形科)
直唇姜 Pommereschea lackneri Wittm.(姜科)
直唇姜属 Pommereschea Wittm.(姜科)
直唇卷瓣兰 Bulbophyllum delitescens Hance (兰科)

直刺变豆菜 Sanicula orthacantha S.Moore(伞形科),*小紫花菜,黑鹅脚板*

直刺鸡爪簕 Oxyceros rectispina (Merr.) Yamazaki (茜草科),*黄金牙*

直刺藤橘 Paramignya rectispina Craib(芸香科)

直酢浆草 Oxalis corniculata var. stricta (L.) Huang & L.R.Xu(酢浆草科),*紧密酢浆草,老鸦酸,扭筋草,扭伤草,酸溜酒,酸溜溜*

直打酒巴曾(青藏图鉴)=野草莓

直打酒曾(藏名)=喜马拉雅虎耳草

直打酒曾(民族药志)=短穗兔耳草

直端莲(湖南瑶语)=贵定桤叶树

直萼虎耳草 Saxifraga erectisepala J.T.Pan(虎耳草科)

直萼黄芩 Scutellaria orthocalyx Hand.-Mazz. (唇形科),*半枝莲,滇紫花地丁,兰花地柏,屏风草,小黄芩,紫花地丁*

直萼龙胆 Gentiana erecto-sepala T.N.Ho(龙胆科)

直杆蓝桉 Eucalyptus maideni F.v.Muell.(桃金娘科)

直杆驼舌草 Goniolimon speciosum var. strictum (Regel) Pen(白花丹科)

直根酸模 Rumex thyrsiflorus Fingerh.(蓼科)

直梗高山唐松草 Thalictrum alpinum var.elatum Ulbr.(毛茛科),*毛叶高山唐松草,复叶披麻草,亮星草,亮叶子草,岩莲,小青草,小白草*

直梗小檗 Berberis asmyana Schneid. (小檗科)

直梗紫堇 Corydalis balfouriana Diels(罂粟科),*苍山紫堇*

直管列当 Orobanche cernua var. hansii (A. Kerner) G.Beck(列当科)

直果草 Triphysaria chinensis (D.Y.Hong) D.Y. Hong (玄参科)

直果草属 Triphysaria Fisch. & C.A.Mey.(玄参科)

直果胡卢巴 Trigonella orthoceras Kar. & Kir. (豆科)

直果银莲花 Anemone orthocarpa Hand.-Mazz. (毛茛科)

直花水苏 Stachys strictiflora C.Y.Wu(唇形科)

直喙凤仙花 Impatiens rectirostrata Y.L.Chen & Y.Q.Lu (凤仙花科)

直喙乌头 Aconitum transectum Diels(毛茛科),*大草乌,小黑牛,黑草乌*

直荚草黄芪 Astragalus ortholobiformis Sumn. (豆科)

直角凤仙花 Impatiens rectangula Hand.-Mazz. (凤仙花科)

直角凤丫蕨 Coniogramme procera Fée(裸子蕨科),*高山凤丫蕨*

直角荚蒾 Viburnum foetidum var.rectangulatum (Graebn.) Rehd.(忍冬科)

直脚梅类 Armeniaca mume var. mume(蔷薇科)

直茎蒿 Artemisia edgeworthii Balakr.(菊科),*劲直蒿,察尔汪*

直茎红景天 Rhodiola recticaulis A.Bor.(景天科)

直茎黄堇(高等图鉴,植物志 32)=直立紫堇

直茎黄挖耳草(云南植物名录)=尖萼挖耳草

直距翠雀花 Delphinium orthocentrum Franch. (毛茛科)

直距凤仙花 Impatiens pseudo-kingii Hand.-Mazz. (凤仙花科)

直距耧斗菜 Aquilegia rockii Munz(毛茛科)

直距曲花紫堇 Corydalis curviflora subsp. minuticristata (Fedde) C.Y.Wu(罂粟科)

直距淫羊藿 Epimedium mikinorii Stearn(小檗科)

直盔马先蒿 Pedicularis orthocoryne Li(玄参科)

直立百部 Stemona sessilifolia (Miq.) Miq.(百部科),*百部袋,一窝虎*

直立半插花 Hemigraphis cumingiana (Nees) F.-Vill. (爵床科)

直立大溲疏 Deutzia magnifica var. erecta Rehd. (虎耳草科)

直立刀豆(植物志 41)=直生刀豆

直立点地梅 Androsace erecta Maxim.(报春花科)

直立凤兰 Angraecum erectum Summerh.(兰科)

直立腹水草 Veronicastrum kitamurae (Ohwi) Yamaz. (玄参科)

直立黑三棱 Sparganium erectum L.(黑三棱科)

直立猴面蝴蝶草 Achimenes coccinea Pers.(苦苣苔科)

直立虎耳草 Saxifraga ascendens L.(虎耳草科)

直立黄芪(豆科图说)=斜茎黄芪

直立黄芩 Scutellaria adsurgens M.Pop.(唇形科)

直立黄细心 Boerhavia erecta L.(紫茉莉科),*西沙黄细心*

直立茴芹 Pimpinella smithii Wolff(伞形科)

直立鸡蛋参 Codonopsis convolvulacea var. limprichtii (Lingel & Borza) Anthony(桔梗科)

直立假蹄盖蕨(分类学报)=直立介蕨

直立角茴香(西藏志)=角茴香

直立介蕨 Dryoathyrium erectum (Z.R.Wang) W. M.Chu & Z.R.Wang(蹄盖蕨科),*直立假蹄盖蕨,大果峨眉蕨,节毛介蕨,大果介蕨*

直立堇菜(拉汉名称)=立堇菜

直立锦香草 Phyllagathis erecta (S.Y.Hu) C.Y. Wu ex C.Chen(野牡丹科),*直立无距花*

直立荆芥 Nepeta erecta Benth.(唇形科)

直立韭 Allium amphibolum Ledeb.(百合科)

直立卷瓣兰 Bulbophyllum unciniferum Seidenf. (兰科)

直立老鹳草 Geranium rectum Trautv.(牻牛儿苗科)

直立两色乌头 Aconitum albovioláceum var. erectum W.T.Wang(毛茛科)

直立麻黄 Ephedra antisyphilitica Berl.(麻黄科)

直立马尾杉(云南植物研究)=网络马尾杉

直立蔓龙胆 Crawfurdia semialata (Marq.) H.Sm. (龙胆科)

直立莓系 Poa sphondyloides var. strictula (Steud.) Koidz.(禾本科)

直立美尖柏 Chamaecyparis thyoides f. andelyensis Schneid.(柏科)

直立膜萼花 Petrorhagia alpina (Habl.) P.W.Ball & Heywood(石竹科)

直立挪威槭 Acer platanoides f. erectum Slavin (槭树科)

直立欧洲刺柏 Juniperus communis var. erecta Pursh (柏科)

直立欧洲红豆杉 Taxus baccata cv. Erecta (红豆杉科)

直立婆婆纳 Veronica arvensis L.(玄参科),*脾寒草*

直立乔桧 Juniperus excelsa cv. Stricta (柏科)

直立雀麦 Bromus erectus Hudson(禾本科)

直立日本小檗 Berberis thunbergii var. erecta (Rehd.) Ahrendt (小檗科)

直立山梗菜 Lobelia erectiuscula Hara(桔梗科)

直立山牵牛 Thunbergia erecta (Benth.) T. Anders. (爵床科),*硬枝老鸦嘴*

直立山珊瑚 Galeola matsudai Hay.(兰科)

直立省藤 Calamus erectus Roxb.(棕榈科)

直立石龙尾 Limnophila erecta Benth.(玄参科)

直立水蜡烛 Dysophylla erecta Dalz.(唇形科)

直立太平洋梾木 Cornus nutallii cv. Colrigo Giant (山茱萸科)

直立藤长苗 Calystegia pellita subsp. stricta Brumm. (旋花科)

直立委陵菜 Potentilla recta L.(蔷薇科)

直立无距花(云南志)=直立锦香草

直立肖菝葜(植物志 15)=筒被菝葜

直立悬钩子 Rubus stans Focke(蔷薇科)

直立旋花 Convolvulus pseudocantabrica Schrenk (旋花科)

直立延龄草(新拉汉英)=褐花延龄草

直立隐花马先蒿 Pedicularis cryptantha subsp. erecta Tsoong(玄参科),*隐花马先蒿直立亚种*

直立隐柱兰 Cryptostylis erecta R.Br.(兰科)

直立杂种紫杉 Taxus media cv. Hecksii (红豆杉科)

直立猪毛草(高等图鉴)=东方猪毛菜

直立紫堇 Corydalis stricta Steph. ex Fisch.(罂粟科),*玉门透骨草,直茎黄堇,巴夏嘎*

直鳞肋毛蕨 Ctenitis eatoni (Bak.) Ching(叉蕨科)

直脉杜英 Elaeocarpus prunifolioides var. rectinervis H.T.Chang(杜英科)

直脉瘤果茶 Camellia atuberculata Chang(山茶科)

直脉榕 Ficus orthoneura Lévl. & Vant.(桑科)

直脉兔儿风 Ainsliaea nervosa Franch.(菊科)

直脉小檗 Berberis rectinervia Rusby (小檗科)

直芒草 Orthoraphium roylei Nees (禾本科)

直芒草属 Orthoraphium Nees (禾本科)

直芒雀麦 Bromus gedrosianus Penz.(禾本科)

直毛獐牙菜 Swertia endotricha H.Sm.(龙胆科)

直球穗扁莎 Pycreus globosus var. strictus (Roxb.) C.B.Clarke (莎草科)

直蕊唇柱苣苔 Chirita orthandra W.T.Wang(苦苣苔科)

直蕊宿柱薹(台湾志)=直蕊薹草

直蕊薹草 Carex breviculmis var. cupulifera (Hay.) Y.C.Tang & S.Y.Liang(莎草科),*直蕊宿柱薹*

直生刀豆 Canavalia ensiformis (L.) DC.(豆科),*直立刀豆,洋刀豆,刀豆*

直鼠耳芥(植物志 33)=直须弥芥

直穗鹅观草 Roegneria turczaninovii (Drib.) Nevski (禾本科)

直穗粉花地榆(东北草本志)=长蕊地榆

直穗山姜(海南志)=草豆蔻

直穗薹草 Carex orthostachys C.A.Mey.(莎草科)

直穗小檗 Berberis dasystachya Maxim. (小檗科),*直序小檗,三颗针,黄三刺皮,黄刺皮*

直莛石豆兰 Bulbophyllum suavissimum Rolfe (兰科)

直尾楼梯草 Elatostema recticaudatum W.T. Wang (荨麻科)

直须弥芥 Crucihimalaya stricta (Camb.) Al-Shehbaz et al.(十字花科),*直鼠耳芥*

直序乌头 Aconitum richardsonianum Lauener (毛茛科),*棚压妈博*

直序五膜草 Pentaphragma spicatum Merr.(桔梗科)

直序小檗(中药辞海)=直穗小檗

直叶香柏 Juniperus pingii var. carinata Y.F.Yu & L.K.Fu(柏科)
直枝杜鹃 Rhododendron orthocladum Balf.f. & Forr. (杜鹃花科)
直苎麻(浙江)=透茎冷水花
直总状花序小檗 Berberis orthobotrys Bienert ex Aitch.(小檗科),*岩生小檗*
植夫蒲儿根 Sinosenecio fangianus Y.L.Chen(菊科)
植夫橐吾 Ligularia fangiana Hand.-Mazz.(菊科)
植楠树(质问本草)=桃叶珊瑚
止惊草(浙药目录)=银粉背蕨
止咳竹(广西药用名录)=褐鞘沿阶草
止痢草(中药大辞典)=宽叶独行菜
止痢蒿(丽江)=痢止蒿
止痢蒿(丽江)=弯花筋骨草
止痢蚤草 Pulicaria dysenterica (L.) Gaertn.(菊科)
止痛丹(植物志 47-2)=湖北凤仙花
止泻木 Holarrhena pubescens Wall. ex G.Don(夹竹桃科)
止泻木属 Holarrhena R.Br.(夹竹桃科)
止血草(福建草药)=杜虹花
止血草(广西中草药)=红雀珊瑚
止血草(江苏)=豆腐柴
止血草(云南)=大叶紫珠
止血草(云南)=苇谷草
止血柴(湖南)=广东紫珠
止血丹(浙药志)=虎尾铁角蕨
止血果(文山中草药)=狭瓣贝母兰
止血马唐 Digitaria ischaemum (Schreb.) Schreb.(禾本科)
止血木(广州)=绒毛野桐
止血树皮(云南中草药)=假鹊肾树
只大萨曾(藏名)=黄毛草莓
纸背金牛草(重庆草药)=鹿蹄草
纸萼金莲花 Trollius chartosepalus N.Schipcz.(禾本科)
纸花葱 Allium neapolitanum Cyr.(百合科),*那波利葱*
纸桦 Betula papyrifera Marsh.(桦木科)
纸末花(图考)=檵木
纸皮桦(秦岭)=红桦
纸钱剑(福建中草药)=排钱树
纸叶八月瓜 Holboellia latifolia subsp. chartacea C.Y.Wu & S.H.Huang(木通科)
纸叶报春(拉汉名称)=革叶报春
纸叶翠雀花 Delphinium pergameneum W.T. Wang (毛茛科)
纸叶冬青 Ilex chartaceifolia C.Y.Wu ex Y.R.Li (冬青科)
纸叶琼楠 Beilschmiedia pergamentacea Allen (樟科),*黑叶琼楠*
纸叶榕 Ficus chartacea Wall. ex King (桑科)
纸叶栒子(新)Cotoneaster kinishii Hay. & Hylmö?(蔷薇科)
纸叶越桔 Vaccinium kingdon-wardii Sleumer (杜鹃花科)
纸质观音座莲 Angiopteris crassa Ching(观音座莲科)
纸质冷水花 Pilea chartacea C.J.Chen(荨麻科)
纸质龙脑香 Dipterocarpus chartaceus Symington (龙脑香科)
纸质石韦 Pyrrosia heteractis (Mett. ex Kuhn) Ching (水龙骨科)
芷叶棱子芹 Pleurospermum heracleifolium Franch. ex de Boiss.(伞形科)
芷叶前胡 Peucedanum angelicoides Wolff ex Kretschm. (伞形科)
指甲草(湖北)=日本景天
指甲花(草木便方)=凤仙花
指甲花(广东)=散沫花
指甲花(植物志 47-2)=大苞凤仙花
指甲兰 Aerides falcata Lindl.(兰科)
指甲兰花蜘蛛兰 Arachnis flosearis (L.) Rchb.f.(兰科)
指甲兰属 Aerides Lour.(兰科)
指甲木(广东,海南)=散沫花
指甲薯(福建)=墙草
指甲叶(广东)=散沫花
指甲叶(广西)=圆叶节节菜
指裂蒿 Artemisia tridactyla Hand.-Mazz.(菊科),*三列蒿*
指裂梅花草 Parnassia cooperi W.E.Evans(虎耳草科)
指裂叶秋海棠(广西志)=黎平秋海棠
指天椒(岭南采药录)=辣椒
指天蕉(云南河口)=红蕉
指叶艾(湖北)=五月艾
指叶凤尾蕨 Pteris dactylima HK.(凤尾蕨科),*凤尾草,金鸡尾,五叶灵芝,细叶凤尾蕨,掌凤尾蕨,掌羽凤尾蕨,指状凤尾蕨*
指叶蒿(河北,内蒙古)=牛尾蒿
指叶假瘤蕨 Phymatopteris dactylina (Christ) Pic.Serm.(水龙骨科)
指叶毛兰 Eria pannea Lindl.(兰科),*树葱,石葱,蜈蚣草,岩葱*
指叶山猪菜 Merremia quinata (R.Br.) v.Ooststr.(旋花科)
指掌蕨(广西)=光亮瘤蕨
指柱兰(台兰科图鉴)=中华叉柱兰
指柱兰 Stigmatodactylus sikokianus Maxim. ex Makino (兰科)
指柱兰属 Stigmatodactylus Maxim. ex Makino (兰科)
指状报春(拉汉名称)=泽地灯台报春
指状凤尾蕨(西藏志)=指叶凤尾蕨
指状花烛 Anthurium digitatum (Jacq.) G.Don (天南星科)
指状瘤瓣兰 Oncidium cheirophorum Rchb.f.(兰科)
指状秋海棠 Begonia digitata Raddi (秋海棠科)
指状叶哈克 Hakea dactyloides Cav.(山龙眼科)
指状玉凤花 Habenaria digitata Kdl.(兰科)
枳×宜昌橙 Poncirus trifoliata ×Citrus ichangensis (芸香科)
枳 Poncirus trifoliata (L.) Raf.(芸香科),*臭橘,臭杞,枸橘,绿衣枳壳,绿衣枳实,雀不站,铁篱寨,土枳实,枳菇,枳木皮屑*
枳橙 Citrange(芸香科)
枳菇(本草经集注)=枳
枳机草(沙漠志)=芨芨草
枳椇(安徽,浙江)=毛果枳椇
枳椇(树木分类学)=北枳椇
枳椇 Hovenia acerba Lindl.(鼠李科),*白石枣,曹公爪,枸,拐枣,还阳藤,鸡橘子,鸡爪树,鸡爪子,棘枸,结留子,金果梨,蜜稜,木蜜,木珊瑚,木锡,南枳椇,天藤,万字果,枳枣,转钮子,稜橄*
枳椇属 Hovenia Thunb.(鼠李科),*拐枣属*
枳椇子(北京)=北枳椇
枳壳(开宝本草,广药手册,四川江津)=酸橙
枳木皮屑(图经本草)=枳
枳芨草(内蒙古中草药)=芨芨草
枳实(广西药用名录,本经)=酸橙
枳枣(中药志)=枳椇
枳属 Poncirus Raf.(芸香科),*枸橘属*
趾叶栝楼 Trichosanthes pedata Merr. & Chun (葫芦科)
趾叶喜林芋 Philodendron laciniatum (Vell.) Engl. (天南星科)
酯母(纲目)=酸模
酯汤草(贵州方药集)=酸模
酯桃(福建)=阳桃
酯藤木(陆川本草)=酸叶胶藤
至马尕共(青海囊谦)=尖突黄堇
治多虎耳草 Saxifraga zhidoensis J.T.Pan(虎耳草科)
治疟草(江苏)=一年蓬
治疝草 Herniaria glabra L.(石竹科),*光治疝草,脱肠草*
治疝草属 Herniaria L.(石竹科)
治蛇灵(广部中草药手册)=蛇王藤
栉苞堇叶延胡索 Corydalis fumariifolia var. incisa M.Pop.(罂粟科)
栉齿虎耳草(高等图鉴)=小伞虎耳草
栉齿黄鹌菜 Youngia wilsoni (Babcock) Babcock & Stebbins(菊科)
栉齿毛鳞菊 Chaetoseris pectiniformis Shih(菊科)
栉齿若菊 Sinoseris triflora Chang & Shih (菊科)
栉齿细莴苣 Stenoseris triflora Chang & Shih(菊科)
栉裂齿瓣延胡索 Corydalis turtschaninovii f. pectinata (Kom.) Y.H.Chou (罂粟科)
栉裂东京延胡索 Corydalis ambigua var. pectinata Kom.(罂粟科)
栉裂毛茛 Ranunculus pectinatilobus W.T.Wang (毛茛科)
栉叶蒿 Neopallasia pectinata (Pall.) Poljak.(菊科),*篦齿蒿,乌合日-西鲁黑,籽蒿*
栉叶蒿属 Neopallasia Poljak.(菊科)
栉叶芥(东北检索表)=羽裂花旗杆
栉状假毛蕨(蕨类形态)=篦齿假毛蕨
痔疮草(陕北,陕西中草药)=二裂委陵菜
智利白酒草 Conyza chilensis C.Spreng.(菊科)
智利白钟花 Lapageria rosea var. albiflora Hort. (百合科)
智利茶藨子 Ribes gayanum (Spach.) Steud.(虎耳草科)
智利刺草 Chaetotropis chilensis Kunth.(禾本科)
智利刺毛草属 Chaetotropis Kunth.(禾本科)
智利多刺小檗 Berberis ferox C.Gay (小檗科)
智利多花小檗 Berberis florida Phil.(小檗科)
智利红柱花(新拉汉英)=绯红柱花
智利槐 Sophora masafuerana Skottsb.(豆科)
智利陆均松 Dacrydium fonkii Benth.(罗汉松科)
智利罗汉松 Podocarpus andinus Pospp.(罗汉松科)
智利美登木 Maytenus boaria Molina(卫矛科)
智利密花小檗 Berberis congestiflora C.Gry (小檗科)
智利密棕 Jubaea chilensis (Molina) Baillon (棕榈科)
智利南洋杉 Araucaria araucana (Mol) Koch (南洋杉科)
智利球属 Neoporteria Britt. & Tose (仙人掌科)
智利鼠麴草 Gnaphalium chilense HK. & Arn. (菊科)

智利豚鼻花 Sisyrinchium striatum Smith (鸢尾科),*阿根廷朋鼻花*
智利香松 Libocedrus chilensis Endl.(柏科)
智利小檗 Berberis chilensis Gill. ex HK.(小檗科)
智利早熟禾 Poa chilensis Trin.(禾本科)
智利榛 Gevuina avellana Mol.(山龙眼科)
智利钟花 Lapageria rosea Ruiz & Pav.(百合科)
智利钟花属 Lapageria Ruiz & Pav.(百合科)
滞良(海南)=蓝树
痣草(植物志 67-1)=少花龙葵
置疑小檗 Berberis dubia Schneid. (小檗科)
雉头叶(广东)=毛荛
雉尾花(云南志)=醉鱼草
雉尾乌毛蕨(台湾志)=乌木蕨
雉尾指柱兰(台大研究报告)=台中叉柱兰
雉隐天冬(东北检索表)=龙须菜
雉子筵(苏南植物手册)=莓叶委陵菜
雉子筵根(中草药通讯)=莓叶委陵菜
雉足号(海南白沙)=细基丸

Zhong

中败酱 Patrinia intermedia (Horn.) Roem. & Schult. (败酱科),*多花败酱,墓回头*
中被黄芩 Scutellaria mesostegia Juz.(唇形科)
中车前(内蒙古)=北车前
中葱(生草药性备要)=田葱
中甸艾 Artemisia zhongdianensis Y.R.Ling(菊科),*缅甸艾*
中甸报春(高等图鉴)=中甸灯台报春
中甸杓兰 Cypripedium bardolphianum var. zhongdianense S.C.Chen(兰科)
中甸长果婆婆纳 Veronica ciliata subsp. zhongdianensis Hong(玄参科)
中甸垂头菊 Cremanthodium chungtienense Ling & S.W.Liu(菊科)
中甸刺玫 Rosa praelucens Byhouwer(蔷薇科)
中甸翠雀花 Delphinium yuanum Chen(毛茛科)
中甸灯台报春 Primula chungensis Balf.f. & Ward (报春花科),*中甸报春*
中甸东俄芹 Tongoloa zhongdianensis S.L.Liou (伞形科)
中甸独花报春 Omphalogramma forrestii Balf.f. (报春花科)
中甸独活 Heracleum forrestii Wolff(伞形科)
中甸杜鹃 Rhododendron zhongdianense L.C.Hu (杜鹃花科)
中甸峨眉蕨 Lunathyrium auriculatum var. zhongdianense Z.R.Wang(蹄盖蕨科)
中甸风毛菊 Saussurea dschungdienensis Hand.-Mazz.(菊科)
中甸凤仙花 Impatiens chungtienensis Y.L.Chen (凤仙花科)
中甸海水仙 Primula monticola (Hand.-Mazz.) Chen & C.M.Hu(报春花科)
中甸杭子稍 Campylotropis yunnanensis var. zhongdianensis P.Y.Fu(豆科)
中甸虎耳草 Saxifraga draboides C.Y.Wu (虎耳草科)
中甸黄堇 Corydalis zhongdianensis C.Y.Wu(罂粟科)
中甸黄芪 Astragalus forrestii Simps.(豆科)
中甸黄芩 Scutellaria chungtienensis C.Y.Wu(唇形科)
中甸茴芹 Pimpinella chungdienensis C.Y.Wu(伞形科)
中甸蓝钟花 Cyananthus chungdianensis C.Y. Wu (桔梗科)
中甸肋柱花 Lomatogonium zhongdianense S.W. Liu & T.N.Ho(龙胆科)
中甸冷杉 Abies ferreana Bordéres-Rey & Gaussen (松科)
中甸龙胆 Gentiana chungtienensis Marq.(龙胆科)
中甸马先蒿 Pedicularis zhongdianensis H.P. Yang (玄参科)
中甸毛茛 Ranunculus zhungdianensis W.T. Wang (毛茛科)
中甸婆婆纳(新)Veronica ciliata subsp. zhongdianensis Hong(玄参科),*长果婆婆纳中甸亚种*
中甸千里光 Senecio chungtienensis C.Jeffr. & Y.L.Chen (菊科)
中甸清风藤(新) Sabia glandulosa L.Chen?(清风藤科)
中甸山楂 Crataegus chungtienensis W.W.Sm. (蔷薇科)
中甸丝瓣芹 Acronema handelii Wolff(伞形科)
中甸溲疏 Deutzia zhongdianensis S.M.Hwang (虎耳草科)
中甸蹄盖蕨 Athyrium chungtienense Ching(蹄盖蕨科),*密叶蹄盖蕨,哈巴蹄盖蕨*
中甸天胡荽 Hydrocotyle forrestii Wolff(伞形科)
中甸葶苈 Draba serpens O.E.Schulz(十字花科)
中甸乌头 Aconitum piepunense Hand.-Mazz. (毛茛科)
中甸无心菜 Arenaria zhongdianensis C.Y.Wu (石竹科)
中甸香青 Anaphalis chungtienensis Chen(菊科)
中甸栒子 Cotoneaster langei Klotz(蔷薇科)
中甸岩黄芪 Hedysarum thiochroum Hand.-Mazz. (豆科)
中甸蝇子草 Silene chungtienensis W.W.Sm.(石竹科),*黄绿蝇子草*
中甸鸢尾 Iris subdichotoma Y.T.Zhao(鸢尾科)
中甸早熟禾 Poa zhongdianensis L.Liu(禾本科)
中甸蚤缀(拉汉名称)=多柱无心菜
中甸珍珠菜 Lysimachia chungdienensis C.Y.Wu (报春花科)
中蝶草(广西药用名录)=假地豆
中东金花茶 Camellia achrysantha Chang & S.Y. Liang (山茶科)
中东杨 Populus ×berolinensis Dipp.(杨柳科)
中俄(西双版纳傣语)=黄樟
中俄(西双版纳傣语)=毛叶樟
中俄谷精草 Eriocaulon chinorossium Kom.(谷精草科)
中广(西双版纳傣语)=黄樟
中国八角 Illicium brumanicum Wils.(木兰科)
中国白丝草 Chionographis chinensis Krause(百合科)
中国粗榧(中国树木学)=粗榧
中国当药(北部植物图志)=北方獐牙菜
中国地杨梅 Luzula effusa var. chinensis (N.E. Brown) K.F.Wu(灯心草科)
中国繁缕 Stellaria chinensis Rgl.(石竹科),*鸦雀子窝*
中国狗牙花(植物志 63)=伞房狗牙花
中国骨碎补 Davallia sinensis (Christ) Ching(骨碎补科)
中国黑色铁角蕨(秦岭植物志 4-2)=黑色铁角蕨
中国槐(通称)=槐
中国黄花柳 Salix sinica (Hao) C.Wang & C.F. Fang (杨柳科)
中国黄眼草 Xyris banacana Miq.(黄眼草科)
中国假冷蕨(分类学报)=睫毛假冷蕨
中国旌节花 Stachyurus chinensis Franch.(旌节花科),*旌节花,萝卜药,水凉子,通草,通花,小通草*
中国蕨 Sinopteris grevilleoides (Christ) C.Chr & Ching(中国蕨科)
中国蕨科 Sinopteridaceae
中国蕨属 Sinopteris C.Chr & Ching(中国蕨科)
中国苦树 Picrasma chinensis P.Y.Chen(苦木科)
中国柳(秦岭志)=中华柳
中国龙胆 Gentiana chinensis Kusnez.(龙胆科)
中国马先蒿 Pedicularis chinensis Maxim.(玄参科),*中国马先蒿中国变型*
中国马先蒿浅红变型(植物志 68)=浅红中国马先蒿(新)
中国马先蒿中国变型(植物志 68)=中国马先蒿
中国梅花草 Parnassia chinensis Franch.(虎耳草科)
中国梅花草四川变种(分类学报)=四川梅花草
中国木兰杜鹃花 Rhododendron sinonuttallii Balf.f. & Forr.(杜鹃花科),*大果杜鹃*
中国拟铁(峨眉图志)=鼠刺
中国欧氏马先蒿(新)Pedicularis oederi subsp. oederi var. sinensis (Maxim.) Hurus.(玄参科),*欧氏马先蒿欧氏亚种中国变种*
中国茜草 Rubia chinensis Rgl. & Maack (茜草科),*大砧草,木达地音-马日那,黑果茜草*
中国荛花(新)Wikstroemia chinensis Meisn.?(瑞香科)
中国沙棘 Hippophaë rhamnoides subsp. sinensis Rousi(胡颓子科),*醋柳,大尔卜兴,黑刺,刺,黄酸刺,吉汗,契癸日戈纳,酸刺柳*
中国石蒜 Lycoris chinensis Traub(石蒜科)
中国宿苞豆(豆科图说)=宿苞豆
中国宿柱薹(台湾志)=伴生薹草
中国吻兰(海南志)=吻兰
中国无忧花 Saraca dives Pierre(豆科),*黄莺花,火焰花,火焰木,马树,马叶树,唛竖,唛梅马,四方木皮*
中国喜山葶苈 Draba oreades var. chinensis O.E. Schulz ex LimpR.Br.(十字花科)
中国细辛(湖北志)=川北细辛
中国纤细马先蒿 Pedicularis gracilis subsp. sinensis Tsoong(玄参科),*纤细马先蒿中国亚种*
中国香蕉(国外统称)=香蕉
中国小米空木(苏南植物名录)=华空木
中国绣球 Hydrangea chinensis Hay.(虎耳草科),*八仙花,常山树,大瓣绣球,倒卵绣球,粉团花,甘茶,华八仙,江西绣球,绿瓣绣球,蜜香草,伞花八仙,伞形绣球,甜茶,土常山,脱皮龙,狭瓣绣球,绣球*
中国旋花(高等图鉴,宁夏中草药)=田旋花
中国岩黄芪 Hedysarum chinense (B.Fedtsch.) Hand.-Mazz.(豆科)
中国野菰 Aeginetia sinensis G.Beck(列当科),*横杆草,箭杆七*
中国指柱兰(台湾兰科植物)=中华叉柱兰
中国猪屎豆 Crotalaria chinensis L.(豆科),*华野百合*
中海薹草 Carex zhonghaiensis S.Y.Liang(莎草科)
中亥(西双版纳傣语)=黄樟
中华安息香 Styrax chinensis Hu & S.Y.Liang (安息香科),*米哥蚊,山柿,大果安息香,大籽*

安息香
中华抱茎蓼(中药辞海)=抱茎蓼
中华抱茎蓼 Polygonum amplexicaule var. sinense Forb. & Hemsl. ex Stew.(蓼科)
中华贝母 Fritillaria sinica S.C.Chen(百合科)
中华被萼苣苔(中药大辞典)=蛛毛苣苔
中华笔草 Pseudopogonatherum contortum var. sinense (Keng ex S.L.Chen) Keng & S.L. Chen (禾本科)
中华补血草(高等图鉴)=补血草
中华槽舌兰 Holcoglossum sinicum Christenson (兰科)
中华草沙蚕 Tripogon chinensis (Franch.) Hack. (禾本科)
中华叉柱花 Staurogyne sinica C.Y.Wu & H.S. Lo (爵床科)
中华叉柱兰 Cheirostylis chinensis Rolfe(兰科), *中国指柱兰,指柱兰,台湾指柱兰*
中华车前报春(拉汉名称)=车前叶报春
中华齿状毛蕨 Cyclosorus sinodentatus Ching & Z.Y.Liu(金星蕨科)
中华刺蕨 Egenolfia sinensis (Bak.) Maxon (实蕨科)
中华粗榧杉(中国裸子志)=粗榧
中华大节竹 Indosasa sinica C.D.Chu & C.S. Chao (禾本科),*大眼竹,大节竹*
中华淡竹叶 Lophatherum sinense Rendle(禾本科)
中华地桃花 Urena lobata var. chinensis (Osbeck) S.Y.Hu(锦葵科),*糙脉梵天花*
中华冬青 Ilex sinica (Loes.) S.Y.Hu(冬青科)
中华杜英 Elaeocarpus chinensis (Gardn. & Champ.) HK.f. & Benth.(杜英科),*华杜英,桃榅,羊屎乌*
中华短肠蕨 Allantodia chinensis (Bak.) Ching (蹄盖蕨科),*华双盖蕨*
中华对马耳蕨 Polystichum sino-tsus-simense Ching & Z.Y.Liu(鳞毛蕨科),*中华马祖耳蕨*
中华盾蕨 Neolepisorus sinensis Ching(水龙骨科)
中华峨眉蕨 Lunathyrium dolosum var. chinense Z.R.Wang(蹄盖蕨科)
中华鹅观草 Roegneria sinica Keng(禾本科)
中华鹅掌柴 Schefflera chinensis (Dunn) Li(五加科)
中华耳草 Hedyotis cathayana Ko(茜草科)
中华耳稃草 Garnotia patula f. sinensis Santos ? (禾本科)
中华耳蕨 Polystichum sinense Ching(鳞毛蕨科),*福山氏耳蕨*
中华风毛菊 Saussurea chinensis (Maxim.) Lipsch. (菊科)
中华凤尾蕨(高等图鉴)=变异凤尾蕨
中华凤丫蕨(蕨类誌属)=普通凤丫蕨
中华茯蕨 Leptogramma sinica Ching ex Y.X. Lin (金星蕨科)
中华复叶耳蕨 Arachniodes chinensis (Rosenst.) Ching (鳞毛蕨科)
中华观音座莲 Angiopteris sinica Ching(观音座莲科)
中华孩儿草 Rungia chinensis Benth.(爵床科), *明萼草*
中华禾叶繁缕 Stellaria graminea var. chinensis Maxim.(石竹科)
中华红丝线 Lycianthes lysimachioides var. sinensis Bitt.(茄科),*台湾红丝线*
中华胡椒 Piper chinense Miq.(胡椒科)
中华胡枝子 Lespedeza chinensis G.Don(豆科), *白盲荚,鹁鸪梢,风血木,华胡枝子,马料梢,细叶马料梢,细叶野花生*
中华槲蕨(中药志)=秦岭槲蕨
中华花荵 Polemonium chinense (Brand) Brand (花荵科),*小花荵,花荵,电灯花,灯音一花儿,山波菜*
中华黄花稔 Sida chinensis Retz.(锦葵科)
中华荚果蕨 Matteuccia intermedia C.Chr.(球子蕨科)
中华尖药花 Acranthera sinensis C.Y.Wu(茜草科)
中华菅 Themeda chinensis (A.Camus) S.L.Chen & T.D.Zhuang(禾本科)
中华剑蕨 Loxogramme chinensis Ching (剑蕨科),*华剑蕨,石虎*
中华结缕草 Zoysia sinica Hance (禾本科)
中华介蕨 Dryoathyrium chinense Ching(蹄盖蕨科),*城口介蕨*
中华金星蕨 Parathelypteris chinensis Ching ex Shing (金星蕨科),*马边金星蕨*
中华金腰 Chrysosplenium sinicum Maxim.(虎耳草科),*华金腰子,中华金腰子,猫眼草,金钱苦叶草*
中华金腰子(秦岭志)=中华金腰
中华卷柏 Selaginella sinensis (Desv.) Spring(卷柏科),*地柏,翠云草,黄牛皮,天罗网,地网子*
中华卷瓣兰 Bulbophyllum chinense (Lindl.) Rchb.f. (兰科)
中华栝楼(植物志 73-1)=双边栝楼
中华老鹳草 Geranium sinense R.Knuth(牻牛儿苗科),*观音倒座草*
中华冷蕨(蕨类形态)=宝兴冷蕨
中华冷水花 Pilea wattersii Hance? (荨麻科),*中华冷水麻*
中华冷水麻(台湾志)=中华冷水花
中华狸尾豆 Uraria chinensis (Hemsl.) Franch.? (豆科)
中华狸尾豆 Uraria sinensis (Hemsl.) Franch.(豆科)
中华里白 Diplopterygium chinense (Ros.) Devol.(里白科)
中华亮毛蕨(蕨类形态)=亮毛蕨
中华列当 Orobanche mongolica G.Beck(列当科)
中华鳞盖蕨 Microlepia sino-strigosa Ching(碗蕨科)
中华鳞毛蕨 Dryopteris chinensis (Bak.) Koidz. (鳞毛蕨科)
中华瘤枝卫矛 Euonymus verrucosus var. chinensis Maxim.(卫矛科)
中华柳 Salix cathayana Diels(杨柳科),*中国柳*
中华柳叶菜 Epilobium sinense Lévl.(柳叶菜科)
中华鹿藿 Rhynchosia chinensis H.T.Chang ex Y. T.Wei & S.Lee(豆科)
中华落芒草 Oryzopsis chinensis Hitchc.(禾本科)
中华马祖耳蕨(植物研究)=中华对马耳蕨
中华猕猴桃 Actinidia chinensis Planch.(猕猴桃科),*阳桃,羊桃,羊桃藤,藤梨,猕猴桃*
中华密榴木(分类学报)=中华野独活
中华木荷 Schima sinensis (Hemsl.) Airy-Shaw (山茶科)
中华盆距兰 Gastrochilus sinensis Z.H.Tsi(兰科)
中华萍蓬草 Nuphar pumila subsp. sinensis (Hand.-Mazz.) D.Padgett(睡莲科)
中华槭 Acer sinense Pax(槭树科),*华槭,华槭树,丫角树,五角枫*
中华茜草(中药辞海)=山东茜草
中华青荚叶 Helwingia chinensis Batal.(山茱萸科),*叶长花,吐上果根,叶上珠*
中华青牛胆 Tinospora sinensis (Lour.) Merr.(防已科),*宽筋藤,松筋藤,赛筋藤,伸筋藤,吼筋藤*
中华清风藤 Sabia japonica var. sinensis (Stapf) L.Chen (清风藤科)
中华秋海棠(新拉汉英)=华秋海棠
中华秋海棠(云南植物名录)=花叶秋海棠
中华秋海棠 Begonia grandis subsp. sinensis (A. DC.) Irmsch.(秋海棠科),*珠芽秋海棠,红黑二丸,一点血,岩丸子,鸳鸯七*
中华三叶委陵菜 Potentilla freyniana var. sinica Migo (蔷薇科),*三叶委陵菜,地蜂子*
中华沙参 Adenophora sinensis A.DC.(桔梗科)
中华山黧豆 Lathyrus dielsianus Harms(豆科)
中华山蓼 Oxyria sinensis Hemsl.(蓼科),*红马蹄乌*
中华山紫茉莉 Oxybaphus himalaicus var. chinensis (Heim.) D.Q.Lu(紫茉莉科),*中华紫茉莉,东亚紫茉莉*
中华蛇根草 Ophiorrhiza chinensis Lo(茜草科)
中华石蝴蝶 Petrocosmea sinensis Oliv.(苦苣苔科)
中华石龙尾 Limnophila chinensis (Osb.) Merr. (玄参科)
中华石楠 Photinia beauverdiana Schneid.(蔷薇科),*假思桃,牛筋木,波氏石楠*
中华石楠短叶变种(植物志 36)=短叶中华石楠(新)
中华石楠厚叶变种(植物志 36)=厚叶中华石楠(新)
中华石杉 Huperzia chinensis (Christ.) Ching(石杉科),*龙胡子,龙胡须,岩石松,杉蔓石松,中华石松*
中华石松(分类学报)=中华石杉
中华石松 Lycopodium centrochinense Ching(石松科)
中华双扇蕨 Dipteris chinensis Christ(双扇蕨科)
中华霜柱(分类学报)=中华香简草
中华水锦树 Wendlandia uvariifolia subsp. chinensis (Merr.) Cowan(茜草科),*黄膘木*
中华水龙骨 Polypodiodes chinensis (Christ) S. G.Lu (水龙骨科)
中华水芹 Oenanthe sinensis Dunn(伞形科)
中华薹草 Carex chinensis Retz.(莎草科)
中华坛花兰 Acanthephippium sinense Rolfe(兰科)
中华藤蕨 Lomariopsis chinensis Ching(藤蕨科)
中华蹄盖蕨 Athyrium sinense Rupr.(蹄盖蕨科), *户县蹄盖蕨,老君山蹄盖蕨,陕西蹄盖蕨,狭叶蹄盖蕨*
中华天胡荽 Hydrocotyle chinensis (Dunn) Craib (伞形科),*地弹花,铜钱草,大铜钱菜*
中华甜茅 Glyceria chinensis Keng(禾本科)
中华瓦韦 Lepisorus sinensis (Christ) Ching(水龙骨科)
中华王楼(浙江)=华重楼
中华卫矛 Euonymus nitidus Benth(卫矛科),*华卫矛,杜仲藤*
中华蚊母树 Distylium chinense (Fr.) Diels(金缕梅科)
中华五加 Acanthopanax sinensis Hoo(五加科)
中华虾脊兰 Calanthe sinica Z.H.Tsi(兰科)

中华仙茅 Curculigo sinensis S.C.Chen(石蒜科)
中华香简草 Keiskea sinensis Diels(唇形科),*中华霜柱*
中华小苦荬(植物志 80-1)=苦荬
中华斜方复叶耳蕨 Arachniodes sinorhomboidea Ching(鳞毛蕨科)
中华蟹甲草 Parasenecio sinicus (Ling) Y.L. Chen (菊科)
中华绣线菊 Spiraea chinensis Maxim.(蔷薇科),*铁黑汉条,华绣线菊*
中华绣线菊大花变种(植物志 36)=岩刷子
中华绣线梅 Neillia sinensis Oliv.(蔷薇科),*钓杆柴,钓鱼杆,钓鱼竿,杆杆梢,黑楂子,华南梨,绣线梅*
中华绣线梅滇东变种(植物志 36)=滇东中华绣线梅(新)
中华绣线梅尾尖叶变种(植物志 36)=尾尖中华绣线梅(新)
中华岩黄树(植物志 71-1)=华多轮草
中华沿阶草 Ophiopogon sinensis Y.Wang & C. C.Huang (百合科)
中华羊茅 Festuca sinensis Keng ex S.L.Lu(禾本科)
中华野独活 Miliusa sinensis Finet & Gagn.(番荔枝科),*中华密榴木*
中华野海棠(高等图鉴)=鸭海棠
中华野葵 Malva verticillata var. chinensis (Mill.) S.Y.Hu(锦葵科),*冤葵,天葵,棋盘菜,乳痛药*
中华隐囊蕨 Notholaena chinensis Bak.(中国蕨科)
中华隐子草 Cleistogenes chinensis (Maxim.) Keng (禾本科)
中华鸢尾兰 Oberonia cathayana W.Y.Chun & T. Tang & S.C.Chen(兰科)
中华早熟禾 Poa sinattenuata Keng ex L.Liu(禾本科)
中华粘腺果 Commicarpus chinensis (L.) Heim. (紫茉莉科),*华黄细心*
中华肿足蕨(蕨类形态)=修株肿足蕨
中华轴脉蕨 Ctenitopsis chinensis Ching & C.H. Wang (叉蕨科)
中华柱瓣兰 Epidendrum chinense (Lindl.) Ames? (兰科)
中华锥花 Gomphostemma chinense Oliv.(唇形科)
中华紫报春(拉汉名称)=紫花雪山报春
中华紫茉莉(西藏志)=中华山紫茉莉
中黄草(贵州)=罗河石斛
中黄草(贵州)=重唇石斛
中黄泡(贵州)=黄泡
中火光(西双版纳傣语)=黄樟
中间变型(云南植物研究)=蛇足石杉
中间变种(植物志 65-2)=中间光泽锥花(新)
中间变种(植物志 66)=水虎尾
中间变种(植物志 66,Flora 17)=中间冠唇花(新)
中间藨草 Scirpus ×intermedius Tang & Wang (莎草科)
中间叉蕨 Tectaria simulans Ching(叉蕨科)
中间车轴草 Trifolium medium L.(豆科)
中间稻槎菜 Lapsana intermedia N.Biel (紫草科)
中间鹅观草 Roegneria sinica var. media Keng (禾本科)
中间发草 Deschampsia media (Gouan) R. & Z.(禾本科)
中间茯蕨 Leptogramma intermedia Ching ex Y. X.Lin (金星蕨科)
中间骨牌蕨 Lepidogrammitis intermdiia Ching(水龙骨科)
中间冠唇花(新)Microtoena subspicata var. intermedia C.Y.Wu(唇形科),*中间变种*
中间光泽锥花(新)Gomphostemma lacidum var. intermedium (Craib) C.Y.Wu(唇形科),*中间变种*
中间鹤虱(高等图鉴)=卵盘鹤虱
中间虎耳草 Saxifraga media Gouan.(虎耳草科)
中间黄芩 Scutellaria intermedia M.Pop.(唇形科)
中间黄藤 Daemonorops intermedia (Griff.) Mart. (棕榈科)
中间黄杨 Buxus sinica var. intermedia (Kanehira) M.Cheng (黄杨科)
中间假糙苏 Paraphlomis intermedia C.Y.Wu & H.W.Li (唇形科)
中间碱茅 Puccinellia intermedia (Schur.) Janch. (禾本科)
中间节肢蕨 Arthromeris intermedia Ching(水龙骨科)
中间金毛裸蕨 Gymnopteris marantae var. intermedia Ching(裸子蕨科)
中间锦鸡儿 Caragana intermedia Kuang & H.C. Fu (豆科),*柠条,乃日扎古尔,哈日根,宝特哈日嘎纳*
中间近缘五味子(中草药汇编)=合蕊五味子
中间黔蕨 Phanerophlebiopsis intermedia Ching(鳞毛蕨科),*粗齿黔蕨,永顺黔蕨*
中间雀麦 Bromus intermedius Guss.(禾本科)
中间十大功劳 Mahonia ×media Brickell (小檗科)
中间石松(云南植物研究)=石松
中间蹄盖蕨 Athyrium intermixtum Ching & P.S. Chiu (蹄盖蕨科)
中间小檗 Berberis media Grootend (小檗科)
中间型荸荠 Heleocharis intersita Zinserl.(莎草科)
中间型冷水花 Pilea media C.J.Chen(荨麻科)
中间型竹叶草 Oplismenus compositus var. intermedius (Honda) Ohwi (禾本科)
中间偃麦草 Elytrigia intermiedia (Host) Nevski (禾本科)
中间早熟禾 Poa media Schur.(禾本科)
中胶迹(福建草药)=葎草
中脚地雷(广东)=香蕉
中井鹅观草(禾本科图说)=吉林鹅观草
中井芨芨草(禾本科图说)=朝阳芨芨草
中井郁李(植物志 38)=长梗郁李
中锯蕨 Doodia media R.Br.(乌毛蕨科)
中唧项(西双版纳傣语)=蝉翼藤
中郎俄(西双版纳傣语)=毛叶樟
中朗(西双版纳傣语)=毛叶樟
中粒咖啡 Coffea canephora Pierre ex Forehn. (茜草科)
中麻黄 Ephedra intermedia Schrenk ex Mey.(麻黄科),*西藏中麻黄*
中脉薄叶兰 Lycaste costata (Lindl.) Lindl.(兰科)
中脉龙脑香 Dipterocarpus costatus Gaertn.f.(龙脑香科)
中毛棵(云南)=黄毛榕
中美高地松 Pinus oaxacana Mirov (松科)
中棉(植物志 49-2)=树棉
中缅耳蕨 Polystichum punctiferum C.Chr.(鳞毛蕨科)
中缅木莲 Manglietia hookeri Cubitt. & Smith (木兰科)
中缅蹄盖蕨 Athyrium brevisorum (Wall. ex HK.) Moore(蹄盖蕨科)
中缅卫矛 Euonymus lawsonii C.B.Clarke ex Prain (卫矛科)
中缅玉凤花 Habenaria shweliensis W.W.Sm(兰科)
中民(西双版纳傣语)=黄樟
中母笋(食疗本草)= 淡竹
中南蒿 Artemisia simulans Pamp.(菊科)
中南胡麻草 Centranthera cochinchinensis var. lutea (H.Hara) H.Hara(玄参科)
中南卫矛 Euonymus colonoides Craib?(卫矛科)
中南悬钩子 Rubus grayanus Maxim.(蔷薇科),*山莓*
中南鱼藤 Derris fordii Oliv.(豆科),*霍氏鱼藤*
中囊书带蕨 Vittaria mediosora Hay.(书带蕨科),*细叶书带蕨*
中尼大戟(西藏志)=黄苞大戟
中宁枸杞(植物志 67-1)=宁夏枸杞
中宁黄芪 Astragalus transiliensis var. microphyllus S.B.Ho(豆科)
中欧毛杜鹃花 Rhododendron hirsutum L.(杜鹃花科),*欧洲高山杜鹃*
中欧山松(新拉汉英)=欧洲山松
中平树 Macaranga denticulata (Bl.) Muell.Arg. (大戟科),*牢麻*
中日假蹄盖蕨 Athyriopsis kiusiana (Koidz.) Ching (蹄盖蕨科)
中日金星蕨 Parathelypteris nipponica (Franch. & Sav.) Ching(金星蕨科),*扶桑金星蕨*
中日老鹳草 Geranium nepalense var. thunbergii (S. & Z.) Kudo(牻牛儿苗科)
中赛格多(云南,植物志 63)=杜仲藤
中沙海(西双版纳傣语)=毛叶樟
中穗省藤 Calamus platyacanthus var. mediostachys S.J.Pei & S.Y.Chen (棕榈科)
中泰南五味子 Kadsura ananosma Kerr(木兰科)
中泰玉凤花 Habenaria siamensis Schltr.(兰科)
中天山黄芪 Astragalus chomutovii B.Fedtsch. (豆科)
中锡蹄盖蕨 Athyrium himalaicum Ching ex Mehra & Bir(蹄盖蕨科),*中印蹄盖蕨*
中狭叶线蕨(孢子植物)=矩圆线蕨
中形叉蕨 Tectaria media Ching(叉蕨科)
中型冬青 Ilex intermedia Loes. ex Diels(冬青科)
中型狼尾草 Pennisetum longissimum var. intermedium S.L.Chen & Y.X.Jin (禾本科)
中型鳞盖蕨 Microlepia intermedia Ching(碗蕨科)
中型千屈菜 Lythrum intermedium Ledeb.(千屈菜科)
中型实蕨 Bolbitis media Ching & C.H.Wang(实蕨科)
中型树萝卜 Agapetes interdicta (Hand.-Mazz.) Sleumer (杜鹃花科)
中型熊果 Arctostachylos media Greene (杜鹃花科)
中雄草属 Meriandra Benth.(唇形科)
中亚阿魏 Ferula jaeschkeanaVatke(伞形科)
中亚滨藜 Atriplex centralasiatica Iljin(藜科)
中亚草原蒿 Artemisia depauperata Krasch.(菊科),*诺姆杭-博尔*
中亚车轴草 Galium rivale (Sibth. & Smith) Griseb. (茜草科)
中亚虫实 Corispermum heptapotamicum Iljin

(藜科)
中亚大戟 Euphorbia turkestanica Regel(大戟科)
中亚多榔菊 Doronicum turkestanicum Cavill. (菊科)
中亚旱蒿 Artemisia marschalliana Spreng.(菊科)
中亚桦 Betula turkestanica Litvin.(桦木科)
中亚黄芪 Astragalus woldemari Jus.(豆科)
中亚棘豆(新)Oxytropis gorbunovii Boriss.(豆科),*帕米尔棘豆*
中亚锦鸡儿 Caragana tragacanthoides (Pall.) Poir. (豆科)
中亚荩草 Arthraxon hispidus var. centrasiaticus (Grisb.) Honda (禾本科)
中亚苦蒿 Artemisia absinthiumn L.(菊科),*洋艾,苦蒿,苦艾,啤酒蒿*
中亚拉拉藤 Galium turkestanicum Pobed.(茜草科)
中亚婆罗门参 Tragopogon kasahstanicus S. Nikit. (菊科)
中亚蒲公英 Taraxacum centrasiaticum D.T.Zhai & Z.X.An(菊科)
中亚秦艽 Gentiana kaufmanniana Regel & Schmlh. (龙胆科),*狭翅龙胆*
中亚沙蒿(新疆)=准噶尔沙蒿
中亚沙棘 Hippophaë rhamnoides subsp. turkestanica Rousi(胡颓子科),*沙棘,扎达沙棘*
中亚山柳菊 Hieracium asiaticum Naeg. & Peter. (菊科)
中亚酸模 Rumex popovii Pachom.(蓼科)
中亚天仙子 Hyoscyamus pusillus L.(茄科),*矮天仙子,帕卡苯格哈兰特,阿拉沙名多那*
中亚葶苈 Draba huetii Boiss.(十字花科)
中亚卫矛 Euonymus semenovii Rgl.(卫矛科),*新疆卫矛,鬼箭羽*
中亚细柄茅 Ptilagrostis pelliotii (Danguy) Grub. (禾本科)
中亚羊茅(分类学报)=东方羊茅
中亚银穗草 Leucopoa caucasica (Hack.) Krecz. & Bobr.(禾本科)
中亚羽裂叶荠 Sophiopsis annua (Rupr.) O. E.Schulz (十字花科)
中亚鸢尾 Iris bloudowii Ledeb.(鸢尾科)
中亚早熟禾 Poa litwinowiana Ovcz.(禾本科)
中亚泽芹 Sium medium Fisch. & Mey.(伞形科)
中亚紫菀木 Asterothamnus centraliasiaticus Novopokr. (菊科)
中岩蕨(东北草本志)=东亚岩蕨
中叶麦冬(浙江)=吉祥草
中印冷水花 Pilea hookeriana Wedd.(荨麻科)
中印蹄盖蕨(蕨类名词及名称)=中锡蹄盖蕨
中印铁线莲 Clematis tibetana Ktz.(毛茛科)
中原冷水花(东北草本志)=三角形冷水花
中原氏杜鹃(台湾志)=那克哈杜鹃
中原氏鼠李(台湾志)=台中鼠李
中越耳蕨 Polystichum tonkinense (Christ) W.M. Chu & Z.R.He(鳞毛蕨科)
中越凤尾蕨 Pteris maclurioides var. tonkinensis Ching & S.H.Wu(凤尾蕨科)
中越复叶耳蕨 Arachniodes tonkinensis (Ching) Ching (鳞毛蕨科)
中越脚骨脆 Casearia virescens Pierre ex Gagn. (大风子科)
中越柳 Salix balansaei Seem.(杨柳科)
中越猕猴桃 Actinidia indochinensis Merr.(猕猴桃科)
中越秋海棠 Begonia sino-vietnamica C.Y.Wu (秋海棠科)
中越山茶 Camellia indochinensis Merr.(山茶科)
中越石韦 Pyrrosia tonkinensis (Gies.) Ching(水龙骨科),*越南石韦,宽尾石韦,舌鹅草,毛石韦,小石韦*
中越蹄盖蕨 Athyrium Christensenii Tard.-Blot (蹄盖蕨科),*大围山峨眉蕨,茸毛蹄盖蕨*
中折旺(西双版纳傣语)=黄樟
中州凤仙花 Impatiens henanensis Y.L.Chen(凤仙花科)
忠果(古称)=橄榄
柊树 Osmanthus heterophyllus (G.Don) P.S. Green (木犀科),*香木菌桂*
柊叶 Phrynium rheedei Suresh & Nicols.(竹芋科)
柊叶属 Phrynium Willd.(竹芋科)
盅盅花(贵州)=假朝天罐
钟苞麻花头 Serratula cupuliformis Nakai & Kitag. (菊科)
钟苞魔芋(新拉汉英)=臭魔芋
钟苞榛 Corylus chinensis var. brevilimba Hu (桦木科)
钟萼白头翁 Pulsatilla campanella Fisch.(毛茛科),*白头翁*
钟萼变种(植物志 66,Flora 17)=钟萼地埂鼠尾草(新)
钟萼草 Lindenbergia philippensis (Cham.) Benth. (玄参科)
钟萼草属 Lindenbergia Lehm.(玄参科)
钟萼粗叶木 Lasianthus trichophlebus Hemsl.(茜草科)
钟萼地埂鼠尾草(新)Salvia scapiformis var. carphocalyx Stib.(唇形科),*钟萼变种*
钟萼豆(台湾志)=长柱排钱树
钟萼豆(台湾志)=舞草
钟萼豆属(台湾志)=**舞草属**
钟萼连蕊茶 Camellia campanisepala Chang(山茶科)
钟萼木(高等图鉴)=伯乐树
钟萼木(海南志)=假紫珠
钟萼木科(Flora 8)=**伯乐树科**
钟萼木属(海南志)=**假紫珠属**
钟萼鼠尾草 Salvia campanulata Wall.(唇形科)
钟冠白前 Cynanchum bicampanulatum M.G.Glb. & P.T.Li(萝藦科)
钟冠唇柱苣苔 Chirita swinglei (Merr.) W.T. Wang (苦苣苔科)
钟花报春 Primula sikkimensis HK.(报春花科),*锡金报春,象治赛保,报春花*
钟花草 Codonacanthus pauciflorus (Nees) Nees (爵床科),*针刺草*
钟花草属 Codonacanthus Nees(爵床科)
钟花垂头菊 Cremanthodium campanulatum (Franch.) Diels(菊科)
钟花达乌里秦艽 Gentiana dahurica var. campanulata T.N.Ho(龙胆科)
钟花大溲疏 Deutzia magnifica var. superba Rehd. (虎耳草科)
钟花杜鹃 Rhododendron campanulatum D.Don (杜鹃花科)
钟花胡颓子 Elaeagnus griffithi Serv.(胡颓子科)
钟花假百合 Notholirion campanulatum Cotton & Stearn(百合科)
钟花韭 Allium kingdonii Stearn(百合科)
钟花苣苔属 Codonanthe Hanst.(苦苣苔科)
钟花蓼 Polygonum campanulatum HK.f.(蓼科)
钟花龙胆 Gentiana nannobella Marq.(龙胆科),*单色龙胆,泡沫龙胆*
钟花清风藤 Sabia campanulata Wall. ex Roxd. (清风藤科)
钟花忍冬 Lonicera codonantha Rehd.(忍冬科)
钟花树萝卜 Agapetes pilifera HK.f. ex C.B. Clarke (杜鹃花科)
钟花亚麻 Linum campanulatum L.(亚麻科)
钟花樱桃 Cerasus campanulata (Maxim.) Yü & Li (蔷薇科),*福建山樱花,山樱花,绯樱*
钟花郁金香 Tulipa sylvestris L.(百合科)
钟君木(植物图谱,树木分类学)=假紫珠
钟馗兰(台湾兰)=坛花兰
钟木(种子植物名称)=假紫珠
钟木属(种子植物名称)=**假紫珠属**
钟乳生石花 Lithops inornata Dtr.(番杏科)
钟山草 Petitmenginia matsumurae Yamaz.(玄参科),*滇毛冠四蕊草*
钟山草属 Petitmenginia Bonati (玄参科),*毛冠四蕊草属*
钟石竹(植物分类学)=高雪轮
钟氏齿唇兰(台大研究报告)=西南齿唇兰
钟氏金线莲(台湾兰科图志)=西南齿唇兰
钟氏柳 Salix dunnii var. tsoongii (Cheng) C.Y. Yu & S.D.Zhao(杨柳科)
钟氏葡萄(广药手册)=闽赣葡萄
钟氏绣球(图谱)=福建绣球
钟形凤仙花 Impatiens campanulata Wight (凤仙花科)
钟状垂花报春 Primula wollastonii Balf.f.(报春花科)
钟状独花报春 Omphalogramma brachysiphon W.W.Sm.(报春花科),*短筒独花报春*
钟状粉花溲疏 Deutzia rosea var. campanulata Rehd.(虎耳草科)
钟状欧石南(新拉汉英)=苏格兰欧石南
钟状苹婆 Sterculia campanulata Wall.(梧桐科)
蔠葵(尔雅)=落葵
肿柄杜英 Elaeocarpus harmandii Pirerre(杜英科)
肿柄菊 Tithonia diversifolia A.Gray(菊科)
肿柄菊属 Tithonia Desf.(菊科)
肿柄雪莲 Saussurea conica C.B.Clarke(菊科)
肿风(桂林)=茄叶斑鸠菊
肿果红景天(植物志 34-1)=云南红景天
肿喙薹草 Carex oedorrhampha Nelmes(莎草科)
肿荚豆 Antheroporum harmandii Gagn.(豆科)
肿荚豆属 Antheroporum Gagn.(豆科)
肿节风(江西)=草珊瑚
肿节少穗竹 Oligostachyum oedogonatum (Z.P. Wang & G.H.Ye) Q.F.Zhang & K.F.Haung (禾本科),*肿节竹*
肿节石斛 Dendrobium pendulum Roxb.(兰科)
肿节竹(南大学报)=肿节少穗竹
肿手花根(药材资料汇编)=甘遂
肿胀果薹草 Carex subtumida (Kükenth.) Ohwi (莎草科)
肿胀膜杯草 Hymenocrater bituminosus Fisch. & Mey.(唇形科)
肿胀省藤 Calamus tumidus Ftdo.(棕榈科)
肿足蕨 Hypodematium crenatum (Forssk.) Kuhn (肿足蕨科),*黄鼠狼,青蕨,活血草,金毛狗,石猪鬃*
肿足蕨科 Hypodematiaceae
肿足蕨属 Hypodematium Kunze (肿足蕨科)
肿足鳞毛蕨 Dryopteris pulvinulifera (Bedd.) O. Ktze. (鳞毛蕨科)
种阜草 Moehringia lateriflora (L.) Fenzl(石竹

科),*莫石竹*
种阜草属 Moehringia L.(石竹科),*美苓草属,莫石竹属*
种芥(桂林)=石香薷
种棱粟米草 Mollugo vertillata L.(番杏科)
种毛山羊草 Aegilops comosa Sibth. & Sm.(禾本科)
种脐人字果 Dichocarpum carinatum D.Z.Fu(毛茛科)
仲巴翠雀花 Delphinium chungbaense W.T. Wang (毛茛科)
仲巴女娄菜(西藏志)=仲巴蝇子草
仲巴蝇子草 Silene zhongbaensis (L.H.Zhou) C. Y.Wu & C.L.Tang(石竹科),*仲巴女娄菜*
仲巴早熟禾 Poa zhongbaensis C.Ling(禾本科)
仲氏薹草 Carex chungii C.P.Wang(莎草科)
众香树 Pimenta dioica Merr.(桃金娘科)
众香树属 Pimenta Lindl.(桃金娘科),*多香果属*
众叶野豌豆(新)Vicia polyphylla Xia (豆科),*多叶野豌豆*

Zhou

州柑(植物志 43-2)=扁柑
舟瓣芹 Sinolimprichtia alpina Wolff(伞形科)
舟瓣芹属 Sinolimprichtia Wolff (伞形科)
舟柄花(高等图鉴)=折柄茶
舟柄铁线莲 Clematis dilatata Péi(毛茛科)
舟萼苣苔属 Nautilocalyx Linden. ex Hanst (苦苣苔科)
舟果荠 Tauscheria lasiocarpa Fisch. ex DC.(十字花科),*光果舟果荠*
舟果荠属 Tauscheria Fisch. ex DC.(十字花科)
舟曲耳蕨(秦岭志)=杜氏耳蕨
舟曲高山耳蕨(西藏志)=杜氏耳蕨
舟曲柳 Salix zhouquensis X.G.Sun(杨柳科)
舟曲紫菀(新)Aster poliothamnus f. procumbens Li (菊科)
舟山碎米蕨(蕨类图说)=毛轴碎米蕨
舟山新木姜子 Neolitsea sericea (Bl.) Koidz.(樟科),*男刁樟*
舟形马先蒿 Pedicularis cymbalaria Bonati(玄参科)
舟形乌头 Aconitum cymbulatum (Schmalh.) Lipsky. (毛茛科)
舟叶橐吾 Ligularia cymbulifera (W.W.Sm.) Hand.-Mazz.(菊科),*舷叶橐吾*
舟颖剪股颖 Agrostis fukuyamae Ohwi (禾本科)
舟状凤仙花 Impatiens cymbifera HK.f.(凤仙花科)
舟状黄芩 Scutellaria navicularis Juz.(唇形科)
舟状苹婆 Sterculia scaphigera Wall.(梧桐科)
舟状蚁棕 Korthalsia scaphigera Griff.(棕榈科)
周刺黄藤 Daemonorops periacantha Miq.(棕榈科)
周花丝花苣苔 Nematanthus perianthomegus H. E.Moore (苦苣苔科)
周裂秋海棠 Begonia circumlobata Hance(秋海棠科),*石酸苔,酸汤杆,大麻酸汤杆,一口血,野海棠,猴子酸*
周毛悬钩子 Rubus amphidasys Focke ex Diels (蔷薇科),*金毛悬钩子,红毛猫耳扭*
周氏碎米荠 Cardamine cheotaiyienii Al-Shehbaz & G.Yang(十字花科)
周至柳 Salix tangii Hao(杨柳科)
粥油(重庆堂随笔)=稻
轴果耳蕨 Polystichum costularisorum Ching ex W.M.Chu & Z.R.He(鳞毛蕨科)
轴果蕨 Rhachidosorus mesosorus (Makino) Ching (蹄盖蕨科)
轴果蕨属 Rhachidosorus Ching(蹄盖蕨科)
轴果膜蕨 Feea echinata Nees (膜蕨科)
轴果膜蕨属 Feea Bory (膜蕨科)
轴果书逞蕨(蕨类形态)=书带蕨
轴果蹄盖蕨 Athyrium epirachis (Christ) Ching (蹄盖蕨科),*厚叶蹄盖蕨,紫秆蹄盖蕨*
轴花木 Erismanthus sinensis Oliv.(大戟科)
轴花木属 Erismanthus Wall. ex Muell.Arg.(大戟科),*轴花属*
轴花属(科属检索表)=**轴花木属**
轴藜 Axyris amaranthoides L.(藜科)
轴藜属 Axyris L.(藜科)
轴鳞鳞毛蕨 Dryopteris lepidorachis C.Chr.(鳞毛蕨科)
轴榈属 Licuala Thunb.(棕榈科),*杪椤椰子属*
轴脉蕨 Ctenitopsis sagenioides (Mett.) Ching(叉蕨科)
轴脉蕨属 Ctenitopsis Ching ex Tard.-Blot & C.Chr. (叉蕨科)
轴毛蹄盖蕨(武汉植物学研究)=贵州蹄盖蕨
轴生蹄盖蕨 Athyrium rhachidosorum (Hand.-Mazz.) Ching(蹄盖蕨科),*无量山蹄盖蕨,密果蹄盖蕨*
帚菜子(新疆)=地肤
帚灯草科 Restionaceae
帚黄芪 Astragalus scoparius Schrenk(豆科)
帚菊木属 Mutisia L.f.(菊科)
帚菊属 Pertya Sch.-Bip.(菊科)
帚蓼 Polygonum argyrocoleum Steud. ex Kunze (蓼科)
帚雀麦 Bromus scoparius L.(禾本科)
帚序苎麻 Boehmeria zollingeriana Wedd.(荨麻科),*长叶苎麻*
帚枝灰绿黄堇 Corydalis adunca subsp. scaphopetala (Fedde) C.Y.Wu & Z.Y.Su(罂粟科)
帚枝荆芥 Nepeta virgata C.Y.Wu & Hsuan(唇形科)
帚枝龙胆 Gentiana intricata Marq.(龙胆科)
帚枝千屈菜 Lythrum virgatum L.(千屈菜科)
帚枝乳菀 Galatella fastigiiformis Novopokr.(菊科)
帚枝鼠李 Rhamnus virgata Roxb.(鼠李科),*小叶冻绿*
帚枝唐松草 Thalictrum virgatum HK.f. & Thoms. (毛茛科),*阴阳和*
帚枝香青 Anaphalis virgata Thoms.(菊科)
帚状北美乔柏 Thuja plicata cv. Fastigiata (柏科)
帚状冬青卫矛 Euonymus japonicus var. fastigiatus Carr.(卫矛科)
帚状耳蕨 Polystichum scopulinum (Eaton) Maxon (鳞毛蕨科)
帚状风毛菊 Saussurea virgata Franch.(菊科)
帚状绢蒿 Seriphidium scopiforme (Ledeb.) Poljak.(菊科)
帚状马先蒿 Pedicularis fastigiata Franch.(玄参科)
帚状欧石南 Erica scoparia L.(杜鹃花科)
帚状薹草 Carex praelonga C.B.Clarke(莎草科)
帚状香茶菜 Isodon scoparius (C.Y.Wu & H.W. Li) H.Hara(唇形科)
帚状鸦葱 Scorzonera pseudodivaricata Lipsch. (菊科),*假叉枝鸦葱*
帚状岩蕨 Woodsia scopulina Eaton (岩蕨科)
帚状野丁香 Leptodermis virgata Edgew.(茜草科)
帚状越桔(新拉汉英)=松鸡越桔
帚状柱瓣兰 Epidendrum virgatum Lindl.(兰科)
绉面草 Leucas zeylanica (L.) R.Br.(唇形科),*蜂窝草,蜂巢草,半夜花,打互金,绣再教育防风*
绉纹水蜡烛 Dysophylla rugosa HK.f.(唇形科)
绉紫菜 Porphyra crispata Kjellm.(马鞭草科)
胄叶线蕨 Colysis hemitoma (Hance) Ching(水龙骨科)
皱艾麻 Laportea bulbifera subsp. rugosa C.J. Chen (荨麻科)
皱瓣小人兰 Gomesa crispa (Lindl.) Kl. & Rchb.f. (兰科)
皱瓣鸢尾 Iris sibirica var. flexuosa Murray (鸢尾科)
皱孢冷蕨 Cystopteris dickieana Sim.(蹄盖蕨科),*北方冷蕨*
皱边喉毛花 Comastoma polycladum (Diels & Gilg) T.N.Ho(龙胆科),*林氏龙胆*
皱边石杉 Huperzia crispata (Ching) Ching(石杉科),*皱叶石松*
皱柄冬青 Ilex kengii S.Y.Hu(冬青科),*盘柱冬青*
皱波齿瓣兰 Odontoglossum crispum Lindl.(兰科)
皱波翠雀花 Delphinium crispulum Rupr.(毛茛科)
皱波黄堇 Corydalis crispa Prain(罂粟科),*抓桑,隆恩,隆结路恩*
皱波蕾丽兰 Laelia crispa (Lindl.) Rchb.f.(兰科)
皱波瘤瓣兰 Oncidium crispum Lodd.(兰科)
皱波落木洛美塔(新拉汉英)=胡椒虎耳草叶洛美塔
皱波秋海棠(云南植物名录)=卷毛秋海棠
皱波球根鸦葱 Scorzonera circumflexa Krasch. & Lipsch. (菊科)
皱波天竺葵 Pelargonium crispum Ait.(牻牛儿苗科)
皱波小檗 Berberis crispa C.Gay (小檗科)
皱翅果 Ryssopterys dealbata Juss.(金虎尾科)
皱翅果属 Ryssopterys Bl.(金虎尾科)
皱翅厚壁蕨 Meringium acanthoides (v.d.B) Cop. (膜蕨科)
皱唇指甲兰 Aerides crispum Lindl.(兰科)
皱萼栝楼 Trichosanthes crispisepala C.Y.Wu ex S.K.Chen(葫芦科)
皱萼蒲桃 Syzygium rysopodum Merr. & Perry (桃金娘科)
皱稃雀稗 Paspalum plicatulum Michx.(禾本科)
皱果茶 Camellia rhytidocarpa Chang & Liang (山茶科)
皱果赤瓟 Thladiantha henryi Hemsl.(葫芦科),*米来瓜,南葛,苦瓜,苦瓜萎*
皱果风毛菊 Saussurea rhytidocarpa Hand.-Mazz. (菊科)
皱果胡椒 Piper rhytidocarpum HK.f.(胡椒科)
皱果棱子芹 Pleurospermum nubigenum Wolff (伞形科)
皱果南蛇藤 Celastrus tonkinensis Pitard(卫矛科)
皱果片棕果属 Rhyticocos Becc.(棕榈科)
皱果片棕属 Ptychococcus Becc.(棕榈科)
皱果蛇莓 Duchesnea chrysantha (Zoll. & Mor.) Miq.(蔷薇科),*地锦*
皱果薹草 Carex dispalata Boott ex A.Gray(莎草科)
皱果桐(广西)=木油桐
皱果苋 Amaranthus viridis L.(苋科),*绿苋,白苋*
皱果崖豆藤 Millettia cosperma Dunn (豆科)

皱果崖豆藤 Millettia oosperma Dunn(豆科)
皱花细辛 Asarum crispulatum C.Y.Cheng & C.S. Yang (马兜铃科),*盆草细辛*
皱锦藤(四川)=梗花雀梅藤
皱茎景天 Sedum multicaule subsp. rugosum K.T.Fu (景天科)
皱壳箭竹 Fargesia pleniculmis (Hand.-Mazz.) Yi (禾本科)
皱苦竹 Pleioblastus rugatus Wen & S.Y.Chen (禾本科)
皱棱球 Aztekium ritferi (Bod.) Bod.(仙人掌科),*花笼*
皱棱球属 Aztekium Böd.(仙人掌科)
皱毛红素馨(云南志)=红素馨
皱茅(海南)=棕叶狗尾草
皱面草(广东)=血见愁
皱面草(海南文昌)=引生草
皱面鸡眼藤 Morinda rugulosa Y.Z.Ruan(茜草科)
皱面树(海南)=大叶千斤拔
皱皮草(福建中草药)=多花勾儿茶
皱皮草(江苏)=荔枝草
皱皮葱(本草纲目拾遗)=荔枝草
皱皮杜鹃 Rhododendron wiltonii Hemsl. & Wils. (杜鹃花科)
皱皮柑(植物志 43-2)=玛瑙柑
皱皮木瓜 Chaenomeles speciosa (Sweet) Nakai (蔷薇科),*楙,木瓜,秋木瓜,贴梗海棠,贴梗木瓜,铁脚梨,香木瓜,宣木瓜*
皱皮油丹 Alseodaphne rugosa Merr. & Chun(樟科),*黄丹*
皱球蛇菰 Balanophora rugosa Tam(蛇菰科)
皱纱皮(高等图鉴)=多花勾儿茶
皱缩链荚豆 Alysicarpus rugosus (Willd.) DC. (豆科)
皱纹柳 Salix vestita Pursch.(杨柳科)
皱纹柳 Salix westita Pursh(杨柳科)
皱纹省藤 Calamus rugosus Becc.(棕榈科)
皱序南星 Arisaema concinum Schott.(天南星科)
皱叶安息香 Styrax rugosus Kurz(安息香科),*皱叶野茉莉*
皱叶安匝木 Pomaderris aspera Sieb. ex DC.(鼠李科)
皱叶白苏(拉汉名称和手册)=回回苏
皱叶报春 Primula bullata Franch.(报春花科),*黄葵报春*
皱叶变豆菜 Sanicula rugulosa Diels(伞形科)
皱叶茶 Camellia crispula Chang(山茶科)
皱叶川木香 Dolomiaea crispo-undulata (Chang) Ling(菊科)
皱叶丁香 Syringa mairei (Lévl.) Rehd.(木犀科)
皱叶冬青 Ilex perryana S.Y.Hu(冬青科)
皱叶杜茎山 Maesa rugosa C.B.Clarke(紫金牛科)
皱叶杜鹃 Rhododendron denudatum Lévl.(杜鹃花科)
皱叶繁缕 Stellaria monosperma var. japonica Maxim. (石竹科),*大鹅儿肠,黑牵牛,寸金草,老鹳精,通经草,大繁缕*
皱叶沟瓣 Glyptopetalum rhytidophyllum (Chun & How) C.Y.Cheng(卫矛科)
皱叶狗尾草 Setaria plicata (Lam.) T.Cooke (禾本科),*风打草,马草,料衣草*
皱叶海桐 Pittosporum crispulum Gagn.(海桐花科),*黄木*
皱叶后蕊苣苔 Opithandra fargesii (Franch.) Burtt (苦苣苔科)
皱叶黄细心 Boerhavia crispa Heyne(紫茉莉科),*缩叶黄细心*
皱叶黄杨 Buxus rugulosa Hatusima(黄杨科),*高山黄杨*
皱叶荚蒾 Viburnum rhytidophyllum Hemsl.(忍冬科),*枇杷叶荚蒾*
皱叶假脉蕨 Crepidomanes plicatum (v.d.B.) Ching (膜蕨科)
皱叶剪秋罗 Lychnis chalcedonica L.(石竹科),*皱叶剪夏罗*
皱叶剪夏罗(图鉴)=皱叶剪秋罗
皱叶芥菜(植物志 33)=芥
皱叶锦葵(华北经济志要)=冬葵
皱叶苣苔属 Rhytidophyllum Mart.(苦苣苔科)
皱叶绢毛苣 Soroseris hookeriana (C.B.Clarke) Stebbins(菊科)
皱叶柃 Eurya rugosa Hu(山茶科)
皱叶留兰香 Mentha crispata Schrad.(唇形科)
皱叶瘤果茶 Camellia rhytidophylla Y.K.Li & M. Z.Yang (山茶科)
皱叶柳叶箬 Isachne truncata var. crispa Keng f. (禾本科)
皱叶鹿蹄草 Pyrola rugosa H.Andr.(鹿蹄草科)
皱叶蕗蕨 Mecodium corrugatum (Christ) Cop. (膜蕨科)
皱叶毛建草 Dracocephalum bullatum Forr. ex Diels(唇形科)
皱叶木兰 Magnolia praecocissima Koidz. (木兰科),*日本辛夷*
皱叶南蛇藤 Celastrus rugosus Rehd. & Wils.(卫矛科)
皱叶雀梅藤 Sageretia rugosa Hance(鼠李科),*锈毛雀藤,九把伞*
皱叶忍冬 Lonicera rhytidophylla Hand.-Mazz. (忍冬科),*左转藤,网腺叶忍冬*
皱叶山桂花 Bennettiodendron leprosipes var. rugosifolium S.S.Lai(大风子科)
皱叶石栎(植物志 22)=南川柯
皱叶石松(分类学报)=皱边石杉
皱叶鼠李 Rhamnus rugulosa Hemsl.(鼠李科)
皱叶树萝卜 Agapetes incurvata (Griff.) Sleumer (杜鹃花科)
皱叶酸模(新拉汉英)=牛舌大黄
皱叶酸模 Rumex crispus L.(蓼科),*火风棠,牛耳大黄,四季菜根,土大黄,羊蹄草,羊蹄根,皱叶羊蹄*
皱叶酸藤子 Embelia gamblei Kurz ex C.B. Clarke (紫金牛科)
皱叶铁线莲 Clematis uncinata var. coriacea Pamp. (毛茛科)
皱叶委陵菜 Potentilla ancistrifolia Bge.(蔷薇科),*钩叶委陵菜*
皱叶卫矛 Euonymus bullatus Wall.(卫矛科)
皱叶乌头(云南)=小白撑
皱叶香茶菜 Isodon rugosus (Wall. ex Benth.) Codd (唇形科),*藿香*
皱叶小蜡 Ligustrum sinense var. rugosulum (W. W.Sm.) M.C.Chang(木犀科),*察隅女贞*
皱叶鸦葱 Scorzonera inconspicua Lipsch. ex Pavl. (菊科)
皱叶烟斗柯 Lithocarpus corneus var. rhytidophyllus Huang & Y.T.Chang (壳斗科)
皱叶羊蹄(广西中草药)=刺酸模
皱叶羊蹄(通称)=皱叶酸模
皱叶野茉莉(高等图鉴)=皱叶安息香
皱叶玉山竹 Yushania rugosa Yi (禾本科)
皱叶玉簪 Hosta crispula Maekawa (百合科)
皱叶泽兰 Eupatorium rugosum Houtt.(菊科)
皱叶重楼 Paris rugosa H.Li & Kurita(百合科)
皱叶紫薇(两广乔灌木名录)=毛萼紫薇
皱叶醉鱼草 Buddleja crispa Benth.(马钱科),*染饭花,莪叶醉鱼草,簇花醉鱼草,山龙草,戟叶醉鱼草*
皱缘香青(新)Anaphalis gracilis var. ulophylla Hand.-Mazz.(菊科),*纤枝香青皱缘变种*
皱枣 Ziziphus rugosa Lam.(鼠李科),*弯腰果,弯腰树*
皱褶马先蒿 Pedicularis plicata Maxim.(玄参科),*皱褶马先蒿皱褶亚种*
皱褶马先蒿浅黄亚种(植物志 68)=浅黄皱褶马先蒿
皱褶马先蒿凸尖亚种(植物志 68)=凸尖皱褶马先蒿
皱褶马先蒿皱褶亚种(植物志 68)=皱褶马先蒿
皱竹 Phyllostachys bambusoides var. mariliacea (Mitford) Makino (禾本科)
皱籽栝楼 Trichosanthes rugatisemina C.Y. Cheng & Yueh(葫芦科)
皱籽雀儿豆 Chesneya rysidosperma Jaub. & Spach.(豆科)
皱子白花菜 Cleome rutidosperma DC.(山柑科)
皱子棕属 Ptychosperma Labill.(棕榈科)
皱紫苏(拉汉名称和手册)=回回苏
骤尖楼梯草 Elatostema cuspidatum Wight(荨麻科),*半边扇,冷水草*
骤尖小叶楼梯草 Elatostema parvum var. brevicuspis W.T.Wang(荨麻科)

Zhu

朱赤豆(中药材手册)=赤小豆
朱唇 Salvia coccinea L.(唇形科),*小红花,一串红*
朱村赤竹(广东)=晾衫竹
朱顶红(新拉汉英)=朱顶兰
朱顶红 Hippeastrum rutilum (Ker-Gawl.) Herb. (石蒜科),*红花莲,华胄兰*
朱顶红属 Hippeastrum Herb.(石蒜科)
朱顶兰(广州志)=花朱顶红
朱顶兰 Amaryllis vittata Ait.(石蒜科),*朱顶红,百枝莲*
朱顶兰属 Amaryllis L.(石蒜科)
朱笃沟瓣 Glyptopetalum chaudocense Pierre (卫矛科)
朱果(品汇精要)=樱桃
朱果藤 Roureopsis emarginata (Jack) Merr.(牛栓藤科)
朱果藤属 Roureopsis Planch.(牛栓藤科)
朱红(福建)=杨梅
朱红 Citrus reticulata cv. Zhuhong(芸香科),*大红袍,朱砂橘,朱橘*
朱红贝母兰 Coelogyne miniata (Bl.) Lindl.(兰科)
朱红大杜鹃 Rhododendron griersonianum Balf.f. & Forr.(杜鹃花科)
朱红冠毛兰(台湾兰科植物)=莲花卷瓣兰
朱红桔 Citrus erythrosa Hort. & Tanaka(芸香科)
朱红苣苔 Calcareoboea coccinea C.Y.Wu ex H. W.Li (苦苣苔科)
朱红苣苔属 Calcareoboea C.Y.Wu ex H.W.Li (苦苣苔科)
朱红蕾丽兰 Laelia cinnabarina Batem. ex Lindl. (兰科)
朱红秋海棠 Begonia cinnabarina HK.(秋海棠

科)
朱红绶草 Spiranthes cinnabarina (Lali. & Lex) Hemsl. (兰科)
朱红树萝卜 Agapetes miniata (Griff.) HK.f.(杜鹃花科)
朱红柱瓣兰 Epidendrum cinnabarinum Salzm. (兰科)
朱蕉 Cordyline fruticosa (L.) A.Cheval.(百合科), *铁树,朱竹,红叶铁树牙竹麻,假槟榔树*
朱蕉属 Cordyline Comm. ex Juss.(百合科)
朱槿 Hibiscus rosa-sinensis L.(锦葵科), *赤槿,大红花,大红牡丹花,吊钟花,佛桑,扶桑,桑槿,重瓣牛槿,状元红*
朱槿牡丹(北京)=重瓣朱槿
朱橘(植物志 43-2)=朱红
朱口沙(广西北流)=厚叶算盘子
朱兰(花镜)=白及
朱兰 Pogonia japonica Rchb.f.(兰科)
朱兰属 Pogonia Juss.(兰科)
朱丽球 Lobivia hermanniana Backeb.(仙人掌科)
朱栾 Citrus aurantium cv. Zhuluan(芸香科), *酸栾,枳壳,小红橙*
朱砂草(贵州,湖南)=血盆草
朱砂草(湖南药物志)=广州蛇根草
朱砂杜鹃 Rhododendron cinnabarinum HK.f. (杜鹃花科)
朱砂根(彩色生草药图谱)=百两金
朱砂根叶(福建中草药)=硃砂根
朱砂橘(植物志 43-2)=朱红
朱砂理肺散(云南富民)=云南鼠尾草
朱砂莲(广西中药志)=大叶马兜铃
朱砂莲(贵州,湖南)=薯莨
朱砂莲(湖北)=朱砂藤
朱砂莲(陕西中草药)=毛脉蓼
朱砂七(贵州,湖南)=薯莨
朱砂七(陕西中草药)=毛脉蓼
朱砂藤 Cynanchum officinale (Hemsl.) Tsiang & Zhang (萝藦科), *朱砂莲,白敛,桔梗,赤芍,野红薯藤,湖北白前,托腰散*
朱砂型 Armeniaca mume var. mume f. purpurea (Makino) T.Ychen(蔷薇科)
朱氏假脉蕨 Crepidomanes chuii Ching & Chiu (膜蕨科)
朱薯(本草纲目,农政全书)=番薯
朱桃(吴普本草)=毛樱桃
朱藤(梦溪笔谈)=紫藤
朱匣琼瓦(藏语)=菟丝子
朱叶木犀榄 Olea paniculata R.Br.(木犀科), *腺叶木犀榄,滇橄榄树*
朱缨花 Calliandra haematocephala Hassk.(豆科), *美蕊花*
朱缨花 Calliandra tweedii Benth.(兰科)
朱缨花属 Calliandra Benth.(豆科)
朱樱(蜀都赋)=樱桃
朱竹(南越笔记)=朱蕉
侏碱茅 Puccinellia minuta Bor(禾本科)
侏江秋海棠(云南植物名录)=心叶秋海棠
侏儒报春(高等图鉴)=柔小粉报春
侏儒花楸 Sorbus poteriifolia Hand.-Mazz.(蔷薇科)
侏儒剪股颖 Agrostis limprichtii Pilger (禾本科)
侏倭婆婆纳 Veronica pusilla Kitsch. & Boiss. (玄参科)
茱苓草(陕西)=太白龙胆
茱苓草(新疆)=天山秦艽
茱萸(本草拾遗)=吴茱萸
株子(饮膳正要)=苦槠
珠贝(通称)=浙贝母
珠草(福建)=腺梗豨莶
珠串珠(贵州方药集)=虾脊兰
珠儿参(云南)= 珠子参
珠儿参 Codonopsis convolvulacea var. forrestii (Diels) Ballard(桔梗科), *珠子参,大金线吊葫芦,鸡腰参*
珠峰百蕊草(西藏志)=大果百蕊草
珠峰长蒴苣苔 Didymocarpus zhufengensis W.T. Wang (苦苣苔科)
珠峰齿缘草 Eritrichium qofengense Lian & J.Q. Wang (紫草科)
珠峰垂花报春 Primula buryana Balf.f.(报春花科)
珠峰翠雀花 Delphinium chumulangmaënse W.T. Wang (毛茛科)
珠峰党参 Codonopsis dicentrifolia (C.B.Clarke) W.W.Sm. (桔梗科)
珠峰飞蓬 Erigeron himalajensis Vierh.(菊科)
珠峰火绒草 Leontopodium himalayanum DC. (菊科), *白特*
珠峰火绒草矮小变种(植物志 75)=矮小珠峰火绒草(新)
珠峰鳞蕊芥 Lepidostemon everestianus Al-Shehbaz (十字花科)
珠峰龙胆 Gentiana stellata Turrill(龙胆科)
珠峰千里光 Senecio royleanus DC.(菊科)
珠峰小檗 Berberis everestiana Ahrendt(小檗科)
珠光香青 Anaphalis margaritacea (L.) Benth. & HK.f.(菊科), *山萩,大叶白头翁,一面青,大火草*
珠光香青黄褐变种(植物志 75)=黄褐珠光香青(新)
珠光香青线叶变种(植物志 75)=线叶珠光香青(新)
珠光绣球 Hydrangea candida Chun(虎耳草科)
珠果黄堇(东北检索表)=黄堇
珠果黄堇 Corydalis speciosa Maxim.(罂粟科), *狭裂珠果黄堇*
珠果荠 Neslia paniculata (L.) Desv.(十字花科)
珠果荠属 Neslia Desv.(十字花科)
珠果庭荠 Alyssum fedtshenkoanum N.Busch(十字花科)
珠鸡斑党参 Codonopsis meleagris Diels(桔梗科)
珠节景天 Sedum tsiangii var. torquatum (Fröd.) K.T.Fu (景天科), *钝萼景天短柱变种*
珠蕨 Cryptogramma raddeana Fomin(中国蕨科), *拉特珠蕨*
珠蕨属 Cryptogramma R.Br.(中国蕨科)
珠兰(四川中药志)=米仔兰
珠兰(通称)=金粟兰
珠兰根(药性考)=金粟兰
珠毛喜鹊苣苔 Ornithoboea arachnoides (Diels) Craib (苦苣苔科)
珠萌景天(植物志 34-1)=珠芽八宝
珠木(广西)=缝线海桐
珠穆垫柳(分类学报)=多花小垫柳
珠蓉(福建)=杨梅
珠蓍 Achillea ptarmica L.(菊科)
珠穗草(海南志)=球穗草
珠穗草属(海南志)=**球穗草属**
珠穗山姜 Alpinia strobiliformis T.L.Wu & Senjen (姜科)
珠桐(岭南采药录)=龙船花
珠芽艾麻 Laportea bulbifera (S. & Z.) Wedd.(荨麻科), *阿冰草,艾麻草,顶花螫麻,禾麻草,红禾麻,华中艾麻,火麻,零余子荨麻,麻风草,牡丹三七,铁秤铊,野绿麻,珠芽螫麻*
珠芽艾麻 Laportea bulbifera subsp. dielsii (Pamp.) C.J.Chen (荨麻科)
珠芽八宝 Hylotelephium viviparum (Maxim.) H. Ohba (景天科), *珠萌景天,零余子景天*
珠芽百合 Lilium bulbiferum L.(百合科)
珠芽垂头菊 Cremanthodium bulbilliferum W.W. Sm. (菊科)
珠芽地锦苗 Corydalis sheareri f. bulbillifera Hand.-Mazz. (罂粟科), *一串金丹*
珠芽顶冰花(高等图鉴)=腋球顶冰花
珠芽狗脊 Woodwardia prolifera HK & Arn.(乌毛蕨科), *多子东方狗脊,台湾狗脊,胎生狗脊,胎生狗脊蕨,多子狗脊*
珠芽瓜叶乌头 Aconitum hemsleyanum var. hsiae (W.T.Wang) W.T.Wang(毛茛科)
珠芽虎耳草 Saxifraga granulifera H.Sm. (虎耳草科)
珠芽画眉草 Eragrostis bulbillifera Steud.(禾本科)
珠芽金腰(东北草本志)=日本金腰
珠芽景天 Sedum bulbiferum Makino(景天科), *马尿花,零余子景天,小箭草,珠芽石板菜*
珠芽蓼 Polygonum viviparum L.(蓼科), *山谷子,山高粱,剪刀七,核七,蝎子七*
珠芽磨芋 Amorphophallus bulbifer (Roxb.) Bl. (天南星科)
珠芽穆坪紫堇 Corydalis flaxuosa f. bulbillifera C.Y.Wu (罂粟科), *无冠显芽紫堇*
珠芽秋海棠(云南植物名录)=中华秋海棠
珠芽石板菜(植物分类学)=珠芽景天
珠芽螫麻(秦岭志)=珠芽艾麻
珠芽唐松草 Thalictrum chelidonii DC.(毛茛科)
珠芽乌头 Aconitum bulbilliferum Hand.-Mazz. (毛茛科)
珠芽蟹甲草 Parasenecio bulbiferoides (Hand.-Mazz.) Y.L.Chen(菊科)
珠芽支柱蓼 Polygonum suffultoides A.J.Li(蓼科)
珠叶凤尾蕨 Pteris cryptogrammoides Ching ex Ching & S.H.Wu(凤尾蕨科)
珠仔草(台湾)=叶下珠
珠仔山矾 Symplocos racemosa Roxb.(山矾科), *山麻,乌口木,乌口树,总花山矾,总序山矾,总状花灰木*
珠子参(植物志 73-2)=珠儿参
珠子参 Panax pseudoginseng var.elegantior (Burkill) Hoo & Tseng(五加科), *竹节三七,秀丽假人参,疙瘩七,珠儿参,钮子七,扣子七*
珠子草 Phyllanthus niruri L.(大戟科), *月下珠,霸贝菜,小返魂*
珠子栎(江苏)=柯
珠子木 Phyllanthodendron anthopotamicum (Hand.-Mazz.) Croiz.(大戟科), *花池叶下珠,叶珠木,鱼骨树,花溪珠子木*
珠子木属 Phyllanthodendron Hemsl.(大戟科), *余甘树属,叶珠木属*
珠子树(湖南药物志)=紫珠
诸葛菜 Orychophragmus violaceus (L.) O.E. Schulz (十字花科), *二月蓝,毛果诸葛菜,短梗南芥,湖北诸葛菜,缺刻叶诸葛菜*
诸葛菜属 Orychophragmus Bge.(十字花科)
诸葛草(种子植物名称)=芸香草
猪八戒毛七(四川)=陵齿蕨
猪鞭草(分类草药性)=绶草

猪不掛(云南元江)=尖尾芋
猪菜(广东南昆山)=日本蛇根草
猪菜草(广西平南)=水香薷
猪菜母(海南白沙)=倒吊笔
猪菜藤 Hewittia malabarica (L.) Suresh(旋花科), *细样猪菜藤,野薯藤*
猪菜藤属 Hewittia Wight & Arn.(旋花科)
猪参(台湾)=钩吻
猪肠换(海南)=毛叶轮环藤
猪大肠(四川)=西南远志
猪钓箭公(岭南采药录)=酒饼簕
猪兜菜(广西)=泥胡菜
猪独活(四川阿坝)=疏叶当归
猪肚簕(广西本草选编)=山石榴
猪肚簕(海南澄迈)=猪肚木
猪肚木 Canthium horridum Bl.(茜草科), *猪肚簕,跌掌随,刺鱼骨木*
猪肚树(僮语)=毛梗冬青
猪肚树(云南河口)=毛土连翘
猪肚子(植物志 77-1)=华蟹甲
猪儿刺(青海海晏)=短叶锦鸡儿
猪耳(植物志 75)=苍耳
猪耳菜(江苏药材志)=鸭舌草
猪耳草(青海)=车前
猪耳朵穗子(青海药材)=车前
猪耳朵叶(云南)=下田菊
猪耳风(广西)=羊耳菊
猪番薯(广东,湖南)=薯莨
猪肥菜(广东,海南)=圆叶节节菜
猪肥草(海南澄迈)=水龙
猪粉草(广东罗浮山)=金草
猪肝赤(本经适原)=赤小豆
猪肝树(广西临桂)=竹柏
猪膏草(本草拾遗)=豨莶
猪钩搭(广东)=腺果藤
猪姑稔(海南)=展毛野牡丹
猪古稔(广东)=野牡丹
猪管豆(四川合江)=尖尾芋
猪额木(广西)=牛耳枫
猪胡椒(中草药汇编)=通泉草
猪灰头菜(上海)=藜
猪迹树(广药手册)=洋紫荆
猪脚楠(高等图鉴)=红楠
猪舭菜(广州)=甜菜
猪糠藤(中药大辞典)=鸡眼藤
猪痾三七(浙江中草药)=落新妇
猪栎树(湖北)=包果柯
猪栗(云南)=元江锥
猪獠参(四川中药志)=小舌唇兰
猪鬣凤尾蕨 Pteris actiniopteroides Christ(凤尾蕨科)
猪铃草(广东,贵州)=紫花野百合
猪铃草(海南志)=长萼猪屎豆
猪笼草 Nepenthes mirabilis (Lour.) Druce(猪笼草科), *捕虫草,担水桶,公仔瓶,猴子埕,猴子笼,猪仔笼*
猪笼草科 Nepenthaceae
猪笼草属 Nepenthes L.(猪笼草科)
猪笼南星 Arisaema nepenthoides (Wall.) Mart.(天南星科)
猪笼藤(海南)=蒴莲
猪罗摆(广东)=广东匙羹藤
猪麻榕(海南)=黄葛树
猪麻苏(福建长汀)=广防风
猪满芋(广州)=广东匙羹藤
猪毛菜(东北)=刺沙蓬
猪毛菜(江苏)=漆姑草
猪毛菜 Salsola collina Pall.(藜科), *刺蓬,三叉明棵,扎蓬棵,猪毛草,猪毛缨*
猪毛菜属 Salsola L.(藜科), *叉明科属*
猪毛草(峨眉药志)=狭叶凤尾蕨
猪毛草(四川)=团羽铁线蕨
猪毛草(云南)=金腰箭
猪毛草(中药辞海)=猪毛菜
猪毛草 Scirpus wallichii Nees (莎草科)
猪毛肺筋草(四川中药志)=铁线蕨
猪毛蒿(高等图鉴,植物志 76-2)=茵陈
猪毛漆(药用志)=铁线蕨
猪毛缨(河南中药手册)=猪毛菜
猪毛针(四川)=团羽铁线蕨
猪梅柳(质问本草)=匙萼金丝桃
猪母菜(福建)=马齿苋
猪母耳(福建)=商陆
猪母槁(海南尖峰岭,吊罗山)=假柿木姜子
猪母楠(海南东方)=广东山胡椒
猪母乳牛(台湾志)=水同木
猪姆刺(福建草药)=蓟
猪乸菜(广州)=厚皮菜
猪乸莲(岭南采药录)=大薸
猪娘藤(浙江)=柱果铁线莲
猪尿泡(贵州)=长腺灰白毛莓
猪婆草(江西)=荔枝草
猪婆耳(江西)=短毛熊巴掌
猪婆子藤(中药大辞典)=宜昌荚蒾
猪圈草(江苏药材志)=萹蓄
猪人参(广西中药志)=钩吻
猪食(云南)=长柄异药花
猪矢草(闽东本草)=灯心草
猪屎粑(峨眉)=石疙薗
猪屎草(山东)=白花菜
猪屎豆 Crotalaria pallida Ait.(豆科)
猪屎豆属 Crotalaria L.(豆科)
猪屎壳(植物志 63)=羊角拗
猪屎楠(湖北兴山)=黑壳楠
猪屎七(陕西)=七叶鬼灯檠
猪屎青(广东)=大青
猪松木(广东茂名)=倒吊笔
猪蹄花(福建草药)=锦鸡儿
猪通草菇(陆川本草)=香附子
猪头果(高等图鉴)=茶梨
猪尾巴(贵州)=琉璃草
猪尾七(云南)=灰岩皱叶报春
猪血柴(浙江药志)=厚皮香
猪血木(植物志 71-1)=水锦树
猪血木 Euryodendron excelsum H.T.Chang(山茶科), *樬木*
猪血木属 Euryodendron H.T.Chang(山茶科)
猪血橼(广东,广西)=吊皮锥
猪牙草(纲目)=鳢肠
猪牙花 Erythronium japoniucm Decne.(百合科), *母猪牙*
猪牙花属 Erythronium L.(百合科)
猪牙木(广西博白)=土蜜树
猪牙皂(四川)=皂荚
猪牙皂(云南)=金合欢
猪牙皂树皮(云南)=金合欢
猪殃殃(野菜谱)=拉拉藤
猪殃殃 Galium aparine var. tenerum (Gren. & Godr.) Rchb.(茜草科), *小红丝丝,齿蛇草,八仙草,少花拉拉藤*
猪殃殃属(高等植物分类学)=**拉拉藤属**
猪腰豆 Whitfordiodendron filipes (Dunn) Dunn (豆科), *大荚藤,细梗惠特木,猪腰子*
猪腰豆属 Whitfordiodendron Elm. ex Dunn (豆科)
猪腰子(本草纲目)=猪腰豆
猪腰子(贵州民间药物)=厚果崖豆藤
猪叶菜(云南)=灰毛白鹤藤
猪叶菜(植物志 13-3)=竹叶吉祥草
猪油果(植物志 73-1)=油渣果
猪油果 Pentadesma butyracea Sabine(藤黄科)
猪油果属 Pentadesma Sabine (藤黄科)
猪粥菜(广西)=糯米团
猪仔(四川)=大叶贯众
猪仔菜(福建中草药)=糯米团
猪仔笠(生草药性备要,植物志 41)=鸡头薯
猪仔笼(广东)=猪笼草
猪子笠属(植物志 41)=**鸡头薯属**
猪棕草(新疆)=银粉背蕨
猪棕七(陕西中草药)=掌叶铁线蕨
猪鬃草(贵州草药)=团羽铁线蕨
猪鬃草(贵州方药集)=半月铁线蕨,
猪鬃草(贵州方药集)=铁线蕨
猪鬃草(贵州方药集)=云南铁角蕨
猪鬃七(贵州草药)=团羽铁线蕨
猪鬃七(陕西,四川)=铁角蕨
猪鬃漆(贵州方药集)=铁线蕨
硃毛水东哥 Saurauia miniata C.F.Liang & Y.S. Wang (猕猴桃科), *野枇杷*
硃砂根 Ardisia crenata Sims(紫金牛科), *八爪金龙,豹子眼睛果,大罗伞,凤凰肠,凤凰翔,红铜盘,金锁匙,开喉箭,郎伞树,浪伞根,老鼠尾,凉伞遮金珠,龙山子,平地木,散血丹,山豆根,石青子,土丹皮,万龙,万雨金,珍珠伞,朱砂根叶*
蛛毛车前 Plantago arachnoidea Schrenk(车前科)
蛛毛苣苔 Paraboea sinensis (Oliv.) Burtt(苦苣苔科), *宽萼苣苔,门听,石青菜,石头菜,中华被萼苣苔*
蛛毛苣苔属 Paraboea (Clarke) Ridley(苦苣苔科)
蛛毛蓝刺头(新)Echinops tibeticus Bge.?(菊科)
蛛毛香青 Anaphalis busua (Ham.) DC.(菊科)
蛛毛蟹甲草 Parasenecio roborowskii (Maxim.) Y.L.Chen (菊科), *康定蟹甲草*
蛛丝红纹马先蒿 Pedicularis striata subsp. arachnoidea (Franch.) Tsoong(玄参科), *红纹马先蒿蛛丝亚种*
蛛丝回欢草 Anacampseros filamentosa (Haw.) Sims. (马齿苋科)
蛛丝毛蓝耳草 Cyanotis arachnoidea C.B.Clarke (鸭跖草科), *鸡出头草,鸡冠参,蓝耳草,露水草,珍珠露水草*
蛛丝状千里光 Senecio arachnoideus (Reichenb.) Sieb. ex DC.(菊科)
蛛网长生草 Sempervivum arachnoideum L.(景天科)
蛛网萼 Platycrater arguta S. & Z.(虎耳草科), *梅花甜茶,盾儿花*
蛛网萼属 Platycrater S. & Z.(虎耳草科), *梅花甜茶属*
蛛网卷 Haworthia arachnoidea Dauval (百合科)
槠柴(植物志 22)=甜槠
槠栎(植物志 22)=短尾柯
槠栗(湖北)=苦槠
槠子(江西)=柯
竹柏 Nageia nagi (Thunb.) Ktz.(罗汉松科), *宝芳,船家树,大果竹柏,罗汉柴,椤树,山杉,糖鸡子,铁甲树,椰树,猪肝树*
竹柏松(海南)=百日青

竹柏属 Nageia Gaert.(罗汉松科)
竹菜(岭南采药录)=节节草
竹柴胡(滇南本草)=云南柴胡
竹东杜鹃兰(台湾志)=阔叶带唇兰
竹芙蓉(云南)=刚毛黄蜀葵
竹高薯(广东乐昌)=细叶日本薯蓣
竹膏(开宝本草)=青皮竹
竹篙草(岭南科学期刊)=金发草
竹根(本经)= 淡竹
竹根草(广西全州)=粗毛耳草
竹根黄(唐本草)=粱
竹根假万寿竹(高等图鉴)=深裂竹根七
竹根米(千金-食治)=粱
竹根七(广西)=万寿竹
竹根七(贵州中草药名录)=深裂竹根七
竹根七(陕西中草药,云南,陕西)=开口箭
竹根七(四川)=竹节参
竹根七(云南中草药选)=剑叶开口箭
竹根七 Disporopsis fuscopicta Hance (百合科)
竹根七属 Disporopsis Hance (百合科)
竹蒿草(广西药用名录)=节节草
竹花(四川)=假野菰
竹花(竹的药用价值初探)=台湾桂竹
竹花柊叶属 Stachyphrynium K.Schum.(竹芋科)
竹花重型(贵州)=筷竹
竹黄(纲目)=青皮竹
竹鸡草(濒湖集简方)=鸭跖草
竹姜(广东)=多花黄精
竹节白附(植物志 27)=黄花乌头
竹节菜(救荒本草)=鸭跖草
竹节参(本经逢原)=人参
竹节参 Panax pseudoginseng var. japonicus (C.A.Mey.) Hoo & Tseng(五加科),*峨三七,萝卜七,人参三七,竹根七, 大叶三七,竹节三七*
竹节草(江苏)=地瓜儿苗
竹节草(江苏药材志)=萹蓄
竹节草(山东中药)=瞿麦
竹节草(生草药性备要)=节节草
竹节草(云南)=吉祥草
竹节草(云南)=玉簪
竹节草(植物志 20-1)=草珊瑚
竹节草 Chrysopogon aciculatus (Retz.) Trin.(禾本科),*草子花,鬼谷草,过路蜈蚣草,鸡谷草,蜈蚣草,粘人草,粘身草,紫穗茅香*
竹节茶(植物志 20-1)=草珊瑚
竹节防风(四川涪陵,武隆)=竹节前胡
竹节风(广西)=花叶山姜
竹节果(广东)=兰屿福木
竹节果(广东)=岭南山竹子
竹节果(广东)=木竹子
竹节兰(中药大辞典)=大杜若
竹节蓼 Homalocladium platycladum (F.Muell.) Bailey (蓼科),*百足草,扁足花,观音竹,蜈蚣竹,斩龙剑*
竹节蓼属 Homalocladium (F.Muell.) Bailey (蓼科)
竹节前胡 Peucedanum dielsianum Fedde ex Wolff (伞形科),*竹节防风,川防风*
竹节羌活(四川马尔康)=羌活
竹节三七(纲目拾遗)=竹节参
竹节三七(西藏中草药)= 珠子参
竹节树 Carallia brachiata (Lour.) Merr.(红树科),*鹅唇木,鹅肾木,气管木,气球,山竹公,山竹犁,竹球*
竹节树属 Carallia Roxb.(红树科)
竹节水松 Cabomba caroliniana A.Gray(莼菜科)
竹节香附(中国药典)=多被银莲花
竹结草(广西上思)=石柑子
竹筋草(中药辞海)=节节草
竹茎兰 Tropidia nipponica Masam(兰科)
竹茎兰属 Tropidia Lindl.(兰科)
竹茎玲珑椰子 Chamaedorea erumpens H.E. Moore (棕榈科),*竹榈*
竹精(纲目拾遗)=毛竹
竹精江南竹(植物名汇)=毛竹
竹桔(陆川本草)=岭南山竹子
竹卷心(生草药性备要,本草再新)= 淡竹
竹腊皮(云南)=一把香
竹沥(神农本草经集注)= 淡竹
竹林标(思茅中草药)=硬骨凌霄
竹林标(云南)=马利筋
竹林黄芩 Scutellaria bambusetorum C.Y.Wu(唇形科)
竹林消(四川,甘肃)=宝铎草
竹林消(西藏中草药)=腋花扭柄花
竹林霄(四川)=宝铎草
竹灵消 Cynanchum inamoenum (Maxim.) Loes.(萝藦科),*白龙须,川白薇,九造台,老君须,牛角风,婆婆衣,婆婆针线包,绒针,犀角细辛,雪里蟠桃,正骨草*
竹凌霄(中药志)=短蕊万寿竹
竹芦藤(广东)=小叶买麻藤
竹榈(新拉汉英)=竹茎玲珑椰子
竹麻(中药大辞典)=冠盖藤
竹米(纲目拾遗)= 淡竹
竹木参(广西)=长花龙血树
竹皮(金匮要略)= 淡竹
竹球(广东,海南)=竹节树
竹仁青(上海中草药)= 淡竹
竹茹(神农本草经集注)= 淡竹
竹茹(神农本草经集注)=人面竹
竹扫子 Yushania weixiensis Yi (禾本科)
竹山淫羊藿 Epimedium zhushanense K.F.Wu & S.X.Qian(小檗科)
竹生羊奶子 Elaeagnus bambusetorum Hand.-Mazz. (胡颓子科)
竹实(本经)= 淡竹
竹糖(伪药条辨)=青皮竹
竹藤(广西)=尖山橙
竹勿刺(福建)=吊石苣苔
竹亚芽(广西)=罗河石斛
竹叶(名医别录)= 淡竹
竹叶艾(广西药用名录)=小蓬草
竹叶白前(浙江)=柳叶白前
竹叶百合 Lilium hansonii Leicht. ex D.T.Moore (百合科)
竹叶菜(纲目)=鸭跖草
竹叶菜(广西大苗山)=白花蛇舌草
竹叶菜(植物志 13-3)=饭包草
竹叶参(广西)=丛叶玉凤花
竹叶参(陕西中草药) =万寿竹
竹叶参(四川)=紫背鹿衔草
竹叶草(四川)=金发草
竹叶草(植物志 13-3)=聚花草
竹叶草(植物志 25-1)=萹蓄
竹叶草 Oplismenus compositus (L.) Beauv.(禾本科),*多穗缩箬*
竹叶柴胡(陕西药材名)=秦岭柴胡
竹叶柴胡(四川)=滇银柴胡
竹叶柴胡(四川)=空心柴胡
竹叶柴胡(四川马尔康)=马尾柴胡
竹叶柴胡(四川茂县)=马尔康柴胡
竹叶柴胡(四川南川)=小柴胡
竹叶柴胡(图考)=柴胡
竹叶柴胡(云南)=韭叶柴胡
竹叶柴胡(云南)=泸西柴胡
竹叶柴胡 Bupleurum marginatum Wall. ex DC.(伞形科),*柴胡,膜缘柴胡,神荠,竹叶防风,紫柴胡*
竹叶椆(海南志)=竹叶青冈
竹叶地丁(贵州)=瓜子金
竹叶防风(滇南本草图说)=多毛西风芹
竹叶防风(昆明)=竹叶柴胡
竹叶防风(云南丽江)=竹叶西风芹
竹叶根(浙江)=九龙盘
竹叶根节兰(台湾志)=密花虾脊兰
竹叶红参(云南)=竹叶吉祥草
竹叶红山茶 Camellia bambusifolia Chang,Liu & Zhang(山茶科)
竹叶胡椒 Piper bambusaefolium Tseng (胡椒科),*山胡椒,山药*
竹叶花(海南)=节节草
竹叶花椒 Zanthoxylum armatum DC.(芸香科),*白总管,臭花椒,狗花椒,狗椒,花椒,鸡椒,见血飞,具椒子,秦椒,散血飞,山巴椒,山花椒,蜀椒,土花椒根,万花针,崖椒,岩椒,野花椒,玉椒,竹叶椒叶,竹叶总管*
竹叶鸡爪茶 Rubus bambusarum Focke(蔷薇科),*老林茶,短柄鸡爪茶*
竹叶吉祥草 Spatholirion longifolium (Gagn.) Dunn(鸭跖草科),*白龙须,马耳草,马耳朵草,秦归,珊瑚草,猪叶菜,竹叶红参*
竹叶吉祥草属 Spatholirion Ridl.(鸭跖草科)
竹叶椒叶(湖南药物志)=竹叶花椒
竹叶蕉 Donax canniformis (Forst.) K.Schum.(竹芋科),*戈燕*
竹叶蕉属 Donax Lour.(竹芋科)
竹叶菊(苏南植物手册)=碱菀
竹叶蕨 Taenitis blechnoides (Willd.) Sw. (竹叶蕨科)
竹叶蕨属 Taenitis Willd.(竹叶蕨科)
竹叶兰(贵州药用目录)=紫背鹿衔草
竹叶兰(湖南民间药物)=蜻蜓兰
竹叶兰(拉祜族常用药)=弯蕊开口箭
竹叶兰(四川)=川杜若
竹叶兰 Arundina graminifolia (D.Don) Hochr.(兰科)
竹叶兰属 Arundina Bl.(兰科)
竹叶冷水花 Pilea bambusifolia C.J.Chen(荨麻科)
竹叶莲(湖南省药物志)=杜若
竹叶凉伞(广西药用名录)=狭叶紫金牛
竹叶麦冬(药用志) =淡竹叶
竹叶毛兰 Eria bambusifolia Lindl.(兰科)
竹叶茅 Microstegium nudum (Trin.) A.Camus (禾本科)
竹叶门冬青(分类草药性) =淡竹叶
竹叶木荷 Schima bambusifolia Hu(山茶科)
竹叶木姜子 Litsea pseudoelongata Liou(樟科),*竹叶松,柳叶樟,山古羊*
竹叶楠(福建)=闽楠
竹叶楠(湖北)=宜昌润楠
竹叶楠(台湾)=南投黄肉楠
竹叶楠 Phoebe faberi (Hemsl.) Chun(樟科)
竹叶牛奶树(广东)=条叶榕
竹叶牛奶树(广东)=竹叶榕
竹叶牛奶子(福建中草药)=绿叶冠毛榕
竹叶牛奶子(广东)=竹叶榕
竹叶盘(四川)=九龙盘

竹叶蒲桃 Syzygium myrsinifolium (Hance) Merr. & Perry(桃金娘科)
竹叶七(甘肃)=万寿竹
竹叶七(中草药汇编)=七筋姑
竹叶七(中草药汇编)=油点草
竹叶青(广西)=褐鞘沿阶草
竹叶青(昆明草药)=绿茎还阳参
竹叶青(四川)=吉祥草
竹叶青(浙江草药)=斑叶兰
竹叶青冈 Cyclobalanopsis neglecta Schott.(壳斗科),*竹叶青冈栎,竹叶椆*
竹叶青冈栎(树木分类学)=竹叶青冈
竹叶榕 Ficus stenophylla Hemsl.(桑科),*水稻清,水喧柳,细叶水榕树,狭叶榕,竹叶牛奶树,竹叶牛奶子*
竹叶三七(中药大辞典)=土田七
竹叶山姜 Alpinia bambusifolia C.F.Liang & D. Fang (姜科)
竹叶舒筋(植物志 25-1)=匐枝蓼
竹叶薯(广西)=长叶马兜铃
竹叶松(广东,广西)=百日青
竹叶松(广东英德)=竹叶木姜子
竹叶松(海南)=鸡毛松
竹叶铁线莲 Clematis lancifolia var. ternata W.T. Wang (毛茛科)
竹叶西风芹 Seseli mairei Wolff(伞形科),*防风,鸡爪防风,三叶防风,西防风,西风,云防风,竹叶防风*
竹叶细辛(浙江,广西)=徐长卿
竹叶眼子菜 Potamogeton malaianus Miq.(眼子菜科),*箬叶藻,马来眼子菜*
竹叶羊角棉 Alstonia neriifolia D.Don(夹竹桃科)
竹叶子 Streptolirion volubile Edgew.(鸭跖草科)
竹叶子属 Streptolirion Edgew.(鸭跖草科)
竹叶总管(江西,湖南)=竹叶花椒
竹衣(纲目拾遗)=金竹
竹油(苏医中草药)= 淡竹
竹油芒 Eccoilopus bambusoides Keng ex L.Liu (禾本科)
竹友蹄盖蕨(西北植物学报)=薄叶蹄盖蕨
竹芋 Maranta arundinacea L.(竹芋科)
竹芋科 Marantaceae
竹芋属 Maranta L.(竹芋科)
竹蔗(食疗本草)=甘蔗
竹蔗 Saccharum sinense Roxb.(禾本科),*草甘蔗,友巴,芦蔗,甘蔗,片黄糖*
竹针(生草药性备要)= 淡竹
竹汁(本经)= 淡竹
竹枝黄(广西药用名录)=鳄嘴花
竹枝毛兰 Eria paniculata Lindl.(兰科)
竹枝石斛 Dendrobium salaccense (Bl.) Lindl. (兰科)
竹枝细柄草(广州志)=硬秆子草
竹帚子(滇南本草)=地肤
竹仔菜(福建中草药)=饭包草
竹子草(指示植物)=水蔗草
竹子花(四川)=假野菰
竺香(浙江)=天竺桂
烛台虫实 Corispermum candelabrum Iljin(藜科)
烛子(文昌)=水椰
逐马(药性论)=玄参
主田(本经)=甘遂
主线草(图考)=东南茜草
属析(本经)=川续断
煮饭花(福建)=土人参
苎麻 Boehmeria nivea (L.) Gaudich.(荨麻科),*白麻,家麻,青麻,青苎,野麻,野苎,野苎麻,银苎,苎仔*
苎麻楼梯草 Elatostema boehmerioides W.T. Wang (荨麻科)
苎麻头(南宁药志)=大叶苎麻
苎麻属 Boehmeria Jacq.(荨麻科)
苎叶蒟 Piper boehmeriaefolium (Miq.) C.DC. (胡椒科),*芦子藤,顶花胡椒,光轴苎叶蒟,滇南胡椒*
苎仔(台湾)=苎麻
注糖橘(植物志 43-2)=十月橘
苧丝藤(福建上杭)=流苏子
柱瓣兰 Epidendrum arachnoglossum Rchb.f.(兰科)
柱瓣兰属 Epidendrum L.(兰科)
柱根姜 Zingiber teres S.Q.Tong & Y.M.Xia(姜科)
柱梗铁线莲 Clematis teretipes W.T.Wang(毛茛科)
柱冠粗榧 Cephalotaxus harringtonia cv. Fastigiata (三尖杉科),*柱冠日本粗榧*
柱冠罗汉松 Podocarpus macrophyllus var. chingii N.E.Gray(罗汉松科)
柱冠日本粗榧(分类学报)=柱冠粗榧
柱冠西风芹 Seseli coronatum Ledeb.(伞形科)
柱果绿绒蒿 Meconopsis oliverana Franch & Prain (罂粟科)
柱果猕猴桃 Actinidia cylindrica C.F.Liang(猕猴桃科)
柱果木榄 Bruguiera cylindrica (L.) Bl.(红树科)
柱果琼楠 Beilschmiedia cylindrica S.Lee & Y.T. Wei (樟科)
柱果秋海棠 Begonia cylindrica D.R.Liang & X. X.Chen (秋海棠科)
柱果铁线莲 Clematis uncinata Champ.(毛茛科),*钩铁线莲,花木通,癞子藤,老虎师藤,小叶光板力刚,猪娘藤*
柱花凤仙花 Impatiens columnaris HK.f.(凤仙花科)
柱花红景天 Rhodiola semenovii (Rgl. & Herd.) A.Bor. (景天科)
杜花槐(新)Sophora japonica var. praecox f. columnalis Schwer.?(豆科)
柱花越桔 Vaccinium cylindraceum Sm.(杜鹃花科)
柱黄扁柏 Chamaecyparis nootkatensis cv. Compacta (柏科)
柱茎风毛菊 Saussurea columnaris Hand.-Mazz. (菊科)
柱茎石仙桃(分类学报)=粗脉石仙桃
柱马先蒿 Pedicularis stylosa H.P.Yang (玄参科)
柱毛独行菜 Lepidium ruderale L.(十字花科),*柱腺独行菜,鸡积菜*
柱穗薹草 Carex cylindriostachya Franch.(莎草科),*圆柱薹草*
柱筒枸杞 Lycium cylindricum Kuang & A.M. Lu (茄科)
柱头石韦(蕨类名词及名称)=柱状石韦
柱腺茶藨(西藏志)=东方茶藨子
柱腺独行菜(东北检索表)=柱毛独行菜
柱形地中海柏木 Cupressus sempervirens var. stricta Ait.(柏科)
柱形红花槭 Acer rubrum var. columnare Rehd. (槭树科)
柱形糖槭 Acer saccharum var. monumentale (Temple) Rehd.(槭树科)
柱形葶苈(植物志 33)=棉毛葶苈
柱序绢毛苣 Soroseris teres Shih(菊科)
柱序悬钩子 Rubus subcoreanus Yü & Lu (蔷薇科)
柱叶虎尾兰 Sansevieria canaliculata Carr.(百合科)
柱状苦瓜掌 Echidnopsis cereiforme HK.f.(萝藦科),*青龙角*
柱状南洋杉 Araucaria columnaris (Forst.) HK.(南洋杉科)
柱状石韦 Pyrrosia stigmosa (Sw.) Ching(水龙骨科),*柱头石韦*
柱状银枞 Abies alba var. columaris (Carr.) Rehd. (松科)

Zhua

抓艾力(壮族名)=黄花蒿
抓地虎(贵州民间方药集)=玉蜀黍
抓地虎(陕西)=劲直阴地蕨
抓地虎(陕西中草药)=缬草
抓桑(藏名)=蛇果黄堇
抓桑(藏药名)=皱波黄堇
抓桑(江达)=察隅紫堇
抓石榕(广西药用名录)=爬藤榕
抓肿消(四川中药志)=商陆
爪瓣虎耳草 Saxifraga unguiculata Engl.(虎耳草科),*长圆叶虎耳草*
爪瓣花楸(中药大辞典)=西康花楸
爪瓣景天 Sedum onychopetalum Fröd.(景天科)
爪瓣山柑 Capparis himalayensis Jafri(山柑科),*菠里克果,槌果藤,刺山柑,搞旱草,狼西瓜,老鼠瓜,色刺槌果藤,野西瓜*
爪比来斯轻木 Ochroma bicolor Rowlee (木棉科),*扑比来斯白塞木*
爪唇兰属 Gongora R. & P.(兰科)
爪恩(拉萨藏名)=银瑞
爪虎耳草(青藏图鉴)=鄂西虎耳草
爪花芥 Oreoloma violaceum Botsch.(十字花科)
爪花芥属 Oreoloma Botsch.(十字花科)
爪盔瓜叶乌头 Aconitum hemsleyanum var. unguiculatum W.T.Wang(毛茛科)
爪盔膝瓣乌头 Aconitum geniculatum var. unguiculatum W.T.Wang(毛茛科)
爪龙(纲目)=高粱
爪松(陕西户县)=大果青扦
爪哇阿瑞奥普兰 Acriopsis javanica Reinw.(兰科)
爪哇白茶树 Koilodepas banthanense Hassk.(大戟科)
爪哇白豆蔻 Amomum compactum Soland ex Maton (姜科),*小豆蔻,白豆蔻*
爪哇粗毛藤 Cnesmone javanica Bl.(大戟科)
爪哇兜兰 Paphiopedilum javanicum (Reinw.) Pfitz. (兰科)
爪哇杜鹃花 Rhododendron javanicum (Bl.) J. Benn. (杜鹃花科)
爪哇钝叶杜鹃花 Rhododendron retusum Benn. (杜鹃花科)
爪哇凤尾蕨 Pteris venusta Kze.(凤尾蕨科)
爪哇黑莎草 Gahnia javanica Moritzi (莎草科)
爪哇厚壁蕨 Meringium blandum (Rocib.) Cop. (膜蕨科)
爪哇厚叶蕨 Cephalomanes javanicum (Bl.)v.d.B. (膜蕨科)
爪哇黄花稔 Sida javensis Cavan.(锦葵科)
爪哇黄杞 Engelhardtia spicata var. aceriflora (Reinw.) Koord. & Valet.(胡桃科),*槭果黄杞*
爪哇黄芩 Scutellaria javanica Jungh.(唇形科)
爪哇嘉赐树(云南植物研究)=爪哇脚骨脆

爪哇脚骨脆 Casearia velutina Bl.(大风子科),*爪哇嘉赐树,毛叶嘉赐树*
爪哇金丝叶兰 Macodes petola var. javanica (HK.f.) A.D.Hawks (兰科)
爪哇苦树 Picrasma javanica Bl.(苦木科),*常绿苦树*
爪哇荔枝 Litchi chinensis subsp. javensis Leenh. (无患子科)
爪哇亮丝草 Aglaonema costatum N.E.Br.(天南星科)
爪哇蕗蕨 Mecodium javanicum (Spreng.) Cop. (膜蕨科)
爪哇罗汉松(图谱)=鸡毛松
爪哇帽儿瓜 Mukia javanica (Miq.) C.Jeff.(葫芦科),*山冬瓜*
爪哇木棉(植物志 49-2)=吉贝
爪哇肉桂 Cinnamomum javanicum Bl.(樟科)
爪哇山珊瑚(台大研究报告)=肉果兰
爪哇舌蕨 Elaphoglossum angulatum (Bl.) Moore (舌蕨科)
爪哇省藤 Calamus javensis Bl.(棕榈科)
爪哇松(树木分类学)=鸡毛松
爪哇坛花兰 Acanthephippium javanicum Bl.(兰科)
爪哇唐松草 Thalictrum javanicum Bl.(毛茛科)
爪哇薇(广州志)=宽叶紫萁
爪哇卫矛 Euonymus javanicus Bl.(卫矛科)
爪哇香茅(台湾的禾草)=枫茅
爪哇珍珠菜 Lysimachia javanica Bl.(报春花科),*蛮刀背*
爪哇箟簩竹 Schizostachyum blumei Nees (禾本科)
爪细叶委陵菜(东北草本志)=掌叶多裂委陵菜
爪楔翅藤 Sphenodesme involucrata (Presl) B.L. Robinson (马鞭草科),*司芬双藤*
爪叶菊 Pericallis hybrida B.Nord.(菊科)
爪叶菊属 Pericallis D.Don (菊科)
爪芋根(广东英德)=假鹰爪
爪子参(陕西)=黄精

Zhuan

砖红杜鹃 Rhododendron oldhamii Maxim.(杜鹃花科),*河哈蒙杜鹃,金毛杜鹃*
砖红花白千层 Melaleuca lateritia Otto (桃金娘科)
砖子苗(浙江药物志)=密穗砖子苗
砖子苗 Mariscus umbellatus Vahl (莎草科),*三棱草,假香附*
砖子苗属 Mariscus Gaerntn.(莎草科)
转蒿(河北)=柔毛蒿
转钮子(江西草药)=枳椇
转心莲(越南笔记)=西番莲
转枝莲(云南)=西番莲
转子莲(贵州草药)=岷江蓝雪花
转子莲 Clematis patens Morr. & Decne.(毛茛科),*大花铁线莲*

Zhuang

装饰卷柏 Selaginella compta Hand.-Mazz.(卷柏科)
装饰省藤 Calamus ornatus Bl.(棕榈科)
装天德(海南)=金锦香
壮刺冬青(四川志)=刺叶冬青
壮刺小檗 Berberis deinacantha Schneid. (小檗科)
壮大荚蒾 Viburnum glomeratum subsp. magnificum (Hsu) Hsu(忍冬科)
壮大金鱼藤 Columnea magnifica Klotzsch & Hanst (苦苣苔科)
壮观垂头菊 Cremanthodium nobile (Franch.) Diels ex Lévl.(菊科)
壮健红景天(植物志 34-1)=狭叶红景天
壮健马先蒿 Pedicularis robusta HK.f.(玄参科)
壮角铁 Ceratozamia mexicana var. robusta Brongniart (苏铁科)
壮筋草(陕西中草药)=杭子稍
壮精丹(贵州药用名录)=鸟足兰
壮丽百合 Lilium ×imperiale Wilson (百合科)
壮丽含笑 Michelia lacei W.W.Sm.(木兰科)
壮丽花叶万年青 Dieffenbachia imperialis Lindl. & Andre (天南星科)
壮丽冷杉 Abies procera Rehd.(松科)
壮丽桤叶树 Clethra magnifica Fang & L.C.Hu (桤叶树科)
壮丽秋海棠 Begonia imperialis Lem.(秋海棠科),*毡毛秋海棠*
壮丽玉叶金花 Mussaenda antiloga Chun & Ko (茜草科)
壮牛浪(江西)=羊耳菊
壮阳草(广西)=长柱排钱树
状元红(福建)=马利筋
状元红(广东)=赪桐
状元红(云南)=朱槿
状元花(陕西)=紫茉莉
状元花(植物志 11)=头状穗莎草

Zhui

追地枫(上海,浙江药材名)=地枫皮
追风草(河北)=水蔓菁
追风草(湖南药物志)=红蓼
追风棍(生草药性备要)=白桐树
追风蒿(内蒙古)=地蔷薇
追风箭(河北承德)=墓头回
追风七(陕西)=柔毛路边青
追风七(陕西中草药)=路边青
追风七(云南中草药)=日本路边青
追风伞(四川)=狭叶落地梅
追风散(云南)=云南马兜铃
追风使(图经本草)=五加
追风药(江西)=黄蜀葵
追骨风(湖南药物志)=薜荔
追骨风(江苏)=海州常山
追骨风(南京药草)=鼠麴草
追骨风(南京药草)=禹州漏芦
追伞(贵州)=马比木
追天花根(广西隆林)=异色黄芩
椎果月见草(云南志)=四翅月见草
锥 Castanopsis chinensis Hance(壳斗科),*桂林栲,栲栗,米锥,小板栗,锥栗,锥栗果壳*
锥果栎(植物志 22)=长果青冈
锥果厚皮香 Ternstroemia conicocarpa L.K.Ling (山茶科)
锥果蓟(新)Cirsium ferum Kitam.?(菊科)
锥果芥 Berteroella maximowiczii (Palib.) O.E. Schulz ex Loes(十字花科),*北荠*
锥果芥属 Berteroella O.E.Schul (十字花科),*北荠属,星毛芥属*
锥果栎(植物志 22)=长果青冈
锥果石笔木 Tutcheria symplocifolia Merr. & Metc. (山茶科)
锥果葶苈 Draba lanceolata Royle(十字花科),*短锥果葶苈,光果伊宁葶苈*
锥花繁缕 Stellaria monosperma var. paniculata Majumdar (石竹科)
锥花黄堇 Corydalis thyrsiflora Prain(罂粟科)
锥花绿绒蒿 Meconopsis paniculata (D.Don) Prain (罂粟科)
锥花鼠刺(植物志 35-1)=河岸鼠刺
锥花薯(云南区系报告)=海南薯
锥花丝石竹(华北经济志要)=圆锥石头花
锥花霞草(拉汉名称)=圆锥石头花
锥花莸 Caryopteris paniculata C.B.Clarke(马鞭草科),*紫红鞭,密花莸*
锥花属 Gomphostemma Wall. ex Benth.(唇形科)
锥茎石豆兰 Bulbophyllum polyrhizum Lindl. (兰科)
锥栗(广西药名录)=锥
锥栗(云南)=短刺锥
锥栗(云南)=元江锥
锥栗(植物志 22)=红锥
锥栗 Castanea henryi (Skan) Rehd. & Wils.(壳斗科),*尖栗,箭栗,旋栗,榛栗*
锥栗果(植物志 22)=湖北锥
锥栗果壳(中草药彩色图谱)=锥
锥连栎 Quercus franchetii Skan(壳斗科),*黄栗*
锥茅 Thyrsia zea (Clarke) Stapf(禾本科)
锥茅属 Thyrsia Stapf(禾本科)
锥莫尼亚属 Drymonia Mart.(苦苣苔科)
锥囊薹草 Carex raddei Kükenth.(莎草科)
锥囊坛花兰 Acanthephippium striatum Lindl. (兰科)*台湾坛花兰,一叶钟馗兰*
锥树(广西)=厚皮锥
锥丝栗(植物志 22)=红锥
锥穗钝叶草 Stenotaphrum subulatum Trin.(禾本科)
锥穗沃森花 Watsonia pyramidata (Andr.) Stapf (鸢尾科)
锥塔 Crassula pyramidalis Thunb.(景天科)
锥头麻 Poikilospermum suaveolens (Bl.) Merr. (荨麻科),*香甜锥头麻*
锥头麻属 Poikilospermum Zippel ex Miq.(荨麻科)
锥腺大戟(东北草本志)=钩腺大戟
锥腺樱(经济植物手册)=锥腺樱桃
锥腺樱桃 Cerasus conadenia (Koehne) Yü & Li (蔷薇科),*锥腺樱*
锥形果 Gomphogyne cissiformis Griff.(葫芦科)
锥形果属 Gomphogyne Griff.(葫芦科)
锥序丁公藤 Erycibe subspicata Wall. ex G.Don (旋花科)
锥序飞蛾藤(植物志 64-1)=大花三翅藤
锥序荚蒾 Viburnum pyramidatum Rehd.(忍冬科),*尖锥荚蒾*
锥序南蛇藤(高等图鉴)=灯油藤
锥序千斤拔 Flemingia paniculata Wall. ex Benth. (豆科)
锥序清风藤 Sabia paniculata Edgew. ex HK.f. & Thoms.(清风藤科)
锥序酸脚杆 Medinilla himalayana HK.f. ex Triana (野牡丹科)
锥序沿阶草 Ophiopogon paniculatus Z.Y.Zhu (百合科)
锥序蛛毛苣苔 Paraboea swinhoii (Hance) Burtt (苦苣苔科)
锥叶柴胡 Bupleurum bicaule Helm.(伞形科),*红柴胡,双茎柴胡*
锥叶池杉 Taxodium ascendens cv. Zhuiyechisha (杉科)
锥叶风毛菊 Saussurea wemerioides Sch.-Bip. ex HK.f. (菊科)
锥属 Castanopsis (D.Don) Spach(壳斗科)
锥子(广西)=甜槠
锥子草(东北植物志 10-1)=结缕草

坠千斤(思茅中草药)=毛唇芋兰
坠桃草(中药大辞典)=葱叶兰

Zhun

准噶尔阿魏 Ferula songorica Pall. ex Spreng.(伞形科),*香阿魏*
准噶尔报春 Primula nivalis var. farinosa Schrenk (报春花科)
准噶尔大戟 Euphorbia soongarica Boiss.(大戟科)
准噶尔大蒜芥(植物志 33)=多型大蒜芥
准噶尔繁缕 Stellaria soongorica Roshev.(石竹科)
准噶尔红景天 Rhodiola junggarica C.Y.Yang & N.R.Cui(景天科)
准噶尔黄芪 Astragalus gebleri Fisch. ex Bong.(豆科)
准噶尔棘豆 Oxytropis songorica (Pall.) DC.(豆科)
准噶尔蓟 Cirsium alatum (S.G.Gmel.) Bobr.(菊科)
准噶尔金莲花 Trollius dschungaricus Rgl.(毛茛科)
准噶尔锦鸡儿 Caragana soongorica Grub.(豆科)
准噶尔绢蒿 Seriphidium kaschgaricum var. dshungaricum (Filat.) Y.R.Ling(菊科)
准噶尔苦豆子 Sophora soongarica Schrek (豆科),*弯果苦豆子*
准噶尔拉拉藤 Galium soongoricum Schrenk (茜草科),*露珠草*
准噶尔蓝刺头(新)Echinops chantavicus Trautv.?(菊科)
准噶尔离子芥 Chorispora songarica Schrenk(十字花科)
准噶尔蓼 Polygonum songaricum Schrenk(蓼科)
准噶尔柳 Salix songarica Anderss.(杨柳科)
准噶尔麻花头(新)Serratula dschungarica Iljin?(菊科)
准噶尔马先蒿 Pedicularis songarica Schrenk(玄参科)
准噶尔毛蕊花 Verbascum songoricum Schrenk (玄参科)
准噶尔匹菊 Pyrethrum songaricum Tzvel.(菊科)
准噶尔婆罗门参 Tragopogon songoricus S. Nikit. (菊科)
准噶尔前胡 Peucedanum morisonii Bess.(伞形科)
准噶尔沙蒿 Artemisia songarica Schrenk(菊科),*中亚沙蒿*
准噶尔山楂 Crataegus songorica K.Koch(蔷薇科)
准噶尔石竹 Dianthus soongoricus Schischk.(石竹科)
准噶尔矢车菊 Centaurea dschungarica Shih(菊科)
准噶尔薹草 Carex songarica Kar. & Kir.(莎草科)
准噶尔铁线莲 Clematis songarica Bge.(毛茛科)
准噶尔橐吾 Ligularia songarica (Fisch.) Ling (菊科)
准噶尔乌头 Aconitum soongaricum Stapf(毛茛科),*乌头*
准噶尔无叶豆 Eremosparton songoricum (Litv.) Vass.(豆科)
准噶尔栒子 Cotoneaster soongoricus (Rgl. & Herd.) Popov(蔷薇科),*准噶尔总花栒子*
准噶尔栒子小果变种(植物志 36)=小果总花栒子
准噶尔鸦葱 Scorzonera songarica (Kar. & Kir.) Lipsch. & Vass.(菊科)
准噶尔岩黄芪 Hedysarum songaricum Bong(豆科),*葱岭岩黄芪*
准噶尔蝇子草 Silene songarica (Fisch.,Mey. & Avé-Lall.) Bocquet(石竹科),*短瓣女娄菜*,*兴安女娄菜*
准噶尔郁金香 Tulipa schrenkii Rgl.(百合科)
准噶尔鸢尾 Iris songarica Schrenk(鸢尾科)
准噶尔鸢尾蒜 Ixiolirion songaricum P.Yan(石蒜科)
准噶尔早熟禾 Poa dschungarica Roshev.(禾本科)
准噶尔猪毛菜 Salsola dschungarica Iljin(藜科)
准噶尔总花栒子(经济植物手册)=准噶尔栒子
准葛尔短舌菊(新)Brachanthemum titovii Krasch.? (菊科)
准葛尔菊蒿(新)Tanacetum karelinii Tzvel.?(菊科)
准角筋(中草药汇编)=球核荚蒾
准喀尔黄芩(植物志 65-2)=宽苞黄芩
准通(贵州)=青藤
准通(四川)=宝兴马兜铃

Zhuo

卓巴百合 Lilium wardii Stapf ex Stearn(百合科)
卓尼杜鹃 Rhododendron joniense Ching & H.P. Yang (杜鹃花科)
卓越马先蒿 Pedicularis excelsa HK.f.(玄参科)
桌面草(江苏药材志)=萹蓄
茁壮早熟禾 Poa imperialis Bor(禾本科)
斫合子(本草纲目拾遗)=萝藦
棁树(树木分类学)=刺通草
棁树属(树木分类学,科属检索表)=**刺通草属**
着色龙胆 Gentiana picta Franch. ex Hemsl.(龙胆科)
着生杜鹃 Rhododendron kawakamii Hay.(杜鹃花科)

Zi

仔榄树 Hunteria zeylanica (Retz.) Gard. ex Thw.(夹竹桃科),*黄羊*,*洪达木*
仔榄树属 Hunteria Roxb.(夹竹桃科),*洪达木属*
孖竹 Neosinocalamus recto-cuneatus W.T.Lin (禾本科)
孖仔树(广东徐闻)=赤才
孜然(新疆)=孜然芹
孜然芹 Cuminum cyminum L.(伞形科),*孜然*
孜然芹属 Cuminum L.(伞形科)
孜武(苗族名)=木鳖子
孜珠(四川)=紫苏
兹比比歹(云南哈尼语)=蓼叶远志
资邱独活(湖北药材名)=重齿当归
资源杜鹃 Rhododendron ziyuanense Tam(杜鹃花科)
资源冷杉 Abies beshanzuensis var. ziyuanensis (L.K.Fu & S.L.Mo) L.K.Fu & Nan Li(松科)
滋草(千金良治)=繁缕
滋圃报春 Primula soongii Chen & C.M.Hu(报春花科)
粢米(补缺肘后方)=稷
髭脉桤叶树 Clethra barbinervis S. & Z.(桤叶树科),*山柳*,*华东山柳*
髭脉槭 Acer barbinerve Maxim.(槭树科),*簇毛槭*,*辽吉槭树*,*毛脉*
籽蒿(东北检索表)=栉叶蒿
籽蒿(内蒙古)=黑沙蒿
籽蒿(内蒙古,甘肃,陕西)=圆头蒿
籽黄(大同药用手册)=波叶大黄
籽黄(大同药用手册)=华北大黄
籽纹紫堇 Corydalis esquirolii Lévl.(罂粟科),*高山羊不吃*,*山香*,*埃氏紫堇*
子檗(本草经集注)=黄芦木
子风藤(浙江丽水)=忍冬
子哥麻(广东)=了哥王
子宫草 Skapanthus oreophilus (Diels.) C.Y.Wu & H.W.Li(唇形科),*龙老根*,*葶花*
子宫草属 Skapanthus C.Y.Wu & H.W.Li (唇形科),*葶花属*
子花杜鹃 Rhododendron flosculum Fang & G.Z. Li (杜鹃花科)
子鸡生蛋(江西药用植物名)=土圞儿
子金根(红河中草药)=毛果扁担杆
子楝树(广东,海南)=谷木
子楝树 Decaspermum gracilentum (Hance) Merr. & Perry(桃金娘科)
子楝树属 Decaspermum J.R. & G.Forst.(桃金娘科)
子凌蒲桃 Syzygium championii (Benth.) Merr. & Perry(桃金娘科),*子凌树*
子凌树(海南)=子凌蒲桃
子陵木(广西)=谷木
子母草(图考)=龙芽草
子母海棠(河北)=西府海棠
子母莲(中药大辞典)=萍蓬草
子母竹(述异记)=慈竹
子农合耳菊 Synotis chingiana C.Jeffr. & Y.L. Chen (菊科),*子农尾药菊*
子农槭(分类学报)=黔桂槭
子农鼠刺 Itea kwangsiensis H.T.Chang(虎耳草科)
子农尾药菊(植物志 77-1)=子农合耳菊
子芩(四川)=连翘叶黄芩
子上叶(湖南药物志)=麦斛
子孙柏(杭州)=千头柏
子孙球 Rebutia minuscula K.Schum.(仙人掌科)
子孙球属 Rebutia K.Schum.(仙人掌科)
子午莲(图考)=睡莲
子子酒曾(藏名)=东方草莓
姊到羊(云南屏边)=屏边红豆
姊妹花(闽南民间草药)=七姊妹
姊妹树(云南思茅)=老鸦烟筒花
姊色果(云南)=毛刺花椒
姊永(云南屏边)=越南安息香
秭归稠李(新)Padus ssiori Schneid.?(蔷薇科)
梓 Catalpa ovata G.Don(紫葳科),*臭梧桐*,*河楸*,*花楸*,*黄花楸*,*豇豆树*,*雷电木*,*木角豆*,*楸*,*筷子树*,*水桐*,*水桐楸*,*梓树*
梓木(湖北)=檫木
梓木草 Lithospermum zollingeri DC.(紫草科),*地仙桃*,*接骨仙桃*,*琉璃草*,*马非*,*猫舌头草*
梓树(四川)=梓
梓桐花(贵州)=箭叶秋葵
梓叶槭 Acer catalpifolium Rehd.(槭树科)
梓属 Catalpa Scop.(紫葳科)
紫八宝 Hylotelephium triphyllum (Haworth) Holub (景天科),*紫景天*
紫巴尔干槭 Acer heldreichii f. purpuratum Schwer.(槭树科)
紫白风毛菊 Saussurea porphyroleuca Hand.-Mazz. (菊科)

紫白槭 Acer albo-purpurascens Hay.(槭树科)
紫柏(四川南川)=巴山榧树
紫柏松(蒙文汇书)=东北红豆杉
紫斑百合 Lilium nepalense D.Don(百合科)
紫斑大戟(植物研究)=齿裂大戟
紫斑大戟 Euphorbia hyssopifolia L.(大戟科)
紫斑杜鹃(西藏志)=藏南杜鹃
紫斑杜鹃 Rhododendron strigillosum var. monosematum (Hutch.) T.L.Ming(杜鹃花科)
紫斑风铃草 Campanula punctata Lam.(桔梗科),*灯笼花,吊钟花,山小菜*
紫斑红门兰 Orchis fuchsii Druce(兰科)
紫斑蝴蝶草 Torenia fordii HK.f.(玄参科)
紫斑金兰(云南植物名录)=叠鞘石斛
紫斑牡丹 Paeonia rockii (S.G.Haw & Lauen.) T. Hong & J.J.Li(芍药科)
紫斑牡丹 Paeonia suffruticosa var. papaveracea (Adnr.) Kerner(芍药科)
紫斑歧伞獐牙菜 Swertia dichotoma var. punctata T.N.Ho & J.X.Yang(龙胆科)
紫斑石斛(云南植物名录)=曲轴石斛
紫斑唐菖蒲 Gladiolus papilo HK.f.(鸢尾科)
紫斑洼瓣花 Lloydia ixiolirioides Baker(百合科),*兜瓣萝蒂*
紫斑玉凤花 Habenaria purpureo-punctata K.Y. Lang (兰科)
紫斑竹 Bambusa textilis cv. Maculata (禾本科)
紫瓣茴芹 Pimpinella purpurea (Franch.) de Boiss. (伞形科)
紫瓣石斛 Dendrobium parishii Rchb.f.(兰科)
紫苞长蒴苣苔 Didymocarpus purpureobracteatus W.W.Sm.(苦苣苔科)
紫苞翠雀花 Delphinium purpurascens W.T. Wang (毛茛科)
紫苞飞蓬 Erigeron porphyrolepis Ling & Y.L. Chen (菊科)
紫苞风毛菊(高等图鉴)=紫苞雪莲
紫苞风毛菊 Saussurea purpurascens Y.L.Chen & S.Y.Liang(菊科)
紫苞蒿 Artemisia roxburghiana var. purpurascens (Macq. ex Bess.) HK.f.(菊科)
紫苞黄堇 Corydalis urbaniana Fedde(罂粟科)
紫苞爵床(广西植物)=紫苞野靛棵
紫苞石柑 Pothos cathcartii Schott (天南星科)
紫苞香青 Anaphalis porphyrolepis Ling & Y.L. Chen (菊科)
紫苞雪莲 Saussurea iodostegia Hance(菊科),*紫苞风毛菊*
紫苞野靛棵 Mananthes latiflora (Hemsl.) C.Y. Wu & C.C.Hu(爵床科),*紫苞爵床,阔苞花*
紫苞鸢尾 Iris ruthenica K.Gawl.(鸢尾科),*短筒紫苞鸢尾,矮紫苞鸢尾,俄罗斯鸢尾,紫石蒲,苏联鸢尾,细茎鸢尾*
紫背变种(植物志 66,Flora 17)=紫背贵州鼠尾草(新)
紫背草(草木便方)=蛇含委陵菜
紫背草(图考)=一点红
紫背倒提壶(昆明草药)=柔毛艾纳香
紫背杜鹃 Rhododendron forrestii Balf.f. & Diels (杜鹃花科)
紫背浮萍(植物志 13-2)=紫萍
紫背贵州鼠尾草 Salvia cavaleriei var. erythrophylla (Hemsl.) Stib.(唇形科),*紫背变种,女菀*
紫背合耳菊 Synotis pseudoalata (Chang) C.Jeffr. & Y.L.Chen(菊科),*假翅柄千里光*
紫背红(湖南)=长萼野海棠
紫背金牛(民间中草药汇编)=红脉兔儿风
紫背金牛(生草药性备要)=华南远志
紫背金牛(植物志 43-3)=小花远志
紫背金盘(图考)=金疮小草
紫背金盘 Ajuga nipponensis Makino(唇形科),*白毛夏枯草,白头翁,地龙胆,见血青,筋骨草,苦草,苦地胆,破血丹,散血草,散血丹,散於草,石灰菜,退血草,夏草*
紫背金线(广西药用名录)=黄水枝
紫背冷水花 Pilea purpurella C.J.Chen(荨麻科)
紫背犁头草(南宁药志)=一点红
紫背鹿含草(昆明草药)=裸茎千里光
紫背鹿蹄草 Pyrola atropurpurea Franch.(鹿蹄草科),*深紫鹿蹄草,鹿衔草*
紫背鹿衔草(昆明草药)=裸茎千里光
紫背鹿衔草 Murdannia divergens (C.B.Clarke) Brückn.(鸭跖草科),*观音草,花竹叶,黄竹参,山竹叶草,土三七,细竹蒿草,竹叶参,竹叶兰*
紫背绿(广西)=伞形紫金牛
紫背绿(云南)=钮子瓜
紫背鼠李 Rhamnus subapetala Merr.(鼠李科)
紫背天葵(图考)=狗头七
紫背天葵(图考,安徽)=天葵
紫背天葵(重庆草药)=红凤菜
紫背天葵 Begonia fimbristipula Hance(秋海棠科),*红水苴,红天葵,红叶,散血子,天葵,夜渡红*
紫背天葵草(昆明草药)=裸茎千里光
紫背细辛 Asarum porphyronotum C.Y.Cheng & C.S.Yang (马兜铃科)
紫背小柱兰(台湾兰科植物)=紫背沼兰
紫背蟹甲草 Parasenecio ianthophyllus (Franch.) Y.L.Chen (菊科)
紫背绣球(分类学报)=蜡莲绣球
紫背叶(台湾)=一点红
紫背一点广(台兰科图鉴)=紫花芋兰
紫背沼兰 Malaxis roohutuensis (Fukuyama) S.S. Ying (兰科),*紫背小柱兰*
紫被光叶荛花 Wikstroemia glabra f. purpurea (Cheng) S.C.Huang(瑞香科)
紫边假瘤蕨 Phymatopteris roseomarginata (Ching) Pic.Serm. (水龙骨科)
紫槟榔(群芳谱)=马槟榔
紫柄凤丫蕨 Coniogramme sinensis Ching(裸子蕨科)
紫柄假茀蕨(分类学报)=紫柄假瘤蕨
紫柄假瘤蕨 Phymatopteris crenatopinnata (C.B. Clarke) Pic.Serm.(水龙骨科),*地蜈蚣,女金芦,小骨碎补,紫柄假茀蕨*
紫柄蕨 Pseudophegopteris yrrhorachis (Kunze) Ching(金星蕨科)
紫柄蕨属 Pseudophegopteris Ching(金星蕨科)
紫柄蹄盖蕨 Athyrium kenzo-satakei Kurata(蹄盖蕨科)
紫柄铁角蕨(四川志)=线裂铁角蕨
紫波菊(新拉汉英)=美洲波菊
紫彩绣球 Hydrangea sargentiana Rehd.(虎耳草科),*糸坚绣球*
紫菜苔 Brassica campestris var. purpuraria L.H. Bailey (十字花科)
紫菜头 Beta vulgaris var. rosea Moq.(藜科),*紫萝卜,红菜头*
紫菜属 Porphyra C.Ag.(马鞭草科)
紫参(滇南本草)=长冠鼠尾草
紫参(江苏,江西)=华鼠尾草
紫参(昆明,曲靖)=云南鼠尾草
紫参(浙江)=丹参
紫参 Rubia yunnanensis Diels(茜草科),*大理茜草,代褐茜草,滇茜草,滇紫参,小红参,小茜草*
紫草(本经)=新疆紫草
紫草(湖北宣恩)=细齿异野芝麻(新)
紫草(山东)=赶山鞭
紫草 Lithospermum erythrorhizon S. & Z.(紫草科),*巴力木格,伯日-漠格,茈草,茈莫,大紫草,地血,红石根,红条紫草,藐,山紫草,鸦衔草,硬紫草,紫丹,紫芙,紫根*
紫草科 Boraginaceae
紫草乌(植物志 27)=紫乌头
紫草叶卷耳 Cerastium lithospermifolium Fisch. (石竹科)
紫草属 Lithospermum L.(紫草科)
紫柴胡(宜昌)=竹叶柴胡
紫翅藤(广东)=盒果藤
紫翅油松(东北木本志)=油松
紫翅猪毛菜 Salsola affinis C.A.Mey.(藜科)
紫椿 Toona microcarpa (C.DC.) Harms(楝科),*小果香椿,红椿树*
紫唇石斛(云南植物名录)=单葶石斛
紫刺蕊草 Pogostemon purpurascens Dalz.(唇形科)
紫刺卫矛 Euonymus angustatus Sprague(卫矛科),*棱枝卫矛,小千金,硬筋藤,刺卫矛*
紫酢浆草 Oxalis vilacea (酢浆草科)
紫翠槐(高等图鉴)=紫穗槐
紫大戟(药用植物简编)=红大戟
紫大麦草 Hordeum violaceum Boiss. & Hutet. (禾本科),*紫野麦草*
紫带兜兰(新) Paphiopedilum ×grussianum S. H.Hu? (兰科)
紫丹(本经,高等图鉴)=紫草
紫丹 Tournefortia montana Lour.(紫草科),*长管滨紫*
紫丹参(大理)=戟叶鼠尾草
紫丹参(福州,湖南,江西婺源,江西彭泽)=南丹参
紫丹参(河北,江苏)=丹参
紫丹参(丽江)=甘西鼠尾草
紫丹参(丽江,中甸)=三叶鼠尾草
紫丹参(四川)=橙色鼠尾草
紫丹参(云南各地)=云南鼠尾草
紫丹属 Tournefortia L.(紫草科)
紫单花红丝线 Lycianthes lysimachioides var. purpuriflora C.Y.Wu & S.C.Huang(茄科)
紫弹树 Celtis biondii Pamp.(榆科),*黑弹朴,毛果朴,牛筋树,全缘叶紫弹树,沙楠子树,香丁,异叶紫弹*
紫党(四川)=灰毛党参
紫地宝兰(新拉汉英)=地宝兰
紫地榆(中药志)=地榆
紫地榆 Geranium strictipes R.Knuth(牻牛儿苗科),*隔山消,直柄老鹳草,赤地榆*
紫点杓兰 Cypripedium guttatum Sw(兰科),*斑花杓兰,小口袋花*
紫点兜兰 Paphiopedilum godefroyae (Godefr.) Pfitz. (兰科)
紫点红门兰 Orchis cruenta Muell(兰科)
紫点小檗 Berberis hypokerina Airy-Shaw (小檗科)
紫点蜘蛛抱蛋 Aspidistra punctata Lindl.(百合科)
紫靛(中草药汇编)=假杜鹃
紫丁白(河南)=紫丁香
紫丁香(内蒙古多伦)=毛水苏
紫丁香(树木分类学)=光萼巧玲花

紫丁香 Syringa oblata Lindl.(木犀科),*华北紫丁香,紫丁白,丁香,白花丁香,白丁香,紫萼丁香,毛紫丁香*
紫丁香属(植物学大辞典)=丁香属
紫顶龙芽(纲目拾遗)=马鞭草
紫杜鹃(广东气管炎资料)=岭南杜鹃
紫短柄草(新拉汉英)=二穗短柄草
紫断肠草(峨眉)=金顶紫堇
紫椴 Tilia amurensis Rupr.(椴树科)
紫萼 Hosta ventricosa (Salisb.) Stearn (百合科),*大鱼鳔花,耳叶七,棱子草,石玉簪,紫萼玉簪,紫玉簪*
紫萼变种(植物志 65-2,Flora 17)=紫萼秦岭香科科(新)
紫萼唇柱苣苔 Chirita atropurpurea W.T.Wang (苦苣苔科)
紫萼丁香(树木分类学)=紫丁香
紫萼杜鹃 Barleria purpureosepala H.P.Tsui(爵床科)
紫萼凤仙花 Impatiens platychlaena HK.f.(凤仙花科)
紫萼蝴蝶草 Torenia violacea (Azaola) Pennell (玄参科)
紫萼黄芪 Astragalus porphyrocalyx Y.C.Ho(豆科)
紫萼老鹳草 Geranium refractoides Pax & Hoffm. (牻牛儿苗科),*反瓣老鹳草*
紫萼路边青 Geum rivale L.(蔷薇科)
紫萼莓(广西植物名录)=毛萼莓
紫萼秦岭香科科(新)Teucrium tsinlingense var. porphyreum C.Y.Wu & S.Chow (唇形科),*紫萼变种*
紫萼山梅花 Philadelphus purpurascens (Koehne) Rehd. (虎耳草科)
紫萼石头花 Gypsophila patrinii Ser.(石竹科),*巴氏霞草,沙地丝石竹*
紫萼铁线莲(Flora 6)=变异黄花铁线莲
紫萼香茶菜 Isodon forrestii (Diels) Kudô(唇形科),*居中变种*
紫萼悬钩子(秦岭志)=毛萼莓
紫萼悬钩子(台木本志)=栲叶悬钩子
紫萼玉簪(湖北中草药志)=紫萼
紫萼獐牙菜 Swertia forrestii H.Sm.(龙胆科)
紫耳(广东)=石菖蒲
紫耳箭(竹子研究汇刊)=毛龙头竹
紫风车子(植物志 53-1)=石风车子
紫凤光萼荷 Aechmea tillandsioides (Mart. ex Schlt.) Bak.(凤梨科)
紫佛子茅 Calamagrostis purpurea (Trin.) Trin. (禾本科)
紫芙(本经)=紫草
紫杆蒿(甘肃)=牛尾蒿
紫杆芹(辽宁)=拐芹
紫竿玉山竹(竹子研究汇刊)=紫花玉山竹
紫竿竹 Bambusa textilis cv. Purpurascens (禾本科)
紫秆凤丫蕨 Coniogramme rubicaulis Ching ex Shing (裸子蕨科)
紫秆蹄盖蕨(蕨类形态)=轴果蹄盖蕨
紫葛葡萄 Vitis coignetiae Pulliat.(葡萄科)
紫根(东北)=紫草
紫根(福建永泰)=南丹参
紫根根(内蒙)=紫筒草
紫梗藤(云南药用名录)=须弥葛
紫桂(药性论)=肉桂
紫果茶 Camellia purpurea Chang & Chen(山茶科)
紫果冬青 Ilex tsoii Merr. & Chun(冬青科)
紫果槐 Sophora affinis Torrey & Gray (豆科)
紫果冷杉 Abies brecurvata Mast.(松科),*岷江冷杉*
紫果蔺 Heleocharis atropurpurea (Retz.) Presl (莎草科)
紫果猕猴桃 Actinidia arguta var. purpurea (Rehd.) C.F.Liang(猕猴桃科),*小羊桃,羊奶子,牛奶奶*
紫果挪威云杉 Picea abies var. erythrocarpa (Purkyne) Rehd.(松科)
紫果蒲公英 Taraxacum sumneviczii Schischk. (菊科)
紫果槭 Acer cordatum Pax(槭树科),*紫槭*
紫果榕(云南植物名录)=肉托榕
紫果杉(中国裸子志)=紫果云杉
紫果水栒子(新)Cotoneaster multiflorus var. atropurpureus Yü(蔷薇科),*水栒子紫果变种*
紫果西番莲(经济植物手册)=鸡蛋果
紫果小檗 Berberis bretschneideri Rehd.(小檗科),*伯乐小檗*
紫果云杉 Picea purpurea Mast.(松科),*紫果杉*
紫蒿(四川)=南艾蒿
紫禾草(广东)=野生紫苏
紫河车(图经本草)=华重楼
紫黑早熟禾 Poa nigropurpurea C.Ling(禾本科)
紫红报春(高等图鉴)=暗红紫晶报春
紫红鞭(高等图鉴)=华紫珠
紫红鞭(贵州)=锥花莸
紫红茶藨子 Ribes speciosum Pursh.(虎耳草科)
紫红川滇柴胡 Bupleurum candollei var. atropurpureum C.Y.Wu(伞形科)
紫红仿杜鹃 Menziesia purpurea Maxim.(杜鹃花科)
紫红凤仙花 Impatiens phoenicea Bedd.(凤仙花科)
紫红花滇百合 Lilium bakerianum var. rubrum Stearn(百合科)
紫红花龙胆 Gentiana spathulifolia var. ciliata Kusnez. (龙胆科)
紫红花羊耳蒜(新) Liparis makinosana Schltr.? (兰科)
紫红黄鹌菜(新)Youngia mairei (Lévl.) Babcock & Stebbins?(菊科)
紫红黄蜀葵(新)Hibiscus forrestii Deils 紫红黄蜀葵(新)?(锦葵科)
紫红假龙胆 Gentianella arenaria (Maxim.) T.N. Ho (龙胆科)
紫红堇菜 Viola elegantula Schott (堇菜科)
紫红脉花鹿藿(新)Rhynchosia craibiana Rehd. (豆科),*紫脉花鹿藿*
紫红门兰 Orchis purpurea Huds.(兰科)
紫红鞘薹草 Carex purpureovagina Wang & Y.L. Chang (莎草科)
紫红伞(湖南)=波缘楤木
紫红砂仁 Amomum purpureorubrum S.Q.Tong (姜科)
紫红松毛翠 Phyllodoce breweri (A.Gray) A. Heller (杜鹃花科)
紫红微花兰 Stelis purpurascens A.Rich.(兰科)
紫红无心菜 Arenaria rockii Diels(石竹科),*洛克氏蚤缀*
紫红悬钩子 Rubus subinopertus Yü & Lu (蔷薇科)
紫红异叶苣苔 Whytockia purpurascens Y.Z. Wang (苦苣苔科)
紫红獐牙菜 Swertia punicea Hemsl.(龙胆科),*水黄莲,土黄莲,苦胆草,草龙胆,青叶胆,山飘儿草*
紫红柱瓣兰 Epidendrum phoeniceum Lindl.(兰科)
紫红棕 Phoenicophorium borsigianum (K.Koch.) Wendl.(棕榈科)
紫红棕属 Phoenicophorium H.Wendl.(棕榈科)
紫喉百合 Lilium primulinum var. burmanicum (W.W.Sm.) Stearn(百合科),*窄叶百合*
紫蝴蝶(陕西)=鸢尾
紫花八宝 Hylotelephium mingjinianum (S.H.Fu) H.Ohba (景天科),*打不死,活血丹,猫舌草,名金景天,石蝴蝶,小叶脚疔草,紫花景天*
紫花白前(东北检索表)=紫花杯冠藤
紫花百合 Lilium souliei (Franch.) Sealy(百合科)
紫花棒果芥(植物志 33)=紫爪花芥
紫花苞舌兰 Spathoglottis plicata Bl.(兰科)
紫花报春(拉汉名称)=紫晶报春
紫花杯冠藤 Cynanchum purpureum (Pall.) K. Schum. (萝藦科),*紫花白前*
紫花比佛瑞纳兰 Bifrenaria atropurpurea (Lodd.) Lindl. (兰科)
紫花碧江乌头(植物志 27)=碧江乌头
紫花扁桃 Amygdalus communis var. fragilis f. purpurea (Schneid.) Rehd. (蔷薇科)
紫花变种(植物志 66,Flora 17)=紫花圆苞鼠尾草(新)
紫花糙苏(新)Phlomis melanantha var. melanantha f. pallidior C.Y.Wu(唇形科),*浅色变型*
紫花草(江苏)=石荠苎
紫花茶藨子 Ribes luridum HK.f. & Thoms.(虎耳草科)
紫花粗糙黄堇 Corydalis scaberula var. purpurescens C.Y.Wu(罂粟科)
紫花粗筒苣苔 Briggsia elegantissima (Lévl. & Vant.) Craib(苦苣苔科)
紫花酢浆草(台湾志)=红花酢浆草
紫花大叶柴胡 Bupleurum longiradiatum var. porphyranthum Shan & Y.Li(伞形科)
紫花大翼豆 Macroptilium atropurpureum (DC.) Urban (豆科)
紫花丹 Plumbago indica L.(白花丹科),*小散血,谢三娘,银丝矮陀陀,紫花藤,紫雪花*
紫花丹参(丽江)=雪山鼠尾草
紫花当药(中草药汇编)=瘤毛獐牙菜
紫花党参 Codonopsis purpurea Wall.(桔梗科),*岩人参*
紫花地丁(本草纲目)=米口袋
紫花地丁(草药汇编)=鳞叶龙胆
紫花地丁(滇南本草)=直萼黄芩
紫花地丁(东北师大通报,台湾志)=东北堇菜
紫花地丁(多种本草)=地丁草
紫花地丁(山东,河南)= 甜地丁
紫花地丁(新疆中草药)=硬毛堇菜
紫花地丁(云南)=刺苞斑鸠菊
紫花地丁(云南)=苦远志
紫花地丁(植物志 43-3)=小花远志
紫花地丁 Viola philippica Cav.(堇菜科),*拨疗草,地草果,地丁,地丁草,光瓣堇菜,光瓣堇菜,铧头菜,剪刀菜,箭头草,金盘银盏,黎头草,辽堇菜,羊角子,野堇菜,紫色地丁*
紫花点地梅 Androsace selago Klatt(报春花科)
紫花丁(湖南)=桔梗
紫花毒马草 Sideritis balansae Boiss.(唇形科)
紫花杜鹃(广东)=岭南杜鹃

紫花杜鹃 Rhododendron amesiae Rehd. & Wils.(杜鹃花科)
紫花短筒苣苔 Boeica guileana Burtt(苦苣苔科)
紫花顿(山东)=唐松草
紫花飞蛾藤(植物志 64-1)=毛果飞蛾藤
紫花凤仙花(台湾志)=单花凤仙花
紫花凤仙花 Impatiens purpurea Hand.-Mazz.(凤仙花科)
紫花高茎堇菜(拉汉名称)=紫花堇菜
紫花高乌头 Aconitum septentrionale Koelle(毛茛科)
紫花革叶远志 Polygala chamaebuxus var. grandiflora Gaud.(远志科)
紫花根(云南中草药选)=草血竭
紫花拐轴鸦葱 Scorzonera divaricata var. sublilacina Maxim.(菊科)
紫花含笑 Michelia crassipes Law(木兰科)
紫花合头菊 Syncalathium porphyreum (Marqd. & Shaw) Ling?(菊科)
紫花合掌消(东北药用图鉴)=合掌消
紫花合掌消 Cynanchum amplexicaule var. castaneum Makino(萝藦科),*合掌消,合掌草,合裳硝,硬皮草,甜胆草,土胆草*
紫花鹤顶兰 Phaius mishmensis (Lindl. & Paxt.) Rchb.f.(兰科),*细茎鹤顶兰*
紫花红豆 Ormosia purpureiflora L.Chen(豆科)
紫花厚喙菊 Dubyaea atropurpurea (Franch.) Stebbins (菊科)
紫花虎耳草 Saxifraga bergenioides Marquand(虎耳草科)
紫花槐(河北图志)=堇花槐
紫花槐 Sophora purpusii T.S.Brand.(豆科)
紫花黄华(植物志 42-2)=紫花野决明
紫花黄金凤 Impatiens siculifer var. porphyrea HK.f. (凤仙花科),*大叶水指甲*
紫花黄精(新疆药志)=新疆黄精
紫花黄芪 Astragalus purdomii Simps.(豆科)
紫花黄檀(豆科图说)=秧青
紫花芨芨草(禾本科图说)=狭穗针茅
紫花棘豆 Oxytropis subfalcata Hance(豆科),*米口袋,小黄芪,鸡窝子草,八头把子,兰麻团*
紫花疆罂粟 Roemeria hydrida (L.) DC.(罂粟科),*紫勒米花*
紫花金龟草(陕西中药名录)=紫花小升麻
紫花金盏苣苔 Isometrum lancifolium (Franch.) K.Y.Pan (苦苣苔科)
紫花堇菜 Viola grypoceras A.Gray(堇菜科),*白蒂瓜,地黄瓜,铧嘴草,黄瓜香,曲角堇,紫花高茎堇菜,*
紫花景天(湖北志)=紫花八宝
紫花韭(植物志 14)=碱韭
紫花韭 Allium subangulatum Rgl.(百合科)
紫花苣苔 Loxostigma griffithii (Wight) Clarke(苦苣苔科),*石参,石豇豆,岩参*
紫花苣苔属 Loxostigma Clarke (苦苣苔科)
紫花卷瓣兰(海南志)=黄花卷瓣兰
紫花苦胆草(云南玉溪)=云南獐牙菜
紫花蓝兰 Herschelia purpurascens (Bolus) Krzl.(兰科)
紫花蕾丽兰 Laelia purpurata Lindl. & Paxt.(兰科)
紫花列当(中药大辞典)=列当
紫花柳穿鱼 Linaria bungei Kupr.(玄参科)
紫花龙胆 Gentiana syringea T.N.Ho(龙胆科)
紫花耧斗菜 Aquilegia viridiflora var. atropurpurea (Willd.) Finet & Gagn. (毛茛科)
紫花鹿药 Maianthemum purpureum (Wall.) LaFrank. (百合科),*紫鹿药*
紫花绿绒蒿 Meconopsis violacea Kingdo-Ward(罂粟科)
紫花螺序草 Spiradiclis purpureocaerulea Lo(茜草科)
紫花裸茎绒果芹 Eriocycla nuda var. purpurescens Shan & Yuan(伞形科)
紫花络石 Trachelospermum axillare HK.f.(夹竹桃科),*车藤,掰掰果,羊角果,藤杜仲,牛藤*
紫花马铃苣苔 Oreocharis argyreia Chun ex K.Y. Pan (苦苣苔科)
紫花脉叶兰(台湾志)=紫花芋兰
紫花曼头罗(植物志 67-1)=曼陀罗
紫花美冠兰 Eulophia spectabilis (Dennst.) Suresh (兰科)
紫花南芥(植物志 33)=欧亚香花芥
紫花南荠黎可斯帕(新拉汉英)=反折黎可斯帕
紫花牛姆瓜(秦岭志)=五月瓜藤
紫花欧丁香 Syringa vulgaris f. purpurea (Seston) Hort. ex Schelle(木犀科),*紫洋丁香*
紫花盘果菊 Prenanthes purpurea L.(菊科)
紫花蒲公英 Taraxacum lilacinum Krassn. ex Schischk. (菊科)
紫花桤叶树 Clethra purpurea Fang & L.C.Hu(桤叶树科)
紫花槭 Acer pseudosieboldianum (Pax) Kom.(槭树科),*假色槭,丹枫*
紫花荠(西藏中草药)=涩荠
紫花牵牛(广州志)=圆叶牵牛
紫花前胡 Angelica decursiva (Miq.) Franch. & Sav. (伞形科),*独活,老虎爪,前胡,麝香菜,土当归,鸭脚当归,鸭脚前胡,野当归*
紫花茄(广州志)=刺天茄
紫花芹(辽宁)=朝鲜当归
紫花青叶胆(植物志 62)=獐牙菜
紫花清风藤 Sabia purpurea HK.f. & Thoms (清风藤科)
紫花楸(云南木材)=灰楸
紫花雀儿豆 Chesneya purpurea P.C.Li(豆科)
紫花忍冬 Lonicera maximowiczii (Rupr.) Rgl.(忍冬科)
紫花绒毛槐 Sophora tomentosa var. occidentalis (L.) Brummit (豆科)
紫花瑞香 Daphne purpurascens S.C.Huang(瑞香科)
紫花山芥(云南)=堇色碎米荠
紫花山金梅(秦岭志)=大瓣紫花山莓草
紫花山莓草 Sibbaldia purpurea Royle(蔷薇科)
紫花山柰 Kaempferia elegans (Wall.) Bak.(姜科)
紫花山莴苣(植物志 80-1)=乳苣
紫花苕子(江苏)=窄叶野豌豆
紫花石豆兰(台兰科图鉴)=乌来卷瓣兰
紫花树(江苏)=楝
紫花树(江西,湖南,陕西)=紫荆
紫花溲疏 Deutzia purpurascens (Franch. ex L. Henry) Rehd.(虎耳草科)
紫花碎米荠(植物志 33)=唐古碎米荠
紫花碎米荠 Cardamine purpurascens (O.E. Schulz) Al-Shehbz et al.(十字花科),*紫花弯蕊芥*
紫花糖芥 Erysimum funiculosum HK.f. & Thoms. (十字花科)
紫花藤(广东)=紫花丹
紫花铁线莲 Clematis fusca var. vilacea Maxim.(毛茛科)
紫花橐吾 Ligularia dux (C.B.Clarke) Ling(菊科)
紫花娃儿藤 Tylophora henryi Warb.(萝藦科)
紫花弯蕊芥(植物志 33)=紫花碎米荠
紫花卫矛 Euonymus porphyreus Loes.(卫矛科),*大芽卫矛*
紫花无距凤仙花 Impatiens margaritifera var. purpurascens Y.L.Chen(凤仙花科)
紫花五蕊梅(高等图鉴)=大瓣紫花山莓草
紫花西奥兰 Cynorkis purpurascens Thou.(兰科)
紫花香薷 Elsholtzia argyi Lévl.(唇形科),*臭草,假紫苏,金鸡草,荆芥草,土荆芥,牙刷花,野薄荷*
紫花香月季(树木分类学)=粉红香水月季
紫花小升麻(植物志 27)=小升麻
紫花新耳草 Neanotis calycina (Wall. ex HK.f.) Lewis(茜草科)
紫花绣线菊 Spiraea purpurea Hand.-Mazz.(蔷薇科)
紫花雪山报春 Primula chionantha I.B.Balf. & Forr.(报春花科),*华紫报春,中华紫报春,三月花*
紫花鸦葱 Scorzonera purpurea L.(菊科)
紫花鸭跖柴胡 Bupleurum commelynoideum de Boiss. (伞形科),*小柴胡,宽苞柴胡*
紫花崖豆藤 Millettia kiangsinensis f. purpurea Z.H.Cheng (豆科)
紫花亚菊 Ajania purpurea Shih(菊科)
紫花岩黄芪 Hedysarum austrosibiricum B. Fedtsch. (豆科),*岩黄芪*
紫花羊耳蒜 Liparis nigra Seidenf.(兰科)
紫花羊蹄甲(豆科图说)=羊蹄甲
紫花野百合(台湾志)=大托叶猪屎豆
紫花野百合 Crotalaria sessiliflora L.(豆科),*倒挂山芝麻,兰花野百合,农吉利,山油麻,羊屎蛋,野百合,野花生,野芝麻,芝麻响铃铃,猪铃草*
紫花野菊 Dendranthema zawadckii (Herb.) Tzvel. (菊科),*山菊*
紫花野决明 Thermopsis barbata Benth.(豆科),*紫花黄华*
紫花野木瓜 Stauntonia purpurea Y.C.Liu & F.Y. Lu (木通科)
紫花野芝麻 Lamium maculatum L.(唇形科),*甘肃变种*
紫花一柱香(云南龙陵)=黑刺蕊草
紫花银光委陵菜 Potentilla argyrophylla var. atrosanguinea HK.f.(蔷薇科)
紫花硬毛南芥(植物志 33)=硬毛南芥
紫花油点草 Tricyrtis stolonifera Matsumura(百合科),*山油点草*
紫花鱼灯草(浙江)=刻叶紫堇
紫花玉山竹 Yushania violascens (Keng) Yi (禾本科),*紫竿玉山竹*
紫花芋兰 Nervilia plicata var. purpurea (Hay.) S. S.Ying (兰科),*紫背一点广,紫花脉叶兰*
紫花鸢尾(东北检索表)=玉蝉花
紫花圆苞鼠尾草(新)Salvia cyclostegia var. purpurascens C.Y.Wu(唇形科),*紫花变种*
紫花越南槐 Sophora tonkinensis var. purpurescens C.Y.Ma(豆科)
紫花蚤缀 Arenaria purpurascens Ramond.(石竹科)
紫花针茅 Stipa purpurea Griseb.(禾本科)
紫花重瓣玫瑰(新)Rosa rugosa f. plena (Rgl.) Byhouwer(蔷薇科)
紫花重瓣木槿 Hibiscus syriacus f. voilaceus Gagn. (锦葵科)

紫花猪屎豆 Crotalaria occulta Grah. ex Benth. (豆科)
紫花紫堇 Corydalis porphyrantha C.Y.Wu(罂粟科)
紫花醉鱼草 Buddleja fallowiana Balf.f. & W.W. Sm. (马钱科),*白叶花,拨白哥,蓝花密蒙花*
紫槐(江苏志)=紫穗槐
紫黄(台湾志)=蓝子木
紫喙薹草 Carex serreana Hand.-Mazz.(莎草科)
紫藿香(中草药汇编)=岩柿
紫脊百合 Lilium leucanthum var. centifolium (Stapf) Stearn(百合科)
紫豇豆(云南景洪)=翅叶木
紫角堇菜 Viola cornuta cv. Atropurpurea (堇菜科)
紫金杯(云南中草药)=岷江蓝雪花
紫金标(江西)=南五味子
紫金标(云南)=小蓝雪花
紫金花(广西)=紫薇
紫金莲(高等图鉴)=岷江蓝雪花
紫金莲(贵州草药)=蓝雪花
紫金莲(贵州中草药名录)=广州蛇根草
紫金龙(南京药草)=虎杖
紫金龙 Dactylicapnos scandens (D.Don) Hutch. (罂粟科),*川三七,串枝莲,大麻药,黑牛膝,藤铃儿草,豌豆跌打,豌豆七*
紫金龙属 Dactylicapnos Wall.(罂粟科),*藤铃儿草属,紫堇属,铃儿草属*
紫金楠(树木分类学)=紫楠
紫金牛 Ardisia japonica (Thunb.) Bl.(紫金牛科),*矮茶,矮茶风,矮茶荷,矮茶子,矮地茶,矮脚草,矮脚茶,矮脚樟,矮脚樟茶,矮郎伞,矮爪,不出林,地茶,地青杠,短脚三郎,老不大,老勿大,凉伞盖珍珠,平地木,铺地凉伞,千年不大,小青,雪里珠,叶下红,叶下珍珠*
紫金牛科 Myrsinaceae
紫金牛叶冬青 Ilex metabaptista var. myrsinoides (Lévl.) Rehd.(冬青科),*拟铁子冬青*
紫金牛属 Ardisia Swartz(紫金牛科)
紫金皮(云南中草药选)=昆明雷公藤
紫金雀花 Cytisus purpureus Scop.(豆科)
紫金砂(中草药选编-内科)=五匹青
紫金藤(广东)=南五味子
紫金藤(江苏药材志)=紫藤
紫金藤(云南中草药选)=昆明雷公藤
紫金藤子(江苏志)=紫藤
紫金条(四川长宁)=粗壮女贞
紫金血藤(重庆草药)=翼梗五味子
紫堇(北京志,内蒙志,药典 2000)=地丁草
紫堇 Corydalis edulis Maxim.(罂粟科),*楚葵,断肠草,麦黄草,闷头花,山黄连,蜀堇,水黄连,水卜菜,蝎子花,野花生*
紫堇臭草(新) Melica persica var. scabra Papp (禾本科)
紫堇花石斛 Dendrobium atrovilaceum Rolfe (兰科)
紫堇叶唐松草 Thalictrum isopyroides C.A.Mey. (毛茛科)
紫堇叶岩荠(植物志 33)=紫堇叶阴山荠
紫堇叶阴山荠 Yinshania fumarioides (Dunn) Y. Z.Zhao (十字花科),*浙江岩荠,紫堇叶岩荠*
紫堇属(科属辞典)=**紫金龙属**
紫堇属 Corydalis DC.(罂粟科)
紫锦木 Euphorbia cotinifolia L.(大戟科)
紫茎 Stewartia sinensis Rehd. & Wils.(山茶科),*马骝光,帽兰*
紫茎八仙花 Hydrangea macrophylla var. mandshurica Wils.(虎耳草科)
紫茎变种(植物志 65-2,Flora 17)=紫茎京黄芩(新)
紫茎垂头菊 Cremanthodium smithianum (Hand.-Mazz.) Hand.-Mazz.(菊科)
紫茎飞蓬 Erigeron purpurascens Ling & Y.L. Chen (菊科)
紫茎黄肉芋 Xanthosoma violaceum Schott.(天南星科)
紫茎京黄芩(新) Scutellaria pekinensis var. purpureicaulis (Migo) C.Y.Wu & H.W.Li (唇形科),*紫茎变种*
紫茎九头草(中草药汇编)=细蝇子草
紫茎兰 Risleya atropurpurea King & Pantl.(兰科)
紫茎兰属 Risleya King & Pantl.(兰科)
紫茎棱子芹(中草药汇编)=西藏棱子芹
紫茎美国扁柏 Chamaecyparis lawsoniana cv. Stewartii (柏科)
紫茎前胡 Peucedanum violaceum Shan & Sheh (伞形科)
紫茎芹(高等图鉴)=白苞芹
紫茎瑞香(中药大辞典)=毛瑞香
紫茎酸模 Rumex angulatus Rech.f.(蓼科)
紫茎小芹 Sinocarum coloratum (Diels) Wolff (伞形科)
紫茎属 Stewartia L.(山茶科)
紫茎锥果葶苈(植物志 33)=苞序葶苈
紫荆(本草拾遗)=华紫珠
紫荆(广州)=羊蹄甲
紫荆 Cercis chinensis Bge.(豆科),*白林皮,裸枝树,满条红,内消,溥明花,肉红,紫花树,紫荆木,紫珠*
紫荆木(开宝本草)=紫荆
紫荆木 Madhuca pasquieri (Dubard) Lam.(山榄科),*出奶木,滇木花生,滇紫荆木,海胡卡,马胡卡,木花生,铁色*
紫荆木属 Madhuca J.F.Gmel.(山榄科),*木花生属*
紫荆皮(生草药手册)=余甘子
紫荆皮(浙江)=南五味子
紫荆朴(湖北志)=朴树
紫荆树(广药手册)=洋紫荆
紫荆丫(四川中药志)=莲花梗
紫荆属 Cercis L.(豆科)
紫晶报春 Primula amethystina Franch.(报春花科),*紫花报春*
紫景天(东北检索表)=紫八宝
紫菊(本草拾遗)=裂叶马兰
紫菊 Notoseris psilolepis Shih(菊科)
紫菊属 Notoseris Shih(菊科)
紫距淫羊藿 Epimedium epsteinii Stearn(小檗科)
紫鹃报春(拉汉名称)=美花报春
紫苦菜(滇南本草)=苦苣菜
紫矿 Butea monosperma (Lam.) Kuntze(豆科),*紫柳,迈掀,麻路子*
紫矿属 Butea K.Koen. ex Roxb.(豆科)
紫葵(福建)=落葵
紫兰花(广西)=紫薇
紫蓝草(安徽)=马蔺
紫蓝大岩桐 Sinningia speciosa Hiern.(苦苣苔科)
紫蓝杜鹃 Rhododendron russatum Balf.f. & Forr. (杜鹃花科)
紫蓝色白头翁 Pulsatilla violacea Rupr.(毛茛科)
紫勒米花(新疆检索表)=紫花疆罂粟
紫肋紫金牛 Ardisia purpureovillosa C.Y.Wu & C.Chen ex C.M.Hu(紫金牛科)
紫冷蒿 Artemisia frigida var. atropurpurea Pamp. (菊科)
紫列当 Orobanche purpurea Jacq.(列当科)
紫裂稃草(新拉汉英)=裂稃茅
紫鳞薹草(东北草本志)=圆穗薹草
紫鳞薹草 Carex purpureo-squamata L.K.Dai(莎草科)
紫柳(民族药志)=紫矿
紫柳(新拉汉英)=筐柳
紫柳 Salix wilsonii Seemen(杨柳科),*野杨柳,威氏柳,山杨柳*(拉汉名称和手册)
紫龙须(经济植物手册,广州)=醉蝶花
紫露草(拉汉名称和手册)=露水草
紫鹿药(中草药汇编)=紫花鹿药
紫绿草(湖南)=粗齿冷水花
紫绿根(云南)=钮子瓜
紫绿果(云南)=钮子瓜
紫绿红景天 Rhodiola purpureoviridis (Praeg.) S. H.Fu (景天科),*紫绿景天*
紫绿景天(拉汉名称)=紫绿红景天
紫绿欧石南 Erica viridipurpurea L.(杜鹃花科)
紫绿蛇根草 Ophiorrhiza iurida HK.f.(茜草科),*黄褐蛇根草*
紫绿西南紫金牛(中草药汇编)=伞形紫金牛
紫罗兰(云南)=滇中堇菜
紫罗兰 Matthiola incana (L.) R.Br.(十字花科)
紫罗兰报春 Primula purdomii Craib(报春花科),*朴氏报春*
紫罗兰属 Matthiola R.Br.(十字花科)
紫罗毯(纲目拾遗)=兰香草
紫萝苞(本经逢原)=回回苏
紫萝卜(北京)=紫菜头
紫萝兰(中草药汇编)=云南堇菜
紫萝兰香柱瓣兰 Epidendrum ionosmum Lindl. (兰科)
紫麻 Oreocnide frutescens (Thunb.) Miq.(荨麻科),*白水苎麻,大麻条,大毛叶,大叶麻,火木麻子,假山麻,山麻,水麻叶,天青地白,雪果,野麻,紫苎麻*
紫麻楼梯草 Elatostema oreocnidioides W.T. Wang (荨麻科)
紫麻属 Oreocnide Miq.(荨麻科)
紫马唐 Digitaria violascens Link(禾本科),*五指草*
紫脉滇芎 Physospermopsis rubrinervis (Franch.) Norm. (伞形科),*紫脉拟囊果芹*
紫脉鹅耳枥 Carpinus purpurinervis Hu(桦木科)
紫脉过路黄 Lysimachia rubinervis Chen & C.M. Hu (报春花科)
紫脉花鹿藿(新拉汉英)=紫红脉花鹿藿(新)
紫脉花鹿藿 Rhynchosia himalensis var. craibiana (Rehd.) Peter-Stibal(豆科)
紫脉蓼 Polygonum purpureonervosum A.J.Li(蓼科)
紫脉拟囊果芹(拉汉名称)=紫脉滇芎
紫脉茜草(四川雷波)=大叶茜草
紫脉蛇根草 Ophiorrhiza purpurascens Lo(茜草科)
紫脉小花苣苔 Chiritopsis glandulosa D.Fang, L. Zeng & D.H.Qin(苦苣苔科)
紫脉紫金牛(Flora 16)=紫肋紫金牛(新)
紫脉紫金牛 Ardisia velutina Pitard(紫金牛科)
紫芒 Miscanthus purpurascens Anderss.(禾本科)
紫芒披碱草 Elymus purpuraristatus C.P.Wang &

H.L.Yang(禾本科)
紫毛兜兰 Paphiopedilum villosum (Lindl.) Stein (兰科)
紫毛合耳菊 Synotis ionodasys (Hand.-Mazz.) C. Jeffr. & Y.L.Chen(菊科),*紫毛千里光*
紫毛龙胆 Gentiana villifera H.W.Li ex T.N.Ho (龙胆科)
紫毛蒲儿根 Sinosenecio villiferus (Franch.) B. Nord. (菊科),*紫毛千里光*
紫毛千里光(高等图鉴)=紫毛蒲儿根
紫毛千里光(云南植物名录)=紫毛合耳菊
紫毛蕊花 Verbascum phoeniceum L.(玄参科)
紫毛双药芒 Diandranthus taylorii (Bor) L.Liu (禾本科)
紫毛香茶菜 Isodon enanderianus (Hand.-Mazz.) H.W.Li (唇形科)
紫毛野牡丹 Melastoma penicillatum Naud.(野牡丹科)
紫铆树(云南药用名录)=须弥葛
紫莓草(江苏)=蛇莓
紫美冠兰 Eulophia purpurata (Lindl.) N.E.Br.(兰科)
紫棉 Gossypium purpurascens Poir.(锦葵科)
紫皿柱兰(台湾兰科植物)=宝岛盂兰
紫皿柱兰(台湾志)=全唇盂兰
紫茉莉 Mirabilis jalapa L.(紫茉莉科),*胭脂花,粉豆花,夜饭花,状元花,丁香叶,苦丁香,野丁香,土山柰,粉团花,野茉莉,末时花,夜娇娇,洗澡花,入地老鼠,花粉头,水粉头,粉子头,胭脂花头*
紫茉莉科 Nyctaginaceae
紫茉莉属 Mirabilis L.(紫茉莉科)
紫牡丹 Paeonia delavayi Franch.(芍药科),*赤丹皮,云白芍,野牡丹,黄牡丹,狭叶牡丹,保氏牡丹,滇牡丹*
紫木树(陕西佛平)=青扦
紫木通(中草药汇编)=菝葜叶铁线莲
紫苜蓿 Medicago sativa L.(豆科),*苜蓿,荍蓿,蓿草,土黄芪*
紫楠 Phoebe sheareri (Hemsl.) Gamble(樟科),*黄心楠,楠木,枇杷木,小叶嫩蒲紫,黄心楠,紫金楠,金心楠,金丝楠,紫楠根*
紫楠根(江西草药)=紫楠
紫欧夏至草 Marrubium purpureum Bge.(唇形科)
紫欧亚槭 Acer pseudoplatanus var. purpureum Loud. (槭树科)
紫盆花 Scabiosa atropurpurea L.(川续断科),*松虫草*
紫漂(江西药用名录)=满江红
紫萍 Spirodela polyrrhiza (L.) Schleid.(浮萍科),*汆头蓝草,浮瓜叶,浮飘草,浮萍,萍,水萍,水萍草,田萍,紫背浮萍*
紫萍属 Spirodela Schleid.(浮萍科)
紫葡萄(纲目)=葡萄
紫葡萄(江苏洞庭山)=秋葡萄
紫蒲头灰竹 Phyllostachys nuda cv. Localis (禾本科)
紫槭(树木分类学)=紫果槭
紫萁 Osmunda japonica Thunb.(紫萁科),*大贯贯,高脚贯众,贯众,黑龙骨,紫萁贯众*
紫萁贯众(中药志)=紫萁
紫萁科 Osmundaceae
紫萁属 Osmunda L.(紫萁科)
紫鞘薹草 Carex purplevaginalis Q.S.Wang?(莎草科)
紫鞘西风芹 Seseli purpureo-vaginatum Shan & Sheh(伞形科)
紫茄(植物志 67-1)=茄
紫茄子(浙江)=地菍
紫青藤根(天目药志)=牯岭勾儿茶
紫秋海棠 Begonia purpurea Swartz.(秋海棠科)
紫楸(云南的造木树)=灰楸
紫球毛小报春 Primula barbatula W.W.Sm.(报春花科)
紫雀花 Parochetus communis Buch.-Ham. ex D. Don (豆科),*金雀花,一颗血,生血草,散白草,三瓣草,蓝雀花*
紫雀花属 Parochetus Buch.-Ham. ex D.Don (豆科),*金雀花属*
紫人参(福建)=土人参
紫蓉三七(湖南药物志)=菊三七
紫蕊白头翁 Pulsatilla kostyczewii (Korsh.) Juz. (毛茛科)
紫蕊无心菜 Arenaria ionandra Diels(石竹科),*紫蕊蚤缀*
紫蕊蚤缀(拉汉名称)=紫蕊无心菜
紫三角(云南种子植物名)=光叶子花
紫三七(南京药草)=菊三七
紫伞芹 Melanosciadium pimpinelloideum de Boiss. (伞形科),*山羌活*
紫伞芹属 Melanosciadium de Boiss.(伞形科)
紫桑(云南文山)=马桑
紫色白前 Cynanchum japonicum var. purpurascens Maxim.?(萝藦科)
紫色地丁(纲目)=紫花地丁
紫色藁本 Ligusticum francheti de Boiss.(伞形科)
紫色哈克 Hakea purpurea HK.(山龙眼科)
紫色棘豆 Oxytropis halleri Bge.(豆科)
紫色棱子芹 Pleurospermum atropurpureum K.T. Fu & Y.C.Ho(伞形科)
紫色鳞毛蕨 Dryopteris purpurascens (Bl.) Christ (鳞毛蕨科)
紫色普氏马先蒿(新)Pedicularis przewalskii subsp. microphyton var. purpurea (Bonati) Tsoong (玄参科),*普氏马先蒿矮小亚种紫色变种*
紫色万叶马先蒿 Pedicularis myriophylla var. purpurea Bge.(玄参科),*万叶马先蒿紫色变种*
紫色悬钩子 Rubus irritans Focke(蔷薇科)
紫色朱砂杜鹃 Rhododendron cinnabarinum var. purpurellum Cowan(杜鹃花科)
紫沙参(高等图鉴)=细叶沙参
紫刹 Triarrhena lutarioriparia var. shachai f.zisha L.Liu (禾本科)
紫杉(树木分类学)=东北红豆杉
紫梢(草药汇编)=紫薇
紫少花龙葵 Solanum photeinocarpum var. violaceum (Chen) C.Y.Wu & S.C.Huang(茄科)
紫舌美冠兰 Eulophia porphyroglossa Rchb.f. (兰科)
紫石根(草木便方)=紫竹
紫石蒲(乾隆御制集)=紫苞鸢尾
紫树(陕西佛平)=大果青扦
紫树(树木分类学)=蓝果树
紫水晶山蚂蝗 Desmodium amethystinum Dunn? (豆科) ,*光果山马蝗*
紫松果菊 Echinacea purpurea Moench.(菊科)
紫松果菊属 Echinacea Moench.(菊科)
紫苏(河北,江苏,广东,广西)=紫苏
紫苏(河北龙关)=麻叶风轮菜
紫苏(江苏)=野生紫苏
紫苏 Perilla frutescens (L.) Britt.(唇形科),*白苏,白紫苏,薄荷,赤苏红苏,臭苏,大紫苏,桂荏,黑苏,红沟苏,红苏,鸡苏,聋耳麻,青苏,荏,荏子,水升麻,苏,苏麻,香苏,香荽,兴帕夏噶,野藿麻,野苏,野苏麻,野紫苏子,银子,孜珠,紫苏苑*
紫苏草(四川康定)=藿香
紫苏草 Limnophila aromatica (Lam.) Merr.(玄参科),*麻省草,三叉草,双漫草,水薄荷,水芙蓉,水管筒,冤仇骨倒水莲*
紫苏苑(药材名-头)=紫苏
紫苏叶黄芩 Scutellaria violacea var. sikkimensis HK.f. (唇形科)
紫苏属 Perilla L.(唇形科)
紫穗稗 Echinochloa utilis Ohwi & Yabuno(禾本科)
紫穗报春 Primula violacea W.W.Sm. & Ward (报春花科),*堇叶报春*
紫穗鹅观草 Roegneria purpurascens Keng(禾本科)
紫穗槐 Amorpha fruticosa L.(豆科),*槐树,椒条,棉槐,棉条,穗花槐,紫翠槐,紫槐*
紫穗槐属 Amorpha L.(豆科)
紫穗毛轴莎草 Cyperus pilosus var. purpurascens L.K.Dai (莎草科)
紫穗茅香(岭南科学杂志)=竹节草
紫台蔗茅 Erianthus formosanus var. pollinioides (Rendle) Ohwi (禾本科)
紫檀(广西)=小叶红豆
紫檀(新拉汉英)=紫檀香
紫檀 Pterocarpus indicus Willd.(豆科),*赤檀,花榈木,黄柏木,榈木,蔷薇木,青龙木,胜沉香,羽叶檀,紫真檀*
紫檀香 Pterocarpus santalinus L.f.(豆科),*赤檀,紫旃木,紫檀*
紫檀属 Pterocarpus Jacq.(豆科)
紫藤(云南药用名录)=白花藤萝
紫藤(云南药用名录)=藤萝
紫藤 Wisteria sinensis (Sims) Sweet(豆科),*招豆藤,小黄藤,紫金藤,朱藤,豆藤,黄纤藤,紫藤子,紫金藤子*
紫藤香(卫济宝书)=降香
紫藤属 Wisteria Nutt.(豆科)
紫藤子(本草拾遗)=紫藤
紫藤子(新华本草纲要)=轮叶蒲桃
紫条六出花 Alstroemeria ligtu L.(石蒜科)
紫条木属 Aegialites R.Br.(白花丹科)
紫筒草 Stenosolenium saxatiles (Pall.) Turcz.(紫草科),*白毛草,伏地蜈蚣,紫根根,敏吉音-扫日,狭管紫草*
紫筒草属 Stenosolenium Turcz.(紫草科),*狭管紫草属*
紫菀(陕西)=齿叶橐吾
紫菀(四川)=鹿蹄橐吾
紫菀(新疆中草药)=阿尔泰狗娃花
紫菀(中药志)=大头橐吾
紫菀 Aster tataricus L.f.(菊科),*青牛舌头花,山白菜,驴夹板菜,驴耳朵菜,青菀,还魂草,返魂草根,夜牵牛,紫菀茸,呼荣-温都苏*
紫菀花苣苔属 Asteranthera Klotzsch & Hanst. (苦苣苔科)
紫菀木 Asterothamnus alyssoides (Turcz.) Novopokr. (菊科)
紫菀木属 Asterothamnus Novopokr.(菊科)
紫菀茸(本草述)=紫菀
紫菀属 Aster L.(菊科)

紫万年青 Tradescantia spathacea Swartz.(鸭跖草科),*蚌兰叶,红蚌兰花,蚌壳叶,蚌花,菱角花*
紫万年青属 Tradescantia L.(鸭跖草科)
紫葳(图考)=凌霄
紫葳科 Bignoniaceae
紫薇 Lagerstroemia indica L.(千屈菜科),*百日红,蚊子花,无皮树,西洋水杨梅,痒痒花,痒痒树,紫金花,紫兰花,怕痒花,猴刺脱,紫梢,宝幡花,五爪金龙*
紫薇春 Rhododendron naamkwanense var. cryptonerve Tam(杜鹃花科)
紫薇属 Lagerstroemia L.(千屈菜科)
紫纹唇柱苣苔 Chirita pseudoeburnea D.Fang & W.T.Wang (苦苣苔科)
紫纹兜兰 Paphiopedilum purpuratum (Lindl.) Stein (兰科)
紫纹凤梨(新拉汉英)=横缟彩叶凤梨
紫纹卷瓣兰 Bulbophyllum melanoglossum Hay.(兰科),*紫纹石豆兰*
紫纹毛颖草 Alloteropsis semialata var. eckloniana (Nees) Hubb.(禾本科)
紫纹山姜 Alpinia dolichocephala Hay.(姜科),*长穗月桃*
紫纹石豆兰(台兰科图鉴)=紫纹卷瓣兰
紫乌藤(植物志 25-1)=何首乌
紫乌头(植物志 27)=西南乌头
紫乌头 Aconitum episcopale var. vilosulipes W.T.Wang (毛茛科)
紫西番莲 Passiflora violacea Vell.(西番莲科)
紫霞楼斗(植物志 27)=华北楼斗菜
紫心报春(高等图鉴)=绿眼报春
紫心黄马蹄莲 Zantedeschia melanoleuca (HK.f.) Engl. (天南星科)
紫心黄芩 Scutellaria purpureocardia C.Y.Wu(唇形科)
紫心牵牛(海南志)=小心叶薯
紫新木姜子 Neolitsea purpurascens Yamg(樟科)
紫星大戟(植物志 44-3)=圆苞大戟
紫星菊(甘肃中草药)=星状雪兔子
紫杏 Armeniaca dasycarpa (Ehrh.) Borkh.(蔷薇科)
紫熊胆(广西药用名录)=泥花草
紫绣球(图考)=绣球
紫序箭竹 Fargesia vicina (Keng) Yi ?(禾本科)
紫雪草(安徽)=马蔺
紫雪花(广西药用名录)=蓝花丹
紫雪花(广州志)=紫花丹
紫血杜鹃 Rhododendron sanguineum var. haemaleum (Balf.f. & Forr.) Chamb. ex Cullen & Chamb.(杜鹃花科)
紫勳生石花 Lithops lesliei (N.E.Br.) N.E.Br.(番杏科)
紫鸭跖草(广西中草药)=露水草
紫亚兰(云南种子植物名)=光叶子花
紫燕(广西中草药)=狗肝菜草
紫燕(浙江草药,浙江)=蝴蝶花
紫燕草(云南中草药选续)=大理山梗菜
紫羊茅 Festuca rubra L.(禾本科),*红狐茅*
紫阳花(南京)=绣球荚蒾
紫阳花(天目药志)=草绣球
紫洋丁香(树木分类学)=紫花欧丁香
紫药(云南红河)=绣球防风
紫药参(四川叙水)=滇藏柳叶菜
紫药红荚蒾 Viburnum erubescens var. prattii (Graebn.) Rehd.(忍冬科)
紫药女贞 Ligustrum delavayanum Hariot(木犀科),*瓦山蜡树,川滇蜡树,蓝果木*
紫药忍冬(新)Lonicera perulata Rehd.?(忍冬科)
紫药西南卫矛 Euonymus hamiltonianus var. yedoensis (Koehne) Blakel.(卫矛科)
紫野麦 Elymus aristatus Merr.(禾本科)
紫野麦草(禾本科图说)=紫大麦草
紫叶(云南)=清香木
紫叶变种葡萄 Vitis vinifera var. purpurea Bean.(葡萄科)
紫叶垂头菊 Cremanthodium purpureifolium Kitam. (菊科)
紫叶单座苣苔 Metabriggsia purpureotincta W.T. Wang (苦苣苔科)
紫叶灰毛豆(台湾志)=台湾灰毛豆
紫叶鸡爪槭 Acer palmatum var. atropurpureum Vanhout (槭树科)
紫叶堇菜(云南植物名录)=柔毛堇菜
紫叶堇菜 Viola hediniana W.Beck.(堇菜科)
紫叶李 Prunus cerasifera f. atropurpurea (Jacq.) Rehd. (蔷薇科)
紫叶柳叶菜 Epilobium coloratum Muhl. ex Willd. (柳叶菜科)
紫叶美人蕉 Canna warscewiezii A.Dietr.(美人蕉科)
紫叶欧洲水青冈 Fagus sylvatica var. atropurpurea Kirchn.(壳斗科)
紫叶欧洲小檗 Berberis vulgaris var. purpurifolia Ahredt (小檗科)
紫叶琼楠 Beilschmiedia purpurascens H.W.Li (樟科)
紫叶秋海棠 Begonia rex Putz.(秋海棠科),*毛叶秋海棠,长纤秋海棠*
紫叶栓皮槭 Acer campestre f. schwerinii Hesse (槭树科)
紫叶桃花 Amygdalus persica f. atropurpurea Schneid. (蔷薇科)
紫叶兔耳草 Lagotis praecox W.W.Sm.(玄参科)
紫叶娃儿藤 Tylophora picta Tsiang(萝藦科)
紫叶渥太华小檗 Berberis ottawensis var. purpurea Schneid.(小檗科)
紫叶五尖槭 Acer maximowiczii subsp. porphyrophyllum Fang (槭树科)
紫叶五尖槭 Acer maximowiczii subsp. porphyrophyllum Fang(槭树科)
紫叶绣球(植物志 35-1)=狭叶绣球
紫叶芋 Colocasia affinis var. jenningsii (Veitch.) Engl.(天南星科)
紫叶属 Graptophyllum Nees (爵床科)
紫茵(滇南本草-整理本)=红泡刺藤
紫缨乳菀 Galatella chromopappa Novopokr.(菊科)
紫缨橐吾 Ligularia phoenicochaeta S.W.Liu(菊科)
紫油厚朴(通称)=厚朴
紫油木(云南)=柚木
紫油木(云南东川)=清香木
紫油苏(云南奕良)=鸡骨柴
紫玉兰 Magnolia liliflora Desr.(木兰科),*辛夷,木笔,木兰,姜朴,望春花,杜春花,辛矧,侯桃,房木,新雉,迎春,毛辛夷*
紫玉盘 Uvaria microcarpa Champ. ex Benth.(番荔枝科),*草乌,缸瓮树,酒饼婆,广肚叶,牛刀树,牛老头,牛菍子,酒饼木,山芭豆,山梗子,石龙叶,小十八风藤,行蕉果,油椎,蕉藤*
紫玉盘杜鹃 Rhododendron uvarifolium Diels (杜鹃花科)
紫玉盘柯 Lithocarpus uvariifolius (Hance) Rehd.(壳斗科),*桐叶柯,饭箩槠,马驿树*
紫玉盘属 Uvaria L.(番荔枝科)
紫玉簪(中药资源志要)=紫萼
紫玉簪 Hosta albo-marginata (HK.) Ohwi(百合科)
紫芋 Colocasia tonoimo Nakai(天南星科),*芋头花,广菜,东南菜,老虎广菜*
紫芋兰(台湾兰科植物)=宝岛美冠兰
紫月季花 Rosa chinensis var. semperflorens (Curtis) Koehne(蔷薇科)
紫云 Syringa oblata cv. Ziyun(木犀科)
紫云菜(浙江药物志)=少花黄猄草
紫云菜属 Strobilanthes Bl.(爵床科)
紫云山复叶耳蕨 Arachniodes ziyunshanensis Y.T. Hsieh (鳞毛蕨科)
紫云山新木姜子 Neolitsea wushanica var. pubens Yang & P.H.Huang(樟科)
紫云小檗 Berberis ziyunensis Hsiao & Z.Y.Li (小檗科)
紫云英 Astragalus sinicus L.(豆科),*斑鸠花,草蒺藜,滚龙珠,荷花朗,红花菜,红花草,红花花,花菜,蒺藜子,米布袋,米伞花,米筛花草,翘翘花,翘摇,碎米荠,铁马豆,摇车,野蚕豆*
紫云英马蓝(中草药汇编)=少花黄猄草
紫云英岩黄芪 Hedysarum pseudoastragalus Ulbr. (豆科)
紫云英属(科属词典)=**黄芪属**
紫再枫(生草药性备要)=艾纳香
紫藻(吉林)=香青兰
紫藻(浙药志)=满江红
紫旃木(新拉汉英)=紫檀香
紫折瓣报春 Primula advena var. euprepes (W. W.Sm.) Chen & C.M.Hu(报春花科)
紫真檀(名医别录)=紫檀
紫枝柳 Salix heterochroma Seemen(杨柳科)
紫枝柳叶绣球(分类学报)=酥醪绣球
紫枝瑞香(湖北,湖南)=毛瑞香
紫枝兔儿风 Ainsliaea smithii Mattf.(菊科)
紫钟报春 Primula waltonii Watt ex Balf.f.(报春花科),*瓦顿报春*
紫轴凤尾蕨 Pteris aspericaulis Wall. ex Hieron.(凤尾蕨科)
紫轴小膜盖蕨(西藏志)=假美小膜盖蕨
紫珠(安徽)=白棠子树
紫珠(本草拾遗)=华紫珠
紫珠(本草拾遗)=紫荆
紫珠(分类学报)=日本紫珠
紫珠(陕西)=老鸦糊
紫珠 Callicarpa bodinieri Lévl.(马鞭草科),*珍珠枫,漆大伯,大叶鸦鹊饭,白木姜,爆竹紫,珍珠柳,珠子树,大叶斑鸠米*
紫珠草(江西)=白棠子树
紫珠叶巴戟 Morinda callicarppaefolia Y.Z.Ruan (茜草科)
紫珠叶泡花树 Meliosma callicarpaefolia Hay.(清风藤科)
紫珠属 Callicarpa L.(马鞭草科)
紫珠状锥花 Gomphostemma callicarpoides (Yamamoto) Masamune (唇形科),*台湾锥花*
紫竹 Phyllostachys nigra (Lodd. ex Lindl.) Munro (禾本科),*紫石根,黑竹,乌竹*
紫苎麻(树木志)=紫麻
紫爪花芥 Oreoloma matthioloides (Franch.) Botsch. (十字花科),*紫花棒果芥*
紫棕棱子芹(拉汉名称)=矮棱子芹
自动草(湖南药物志)=天麻

自扣草(植物志 28)=禺毛茛
自来红(中药大辞典)=广州蛇根草
自来血(贵州民间药物)=阴地蛇根草
自然谷(张华博物志)=筛草
自然花竹(广西灵川)=摆竹
自生早熟禾 Poa spontanea Bor(禾本科)
自消容(亨氏植物名汇)=菽麻
自消容(生草药性备要)=大猪屎豆
自消散(广西中草药)=糯米团
恣恣蓓曾(藏名)=多穗蓼
渍糖花(云南)=米团花
渍糖树(云南屏边)=米团花

Zong

宗果(藏药志)=葱
棕粑叶(拉祜族常用药)=卵叶蜘蛛抱蛋
棕粑叶 Aspidistra zongbayi K.Y.Lang & Z.Y. Zhu (百合科)
棕背川滇杜鹃 Rhododendron traillianum var. dictyotum (Tagg) Chamb. ex Cullen & Chamb. (杜鹃花科),*长叶川滇杜鹃*
棕背杜鹃 Rhododendron alutaceum Balf.f. & W. W.Sm. (杜鹃花科)
棕边鳞毛蕨 Dryopteris sacrosancta Koidz.(鳞毛蕨科)
棕柄叉蕨 Tectaria consimilis Ching & C.H. Wang (叉蕨科)
棕柄轴脉蕨 Ctenitopsis subfuscipes Tagawa(叉蕨科)
棕参(福建)=大叶仙茅
棕萼毛茛 Ranunculus rufosepalus Franch.(毛茛科)
棕秆蹄盖蕨(蕨类形态)=贵州蹄盖蕨
棕果蓟(新)Cirsium suzukii Kitam.?(菊科)
棕红悬钩子 Rubus rufus Focke(蔷薇科)
棕黄舌唇兰 Platanthera leucophaea (Nutt.) Lindl. (兰科)
棕金鸡纳树(植物志 71-1)=正鸡纳树
棕鳞大耳蕨(蕨类图说)=棕鳞耳蕨
棕鳞短肠蕨 Allantodia subintegra Ching & Y. X.Ling (蹄盖蕨科),*全羽短肠蕨*
棕鳞耳蕨(秦岭志)=布朗耳蕨
棕鳞耳蕨 Polystichum polyblepharum (Roem. ex Kunze) Presl(鳞毛蕨科),*凤凰尾巴草*,*棕鳞大耳蕨*,*新裂耳蕨*
棕鳞肋毛蕨 Ctenitis pseudorhodolepis Ching & C.H.Wang (叉蕨科)
棕鳞肉刺蕨 Nothoperanema diacalpioides Ching (鳞毛蕨科)
棕鳞矢车菊 Centaurea jacea L.(菊科)
棕鳞铁角蕨 Asplenium indicum var. yoshinagae (Makino) Ching & S.H.Wu(铁角蕨科)
棕鳞瓦韦 Lepisorus scolopendrium (Ham. ex D. Don) Menhra(水龙骨科)
棕榈 Trachycarpus fortunei (HK.) H.Wendl.(棕榈科),*栟榈*,*棕树*
棕榈科 Arecaceae
棕榈竹(四川)=矮棕竹
棕榈属 Trachycarpus H.Wendl.(棕榈科)
棕脉风毛菊 Saussurea baroniana Diels(菊科)
棕脉花楸 Sorbus dunnii Rehd.(蔷薇科)
棕毛杜鹃 Rhododendron fuscipilum M.Y.He(杜鹃花科)
棕毛粉背蕨 Aleuritopteris rufa (Don) Ching(中国蕨科)
棕毛厚喙菊 Dubyaea amoena (Hand.-Mazz.) Stebbins (菊科),*假蒲公英*
棕毛栲(植物志 22)=棕毛锥
棕毛毛花猕猴桃 Actinidia eriantha var. brunnea C.F.Liang (猕猴桃科)
棕毛山柳菊 Hieracium procerum Fries (菊科)
棕毛轴脉蕨 Ctenitopsis setulosa (Bak.) C.Chr. ex Tard.-Blot & C.Chr.(叉蕨科)
棕毛锥 Castanopsis tessellata Hick. & A.Camus(壳斗科),*假板栗*,*野板栗*,*棕毛栲*
棕茅 Eulalia phaeothrix (Hack.) Kuntze (禾本科)
棕色锌头草(四川)=离舌橐吾
棕色树形杜鹃 Rhododendron arboreum var. cinnammomeum Wall. ex Lindl.(杜鹃花科)
棕树(通称)=棕榈
棕叶草(广西)=棕叶狗尾草
棕叶草蜘蛛抱蛋 Aspidistra oblanceifolia F.T. Wang & K.Y.Lang(百合科)
棕叶狗尾草 Setaria palmifolia (Koen.) Stapf(禾本科),*箬叶莩*,*椶叶草*,*椶茅*,*皱茅*,*棕叶草*
棕叶薹草 Carex kucyniakii Raynond(莎草科)
棕叶西劳兰 Xylobium palmifolium (Sw.) Fawc. (兰科)
棕叶月兰 Selenipedium palmifolium (Lindl.) Rchb.f. (兰科)
棕枝梅(中国裸子志)=丽江铁杉
棕轴凤丫蕨 Coniogramme robusta var. repen-dula Ching ex Shing(裸子蕨科)
棕竹 Rhapis excelsa (Thunb.) Henry ex Rehd. (棕榈科),*椶竹*,*筋头竹*,*观音竹*,*虎散竹*
棕竹属 Rhapis L.f. ex Ait.(棕榈科),*观音棕竹属*
棕紫金牛(广西)=凹脉紫金牛
椶榈竹(图考)=矮棕竹
椶茅(钟观光拟)=棕叶狗尾草
椶木(台湾)=苏木
椶叶草(钟观光拟)=棕叶狗尾草
椶竹(十道志)=棕竹
鬃尾草 Chaiturus marrubiastrum (L.) Spenn.(唇形科)
鬃尾草属 Chaiturus Ehrh. ex Willd.(唇形科)
鬃尾草状益母草(分类学报)=假鬃尾草
总苞贝母 Fritillaria involucrata All.(百合科)
总苞草 Elytrophorus spicatus (Willd.) A.Camus (禾本科)
总苞草属 Elytrophorus Beauv.(禾本科)
总苞千斤拔 Flemingia involucrata Benth.(豆科)
总苞秋海棠 Begonia involucrata Liebm.(秋海棠科)
总苞忍冬 Lonicera involucrata (Rich.) Banks. (忍冬科)
总苞双球芹 Schrenkia involucrata Rgl. & Schmalh (伞形科)
总苞葶苈 Draba involucrata (W.W.Sm.) W.W. Sm. (十字花科)
总苞微孔草 Microula involuncriformis W.T. Wang (紫草科)
总苞绣球 Hydrangea involucrata Sieb.(虎耳草科)
总梗李果鹤虱 Rochelia peduncularis Boiss.(紫草科)
总梗女贞(Flora 15)=阿里山女贞
总梗女贞 Ligustrum pricei Hay.(木犀科),*清水女贞*
总梗委陵菜 Potentilla peduncularis D.Don(蔷薇科),*白地榆*,*翻白草*,*阿雅热夏*
总管(广西)=广西马兜铃
总管(广西药用名录)=岭南花椒
总管(生草药性备要)=白花丹
总管皮(湖南)=岭南花椒
总管皮(湖南药物志)=野花椒
总花白鹃梅(经济植物手册)=白鹃梅
总花来江藤 Brandisia racemosa Hemsl.(玄参科)
总花蓝钟花 Cyananthus argenteus Marq.(桔梗科)
总花山矾(拉汉名称和手册)=珠仔山矾
总花石龙尾 Limnophila racemosa Benth.(玄参科)
总花珍珠菜 Lysimachia racemiflora Bonati(报春花科)
总裂叶堇菜 Viola fissifolia Kitag.(堇菜科),*裂叶堇菜*
总序阿尔泰葶苈(植物志 33)=阿尔泰葶苈
总序报春 Primula pauliana W.W.Sm. & Forr.(报春花科),*保罗报春*
总序葱臭木(云南志)=总序樫木
总序大黄 Rheum racemiferum Maxim.(蓼科),*蒙古大黄*
总序豆腐柴 Premna racemosa Wall.(马鞭草科)
总序鹅掌柴 Schefflera racemosa (Wight) Harms (五加科)
总序黄鹌菜 Youngia racemifera (HK.f.) Babcock & Stebbins(菊科),*旌节黄鹌菜*,*高山黄鹌菜*
总序蓟 Cirsium racemiforme Ling & Shih(菊科)
总序樫木 Dysoxylum laxiracemosum C.Y.Wu & H.L.Li (楝科),*总序葱臭木*
总序山矾(拉汉名称)=珠仔山矾
总序山柑 Capparis assamica HK.f. & Thoms. (山柑科)
总序五叶参 Pentapanax racemosus Seem.(五加科)
总序香茶菜 Isodon racemosus (Hemsl.) H.W.Li (唇形科)
总状垂头菊 Cremanthodium botryocephalum S. W.Liu(菊科)
总状丛菔 Solms-Laubachia platycarpa (HK.f. & Thoms.) Botsch.(十字花科),*圆叶丛菔*
总状蝶须草 Antennaria racemosa HK.(菊科)
总状凤仙花 Impatiens racemosa DC.(凤仙花科)
总状花灰木(拉汉名称和手册)=珠仔山矾
总状花藜(北部植物图志)=菊叶香藜
总状花西番莲 Passiflora racemosa Brot.(西番莲科)
总状花细瓣兰 Masdevallia racemosa Lindl.(兰科)
总状花序荆芥 Nepeta botryoides Ait.(唇形科)
总状花序青兰 Dracocephalum botryoides Stev. (唇形科)
总状花序山蚂蝗(豆科图说)=圆锥山蚂蝗
总状花序香科 Teucrium botrys L.(唇形科)
总状花羊蹄甲 Bauhinia racemosa Lam.(豆科)
总状花玉凤兰(台兰科图鉴)=长穗阔蕊兰
总状绿绒蒿 Meconopsis racemosa Maxim.(罂粟科),*刺参*,*条参*,*鸡脚参*,*红毛洋参*,*雪参*,*才完*
总状葡萄风信子 Muscari racemosum (L.) Lam. & DC.(百合科)
总状雀麦 Bromus racemosus L.(禾本科),*糙雀麦*
总状山矾(植物志 60-2)=山矾
总状藤山柳(新) Clematoclethra racemosa Lévl.? (猕猴桃科)
总状土木香 Inula racemosa HK.f.(菊科),*玛奴*,*以木香*,*木香*

总状橐吾 Ligularia botryodes (C.Winkl.) Hand.-Mazz. (菊科)
总状序隔距兰 Cleisostoma racemifer (Wall.) Rchb.f. (兰科)
总状序冷水花 Pilea racemiformis C.J.Chen(荨麻科)
总状折柄茶 Hartia gracilis (Yan) Chang & Ye (山茶科)
纵翅碱蓬 Suaeda pterantha (Kar. & Kir.) Bge. (藜科)
纵带哈克 Hakea vittata R.Br.(山龙眼科)
纵带肖竹芋 Calathea vittata Koern.(竹芋科)
纵肋人字果 Dichocarpum fargesii (Franch.) W.T.Wang & Hsiao(毛茛科),*野黄瓜*
纵蓉(本草经集注)=肉苁蓉
粽巴箬竹 Indocalamus herklotsii McClure (禾本科),*光箨箬竹*
粽叶草(云南)=粽叶芦
粽叶芦 Thysanolaena maxima (Roxb.A) Kuntze (禾本科),*莽草,粽叶草*
粽叶芦属 Thysanolaena Nees (禾本科)
粽子草(福建中草药))=倒地铃

Zou

走边疆(陕西中草药)=鸡腿堇菜
走胆草(植物志 62)=獐牙菜
走胆药(云南)=云南獐牙菜
走茎变豆菜 Sanicula orthacantha var. stolonifera Shan & S.L.Liou(伞形科)
走茎变种(植物志 65-2,Flora 17)=红紫苏
走茎丹参(中药大辞典)=佛光草
走茎灯心草 Juncus amplifolius A.Camus (灯心草科),*草香附,拉冈*
走茎柳叶菜(西藏志)=鳞片柳叶菜
走茎薹草 Carex reptabunda (Trautv.) V.Krecz. (莎草科)
走茎卫矛(新拉汉英)=倒卵叶卫矛
走茎异叶茴芹 Pimpinella diversifolia var. stolonifera Hand.-Mazz.(伞形科)
走马丹(峨眉药用植物)=红脉兔儿风
走马灯笼草(云南保山)=灯笼草
走马风(广部中草药手册,高等图鉴)=接骨草
走马风(广西)=走马胎
走马风(广西草药)=六耳铃
走马风(海南)=厚藤
走马箭(岭南采药录,贵州)=接骨草
走马芹(东北)=白芷
走马芹(东北)=毒芹
走马芹(东北)=祁白芷
走马芹(内蒙古)=下延叶古当归
走马芹(山东)=少管短毛独活
走马芹筒(东北)=祁白芷
走马芹筒子(东北)=白芷
走马胎(广西)=粗齿冷水花
走马胎(天宝本草)=云南土沉香
走马胎 Ardisia gigantifolia Stapf(紫金牛科),*大叶紫金牛,马胎,山鼠,山猪药,血枫,走马风,走马藤*
走马藤(中药大辞典)=走马胎
走牛修勒(贵州雷公山苗语)=鸡爪茶
走石马(重庆)=九龙盘
走丝牡丹(江苏)=打碗花
走游草(贵州)=过路黄
走游草(四川中药志)=崖爬藤
走子草(贵州药用目录)=见血青

Zu

菹草 Potamogeton crispus L.(眼子菜科),*虾藻,马藻,扎草,虾藻*
足茎毛兰 Eria coronaria (Lindl.) Rchb.f.(兰科)
足叶草 Podophyllum peltatum L.(小檗科)
足叶草属 Podophyllum L.(小檗科)
足柱兰 Dendrochilum uncatum Rchb.f.(兰科),*穗花兰,黄穗兰*
足柱兰属 Dendrochilum Bl.(兰科)兰
祖公柴(植物志 48-2)=火筒树
祖帕尔(新疆维语)=白花枝子花
祖帕尔(新疆维语)=全缘青兰
祖师麻(甘肃,青海,陕西)=黄瑞香
祖司麻(中国药典)=凹叶瑞香
祖子花(锦州)=鹅绒藤

Zuan

纂豆角(河北)=白花菜
钻苞藨草 Scirpus littoralis Schrad.(莎草科)
钻苞蓟 Cirsium subulariforme Shih(菊科)
钻苞拟缺刻乌头 Aconitum sinonapelloides var. subulatum W.T.Wang & P.K.Hsiao(毛茛科)
钻齿报春 Primula pellucida Franch.(报春花科),*光叶报春*
钻齿卷瓣兰 Bulbophyllum guttulatum (HK.f.) Balakrishnan (兰科)
钻齿溲疏 Deutzia subulata Hand.-Mazz.(虎耳草科)
钻刺锥 Castanopsis subuliformis Chun & Huang (壳斗科)
钻地风(滇南本草)=红泡刺藤
钻地风(广部中草药手册)=黑老虎
钻地风(广西)=活血丹
钻地风(广西药用名录)=大芽南蛇藤
钻地风(四川)=千斤拔
钻地风(中草药汇编)=栽秧泡
钻地风 Schizophragma integrifolium Oliv.(虎耳草科),*小齿钻地风,阔瓣钻地风,齿缘钻地风,全叶钻地风,桐叶藤*
钻地风属 Schizophragma S. & Z.(虎耳草科)
钻地枫(上海,浙江药材名)=地枫皮
钻地蜈蚣(陕西中草药)=山酢浆草
钻萼唇柱苣苔 Chirita subulatisepala W.T.Wang (苦苣苔科)
钻萼龙胆 Gentiana subuliformis S.W.Liu(龙胆科)
钻骨风(分类草药性,重庆草药)=铁箍散
钻骨龙(江西,广东)=木防已
钻果大蒜芥 Sisymbrium officinale (L.) Scop. (十字花科)
钻花兰 Acianthus exsertus (兰科)
钻花兰属 Acianthus R.Br.(兰科)
钻喙兰(分类学报)=海南钻喙兰
钻喙兰 Rhynchostylis retusa (L.) Bl.(兰科)
钻喙兰属 Rhynchostylis Bl.(兰科)
钻裂风铃草 Campanula aristata Wall.(桔梗科),*针叶风铃草*
钻鳞耳蕨 Polystichum subulatum Ching ex L.B. Zhang (鳞毛蕨科)
钻鳞肋毛蕨 Ctenitis thrichorhachis (Hay.) H.Ito (叉蕨科)
钻鳞肋毛蕨 Ctenitis trichorhachis (Hay.) H.Ito (叉蕨科)
钻毛蕨属 Davallodes Cop.(骨碎补科)
钻墙柳(江苏)=杠柳
钻山风(广西)=瓜馥木
钻山狗(湖南药物志)=东风菜
钻山狗(植物志 74)=东风菜
钻山虎(四川)=蚬壳花椒
钻石风(贵州民间药物)=华中茶藨子
钻石风(中药大辞典)=四川清风藤
钻石黄(上海中草药)=南天竹
钻丝溲疏 Deutzia mollis Duthie(虎耳草科),*柔毛溲疏*
钻丝小花苣苔 Chiritopsis subulata W.T.Wang (苦苣苔科)
钻天柳 Chosenia arbutifolia (Pall.) A.Skv.(杨柳科),*朝鲜柳,顺河柳,红毛柳,红梢柳*
钻天柳属 Chosenia Nakai (杨柳科)
钻天杨 Populus nigra var. italica (Moench.) Koehnep (杨柳科),*美国白杨,笔杨,箭杆杨,白杨树*
钻天榆(江苏)=榆树
钻托水毛茛 Batrachium roinii (Lagger) Nyman (毛茛科)
钻形漆姑草 Sagina subulata Presl.(石竹科)
钻形隐柱兰 Cryptostylis subulata (Labill.) Rchb.f. (兰科)
钻形紫菀(新拉汉英)=钻叶紫菀
钻叶慈姑 Sagittaria subulata (L.) Buchenau (泽泻科)
钻叶点地梅 Androsace lehmannii Wall. ex Duby (报春花科)
钻叶风毛菊 Saussurea subulata C.B.Clarke(菊科)
钻叶火绒草 Leontopodium subulatum (Franch.) Beauv. (菊科),*白特,苦艾,羊毛火绒草*
钻叶火绒草疏叶变种(植物志 75)=疏叶火绒草
钻叶龙胆 Gentiana haynaldii Kanitz(龙胆科)
钻叶石竹(植物志 26)=石竹
钻叶絮菊 Filago gallica L.(菊科)
钻叶紫菀 Aster subulatus Michx.(菊科),*钻形紫菀*
钻鱼须(植物志 15)=华东菝葜
钻之灵(贵州)=北鱼黄草
钻柱兰 Pelatantheria rivesii (Guillaum.) T.Tang & F.T.Wang(兰科)
钻柱兰属 Pelatantheria Ridl.(兰科)
钻柱唐松草 Thalictrum tenuisubulatum W.T. Wang (毛茛科)
钻状风毛菊 Saussurea nematolepis Ling(菊科)
钻子七(中药大辞典)=穿心莛子藨
劗骨草(图考)=长瓣马铃苣苔

Zui

嘴签(云南中草药选)=咀签
最优杜鹃花 Rhododendron eximium Nutt.(杜鹃花科)
醉茶藨子 Ribes inebrians Lindl.(虎耳草科)
醉蝶花 Cleome spinosa Jacq.(山柑科),*西洋白花菜,紫龙须*
醉魂藤 Heterostemma alatum Wight(萝藦科),*野豇豆,老鸦花*
醉魂藤属 Heterostemma Wight & Arn.(萝藦科)
醉马草(伊盟和阿拉善右旗,陕西靖边,新疆策勒县和轮台)=小花棘豆
醉马草 Achnatherum inebrians (Hance) Keng (禾本科),*药老,醉针茅,米米蒿*
醉马豆(内蒙)=小花棘豆
醉翁榆 Ulmus gaussenii Cheng (榆科),*毛榆*
醉仙翁(植物分类学)=毛剪秋箩
醉香含笑 Michelia macclurei Dandy(木兰科),*火力楠*
醉心花(江苏)=曼陀罗
醉鱼草(云南德钦)=丽江荛花
醉鱼草 Buddleja lindleyana Fortune(马钱科),*闭见消,毒鱼草,防痛树,红钱皂,鸡公尾,金鸡尾,苦叶菜,鲤鱼花草,楼梅草,樚木,满山香,闹鱼*

花,七里香,钱线尾,四棱麻,铁帚尾,五霸蔷,阳包树,痒见消,药杆子,药鱼子,野江子,鱼鳞子,鱼门子,鱼泡草,鱼尾草,鱼尾雪,雉尾花

醉鱼草叶秋海棠 Begonia buddleiifolia A.DC. (秋海棠科)

醉鱼草属 Buddleja L.(马钱科),*白埔姜属*

醉鱼草状荚蒾 Viburnum buddleifolium C.H. Wright (忍冬科)

醉鱼草状六道木 Abelia buddleioides W.W.Sm. (忍冬科)

醉鱼草状忍冬 Lonicera buddletoides Hsu & S.C. Cheng (忍冬科)

醉鱼儿(成都)=马桑

醉针茅(沙漠志)=醉马草

Zun

尊敬杜鹃(云南杜鹃花)=瓣萼杜鹃

遵义单竹(竹类经营)=黔竹

遵义鹅耳枥 Carpinus tsunyihensis Hu(桦木科)

遵义十大功劳 Mahonia imbricataYing & Bouff. (小檗科)

遵义薹草 Carex zunyiensis Tang & Wang(莎草科)

Zuo

酢浆草 Oxalis corniculata L.(酢浆草科),*斑鸠酸,鹁鸪酸,鸠酸,老鸦酸,蒲瓜酸,三梅草,三叶酸,三叶酸浆,酸草,酸醋酱,酸得溜,酸浆,酸溜草,酸味草*

酢浆草科 Oxalidaceae

酢浆草属 Oxalis L.(酢浆草科)

莋菇(广雅)=荸荠

稓稓卡拉十大功劳 Mahonia chochoco (SchLindl.) Fedde (小檗科)

左缠藤(余居士选奇方)=忍冬

左力(南宁药志)=吴茱萸

左宁根(青海药材)=黄管秦艽

左扭(河北药材)=黄管秦艽

左扭藤(岭南草药志)=扭肚藤

左扭香(广东)=寄生藤

左秦艽(张聿青医案)=黄管秦艽

左氏黄檀(豆科图说)=红果黄檀

左旋康定柳(Flora 4)=左旋柳

左旋柳 Salix paraplesia var. subintegra C.Wang & P.Y.Fu(杨柳科),*左旋康定柳*

左转藤(高等图鉴)=皱叶忍冬

左转藤(广东)=山银花

左转藤(江西遂川)=灰毡毛忍冬

左转藤(天宝本草)=海金沙

左篆藤(分类草药性)=忍冬

佐木香(藏名)=鬼箭锦鸡儿

佐佐木氏木姜子(台湾志)=浸水营木姜子?

作宾两似蟹甲草 Parasenecio ambiguus var. wangianus (Ling) Y.L.Chen(菊科)

作尕儿(西藏)=田葛缕子

坐镇草(中草药汇编)=矮冷水花

坐转藤(福建)=曲轴海金沙

坐转藤(南川中草药)=扶芳藤

柞柴胡(东北检索表)=长白柴胡

柞槲栎 Quercus ×mongolico-dentata Nakai(壳斗科)

柞栎(东北木本志)=蒙古栎

柞栎(高等图鉴)=槲树

柞栎(陆玑注:诗经)=麻栎

柞木 Xylosma racemosum (S. & Z.) Miq.(大风子科),*刺柞,孤奴,红心刺,葫芦刺,蒙子树,纳葛簕,戎芦刺,鼠木,凿子木,凿子树*

柞木属 Xylosma G.Forst.(大风子科)

柞树(东北木本志)=蒙古栎

柞树(山东)=枹栎

柞树(郑玄注:尔雅)=麻栎

柞薹草 Carex pediformis var. pedunculata Maxim. (莎草科)

座地猪屎豆 Crotalaria nana var. patula Grah. ex Baker (豆科)

座花针茅 Stipa subsessiliflora (Rupr.) Roshev. (禾本科)

A

Aalius trinervius Kuntze=Sauropus trinervius
Abacopteris Fée=**Pronephrium**
Abacopteris asperum (Presl) Ching=Pronephrium gymnopteridifrons
Abacopteris cuspidata (Bl.) Ching=Pronephrium cuspidatum
Abacopteris gracilis Ching=Pronephrium gracilis
Abacopteris gymnopteridifrons (Hay.) Ching=Pronephrium gymnopteridifrons
Abacopteris insularis K.Iwats.=Pronephrium insularis
Abacopteris lakhimpurensis (Rosenst.) Ching=Pronephrium lakhimpurense
Abacopteris liukiuensis (Christ) Tagawa=Pronephrium cuspidatum
Abacopteris longipetiolata K.Iwats.=Pronephrium longipetiolatum
Abacopteris multilineatum (Wall.) Ching=Pronephrium nudatum
Abacopteris nudatis Ching=Pronephrium nudatum
Abacopteris penangiana (HK.) Ching=Pronephrium penangianum
Abacopteris presliana (Ching) Ching(p.p.)=Pronephrium gymnopteridifrons
Abacopteris prolifera (Retz.) Shieh=Ampelopteris prolifera
Abacopteris rubra (Ching) Ching=Pronephrium lakhimpurense
Abacopteris sampsoni (Bak.) Ching=Pronephrium megacuspe
Abacopteris simplex (HK.) Ching=Pronephrium simplex
Abacopteris triphylla (Sw.) Ching=Pronephrium triphyllum
Abacopteris triphylla var. *parishii* (Bedd.) Ching=Pronephrium parishii
Abarema angulata (Benth.) Kosterm.=Pithecellobium clypearia
Abarema clypearia (Jack) Kosterm.=Pithecellobium clypearia
Abarema dalatensis Kosterm.=Cylindrokelupha dalatensis
Abarema kerrii (Gagn.) Kosterm.=Cylindrokelupha kerrii
Abarema lucida (Benth.) Kosterm.=Pithecellobium lucidum
Abarema robinsonii (Gagn.) Kosterm.=Cylindrokelupha robinsonii
Abarema utile (Chun & How) Kosterm.=Pithecellobium utile
Abarema yunnanensis Kosterm.(Kosterm.in Adansonia 1966,p.p.)=Cylindrokelupha kerrii
Abarema yunnanensis Kosterm.=Cylindrokelupha yunnanensis
Abdominea J.J.Sm.**阿道米尼兰属**(兰科)
Abdominea minimiflora (HK.f.) J.J.Sm.阿道米尼兰
Abelia R.Br.**六道木属**(忍冬科)
Abelia angustifolia Bureau ex Franch.巴塘六道木(新)?
Abelia anhweiensis Nakai=Abelia dielsii
Abelia aschersoniana (Graebn.) Rehd.=Abelia chinensis
Abelia biflora Turcz.六道木
Abelia biflora var. *alpina* Baranvo & Skv.=Abelia biflora
Abelia brachystemon (Diles) Rehd.=Abelia dielsii
Abelia buddleioides W.W.Sm.醉鱼草状六道木
Abelia buddleioides var. *divergens* W.W.Sm.=Abelia buddleioides
Abelia buddleioides var. *intercedens* Hand.-Mazz.=Abelia buddleioides
Abelia buddleioides var. *stenantha* Hand.-Mazz.=Abelia buddleioides
Abelia chinensis R.Br.糯米条
Abelia chowii Hoo 泰宁六道木(新)?
Abelia coreana Nakai (东北木本志 1955)=Abelia biflora
Abelia coreana Nakai 朝鲜六道木
Abelia corymbosa RGl. & Schmalh.伞房花状六道木
Abelia davidii Hance=Abelia biflora
Abelia dielsii (Graebn.) Rehd.南方六道木
Abelia engleriana (Graebn.) Rehd.蓮梗花
Abelia forrestii (Diels) W.W.Sm.细瘦六道木
Abelia gracilenta W.W.Sm.=Abelia forrestii
Abelia gracilenta var. *microphylla* W.W.Sm.=Abelia forrestii
Abelia graebneriana Rehd.=Abelia engleriana
Abelia grandiflora (Andre) Rehd.大花六道木
Abelia hanceana Martius ex Hance=Abelia chinensis
Abelia hersii Nakai=Abelia dielsii
Abelia ionandra Hay.=Abelia chinensis
Abelia longituba Rehd.=Abelia parvifolia
Abelia macrotera (Graebn. & Buchw.) Rehd.二翅六道木
Abelia mairei Lévl.=Abelia parvifolia
Abelia microphylla (W.W.Sm.) Golubkova=Abelia forrestii
Abelia myrtilloides Rehd.=Abelia parvifolia
Abelia onkocarpa (Graebn.) Rehd.=Abelia dielsii
Abelia parvifolia Hemsl.小叶六道木
Abelia rupestris Lindl.=Abelia chinensis
Abelia schischkinii Golubkova=Abelia parvifolia
Abelia schumannii (Graebn.) Rehd.=Abelia parvifolia
Abelia tereticalyx (Graebn.) Rehd.=Abelia parvifolia
Abelia umbellata (Graebn. & Buchw.) Rehd.伞花六道木
Abelia uniflora Walich 单花六道木?
Abelia verticillata Lévl.=Abelia parvifolia
Abelia zanderii (Graebn.) Rehd.=Abelia dielsii
Abelicea hirta Schneid.=Zelkova serrata
Abelmoschus Medicus **秋葵属**(锦葵科)
Abelmoschus cancellatus Wall.(Merr.in Lingn.Sci.J.1927)=Abelmoschus crinitus
Abelmoschus coccineus S.Y.Hu=Abelmoschus sagittifolius
Abelmoschus coccineus var. *acerifolius* S.Y.Hu=Abelmoschus sagittifolius
Abelmoschus crinitus Wall.长毛黄葵
Abelmoschus cruentus Bertol.=Hibiscus sabdariffa
Abelmoschus esculentus (L.) Moench 咖啡黄葵
Abelmoschus esquirolii (Lévl.) S.Y.Hu=Abelmoschus sagittifolius
Abelmoschus hainanensis S.Y.Hu=Abelmoschus crinitus
Abelmoschus manihot (L.) Medicus 黄蜀葵
Abelmoschus manihot subsp. *tetraphyllus* var. *pungens* (Roxb.) Hochr = Abelmoschus manihot var. pungens
Abelmoschus manihot var. manihot=Abelmoschus manihot
Abelmoschus manihot var. pungens (Roxb.) Hochr.刚毛黄蜀葵
Abelmoschus moschatus Medicus 黄葵
Abelmoschus moschatus subsp. *tuberosus* (Span) Borss.=Abelmoschus sagittifolius
Abelmoschus muliensis Feng 木里秋葵
Abelmoschus rostellatus Walp.=Hibiscus surattensis
Abelmoschus sagittifolius (Kurz) Merr.箭叶秋葵
Abelmoschus venustus (Bl.)Walp.=Hibiscus indicus
Abelmoschus verrucosus Walp.=Hibiscus cannabinus
Aberia gardnerii Clos=Dovyalis hebecarpa
Abies Mill.**冷杉属**(松科)
Abies ajanensis Fr.Schmidt=Picea jezoensis var. microsperma
Abies ajanensis var. *microsperma* (Lindl.) Mast.=Picea jezoensis var. microsperma
Abies alba Mill.欧洲冷杉
Abies alba var. columaris (Carr.) Rehd. 柱状银枞
Abies alba var. compacta (Parsons) Rehd.矮银枞
Abies alba var. pendula (Carr.) Aschers & Graebn.垂枝银枞
Abies alba var. pyramidalis (Carr.) Voss.塔型银枞
Abies amabilis (Dougl.) Forb.太平洋银枞
Abies balsamea (L.) Mill.胶枞
Abies balsamea var. hudsonia (Jucq.) Sarg.哈得孙胶枞
Abies balsamea var. macrocarpa Kent.球果胶枞
Abies balsamea var. nana (Nels.) Carr.矮胶枞
Abies balsamea var. phanerolepis Ferl.显胶枞
Abies beissneriana Mott.(Rehd. & Wils.in Sarg.Pl.Wilson,1914)=Abies ernestii
Abies beissneriana Mott.(Wils.in J.Arn.Arb.,1926)=Abies ernestii var. salouenensis
Abies beshanzuensis M.H.Wu 百山祖冷杉
Abies beshanzuensis var. beshanzuensis=Abies beshanzuensis
Abies beshanzuensis var. ziyuanensis (L.K.Fu & S.L.Mo) L.K.Fu & Nan Li 资源冷杉
Abies bifida S. & Z.=Abies firma
Abies brachytyla Franch.=Picea brachytyla
Abies bracteata (D.Don) Nutt. (新拉汉英 1996)=Abies venusta
Abies brecurvata Mast.紫果冷杉
Abies cephalonica Loud.希腊冷杉
Abies cephalonica var. apollinis (Link.) Beissn.阿波罗冷杉
Abies chayuensis Cheng & L.K.Fu 察隅冷杉
Abies chengii Rushf.=Abies forrestii
Abies chensiensis Van Tiegh.(Hand.-Mazz.in Symb.Sin.,1929)=Abies ernestii var. salouenensis
Abies chensiensis Van Tiegh.(台湾志,1964,p.p.)=Abies ernestii
Abies chensiensis Van Tiegh.(台湾志,1964,p.p.)=Abies fabri
Abies chensiensis Van Tiegh.(台湾志,1964,p.p.)=Abies forrestii
Abies chensiensis Van Tiegh.秦岭冷杉
Abies chensiensis var. *ernestii* (Rehd.) Liu=Abies ernestii
Abies chinensis Franch.=Tsuga chinensis
Abies cilicica (Ant. & Kostschy) Carr. 西里西亚冷杉
Abies concolor (Gord.) Engelm.白云杉
Abies concolor var. aurea Beissn.金叶白冷杉

Abies concolor var. brevifolia Beissn.短叶白冷杉
Abies concolor var. conica Slavin 圆锥异色冷杉
Abies concolor var. globosa Niemetz 球形白冷杉
Abies concolor var. lowiana (A.Murr.) Lemm.娄氏冷杉
Abies concolor var. pendula Beissn.垂枝白冷杉
Abies davidiana Franch.=Keteleeria davidiana
Abies dayuanensis Q.X.Liu=Abies beshanzuensis var. ziyuanensis
Abies delavayi Franch.(Mast.in Gard.Chron Ser. 3,1906)=Abies fabri
Abies delavayi Franch.苍山冷杉
Abies delavayi var. delavayi=Abies delavayi
Abies delavayi var. *fabri* (Mast.) D.R.Hunt.=Abies fabri
Abies delavayi var. *faxoniana* (Rehd. & Wils.) Jackson=Abies fargesii var. faxoniana
Abies delavayi var. *forrestii* (C.C.Rogers) Jackson=Abies forrestii
Abies delavayi var. *georgei* (Orr) Melville=Abies georgei
Abies delavayi var. motuoensis Cheng & L.K.Fu 墨脱冷杉
Abies delavayi var. *nukiangensis* (W.C.Cheng & L.K.Fu) Farjon & silba=Abies nukiangensis
Abies delavayi var. *smithii* (Viguié & Gaussen) Liu=Abies georgei var. smithii
Abies densa Griff.锡金冷杉
Abies douglasii Lindl.=Pseudotsuga menziensii
Abies douglasii macrocarpa Torrey=Pseudotsuga macrocarpa
Abies dumosa var. *chinensis* Franch.(p.p.)=Tsuga chinensis
Abies dumosa var. *chinensis* Franch.(p.p.)=Tsuga dumosa
Abies ernestii Rehd.黄果冷杉
Abies ernestii var. ernestii=Abies ernestii
Abies ernestii var. salouenensis (Bordéres-Rey & Gaussen) Cheng & L.K. Fu 云南黄果冷杉
Abies fabri (Mast.) Craib 冷杉
Abies fabri var. *beshanzuensis* (M.H.Wu) Silba=Abies beshanzuensis
Abies fabri var. *minensis* (Bord. & Gaussen.) Silba=Abies fargesii var. faxoniana
Abies fabri var. *ziyuanensis* (L.K.Fu & S.L.Mo) Silba=Abies beshanzuensis var. ziyuanensis
Abies fanjingshanensis W.L.Huang et al.梵净冷杉
Abies fargesii Franch.(Mast.in Gard.Chrons Ser. 2,1906)=Abies fabri
Abies fargesii Franch.(Pax in Repert.Sp.Nov.Beih.,1922)=Abies fargesii var. faxoniana
Abies fargesii Franch.(台湾志,1964,p.p.)=Abies forrestii
Abies fargesii Franch.(台湾志,1964,p.p.)=Abies recurvata
Abies fargesii Franch.巴山冷杉
Abies fargesii var. *fanjingshanensis* (W.L.Huang et al.) Silba=Abies fanjingshanensis
Abies fargesii var. fargesii=Abies fargesii
Abies fargesii var. faxoniana (Rehd. & Wils.) Tang S.Liu 岷江冷杉
Abies fargesii var. *hupehensis* Silba=Abies fargesii
Abies fargesii var. *sutchuenensis* Franch=Abies fargesii
Abies fargesii var. *tieghemi* Bordéres-Rey & Gaussen=Abies fargesii
Abies faxoniana Rehd. & Wils.(台湾志,1964,p.p.)=Abies fargesii
Abies faxoniana Rehd. & Wils.(台湾志,1964,p.p.)=Abies georgei var. smithii
Abies faxoniana Rehd. & Wils.(植物志,7,1978)=Abies fargesii var. faxoniana
Abies ferreana Bordéres-Rey & Gaussen 中甸冷杉
Abies ferreana var. *ferreana*=Abies ferreana
Abies ferreana var. longibracteata L.K.Fu & Nan Li 长苞中甸冷杉
Abies firma S. & Z.日本冷杉
Abies firma var. *bifida* (S. & Z.) Mast.=Abies firma
Abies forrestii C.C.Rogers (台湾志,1964,p.p.)=Abies georgei var. smithii
Abies forrestii C.C.Rogers 川滇冷杉
Abies forrestii var. *chayuensis* (W.C.Cheng & L.K.Fu) Silba=Abies chayuensis
Abies forrestii var. *chengii* (Rushf.) Silba=Abies forrestii
Abies forrestii var. *ferreana* (Bord. & Gauss.) Farjon & Silba=Abies ferreana
Abies forrestii var. *gerorgei* (Orr) Farjon=Abies georgei
Abies forrestii var. *smithii* Viguié & Gaussen=Abies georgei var. smithii
Abies fortunei Murr.=Keteleeria fortunei
Abies fraseri (Pursh.) Poir 福莱胶枞
Abies fraseri var. prostrata Rehd 平卧福氏冷杉
Abies georgei Orr.(台湾志,1964,p.p.)=Abies ferreana
Abies georgei Orr.(台湾志,1964,p.p.)=Abies forrestii
Abies georgei Orr.(台湾志,1964,p.p.)=Abies georgei var. smithii
Abies georgei Orr 长苞冷杉
Abies georgei var. georgei=Abies georgei
Abies georgei var. smithii (Viguié & Gaussen) Cheng & L.K.Fu 急尖长苞冷杉
Abies gmelini Rupr=Larix gmelini
Abies grandis Lindl.巨冷杉
Abies griffithiana HK.f. ex Lind. & Gord.=Larix griffithiana
Abies guatemalensis Rehd.危地马拉冷杉
Abies holophylla Maxim.杉松
Abies homolepis S. & Z.日光冷杉
Abies jezoensis S. & Z.=Picea jezoensis
Abies kaempferi Lindl.(p.p.)=Larix kaempferi
Abies kaempferi Lindl.(p.p.)=Pseudolarix amabilis
Abies kansouensis Bordéres-Rey & Gaussen=Abies fargesii
Abies kawakamii (Hay.) T.Ito 台湾冷杉
Abies khutrow Loud.=Picea smithiana
Abies koreana Wils.朝鲜冷杉
Abies lasiocarpa (HK.) Nutt.洛杉矶冷杉
Abies ledebourii Rupr.=Larix sibirica
Abies leptolepis S. & Z.=Larix kaempferi
Abies likiangensis Franch.=Picea likiangensis
Abies macrocarpa Vasey=Pseudotsuga macrocarpa
Abies magnifica A.Murr.红果冷杉
Abies magnifica var. argentea Beiss.银叶红果冷杉
Abies magnifica var. glauca Beiss.粉绿叶红果冷杉
Abies magnifica var. shastensis (Lemm.) Lermm.夏斯塔红果冷杉
Abies mariesii Mast.(Mast.in Curtis's Bot.Mag.1906)=Abies spectabilis
Abies mariesii Mast.(Matsum & Hay.in J.Coll.Sci.Univ.Tokyo,1906)=Abies kawakamii
Abies mariesii var. *kawakamii* Hay.=Abies kawakamii
Abies menziesii Mirbel=Pseudotsuga menziensii
Abies microsperma Lindl.=Picea jezoensis var. microsperma
Abies minensis Bordères-Rey & Gaussn=Abies fargesii var. faxoniana
Abies morinda Loud.=Picea smithiana
Abies nebrodensis (Loj.-Paj.) Mattei 西西里冷杉
Abies nephrolepis (Trautv.) Maxim.臭冷杉
Abies nobilis Lindl. (新拉汉英 1996)=Abies procera
Abies nordmanniana (Steven) Spach 高加索冷杉
Abies nordmanniana var. aurea Beiis 金叶高加索冷杉
Abies nordmanniana var. tortifolia Rehd.扭叶高加索冷杉
Abies nukiangensis Cheng & L.K.Fu 怒江冷杉
Abies numidica Carr.阿尔及利亚冷杉
Abies numidica var. glauca Beiss.粉绿叶阿尔及利亚冷杉
Abies pichta (Lodd.) Forbes=Abies sibirica
Abies pindrow Royle 印度冷杉
Abies pindrow var. brevifolia Dall. & Jack 短叶冷杉
Abies pinsapo Boiss.西班牙冷杉
Abies pinsapo var. glauca Carr.粉绿叶西班牙冷杉
Abies pinsapo var. pendula Beiss.垂枝西班牙冷杉
Abies polita S. & Z.= Picea torano
Abies procera Rehd.壮丽冷杉
Abies procera var. glauca Beiss.粉绿叶壮丽冷杉
Abies recurvata Mast.紫果冷杉
Abies recurvata var. *ernestii* (Redh.) C.T.Kuan=Abies ernestii
Abies religiosa (H.B.K.) Schlecht.神圣冷杉
Abies rolii Bordéres-Rey & Gaussen=Abies ferreana
Abies sachalinensis Mast.(Matsum Bot.Tokyo 1901)=Abies kawakamii
Abies sachalinensis Mast.库页冷杉
Abies sachalinensis var. nemorensis Mayr 林中库矶冷杉
Abies sacra David=Keteleeria davidiana
Abies salouenensis Bordére-Rey & Gaussen=Abies ernestii var. salouenensis
Abies schrenkiana (Fisch. & Mey.) Lindl. & Gord.=Picea schrenkiana
Abies shensiensis Pritz.=Abies chensiensis
Abies sibiico-nephrolepis Takenouchi & Chien=Abies nephrolepis
Abies sibirica Ledeb.(Korsh.in Acta Hort.Petrop.1892)=Abies nephrolepis
Abies sibirica Ledeb.新疆冷杉
Abies sibirica var. *nephrolepis* Trautv.=Abies nephrolepis
Abies smithiana Lindl.=Picea smithiana

Abies sp. Franch.=Abies chensiensis
Abies sp. Pax=Abies fargesii var. faxoniana
Abies spectabilis (D.Don) Spach 西藏冷杉
Abies spectabilis var. brevifolia (Henry) Rehd.光皮喜马拉雅冷杉?
Abies spectabilis var. *densa* (Griff.) Silba=Abies densa
Abies spectabilis var. vrevifolia (Henry) Rehd.光皮喜马拉雅冷杉
Abies spinulosa Griff.=Picea spinulosa
Abies squamata Mast.(台湾志,1964,p.p.)=Abies fargesii
Abies squamata Mast.鳞皮冷杉
Abies sutchuenensis (Franch.) Rehd. & Wils.=Abies fargesii
Abies taxifolia Poiret=Pseudotsuga menziensii
Abies theisha David=Tsuga chinensis
Abies torano Sieb. ex K.Koch.=Picea torano
Abies tsuga S. & Z.(Franch.in Nouv.Arch.Mus.Hist.Nat.Paris 1884)=Tsuga chinensis
Abies veitchii Lindl.白叶冷杉
Abies veitchii var. nikkoensis Mayr 小果白叶冷杉
Abies veitchii var. olivacea Shiras.绿果白叶冷杉
Abies venusta (Dougl.) K.Koch.亮果冷杉
Abies webbiana (Wall.) Lindl.=Abies spectabilis
Abies yoneyamae Sataô=Abies holophylla
Abies yuana Boredères-Rey & Gaussen=Abies ferreana
Abies yuanbaoshanensis Y.J.Lü & L.K.Fu 元宝山冷杉
Abies yunnanensis Franch.=Tsuga dumosa
Abies ziyuanensis L.K.Fu & S.L.Mo=Abies beshanzuensis var. ziyuanensis
Abietia Kent=**Keteleeria**
Abietia douglasii (Lindl.) Kent=Pseudotsuga menziensii
Abietia douglasii var. *macrocarpa* (Torrey) Kent=Pseudotsuga macrocarpa
Abietia fortunei Kent=Keteleeria fortunei
Abildgaardia eragrostis Nees=Fimbristylis eragrostis
Abildgaardia fusca Nees=Fimbristylis fusca
Abildgaardia monostachya (L.) Vahl=Fimbristylis monostachya
Aboriella Bennet=**Pilea**
Aboriella myriantha (Dunn) Bennet=Pilea myriantha
Abrodictyum Presl **长片蕨属**(膜蕨科)
Abrodictyum cumingii Presl 长片蕨
Abroma Jacq.=Ambroma
Abroma fastuosa Jacq.=Ambroma augusta
Abronia Juss.**沙地马鞭草属**(紫茉莉科)
Abronia latifolia Esch.黄沙地马鞭草
Abronia maritima S.Wats.红沙地马鞭草
Abronia pogonantha Heimerl.摩札沙地马鞭草
Abronia umbellata Lam.粉红沙地马鞭草
Abronia villosa Wats.沙漠沙地马鞭草
Abrus Adans.**相思子属**(豆科)
Abrus cantoniensis Hance 广州相思子
Abrus fruticulosus Wight & Arn.(Breteler in Blumea 1960,p.p.)=Abrus pulchellus
Abrus fruticulosus Wight & Arn.(Breteler in Blumea 1960,p.p.)=Abrus cantoniensis
Abrus fruticulosus Wight & Arn.(Breteler in Blumea 1960,p.p.)=Abrus mollis
Abrus mollis Hance 毛相思子
Abrus precatorius L.相思子
Abrus pulchellus Wall. ex Thwaites 美丽相思子
Abrus pulchellus subsp. *cantoniensis* (Hance) Verdc.=Abrus cantoniensis
Abrus pulchellus subsp. *mollis* (Hance) Verdc.=Abrus mollis
Absinthium bipetala Gilib.=Artemisia absinthiumn
Absinthium divaricatum Fisch. ex Bess.=Artemisia anethifolia
Absinthium frigidum Bess.=Artemisia frigida
Absinthium frigidum var. *fischerianum* Bess.=Artemisia frigida
Absinthium frigidum var. *willdenovianum* Bess.=Artemisia frigida
Absinthium grandiflorum Bess.=Artemisia sericea
Absinthium lagocephalum Fisch. ex Bess.=Artemisia lagocephala
Absinthium nitens Stev. ex Bess.=Artemisia sericea
Absinthium rupetre Bess.=Artemisia rupestris
Absinthium rupetre var. *oelandicum* Bess.=Artemisia rupestris
Absinthium rupetre var. *thuringiacum* Bess.=Artemisia rupestris
Absinthium sericeum Bess.=Artemisia sericea
Absinthium sieversianum Bess.=Artemisia sieversiana
Absinthium viride Bess.=Artemisia rupestris
Absinthium viridifolium Bess.=Artemisia rupestris
Absinthium vulgare Lamarch=Artemisia absinthiumn
Absolmsia aa O.Kuntze (植物志 63,1977)=**Tylophora**
Absolmsia oligophylla Tsaing=tylophora oligophylla
Abutilon Mill.**苘麻属**(锦葵科)
Abutilon abutilon(L.) Huth.=Abutilon theophrasti
Abutilon asiatica L.=Abutilon indicum var. guineense
Abutilon asiaticum (L.) Sweet=Abutilon indicum var. guineense
Abutilon avicennae Gaertn.=Abutilon theophrasti
Abutilon avicennae var. *chinense* Skvort.=Abutilon theophrasti
Abutilon avicennae var. *chinensenigrum* Skvort.=Abutilon theophrasti
Abutilon avicennae var. *genuina* Skvort.=Abutilon theophrasti
Abutilon cavaleriei Lévl.=Abutilon indicum
Abutilon crispum (L.) Medicus 泡果苘
Abutilon cysticarpum Hance ex Walp.=Abutilon indicum
Abutilon esquirolii Lévl.=Urena repanda
Abutilon forrestii S.Y.Hu=Abutilon indicum var. forrestii
Abutilon gebauerianum Hand.-Mazz.滇西苘麻
Abutilon graveolens (Roxb. ex Hornem.)Wight & Arn. ex Wight=Abutilon hirtum
Abutilon graveolens Roxb.=Abutilon hirtum
Abutilon graveolens var. *hirtum* (Lamk.) Mast.=Abutilon hirtum
Abutilon guineense (Schumach.) Baker f. & Exell=Abutilon indicum var. guineense
Abutilon hirtum (Lamk.) Sweet.恶味苘麻
Abutilon hirtum var. hirtum=Abutilon hirtum
Abutilon hirtum var. yuanmouense Fegn 元谋恶味苘麻
Abutilon indicum (L.) Sweet.磨盘草
Abutilon indicum subsp. *guineense* (Schumach.) Borss.=Abutilon indicum var. guineense
Abutilon indicum var. forrestii (S.Y.Hu) Feng 小花磨盘草
Abutilon indicum var. guineense (Shumach.) Fegn 几内亚磨盘草
Abutilon indicum var. *hirtum* (Lamk.) Griseb.=Abutilon hirtum
Abutilon indicum var. indicum=Abutilon indicum
Abutilon indicum var. *populifolium* (Lamk.) Wight & Arn.=Abutilon indicum
Abutilon molle Sweet.(Dunn in J.L.Soc.Bot.1911)=Abutilon theophrasti
Abutilon paniculatum Hand.-Mazz.圆锥苘麻
Abutilon periplocifolium (L.) G.Don=Wissadula periplocifolia
Abutilon polyandrum Schlecht.(Franch.in Pl.Delav.1889)=Abutilon sinense
Abutilon populifolium G.Don=Abutilon indicum
Abutilon roseum Hand.-Mazz.红花苘麻
Abutilon sinense Oliv.华苘麻
Abutilon sinense var. edentatum Feng 无齿华苘麻
Abutilon sinense var. sinense=Abutilon sinense
Abutilon sinense var. *typica* Hochr.=Abutilon sinense
Abutilon sinense var. *yunnanense* Hochr.=Abutilon gebauerianum
Abutilon striatum Dickson.金铃花
Abutilon taiwanensis S.Y.Hu=Abutilon indicum var. guineense
Abutilon theophrasti Medicus 苘麻
Abutilon theophrasti var. *chinense* (Skvort.) S.Y.Hu=Abutilon theophrasti
Abutilon theophrasti var. *nigrum* (Skvort.) S.Y.Hu=Abutilon theophrasti
Acacallis Lindl.**阿卡卡里兰属**(兰科)
Acacallis cyanea Lindl.阿卡卡里兰
Acacia Mill.**金合欢属**(豆科)
Acacia acinacea Lindl.拉特氏相思树
Acacia albida Edl.微白金合欢
Acacia aneura F.J.Muell.无脉相思树
Acacia arabica (Lam.) Willd.=Acacia nilotica
Acacia armata R.Br.刺相思树
Acacia auriculiformis A.Cunn. ex Benth.大叶相思
Acacia baileyana F.J.Muell.贝利氏金合欢
Acacia binervia Macbr.双生脉相思树
Acacia brachybotrya Benth.银叶相思树
Acacia busseri Harms 小金合欢?
Acacia bynoeana Benth.白诺金合欢
Acacia caesia (L.) Willd.尖叶相思
Acacia calamifolia Lindl.藤叶相思树
Acacia cardiophylla Benth.心叶金合欢
Acacia catechu (L.f.) Willd.儿茶

Acacia cavenia Mol.加芬相思树
Acacia concinna (Willd.) DC.=Acacia sinuata
Acacia confusa Merr.台湾相思
Acacia cornigera Willd.牛角相思树
Acacia cultriformis A.Cunn.刀状相思树
Acacia cyanophylla Lindl.蓝叶金合欢
Acacia cyclopis A.Cunn.巨相思树
Acacia dealbata Link 银荆
Acacia decora Rchb.美好相思树(新)
Acacia decurrens Willd.线叶金合欢
Acacia decurrens var. *dealbata* (Link) Maiden=Acacia dealbata
Acacia decurrens var. *mollis* Ker (广州志 1956)=Acacia mearnsii
Acacia delavayi Franch.(Merr. & Chun in Sunyatsenia 1940)=Acacia pennata
Acacia delavayi Franch.光叶金合欢
Acacia elongata DC.长荚相思树
Acacia farnesiana (L.) Willd.金合欢
Acacia giraffae Burchell.吉腊夫氏相思树
Acacia glauca (L.) Moench 灰金合欢
Acacia glauca (L.) Willd.=Leucaena leucocephala
Acacia gummifera Willd.摩咯哥橡胶树
Acacia hainanensis Hay.=Acacia pennata
Acacia homalophylla Benth.平展叶相思树
Acacia horrida Willd.非洲橡胶树
Acacia howittii F.J.Muell.何威特金合欢
Acacia implexa Benth.轻木相思树
Acacia intsia (L.) Willd.(Miq.in Fl.Ind.Bat.1855)=Acacia caesia
Acacia intsia var. *caesia* (L.) Wight & Arn.=Acacia caesia
Acacia juniperina Willd.柏叶相思树
Acacia karroo Hayne 卡路金合欢
Acacia kettlewelliae Maiden.凯特威氏相思树
Acacia koa A.Gray 柯阿金合欢
Acacia leprosa DC.皮屑金合欢
Acacia leucophloea Willd.白韧相思树
Acacia longifolia Willd.长叶相思树
Acacia macrophylla Bge.=Albizia kalkora
Acacia mearnsii De Wilde 黑荆
Acacia megaladena Desv.钝叶金合欢
Acacia mollis Wall.=Albizia mollis
Acacia mollissima auct. plur.non Willd.=Acacia mearnsii
Acacia mollissima Willd.柔毛金合欢
Acacia nilotica Delile 阿拉伯金合欢
Acacia paniculata Macbr.圆锥相思树
Acacia pendula A.Cunn.垂枝相思树
Acacia pennata (L.) Willd.(Gagn.in Lecomte,Fl.Gén.Indo-Chine 1928,p.p.) =Acacia megaladena
Acacia pennata (L.) Willd.羽叶金合欢
Acacia pennata var. *arrophula* (D.Don) Baker=Acacia megaladena
Acacia penninervis DC.羽脉相思树
Acacia podalyriifolia A.Cunn.真珠相思树
Acacia pravissima F.J.Muell.极弯相思树
Acacia proninens A.Cunn 凸起相思树
Acacia pruinescens Kurz 粉被金合欢
Acacia pruinosa Benth.粉茎相思树
Acacia pubescens Ait.f.毛金合欢
Acacia pycnantha Benth.密花金合欢
Acacia retinodes Schlch.树胶状相思树
Acacia richii Gray (豆科图说 1955,经济植物手册 1957)=Acacia confusa
Acacia rigens A.Cunn.刚硬金合欢
Acacia rubida A.Cunn.变红金合欢
Acacia rugata (Lam.) Buch. ex Voidt=Acacia sinuata
Acacia rugata Hamilton ex Benth.=Acacia sinuata
Acacia salicina Lindl.柳相思树
Acacia senegal (L.) Willd.阿拉伯胶树
Acacia seyal Delile 塞伊耳相思树
Acacia sinuata (Lour.) Merr.藤金合欢
Acacia spectabilis A.Cunn.显著相思树
Acacia spirocarpa Hichst.螺果金合欢
Acacia stipulata DC.=Albizia chinensis
Acacia suaveolens Willd.香甜相思树
Acacia teniana Harms 无刺金合欢
Acacia terminalis Macbr.顶生金合欢
Acacia vestita Ker-Gawl.被覆金合欢
Acacia victoriae Benth.胜利金合欢
Acacia villosa (Swartz) Willd.=Acacia glauca
Acacia woodii Davy.屋得金合欢
Acacia yunnanensis Franch.云南相思树
Acalypha L.**铁苋菜**(大戟科)
Acalypha acmophylla Hemsl.(Hand.-Mazz.in Symb.Sin.1931)=Acalypha schneideriana
Acalypha acmophylla Hemsl.尾叶铁苋菜
Acalypha akoensis Hay.屏东铁苋菜
Acalypha angatensis Blanco 台湾铁苋菜
Acalypha australis L.铁苋菜
Acalypha australis var. *lanceolata* Hay.=Acalypha australis
Acalypha boehmerioides Miq.=Acalypha lanceolata
Acalypha brachystachya Hornem.(Maxim.in Prim.Fl.Amur.1859)=Pilea pumila
Acalypha brachystachya Hornem.裂苞铁苋菜
Acalypha caturus Bl.尖尾铁苋菜
Acalypha chinensis Roxb.=Acalypha australis
Acalypha diversifolia Jacq.异形叶铁苋菜
Acalypha evrardii Gagn.=Acalypha siamensis
Acalypha fallax Muell.Arg.=Acalypha lanceolata
Acalypha formosana Hay.=Acalypha angatensis
Acalypha gagnepainii Merr.=Acalypha kerrii
Acalypha gemina var. *genuina* Muell.Arg.=Acalypha australis
Acalypha godseffiana Mast.=Acalypha wilkesiana cv. Marginata
Acalypha grandis var. *akoensis* (Hay.) Hurusawa=Acalypha akoensis
Acalypha grandis var. *formosana* (Hay.) Hurusawa=Acalypha angatensis
Acalypha grandis var. *kotoensis* (Hay.) Hurusawa=Acalypha caturus
Acalypha grandis var. *longi-acuminata* (Hay.) Hurusawa=Acalypha caturus
Acalypha hainanensis Merr. & Chun 海南铁苋菜
Acalypha hernantdiifolia Sw.牙买加铁苋菜
Acalypha heterostachya Gagn.=Acalypha kerrii
Acalypha hispida Burm.f.红穗铁苋菜
Acalypha hontauyuensis H.Keng=Acalypha suirenbiensis
Acalypha indica L.热带铁苋菜
Acalypha indica var. *minima* (H.Keng) S.F.Huang & T.C.Huang =Acalypha australis
Acalypha kerrii Craib 卵叶铁苋菜
Acalypha kotoensis Hay.=Acalypha caturus
Acalypha lanceolata Willd.麻叶铁苋菜
Acalypha longi-acuminata Hay.=Acalypha caturus
Acalypha mairei (Lévl.) Schneid.毛叶铁苋菜
Acalypha matsudai Hay.恒春铁苋菜
Acalypha minima H.Keng=Acalypha australis
*Acalypha pauciflora*Hornem.=Acalypha australis
Acalypha schneideriana Pax & Hoffm.丽江铁苋菜
Acalypha siamensis Gagn.=Acalypha kerrii
Acalypha siamensis Oliv. ex Gage 菱叶铁苋菜
Acalypha spicifolia Burm.f.穗序铁苋菜
Acalypha suirenbiensis Yamamoto 花莲铁苋菜
Acalypha szechuanensis Hutch.=Acalypha acmophylla
Acalypha virginica L.北美铁苋菜
Acalypha wilkesiana Muell.Arg.红桑
Acalypha wilkesiana cv. Marginata 金边红桑
Acalypha wilkesiana var. *marginata* Hort.=Acalypha wilkesiana cv. Marginata
Acampe Lindl.**脆兰属**(兰科)
Acampe longifolia (Lindl.) Lindl.长叶脆兰
Acampe multiflora (Lindl.) Lindl.=Acampe rigida
Acampe ochracea (Lindl.) Hochr.窄果脆兰
Acampe papillosa (Lindl.) Lindl.短序脆兰
Acampe rigida (Buch.-Ham. ex J.E.Sm.) P.F.Hunt 多花脆兰
Acanos Adans.=**Onopordum**
Acanos spina Scop.=Onopordum acanthium
Acanthaceae 爵床科
Acanthephippium Bl.**坛花兰属**(兰科)

Acanthephippium bicolora Lindl.二色坛花兰
Acanthephippium javanicum Bl.爪哇坛花兰
Acanthephippium mantinianum Lind. & Cgn.菲律宾坛花兰
Acanthephippium pictum Fukuyama=Acanthephippium sylhetense
Acanthephippium sinense Rolfe 中华坛花兰
Acanthephippium striatum Lindl.锥囊坛花兰
Acanthephippium sylhetense Lindl.坛花兰
Acanthephippium unguiculatum (Hay.) Fukuyama=Acanthephippium striatum
Acanthephippium yamamotoi Hay.=Acanthephippium sylhetense
Acanthocephalus Kar. & Kir.**刺头花属**(菊科)
Acanthocephalus amplexifolius Kar. & Kart.刺头花
Acanthochlamys P.C.Kao **芒苞草属**(石蒜科)
Acanthochlamys bracteata P.C.Kao 芒苞草
Acantholepis Less **棘苞菊属**(菊科)
Acantholepis orientalis Less.棘苞菊
Acantholimon Boiss.**彩花属**(白花丹科)
Acantholimon acerosum (Willd.) Boiss.针叶彩花
Acantholimon alatavicum Bge.刺叶彩花
Acantholimon alatavicum var. alatavicum=Acantholimon alatavicum
Acantholimon alatavicum var. *laevigatum* Peng=Acantholimon laevigatum
Acantholimon alatavicum var. α. *typicum* Regel=Acantholimon alatavicum
Acantholimon albertii Rgl.阿伯特彩花
Acantholimon armenum Boiss. & Huet.亚美尼亚彩花
Acantholimon aulieatense Czeriak.奥里爱坦彩花
Acantholimon avenaceum Bge.燕麦状彩花
Acantholimon borodinii Krassn.细叶彩花
Acantholimon bracteatum (Girard) Boiss.大苞彩花
Acantholimon caryophyllaceum Boiss.石竹状彩花
Acantholimon diapensioides Boiss.小叶彩花
Acantholimon diapensioides var. *longifolia* O.Fetsch.=Acantholimon hedinii
Acantholimon echinus (L.) Boiss.刺彩花
Acantholimon glumaceum (Jaub. & Spach.) Boiss.颖状彩花
Acantholimon hedinii Ostenf.彩花
Acantholimon karelinii (Shchegl.) Bge.花柴彩花
Acantholimon kaschgaricum Lincz.喀什彩花
Acantholimon kokandense Bge.浩罕彩花
Acantholimon laevigatum (Peng) Kamelin 光萼彩花
Acantholimon lepturoides (Jaub. & Spach) Boiss.细穗彩花
Acantholimon lycopodioides (Girard) Boiss.石松彩花
Acantholimon popovii Czerniak.乌恰彩花
Acantholimon pulchllum Korovin.玲恰彩花
Acantholimon roborowskii Czemiak 新疆彩花
Acantholimon tianschanicum Czerniak.天山彩花
Acantholimon venustum Boiss.大花彩花
Acanthonema HK.f.**刺林草属**(苦苣苔科)
Acanthonema strigosum HK.f.粗毛刺林草
Acanthonotus echinatus (Willd.) Benth.=Indigofera nummularifolia
Acanthopale dalzeillii W.W.Sm.= Pteroptychia dalziellii
Acanthopale debilis (Hemsl.) C.B.Clarke ex S.Moore= Championella tetrasperma
Acanthopale divaricata (Wall.) C.B.Clarke= Diflugossa divaricata
Acanthopale japonica (Thunb.) C.B.Clarke ex S.Moore= Championella japonica
Acanthopale labordei (Lévl.) Hand.-Mazz.= Championella labordei
Acanthopale oligantha (Miq.) C.B.Clarke ex S.Moore= Championella oligantha
Acanthopale radicans (T.Anders. ex Benth.) C.B.Clarke ex R.Ben.= Championella tetrasperma
Acanthopale tetrasperma (Champ. ex Benth.) Hand.-Mazz.= Championella tetrasperma
Acanthopanax Decne. & Planch. ex Benth.=**Acanthopanax**
Acanthopanax Seem.=**Acanthopanax**
Acanthopanax Miq.**五加属**(五加科)
Acanthopanax aculeatum (Ait.) H.Witte=Acanthopanax trifoliatus
Acanthopanax bockii Vig.=Nothopanax davidii
Acanthopanax bodinieri Lévl.=Euaraliopsis ciliata
Acanthopanax brachypus Harms 短柄五加
Acanthopanax cissifolius (Griff.) Harms 乌蔹莓五加
Acanthopanax cuspidatus Hoo 尾叶五加
Acanthopanax cuspidatus var. *tienchuanensis* Hoo=Acanthopanax cuspidatus
Acanthopanax davidii Vig.=Nothopanax davidii
Acanthopanax delavayi Vig.=Nothopanax delavayi
Acanthopanax divaricatus (S. & Z.) Seem.两歧五加
Acanthopanax diversifolium Hemsl.=Nothopanax davidii
Acanthopanax eleutheristylus Hoo 离柱五加
Acanthopanax eleutheristylus var. eleutheristylus=Acanthopanax eleutheristylus
Acanthopanax eleutheristylus var. simplex Hoo 单叶离柱五加
Acanthopanax evodiaefolius Franch.吴茱萸五加
Acanthopanax evodiaefolius var. ferrugineus W.W.Sm.锈毛吴茱萸五加
Acanthopanax evodiaefolius var. grancilis W.W.Sm.细梗吴茱萸五加
Acanthopanax giraldii Harms 红毛五加
Acanthopanax giraldii var. giraldii=Acanthopanax giraldii
Acanthopanax giraldii var. hispidus Hoo 毛梗红毛五加
Acanthopanax giraldii var. *inermis* Hanrms & Rehd.=Acanthopanax giraldii
Acanthopanax giraldii var. pilosulus Rehd.毛叶红毛五加
Acanthopanax gracilistylus W.W.Sm.五加
Acanthopanax gracilistylus var. gracilistylus=Acanthopanax gracilistylus
Acanthopanax gracilistylus var. major Hoo 大叶五加
Acanthopanax gracilistylus var. nodiflorus (Dunn) Li 糙毛五加
Acanthopanax gracilistylus var. pubescens (Pamp.) Li 短毛五加
Acanthopanax gracilistylus var. villosulus (Harms) Li 柔毛五加
Acanthopanax henryi (Oliv.) Harms 糙叶五加
Acanthopanax henryi var. faberi Harms 毛梗糙叶五加
Acanthopanax henryi var. henryi=Acanthopanax henryi
Acanthopanax hondae Matsuda=Acanthopanax gracilistylus
Acanthopanax lasiogyne Harms 康定五加
Acanthopanax leucorrhizus Harms (陕甘宁志 1957)=Acanthopanax obovatus
Acanthopanax leucorrhizus (Oliv.) Harms 藤五加
Acanthopanax leucorrhizus var. axillaritomentosus Hoo 腋毛藤五加
Acanthopanax leucorrhizus var. fulvescens Harms & Rehd.糙叶藤五加
Acanthopanax leucorrhizus var. leucorrhizus=Acanthopanax leucorrhizus
Acanthopanax leucorrhizus var. scaberulus Harms & Rehd.狭叶藤五加
Acanthopanax longipes Hand.-Mazz.=Acanthopanax leucorrhizus var. fulvescens
Acanthopanax nidiflorus Dunn=Acanthopanax gracilistylus var. nodiflorus
Acanthopanax obovatus Hoo 倒卵叶五加
Acanthopanax pentaphyllus (S. & Z.) Marhchal=Acanthopanax sieboldianus
Acanthopanax phanerophlebium Meer. & Chun=Brassaiopsis phanerophlebia
Acanthopanax rehderianus Harms 匙叶五加
Acanthopanax rehderianus var. longipedunculatus Hoo 长梗匙叶五加
Acanthopanax rehderianus var. rehderianus=Acanthopanax rehderianus
Acanthopanax ricinifolium Seem.=Kalopanax septemlobus
Acanthopanax ricinifolium var. *maximowiczi* Schneid.=Kalopanax septemlobus var. maximowiczi
Acanthopanax rosthornii Vig.=Macropanax rosthornii
Acanthopanax scandens Hoo 匍匐五加
Acanthopanax senticosus (Rupr & Maxim.) Harms 刺五加
Acanthopanax senticosus f. *subinermis* (Regel) Harms=Acanthopanax senticosus
Acanthopanax sepium Seem.=Acanthopanax trifoliatus
Acanthopanax septemlobum Koidz=Kalopanax septemlobus
Acanthopanax septemlobum var. *maximowiczi* Cheng=Kalopanax septemlobus var. maximowiczi
Acanthopanax septemlobum var. *megnificum* Cheng=Kalopanax septemlobus var. magnificus
Acanthopanax sessiliflora (Rupr. & Maxim.) Seem.无梗五加
Acanthopanax sessiliflora var. parviceps Rehd.小果无梗五加
Acanthopanax setchuenensis Harms ex Diels 蜀五加
Acanthopanax setchuenensis var. latifoliatus Hoo 阔叶蜀五加
Acanthopanax setchuenensis var. setchuenensis=Acanthopanax

setchuenensis
Acanthopanax setulosus Franch.细刺五加
Acanthopanax sieboldianus Makino 异株五加
Acanthopanax simonii Schneid.刚毛五加
Acanthopanax simonii var. longipedicellatus Hoo 长梗刚毛五加
Acanthopanax sinensis Hoo 中华五加
Acanthopanax spinosus (L.f.) Miq.(科学社丛刊 1924,树木分类学 1937,经济植物手册 1957)=Acanthopanax gracilistylus
Acanthopanax spinosus (L.f.) Miq.疏刺五加
Acanthopanax spinosus var. *pubescens* Pamp.=Acanthopanax gracilistylus var. pubescens
Acanthopanax stenophyllus Harms 太白山五加
Acanthopanax trifoliatus (L.) Merr.白簕
Acanthopanax trifoliatus var. setosus Li 刚毛白簕
Acanthopanax verticillatus Hoo 轮伞五加
Acanthopanax villosulus Harms=Acanthopanax gracilistylus var. villosulus
Acanthopanax wardii W.W.Sm.=Acanthopanax lasiogyne
Acanthopanax wilsonii Harms 狭叶五加
Acanthopanax yui Li 云南五加
Acanthopanax yui var. *longipedunculatus* Hoo=Acanthopanax verticillatus
Acanthopanax yui var. *parvispinosus* Hoo=Acanthopanax yui
Acanthophoenix H.Wendl.**刺棕榈属**(棕榈科)
Acanthophoenix crinita H.Wendl.长毛刺棕榈
Acanthophoenix rubra H.Wendl.红刺棕榈
Acanthophyllum C.A.Mey.**刺叶属**(石竹科)
Acanthophyllum pungens (Bge.) Boiss.刺叶
Acanthophyllum spinosum C.A.Mey.=Acanthophyllum pungens
Acanthophyton Less.=**Cichorium**
Acanthospermum Schrank.**刺苞果属**(菊科)
Acanthospermum australe (L.) Ktze.刺苞果
Acanthus L.**老鼠簕属**(爵床科)
Acanthus balcanicus Heyw. & I.Rich.巴尔干老鼠簕
Acanthus ebracteatus Vahl 小花老鼠簕
Acanthus ebracteatus var. ebracteatus= Acanthus ebracteatus
Acanthus ebracteatus var. xiamenensis (R.T.Zhang) C.Y.Wu & C.C.Hu 厦门老鼠簕
Acanthus hungaricus (Borb.) Baenitz 匈牙利老鼠簕
Acanthus ilicifolius L.老鼠簕
Acanthus leucostachyus Wall. ex Nees 刺苞老鼠簕
Acanthus longifolius Poir.长叶老鼠簕
Acanthus maderaspatensis L.= Blepharis maderaspatensis
Acanthus mollis L.莨力花
Acanthus niger Mill.黑老鼠簕
Acanthus spinosus L.刺老鼠簕
Acanthus xiamenensis R.T.Zhang= Acanthus ebracteatus var. xiamenensis
Acarna chinensis Bge.=Atractylodes lancea
Acer L.**槭属**(槭树科)
Acer acuminatum Wall. ex D.Don (Dipp.Handb.Laubh.1892)=Acer caudatum
Acer acuminatum Wall.齿裂槭
Acer acutum Fang 锐角槭
Acer acutum var. acutum=Acer acutum
Acer acutum var. quinquefidum Fang & P.L.Chiu 五裂锐角槭
Acer acutum var. tientungense Fang & Fang f.天童锐角槭
Acer albo-purpurascens Hay.紫白槭
Acer amoenum sensu Hu & Cheng=Acer paihengii
Acer amplum Rehd.阔叶槭
Acer amplum var. amplum=Acer amplum
Acer amplum var. convexum (Fang) Fang 凸果阔叶槭
Acer amplum var. jianshuiense Fang 建水阔叶槭
Acer amplum var. tientaiense (Schneid.) Rehd.天台阔叶槭
Acer angustilobum Hu=Acer wilsonii
Acer angustilobum var. *angustilobum* f. *longicaudatum* Fang=Acer wilsonii var. longicaudatum
Acer angustilobum var. *kwangtungense* (Chun Fang=Acer pubinerve var. kwangtungense
Acer angustilobum var. *sichourense* Fang & Fang f.=Acer sichourense
Acer anhweiense Fang & Fang f.安徽槭
Acer anhweiense var. anhweiense=Acer anhweiense
Acer anhweiense var. brachypterum Fang & P.L.Chiu 短翅安徽槭
Acer argutum Maxim.尖齿槭(新)
Acer barbatum Michx.佛罗里达糖槭
Acer barbinerve Maxim.髭脉槭
Acer betulifolium Maxim.=Acer tetramerum var. betulifolium
Acer bicolor F.Chun 两色槭
Acer bicolor var. bicolor=Acer bicolo
Acer bicolor var. serratifolium (Fang) Fang 粗齿两色槭
Acer bicolor var. serrulatum (Metc.) Fang 圆齿两色槭
Acer bodinieri Lévl.(Fang in ConTrib. Biol.Lab.Sc.Soc.China Bot.1939, p.p.)=Acer amplum var. jianshuiense
Acer bodinieri Lévl.=Acer mono var. tricuspis
Acer bodinieri var. *convexum* Fang=Acer amplum var. convexum
Acer bornmuelleri Borb.波姆雷槭
Acer boscii Spach.波士槭
Acer buergerianum Miq.三角槭
Acer buergerianum subsp. *formosanum* (Hay. ex Koidz.) E.Murr.=Acer buergerianum var. formosamum
Acer buergerianum var. buergerianum=Acer buergerianum
Acer buergerianum var. formosamum (Hay. ex Koidz.) Sasaki 台湾三角槭
Acer buergerianum var. horizontale Metc.平翅三角槭
Acer buergerianum var. kaiscianense (Pamp.) Fang 界山三角槭
Acer buergerianum var. ningpoense (Hance) Rehd.宁波三角槭
Acer buergerianum var. *trinerve* (Siesmayer) Rehd.=Acer buergerianum
Acer buergerianum var. yentangense Fang & Fang f.雁荡三角槭
Acer caesium Wall. ex Brandis 深灰槭
Acer caesium subsp. caesium=Acer caesium
Acer caesium subsp. giraldii (Pax) E.Murr.太白深灰槭
Acer campbellii HK.f. & Thoms. ex Hiern 藏南槭
Acer campbellii subsp. *chekiangenss* (Fang) E.Murr.=Acer pubinerve
Acer campbellii subsp. *flabellatum* (Rehd.) E.Murr.=Acer flabellatum
Acer campbellii subsp. *oliverianum* (Pax) E.Murr.=Acer oliverianum
Acer campbellii subsp. *robustum* (Pax) E.Murr.=Acer robustum
Acer campbellii subsp. *schneiderianum* (Pax & Hoffm.) E.Murr.=Acer schneiderianum
Acer campbellii var. *yunnanense* Rehd.=Acer flabellatum var. yunnanense
Acer campestre L.桐状槭
Acer campestre f. albo-variegatum Hayne 白斑叶栓皮槭
Acer campestre f. postelense Lauche 金黄叶栓皮槭
Acer campestre f. pulverulentum Kirchn.粉叶栓皮槭
Acer campestre f. schwerinii Hesse 紫叶栓皮槭
Acer campestre f. tauricum Kirchn.金牛栓皮槭
Acer campestre var. austriacum DC.奥地利栓皮槭
Acer campestre var. hebecarpum DC.野栓皮槭
Acer campestre var. leiocarpum Tausch 光果栓皮槭
Acer capillipes Maxim.细柄槭
Acer cappadocicum Gled.青皮槭
Acer cappadocicum f. *rubrocarpum* E.Murr.(p.p.)=Acer tibetense
Acer cappadocicum f. rubrum (Kirchn.) Rehd.红青皮槭
Acer cappadocicum f. *tricaudatum* (Rehd. ex Veitch) Rehd.=Acer cappadocicum var. tricaudatum
Acer cappadocicum f. tricolor (Carr.) Rehd.三色青皮槭
Acer cappadocicum subsp. *amplum* (Rehd.) E.Murr.=Acer amplum
Acer cappadocicum subsp. *catalpifolium* (Rehd.) E.Murr.=Acer catalpifolium
Acer cappadocicum subsp. *sinicum* (Rehd.) Hand.-Mazz.=Acer cappadocicum var. sincum
Acer cappadocicum subsp. *trilobum* E.Murr.(p.p.)=Acer cappadocicum var. tricaudatum
Acer cappadocicum subsp. *trilobum* E.Murr.(p.p.)=Acer mono var. tricuspis
Acer cappadocicum subsp. *truncatum* (Bge.) E.Murr.(p.p.)=Acer mono
Acer cappadocicum subsp. *truncatum* (Bge.) E.Murr.(p.p.)=Acer truncatum
Acer cappadocicum var. aureum 金黄青皮槭
Acer cappadocicum var. brevialatum Fang 短翅青皮槭
Acer cappadocicum var. cappadocicum=Acer cappadocicum
Acer cappadocicum var. *cultratum* (Wall.) Fang=Acer cappadocicum
Acer cappadocicum var. *indicum* (Pax) Rehd.=Acer cappadocicum

Acer cappadocicum var. *rotundilobum* E.Murr.=Acer tenellum
Acer cappadocicum var. *serrulatum* Metc.=Acer bicolor var. serrulatum
Acer cappadocicum var. sinicum Rehd.小叶青皮槭
Acer cappadocicum var. *sinicum* f. *tricaudatum* (Rehd. ex Veitch) Fang=Acer cappadocicum var. tricaudatum
Acer cappadocicum var. *tomentulosum* (Rehd.) E.Murr.(p.p.)=Acer fulvescens
Acer cappadocicum var. *tomentulosum* (Rehd.) E.Murr.(p.p.)=Acer longipes
Acer cappadocicum var. tricaudatum (Rehd. ex Veitch) Rehd.三尾青皮槭
Acer carpinifolium S. & Z.鹅耳枥槭
Acer catalpifolium Rehd.梓叶槭
Acer catalpifolium subsp. xinganense Fang 兴安梓叶槭
Acer caudatifolium Hay.尖尾槭
Acer caudatum Wall.长尾槭
Acer caudatum subsp. *ukurunduense* (Trautv. & Mey.) E.Murr.=Acer unkurunduense
Acer caudatum var. caudatum=Acer caudatum
Acer caudatum var. *erosum* (Pax) Rehd.=Acer caudatum var. multiserratum
Acer caudatum var. *georgei* Diels=Acer caudatum var. prattii
Acer caudatum var. multiserratum (Maxim.) Rehd.多齿长尾槭
Acer caudatum var. prattii Rehd.川滇长尾槭
Acer caudatum var. *ukurunduense* (Trautv. & Mey.) Rehd.=Acer unkurunduense
Acer caudtifolium Hay.尖尾槭
Acer cavaleriei Lévl.=Acer davidii
Acer ceriferum Rehd.蜡枝槭
Acer changhuaense (Fang & Fang f.) Fang & P.L.Chiu 昌化槭
Acer chekiangensis Hu & Fang=Aesculus chinensis var. chekiangensis
Acer chienii Hu & Cheng 怒江槭
Acer chingii Hu 黔桂槭
Acer chunii Fang 乳源槭
Acer chunii subsp. chunii=Acer chunii
Acer chunii subsp. dimorphophyllum Fang 两型叶乳源槭
Acer cinerascens Boiss.西业槭
Acer cinnamomifolium Hay.樟叶槭
Acer circinatum Prush 旋捲槭(新)
Acer circumlobatum var. *pseudosieblodianum* Pax=Acer pseudosieboldianum
Acer cissifolium (S. & Z.) K.Koch 蔹莓槭
Acer cissifolium subsp. *henryi* (Pax) E.Murr.=Acer henryi
Acer confertifolium Merr. & Metc.密叶槭
Acer confertifolium var. confertifolium=Acer confertifolium
Acer confertifolium var. serrulatum (Dunn) Fang 细齿密叶槭
Acer cordatum Pax (Fang in ConTrib. Biol.Lab.Sc.Soc.China Bot.1932, p.p.)=Acer cordatum var. microcordatum
Acer cordatum Pax 紫果槭
Acer cordatum var. cordatum=Acer cordatum
Acer cordatum var. microcordatum Metc.小紫果槭
Acer cordatum var. subtrinervium (Metc.) Fang 长柄紫果槭
Acer coriaceifolium Lévl.革叶槭
Acer coriaceifolium subsp. *obscurilobum* E.Murr.=Acer sycopseoides
Acer coriaceifolium var. coriaceifolium=Acer coriaceifolium
Acer coriaceifolium var. microcarpum Fang & S.S.Chang 小果革叶槭
Acer coriaceum Tausch.杂种苦叶槭
Acer crassum Hu & Cheng 厚叶槭
Acer crataegifolium S. & Z.山楂槭
Acer crataegifolium sensu Lévl.=Acer davidii
Acer crataegifolium var. veitchii Nichols.维奇山楂槭
Acer cultratum Wall.=Acer cappadocicum
Acer davidii Franch.青榨槭
Acer davidii f. *trilobata* (Sic) Diels=Acer metcalfii
Acer davidii var. *acuminatifolium* Fang=Acer davidii
Acer davidii var. *glabrescens* Pax=Acer davidii
Acer davidii var. *glabrescens* sensu Pax=Acer grosseri
Acer davidii var. *horizontale* Pax=Acer grosseri
Acer davidii var. *tomentellum* Scher.=Acer davidii
Acer decandrum Merr.十蕊槭
Acer dedyle Maxim.=Acer unkurunduense
Acer diabolicum K.Koch 鬼槭
Acer diabolicum subsp. *barbinerve* (Maxim.) Wesmael=Acer barbinerve
Acer diabolicum subsp. *sinopurpurascens* (Cheng) E.Murr.=Acer sinopurpurascens
Acer diabolicum var. purpurascens (Franch. & Sav.) Rehd. 红鬼槭
Acer dieckii Pax.戴克槭
Acer dielsii Lévl.=Dipteronia sinensis
Acer dimorphifolium Metc.=Acer reticulatum var. dimorphifolium
Acer discolor Maxim.异色槭
Acer distylum S. & Z.二柱槭
Acer duplicanto-serratum Hay.重齿槭
Acer elegantulum Fang & P.L.Chiu 秀丽槭
Acer elegantulum var. elegantulum=Acer elegantulum
Acer elegantulum var. macrurum Fang & P.L.Chiu 长尾秀丽槭
Acer erianthum Schwer 毛花槭
Acer erosum Pax=Acer caudatum var. multiserratum
Acer eucalyptoides Fang & Wu 桉状槭
Acer fabri Hance 罗浮槭
Acer fabri f. *rubrocarpum* (Metc.) Rehd.=Acer fabri var. rubrocarpum
Acer fabri var. fabri=Acer fabri
Acer fabri var. gracillimum Fang 特瘦罗浮槭
Acer fabri var. megalocarpum Hu & Cheng 大果罗浮槭
Acer fabri var. rubrocarpum Metc.红果罗浮槭
Acer fabri var. virescens Fang 毛梗罗浮槭
Acer fargesii Franch. ex Rehd.=Acer fabri var. rubrocarpum
Acer fauriei Lévl.=Acer negundo
Acer fengii E.Murr.=Acer kwangnanense
Acer fenzelianum Hand.-Mazz.河口槭
Acer firmianioides Cheng 梧桐槭
Acer flabellatum Rehd.扇叶槭
Acer flabellatum var. flabellatum=Acer flabellatum
Acer flabellatum var. yunnanense (Rehd.) Fang 云南扇叶槭
Acer floridanum (Chapm.) Pax 佛罗里达槭
Acer floridanum var. villipes Rehd.毛佛罗里达槭
Acer forrestii Diels 丽江槭
Acer forrestii f. *caudatilobum* Rehd.=Acer pectinatum f. Caudatilobum
Acer frachetii Pax 房县槭
Acer frachetii var. frachetii=Acer frachetii
Acer frachetii var. megalocarpum Fang & W.K.Hu 大果房县槭
Acer franchetii var. *acuminatilobum* Fang & How=Acer kungshanense var. acuminatilobum
Acer franchetii var. *schoenermarkiae* (Pax) Fang & Chow=Acer frachetii
Acer fulvescens Rehd.黄毛槭
Acer fulvescens subsp. danbaense Fang 丹巴黄毛槭
Acer fulvescens subsp. fulvescens=Acer fulvescens
Acer fulvescens subsp. fupingense (Fang & W.K.Hu) Fang & W.K.Hu 陕甘黄毛槭
Acer fulvescens subsp. fuscescens Fang 褐脉黄毛槭
Acer fulvescens subsp. pentalobum (Fang & Soong) Fang & Soong 五裂黄毛槭
Acer fulvescens var. *fupingense* Fang & W.K.Hu=Acer fulvescens var. fupingense
Acer fulvescens var. *pentalobum* Fang & Soong=Acer fulvescens var. pentalobum
Acer ginnala Maxim.茶条槭
Acer ginnala subsp. *euginnala* Pax=Acer ginnala
Acer ginnala subsp. ginnala=Acer ginnala
Acer ginnala subsp. theiferum (Fang) Fang 苦茶槭
Acer ginnala var. *euginnala* (Pax) Pax=Acer ginnala
Acer ginnala var. *semenovii* (Regel & Herder) Pax=Acer semenovii
Acer giraldii Pax=Acer caesium subsp. giraldii
Acer glabrum Torr.光槭
Acer glabrum f. trisectum Sarg.三裂光槭
Acer glabrum var. douglas (HK.) Dipp.道格拉斯光槭
Acer glabrum var. rhodocarpum Schwer.蔷薇果光槭
Acer glabrum var. tripartitum (Nutt.) Pax 三叶光槭
Acer gracile sensu Fang & Fang f.=Acer mapienense
Acer grandidentatum Nutt.北美大齿槭
Acer grandidentatum var. brachypterum (Woot. & Standl.) E.J.Palmer 北美西南大齿槭
Acer grandidentatum var. sinuosum (Rehd.) Little 波状大齿槭

Acer griseum (Franch.) Pax 血皮槭
Acer grosseri sensu Hand.-Mazz.=Acer forrestii
Acer grosseri Pax 葛萝槭
Acer grosseri var. *forrestii* (Diels) Hand.-Mazz.=Acer forrestii
Acer grosseri var. grosseri=Acer grosseri
Acer grosseri var. hersii (Rehd.) Rehd.长裂葛萝槭
Acer hainanense Chun & Fang 海南槭
Acer heldreichii f. purpuratum Schwer.紫巴尔干槭
Acer henryi Pax 建始槭
Acer henryi f. *intermedium* Fang=Acer henryi
Acer henryi var. *serrata* (sic) Pamp.=Acer henryi
Acer heptalobum Diels 七裂槭
Acer hersii Rehd.(p.p.)=Acer grosseri
Acer hersii Rehd.(p.p.)=Acer grosseri var. hersii
Acer hilaense Hu & Cheng 海拉槭
Acer hookeri sensu Hemsl.=Acer davidii
Acer hookeri Miq.锐齿槭
Acer hookeri var. hookeri=Acer hookeri
Acer hookeri var. *normale* Schwer.=Acer hookeri
Acer hookeri var. orbiculare Fang & Wu 圆叶锐齿槭
Acer horizontale Pax ex Fang(p.p.)=Acer grosseri
Acer huianum Fang & Hsieh 勐海槭
Acer hybridum Spach.杂种槭
Acer hypoleucum Hay.灰毛槭
Acer hypotrichum Fanrhc. ex Fang=Acer longipes
Acer hyrcanum Fisch. & Mey.海卡槭
Acer japonicum Thunb.羽扇槭
Acer japonicum f. aureum Schwer.金黄日本槭
Acer japonicum f. microphyllum Veitch.小叶日本槭
Acer japonicum var. aconitifolium Meehan 扇叶日本槭
Acer johnedwardianum Metc.=Acer confertifolium var. serrulatum
Acer kansuense Fang & C.Y.Chang=Acer mandshuricum subsp. kansuense
Acer kawakamii Koidz.=Acer caudtifolium
Acer kawakamii var. *taitonmontanum* (Hay.) Li=Acer caudtifolium
Acer kiangsiense Fang & Fang f.江西槭
Acer kiukiangense Hu & Cheng 俅江槭
Acer komarovii Pojark.小楷槭
Acer kungshanense Fang & C.Y.Chang 贡山槭
Acer kungshanense var. acuminatilobum (Fang & Chow) Fang 尖裂贡山槭
Acer kungshanense var. kungshanense=Acer kungshanense
Acer kuomeii Fang & Fang f. 蜜果槭
Acer kwangnanense Hu & Cheng 广南槭
Acer kwangsiense Fang & Fang f.(p.p.)=Acer tonkinense
Acer kwangsiense Fang & Fang f.(p.p.)=Acer tonkinense subsp. kwangsiense
Acer kweilinense Fang & Fang .f 桂林槭
Acer laetum C.A.Mey.=Acer cappadocicum
Acer laetum var. *cultratum* (Wall.) Pax=Acer cappadocicum
Acer laetum var. *tomentosulum* (Sic.) Rehd.=Acer longipes
Acer laetum var. *tricaudatum* Rehd. ex Veitch=Acer cappadocicum var. tricaudatum
Acer laetum var. *truncatum* (Bge.) Regel=Acer truncatum
Acer laevigatum Wall.光叶槭
Acer laevigatum subsp. *reticulatum* (Champ.) E.Murr.(p.p.)=Acer fabri
Acer laevigatum subsp. *reticulatum* (Champ.) E.Murr.(p.p.)=Acer fabri var. rubrocarpum
Acer laevigatum subsp. *reticulatum* (Champ.) E.Murr.(p.p.)=Acer reticulatum
Acer laevigatum var. *angustum* Pax=Acer laevigatum
Acer laevigatum var. *fargesii* (Rehd.) Veitch=Acer fabri var. rubrocarpum
Acer laevigatum var. laevigatum=Acer laevigatum
Acer laevigatum var. *reticulatum* (Champ.) Rehd.=Acer reticulatum
Acer laevigatum var. salweenense (W.W.Sm.) J.M.cowan ex Fang 怒江光叶槭
Acer laevigatum var. *typicum* Pax=Acer laevigatum
Acer laikuanii Ling 将乐槭
Acer laisuense Fang & W.K.Hu 来苏槭
Acer lanceolatum Moll.剑叶槭
Acer lanpingense Fang & Fang f. 兰坪槭
Acer lasiocarpum Lévl. & Vant.=Acer unkurunduense
Acer laurinum subsp. *decandrum* (Merr.) E.Murr.=Acer decandrum
Acer laxiflorum sensu Rehd.=Acer forrestii
Acer laxiflorum Pax 疏花槭
Acer laxiflorum var. dolichophyllum Fang 长叶疏花槭
Acer laxiflorum var. *genuinum* Pax=Acer laxiflorum
Acer laxiflorum var. *integrifolium* Fang=Acer davidii
Acer laxiflorum var. *laxiflorum*=Acer laxiflorum
Acer laxiflorum var. *longilobum* Rehd.(p.p.)=Acer taronense
Acer laxiflorum var. *ningpoense* Pax=Acer davidii
Acer leiopodum (Hand-Mazz.) Fang & Chow 秃梗槭
Acer leipoense Fang & Soong 雷波槭
Acer leipoense subsp. leipoense=Acer leipoense
Acer leipoense subsp. leucotrichum Fang 白毛雷波槭
Acer leptophyllum Fang 细叶槭
Acer leucoderme Small.灰白皮槭
Acer linganense Fang & P.L.Chiu 临安槭
Acer lingii Fang 福州槭
Acer liquidambarifolium Hu & Cheng=Acer tonkinense subsp. liquidambarifolium
Acer litseaefolium Hay.长叶槭
Acer lobelii Ten 罗伯利槭
Acer lobelii subsp. *pictum* (Thunb.) Wesmael=Acer mono
Acer lobelii subsp. *triuncatum* (Bge.) Wesmael=Acer truncatum
Acer lobelii var. *indicum* Pax=Acer cappadocicum
Acer lobulatum Nakai=Acer truncatum
Acer lobulatum var. *rubripes* Nakai=Acer truncatum
Acer longicarpum Hu & Cheng 长翅槭
Acer longipes Franch. ex Rehd.长柄槭
Acer longipes var. chengbuense Fang 城步长柄槭
Acer longipes var. *hunanense* Fang & W.K.Hu=Acer nayongense var. hunanense
Acer longipes var. longipes=Acer longipes
Acer longipes var. nanchuanense Fang 南川长柄槭
Acer longipes var. pubigerum (Fang) Fang 卷长柄槭
Acer longipes var. *tientaiense* Schneid.=Acer amplum var. tientaiense
Acer longipes var. *typicum* Schneid.=Acer longipes
Acer longipes var. weixiense Fang 维西长柄槭
Acer longshengense Fang & L.C.Hu 龙胜槭
Acer lucidum Metc.亮叶槭
Acer machilifolium Hu & Cheng 楠叶槭
Acer macrophyllum Pursh 大叶槭
Acer macrophyllum var. kimballae 金伯大叶槭
Acer mairei Lévl.=Pterocarya stenoptera
Acer mandshuricum Maxim.东北槭
Acer mandshuricum subsp. kansuense (Fang & C.Y.Chang) Fang 甘肃槭
Acer mandshuricum subsp. mandshuricum=Acer mandshuricum
Acer mapienense Fang 马边槭
Acer matsumurae var. *formosanum* (Koidz.) Sasaki=Acer duplicanto-serratum
Acer maximowiczianum Miq.=Acer nikoense
Acer maximowiczianum subsp. *megalocarpum* (Rehd.) E.Murr.=Acer nikoense
Acer maximowiczii Pax 五尖槭
Acer maximowiczii subsp. maximowiczii=Acer maximowiczii
Acer maximowiczii subsp. porphyrophyllum Fang 紫叶五尖槭
Acer maximowiczii var. *minor* W.W.Sm.=Acer forrestii
Acer mayrii Schwerin 迈尔槭
Acer megalodum Fang & Su 大齿槭
Acer metcalfii Rehd.南岭槭
Acer miaoshanicum Fang 苗山槭
Acer miaotaiense P.C.Tsoong 庙台槭
Acer micranthum S. & Z.塔槭
Acer microsieboldianum Nakai (东北经济志 1959)=Acer pseudosieboldianum var. koreanum
Acer mirabilis Hand.-Mazz.=Acer wardii
Acer miyabei subsp. *miaotaiense* (P.C.Tsoong) E.Murr.=Acer miaotaiense
Acer mono Maxim.色木槭
Acer mono f. connivens (Nichols.) Rehd.合翅五角枫
Acer mono f. marmoratum (Nichols.) Rehd.彩纹五角枫
Acer mono f. *tricuspis* (Rehd.) Fang=Acer mono var. tricuspis

Acer mono var. ambiguum (Pax) Rehd.疏毛五角枫
Acer mono var. dissectum (Pax) Honda 深裂五角枫
Acer mono var. incurvatum Fang & P.L.Chiu 弯翅色木槭
Acer mono var. macropterum Fang 大翅色木槭
Acer mono var. mavrii (Schwer.) Nakai 迈尔色木槭
Acer mono var. minshanicum Fang 岷山色木槭
Acer mono var. *mono* f. *septemlobum* Fang & Soong=Acer tenellum var. septemlobum
Acer mono var. mono=Acer mono
Acer mono var. *pubigerum* (Fang) Fang=Acer longipes var. pubigerum
Acer mono var. tricuspis (Rehd.) Rehd.三尖色木槭
Acer monspessulanum L.三裂槭
Acer morrisonense Hay.=Acer caudtifolium
Acer muliense Fang & W.K.Hu=Acer stachyophyllum var. pentaneurum
Acer muliense var. *pentaneurum* Fang & W.K.Hu=Acer stachyophyllum var. pentaneurum
Acer multiserratum Maxim.=Acer caudatum var. multiserratum
Acer nayongense Fang 纳雍槭
Acer nayongense var. hunanense (Fang & W.K.Hu) Fang & W.K.Hu 湖南槭
Acer nayongense var. nayongense=Acer nayongense
Acer negundo L.梣叶槭
Acer negundo f. auratum Spaeth 金星梣叶槭
Acer negundo f. aureo-variegatum Wesm.黄斑叶梣叶槭
Acer negundo var. arizonicum Sarg.亚利桑那梣叶槭
Acer negundo var. aureo-marginatum Schwerin 金边梣叶槭
Acer negundo var. californicum (Torr. & Gray) Sarg.加州梣叶槭
Acer negundo var. interius (Britt.) Sarg.内地梣叶槭
Acer negundo var. pseudocalifornicum Schwerin 假加州梣叶槭
Acer negundo var. texanum Pax 得州梣叶槭
Acer negundo var. texanum f. latifolium Sarg.宽叶得洲梣叶槭
Acer negundo var. variegatum Jacq.花叶梣叶槭
Acer negundo var. violaceum (Kirchn.) Jacg.堇色槭
Acer nigrum Michx.f.黑槭
Acer nigrum var. palmeri Sarg.掌叶黑槭
Acer nikoense Maxim.毛果槭
Acer nikoense var. *grisea* (sic) Franch.=Acer griseum
Acer nikoense var. *megalocarpum* Rehd.=Acer nikoense
Acer ningpoense (Hance) Fang=Acer buergerianum var. ningpoense
Acer nipponicum Hara 日本槭
Acer oblongum f. *glaucum* Scher.=Acer oblongum
Acer oblongum sensu Benth.=Acer sino-oblongum
Acer oblongum sensu Kaneh.(p.p.)=Acer hypoleucum
Acer oblongum sensu Kaneh.(p.p.)=Acer litseaefolium
Acer oblongum sensu Matsum. & Hay.=Acer albo-purpurascens
Acer oblongum Wall. ex DC.(Fang in Cotrib.Biol.Lab.Sc.Soc.China Bot. 1939,p.p.)=Acer oblongum var. omeiense
Acer oblongum Wall. ex DC.飞蛾槭
Acer oblongum var. *biauritum* W.W.Sm.=Acer paxii
Acer oblongum var. concolor Pax 绿叶飞蛾槭
Acer oblongum var. *erythrocarpum* Lévl.=Acer paxii
Acer oblongum var. *laevigatum* (Wall.) Wesmael=Acer laevigatum
Acer oblongum var. latialatum Pax 宽翅飞蛾槭
Acer oblongum var. *macrocarpum* Hu=Acer cinnamomifolium
Acer oblongum var. oblongum=Acer oblongum
Acer oblongum var. omeiense Fang & Soong 峨眉飞蛾槭
Acer oblongum var. pachyphyllum Fang & Wu 厚叶飞蛾槭
Acer oblongum var. trilobum Henry 三裂飞蛾槭
Acer okamotoanum Nakai 朝鲜五角槭
Acer oligocarpum Fang & L.C.Hu 少果槭
Acer olivaceum Fang & P.L.Chiu 橄榄槭
Acer oliverianum Pax 五裂槭
Acer oliverianum subsp. formosanum (Koidz.) E.Murr.台湾五裂槭
Acer oliverianum subsp. oliverianum=Acer oliverianum
Acer oliverianum var. *hakaharai* subvar. *formosanum* Koidz=Acer oliverianum subsp. formosanum
Acer oliverianum var. *microcarpum* Hay.=Acer oliverianum subsp. formosanum
Acer oliverianum var. *nakaharae* subvar. *trilobum* Koidz.=Acer tutcheri var. shimadai
Acer oliverianum var. *nakaharai* f. *longistamineum* Hay.=Acer oliverianum subsp. formosanum
Acer oliverianum var. *nakaharai* Hay.=Acer oliverianum subsp. formosanum
Acer oliverianum var. *serrulatum* (dunn) Rehd.=Acer confertifolium var. serrulatum
Acer oliverianum var. *tutcheri* (Duthie) Metc. ex Kussm.=Acer tutcheri
Acer opalus Mill.意大利槭
Acer opalus var. tomentosum (Tausch) Rehd.绒毛意大利槭
Acer orientale L.东方槭
Acer ornatum var. *matsumurae* a. *spontaneum* subvar. *formosanum* (Koidz.) Nemoto=Acer duplicanto-serratum
Acer ovatifolium Koidz.=Acer caudtifolium
Acer oxyodon Franch. ex Fang=Acer erianthum
Acer paihengii Fang 富宁槭
Acer palmatum Thunb.(Pax in Bot.Jahrb.1900)=Acer robustum
Acer palmatum Thunb.鸡爪槭
Acer palmatum f. atrolineare Schwer.深纹鸡爪槭
Acer palmatum f. ornatum (Carr.) Andre.红纹鸡爪槭
Acer palmatum f. reticulatum Andre.网脉鸡爪槭
Acer palmatum f. roseo-marginatum (Vanh.) Nichols.红晕鸡爪槭
Acer palmatum f. rubrum Schwer.红叶鸡爪槭
Acer palmatum f. sanguineum Lem.血红鸡爪槭
Acer palmatum f. versicolor (Vanh.) Schwer.春槭
Acer palmatum subsp. *matsumurae* var. *spontaneum* subvar. *formosanum* Koidz.=Acer duplicanto-serratum
Acer palmatum var. atropurpureum Vanhout 紫叶鸡爪槭
Acer palmatum var. dissectum Maxim.细叶鸡爪槭
Acer palmatum var. heptalobum Rehd.七爪槭
Acer palmatum var. linearilobum Miq.线裂鸡爪槭
Acer palmatum var. palmatum=Acer palmatum
Acer palmatum var. *pubescens* Li=Acer duplicanto-serratum
Acer palmatum var. septalobum 七裂鸡爪槭
Acer palmatum var. sessilifolium Maxim.无柄鸡爪槭
Acer palmatum var. *subtrilobum* K.Koch=Acer buergerianum
Acer palmatum var. thunbergii Pax 小鸡爪槭
Acer papilio King=Acer caudatum
Acer pashanicum Fang & Soong 巴山槭
Acer pauciflorum Fang 稀花槭
Acer pauciflorum var. *changuaense* Fang & Fang f.=Acer changhuaense
Acer pavolinii Pamp.=Acer grosseri
Acer paxii Franch.金沙槭
Acer paxii var. *genuinum* Pax=Acer paxii
Acer paxii var. *integrifolia* (Sic) Lévl.=Acer oblongum
Acer paxii var. *ningpoense* (Hance) Pax=Acer buergerianum var. ningpoense
Acer paxii var. paxii=Acer paxii
Acer paxii var. semilunatum Fang 半圆金沙槭
Acer pectinatum Wall. ex Nichols.篦齿槭
Acer pectinatum f. caudatilobum (Rehd.) Fang 尖尾篦齿槭
Acer pectinatum f. pectinatum=Acer pectinatum
Acer pectinatum subsp. *formosanum* E.Murr.=Acer caudtifolium
Acer pectinatum subsp. *forrestii* (Diels) E.Muerr.=Acer forrestii
Acer pectinatum subsp. *laxiflorum* (Pax) E.Murr.=Acer laxiflorum
Acer pectinatum subsp. *maximowiczii* (Pax) E.Murr.=Acer maximowiczii
Acer pectinatum subsp. *taronense* (Hand.-Mazz.) E.Murr.=Acer taronense
Acer pectinatum var. *caudatilobum* (Rehd.) E.Murr.=Acer pectinatum f. Caudatilobum
Acer pectinatum Wall.(p.p.)=Acer caudatum
Acer pedunculatum Hao=Acer griseum
Acer pehpeiense Fang & Su 北培槭
Acer pensylvanicum L.条纹槭
Acer pensylvanicum f. erythhrocladum Spaeth.红枝条纹槭
Acer pensylvanicum var. *tegmentosum* (Maxim.) Wesmael=Acer tegmentosum
Acer pentaphyllum Diels 五小叶槭
Acer peronai Schwer 伯罗那槭
Acer pictum Thunb.(p.p.)=Acer mono
Acer pictum Thunb.(p.p.)=Kalopanax septemlobus
Acer pictum f. *tricuspis* Rehd.=Acer mono var. tricuspis
Acer pictum var. *mono*(Maxim.) Maxim. ex Franch.=Acer mono
Acer pictum var. *parviflorum* (Regel) Schneid.=Acer mono
Acer pictum var. *pubigerum* Fang=Acer longipes var. pubigerum

Acer pictum var. *typicum* subvar. *mono*(Maxim.) Miam.=Acer mono
Acer pilosum Maxim.疏毛槭
Acer pilosum var. *stenolobum* (Rehd.) Fang=Acer stenolobum
Acer platanifolia (Sic) sensu Griff.=Acer thomsonii
Acer platanoides L.挪威槭
Acer platanoides f. columnare Carr.圆柱挪威槭
Acer platanoides f. erectum Slavin 直立挪威槭
Acer platanoides f. stollii Spaeth 史多尔挪威槭
Acer platanoides var. globosum Nichols.球状挪威槭
Acer platanoides var. lacinianum Ait.鹰爪挪威槭
Acer platanoides var. lorbergii Van Houtte 罗伯格挪威槭
Acer platanoides var. palmatifidum Tausch 掌叶挪威槭
Acer platanoides var. rubrum Herd.红挪威槭
Acer platanoides var. schwedleri Nichols.深绿挪威槭
Acer platanoides var. variegatum West.斑叶挪威槭
Acer poliophyllum Fang & Wu 灰叶槭
Acer polymorphyllum sensu S. & Z.=Acer palmatum
Acer prainii Lévl.=Acer fabri var. rubrocarpum
Acer prolificum Fang & Fang f. 多果槭
Acer pseudoplatanus L.欧亚槭
Acer pseudoplatanus f. corstorphinense Schwer.鲜黄欧亚槭
Acer pseudoplatanus f. erythrocarpum Carr.红果欧亚槭
Acer pseudoplatanus f. euchlorum Spaeth.大果欧亚槭
Acer pseudoplatanus f. flavo-variegatum Hayne 黄斑叶欧亚槭
Acer pseudoplatanus f. worleei Rosenthal 红柄欧亚槭
Acer pseudoplatanus var. leopoldii Lem.雷波得欧亚槭
Acer pseudoplatanus var. purpureum Loud.紫欧亚槭
Acer pseudoplatanus var. tomentosum Tausch.毛欧亚槭
Acer pseudoplatanus var. variegatum West.斑叶欧亚槭
Acer pseudosieboldianum (Pax) Kom.紫花槭
Acer pseudosieboldianum var. koreanum Nakai 小果紫花槭
Acer pseudosieboldianum var. pseudosieboldianum=Acer pseudosieboldianum
Acer pubinerve Rehd.毛脉槭
Acer pubinerve var. apiferum Fang & P.L.Chiu 细果毛脉槭
Acer pubinerve var. kwangtungense (Chun) Fang 广东毛脉槭
Acer pubinerve var. pubinerve=Acer pubinerve
Acer pubipalmatum Fang 毛鸡爪槭
Acer pubipalmatum var. pubipalmatum=Acer pubipalmatum
Acer pubipalmatum var. pulcherrimum Fang & P.L.Chiu 美丽毛鸡爪槭
Acer pubipetiolatum Hu & Cheng 毛柄槭
Acer pubipetiolatum var. pingpienense Fang & W.K.Hu 屏边毛柄槭
Acer pubipetiolatum var. pubipetiolatum=Acer pubipetiolatum
Acer pusillum Schwer.灌木槭
Acer pycnanthum K.Koch 密花槭
Acer ramosum Schwer.多枝槭
Acer reticulatum Champ.网脉槭
Acer reticulatum var. dimorphifolium (Metc.) Fang & W.K.Hu 两型叶网脉槭
Acer reticulatum var. reticulatum=Acer reticulatum
Acer robustum Pax 杈叶槭
Acer robustum var. honanense Fang 河南杈叶槭
Acer robustum var. minus Fang 小杈叶槭
Acer robustum var. robustum=Acer robustum
Acer rotundilobum Schwer.浅裂槭
Acer rubescens Hay.红色槭
Acer rubrum L.红花槭
Acer rubrum var. columnare Rehd.柱形红花槭
Acer rubrum var. drummondii (HK. & Arn.) Sarg.鲜红果红花槭
Acer rubrum var. globosum Rehd.球形红花槭
Acer rubrum var. pallidiflorum Pax 淡红花槭
Acer rubrum var. tomentosum Kirch.毛红花槭
Acer rubrum var. trilobum K.Koch.三裂红花槭
Acer rufinerve S. & Z.褐脉槭
Acer rufinerve var. albolimbatum HK.银边褐脉槭
Acer saccharinum L.银白槭
Acer saccharinum f. lutescens (Spaeth.) Pax 黄叶银白槭
Acer saccharinum f. pendulum (Nichols.) Pax 垂枝银白槭
Acer saccharinum f. pyramidale (Spaeth.) Pax 塔形银白槭
Acer saccharinum f. tripartitum (Schwer.) Pax 三裂银白槭
Acer saccharinum var. laciniatum Pax 条裂银白槭
Acer saccharum Marsh.糖槭
Acer saccharum var. conicum Fern 圆锥糖槭
Acer saccharum var. glaucum (Schmidt) Pax 蓝粉糖槭
Acer saccharum var. monumentale (Temple) Rehd.柱形糖槭
Acer saccharum var. rugelii (Pax) Rehd.罗杰糖槭
Acer saccharum var. schneckii Rehd.长柔毛糖槭
Acer saccharum var. sinuosum (Rehd.) Rouss.北方糖槭
Acer salweenense W.W.Sm.=Acer laevigatum var. salweenense
Acer schneiderianum Pax & Hoffm.盐源槭
Acer schneiderianum var. pubescens Fang & Wu 柔毛盐源槭
Acer schneiderianum var. schneiderianum=Acer schneiderianum
Acer schoenermarkiae Pax=Acer frachetii
Acer schoenermarkiae var. *oxycolpum* Hand.-Mazz.=Acer frachetii
Acer schwerinii Pax 施维令槭
Acer semenovii Regel & Herder 天山槭
Acer septemlobum Thunb.=Kalopanax septemlobus
Acer sericeum Schwer.丝毛槭
Acer serrulatum Hay.=Acer oliverianum subsp. formosanum
Acer shangszeense Fang & Song 上思槭
Acer shangszeense var. anfuense Fang & Soong 安福槭
Acer shangszeense var. shangszeense=Acer shangszeense
Acer shensiense Fang & L.C.Hu 陕西槭
Acer shihweii Chun & Fang 平坝槭
Acer shirasawanum Koidz.钝翅槭
Acer sichourense (Fang & Fang f.) Fang 西畴槭
Acer sieboldianum Miq.塞波德槭
Acer sieboldianum var. *mandshuricum* Maxim.=Acer pseudosieboldianum
Acer sieboldianum var. microphyllum Maxim.小叶塞波德槭
Acer siense var. *tatrophifolium* Diels=Acer bicolor
Acer sikkimense Miq.锡金槭
Acer sikkimense subsp. *davidii* (Franch.) Wesmael(p.p.)=Acer davidii
Acer sikkimense subsp. *davidii* (Franch.) Wesmael(p.p.)=Acer hookeri
Acer sikkimense subsp. *hookeri* (Miq.) Wesmael=Acer hookeri
Acer sikkimense var. serrulatum Pax 细齿锡金槭
Acer sikkimense var. sikkimense=Acer sikkimense
Acer sikkimense var. *subintegrum* Schwer.=Acer sikkimense
Acer sinense Pax 中华槭
Acer sinense subsp. *chekiangense* (Fang) E.Murr.=Acer pubinerve
Acer sinense subsp. *chingii* (Hu) E.Murr.=Acer chingii
Acer sinense var. *brevilobum* Fang=Acer prolificum
Acer sinense var. concolor Pax 绿叶中华槭
Acer sinense var. *kwangtungense* Chun=Acer pubinerve var. kwangtungense
Acer sinense var. longilobum Fang 深裂中华槭
Acer sinense var. microcarpum Metc 小果中华槭
Acer sinense var. *pubinerve* (Rehd.) Fang=Acer pubinerve
Acer sinense var. sinense=Acer sinense
Acer sinense var. *typicum* Pax=Acer sinense
Acer sinense var. undulatum Fang & Wu 波缘中华槭
Acer sino-oblongum Metc.滨海槭
Acer sinopurpurascens Cheng 天目槭
Acer spicatum Lam.穗花槭
Acer spicatum var. *ukurunduense* (Trautv. & Mey.) Maxim.=Acer unkurunduense
Acer stachyoanthum Frnch. ex Fang=Acer erianthum
Acer stachyophyllum sensu Lévl.=Acer davidii
Acer stachyophyllum Hiern 毛叶槭
Acer stachyophyllum var. pentaneurum (Fang & W.K.Hu) Fang 五脉毛叶槭
Acer stachyophyllum var. stachyophyllum=Acer stachyophyllum
Acer stenobotrys Franch. ex Fang=Acer henryi
Acer stenolobum Rehd.细裂槭
Acer stenolobum var. megalophyllum Fang & Wu 大叶细裂槭
Acer stenolobum var. stenolobum=Acer stenolobum
Acer sterculiaceum Wall.苹婆槭
Acer sterculiaceum subsp. *franchetii* (Pax) E.Murr.=Acer frachetii
Acer sterculiaceum subsp. *thomsonii* (Miq.) E.Murr.=Acer thomsonii
Acer subtrinervium Metc.=Acer cordatum var. subtrinervium

Acer sunyiense Fang 信宜槭
Acer sutchuenense sensu Veitch.=Acer henryi
Acer sutchuenense Franch.四川槭
Acer sutchuenense subsp. sutchuenense=Acer sutchuenense
Acer sutchuenense subsp. tienchuanense (Fang & Soong) Fang 天全槭
Acer sycopseoides Chun 角叶槭
Acer syriacum Boiss. & Gaill.叙利亚槭
Acer taipuense Fang 大埔槭
Acer taitonmontanum Hay.=Acer caudtifolium
Acer taiwanense Yamamoto 台湾槭(新)?
Acer taronense Hand.-Mazz.独龙槭
Acer tataricum L.鞑靼槭
Acer tataricum f. rubrum Schwer.红鞑靼槭
Acer tataricum subsp. *ginnala* var. *euginnala* Wesmael=Acer ginnala
Acer tataricum subsp. *ginnala* var. *semenovii* (Regel & Herder) Wesmael=Acer semenovii
Acer tataricum subsp. *semenovii* (Regel & Herder) Pax=Acer semenovii
Acer tataricum var. *ginnala* (Maxim.) Maxim.=Acer ginnala
Acer tataricum var. *laciniatum* Regel=Acer ginnala
Acer tataricum var. *semenovii* (Regel & Herder) Regel=Acer semenovii
Acer tegmentosum Maxim.青楷槭
Acer tegmentosum subsp. *grosseri* (Pax) E.Murr.=Acer grosseri
Acer tegmentosum subsp. *grosseri* var. *pavolinii* (Pamp.) E.Murr.=Acer grosseri
Acer tegmentosum subsp. *grosseri* var. *pavolinii* f. *rufinerve* E.Murr.=Acer chienii
Acer tenellum Pax 薄叶槭
Acer tenellum var. septemlobum (Fang & Soong) Fang & Soong 七裂薄叶槭
Acer tenellum var. tenellum=Acer tenellum
Acer tetramerum Pax 四蕊槭
Acer tetramerum var. betulifolium (Maxim.) Rehd.桦叶四蕊槭
Acer tetramerum var. *betulifolium* f. *latialatum* Rehd.=Acer tetramerum var. betulifolium
Acer tetramerum var. dolichurum Fang 长尾四蕊槭
Acer tetramerum var. *elobulatum* f. *longeracemosum* Rehd.=Acer stachyophyllum
Acer tetramerum var. *elobulatum* f. *mapienense* Fang=Acer stachyophyllum
Acer tetramerum var. *elobulatum* f. *viridicarpum* Fang=Acer stachyophyllum
Acer tetramerum var. *elobulatum* Rehd.=Acer stachyophyllum
Acer tetramerum var. haopingense Fang 蒿苹四蕊槭
Acer tetramerum var. *lobulatum* Rehd.=Acer tetramerum
Acer tetramerum var. tetramerum=Acer tetramerum
Acer tetramerum var. *tiliifolium* Rehd.=Acer stachyophyllum
Acer theiferum Fang=Acer ginnala subsp. theiferum
Acer thomsonii Miq.巨果槭
Acer tibetense Fang 察隅槭
Acer tienchuanense Fang & Soong=Acer sutchuenense subsp. tienchuanense
Acer tonkinense H.Lec.粗柄槭
Acer tonkinense subsp. *fenzelianum* (Hand.-Mazz.) E.Murr.=Acer fenzelianum
Acer tonkinense subsp. kwangsiense (Fang & Fang f.) Fang 广西槭
Acer tonkinense subsp. liquidambarifolium (Hu & Cheng) Fang 枫叶槭
Acer tonkinense subsp. tonkinense=Acer tonkinense
Acer trifidum sensu HK. & Arn.=Acer buergerianum
Acer trautvetteri Medwed.红芽槭
Acer trifidum f. *buergerianum* (Miq.) Schwer.=Acer buergerianum
Acer trifidum f. *ningpoense* (Hance) Schwer.=Acer buergerianum var. ningpoense
Acer trifidum var. *formosanum* Hay. ex Lévl.=Acer buergerianum var. formosamum
Acer trifidum var. *kaiscianensis* (sic) Pamp.=Acer buergerianum var. kaiscianense
Acer trifidum var. *ningpoense* Hance=Acer buergerianum var. ningpoense
Acer triflorum Kom.三花槭
Acer triflorum subsp. *leiopodum* (Hand.-Mazz.) E.Murr.=Acer leiopodum
Acer triflorum var. *leiopodum* Hand.-Mazz.=Acer leiopodum
Acer triflorum var. subcoriacea Kom.革叶三花槭
Acer triflorum var. triflorum=Acer triflorum
Acer trinerve Siesmayer=Acer buergerianum
Acer truncatum Bge.元宝槭
Acer truncatum subsp. *mono* (Maxim.) E.Murr.=Acer mono
Acer tschonoskii Maxim.须川氏槭(新)
Acer tschonoskii var. *rubripes* Kom.=Acer komarovii
Acer tsinglingense Fang & Hsieh 秦岭槭
Acer tutcheri Duthie 岭南槭
Acer tutcheri subsp. *confertifolium* (Merr. & Metc.) E.Murr.=Acer confertifolium
Acer tutcheri subsp. *formosanum* E.Murr.=Acer tutcheri var. shimadai
Acer tutcheri var. *serratifolium* Fang=Acer bicolor var. serratifolium
Acer tutcheri var. shimadai Hay.小果岭南槭
Acer tutcheri var. tutcheri=Acer tutcheri
Acer unkurunduense Trautv. & Mey.花楷槭
Acer urophyllum Maxim.=Acer maximowiczii
Acer veitchii Schwer.槭
Acer velutinum Boiss.毡毛槭
Acer velutinum f. wolfii (Schwer.) Rehd.伏尔夫毡毛槭
Acer velutinum var. glabrescens (Boiss. & Buhse) Rehd.波斯毡毛槭
Acer velutinum var. vanvolxemi (Mast.) Rehd.范沃克毡毛槭
Acer villosum sensu Wall.=Acer sterculiaceum
Acer villosum Wall.长毛槭
Acer villosum f. *euvillosum* Schwer=Acer sterculiaceum
Acer villosum f. *sterculiaceum* (Wall.) Schwer.=Acer sterculiaceum
Acer villosum var. *thomsonii* (Miq.) Hiern=Acer thomsonii
Acer wangchii Fang 天蛾槭
Acer wangchii subsp. tsinyunense Fang 缙云槭
Acer wangchii subsp. wangchii=Acer wangchii
Acer wardii W.W.Sm.滇藏槭
Acer wilsonii Rehd.三峡槭
Acer wilsonii var. *chekiangense* Fang=Acer pubinerve
Acer wilsonii var. *kwangtungense* (Chun) Fang=Acer pubinerve var. kwangtungense
Acer wilsonii var. longicaudatum (Fang) Fang 长尾三峡槭
Acer wilsonii var. obtusum Fang & Wu 钝角三峡槭
Acer wilsonii var. *serrulata* (Sic.) Dunn=Acer confertifolium var. serrulatum
Acer wilsonii var. wilsonii=Acer wilsonii
Acer wuyishanicum Fang & Tan 武夷槭
Acer wuyuanense Fang & Wu 婺源槭
Acer wuyuanense var. trichopodum Fang & Wu 毛柄婺源槭
Acer wuyuanense var. wuyuanense=Acer wuyuanense
Acer yajuechi Fang & P.L.Chiu 羊角槭
Acer yaoshanicum Fang 瑶山槭
Acer yinkunii Fang 都安槭
Acer yui Fang 川甘槭
Acer yui var. leptocarpum Fang & Wu 瘦果川甘槭
Acer yui var. yui=Acer yui
Acer zoeschense Pax 平翅槭
Aceraceae 槭树科
Aceranthus Morr. & Dcne=**Epimedium**
Aceranthus macrophyllus Bl. ex C.Koch=Epimedium sagittatum
Aceranthus sargitatus S. & Z.=Epimedium sagittatum
Aceranthus triphyllus C.Koch=Epimedium sagittatum
Aceras R.Br.人唇兰属(兰科)
Aceras angustifolia Lindl.=Herminium lanceum
Aceras angustifolia var. *longicruris* (C.Wright ex A.Gray) Miq.=Herminium lanceum
Aceras anthropophora (L.) R.Br.人唇兰
Aceras longibracteata 长苞人唇兰
Aceras longicruris C.Wright ex A.Gray=Herminium lanceum
Aceratorchis Schltr.=**Orchis**
Aceratorchis albiflora Schltr.=Orchis tschiliensis
Aceratorchis tschiliensis Schltr.=Orchis tschiliensis
Aceriphyllum Engl.=**Mukdenia**
Aceriphyllum rossii (Oliv.) Engl.=Mukdenia rossii
Acetosa acetosella (L.) Mill.=Rumex acetosella
Acetosa pratensis Mill.=Rumex acetosa
Acetosa thyrsiflora (fingerh.) A.Löve=Rumex thyrsiflorus
Acetosella chinensis (Haw) O.Kuntze=Oxalis corniculata
Acetosella griffithii (Edgew. & HK.f.) O.Kuntze=Oxalis acetosella subsp. griffithii

Acetosella obtrianthulata (Maxim.) O.Kunthze=Oxalis acetosella subsp. japonica
Acetosella vulgaris (Koch) Fourr.=Rumex acetosella
Achasma Griff.=**Etlingera**
Achasma megalocheilos Girff.=Etlingera littoralis
Achasma yunnanense T.L.Wu & S.J.Chen=Etlingera yunnanense
Achillea L.**蓍属**(菊科)
Achillea acuminata (Ledeb.) Sch.-Bip.齿叶蓍
Achillea aegyptiaca Hirt. ex Steud.埃及蓍草
Achillea ageratum L.香蓍草
Achillea alpina L.(Ledeb.in Fl.Alt.1833)=Achillea ledebouri
Achillea alpina L.高山蓍
Achillea asiactica Serg.亚洲蓍
Achillea atrata L.黑蓍草
Achillea clavennae L.银叶蓍草
Achillea filipendula Lam.凤尾蓍草
Achillea impatiens L.褐苞蓍
Achillea impatiens subsp. *euimpatiens* Heimerl(p.p.)=Achillea impatiens
Achillea impatiens subsp. *ledebouri* Heimerl=Achillea ledebouri
Achillea ledebouri Heimerl 阿尔泰蓍
Achillea magna L.大蓍草
Achillea millefolium L.蓍
Achillea millefolium var. *mandshurica* Kita.=Achillea asiactica
Achillea mongolica Fisch. ex Spreng.=Achillea alpina
Achillea moschata Wulf.麝香蓍草
Achillea nana L.矮蓍草
Achillea ptaermicoides Maxim.短瓣蓍
Achillea ptarmica L.(北研丛刊 1934,东北检索表 1959)=Achillea acuminata
Achillea ptarmica L.珠蓍
Achillea ptarmica subsp. *euptarmica* var. *acuminata* Heimerl=Achillea acuminata
Achillea ptarmica subsp. *macrocephala* var. *angustifolia* Heimerl.=Achillea acuminata
Achillea rupestris Huter ex Beck 岩瓣蓍
Achillea salicifolia Bess.柳叶蓍
Achillea setacea Waldst. & Kir.(北研丛刊 1934,p.p.东北检索表 1959)=Achillea asiactica
Achillea setacea Waldst. & Kit.丝叶蓍
Achillea sibirica Ledeb.=Achillea alpina
Achillea sibirica subsp. *mongolica* Heimerl.=Achillea alpina
Achillea sibirica subsp. *wilsoniana* Heimerl ex Hand.-Mazz.=Achillea wilsoniana
Achillea sibirica var. *discoidea* Rgl.=Achillea ptaermicoides
Achillea sibirica var. *ptarmicoides* (Maxim.) Makino=Achillea ptaermicoides
Achillea sibirica var. *typica* Rgl.=Achillea alpina
Achillea trichophylla Schrenk ex Fisch. & Mey.=Handelia trichophylla
Achillea umbellata Sibth. & Sm.伞形蓍草
Achillea wilsoniana f. *obconica* Heimerl. ex Hand.-Mazz.=Achillea wilsoniana
Achillea wilsoniana Heimerl ex Hand.-Mazz.云南蓍
Achimenes Pers.**猴面蝴蝶草属**(苦苣苔科)
Achimenes coccinea Pers.直立猴面蝴蝶草
Achimenes grandiflora DC.大花猴面蝴蝶草
Achimenes heterophylla DC.异叶猴面蝴蝶草
Achimenes longiflora DC.长花猴面蝴蝶草
Achimenes ocellata HK.眼斑猴面蝴蝶草
Achimenes pedunculata Benth.序柄猴面蝴蝶草
Achlys DC.**裸花草属**(小檗科)
Achlys japonica Maxim.裸花草
Achlys triphylla (Smith) DC.三叶裸花草
Achnatherum Beauv.**芨芨草属**(禾本科)
Achnatherum avenoides (Honda) Y.L.Chang=Achnatherum sibiricum
Achnatherum breviaristatum Keng & P.C.Kuo 短芒芨芨草
Achnatherum calamagrostis 拂子茅芨芨草
Achnatherum caragana (Trin. & Rupr.) Nevski 小芨芨草
Achnatherum chingii (Hitchc.) Keng ex P.C.Kuo 细叶芨芨草
Achnatherum chingii (Hitchc.) Keng=Achnatherum chingii
Achnatherum chingii var. chingii=Achnatherum chingii
Achnatherum chingii var. laxum S.L.Lu 林阴芨芨草
Achnatherum duthiei (Hookl.f.) P.C.Kuo & S.L.Lu 藏芨芨草
Achnatherum effusum (Maxim.) Y.L.Chang=Achnatherum extremiorientale
Achnatherum extremiorientale (Hara) Keng ex P.C.Kuo 远东芨芨草
Achnatherum extremiorientale (Hara) Keng=Achnatherum extremiorientale
Achnatherum hookeri (Stapf) Keng=Trikeraia hookeri
Achnatherum inaequiglume Keng ex P.C.Kuo 异颖芨芨草
Achnatherum inaequiglume Keng=Achnatherum inaequiglume
Achnatherum inebrians (Hance) Keng 醉马草
Achnatherum jacquemontii (Jaub. & Spach) P.C.Kuo & S.L.Lu 干生芨芨草
Achnatherum nakaii (Honda) Tateoka 朝阳芨芨草
Achnatherum pappiforme (Keng) Keng=Trikeraia pappiformis
Achnatherum pekinense (Hance) Ohwi 京芒草
Achnatherum psilantherum Keng 光药芨芨草
Achnatherum pubicalyx (Ohwi) Keng ex P.C.Kuo 毛颖芨芨草
Achnatherum pubicalyx (Ohwi) Keng=Achnatherum pubicalyx
Achnatherum purpurascens (Hitchc.) Keng=Stipa regeliana
Achnatherum sibiricum (L.) Keng 羽茅
Achnatherum splendens (Trin.) Nevski 芨芨草
Achoriphragma Soják.=**Parrya**
Achoriphragma ajanense (N.Busch.) Soják.=Parrya nudicaulis
Achoriphragma beketovii (Krass.) Soják=Parrya beketovii
Achoriphragma lancifolium (Popov.) Soják.=Parrya lancifolia
Achoriphragma nudicaule (L.) Soják.=Parrya nudicaulis
Achoriphragma pinnatifidum (Kar. & Kir.) Soják.=Parrya pinnatifida
Achoriphragma stenocarpum (Kar. & Kir.) Soják.=Parrya pinnatifida
Achras zapota L.=Manilkara zapota
Achudemia Bl.=**Pilea**
Achudemia insignis Migo=Pilea japonica
Achudemia japonica Maxim.=Pilea japonica
Achyranthes L.**牛膝属**(苋科)
Achyranthes amaranthoides Lam.=Cladostachys frutescens
Achyranthes argentea Thwaites=Achyranthes asper var. argentea
Achyranthes asper L.土牛膝
Achyranthes asper var. argentea (Thwaites) HK.f.银毛土牛膝
Achyranthes asper var. asper=Achyranthes asper
Achyranthes asper var. indica L.钝叶土牛膝
Achyranthes asper var. rubro-fusca (Wight) HK.f.褐叶土牛膝
Achyranthes bidentata Bl.牛膝
Achyranthes bidentata var. bidentata f. rubra Ho 红叶牛膝
Achyranthes bidentata var. bidentata=Achyranthes bidentata
Achyranthes bidentata var. japonica Miq.少毛牛膝
Achyranthes bidentata var. *longifolia* Makino=Achyranthes longifolia
Achyranthes corymbosa L.=Polycarpaea corymbosa
Achyranthes corymbosa L.=Polycarpaea corymbosa
Achyranthes ferruginea Roxb.=Psilotrichum ferrugneum
Achyranthes japonica (Miq.) Nakai=Achyranthes bidentata var. japonica
Achyranthes longifolia (Makino) Makino 柳叶牛膝
Achyranthes longifolila f. *longifolila*=Achyranthes longifolia
Achyranthes longifolila f. rubra Ho 红柳叶牛膝
Achyranthes monsoniae Pers.=Trichurus monsoniae
Achyranthes obtusifolia Lam.=Achyranthes asper var. indica
Achyranthes ogatai Yamamoto 小叶牛膝
Achyranthes prostrata L.=Cyathula prostrata
Achyranthes repens L.=Alternanthera pungens
Achyranthes rubro-fusca Wight=Achyranthes asper var. rubro-fusca
Achyranthes sanguinolenta L.=Aerva sanguinolenta
Achyranthes scandens Roxb.=Aerva sanguinolenta
Achyranthes sect. *Euachyranthes* Schinz=**Achyranthes**
Achyranthes tomentosa Roth=Cyathula tomentosa
Achyrophorus Scop.=**Hypochaeris**
Achyrophorus aurantiacus DC.=Hypochaeris ciliata
Achyrophorus ciliatus (Thunb.) Sch.-Bip.=Hypochaeris ciliata
Achyrophorus grandiflorus (Ledeb.) Ledeb.=Hypochaeris ciliata
Achyrophorus maculatus (L.) Scop.=Hypochaeris maculata
Achyrospermum Bl.**鳞果草属**(唇形科)
Achyrospermum densiflorum Bl.鳞果草
Achyrospermum philippinense Benth.=Achyrospermum densiflorum
Achyrospermum phlomoides Bl.=Achyrospermum densiflorum
Achyrospermum wallichianum (Benth.) Benth.西藏鳞果草

Acianthus R.Br.**钻花兰属**(兰科)
Acianthus exsertus 钻花兰
Acianthus petiolatus D.Don=Liparis petiolata
Acianthus reniformis (R.Br.) Schltr.肾叶钻花兰
Acianthus sinclirii 辛氏钻花兰
Acidanthera Hochst.**菖蒲鸢尾属**(鸢尾科)
Acidanthera bicolor Hochst.二色菖蒲鸢尾
Acidosasa C.D.Chu & C.S.Chao **酸竹属**(禾本科)
Acidosasa chienouensis (Wen) C.S.Chao & Wen 粉酸竹
Acidosasa chinensis C.D.Chu & C.S.Chao 酸竹
Acidosasa dayongensis Yi=Acidosasa hirtiflora
Acidosasa fujianensis C.S.Chao & H.Y.Zhou=Acidosasa longiligula
Acidosasa glauca B.M.Yang=Acidosasa chienouensis
Acidosasa hirtiflora Z.P.Wang & G.H.Ye 毛花酸竹
Acidosasa longiligula (Wen) C.S.Chao & C.D.Chu 福建酸竹
Acidosasa purpurea (Hsueh & Yi) Keng f.=Acidosasa hirtiflora
Acidosasa venusta (McClure) Z.P.Wang 黎竹
Acidoton P.Br.=**Flueggea**
Acidoton leucopyrus (Willd.) Kuntze=Flueggea leucopyra
Acidoton obvatus Kuntze=Flueggea virosa
Acidoton sect. *Flueggea* Post & Kuntze=**Flueggea**
Acidoton virosus Kuntze=Flueggea virosa
Acilepis squarrosa D.Don=Vernonia squarrosa
Acineta Lindl.**葡萄兰属**(兰科)
Acineta chrysantha (C.Morr.) Lindl. & Paxt.黄花葡萄兰
Acineta superba (HBK.) Rchb.f.葡萄兰
Aclisia E.Mey.=**Pollia**
Aclisia gigantea Hassk.=Pollia secundiflora
Aclisia indica Wight=Pollia secundiflora
Aclisia secundiflora (Bl.) Bakh.f.=Pollia secundiflora
Aclisia sorzogonensis E.Mey.=Pollia secundiflora
Aclisia subumbellata C.B.Clarke=Pollia subumbellata
Acmena DC.**肖蒲桃属**(桃金娘科)
Acmena acuminatissima (Bl.) Merr. & Perry 肖蒲桃
Acmena championii Benth.=Syzygium championii
Acoelorrhaphe H.Wendl.**常湿地棕榈属**(棕榈科)
Acoelorrhaphe wrightii Becc.常湿地棕榈
Acokanthera G.Don **长药花属**(夹竹桃科)
Acokanthera longiflora Stapf 长花尖药木
Acokanthera oblongifolia Codd 长圆叶尖药木
Acokanthera oppositifolia Codd.长药花
Acokanthera spectabilis G.Don 美丽尖药木
Acokanthera venenata G.Don 毒尖药木
Acomastylis Greene **羽叶花属**(蔷薇科)
Acomastylis elata (Royle) F.Bolle 羽叶花
Acomastylis elata var. humilis (Royle) F.Bolle 矮生羽叶花
Acomastylis elata var. leiocarpa (Evans) F.Bolle 光果羽叶花
Acomastylis elata var. *typica* (Evans) F.Bolle=Acomastylis elata
Acomastylis macrosepala (Ludlow) Yü & Li 大萼羽叶花
Aconitum L.**乌头属**(毛茛科)
Aconitum abietetorum W.T.Wang & L.Q.Li 冷杉林乌头
Aconitum acaule Diels=Aconitum nagarum var. heterotrichum
Aconitum acutiusculum Fletch. & Lauener 尖萼乌头
Aconitum acutiusculum var. acutiusculum=Aconitum acutiusculum
Aconitum acutiusculum var. aureopilosum W.T.Wang 展毛尖萼乌头
Aconitum aggregatifolium Chang ex W.T.Wang=Aconitum cavaleriei var. aggregatifolium
Aconitum alboflavidum W.T.Wang 淡黄乌头
Aconitum alboviolaceum Kom.两色乌头
Aconitum alboviolaceum f. *albiflorum* S.H.Li & Y.H.Huang=Aconitum alboviolaceum
Aconitum alboviolaceum var. *albiflorum* (S.H.Li & Y.H.Huang S.H.Li=Aconitum alboviolaceum
Aconitum alboviolaceum var. alboviolaceum=Aconitum alboviolaceum
Aconitum alboviolaceum var. erectum W.T.Wang 直立两色乌头
Aconitum alboviolaceum var. *purpurascens* Nakai=Aconitum alboviolaceum
Aconitum alboviolaceum var. *typicum* Nakai=Aconitum alboviolaceum
Aconitum alpinonepalense Tamura 高峰乌头
Aconitum altaicum Steinb.阿泰乌头(新)
Aconitum ambiguum Reichb.兴安乌头
Aconitum ambiguum f. *multisectum* S.H.Li & Y.H.Huang=Aconitum ambiguum
Aconitum amurense Nakai=Aconitum villosum var. amurense
Aconitum angusticassidatum Steinb.狭盔乌头
Aconitum angustisegmentum W.T.Wang=Aconitum refractum
Aconitum angustius W.T.Wang=Aconitum sinomontanum var. angustius
Aconitum anthora var. *gilvum* Maxim.=Aconitum pendulum
Aconitum anthoroideum DC.拟黄花乌头
Aconitum apetalum (Huth) B.Fedtsch.空茎乌头
Aconitum arcuatum Maxim.=Aconitum fischeri var. arcuatum
Aconitum atropurpureum Hand.-Mazz.=Aconitum hemsleyanum var. atropurpureum
Aconitum austroyunnanense W.T.Wang 滇南草乌
Aconitum baicalense Turcz.贝加尔乌头
Aconitum bailangense Y.Z.Zhao 白狼乌头
Aconitum balfourii Stapf?藏草乌
Aconitum barbatum Pers.细叶黄乌头
Aconitum barbatum subsp. *pekinense* (Vorsch.) Guban.=Aconitum barbatum var. puberulum
Aconitum barbatum var. barbatum=Aconitum barbatum
Aconitum barbatum var. *gmelinii* (Reich.) Ledeb. ex Maxim.=Aconitum barbatum
Aconitum barbatum var. hispidum DC.西伯利亚乌头
Aconitum barbatum var. puberulum Ledeb.牛扁
Aconitum bartlettii Yamamoto=Aconitum fukutomei
Aconitum bartlettii var. *formosanum* (Tamura) T.S.Liu & C.F.Hsieh=Aconitum formosanum
Aconitum bartlettii var. *fukutomei* (Hay.) T.S.Liu & C.F.Hsieh=Aconitum fukutomei
Aconitum benzilanense T.L.Ming=Aconitum acutiusculum var. aureopilosum
Aconitum biflorum Fisch.二花乌头
Aconitum birobidshanicum Worosch.带岭乌头
Aconitum bisma var. *taronense* Hand.-Mazz.=Aconitum taronense
Aconitum bodinieri Lévl. & Vant.=Aconitum carmichaeli
Aconitum brachypodum Diels 短柄乌头
Aconitum brachypodum var. brachypodum=Aconitum brachypodum
Aconitum brachypodum var. crispulum W.T.Wang 曲毛短柄乌头
Aconitum brachypodum var. laxiflorum Fletch. & Lauener 展毛短柄乌头
Aconitum bracteolatum Lauener 宽苞乌头
Aconitum bracteolosum W.T.Wang 显苞乌头
Aconitum brevicalcaratum (Finet & Gagn.) Diels 弯短距乌头
Aconitum brevicalcaratum f. *bracteatum* (Finet & Gagn.) Hand.-Mazz.=Aconitum brevicalcaratum
Aconitum brevicalcaratum var. brevicalcaratum=Aconitum brevicalcaratum
Aconitum brevicalcaratum var. *lauenerianum* (H.R.Fletch) W.T.Wang=Aconitum brevicalcaratum
Aconitum brevicalcaratum var. parviflorum Chen & Liu 短距乌头
Aconitum brevicalcaratum var. *pauciflorum* Chen & Liu=Aconitum brevicalcaratum
Aconitum brevilimbum Lauener 短唇乌头
Aconitum brevipetalum W.T.Wang 短瓣乌头
Aconitum brunneum Hand.-Mazz.褐紫乌头
Aconitum bulbilliferum Hand.-Mazz.珠芽乌头
Aconitum bullatifolium Lévl.=Aconitum nagarum var. heterotrichum
Aconitum bullatifolium var. *dielsianum* (Airy-Shaw) Fletch. & Lauener=Aconitum nagarum var. heterotrichum
Aconitum bullatifolium var. *homotrichum* W.T.Wang ex 曹育鳞=Aconitum nagarum
Aconitum bullatifolium var. *leiocarpum* W.T.Wang=Aconitum nagarum var. heterotrichum
Aconitum bulleyanum Diels 滇西乌头
Aconitum campylorrhynchum Hand.-Mazz.弯喙乌头
Aconitum campylorrhynchum var. patentipilum W.T.Wang 展毛弯喙乌头
Aconitum campylorrhynchum var. tenuipes W.T.Wang 细梗弯喙乌头
Aconitum cannabifolium Franch. ex Dinet & Gagn.大麻叶乌头
Aconitum carmichaeli Debx.乌头
Aconitum carmichaeli var. *albovillosum* Chen & Liu=Aconitum forrestii var. albovillosum
Aconitum carmichaeli var. *fortunei* (Hemsl.) W.T.Wang & Hsiao=Aconitum carmichaeli var. truppelianum

Aconitum carmichaeli var. hwangshanicum W.T.Wang & Hsiao.黄山乌头
Aconitum carmichaeli var. pubescens W.T.Wang & Hsiao 毛叶乌头
Aconitum carmichaeli var. tripartitum W.T.Wang 深裂乌头
Aconitum carmichaeli var. truppelianum (Ulbr.) W.T.Wang & Hsia.展毛乌头
Aconitum carmichaelii var. carmichaelii=Aconitum carmichaelii
Aconitum cavaleriei Lévl. & Vant.黔川乌头
Aconitum cavaleriei var. aggregatifolium (Chang) W.T.Wang 聚叶黔川乌头
Aconitum cavaleriei var. cavaleriei=Aconitum cavaleriei
Aconitum changianum W.T.Wang 察瓦龙乌头
Aconitum chasmanthum Stapf 展花乌头
Aconitum chayuense W.T.Wang 察隅乌头
Aconitum chenianum W.T.Wang=Aconitum tongolense
Aconitum chiachaense W.T.Wang 加查乌头
Aconitum chiachaense var. chiachaense=Aconitum chiachaense
Aconitum chiachaense var. glandulosum W.T.Wang 腺毛加查乌头
Aconitum chienningense W.T.Wang 乾宁乌头
Aconitum chienningense var. chienningense=Aconitum chienningense
Aconitum chienningense var. lasiocarpum W.T.Wang 毛果乾宁乌头
Aconitum chilienshanicum W.T.Wang 祁连山乌头
Aconitum chinense Paxt.=Aconitum carmichaeli var. truppelianum
Aconitum chinense var. *hwangshanicum* W.T.Wang & Hsiao=Aconitum carmichaeli var. hwangshanicum
Aconitum chingtungense W.T.Wang=Aconitum hemsleyanum var. chingtungense
Aconitum chloranthum Hand.-Mazz.=Aconitum scaposum var.hupehanum
Aconitum chrysotrichum W.T.Wang 黄毛乌头
Aconitum chuanum W.T.Wang(植物志 27,1979)=Aconitum chuianum
Aconitum chuianum W.T.Wang 拟哈巴乌头
Aconitum chuosjiaense W.T.Wang 绰斯乌头
Aconitum ciliare DC.=Aconitum volubile var. pubescens
Aconitum contortum Finet & Gagn.苍山乌头
Aconitum coreanum (Lévl.) Rapaics 黄花乌头
Aconitum coriaceifolium W.T.Wang 革叶乌头
Aconitum coriaceum Lévl.=Aconitum racemulosum
Aconitum coriophyllum Hand.-Mazz.厚叶乌头
Aconitum crassicaule W.T.Wang 粗茎乌头
Aconitum crassiflorum Hand.-Mazz.粗花乌头
Aconitum creagromorphum Lauener 叉苞乌头
Aconitum cymbulatum (Schmalh.) Lipsky.舟形乌头
Aconitum daxinganlinense Y.Z.Zhao 大兴安岭乌头
Aconitum delavayi Franch.(高等图鉴 1972)=Aconitum episcopale
Aconitum delavayi Franch.马耳山乌头
Aconitum delavayi var. *coreanum* Lévl.=Aconitum coreanum
Aconitum delavayi var. *leiocarpum* Finet & Gagn.=Aconitum episcopale
Aconitum delphinifolium DC.萃雀花叶乌头
Aconitum desoulavyi Kom.德氏乌头
Aconitum dielsianum Airy-Sahw=Aconitum nagarum var. heterotrichum
Aconitum diqingense Q.E.Yang & Z.D.Fang 迪庆乌头
Aconitum divaricatum Finet & Gagn.=Aconitum tatsienense var. divaricatum
Aconitum dolichorhynchum W.T.Wang 长柱乌头
Aconitum dolichostachyum W.T.Wang 长序乌头
Aconitum duclouxii Lévl.宾川乌头
Aconitum duclouxii var. duclouxii=Aconitum duclouxii
Aconitum duclouxii var. ecalcaratum Fletch. & Lauener 无距宾川乌头
Aconitum dunhuaense S.H.Li 敦化乌头
Aconitum elliotii Lauener 墨脱乌头
Aconitum elliotii var. doshongense (Lauener) W.T.Wang 短梗墨脱乌头
Aconitum elliotii var. elliotii=Aconitum elliotii
Aconitum elliotii var. glabrescens W.T.Wang & L.Q.Li 光梗墨脱乌头
Aconitum elliotii var. pilopetalum W.T.Wang & L.Q.Li 毛瓣墨脱乌头
Aconitum elwesii Stapf 藏南藤乌
Aconitum episcopale Lévl.西南乌头
Aconitum episcopale var. episcoale=Aconitum episcopale
Aconitum episcopale var. vilosulipes W.T.Wang 紫乌头
Aconitum euryanthum Hand.-Mazz.=Aconitum stylosum
Aconitum excelsum Reichb.=Aconitum septentrionale
Aconitum falciforme Hand.-Mazz.镰形乌头
Aconitum fangianum W.T.Wang 刷经寺乌头
Aconitum fanjingshanicum W.T.Wang 梵净山乌头
Aconitum fengii W.T.Wang=Aconitum rockii var. fengii
Aconitum ferox var. *naviculare* Brühl=Aconitum naviculare
Aconitum finetianum Hand.-Mazz.赣皖乌头
Aconitum fischeri Reichb.薄叶乌头
Aconitum fischeri var. arcuatum (Maxim.) Rgl.弯枝乌头
Aconitum fischeri var. *arcuatum* f. *pilocarpum* S.H.Li & Y.H.Huang=Aconitum fischeri var. arcuatum
Aconitum fischeri var. fischeri=Aconitum fischeri
Aconitum flagellare (F.Schmidt) Steinb.鞭状匐枝乌头
Aconitum flavum Hand.-Mazz.伏毛铁棒棒
Aconitum flavum var. *galeatum* W.T.Wang=Aconitum yinschanicum
Aconitum fletcherianum Taylor 独花乌头
Aconitum formosanum Tamura 台湾乌头
Aconitum forrestii Stapf 丽江乌头
Aconitum forrestii var. albovillosum (Chen & Liu) W.T.Wang 毛果丽江乌头
Aconitum forrestii var. forresti=Aconitum forrestii
Aconitum fortunei Hemsl.=Aconitum carmichaeli var. truppelianum
Aconitum franchetii Finet & Gagn.大渡乌头
Aconitum franchetii var. franchetii=Aconitum franchetii
Aconitum franchetii var. geniculatum W.T.Wang & P.K.Hsiao 膝瓣大渡乌头
Aconitum franchetii var. subnaviculare W.T.Wang 低盔大渡乌头
Aconitum franchetii var. villosulum W.T.Wang 殿毛大渡乌头
Aconitum fukutomei Hay.梨山乌头
Aconitum fukutomei var. *formosanum* (Tamura) T.Y.Yang & T.C.Huang=Aconitum formosanum
Aconitum fusungense S.H.Li & Y.H.Huang 抚松乌头
Aconitum gammiei Stapf 错那乌头
Aconitum geniculatum Fletch. & Lauener 膝瓣乌头
Aconitum geniculatum var. geniculatum=Aconitum geniculatum
Aconitum geniculatum var. humilius W.T.Wang 低盔膝瓣乌头
Aconitum geniculatum var. longicalcaratum M.Li 长距膝瓣乌头
Aconitum geniculatum var. unguiculatum W.T.Wang 爪盔膝瓣乌头
Aconitum georgei H.F.Comb.长喙乌头
Aconitum gibbiferum Reichb.=Aconitum kusnezoffii var. gibbiferum
Aconitum gilvum (Maxim.) Hand.-Mazz.=Aconitum flavum
Aconitum glabrisepalum W.T.Wang 无毛乌头
Aconitum gmelinii Reich.=Aconitum barbatum
Aconitum goergei Comber 长喙乌头
Aconitum gymnandrum Maxim.露蕊乌头
Aconitum gymnandrum f. *leucanthum* W.T.Wang=Aconitum gymnandrum
Aconitum habaense W.T.Wang 哈巴乌头
Aconitum hamatipetalum W.T.Wang 钩瓣乌头
Aconitum handelianum Comber 剑川乌头
Aconitum handelianum var. handelianum=Aconitum handelianum
Aconitum handelianum var. laxipilosum Hand.-Mazz.疏毛剑川乌头
Aconitum hemsleyanum Pritz.瓜叶乌头
Aconitum hemsleyanum var. atropurpureum (Hand.-Mazz.) W.T.Wang 展毛瓜叶乌头
Aconitum hemsleyanum var. chingtungense (W.T.Wang) W.T.Wang 截基瓜叶乌头
Aconitum hemsleyanum var. circinatum W.T.Wang 拳距叶瓜叶乌头
Aconitum hemsleyanum var. elongatum W.T.Wang 长距瓜叶乌头
Aconitum hemsleyanum var. hemsleyanum=Aconitum hemsleyanum
Aconitum hemsleyanum var. hsiae (W.T.Wang) W.T.Wang 珠芽瓜叶乌头
Aconitum hemsleyanum var. lasiantum W.T.Wang 毛萼瓜叶乌头
Aconitum hemsleyanum var. leucanthum P.Guo & M.R.Jia=Aconitum hemsleyanum
Aconitum hemsleyanum var. pilopetalum W.T.Wang 毛瓣瓜叶乌头
Aconitum hemsleyanum var. puberulum W.T.Wang & L.Q.Li 毛枝瓜叶乌头
Aconitum hemsleyanum var. unguiculatum W.T.Wang 爪盔瓜叶乌头
Aconitum hemsleyanum var. xizangense W.T.Wang & L.Q.Li 西藏瓜叶乌头
Aconitum henryi Pritz.川鄂乌头
Aconitum henryi var. compositum Hand.-Mazz.细裂川鄂乌头

Aconitum henryi var. henryi=Aconitum henryi
Aconitum henryi var. pilocarpum W.T.Wang & L.Q.Li 毛果川鄂乌头
Aconitum henryi var. villosum W.T.Wang 展毛川鄂乌头
Aconitum hicksii Lauen.同戛乌头
Aconitum hispidum DC.=Aconitum barbatum var. hispidum
Aconitum hopeiense (W.T.Wang) Vorosh.=Aconitum leucostomum var. hopeiense
Aconitum hsiae W.T.Wang=Aconitum hemsleyanum var. hsiae
Aconitum huiliense Hand.-Mazz.会里乌头
Aconitum huizenense T.L.Ming=Aconitum gammiei
Aconitum ichangense (Finet & Gagn.) Hand.-Mazz.巴东乌头
Aconitum incisofidum W.T.Wang 缺刻乌头
Aconitum iochanicum Ulbr.滇北乌头
Aconitum iochanicum var. *robustum* Chen & Liu=Aconitum tanguticum var. trichocarpum
Aconitum jaluense Kom.鸭绿乌头
Aconitum jaluense var. glabrescens Nakai 光梗鸭绿乌头
Aconitum jaluense var. jaluense=Aconitum jaluense
Aconitum jaluense var. *paniculigerum* (Nakai) S.X.Li=Aconitum paniculigerum
Aconitum jaluense var. truncatum S.H.Li & Y.H.Huang 截基鸭绿乌头
Aconitum japonicum var. napiforme (H.Lévl. & Vnt.) Kadota 萝卜乌头
Aconitum japonicum var. *truppelianum* Ulbr.=Aconitum carmichaeli var. truppelianum
Aconitum jeholense Nakai & Kitag.热河乌头
Aconitum jeholense var. angustius (W.T.Wang) Y.Z.Zhao 华北乌头
Aconitum jilongense W.T.Wang & L.Q.Li 吉隆乌头
Aconitum jinyangense W.T.Wang 金阳乌头
Aconitum jiulongense W.T.Wang 九龙乌头
Aconitum jucundum Diels=Aconitum scaposum var. hupehanum
Aconitum jucundum var. *chloranthum* (Hand.-Mazz.) Hand.-Mazz.= Aconitum scaposum var. hupehanum
Aconitum kagerpuense W.T.Wang 卡卡波乌头
Aconitum karakolicum Rapaics 多根乌头
Aconitum karakolicum var. karakolicum=Aconitum karakolicum
Aconitum karakolicum var. patentipilum W.T.Wang 展毛多根乌头
Aconitum kialaense W.T.Wan 卡拉乌头
Aconitum kirinense Nakai 吉林乌头
Aconitum kirinense var. australe W.T.Wang 毛果吉林乌头
Aconitum kirinense var. heterophyllum W.T.Wang 异裂吉林乌头
Aconitum kirinense var. kirinense=Aconitum kirinense
Aconitum kitagawae Nakai=Aconitum carmichaeli var. truppelianum
Aconitum kojimae Tamura 锐裂乌头
Aconitum kojimae var. kojimae=Aconitum kojimae
Aconitum kojimae var. ramosum Tamura 分枝锐裂乌头
Aconitum komarovii Steinb.柯氏乌头
Aconitum kongboense Lauener 工布乌头
Aconitum kongboense var. kongboense=Aconitum kongboense
Aconitum kongboense var. polycarpum W.T.Wang & L.Q.Li 多果工布乌头
Aconitum kongboense var. villosum W.T.Wang 展毛工布乌头
Aconitum krylovii Steinb.构瑞氏乌头
Aconitum kungshanense W.T.Wang 贡山乌头
Aconitum kusnezoffii lusus dissectum Rgl.=Aconitum kusnezoffii
Aconitum kusnezoffii Reichb.北乌头
Aconitum kusnezoffii subsp. *birobidshanicum* (Vorosch.) Luferov= Aconitum birobidshanicum
Aconitum kusnezoffii var. *birobidishanicum* (Borosch.) S.X.Li=Aconitum birobidshanicum
Aconitum kusnezoffii var. *bodinieri* (Lévl. & Vant.) Finet & Gagn.= Aconitum carmichaeli
Aconitum kusnezoffii var. crispulum W.T.Wang 伏毛北乌头
Aconitum kusnezoffii var. gibbiferum (Reichb.) Rgl.宽裂北乌头
Aconitum kusnezoffii var. kusnezoffii=Aconitum kusnezoffii
Aconitum kusnezoffii var. *wulingense* (Nakai) W.T.Wang=Aconitum paniculigerum var. wulingense
Aconitum kusnezoffii α. *typicum* lusus a. *tenuisectum* Rgl.=Aconitum kusnezoffii
Aconitum laevicaule W.T.Wang 光茎乌头
Aconitum lasiostomum Rchb.毛喉乌头
Aconitum lauenerianumn Fletch.=Aconitum brevicalcaratum
Aconitum legendrei Hand.-Mazz.冕宁乌头
Aconitum leiostachyum W.T.Wang 光序乌头
Aconitum leiwuqiense W.T.Wang 类乌齐乌头
Aconitum leptanthum Reich.=Aconitum barbatum
Aconitum leucostomum Worosch.白喉乌头
Aconitum leucostomum var. hopeiense W.T.Wang 河北白喉乌头
Aconitum leucostomum var. leucostomum=Aconitum leucostomum
Aconitum lhasaense Lauener=Aconitum kongboense
Aconitum liangshanicum W.T.Wang 凉山乌头
Aconitum liaotungense Nakai=Aconitum carmichaeli var. truppelianum
Aconitum lihsienense W.T.Wang 理县乌头
Aconitum likiangense Chen & Liu=Aconitum forrestii
Aconitum liljestrandii Hand.-Mazz.贡嘎乌头
Aconitum liljestrandii var. falcatum W.T.Wang 马尔康乌头
Aconitum liljestrandii var. liljestrandii=Aconitum liljestrandii
Aconitum liouii W.T.Wang 秦岭乌头
Aconitum lobulatum W.T.Wang 浅裂乌头
Aconitum lonchodontum Hand.-Mazz.长齿乌头
Aconitum longecassidatum Nakai 高帽乌头
Aconitum longilobum W.T.Wang 长裂乌头
Aconitum longipedicellatum Lauener 长梗乌头
Aconitum longipetiolatum Lauener 长柄乌头
Aconitum longiramosum W.T.Wang 长枝乌头
Aconitum longtouense T.L.Ming=Aconitum franchetii
Aconitum ludlowii Exell 江孜乌头
Aconitum luningense W.T.Wang 芦宁乌头
Aconitum luridum HK.f. & Thoms.=Aconitum novoluridum
Aconitum lushanense Migo=Aconitum carmichaeli
Aconitum luteum Lévl. & Vant.=Aconitum barbatum var. puberulum
Aconitum lycoctonifolium W.T.Wang & L.Q.Li 牛扁叶乌头
Aconitum lycoctonum L.(湖南药志 1965)=Aconitum sinomontanum var. angustius
Aconitum lycoctonum f. *umbrosum* Korsh.=Aconitum umbrosum
Aconitum lycoctonum subsp. *genuinum* f. *umbrosum* Korsh.=Aconitum umbrosum
Aconitum lycoctonum var. *barbatum* (Pers.) Finet & Gagn.=Aconitum barbatum
Aconitum lycoctonum var. *brevicalcaratum* f. *bracteatum* Finet & Gagn.= Aconitum brevicalcaratum var. parviflorum
Aconitum lycoctonum var. *brevicalcaratum* Finet & Gagn.=Aconitum brevicalcaratum
Aconitum lycoctonum var. *circinatum* Lévl.=Aconitum scaposum var. hupehanum
Aconitum lycoctonum var. *efoliatum* Rapaics=Aconitum scaposum
Aconitum lycoctonum var. *ranunculoides* Finet & Gagn.=Aconitum scaposum
Aconitum lycoctonum var. *vulparium* (Reicdh.) Rgl.=Aconitum brevicalcaratum
Aconitum macrorhynchum Turcz.细叶乌头
Aconitum macrorhynchum f. *octocarpum* P.K.Chang & B.Y.Wang= Aconitum macrorhynchum
Aconitum macrorhynchum f. tenuissimum (Nakai & Kitag.) S.H.Li & Y.H. Huang 匐枝乌头
Aconitum macrorhynchum var. *octocarpum* P.K.Chang & B.Y.Wang= Aconitum macrorhynchum
Aconitum macrorhynchum var. *tenuissimum* (Nakai & Kitag.) S.H.Li & Y.H.Huang=Aconitum macrorhynchum
Aconitum macrorhynchum var. *viviparum* P.K.Chang & B.Y.Wang= Aconitum macrorhynchum f. tenuissimum
Aconitum magnibracteolatum W.T.Wang 巨苞乌头
Aconitum mairei Lévl.=Aconitum vilmorinianum
Aconitum manshuricum Nakai=Aconitum jaluense var. glabrescens
Aconitum maowenense W.T.Wang 茂汶乌头
Aconitum milinense W.T.Wang 米林乌头
Aconitum moldavicum f. *pilocarpum* (W.T.Wang) Tamura & Lauen.= Aconitum sinomontanum var. pilocarpum
Aconitum moldavicum var. *sinomontanum* (Nakai) Tamura & Lauen.= Aconitum sinomontanum
Aconitum monanthum Nakai 高山乌头
Aconitum monticola Steinb.山地乌头
Aconitum nagarum Stapf 保山乌头
Aconitum nagarum f. *ecalcaratum* (Airy-Shaw) W.T.Wang=Aconitum

nagarum
Aconitum nagarum var. *acaule* (Finet & Gagn.) Q.E.Yang=Aconitum duclouxii
Aconitum nagarum var. *ecalcaratum* (Airy-Shaw) Airy-Shaw=Aconitum nagarum
Aconitum nagarum var. *heterotrichum* f. *dielsianum* (Airy-Shaw) W.T.Wang=Aconitum nagarum var. heterotrichum
Aconitum nagarum var. *heterotrichum* f. *leiocarpum* (W.T.Wang) W.T.Wang=Aconitum nagarum var. heterotrichum
Aconitum nagarum var. heterotrichum Fletch. & Lauener 小白撑
Aconitum nagarum var. lasiandrum W.T.Wang 宣威乌头
Aconitum nagarum var. nagarum=Aconitum nagarum
Aconitum nakaoi Laurn.=Aconitum gammiei
Aconitum namlaense W.T.Wang 纳木拉乌头
Aconitum napelloides Hand.-Mazz.=Aconitum sinonapelloides
Aconitum napellus var. *acaule* Finet & Gagn.=Aconitum duclouxii
Aconitum napellus var. *alpinum lusus soongoricum* Rgl.=Aconitum soongoricum
Aconitum napellus var. *polyanthum* Finet & Gagn.=Aconitum polyanthum
Aconitum napellus var. *refractum* Finet & Gagn.=Aconitum refractum
Aconitum napellus var. *sessilliflorum* Finet & Gagn.=Aconitum sessiliflorum
Aconitum napellus var. *turkestanicum* B.Fedtsch.=Aconitum karakolicum
Aconitum napiforme H.Lévl. & Vnt.=Aconitum japonicum var. napiforme
Aconitum nasutum Fisch.纳苏乌头
Aconitum naviculare (Brühl.) Stapf 船形乌头
Aconitum nemorum M.Pop.林地乌头
Aconitum nielamuense W.T.Wang 聂拉木乌头
Aconitum ningwuense W.T.Wang 宁武乌头
Aconitum novoluridum Munz 展喙乌头
Aconitum nutantiflorum Chang ex W.T.Wang 垂花乌头
Aconitum ochranthum C.A.Mey.=Aconitum barbatum var. puberulum
Aconitum orientale Mill.东方乌头
Aconitum ouvrardianum Hand.-Mazz.德钦乌头
Aconitum ouvrardianum var. ourardianum=Aconitum ouvrardianum
Aconitum ouvrardianum var. pilopes W.T.Wang & L.Q.Li 毛爪德钦乌头
Aconitum paishanense Kitag.=Aconitum umbrosum
Aconitum paniculigerum Nakai 圆锥乌头
Aconitum paniculigerum var. *leiocarpum* Nakai ex Kitag.=Aconitum paniculigerum
Aconitum paniculigerum var. *leiogynum* f. *glabrescens* Nakai=Aconitum paniculigerum
Aconitum paniculigerum var. paniculigerum=Aconitum paniculigerum
Aconitum paniculigerum var. wulingense (Nakai) W.T.Wang 疏毛圆锥乌头
Aconitum parabrachypodum Lauener=Aconitum gammiei
Aconitum parcifolium Q.E.Yang & Z.D.Fang 疏叶乌头
Aconitum pekinense Worosch.=Aconitum barbatum var. puberulum
Aconitum pendulicarpum Chang 垂果乌头
Aconitum pendulicarpum var. circinatum W.T.Wang 长距垂果乌头
Aconitum pendulicarpum var. pendulicarpum=Aconitum pendulicarpum
Aconitum pendulum Busch.铁棒锤
Aconitum phyllostegium Hand.-Mazz.木里乌头
Aconitum phyllostegium var. phyllostegium=Aconitum phyllostegium
Aconitum phyllostegium var. pilosum Fletch. & Lauener 伏毛木里乌头
Aconitum piepunense Hand.-Mazz.中甸乌头
Aconitum piepunense var. piepunense=Aconitum piepunense
Aconitum piepunense var. pilosum Comber 疏毛中甸乌头
Aconitum polyanthum (Finet & Gagn.) Hand.-Mazz.多花乌头
Aconitum polyanthum var. puberulum W.T.Wang 毛萼多花乌头
Aconitum polycarpum Chang 多果乌头
Aconitum polyschistum Hand.-Mazz.多裂乌头
Aconitum pomeense W.T.Wang 波密乌头
Aconitum potaninii Kom.密花乌头
Aconitum prominens Lauener 露瓣乌头
Aconitum pseudobrunneum W.T.Wang 小花乌头
Aconitum pseudodivaricatum W.T.Wang 全裂乌头
Aconitum pseudogeniculatum var. pseudogeniculatum=Aconitum pseudogeniculatum
Aconitum pseudogeniculatum var. pubipes W.T.Wang 黄毛梗乌头
Aconitum pseudogeniculatum W.T.Wang 拟膝瓣乌头
Aconitum pseudohuiliense Chang 雷波乌头
Aconitum pseudokongboense W.T.Wang & L.Q.Li 拟工布乌头
Aconitum pseudosessiliflorum Lauener=Aconitum richardsonianum var. pseudosessiliflorum
Aconitum pseudostapfianum W.T.Wang 拟玉龙乌头
Aconitum pubiceps (Rupr.) Trautv.柔软乌头
Aconitum pukeense W.T.Wang 普格乌头
Aconitum pukeense var. brevipes W.T.Wang 短梗普格乌头
Aconitum pukeense var. pukeense=Aconitum pukeense
Aconitum pulchellum Hand.-Mazz.美丽乌头
Aconitum pulchellum var. hispidum Lauener 毛瓣美丽乌头
Aconitum pulchellum var. pulchellum=Aconitum pulchellum
Aconitum pulchellum var. racemosum W.T.Wang 长序美丽乌头
Aconitum pulcherrimum Nakai=Aconitum kusnezoffii
Aconitum pulcherrimum var. *dissectum* (Rgl.) Nakai=Aconitum kusnezoffii
Aconitum pulcherrimum var. *tenuisectum* (Rgl.) Nakai=Aconitum kusnezoffii
Aconitum pycnanthum W.T.Wang 密序乌头
Aconitum pyrenaicum L.=Aconitum barbatum
Aconitum qinghaiense Kadota 青海乌头
Aconitum racemulosum Franch.岩乌头
Aconitum racemulosum var. grandibracteolatum W.T.Wang 巨苞岩乌头
Aconitum racemulosum var. *pengzhouense* W.J.Zhang & G.H.Chen=Aconitum racemulosum
Aconitum racemulosum var. racemulosum=Aconitum racemulosum
Aconitum raddeanum Rgl.大苞乌头
Aconitum ramulosum W.T.Wang 多枝乌头
Aconitum ranuculoides Turcz.毛茛叶乌头
Aconitum refracticarpum Chang 弯果乌头
Aconitum refractum (Finet & Gagn.) Hand.-Mazz.狭裂乌头
Aconitum rhombifolium Chen 菱叶乌头
Aconitum rhombifolium var. leiocarpum W.T.Wang 光果菱叶乌头
Aconitum rhombifolium var. rhombifolium=Aconitum rhombifolium
Aconitum richardsonianum Lauener 直序乌头
Aconitum richardsonianum var. *crispulum* W.T.Wang=Aconitum richardsonianum var. pseudosessiliflorum
Aconitum richardsonianum var. pseudosessiliflorum (Lauener) W.T.Wang 伏毛直序乌头
Aconitum richardsonianum var. richardsonianum=Aconitum richardsonianum
Aconitum rilongense Kadota 邛崃山乌头
Aconitum rockii Fletch. & Lauener 拟康定乌头
Aconitum rockii var. fengii (W.T.Wang) W.T.Wang 石膏山乌头
Aconitum rockii var. *ramosum* W.T.Wang=Aconitum rockii
Aconitum rockii var. rockii=Aconitum rockii
Aconitum rongchuense Lauener=Aconitum kongboense var. villosum
Aconitum rotundifolium Kar. & Kir.圆叶乌头
Aconitum rotundifolium var. *sessilliflorum* (Finet & Gagn.) Rapaics=Aconitum sessiliflorum
Aconitum rotundifolium var. *tanguticum* Maxim.=Aconitum tanguticum
Aconitum scaposum Franch.花葶乌头
Aconitum scaposum var. chloranthum (Hand.-Mazz.) Lauen. & Tamura=Aconitum scaposum var. hupehanum
Aconitum scaposum var. *efoliatum* Rapaics=Aconitum scaposum
Aconitum scaposum var. hupehanum Rapaics 等叶花葶乌头
Aconitum scaposum var. *patentipilum* W.T.Wang=Aconitum scaposum
Aconitum scaposum var. *pseudovaginatum* Rapaics=Aconitum scaposum var. vaginatum
Aconitum scaposum var. *pyramidale* Franch.=Aconitum scaposum
Aconitum scaposum var. scaposum=Aconitum scaposum
Aconitum scaposum var. vaginatum (Pritz.) Rapaics 聚叶花葶乌头
Aconitum sczukinii Turcz.宽叶蔓乌头
Aconitum sczukinii var. *hemsleyanum* Rapaics=Aconitum hemsleyanum
Aconitum sczukinii var. *pauciflorum* Rapaics=Aconitum racemulosum
Aconitum secundiflorum W.T.Wang 侧花乌头
Aconitum semigaleatum var. *ichangense* Finet & Gagn.=Aconitum ichangense
Aconitum septentrionale Koelle 紫花高乌头
Aconitum sessiliflorum (Finet & Gagn.) Hand.-Mazz.缩梗乌头
Aconitum shensiense W.T.Wang 陕西乌头

Aconitum shimianense W.T.Wang 石棉乌头
Aconitum sibiricum Poiret=Aconitum barbatum var. hispidum
Aconitum sikangense Hand.-Mazz.=Aconitum tatsienense
Aconitum sinchiangense W.T.Wang 新疆乌头
Aconitum sinoaxillare W.T.Wang 腋花乌头
Aconitum sinomontanum Nakai 高乌头
Aconitum sinomontanum var. angustius W.T.Wang 狭盔高乌头
Aconitum sinomontanum var. pilocarpum W.T.Wang 毛果高乌头
Aconitum sinomontanum var. sinomontanum=Aconitum sinomontanum
Aconitum sinonapelloides W.T.Wang 拟缺刻乌头
Aconitum sinonapelloides var. sinonapelloides=Aconitum sinonapelloides
Aconitum sinonapelloides var. subulatum W.T.Wang & P.K.Hsiao 钻苞拟缺刻乌头
Aconitum sinonapelloides var. wesiense W.T.Wang 展毛拟缺刻乌头
Aconitum sioseanum Migo=Aconitum Finetianum
Aconitum smirnovii Steinb.阿尔泰乌头
Aconitum smithii Ulbr. ex Hand.-Mazz.山西乌头
Aconitum smithii var. *tenuilobum* W.T.Wang=Aconitum smithii
Aconitum soongaricum Stapf 准噶尔乌头
Aconitum soongaricum var. *angustius* W.T.Wang=Aconitum jeholense var. angustius
Aconitum soongaricum var. *jeholense* (Nakai & Kitag.) W.T.Wang=Aconitum jeholense
Aconitum soongaricum var. pubescens Steinb.毛序准噶尔乌头
Aconitum souliei Finet & Gagn.茨开乌头
Aconitum souliei var. *glabrum* Comber=Aconitum phyllostegium
Aconitum souliei var. *pumilum* Finet & Gagn.=Aconitum souliei
Aconitum spathulatum W.T.Wang 匙苞乌头
Aconitum spicatum Stapf 亚东乌头
Aconitum spiripetalum Hand.-Mazz.螺瓣乌头
Aconitum squarrosum DC.=Aconitum barbatum
Aconitum stapfianum Hand.-Mazz.玉龙乌头
Aconitum stoerkianum Rchb.斯托尔克乌头
Aconitum stramineiflorum Chang 草黄乌头
Aconitum stylosoides W.T.Wang 拟显柱乌头
Aconitum stylosum Stapf 显柱乌头
Aconitum stylosum f. *albidum* Chen & Liu=Aconitum stylosum
Aconitum stylosum var. *doshongense* Lauener=Aconitum elliotii var. doshongense
Aconitum stylosum var. geniculatum Fletch. & Lauener 膝爪显柱乌头
Aconitum stylosum var. stylosum=Aconitum stylosum
Aconitum subalpinum Baranov=Aconitum paniculigerum
Aconitum subrosulatum Hand.-Mazz.=Aconitum nagarum var. lasiandrum
Aconitum sukaczevii Steinb.苏氏乌头
Aconitum sungpanense Hand.-Mazz.松潘乌头
Aconitum sungpanense var. leucanthum W.T.Wang 白花松潘乌头
Aconitum sungpanense var. sungpanense=Aconitum sungpanense
Aconitum sungpanense var. villosulum W.T.Wang 展毛松潘乌头
Aconitum szechenyianum Gáy.=Aconitum pendulum
Aconitum taipaicum Hand.-Mazz.太白乌头
Aconitum takahashii Kitag.=Aconitum carmichaeli var. truppelianum
Aconitum talassicum var. villosulum W.T.Wang 伊犁乌头
Aconitum tangense Marq. & Shaw 堆拉乌头
Aconitum tanguticum (Maxim.) Stapf 甘青乌头
Aconitum tanguticum f. *viridulum* W.T.Wang=Aconitum tanguticum
Aconitum tanguticum var. tanguticum=Aconitum tanguticum
Aconitum tanguticum var. *trichocarpum* f. *robustum* (Chen & Liu) W.T. Wang=Aconitum tanguticum var. trichocarpum
Aconitum tanguticum var. trichocarpum Hand.-Mazz.毛果甘青乌头
Aconitum taronense (Hand.-Mazz.) Fletch. & Lauener 独龙乌头
Aconitum tatsienense Finet & Gagn.(Hand.-Mazz. in Symb.Sin.1931)= Aconitum phyllostegium var. pilosum
Aconitum tatsienense Finet & Gagn.康定乌头
Aconitum tatsienense var. divaricatum (Finet & Gagn.) W.T.Wang 展枝康定乌头
Aconitum tatsienense var. tatsienense=Aconitum tatsienense
Aconitum tenuicaule W.T.Wang 细茎乌头
Aconitum tenutissimum Nakai & Kitag.=Aconitum macrorhynchum
Aconitum tockii Nakai=Aconitum paniculigerum var. wulingense
Aconitum tongolense Ulbr.新都桥乌头
Aconitum tongolense var. patentipilum Q.E.Yang & Z.D.Fang 展毛东俄洛乌头
Aconitum tongolense var. tongolense=Aconitum tongolense
Aconitum transectum Diels 直喙乌头
Aconitum tripartitum Fletch. & Lauener=Aconitum episcopale
Aconitum triphylloides Nakai=Aconitum kusnezoffii
Aconitum triphyllum var. *manshuricum* Nakai=Aconitum jaluense
Aconitum truppelianum (Ulbr.) Nakai=Aconitum carmichaeli var. truppelianum
Aconitum tsaii W.T.Wang 碧江乌头
Aconitum tsaii f. *geniculatum* W.T.Wang=Aconitum tsaii
Aconitum tsaii f. *purpureum* W.T.Wang=Aconitum tsaii
Aconitum tsaii var. puberulum W.T.Wang 毛茎碧江乌头
Aconitum tsaii var. tsaii=Aconitum tsaii
Aconitum tsangpoense Lauener=Aconitum kongboense
Aconitum tschangbaischanense S.H.Li & Y.H.Huang 长白乌头
Aconitum tuguancunense Q.E.Yang=Aconitum pseudostapfianum
Aconitum umbrosum (Korsh.) Kom.草地乌头
Aconitum vaginatum Pritz.=Aconitum scaposum var. vaginatum
Aconitum vaginatum var. *xanthanthum* Hand.-Mazz.=Aconitum scaposum var. vaginatum
Aconitum validinerve W.T.Wang 显脉乌头
Aconitum variegatum L.=Aconitum novoluridum
Aconitum venetorium Diels=Aconitum nagarum
Aconitum venetorium var. *ecalcaratum* Airy-Sahw=Aconitum nagarum
Aconitum villosum Reichb.白毛乌头
Aconitum villosum subsp. *tschangbaischanense* (S.X.Li & Y.H.Huang) S. X.Li=Aconitum tschangbaischanense
Aconitum villosum var. amurense (Nakai) S.H.Li & Y.H.Huang 缠绕白毛乌头
Aconitum villosum var. *daxinganlinense* (Y.Z.Zhao) S.X.Li=Aconitum daxinganlinense
Aconitum villosum var. villosum=Aconitum villosum
Aconitum vilmorinianum Kom.黄草乌
Aconitum vilmorinianum var. *altifidum* W.T.Wang=Aconitum episcopale
Aconitum vilmorinianum var. patentipilum W.T.Wang 展毛黄草乌
Aconitum vilmorinianum var. vilmorinianum=Aconitum vilmorinianum
Aconitum viridiflorum Lauener=Aconitum kongboense
Aconitum volubile Pall.蔓乌头
Aconitum volubile var. *latisectum* Rgl.=Aconitum sczukinii
Aconitum volubile var. pubescens Rgl.卷毛蔓乌头
Aconitum volubile var. volubile=Aconitum volubile
Aconitum wardii Fletch. & Lauener 滇川乌头
Aconitum wardii f. *flavidum* Fletch. & Lauener=Aconitum wardii
Aconitum wardii var. *hopeiense* (W.T.Wang) Tamura & Lauen.=Aconitum leucostomum var. hopeiense
Aconitum wardii var. trisectum W.T.Wang & L.Q.Li 全裂滇川乌头
Aconitum wardii var. wardii=Aconitum wardii
Aconitum weixiense W.T.Wang 维西乌头
Aconitum wilsonii Stapf ex Veitch=Aconitum carmichaeli
Aconitum wolongense W.T.Wang 卧龙乌头
Aconitum wuchangouense Y.Z.Zhao 五叉沟乌头
Aconitum wulingense Nakai=Aconitum paniculigerum var. wulingense
Aconitum xiangchengense W.T.Wang 乡城乌头
Aconitum yachiangense W.T.Wang 雅江乌头
Aconitum yamatsutae Nakai=Aconitum kusnezoffii
Aconitum yangii W.T.Wang & L.Q.Li 竞生乌头
Aconitum yangii var. villosulum W.T.Wang & L.Q.Li 展毛竞生乌头
Aconitum yangii var. yangii=Aconitum yangii
Aconitum yanyuanense W.T.Wang & L.Q.Li 盐源乌头
Aconitum yinschanicum Y.Z.Zhao 阴山乌头
Aconitum yunlingense Q.E.Yang & Z.D.Fang 云岭乌头
Aconitum zhaojiueense W.T.Wang & P.K.Hsiao 昭觉乌头
Aconogonon ajanense (Rgl. & Til.) Hara=Polygonum ajanense
Aconogonon angustifolium (Pall.) Hara=Polygonum angustifolium
Aconogonon campanulatum var. *fulvidum* (HK.f.) Hara=Polygonum campanulatum var. fulvidum
Aconogonon limosum (Kom.) Hara=Polygonum limosum
Aconogonon ochreatum (L.) Hara=Polygonum ocreatum
Aconogonon polystachyum (Wall. ex Meisn.) M.Kral=Polygonum polystachyum
Aconogonon rhombitepalum S.P.Hong 滇蓼(新)?
Aconogonon sibiricum subsp. *thomsonii* (Meisn.) Sojak=Polygonum

sibiricum var. thomsonii
Aconogonon tibeticum (Hemsl.) Sojak=Polygonum tibeticum
Aconogonum campanulatum (HK.f.) Hara=Polygonum campanulatum
Aconogonum hookeri (Meisn.) Hara=Polygonum hookeri
Aconogonum molle (D.Don) Hara=Polygonum molle
Aconogonum molle var. *frondosum* Hara=Polygonum molle var. frondosum
Aconogonum molle var. *rude* (Meisn.) Hara=Polygonum molle var. rude
Aconogonum paniculatum (Bl.) Harald.=Polygonum molle var. frondosum
Aconogonum sibiricum (Laxm.) Hara=Polygonum sibiricum
Aconogonum sibiricum subsp. *thomsonii* (Meisn.) S.P.Hong=Polygonum sibiricum var. thomsonii
Aconogonum tortuosum (D.Don) Hara=Polygonum tortuosum
Acorellus Palla=**Juncellus**
Acorellus pannonicus Palla=Juncellus pannonicus
Acorus L.**菖蒲属**(天南星科)
Acorus asiaticus Nakai=Acorus calamus
Acorus calamus L.(Lour.in Fl.Cochinchi.1790,Benth.Fl.Hongk.1861)=Acorus tatarinowii
Acorus calamus L.菖蒲
Acorus calamus var. calamus=Acorus calamus
Acorus calamus var. veus L.细根菖蒲
Acorus calamus var. *vulgaris* L.=Acorus calamus
Acorus gramineus Soland.(HK.f.in Fl.Brit.Ind.1893,p.p.)=Acorus tatarinowii
Acorus gramineus Soland.金钱蒲
Acorus gramineus var. *crassispadix* Lingsh.=Acorus tatarinowii
Acorus gramineus var. *pusillus* (Sieb.) Engl.=Acorus gramineus
Acorus pusillus Sieb.=Acorus gramineus
Acorus rumphianus S.Y.Hu 长苞菖蒲
Acorus tatarinowii Schott 石菖蒲
Acosta spicata Lour.=Vaccinium bracteatum
Acrachne Wight & Arn. ex Chiov **尖稃草属**(禾本科)
Acrachne racemosa (Heyne ex Roem. & Schult.) Ohwi 尖稃草
Acrachne verticillata (Roxb.) Lindl. ex Chiov.=Acrachne racemosa
Acranthera Arn. ex Meissn.**尖药花属**(茜草科)
Acranthera sinensis C.Y.Wu 中华尖药花
Acriopsis Bl.**合萼兰属**(兰科)
Acriopsis indica Wight 合萼兰
Acriopsis javanica Reinw.爪哇阿瑞奥普兰
Acriopsis latifolia Rolfe 大叶阿瑞奥普兰
Acriopsis ridleyi HK.f.阿瑞奥普兰
Acrocarpus Wight ex Arn.**顶果树属**(豆科)
Acrocarpus fraxinifolius Wight ex Arn.顶果树
Acrocarpus fraxinifolius var. *guangxiensis* X.L.Mo & Y.Wei=Acrocarpus fraxinifolius
Acrocentron Cass.**Centaurea**
Acrocephalus Benth.**尖头花属**(唇形科)
Acrocephalus axillaris Benth.腋生尖头花
Acrocephalus capitatus (Roth) Benth.=Acrocephalus indicus
Acrocephalus fruticosus Dunn=Elsholtzia capituligera
Acrocephalus indicus (Burm.f.) O.Ktze.尖头花
Acroceras Stapf **凤头黍属**(禾本科)
Acroceras crassiapiculatum (Merr.) Alston=Acroceras munroanum
Acroceras diffusum Chia=Setiacis diffusa
Acroceras munroanum (Balansa) Henr.凤头黍
Acroceras oryzoides Stapf 稻状凤头黍
Acroceras tonkinense (Balansa) Hubb. ex Bor=Neohusnotia tonkinensis
Acroceras zizanioides (H.B.K.) Dandy 类菰凤头黍
Acrochaene rimannii Rchb.f.=Sunipia rimannii
Acrocomia Mart.**格鲁棕属**(棕榈科)
Acrocomia aculeata Mart.皮刺格鲁棕
Acrocomia media O.F.Cook 波多黎各格鲁棕
Acrocomia mexicana Karw. ex Mart.墨西哥格鲁棕
Acrocomia totai Mart.多太格鲁棕
Acroglochin Schrad.**千针苋属**(藜科)
Acroglochin chenopodioides Schrad.=Acroglochin persicarioides
Acroglochin obtusifolia Blom=Acroglochin persicarioides
Acroglochin persicarioides (Poir) Moq.千针苋
Acrolophus Cass.=**Centaurea**
Acrolophus squarosus (Willd.) Nevski=Centaurea squarosa
Acronema Edgew.**丝瓣芹属**(伞形科)
Acronema alpinum S.L.Liou & Shan 高山丝瓣芹
Acronema astrantiifolium Wolff 星叶丝瓣芹
Acronema chienii Shan 条叶丝瓣芹
Acronema chienii var. chienii=Acronema chienii
Acronema chienii var. dissectum Shan 细裂条叶丝瓣芹
Acronema chinense Wolff 尖瓣芹
Acronema chinense var. chinense=Acronema chinense
Acronema chinense var. humile S.L.Liou & Shan 矮尖瓣芹
Acronema commutatum Wolff 多变丝瓣芹
Acronema gracile S.L.Liou & Shan 细梗丝瓣芹
Acronema graminifolium (Wolff) S.L.Liou & Shan 禾叶丝瓣芹
Acronema handelii Wolff 中甸丝瓣芹
Acronema hookeri (C.B.Clarke) Wolff 锡金丝瓣芹
Acronema hookeri var. *graminifolium* W.W.Sm.=Acronema graminifolium
Acronema johrianum Babu 单羽丝瓣芹
Acronema muscicolum (Hand.-Mazz.) Hand.-Mazz 苔间丝瓣芹
Acronema nervosum Wolff 羽轴丝瓣芹
Acronema paniculatum (Franch.) Wolff 圆锥丝瓣芹
Acronema radiatum (W.W.Sm.) Wolff 环辐丝瓣芹
Acronema schneideri Wolff 丽江丝瓣芹
Acronema sichuanense S.L.Liou & Shan 四川丝瓣芹
Acronema tenerum (Wall.) Edgew.丝瓣芹
Acronema wolffianum Fedde ex Wolff 矮小丝瓣芹
Acronema xizangense S.L.Liou & Shan 西藏丝瓣芹
Acronema yadongense S.L.Liou 亚东丝瓣芹
Acronychia J.R. & G.Forst.**山油柑属**(芸香科)
Acronychia baueri Schott.奥山油柑
Acronychia esquirolii Lévl.=Alstonia yunnanensis
Acronychia laurifolia Bl.=Acronychia pedunculata
Acronychia oligoplebia Merr.贡甲
Acronychia pedunculata (L.) Miq.山油柑
Acrophorus Presl **鱼鳞蕨属**(球盖蕨科)
Acrophorus assamicus Bedd.=Humata assamica
Acrophorus diacaioides Ching & S.H.Wu 滇缅鱼鳞蕨
Acrophorus dissectus Ching ex S.H.Wu 细裂鱼鳞蕨
Acrophorus emeiensis Ching ex S.H.Wu 峨眉鱼鳞蕨
Acrophorus exstipellatus Ching & S.H.Wu 峨边鱼鳞蕨
Acrophorus hookeri Moore=Araiostegia hookeri
Acrophorus immersus Moore=Leucostegia immersa
Acrophorus macrocarpus Ching & S.H.Wu 大果鱼鳞蕨
Acrophorus membranulosus Moore(p.p.)=Davallodes membranulosa
Acrophorus membranulosus Moore(p.p.)=Paradavallodes membranulosum
Acrophorus nodosus J.Sm.=Acrophorus stipellatus
Acrophorus paleolatus Pic.-Ser.=Acrophorus stipellatus
Acrophorus pseudocystopteris Fil.=Araiostegia pseudocystopteris
Acrophorus pseudocystopteris Moore=Araiostegia pseudocystopteris
Acrophorus pulcher Moore=Araiostegia pulchra
Acrophorus stipellatus (Wall.) Moore 鱼鳞蕨
Acrophorus stipellatus C.Chr.=Acrophorus diacaioides
Acrophorus thomsoni Moore(p.p.)=Araiostegia multidentata
Acrophorus thomsoni Moore(p.p.)=Paradavallodes multidentatum
Acropteris septentrionalis Link=Asplenium septentrionale
Acroptilon Cass.**顶羽菊属**(菊科)
Acroptilon angustifolium Cass.=Acroptilon repens
Acroptilon australe Iljin=Acroptilon repens
Acroptilon obtusifolium Cass.=Acroptilon repens
Acroptilon picris (Pall. ex Willd.) C.A.M.=Acroptilon repens
Acroptilon repens (L.) DC.顶羽菊
Acroptilon serratum Cass.=Acroptilon repens
Acroptilon subdentatum Cass.=Acroptilon repens
Acrorumohra H.Ito(p.p.)=**Arachniodes**
Acrorumohra (H.Ito) H.Ito **假复叶耳蕨属**(鳞毛蕨科)
Acrorumohra diffracta (Bak.) H.Ito 弯柄假复叶耳蕨
Acrorumohra dissecta Ching 川滇假复叶耳蕨
Acrorumohra hasseltii (Bl.) Ching 草质假复叶耳蕨
Acrorumohra subreflexipinna (M.Ogata) H.Ito 微弯假复叶耳蕨
Acrosorus Copel.**鼓蕨属**(禾叶蕨科)

Acrosorus exaltata Cop.鼓蕨
Acrostichaceae 卤蕨科
Acrostichum L.(p.p.)=**Pyrrosia**
Acrostichum L.**卤蕨属**(卤蕨科)
Acrostichum acuminatum Willd.=Photinopteris acuminata
Acrostichum alpinum Boltan=Woodsia alpina
Acrostichum angulatum Bl.=Elaphoglossum angulatum
Acrostichum appendiculatum Willd.=Egenolfia appendiculata
Acrostichum appendiculatum var. *costulatum* HK.=Egenolfia bipinnatifida
Acrostichum aureum L.卤蕨
Acrostichum austrosinicum Tutch. ex Dunn & Tutch.=Elaphoglossum yoshinagae
Acrostichum axillare Cav.=Leptochilus axillaris
Acrostichum bifurcatum Cav.=Platycerium bifurcatum
Acrostichum blumeanum HK.(Dunn & Tutch.inKew.Bull.Misc.Infl.Add. Ser. 1912)=Lomagramma matthewii
Acrostichum callifolium Bl.=Elaphoglossum callifolium
Acrostichum calomelanos L.=Pityrogramme calomelanos
Acrostichum canariense Willd.=Gymnopteris marantae
Acrostichum conforme Sw.=Elaphoglossum conforme
Acrostichum decurrens HK.=Hemigramma decurrens
Acrostichum digitatum L.=Schizaea digitata
Acrostichum dubium Pioir.=Pyrrosia lanceolata
Acrostichum europlatyceros Endl.=**Platycerium**
Acrostichum harlandii HK.=Hemigramma decurrens
Acrostichum hastatum Houtt.=Pyrrosia hastata
Acrostichum heteroclitum Presl=Bolbitis hetyeroclita
Acrostichum ilvense L.=Woodsia ilvensis
Acrostichum inaequale Willd.=Acrostichum aureum
Acrostichum lanceolatum HK.=Leptochilus decurrens
Acrostichum lanceolatum L.=Pyrrosia lanceolata
Acrostichum leptophyllum DC.=Anogramma leptophylla
Acrostichum lingus Thunb.=Pyrrosia lingua
Acrostichum listeri Baker=Leptochilus decurrens
Acrostichum longifolium Burm.f.=Pyrrosia longifolia
Acrostichum marantae L.=Gymnopteris marantae
Acrostichum marginatum Wall.=Elaphoglossum conforme
Acrostichum nummularifolium Sw.=Pyrrosia nummulariifolia
Acrostichum obovatum Bl.=Pyrrosia nummulariifolia
Acrostichum palustre Clarke=Stenochlaena palustris
Acrostichum photinopteris (J.Sm.) HK.=**Photinopteris**
Acrostichum punctatum L.=Microsorium punctatum
Acrostichum quercifolium Retz.=Quercifilix zeylanica
Acrostichum rigidum Wall.=Photinopteris acuminata
Acrostichum ruta-muraria Lam.=Asplenium ruta-muraria
Acrostichum scandens HK.f.=Stenochlaena palustris
Acrostichum septentrionale L.=Asplenium septentrionale
Acrostichum siliquosum L.=Ceratopteris thalictroides
Acrostichum sinense Bak.=Egenolfia sinensis
Acrostichum sorbifolium L.=Lomagramma matthewii
Acrostichum speciosum Willd.尖叶卤蕨
Acrostichum subcordatum Cav.=Gymnopteris marantae
Acrostichum subgen. *Platycerium* (Desv.) Kunze=**Platycerium**
Acrostichum tenue Retz.=Cheilosoria tenuifolia
Acrostichum thalictroides L.=Ceratopteris thalictroides
Acrostichum thetypteris L.=Thelypteris palustris
Acrostichum tricuspe HK.=Christiopteris tricuspis
Acrostichum variabile var. *laciniatum* HK.=Leptochilus decurrens
Acrostichum viviparum Cav.=Onychium siliculosum
Acrostichum yoshinagae Yatabe=Elaphoglossum yoshinagae
Acrostichum yunnanense Bak.=Elaphoglossum yunnanense
Actaea L.**类叶升麻属**(毛茛科)
Actaea acerina (S. & Z.) Prantl=Cimicifuga japonica
Actaea acuminata Wall.(Kom.in Act.Hort.Potrop.1903,北京志 1962)=Actaea asiatica
Actaea acuminata subsp. *asiatica* (H.Hara) Luferov=Actaea asiatica
Actaea asiatica Hara 类叶升麻
Actaea aspera Lour.=Tetracera asiatica
Actaea brachycarpa (P.K.Hsiao) J.Compt.=Cimicifuga brachycarpa
Actaea cimicifuga L.=Cimicifuga foetida
Actaea cimicifuga var. *simplex* DC.=Cimicifuga simplex
Actaea dahurica Turcz. ex Fisch. & Mey.=Cimicifuga dahurica
Actaea erythrocarpa Fisch.红果类叶升麻
Actaea frigida (Royle) Prantl=Cimicifuga foetida
Actaea heracleifolia (Kom.) J.Compt.=Cimicifuga heracleifolia
Actaea japonica Thunb.=Cimicifuga japonica
Actaea mairei (H.Lévl.) J.Compt.=Cimicifuga foetida
Actaea mairei var. *foliolosa* (P.K.Hsiao) J.Compt.=Cimicifuga foetida var. foliolosa
Actaea pterosperma Turcz. ex Fisch. & Mey.=Cimicifuga dahurica
Actaea purpurea (P.K.Hsiao) J.Compt.=Cimicifuga japonica
Actaea simplex (DC.) Wormsj. ex Fisch. & C.A.Mey.=Cimicifuga simplex
Actaea spicata L.(Franch.in Nouv.Arch.Mus.Paris 1883)=Actaea asiatica
Actaea spicata var. *asiatica* (Hara) S.H.Li & Y.H.Huang=Actaea asiatica
Actaea spicata var. *erythrocarpa* (Fisch.) Turcz.=Actaea erythrocarpa
Actaea vaginata (Maxim.) J.Comp.=Souliea vaginata
Actaea yunnanensis (P.K.Hsiao) J.Compt.=Cimicifuga yunnanensis
Actegeton sarmentosa Bl.=Azima sarmentosa
Actephila Bl.**喜光花属**(大戟科)
Actephila dolichantha Croiz.=Actephila excelsa
Actephila excelsa (Dalz.) Muell.Arg.毛喜光花
Actephila inopinata Croiz.=Actephila merrilliana
Actephila merrilliana Chun 喜光花
Actephila subsessilis Gagn.短柄喜光花
Actinidia Lindl.**猕猴桃属**(猕猴桃科)
Actinidia arguta (S. & Z.) Planch.软枣猕猴桃
Actinidia arguta var. arguta=Actinidia arguta
Actinidia arguta var. cordifolia (Miq.) Bean 心叶猕猴桃
Actinidia arguta var. giraldii (Diels) Voroshilov 陕西猕猴桃
Actinidia arguta var. nevosa C.F.Liang 凸脉猕猴桃
Actinidia arguta var. purpurea (Rehd.) C.F.Liang 紫果猕猴桃
Actinidia arisanensis Hay.阿里山猕猴桃?
Actinidia asymmetrica F.Chun=Actinidia glaucophylla var. asymmetrica
Actinidia callosa Lindl.硬齿猕猴桃
Actinidia callosa var. acuminata C.F.Liang 尖叶猕猴桃
Actinidia callosa var. callosa=Actinidia callosa
Actinidia callosa var. *coriacea* Fin. & Gagn.=Actinidia rubricaulis var. coriacea
Actinidia callosa var. discolor C.F.Liang 异色猕猴桃
Actinidia callosa var. ephippioidea C.F.Liang 驼齿猕猴桃
Actinidia callosa var. formosana Fin. & Gagn.台湾猕猴桃
Actinidia callosa var. henryi Maxim.京梨猕猴桃
Actinidia callosa var. *indochinensis* (Merr.) Li=Actinidia indochinensis
Actinidia callosa var. *pilosula* Fin. & Gagn.=Actinidia pilosula
Actinidia callosa var. *pubiramula* C.Y.Wu=Actinidia callosa
Actinidia callosa var. *sabiaefolia* Dunn=Actinidia sabiaefolia
Actinidia callosa var. strigillosa C.F.Liang 毛叶硬齿猕猴桃
Actinidia callosa var. *trichogyna* Fin. & Gagn.=Actinidia trichogyna
Actinidia carnosifolia C.Y.Wu 肉叶猕猴桃
Actinidia carnosifolia var. *carnosifolia*=Actinidia carnosifolia
Actinidia carnosifolia var. glaucescens C.F.Liang 奶果猕猴桃
Actinidia championi Benth.=Actinidia latifolia
Actinidia championi var. *mollis* Dunn=Actinidia latifolia var. mollis
Actinidia changii P.S.Hsu=Actinidia melanandra
Actinidia chartacea Hu=Actinidia arguta var. purpurea
Actinidia chengkouensis C.Y.Chang 城口猕猴桃
Actinidia chinensis Planch.(Nemoto in Fl.Jap.Suppl.1936)=Actinidia chinensis var. setosa
Actinidia chinensis Planch.中华猕猴桃
Actinidia chinensis var. chinensis f. jinggangshanensis C.F.Liang 井冈山猕猴桃
Actinidia chinensis var. chinensis f. rufopulpa C.F.Liang & R. Z.Wang 红肉猕猴桃
Actinidia chinensis var. chinensis=Actinidia chinensis
Actinidia chinensis var. hispida C.F.Liang 硬毛猕猴桃
Actinidia chinensis var. hispida f. chlorocarpa C.F. Liang & R. Z.Wang 绿果猕猴桃
Actinidia chinensis var. hispida f. longipila C.F. Liang & R.Z.Wang 长毛猕猴桃
Actinidia chinensis var. setosa Li 刺毛猕猴桃
Actinidia chrysantha C.F.Liang 金花猕猴桃
Actinidia cinerascens C.F.Liang 灰毛猕猴桃
Actinidia cinerascens var. cinerascens=Actinidia cinerascens
Actinidia cinerascens var. longipetiolata C.F.Liang 长叶柄猕猴桃
Actinidia cinerascens var. tenuifolia C.F.Liang 菲叶猕猴桃
Actinidia cordifolia Miq.=Actinidia arguta var. cordifolia

Actinidia coriacea (Fin. & Gagn.) Dunn=Actinidia rubricaulis var. coriacea
Actinidia curvidens Dunn=Actinidia callosa var. henryi
Actinidia cylindrica C.F.Liang 柱果猕猴桃
Actinidia cylindrica f. cylindrica=Actinidia cylindrica
Actinidia cylindrica f. obtusifolia C.F.Liang 钝叶猕猴桃
Actinidia davidii Franch.=Actinidia eriantha
Actinidia deliciosa C.F.Liang 美味猕猴桃
Actinidia deliciosa var. coloris T.H.Lin & X.Y.Xiong 彩色猕猴桃
Actinidia dielsii Lévl.=Actinidia fortunatii
Actinidia eriantha Benth.毛花猕猴桃
Actinidia eriantha f. alba C.F.Liang 白色毛花猕猴桃
Actinidia eriantha var. brunnea C.F.Liang 棕毛毛花猕猴桃
Actinidia eriantha var. calvescens C.F.Liang 秃毛花猕猴桃
Actinidia farinosa C.F.Liang 粉毛猕猴桃
Actinidia fasciculoides C.F.Liang 簇花猕猴桃
Actinidia fasciculoides var. cuneata C.F.Liang 楔叶猕猴桃
Actinidia fasciculoides var. fasciculoides=Actinidia fasciculoides
Actinidia fasciculoides var. orbiculata C.F.Liang 圆叶猕猴桃
Actinidia formosana Hay.=Actinidia callosa var. formosana
Actinidia fortunatii Fin. & Gagn.(Li in J.Arn.Arb.1952)=Actinidia glaucophylla
Actinidia fortunatii Fin. & Gagn.条叶猕猴桃
Actinidia fulvicoma Hance 黄毛猕猴桃
Actinidia fulvicoma var. *fulvicoma* Hance (Li in J.Arn.Arb.1952,p.p.)= Actinidia rufotricha var. glomerata
Actinidia fulvicoma var. fulvicoma=Actinidia fulvicoma
Actinidia fulvicoma var. *hirsuta* Fin. & Gagn.=Actinidia fulvicoma var. lanata f. Hirsuta
Actinidia fulvicoma var. lanata (Hemsl.) C.F.Liang 绵毛猕猴桃
Actinidia fulvicoma var. lanata f. arachnoidea C.F.Liang 丝毛猕猴桃
Actinidia fulvicoma var. lanata f. hirsuta (Fin. & Gagn.) C.F.Liang 粗毛猕猴桃
Actinidia fulvicoma var. pachyphylla (Dunn) Li 厚叶猕猴桃
Actinidia gagnepainii Nakai=Actinidia kolomikta
Actinidia giraldii Diels=Actinidia arguta var. giraldii
Actinidia glabra L.光叶猕猴桃
Actinidia glabra Li=Actinidia indochinensis
Actinidia glauco-callosa C.Y.Wu 粉叶猕猴桃
Actinidia glaucophylla F.Chun 华南猕猴桃
Actinidia glaucophylla var. asymmetrica (F.Chun) C.F.Liang 耳叶猕猴桃
Actinidia glaucophylla var. glaucophylla=Actinidia glaucophylla
Actinidia glaucophylla var. robusta C.F.Liang 粗叶猕猴桃
Actinidia glaucophylla var. rotunda C.F.Liang 团叶猕猴桃
Actinidia globosa C.F.Liang 圆果猕猴桃
Actinidia gnaphalocarpa Hay.=Actinidia latifolia
Actinidia gracilis C.F.Liang 纤小猕猴桃
Actinidia grandiflora C.F.Liang 大花猕猴桃
Actinidia hemsleyana Dunn(Li in J.Arn.Arb.1952,p.p.)=Actinidia hemsleyana var. kengiana
Actinidia hemsleyana Dunn 长叶猕猴桃
Actinidia hemsleyana var. hemsleyana=Actinidia hemsleyana
Actinidia hemsleyana var. kengiana (Metc.) C.F.Liang 粗齿猕猴桃
Actinidia henanensis C.F.Liang 河南猕猴桃?
Actinidia henryi Dunn 蒙自猕猴桃
Actinidia henryi var. glabricaulis (C.Y.Wu) C.F.Liang 光茎猕猴桃
Actinidia henryi var. henryi=Actinidia henryi
Actinidia henryi var. polyodonta Hand.-Mazz.多齿猕猴桃
Actinidia holotricha Fin. & Gagn.全毛猕猴桃
Actinidia hypoleuca Nakai 白背猕猴桃
Actinidia indochinensis Merr.中越猕猴桃
Actinidia kengiana Metc.=Actinidia hemsleyana var. kengiana
Actinidia kolomikta (Maxim. & Rupr.) Maxim.狗枣猕猴桃
Actinidia kolomikta var. *gagnepainii* (Nakai) Li=Actinidia kolomikta
Actinidia kungshanensis C.Y.Wu=Actinidia pilosula
Actinidia kwangsiensis Li=Actinidia melanandra var. kwangsiensis
Actinidia laevissima C.F.Liang 滑叶猕猴桃
Actinidia lanata Hemsl.=Actinidia fulvicoma var. lanata
Actinidia lanceolata Dunn 小叶猕猴桃
Actinidia latifolia (Gardn. & Champ.) Merr.阔叶猕猴桃
Actinidia latifolia var. *indichinensis* (Li) Li=Actinidia latifolia
Actinidia latifolia var. latifolia=Actinidia latifolia
Actinidia latifolia var. mollis (Dunn) Hand.-Mazz.长绒猕猴桃
Actinidia lecomtei Nakai=Actinidia polygama
Actinidia leptophylla C.Y.Wu 薄叶猕猴桃
Actinidia liangguangensis C.F.Liang 两广猕猴桃
Actinidia longicauda F.Chun=Actinidia glaucophylla
Actinidia macrosperma C.F.Liang 大籽猕猴桃
Actinidia macrosperma var. mumoides C.F.Liang 梅叶猕猴桃
Actinidia maloides Li 海棠猕猴桃
Actinidia maloides f. cordata C.F.Liang 心叶海棠猕猴桃
Actinidia maloides f. maloides=Actinidia maloides
Actinidia megalocarpa Nakai ex Nakai & Kitag.=Actinidia arguta
Actinidia melanandra Franch.黑蕊猕猴桃
Actinidia melanandra var. cretacea C.F.Liang 垩叶猕猴桃
Actinidia melanandra var. glabrescens C.F.Liang 无髯猕猴桃
Actinidia melanandra var. kwangsiensis (Li) C.F.Liang 广西猕猴桃
Actinidia melanandra var. *latifolia* Pritz. ex Diels=Actinidia arguta var. purpurea
Actinidia melanandra var. melanandra=Actinidia melanandra
Actinidia melanandra var. subconcolor C.F.Liang 褪粉猕猴桃
Actinidia melliana Hand.-Mazz.美丽猕猴桃
Actinidia obovata Chun ex C.F.Liang 倒卵叶猕猴桃
Actinidia pachyphylla Dunn=Actinidia fulvicoma var. pachyphylla
Actinidia petelotii Diels 沙巴猕猴桃
Actinidia pilosula (Fin. & Gagn.) Stapf ex Hand.-Mazz.贡山猕猴桃
Actinidia platyphylla A.Gray ex Miq.=Actinidia arguta var. cordifolia
Actinidia polygama (S. & Z.) Maxim.葛枣猕猴桃
Actinidia polygama var. *lecomtei* (Nakai) Li=Actinidia polygama
Actinidia pubescens Li 毛猕猴桃(新)
Actinidia purpurea Rehd.=Actinidia arguta var. purpurea
Actinidia renryi var. glabricaulis (C.Y.Wu) C.F.Liang 光茎猕猴桃
Actinidia rubricaulis Dunn 红茎猕猴桃
Actinidia rubricaulis var. coriacea (Fin. & Gagn.) C.F.Liang 革叶猕猴桃
Actinidia rubricaulis var. rubricaulis=Actinidia rubricaulis
Actinidia rubus Lévl.昭通猕猴桃
Actinidia rudis Dunn 糙叶猕猴桃
Actinidia rudis var. *glabricaulis* C.Y.Wu(p.p.)=Actinidia henryi var. polyodonta
Actinidia rudis var. *glabricaulis* C.Y.Wu(p.p.)=Actinidia henryi var. glabricaulis
Actinidia rufa (S. & Z.) Planch.红猕猴桃(新)
Actinidia rufotricha C.Y.Wu 红毛猕猴桃
Actinidia rufotricha var. glomerata C.F.Liang 密花猕猴桃
Actinidia rufotricha var. rufotricha=Actinidia rufotricha
Actinidia sabiaefolia Dunn(Chun in Synyatsenia 1940,p.p.)=Actinidia indochinensis
Actinidia sabiaefolia Dunn 清风藤猕猴桃
Actinidia sorbifolia C.F.Liang 花楸猕猴桃
Actinidia stellato-pilosa C.Y.Chang 星毛猕猴桃
Actinidia strigosa HK.f. & Thoms.糙毛猕猴桃
Actinidia styracifolia C.F.Liang 安息香猕猴桃
Actinidia suberifolia C.Y.Wu 栓叶猕猴桃
Actinidia subglaucifolia Metc.=Actinidia hemsleyana
Actinidia tetramera Maxim.四萼猕猴桃
Actinidia tetramera var. badongensis C.F.Liang 巴东猕猴桃
Actinidia tetramera var. *maloides* (Li) C.Y.Wu=Actinidia maloides
Actinidia tetramera var. tetramera=Actinidia tetramera
Actinidia tonkinensis Li=Actinidia latifolia
Actinidia trichogyna Franch.毛蕊猕猴桃
Actinidia ulmifolia C.F.Liang 榆叶猕猴桃
Actinidia umbelloides C.F.Liang 伞花猕猴桃
Actinidia umbelloides var. flabellifolia C.F.Liang 扇叶猕猴桃
Actinidia umbelloides var. umbelloides=Actinidia umbelloides
Actinidia valvata Dunn 对萼猕猴桃
Actinidia valvata var. boehmeriaefolia C.F.Liang 麻叶猕猴桃
Actinidia valvata var. valvata=Actinidia valvata
Actinidia venosa Rehd.显脉猕猴桃
Actinidia venosa f. pubescens Li 柔毛猕猴桃
Actinidia venosa f. venosa=Actinidia venosa

Actinidia venosa var. *pubescens* (Li) C.Y.Wu=Actinidia venosa f. Pubescens
Actinidia viridiflava P.S.Hsu=Actinidia melanandra
Actinidia vitifolia C.Y.Wu 葡萄叶猕猴桃
Actinidiaceae 猕猴桃科
Actinocarya Benth.**锚刺果属**(紫草科)
Actinocarya bhutanica Yamazaki=Microula bhutanica
Actinocarya kansuensis (W.T.Wang) W.T.Wang=Actinocarya tibetica
Actinocarya tibetica Benth.锚刺果
Actinocyclus Klotzsch=**Orthilia**
Actinocyclus secundus (L.) Klotzsch=Orthilia secunda
Actinodaphne Nees **黄肉楠属**(樟科)
Actinodaphne acutivena (Hay.) Nakai=Litsea acutivena
Actinodaphne akoensis (Hay.) Liu & Liao=Litsea akoensis
Actinodaphne chinensis Nees=Litsea rotundifolia var. oblongifolia
Actinodaphne chinensis var. *oblongifolia* Nees=Litsea rotundifolia var. oblongifolia
Actinodaphne chinensis var. *rotundifolia* Nees=Litsea rotundifolia
Actinodaphne cochinchinensis Meissn.=Actinodaphne pilosa
Actinodaphne confertiflora Meissn.密花黄肉楠
Actinodaphne confertifolia (Hemsl.) Gamble=Neolitsea confertifolia
Actinodaphne crassa Hand.-Mazz.=Lindera megaphylla
Actinodaphne cupularis (Hemsl.) Gamble 红果黄肉楠
Actinodaphne forrestii (Allen) Kosterm.毛尖树
Actinodaphne glaucina Allen 白背黄肉楠
Actinodaphne henryi Gamble 思茅黄肉楠
Actinodaphne hongkongensis Chun=Neolitsea cambodiana var. glabra
Actinodaphne hypoleucophylla Hay.=Litsea rotundifolia var. oblongifolia
Actinodaphne koshepangii Chun ex H.T.Chang 广东黄肉楠
Actinodaphne kweichowensis Yang & P.H.Huang 黔桂黄肉楠
Actinodaphne lancifolia (S. & Z.) Meissn.=Litsea coreana
Actinodaphne lancifolia var. *sinennsis* Allen=Litsea coreana var. sinensis
Actinodaphne lecomtei Allen 柳叶黄肉楠
Actinodaphne litseaefolia Allen=Litsea litseaefolia
Actinodaphne morrisonensis (Hay.) Hay.玉山黄肉楠
Actinodaphne morrisonensis var. *nantoensis* (Hay.) Yamamoto=Actinodaphne nantoensis
Actinodaphne mushanensis (Hay.) Hay.雾社黄肉楠
Actinodaphne nantoensis (Hay.) Hay.南投黄肉楠
Actinodaphne obovata (Nees) Bl.倒卵叶黄肉楠
Actinodaphne obscurinervia Yang & P.H.Huang 隐脉黄肉楠
Actinodaphne omeiensis (Liou) Allen 峨眉黄肉楠
Actinodaphne paotingensis Yang. & P.H.Huang 保亭黄肉楠
Actinodaphne pedicellata Hay. ex Matsum. & Hay.台湾黄肉楠
Actinodaphne pilosa (Lour.) Merr.毛黄肉楠
Actinodaphne reticulata Meissn.(Gamble in Sarg.Pl.Wils.1914)=Actinodaphne lecomtei
Actinodaphne reticulata Meissn.(Liou Ho in Laurac.Chine Indoch.1934)=Actinodaphne forrestii
Actinodaphne reticulata var. *forrestii* Allen=Actinodaphne forrestii
Actinodaphne reticulata var. *omeiensis* Liou=Actinodaphne omeiensis
Actinodaphne rotundifolia Merr.=Litsea rotundifolia
Actinodaphne sasakii (Kamikoti) Liu & Liao=Litsea Sasakii
Actinodaphne setchuenensis (Gamble) Allen=Lindera setchuenensis
Actinodaphne trichocarpa Allen 毛果黄肉楠
Actinodaphne tsaii Hu 马关黄肉楠
Actinoschoenus chinensis Benth.=Fimbristylis chinensis
Actinospora dahurica Turcz. ex Fisch. & Mey.=Cimicifuga dahurica
Actinospora frigida (Royle) Fisch. & C.A.Mey.=Cimicifuga foetida
Actinostachys digitata Wall.=Schizaea digitata
Actinostemma Griff.**盒子草属**(葫芦科)
Actinostemma biglandulosum Hemsl.=Bolbostemma biglandulosum
Actinostemma japonicum Miq.=Actinostemma tenerum
Actinostemma lobatum (Maxim.) Maxim. ex Franch. & Sav.=Actinostemma tenerum
Actinostemma lobatum f. *longiloba* Kom.=Actinostemma tenerum
Actinostemma lobatum f. *subintegra* Kom.=Actinostemma tenerum
Actinostemma lobatum var. *genuinum* Cogn.=Actinostemma tenerum
Actinostemma lobatum var. *japonicum* Maxim.=Actinostemma tenerum
Actinostemma multilobum Harms=Bolbostemma paniculatum
Actinostemma palmatum (Makino) Makino=Actinostemma tenerum
Actinostemma paniculatum (Maxim.) Maxim. ex Cogn.=Bolbostemma paniculatum
Actinostemma parvifolium Cogn.=Actinostemma tenerum
Actinostemma racemosum Maxim. ex Cogn.=Actinostemma tenerum
Actinostemma tenerum Griff.盒子草
Actinostemma tenerum var. tenerum=Actinostemma tenerum
Actinostemma tenerum var. yunnanensis A.M.Lu & Z.Y.Zhang 云南盒子草
Actinotinus chinensis sensu Dels=Aesculus wilsonii
Actinotinus indica sensu Pamp.=Aesculus wilsonii
Actinotinus sinensis Oliv.=Aesculus wilsonii
Actoplanes canniformis (Forst.) K.Schum.=Donax canniformis
Acystopteris Nakai **亮毛蕨属**(蹄盖蕨科)
Acystopteris japonica (Luerss.) Nakai 亮毛蕨
Acystopteris japonica var. *taiwaniana* (Tagawa) W.C.Shieh=Acystopteris taiwaniana
Acystopteris taiwaniana (Tagawa) Löve & Löve 台湾亮毛蕨
Acystopteris tenuisecta (Bl.) Tagawa 禾秆亮毛蕨
Adactylus (Endl.) Rolfe=**Apostasia**
Adamia Wall.=**Dichroa**
Adamia chinensis Gardn. & Champ.=Dichroa febrifuga
Adamia cyanea Wall.=Dichroa febrifuga
Adamia sylvatica Meissn.=Dichroa febrifuga
Adamia versicolor Fort.=Dichroa febrifuga
Adansonia L.**猴面包树属**(木棉科)
Adansonia digitata L.猴面包树
Adelia castanicarpa Roxb.=Chaetocarpus castanocarpus
Adelocaryum schlagintweitii Brand=Cynoglossum schlagintweitii
Adelostemma HK.f.**乳突果属**(萝藦科)
Adelostemma gracillimum (Wal. ex Wight) HK.f.乳突果
Adelostemma mairei Hand.-Mazz.=Biondia yunnanensis
Adelostemma microcentrum Tsiang=Biondia microcentra
Adenacanthus Nees **腺背蓝属**(爵床科)
Adenacanthus longispicus H.P.Tsui 长穗腺背蓝
Adenanthera L.**海红豆属**(豆科)
Adenanthera falcataria L.=Albizia flacataria
Adenanthera microsperma Teijsm. & Binnend.=Adenanthera pavonina var. microsperma
Adenanthera pavonina L.(广州志 1956,海南志 1965,高等图鉴 1972)=Adenanthera pavonina var. microsperma
Adenanthera pavonina var. microsperma (Teijsm. & Binnend.) Nielsen 海红豆
Adenanthera tamarindifolia Pierre=Adenanthera pavonina var. microsperma
Adenanthera triphysa Dennst.=Ailanthus triphysa
Adenia Torr.=**Pilea**
Adenia Forsk.**蒴莲属**(西番莲科)
Adenia cardiophylla (Mast.) Engl.三开瓢
Adenia chevalieri Gagn.蒴莲
Adenia formosana Hay.假西番莲?
Adenia heterophylla (Bl.) Koord.异叶蒴莲
Adenia maclurei Merr.=Adenia chevalieri
Adenia nicobarica (Kurz.) Kign=Adenia penangiana
Adenia parvifolia Pierre ex Gagn.=Adenia penangiana
Adenia penangiana (Wall. ex G.Don)Wilde 滇南蒴莲
*Adenia sp.*C.Y.Wu=Adenia cardiophylla
Adenilema Bl.=**Neillia**
Adenium Roem. & Schult.**沙漠蔷薇属**(夹竹桃科)
Adenium obesum Roem. & Schult.沙漠蔷薇
Adenocaryum schlagintweitii Brand=Cynoglossum schlagintweitii
Adenocaulon HK.**和尚菜属**(菊科)
Adenocaulon adhaerescens Maxim.=Adenocaulon himalaicum
Adenocaulon bicolor HK.(Forbes & Hemsl.in J.L.Soc.Bot.1888)=Adenocaulon himalaicum
Adenocaulon bicolor var. *adhaerescens* Makino=Adenocaulon himalaicum
Adenocaulon himalaicum Edgew.和尚菜
Adenodus Lour.=**Elaeocarpus**
Adenodus sylvestris Lour.=Elaeocarpus sylvestris
Adenonema petraeum var. *alpinum* Bge.=Stellaria petraea
Adenonema petraeum α. *alpinum* Bge.=Stellaria petraea
Adenophora Fisch.**沙参属**(桔梗科)
Adenophora albescens C.Y.Wu=Adenophora khasiana
Adenophora alpina Nannf.=Adenophora himalayana subsp. alpina

Adenophora argyi Lévl.=Adenophora stricta
Adenophora atuntzensis C.Y.Wu=Adenophora jasionifolia
Adenophora aurita Franch.川西沙参
Adenophora axilliflora Borb.=Adenophora stricta
Adenophora bockiana Diels 长叶沙参
Adenophora borealis Hong & Zhao Ye-zhi 北方沙参
Adenophora brevidiscifera Hong 短花盘沙参
Adenophora bulleyana Diels=Adenophora khasiana
Adenophora bulleyana var. *alba* C.Y.Wu=Adenophora coelestis
Adenophora capilaris Hemsl.丝裂沙参
Adenophora capilaris subsp. capillaris=Adenophora capilaris
Adenophora capilaris subsp. leptosepala (Diels) Hong 细萼沙参
Adenophora chionantha C.Y.Wu=Adenophora khasiana
Adenophora coelestis Diels 天蓝沙参
Adenophora coelestis var. *stenophylla* Diels ex C.Y.Wu=Adenophora coelestis
Adenophora coelestis var. *uehatae* (Hamam.) Masam.=Adenophora morrisonensis
Adenophora collina Kitag.=Adenophora stenanthina
Adenophora communis Fisch.=Adenophora liliifolia
Adenophora communis var. *lamarkii* Trautv.=Adenophora lamarkii
Adenophora communis var. *latifolia*Trautv.=Adenophora pereskiifolia
Adenophora confusa Nannf.=Adenophora stricta subsp. confusa
Adenophora cordifolia Hong 心叶沙参
Adenophora coronata A.DC.=Adenophora stenanthina
Adenophora coronopifolia Fisch.=Adenophora gmelinii
Adenophora crispata (Korsh.) Kitag.=Adenophora stenanthina
Adenophora crispata Turcz. ex Ledeb.=Adenophora stenanthina
Adenophora curvidens Nakai=Adenophora pereskiifolia
Adenophora denticulata Fisch.=Adenophora tricuspidata
Adenophora dimorphophylla C.Y.Wu(p.p.)=Adenophora coelestis
Adenophora dimorphophylla C.Y.Wu(p.p.)=Adenophora khasiana
Adenophora diplodonta Diels=Adenophora khasiana
Adenophora divaricata Franch. & Sav.展枝沙参
Adenophora divaricata var. *manshurica* (Nakai) Kitag.=Adenophora divaricata
Adenophora elata Nannf.狭长花沙参
Adenophora elata f. *verticillata* Kitag.=Adenophora wulingshanica
Adenophora erysimoides Nakai ex Kitag.=Adenophora gmelinii
Adenophora forrestii Diels=Adenophora jasionifolia
Adenophora gmelinii (Spreng.) Fisch.狭叶沙参
Adenophora gmelinii var. *stylosa* A.DC.=Adenophora gmelinii
Adenophora gracilis Nannf.=Adenophora liliifolioides
Adenophora grandiflora Nakai (东北检索表 1959)=Adenophora remotiflora
Adenophora himalayana Feer 喜马拉雅沙参
Adenophora himalayana subsp. alpina (Nannf.) Hong 高山沙参
Adenophora himalayana subsp. himalayana=Adenophora himalayana
Adenophora huangae C.Y.Wu=Adenophora coelestis
Adenophora hubeiensis Hong 鄂西沙参
Adenophora hunanensis Nannf.杏叶沙参
Adenophora hunanensis subsp. huadungensis Hong 华东杏叶沙参
Adenophora hunanensis subsp. hunanensis=Adenophora hunanensis
Adenophora isabellae Hemsl.=Adenophora trachelioides
Adenophora jasionifolia Franch.甘孜沙参
Adenophora khasiana (HK.f. & Thoms.) Coll. & Hemsl.云南沙参
Adenophora khasiana Ferr=Adenophora khasiana
Adenophora lamarkii Fisch.天山沙参
Adenophora latifolia Fisch.(Maxim.in Prim.Fl.Amur.1859)=Adenophora divaricata
Adenophora latifolia Fisch.=Adenophora pereskiifolia
Adenophora leptosepala Diels=Adenophora capilaris subsp. leptosepala
Adenophora leptosepala var. *linearifolia* C.Y.Wu(p.p.)=Adenophora capilaris
Adenophora leptosepala var. *linearifolia* C.Y.Wu(p.p.)=Adenophora capilaris subsp. leptosepala
Adenophora likiangensis C.Y.Wu=Adenophora khasiana
Adenophora liliifolia (L.) Bess.新疆沙参
Adenophora liliifolia Fisch.=Adenophora liliifolia
Adenophora liliifolioides Pax & Hoffm.川藏沙参
Adenophora lobophylla Hong 裂叶沙参
Adenophora longipedicellata Hong 湖北沙参
Adenophora longisepala Tsoong=Adenophora capilaris
Adenophora manshurica Nakai=Adenophora divaricata
Adenophora marsupiiflora Fisch.=Adenophora stenanthina
Adenophora marsupiiflora f. *crispata* Korsh.=Adenophora stenanthina
Adenophora marsupiiflora var. *crispata* (Turcz. ex Ledeb.) Kitag.= Adenophora stenanthina
Adenophora megalantha Diels=Adenophora coelestis
Adenophora micrantha Nannf.小花沙参
Adenophora microcodon C.Y.Wu=Adenophora jasionifolia
Adenophora mongolica Baran.=Adenophora stenophylla
Adenophora morrisonensis Hay.台湾沙参
Adenophora ningxianica Hong 宁夏沙参
Adenophora nystroemii Nannf.=Adenophora gmelinii
Adenophora obtusifolia Merr.=Adenophora tetraphylla
Adenophora ornata Diels=Adenophora coelestis
Adenophora pachyphylla Kitag.=Adenophora gmelinii
Adenophora pachyrhiza Diels=Adenophora coelestis
Adenophora palustris Kom.沼沙参
Adenophora paniculata Nannf.细叶沙参
Adenophora paniculata var. *pilosa* Kitag.=Adenophora paniculata
Adenophora paniculata var. *psilosa* Kitag.=Adenophora paniculata
Adenophora pereskiifolia (Fisch. ex Roem. & Schult.) G.Don 长白沙参
Adenophora pereskiifolia Fisch.(东北检索表 1959,p.p.)=Adenophora divaricata
Adenophora pereskiifolia f. *puberula* Kitag.=Adenophora pereskiifolia
Adenophora pereskiifolia subsp. *subalpina* Baran.=Adenophora pereskiifolia
Adenophora pereskiifolia subsp. *subalpina* f. *linearifolia* Baran.= Adenophora pereskiifolia
Adenophora pereskiifolia var. *alternifolia* Fuh=Adenophora pereskiifolia
Adenophora pereskiifolia var. *curvidens* (Nakai) Kitag.=Adenophora pereskiifolia
Adenophora petiolata Pax & Hoffm.(北研丛刊 1935 ,p.p.)=Adenophora hunanensis
Adenophora petiolata Pax & Hoffm.秦岭沙参
Adenophora pinifolia Kitag.辽宁沙参(新)?
Adenophora polyantha Nakai 石沙参
Adenophora polyantha var. *contracta* Kitag.=Adenophora polyantha
Adenophora polyantha var. *glabricalyx* f. *eriocaulis* Kitag.=Adenophora polyantha
Adenophora polyantha var. *glabricalyx* Kitag.=Adenophora polyantha
Adenophora polyantha var. *media* f. *densipila* Kitag.=Adenophora polyantha
Adenophora polyantha var. *media* Nakai & Kitag.=Adenophora polyantha
Adenophora polyantha var. *scabricalyx* Kitag.=Adenophora polyantha
Adenophora polymorpha Ledeb.(Hemsl.in J.L.Soc.Bot.1889 ,p.p.)= Adenophora divaricata
Adenophora polymorpha var. *coronopifolia* Trautv. ex Herd.=Adenophora gmelinii
Adenophora polymorpha var. *coronopifolia* Trautv.(Hay.in Fl.Mont. Formos.1908)=Adenophora morrisonensis
Adenophora polymorpha var. *lamarkii* Herd.=Adenophora lamarkii
Adenophora polymorpha var. *latifolia* Herd.=Adenophora pereskiifolia
Adenophora polymorpha var. *verticillata* Franch. & Sav.=Adenophora pereskiifolia
Adenophora polymorphora var. *lamarkii* Trautv.(Hay.in Fl.Mont.Formos. 1908)=Adenophora morrisonensis
Adenophora potaninii Korsh.泡沙参
Adenophora pubescens Hemsl.=Adenophora rupincola
Adenophora pumila Tsoong=Adenophora jasionifolia
Adenophora radiatifolia Nakai=Adenophora tetraphylla
Adenophora raphanorrhiza C.Y.Wu=Adenophora coelestis
Adenophora remotiflora (S. & Z.) Miq.薄叶荠苨
Adenophora remotiflora Miq. (Kom.in Fl.Mansh.1907,p.p.)= Adenophora trachelioides
Adenophora remotiflora Miq.(北研丛刊 1935 ,p.p.)=Adenophora petiolata
Adenophora remotiflora f. *longifolia* Kom.=Adenophora remotiflora
Adenophora roseiflora C.Y.Wu=Adenophora khasiana
Adenophora rotundifolia Lévl.=Adenophora stricta
Adenophora rupincola Hemsl.(高等图鉴 1975)=Adenophora longipedicellata
Adenophora rupincola Hemsl.多毛沙参
Adenophora scabridula Nannf.=Adenophora polyantha
Adenophora sinensis A.DC.中华沙参

Adenophora sinensis var. *pilosa* A.DC.=Adenophora stricta
Adenophora smithii Nannf.=Adenophora himalayana
Adenophora smithii f. *crispa* Nannf.=Adenophora himalayana
Adenophora stenanthina (Ledeb.) Kitag.长柱沙参
Adenophora stenanthina f. *crispata* Kitag.=Adenophora stenanthina
Adenophora stenanthina subsp. stenanthina=Adenophora stenanthina
Adenophora stenanthina subsp. sylvatica Hong 林沙参
Adenophora stenophylla Hemsl.扫帚沙参
Adenophora stenophylla var. *denudata* Kitag.=Adenophora stenophylla
Adenophora stricta Miq.沙参
Adenophora stricta subsp. confusa (Nannf.) Hong 昆明沙参
Adenophora stricta subsp. sessilifolia Hong 无柄沙参
Adenophora stricta subsp. stricta=Adenophora stricta
Adenophora stylosa Fisch.=Adenophora liliifolia
Adenophora tetraphylla (Thunb) Fisch.轮叶沙参
Adenophora trachelioides Maxim.(Fed.in Fl.URSS 1957)=Adenophora remotiflora
Adenophora trachelioides Maxim.荠苨
Adenophora trachelioides subsp. giangsuensis Hong 苏南荠苨
Adenophora trachelioides subsp. trachelioides=Adenophora trachelioides
Adenophora tricuspidata (Fisch. ex Roem. & Schult.) A.DC.锯齿沙参
Adenophora triphylla (Thunb.) A.DC.=Adenophora tetraphylla
Adenophora tsinlingensis Pax & Hoffm.=Adenophora himalayana subsp. alpina
Adenophora uehatae Yamam.=Adenophora morrisonensis
Adenophora urceolata C.Y.Wu=Adenophora capilaris subsp. leptosepala
Adenophora verticillata Fisch.(p.p.)=Adenophora pereskiifolia
Adenophora verticillata Fisch.(p.p.)=Adenophora tetraphylla
Adenophora watsonii W.W.Sm.=Adenophora aurita
Adenophora wawreana Zahl.(北研丛刊 1935 ,p.p.)=Adenophora ningxianica
Adenophora wawreana Zahlbr.多枝沙参
Adenophora wawreana f. *oligotricha* Kitag.=Adenophora wawreana
Adenophora wawreana f. *polytricha* Kitag.=Adenophora wawreana
Adenophora wilsonii Nannf.聚叶沙参
Adenophora wulingshanica Hong 雾灵沙参
Adenophora wutaiensis Hurasawa=Adenophora elata
Adenoplea lindleyana (Fortune) Small=Buddleja lindleyana
Adenoplea madagascariensis (Lamk.) Eastw.=Buddleja madagascariensis
Adenosacme Wall. ex Endl.=**Mycetia**
Adenosacme coriacea Dunn=Mycetia coriacea
Adenosacme longifolia (Wall.) HK.f.=Mycetia longifolia
Adenosacme longifolia var. *sinensis* Hemsl.=Mycetia sinensis
Adenosacme nepalensis Wall.=Mycetia nepalensis
Adenosma R.Br.**毛麝香属**(玄参科)
Adenosma affinis Griff.= Tarphochlamys affinis
Adenosma caeruleum R.Br.=Adenosma glutinosum
Adenosma camphoratum HK.f.樟脑味毛麝香
Adenosma capitatum Benth. ex Gen.头状毛麝香
Adenosma capitatum Benth. ex Hance=Adenosma indianum
Adenosma coeruleum Br.天蓝毛麝香
Adenosma glutinosum (L.) Druce 毛麝香
Adenosma glutinosum (L.) Merr.=Adenosma glutinosum
Adenosma glutinosum var. *caeruleum* (R.Br.) Tsoong=Adenosma glutinosum
Adenosma indianum (Lour.) Merr.球花毛麝香
Adenosma javanicum (Bl.) Merr.卵萼毛麝香
Adenosma macrophyllum Benth. ex Wall.大叶毛麝香
Adenosma malabaricum HK.f.马拉巴毛麝香
Adenosma microcephalum HK.f.小头毛麝香
Adenosma ovatum (Benth.) HK.f.=Adenosma javanicum
Adenosma ovatum Benth.卵叶毛麝香
Adenosma retusilobum Tsoong & Chin 凹裂毛麝香
Adenosma subrepens Benth. ex Gen.匍匐毛麝香
Adenostemma J.R. & G.Forst.**下田菊属**(菊科)
Adenostemma latifolium D.Don=Adenostemma lavenia var. latifolium
Adenostemma lavenia (L.) O.Ktze.下田菊
Adenostemma lavenia var. latifolium (D.Don) Hand.-Mazz.宽叶下田菊(新)
Adenostemma lavenia var. lavenia=Adenostemma lavenia
Adenostemma lavenia var. parviflorum (Bl.) Hochreut.小花下田菊(新)
Adenostemma parviflorum (Bl.) DC.=Adenostemma lavenia var. parviflorum
Adenostemma tinctorius (Lour.) Cass.=Adenostemma lavenia
Adenostemma viscosum Forst.=Adenostemma lavenia
Adenostemma viscosum var. *parviflorum* (Bl.) HK.f.=Adenostemma lavenia var. parviflorum
Adenostylis arisanensis Hay.=Zeuxine affinis
Adenostylis formosanus (Rolfe) Hay.=Zeuxine nervosa
Adenostylis tabiyahanensis Hay.=Zeuxine tabiyahanensis
Adhatoda Mill.**鸭嘴花属**(爵床科)
Adhatoda chinensis Champ.= Calophanoides chinensis
Adhatoda quadrifaria Nees= Calophanoides quadrifaria
Adhatoda vasculosa Nees= Mananthes vasculosa
Adhatoda vasica Nees 鸭嘴花
Adhatoda ventricosa (Wall.) Nees= Gendarussa ventricosa
Adhatoda zollingeriana Nees= Calophanoides quadrifaria
Adiantaceae 铁线蕨科
Adiantopsis fordii C.Chr.=Cheilosoria chusana
Adiantum L.**铁线蕨属**(铁线蕨科)
Adiantum acrocarpum Christ=Adiantum mariesii
Adiantum aethiopicum Thunb.=Adiantum monochlamys
Adiantum affine HK.=Adiantum diaphanum
Adiantum alatum Cop.=Adiantum soboliferum
Adiantum amoenum Wall.=Adiantum flabellulata
Adiantum arcuatum Sw.=Adiantum philippense
Adiantum aristatum Christ=Adiantum davidii
Adiantum aristatum sensu C.Chr.=Adiantum davidii
Àdiantum balansae Bak.=Adiantum soboliferum
Adiantum balansae sensu Christ=Adiantum caudatum
Adiantum bonatianum Brause 毛足铁线蕨
Adiantum bonatianum var. bonatianum=Adiantum bonatianum
Adiantum bonatianum var. subaristatum Ching 无芒铁线蕨
Adiantum boreale Presl=Adiantum pedatum
Adiantum breviseratum (Ching) Ching & Y.X.Lin.圆齿铁线蕨
Adiantum cantonense Hance=Adiantum capillus-junonis
Adiantum capillus-junonis Rupr 团羽铁线蕨
Adiantum capillus-veneris HK.=Adiantum capillus-veneris f. dissectum
Adiantum capillus-veneris sensu Diels=Adiantum edentulum f. refractum
Adiantum capillus-veneris L.铁线蕨
Adiantum capillus-veneris f. dissectum (Mart & Galeot) Ching 条裂铁线蕨
Adiantum capillus-veneris f. *fissum* (Christ) Ching=Adiantum capillus-veneris f. dissectum
Adiantum capillus-veneris var.capillus-veneris=Adiantum capillus-veneris
Adiantum capillus-veneris var. *trifidum* Christ=Adiantum capillus-veneris f. dissectum
Adiantum capillus-venerus var. *laciniatum* Christ ex Tard.-blot & C.Chr.= Adiantum capillus-veneris f. dissectum
Adiantum capilus-veneris var. *fissum* Christ=Adiantum capillus-veneris f. dissectum
Adiantum caudatum Bedd.=Adiantum malesianum
Adiantum caudatum HK. & Bak.=Adiantum soboliferum
Adiantum caudatum sensu Shieh=Adiantum malesianum
Adiantum caudatum L.鞭叶铁线蕨
Adiantum caudatum var. *angustilobatum* R.Bonaparte=Adiantum caudatum
Adiantum caudatum var. *edgewothii* Bedd.=Adiantum edgewothii
Adiantum caudatum var. *latilobatum* R.Bonaparte=Adiantum malesianum
Adiantum caudatum var. *rhizophorum* Wall. ex Clarke=Adiantum edgewothii
Adiantum caudatum var. *soboliferum* Bedd.=Adiantum soboliferum
Adiantum chienii Ching 北江铁线蕨
Adiantum chinense Burm.=Stenoloma chusanum
Adiantum chusanum L.=Stenoloma chusanum
Adiantum cicutaefolium Lam.=Cheilosoria tenuifolia
Adiantum cultratum Willd.=Lindsaea cultrata
Adiantum cuneatum Langsd. & Fisch.叶楔铁线蕨
Adiantum davidii Franch.白背铁线蕨
Adiantum davidii var. *aristatum* C.Chr.=Adiantum davidii
Adiantum davidii var. *latedeltoideum* (Christ) Ching=Adiantum davidii
Adiantum davidii var. longispinum Ching 长刺铁线蕨
Adiantum davidii var. *prattii* (Bak.) C.Chr.=Adiantum davidii
Adiantum delavayi Christ=Adiantum edentulum
Adiantum denticulatum Burm.f.=Davallia denticulata
Adiantum diaphanum Bl.长尾铁线蕨

Adiantum dolabriforme C.Chr.=Adiantum soboliferum
Adiantum edentulum Ching 月芽铁线蕨
Adiantum edentulum f. edentulum=Adiantum edentulum
Adiantum edentulum f. muticum (ChingY.X.Lin)鹤庆铁线蕨
Adiantum edentulum f. refractum (Christ)Y.X.Lin 蜀铁线蕨
Adiantum edgewothii HK.普通铁线蕨
Adiantum edgewothii var. *spencerianum* (Cop.)Tagawa=Adiantum edgewothii
Adiantum ensifolium Poir.=Schizoloma ensifolium
Adiantum erythamys Diels 肾盖铁线蕨
Adiantum faberi Bak.=Adiantum roborowskii f. faberi
Adiantum fengianum Ching 冯氏铁线蕨
Adiantum fimbriatum Christ=Adiantum fengianum
Adiantum fimbriatum Christ 长盖铁线蕨
Adiantum fimbriatum var. shensiense (Ching) Ching & Y.X.Lin 陕西铁线蕨
Adiantum flabellulata L.扇叶铁线蕨
Adiantum fuscum Retz.=Adiantum flabellulata
Adiantum gravesii Ching=Adiantum lianxianense
Adiantum gravesii Hance 白垩铁线蕨
Adiantum gravesii var. *leveillei* Ching=Adiantum gravesii
Adiantum greenii Ching=Adiantum gravesii
Adiantum guilelme Hance=Adiantum edgewothii
Adiantum heteromorphum Colp. ex Field=Adiantum diaphanum
Adiantum heterophyllum Poir.=Schizoloma heterophyllum
Adiantum hispidulum HK.=Adiantum pubescens
Adiantum induratum Christ 圆柄铁线蕨
Adiantum juxtapositum Ching 仙霞铁线蕨
Adiantum lanatum Cav.=Adiantum philippense
Adiantum lanulatum Ogata=Adiantum soboliferum
Adiantum leveillei Christ=Adiantum gravesii
Adiantum lianxianense Ching & Y.X.Lin 粤铁线蕨
Adiantum lingi Ching?缙云铁线蕨
Adiantum lunulatum Burm.=Adiantum philippense
Adiantum lunulatum var. *mettenii* Bedd.=Adiantum soboliferum
Adiantum lyratum Balco=Adiantum caudatum
Adiantum malesianum Ghatak 假鞭叶铁线蕨
Adiantum mariesii Bak.小铁线蕨
Adiantum melanoleucum Willd.香味铁线蕨
Adiantum mettenii Kuhn=Adiantum soboliferum
Adiantum michelii Chrits=Adiantum capillus-veneris
Adiantum monochlamys sensu C.Chr.=Adiantum davidii
Adiantum monochlamys Eaton 单盖铁线蕨
Adiantum monochlamys var. *plurisorum* Christ=Adiantum monochlamys
Adiantum muticum Ching=Adiantum edentulum f. muticum
Adiantum myriosorum Bak.灰背铁线蕨
Adiantum nanum Ching=Adiantum mariesii
Adiantum orbiculatum Lam.=Lindsaea orbiculata
Adiantum pedatum Forst=Adiantum pubescens
Adiantum pedatum L.(Diels in Engl.Bot.Jahrb.1899)=Adiantum myriosorum
Adiantum pedatum L.掌叶铁线蕨
Adiantum pedatum var. *aleuticum* Rupr.=Adiantum pedatum
Adiantum pedatum var. *glaucinum* C.Chr.=Adiantum pedatum
Adiantum pedatum var. *glaucinum* Christ=Adiantum myriosorum
Adiantum pedatum var. *kamtschaticum* Rupr.=Adiantum pedatum
Adiantum pedatum var. *myriosorum* Christ=Adiantum myriosorum
Adiantum pedatum var. *protrusum* Christ=Adiantum myriosorum
Adiantum peruvianum Kl.银圆铁线蕨
Adiantum philippense L.半月铁线蕨
Adiantum polyphyllum Willd.多裂铁线蕨(新)
Adiantum prattii Bak =Adiantum davidii
Adiantum pseudobonatianum Ching=Adiantum bonatianum var. subaristatum
Adiantum pubescens Schkuhr 毛叶铁线蕨
Adiantum refractum Christ=Adiantum edentulum f. refractum
Adiantum reniforme L.圆肾铁线蕨
Adiantum reniforme var. asariforme (Willd.) Sim.细辛铁线蕨
Adiantum reniforme var. sinense Y.X.Lin 荷叶铁线蕨
Adiantum repens L.f.=Humata repens
Adiantum roborowskii Maxim.陇南铁线蕨
Adiantum roborowskii f. faberi (Bak.)Y.X.Lin.峨眉铁线蕨
Adiantum roborowskii var. *roborowskii*=Adiantum roborowskii
Adiantum roborowskii var. *robustum* Christ=Adiantum erythamys
Adiantum roborowskii var. taiwanianum (Tagawa) Shieh 台湾高山铁线蕨
Adiantum setulosum J.Sm.=Adiantum diaphanum
Adiantum sinicum Ching 苍山铁线蕨
Adiantum smithianum (C.Chr.) Ching=Adiantum fimbriatum
Adiantum smithianum var. *shensiense* Ching=Adiantum fimbriatum var. shensiense
Adiantum soboliferum Wall. ex HK.翅柄铁线蕨
Adiantum spencerianum Cop.=Adiantum edgewothii
Adiantum submarginatum Christ(p.p.)=Adiantum capillus-veneris
Adiantum submarginatum Christ(p.p.)=Adiantum edentulum f. refractum
Adiantum taiwanianum Tagawa=Adiantum roborowskii var. taiwanianum
Adiantum tenerum Sw.脆铁线蕨
Adiantum tenerum var. *dissectum* Mart. & Fil.=Adiantum capillus-veneris f. dissectum
Adiantum tenuifolium Sw.=Cheilosoria tenuifolia
Adiantum tibeticum Ching 西藏铁线蕨
Adiantum tricholepis Fee 毛鳞铁线蕨
Adiantum veitchii Hance=Adiantum monochlamys
Adiantum veneris var. *sinuatum* Christ=Adiantum edentulum
Adiantum venustum Don (Christ in Bull.Acad.Géogr.Bot.Mans 1906)=Adiantum bonatianum
Adiantum venustum Don (Christ in Bull.Soc.Bot.France 1905)=Adiantum fimbriatum
Adiantum venustum sensu Christ=Adiantum davidii
Adiantum venustum Don 细叶铁线蕨
Adiantum venustum var. *breviserratum* Ching=Adiantum breviserratum
Adiantum venustum var. *monochlamys* Keys=Adiantum monochlamys
Adiantum venustum var. *smithianum* C.Chr.=Adiantum fimbriatum
Adiantum venustum var. venustum=Adiantum venustum
Adiantum venustum var. wuliangense Ching & Y.X.Lin 铁齿铁线蕨

Adina Salisb.**水团花属**(茜草科)
Adina affines How=Pertusadina hainanensi
Adina asperula Hand.-Mazz.=Sinoadina racemosa
Adina cordifolia (Roxb.) HK.f. ex Brandis=Haldina cordifolia
Adina globiflora Salisb.=Adina pilulifera
Adina griffithii HK.f.=Neonauclea griffithii
Adina hainanensis How=Pertusadina hainanensi
Adina metcalfii Merr. ex Li=Pertusadina hainanensi
Adina mollifolia Hutch.=Sinoadina racemosa
Adina pilulifera (Lam.) Franch. ex Drake 水团花
Adina pilulifera var. tonkinensis (Pitard) Merr. ex Li 北越水杨梅
Adina polycephala Benth.=Metadina trichotoma
Adina polycephala var. *glabra* How=Pertusadina hainanensi
Adina pubicostata Merr.(How in Sunyatsenia 1946)=Pertusadina hainanensi
Adina pubicostata Merr.=Adina pilulifera
Adina racemosa (S. & Z.) Miq.=Sinoadina racemosa
Adina rubella Hance 细叶水团花
Adina sessilifolai (Roxb.) HK.f. ex Brandis=Neonauclea sessilifolia

Adinandra Jack **杨桐属**(山茶科)
Adinandra acutifolia Hand.-Mazz.=Adinandra bockiana var. acutifolia
Adinandra auriformis L.K.Ling & S.Y.Liang 耳基叶杨桐
Adinandra bockiana Pritzel ex Diels 川杨桐
Adinandra bockiana var. acutifolia (Hand.-Mazz.) Kobuski 尖叶川杨桐
Adinandra bockiana var. *bockiana*=Adinandra bockiana
Adinandra caudata Gagn.(高等图鉴补编 1983)=Adinandra integerrima
Adinandra chinensis Merr. & Metc.=Adinandra glischroloma
Adinandra drakeana Pranch.=Adinandra millettii
Adinandra dummosa Jack.丛生杨桐
Adinandra elegans How & Ko ex H.T.Chang 长梗杨桐
Adinandra epunctata Merr. & Chun ex Tanaka & Odashima 无腺杨桐
Adinandra filipes Merr. ex Kobuski 细梗杨桐
Adinandra formosana sensu Kanehira=Adinandra formosana var. hypochlora
Adinandra formosana Hay.台湾杨桐
Adinandra formosana var. caudata Keng 尾叶台湾杨桐
Adinandra formosana var. formosana f. formosana 毛柱台湾杨桐?
Adinandra formosana var. formosana f. glabristyla Keng 秃柱台湾杨桐?
Adinandra formosana var. formosana=Adinandra formosana

Adinandra formosana var. hypochlora (Hay.) Yamamoto ex Keng 秃萼台湾杨桐
Adinandra formosana var. longipedicellata Keng 长梗台湾杨桐?
Adinandra formosana var. obtusissima (Hay.) Keng 钝叶台湾杨桐
Adinandra glischroloma Hand.-Mazz.两广杨桐
Adinandra glischroloma var. *glischroloma*=Adinandra glischroloma
Adinandra glischroloma var. *hirta* (Gagn.) Kobuski=Adinandra hirta
Adinandra glischroloma var. jubata (Li) Kobuski 长毛杨桐
Adinandra glischroloma var. macrosepala (Metc.) Kobuski 大萼杨桐
Adinandra grandis L.K.Ling 大杨桐
Adinandra hainanensis Hay.海南杨桐
Adinandra hainanensis Merr.=Adinandra hainanensis
Adinandra hemsleyi Hand.-Mazz.=Adinandra millettii
Adinandra hirta Gagn.粗毛杨桐
Adinandra hirta var. hirta=Adinandra hirta
Adinandra hirta var. macrobracteata (L.K.Ling) L.K.Ling 大苞粗毛杨桐
Adinandra howii Merr. & Chun 保亭杨桐
Adinandra hypochlora Hay.=Adinandra formosana var. hypochlora
Adinandra integerrima T.Anders.全缘杨桐
Adinandra jubata Li=Adinandra glischroloma var. jubata
Adinandra lancipetala L.K.Ling 狭瓣杨桐
Adinandra lasiostyla Hay.毛柱杨桐
Adinandra latifolia L.K.Ling 阔叶杨桐
Adinandra lutescens Graib=Adinandra integerrima
Adinandra maclurei Merr.=Adinandra hainanensis
Adinandra macrobracteata L.K.Ling=Adinandra hirta var. macrobracteata
Adinandra macrocarpa Li=Ternstroemia insignis
Adinandra macrosepala Metc.=Adinandra glischroloma var. macrosepala
Adinandra megaphylla Hu 大叶杨桐
Adinandra millettii (HK. & Arn.) Benth. & HK.f. ex Hance 杨桐
Adinandra millettii var. *formosana* (Hay.) Kobuski(p.p.)=Adinandra formosana
Adinandra millettii var. *formosana* (Hay.) Kobuski(p.p.)=Adinandra formosana var. hypochlora
Adinandra millettii var. *obtusissima* (Hay.) Kobuski=Adinandra formosana var. obtusissima
Adinandra nigroglandulosa L.K.Ling 腺叶杨桐
Adinandra nitida Merr. ex Li 亮叶杨桐
Adinandra obscurinervis Merr. & Chun=Cleyera obscurinervis
Adinandra obtusissima Hay. ex Sasaki=Adinandra formosana var. obtusissima
Adinandra pedunculata Hay.=Adinandra formosana
Adinandra petelotii Gagn.=Adinandra megaphylla
Adinandra phlebophylla Hance=Adinandra integerrima
Adinandra phypochlora Hay.=Adinandra formosana var. hypochlora
Adinandra pingbianensis L.K.Ling 屏边杨桐
Adinandra rubropunctata Merr. & Chun=Adinandra hainanensis
Adinandra serrulata Li=Adinandra megaphylla
Adinandra steosepala Hu=Xantolis stenosepala
Adinandra wangii Hu 滇南杨桐?
Adinobotrys Dunn=**Whitfordiodendron**
Adinobotrys filipes Dunn=Whitfordiodendron filipes
Adlumia Rafin.**荷包藤属**(罂粟科)
Adlumia asiatica Ohwi 荷包藤
Adlumia cirrhosa Raf.(Komarov in Act.Hort.Petrop.1903)=Adlumia asiatica
Adlumia fungosa (Ait.) Greene (Komarov in Not.Sys.Herb.Hort.Bot.Petrop.1924)=Adlumia asiatica
Adnulla Rafin.=**Pelexia**
Adonis L.**侧金盏花属**(毛茛科)
Adonis aestivalis L.夏侧金盏花
Adonis aestivalis var. aestivalis=Adonis aestivalis
Adonis aestivalis var. parviflora M.Bieb.小侧金盏花
Adonis amurensis Rgl. & Rade 侧金盏花
Adonis autumnalis L.秋金盏花
Adonis bobroviana Sim.甘青侧金盏花
Adonis brevistyla Franch.=Adonis davidii
Adonis chrysocyatha HK.f. & Thoms.金黄侧金盏花
Adonis coerulea Maxim.蓝侧金盏花
Adonis coerulea f. *integra* W.T.Wang=Adonis coerulea
Adonis coerulea f. *puberula* W.T.Wang=Adonis coerulea
Adonis davidii Franch.短柱侧金盏花
Adonis delavayi Franch.=Adonis davidii
Adonis flammeus Jacq.火焰金盏花
Adonis parviflora (M.Bieb.) Fisch.=Adonis aestivalis var. parviflora
Adonis pseudoamurensis W.T.Wang=Adonis ramosa
Adonis ramosa Franch.辽吉侧金盏花
Adonis ramosa subsp. *fupingensis* W.T.Wang=Adonis ramosa
Adonis sibirica Patr. ex Ledeb.北侧金盏花
Adonis sutchuenensis Franch.蜀侧金盏花
Adonis tianschanica (Adolf) Lipsch.天山侧金盏花
Adonis turkestanica var. *tianschanica* Adolf=Adonis tianschanica
Adonis turkestanicus (Korsh.) Adolf 土耳其斯坦金盏花
Adonis vernalis L.春金盏花
Adonis vernalis var. *amurensis* Finet & Gagn.=Adonis amurensis
Adonis villosus Ledeb.长毛金盏花
Adoxa L.**五福花属**(五福花科)
Adoxa moschatelliana L.五福花
Adoxa omeiensis Hara=Tetradoxa omeiensis
Adoxaceae 五福花科
Adsica albicans Bl.=Sumbaviopsis albicans
Aduseton Adanson=**Lobularia**
Adyseton Adans.=**Lobularia**
Aechmanthera Nees **尖蕊花属**(爵床科)
Aechmanthera gossypina (Wall.) Nees 棉毛尖药花
Aechmanthera tomentosa Nees 尖药花
Aechmanthera wallichii β. *gossypina* Nees= Aechmanthera gossypina
Aechmea Ruiz & Pav.**光萼荷属**(凤梨科)
Aechmea angustifolia Poepp. & Endl.狭叶光萼荷
Aechmea bracteata (Swartz) Griseb.红苞光萼荷
Aechmea calyculata Bak.副萼光萼荷
Aechmea caudata Lindm.尾萼光萼荷
Aechmea chantinii (Carr.) Bak.光萼荷
Aechmea coelestis Morr.天蓝光萼荷
Aechmea fasciata Bak.美叶光萼荷
Aechmea fosterana L.B.Sm.福德光萼荷
Aechmea fulgens Brongn.亮叶光萼荷
Aechmea gigantea Bak.大光萼荷
Aechmea mariae-reginae H.Wendl.白花光萼荷
Aechmea mexicana Bak.墨西哥光萼荷
Aechmea miniata Bak.深红光萼荷
Aechmea organensis Wawra 红刺凤梨
Aechmea orlandiana L.B.Sm.大蜻蜓凤梨
Aechmea recurvata L.B.Sm.弯光萼荷
Aechmea tillandsioides (Mart. ex Schlt.) Bak.紫风光萼荷
Aechmea weilbachii Dir.豹纹光萼荷
Aechumanthera tomentosa var. *wallichii* (Nees) C.B.Clarke= Aechmanthera gossypina
Aegialites R.Br.**紫条木属**(白花丹科)
Aegiceras Gaertn.**蜡烛果属**(紫金牛科)
Aegiceras corniculatum (L.) Blanco 蜡烛果
Aegiceras majus Gaertn.=Aegiceras corniculatum
Aegiceras minus Gaertn.=Rourea minor
Aegilops L.**山羊草属**(禾本科)
Aegilops bicornis (Forsk.) Jaub. & Spach 两角山羊草
Aegilops biuncialis Vis.两芒山羊草
Aegilops caudata L.(Griseb.inLedeb.Fl.Ross.1852)=Aegilops cylindrica
Aegilops columnaris Zhuk.扭芒山羊草
Aegilops comosa Sibth. & Sm.种毛山羊草
Aegilops crassa Boiss.粗山羊草
Aegilops cylindrica Host 圆柱山羊草
Aegilops exaltata L.=Ophiuros exaltatus
Aegilops geniculata Roth 膝曲山羊草
Aegilops incurva L.=Parapholis incurva
Aegilops juvenalis (Thell.) Eig.少壮山羊草
Aegilops kotschyi Boiss.柯奇山羊草
Aegilops longissima (Schweinf. & Muschl.) Eig.长山羊草
Aegilops mutica Boiss.无芒山羊草
Aegilops neglecta Req. ex Bertol.忽视山羊草
Aegilops ovata L.卵穗山羊草

Aegilops peregrina (Hackel) Maire & Weiller 外来山羊草
Aegilops speltoides Tausch 斯佩特状山羊草
Aegilops squarrosa L.(禾本科图说 1959,I 高等图鉴 1976,秦岭志 1976,江苏志 1977)=Aegilops tauschii
Aegilops tauschii Coss.节节麦
Aegilops triaristata Willd.短穗山羊草
Aegilops triuncialis L.三芒山羊草
Aegilops umbellulata Zhuk.伞穗山羊草
Aegilops uniaristata Vis.单芒山羊草
Aegilops ventricosa Yausck 偏凸山羊草
Aeginetia L.**野菰属**(列当科)
Aeginetia acaulis (Roxb.) Walp.短梗野菰
Aeginetia indica L.野菰
Aeginetia japonica S. & Z.=Aeginetia indica
Aeginetia pedunculata (Roxb.) Wall.=Aeginetia acaulis
Aeginetia sinensis G.Beck 中国野菰
Aegiphila laevigata Juss.=Parameria laevigata
Aegle Correa **木橘属**(芸香科)
Aegle marmelos (L.) Correa 木橘
Aegopodium L.**羊角芹属**(伞形科)
Aegopodium alpestre Ledeb.东北羊角芹
Aegopodium alpestre f. alpestre=Aegopodium alpestre
Aegopodium alpestre f. *scabrum* Kitag.=Aegopodium alpestre
Aegopodium alpestre f. *tenera* Hara=Aegopodium alpestre
Aegopodium alpestre f. tenuisectum Kitag.小叶羊角芹
Aegopodium alpestre var. *daucifolium* Gorov.=Aegopodium alpestre f. tenuisectum
Aegopodium brachycarpum (Kom.) Schischk.=Pimpinella bracycarpa
Aegopodium handelii Wolff 湘桂羊角芹
Aegopodium henryi Diels 巴东羊角芹
Aegopodium latifolium Turcz.宽叶羊角芹
Aegopodium podagraria L.羊角芹
Aegopodium tadshikorum Shischk.塔什克羊角芹
Aelaeagnus Cav.=**Elaeagnus**
Aellenia Ulbr **新疆藜属**(藜科)
Aellenia glauca (Bieb.) Aellen 新疆藜
Aeluropus Trin **獐毛属**(禾本科)
Aeluropus laevis Trin.平滑獐毛
Aeluropus littoralis Parl.(Norlindh in Fl.Mong.Steppe1949)=Aeluropus micrantherus
Aeluropus littoralis Parl.(高等图鉴 1976,禾本科图说 1959)=Aeluropus pungens
Aeluropus littoralis subsp. *pungens* (M.bieb.) Tzvel.=Aeluropus pungens
Aeluropus littoralis var. *pilosus* X.L.Yang=Aeluropus pilosus
Aeluropus littoralis var. sinensis Debeaux=Aeluropus sinensis
Aeluropus micrantherus Tzvel.微药獐毛
Aeluropus pilosus (X.L.Yang) S.L.Chen & X.L.Yang 毛叶獐毛
Aeluropus pungens (M.Bieb.) C.Koch 小獐毛
Aeluropus pungens var. hirtulus S.L.Chen & X.L.Yang 刺叶獐毛
Aeluropus pungens var. pungens=Aeluropus pungens
Aeluropus sinensis (Debeaux) Tzvel.獐毛
Aeonium Webb. & Berth.**莲花掌属**(景天科)
Aeonium haworthii Webb & Berth.红缘莲花掌
Aeonium simsii (Sweet) Stearn 毛叶莲花掌
Aeonium spathulatum (Hornem.) Praeg.匙叶莲花掌
Aeonium tabulaeforme Webb & Berth.平叶莲花掌
Aeonium undulatum Webb. & Berth.托盘莲花掌
Aeonium urbicum (C.A.Sm.) Webb. & Berth.大叶莲花掌
Aerides Lour.**指甲兰属**(兰科)
Aerides ampulacea Roxb.=Ascocentrum ampullaceum
Aerides biswasiana Ghose & Muherjee=Papilionanthe biswasiana
Aerides calceolaris Buch.-Ham. ex J.E.Sm.=Gastrochilus calceolaris
Aerides crassifolium Par. & Rchb.f.厚叶指甲兰
Aerides crispum Lindl.皱唇指甲兰
Aerides difformis Lindl.=Ornithochilus difformis
Aerides falcata Lindl.指甲兰
Aerides fieldingii Jennings 费氏指甲兰
Aerides flabellata Rolfe ex Downie 扇唇指甲兰
Aerides flavescens Schltr.=Holcoglossum flavescens
Aerides japonicum Rchb.f.日本指甲兰
Aerides lasiopetala Willd.=Eria lasiopetala
Aerides multiflora Roxb.(高等图鉴 1976)=Aerides rosea
Aerides odorata Lour.香花指甲兰
Aerides orthocentrum Hand.-Mazz.=Vanda coerulescens
Aerides paniculata Ker-Gawl.=Cleisostoma paniculatum
Aerides rigida Buch.-Ham. ex J.E.Sm.=Acampe rigida
Aerides rosea Lood. ex Lindl. & Paxt.多花指甲兰
Aerides sect. *Ornithochilus* Lindl.=**Ornithochilus**
Aerides taeniale Lindl.=Kingidium taeniale
Aerides vandarum Rchb.f.棒叶指甲兰
Aerva Forsk **白花苋属**(苋科)
Aerva cochinchinensis Gegn.(中大专刊 1940)=Aerva hainanensis
Aerva glabrata HK.f.少毛白花苋
Aerva hainanensis How 海南白花苋
Aerva monsoniae (L.f.) Mart.=Trichurus monsoniae
Aerva sanguinolenta (L.) Bl.白花苋
Aerva scandens (Roxb.) Wall.=Aerva sanguinolenta
Aeschyanthus esquirolii Lévl.=Exbucklandia populnea
Aeschynanthus Jack **芒毛苣苔属**(苦苣苔科)
Aeschynanthus acuminatissimus W.T.Wang 长尖芒毛苣苔
Aeschynanthus acuminatus var. *chinensis* (Gardn. & Champ.) Clarke=Aeschynanthus acuminatus
Aeschynanthus acuminatus Wall. ex A.DC.芒毛苣苔
Aeschynanthus andersonii Clarke 软叶芒毛苣苔
Aeschynanthus angustioblongus W.T.Wang 狭矩芒毛苣苔
Aeschynanthus angustissimus (W.T.Wang) W.T.Wang 狭叶芒毛苣苔
Aeschynanthus apicidens Hance=Lysionotus pauciflorus
Aeschynanthus austroyunnanensis W.T.Wang 滇南芒毛苣苔
Aeschynanthus austroyunnanensis var. austroyunnanensis=Aeschynanthus austroyunnanensis
Aeschynanthus austroyunnanensis var. guangxiensis (Chun ex W.T.Wang) W.T.Wang 广西芒毛苣苔
Aeschynanthus bracteatus Wall.(Benth.in Fl.Hongk.1861)=Aeschynanthus acuminatus
Aeschynanthus bracteatus Wall. ex A.DC.显苞芒毛苣苔
Aeschynanthus bracteatus var. bracheatus=Aeschynanthus bracteatus
Aeschynanthus bracteatus var. *orientalis* W.T.Wang=Aeschynanthus bracteatus
Aeschynanthus bracteatus var. *peelii* (HK.f. & T.Thoms.) C.B.Clarke=Aeschynanthus bracteatus
Aeschynanthus buxifolius Hemsl.黄杨叶芒毛苣苔
Aeschynanthus chinensis Gardn. & Champ.=Aeschynanthus acuminatus
Aeschynanthus chorisepalus Orr=Aeschynanthus lineatus
Aeschynanthus denticuliger W.T.Wang 小齿芒毛苣苔
Aeschynanthus dolichanthus W.T.Wang 长花芒毛苣苔
Aeschynanthus dunnii Lévl.= Phlogacanthus pubinervius
Aeschynanthus gracilis Parins ex C.B.Clarke 细芒毛苣苔
Aeschynanthus guangxiensis Chun ex W.T.Wang=Aeschynanthus austroyunnanensis var. guangxiensis
Aeschynanthus hookeri Clarke 束花芒毛苣苔
Aeschynanthus humilis Hemsl.矮芒毛苣苔
Aeschynanthus lancilimbus W.T.Wang 披针芒毛苣苔
Aeschynanthus lasianthus W.T.Wang 毛花芒毛苣苔
Aeschynanthus lasiocalyx W.T.Wang 毛萼芒毛苣苔
Aeschynanthus levipes C.B.Clarke (分类学报 1975)=Lisionotus levipes
Aeschynanthus levipes C.B.Clarke=Lysionotus levipes
Aeschynanthus linearifolius C.E.C.Fisch.条叶芒毛苣苔
Aeschynanthus linearifolius var. *angustissimus* W.T.Wang=Aeschynanthus angustissimus
Aeschynanthus linearifolius var. linearifolius=Aeschynanthus linearifolius
Aeschynanthus linearifolius var. *oblanceolatus* (J.Anth.) W.T.Wang=.Aeschynanthus linarifolius
Aeschynanthus lineatus Craib 线条芒毛苣苔
Aeschynanthus longicalyx H.W.Li=Aeschynanthus sinolongicalyx
Aeschynanthus longicaulis Wall. ex R.Br.长茎芒毛苣苔
Aeschynanthus macranthus (Merr.) Pellegr.伞花芒毛苣苔
Aeschynanthus maculatus Lindl.(云南植物研究 1983 ,p.p.)=Aeschynanthus tengchungensis
Aeschynanthus maculatus Lindl.具斑芒毛苣苔
Aeschynanthus maculatus var. *stenophyllus* C.B.Clarke=Aeschynanthus maculatus

Aeschynanthus marmoratus T.Moore=Aeschynanthus longicalus
Aeschynanthus medogensis W.T.Wang 墨脱芒毛苣苔
Aeschynanthus mengxingensis W.T.Wang 勐醒芒毛苣苔
Aeschynanthus mimetes Burtt 大花芒毛苣苔
Aeschynanthus moningeriae (Merr.) Chun 红花芒毛苣苔
Aeschynanthus novogracilis W.T.Wang =Aeschynanthus gracilis
Aeschynanthus oblanceolatus (Anth.) C.E.C.Fisch.=Aeschynanthus linarifolius
Aeschynanthus oblongifolius (Roxb.) G.Don=Chirita oblongifolia
Aeschynanthus pachytrichus W.T.Wang 粗毛芒毛苣苔
Aeschynanthus peelii HK.f. & Thoms.=Aeschynanthus bracteatus
Aeschynanthus peelii var. *oblanceolata* Anth.=Aeschynanthus linarifolius
Aeschynanthus planipetiolatus H.W.Li 扁柄芒毛苣苔
Aeschynanthus poilanei Pellegr.药用芒毛苣苔
Aeschynanthus pulcher G.Don 口红花
Aeschynanthus radicans Jack 毛萼口红花
Aeschynanthus sinolongicalyx W.T.Wang 长萼芒毛苣苔
Aeschynanthus stenosepalus Anth.尾叶芒毛苣苔
Aeschynanthus superbus Clarke 华丽芒毛苣苔
Aeschynanthus tengchungensis W.T.Wang 腾冲芒毛苣苔
Aeschynanthus tenuis Hand.-Mazz.=Aeschynanthus stenosepalus
Aeschynanthus tubulosus Anth.筒花芒毛苣苔
Aeschynanthus tubulosus var. angustilobus Anth.狭萼片芒毛苣苔
Aeschynanthus tubulosus var. tubulosus=Aeschynanthus tubulosus
Aeschynanthus wardii Merr.狭花芒毛苣苔
Aeschynomene L.**合萌属**(豆科)
Aeschynomene aculeata Schreb.=Sesbania bispinosa
Aeschynomene americana L.美洲田皂角
Aeschynomene aspera L.粗毛合萌
Aeschynomene bispinosa Jacq.=Sesbania bispinosa
Aeschynomene cannabina Retz.=Sesbania cannabina
Aeschynomene grandiflora (L.) L.=Sesbania grandiflora
Aeschynomene indica L.合萌
Aeschynomene paludosa Roxb.=Sesbania javanica
Aeschynomene sentitive Swartz.台湾皂角?
Aeschynomene sesban L.=Sesbania sesban
Aesculus L.**七叶树属**(七叶树科)
Aesculus assamica Griff.长柄七叶树
Aesculus californica (Spach) Nutt.加州七叶树
Aesculus chinensis Bge.七叶树
Aesculus chinensis Hort. ex Schneider=Aesculus turbinata
Aesculus chinensis var. chekiangensis (Hu & Fang) Fang 浙江七叶树
Aesculus chinensis var. chinensis=Aesculus chinensis
Aesculus chingsiensis Fang(p.p.)=Acanthopanax evodiaefolius
Aesculus chinpinensis Fang(p.p.)=Brassaiopsis glomerulata
Aesculus chuniana Hu & Fang 大果七叶树
Aesculus coriaceifolia Fang=Aesculus assamica
Aesculus glabra Willd.光叶七叶树
Aesculus hippocastanum L.欧洲七叶树
Aesculus indica Colebr.印度七叶树
Aesculus jaoponica Hort. ex Schneider=Aesculus turbinata
Aesculus kwangsiensis Fang=Schefflera octophylla
Aesculus lantsangensis Hu & Fang 澜沧七叶树
Aesculus megaphylla Hu & Fang 大叶七叶树
Aesculus octandra Marsh.黄花七叶树
Aesculus pavia L.红花七叶树
Aesculus polyneura Hu & Fang 多脉七叶树
Aesculus punduana Wall.=Aesculus assamica
Aesculus rupicola Hu & Fang=Aesculus wangii var. rupicola
Aesculus sinensis Hort. ex Bean=Aesculus turbinata
Aesculus sylvatica Bartr.林生七叶树
Aesculus tsiangii Hu & Fang 小果七叶树
Aesculus turbinata Bl.日本七叶树
Aesculus turbinata var. *pubescens* Rehd.=Aesculus turbinata
Aesculus wangii Hu 云南七叶树
Aesculus wangii var. rupicola (Hu & Fang) Fang 石生七叶树
Aesculus wangii var. wangii=Aesculus wangii
Aesculus wilsonii Rehd.天师栗
Aetheilema reniforme Nees= Phaulopsis oppositifolia
Aetheria fusca Lindl.=Goodyera fusca
Aethusa leptophylla Nutt.=Apium leptophyllum
Afzelia Smith **缅茄属**(豆科)
Afzelia africana Smith 非洲缅茄(新)
Afzelia bakeri Prain 泰国缅茄
Afzelia cochinchinensis (Pierre) Léonard=Afzelia xylocarpa
Afzelia quanzensis Welw.安哥拉缅茄
Afzelia xylocarpa (Kurz) Craib 缅茄
Agallochum Lam.=**Aquilaria**
Agallochum sinense O.Ktze=Aquilaria sinensis
Agalma Miq.=**Schefflera**
Agalma delavayi (Franch.) Hutch.=Schefflera delavayi
Agalma discolor (Merr.) Hutch.=Schefflera delavay
Agalma diversifoliolatum (Li) Hutch.=Schefflera diversifoliolata
Agalma dumicolor (W.W.Sm.) Hutch.=Schefflera hoi
Agalma elatum Seem.=Schefflera elata
Agalma hainanense (Merr. & Chun) Hutch.=Schefflera hainanensis
Agalma hoi (Dunn) Hutch.=Schefflera hoi
Agalma lutchuense Nakai=Schefflera octophylla
Agalma multinervium (Li) Hutch.=Schefflera multinervia
Agalma octophyllum Seem.=Schefflera octophylla
Agalma shweliense (W.W.Sm.) Hutch.=Schefflera shweliensis
Agalma taiwanianum Nakai=Schefflera taiwaniana
Agalma vardii (Marq. & Shaw) Hutch.=Schefflera wardii
Agalmyla Bl.**根花属**(苦苣苔科)
Agalmyla parasitica O.Kuntze 红根花
Agalmyla staminea Bl.雄蕊根花
Agaloma Raf.=**Euphorbia**
Agamonerium polymorphum Pierre (Merr.in in Lingnan Sci.J.1928)= Aganosma schlechteriana
Aganosma G.Don.**香花藤属**(夹竹桃科)
Aganosma acuminata (Roxb.) G.Don=Aganosma cymosa
Aganosma breviloba Kerr.贵州香花藤
Aganosma cymosa (Roxb.) G.Don 云南香花藤
Aganosma cymosa var. *fulva* Carib=Aganosma cymosa
Aganosma cymosa var. *goabra* DC.=Aganosma cymosa
Aganosma cymosa var. *lanceolata* HK.f.=Aganosma cymosa
Aganosma edithae Hance=Cryptolepis sinensis
Aganosma gracilis HK.f.(Tsiang in Sunyatsenia 1939,静生汇报 1939)= Aganosma siamensis
Aganosma harmandiana Pierre=Aganosma cymosa
Aganosma kwangsiensis Tsiang=Aganosma siamensis
Aganosma laevis Champ.=Anodendron affine
Aganosma marginata (Roxb.) G.Don 香花藤
Aganosma montana Kerr.=Aganosma schlechteriana
Aganosma navaillei (Lévl.) Tsiang=Aganosma schlechteriana
Aganosma odora Tsiang=Aganosma schlechteriana
Aganosma radiata Merr.=Aganosma schlechteriana
Aganosma schlechteriana Lévl.海南香花藤
Aganosma schlechteriana var. *breviloba* Tsiang=Aganosma schlechteriana
Aganosma schlechteriana var. *leptantha* Tsiang=Aganosma schlechteriana
Aganosma schlechteriana var. schlechteriana =Aganosma schlechteriana
Aganosma siamensis Craib 广西香花藤
Agapanthus L'Her **百子莲属**(百合科)
Agapanthus africanus (L.) Hoffmgg.百子莲
Agapetes D.Donex G.Don **树萝卜属**(杜鹃花科)
Agapetes aborensis Airy-Shaw 阿波树萝卜
Agapetes angulata (Griff.) HK.f.棱枝树萝卜
Agapetes anonyma Airy-Shaw 锈毛树萝卜
Agapetes brachypoda Airy-Shaw 短柄树萝卜
Agapetes brachypoda var. brachypoda=Agapetes brachypoda
Agapetes brachypoda var. gracilis Airy-Shaw 纤细短柄树萝卜
Agapetes brandisiana W.E.Evans 环萼树萝卜
Agapetes bullata Dop=Vaccinium bullatum
Agapetes bulleyanum Diels=Vaccinium bulleyanum
Agapetes bulleyanum var. *tenuuifolia* Anthony=Vaccinium bulleyanum
Agapetes burmanica W.E.Evans 缅甸树萝卜
Agapetes buxifolia Nutt. ex HK.f.黄杨叶树萝卜
Agapetes camelliifolia S.H.Huang 茶叶树萝卜
Agapetes chapaënsis Dop=Vaccinium brevipedicellatum
Agapetes chapaënsis var. *oblonga* Dop=Vaccinium brevipedicellatum
Agapetes ciliata S.H.Huang 纤毛叶树萝卜
Agapetes corallina Cowan=Agapetes lobbii

Agapetes desmogyne King & Prain=Agapetes neriifolia
Agapetes discolor C.B.Clarke 异色树萝卜
Agapetes dulongensis S.H.Huang=Agapetes pensilis
Agapetes emarginata (Hay.) Nakai=Vaccinium emarginatum
Agapetes epacridea Airy-Shaw 尖叶树萝卜
Agapetes flava (HK.f.) Sleumer 黄花树萝卜
Agapetes forrestii W.E.Evans 伞花树萝卜
Agapetes glandulosissima (C.Y.Wu ex Fang & Z.H.Pan) S.H.Huang=Agapetes inopinata
Agapetes griffithii C.B.Clarke 尾叶树萝卜
Agapetes hosseana Diels 红花树萝卜
Agapetes hyalocheilos Airy-Shaw 透明边树萝卜
Agapetes incurvata (Griff.) Sleumer 皱叶树萝卜
Agapetes inopinata Airy-Shaw 沧源树萝卜
Agapetes interdicta (Hand.-Mazz.) Sleumer 中型树萝卜
Agapetes interdicta var. interdicta=Agapetes interdicta
Agapetes interdicta var. *senoloba* (W.E.Evans) Sleumer (Airy-Shaw in Kew Bull.1948,p.p.)=Agapetes pyrolifolia
Agapetes interdicta var. stenoloba (W.E.Evans) Sleumer 狭萼中型树萝卜
Agapetes lacei Craib(高等图鉴 1974)=Agapetes forrestii
Agapetes lacei Craib 灯笼花
Agapetes lacei var. glaberrima Airy-Shaw 无毛灯笼花
Agapetes lacei var. lacei=Agapetes lacei
Agapetes lacei var. tomentella Airy-Shaw 绒毛灯笼花
Agapetes leiocarpa S.H.Huang 光果树萝卜
Agapetes leptantha Airy-Shaw 细花树萝卜
Agapetes leucocarpa S.H.Huang 白果树萝卜
Agapetes linearifolia C.B.Clarke 线叶树萝卜
Agapetes listeri (King ex C.B.Clarke) Sleumer 短锥花树萝卜
Agapetes lobbii C.B.Clarke 深裂树萝卜
Agapetes macrophylla C.B.Clarke 大叶树萝卜
Agapetes malipoensis S.H.Huang 麻栗坡树萝卜
Agapetes mannii Hemsl.白花树萝卜
Agapetes marginata Dunn 边脉树萝卜
Agapetes medogensis S.H.Huang 墨脱树萝卜
Agapetes megacarpa W.W.Sm.大果树萝卜
Agapetes merrilliana (Hay.) Nakai=Vaccinium delavayi subsp. merrillianum
Agapetes miniata (Griff.) HK.f.朱红树萝卜
Agapetes miranda Airy-Shaw 坛花树萝卜
Agapetes mitrarioides HK.f. ex C.B.Clarke 亮红树萝卜
Agapetes moorei Hemsl.树萝卜
Agapetes neriifolia (King & Prain) Airy-Shaw 夹竹桃叶树萝卜
Agapetes neriifolia var. maxima Airy-Shaw 大花树萝卜
Agapetes neriifolia var. neriifolia=Agapetes neriifolia
Agapetes nutans Dunn 垂花树萝卜
Agapetes oblonga Craib 长圆树萝卜
Agapetes oblonga var. longipes Airy-Shaw 长梗树萝卜
Agapetes oblonga var. oblonga=Agapetes oblonga
Agapetes obovata (Wight) HK.f.倒卵叶树萝卜
Agapetes parviflora Dunn=Vaccinium petelotii
Agapetes pensilis Airy-Shaw 倒挂树萝卜
Agapetes pilifera HK.f. ex C.B.Clarke 钟花树萝卜
Agapetes poilanei Dop=Vaccinium papillatum
Agapetes praeclara Marq.藏布江树萝卜
Agapetes praestigiosa Airy-Shaw 听邦树萝卜
Agapetes pseudogriffithi Airy-Shaw 杯梗树萝卜
Agapetes pubiflora Airy-Shaw 毛花树萝卜
Agapetes pyrolifolia Airy-Shaw 鹿蹄草叶树萝卜
Agapetes racemosa Watt. ex Kankinal=Agapetes lobbii
Agapetes refracta Airy-Shaw 折瓣树萝卜
Agapetes rubrobracteata R.C.Fang & S.H.Huang 红苞树萝卜
Agapetes salicifolia C.B.Clarke 柳叶树萝卜
Agapetes saligna var. *cordifolia* C.B.Clarke=Agapetes hyalocheilos
Agapetes serpens (Wight) Sleumer 五翅莓
Agapetes serrata G.Don=Vaccinium vacciniaceum
Agapetes setigera D.Don ex G.Don (Burkill.in Rec.Bot.Surv.Ind.1924-25)=Agapetes aborensis
Agapetes setigera D.Don 刚毛树萝卜
Agapetes sp. nov Airy-Shaw=Agapetes anonyma
Agapetes spissa Airy-Shaw 丛生树萝卜
Agapetes stenantha Rehd.=Agapetes lobbii
Agapetes vacciniacea (Roxb.) Dunal=Vaccinium vacciniaceum
Agapetes vaccinioides Dunn=Vaccinium dunnianum
Agapetes vaccinioides Lévl.=Vaccinium japonicum var. sinicum
Agapetes xiangensis S.H.Huang 西藏树萝卜
Agapetes yunnanensis Franch.=Agapetes mannii
Agastache OKKtze.(p.p.)=**Lophanthus**
Agastache Clayt.**藿香属**(唇形科)
Agastache rugosa (Fisch. & Meyer) O.Ktze.藿香
Agastache rugosa f. *lanceolata* Kudô =Agastache rugosa
Agastache rugosa var. *hypoleuca* Kudô =Agastache rugosa
Agathis Salisb.**贝壳杉属**(南洋杉科)
Agathis alba Jeffrey=Agathis dammara
Agathis australis (D.Don) Salisb.新西兰贝壳杉
Agathis dammara (Lamb.) Rich 贝壳杉
Agathis lanceolata (Planch.) Warb.披针叶贝壳杉
Agathis latifolia Meijer Drees 宽叶贝壳杉
Agathis loranthifolia Salisb.=.=Agathis dammara
Agathis macrophylla (Lindl.) Mast.大叶贝壳杉
Agathis microstachys Bailey 细穗贝壳杉
Agathis ovata Warb.新几内亚贝壳杉
Agathis philippinensis Warb.菲律宾贝壳杉
Agathis robusta (Moore) Bailey 昆士兰贝壳杉
Agathis vitiensis (Seem.) Drake 斐济贝壳杉
Agathisanthes Bl.=**Nyssa**
Agathisanthes javanica Bl.=Nyssa javanica
Agathotes D.Don=**Swertia**
Agathotes nervosa G.Don=Swertia nervosa
Agathrus D.Don (p.p.)=**Mulgedium**
Agathrus tataricus D.Don=Mulgedium tataricum
Agati grandiflora (L.) Desv.=Sesbania grandiflora
Agave L.**龙舌兰属**(石蒜科)
Agave amaniensis Trelease & Nowell 蓝剑麻
Agave americana L.龙舌兰
Agave americana var. marginata Hort.金边龙舌兰
Agave americana var. mediopicta Trel.黄心龙舌兰
Agave americana var. variegata Nichols.黄绿龙舌兰
Agave angustifolia Haw.狭叶龙舌兰
Agave angustifolia var. marginata 金边狭叶龙舌兰
Agave cantula Roxb.马盖麻
Agave potatorum var. verscheffeltii 雷神
Agave sisalana Perr. ex Engelm.剑麻
Agave victoriae-reginae T.Moore 鬼脚掌
Agdestis Moc. & Sesse ex DC.**爱特史迪斯属**(商陆科)
Agdestis clematidea Moc. & Sesse ex DC.铁线莲爱特史迪斯
Agelaea Soland. ex Planch.**栗豆藤属**(牛栓藤科)
Agelaea cambodiana Pierre=Agelaea trinervis
Agelaea trifolia (Lam.) Gilg.三叶栗豆藤
Agelaea trinervis (Llanos) Merr.栗豆藤
Agelaea wallichii HK.f.=Agelaea trinervis
Ageratum L.**藿香蓟属**(菊科)
Ageratum ciliare L.(Lour.in Fl.Cochinch.1790)=Ageratum conyzoides
Ageratum conyzoides L.藿香蓟
Ageratum houstonianum Miller.熊耳草
Ageratum mexicanum Sims=Ageratum houstonianum
Aglaia Lour.**米仔兰属**(楝科)
Aglaia abbreviata C.Y.Wu 缩序米仔兰
Aglaia aphanamixis Pellegr.=Aphanamixis grandifolia
Aglaia attenuata H.L.Li=Amoora yunnanensis
Aglaia dasyclada How & T.Chen=Amoora dasyclada
Aglaia elaeagnoidea var. *formosana* Hay.=Aglaia formosana
Aglaia elaeagnoidea var. *pallens* Merr.=Aglaia formosana
Aglaia elliptifolia Merr.椭圆叶米仔兰
Aglaia formosana (Hay.) Hay.台湾米仔兰
Aglaia odorata Lour.米仔兰
Aglaia odorata var. microphyllina C.DC.小叶米仔兰
Aglaia odorata var. odorata=Aglaia odorata
Aglaia pallens Merr.=Aglaia formosana

Aglaia perviridis Hiern 碧绿米仔兰
Aglaia polystachya Wall.=Aphanamixis polystachya
Aglaia roxburghiana Miq.(Matsum.in Bo.t Mag.Tokyo 1901)=Aglaia elliptifolia
Aglaia roxburghiana Miq.山楝
Aglaia tenuifolia H.L.Li=Amoora yunnanensis
Aglaia testicularis C.Y.Wu 马肾果
Aglaia tetrapetala Pierre (Rehd.in J.Arn.Arb.1937)=Amoora ouangliensis
Aglaia tetrapetala Pierre=Amoora tetrapetala
Aglaia tsangii Merr.=Amoora tsangi
Aglaia wangii H.L.Li(p.p.)=Amoora ouangliensis
Aglaia wangii H.L.Li(p.p.)=Amoora tetrapetala
Aglaia wangii var. *macrophylla* H.L.Li=Amoora tetrapetala var. macrophylla
Aglaia yunnanensis H.L.Li=Amoora yunnanensis
Aglaomorpha M.C.Roos (p.p.)=**Photinopteris**
Aglaomorpha M.C.Roos (p.p.)=**Pseudodrynaria**
Aglaomorpha Schott **连珠蕨属**(槲蕨科)
Aglaomorpha coronans Copel.=Pseudodrynaria coronans
Aglaomorpha Dryostachyum (J.Sm.) Copel.=**Aglaomorpha**
Aglaomorpha Hemistachyum Copel.=**Aglaomorpha**
Aglaomorpha meyeniana Schott 连珠蕨
Aglaomorpha Psygmium (C.Presl) Copel=**Aglaomorpha**
Aglaomorpha speciosa (Bl.) M.C.Roos=Photinopteris acuminata
Aglaomorpha subgen. *Pseudodrymaria* C.Chr.=**Pseudodrynaria**
Aglaonema Schott **广东万年青属**(天南星科)
Aglaonema commutatum Schott 细斑亮丝草
Aglaonema costatum N.E.Br.爪哇亮丝草
Aglaonema modestum Schott (Merr.in Lingn.Sci.J.1928)=Schismatoglottis hainanensis
Aglaonema modestum Schott ex Engl.广东万年青
Aglaonema pictum (Roxb.) Kunth 斑叶亮丝草
Aglaonema pierreanum Engl.=Aglaonema tenuipes
Aglaonema siamense Engl.明脉亮丝草
Aglaonema tenuipes Engl.越南万年青
Agrimonia L.**龙芽草属**(蔷薇科)
Agrimonia asiatica Juzep.=Agrimonia eupatoria subsp. asiatica
Agrimonia coreana Nakai (东北检索表 959)=Agrimonia pilosa
Agrimonia coreana Nakai 托叶龙芽草
Agrimonia eupatoria L.(Forbes & Hemsl.in J.L.Soc.Bot.1887)=Agrimonia pilosa
Agrimonia eupatoria L.(HK.f.in Fl.Brit.Ind.1878)=Agrimonia pilosa var. nepalensis
Agrimonia eupatoria L.欧洲龙芽草
Agrimonia eupatoria subsp. asiatica (Juzep.) Skalicky 大花龙芽草
Agrimonia eupatoria subsp. eupatoria=Agrimonia eupatoria
Agrimonia eupatoria var. *japonica* (Miq.) Masamune=Agrimonia pilosa
Agrimonia eupatoria var. *nepalensis* (D.Don) O.Ktze.=Agrimonia pilosa var. nepalensis
Agrimonia japonica (Miq.) Koidz.=Agrimonia pilosa
Agrimonia lanata Wall.=Agrimonia pilosa var. nepalensis
Agrimonia nepalensis D.Don=Agrimonia pilosa var. nepalensis
Agrimonia nepalensis var. *obovata* Skalicky=Agrimonia pilosa var. nepalensis
Agrimonia nipponica Koidz.日本龙芽草?
Agrimonia nipponica var. occidentalis Skalicky 小花龙芽草
Agrimonia obtusifolia Bar. & Skv.=Agrimonia pilosa
Agrimonia pilosa Ledeb.龙芽草
Agrimonia pilosa f. *davurica* (Willd.) Nakai=Agrimonia pilosa
Agrimonia pilosa f. *typica* Nakai=Agrimonia pilosa
Agrimonia pilosa var. *coreana* (Nakai) Liou & Cheng=Agrimonia coreana
Agrimonia pilosa var. *japonica* (Miq.) Nakai=Agrimonia pilosa
Agrimonia pilosa var. *japonica* f. *subglabra* Nakai=Agrimonia pilosa
Agrimonia pilosa var. nepalensis (D.Don) Nakai 黄龙尾
Agrimonia pilosa var. pilosa=Agrimonia pilosa
Agrimonia pilosa var. *viscidula* Kom.=Agrimonia pilosa
Agrimonia velutina Juzep.=Agrimonia coreana
Agrimonia viscidula Bge.=Agrimonia pilosa
Agrimonia viscidula f. *borealis* Kitag.=Agrimonia pilosa
Agrimonia zeylanica Moon (Hand.-Mazz.in Symb.Sin.1933)=Agrimonia pilosa var. nepalensis
Agriophyllum Bieb.**沙蓬属**(藜科)
Agriophyllum arenarium Bieb.=Agriophyllum squarrosum
Agriophyllum gobicum Bge.=Agriophyllum squarrosum
Agriophyllum lateriflorum (Lam.) Moq.侧花沙蓬
Agriophyllum minus Fisch. & Mey.小沙蓬
Agriophyllum pungens (Vahl) Link ex A.Dietr.=Agriophyllum squarrosum
Agriophyllum squarrosum (L.) Moq.沙蓬
Agropyron Gaertn.**冰草属**(禾本科)
Agropyron amurense Drob.=Roegneria amurensis
Agropyron angustiglume Nevski=Roegneria angustiglumis
Agropyron arinarium W.Wang & Skv.=Agropyron cristatum var. pectiniforme
Agropyron ciliare var. *lasiophyllum* Kitag.=Roegneria ciliaris var. lasiophylla
Agropyron ciliare var. *submuticum* Honda=Roegneria ciliaris var. submutica
Agropyron confusum Roshev.=Roegneria confusa
Agropyron cristatum (L.) Gaertn.冰草
Agropyron cristatum var. cristatum=Agropyron cristatum
Agropyron cristatum var. pectiniforme (Roem. & Schult.) H.L.Yang 光穗冰草
Agropyron cristatum var. pluriflorum H.L.Yang 多花冰草
Agropyron czilikensis Drob.=Roegneria tianschanica
Agropyron czimganicum Drob.=Roegneria tschimganica
Agropyron desertorum (Fisch.) Schult.沙生冰草
Agropyron desertorum var. desertorum=Agropyron desertorum
Agropyron desertorum var. pilosiusculum Meld.毛沙生冰草
Agropyron elongatum (Host) Beauv.=Elytrigia elongata
Agropyron formosanum Honda=Roegneria formosana
Agropyron intermedium (Host) Beavu.=Elytrigia intermiedia
Agropyron jacquemontii HK.f.=Roegneria jacquemontii
Agropyron japonensis Honda=Roegneria japonensis
Agropyron japonicum var. *hackelianum* Honda=Roegneria japonensis var. hackeliana
Agropyron japonicum var. japonicum=Roegneria japonensis
Agropyron junceum (L.) Beauv.=Elytrigia juncea
Agropyron kamoji Ohwi=Roegneria kamoji
Agropyron komarovii Nevski=Roegneria komarovii
Agropyron mayebaranum Honda=Roegneria mayebarana
Agropyron melantherum Keng=Roegneria melanthera
Agropyron michnoi Roshev.根茎冰草
Agropyron mongolicum Keng 沙芦草
Agropyron mongolicum var. mongolicum=Agropyron mongolicum
Agropyron mongolicum var. villosum H.L.Yang 毛沙芦草
Agropyron nutans Keng=Roegneria nutans
Agropyron obolinii Drob.=Roegneria abolinii
Agropyron pauciflorum (Schwein.) Hitchc.=Roegneria pauciflora
Agropyron pectinforme Roem. & Schult.=Agropyron cristatum var. pectiniforme
Agropyron schrenkianum (Fisch. & Mey.) Drob.=Roegneria schrenkiana
Agropyron sibiricum (Willd.) Beauv.西伯利亚冰草
Agropyron sibiricum f. pubiflorum Roshev.毛稃冰草
Agropyron sibiricum f. sibiricum=Agropyron sibiricum
Agropyron smithii Rydb.=Elytrigia simithii
Agropyron thoroldianum Oliv.=Roegneria thoroldiana
Agropyron thoroldianum var. *laxiusculum* Melderis=Roegneria thoroldiana var. laxiuscula
Agropyron tianschanicum Drob.=Roegneria tianschanica
Agropyron tibeticum Melderis=Roegneria tibetica
Agropyron triticeum Gaertn.=Eremopyrum triticeum
Agropyron tschimganica Drob.=Roegneria tschimganica
Agropyron turczaninovii Drob.=Roegneria turczaninovii
Agropyron ugamicum Drob.=Roegneria ugamica
Agrostemma L.**麦仙翁属**(石竹科)
Agrostemma banksia Meerb.=Lychnis coronata
Agrostemma bungeana D.Don=Lychnis senno
Agrostemma coronaria L.=Lychnis coronaria
Agrostemma githago L.麦仙翁
Agrostis L.**剪股颖属**(禾本科)
Agrostis alba L.(Rendle in J.L.Soc.Bot.1904,高等图鉴 1976,江苏志 1977,禾本科图说 1959)=Agrostis gigantea
Agrostis alba var. *vulgaris* (With.) Plues=Agrostis tenuis
Agrostis arisan-montana Ohwi 阿里山剪股颖
Agrostis arisan-montana var. arisan-montana=Agrostis arisan-montana
Agrostis arisan-montana var. megalandra Y.C.Yang 大药剪股颖

Agrostis arundinacea L.=Deyeuxia arundinacea
Agrostis brevipes Keng=Agrostis schneideri var. brevipes
Agrostis canina L.(Rendle in J.L.Soc.Bot.1903-1905)=Agrostis canina var. formosana
Agrostis canina L.普通剪股颖
Agrostis canina var. canina=Agrostis canina
Agrostis canina var. formosana Hack.Bull.Hert.Boiss 台湾剪股颖
Agrostis capillaris L.毛状剪股颖
Agrostis capillaris Shishk.=Agrostis tenuis
Agrostis chinensis Koen. ex Steud.=Leptochloa chinensis
Agrostis ciliata Nees (Thunb.Fl.Jap.1784)=Arundinella anomala
Agrostis clarkei HK.f.(Hand.-Mazz.Symb.Sin.1936)=Agrostis schneideri
Agrostis clavata subsp. *matsumurae* (Hack. ex Honda) Tateoka=Agrostis matsumurae
Agrostis clavata Trin.华北剪股颖
Agrostis clavata var. clavata=Agrostis clavata
Agrostis clavata var. macilenta (Keng) Y.C.Yang 广东剪股颖
Agrostis clavata var. *nukabo* Ohwi=Agrostis matsumurae
Agrostis clavata var. szechuanica Y.C.Tong & Y.C.Yang 四川剪股颖
Agrostis coarctata subsp. *trinii* (Turcz.) H.Scholz.=Agrostis trinii
Agrostis compressa (Sw.) Poir.(Poir.in Lam.Ecycl.Metb.Bot.Suppl.1910)=Axonopus compressus
Agrostis contracta Y.C.Tong ex Y.C.Yang 紧序剪股颖
Agrostis diandra Retz.=Sporobolus diander
Agrostis distans var. *coreensis* Hack.=Puccinellia coreensis
Agrostis divaricatissima Mez.歧序剪股颖
Agrostis eriolepis Keng ex Y.C.Yang 柔毛剪股颖
Agrostis fertilis Steud.=Sporobolus fertilis
Agrostis flaccida Hack.柔软剪股颖
Agrostis fukuyamae Ohwi 舟颖剪股颖
Agrostis gigantea Roth 巨序剪股颖
Agrostis hookeriana Clarke ex HK.f.广序剪股颖
Agrostis hookeriana var. hookeriana=Agrostis hookeriana
Agrostis hookeriana var. longiflora Y.C.Tong. ex Y.C.Yang 长花剪股颖
Agrostis hugoniana Rendle 甘青剪股颖
Agrostis hugoniana var. aristata Keng ex Y.C.Yang 川西剪股颖
Agrostis hugoniana var. hugoniana=Agrostis hugoniana
Agrostis inaequiglumis Griseb.窄穗剪股颖
Agrostis inaequiglumis var. inaequiglumis=Agrostis inaequiglumis
Agrostis inaequiglumis var. nana Y.C.Yang 歧颖剪股颖
Agrostis incurvata (L.) Scop.=Parapholis incurva
Agrostis juncea Lam.=Sporobolus virginicus
Agrostis koreana Ohwi=Agrostis divaricatissima
Agrostis latifolia Trev.=Cinna latifolia
Agrostis limprichtii Pilger 侏儒剪股颖
Agrostis macilenta Keng=Agrostis clavata var. macilenta
Agrostis macranthera Chang & Skv.巨药剪股颖
Agrostis matrella L.=Zoysia matrella
Agrostis matsumurae Hack. ex Honda 剪股颖
Agrostis maxima Roxb.=Thysanolaena maxima
Agrostis megathyrsa Keng 大锥剪股颖
Agrostis micrandra Keng=Agrostis micrantha
Agrostis micrantha Steud.小花剪股颖
Agrostis milioides Mez=Agrostis myriantha
Agrostis mongholica Roshev.=Agrostis divaricatissima
Agrostis morrisonensis Hay.玉山剪股颖
Agrostis myriantha HK.f.多花剪股颖
Agrostis nevadensis Boiss.内华达剪股颖
Agrostis perarta Keng ex P.C.Kuo=Agrostis matsumurae
Agrostis perlaxa Pilger 疏花剪股颖
Agrostis platyphylla Mez=grostis myriantha
Agrostis pourretii Willd.普瑞剪股颖
Agrostis procera Retz.=Eriochloa procera
Agrostis pubicallis Keng ex Y.C.Yang 湖岸剪股颖
Agrostis pungeus Schreb.(Muhl.in Descr.Gram.1817)=Sporobolus virginicus
Agrostis rupestris All.岩生剪股颖
Agrostis schneideri Pilger 丽江剪股颖
Agrostis schneideri var. brevipes Keng ex Y.C.Yang 短柄剪股颖
Agrostis schneideri var. schneideri=Agrostis schneideri
Agrostis shensiana Mez=Agrostis hugoniana
Agrostis sibirica V.Petr.西伯利亚剪股颖
Agrostis sinkiangensis Y.C.Yang 线序剪股颖
Agrostis sozanensis Hay.=Agrostis canina var. formosana
Agrostis sozanensis var. *exaristata* Hand.-Mazz.=Agrostis canina var. formosana
Agrostis stolonifera L.(Ohwi in Bot.Mag.Tokyo,1931)=Agrostis divaricatissima
Agrostis stoloniffera L.(高等图鉴 1976,禾本科图说 1959)=Agrostis gigantea
Agrostis subaristata Aitch. & Hemsl.糙颖剪股颖
Agrostis suizanensis Hay.=Deyeuxia suizanensis
Agrostis taliensis Pilger=Agrostis limprichtii
Agrostis tenuis Sibth.细弱剪股颖
Agrostis transmorrisonensis Hay.外玉山剪股颖
Agrostis transmorrisonensis var. opienensis Keng ex Y.C.Yang 川中剪股颖
Agrostis transmorrisonensis var. transmorrisonensis=Agrostis transmorrisonensis
Agrostis trinii Turcz.芒剪股颖
Agrostis turkestanica Drob.北疆剪股颖
Agrostis vinealis Schreb.葡萄园剪股颖
Agrostis vinealis subsp. *trinii* (Turcz.) Tzvel.=Agrostis trinii
Agrostis vinealis subsp. *turkestanica* (Drob.) Tzvel.=Agrostis turkestanica
Agrostis virginica L.=Sporobolus virginicus
Agrostis vulgaris With.=Agrostis tenuis
Agrostis wulingensis Honda=Agrostis clavata
Agrostophyllum Bl.**禾叶兰属**(兰科)
Agrostophyllum callosum Rchb.f.禾叶兰
Agrostophyllum formosanum Rolfe=Agrostophyllum inocephalum
Agrostophyllum inocephalum (Schauer) Ames 台湾禾叶兰
Agroulus Beauv.=**Agrostis**
Agtostis canina subsp. *trinii* (Turcz.) Hult.=Agrostis trinii
Agyneia bacciformis (L.) Juss.=Sauropus bacciformis
Agyneia coccinea Buch.-Ham.=Glochidion coccineum
Agyneia gonioclada (Merr & Chun) H.Keng=Sauropus bacciformis
Agyneia pubera L.=Glochidion puberum
Agyneia taiwaniana H.Keng=Sauropus bacciformis
Ahernia Merr.**菲柞属**(大风子科)
Ahernia glandulosa Merr.菲柞
Ahernia penzigii N.E.Br.鹿头
Aidia Lour.**茜树属**(茜草科)
Aidia acuminathissima (Merr.) Masam.=Aidia pycnatha
Aidia canthioides (Champ. ex Benth.) Masam.香楠
Aidia cochinchinensis Lour.茜树
Aidia densiflora (Benth.) Masam.=Aidia cochinchinensis
Aidia henryi (E.Pritz.) Yamazaki=Aidia cochinchinensis
Aidia leucocarpa (Champ. ex Benth.) Yamazaki=Alleizettella leucocarpa
Aidia merrillii (Chun) Tirveng.=Aidia cochinchinensis
Aidia oxyodonta (Drake) Yamazaki 尖萼茜树
Aidia pycnatha (Drake) Tirveng.多毛茜草树
Aidia racemosa (Cav.) Tirveng.=Aidia cochinchinensis
Aidia salicifolia (Li) Yamazaki 柳叶茜树
Aidia shweliensis (Anth.) W.C.Chen 瑞丽茜树
Aidia wallichii (HK.f.) Yamazaki=Tarennoidea wallichii
Aidia yunnanensis (Hutch.) Yamazaki 滇茜树
Aikinia carnosa G.Don=Epithema carnosum
Ailanthus Desf.**臭椿属**(苦木科)
Ailanthus altissima (Mill.) Swigle 臭椿
Ailanthus altissima (Mill.) Swingle (Nooteboom in Steen.Fl.Males.1962, p.p.)=Ailanthus vilmoriniana
Ailanthus altissima (Mill.) Swingle (Nooteboom in Steen.Fl.Males.1962, p.p.)=Ailanthus giraldii
Ailanthus altissima var. altissima=Ailanthus altissima
Ailanthus altissima var. sutchuenensis (Dode) Rehd. & Wils.大果臭椿
Ailanthus altissima var. tanakai (Hay.) Kanehira & Sasaski 台湾臭椿
Ailanthus cacodendron (Ehrh.) Schinz & Thell.=Ailanthus altissima
Ailanthus cacodendron Schinz & Thell.(Kanehira Form.Trees 1917)=Ailanthus altissima var. tanakai
Ailanthus cacodendron var. *sutchuenensis* Rehd. & Wils.=Ailanthus altissima var. sutchuenensis
Ailanthus flavescens Carr.=Toona sinensis
Ailanthus fordii Nooteboom 常绿臭椿

Ailanthus giraldii Dode 毛臭椿
Ailanthus giraldii var. *duclouxii* Dode=Ailanthus giraldii
Ailanthus glandulosa Desf.=Ailanthus altissima
Ailanthus glandulosa var. *spinosa* Vilmorin & Bois=Ailanthus vilmoriniana
Ailanthus glandulosa var. *sutchuenensis* Rehd. & Wils.=Ailanthus altissima var. sutchuenensis
Ailanthus glandulosa var. *tanakai* Hay.=Ailanthus altissima var. tanakai
Ailanthus integrifolia B.Lam.=Ailanthus triphysa
Ailanthus mairei Gagn.=Ailanthus altissima var. sutchuenensis
Ailanthus malabarica DC.=Ailanthus triphysa
Ailanthus sutchueneneis Dode=Ailanthus altissima var. sutchuenensis
Ailanthus triphysa (Dennst.) Alston 岭南臭椿
Ailanthus vilmoriniana Dode 刺臭椿
Ainsliaea DC.**兔儿风属**(菊科)
Ainsliaea acerifolia Sch.-Bip.槭叶兔儿风
Ainsliaea acerifolia var. *affinis* (Miq.) Kitam.=Ainsliaea acerifolia
Ainsliaea acerifolia var. *subapoda* Nakai=Ainsliaea acerifolia
Ainsliaea affinis Miq.=Ainsliaea acerifolia
Ainsliaea angustata Chang 马边兔儿风
Ainsliaea angustifolia HK.f. & Thoms. ex C.B.Clarke 狭叶兔儿风
Ainsliaea aptera DC.无翅兔儿风
Ainsliaea apteroides (Chang) Y.C.Tseng 狭翅兔儿风
Ainsliaea asarifolia Hay.=Ainsliaea fragrans
Ainsliaea bonatii Beauverd 心叶兔儿风
Ainsliaea bonatii var. *arachnoidea* Beauverd=Ainsliaea bonatii
Ainsliaea caesia Hand.-Mazz.蓝兔儿风
Ainsliaea cavaleriei Lévl.?定番兔儿风(新)
Ainsliaea chapaensis Merr.边地兔儿风
Ainsliaea cleistogama Chang 闭花兔儿风
Ainsliaea crassifolia Chang 厚叶兔儿风
Ainsliaea elegans Hemsl.秀丽兔儿风
Ainsliaea elegans var. elegans=Ainsliaea elegans
Ainsliaea elegans var. strigosa Mattf.红毛兔儿风
Ainsliaea elegans var. *tomentosa* Mattf.=Ainsliaea elegans
Ainsliaea felexa var. nimborum Hand.-Mazz.聂波兔儿风(新)?
Ainsliaea foliosa Hand.-Mazz.异叶兔儿风
Ainsliaea fragrans Champ.杏香兔儿风
Ainsliaea fulvips J.F.Jeffr.黄毛兔儿风
Ainsliaea glabra Hemsl.光叶兔儿风
Ainsliaea glabra var. *tenuicaulis* (Mattf.) Chang=Ainsliaea tenuicaulis
Ainsliaea gracilis Franch.纤枝兔儿风
Ainsliaea gracilis var. *robusta* Diels=Ainsliaea gracilis
Ainsliaea grossedentata Franch.粗齿兔儿风
Ainsliaea henryi Diels 长穗兔儿风
Ainsliaea henryi var. *ovatifolia* Chang=Ainsliaea henryi
Ainsliaea heterantha Hand.-Mazz.异花兔儿风
Ainsliaea hui Diels ex Mattf.=Ainsliaea macroclinidioides
Ainsliaea hypoleuca Diels ex Limpr.=Ainsliaea latifolia
Ainsliaea kawakamii Hay.=Ainsliaea macroclinidioides
Ainsliaea lancifolia Franch.穆坪兔儿风
Ainsliaea latifolia (D.Don) Sch.-Bip.(Kitam.in Hara,Fl.E.Himal.1966, p.p.)=Ainsliaea angustifolia
Ainsliaea latifolia (D.Don) Sch.-Bip.宽叶兔儿风
Ainsliaea latifolia subsp. *henryi* (Diels) Koyama=Ainsliaea henryi
Ainsliaea latifolia subsp. *henryi* (Diels) Sch.-Bip.(p.p.)=Ainsliaea angustifolia
Ainsliaea latifolia var. latifolia=Ainsliaea latifolia
Ainsliaea latifolia var. *obovata* (Franch.) Grier. & Lauen.=Ainsliaea spicata
Ainsliaea latifolia var. platyphylla (Franch.) C.Y.Wu 宽穗兔儿风
Ainsliaea macrocephala (Mattf.) Y.C.Tseng 大头兔儿风
Ainsliaea macroclinidioides Hay.灯台兔儿风
Ainsliaea macroclinidioides var. macroclinidioides=Ainsliaea macroclinidioides
Ainsliaea macroclinidioides var. secundiflora (Hay.) Kitam.五裂兔儿风
Ainsliaea mairei Lévl.(Hand.-Mazz.in Act.Hort.Gotob.1938,p.p.)=Ainsliaea macrocephala
Ainsliaea mairei Lévl.药山兔儿风
Ainsliaea mattfeldiana Hand.-Mazz.薄叶兔儿风
Ainsliaea mollis Diels ex Limpr.泸定兔儿风
Ainsliaea multibracteata Mattf.多苞兔儿风
Ainsliaea nana Y.C.Tseng 小兔儿风
Ainsliaea nervosa Franch.直脉兔儿风
Ainsliaea ningpoensis Matsuda=Ainsliaea fragrans
Ainsliaea ovalifolia Vant.=Ainsliaea pertyoides var. albo-tomentosa
Ainsliaea paucicapitata Hay.花莲兔儿风
Ainsliaea pertyoides Franch.腋花兔儿风
Ainsliaea pertyoides f. *sparsiflora* (Vant.) Beauverd=Ainsliaea pertyoides
Ainsliaea pertyoides var. albo-tomentosa Beauverd 白背兔儿风
Ainsliaea pertyoides var. *albo-tomnentosa* f. *ovalifolia* (Vant.) Beauverd=Ainsliaea pertyoides var. albo-tomentosa
Ainsliaea pertyoides var. *intermedia* Beauverd=Ainsliaea pertyoides var. albo-tomentosa
Ainsliaea pertyoides var. pertyoides=Ainsliaea pertyoides
Ainsliaea pertyoides var. *sparsiflora* (Vant.) Lévl.=Ainsliaea pertyoides
Ainsliaea pingbianensis Y.C.Tseng 屏边兔儿风
Ainsliaea plantaginifolia Mattf.车前兔儿风
Ainsliaea pteropoda DC.(Chan in Sunyatsenia 1937)=Ainsliaea chapaensis
Ainsliaea pteropoda DC.=Ainsliaea latifolia
Ainsliaea pteropoda f. *ovalifolia* (Vant.) Lévl.=Ainsliaea pertyoides var. albo-tomentosa
Ainsliaea pteropoda var. *apteroides* Chang=Ainsliaea apteroides
Ainsliaea pteropoda var. *incana* Vant. ex Lévl.=Ainsliaea latifolia
Ainsliaea pteropoda var. *leiophylla* Franch.=Ainsliaea yunnanensis
Ainsliaea pteropoda var. *maccocephala* Mattf.=Ainsliaea macrocephala
Ainsliaea pteropoda var. *obovata* Franch.=Ainsliaea spicata
Ainsliaea pteropoda var. *platyphylla* Franch.=Ainsliaea latifolia var. platyphylla
Ainsliaea pteropoda var. β. *silhetensis* DC.=Ainsliaea latifolia
Ainsliaea ramosa Hemsl.莲沱兔儿风
Ainsliaea reflexa Merr.(海南志 1974)=Ainsliaea chapaensis
Ainsliaea reflexa Merr.长柄兔儿风
Ainsliaea reflexa var. nimborum Hand.-Mazz.?多极兔儿风(新)
Ainsliaea relexa var. subalpina Hand.-Mazz.拟高山兔儿风(新)?
Ainsliaea rubrifolia Franch.红背兔儿风
Ainsliaea rubrinervis Chang 红脉兔儿风
Ainsliaea scabrida Dunn=Ainsliaea yunnanensis
Ainsliaea secundiflora Hay.=Ainsliaea macroclinidioides var. secundiflora
Ainsliaea silhetensis (DC.) C.B.Clarke=Ainsliaea latifolia
Ainsliaea smithii Mattf.紫枝兔儿风
Ainsliaea sparsiflora Vant.=Ainsliaea pertyoides
Ainsliaea spicata Vant.细穗兔儿风
Ainsliaea sutchuenensis Franch.四川兔儿风
Ainsliaea tenuicaulis Mattf.细茎兔儿风
Ainsliaea tonkinensis Merr.=Ainsliaea angustifolia
Ainsliaea triflora (Buch.-Ham. ex D.Don) Druce=Ainsliaea latifolia
Ainsliaea trinervis Y.C.Tseng 三脉兔儿风
Ainsliaea undulata Diels=Ainsliaea henryi
Ainsliaea walkeri HK.f.华南兔儿风
Ainsliaea yunnanensis Franch.云南兔儿风
Ainsliaea yunnanensis var. *macilenta* Vant. ex Lévl.=Ainsliaea yunnanensis
Aiphanes Willd.**急怒棕榈属**(棕榈科)
Aiphanes caryotifolia H.Wendl.急怒棕榈
Aira L.**银须草属**(禾本科)
Aira altaica Trin.=Eremopoa altaica
Aira aquatica L.=Catabrosa aquatica
Aira caerulea L.蓝丝草
Aira caespitosa L.=Deschampsia caespitosa
Aira caespitosa β. *littoralis* Gaud.=Deschampsia littoralis
Aira caryophylla L.银须草
Aira chinensis Retz.=Eriachne pallescens
Aira cristata L.(p.p.)=Koeleria cristata
Aira elegans Willd. ex Gaudin 美丽银须草
Aira flxuosa L.=Deschampsia flexuosa
Aira holcus-lanatus (L.) Vill.=Holcus lanatus
Aira humilis Bieb.=Catabrosella humilis
Aira littoralis (Gaud.) Gadr.=Deschampsia littoralis
Aira praecox L.丝草
Aira spicata L.=Sacciolepis indica
Aira spicata L.=Trisetum spicatum

Aizoaceae 番杏科
Aizopsis aizoon (L.) Gruilch=Phedimus aizoon
Aizopsis hybrida (L.) Grulich=Phedimus hybridus
Aizopsis kamtschatica (Fisch.) Grulich=Phedimus kamtschaticus
Aizopsis middendroffiana (Maxim.) Grulich=Phedimus middendorffianus
Aizopsis odontophylla (Fröd.) Grulich=Phedimus odontophyllus
Aizopsis selskiana (Rgl. & Maack) Grulich=Phedimus selskianus
Ajania Poljak **亚菊属**(菊科)
Ajania achilloides (Turcz.) Poljak. ex Grubov 蓍状亚菊
Ajania achilloides Poljak.(高等图鉴 1975)=Ajania fruticulosa
Ajania adenantha (Diels) Ling & Shih 丽江亚菊
Ajania brachyantha Shih 短冠亚菊
Ajania breviloba (Franch. ex Hand.-Mazz.) Ling & Shih 短裂亚菊
Ajania dentata X.D.Cui=Ajania potaninii
Ajania elegantyla (W.W.Sm.) Shih 云南亚菊?
Ajania fastigiata (C.Winkl.) Poljak.新疆亚菊
Ajania fruticulosa (Ledeb.) Poljak.灌木亚菊
Ajania gracilis (HK.f. & Thoms.) Poilak.?象泉亚菊(新)
Ajania guercifolia (Smith) Ling ex Shih 栎叶亚菊
Ajania junnanica Poljak.滇北亚菊(新)?
Ajania khartensis (Dunn) Shih 铺散亚菊
Ajania latifolia Shih 宽叶亚菊
Ajania manchurica Poljak.=Ajania variifolia
Ajania microphylla Ling.=Ajania khartensis
Ajania myriantha (Franch.) Ling ex Shih 多花亚菊
Ajania nematoloba (Hand.-Mazz.) Ling & Shih 丝裂亚菊
Ajania nematoloba var. *longiloba* Ling=Ajania nematoloba
Ajania nitida Shih 光苞亚菊
Ajania nubigena (Wall.) Shih 黄花亚菊
Ajania pallasiana (Fisch. ex Bess.) Poljak.亚菊
Ajania parviflora (Grün.) Ling 束伞亚菊
Ajania potaninii (Krasch.) Poljak.川甘亚菊
Ajania przewalskii Poljak.细裂亚菊
Ajania purpurea Shih 紫花亚菊
Ajania quercifolia (W.W.Sm.) Ling & Shih 栎叶亚菊
Ajania ramosa (Chang) Shih 分枝亚菊
Ajania remotipinna (Hand.-Mazz.) Ling & Shih 疏齿亚菊
Ajania salicifolia (Mattf.) Poljak.柳叶亚菊
Ajania scharnhorstii (Rgl. & Schmalh.) Tzvel.单头亚菊
Ajania sericea Shih 密绒亚菊
Ajania sikangensis Ling=Ajania tibetica
Ajania tenuifolia (Jacq.) Tzvel.细叶亚菊
Ajania tenuifolia Tzvel.(高等图鉴 1975)=Ajania przewalskii
Ajania tibetica (HK.f. & Thoms. ex C.B.Clarke) Tzvel.西藏亚菊
Ajania trifida (Turcz.) Tzvel.=Hippolytia trifida
Ajania trilobata Poljak.矮亚菊
Ajania tripinnatisecta Ling & Shih 多裂亚菊
Ajania truncata (Hand.-Mazz.) Ling=Ajania potaninii
Ajania variifolia (Chang) Tzvel.异叶亚菊
Ajaniopsis Shih **画笔菊属**(菊科)
Ajaniopsis penicilliformis Shih 画笔菊
Ajuga L.**筋骨草属**(唇形科)
Ajuga amurica Freyn=Ajuga multiflora
Ajuga argyi Lévl. ex Dunn=Ajuga nipponensis
Ajuga brachystemon Maxim.短丝筋骨草
Ajuga bracteosa Wall. ex Benth.九味一枝蒿
Ajuga calantha Diels ex Limp.=Ajuga ovalifolia var. calantha
Ajuga calantha Diels=Ajuga ovalifolia var. calantha
Ajuga calantha f. *albiflora* Diels ex Johnst=Ajuga ovalifolia f. albiflora
Ajuga calantha f. *angustifolia* Diels=Ajuga ovalifolia f. angustifolia
Ajuga campylantha Diels (Hand.-Mazz.in Act.Hort.Göthob.1939)=Ajuga campylanthoides
Ajuga campylantha Diels 弯花筋骨草
Ajuga campylanthoides C.Y.Wu & C.Chen 康定筋骨草
Ajuga campylanthoides var. campylanthoides=Ajuga campylanthoides
Ajuga campylanthoides var. subacaulis C.Y.Wu & C.Chen 短茎康定筋骨草
Ajuga chamaecistus Ging. ex Benth.矮筋骨草
Ajuga chaneti Lévl.Van.=Ajuga ciliata var. chanetii
Ajuga chia Schreb.贾筋骨草
Ajuga ciliata Bge.(Dunn in Notes Bot.Gard.Edinb.1915,p.p.)=Ajuga campylanthoides
Ajuga ciliata Bge.(Dunn in Notes Bot.Gard.Endinb.1915,p.p.)=Ajuga ciliata var. glabarescens
Ajuga ciliata Bge.(Hao in Engle,Bot.Jahrb.1938)=Ajuga campylanthoides var. subacaulis
Ajuga ciliata Bge.筋骨草
Ajuga ciliata f. *chaneti* (Lévl. & Van.) Kudô =Ajuga ciliata var. chanetii
Ajuga ciliata f. *glabrescens* Kudô =Ajuga ciliata var. glabarescens
Ajuga ciliata f. pauciflora C.Y.Wu & C.Chen 少花筋骨草(新)
Ajuga ciliata f. *typica* Kudô =Ajuga ciliata
Ajuga ciliata var. chanetii (Lévl. & Van.) C.Y.Wu & C.Chen 陕甘筋骨草(新)
Ajuga ciliata var. *chanetii* f. *pauciflora* C.Y.Wu & C.Chen=Ajuga ciliata var. chanetii
Ajuga ciliata var. ciliata=Ajuga ciliata
Ajuga ciliata var. glabarescens Hemsl.微毛筋骨草(新)
Ajuga ciliata var. hirta C.Y.Wu & C.Chen 长毛筋骨草(新)
Ajuga ciliata var. ovatisepala C.Y.Wu & C.Chen 卵齿筋骨草(新)
Ajuga decumbens Thunb.(Diels in Notes Bot.Gard.Edinb.1912,p.p.)= Ajuga nipponensis var. pallescens
Ajuga decumbens Thunb.(Hemsl.in J.L.Soc.Bot.1890)=Ajuga nipponensis
Ajuga decumbens Thunb.金疮小草
Ajuga decumbens var. decumbens=Ajuga decumbens
Ajuga decumbens var. oblancifolia Sun ex C.H.Hu 狭叶金疮小草(新)
Ajuga decumbens var. *pallescens* (Maxim.) Hand.-Mazz.=Ajuga nipponensis var. pallescens
Ajuga dictyocarpa Hay.网果筋骨草
Ajuga formosana Hay.=Paraphlomis gracilis
Ajuga forrestii Diels 痢止蒿
Ajuga furcata Link=Craniotome furcata
Ajuga genevensis L.(Benth.in DC.Prodr.1848,p.p.)=Ajuga multiflora
Ajuga genevensis L.(Hemsl.in J.L.Soc.Bot.1890,p.p.)=Ajuga decumbens
Ajuga genevensis L.(科学论文集 1932)=Ajuga decumbens var. oblancifolia
Ajuga genevensis L.Benth.in DC.Prodr.1848,p.p.)=Ajuga nipponensis
Ajuga genevensis var. *pallescens* Maxim.(Diels in Engler,Bot.Jahrb.1900) =Ajuga nipponensis
Ajuga genevensis var. *pallescens* Maxim.(Matsum & Hay.in J.Coll.Sci. Univ.Tokyo 1906)=Ajuga macrosperma
Ajuga genevensis var. *pallescens* Maxim.=Ajuga nipponensis var. pallescens
Ajuga genvenesis L.(Hay.Ic.Pl.Formos.1914)=Ajuga macrosperma
Ajuga labordei Vaniot.(Migo in J.Jap.Bot.1938)=Ajuga nipponensis
Ajuga labordei Vaniot.=Ajuga nipponensis
Ajuga lanosa Sun=Ajuga multiflora
Ajuga laxmannii (L.) Benth.拉曼筋骨草
Ajuga linearifolia Pamp.线叶筋骨草
Ajuga lobata D.Don 匍枝筋骨草
Ajuga lupulina Maxim.白苞筋骨草
Ajuga lupulina f. breviflora Sun ex G.H.Hu 短花白苞筋骨草(新)
Ajuga lupulina f. humilis Sun ex G.H.Hu 矮小白苞筋骨草(新)
Ajuga lupulina f. lupulina=Ajuga lupulina
Ajuga lupulina var. lupulina=Ajuga lupulina
Ajuga lupulina var. major Diels 齿苞筋骨草(新)
Ajuga macrosperma Wall. ex Benth.(Diels in Notes Bot.Gard.Edinb., 1912)=Ajuga forrestii
Ajuga macrosperma Wall. ex Benth.(p.p.)=Ajuga dictyocarpa
Ajuga macrosperma Wall. ex Benth.大籽筋骨草
Ajuga macrosperma var. macrosperma=Ajuga macrosperma
Ajuga macrosperma var. thomsonii (Maxim.) HK.f.无毛大籽筋骨草(新)
Ajuga mairei Lévl.=Ajuga forrestii
Ajuga matsumurana Kudô =Ajuga nipponensis
Ajuga multiflora Bge.多花筋骨草
Ajuga multiflora var. brevispicata C.Y.Wu & C.Chen 短穗多花筋骨草(新)
Ajuga multiflora var. multiflora=Ajuga multiflora
Ajuga multiflora var. serotina Kitag.莲座多花筋骨草(新)
Ajuga nipponensis Makino 紫背金盘
Ajuga nipponensis var. nipponensis=Ajuga nipponensis
Ajuga nipponensis var. pallescens (Maxim.) C.Y.Wu & C.Chen 矮生紫背金盘(新)

Ajuga nubigena Diels 高山筋骨草
Ajuga oblongata M.B.长圆筋骨草
Ajuga orientalis L.东方筋骨草
Ajuga ovalifolia Bur. & Franch.圆叶筋骨草
Ajuga ovalifolia f. albiflora Sun ex C.Y.Wu 白花圆叶筋骨草
Ajuga ovalifolia f. angustifolia (Diels) C.Y.Wu & C.Chen 狭叶圆叶筋骨草(新)
Ajuga ovalifolia f. ovalifolia=Ajuga ovalifolia
Ajuga ovalifolia var. *angustifolia* (Diels ex Limp.) Hand.-Mazz.=Ajuga ovalifolia var. calantha
Ajuga ovalifolia var. *angustifolia* (Diels) Hand.-Mazz.=Ajuga ovalifolia f. angustifolia
Ajuga ovalifolia var. calantha (Diels) C.Y.Wu & C.Chen 美花圆叶筋骨草(新)
Ajuga ovalifolia var. *calantha* f. *albiflora* Sun ex C.Y.Wu & C.Chen=Ajuga ovalifolia var. calantha
Ajuga ovalifolia var. *calantha* f. *angustifolia* (Diels) C.Y.Wu & C.Chen=Ajuga ovalifolia var. calantha
Ajuga ovalifolia var. ovalifolia=Ajuga ovalifolia
Ajuga pachyrrhiza Kitag.=Ajuga linearifolia
Ajuga pallescens Price & Metcalf=Ajuga nipponensis
Ajuga pantantha Hand.-Mazz.散瘀草
Ajuga parviflora Benth.小花筋骨草
Ajuga pseudochia Shost.拟贾筋骨草
Ajuga pygmaea A.Gray 台湾筋骨草
Ajuga pyramidalis L.塔形筋骨草?
Ajuga remota Benth.(Dunn in Notes Bot.Gard.Edinb.1915,p.p.)=Ajuga decumbens
Ajuga remota Benth.(Dunn in Notes Bot.Gard.Edinb.1915,p.p.)=Ajuga nipponensis
Ajuga remota Benth.=Ajuga bracteosa
Ajuga salicifolia (L.) Schreb 柳叶筋骨草
Ajuga sciaphila W.W.Sm.喜荫筋骨草
Ajuga thomsonii Maxim.=Ajuga macrosperma var. thomsonii
Ajuga turkestanica (Rgl.) Briq.新疆筋骨草
Akebia Decne.**木通属**(木通科)
Akebia cavaleriei Lévl.=Stauntonia obovata
Akebia chaffanjaoni Lévl.=Akebia trifoliata subsp. australis
Akebia chingshuiensis T.Shimizu 清水山木通
Akebia clematifolia S & Z.=Akebia trifoliata
Akebia lobata Decne.=Akebia trifoliata
Akebia lobata var. *australis* Diels.=Akebia trifoliata subsp. australis
Akebia lobata var. *chaffanjoni* (Lévl.) Lévl.=Akebia trifoliata subsp. australis
Akebia lobata var. *clematifolia* (S. & Z.) Ito=Akebia trifoliata
Akebia lobata var. *quercifolia* (S. & Z.) Ito=Akebia trifoliata
Akebia longeracemosa Matsumura 长序木通
Akebia micrantha Nakai=Akebia quinata
Akebia quercifolia S. & Z.=Akebia trifoliata
Akebia quinata (Houtt.) Decne.木通
Akebia quinata f. *diplochlamys* (Makino) T.Shimizu=Akebia quinata
Akebia quinata f. *polyphylla* (Nakai) Hiyama=Akebia quinata
Akebia quinata f. *viridiflora* Makino=Akebia quinata
Akebia quinata var. *diplochlamys* Makino=Akebia quinata
Akebia quinata var. *longeracemosa* Rehd. & Wils.=Akebia longeracemosa
Akebia quinata var. *polyphylla* Nakai=Akebia quinata
Akebia quinata var. *yiechii* Cheng=Akebia quinata
Akebia sempervirens Nakai=Akebia trifoliata
Akebia trifoliata (Thunb.) Koidz.三叶木通
Akebia trifoliata subsp. australis (Diels) T.Shmizu 白木通
Akebia trifoliata subsp. *australis* var. *honanensis* T.Shimizu=Akebia trifoliata subsp. australis
Akebia trifoliata subsp. longisepala H.N.Qin 长萼三叶木通
Akebia trifoliata subsp. trifoliata=Akebia trifoliata
Akebia trifoliata var. *australis* (Diels) Rehd.=Akebia trifoliata subsp. australis
Akebia trifoliata var. *clematifolia* (S. & Z.) Nakai=Akebia trifoliata
Akebia trifoliata var. *honaensis* T.Shimizu=Akebia trifoliata
Akebia trifoliata var. *integrifolia* T.Shimizu=Akebia trifoliata subsp. australis
Alaida Dvorak.=**Dimorphostemon**
Alaida glandulosa (Kar. & Kir.) Dvorak.=Dontostemon glandulosus
Alaida pectinatus (DC.) Dvorak.=Dontostemon pinnatifidus
Alajja S.Ikonn.**菱叶元宝草属**(唇形科)
Alajja anomala (Juz.) S.Ikonn.异叶元宝草
Alajja rhomboidea (Benth.) S.Ikonn.菱叶元宝草
Alangiaceae 八角枫科
Alangium Lam.**八角枫属**(八角枫科)
Alangium alpinum (Clarke) W.W.Sm. & Cave 高山八角枫
Alangium barbatum (R.Br.) Baill.髯毛八角枫
Alangium barbatum subsp. *faberi* (Oliv.) Bloemb.=Alangium faberi
Alangium begoniifolium (Roxb.) Baill.=Alangium chinense
Alangium begoniifolium subsp. *tomentosum* var. *typicum* Wanger.=Alangium kurzii
Alangium begoniifolium var. *eubegoniifolium* Wanger.=Alangium chinense
Alangium chinense (Lour.) Harms.(Rehd.in Sarg.Pl.Wils.1916,p.p.)=Alangium chinense subsp. triangulare
Alangium chinense (Lour.) Harms 八角枫
Alangium chinense subsp. chinense=Alangium chinense
Alangium chinense subsp. pauciflorum Fang 稀花八角枫
Alangium chinense subsp. strigosum Fang 伏毛八角枫
Alangium chinense subsp. triangulare (Wanger.) Fang 深裂八角枫
Alangium chinense var. *taiwanianum* (Masamune) Koidzumi=Alangium chinense
Alangium chinense var. *tomentosum* (Bl.) Merr.=Alangium kurzii
Alangium chungii Li=Alangium kurzii var. laxifolium
Alangium decapetalum Lam.=Alangium salviifolium
Alangium faberi Oliv.小花八角枫
Alangium faberi var. faberi=Alangium faberi
Alangium faberi var. heterophyllum Yang 异叶八角枫
Alangium faberi var. perforatum (Lévl.) Rehd.小叶八角枫
Alangium faberi var. platyphyllum Chun & How 阔叶八角枫
Alangium hanndelii Schnarf=Alangium kurzii var. handelii
Alangium kurzii Craib(Bloemb.in Bull.Jard.Bot.Buitenz.1939,p.p.)=Alangium kwangsiense
Alangium kurzii Craib 毛八角枫
Alangium kurzii var. handelii (Schnarf) Fang 云山八角枫
Alangium kurzii var. kurzii=Alangium kurzii
Alangium kurzii var. laxifolium (Y.C.Wu) Fang 疏叶八角枫
Alangium kurzii var. pachyphyllum Fang & Su 厚叶八角枫
Alangium kurzii var. umbellatum (Yang.) Fang 伞形八角枫
Alangium kwangsiense Melch.广西八角枫
Alangium lamarckii Thw.=Alangium salviifolium
Alangium plantanifolium (S. & Z.) Harms 瓜木
Alangium plantanifolium var. α. *macrophyllum* (S. & Z.) Wanger=Alangium plantanifolium
Alangium plantanifolium var. β. *genuinum* Wanger.=Alangium plantanifolium
Alangium platanifolium var. *genuinum* f. *triangulare* Wanger.=Alangium chinense subsp. triangulare
Alangium rotundifolium var. *laxifolium* Y.C.Wu=Alangium kurzii var. laxifolium
Alangium salviifolium (L.f.) Wnger 土坛树
Alangium salviifolium subsp. *decapetalum* (Lam.) Wagner.=Alangium salviifolium
Alangium shweliense W.W.Sm.=Nyssa shweliensis
Alangium taiwanianum Masamune=Alangium chinense
Alangium tomentosum (Bl.) Hand.-Mazz.(p.p.)=Alangium kurzii
Alangium tomentosum (Bl.) Hand.-Mazz.(p.p.)=Alangium kurzii var. handelii
Alangium tomentosum Lam.=Alangium salviifolium
Alangium umbellatum Yang=Alangium kurzii var. umbellatum
Alangium yunnanense C.Y.Wu ex Fang et al.云南八角枫
Albertisia Becc.**崖藤属**(防已科)
Albertisia laurifolia Yamamoto 崖藤
Albertisia perryana Li=Albertisia laurifolia)
Albina Giseke=**Alpinia**
Albizia Durazz.**合欢属**(豆科)
Albizia alternifoliolata (T.L.Wu) Y.H.Huang=Cylindrokelupha alternifoliolata
Albizia attopeuensis (Pierre) Nielsen 海南合欢
Albizia attopeuensis (Pierre) T.L.Wu=Albizia attopeuensis
Albizia attopeuensis var. laui (Merr.) Nielsen=Albizia attopeuensis
Albizia aygia Macbr.西非合欢

Albizia balansae (Oliv.) Y.H.Huang=Cylindrokelupha balansae
Albizia bracteata Dunn 蒙自合欢
Albizia calcarea Y.H.Huang 光腺合欢
Albizia chevalieri (Kosterm) Y.H.Huang=Cylindrokelupha chevalieri
Albizia chinensis (Osbeck) Merr.楹树
Albizia cordifolia (T.L.Wu) Y.H.Huang=Zygia cordifolia
Albizia corniculata (Lour.) Druce 天香藤
Albizia crassiramea Lace 白花合欢
Albizia croizatiana Metc.=Cylindrokelupha turgida
Albizia dalatensis (Kosterm.) Y.H.Huang=Cylindrokelupha dalatensis
Albizia distachya Macbr.二穗合欢
Albizia duclouxii Gagn.巧家合欢
Albizia eberhardtii (Nielsen) Y.H.Huang=Cylindrokelupha eberhardtii
Albizia esquirolii Lévl.=Albizia kalkora
Albizia falcata (L.) Backer=Albizia flacataria
Albizia falcataria (L.) Fosberg 南洋楹
Albizia ferruginea Benth.铁锈合欢
Albizia henryi Richker=Albizia kalkora
Albizia julibrissin Durazz.合欢
Albizia julibrissin f. rosea (Carr.) Rehd.矮合欢?
Albizia julibrissin var. *mollis* (Wall.) Benth.=Albizia mollis
Albizia kalkora (Roxb.) Parin 山槐
Albizia kalkora Prain (Merr.in Lingnan Sci.J.1927)=Albizia odoratissima
Albizia laotica Gagn.=Albizia crassiramea
Albizia laui Merr.=Albizia attopeuensis
Albizia lebbeck (L.) Benth.阔荚合欢
Albizia lebbeck Benth.(Hemsl.in J.L.Soc.Bot.1897,p.p.)=Albizia kalkora
Albizia longepedunculata Hay.台湾合欢(新)?
Albizia lucida Benth.(Merr.in Lingnan Sci.J.1929)=Cylindrokelupha turgida
Albizia lucida Benth.亮叶合欢
Albizia lucidior (Steud.) Nielsen 光叶合欢
Albizia meyeri Ricker=Albizia lucidior
Albizia millettii Benth.=Albizia corniculata
Albizia mollis (Wall.) Boiv.毛叶合欢
Albizia odoratissima (L.f.) Benth.香合欢
Albizia procera (Roxb.) Benth.黄豆树
Albizia rhodesica Davy.红纸树
Albizia robinsonii (Gagn.) Y.H.Huang=Cylindrokelupha robinsonii
Albizia saponaria Miq.(Gagn.in Lecomte,Fl.Gén.Indo-Chnine 1913,p.p.)=Albizia crassiramea
Albizia sherriffii Baker 藏合欢
Albizia simeonis Harms 滇合欢
Albizia stipulata (DC.) Boiv.=Albizia chinensis
Albizia tonkinensis (Nielsen) Y.H.Huang=Cylindrokelupha tonkinensis
Albizia turgida (Merr.) Merr.=Cylindrokelupha turgida
Albizia yunnanensis (Kosterm.) Y.H.Huang=Cylindrokelupha yunnanensis
Albizia yunnanensis T.L.Wu=Albizia crassiramea
Albonia peregrina Buchoz=Ailanthus altissima
Albusa gardenii HK.=Speirantha gardenii
Alcaea indica Burm.f.=Hibiscus indicus
Alcea nudiflora (Lindl.) Boiss.=Althaea nudiflora
Alcea rosea L.=Althaea rosea
Alchemilla L.**羽衣草属**(蔷薇科)
Alchemilla glabra Neygenf.无毛羽衣草
Alchemilla gracilis Opiz.纤细羽衣草
Alchemilla japonica Nakai & Hara 羽衣草
Alchemilla vulgaris L.(Makino in Bot.Mag.Tokyo 1902)=Alchemilla japonica
Alchornea Sw.**山麻杆属**(大戟科)
Alchornea davidii Franch.山麻杆
Alchornea formosae Muell.Arg. ex Pax etg Hoffm.=Alchornea kelungensis
Alchornea hainanensis Pax & Hoffm.=Alchornea rugosa
Alchornea hainanensis var. *pubescens* Pax & Hoffm.=Alchornea rugosa var. pubescens
Alchornea hunanensis H.S.Kiu 湖南山麻杆
Alchornea kelungensis Hay.厚柱山麻杆
Alchornea latifolia Sw.美洲山麻杆
Alchornea liukiuensis Hay.=Alchornea trewioides
Alchornea liukiuensis var. *formosae* (Muell.Arg.) Hurusawa=Alchornea kelungensis
Alchornea mairei Lévl.=Cnesmone mairei
Alchornea mollis (Benth.) Muell.Arg.毛果山麻杆
Alchornea mollis Muell.Arg.(Hand.-Mazz.in Symb.Sin.1931)=Alchornea trewioides var. sinica
Alchornea rufescens Franch.=Discocleidion rufescens
Alchornea rugosa (Lour.) Muell.Arg.羽脉山麻杆
Alchornea rugosa var. pubescens (Pax & Hoffm.) H.S.Kiu 海南山麻杆
Alchornea rugosa var. rugosa=Alchornea rugosa
Alchornea tiliifolia (Benth.) Muell.Arg.椴叶山麻杆
Alchornea trewioides (Benth.) Muell.Arg.红背山麻杆
Alchornea trewioides var. *formosae* (Muell.Arg.) Pax & Hoffm.=Alchornea kelungensis
Alchornea trewioides var. sinica H.S.Kiu 绿背山麻杆
Alchornea trewioides var. trewioides=Alchornea trewioides
Alcicornium Gaud.=**Platycerium**
Alcicornium wallichii (HK.)Underw.=Platycerium wallichii
Alcimandra Dandy **长蕊木兰属**(木兰科)
Alcimandra cathcartii (HK.f. & Thoms.) Dany 长蕊木兰
Aldrovanda L.**貉藻属**(茅膏菜科)
Aldrovanda vesiculosa L.貉藻
Alectorolophus Hall.=**Rhinanthus**
Alectorolophus major (Ehrh.) Reih.=Rhinanthus glaber
Alectorolophus songaricus Stern.=Rhinanthus glaber
Alectra Thunb.**黑蒴属**(玄参科)
Alectra arvensis (Benth.) Merr.=Melasma arvense
Alectra arvensis (Benth.) Merr.黑蒴
Alectra dentata (Benth.) O.Ktze.=Alectra arvense
Alectra indica Benth.=Alectra avensis
Alepyrum Hieron.=**Centrolepis**
Aletris L.**粉条儿菜属**(百合科)
Aletris alpestris Diels 高山粉条儿菜
Aletris alpestris var. *occidentalis* H.Hara=Aletris nana
Aletris biondiana Diels=Aletris glandulifera
Aletris capitata Wang & Tang 头花粉条儿菜
Aletris chinensis Lam.=Cordyline fruticosa
Aletris cinerascens Wang & Tang 灰鞘粉条儿菜
Aletris cochinchinensis Lour.=Dracaena cochinchinensis
Aletris dickinsii Franch.=Aletris glabra
Aletris dielsii Wang & Tang=Aletris alpetris
Aletris elata Wang & Tang=Aletris laxiflora
Aletris farinosa Ll.星草
Aletris foliata var. *glabra* (Bureau & Franch.) Yamamoto=Aletris glabra
Aletris foliosa var. *sikkimensis* (HK.f.) Franch.=Aletris glabra
Aletris formosana (Hay.) Makino & Nemoto=Aletris glabra
Aletris glabra Bur. & Franch.无毛粉条儿菜
Aletris glandulifera Bur. & Franch.腺毛粉条儿菜
Aletris gracilipes Wang & Tang=Aletris laxiflora
Aletris gracilis Rednl.星花粉条儿菜
Aletris japonica Lamb.=Aletris spicata
Aletris japonica Thunb.=Hosta albo-marginata
Aletris khasiana HK.f.=Aletris pauciflora var. khasiana
Aletris lactiflora Franch.=Aletris glandulifera
Aletris lanuginosa Bur. & Franch.=Aletris pauciflora var. khasiana
Aletris lanuginosa var. *khasiana* (HK.f.) Bur. & Franch.=Aletris pauciflora var. khasiana
Aletris laxiflora Bur. & Franch.疏花粉条儿菜
Aletris longibracteta T.L.Xu=Aletris stenoloba
Aletris mairei Lévl.=Aletris pauciflora
Aletris makiyataroi Naruh.=Aletris scopulorum
Aletris megalantha Wang & Tang 大花粉条儿菜
Aletris nana S.C.Chen 矮粉条儿菜
Aletris nepalensis HK.f.=Aletris pauciflora
Aletris nepalensis var. *delavayi* Franch.=Aletris pauciflora
Aletris pauciflora (Klotz.) Franch.少花粉条儿菜
Aletris pauciflora f. *minuscula* Hand.-Mazz.=Aletris pauciflora
Aletris pauciflora var. khasiana (HK.f.) Wang & Tang 穗花粉条儿菜
Aletris pauciflora var. pauciflora=Aletris pauciflora
Aletris pedicellata Wang & Tang 长柄粉条儿菜
Aletris revoluta Franch.=Aletris laxiflora
Aletris scopulorum Dunn 短柄粉条儿菜
Aletris sikkimensis HK.f.=Aletris glabra
Aletris spicata (Thunb.) Franch.粉条儿菜

Aletris spicata var. *fargesii* Franch.=Aletris stenoloba
Aletris spicata var. *micrantha* Satake=Aletris spicata
Aletris stelliflora Hand.-Mazz.=Aletris gracilis
Aletris stenoloba Franch.狭瓣粉条儿菜
Aletris tavelii Lévl.=Aletris glabra
Aletris yaanica G.H.Yang 雅安粉条儿菜
Aleurites J.R. & G.Forst.**石栗属**(大戟科)
Aleurites fordii Hemsl.=Vernicia fordii
Aleurites moluccana (L.) Willd.石栗
Aleurites montana (Lour.) Wils.=Vernicia montana
Aleurites sect. *Dryandra* (Thunb.) Muell.Arg.=**Vernicia**
Aleurites triloba J.R. & G.Forst.=Aleurites moluccana
Aleuritopteris Fée **粉背蕨属**(中国蕨科)
Aleuritopteris albofusca Pic.=Sinopteris albofusca
Aleuritopteris albo-marginata (Clarke) Ching 白边粉背蕨
Aleuritopteris anceps (Blanford) Panigrahi 多鳞粉背蕨
Aleuritopteris argentea (Gmél.) Fée 银粉背蕨
Aleuritopteris argentea var. argentea=Aleuritopteris argentea
Aleuritopteris argentea var. flava Ching & S.K.Wu 德钦粉背蕨
Aleuritopteris argentea var. geraniifolia Ching & S.K.Wu 裂叶粉背蕨
Aleuritopteris argentea var. *obscura* (Christ) Ching=Aleuritopteris shensiensis
Aleuritopteris caesia (Christ) Ching=Leptolepidium caesium
Aleuritopteris calicicola Ching=Aleuritopteris anceps
Aleuritopteris chrysophlla (HK.) Ching 金粉背蕨
Aleuritopteris cremea Ching ex S.K.Wu 金爪粉背蕨
Aleuritopteris dalhousiae (HK.) Ching=Leptolepidium dalhousiae
Aleuritopteris doniana S.K.Wu 无盖粉背蕨
Aleuritopteris duclouxii (Christ) Ching 裸叶粉背蕨
Aleuritopteris duclouxii var. *sulphurea* Ching=Aleuritopteris veitchii
Aleuritopteris farinosa (Forsk.) Fée 粉背蕨
Aleuritopteris farinosa var. *anceps* Ching=Aleuritopteris anceps
Aleuritopteris farinosa var. *gresia* Ching=Aleuritopteris gresia
Aleuritopteris formosana (Hay.) Tagawa 台湾粉背蕨
Aleuritopteris formosana S.K.Wu=Aleuritopteris krameri
Aleuritopteris gresia sensu Ching=Aleuritopteris anceps
Aleuritopteris gresia (Blanford) Panigrahi 阔盖粉背蕨
Aleuritopteris gresia var. alpina (Ching ex S.K.Wu) S.K.Wu 高山粉背蕨
Aleuritopteris gymnocarpa Ching=Aleuritopteris doniana
Aleuritopteris intermedia Ching=Aleuritopteris rufa
Aleuritopteris krameri (Franch & Sav.) Ching 克氏粉背蕨
Aleuritopteris kuhnii (Milde) Ching=Leptolepidium kuhnii
Aleuritopteris kuhnii var. *brandtii* f. *efarinosa* Tagawa=Leptolepidium kuhnii var. brandtii
Aleuritopteris likiangensis Ching ex S.K.Wu 丽江粉背蕨
Aleuritopteris michelii (Chist) Ching 长尾粉背蕨
Aleuritopteris niphobola (C.Chr.) Ching 雪白粉背蕨
Aleuritopteris niphobola var. concolor Ching 无粉雪白粉背蕨
Aleuritopteris niphobola var. niphobola=Aleuritopteris niphobola
Aleuritopteris niphobola var. pekingensis Ching & Hsu 北京粉背蕨
Aleuritopteris nuda Ching 多羽裸叶粉背蕨
Aleuritopteris pekingensis Ching=Aleuritopteris niphobola var. pekingensis
Aleuritopteris platychlamys Ching=Aleuritopteris gresia
Aleuritopteris platychlamys var. *alpina* Ching ex S.K.Wu=Aleuritopteris gresia var. alpina
Aleuritopteris pseudofarinosa Ching & S.K.Wu(p.p.)=Aleuritopteris doniana
Aleuritopteris pseudofarinosa Ching & S.K.Wu 假粉背蕨
Aleuritopteris pygmeae Ching ex S.K.Wu 矮粉背蕨
Aleuritopteris rosulata (C.Chr.) Ching 莲座粉背蕨
Aleuritopteris rufa (Don) Ching 棕毛粉背蕨
Aleuritopteris ser. *Dalhousianae* Ching=**Leptolepidium**
Aleuritopteris shensiensis Ching 陕西粉背蕨
Aleuritopteris sichouensi Ching & S.K.Wu 西畴粉背蕨
Aleuritopteris speciosa Ching & S.K.Wu 美丽粉背蕨
Aleuritopteris squamosa (Hope & C.H.Wright) Ching 毛叶粉背蕨
Aleuritopteris stenochlamys Ching ex S.K.Wu 狭盖粉背蕨
Aleuritopteris subargentea Ching ex S.K.Wu 假银粉背蕨
Aleuritopteris subrufa (Bak.) Ching=Aleuritopteris albo-marginata
Aleuritopteris subvillosa (HK.) Ching=Leptolepidium subvillosum
Aleuritopteris tamburii (HK.) Ching 阔羽粉背蕨
Aleuritopteris tamburii var. tamburii=Aleuritopteris tamburii
Aleuritopteris tamburii var. viridis X.X.Kong 绿叶粉背蕨
Aleuritopteris veitchii (Christ) Ching 硫磺粉背蕨
Aleuritopteris veitchii Ching(Y.L.Chang et al.in Sporae Pterid.Sin.,1978)= Aleuritopteris cremea
Aleuritopteris yalungensis X.X.Kong 雅砻粉背蕨
Alexitoxicon Saint.-Lag.=**Cynanchum**
Alexitoxicon acuminatum Pobed.= Cynanchum acuminatifolium
Alexitoxicon amplexicaule (S. & Z.) Pobed.=Cynanchum amplexicaule
Alexitoxicon atratum Pobed.=Cynanchum atratum
Alexitoxicon inamoenum Pobed.=Cynanchum inamoenum
Alexitoxicon officinale Saint-Lager=Cynanchum vincetoxicum
Alexitoxicon sibiricum Pobed.=Cynanchum thesioides
Alexitoxicon volubile Pobed.=Cynanchum volubile
Alfaropsis roxburghiana (Wall.ch) Iljin.=Engelhardia roxburghiana
Alfredia Cass.**翅膜菊属**(菊科)
Alfredia acantholepis Kar. & Kir.薄叶翅膜菊
Alfredia aspera Shih 糙毛翅膜菊
Alfredia cernua (L.) Cass.翅膜菊
Alfredia fetsowii Iljin 长叶翅膜菊
Alfredia karelini Ledeb.=Alfredia acantholepis
Alfredia nivea Kar. & Kir.厚叶翅膜菊
Alfredia squarosa Tausch=Alfredia cernua
Alfredia stenolepis Kar. & Kir.=Alfredia cernua
Alfredia suaveolens Rupr.=Alfredia nivea
Alfredia tsianschanica Rupr.=Alfredia acantholepis
Alhagi Gagn.**骆驼刺属**(豆科)
Alhagi maurorum Medic.亚丁骆驼刺
Alhagi pseudalhgi Desv.(豆科图说 1955)=Alhagi sparsifolia
Alhagi sparsifolia Shap.骆驼刺
Aliopsis moorcroftiana (Wall. ex G.Don) Omer=Gentianella moorcroftiana
Aliopsis pygmaea (Rgl. & Schmalh.) Omer & Oaiser=Gentianella pygmaea
Alisma L.**泽泻属**(泽泻科)
Alisma canaliculatum A.Braun & Bouche 窄叶泽泻
Alisma flava L.=Limnocharis flava
Alisma geyeri Buchen.盖耶氏泽泻
Alisma gramineum Lej.草泽泻
Alisma jianshiensis J.K.Chen et al.=Alisma orientale
Alisma lanceolatum Wither.膜果泽泻
Alisma loeselii Gorski=Alisma gramineum
Alisma nanum D.F.Cui 小泽泻
Alisma orientale (Samuel.) Juz.东方泽泻
Alisma parnassifolia Bassi ex L.=Caldesia parnassifolia
Alisma plantago-aquatica L.泽泻
Alisma plantago-aquatica subsp. *orientale* (Samuel.) Samuel.=Alisma orientale
Alisma plantago-aquatica var. *orientale* G.Sam.=Alisma orientale
Alisma reniforme D.Don=Caldesia parnassifolia
Alismataceae 泽泻科
Alismorchis reflexa Ktze.=Calanthe reflexa
Allaeanthus Thw.=**Broussonetia**
Allaeanthus kurzii HK.f.=Broussonetia kurzii
Allamanda L.(Flora 16)=**Allemanda**
Allantodia Wall.=**Diplaziopsis**
Allantodia R.Br.emend.Ching **短肠蕨属**(蹄盖蕨科)
Allantodia alata (Christ) Ching 狭翅短肠蕨
Allantodia allantodioides Tagawa & K.Iwats.=Allantodia contermina
Allantodia amamiana (Tagawa) W.M.Chu & Z.R.He 奄美短肠蕨
Allantodia aspera (Bl.) Ching 粗糙短肠蕨
Allantodia austrochinensis Ching=Allantodia viridissima
Allantodia baishanzuensis Ching 百山祖短肠蕨
Allantodia bella (Clarke) Ching 美丽短肠蕨
Allantodia brunoania Wall.=Diplaziopsis brunoniana
Allantodia calogramma (Christ) Ching 长果短肠蕨
Allantodia calogrammoides Ching ex W.M.Chu & Z.R.He 拟长果短肠蕨
Allantodia cavaleriana (Christ) Ching=Allantodia ovata
Allantodia cavaleriana Christ=Diplaziopsis cavaleriana
Allantodia chinensis (Bak.) Ching 中华短肠蕨

Allantodia collagramma (Christ) Ching(新拉汉英 1996)=Allantodia callagramma
Allantodia contermina (Christ) Ching 边生短肠蕨
Allantodia crenata (Sommerf.) Ching 黑鳞短肠蕨
Allantodia crenata var. crenata=Allantodia crenata
Allantodia crenata var. glabra (Tagawa) W.M.Chu 无毛黑鳞短肠蕨
Allantodia crinipes (Ching) Ching=Allantodia dilatata
Allantodia cycloloba (Christ) Ching=Allantodia uraiensis
Allantodia denticulata Wall.=Athyrium strigillosum
Allantodia dilatata (Bl.) Ching 毛柄短肠蕨
Allantodia distans Ching=Allantodia viridissima
Allantodia doederleinii (Luerss.) Ching 光脚短肠蕨
Allantodia dulongjiangensis W.M.Chu 独龙江短肠蕨
Allantodia dushanensis Ching ex W.M.Chu & Z.R.He 独山短肠蕨
Allantodia elata Ching=Allantodia viridissima
Allantodia forrestii Ching=Allantodia subintegra
Allantodia gigantea (Bak.) Ching 大型短肠蕨
Allantodia glandulifera Ching=Allantodia hachijoensis
Allantodia glingensis Ching & Y.X.Ling 格林短肠蕨
Allantodia griffithii (Moore) Ching 镰羽短肠蕨
Allantodia grossa Ching=Allantodia dilatata
Allantodia hachijoensis (Nakai) Ching 薄盖短肠蕨
Allantodia hainanensis Ching 海南短肠蕨
Allantodia heterocarpa (Ching) Ching 异果短肠蕨
Allantodia himalayensis Ching 褐色短肠蕨
Allantodia hirsutipes (Bedd.) Ching 篦齿短肠蕨
Allantodia hirtipes (Christ) Ching 鳞轴短肠蕨
Allantodia hirtipes f. hirtipes=Allantodia hirtipes
Allantodia hirtipes f. nigropaleacea Ching 黑鳞鳞轴短肠蕨
Allantodia hirtisquama Ching & W.M.Chu 毛鳞短肠蕨
Allantodia immensa Ching=Allantodia laxifrons
Allantodia inaequiloba Ching=Allantodia laxifrons
Allantodia incompta (Tagawa) Ching 疏裂短肠蕨
Allantodia infraimpressa Ching=Allantodia gigantea
Allantodia javanica (Bl.)Trevis (p.p.)=Diplaziopsis javanica
Allantodia javanica Bedd.=Diplaziopsis brunoniana
Allantodia jinfoshanicola W.M.Chu 金佛山短肠蕨
Allantodia jinpingensis W.M.Chu 金平短肠蕨
Allantodia jiulungshanensis Chiu & Yao ex Ching=Allantodia petri
Allantodia kansuensis Ching 甘肃短肠蕨
Allantodia kappanensis (Tagawa) Ching 台湾短肠蕨
Allantodia kawakamii (Hay.) Ching 柄鳞短肠蕨
Allantodia kingpingensis Ching=Allantodia kawakamii
Allantodia laipoensis Ching=Allantodia gigantea
Allantodia latipinnula Ching & W.M.Chu 阔羽短肠蕨
Allantodia laxifrons (Rosent.) Ching 异裂短肠蕨
Allantodia leptophylla (Christ) Ching 卵叶短肠蕨
Allantodia lobulosa (Wall. ex Mett.) Ching 浅裂短肠蕨
Allantodia lobulosa var. lobulosa=Allantodia lobulosa
Allantodia lobulosa var. shilinicola W.M.Chu 石林短肠蕨
Allantodia longiloba Ching=Allantodia gigantea
Allantodia matthewii (Copel.) Ching 阔片短肠蕨
Allantodia maxima (Don) Ching 大叶短肠蕨
Allantodia medogensis Ching & S.K.Wu 墨脱短肠蕨
Allantodia megaphylla (Bak.) Ching 大羽短肠蕨
Allantodia metcalfii (Ching) Ching 深裂短肠蕨
Allantodia metteniana sensu Ching(p.p.)=Allantodia yaoshanensis
Allantodia metteniana (Miq.) Ching 江南短肠蕨
Allantodia metteniana var. fauriei (Christ) Ching 小叶短肠蕨
Allantodia metteniana var. *isobasis* (Christ) Ching=Allantodia metteniana
Allantodia metteniana var. metteniana=Allantodia metteniana
Allantodia multicaudata (Wall. ex Clarke) W.M.Chu 假密果短肠蕨
Allantodia nanchuanica W.M.Chu 南川短肠蕨
Allantodia nigrosquamosa Ching 乌鳞短肠蕨
Allantodia nipponica (Tagawa) Ching 日本短肠蕨
Allantodia nudipes Ching=Allantodia alata
Allantodia obtusipinnula Ching=Allantodia viridescens
Allantodia okudairai (Makino) Ching 假耳短肠蕨
Allantodia omeiensis (Ching) Ching=Allantodia hachijoensis
Allantodia ovata W.M.Chu 卵果短肠蕨
Allantodia parawichurae Ching=Allantodia wichurae var. parawichurae
Allantodia petelotii (Tard.-Blot) Ching 褐柄短肠蕨
Allantodia petri (Tard.-Blot) Ching 假镰羽短肠蕨
Allantodia phaeolepis (Tagawa) Ching=Allantodia viridissima
Allantodia pinnatifido-pinnata (HK.) Ching 羽裂短肠蕨
Allantodia procera (Wall. ex Clarke) Ching 高大短肠蕨
Allantodia prolixa (Rosenst.) Ching 双生短肠蕨
Allantodia proxima Ching=Allantodia prolixa
Allantodia pseudodoederleinii (Hay.) Ching=Allantodia viridissima
Allantodia pseudosetigera (Christ) Ching 矩圆短肠蕨
Allantodia pseudosikkimensis Ching=Allantodia himalayensis
Allantodia quadrangulata W.M.Chu 四棱短肠蕨
Allantodia siamensis (C.Chr.) Ching & W.M.Chu 长羽柄短肠蕨
Allantodia sikkimensis (Clarke) Ching 锡金短肠蕨
Allantodia similis W.M.Chu 肉刺短肠蕨
Allantodia spectabilis (Wall. ex Mett.) Ching=Allantodia multicaudata
Allantodia spectabilis (Wall. ex Mett.) Ching 密果短肠蕨
Allantodia squamigera (Mett.) Ching 鳞柄短肠蕨
Allantodia stenochlamys (C.Chr.) Ching 网脉短肠蕨
Allantodia subdilatata Ching 楔羽短肠蕨
Allantodia subintegra Ching & Y.X.Ling 棕鳞短肠蕨
Allantodia subsilvatica Ching=Allantodia hainanensis
Allantodia subspectabilis Ching & W.M.Chu 察隅短肠蕨
Allantodia succulenta (Clarke) Ching 肉质短肠蕨
Allantodia sunghsienensis Ching & Hsu=Allantodia gigantea
Allantodia taiwanensis (Tagawa) Ching=Allantodia kappanensis
Allantodia tamingshanensis Ching=Allantodia laxifrons
Allantodia taquetii (C.Chr.) Ching 东北短肠蕨
Allantodia taweishanica Ching=Allantodia metteniana
Allantodia tibetica Ching & S.K.Wu 西藏短肠蕨
Allantodia truncatula Ching=Allantodia viridescens
Allantodia uraiensis (Rosenst.) Ching 圆裂短肠蕨
Allantodia veitchii (Christ) Cihng=Allantodia dilatata
Allantodia verruculosa Ching & W.M.Chu=Allantodia maxima
Allantodia virescens (Kunze) Ching 淡绿短肠蕨
Allantodia virescens var. okinawaensis (Tagawa) W.M.Chu 冲绳短肠蕨
Allantodia virescens var. sugimotoi (Kurata) W.M.Chu 异基短肠蕨
Allantodia virescens var. virescens=Allantodia virescens
Allantodia viridescens (Ching) Ching 草绿短肠蕨
Allantodia viridissima (Christ) Ching 深绿短肠蕨
Allantodia wangii Ching 黄志短肠蕨
Allantodia wheeleri (Bak.) Ching 短果短肠蕨
Allantodia wichurae (Mett.) Ching 耳羽短肠蕨
Allantodia wichurae var. parawichurae (Ching) W.M.Chu 龙池短肠蕨
Allantodia wichurae var. wichurae=Allantodia wichurae
Allantodia yaoshanensis (Wu) W.M.Chu & Z.R.He 假江南短肠蕨
Allantodia yaoshanica (Ching) Ching & C.H.Wang=Allantodia dilatata
Allantodia yaoshanicola Ching=Allantodia procera
Allantodia yunnanensis Ching=Allantodia multicaudata
Allantodia yuyangensis (Ching) Ching=Allantodia heterocarpa
Allardia Decne.=**Valdheimia**
Allardia glabra Decne.=Waldheimia glabra
Allardia huegelii Sch.-Bip.=Waldheimia huegelii
Allardia nivea HK.f. & Thoms. ex C.B.Clarke=Waldheimia nivea
Allardia stoliczkae C.B.Clarke=Waldheimia stoliczkae
Allardia tomentosa Decne.=Waldheimia tomentosa
Allardia tridactylites (Kar. & Kir.) Sch.-Bip.=Waldheimia tridactylites
Allardia vestita HK.f. & Thoms. ex C.B.Clarke=Waldheimia vestita
Alleizettella Pitard **白香楠属**(茜草科)
Alleizettella leucocarpa (Champ. ex Benth.) Tirveng.白果香楠
Allemanda L.**黄蝉属**(夹竹桃科)
Allemanda cathartica L.软枝黄蝉
Allemanda cathartica var. *hendersonii* (Bull. ex Domb.) L.H.Bail. & Raf.=Allemanda cathartica
Allemanda hendersonii Bull. ex Dombr.=Allemanda cathartica
Allemanda neriifolia HK.=Allemanda schottii
Allemanda schottii Pohl.黄蝉
Alliaria Scop.**葱芥属**(十字花科)
Alliaria auriculata Kom.=Cardamine komarovii
Alliaria grandifolia Z.X.An=Orychophragmus limprichtianus
Alliaria officinalis Andrz. ex M.Bieb.=Alliaria petiolata

Alliaria petiolata (M.Bieb.) Cavara & Grande 葱芥
Alliaria wasabi (Sieb.) Prantl.=Eutrema wasabi
Allium L.葱属(百合科)
Allium aciphyllum J.M.Xu 针叶韭
Allium aflatuense B.Fedtsch.细茎葱
Allium aitchisoni Boiss.=Allium carolinianum
Allium alabasicum Y.Z.Zhao 鄂尔多斯韭
Allium alaschanicum Y.Z.Zhao=Allium flavovirens
Allium alataviense Rgl.=Allium platyspathum subsp. amblyophyllum
Allium albertii Rgl.=Allium pallasii
Allium albidum Fisch.白野葱(新)
Allium albopilosum Wright 波斯葱
Allium albostellerianum Wang & Tang=Allium paepalanthoides subsp. amblyophyllum
Allium altaicum Pall.阿尔泰葱
Allium altissimum Rgl.巨葱
Allium amabile Stapf=Allium mairei
Allium amblyophyllum Kar. & Kir.=Allium platyspathum
Allium ampeloprasum L.S.L.大头葱
Allium ampeloprasum var. *porrum* Rgl.=Allium porrum
Allium amphibolum Ledeb.直立韭
Allium andersonii G.don=Allium senescens
Allium angulosum L.角葱
Allium angulosum var. *minum* Ledeb.=Allium senescens
Allium anisopodium Ledeb.矮韭
Allium anisopodium var. anisopodium=Allium anisopodium
Allium anisopodium var. zimmermanianum (Gilg) Wang & Tang 糙葶韭
Allium anisopodium var. *zimmermannianum* (Gilg) Kitag.=Allium anisopodium var. zimmermanianum
Allium argyi Lévl.=Allium tuberosum
Allium ascalonicum L.(植物志 14,1980) =Allium cepiforme
Allium ascalonicum var. *chinense* Kunth=Allium cepiforme
Allium atropurpureum Waldst. & Kit.深紫葱
Allium atrosanguineum Kar. & Kir.=Allium atrosanguineum
Allium atrosanguineum Schrenk 蓝苞葱
Allium atrosanguineum var. atrosanguineum=Allium atrosanguineum
Allium atrosanguineum var. fedschnekoanum (Rgl.) G.Zhu & Turl.费葱
Allium atrosanguineum var. tibeticum (Rgl.) G.Zhu & Turl.藏葱
Allium austrosibiricum Frizen=Allium spirale
Allium azureum Ledeb.=Allium caeruleum
Allium baicalense Willd.=Allium senescens
Allium bakeri Rgl.=Allium chinense
Allium bakeri var. *morrisonense* (Hay.) T.S.Liu & S.S.Ying=Allium thunbergii
Allium beesianum W.W.Sim.蓝花韭
Allium bellulum Prokh.小丽葱
Allium bidentatum Fisch. ex Prokh.砂韭
Allium bidentatum var. *andaense* Q.S.Su=Allium bidentatum
Allium blandum Wall.白韭
Allium bodinieri Lévl. & Vant.=Allium chinense
Allium bogdoicolum Rgl.=Allium strictum
Allium brevidentatum F.Z.Li 矮齿韭
Allium bulleyanum Diels=Allium wallichii
Allium bulleyanum var. *tchongchanense* (Lévl.) Airy-Shaw=Allium wallichii
Allium burjaticum Frizen=Allium spirale
Allium caeruleum Pall.棱叶韭
Allium caesium Svhrenk 知母薤
Allium caespitosum Siev. ex Bong. & Mey.疏生韭
Allium canadense L.加拿大葱
Allium cannaefolium Lévl.=Allium prattii
Allium cannifolium Lévl.=Allium prattii
Allium caricifolium Kar. & Kir.=Allium pallasii
Allium caricoides Rgl.石生韭
Allium carinatum L.龙骨葱
Allium carolinianum DC.镰叶韭
Allium caucasicum M.v.Bieb.=Allium saxatile
Allium cepa L.洋葱
Allium cepa var. aggregatum G.Don 火葱
Allium cepa var. cepa =Allium cepa
Allium cepa var. proliferum Rgl.楼子葱
Allium cepiforme G.Don 香葱
Allium ceratophyllum Bess. ex Schlt. & J.H.Schult.=Allium altaicum
Allium cernuum Roth 垂花葱
Allium chalcophengos Airy-Shaw=Allium atrosanguineum
Allium chanetii Lévl.=Allium macrostemon
Allium changduense J.M.Xu 昌都韭
Allium chienchuanense J.M.Xu 剑川韭
Allium chinense G.Don 薤
Allium chinense Maxim.=Allium tuberosum
Allium chiwui Wang & Tang 冀韭
Allium chrysanthum Rgl.野葱
Allium chrysocephalum Rgl.折被韭
Allium clarkei HK.f.=Allium tuberosum
Allium clathratum Ledeb.细叶北韭
Allium coerulescens G.Don=Allium caeruleum
Allium condensatum Turcz.黄花葱
Allium congestum G.Don=Allium prostratum
Allium cordifolium J.M.Xu=Allium ovalifolium var. cordifolium
Allium cyaneum Rgl.天蓝韭
Allium cyaneum var. *brachystemon* Rgl.=Allium sikkimense
Allium cyathophorum Bur. & Franch.杯花韭
Allium cyathophorum var. *cyathophorum*=Allium cyathophorum
Allium cyathophorum var. farreri Stearn 川甘韭
Allium dauricum Frizen=Allium spurium
Allium decipiens Fisch. ex Roem. & Schult.星花蒜
Allium declinatum Willd.=Allium prostratum
Allium deflexum Fisch. ex Schult. & J.H.Schult.=Allium prostratum
Allium delicatulum Siev. ex Schult. & J.H.Schult.迷人薤
Allium dentigerum Prokh.短齿韭
Allium deserticolum M.Popov.=Allium tekesicola
Allium dolonkarense Rgl.=Allium delicatulum
Allium dshungaricum Vved.=Allium saxatile
Allium edentatum Y.P.Hsu=Allium bidentatum
Allium eduardii Stearn 贺兰韭
Allium elatum Rgl.高葱
Allium elegantulum Kitag.雅韭
Allium eusperma Airy-Shaw 真籽韭
Allium fallax Roem. & Schult.=Allium senescens
Allium farreri Stearn=Allium cyathophorum var. farreri
Allium fasciculatum Rendle 粗根韭
Allium feddei Lévl.=Allium wallichii
Allium fedschenkoanum Rgl.=Allium atrosanguineum var. fedschnekoanum
Allium fedschenkoanum var. *elatum* Rgl.=Allium atrosanguineum var. fedschnekoanum
Allium fetisowii Rgl.多籽蒜
Allium filifolium Rgl.丝叶葱
Allium fischeri Rgl.=Allium prostratum
Allium fistulosum L.葱
Allium flavidum Ledeb.新疆韭
Allium flavovirens Rgl.阿拉善韭
Allium forrestii Diels 梭沙韭
Allium fsicheri Rgl.=Allium eduardii
Allium funckiaefolium Hand.-Mazz.玉簪叶韭
Allium gageanum W.W.Sm.=Allium fasciculatum
Allium galanthum Kar. & Kir.实葶葱
Allium giganteum Rgl.大花葱
Allium giraudiasii Lévl.=Allium mairei
Allium glancum Schrad. ex Poir.=Allium spirale
Allium globosum M.v.Boeb. ex Redouté=Allium saxatile
Allium globosum var. *albidum* Rgl.=Allium tianschanicum
Allium glomeratum Prokh.头花韭
Allium gmelinianum Miscz. ex Grossh.=Allium saxatile
Allium gowanianum Wall. ex Baker=Allium humile
Allium grayi Rgl.=Allium macrostemon
Allium grayi var. *chanetii* (Lévl.) Lévl.=Allium macrostemon
Allium grimmii Rgl.=Allium teretifolium
Allium grisellum J.M.Xu 灰皮葱
Allium guanxianense J.M.Xu 灌县韭
Allium heldreichii Boiss.赫德赖克氏葱
Allium henryi C.H.Wright 疏花韭

Allium herderianum Rgl.金头韭
Allium heteronema Wang & Tang 异梗韭
Allium hoeltzeri Rgl.=Allium caricoides
Allium hookeri Thwaites 宽叶韭
Allium hookeri var. hookeri=Allium hookeri
Allium hookeri var. muliense Airy-Shaw 木里韭
Allium hopeiense Nakai=Allium longistylum
Allium hugonianum Rendle=Allium cyaneum
Allium humile Kunth 雷韭
Allium humile var. *trifurcatum* F.T.Wang & Tang=Allium trifurcatum
Allium hymenorrhizum Ledeb.北疆韭
Allium hymenorrhizum var. dentatum J.M.Xu 旱生韭
Allium hymenorrhizum var. hymenorrhizum=Allium hymenorrhizum
Allium iatasen Lévl.=Allium macrostemon
Allium inutile Makino 齿棱茎合被韭
Allium jacquemontii Kunt 离原薤
Allium jacquemontii Rgl.=Allium przewalsckianum
Allium japoniucm Rgl.=Allium thunbergii
Allium jeholense Franch.=Allium longistylum
Allium juldusicola Rgl.尤尔都斯薤
Allium junceum Jacquem. ex Baker=Allium przewalskianum
Allium kansuense Rgl.=Allium sikkimense
<u>Allium karataviense Rgl.宽叶葱</u>
Allium karelinii P.Pol.=Allium schoenoprasum var. scaberrimum
Allium kaschianum Rgl.草地韭
Allium kaufmannii Rgl.=Allium atrosanguineum var. fedschnekoanum
Allium kesselringi Rgl.=Allium schoenoprasoides
Allium kingdonii Stearn 钟花韭
Allium komarovianum Vved.=Allium sacculiferum
Allium korolkowii Rgl.褐皮韭
Allium kungii Nakai=Allium senescens
Allium kurssanovii M.Popov 条叶长喙韭
Allium lancifolium Stearn=Allium wallichii var. platyphyllum
Allium lancipetalum Y.P.Hsu=Allium ramosum
Allium laquetii Lévl.=Allium thunbergii
Allium latissimum Prokh.=Allium victorialis
Allium laucum Schrad.=Allium senescens
Allium ledebourianum Roem. & Schult.硬皮葱
Allium lepidum Ledeb.=Allium pallasii
Allium leucocephalum Turcz.白头韭
Allium liangshanense Z.Y.Zhu=Allium wallichii
<u>Allium libani Boiss.黎巴嫩葱</u>
Allium lineare L.北韭
Allium lineare var. *maackii* Maxim.=Allium maackii
Allium lineare var. *strictum* Krylov=Allium strictum
Allium listera Stearn.对叶山葱
Allium longistylum Baker 长柱韭
Allium maackii (Maxim.) Prokhy. ex Kom. & Aliss.-Klob.马克韭
Allium macranthum Baker 大花韭
Allium macrorhizon Rgl.=Allium tianschanicum
Allium macrorhizum Boiss.=Allium hymenorrhizum
Allium macrostemon Bge.薤白
Allium mairei Lévl.滇韭
Allium maowensense J.M.Xu 茂汶薤
Allium martini Lévl. & Vant.=Allium chinense
Allium maximowiczii Rgl.马葱
Allium megalobulbon Rgl.大鳞韭
Allium microdictyum Prokh.=Allium victorialis
<u>Allium moly L.黄花茖葱</u>
Allium monadelphum Turcz. ex Kar. & Kir.=Allium atrosanguineum
Allium monadelphum var. *fedschenkoanum* (Rgl.) Rgl.=Allium atrosanguineum var. fedschnekoanum
Allium monadelphum var. *kaufmannii* (Rgl.) Rgl.=Allium atrosanguineum var. fedschnekoanum
Allium monadelphum var. *tibeticum* Rgl.=Allium atrosanguineum var. tibeticum
Allium monanthum Maxim.单花韭
Allium monanthum var. *floribundum* Z.J.Zhong & X.T.Huang=Allium monanthum
Allium mongolicum Rgl.蒙古韭
Allium montanum Schmidt=Allium senescens
Allium morrisonense Hay.=Allium thunbergii
<u>Allium moschatum L.麝香葱</u>
Allium moschatum var. *brevipedunculatum* Rgl.=Allium korolkowii
Allium moschatum var. *dubium* Rgl.=Allium korolkowii
Allium nanodes Airy-Shaw 短葶韭
<u>Allium narcissiflorum Vill.水仙状葱</u>
<u>Allium neapolitanum Cyr.纸花葱</u>
Allium nereidum Hance=Allium macrostemon
Allium neriniflorum (Herb.) Baker 长梗韭
<u>Allium nigrum L.黑葱</u>
Allium nipponicum Franch. & Sav.=Allium macrostemon
Allium nivale Jacq. ex HK.f. & Thoms.=Allium humile
Allium nutans L.齿丝山韭
Allium obliquum L.高葶韭
Allium obtusifolium Klotz.=Allium carolinianum
Allium ochotense Prokh.=Allium victorialis
Allium odorum L.=Allium ramosum
Allium odorum Thunb.=Allium thunbergii
<u>Allium oleraceum L.菜园葱</u>
Allium oliganthum Karelin & Kirilov 少花葱
Allium oliganthum var. *elongatum* Kar. & Kir.=Allium korolkowii
Allium omeiense Z.Y.Zhu 峨眉韭
Allium omiostema Airy-Shaw=Allium bidentatum
Allium ophiopogon Lévl.=Allium thunbergii
Allium oreophilum C.A.Mey.高地蒜
Allium oreoprasum Schrenk 滩地韭
Allium ostrowskianum Rgl.=Allium oreophilum
Allium ouensanense Nakai=Allium macrostemon
Allium ovalifolium Hand.-Mazz.卵叶韭
Allium ovalifolium var. cordifolium (J.M.Xu) J.M.Xu 心叶山葱
Allium ovalifolium var. leuconeurum J.M.Xu 白脉韭
Allium ovalifolium var. ovalifolium=Allium ovalifolium
Allium oviflorum Rgl.=Allium macranthum
Allium paepalanthoides Airy-Shaw 天蒜
Allium pallasii Murr.小山蒜
<u>Allium paniculatum L.地中海葱</u>
<u>Allium paradoxum Don 奇蒜</u>
Allium pekinense Prekh.=Allium sativum
Allium petraeum Karelin & Kirilov 石坡韭
Allium pevtzovii Prokh.昆仑韭
Allium phariense Rendle 帕里韭
Allium platyspathum Schrenk 宽苞韭
Allium platyspathum subsp. amblyophyllum (Karelin & Kirilov) Frizen 钝叶韭
Allium platyspathum subsp. platyspatum=Allium paltyspathum
Allium platyspathum var. *falcatum* Rgl.=Allium carolinianum
Allium platystemon Karelin & Kirilov=Allium oreophilum
Allium platystylum Rgl.=Allium carolinianum
Allium plurifoliatum Rendle 多叶韭
Allium plurifoliatum var. plurifoliatum=Allium plurifoliatum
Allium plurifoliatum var. *stenodon* (Nakai & Kitag.) J.M.Xu=Allium stenodon
Allium plurifoliatum var. zhegushanense J.M.Xu 鹧鸪韭
Allium polyastrum Diels=Allium wallichii
Allium polyastrum var. *platyphyllum* Diels=Allium wallichii var. platyphyllum
Allium polyphyllum Kar. & Kir.=Allium carolinianum
Allium polyrhizum Turcz. ex Rgl.碱韭
Allium polyrhizum var. *potaninii* Rgl.=Allium bidentatum
Allium polyrhizum var. *przewalskii* Rgl.=Allium polyrhizum
Allium polyrhizum γ. *potanini* Rgl.=Allium bidentatum
Allium porrum L.韭葱
Allium potaninii Rgl.=Allium ramosum
Allium praelatitium Lévl.=Allium wallichii
Allium prattii C.H.Wright apud Forb. & Hemsl.太白韭
Allium prattii var. *ellipticum* Wang & Tang=Allium prattii
Allium prattii var. *latifoliatum* Wang & Tang=Allium ovalifolium
Allium prattii var. *vinicolor* Wang & Tang=Allium prattii
Allium prokhanovii (Vorosch.) Bark.=Allium maackii
Allium proliferum (Moench.) Schrad. ex Willd.=Allium cepa var. proliferum
Allium prostratum Trevir.蒙古野韭

Allium przewalskianum Rgl.青甘韭
Allium pseudocepa Schrek.=Allium galanthum
Allium pseudocyaneum Gruning=Allium thunbergii
Allium pseudoglobosum M.Popov ex Gamaju.=Allium kurssanovii
Allium pseudojaponicum Makino=Allium thunbergii
Allium pseudotenuissimum Skv.=Allium tenuissimum
Allium pyrrhorrhizum Airy-Shaw=Allium mairei
Allium pyrrhorrhizum var. *leucorrhizum* F.T.Wang & Tang=Allium mairei
Allium raddeanum Rgl.=Allium schoenoprasum
Allium ramosum L.野韭
Allium renardii Rgl.=Allium caesium
Allium rhynchogynum Diels 宽叶滇韭
Allium roborowskianum Rgl.新疆蒜
Allium robustum Karelin & Kirilov 健蒜
Allium robustum var. *alpestre* Karelin & Kirilov=Allium robustum
Allium rosenbachianum Rgl.罗森巴氏葱
Allium roseum L.玫瑰红葱
Allium roxburghii Kunth=Allium tuberosum
Allium rubens Schred. ex Willd.红花韭
Allium rude J.M.Xu 野黄韭
Allium sabulosum Stev. ex Bge.沙地薤
Allium sacculiferum Maxim.朝鲜薤
Allium sairamense Rgl. 赛里木薤
Allium salsum Skv. & Bar.=Allium bidentatum
Allium sapidissimum Pall. ex Schult. & J.H.Schult.=Allium altaicum
Allium sativum L.蒜
Allium satoanum Kitag.=Allium prostratum
Allium saxatile Marsch.长喙韭
Allium saxicola Kitag.=Allium senescens
Allium scabrellum Boiss. & Buhse=Allium schoenoprasum var. scaberrimum
Allium schoenoprasoides Rgl.类北葱
Allium schoenoprasum L.北葱
Allium schoenoprasum var. *orientale* Rgl.=Allium maximowiczii
Allium schoenoprasum var. scaberrimum Rgl.糙叶北葱
Allium schoenoprasum var. schoenoprasum=Allium scoenoprasum
Allium schrenkii Rgl.=Allium strictum
Allium schrenkii Rgl.单丝辉韭
Allium scorodoprasum L.胡蒜
Allium semenovii Rgl.管丝韭
Allium semiretschenskianum Rgl.=Allium pallasii
Allium senescens L.山韭
Allium senscens f. *albiflorum* Q.S.Sun=Allium sensecens
Allium setifolium Schrenk 丝叶韭
Allium sibiricum L.=Allium schoenoprasum
Allium sikkimense Baker 高山韭
Allium simethis Lévl.=Allium macranthum
Allium simile Rgl.=Allium fetisowii
Allium sinkiangense F.T.Wang & Y.C.Tang=Allium roborowskianum
Allium siphonanthum J.M.Xu 管花葱
Allium songpanicum J.M.Xu 松潘韭
Allium sphaerocephalum L.圆头大花葱
Allium spirale Willd.扭叶韭
Allium splendens Willd. ex Schult. & J.H.Schlt.丽韭
Allium splendens subsp. *prokhanovii* Vorosch.=Allium maackii
Allium spurium G.Don 岩韭
Allium stellatum Ker.草原葱
Allium stenodon Nakai & Kitag.雾灵韭
Allium stenodon var. lobatum Li & Kitag?裂丝葱
Allium stenophyllum Schrenk=Allium oliganthum
Allium stevenii Ledeb.=Allium saxatile
Allium stoliczki Rgl.=Allium przewalskianum
Allium strictum Schrader 辉韭
Allium subangulatum Rgl.紫花韭
Allium subtilissimum Ledeb.蜜囊韭
Allium sulvia Buch.-Ham. ex D.Don=Allium tuberosum
Allium szechuanense C.M.Shu 四川韭?
Allium szechuanicum Wang & Tang=Allium cyaneum
Allium taishanense J.M.Xu 泰山韭
Allium tanguticum Rgl.唐古韭
Allium taquetii Lévl.=Allium thunbergii
Allium tataricum L.f.=Allium ramosum
Allium tchefouense O.Debeaux=Allium anisopodium
Allium tchongchanense Lévl. =Allium wallichii
Allium tchongchanense=Allium wallichii
Allium tekesicolum Rgl.荒漠韭
Allium tenue G.Don=Allium pallasii
Allium tenuissimum f. *zimmermannianum* (Golg.) Q.S.Sun=Allium anisopodium var. zimmermannianum
Allium tenuissimum L.细叶韭
Allium tenuissimum var. *nalinicum* Shan Chen=Allium tenuissimum
Allium tenuissimum var. *purpureum* Rgl.=Allium anisopodium
Allium tenuissimum β. *anisopodium* (Ledeb.) Rgl.=Allium anisopodium
Allium tenuissimum γ. *purpureum* Rgl.=Allium anisopodium
Allium teretifolium Rgl.西疆韭
Allium thomsoni Baker=Allium carolinianum
Allium thunbergii G.Don 球序韭
Allium tianschanicum Rupr.天山韭
Allium tibeticum Rendle=Allium sikkimense
Allium tricoccum Ait.三果爿葱
Allium trifurcatum (F.T.Wang et Tang) J.M.Xu 三柱韭
Allium triquetrum L.三棱茎葱
Allium tristylum Rgl.=Allium semenovii
Allium tschimganicum B.Fedtsch.=Allium fetisowii
Allium tsoongi Wang & Tang=Allium hookeri
Allium tuberosum Rottl. ex Spreng.韭菜
Allium tuberosum Roxb.=Allium tuberosum
Allium tubiflorum Rendle 合被韭
Allium tui Wang & Tang=Allium cyaneum
Allium tulipifolium Ledeb.郁金叶蒜
Allium uliginosum G.Don=Allium tuberosum
Allium uliginosum Ledeb.=Allium ledebourianum
Allium uratense Franch.=Allium macrostemon
Allium urceolatum Rgl.=Allium caesium
Allium ursinum L.熊葱
Allium venustum C.H.Wright=Allium cyathophorum
Allium victorialis L.茖葱
Allium victorialis subsp. *platyphyllum* Hult.=Allium victorialis
Allium victorialis var. *angustifolium* HK.f.=Allium prattii
Allium victorialis var. *listera* (Stearn.) J.M.Xu=Allium listera
Allium victorialis var. victorialis=Allium victorialis
Allium vineale L.葡圆鸦葱(新)
Allium viviparum Kar. & Kir.=Allium caeruleum
Allium volhynicum Bess.=Allium strictum
Allium wakegi Araki=Allium fistulosum
Allium wallichii Kunth 多星韭
Allium wallichii var. *albidum* F.T.Wang & Tang=Allium wallichii
Allium wallichii var. platyphyllum (Diels) J.M.Xu 柳叶韭
Allium wallichii var. wallichii=Allium wallichii
Allium weichanicum Palib.=Allium ramosum
Allium wenchuanense Z.Y.Zhu=Allium victorialis
Allium weschniakowii Rgl.坛丝韭
Allium wichanicum Palibin=Allium ramosum
Allium willdenowii Kunth=Allium delicatulum
Allium winklerianum Rgl.伊犁蒜
Allium xiangchengense J.M.Xu 乡城韭
Allium xichuanense J.M.Xu 西川韭
Allium yanchiense J.M.Xu 白花葱
Allium yesoense Nakai=Allium tuberosum
Allium yongdengense J.M.Xu 永登韭
Allium yuanum Wang & Tang 齿被韭
Allium yuchuanii Y.Z.Zhao & J.Y.Chao=Allium sacculiferum
Allium yunnanense Diels=Allium mairei
Allium zimmermannianum Gilg=Allium anisopodium var. zimmermanianum
Allmania R.Br.**砂苋属**(苋科)
Allmania albida R.Br.=Allmania nodiflora
Allmania nodiflora (L.) R.Br.砂苋
Allmania nodiflora var. *angustifolia* HK.f.=Allmania nodiflora
Allmania nodiflora var. *aspera* HK.f.=Allmania nodiflora
Allmania nodiflora var. *dicholtoma* HK.f.=Allmania nodiflora
Allmania nodiflora var. *esculenta* HK.f.=Allmania nodiflora
Allmania nodiflora var. *procumbens* HK.f.=Allmania nodiflora
Allmania nodiflora var. *ruxburghii* HK.f.=Allmania nodiflora

Alloceratium HK.f. & Thoms.=**Diptychocarpus**
Alloceratium strictum (Fisch. ex M.Bieb.) HK.f. & Thoms.=Diptychocarpus strictus
Allocheilos W.T.Wang **异唇苣苔属**(苦苣苔科)
Allocheilos cortusiflorus W.T.Wang 异唇苣苔
Allomorphia Bl.**异形木属**(野牡丹科)
Allomorphia balansae Cong.异形木
Allomorphia baviensis Guillaum.越南异形木
Allomorphia blinii (Lévl.) Guillaum.=Plagiopetalum esquirolii
Allomorphia bodinieri Lévl.=Blastus cavaleriei
Allomorphia caudata H.L.Li=Styrophyton caudatum
Allomorphia cavaleriei Lévl. & Vant.=Phyllagathis cavaleriei
Allomorphia eupteroton var. teretipetiolata C.Y.Wu & C.Chen 翅茎异形木
Allomorphia flexuosa Hand.-Mazz.=Plagiopetalum esquirolii
Allomorphia howellii (J.F.Jeff. & W.W.Sm.) Diels 腾冲异形木
Allomorphia pauciflora Benth.=Blastus pauciflorus
Allomorphia setosa Craib(H.L.Li in J.Arn. Arb.1944,p.p.)=Allomorphia baviensis
Allomorphia setosa Craib(H.L.Li in J.Arn. Arb.1944,p.p.)=Oxyspora vagans
Allomorphia setosa Craib(H.L.Li in J.Arn.Arb.1944,p.p.)=Allomorphia howellii
Allomorphia setosa Craib 刺毛异形木
Allomorphia subsessilis Craib=Medinilla assamica
Allomorphia urophylla Diels 尾叶异形木
Allophylus L.**异木患属**(无患子科)
Allophylus caudatus Radlk.波叶异木患
Allophylus chartaceus (Kurz) Radlk.大叶异木患
Allophylus cobbe var. velutinus Corner 滇南异木患
Allophylus dimorphus Radlk.五叶异木患
Allophylus hirsutus Radlk.云南异木患
Allophylus longipes Radlk 长柄异木患
Allophylus petelotii Merr 广西异木患
Allophylus racemosus (L.) Radlk.(Chun in Sunyatsenia 1940,分类学报 1955)= Allophylus caudatus
Allophylus repandifolius Merr. & Chun 单叶异木患
Allophylus timorensis (DC.) Bl.海滨异木患
Allophylus trichophyllus Merr. & Chun(分类学报 1955,p.p.)=Allophylus hirsutus
Allophylus trichophyllus Merr. & Chun 毛叶异木患
Allophylus viridis Radlk 异木患
Allophylus zeylanicus var. *grandifolius* Hiern=Allophylus chartaceus
Alloplectus Mart.**缠绕草属**(苦苣苔科)
Alloplectus repens HK.匍匐缠绕草
Alloplectus schlimii Planch. & Lindl.施利摩缠绕草
Alloplectus sparsiflorus Mart.疏花缠绕草
Allosorus argentea Presl=Aleuritopteris argentea
Allosorus auratus Presl=Onychium siliculosum
Allosorus cambodiensis O.Ktze.=Cheilosoria beiangeri
Allosorus concolor O.Ktze.=Doryopteris concolor
Allosorus gracilis Prsl=Cryptogramma stelleri
Allosorus nitidulus Presl=Pellaea nitidula
Allosorus raddeana Ching=Cryptogramma raddeana
Allosorus stelleri Rupr.=Cryptogramma stelleri
Allosorus tamburii O.Ktze=Aleuritopteris tamburii
Allospondias Stapf=**Spondias**
Allospondias lakonensis (Pierre) Stapf=Spondias lakonensis
Allostigma W.T.Wang **异片苣苔属**(苦苣苔科)
Allostigma guangxiensis W.T.Wang 异片苣苔
Alloteropsis J.S.Presl ex Presl **毛颖草属**(禾本科)
Alloteropsis cimicina (L.) Stapf 臭虫草
Alloteropsis eckloniana (Nees) Hitchc.=Alloteropsis semialata var. eckloniana
Alloteropsis semialata (R.Br.) Hitchc.毛颖草
Alloteropsis semialata var. eckloniana (Nees) Hubb.紫纹毛颖草
Alloteropsis semialata var. semialata=Alloteropsis semialata
Alniphyllum Matsum.**赤杨叶属**(安息香科)
Alniphyllum buddleifolium Hu & Cheng=Alniphyllum fortunei
Alniphyllum eberhardtii Guill.滇赤杨叶
Alniphyllum faurili Perk.=Alniphyllum fortunei
Alniphyllum fortunei Makino (Sasaki List.Pl.Formos.1928)=Alniphyllum pterospermum
Alniphyllum fortunei (Hemsl.) Makino 赤杨叶
Alniphyllum fortunei f. *hypoglaucum* C.Y.Wu=Alniphyllum fortunei
Alniphyllum fortunei var. *calvescens* Chun & How=Alniphyllum fortunei
Alniphyllum fortunei var. *hainanense* (Hay.) C.Y.Wu=Alniphyllum fortunei
Alniphyllum fortunei var. *megaphyllum* (Hemsl. & Wils.) C.Y.Wu= Alniphyllum fortunei
Alniphyllum fortunei var. *microcarpum* C.Y.Wu=Alniphyllum fortunei
Alniphyllum hainanense Hay.=Alniphyllum fortunei
Alniphyllum macranthum Perk.=Alniphyllum fortunei
Alniphyllum megaphyllum Hemsl. & Wils.=Alniphyllum fortunei
Alniphyllum pterospermum Matsum.台湾赤杨叶
Alnus Mill.**桤木属**(桦木科)
Alnus boshia Buch.-Ham. ex D.Don=Alnus nepalensis
Alnus cremastogyne Burk.桤木
Alnus crispa (Ait.) Pursh 美洲绿桤木
Alnus dioca Roxb.=Aporusa dioica
Alnus ferdinandi-coburgii Schneid.川滇桤木
Alnus firma var. *sieboldiana* (Matsum) H.Winkl.=Alnus sieboldiana
Alnus formosana Makino 台湾桤木
Alnus fruticosa var. *mandshurica* Callier ex Schneid.=Alnus mandshuirica
Alnus glutinosa (L.) Gaertn.欧洲桤木
Alnus henryi Schneid.台北桤木
Alnus hirsuta Turcz. ex Rupr.辽东桤木
Alnus hirsuta var. *sibirica* (Fisch.) Schneid.=Alnus hirsuta
Alnus incana (L.) Moench.毛赤杨
Alnus incana var. *glauca* Rgl.=Alnus hirsuta
Alnus incana var. *hirsuta* Spach.=Alnus hirsuta
Alnus incana var. *sibirica* Spach.=Alnus hirsuta
Alnus jackii Hu=Alnus trabeculosa
Alnus japonica (Thunb.) Steud.日本桤木
Alnus japonica Steud.(台湾树木志 1963,p.p.)=Alnus formosana
Alnus japonica Steud.(台湾树木志 1963,p.p.)=Alnus henryi
Alnus japonica var. *formosana* Callier=Alnus formosana
Alnus japonica var. *genuina* Callier=Alnus japonica
Alnus japonica var. *latifolia* Callier=Alnus japonica
Alnus lanata Duthie ex Bean 毛桤木
Alnus mandshuirica (Callier) Hand.-Mazz.东北桤木
Alnus maritima (Marsh.) Nutt.(Steenis in Fl=Alnus formosana
Alnus maritima var. *arguta* Rgl.=Alnus japonica
Alnus maritima var. *formosana* Burk.=Alnus formosana
Alnus maritima var. *japonica* Rgl.=Alnus japonica
Alnus nepalensis D.Don 尼泊尔桤木
Alnus nepalensis Wall.=Alnus nepalensis
Alnus reginosa Nakai=Alnus japonica
Alnus rhombifolia Nutt.菱叶桤木
Alnus rubra Bong.红枝桤木
Alnus rugosa (Du Roi) Spreng.斑叶桤木
Alnus serrulata (Ait) Willd.齿叶桤木
Alnus sibirica Fisch.=Alnus hirsuta
Alnus sibirica var. *hirsuta* Koidzumi=Alnus hirsuta
Alnus sibirica var. *oxyloba* Schneid.=Alnus hirsuta
Alnus sibirica var. *paucinervis* Schneid.=Alnus hirsuta
Alnus sieboldiana Matsum.旅顺桤木
Alnus sinuata (Rgl.) Rybd.裂叶桤木
Alnus tenuifolia Nutt.薄叶桤木
Alnus tinctoria Sarg.=Alnus hirsuta
Alnus trabeculosa Hand.-Mazz.江南桤木
Alocasia (Schott) G.Don **海芋属**(天南星科)
Alocasia chantrieri Hort.黑叶芋
Alocasia cucullata (Lour.) Schott 尖尾芋
Alocasia cuprea Koch 龟甲芋
Alocasia hainanensis Krause=Alocasia hainanica
Alocasia hainanica N.E.Brown 南海芋
Alocasia indica (Roxb.) Schott.印度马来海芋
Alocasia korthalsii Schott.银脉观音莲
Alocasia longiloba Miq.箭叶海芋
Alocasia lowii HK.f.娄氏海芋
Alocasia macrorrhiza (L.) Schott 海芋

Alocasia micholitziana Sander 狭矢叶海芋
Alocasia odora (Roxb.) Koch=Alocasia macrorrhiza
Alocasia rugosa Schott=Alocasia cucullata
Alocasia sanderiana Bull.美叶芋
*Alocasia sp.*Griff.=Amorphophallus dunnii
Alocasia watsoniana Sand.大王海芋
Alocasia zebrina Koch & Veitch.斑马海芋
Aloe L.**芦荟属**(百合科)
Aloe arborescens Mill.单杆芦荟
Aloe arborescens var. natalensis Berg.大芦荟
Aloe aristata Haw.绫锦
Aloe barbadensis Mill.库拉索芦荟
Aloe barbadensis var. *chinensis* Haw.=Aloe vera
Aloe brevifolia Mill.短叶芦荟
Aloe chinensis (Haw.) Baker=Aloe vera
Aloe ciliaris Haw.纤毛叶芦荟
Aloe delaetii Radl.海虎兰
Aloe delaetoe Radl.杂种芦荟
Aloe eru Bgr.羊角掌
Aloe ferox Mill.好望角芦荟
Aloe haworthioides Bak.琉璃姬孔雀
Aloe humilis Haw.小芦荟
Aloe karasbergensis Dtr.乌山锦
Aloe mitriformis Mill.僧帽花芦荟
Aloe nobilis Haw.刚健芦荟
Aloe parvula Bgr.琉璃孔雀
Aloe perfoliata var. *vera* L.=Aloe vera
Aloe petricola P.Evans 巴里锦
Aloe polyphylla Schoenl.碧玉冠
Aloe reitzii Reyn.莱次芦荟
Aloe saponaris Haw.花叶芦荟
Aloe spuria Berger.翡翠掌
Aloe striata Haw.珊瑚芦荟
Aloe variegata L.什锦芦荟
Aloe vera (L.) N.L.Burm.芦荟
Aloe vera var. *chinensis* (Haworth) A.Berger=Aloe vera
Aloe zebrina var. caerulescens Chen 斑马芦荟
Alopecuroveronica L.=**Dysophylla**
Alopecurus L.**看麦娘属**(禾本科)
Alopecurus aequalis Sobol.看麦娘
Alopecurus aequalis subsp. *amurensis* (Kom.) Hult.=Alopecurus aequalis
Alopecurus aequalis subsp. *aristulatus* (Michx.) Tzvel.=Alopecurus aequalis
Alopecurus aequalis var. *amurensis* (Kom.) Ohwi=Alopecurus aequalis
Alopecurus agrestis L.(Pilgerin in Engl.Bot.Jahrb.1900)=Alopecurus japonicus
Alopecurus agrestis L.=Alopecurus myosuroides
Alopecurus amurensis (Kom.) Kom.=Alopecurus aequalis
Alopecurus aristulatus Michx.=Alopecurus aequalis
Alopecurus arundinaceus Poir.苇状看麦娘
Alopecurus brachystachyus Bieb.短穗看麦娘
Alopecurus geniculatus L.膝曲看麦娘
Alopecurus geniculatus var. *amurensis* (Kom.) Roshev.=Alopecurus aequalis
Alopecurus himalaicus HK.f.喜马拉雅看麦娘
Alopecurus japonicus Steud.日本看麦娘
Alopecurus longiaristatus Maxim.长芒看麦娘
Alopecurus mandshuricus Litw.东北看麦娘
Alopecurus mandshuricus var. *glabratus* Litw.=Alopecurus mandshuricus
Alopecurus monspeliensis L.=Polypogon monspeliensis
Alopecurus myosuroides Huds.大穗看麦娘
Alopecurus pratensis L 大看麦娘
Alopecurus ruthenicus Weinm.=Alopecurus arundinaceus
Alopecurus typhoides Burm.=Pennisetum americarum
Alopecurus ventricosus Pers.=Alopecurus arundinaceus
Alphitonia Reiss. ex Endl.**麦珠子属**(鼠李科)
Alphitonia excelsa Reiss. ex Endl.高麦珠子
Alphitonia philippinensis Braid 麦珠子
Alphonsea HK.f. & Thoms.**藤春属**(番荔枝科)
Alphonsea boniana Finet & Gagn.金平藤春
Alphonsea hainanensis Merr. & Chun 海南藤春
Alphonsea lutea sensu C.Y.Wu & W.T.Wang=Alphonsea tsangyuanensis
Alphonsea mollis sensu Merr. & Chun=Saccopetalum prolificum
Alphonsea mollis Dunn 石密
Alphonsea monogyna Merr. & Chun 藤春
Alphonsea prolifica Chun & How=Saccopetalum prolificum
Alphonsea squamosa Finet & Gagn.多苞藤春
Alphonsea tonquiensis sensu C.Y.Wu & W.T.Wang=Alphonsea boniana
Alphonsea tsangyuanensis P.T.Li 多脉藤春
Alpinia Roxb.(p.p.)=**Achasma**
Alpinia Roxb.**山姜属**(姜科)
Alpinia agiokuensis Hay.=Alpinia japonica
Alpinia allughas (Retz.) Rosc.=Alpinia nigra
Alpinia aquatica (Koen.) Rosc.水山姜
Alpinia bambusifolia C.F.Liang & D.Fang 竹叶山姜
Alpinia blepharocalyx K.Schm.云南草蔻
Alpinia blepharocalyx var. blepharocalyx=Alpinia blepharocalyx
Alpinia blepharocalyx var. glabrior (Hand.-Mazz.) T.L.Wu 光叶云南草蔻
Alpinia bracteata Roxb.=Alpinia blepharocalyx
Alpinia brevis T.L.Wu & Senjen 小花山姜
Alpinia calcarata Rosc.距花山姜
Alpinia chinensis (Retz.) Rosc.(植物志 16-2,1981)=Alpinia oblongifolia
Alpinia chinghsiensis D.Fang 靖西山姜
Alpinia chingsiensis D.Fang(植物志 16-2,1981)=Alpinia jingxiensis
Alpinia conchigera Griff.节鞭山姜
Alpinia coplandii Ridl.密毛山姜
Alpinia coriacea T.L.Wu & Senjen 革叶山姜
Alpinia coriandriodora D.Fang 香姜
Alpinia densespicata Hay.=Alpinia shimadae
Alpinia densibracteata T.L.Wu & S.J.Chen=Alpinia stachyodes
Alpinia dolichocephala Hay.紫纹山姜
Alpinia elatior Jack.=Etlingera elatior
Alpinia elwesii Turr.=Alpinia kawakamii
Alpinia emaculata S.Q.Tong 无斑山姜
Alpinia flabellata Ridley 扇唇山姜
Alpinia fluvitialis Hay.=Alpinia zerumbet
Alpinia formosana Ko.Schum.美山姜
Alpinia galanga (L.) Willd.红豆蔻
Alpinia galanga Lour.=Alpinia galanga
Alpinia galanga var. galanga=Alpinia galanga
Alpinia galanga var. pyramidata (Bl.) K.Schum.毛红豆蔻
Alpinia globosa Horan.脆果山姜
Alpinia graminifolia D.Fang & G.Y.Lo 狭叶山姜
Alpinia guangdongensis S.J.Chen & Z.Y.Chen 光叶假益智
Alpinia guinanensis D.Fang 桂南山姜
Alpinia hainanensis K.Schum.草豆蔻
Alpinia henryi K.Schum.=Alpinia hainanensis
Alpinia henryi var. *densihispida* H.Dong & G.J.Xu=Alpinia hainanensis
Alpinia hibinoi Massam.芽姜(新)?
Alpinia hokutensis Hay.=Alpinia intermedia
Alpinia intermedia Gagn.光叶山姜
Alpinia japonica (Thunb.) Miq.山姜
Alpinia jianganfeng T.L.Wu 箭杆风
Alpinia jingxiensis D.Fang 靖西山姜
Alpinia kainantensis Masamune=Alpinia hainanensis
Alpinia katsumadai Hay.=Alpinia hainanensis
Alpinia kawakamii Hay.密毛山姜
Alpinia kelungensis Hay.=Alpinia intermedia
Alpinia kokutensis Hay.=Alpinia intermedia
Alpinia koshunensis Hay.=Alpinia formosana
Alpinia kumatake Makino=Alpinia intermedia
Alpinia kusshakuensis Hay.菱唇山姜
Alpinia kwangsiensis T.L.Wu & Senjen 长柄山姜
Alpinia maclurei Merr.假益智
Alpinia macrocephala Hay.=Alpinia sessiliflora
Alpinia malaccensis (Burm.) Rosc.毛瓣山姜
Alpinia mediomaculata Hay.=Alpinia shimadae
Alpinia menghaiensis S.Q.Tong & Y.M.Xia 勐海山姜
Alpinia mesanthera Hay.疏花山姜
Alpinia nanchuanensis Z.Y.Zhu 南川山姜

Alpinia napoensis H.Dong & G.J.Xu 那坡山姜
Alpinia nigra (Gaertn.) Burtt.黑果山姜
Alpinia oblongifolia Hay.华山姜
Alpinia officinarum Hance 高良姜
Alpinia ovoideicarpa H.Dong & G.J.Xu 卵果山姜
Alpinia oxyphylla Miq.益智
Alpinia pinnanensis T.L.Wu & Senjen 桂穗山姜
Alpinia platychilus K.Schum.宽唇山姜
Alpinia polyantha D.Fang 多花山姜
Alpinia pricei Hay.短穗山姜
Alpinia pricei var. *sessiliflora* (Kitamura) J.J.Yang & J.C.Wang=Alpinia sessiliflora
Alpinia psilogyna D.Fang 矮山姜
Alpinia pumila HK.f.花叶山姜
Alpinia pyramidata Bl.=Alpinia galanga var. pyramidata
Alpinia rubromaculata S.Q.Tong 红斑山姜
Alpinia sasakii Hay.=Alpinia pricei
Alpinia satsumensis Gagn.=Alpinia formosana
Alpinia schumanniana Valeton=Alpinia zerumbet
Alpinia sessiliflora Kitamura 大头山姜
Alpinia shimadae Hay.密穗山姜
Alpinia shimadae var. *kawakamii* (Hay.) J.J.Yang & J.C.Wang=Alpinia kawakamii
Alpinia sichuanensis Z.Y.Zhu 四川山姜
Alpinia speciosa (Bl.) D.Dietr.=Etlingera elatior
Alpinia speciosa (J.C.Wendl.) K.Schum.=Alpinia zerumbet
Alpinia speciosa (Wendl.) K.Schum.=Alpinia zerumbet
Alpinia stachyoides Hance 箭秆风
Alpinia stachyoides var. stachyodes=Alpinia stachyodes
Alpinia stachyoides var. yangchunensis Z.L.Zhao & L.S.Xu 阳春山姜
Alpinia strobiliformis T.L.Wu & Senjen 珠穗山姜
Alpinia strobiliformis var. glabra T.L.Wu & Senjen 光叶珠穗山姜
Alpinia strobiliformis var. strobiliformis=Alpinia strobiliformis
Alpinia suishanensis Hay.=Alpinia oblongifolia
Alpinia tarokoensis Hay.=Alpinia pricei
Alpinia tokinensis Gagn.滑叶山姜
Alpinia tonrokuensis Hay.台北山姜
Alpinia uraiensis Hay.大花山姜
Alpinia zerumbet (Pers.) Burtt. & Smith 艳山姜
Alseodaphne Nees **油丹属**(樟科)
Alseodaphne andersonii (King ex HK.f.) Kosterm.毛叶油丹
Alseodaphne breviflora Benth.=Machilus breviflora
Alseodaphne caudata Lec.=Cinnamomum caudiferum
Alseodaphne cavaleriei (Lévl.) Kosterm.=Machilus cavaleriei
Alseodaphne chinensis Champ. ex Benth.=Machilus chinensis
Alseodaphne dumicola W.W.Sm.=Machilus dumicola
Alseodaphne gracilis Kosterm.细梗油丹
Alseodaphne hainanensis Merr.油丹
Alseodaphne hokoueniss H.W.Li 河口油丹
Alseodaphne keenanii Gamble=Alseodaphne andersonii
Alseodaphne marlipoensis (H.W.Li) H.W.Li 麻栗坡油丹
Alseodaphne mollis W.W.Sm.=Cinnamomum tenuipilum
Alseodaphne omeiensis Gamble=Nothaphoebe cavaleriei
Alseodaphne petiolaris (Meissn.) HK.f.长柄油丹
Alseodaphne rugosa Merr. & Chun 皱皮油丹
Alseodaphne sichourensis H.W.Li 西畴油丹
Alseodaphne yunnanensis Kosterm.云南油丹
Alsine biflora Wahlb.=Minuartia biflora
Alsine macrocarpa Fenzl=Minuartia macrocarpa
Alsine macrocarpa var. *koreana* Nakai=Minuartia macrocarpa var. korean
Alsine media L.=Stellaria media
Alsine occulta Fisch. ex Turcz.=Minuartia biflora
Alsine pallida Dumort.=Stellaria pallida
Alsine prostratum Forssk.=Polycarpon prostratum
Alsine tenüifolia var. *regeliana* Trautv.=Minuartia regeliana
Alsine trinervia (L.) Crantz=Moehringia trinervia
Alsine verna (L.) Wahl.=Minuartia verna
Alsine verna var. *hirta* Fenzl=Minuartia verna
Alsmonita simplicifolia Merr.=Zanonia indica
Alsodeia Thou.=**Rinorea**
Alsodeia bengalensis Wall.=Rinorea bengalensis
Alsodeia membranacea King(H.de Boissiec.in Lecomte Fl.Gén.Indo-Chine 1909, p.p.)=Casearia flexuosa
Alsodeia sect. *Scyphellandra* (Thw.) HK.f. & Thoms.=**Scyphellandra**
Alsodeia sessilis Spreng.=Rinorea sessilis
Alsodeia wallichiana HK.f.=Rinorea bengalensis
Alsomitra Roem.=**Neoalsomitra**
Alsomitra cissoides Roem.=Gynostemma pentaphyllum
Alsomitra clavigera Roem.=Neoalsomitra clarigera
Alsomitra graciliflora Harms=Hemsleya graciliflora
Alsomitra integrifoliola (Cogn.) Hay.=Neoalsomitra integrifoliola
Alsomitra laxa (Wall.) Roem.=Gynostemma laxum
Alsomitra pubigera Prain=Neoalsomitra integrifoliola
Alsomitra tonkinensis Gagn.=Neoalsomitra integrifoliola
Alsophila R.Br.**桫椤属**(桫椤科)
Alsophila fenicis (Cop.) C.Chr.兰屿桫椤
Alsophila longeri (Christ) Tryon 南洋桫椤
Alsophila polypodioides HK.=Macrothelypteris polypodioides
Alsophila spinulosa (HK.) Tryon 桫椤
Alsophila subglandulosa Hance=Ctenitis subglandulosa
Alsophila tenuisecta Bl. ex Moore=Acystopteris tenuisecta
Alstonia R.Br.**鸡骨常山属**(夹竹桃科)
Alstonia boonei De Willd.干酪鸡骨常山
Alstonia elliptica (Thunb. ex Murr.) Roem. & Schult.水甘草
Alstonia esquirolii Lévl.=Alstonia yunnanensis
Alstonia glaucescens Monachino=Alstonia rostrata
Altstonia guangxiensis D.Fang & X.X.Chen=Alstonia neriifolia
Alstonia henryi Stiang 黄花羊角棉
Alstonia macrophylla Wall. ex G.Don 大叶糖胶树
Alstonia mairei Lévl.羊角棉
Alstonia neriifolia D.Don 竹叶羊角棉
Alstonia pachycarpa Merr. & Chun=Alstonia rostrata
Alstonia paupera Hand.-Mazz.=Alstonia mairei
Alstonia rostrata C.E.C.Fisch.盆架树
Alstonia rupestris Kerr 岩生羊角棉
Alstonia scholaris (L.) R.Br.糖胶树
Alstonia sebursi var. *szemaoensis* Monachino=Alstonia henryi
Alstonia yunnanensis Diels 鸡骨常山
Alstroemeria L.**六出花属**(石蒜科)
Alstroemeria aurantiaca D.Don 黄六出花
Alstroemeria ligtu L.紫条六出花
Alstroemeria pulchella L.f.鹦鹉六出花
Alternanthera Forsk.**莲子草属**(苋科)
Alternanthera bettzickana (Rgl.) Nichols.锦绣苋
Alternanthera ficoides var. *bettzickiana* (Nichols.) Baker=Alternanthera bettzickana
Alternanthera ficoides var. *versicolor* Lem.=Alternanthera bettzickana
Alternanthera nodiflora R.Br.=Alternanthera sessilis
Alternanthera philoxeroides (Mart.) Griseb 喜旱莲子草
Alternanthera pungens H.B.K.刺花莲子草
Alternanthera repens (L.) Link=Alternanthera pungens
Alternanthera repens Steud.=Alternanthera pungens
Alternanthera sessilia (L.) R.Br. ex Roem. & Schult.=Alternanthera sessilis
Alternanthera sessilis (L.) DC.莲子草
Alternanthera versicolor (Lem.) Hort. ex Rgl.=Alternanthera bettzickana
Alternus Scop.=**Rhamnus**
Althaea L.**蜀葵属**(锦葵科)
Althaea furtex Hort. ex Mill.=Hibiscus syriacus
Althaea nudiflora Lindl.裸花蜀葵
Althaea officinalis L.药蜀葵
Althaea rosea (L.) Cavan.蜀葵
Althaea rosea var. *sinensis* (Cavan.) S.Y.Hu=Althaea rosea
Althaea sinensis Cavan.=Althaea rosea
Altingia Noronha **蕈树属**(金缕梅科)
Altingia angustifolia Chang 窄叶蕈树
Altingia chinensis (Champ.) Oliv. ex Hance 蕈树
Altingia chingii Metc.=Semiliquidambar chingii
Altingia chingii var. *parvifolia* Chun=Semiliquidambar cathayensis var. parvifolia
Altingia excelsa Noronha 细青皮
Altingia gracilipes Hemsl.细柄蕈树

Altingia gracilipes f. *uniflora* Chang=Altingia gracilipes
Altingia gracilipes var. serrulata Tutch.细齿蕈树
Altingia multinervis Cheng 赤水蕈树
Altingia obovata Merr. & Chun 海南蕈树
Altingia tenuifolia Chun ex Chang 薄叶蕈树
Altingia yunnanensis Rehd. & Wils.云南蕈树
Alysicarpus Neck. ex Desv.**链荚豆属**(豆科)
Alysicarpus bupleurifolius (L.) DC.柴胡叶链荚豆
Alysicarpus nummularifolius DC.=Alysicarpus vaginalis
Alysicarpus rugosus (Willd.) DC.皱缩链荚豆
Alysicarpus vaginalis (L.) DC.链荚豆
Alysicarpus vaginalis var. *diversifolius* Chun=Alysicarpus vaginalis
Alysicarpus yunnanensis Yang & Huang 云南链荚豆
Alyssum L.**庭荠属**(十字花科)
Alyssum alpestre Kom.=Alyssum sibiricum
Alyssum alpestre var. *tortuosum* (Willd.) Fenzl.=Alyssum tortuosum
Alyssum altaicum C.A.Mey.=Alyssum lenense
Alyssum altaicum var. *dasycarpum* C.A.Mey.=Alyssum lenense
Alyssum altiacum var. *leiocarpum* C.A.Mey.=Alyssum lenense
Alyssum alyssoides (L.) L.欧洲庭荠
Alyssum americanum Greene=Alyssum obovatum
Alyssum biovulatum N.busch=Alyssum sibiricum
Alyssum calycium L.=Alyssum alyssoides
Alyssum calycocarpum var. *edentatum* H.L.Yang=Alyssum lenense
Alyssum campestre L.(p.p.)=Alyssum minus
Alyssum canescens DC.灰毛庭荠
Alyssum canescenum var. *abbreviatum* DC.=Ptilotricum canescens
Alyssum canescenum var. *elongatum* DC.=Ptilotricum canescens
Alyssum cupreum Freyn & Sintenis=Alyssum linifolium
Alyssum dasycarpum Steph. ex Willd.粗果庭荠
Alyssum dasycarpum var. *minus* Borm. Ex T.R.Dudl.=Alyssum dasycarpum
Alyssum dasycarpum var. *pterospermum* Borhdz.=Alyssum dasycarpum
Alyssum desertorum Stapf.庭荠
Alyssum desertorum var. *himalayense* T.R.Dudl.=Alyssum desertorum
Alyssum desertorum var. *prostratum* T.R.Dudl.=Alyssum desertorum
Alyssum fallax E.J.Nyárády=Alyssum obovatum
Alyssum fedtshenkoanum N.Busch 珠果庭荠
Alyssum fischerianum DC.=Alyssum lenense
Alyssum halimifolium L.=Lobularia maritima
Alyssum incana L.=Berteroa incana
Alyssum lenense Adams 北方庭荠
Alyssum lenense var. *dasycarpum* (C.A.Mey.) N.Busch.=Alyssum lenense
Alyssum lenense var. dasycarpum C.A.Mey 星毛庭荠
Alyssum lenense var. lenense=Alyssum lenense
Alyssum linifolium Steph. ex Willd.条叶庭荠
Alyssum linifolium var. *cupreum* (Freyn & Sntenis) T.R.Dudl.=Alyssum linifolium
Alyssum linifolium var. *tehranicum* Borm.=Alyssum linifolium
Alyssum magicum Z.X.An=Galitzkya potaninii
Alyssum maritimum (L.) Lam.=Lobularia maritima
Alyssum micranthum C.A.Mey.=Alyssum simplex
Alyssum minimum L.=Lobularia maritima
Alyssum minimum Willd.(p.p.)=Alyssum desertorum
Alyssum minus (L.) Rothm.新疆庭荠
Alyssum minus Roth.=Alyssum simplex
Alyssum minus var. *micranthum* (C.A.Mey.) T.R.Dydl.=Alyssum simplex
Alyssum obovatum (C.A.Mey.) Turcz 倒卵叶庭荠.
Alyssum parviflorum M.Bieb.=Alyssum simplex
Alyssum serpyllifolium Desf.=Alyssum linifolium
Alyssum sibiricum Willd.西伯利亚庭荠
Alyssum simplex Rudoolphi 新疆庭荠.
Alyssum spathulatum Stephan ex Willd.=Galitzkya spathulata
Alyssum tenuifolium Stephan ex Willd.细叶庭荠
Alyssum tortuosum Waldst. & Kit. ex Willd.扭庭荠
Alyssum turkestanicum var. *desertorum* (Stapf) Botsch.=Alyssum desertorum
Alyxia Banks ex R.Br.**链珠藤属**(夹竹桃科)
Alyxia acutifolia Tsiang=Alyxia levinei
Alyxia balansae Pitard.=Alyxia siamensis
Alyxia bodinieri Woodson=Alyxia schlechteri
Alyxia euonymifolia Tsiang=Alyxia odorata
Alyxia fascicularis Benth.尾尖链珠藤
Alyxia forbesii King & Gamb.=Alyxia reinwardtii
Alyxia funingensis Tsiang & P.T.Li=Alyxia marginata
Alyxia glaucescens Wall.(G.Don in Gen.Hist.1837)=Alstonia rostrata
Alyxia hainanensis Merr. & Chun=Alyxia odorata
Alyxia insularis Kanehira & Sasaki 兰屿链珠藤
Alyxia jasminea Tsiang & P.T.Li=Alyxia odorata
Alyxia kweichowensis Tsiang & P.T.Li=Alyxia levinei
Alyxia lehtungensis Tsiang=Alyxia odorata
Alyxia levinei Merr.筋藤
Alyxia marginata Pitard 陷边链珠藤
Alyxia menglungensis Tsiang & P.T.Li 勐龙链珠藤
Alyxia nitens Kerr.=Alyxia odorata
Alyxia odorata Wall. ex G.Don 海南链珠藤
Alyxia reinwardtii Bl.长花链珠藤
Alyxia schlechteri Lévl.=Daphne tangutica
Alyxia reinwardtii var. *meiantha* (Stapf) Mark.= Alyxia reinwardtii
Alyxia schlechteria Lévl.狭叶链珠藤
Alyxia siamensis Craib 长序链珠藤
Alyxia sinensis Cham. ex Benth.链珠藤
Alyxia taiwanensis Lu & Yung 台湾链珠藤
Alyxia villilimba C.Y.Wu ex Tsiang & P.T.Li 毛叶链珠藤
Alyxia vulgaris Tisang 串珠子
Alyxia yunkuniana Tsiang=Alyxia siamensis
Amalocalyx Pierre.**毛车藤属**(夹竹桃科)
Amalocalyx burmanicus Chatt.=Amalocalyx microlobus
Amalocalyx microlobus Pierre 毛车藤
Amalocalyx yunnanensis Tsiang=Amalocalyx microlobus
Amana edulis (Miq.) Honda=Tulipa edulis
Amana graminifolia (Baker) Hall=Tulipa edulis
Amana latifolia (Makino) Honda=Tulipa erythronioides
Amaranthaceae 苋科
Amaranthus L.**苋属**(苋科)
Amaranthus albus L.白苋
Amaranthus ascendens Loise (L.)=Amaranthus lividus
Amaranthus blitoides Watson 北美苋
Amaranthus blitum L.(北部植物图志 1935,p.p.)=Amaranthus lividus
Amaranthus blitum L.(北部植物图志 1935,p.p.)=Amaranthus viridis
Amaranthus caudatuas L.尾穗苋
Amaranthus chlorostachys Willd.=Amaranthus hybridus
Amaranthus cruentus L.=Amaranthus paniculatus
Amaranthus delilei Richter & Loret=Amaranthus retroflexus var. delilei
Amaranthus gangeticus L.=Amaranthus tricolor
Amaranthus gracilentus Kung 细枝苋
Amaranthus hybridus L.绿穗苋
Amaranthus hybridus subsp. *cruentus* var. *paniculatus* (L.) Thell.=Amaranthus paniculatus
Amaranthus hybridus var. *hypochondriacus* (L.) Robinson=Amaranthus hypochondriacus
Amaranthus hypochondriacus L.千穗苋
Amaranthus lividus L.凹头苋
Amaranthus mangostanus L.=Amaranthus tricolor
Amaranthus paniculatus L.繁穗苋
Amaranthus persicarioides Poir.=Acroglochin persicarioides
Amaranthus retroflexus L.(苏南植物手册 1959)=Amaranthus hybridus
Amaranthus retroflexus L.反枝苋
Amaranthus retroflexus var. delilei (Richter & Loret) Thell.短苞反枝苋
Amaranthus retroflexus var. retroflexus=Amaranthus retroflexus
Amaranthus roxburghianus Kung 腋花苋
Amaranthus spinosus L.刺苋
Amaranthus tricolor L.苋
Amaranthus viridis L.皱果苋
Amaryllidaceae 石蒜科
Amaryllis L.**朱顶兰属**(石蒜科)
Amaryllis aurea L'Herb.=Lycoris aurea
Amaryllis belladonna L.孤挺花
Amaryllis candida Lindl.=Zephyranthes candida
Amaryllis formossisima L.=Sprekelia formosissima
Amaryllis radiata L'Her.=Lycoris radiata
Amaryllis rutila Ker.-Gawl.=Hippeastrum rutilum
Amaryllis tatarica Pall.=Ixiolirion tataricum

Amaryllis vittata Ait.朱顶兰
Amaryllis vittata L.=Hippeastrum vittatum
Amberboa Pers.(p.p.)=**Amberboa**
Amberboa (Pers.) Less.**珀菊属**(菊科)
Amberboa glauca (Willd.) Grosch.白花珀菊
Amberboa moschata (L.) DC.(p.p.)=Amberboa glauca
Amberboa moschata (L.) DC.珀菊
Amberboa odorata var. *flava* Trautv.=Amberboa turanica
Amberboa sect. *Chryseis* (Cass.) DC.=**Amberboa**
Amberboa turanica Iljin 黄花珀菊
Amblyachyrum Hochst. ex Steud.=**Apocopis**
Amblyglottis angustifolia Bl.=Calanthe angustifolia
Amblygonum orientale (L.) Nakai=Polygonum orientale
Amblynotus Johnst.**钝背草属**(紫草科)
Amblynotus obovatus (Ledeb.) I.M.Joh=Amblynotus rupestris
Amblynotus rupestris (Pall. ex Georgi) Popov ex L.Sergi.钝背草
Amblyopogon (DC.) Juab. & Spach.=**Centaurea**
Amblytropis Kitag.=**Gueldenstaedtia**
Amblytropis brachyptera Péi & Shieh=Gueldenstaedtia verna subsp. multiflora
Amblytropis brachyptera var. *elongata* Péi & Shieb=Gueldenstaedtia verna subsp. multiflora
Amblytropis coelestis (Diels) C.Y.Wu ex Tsui=Tibetia coelestis
Amblytropis delavayi (Franch.) C.Y.Wu ex Tsui=Gueldenstaedtia delavayi
Amblytropis flava (Adamson) C.Y.Wu ex Tsui=Tibetia tongolensis
Amblytropis harmsii (Ulbr.) C.Y.Wu ex Tsui=Gueldenstaedtia harmsii
Amblytropis henryi (Ulbr.) C.Y.Wu ex Tsui=Gueldenstaedtia henryi
Amblytropis maritima (Maxim.) Kitag.=Gueldenstaedtia maritima
Amblytropis multiflora (Bge.) Kitag.=Gueldenstaedtia verna subsp. multiflora
Amblytropis pauciflora (Pall.) Kitag.=Gueldenstaedtia verna
Amblytropis stenophylla (Bge.) Kitag.=Gueldenstaedtia stenophylla
Amblytropis uniflora (Strachey) Kuang & Tsui=Tibetia himalaica
Amblytropis yunnanensis (Franch.) C.Y.Wu ex Tsui=Tibetia yunnanensis
Ambora toxicaria Pers.=Antiaris toxicaria
Ambrina ambrosioides Spach=Chenopodium ambrosioides
Ambrina botrys Moq.=Chenopodium botrys
Ambroma Jacq.=**Ambroma**
Ambroma L.f.**昂天莲属**(梧桐科)
Ambroma augusta (L.) L.f.昂天莲
Ambrosia L.**豚草属**(菊科)
Ambrosia artemisiifolia L.豚草
Ambrosia artemisiifolia var. *elatior* (L.) Decne.=Ambrosia artemisiifolia
Ambrosia bidentata Michx.二裂矮豚草
Ambrosia elatior L.=Ambrosia artemisiifolia
Ambrosia pumila A.Gray 矮豚草
Ambrosia trifida L.三裂叶豚草
Ambrosinica retrospiralis Roxb.=Cryptocoryne retrospiralis
Ambulia aromatica Lam.=Limnophila aromatica
Ambulia sessiliflora (Vahl) Baill. ex Vettst.=Limnophila sessiliflora
Ambulia trichophylla Kom.短梗石龙尾(新)?
Amelanchier Medic.**唐棣属**(蔷薇科)
Amelanchier alnifolia (Nutt.) Nutt.桤叶唐棣
Amelanchier arbora (Michxf.) Fern.树唐棣
Amelanchier asiatica (S. & Z.) Endl. ex Walp.东亚唐棣
Amelanchier asiatica (S. & Z.) Walp.(Pritz.in Engl.Bot.Jahrb.1900)= Amelanchier sinica
Amelanchier asiatica var. *sinica* Schneid.=Amelanchier sinica
Amelanchier asiatica var. *typica* Schneid.=Amelanchier asiatica
Amelanchier canadensis (L.) Medic.加拿大唐棣
Amelanchier canadensis var. *asiatcia* Koidz.=Amelanchier asiatica
Amelanchier florida Lindl.太平洋唐棣
Amelanchier japonica Hort. ex K.Koch=Amelanchier asiatica
Amelanchier laevis Wieg.平滑唐棣
Amelanchier ovalis Medic.卵叶唐棣
Amelanchier racemosa Lindl.=Exochorda racemosa
Amelanchier sanguinea (Pursh) DC.圆叶唐棣
Amelanchier sect. *Euamelanchier* Schneid.=**Amelanchier**
Amelanchier sinica (Schneid.) Chun 唐棣
Amelia Alef.=**Pyrola**
Amelia minor (L.) Alef.=Pyrola minor
Amentotaxus Pilger **穗花杉属**(红豆杉科)
Amentotaxus argotaenia (Hance) Pilger 穗花杉
Amentotaxus argotaenia Pilger (Hu in Bull.Chin.Bot.Soc.1935)= Amentotaxus yunnanensis
Amentotaxus argotaenia Pilger (Yamamoto in Bot.Mag.Tokyo 1926)= Amentotaxus formosana
Amentotaxus argotaenia var. argotaenia=Amentotaxus argotaenia
Amentotaxus argotaenia var. brevifolia K.M.Lan & F.H.Zhang 短叶穗花杉
Amentotaxus argotaenia var. *cathayensis* (Li) Keng f.=Amentotaxus argotaenia
Amentotaxus argotaenia var. *taiwanica* (Hao) Keng f.=Amentotaxus formosana
Amentotaxus argotaenia var. *yunnanensis* (Li) King f.=Amentotaxus yunnanensis
Amentotaxus cathayensis Li=Amentotaxus argotaenia
Amentotaxus formosana Li 台湾穗花杉
Amentotaxus taiwanica Hao=Amentotaxus formosana
Amentotaxus yunnanensis Li 云南穗花杉
Amentotaxus yunnanensis var. *foromsana* (H.L.Li) Silba=Amentotaxus formosana
Amesia discolor (Kraenzl.) H.H.Hu=Epipactis helleborine
Amesia longibracteata Schweinfurth=Epipactis helleborine
Amesia mairei (Schltr.) H.H.Hu=Epipactis mairei
Amesia monticola (Schltr.) H.H.Hu=Epipactis helleborine
Amesia schensiana (Schltr.) H.H.Hu=Epipactis mairei
Amesia setschuanica (Ames & Schltr.) H.H.Hu=Epipactis mairei
Amesia squamellosa (Schltr.) H.H.Hu=Epipactis helleborine
Amesia tangutica (Schltr.) H.H.Hu=Epipactis helleborine
Amesia tenii (Schltr.) H.H.Hu=Epipactis helleborine
Amesia wilsonii (Schltr.) H.H.Hu=Epipactis mairei
Amesia xanthophaea (Schltr.) H.H.Hu=Epipactis xanthophaea
Amesia yunnanensis (Schltr.) H.H.Hu=Epipactis helleborine
Amesiodendron Hu **细子龙属**(无患子科)
Amesiodendron chinense (Merr.) Hu 细子龙
Amesiodendron integrifoliolatum 龙州细子龙
Amesiodendron tienlinense H.S.Lo 田林细子龙
Amesium ruta-muraria Newm.=Asplenium ruta-muraria
Amesium sasakii Hay.=Asplenium septentrionale
Amesium septentrionale Newm.=Asplenium septentrionale
Amethystanthus Nakai=**Isodona**
Amethystanthus daitonensis (Hay.) Nemoto=Isodon amethystoides
Amethystanthus excisus (Maxim.) Nakai=Isodon excisus
Amethystanthus glaucocalyx (Maxim.) Nemoto=Isodon japonicus var. glaucocalyx
Amethystanthus inflexus (Thunb.) Nakai=Isodon inflexus
Amethystanthus japonicus (Burm.f.) Nakai=Isodon japonicus
Amethystanthus japonicus var. *typicus* (Maxim.) Nakai=Isodon japonicus var. glaucocalyx
Amethystanthus lasiocarpus (Hay.) Nemoto=Isodon serra
Amethystanthus longitubus (Miq.) Nakai=Isodon longitubus
Amethystanthus macrophyllus Migo=Isodon macrophyllus
Amethystanthus nakaii Migo=Isodon macrocalyx
Amethystanthus racemosus (Hemsl.) Nakai (p.p.)=Isodon racemosus
Amethystanthus serra (Maxm.) Nemoto=Isodon serra
Amethystanthus stenophyllus Migo=Isodon nervosus
Amethystanthus taiwanensis Masamune=Isodon macrocalyx
Amethystanthus websteri (Hemsl.) Kitag.=Isodon websteri
Amethystea L.**水棘针属**(唇形科)
Amethystea caerulea L.水棘针
Ametron Raf.=**Rubu**
Amischophacelus R.S.Rao & Kamm.=**Cyanotis**
Amischophacelus axillaris (L.) R.S.Rao & Kamm.=Cyanotis axillaris
Amischotolype Hassk.**穿鞘花属**(鸭跖草科)
Amischotolype hispida (Less. & A.Rich.) Hong 穿鞘花
Amischotolype hookeri (Hassk.) Hara 尖果穿鞘花
Amitostigma Schltr **无柱兰属**(兰科)
Amitostigma alpestre Fukuyama 台湾无柱兰
Amitostigma amplexifolium T.Tang & F.T.Wang 抱茎叶无柱兰
Amitostigma basifoliatum (Finet) Schltr 四裂无柱兰
Amitostigma beesianum (W.W.Sm.) T.Tang & F.T.Wang=Orchis chusua
Amitostigma bifoliatum T.Tang & F.T.Wang 棒距无柱兰
Amitostigma capitatum T.Tang & F.T.Wang 头序无柱兰

Amitostigma chinensis (Rolfe) Schltr.=Amitostigma gracile
Amitostigma dolichacentrum T.Tang,F.T.Wang & K.Y.Lang 长距无柱兰
Amitostigma faberi (Rolfe) Schltr 峨眉无柱兰
Amitostigma farreri Schltr 长苞无柱兰
Amitostigma formosana (S.S.Ying) S.S.Ying=Amitostigma gracile
Amitostigma forrestii Schltr.=Amitostigma monanthum var. forrestii
Amitostigma gonggashanicum K.Y.Lang 贡嘎无柱兰
Amitostigma gracile (Bl.) Schltr 无柱兰
Amitostigma hemipilioides (Finet) T.Tang & F.T.Wang 卵叶无柱兰
Amitostigma microhemipilia Schltr.=Amitostigma hemipilioides
Amitostigma monanthum (Finet) Schltr 一花无柱兰
Amitostigma monanthum var. forrestii (Schltr.) T.Tang & F.T.Wang 糙茎无柱兰
Amitostigma monanthum var. monanthum=Amitostigma monanthum
Amitostigma nivale Schltr.=Amitostigma monanthum
Amitostigma papillionaceum T.Tang ,F.T.Wang & K.Y.Lang 蝶花无柱兰
Amitostigma parceflorum (Finet) Schltr 少花无柱兰
Amitostigma physoceras Schltr 球距无柱兰
Amitostigma pinguiculum (Rchb.f. & S.Moore) Schltr 大花无柱兰
Amitostigma potaminii Invanova=Neottianthe camptoceras
Amitostigma potaninii f. *macranthum* Invanova=Neottianthe camptoceras
Amitostigma simplex T.Tang & F.T.Wang 黄花无柱兰
Amitostigma tetralobum (Finet) Schltr 滇蜀无柱兰
Amitostigma tibeticum Schltr 西藏无柱兰
Amitostigma tomingai (Hay.) Schltr 红花无柱兰
Amitostigma trifurcatum T.Tang ,F.T.Wang & K.Y.Lang 三叉无柱兰
Amitostigma yuanum T.Tang & F.T.Wang 齿片无柱兰
Amitostigma yunkiana Fukuyama=Amitostigma gracile
Amitostigma yunnanense Schltr.=Amitostigma tetralobum
Ammannia L.**水苋菜属**(千屈菜科)
Ammannia arenaria H.B.K.耳基水苋
Ammannia auriculata Willd.=Ammannia arenaria
Ammannia auriculata var. *arenaria* Koehne=Ammannia arenaria
Ammannia baccifera L.水苋菜
Ammannia densiflora Roth=Rotala densiflora
Ammannia leptopetala Bl.=Rotala pentandra
Ammannia mexicana Baill.=Rotala mexicana
Ammannia multiflora Roxb.多花水苋
Ammannia multiflora var. *parviflora* (DC.) Koehne=Ammannia multiflora
Ammannia myriophylloides Dunn 泽水苋
Ammannia octandra L.f.?八蕊水苋菜
Ammannia parviflora DC.=Ammannia multiflora
Ammannia pentandra Roxb.=Rotala pentandra
Ammannia peploides Spreng=Rotala indica
Ammannia rotundifolia Buch.-Ham. ex Roxb.=Rotala rotundifolia
Ammannia senegalensis DC.=Ammannia arenaria
Ammi L.**阿米芹属**(伞形科)
Ammi majus L.大阿米芹
Ammi visnaga (L.) Lam.阿米芹
Ammocallis rosea Small=Catharanthus roseus
Ammodendron Fisch. ex DC.**银砂槐属**(豆科)
Ammodendron argenteum (Pall.) Kuntze=Ammodendron bifolium
Ammodendron bifolium (Pall.) Yakovl.银砂槐
Ammodendron sieversii fisch.=Ammodendron bifolium
Ammopiptanthus Cheng f.**沙冬青属**(豆科)
Ammopiptanthus mongolicus (Maxim. & Kom.) Cheng f.沙冬青
Ammopiptanthus nanus (M.Pop.) Cheng f.小沙冬青
Ammoseris Endl.=**Launaea**
Ammothamnus Bge.=**Sophora**
Amomum Roxb.**豆蔻属**(姜科)
Amomum amarum P.Smith=Alpinia oxyphylla
Amomum aurantiacum H.T.Tsai & S.W.Zhao=Amomum neoaurantiacum
Amomum austrosinense D.Fang 三叶豆蔻
Amomum capsiciforme S.Q.Tong 辣椒砂仁
Amomum cardamomum Roxb.=Amomum compatum
Amomum chinense Chun ex T.L.Wu 海南假砂仁
Amomum compatum Soland ex Maton 爪哇白豆蔻
Amomum coriandriodorum S.Q.Tong & Y.M.Xia 荽味砂砂仁
Amomum dealbatum Roxb.长果砂仁
Amomum dealbatum var. *sericeum* Bak.=Amomum sericeum
Amomum dolichanthum D.Fang 长花豆蔻
Amomum fragile S.Q.Tong 脆舌砂仁
Amomum gagnepainii T.L.Wu et al.长序砂仁
Amomum galanga (L.) Lour.=Alpinia galanga
Amomum glabrum S.Q.Tong 无毛砂仁
Amomum globosum Lour.=Alpinia globosa
Amomum hongtsaoko C.F.Liang & D.Fang=Amomum tsaoko
Amomum jingxiense D.Fang & D.H.Qin 狭叶豆蔻
Amomum kepulaga Sprag. & Burk.=Amomum compatum
Amomum koenigii J.F.Gmelin 野草果
Amomum kravanh Pierre ex Gagn.白豆蔻
Amomum kwangsiense D.Fang & X.X.Cheng 广西豆蔻
Amomum littorale J.König=Etlingera littoralis
Amomum longiligulare T.L.Wu 海南砂仁
Amomum longipetiolatum Merr.长柄豆蔻
Amomum maximum Roxb.九翅豆蔻
Amomum medium Lour.=Alpinia galanga
Amomum megalocheilos (Griff.) Baker=Etlingera littoralis
Amomum menglaense S.Q.Tong 勐腊砂仁
Amomum mengtzense H.T.Tsai & P.S.Chen 蒙自砂仁
Amomum microcarpus C.F.Liang & D.Fang 细砂仁
Amomum mioga Thunb.=Zingiber mioga
Amomum monophyllum Gagn.=Elttariopsis monophylla
Amomum muricarpum Elm.疣果豆蔻
Amomum neoaurantiacum T.L.Wu et al.红壳砂仁
Amomum odontocarpum D.Fang 波翅豆蔻
Amomum paratsaoko S.Q.Tong & Y.M.Xia 拟草果
Amomum petaloideum (S.Q.Tong) T.L.Wu 宽丝豆蔻
Amomum purpureorubrum S.Q.Tong 紫红砂仁
Amomum putrescens D.Fang 腐花豆蔻
Amomum quadratolaminare S.Q.Tong 方片砂仁
Amomum repoeense Pierre ex Gagn.云南豆蔻
Amomum roseum Roxb.=Zingiber roseum
Amomum scarlatinum H.T.Tsai & P.S.Chen 红花砂仁
Amomum sericeum Roxb.银叶砂仁
Amomum subcapitatum Y.M.Xia 头花砂仁
Amomum subulatum Roxb.香豆蔻
Amomum thyrsoideum Gagn.=Amomum gagnepainii
Amomum thysanochililum S.Q.Tong & Y.M.Xia 梳唇砂仁
Amomum tsaoko Crevost & Lemarie 草果
Amomum tuberculatum D.Fang 德保豆蔻
Amomum verrucosum S.Q.Tong 疣子砂仁
Amomum villosum Lour.砂仁
Amomum villosum var. nanum H.T.Tsai & S.W.Zhao 矮砂仁
Amomum villosum var. villosum=Amomum villosum
Amomum villosum var. xanthioides (Wall. ex Bak.) T.L.Wu & Senjen 缩砂密
Amomum vittatum Hance=Alpinia pumila
Amomum xanthioides Wall. ex Bak.=Amomum villosum var. xanthioides
Amomum yingjiangense S.Q.Tong & Y.M.Xia 盈江砂仁
Amomum yunnanense S.Q.Tong 云南砂仁
Amomum zedoaria Christm.=Curcuma phaeocaulis
Amomum zerumbet L.=Zingiber zerumbet
Amomum zingiber L.=Zingiber officinale
Amoora Roxb.**崖摩属**(楝科)
Amoora calcicola C.Y.Wu & H.L.Li 石山崖摩
Amoora caranara Hiern (Hu Wang & Hsia in Fan Mem.Inst.Biol.1939, p.p.)=Amoora yunnanensis
Amoora dasyclada (How & T.Chen) C.Y.Wu 粗枝崖摩
Amoora elmeri Merr.=Aphanamixis tripetala
Amoora grandifolia (Bl.) Walp.=Aphanamixis grandifolia
Amoora ouangliensis (Lévl.) C.Y.Wu 望谟崖摩
Amoora oyunnanensis (H.L.Li) C.Y.Wu 云南崖摩
Amoora rohituka (Roxb.) Wight & Arn.=Aphanamixis polystachya
Amoora stellata C.Y.Wu 星毛崖摩
Amoora stellato-squamosa C.Y.Wu & H.L.Li 曲梗崖摩
Amoora tetrapetala (Pierre) C.Y.Wu=Amoora tetrapetala
Amoora tetrapetala (Pierre) Pellegr.四瓣崖摩
Amoora tetrapetala var. macrophylla (H.L.Li) C.Y.Wu 大叶四瓣崖摩
Amoora tetrapetala var. tetrapetala=Amoora tetrapetala

Amoora tsangii (Merr.) X.M.Chen 铁椤
Amorpha L.**紫穗槐属**(豆科)
Amorpha californica Nutt.加州紫穗槐
Amorpha canescens Pursh.灰毛紫穗槐
Amorpha fruticosa L.紫穗槐
Amorphophallus Bl.**磨芋属**(天南星科)
Amorphophallus bakokensis Gagn.天心壶
Amorphophallus bulbifer (Roxb.) Bl.珠芽磨芋
Amorphophallus campanulatus HK.f.=Amorphophallus virosus
Amorphophallus dunnii Tutcher 南蛇棒
Amorphophallus gigantiflorus Hay.大磨芋
Amorphophallus henryi N.E.Brown 台湾磨芋
Amorphophallus hirta Yamamoto=Amorphophallus niimurai
Amorphophallus hirtus N.E.Brown 硬毛磨芋
Amorphophallus kerrii N.E.Brown=Amorphophallus yunnanensis
Amorphophallus konjac K.Koch=Amorphophallus rivieri
Amorphophallus mairei Lévl.东川磨芋
Amorphophallus mekongensis Engl. & Gehrm.湄公磨芋
Amorphophallus mellii Engl.蛇枪头
Amorphophallus micro-appendiculatus Engl.灰斑磨芋
Amorphophallus niimurai Yamamoto 白毛磨芋
Amorphophallus oncophyllus Prain ex HK.f.香港磨芋
Amorphophallus rivieri Durieu 磨芋
Amorphophallus sinensis Delval 疏毛磨芋
*Amorphophallus sp.*Griff.=Amorphophallus dunnii
Amorphophallus stipitatus Engl.梗序磨芋
Amorphophallus variabilis Bl.野磨芋
Amorphophallus virosus N.E.Brown 疣柄磨芋
Amorphophallus yunnanensis Engl.滇磨芋
Amorphophalus campanulatus Bl.臭魔芋
Amorphophalus titanum Becc.巨魔芋
Ampacus meliaefolia (Hance ex Walp.) Kuntze=Evodia glabrifolia
Ampacus ruticarpa (Juss.) Kuntze=Evodia rutaecarpa
Ampacus trichotoma (Lour.) Kuntze=Evodia trichotoma
Ampelocalamus S.L.Chen et al.**悬竹属**(禾本科)
Ampelocalamus actinotrichus (Merr. & Chun) S.L.Chen,T.H.Wen & G.Y.Sheng 射毛悬竹
Ampelocalamus calcareus C.D.Chu & C.S.Chao 贵州悬竹
Ampelocalamus luodianensis Yi & R.S.Wang=Drepanostachyum luodianense
Ampelocalamus microphyllus (Hsueh & Yi) Hsueh & Yi=Drepanostachyum microphyllum
Ampelocalamus naibunensis (Hay.) Wen=Drepanostachyum naibunense
Ampelocalamus saxatilis (Hsueh & Yi) Hsueh & Yi=Drepanostachyum saxatile
Ampelocalamus scandens Hsueh & W.D.Li=Drepanostachyum scandens
Ampelocissus Planch.**酸蔹藤属**(葡萄科)
Ampelocissus artemisiaefolia Planch. ex Franch.酸蔹藤
Ampelocissus butoensis C.L.Li 四川酸蔹藤
Ampelocissus hoabinhensis C.L.Li 红河酸蔹藤
Ampelocissus latifolia (Roxb.) Planch.(分类学报 1979,西藏志 1986)=Ampelocissus xizangensis
Ampelocissus sikiimensis (Laws.) Planch.(分类学报 1979)=Leea macrophylla
Ampelocissus sikkimensis (Laws.) Planch.锡金酸蔹藤
Ampelocissus xizangensis C.L.Li 西藏酸蔹藤
Ampelopsis Michaux.**蛇葡萄属**(葡萄科)
Ampelopsis acerifolia W.T.Wang.槭叶蛇葡萄
Ampelopsis aconitifolia Bge.乌头叶蛇葡萄
Ampelopsis aconitifolia var. aconitifolia=Ampelopsis aconitifolia
Ampelopsis aconitifolia var. *cuneata* Diels & Gilg=Ampelopsis aconitifolia
Ampelopsis aconitifolia var. *dissecta* Koehne=Ampelopsis aconitifolia
Ampelopsis aconitifolia var. *glabra* Diels & Gilg=Ampelopsis delavayana var. glabra
Ampelopsis aconitifolia var. palmiloba (Carr.) Rehd.掌裂草葡萄
Ampelopsis aconitifolia var. *setulosa* Diels & Gilg=Ampelopsis delavayana var. setulosa
Ampelopsis aconitifolia var. *tomentella* Diels & Gilg=Ampelopsis delavayana var. tomentella
Ampelopsis acutidentata W.T.Wang 尖齿蛇葡萄
Ampelopsis aegirophylla (Bge.) Planch.光叶蛇葡萄
Ampelopsis arborea Koehne 胡椒藤
Ampelopsis bodinieri (Lévl. & Vant.) Rehd.蓝果蛇葡萄
Ampelopsis bodinieri var. bodinieri=Ampelopsis bodinieri
Ampelopsis bodinieri var. cinerea (Gagn.) Rehd.灰毛蛇葡萄
Ampelopsis brevipedunculata (Maxim.) Trautv.=Ampelopsis heterophylla var. brevipedunculata
Ampelopsis brevipedunculata Trautv.(Merr.in Lingn.Sci.J.1927,贵州志 1956,海南志 1974)=Ampelopsis heterophylla var. hancei
Ampelopsis brevipedunculata Trautv.(树木分类学 1937)=Ampelopsis humulifolia
Ampelopsis brevipedunculata var. *ciliata* (Nakai) Lu=Ampelopsis heterophylla var. vestita
Ampelopsis brevipedunculata var. *hancei* (Planch.) Rehd.=Ampelopsis heterophylla var. hancei
Ampelopsis brevipedunculata var. *heterophylla* (Thunb.) Hara=Ampelopsis heterophylla
Ampelopsis brevipedunculata var. *kulingensis* Rehd.=Ampelopsis heterophylla var. kulingensis
Ampelopsis brevipedunculata var. *maximowizii* Rehd.=Ampelopsis heterophylla
Ampelopsis brevipedunculata var. *vestita* (Rehd.) Rehd.=Ampelopsis heterophylla var. vestita
Ampelopsis cantoniensis (HK. & Arn.) Planch.(p.p.)=Ampelopsis hypoglauca
Ampelopsis cantoniensis (HK. & Arn.) Planch.广东蛇葡萄
Ampelopsis cantoniensis var. *grossedentata* Hand.-Mazz.=Ampelopsis grossedentata
Ampelopsis cardiospermoides Planch.=Cayratia cardiospermoides
Ampelopsis chaffanjoni (Lévl. & Vant.) Rehd.羽叶蛇葡萄
Ampelopsis chinensis Raf.=Sageretia thea
Ampelopsis cordata Michx.小叶蛇葡萄
Ampelopsis delavayana Planch.三裂蛇葡萄
Ampelopsis delavayana var. delavayana=Ampelopsis delavayana
Ampelopsis delavayana var. *gentilliana* (Lévl. & Vant.) Hand.-Mazz.=Ampelopsis delavayana var. setulosa
Ampelopsis delavayana var. glabra (Diels & Gilg) C.L.Li 掌裂蛇葡萄
Ampelopsis delavayana var. setulosa (Diels & Gilg) C.L.Li 毛三裂蛇葡萄
Ampelopsis delavayana var. tomentella (Diels & Gilg) C.L.Li 狭叶蛇葡萄
Ampelopsis glandulosa (Wall.) Momiyama=Ampelopsis heterophylla var. vestita
Ampelopsis glandulosa var. *brevipedunculata* (Maxim.) Momiyama=Ampelopsis heterophylla var. brevipedunculata
Ampelopsis glandulosa var. *hancei* (Planch.) Momiyama=Ampelopsis heterophylla var. hancei
Ampelopsis glandulosa var. *kulingensis* (Rehd.) Momiyama=Ampelopsis heterophylla var. kulingensis
Ampelopsis glandulosa var. *vestita* (Rehd.) Momiyama=Ampelopsis heterophylla var. vestita
Ampelopsis gongshanensis C.L.Li 贡山蛇葡萄
Ampelopsis grossedentata (Hand.-Mazz.) W.T.Wang 显齿蛇葡萄
Ampelopsis henryana (Hemsl.) Grignana=Parthenocissus henryana
Ampelopsis heterophylla (Thunb.) S. & Z.异叶蛇葡萄
Ampelopsis heterophylla var. *amurensis* Planch.(Gagn.in Sarg.Pl.Wils., 1911)=Ampelopsis bodinieri
Ampelopsis heterophylla var. *amurensis* Planch.=Ampelopsis heterophylla var. brevipedunculata
Ampelopsis heterophylla var. brevipedunculata (Regel) C.L.Li 东北蛇葡萄
Ampelopsis heterophylla var. *bungei* Planch.=Ampelopsis humulifolia
Ampelopsis heterophylla var. *ciliata* Nakai=Ampelopsis heterophylla var. vestita
Ampelopsis heterophylla var. *cinerea* Gagn.=Ampelopsis bodinieri var. cinerea
Ampelopsis heterophylla var. *delavayana* (Planch.) Gagn.=Ampelopsis delavayana
Ampelopsis heterophylla var. *gentilliana* (Lévl. & Vant.) Gagn.=Ampelopsis delavayana var. setulosa
Ampelopsis heterophylla var. hancei Planch.光叶蛇葡萄
Ampelopsis heterophylla var. *hancei* subvar. *walichii* Planch.=Ampelopsis

heterophylla var. vestita
Ampelopsis heterophylla var. *humulifolia* (Bge.Merr.=Ampelopsis humulifolia
Ampelopsis heterophylla var. kulingensis (Rehd.) C.L.Li 牯岭蛇葡萄
Ampelopsis heterophylla var. *sinica* (Miq.) Merr.=Ampelopsis heterophylla var. hancei
Ampelopsis heterophylla var. vestita Rehd.锈毛蛇葡萄
Ampelopsis himalayana Royle=Parthenocissus semicordata
Ampelopsis humulifolia Bge.(云南植物名录 1984)=Ampelopsis acutidentata
Ampelopsis humulifolia Bge.(海南志 1988)=Ampelopsis heterophylla
Ampelopsis humulifolia Bge.葎叶蛇葡萄
Ampelopsis humulifolia var. *heterophylla* (Thunb.) Koch=Ampelopsis heterophylla
Ampelopsis humulifolia var. *heterophylla* K.Koch(河北志 1988)= Ampelopsis humulifolia
Ampelopsis hypoglauca (Hance) C.L.Li 粉叶蛇葡萄
Ampelopsis japonica (Thunb.) Makino 白蔹
Ampelopsis jiangxiensis W.T.Wang=Ampelopsis megalophylla var. jiangxiensis
Ampelopsis leeoides (Maxim.) Planch.=Ampelopsis cantoniensis
Ampelopsis megalophylla Diels & Gilg 大叶蛇葡萄
Ampelopsis megalophylla var. jiangxiensis (W.T.Wang) C.L.Li 柔毛大叶蛇葡萄
Ampelopsis megalophylla var. megalophylla=Ampelopsis megalophylla
Ampelopsis megalophylla var. *puberula* W.T.Wang=Ampelopsis rubifolia
Ampelopsis micans Rehd.=Ampelopsis bodinieri
Ampelopsis micans var. *cinerea* Rehd.=Ampelopsis bodinieri var. cinerea
Ampelopsis mirabilis Diels & Gilg=Ampelopsis japonica
Ampelopsis mollifolia W.T.Wang 毛叶蛇葡萄
Ampelopsis napaeformis Carr.=Ampelopsis japonica
Ampelopsis orientalis (Lam.) Planch.东方蛇葡萄
Ampelopsis palmiloba Carr.=Ampelopsis aconitifolia var. palmiloba
Ampelopsis regeliana Carr.=Ampelopsis heterophylla
Ampelopsis rubifolia (Wall.) Planch.毛枝蛇葡萄
Ampelopsis serjaniaefolia Bge.=Ampelopsis japonica
Ampelopsis sinica (Miq.) W.T.Wang=Ampelopsis heterophylla var. vestita
Ampelopsis sinica var. *hancei* (Planch.) W.T.Wang=Ampelopsis heterophylla var. hancei
Ampelopsis tomentosa Planch.绒毛蛇葡萄
Ampelopsis tomentosa var. glabrescens C.L.Li 脱绒蛇葡萄
Ampelopsis tomentosa var. tomentosa=Ampelopsis tomentosa
Ampelopsis tricuspidata S. & Z.=Parthenocissus tricuspidata
Ampelopsis tuberosa Carr.=Ampelopsis japonica
Ampelopsis watsoniana Wils.=Ampelopsis chaffanjoni
Ampelopteris Kunze **星毛蕨属**(金星蕨科)
Ampelopteris elegans Kunze=Ampelopteris prolifera
Ampelopteris prolifera (Retz.) Cop.星毛蕨
Ampelovitis romaneti Carr.=Vitis romeneti
Ampelygonum chinense (L.) Lindl.=Polygonum chinense
Ampelygonum molle (D.Don) Rob. & Vant.=Polygonum molle
Amphicarpaea Elliot **两型豆属**(豆科)
Amphicarpaea edgeworthii Benth.两型豆
Amphicarpaea edgeworthii var. *japonica* Oliv.=Amphicarpaea edgeworthii
Amphicarpaea edgeworthii var. *rufescens* Franch.=Amphicarpaea rufescens
Amphicarpaea linearis Chun & T.Chen 线苞两型豆
Amphicarpaea rufescens (Franch.) Y.T.Wei & S.Lee 锈毛两型豆
Amphicarpaea trisperma (Miq.) Baker ex Jacks.=Amphicarpaea edgeworthii
Amphicome Royle=**Incarvillea**
Amphicome arguta Royle=Incarvillea arguta
Amphilophis Nash=**Bothriochloa**
Amphineurion (A.DC.) Pichon=**Aganosma**
Amphineurion acuminatum Pichon=Aganosma cymosa
Amphineuron Holtt.(p.p.)=**Mesopteris**
Amphineuron Holtt.(p.p.)=**Parathelypteris**
Amphineuron immersum Holtt.=Parathelypteris subimmersa
Amphineuron opulentum (Kaulf.) Holtt.=Cyclosorus opulentus
Amphineuron terminans (HK.) Holtt.=Cyclosorus terminans
Amphineuron tonkinense (C.Chr.) Holtt.=Mesopteris tonkinensis
Amphirhapis albescens DC.=Aster albescens
Amphirhapis chinensis Sch.-Bip.=Solidago decurrens
Amphirhapis cuspidata DC.=Inula cuspidata
Amphirhapis heterotricha DC.=Inula eupatorioides
Amphirhapis leiocarpa Benth.=Solidago decurrens
Amphirhapis rubricaulis DC.=Inula rubricaulis
Ampomele Raf.=**Rubus**
Amsonia Walt.**水甘草属**(夹竹桃科)
Amsonia elliptica (Thunb. ex Murr.) Roem. & Schult.水甘草
Amsonia elliptica Roem. & Schult.(Tsiang in Sunuatsenia 1934)=Alstonia elliptica
Amsonia sinensis Tsiang & P.T.Li=Alstonia elliptica
Amydrium Schott **雷公连属**(天南星科)
Amydrium hainanense (Ting & Wu ex H.Li et al.) H.Li 穿心藤
Amydrium sinense (Eng(L.) H.Li 雷公连
Amygdalopsis lindleyi Carr.=Amygdalus triloba
Amygdalus L.**桃属**(蔷薇科)
Amygdalus amara Hayne=Amygdalus communis var. amara
Amygdalus communis L.(Bge.in Mém.Div.Sav.Acad.Sci.St.Pétersb. 1835)= Amygdalus davidiana
Amygdalus communis L.扁桃
Amygdalus communis var. amara Ludwig ex DC.苦味扁桃
Amygdalus communis var. communis=Amygdalus communis
Amygdalus communis var. dulcis Borkh.甜味扁桃
Amygdalus communis var. fragilis (Borkh.) Ser.软壳甜扁桃
Amygdalus communis var. fragilis f. pendula Hort. ex Jäger 垂枝扁桃
Amygdalus communis var. fragilis f. purpurea (Schneid.) Rehd.紫花扁桃
Amygdalus communis var. fragilis f. roseoplena (Schneid.,) Rehd.粉红扁桃
Amygdalus communis var. fragilis f. variegata (Schneid.) Rehd.采叶扁桃
Amygdalus communis var. *tangutica* Batal.=Amygdalus tangutica
Amygdalus davidiana (Carr.) C.de Vos ex Henry 山桃
Amygdalus davidiana (Carr.) Yü=Amygdalus davidiana
Amygdalus davidiana var. davidiana=Amygdalus davidiana
Amygdalus davidiana var. potanini (Batal.) Yü & Lu 陕甘山桃
Amygdalus fergaensis (Kost. & Rjab.) Kov. & Kost.=Amygdalus ferganensis
Amygdalus ferganensis (Kost. & Rjab.) Yü & Lu 新疆桃
Amygdalus fragilis Borkh.=Amygdalus communis var. fragilis
Amygdalus kansuensis (Rehd.) Skeels 甘肃桃
Amygdalus mira (Koehne) Kov. & Kost.=Amygdalus mira
Amygdalus mira (Koehne) Yü & Lu 光核桃
Amygdalus mongolica (Maxim.) Ricker 蒙古扁桃
Amygdalus nana L.矮扁桃
Amygdalus pedunculata Pall.长梗扁桃
Amygdalus persica L.桃
Amygdalus persica b. *nucipersica* s. *aganonucipersica* Schübler & Martens= Amygdalus persica var. aganonucipersica
Amygdalus persica b. *nucipersica* η. *scleronuciperisica* Schübler & Mertens.=Amygdalus persica var. scleronucipersica
Amygdalus persica b. *sclerópersica* s. *duracina* Reich.=Amygdalus persica var. scleropersica
Amygdalus persica f. alba (Lindl.) Schneid.单瓣白桃
Amygdalus persica f. albo-plena Schneid.千瓣白桃
Amygdalus persica f. atropurpurea Schneid.紫叶桃花
Amygdalus persica f. camelliaeflora (Van Houtte) Dipp.绛桃
Amygdalus persica f. dianthiflora (Van Houtte) Dipp.千瓣桃
Amygdalus persica f. duplex Rehd.碧桃
Amygdalus persica f. magnifica Schneid.绯桃
Amygdalus persica f. pendula Dipp.垂枝碧桃
Amygdalus persica f. pyramidalis Dipp.塔型碧桃
Amygdalus persica f. rubro-plena Schneid.红花碧桃
Amygdalus persica f. versicolor (Sieb.) Voss 撒金碧桃
Amygdalus persica var. aganonucipersica (Schübler & Martens) Yü & Lu 离核光桃
Amygdalus persica var. aganopersica Reich.离核毛桃
Amygdalus persica var. compressa (Loud.) Yü & Lu 蟠桃
Amygdalus persica var. densa Makino 寿星桃
Amygdalus persica var. persica=Amygdalus persica
Amygdalus persica var. *potanini* (Batal.) Richer=Amygdalus davidiana var. potanini

Amygdalus persica var. scleronucipersica (Schübler & Martens) Yü & Lu 粘核光桃
Amygdalus persica var. scleropersica (Reich.) Yü & Lu 粘核毛桃
Amygdalus pilosa Turcz.=Amygdalus pedunculata
Amygdalus potanini (Batal.) Yü=Amygdalus davidiana var. potanini
Amygdalus tangutica (Batal.) Korsh.西康扁桃
Amygdalus triloba (Lindl.) Richer 榆叶梅
Amygdalus triloba f. multiplex (Bge.) Rehd.重瓣榆叶梅
Amygdalus triloba var. petzoldii (K.Koch) Bailey 鸾枝
Amygdalus ulmifolia (Franch.) M.Popov=Amygdalus triloba
Anabasis L.**假木贼属**(藜科)
Anabasis abolinii Iljin=Anabasis brevifolia
Anabasis affinis Fisch. & Mey.=Anabasis brevifolia
Anabasis ammodendron C.A.Mey.=Haloxylon ammodendron
Anabasis aphylla L.无叶假木贼
Anabasis brevifolia C.A.Mey 短叶假木贼
Anabasis cretacea Pall.白垩假木贼
Anabasis elatior (C.A.Mey) Schischk.高枝假木贼
Anabasis eriopoda (Schrenk) Benth. ex Volkens 毛足假木贼
Anabasis foliosa L.=Salsola foliosa
Anabasis glomerata Bieb.=Halogeton glomeratus
Anabasis iliense Korov. & Mir.=Arthrophytum iliense
Anabasis korovini Iljin=Anabasis elatior
Anabasis pelliotii Danguy 粗糙假木贼
Anabasis phyllophora Kar. & Kir.=Anabasis elatior
Anabasis ramosissima Minkw.=Anabasis salsa
Anabasis salsa (C.A.Mey) Benth.盐生假木贼
Anabasis tatarica Pall.=Anabasis aphylla
Anabasis tianschanica Botsch.=Anabasis cretacea
Anabasis truncata (Schrenk) Bge.展枝假木贼
Anabasis truncata Bge.(Grubov in Pl.Asiae Centr.1966,p.p.)=Anabasis cretacea
Anacampseros L.**回欢草属**(马齿苋科)
Anacampseros Miller=**Hylotelephium**
Anacampseros arachnoides (Haw.) Sims.回欢草
Anacampseros filamentosa (Haw.) Sims.蛛丝回欢草
Anacampseros rufescens (Haw.) Sweet 红叶回欢草
Anacampseros triphylla Haworth=Hylotelephium triphyllum
Anacardiaceae 漆树科
Anacardium (L.) Rottboell **腰果属**(漆树科)
Anacardium occidntale L.腰果
Anadendron lobbii Schott=Anadendrum montanum
Anadendrum Schott **上树南星属**(天南星科)
Anadendrum latifolium HK.f.宽叶上树南星
Anadendrum montanum (Bl.) Schott 上树南星
Anagallidium Griseb.=**Swertia**
Anagallidium dichotomum (L.) Griseb.=Swertia dichotoma
Anagallidium dimorpha (Batal) Ma=Swertia tetraptera
Anagallis L.**琉璃繁缕属**(报春花科)
Anagallis arvensis L.琉璃繁缕
Anagallis arvensis f. arvensis=Anagallis arvensis
Anagallis arvensis f. coerulea (Shreb.) Baumg 蓝花琉璃繁缕
Anagalloides Krock.=**Lindernia**
Anagalloides procumbens Krock.=Lindernia procumbens
Anagyris barbata Grah.=Thermopsis barbata
Anamtia Koidz.=**Myrsine**
Anamtia marginata Masam.=Myrsine stolonifera
Anamtia mezii Masam.=Myrsine stolonifera
Anamtia stolonifera Koidz.=Myrsine stolonifera
Ananas Tourm. ex L.**凤梨属**(凤梨科)
Ananas bracteatus (Lindl.) Schult.斑叶红凤梨
Ananas comosus (L.) Merr.凤梨
Ananas sativus (Lindl.) Schult.f.=Ananas comosus
Anandria Less.=**Gerbera**
Anapausia C.Presl=**Leptochilus**
Anapausia bonii Nakai=Hemigramma decurrens
Anapausia bonii Nakai=Tectaria fauriei
Anapausia decurrens C.Presl=Leptochilus decurrens
Anapausia harlandii Nakai=Hemigramma decurrens
Anaphalis DC.**香青属**(菊科)
Anaphalis acutifolia Hand.-Mazz.尖叶香青
Anaphalis adnata Wall. ex DC.=Gnaphalium adnatum
Anaphalis alata Maxim.(Hand.-Mazz.in Act.Hort.Goth.1938)=Anaphalis latialata
Anaphalis alata Maxim.=Anaphalis sinica var. remota
Anaphalis alata var. *viridis* Hand.-Mazz.=Anaphalis latialata var. viridis
Anaphalis araneosa DC.(Diels in Engl.,Bot.Jahrb.1901)=Anaphalis virens
Anaphalis araneosa DC.=Anaphalis busua
Anaphalis araneosa Franch.=Anaphalis surculosa
Anaphalis aureo-punctata Lingelsh & Borza 黄腺香青
Anaphalis aureo-punctata f. calvescens (Pamp.) Chen 脱毛黄腺香青(新)
Anaphalis aureo-punctata var. atrata Hand.-Mazz.黑鳞香青(新)
Anaphalis aureo-punctata var. aureo-punctata=Anaphalis aureo-punctata
Anaphalis aureo-punctata var. plantaginifolia Chen 车前叶香青(新)
Anaphalis aureo-punctata var. tomentosa Hand.-Mazz.绒毛黄腺香青
Anaphalis bicolor (Franch.) Diels 二色香青
Anaphalis bicolor var. bicolor=Anaphalis bicolor
Anaphalis bicolor var. kokonorica Ling 青海香青(新)
Anaphalis bicolor var. longifolia Chang 长叶二色香青(新)
Anaphalis bicolor var. subconcolor Hand.-Mazz.同色香青(新)
Anaphalis bicolor var. undulata (Hand-Mazz.) Ling 波缘香青(新)
Anaphalis bodinieri Franch.=Anaphalis hancockii
Anaphalis buisanensis Hay.=Anaphalis morrisonicola
Anaphalis bulleyana (J.F.Jeffr.) Chang 粘毛香青
Anaphalis busua (Ham.) DC.蛛毛香青
Anaphalis chanetii Lévl.=Anaphalis sinica var. remota
Anaphalis chlamydophylla Diels 苞衣香青
Anaphalis chungtienensis Chen 中甸香青
Anaphalis cinerascens Ling & W.Wang 灰毛香青
Anaphalis cinerascens var. cinerascens=Anaphalis cinerascens
Anaphalis cinerascens var. congesta Ling & W.Wang 密聚灰毛香青(新)
Anaphalis cinnamomea (DC.) C.B.Clarke=Anaphalis margaritacea var. cinnamomea
Anaphalis cinnamomea var. *angustior* Nakai=Anaphalis margaritacea
Anaphalis contorta (D.Don) HK.f.旋叶香青
Anaphalis contorta HK.f.(Hand.-Mazz.in Symb.Sin.1936)=Anaphalis contorta var. pellucida
Anaphalis contorta HK.f.(Kitam.in Mem.Coll.Sc.Tokyo Univ.1937)=Anaphalis morrisonicola
Anaphalis contorta var. contorta=Anaphalis contorta
Anaphalis contorta var. *morrisonicola* (Hay.) Yamam.=Anaphalis morrisonicola
Anaphalis contorta var. pellucida (Franch.) Ling 薄旋叶香青(新)
Anaphalis contortiformis Hand.-Mazz.银衣香青
Anaphalis corymbifera Chang 伞房香青
Anaphalis corymbosa (Buir. & Franch.) Diels=Anaphalis nepalensis var. corymbosa
Anaphalis cuneifolia (Wall.) HK.f.=Anaphalis nepalensis
Anaphalis delavayi (Franch.) Diels 苍山香青
Anaphalis desertii Drumm.江孜香青
Anaphalis elegans Ling 雅致香青
Anaphalis esquirolii Lévl.=Gnaphalium adnatum
Anaphalis falconeri C.B.Clarke=Anaphalis contorta
Anaphalis flaccida Ling 萎软香青
Anaphalis flavescens ×lactea 淡黄×乳白香青
Anaphalis flavescens ×souliei 淡黄×川西香青
Anaphalis flavescens Hand.-Mazz.淡黄香青
Anaphalis flavescens var. flavescens=Anaphalis flavescens
Anaphalis flavescens var. fosea Ling 淡红香青
Anaphalis flavescens var. lanata Ling 绵毛淡黄香青
Anaphalis flavescens var. lanata Ling 棉毛淡黄香青(新)
Anaphalis flavescens var. sulphurea Ling 硫黄香青
Anaphalis franchetiana Diels=Anaphalis contorta var. pellucida
Anaphalis gracilis Hand.-Mazz.纤枝香青
Anaphalis gracilis var. aspera Hand.-Mazz 糙叶纤枝香青(新)
Anaphalis gracilis var. gracilis=Anaphalis gracilis
Anaphalis gracilis var. ulophylla Hand.-Mazz.皱缘香青(新)
Anaphalis griffithii HK.f.(Diels in Not.Bot.Gard.Edinb.1912)=Anaphalis margaritacea
Anaphalis hancockii ×flavescens 铃铃×淡黄香青
Anaphalis hancockii ×lectea Hand.-Mazz.铃铃×乳白香青?
Anaphalis hancockii Maxim.铃铃香青

Anaphalis hondae Kitam.多茎香青
Anaphalis horaimontana Masam.大山香青
Anaphalis hymenolepis Ling 膜苞香青
Anaphalis intermedia (Wall.) Duthie=Anaphalis nepalensis
Anaphalis lactea ×flavescens 乳白×淡黄香青
Anaphalis lactea Maxim.(Hand.-Mazz.in Symnb.Sin.1936)=Anaphalis bicolor var. subconcolor
Anaphalis lactea Maxim.乳白香青
Anaphalis larium Hand.-Mazz.德钦香青
Anaphalis latialata Ling & Y.L.Chen 宽翅香青
Anaphalis latialata var. latialata=Anaphalis latialata
Anaphalis latialata var. viridis (Hand.-Mazz.) Ling & Y.L.Chen 绿宽翅香青(新)
Anaphalis likiangensis (Franch.) Ling 丽江香青
Anaphalis mairei Lévl.=Anaphalis nepalensis
Anaphalis margaeritacea Benth. & HK.f.(静生汇报 1934)=Anaphalis sinica var. remota
Anaphalis margaritacea (L.) Benth. & HK.f.珠光香青
Anaphalis margaritacea subsp. *angustior* Kitam.=Anaphalis margaritacea
Anaphalis margaritacea subsp. *japonica* (Sch.-Bip.) Kitam.=Anaphalis margaritacea var. japonica
Anaphalis margaritacea subsp. *morrisonicola* (Hay.) Kitam.=Anaphalis morrisonicola
Anaphalis margaritacea var. *angustifolia* (Franch. & Sav.) Hay.= Anaphalis margaritacea var. japonica
Anaphalis margaritacea var. *angustifolia* f. *morrisonicola* Hay.= Anaphalis morrisonicola
Anaphalis margaritacea var. *angustifolia* f. *nana* Hay.=Anaphalis morrisonicola
Anaphalis margaritacea var. cinnamomea (DC.) Herd. ex Maxim.黄褐珠光香青
Anaphalis margaritacea var. *cinnamomeam* Hand.-Mazz.=Anaphalis margaritacea
Anaphalis margaritacea var. *interangustifoliam* Hand.-Mazz.=Anaphalis margaritacea
Anaphalis margaritacea var. japonica (Sch.-Bip.) Makino 线叶珠光香青(新)
Anaphalis margaritacea var. margaritacea=Anaphalis margaritacea
Anaphalis margaritacea var. *tsoongiana* Ling=Anaphalis margaritacea var. japonica
Anaphalis monocephala DC.=Anaphalis nepalensis var. monocephala
Anaphalis morrisonicola Hay.玉山香青
Anaphalis mucronata C.B.Clarke=Anaphalis nepalensis var. monocephala
Anaphalis mucronata DC.(Hemsl.in J.L.Soc.Bot.1894)=Anaphalis nepalensis
Anaphalis mucronata var. *monocepha* DC.=Anaphalis nepalensis var. monocephala
Anaphalis mucronata var. *polycephala* DC.=Anaphalis nepalensis
Anaphalis muliensis Hand.-Mazz.木里香青
Anaphalis nagasawai Hay.永健香青
Anaphalis nepalensis (Spreng.) Hand.-Mazz.泥泊尔香青
Anaphalis nepalensis Kitam.(p.p.)=Anaphalis nepalensis var. monocephala
Anaphalis nepalensis var. corymbosa (Franch.) Hand.-Mazz.伞房香青(新)
Anaphalis nepalensis var. monocephala (DC.) Hand.-Mazz.单头香青(新)
Anaphalis nepalensis var. nepalensis=Anaphalis nepalensis
Anaphalis nervosa Ling=Anaphalis likiangensis
Anaphalis nubigena DC.(Franch.in Arch.Mus.Hist.Nat.Paris 1888)= Anaphalis nepalensis
Anaphalis nubigena DC.=Anaphalis nepalensis var. monocephala
Anaphalis nubigena f. *reducta nana* Diels ex Limpr.=Anaphalis nepalensis var. monocephala
Anaphalis nubigena proper HK.f.(p.p.)=Anaphalis nepalensis
Anaphalis nubigena proper HK.f.(p.p.)=Anaphalis nepalensis var. monocephala
Anaphalis nubigena var. *intermedia* (Wall.) Duthie=Anaphalis nepalensis
Anaphalis nubigena var. *monocephala* C.B.Clarke=Anaphalis nepalensis var. monocephala
Anaphalis nubigena var. *polycephala* C.B.Clarke=Anaphalis nepalensis
Anaphalis oxyphylla Ling & Shih 锐叶香青
Anaphalis pachylaena Chen & Ling 厚衣香青
Anaphalis pannosa Hand.-Mazz.污毛香青
Anaphalis plicata Kitam.褶苞香青
Anaphalis polylepis DC.=Anaphalis royleana
Anaphalis porphyrolepis Ling & Y.L.Chen 紫苞香青
Anaphalis possietica Kom.=Anaphalis sinica
Anaphalis pterocaula sensu Hand.-Mazz.=Anaphalis sinica var. remota
Anaphalis pterocaula (Franch. & Sav.) Maxim.=Anaphalis sinica
Anaphalis pterocaula var. *atrata* Hand.-Mazz.=Anaphalis aureo-punctata var. atrata
Anaphalis pterocaula var. *sinica* (Hance) Hand.-Mazz.=Anaphalis sinica
Anaphalis pterocaula var. *surculosa* Hand.-Mazz.=Anaphalis surculosa
Anaphalis pterocaulon var. *calvescens* Pamp.=Anaphalis aureo-punctata f. calvescens
Anaphalis pterocaulon var. *intermedia* Pamp.=Anaphalis aureo-punctata
Anaphalis rhododactyla W.W.Sm.红指香青
Anaphalis royleana DC.须弥香青
Anaphalis royleana var. *royleana* HK.f.=Anaphalis royleana
Anaphalis semi-decurens Wall.=Anaphalis busua
Anaphalis serico-albida (Vant.) Lévl.=Gnaphalium adnatum
Anaphalis sinica Hance 香青
Anaphalis sinica subsp. *intermedia* (Pamp.) Kitam.=Anaphalis aureo-punctata
Anaphalis sinica subsp. *intermedia* var. *atrata* (Hand.-Mazz.) Kitam.= Anaphalis aureo-punctata var. atrata
Anaphalis sinica subsp. *intermedia* var. *tomentosa* (Hand.-Mazz.) Kitam.= Anaphalis aureo-punctata var. tomentosa
Anaphalis sinica var. *cavlescens* (Pamp.) S.Y.Hu=Anaphalis aureo-punctata f. calvescens
Anaphalis sinica var. densata Ling 密生香青(新)
Anaphalis sinica var. lanata Ling 棉毛香青(新)
Anaphalis sinica var. remota f. rubra (Hand.-Mazz.) Ling 红花香青?
Anaphalis sinica var. remota Ling 疏生香青(新)
Anaphalis sinica var. sinica=Anaphalis sinica
Anaphalis souliei Diels 蜀西香青
Anaphalis sp. Hand.-Mazz.=Anaphalis contortiformis
Anaphalis sp.=Anaphalis virens
Anaphalis spodiophylla Ling & Y.L.Chen 灰叶香青
Anaphalis stenocephala Ling & Shih 狭苞香青
Anaphalis suffruticosa Hand.-Mazz.亚灌木香青
Anaphalis surculosa Hand.-Mazz.萌条香青
Anaphalis szechuanensis Ling & Y.L.Chen 四川香青
Anaphalis tenuisissima Chang 细弱香青
Anaphalis tibetica Kitam.西藏香青
Anaphalis todaiensis Honda=Anaphalis sinica
Anaphalis transnokoensis Sasaki 能高香青
Anaphalis triplinervis (Sims) C.B.Clarke 三脉香青
Anaphalis triplinervis C.B.Clarke (Hance in J.Bot.1878)=Anaphalis hancockii
Anaphalis triplinervis Clarke (Dunn in J.L.Soc.Bot.1909)=Anaphalis nepalensis
Anaphalis triplinervis var. *intermedia* Airy-Shaw=Anaphalis nepalensis
Anaphalis triplinervis var. *monocephala* Airy-Shaw=Anaphalis nepalensis var. monocephala
Anaphalis undulata Hand.-Mazz.=Anaphalis bicolor var. undulata
Anaphalis virens Chang 黄绿香青
Anaphalis virgata Thoms.帚枝香青
Anaphalis viridis Cumm.绿香青
Anaphalis viridis var. acaulis Hand.-Mazz.无茎绿香青(新)
Anaphalis viridis var. viridis=Anaphalis viridis
Anaphalis xylorhiza Sch.-Bip.(Hand.-Mazz.in Act.Hort.Goth.1938)= Anaphalis szechuanensis
Anaphalis xylorhiza Sch.-Bip.木根香青
Anaphalis yunnanensis (Franch.) Diels 云南香青
Anaphalis yunnanensis var. *muliensis* Hand.-Mazz.=Anaphalis muliensis
Anaphora Gagn.=**Malaxis**
Anaphora liparioides Gagn.=Malaxis latifolia
Anasser laniti Blanco=Wrightia pubescens
Anastatica syriacum L.=Euclidium soyriacum
Anaxagorea Ste.Hil.**蒙蒿子属**(番荔枝科)
Anaxagorea luzonensis A.Gray 蒙蒿子
Ancathia DC.**肋果蓟属**(菊科)
Ancathia iganiaria (Spreng.) DC.肋果蓟

Anchusa L.**牛舌草属**(紫草科)
Anchusa azurea Mill.=Anchusa italica
Anchusa hispida Forssk.=Gastrocotyle hispida
Anchusa italica Retz.牛舌草
Anchusa officinalis L.药用牛舌草
Anchusa orientalis Rchb.= Anchusa ovata
Anchusa ovata Lehm.狼紫草
Anchusa saxatile Pall.=Stenosolenium saxatiles
Anchusa sikkimensis Clarke=Microula sikkimensis
Anchusa spinocarpos Forssk.=Lappula spinocarpos
Anchusa tenellum Hornem.=Bothriospermum zeylanicum
Anchusa zeylanica Jacq.f.=Bothriospermum zeylanicum
Anchusa zeylanica Vbahl ex Hornem.=Cynoglossum zeylanicum
Ancistrocladaceae 钩枝藤科
Ancistrocladus Wall. ex Arn.**钩枝藤属**(钩枝藤科)
Ancistrocladus extensus Wall.=Ancistrocladus tectorius
Ancistrocladus hainanensis Hay.=Ancistrocladus tectorius
Ancistrocladus pinangianus (Wall.) Planch.=Ancistrocladus tectorius
Ancistrocladus tectorius (Lour.) Merr.钩枝藤
Ancylostemon Craib **直瓣苣苔属**(苦苣苔科)
Ancylostemon aureus (Franch.) Burtt 凹瓣苣苔
Ancylostemon aureus var. angustifolius K.Y.Pan 窄叶直瓣苣苔
Ancylostemon aureus var. aureus=Ancylostemon aureus
Ancylostemon bullatus W.T.Wang & K.Y.Pan 泡叶直苣苔
Ancylostemon concavum Craib=Ancylostemon aureus
Ancylostemon convexus Craib 凸瓣苣苔
Ancylostemon flabellatus C.Y.Wu ex H.W.Li 扇叶直瓣苣苔
Ancylostemon gamosepalus K.Y.Pan 黄花直瓣苣苔
Ancylostemon humilis W.T.Wang 矮直瓣苣苔
Ancylostemon lancifolius (Franch.) Burtt & David.=Isometrum lancifolium
Ancylostemon mairei (Lévl.) Craib 滇北直瓣苣苔
Ancylostemon mairei var. emeiensis K.Y.Pan 峨眉直瓣苣苔
Ancylostemon mairei var. mairei=Ancylostemon mairei
Ancylostemon notochlaenus (Lévl. & Vant.) Craib 贵州直瓣苣苔
Ancylostemon purpurus Burtt & David.=Isometrum lancifolium
Ancylostemon rhombifolius K.Y.Pan 棱叶直瓣苣苔
Ancylostemon ronganensis K.Y.Pan 融安直瓣苣苔
Ancylostemon saxatilis (Hemsl.) Craib 直瓣苣苔
Ancylostemon saxatilis var. *microcalyx* Hemsl. ex Craib=Ancylostemon humilis
Ancylostemon trichanthus Burtt & David.毛花直瓣苣苔
Ancylostemon vulpinus Burtt & David.狐毛直瓣苣苔
Andersonia rohituka Roxb.=Aphanamixis polystachya
Andira horsfieldii Lesch.=Euchresta horsfieldii
Andrachne attenuata Hand.-Mazz.=Leptopus esquirolii
Andrachne attenuata var. *microcalyx* Hand.d-Mazz.=Leptopus esquirolii
Andrachne australis Zoll. & Morr.=Leptopus australis
Andrachne bodinieri Lévl.=Leptopus chinensis
Andrachne capillipes (Pax) Hutch.=Leptopus chinensis
Andrachne capillipes var. *pubescens* Hutch.=Leptopus chinensis
Andrachne cavaleriei Lévl.(p.p.)=Leptopus esquirolii
Andrachne cavaleriei Lévl.(p.p.)=Lysimachia capillipes var. cavaleriei
Andrachne chinensis Bge.=Leptopus chinensis
Andrachne chinensis var. *pubescens* (Hutch.) Hand.-Mazz.=Leptopus chinensis
Andrachne clarkei HK.f.=Leptopus clarkei
Andrachne cordifolia Hemsl.=Leptopus chinensis
Andrachne esquirolii Lévl.=Leptopus esquirolii
Andrachne esquirolii var. *microcalyx* (Hand.-Mazz.) Rehd.=Leptopus esquirolii
Andrachne fruticosa L.=Breynia fruticosa
Andrachne hainanensis Merr. & Chun=Leptopus hainanensis
Andrachne hainanensis var. *nummularifolia* Merr. & Chun=Leptopus hainanensis
Andrachne hypoglauca Lévl.=Leptopus esquirolii
Andrachne lolonum Hand.-Mazz.=Leptopus lolonum
Andrachne millietii Lévl.=Lysimachia millietii
Andrachne montana Hutch.=Leptopus chinensis
Andrachne persicariifolia Lévl.=Leptopus esquirolii
Andrachne sect. *Arachne* Endl.=**Leptopus**
Andrachne trifoliata Roxb.=Bischofia javanica
Andreoskia DC.=**Dontostemon**
Andreoskia crassifolia Bge.=Dontostemon crassifolius
Andreoskia dentatus Bge.=Dontostemon dentatus
Andreoskia eglandulosa (DC.) DC.=Dontostemon integrifolius
Andreoskia integerifolia DC.=Dontostemon integrifolius
Andreoskia pectinata (DC.) DC.=Dontostemon pinnatifidus
Andresia Sleum.=**Cheilotheca**
Androcorys Schltr **兜蕊兰属**(兰科)
Androcorys gracilis (King & Pantl.) Schltr.细梗兜蕊兰
Androcorys japonensis F.Maekawa=Androcorys pusillus
Androcorys ophioglossoides Schltr 兜蕊兰
Androcorys oxysepalus K.Y.Lang 尖萼兜蕊兰
Androcorys pugioniformis (Lindl. ex HK.f.) K.Y.Lang 剑唇兜蕊兰
Androcorys pusilla (Ohwi & Fukuyama) T.S.Liu & H.J.Su=Androcorys pusillus
Androcorys pusillensis (Ohwi & Fukuyama) S.S.Ying=Androcorys pusillus
Androcorys pusillus (Ohwi & Fukuyama) Masam 小兜蕊兰
Androcorys spiralis T.Tang & F.T.Wang 蜀藏兜蕊兰
Andrographis Wall. ex Nees **穿心莲属**(爵床科)
Andrographis echioides Nees 蓝蓟穿心莲
Andrographis glomeruliflora Bremek.= Andrographis laxiflora var. glomerulifera
Andrographis laxiflora (Bl.) Lindau (B.Hansen in Nord.J.Bot.1985,p.p.)= Andrographis laxiflora var. glomerulifera
Andrographis laxiflora (Bl.) Lindau 疏花穿心莲
Andrographis laxiflora var. glomerulifera (Bremek.) H.Chu 腺毛疏花穿心莲
Andrographis laxiflora var. laxiflora= Andrographis laxiflora
Andrographis monglunensis Chang & H.Chu= Andrographis laxiflora var. glomerulifera
Andrographis ovata Benth.(云南植物名录 1984,西藏植物名录 1984)= Isoglossa collina
Andrographis paniculata (Burm.f.) Nees 穿心莲
Andrographis sinensis H.S.Lo= Gymnostachyum sinense
Andrographis tenera (Nees) Imlay= Andrographis laxiflora
Andrographis tenera (Nees) O.Itze.= Andrographis laxiflora
Andrographis tenuiflora T.Anders.= Andrographis laxiflora
Androgyne Griff.=**Panisea**
Andromeda caerulea L.=Phyllodoce caerulea
Andromeda calyculata L.=Chamaedaphne calyculata
Andromeda chinensis Lodd.=Vaccinium bracteatum var. chinense
Andromeda elliptica S. & Z.=Lyonia ovalifolia var. elliptica
Andromeda fastigiata Wall.=Cassiope fastigitata
Andromeda formosa Wall.=Pieris formosa
Andromeda japonica Thunb.=Pieris japonica
Andromeda lanceolata Wall.=Lyonia ovalifolia var. lanceolata
Andromeda ovalifolia Wall.=Lyonia ovalifolia
Andromeda squamulosa D.Don=Lyonia ovalifolia var. lanceolata
Andromeda taxifolia Pall.=Phyllodoce caerulea
Andromeda villosa Wall.=Lyonia villosa
Andropogon L.**须芒草属**(禾本科)
Andropogon acicularis Retz. ex Roem. & Schult.=Chrysopogon aciculatus
Andropogon aciculatus Retz.=Chrysopogon aciculatus
Andropogon affinia J.S.Presl=Sorghum propinquum
Andropogon amaurus Büse=Polytrias amaura
Andropogon annulatus Forssk.=Dichanthium annulatum
Andropogon antephoroides (Steud.) Steud.=Ischaemum antephoroides
Andropogon apricis var. *chinensis* (Nees) Hack.=Andropogon chinensis
Andropogon aristatus Poir.=Dichanthium aristatum
Andropogon arriani Edgew.=Cymbopogon olivieri
Andropogon arundinaceus Scop.=Sorghum halepense
Andropogon assimilis Steud.=Capillipedium assimile
Andropogon asthenostachys Steud.=Pseudopogonatherum contortum
Andropogon aureofulvus Steud.=Eulalia leschenaultiana
Andropogon barbatum L.=Chloris barbata
Andropogon besseri Kunth=Sorghum nervosum
Andropogon biaristatus Steud.=Microstegium biaristatum
Andropogon bicolor Roxb.=Sorghum bicolor
Andropogon binatus Retz.=Eulaliopsis binata
Andropogon bladhii Retz.=Bothriochloa bladhii
Andropogon bootanensis HK.f.=Eremopogon delavayi
Andropogon bracteata Humb. & Bonpl. ex Willd.=Hyparrhenia bracteata
Andropogon brevifolium Sw.=Schizachyrium brevifolium

Andropogon caesius Nees ex HK. & Arn.=Cymbopogon caesius
Andropogon caricosus L.=Dichanthium caricosum
Andropogon caricosus subsp. *mollicomus* var. *mollicomus* (Kunth) Hack. =Dichanthium aristatum
Andropogon castratus Griff.=Arthraxon castratus
Andropogon chinensis (Nees) Merr.华须芒草
Andropogon citratus DC.=Cymbopogon citratus
Andropogon contortus L.=Heteropogon contortus
Andropogon cotuliferum Thunb.=Eccoilopus cotulifer
Andropogon crinitus Thunb.=Pogonatherum crinitum
Andropogon delavayi Hack.=Eremopogon delavayi
Andropogon diplandra Hack.=Hyparrhenia diplandra
Andropogon distachyus L.双穗须芒草
Andropogon distans Nees=Cymbopogon distans
Andropogon diversiflorus Steud.=Polytrias amaura
Andropogon dulcis Burm.f.=Heleocharis dulcis
Andropogon eberhardtii (A.Camus) Merr.=Hyparrhenia diplandra
Andropogon echinatus Heyne ex Stued.=Arthraxon lanceolatus var. echinatus
Andropogon echinulatus (Nees) Steud.=Chrysopogon echinulatus
Andropogon filiformis Roxb.=Dimeria ornithopoda
Andropogon filipedulinus Hochst. ex Steud.=Hyparrhenia filipendula
Andropogon filipendulus Hochst.=Hyparrhenia filipendula
Andropogon firmamdus Steud.=Polytrias amaura
Andropogon flexuosus Nees ex Steud.=Cymbopogon flexuosus
Andropogon glaber Roxb.=Bothriochloa glabra
Andropogon glaucopsis Steud.=Capillipedium assimile
Andropogon goeringii Steud.=Cymbopogon goeringii
Andropogon gryllus subsp. *echinulatus* Hack.=Chrysopogon echinulatus
Andropogon gyirongensis L.Liou=Andropogon munroi
Andropogon haenkei S.Presl ex C.B.Presl=Bothriochloa glabra
Andropogon halepense var. *propinquum* (Kunth) Hack.=Sorghum propinquum
Andropogon halepensis var. *genuinus* (Hack.) Stapf=Sorghum halepense
Andropogon hamatulus Nees ex HK. & Arn.=Cymbopogon hamatulus
Andropogon heteroclita (Roxb.) L.Chen=Pseudanthistiria heteroclita
Andropogon himalayensis Gand.=Cymbopogon jwarancusa
Andropogon himalayensis Steud.=Apocopis paleacea
Andropogon hookeri Munro ex Hack.=Andropogon munroi
Andropogon intermedius R.Br.=Bothriochloa bladhii
Andropogon intermedius var. *genuinus* Hack.=Bothriochloa bladhii
Andropogon intermedius var. *haenkii* (Presl) Hack.=Bothriochloa glabra
Andropogon intermedius var. *punctatus* subvar. *glaber* Hack.= Bothriochloa glabra
Andropogon involutus Steud.=Eulaliopsis binata
Andropogon ischaemum L.=Bothriochloa ischaemum
Andropogon ischaemum var. *redicans* Hack.=Bothriochloa ischaemum
Andropogon ischyranthus Steud.=Heteropogon triticeus
Andropogon jwarancusa Jones=Cymbopogon jwarancusa
Andropogon jwarancusa subsp. *laniger* (Desf.) HK.f.=Cymbopogon olivieri
Andropogon koretrostachys Trin.=Pseudopogonatherum contortum
Andropogon kwashotensis Hay.=Capillipedium kwashotensis
Andropogon lanceolatus Roxb.=Arthraxon lanceolatus
Andropogon lancifolius Trin.=Arthraxon lancifolius
Andropogon leschenaultianus Decne=Eulalia leschenaultiana
Andropogon liananthus Stued.=Heteropogon triticeus
Andropogon martinii Roxb.=Cymbopogon martinii
Andropogon melanocarpus Ell.=Heteropogon melanocarpus
Andropogon micans (Nees) Steud.=Arthraxon micans
Andropogon micranthus Kunth=Capillipedium parviflorum
Andropogon microphyllus Trin.=Arthraxon microphyllus
Andropogon mollicomus Kunth=Dichanthium aristatum
Andropogon monandrus Roxb.=Pogonatherum crinitum
Andropogon munroi C.B.Clarke 西藏须芒草
Andropogon nardus L.=Cymbopogon nardus
Andropogon nardus subsp. *hamatulus* (Nees ex HK. & Arn.) Hack.= Cymbopogon hamatulus
Andropogon nardus subsp. *marginatus* var. *distans* (Steud.) Hack.= Cymbopogon distans
Andropogon nardus var. *flexuosus* (Nees ex Steud.) Hack.=Cymbopogon flexuosus
Andropogon nardus var. *goeringii* (Steud.) Hack.=Cymbopogon goeringii
Andropogon nardus var. *khasianus* Munro ex Hack.=Cymbopogon khasianus
Andropogon nardus var. *microstachys* Hok.f.=Cymbopogon microstachys
Andropogon nardus var. *stracheyi* HK.f.=Cymbopogon stracheyi
Andropogon nervosus Rottl.=Sehima nervosa
Andropogon nodosus (Willem.) Nash=Dichanthium aristatum
Andropogon notopogon Steud.=Eulaliopsis binata
Andropogon obliquiberbe Hack.=Schizachyrium obliquiberbe
Andropogon obscurus K.Schum.=Hyparrhenia diplandra
Andropogon obvallatus Steud.=Eulaliopsis binata
Andropogon olivieri Biess.=Cymbopogon olivieri
Andropogon osikensis Franch.=Hyparrhenia diplandra
Andropogon pachyneuros Franch.=Hyparrhenia diplandra
Andropogon paleaceus (Trin.) Steud.=Apocopis paleacea
Andropogon pertusus (L.) Willd.=Bothriochloa pertusa
Andropogon phoenix (Rendle) K.Schum.=Hyparrhenia diplandra
Andropogon prionodes Steud.=Arthraxon lanceolatus
Andropogon propinquum Kunth=Sorghum propinquum
Andropogon punctatus Roxb.=Bothriochloa bladhii var. punctata
Andropogon ravennae L.=Erianthus ravennae
Andropogon roxburghianus Roem. & Schult.=Dimeria ornithopoda
Andropogon rudis Nees ex Steud.=Arthraxon castratus
Andropogon sanguineus (Retz.) Merr.=Schizachyrium sanguineum
Andropogon schoenanthus var. *caesius* (Nees ex HK. & Arn.) Hack.= Cymbopogon caesius
Andropogon schoenanthus var. *gracillimus* HK.f.=Cymbopogon caesius
Andropogon schoenanthus var. *martinii* (Roxb.) HK.f.=Cymbopogon martinii
Andropogon scoparius Michx.扫状须芒草
Andropogon segenensis Steud.=Heteropogon triticeus
Andropogon selloanus (Hack.) Hack.鞍须芒草
Andropogon serratus Thunb.=Sorghum nitidum
Andropogon serratus var. *nitidus* (Vahl) Hack.=Sorghum nitidum
Andropogon sibiricus Steud.=Spodiopogon sibiricus
Andropogon sorghum subsp. *halepensis* Hack.=Sorghum halepense
Andropogon sorghum subsp. *sativus* var. *cafer* Hack.=Sorghum caffrorum
Andropogon sorghum subsp. *sativus* var. *cernuus* Hack.=Sorghum cernuum
Andropogon sorghum subsp. *sativus* var. *durra* Hack.=Sorghum durra
Andropogon sorghum subsp. *sativus* var. *nervosus* Hack.=Sorghum nervosum
Andropogon sorghum subsp. *sativus* var. *saccharatus* Hack.=Sorghum dochna
Andropogon sorghum subsp. *sativus* var. *subglobosus* Hack.=Sorghum bicolor var. subglobosus
Andropogon sorghum subsp. *sativus* var. *technicus* Hack.=Sorghum dochna var. technicum
Andropogon sorghum subsp. *sativus* var. *vulgaris* Hack.=Sorghum bicolor
Andropogon sorghum subsp. *sudanensis* Piper=Sorghum sudanense
Andropogon sorghum var. *cafer* Koern.=Sorghum caffrorum
Andropogon sorghum var. *technicus* Koern.=Sorghum dochna var. technicum
Andropogon stipaeformis Steud.=Dimeria ornithopoda
Andropogon subgen. *Amphilophis* (Trin.) HK.f.(p.p.)=**Bothriochloa**
Andropogon subgen. *Amphilophis* HK.f.(p.p.)=**Capillipedium**
Andropogon subgen. *Chrysopogon* Hack.=**Chrysopogon**
Andropogon subgen. *Hypogynium* sect. b. *Pseudanthistiria* Hack.=**Pseudanthistiria**
Andropogon subgen. Sorghum Hack.=**Sorghum**
Andropogon subrepens Steud.=Capillipedium assimile
Andropogon sudanensis (Piper) Leppan & Bosman=Sorghum sudanense
Andropogon taiwanensis Ohwi=Bothriochloa ischaemum
Andropogon trispicatus Schult.=Eulalia trispicata
Andropogon tristachyus Roxb.=Eulalia trispicata
Andropogon tristis Nees ex Hack.=Andropogon munroi
Andropogon triticeus R.Br.=Heteropogon triticeus
Andropogon vimineus Trin.=Microstegium vimineum
Andropogon yunnanensis Hack.须芒草
Androsace L.点地梅属(报春花科)
Androsace adenocephala Hand.-Mazz.腺序点地梅
Androsace aizoon Duby 莲座点地梅
Androsace aizoon var. *coccinea* Franch.=Androsace bulleyana
Androsace aizoon var. *himalaica* R.Knuth=Androsace aizoon
Androsace aizoon var. *integra* Maxim.=Androsace integra
Androsace aizoon var. *purpurea* Px & Hoffm.=Androsace integra
Androsace aizoon var. *rosea* Pax & Hoffm.=Androsace integra
Androsace alaschanica Maxim.阿拉善点地梅

Androsace alaschanica var. alaschanica=Androsace alaschanica
Androsace alaschanica var. zadoensis Y.C.Yang & R.F.Huang 扎多点地梅
Androsace alchemilloides Franch.花叶点地梅
Androsace aurata Petitm.=Androsace bisulca var. aurata
Androsace axillaris (Franch.) Franch.腋花点地梅
Androsace bisulca Bur. & Franch.昌都点地梅
Androsace bisulca var. aurata (Petitm.) Yang e Huang 黄花昌都点地梅
Androsace bisulca var. bisulca=Androsace bisulca
Androsace brachmaputrae Hand.-Mazz.=Androsace bisulca
Androsace brachystegia Hand.-Mazz.玉门点地梅
Androsace brahamputre Hand.-Mazz.=Androsace bisulca
Androsace bulleyana G.Forr.景天点地梅
Androsace bulleyana var. *purprea* Hand.-Mazz.=Androsace integra
Androsace bungeana Schischk. & Bobr.=Androsace lehmanniana
Androsace cernuiflora Y.C.Yang & R.F.Huang 弯花点地梅
Androsace chamaejasme Host.(G.Forr.in Not.Roy.Bot.Gard.Edinb.1908)=Androsace mollis
Androsace chamaejasme Host.(Hand.-Mazz.in Act.Hort.Gothob.1926)=Androsace brachystegia
Androsace chamaejasme Host 矮茉莉点地梅
Androsace chamaejasme var. *coronata* Watt=Androsace coronata
Androsace ciliifolia Ludlow 睫毛点地梅
Androsace coccinea Franch.=Androsace bulleyana
Androsace coerulea Shreber=Anagallis arvensis f. coerulea
Androsace coronata (Watt) Hand.-Mazz.环冠点地梅
Androsace cuscutiformis Franch.细蔓点地梅
Androsace cuttingii C.E.C.Fisch.江孜点地梅
Androsace delavayi Franch.滇西北点地梅
Androsace densa Pax & Hoffm.=Androsace tapete
Androsace dielsiana R.Knuth=Androsace gmelinii var. geophila
Androsace dissecta (Franch.) Franch.裂叶点地梅
Androsace diversifolia C.Y.Wu=Androsace runcinata
Androsace droftii Watt 红毛点地梅
Androsace elatior Pax & Hoffm.高葶点地梅
Androsace engleri R.Knuth (内蒙志 1980)=Androsace maxima
Androsace engleri R.Knuth 陕西点地梅
Androsace erecta Maxim.直立点地梅
Androsace euryantha Hand.-Mazz.大花点地梅
Androsace fedstschenkoi Ovcz.=Androsace septentrionalis var. breviscapa
Androsace filiformis Ketz.东北点地梅
Androsace filiformmis var. *glandulosa* Kryl.=Androsace filiformis
Androsace flavescens Maxim.南疆点地梅
Androsace forrestiana Hand.-Mazz.滇藏点地梅
Androsace gagnepainiana Hand.-Mazz.披散点地梅
Androsace geraniifolia var. *escaposa* Hand.-Mazz.=Androsace axillaris
Androsace geraniifolia Watt.(Hand.-Mazz.in Not.Roy.Bot.Gard.Edinb.1927,p.p.)=Androsace axillaris
Androsace geraniifolia Watt 掌叶点地梅
Androsace globifera Duby 球形点地梅
Androsace gmelinii (Gaertn.) Roem. & Schult.小点地梅
Androsace gmelinii var. geophila Hand.-Mazz.短葶小点地梅
Androsace gmelinii var. gmelinii=Androsace gmelinii
Androsace graceae G.Forr.圆叶点地梅
Androsace gracilis Hand.-Mazz.细弱点地梅
Androsace graminifolia C.E.C.Fisch.禾叶点地梅
Androsace gustavi R.Knuth=Androsace tapete
Androsace henryi Oliv.莲叶点地梅
Androsace henryi var. *crassifolia* Hand.-Mazz.=Androsace henryi
Androsace henryi var. henryi=Androsace henryi
Androsace henryi var. *omeiensis* R.Knuth=Androsace paxiana
Androsace henryi var. simulans C.M.Hu & Y.C.Yang 阔苞莲叶点地梅
Androsace henryi var. *typica* Hand.-Mazz.=Androsace henryi
Androsace hookeriana Klatt (R.Knuth in Engl.Pflanzenr.1905,p.p.)=Androsace laxa
Androsace hookeriana Klatt 亚东点地梅
Androsace hookeriana var. *mairei* Yang & Huang=Androsace mairei
Androsace hopeiensis Nakai=Androsace incana
Androsace incana Lam.白花点地梅
Androsace integra (Maxim.) Hand.-Mazz.石莲叶点地梅
Androsace kouytchensis Bonati 贵州点地梅
Androsace lanuginosa Wall.长绵毛点地梅(新)
Androsace laxa C.M.Hu & Y.C.Yang 秦巴点地梅
Androsace lehmanniana Spreng.旱生点地梅
Androsace lehmannii Wall. ex Duby 钻叶点地梅
Androsace limprichtii Pax & Hoffm. 康定点地梅
Androsace limprichtii var. laxiflora (Petitm.) Hand.-Mazz.=Androsace limprichtii
Androsace limprichtii var. limprichtii=Androsace limprichtii
Androsace longifolia Turcz.长叶点地梅
Androsace longifolia var. *decipiens* Hand.-Mazz.=Androsace mairei
Androsace longifolia var. longifolia=Androsace longifolia
Androsace mairei Lévl.(Hand.-Mazz.in Not.Roy.Bot.Gard.Edinb.1927,p.p.)=Androsace laxa
Androsace mairei Lévl.绿棱点地梅
Androsace mariae Kanitz 西藏点地梅
Androsace mariae var. *tibetica* (Maxim.) Hand.-Mazz.=Androsace mariae
Androsace mariae var. *trachyloma* Hand.-Mazz.=Androsace mariae
Androsace maxima L.大苞点地梅
Androsace medifissa Chen & Y.C.Yang 梵净山点地梅
Androsace microphylla HK.f.(Maxim.in Mem.Biol.1888)=Androsace yargongensis
Androsace microphylla HK.f.小叶点地梅
Androsace minor (Hand.-Mazz.) C.M.Hu & Y.C.Yang 小丛点地梅
Androsace mirabilis Franch.大叶点地梅
Androsace mollis Hand.-Mazz.柔软点地梅
Androsace mucronifolia Watt (G.Forr.in Not.Roy.Bot.Gard.Edinb.1908)=Androsace rigida
Androsace mucronifolia var. *stenophylla* Hand.-Mazz.=Androsace yargongensis
Androsace mucronifolia var. *typica* R.Knuth (p.p.)=Androsace yargongensis
Androsace mucronifolia var. *typica* Wall.(Pax & Hoffm.in Fedde,Repert.Subsp.Nov.Beih.1922,p.p.)=Androsace brachystegia
Androsace muscoidea Duby 苔藓状点地梅
Androsace muscoidea f. *longiscapa* (R.Knuth) Hand.-Mazz.=Androsace robusta
Androsace nepalensis Dergane=Androsace lehmannii
Androsace nortonii Ludlow 绢毛点地梅
Androsace ovalifolia Y.C.Yang 卵叶点地梅
Androsace ovczinnikovii Schischk. & Bobr.天山点地梅
Androsace paxiana R.Knut 峨眉点地梅
Androsace phoenicea Scopoli=Anagallis arvensis
Androsace pomeiensis C.M.Hu & Y.C.Yang 波密点地梅
Androsace prattiana R.Knuth=Androsace spinulifera
Androsace primulina Spreng.=Primula primulina
Androsace primuloides D.Don=Primula primulina
Androsace refracta Hand.-Mazz.折梗点地梅
Androsace rigida Hand.-Mazz.硬枝点地梅
Androsace rigida var. *minor* Hand.-Mazz.=Androsace minor
Androsace robusta (R.Knuth) Hand.-Mazz.雪球点地梅
Androsace rockii W.E.Evans 密毛点地梅
Androsace rotundifolia Hardw.叶苞点地梅
Androsace rotundifolia var. *axillaris* Franch.=Androsace axillaris
Androsace rotundifolia var. *dissecta* Franch.=Androsace dissecta
Androsace rotundifolia var. rotundifolia=Androsace rotundifolia
Androsace rotundifolia var. thomsonii Watt 腺毛叶苞点地梅
Androsace runcinata Hand.-Mazz.异叶点地梅
Androsace sarmentosa Wall.匍茎点地梅
Androsace sarmentosa var. *grandifolia* HK.f.=Androsace strigillosa
Androsace sarmentosa var. *laxiflora* Petitm.=Androsace limprichtii var. laxiflora
Androsace sarmentosa var. *stenophylla* Petitm.=Androsace stenophylla
Androsace sarmentosa var. *thibetansis* Petitm.=Androsace wardii
Androsace sarmentosa var. *watkinsii* HK.f.(R.Knuth in Engl.Pflanzenr.1905,p.p.)=Androsace limprichtii
Androsace sarmentosa var. *yunnanensis* R.Knuth=Androsace mollis
Androsace saxifragaefolia Bge.=Androsace umbellata
Androsace selago Klatt 紫花点地梅
Androsace sempervivoides Jacq.长生点地梅
Androsace sempervivoides var. *mariae* R.Knuth=Androsace mariae
Androsace sempervivoides var. *tibetica* Maxim.=Androsace mariae
Androsace septentrionalis L.北点地梅

Androsace septentrionalis var. breviscapa Kryl.短葶北点地梅
Androsace septentrionalis var. septentrionalis=Androsace septentrionalis
Androsace sessiliflora Turril=Androsace tapete
Androsace spinulifera (Franch.) R.Knuth 刺叶点地梅
Androsace squarrosula Maxim.鳞叶点地梅
Androsace stenophylla (Petitm.) Hand.-Mazz.狭叶点地梅
Androsace strigillosa Franch.(Forb. & Hemsl.in J.L.Soc.Bot.1889)=Androsace spinulifera
Androsace strigillosa Franch.糙伏点地梅
Androsace strigillosa var. *canescens* Marquand=Androsace strigillosa
Androsace strigillosa var. *spinulifera* Franch.=Androsace spinulifera
Androsace sublanata Hand.-Mazz.绵毛点地梅
Androsace sutchuenensis Franch.=Androsace axillaris
Androsace tangulashanensis Y.C.Yang & R.F.Huang 唐古拉点地梅
Androsace tapete Maxim.垫状点地梅
Androsace tarczaninovii Freyn=Androsace maxima
Androsace thomsonii (Watt) Y.Nasir.=Androsace rotundifolia var. thomsonii
Androsace tibetica var. *mariae* R.Knuth=Androsace mariae
Androsace tonkinensis Bonati=Mitrasacme pygmaea
Androsace turczaminowii Freyn.=Androsace maxima
Androsace umbellata (Lour.) Merr.点地梅
Androsace villosa L.长柔毛点地梅
Androsace villosa f. *longiscapa* R.Knuth.=Androsace robusta
Androsace villosa var. *aurata* Petitm.=Androsace bisulca var. aurata
Androsace villosa var. *bisulca* (Bur. & Franch.) R.Knuth=Androsace bisulca
Androsace villosa var. *incana* (Lam.) Duby=Androsace incana
Androsace villosa var. *latifolia* Bge.=Androsace lehmanniana
Androsace villosa var. *robusta* R.Knuth=Androsace robusta
Androsace villosa var. *zambalensis* Petitm.=Androsace zambalensis
Androsace wardii W.W.Sm.(Hand.-Mazz.in Not.Roy.Bot.Gard.Edinb. 1927,p.p.)=Androsace stenophylla
Androsace wardii W.W.Sm.粗毛点地梅
Androsace wilsoniana Hand.-Mazz.岩居点地梅
Androsace yargongensis Petitm.雅江点地梅
Androsace yargongensis var. *stenophylla* Hand.-Mazz.=Androsace yargongensis
Androsace zambalensis (Petitim.) Hand.-Mazz.高原点地梅
Androsace zayulensis Hand.-Mazz.察隅点地梅
Androscepia anathera (Nees ex Steud.) Anderss.=Themeda anathera
Androscepia anathera var. *glabrescens* Anderss.=Themeda anathera
Androscepia anathera var. *hirsuta* Anderss.=Themeda anathera
Andrzeiowskia pectinata (DC.) Turcz.=Dontostemon pinnatifidus
Aneilema R.Br.(p.p.)=**Murdannia**
Aneilema angustifolium N.E.Brown (广州志 1956)=Murdannia kainantensis
Aneilema angustifolium N.E.Brown=Murdannia loriformis
Aneilema bodinieri Lévl.=Murdannia hookeri
Aneilema bracteatum (C.B.Clarke) Kuntze=Murdannia bracteata
Aneilema canaliculatum Dalz.=Murdannia spirata
Aneilema cavaleriei Lévl. & Vant.=Murdannia simplex
Aneilema conspicuum (Bl.) Kunth=Dictyospermum conspicuum
Aneilema coreanum Lévl. & Vant.=Murdannia kesak
Aneilema divergens C.B.Clarke=Murdannia divergens
Aneilema formosanum N.E.Brown=Murdannia edulis
Aneilema giganteum (Vahl) R.Br.(C.B.Clarke in DC.Monogr.Phanerog. 1881,海南志 1977)=Murdannia simplex
Aneilema herbaceum Wall.=Murdannia japonica
Aneilema herbaceum var. *divergens* C.B.Clarke=Murdannia divergens
Aneilema hookeri C.B.Clarke=Murdannia hookeri
Aneilema japonicum (Thunb.) Kunth.=Pollia japonica
Aneilema kainantense Masam.=Murdannia kainantensis
Aneilema keisak Hassk.(海南志 1977,苏南植物手册 1959)=Murdannia triquetra
Aneilema keisak Hassk.=Murdannia kesak
Aneilema kuntzei C.B.Clarke ex Kuntze=Murdannia bracteata
Aneilema lineolatum Kunth=Murdannia japonica
Aneilema longifolium HK.=Murdannia simplex
Aneilema loriforme Hassk=Murdannia loriformis
Aneilema loureirii Hance=Murdannia spectabilis
Aneilema malabaricum (L.) Merr.=Murdannia nudiflora
Aneilema medicum (Lour.) R.Br.=Murdannia medica
Aneilema medicum Lour.(贵州志 1956)=Murdannia spectabilis
Aneilema melanostictum Hance=Murdannia spirata
Aneilema nanum Kunth.=Murdannia spirata
Aneilema nudiflorum (L.) R.Br.=Murdannia nudiflora
Aneilema nudiflorum var. *bracteatum* C.B.Clarke=Murdannia bracteata
Aneilema nudiflorum var. *rigidior* Benth.=Murdannia loriformis
Aneilema nummularia Miq.=Murdannia spirata
Aneilema nutans Lévl.=Murdannia triquetra
Aneilema oliganthum Franch. & Savat.=Murdannia kesak
Aneilema paucifolium N.E.Brown=Murdannia medica
Aneilema protensum Wall.=Rhopalephora scaberrima
Aneilema reniforme Buch.-Ham.=Pollia subumbellata
Aneilema scaberrimum (Bl.) Kunth=Rhopalephora scaberrima
Aneilema scapiflorum (Roxb.) Wight=Murdannia edulis
Aneilema scapiflorum var. *latifolium* N.E.Brown=Murdannia edulis
Aneilema sect. *Dictyospermum* C.B.Clarke=**Dictyospermum**
Aneilema secundiflorum Kunth.=Pollia secundiflora
Aneilema siamense Craib=Pollia siamensis
Aneilema simplex (Vahl) C.B.Clarke=Murdannia simplex
Aneilema sinicum (sinica) Ker-Gawl.=Murdannia simplex
Aneilema spectabile Kurz=Murdannia spectabilis
Aneilema spicatum Wall.=Murdannia spectabilis
Aneilema spiratum R.Br.=Murdannia spirata
Aneilema stenothyrsum Diels=Murdannia stenothyrsa
Aneilema taquetii Lévl.=Murdannia kesak
Aneilema terminale Wight=Murdannia loriformis
Aneilema triquetrum Wall.=Murdannia triquetra
Aneilema vaginatum (L.) R.Br.=Murdannia vaginata
Anemarrhena Bge.**知母属**(百合科)
Anemarrhena asphodeloides Bge.知母
Anemarrhena miariei (Lévl.) Lévl.=Ophiopogon mairei
Anemia Sw.**密穗蕨属**(莎草蕨科)
Anemia adiantifolia (L.) Sw.铁线密穗蕨
Anemia flexuosa (Sav.) Sw.曲茎密穗蕨
Anemia hirsuta (L.) Sw.毛叶密穗蕨
Anemia mexicana Klotz.墨西哥密穗蕨
Anemia philitida (L.) Sw.密穗蕨
Anemoclema (Franch.) W.T.Wang **罂粟莲花属**(毛茛科)
Anemoclema glaucifolium (Franch.) W.T.Wang 罂粟莲花
Anemonastrum Holub=**Anemone**
Anemonastrum chinense (Kitag.) Holub=Anemone cathayensis
Anemonastrum chosenicola (Ohwi) Hulub=Anemone shikokiana
Anemonastrum crinitum (Juzepcz.) Hulub=Anemone narcissiflora subsp. crinita
Anemonastrum demissum (HK.f. & Thoms.) Hulub=Anemone demissa
Anemonastrum elongatum (D.Don) Holub=Anemone elongata
Anemonastrum imbricatum (Maxim. Holub=Anemone imbricata
Anemonastrum narcissiflorum subsp. *sibiricum* (L.) Á.Löve & D.Löve=Anemone narcissiflora subsp. crinita
Anemonastrum polyanthes (D.Don) Holub=Anemone demissa
Anemonastrum protractum (Ulbr.) Hulub=Anemone narcissiflorab subsp. protracta
Anemonastrum schantungense (Hand.-Mazz.) Holub=Anemone shikokiana
Anemonastrum schrenkianum (Juzepcz.) Holub=Anemone narcissiflorab subsp. protracta
Anemonastrum sibiricum (L.) Holub=Anemone narcissiflora subsp. crinita
Anemonastrum sikokianum (Makino) Holub=Anemone shikokiana
Anemonastrum smithianum (Lauen. & panig.) Hulub＝Anemone smithiana
Anemonastrum terasepalum (Royle) Holub=Anemone tetrasepala
Anemone L.**银莲花属**(毛茛科)
Anemone altaica Fisch.阿尔泰银莲花
Anemone ambigua Turcz. ex Hayek=Pulsatilla patens subsp. flavescens
Anemone amurensis (Korxh.) Kom.黑水银莲花
Anemone anhuiensis Y.K.Yang et al.=Anemone flaccida var. anhuiensis
Anemone baicalensis Turcz.毛果银莲花
Anemone baicalensis subsp. *flaccida* Ulbr.=Anemone flaccida
Anemone baicalensis subsp. *glabrata* (Maxim.) Juz.=Anemone baicalensis var. glabrata
Anemone baicalensis subsp. *glabrata* var. *rossii* (S.Moore) Kitag.=Anemone baicalensis var. rossii
Anemone baicalensis var. baicalensis=Anemone baicalensis
Anemone baicalensis var. glabrata Maxim.光果银莲花

Anemone baicalensis var. kansuensis (W.T.Wang) W.T.Wang 甘肃银莲花
Anemone baicalensis var. *laevigata* A.Garoy=Anemone flaccida
Anemone baicalensis var. rossii (S.Moore) Kitag.细茎银莲花
Anemone baicalensis var. saniculiformis (C.Y.Wu ex W.T.Wang) Ziman & B.E.Dutt.芹叶银莲花
Anemone barbulata Turcz.=Anemone rivularis var. flore-minore
Anemone batangensis Finet=Anemone rupicola
Anemone begoniifolia Lévl. & Vant.卵叶银莲花
Anemone begoniifolioides W.T.Wang=Anemone howellii
Anemone bhutanica Tamura=Anemone rupestris
Anemone bicolor Lévl.=Anemone demissa var. yunnanensis
Anemone blanda Schott & Kotschy.淡色银莲花
Anemone bodinieri Lévl.=Anemone begoniifolia
Anemone boissiaei Lévl. & Vant.=Urophysa henryi
Anemone bonatiana Lévl.=Anemone coelestina
Anemone bonatiana var. *geum* Lévl.=Anemone geum
Anemone brevistyla Chang ex W.T.Wang 短柱银莲花
Anemone caerulea var. *griffithii* (HK.f. & Thoms.) Ulbr.=Anemone griffithii
Anemone cathayensis Kitag.银莲花
Anemone cathayensis f. *hispida* (Tamura) Kitag.=Anemone cathayensis var. hispida
Anemone cathayensis var. cathayensis=Anemone cathayensis
Anemone cathayensis var. hispida Tamura 毛蕊银莲花
Anemone caucasica Willd.高加索银莲花
Anemone cernua Thunb.=Pulsatilla cernua
Anemone cernua var. *koreana* Yabe ex Nakai=Pulsatilla cernua
Anemone chinensis Bge.=Pulsatilla chinensis
Anemone chosenicola var. *schanthungensis* (Hand.-Mazz.) Tamura= Anemone shikokiana
Anemone chumulangmaensis W.T.Wang=Anemone trullifolia
Anemone coelestina Franch.蓝匙叶银莲花
Anemone coelestina f. *holophylla* (Diels) Comber=Anemone coelestina var. holophylla
Anemone coelestina var. coelestina=Anemone coelestina
Anemone coelestina var. holophylla (Diels) Ziman & B.E.Dutton 拟条叶银莲花
Anemone coelestina var. linearis (Brühl) Ziman & B.E.Dutton 条叶银莲花
Anemone coelestina var. *polygyna* Comber=Anemone coelestina
Anemone coelestina var. *truncata* Comber=Anemone yulongshanica var. truncata
Anemone coerulea DC.青色银莲花
Anemone crinita Juz.=Anemone narcissiflora subsp. crinita
Anemone dahurica Fisch. ex DC.=Pulsatilla dahurica
Anemone davidii Franch.西南银莲花
Anemone debilis Fisch.柔软银莲花
Anemone delavayi Franch.滇川银莲花
Anemone delavayi var. delavayi=Anemone delavayi
Anemone delavayi var. oligocarpa (C.Pei) Ziman & B.E.Dutton 少果银莲花
Anemone demissa HK.f. & Thoms.展毛银莲花
Anemone demissa subsp. *villosissima* (Brühl) R.P.Chaudh.=Anemone demissa var. villosissima
Anemone demissa var. *connectens* Brühl=Anemone demissa
Anemone demissa var. demissa=Anemone demissa
Anemone demissa var. *glabrescens* Ulbr.=Anemone cathayensis
Anemone demissa var. *grandiflora* C.Marq. & Airy Shaw=Anemone demissa
Anemone demissa var. *macrantha* Brühl=Anemone demissa var. major
Anemone demissa var. major W.T.Wang 宽叶展毛银莲花
Anemone demissa var. *monantha* Brühl=Anemone demissa
Anemone demissa var. *umbellata* Brühl=Anemone demissa
Anemone demissa var. *villosa* Ulbr.=Anemone demissa var. villosissima
Anemone demissa var. villosissima Brühl 密毛银莲花
Anemone demissa var. yunnanensis Franch.云南银莲花
Anemone dichotoma L.二歧银莲花
Anemone discolor Royle=Anemone obtusiloba
Anemone elegans Decne.=Anemone vitifolia
Anemone elegans var. *toementosa* (Maxim.) Hand.-Mazz.=Anemone tomentosa
Anemone elongata D.Don 加长银莲花
Anemone eranthioides Rgl.菟葵银莲花
Anemone erythrophylla Finet & Gagn.红叶银莲花
Anemone esquirolii Lévl. & Vant.=Anemone rivularis
Anemone esquirolii Lévl.=Anemone begoniifolia
Anemone exgua Maxim.小银莲花
Anemone exigua var. exigua=Anemone exigua
Anemone exigua var. shanxiensis B.L.Li & X.Y.Yu 山西银莲花
Anemone extremiorientalis (Starod.) Starod.=Anemone umbrosa
Anemone fasciculata L.簇生银莲花
Anemone filisecta C.Y.Wu & W.T.Wang 细裂银莲花
Anemone flaccida Fr.Schmidt 鹅掌草
Anemone flaccida var. anhuiensis (Y.K.Yang et al.) Ziman & B.E.Dutton 安徽银莲花
Anemone flaccida var. flaccida=Anemone flaccida
Anemone flaccida var. hirtella W.T.Wang 展毛鹅掌草
Anemone flaccida var. hofengensis Wuzhi 裂苞鹅掌草
Anemone flavescens Zucc.=Pulsatilla patens subsp. flavescens
Anemone gelida Maxim.=Anemone rupestris subsp. gelida
Anemone geum H.Lévl.路边青银莲花
Anemone geum subsp. geum=Anemone geum
Anemone geum subsp. ovalifolia (Brühl) R.P.Chaudh.疏齿银莲花
Anemone glabrata (Maxim.) Juz.=Anemone baicalensis var. glabrata
Anemone glaucifolia Franch.=Anemoclema glaucifolium
Anemone gortschakovii Kar. & Kir.块茎银莲花
Anemone griffithii HK.f. & Thoms.三出银莲花
Anemone henryi Oliv.=Hepatica henryi
Anemone hepatica L.(Baker & S.Moore in J.L.Soc.Bot.1879)=Hepatica nobilis var. asiatica
Anemone hepatica var. *asiatica* (Nakai) Hara=Hepatica nobilis var. asiatica
Anemone hofengensis W.T.Wang=Anemone flaccida var. hofengensis
Anemone hokouensis C.Y.Wu 河口银莲花
Anemone howellii J.F.Jerr. & W.W.Sm.拟卵叶银莲花
Anemone hupehensis Lem.打破碗花花
Anemone hupehensis f. alba W.T.Wang 水棉花
Anemone hupehensis var. japonica (Thunb.) Bowles & Stearn 秋牡丹
Anemone hupehensis var. *simplicifolia* W.T.Wang=Anemone hupehensis f. alba
Anemone imbricata Maxim.叠裂银莲花
Anemone japonica (Thunb.) S. & Z.=Anemone hupehensis var. japonica
Anemone japonica S. & Z.(药用志 1955)=Anemone hupehensis
Anemone japonica var. *hupehensis* Lemoine=Anemone hupehensis
Anemone japonica var. *tomentosa* Maxim.=Anemone tomentosa
Anemone kansuensis W.T.Wang=Anemone baicalensis var. kansuensis
Anemone kostyczewii Korsh.=Pulsatilla kostyczewii
Anemone laceratoincisa W.T.Wang 锐裂银莲花
Anemone laevigata (Gray) Koidz.=Anemone flaccida
Anemone leveillei Ulbr.=Anemone rivularis
Anemone liangshanica W.T.Wang=Anemone trullifolia var. liangshanica
Anemone longipes Tamura=Anemone rivularis
Anemone lutienensis W.T.Wang=Anemone trullifolia var. lutienensis
Anemone mairei Lévl.=Pulsatilla millefolius
Anemone matsudei (Yamamoto) Tamura=Anemone vitifolia
Anemone micrantha Klotzsch=Anemone obtusiloba
Anemone millefolium Hemsl. & Wils.=Pulsatilla millefolius
Anemone multilobulata W.T.Wang & L.Q.Li=Anemone narcissiflorab subsp. protracta
Anemone nanchuanensis W.T.Wang=Anemone griffithii
Anemone narcissiflora subsp. *chinensis* (Kitag.) Kitag.=Anemone cathayensis
Anemone narcissiflora subsp. crinita (Juzepcz.) Kitag.长毛银莲花
Anemone narcissiflora subsp. protracta (Ulbr.) Ziman & Fedroncz.伏毛银莲花
Anemone narcissiflora subsp. *sibirica* (L.) Hultén=Anemone narcissiflora subsp. crinita
Anemone narcissiflora var. *chinensis* Kitag.=Anemone cathayensis
Anemone narcissiflora var. *contracta* (Ulbr.) Schipcz.=Anemone narcissiflorab subsp. protracta
Anemone narcissiflora var. *crinita* (Juzepcz.) Tamura=Anemone narcissiflora subsp. crinita
Anemone narcissiflora var. *demissa* (HK.f.etThoms.) Finet & Gagn.= Anemone demissa

Anemone narcissiflora var. *pekinensis* Schipcz.=Anemone cathayensis
Anemone narcissiflora var. *protracta* Ulbr.=Anemone narcissiflorab subsp. protracta
Anemone narcissiflora var. *shikokiana* Makaio=Anemone shikokiana
Anemone narcissiflora var. *sibirica* (L.) Tamura=Anemone narcissiflora subsp. crinita
Anemone narcissiflora var. *turkestanica* Schipcz.=Anemone narcissiflorab subsp. protracta
Anemone narcissiflora var. *yuldussica* Schipcz.=Anemone narcissiflorab subsp. protracta
Anemone nemorosa L.荫蔽银莲花
Anemone nemorosa subsp. *altaica* (Fisch. ex C.A.Mey.) Korsh.=Anemone altaica
Anemone nemorosa subsp. *amurensis* Korsh.=Anemone amurensis
Anemone nemorosa var. *fissa* Ulbr.=Anemone amurensis
Anemone obtusiloba D.Don 钝裂银莲花
Anemone obtusiloba subsp. *coelestina* (Franch.) Brühl=Anemone coelestina
Anemone obtusiloba subsp. *geum* (H.Lévl.) Ulbr.=Anemone geum
Anemone obtusiloba subsp. *geum* var. *violacea* Ulbr.=Anemone imbricata
Anemone obtusiloba subsp. *imbricata* (Maxim.) Brühl=Anemone imbricata
Anemone obtusiloba subsp. leiophylla W.T.Wang 光叶银莲花
Anemone obtusiloba subsp. megaphylla W.T.Wang 镇康银莲花
Anemone obtusiloba subsp. *micrantha* (Klotzsch) Ulbr.=Anemone obtusiloba
Anemone obtusiloba subsp. obtusiloba=Anemone obtusiloba
Anemone obtusiloba subsp. *omalocarpella* Brühl=Anemone polycarpa
Anemone obtusiloba subsp. *ovalifolia* ×*Anemone trullifolia* HK.f. & Thoms.=Anemone geum subsp. ovalifolia var. truncata
Anemone obtusiloba subsp. *ovalifolia* Brühl=Anemone geum subsp. ovalifolia
Anemone obtusiloba subsp. *ovalifolia* var. *angustilimba* W.T.Wang=Anemone geum subsp. ovalifolia
Anemone obtusiloba subsp. *ovalifolia* var. *geochares* Brühl=Anemone geum
Anemone obtusiloba subsp. *ovalifolia* var. *orthocaulon* Brühl=Anemone geum
Anemone obtusiloba subsp. *ovalifolia* var. *polysepala* W.T.Wang=Anemone geum subsp. ovalifolia
Anemone obtusiloba subsp. *ovalifolia* var. *rothocaulon* Brühl=Anemone geum subsp. ovalifolia
Anemone obtusiloba subsp. *ovalifolia* var. *truncata* (H.F.Comb.) W.T. Wang =Anemone yulongshanica var. truncata
Anemone obtusiloba subsp. *rockii* (Ulbr.) Lauener (p.p.)=Anemone rockii
Anemone obtusiloba subsp. *saxicola* Brühl=Anemone polycarpa
Anemone obtusiloba subsp. *trullifolia* (HK.f. & Thoms.) Brühl=Anemone trullifolia
Anemone obtusiloba subsp. *trullifolia* var. *linearis* Brühl=Anemone coelestina var. linearis
Anemone obtusiloba var. *chrysantha* Ulbr.=Anemone obtusiloba
Anemone obtusiloba var. *coerulea* Ulbr.=Anemone rupestris
Anemone obtusiloba var. *pusilla* Brühl=Anemone rupestris
Anemone obtusiloba var. *spatulata* Brühl=Anemone trullifolia
Anemone obtusiloba var. *wallichii* Brühl=Anemone rupestris
Anemone oligocarpa Péi=Anemone delavayi var. oligocarpa
Anemone orthocarpa Hand.-Mazz.直果银莲花
Anemone ovalifolia (Brühl) Hand.-Mazz.=Anemone geum subsp. ovalifolia
Anemone patens L.=Pulsatilla patens
Anemone patens var. *multifida* Pritz.=Pulsatilla patnes subsp. multifida
Anemone patula Chang 天全银莲花
Anemone patula var. minor W.T.Wang 鸡足叶银莲花
Anemone patula var. patula=Anemone patula
Anemone petiolulata Péi=Anemone davidii
Anemone polyanthes D.Don=Anemone demissa
Anemone polycarpa W.E.Evans 多果银莲花
Anemone prattii Huth ex Ulbr.川西银莲花
Anemone protracta (Ulbr.) Juz.=Anemone narcissiflora subsp. protracta
Anemone pulsatilla var. *chinensis* (Bge.) Finet & Gagn.=Pulsatilla chinensis
Anemone raddeana Rgl.多被银莲花
Anemone raddeana subsp. *glabra* Ulbr.=Anemone raddeana
Anemone raddeana subsp. *villosa* Ulbr.=Anemone raddeana
Anemone raddeana var. *integra* Huth=Anemone raddeana
Anemone raddeana var. lacerata Y.L.Xu 龙王山银莲花
Anemone raddeana var. raddeana=Anemone raddeana
Anemone ranunculoides L.毛茛状银莲花
Anemone reflexa Steph 反萼银莲花
Anemone richardsonii HK.内切氏银莲花
Anemone rivularis Buch.-Ham.草玉梅
Anemone rivularis subsp. *barbulata* Ulbr.=Anemone rivularis var. flore-minore
Anemone rivularis subsp. *eurivularis* Ulbr.=Anemone rivularis
Anemone rivularis Ulbr.=Anemone rivularis
Anemone rivularis var. *barbulata* Turcz. ex Fedts.=Anemone rivularis var. flore-minore
Anemone rivularis var. flore-minore Maxim.小花草玉梅
Anemone rivularis var. rivularis=Anemone rivularis
Anemone robusta W.T.Wang 粗壮银莲花
Anemone rockii Ulbr.岷山银莲花
Anemone rockii var. multicaulis W.T.Wang 多茎银莲花
Anemone rockii var. pilocarpa W.T.Wang 巫溪银莲花
Anemone rockii var. rockii=Anemone rockii
Anemone rossii S.Moore=Anemone baicalensis var. rossii
Anemone rupestris Wall. ex Brühl=Anemone rupestris subsp. gelida var. wallichii
Anemone rupestris Wall. ex HK.f. & Thoms.湿地银莲花
Anemone rupestris subsp. gelida (Maxim.) Lauener 冻地银莲花
Anemone rupestris subsp. gelida var. wallichii (Brühl) Lauener 低矮银莲花
Anemone rupestris subsp. *polycarpa* (W.E.Evans) W.T.Wang=Anemone polycarpa
Anemone rupestris subsp. rupestris=Anemone rupestris
Anemone rupestris var. *lobata* Brühl=Anemone geum
Anemone rupestris var. *pilosa* Marq. & Shaw=Anemone geum
Anemone rupestris var. *wallichii* Brühl=Anemone rupestris subsp. gelida var. wallichii
Anemone rupicola Camb.岩生银莲花
Anemone rupicola subsp. *laceratoincisa* (W.T.Wang) R.P.Chaudh.=Anemone laceratoincisa
Anemone saniculifolia Lévl.=Anemone rivularis
Anemone saniculiformis C.Y.Wu ex W.T.Wang=Anemone baicalensis var. saniculiformis
Anemone saxicola (Brühl) Tamura & Kitamura=Anemone polycarpa
Anemone scabiosa Lévl. & Vant.=Anemone hupehensis var. japonica
Anemone scabriuscula W.T.Wang 糙叶银莲花
Anemone schantungensis Hand.-Mazz.=Anemone shikokiana
Anemone schrenkiana Juz.=Anemone narcissiflora subsp. protracta
Anemone sect. *Anemoclema* Franch.=**Anemoclema**
Anemone sect. *Pulsatilloides* ser. *Anemoclema* (Franch.) Ulbr.=**Anemoclema**
Anemone shikokiana (Makino) Makino 山东银莲花
Anemone sibirica L.=Anemone narcissiflora subsp. crinita
Anemone silbestris L.(植物志 28,1980)=Anemone sylvestris
Anemone siuzevi Kom.=Anemone stolonifera
Anemone smithiana Lauener & Panigrahi 红萼银莲花
Anemone stolonifera Maxim.匐枝银莲花
Anemone stolonifera var. *davidii* (Franch.) Finet & Gagn.=Anemone davidii
Anemone subindivisa W.T.Wang 微裂银莲花
Anemone subpinnata W.T.Wang 近羽银莲花
Anemone sylvestris L.大花银莲花
Anemone taipaiensis W.T.Wang 太白银莲花
Anemone takasagomontana Masamune=Anemone exigua
Anemone taraoi var. *morii* Yamamoto=Ranunculus morii
Anemone tengchongensis W.T.Wang=Anemone narcissiflora subsp. crinita
Anemone tenuiloba Hayek=Pulsatilla tenuiloba
Anemone tetrasepala Royle 复伞银莲花
Anemone tibetica W.T.Wang 西藏银莲花
Anemone tomentosa (Maxim.) Péi 大火草
Anemone trullifolia HK.f. & Thoms.匙叶银莲花
Anemone trullifolia var. *campestris* Diels=Anemone geum subsp. yulongshanica var. truncata
Anemone trullifolia var. *coelestina* (Franch.) Finet & Gagn.=Anemone coelestina

Anemone trullifolia var. *holophylla* Diels=Anemone coelestina var. holophylla
Anemone trullifolia var. liangshanica (W.T.Wang) Ziman & B.E.Dutton 凉山银莲花
Anemone trullifolia var. *linearis* (Brühl) Gard.=Anemone coelestina var. linearis
Anemone trullifolia var. lutienensis (W.T.Wang) Ziman & B.E.Dutton 鲁甸银莲花
Anemone trullifolia var. *souliei* Finet & Gagn.=Anemone coelestina var. linearis
Anemone trullifolia var. trullifolia=Anemone trullifolia
Anemone tschernjaewii Rhl.东氏银莲花
Anemone udensis Trautv. & Mey.乌德银莲花
Anemone ulbrischiana Diels ex Ulbr.=Anemone baicalensis
Anemone umbrosa C.A.Mey.阴地银莲花
Anemone umbrosa subsp. *extemiorientalis* Starod.=Anemone umbrosa
Anemone uralensis Fisch.乌拉尔银莲花
Anemone vitifolia Buch.-Ham.野棉花
Anemone vitifolia var. *japonica* Finet & Gagn.=Anemone hupehensis var. japonica
Anemone vitifolia var. *matsudai* Yamamoto=Anemone vitifolia
Anemone vitifolia var. *takasagomontana* (Masamune) S.S.Ying=Anemone exigua
Anemone vitifolia var. *tomentosa* (Maxim.) Finet & Gagn.=Anemone tomentosa
Anemone wardii Marq. & Shaw=Anemone geum
Anemone wilsonii Hemsl.=Anemone baicalensis
Anemone yamatutai (Nakai) Hara=Hepatica henryi
Anemone yulongshanica W.T.Wang 玉龙山银莲花
Anemone yulongshanica var. truncata (H.F.Comb.) W.T.Wang 截基银莲花
Anemone yulongshanica var. yulongshanica=Anemone yulongshanica
Anemonidium (Spach.) Holub.=**Anemone**
Anemonidium dichotomum (L.) Holub.=Anemone dichotoma
Anemonidium filisectum (W.Y.Wu & W.T.Wang) Starob.=Anemone filisecta
Anemonidium rivulare (Buch.-Ham. ex DC.) Starod.=Anemone rivularis
Anemonoides Mill.=**Anemone**
Anemonoides altaica (Fisch. ex C.A.May.) Holub=Anemone altaica
Anemonoides amurensis (Korsh.) Hulub=Anemone amurensis
Anemonoides baicatensis (Turcz.) Holub=Anemone baicalensis
Anemonoides davidii (Franch.) Starod.=Anemone davidii
Anemonoides delvayi (Franch.) Holub=Anemone delavayi
Anemonoides exigua (Maxim.) Starod.=Anemone exigua
Anemonoides extremiorientalis (Starod.) Starod.=Anemone umbrosa
Anemonoides flaccida (F.Schmidt) Holub=Anemone flaccida
Anemonoides glabrata (Maxim.) Hulob=Anemone baicalensis
Anemonoides griffithii (HK.f. & Thoms.) Holub.=Anemone griffithii
Anemonoides prattii (Huth ex Ulbr.) Holub=Anemone prattii
Anemonoides raddeana (Rgl.) Holub=Anemone raddeana
Anemonoides reflexa (Steph. ex Willd.) Holub=Anemone reflexa
Anemonoides rossii (S.Moore) Hulub=Anemone baicalensis var. rossii
Anemonoides stolonifera (Maxim.) Hulub=Anemone stolonifera
Anemonoides udensis Trautv. Et C.A.Mey.=Anemone udensis
Anemonoides ulbrichiana (Diels ex Ulbr.) Holub=Anemone baicalensis
Anemonoides umbrosa (C.A.Mey.) Hulub=Anemone umbrosa
Anerincleistus caudatus Diels=Styrophyton caudatum
Anethum L.莳萝属(伞形科)
Anethum foeniculum L.=Foeniculum vulgare
Anethum graveolens L.莳萝
Anethum japonicum K.-Pol.=Peucedanum japonicum
Anethum sowa DC.=Anethum graveolens
Aneurolepidium Nevski=**Leymus**
Aneurolepidium angustum (Trin.) Nevski=Leymus angustus
Aneurolepidium chinense (Trin.) Kitag.=Leymus chinensis
Aneurolepidium dasystachys (Trin.) Nevski=Leymus secalinus
Aneurolepidium multicaule (Kar. & Kir.) Nevski=Leymus multicaulis
Aneurolepidium ovatum (Trin.) Nevski=Leymus ovatus
Aneurolepidium paboanum (Calus) Nevski=Leymus paboanus
Aneurolepidium tianschanicum (Drob.) Nevski=Leymus tianschanicus
Angelica L.当归属(伞形科)
Angelica acutiloba (S. & Z.) Kitag.东当归
Angelica albiflora Benth.(Kom.in Act.Hort.Petrop.1907)=Ostericum viridiflorum
Angelica amurensis Schischk.黑水当归
Angelica anomala Ave-Lall.(Fr.Schmidt ex Maxim.in Prim.Fl.Amur.1859, p.p.)=Angelica amurensis
Angelica anomala Ave-Lall.狭叶当归
Angelica apaensis Shan & Yuan=Heracleum apaense
Angelica biserrata (Shan & Yuan) Yuan & Shan 重齿当归
Angelica brevicaulis (Rupr.) B.Fedtsch.=Archangelica braevicaulis
Angelica candollei Wall.=Selinum candollei
Angelica cartilaginomarginata (Makino) Nakai 长鞘当归
Angelica cartilaginomarginata Nakai(苏南植物手册 1959,江苏志 1982)=Angelica cartilaginomarginata var. foliosa
Angelica cartilaginomarginata var. cartilaginomarginata=Angelica cartilaginomarginata
Angelica cartilaginomarginata var. foliosa Yuan & Shan 骨缘当归
Angelica cartilaginomarginata var. matsumurae (de Boiss.) Kitag.东北长鞘当归
Angelica cartilaginomarginata var. *matsumurae* Kitag.(东北检索表 1959) = Angelica anomala
Angelica chinghaiensis Shanex K.T.Fu=Angelica nitida
Angelica cincta de Boiss.湖北当归
Angelica citriodora Hance=Ostericum citriodorum
Angelica crucifolia Kom.=Angelica cartilaginomarginata var. matsumurae
Angelica czernaevia (Fisch. & Mey.) Kitag.=Czernaevia laevigata
Angelica dahurica (Fisch. ex Hoffm.) Benth. & HK.f. ex Franch. & Sav.白芷
Angelica dahurica (Fisch. ex Hoffm.) Benth. & HK.f. ex Franch. & Sav.(中国药典 1977,中草药 1979,中药志 1979)=Angelica dahurica cv. Qibaizhi
Angelica dahurica cv. Hangbaizhi 杭白芷
Angelica dahurica cv. Qibaizhi 祁白芷
Angelica dahurica var. dahurica=Angelica dahurica
Angelica dahurica var. *formosana* (de Boiss.) Shan & Yuan=Angelica dahurica cv. Hangbaizhi
Angelica dahurica var. formosana (de Boiss.) Yen 台湾独活
Angelica dahurica var. *pai-chi* Kimura=Angelica dahurica cv. Hangbaizhi
Angelica dahurica var. *taiwaniana* de Boiss.(高等图鉴 1972)=Angelica dahurica cv. Hangbaizhi
Angelica decursiva (Miq.) Franch. & Sav.紫花前胡
Angelica decursiva f. albiflora (Maxim.) Nakai 鸭巴前胡
Angelica decursiva f. decursiva=Angelica decursiva
Angelica dielsii de Boiss.城口当归
Angelica dissolutum Diels=Peucedanum dissolutum
Angelica duclouxii Fedde ex Wolff 东川当归
Angelica erythrocarpa Wolff=Angelica laxifoliata
Angelica fargesii de Boiss.曲柄当归
Angelica flaccida Kom.=Czernaevia laevigata
Angelica formosana de Boiss.=Angelica dahurica var. formosana
Angelica forrestii Diels 雪山当归
Angelica gigas Nakai 朝鲜当归
Angelica gracilis Franch.烟台当归(新)?
Angelica grosseserrata Maxim.=Ostericum grosseserratum
Angelica henryi Wolff 宜昌当归
Angelica hirsutiflora Liu,Chao & Chuan 滨当归
Angelica ivolucellata Diels=Melanosciadium pimpinelloideum
Angelica jaluana Nakai=Angelica anomala
Angelica kiusiana Maxim.基隆当归(新)?
Angelica koreana Maxim.(东北检索表 1959)=Angelica polymorpha
Angelica koreana Maxim.=Ostericum grosseserratum
Angelica laevigata Fisch.(Franch.in Pl.David.1884)=Czernaevia laevigata
Angelica laxifoliata Diels 疏叶当归
Angelica likiangensis Wolff 丽江当归
Angelica longicaudata Yuan & Shan 长尾当归
Angelica longipes Wolff 长序当归
Angelica lucida L.(Hiroe in Umbell.Asia.1958,p.p.)=Coelopleurum nakaianum
Angelica macrocarpa Wolff=Angelica dahurica
Angelica maowenensis Yuan & Shan 茂汶当归
Angelica maximowiczii (Fr.Schmidt) Benth. ex Maxim.=Ostericum maximowiczii
Angelica maximowiczii f. *australis* Kom.=Ostericum maximowiczii var. australe

Angelica maximowiczii var. *australis* (Kom.) Gorov.=Ostericum maximowiczii var. australe
Angelica megaphylla Diels (Kom.in Act.Hort.Petrop.1907)=Angelica gigas
Angelica megaphylla Diels 大叶当归
Angelica miqueliana Maxim.=Ostericum sieboldii
Angelica mongolica Franch.=Ostericum grosseserratum
Angelica morii Hay.福参
Angelica morrisonicola Hay.玉山当归
Angelica morrisonicola var. morrisonicola=Angelica morrisonicola
Angelica morrisonicola var. nanhutashanensis Liku 南湖当归
Angelica nitida Wolff 青海当归
Angelica omeiensis Yuan & Shan 峨眉当归
Angelica oncosepala Hand.-Mazz.隆萼当归
Angelica paeoniifolia Shan & Yuan 牡丹叶当归
Angelica peucedanoides Wolff=Ostericum grosseserratum
Angelica polymorpha Maxim.拐芹
Angelica polymorpha var. *sinensis* Oliv.=Angelica sinensis
Angelica porphyrocaulis Nakai & Kitag.=Angelica dahurica
Angelica pseudoselinum de Boiss.管鞘当归
Angelica pubescens Maxim.(高等图鉴 1972,中药志 1982)=Angelica biserrata
Angelica pubescens f. *bisrrata* Shan & Yuan=Angelica biserrata
Angelica rivulorum Diels=Pleurospermum rivulorum
Angelica rubrivaginata Wolff=Notopterygium forbesii
Angelica saxatilis Turcz.=Coelopleurum saxatile
Angelica scaberula Franch.=Ostericum scaberulum
Angelica sect. *Coelopleurum* (Ledeb.) M.Pimen.=**Coelopleurum**
Angelica sect. *Czernaevia* (Turcz.) Kitag.=**Czernaevia**
Angelica sect. *Czernaevia* (Turcz.) Schischk.=**Czernaevia**
Angelica sect. *Ostericum* Maxim.(p.p.)=**Ostericum**
Angelica setchuensis Diels 四川当归
Angelica silvestris L.林当归
Angelica sinensis (Oliv.) Diels 当归
Angelica sinuata Wolff=Angelica polymorpha
Angelica smithii Wolff=Ostericum grosseserratum
Angelica stratoniana Ait. & Hemsl.=Angelica ternata
Angelica subgen. *Ostericum* Maxim. ex Drude=**Ostericum**
Angelica taiwaniana de Boiss.(Pharm.P.R.China.=Angelica dahurica cv. Hangbaizh
Angelica tarokoensis Hay.太鲁阁当归
Angelica tenuissima Nakai=Ligusticum tenuissimum
Angelica ternata Rgl. & Shmalh.三小叶当归
Angelica tschiliensis Wolff=Angelica dahurica
Angelica tsinlingensis K.T.Fu 秦岭当归
Angelica uchiyamae Yabe=Ostericum grosseserratum
Angelica urticifoliata Wolff=Ostericum sieboldii
Angelica valida Diels 金山当归
Angelica viridiflora (Turcz.) Benth. ex Maxim.=Ostericum viridiflorum
Angelica wilsonii Wolff 川西当归
Angelica wulsiniana Wolff 洮州当归
Angelicarpa revicaulis Rupr. =Archangelica braevicaulis
Angelonia Hudm & Bonpl.**香彩雀属**(玄参科)
Angelonia gardneri HK.香彩雀
Angiopteridaceae 观音座莲科
Angiopteris Hoffm.**观音座莲属**(观音座莲科)
Angiopteris acuta Ching 尖牙观音座莲
Angiopteris acutidentata Ching 尖齿观音座莲
Angiopteris angustipinnula Ching 狭羽观音座莲
Angiopteris attenuata Ching 长头观音座莲
Angiopteris badia Ching 褐色观音座莲
Angiopteris brevicaudata Ching 短尾头观音座莲
Angiopteris cartilaginea Ching 厚边观音座莲
Angiopteris caudatiformis Hieron.披针观音座莲
Angiopteris caudipinna Ching 长尾观音座莲
Angiopteris consimilis Ching 同形观音座莲
Angiopteris crassa Ching 纸质观音座莲
Angiopteris crassifolia Ching 硬叶观音座莲
Angiopteris crassipes Wall.大脚观音座莲
Angiopteris crenata Ching 园齿观音座莲
Angiopteris esculenta Ching 食用观音座莲
Angiopteris evecta var. *alata* Christ=Angiopteris yunnanensis
Angiopteris fauriei var. *formosana* Hieron.=Angiopteris henryi
Angiopteris fengii Ching 冯氏观音座莲
Angiopteris fokiensis Hieron.福建观音座莲
Angiopteris formosa Ching 美丽观音座莲
Angiopteris garbongensis Ching 西畴观音座莲
Angiopteris grosso-dentata Ching 粗齿观音座莲
Angiopteris hainanensis Ching 海南观音座莲
Angiopteris henryi Hieron.透明脉观音座莲
Angiopteris hokouensis Ching 河口观音座莲
Angiopteris howii Ching & C.H.Wang 侯氏观音座莲
Angiopteris kwangsiensis Ching 广西观音座莲
Angiopteris late-marginata Ching 宽边观音座莲
Angiopteris late-terminalis Ching 大顶观音座莲
Angiopteris latipinnula Ching 阔羽观音座莲
Angiopteris lingii Ching 林氏观音座莲
Angiopteris lobulata Ching 片裂观音座莲
Angiopteris longipetiolata Ching 长柄观音座莲
Angiopteris magna Ching 大观音座莲
Angiopteris majuscula Ching 略大观音座莲(新)
Angiopteris megaphylla Ching 大叶观音座莲
Angiopteris multijuga Ching 多叶观音座莲
Angiopteris muralis Ching 刺柄观音座莲
Angiopteris neglecta Ching & C.H.Wang 边生观音座莲
Angiopteris nuda Ching 革质观音瘗莲
Angiopteris oblanceolata Ching & C.H.Wang 倒披针观音座莲
Angiopteris officinalis Ching 定心散观音座莲
Angiopteris oldhamii Hieron.屋氏观音座莲
Angiopteris omeiensis Ching 峨眉观音座莲
Angiopteris palmiformis (Cav.) C.Chr.兰屿观音瘗莲
Angiopteris parvifolia Ching & Fu 小叶观音座莲
Angiopteris parvipinnula Ching 小羽观音座莲
Angiopteris petiolulata Ching 有柄观音座莲
Angiopteris pingpinensis Ching 屏边观音座莲
Angiopteris pinnata Ching 一回羽状观音座莲
Angiopteris rahaoensis Ching 短果观音座莲
Angiopteris remota Ching & C.H.Wang 疏叶观音座莲
Angiopteris robusta Ching 强壮观音座莲
Angiopteris sakuraii Hieron.边位观音座莲
Angiopteris shanyuanensis Ching 三元观音座莲
Angiopteris sinica Ching 中华观音座莲
Angiopteris sparsisora Ching 法斗观音瘗莲
Angiopteris subcordata Ching 心脏形观音座莲
Angiopteris subcuneata Ching 楔形观音座莲
Angiopteris subintegra Ching 亚全缘观音座莲
Angiopteris taiwanensis Ching 台湾观音座莲
Angiopteris taweishanensis Ching 大围山观音座莲
Angiopteris tenera Ching 小果观音座莲
Angiopteris vasta Ching 阔叶观音座莲
Angiopteris venulosa Ching 长假脉观音座莲
Angiopteris wangii Ching 王氏观音座莲
Angiopteris yunnanensis Hieron.云南观音座莲
Angolam Rheede=**Alangium**
Angolamia Scop.=**Alangium**
Angraecum Bory **武夷兰属**(兰科)
Angraecum distichum Lindl.杈枝凤兰
Angraecum eburneum Bory 白花凤兰
Angraecum erectum Summerh.直立凤兰
Angraecum infundibulare Lindl.漏斗凤兰
Angraecum ramosum Thou.多枝凤兰
Angraecum sesquipedale Thou.长矩凤兰
Anguillicarpus bulleri Burk.=Spirorrhynchus sabulosus
Anguloa R. & P.**安顾兰属**(兰科)
Anguloa brevilabris Rolfe 短唇安顾兰
Anguloa cliftoni Rolfe 大花安顾兰
Anguloa clowesii Lindl.安顾兰
Anguloa rueckeri Lindl.汝氏安顾兰
Anguloa uniflora R. & P.单花安顾兰

Ania Lindl.=**Tainia**
Ania angustifolia Lindl.(Benth.in Fl.Hongkong 1861)=Tainia hongkongensis
Ania angustifolia Lindl.=Tainia angustifolia
Ania hongkongensis (Rolfe) T.Tang & F.T.Wang=Tainia hongkongensis
Ania hookeriana (King & Pantl.) T.Tang & F.T.Wang ex Summerh.=Tainia hookeriana
Ania latifolia Lindl.=Tainia latifolia
Ania ruybarrettoi S.Y.Hu & Barretto=Tainia ruybarrettoi
Ania viridifusca (HK.) T.Tang & F.T.Wang ex Summerh.=Tainia viridifusca
Anisachne Keng **异颖草属**(禾本科)
Anisachne gracilis Keng 异颖草
Anisadenia Wall.**异腺草属**(亚麻科)
Anisadenia khasyana Griff.=Anisadenia saxatilis
Anisadenia pubescens Griff.异腺草
Anisadenia saxatilis Wall. ex Meisn.石异腺草
Anisantha sericea (Drob.) Nesvki=Bromus sericeus
Anisantha tectorum (L.) Nevski=Bromus tectorum
Aniseia Choisy **心萼薯属**(旋花科)
Aniseia biflora (L.) Choisy=Ipomoea biflora
Aniseia calycina (Roxb.) Choisy=Ipomoea biflora
Aniseia hastata Meiss.=Ipomoea fimbriosepala
Aniseia stenantha (Dunn) Ling ex R.C.Fang & S.H.Huang=Ipomoea fimbriosepala
Aniseia stenantha var. *macrostephana* Y.H.Zhang=Ipomoea fimbriosepala
Aniselytron agrostoides Merr.=Aulacolepis agrostoides
Anisliaea bonatii Beauverd (Mattf.in Act.Hot.Gotob.1933)=Ainsliaea mattfeldiana
Anisocampium Presl **安蕨属**(蹄盖蕨科)
Anisocampium cumingianum Presl 安蕨
Anisocampium sheareri (Bak.) Ching 华东安蕨
Anisochilus Wall.**排草香属**(唇形科)
Anisochilus carnosus (L.) Wall.排草香
Anisochilus crassus Benth.=Anisochilus carnosus
<u>Anisochilus dysophylloides Benth.水蜡烛状排香草</u>
<u>Anisochilus eriocephalus Benth.绵毛头排香草</u>
Anisochilus pallidus Wall.异唇花
<u>Anisochilus paniculatus Benth.圆锥花序排香草</u>
<u>Anisochilus plantagineus HK.f.车前状排香草</u>
<u>Anisochilus polystachyus Benth.多穗排香草</u>
<u>Anisochilus robustus HK.f.粗壮排香草</u>
Anisochilus rupestris Wight ex HK.f.=Anisochilus carnosus
<u>Anisochilus scaber Benth.粗糙排香草</u>
<u>Anisochilus sericeus Benth.绢毛排香草</u>
Anisochilus sinensis Hance=Nosema cochinchinensis
<u>Anisochilus suffruticosus Wight 灌木排香草</u>
<u>Anisochilus verticillatus HK.f.轮生排香草</u>
<u>Anisochilus wightii HK.f.威特排香草</u>
Anisodus Link & Otto **山莨菪属**(茄科)
Anisodus acutangulus C.Y.Wu & C.Chen 三分三
Anisodus acutangulus var. acurangulus=Anisodus acutangulus
Anisodus acutangulus var. breviflorus C.Y.Wu & C.Chen 三分七
Anisodus breviflorus C.Y.Wu & C.Chen=Anisodus acutangulus var. breviflorus
Anisodus carniolicoides (C.Y.Wu & C.Chen) D'Arcy & Z.Y.Zhang 赛莨菪
Anisodus caulescens (C.B.Clarke) Diels=Mandragora caulescens
Anisodus fischerianus Pasch.=Anisodus luridus var. fischerianus
Anisodus luridus Lindk & Otto 铃铛子
Anisodus luridus Link & Otto(高等图鉴 1974)=Anisodus carniolicoides
Anisodus luridus var. *fischerianus* (Pasch.) C.Y.Wu & C.Chen=Anisodus luridus
Anisodus luridus var. luridus=Anisodus luridus
Anisodus mairei (Lévl.) C.Y.Wu & C.Chen(p.p.)=Anisodus luridus
Anisodus mairei (Lévl.) C.Y.Wu & C.Chen 搜山虎
Anisodus mariae Pasch.=Mandragora caulescens
Anisodus sinensis Pasch.=Atropanthe sinensis
Anisodus stemonifolius G.Don=Anisodus luridus
Anisodus stramonifolius (Wall.) G.Don=Anisodus luridus
Anisodus tanguticus (Maxim.) Pascher 山莨菪
Anisodus tanguticus var. tanguticus=Anisodus tanguticus
Anisodus tanguticus var. *viridulus* C.Y.Wu & C.Chen(p.p.)=Anisodus tanguticus
Anisodus tanguticus var. viridulus C.Y.Wu & C.Chen 黄花山莨菪
Anisogonium Presl=**Callipteris**
Anisogonium esculentum (Retz.) Presl=Callipteris esculenta
Anisogonium heterophlebium (Mett.) Bedd.=Dictyodroma heterophlebium
Anisogonium heterophlebium (Mett.) H.Ito=Dictyodroma formosanum
Anisogonium smithianum (Bak.) Bedd.=Callipteris paradoxa
Anisomeles R.Br.**广防风属**(唇形科)
<u>Anisomeles candicans Benth.白亮广防风</u>
Anisomeles furcata Sweet=Craniotome furcata
<u>Anisomeles heyneana Benth.海奈广防风</u>
Anisomeles indica (L.) Ktz.广防风
Anisomeles nepalensis Spreng.=Craniotome furcata
Anisomeles ovata R.Br.=Epimeredi indica
Anisonema hypoleucum Miq.=Glochidion lutescens
Anisopappus HK. & Arn.**山黄菊属**(菊科)
Anisopappus candelabrum Lévl.=Adenostemma lavenia
Anisopappus chinensis (L.) HK. & Arn.山黄菊
Anisophyllea cavaleriei Lévl.=Vaccinium foetidissimum
Anisum vulgare Gaertn.=Pimpinella anisum
Anna Pellegr.**大苞苣苔属**(苦苣苔科)
Anna mollifolia (W.T.Wang) W.T.Wang ex K.Y.Pan 软叶大苞苣苔
Anna ophiorrhizoides (Hemsl.) Burtt & David.白花大苞苣苔
Anna submontana Pellegr.大苞苣苔
Annamocarya A.Chev.**喙核桃属**(胡桃科)
Annamocarya indochinensis A.Chev.=Annamocarya sinensis
Annamocarya sinensis (Dode) Leroy 喙核桃
Anneslea Wall.**茶梨属**(山茶科)
Anneslea alpina Li=Anneslea fragrans var. alpina
Anneslea fragrans Wall.茶梨
Anneslea fragrans var. alpina (Li) Kobuski 高山茶梨
Anneslea fragrans var. fragrans=Anneslea fragrans
Anneslea fragrans var. hainanensis Kobuski 海南茶梨
Anneslea fragrans var. lanceolata Hay.披针叶茶梨
Anneslea fragrans var. rubriflora (Hu & H.T.Chang) L.K.Ling 厚叶茶梨
Anneslea hainanensis (Kobuski) Hu=Anneslea fragrans var. hainanensis
Anneslea lanceolata (Hay.) Kanehira=Anneslea fragrans var. lanceolata
Anneslea rubriflora Hu & H.T.Chang=Anneslea fragrans var. rubriflora
Annona L.**番荔枝属**(番荔枝科)
Annona cherinolia Mill.毛叶番荔枝
Annona glabra L.圆滑番荔枝
Annona hexapetala L.f. =Artabotrys hexapetalus
Annona muricata L.刺果番荔枝
Annona reticulata L.牛心番荔枝
Annona squamosa L.番荔枝
Annonaceae 番荔枝科
Anodendron A.DC.**鳝藤属**(夹竹桃科)
Anodendron affine (HK. & Arn.) Druce 鳝藤
Anodendron affine var. affine=Anodendron affine
Anodendron affine var. *effusum* Tsiang=Anodendron affine
Anodendron affine var. *pingpienense* Tsiang & P.T.Li=Anodendron affine
Anodendron benthamianum Hemsl.台湾鳝藤
Anodendron fangchengense Tsiang & P.T.Li=Anodendron affine
Anodendron formicinum (Tsiang & P.T.Li) H.J.Middl.平脉藤
Anodendron howii Tsiang 保亭鳝藤
Anodendron laeve Maxim. ex Franch. & Savat.=Anodendron affine
Anodendron punctatum Tsiang 腺叶鳝藤
Anodendron salicifolium Tsiang & P.T.Li=Anodendron affin
Anodendron suishaense Hay.=Anodendron affine
Anoectochilus Bl **开唇兰属**(兰科)
Anoectochilus abbreviatus (Lindl.) Siedenf 小片齿唇兰
Anoectochilus bisacatus Hay.=Anoectochilus lanceolatus
Anoectochilus brevistylus (HK.f.) Ridl 短柱齿唇兰
Anoectochilus burmannicus Rolfe 滇南开唇兰
Anoectochilus candidus (T.P.Lin & C.C.Hsu) K.Y.Lang 白齿唇兰
Anoectochilus chapaensis Gagn 滇越金线兰
Anoectochilus clarkei (HK.f.) Seidenf 红萼齿唇兰
Anoectochilus crispus Lindl.小齿唇兰
Anoectochilus densiflorus Mansf.=Anoectochilus lanceolatus

Anoectochilus elwesii (Clarke ex HK.f.) King & Pantl 西南齿唇兰
Anoectochilus emeiense K.Y.Lang 峨眉金线兰
Anoectochilus formosanus Hay 台湾银线兰
Anoectochilus gengmanensis K.Y.Lang 耿马齿唇兰
Anoectochilus geniculatus Ridl.短茎开唇兰
Anoectochilus inabai Hay 台湾齿唇兰
Anoectochilus inabai var. *candidus* (T.P.Lin & C.C.Hsu) S.S.Ying=Anoectochilus candidus
Anoectochilus koshunensis Hay 恒春银线兰
Anoectochilus lanceolatus Lindl.齿唇兰
Anoectochilus moulmeinensis (Par & Rchb.f.) Siedenf 艳丽齿唇兰
Anoectochilus multiflorus Rolfe ex Downie=Anoectochilus moulmeinensis
Anoectochilus pingbianensis K.Y.Lang 屏边金线兰
Anoectochilus pumilus (HK.f.) Seidenf & Smitin.=Myrmechis pumila
Anoectochilus purpureus (C.S.Leou) S.S.Ying=Anoectochilus elwesii
Anoectochilus regalis Bl.王开唇兰
Anoectochilus reiwardtii Bl.黄氏开唇兰
Anoectochilus roxburghii (Wall.) Lindl.金线兰
Anoectochilus roxburghii Lindl.(Rolfe in J.L.Soc.Bot.1903)=Anoectochilus formosanus
Anoectochilus roxburghii Lindl.=Anoectochilus roxburghii
Anoectochilus roxburghii var. baotingensis K.Y.Lang 保亭金线兰
Anoectochilus roxburghii var. roxburghii=Anoectochilus roxburghii
Anoectochilus setaceus Bl.绒毛叶开唇兰
Anoectochilus sikkimensis King & Pantl.锡金开唇兰
Anoectochilus tonkinensis Gagn.=Anoectochilus brevistylus
Anoectochilus tortus (King & Pantl.) King & Pantl 一柱齿唇兰
Anoectochilus vaginata HK.f.=Chamaegastrodia vaginata
Anoectochilus yakushinensis Yamamoto=Vexillabium yakushimense
Anoectochilus yungianus S.Y.Hu 香港金线兰
Anoectochilus zhejiangensis Z.Wei & Y.B.Chang 浙江金线兰
Anogeissus Wall. ex Guillaum. & Perr.**榆绿木属**(使君子科)
Anogeissus acuminata var. lanceolata Wall. ex C.B.Clarke 榆绿木
Anogramma Link **翠蕨属**(裸子蕨科)
Anogramma fauriei Christ=Asplenium subvarians
Anogramma leptophylla (L.) Link 薄叶翠蕨
Anogramma makinoi Christ=Pleurosoriopsis makinoi
Anogramma microphylla (HK.) Diels 翠蕨
Anomospermum excelsum Dalz.=Actephila excelsa
Anona uncinata Lamk.=Artabotrys hexapetalus
Anonymos petiolata Wall.=Mitreola petiolata
Anoplocaryum limprichtii Brand=Microula sikkimensis
Anoplocaryum myosotideum (Franch.) Brand=Microula myosotidea
Anoplocaryum rockii (Johnst.) Brand=Microula rockii
Anopyxis Pierre ex Engl.**阿诺匹斯属**(红树科)
Anopyxis klaineana (Pierre) Engl.克莱阿诺匹斯
Anota Schltr.=**Rhynchostylis**
Anota densiflora (Lindl.) Schltr.=Rhynchostylis gigantea
Anota hainanensis (Rolfe) Schltr.=Rhynchostylis gigantea
Anotis boerhaavioides (Hance) Maxim.=Neanotis boerhaavioides
Anotis calycina Wall. ex HK.f.=Neanotis calycina
Anotis chrysotricha Palib.=Hedyotis chrysotricha
Anotis formosana Hay.=Neanotis formosana
Anotis hirsuta (L.f.) Boerl.=Neanotis hirsuta
Anotis ingrata Wall. ex HK.f.=Neanotis ingrata
Anotis kwangtungensis Merr. & Metcalf=Neanotis kwangtungensis
Anotis thwaitesiana Hance=Neanotis thwaitesiana
Anotis wightiana (Wall. ex Arn.) HK.f.=Neanotis wightiana
Anplectrum A.Gray *Diplectriae* Triana=**Diplectria**
Anplectrum A.Gray=**Diplectria**
Anplectrum assamicum C.B.Clarke=Medinilla assamica
Anplectrum barbatum Triana=Diplectria barbata
Anplectrum glaucum Triana (海南志 1965)=Diplectria barbata
Anplectrum parviflorum Benener=Blastus cochinchinensis
Anplectrum sp. Merr.=Medinilla lanceata
Anplectrum yunnanensis Kränzl.=Medinilla septentrionalis
Anredera Juss.**落葵薯属**(落葵科)
Anredera cordifolia (Tenore) Steenis 落葵薯
Anredera scandens (L.) Moq.短序落葵薯
Ansellia Lindl.**豹斑兰属**(兰科)
Ansellia africana Lindl.豹斑兰

Antennaria Gaertn.(p.p.)=**Anaphalis**
Antennaria Gaertn.**蝶须属**(菊科)
Antennaria carpatica (Wall.) Bluff. & Fing 非洲蝶须
Antennaria cinnamomea DC.=Anaphalis margaritacea var. cinnamomea
Antennaria cinnamomea var. *angustior* Miq.=Anaphalis margaritacea
Antennaria contorta D.Don=Anaphalis contorta
Antennaria dioica (L.) Gaertn.蝶须
Antennaria hyperborea D.Don=Antennaria dioica
Antennaria japonica Sch.-Bip.=Anaphalis margaritacea var. japonica
Antennaria margaritacea R.Br.=Anaphalis margaritacea
Antennaria montana S.F.Gray=Antennaria dioica
Antennaria muscoides HK.f. & Thoms.=Leontopodium pusillum
Antennaria muscoides HK.f.=Leontopodium haastioides
Antennaria nana HK.f. & Thoms.=Leontopodium nanum
Antennaria parviflora Nutt.=Antennaria dioica
Antennaria racemosa HK.总状蝶须草
Antennaria sect. *Catipes* A.DC.=**Antennaria**
Antennaria serawschanica Dunn=Anaphalis tenuisissima
Antennaria steetzeana Turcz.=Leontopodium leontopodioides
Antennaria tenella DC.=Anaphalis contorta
Antennaria triplinervis Sims=Anaphalis triplinervis
Antennaria triplinervis β. *cunerfolia* DC.=Anaphalis nepalensis
Antennaria triplinervis γ. *intermedia* DC.=Anaphalis nepalensis
Antenoron Rafin.**金线草属**(蓼科)
Antenoron filiforme (Thunb.) Rob. & Vant.金线草
Antenoron filiforme var. filiforme=Antenoron filiforme
Antenoron filiforme var. kachinum (Nieuw.) Hara 毛叶红珠七
Antenoron filiforme var. neofiliforme (Nakai) A.J.Li 短毛金线草
Antenoron neofiliforme (Nakai) Hara=Antenoron filiforme var. neofiliforme
Antheliacanthus micranthus Ridl.= Pseuderanthemum latifolium
Anthemis L.**春黄菊属**(菊科)
Anthemis altissima Boiss.弯春黄菊
Anthemis arvensis L.田春黄菊
Anthemis cinerea Panc.灰春黄菊
Anthemis cotula L.臭春黄菊
Anthemis foetida Lam.=Anthemis cotula
Anthemis macedonica Boiss. & Orph.马其顿春黄菊
Anthemis macrantha Heuff.大头春黄菊
Anthemis montana L.山春黄菊
Anthemis nobilis L.=Chamaemelum nobile
Anthemis tinctoria L.春黄菊
Anthericum L.**花篱属**(百合科)
Anthericum comosum Thunb.=Chlorophytum comosum
Anthericum liliago L.伯纳德百合
Anthericum parviflorum (Wight) Benth.=Clorophytum laxum
Anthericum parviflorum Benth.=Chlorophytum laxum
Anthericum ramosum L.多枝花篱
Anthericum serotinum (L.) L.=Lloydia serotina
Antherolophus Gagn.=**Aspidistra**
Antheroporum Gagn.**肿荚豆属**(豆科)
Antheroporum glaucum Z.Wei 粉叶肿荚豆
Antheroporum harmandii Gagn.肿荚豆
Antherura rubra Lour.=Psychotria rubra
Anthistiria L.f.=**Themeda**
Anthistiria anathera Nees ex Steud.=Themeda anathera
Anthistiria arundinacea Roxb.=Themeda arundinacea
Anthistiria caudata Nees=Themeda caudata
Anthistiria foliosus H.B.K.Nov.=Hyparrhenia bracteata
Anthistiria heteroclita Roxb.=Pseudanthistiria heteroclita
Anthistiria imberbis Retz.=Themeda triandra
Anthistiria japonica Willd.=Themeda japonica
Anthistiria villosa Poir.=Themeda villosa
Anthocephalus cadamba (Roxb.) Miq.=Neolamarckia cadamba
Anthocephalus chinensis (Lam.) A.Rich. ex Walp.(高等图鉴 1975,云南植物名录 1984)=Neolamarckia cadamba
Anthocephalus indicus var. *glabrescens* Li=Neolamarckia cadamba
Anthogonium Lindl.**筒瓣兰属**(兰科)
Anthogonium corydaloides Schltr.=Anthogonium gracile
Anthogonium gracile Lindl.筒瓣兰
Anthostyrax tonkinensis Pierre=Styrax tonkinensis
Anthoxanthum L.**黄花茅属**(禾本科)

Anthoxanthum alpinum A. & D.Lov=Anthoxanthum odoratum var. alpinum
Anthoxanthum aristatum Boiss.南欧黄花草
Anthoxanthum formosanum Honda 台湾黄花茅
Anthoxanthum hookeri (Griseb.) Endle 藏黄花茅
Anthoxanthum nipponicum Honda=Anthoxanthum odoratum var. nipponicum
Anthoxanthum odoratum L.黄花茅
Anthoxanthum odoratum var. alpinum Max & Uechtr.高山黄花茅
Anthoxanthum odoratum var. nipponicum (Honda) Tzvel.日本黄花茅
Anthoxanthum odoratum var. odoratum=Anthoxanthum odoratum
Anthoxanthum pallidum (Hand.-Mazz.) Keng 淡色黄花茅
Anthoxanthus indicum L.=Perotis indica
Anthriscus (Pers.) Hoffm.**峨参属**(伞形科)
Anthriscus aemula (Woron.) Schischk.=Anthriscus nemorosa
Anthriscus longirostris Bert.长嘴峨参
Anthriscus nemorosa (M.Bieb.) Spreng.刺果峨参
Anthriscus scandicina (Weber) Manst.欧亚峨参
Anthriscus sylvestris (L.) Hoffm.峨参
Anthriscus sylvestris var. *aemula* Woron.=Anthriscus nemorosa
Anthriscus sylvestris var. *nemonrosa* Trautv.=Anthriscus nemorosa
Anthurium Schott **花烛属**(天南星科)
Anthurium andraeanum Lindl.花烛
Anthurium crassinervium (Jacq.) Schott 粗脉花烛
Anthurium crystallinum Lind. & Andre 水晶花烛
Anthurium cultorum Birdsey 大花烛
Anthurium digitatum (Jacq.) G.Don 指状花烛
Anthurium insigne Mart.美丽花烛
Anthurium magnificum Lind.绒叶花烛
Anthurium pedato-radiatum Schott 掌叶花烛
Anthurium scandens (Aubl.) Engl.攀援花烛
Anthurium scherzerianum Schott 火鹤花
Anthurium variabile Kunth 深裂花烛
Anthurium veitchii Mast.维氏花烛
Anthurium warocqueanum Moore.长叶花烛
Anthyllis L.**绒毛花属**(豆科)
Anthyllis cuneata Dum.-Cours.=Lespedeza cuneata
Anthyllis tetraphylla L.四叶绒毛花
Antiaris Lesch.**见血封喉属**(桑科)
Antiaris africana Endl.非洲箭毒木
Antiaris toxicaria Lesch.见血封喉
Anticlea sibirica Kunth=Zigadenus sibiricus
Antidesma L.**五月茶属**(大戟科)
Antidesma acidum Retz 西南五月茶
Antidesma acutisepalum Hay.=Antidesma japonicum
Antidesma alexiterum L.真五月茶)
Antidesma ambiguum Pax & Hoffm.蔓五月茶
Antidesma apiculatum Hemsl.=Antidesma montanum
Antidesma barbatum Presl=Antidesma pentandrum var. barbatum
Antidesma bicolor Hassk.=Excoecaria cochinchinensis
Antidesma bunius (L.) Spreng.五月茶
Antidesma calvescens Pax & Hoffm.=Antidesma montanum
Antidesma chonomon Gagn.滇越五月茶
Antidesma collettii Craib=Antidesma bunius
Antidesma costulatum Pax & Hoffm.小肋五月茶
Antidesma dallachyanum Baill.=Antidesma bunius
Antidesma delicatulum Hutch.=Antidesma japonicum
Antidesma diandrum (Roxb.) Roth=Antidesma acidum
Antidesma filipes Hand.-Mazz.=Antidesma japonicum
Antidesma fordii Hemsl.黄毛五月茶
Antidesma ghaesembilla Gaertn.方叶五月茶
Antidesma gracile Hemsl.=Antidesma japonicum
Antidesma gracillimum Gagn.=Antidesma japonicum
Antidesma hainanense Merr.海南五月茶
Antidesma henryi Hemsl.=Antidesma montanum
Antidesma henryi Pax & Hoffm.=Antidesma acidum
Antidesma hiiranense Hay.=Antidesma japonicum
Antidesma hontaushanense C.E.Chang=Antidesma pleuricum
Antidesma japonicum S. & Z.日本五月茶
Antidesma japonicum var. *acutisepalum* (Hay.) Hurusawa=Antidesma japonicum
Antidesma japonicum var. *densiflorum* Hurusawa=Antidesma japonicum
Antidesma kotoense Kanehira=Antidesma pentandrum var. barbatum
Antidesma lanceolarium (Roxb.) Wight=Antidesma acidum
Antidesma maclurei Merr.多花五月茶
Antidesma microphyllum Hemsl.=Antidesma venosum
Antidesma montanum Bl.山地五月茶
Antidesma moritzii Muell.Arg.=Antidesma montanum
Antidesma neriifolium Pax & Hoffm.=Antidesma venosum
Antidesma nienkui Merr. & Chun 大果五月茶
Antidesma paxii Metc.=Antidesma acidum
Antidesma pentandrum (Blanco) Merr.五蕊五月茶
Antidesma pentandrum var. barbatum (Persl) Merr.枯里珍五月茶
Antidesma pentandrum var. *hiiranense* (Hay.) Hurusawa=Antidesma japonicum
Antidesma pentandrum var. pentandrum=Antidesma pentandrum
Antidesma pentandrum var. *rotundisepalum* (Hay.) Hurusawa=Antidesma pentandrum var. barbatum
Antidesma pleuricum Tul.河头五月茶
Antidesma pseudomicrophyllum Croiz.柳叶五月茶
Antidesma rostratum var. *barbatum* (Presl) Mueel.Arg.=Antidesma pentandrum var. barbatum
Antidesma rotundisepalum Hay.=Antidesma pentandrum var. barbatum
Antidesma scandens Lour.=Humulus scandens
Antidesma sequinii Lévl.=Antidesma venosum
Antidesma sootepense Craib 泰北五月茶
Antidesma thorelianum Gagn.=Antidesma bunius
Antidesma venosum E.Mey. ex Tul.小叶五月茶
Antidesma wallichianum Presl=Antidesma acidum
Antidesma yunnanense Pax & Hoffm.=Antidesma fordii
Antigona Vell.=**Casearia**
Antigonon Endl.**珊瑚藤属**(蓼科)
Antigonon leptopus HK. & Arn.珊瑚藤
Antigramma cardiophylla Tard.-Blot=Boniniella cardiophylla
Antigramma sibiricus J.Sm.=Camptosorus sibiricus
Antiostelma (Tsiang & P.T.Li) P.T.Li=**Micholitzia**
Antiostelma lantsangense (Tsiang & P.T.Li) P.T.Li=Micholitzia obcrodata
Antiostelma manipurense (Deb.) P.T.Li=Micholitzia obcrodata
Antiotrema Hand.-Mazz.**长蕊斑种草属**(紫草科)
Antiotrema dunnianum (Diels) Hand.-Mazz.长蕊斑种草
Antiphylla asiatica (Hayek) Losinsk.=Saxifraga oppositifolia
Antiphylla nana (Engl.) Losinsk.=Saxifraga nana
Antiphylla octandra (H.Smith) Losinsk.=Saxifraga nana
Antiphylla oppositifolia (L.) Fourr.=Saxifraga oppositifolia
Antirhea Comm. ex Juss.**毛茶属**(茜草科)
Antirhea chinensis (Champ. ex Benth.) Forbes & Hemsl.毛茶
Antirhea martinii HLévl.=Sindechites henryi
Antirrhaea esquirolii Lévl.=Urceola rosea
Antirrhaea martinii Lévl.=Sindechites henryi
Antirrhinum L.**金鱼草属**(玄参科)
Antirrhinum genistifolium L.=Linaria genistifolia
Antirrhinum linaria L.=Linaria vulgaris
Antirrhinum majus L.金鱼草
Antirrhinum orontium L.奥龙金鱼草
Antitaxis Miers=**Pycnarrhena**
Antitaxis fasciculata Miers=Pycnarrhena lucida
Antitoxicon aa Pobed.= *Antitoxicon*
Antitoxicon aa St.-Lag.=**Cynanchum**
Antitoxicon acuminatum Pobed.= Cynanchum acuminatifolium
Antitoxicon amplexicaule (S. & Z.) Pobed.=Cynanchum amplexicaule
Antitoxicon atratum Pobed.=Cynanchum atratum
Antitoxicon inamoenum Pobed.=Cynanchum inamoenum
Antitoxicon officinale Pobed.=Cynanchum vincetoxicum
Antitoxicon sibiricum Pbed.=Cynanchum thesioides
Antitoxicon volubile Pobed.=Cynanchum volubile
Antrophylaceae 车前蕨科
Antrophyum Kaulf.**车前蕨属**(车前蕨科)
Antrophyum annamense Tard.-Blot & C.Chr=Antrophyum callifolium
Antrophyum callifolium Bl.美叶车前蕨
Antrophyum callifolium var. *germainii* Tard.-Blot & C.Chr.=Antrophyum callifolium
Antrophyum castaneum H.Ito 栗色车前蕨
Antrophyum coraceum Wall.=Antrophyum coriaceum

Antrophyum coriaceum (Don) Wall. ex Moore 革叶车前蕨
Antrophyum coriaceum Wall. ex Moore (Tard.-Blot & C.Chr.in Lecomte, Fl.Indo-Chine 1940)=Antrophyum callifolium
Antrophyum cumingii Fée=Antrophyum sessilifolium
Antrophyum cuneifolium Rosenst.=Antrophyum obovatum
Antrophyum formosanum Hieron (Ching in Ic.Fil.Sin.1935,蕨类图说1957, p.p.)=Antrophyum henryi
Antrophyum formosanum Hieron.台湾车前蕨
Antrophyum grevillei Balf.f. ex Grev.(H.Ito in J.Jap.Bot.1936)= Antrophyum sessilifolium
Antrophyum grevillei Balf.f. ex Grev.(Hay.in Suppl.Ic.Pl.Form.1916)= Antrophyum formosanum
Antrophyum henryi Hieron.车前蕨
Antrophyum japonicum Makino=Antrophyum obovatum
Antrophyum latifolium Bl.(Wu,Wong & Pong in Bull.Dept.Biol.Coll.Sci. Sun Yatsen Unvi.1932)=Antrophyum obovatum
Antrophyum latifolium var. *obovatum* (Bak.) C.Chr.=Antrophyum obovatum
Antrophyum obovatum Bak.长柄车前蕨
Antrophyum obtusum Bl.=Antrophyum parvulum
Antrophyum parvulum Bl.无柄车前蕨
Antrophyum petiolatum Bak. ex Christ=Antrophyum obovatum
Antrophyum plicatum Fée=Antrophyum coriaceum
Antrophyum reticulatum (G.Forst.) Kaulf.f.(Bedd.inHandb.Ferns.Brit. India 1883,p.p.)=Antrophyum coriaceum
Antrophyum reticulatum (G.Forst.) Kaulf.f.(Wu & Wong & Pong in Bull. Dept.Biol.Coll.Sci.Sun Yatsen Univ.1932)=Antrophyum henry
Antrophyum reticulatum var. *parvulum* Clarke=Antrophyum parvulum
Antrophyum sect. *Loxogramme* Bl.=**Loxogramme**
Antrophyum sessilifolium (Cav.) Spring 兰屿车前蕨
*Antrophyum sp.*Hay.=Antrophyum castaneum
*Antrophyum sp.*Holtt.=Antrophyum henryi
Antrophyum stenophyllum Bak.(Tagawa & K.Iwats in Act.Phytotax. Geobot 1971)=Antrophyum henryi
Antrophyum stenophyllum Bak.=Antrophyum vittarioides
Antrophyum superficiale Christ=Antrophyum parvulum
Antrophyum taiwanianum Hieron.(高等图鉴.1972,p.p.)=Antrophyum formosanum
Antrophyum taiwanianum Hieron.(高等图鉴.1972,p.p.)=Antrophyum henryi
Antrophyum vittarioides Bak.书带车前蕨
Antura edulis Forsskål=Carissa edulis
Anurosperma Hall.=**Nepenthes**
Aopla Lindl.=**Herminium**
Aopla reniformis Lindl.=Habenaria reniformis
Aorchis spathulata (Lindl.) Vermeulen=Orchis diantha
Aorchis spathulata var. *wilsonii* (Schltr.) Sóo=Orchis diantha
Apalophlebia C.Presl=**Pyrrosia**
Apama Lam.=**Thottea**
Apama hainanensis Merr. & Chun=Thottea hainanensi
Apargia hieracioides (L.) Willd.=Picris hieracioides
Apargia umbellata (Schrank) Schrank=Picris hieracioides
Apaturia Lindl.=**Pachystoma**
Apaturia chinensis Lindl.=Pachystoma pubescens
Apera Adans.**阿披拉草属**(禾本科)
Apera interrupta (L.) P.Beauv.间断阿披拉草
Apera spicaventi (L.) P.Beauv.阿披拉草
Aperula formosana Nakai=Litsea cubeba var. formosana
Aphanamixis Bl.**山楝属**(楝科)
Aphanamixis elmeri Merr.=Aphanamixis tripetala
Aphanamixis grandifolia Bl.大叶山楝
Aphanamixis polystachya (Wall.) R.N.Parker 山楝
Aphanamixis rohituka Pierre=Aphanamixis polystachya
Aphanamixis sinensis How & T.Chen 华山楝
Aphanamixis tripetala (Blanco) Merr.台湾山楝
Aphananthe Planch.**糙叶树属**(榆科)
Aphananthe aspera (Thunb.) Planch.糙叶树
Aphananthe aspera var. aspera=Aphananthe aspera
Aphananthe aspera var. pubescens C.J.Chen 柔毛糙叶树
Aphananthe cuspidata (Bl.) Planch.滇糙叶树
Aphananthe lissophylla Gagn.=Aphananthe cuspidata
Aphananthe yunnanensis (Hu) Grudz.=Aphananthe cuspidata
Aphanes L.=**Alchemilla**
Aphania Bl.**滇赤才属**(无患子科)
Aphania oligophylla (Merr. & Chun) H.S.Lo 赛木患
Aphania rubra (Roxb.) Radlk.滇赤才
Aphanochilus blandus Benth.=Elsholtzia blanda
Aphanochilus communis Kudô =Elsholtzia cypriani
Aphanochilus eriostachyus Benth.=Elsholtzia eriostachya
Aphanochilus eriostachyus Benth.=Elsholtzia eriostachya
Aphanochilus flavus Benth.=Elsholtzia flava
Aphanochilus foetens Benth.=Elsholtzia stachyodes
Aphanochilus fruticosus (D.Don) Kudô =Elsholtzia fruticosa
Aphanochilus fruticosus var. *ochroleuca* (Dunn) Kudô =Elsholtzia ochroleuca
Aphanochilus fruticosus var. *tomentella* (Rehd.) Kudô =Elsholtzia myosurus
Aphanochilus incisus Benth.=Elsholtzia stachyodes
Aphanochilus myosurus (Dunn) Kudô =Elsholtzia myosurus
Aphanochilus paniculatus Benth.=Elsholtzia stachyodes
Aphanochilus penduliflorus (W.W.Sm.) Kudô =Elsholtzia penduliflora
Aphanochilus pilosus Benth.=Elsholtzia pilosa
Aphanochilus polystachys Benth.=Elsholtzia fruticosa
Aphanochilus rugulosus (Hemsl.) Kudô =Elsholtzia rugulosa
Aphanochilus stauntonii (Benth.) Kudô =Elsholtzia stauntoni
Aphanopleura Boiss.**隐棱芹属**(伞形科)
Aphanopleura capillifolia (Rgl. & Schmalh.) Lipsky 细叶隐棱芹
Aphanopleura leptoclada (Aitch. & Hemsl.) Lipsky 细枝隐棱芹
Aphanopleura trachysperma Boiss.粗果隐棱芹
Aphanostelma Schltr.=**Metaplexis**
Aphanostelma chinensis Schltr.=Metaplexis hemsleyana
Aphelandra squarrosa cv. Dania 金脉单药花
Aphoma Rafin.=**Iphigenia**
Aphragmus Andrz. ex DC.**寒原荠属**(十字花科)
Aphragmus oxycarpus (HK.f. & Thoms.) Jafri 尖果寒原荠
Aphragmus oxycarpus var. *glaber* (Vass.) Z.X.An=Aphragmus oxycarpus
Aphragmus oxycarpus var. *microcarpus* Z.X.An==Aphragmus oxycarpus
Aphragmus oxycarpus var. oxycarpus=Aphragmus oxycarpus
Aphragmus oxycarpus var. *stenocarpus* (O.E.Schulz.) G.C.Das= Aphragmus oxycarpus
Aphragmus przewalskii (Maxim.) A.L.Ebel=Aphragmus oxycarpus
Aphragmus stewartii O.E.Schulz.=Aphragmus oxycarpus
Aphragmus tibeticus O.E.Schulz.=Aphragmus oxycarpus
Aphyllodium biarticulatum Gagn.=Dicerma biarticulatum
Aphyllorchis Bl.**无叶兰属**(兰科)
Aphyllorchis alpina King & Pantl 高山无叶兰
Aphyllorchis caudata Rolfe ex Downie 尾萼无叶兰
Aphyllorchis gollanii Duthie 大花无叶兰
Aphyllorchis montana Rchb.f.无叶兰
Aphyllorchis parviflora King & Pantl.=Neottia acuminata
Aphyllorchis prainii HK.f.=Aphyllorchis montana
Aphyllorchis purpurata Fukuyama=Aphyllorchis montana
Aphyllorchis simplex T.Tang & F.T.Wang 单唇无叶兰
Aphyllorchis tanegashimensis Hay.=Aphyllorchis montana
Aphyllorchis unguiculata Rolfe ex Downie=Aphyllorchis montana
Apiaceae 伞形科
Apinus Necker=**Pinus**
Apinus koraiensis (S. & Z.) Moldenke=Pinus koraiensis
Apios Fabr.**土圞儿属**(豆科)
Apios bodinieri Lévl.?贵州土圞儿
Apios carnea (Wall.) Benth.肉色土圞儿
Apios cavaleriei Lévl.=Apios fortune
Apios delavayi Franch.云南土圞儿
Apios delavayi var. pteridietrorum Hand.-Mazz.?蕨丛土圞儿
Apios fortunei Maxim.(Henry in Trans.Asiat.Soc.Japo.Suppl.1895)=Apios taiwaniana
Apios fortunei Maxim.土圞儿
Apios gracillima Dunn 纤细土圞儿
Apios macrantha Oliv.大花土圞儿
Apios taiwaniana Hosokawa 台湾土圞儿
Apium L.**芹属**(伞形科)
Apium ammi Carntz.=Ammi majus
Apium ammi Urhab=Apium leptophyllum
Apium ammi var. *leptophyllum* Chodat & Wilszek.=Apium leptophyllum
Apium cicutaefolium (Gmel.) Benth. & HK. ex Forb. & Hemsl.=Sium

suave
Apium crispum Mill.=Petroselinum crispum
Apium graveolens L.旱芹
Apium integrilobum Hay.=Apium graveolens
Apium leptophyllum (Pers.) f.Muell.细叶旱芹
Apium petroselinum L.=Petroselinum crispum
Apium tenuifolium (Moench) Tehllung=Apium leptophyllum
Aplectrum appendiculata (D.Don) F.Maekawa=Cremastra appendiculata
Aplectrum unguiculatum (Finet) F.Maekawa=Cremastra unguiculata
Aplotaxis DC.=**Saussurea**
Aplotaxis andryaloides DC.=Saussurea andryaloides
Aplotaxis auriculata DC.=Saussurea auriculata
Aplotaxis bungei DC.=Hemistepta lyrata
Aplotaxis carthamoides (Buch.-Ham. ex DC.) DC.=Hemistepta lyrata
Aplotaxis circioides DC.=Cirsium lanatum
Aplotaxis deltoidea DC.=Saussurea deltoidea
Aplotaxis denticulata Wall. ex DC.=Saussurea fastuosa
Aplotaxis denticulata α. hypoleuca DC.=Saussurea fastuosa
Aplotaxis denticulata β. *glabrata* DC.=Saussurea glabrata
Aplotaxis fastuosa Decne.=Saussurea fastuosa
Aplotaxis gnaphaloides Royle=Saussurea gnaphaloides
Aplotaxis gossypina DC.=Saussurea gossypiphora
Aplotaxis gossypina β. *minor* DC.=Saussurea simpsoniana
Aplotaxis involucrata Kar. & Kir.=Saussurea involucrata
Aplotaxis lappa Decne.=Saussurea costus
Aplotaxis leontodontoides DC.=Saussurea leontodontoides
Aplotaxis nepalensis (Spreng.) DC.=Saussurea nepalensis
Aplotaxis nivea DC.=Saussurea crispa
Aplotaxis obvallata DC.=Saussurea obvallata
Aplotaxis sect. *Cirsioides* DC.=**Hemistepta**
Aplotaxis simpsoniana Field. & Gardn.=Saussurea simpsoniana
Aplotaxis sorocephala (Schrenk) Schrenk=Saussurea gnaphaloides
Aplotaxis uniflora DC.=Saussurea uniflora
Apluda L.**水蔗草属**(禾本科)
Apluda aristata L.=Apluda mutica
Apluda digitata L.f.=Polytoca digitata
Apluda mutica L.水蔗草
Apluda mutica var. *aristata* (L.) Hack. ex Barker=Apluda mutica
Apochoris pentapetala Duby=Lysimachia pentapetala
Apocopis Nees **楔颖草属**(禾本科)
Apocopis breviglumis Keng & S.L.Chen 短颖楔颖草
Apocopis heterogama Keng & S.L.Chen 异穗楔颖草
Apocopis himalayensis (Steud.) S.Watson=Apocopis paleacea
Apocopis paleacea (Trin.) Hochr.楔颖草
Apocopis royleana Nees=Apocopis paleacea
Apocopis wrightii Munro 瑞氏楔颖草
Apocopis wrightii var. macrantha S.L.Chen 大花楔颖草
Apocopis wrightii var. wrightii=Apocopis wrightii
Apocynaceae 夹竹桃科
Apocynum L.**罗布麻属**(夹竹桃科)
Apocynum frutescens L.= Apocynum pictum
Apocynum frutescens L.=Ichnocarpus frutescens
Apocynum hendersonii HK.f.=Apocynum pictum
Apocynum juventas Lour.=Streptocaulon juventas
Apocynum lancifolium Russano= Apocynum venetum
Apocynum mucronatum Blanco=Jasminanthes pilosa
Apocynum pictum Schrenk.白麻
Apocynum venetum L.罗布麻
Apocynum venetum var. *ellipticifolium* Beuinot & Belang=Apocynum venetum
Apocynum venetum var. *microphyllum* Beuinot & Belang.=Apocynum venetum
Apodytes E.Meyer ex Arn.**柴龙树属**(茶茱萸科)
Apodytes cambodiana Pierre=Apodytes dimidiata
Apodytes dimidiata E.Meyer 柴龙树
Apodytes yunnanensis Hu=Apodytes dimidiata
Aponogeton L.f.**水蕹属**(水蕹科)
Aponogeton appendiculatus Bruggen 具附属体水蕹
Aponogeton distachyus L.f.二穗水蕹
Aponogeton fenestralis HK.f.膜孔水蕹
Aponogeton lakhonensis A.Camus 水蕹
Aponogeton monostachyon L.f.(C.H.Wright in J.L.Soc.Bot.1903)=Aponogeton lakhonensis
Aponogeton natans (L.) Engl. & Krause (贵州志 1956,高等图鉴 1976,海南志 1977)=Aponogeton lakhonensis
Aponogeton natans (L.) Engl. & Krause 田干草
Aponogeton pygmaeus Krause=Aponogeton lakhonensis
Aponogetonaceae 水蕹科
Aporocactus Lem.**鼠尾掌属**(仙人掌科)
Aporocactus conzattii Britt. & Rose 康氏鼠尾掌
Aporocactus flagelliformis (L.) Lem.鼠尾掌
Aporocactus flagriformis (Zucc.) Lem.鞭形鼠尾掌
Aporocactus leptophis (DC.) Britt. & Rose 细蛇鼠尾掌
Aporuellia C.B.Clarke=**Pararuellia**
Aporuellia flagellifformis (Roxb.) C.B.Clarke= Pararuellia alata
Aporum Bl.=**Dendrobium**
Aporum acinaciforme (Roxb.) Griff.=Dendrobium acinaciforme
Aporum pendulicaule Hay.=Thrixspermum pendulicaule
Aporusa Bl.**银柴属**(大戟科)
Aporusa chinensis (Champ. ex Benth.) Merr.=Aporusa dioica
Aporusa dioica (Roxb.) Muell.Arg.银柴
Aporusa frutescens Bl.(Benth.Fl.Hongkong.1861)=Aporusa dioica
Aporusa glabrifolia Kurz=Aporusa villosa
Aporusa lanceolata var. *murtonii* F.N.Williams=Aporusa planchoniana
Aporusa leptostachya Benth.=Aporusa dioica
Aporusa microcalyx (Hassk.) Hassk.=Aporusa dioica
Aporusa microcalyx var. chinensis (Champ. ex Benth.) Muell.Arg.= Aporusa dioica
Aporusa microcalyx var. *intermedia* Pax. & Hoffm.=Aporusa dioica
Aporusa microcalyx var. *yunnanensis* Pax & Hoffm.=Aporusa villosa
Aporusa planchoniana Baill. ex Muell.Arg.全缘叶银柴
Aporusa roxburghii Baill.=Aporusa dioica
Aporusa villosa (Lindl.) Baill.毛银柴
Aporusa wallichii var. *yunnanensis* Pax & Hoffm.=Aporusa yunnanensis
Aporusa yunnanensis (Pax & Hoffm.) Metc.云南银柴
Apostasia Bl **拟兰属**(兰科)
Apostasia odorata Bl 拟兰
Apostasia ramifera S.C.Chen & K.Y.Lang 多枝拟兰
Apostasia thorelii Gagn.=Apostasia odorata
Apostasia wallichii R.Br.(海南志 1977)=Apostasia odorata
Apostasia wallichii R.Br.剑叶拟兰
Apostasiaceae 假兰科
Appendicula Bl.**牛齿兰属**(兰科)
Appendicula anceps Bl.?海南牛齿兰
Appendicula bifaria Lindl. ex Benth.=Appendicula cornuta
Appendicula cornuta Bl.牛齿兰
Appendicula cornuta var. *formosana* (Hay.) S.S.Ying=Appendicula formosana
Appendicula cristata Bl.厚叶牛齿兰
Appendicula formosana Hay.台湾牛齿兰
Appendicula formosana var. *kotoensis* (Hay.) T.P.Lin=Appendicula formosana
Appendicula kotoensis Hay.=Appendicula formosana
Appendicula lucida Ridl.亮叶牛齿兰
Appendicula micrantha Lindl.小花牛齿兰
Appendicula reflexa Bl.(台湾志,1978)=Appendicula formosana
Appendicula reflexa Bl.卷唇牛齿兰
Appendicula teres Griff.=Ceratostylis subulata
Appendicula terrestris Fukuyama 长叶牛齿兰
Aptenia N.E.Br.**露草属**(番杏科)
Aptenia cordifolia (L.f.) N.E.Br.=Mesembryanthemum cordifolium
Aptenia cordifolia (L.f.) Schwant.露草
Apterosperma Chang **圆籽荷属**(山茶科)
Apterosperma oblata Chang 圆籽荷
Aquifoliaceae 冬青科
Aquilaria Lam.**沉香属**(瑞香科)
Aquilaria grandiflora Benth.=Aquilaria sinensis
Aquilaria ophispermum Poir.=Aquilaria sinensis
Aquilaria sinensis (Lour.) Spreng.(云南中草药选 1970)=Aquilaria yunnanensis
Aquilaria sinensis (Lour.) Spreng.白木香
Aquilaria yunnanensis S.C.Huang 云南沉香
Aquilariella Taiegh.=**Aquilaria**

Aquilegia L.**耧斗菜属**(毛茛科)
Aquilegia adoxoides (DC.) Ohwi=Semiaquilegia adoxoides
Aquilegia amurensis Kom.(东北检索表 1959)=Aquilegia japonica
Aquilegia amurensis Kom.阿穆尔耧斗菜
Aquilegia anemonoides Willd.=Paraquilegia anemonoides
Aquilegia atropurpurea Willd.=Aquilegia viridiflora var. atropurpurea
Aquilegia atrovinosa M.Pop. ex Gamajun 暗紫耧斗菜
Aquilegia borodinii Schischk.波罗氏耧斗菜
Aquilegia ecalcarata Maxim.无距耧斗菜
Aquilegia ecalcarata f. *semicalcarata* (Schipcz.) Hand.-Mazz.=Aquilegia ecalcarata
Aquilegia ecalcarata var. semicalcarata (Schipcz.) Hand.-Mazz.细距耧斗菜
Aquilegia fauriei Lévl.=Dictamnus dasycarpus
Aquilegia flabellata S. & Z.扇形耧斗菜
Aquilegia glandulosa Fisch. ex Link.大花耧斗菜
Aquilegia henryi (Oliv.) Finet & Gagn.=Urophysa henryi
Aquilegia incurvata Hsiao 秦岭耧斗菜
Aquilegia japonica Nakai & Hara 白山耧斗菜
Aquilegia lactiflora Kar. & Kir.白花耧斗菜
Aquilegia leptoceras Fisch. & Mey.细角耧斗菜(新)
Aquilegia moorcroftiana Wall.腺毛耧斗菜
Aquilegia olympica Boiss.奥林帕斯耧斗菜
Aquilegia oxysepala Trautv. & Mey.尖萼耧斗菜
Aquilegia oxysepala f. *pallidiflora* Kitag.=Aquilegia oxysepala
Aquilegia oxysepala var. kansuensis Brühl 甘肃耧斗菜
Aquilegia oxysepala var. oxysepala=Aquilegia oxysepala
Aquilegia oxysepala var. *pallidiflora* Nakai ex Mori=Aquilegia oxysepala
Aquilegia oxysepala var. *yabeana* (Kitag.) Munz=Aquilegia yabeana
Aquilegia parviflora Ledeb.小花耧斗菜
Aquilegia rockii Munz 直距耧斗菜
Aquilegia sibirica Lam.西伯利亚耧斗菜
Aquilegia viridiflora Pall.耧斗菜
Aquilegia viridiflora f. *atropurpurea* (Willd.) Kitag.=Aquilegia viridiflora var. atropurpurea
Aquilegia viridiflora var. atropurpurea (Willd.) Finet & Gagn.紫花耧斗菜
Aquilegia viridiflora var. viridiflora=Aquilegia viridiflora
Aquilegia vulgaris L.普通耧斗菜
Aquilegia vulgaris var. *oxysepala* Rgl.=Aquilegia oxysepala
Aquilegia yabeana Kitag.华北耧斗菜
Aquilegia yabeana f. *luteola* S.H.Li & Y.H.Huang=Aquilegia yabeana
Aquilicia L.=**Leea**
Aqulegia yabeana f. luteola S.H.Li & Y.H.Huang 黄花华北耧斗菜
Arabidopsis (DC.) Heynh.**鼠耳芥属**(十字花科)
Arabidopsis brevicaulis (Jafri) Jafri=Crucihimalaya himalaica
Arabidopsis campestris O.E.Schulz.=Crucihimalaya wallichii
Arabidopsis griffithiana (Boiss.) N.Busch.=Olimarabidopsis pumila
Arabidopsis halleri subsp. gemmifera (Matsumura) O'Kane & Al-Shehbaz 叶芽鼠耳芥
Arabidopsis himalaica (Edgew.) O.E.Schulz.=Crucihimalaya himalaica
Arabidopsis himalaica var. *harrissii* O.E.Schulz.=Crucihimalaya himalaica
Arabidopsis himalaica var. *integrifolia* O.E.Schulz.=Crucihimalaya himalaica
Arabidopsis himalaica var. *kunawurensis* O.E.Schulz.=Crucihimalaya stricta
Arabidopsis himalaica var. *rupestris* (Edgew.) O.E.Schulz.=Crucihimalaya himalaica
Arabidopsis korshinskyi Botsch.=Olimarabidopsis cabulica
Arabidopsis lasiocarpa (HK.f. & Thoms.) O.E.Schulz.=Crucihimalaya lasiocarpa
Arabidopsis lasiocarpa var. *micrantha* W.T.Wang=Crucihimalaya lasiocarpa
Arabidopsis lyrata subsp. kamchatica (Fisch. ex DC.) O'Kane Al-Shehbaz 琴叶鼠耳芥
Arabidopsis mollissima (C.A.Mey.) N.Busch.=Crucihimalaya mollissima
Arabidopsis mollissima var. *afghanica* O.E.Schulz.=Crucihimalaya wallichii
Arabidopsis mollissima var. *dentata* O.E.Schulz.=Crucihimalaya mollissima
Arabidopsis mollissima var. *glaberrima* (HK.f. & Thoms.) O.E. Schulz.=Crucihimalaya mollissima
Arabidopsis mollissima var. *pamirica* (Korsh.) O.E.Schulz.=Crucihimalaya mollissima
Arabidopsis mollissima var. *thomsonii* (HK.f.) O.E.Schulz.=Crucihimalaya mollissima
Arabidopsis mollissima var. *yunnanensis* O.E.Schulz.=Arabis paniculata
Arabidopsis monachorum (W.W.Sm.) O.E.Schulz.=Crucihimalaya lasiocarpa
Arabidopsis nuda (Bélang.) Borm.=Drabopsis nuda
Arabidopsis parvula (Schrenk) O.E.Schulz.=Thellungiella parvula
Arabidopsis pumila (Steph.) N.Busch.=Olimarabidopsis pumila
Arabidopsis pumila var. *alpina* (Korshin.) O.E.Schulz.=Olimarabidopsis cabulica
Arabidopsis pumila var. *griffithiana* (Boiss.) Jafri=Olimarabidopsis pumila
Arabidopsis pumila var. pumila=Olimarabidopsis pumila
Arabidopsis qiranica Z.X.An=Sisymbriopsis mollipila
Arabidopsis russelliana Jafri=Crucihimalaya wallichii
Arabidopsis salsuginea (Pall.) N.Busch.=Thellungiella salsuginea
Arabidopsis stricta (Camb.) N.Busch.=Crucihimalaya stricta
Arabidopsis stricta var. *bracteata* O.E.Schulz.=Crucihimalaya stricta
Arabidopsis taraxacifolia (T.Anderson) Jafri=Crucihimalaya wallichii
Arabidopsis thaliana (L.) Heynh.鼠耳芥
Arabidopsis tibetica (HK.f. & Thoms.) Y.C.Lan & Z.X.An=Arabis tibetica
Arabidopsis toxophylla (M.Bieb.) N.Busch.=Pseudoarabidopsis toxophylla
Arabidopsis trichocarpa R.F.Huang=Neotorularia humilis
Arabidopsis tuemurica K.C.Kuan & Z.X.An=Neotorularia humilis
Arabidopsis verna (K.Koch) N.Busch.=Drabopsis nuda
Arabidopsis wallichii (HK.f. & Thoms) N.Busch.=Crucihimalaya wallichii
Arabidopsis wallichii var. *viridis* O.E.Schulz.=Crucihimalaya wallichii
Arabidopsis yadungensis K.C.Kuan & Z.X.An=Arabis pterosperma
Arabis L.**南芥属**(十字花科)
Arabis alaschanica Maxim.贺兰山南芥
Arabis alpina L.(Hay.in J.Coll.Sci.Univ.Tokyo 1911)=Arabis serrata
Arabis alpina L.高山南芥
Arabis alpina var. alpina=Arabis alpina
Arabis alpina var. *formosana* Masam.=Arabis serrata
Arabis alpina var. *japonica* A.Bray=Arabis stelleri
Arabis alpina var. *parviflora* Franch.=Arabis paniculata
Arabis alpina var. *purpurea* W.Smith=Arabis paniculata
Arabis alpina var. *rigida* Franch.=Arabis paniculata
Arabis alpina var. *rubrocalyx* Franch.=Arabis paniculata
Arabis ambigua DC.(T.Y.Cheo in Bot.Bull.Acad.Sin.1949)=Arabis pendula
Arabis amplexicaulis Edgew.抱茎南芥
Arabis amplexicaulis var. *japonica* H.Boiss.=Arabis serrata
Arabis amplexicaulis var. *serrata* (Franch. & Sav.) Makino=Arabis serrata.
Arabis attenuata Royle ex HK.f. & Thoms.尖果南芥
Arabis auriculata Lam.耳叶南芥
Arabis axillaris Kom.=Neotorularia humilis
Arabis axilliflora (Jafri) H.Hara 腋花南芥
Arabis axilliflora var. *brevistyla* H.Hara=Arabis axilliflora
Arabis bijuga Watt 大花南芥
Arabis boissieuana Nakai=Arabis serrata
Arabis boissieuana var. *glauca* (H.Boiss.) Koidz.=Arabis serrata
Arabis boissieuana var. *sikokiana* Nakai=Arabis serrata
Arabis borealis Andrz.新疆南芥
Arabis brevicaulis Jafri=Crucihimalaya himalaica
Arabis bucharica (Lipsky) Nevski=Crucihimalaya wallichii
Arabis cadmea Boiss.=Arabis auriculata
Arabis cebennensis var. *coreana* Lévl.=Cardamine komarovii
Arabis chanetii H.Lévl.=Orychophragmus violaceus
Arabis charbomelii H.Lévl.=Sisymbrium irio
Arabis clarkei O.E.Schulz.=Arabis tibetica
Arabis coronata Nakai=Arabis halleri
Arabis fauriei H.Lévl.=Arabis stelleri
Arabis fauriei var. *grandiflora* Nakai=Arabis serrata
Arabis flagellosa Miq.匍匐南芥
Arabis flagellosa var. *lasiocarpa* Matsumura=Arabis flagellosa
Arabis formosana (Masamune ex S.F.Huang) T.S.Liu & S.S.Ying=Arabis serrata

Arabis fruticulosa C.A.Mey.小灌木南芥
Arabis fruticulosa var. *albescens* N.Busch.=Arabis fruticulosa
Arabis gemmifera (Matusmura) Makino=Arabidopsis halleri subsp. gemmifera
Arabis gemmifera var. *alpicola* H.Hara=Arabidopsis halleri subsp. gemmifera
Arabis glabra (L.) Bernh.=Turritis glabra
Arabis glandulosa Kar. & Kir.=Dontostemon glandulosus
Arabis glauca H.Boiss.=Arabis serrata
Arabis glauca subsp. *pseudocauriculata* (H.Boiss.) Vorosch.=Arabis serrata
Arabis greatrexii (Miyabe & Kudo) Miiyabe & Tatewaki=Arabidopsis halleri subsp. gemmifera
Arabis hallaisanensis Nakai=Arabis serrata
Arabis halleri L.圆叶南芥
Arabis halleri var. *senanensis* Franch. & Savat.=Arabis gemmifera
Arabis himalaica Edgew.=Crucihimalaya himaklaica
Arabis hirsuta (L.) Scop.硬毛南芥
Arabis hirsuta var. hirsuta=Arabis hirsuta
Arabis hirsuta var. *nipponica* (Franch. & Sav.) C.C.Yuan & T.Y.Cheo=Arabis hirsuta
Arabis hirsuta var. *purpurea* Y.C.Lan & T.Y.Cheo=Arabis hirsuta
Arabis holanshanica Y.C.Lan & T.Y.Cheo=Arabis alaschanica
Arabis incarnata Pall.=Stevenia cheiranthoides
Arabis iwatensis Makino=Arabis serrata
Arabis japonica (A.Gray.) A.Gray=Arabis stelleri
Arabis kamchatica (Fisch. ex DC.) Ledeb.=Arabidopsis lyrata subsp. kamchatica
Arabis kamtschatica Fisch.=Arabis lyrata var. kamtschatica
Arabis kandingensis Y.H.Zhang=Sisymbrium yunnanense
Arabis kawasakiana Makino=Arabidopsis lyrata subsp. kamchatica
Arabis kelung-insularis Hay.= Arabis stelleri
Arabis kelunginsularis Hay.=Arabis stelleri
Arabis kishidae Nakai=Arabis serrata
Arabis latialata Y.C.Lan & T.Y.Cheo=Arabis pterosperma
Arabis lithophila Hay.=Arabis kelung-insularis
Arabis lyrata Kom.=Arabis lyrata var. kamtschatica
Arabis lyrata L.深山南芥
Arabis lyrata subsp. *kamchatica* (Fisch. ex DC.) Hultén=Arabidopsis lyrata subsp. kamchatica
Arabis lyrata var. *kamchatica* Fisch. ex DC.=Arabidopsis lyrata subsp. kamchatica
Arabis lyrata var. kamtschatica Fisch. ex DC.琴叶南芥
Arabis lyrata var. lyrata=Arabis lyrata
Arabis macrantha C.C.Yuan & T.Y.Cheo=Arabis bijuga
Arabis maximowiczii N.Buwsch.=Arabidopsis halleri subsp. gemmifera
Arabis morrisonensis Hay.=Arabidopsis lyrata subsp. kamchatica
Arabis multicaulis Pamp.=Arabis tibetica
Arabis nipponica Boiss.=Arabis hirsuta
Arabis nuda Bélang.=Drabopsis nuda
Arabis nudicaulis (L.) DC.=Parrya nudicaulis
Arabis pamirica Y.C.Lan & Z.X.An=Sisymbriopsis pamirica
Arabis pangiensis Watt=Arabis bijuga
Arabis paniculata Franch.(高等图鉴 1972,湖北志 1979)=Arabis paniculata
Arabis paniculata Franch.圆锥南芥
Arabis paniculata var. *parviflora* (Franch.) W.T.Wang=Arabis paniculata
Arabis pendula L.垂果南芥
Arabis pendula var. *glabrescens* Franch.=Arabis pendula
Arabis pendula var. *hebecarpa* Y.C.Lan & T.Y.Cheo=Arabis pendula
Arabis pendula var. hypoglauca Franch.=Arabis pendula
Arabis pendula var. pendula=Arabis pendula
Arabis perfoliata Lam.=Turritis glabra
Arabis petiolata M.Bieb.=Alliaria petiolata
Arabis piasezkii Maxim.(p.p.)=Neotorularia humilis
Arabis piasezkii Maxim.(p.p.)=Neotorularia humilis
Arabis pseudoauriculata H.Boiss.=Arabis serrata
Arabis pseudoturritis Boiss. & Heldr.=Turritis glabra
Arabis pterosperma Edgew.窄翅南芥
Arabis recta Vill.=Arabis auriculata
Arabis rupestris Edgew.=Crucihimalaya himalaica
Arabis sagittata (Bertol.) DC.箭叶南芥
Arabis sagittata var. *nipponica* Franch. & Savat.=Arabis hirsuta
Arabis scapigera Boiss.=Drabopsis nuda
Arabis sect. *Stevenia* HK.f.=**Stevenia**
Arabis senanensis (Franch. & Sav.) Makino=Arabidopsis halleri subsp. gemmifera
Arabis serrata Franch. & Savat.齿叶南芥
Arabis serrata var. *glabrescens* Ohwi=Arabis serrata
Arabis serrata var. *glauca* (H.Boiss.) Ohwi=Arabis serrata
Arabis serrata var. *japonica* (H.Boiss.) Ohwi=Arabis serrata
Arabis serrata var. *platycarpa* Ohwi=Arabis serrata
Arabis serrata var. *sikokiana* (Nakai) Ohwi=Arabis serrata
Arabis sikokiana (Nakai) Honda=Arabis serrata
Arabis sinaica Boiss.=Arabis auriculata
Arabis sogdiana Kom.=Arabis auriculata
Arabis stelleri DC.基隆南芥
Arabis stelleri subsp. *japonica* (A.Gray) Vorosch.=Arabis stelleri
Arabis stelleri var. *japonica* (A.Gray) F.Schmidt.=Arabis stelleri
Arabis subpendula Ohwi=Arabis pendula
Arabis taraxacifolia T.Anderson=Crucihimalaya wallichii
Arabis tenuirostris O.E.Schulz.=Arabis tibetica
Arabis thaliana L.=Arabidopsis thaliana
Arabis thomsonii HK.f. & Thoms.=Arabis tibetica
Arabis tibetica HK.f. & Thoms.=Arabis tibetica
Arabis tibetica HK.f. & Thoms.西藏南芥
Arabis tibetica var. *bucharica* Lipsky=Crucihimalaya wallichii
Arabis toxophylla M.Bieb.=Pseudoarabidopsis toxophylla
Arabis yokoscensis Franch. & Sav.=Arabis stelleri
Araceae 天南星科
Arachis L.**落花生属**(豆科)
Arachis hypogaea L.落花生
Arachne (Endl.) Pojark.=**Leptopus**
Arachne Neck.=**Leptopus**
Arachne australis (Zoll. & Morr.) Hurusawa=Leptopus australis
Arachne australis (Zoll. & Morr.) Pojark.=Leptopus australis
Arachne capillipes (Pax) Pojark.=Leptopus chinensis
Arachne chinensis (Bge.) Hurusawa=Leptopus chinensis
Arachne chinensis (Bge.) Pojark.=Leptopus chinensis
Arachne clarkei (HK.f.) Pojark.=Leptopus clarkei
Arachne hirsuta (Hutch.) Hurusawa=Leptopus chinensis var.hirsutus
Arachne hirsuta (Hutch.) Pojark.=Leptopus chinensis var.hirsutus
Arachne hirsuta Hutch.=Leptopus chinensis var.hirsutus
Arachne montana (Hutch.) Hurusawa=Leptopus chinensis
Arachne montana (Hutch.) Pojark.=Leptopus chinensis
Arachniodes Bl.**复叶耳蕨属**(鳞毛蕨科)
Arachniodes abrupta Ching 急尖复叶耳蕨
Arachniodes acuminata Ching & C.H.Wang=Arachniodes sphaerosora
Arachniodes ailaoshanensis Ching 哀牢山复叶耳蕨
Arachniodes amabilis sensu Ching=Arachniodes rhomboidea
Arachniodes amoena (Ching) Ching 多羽复叶耳蕨
Arachniodes anshuensis Ching & Y.T.Hsieh 安顺复叶耳蕨
Arachniodes arisanica Ching=Arachniodes globiosora
Arachniodes aristata (Forst) Tindle=Arachniodes exilis
Arachniodes aristatissima Ching 多芒复叶耳蕨
Arachniodes asaamica (Kuhn) Ohwi 阔羽复叶耳蕨
Arachniodes aspidioides Bl.复叶耳蕨
Arachniodes attenuata Ching 狭长复叶耳蕨
Arachniodes australis Y.T.Hsieh 南方复叶耳蕨
Arachniodes austroyunnanensis Ching 滇南复叶耳蕨
Arachniodes calcarata Ching 多距复叶耳蕨
Arachniodes carvifolia (Kunze) Ching 口状复叶耳蕨
Arachniodes caudata Ching=Arachniodes australis
Arachniodes caudata var. *kansuensis* Ching=Arachniodes gansuensis
Arachniodes caudifolia Ching & Y.T.Hsieh 尾叶复叶耳蕨
Arachniodes cavalerii (Christ) Ohwi 背囊复叶耳蕨
Arachniodes cavalerii Ohwi=Arachniodes pseudocavalerii
Arachniodes centro-chinensis Ching=Arachniodes simulans
Arachniodes chinensis (Rosenst.) Ching 中华复叶耳蕨
Arachniodes chingii Y.T.Hsieh 仁昌复叶耳蕨
Arachniodes coniifolia (T.Moore) Ching 细裂复叶耳蕨
Arachniodes cornopteris Ching 凸角复叶耳蕨
Arachniodes costulisora Ching 近肋复叶耳蕨
Arachniodes cyrtomifolia Ching 贯众叶复叶耳蕨
Arachniodes damiaoshaensis Y.T.Hsieh 大苗山复叶耳蕨
Arachniodes dayaoensis Y.T.Hsieh 大姚复叶耳蕨

Arachniodes decomposita Ching 五回复叶耳蕨?
Arachniodes dimorphyllum (Hay.) Ching 二型复叶耳蕨
Arachniodes elevata Ching 高丛复叶耳蕨
Arachniodes emeiensis Ching 峨眉复叶耳蕨
Arachniodes erythrosora Ching=Arachniodes festina
Arachniodes exilis (Hance) Ching 刺头复叶耳蕨
Arachniodes falcata Ching 镰羽复叶耳蕨
Arachniodes fengii Ching 国楣复叶耳蕨
Arachniodes festina (Hance) Ching 华南复叶耳蕨
Arachniodes foeniculacea Ching 茴叶复叶耳蕨
Arachniodes fujianensis Ching 福建复叶耳蕨
Arachniodes futeshanensis Y.T.Hsieh 佛特山复叶耳蕨
Arachniodes gansuensis (Ching) Y.T.Hsieh 甘肃复叶耳蕨
Arachniodes gigantea Ching 高大复叶耳蕨
Arachniodes globiosora (Hay.) Ching 台湾复叶耳蕨
Arachniodes gongshanensis Ching 贡山复叶耳蕨
Arachniodes gradata Ching 渐尖复叶耳蕨
Arachniodes grossa (Tard.-Blot & C.Chr.) Ching 粗裂复叶耳蕨
Arachniodes guangnanensis Y.T.Hsieh 广南复叶耳蕨
Arachniodes guangtonensis Ching 广通复叶耳蕨
Arachniodes guangxiensis Ching 广西复叶耳蕨
Arachniodes guanxianensis Ching 灌县复叶耳蕨
Arachniodes hainanensis (Ching) Ching 海南复叶耳蕨?
Arachniodes haniffii (Holtt.) Ching 汉氏复叶耳蕨
Arachniodes hasseltii (Bl.) Ching 草叶复叶耳蕨
Arachniodes hekouensis Ching 河口复叶耳蕨
Arachniodes henryi (Christ) Ching 川滇复叶耳蕨
Arachniodes heyuanensis Ching 河源复叶耳蕨
Arachniodes huapingensis Ching & P.C.Chiu 花坪复叶耳蕨
Arachniodes hunanensis Ching 湖南复叶耳蕨
Arachniodes jiangxiensis Ching 江西复叶耳蕨
Arachniodes jijiangensis Ching 綦江复叶耳蕨
Arachniodes jinfoshanensis Ching 金佛山复叶耳蕨
Arachniodes jingdongensis Ching 景东复叶耳蕨
Arachniodes jingpingensis Y.T.Hsieh 金平复叶耳蕨
Arachniodes jiulongshanensis Ching 九龙山复叶耳蕨
Arachniodes jizushanensis Ching 鸡足山复叶耳蕨
Arachniodes leuconeura Ching 灰脉复叶耳蕨
Arachniodes liyangensis Ching & Y.C.Lan 溧阳复叶耳蕨
Arachniodes longipinna Ching 长羽复叶耳蕨
Arachniodes lushanensis Ching 庐山复叶耳蕨
Arachniodes lushuiensis Y.T.Hsieh 泸水复叶耳蕨?
Arachniodes maguanensis Ching & Y.T.Hsieh 马关复叶耳蕨
Arachniodes maoshanensis Ching & P.C.Chiu 昂山复叶耳蕨
Arachniodes maximowiczii (Bak.) Ching 马氏复叶耳蕨
Arachniodes mengziensis Ching 蒙自复叶耳蕨
Arachniodes michelii (Lévl.) Ching 湘黔复叶耳蕨
Arachniodes multifida Ching 多裂复叶耳蕨
Arachniodes mutica (Fr. & Sav.) Ching 钝头复叶耳蕨
Arachniodes nanchuanensis Ching & Z.Y.Liu 南川复叶耳蕨?
Arachniodes nanchuanensis Ching 南川复叶耳蕨?
Arachniodes nanjingensis Ching 南靖复叶耳蕨
Arachniodes neoaristata Ching 新刺复叶耳蕨
Arachniodes nibashanensis Y.T.Hsieh 泥巴山复叶耳蕨
Arachniodes nigrospinosa (Ching) Ching 黑鳞复叶耳蕨
Arachniodes nipponica (Rosenst.) Ohwi 日本复叶耳蕨
Arachniodes nitidula Ching 亮叶复叶耳蕨
Arachniodes obtusiloba Ching & C.H.Wang 钝羽复叶耳蕨
Arachniodes obtusipinnula Ching & Y.T.Hsieh=Arachniodes tonkinensis
Arachniodes pianmaensis Ching 片马复叶耳蕨
Arachniodes pseudoaristata (Tagawa) Ohwi 华东复叶耳蕨
Arachniodes pseudoassamica Ching 假西南复叶耳蕨
Arachniodes pseudocavalerii Ching 浅裂复叶耳蕨
Arachniodes pseudolongipinna Ching 假长羽复叶耳蕨
Arachniodes pseudosimplicior Ching 假长尾复叶耳蕨
Arachniodes reducta Y.T.Hsieh & Y.P.Wu 缩羽复叶耳蕨
Arachniodes rhomboidea (Wall. ex Mett.) Ching 斜方复叶耳蕨
Arachniodes rhomboidea var. rhomboidea=Arachniodes rhomboidea
Arachniodes rhomboidea var. sinica Ching 全缘斜方复叶耳蕨
Arachniodes rhomboidea var. yakusimensis (H.Ito) W.C.Shieh 裂羽斜方复叶耳蕨
Arachniodes semifertilis Ching 半育复叶耳蕨
Arachniodes setifera Ching 长刺复叶耳蕨
Arachniodes shuangbaiensis Ching 双柏复叶耳蕨
Arachniodes sichuanensis Ching 四川复叶耳蕨
Arachniodes similis Ching 同羽复叶耳蕨
Arachniodes simplicior (Makino) Ohwi 异羽复叶耳蕨
Arachniodes simulans (Ching) Ching 华西复叶耳蕨
Arachniodes sino-aristata Ching 滇西复叶耳蕨
Arachniodes sino-rhomboidea Ching 中华斜方复叶耳蕨
Arachniodes sparsa Ching 疏羽复叶耳蕨
Arachniodes speciosa (D.Don) Ching 美丽复叶耳蕨
Arachniodes spectabilis (Ching) Ching 清秀复叶耳蕨
Arachniodes sphaerosora (Tagawa) Ching 球子复叶耳蕨
Arachniodes spino-serrulata Ching 刺齿复叶耳蕨
Arachniodes standshii (Moore) Ching 斯坦复叶耳蕨
Arachniodes subamoena Ching=Arachniodes amoena
Arachniodes subaristata Ching & Y.T.Hsieh 近刺复叶耳蕨
Arachniodes tibetana Ching & S.K.Wu 西藏复叶耳蕨
Arachniodes tiendongensis Ching & C.F.Zhang 天童复叶耳蕨?
Arachniodes tonkinensis (Ching) Ching 中越复叶耳蕨
Arachniodes triangularis Ching 阔基复叶耳蕨
Arachniodes valida Y.T.Hsieh 竖直复叶耳蕨
Arachniodes vavalerii Ohwi=Arachniodes pseudocavalerii
Arachniodes xinpingensis Ching 新平复叶耳蕨
Arachniodes yandangshanensis Y.T.Hsieh 雁荡山复叶耳蕨
Arachniodes yaomashanensis Ching 瑶马山复叶耳蕨
Arachniodes yinjiangensis Ching 印江复叶耳蕨
Arachniodes yixinensis Ching & Y.T.Hsieh 宜兴复叶耳蕨
Arachniodes yunnanensis Ching 漾濞复叶耳蕨
Arachniodes yunqiensis Y.T.Hsieh 云栖复叶耳蕨
Arachniodes ziyunshanensis Y.T.Hsieh 紫云山复叶耳蕨
Arachnis Bl.**蜘蛛兰属**(兰科)
Arachnis annamensis (Rolfe) J.J.Sm.越南蜘蛛兰
Arachnis breviscapa (J.J.Sm.) J.J.Sm.短序蜘蛛兰
Arachnis clarkei (Rchb.f.) J.J.Sm.=Esmeralda clarkei
Arachnis flosearis (L.) Rchb.f.指甲兰花蜘蛛兰
Arachnis hookeriana (Rchb.f.) Rchb.f.香花蜘蛛兰
Arachnis labrosa (Lindl. & Paxt.) Rchb.f.窄唇蜘蛛兰
Aracium Neck.=**Crepis**
Aracium multicaule (Ledeb.) D.Dietr.=Crepis multicaulis
Aracium sibiricum (L.) Sch.-Bip.=Crepis sibirica
Araiostegia Cop.=**Gymnogrammitis**
Araiostegia Cop.**小膜盖蕨属**(骨碎补科)
Araiostegia athamantica Cop.=Araiostegia pseudocystopteris
Araiostegia beddomei (Hope) Ching 假美小膜盖蕨
Araiostegia clarkei Cop.=Araiostegia hookeri
Araiostegia dareiformis Cop.=Gymnogrammitis dareiformis
Araiostegia delavayi (Bedd.) Ching 小膜盖蕨
Araiostegia faberiana (C.Chr.) Ching 细裂小膜盖蕨
Araiostegia hookeri (Moore) Ching 宿枝小膜盖蕨
Araiostegia imbricata Ching 绿叶小膜盖蕨
Araiostegia membranulosa Holtt.=Paradavallodes membranulosum
Araiostegia multidentata (Wall.) Cop.毛叶小膜盖蕨
Araiostegia multidentata Cop.=Paradavallodes multidentatum
Araiostegia parva Cop.=Araiostegia hookeri
Araiostegia parvipinnula (Hay.) Cop.台湾小膜盖蕨
Araiostegia parvipinnula Cop.=Araiostegia perdurans
Araiostegia perdurans (Christ) Cop.鳞轴小膜盖蕨
Araiostegia pseudocystopteris (Kze.) Cop.长片小膜盖蕨
Araiostegia pulchera (Don) Cop.(Nooteboom in Blumea 1992,p.p.)=Paradavallodes kansuense
Araiostegia pulchra (Don) Cop.美小膜盖蕨
Araiostegia yaklaensis Nayar & Kaur.=Pseudocystopteris atkinsonii
Araiostegia yunnanensis (Christ) Cop.云南小膜盖蕨
Araleptochilus decurrens var. *lanceolata* (Fee) R.D.Dixit=Leptochilus

decurrens
Aralia L.**楤木属**(五加科)
Aralia apioides Hand.-Mazz.芹叶龙眼独活
Aralia armata (Wall.) Seem.虎刺楤木
Aralia atropurpurea Franch.浓紫龙眼独活
Aralia bipinnata Blanco 台湾楤木
Aralia bipinnatifida (Seem.) C.B.Clarke=Panax pseudoginseng var. bipinnatifidus
Aralia bodinieri Lévl.=Nothopanax delavayi
Aralia caesia Hand.-Mazz.圆叶楤木
Aralia chinensis L.(Benth.Fl.Hongk.1961)=Aralia decaisneana
Aralia chinensis L. β *canescens* Koehne=Aralia elata
Aralia chinensis L.楤木
Aralia chinensis var. dasyphylloides Hand.-Mazz.毛叶楤木
Aralia chinensis var. *glabrescens* Schneid.(Harms & Rehd.in Sargent,Pl. Wils.1911,科学社丛刊 1924)=Aralia chinensis var. nuda
Aralia chinensis var. *glabrescens* Schneid.=Aralia elata
Aralia chinensis var. *mandshurica* Rehd.=Aralia elata
Aralia chinensis var. nuda Nakai 白背叶楤木
Aralia cissifolia Griff. ex Seem.=Acanthopanax cissifolius
Aralia cochleata Lam.=Nothopanax cochleatus
Aralia continentali Kitag.东北土当归
Aralia cordata Thunb.(Yabe in Enum.Pl.S.Manch.1912)=Aralia continentali
Aralia cordata Thunb.食用土当归
Aralia dasyphylla Miq.头序楤木
Aralia decaisneana Hance 黄毛楤木
Aralia dumetorum Hand.-Mazz.=Aralia melanocarpa
Aralia echinocaulis Hand.-Mazz.棘茎楤木
Aralia elata (Miq.) Seem.辽东楤木
Aralia elegans C.N.Ho 秀丽楤木
Aralia fargesii Franch.(Li in Sargentia 1942,p.p.)=Aralia yunnanensis
Aralia fargesii Franch.龙眼独活
Aralia fargesii var. *yunnanensis* Li=Aralia yunnanensis
Aralia foliolosa (Wall.) Seem.小叶楤木
Aralia ginseng Baill.=Panax ginseng
Aralia glomerulata Bl.=Brassaiopsis glomerulata
Aralia henryi Harms 柔毛龙眼独活
Aralia hispida Vent.硬毛楤木
Aralia hupehensis Hoo 湖北楤木
Aralia hypoleuca Presl=Aralia bipinnata
Aralia japonica Thunb.=Fatsia japonica
Aralia kansuensis Hoo 甘肃土当归
Aralia labordei Lévl.=Toddalia asiatica
Aralia lantsangensis Hoo 澜沧楤木
Aralia mairei Lévl.=Tetrapanax papyrifer
Aralia mandshurica Kom.=Aralia elata
Aralia mandshurica Maxim.=Aralia elata
Aralia maximowiczi V.Houtte=Kalopanax septemlobus var. maximowiczi
Aralia melanocarpa (Lévl.) Lauener 黑果土当归
Aralia nudicaulis L.裸茎楤木
Aralia octophylla Lour.=Schefflera octophylla
Aralia papyrifera HK.=Tetrapanax papyrifer
Aralia pentaphylla S. & Z.=Acanthopanax sieboldianus
Aralia pilosa Franch.=Aralia henryi
Aralia planchoniana Hance=Aralia decaisneana
Aralia plumosa Li 羽叶楤木
Aralia quinquefolia (Wall.) Benth.(C.B.Clarke in Fl.Brit.Ind.1879)= Panax pseudoginseng var. angustifolius
Aralia quinquefolia Decne. & Planch.(Forb. & Hemsl.in J.L.Soc.Bot. 1888)=Panax ginseng
Aralia quinquefolia var. *angustifolia* Burkill=Panax pseudoginseng var. angustifolius
Aralia quinquefolia var. *elegantior* Burkill=Panax pseudoginseng var. elegantior
Aralia quinquefolia var. *ginseng* (C.A.Mey.) Rgl. & Maack=Panax ginseng
Aralia quinquefolia var. *major* Burkill=Panax pseudoginseng var. japonicus
Aralia quinquefolia var. *notoginseng* Burkill=Panax pseudoginseng var. notoginseng
Aralia quinquefolia var. *pseudoginseng* (Wall.) Burkill=Panax pseudoginseng
Aralia quinquefolia var. *repens* (Maxim.) Burkill=Panax pseudoginseng var. japonicus
Aralia scaberula Hoo 糙叶楤木
Aralia searelliana Dunn 粗毛楤木
Aralia sect. *Ginseng* Benth.=**Panax**
Aralia spinifolia Merr.长刺楤木
Aralia spinosa L.(Forb. & Hemsl.in J.L.Soc.Bot.1888,p.p.)=Aralia decaisneana
Aralia spinosa L.(Forb. & Hemsl.in J.L.Soc.Bot.1888,p.p.)=Aralia chinensis
Aralia spinosa L.刺楤木
Aralia staphyleina Hand.-Mazz.=Aralia caesia
Aralia stipulata Franch.=Aralia chinensis var. nuda
Aralia subcapitata Hoo 安徽楤木
Aralia thomsonii Seem.云南楤木
Aralia tibetana Hoo 西藏土当归
Aralia tomentella Franch.=Pentapanax henryi
Aralia undulata Hand.-Mazz.波缘楤木
Aralia wilsonii Harms 西南楤木
Aralia yunnanensis Franch.(Hand.-Mazz.Symb.Sin.1933)=Aralia wilsonii
Aralia yunnanensis Franch.云南龙眼独活
Araliaceae 五加科
Araucaria Juss.**南洋杉属**(南洋杉科)
Araucaria angustifolia (Bertol.) Kuntze 窄叶南洋杉
Araucaria araucana (Mol.) Koch 智利南洋杉
Araucaria bidwillii HK.大叶南洋杉
Araucaria columnaris (Forst.) HK.柱状南洋杉
Araucaria cunninghamii Sweet 南洋杉
Araucaria excelsa R.Br.(海南志 1964,中国树木学 1961,中国经济手册 1955)=Araucaria heterophylla
Araucaria heterophylla (Salisb.) Franco 异叶南洋杉
Araucariaceae 南洋杉科
Arbor calappoides sinensis Rumph=Cycas revoluta
Arbutus L.**草莓树属**(杜鹃花科)
Arbutus alpina L.=Arctous alpinus
Arbutus andrachne Duh.南欧草莓树
Arbutus canariensis Duh.康纳利岛草莓树
Arbutus menziesii Pursh 优材草莓树
Arbutus unedo L.草莓树
Arbutus xalapensis HBK 萨拉草莓树
Arcangelisia Becc.**古山龙属**(防已科)
Arcangelisia gusanlung Lo 古山龙
Arcangelisia loureiri (Pierre) Diels (海南志 1964)=Arcangelisia gusanlung
Arceuthobium M.Bieb.**油杉寄生属**(桑寄生科)
Arceuthobium chinense Lecomte 油杉寄生
Arceuthobium oxycedri (DC.) M.Bieb.圆柏寄生
Arceuthobium pini Hawksworth & Wiens 高山松寄生
Arceuthobium pini var. pini=Arceuthobium pini
Arceuthobium pini var. sichuanense H.S.Kiu 云杉寄生
Arceuthobium tibetense H.S.Kiu & W.Ren 冷杉寄生
Archakebia Wu,Chen & Qin **长萼木通属**(木通科)
Archakebia apetala (Xia et al.) Wu,Chen & Qin 长萼木通
Archangelica Hoffm.**古当归属**(伞形科)
Archangelica braevicaulis (Rupr.) Rchb.短茎古当归
Archangelica decurrens Ledeb.下延叶古当归
Archangelica officinalis (Moench) Hoffm.古当归
Archangiopteris Christ & Gies.**原始观音座莲属**(观音座莲科)
Archangiopteris bipinnata Ching 二回原始观音座莲
Archangiopteris caudata Ching 尾叶原始观音座莲
Archangiopteris henryi Christ & Gies.亨利原始观音座莲
Archangiopteris hokouensis Ching 河口原始观音座莲
Archangiopteris itoi Shieh 伊藤原始观音痤莲
Archangiopteris latipinna Ching 阔叶原始观音座莲
Archangiopteris somai Hay.台湾原始观音座莲
Archangiopteris subintegra Hay.斜基原始观音座莲
Archangiopteris subrotunda Ching 园基原始观音座莲
Archangiopteris tamdaoensis hay.=Archangiopteris tonkinensis

Archangiopteris tonkinensis (Hay.) Ching 尖叶原始观音座莲
Archiboehmeria C.J.Chen **舌柱麻属**(荨麻科)
Archiboehmeria atrata (Gagn.) C.J.Chen 舌柱麻
Archiclematis Tamura=**Clematis**
Archiclematis alternata (Ktamura & Tamura) Tamura=Clematis alternata
Archidendron Nielsen (p.p.)=**Cylindrokelupha**
Archidendron alternifoliolatum (T.L.Wu) Nielsen=Cylindrokelupha alternifoliolata
Archidendron balansae (Oliv.) Nielsen=Cylindrokelupha balansae
Archidendron chevalieri (Kosterm) Mielsen=Cylindrokelupha chevalieri
Archidendron clypearia (Jack) Nielsen=Pithecellobium clypearia
Archidendron cordifolium (T.L.Wu) Nielsen=Zygia cordifolia
Archidendron dalatense (Kosterm.) Nielsen=Cylindrokelupha dalatensis
Archidendron eberhardtii Nielsen=Cylindrokelupha eberhardtii
Archidendron glabrifolium (T.L.Wu) Nielsen=Cylindrokelupha glabrifolia
Archidendron kerrii (Gagn.) Nielsen=Cylindrokelupha kerrii
Archidendron lucidum (Benth.) Nielsen=Pithecellobium lucidum
Archidendron robinsonii (Gagn.) Nielsen=Cylindrokelupha robinsonii
Archidendron sp. Nielsen=Zygia cordifolia
Archidendron tonkinense Nielsen=Cylindrokelupha tonkinensis
Archidendron turgida (Merr.) Nielsen=Cylindrokelupha turgida
Archidendron utile (Chun & How) Nielsen=Pithecellobium utile
Archidendron yunnanense (Kosterm.) Nielsen=Cylindrokelupha yunnanensis
Archileptopus L.T.Li **方鼎木属**(大戟科)
Archileptopus fangdingianus P.T.Li 方鼎木
Archineottia S.C.Chen=**Holopogon**
Archineottia gaudissartii (Hand.-Mazz.) S.C.Chen=Holopogon gaudissartii
Archineottia smithiana (Schltr.) S.C.Chen=Holopogon smithianus
Archiphysalis Kuang=**Physaliastrum**
Archiphysalis kwangsiensis Kuang=Physaliastrum chamaesarachoides
Archiphysalis sinensis (Hemsl.) Kuang=Physaliastrum sinense
Archontophoenix H.Wendl. & Drude **假槟榔属**(棕榈科)
Archontophoenix alexandrae (F.Muell.) H.Wendl. & Drude 假槟榔
Archontophoenix cunninghamiana H.Wendl. & Drude 肯宁安氏假槟榔
Arctium L.**牛蒡属**(菊科)
Arctium affine O.Ktze.=Cousinia affinis
Arctium dissectum O.Ktze.=Cousinia dissecta
Arctium eriophorum O.Ktze.=Schmalhausenia nidulans
Arctium lappa L.牛蒡
Arctium lappa subsp. *majus* Aréne=Arctium lappa
Arctium lappa var. β.L.=Arctium tomentosum
Arctium leiospermum Juz. et al.=Arctium lappa
Arctium majus Bernh.=Arctium lappa
Arctium minus Bernh.小牛蒡
Arctium niveum O.Ktze.=Alfredia nivea
Arctium platylepis O.Ktze.=Cousinia platylepis
Arctium polycephalum O.Ktze.=Cousinia polycephala
Arctium tomentosum Mill.毛头牛蒡
Arctocrania Nakai=**Chamaepericlymenum**
Arctogeron DC.**莎菀属**(菊科)
Arctogeron gramineum (L.) DC.莎菀
Arctopoa schischkinii (Tzvel.) Probat.=Poa schischkinii
Arctopoa subfastigiata (Trin.) Probat=Poa subfastigiata
Arctostachylos Adans.**熊果属**(杜鹃花科)
Arctostachylos andersonii A.Gray 心叶熊果
Arctostachylos auriculata Eastw.耳叶熊果
Arctostachylos canescens Eastw.灰白熊果
Arctostachylos columbiana Piper 毛枝熊果
Arctostachylos crustacea Eastw.碎叶熊果
Arctostachylos densiflora M.S.Bak.密花熊果
Arctostachylos edmundsii T.Howell 小苏尔熊果
Arctostachylos glandulosa Eastw.腺毛熊果
Arctostachylos glauca Lindl.大果熊果
Arctostachylos hookeri G.Don 虎克熊果
Arctostachylos insularis Greene 海岛熊果
Arctostachylos manzanita Parry.帕立熊果
Arctostachylos mariposa W.Dudl.西美熊果
Arctostachylos media Greene 中型熊果
Arctostachylos morroensis Wiesl. & Schreib.莫洛熊果
Arctostachylos myrtifolia Parry.番樱桃叶熊果
Arctostachylos nevadensis A.Gray.内华达熊果
Arctostachylos nummularia A.Gray.钱叶熊果
Arctostachylos obispoensis Eastw.蛇纹岩土熊果
Arctostachylos otayensis Wiesl. & Schreib.加州熊果
Arctostachylos pajaroensis J.E.Adams.帕加罗熊果
Arctostachylos patula Greene 绿叶熊果
Arctostachylos pechoensis W.Dul. ex Adrams 佩求熊果
Arctostachylos pringlei Parry.普林格熊果
Arctostachylos pumila Nutt.沙丘熊果
Arctostachylos pungens HNK.墨西哥熊果
Arctostachylos rudis Jeps. & Wiesl.粗皮熊果
Arctostachylos silvicola Jeps. & Wiesl.银叶熊果
Arctostachylos stanfordiana Parry.斯坦福熊果
Arctostachylos tomentosa (Pursh) Lindl.长毛熊果
Arctostachylos uvaursi (L.) K.Spreng.熊果
Arctostachylos viscida Parry.白叶熊果
Arctostaphylos alpina (L.) Spreng.=Arctous alpinus
Arctotis L.**灰毛菊属**(菊科)
Arctotis breviscapa Thunb.无茎灰毛菊
Arctotis stoechadifolia Berg.非洲灰毛菊
Arctous Niedenzu **北极果属**(杜鹃花科)
Arctous alpinus (L.) Niedenzu 北极果
Arctous alpinus var. alpinus=Arctous alpinus
Arctous alpinus var. japonicus (Nakai) Ohwi 黑北极果
Arctous alpinus var. *ruber* Rehd. & Wils.=Arctous ruber
Arctous japonicus Nakai=Arctous alpinus var. japonicus
Arctous microphyllus C.Y.Wu 小叶当年枯
Arctous ruber (Rehd. & Wils.) Nakai 红北极果
Arcuatopterus Sheh & Shan **弓翅芹属**(伞形科)
Arcuatopterus filipedicellus Sheh & Shan 弓翅芹
Arcuatopterus linearifolius Sheh & Shan 条叶弓翅芹
Arcuatopterus thalictrioideus Sheh & Shan 唐松叶弓翅芹
Ardisia Swartz **紫金牛属**(紫金牛科)
Ardisia aberrans (Walker) C.Y.Wu & C.Chen 狗骨头
Ardisia adenopes Miau=Ardisia lindleyana
Ardisia affinis Hemsl.(Walker in Philipp.J.Sci.1940,p.p.)=Ardisia alyxiaefolia
Ardisia affinis Hemsl.=Ardisia sinoaustralis
Ardisia alutacea C.Y.Wu & C.Chen 显脉紫金牛
Ardisia alyxiaefolia Tsiang ex C.Chen 少年红
Ardisia aquifolioides W.Z.Fang & K.Yao=Ardisia crassinervosa
Ardisia arborescens Wall. (植物志 58,1979)=Ardisia garrettii
Ardisia arborescens Wall.小乔木紫金牛
Ardisia argenticaulis Yuen P.Yang & Dwyer 五花紫金牛
Ardisia austroasiatica E.Walk.=Ardisia thyrsiflora
Ardisia balansana Yuen P.Yang 滇东紫金牛(新)
Ardisia baotingensis C.M.Hu 保亭紫金牛
Ardisia beibeinensis Z.Y.Zhu=Ardisia alyxifolia
Ardisia bicolor Walker=Ardisia vrenata var. bicolor
Ardisia bodinieri Lévl.=Ardisia brevicaulis
Ardisia botryosa Walker 束花紫金牛
Ardisia brevicaulis Diels 九管血
Ardisia brevicaulis var. brevicaulis=Ardisia brevicaulis
Ardisia brevicaulis var. *violacea* (T.Suzuki) E.Walk.=Ardisia violacea
Ardisia brunnescens Walker 凹脉紫金牛
Ardisia carnosicaulis C.Chen & D.Fang 肉茎紫金牛
Ardisia castaneifolia Lévl.=Ardisia faberi
Ardisia caudata Hemsl.尾叶紫金牛
Ardisia cavaleriei Lévl.=Ardisia faberi
Ardisia chinensis Benth.小紫金牛
Ardisia citrifolia Hay.=Ardisia brevicaulis
Ardisia conspersa Walker 散花紫金牛
Ardisia cornudentata Mez 腺齿紫金牛
Ardisia corymbifera Mez 伞形紫金牛
Ardisia corymbifera var. corymbifera=Ardisia corymbifera
Ardisia corymbifera var. tuberifera C.Chen 块根紫金牛
Ardisia crassinervosa Walker 粗脉紫金牛
Ardisia crassirhiza Z.X.Li & F.W.Xing ex C.M.Hu=Ardisia crassinervosa
Ardisia crenata Sims 硃砂根

Ardisia crenata f. *taguetii* Ohwi=Ardisia crenata
Ardisia crenata var. *bicolor* (E.Walk.) C.Y.Wu & C.Chen=Ardisia crenata
Ardisia crenata var. bicolor (Walker) C.Chen 红凉伞
Ardisia crenata var. crenata=Ardisia crenata
Ardisia crenulata Lodd.=Ardisia crenata
Ardisia crispa (Thunb.) A.DC.百两金
Ardisia crispa A.DC.(Merr.in Lingnan Sci.J.1927)=Ardisia crenata
Ardisia crispa A.DC.=Ardisia crenata
Ardisia crispa var. *amplifolia* Walker=Ardisia crispa
Ardisia crispa var. crispa=Ardisia crispa
Ardisia crispa var. *dielsii* (Lévl.) Walker=Ardisia crispa
Ardisia crispa var. *elegans* A.DC.=Ardisia elegans
Ardisia crispa var. *taquetii* Lévl.=Ardisia crenata
Ardisia curvula C.Y.Wu & C.Chen 折梗紫金牛
Ardisia dasyrhizomatica C.Y.Wu & C.Chen 粗茎紫金牛
Ardisia densilepidotula Merr.密鳞紫金牛
Ardisia depressa C.B.Clarke (Dunn in J.L.Soc.Bot.1911)=Ardisia crispa
Ardisia depressa C.B.Clarke 圆果罗伞
Ardisia dielsii Lévl.=Ardisia crispa
Ardisia discolor Lévl.=Swida oblonga
Ardisia dumetosa Tutch.=Ardisia villosa
Ardisia elegans Andr.郎伞木
Ardisia elegantissima Lévl.=Ardisia hanceana
Ardisia elliptica Thunb.东方紫金牛
Ardisia elliptisepala E.Walk.=Ardisia quinquegona
Ardisia ensifolia Walker 剑叶紫金牛
Ardisia esquirolii Lévl.=Lysimachia fooningensis
Ardisia faberi Hemsl.月月红
Ardisia faberi var. faberi=Ardisia faberi
Ardisia faberi var. *oblanceifolia* C.Chen=Ardisia faberi
Ardisia filiformis Walker 狭叶紫金牛
Ardisia floribunda Wall.=Ardisia thyrsiflora
Ardisia fordii Hemsl.灰色紫金牛
Ardisia formosana Rolfe=Ardisia sieboldii
Ardisia garrettii H.R.Fletch.小乔木紫金牛
Ardisia gigantifolia Stapf.(Walker in Philipp.Jour.Ci.1940,p.p.)=Ardisia botryosa
Ardisia gigantifolia Stapf 走马胎
Ardisia glabra (Thunb.) A.DC.=Sarcandra glabra
Ardisia glauca Pitard.=Ardisia brunnescens
Ardisia graciliflora Pitard 小花紫金牛
Ardisia hainanensis Mez=Ardisia humilis
Ardisia hanceana Mez 大罗伞树
Ardisia henryi Hemsl.=Ardisia crispa
Ardisia henryi var. *dielsii* Walker=Ardisia crispa
Ardisia hokouensis Yuen P.Yang 粗梗紫金牛
Ardisia hortorum Maxim. ex Regel=Ardisia crispa
Ardisia hortorum var. *brachysepala* Hand.-Mazz.=Ardisia crispa
Ardisia humilis Alior.(A.DC.in Trans.L.Soc.1834,p.p.)=Ardisia solanacea
Ardisia humilis Vahl (Mez in Engl.,Pflanzenreich 1902)=Ardisia squamulosa
Ardisia humilis Vahl 矮紫金牛
Ardisia humilis var. *arborescens* C.B.Clarke=Ardisia arborescens
Ardisia hypargyrea C.Y.Wu & C.Chen 柳叶紫金牛
Ardisia impressa H.R.Fletch.=Ardisia hanceana
Ardisia japonica (Thunb.) Bl.紫金牛
Ardisia jiajiangensis Z.Y.Zhu=Ardisia chinensis
Ardisia jinyunensis Z.Y.Zhu=Ardisia quinquegona
Ardisia konishii Hay.(Merr.in Lingnan Sci.J.1927)=Ardisia elegans
Ardisia konishii Hay.=Ardisia crenata
Ardisia kotoensis Hay.=Ardisia elliptica
Ardisia kusukusensis Hay.=Ardisia crenata
Ardisia kwangtungensis E.Walk.=Ardisia lindleyana
Ardisia labordei Lévl.=Ardisia crenata
Ardisia lentiginosa J.B.Ker=Ardisia crenata
Ardisia lentiginosa var. *rectangularis* Hatusima=Ardisia crenata
Ardisia linangensis C.M.Hu=Ardisia crenata
Ardisia lindleyana D.Dietr.山血丹
Ardisia linearifolia X.W.Wei & M.Y.Xiao=Ardisia ensifoli
Ardisia longipedunculata C.Y.Wu & C.Chen=Ardisia pingbienensis
Ardisia maclurei Merr.心叶紫金牛
Ardisia macrocarpa Wall.(Hand.-Maxx.in Symb.Sin.1936)=Ardisia crenata
Ardisia maculosa Mez (Walker in Philipp.Jour.Ci.1940)=Ardisia botryosa
Ardisia maculosa Mez.=Ardisia virens
Ardisia maculosa var. *maculosa*=Ardisia virens
Ardisia maculosa var. *symplocifolia* C.Chen=Ardisia virens
Ardisia malipoensis C.M.Hu 麻栗坡罗伞
Ardisia malouiana (Lindl. & Rodig.) Markgr.马氏紫金牛
Ardisia mamillata Hance 虎舌红
Ardisia merrillii Waliker 白花紫金牛
Ardisia meziana Lévl.=Ardisia thyrsiflora
Ardisia miaoliensis S.Y.Lu=Ardisia crenata
Ardisia morrisonensis Hay.=Ardisia cornudentata
Ardisia mouretii Pitard=Ardisia crenata
Ardisia multicaulis Z.Y.Zhu=Ardisia crispa
Ardisia neriifolia Wall.=Ardisia thyrsiflora
Ardisia nervosa E.Walk.=Ardisia crassinervosa
Ardisia nigropilosa Pitard 星毛紫金牛
Ardisia obtusa Mez 铜盆花
Ardisia obtusa subsp. obtusa=Ardisia obtusa
Ardisia obtusa subsp. pachyphylla (Dunn) Pip. & C.Chen 厚叶铜盆花
Ardisia odontophylla Wall.(Dunn in J.L.Soc.Bot.1911)=Ardisia scalarinervis
Ardisia oldhamii Mez=Ardisia virens
Ardisia olivacea Walker 榄色紫金牛
Ardisia omiessa C.M.Hu 光萼紫金牛
Ardisia ordinata Walker 轮叶紫金牛
Ardisia oxyphylla var. *cochinchinensis* Pitard(植物志 58,1979)=Ardisia waitakii
Ardisia pachyphylla Dunn=Ardisia obtusa subsp. pachyphylla
Ardisia patens Mez=Ardisia virens
Ardisia pauciflora Heyne=Ardisia quinquegona
Ardisia pedalis E.Waslk.矮短紫金牛
Ardisia penduliflora Mez=Ardisia crispa
Ardisia pentagona A.DC.=Ardisia quinquegona
Ardisia perforata Lévl.=Alangium faberi var. perforatum
Ardisia perpendicularis Walker=Ardisia gigantifolia
Ardisia perreticulata C.Chen 花脉紫金牛
Ardisia pingbienensis Yue P.Yang 长穗紫金牛
Ardisia porifera Walker 细孔紫金牛
Ardisia primulaefolia Gardn. & Champ.莲座紫金牛
Ardisia pseudoverticillata Merr.=Ardisia gigantifolia
Ardisia pubivenula Walker 毛脉紫金牛
Ardisia punctata Lindl.=Ardisia lindleyana
Ardisia punctata var. *latifolia* Walker=Ardisia perreticulata
Ardisia purpureovillosa C.Y.Wu & C.Chen ex C.M.Hu 紫肋紫金牛(新)
Ardisia pusilla A.DC.九节龙
Ardisia pyrgina Saint Lager=Ardisia humilis
Ardisia pyrgus Roem. & Schult.=Ardisia humilis
Ardisia quinquegona Bl.罗伞树
Ardisia quinquegona var. *hainanensis* E.Walk.=Ardisia quinquegona
Ardisia quinquegona var. *linearifolia* Pitard.=Ardisia hypargyrea
Ardisia quinquegona var. *oblonga* E.Walk.=Ardisia quinquegona
Ardisia quinquegona var. quinquegona=Ardisia quinquegona
Ardisia radians Hemsl. & Mez ex Mez=Ardisia virens
Ardisia ramondiiformis Pitard.短柄紫金牛
Ardisia rectangularis Hay.=Ardisia virens
Ardisia remotiserrata Hay.=Ardisia cornudentata
Ardisia replicata Walker 卷边紫金牛
Ardisia retroflexa Walker 弯梗紫金牛
Ardisia rigida Kurz (Hemsl.in J.L.Soc.Bot.1889)=Ardisia humilis
Ardisia roseiflora Pitard=Ardisia elegans
Ardisia salicifolia Walker=Ardisia hypargyrea
Ardisia scalarinervis Walker 梯脉紫金牛
Ardisia sciophila Suzuki-Tokio=Ardisia maclurei
Ardisia shweliensis W.W.Sm.瑞丽紫金牛
Ardisia sieboldii Miq.多枝紫金牛
Ardisia silvestris Pitard(植物,58,1979)=Ardisia ramondiiformis
Ardisia simplicicaulis Hay.=Ardisia crispa
Ardisia sinoaustralis C.Chen 细罗伞
Ardisia sinoaustralis var. *longicalyx* C.Chen & D.Fang=Ardisia sinoaustralis
Ardisia solanacea Roxb.酸苔菜
Ardisia sp. Walker=Ardisia oxyphylla var. cochinchinensis

Ardisia squamulosa Presl=Ardisia elliptica
Ardisia stellata E.Walk.=Ardisia nigropilosa
Ardisia stellifera Pitard.=Ardisia virens
Ardisia stenosepala Hay.=Ardisia cornudentata
Ardisia suishaensis Hay.=Ardisia cornudentata
Ardisia tenera Mez.=Ardisia thyrsiflora
Ardisia thorelii Pitard.=Ardisia hanceana
Ardisia thyrsiflora D.Don 南方紫金牛
Ardisia tonkinensis DC.=Ardisia virens
Ardisia trichocarpa Merr.=Ardisia villosa
Ardisia triflora (Hemsl.) Kuntze=Ardisia chinensis
Ardisia triflora Hemsl.=Ardisia chinensis
Ardisia tsangii E.Walk.=Ardisia lindleyana
Ardisia undulata Mez=Ardisia conspersa
Ardisia velutina Pitard 紫脉紫金牛
Ardisia verbascifolia Mez.长毛紫金牛
Ardisia vestita Wall.=Ardisia villosa
Ardisia villosa Mez=Ardisia pusilla
Ardisia villosa Roxb.(Walker in Philipp.J.Sci.1940,p.p.)= Ardisia verbascifolia
Ardisia villosa Roxb.雪下红
Ardisia villosa var. *ambovestita* E.Walk.=Ardisia villosa
Ardisia villosa var. *latifolia* Walker=Ardisia villosa
Ardisia villosa var. *oblanceolata* E.Walk.=Ardisia villosa
Ardisia villosa var. villosa=Ardisia villosa
Ardisia violacea (T.Suzuki) W.Z.Fang & K.Yao 锦花紫金牛
Ardisia virens Kurz.(Dunn in J.L.Soc.Bot.1911)=Ardisia virens
Ardisia virens Kurz 纽子果
Ardisia virens var. *annamensis* Pitard.=Ardisia virens
Ardisia virens var. virens=Ardisia virens
Ardisia waitakii C.M.Hu 越南紫金牛
Ardisia yunnanensis Mez =Ardisia thyrsiflora
Arduina carandas K.Schum.=Carissa carandas
Arduina edulis (Forsskål) Preng.=Carissa edulis
Arduina gradnflora E.Mey.=Carissa macrocarpa
Arduina macrocarpa Eckl.=Carissa macrocarpa
Areca L.**槟榔属**(棕榈科)
Areca aliceae F.Muell.澳洲槟榔
Areca catechu L.槟榔
Areca catechu Willd.=Areca catechu
Areca gracilis Roxb.=Pinanga gracilis
Areca hexasticha Kurz=Pinanga hexasticha
Areca hortensis Lour.=Areca catechu
Areca latiloba Ridley 阔裂片槟榔
Areca montana Ridley 山地槟榔
Areca oleracea Jacq.=Roystonea oleracea
Areca ridleyana Etdo.瑞得莱槟榔
Areca triandra Roxb. ex Buch.-Ham.三药槟榔
Arecaceae 棕榈科
Arecastrum (Drude) Becc.=**Syagrus**
Arecastrum romanzoffianum (Cham.) Becc.=Syagrus romanzoffiana
Arenaria L.**无心菜属**(石竹科)
Arenaria acicularis Williams ex Keissler 针叶老牛筋
Arenaria aksauqingensis L.H.Zhou 阿克塞钦雪灵芝
Arenaria amdoensis L.H.Zhou 安多无心菜
Arenaria androssacea Grub.点地梅状老牛筋
Arenaria angustifolia (Franch.) C.Y.Wu(p.p.)=Arenaria iochanensis
Arenaria angustifolia (Franch.) C.Y.Wu(p.p.)=Arenaria yulongshanensis
Arenaria atuntziensis C.Y.Wu ex L.H.Zhou=Arenaria roseiflora
Arenaria atuntziensis var. *stenopetala* Y.W.Tsui ex L.H.Zhou(p.p.)= Arenaria roseiflora
Arenaria atuntziensis var. *stenopetala* Y.W.Tsui ex L.H.Zhou(p.p.)= Arenaria roseiflora
Arenaria aureocaulis C.Y.Wu ex L.H.Zhou=Arenaria debilis
Arenaria auricoma Y.W.Tsui ex L.H.Zhou 黄毛无心菜
Arenaria balearica L.科硒嘉蚤缀
Arenaria barbata Franch.髯毛无心菜
Arenaria barbata var. barbata=Arenaria barbata
Arenaria barbata var. hirsutissima W.W.Sm.硬毛无心菜
Arenaria baxoiensis L.H.Zhou 八宿雪灵芝
Arenaria benthamii Edgew.=Arenaria debilis
Arenaria biebersteinii Schlecht.比伯史坦氏蚤缀
Arenaria blinkworthii McNeill=Arenaria debilis
Arenaria bomiensis L.H.Zhou 波密无心菜
Arenaria brachypetala Y.W.Tsui & L.H.Zhou=Arenaria ischnophylla
Arenaria brevipetala Y.W.Tsui & L.H.Zhou 雪灵芝
Arenaria bryophylla Fernald 藓状雪灵芝
Arenaria capillaris Poir.(Turcz.Fl.BaiC.-Dahur.1845)=Arenaria formosa
Arenaria capillaris Poir.(Williams in J.L.Soc.Bot.1898)=Arenaria haitzeshanensis
Arenaria capillaris Poir.(西藏志 1983)=Arenaria acicularis
Arenaria capillaris Poir.毛叶老牛筋
Arenaria capillaris var. *glabra* (Ser. Schischk.=Arenaria capillaris
Arenaria capillaris var. *glabra* Fenzl=Arenaria capillaris
Arenaria capillaris var. *glandulosa* L.H.Zhou=Arenaria acicularis
Arenaria capillaris α. *glabra* Fenzl=Arenaria capillaris
Arenaria cerastiformis Williams (西藏志 1983)=Arenaria melanandra
Arenaria chamdoensis C.Y.Wu ex L.H.Zhou 昌都无心菜
Arenaria chengchangensis C.Y.Wu ex L.H.Zhou=Arenaria nigricans var. zhenkangensis
Arenaria cherleriae Fisch. ex Ser.=Stellaria cherleriae
Arenaria ciliolata Edgew.缘毛无心菜
Arenaria compestris L.=Spergularia rubra
Arenaria compressa MeNeill 扁翅无心菜
Arenaria dahurica Fisch. ex Ser.=Arenaria juncea
Arenaria debilis HK.f.柔软无心菜
Arenaria delavayi Franch.(Franch.in Pl.Delav.1889,p.p.)=Arenaria weissiana
Arenaria delavayi Franch.大理无心菜
Arenaria densissima Wall. ex Edgew. & HK.f.密生福禄草
Arenaria diandra Guss.=Spergularia diandra
Arenaria dimorphotricha C.Y.Wu ex L.H.Zhou 滇蜀无心菜
Arenaria dsharaënsisPax & Hoffm.察龙无心菜
Arenaria edgeworthiana Majumddar 山居雪灵芝
Arenaria euodonta W.W.Sm.真齿无心菜
Arenaria festucoides Benth.(西藏志 1983)=Arenaria haitzeshanensis
Arenaria festucoides Benth.狐茅状雪灵芝
Arenaria festucoides var. festucoides=renaria festucoides
Arenaria festucoides var. imbricata Edge. & HK.f.小狐茅状雪灵芝
Arenaria filipes C.Y.Wu ex L.H.Zhou 细柄无心菜
Arenaria fimbriata (E.Pritz.) Mattf.缝瓣无心菜
Arenaria formosa Fisch. ex DC.(Hand.-Mazz.in Oesterr.Bot.Zeitschr. 1936)=Arenaria gruningiana
Arenaria formosa Fisch. ex Ser.美丽老牛筋
Arenaria formosa var. *angustipetala* Maxim.=Arenaria gruningiana
Arenaria formosa var. *latipetala* Maxim.=Arenaria formosa
Arenaria forrestii Diels (Pax & Hoffm.in Fedde Repert.So.Nov.Beih.1922) =Arenaria forrestii
Arenaria forrestii Diels (西藏志 1983,p.p.)=Arenaria forrestii
Arenaria forrestii Diels 西南无心菜
Arenaria forrestii f. *cernua* (F.M.Will.) C.Y.Wu=Arenaria forrestii
Arenaria forrestii f. forrestii=Arenaria forrestii
Arenaria forrestii f. *micrantha* (F.N.Will.) C.Y.Wu=Arenaria forrestii
Arenaria forrestii f. *roseotincta* (W.W.Sm.) C.Y.Wu=Arenaria forrestii
Arenaria fridericae Hand-Mazz.玉龙山无心菜
Arenaria galliformis C.Y.Wu 轮叶无心菜
Arenaria gerzeensis L.H.Zhou 改则雪灵芝
Arenaria giraldii (Diels) Mattf.秦岭无心菜
Arenaria glanduligera Edgew. ex Edgew. & HK.f.小腺无心菜
Arenaria glanduligera Edgew.(Williams in J.L.Soc.t Bot.1908 p.p.)= Arenaria forrestii
Arenaria glanduligera var. *cernua* Williams=Arenaria forrestii
Arenaria glanduligera var. *micrantha* Williams=Arenaria forrestii
Arenaria glandulosa (Benth. ex G.Don) Williams=Arenaria debilis
Arenaria grandiflora L.大花蚤缀
Arenaria griffithii Boiss.裸茎老牛筋
Arenaria grüningiana Pax & Hoffm.(p.p.)=Arenaria oreophila
Arenaria grüningiana Pax & Hoffm.华北老牛筋
Arenaria haitzeshanensis Y.W.Tsui ex C.Y.Wu 海子山老牛筋
Arenaria helmii Bge.=Minuartia kryloviana
Arenaria holosteoides (C.A.Mey.) Edgew.=Lepyrodiclis holosteoides
Arenaria holosteoides (C.A.Mey.) Fisch. & Mey.=Lepyrodiclis stellarioides

Arenaria holosteoides var. *stellarioides* Williams=Lepyrodiclis stellarioides
Arenaria inconspicua Hand-Mazz.不显无心菜
Arenaria inornata W.W.Sm.无饰无心菜
Arenaria iochanensis C.Y.Wu 药山无心菜
Arenaria ionandra Diels 紫蕊无心菜
Arenaria ionandra var. ionandra=Arenaria ionandra
Arenaria ionandra var. melanotricha Comber 黑毛无心菜
Arenaria ischnophylla Williams 瘦叶雪灵芝
Arenaria juncea M.Bieb.老牛筋
Arenaria juncea var. glabra Rgl.无毛老牛筋
Arenaria juncea var. juncea=Arenaria juncea
Arenaria kansuensis Maxim.甘肃雪灵芝
Arenaria kansuensis var. *acropetala* Y.W.Tsui & L.H.Zhou=Arenaria kansuensis
Arenaria karakorensis E.Schmid 克拉克无心菜
Arenaria kashmirica Edgew.=Minuartia kashmirica
Arenaria kumaonensis Maxim.库莽雪灵芝
Arenaria lancangensis L.H.Zhou 澜沧雪灵芝
Arenaria lanceolatifolia L.H.Zhou=Arenaria compressa
Arenaria laricifolia L.落叶松叶蚤缀
Arenaria lateriflora L.=Moehringia lateriflora
Arenaria leptoclados Guss.=Arenaria serpyllifolia
Arenaria leptophylla C.Y.Wu ex L.H.Zhou=Arenaria pseudostellaria
Arenaria leucasteria Mattf.毛萼无心菜
Arenaria lichiangensis W.W.Sm.=Arenaria oreophila
Arenaria linearifolia Franch.=Arenaria pseudostellaria
Arenaria littledalei Hemsl.古临无心菜
Arenaria longicaulis C.Y.Wu ex L.H.Zhou 长茎无心菜
Arenaria longipes C.Y.Wu ex L.H.Zhou 长梗无心菜
Arenaria longipetiolata C.Y.Wu ex L.H.Zhou 长柄无心菜
Arenaria longiseta C.Y.Wu 长刚毛无心菜
Arenaria longistyla Franch.长柱无心菜
Arenaria longistyla var. eugonophylla Fernald 棱长柱无心菜
Arenaria longistyla var. longistyla=Arenaria longistyla
Arenaria longistyla var. pleurogynoides Diel 侧长柱无心菜
Arenaria lychnidea Marsh.-Bieb.(高等图鉴补编 1982)=Arenaria capillaris
Arenaria macrocarpa Pursh=Minuartia macrocarpa
Arenaria macrophylla HK.大叶蚤缀
Arenaria mairei Eberg.=Arenaria iochanensis
Arenaria marginata DC.=Spergularia media
Arenaria media L.=Spergularia media
Arenaria melanandra (Maxim.) Mattf. ex Hand-Mazz.黑蕊无心菜
Arenaria melandryiformis Williams 女娄无心菜
Arenaria melandryoides Edgew. ex Edgew. & HK.f.桃色无心菜
Arenaria membranisepala C.Y.Wu 膜萼无心菜
Arenaria microstella C.Y.Wu ex L.H.Zhou 小星无心菜
Arenaria minima C.Y.Wu ex L.H.Zhou 微无心菜
Arenaria monantha Williams 山地无心菜
Arenaria monilifera Mattf.念珠无心菜
Arenaria monosperma Williams 单子无心菜
Arenaria montana L.山蚤缀
Arenaria monticola Edgew.=Arenaria edgeworthiana
Arenaria muliensis C.Y.Wu ex L.H.Zhou=Arenaria spathulifolia
Arenaria musciformis Wall.=Arenaria bryophylla
Arenaria napuligera Franch.滇藏无心菜
Arenaria napuligera var. monocephala W.W.Sm.单头无心菜
Arenaria napuligera var. napuligera=Arenaria napuligera
Arenaria neelgerrensis Wight & Arn.尼盖无心菜
Arenaria nepalensis Spreng.=Brachystemma calycinum
Arenaria nigricans Hand-Mazz.变黑无心菜
Arenaria nigricans var. nigricans=Arenaria nigricans
Arenaria nigricans var. zhenkangensis (C.Y.Wu ex L.H.Zhou) C.Y.Wu 镇康无心菜
Arenaria nivalomontana C.Y.Wu ex L.H.Zhou 大雪无心菜
Arenaria omeiensis C.Y.Wu ex L.H.Zhou 峨眉无心菜
Arenaria orbiculata Royle ex Edgew. & HK.f.圆叶无心菜
Arenaria oreophila HK.f. ex Edgew. & HK.f.山生福禄草
Arenaria oresbia W.W.Sm.=Arenaria smithiana
Arenaria pentandra Maxim.=Arenaria potaninii
Arenaria perlevis (Williams) Hand.-Mazz.(p.p.)=Arenaria bryophylla
Arenaria perlevis (Williams) Hand.-Mazz.(p.p.)=Arenaria pulvinata
Arenaria petiolata Hay.=Arenaria serpyllifolia
Arenaria pharensis McNeill & Majumdar 帕里无心菜
Arenaria pogonantha W.W.Sm.须花无心菜
Arenaria polysperma C.Y.Wu ex L.H.Zhou 多子无心菜
Arenaria polytrichoides Edgew. ex Edgew. & HK.f.团状福禄草
Arenaria polytrichoides var. *perlevis* F.N.Will.=Arenaria pulvinata
Arenaria polytrichoides β. *perlevis* Will.(p.p.)=Arenaria bryophylla
Arenaria polytrichoides β. *perlevis* Will.(p.p.)=Arenaria pulvinata
Arenaria potaninii Schischk.五蕊老牛筋
Arenaria przewalskii Maxim.福禄草
Arenaria pseudostellaria C.Y.Wu 线叶无心菜
Arenaria pulvinata Edgew 垫状雪灵芝
Arenaria puranensis L.H.Zhou 普兰无心菜
Arenaria purpurascens Ramond.紫花蚤缀
Arenaria qinghaiensis Y.W.Tsui. & L.H.Zhou 青海雪灵芝
Arenaria quadridentata (Maxim.) Williams 四齿无心菜
Arenaria ramellata Williams 嫩枝无心菜
Arenaria reducta Hand-Mazz.缩减无心菜
Arenaria rhodantha Pax & Hoffm.红花无心菜
Arenaria roborowskii Maxim.青藏雪灵芝
Arenaria rockii Diels 紫红无心菜
Arenaria roseiflora Sprague (Hand.-Mazz.in Symb.Sin.1929)=Arenaria euodonta
Arenaria roseiflora Sprague (西藏志 1983)=Arenaria melandryoides
Arenaria roseiflora Sprague 粉花无心菜
Arenaria roseiflora f. *labiflora* C.Y.Wu=Arenaria roseiflora
Arenaria roseiflora f. roseiflora=Arenaria roseiflora
Arenaria roseoticta W.W.Sm.=Arenaria forrestii
Arenaria rubella (Wahlenb.) J.E.Sm.红蚤缀
Arenaria rubra L.=Spergularia rubra
Arenaria rubra var. *marina* L.=Spergularia marina
Arenaria rubra α. *campestris* L.=Spergularia rubra
Arenaria rubra β. *marina* L.=Spergularia marina
Arenaria rupifraga (Kar. & Kir.) Fernzl=Thylacospermum caespitosum
Arenaria saginoides Maxim.漆姑无心菜
Arenaria sajanensis Willd.=Minuartia biflora
Arenaria salweenensis W.W.Sm.怒江无心菜
Arenaria schneideriana Hand-Mazz.雪山无心菜
Arenaria sect. *Spergularia* Pers.=**Spergularia**
Arenaria sericea Ser.=Gypsophila sericea
Arenaria serpyllifolia L.无心菜
Arenaria setifera C.Y.WuexL.H.Zhou 刚毛无心菜
Arenaria shannanensis L.H.Zhou 粉花雪灵芝
Arenaria sikkimensis Majumdar=Arenaria debilis
Arenaria smithiana Mattf.大花福禄草
Arenaria spathulifolia C.Y.Wu ex L.H.Zhou 匙叶无心菜
Arenaria stellarioides C.Y.Wu ex L.H.Zhou=Arenaria debilis
Arenaria stracheyi Edgew.藏西无心菜
Arenaria stricta Michx.岩生蚤缀
Arenaria subgen. *Spergularia* Persoon=**Spergularia**
Arenaria subpilosa (Hay.) Ohwi=Cerastium subpilosum
Arenaria subulata var. *glabrata* Seringe=Arenaria capillaris
Arenaria subulata β. *glabrata* Ser.=Arenaria capillaris
Arenaria szechuanensis Williams 四川无心菜
Arenaria taibaishanensis L.H.Zhou 太白雪灵芝
Arenaria takasagomontana (Masamune) S.S.Ying=Cerastium takasagomontanum
Arenaria tonsa Kitag.=Arenaria juncea var. glabra
Arenaria trichophora Franch.具毛无心菜
Arenaria trichophora var. *angustifolia* Franch.(Hand.-Mazz.in Symb.Sin. 1929,p.p.)=Arenaria polysperma
Arenaria trichophora var. *angustifolia* Franch.(Hand.-Mazz.in Symb.Sin. 1929,p.p.)=Arenaria iochanensis
Arenaria trichophora var. *angustifolia* Franch.=Arenaria yulongshanensis
Arenaria trichophylla C.Y.Wu ex L.H.Zhou 毛叶无心菜
Arenaria trichotoma Royle ex Edge. & HK.f.=Arenaria compressa
Arenaria trinervia L.=Moehringia trinervia
Arenaria tumengelaensis L.H.Zhou 土门无心菜

Arenaria umbrosa Bge.=Moehringia umbrosa
Arenaria velutina Pax & hoffm.=Stellaria infracta
Arenaria verna L.=Minuartia verna
Arenaria villosa Ledeb.=Minuartia verna
Arenaria weissiana Hand-Mazz.多柱无心菜
Arenaria weissiana var. bifida C.Y.Wu & H.Chuang 裂瓣无心菜
Arenaria weissiana var. puberula C.Y.Wu ex L.H.Zhou 微毛无心菜
Arenaria weissiana var. weissiana=Arenaria weissiana
Arenaria xerophila W.W.Sm.旱生无心菜
Arenaria xerophila var. xerophila=Arenaria xerophila
Arenaria xerophila var. xiangchengensis (L.H.Zhou) C.Y.Wu 乡城无心菜
Arenaria xiangchengensis L.H.Zhou=Arenaria xerophila var. xiangchengensis
Arenaria yulongshanensis L.H.Zhou 狭叶无心菜
Arenaria yunnanensis Franch.云南无心菜
Arenaria yunnanensis f. *angustifolia* Williams=Arenaria debilis
Arenaria yunnanensis f. *robusta* C.Y.Wu ex L.H.Zhou=Arenaria yunnanensis
Arenaria yunnanensis var. caespitosa C.Y.Wu 簇生无心菜
Arenaria yunnanensis var. *linearifolia* C.Y.Wu ex L.H.Zhou=Arenaria iochanensis
Arenaria yunnanensis var. *trichophora* (Franch.) Williams=Arenaria trichophora
Arenaria yunnanensis var. yunnanensis=Arenaria yunnanensis
Arenaria zadoiensis L.H.Zhou 杂多雪灵芝
Arenaria zhengkangensis C.Y.Wu ex L.H.Zhou=Arenaria nigricans var. zhenkangensis
Arenaria zhongdianensis C.Y.Wu 中甸无心菜
Arenga Labill.**桄榔属**(棕榈科)
Arenga caudata (Lour.) H.E.Moore 双籽棕
Arenga engleri Becc.山棕
Arenga hastata (Becc.) Whitmore 戟形桄榔
Arenga hookeriana (Becc.) Whimore 虎克桄榔
Arenga micrantha C.F.Wei 小花桄榔
Arenga obtusifolia Mart.苏门答腊桄榔
Arenga pinnata (Wurmb.) Merr.桄榔
Arenga saccharifera Labill.砂糖椰子
Arenga sect. *Didymosperma* (H.Wendl. & Drude ex HK.f.) H.E.Moore=**Arenga**
Arenga westerhoutii Griff.维氏桄榔
Arethusa plicata Andr.=Nervilia plicata
Arethusa sinensis Rolfe=Bletilla sinensis
Argemisia eriocephala Pamp.=Artemisia roxburghiana
Argemisia vestita var. *intermedia* (Ledeb.) Krasch.(p.p.)=Artemisia sacrorum
Argemone L.**蓟罂粟属**(罂粟科)
Argemone grandiflora Sweet 大花蓟罂粟
Argemone mexicana L.蓟罂粟
Argemone platycerae Link & Otto 白花蓟罂粟
Argentia Lam.=**Potentilla**
Argostemma Wall.**雪花属**(茜草科)
Argostemma discolor Merr.异色雪花
Argostemma hainanicum Lo 海南雪花
Argostemma saxatile Chun & How 岩雪花
Argostemma solaniflorum Elmer 水冠草
Argostemma verticillatum Wall.小雪花
Argostemma yunnanense How ex Lo 滇雪花
Argusia Boehm. ex Ludwig.=**Tournefortia**
Argusia argentea (L.f.) Hien=Tournefortia argentea
Argusia sibirica (L.) Dandy=Tournefortia sibirica
Arguzia Amm. ex Steud.=**Messerschmidia**
Argyranthemum Webb. ex Sch.-Bip.**木茼蒿属**(菊科)
Argyranthemum frutescens (L.) Sch.-Bip.木茼蒿
Argyreia Lour.**银背藤属**(旋花科)
Argyreia acuta Lour.(Benth.in J.Bot.Kew.Misc.1853)= Argyreia mollis
Argyreia acuta Lour.白鹤藤
Argyreia aggregata (Roxb.) Choisy=Argyreia osyrensis
Argyreia aggregata var. *osyrensis* (Roth) Gagn. & Courch.=Argyreia osyrensis
Argyreia alulata Miq.=Operculina turpethum
Argyreia ampla (Wall.) Choisy= Argyreia mastersii
Argyreia baoshanensis S.H.Huang 保山银背藤
Argyreia campanulata (L.) Alston=Stictocardia tiliaefolia
Argyreia capitata (Wahl.) Arn. ex Choisy= Argyreia capitiformis
Argyreia capitiformis (Poir.) V.Oost.头花银背藤
Argyreia championii Benth.= Argyreia mollis
Argyreia cheliensis C.Y.Wu 车里银背藤
Argyreia eriocephala C.Y.Wu 毛头银背藤
Argyreia festiva Wall.=Argyreia acuta
Argyreia formosana Ishig ex T.Yamazaki 台湾银背藤
Argyreia fulvo-cymosa C.Y.Wu 黄伞白鹤藤
Argyreia fulvo-cymosa var. fulvo-cymosa=Argyreia fulvo-cymosa
Argyreia fulvo-cymosa var. pauciflora C.Y.Wu 少花黄伞白鹤藤
Argyreia fulvo-villosa C.Y.Wu & S.H.Huang 黄背藤
Argyreia henryi (Craib) Craib 长叶银背藤
Argyreia henryi var. henryi=Argyreia henryi
Argyreia henryi var. hypochrysa C.Y.Wu 金银背藤
Argyreia liliiflora C.Y.Wu=Argyreia pierreana
Argyreia lineariloba C.Y.Wu 线叶银背藤
Argyreia marlipoensis C.Y.Wu & S.H.Huang 麻栗坡银背藤
Argyreia mastersii (Prain) Raizada 叶苞银背藤
Argyreia maymyo (W.W.Sm.) Raizada 思茅银背藤
Argyreia mollis (N.L.Burm.) Choisy 银背藤
Argyreia monglaensis C.Y.Wu & S.H.Huang 勐腊银背藤
Argyreia monospserma C.Y.Wu 单籽银背藤
Argyreia nervosa (Burm.f.) Boj.美丽银背藤
Argyreia obtecta (Wall.) C.B.Clarke= Argyreia mollis
Argyreia obtusifolia Lour.(64-1,1979)= Argyreia mollis
Argyreia osyrensis (Roth) Choisy 聚花白鹤藤
Argyreia osyrensis var. cinerea Hand.-Mazz.灰毛白鹤藤
Argyreia osyrensis var. osyrensis=Argyreia osyrensis
Argyreia pierreana Boiss.东京银背藤
Argyreia roxburghii (Wall.) Arn. ex Choisy 细毛银背藤
Argyreia roxburghii var. *ampla* (Wall.) C.B.Clarke= Argyreia mastersii
Argyreia roxburghii var. roxburghii=Argyreia roxburghii
Argyreia rufohirsuta Lévl.= Argyreia capitiformis
Argyreia seginii Van.=Argyreia seguinii
Argyreia seguinii (Lévl.) Vant. ex Lévl.(p.p.)=Argyreia pierreana
Argyreia seguinii (Lévl.) Vant. ex Lévl.白花银背藤
Argyreia speciosa (L.f.) Sweet=Argyreia nervosa
Argyreia splendens (Roxb.) Sweet (Dunn in J.L.Soc.Bot.1911)=Argyreia monospserma
Argyreia splendens (Roxb.) Sweet 亮叶银背藤
Argyreia strigillosa C.Y.Wu 细毛银背藤
Argyreia tiliaefolia (Lam.) Wight=Stictocardia tiliaefolia
Argyreia velutina C.Y.Wu 黄毛银背藤
Argyreia verrucosochispida Y.Y.Qian=Argyreia capitiformis
Argyreia wallichii Choisy 大叶银背藤
Argyrochaeta Cav.=**Parthenium**
Argyroderma N.E.Br.**银叶花属**(番杏科)
Argyroderma angustipetalum L.Bolus.狭瓣银叶花
Argyroderma braunsii (Schwant.) Schwant.绿管银叶花
Argyroderma octophyllum (Haw.) Schwant.银叶花
Argyroderma roseum (Haw.) Schwant.红银叶花
Argyroderma schlechteri Schwant.光彩银叶花
Argyroderma testiculare (Ait.) N.E.Br.双球银叶花
Argyrolobium Eckl. & Zeyh.**银豆属**(豆科)
Argyrolobium argenteum (Jacq.) Eckl. & Zeyh.银豆
Argyropsis candida (Lindl.) M.Roem.=Zephyranthes candida
Argyrothamnia canthonensis Hance=Speranskia cantonensis
Argyrothamnia sect. *Speranski*a Muell.Arg.=**Speranskia**
Argyrothamnia tuberculata (Bge.) Muell.Arg.=Speranskia tuberculata
Aribis toxophylla M.Bieb.=Arabidopsis toxophylla
Arikuryroba Barb.-Rodr.**阿利棕属**(棕榈科)
Ariocarpus Scheidw.**岩牡丹属**(仙人掌科)
Ariocarpus agavoides (Castaneda) E.D.Anders.龙舌岩牡丹
Ariocarpus fissuratus (Engelm.) K.Schum.龟甲牡丹
Ariocarpus retusus Scheidw.岩牡丹
Ariocarpus scapharostrus Bod.龙角牡丹
Ariocarpus trigonus (A.Web.) K.Schum.三角牡丹
Arisaema Mart.**天南星属**(天南星科)

Arisaema abbreviatum Schott=Arisaema flavum
Arisaema affine Schott=Arisaema concinum
Arisaema alienatum Schott=Arisaema concinum
Arisaema alienatum var. *formosana* Hay.=Arisaema formosanum
Arisaema ambiguum Engl.=Arisaema heterophyllum
Arisaema amurense Maxim.东北南星
Arisaema amurense var. amurense=Arisaema amurense
Arisaema amurense var. *denticulatum* Engl.=Arisaema amurense var. serratum
Arisaema amurense var. *robustum* Engl.=Arisaema amurense
Arisaema amurense var. serratum Nakai 齿叶东北南星
Arisaema amurense var. *typicum* Engl.=Arisaema amurense
Arisaema amurense var. *violaceum* Engl.=Arisaema amurense
Arisaema amurense γ. *sazensoo* Engl=Arisaema sikokianum
Arisaema angustata Engl.=Arisaema angustatum
Arisaema angustatum Franch. & Sav.狭叶南星
Arisaema angustatum var. angustatum=Arisaema angustatum
Arisaema angustatum var. peninsulae (Nakai) Nakai 朝鲜南星
Arisaema aridum H.Li 旱生南星
Arisaema arisanense Hay.阿里山南星
Arisaema asperatum N.E.Brown 刺柄南星
Arisaema atrorubens Bl.深红天南星
Arisaema auriculatum Buchet.(W.W.Sm.in Not.Bot.Gard.Edinb.1914)=Arisaema biauriculatum
Arisaema auriculatum Buchet 长耳南星
Arisaema austroyunnanense H.Li 滇南星
Arisaema bathycoleum Hand.-Mazz.银南星
Arisaema biauriculatum W.W.Sm. ex Hand.-Mazz.双耳南星
Arisaema biradiatifolium Kitam.大关山南星
Arisaema bockii Engl.=Arisaema sikokianum var. serratum
Arisaema bonatianum Engl.沧江南星
Arisaema brachyspathum Hay.短檐南星
Arisaema brevipes Engl.短柄南星
Arisaema brevispathum Buchet.短苞南星
Arisaema brevistipitatum Merr.=Arisaema cordatum
Arisaema bungyaense H.Li 洪雅南星
Arisaema calcareum H.Li 红根南星
Arisaema candidissimum W.W.Sm.白苞南星
Arisaema ciliatum H.Li 缘毛南星
Arisaema clavatum Buchet 棒头南星
Arisaema concinum Schott.皱序南星
Arisaema concinum var. *alienatum* (Schott) Engl.=Arisaema concinum
Arisaema consanguineum Schott=Arisaema erubescens
Arisaema consanguineum var. *divaricatum* Engl.=Arisaema erubescens
Arisaema cordatum N.E.Brown 心檐南星
Arisaema cornutum Schott=Arisaema jacquemontii
Arisaema costatum (Wall.) Mart.多脉南星
Arisaema costatum Mart.(Stapf in Curtis,Bot.Mag.1925)=Arisaema propinquum
Arisaema costatum f. *propinquum* (Schott) Hara=Arisaema propinquum
Arisaema costatum var. *sikkimense* (Stapf) Hara=Arisaema propinquum
Arisaema curvatum Kunth(HK.f.in Curtis,Bot.Mag. 1871)=Arisaema tortuosum
Arisaema dahaiense H.Li 会泽南星
Arisaema decipiens Schott 奇异南星
Arisaema delavayi Bucket 大理南星
Arisaema dilatatum Buchet 粗序南星
Arisaema divaricatum Engl.-=Arisaema erubescens
Arisaema dolosum Schott=Arisaema intermedium
Arisaema dracontium Schott 龙根天南星
Arisaema dubois-reymondiae Engl.云台南星
Arisaema echinatum (Wall.) Schott 刺棒南星
Arisaema elephas Buchetg(秦岭志 1976)=Arisaema asperatum
Arisaema elephas Buchet 象南星
Arisaema eminens Schot.=Arisaema speciosum
Arisaema engleri Pamp.=Arisaema sikokianum var. serratum
Arisaema erubescens (Wall.) Schott 一把伞南星
Arisaema erubescens var. *consanguineum* Engl.=Arisaema erubescens
Arisaema exappendiculatum Hara 圈药南星
Arisaema exile Schott=Arisaema jacquemontii
Arisaema fargesii GBuchet 螃蟹七
Arisaema flavum (Forsk.) Schott 黄苞南星
Arisaema formosanum Hay.台南星
Arisaema formosanum var. formosanum=Arisaema formosanum
Arisaema formosanum var. stenophyllum Hay.狭叶台南星
Arisaema franchetianum Engl.象头花
Arisaema fraternum Schott=Arisaema erubescens
Arisaema grapsospadix Hay.二色南星
Arisaema griffithii Schott 翼檐南星
Arisaema griffithii var. griffithii=Arisaema griffithii
Arisaema griffithii var. verrucosum (Schott) Hara 疣柄翼檐南星
Arisaema hainanense C.Y.Wu & H.Li et al.黎婆花
Arisaema handelii Stapf ex Hand.-Mazz.疣序南星
Arisaema helleborifolium Schott=Arisaema tortuosum
Arisaema heterophyllum Bl.天南星
Arisaema heterophyllum var. *typicum* Makino=Arisaema heterophyllum
Arisaema hookeri Schott=Arisaema griffithii
Arisaema hookerianum Schott=Arisaema griffithii
Arisaema hunanense Hand.-Mazz.湘南星
Arisaema hypoglaucum Craib.=Arisaema erubescens
Arisaema inkiangense H.Li 三匹箭
Arisaema inkiangense var. inkiangense=Arisaema inkiangense
Arisaema inkiangense var. maculatum H.Li 斑叶三匹
Arisaema intermedium Bl.高原南星
Arisaema intermedium var. *propinquum* (Schott) Engl.=Arisaema propinquum
Arisaema jacquemontii Bl.藏南绿南星
Arisaema japonicum Bl.(Takeda in Kew Bull. 1912,p.p.)=Arisaema angustatum
Arisaema japonicum Komarov=Arisaema angustatum var. peninsulae
Arisaema japonicum Bl.蛇头草
Arisaema japonicum b. *sazensoo* Bl.=Arisaema sikokianum
Arisaema japonicum var. *serratum* Engl.=Arisaema serratum
Arisaema kelung-insulare Hay.基隆南星
Arisaema kerrii Carib.=Arisaema erubescens
Arisaema kerrii Gagn.=Arisaema erubescens
Arisaema konjac Siebold ex K.Kcoh=Amorphophallus rivieri
Arisaema kwangtungense Merr.=Arisaema heterophyllum
Arisaema laminatum Benth.Fl.Hongk.=Arisaema penicillatum
Arisaema lichiangense W.W.Sm.丽江南星
Arisaema limprichtii Krause=Arisaema heterophyllum
Arisaema lineare Buchet 线叶南星
Arisaema lingyunense H.Li 凌云南星
Arisaema lobatum Engl.花南星
Arisaema lobatum var. *latisectum* Engl.=Arisaema lobatum
Arisaema lobatum var. *rosthornianum* Engl.=Arisaema lobatum
Arisaema maireanum Engl.=Arisaema saxatile
Arisaema mairei Lévl.=Arisaema saxatile
Arisaema matsudai Hay.线花南星
Arisaema meleagris Buchet 褐斑南星
Arisaema meleagris var. meleagris=Arisaema meleagris
Arisaema meleagris var. sinuatum Buchet 具齿褐斑南星
Arisaema monbeigii Gamble ex Fischer=Arisaema franchetianum
Arisaema multisectum Engl.多裂南星
Arisaema nantciangense Pamp.南漳南星?
Arisaema nepenthoides (Wall.) Mart.猪笼南星
Arisaema nepenthoides Mart.(Engl.in Engl.,Pflanzenr 1920,p.p.)=Arisaema biauriculatum
Arisaema oblanceolatum Kitam.溪南山南星
Arisaema ochraceum Schott=Arisaema nepenthoides
Arisaema onoticum Buchet 驴耳南星
Arisaema parvum N.E.Brown 小南星
Arisaema penicillatum N.E.Brown 画笔南星
Arisaema peninsulae Nakai=Arisaema angustatum var. peninsulae
Arisaema pictum N.E.Brown=Arisaema lobatum
Arisaema pradhanii C.E.Fischer=Arisaema griffithii var. verrucosum
Arisaema praecax de Vriese=Arisaema ringens
Arisaema prazeri HK.f.河谷南星
Arisaema prazeri var. *variegatum* Engl.=Arisaema prazeri
Arisaema prazeri var. *viride* Engl.=Arisaema prazeri
Arisaema propinquum Schott 藏南星
Arisaema pseudojaponicum Nakai=Arisaema japonicum

Arisaema purpureogaleatum Engl.(秦岭志 1976)=Arisaema fargesii
Arisaema purpureogaleatum Engl.=Arisaema franchetianum
Arisaema quinquefoliola Hay.=Arisaema grapsospadix
Arisaema rhizomatum C.E.C.Fischer 雪里见
Arisaema rhizomatum var. nudum C.E.C.Fischer 绥阳雪里见
Arisaema rhizomatum var. rhizomatum=Arisaema rhizomatum
Arisaema rhizomatum var. *viride* C.E.C.Fischer=Arisaema rhizomatum
Arisaema rhombiforme Buchet 黑南星
Arisaema ringens (Thunb.) Schott 普陀南星
Arisaema ringens Thunb.(Hay.in Ic.Pl.Formos.1920)=Arisaema taihokense
Arisaema ringens var. *praecox* (de Vriese) Engl.=Arisaema ringens
Arisaema ringens var. *sieboldii* Engl.=Arisaema ringens
Arisaema salwinense Hand.=Mazz.=Arisaema griffithii var. verrucosum
Arisaema saxatile Buchet 岩生南星
Arisaema sazensoo (Buerg.) Makino=Arisaema sikokianum
Arisaema sazensoo var. *henryanum* Engl.=Arisaema sikokianum var. henryanum
Arisaema sazensoo var. *integrifolium* Makino=Arisaema sikokianum
Arisaema sazensoo var. *magnidens* N.E.Brown=Arisaema sikokianum var. serratum
Arisaema sazensoo var. *serrato-dentatum* Engl.=Arisaema sikokianum var. serratum
Arisaema sazensoo var. *serratum* Makino=Arisaema sikokianum var. serratum
Arisaema serratum (Thunb.) Schott 细齿南星
Arisaema serratum Schott (秦岭志 1976)=Arisaema dubois-reymondiae
Arisaema serratum f. *blumei* Makino(p.p.)=Arisaema angustatum
Arisaema serratum f. *blumei* Makino(p.p.)=Arisaema angustatum var. peninsulae
Arisaema serratum f. *blumei* Makino(p.p.)=Arisaema serratum var. viridescens
Arisaema serratum f. *thunbergii* Makino(p.p.)=Arisaema serratum
Arisaema serratum var. *atropurpureum* Engl.=Arisaema angustatum var. peninsulae
Arisaema serratum var. *blumei* Makino(p.p.)=Arisaema angustatum
Arisaema serratum var. *euserratum* Engl.=Arisaema angustatum var. peninsulae
Arisaema serratum var. *ionochlamys* Nakai=Arisaema serratum
Arisaema serratum var. *japonicum* Bl.=Arisaema angustatum var. peninsulae
Arisaema serratum var. serratum=Arisaema serratum
Arisaema serratum var. viridescens Nakai 绿苞细齿南星
Arisaema shihmiensense H.Li 石棉南星
Arisaema sikkimense Stapf ex Chatterjee=Arisaema propinquum
Arisaema sikokianum Franch. & Sav.全缘灯台莲
Arisaema sikokianum var. henry-anum (Engl.) H.Li 七叶灯台莲
Arisaema sikokianum var. serratum (Makino) Hand.-Mazz.灯台莲
Arisaema sikokianum var. sikokianum=Arisaema sikokianum
Arisaema silvestrii Pamp.鄂西南星?
Arisaema sinii Krause 瑶山南星
Arisaema smithii Krase 相岭南星
Arisaema souliei Buchet 东俄洛南星
Arisaema speciosum (Wall.) Mart.美丽南星
Arisaema speciosum var. *eminens* (Schott) Engl.=Arisaema speciosum
Arisaema sprengerianum var. *dentatum* Pamp.=Arisaema sikokianum var. serratum
Arisaema stenospathum Hand.-Mazz.=Arisaema heterophyllum
Arisaema stracheyanum Schott=Arisaema intermedium
Arisaema taihokense Hosokawa 台北南星
Arisaema takeoi Hay.=Arisaema heterophyllum
Arisaema taliense Engl.=Arisaema yunnanense
Arisaema taliense var. *latisectum* Engl.=Arisaema yunnanense
Arisaema tatarinowii Schott=Arisaema erubescens
Arisaema tengtsungense H.Li 腾冲南星
Arisaema thunbergii Bl.(K.S.Hao in Engl.,Bot.Jahrb.1938)=Arisaema heterophyllum
Arisaema thunbergii Bl.(N.E.Brown in J.L.Soc.Bot.1903,p.p.)=Arisaema multisectum
Arisaema thunbergii Bl.(N.E.Brown in J.L.Soc.Bot.1903,p.p.)=Arisaema japonicum
Arisaema thunbergii var. *heterophyllum* Engl.=Arisaema heterophyllum
Arisaema tortuosum (Wall.) Schott 曲序南星
Arisaema tortuosum var. *helleborifolium* (Schott) Engl.=Arisaema tortuosum
Arisaema triphyllum Torr.印度天南星
Arisaema undulatum Krause 洱海南星
Arisaema utile HK.f.网檐南星
Arisaema verrucosum Schott=Arisaema griffithii var. verrucosum
Arisaema vituperatum Schott=Arisaema erubescens
Arisaema wallichianum HK.f.=Arisaema propinquum
Arisaema wallichianum f. *propinquum* (Schott) Hara=Arisaema propinquum
Arisaema wallichianum var. *sikkimense* (Stapf) Hara =Arisaema propinquum
Arisaema wardii Marq. & Shaw.隐序南星
Arisaema wilsonii Engl.川中南星
Arisaema wilsonii var. forrestii Engl.短柄川中南星
Arisaema wilsonii var. wilsonii=Arisaema wilsonii
Arisaema yunnanense Buchet 山珠南星
Arisaema zanlascianense Pamp.樟瑯乡南星?
Arisanorchis Hay.=**Cherostylis**
Arisanorchis takeoi Hay.=Cheirostylis takeoi
Aristida L.**三芒草属**(禾本科)
Aristida adscensionis L.三芒草
Aristida alpina L.Liou 高原三芒草
Aristida arundinacea L.Mant.=Neyraudia arundinacea
Aristida brevissima L.Liou 短芒草
Aristida chinensis Munro 华三芒草
Aristida cumningiana Trin. & Rupr.黄草毛
Aristida depressa Retz.异颖三芒草
Aristida formosana Honda=Aristida chinensis
Aristida grandiglumis Roshev.大颖三芒草
Aristida jubata (Arech.) Hert.鬣毛三芒草
Aristida pennata Trin.羽毛三芒草
Aristida pungens var. *pennata* (Trin.) Traut.=Aristida pennata
Aristida scabrescens L.Liou 糙三芒草
Aristida triseta Keng 三刺草
Aristida tsangpoensis L.Liou 藏布三芒草
Aristida vulgaris Trin. & Rupr.=Aristida adscensionis
Aristolochia L.**马兜铃属**(马兜铃科)
Aristolochia acuminata Roxb.=Aristolochia tagala
Aristolochia arborea Lind.木本马兜铃
Aristolochia austroszechuanica C.B.Chien & C.Y.Cheng=Aristolochia kwangsiensis
Aristolochia austroyunnanensis S.M.Hwang 滇南马兜铃
Aristolochia blinii Lévl.=Ceropegia mairei
Aristolochia bonatii Lévl.=Aristolochia moupinensis
Aristolochia carinata Merr. & Chun=Aristolochia hainanensis
Aristolochia cathcartii HK.f.管兰香
Aristolochia championii Merr. & Chun 长叶马兜铃
Aristolochia chlamydophylla C.Y.Wu ex S.M.Hwang 苞叶马兜铃
Aristolochia chrysops (Stapf) Wils. ex Rehd.=Aristolochia kaempferi f. heterophylla
Aristolochia cinnabarina C.Y.Cheng & J.L.Wu=Aristolochia tuberosa
Aristolochia contorta Bge.北马兜铃
Aristolochia cucurbitifolia Hay.瓜叶马兜铃
Aristolochia cucurbitoides C.F. Liang 葫芦叶马兜铃
Aristolochia dabilis S. & Z.马兜铃
Aristolochia delavayi Franch.贯叶马兜铃
Aristolochia delavayi var. delavayi=Aristolochia delavayi
Aristolochia delavayi var. micrantha W.W.Sm.山草果
Aristolochia elegans Mast.美丽马兜铃
Aristolochia fangchi Y.C.Wu ex L.D.Chow & S.M.Hwang 广防已
Aristolochia feddei Lévl.(高等图鉴补编 1982)=Aristolochia ovatifolia
Aristolochia feddei Lévl.=Aristolochia kaempferi f. thibetica
Aristolochia fordiana Hemsl.通城虎
Aristolochia foveolata Merr.蜂窠马兜铃
Aristolochia fujianensis S.M.Hwang 福建马兜铃
Aristolochia fulvicoma Merr. & Chun 黄毛马兜铃
Aristolochia gentilis Franch.(高等图鉴补编 1982)=Aristolochia tubiflora
Aristolochia gentilis Franch.优贵马兜铃
Aristolochia gracillima Hemsl.=Aristolochia gentilis

Aristolochia griffithii HK.f. & Thoms. ex Duchartre 西藏马兜铃
Aristolochia hainanensis Merr.海南马兜铃
Aristolochia heterophylla Hemsl.=Aristolochia kaempferi f. heterophylla
Aristolochia howii Merr. & Chun 南粤马兜铃
Aristolochia impresinervis C.F. Liang 凹脉马兜铃
Aristolochia kaempferi Willd.大叶马兜铃
Aristolochia kaempferi f. heterophylla (Hemsl.) S.M.Hwang 异叶马兜铃
Aristolochia kaempferi f. kaempferi=Aristolochia kaempferi
Aristolochia kaempferi f. mirabilis S.M.Hwang 奇异马兜铃
Aristolochia kaempferi f. thibetica (Franch.) S.M.Hwang 川西马兜铃
Aristolochia kankauensis Sassaki=Aristolochia zollingeriana
Aristolochia kaoi T.S.Liu=Aristolochia foveolata
Aristolochia kwangsiensis Chun ex C.F. Liang 广西马兜铃
Aristolochia liukiuenis Hatusima 南投马兜铃(新)?
Aristolochia longa Thunb.=Aristolochia dabilis
Aristolochia longgonensis C.F. Liang 弄岗马兜铃
Aristolochia longifolia Champ. ex Benth.=Aristolochia championii
Aristolochia mairei Lévl.=Ceropegia mairei
Aristolochia manshuriensis Kom.关木通
Aristolochia mollis Dunn=Aristolochia kaempferi
Aristolochia mollissima Hance 寻骨风
Aristolochia moupinensis Franch.宝兴马兜铃
Aristolochia obliqua S.M.Hwang 偏花马兜铃
Aristolochia ovatifolia S.M.Hwang 卵叶马兜铃
Aristolochia polymorpha S.M.Hwang 多型叶马兜铃
Aristolochia recurvilabra Hance=Aristolochia dabilis
Aristolochia ringens Vhal 麻雀花
Aristolochia roxburghiana Klotzsch=Aristolochia tagala
Aristolochia roxburghiana subsp. *kankauensis* (Sasaki) Kitam.=Aristolochia zollingeriana
Aristolochia saccata Wall.?袋形马兜铃
Aristolochia scytophylla S.M.Hwang & D.L.Chen 革叶马兜铃
Aristolochia setchuenensis Franch.=Aristolochia kaempferi f. thibetica
Aristolochia setchuenensis var. *holotricha* Diels (Pavolini in Nuov.Giorn. Bot.Ital 1908)=Aristolochia mollissima
Aristolochia setchuenensis var. *holotricha* Diels=Aristolochia kaempferi f. thibetica
Aristolochia shimadai Hay.=Aristolochia kaempferi
Aristolochia sinarum Lindl.=Aristolochia dabilis
Aristolochia sipho f. grandiflora Franch.城口马兜铃(新)?
Aristolochia tagala Champ.耳叶马兜铃
Aristolochia tagala var. *kankauensis* (Sasaki) Yamazaki=Aristolochia zollingeriana
Aristolochia thibetica Franch.=Aristolochia kaempferi f. thibetica
Aristolochia thwaitesii HK.f.海边马兜铃
Aristolochia transsecta (Chatterjee) C.Y.Wu ex S.M.Hwang 粉质花马兜铃
Aristolochia tuberosa C.F. Liang ex S.M.Liang 背蛇生
Aristolochia tubiflora Dunn 管花马兜铃
Aristolochia utriformis S.M.Hwang 囊花马兜铃
Aristolochia versicolor S.M.Hwang 变色马兜铃
Aristolochia viridiflora Lévl.=Ceropegia mairei
Aristolochia viridiflora var. *occlusa* Lévl.=Ceropegia mairei
Aristolochia westlandii Hemsl.(中药志 1957)=Aristolochia fangchi
Aristolochia westlandii Hemsl.(分类学报 1975)=Aristolochia versicolor
Aristolochia westlandii Hemsl.香港马兜铃
Aristolochia yunnanensis Franch.云南马兜铃
Aristolochia yunnanensis var. meionantha Hand.-Mazz.小花马兜铃
Aristolochia yunnanensis var. yunnanensis=Aristolochia yunnanensis
Aristolochia zollingeriana Miq.港口马兜铃
Aristolochiaceae 马兜铃科
Armeniaca Juss.(p.p.)=**Armeniaca**
Armeniaca Mill.**杏属**(蔷薇科)
Armeniaca ansu (Maxim.) Kost.=Armeniaca vulgaris var. ansu
Armeniaca atropurpurea Lois.=Armeniaca dasycarpa
Armeniaca dasycarpa (Ehrh.) Borkh.紫杏
Armeniaca dasycarpa (Ehrh.) Pers.=Armeniaca dasycarpa
Armeniaca fusca Tourp. & Poit.=Armeniaca dasycarpa
Armeniaca holosericea (Batal.) Lost.藏杏
Armeniaca hongpingensis Yü & Li 洪平杏
Armeniaca mandshurica (Maxim.) Skv.东北杏
Armeniaca mandshurica var. glabra (Nakai) Yü 光叶东北杏
Armeniaca mandshurica var. mandshurica=Armeniaca mandshurica
Armeniaca mume Sieb.梅
Armeniaca mume var. bungo Makino 杏梅类
Armeniaca mume var. cernua (Franch.) Yü 长梗梅
Armeniaca mume var. mume 直脚梅类
Armeniaca mume var. mume f. albo-plena (Bailey) Rehd.玉碟型
Armeniaca mume var. mume f. alphandii (Carr.) Redh.宫粉型
Armeniaca mume var. mume f. purpurea (Makino) T.Ychen 朱砂型
Armeniaca mume var. mume f. rubriflora T.Y.Chen 大红型
Armeniaca mume var. mume f. simpliciflora T.Y.Chen 江梅型
Armeniaca mume var. mume f. versicolor T.Y.Chen & H.H.Lu 洒金型
Armeniaca mume var. mume f. viridicalyx (Makino) T.Y.Chen 绿萼型
Armeniaca mume var. pallescens (Franch.) Yü 厚叶梅
Armeniaca mume var. pendula Sieb.照水梅类
Armeniaca mume var. pendula f. albiflora T.Y.Chen 残雪照水型
Armeniaca mume var. pendula f. atropurpurea T.Y.Chen 骨红照水型
Armeniaca mume var. pendula f. marmorata T.Y.Chen 五宝照水型
Armeniaca mume var. pendula f. modesta T.Y.Chen 双粉照水型
Armeniaca mume var. pendula f. simplex T.Y.Chen 单粉照水型
Armeniaca mume var. pendula f. viridiflora T.Y.Chen 白碧照水型
Armeniaca mume var. tortuosa T.Y.Chen & H.H.Lu 龙游梅类
Armeniaca sibirica (L.) Lam.西伯利亚杏
Armeniaca sibirica var. pubescens Kost.毛杏
Armeniaca vulgaris Lam.杏
Armeniaca vulgaris var. ansu (Maxim.) Yü 野杏
Armeniaca vulgaris var. ansu f. pendula (Jäger) Rehd.垂枝杏
Armeniaca vulgaris var. ansu f. variegata (West.) Zabel 斑叶杏
Armeniaca vulgaris var. vulgaris=Armeniaca vulgaris
Armeriastrum (Jaub. & Subsp.) Lindl.=**Acantholimon**
Armodorum Breda **阿芒多兰属**(兰科)
Armodorum labrosum (Lindl. & Paxt.) Schltr.=Arachnis labrosa
Armodorum labrosum (Lindl.) Schltr.蔓生阿芒多兰
Armodorum sulingii (Bl.) Schltr.苏苓氏阿芒多兰
Armoracia Gaertn.,B.Mey. & Scherb.**辣根属**(十字花科)
Armoracia lapathifolia Gilib.=Armoracia rusticana
Armoracia rusticana (Lam.) Gaertn.,B.Mey. & Scherb.辣根
Armoracia sativa Bernh.=Armoracia rusticana
Arnebia Forssk.**软紫草属**(紫草科)
Arnebia decumbens (Vant.) Coss. & Kral.硬萼软紫草
Arnebia euchroma (Royle) Johnst.新疆紫草
Arnebia fimbriata Maxim.灰毛软紫草
Arnebia guttata Bge.内蒙紫草
Arnebia saxatile (Turcz.) Benth. & HK.=Stenosolenium saxatile
Arnebia szechenyi Kanitz 疏花软紫草
Arnebia thomsonii Clarke=Arnebia guttata
Arnebia tibetana Kurz=Arnebia guttata
Arnebia tschimganica (Fedtsch.) G.L.Chu 天山软紫草
Arnica altaica Turcz.=Doronicum altaicum
Arnica ciliata Thunb.=Hypochaeris ciliata
Arnica hirsuta Forsk.=Gerbera piloselloides
Arnica japonica Thunb.=Ligularia japonica
Arnica maritima L.=Senecio pseudo-arnica
Arnica piloselloides L.=Gerbera piloselloides
Arnica tussilaginea Burm.f.=Farfugium japonicum
Aromadendron yunnanense Hu=Paramichelia baillonii
Aronia asiatica S. & Z.=Amelanchier asiatica
Aronicum altaicum DC.=Doronicum altaicum
Arpitium alpinum K.-Pol.=Pachypleurum alpinum
Arpophyllum Lalj. & Lex.**风信子兰属**(兰科)
Arpophyllum alpinum Lindl.高山风信子兰
Arpophyllum spicatum LaLi & Lex.穗花风信子兰
Arrabidaea magnifica Sprague ex van Sttenis 美丽二叶藤
Arracacia delavayi Franch.=Physospermopsis delavayi
Arrhenatherum Beauv.**燕麦草属**(禾本科)
Arrhenatherum elatius (L.) Presl 燕麦草
Arrhenatherum elatius var. bulbosum f. variegatum Hitchc.银边草
Arrhenatherum elatius var. elatius=Arrhenatherum elatius
Arrhenatherum elatius var. *nodosum* f. *striatum* Hubb.=Arrhenatherum

elatius var. bulbosum f. variegatum
Arrhenatherum mongolicum (Roshev.) Potztal=Helictotrichon mongolicum
Arrhynchium labrosum Lindl. ex Paxt.=Arachnis labrosa
Arsenjevia Stard.=**Anemone**
Arsenjevia baicalensis (Turcz.) Starod.=Anemone baicalensis
Arsenjevia flaccida (F.Schmidt) Starodub.=Anemone flaccida
Arsenjevia glabrata (Maxim.) Starod.=Anemone baicalensis
Arsenjevia prattii (Huth ex Ulvr.) Starod.=Anemone prattii
Arsenjevia rossii (S.Moore) Starod.=Anemone baicalensis var. rossii
Artabotrys R.Br. ex Ker **鹰爪花属**(番荔枝科)
Artabotrys esquirolii H.Lévl.=Holboellia coriacea
Artabotrys esquirolii Lévl.=Desmos chinensis
Artabotrys esquirolii Lévl.=Holboellia coriacea
Artabotrys hainanensis R.E.Fries 狭瓣鹰爪花
Artabotrys hexapetalus (L.f.) Bhandari 鹰爪花
Artabotrys hongkongensis Hance 香港鹰爪花
Artabotrys odoratissimus R.Br. ex Ker=Artabotrys hexapetalus
Artabotrys pilosus Merr. & Chun 毛叶鹰爪花
Artabotrys stenopetalus Merr. & Chun=Artabotrys hainanensis
Artabotrys uncatus (Lour.) Baill.=Artabotrys hexapetalus
Artabotrys uncinatus (Lamk.) Merr.=Artabotrys hexapetalus
Artemisia L.**蒿属**(菊科)
Artemisia abaensis Y.R.Ling & S.Y.Zhao 阿坝蒿
Artemisia ablida Willd. ex Spreng.=Artemisia marschalliana
Artemisia abrotanum L.(Thunb.in Fl.Japon.1784)=Artemisia carvifolia
Artemisia abrotanum L.欧亚艾蒿
Artemisia absinthiumn L.中亚苦蒿
Artemisia achilloides Turcz.=Ajania achilloides
Artemisia adamsii Bess.(Kitag.in Ind.Fl.Hehol.1936)=Artemisia brachyloba
Artemisia adamsii Bess.东北丝裂蒿
Artemisia aksaiensis Y.R.Ling 阿克塞蒿
Artemisia albida Willd. ex Spreng.(Ledeb.in Fl.Alt.1833,p.p.)=Seriphidium compactum
Artemisia albida Willd. ex Spreng.(p.p.)=Seriphidium schrnkanum
Artemisia albida Willd. ex Spreng.=Seriphidium nitrosum
Artemisia amoena Poljak.=Seriphidium amoenum
Artemisia anethifolia Mattf.(Poljak.in ФЛ.СССР 1961,p.p.)=Artemisia anethoides
Artemisia anethifolia Web. ex Stechm.碱蒿
Artemisia anethifolia var. *anethoides* (Mattf.) Pamp.=Artemisia anethoides
Artemisia anethifolia var. *cum* f. *gracilis* Pamp.=Artemisia anethifolia
Artemisia anethifolia var. *cum* f. *shansiensis* Pamp.=Artemisia anethifolia
Artemisia anethifolia var. *multicaulis* DC.=Artemisia anethifolia
Artemisia anethifolia var. *stelleriana* DC.=Artemisia anethifolia
Artemisia anethoides Mattf.莳萝蒿
Artemisia angustissima Nakai 狭叶牡蒿
Artemisia annua L.黄花蒿
Artemisia annua f. *genuina* Pamp.=Artemisia annua
Artemisia annua f. *macrocephala* Pamp.=Artemisia annua
Artemisia anomala S.Moore 奇蒿
Artemisia anomala var. anomala=Artemisia anomala
Artemisia anomala var. tomentella Hand.-Mazz.密毛奇蒿
Artemisia anthriscifolia Presl ex Steud.(Chang in Sunyatsenia 1941)=Artemisia emeiensis
Artemisia apiacea Hance=Artemisia carvifolia
Artemisia apiacea var. *schochii* (Mattf.) Hand.-Mazz.=Artemisia carvifolia var. schochii
Artemisia araneosa Kitam.=Artemisia lavandulaefolia
Artemisia arbuscula Nutt.北美矮蒿
Artemisia arenaria DC.(内蒙志 1982)=Artemisia oxycephala
Artemisia argyi Lévl. & Vant.艾
Artemisia argyi var. argyi=Artemisia argyi
Artemisia argyi var. *com* f. *genuina* Pamp.=Artemisia argyi
Artemisia argyi var. eximia (Pamp.) Kitam.无齿艾蒿
Artemisia argyi var. gracilis Pamp.朝鲜艾
Artemisia argyi var. *incana* f. *exima* Pamp.(p.p.)=Artemisia lavandulaefolia
Artemisia argyi var. *incana* f. *microcephala* Pamp.=Artemisia argyi
Artemisia argyi var. *incana* Pamp.=Artemisia argyi
Artemisia argyrophylla Ledeb.银叶蒿
Artemisia argyrophylla var. argyrophylla=Artemisia argyrophylla
Artemisia argyrophylla var. brevis (Pamp.) Y.R.Ling 小银叶蒿
Artemisia aschurbajewii C.Winkl.褐头蒿
Artemisia asiatica Nakai ex Pamp.=Artemisia indica
Artemisia atrata Lam.黑苞蒿
Artemisia atrovirens Hand.-Mazz.暗绿蒿
Artemisia aucheri Boiss.=Seriphidium aucheri
Artemisia aurata Kom.黄金蒿
Artemisia austriaca Jacq.银蒿
Artemisia austriaca var. *jacquiniana* DC.=Artemisia austriaca
Artemisia austriaca var. *jacquiniana* f. *microcephala* Pamp.=Artemisia austriaca
Artemisia austriaca var. *orientalis* DC.=Artemisia austriaca
Artemisia austroyunnanensis Ling & Y.R.Ling 滇南艾蒿
Artemisia baimaensis Y.R.Ling & Z.C.Zhuo 班玛蒿
Artemisia bargusinensis Spreng.巴尔古津蒿
Artemisia batakensis Hay.=Artemisia somai var. batakensis
Artemisia besseriana Ledeb.=Artemisia lagocephala
Artemisia besseriana var. *integrifolia* Ledeb.=Artemisia lagocephala
Artemisia besseriana var. *triloba* Ledeb.=Artemisia lagocephala
Artemisia biennis Willd.(HK.f.in Fl.Brit.Ind.1881)=Artemisia hedinii
Artemisia blepharolepis Bge.白莎蒿
Artemisia borealis Pall.(Kitam.in Act.Phyhtotax.Geobot.1934,p.p.)=Artemisia oligocarpa
Artemisia borealis Pall.(东北检索表 1959)=Artemisia bargusinensis
Artemisia borealis var. *ledebouri* Bess.(S.Y.Hu in Quart.J.Taiwan Mus. 1965)=Artemisia bargusinensis
Artemisia borealis var. *oligocarpa* (Hay.) Kitam.=Artemisia oligocarpa
Artemisia borealis var. *willdenovii* Bess.=Artemisia bargusinensis
Artemisia borotalensis Poljak.=Seriphidium borotalense
Artemisia bracenathemoides C.Winkl.=Kaschgaria brachanthemoides
Artemisia brachyloba Franch.山蒿
Artemisia brachyphylla Kitam.高岭蒿
Artemisia brevifolia Wall. ex DC.=Seriphidium brevifolium
Artemisia brevis Pamp.=Artemisia argyrophylla var. brevis
Artemisia burmanica Pamp.(植物研究 1984)=Artemisia zhongdianensis
Artemisia burmanica Pamp.=Artemisia myriantha
Artemisia burmanica f. *latifolia* Pamp.=Artemisia austroyunnanensis
Artemisia caespitosa Ledeb.矮丛蒿
Artemisia calophylla Pamp.美叶蒿
Artemisia campbellii HK.f. & Thoms.绒毛蒿
Artemisia campbellii var. *limprichtii* Pamp.=Artemisia tainingensis
Artemisia campestris L.(Ledeb.in Fl.Alt.Soc.Bot.1888)=Artemisia pubescens
Artemisia campestris L.(东北检索表 1959)=Artemisia oxycephala
Artemisia campestris L.(台湾志,1978)=Artemisia morrisonensis
Artemisia campestris L.荒野蒿
Artemisia campestris var. *gmeliniana* Bess.=Artemisia marschalliana
Artemisia campestris var. *macilenta* Maxim.=Artemisia macilenta
Artemisia campestris var. *marschalliana* (Spreng.) Poljak.=Artemisia marschalliana
Artemisia campestris var. *pubescens* Trutv. & Mey.=Artemisia pubescens
Artemisia campestris var. *sericophylla* (Rupr.) Poljak.=Artemisia marschalliana var. sericophylla
Artemisia campestris var. *steveniana* Bess.=Artemisia marschalliana
Artemisia canadensis Michx.加拿大蒿
Artemisia cannabifolia Lévl.=Artemisia selengensis
Artemisia cannabifolia var. *nigrescens* Lévl.=Artemisia selengensis
Artemisia cannabina Jacq. ex Bess.(p.p.)=Artemisia dubia var. subdigitata
Artemisia capillaris Thunb.(内蒙志 1982)=Artemisia scoparia
Artemisia capillaris Thunb.茵陈蒿
Artemisia capillaris var. *acaulis* Pamp.(p.p.)=Artemisia scoparia
Artemisia capillaris var. *aculis* Pamp.=Artemisia capillaris
Artemisia capillaris var. *arbuscula* Miq.=Artemisia capillaris
Artemisia capillaris var. *arbuscula* f. *genuina* Pamp.=Artemisia capillaris
Artemisia capillaris var. *arbuscula* f. *glabra* Pamp.=Artemisia capillaris
Artemisia capillaris var. *arbuscula* f. *sericea* Pamp.=Artemisia capillaris
Artemisia capillaris var. *grandiflora* (Pamp.) Pamp.=Artemisia capillaris
Artemisia capillaris var. *grandiflora* Pamp.=Artemisia scoparia
Artemisia capillaris var. *grandiflora* f. *genuina* Pamp.=Artemisia scoparia
Artemisia capillaris var. *grandiflora* f. *genuina* subf. *angustissecta* Pamp. =Artemisia scoparia
Artemisia capillaris var. *grandiflora* f. *latifolia* Pamp.=Artemisia scoparia

Artemisia capillaris var. *grandiflora* f. *latifolia* subf. *tenuifolia* Pamp.=Artemisia scoparia
Artemisia capillaris var. *sachalinensis* (Tiles) Pamp.=Artemisia capillaris
Artemisia capillaris var. *scoparia* (Waldst. & Kit.) Pamp.=Artemisia scoparia
Artemisia capillaris var. *scoparia* f. *elegans* (Roxb.) Pamp.=Artemisia scoparia
Artemisia capillaris var. *scoparia* f. *grandiflora* Pamp.=Artemisia eriopoda
Artemisia capillaris var. *scoparia* f. *kohatica* (Klatt) Pamp.=Artemisia scoparia
Artemisia capillaris var. *scoparia* f. *myriocephala* Pamp.=Artemisia scoparia
Artemisia capillaris var. *scoparia* f. *villosa* Korsh.=Artemisia scoparia
Artemisia capillaris var. *scoparia* f. *williamsonii* Pamp.=Artemisia scoparia
Artemisia capillaris var. *simplex* Maxim.(p.p.)=Artemisia macilenta
Artemisia capillaris var. *simplex* Maxim.(p.p.)=Artemisia pubescens
Artemisia carvifolia Buch.-Ham. ex Roxb.青蒿
Artemisia carvifolia var. *apiacea* (Hance) Pamp.=Artemisia carvifolia
Artemisia carvifolia var. *apiacea* Pamp.=Artemisia carvifolia
Artemisia carvifolia var. carvifolia=Artemisia carvifolia
Artemisia carvifolia var. schochii (Mattf.) Pamp.大头青蒿
Artemisia carvifolia var. *typtca* Pamp.=Artemisia carvifolia
Artemisia centiflora Maxim.=Stilpnolepis centiflora
Artemisia chamomilla C.Winkl.=Artemisia annua
Artemisia changaica Krasch.=Artemisia dracunculus var. changaica
Artemisia chiarugii Pamp.=Artemisia argyi var. gracilis
Artemisia chienshanica Ling & W.Wang 千山蒿
Artemisia chinensis L.(p.p.)=Artemisia lagocephala
Artemisia chinensis L.(p.p.)=Crossostephium chinense
Artemisia chingii Pamp.南毛蒿
Artemisia chrysolepis Kitag.=Artemisia sieversiana
Artemisia cina Berg. ex Poljak.=Seriphidium cinum
Artemisia clemensiana Pamp.=Artemisia lavandulaefolia
Artemisia codonocephala Diels=Artemisia lavandulaefolia
Artemisia codonocephala var. *maireana* Pamp.=Artemisia lavandulaefolia
Artemisia comaiensis Ling & Y.R.Ling 高山矮蒿
Artemisia commutata Bess.=Artemisia pubescens
Artemisia commutata var. *gebleriana* Bess.=Artemisia pubescens var. gebleriana
Artemisia commutata var. *helmiana* Bess.(p.p.)=Artemisia macilenta
Artemisia commutata var. *helmiana* Bess.(p.p.)=Artemisia pubescens
Artemisia commutata var. *pallasiana* Bess.=Artemisia pubescens
Artemisia commutata var. *pubescens* (Ledeb.) Poljak.=Artemisia pubescens
Artemisia commutata var. *pumila* H.C.Fu &C.Y.Li=Artemisia pubescens
Artemisia compacta Fisch. ex Bess.=Seriphidium compactum
Artemisia conaensis Ling & Y.R.Ling 错那蒿
Artemisia coracina W.Wang=Artemisia pubescens var. coracina
Artemisia cuneifolia DC.=Artemisia japonica
Artemisia dahurica (Turcz.) Poljak.=Seriphidium nitrosum
Artemisia dalai-lamae Krasch.米蒿
Artemisia demissa Krasch.(p.p.)=Artemisia edgeworthii
Artemisia demissa Krasch.纤杆沙蒿
Artemisia dentata Willd.=Artemisia rupestris
Artemisia depauperata Krasch.中亚草原蒿
Artemisia desertorum Speng.(Poljak.in ФЛ.CCCP.1961,p.p.)=Artemisia manshurica
Artemisia desertorum Spreng.(C.B.Clarke in Comp.Ind.1876,p.p.)=Artemisia desertorum var. foetida
Artemisia desertorum Spreng.(HK.f.in Fl.Brit.Ind.1881,p.p.)=Artemisia dubia var. subdigitata
Artemisia desertorum Spreng.(Takeda in Bot.Mag.Tokyo 1911)=Artemisia littoricola
Artemisia desertorum Spreng.沙蒿
Artemisia desertorum f. *latifolia* Pamp.=Artemisia desertorum
Artemisia desertorum var. desertorum=Artemisia desertorum
Artemisia desertorum var. foetida (Jacq. ex DC.) Ling & Y.R.Ling 矮沙蒿
Artemisia desertorum var. *jacquemontiana* (Bess.) DC.=Artemisia dubia var. subdigitata
Artemisia desertorum var. *macilenta* (Maxim.) Pampl.=Artemisia macilenta
Artemisia desertorum var. *macrocephala* Spreng.(Franch.in Pl.Turk.1883) =Artemisia dracunculus
Artemisia desertorum var. *sprengeliana* Bess.=Artemisia desertorum
Artemisia desertorum var. *sprengeliana* f. *gebleriana* Pamp.=Artemisia pubescens var. gebleriana
Artemisia desertorum var. *sprengeliana* f. *helmiana* (Turcz.) Pamp.(p.p.)=Artemisia manshurica
Artemisia desertorum var. *sprengeliana* f. *helmiana* Pamp.=Artemisia pubescens
Artemisia desertorum var. tongolensis Pamp.东俄洛沙蒿
Artemisia desertorum var. *tongolensis* f. *glabra* Pamp.=Artemisia desertorum var. tongolensis
Artemisia desertorum var. *tongolensis* f. *latifolia* Pamp.=Artemisia eriopoda
Artemisia desertorum var. *willdenowiana* Mattf.=Artemisia desertorum
Artemisia deversa Diels 侧蒿
Artemisia disjuncta Krasch.矮丛光蒿
Artemisia divaricata (Pamp.) Pamp.叉枝蒿
Artemisia dolichocephala f. *yunnanensis* Pamp.=Artemisia myriantha
Artemisia dolichocephala Pamp.=Artemisia myriantha
Artemisia dracunculus L.(HK.f.in Fl.Brit.Ind.1881,p.p.)=Artemisia japonica
Artemisia dracunculus L.龙蒿
Artemisia dracunculus var. changaica (Krasch.) Y.R.Ling 杭爱龙蒿
Artemisia dracunculus var. dracunculus=Artemisia dracunculus
Artemisia dracunculus var. *inodora* Bess.(p.p.)=Artemisia dracunculus
Artemisia dracunculus var. *inodora* Bess.(p.p.)=Artemisia dubia var. subdigitata
Artemisia dracunculus var. *inodora* Bess.(Pamp.in Nuov.Giorn.Bot.Ital. 1927,p.p.)=Artemisia dubia
Artemisia dracunculus var. *inodora* f. *minor* Kom.=Artemisia dracunculus
Artemisia dracunculus var. *inodora* f. *pinnata* Pamp.=Artemisia dubia var. subdigitata
Artemisia dracunculus var. pamirica (C.Winkl.) Y.R.Ling 帕米尔蒿
Artemisia dracunculus var. qinghaiensis Y.R.Ling 青海龙蒿
Artemisia dracunculus var. *subdigitata* Pamp.=Artemisia dubia var. subdigitata
Artemisia dracunculus var. *subdigitata* f. *chinensis* Pamp.(p.p.)=Artemisia giraldii
Artemisia dracunculus var. *subdigitata* f. *chinensis* Pamp.(p.p.)=Artemisia dubia var. subdigitata
Artemisia dracunculus var. *subdigitata* f. *falciloba* Pamp.(p.p.)=Artemisia dubia var. subdigitata
Artemisia dracunculus var. *subdigitata* f. *falciloba* Pamp.(p.p.)=Artemisia giraldii
Artemisia dracunculus var. *subdigitata* f. *intermedia* Pamp.=Artemisia dubia var. subdigitata
Artemisia dracunculus var. *subdigitata* f. *thomsonii* Pamp.(p.p.)=Artemisia dubia
Artemisia dracunculus var. *subdigitata* subf. *oblonga* Pamp.=Artemisia dubia var. subdigitata
Artemisia dracunculus var. turkestanica Krsch.宽裂龙蒿
Artemisia dubia Wall. ex Bess.牛尾蒿
Artemisia dubia var. *acuminata* f. *congesta* Pamp.=Artemisia indica
Artemisia dubia var. *compacta* Pamp.=Artemisia indica
Artemisia dubia var. dubia=Artemisia dubia
Artemisia dubia var. *gracilis* Pamp.=Artemisia indica
Artemisia dubia var. *grata* (Wall. ex Bess.) Pamp.(p.p.)=Artemisia indica
Artemisia dubia var. *jacquemontiana* Pamp.(p.p.)=Artemisia roxburghiana
Artemisia dubia var. *legitima* (Bess.) Pamp.(p.p.)=Artemisia myriantha var. pleiocephala
Artemisia dubia var. *legitima* Bess. ex Pamp.(p.p.)=Artemisia myriantha
Artemisia dubia var. *legitima* f. *communis* Pamp.(p.p.)=Artemisia indica
Artemisia dubia var. *legitima* f. *communis* Pamp.(p.p.)=Artemisia myriantha var. pleiocephala
Artemisia dubia var. *legitima* f. *communis* subf. *intermedia* Pamp.=Artemisia myriantha
Artemisia dubia var. *legitima* f. *genuina* Pamp.=Artemisia myriantha
Artemisia dubia var. *legitima* subf. *pauciflora* Pamp.=Artemisia myriantha var. pleiocephala
Artemisia dubia var. *longeracemulosa* f. *tonkingensis* Pamp.(p.p.)=Artemisia austroyunnanensis
Artemisia dubia var. *longeracemulosa* Pamp.=Artemisia myriantha
Artemisia dubia var. *multiflora* (Wall. ex Bess.) Pamp.=Artemisia indica
Artemisia dubia var. *myriantha* Pamp.(p.p.)=Artemisia robusta

Artemisia dubia var. *myriantha* f. *meridionalis* Pamp.=Artemisia myriantha var. pleiocephala
Artemisia dubia var. *orientalis* Pamp.=Artemisia verlotorum
Artemisia dubia var. *orientalis* f. *speudo-lavandulaefolia* Pamp.(p.p.)= Artemisia indica
Artemisia dubia var. *septentrionalis* Pamp.=Artemisia indica
Artemisia dubia var. subdigitata (Mattf.) Y.R.Ling 无毛牛尾蒿
Artemisia dubia var. *tegitama* f. *communis* subf. *puberula* Pamp.= Artemisia verlotorum
Artemisia dubia Wall. ex Bess.(Kitam.in Hara,Fl.E.Himal.1966)= Artemisia lavandulaefolia
Artemisia dubia Wall. ex Bess.(Pamp.in Nuov.Giorn.Bot.Ital.1930,p.p.)= Artemisia verlotorum
Artemisia dubia Wall. ex Bess.(Pamp.in Nuov.Giorn.Nat.Ital.1926,p.p.)= Artemisia myriantha
Artemisia dubia Wall. ex Bess.(Pamp.in Nuov.Giorn.Nat.Ital.1926,p.p.)= Artemisia indica
Artemisia dubia Wall. ex Bess.(Pamp.in Nuvo.Giorn.Bot.Ital.1926,p.p.)= Artemisia roxburghiana
Artemisia duthreuil-de-rhinsi Krasch.青藏蒿
Artemisia edgeworthii Balakr.直茎蒿
Artemisia edgeworthii var. diffusa (Pamp.) Ling & Y.R.Ling 披散直茎蒿
Artemisia edgeworthii var. edgeworthii=Artemisia edgeworthii
Artemisia elegantissima Pamp.=Artemisia indica var. elegantissima
Artemisia elengans Roxb.=Artemisia scoparia
Artemisia emeiensis Y.R.Ling 峨眉蒿
Artemisia eriopoda Bge.南牡蒿
Artemisia eriopoda var. eriopoda=Artemisia eriopoda
Artemisia eriopoda var. gansuensis Ling & Y.R.Ling 甘肃南牡蒿
Artemisia eriopoda var. maritima Ling & Y.R.Ling 渤海滨南牡蒿
Artemisia eriopoda var. rotundifolia (Debeaux) Y.R.Ling 圆叶南牡蒿
Artemisia eriopoda var. shanxiensis Y.R.Ling 山西南牡蒿
Artemisia erlangshanensis Ling & Y.R.Ling 二郎山蒿
Artemisia fadtschenkoana Krasch.=Seriphidium fedtschenkoanum
Artemisia fadtschenkoana var. *issykkulensis* Poljak.=Seriphidium issykkulense
Artemisia falconeri C.B.Clarke=Artemisia rutifolia
Artemisia fastigiata C.Winkl.=Ajania fastigiata
Artemisia faurie Nakai 海州蒿
Artemisia fauriei Nakai (p.p.)=Artemisia fukudo
Artemisia fauriei Nakai=Artemisia nakai
Artemisia feddei Lévl.Vant.=Artemisia lancea
Artemisia ferganensis Krasch. ex Poljak.=Seriphidium ferganense
Artemisia filifolia Torr.沙蒿
Artemisia finita Kitag.=Seriphidium finitum
Artemisia flaccida Hand.-Mazz.垂叶蒿
Artemisia flaccida var. flaccida=Artemisia flaccida
Artemisia flaccida var. meiguensis Y.R.Ling 齿裂垂叶蒿
Artemisia foetida Jacq. ex DC.=Artemisia desertorum var. foetida
Artemisia forrestii W.W.Sm.亮苞蒿
Artemisia freyniana (Pamp.) Krasch.绿栉齿叶蒿
Artemisia freyniana f. *discolor* (Kom.) Kitag.=Artemisia gmelinii
Artemisia frigida Willd.冷蒿
Artemisia frigida var. *argyrophylla* Trautv.=Artemisia argyrophylla
Artemisia frigida var. atropurpurea Pamp.紫冷蒿
Artemisia frigida var. *fischeriana* (Bess.) DC.=Artemisia frigida
Artemisia frigida var. frigida=Artemisia frigida
Artemisia frigida var. *intermedia* Trautv.=Artemisia frigida
Artemisia frigida var. *mongolica* Kitam.=Artemisia frigida
Artemisia frigida var. *typica* Pamp.=Artemisia frigida
Artemisia frigida var. *willdenowiana* (Bess.) DC.=Artemisia frigida
Artemisia frigidioides H.C.Fu & Z.Y.Zhu=Artemisia caespitosa
Artemisia fukudo Makino 滨艾
Artemisia fukudo var. *mokpensis* Pamp.(p.p.)=Artemisia faurie
Artemisia fukudo var. *mokpensis* Pamp.(p.p.)=Artemisia nakai
Artemisia fulgens Pamp.亮蒿
Artemisia gansuensis Ling & Y.R.Ling 甘肃蒿
Artemisia gansuensis var. gansuensis=Artemisia gansuensis
Artemisia gansuensis var. oligantha Ling & Y.R.Ling 小甘肃蒿
Artemisia gilvescens Miq.(p.p.)=Artemisia verlotorum
Artemisia gilvescens Miq.湘赣艾蒿
Artemisia giraldii Pamp.华北米蒿
Artemisia giraldii var. giraldii=Artemisia giraldii
Artemisia giraldii var. longipedunculata Y.R.Ling 长梗米蒿
Artemisia glabella Kar. & Kir.亮绿蒿
Artemisia glabrata Wall. ex Bess.=Artemisia japonica
Artemisia glabrata Wall. ex DC.(Wight,Ic.Pl.Ind.Or.1846)=Artemisia parviflora
Artemisia glacialis L.冰川蒿
Artemisia glauca Pall. ex Willd.(Forb. & Hemsl.in J.L.Soc.Bto.1888)= Artemisia giraldii
Artemisia glauca Pall. ex Willd.(Maxim.in Prim.Fl.Amur.1859)= Artemisia dracunculus
Artemisia glauca Pall. ex Willd.灰绿蒿
Artemisia glauca Pall.(HK.f.in Fl.Brit.Ind.1881)=Artemisia dubia var. subdigitata
Artemisia globosoides Ling & Y.R.Ling 假球蒿
Artemisia gmelinii Web. ex Stechm.(高等图鉴 1975,江苏志 1982)= Artemisia sacrorum
Artemisia gmelinii Web. ex Stechm.细裂叶莲蒿
Artemisia gmelinii var. *biebersteiniana* Bess=Artemisia gmelinii
Artemisia gmelinii var. *discolor* (Kom.) Nakai(p.p.)=Artemisia gmelinii
Artemisia gmelinii var. *discolor* (Kom.) Nakai(p.p.)=Artemisia sacrorum var. incana
Artemisia gmelinii var. *incana* (Bess.) H.C.Fu=Artemisia sacrorum var. incana
Artemisia gmelinii var. *legitima* Bess.=Artemisia gmelinii
Artemisia gmelinii var. *messerschmidtiana* (Bess.) Poljak.=Artemisia sacrorum var. messerschmidtiana
Artemisia gmelinii var. *vestita* (Kom.) Nakai=Artemisia sacrorum var. incana
Artemisia gobica (Krasch. ex Poljak.) Grub.=Seriphidium nitrosum var. gobicum
Artemisia gongshanensis Y.R.Ling & C.J.Humph.贡山蒿
Artemisia gracilescens Krasch. & Iljin=Seriphidium gracilescens
Artemisia grata Wall. ex Bess.(p.p.)=Artemisia indica
Artemisia grenardii Franch.=Seriphidium grenardii
Artemisia griffithiana Boiss.(C.B.Clarke in Comp.Ind.1878)=Seriphidium aucheri
Artemisia griffithiana Boiss.=Artemisia macrocephala
Artemisia grisea Pamp.=Artemisia lavandulaefolia
Artemisia gyangzeensis Ling & Y.R.Ling 江孜蒿
Artemisia gyitangnensis Ling & Y.R.Ling 吉塘蒿
Artemisia haichowensis Chang=Artemisia faurie
Artemisia halimodendron Ledeb. ex HK.f.=Artemisia xigazeensis
Artemisia halimodendron var. *salsoloides* f. *genuina* Pamp.=Artemisia xigazeensis
Artemisia halimodendron var. *salsoloides* f. *halodendron* Pamp.(p.p.)= Artemisia xigazeensis
Artemisia halimodendron var. *salsoloides* f. *paniculata* (HK.f.) Pamp.(p.p.) =Artemisia xigazeensis
Artemisia hallaisanensis var. *formosana* Pamp.=Artemisia capillaris
Artemisia hallaisanensis var. *hancei* Pamp.=Artemisia hancei
Artemisia hallaisanensis var. *philippinensis* Pamp.=Artemisia capillaris
Artemisia hallaisanensis var. *philippinensis* f. *parvula* Pamp.=Artemisia capillaris
Artemisia hallaisanensis var. *philippinensis* f. *swatowiana* Pamp.= Artemisia capillaris
Artemisia halodendron Turcz. ex Bess.盐蒿
Artemisia hancei (Pamp.) Ling & Y.R.Ling 雷琼牡蒿
Artemisia handel-mazzetii Pamp.=Artemisia argyi
Artemisia hedinii Ostenf. & Pauls.臭蒿
Artemisia heptapotamica Poljak.=Seriphidium heptapotamicum
Artemisia holosericea Ledeb.=Artemisia sericea
Artemisia holosericea var. *grandiflora* Ledeb.=Artemisia sericea
Artemisia holosericea var. *parviflora* Ledeb.=Artemisia sericea
Artemisia hypoleuca Edgew=Artemisia roxburghiana
Artemisia igniaria Maxim.歧茎蒿
Artemisia igniaria var. *typica* Pamp.=Artemisia igniaria
Artemisia igniaria var. *typica* f. *pubescens* Pamp.=Artemisia igniaria
Artemisia igniaria var. *yunnanensis* (J.F.Jeffr.) Pamp.=Artemisia yunnanensis
Artemisia imponens Pamp.锈苞蒿
Artemisia incisa Pamp.尖裂叶蒿
Artemisia indica Willd.五月艾

艾
Artemisia indica var. *exilis* Pamp.=Artemisia roxburghiana
Artemisia indica var. *heyneana* Wall. ex Bess.=Artemisia indica
Artemisia indica var. indica=Artemisia indica
Artemisia indica var. *multiflora* Wall. ex Bess.=Artemisia indica
Artemisia indica var. *nepalensis* Bess.=Artemisia indica
Artemisia inodora M.v.Bieb.(Willd.in Enum.Hort.Berol.1809)=Artemisia dracunculus
Artemisia inodora Mill.(M.v.Bieb.in Fl.Taur.Cauc.1808,p.p.)=Artemisia marschalliana
Artemisia inodora Mill.(M.v.Bieb.in Fl.Taur-Cauc.1808,p.p.)=Artemisia campestris
Artemisia integrifolia L.(Nakai in Fl.Sylv.Kor.1923)=Artemisia viridissima
Artemisia integrifolia L.柳叶蒿
Artemisia integrifolia var. *stolonifera* Pamp.=Artemisia stolonifera
Artemisia integrifolia var. *subulata* Pamp.=Artemisia subulata
Artemisia integrifolia var. *typica* f. *bohnhofii* Pamp.=Artemisia integrifolia
Artemisia integrifolia var. *typica* f. *genuina* Pamp.=Artemisia integrifolia
Artemisia integrifolia var. *typica* f. *siuzievii* Pamp.=Artemisia integrifolia
Artemisia integrifolia var. *typica* f. *transiens* Pamp.=Artemisia integrifolia
Artemisia intramongolica H.C.Fu=Artemisia halodendron
Artemisia intramongolica var. *microphylla* H.C.Fu=Artemisia halodendron
Artemisia intricata Franch.=Elachanthemum intricatum
Artemisia issykkulensis Poljak.=Seriphidium issykkulense
Artemisia iwayomogi Kitam.(p.p.)=Artemisia sacrorum var. messerschmidtiana
Artemisia iwayomogi Kitam.=Artemisia sacrorum
Artemisia jacquemontiana Bess.(p.p.)=Artemisia dubia var. subdigitata
Artemisia japonica Thunb.(Kitam. in Mem.Coll.Sci.Tokyo Unvi.1940, p.p.)=Artemisia manshurica
Artemisia japonica Thunb.(Lauen.in Not.Bot.Gard.Edinb.1976)= Artemisia parviflora
Artemisia japonica Thunb.(Schmidt in Fl.Sachal.1868)=Artemisia keiskeana
Artemisia japonica Thunb.(海南志 1974,p.p.)=Artemisia japonica var. hainanensis
Artemisia japonica Thunb.牡蒿
Artemisia japonica f. *resedifolia* Takeda (p.p.)=Artemisia eriopoda
Artemisia japonica f. *resedifolia* Takeda (p.p.)=Artemisia littoricola
Artemisia japonica f. *rotundifolia* Franch.=Artemisia eriopoda var. rotundifolia
Artemisia japonica subf. *resedifolia* Pamp.=Artemisia eriopoda
Artemisia japonica var. *angustissima* (Nakai) Kitam.=Artemisia angustissima
Artemisia japonica var. *desertorum* (Spreng.) Maxim.=Artemisia desertorum
Artemisia japonica var. *desertorum* Maxim.(Matsum.in Ind.Pl.Jap.1912)= Artemisia littoricola
Artemisia japonica var. *eriopoda* (Bge.) Kom.=Artemisia eriopoda
Artemisia japonica var. *grandifolia* f. *vestita* Pamp.=Artemisia capillaris
Artemisia japonica var. hainanensis Y.R.Ling 海南牡蒿
Artemisia japonica var. *japonica* Maxim.=Artemisia japonica
Artemisia japonica var. *japonica* f. *eriopoda* (Bge.) Pamp.=Artemisia eriopoda
Artemisia japonica var. *japonica* f. *eriopoda* Pamp.=Artemisia angustissima
Artemisia japonica var. *japonica* f. *eriopoda* subf. *tongtchouanensis* Pamp. =Artemisia parviflora
Artemisia japonica var. *japonica* f. *typica* Nakai=Artemisia japonica
Artemisia japonica var. *japonica* subf. *angustissima* Pamp.=Artemisia angustissima
Artemisia japonica var. *japonica* subf. *intermidia* Pamp.=Artemisia japonica
Artemisia japonica var. *japonica* subf. *laxiflora* Pamp.=Artemisia japonica
Artemisia japonica var. *japonica* subf. *spathulata* Pamp.=Artemisia japonica
Artemisia japonica var. japonica=Artemisia japonica
Artemisia japonica var. *lanata* Pamp.=Artemisia japonica
Artemisia japonica var. *macrocephala* Pamp.=Artemisia japonica
Artemisia japonica var. *macrocephala* f. *chinensis* Pamp.(p.p.)=Artemisia desertorum
Artemisia japonica var. *macrocephala* f. *chinensis* Pamp.(p.p.)=Artemisia eriopoda
Artemisia japonica var. *macrocephala* f. *chinensis* Pamp.(p.p.)=Artemisia japonica
Artemisia japonica var. *macrocephala* f. *sachalinensis* Pamp.=Artemisia littoricola
Artemisia japonica var. *manshurica* Kom.=Artemisia manshurica
Artemisia japonica var. *myriocephala* Pamp.=Artemisia japonica
Artemisia japonica var. *myriocephala* f. *silvestris* Pamp.=Artemisia japonica
Artemisia japonica var. *parviflora* (Buch.-Ham. ex Roxb.) Pamp.= Artemisia parviflora
Artemisia japonica var. *rotundifolia* Debeaux=Artemisia eriopoda var. rotundifolia
Artemisia japonica var. *rotundifolia* f. *genuina* Pamp.=Artemisia eriopoda var. rotundifolia
Artemisia japonica var. *rotundifolia* f. *vestita* Pamp.(p.p.)=Artemisia eriopoda
Artemisia japonica var. *rotundifolia* f. *vestita* Pamp.(p.p.)=Artemisia littoricola
Artemisia japonica var. *rotundifolia* subf. *elata* Pamp.=Artemisia eriopoda var. rotundifolia
Artemisia jeffreyana Lévl.=Artemisia yunnanensis
Artemisia jilongensis Y.R.Ling & C.J.Humph.吉隆蒿
Artemisia juncea Kar. & Kir.=Seriphidium junceum
Artemisia juncea var. *macrosciadia* Poljak.=Seriphidium junceum var. macrosciadium
Artemisia kanashiroi Kitam.狭裂白蒿
Artemisia kangmarensis Ling & Y.R.Ling 康马蒿
Artemisia karatavica Krasch. & Abol. ex Poljak.=Seriphidium karatavicum
Artemisia kaschgarica Krasch.=Seriphidium kaschgaricum
Artemisia kaschgarica var. *dshungarica* Filat.=Seriphidium kaschgaricum var. dshungaricum
Artemisia kawakamii Hay.山艾
Artemisia keiskeana Miq.菴蕳
Artemisia keiskeana f. *hirtella* Nakai=Artemisia keiskeana
Artemisia keiskeana f. *typica* Nakai=Artemisia keiskeana
Artemisia keiskeana subf. *rotundifolia* Pamp.=Artemisia keiskeana
Artemisia klementze Krasch.蒙古沙地蒿
Artemisia kohatica K.W.Klatt=Artemisia scoparia
Artemisia koidzumi var. *laciniata* (Nakai) Kitam.=Artemisia stolonifera
Artemisia koidzumi var. *manchurica* Pamp.(p.p.)=Artemisia brachyphylla
Artemisia koidzumi var. *manchurica* Pamp.(p.p.)=Artemisia stolonifera
Artemisia koidzumii Nakai (Kitag.in Rep.Inst.Sci.Res.Manch.1941,p.p.)= Artemisia brachyphylla
Artemisia komarovii Poljak.=Artemisia integrifolia
Artemisia koreana Nakai=Artemisia sieversiana
Artemisia korovinii Poljak.=Seriphidium korovinii
Artemisia kruhsiana Bess.=Artemisia lagocephala
Artemisia kuschakewiczii C.Winkl.掌裂蒿
Artemisia laciniata Willd.(C.B.Clarke in Comp.Ind.1876)=Artemisia vestita
Artemisia laciniata Willd.=Artemisia tanacetifolia
Artemisia laciniata f. *racemosa* Kryl.=Artemisia phaeolepis
Artemisia laciniata f. *tomentosa* Kryl.(p.p.)=Artemisia phaeolepis
Artemisia laciniata var. *glabriuscula* Ledeb.(p.p.)=Artemisia latifolia
Artemisia laciniata var. *glabriuscula* Ledeb.(p.p.)=Artemisia tanacetifolia
Artemisia laciniata var. *glabriuscula* f. *dissecta* Pamp.(p.p.)=Artemisia tanacetifolia
Artemisia laciniata var. *glabriuscula* f. *genuina* Pamp.(p.p.)=Artemisia tanacetifolia
Artemisia laciniata var. *latifolia* (Ledeb.) Maxim.=Artemisia latifolia
Artemisia laciniata var. *latifolia* Maxim.=Artemisia tanacetifolia
Artemisia laciniata var. *latifolia* f. *maximoviczii* Pamp.=Artemisia maximowicziana
Artemisia laciniata var. *macrobotrys* (Ledeb.) Maxim.(p.p.)=Artemisia tanacetifolia
Artemisia laciniata var. *turtschaninoviana* Bess.=Artemisia phaeolepis
Artemisia laciniata var. *turtschaninoviana* DC.=Artemisia phaeolepis
Artemisia lactiflora Wall. ex DC.白苞蒿
Artemisia lactiflora f. *genuina* Pamp.=Artemisia lactiflora
Artemisia lactiflora f. *henryana* Pamp.(p.p.)=Artemisia lactiflora
Artemisia lactiflora f. *incisa* Pamp.=Artemisia lactiflora var. incisa
Artemisia lactiflora f. *septemlobata* (Lévl.) Pamp.=Artemisia lactiflora

Artemisia lactiflora var. incisa (Pamp.) Ling & Y.R.Ling 细裂白苞蒿
Artemisia lactiflora var. lactiflora=Artemisia lactiflora
Artemisia lagocephala (Fisch. ex Bess.) DC.白山蒿
Artemisia lagocephala f. *triloba* (Ledeb.) Kitag.=Artemisia lagocephala
Artemisia lagocephala var. *besseriana* Pamp.=Artemisia lagocephala
Artemisia lagocephala var. *tafelii* (Mattf.) Pamp.=Artemisia tafelii
Artemisia lagocephala var. *triloba* (Ledeb.) Herd.=Artemisia lagocephala
Artemisia lanata var. *alpina* DC.(Liu in Bull.Pek.Soc.Nat.Hist.1928)= Artemisia frigida
Artemisia lancea Van.矮蒿
Artemisia latifolia Ledeb.(Maxim.in Prim.Fl.Amur.1859,p.p.)=Artemisia medioxima
Artemisia latifolia Ledeb.宽叶蒿
Artemisia latifolia var. *maximoviczii* Fl.Schum.=Artemisia maximowicziana
Artemisia lavandulaefolia DC.(Miq.in Ann.Mus.Bot.Lugd.-Bat.1866,p.p., 苏南植物手册 1959,江苏志 1982)=Artemisia lancea
Artemisia lavandulaefolia DC.(Nakai in Fl.Kor.1911)=Artemisia subulata
Artemisia lavandulaefolia DC.野艾蒿
Artemisia lavandulaefolia var. *maximowiczii* Pamp.(p.p.)=Artemisia lavandulaefolia
Artemisia lavandulaefolia var. *pekinensis* Pamp.=Artemisia lavandulaefolia
Artemisia lavantdulaefolia var. *feddei* (Lévl. & Vant.) Pamp.=Artemisia lancea
Artemisia lavantdulaefolia var. *feddei* f. *effusa* Pamp.=Artemisia lancea
Artemisia lavantdulaefolia var. *feddei* f. *effusa* subf. *angusta* Pamp.= Artemisia lancea
Artemisia lavantdulaefolia var. *feddei* f. *genuina* Pamp.=Artemisia lancea
Artemisia lavantdulaefolia var. *feddei* f. *stenocephala* Pamp.=Artemisia lancea
Artemisia lavantdulaefolia var. *feddei* f. *stenocephala* subsf. *minutiflora* Pamp.=Artemisia lancea
Artemisia lavantdulaefolia var. *lancea* (Van.) Pamp.=Artemisia lancea
Artemisia lehmaniana Bge.(HK.f.in Fl.Brit.Ind.1881)=Seriphidium thomsonianum
Artemisia lehmanniana Bge.=Seriphidium lehmannianum
Artemisia leptostachya Don=Artemisia indica
Artemisia lercheana Web. ex Stechm.(Ledeb.in Fl.alt.1833,p.p.)= Seriphidium gracilescens
Artemisia lercheana Web. ex Stechm.(Ledeb.in Fl.Alt.1933,p.p.)= Seriphidium nitrosum
Artemisia lercheana Web. ex Stechm.(北研丛刊 1934,p.p.)=Seriphidium kaschgaricum
Artemisia lessimgiana Bess.(Kryl.in Fl.Alt.1904)=Seriphidium sublessingianum
Artemisia leucophylla (Turcz. ex Bess.) C.B.Clarke 白叶蒿
Artemisia leucophylla C.B.Clarke (Kitag.in Rep.First.Sci. exped.Manch. 1936)=Artemisia lavandulaefolia
Artemisia leucophylla C.B.Clarke (Kom.in Fl.Mansh.1907)=Artemisia argyi
Artemisia leucophylla var. *pusilla* Pamp.=Artemisia leucophylla
Artemisia leucophylla var. *pusilla* f. *genuina* Pamp.=Artemisia leucophylla
Artemisia leucophylla var. *pusilla* f. *minuta* Pamp.=Artemisia leucophylla
Artemisia leucophylla var. *typica* Pmap.=Artemisia leucophylla
Artemisia leucophylla var. *typica* f. *genuina* Pamp.=Artemisia leucophylla
Artemisia leucophylla var. *typica* f. *simplicifolia* Pamp.=Artemisia leucophylla
Artemisia liaotungensis Kitag.=Artemisia verbenacea
Artemisia licentii Pamp.=Artemisia brachyloba
Artemisia littoricola Kitam.滨海牡蒿
Artemisia longiflora Pamp.=Artemisia indica
Artemisia longifolia Nutt.长叶蒿
Artemisia macarosciadia Poljak.=Seriphidium junceum var. macrosciadium
Artemisia macilenta (Maxim.) Krasch.细杆沙蒿
Artemisia macrantha Ledeb.亚洲大花蒿
Artemisia macrocephala Jacq. ex Bess.大花蒿
Artemisia maderaspatana L.=Grangea maderaspatana
Artemisia mairei Lévl.小亮苞蒿
Artemisia manshurica (Kom.) Kom.东北牡蒿
Artemisia maritima C.B.Clarke=Seriphidium brevifolium
Artemisia maritima L.(Bess.in Bull.Soc.Nat.Mosc.1834,p.p.)= Seriphidium nitrosum
Artemisia maritima L.(HK.f.in Fl.Brit.Ind.1881)=Seriphidium brevifolium
Artemisia maritima L.(Kitag.in Lineam.Fl.Mansh.1939)=Seriphidium finitum
Artemisia maritima L.(Ledeb.in Fl.Alt.1833,p.p.)=Seriphidium compactum
Artemisia maritima L.(东北检索表 1959)=Seriphidium schrnkanum
Artemisia maritima subsp. *gmeliniana* (Bess.) Krasch.(p.p.)=Seriphidium compactum
Artemisia maritima subsp. *gmeliniana* (Bess.) Krasch.=Seriphidium nitrosum
Artemisia maritima var. *aucheri* (Boiss.) Pamp.=Seriphidium aucheri
Artemisia maritima var. *compacta* (Fisch. ex Bess.) Ledeb.=Seriphidium compactum
Artemisia maritima var. *compacta* Ledeb.(Pamp.in Nuov.Giorn.Bot.Ital., 1927)=Seriphidium thomsonianum
Artemisia maritima var. *fischeriana* Bess=Seriphidium compactum
Artemisia maritima var. *gmeliniana* Berr.(p.p.)=Seriphidium nitrosum
Artemisia maritima var. *gmeliniana* Bess.=Seriphidium compactum
Artemisia maritima var. *lercheana* Bess.(p.p.)=Seriphidium nitrosum
Artemisia maritima var. *lercheana* f. *dahurica* Turcz.=Seriphidium nitrosum
Artemisia maritima var. *lercheana* f. *gmeliniana* (Bess.) Ledeb.= Seriphidium nitrosum
Artemisia maritima var. *lercheana* f. *humilis* Ledeb.=Seriphidium nitrosum
Artemisia maritima var. *sublessingiana* Kell.=Seriphidium sublessingianum
Artemisia maritima var. *thomsoniana* C.B.Clarke=Seriphidium thomsonianum
Artemisia maritima var. β. C.B.Clarke=Seriphidium aucheri
Artemisia marschalliana Spreng.中亚旱蒿
Artemisia marschalliana var. marschalliana=Artemisia marschalliana
Artemisia marschalliana var. sericophylla (Rupr.) Y.R.Ling 绢毛旱蒿
Artemisia matricarioides Less.=Matricaria matricarioides
Artemisia mattfeldii Pamp.粘毛蒿
Artemisia mattfeldii var. etomentosa Hand.-Mazz.无绒粘毛蒿
Artemisia mattfeldii var. mattfeldii=Artemisia mattfeldii
Artemisia maximowicziana (F.Schum.) Krsch. ex Poljak.东亚栉齿蒿
Artemisia medioxima Krasch. ex Poljak.尖栉齿叶蒿
Artemisia megalobotrys Nakai=Artemisia stolonifera
Artemisia messerchmidtiana Bess.=Artemisia sacrorum var. messerschmidtiana
Artemisia messeschmidtiana var. *incana* Bess.=Artemisia sacrorum var. incana
Artemisia migoana Kitam.=Artemisia stolonifera
Artemisia minima L.=Centipeda minima
Artemisia minor Jacq. ex Bess.垫型蒿
Artemisia minutiflora Nakai=Artemisia lancea
Artemisia mongolica (Fisch. ex Bess.) Nakai 蒙古蒿
Artemisia mongolica Nakai (Chang in Sunyatsenia 1937)=Artemisia princeps
Artemisia mongolica Nakai (Chang in Sunyatsenia 1937,p.p.)=Artemisia verlotorum
Artemisia mongolica subsp. *genuina* Kitag.=Artemisia mongolica
Artemisia mongolica subsp. *orientalis* Kitag.=Artemisia mongolica
Artemisia mongolica subsp. *orientalis* Kitag.=Artemisia verbenacea
Artemisia mongolica var. *interposita* Kitag.=Artemisia integrifolia
Artemisia mongolica var. *krascheninnikovii* Pamp.(p.p.)=Artemisia leucophylla
Artemisia mongolica var. *krascheninnikovii* f. *debilis* Pamp.=Artemisia mongolica
Artemisia mongolica var. *leucophylla* (Turcz. ex Bess.) W.Wang= Artemisia leucophylla
Artemisia mongolica var. *parviflora* (Maxim.) Kitag.=Artemisia rubripes
Artemisia mongolica var. *parviflora* f. *luxurians* (Pamp.) Kitag.= Artemisia rubripes
Artemisia mongolica var. *pseudovulgaris* Pamp.=Artemisia rubripes
Artemisia mongolica var. *tenuifolia* f. *genuina* Pamp.=Artemisia mongolica
Artemisia mongolica var. *verbenacea* Pamp.=Artemisia verbenacea
Artemisia mongolica var. *verbenacea* f. *genuina* Pamp.=Artemisia verbenacea
Artemisia mongolica var. *verbenacea* f. *viscosa* subf. *glabrescnes* Pamp.= Artemisia verbenacea

Artemisia mongolica var. *verbenacea* f. *williamsonii* Pamp.=Artemisia verbenacea
Artemisia mongolorum Krasch.=Seriphidium monogolorum
Artemisia mongolorum subsp. *gobicum* Krasch.=Seriphidium nitrosum var. gobicum
Artemisia mongolorum var. *salsuginosa* Krasch.=Seriphidium nitrosum var. gobicum
Artemisia montana var. *nipponica* f. *occidentalis* Pamp.=Artemisia princeps
Artemisia moorcroftiana Wall. ex DC.(Mattf.in Fedde,Rep.Subsp. Nov. 1926)=Artemisia imponens
Artemisia moorcroftiana Wall. ex DC.(Pamp.in Nuov.Giorn.Bot.Ital.1930, p.p.)=Artemisia viscida
Artemisia moorcroftiana Wall. ex DC.小球花蒿
Artemisia moorcroftiana f. *nitida* Pamp.=Artemisia tainingensis var. nitida
Artemisia moorcroftiana var. *campanulata* f. *tenuifolia* Pamp.=Artemisia moorcroftiana
Artemisia moorcroftiana var. *campanulata* Pamp.=Artemisia moorcroftiana
Artemisia moorcroftiana var. *nitida* (Pamp.) Ling & Y.R.Ling=Artemisia tainingensis var. nitida
Artemisia moorcroftiana var. *typia* Pamp.=Artemisia moorcroftiana
Artemisia moorcroftiana var. *typia* f. *genuina* Pamp.=Artemisia moorcroftiana
Artemisia moorcroftiana var. *viscida* Mattf.(p.p.)=Artemisia mattfeldii
Artemisia moorcroftiana var. *viscida* Mattf.(p.p.)=Artemisia viscida
Artemisia morrisonensis Hay.细叶山艾
Artemisia morrisonensis var. *minima* Pamp.(p.p.)=Artemisia japonica
Artemisia morrisonensis var. *minima* Pamp.(p.p.)=Artemisia morrisonensis
Artemisia moxa DC.(p.p.)=Artemisia indica
Artemisia moxa DC.=Artemisia sieversiana
Artemisia multicaulis Ledeb.=Artemisia anethifolia
Artemisia myriantha Wall. ex Bess.(西藏志 1985)=Artemisia indica
Artemisia myriantha Wall. ex Bess.多花蒿
Artemisia myriantha var. myriantha=Artemisia myriantha
Artemisia myriantha var. pleiocephala (Pamp.) Y.R.Ling 白毛多花蒿
Artemisia nakai Map.(p.p.)=Artemisia faurie
Artemisia nakai Pamp.矮滨蒿
Artemisia nanschanica Krasch.昆仑蒿
Artemisia niitakayamensis Hay.玉山艾
Artemisia niitakayamensis var. *tsugitakaensis* Kitam.=Artemisia tsugitakaensis
Artemisia nilagirica (C.B.Clarke) Pamp.(p.p.)=Artemisia indica
Artemisia nilagirica (C.B.Clarke) Pamp.南亚蒿
Artemisia nipponica var. *rubripes* Pamp.(p.p.)=Artemisia rubripes
Artemisia nitens (Stev. ex Bess.) Krasch.=Artemisia sericea
Artemisia nitrosa Web. ex Stechm.(Poljak.Ф Л.CCCP 1961,pp.)=Seriphidium monogolorum
Artemisia nitrosa Web. ex Stechm.=Seriphidium nitrosum
Artemisia nitrosa var. *gobica* Krasch. ex Poljak.=Seriphidium nitrosum var. gobicum
Artemisia nivea Redow. ex Willd.=Artemisia austriaca
Artemisia nortonii Pamp.藏旱蒿
Artemisia norvegica Fries 挪威蒿
Artemisia nubigena Wall.=Ajania nubigena
Artemisia nujiangensis (Ling & Y.R.Ling) Y.R.Ling 怒江蒿
Artemisia nutans Willd.(Nakai in Fl.Kor.1911)=Artemisia argyi
Artemisia nutantiflora Nakai=Artemisia argyi
Artemisia obscura Pamp.=Artemisia mongolica
Artemisia obscura f. *genuina* Pamp.=Artemisia mongolica
Artemisia obscura var. *congesta* Pamp(p.p.)=Artemisia mongolica
Artemisia obscura var. *congesta* Pamp.=Artemisia verbenacea
Artemisia obscura var. *regina* Pamp.=Artemisia mongolica
Artemisia obscura var. *rigida* Pamp.(p.p.)=Artemisia leucophylla
Artemisia obscura var. *tenuifolia* (Turcz.) Pamp.=Artemisia mongolica
Artemisia obscura var. *typica* Pamp.=Artemisia mongolica
Artemisia obscura var. *typica* f. *genuina* Pmap.(p.p.)=Artemisia vulgaris
Artemisia obtusiloba Ledeb.钝裂蒿
Artemisia obtusiloba var. *glabella* (Kar & Kir.) Poljak.=Artemisia glabella
Artemisia obtusiloba var. *glabra* Ledeb.=Artemisia glabella
Artemisia occidentali-sichuanensis Y.R.Ling & S.Y.Zhao 川西腺毛蒿
Artemisia occidentali-sinensis Y.R.Ling 华西蒿
Artemisia occidentali-sinensis var. denticulata Y.R.Ling 齿裂华西蒿
Artemisia occidentali-sinensis var. occidentali-sinensis=Artemisia occidentali-sinensis
Artemisia oligocarpa Hay.高山艾
Artemisia ordosica Krasch.黑沙蒿
Artemisia ordosica var. *fulva* H.C.Fu=Artemisia orodosica
Artemisia ordosica var. *montana* H.C.Fu=Artemisia orodosica
Artemisia orientali-hengduangensis Ling & Y.R.Ling 东方蒿
Artemisia orientali-xizangensis Y.R.Ling & C.J.Humph.昌都蒿
Artemisia orientali-yunnanensis Y.R.Ling 滇东蒿
Artemisia orthobotrys Kigag.=Artemisia tanacetifolia
Artemisia oxycephala Kitag.光沙蒿
Artemisia pallasiana Fisch. ex Bess.=Ajania pallasiana
Artemisia palustris L.黑蒿
Artemisia palustris var. *aurata* (Kom.) Pamp.=Artemisia aurata
Artemisia pamirica C.Winkl.=Artemisia dracunculus var. pamirica
Artemisia pamirica f. *trifida* Pamp.=Artemisia dracunculus var. pamirica
Artemisia pamirica var. *aschurbazewi* C.Winkl.=Artemisia dracunculus var. pamirica
Artemisia pamiricum O.Fedtsch.=Artemisia macrocephala
Artemisia parviflora Buch.-Ham. ex Roxb.(Ait.in J.L.Soc.Bot.1880,p.p.)= Artemisia japonica
Artemisia parviflora Buch.-Ham. ex Roxb.西南牡蒿
Artemisia parvula Pamp.=Artemisia princeps
Artemisia pauciflora Web. ex Stechm.(Kryl.in Fl.Alt.1904)=Seriphidium gracilescens
Artemisia pectinata Pall.=Neopallasia pectinata
Artemisia pectinata var. *typica* Pamp.=Neopallasia pectinata
Artemisia pectinata var. *yunnanensis* Pamp.=Neopallasia pectinata
Artemisia penchuoensis Y.R.Ling & S.Y.Zhao 彭错蒿
Artemisia persica Boiss.伊朗蒿
Artemisia persica var. persica=Artemisia persica
Artemisia persica var. subspinescens (Boiss.) Boiss.微刺伊朗蒿
Artemisia pewzowi C.Winkl.纤梗蒿
Artemisia phaeolepis Krsch.褐苞蒿
Artemisia phyllobotrys (Hand.-Mazz.) Ling & Y.R.Ling 叶苞蒿
Artemisia pleiocephala var. *grandis* Pamp.=Artemisia indica
Artemisia pleiocephala var. *insularis* Pamp.=Artemisia rubripes
Artemisia pleiocephala var. *typica* Pamp.=Artemisia myriantha var. pleiocephala
Artemisia pleiocephala var. *typica* f. *discolor* Pamp.=Artemisia myriantha var. pleiocephala
Artemisia pleiocephala var. *typica* f. *latiloba* Pamp.=Artemisia myriantha var. pleiocephala
Artemisia pleiocephala var. *typica* f. *yunnanensis* Pamp.=Artemisia myriantha
Artemisia polybotryoidea Y.R.Ling 甘新青蒿
Artemisia pontica L.西北蒿
Artemisia potentildaefolia Fisch. ex Spreng.(Lévl.in Fedde,Rep.Subsp. Nov. 1912)=Artemisia vestita
Artemisia prattii (Pamp.) Ling & Y.R.Ling 藏岩蒿
Artemisia princeps Pamp.(p.p.)=Artemisia indica
Artemisia princeps Pamp.魁蒿
Artemisia princeps var. *candicans* Pamp(p.p.)Artemisia verbenacea
Artemisia princeps var. *candicans* Pamp.(p.p.)=Artemisia argyi
Artemisia princeps var. *orientalis* (Pamp.) Hara=Artemisia indica
Artemisia princeps var. *typia* Pamp.=Artemisia princeps
Artemisia princeps var. *typica* f. *dentata* Pamp.(p.p.)=Artemisia argyi
Artemisia princeps var. *typica* f. *dentata* Pamp.(p.p.)=Artemisia igniaria
Artemisia princeps var. *typica* f. *dentata* Pamp.(p.p.)=Artemisia princeps
Artemisia princeps var. *typica* f. *dissecta* Pamp.=Artemisia princeps
Artemisia princeps var. *typica* f. *genuina* Pamp.=Artemisia princeps
Artemisia pronutans Kitag.=Artemisia brachyphylla
Artemisia przewalskii Krsch.甘青小蒿
Artemisia pubescens Ledeb.柔毛蒿
Artemisia pubescens subsp. *eriopoda* (Bge.) Kitam.=Artemisia eriopoda
Artemisia pubescens var. coracina (W.Wang.) Ling & Y.R.Ling 黑柔毛蒿
Artemisia pubescens var. gebleriana (Bess.) Y.R.Ling 大头柔毛蒿
Artemisia pubescens var. *oxycephala* (Kitag.) Kitag.=Artemisia oxycephala
Artemisia pubescens var. pubescens=Artemisia pubescens
Artemisia purpurascens Jacq. ex Bess.=Artemisia roxburghiana var. purpurascens
Artemisia pycnorhiza var. *depauperata* (Krasch.=Artemisia depauperata

Artemisia quadriauriculata Chen=Artemisia integrifolia
Artemisia quinlingensis Ling & Y.R.Ling 秦岭蒿
Artemisia repens Pall. ex Willd.=Artemisia austriaca
Artemisia revoluta Edgew.=Artemisia roxburghiana
Artemisia rhodantha Rupr.=Seriphidium rhodanthum
Artemisia robusta (Pamp.) Ling & Y.R.Ling 粗茎蒿
Artemisia rosthornii Pamp.川南蒿
Artemisia rotundifolia (Debeaux) Krasch.=Artemisia eriopoda var. rotundifolia
Artemisia roxburghiana Bess.灰苞蒿
Artemisia roxburghiana var. *acutiloba* Pamp.=Artemisia roxburghiana
Artemisia roxburghiana var. *acutiloba* f. *forrestii* Pamp.=Artemisia roxburghiana
Artemisia roxburghiana var. *divaricata* Pamp.=Artemisia divaricata
Artemisia roxburghiana var. *kasuensis* Pamp.=Artemisia roxburghiana
Artemisia roxburghiana var. *orientalis* Pamp.=Artemisia orientali-hengduangensis
Artemisia roxburghiana var. *orientalis* f. *angustisecta* Pamp.=Artemisia orientali-hengduangensis
Artemisia roxburghiana var. purpurascens (Macq. ex Bess.) HK.f.紫苞蒿
Artemisia roxburghiana var. roxburghiana=Artemisia roxburghiana
Artemisia royleana DC.=Artemisia dubia var. subdigitata
Artemisia rubripes Nakai (Kitag.in Lineam.Fl.Mansh.1939,p.p.)=Artemisia mongolica
Artemisia rubripes Nakai 红足蒿
Artemisia rubripes f. *grancilis* Kitag.=Artemisia rubripes
Artemisia rubripes f. *tomentosa* Kitag.=Artemisia mongolica
Artemisia rupestris L.岩蒿
Artemisia rupestris var. *oelandica* (Bess.) DC.=Artemisia rupestris
Artemisia rupestris var. *thuringiaca* (Bess.) DC.=Artemisia rupestris
Artemisia rupestris var. *viridifolia* (Bess.) DC.=Artemisia rupestris
Artemisia rupestris var. *viridifolia* DC.=Artemisia rupestris
Artemisia rupestris var. *viridis* (Bess.) DC.=Artemisia rupestris
Artemisia rutifolia Steph. ex Spreng.香叶蒿
Artemisia rutifolia var. altaica (Kryl.) Krasch.阿尔泰香叶蒿
Artemisia rutifolia var. rutifolia=Artemisia rutifolia
Artemisia sachalinensis Tiles ex Bess.=Artemisia capillaris
Artemisia sacrorum Ledeb.(p.p.)=Artemisia gmelinii
Artemisia sacrorum Ledeb.(p.p.)=Artemisia sacrorum var. messerschmidtiana
Artemisia sacrorum Ledeb.白莲蒿
Artemisia sacrorum f. *incana* Pamp.=Artemisia sacrorum
Artemisia sacrorum f. *intermedia* (Ledeb.) Pamp.(p.p.)=Artemisia sacrorum
Artemisia sacrorum subsp. *laxiflora* (Nakai) Kitag.(p.p.)=Artemisia sacrorum
Artemisia sacrorum subsp. *manshurica* (Kom.) Kitam.=Artemisia sacrorum
Artemisia sacrorum subsp. *manshurica* Kitam.=Artemisia gmelinii
Artemisia sacrorum subsp. *manshurica* Kitam.=Artemisia sacrorum var. incana
Artemisia sacrorum var. incana (Bess.) Y.R.Ling 灰白莲蒿
Artemisia sacrorum var. *intermedia* Ledeb.=Artemisia sacrorum
Artemisia sacrorum var. *intermidia* Ledeb.(Maxim.Diagn.1834)=Artemisia macrantha
Artemisia sacrorum var. *laciniaeformis* Nakai=Artemisia sacrorum
Artemisia sacrorum var. *latiloba* Ledeb.=Artemisia sacrorum
Artemisia sacrorum var. *latiloba* f. *freyniana* Pamp.=Artemisia freyniana
Artemisia sacrorum var. *major* f. *japonica* Pamp.=Artemisia tanacetifolia
Artemisia sacrorum var. messerschmidtiana (Bess.) Y.R.Ling 密毛白莲蒿
Artemisia sacrorum var. *minor* Ledeb.=Artemisia gmelinii
Artemisia sacrorum var. *minor* f. *discolor* Kom.(p.p.)=Artemisia gmelinii
Artemisia sacrorum var. *minor* f. *discolor* Kom.=Artemisia sacrorum var. incana
Artemisia sacrorum var. *minor* f. *vestota* Kom.=Artemisia sacrorum var. incana
Artemisia sacrorum var. *minor* f. *wallichiana* Pamp.(p.p.)=Artemisia sacrorum var. incana
Artemisia sacrorum var. *minor* f. *walliochiana* Pamp.=Artemisia vestita
Artemisia sacrorum var. sacrorum=Artemisia sacrorum
Artemisia sacrorum var. *santolinifolia* (Turcz. ex Bess.) Pamp.=Artemisia gmelinii
Artemisia sacrorum var. *vestita* (Wal. ex Bess.) Kitam.=Artemisia vestita
Artemisia sacrorum var. *viridis* f. *minor* Freyn=Artemisia freyniana
Artemisia salsoloides Willd.(HK.f.in Fl.Brit.Ind.1881,p.p.)=Artemisia wellbyi
Artemisia salsoloides Willd.(HK.f.in Fl.Brit.Ind.1881,p.p.)=Artemisia xigazeensis
Artemisia salsoloides Willd.(Pamp.in Nuov.Giorn.Bot.Ital.1927,p.p.)=Artemisia orodosica
Artemisia salsoloides Willd.(北研丛刊 1935,p.p.)=Artemisia sphaerocephala
Artemisia salsoloides var. *mongolica* Pamp.(p.p.)=Artemisia orodosica
Artemisia salsoloides var. *mongolica* Pamp.(p.p.)=Artemisia sphaerocephala
Artemisia salsoloides var. *paniculata* HK.f.(p.p.)=Artemisia prattii
Artemisia salsoloides var. *paniculata* HK.f.(p.p.)=Artemisia xigazeensis
Artemisia salsoloides var. *prattii* Pamp.=Artemisia prattii
Artemisia salsoloides var. *salsoloides* HK.f.(p.p.)=Artemisia nortonii
Artemisia salsoloides var. *salsoloides* HK.f.(p.p.)=Artemisia wellbyi
Artemisia salsoloides var. *salsoloides* HK.f.(p.p.)=Artemisia xigazeensis
Artemisia salsoloides var. *wellbyi* (Hemsl. & Peas.) Ostenf. & Pauls.=Artemisia wellbyi
Artemisia samamisica Bess.=Artemisia vulgaris
Artemisia santolina Schrenk=Seriphidium santolinum
Artemisia santolinifolia Turcz.=Artemisia gmelinii
Artemisia saposhnikovii Krasch. ex Poljak.昆仑沙蒿
Artemisia schischkini Krasch.=Seriphidium nitrosum
Artemisia schochii Mattf.=Artemisia carvifolia var. schochii
Artemisia schrenkiana Ledeb.=Seriphidium schrnkanum
Artemisia scopaeformis Ledeb.=Seriphidium scopiforme
Artemisia scopaeformis f. *longiramosa* Poljak.=Seriphidium scopiforme
Artemisia scoparia Waldst. & Kit.(Hay.in Fl.Mont.Forms.1908)=Artemisia morrisonensis
Artemisia scoparia Waldst. & Kit.(东北检索表 1959,p.p.)=Artemisia capillaris
Artemisia scoparia Waldst. & Kit.茵陈
Artemisia scoparia f. *sericea* Kom.=Artemisia scoparia
Artemisia scoparia f. *villosa* Korsh.=Artemisia scoparia
Artemisia scoparia var. *heteromorpha* Kitag.=Artemisia scoparia
Artemisia scopariaeformis M.Pop.=Artemisia scoparia
Artemisia sect. *Seriphidia* Less.=**Seriphidium**
Artemisia sect. *Seriphidium* Bess.=**Seriphidium**
Artemisia selengensis lusus *umbrosa* Rgl.=Artemisia lavandulaefolia
Artemisia selengensis Turcz. ex Bess.蒌蒿
Artemisia selengensis f. *simplicifolia* Naiai=Artemisia selengensis
Artemisia selengensis var. *canabifolia* Pamp.=Artemisia selengensis
Artemisia selengensis var. *canabifolia* f. *dielsii* Pamp.=Artemisia selengensis
Artemisia selengensis var. *canabifolia* f. *genuina* Pamp.=Artemisia selengensis
Artemisia selengensis var. *canabifolia* f. *integerrima* (Kom.) Kitag.=Artemisia selengensis
Artemisia selengensis var. *canabifolia* f. *integerrima* Pamp.=Artemisia selengensis
Artemisia selengensis var. *canabifolia* f. *simplicifolia* Pamp.=Artemisia selengensis
Artemisia selengensis var. *canabifolia* f. *suingegra* Pamp.=Artemisia selengensis
Artemisia selengensis var. *pannosa* Pamp.=Artemisia selengensis
Artemisia selengensis var. selengensis=Artemisia selengensis
Artemisia selengensis var. shansiensis Y.R.Ling 无齿蒌蒿
Artemisia selengensis var. *typica* Pamp.=Artemisia selengensis
Artemisia selengensis var. *typica* f. *amurensis* Pamp.=Artemisia selengensis
Artemisia selengensis var. *typica* f. *genuina* Pamp.=Artemisia selengensis
Artemisia selengensis var. *typica* f. *serratifolia* Pamp.=Artemisia selengensis
Artemisia selengensis var. *umbrosa* Ledeb.=Artemisia lavandulaefolia
Artemisia semiarida (Krasch. & Lavr.) Filat.=Seriphidium semiaridum
Artemisia septemlobata Lévl. & Vant.=Artemisia lactiflora
Artemisia sericea Web. ex Stechm.绢毛蒿
Artemisia sericea f. *parviflora* (DC.) Pamp.=Artemisia sericea
Artemisia sericea var. *gemliniana* Bess.=Artemisia sericea
Artemisia sericea var. *grandiflora* DC.=Artemisia sericea
Artemisia sericea var. *ledebouriana* Bess=Artemisia sericea
Artemisia sericea var. *nitens* (Stev.) DC.=Artemisia sericea
Artemisia sericea var. *nitens* DC.=Artemisia sericea
Artemisia sericea var. *pallsiana* Bess.=Artemisia sericea

Artemisia sericea var. *parviflora* DC.=Artemisia sericea
Artemisia sericea var. *steveniana* Bess=Artemisia sericea
Artemisia sericea var. *turkestanica* C.Winkl.=Artemisia aschurbajewii
Artemisia sericophylla Rupr.=Artemisia marschalliana var. sericophylla
Artemisia serreana Pamp.=Artemisia tanacetifolia
Artemisia shangnanensis Ling & Y.R.Ling 商南蒿
Artemisia shansiensis Pamp. =Artemisia lavandulaefolia
Artemisia shennongjiaensis Ling & Y.R.Ling 神农架蒿
Artemisia sibirica (L.) Maxim.=Filifolium sibiricum
Artemisia sichuanensis Ling & Y.R.Ling 四川艾
Artemisia sichuanensis var. sichuanensis=Artemisia sichuanensis
Artemisia sichuanensis var. tomentosa Ling & Y.R.Ling 密毛四川艾
Artemisia sieversiana Ehrhn. ex Willd.大籽蒿
Artemisia sieversiana f. grandis Pamp.大花大籽蒿
Artemisia sieversiana var. *tibetica* C.B.Clarke=Artemisia minor
Artemisia sievesriana var. *pygmaea* Kryl.=Artemisia macrocephala
Artemisia simplicifolia Pamp.=Artemisia dracunculus var. pamirica
Artemisia simulans Pamp.中南蒿
Artemisia sinencionis Jacq. ex Bess.=Hippolytia senecionis
Artemisia sinensis (Pamp.) Ling & Y.R.Ling 西南圆头蒿
Artemisia smithii Matff.球花蒿
Artemisia smithii var. *speciosa* Pamp.=Artemisia speciosa
Artemisia smithii var. *speciosa* f. *paniculata* Pamp.=Artemisia speciosa
Artemisia somai Hay.台湾狭叶艾
Artemisia somai var. batakensis (Hay.) Kitam.太鲁阁艾
Artemisia somai var. somai=Artemisia somai
Artemisia songarica Schrenk 准噶尔沙蒿
Artemisia sparsa Kitag.=Artemisia sieversiana
Artemisia speciosa (Pamp.) Ling & Y.R.Ling 西南大头蒿
Artemisia sphaerocephala Krasch.圆头蒿
Artemisia stechmanniana Bess.(p.p.)=Artemisia gmelinii
Artemisia stechmanniana var. *sibirica* Bess.=Artemisia gmelinii
Artemisia stelleriana Bess.(Kom.in Fl.Mansh.1907)=Artemisia lagocephala
Artemisia stenophylla Kitam.(p.p.)=Artemisia subulata
Artemisia stenophylla Kitam.=Artemisia integrifolia
Artemisia stewartii C.B.Clarke=Artemisia annua
Artemisia stolonifera (Maxim.) Kom.宽叶山蒿
Artemisia stolonifera Kom.(北研丛刊 1934,p.p.)=Artemisia igniaria
Artemisia stolonifera var. *laciniata* Nakai=Artemisia stolonifera
Artemisia stracheyi HK.f. & Thoms. ex C.B.Clarke 冻原白蒿
Artemisia stracheyi var. *grenardii* (Franch.) Y.R.Ling=Seriphidium grenardi
Artemisia stricta Heyne ex DC.(Edgew.in Trans.L.Soc.Bot.1846)=Artemisia edgeworthii
Artemisia stricta Heyne ex DC.(Fisch. ex Herd.in Bull.Soc.Nat.Mosc. 1867)=Artemisia desertorum
Artemisia stricta f. *diffusa* Pamp.=Artemisia edgeworthii var. diffusa
Artemisia stricta f. *genuina* Pamp.=Artemisia edgeworthii
Artemisia strongylocephala Pamp.(p.p.)=Artemisia roxburghiana
Artemisia strongylocephala Pamp.(p.p.)=Artemisia roxburghiana var. purpurascens
Artemisia strongylocephala var. *phyllobotys* Hand.-Mazz.=Artemisia phyllobotrys
Artemisia strongylocephala var. *sinensis* Pamp.=Artemisia sinensis
Artemisia strongylocephala var. *sinensis* f. *genuina* Pamp.=Artemisia sinensis
Artemisia strongylocephala var. *sinensis* f. *robusta* Pamp.=Artemisia robusta
Artemisia strongylocephala var. *sinensis* f. *virgata* Pamp.=Artemisia sinensis
Artemisia suavis Jord.法国蒿
Artemisia subdigitata Mattf.(p.p.)=Artemisia dubia
Artemisia subdigitata Mattf.=Artemisia dubia var. subdigitata
Artemisia subdigitata var. *falciloba* Mattf.=Artemisia dubia var. subdigitata
Artemisia subdigitata var. *intermedia* Kitag.=Artemisia dubia var. subdigitata
Artemisia subdigitata var. *thomsonii* (C.B.Clarke ex Pamp.) S.Y.Hu= Artemisia dubia
Artemisia subgen. *Seriphidium* (Bess.) Peterm.=**Seriphidium**
Artemisia subintegra Kitam.=Artemisia japonica
Artemisia sublessingiana (Kell.) Krasch. ex Poljak.=Seriphidium sublessingianum
Artemisia subspinescens Boiss.=Artemisia persica var. subspinescens
Artemisia subulata Nakai 线叶蒿
Artemisia succulenta Ledeb.苏联肉质叶蒿
Artemisia succulentoides Ling & Y.R.Ling 肉质叶蒿
Artemisia superba Pamp.=Artemisia vulgaris
Artemisia sylvatica Maxim.阴地蒿
Artemisia sylvatica var. meridionalis Pamp.密序阴地蒿
Artemisia sylvatica var. sylvatica=Artemisia sylvatica
Artemisia sylvatica var. *typica* Pamp.=Artemisia sylvatica
Artemisia tafelii Mattf.波密蒿
Artemisia taibaishanensis Y.R.Ling & C.J.Humph.太白山蒿
Artemisia tainingensis Hand.-Mazz.川藏蒿
Artemisia tainingensis var. nitida (Pamp.) Y.R.Ling 无毛川藏蒿
Artemisia tainingensis var. tainingensis=Artemisia tainingensis
Artemisia tanacetifolia L.裂叶蒿
Artemisia tanacetifolia var. *laxa* Kitam.=Artemisia latifolia
Artemisia tangutica Pamp.甘青蒿
Artemisia tangutica var. tangutica=Artemisia tangutica
Artemisia tangutica var. tomentosa Hand.-Mazz.绒毛甘青蒿
Artemisia tenuisecta var. *karataviensis* Krasch. & Abol. ex Poljak.= Seriphidium karatavicum
Artemisia terrae-albae Krasch.=Seriphidium terrae-albae
Artemisia terrae-albae subsp. *semiarida* Krasch.=Seriphidium semiaridum
Artemisia terrae-albae var. *heptapotamica* Poljak.=Seriphidium heptapotamicum
Artemisia thellungiana Pamp.藏腺毛蒿
Artemisia thomsonii C.B.Clarke ex Pamp.=Artemisia dubia
Artemisia thunbergiana Maxim.=Artemisia carvifolia
Artemisia tibetica HK.f. & Thoms.=Artemisia minor
Artemisia togusbulakensis O.Fedtsch.=Artemisia persica
Artemisia tomentella var. *subglabra* Krasch.=Artemisia marschalliana
Artemisia tongtchouanensis Lévl.=Artemisia parviflora
Artemisia tournefortiana Reichb.湿地蒿
Artemisia transiliensis Poljak.=Seriphidium transiliense
Artemisia trichophylla Wall. ex DC.=Artemisia scoparia
Artemisia tridactyla Hand.-Mazz.指裂蒿
Artemisia tridactyla var. minima Y.R.Ling 小指裂蒿
Artemisia tridactyla var. tridactyla=Artemisia tridactyla
Artemisia tridentata Nutt.三齿蒿
Artemisia trifida Turcz.=Hippolytia trifida
Artemisia tristis Pamp.=Artemisia lavandulaefolia
Artemisia tsugitakaensis (Ktam.) Ling & Y.R.Ling 雪山艾
Artemisia turczaninoviana Bess.(p.p.)=Artemisia gmelinii
Artemisia turczaninowiana Bess.(p.p.)=Artemisia rutifolia
Artemisia turczaninowiana var. *altaica* Kryl.=Artemisia rutifolia var. altaica
Artemisia turczaninowiana var. *dasyantha* Schrenk=Artemisia rutifolia
Artemisia turczaninowiana var. *falconeri* (C.B.Clarke) Ofedtsch.= Artemisia rutifolia
Artemisia turschaninowiana Krasn.=Artemisia gmelinii
Artemisia umbrosa (Bess.) Turcz. ex DC.(p.p.)=Artemisia lavandulaefolia
Artemisia velutina Pamp.黄毛蒿
Artemisia velutina f. *foliosa* Pamp.=Artemisia velutina
Artemisia velutina f. *genuina* Pamp.=Artemisia velutina
Artemisia venusta Pamp.=Artemisia rubripes
Artemisia venusta var. *microcephala* Pamp.=Artemisia rubripes
Artemisia venusta var. *typica* Pamp.=Artemisia rubripes
Artemisia verbenacea (Kom.) Kitag.辽东蒿
Artemisia verlotorum Lamotte 南艾蒿
Artemisia verlotorum var. *lobata* Pamp.=Artemisia verlotorum
Artemisia verlotorum var. *rigida* Pamp.=Artemisia verlotorum
Artemisia vestita Wall. ex Bess.(Kitag. in Lineam.Fl.Mansh.1939,p.p.)= Artemisia sacrorum
Artemisia vestita Wall. ex Bess.毛莲蒿
Artemisia vestita var. *discolor* (Kom.) Kitag.(p.p.)=Artemisia gmelinii
Artemisia vestita var. *discolor* (Kom.) Kitag.(p.p.)=Artemisia sacrorum var. incana
Artemisia vestita var. *viridis* (Bess.) W.Wang & H.T.Ho ex H.C.Fu= Artemisia sacrorum
Artemisia vexans Pamp.藏东蒿
Artemisia viridifolia Spreng.=Artemisia rupestris

Artemisia viridis Willd.=Artemisia rupestris
Artemisia viridisquanma Kitam.绿苞蒿
Artemisia viridissima (Kom.) Pamp.林艾蒿
Artemisia viscida (Mattf.) Pamp.腺毛蒿
Artemisia viscidissima Ling & Y.R.Ling 密腺毛蒿
Artemisia vulgaris L.(Bess.in DC.Prodr.1834)=Artemisia indica
Artemisia vulgaris L.(Forb. & Hemsl.in J.L.Soc.Bot.1888)=Artemisia lavandulaefolia
Artemisia vulgaris L.(HK.f.in Fl.Brit.Ind.1881,p.p.)=Artemisia myriantha
Artemisia vulgaris L.(HK.f.in Fl.Brit.Ind.1881,p.p.)=Artemisia myriantha var. pleiocephala
Artemisia vulgaris L.(HK.f.in Fl.Brit.Ind.1881,p.p.)=Artemisia verlotorum
Artemisia vulgaris L.(Mattf.in Fedde,Rep.Subsp. Nov.1926,p.p.)=Artemisia orientali-hengduangensis
Artemisia vulgaris L.(Mattf.in Fedde,Rep.Subsp. Nov.1926,p.p.)=Artemisia divaricata
Artemisia vulgaris L.(北研丛刊 1934,p.p.)=Artemisia igniaria
Artemisia vulgaris L.北艾
Artemisia vulgaris lusus *selegensis* Rgl.=Artemisia selengensis
Artemisia vulgaris lusus *serratifolia* Rgl.=Artemisia selengensis
Artemisia vulgaris var. *coarctica* Fors. ex Bess.(p.p.)=Artemisia mongolica
Artemisia vulgaris var. *coarctica* Fors. ex Bess.(p.p.)=Artemisia vulgaris
Artemisia vulgaris var. *gilvescens* (Miq.) Nakai (p.p.)=Artemisia gilvescens
Artemisia vulgaris var. *incana* Maxim.(p.p.)=Artemisia argyi
Artemisia vulgaris var. *incana* Maxim.(p.p.)=Artemisia leucophylla
Artemisia vulgaris var. *incanescens* Franch.(Mattf.in Fedde,Rep.Subsp. Nov.1926,p.p.)=Artemisia verbenacea
Artemisia vulgaris var. *incanescens* Franch.=Artemisia argyi
Artemisia vulgaris var. *indica* (Willd.) Maxim.=Artemisia indica
Artemisia vulgaris var. *indica* Maxim.(Hay.in Comp.Formos.1904)=Artemisia princeps
Artemisia vulgaris var. *indica* f. *nipponica* Nakai=Artemisia princeps
Artemisia vulgaris var. *integerima* Kom.=Artemisia selengensis
Artemisia vulgaris var. *integerrima* Kom.(东北检索表 1959,p.p.)=Artemisia subulata
Artemisia vulgaris var. *integrifolia* Ledeb.(Makino & Nemoto Catal.Jap.Pl.1914,p.p.)=Artemisia viridissima
Artemisia vulgaris var. *integrifolia* Ledeb.=Artemisia integrifolia
Artemisia vulgaris var. *integrifolia* Maxim.(Franch.in Fl.David.1884)=Artemisia anomala
Artemisia vulgaris var. *kiusiana* Makino=Artemisia stolonifera
Artemisia vulgaris var. *latifolia* Bess.(Takeda in Bot.Mag.Tokyo 1911,p.p.)=Artemisia gilvescens
Artemisia vulgaris var. *latifolia* Fisch. ex Bess.(p.p.)=Artemisia vulgaris
Artemisia vulgaris var. *latiloba* Ledeb.(Nakai in Bot.Mag.Tokyo 1912)=Artemisia princeps
Artemisia vulgaris var. *leucophylla* Turts. ex Bess.=Artemisia leucophylla
Artemisia vulgaris var. *maximoviczii* Nakai (p.p.)=Artemisia princeps
Artemisia vulgaris var. *maximoviczii* Nakai(p.p.)=Artemisia rubripes
Artemisia vulgaris var. *maximowiczii* Nakai (p.p.)=Artemisia lancea
Artemisia vulgaris var. *minor* Ledeb.(p.p.)=Artemisia leucophylla
Artemisia vulgaris var. *mongolica* Fisch. ex Bess.(Debeaux in Act.L.Bord. 1877)=Artemisia verbenacea
Artemisia vulgaris var. *mongolica* Fisch. ex Bess.=Artemisia mongolica
Artemisia vulgaris var. *myriantha* (Wall. ex Bess.) C.B.Clarke=Artemisia myriantha
Artemisia vulgaris var. *nilagirica* C.B.Clarke=Artemisia nilagirica
Artemisia vulgaris var. *parviflora* Bess.(Maxim.Prim.Fl.Amur.1859)=Artemisia rubripes
Artemisia vulgaris var. *parviflora* Maxim.(Matsum.in Ind.Pl.Jap.1912)=Artemisia lancea
Artemisia vulgaris var. *racemulosa* Pamp.=Artemisia lavandulaefolia
Artemisia vulgaris var. *selegensis* (Turcz. ex Bess.) Maxim.=Artemisia selengensis
Artemisia vulgaris var. *selengensis* Maxim.(Kom.in Fl.Mansh.1907,p.p.)=Artemisia lavandulaefolia
Artemisia vulgaris var. *stolonifera* Maxim.(Loes.in Beih.Bot.Centralb. 1921)=Artemisia igniaria
Artemisia vulgaris var. *stolonifera* Maxim.=Artemisia stolonifera
Artemisia vulgaris var. *stolonifera*.lusus *glabrescens* Rgl.=Artemisia keiskeana
Artemisia vulgaris var. *subulata* Nakai ex Pamp.=Artemisia subulata
Artemisia vulgaris var. *tenuifolia* Turts. ex Bess.=Artemisia mongolica
Artemisia vulgaris var. *umbrosa* Turts. ex Bess.(p.p.)=Artemisia lavandulaefolia
Artemisia vulgaris var. *verbenacea* Kom.=Artemisia verbenacea
Artemisia vulgaris var. *viridissima* Kom.=Artemisia viridissima
Artemisia vulgaris var. vulgaris=Artemisia vulgaris
Artemisia vulgaris var. *vulgatissima* Bess.(东北检索表 1959,内蒙志 1983)=Artemisia igniaria
Artemisia vulgaris var. *vulgatissima* Bess.(p.p.)=Artemisia indica
Artemisia vulgaris var. *vulgatissima* Bess.(p.p.)=Artemisia vulgaris
Artemisia vulgaris var. xizangensis Ling & Y.R.Ling 藏北艾
Artemisia wadei Edgew.=Artemisia annua
Artemisia wallichiana Bess.(p.p.)=Artemisia indica
Artemisia wallichiana Bess.(p.p.)=Artemisia moorcroftiana
Artemisia waltonii J.R.Drumm. ex Pamp.藏龙蒿
Artemisia waltonii var. waltonii=Artemisia waltonii
Artemisia waltonii var. yüshuensis Y.R.Ling 玉树龙蒿
Artemisia wellbyi Hemsl. & Pears. ex Deasy 藏沙蒿
Artemisia wudanica Liou & W.Wang.乌丹蒿
Artemisia wulingschanensis Bar. & Skv.=Artemisia dubia var. subdigitata
Artemisia xanthochloa Krasch.黄绿蒿
Artemisia xerophytica Krsch.内蒙古蒿
Artemisia xigazeensis Ling & Y.R.Ling 日喀则蒿
Artemisia xylorrhiza Krasch.=Artemisia klementze
Artemisia yadongensis Ling & Y.R.Ling 亚东蒿
Artemisia younghushandii J.R.Drumm. ex Pamp.藏白蒿
Artemisia youngii Y.R.Ling 高原蒿
Artemisia yunnanensis (Pamp.) Krasch.=Neopallasia pectinata
Artemisia yunnanensis J.F.Jeffr. ex Diels 云南蒿
Artemisia yunnanensis Jeffr. ex Diels (Lévl. in Fedde,Rep.So.Nov.1912)=Artemisia myriantha
Artemisia yunnanensis var. *nujianensis* Ling & Y.R.Ling=Artemisia nujiangensis
Artemisia zayüensis Ling & Y.R.Ling 察隅蒿
Artemisia zayüensis var. pienmaensis Ling & Y.R.Ling 片马蒿
Artemisia zayüensis var. zayüensis=Artemisia zayüensis
Artemisia zhaodongensis G.Y.Chang & M.Y.Liou=Artemisia anethoides
Artemisia zhongdianensis Y.R.Ling 中甸艾
Arthraxon Beauv.**荩草属**(禾本科)
Arthraxon breviaristatus Hack.=Arthraxon hispidus
Arthraxon castratus (Griff.) Narayan. & Bor 海南荩草
Arthraxon ciliaris subsp. *langsdorffii* var. *centrasiaticus* Hack.=Arthraxon hispidus var. centrasiaticus
Arthraxon ciliaris subsp. *langsdorfii* var. *cryptacherus* Hack.=Arthraxon hispidus var. cryptatherus
Arthraxon ciliaris var. *hookeri* Hack.=Arthraxon hispidus
Arthraxon cilliaris Beauv.=Arthraxon hispidus
Arthraxon cryptacherus (Hack.) Loidz.=Arthraxon hispidus var. cryptatherus
Arthraxon cuspidatus var. *micans* Hack.=Arthraxon micans
Arthraxon echinatus Hochst.=Arthraxon lanceolatus var. echinatus
Arthraxon guizhouensis S.L.Chen & Y.X.Jin 贵州荩草
Arthraxon hainanensis Keng & S.L.Chen=Arthraxon castratus
Arthraxon hispidus (Thunb.) Makino 荩草
Arthraxon hispidus f. *centrasiaticus* Ohwi=Arthraxon hispidus var. centrasiaticus
Arthraxon hispidus subsp. *centrasiaticus* Tzvel.=Arthraxon hispidus var. centrasiaticus
Arthraxon hispidus var. centrasiaticus (Grisb.) Honda 中亚荩草
Arthraxon hispidus var. cryptatherus (Hack.) Honda 匿芒荩草
Arthraxon hispidus var. hispidus=Arthraxon hispidus
Arthraxon hispidus var. hookeri (Hackel) Honda 虎氏荩草
Arthraxon japonicus Miq.=Arthraxon hispidus
Arthraxon lanceolatus (Roxb.) Hochst.茅叶荩草
Arthraxon lanceolatus var. echinatus (Nees) Hack.粗刺荩草
Arthraxon lanceolatus var. glabratus S.L.Chen & Y.X.Jin 光轴荩草
Arthraxon lanceolatus var. lanceolatus=Arthraxon lanceolatus
Arthraxon lanceolatus var. raizadae (Jain Hemadri & Deshpande) Welzen 毛颖荩草
Arthraxon lancifolius (Trin.) Hochst.小叶荩草
Arthraxon lancifolius var. *microphyllus* Kuntze=Arthraxon microphyllus
Arthraxon maopingensis S.L.Chen & Y.x.Jin 茅坪荩草

Arthraxon micans (Nees) Hochst.光亮荩草
Arthraxon microphyllus (Trin.) Hochst.小荩草
Arthraxon microphyllus Hack.=Arthraxon lancifolius
Arthraxon microphyllus var. *genuinus* HK.f.=Arthraxon lancifolius
Arthraxon microphyllus var. *lancifolius* Hack.=Arthraxon lancifolius
Arthraxon molle Duttic=Arthraxon lancifolius
Arthraxon multinervus S.L.Chen & Y.X.Jin 多脉荩草
Arthraxon nodosus Kom.=Microstegium nodosum
Arthraxon pauciflorus Honda=Arthraxon hispidus
Arthraxon prionodes (Steud.) Dandy=Arthraxon lanceolatus
Arthraxon raizadae Jain Hemadri & Deshpande=Arthraxon lanceolatus var. raizadae
Arthraxon rudis (Nees ex Steud.) Hochst.=Arthraxon castratus
Arthraxon schimperi Hochst.=Arthraxon lancifolius
Arthraxon sikkimensis Bor=Arthraxon microphyllus
Arthraxon spathacens HK.f.=Arthraxon lanceolatus var. echinatus
Arthraxon xinanensis S.L.Chen & Y.X.Jin 西南荩草
Arthraxon xinanensis var. laxiflorus S.L.Chen & Y.X.Jin 疏序荩草
Arthraxon xinanensis var. xinanensis=Arthraxon xinanensis
Arthromeris (T.Moore) J.Sm.**节肢蕨属**(水龙骨科)
Arthromeris caudata Ching & Y.X.Lin 尾状节肢蕨
Arthromeris elegans Ching 美丽节肢蕨
Arthromeris elegans f. elegans=Arthromeris elegans
Arthromeris elegans f. pianmaensis S.G.Lu 片马节肢蕨
Arthromeris himalayensis (HK.) Ching 琉璃节肢蕨
Arthromeris himalayensis var. himalayensis=Arthromeris himalayensis
Arthromeris himalayensis var. niphoboloides (C.B.Clarke) S.G.Lu 灰茎节肢蕨
Arthromeris intermedia Ching 中间节肢蕨
Arthromeris juglandifolia (D.Don) J.Sm.=Arthromeris wallichiana
Arthromeris lehmanni (Mett.) Ching 节肢蕨
Arthromeris lehmanni var. *auriculata* Ching=Arthromeris mairei
Arthromeris longipinna Ching & Y.X.Lin=Arthromeris wardii
Arthromeris lungtauensis Ching 龙头节肢蕨
Arthromeris mairei (Bause) Ching 多羽节肢蕨
Arthromeris medogensis Ching & Y.X.Lin 墨脱节肢蕨
Arthromeris nigropaleacea S.G.Lu 黑鳞节肢蕨
Arthromeris notabilis Ching=Arthromeris tenuicauda
Arthromeris pinnata (Hay.) Ching=Arthromeris lehmanni
Arthromeris salicifolia Ching & Y.X.Lin 柳叶节肢蕨
Arthromeris tatsienensis (Franch. & Bureau.) Ching 康定节肢蕨
Arthromeris tenuicauda (HK.) Ching 狭羽节肢蕨
Arthromeris tibetana Ching=Arthromeris lehmanni
Arthromeris tibetana var. *glabrescens* Ching & S.K.Wu=Arthromeris lehmanni
Arthromeris tomentosa W.M.Chu 厚毛节肢蕨
Arthromeris tsayuensis Ching & Y.X.Lin=Arthromeris mairei
Arthromeris wallichiana (Spreng.) Ching 单行节肢蕨
Arthromeris wardii (C.B.Clarke) Ching 灰背节肢蕨
Arthrophytum Schrenk **节节木属**(藜科)
Arthrophytum ammodendron var. *acutifolium* Minkw.=Haloxylon persicum
Arthrophytum ammodendron var. *aphyllum* Minkw.=Haloxylon ammodendron
Arthrophytum iliense Iljin 长枝节节木
Arthrophytum korovinii Botsch.棒叶节节木
Arthrophytum longibracteatum Korov.长叶节节木
Arthrophytum persicum R.-Sav.=Haloxylon persicum
Arthrophytum regelii Litv.=Iljinia Iljina regelii
Arthropteris J.Sm.**爬树蕨属**(肾蕨科)
Arthropteris guinanensis H.G.Zhou & Y.Y.Huang=Arthropteris palisotii
Arthropteris obliterata (R.Br.) J.Sm.(蕨类图说 1957)=Arthropteris palisotii
Arthropteris palisotii (Desv.) Alston 爬树蕨
Arthropteris ramosa Mett.=Arthropteris palisotii
Arthrostemma paniculatum D.Don=Oxyspora paniculata
Arthrostylidium naibunensis (Hay.) W.C.Lin=Drepanostachyum naibunense
Arthrostylis chinensis Benth.=Fimbristylis chinensis
Artocarpus J.R. & G.Forst.**波罗蜜属**(桑科)
Artocarpus altilis (Parkins) Fosberg=Artocarpus incisa
Artocarpus bicolor Merr. & Chun=Artocarpus styracifolius
Artocarpus brevisericea C.Y.Wu & W.T.Wang=Artocarpus petelotii
Artocarpus chama Buch.-Ham. ex Wall.野树波罗
Artocarpus chaplasha Roxb.=Artocarpus chama
Artocarpus communis J.R. & G.Forst=Artocarpus incisa
Artocarpus ficifolia W.T.Wang=Artocarpus lacucha
Artocarpus gomeziana var. *griffithii* King=Artocarpus nitidus subsp. griffithii
Artocarpus gomeziana Wall.=Artocarpus gomezianus
Artocarpus gomezianus Wall. ex Tréc.长圆叶波罗蜜
Artocarpus gongshanensis S.K.Wu ex S.S.Chang 贡山波罗蜜
Artocarpus heterophyllus Lam.波罗蜜
Artocarpus hypargyreus Hance 白桂木
Artocarpus incisa (Thunb.) L.f.面包树
Artocarpus integer (Thunb.) Merr.(Kanehira in Fl.Micronesica 1933)= Artocarpus heterophyllus
Artocarpus integra Merr.全缘桂木
Artocarpus integrifolia L.f.(auct.Plus)=Artocarpus heterophyllus
Artocarpus lacucha Buch.-Ham. ex D.Don 野波罗蜜
Artocarpus lakoocha Wall. ex Roxb.=Artocarpus lacucha
Artocarpus lanceolata Tréc.(Gagn.in Lecomte,Fl.Gén.Indo-Chine 1928)= Artocarpus nitidus subsp. griffithii
Artocarpus lanceolatus Tréc.(Merr.in Enum.Philipp.1923,台湾志 1976)= Artocarpus xanthocarpus
Artocarpus lingnanensis Merr.=Artocarpus nitidus subsp. lingnanensis
Artocarpus melinoxylus Gagn.=Artocarpus chama
Artocarpus nanchuanensis S.S.Chang 南川木波罗
Artocarpus nigrifolius C.Y.Wu 牛李
Artocarpus nitidus Tréc.光叶桂木
Artocarpus nitidus subsp. griffithii (Kiang) Jarr.披针叶桂木
Artocarpus nitidus subsp. lingnanensis (Merr.) Jarr.桂木
Artocarpus nitidus subsp. nitidus=Artocarpus nitidus
Artocarpus parva Gagn.=Artocarpus nitidus subsp. lingnanensis
Artocarpus petelotii Gagn.短绢毛波罗蜜
Artocarpus petiolaris Miq.=Artocarpus gomezianus
Artocarpus pithecogallus C.Y.Wu 猴子瘿袋
Artocarpus styracifolius Pierre 二色波罗蜜
Artocarpus tonkinensis A.Chev. ex Gagn.胭脂
Artocarpus xanthocarpus Merr.黄果波罗蜜
Artocarpus yunnanensis Hu=Artocarpus lacucha
Arum L.**疆南星属**(天南星科)
Arum bicolor Ait.=Caladium bicolor
Arum bulbiferum Roxb.=Amorphophallus bulbifer
Arum colocasia L.=Colocasia antiquorum
Arum costatum Wall.=Arisaema costatum
Arum cucullatum Lour.=Alocasia cucullata
Arum cuspitatum Bl.=Typhonium flagelliforme
Arum dioscoridis Sibth & Sm.薯蓣疆南星
Arum divaricatum L.=Typhonium divaricatum
Arum diversifolium Bl.=Typhonium divaricatum
Arum echinatum Wall.=Arisaema echinatum
Arum elongatum Федгенко=Arum korolkowii
Arum erubescens Wall.=Arisaema erubescens
Arum esculentum L.=Colocasia esculenta
Arum flagelliforme Lodd.=Typhonium flagelliforme
Arum flavum Forsk.=Arisaema flavum
Arum guttatum Wall.=Sauromatum venosum
Arum italicum Mill.意大利疆南星
Arum korolkowii Regel.疆南星
Arum macrorrhizum L.=Alocasia macrorrhiza
Arum maculatum L.点纹疆南星
Arum nepenthoides Wall.=Arisaema nepenthoides
Arum odorum Roxb.=Alocasia macrorrhiza
Arum orientale M.Bieb.东方疆南星
Arum orixense Roxb.=Typhonium trilobatum
Arum palaestinum Boiss.黑疆南星
Arum peltatum β.Lam.=Colocasia esculenta
Arum pictum L.花叶疆南星
Arum ringens Thunb.=Arisaema ringens
Arum roxburgii Thwait=Typhonium roxburgii
Arum sarmentosum Fisch.=Gonatanthus pumilus
Arum sazensoo Buerg. ex Bl.=Arisaema sikokianum
Arum sequinum L.=Dieffenbachia sequina

Arum serratum Thunb.=Arisaema serratum
Arum sp. Griff.=Steudnera griffithii
Arum speciosum Wall.=Arisaema speciosum
Arum ternatum Thunb.=Pinellia ternata
Arum tortuosum Wall.=Arisaema tortuosum
Arum trilobatum L.=Typhonium trilobatum
Arum trilobatum Roxb.=Typhonium roxburgii
Arum trilobatum Thunb.=Typhonium divaricatum
Arum venosum Aiton=Sauromatum venosum
Arum viviparum Roxb.=Remusatia vivipara
Aruncus Adans.**假升麻属**(蔷薇科)
Aruncus asiaticus Pojark.=Aruncus sylvester
Aruncus dioicus var. *rotundifoliolatus* Hara=Aruncus gombalanus
Aruncus dioicus var. *vulgaris* (Maxim.) Hara=Aruncus sylvester
Aruncus gombalanus Hand.-Mazz.贡山假升麻
Aruncus sylvester Kostel.假升麻
Arundarbor remotiflora Kuntze=Bambusa remotiflora
Arundina Bl.**竹叶兰属**(兰科)
Arundina chinensis Bl.=Arundina graminifolia
Arundina graminifolia (D.Don) Hochr.竹叶兰
Arundina graminifolia var. *chinensis* (Bl.S.S.Ying=Arundina graminifolia
Arundina stenopetala Gagn.=Arundina graminifolia
Arundinaria Michaux **青篱竹属**(禾本科)
Arundinaria actinotricha Merr. & Chun=Ampelocalamus actinotrichus
Arundinaria acutissima Keng=Fargesia melanostachus
Arundinaria amabilis McClure=Pseudosasa amabilis
Arundinaria amara Keng=Pleioblastus amarus
Arundinaria andropogonoides (Hand.-Mazz.) Hand.-Mazz.=Yushania andropogonoides
Arundinaria aristata Gamble=Thamnocalamus aristatus
Arundinaria armata Gamble=Chimonobambusa armata
Arundinaria brevipaniculata Hand.-Mazz.=Yushania brevipaniculata
Arundinaria brevipes McClure=Fargesia brevipes
Arundinaria cantori (Munro) Chia=Pseudosasa cantori
Arundinaria chino (Franch. & Sav.) Makino=Pleioblastus chino
Arundinaria chungii Keng=Yushania brevipaniculata
Arundinaria cuspidata Keng=Fargesia cuspidata
Arundinaria densiflora Rendle=Brachystachyum densiflorum
Arundinaria dolichantha Keng=Sinobambusa tootsik
Arundinaria dumetosa Rendle=Bashania fargesii
Arundinaria dushanensis C.D.Chu & J.Q.Zhang=Sinobambusa dushanensis
Arundinaria fangiana A.Camus 冷青篱竹
Arundinaria fargesii E.G.Camus=Bashania fargesii
Arundinaria fargesii var. *grandifolia* E.G.Camus=Bashania fargesii
Arundinaria fastuosa (Mitford) Makino=Semiarundinaria fastuosa
Arundinaria ferax Keng=Fargesia ferax
Arundinaria forrestii Keng=Fargesia melanostachus
Arundinaria fortunei (Van Houtte) Riv.=Sasa fortunei
Arundinaria funghomii McClure 小篱竹
Arundinaria glaucescens (Willd.) Beauv.=Bambusa multiplex
Arundinaria gracilipes (McClure) C.D.Chu & C.S.Chao=Oligostachyum gracilipes
Arundinaria graminea (Bean) Makino=Pleioblastus gramineus
Arundinaria hindsii Munro=Pseudosasa hindsii
Arundinaria japonica A.Gray=Pleioblastus simonii
Arundinaria japonica Franch. & Savat.=Pleioblastus chino
Arundinaria japonica S. & Z.=Pseudosasa japonica
Arundinaria kindsii var. *graminea* Bean=Pleioblastus gramineus
Arundinaria kunishii Hay.=Gelidocalamus kunishii
Arundinaria latifolia Keng=Indocalamus latifolius
Arundinaria lima (McClure) Z.D.Chu & C.S.Chao=Oligostachyum nuspiculum
Arundinaria linearis Hack=Pleioblastus linearis
Arundinaria longiauritus (Hand.-Mazz.) Hand.-Mazz.=Indocalamus longiauritus
Arundinaria longiramea Munro=Indocalamus sinicus
Arundinaria maculata Z.D.Chu & C.S.Chao=Oligostachyum scabriflorum
Arundinaria mairei Hack. ex Hand.-Mazz.=Fargesia mairei
Arundinaria marmorea (MiftF.) Makino=Chimonobambusa marmorea
Arundinaria matsumurea Hack.=Chimonobambusa marmorea
Arundinaria megalothyrsa Hand.-Mazz.=Yushania megalothyrsa
Arundinaria melanostachys Hand.-Mazz.=Fargesia melanostachus
Arundinaria murielae Gamble ex Bean=Fargesia murielae
Arundinaria naibunensis Hay.=Drepanostachyum naibunense
Arundinaria nana Makino=Chimonobambusa marmorea
Arundinaria nanunica (McClure) C.D.Chu & C.S.Chao=Pseudosasa nanunica
Arundinaria narihira (Bean) Makino=Semiarundinaria fastuosa
Arundinaria niitakayamensis Hay.=Yushania niitakayamensis
Arundinaria nitida Mitf. ex Stapf.(p.p.)=Yushania confusa
Arundinaria nitida Mitf.=Fargesia nitida
Arundinaria nuspicula (McClure) Z.D.Chu & C.S.Chao=Oligostachyum nuspiculum
Arundinaria oiwakensis Hay.=Yushania niitakayamensis
Arundinaria panda Keng=Pseudosasa hindsii
Arundinaria pauciflora Keng Fargesia pauciflora
Arundinaria pedalis Keng=Indocalamus auriculatus
Arundinaria pleniculmis Hand.-Mazz.=Fargesia pleniculmis
Arundinaria prainii (Gamble) Gamble=Neomicrocalamus prainii
Arundinaria pubiflora Keng 毛花青篱竹
Arundinaria pygmaea (Miq.) Mitf.=Sasa pygmaea
Arundinaria pygmaea var. *disticha* (Mitf.) Chao & Renv.=Sasa pygmaea var. disticha
Arundinaria quadrangularis (Fenzi) Makino=Chimonobambusa quadrangularis
Arundinaria racemosa subsp. *fangiana* A.Camus=Bashania fangiana
Arundinaria ramosa Makino=Pleioblastus chino var. hisauchii
Arundinaria scabriflora (McClure) Z.D.Chu & C.S.Chao=Oligostachyum scabriflorum
Arundinaria scopula (McClure) Z.D.Chu & C.S.Chao=Oligostachyum scopulum
Arundinaria shiuyingiana Chia & But=Oligostachyum shiuyingianum
Arundinaria simonii (Carr.) A. & C.Riv.(p.p.)=Pleioblastus chino
Arundinaria simonii (Carr.) A. & C.Riv.(p.p.)=Pleioblastus simonii
Arundinaria sinica Hance=Indocalamus sinicus
Arundinaria spongiosa C.D.Chu & C.S.Chao=Oligostachyum spongiosum
Arundinaria szechuanensis Rendle=Chimonobambusa szechuanensis
Arundinaria tootsitk (Sieb.) Makino=Sinobambusa tootsik
Arundinaria usawai Hay.=Pseudosasa usawai
Arundinaria vaginata Hack.=Pleioblastus simonii
Arundinaria varia Keng=Pleioblastus amarus
Arundinaria variabilis var. *disticha* (Mitf.) H.de Leh.=Sasa pygmaea var. disticha
Arundinaria variabilis var. *fortunei* (Van Houtte) H.de Leh.=Sasa fortunei
Arundinaria vicina Keng=Fargesia vicina
Arundinaria violascens Keng=Yushania violascens
Arundinaria wilsonii Rendle=Indocalamus wilsonii
Arundinella Raddi **野古草属**(禾本科)
Arundinella anomala Steud.野古草
Arundinella anomala var. *depauperata* Rendle=Arundinella anomala
Arundinella barbinodis Keng ex B.S.Su & Z.H.Hu 毛节野古草
Arundinella bengalensis (Spreng) Druce 孟加拉野古草
Arundinella bidentata Keng=Arundinella setosa
Arundinella brasiliensis Raddi 巴西野古草
Arundinella caespitosa Janow=Arundinella pubescens
Arundinella chenii Keng=Arundinella hookeri
Arundinella clarkei HK.f.=Arundinella decempedalis
Arundinella cochinchinensis Keng 大序野古草
Arundinella decempedalis (Kuntze) Janow.丈野古草
Arundinella flavida Keng 硬叶野古草
Arundinella fluviatilis Hand.-Mazz.溪边野古草
Arundinella fluviatilis var. *pachyathera* Hand.-Mazz.=Arundinella rupestris var. pachyathera
Arundinella glabra Nees ex HK. & Arn.=Arundinella nepalensis
Arundinella grandiflora Hack.大花野古草
Arundinella hirta (Thunb.) Tanaka (禾本科图说 1959,苏南植物手册 1959,秦岭志 1970,北京志 1975,江苏志 1977,I 高等图鉴 1976)=Arundinella anomala
Arundinella hirta (Thunb.) Tanaka 毛秆野古草
Arundinella hirta f. *koryuensis* (Honda) Kitag.=Arundinella hirta
Arundinella hirta f. *shotokuensis* (Honda) Kitag.=Arundinella hirta
Arundinella hirta subsp. *anomala* (Steud.) Tanaka=Arundinella anomala
Arundinella hirta subsp. *hirta* Tzvel.=Arundinella hirta
Arundinella hirta var. *ciliata* Koidz.=Arundinella anomala
Arundinella hirta var. *depauperata* Rendle=Arundinella anomala
Arundinella hirta var. *hondana* Koidz.=Arundinella hondana
Arundinella hirta var. *koryuensis* Honda=Arundinella hirta

Arundinella hirta var. *shotokuensis* Honda(p.p.)=Arundinella anomala
Arundinella hirta var. *shotokuensis* Honda(p.p.)=Arundinella hirta
Arundinella hispida (Benth. & HK.) O.Kuntze (Hand.-Mazz.in Symb.Sin. 1936)=Arundinella nepalensis
Arundinella hispida f. *humilior* Hack.=Arundinella pubescens
Arundinella hispida subsp. *humilior* Hack.=Arundinella pubescens
Arundinella hondana (Koidz.) B.S.Sun & Z.H.Hu 庐山野古草
Arundinella hookeri Munro ex Keng 西南野古草
Arundinella hubeiensis D.M.Chen=Arundinella setosa
Arundinella khaseana Nees ex Steud.滇西野古草
Arundinella nepalensis Trin.石芒草
Arundinella nervosa (Roxb.) Nees 具脉野古草
Arundinella nodosa B.S.Su & Z.H.Hu 多节野古草
Arundinella parviflora B.S.Sun & Z.H.Hu 小花野古草
Arundinella pilaxilis B.S.Sun & Z.H.Hu 毛轴野古草
Arundinella pubescens Merr. & Hack.毛野古草
Arundinella rupestris A.Camus 岩生野古草
Arundinella rupestris var. pachyathera (Hand.-Mazz.) B.S.Sun & Z.H.Hu 粗芒野古草
Arundinella rupestris var. rupestris=Arundinella rupestris
Arundinella setosa Trin.刺芒野古草
Arundinella setosa var. esetosa Bor 无刺野古草
Arundinella setosa var. setosa=Arundinella setosa
Arundinella setosa var. tengchongensis B.S.Sun & Z.H.Hu 腾冲野古草
Arundinella sinensis Rendle=Arundinella setosa
Arundinella tricholepis B.S.Su & Z.H.Hu 毛颖野古草
Arundinella villosa var. *himalaica* HK.f.=Arundinella hookeri
Arundinella virgata Janow.=Arundinella nepalensis
Arundinella yunnanensis Keng 云南野古草
Arundo L.**芦竹属**(禾本科)
Arundo australis Cav.=Phragmites australis
Arundo bambos L.=Bambusa arundinacea
Arundo donax L.芦竹
Arundo donax var. coleotricha Hack.毛鞘芦竹
Arundo donax var. donax=Arundo donax
Arundo donax var. versicolor Stokes 变叶芦竹
Arundo epigeios L.=Calamagrostis epigeios
Arundo festucacea Will.=Scolochloa festucacea
Arundo formosana Hack.台湾芦竹
Arundo karka Retz.=Phragmites karka
Arundo langsdorffii Link=Deyeuxia langsdorffii
Arundo lapponica Wahlenb.=Deyeuxia laponica
Arundo madagascariensis Kunth=Neyraudia arundinacea
Arundo maxima Lour.=Gigantochloa verticillata
Arundo multiplex Lour.=Bambusa multiplex
Arundo neglecta Ehrh.=Deyeuxia neglecta
Arundo phragmites L.=Phragmites australis
Arundo pseudophragmites Hall.f.=Calamagrostis pseudophragmites
Arundo reynaudiana Kunth.=Neyraudia reynaudiana
Arundo sylvatica Schrad.=Deyeuxia arundinacea
Arundo villosa Trin.=Psammochloa villosa
Arytera Bl.**滨木患属**(无患子科)
Arytera littoralis Bl.滨木患
Asaphes Spreng.=**Morina**
Asarum L.**细辛属**(马兜铃科)
Asarum albomaculatum Hay.白斑细辛?
Asarum arrhizoma Lévl. & Vant.=Asarum caudigerum
Asarum brevistylum Franch.短柱细辛?
Asarum cardiophyllum Franch.=Asarum caudigerum var. cardiophyllum
Asarum caudigerellum C.Y.Cheng & C.S.Yang 短尾细辛
Asarum caudigerum Hance 尾花细辛
Asarum caudigerum var. cardiophyllum (Franch.) C.Y.Cheng & C.S.Yang 花叶尾花细辛
Asarum caudigerum var. caudigerum=Asarum caudigerum
Asarum caulescens Maxim.双叶细辛
Asarum caulescens var. *setchuenense* Franch.=Asarum caulescens
Asarum cavaleriei Lévl. & Vant.=Asarum geophilum
Asarum cavaleriei var. *esquirolii* Lévl.=Asarum geophilum
Asarum chinense Franch.川北细辛
Asarum chingchengense C.Y.Cheng & C.S.Yang=Asarum splendens
Asarum crispulatum C.Y.Cheng & CS.Yang 皱花细辛
Asarum debile Franch.铜钱细辛
Asarum delavayi C.Y.Cheng & C.S.Yang=Asarum splendens
Asarum delavayi Franch.川滇细辛
Asarum epigynum Hay.台湾细辛
Asarum europaeum L.欧细辛
Asarum fargesii Franch.=Asarum chinense
Asarum forbesii Maxim.杜衡
Asarum franchetianum Disl=Asarum caulescens
Asarum fukienense C.Y.Cheng & C.S.Yang 福建细辛
Asarum geophilum Hemsl.地花细辛
Asarum gracilipes C.S.Yang ex C.F. Liang=Asarum insigne
Asarum hayatanum Maekawa 芋叶细辛?
Asarum heterotropoides Fr.Schmidt 库页细辛
Asarum heterotropoides var. heterotropoides=Asarum heterotropoides
Asarum heterotropoides var. mandshuricum (Maxim.) Kitag.辽细辛
Asarum himalaicum HK.f. & Thoms. ex Klotzsch.单叶细辛
Asarum hypogynum Hay.下花细辛?
Asarum ichangense C.Y.Cheng & C.S.Yang 小叶马蹄香
Asarum inflatum C.Y.Cheng & C.S.Yang 灯笼细辛
Asarum infrapurpureum Hay.下紫细辛
Asarum insigne Diels 金耳环
Asarum leptophyllum Hay.=Asarum caudigerum
Asarum leptophyllum var. *triangulare* Hay.=Asarum caudigerum
Asarum longepedunculatum O.C.Schmidt=Asarum insigne
Asarum longerhizomatosum C.F. Liang & C.S.Yang 长茎金耳环
Asarum macranthum HK.f.大花细辛
Asarum maekawa Hara=Asarum delavayi
Asarum magnificum Tsaing=Asarum magnificum
Asarum magnificum Tsiang ex C.Y.Cheng & C.S.Yang 祁阳细辛
Asarum magnificum var. dinghuense C.Y.Cheng & C.S.Yang 鼎湖细辛
Asarum magnificum var. magnificum=Asarum magnificum
Asarum maximum Hemsl.大叶马蹄香
Asarum nanchuanense C.S.Yang & J.L.Wu 南川细辛
Asarum petelotii O.C.Schmidt 红金耳环
Asarum porphyronotum C.Y.Cheng & C.S.Yang 紫背细辛
Asarum porphyronotum var. atrovirens C.Y.Cheng & C.S.Yang 深绿细辛
Asarum porphyronotum var. porphyronotum=Asarum porphyronotum
Asarum pulchellum Hemsl.长毛细辛
Asarum renicordatum C.Y.Cheng & C.S.Yang 肾叶细辛
Asarum sagittarioides C.F. Liang 山慈菇
Asarum sieboldii Miq.细辛
Asarum sieboldii f. seoulense (Nakai) C.Y.Cheng 汉城细辛
Asarum sieboldii f. sieboldii=Asarum sieboldii
Asarum sieboldii var. *mandshuricum* Maxim.=Asarum heterotropoides var. mandshuricum
Asarum sieboldii var. *seoulense* Nakai=Asarum sieboldii f. seoulense
Asarum splendens (Maekawa) C.Y.Cheng & C.S.Yang 青城细辛
Asarum sprengeri pamp.南漳细辛?
Asarum taitonense Hay.大屯细辛
Asarum wulingense C.F. Liang 五岭细辛
Ascalea Hill.(p.p.)=**Cirsium**
Ascalea lanceolata (L.) Hill.=Cirsium vulgare
Ascaria serrata Bl.=Sarcandra glabra
Ascarina serrata Bl.=Sarcandra glabra subsp. brachystachys
Asclepiadaceae 萝藦科
Asclepias L.**马利筋属**(萝藦科)
Asclepias acida Roxb.=Sarcostemma acidum
Asclepias alba Mill.=Cynanchum vincetoxicum
Asclepias canescens Willd.=Cynanchum cnanescens
Asclepias annularis Roxb.=Holostemma adakodien
Asclepias carnosa L.f.=Hoya carnosa
Asclepias cordata Burm.f.=Telosma cordata
Asclepias curassavica L.马利筋
Asclepias curassavica cv. Flaviflora 黄冠马利筋
Asclepias curassavica f. *flaviflora* Tawada=Asclepias curassavica cv. Flaviflora
Asclepias dahurica Willd.=Cynanchum purpureum
Asclepias fruticosa L.=Gomphocarpus fruticosus
Asclepias gigantea L.=Calotropis gigantea
Asclepias gigantea Jacq.=Calotropis procera
Asclepias hastata Bge.=Cynanchum bungei

Asclepias laurifolius Roxb.=Genianthus laurifolius
Asclepias pallida Roxb.=Telosma pallida
Asclepias paniculata Bge.=Cynanchum paniculatum
Asclepias pulchella Roxb.=Raphistemma pulchellum
Asclepias purpurea Pall.=Cynanchum purpureum
Asclepias rosea Roxb.=Oxystelma esculentum
Asclepias sibirica L.=Cynanchum thesioides
Asclepias tenacissima Roxb.=Marsdenia tenacissima
Asclepias tingens Roxb.=Gymnema inodorum
Asclepias vincetoxicum L.=Cynanchum vincetoxicum
Asclepias volubilis L.f.=Dregea volubbilis
Ascocentrum Schltr.**乌舌兰属**(兰科)
Ascocentrum ampullaceum (Roxb.) Schltr.乌舌兰
Ascocentrum himalaicum (Deb.Sengupta & Malich) Christenson 圆柱叶乌舌兰
Ascocentrum pumilum (Hay.) Schaltr.尖叶乌舌兰
Ascochilus annamensis Guillaum.=Thrixspermum annamense
Ascochilus loratus Rolfe ex Downie=Staurochilus loratus
Ascolabium S.S.Ying=**Ascocentrum**
Ascolabium pumilum (Hay.) S.S.Ying=Ascocentrum pumilum
Ascotainia Ridl. =**Tainia**
Ascotainia angustifolia (Lindl.) Schltr.=Tainia angustifolia
Ascotainia elata Schltr.=Tainia viridifusca
Ascotainia hongkongensis (Rolfe) Schltr.=Tainia hongkongensis
Ascotainia hookeriana Ridl=Tainia hookeriana
Ascotainia viridifusca (HK.) Schltr.=Tainia viridifusca
Ascyrum filicaule Dyer=Hypericum filicaule
Asiasarum Maekawa=**Asarum**
Asiasarum heterotropoides (Fr.Schmidt.) Maekawa=Asarum heterotropoides
Asiasarum heterotropoides var. *mandshuricum* (Maxim.) Maekawa=Asarum heterotropoides var. mandshuricum
Asiasarum heterotropoides var. *seoulense* (Nakai) Maekawa=Asarum sieboldii f. seoulense
Asiasarum sieboldii (Miq.) Maekawa=Asarum sieboldii
Aspalathus arborescens Amm.=Caragana arborescens
Aspalathus chamlagu (Lam.) O.Kuntze=Caragana sinica
Asparagopsis L.=**Asparagus**
Asparagopsis densiflora Kunth=Asparagus densiflorus
Asparagopsis setacea Kunth=Asparagus setaceus
Asparagopsis sinica Miq.=Asparagus cochinchinensis
Asparagus L.**天门冬属**(百合科)
Asparagus acicularis Wang & S.C.Chen 山文竹
Asparagus angulofractus Iljin 折枝天门冬
Asparagus angulofractus var. *scabridus* Kitag.=Asparagus gobicus
Asparagus asparagoides Wight 拟天冬草
Asparagus brachyphyllus Turcz.攀援天门冬
Asparagus breslerianus Schult. & J.H.Schult.西天门冬(新)
Asparagus cochinchinensis (Lour.) Merr.天门冬
Asparagus cochinchinensis var. *dolichoclados* (Merr. & Rolfe) Wang & Tang=Asparagus cochinchinensis
Asparagus cochinchinensis var. *longifoliatus* Wang & Tang=Asparagus cochinchinensis
Asparagus cochinchinensis var. *longifolius* Wang & Tang=Asparagus cochinchinensis
Asparagus crispus Lam.香天冬草
Asparagus dauricus Fisch. ex Link 兴安天门冬
Asparagus dauricus var. *elongatus* Pamp.=Asparagus cochinchinensis
Asparagus densiflorus (Kunth) Jessop 非洲天门冬
Asparagus densiflorus var. myriocladus Hort.多枝文竹
Asparagus densiflorus var. pyramidalis Hort.塔形天冬
Asparagus densiflorus var. sprengeri Hort.天冬草
Asparagus drepanophyllus Welw.镰叶天冬
Asparagus filicinus Ham. ex D.Don=Asparagus filicinus
Asparagus filicinus Ham. ex D.Don 羊齿天门冬
Asparagus filicinus var. *brevifolius* Diels=Asparagus filicinus
Asparagus filicinus var. *brevipes* Baker=Asparagus lycopodineu
Asparagus filicinus var. *giraldii* C.H.Wright=Asparagus filicinus
Asparagus filicinus var. *lycopodineus* Baker=Asparagus lycopodineum
Asparagus filicinus var. *megaphyllus* Wang & Tang=Asparagus filicinus
Asparagus flacatus L.优香天门冬
Asparagus gaudichaudianus Kunth.=Asparagus cochinchinensis
Asparagus gibbus Bge.=Asparagus dauricus
Asparagus gobicus Ivan. ex Grubov 戈壁天门冬
Asparagus graminifolius L.=Liriope graminifolia
Asparagus insularis Hance=Asparagus cochinchinensis
Asparagus kansuensis Wang & Tang 甘肃天门冬
Asparagus longiflorus Franch.长花天门冬
Asparagus lucidus Lindl.=Asparagus cochinchinensis
Asparagus lycopodineus Wall. ex Baker 短梗天门冬
Asparagus lycopodineus var. *sessilis* Wang & Tang=Asparagus lycopodineus
Asparagus madagascariensis 马岛天冬
Asparagus mairei Lévl.(1909)昆明天门冬
Asparagus mairei Lévl.(1913)=Asparagus meioclados
Asparagus maritimus Pall.(Bge. in Enum.Pl.China Bor.Coll.1833)=Asparagus brachyphyllus
Asparagus meioclados Lévl.密齿天门冬
Asparagus meioclados var. *trichoclados* Wang & Tang=Asparagus trichoclados
Asparagus munitus Wang & S.C.Chen 西南天门冬
Asparagus myriacanthus Wang & S.C.Chen 多刺天门冬
Asparagus neglectus Kar. & Kir.新疆天门冬
Asparagus officinalis L.石刁柏
Asparagus officinalis var. *altilis* L.=Asparagus officinalis
Asparagus oligoclonos Maxim.南玉带
Asparagus oligoclonos var. *purpurascens* X.J.Xue & H.Yao=Asparagus oligoclonos
Asparagus parviflorus Turcz.=Asparagus schoberioides
Asparagus persicus Baker 西北天门冬
Asparagus plumosus Baker=Asparagus setaceus
Asparagus plumosus var. comorensis Hort.纤美文竹
Asparagus plumosus var. compactus Hort.密丛文竹
Asparagus plumosus var. nanus Nichols.矮文竹
Asparagus plumosus var. robustus Hort.粗壮文竹
Asparagus polyphyllus Stev.=Asparagus officinalis
Asparagus przewalskyi N.A.Ivanova ex Grubov & T.V.Egorova 北天门冬
Asparagus quighaiensis Y.Wan=Asparagus filicinus
Asparagus racemosus Willd.长刺天门冬
Asparagus retrofractus L.绣球松
Asparagus scandens Thunb.攀援天冬
Asparagus scandens var. deflexus Baker 外折天冬
Asparagus schoberioides Kunth 龙须菜
Asparagus schoberioides var. *subsetaceus* Franch.=Asparagus schoberioides
Asparagus setaceus (Kunth) Hessop 文竹
Asparagus sichuanicus S.C.Chen & D.Q.Liu 四川天门冬
Asparagus sieboldi Maxim.=Asparagus schoberioides
Asparagus sinicus (Miq.) C.H.Wright=Asparagus cochinchinensis
Asparagus soongoricus Iljin.=Asparagus angulofractus
Asparagus sprengeri Regel=Asparagus densiflorus
Asparagus sprengeri var. compactus Hort.密丛天冬
Asparagus sprengeri var. variegatus Hort.花叶天冬
Asparagus subscandens Wang & S.C.Chen 滇南天门冬
Asparagus taliensis Wang & Tang 大理天门冬
Asparagus tamaboki Yatabe=Asparagus oligoclonos
Asparagus tamariscinus Ivan. ex Grubov=Asparagus persicus
Asparagus terminalis L.=Cordyline fruticosa
Asparagus tibeticus Wang & S.C.Chen 西藏天门冬
Asparagus trichoclados (Wang & Tang) Wang & S.C.Chen 细枝天门冬
Asparagus trichophyllus Bge.曲枝天门冬
Asparagus trichophyllus var. *trachyphyllus* Kunth=Asparagus brachyphyllus
Asparagus tuberculatus Bge.=Asparagus dauricus
Asparagus vanioti Lévl.=Asparagus meioclados
Asparagus virgatus Baker 扫状天门冬
Asparagus yanbianensis S.C.Chen 盐边天门冬
Asparagus yanyuanensis S.C.Chen 盐源天门冬
Asparagus yunnanensis Lévl.=Asparagus meioclados
Asperella Humb.**猬草属**(禾本科)
Asperella Schreb.(Humb. in Roen.Ust.Mag.1790)=**Hystrix**
Asperella coreana (Honda) Nevski 朝鲜猬草
Asperella duthiei Stapf ex HK.f.=Hystrix duthiei
Asperella hystrix (L.) Humb.刺猬草

Asperella komarovii Roshev.=Hystrix komarovii
Asperugo L.**糙草属**(紫草科)
Asperugo procumbens L.糙草
Asperula L.**车叶草属**(茜草科)
Asperula aparine M.Bieb.=Galium rivale
Asperula azurea Juab. & Spach=Asperula orientalis
Asperula elongata Schrenk=Microphysa elongata
Asperula hoffmeisteri Klotzsch=Galium asperuloides subsp. hoffmeisteri
Asperula humifusa (M.Bieb.) Bess.=Galium humifusum
Asperula maximowiczii Kom.=Galium maximowiczii
Asperula odorata L.=Galium odoratum
Asperula oppositifolia Rgl. & Schmalh. ex Rgl.对叶车叶草
Asperula orientalis Boiss. & Hohen.蓝花车叶草
Asperula paniculata Bge.=Galium paniculatum
Asperula platygalium Maxim.=Galium platygalium
Asperula rivalis Sibth. & Smith=Galium rivale
Asperula stylosa Boiss.=Phuopsis stylosa
Asphodeline Reichb.**阿福花属**(百合科)
Asphodeline lutea Reichb.香阿福花
Asphodelus altaicus Pall.=Eremurus altaicus
Asphodelus inderiensis Steven=Eremurus inderiensis
Aspidiaceae 叉蕨科
Aspidistra Ker-Gawl.**蜘蛛抱蛋属**(百合科)
Aspidistra acetabuliformis Y.Wan & C.C.Huang 碟柱蜘蛛抱蛋
Aspidistra attenuata Hay.薄叶蜘蛛抱蛋
Aspidistra austrosinensis Y.Wan & C.C.Huang 华南蜘蛛抱蛋
Aspidistra caespitosa P'ei 丛生蜘蛛抱蛋
Aspidistra carinata Y.Wan & X.H.Lu 天峨蜘蛛抱蛋
Aspidistra cavicola D.Fang & K.C.Yen 洞生蜘蛛抱蛋
Aspidistra claviformis Y.Wan 棒蕊蜘蛛抱蛋
Aspidistra cruciformis Y.Wan & X.H.Lu 十字蜘蛛抱蛋
Aspidistra cyathifloraY.Wan & C.C.Huang 杯花蜘蛛抱蛋
Aspidistra daibuensis Hay.大武蜘蛛抱蛋
Aspidistra dolichanthera X.X.Chen 长药蜘蛛抱蛋
Aspidistra ebianensis K.Y.Lang & Z.Y.Zhu 峨边蜘蛛抱蛋
Aspidistra elatior Bl.蜘蛛抱蛋
Aspidistra elatior var. minor Hort.点叶蜘蛛抱蛋
Aspidistra elatior var. punctata Hort.斑叶蜘蛛抱蛋
Aspidistra elatior var. variegata Hort.花叶蜘蛛抱蛋
Aspidistra fasciaria G.Z.Li 带叶蜘蛛抱蛋
Aspidistra fenghuangensis K.Y.Lang 凤凰蜘蛛抱蛋
Aspidistra fimbriata Wang & Lang 流苏蜘蛛抱蛋
Aspidistra flaviflora K.Y.Lang & Z.Y.Zhu 黄花蜘蛛抱蛋
Aspidistra fungilliformis Y.Wan 伞柱蜘蛛抱蛋
Aspidistra hainanensis Chun & How 海南蜘蛛抱蛋
Aspidistra hekouensis H.Li et al.河口蜘蛛抱蛋
Aspidistra kouytchensis Lévl. & Vant.=Aspidistra lurida
Aspidistra kouytchensis var. *aucubaemaculata* Lévl. & Vant.=Aspidistra lurida
Aspidistra leshanensis K.Y.Lang & Z.Y.Zhu 乐山蜘蛛抱蛋
Aspidistra leyeensis Y.Wan & C.C.Huang 乐业蜘蛛抱蛋
Aspidistra linearifolia Y.Wan & C.C.Huang 线萼蜘蛛抱蛋
Aspidistra longanensis Y.Wan 隆安蜘蛛抱蛋
Aspidistra longiloba G.Z.Li 巨型蜘蛛抱蛋
Aspidistra longipedunculata D.Fang 长梗蜘蛛抱蛋
Aspidistra longipetala S.Z.Huang 长瓣蜘蛛抱蛋
Aspidistra luodianensis D.D.Tao 罗甸蜘蛛抱蛋
Aspidistra lurida Ker-Gawl.九龙盘
Aspidistra marginella D.Fang & L.Zeng 啮边蜘蛛抱蛋
Aspidistra minutiflora Stapf 小花蜘蛛抱蛋
Aspidistra muricata How ex K.Y.Lang 糙果蜘蛛抱蛋
Aspidistra mushaensis Hay.雾社蜘蛛抱蛋
Aspidistra oblanceifolia F.T.Wang & K.Y.Lang 棕叶草蜘蛛抱蛋
Aspidistra oblongifolia F.T.Wang & K.Y.Lang 长圆叶蜘蛛抱蛋
Aspidistra omeiensis Z.Y.Zhu & J.L.Zhang 峨眉蜘蛛抱蛋
Aspidistra patentilobaY.Wang & X.H.Lu 柳江蜘蛛抱蛋
Aspidistra punctata Lindl.紫点蜘蛛抱蛋
Aspidistra punctata var. *albomaculata* HK.=Aspidistra elatior
Aspidistra retusa K.Y.Lang & S.Z.Huang 广西蜘蛛抱蛋
Aspidistra saxicola Y.Wan 石山蜘蛛抱蛋
Aspidistra sichuanensis K.Y.Lang & Z.Y.Zhu 四川蜘蛛抱蛋
Aspidistra subrotata Y.Wan 辐花蜘蛛抱蛋
Aspidistra tonkinensis (Gagn.) Wang & Liang 大花蜘蛛抱蛋
Aspidistra triloba F.T.Wang & K.Y.Lang 湖南蜘蛛抱蛋
Aspidistra typica Baill.卵叶蜘蛛抱蛋
Aspidistra urceolata F.T.Wang & K.Y.Lang 坛花蜘蛛抱蛋
Aspidistra xilinensis Y.Wan & X.H.Lu 西林蜘蛛抱蛋
Aspidistra yingjiangensis L.J.Peng 盈江蜘蛛抱蛋
Aspidistra zongbayi K.Y.Lang & Z.Y.Zhu 棕粑叶
Aspidium § *Dictyocline* C.Chr.(p.p.)=**Dictyocline**
Aspidium HK.=**Cyrtomidictyum**
Aspidium acanthophyllum Franch.=Polystichum acanthophyllum
Aspidium aculeatum var. *japonicum* Franch. & Sav.=Polystichum polyblepharum
Aspidium aculeatum var. *pallescens* Franch.=Polystichum tsus-simense
Aspidium aculeatum var. *pycnopterum* Christ=Polystichum pycnopterum
Aspidium aculeatum var. *rufo-barbatum* (Wall.) Clarke=Polystichum squarrosum
Aspidium aculeatum var. *semifertile* Chlarke=Polystichum semifertile
Aspidium aculeatum var. *setosum* Wall. ex Clarke=Polystichum longipaleatum
Aspidium aculeatum var. *tonkinense* Christ=Polystichum tonkinense
Aspidium acutum Schkuhr=Nephrolepis biserrata
Aspidium alcicorne (Bak.) Christ=Polystichum alcicorne
Aspidium amabile sensu HK.=Arachniodes rhomboidea
Aspidium angustifrons Miq.=Parathelypteris angustifrons
Aspidium aopulentum Kaulf.=Cyclosorus opulentus
Aspidium apiciflorum Wall.=Ctenitis apiciflora
Aspidium aridum Don=Cyclosorus aridus
Aspidium assamicum Kuhn=Arachniodes asaamica
Aspidium atratum Kunze=Dryopteris atrata
Aspidium auriculatum var. *caespitosum* (Wall. ex Mett.) Clarke=Polystichum obliquum
Aspidium auriculatum var. *lentum* (Don) Bak.=Polystichum lentum
Aspidium auriculatum var. *obliquum* (Don) Bak.=Polystichum obliquum
Aspidium auriculatum var. *subbipinnatum* HK.=Polystichum lentum
Aspidium auriculatum var. *submarginale* Bak.=Polystichum submarginale
Aspidium bakerianum Atkins. ex Baker =Polystichum bakerianum
Aspidium barometz Waill.d=Cibotium barometz
Aspidium basipinnatum Bak.=Cyrtomidictyum basipinnatum
Aspidium beddomei Prantl=Parathelypteris beddomei
Aspidium biaristatum Bl.=Polystichum biaristatum
Aspidium biserratum Sw.=Nephrolepis biserrata
Aspidium bondinieri Christ=Dryopteris bodinieri
Aspidium boryanum Willd.=Dryoathyrium boryanum
Aspidium brachypterum Ktz.=Polystichum brachypterum
Aspidium braunii Sprenn.=Polystichum braunii
Aspidium brunonianum Wall.=Athyrium wallichianum
Aspidium cadieri Christ=Ctenitopsis ingens
Aspidium caducum Wall. ex HK.=Cyrtomium hookerianum
Aspidium caespitosum Wall. ex Mett.=Polystichum obliquum
Aspidium caespitosum var. *stenophyllum* Franch.=Polystichum stenophyllum
Aspidium calcaratum Bl.(Christ in Bull.Soc.Bot.France Mém.1905)=Pseudocyclosorus ciliatus
Aspidium calcaratum Bl.(Christ in Bull.Soc.France 1905)=Pseudocyclosorus typlodes
Aspidium calcareum Baumg.=Gymnocarpium robertianum
Aspidium capillipes Wang & P.S.Wang=Polystichum capillipes
Aspidium carvifolium Bak.=Polystichum omeiense
Aspidium caryotedium Wall. ex HK. & Grev.=Cyrtomium caryotideum
Aspidium cavalerii Christ=Arachniodes cavalerii
Aspidium championii Benth.=Dryopteris championii
Aspidium chrysocoma Christ=Dryopteris chrysocoma
Aspidium ciliatus (Wall.) Benth.=Pseudocyclosorus ciliatus
Aspidium coadunatum Wall.=Tectaria coadunata
Aspidium coniifolium Wall. ex Kunze=Arachniodes coniifolia
Aspidium conioneuron Mett.=Cyclosorus opulentus
Aspidium controversum Hance=Arachniodes rhomboidea
Aspidium copelandii C.Chr.=Tectaria decurrens
Aspidium cordifolium Sw.=Nephrolepis auriculata
Aspidium craspedosorum Maxim.=Polystichum craspedosorum
Aspidium crenatum (Bak.) Kuhn=Hypodematium crenatum

Aspidium crenatum Sommerf.=Allantodia crenata
Aspidium cuspidatum Miett.=Kuniwatsukia cuspidata
Aspidium cycadinum Franch. & Sav.=Dryopteris cycadina
Aspidium decipiens (HK.) Luers.=Dryopteris decipiens
Aspidium decurrens Presl=Tectaria decurrens
Aspidium decursive-pinnatum Kze.=Phegopteris decursive-pinnata
Aspidium deltodon Bak.=Polystichum deltodon
Aspidium devexum Kze.=Ctenitopsis devexa
Aspidium dickinsii Franch. & Sav.=Dryopteris dickinsii
Aspidium dilatatum var. *patuloides* Christ=Dryopteris caroli-hopei
Aspidium discretum Don=Polystichum discretum
Aspidium divisum Wall.=Dryoathyrium boryanum
Aspidium donianum Spreng.=Dryopteris wallichiana
Aspidium drepanopterum A.Br. ex Mett.=Athyrium drepanopterum
Aspidium drepanopterum var. *decompositum* Christ=Athyrium drepanopterum
Aspidium dryopteris Baumg.=Gymnocarpium dryopteris
Aspidium dryopteris var. *longulum* Christ=Gymnocarpium jessoense
Aspidium dubium Bedd.=Tectaria dubia
Aspidium duthiei Hope=Polystichum duthiei
Aspidium eatoni Christ.=Ctenitis eatoni
Aspidium ebeninum C.Chr.=Tectaria ebenina
Aspidium eburneum Wall.=Athyrium drepanopterum
Aspidium edentulum Kze.=Dryoathyrium edentulum
Aspidium eriocarpum (Wall) Mett.=Hypodematium hirsutum
Aspidium erythrosorum Eaton=Dryopteris erythrosora
Aspidium esquirolii C.Chr.=Tectaria quinquefida
Aspidium exaltatum HK.=Nephrolepis hirsutula
Aspidium exaltatum Sw.(HK.in London J.Bot.1842)=Nephrolepis hirsutula
Aspidium exilis Hance=Arachniodes exilis
Aspidium extensum Bl.=Cyclosorus opulentus
Aspidium falcatum (L.f.) Sw.=Cyrtomium falcatum
Aspidium falcatum var. *caryotideum* (Wall.) HK. & Bak.=Cyrtomium caryotideum
Aspidium falcatum var. *fortunei* (J.Sm.) Baker ex Makino=Cyrtomium fortunei
Aspidium falcatum var. *macrophyllum* Makino=Cyrtomium macrophyllum
Aspidium falcilobum Benth.=Pseudocyclosorus falcilobus
Aspidium fargesii Christ=Pseudocystopteris atkinsonii
Aspidium fauriei Christ=Athyrium fauriei
Aspidium fauriei var. *elatius* Christ=Athyrium anisopterum
Aspidium festinum Hance=Arachniodes festina
Aspidium filixmas var. *chrysocoma* Christ=Dryopteris chrysocoma
Aspidium filixmas var. *giraldii* Christ(p.p.)=Dryopteris sericea
Aspidium filixmas var. *nidus* Christ=Ctenitis nidus
Aspidium filixmas var. *omeiense* Christ=Dryopteris rosthornii
Aspidium fimbriatum Wall.=Athyrium fimbriatum
Aspidium flaccidum Bl.=Metathelypteris flaccida
Aspidium flexile Christ=Cyclogramma flexilis
Aspidium foeniculaceum HK.=Lithostegia foeniculacea
Aspidium formosanum Christ=Dryopteris formosana
Aspidium fragile Sw.=Cystopteris fragilis
Aspidium fraxinellum Christ=Cyrtogonellum fraxinellum
Aspidium fructuosum (Christ) Christ=Dryopteris fructuosa
Aspidium fuscipes Bedd.=Ctenitopsis fuscipes
Aspidium glanduligera Kze.=Parathelypteris glanduligera
Aspidium goeringianum Kunze=Dryopteris goeringiana
Aspidium gongylodes Schkuhr=Cyclosorus interruptus
Aspidium gracilescens var. *glanduligerum* Franch. & Sav.=Parathelypteris glanduligera
Aspidium grammitoides Christ=Parathelypteris grammitoides
Aspidium grancilescens Bl.=Metathelypteris gracilescens
Aspidium griffithii Bedd.=Tectaria griffithii
Aspidium griffithii Diels=Dictyocline griffithii
Aspidium hancockii (Hance) Bak.=Polystichum hancockii
Aspidium henryi Bak.=Dryoathyrium henryi
Aspidium heterodon Cop.=Tectaria decurrens
Aspidium hirsutulum Sw.=Nephrolepis hirsutula
Aspidium hokutense Hay.=Tectaria subtriphylla
Aspidium ilicifolium Don=Polystichum stimulans
Aspidium immersum HK.=Tectaria variolosa
Aspidium intermedium Christ(p.p.)=Ctenitis confusa
Aspidium intermedium Christ(p.p.)=Ctenitis rhodolepis
Aspidium intermedium Franch. & Sav.=Ctenitis subglandulosa
Aspidium intermedium var. *rhodolepis* Christ=Ctenitis rhodolepis
Aspidium jaculosum Christ=Cyclosorus jaculosus
Aspidium krameri Christ=Gymnocarpium oyamense
Aspidium kwanonense Hay.=Tectaria coadunata
Aspidium labordei Christ=Dryopteris labordei
Aspidium lachenense HK.=Polystichum lachenense
Aspidium lanceolatum Bak.=Polystichum lanceolatum
Aspidium laserpitifolium Dunn & Tucher=Arachniodes festina
Aspidium latipinnum Hance=Cyclosorus latipinnus
Aspidium laxum Franch. & Sav.=Metathelypteris laxa
Aspidium lentum Don=Polystichum lentum
Aspidium lepidocaulon HK.=Cyrtomidictyum lepidocaulon
Aspidium lepigerum Christ=Ctenitis subglandulosa
Aspidium leptophyllum C.Chr.=Tectaria leptophylla
Aspidium leucostipes Christ=Ctenitis rhodolepis
Aspidium lobatum (Hudson) Sw.=Polystichum aculeatum
Aspidium lobatum var. *chinense* Christ=Polystichum neolobatum
Aspidium lobulatum Christ=Cyclosorus taiwanensis
Aspidium lonchitis (L.) Sw.=Polystichum lonchitis
Aspidium lonchitis L.=Polystichum lonchitis
Aspidium lonchitoides Christ=Cyrtomium lonchitoides
Aspidium longicrure Christ=Tectaria simonsii
Aspidium luctuosum Kunze (Hope in J.Bomb.Nat.Hist.Soc.1902)=Polystichum tsus-simense
Aspidium luzeanum Cop.(Wun in Bull.Dept.Biol.SunYatsen Univ.1932)=Ctenitopsis setulosa
Aspidium manmeiense Christ=Polystichum manmeiense
Aspidium marginatum Wall. ex Mett.=Polystichum manmeiense
Aspidium marginatum Wall.(p.p.)=Dryopteris caroli-hopei
Aspidium marginatum Wall.(p.p.)=Dryopteris marginata
Aspidium matsumurae Makino=Ctenitis maximowicziana
Aspidium maximowiczianum Miq.=Ctenitis maximowicziana
Aspidium melanocaulum Hand.-Mazz.=Tectaria simonsii
Aspidium melanorhizum Desv.(Christ in Bull.Acad.Geogr.Bot.Mans.1902)=Cyclogramma flexilis
Aspidium membranaceum HK.=Ctenitopsis devexa
Aspidium membranifolium Bedd.=Ctenitopsis fuscipes
Aspidium membranifolium var. *dimorphum* Christ=Ctenitopsis fuscipes
Aspidium miquelianum Maxim. ex Franch. & Sav.=Leptorumohra miqueliana
Aspidium molle Benth.=Cyclosorus parasiticus
Aspidium molle var. *latipinna* Benth.=Cyclosorus latipinnus
Aspidium mollissium Christ=Macrothelypteris torresiana
Aspidium molliusculum Kuhn=Cyclosorus molliusculus
Aspidium monotis Chris ex Baroni & Christ=Polystichum xiphophyllum
Aspidium montanum Sw.=Cystopteris montana
Aspidium monticola (Makino) Christ=Dryopteris monticola
Aspidium moupinense Franch.=Polystichum moupinense
Aspidium multidentatum Wall.=Araiostegia multidentata
Aspidium musaefolium Bl.=Oleandra musaefolia
Aspidium musifolium Bl.=Oleandra musifolia
Aspidium nantoense Hay.=Tectaria polymorpha
Aspidium nepalense Spreng.=Polystichum nepalense
Aspidium nigripes Bl.=Athyrium nigripes
Aspidium nipponicum Franch & Sav.=Parathelypteris nipponica
Aspidium nitidulum Wall. ex Kuhn=Dryopteris yoroii
Aspidium nitidulum Wall.=Dryopteris yoroii
Aspidium obliquum Don=Polystichum obliquum
Aspidium obliteratum Spr.=Arthropteris palisotii
Aspidium obscurus Bl.=Cyclosorus aridus
Aspidium opacum (HK.) Benth.=Dryopteris varia
Aspidium ornatum Christ=Macrothelypteris ornata
Aspidium oshimense Christ=Cyclosorus acuminatus
Aspidium otarioides Christ=Anisocampium sheareri
Aspidium otarium Kze. & Mett.=Anisocampium cumingianum
Aspidium otophorum Franch.=Polystichum otophorum
Aspidium paleaceum D.Don=Dryopteris wallichiana
Aspidium paleaceum Lagasca ex Sw.=Dryopteris wallichiana
Aspidium palisotii Desv.=Arthropteris palisotii
Aspidium palustre S.F.Gray=Thelypteris palustris
Aspidium pandiforme Christ=Dryoathyrium unifurcatum
Aspidium parallelogrammum Kunze=Dryopteris wallichiana
Aspidium parasiticum Sw.=Cyclosorus parasiticus
Aspidium parasiticum var. *didymosorum* Christ=Cyclosorus parasiticus
Aspidium parathelypteris C.Chr.=Parathelypteris chinensis

Aspidium patentissimum Wall.=Dryopteris wallichiana
Aspidium pellucidum Franch.=Cystopteris pellucida
Aspidium penngerum Bl.(Christ in Bull.Herb.Boiss.1899)=Cyclosorus hirtisorus
Aspidium phaeocaulon Ros.=Tectaria phaeocaulis
Aspidium phegopterum (L.) Daumg.=Phegopteris connectilis
Aspidium pin-faense Christ=Tectaria coadunata
Aspidium podophylla HK.=Dryopteris podophylla
Aspidium polyblepharum Roem. ex Kunze=Polystichum polyblepharum
Aspidium polylepes Franch. & Sav.=Dryopteris polylepis
Aspidium polylepis Christ.=Ctenitis mariformis
Aspidium polymorphum Wall.=Tectaria polymorpha
Aspidium polysorum Ros.=Tectaria quinquefida
Aspidium prescottianum Wall. ex Mett.=Polystichum prescottianum
Aspidium prescottianum var. *bakeriana*=Polystichum bakerianum
Aspidium prescottianum var. *castaneum* Clarke=Polystichum castaneum
Aspidium prescottianum var. *sinense* Christ=Polystichum sinense
Aspidium procurrens Mett.(p.p.)=Cyclosorus parasiticus
Aspidium procurrens Mett.(p.p.)=Cyclosorus procurrens
Aspidium productum Kaulf.=Cyclosorus productus
Aspidium prolixum Dunn & Tutch.=Pseudocyclosorus subochthodes
Aspidium pseudovarium Christ=Dryopteris pseudovaria
Aspidium pteroides Retz.(Sw.in Schrad.,J.Bot.1800)=Cyclosorus terminans
Aspidium pycnopteroides Christ=Dryopteris pycnopteroides
Aspidium quinquefidum Didls=Tectaria quinquefida
Aspidium ramosum Pal.=Arthropteris palisotii
Aspidium rhomboideum Wall. ex Mett.=Arachniodes rhomboidea
Aspidium robertianum Luerss.=Gymnocarpium robertianum
Aspidium rufo-barbatum Wall.=Polystichum squarrosum
Aspidium rufostramineum Christ=Glaphyropteridopsis rufostraminea
Aspidium sagenioides Mett.=Ctenitopsis sagenioides
Aspidium sect. *Hypodemathium* Christ=**Hypodematium**
Aspidium sect. *Lastrea* Christ=**Hypodematium**
Aspidium senanense Franch. & Sav.=Pseudocystopteris atkinsonii
Aspidium setigerum Kuhn=Macrothelypteris setigera
Aspidium setosum (Thunb.) Sw.=Dryopteris setosa
Aspidium setosum Wall.=Polystichum longipaleatum
Aspidium sieboldii van Houtte ex Mett.=Dryopteris sieboldii
Aspidium simonsii Bedd.=Tectaria simonsii
Aspidium sp. Wu=Ctenitopsis sinii
Aspidium speciosum Don=Arachniodes speciosa
Aspidium spectabile Christ=Ctenitis maximowicziana
Aspidium speluncae Willd.=Microlepia speluncae
Aspidium sphaeropteroides Christ=Ctenitis sphaeropteroides
Aspidium splendens (HK.) Christ=Dryopteris splendens
Aspidium squarrosum Don=Polystichum squarrosum
Aspidium squarrosum Wall.=Athyrium foliolosum
Aspidium stimulans Kunze ex Mett.=Polystichum stimulans
Aspidium subexaltatum Christ=Dryopteris subexaltata
Aspidium submite Christ=Polystichum submite
Aspidium subpedatum Diels=Tectaria subpedata
Aspidium subsageniacum Christ=Ctenitopsis subsageniaca
Aspidium subspinulosum Christ=Athyrium yokoscense
Aspidium subtriphyllum HK.=Tectaria subtriphylla
Aspidium subtripinnatum Miq.=Ctenitis subglandulosa
Aspidium syrmaticum Christ=Pteridrys cnemidaria
Aspidium tacticopterum Kunze=Polystichum tacticopterum
Aspidium tectum Wall.=Cyclosorus procurrens
Aspidium tenuisectum Bl.=Acystopteris tenuisecta
Aspidium thelypteris (L.) Sw.=Thelypteris palustris
Aspidium thelypteris var. *squamulosum* Schlecht.=Thelypteris squamulosa
Aspidium thibeticum Franch.=Dryopteris thibetica
Aspidium thomsonii HK.f.=Polystichum thomsonii
Aspidium tosaense Makino=Polystichum deltodon
Aspidium tripteron Kunze=Polystichum tripteron
Aspidium tsussimense HK.=Polystichum tsus-simense
Aspidium tuberosum Bory=Nephrolepis auriculata
Aspidium uliginosum Kze.=Macrothelypteris torresiana
Aspidium undulatum Afz.=Nephrolepis auriculata
Aspidium unitum (L.) Sieb.(Benth.in Fl.Hongk.1961)=Cyclosorus interruptus
Aspidium unitum var. *glabrum* Mett.=Cyclosorus interruptus
Aspidium unitum var. *hirsutum* Mett.=Cyclosorus interruptus
Aspidium variolosum Wall.=Tectaria variolosa
Aspidium varium (L.) Sw.=Dryopteris varia
Aspidium varium var. *fructuosum* Christ=Dryopteris fructuosa
Aspidium wallichianum Spreng.=Dryopteris wallichiana
Aspidium wallichii HK.=Oleandra wallichii
Aspidium wallichii HK.=Oleandra wallichii
Aspidium wattii Bedd.=Polystichum wattii
Aspidium xiphophyllum Baker=Polystichum xiphophyllum
Aspidium xylodes Christ=Pseudocyclosorus tylodes
Aspidium xylodes Kze.=Pseudocyclosorus typlodes
Aspidium yunnanense Christ(p.p.)=Kuniwatsukia cuspidata
Aspidium yunnanense Christ(p.p.)=Tectaria yunnanensis
Aspidium zollingerianum Bedd.=Tectaria variolosa
Aspidixia Van Tiegh.=**Viscum**
Aspidixia angulata J.M.Chao=Viscum diospyrosicolum
Aspidixia articulata Van Tiegh.(台湾志 1976)=Viscum liquidambaricolum
Aspidocarya HK.f. & Thoms.**球果藤属**(防已科)
Aspidocarya uvifera HK.f. & Thoms.球果藤
Aspidopteris hypoglaucum Lévl.=Tripterygium hypoglaucum
Aspidopterys A.Juss.**盾翅藤属**(金虎尾科)
Aspidopterys cavaleriei Lévl.(Chun in Sunyatsenia 1940)=Aspidopterys obcordata var. hainanensis
Aspidopterys cavaleriei Lévl.=Combretum wallichii
Aspidopterys cavaleriei Lévl.贵州盾翅藤
Aspidopterys concava (Wall.) A.Juss.广西盾翅藤
Aspidopterys concava var. *dasyphylla* Arénes (云南植物名录 1984)=Aspidopterys nutans
Aspidopterys dunniana Lévl.=Aspidopterys cavaleriei
Aspidopterys ellipitca Lévl. 椭圆叶盾翅藤
Aspidopterys esquirolii Lévl.花江盾翅藤
Aspidopterys floribunda Hutch.多花盾翅藤
Aspidopterys glabriuscula (Wall.) A.Juss.(p.p.)=Aspidopterys floribunda
Aspidopterys glabriuscula (Wall.) A.Juss.盾翅藤
Aspidopterys glabriuscula var. *subrotunda* Nied.=Aspidopterys henryi
Aspidopterys henryi Hutch.蒙自盾翅藤
Aspidopterys heterocarpa J.Ar.=Aspidopterys glabriuscula
Aspidopterys lanuginosa (Wall.) A.Juss.=Aspidopterys nutans
Aspidopterys microcarpa H.W.Li ex S.K.Chen 小果盾翅藤
Aspidopterys nutans (Roxb. ex DC.) A.Juss.毛叶盾翅藤
Aspidopterys nutans HK.f.=Aspidopterys nutans
Aspidopterys obcordata Hemsl.(海南志 1965)=Aspidopterys obcordata var. hainanensis
Aspidopterys obcordata Hemsl.倒心盾翅藤
Aspidopterys obcordata var. hainanensis J.Ar.海南盾翅藤
Aspidopterys obcordata var. obcordata=Aspidopterys obcordata
Aspidopterys roxburghiana var. 2,K.f.=Aspidopterys glabriuscula
Aspidopterys stipulacea Nied.=Aspidopterys esquirolii
Aspidopterys tomentosa var. *obcordata* (Hemsl.) Nied.=Aspidopterys obcordata
Aspleniaceae 铁角蕨科
Asplenidictyum finlaysonianum J.Sm.=Asplenium finlaysonianum
Asplenidictyum wilfordii (Mett. ex Kuhn) Nakai=Asplenium wilfordii
Asplenium § *Ceterachopsis* J.Sm.=**Ceterachopsis**
Asplenium § *Thamnopteris* HK. & Bak.=**Neottopteris**
Asplenium L.**铁角蕨属**(铁角蕨科)
Asplenium abbreviatum Makino=Asplenium pekinense
Asplenium achilleifolium C.Chr.=Asplenium prolongatum
Asplenium acrostichoides Sw.=Lunathyrium acrostichoides
Asplenium adianthifrons (Hay.) Ching 阿里山铁角蕨
Asplenium adianthum-nigrum L.(Clarke in Trans.L.Soc.1880)=Asplenium adiantum-nigrum var. yuanum
Asplenium adiantoides (L.) C.Chr.革叶铁角蕨
Asplenium adiantoides C.Chr.(Ogata in Icon.Fil.Jap.1930)=Asplenium falcatum
Asplenium adiantoides C.Chr.(Y.C.Wu in Bull.Dept.Biol.Sun Yatsen Univ. 1932)=Asplenium crinicaule
Asplenium adiantoides Lam.=Asplenium paemorsum
Asplenium adiantum-nigrum var. yuanum (Ching) Ching 黑色铁角蕨
Asplenium adnatum Cop.合生铁角蕨
Asplenium affine var. *sinense* Christ=Asplenium saxicola
Asplenium alatulum Ching 有翅铁角蕨
Asplenium altajense (Kom.) Grubov 阿尔泰铁角蕨
Asplenium alternans Wall.=Ceterachopsis dalhousiae
Asplenium ambiguum Sw.=Callipteris esculenta

Asplenium amoenum Presl=Asplenium unilaterale
Asplenium anceps V.Buch=Asplenium trichomanes
Asplenium anceps var. *proliferum* Nakai=Asplenium tripteropus
Asplenium andersonii Clarke=Pseudocystopteris atkinsonii
Asplenium annamense Christ=Asplenium scortechinii
Asplenium anogrammoides Christ=Asplenium sarelii
Asplenium antiquum Makino=Neottopteris antiqua
Asplenium antrophyoides Christ=Neottopteris antrophyoides
Asplenium argutum Ching 尖齿铁角蕨
Asplenium arifolium Burm.=Hemionitis arifolia
Asplenium asperum (Bl.) Mett. ex HK.=Allantodia aspera
Asplenium asterolepis Ching 黑鳞铁角蕨
Asplenium atkinsonii Clarke=Pseudocystopteris atkinsonii
Asplenium atkinsonii var. *andersonii* Clarke=Pseudocystopteris atkinsonii
Asplenium austrochinense Ching 华南铁角蕨
Asplenium bantamense Bak.=Diplazium donianum
Asplenium bantamense Benth.=Diplazium maonense
Asplenium barkamense Ching 马尔康铁角蕨
Asplenium beddomei Mett. ex Kuhn=Asplenium crinicaule
Asplenium belangeri (Bory) Kze.南方铁角蕨
Asplenium belangeri Kze.(Dunn & Tutch.in Kew Bull.Add.1912)=Asplenium sampsoni
Asplenium bellum Clarke=Allantodia bella
Asplenium bicuspe Hay.=Asplenium ensiforme f. bicuspe
Asplenium billetii Christ & Billet=Asplenium coenobiale
Asplenium bipinnatum var. *prolongatum* Bonaparte=Asplenium prolongatum
Asplenium bireme C.H.Wright=Monomelangium pullingeri
Asplenium blakistoni Bak.=Asplenium sarelii
Asplenium bodinieri Christ=Asplenium coenobiale
Asplenium boreali-chinense Ching & S.H.Wu 华北铁角蕨
Asplenium bradleyi Eaton 帕拉铁角蕨
Asplenium brevisorum Wall.=Athyrium brevisorum
Asplenium breynii Retz.勃雷铁角蕨
Asplenium brunneum Hand.-Mazz.=Pseudophegopteris pyrrhorachis
Asplenium bulbiferum Forest.芽子包铁角蕨
Asplenium bulbiferum Forst.(HK.in Sp.Fil.1860)=Asplenium bullatum
Asplenium bullatum Wall. ex Mett.大盖铁角蕨
Asplenium bullatum var. bullatum=Asplenium bullatum
Asplenium bullatum var. shikokianum (Makino) Ching & S.H.Wu 稀羽铁角蕨
Asplenium calcaratum Bl.(Christ in Bull.Sci.Franc & Belg.1898)=Pseudocyclosorus falcilobus
Asplenium capillipes Makino 线柄铁角蕨
Asplenium cardiophyllum Bak.=Boniniella cardiophylla
Asplenium castaneo-viride Bak.东海铁角蕨
Asplenium cataractarum Rosenst.=Asplenium unilaterale var. udum
Asplenium caudatum Cav.=Asplenium tenerum
Asplenium cavalerianum Christ=Asplenium bullatum
Asplenium centrochinense Christ=Asplenium wrightioides
Asplenium ceterach Spring=Ceterach officinarum
Asplenium changputungense Ching 贡山铁角蕨
Asplenium cheilesorum Kunze ex Mett 齿果铁角蕨
Asplenium chengkouense Ching ex X.X.Kong 城口铁角蕨
Asplenium chinense Bak.=Allantodia chinensis
Asplenium chingianum C.Y.Yang=Asplenium tianshanense
Asplenium chlorophyllum Bak.=Monomelangium pullingeri
Asplenium clarkei Atkinson ex Clarke=Athyrium clarkei
Asplenium coenobiale Hance (Tagawa in Col.Illustr.Jap.Pterid.1959)=Asplenium toramanum
Asplenium coenobiale Hance 线裂铁角蕨
Asplenium comixtum ("comixum") Ching=Asplenium subvarians
Asplenium comptum Hance=Asplenium saxicola
Asplenium concinnum Wall.=Asplenium tenuifolium
Asplenium conilii Franch. & Sav.=Athyriopsis conilii
Asplenium consimile Ching ex S.H.Wu 相似铁角蕨
Asplenium contiguum Bedd.=Asplenium falcatum
Asplenium coriceum Christ(新拉汉英 1996)= Asplenium loriceum
Asplenium crenulatoserrulatum Makino=Neoathyrium crenulatoserrulatum
Asplenium crinicaule Hance 毛轴铁角蕨
Asplenium cristatum Lam.鸡冠铁角蕨
Asplenium cuneatiforme Christ 乌来铁角蕨
Asplenium cuneatum Lam.(Matsumura & Hay.in J.Coll.Sci.Imp.Univ. Tokyo 1906)=Asplenium cuneatiforme
Asplenium cuneatum Lam.(台湾志 1975)=Asplenium neolaserpitiifolium
Asplenium cuneifolium var. *vegetius* Christ=Asplenium interjectum
Asplenium cuneifolium Viv.(Christ in Bull.Acad.Géogr.1910)=Asplenium interjectum
Asplenium dalhousiae HK.=Ceterachopsis dalhousiae
Asplenium davallioides HK.骨碎补铁角蕨
Asplenium decorum Kze.=Asplenium belangeri
Asplenium delavayi Cop.=Sinephropteris delavayi
Asplenium densum Brack.=Asplenium trichomanes
Asplenium dentatum L.有齿铁角蕨
Asplenium denticulatum Wall.=Athyrium strigillosum
Asplenium dêqênense Ching 德钦铁角蕨
Asplenium dimidiatum Sw.(Christ in Bull.Herb.Boiss.1899)=Asplenium saxicola
Asplenium dimidiatum var. *comptum* Bak.=Asplenium saxicola
Asplenium distans var. *carieri* Christ=Glaphyropteridopsis erubescens
Asplenium diversifolium Wall.=Allantodia maxima
Asplenium doederleinii Luerss.=Allantodia doederleinii
Asplenium donianum Mett.=Diplazium donianum
Asplenium drepanopterum A.Br.=Athyrium drepanopterum
Asplenium duplicatoserratum Ching ex S.H.Wu 重齿铁角蕨
Asplenium duthiei Bedd.=Pseudocystopteris davidii
Asplenium ebenoides R.R.Scott.黑柄铁角蕨
Asplenium eburneum J.Sm.=Athyrium drepanopterum
Asplenium eburneum Mett.=Athyrium drepanopterum
Asplenium elegantulum HK.=Asplenium incisum
Asplenium elongatum Christ=Asplenium prolongatum
Asplenium elongatum Sw.=Asplenium tenerum
Asplenium emarginato-dentatum Zenker ex Kze.=Asplenium unilaterale
Asplenium ensiforme Wall. ex HK. & Grev.剑叶铁角蕨
Asplenium ensiforme f. bicuspe (Hay.) Ching 叉裂铁角蕨
Asplenium ensiforme f. ensiforme=Asplenium ensiforme
Asplenium ensiforme f. stenophyllum (Bedd.) Ching 线叶铁角蕨
Asplenium ensiforme var. *stenophyllum* Ching=Asplenium ensiforme f. stenophyllum
Asplenium erubescens Christ=Glaphyropteridopsis erubescens
Asplenium excisum Presl 切边铁角蕨
Asplenium exiguum Bedd.(Ching in Icon.Fil.Sin.1937)=Asplenium yunnanense
Asplenium exiguum Bedd.低头铁角蕨
Asplenium falcatum Lam.(Bedd.in Fern South.Ind.1863)=Asplenium crinicaule
Asplenium falcatum Lam.镰叶铁角蕨
Asplenium fengyang-shanense Ching & C.F.Zhang=Asplenium wilfordii
Asplenium filixfemina (L.) Bernh.=Athyrium filix-femina
Asplenium filixfemina var. *attenuata* Clarke=Athyrium attenuatum
Asplenium filixfemina var. *dentigera* Wall. ex C.B.Clarke=Athyrium dentigerum
Asplenium filixfemina var. *flabellulata* Clarke=Athyrium flabellulatum
Asplenium filixfemina var. *pectinatum* Clarke=Athyrium pectinatum
Asplenium filixfemina var. *polyspora* Clarke=Athyrium biserrulatum
Asplenium filixfemina var. *retusa* subvar. *elongata* Clarke ex Blanf.=Athyrium rupicola
Asplenium filixfemina var. *retusa* subvar. *rubricaule* Edgew ex Clarke=Athyrium dubium
Asplenium fimbriatum HK.=Athyrium fimbriatum
Asplenium fimbriatum var. *foliolosum* Clarke=Athyrium foliolosum
Asplenium fimbriatum var. *leptophyllum* Kunze=Asplenium varians
Asplenium fimbriatum var. *sphaeropteroides* Clarke=Pseudocystopteris atkinsonii
Asplenium finlaysonianum Wall. ex HK.网脉铁角蕨
Asplenium foliolosum Wall.=Athyrium foliolosum
Asplenium fontanum Bernh.(Bedd.Ferns.Brit.Ind.1866)=Asplenium pseudofontanum
Asplenium fontanum Clarke=Asplenium yunnanense
Asplenium fontanum var. *yunnanense* Bedd.=Asplenium yunnanense
Asplenium formosae Christ=Asplenium loriceum
Asplenium formosanum Bak.=Asplenium oldhami
Asplenium fujianense Ching ex S.H.Wu 福建铁角蕨
Asplenium fungax Christ=Asplenium capillipes
Asplenium furcatum Thunb.=Asplenium paemorsum
Asplenium furfuraceum Ching 绒毛铁角蕨

Asplenium fuscipes Bakl.乌木铁角蕨
Asplenium glanduliferum Wall.=Glaphyropteridopsis erubescens
Asplenium glanduli-serrulatum Ching ex S.H.Wu 腺齿铁角蕨
Asplenium gracilipes Ching & Y.X.Ling=Asplenium ensiforme f. stenophyllum
Asplenium grandifrons Christ=Asplenium bullatum
Asplenium griffithianum HK.厚叶铁角蕨
Asplenium griffithii Bak.=Allantodia multicaudata
Asplenium griffithii Diels (Wu,Wong & Pong in Bull.Dept.Biol.Sun Yatsen Univ.1932)=Dictyocline wilfordii
Asplenium gulingense Ching & S.H.Wu 庐山铁角蕨
Asplenium hainanense Ching 海南铁角蕨
Asplenium hancei Bak.=Asplenium crinicaule
Asplenium hancockii Bak.=Asplenium oldhami
Asplenium hancockii Maxim.=Monomelangium pullingeri
Asplenium hangzhouense Ching & C.F.Zhang?杭州铁角蕨(新)
Asplenium hebeiense Ching & S.H.Wu 河北铁角蕨
Asplenium heterocarpum Bl.=Cyclosorus heterocarpus
Asplenium heterocarpum Wall.=Asplenium cheilesorum
Asplenium heterophlebium Mett.=Dictyodroma heterophlebium
Asplenium hirsutum Heyne=Asplenium paemorsum
Asplenium holophyllum Bak.=Asplenium griffithianum
Asplenium holosorum Christ(Y.C.wu in Bull.Dept.Biol.Sum.Yatsen.Univ. 1932)=Asplenium loxogrammioides
Asplenium holosorum Christ=Asplenium ensiforme
Asplenium hookerianum Wall.=Asplenium finlaysonianum
Asplenium humbertii Tard.-Blot=Neottopteris humbertii
Asplenium humistratum Ching ex S.H.Wu 肾羽铁角蕨
Asplenium incisum Thunb.虎尾铁角蕨
Asplenium indicum Sledge 胎生铁角蕨
Asplenium indicum var. indicum=Asplenium indicum
Asplenium indicum var. yoshinagae (Makino) Ching & S.H.Wu 棕鳞铁角蕨
Asplenium interjectum Christ 贵阳铁角蕨
Asplenium interjectum var. *elatum* Christ=Asplenium interjectum
Asplenium iridiphyllum Hay.=Asplenium griffithianum
Asplenium japonicum Thunb. =Athyriopsis japonica
Asplenium japonicum var. *oldhamii* HK. & Bak.=Athyriopsis conilii
Asplenium javanicum Bl.=Diplaziopsis javanica
Asplenium jiulungense Ching=Asplenium austrochinense
Asplenium kansuense Ching 甘肃铁角蕨?
Asplenium kobayashii Tagawa=Asplenium castaneo-viride
Asplenium laciniatum Don (Y.C.Wu in Bull.Dept.Biol.Sun Yatsen Univ. 1932)=Asplenium indicum
Asplenium laciniatum Don 撕裂铁角蕨
Asplenium lanceum Thunb.=Diplazium subsinuatum
Asplenium lankongense Ching=Asplenium varians
Asplenium laserpitiifolium Lam.(Ogata in Icon.Fil.Jap.1935)=Asplenium neolaserpitiifolium
Asplenium lasiopteris (Kze.) Mett.=Athyriopsis petersenii
Asplenium lastreoides Bak.=Pseudocystopteris atkinsonii
Asplenium latecuneatum Christ=Asplenium bullatum var. shikokianum
Asplenium latedens Ching(新拉汉英 1996)= Asplenium latidens
Asplenium latidens Ching 阔齿铁角蕨
Asplenium latifolium Don=Allantodia dilatata
Asplenium lauii Ching 乌柄铁角蕨
Asplenium leiboense Ching 雷波铁角蕨
Asplenium lepidorachis C.Chr.=Monomelangium pullingeri
Asplenium lobulosum Wall.=Allantodia lobulosa
Asplenium lofouense Christ=Asplenium falcatum
Asplenium longifolium Don=Allantodia lobulosa
Asplenium longjinense Ching & S.H.Wu 龙津铁角蕨
Asplenium longkaense Rosenst.=Asplenium interjectum
Asplenium loriceum Christ 南海铁角蕨
Asplenium loxogrammioides Christ 江南铁角蕨
Asplenium lushanense C.Chr.=Asplenium yunnanense
Asplenium mackinnonii Hope=Athyrium mackinnonii
Asplenium macrocarpum var. *unipinnatum* Clarke=Athyrium nakanoi
Asplenium macrophyllum Sw.(Clarke in Tran.L.Soc.1880)=Asplenium finlaysonianum
Asplenium macrophyllum Sw.(Ogata in Icon.Fil.Jap.1936)=Asplenium falcatum
Asplenium mainlingense Ching & S.K.Wu=Asplenium nesii
Asplenium makinoi Hay.=Asplenium loriceum
Asplenium marinum L.海滨铁角蕨
Asplenium matsumurae Christ ex Matsumura 兰屿铁角蕨
Asplenium maximum Don=Allantodia maxima
Asplenium megaphyllum Bak.=Allantodia megaphylla
Asplenium melanocaulon Willd.=Asplenium trichomanes
Asplenium melanolepis Bak.=Asplenium ensiforme
Asplenium melanolepis Col.=Asplenium trichomanes
Asplenium melanolepis Franch. & Sav.=Athyrium melanolepis
Asplenium mertensianum Kze.=Asplenium trigonopterum
Asplenium mesosorum Makino=Rhachidosorus mesosorus
Asplenium mettenianum Miq.=Allantodia metteniana
Asplenium microtum Maxon 滇南铁角蕨
Asplenium minus Bl.=Asplenium trichomanes
Asplenium minutum C.Y.Yang=Asplenium xinjiangense
Asplenium molliusculum Kuhn=Pseudocyclosorus canus
Asplenium monanthes L.单囊铁角蕨
Asplenium mongolicum Franch.=Athyrium fallaciosum
Asplenium montanum Willd.山地铁角蕨
Asplenium moulmeinense Christ=Pronephrium nudatum
Asplenium moupinense Franch.宝兴铁角蕨
Asplenium moupinense var. *daraeformis* Franch.=Asplenium moupinense
Asplenium multicaudatum Wall.=Allantodia multicaudata
Asplenium multijungum Wall.=Asplenium normale
Asplenium murale Bernh.=Asplenium ruta-muraria
Asplenium muscicola Ching=Asplenium capillipes
Asplenium myriophyllum (Sw.) Presl.多叶铁角蕨
Asplenium nakanoanum Makino=Asplenium griffithianum
Asplenium nanchuanense Ching & Z.Y.Liu=Asplenium indicum
Asplenium neolaserpitiifolium Tard.-Blot & Ching 大羽铁角蕨
Asplenium neomultijugum Ching ex S.H.Wu 多羽铁角蕨
Asplenium neovarians Ching 郎木铁角蕨
Asplenium nephrodioides Bak.=Athyrium nephrodioides
Asplenium nesii Christ 西北铁角蕨
Asplenium nidus L.=Neottopteris nidus
Asplenium nidus var. *phyllitidis* Bedd.=Neottopteris phyllitidis
Asplenium nidus var. *simonsianum* Christ=Neottopteris simonsiana
Asplenium nigripes (Bl.) HK.=Athyrium nigripes
Asplenium niponicum Mett.=Athyrium niponicum
Asplenium niponicum var. *longipes* Franch. & Sav.=Athyrium niponicum
Asplenium niponicum var. *minus* Franch. & Sav. =Athyrium niponicum
Asplenium niponicum var. *uropteron* Franch. & Sav.=Athyrium niponicum
Asplenium normale Don 倒挂铁角蕨
Asplenium obliquissimum (Hay.) Sugim & Kurata=Asplenium unilaterale var. udum
Asplenium obovatum Viv.倒卵形铁角蕨
Asplenium obscurum Bl.(Ogata in Icon.Fil.Jap.1933)=Asplenium excisum
Asplenium obscurum Bl.绿秆铁角蕨
Asplenium ochthodes Kze.(Christ in Bull.Herb.Boiss.1898)= Pseudocyclosorus typlodes
Asplenium oldhami Hance 东南铁角蕨
Asplenium opacum Kze.=Asplenium normale
Asplenium otophorum Miq.=Athyrium otophorum
Asplenium oxyphyllum f. *kulhaitense* W.S.Atkinson ex Clarke=Athyrium dissitifolium var. kulhaitense
Asplenium oxyphyllum HK.=Athyrium drepanopterum
Asplenium paemorsum Sw.西南铁角蕨
Asplenium parallelosorum Bak.=Allantodia hirtipes
Asplenium parviusculum Ching?浙江铁角蕨(新)
Asplenium paucijugum Ching 少羽铁角蕨
Asplenium paucivenosum Bir=Ceterachopsis paucivenosa
Asplenium pavonicum Brack.=Asplenium normale
Asplenium pectinatum Wall.=Athyrium pectinatum
Asplenium pekinense Hance (Makino in Bot.Mag.Tokyo 1895)= Asplenium sarelii
Asplenium pekinense Hance 北京铁角蕨
Asplenium pekinense var. *foeniculacea* Christ=Asplenium sarelii
Asplenium petersenii Kze.=Athyriopsis petersenii
Asplenium phyllitidis D.Don=Neottopteris phyllitidis
Asplenium phyllitidis Don (Merr.in Lingnan Sci.Jour.1927)=Neottopteris simonsiana
Asplenium pinfaense Christ=Asplenium griffithianum
Asplenium pinnatifido-pinnatum HK.=Allantodia pinnatifido-pinnata

Asplenium pinnatifidum (Muhl.) Nutt.忌裂铁角蕨
Asplenium planicaule Wall.=Asplenium indicum
Asplenium planicaule var. *yoshinagae* (Makino) Tagawa=Asplenium indicum var. yoshinagae
Asplenium platyneuron (L.) Oakes 宽脉铁角蕨
Asplenium platyphyllum Bak.=Allantodia stenochlamys
Asplenium polyodon Forst.=Asplenium falcatum
Asplenium polypodioides var. *vestitum* Clarke=Allantodia himalayensis
Asplenium polytrichum Christ=Asplenium crinicaule
Asplenium praemorsum Sw.西南铁角蕨
Asplenium procerum Wall.=Allantodia procera
Asplenium productum Prels=Asplenium tenerum
Asplenium prolongatum HK.长叶铁角蕨
Asplenium prophyrophlebium Christ=Pronephrium penangianum
Asplenium propinquum Ching 内丘铁角蕨
Asplenium pseudofontanum Kossinsky 西藏铁角蕨
Asplenium pseudolaserpitiifolium Ching 假大羽铁角蕨
Asplenium pseudonormale W.M.Chu=Asplenium normale
Asplenium pseudopraemorsum Ching 斜裂铁角蕨
Asplenium pseudowrghtii Ching 两广铁角蕨
Asplenium pubirhizoma Ching=Asplenium unilaterale
Asplenium pulcherrimum Ching ex Tard.-Blot=Asplenium coenobiale
Asplenium pullingeri Bak.=Monomelangium pullingeri
Asplenium pumilum Sw.三角铁角蕨
Asplenium pusillum Bl.=Asplenium trichomanes
Asplenium qiujiangense Ching ex S.H.Wu 俅江铁角蕨
Asplenium quercicola Ching 镇康铁角蕨
Asplenium rahaoense Yabe ex Matssumura & Hay.=Asplenium excisum
Asplenium rectum Sm.f.*adiantifron* Hay.=Asplenium adianthifrons
Asplenium resectum Sm.=Asplenium unilaterale
Asplenium resiliens Kunze 黑杆铁角蕨
Asplenium retusullum Ching 微凹铁角蕨
Asplenium rhachidosorum Hand.-Mazz.=Athyrium rhachidosorum
Asplenium ritoense Hay.=Asplenium davallioides
Asplenium rockii C.Chr.瑞丽铁角蕨
Asplenium rupestre Hope=Athyrium rupicola
Asplenium rupicola Edgew ex Hope=Athyrium rupicola
Asplenium rutaefolium Kze.(HK. & Bak.inSyn.Fil.1897)=Asplenium prolongatum
Asplenium ruta-muraria L.卵叶铁角蕨
Asplenium ruta-muraria var. *subtenuifolium* Christ=Asplenium subtenuifolium
Asplenium sampsoni Hance 岭南铁角蕨
Asplenium sarelii HK.(C.Chr.in J.Wash.Ac.Sci.1927)=Asplenium altajense
Asplenium sarelii HK.华中铁角蕨
Asplenium sarelii var. *altajense* Kom.=Asplenium altajense
Asplenium sarelii var. *magnum* H.S.Kung=Asplenium sarelii
Asplenium sarelli var. *pekinense* C.Chr.=Asplenium pekinense
Asplenium saulii Bak.=Asplenium sarelii
Asplenium saxicola Rosent 石生铁角蕨
Asplenium scallanii Christ=Leptogramma scallanii
Asplenium scolopendrium Hay.=Asplenium griffithianum
Asplenium scolopendrium L.=Phyllitis scolopendrium
Asplenium scortechinii Bedd.狭叶铁角蕨
Asplenium sect. *Athyrium* HK.(p.p.)=**Athyriopsis**
Asplenium septentrionale (L.) Hoffm.叉叶铁角蕨
Asplenium septentrionale var. *sasakii* (Hay.) C.Chr.=Asplenium septentrionale
Asplenium sepulchrale HK. & Bak.=Asplenium pekinense
Asplenium serraeforme Mett.=Asplenium obscurum
Asplenium serratissimum Ching ex S.H.Wu 华东铁角蕨
Asplenium serricula Fée (C.M.Kuo in Taiwna. 1985)=Asplenium matsumurae
Asplenium shandongense Y.T.Liang=Asplenium castaneo-viride
Asplenium shikokianum Makino=Asplenium bullatum var. shikokianum
Asplenium shiobarense Koidz.=Asplenium subvarians
Asplenium sibiricum Turcz. ex Kze.=Allantodia crenata
Asplenium sikkimense Clarke=Allantodia sikkimensis
Asplenium simonsianum HK.=Neottopteris simonsiana
Asplenium simplex (HK.) Hance=Pronephrium simplex
Asplenium sinense Bak.=Athyrium mengtzeense
Asplenium smithianum Bak.=Callipteris paradoxa
Asplenium sophoroides Christ =Cyclosorus acuminatus
*Asplenium sp.*Y.C.Wu=Asplenium subtrapezoideum
Asplenium spathulinum J.Sm.匙形铁角蕨
Asplenium spectabile Wall.=Allantodia spectabilis
Asplenium speluncae Christ 黑边铁角蕨
Asplenium spinulosum sensu Clarke=Pseudocystopteris subtriangularis
Asplenium spinulosum Bak.=Pseudocystopteris spinulosa
Asplenium spinulosum var. *subtriangulare* Clarke=Pseudocystopteris subtriangularis
Asplenium squamigerum Mett.=Allantodia squamigera
Asplenium stenophyllum Bedd.=Asplenium ensiforme f. stenophyllum
Asplenium stoliczkae Clarke=Allantodia hirsutipes
Asplenium strigillosum Moore ex Lowe=Athyrium strigillosum
Asplenium subcrenatum Ching ex S.H.Wu 圆齿铁角蕨
Asplenium subdigitatum Ching 掌裂铁角蕨
Asplenium subgen. *Pseudoallantodia* Clarke=**Allantodia**
Asplenium subgen. *Tamnopteris* Tard.-Blot=**Neottopteris**
Asplenium sublaserpitiifolium Ching 拟大羽铁角蕨
Asplenium sublongum Ching ex S.H.Wu 长柄铁角蕨
Asplenium suborbiculare Ching 圆叶铁角蕨
Asplenium subsinuatum Wall. ex HK. & Grev.=Diplazium subsinuatum
Asplenium subtenuifolium (Christ) Ching & S.H.Wu 疏羽铁角蕨
Asplenium subtoramanum Ching ex S.H.Wu 黑柄铁角蕨
Asplenium subtrapezoideum Ching ex S.H.Wu 大瑶山铁角蕨
Asplenium subtriangulare HK.=Pseudocystopteris subtriangularis
Asplenium subvarians Ching ex C.Chr.钝齿铁角蕨
Asplenium succulentum Clarke=Allantodia succulenta
Asplenium szechuanense Ching 天全铁角蕨
Asplenium tenellum Hope=Athyrium strigillosum
Asplenium tenerum Forst.膜连铁角蕨
Asplenium tenuicaule Hay.细茎铁角蕨
Asplenium tenuifolium D.Don 细裂铁角蕨
Asplenium tenuifolium Don (H.Ito Fil.Jap.Illustr.1944)=Asplenium tenuissimum
Asplenium tenuifolium var. minor Ching ex S.H.Wu 桂西铁角蕨
Asplenium tenuifolium var. tenuifolium=Asplenium tenuifolium
Asplenium tenuifrons Wall.=Athyrium strigillosum
Asplenium tenuisectum HK.=Acystopteris tenuisecta
Asplenium tenuissimum Hay.新竹铁角蕨
Asplenium textori Miq.=Allantodia metteniana
Asplenium thelypteroides Michx. =Lunathyrium acrostichoides
Asplenium thelypteroides Michx.(Clarke in Trans.L.Soc.1890)=Lunathyrium ×allantodioides
Asplenium tianmushanense Ching 天目山铁角蕨
Asplenium tianshanense Ching 天山铁角蕨
Asplenium tibeticum Ching=Asplenium indicum
Asplenium tonkinense C.Chr.=Asplenium ensiforme
Asplenium toramanum Makino 都匀铁角蕨
Asplenium tozanense Hay.=Athyrium nigripes
Asplenium trapeziforme Wall.=Asplenium unilaterale
Asplenium trapezoideum Ching(Ching in Bull.Dept.Biol.Sun Yatsen Univ. 1933)=Asplenium subtrapezoideum
Asplenium trapezoideum Ching 蒙自铁角蕨
Asplenium trialatum C.Chr.=Asplenium tripteropus
Asplenium trichomanes L.(Thunb.Fl.Jap.1784)=Asplenium incisum
Asplenium trichomanes L.铁角蕨
Asplenium trichomanes var. *centro-chinense* Christ=Asplenium tripteropus
Asplenium trichomanoides Houtt.=Asplenium trichomanes
Asplenium trigonopterum Kze.台南铁角蕨
Asplenium tripteropus Nakai 三翅铁角蕨
Asplenium umbrosum var. *procerum* (Wall. ex Clarke) Bak.=Allantodia procera
Asplenium unilaterale Lam.(Y.C.Wu in Bull.Dept.Biol.Sun Yatsen Univ. 1932)=Asplenium excisum
Asplenium unilaterale Lam.半边铁角蕨
Asplenium unilaterale var. *decurrens* (Bedd.) H.S.Kung=Asplenium unilaterale var. udum
Asplenium unilaterale var. *obliquissimum* Hay.=Asplenium unilaterale var. udum
Asplenium unilaterale var. rahaoense Hay.=Asplenium excisum
Asplenium unilaterale var. udum Atkinson ex Clarke 阴湿铁角蕨

Asplenium unilaterale var. unilaterale=Asplenium unilaterale
Asplenium uropteron Miq.=Athyrium niponicum
Asplenium varians Wall. ex HK. & Grev.(Ogata in Icon Fil.Jap.1928)=Asplenium subvarians
Asplenium varians Wall.(Kitag.in Rep.First Sci. exped.1935)=Asplenium sarelii
Asplenium varians Wall. ex HK. & Grev.变异铁角蕨
Asplenium varians var. *sakuraii* Rosent.=Asplenium capillipes
Asplenium vidalii Franch. & Sav.=Athyrium vidalii
Asplenium viride Hudson 欧亚铁角蕨
Asplenium viridifrons Makino=Dryoathyrium viridifrons
Asplenium viridissimum Hay.=Asplenium bullatum
Asplenium viviparum (L.f.) Fresl 绿柄铁角蕨
Asplenium vulcanicum Bl.(台湾志 1975)=Asplenium matsumurae
Asplenium wardii HK.=Athyrium wardii
Asplenium wheeleri Bak.=Allantodia wheeleri
Asplenium wichurae Mett.=Allantodia wichurae
Asplenium wightianum Wall.(Merr.in Lingnan Sci.Jour.1927)=Asplenium loriceum
Asplenium wightianum var. *microphyllum* Matsumura & Hay.=Asplenium matsumurae
Asplenium wilfordii DeVol & C.M.Kuo=Asplenium austrochinense
Asplenium wilfordii Mett. ex Kuhn 闽浙铁角蕨
Asplenium wilfordii var. *austrochinense* (Ching) Tagawa=Asplenium austrochinense
Asplenium wilfordii Wall. ex HK. & Grev.(台湾志 1975)=Asplenium tenuicaule
Asplenium woodsioides Christ=Asplenium yunnanense
Asplenium wrightii Eaton (Merr.in Lingnan Sci.Jour.1927)=Asplenium alatulum
Asplenium wrightii Eaton ex HK.狭翅铁角蕨
Asplenium wrightii Tard.-Blot & C.Chr.=Asplenium wrightioides
Asplenium wrightii var. *aristata-serrulatum* Hay.=Asplenium wrightii
Asplenium wrightii var. *shikokianum* Makino=Asplenium bullatum var. shikokianum
Asplenium wrightioides Christ 疏齿铁角蕨
Asplenium wuliangshanense Ching 无量山铁角蕨
Asplenium wuyishanicum Ching=Asplenium indicum var. yoshinagae
Asplenium xinjiangense Ching 新疆铁角蕨
Asplenium xinyiense Ching & S.H.Wu 信宜铁角蕨
Asplenium yokoscense Franch. & Sav.=Athyrium yokoscense
Asplenium yoshinagae Makino (四川志 1988)=Asplenium indicum
Asplenium yoshinagae Makino=Asplenium indicum var. yoshinagae
Asplenium yoshinagae var. *indicum* Ching & S.K.Wu=Asplenium indicum var. yoshinagae
Asplenium yuanum Ching=Asplenium adiantum-nigrum var. yuanum
Asplenium yunnanense Franch.云南铁角蕨
Asplenium yunnanense var. *daraeforme* H.S.Kung=Asplenium moupinense
Aspris Adans.=**Aira**
Aster L.**紫菀属**(菊科)
Aster ablescens Wall.(p.p.)=Aster albescens var. pilosus
Aster adustus Koidz. ex Nakai=Aster ageratoides
Aster ageratoides Turcz.=Aster ageratoides
Aster ageratoides subsp. *ageratoides* Griers.=Aster ageratoides
Aster ageratoides subsp. *lasiocladus* (Hay.) Kitam.=Aster ageratoides var. lasiocladus
Aster ageratoides subsp. *leiophyllus* (Franch. & Sav.) Kitam.=Aster ageratoides var. leiophyllus
Aster ageratoides subsp. *ovatus* f. *leucanthus* Kitam.=Aster ageratoides var. leiophyllus
Aster ageratoides subsp. *trinervius* Griers.=Aster trinervius
Aster ageratoides Turcz.三脉紫菀
Aster ageratoides var. *adustus* Maxim.(Hand.-Mazz.in Act.Hort.Gothob. 1938)=Aster ageratoides
Aster ageratoides var. ageratoides=Aster ageratoides
Aster ageratoides var. firmus (Diels) Hand.-Mazz.坚叶紫菀(新)
Aster ageratoides var. gerlachii (Hance) Chang 狭叶三脉紫菀(新)
Aster ageratoides var. heterophyllus Maxim.玉米托子花
Aster ageratoides var. lasiocladus (Hay.) Hand.-Mazz.大柴胡
Aster ageratoides var. laticorymbus (Vant.) Hand.-Mazz.宽伞紫菀(新)
Aster ageratoides var. leiophyllus (Franch. & Sav.) Ling 光叶三脉紫菀(新)
Aster ageratoides var. micranthus Ling 小花三脉紫菀(新)
Aster ageratoides var. oophyllus Ling 卵叶三脉紫菀(新)
Aster ageratoides var. *ovatus* Hand.-Mazz.(p.p.)=Aster ageratoides var. scaberulus
Aster ageratoides var. *ovatus* Hand.-Mazz.(p.p.)=Aster ageratoides var. oophyllus
Aster ageratoides var. pilosus (Diels) Hand.-Mazz.长毛三脉紫菀(新)
Aster ageratoides var. scaberulus (Miq.) Ling 山白菊
Aster ageratoides var. wattii (C.B.Clarke) Griers 毛三脉紫菀(新)?
Aster alatipes Hemsl.翼柄紫菀
Aster albescens (DC.) Hand.-Mazz.小舌紫菀
Aster albescens var. albaescens=Aster albescens
Aster albescens var. discolor Ling 白背小舌紫菀(新)
Aster albescens var. glandulosus Hand.-Mazz.腺点紫菀(新
Aster albescens var. gracilior Hand.-Mazz.狭叶小舌紫菀(新)
Aster albescens var. harrowianus 园艺小舌紫菀(新)?
Aster albescens var. levissimus Hand.-Mazz.无毛小舌紫菀(新)
Aster albescens var. limprichtii (Diels) Hand.-Mazz.椭叶小舌紫菀(新)
Aster albescens var. megaphyllus Ling 大叶小舌紫菀(新)
Aster albescens var. niveus Hand.-Mazz.白雪小舌紫菀(新)
Aster albescens var. pilosus Hand.-Mazz.长毛小舌紫菀(新)
Aster albescens var. rugosus Ling 糙叶小舌紫菀(新)
Aster albescens var. salignus Hand.-Mazz.柳叶小舌紫菀(新)
Aster alpinus L.高山紫菀
Aster alpinus subsp. *dolomiticus* var. *dolomiticus* (S.S.Beck) Onno=Aster alpinus
Aster alpinus var. alpinus=Aster alpinus
Aster alpinus var. *cylleneus* Boiss.(Onno.in Biblioth.Bot.1932)=Aster alpinus var. serpentimontanus
Aster alpinus var. diversisquamus Ling 异苞高山紫菀(新)
Aster alpinus var. fallax (Tamamsch.) Ling 伪形高山紫菀(新)
Aster alpinus var. serpentimontanus (Tamamsch.) Ling 蛇岩高山紫菀(新)
Aster altaicus Willd.(Hand.-Mazz.in Symb.Sin.1936,p.p.)=Aster moupinensis
Aster altaicus Willd.(Hand.-Mazz.in Symb.Sin.1936,p.p.)=Heteropappus crenatifolius
Aster altaicus Willd.(Hemsl.in J.L.Soc.Bot.1888,p.p.)=Heteropappus ciliosus
Aster altaicus Willd.=Heteropappus altaicus
Aster altaicus Kitam.(p.p.)=Heteropappus altaicus var. taitoensis
Aster altaicus var. *canescens* (Nees) Serg.=Heteropappus altaicus var. canescens
Aster altaicus var. *hirsutus* Hand.-Mazz.=Heteropappus altaicus var. hirsutus
Aster altaicus var. *millefolius* (Vant.) Hand.-Mazz.=Heteropappus altaicus var. millefolius
Aster altaicus var. *scaber* (Lallem.) Hand.-Mazz.=Heteropappus altaicus var. scaber
Aster altaicus var. subracemosus Hand.-Mazz.近总状狗娃花(新)?
Aster altaicus var. *taitoensis* Kitam.=Heteropappus altaicus var. taitoensis
Aster alyssoidea Turcz.(Forbes & Hemsl.in J.L.Soc.Bot.1888,p.p.)=Asterothamnus centrali-asiaticus
Aster alyssoides Turcz.=Asterothamnus alyssoides
Aster alyssoides var. *achnolepis* Hand.-Mazz.=Asterothamnus centrali-asiaticus
Aster amellus L.(C.B.Clarke in Comp.Ind.1876)=Aster indamellus
Aster amellus L.雅美紫菀
Aster angustifolius Chang=Gymnaster angustifolius
Aster angustifolius Lindl. ex Royle=Heteropappus altaicus
Aster angustissimus Tausch.=Galatella angustissima
Aster angustus Torr. & Gray=Brachyactis ciliata
Aster annuus L.=Erigeron annuus
Aster arenarius (Kitam.) Nemoto=Heteropappus arenarius
Aster argunensis DC.=Aster flaccidus
Aster argyi Lévl.=Aster panduratus
Aster argyropholis Hand.-Mazz.银鳞紫菀
Aster argyropholis var. argyropholis=Aster argyropholis
Aster argyropholis var. niveus Ling 白雪银鳞紫菀(新)
Aster argyropholis var. paradoxus Ling 奇形银鳞紫菀(新)
Aster asagrayi Makino=Heteropappus ciliosus
Aster asperrima Nees=Aster trinervius
Aster associatus Kitag.=Kalimeris lautureana

Aster associatus var. *stenolobus* Kitag.=Kalimeris lautureana
Aster asteroides (DC.) O.Ktze.星舌紫菀
Aster asteroides f. paludosus Ling 沼生星舌紫菀(新)
Aster asteroides subsp. *costei* (Lévl.) Griers.=Aster likiangensis
Aster auriculatus Franch.耳叶紫菀
Aster auriculatus f. crenatus Ling?怒江耳叶紫菀(新)
Aster auriculatus var. *oligocephalus* Ling=Aster veitchianus
Aster azureus Lindl. ex HK.天蓝花紫菀
Aster baccharoides (Benth.) Steetz.白舌紫菀
Aster baccharoides Steetz (Hay.in Comp Formos.1908)=Aster ovalifolius
Aster baccharoides var. *kanehirai* Yamam.=Aster taiwanensis
Aster baccharoides var. sinianus (Hand.-Mazz.) Ling?长苞白舌紫菀
Aster barbellatus Griers.髯毛紫菀
Aster batakensis Hay.=Heteropappus hispidus
Aster batangensis Bur. & Franch.巴塘紫菀
Aster batangensis var. batangensis=Aster batangensis
Aster batangensis var. staticefolius (Franch.) Ling 打毒根
Aster biennis (Lindl.) Ledeb.=Heteropappus tataricus
Aster bietii Franch.线舌紫菀
Aster bipinnatisectus Ludlow ex Griers.重羽紫菀
Aster blinii Lévl.=Aster ageratoides var. oophyllus
Aster bodinieri Lévl.=Aster brachytrichus
Aster bowerii Hemsl.(Rehd. & Kobuski in J.Arn.Arb.1933)=Heteropappus crenatifolius
Aster bowerii Hemsl.=Heteropappus bowerii
Aster brachyactus Blake=Brachyactis ciliata
Aster brachyphyllus Chang=Aster falcifolius
Aster brachytrichus Franch.短毛紫菀
Aster brachytrichus var. angustisquamus Ling 狭苞短毛紫菀(新)
Aster brachytrichus var. brachytrichus=Aster brachytrichus
Aster brachytrichus var. *denticulatus* Onno=Aster brachytrichus
Aster brachytrichus var. latifolius Ling 宽叶短毛紫菀(新)
Aster brachytrichus var. *oreaster* Onno=Aster brachytrichus
Aster brachytrichus var. tenuiligulatus Ling 细舌短毛紫菀(新)
Aster brevipes Benth.=Aster baccharoides
Aster brevis Hand.-Mazz.短茎紫菀
Aster breviscapus Vant.=Erigeron breviscapus
Aster bulleyanus J.F.Jeffr.扁毛紫菀
Aster cabulicus Lindl.=Aster albescens
Aster candelabrum Vant.=Aster panduratus
Aster cantonensis (Lour.Courtois=Kalimeris indica
Aster carnosus Gilib.=Tripolium vulgare
Aster cavaleriei Vant. & Lévl.=Aster albescens
Aster centraliasiaticus Novopokr.=Asterothamnus centrali-asiaticus
Aster chinensis L.=Callistephus chinensis
Aster chromopappus Novopokr.=Galatella chromopappa
Aster ciliosus (Turcz.) Hand.-Mazz.=Heteropappus ciliosus
Aster ciliosus Kitam.=Heteropappus meyendorffii
Aster consanguineus Ledeb.=Erigeron komarovii
Aster cordifolius L.心叶紫菀
Aster coriaceifolius Lévl. & Vant.=Vernonia clivorum
Aster costei Lévl.=Aster likiangensis
Aster crenatifolius Hand.-Mazz.(p.p.)=Heteropappus crenatifolius
Aster crenatifolius Hand.-Mazz.(p.p.)=Heteropappus gouldii
Aster curvatus Vant.=Aster ageratoides var. gerlachii
Aster dahuricus Benth. ex Baker.=Galatella dahurica
Aster dahuricus subsp. *yamatsudanus* (Kitag.) Kitag.=Galatella dahurica
Aster delavayi Franch.=Aster diplostephioides
Aster depauperatus Lévl. & Vant.=Heteropappus meyendorffii
Aster dimorphophyllus Franch. & Sav.(Forbes & Hemsl.in J.L.Soc.Bot. 1888)=Sinosenecio oldhamianus
Aster diplostephioides (DC.) C.B.Clarke 重冠紫菀
Aster diplostephioides C.B.Clarke (Hand.-Mazz.in Notzbl.Bot.Gard.u. Mus.Berl.-Dahl.1937)=Aster tsarungensis
Aster diplostephioides subsp. *farreri* (W.W.Sm. & J.F.Jeffr.) Onno=Aster farreri
Aster diplostephioides subsp. *yunnanensis* var. *delavayi* (Franch.) Onno (p.p.)=Aster diplostephioides
Aster diplostephioides subsp. *yunnanensis* var. *delavayi* (Frnch.) Onno (p.p.)=Aster farreri
Aster diplostephioides subsp. *yunnanensis* var. *yunnanensis* (Franch.) Onno (p.p.)=Aster yunnanensis
Aster diplostephioides subsp. *yunnanensis* var. *yunnanensis* (Franch.) Onno (p.p.)=Aster yunnanensis var. angustior
Aster diplostephioides subsp. *yunnanensis* var. *yunnanensis* Onno (p.p.)=Aster oreophilus
Aster diplostephioides subsp. *yunnanensis* var. *yunnanensis* Onno (p.p.)=Aster bulleyanus
Aster dolichophyllus Ling 长叶紫菀
Aster dolichopodus Ling 长梗紫菀
Aster doronicifolius Lévl.=Aster fuscescens
Aster dubius subsp. *glabratus* Kitam. & Hara ex Kitam.=Erigeron komarovii
Aster dysentericus Scop.=Pulicaria dysenterica
Aster elegans HK.f. & Thoms. ex C.B.Clarke (p.p.)=Aster neo-elegans
Aster eremophilus Bge.=Krylovia eremophila
Aster esquirolii Lévl.=Picris japonica
Aster fabri HK.f.=Gymnaster angustifolius
Aster falcifolius Hand.-Mazz.镰叶紫菀
Aster fallax Tamamsch.=Aster alpinus var. fallax
Aster farreri W.W.Sm. & J.F.Jeffr.狭苞紫菀
Aster fastigiata Lehm. ex Nees=Galatella hauptii
Aster fastigiatus Fisch.=Turczaninowia fastigiata
Aster fastigiiformis Novopokr.=Galatella fastigiiformis
Aster ferrugineus Edgew.=Aster albescens
Aster flabellum Vant.=Turczaninowia fastigiata
Aster flaccidus Bge.萎软紫菀
Aster flaccidus f. *atropurpureus* Onno (p.p.)=Aster flaccidus f. griseo-barbatus
Aster flaccidus f. flaccidus=Aster flaccidus
Aster flaccidus f. griseo-barbatus Griers.灰毛萎软紫菀(新)
Aster flaccidus f. *stolonifer* Onno=Aster flaccidus
Aster flaccidus f. *tunicatus* Onno=Aster brevis
Aster flaccidus subsp. *flaccidus* Onno (p.p.)=Aster tsarungensis
Aster flaccidus subsp. flaccidus f. glabratus Ling 少毛萎软紫菀(新)
Aster flaccidus subsp. flaccidus f. tomentosus Winkl.茸毛萎软紫菀(新)
Aster flaccidus subsp. flaccidus=Aster flaccidus
Aster flaccidus subsp. *flactuglandulosus* (Ostenf.) Onno (p.p.)=Aster flaccidus subsp. glandulosus
Aster flaccidus subsp. *fructuglandulosus* (Ostend.) Onno (p.p.)=Aster flaccidus
Aster flaccidus subsp. glandulosus (Keissl.) Onno 腺毛萎软紫菀(新)
Aster flaccidus subsp. *tsarungensis* Griers.=Aster tsarungensis
Aster flaccidus var. *atropurpureus* Onno=Aster alpinus var. fallax
Aster flaccidus var. *fructuglandulosus* Ostend.(p.p.)=Aster flaccidus subsp. glandulosus
Aster flaccidus var. *fructuglandulosus* Ostenf.(p.p.)=Aster flaccidus
Aster flaccidus var. *glandulosus* (Keissl.) Hand.-Mazz.=Aster flaccidus subsp. glandulosus
Aster fordii Hemsl.=Aster panduratus
Aster formosanus Hay.台岩紫菀
Aster forrestii Stapf.=Aster souliei
Aster franchetianus Lévl.=Kalimeris integrifolia
Aster fruticosus B.Fedtsch.=Asterothamnus fruticosus
Aster fulgidulus Griers.辉叶紫菀
Aster fusanensis Lévl. & Vant.=Heteropappus hispidus
Aster fuscescens Burr. & Franch.褐毛紫菀
Aster fuscescens var. fuscenscens=Aster fuscescens
Aster fuscescens var. oblongifolius 长圆叶紫菀(新)
Aster fuscescens var. scaberoides Chang 少毛紫菀(新)
Aster ganlun Kitam.=Aster souliei
Aster geralachii Hance=Aster ageratoides var. gerlachii
Aster giraldii Diels 秦中紫菀
Aster glarearum W.W.Sm. & Farr.=Aster flaccidus
Aster glehnii Schmisdt.(Hemsl.in J.L.Soc.Bot.1888)=Aster ageratoides var. scaberulus
Aster gmelini Tausch.=Heteropappus altaicus
Aster gossypiphorus Ling=Aster prainii
Aster gracilicaulis Ling 细茎紫菀
Aster gramineus (L.) Kom.=Arctogeron gramineum
Aster grandiflorus L.大紫菀(新)
Aster guelpaertensis Lévl.Vant.=Aster ageratoides
Aster handelii Onno 红冠紫菀
Aster harrowianus Diels=Aster albescens var. gracilior
Aster harrowianus var. *glabratus* Diels=Aster albescens var. salignus
Aster harrowianus var. *pycnophyllus* (Franch.) Lévl.=Aster pycnophyllus

Aster harrowianus var. *slabratus* Diels=Aster albescens var. levissimus
Aster hauptii Ledeb.=Galatella hauptii
Aster hedinii Ostenf.=Aster asteroides
Aster helenium Scop.=Inula helenium
Aster henryi Hemsl.=Aster moupinensis
Aster hersileoides Schneid.横斜紫菀
Aster heterochaeta Benth. ex C.B.Clarke=Aster flaccidus
Aster heterolepis Hand.-Mazz.异苞紫菀
Aster himalaicus C.B.Clarke 须弥紫菀
Aster hispidulus Chang=Aster trichoneurus
Aster hispidus Thunb.=Heteropappus hispidus
Aster hispidus var. *decipiens* (Maxim.) Ling=Heteropappus hispidus
Aster hispidus var. *heterochaeta* Franch. & Sav.=Heteropappus hispidus
Aster hispidus var. *mesochaeta* Franch. & Sav.=Heteropappus hispidus
Aster hispidus var. *microphyllus* Pamp.=Heteropappus hispidus
Aster hololachnus Ling 全茸紫菀
Aster holophyllus Hemsl.=Kalimeris integrifolia
Aster homochlamydeus Hand.-Mazz.等苞紫菀
Aster homochlamydeus f. filipes Ling 腺梗等苞紫菀
Aster homolepis Chang=Aster homochlamydeus
Aster horridifolius Lévl.Vant.=Aster maackii
Aster hunanensis Hand.-Mazz.湖南紫菀
Aster hypoleucus Hand.-Mazz.白背紫菀
Aster ignoratus Kunth & Douche.=Aster albescens
Aster imdamellus Griers.(新拉汉英 1986)= Aster indamellus
Aster incisus Fisch.=Kalimeris incisa
Aster incisus var. *australis* Kigag.=Kalimeris incisa
Aster indamellus Griers.叶苞紫菀
Aster indicus L.=Kalimeris indica
Aster indicus var. *lautureana* Yamam.=Kalimeris shimadai
Aster integrifolius Franch.=Kalimeris integrifolia
Aster intermedius Turcz. ex DC.=Aster flaccidus
Aster inuloides D.Don=Erigeron multiradiatus
Aster ionoglossus Ling 堇舌紫菀
Aster ircutianus DC.=Aster sibiricus
Aster itsunboshi Kitam.大埔紫菀
Aster jeffreyanus Diels 滇西北紫菀
Aster kansuensis Farr.=Aster flaccidus
Aster kawaguchi Kitam.=Aster yunnanensis var. labrangensis
Aster koidzumianus Makino=Aster maackii
Aster komarovii Lévl. & Vant.=Doellingeria scaber
Aster labrangensis Hand.-Mazz.=Aster yunnanensis var. labrangensis
Aster lanuginosus (J.Small) Ling 棉毛紫菀
Aster lasiocladus Hay.=Aster ageratoides var. lasiocladus
Aster latibracteatus Franch.宽苞紫菀
Aster laticorymbus Vant.=Aster ageratoides var. laticorymbus
Aster latisquamus (Maxim.) Hand.-Mazz.=Brachyactis ciliata
Aster lautureanus (Debx.) Franch.=Kalimeris lautureana
Aster lautureanus var. *mongolicus* (Franch.) Kitag.=Kalimeris mongolica
Aster lauturensis var. *mangtaoensis* Kitag.=Kalimeris lautureana
Aster lavanduliifolius Hand.-Mazz.线叶紫菀
Aster ledebourianus Novopokr.=Galatella punctata
Aster likiangensis Franch.丽江紫菀
Aster likiangensis subsp. *hedinii* (Ostenf.) Onno=Aster asteroides
Aster likiangnensis subsp. *costei* Onno (p.p.)=Aster asteroides
Aster likinangensis subsp. *typicus* Onno=Aster likiangensis
Aster limitaneus W.W.Sm. & Farr=Aster souliei
Aster limoniifolius Fedtsch.=Krylovia limoniifolia
Aster limosus Hemsl.湿生紫菀
Aster limprichtii Diels (Hand.-Mazz.in Symb.Sin.1936)=Aster albescens var. gracilior
Aster limprichtii Diels=Aster albescens var. limprichtii
Aster limprichtii var. *gracilior* Hand.-Mazz.(p.p.)=Aster albescens var. pilosus
Aster limprichtii var. *gracilior* Hand.-Mazz.(p.p.)=Aster albescens var. gracilior
Aster lindleyanus Torr. & Gray 林德利氏紫菀
Aster lingulatus Franch.(Onno in Biblioth.Bot.1932,p.p.)=Aster oreophilus
Aster lingulatus Franch.舌叶紫菀
Aster linosyris (L.) Benth.麻紫菀(新)
Aster liophyllus Franch. & Sav.=Aster ageratoides var. leiophyllus
Aster lipskyi Kom.青海紫菀
Aster lithospermifolius DC.=Heteropappus altaicus var. canescens
Aster lofouensis Lévl. & Vant.=Pentanema indicum var. hypoleucum
Aster longipetiolatus Chang=Kalimeris longipetiolata
Aster maackii Rgl.圆苞紫菀
Aster macilentus Vant.=Inula nervosa
Aster macrodon Lévl. & Vant.=Kalimeris incisa
Aster macrolophus Lévl. & Vant.=Tripolium vulgare
Aster macrophyllus L.大叶紫菀
Aster mairei Lévl.=Aster vestitus
Aster mangshanensis Ling 莽山紫菀
Aster mangtaoensis Kitag.=Kalimeris lautureana
Aster marchandii Lévl.=Doellingeria marchandii
Aster maritimus Lam.=Tripolium vulgare
Aster megalanthus Ling 大花紫菀
Aster mekongensis Onno=Aster bietii
Aster mekongensis Onno=Aster himalaicus
Aster menelii Lévl.黔中紫菀
Aster meyendorffii (Rgl. & Maack) Voss.=Heteropappus meyendorffii
Aster micranthus Lévl. & Vant.=Turczaninowia fastigiata
Aster millefolius Vant.=Heteropappus altaicus var. millefolius
Aster molliusculus (DC.) C.B.Clarke 软毛紫菀
Aster molliusculus Novnopokr.=Asterothamnus molliusculus
Aster mongolicus Franch.=Kalimeris mongolica
Aster morrisonensis Hay.玉山紫菀
Aster moupinensis (Franch.) Hand.-Mazz.川鄂紫菀
Aster multiradiatus Wall.=Erigeron multiradiatus
Aster nakai Lévl. & Vant.=Aster tatarius
Aster neo-elegans Griers.新雅紫菀
Aster nigrescens Vant.=Aster ageratoides var. heterophyllus
Aster nigromontanus Dunn 黑山紫菀
Aster nigrotinctus Ling=Aster farreri
Aster nitidus Chang 亮叶紫菀
Aster novae-angliae L.美国紫菀
Aster novibelgii L.荷兰紫菀
Aster oblongifolius Nutt.芳香紫菀
Aster oldhami Hemsl.=Heteropappus oldhami
Aster omerophyllus Hay.=Heteropappus hispidus
Aster oreophilus Franch.(Farrer in Jurn.Hort.Soc.1916)=Aster heterolepis
Aster oreophilus Franch.石生紫菀
Aster oreophilus f. inaequisquamus Ling 昆明石生紫菀(新)
Aster oreophilus f. umbrosus Ling 鹤庆石生紫菀(新)
Aster ovalifolius Kitam.卵叶紫菀
Aster ovovatus Ledeb.=Krylovia limoniifolia
Aster palustris Lam.=Tripolium vulgare
Aster panduratus Nees ex Walp.琴叶紫菀
Aster paniculatus Lam.圆锥紫菀
Aster papposissimus Lévl. & Vant.=Tripolium vulgare
Aster pekinensis (Hance) Kitag.=Kalimeris integrifolia
Aster pekinensis (Hance) Kitag.=Kalimeris integrifolia
Aster piccolii HK.f.=Gymnaster piccolii
Aster pinnatifidus f. *robustus* Makino=Kalimeris incisa
Aster poliifolius Novopokr.=Asterothamnus poliifolius
Aster poliothamnus Diels 灰枝紫菀
Aster poliothamnus f. procumbens Li 舟曲紫菀(新)
Aster polius Schneid.灰毛紫菀
Aster poncinsii Franch.=Psychrogeton poncinsii
Aster potaninii Novopokr.=Asterothamnus centrali-asiaticus var. potaninii
Aster praetermissus Drumm.=Heteropappus crenatifolius
Aster prainii (Drumm.) Y.L.Chen 厚棉紫菀
Aster prascottii Lindl. ex DC.=Aster sibiricus
Aster prorerus Hemsl.高茎紫菀
Aster pseudamellus HK.f.=Aster indamellus
Aster pulchellus Willd.=Aster alpinus
Aster pulicarius Scop.=Pulicaria prostrata
Aster punctatus W. & K.=Galatella punctata
Aster purdomii Hutch.=Aster flaccidus
Aster pycnophyllus W.W.Sm.密叶紫菀
Aster pyrenaeus Desf. ex DC.卑利牛斯紫菀
Aster pyropappus Boiss.=Heteropappus altaicus var. canescens
Aster ramsbottomii Hand.-Mazz.=Aster poliothamnus
Aster retusus Ludlow 凹叶紫菀
Aster richardsonii Spreng.(Ledeb.in Fl.Alt.1833)=Aster sibiricus

Aster rockianus Hand.-Mazz.腾戟紫菀
Aster roylei Onno=Erigeron multiradiatus
Aster rufopappus Hay.=Heteropappus hispidus
Aster sachalinensis Kudô =Aster sibiricus
Aster sagittifolius Wedem. ex Willd.箭叶紫菀
Aster salicifolius Ait.柳叶紫菀
Aster salicinus Scop.=Inula salicina
Aster salinus Schrad.=Tripolium vulgare
Aster salwinensis Onno 怒江紫菀
Aster sampsonii (Hance) Hemsl.短舌紫菀
Aster sampsonii var. isochaetus Chang 等毛短舌紫菀(新)
Aster sampsonii var. sampsonii=Aster sampsonii
Aster scaber Thunb.(Hay.in Fl.Mont.Formos.1908)=Aster formosanus
Aster scaber Thunb.=Doellingeria scaber
Aster scaberrimus Hay.=Aster taiwanensis
Aster scaberulus Miq.=Aster ageratoides var. scaberulus
Aster scabridus C.B.Clarke=Aster trinervius
Aster scaposus Klatt.=Aster molliusculus
Aster scoparius (Kar. & Kir.) B.Fedtsch.=Galatella scoparia
Aster sect. *Asteromoea* (Bl.) Makino=**Kalimeris**
Aster sect. *Boltonia* Baillon (p.p.)=**Kalimeris**
Aster sect. *Doellingeria* (Nees) Kitam.=**Doellingeria**
Aster sect. *Euaster* ser. *Turczaninowia* (DC.) Kitam.=**Turczaninowia**
Aster sect. *Galatella* Benth. & HK.(p.p.)=**Galatella**
Aster sect. *Teretiachanenium* Kitam.=**Doellingeria**
Aster sect. *Tripolium* (Nees) Benth. & HK.f.=**Tripolium**
Aster senecioides Franch.狗舌紫菀
Aster senecioides var. latisquamus Ling 阔苞狗舌紫菀(新)
Aster senecioides var. senecioides=Aster senecioides
Aster serpentimontanus Tamammsch.=Aster alpinus var. serpentimontanus
Aster sherriffianus Hand.-Mazz.=Aster vestitus
Aster shimadai (Kitam.) Nemoto=Kalimeris shimadai
Aster sibiricus L.西伯利亚紫菀
Aster sikkimensis HK.(Hand.-Mazz.in Notizbl.Bot.Gart.u.Mus.Berl.-Dahl.1937,p.p.)=Aster pycnophyllus
Aster sikkimensis HK.锡金紫菀
Aster sikuensis W.W.Sm. & Farr.西固紫菀
Aster simplex Chang=Gymnaster simplex
Aster sinianus Hand.-Mazz.岳麓紫菀
Aster smithianus Hand.-Mazz.甘川紫菀
Aster songoricus Novopokr.=Galatella songorica
Aster souliei Franch.缘毛紫菀
Aster souliei var. *limitaneus* (W.W.Sm. & Farr.) Hand.-Mazz.=Aster souliei
Aster spatioides C.B.Clarke=Heteropappus altaicus var. canescens
Aster sphaerotus Ling 圆耳紫菀
Aster staticefolius Franch.=Aster batangensis var. staticefolius
Aster stracheyi HK.f.匍生紫菀
Aster subcaerulens S.Moore=Aster tongolensis
Aster subulatus Michx.钻叶紫菀
Aster sutchuenensis Franch.四川紫菀
Aster tagasagomontanus Sasaki 山紫菀
Aster taiwanensis Kitam.台湾紫菀
Aster taliangshanensis Ling 凉山紫菀
Aster tataricus L.f.紫菀
Aster tataricus subsp. decompositus Novopokr.?晋冀紫菀(新)
Aster tataricus var. *minor* Makino=Aster tatarius
Aster tataricus var. *nakaii* (Lévl. & Vant.) Kitam.=Aster tatarius
Aster tataricus var. petersianus Hort. ex Bailey 药用紫菀(新)
Aster tataricus var. *robustus* Nakai=Aster tatarius
Aster tataricus var. *vernalis* Nakai=Aster tatarius
Aster techinensis Ling 德钦紫菀
Aster tianshanicus Novopokr.=Galatella tianshanica
Aster tibeticus (Fedtsch.) Liu=Aster farreri
Aster tibeticus HK.f.=Aster flaccidus
Aster tientschuanensis Hand.-Mazz.天全紫菀
Aster tongolensis Franch.东俄洛紫菀
Aster tongolensis f. houmilis Diels 低小东俄洛紫菀(新)
Aster tongolensis f. ramosus Ling 多枝东俄洛紫菀(新)
Aster tongolensis subsp. *forrestii* Onno=Aster souliei
Aster tongolensis subsp. *typicus* Onno.(p.p.)=Aster tongolensis
Aster tricapitatus Vant.=Aster oreophilus
Aster tricephallus C.B.Clarke (Onno in Biblioth.Bot.1932,p.p.)=Aster barbellatus
Aster tricephalus C.B.Clarke (HK.f.in Fl.Brit.Ind.1881,p.p.)=Aster neo-elegans
Aster tricephalus C.B.Clarke 三头紫菀
Aster trichanthus Hand.-Mazz.=Kalimeris longipetiolata
Aster trichoneurus Ling 毛脉紫菀
Aster trinervis subsp. *ageratoides* (Turcz.) Griers.=Aster ageratoides
Aster trinervius D.Don (Diels in Bot.Jahrb.1901)=Aster ageratoides var. laticorymbus
Aster trinervius D.Don (Hemsl.in J.L.Soc.Bot.1888,p.p.)=Aster ageratoides var. scaberulus
Aster trinervius D.Don 三基脉紫菀
Aster trinervius Forbes & Hemsl.=Aster ageratoides
Aster trinervius Hay.=Aster taiwanensis
Aster trinervius subsp. *trinervius* Griers.=Aster trinervius
Aster trinervius subsp. *trinervius* var. *trinervius* Griers.=Aster trinervius
Aster trinervius var. *adustus* Kom.=Aster ageratoides
Aster trinervius var. *firmus* Diels=Aster ageratoides var. firmus
Aster trinervius var. *grossedentatus* Franch. ex Diels=Aster homochlamydeus
Aster trinervius var. *hayatae* Yamam.=Aster taiwanensis
Aster trinervius var. *lasiocladus* (Hay.) Yamamoto=Aster ageratoides var. lasiocladus
Aster trinervius var. *longifolius* Franch. & Sav.=Aster tatarius
Aster trinervius var. *ovatus* f. *pubescens* O.Ktze.=Aster ageratoides var. scaberulus
Aster trinervius var. *pilosus* Diels=Aster ageratoides var. pilosus
Aster trinervius var. *potaninii* Diels=Aster ageratoides
Aster trinervius var. *scandens* Hay.=Aster taiwanensis
Aster trinervius var. wattii (C.B.Clarke) Griers.密毛三基脉紫菀(新)
Aster trinevnius var. *rosthornii* Diels=Aster ageratoides
Aster tripolium L.=Tripolium vulgare
Aster tripolium var. *integrifolius* Miyabe & Kudô =Tripolium vulgare
Aster tsarungensis (Griers.) Ling 察瓦龙紫菀
Aster turbinatus S.Moore 陀螺紫菀
Aster turbinatus var. chekiangensis C.Ling 白仙草
Aster turbinatus var. turbinatus=Aster turbinatus
Aster ursinus Lévl.=Kalimeris indica
Aster vanioti Lévl.=Aster oreophilus
Aster veitchianus Hutch. & Drumm 峨眉紫菀
Aster veitchianus f. veitchianus=Aster veitchianus
Aster veitchianus f. yamatzutae (Matsuda) Ling 单头峨眉紫菀(新)
Aster vellereus Franch.=Inula nervosa
Aster velutinosus Ling 毡毛紫菀
Aster vestitus Franch.密毛紫菀
Aster vilmorinii Franch.(p.p.)=Aster diplostephioides
Aster vilmorinii Franch.(p.p.)=Aster yunnanensis var. angustior
Aster vilmorinii var. *nigrotinctus* (Ling) Ling=Aster farreri
Aster winkleri Novopokr.=Asterothamnus fruticosus
Aster yamatsudanus Kitag.=Galatella dahurica
Aster yamatsutae Matsuda=Aster veitchianus f.yamatzutae
Aster yangtzensis Migo=Kalimeris indica
Aster yunnanensis Franch.云南紫菀
Aster yunnanensis var. *angustior* Griers.(p.p.)=Aster yunnanensis var. labrangensis
Aster yunnanensis var. angustior Hand.-Mazz.狭苞云南紫菀(新)
Aster yunnanensis var. labrangensis (Hand.-Mazz.) Ling 夏河云南紫菀(新)
Aster yunnanensis var. yunnanensis=Aster yunnanensis
Asteraceae 菊科
Asteranthemum dahuricum Kunth=Maianthemum dahuricum
Asteranthemum trifoliatum Kunth=Maianthemum trifolium
Asteranthera Klotzsch & Hanst.**紫菀花苣苔属**(苦苣苔科)
Asteranthera ovata Hanst.卵叶紫菀花苣苔
Asterocephalus cochinchinensis Spreng.=Elephantopus scaber
Asteromoea Bl.=**Kalimeris**
Asteromoea angustifolia (Chang) Hand.-Mazz.=Gymnaster angustifolius
Asteromoea cantoniensis (Lour.) Matsum.=Kalimeris indica
Asteromoea incisa Koidz.(p.p.)=Kalimeris incisa
Asteromoea indica (L.) Bl.=Kalimeris indica
Asteromoea indica var. *lautureana* Yamam.=Kalimeris shimadai

Asteromoea indica var. *stenolepis* Hand.-Mazz.=Kalimeris indica var. stenolepis
Asteromoea integrifolia (Turcz.) Les.=Kalimeris integrifolia
Asteromoea lautureana (Debx.) Hand.-Mazz.=Kalimeris lautureana
Asteromoea lautureana Debx.(Hand.-Mazz.in Act.Hort.Goth.1938)=Kalimeris shimadai
Asteromoea mongolica (Franch.) Kitam.=Kalimeris mongolica
Asteromoea ntegrifolia Loes.(Hand.-Mazz.in Symb.Sin.1936)=Kalimeris indica
Asteromoea pekinensis Hance=Kalimeris integrifolia
Asteromoea piccolii (HK.f) Hand.-Mazz.=Gymnaster piccolii
Asteromoea procera (Hemsl.) Ling=Aster prorerus
Asteromoea shimadai Kitam.=Kalimeris shimadai
Asteromoea simplex (Chang) Hand.-Mazz.=Gymnaster simplex
Asteropyrum Drumm. & Hutch.**星果草属**(毛茛科)
Asteropyrum cavaleriei (Lévl. & Vant.) Drumm. & Hutch.裂叶星果草
Asteropyrum hederaefolium Schipcz.=Asteropyrum cavaleriei
Asteropyrum peltatum (Franch.) Dumm. & Hutch.星果草
Asterostoma repens Bl.=Melastoma dodecandrum
Asterothamnus Novopokr.**紫菀木属**(菊科)
Asterothamnus alyssoides (Turcz.) Novopokr.紫菀木
Asterothamnus centrali-asiaticus Novopokr.中亚紫菀木
Asterothamnus centraliasiaticus var. centraliasiaticus=Asterothamnus centrali-asiaticus
Asterothamnus centrali-asiaticus var. potaninii (Novopokr.) Ling & Y.L. Chen 短叶紫菀木
Asterothamnus centrali-asiaticus var. procerior Novopokr.高大紫菀木(新)
Asterothamnus fruticosus (C.Winkl.) Novopokr.灌木紫菀
Asterothamnus fruticosus f. discoideus Novopokr.?无舌花紫菀木(新)
Asterothamnus molliusculus Novopokr.软叶紫菀木
Asterothamnus poliifolius Novopokr.毛叶紫菀木
Asterothamnus potaninii Novopokr.=Asterothamnus centrali-asiaticus var. potaninii
Astilbe Buch.-Ham. ex D.Don **落新妇属**(虎耳草科)
Astilbe austrosinensis Hand.-Mazz.=Astilbe grandis
Astilbe biternata Britt.二回三出落新妇
Astilbe chinensis (Maxim.) Franch. & Savat.落新妇
Astilbe chinensis var. *davidii* Franch.=Astilbe chineisis
Astilbe chinensis var. *koreana* Kom.=Astilbe grandis
Astilbe chinensis var. *longicarpa* Hay.=Astilbe longicarpa
Astilbe chinensis var. pumila Hort.矮落新妇
Astilbe congesta Nak.密集落新妇
Astilbe davidii (Franch.) Henryi=Astilbe chineisis
Astilbe grandis Stapf ex Wils.大落新妇
Astilbe henricii Franch.=Rodgersia aesculifolia var. henricii
Astilbe heteropetala Mattf.=Astilbe rivularis var. myriantha
Astilbe japonica (Merr. & Decne.) Asa Gray 泡盛落新妇
Astilbe koreana (Kom.) Nakai=Astilbe grandis
Astilbe leucantha Knoll=Astilbe grandis
Astilbe longicarpa (Hay.) Hay.长果落新妇
Astilbe macrocarpa Knoll 大果落新妇
Astilbe macroflora Hay.阿里山落新妇
Astilbe microphylla Knoll 小叶落新妇
Astilbe myriantha Diels (西藏志 1985)=Astilbe rivularis
Astilbe myriantha Diels=Astilbe rivularis var. myriantha
Astilbe pinnata (Franch.) Franch.=Rodgersia pinnata
Astilbe rivularis Buch.-Ham. ex D.Don 溪畔落新妇
Astilbe rivularis var. *angustata* C.Y.Wu ex J.T.Pan=Astilbe rivularis var. angustifoliolata
Astilbe rivularis var. angustifoliolata Hara 狭叶落新妇
Astilbe rivularis var. myriantha (Diels) J.T.Pan 多花落新妇
Astilbe rivularis var. rivularis=Astilbe rivularis
Astilbe rubra HK.f. & Thoms.(湖北志 1979)=Astilbe chineisis
Astilbe rubra HK.f. & Thoms.腺萼落新妇
Astilbe simplicifolia Mak.单叶落新妇
Astilbe thunbergii Miq.童氏落新妇
Astilbe virescens Hutch.=Astilbe rivularis var. myriantha
Astilboides (Hemsl.) Engl.**大叶子属**(虎耳草科)
Astilboides tabularis (Hemsl.) Engl.大叶子
Astragalus L.**黄芪属**(豆科)
Astragalus acaulis Baker 无茎黄芪
Astragalus adesmiaefolius Bge.=Astragalus hoffmeisteri
Astragalus adsurgens Pall.斜茎黄芪
Astragalus akssaricuis Pavl.?阿克萨黄芪
Astragalus aksuensis Bge.(Ulbr.in Fedde Repert.Sp.Nov.Beih.1922)=Astragalus moellendorffii
Astragalus aksuensis Bge.阿克苏黄芪
Astragalus alaschanensis H.C.Fu 荒漠黄芪
Astragalus alaschanus Bge. ex Maxim.阿拉善黄芪
Astragalus alatavicus Kar. & Kir.阿拉套黄芪
Astragalus albido-flavus K.T.Fu 黄白黄芪
Astragalus alopecias Pall.长尾黄芪
Astragalus alopeculoides L.(Pall.in Spec.Astrag.1800)=Astragalus vulpinus
Astragalus alopecuroides L.(DC.in Prodr.1825,p.p.,Fl.Desert. Sin.1987)=Astragalus alopecurus
Astragalus alopecurus Pall.狐尾黄芪
Astragalus alpinus L.高山黄芪
Astragalus altaicus Pall.=Oxytropis altaica
Astragalus ambiguus Pall.=Oxytropis ambigua
Astragalus ammodendron Bge.沙生树黄芪
Astragalus ammodytes Pall.喜沙黄芪
Astragalus ammophilus Kar. & Kir.沙生黄芪
Astragalus ammophilus var. *persepolitanus* (Boiss.) Ali=Astragalus ammophilus
Astragalus ampullatus Pall.=Oxytropis amplullata
Astragalus angustifoliolatus K.T.Fu 狭叶黄芪
Astragalus anomalus Bge.畸形黄芪
Astragalus arbuscula Pall.木黄芪
Astragalus arenarius L.(Pall.in Astrag.1800)=Astragalus danicus
Astragalus arenarius L.旱生黄芪
Astragalus argentatus Pall.=Oxytropis argentata
Astragalus arkalycensis Bge.边塞黄芪
Astragalus arnoldianus Simps.=Astragalus simpsonii
Astragalus arnoldii Heml. & Pears.团垫黄芪
Astragalus arpilobus Kar. & Kir.镰荚黄芪
Astragalus aurantiacus Hand.-Mazz.=Astragalus dependens var.auranthiacus
Astragalus australis (L.) Lam.南黄芪
Astragalus austriacus L.(Kitag.in J.Jap.Bot.1952)=Astragalus satoi
Astragalus austrosibiricus Schischk.漠北黄芪
Astragalus baicalensis Pall.=Oxytropis coerulea
Astragalus bakaliensis Bge.巴卡利黄芪
Astragalus balfourianus Simps.(西藏志 1985)=Astragalus tribulifolius
Astragalus balfourianus Simps.长小苞黄芪
Astragalus basiflorus Pet-Stib.地花黄芪
Astragalus batangensis Pet.-Stib.巴塘黄芪
Astragalus beketovii (krassn.) B.Fedtsch.斑果黄芪
Astragalus bhotanensis Baker 地八角
Astragalus bhotanensis var. *minor* Pamp.=Astragalus bhotanensis
Astragalus bhotanensis var. *montigenus* Hand.-Mazz.=Astragalus bhotanensis
Astragalus bicuspis Fisch.二尖齿黄芪
Astragalus biflorus L.(Pall.in Reise Russ.Reich.1776)=Gueldenstaedtia verna
Astragalus biondianus Ulbr.=Astragalus discolor
Astragalus bodinieri Lévl.=Astragalus graveolens
Astragalus bomiensis Ni & P.C.Li?波密黄芪
Astragalus borodinii Krassn.东天山黄芪
Astragalus brachycephalus Franch.=Astragalus bhotanensis
Astragalus brachymorphus Nikif=Astragalus stalinskyi
Astragalus brevialatus Tsai & Yü 短翼黄芪
Astragalus brevicarinatus DC.=Gueldenstaedtia verna
Astragalus buchtormenis Pall.布河黄芪
Astragalus caeruleopetalinus var. caeruleopetalinus=Astragalus caeruleopetalinus
Astragalus caeruleopetalinus var. glabricarpus Y.C.Ho 光果蓝花黄芪
Astragalus caeruleopetalinus Y.C.Ho 蓝花黄芪
Astragalus caeruleus Tsai & Yü=Astragalus caeruleopetalinus
Astragalus camptodontoides Simps.类芒齿黄芪
Astragalus camptodontus Franch.(p.p.)=Astragalus camptodontoides

Astragalus camptodontus Franch.弯齿黄芪
Astragalus camptodontus var. camptodontus=Astragalus camptodontus
Astragalus camptodontus var. lichiangensis (Simps.) K.T.Fu 丽江黄芪
Astragalus campylorrhynchus Fisch. & Mey.弯喙黄芪
Astragalus candidissimus Ledeb.亮白黄芪
Astragalus candidissimus var. *pauciflorus* Kryl. & Sarg.=Astragalus steinbergianus
Astragalus candolleanus Royle ex Benth.?短梗黄芪
Astragalus capillipes Fisch. ex Bge.草珠黄芪
Astragalus cavaleriei Lévl.=Gueldenstaedtia delavayi
Astragalus ceratoides Bieb.角黄芪
Astragalus ceratoides α. *campestris* Ledeb.=Astragalus stenoceras
Astragalus chaetodon Bge.鬣毛黄芪
Astragalus chagyabensis P.C.Li & Ne 察雅黄芪
Astragalus changduensis Y.C.Ho 昌都黄芪
Astragalus changmuicus Ni & P.C.Li 樟木黄芪
Astragalus chilienshanensis Y.C.Ho 祁连山黄芪
Astragalus chinensis L.f.华黄芪
Astragalus chingianus Pet.-Stib.=Astragalus alaschanus
Astragalus chiukiangensis Tsai & Yü 俅江黄芪
Astragalus chomutovii B.Fedtsch.中天山黄芪
Astragalus chrysopterus Bge.金翼黄芪
Astragalus chrysopterus var. *wutaicus* Hand.-Mazz.=Astragalus chrysopterus
Astragalus cicerifolius Royle ex Bge.=Astragalus oplites
Astragalus cinerascens Tsai & Yü=Astragalus batangensis
Astragalus coelestis Diels=Tibetia coelestis
Astragalus coeruleus Pall.=Oxytropis coerulea
Astragalus cognatus C.A.Mey.沙丘黄芪
Astragalus commixtus Bge.混合黄芪
Astragalus complanatus Bge.扁茎黄芪
Astragalus complanatus var. complanatus=Astragalus complanatus
Astragalus complanatus var. eutrichus Hand.-Mazz.真毛黄芪
Astragalus compressus Ledeb.扁序黄芪
Astragalus confertus Benth. & Bge.丛生黄芪
Astragalus contortuplicatus L.环荚黄芪
Astragalus craibianus Simps.川西黄芪
Astragalus crassicaulis Grah.=Chesneya nubigena
Astragalus crassifolius Ulbr.厚叶黄芪
Astragalus cruciatus Link 十字形黄芪
Astragalus culcitiformis P.C.Li & Nie=Astragalus arnoldii
Astragalus cupulicalycinus S.B.Ho & Y.C.Ho 杯萼黄芪
Astragalus cysticalyx Ledeb.囊萼黄芪
Astragalus cytisodes Bge.金雀黄芪
Astragalus dahuricus (Pall.) DC.达乌里黄芪
Astragalus dalaiensis Kitag.草原黄芪
Astragalus danicus Retz.丹麦黄芪
Astragalus dasycephalus Bess. ex Stev.=Astragalus roseus
Astragalus dasyglottis Fisch. ex DC.毛喉黄芪
Astragalus datunensis Y.C.Ho 大通黄芪
Astragalus davidii Franch.宝兴黄芪
Astragalus decumbens Kom.=Astragalus polycladus
Astragalus deflexus Pall.=Oxytropis delexa
Astragalus degensis Ulbr.窄翼黄芪
Astragalus degensis var. degensis=Astragalus degensis
Astragalus degensis var. rockianus Pet.-Stib.大花窄翼黄芪
Astragalus dendroides Kar. & Kir.树黄芪
Astragalus densiflorus Kar. & Kir.密花黄芪
Astragalus dependens Bge.悬垂黄芪
Astragalus dependens var. auranthiacus (Hand.-Mazz.) Y.C.Ho 橙黄花黄芪
Astragalus dependens var. dependens=Astragalus dependens
Astragalus dependens var. flavescens Y.C.Ho 黄白花黄芪
Astragalus depressus L.平扁黄芪
Astragalus dicystis Bge.=Astragalus lithophilus
Astragalus dilutus Bge.(内蒙志 1977,沙漠志 1987)=Astragalus ellipsoideus
Astragalus dilutus Bge.浅黄芪
Astragalus dingjiensis Ni & P.C.Li 定结黄芪
Astragalus discolor Bge. ex Maxim.灰叶黄芪
Astragalus dolichochaete Diels 芒齿黄芪
Astragalus dschangartensis Sumn.詹加尔特黄芪
Astragalus dscharkenticus Popov 托木尔黄芪
Astragalus dscharkenticus var. dscharkenticus=Astragalus dscharkenticus
Astragalus dscharkenticus var. gongliuensis S.B.Ho 巩留黄芪
Astragalus dshimensis Gontsch.=Astragalus hoantchy subsp. dshimensis
Astragalus duclouxii Simps.=Astragalus englerianus
Astragalus dumetorum Hand.-Mazz.灌丛黄芪
Astragalus efoliolatus Hand.-Mazz.单叶黄芪
Astragalus ellipsoideus Ledeb.(沙漠志 1987)=Astragalus arkalycensis
Astragalus ellipsoideus Ledeb.胀萼黄芪
Astragalus englerianus Ulbr.长果颈黄芪
Astragalus ernestii Comb.梭果黄芪
Astragalus euchlorus K.T.Fu 深绿黄芪
Astragalus falconeri Bge.侧扁黄芪
Astragalus falconeri var. *paucistrigosus* K.T.Fu=Astragalus falconeri
Astragalus fangensis Simps.房县黄芪
Astragalus fenzelianus Pet.-Stib.西北黄芪
Astragalus filicaulis Fisch. & Mey. ex Ledeb.丝茎黄芪
Astragalus flavovirens K.T.Fu 黄绿黄芪
Astragalus flexus Fisch.弯花黄芪
Astragalus florbundus Pall.=Oxytropis floribunda
Astragalus floridus Benth. ex Bge.多花黄芪
Astragalus forrestii Simps.中甸黄芪
Astragalus forrestii var. *minor* Tsai & Yü=Astragalus kialensis
Astragalus frigidus (L.) A.Gray 广布黄芪
Astragalus galactites Pall.乳白黄芪
Astragalus gebleri Fisch. ex Bong.准噶尔黄芪
Astragalus giraldianus Ulbr.=Astragalus scaberrimus
Astragalus glaber Lam.=Oxytropis glabra
Astragalus gladiatus Boiss.歧枝黄芪
Astragalus glanduliferus Debx.=Glycyrrhiza squamulosa
Astragalus glycyphyllos L.草地黄芪(新)
Astragalus golmuensis Y.C.Ho 格尔木黄芪
Astragalus gracilidentatus S.B.Ho 纤齿黄芪
Astragalus gracilipes Benth. ex Bge.细柄黄芪
Astragalus grandiflorus Pall.=Oxytropis grandiflora
Astragalus graveolens Buch.-Ham.烈香黄芪
Astragalus habamontis K.T.Fu 哈巴山黄芪
Astragalus hamiensis S.B.Ho 哈密黄芪
Astragalus hamulosus Lévl.=Astragalus bhotanensis
Astragalus hancockii Bge.短花梗黄芪
Astragalus handelii Tsai & Yü 头序黄芪
Astragalus harmsii Ulbr.=Astragalus scaberrimus
Astragalus havianus Pet.-Stib.华山黄芪
Astragalus havianus var. havianus=Astragalus havianus
Astragalus havianus var. pallidiflorus Y.C.Ho 白花华山黄芪
Astragalus hebecarpus Cheng f. ex S.B.Ho 茸毛果黄芪
Astragalus hedinii Ulbr.鱼鳔黄芪
Astragalus hejingensis Liou f.和靖黄芪
Astragalus hemiphaca Kar. & Kir.扁豆黄芪
Astragalus hendersonii Baker 绒毛黄芪
Astragalus henryi Oliv.秦岭黄芪
Astragalus heptapotamicus Sumn.七溪黄芪
Astragalus heterodontus Boriss.异齿黄芪
Astragalus heydei Baker 毛柱黄芪
Astragalus hoantchy Franch.乌拉特黄芪
Astragalus hoantchy subsp. dshimensis (Gonetsch.) K.T.Fu 边陲黄芪
Astragalus hoantchy subsp. hoantchy=Astragalus hoantchy
Astragalus hoffmeisteri (Klotzsch) Ali 疏花黄芪
Astragalus hotianensis S.B.Ho 和田黄芪
Astragalus hsinbaticus P.Y.Fu & Y.A.Chen 新巴黄芪
Astragalus huiningensis Y.C.Ho 会宁黄芪
Astragalus hulunensis P.Y.Fu & Y.A.Chen 小叶黄芪
Astragalus hypoglottis L.(DC.in Prodr.1825)=Astragalus danicus
Astragalus hypoglottis L.舌下黄芪(新)
Astragalus iliensis Bge.伊犁黄芪
Astragalus iliensis var. iliensis=Astragalus iliensis
Astragalus iliensis var. macrostephanus S.B.Ho 大花伊犁黄芪

Astragalus immersus Baker ex Aitch.=Oxytropis immmersa
Astragalus inopinatus Boriss.=Astragalus adsurgens
Astragalus jiuquanensis S.B.Ho 酒泉黄芪
Astragalus josephi Pet.-Stib.沙基黄芪
Astragalus jubata (Pall.) O.Kuntze=Caragana jubata
Astragalus karkarensis Popov 霍城黄芪
Astragalus kialensis Simps.苦黄芪
Astragalus kifonsanicus Ulbr.鸡峰山黄芪
Astragalus komarovii Lipsky(p.p.)=Astragalus dendroides
Astragalus kronenburgii B.Fedtsch. ex Kneuck.古利恰黄芪
Astragalus kronenburgii var. chaidamuensis S.B.Ho 柴达木黄芪
Astragalus kronenburgii var. kronenburgii=Astragalus kronenburgii
Astragalus kuschakevitschii B.Fedtsch. ex O.Fedtsch.帕米尔黄芪
Astragalus laceratus Lipsky 裂翼黄芪
Astragalus laguroides Pall.兔尾状黄芪
Astragalus laguroides var. laguroides=Astragalus laguroides
Astragalus laguroides var. micranthus S.B.Ho 小花兔尾黄芪
Astragalus langxianensis P.C.Li et Ni?郎县黄芪
Astragalus lanuginosus Kar. & Kir.棉毛黄芪
Astragalus lasaensis Ni & P.C.Li 拉萨黄芪
Astragalus lasiopetalus Bge.毛瓣黄芪
Astragalus lasiophyllus Ledeb.毛叶黄芪
Astragalus lasiosemius Boiss.毛果黄芪
Astragalus laspurensis Ali 西巴黄芪
Astragalus latiunguiculatus Y.C.Ho 宽爪黄芪
Astragalus laxmanni var. *adsurgens* (Pall.) Kitag.=Astragalus adsurgens
Astragalus leansanicus Ulbr.莲山黄芪
Astragalus lehmannianus Bge.茧荚黄芪
Astragalus lepsensis Bge.天山黄芪
Astragalus leptophyllus Pall.=Oxytropis leptophylla
Astragalus lessertioides Benth. exBge.?秃萼黄芪
Astragalus leucocephalus R.Grah. ex Benth.白序黄芪
Astragalus leucocladus Bge.白枝黄芪
Astragalus levitubus Tsai & Yü 光萼筒黄芪
Astragalus lhorongensis P.C.Li & Ni?洛隆黄芪
Astragalus licentianus Hand.-Mazz.甘肃黄芪
Astragalus lichiangensis Simps.=Astragalus camptodontus var. lichiangensis
Astragalus limprichtii Ulbr.长管萼黄芪
Astragalus lioui Tsai & Yü 了墩黄芪
Astragalus litangensis Bur. & Franch.=Astragalus acaulis
Astragalus lithophilus Kar. & Kir.岩生黄芪
Astragalus loczii var. *scaposa* bKanitz=Oxytropis imbricata
Astragalus longicalyx Ni & P.C.Li=Astragalus munroi
Astragalus longilobus Pet.-Stib.长萼裂黄芪
Astragalus longiscapus Ni & P.C.Li 长序黄芪
Astragalus longispicatus Ulbr.=Astragalus adsurgens
Astragalus lucidus Tsai & Yü 光萼黄芪
Astragalus luteolus Tsai & Yü 黄花黄芪
Astragalus luteus Ulbr.=Astragalus monadelphus
Astragalus macroceras C.A.Mey.长荚黄芪
Astragalus macrolobus Bieb.=Astragalus macroceras
Astragalus macropterus DC.大翼黄芪
Astragalus macrostegius K.H.Rech.=Astragalus melanostachys
Astragalus macrotrichus Pet.-Stib.长毛荚黄芪
Astragalus macrotropis Bge.长龙骨黄芪
Astragalus mahoschanicus Hand.-Mazz.马衔山黄芪
Astragalus majevskianus Kryl.富蕴黄芪
Astragalus malcolmii Hemsl. & Pears.短茎黄芪
Astragalus mattam Tsai etYü 茵垫黄芪
Astragalus melanostachys Benth. ex Bge.黑穗黄芪
Astragalus melilotoides Pall.草木樨状黄芪
Astragalus melilotoides var. melilotoides=Astragalus melilotoides
Astragalus melilotoides var. tenuis Ledeb.细叶黄芪
Astragalus membranaceus (Fisch.) Bge.黄芪
Astragalus membranaceus f. membranaceus =Astragalus membranaceus
Astragalus membranaceus f. purpurinus (Y.C.Ho) Y.C.Ho 淡紫花黄芪
Astragalus membranaceus var. membranaceus=Astragalus membranaceus
Astragalus membranaceus var. mongholicus (Bge.) P.K.Hsiao 蒙古黄芪
Astragalus membranaceus var. *purpurinus* Y.C.Ho=Astragalus membranaceus f. Purpurinus
Astragalus mendax Freyn 假黄芪
Astragalus microphylla Pall.=Oxytropis microphylla
Astragalus milingensis Ni & P.C.Li 米林黄芪
Astragalus milingensis var. heydeoides K.T.Fu 类毛柱黄芪
Astragalus milingensis var. milingensis=Astragalus milingensis
Astragalus milingensis var. *paucijugus* (K.T.Fu) K.T.Fu=Astragalus prodigiosus var. paucijugus
Astragalus milingensis var. *prodigiosus* (K.T.Fu) K.T.Fu=Astragalus prodigiosus
Astragalus miniatus Bge.细弱黄芪
Astragalus minustebracteolatus Simps.=Astragalus prattii
Astragalus minutidentatus Y.C.Ho 小齿黄芪
Astragalus moellendorffii Bge.边向花黄芪
Astragalus moellendorffii var. kansuensis Pet.-Stib 莲花山黄芪.
Astragalus moellendorffii var. moellendorffii=Astragalus moellendorffii
Astragalus monadelphus Bge. ex Maxim.单蕊黄芪
Astragalus monadelphus subsp. monadelphus=Astragalus monadelphus
Astragalus monadelphus subsp. xitaibaicus K.T.Fu 西西太白黄芪
Astragalus monanthus K.T.Fu 单花黄芪
Astragalus monbeigii Simps.异长齿黄芪
Astragalus mongholicus Bge.=Astragalus membranaceus var. mongholicus
Astragalus mongutensis Lipsky 蒙古特黄芪
Astragalus monophyllus Bge. ex Maxim.一叶黄芪?
Astragalus monticolus P.C.Li & Ni 山地黄芪
Astragalus moorcroftiana Benth.=Sophora moorcroftiana
Astragalus moupinensis Franch.天全黄芪
Astragalus muliensis Hand.-Mazz.木里黄芪
Astragalus munroi Benth. ex Bge.细梗黄芪
Astragalus muricatus (Pall.) Pall.=Oxytropis muricata
Astragalus myriophyllus Pall.=Oxytropis myriophylla
Astragalus nanellus Tsai & Yü 极矮黄芪
Astragalus nanjiangianus K.T.Fu 南疆黄芪
Astragalus nankotaizanensis Sasaki=Astragalus sinicus
Astragalus nematodes Bge. ex Boiss.线叶黄芪
Astragalus neomonadelphus Tsai & Yü 新单蕊黄芪
Astragalus nicolai Boriss.木垒黄芪
Astragalus nigrescens Franch.=Astragalus polycladus var. nigrescens
Astragalus nivalis Kar. & Kir.雪地黄芪
Astragalus nivalis var. aureocalycatus S.B.Ho 黄萼雪地黄芪
Astragalus nivalis var. nivalis=Astragalus nivalis
Astragalus nobilis Bge. ex B.Fedtsch.华贵黄芪
Astragalus nobilis var. nobilis=Astragalus nobilis
Astragalus nobilis var. obtusifoliolatus S.B.Ho 钝叶华贵黄芪
Astragalus nokoensis Sasaki=Astragalus sinicus
Astragalus nubigenus D.Don=Chesneya nubigena
Astragalus odoratus Lam.香黄芪
Astragalus olygophyllus Schrenk=Astragalus unijugus
Astragalus onobrychis L.驴豆黄芪
Astragalus oostachys Pet.-Stib.=Astragalus adsurgens
Astragalus ophiocarpus Benth. ex Bge.蛇荚黄芪
Astragalus oplites Benth. ex Parker 刺叶柄黄芪
Astragalus orbicularifolius P.C.Li & Ni 圆叶黄芪
Astragalus orbiculatus Ledeb.圆形黄芪
Astragalus ornithopodioides Lam.鸟爪黄芪
Astragalus ornithorrhynchus Popov 雀喙黄芪
Astragalus oroboides Ulbr.=Astragalus hancockii
Astragalus ortholobiformis Sumn.直荚草黄芪
Astragalus otosemius Kitag.=Astragalus galactites
Astragalus oxyglottis Stev.尖舌黄芪
Astragalus oxyodon Baker 尖齿黄芪
Astragalus pallasii Spreng.(Fisch.in Cat.Hort.Gorenk.1812)=Astragalus lasiophyllus
Astragalus pamiroalaicus Lipsky=Astragalus mendax
Astragalus parvicarinatus S.B.Ho 短龙骨黄芪
Astragalus pastorius Tsai & Yü(西藏志 1985)=Astragalus pastorius var. linearibracteatus
Astragalus pastorius Tsai & Yü 牧场黄芪

Astragalus pastorius var. linearibracteatus K.T.Fu 线苞黄芪
Astragalus pastorius var. pastorius=Astragalus pastorius
Astragalus pauciflorus Pall.=Gueldenstaedtia verna
Astragalus pavlovianus Gamaium 萨雷古拉黄芪
Astragalus pavlovianus var. longirostris S.B.Ho 长喙黄芪
Astragalus pavlovianus var. pavlovianus=Astragalus pavlovianus
Astragalus peduncularis Royle 青藏黄芪
Astragalus penduliflorus Lam.(Kom.in Acta Hort.Peterop.1904)=Astragalus membranaceus
Astragalus persepolitanus Boiss.=Astragalus ammophilus
Astragalus peterae Tsai & Yü 川青黄芪
Astragalus petraeus Kar. & Kir 喜石黄芪
Astragalus physocalyx Kar. & Kir.=Astragalus cysticalyx
Astragalus physodes L.(B.Fedtsch.in O.Fedtsch. & B.Fedtsch.Fl.Pamir. 1903)=Astragalus skorniakovii
Astragalus pilosus L.=Oxytropis pilosa
Astragalus platyphyllus Kar. & Kir.宽叶黄芪
Astragalus polycladus Bur. & Franch.多枝黄芪
Astragalus polycladus var. nigrescens (Franch.) Pet.-Stib.黑毛多枝黄芪
Astragalus polycladus var. polycladus=Astragalus polycladus
Astragalus polygala Pall. 远志黄芪
Astragalus porphyrocalyx Y.C.Ho 紫萼黄芪
Astragalus potaninii Kom.=Astragalus tongolensis
Astragalus pratensis Ulbr.=Astragalus complanatus
Astragalus prattii Simps.小苞黄芪
Astragalus prattii var. *multiflorus* K.T.Fu=Astragalus pastorius var. linearibracteatus
Astragalus prattii var. *pastorioides* K.T.Fu=Astragalus pastorius var. linearibracteatus
Astragalus prattii var. prattii=Astragalus prattii
Astragalus prattii var. uniflorus Pet-Stib.一花黄芪
Astragalus prodigiosus K.T.Fu 奇异黄芪
Astragalus prodigiosus var. paucijugus K.T.Fu 减缩黄芪
Astragalus prodigiosus var. prodigiosus=Astragalus prodigiosus
Astragalus propinquus B.Schhischk.=Astragalus membranaceus
Astragalus przewalskii ? Hand.-Mazz.=Astragalus floridus
Astragalus przewalskii Bge.黑紫花黄芪
Astragalus pseudoborodinii S.B.Ho 西域黄芪
Astragalus pseudobrachytropis Gonetsch.类短肋黄芪
Astragalus pseudohypogaeus S.B.Ho 类留土黄芪
Astragalus pseudoscaberrimus Wang & Tang ex S.B.Ho 拟糙叶黄芪
Astragalus pseudoscoparius Gntsch.类帚黄芪
Astragalus pseudoversicolor Y.C.Ho 类变色黄芪
Astragalus pseudoxytropis Ulbr.=Astragalus acaulis
Astragalus psiloglottis Stev. ex DC.=Astragalus oxyglottis
Astragalus pullus Simps.黑毛黄芪
Astragalus pullus var. *pubifolia* Ni & P.C.Li=Astragalus monbeigii
Astragalus pulvinalis P.C.Li & Ni=Astragalus kuschakevitschii
Astragalus purdomii Simps.紫花黄芪
Astragalus pycnorhizus Wall. ex Benth.密根黄芪
Astragalus qingheensis Liou f.清河黄芪
Astragalus quasitestinculatus Bar. & Chu=Astragalus hsinbaticus
Astragalus retusifoliatus Y.C.Ho 凹叶黄芪
Astragalus rigidulus Benth. ex Bge.坚硬黄芪
Astragalus rockii Marq. & Airy-Shaw=Astragalus camptodontus var. lichiangensis
Astragalus roseus Ledeb.毛冠黄芪
Astragalus saccatocarpus K.T.Fu 囊果黄芪
Astragalus saccocalyx Schrenk ex Fisch. & Mey.袋萼黄芪
Astragalus salsugineus Kar. & Kir.喜盐黄芪
Astragalus salsugineus var. multijugus S.B.Ho 墁生黄芪
Astragalus salsugineus var. salsugineus=Astragalus salsugineus
Astragalus sanbilingensis Tsai & Yü 乡城黄芪
Astragalus saratagius Bge.阿赖山黄芪
Astragalus saratagius var. minutiflorus S.B.Ho 小花阿赖山黄芪
Astragalus saratagius var. saratagius=Astragalus saratagius
Astragalus satoi Kitag.小米黄芪
Astragalus saxicola Ulbr.=Astragalus hancockii
Astragalus saxorum Simps.石生黄芪
Astragalus scaberrimus Bge.糙叶黄芪
Astragalus scabrisetus Bong.粗毛黄芪
Astragalus scabrisetus var. *multijugus* Hand.-Mazz.=Astragalus alaschanensis
Astragalus schanginianus Pall.卡通黄芪
Astragalus schneideri Ulbr.=Astragalus balfourianus
Astragalus sciadophorus Franch.辽西黄芪
Astragalus scoparius Schrenk 帚黄芪
Astragalus sedaensis Y.C.Ho 色达黄芪
Astragalus semibilocularis Fisch. ex Bge.=Astragalus austrosibiricus
Astragalus sesamoides Boiss.胡麻黄芪
Astragalus severzovii Bge.无毛黄芪
Astragalus sieversianus Pall.绵果黄芪
Astragalus simpsonii Pet.-Stib.灌县黄芪
Astragalus sinicus L.紫云英
Astragalus sinicus var. *macrocalyx* Ulbr.=Astragalus sinicus
Astragalus sitchsonii Baker=Astragalus ophiocarpus
Astragalus skorniakovii B.Fedtsch.弋尔诺黄芪
Astragalus skorniakovii var. skorniakovii=Astragalus skorniakovii
Astragalus skorniakovii var. wuqiaensis S.B.Ho 乌恰黄芪
Astragalus skythropos Bge.肾形子黄芪
Astragalus skythropos var. *acaulis* P.Danguy=Astragalus skythropos
Astragalus smithianus Pet.-Stib.无毛叶黄芪
Astragalus songolicus Gontsch.=Astragalus nicolai
Astragalus songotensis Lipsky 索弋塔黄芪
Astragalus souliei Simps.蜀西黄芪
Astragalus sphaerocystis Bge.球囊黄芪
Astragalus sphaerophysa Kar. & Kir.球脬黄芪
Astragalus stalinskyi Sirj.矮型黄芪
Astragalus steinbergianus Sumn.蒙西黄芪
Astragalus stenoceras C.A.Mey.狭荚黄芪
Astragalus stenoceras var. longidentatus S.B.Ho 长齿狭荚黄芪
Astragalus stenoceras var. *macrantha* Bge.=Astragalus macroptropis
Astragalus stenoceras var. stenoceras=Astragalus stenoceras
Astragalus stenolobus Bge.=Astragalus ceratoides
Astragalus stevenianus DC.(Ulbr.in Bot.Jahrb.1905)=Astragalus leansanicus
Astragalus stipulatus D.Don ex Simps.大托叶黄芪
Astragalus strictus R.Grah. ex Benth.笔直黄芪
Astragalus subarcuatus Popov 弧果黄芪
Astragalus subulatus Desf.(Pall.in Spec.Astrag.1800)=Astragalus gladiatus
Astragalus subulatus M.Bieb.(Baker in Fl.Brit.1872)=Astragalus gladiatus
Astragalus subulatus var. *altaicus* Pall.=Astragalus stenoceras
Astragalus subuliformis DC.(Ali in Kew Bull.1958)=Astragalus gladiatus
Astragalus suidenensis Bge.水定黄芪
Astragalus sulcatus L.纹茎黄芪
Astragalus sungpanensis Pet.-Stib.松潘黄芪
Astragalus supraglaber Kitamura=Astragalus melanostachys
Astragalus sutchuenensis Franch.四川黄芪
Astragalus suwuiformis DC.剑叶黄芪
Astragalus taipaishanensis Y.C.Ho & S.B.Ho 太白山黄芪
Astragalus taiyuanensis S.B.Ho 太原黄芪
Astragalus tanguticus Batalin 甘青黄芪
Astragalus tanguticus f. albiflorus S.W.Liu ex K.T.Fu 白花甘青黄芪
Astragalus tanguticus f. tanguticus=Astragalus tanguticus
Astragalus tanguticus var. *albiflorus* S.W.Liu ex K.T.Fu=Astragalus tanguticus f. Albiflorus
Astragalus tataricus Franch.(Hand.-Mazz.in Symb.Sin 1933,p.p.)=Astragalus sungpanensis
Astragalus tataricus Franch.(Hand.-Mazz.in Symb.Sin.1933,p.p.)=Astragalus muliensis
Astragalus tataricus Franch.(Simps.in Not.Roy.Bot.Gard.Edinb.1915)=Astragalus polycladus
Astragalus tataricus Franch.小果黄芪
Astragalus tataricus var. *maior* Tsai & Yü=Astragalus havianus
Astragalus tatsienensis Bur. & Franch.康定黄芪
Astragalus tatsienensis f. *incanus* Pet.-Stib.=Astragalus tatsienensis var. incanus
Astragalus tatsienensis var. incanus (Pet.-Stib.) Y.C.Ho 灰毛康定黄芪
Astragalus tatsienensis var. kangrenbuchiensis (Ni & P.C.Li) Y.C.Ho 岗仁布齐黄芪

Astragalus tatsienensis var. tatsienensis=Astragalus tatsienensis
Astragalus tekesensis S.B.Ho 特克斯黄芪
Astragalus tenuicaulis Benth. ex Bge.细茎黄芪
Astragalus tenuis Turez.=Astragalus melilotoides var. tenuis
Astragalus tetchingensis Cheng f. ex K.T.Fu 德钦黄芪
Astragalus tibetanus Benth. ex Bge.藏新黄芪
Astragalus tibetanus var. patentipilus K.T.Fu 展毛黄芪
Astragalus tibetanus var. tibetanus=Astragalus tibetanus
Astragalus tingriensis Ni & P.C.Li 定日黄芪
Astragalus toksunensis S.B.Ho 托克逊黄芪
Astragalus toktjensis Ulbr.=Stracheya tibetica
Astragalus tongolensis Ulbr.东俄黄芪
Astragalus tongolensis var. breviflorus Tsai & Yü 小花黄芪
Astragalus tongolensis var. glaber Pet.-Stib.光东俄黄芪
Astragalus tongolensis var. lanceolato-dentatus Pet.-Stib.长齿黄芪
Astragalus tongolensis var. tongolensis=Astragalus tongolensis
Astragalus transiliensis Gontsch.外伊犁黄芪
Astragalus transiliensis var. microphyllus S.B.Ho 中宁黄芪
Astragalus transiliensis var. transiliensis=Astragalus transiliensis
Astragalus tribulifolius Benth. ex Bge.蒺藜叶黄芪
Astragalus tribulifolius Benth.(Ali in Nasir & Ali,Fl.W.Pakist.1977,p.p.)=Astragalus tanguticus
Astragalus tribulifolius var. pauciflorus Marq. & Airy-Shaw 少花黄芪
Astragalus tribulifolius var. tribulifolius=Astragalus tribulifolius
Astragalus tribuloides Del.蒺藜黄芪
Astragalus tsataensis Ni & P.C.Li 札达黄芪
Astragalus tumbatsica Marq. & Airy-Shaw 东坝子黄芪
Astragalus tungensis Simps.洞川黄芪
Astragalus turgidocarpus K.T.Fu 膨果黄芪
Astragalus tyttocarpus Gontsch.细果黄芪
Astragalus ulaschanensis Franch.=Astragalus discolor
Astragalus uliginosus L.湿地黄芪
Astragalus unijugus Bge.对叶黄芪
Astragalus variabilis Bge. ex Maxim.变异黄芪
Astragalus veitchianus Simps.=Astragalus tongolensis
Astragalus vernus Georgi=Gueldenstaedtia verna
Astragalus versicolor Pall.(豆科图说 1955)=Astragalus pseudoversicolor
Astragalus vicarius Lipsky?替代黄芪
Astragalus vulpinus Willd.拟狐尾黄芪
Astragalus webbianus Grah. ex Benth.藏西黄芪
Astragalus weigoldianus Hand.-Mazz.=Astragalus skythropos
Astragalus weixiensis Y.C.Ho 维西黄芪
Astragalus wenquanensis S.B.Ho 温泉黄芪
Astragalus wensuensis S.B.Ho 温宿黄芪
Astragalus wenxianensis Y.C.Ho 文县黄芪
Astragalus wilsonii Simps.=Astragalus ernestii
Astragalus woldemari Jus.中亚黄芪
Astragalus woldemari var. atrotrichocladus S.B.Ho 黑枝黄芪
Astragalus woldemari var. woldemari=Astragalus woldemari
Astragalus wulumuqianus Wang & Tang ex K.T.Fu 乌市黄芪
Astragalus wushanicus Simps.巫山黄芪
Astragalus xiaojianensis Y.C.Ho 小金黄芪
Astragalus yangtzeanus Simps.扬子黄芪
Astragalus yatungensis Ni & P.C.Li 亚东黄芪
Astragalus yumenensis S.B.Ho 玉门黄芪
Astragalus yunnanensis Franch.云南黄芪
Astragalus yunnanensis var. *kangrenbuchiensis* Ni & P.C.Li=Astragalus tatsienensis var. kangrenbuchiensis
Astragalus yunningensis Tsai & Yü=Astragalus polycladus
Astragalus zaissanensis Sumn.斋桑黄芪
Astragalus zayuensis Ni & P.C.Li 察隅黄芪
Astragalus zinjiangensis Y.C.Ho=Astragalus nicolai
Astranthus cochinchinensis Lour.=Homalium cochinchinense
Astridia Dinter & Schwantes **鹿角海棠属**(番杏科)
Astridia velutina (Dtr.) Dtr.鹿角海棠
Astrocaryum G.F.Mey.**星果棕属**(棕榈科)
Astrocaryum aculeatum G.F.Mey.皮刺星果棕
Astrocaryum ayri Mart.艾尔星果棕
Astrocaryum mexicanum Lebm.星果棕
Astrocaryum murumurum Mart.木鲁星果棕
Astrocodon expanscus (Rud.) Fed.?东北桔梗(新)
Astronia Bl.**褐鳞木属**(野牡丹科)
Astronia cumingiana Vidal (Sasaki in Kanehira Formos.Trees 1936)=Astronia ferruginea
Astronia ferruginea Elmer 褐鳞木
Astronia formosana Kanehira=Astronia ferruginea
Astronia pulchra Vidal (Hay.in J.Coll.Sci. Univ.Tokyo 1911)=Astronia ferruginea
Astronia sp. Henry=Astronia ferruginea
Astrophytum Lem.**星球属**(仙人掌科)
Astrophytum asterias (Zucc.) Lem.星球
Astrophytum capricorne (A.Dieter.) Britt & Rose 瑞凤玉
Astrophytum capricorne cv. Aureum 黄凤玉
Astrophytum capricorne cv. Crassipinum 大凤玉
Astrophytum capricorne cv. Minus 凤凰玉
Astrophytum capricorne cv. Senile 群凤玉
Astrophytum myriostigma (Salm.-Dyck) Lem.鸾凤玉
Astrophytum myriostigma cv. Columnare 鸾凤阁
Astrophytum myriostigma cv. Nudum 裸鸾凤阁
Astrophytum myriostigma var. quadricostatum (H.Moell.) Borg.四角鸾凤玉
Astrophytum orantum (DC.) Britt. & Rose 般若
Astrophytum ornatum cv Mirbellii 金峄般若
Asyneuma Griseb. & Schenk **牧根草属**(桔梗科)
Asyneuma chinense Hong 球果牧根草
Asyneuma fulgens (Wall.) Briq.长果牧根草
Asyneuma fulgens Wall.(高等图鉴 1975 ,p.p.)=Asyneuma chinense
Asyneuma japonicum (Miq.) Briq.牧根草
Asystasia Bl.**十万错属**(爵床科)
Asystasia calycina Nees= Pteracanthus calycinus
Asystasia chelonoides Nees 十万错
Asystasia chinensis S.Moore= Asystasiella neesiana
Asystasia gangetica (L.) T.Anders.宽叶十万错
Asystasia henryi C.B.Clarke ex C.Y.Wu= Asystasia salicifolia
Asystasia kerri Craib= Chroesthes lanceolata
Asystasia lanceolata T.Anders.= Chroesthes lanceolata
Asystasia neesiana (Wall.) Nees= Asystasiella neesiana
Asystasia pauciflora Nees=Codonacanthus pauciflorus
Asystasia salicifolia Craib.囊管花
Asystasia silvicola W.W.Sm.= Chroesthes lanceolata
Asystasia violacea Dalzial ex C.B.Clarke= Asystasia chelonoides
Asystasiella Lindau **白接骨属**(爵床科)
Asystasiella chinensis (S.Moore) E.Hossain= Asystasiella neesiana
Asystasiella neesiana (Wall.) Lindau 白接骨
Ataccia integrifolia Presl=Tacca integrifolia
Atalantia Correa **酒饼簕属**(芸香科)
Atalantia acuminata Huang 尖叶酒饼簕
Atalantia buxifolia (Poir.) Oliv.酒饼簕
Atalantia dasycarpa Huang 厚皮酒饼簕
Atalantia disticha Merr.(Guill.in Gén.Fl.Indo-Chine 1911)=Atalantia guillauminii
Atalantia fongkaica Huang 封开酒饼簕
Atalantia guillauminii Swigle 大果酒饼簕
Atalantia hainanensis Merr. & Chun ex Swingle (p.p.)=Atalantia buxifolia
Atalantia hainanensis Merr. & Chun ex Swingle (p.p.)=Atalantia kwangtungensis
Atalantia henryi (Swigle) Huang 薄皮酒饼簕
Atalantia hindsii Oliv. ex Benth.=Fortunella hindsii
Atalantia kwangtungensis Merr.广东酒饼簕
Atalantia pseudoracemosa Guill.=Glycosmis pseudoracemosa
Atalantia racemosa Wight & Arn.(Drake in Morot,J.De Bot.1892)=Glycosmis pseudoracemosa
Atalantia racemosa var. *henryi* Swingle=Atalantia henryi
Atalantia roxburghiana var. *kwangtungensis* Swingle=Atalantia kwangtungensis
Atalantia simplicifolia (Roxb.) Engl.(分类学报 1959)=Atalantia dasycarpa
Atamosco Adans.=**Zephyranthes**
Ataxia hookeri Griseb=Anthoxanthum hookeri

Ataxipteris sinii Holtt.=Ctenitopsis sinii
Atelanthera HK.f. & Thoms.**异药芥属**(十字花科)
Atelanthera contorta Gilli=Atelanthera perpusilla
Atelanthera pentandra Jafri=Atelanthera perpusilla
Atelanthera perpusilla HK.f. & Thoms.异药芥
Athamanta achilleifolia Wall.=Pimpinella achilleifola
Athamanta chinensis L.=Conioselinum chinense
Athamanta condensata L.=Libanotis condensata
Athamanta denudata Fisch. ex Hormen.=Cenolophium denudatum
Athamanta depressa D.Don=Cortia depressa
Athamanta incana Steph. ex Willd.=Libanotis incana
Athamanta sibirica L.=Libanotis sibirica
Athamus Neck.=**Carlina**
Athenoea Schreb.=**Casearia**
Athruphyllum Lour.=**Rapanea**
Athruphyllum lineare Lour.=Myrsine linearis
Athruphyllum neriifolium Hara=Rapanea seguinii
Athruphyllum seguinii Nakai=Rapanea seguinii
Athruphyllum taiwanianum Nakai=Rapanea seguinii
Athruphyllum yunnanensis (Mez.) Nakai=Myrsine seguinii
Athyriaceae 蹄盖蕨科
Athyriopsis Ching **假蹄盖蕨属**(蹄盖蕨科)
Athyriopsis abbreviata W.M.Chu 岳麓山假蹄盖蕨
Athyriopsis angustifolia S.F.Wu=Athyriopsis longipes
Athyriopsis attenuata Ching=Athyriopsis petersenii
Athyriopsis concinna Z.R.Wang 美丽假蹄盖蕨
Athyriopsis conilii (Franch. & Sav.) Ching 钝羽假蹄盖蕨
Athyriopsis dickasonii (M.Kato) W.M.Chu 斜升假蹄盖蕨
Athyriopsis dimorphophylla (Koidz.) Ching ex W.M.Chu 二型叶假蹄盖蕨
Athyriopsis dimorphophyllum (Koidz.) Ching=Athyriopsis dimorphophylla
Athyriopsis erecta Z.R.Wang=Dryoathyrium erectum
Athyriopsis hunanensis Z.R.Wang & S.F.Wu=Athyriopsis dickasonii
Athyriopsis japonica sensu DeVol. & C.M.Kuo (p.p.)=Athyriopsis petersenii
Athyriopsis japonica (Thunb.) Ching 假蹄盖蕨
Athyriopsis japonica var. japonicua=Athyriopsis japonica
Athyriopsis japonica var. oshimensis (Christ) Ching 斜羽假蹄盖蕨
Athyriopsis japonica var. variegata W.M.Chu & Z.R.He 花轩假蹄盖蕨
Athyriopsis jinfoshanensis Ching & Z.Y.Liu 金佛山假蹄盖蕨
Athyriopsis kiusiana (Koidz.) Ching 中日假蹄盖蕨
Athyriopsis lasiopteris (Kze.) Ching=Athyriopsis petersenii
Athyriopsis longipes Ching 昆明假蹄盖蕨
Athyriopsis lushanensis J.X.Li 鲁山假蹄盖蕨
Athyriopsis membranacea Ching & Z.Y.Liu=Athyriopsis concinna
Athyriopsis omeiensis Z.R.Wang 峨眉假蹄盖蕨
Athyriopsis oshimensis (Christ) Ching 斜羽叶假蹄盖蕨(新)
Athyriopsis pachyphylla Ching 阔羽假蹄盖蕨
Athyriopsis peteresenii var. *coreana* (Bak.) Ching=Athyriopsis petersenii
Athyriopsis petersenii (Kunze) Ching 毛轴假蹄盖蕨
Athyriopsis petiolata Ching=Athyriopsis japonica
Athyriopsis pseudoconilii (Serizawa) W.M.Chu 阔基假蹄盖蕨
Athyriopsis shandongensis J.X.Li & Z.C.Ding 山东假蹄盖蕨
Athyrium Copel.(p.p.)=**Athyriopsis**
Athyrium M.Kato & Kramer (p.p.)=**Kuniwatsukia**
Athyrium M.Kato & Kramer(p.p.)=**Anisocampium**
Athyrium Milde=**Pseudocystopteris**
Athyrium M.Kato & Kramer=**Cystoathyrium**
Athyrium Roth **蹄盖蕨属**(蹄盖蕨科)
Athyrium acrocarpum W.M.Chu=Athyrium guangnanense
Athyrium acrostichoides Diels (p.p.)=Lunathyrium vegetium
Athyrium acrostichoides Diels=Lunathyrium acrostichoides
Athyrium acrostichoides Diels=Lunathyrium pycnosorum
Athyrium aculeatum Ching=Athyrium austroorientale
Athyrium acutidentatum Ching(p.p.)=Athyrium brevifrons
Athyrium acutiserratum Ching(p.p.)=Athyrium interjectum
Athyrium acutissimum Kodama=Athyrium deltoidofrons
Athyrium acutum Ching=Athyrium dubium
Athyrium adpressum Ching & W.M.Chu 金平蹄盖蕨
Athyrium adscendens Ching 斜羽蹄盖蕨
Athyrium aequilaterale Ching=Athyrium dubium
Athyrium alatum Christ=Allantodia alata
Athyrium allanticarpum Rosenst.=Allantodia kawakamii
Athyrium allantodioides Bedd.=Lunathyrium ×allantodioides
Athyrium alpestre (Hoppe) Rylands 高山生蹄盖蕨(新)
Athyrium amabile Ching=Athyrium vidalii var. amabile
Athyrium ambiguum (Sw.) Milde=Callipteris esculenta
Athyrium amoemum C.Chr.=Athyrium rhachidosorum
Athyrium amplissimum Ching=Athyrium omeiense
Athyrium angustifrons Ching=Athyrium dentigerum
Athyrium anhweiense Ching & Chiu=Athyrium niponicum
Athyrium anisopterum Christ 宿蹄盖蕨
Athyrium apiceflorum Ching=Athyrium niponicum
Athyrium araiostegioides Ching 鹿角蹄盖蕨
Athyrium aridum Ching=Athyrium delicatulum
Athyrium arisanense (Hay.)Tagawa 阿里山蹄盖蕨
Athyrium arisanense var. *kenzo-satakei* (Kurata) Serizawa=Athyrium kenzo-satakei
Athyrium aristulatum Copel.=Athyrium nigripes
Athyrium asperum (Bl.) Milde=Allantodia aspera
Athyrium asplenioides (Mich.) A.Eaton 铁角蹄盖蕨
Athyrium atkinsonii Bedd.=Pseudocystopteris atkinsonii
Athyrium attenuatum (Clarke)Tagawa 剑叶蹄盖蕨
Athyrium attenuatum f. *dentigerum* (Wall. ex Clarke) Khullar & Fraser-Jen =Athyrium dentigerum
Athyrium auriculatum Serizawa=Athyrium clivicola
Athyrium austrooccidentale Ching=Athyrium delicatulum
Athyrium austroorientale Ching 藏东蹄盖蕨
Athyrium austroussuriense Fomin=Neoathyrium crenulatoserrulatum
Athyrium austroyunnanense Ching=Athyrium foliolosum
Athyrium baishanzuense Ching & Y.T.Hsieh 百山祖蹄盖蕨
Athyrium bambusicola Ching=Athyrium delicatulum
Athyrium baoxingense Ching 宝兴蹄盖蕨
Athyrium bellum (Clarke) Ching=Allantodia bella
Athyrium bijiangense Y.T.Hsieh & W.M.Chu=Athyrium uniforme
Athyrium biondii Crist=Athyrium niponicum
Athyrium birii Ching=Athyrium himalaicum
Athyrium biserrulatum Christ 苍山蹄盖蕨
Athyrium bomicola Ching 波密蹄盖蕨
Athyrium boryanum (Willd.)Tagawa=Dryoathyrium boryanum
Athyrium brevifrons Nakai ex Kitag.东北蹄盖蕨
Athyrium brevifrons var. *angustifrons* (Kodama) Mori=Athyrium sinense
Athyrium brevisorum (Wall. ex HK.) Moore 中缅蹄盖蕨
Athyrium brevistipes Ching 短柄蹄盖蕨
Athyrium bucahwangense Ching 圆果蹄盖蕨
Athyrium caudatum Ching 尾羽蹄盖蕨
Athyrium caudiforme Ching 长尾蹄盖蕨
Athyrium caudipinnum Ching=Athyrium mackinnonii
Athyrium cavalerianum Christ=Allantodia ovata
Athyrium changbaishanense Ching & J.J.Chien=Athyrium brevifrons
Athyrium chayuense Z.R.Wang=Athyrium zayuense
Athyrium chekiangense Ching=Athyrium niponicum
Athyrium chingianum Z.R.Wang & X.C.Zhang 秦氏蹄盖蕨
Athyrium christensenii Tard.-Blot 中越蹄盖蕨
Athyrium chungtienense Ching 中甸蹄盖蕨
Athyrium clarkei Bedd.芽胞蹄盖蕨
Athyrium clarkei var. *membranaceum* Rosenst.=Athyrium strigillosum
Athyrium clivicola Tagawa (分类学报 1996,p.p.)=Athyrium longius
Athyrium clivicola Tagawa (分类学报 1996,p.p.)=Athyrium yuanyangense
Athyrium clivicola Tagawa,坡生蹄盖蕨
Athyrium clivicola var. clivicola=Athyrium clivicola
Athyrium clivicola var. rotundum (Ching)Z.R.Wang 圆羽蹄盖蕨
Athyrium commixtum Koidz.=Athyrium vidalii
Athyrium confertipinnum Ching=Athyrium mengtzeense
Athyrium confertum Ching=Athyrium chungtienense
Athyrium conilii (Franch. & Sav.)Tagawa=Athyriopsis conilii
Athyrium conilii var. *oldhamii* (Hk. & Bak.)Tagawa=Athyriopsis conilii
Athyrium contingens Ching & S.K.Wu 短羽蹄盖蕨
Athyrium coreanum Christ=Athyrium yokoscense
Athyrium coreanum Christ=Dryoathyrium coreanum
Athyrium costale var. *polystichoides* Moore=Athyrium delavayi
Athyrium costulalisorum Ching 川西蹄盖蕨

Athyrium crassipes Ching 粗柄蹄盖蕨
Athyrium crassiusculum Ching=Athyrium omeiense
Athyrium crenatum (Sommerf.)Rupr.=Allantodia crenata
Athyrium crenatum var. *glabrum* Tagawa=Allantodia crenata var. glabra
Athyrium crenuatoserrulatum f. *hakonensis* Makino=Cornopteris christenseniana
Athyrium crenulatoserrulatum Makino=Neoathyrium crenulatoserrulatum
Athyrium criticum Ching & Y.T.Hsieh 蒿坪蹄盖蕨
Athyrium cryptogrammoides Hay.合欢山蹄盖蕨
Athyrium cumingianum Ching=Anisocampium cumingianum
Athyrium cuspidatum (Bedd.) M.Kato=Kuniwatsukia cuspidata
Athyrium cystopteroides Eaton=Parathelypteris cystopteroides
Athyrium cystopteroides var. *elatus* Eaton=Parathelypteris angustifrons
Athyrium dailingense Ching=Athyrium brevifrons
Athyrium dajinense Ching=Athyrium austroorientale
Athyrium davidii Christ=Pseudocystopteris davidii
Athyrium daxianglingense Ching & H.S.Kung 大相蹄盖蕨
Athyrium decompositum Ching=Athyrium fimbriatum
Athyrium decorum Ching 林光蹄盖蕨
Athyrium decurrenti-alatum (HK.) Copel.=Cornopteris decurrenti-alata
Athyrium decurrenti-alatum var. *pilosellum* (H.Ito) Ohwi=Cornopteris decurrenti-alata f. pillosella
Athyrium decursivum Yabe=Dryoathyrium coreanum
Athyrium delavayi Christ(分类学报 1996,p.p.)=Athyrium caudiforme
Athyrium delavayi Christ(台湾志, 1985)=Athyrium subrigescens
Athyrium delavayi Christ 翅轴蹄盖蕨
Athyrium delicatulum Ching & S.K.Wu 薄叶蹄盖蕨
Athyrium deltoidofrons Makino 溪边蹄盖蕨
Athyrium deltoidofrons var. deltoidofrons=Athyrium deltoidofrons
Athyrium deltoidofrons var. gracillinum (Ching)Z.R.Wang 瘦叶蹄盖蕨
Athyrium demissum Christ=Athyrium yokoscense
Athyrium densisorum X.C.Zhang=Athyrium rhachidosorum
Athyrium dentatum Ching=Athyrium dentigerum
Athyrium dentigerum (Wall. ex Clarke) Mehra & Bir 希陶蹄盖蕨
Athyrium dentilobum Ching & S.K.Wu 齿尖蹄盖蕨
Athyrium devolii Ching 湿生蹄盖蕨
Athyrium dilatatum (Bl.) Milde=Allantodia dilatata
Athyrium dimorphophyllum (Koidz.)Tagawa=Athyriopsis dimorphophylla
Athyrium dissectifolium Ching=Athyrium cryptogrammoides
Athyrium dissitifolium (Bak.) C.Chr.疏叶蹄盖蕨
Athyrium dissitifolium var. dissitifolium=Athyrium dissitifolium
Athyrium dissitifolium var. funebre (Christ) Ching & Z.R.Wang 二回疏叶蹄盖蕨
Athyrium dissitifolium var. kulhaitense (Atkinson ex Clarke) Ching 库尔海蹄盖蕨
Athyrium dolichophyllum P.S.Wang=Athyrium multipinnum
Athyrium dolosum Christ=Lunathyrium dolosum
Athyrium drepanopterum (Kunze)A.Br. ex Milde 多变蹄盖蕨
Athyrium drepanopterum (Kze.)A.Br. ex Milde (Punetha in Ind.Fern.J. 1985)=Athyrium exindusiatum
Athyrium drepanopterum var. *brevicaudatum* Christ=Athyrium dissitifolium
Athyrium drepanopterum var. *funebre* Christ=Athyrium dissitifolium var. funebre
Athyrium dubium (Don) Ohwi=Diplazium subsinuatum
Athyrium dubium Ching 毛翼蹄盖蕨
Athyrium dubium var. *crenatum* (Makino)Ohwi=Diplazium tomitaroanum
Athyrium dulongicolum W.M.Chu 独龙江蹄盖蕨?
Athyrium duthiei (Bedd.) Bedd.=Pseudocystopteris davidii
Athyrium eburneum J.Sm.=Athyrium drepanopterum
Athyrium elegans Tagawa=Athyrium subrigescens
Athyrium elongatum Ching(浙江志.1993)=Athyrium multipinnum
Athyrium elongatum Ching 长叶蹄盖蕨
Athyrium emeicola Ching 石生蹄盖蕨
Athyrium ensiferum Ching & H.S.Kung=Athyrium attenuatum
Athyrium epirachis (Christ) Ching 轴果蹄盖蕨
Athyrium eremicola Oka & Kurata=Athyrium epirachis
Athyrium erythrocaulon Ching=Athyrium otophorum
Athyrium erythropodum Hay.红柄蹄盖蕨
Athyrium esculentum (Retz.) Copel.=Callipteris esculenta
Athyrium excelsium Ching 高超蹄盖蕨?
Athyrium exindusiatum Ching 无盖蹄盖蕨
Athyrium extensum Ching=Athyrium brevifrons
Athyrium faberi Christ(p.p.)=Athyrium deltoidofrons
Athyrium faberi Christ(p.p.)=Athyrium niponicum
Athyrium falcipinna Ching=Athyrium rupicola
Athyrium fallaciosum Milde 麦秆蹄盖蕨
Athyrium fallciosum Milde (Hand.-Mazz.in Symb.Sin.1929)=Athyrium rupicola
Athyrium fangii Ching 方氏蹄盖蕨
Athyrium fasciculatum Hand-Mazz.=Athyrium dissitifolium
Athyrium fauriei (Christ) Makino 佛瑞蹄盖蕨
Athyrium filixfemina (L.)Roth 蹄盖蕨?
Athyrium filixfemina Roth (Kom.in Fl.Mansh.1901,p.p.)=Athyrium brevifrons
Athyrium filixfemina Roth (Kom.in Fl.Mansh.1901,p.p.)=Athyrium sinense
Athyrium filixfemina subsp. *melanolepis* var. *longipes* Hara=Athyrium brevifrons
Athyrium filixfemina subsp. *melanolepis* var. *melanolepis* Löve & Löve=Athyrium melanolepis
Athyrium filixfemina subsp. *pectinatum* Löve & Löve=Athyrium pectinatum
Athyrium filixfemina var. *attenuata* (Clarke) Bedd.=Athyrium attenuatum
Athyrium filixfemina var. *deltoidea* Christ(p.p.)=Athyrium flabellulatum
Athyrium filixfemina var. *deltoidea* Christ(p.p.)=Pseudocystopteris atkinsonii
Athyrium filixfemina var. *deltoidea* Chrst(p.p.)=Athyrium delicatulum
Athyrium filixfemina var. *deltoideum* Makino=Athyrium deltoidofrons
Athyrium filixfemina var. *dentigera* (Wall. ex Clarke) Bedd.=Athyrium dentigerum
Athyrium filixfemina var. *filipes* Christ(p.p.)=Athyrium devolii
Athyrium filixfemina var. *filipes* Christ(p.p.)=Athyrium iseanum
Athyrium filixfemina var. *filipes* Christ(p.p.)=Athyrium nephrodioides
Athyrium filixfemina var. *fissiddens* Christ=Athyrium delicatulum
Athyrium filixfemina var. *flabellulata* Bedd.=Athyrium flabellulatum
Athyrium filixfemina var. *flavicoma* Christ=Athyrium omeiense
Athyrium filixfemina var. *longipes* Hara=Athyrium brevifrons
Athyrium filixfemina var. *melanolepis* Makino=Athyrium melanolepis
Athyrium filixfemina var. *multidentatum* Fomin=Athyrium brevifrons
Athyrium filixfemina var. *nigropaleaceum* Makino=Athyrium melanolepis
Athyrium filixfemina var. *pectinatum* Bedd.=Athyrium pectinatum
Athyrium filixfemina var. *polysporum* (Clarke) Bedd.=Athyrium biserrulatum
Athyrium filixfemina var. *retusa* subvar. *rubricaule* (Edgew. ex Clarke) Bedd.=Athyrium dubium
Athyrium filixfemina var. *rubripes* Kom.=Athyrium rubripes
Athyrium fimbriatum (HK.) Moore 喜马拉雅蹄盖蕨
Athyrium fimbriatum HK.=Athyrium fimbriatum
Athyrium fimbriatum var. *foliolosum* Bedd.=Athyrium foliolosum
Athyrium fimbriatum var. *sphaeropteroides* Bedd.=Pseudocystopteris atkinsonii
Athyrium fissum Christ=Athyrium niponicum
Athyrium flabellulatum (Clarke)Tard.-Blot 狭叶蹄盖蕨
Athyrium flaccidum Christ=Athyrium yokoscense
Athyrium flavicoma (Christ) Ching=Athyrium omeiense
Athyrium fluviale C.Chr.=Cornopteris banahaoensis
Athyrium foliolosum Moore ex Sim. 滇南蹄盖蕨
Athyrium foliolosum Moore ex Sim.(分类学报 1992)=Athyrium fimbriatum
Athyrium fragile Spr.=Cystopteris fragilis
Athyrium fragile Tagawa=Rhachidosorus pulcher
Athyrium fragile Tard.-Blot=Rhachidosorus blotianus
Athyrium frangulum Tagawa=Athyrium imbricatum
Athyrium fujianense Ching=Athyrium devolii
Athyrium giganteum DeVol.=Athyrium deltoidofrons
Athyrium giraldii Christ=Lunathyrium giraldi
Athyrium glabrescens Ching=Athyrium vidalii
Athyrium glabrum Ching=Athyrium vidalii
Athyrium glandulosum Ching 腺毛蹄盖蕨
Athyrium goeringianum (Kze.) Moore (Christ in Bull.Herb.Boiss.1896)=Athyrium iseanum
Athyrium goeringianum (Kze.) Moore 细叶蹄盖蕨
Athyrium gonggaense Z.R.Wang & L.B.Zhang=Athyrium hirtirachis
Athyrium gongshanense Ching=Athyrium uniforme
Athyrium gracillimnum Ching=Athyrium deltoidofrons var. gracillinum

Athyrium griffithii (Bak.) Milde=Allantodia multicaudata
Athyrium griffithii (Moore) Milde=Allantodia griffithii
Athyrium guangnanense Ching 广南蹄盖蕨
Athyrium guizhouense Ching=Athyrium pubicostatum
Athyrium habaense Ching=Athyrium chungtienense
Athyrium hachijoense (Nakai)Ohwi=Allantodia hachijoensis
Athyrium hainanense Ching 海南蹄盖蕨
Athyrium hakonensis (Makino) C.Chr.=Cornopteris christenseniana
Athyrium hebeiense Ching=Athyrium brevifrons
Athyrium hengshanense Ching=Athyrium longius
Athyrium henryi Diels (Tagawa in Col.Ill.Jap.Pterid.1959 p.p.)= Dryoathyrium coreanum
Athyrium henryi sensu Deils=Dryoathyrium henryi
Athyrium henryi var. *viridifrons* Ohwi=Dryoathyrium viridifrons
Athyrium heqingense Ching=Athyrium interjectum
Athyrium heterophlebium (Mett.) Copel.=Dictyodroma heterophlebium
Athyrium ×heterosporum Y.T.Hsieh & Z.R.Wang 异孢蹄盖蕨?
Athyrium himalaicum Ching ex Mehra & Bir 中锡蹄盖蕨
Athyrium hirtirachis Ching & Hsu 毛轴蹄盖蕨
Athyrium hirtirachis Ching & Z.Y.Liu=Athyrium pubicostatum
Athyrium ×hohuanshanense Yoshik.尖阿蹄盖蕨?
Athyrium hookerianum Moore=Pseudocystopteris subtriangularis
Athyrium huhsienense Ching & Hsu=Athyrium sinense
Athyrium hyalostegium Cop.=Parathelypteris grammitoides
Athyrium idoneum Kom.=Allantodia crenata
Athyrium imbricatum Christ 密羽蹄盖蕨
Athyrium infrapuberulum Ching 凌云蹄盖蕨
Athyrium interjectum Ching 居中蹄盖蕨
Athyrium intermixtum Ching & P.S.Chiu 中间蹄盖蕨
Athyrium iseanum Rosenst.长江蹄盖蕨
Athyrium iseanum f. *angustisectum* Kurata=Athyrium cryptogrammoides
Athyrium iseanum var. *angustisectum* Tagawa=Athyrium cryptogrammoides
Athyrium iseanum var. chuanqianense Z.R.Wang 川黔蹄盖蕨
Athyrium iseanum var. *fragile* Tagawa=Athyrium imbricatum
Athyrium iseanum var. iseanum=Athyrium iseanum
Athyrium japonicum sensu DeVol. & C.M.Kuo=Athyriopsis petersenii
Athyrium japonicum sensu Tagawa=Athyriopsis japonica var. oshimensis
Athyrium japonicum var. *dimorphophyllum* (Koidz.)Ohwi=Athyriopsis dimorphophylla
Athyrium japonicum var. *kiusianum* (Koidz.)Ohwi=Athyriopsis kiusiana
Athyrium jieguishanense Ching=Athyrium kenzo-satakei var. jieguishanense
Athyrium jinshajiangense Ching & Shing 金沙江蹄盖蕨
Athyrium jiulungshanense Ching=Athyrium deltoidofrons
Athyrium juxtapositum Ching=Athyrium dubium
Athyrium kanghsienense Ching & Y.P.Hsu=Athyrium vidalii
Athyrium kawakamii (Hay.) C.Chr.=Allantodia kawakamii
Athyrium kenzo-satakei Kurata (分类学报 1996,p.p.)=Athyrium kenzo-satakei var. jieguishanense
Athyrium kenzo-satakei Kurata 紫柄蹄盖蕨
Athyrium kenzo-satakei var. jieguishanense (Ching)Z.R.Wang 介贵山蹄盖蕨
Athyrium kenzo-satakei var. kenzo-satakei =Athyrium kenzo-satakei
Athyrium kiusianum (Koidz.)Tagawa=Athyriopsis kiusiana
Athyrium koryense C.Chr.=Neoathyrium crenulatoserrulatum
Athyrium kumaonicum Punetha=Athyrium anisopterum
Athyrium kuratae Serizawa 仓田蹄盖蕨
Athyrium lanceum (Thunb.) Milde=Diplazium subsinuatum
Athyrium lancipinnulum Ching=Athyrium dentigerum
Athyrium laochingshanense Ching=Athyrium sinense
Athyrium lastreoides Diels=Pseudocystopteris atkinsonii
Athyrium latibasis Ching=Athyrium delavay
Athyrium leiboense Ching & Y.T.Hsieh=Athyrium dentigerum
Athyrium liangwangshanicum Ching=Athyrium mengtzeense
Athyrium lilacinum Ching=Athyrium epirachis
Athyrium lineare Ching 线羽蹄盖蕨
Athyrium longifolium (Don) Milde=Allantodia lobulosa
Athyrium longipes Christ=Pseudocystopteris subtriangularis
Athyrium longipinnum Ching=Athyrium dubium
Athyrium longius Ching 长柄蹄盖蕨
Athyrium ludingense Z.R.Wang & L.B.Zhang 泸定蹄盖蕨
Athyrium mabianense Ching etY.T.Hsieh=Athyrium vidalii
Athyrium machangense Ching=Athyrium dubium
Athyrium mackinnonii (Hope) C.Chr.川滇蹄盖蕨
Athyrium mackinnonii var. glabratum Hsieh & Z.R.Wang 光轴蹄盖蕨
Athyrium mackinnonii var. mackinnonii=Athyrium mackinnonii
Athyrium mackinnonii var. yigongense Ching & S.K.Wu 易贡蹄盖蕨
Athyrium macrocarpum (Bl.) Bedd.(Holtt in Rev.Fl.Mal.Ferns Mal.1954) =Athyrium anisopterum
Athyrium macrocarpum (Bl.) Bedd.大盖蹄盖蕨
Athyrium macrocarpum Makino (Matsum.in Ind.Pl.Jap.1904)=Athyrium vidalii
Athyrium macrocarpum var. *unipinnatum* Bedd.=Athyrium nakanoi
Athyrium magnum Ching=Athyrium omeiense
Athyrium mairei Rosenst.=Athyrium delavayi
Athyrium maoshanense Ching & P.S.Chiu 昴山蹄盖蕨
Athyrium matsumurae Christ ex Matsum.=Athyrium niponicum
Athyrium matthewii Copel.=Allantodia matthewii
Athyrium mcdonellii Bedd.=Dryoathyrium mcdonellii
Athyrium medogense X.C.Zhang 墨脱蹄盖蕨
Athyrium mehrae Bir 狭基蹄盖蕨
Athyrium melanolepis (Franch. & Sav.) Christ 黑鳞蹄盖蕨
Athyrium melanolepis var. *angustifrons* Kodama=Athyrium sinense
Athyrium membranifolium Ching=Athyrium anisopterum
Athyrium mengtzeense Hieron.蒙自蹄盖蕨
Athyrium mesosorum (Makino) Makino=Rhachidosorus mesosorus
Athyrium mettenianum (Miq.)Ohwi=Allantodia metteniana
Athyrium mettenianum var. *fauriei* (Christ)Ohwi=Allantodia metteniana var. fauriei
Athyrium mettenianum var. *isobase* (Christ)Ohwi=Allantodia metteniana
Athyrium micans Tagawa=Athyrium drepanopterum
Athyrium microsorum Makino=Pseudocystopteris atkinsonii
Athyrium minimum Ching 小蹄盖蕨
Athyrium mite Christ=Allantodia crenata
Athyrium mongolicum var. *purdonii* C.Chr.=Athyrium fallaciosum
Athyrium montanum Rohl ex Spr.=Cystopteris montana
Athyrium monticola Rosenst.=Pseudocystopteris atkinsonii
Athyrium moupinense Christ=Athyrium drepanopterum
Athyrium muliense Ching=Athyrium suprapuberulum
Athyrium multicauldatum (Wall. ex Clarke) Presl=Allantodia multicaudata
Athyrium multidentatum Ching=Athyrium brevifrons
Athyrium multipinnum Y.T.Hsieh & Z.R.Wang 多羽蹄盖蕨
Athyrium muticum Christ=Athyrium epirachis
Athyrium nakanoi Makino 红苞蹄盖蕨
Athyrium nanchuanense Ching & Z.Y.Liu=Athyrium devolii
Athyrium nanyueense Ching 南岳蹄盖蕨
Athyrium neodelavayi Ching=Athyrium delavayi
Athyrium neomackinnonii Ching=Athyrium mackinnonii
Athyrium neowardii Ching=Athyrium vidalii
Athyrium nephrodioides (Bak.) Christ 疏羽蹄盖蕨
Athyrium nigripes Moore (Ching in Y.L.Chang et al.,Sporae Pterid.Sin. 1976)=Athyrium iseanum
Athyrium nigripes sensu Christ=Athyrium otophorum
Athyrium nigripes (Bl.) Moore.黑足蹄盖蕨
Athyrium nigripes var. *clarkei* Bedd.=Athyrium clarkei
Athyrium nigripes var. *tenuifrons* Bedd.=Athyrium strigillosum
Athyrium niponicum (Mett.) Hance 日本蹄盖蕨
Athyrium niponicum monstr. *cristatoflabellatum* Nakaike=Athyrium niponicum f. cristato-flabellatum
Athyrium niponicum f. cristato-flabellatum (Makino) Nemegata & Kurata 鸡冠蹄盖蕨
Athyrium niponicum f. *niponiicum*=Athyrium niponicum
Athyrium niponicum var. *cristattoflabellatum* Makino=Athyrium niponicum f. cristato-flabellatum
Athyrium niponicum var. *elatius* Christ=Athyrium drepanopterum
Athyrium niponicum var. *pachyphlebium* (C.Chr.) Kitag.=Athyrium niponicum
Athyrium nipponicola Ohwi=Allantodia nipponica
Athyrium nitidum Ching=Athyrium delicatulum
Athyrium nudifrons Ching 滇西蹄盖蕨
Athyrium nyalamense Y.T.Hsieh & Z.R.Wang 聂拉木蹄盖蕨
Athyrium nyalamense var. nyalaemense=Athyrium nyalamense
Athyrium nyalamense var. puberulum Z.R.Wang 毛聂拉木蹄盖蕨
Athyrium oblongum Ching=Athyrium dentigerum
Athyrium obtusifolium Rosenst.=Athyrium nakanoi

Athyrium obtusilimbum Ching 钝顶蹄盖蕨
Athyrium okuboanum Makino=Dryoathyrium okubosanum
Athyrium okudairai (Makino)Ohwi=Allantodia okudairai
Athyrium omeicola Ching=Athyrium emeicola
Athyrium omeiense Ching 峨眉蹄盖蕨
Athyrium opacum (Don) Copel.=Cornopteris opaca
Athyrium oppositipinnum Hay.对生蹄盖蕨
Athyrium oreopteris Copel=Athyrium oppositipinnum
Athyrium oshimense Christ(p.p.)=Athyriopsis japonica var. oshimensis
Athyrium oshimense Christ(p.p.)=Athyrium niponicum
Athyrium otophorum (Miq.) Koidz.(台湾志, 1985)=Athyrium kuratae
Athyrium otophorum (Miq.) Koidz.光蹄盖蕨
Athyrium oxyphyllum Moore=Athyrium drepanopterum
Athyrium oxyphyllum var. *funebre* Christ=Athyrium delicatulum
Athyrium pachusorum C.Chr. (新拉汉英 1996)= Athyrium pachysorum
Athyrium pachyphlebium C.Chr.=Athyrium niponicum
Athyrium pachyphyllum Ching 裸囊蹄盖蕨
Athyrium pachysorum Christ=Athyrium yokoscense
Athyrium paoshingense Ching=Athyrium baoxingense
Athyrium parapellucidum Ching=Athyrium omeiense
Athyrium pectinatum (Wall. ex Mett.) Bedd.篦齿蹄盖蕨
Athyrium pellucidum Ching=Athyrium omeiense
Athyrium petiolosum Christ=Athyrium strigillosum
Athyrium petri (Tard.-Blot)Ohwi=Allantodia petri
Athyrium polysporum (Clarke) Ching ex Mehra & Bir=Athyrium biserrulatum
Athyrium praticola Ching=Athyrium delicatulum
Athyrium procerum (Wall. ex Clarke) Milde=Allantodia procera
Athyrium procerum sensu Tagawa=Allantodia kawakamii
Athyrium pseudodelavayi Ching=Athyrium delavayi
Athyrium pseudoepirachis Ching=Athyrium pubicostatum
Athyrium ×pseudocryptogrammoides Yoshik.黑合蹄盖蕨?
Athyrium pseudosetigerum Christ(Tard.-Blot & C.Chr.in Lecomte,Fl.Ind-Chine 1940)=Allantodia prolixa
Athyrium pseudosetigerum Christ=Allantodia pseudosetigera
Athyrium pterorachis Christ=Dryoathyrium pterorachis
Athyrium puberulum Ching=Athyrium Christensenii
Athyrium pubicostatum Ching & Z.Y.Liu 贵州蹄盖蕨
Athyrium pullingeri (Bak.) Copel.=Monomelangium pullingeri
Athyrium pycnosorum Christ=Lunathyrium orientale
Athyrium pycnosorum var. *vegetius* Kitag.=Lunathyrium vegetium
Athyrium pycnososum Christ=Lunathyrium pycnosorum
Athyrium quelpaertensis (Christ) Ching=Lastrea quelpaertensis
Athyrium rachidosorum (Hand.-Mazz.) Ching(新拉汉英 1996)=Athyrium rhachidosorum
Athyrium radiciferum Ching=Athyrium clarkei
Athyrium reflexipinnum Hay.逆叶蹄盖蕨
Athyrium remotisorum Ching=Athyrium delicatulum
Athyrium remotum Ching=Athyrium delicatulum
Athyrium rhachidosorum (Hand.-Mazz.) Ching 轴生蹄盖蕨
Athyrium rigescens Makino=Athyrium otophorum
Athyrium rigidiusculum Ching=Athyrium mackinnonii
Athyrium roseum Christ(分类学报 1996,p.p.)=Athyrium arisanense
Athyrium roseum Christ(分类学报 1996,p.p.)=Athyrium mengtzeense
Athyrium roseum Christ(分类学报 1996,p.p.)=Athyrium uniforme
Athyrium roseum Christ 玫瑰蹄盖蕨
Athyrium roseum var. fugongense Z.R.Wang 福贡蹄盖蕨
Athyrium roseum var. roseum=Athyrium roseum
Athyrium rotundilobum Ching=Athyrium deltoidofrons
Athyrium rotundum Ching=Athyrium clivicola var. rotundum
Athyrium rubricaule (Edgew. ex Clarke) Bir=Athyrium dubium
Athyrium rubripes (Kom.) Kom.黑龙江蹄盖蕨
Athyrium rubristipes Ching=Athyrium epirachis
Athyrium ruilicolum W.M.Chu 瑞丽蹄盖蕨
Athyrium rupestre Kodama 高寒蹄盖蕨?
Athyrium rupicola (Edgew ex Hope) C.Chr.岩生蹄盖蕨
Athyrium sargentii C.Chr.=Lunathyrium giraldii
Athyrium schimperi Moug. ex Fée (Bedd.in Hnadb.Ferns Brit.Ind.Suppl. 1893)=Athyrium biserrulatum
Athyrium schizochlamys K.Iwats.=Pseudocystopteris schizochlamys
Athyrium senanense Koidz.=Pseudocystopteris atkinsonii
Athyrium sericellum Ching 绢毛蹄盖蕨
Athyrium serratodentatum Ching=Athyrium dubium
Athyrium sessile Ching=Athyrium pubicostatum
Athyrium setiferum C.Chr.=Athyrium strigillosum
Athyrium shaanxiense Ching & Y.T.Hsieh=Athyrium sinense
Athyrium sheareri Ching=Anisocampium sheareri
Athyrium sikkimense Löve & Löve=Pseudocystopteris subtriangularis
Athyrium silvicolum Tagawa 高山蹄盖蕨
Athyrium simulans Ching=Athyrium pubicostatum
Athyrium sinense C.Chr.=Athyrium mengtzeense
Athyrium sinense Rupr.中华蹄盖蕨
Athyrium sinovidalii Ching & Z.Y.Liu=Athyrium otophorum
*Athyrium sp.*Wu=Athyrium iseanum
Athyrium spectabile (Wall.exMett.) Presl=Allantodia spectabilis
Athyrium sphaeropteroides C.Chr.=Ctenitis sphaeropteroides
Athyrium spinosissimum Ching=Athyrium viviparum
Athyrium spinulosum sensu Bedd.=Pseudocystopteris subtriangularis
Athyrium spinulosum Milde=Pseudocystopteris spinulosa
Athyrium spinulosum var. *subtriangulare* C.Chr.=Pseudocystopteris subtriangularis
Athyrium squamigerum (Mett.)Ohwi=Allantodia squamigera
Athyrium squamipes Ching=Athyrium dentigerum
Athyrium stenopodium Ching & S.K.Wu=Athyrium mehrae
Athyrium strigillosum (Moore ex Lowe) Moore ex Salom 软刺蹄盖蕨
Athyrium strigillosum Moore (C.Chr.in Bull.Dept.Biol.Sun Yatsen Univ. 1933)=Athyrium iseanum
Athyrium subcoriaceum Ching=Athyrium epirachis
Athyrium subfalcatum Ching=Athyrium nakanoi
Athyrium sublineare Ching=Athyrium dubium
Athyrium submacrocarpum Ching & S.K.Wu=Athyrium foliolosum
Athyrium subpubicostatum Ching & Z.Y.Liu=Athyrium pubicostatum
Athyrium subrigescens (Hay.) Hay. ex H.Ito 姬蹄盖蕨
Athyrium subrigescens var. *pubigerum* Kurata=Athyrium subrigescens
Athyrium subsimile Christ=Lunathyrium giraldii
Athyrium subtriangulare Bedd.=Pseudocystopteris subtriangularis
Athyrium subtriangulare var. *sikkimensis* Bir=Pseudocystopteris subtriangularis
Athyrium subtripinnatum Ching=Athyrium omeiense
Athyrium supranigrescens Ching=Athyrium dentigerum
Athyrium suprapuberulum Ching 毛叶蹄盖蕨
Athyrium suprapubescens Ching 上毛蹄盖蕨
Athyrium supraspinescens C.Chr.腺叶蹄盖蕨
Athyrium sylvestrii Christ=Athyrium niponicum
Athyrium tagawai C.Chr.=Cornopteris banahaoensis
Athyrium taipaishanense Ching=Athyrium vidalii
Athyrium taiwanense Tagawa=Athyrium oppositipinnum
Athyrium takingense Ching=Athyrium austroorientale
Athyrium tarulakaense Ching 察陇蹄盖蕨
Athyrium tatsienluense Ching=Athyrium dentigerum
Athyrium tenuicaule (Hay.) Tagawa 细茎蹄盖蕨
Athyrium tenuifolium Y.T.Hsieh & Z.R.Wang=Athyrium flabellulatum
Athyrium tenuifrons Moore ex Sim.=Athyrium strigillosum
Athyrium tenuisectum Moore=Acystopteris tenuisecta
Athyrium tenuissimum Kodama=Athyrium nakanoi
Athyrium thelypteris (L.) Spr.=Thelypteris palustris
Athyrium thelypteroides (Michx.) Desv.(Bedd.inHand.Ferns Brit.Ind. 1883)=Lunathyrium ×allantodioides
Athyrium thelypteroides Desv.=Lunathyrium acrostichoides
Athyrium thelypteroides var. *henryi* Christ=Athyrium mengtzeense
Athyrium thysanocarpum Hay.=Athyrium anisopterum
Athyrium tianzishanense S.F.Wu & L.F.Zhang=Athyrium viviparum
Athyrium tibeticum Ching=Athyrium mehrae
Athyrium tozanense (Hay.) Hay.=Athyrium nigripes
Athyrium tripinnatum Tagawa 三回蹄盖蕨
Athyrium tsai Ching=Athyrium dentigerum
Athyrium tsingyingense Ching=Athyrium otophorum
Athyrium tsusimense Koidz.=Athyrium wardii
Athyrium umborsum var. *multicaudatum* (Wall. ex Clarke) Bedd.= Allantodia multicaudata
Athyrium umbrosum Presl(Tard.-Blot in Aspl.Tonkin 1932)=Allantodia prolixa
Athyrium uniforme Ching 同形蹄盖蕨
Athyrium unifurcatum C.Chr.=Dryoathyrium unifurcatum
Athyrium unifurcatum var. *harryanum* C.Chr.=Cornopteris decurrenti-alata f. pillosella
Athyrium unifurcatum var. *okuboanum* H.Ito=Dryoathyrium okubosanum

Athyrium uniseriatum Ching=Athyrium dubium
Athyrium varians Ching & Z.Y.Liu=Athyrium mackinnonii
Athyrium veitchii Christ=Athyrium drepanopterum
Athyrium venulosum Ching 粗脉蹄盖蕨
Athyrium vidalii (Franch. & Sav.) Nakai 尖头蹄盖蕨
Athyrium vidalii var. amabile (Ching)Z.R.Wang 松谷蹄盖蕨
Athyrium vidalii var. *chinense* Koidz.=Athyrium otophorum
Athyrium vidalii var. *confusum* Miyabe & Kudô =Athyrium vidalii
Athyrium vidalii var. vidalii=Athyrium vidalii
Athyrium vidalii var. *yamadae* Miyabe & Tatew.=Athyrium vidalii
Athyrium violascens Diels=Athyrium otophorum
Athyrium viridifrons Makino=Dryoathyrium viridifrons
Athyrium viridifrons f. *okuboanum* Makino=Dryoathyrium okubosanum
Athyrium viviparum Christ 胎生蹄盖蕨
Athyrium wallichianum Ching 黑秆蹄盖蕨
Athyrium wangii Ching 启无蹄盖蕨
Athyrium wardii (HK.) Makino 华中蹄盖蕨
Athyrium wardii Christ=Athyrium otophorum
Athyrium wardii var. *clivicola* Kurata=Athyrium clivicola
Athyrium wardii var. densipinnum Z.R.Wang & L.B.Zhang 密羽华中蹄盖蕨
Athyrium wardii var. *elongatum* Christ=Athyrium epirachis
Athyrium wardii var. glabratum Y.T.Hsieh & Z.R.Wang 无毛华中蹄盖蕨
Athyrium wardii var. *glabrum* Ching=Athyrium wardii var. glabratum
Athyrium wardii var. *majus* Kurata=Athyrium clivicola
Athyrium wardii var. wardii=Athyrium wardii
Athyrium wichurae (Mett.)Ohwi=Allantodia wichurae
Athyrium wilsonii Christ=Lunathyrium wilsonii
Athyrium woodsioides Christ(p.p.)=Athyrium anisopterum
Athyrium woodsioides Christ(p.p.)=Athyrium drepanopterum
Athyrium wugongshanense Ching & Y.T.Hsieh=Athyrium vidalii
Athyrium wuliangshanense Ching=Athyrium rhachidosorum
Athyrium wumonshanicum Ching 乌蒙山蹄盖蕨
Athyrium wuyishanense Ching=Athyrium iseanum
Athyrium xiangxiense S.F.Wu=Athyrium pachyphyllum
Athyrium xichouense Y.T.Hsieh & Z.R.Wang 西畴蹄盖蕨
Athyrium yaanense Ching=Athyrium delicatulum
Athyrium yamadae Miyabe & Kudô =Athyrium vidalii
Athyrium yindeense Ching=Athyrium viviparum
Athyrium yokoscense (Franch & Sav.) Christ 禾秆蹄盖蕨
Athyrium yokoscense var. *fauriei* Tagawa=Athyrium fauriei
Athyrium yokoscense var. kirisimaense (Tagawa) Li & J.Z.Wang 宽鳞蹄盖蕨?
Athyrium yuanyangense Y.T.Hsieh & W.M.Chu 元阳蹄盖蕨
Athyrium yui Ching 俞氏蹄盖蕨
Athyrium yunnanense Christ=Athyrium niponicum
Athyrium yunnanicum Ching(p.p.)=Athyrium guangnanense
Athyrium yuyangensis Ching(p.p.)=Allantodia heterocarpa
Athyrium zayuense Z.R.Wang 察隅蹄盖蕨
Athyrium zhenfengense Ching 贞丰蹄盖蕨
Atractylis L.(p.p.)=**Atractylodes**
Atractylis amplexicaulis Nakai ex Mori=Atractylodes coreana
Atractylis carlinoides Hand.-Mazz.=Atractylodes carlinoides
Atractylis chinensis (Bge.) DC.=Atractylodes lancea
Atractylis chinensis f. *erossodentata* (Koidz.) Hand.-Mazz.=Atractylodes lancea
Atractylis chinensis f. *simplicifolia* (Loes.) Hand.-Mazz.=Atractylodes lancea
Atractylis chinensis f. *stapfii* (Baroni) Hand.-Mazz.=Atractylodes lancea
Atractylis chinensis var. *coreana* (Nakai) Chu=Atractylodes coreana
Atractylis chinensis var. *liaotungensis* Kitag.(东北检索表 1959)=Atractylodes coreana
Atractylis chinensis var. *liaotungensis* Kitag.=Atractylodes lancea
Atractylis chinensis var. *loeseneri* Kitag.=Atractylodes lancea
Atractylis chinensis var. *quiqueloba* Bar. & Sk.=Atractylodes lancea
Atractylis coreana Nakai=Atractylodes coreana
Atractylis japonica (Koidz.) Kitag.=Atractylodes japonica
Atractylis lancea Thunb.=Atractylodes lancea
Atractylis lyrata f. *ternata* (Kom.) Nakai=Atractylodes japonica
Atractylis macrocephala (Koidz.) Hand.-Mazz.=Atractylodes macrocephala
Atractylis macrocephala var. *hunanensis* Ling=Atractylodes macrocephala
Atractylis ovata Thunb.(北研丛刊 1935)=Atractylodes macrocephala
Atractylis ovata Thunb.=Atractylodes lancea
Atractylis ovata f. *amurensis* Freyn ex Kom.=Atractylodes lancea
Atractylis ovata f. *lyratifolia* Kom.=Atractylodes lancea
Atractylis ovata f. *pinnatifolia* Kom.=Atractylodes japonica
Atractylis ovata f. *simplicifolia* (Loes.) Kom.=Atractylodes lancea
Atractylis ovata var. *simplicifolia* Loes.=Atractylodes lancea
Atractylis ovata var. *ternata* Kom.=Atractylodes japonica
Atractylis pinnatifolia (Kom.) S.Y.Hu=Atractylodes japonica
Atractylis separata Bailey=Atractylodes lancea

Atractylodes DC.**苍术属**(菊科)

Atractylodes carlinoides (Hand.-Mazz.) Kitam.鄂西苍术
Atractylodes chinensis (Bge.) Koidz.=Atractylodes lancea
Atractylodes chinensis var. *simplicifolia* (Loes.) Kitag.=Atractylodes lancea
Atractylodes coreana (Nakai) Kitam.朝鲜苍术
Atractylodes erosodentata Koidz.=Atractylodes lancea
Atractylodes japonica Koidz.关苍术
Atractylodes koreana (Nakai) Kitam. (新拉汉英 1996)=Atractylodes coreana
Atractylodes lancea (Thunb.) DC.苍术
Atractylodes lancea var. *chiensis* (Bge.) Kitam.=Atractylodes lancea
Atractylodes lancea var. *simplicifolia* (Loes.) Kitam.=Atractylodes lancea
Atractylodes lyrata S. & Z.=Atractylodes lancea
Atractylodes lyrata f. *ternata* (Kom.) Nakai=Atractylodes japonica
Atractylodes lyrata var. *ternata* (Kom.) Koidz.=Atractylodes japonica
Atractylodes macrocephala Koidz.白术
Atractylodes ovata (Thunb.) DC.=Atractylodes lancea
Atragene alpina var. *ochotensis* (Pall.) Rgl. & Tiling=Clematis sibirica var. ochotensis
Atragene dianae Serov=Clematis macropetala
Atragene flrida Pers.=Clematis florida
Atragene japonica Thunb.=Anemone hupehensis var. japonica
Atragene koreana Kom.=Clematis koreana
Atragene macropetala (Ledeb.) Ledeb.=Clematis macropetala
Atragene moisseenkoi Serov=Clematis moisseenkoi
Atragene ochotensis Pall.=Clematis sibirica var. ochotensis
Atragene platysepala Trautv. & Mey.=Clematis sibirica var. ochotensis
Atragene sibirica L.=Clematis sibirica
Atragene zeylanica L.=Naravelia zeylanica

Atraphaxis L.**木蓼属**(蓼科)

Atraphaxis afghanica Meisn.=Atraphaxis spinosa
Atraphaxis bracteata A.Los.沙木蓼
Atraphaxis bracteata var. *angustifolia* A.Los.=Atraphaxis bracteata
Atraphaxis canescens Bge.糙叶木蓼
Atraphaxis compacta Ledeb.拳木蓼
Atraphaxis decipiens Jaub. & Spach 细枝木蓼
Atraphaxis frutescens (L.) Ewersm.木蓼
Atraphaxis frutescens (L.) Koch=Atraphaxis frutescens
Atraphaxis frutescens var. frutescens=Atraphaxis frutescens
Atraphaxis frutescens var. papillosa Y.L.Liu 乳头叶木蓼
Atraphaxis jrtyschensis Yang & Han 额河木蓼
Atraphaxis laetevirens (Ledeb.) Jaub. & Spach 绿叶木蓼
Atraphaxis lanceolata (Bieb.) Meisn.=Atraphaxis frutescens
Atraphaxis manshurica Kitag.东北木蓼
Atraphaxis pungens (Bieb.) Jaub. & Spach 锐枝木蓼
Atraphaxis pyrifolia Bge.梨叶木蓼
Atraphaxis replicata Lam.=Atraphaxis spinosa
Atraphaxis spinosa L.刺木蓼
Atraphaxis tortuosa A.Los.=Polygonum intramongolicum

Atriplex L.**滨藜属**(藜科)

Atriplex amblyostegia Turcz.=Atriplex aucheri
Atriplex ambrosioides Crantz.=Chenopodium ambrosioides
Atriplex arenaria Nuttall (Maxim.in Mel. Biol.1886)=Atriplex maximowicziana
Atriplex aucheri Moq.野榆钱菠菜
Atriplex belangeri Boiss.=Atriplex repens
Atriplex cana C.A.Mey.白滨藜
Atriplex canescens (Pursh) Nutt.灰毛滨藜
Atriplex centralasiatica Iljin 中亚滨藜
Atriplex centralasiatica var. centralasiatica=Atriplex centralasiatica
Atriplex centralasiatica var. megalotheca (M.Pop.) G.L.Chu.大苞滨藜

Atriplex confertifolia (Tree. & Frem) Wats.落叶滨藜
Atriplex dimorphostegia Kar. & Kir.犁苞滨藜
Atriplex dimorphostegia var. dimorphostegia=Atriplex dimorphostegia
Atriplex dimorphostegia var. sagittiformis Aellen 箭苞滨藜
Atriplex fera (L.) Bge.野滨藜
Atriplex glauca Pall.=Atriplex verrucifera
Atriplex gmelini C.A.Mey (Kitag.in Lineam.Fl.Mansh.1939)=Atriplex patens
Atriplex hastata L.戟叶滨藜
Atriplex hastata var. *heterocarpa* Fenzl=Atriplex micrantha
Atriplex hastatum Boiss.=Atriplex micrantha
Atriplex heterosperma Bge.=Atriplex micrantha
Atriplex hortensis L.榆钱菠菜
Atriplex hortensis subsp. *desertorum* (Iljin) Aellen=Atriplex aucheri
Atriplex laciniata L.=Atriplex tatarica
Atriplex laevis C.A.Mey.光滨藜
Atriplex laevis var. *patens* (Litv.) Grubov=Atriplex patens
Atriplex lehmanniana Bge.=Atriplex tatarica
Atriplex littoralis L.(北部植物图志.1935)=Atriplex patens
Atriplex littoralis subsp. *stepposa* Kitag.=Atriplex patens
Atriplex littoralis var. *patens* Litv.=Atriplex patens
Atriplex maximowicziana Makino 海滨藜
Atriplex megalotheca M.Pop.=Atriplex centralasiatica var. megalotheca
Atriplex micrantha C.A.Mey.异苞滨藜
Atriplex microsperma Wald. & Kit.=Atriplex hastata
Atriplex multicolora Aellen=Atriplex tatarica
Atriplex nitens Boiss.=Atriplex aucheri
Atriplex nitens subsp. *desertorum* Iljin=Atriplex aucheri
Atriplex nummularia Lindl.大洋州滨藜
Atriplex nuttallii Wats.努塌滨藜
Atriplex oblongifolia Walbst. & Kit.草地滨藜
Atriplex pamirica Iljin 帕米尔滨藜
Atriplex patens (Lirv.) Iljin 滨藜
Atriplex patula L.(Grubov in Pl.Asiae Centr.1966,p.p.)=Atriplex oblongifolia
Atriplex patula var. *oblongifolia* (Waldst. & Kit.) Westerl.=Atriplex oblongifolia
Atriplex patutum Boiss.=Atriplex oblongifolia
Atriplex polycarpa (Torr.) S.Wats.多果滨藜
Atriplex repens Roth 葡萄滨藜
Atriplex rosea var. *subintergra* C.A.Mey.=Atriplex tatarica
Atriplex sibirica L.西伯利亚滨藜
Atriplex sibirica var. *centralastatica* (Kljin) Grubov=Atriplex centralasiatica
Atriplex sphaeromorpha Iljin (Grubov in Pl.Asiae Centr.1966)=Atriplex tatarica
Atriplex tatarica L.鞑靼滨藜
Atriplex verrucifers Bieb.疣苞滨藜
Atropa L.**颠茄属**(茄科)
Atropa acuminata Royle ex Lindl.=Atropa belladonna
Atropa belladonna L.颠茄
Atropa physaloides L.=Nicandra physaloides
Atropanthe Pascher **天蓬子属**(茄科)
Atropanthe mairei (H.L'evl.)Lévl.=Cananthus albiflorus
Atropanthe sinensis (Hemsl.) Pascher 天蓬子
Atropis Rupr.=**Puccinellia**
Atropis alascana (Scribn. & Merr.) Krecz.=Puccinellia kurilensis
Atropis angustata (R.Br.) Griseb.=Puccinellia angustata
Atropis bulbosa Grossh.=Puccinellia bulbosa
Atropis distans (Wahlb.) Griseb.=Puccinellia distans
Atropis distans f. *pamirica* Roshev.=Puccinellia pamirica
Atropis distans var. *crassifolia* Roshev.=Puccinellia sclerodes
Atropis distans var. *glauca* Rgl.=Puccinellia glauca
Atropis distans var. *pauciramea* Hack.=Puccinellia pauciramea
Atropis distans α. *limosa* Schur.=Puccinellia limosa
Atropis gigantea Grossh.=Puccinellia gigantea
Atropis grosheimiana Krecz.=Puccinellia grossheimiana
Atropis intermedia Schur.=Puccinellia intermedia
Atropis kamtschatica (Holmb.) Krecz.= Puccinellia kamtschatica
Atropis kurilensis Takeda=Puccinellia kurilensis
Atropis phryganodes (Trin.) Krecz.=Puccinellia phryganodes
Atropis poecilantha (C.Koch) Krecz.=Puccinellia poecilantha
Atropis roshevitsiana Schischk.(Krecz. In Kom.Fl.URSS 1934,p.p.)=Puccinellia schischkinii
Atropis roshevitsiana Schischk.=Puccinellia roshevistsiana
Atropis sevangensis (Grossh.) Krecz.=Puccinellia savengensis
Atropis sibirica (Holmb.) Krecz.=Puccinellia sibirica
Atropis tenella (Lange) Krecz.=Puccinellia tenella
Atropis tenuiflora Griseb. ex Ledeb.=Puccinellia tenuiflora
Atropis tenuissima Korsh.=Puccinellia tenuissima
Atropis thomsonii (Stapf) Pamp.=Puccinellia thomsonii
Attalea HNK.**亚塔棕属**(棕榈科)
Attalea amygdalina HNK.扁桃亚塔棕
Attalea excelsa Mart.高亚塔棕
Attalea funifera Mart.亚塔棕
Attalea gomphococca Mart.钉状果爿亚塔棕
Attalea spectabilis Mart.美丽亚塔棕
Atylosia Wight & Arn.=**Cajanus**
Atylosia babarta (Benth.) Baker=Cajanus goensis
Atylosia circinalis Benth.=Dunbaria circinalis
Atylosia crassa Prain ex King=Cajanus crassus
Atylosia crinita Dunn=Dunbaria fusca
Atylosia goensis (Dalz.) Dalz.=Cajanus goensis
Atylosia grandiflora Benth. ex Baker=Cajanus grandiflorus
Atylosia mollis Benth.(p.p.)=Cajanus crassus
Atylosia mollis Benth.(p.p.)=Cajanus mollis
Atylosia nivea Benth.=Cajanus niveus
Atylosia scarabaeoides (L.) Benth.=Cajanus scarabaeoides
Atylosia scarabaeoides var. *argyrophylla* Y.T.Wei & S.Lee=Cajanus scarabaeoides var. argyrophyllus
Atylosia subrhombea Miq.=Dunbaria villosa
Atylosia volubilis (Blanco) Gamble=Cajanus crassus
Aubletia caseolaris Gaertn.(p.p.)=Sonneratia caseolaris
Aubletia ramosissima Lour.=Paliurus ramosissimus
Aucklandia Falc.=**Saussurea**
Aucklandia costus Falc.=Saussurea costus
Aucklandia lappa Decne.=Saussurea costus
Aucuba Thunb.**桃叶珊瑚属**(山茱萸科)
Aucuba albo-punctifolia Wang 斑叶珊瑚
Aucuba albo-punctifolia var. albo-punctifolia=Aucuba albo-punctifolia
Aucuba albo-punctifolia var. angustula Fang & Soong 窄斑叶珊瑚
Aucuba albo-punctifolia var. *obcordata* (Rehd.) Wang=Aucuba obcordata
Aucuba cavinervis C.Y.Wu 凹脉桃叶珊瑚
Aucuba chinensis Benth.(Wanger.in Engl.Pflanzenreich 1910,p.p.)= Aucuba chlorascens
Aucuba chinensis Benth.(高等图鉴 1972)=Aucuba himalaica
Aucuba chinensis Benth.桃叶珊瑚
Aucuba chinensis f. *angustifolia* Rehd.(p.p.)=Aucuba chinensis var. angusta
Aucuba chinensis f. *angustifolia* Rehd.(p.p.)=Aucuba chlorascens
Aucuba chinensis f. *obcordata* Rehd.=Aucuba obcordata
Aucuba chinensis f. *subintegra* Li=Aucuba eriobotryaefolia
Aucuba chinensis subsp. chinensis var. chinensis=Aucuba chinensis
Aucuba chinensis subsp. omeiensis (Fang) Fang & Soong 峨眉桃叶珊瑚
Aucuba chinensis var. angusta Wang 狭叶桃叶珊瑚
Aucuba chlorascens Wang 细齿桃叶珊瑚
Aucuba confertiflora Fang & Soong 密花桃叶珊瑚
Aucuba eriobotryaefolia Wang 枇杷叶珊瑚
Aucuba filicauda Chun & How 纤尾桃叶珊瑚
Aucuba filicauda var. filicauda=Aucuba filicauda
Aucuba filicauda var. pauciflora Fang & Soong 少花桃叶珊瑚
Aucuba himalaica HK.f. & Thoms.喜马拉雅珊瑚
Aucuba himalaica var. dolichophylla Fang & Soong 长叶珊瑚
Aucuba himalaica var. himalaica=Aucuba himalaica
Aucuba himalaica var. oblanceolata Fang & Soong 倒披针叶珊瑚
Aucuba himalaica var. pilosissima Fang & Soong 密毛桃叶珊瑚
Aucuba japonica Thunb.青木
Aucuba japonica var. japonica=Aucuba japonica
Aucuba japonica var. variegata D'ombr.花叶青木
Aucuba obcordata (Rehd.) Fu 倒心叶珊瑚
Aucuba omeiensis Fang=Aucuba chinensis subsp. omeiensis
Aucuba robusta Fang & Soong 粗梗桃叶珊瑚
Auganthus praenitens Link=Primula sinensis
Augia sinensis Lour.=Toxicodendron succedaneum
Aulacia falcata Lour.=Micromelum falcatum

Aulacolepis Hack.**沟稃草属**(禾本科)
Aulacolepis agrostoides (Merr.) Ohwi 小沟稃草
Aulacolepis agrostoides var. agrostoides=Aulacolepis agrostoides
Aulacolepis agrostoides var. formosana Ohwi.小颖沟稃草
Aulacolepis japonica Hack.日本沟稃草
Aulacolepis treutleri (Kuntze) Hack.沟稃草
Aulacolepis treutleri var. *japonica* (Hack.) Ohwi=Aulacolepis japonica
Aulacospermum Ledeb.(p.p.)=**Pleurospermum**
Aulacospermum rupestre M.Pop.=Pleurospermum rupestre
Aulacospermum simplex Rupr.=Pleurospermum simplex
Aulacospermum tianschanicum (Korov.) Norm.=Trachydium tianschanicum
Aulax Bergius **奥莱克斯属**(山龙眼科)
Aulax cneorifolia Knight 克钮瑞叶奥莱克斯
Aulax pallasia Stapf.帕拉斯奥莱克斯
Aulax pinifolia Bergius 松叶奥莱克斯
Aulisconema Hua=**Disporopsis**
Aulisconema aspera Hua=Disporopsis aspera
Aulisconema pernyi Hua=Disporopsis pernyi
Aurantium acre Mill.=Citrus aurantium
Aurantium maximum Burm.=Citrus maxima
Aurantium sinensis Mill.=Citrus sinensis
Austrogramme Fourn.(p.p.)=**Grammitis**
Avena L.**燕麦属**(禾本科)
Avena abietetorum Ohwi=Helictotrichon abietetorum
Avena altaica Steph. ex Roshev.=Trisetum altaicum
Avena altior Hitchc.=Helictotrichon altius
Avena aspera var. *roylei* HK.f.=Helictotrichon virescens
Avena aspera var. *schmidii* HK.f.=Helictotrichon schmidii
Avena barbata Pott ex Link 裂稃燕麦
Avena brevis Roth 短燕麦
Avena bulbosa Willd.=Arrhenatherum elatius var. bulbosum f. Variegatum
Avena byzantina C.Koch 比赞燕麦
Avena chinensis (Fisch. ex Roem. & Schult.) Metzg.莜麦
Avena clarkei HK.f.=Trisetum clarkei
Avena delavayi Hack.=Helictotrichon delavayi
Avena elatior L.=Arrhenatherum elatius
Avena eriantha Dur.异颖燕麦
Avena fatua L.野燕麦
Avena fatua subsp. *meridionalis* Malz.=Avena meridionalis
Avena fatua var. fatua=Avena fatua
Avena fatua var. glabrata Peterm.光稃野燕麦
Avena fatua var. mollis Keng 光轴燕麦
Avena flavescens HK.f.=Trisetum scitulum
Avena flxuosa (L.) Mert. & Koch=Deschampsia flexuosa
Avena hirsuta Moench.=Avena barbata
Avena hybrida Peterm.杂种燕麦
Avena lanata (L.) Koel.=Holcus lanatus
Avena leiantha Keng=Helictotrichon leianthum
Avena longiglumis Dur.长颖状燕麦(新)
Avena ludoviciana Dur.长颖燕麦
Avena meridionalis (Malz.) Roshev.南燕麦
Avena mongolica Roshev.=Helictotrichon mongolicum
Avena nuda L.(禾本科图说 1959,高等图鉴 1976)=Avena chinensis
Avena nuda var. *chinensis* Fisch. ex Roem. & Schult.=Avena chinensis
Avena orientalis Schreb.狐尾草
Avena persica Steud.=Avena ludoviciana
Avena pilosa (Roem. & Schult.) Maesh.-Bieb.=Avena eriantha
Avena planiculmis Schreb.扁秆燕麦
Avena planiculmis subsp. *dahurica* Kom.=Helictotrichon dahuricum
Avena polyneurum HK.f.=Helictotrichon polyneurum
Avena pubescens Huds.=Helictotrichon pubescens
Avena sativa L.燕麦
Avena schelliana Hack.=Helictotrichon schellianum
Avena sibirica L.=Achnatherum sibiricum
Avena sterilis L.不实燕麦
Avena sterilis subsp. *ludoviciana* Gillet & Magne=Avena ludoviciana
Avena strigosa Schreb.毛燕麦
Avena suffusca Hitchc.=Helictotrichon tibeticum
Avena tibetica Roshev.=Helictotrichon tibeticum
Avenastrum (Koch) Opiz=**Helictotrichon**
Avenastrum asperum var. *schmidii* (HK.f.) C.E.C.Fisch.=Helictotrichon schmidii
Avenastrum dahuricum (Kom.) Roshev.=Helictotrichon dahuricum
Avenastrum mongolicum Roshev.=Helictotrichon mongolicum
Avenastrum pubescens (Huds.) Opiz=Helictotrichon pubescens
Avenastrum schellianum (Hack.) Roshev.=Helictotrichon schellianum
Avenastrum tianschanicum Rosevl.=Helictotrichon tianschanicum
Avenochloa Holub=**Helictotrichon**
Avenochloa dahurica (Kom.) Holub=Helictotrichon dahuricum
Avenochloa pubescens (Huds.) Hulub=Helictotrichon pubescens
Avenochloa schelliana (Hack.) Tzvel.=Helictotrichon schellianum
Averrhoa L.**阳桃属**(酢浆草科)
Averrhoa bilimbi L.三敛
Averrhoa carambola L.阳桃
Avicennia L.**海榄雌属**(马鞭草科)
Avicennia marina (Forsk.) Vierh.海榄雌
Avicennia officinalis L(Maxim.in Bull.Acad.Sci.St.P'etersb.1886)=Avicennia marina
Axonopus Beauv.**地毯草属**(禾本科)
Axonopus affinis A.Chase 类地毯草
Axonopus cimicina (L.) Beauv.=Alloteropsis cimicina
Axonopus compressus (Sw.) Beauv.地毯草
Axonopus compressus var. *affinis* (Chase) Henderson=Axonopus affinis
Axonopus semialatus (R.Br.) HK.f.=Alloteropsis semialata
Axonopus semialatus var. *ecklonii* Stapf=Alloteropsis semialata var. eckloniana
Axyris L.**轴藜属**(藜科)
Axyris amaranthoides Wang-Wei & Fuh=Axyris hybrida
Axyris amaranthoides L.轴藜
Axyris amaranthoides var. *nana* Wang-Wei & Fuh=Axyris hybrida
Axyris ceratoides L.=Ceratoides latens
Axyris hybrida L.杂配轴藜
Axyris prostrata L.平卧轴藜
Azalea farrerae K.Koch=Rhododendron farrerae
Azalea ferruginosa Pall.=Rhododendron lapponicum
Azalea indica L.(Sims.in Curtis Bot.Mag.1812)=Rhododendron simsii
Azalea indica L.=Rhododendron indicum
Azalea indica var. *alba* Lindl.=Rhododendron mucronatum
Azalea indica var. *simsii* Rehd.=Rhododendron simsii
Azalea lapponica L.=Rhododendron lapponicum
Azalea macrantha Bge.=Rhododendron indicum
Azalea mollis Bl.=Rhododendron molle
Azalea mucronata Bl.=Rhododendron mucronatum
Azalea myrtifolia Champ.=Rhododendron hongkongense
Azalea obtusa Lindl.=Rhododendron obtusum
Azalea oldhamii Hort.=Rhododendron oldhamii
Azalea ovata Lindl.=Rhododendron ovatum
Azalea parvifolia (Adams) Kuntze=Rhododendron lapponicum
Azalea rosmarinifolia Burm.=Rhododendron mucronatum
Azalea schlippenbachii O.Kuntz.=Rhododendron schlippebachii
Azalea sinensis Lodd.=Rhododendron molle
Azalea squamata Lindl.=Rhododendron farrerae
Azanza lampas Alefeold=Thespesia lampas
Azima Lam.**刺茉莉属**(刺茉莉科)
Azima sarmentosa (Bl.) Benth. & HK.f.刺茉莉
Azolla Lam.**满江红属**(满江红科)
Azolla caroliniana Willd.加洲满江红
Azolla filiculoides Lam.细叶满江红
Azolla imbricata (Roxb.) Nakai 满江红
Azolla imbricata var. imbricata=Azolla imbricata
Azolla imbricata var. prolifera Y.X.Lin 多果满江红
Azolla imbricata var. sempervirens Y.X.Lin 常绿满江红
Azolla japonica Fr. & Saw.日本满江红
Azolla nilotica Caisne 尼罗满江红
Azolla pinnata R.Br.尚轩满江红
Azolla rubra R.Br.洋洲满江红
Azollaceae 满江红科
Aztekium Böd.**皱棱球属**(仙人掌科)
Aztekium ritteri (Bod.) Bod.皱棱球
Azukia angularis (Willd.) Ohwi=Vigna angularis
Azukia minima (Roxb.) Ohwi=Vigna minima
Azukia radiata (L.) Ohwi=Vigna radiata
Azukia reflexo-pilosa (Hay.) Ohwi=Vigna reflexo-pilosa

Azukia riukiuensis (Ohwi) Ohwi=Vigna riukiuensis
Azukia umbellata (Thunb.) Ohwi=Vigna umbellata

B

Babactes A.DC.=**Chirita**
Babactes oblongifolia (Roxb.) A.DC. ex Meisn.=Chirita oblongifolia
Babiana Ker.**狒狒花属**(鸢尾科)
Babiana sambucina Ker.-Gawl.异味狒狒花
Babiana stricta Ker.条叶狒狒花
Babiana stricta var. rubrocyanea Hort.二色狒狒花
Babiana stricta var. sulphurea Hort.黄狒狒花
Baccaurea Lour.**木奶果属**(大戟科)
Baccaurea cauliflora Lour.=Baccaurea ramiflora
Baccaurea cavaleriei Lévl.=Cleidiocarpon cavaleriei
Baccaurea esquirolii Lévl.=Sapium rotundifolium
Baccaurea gracilis Merr.=Richeriella gracilis
Baccaurea motleyana (Muell.Arg.) Muell.Arg.多脉木奶果
Baccaurea oxycarpa Gagn.=Baccaurea ramiflora
Baccaurea ramiflora Lour.木奶果
Baccaurea sapida (Roxb.) Muell.Arg.=Baccaurea ramiflora
Baccharis chinensis Lour.=Inula cappa
Baccharis indica L.=Pluchea indica
Baccharis salvia Lour.=Blumea balsamifera
Backeria barbata Raizada=Diplectria barbata
Bacopa Aubl.**假马齿苋属**(玄参科)
Bacopa floribunda (R.Br.) Wetst.麦花草
Bacopa monnieri (L.) Wettst.假马齿苋
Bacopa monnieria (L.) Wetts.=Bacopa floribunda
Bacopa repens (Swatz.) Wetts.田玄参
Bactris Scop.**刺棒棕属**(棕榈科)
Bactris gasipaes HNK.刺棒棕
Bactris guineensis H.E.Moore 多巴哥刺棒棕
Bactris horrida Oerst.刺毛刺棒棕
Bactris major Jacq.大刺棒棕
Bactris minor Jacq.小刺棒棕
Bactris pallidispina Mart.白刺棒棕
Badianifera griffithii Ktz.=Illicium griffithii
Badianifera major Ktz.=Illicium majus
Baeckea L.**岗松属**(桃金娘科)
Baeckea chinensis Gaertn.=Baeckea frutescens
Baeckea cochinchinensis Bl.=Baeckea frutescens
Baeckea densifolia Smith 密叶岗松
Baeckea frutescens L.岗松
Baeckea frutescens var. *brachyphylla* Merr. & Perry=Baeckea frutescens
Baeckea sumatrana Bl.=Baeckea frutescens
Baeobotrys J. & G.Forst.=**Maesa**
Baeobotrys argentea Wall.=Maesa argentea
Baeobotrys indica Roxb.=Maesa indica
Baeobotrys japonica Zipp. ex Scheff.=Maesa japonica
Baeobotrys ramentacea Roxb.=Maesa ramentacea
Bahratherum echinatum Nees=Arthraxon lanceolatus var. echinatus
Baimashania Al-Shehbaz **白马芥属**(十字花科)
Baimashania pulvinata Al-Shehbaz 白马芥
Baimashania wangii Al-Shehbaz 王氏白马芥
Baissea A.DC.(植物志 63,1977)=**Cleghornia**
Baissea acuminata (Wight) Benth. ex HK.f. (植物志 63,1977)=
Cleghornia malaccensis
Baiswa Rafin.=**Paris**
Balaka Becc.**巴拉卡棕属**(棕榈科)
Balaka seemannii Becc.巴拉卡棕
Balaneikon tobiracola (Makino) Setch.=Balanophora tobiracola
Balania harlandii (HK.f.) Van Tiegh.=Balanophora harlandii
Balania japonica (Makino) Van Tiegh.=Balanophora japonica
Balaniella Van Tiegh.=**Balanophora**
Balaniella elongata (Bl.) Van Tiegh.=Balanophora elongata
Balanophora Forst. & Forst.f. **蛇菰属**(蛇菰科)
Balanophora abbreviata B.Hansen=Balanophora kainantensis
Balanophora affinis Griff. =Balanophora dioica
Balanophora cavaleriei Lévl.?瓦卡蛇菰(新)
Balanophora cryptocaudex S.Y.Chang & Tam 隐轴蛇菰
Balanophora dioica R.Br.(高等图鉴 1972)=Balanophora indica
Balanophora dioica R.Br.粗穗蛇菰
Balanophora elongata Bl.长枝蛇菰
Balanophora esquirolii Lévl.?爱氏蛇菰(新)
Balanophora fargesii (Van Tiegh.) Harms.川藏蛇菰
Balanophora fungosa subsp. *indica* (Arn.) B.Hansen=Balanophora indica
Balanophora harlandii HK.f.(台湾志 1976)=Balanophora mutinoides
Balanophora harlandii HK.f.红冬蛇菰
Balanophora harlandii var. harlandii=Balanophora harlandii
Balanophora harlandii var. spiralis Tam.旋生蛇菰
Balanophora henryi Hemsl.宜昌蛇菰
Balanophora indica (Arn.) Griff.印度蛇菰
Balanophora involucrata HK.f.筒鞘蛇菰
Balanophora involucrata var. rubra HK.f.红蛇菰
Balanophora japonica Makino (高等图鉴 1972)=Balanophora japonica
Balanophora japonica Makino 日本蛇菰
Balanophora kainantensis Masam.海南蛇菰
Balanophora kawakamii Van.=Balanophora mutinoides
Balanophora laxiflora Hemsl.(B.Hansen in Dansk
Bot.Ark.1972,p.p.)=Balanophora spicata
Balanophora laxiflora Hems 疏花蛇菰
Balanophora minor Hemsl.?小蛇菰(新)
Balanophora mutinoides Hay.红烛蛇菰
Balanophora nipponica Makino=Balanophora japonica
Balanophora polyandra Griff.多蕊蛇菰
Balanophora rugosa Tam 皱球蛇菰
Balanophora simaoensis S.Y.Chang & Tam 思茅蛇菰
Balanophora spicata Hay.穗花蛇菰
Balanophora splendida Tam & D.Fang 彩丽蛇菰
Balanophora subcupularis Tam 杯茎蛇菰
Balanophora tobiracola Makino 鸟黐蛇菰
Balanophora valida Diels=Balanophora mutinoides
Balanophora wrightii Makino=Balanophora tobiracola
Balanophoraceae 蛇菰科
Balansaephytum tonkinense Drake=Poikilospermum suaveolens
Balantium formosae Christ=Dennstaedtia formosae
Balfouria (H.Ohba) H.Ohba=**Ohbaea**
Balingayum Blanco=**Calogyne**
Baliospermum Bl.**斑籽属**(大戟科)
Baliospermum angustifolium Y.T.Chang 狭叶斑籽
Baliospermum axillare Bl.=Baliospermum montanum
Baliospermum bilobatum Chin 西藏斑籽
Baliospermum calycinum Muell.Arg.(西藏志 1986)=Baliospermum
angustifolium
Baliospermum effusum Pax & Hoffm.云南斑籽
Baliospermum micranthum Muell.Arg.小花斑籽
Baliospermum montanum (Willd.) Muell.Arg.斑籽
Baliospermum sp.? Forb. & Hemsl.=Claoxylon hainanense
Baliospermum yui Y.T.Chang 心叶斑籽
Ballota lanata L.=Panzerina lanata
Ballota sagittata (Rgl.) Rgl.=Metastachydium sagittatum
Ballota suaveolens L.=Hyptis suaveolens
Balowia paradoxa Bge.=Suaeda paradoxa
Balsamaria Lour.=**Calophyllum**
Balsamaria inophyllum Lour.=Calophyllum inophyllum
Balsamiflua euphratica (Oliv.) Kimura=Populus euphratica
Balsamiflua pruinosa (Schrenk) Kimura=Populus pruinosa
Balsamina hortensis Desk.=Impatiens balsamina
Balsaminaceae 凤仙花科
Bambos A.L.Retz.=**Bambusa**
Bambos arundinacea Retz.(p.p.)=Bambusa vulgaris
Bambos arundinacea Retz.=Bambusa arundinacea
Bambos stricta Roxb.=Dendrocalamus strictus
Bambos tootsik Sieb.=Sinobambusa tootsik
Bambusa Retz.**簕竹属**(禾本科)
Bambusa albo-lineata Chia 花竹
Bambusa alphonso-karri Mitf. ex Satow=Bambusa multiplex cv.
Alphonse-Karr
Bambusa angustiaurita W.T.Lin 狭耳坭竹
Bambusa angustissmia Chia & H.L.Fung 狭耳簕竹
Bambusa arundinacea (Retz.) Willd.(p.p.)=Bambusa vulgaris
Bambusa arundinacea (Retz.) Willd.印度簕竹
Bambusa aspera J.A. & J.H.Schult.=Dendrocalamus asper

Bambusa atrovirens Wen=Dendrocalamopsis oldhami
Bambusa aurinuda McClure 裸耳竹
Bambusa auro-striata Regel=Shibataea chinensis cv. Aureo-striata
Bambusa baccifera Roxb.=Melocanna baccifera
Bambusa bambos (L.) Voss. ex Vilm.=Bambusa arundinacea
Bambusa bambos (L.) Voss.(海南志 1977)=Bambusa flexuosa
Bambusa basihirsuta McClure=Dendrocalamopsis basihirsuta
Bambusa beecheyana Munro(p.p.)=Dendrocalamopsis beecheyana
Bambusa beecheyana Munro(p.p.)=Dendrocalamopsis beecheyana var. pubescens
Bambusa beecheyana var. *pubescens* (P.F.Li) W.C.Lin=Dendrocalamopsis beecheyana var. pubescens
Bambusa bicicatricata (W.T.Lin) Chia & H.L.Fung=Dendrocalamopsis bicicatricata
Bambusa blumeana J.A. & J.H.Schult.簕竹
Bambusa blumeana cv. *Wei-fang lin* (W.C.Lin) Chia et al.=Bambusa blumeana cv. Wei-fang
Bambusa blumeana cv. Wei-fang Lin 惠方簕竹
Bambusa boniopsis McClure 妈竹
Bambusa brandisii Munro=Dendrocalamus brandisii
Bambusa breviflora Munro=Bambusa tuldoides
Bambusa breviflora var. hainanensis G.F.Fu?海南水竹
Bambusa breviligulata Chia & H.L.Fung=Bambusa duriuscula
Bambusa burmanica Gamble 缅甸竹
Bambusa calostachya Kurz=Dendrocalamus calostachyus
Bambusa cantori Munro=Pseudosasa cantori
Bambusa cerosissima McClure 单竹
Bambusa chino Franch. & Savat.=Pleioblastus chino
Bambusa chungii McClure 粉单竹
Bambusa chunii Chia & H.L.Fung 焕镛簕竹
Bambusa contracta Chia & H.L.Fung 破篾黄竹
Bambusa corniculata Chia & H.L.Fung 东兴黄竹
Bambusa diaoluoshanensis Chia & H.L.Fung 吊罗坭竹
Bambusa diffusa Blanco=Schizostachyum diffusum
Bambusa dissimilis W.T.Lin=Bambusa indigena
Bambusa dissimulator McClure 坭簕竹
Bambusa dissimulator var. albinodia McClure 白节簕竹
Bambusa dissimulator var. dissimulator=Bambusa dissimulator
Bambusa dissimulator var. hispida McClure 毛簕竹
Bambusa distegia (Keng & Keng f.) Chia & H.L.Fung 料慈竹
Bambusa disticha Mitf.=Sasa pygmaea var. disticha
Bambusa dolichoclada Hay.长枝竹
Bambusa dolichoclada cv. *Dolichoclada*=Bambusa dolichoclada
Bambusa dolichoclada cv. *Stripe* =Bambusa dolichoclada cv. Stripe
Bambusa dolichoclada cv. Stripe 条纹长枝竹
Bambusa dolichoclada cv. Stripe 鼓节竹
Bambusa dolichomerithalla Hay.(p.p.)=Bambusa albo-lineata
Bambusa dolichomerithalla Hay.(p.p.)=Bambusa multiplex
Bambusa dumetorum Hance=Schizostachyum dumetorum
Bambusa duriuscula W.T.Lin=Bambusa insularis
Bambusa duriuscula W.T.Lin 蓬莱黄竹
Bambusa edulis (Odashima) Keng f.=Dendrocalamopsis edulis
Bambusa emeiensis Chia & H.L.Fung=Neosinocalamus affinis
Bambusa eutuldoides McClure 大眼竹
Bambusa eutuldoides var. basistriata McClure 银丝大眼竹
Bambusa eutuldoides var. eutuldoides=Bambusa eutuldoides
Bambusa eutuldoides var. viridi-vittata (W.T.Lin) Chia 青丝黄竹
Bambusa fastuosa Mitford=Semiarundinaria fastuosa
Bambusa fecunda McClure=Bambusa boniopsis
Bambusa flexuosa Carr.=Phyllostachys flexuosa (Carr.) A. & C.Riv.
Bambusa flexuosa Munro 小簕竹
Bambusa floribunda (Büse) Zoll. & Maur. ex Steud.=Bambusa multiplex cv. Fernleaf
Bambusa floribunda f. *albo-variegata* Nakai=Bambusa multiplex cv. Siverstripe
Bambusa floribunda f. *viridi-striata* Nakai=Bambusa multiplex cv. Stripestem Fernleaf
Bambusa fortunei Van Houtte=Sasa fortunei
Bambusa funghomii McClure 鸡窦簕竹
Bambusa gibba McClure 坭竹
Bambusa gibboides W.T.Lin 鱼肚腩竹
Bambusa gigantea Wall. ex Munro=Dendrocalamus giganteus
Bambusa glabro-vagina G.Af.u 光鞘石竹
Bambusa glaucescens (Willd.) Sieb. ex Munro=Bambusa multiplex
Bambusa glaucescens cv. *Alphonse-karri* (Young) Chia & But=Bambusa multiplex cv. Alphonse-Karr
Bambusa glaucescens cv. *Fernleaf* (R.A.Young) Chie & But=Bambusa multiplex cv. Fernleaf
Bambusa glaucescens cv. *Silverstripe* (R.A.Young) Chia & But=Bambusa multiplex cv. Siverstripe
Bambusa glaucescens cv. *Stripestem fernleaf* (R.A.Young) Chia & But= Bambusa multiplex cv. Stripestem Fernleaf
Bambusa glaucescens cv. *Yellowstripe* Chia & C.Y.Sia=Bambusa multiplex var. cv Yellowstripe
Bambusa glaucescens f. *alphonso-karri* (Mitf.) Wen=Bambusa multiplex cv. Alphonse-Karr
Bambusa glaucescens f. *alphonso-karri* (Satow) Hatusima=Bambusa multiplex cv. Alphonse-Karr
Bambusa glaucescens var. lutea (Wen) Wen?普陀孝顺竹
Bambusa glaucescens var. *riviereorum* (R.Maire) Chia & H.L.Fung= Bambusa multiplex var. riviereorum
Bambusa glaucescens var. *shimadai* (Hay.) Chia & But=Bambusa multiplex var. shimadai
Bambusa guangxiensis Chia & H.L.Fung 桂单竹
Bambusa hainanensis Chie & H.L.Fung 藤单竹
Bambusa heterocycla Carr.=Phyllostachys heterocycla
Bambusa indigena Chia & H.L.Fung 乡土竹
Bambusa insularis Chia & H.L.Fung 黎庵高竹
Bambusa intermedia Hsueh & Yi 绵竹
Bambusa kumasasa Zoll.=Shibataea kumasasa
Bambusa lapidea McClure 油簕竹
Bambusa latiflora (Munro) Kurz=Dendrocalamus latiflorus
Bambusa lenta Chia 藤枝竹
Bambusa lixin Hsueh & Yi=Bambusa tulda
Bambusa longiflora W.T.Lin=Bambusa tuldoides
Bambusa longispiculata Gamble ex Brandis 花眉竹
Bambusa macrotis Chia & H.L.Fung 大耳坭竹
Bambusa malingensis McClure 马岭竹
Bambusa marmorea Mitford.=Chimonobambusa marmorea
Bambusa maxima (Lour.) Poir.=Gigantochloa verticillata
Bambusa miyiensis Yi=Bambusa lapidea
Bambusa mollis Chia & H.L.Fung 拟黄竹
Bambusa multiplex (Lour.) Raeuschel ex J.A & J.H.Schult.孝顺竹
Bambusa multiplex cv. *Alphonse-karr* R.A.Yong=Bambusa multiplex cv. Alphonse-Karr
Bambusa multiplex cv. Alphonse-Karr 小琴丝竹
Bambusa multiplex cv. *Fernleaf* =Bambusa multiplex cv. Fernleaf
Bambusa multiplex cv. Fernleaf 凤尾竹
Bambusa multiplex cv. *silverstripe*=Bambusa multiplex cv. Siverstripe
Bambusa multiplex cv. Siverstripe 银丝竹
Bambusa multiplex cv. *Stripestem fernleaf* =Bambusa multiplex cv Stripestem Fernleaf
Bambusa multiplex cv. Stripestem Fernleaf 小叶琴丝竹
Bambusa multiplex cv. *Willowy* =Bambusa multiplex cv. Willowy
Bambusa multiplex cv. Willowy 垂柳竹
Bambusa multiplex f. *alphonso-karri* (Mitf.) Sasaki ex Keng f.=Bambusa multiplex cv. Alphonse-Karr
Bambusa multiplex var. cv Yellowstripe 黄条竹
Bambusa multiplex var. *elagans* f. *viridistriata* (Makino ex Tsuboi) Muroi ex Sugimoto=Bambusa multiplex cv. Stripestem Fernleaf
Bambusa multiplex var. *elegans* (Koidz.) Muroi ex Sugimoto=Bambusa multiplex cv. Fernleaf
Bambusa multiplex var. *elegans* f. *albo-varegata* (Makino) Muroi ex Sugimoto= Bambusa multiplex cv. Siverstripe
Bambusa multiplex var. *fernleaf* R.A.Young=Bambusa multiplex cv. Fernleaf
Bambusa multiplex var. incana B.M.Yang 毛凤凰竹
Bambusa multiplex var. multiplex=Bambusa multiplex
Bambusa multiplex var. *nana* (Roxb.) Keng f.(F 广州志 1956)=Bambusa multiplex var. riviereorum
Bambusa multiplex var. *nana* (Roxb.) Keng f.=Bambusa multiplex cv. Fernleaf
Bambusa multiplex var. *nortiplex* f. *alphonso-karri* (Satow) Sasaki= Bambusa multiplex cv. Alphonse-Karr
Bambusa multiplex var. riviereorum R.Maire 观音竹

Bambusa multiplex var. shimadai (Hay.) Sasaki 石角竹
Bambusa multiplex var. *silverstripe* R.A.=Bambusa multiplex cv. Siverstripe
Bambusa multiplex var. *stripestem fernleaf* R.A.Young=Bambusa multiplex cv. Stripestem Fernleaf
Bambusa mutabilis McClure 黄竹仔
Bambusa naibunensis (Hay.) Nakai=Drepanostachyum naibunense
Bambusa nana Roxb.=Bambusa multiplex
Bambusa nana f. *albo-veriegata* Makino=Bambusa multiplex cv. Siverstripe
Bambusa nana f. *viridi-striata* Makino=Bambusa multiplex cv. Stripestem Fernleaf
Bambusa nana var. *albo-variegata* E.G.Camus=Bambusa multiplex cv. Siverstripe
Bambusa nana var. *alphonso-karri* (Satow) Mariliac ex E.G.Camus= Bambusa multiplex cv. Alphonse-Karr
Bambusa nana var. *gracillimma* Makino ex E.G.Camus=Bambusa multiplex cv. Fernleaf
Bambusa nana var. *normalis* f. *alphonso-karri* (Mitf. ex Satlw) Makino ex Shirosawa=Bambusa multiplex cv. Alphonse-Karr
Bambusa nana var. *typica* f. *viridi-striata* Makino ex Tsuboi=Bambusa multiplex cv. Stripestem Fernleaf
Bambusa narihira Bean=Semiarundinaria fastuosa
Bambusa nigra Lodd. ex Lindl.=Phyllostachys nigra
Bambusa nigrociliata Büse=Gigantochloa nigrociliata
Bambusa nutans Wall. ex Munro 俯竹
Bambusa oldhami Munro=Dendrocalamopsis oldhami
Bambusa oldhamii f. *revoluta* W.T.Lin & J.Y.Lin=Dendrocalamopsis oldhami f. revoluta
Bambusa pachinensis Hay.米筛竹
Bambusa pachinensis var. hirsutissima (Odashima) W.C.Lin 长毛米筛竹
Bambusa pachinensis var. pachinensis=Bambusa pachinensis
Bambusa pallida Munro 大薄竹
Bambusa papillata (Q.H.Dai) Q.H.Dai 水单竹
Bambusa pervariabilis × texilis Wen 撑青 4 号
Bambusa pervariabilis McClure 撑篙竹
Bambusa picta S. & Z. ex Munro=Sasa fortunei
Bambusa piscatorum McClure 石竹仔
Bambusa polymorpha Munro 灰竿竹
Bambusa prasina Wen=Dendrocalamopsis basihirsuta
Bambusa prominens H.L.Fung & C.Y.Sia 牛儿竹
Bambusa pseudarundinacea Steud.=Gigantochloa verticillata
Bambusa puberula Miq.=Phyllostachys nigra var. henonis
Bambusa pygmaea Miq.=Sasa pygmaea
Bambusa quadrangularis Fenzi=Chimonobambusa quadrangularis
Bambusa ramispinosa Chia & H.L.Fung 坭黄竹
Bambusa regia Thoms ex Munro=Thyrostachys siamensis
Bambusa remotiflora Kuntze 甲竹
Bambusa rigida Keng & Keng f.硬头黄竹
Bambusa ruscifolia Sieb. ex Mynro=Shibataea kumasasa
Bambusa rutila McClure 木竹
Bambusa sciptoria Dennst.(A & C.Riv. in Bull.Soc.Acclim.1878)= Bambusa multiplex var. riviereorum
Bambusa shimadai Hay.=Bambusa multiplex var. shimadai
Bambusa shuangliuensis Yi=Bambgusa rutila
Bambusa siamensis Kurz ex Munro=Thyrostachys siamensis
Bambusa simonii Car.=Pleioblastus simonii
Bambusa sinospinosa McClure 车筒竹
Bambusa spinosa Bl. ex Nees=Bambusa blumeana
Bambusa spinosa Merr.=Bambusa remotiflora
Bambusa spinosa Roxb.=Bambusa arundinacea
Bambusa stenostachya Hack.(Merr.in Lingnan Sci.J.1927,p.p.)=Bambusa flexuosa
Bambusa stenostachya Hack.=Bambusa blumeana
Bambusa stenostachya cv. *Wei-fan lin*=Bambusa blumeana cv. Wei-fang
Bambusa striata Lodd.=Bambusa vulgaris cv. Vittata
Bambusa strigosa Wen=Bambusa multiplex var. incana
Bambusa subaequalis H.L.Fung & C.Y.Sia 锦竹
Bambusa subgen. *Dendrocalamopsis* Chia & H.L.Fung= **Dendrocalamopsis**
Bambusa subtruncata Chia & H.L.Fung 信宜石竹
Bambusa sulfurea Carr.=Phyllostachys sulphurea
Bambusa surinamensis Rupr=Bambusa vulgaris
Bambusa surrecta (Q.H.Dai) Q.H.Dai 油竹
Bambusa taiwanensis Chia & H.L.Fung=Dendrocalamopsis edulis
Bambusa tessellata Munro=Indocalamus tessellatus
Bambusa textilis McClure 青皮竹
Bambusa textilis cv. *Maculata* Chia et al.=Bambusa textilis cv. Maculata
Bambusa textilis cv. Maculata 紫斑竹
Bambusa textilis cv. Purpurascens 紫竿竹
Bambusa textilis var. *albo-striata* McClure=Bambusa albo-lineata
Bambusa textilis var. *fusca* McClure=Bambusa pachinensis var. hirsutissima
Bambusa textilis var. glabra McClure 光竿青皮竹
Bambusa textilis var. gracilis McClure 崖洲竹
Bambusa textilis var. *maculata* McClure=Bambusa textilis cv. Maculata
Bambusa textilis var. persistens B. M.Yang?长沙青皮竹
Bambusa textilis var. *purpurascens* N.H.Xia=Bambusa textilis cv. Purpurascens
Bambusa textilis var. textilis=Bambusa textilis
Bambusa thouarsii Kunth=Bambusa vulgaris
Bambusa tulda Roxb.(Merr. & Chun in Sunyatsenia 1935)=Bambusa gibba
Bambusa tulda Roxb.(香港志 1861)=Bambusa tuldoides
Bambusa tulda Roxb.马甲竹
Bambusa tuldoides Munro (广州志 1956)=Bambusa longispiculata
Bambusa tuldoides Munro 青竿竹
Bambusa tuldoides cv. Swolleninternode 鼓节竹
Bambusa tuldoides cv. *Tuldoides*=Bambusa tuldoides
Bambusa utilis W.C.Lin 乌叶竹
Bambusa variegata Sieb. ex Miq.=Sasa fortunei
Bambusa vario-striata (W.T.Lin) Chia=Dendrocalamopsis vario-striata
Bambusa ventricosa McClure 佛肚竹
Bambusa ventricosa cv. *Nana*=Bambusa ventricosa
Bambusa verticillata Willd.=Gigantochloa verticillata
Bambusa viridi-glaucescens Carr.=Phyllostachys viridi-glaucescens
Bambusa viridi-vittata W.T.Lin=Bambusa eutuldoides var. viridi-vittata
Bambusa vulgaris Schrader ex Wendland 泰山竹
Bambusa vulgaris cv. *Vittata* McClure=Bambusa vulgaris cv. Vittata
Bambusa vulgaris cv. Vittata 黄金间碧竹
Bambusa vulgaris cv. *Vulgaris*=Bambusa vulgaris
Bambusa vulgaris cv. Wamin 大佛肚竹
Bambusa vulgaris f. *waminii* Wen=Bambusa vulgaris cv. Wamin
Bambusa vulgaris var. *striata* (Lodd.) Gamble=Bambusa vulgaris cv. Vittata
Bambusa vulgaris var. *vittata* A & C.Riv.=Bambusa vulgaris cv. Vittata
Bambusa wamin Brandis ex E.G.Camus=Bambusa vulgaris cv. Wamin
Bambusa wenchouensis (Wen) Q.H.Dai 木簝竹
Bambusa xiashanensis Chia & H.L.Fung 霞山坭竹
Bamia chinensis Wall.=Abelmoschus moschatus
Banisteria benghalensis f. *cochinchinensis* Pierre=Hiptage benghalensis
Banisteria benghalensis f. *typica* Nied. =Hiptage benghalensis
Banisteria benghalensis L.=Hiptage benghalensis
Banisteria timoriensis DC.=Rhyssopterys timoriensis
Banksea speciosa Koen.=Costus speciosus
Banksia L.f.**贝克斯属**(山龙眼科)
Banksia baxteri R.Br.贝克斯特贝克斯
Banksia caleyi R.Br.勘莱贝克斯
Banksia coccinea R.Br.红贝克斯
Banksia collina R.Br.丘生贝克斯
Banksia dentata L.f.齿叶贝克斯
Banksia ericifolia L.f.欧石南叶贝克斯
Banksia goodii R.Br.古特贝克斯
Banksia grandis Willd.大形贝克斯
Banksia integrifolia L.f.全缘叶贝克斯
Banksia lemanniana Meisson 棟檬贝克斯
Banksia littoralis R.Br.海滨贝克斯
Banksia marginata Cav.忍冬贝克斯
Banksia meiassneri Lehm.梅斯纳贝克斯
Banksia menziesii R.Br.梅兹贝克斯
Banksia nutans R.Br.矮忍冬贝克斯
Banksia occidentalis R.Br.西方贝克斯
Banksia prionotes Lindl.锯齿叶贝克斯
Banksia pulchella R.Br.美丽贝克斯

Banksia quercifolia B.Bf.栎叶贝克斯
Banksia repens Labill.蔓生贝克斯
Banksia robur Cav.强力贝克斯
Banksia serrata L.f.红木贝克斯
Banksia solandri R.Br.索莱特贝克斯
Banksia speciosa R.Br.华艳贝克斯
Banksia sphaerocarpa R.Br.球果贝克斯
Banksia verticillata R.Br.轮生叶贝克斯
Baolia Kung & G.L.Chu **苞藜属**(藜科)
Baolia bracteata Kung & G.L.Chu 苞藜
Baoulia A.Chev.=**Murdannia**
Baphicacanthus Bremek.**板蓝属**(爵床科)
Baphicacanthus cusia (Nees) Bremek.马蓝
Baptisia nepalensis HK.=Piptanthus nepalensis
Barbarea R.Br.**山芥属**(十字花科)
Barbarea americana Rydb.=Barbarea orthoceras
Barbarea arcuata (Opiz ex Presl) Reich.=Barbarea vulgaris
Barbarea arisanensis (Hay.) S.S.Ying=Cardamine flexuosa
Barbarea cochlearifolia Boiss.=Barbarea orthoceras
Barbarea derchiensis S.S.Ying=Brassica rapa
Barbarea elata HK.f. & Thoms.=Rorippa elata
Barbarea hondoensis Nakai=Barbarea orthoceras
Barbarea hongii Al-Shehbaz & G.Yang 洪氏山芥
Barbarea intermedia Boreau 羽裂叶山芥
Barbarea orthoceras Ledeb.山芥
Barbarea orthoceras var. *formosana* Kitam.=Barbarea taiwaniana
Barbarea patens Boiss.=Barbarea orthoceras
Barbarea sibirica (Rgl.) Nakai=Barbarea orthoceras
Barbarea taiwaniana Ohwi 台湾山芥
Barbarea vulgaris R.Br.(Kom.in Fl.Mansh.1903)=Barbarea orthoceras
Barbarea vulgaris R.Br.欧洲山芥
Barbarea vulgaris var. *arcuata* (Opiz ex J. & C.Presl) Fries=Barbarea vulgaris
Barbarea vulgaris var. *orthoceras* (Ledeb.) Rgl.=Barbarea orthoceras
Barbula sinensis Lour.=Caryopteris incana
Bardana Hill.=**Arctium**
Barkhausia Moench=**Crepis**
Barkhausia flexuosa (Ledeb.) DC.=Crepis flxuosa
Barkhausia flexuosa β. *lyrata* Schrenk=Crepis flxuosa
Barkhausia nana (Richards) DC.=Crepis nana
Barkhausia versicolor (Fisch. ex Lin) Spreng.=Ixeridium gramineum
Barleria L.**假杜鹃属**(爵床科)
Barleria cavaleriei Lévl.= Barleria cristata
Barleria ciliata Roxb.= Barleria cristata
Barleria cristata L.假杜鹃
Barleria crotalaria Lévl.=Morina nepalensis var. delavayi
Barleria dichotoma Roxb.= Barleria cristata
Barleria dichotoma var. dichotoma= Barleria dichotoma
Barleria dichotoma var. mairei Lévl.禄劝假杜鹃
Barleria integrisepala H.P.Tsui 全缘萼假杜鹃
Barleria lacinlata Nees= Barleria cristata
Barleria lupulina Lindl.花叶假杜鹃
Barleria micans Nees 闪亮假杜鹃
Barleria napalensis Nees= Barleria cristata
Barleria obtusa Nees 钝形假杜鹃
Barleria prionitis L.黄花假杜鹃
Barleria purpureosepala H.P.Tsui 紫萼杜鹃
Barleria pyramidata Lam.= Blechum pyramidatum
Barnardia Lindl.**绵枣儿属**(百合科)
Barnardia alboviridis (Hand.-Mazz.=Barnardia japonica
Barnardia bispatha (Hand.-Mazz.) Speta=Barnardia japonica
Barnardia borealijaponica (M.Kikuchi) Speta=Barnardia japonica
Barnardia japonica (Thunb.) Schult. & J.H.Schult.绵枣儿
Barnardia pulchella (Kitag.) Spreta=Barnardia japonica
Barnardia scilloides Lildl.=Barnardia japonica
Barnardia sinensis (Lour.) Speta=Barnardia japonica
Barringtonia J.R. & Forst.**玉蕊属**(玉蕊科)
Barringtonia asiatica (L.) Kurz 滨玉蕊
Barringtonia fusicarpa Hu 梭果玉蕊
Barringtonia racemosa (L.) Spreng 玉蕊
Barringtonia speciosa J.R. & Forst.=Barringtonia asiatica
Barringtonia yunnanensis Hu=Barringtonia fusicarpa
Barthea HK.f.**棱果花属**(野牡丹科)
Barthea barthei (Hance) Kirass.棱果花
Barthea barthei var. barthei=Barthea barthei
Barthea barthei var. valdealata C.Hansen 宽翅棱果花
Barthea blinii Lévl.=Plagiopetalum esquirolii
Barthea cavaleriei Lévl.(p.p.)=Bredia esquirolii
Barthea cavaleriei Lévl.(p.p.)=Phyllagathis longiradiosa
Barthea cavaleriei Lévl.(p.p.)=Plagiopetalum esquirolii
Barthea chinensis HK.f.=Barthea barthei
Barthea esquirolii Lévl.=Bredia esquirolii
Barthea formosana Hay.=Barthea barthei
Bartholina R.Br.**南非蜘蛛兰属**(兰科)
Bartholina ethelae Bolus 南非蜘蛛兰
Bartramia indica L.=Triumfetta rhomboidea
Bartsia pallida L.=Castilleja pallida
Bartsia sect. *Odontites* Benth.=**Odontites**
Baryxylum Lour.=**Peltophorum**
Baryxylum tonkinense Pierre=Peltophorum tonkinense
Basella L.**落葵属**(落葵科)
Basella alba L.落葵
Basella rubra L.=Basella alba
Basellaceae 落葵科
Bashania Keng f.**巴山木竹属**(禾本科)
Bashania fangiana (A.Camus) Keng f. & Wen 冷箭竹
Bashania fargesii (E.G.Camus) Keng f. & Yi 巴山木竹
Bashania quigchengshanensis Keng f. & Yi 饱竹子
Bashania spanostachya Yi 峨热竹
Basilicum Moench **小冠薰属**(唇形科)
Basilicum polystachyon (L.) Moench 小冠薰
Bassia Koenig ex L.=**Madhuca**
Bassia All.**雾冰藜属**(藜科)
Bassia butyracea Roxb.=Diploknema butyracea
Bassia dasyphylla (Fisch. & Mey.) O.Ktz.雾冰藜
Bassia hyssopifolia (Pall.) O.Ktz.钩刺雾冰藜
Bassia iranica Bornm.=Kochia iranica
Bassia pasquieri Lec.=Madhuca pasquieri
Bassia sedoides (Pall.) Aschers 肉叶雾冰藜
Batania Hatusima=**Pycnarrhena**
Batatas Choisy=**Ipomoea**
Batatas acetosifolia (Bahl.) Choisy=Ipomoea imperati
Batatas crassicaulis Benth.=Ipomoea carnea subsp. fistulosa
Batatas edulis (Thunb.) Choisy=Ipomoea batatas
Batatas littoralis (L.) Choisy=Ipomoea imperati
Batatas setosa (K.Gawl.) Lindl.=Ipomoea setosa
Batatas triloba (L.) Choisy=Ipomoea triloba
Bathratherum lanceolatum Nees=Arthraxon lanceolatus
Bathratherum lancifolium W.Watson=Arthraxon lancifolius
Bathratherum micans Nees=Arthraxon micans
Bathratherum molle Nees=Arthraxon lancifolius
Batidaea Greene=**Rubus**
Batis fruticosa Roxb.=Cudrania fruticosa
Batrachium S.F. Gray **水毛茛属**(毛茛科)
Batrachium bungei (Steud.) L.Liou 水毛茛
Batrachium bungei var. bungei=Batrachium bungei
Batrachium bungei var. flavidum (Hand.-Mazz.) L.Liou 黄花水毛茛
Batrachium bungei var. micranthum W.T.Wang 小花水毛茛
Batrachium carinatum Schur.龙骨水毛茛
Batrachium circinatum (Sibth.) Spach.=Batrachium foeniculaceum
Batrachium dichotomum Schmalh.二枝水毛茛
Batrachium divaricatum (Schrank) Schur 歧裂水毛茛
Batrachium divaricatum Schur (东北检索表 1959)=Batrachium bungei
Batrachium eradicatum (Laest.) Fries 小水毛茛
Batrachium flavidum Hand.-Mazz.=Batrachium bungei var. flavidum
Batrachium foeniculaceum (Gilib.) Krecz.硬叶水毛茛
Batrachium jingpoense G.Y.Chang=Batrachium trichophyllum var. jingpoense
Batrachium kauffmanii (Clerc) Ovcz.长叶水毛茛
Batrachium marinum (Arrh. & Fr.) Fr.海生水毛茛
Batrachium mongolicum (Kryl.) V.Krecz.蒙古水毛茛
Batrachium pachycaulon Nevski 厚茎水毛茛

Batrachium pekinense L.Liou 北京水毛茛
Batrachium roinii (Lagger) Nyman 钻托水毛茛
Batrachium trichophyllum (Cahix) Bossche 毛柄水毛茛
Batrachium trichophyllum (Chaix) Bossche (高等图鉴 1972,北京志 1962,苏南植物手册 1959)=Batrachium bungei
Batrachium trichophyllum subsp. *roinii* (Lagger) C.D.K.Cook=Batrachium roinii
Batrachium trichophyllum var. hirtellum L.Liou 多毛水毛茛
Batrachium trichophyllum var. jingpoense (G.Y.Chang) W.T.Wang 镜泊水毛茛
Batrachium trichophyllum var. *paucistamineum* (Tausch) Hand.-Mazz.=Batrachium eradicatum
Batrachium trichophyllum var. *paucistamineum* f. *terrestre* (Gren. & Godr.) Hand.-Mazz.=Batrachium eradicatum
Batrachium trichophyllum var. trichophyllum=Batrachium trichophyllum
Batrachium triphyllum (Wallr.) Dum.三叶水毛茛
Bauhinia L.**羊蹄甲属**(豆科)
Bauhinia acuminata L.白花羊蹄甲
Bauhinia acuminata var. *hirsuta* (Winm.) Craib=Bauhinia hirsuta
Bauhinia altifissa Lévl.=Bauhinia brachycarpa
Bauhinia altifissa Lévl.=Bauhinia yunnanensis
Bauhinia anguina Roxb.=Bauhinia scandens
Bauhinia anguina var. *horsfieldii* (Watt ex Prain) De Wit.= Bauhinia scandens var. horsfieldii
Bauhinia apertilobata Merr. & Metc.阔裂叶羊蹄甲
Bauhinia aurea Lévl.火索藤
Bauhinia austrosinensis Tang & Wang=Bauhinia ornata var. austrosinensis
Bauhinia bakeriana S.S.Larsen=Bauhinia ornata var. kerrii
Bauhinia baviensis Drake=Bauhinia viridescens
Bauhinia blakeana Dunn 红花羊蹄甲
Bauhinia bohniana L.Chen 丽江羊蹄甲
Bauhinia bonatiana Pamp.=Bauhinia brachycarpa
Bauhinia brachycarpa Wall. ex Benth.鞍叶羊蹄甲
Bauhinia brachycarpa var. brachycarpa=Bauhinia brachycarpa
Bauhinia brachycarpa var. cavaleriei (Lévl.) T.Chen 刀果鞍叶羊蹄甲
Bauhinia brachycarpa var. densiflora (Franch.) K. & S.S.Larsen 毛鞍叶羊蹄甲
Bauhinia brachycarpa var. microphylla (Oliv. ex Craib) K. & S.S.Larsen 小鞍叶羊蹄甲
Bauhinia candia Roxb.=Bauhinia variegata var. candida
Bauhinia cateriviflora L.Chen(p.p.)=Bauhinia glauca subsp. caterviflora
Bauhinia cateriviflora L.Chen(p.p.)=Bauhinia glauca subsp. pernervosa
Bauhinia cavaleriei Lévl.=Bauhinia brachycarpa var. cavaleriei
Bauhinia chalcophylla L.Chen 多花羊蹄甲
Bauhinia championii (Benth.) Benth.龙须藤
Bauhinia championii var. *acutifolia* L.Chen=Bauhinia championii
Bauhinia championii var. *apertilobata* (Merr. & Metc.) Hiroe=Bauhinia apertilobata
Bauhinia championii var. championii=Bauhinia championii
Bauhinia championii var. yingtakensis (Merr. & Metc.) T.Chen 英德羊蹄甲
Bauhinia claviflora L.Chen 棒花羊蹄甲
Bauhinia coccinea (Lour.) DC.绯红羊蹄甲
Bauhinia coccinea subsp. coccinea=Bauhinia coccinea
Bauhinia coccinea subsp. tonkinensis (Gagn.) K. & S.S.Larsen 越南绯红羊蹄甲
Bauhinia comosa Craib 石山羊蹄甲
Bauhinia corymbosa Roxb.首冠藤
Bauhinia corymbosa var. longipes Hosokawa 长序首冠藤?
Bauhinia curyantha L.Chen=Bauhinia chalcophylla
Bauhinia damiaoshanensis T.Chen 大苗山羊蹄甲
Bauhinia delavayi Franch.薄荚羊蹄甲
Bauhinia densiflora Franch.=Bauhinia brachycarpa var. densiflora
Bauhinia didyma L.Chen 孪叶羊蹄甲
Bauhinia dioscoreifolia L.Chen 薯叶藤
Bauhinia eberhardtii Gagn.=Bauhinia ornata var. kerrii
Bauhinia enigmatica Prain=Bauhinia brachycarpa
Bauhinia erythropoda Hay.锈荚藤
Bauhinia esquirolii Gagn.元江羊蹄甲
Bauhinia faberi Oliv.=Bauhinia brachycarpa
Bauhinia faberi var. *megaphylla* Tang & Wang=Bauhinia brachycarpa var. cavaleriei
Bauhinia faberi var. *microphylla* Oliv. ex Craib=Bauhinia brachycarpa var. microphylla
Bauhinia ferruginea var. *tonkinensis* Gagn.=Bauhinia coccinea subsp. tonkinensis
Bauhinia genuflexa Craib=Bauhinia touranensis
Bauhinia glauca (Wall. ex Benth.) Benth.粉叶羊蹄甲
Bauhinia glauca subsp. caterviflora (L.Chen) T.Chen 密花羊蹄甲
Bauhinia glauca subsp. glauca=Bauhinia glauca
Bauhinia glauca subsp. hupehana (Carib) T.Chen 鄂羊蹄甲
Bauhinia glauca subsp. pernervosa (L.Chen) T.Chen 显脉羊蹄甲
Bauhinia glauca subsp. tenuiflora (Watt ex C.B.Clarke) K. & S.S.Larsen 薄叶羊蹄甲
Bauhinia griffithiana (Benth.) Prain 勐龙羊蹄甲(新)?
Bauhinia hainanensis Merr. & Chun 海南羊蹄甲
Bauhinia henryi Carib=Bauhinia touranensis
Bauhinia henryi Harms=Bauhinia comosa
Bauhinia hirsuta Weinm.粗毛羊蹄甲
Bauhinia horsfieldii (Miq.) Macbr.=Bauhinia scandens var. horsfieldii
Bauhinia howii Merr. & Chun=Bauhinia khasiana
Bauhinia hunanensis Hand.-Mazz.=Bauhinia championii
Bauhinia hupehana Caraib=Bauhinia glauca subsp. hupehana
Bauhinia hupehana var. *grandis* Carib=Bauhinia glauca subsp. hupehana
Bauhinia hypochrysa T.Chen 绸缎藤
Bauhinia hypoglauca Tang & Wang ex T.Chen 滇南羊蹄甲
Bauhinia inflexilobata Merr.=Bauhinia ornata var. subumbellata
Bauhinia integrifolia Roxb.(Rdake in Morot,J.De Bot.1891)=Bauhinia ornata
Bauhinia japonica Maxim.日本羊蹄甲
Bauhinia japonica var. *subrhombicarpa* (Merr.) Hiroe=Bauhinia scandens var. horsfieldii
Bauhinia kerrii Gagn.(海南志 1965)=Bauhinia ornata var. austrosinensis
Bauhinia kerrii Gagn.=Bauhinia ornata var. kerrii
Bauhinia kerrii var. *grandiflora* Caraib=Bauhinia ornata var. kerrii
Bauhinia khasiana Baker 牛蹄麻
Bauhinia khasiana var. khasiana=Bauhinia khasiana
Bauhinia khasiana var. tomentella T.Chen 毛叶牛蹄麻
Bauhinia kwangtungensis Merr.=Bauhinia japonica
Bauhinia laui Merr.=Bauhinia viridescens var. laui
Bauhinia lecomtei Gagn.尖叶龙须藤
Bauhinia lingyuenensis T.Chen 凌云羊蹄甲
Bauhinia longistipes T.Chen 长柄羊蹄甲
Bauhinia mairei Harms=Bauhinia comosa
Bauhinia megacarpa L.Chen=Bauhinia hainanensis
Bauhinia mirabilis Gagn.=Bauhinia rubro-villosa
Bauhinia monigerae Merr.=Bauhinia erythropoda
Bauhinia ornata Kurz 缅甸羊蹄甲
Bauhinia ornata var. austrosinensis Tang & Wang) T.Chen 琼岛羊蹄甲
Bauhinia ornata var. contigua T.Chen 叠片羊蹄甲
Bauhinia ornata var. kerrii (Gagn.) K. & S.S.Larsen 褐毛羊蹄甲
Bauhinia ornata var. ornata=Bauhinia ornata
Bauhinia ornata var. subumbellata (Pierre ex Gagn.) K. & S.S.Larsen 伞序羊蹄甲
Bauhinia ovatifolia T.Chen 卵叶羊蹄甲
Bauhinia paraglauca Tang & Wang=Bauhinia glauca
Bauhinia parviflora Vahl=Bauhinia racemosa
Bauhinia paucinervata T.Chen 少脉羊蹄甲
Bauhinia pernervosa L.Chen=Bauhinia glauca subsp. pernervosa
Bauhinia pierrei Gagn.=Bauhinia khasiana
Bauhinia polycarpa Wall. ex Benth.=Bauhinia viridescens
Bauhinia polystachya Gagn.=Bauhinia khasiana
Bauhinia purpurea L.羊蹄甲
Bauhinia pyrrhoclada Drake (Merr. & Chun in Sunyatsenia 1940)=Bauhinia erythropoda
Bauhinia pyrrhoclada Drake 红毛羊蹄甲
Bauhinia quinanensis T.Chen 黔南羊蹄甲
Bauhinia racemosa Lam.总状花羊蹄甲
Bauhinia rocheri Lévl.=Bauhinia touranensis
Bauhinia rubro-villosa K. & S.S.Larsen 红背叶羊蹄甲
Bauhinia rufa (Benth.) Baker=Bauhinia ornata var. kerrii
Bauhinia saxatilis Caraib=Bauhinia comosa

Bauhinia scandens L.攀援羊蹄甲
Bauhinia scandens var. horsfieldii (Watt ex Prain) K. & S.S.Larsen 菱果羊蹄甲
Bauhinia scandens var. scandens=Bauhinia scandens
Bauhinia subrhombicarpa Merr.=Bauhinia scandens var. horsfieldi
Bauhinia subumbellata Pierre ex Gagn.=Bauhinia ornata var. subumbellata
Bauhinia tenuiflora Watt ex C.B.Clarke=Bauhinia glauca subsp. Tenuiflora
Bauhinia timorana Decne.=Bauhinia viridescens
Bauhinia tomentosa L.黄花羊蹄甲
Bauhinia touranensis Gagn.襄托羊蹄甲
Bauhinia variegata L.洋紫荆
Bauhinia variegata var. *alboflava* de Wit.=Bauhinia variegata var. candida
Bauhinia variegata var. *candida* (Roxb.) Corner=Bauhinia variegata var. candida
Bauhinia variegata var. candida (Roxb.) Viogt 白花洋紫荆
Bauhinia variegata var. *chinensis* DC.=Bauhinia variegata
Bauhinia variegata var. variegata=Bauhinia variegata
Bauhinia venustula T.Chen 小巧羊蹄甲
Bauhinia viridescens Desv.绿花羊蹄甲
Bauhinia viridescens var. *baviensis* (Drake) De Wit.=Bauhinia viridescens
Bauhinia viridescens var. laui (Merr.) T.Chen 白枝羊蹄甲
Bauhinia viridescens var. viridescens=Bauhinia viridescens
Bauhinia viridiflora Bl. ex Miq.=Bauhinia glauca
Bauhinia yingtakensis Merr. & Metc.=Bauhinia championii var. yingtakensis
Bauhinia yunnanensis Franch.云南羊蹄甲
Baumannia DC.=**Damnacanthus**
Beaumontia Wall.**清明花属**(夹竹桃科)
Beaumontia brevituba Oliv.断肠花
Beaumontia campanulata Pitard=Beaumontia pitardii
Beaumontia fragrans Pierre ex Pitard.= Beaumontia murtonii
Beaumontia grandiflora Wall.清明花
Beaumontia indecora Baill.=Vallaris indecora
Beaumontia khasiana HK.云南清明花
Beaumontia murtonii Craib 思茅清明花
Beaumontia pitardii Tsiang 广西清明花
Beaumontia sp. Craib=Beaumontia murtonii
Beaumontia yunnanensis Tsiang & W.C.Chen=Beaumontia khasiana
Beccarinda Kuntze **横蒴苣苔属**(苦苣苔科)
Beccarinda argentea (Anth.) Burtt 饰岩横蒴苣苔
Beccarinda erythrotricha W.T.Wang 红毛横蒴苣苔
Beccarinda minima K.Y.Pan 小横蒴苣苔
Beccarinda paucisetulosa C.Y.Wu & ex H.W.Li 少毛横蒴苣苔
Beccarinda sinensis (Chun) Burtt=Beccarinda tonkinensis
Beccarinda sp. Burtt(1955)=Beccarinda erythrotricha
Beccarinda sp. Burtt(1955)=Beccarinda tonkinensis
Beccarinda tonkinensis (Pellegr.) Burtt 横蒴苣苔
Beckmannia Host **草属**(禾本科)
Beckmannia erucaeformis (L.) *Host*(禾本科图说 1959,苏南植物手册 1959)= Beckmannia syzigachne
Beckmannia syzigachne (Steud.) Fern.苘草
Beckmannia syzigachne f. *eriantha* Kitag.=Beckmannia syzigachne var. hirsutiflora
Beckmannia syzigachne subsp. *hirsutiflora* (Roshev.) Tzvel.=Beckmannia syzigachne var. hirsutiflora
Beckmannia syzigachne var. hirsutiflora Roshev.毛颖苘草
Beckmannia syzigachne. var. syzigachne=Beckmannia syzigachne
Beesia Balf.f. & W.W.Sm.**铁破锣属**(毛茛科)
Beesia calthifolia (Maxim.) Ulbr.铁破锣
Beesia cordata Balf. f. & W.W.Sm.=Beesia calthifolia
Beesia deltophylla C.Y.Wu 角叶铁破锣
Beesia elongata Hand.-Mazz.=Beesia calthifolia
Begonia L.**秋海棠属**(秋海棠科)
Begonia acetosa Vell.酸味秋海棠
Begonia acetosella Craib 无翅秋海棠
Begonia acetosella var. acetosella=Begonia acetosella
Begonia acetosella var. hirtifolia Irmsch.粗毛无翅秋海棠
Begonia acida Vell.酸叶秋海棠
Begonia aconitifolia A.DC.卷裂叶秋海棠
Begonia acutifolia Jacq.枸骨叶秋海棠
Begonia albococcinea HK.白珊天秋海棠
Begonia albopicta Bull.白彩秋海棠
Begonia algaia L.B.Smith & D.C.Wasshausen 美丽秋海棠
Begonia alnifolia A.DC.桤木叶秋海棠
Begonia alveolata Yü(p.p.)=Begonia anceps
Begonia alveolata Yü 点叶秋海棠
Begonia amoena Wallich 可爱秋海棠
Begonia anceps Irmsch.二棱秋海棠
Begonia andina Rusby 安第斯山秋海棠
Begonia angularis Raddi 有角秋海棠
Begonia annulata K.Koch 轮纹秋海棠
Begonia aptera Bl.(Hay.in J.Coll.Sci.Univ.Tokyo 1911)=Begonia hayatae
Begonia aptera Bl.(Merr.in Lingn.Sci.J. 1928)=Begonia crassirostris
Begonia argenteo-guttata Hort. ex L.H.Bailey 秋海棠
Begonia aridicaulis Ziesenh.旱茎秋海棠
Begonia ascotiensis J.B.Web.阿斯科特秋海棠
Begonia asperifolia Irmsch.糙叶秋海棠
Begonia asperifolia var. asperifolia=Begonia asperifolia
Begonia asperifolia var. tomentosa Yü 俅全江秋海棠
Begonia asperifolia var. unialata Ku 窄檐糙叶秋海棠
Begonia augustinei Hemsl.(Yü in Bull.Fan.Mem.Inst.Biology 1948, p.p.)= Begonia versicolor
Begonia augustinei Hemsl.歪叶秋海棠
Begonia auriculata HK.f.耳叶秋海棠
Begonia austrotaiwanensis Y.K.Chen & C.I.Peng 南台湾秋海棠
Begonia bakeri C.DC.岜楞秋海棠
Begonia balansana Gagn.北越秋海棠
Begonia baumannii Lemoine 保曼秋海棠
Begonia baviensis Gagn.金平秋海棠
Begonia beddomei HK.f.白道木秋海棠
Begonia bellii Lévl.=Begonia porteri
Begonia biflora Ku 双花秋海棠
Begonia binotii Hort.比诺特秋海棠
Begonia biserrata Lindl.双锯齿秋海棠
Begonia bismarckii Veitch 比斯马克秋海棠
Begonia boliviensis A.DC.玻利秋海棠
Begonia bonii Gagn.越南秋海棠
Begonia bowerae Ziesenh.豹耳秋海棠
Begonia bowringiana Champ. ex Benth.=Begonia palmata var. bowringiana
Begonia bowringiana Hort.=Begonia cathayana
Begonia brachyptera Hay.=Begonia hayatae
Begonia bradei Irmsch.布拉得秋海棠
Begonia brasiliensis Hort.巴西秋海棠
Begonia bretschneideriana Hemsl.=Begonia leprosa
Begonia brevicaulis Ku=Begonia sinobrevicaulis
Begonia brevisetulosa C.Y.Wu 短刺秋海棠
Begonia buddleiifolia A.DC.醉鱼草叶秋海棠
Begonia buimontana Yamamoto 武威秋海棠
Begonia bulbosa Lévl.=Begonia grandis subsp. sinensis
Begonia calophylla Irmsch.(贵州志 1989)=Begonia pedatifida
Begonia calophylla Irmsch.=Begonia algaia
Begonia caraguatatubensis Brade 卡拉秋海棠
Begonia carminata Veitch.洋红秋海棠
Begonia carolineifolia Rgl.喀罗林叶秋海棠
Begonia carpinifolia Liebm.鹅耳秋海棠
Begonia cathayana Hemsl.华秋海棠
Begonia cathcartii HK.f. & T.Thoms.花叶秋海棠
Begonia cavaleriei Lévl.(高等图鉴 1972)=Begonia wangii
Begonia cavaleriei Lévl.昌感秋海棠
Begonia cavaleriei var. *pinfaensis* Lévl.(p.p.)=Begonia cavaleriei
Begonia cavaleriei var. *pinfaensis* Lévl.(p.p.)=Begonia wangii
Begonia cehengensis Ku 册亨秋海棠
Begonia chingii Irmsch.凤山秋海棠
Begonia chishuiensis Ku 赤水秋海棠
Begonia chitoensis Liu & Lai 溪头秋海棠
Begonia chuniana C.Y.Wu 澄迈秋海棠
Begonia cinnabarina HK.朱红秋海棠

Begonia circumlobata Hance (Yü in Bull.Fan.Mem.Inst.Biology 1948, p.p.)=Begonia laminariae
Begonia circumlobata Hance 周裂秋海棠
Begonia cirrosa L.B.Smith 卷毛秋海棠
Begonia clarkei HK.f.克拉克秋海棠
Begonia clavicaulis Irmsch.腾冲秋海棠
Begonia coccinea HK.红花竹节秋海棠
Begonia compacta Bull.密聚秋海棠
Begonia concinna Schott 优雅秋海棠
Begonia convolvulacea A.DC.旋花秋海棠
Begonia cooperi C.DC.库波秋海棠
Begonia coptidi-montana C.Y.Wu 黄连山秋海棠
Begonia corallina Carriére 珊瑚秋海棠
Begonia cordifolia Thwaites.心叶秋海棠
Begonia coriacea Hassk.革质秋海棠
Begonia crassirostris Irmsch.粗喙秋海棠
Begonia crinita Oliv. ex HK.f.具毛秋海棠(新)
Begonia crispula Yü ex Irmsch.=Begonia cirrosa
Begonia cristata Koord.鸡冠秋海棠
Begonia cubensis Hassk.冬青叶秋海棠
Begonia cucullata Willd.兜状秋海棠
Begonia cucurbitifolia C.Y.Wu 瓜叶秋海棠
Begonia cyclophylla HK.f.=Begonia fimbristipula
Begonia cylindrica D.R.Liang & X.X.Chen 柱果秋海棠
Begonia davisii HK.f.戴维斯氏秋海棠
Begonia daweishanensis S.H.Huang & Shui=Begonia dryadis
Begonia daxinensis Ku 大新秋海棠
Begonia decandra Pav. ex A.DC 十雄蕊秋海棠
Begonia decora Stapf 美爱秋海棠
Begonia delavayi Gagn.=Begonia henryi
Begonia deliciosa Lind. ex Fortsch 爽快秋海棠
Begonia dentato-bracteata C.Y.Wu 齿苞秋海棠
Begonia diadema Lind. ex Rodigas 王冠秋海棠
Begonia dichotoma Jacq.叉叶秋海棠
Begonia dichroa Jacq.二色秋海棠
Begonia dielsiana E.Pritz.南川秋海棠
Begonia dietrichiana Irmsch.迪特秋海棠
Begonia digitata Raddi 指状秋海棠
Begonia digyna Irmsch.槭叶秋海棠
Begonia dipetala R.C.Grah.二花瓣秋海棠
Begonia discolor R.Br.=Begonia grandis
Begonia discrepans Irmsch.细茎秋海棠
Begonia discreta Craib 景洪秋海棠
Begonia domingensis A.DC.道明秋海棠
Begonia dominicalis A.DC.多米尼加秋海棠
Begonia dregei Otto & Dietr.葡叶秋海棠(新)
Begonia dryadis Irmsch.厚叶秋海棠
Begonia duclouxii Gagn.(p.p.)=Begonia gagnepainiana
Begonia duclouxii Gagn.(Yü in Bull.Fan Mem.Biology 1948)=Begonia henryi
Begonia duclouxii Gagn.川边秋海棠
Begonia echinata Royle=Begonia picta
Begonia echinosepala Rgl.刺萼秋海棠
Begonia edmundoi Brade 埃氏秋海棠
Begonia edulis Lévl.食用秋海棠
Begonia edulis var. *henryi* Lévl.=Begonia palmata var. bowringiana
Begonia egregia N.E.Br.非常秋海棠
Begonia emeiensis C.M.Hu ex C.Y.Wu & Ku 峨眉秋海棠
Begonia eminii Warb.爱妹秋海棠
Begonia engleri Gilg.恩格勒秋海棠
Begonia epipsila Brade 上裸秋海棠
Begonia erosa Wall.(p.p.)=Begonia picta
Begonia erubescens Lévl.=Begonia grandis
Begonia erythrophylla Neum.肾叶秋海棠
Begonia esquirolii Lévl.=Begonia cavaleriei
Begonia estrellensis C.DC.埃斯特雷亚秋海棠
Begonia evansiana Andr.=Begonia grandis
Begonia fengii Ku 矮小秋海棠
Begonia fenicis Merr.兰屿秋海棠
Begonia fernandoicostae Irmsch.费尔南得肋秋海棠
Begonia ferruginea Hay.=Begonia randaiensis
Begonia filiformis Irmsch.丝形秋海棠
Begonia fimbriata Liebm.流苏秋海棠
Begonia fimbristipula Hance (L.B.Smith et al.in Smithson.Contr.Bot.1986, p.p.)=Begonia smithiana
Begonia fimbristipula Hance (Yü in Bull.Fan Mem.Inst.Biology 1948)=Begonia yui
Begonia fimbristipula Hance 紫背天葵
Begonia flaviflora Hara 黄花秋海棠
Begonia flaviflora var. flaviflora=Begonia flaviflora
Begonia flaviflora var. gamblei (Irmsch.) J.Golding & C.Kareg.浅裂黄花秋海棠
Begonia flaviflora var. vivida J.Golding & C.Kareg.乳黄秋海棠
Begonia flocifera Beddome 棉毛秋海棠
Begonia floribunda Ku 多花秋海棠
Begonia foliosa HNK.多叶秋海棠
Begonia foliosa var. foliosa=Begonia foliosa
Begonia foliosa var. miniata L.B.Sm. & Schub.倒挂金钟秋海棠
Begonia fooningensis C.Y.Wu et al.=Begonia cirrosa
Begonia fordii Irmsch.西江秋海棠
Begonia formisana (Hay.) Masamune 水鸭脚
Begonia formisana f. albomaculata Liu & Lai 白斑水鸭脚
Begonia formisana f. formosana=Begonia formisana
Begonia forrestii Irmsch.陇川秋海棠
Begonia francisiae Ziesenh.旱金莲叶秋海棠
Begonia friburgensis Brade 弗里堡秋海棠
Begonia froebelii A.DC.圆心秋海棠
Begonia fruticosa A.DC.灌木秋海棠
Begonia fulgens Lemoine 光亮秋海棠
Begonia fusca Liebm.红褐秋海棠
Begonia fuscomaculata A.Lange 斑叶秋海棠
Begonia gagnepainiana Irmsch.昭通秋海棠
Begonia gentilii De Wild.金提秋海棠
Begonia geranioides HK.老鹳草状秋海棠
Begonia gesnerioides S.H.Huang=Begonia hekouensis
Begonia gigantea Wall.=Begonia silletensis
Begonia glabra Aubl.光秋海棠(新)
Begonia glechomifolia C.M.Hu ex C.Y.Wu & Ku 金秀秋海棠
Begonia goegoensis N.E.Br.火焰秋海棠
Begonia gracilis HNK.异叶秋海棠
Begonia grandis Dry.秋海棠
Begonia grandis subsp. *evansiana* (Andr.) Irmsch.(p.p.)=Begonia grandis subsp. holostyla
Begonia grandis subsp. *evansiana* (Andr.) Irmsch.(p.p.)=Begonia grandis
Begonia grandis subsp. grandis var. grandis=Begonia grandis
Begonia grandis subsp. grandis var. unialata Irmsch.单翅秋海棠
Begonia grandis subsp. holostyla Irmsch.全柱秋海棠
Begonia grandis subsp. sinensis (A.DC.) Irmsch.中华秋海棠
Begonia grandis subsp. sinensis var. puberula Irmsch.刺毛中华秋海棠
Begonia grandis subsp. sinensis var. sinensis=Begonia grandis subsp. sinensis
Begonia grandis subsp. sinensis var. villosa Ku 柔毛中华秋海棠
Begonia guangxiensis C.Y.Wu 广西秋海棠
Begonia guishanensis S.H.Huang & Shui=Begonia labordei
Begonia gulinqingensis S.H.Huang & Shui 古林箐秋海棠
Begonia gungshanensis C.Y.Wu 贡山秋海棠
Begonia hainanensis Chun & F.Chun 海南秋海棠
Begonia handelii Irmsch.大香秋海棠
Begonia handroi Brade 韩氏秋海棠
Begonia harrowiana Diels=Begonia labordei
Begonia hatacoa Buch.-Ham. ex D.Don 墨脱秋海棠
Begonia hayatae Gagn.圆果秋海棠
Begonia hekouensis S.H.Huang 河口秋海棠
Begonia hemsleyana HK.f.掌叶秋海棠
Begonia hemsleyana Irmsch.(广西志 1991)=Begonia hemsleyana var. kwangsiensis
Begonia hemsleyana var. hemsleyana=Begonia hemsleyana
Begonia hemsleyana var. kwangsiensis Irmsch.广西掌叶秋海棠

Begonia henryi ×*B. sinens* Irmsch.=Begonia labordei
Begonia henryi Hemsl.独牛
Begonia heracleifolia Schlecht. & Cham.星叶秋海棠(新)
Begonia herbacea Vell.草本秋海棠
Begonia hiemalis Fotsch.冬花秋海棠
Begonia hirsuta Aubl.硬毛秋海棠
Begonia hirtella Link.微硬毛秋海棠
Begonia hispida Schott 粗毛秋海棠
Begonia hispida var. cucullifera Irmsch.肩背秋海棠
Begonia hispivillosa Ziesenh.粗柔毛秋海棠
Begonia houttuynioides Yü=Begonia limprichtii
Begonia howii Merr.侯氏秋海棠
Begonia humilis Dryand.矮秋海棠
Begonia hydrocotylifolia Ott ex HK.小睡莲秋海棠
Begonia hymenocarpa C.Y.Wu 膜果秋海棠
Begonia imitans Irmsch.鸡爪秋海棠
Begonia imperialis Lem.壮丽秋海棠
Begonia imperialis var. smaragdina Lem.绿壮丽秋海棠
Begonia incana Lindl.灰白秋海棠
Begonia incarnata Link & Otto 肉红秋海棠
Begonia incisoserrata A.DC.刻锯秋海棠
Begonia involucrata Liebm.总苞秋海棠
Begonia isoptera Dryand. ex J.E.Smith 同翼秋海棠
Begonia johnstonii D.Oliv. ex HK.f.约翰司顿秋海棠
Begonia josephii A.DC.重齿秋海棠
Begonia josephii A.DC.重齿秋海棠
Begonia karwinskiana A.DC.卡尔温司克秋海棠
Begonia kenworthyae Ziesenh.肯沃奇秋海棠
Begonia kewensis Hort.邱园秋海棠
Begonia knowsleyana Hort.努斯莱秋海棠
Begonia kotoensis Hay.=Begonia fenicis
Begonia kouy-tcheouensis Guill.贵州秋海棠
Begonia kunthiana Walp.孔斯秋海棠
Begonia labordei Lévl.(Yü in Bull.Fan.Mem.Biology 1948,p.p.)=Begonia discreta
Begonia labordei Lévl.心叶秋海棠
Begonia labordei var. labordei=Begonia labordei
Begonia labordei var. unialata Ku 窄檐心叶秋海棠
Begonia lacerata Irmsch.撕裂秋海棠
Begonia laciniata Roxb. ex Wall.=Begonia palmata
Begonia laciniata Roxb.(Forb. & Hemsl.in J.L.Soc.Bot.1887,p.p.)= Begonia formisana
Begonia laciniata Roxb.(台湾志 1991)=Begonia randaiensis
Begonia laciniata Roxb.(海南志 1964,贵州志 1989,福建志.1989,广西志 1991)=Begonia palmata var. bowringiana
Begonia laciniata subsp. *bowringiana* Irmsch.=Begonia palmata var. bowringiana
Begonia laciniata subsp. *crassisetulosa* Irmsch.=Begonia palmata var. crassisetulosa
Begonia laciniata subsp. *difformis* Irmsch.=Begonia palmata var. difformis
Begonia laciniata subsp. *flava* (C.B.Clarke) Irmsch.=Begonia flaviflora
Begonia laciniata subsp. *flaviflora* Irmsch.=Begonia flaviflora var. vivida
Begonia laciniata subsp. *gamblei* Irmsch.=Begonia flaviflora var. gamblei
Begonia laciniata subsp. *laevifolia* Irmsch.=Begonia palmata var. laevifolia
Begonia laciniata subsp. *principalis* Irmsch.=Begonia palmata var. bowringiana
Begonia laciniata var. bowringiana A.DC.花晕细裂秋海棠
Begonia laciniata var. *flava* C.B.Clarke (p.p.)=Begonia flaviflora
Begonia laciniata var. *flava* C.B.Clarke (p.p.)=Begonia flaviflora var. gamblei
Begonia laciniata var. *formosana* Hay.=Begonia formisana
Begonia laciniata var. *laevifolia* Irmsch.(新拉汉英 1996)=Begonia palmata var. laevifolia
Begonia laciniata var. *nepalensis* A.DC.=Begonia palmata
Begonia laciniata var. *tuberculosa* C.B.Clarke=Begonia palmata
Begonia laciniata γ. *bowringiana* A.DC.=Begonia palmata var. bowringiana
Begonia laminariae Irmsch.(高等图鉴补编 1983)=Begonia lacerata
Begonia laminariae Irmsch.圆翅秋海棠
Begonia lanternaria Irmsch.灯果秋海棠
Begonia leprosa Hance (Yü in Bull.Fan.Mem.Inst.Biology 1948,p.p.)= Begonia obsolescens
Begonia leprosa Hance (Yü in Bull.Fan.Mem.Inst.Biology 1948,p.p.)= Begonia versicolor
Begonia leprosa Hance 癞叶秋海棠
Begonia leptotricha C.DC.细毛秋海棠
Begonia limmingheana Morr.垂枝秋海棠
Begonia limprichtii Irmsch.(贵州志 1989)=Begonia smithiana
Begonia limprichtii Irmsch.蕺叶秋海棠
Begonia lindleyana Walp.林得莱秋海棠
Begonia lipingensis Irmsch.黎平秋海棠
Begonia lithophila C.Y.Wu 石生秋海棠
Begonia lobata Schott 分裂秋海棠(新)
Begonia longanensis C.Y.Wu 隆安秋海棠
Begonia longibarbata Brade 长髯毛秋海棠
Begonia longiciliata C.Y.Wu=Begonia rex
Begonia lubbersii E.Moor.露伯秋海棠
Begonia ludicra A.DC.玩耍秋海棠
Begonia ludwigii Irmsch.陆得维秋海棠
Begonia lukuana Liu & Ou 鹿谷秋海棠
Begonia lutea L.B.Sm. & Schub.纯黄秋海棠
Begonia luxurians Scheidw.繁茂秋海棠
Begonia luzhaiensis Ku 鹿寨秋海棠
Begonia macdougallii Ziesenh.迈克刀秋海棠
Begonia macrocarpa Warb.大果秋海棠
Begonia macrotoma Irmsch.大裂秋海棠
Begonia maculata Raddi 斑叶竹节秋海棠
Begonia maguanensis S.H.Huang & Shui=Begonia paucilo var. maguanensis
Begonia mairei Lévl.=Begonia henryi
Begonia malabarica Lam.马拉巴秋海棠
Begonia malipoensis S.H.Huang & Shui 麻栗坡秋海棠
Begonia manicata Cels.长袖秋海棠
Begonia mannii HK.f.玫瑰叶秋海棠
Begonia martini Lévl.=Begonia grandis subsp. sinensis
Begonia masoniana Irmsch.铁甲秋海棠
Begonia masoniana var. *maculata* S.K.Chen,R.X.Zheng & D.Y.Xia= Begonia masoniana
Begonia mazae Zziesenh.马兹秋海棠
Begonia megalophyllaria C.Y.Wu 大叶秋海棠
Begonia megaptera A.DC.大翅秋海棠
Begonia mengtzeana Irmsch.肾托秋海棠
Begonia metallica G.Smith 金绿秋海棠
Begonia mexiae Standl.墨氏秋海棠
Begonia micranthera Griseb.微花秋海棠(新)
Begonia minor Jacq.细小秋海棠(新)
Begonia miranda Irmsch.(贵州志 1989)=Begonia laminariae
Begonia miranda Irmsch.截裂秋海棠
Begonia morifolia Yü 桑叶秋海棠
Begonia morsei Irmsch.龙州秋海棠
Begonia muliensis Yü 木里秋海棠
Begonia multangula Bl.多角秋海棠
Begonia multiflora Benth.多花秋海棠
Begonia multinervia Lebm.多脉秋海棠
Begonia muricata Bl.粗糙秋海棠
Begonia nantoensis Lai & Chung 南投秋海棠
Begonia natalensis HK.纳塔尔秋海棠
Begonia nelumbiifolia Schlecht. ex Cham.莲叶秋海棠
Begonia nigricans Bailey 黑色秋海棠
Begonia nitida Dry.亮叶秋海棠
Begonia nymphaeifolia Yü=Begonia cavaleriei
Begonia obscura Brade 不明显秋海棠
Begonia obsolescens Irmsch.侧膜秋海棠
Begonia octopetala L'Hérit.八瓣秋海棠
Begonia odorata Willd.香秋海棠
Begonia olbia Kerchove 槭叶秋海棠
Begonia olsoniae L.B.Sm. & Schub.奥氏秋海棠

Begonia oreodoxa Chun & F.Chun ex C.Y.Wu & Ku 山地秋海棠
Begonia ornithophylla Irmsch.乌叶秋海棠
Begonia ovatifolia A.DC.卵叶秋海棠
Begonia oxyphylla A.DC.尖叶秋海棠
Begonia palmata D.Don (L.B.Smith & D.C.Wasshausen in Phytologia 1984)= Begonia randaiensis
Begonia palmata D.Don 裂叶秋海棠
Begonia palmata var. bowringiana (Champ. ex Benth.) J.Golding & C.Kareg.红孩儿
Begonia palmata var. crassisetulosa (Irmsch.) J.Golding & C.Kareg.刺毛红孩儿
Begonia palmata var. difformis (Irmsch.) J.Golding & C.Kareg.变形红孩儿
Begonia palmata var. *gamblei* Hara=Begonia flaviflora var. gamblei
Begonia palmata var. laevifolia (Irmsch.) J.Golding & C.Kareg.光叶红孩儿
Begonia palmata var. palmata=Begonia palmata
Begonia parilis Irmsch.均一秋海棠
Begonia parva Merrill 小秋海棠
Begonia parvula Lévl. & Vant.小叶秋海棠
Begonia paucilo var. maguanensis (S.H.Huang & Shui) Ku 马关秋海棠
Begonia paucilo var. paucilobata=Begonia paucilobata
Begonia paucilobata C.Y.Wu 少裂秋海棠
Begonia paulensis A.DC.保罗秋海棠
Begonia pearcei HK.f.皮尔斯氏秋海棠
Begonia pedatifida Lévl.(Gagn.in Lecomte Fl.Gen.Indo-Chine 1921)= Begonia laminariae
Begonia pedatifida Lévl.(Merr.in Lingn.Agr.Rev.1927)=Begonia circumlobata
Begonia pedatifida Lévl.掌裂叶秋海棠
Begonia pedatifida var. *kewensis* Lévl.=Begonia lipingensis
Begonia peii C.Y.Wu 小花秋海棠
Begonia peltata Otto & A.Dietr.盾状秋海棠
Begonia peltatifolia H.L.Li 盾叶秋海棠
Begonia pendula Ridl.悬垂秋海棠
Begonia philodendroides Ziesenh.喜林芋状秋海棠
Begonia phyllomaniaca Mart.摇叶秋海棠
Begonia picta J.E.Smith 樟木秋海棠
Begonia picta Wall.(p.p.)=Begonia josephii
Begonia pinetorum A.DC.松林秋海棠
Begonia pingbienensis C.Y.Wu 睫毛秋海棠
Begonia platanifolia Schott 悬铃木秋海棠
Begonia plebeja Liebm.普通秋海棠
Begonia poggei Warb.波哥秋海棠
Begonia polyantha Lévl.=Begonia labordei
Begonia polygonifolia A.DC.蓼叶秋海棠
Begonia polypetala A.DC.多瓣秋海棠
Begonia polytricha C.Y.Wu 多毛秋海棠
Begonia popenoei Standl.波波诺秋海棠
Begonia porteri Lévl.罗甸秋海棠
Begonia princeps Klotzsch 帝王秋海棠
Begonia prostrata Irmsch.铺地秋海棠
Begonia pruinata A.DC.粉被秋海棠
Begonia pseudodryadis C.Y.Wu 假厚叶秋海棠
Begonia pseudolubbersii Brade 假露伯秋海棠
Begonia psilophylla Irmsch.光滑秋海棠
Begonia purpurea Swartz.紫秋海棠
Begonia purpureofolia S.H.Huang=Begonia villifolia
Begonia pustulata Liebm.褐绒秋海棠
Begonia rajah Ridley 王公秋海棠
Begonia randaiensis Sasaki 峦大秋海棠
Begonia ravenii C.I.Peng & Y.K.Chen 岩生秋海棠
Begonia reflexi-squamosa C.Y.Wu 倒鳞秋海棠
Begonia reniformis Dryand.肾形秋海棠
Begonia repenticaulis Irmsch.匍茎秋海棠
Begonia rex Putz.(Liv.in Himal.Flow.1964)=Begonia picta
Begonia rex Putz.(云南植物研究 1985)=Begonia masoniana
Begonia rex Putz.紫叶秋海棠
Begonia rexcultorum Bailey 虎耳秋海棠
Begonia rhodophylla C.Y.Wu 红叶秋海棠
Begonia ricinifolia A.Dietr.蓖麻叶秋海棠
Begonia rigida Rgl.坚硬秋海棠
Begonia robusta Bl.粗壮秋海棠
Begonia rockii Irmsch.滇缅秋海棠
Begonia roezlii Rgl.罗氏秋海棠
Begonia rongjiangensis Ku 榕江秋海棠
Begonia rotundilimba S.H.Huang & Shui 圆叶秋海棠
Begonia roxburgii A.DC.露氏秋海棠
Begonia rubella D.Don 微红秋海棠
Begonia ruboides C.M.Hu ex C.Y.Wu & Ku 匍地秋海棠
Begonia rubricaulis HK.红茎秋海棠
Begonia rubropunctata S.H.Huang & Shui=Begonia pedatifida
Begonia rubro-venia HK.=Begonia hatacoa
Begonia rupicola Miq.石生秋海棠
Begonia salicifolia A.DC.柳叶秋海棠
Begonia sanguinea Raddi 牛耳海棠
Begonia sartorii Lebm.萨氏秋海棠
Begonia scabrida A.DC.略粗秋海棠(新)
Begonia sceptrum Bull.深裂秋海棠
Begonia scharffiana Rgl.沙弗秋海棠
Begonia scharffii HK.f.红红秋海棠
Begonia schmidtiana Rgl.施料特秋海棠
Begonia schulzziana Urb. & Ekm.舒尔茨秋海棠
Begonia scitifolia Irmsch.成凤秋海棠
Begonia scutata Wall.=Begonia josephii
Begonia semperflorens Link & Otto 四季海棠
Begonia semperflorens-cultorum Hort.四季秋海棠
Begonia semperflorens-cultorum var. gracilis Hort.细枝四季秋海棠
Begonia serratipetala Irmsch.齿瓣秋海棠
Begonia setifolia Irmsch.刚毛秋海棠
Begonia setuloso-peltata C.Y.Wu 刺盾叶秋海棠
Begonia sikkimensis A.DC.锡金秋海棠
Begonia silletensis (A.DC.) C.B.Clarke 厚壁秋海棠
Begonia sinensis A.DC.(Henry in Tran.Asiat.Soc.Formos.1896)=Begonia formisana
Begonia sinensis A.DC.(HK.f.in Curtis's Bot.Mag.1899)=Begonia grandis subsp. holostyla
Begonia sinensis A.DC.(Lai in Q.J.Chin.For.1989)=Begonia ravenii
Begonia sinensis A.DC.=Begonia grandis subsp. sinensis
Begonia sinobrevicaulis Ku 短茎秋海棠
Begonia sino-vietnamica C.Y.Wu 中越秋海棠
Begonia smithiana Yü ex Irmsch.长柄秋海棠
Begonia socotrana HK.f.索科特拉秋海棠
*Begonia sp.*Wall.=Begonia silletensis
Begonia sparsipila Bak.散生基粒秋海棠
Begonia spinibarbis Irmsch.刺髯秋海棠
Begonia stigmosa Lindl.小疤秋海棠
Begonia stipulacea Willd.托叶秋海棠
Begonia strigillosa A.Dietr.粗壮毛秋海棠
Begonia subvillosa Klotzsch 长柔毛秋海棠
Begonia suffruticosa Meissn.亚灌木秋海棠
Begonia sulcata Scheidw.有槽秋海棠
Begonia summoglabra Yü(贵州志 1989)=Begonia xishuiensis
Begonia summoglabra Yü 光叶秋海棠
Begonia sutherlandii HK.f.苏氏秋海棠
Begonia taiwaniana Hay.台湾秋海棠
Begonia taliensis Gagn.大理秋海棠
Begonia tarokoensis Lai 太鲁阁秋海棠
Begonia tenera Dryand.柔弱秋海棠
Begonia tenuicaulis Irmsch.=Begonia discrepans
Begonia tenuifolia Dryand.细叶秋海棠
Begonia tessaricarpa C.B.Clarke 特萨菊果秋海棠
Begonia tetragona Irmsch.角果秋海棠
Begonia teuscheri Linden ex André 图舍秋海棠
Begonia tomentosa Schott 绒毛秋海棠
Begonia truncatiloba Irmsch.截叶秋海棠
Begonia tsaii Irmsch.屏边秋海棠

Begonia tsoongii C.Y.Wu 观光秋海棠
Begonia tuberhybrida Voss.球根海棠
Begonia ulmifolia Willd.榆叶秋海棠
Begonia umbraculifolia Y.Wan & B.N.Chang 龙虎山秋海棠
Begonia undulata Schott 波状秋海棠
Begonia urophylla HK.尾叶秋海棠
Begonia valdensium A.DC.喜林芋叶秋海棠
Begonia valerioi Standl.瓦勒秋海棠
Begonia veitchii HK.f.维奇秋海棠
Begonia venosa HK.f.有脉秋海棠
Begonia versicolor Irmsch.变色秋海棠
Begonia vestita C.DC.被覆秋海棠
Begonia villifolia Irmsch.长毛秋海棠
Begonia vitifolia Schott 葡叶秋海棠(新)
Begonia wallichiana Lehm.瓦氏秋海棠
Begonia wangii Yü 少瓣秋海棠
Begonia weltoniensis André 委东秋海棠
Begonia wenshanensis C.M.Hu ex C.Y.Wu & Ku 文山秋海棠
Begonia wilsonii Gagn.一点血
Begonia wrightiana A.DC.瑞特秋海棠
Begonia xanthina HK.金黄秋海棠
Begonia xingyiensis Ku 兴义秋海棠
Begonia xinyiensis Ku 信宜秋海棠
Begonia xishuiensis Ku 习水秋海棠
Begonia yishanensis Ku 宜山秋海棠
Begonia yui Irmsch.宿苞秋海棠
Begonia yunnanensis Lévl.(Yü in Bull.Fan Me.Inst.Biology 1948,p.p.)=Begonia grandis subsp. sinensis
Begonia yunnanensis Lévl.云南秋海棠
Begonia yunnanensis var. *hypoleuca* Lévl.=Begonia yunnanensis
Begoniaceae 秋海棠科
Behen vulgaris Moench=Silene vulgaris
Beilschmiedia Nees **琼润楠属**(樟科)
Beilschmiedia appendiculata (Allen) S.Lee & Y.T.Wei 山潺
Beilschmiedia balansae Lec.(中大学报 1960)=Syndiclis kwangsinensis
Beilschmiedia baotingensis S.Lee & Y.T.Wei 保亭琼楠
Beilschmiedia brachythyrsa H.W.Li 勐仑琼楠
Beilschmiedia brevipaniculata Allen 短序琼楠
Beilschmiedia chinensis Hance=Cryptocarya chinensis
Beilschmiedia cylindrica S.Lee & Y.T.Wei 柱果琼楠
Beilschmiedia delicata S.Lee & Y.T.Wei 美脉琼楠
Beilschmiedia discolor Allen=Beilschmiedia intermedia
Beilschmiedia erythrophloia Hay.台琼楠
Beilschmiedia erythrophloia var. *tanakae* (Hay.) Kanehira=Beilschmiedia erythrophloia
Beilschmiedia fagifolia Nees=Beilschmiedia roxburghiana
Beilschmiedia fasciata H.W.Li 白柴果
Beilschmiedia fordii Dunn 广东琼楠
Beilschmiedia formosana C.E.Chang=Beilschmiedia tsangii
Beilschmiedia furfuracea Chun ex H.T.Chang 糠秕琼楠
Beilschmiedia glauca S.Lee & L.Lau 粉背琼楠
Beilschmiedia glauca var. glauca=Beilschmiedia glauca
Beilschmiedia glauca var. glaucoides H.W.Li 顶序琼楠
Beilschmiedia gradiosa Allen=Beilschmiedia intermedia
Beilschmiedia henghsienensis S.Lee & Y.T.Wei 横县琼楠
Beilschmiedia intermedia Allen 琼楠
Beilschmiedia kwangsinensis Kosterm.=Syndiclis kwangsinensis
Beilschmiedia kweichowensis Cheng 贵州琼楠
Beilschmiedia laevis Allen 红枝琼楠
Beilschmiedia linocieroides H.W.Li 李榄琼楠
Beilschmiedia longipetiolata Allen 长柄琼楠
Beilschmiedia macropoda Allen 肉柄琼楠
Beilschmiedia muricata H.T.Chang 瘤果琼楠
Beilschmiedia ningmingensis S.Lee & Y.T.Wei 宁明琼楠
Beilschmiedia obconica Allen 锈叶琼楠
Beilschmiedia obovalifoliosa Lec.(Liou Ho,Laur.Chine & Indoch.1934, p.p.)=Beilschmiedia intermedia
Beilschmiedia obovalifoliosa Lec.(Merr. & Chun in Sunyatsenia 1940)=Beilschmiedia longipetiolata
Beilschmiedia obscurinervia H.T.Chang 隐脉琼楠
Beilschmiedia parvifolia Lec.=Lindera communis
Beilschmiedia pauciflora H.W.Li 少花琼楠
Beilschmiedia percoriacea Allen 厚叶琼楠
Beilschmiedia percoriacea var. ciliata H.W.Li 缘毛琼楠
Beilschmiedia percoriacea var. percoriacea=Beilschmiedia percoriacea
Beilschmiedia pergamentacea Allen 纸叶琼楠
Beilschmiedia punctilimba H.W.Li 点叶琼楠
Beilschmiedia purpurascens H.W.Li 紫叶琼楠
Beilschmiedia robusta Allen 粗壮琼楠
Beilschmiedia roxburghiana Nees (Liou Ho,Laur.Chine & Indoch.1932 & 1934)=Beilschmiedia percoriacea
Beilschmiedia roxburghiana Nees 稠琼楠
Beilschmiedia rufohirtella H.W.Li 红毛琼楠
Beilschmiedia shangsiensis Y.T.Wei 上思琼楠
Beilschmiedia sichourensis H.W.Li 西畴琼楠
Beilschmiedia tawa Benth.新西兰琼楠
Beilschmiedia tsangii Merr.网脉琼楠
Beilschmiedia tungfangensis S.Lee & L.Lau 东方琼楠
Beilschmiedia wangii Allen 海南琼楠
Beilschmiedia yunnanensis Hu 滇琼楠
Beketovia tianschanica Krassnov=Braya scharnhorstii
Belamcanda Adans.**射干属**(鸢尾科)
Belamcanda chinensis (L.) DC 射干
Belamcanda chinensis var. *taiwanensis* S.S.Ying=Belamcanda chinensis
Belamcanda pampaninii Lévl.=Belamcanda chinensis
Belamcanda punctata Moench.=Belamcanda chinensis
Belenia Dene.=**Physochlaina**
Belenia praealta Decne.=Physochlaina praealta
Bellis L. **雏菊属**(菊科)
Bellis annula L.西班牙雏菊
Bellis jaculifolia Salisb.=Cunninghamia lanceolata
Bellis lanceolata (Salisb.) Sweet=Cunninghamia lanceolata
Bellis perennis L. 雏菊
Bellis stipitata Labill.=Lagenophora stipitata
Beloanthera oppositifolia Hassk.=Hydrolea zeylanica
Beloperone Nees **麒麟吐珠属**(爵床科)
Beloperone guttata Brandegee 麒麟吐珠
Beloperone guttata F.S.Brand.= Calliaspidia guttata
Belostemma Wall. ex Wight **箭药藤属**(萝藦科)
Belostemma cordifolium (Link,Klotz. & Otto) P.T.Li 心叶箭药藤
Belostemma hirsutum Wall. ex Wight 箭药藤
Belostemma yunnanense Tsiang 镰药藤
Belosynapsis Hassk.**假紫万年青属**(鸭跖草科)
Belosynapsis capitata (Bl.) Spreng & C.E.C.Fisch.=Belosynapsis ciliata
Belosynapsis ciliata (Bl.) Rolla Rao 假紫万年青
Belvisia Mirbel **尖嘴蕨属**(水龙骨科)
Belvisia annamensis (C.Chr.) Tagawa 显脉尖嘴蕨
Belvisia callifolia (Christ) Copel.=Belvisia annamensis
Belvisia carnosa Ching 肉叶尖嘴蕨
Belvisia digitata Mirbel.=Schizaea digitata
Belvisia formosana (Ogata) Ching=Belvisia mucronata
Belvisia henryi (Hieron) Tagawa 隐柄尖嘴蕨
Belvisia hymenolepioides (Christ) Ching 膜叶尖嘴蕨
Belvisia longicarpa Ching 美丽尖嘴蕨
Belvisia mucronata (Fée) Copel.尖嘴蕨
Belvisia septentrionalis Mirb.=Asplenium septentrionale
Belvisia spicata (L.f.) Mirbel 尖嘴蕨
Bembix Lour.=**Ancistrocladus**
Bembix tectoria Lour.=Ancistrocladus tectorius
Benincasa Savi **冬瓜属**(葫芦科)
Benincasa cerifera Sav=Benincasa hispida
Benincasa hispida (Thunb.) Cogn.冬瓜
Benincasa hispida var. chiehqua How 节瓜
Benincasa hispida var. hispida=Benincasa hispida
Bennetia S.F.Gray=**Saussurea**
Bennettia Miq.=**Bennettiodendron**
Bennettia longipes Oliv.=Bennettiodendron leprosipes
Bennettiodendron Merr.**山桂花属**(大风子科)
Bennettiodendron brevipes Merr.短柄山桂花

Bennettiodendron brevipes var. brevipes=Bennettiodendron brevipes
Bennettiodendron brevipes var. margopatens S.S.Lai 延叶山桂花
Bennettiodendron brevipes var. shangsiense (X.X.Chen & J.Y.Luo) S.S. Lai 上思山桂花
Bennettiodendron lanceolatum H.L.Li 披针叶山桂花
Bennettiodendron lanceolatum var. obovatum S.S.Lai 倒卵叶山桂花
Bennettiodendron lanceolatum var. pilosum (G.S.Fan & Y.C.Hsu) S.S.Lai 毛山桂花
Bennettiodendron leprosipes (Clos) Merr.山桂花
Bennettiodendron leprosipes var. ellipticum S.S.Lai 椭圆叶山桂花
Bennettiodendron leprosipes var. leprosipes=Bennettiodendron leprosipes
Bennettiodendron leprosipes var. *pilosum* G.S.Fan & Y.C.Hsu= Bennettiodendron lanceolatum var. pilosum
Bennettiodendron leprosipes var. rugosifolium S.S.Lai 皱叶山桂花
Bennettiodendron leprosipes var. *stenophyllum* S.S.Lai=Bennettiodendron brevipes var. shangsiense
Bennettiodendron longipes (Oliv.) Merr.=Bennettiodendron leprosipes
Bennettiodendron macrophyllum C.Y.Wu ex S.S.Lai 大叶山桂花
Bennettiodendron macrophyllum var. macrophyllum=Bennettiodendron macrophyllum
Bennettiodendron shangsiense X.X.Chen & J.Y.Luo=Bennettiodendron brevipes var. shangsiense
Bennettiodendron simaoense G.S.Fan=Bennettiodendron macrophyllum
Bennettiodendron subracemosum C.Y.Wu=Bennettiodendron brevipes
Benthamia captitata (Wall.) Nakai=Dendrobenthamia capitata
Benthamia chinensis Hort. ex Lavalee=Dendrobenthamia japonica var. chinensis
Benthamia fragifera Lindl.=Dendrobenthamia capitata
Benthamia hongkongensis (Hemsl.) Nakai=Dendrobenthamia hongkongensis
Benthamia japonica S. & Z.=Dendrobenthamia japonica
Benthamia japonica var. *sinensis* Benth.=Dendrobenthamia hongkongensis
Benthamia jiysa Bajau=Dendrobenthamia japonica
Benthamia viridis Nakai=Dendrobenthamia japonica
Benthamidia capitata (Wall. ex Roxb.) Hara=Dendrobenthamia capitata
Benthamidia capitata var. *mollis* (Rehd.) Hara=Dendrobenthamia angustata var. mollis
Benthamidia ferruginea (Wu) Hara=Dendrobenthamia ferruginea
Benthamidia hongkongensis (Hemsl.) Hara=Dendrobenthamia hongkongensis
Benthamidia hongkongensis var. *gigantea* (Hand.-Mazz.) Hara= Dendrobenthamia gigantea
Benthamidia japonica (S. & Z.) Hara=Dendrobenthamia japonica
Benthamidia japonica var. *angustata* (Chun) Hara=Dendrobenthamia angustata
Benthamidia japonica var. *chinensis* (Osborn) Hara=Dendrobenthamia japonica var. chinensis
Bentinckia Roxb.**本亭琪亚棕属**(棕榈科)
Bentinckia nicobarica Becc.本亭琪亚棕
Benzoin Boerhave ex Schaeffer=**Lindera**
Benzoin akoense (Hay.) Kamikoti=Lindera akoensis
Benzoin angustifolium (Cheng) Nakai=Lindera angustifolia
Benzoin bifarium (Nees) Chun=Lindera nacusua
Benzoin caudatum (Nees) O.Kuntze=Lindera caudata
Benzoin cercidifolium (Hemsl.) Rehd.=Lindera obtusiloba
Benzoin commune (Hemsl.) Rehd.=Lindera communis
Benzoin erythocarpum (Makino) Rehd.=Lindera erythrocarpa
Benzoin fragrans (Oliv.) Rehd.=Lindera fragrans
Benzoin fruticosum (Hemsl.) Rehd.=Lindera fruticosa
Benzoin glaucum S. & Z.=Lindera glauca
Benzoin glaucum var. *kawakami* (Hay.) Sasaki=Lindera glauca
Benzoin grandifolium Rehd.=Lindera megaphylla
Benzoin kariense (W.W.Sm.) Hand.-Mazz.=Lindera kariensis
Benzoin kariensis (W.W.Sm.) Hand.-Mazz.=Lindera kariensis f. glabrescens
Benzoin levinei (Merr.) Chun ex Liou Ho=Neolitsea levinei
Benzoin nacusua O.Ktze.=Lindera nacusua
Benzoin obtusilobum (Bl.) O.Kuntze=Lindera obtusiloba
Benzoin oldhami (Hemsl.) Rehd.=Lindera megaphylla
Benzoin praecox S. & Z.=Lindera praecox
Benzoin prattii (Gamble) Rehd.=Lindera prattii
Benzoin pricei Kamikati=Lindera megaphylla
Benzoin puberula (Franch.) Rehd.=Litsea moupinensis
Benzoin pulcherrimum (Nees) O.Kuntze (Hand.-Mazz.in Symb.Sin., 1931)=Lindera pulcherrima var. hemsleyana
Benzoin pulcherrimum O.Kuntze=Lindera pulcherrima
Benzoin reflexum Rehd.=Lindera reflexa
Benzoin rubronervium (Gamble) Rehd.=Lindera rubronervia
Benzoin sericeum var. *tenue* Nakai=Lindera reflexa
Benzoin setchuenense (Gamble) Rehd.=Lindera setchuenensis
Benzoin sikkimense (Meissn.) O.Kuntze (Hand.-Mazz.in Symb.Sin. 1931)=Lindera kariensis
Benzoin strychnifolium (S. & Z.) O.Kuntze=Lindera aggregata
Benzoin strychnifolium var. *hemsleyanum* Bot.=Lindera pulcherrima var. hemsleyana
Benzoin subcaudatum (Merr.) Chun=Lindera pulcherrima var. attenuata
Benzoin supracostatum (Lec.) Rehd.=Lindera supracostata
Benzoin touyunense (Lévl.) Rehd.=Lindera megaphylla f. trichoclada
Benzoin touyunense f. *megaphyllum* (Hemsl.) Rehd.=Lindera megaphylla
Benzoin touyunense f. *trichocladum* Rehd.=Lindera megaphylla f. trichoclada
Benzoin umbellatum var. *latifolium* Cheng=Lindera reflexa
Benzoin urophyllum Rehd.=Lindera pulcherrima var. hemsleyana
Berberidaceae 小檗科
Berberis L.**小檗属**(小檗科)
Berberis acanthifolia (G.Don) Walp.=Mahonia napaulensis
Berberis actinacantha Mart. ex Roem. & Schlt.簇刺小檗
Berberis acuminata Franch.渐尖叶小檗
Berberis aemulans Schneid.峨眉小檗
Berberis aetnensis Presl 埃得纳小檗
Berberis affinis G.Don 近缘小檗(新)
Berberis afghanica Schneid.阿富汗小檗
Berberis africana Heb. & Ludw. ex Schult.f 非洲小檗
Berberis aggregata Schneid.堆花小檗
Berberis aggregata var. *integrifolia* Ahrendt.=Berberis aggregata
Berberis aggregata var. *prattii* Schneid.=Berberis prattii
Berberis agricola Ahrendt 暗红小檗
Berberis aitchisonii Ahrendt 艾齐森小檗
Berberis aldenhamensis Ahrendt 阿尔登海姆小檗
Berberis alksuthiensis Ahrendt 阿尔克苏思小檗
Berberis alpicola Schneid.高山小檗
Berberis amabilis Schneid.可爱小檗
Berberis amabilis var. *holophylla* C.Y.Wu=Berberis amabilis
Berberis ambigua Ahrendt 疑似小檗
Berberis ambrozyana Schneid.=Berberis dictyophylla var. epruinosa
Berberis amoena Dunn 美丽小檗
Berberis amoena var. *moloensis* Ahrendt.=Berberis kongboensis
Berberis amoena var. *umbelliflora* Ahrendt.=Berberis amoena
Berberis amurensis Rupr.黄芦木
Berberis amurensis var. latifolia Nakai 阔叶黄芦木
Berberis amurensis var. *licentii* Ahrendt.=Berberis hersii
Berberis andeana Job 安弟斯小檗
Berberis angulosa Wall. ex HK.f. & Thoms.有棱小檗
Berberis angulosa var. *brevipes* Franch.=Berberis minutiflora
Berberis angulosa var. fasciculata Ahrendt 簇生红珠小檗
Berberis anhweiensis Ahrendt 安徽小檗
Berberis anniae Ahrendt 安小檗
Berberis antoniana Ahrendt 安东尼小檗
Berberis antucoana Schneid.细尖小檗
Berberis apiculata (Ahrendt) Ahrendt 安托小檗
Berberis approximata Sprague 近似小檗
Berberis arguta (Franch.) Schneid.锐齿小檗
Berberis aridocalida Ahrendt 西固小檗
Berberis aristata DC.具芒小檗
Berberis aristato-serrulata Hay.密齿小檗
Berberis armata Citerne 秘鲁长刺小檗
Berberis asiatica Roxb. ex DC.亚洲小檗
Berberis asiatica var. clarkeana Schneid.克拉克亚洲小檗
Berberis asmyana Schneid.直梗小檗
Berberis atrocarpa Schneid.黑果小檗
Berberis atrocarpa var. longipes Ahrendt 长柄黑果小檗
Berberis atrocarpa var. *subintegra* Ahrendt=Berberis atrocarpa
Berberis atrocarpa var. *suijiangensis* S.Y.Bao=Berberis insolita
Berberis atroprasina Ahrendt 深绿小檗

Berberis atroviridis Ying 那觉小檗
Berberis aurahuacensis Lemaire 奥拉华库小檗
Berberis baluchistanica Ahrendt 俾路支小檗
Berberis barandana Vidal 巴兰德小檗
Berberis barbeyana Schneid.巴比小檗
Berberis barilochensis Job 巴利罗切小檗
Berberis batangensis Ying 巴塘小檗
Berberis bealei Fort.=Mahonia bealei
Berberis bealei var. *planifolia* HK.f.=Mahonia bealei
Berberis beaniana Schneid.康松小檗
Berberis beauverdiana Schneid.博弗德小檗
Berberis beesiana Ahrendt 比斯小檗
Berberis beesiana var. glabra Ahrendt 无毛比斯小檗
Berberis beijingensis Ying 北京小檗
Berberis bella Schneid.美美小檗(新)
Berberis benoistiana Macbride 伯努斯特小檗
Berberis bergeriana Schneid.伯杰小檗
Berberis bergmanniae Schneid.汉源小檗
Berberis bergmanniae var. acanthophylla Schneid.汶川小檗
Berberis bergmanniae var. bergmanniae=Berberis bergmanniae
Berberis bhutanensis Ahrendt=Berberis griffithiana var. pallida
Berberis bicolor Lévl.二色小檗
Berberis bidentata Lechl.二齿小檗
Berberis boissieri Schneid.博西埃亚小檗
Berberis bolivana Lechl.玻利维亚小檗
Berberis bombycina Ahrendt 丝质小檗
Berberis boreali-sinensis Nakai=Berberis sibirica
Berberis boschanii Schneid.=Berberis mouilacana
Berberis brachybotria C.Gay 短总状花序小檗
Berberis brachypoda Maxim.短柄小檗
Berberis brachypoda var. *salicaria* (Fedde) Schneid.=Berberis salicaria
Berberis brachystachys Ying=Berberis dictyoneura
Berberis bracteata (Ahrendt) Ahrendt 长苞小檗
Berberis brandisiana Ahrendt 布兰迪斯小檗
Berberis bretschneideri Rehd.紫果小檗
Berberis brevifolia Phil. ex Reiche 短叶小檗
Berberis brevipaniculata Schneid.=Berberis aggregata
Berberis brevipes (Franch.) Stendi.=Berberis minutiflora
Berberis breviscapa (Ahrendt) Ahrendt 短花茎小檗
Berberis brevisepala Hay.=Berberis micropetala
Berberis bristolensis Ahrendt 布里斯托尔小檗
Berberis brumalis Machbride 冬至小檗
Berberis buceronis Machride 弓茎小檗
Berberis buchananii Schneid.圸查南小檗
Berberis buchananii var. tawangensis Ahrendt 达旺小檗
Berberis bullata Ahrendt 水泡小檗
Berberis bumeliaefolia Schneid.布梅榄叶小檗
Berberis burmanica Ahrendt 缅甸小檗
Berberis buxifolia Lam.黄杨叶小檗
Berberis buxifolia var. antarctica Schneid 南极黄杨叶小檗
Berberis buxifolia var. inermis (Persoon) Schneid.无刺黄杨叶小檗
Berberis buxifolia var. nana A.Usteri 矮黄杨叶小檗
Berberis buxifolia var. nuda Schneid.光茎黄杨叶小檗
Berberis buxifolia var. papillosa Schneid.乳突黄杨叶小檗
Berberis cabrerae Job 卡布雷拉小檗
Berberis calcipratorum Ahrendt 钙原小檗
Berberis calliantha Mull.美花小檗
Berberis calliobotrys Aitch.美穗小檗
Berberis campbellii Ahrendt.坎贝尔小檗
Berberis camposportoi Brade 坎波其一波尔图小檗
Berberis campylotropa Ying 弯果小檗
Berberis canadensis Mill.美国小檗
Berberis candidula Schneid.单花小檗
Berberis carinata Lechl.龙骨小檗
Berberis carinata var. echinata Diels 棘叶龙骨小檗
Berberis carminea Chitt. ex Ahrendt 洋红小檗
Berberis caroli Schneid.卡罗尔小檗
Berberis caroli var. *hoanghensis* Schneid.=Berberis vernae
Berberis caudatifolia S.Y.Bao=Berberis gagnepainii
Berberis cavaleriei Lévl.=Maytenus esquirolii
Berberis cavaleriei Lévl.贵州小檗
Berberis cavaleriei var. *pruinosa* Byhourw.=Berberis chingii
Berberis centiflora Diels.多花大黄连刺
Berberis cerasina Schrad.樱桃红小檗
Berberis ceratophylla G.Don 角状叶小檗
Berberis ceylanica Schneid.锡兰小檗
Berberis chekiangensis Ahrendt.=Berberis virgetorum
Berberis chenaultii Ahrendt 陈纳德小檗
Berberis chilensis Gill. ex HK.智利小檗
Berberis chillanensis (Schneid.) Sprague ex Bean 奇利安小檗
Berberis chillanensis var. hirsutipes Sprague 硬毛奇利安小檗
Berberis chilternensis Ahrendt 奇尔特恩小檗
Berberis chimboensis Schneid.琴博小檗
Berberis chinensis Poir.大黄连
Berberis chinensis var. paphlagonica (Schneid.) Ahrendt 帕夫拉哥尼亚小檗
Berberis chingii Cheng 华东小檗
Berberis chingii subsp. *subedentata* C.M.Hu=Berberis chingii
Berberis chingii subsp. *wulingensis* C.M.Hu=Berberis chingii
Berberis chingshuiensis Shimizu=Berberis micropetala
Berberis chitria Lindl.壶小檗
Berberis chrysacantha Schneid.黄刺小檗
Berberis chrysosphaera Mulligan.黄球小檗
Berberis chunanensis Ying 淳安小檗
Berberis ciliaris Lindl.缘毛小檗
Berberis ciliaris var. obtusata Ahrendt 纯圆缘毛小檗
Berberis circumserrata (Schneid.) Schneid.秦岭小檗
Berberis circumserrata var. circumserrata=Berberis circumserrata
Berberis circumserrata var. occidentalior Ahrenadt 多萼小檗
Berberis circumserrata var. *subarmata* Ahrendt=Berberis circumserrata
Berberis citernei Ahrendt 西特恩小檗
Berberis claussenii Citerne 克劳森小檗
Berberis cliffortioides Diels 克利福特状小檗
Berberis coletioides Lechl.拟科莱小檗
Berberis collettii Schneid.科莱小檗
Berberis colombiana Ahrendt 哥伦比亚小檗
Berberis comberi Sprague & Sandwith 科姆伯小檗
Berberis commutata Eichl.变色小檗
Berberis concinna HK.f. & Thoms.雅洁小檗
Berberis concinna var. brevior Ahrendt 短柄雅洁小檗
Berberis concinna var. extensiflora Ahrendt 伞花雅洁小檗
Berberis concolor W.W.Sm.同色小檗
Berberis conferta Kunth 密集小檗
Berberis conferta var. karsteniana Schneid.卡斯藤密集小檗
Berberis congestiflora C.Gry 智利密花小檗
Berberis consimilis Schneid.相似小檗
Berberis contracta Ying 德钦小檗
Berberis cooperi Ahrendt 库珀小檗
Berberis coquimbensis P.Munoz 科金博小檗
Berberis coriacea St.Hil.巴西革叶小檗
Berberis coriacea var. oblanceifolia Ahrendt 倒披针叶巴西革叶小檗
Berberis coriaria Royle ex Lindl.革叶小檗
Berberis coriaria var. patula Ahrendt 开展革叶小檗
Berberis coryi Veitch.贡山小檗
Berberis corymbosa HK. & Arn.伞房花序小檗
Berberis corymbosa var. paniculata Phil.圆锥状伞房花序小檗
Berberis costulata Gandoger 隆中脉小檗
Berberis coxii Schneid.考克斯小檗
Berberis crataegina DC.山楂小檗
Berberis crataegina var. armeniaca Schneid.亚美尼亚山楂小檗
Berberis crataegina var. lycica Schneid.吕西亚山楂小檗
Berberis crenulata Schrad.细圆齿小檗
Berberis cretica L.克利特小檗
Berberis crispa C.Gay 皱波小檗
Berberis crrasilimba C.Y.Wu ex S.Y.Bao 厚檐小檗
Berberis cuneata DC.楔叶小檗

Berberis daiana Ying 城口小檗
Berberis daochengensis Ying 稻城小檗
Berberis darwinii HK.达尔文小檗
Berberis darwinii var. magellanica Ahrendt 麦哲伦达尔文小檗
Berberis dasyclada Ahrendt 粗枝小檗
Berberis dasystachya Maxim.直穗小檗
Berberis davidii Ahrendt.密叶小檗
Berberis dawoensis K.Meyer 道孚小檗
Berberis dealbata Lindl.变白小檗
Berberis decandolleana Ahrendt 德坎多尔小檗
Berberis declinata Schrad.下垂小檗
Berberis declinata var. oxyphylla Schneid.尖叶下垂小檗
Berberis deinacantha Schneid.壮刺小檗
Berberis deinacantha var. *valida* Schneid.=Berberis valida
Berberis delavayi Schneid.=Berberis phanera
Berberis delavayi var. *wachinensis* Ahrendt=Berberis phanera
Berberis densa Schneid.=Berberis davidii
Berberis densa Triana & Planch.哥伦比亚密集小檗
Berberis densiflora Boiss. & Buhse 密花小檗
Berberis densiflora var. bungeana Ahrendt 邦奇密花小檗
Berberis densiflora var. macracantha Boiss.大刺密花小檗
Berberis densiflora var. macrobotrys Ahrendt 长穗密花小檗
Berberis densiflora var. serratifolia Boiss.锯齿叶密花小檗
Berberis densifolia Rusby 玻利维亚密叶小檗
Berberis derongensis Ying 得荣小檗
Berberis diaphana Maxim.鲜黄小檗
Berberis diaphana var. *circumserrata* Schneid.=Berberis circumserrata
Berberis diaphana var. *tachiensis* Ahrendt.(p.p.)=Berberis aemulans
Berberis diaphana var. *tachiensis* Ahrendt.(p.p.)=Berberis tischleri
Berberis diaphana var. *uniflora* Ahrendt=Berberis diaphana
Berberis dictyoneura Schneid.松潘小檗
Berberis dictyoneura var. *bracteata* Ahrendt.=Berberis bracteata
Berberis dictyophylla HK.f.=Berberis approximata
Berberis dictyophylla Franch.刺红珠
Berberis dictyophylla var. approximata (Sprague) Rehd.刺齿刺红珠小檗
Berberis dictyophylla var. campylogyna (Ahrendt) Ahrendt 弯心刺红珠小檗
Berberis dictyophylla var. dictyophylla=Berberis approximata
Berberis dictyophylla var. epruinosa Schenid 无粉刺红珠
Berberis dielsiana Fedde 首阳小檗
Berberis diffusa C.Gay 披散小檗
Berberis discolor Turicz.异色小檗
Berberis divaricata Rusby 分叉小檗
Berberis dolichobotrys Fedde=Berberis dasystachya
Berberis dolichostemon Ahrendt.=Berberis cavaleriei
Berberis dongchuanensis Ying 东川小檗
Berberis dubia Schneid.置疑小檗
Berberis dumicola Schneid.丛林小檗
Berberis durobrivensis Schneid.杜洛布里夫小檗
Berberis duthieana Schneid.杜蒂小檗
Berberis edentata Rusby 无齿小檗
Berberis edgeworthiana Schneid.埃季沃小檗
Berberis elegans (Franch.) Schneid.=Berberis amoena
Berberis elegans Lévl.=Mahonia bodinieri
Berberis elliotii Ahrendt.=Berberis tischleri
Berberis emarginata Willd.凹叶小檗
Berberis emarginata var. britzensis Schneid.布里泽凹叶小檗
Berberis emilii Schneid.=Berberis cavaleriei
Berberis empetrifolia Lam.岩高兰叶小檗
Berberis empetrifolia var. magellanica Schneid.麦哲伦岩高兰叶小檗
Berberis engleriana Schneid.恩格勒小檗
Berberis erythroclada Ahrendt 红枝小檗
Berberis erythroclada var. *trulungensis* Ahrendt=Berberis erythroclada
Berberis esquirolii Lévl.=Maytenus esquirolii
Berberis everestiana Ahrendt 珠峰小檗
Berberis everestiana var. *nambuensis* Ahrendt=Berberis parisepala
Berberis everestiana var. ventosa Ahrendt 高地珠峰小檗
Berberis faberi Schenid.法贝尔小檗
Berberis fallaciosa Schneid.南川小檗
Berberis fallax Schneid.(p.p.)=Berberis davidii
Berberis fallax Schneid.假小檗
Berberis fallax var. fallax=Berberis fallax
Berberis fallax var. latifolia C.Y.Wu & S.Y.Bao 阔叶假小檗
Berberis farinosa Benoist 粉背小檗
Berberis farreri Ahrendt 陇西小檗
Berberis faxoniana Schneid.法克昂小檗
Berberis feddeana Schneid.异长穗小檗
Berberis fendleri Gray 芬德勒小檗
Berberis fengii S.Y.Bao 大果小檗
Berberis ferdinandi-coburgii Schneid.大叶小檗
Berberis ferdinandi-coburgii var. *vernalis* Schneid.=Berberis vernalis
Berberis ferox C.Gay 智利多刺小檗
Berberis fiebergii Schneid.菲布里格小檗
Berberis finetii Schneid.=Berberis papillifera
Berberis flexuosa R. & P.蜿蜒小檗
Berberis floribunda Wall. ex G.Don 多花小檗
Berberis florida Phil.智利多花小檗
Berberis formosana Ahrendt.=Berberis micropetala
Berberis formosana Li=Berberis hayatana
Berberis forrestii Ahrendt 金江小檗
Berberis forskaliana Schneid.福斯卡尔小檗
Berberis fortunei Lindl.=Mahonia fortunei
Berberis fragrans Phil. ex Reiche 芳香小檗
Berberis franchetiana Schneid.滇西北小檗
Berberis franchetiana var. *glabripes* Ahrendt.=Berberis franchetiana
Berberis franchetiana var. *macrobotrys* Ahrendt.=Berberis lecomtei
Berberis francisci-ferdinandi Schneid.大黄檗
Berberis frikartii Schneid. ex Van de Laas.弗里卡特小檗
Berberis fujianensis C.M.Hu 福建小檗
Berberis gagnepainii Schneid.湖北小檗
Berberis gagnepainii var. *filipes* Ahrendt=Berberis gagnepainii
Berberis gagnepainii var. gagnepainii=Berberis gagnepainii
Berberis gagnepainii var. *lanceifolia* Ahrendt=Berberis gagnepainii
Berberis gagnepainii var. *lanceifolia* f. *pluriflora* Ahrendt=Berberis gagnepainii
Berberis gagnepainii var. omeiensis Schneid.眉山小檗
Berberis gagnepainii var. praestans Ahrendt 高雅湖北小檗
Berberis gagnepainii var. subovata Schneid.瓦屋小檗
Berberis gambleana Ahredt 加姆布小檗
Berberis ganpinensis Lévl.=Mahonia eurybracteata subsp. ganpinensis
Berberis garciae Pau 加尔恰小檗
Berberis gibbsii Ahrendt 吉布斯小檗
Berberis gilgiana Fedde 涝峪小檗
Berberis gilgiana Schuid.=Berberis pubescens
Berberis gilungensis Ying 吉隆小檗
Berberis giraldii Hesse=Berberis salicaria
Berberis glauca Kunth 粉绿小檗
Berberis glaucescens St.Hil.变粉绿小檗
Berberis glaucocarpa Stapf 霜粉黑果小檗
Berberis glazioviana Brade 格拉巧夫小檗
Berberis globosa Benth.球果小檗
Berberis glomerata HK. & Arn.团集小檗
Berberis glomerata var. zahlbruckneriana (Schneid.) Ahrendt 札尔布鲁克纳团集小檗
Berberis goudotii Tr. & Pl.古我特小檗
Berberis gracilipes Oliv.=Mahonia gracilipes
Berberis graminea Ahrendt 狭叶小檗
Berberis grandibracteata Ahrendt 大苞小檗
Berberis grandiflora Turcz.厄瓜多尔大花小檗
Berberis grantii Ahrendt 格兰特小檗
Berberis grevileana Gill. ex HK.格雷维尔小檗
Berberis griffithiana Schyneid.错那小檗
Berberis griffithiana var. griffithiana=Berberis griffithiana
Berberis griffithiana var. pallida (HK.f. & Thoms.) Chamb. & C.M.Hu 灰叶小檗
Berberis grodtmannia Schneid.安宁小檗
Berberis grodtmannia var. flavoramea Schneid 黄茎小檗
Berberis grodtmannia var. grodtmannia=Berberis grodtmannia

Berberis guernseyensis Ahrendt 奎恩西小檗
Berberis guilache Fr. & Pl.吉拉策小檗
Berberis guizhouensis Ying 毕节小檗
Berberis gyalaica Ahrendt 波密小檗
Berberis gyalaica var. *maximiflora* Ahrendt.=Berberis gyalaica
Berberis gyalaica var. *minuata* Ahrendt.=Berberis gyalaica
Berberis haenkeana Presl. ex Schult.黑恩克小檗
Berberis hainesii Ahrendt 海恩斯小檗
Berberis hainesii var. brevifilipes Ahrendt 短细柄海恩斯小檗
Berberis hakeoides (HK.f.) Schneid.墨水果小檗
Berberis hallii Hieron.霍尔小檗
Berberis hallii var. wagneriana Schneid.瓦格纳小檗
Berberis hamiltoniana Ahrendt 汉密尔顿小檗
Berberis haoi Ying 洮河小檗
Berberis hauniensis Scheid.豪恩小檗
Berberis hayatana Mizush.南湖小檗
Berberis helenae Ahrendt 海伦小檗
Berberis hemsleyana Ahrendt 拉萨小檗
Berberis henryana Schneid.川鄂小檗
Berberis hersii Ahrendt 南阳小檗
Berberis heteracantha Ahrendt 异形刺小檗
Berberis heterophylla Juss. ex Poir.异叶小檗
Berberis heteropoda Schrenk.异果小檗
Berberis heteropoda var. sphaerocarpa (Kar. & Kir.) Ahrendt 球果土耳其斯小檗
Berberis heteropsis Ahrendt 异形小檗
Berberis hibbardiana Ahrendt.=Berberis pruinosa
Berberis hieronymi Schneid.海罗尼姆小檗
Berberis himalaica Ahrendt 喜马拉雅小檗?
Berberis hirtellipes Ahrendt 微硬毛梗小檗
Berberis hispanica Boiss. & Teut.西班牙小檗
Berberis hispanica var. hackeliana (Schneid.) Ahrendt 哈克尔西班牙小檗
Berberis hobsonii Ahrendt 毛梗小檗
Berberis hochreutinerana Machride 霍赫鲁特纳小檗
Berberis holocraspedon Ahrendt 风庆小檗
Berberis holstii Engl.霍斯特小檗
Berberis honanensis Ahrendt 河南小檗
Berberis hookeri Lema.虎克小檗
Berberis hookeri var. microcarpa Ahrendt 小果虎克小檗
Berberis hookeri var. platyphylla Ahrent 阔叶虎克小檗
Berberis hookeri var. viridis Schneid.绿虎克小檗
Berberis horrida C.Gay 南美刺小檗
Berberis hsuyunensis Hsiao & Sung 叙永小檗
Berberis huanucensis (Schneid.) Macbride 瓦努科小檗
Berberis huegeliana Schneid 许格小檗
Berberis humbertiana Machride 汉伯特小檗
Berberis humido-umbrosa Ahrendt 阴湿小檗
Berberis humidoumbrosa var. dispersa Ahrendt 绿背小檗
Berberis humido-umbrosa var. *inornata* Ahrendt.=Berberis lecomtei
Berberis hybrido-gagnepainii Suring.假黑小檗
Berberis hypericifolia Ying 异叶小檗
Berberis hyperythra Diels 厄瓜多尔微红小檗
Berberis hypokerina Airy-Shaw 紫点小檗
Berberis hypoxantha C.Y.Wu ex S.Y.Bao 黄背小檗
Berberis ignorata Schneid.烦果小檗
Berberis ilicifolia Forst.冬青叶小檗
Berberis iliensis Popov.伊犁小檗
Berberis impedita Schneid.南岭小檗
Berberis incrassata Ahrenedt=Berberis insignis subsp. incrassata
Berberis incrassata var. *bucahwangensis* Ahrendt=Berberis insignis subsp. incrassata
Berberis incrassata var. *fugongensis* S.Y.Bao=Berberis insignis subsp. incrassata
Berberis insignis HK.f. & Thoms.显著小檗
Berberis insignis subsp. incrassata (Ahrendt) Chamb. & Hu 球果小檗
Berberis insignis var. elegantifolia Ahrendt 美叶显著小檗
Berberis insignis var. gouldii Ahrendt 古尔德显著小檗
Berberis insignis var. shergaonensis Ahrendt 舍岗显著小檗
Berberis insignis var. tongloensis Schneid.东洛显著小檗
Berberis insignis var. zelaica Ahrendt 泽拉显著小檗
Berberis insolita Schneid.西昌小檗
Berberis integripetala Ying 甘南小檗
Berberis intergerrima Franch.=Berberis jamesiana
Berberis interposita Ahrendt 居间小檗
Berberis irwinii Byhouwer 欧文小檗
Berberis iteophylla C.Y.Wu ex S.Y.Bao 鼠叶小檗
Berberis jaeschkeana Schneid.贾施克小檗
Berberis jaeschkeana var. bimbilaica Schneid.比巴小檗
Berberis jaeschkeana var. usteriana Schneid.尤斯特小檗
Berberis jamesiana Forrest & W.W.Sm.川滇小檗
Berberis jamesiana var. *leucocarpa* (W.W.Sm.) Ahrendt.=Berberis jamesiana
Berberis jamesiana var. saepium Ahrendt 篱笆川滇小檗
Berberis jamesiana var. *sepium* Ahrendt.=Berberis jamesiana
Berberis jamesonii Lindl.詹姆森小檗
Berberis japonica (Thunb.) R.Br.=Mahonia japonica
Berberis japonica var. *gracillima* (Fedde) Rehd.=Maholia japonica
Berberis jelskiana Schneid.杰尔斯基小檗
Berberis jiangxiensis C.M.Hu 江西小檗
Berberis jiangxiensis var. jiangxiensis=Berberis jiangxiensis
Berberis jiangxiensis var. pulchella C.M.Hu 短叶江西小檗
Berberis jingfushanensis Ying 金佛山小檗
Berberis jiulongensis Ying 九龙小檗
Berberis johannis Ahrendt 腰果小檗
Berberis julianae Schneid.豪猪刺
Berberis julianae var. *oblongifolia* Ahrendt=Berberis julianae
Berberis julianae var. *patungensis* Ahrendt=Berberis julianae
Berberis kangdingensis Ying 康定小檗
Berberis kansuensis Schneid.甘肃小檗
Berberis kansuensis var. *procera* Ahrend.t=Berberis dasystachya
Berberis kartanica Ahrendt 卡达小檗
Berberis kaschgarica Rupr.喀什小檗
Berberis kashmirana Ahrendt 克什米尔小檗
Berberis kawakamii Hay.台湾小檗
Berberis kawakamii var. *formosana* (Ahrendt.) Ahrendt.=Berberis micropetala
Berberis keissleriana Schneid.基斯勒里小檗
Berberis kerriana Ahrendt 南方小檗
Berberis kewensis Schneid.邱园小檗
Berberis khasiana Ahrendt 卡西亚小檗
Berberis knightii (Lindl.) K.Koch 奈特小檗
Berberis koehneana Schneid.凯内小檗
Berberis koehneana var. auramea Ahrendt 黄茎凯内小檗
Berberis kongboensis Ahrendt 工布小檗
Berberis koreana Palibin 朝鲜小檗
Berberis kumaonensis Schneid.库芒小檗
Berberis kunawurensis Royle 库纳乌尔小檗
Berberis kunmingensis C.Y.Wu ex S.Y.Bao 昆明小檗
Berberis lambertii Parker 兰伯特小檗
Berberis laojunshanensis Ying 老君山小檗
Berberis lasoiclema Ahrendt 毛枝小檗
Berberis latifolia R. & P.秘鲁阔叶小檗
Berberis laurina Billbg.月桂小檗
Berberis laxiflora Schrad.疏花小檗
Berberis laxiflora var. langeana Schneid.兰格疏花小檗
Berberis laxiflora var. oblanceolata Schneid.倒披针叶疏花小檗
Berberis leachiana Ahrendt 利奇小檗
Berberis leboensis Ying 雷波小檗
Berberis lechleriana Schneid.勒克勒里小檗
Berberis lecomtei Schneid.光叶小檗
Berberis lehmannii Hieron.莱曼小檗
Berberis lemoinei Ahrendt 勒莫奈小檗
Berberis lempergiana Ahrendt 天台小檗
Berberis lepidifolia Ahrendt 鳞叶小檗
Berberis leptoclada Diels=Berberis amoena
Berberis leptopoda Ahrendt=Berberis griffithiana var. pallida
Berberis leschenaultii Wall. ex Wight & Arn.=Mahonia napaulensis

Berberis leucocarpa W.W.Sm.=Berberis jamesiana
Berberis levis Franch.平滑小檗
Berberis levis var. *brachyphylla* Ahrendt=Berberis levis
Berberis libanotica Ehrenb. ex Schneid.黎巴嫩小檗
Berberis liechtensteninii Schneid.=Berberis potaninii
Berberis lijiangensis C.Y.Wu ex S.Y.Bao 丽江小檗
Berberis lilloana Job 利洛小檗
Berberis lindleyana Ahrendt 林德利小檗
Berberis linearifolia Phil.线叶小檗
Berberis linearifolia var. longifolia (Reiche) Ahrendt 长线叶小檗
Berberis liophylla Schneid.滑叶小檗
Berberis liophylla var. *conglobata* Ahrendt.=Berberis cavaleriei
Berberis litoralis Phil.滨海小檗
Berberis lobbiana Schneid.罗布小檗
Berberis lologensis Sandwth 罗罗格小檗
Berberis longispina Ying 长刺小檗
Berberis loudonii Ahrendt 路唐小檗
Berberis loxensis Benth.洛哈小檗
Berberis lubrica Schneid.亮叶小檗
Berberis ludlowii Ahrendt=Berberis muliensis
Berberis ludlowii var. *capillaris* (Cox. ex Ahrendt) Ahrendt=Berberis muliensis
Berberis ludlowii var. *deleica* (Ahrendt) Ahrent=Berberis muliensis
Berberis ludlowii var. *saxiclivicola* Ahrendt=Berberis muliensis var. atuntzeana
Berberis luhuoensis Ying 炉霍小檗
Berberis lutea R. & P.黄小檗
Berberis lycioides Stapf 枸杞状小檗
Berberis lycium Royle 枸杞小檗
Berberis lycium var. simlensis Ahrendt 西姆拉枸杞小檗
Berberis lycium var. subfascicularis Ahrendt 近簇生枸杞小檗
Berberis lycium var. subvirescens Ahrendt 撑绿枸杞小檗
Berberis macracantha Schrad.大刺小檗
Berberis macracantha var. pulchra Schneid.丽大刺小檗
Berberis macrosepala HK.f. & Thoms.大萼小檗
Berberis macrosepala var. sakdenensis (Ahrendt) Ahrendt 萨克丹大萼小檗
Berberis macrosepala var. setifolia Ahrendt 刚毛叶大萼小檗
Berberis maderensis Lowe 马德拉小檗
Berberis magnifolia Ahrendt 英国大叶小檗
Berberis mairei Ahrendt 麦氏小檗(新)?
Berberis malipoensis C.Y.Wu & S.Y.Bao 麻栗坡小檗
Berberis manipurana Ahrendt 曼尼普尔小檗
Berberis marginata C.Gay 白边小檗
Berberis masafuerana Sckottsb.马沙弗尔小檗
Berberis media Grootend 中间小檗
Berberis medogensis Ying 矮生小檗
Berberis meehanii Schneid. ex Rehd.梅汉小檗
Berberis mekongensis W.W.Sm.湄公小檗
Berberis mentorensis L.Ames 门妥小檗
Berberis metapolyantha Ahrendt 万源小檗
Berberis mianningensis Ying 冕宁小檗
Berberis miccia (Buch.-Ham. ex D.Don) Walpers.=Mahonia napaulensis
Berberis michay Job 米夏小檗
Berberis micrantha Ahrendt 不丹小花小檗
Berberis micropetala Ying 小瓣小檗
Berberis microphylla Forst.小叶小檗
Berberis microtricha Schneid.小毛小檗
Berberis mikuna Job 米孔小檗
Berberis mingetanensis Hay.=Berberis aristato-serrulata
Berberis mingetsensis Hay. (新拉汉英 1996)= Berberis mingetanensis
Berberis minutiflora Schneid.小花小檗
Berberis minutiflora var. *glabramea* Ahrendt=Berberis minutiflora
Berberis minutiflora var. *yulongshanensis* S.Y.Bao=Berberis minutiflora
Berberis miqueliana Ahrendt 米奎尔小檗
Berberis mitifolia Stapf=Berberis salicaria
Berberis monosperma R. & P.独籽小檗
Berberis montana C.Gay 山地小檗
Berberis montevidensis Schneid.蒙得维的亚小檗
Berberis morenonis Kutze 莫雷诺小檗
Berberis moritzii Hieron.莫里茨小檗
Berberis morrisonensis Hay.玉山小檗
Berberis mouilacana Shcneid.变刺小檗
Berberis mucrifolia Ahrendt 短尖叶小檗
Berberis mulfiflora Benth.厄瓜多尔多花小檗
Berberis muliensis Ahrendt 木里小檗
Berberis muliensis var. atuntzeana Ahrendt 阿墩小檗
Berberis muliensis var. *beimanica* Ahrendt=Berberis muliensis var. atuntzeana
Berberis muliensis var. muliensis=Berberis muliensis
Berberis multicaulis Ying 多枝小檗
Berberis multiflora var. calvescens Schneid.光秃厄瓜多尔多花小檗
Berberis multiovula Ying 多珠小檗
Berberis multiserrata Ying 粗齿小檗
Berberis mutabilis Phil.易变小檗
Berberis nantoensis Schneid.=Berberis micropetala
Berberis napaulensis sensu Hay.=Mahonia japonica
Berberis napaulensis var. *leschenaultii* (Wall. ex Wight & Arn.) HK. & Thosm.=Mahonia napaulensis
Berberis negeriana Tischl.内格小檗
Berberis nemorosa Schneid.林地小檗
Berberis nepalensis Spreng 尼泊尔小檗
Berberis nigricans O.Kuntze 变黑小檗
Berberis nilghiriensis Ahrendt 尼尔吉里小檗
Berberis notabilis Schneid.杂种显著小檗
Berberis nullinervis Ying 无脉小檗
Berberis nummularia Bge.铜钱叶小檗
Berberis nummularia var. pyrocarpa Schneid.红果铜钱叶小檗
Berberis nummularia var. *schrenkiana* Schneid.=Berberis farreri
Berberis nummularia var. *sinica* Schneid.=Berberis jamesiana
Berberis nutans Linden & Pl.俯垂小檗
Berberis nutanticarpa C.Y.Wu ex S.Y.Bao 垂果小檗
Berberis oblanceolata (Schneid.) Ahrendt.=Berberis prattii
Berberis oblonga (Rgl.) Schneid.长圆叶小檗
Berberis obovatifolia Ying 裂瓣小檗
Berberis orientalis Schneid.东方小檗
Berberis oritrepha Schneid.血珠小檗
Berberis orthobotrys Bienert ex Aitch.直总状花序小檗
Berberis orthobotrys var. canescens Ahrendt 灰毛直总状花序小檗
Berberis orthobotrys var. conwayi Ahrendt 康威直总状花序小檗
Berberis orthobotrys var. rubicunda Ahrendt 深红直总状花序小檗
Berberis orthobotrys var. rupestris Ahrendt 岩生直总状花序小檗
Berberis orthobotrys var. sinthanensis Ahrendt 新坦直总状花序小檗
Berberis osmastonii Dunn 奥斯马斯顿小檗
Berberis ottawensis Schneid.渥太华小檗
Berberis ottawensis var. purpurea Schneid.紫叶渥太华小檗
Berberis ovalifolia Rusby 广椭圆形叶小檗
Berberis oxoniensis Ahrendt 牛津小檗
Berberis pachyacantha Koehne 粗刺小檗
Berberis pallens Franch.淡色小檗
Berberis paniculata Juss. ex DC.圆锥花序小檗
Berberis panlanensis Ahrendt=Berberis sanguinea
Berberis papillifera (Franch.) Koehne 乳突小檗
Berberis papillosa Benoist 多乳突小檗(新)
Berberis papillosa var. aequatorialis Ahrendt 赤道乳突小檗
Berberis papillosa var. opacifolia Ahrendt 暗淡乳突小檗
Berberis parapruinosa Ying 拟粉叶小檗
Berberis paraspecta Ahrendt 鸡脚连
Berberis paravirescens Ahrendt 似变绿小檗
Berberis parisepala Ahrendt 等萼小檗
Berberis parkeriana Schneid 帕克小檗
Berberis parodii Job 帕罗德小檗
Berberis parsonsii Schneid.帕森斯小檗
Berberis parvifolia Sprague=Berberis wilsonae
Berberis paucidentata Rusby 疏齿小檗
Berberis pavoniana Ahrendt 帕丰小檗
Berberis pearcei Phil.皮尔斯小檗

Berberis pectinata Hieron.篦齿小檗
Berberis pectinocraspedon C.Y.Wu ex S.Y.Bao 梳边小檗
Berberis peruviana Schellenb.秘鲁小檗
Berberis petiolaris Wall. ex G.Don 具叶柄小檗
Berberis petiolaris var. garhwalana Ahrendt 加丽尔具叶柄小檗
Berberis petitiana Schneid.帕蒂小檗
Berberis petrogena Schneid.岩生小檗
Berberis phanera Schneid.显脉小檗
Berberis philippii Ahrendt 菲利普小檗
Berberis photiniaefolia C.M.Hu 石楠叶小檗
Berberis phyllacantha Rusby 刺叶小檗
Berberis pichinchensis Turcz.皮钦查小檗
Berberis pilosifolia Ahrendt 疏柔毛叶小檗
Berberis pindilicensis Hieron.平迪利克小檗
Berberis pingbienensis S.Y.Bao 屏边小檗
Berberis pingjiangensis Q.L.Chen & B.M.Yang=Berberis virgetorum
Berberis pingshanensis Surg & Hsiao (新拉汉英 1996)=Berberis pinshanensis
Berberis pingwuensis Ying 平武小檗
Berberis pinshanensis Sung & Hsiao 屏山小檗
Berberis platyphylla (Ahrendt) Ahrendt 阔叶小檗
Berberis podophylla Schneid.秘鲁具柄叶小檗
Berberis poiretii Schneid.细叶小檗
Berberis poiretii var. *bisemilis* P.Y.Li=Berberis poiretii
Berberis poluninii Ahrendt 波卢宁小檗
Berberis polyantha Hemsl.刺黄花
Berberis polyantha var. *oblanceolata* Schneid.=Berberis prattii
Berberis polymorpha Phil.多型小檗
Berberis polypetala Phil.多瓣小檗
Berberis potaninii Maxim.少齿小檗
Berberis praecipua Schneid.优秀小檗
Berberis praecipua var. *major* Ahrendt.=Berberis cavaleriei
Berberis prainiana Schneid. ex Stapf=Berberis sublevis
Berberis prattii Schneid 短锥花小檗
Berberis prattii var. *laxipendula* Ahrendt.=Berberis prattii
Berberis prattii var. *recurvata* Schneid.=Berberis prattii
Berberis prolifica Pittier 多育小檗
Berberis provincialis Audb. ex Schrad.省区小檗
Berberis pruinocarpa C.Y.Wu ex S.Y.Bao 粉果小檗
Berberis pruinosa Franch.粉叶小檗
Berberis pruinosa var. barresiana Ahrendt 易门小檗
Berberis pruinosa var. *brevipes* Ahrendt.=Berberis pruinosa
Berberis pruinosa var. *centiflora* (Diels) Hand.-Mazz.=Berberis centiflora
Berberis pruinosa var. longifolia Ahrendt 长粉叶小檗
Berberis pruinosa var. pruinosa=Berberis pruinosa
Berberis pruinosa var. *punctata* Ahrendt.=Berberis pruinosa
Berberis pruinosa var. serratifolia Ahrendt 锯齿叶粉叶小檗
Berberis pruinosa var. *tenuipes* Ahrendt.=Berberis pruinosa var. barresiana
Berberis pruinosa var. *viridifolia* Schneid.(p.p.)=Berberis pruinosa
Berberis pruinosa var. *viridifolia* Schneid.(p.p.)=Berberis wangii
Berberis pseudoamoena Ying 假美丽小檗
Berberis pseudoilicifolia Skottsb.假冬青叶小檗
Berberis pseudospinulosa Job 假小刺小檗
Berberis pseudothunbergii P.Y.Li 陕甘小檗?
Berberis pseudotibetica C.Y.Wu ex S.Y.Bao 假藏小檗
Berberis pseudoumbellata Parker 假伞形花小檗
Berberis psilopoda Turcz.秃柄小檗
Berberis pubescens Pamp.柔毛小檗
Berberis pulangensis Ying 普兰小檗
Berberis purdomii Schneid.延安小檗
Berberis qiaojiaensis S.Y.Bao 巧家小檗
Berberis quelpaertensis Nakai 奎帕特小檗
Berberis quindiuensis Kunth 金迪奥小檗
Berberis racemulosa Ying 短序小檗
Berberis rariflora Lechl.少花小檗
Berberis rechingeri Schneid.雷琴格小檗
Berberis rectinervia Rusby 直脉小檗
Berberis recurvata Ahrendt.=Berberis sargentiana
Berberis regeliana Koehne ex Schneid.雷杰尔小檗
Berberis regleriana Notcutt 雷格勒小檗
Berberis rehderiana Schneid.雷德小檗
Berberis reicheana Schneid.赖歇小檗
Berberis replicata W.W.Sm.卷叶小檗
Berberis replicata var. *dispar* Ahrnedt=Berberis griffithiana var. pallida
Berberis reticulata Byhouw.网脉小檗
Berberis reticulinervis Ying 芒康小檗
Berberis reticulinervis var. brevipedicellata Ying 无梗小檗
Berberis reticulinervis var. reticulinervis=Berberis reticulinervis
Berberis retrinervia Triana & Planch.哥伦比亚网脉小檗
Berberis retusa Ying 心叶小檗
Berberis rigida Hieron.坚硬小檗
Berberis rigidifolia Kunth 硬叶小檗
Berberis rockii Ahrendt 摩顶山小檗
Berberis rotundifolia Poepp. & Endl.圆叶小檗
Berberis royleana Ahrendt 罗伊尔小檗
Berberis rubrostilla Chitt.威斯利红果小檗
Berberis rubrostilla var. chealii Cheal 奇尔小檗
Berberis rubrostilla var. crawleyensis Ahrendt 克劳利小檗
Berberis rufescens Ahrendt 红茎小檗
Berberis rusbyana Ahrendt 鲁斯比小檗
Berberis ruscifolia Lam.假叶树叶小檗
Berberis sabulicola Ying 砂生小檗
Berberis salicaria Fedde 柳叶小檗
Berberis sanguinea Franch.血红小檗
Berberis sargentiana Schneid.刺黑珠
Berberis saxicola Lechl.秘鲁岩生小檗
Berberis saxorum Ahrendt 厄瓜多尔岩生小檗
Berberis schneideri Rehd.=Berberis amoena
Berberis schneideriana Ahrendt=Berberis wangii
Berberis schwerinii Schneid.施韦林小檗
Berberis sellowiana Schneid.塞劳小檗
Berberis serrata Koehne 锯齿小檗
Berberis serratodentata Lechl.锯齿状齿缺小檗
Berberis setigrifolia Ahrendt 刺毛叶小檗
Berberis shensiana Ahrendt 陕西小檗
Berberis sherriffii Ahrendt 短苞小檗
Berberis sibirica Pall.西伯利亚小檗
Berberis sichuanica Ying 四川小檗
Berberis sieboldii Miq.西保德小檗
Berberis sikkimensis (Schneid.) Ahrendt 锡金小檗
Berberis sikkimensis var. *baileyi* Ahrendt.=Berberis sikkimensis
Berberis sikkimensis var. *glabramea* Ahrendt.=Berberis sikkimensis
Berberis silva-taroucana Schneid.华西小檗
Berberis silvicola Schneid.兴山小檗
Berberis silvicola var. *angustata* Ahrendt=Berberis atrocarpa
Berberis simonsii Ahrendt 西蒙斯小檗
Berberis simulans Schneid.=Berberis sargentiana
Berberis sinensis var. *elegans* Franch.=Berberis amoena
Berberis sinensis var. *typica* Franch.=Berberis lecomtei
Berberis smithiana Sprague ex Ahrendt 史密斯小檗
Berberis solutiflora Ahrendt 离花小檗
Berberis soulieana Schneid.假豪猪刺
Berberis soulieana var. *paucinervata* Ahrendt.=Berberis soulieana
Berberis spaethii Schneid.斯佩思小檗
Berberis sphalera Fedde=Berberis potaninii
Berberis spinosissima (Reiche) Ahrendt 多刺小檗
Berberis spinulosa St.Hil.小刺小檗
Berberis spraguei Ahrendt 滇西小檗?
Berberis spraguei var. *pedunculata* Ahrendt.=Berberis virescens
Berberis spruceana (Schneid.) Ahrendt 斯普鲁斯小檗
Berberis stapfiana Schneid.=Berberis wilsonae
Berberis stearnii Ahrendt 斯蒂恩小檗
Berberis stenophylla Haqnce=Berberis soulieana
Berberis stenostachya Ahrendt 短梗小檗
Berberis stiebritziana Schneid.=Berberis approximata
Berberis stolonifera Koehne & Wolf 匍匐茎小檗
Berberis stuebelii Hieron.斯图伯尔小檗

Berberis subacuminata Schneid.亚尖叶小檗
Berberis subantarctica Gandoger 近南极小檗
Berberis subcaulialata Schneid.=Berberis wilsonae
Berberis subcoriacea Ahrendt=Berberis phanera
Berberis suberecta Ahrendt 近直立小檗
Berberis subholophylla C.Y.Wu 近缘叶小檗
Berberis sublevis W.W.Sm.近光滑小檗
Berberis sublevis var. *exquista* Ahrendt=Berberis sublevis
Berberis sublevis var. *grandifolia* Schneid.=Berberis sublevis
Berberis sublevis var. *macrocarpa* (HK.f. & Thoms.) Ahrendt=Berberis sublevis
Berberis subpteroclada Ahrendt=Berberis griffithiana
Berberis subpteroclada var. *impar* Ahrendt=Berberis griffithiana
Berberis subpteroclada var. minoripes Ahrendt 短柄微翼枝小檗
Berberis subsessiliflora Pamp.近无柄花小檗
Berberis subtriplinervis Franch.=Mahonia gracilipes
Berberis taliensis Schneid.大理小檗
Berberis taronensis Ahrendt 独龙小檗
Berberis taronensis var. *trimensis* Ahrendt=Berberis griffithiana var. pallida
Berberis taylorii Ahrendt.=Berberis gyalaica
Berberis temolaica Ahrendt 林芝小檗
Berberis temolaica var. *artisepala* Ahrendt=Berberis temolaica
Berberis tenuipedicellata Ying 细梗小檗
Berberis thibetica Schnid.西藏小檗?
Berberis thomsoniana Schenid.汤姆森小檗
Berberis thunbergii DC.日本小檗
Berberis thunbergii var. argenteomarginata Schneid.银边日本小檗
Berberis thunbergii var. atropurpurea Chenault 深紫日本小檗
Berberis thunbergii var. erecta (Rehd.) Ahrendt 直立日本小檗
Berberis thunbergii var. *glabara* Franch.=Berberis lecomtei
Berberis thunbergii var. maximowiczii (Rgl.) Rgl.马克西莫维奇日本小檗
Berberis thunbergii var. mino Rehd.矮日本小檗
Berberis thunbergii var. *papillifera* Franch.=Berberis papillifera
Berberis thunbergii var. pluriflora Koehne 多花日本小檗
Berberis thunbergii var. rubrifolia Ahrendt 红叶日本小檗
Berberis thunbergii var. uniflora Koehne 单花日本小檗
Berberis tianbaoshanensis S.Y.Bao=Berberis muliensis
Berberis tianshuiensis Ying 天水小檗
Berberis tinctoria Lesch.染用小檗
Berberis tischleri Schneid.川西小檗
Berberis tischleri var. *abbreviata* Ahrendt.=Berberis tischleri
Berberis tomentosa R. & P.绒毛小檗
Berberis tomentulosa Ahrendt 微毛小檗
Berberis triacanthophora Fedde 芒齿小檗
Berberis trichiataYing 毛序小檗
Berberis trifurca Loud.=Mahonia bodinieri
Berberis trigona Kunze ex Poepp. & Endl.三角小檗
Berberis trollii Diels 特罗尔小檗
Berberis truxillensis Turcz.特鲁希约小檗
Berberis tsarica Ahrendt 隐脉小檗
Berberis tsarica var. ritangensis Ahrendt 里塘小檗
Berberis tsarongensis Stapf.察瓦龙小檗
Berberis tsarongensis var. *megacarpa* Ahrendt.(p.p.)=Berberis lecomtei
Berberis tsarongensis var. *megacarpa* Ahrendt.(p.p.)=Berberis tsarongensis
Berberis tschonoskyana Rgl.柴科诺斯基小檗
Berberis tsienii Ying 永思小檗
Berberis turcomanica Karelin ex Ledeb.土库曼小檗
Berberis turcomanica var. buhseana (Schneid.) Ahrendt 布舍小檗
Berberis ulicina HK.f. & Thoms.尤里小檗
Berberis umbellata Wall. ex G.Don 伞形花小檗
Berberis umbellata var. brianii Ahrendt 布赖恩伞形花小檗
Berberis umbratica Ying 阴生小檗
Berberis valdiviana Phil.瓦尔的夫小檗
Berberis valdiviana var. gracilifolia Ahrendt 狭叶瓦尔的夫小檗
Berberis valida (Schneid.) Schneid.宁远小檗
Berberis validisepala Ahrendt 强萼小檗
Berberis validisepala var. primoglauca Ahrendt 初粉强萼小檗
Berberis vanfleetii Schneid.范弗利特小檗
Berberis variiflora Schneid.异花小檗
Berberis veitchii Schneid.巴东小檗
Berberis veitchiorum Hemsl. & Wils.=Mahonia polydonta
Berberis venusta Schneid.娇媚小檗
Berberis vernae Schneid.匙叶小檗
Berberis vernalis (Schneid.) Chamb. & C.M.Hu 春小檗
Berberis verruculosa Hemsl.疣枝小檗
Berberis verschaffelti Schneid.维尔沙费尔特小檗
Berberis verticillata Turcz.轮生小檗
Berberis vilmorinii Schneid.维尔莫林小檗
Berberis vinifera Ying 可食小檗
Berberis virescens HK.f. & Thoms.变绿小檗
Berberis virescens var. *ignorata* (Schneid.) Ahrendt.=Berberis ignorata
Berberis virgata R. & P.细枝小檗
Berberis virgetorum Schneid.庐山小檗
Berberis vitellina Hieron.卵黄小檗
Berberis vulgaris L. 欧小檗
Berberis vulgaris var. acutifolia (Prant) Scheid.尖叶欧洲小檗
Berberis vulgaris var. alba West.白果欧洲小檗
Berberis vulgaris var. albovariegata Zabel.白彩欧洲小檗
Berberis vulgaris var. argenteomarginata Usteri 银边欧洲小檗
Berberis vulgaris var. atropurpurea Rgl.暗紫欧洲小檗
Berberis vulgaris var. aureomarginata 金边欧洲小檗
Berberis vulgaris var. dulcis Loud.甜实欧洲小檗
Berberis vulgaris var. enuclea West.无籽欧洲小檗
Berberis vulgaris var. lutea L'Her.黄果欧洲小檗
Berberis vulgaris var. purpurifolia Ahredt 紫叶欧洲小檗
Berberis vulgaris var. sulcata Ahrendt 具槽欧洲小檗
Berberis wallichiana DC.瓦利赫小檗
Berberis wallichiana f. *arguta* Franch.=Berberis arguta
Berberis wallichiana f. *parvifolia* Franch.=Berberis davidii
Berberis wallichiana var. *gracilipes* Ahrendt=Berberis sublevis
Berberis wallichiana var. *macrocarpa* HK.f. & Thunb.=Berberis sublevis
Berberis wallichiana var. *pallida* HK.f. & Thoms.=Berberis griffithiana var. pallida
Berberis walterana Ahrendt.沃尔特小檗
Berberis wangii Schneid.西山小檗
Berberis wardii Schneid.沃尔德小檗
Berberis warszewiczii Hieron.瓦尔斯泽维奇小檗
Berberis watlingtonensis Ahrendt 沃特林顿小檗
Berberis wawrana Schneid.沃拉小檗
Berberis wazaristanica Ahrendt 瓦札里斯坦小檗
Berberis weberbaueri Schneid.韦伯鲍尔小檗
Berberis weddellii Lechl.韦德尔小檗
Berberis weiningensis Ying 威宁小檗
Berberis weixiensis C.Y.Wu ex S.Y.Bao 维西小檗
Berberis weixinensis S.Y.Bao 威信小檗
Berberis wettsteiniana Schneid.韦特斯坦小檗
Berberis wightiana Schneid.怀特小檗
Berberis willeana Schneid.=Berberis levis
Berberis willeana var. *serrulata* Schneid.=Berberis levis
Berberis wilsonae Hemsl.金花小檗
Berberis wilsonae var. favosa (W.W.Sm.) Ahrendt 蜂房金花小檗
Berberis wilsonae var. guhtzunica (Ahrendt) Ahrendt 古宗金花小檗
Berberis wilsonae var. *latior* Ahrendt=Berberis wilsonae var. guhtzunica
Berberis wilsonae var. *parvifolia* (Sprague) Ahrendt=Berberis wilsonae
Berberis wilsonae var. *stapfiana* (Schneid.) Schneid.=Berberis wilsonae
Berberis wilsonae var. *subcaulialata* (Schneid) Schneid.=Berberis wilsonae
Berberis wilsonae var. wilsonae=Berberis wilsonae
Berberis wintonensis Ahrendt 温顿小檗
Berberis wisleyensis Ahrendt 威斯利小檗
Berberis woomungensis C.Y.Wu ex S.Y.Bao 乌蒙小檗
Berberis wuliangshanensis C.Y.Wu ex S.Y.Bao 无量山小檗
Berberis wuyiensis C.M.Hu 武夷小檗
Berberis xanthoclada Schneid.梵净小檗
Berberis xanthophloea Ahrendt 黄皮小檗

Berberis xanthoxylon Hasskarl ex Schneid.黄木小檗
Berberis xanthoxylon var. junghuhniana Ahrendt 容胡恩黄木小檗
Berberis xanthoxylon var. sumatranica Ahrendt 苏门答腊黄木小檗
Berberis xingwenensis Ying 兴文小檗
Berberis yuii Ying 德浚小檗
Berberis yunnanensis Franch.云南小檗
Berberis yunnanensis var. *platyphylla* Ahrendt.=Berberis platyphylla
Berberis zabeliana Schneid.札伯尔小檗
Berberis zanlanscianensis Pamp.鄂西小檗
Berberis zayulana Ahrendt 察隅小檗?
Berberis ziyunensis Hsiao & Z.Y.Li 紫云小檗
Berchemia Neck.**勾儿茶属**(鼠李科)
Berchemia alnifolia Lévl.=Corylopsis alnifolia
Berchemia annamensis Pitard 越南勾儿茶
Berchemia axilliflora Cheng=Berchemia edgeworthii
Berchemia barbigera C.Y.Wu ex Y.L.Chen 腋毛勾儿茶
Berchemia brachycarpa C.Y.Wu ex Y.L.Chen 短果勾儿茶
Berchemia cavaleriei Lévl.=Sageretia henryi
Berchemia chanetii Lévl.=Sageretia thea
Berchemia congesta S.Moore=Rhamnella franguloides
Berchemia edgeworthii Laws.腋花勾儿茶
Berchemia flavescens (Wall.) Brongn.(Metcalf in Pek Nat.Hist.Bull.1941, p.p.)=Berchemia hispida
Berchemia flavescens (Wall.) Brongn.黄背勾儿茶
Berchemia flavescens Wall.=Berchemia flavescens
Berchemia floribunda (Wall.) Brongn.(Merr.in Lingn.Sci.J.1934,p.p.)= Berchemia annamensis
Berchemia floribunda Wall.=Berchemia floribunda
Berchemia floribunda (Wall.) Brongn.多花勾儿茶
Berchemia floribunda var. floribunda=Berchemia floribunda
Berchemia floribunda var. *megalophylla* Schneid.=Berchemia floribunda
Berchemia floribunda var. oblongifolia Y.L.Chen & P.K.Chou 矩叶勾儿茶
Berchemia formosana Schneid.(Masamune in Trans.Nat.Hist.Soc.Formos. 1934,p.p.)=Berchemia floribunda
Berchemia formosana Schneid.台湾勾儿茶
Berchemia giraldiana Schneid. =Berchemia floribunda
Berchemia hirtella Tsai & Feng 大果勾儿茶
Berchemia hirtella var. glabrescens C.Y.Wu ex Y.L.Chen 大老鼠耳
Berchemia hirtella var. hirtella=Berchemia hirtella
Berchemia hispida (Tsai & Fegn) Y.L.Chen & P.K.Chou 毛背勾儿茶
Berchemia hispida var. glabrata Y.L.Chen & P.K.Chou 光轴勾儿茶
Berchemia hispida var. hispida=Berchemia hispida
Berchemia huana Rehd.大叶勾儿茶
Berchemia huana var. glabrescens Cheng ex Y.L.Chen 脱毛大叶勾儿茶
Berchemia huana var. huana=Berchemia huana
Berchemia hypochrysa Schneid.=Berchemia flavescens
Berchemia hypochrysa var. *hispida* Tsai & Feng=Berchemia hispida
Berchemia kulingensis Schneid.牯岭勾儿茶
Berchemia lineata (L.) DC.铁包金
Berchemia longipedicellata Y.L.Chen & P.K.Chou 细梗勾儿茶
Berchemia longipes Y.L.Chen & P.K.Chou 长梗勾儿茶
Berchemia nana W.W.Sm.=Berchemia edgeworthii
Berchemia ohwii Kanehira=Berchemia formosana
Berchemia omeiensis Fang ex Y.L.Chen 峨眉勾儿茶
Berchemia polyphylla Wall. ex Laws.多叶勾儿茶
Berchemia polyphylla var. *leioclada* Hand.-Mazz.(Metcalf in Pek.Nat.Hist. Bull.1941,p.p.)=Berchemia formosana
Berchemia polyphylla var. *leioclada* Hand.-Mazz.(Metcalf in Pek.Nat.Hist. Bull.1941,p.p.)=Berchemia sinica
Berchemia polyphylla var. *leioclada* Hand.-Mazz.(Metcalf.in Pek.Nat.Hist. Bull.1941,p.p.)=Berchemia kulingensis
Berchemia polyphylla var. leioclada Hand.-Mazz.光枝勾儿茶
Berchemia polyphylla var. polyphylla=Berchemia polyphylla
Berchemia polyphylla var. trichophylla Hand.-Mazz.毛叶勾儿茶
Berchemia pycnantha Schneid.=Berchemia yunnanensis
Berchemia racemosa S. & Z.=Berchemia floribunda
Berchemia racemosa var. *formosana* (Schneid.) Kitam. & Murata= Berchemia formosana
Berchemia scandens (Hill.) Tel.攀援勾儿茶
Berchemia sect. *Berchemiella* (Nakai) Koidz.=**Berchemiella**
Berchemia sinica Schneid.勾儿茶
Berchemia trichoclada (Rehd. & Wils.) Hand.-Mazz.=Berchemia polyphylla
Berchemia trichoclada var. *leioclada* Hand.-Mazz.=Berchemia polyphylla var. leioclada
Berchemia wilsonii (Schneid.) Koidz.=Berchemiella wilsonii
Berchemia yunnanensis Franch.(Schneid.in Sarg.Pl.Wils.1914,p.p.)= Berchemia sinica
Berchemia yunnanensis Franch.(Schneid.in Sarg.Pl.Wils.1914,p.p.)= Berchemia polyphylla var. leioclada
Berchemia yunnanensis Franch.云南勾儿茶
Berchemia yunnanensis var. *trichoclada* Rehd. & Wils.=Berchemia polyphylla
Berchemiella Nakai **小勾儿茶属**(鼠李科)
Berchemiella berchemiaefolia (Makino) Nakai 日本小勾儿茶
Berchemiella crenulata (Hand.-Mazz.) Hu=Chaydaia rubrinervis
Berchemiella wilsonii (Schneid.) Nakai 小勾儿茶
Berchemiella yunnanensis Y.L.Chen & P.K.Chou 滇小勾儿茶
Bergenia Moench **岩白菜属**(虎耳草科)
Bergenia bifolia Moench=Bergenia crassifolia
Bergenia ciliata (Royel) A.Br.腺毛岩白菜
Bergenia ciliata f. *ligulata* Yeo=Bergenia pacumbis
Bergenia cordifolia (Haw.) Sternb.=Bergenia crassifolia
Bergenia coreana Nakai=Bergenia crassifolia
Bergenia crassifolia (L.) Fritsch 厚叶岩白菜
Bergenia crassifolia var. *cordifolia* (Haw.) A.Boriss.=Bergenia crassifolia
Bergenia crassifolia var. *elliptica* Ledeb.=Bergenia crassifolia
Bergenia crassifolia var. *obovata* Seringe=Bergenia crassifolia
Bergenia crassifolia var. *pacifica* Nekr.=Bergenia crassifolia
Bergenia delavayi (Franch.) Engl.=Bergenia purpurascens
Bergenia emeiensis C.Y.Wu 峨眉岩白菜
Bergenia emeiensis var. emeiensis=Bergenia emeiensis
Bergenia emeiensis var. rubellina J.T.Pan 淡红岩白菜
Bergenia himalaica A.Boriss.=Bergenia pacumbis
Bergenia ligulata (Wall.) Engl.=Bergenia pacumbis
Bergenia pacifica Kom.=Bergenia crassifolia
Bergenia pacumbis (Buch.-Ham.) C.Y.Wu & J.T.Pan 舌岩白菜
Bergenia purpurascens (HK.f. & Thoms.) Engl.岩白菜
Bergenia purpurascens f. *delavayui* (Franch.) Hand.-Mazz.=Bergenia purpurascens
Bergenia purpurascens var. *delavayi* (Franch.) Engl. & Irmsch.=Bergenia purpurascens
Bergenia purpurascens var. *macrantha* (Franch.) Diels=Bergenia purpurascens
Bergenia scopulosa T.P.Wang 秦岭岩白菜
Bergenia stacheyi (HK.f. & Thoms.) Engl.短柄岩白菜
Bergenia tiangquanensis J.T.Pan 天全岩白菜
Bergera integerrima Buch.-Ham. ex Coleb.=Micromelum integerrimum
Bergera koenigii L.=Murraya koenigii
Berghausia Endl.=**Garnotia**
Berghausia mutica Munro=Garnotia mutica
Berghausia patula Munro=Garnotia patula
Bergia L.**田繁缕属**(沟繁缕科)
Bergia ammanioides Roxb. ex Roth 田繁缕
Bergia ammannioides Roxb. ex Roth(Back in Fl.Malesiana 1951,台湾志 1977)=Bergia serrata
Bergia aquatica Roxb.=Bergia capensis
Bergia capensis L.大叶田繁缕
Bergia glandulosa Turcz.=Bergia serrata
Bergia serrata Blanco 倍蕊田繁缕
Bergia verticillata Willd.=Bergia capensis
Berinia Brignol.=**Crepis**
Berinia chrysantha (Ledeb.) Sch.-Bip.=Crepis chrysantha
Berinia crocea (Lam.) Sch.-Bip.=Crepis crocea
Berinia tenuifolia (Willd.) Sch.-Bip.=Youngia tenuifolia
Bernardina pumila Baudo=Lysimachia pumila
Berneuxia Decne.**岩匙属**(岩梅科)
Berneuxia thibetica Decne.岩匙
Berneuxia yunnanensis Li=Berneuxia thibetica
Berniera DC.=**Gerbera**
Berniera nepalensis DC.=Gerbera maxima
Berrya Roxb.**六翅木属**(椴树科)
Berrya ammonilla Roxb.=Berrya cordifolia

Berrya cordifolia (Willd.) Burret 六翅木
Berteroa DC.**团扇荠属**(十字花科)
Berteroa incana (L.) DC.团扇荠
Berteroa potanini Maxim.大果团扇荠
Berteroa potaninii Maxim.=Galitzkya potaninii
Berteroa potaninii var. *latifolia* Z.X.An.=Galitzkya potaninii
Berteroa spathulata (Stephan ex Willd.) C.A.Mey.=Galitzkya spathulata
Berteroella O.E.Schul **锥果芥属**(十字花科)
Berteroella maximowiczii (Palib.) O.E.Schulz ex Loes 锥果芥
Berula Hoffm.**天山泽芹属**(伞形科)
Berula angustifolia Mert. & Koch=Berula erecta
Berula erecta (Hds.) Cov.天山泽芹
Beruniella micrantha (Pall.) K.Z.Zak. & M.M.Nabiev.=Heliotropium micranthum
Besleria L.**贝思乐苣苔属**(苦苣苔科)
Besleria lutea L.金黄贝思乐苣苔
Beta L.**甜菜属**(藜科)
Beta vulgaris L.甜菜
Beta vulgaris var. cicla L.厚皮菜
Beta vulgaris var. luttea DC.饲用甜菜
Beta vulgaris var. rosea Moq.紫菜头
Beta vulgaris var. saccharifera Alef.糖萝卜
Betonica L.**药水苏属**(唇形科)
Betonica glabrata C.Koch=Betonica officinalis
Betonica laevigata D.Don=Nepeta laevigata
Betonica officinalis L.药水苏
Betula L.**桦木属**(桦木科)
Betula acuminata Wall.(Franch.in J.de Bot.1899)=Betula luminifera
Betula acuminata Wall.=Betula alnoides
Betula acuminata var. *cylindrostachya* Rgl.=Betula cylindrostachya
Betula acuminata var. *pyrifolia* Franch.=Betula luminifera
Betula acuminata var. α. *glabra* Rgl.=Betula alnoides
Betula acuminata var. β. *pilosa* Rgl.=Betula alnoides
Betula acuminata var. γ. *argula* Rgl.=Betula alnoides
Betula acuminata var. γ. *subglabra* Rgl.=Betula alnoides
Betula acuminata var. ζ. *lancifolia* Rgl.=Betula alnoides
Betula alba L.(p.p.)=Betula pendula
Betula alba subsp. 3. *mandshurica* Rgl.=Betula platyphylla
Betula alba subsp. 4. *latifolia* α. *tauschii* Rgl.=Betula platyphylla
Betula alba subsp. *latifolia* Rgl.=Betula platyphylla
Betula alba subsp. *mandshurica* Rgl.=Betula platyphylla
Betula alba subsp. *soongarica* var. *microphylla* Rgl.=Betula tianschanica
Betula alba subsp. *tauschii* Rgl.=Betula platyphylla
Betula albosinensis Burk.红桦
Betula albosinensis var. septantrionalis Schneid.?毛桦
Betula alleghaniensis Britt 加拿大黄桦
Betula alnoidea var. *acuminata* (*Wall.) H.*Winkl.=Betula alnoides
Betula alnoides Buch.-Ham.(Burk.in J.L.Soc.Bot.1899)=Betula luminifera
Betula alnoides Buch.-Ham.西桦
Betula alnoides var. *cylindrostachya* (Lindl.) H.Winkl.=Betula alnoides
Betula alnoides var. *cylindrostachya* Rgl.=Betula cylindrostachya
Betula alnoides var. *pyrifolia* (Franch.) Burk.=Betula luminifera
Betula austrosinensis Chun ex P.C.Li 华南桦
Betula baeumkeri H.Winkl.=Betula luminifera
Betula bhojpattra Lindl. ex Wall.=Betula utilis
Betula bhojpattra var. *genuina* Rgl.=Betula utilis
Betula bhojpattra var. *latifolia* Rgl.=Betula utilis
Betula bhojpattra var. *sinensis* Franch.=Betula albosinensis
Betula bhojpattra var. *typica*=Betula utilis
Betula bomiensis P.C.Li=Betula delavayi var. microstachya
Betula calcicola (W.W.Sm.) P.C.Li 岩桦
Betula ceratoptera G.H.Liu & Y.C.Ma=Betula chinensis
Betula chinensis Maxim.坚桦
Betula chinensis var. *angusticarpa* H.Winkl.=Betula chinensis
Betula chinensis var. chinensis=Betula chinensis
Betula chinensis var. *delavayi* Schneid.=Betula delavayi
Betula chinensis var. *fargesii* (Franch.) P.C.Li=Betula fargesii
Betula chinensis var. *nana* Liou=Betula chinensis
Betula costata Trautv.硕桦
Betula cylindrostachya Lindl.长穗桦
Betula cylindrostachya var. *typica* Rgl.=Betula cylindrostachya
Betula cylindrostachys Diels=Betula luminifera
Betula cylindrostachys var. *pilosa* Rgl.=Betula alnoides
Betula cylindrostachys var. *resinosa* Diels=Betula luminifera
Betula dahurica Pall.(Shirai in Bot.Mag.Tokyo 1905)=Betula schmidtii
Betula dahurica Pall.黑桦
Betula dahurica var. *oblongifolia* Liou=Betula dahurica
Betula dahurica var. *ovalifolia* Liou=Betula dahurica
Betula dahurica var. *tiliaefolia* Liou=Betula dahurica
Betula delavayi Franch.高山桦
Betula delavayi var. *calcicola* W.W.Sm.=Betula calcicola
Betula delavayi var. delavayi=Betula delavayi
Betula delavayi var. *forrestii* W.W.Sm.=Betula delavayi
Betula delavayi var. microstachya P.C.Li 细穗高山桦
Betula delavayi var. polyneura H. ex P.C.Li 多脉高山桦
Betula ermanii Cham.岳桦
Betula ermanii var. *costata* Rgl.=Betula costata
Betula ermanii var. ermanii=Betula ermanii
Betula ermanii var. *genuina* Rgl.=Betula ermanii
Betula ermanii var. *lanata* Rgl.=Betula ermanii
Betula ermanii var. macrostrobila Liou 帽儿山岳桦
Betula ermanii var. subcordata (Rgl.) Koidz.近心叶岳桦
Betula ermanii var. *typica* Rgl.=Betula ermanii
Betula ermanii var. yinkiliensis Liou & Wang 英吉里岳桦
Betula exalata S.Moore=Betula chinensis
Betula fargesii Franch.狭翅桦
Betula forrestii (W.W.Sm.) Hand.-Mazz.=Betula delavayi
Betula forrestii var. *calcicola* Hand.-Mazz.=Betula calcicola
Betula fruticosa Pall.(Kom.in Acta Hort Petrop.1903,p.p.)=Betula ovalifolia
Betula fruticosa Pall.柴桦
Betula fruticosa var. *cuneifolia* Rgl.=Betula microphylla
Betula fruticosa var. *gmelinii* Rgl.=Betula gmelinii
Betula fruticosa var. *ruprechtiana* Trautv.=Betula ovalifolia
Betula glandulosa Michx.(H.Winkl.in Engler,Pfanzenreich 1904,p.p.)=Betula rotundifolia
Betula glandulosa Michx.腺桦
Betula glandulosa var. *rotundifolia* Rgl.=Betula rotundifolia
Betula gmelinii Bge.(东北木本志 1955)=Betula fruticosa
Betula gmelinii Bge.砂生桦
Betula gynoterminalis Y.C.Hsu & C.J.Wang 贡山桦
Betula halophila Ching ex P.C.Li 盐桦
Betula humilis Schrank 甸生桦
Betula humilis var. *genuina* Rgl.=Betula humilis
Betula humilis var. *ovalifolia* Rgl.=Betula ovalifolia
Betula humilis var. *reticulata* Rgl.=Betula ovalifolia
Betula humilis var. *ruprechtii* Rgl.=Betula ovalifolia
Betula humilis var. *vulgalis* Perfilief=Betula fruticosa
Betula humilis ε. *ruprechtii* Rgl.=Betula ovalifolia
Betula humilis ζ. *reticulata* Rgl.=Betula ovalifolia
Betula humilis η. *ovalifolia* Rgl.=Betula ovalifolia
Betula hupehensis Schneid.=Betula luminifera
Betula insignis Franch.香桦
Betula japonica Sieb. ex H.Winkl.=Betula platyphylla
Betula japonica Thunb.=Alnus japonica
Betula japonica var. *mandshurica* (Rgl.) .) H.wink(L.)=Betula platyphylla
Betula japonica var. *rockii* Rehd.=Betula platyphylla
Betula japonica var. *szechuanica* Schneid.=Betula platyphylla
Betula jarmolenkoana Golosk.=Betula tianschanica
Betula jiaodongensis S.B.Liang=Betula chinensis
Betula jingpingensis P.C.Li 金平桦
Betula jiulungensis Hu ex P.C.Li 九龙桦
Betula kweichowensis Hu=Betula insignis
Betula latifolia Kom.=Betula platyphylla
Betula liaotungensis Baranov=Betula chinensis
Betula luminifera H.Winkl 亮叶桦
Betula luminifera var. *baeumkeri* H.Winkl.=Betula luminifera
Betula maackii Rupr.=Betula dahurica
Betula mandshurica (Rgl.) .) Nakai=Betula platyphylla
Betula maximowiczii Rupr.=Betula dahurica
Betula microphylla Bge.小叶桦
Betula middendorfii Trautv. & Mey.扇叶桦
Betula nana var. *sibirica* Dedeb (p.p.)=Betula rotundifolia
Betula nigra L.河桦

Betula olbo-sinensis var. *septantrionalis* Schneid.=Betula utilis
Betula ovalifolia Rupr.油桦
Betula palustris Salisb.(Rupr. in Bull.Acad.Sci.Sti.Pétersb.1857)=Betula fruticosa
Betula papyrifera Marsh.纸桦
Betula pendula Roth.垂枝桦
Betula platyphylla Suk.白桦
Betula platyphylla var. *japonica* Hara=Betula platyphylla
Betula platyphylla var. *mandshurica* (Rgl.) .) Hara=Betula platyphylla
Betula platyphylla. var. *szechuanica* (Schneid.) Rehd.=Betula platyphylla
Betula populifolia Marsh.杨叶桦
Betula potaninii Batal.矮桦
Betula potaninii var. potaninii=Betula potaninii
Betula potaninii var. *trichogemma* Hu ex P.C.Li=Betula trichogemma
Betula pubescens Ehrh.毛枝桦
Betula pumila L.矮小桦(新)
Betula reticulata Rupr.=Betula ovalifolia
Betula rhombibracteata P.C.Li 菱苞桦
Betula rotundifolia Spach.(Rgl. & Tiling in Nouv.M.Soc.Moscou 1858)= Betula middendorfii
Betula rotundifolia Spach.圆叶桦
Betula schmidtii Rgl.赛黑桦
Betula sibirica Watson=Betula fruticosa
Betula szechuanica (Schneid.) Jans.=Betula platyphylla
Betula tianschanica Rupr.天山桦
Betula trichogemma (Hu ex P.C.Li) T.Hong 峨眉矮桦
Betula turkestanica Litvin.中亚桦
Betula ulmifolia S. & Z.(Schneid. in Ill.Handb.Laubholzk.194,p.p.) Schneid. =Betula costata
Betula ulmifolia var. *costata* Rgl.=Betula costata
Betula ulmifolia var. *glandulosa* H.Winkl.=Betula ermanii
Betula utilis D.Don (森林图志 1948)=Betula austrosinensis
Betula utilis D.Don 糙皮桦
Betula utilis var. *prattii* Burk.=Betula utilis
Betula utilis var. *sinensis* (Franch.) H.Winkl.=Betula albosinensis
Betula verrucosa Ehrh.=Betula pendula
Betula verrucosa var. *platphylla* (Suk.) Lindq. ex Jans.=Betula platyphylla
Betula wilsoniana Schneid.=Betula luminifera
Betula wilsonii Bean=Betula potaninii
Betulaceae 桦木科
Betulaster acuminata Spach=Betula alnoides
Betulaster cylindrostachya Spach.=Betula cylindrostachya
Bhesa Buch.-Ham ex Arn.**膝柄木属**(卫矛科)
Bhesa robusta (Roxb.) D.Hou 膝柄木
Biarum sewezowii Regel.=Arum korolkowii
Bidaria Endl.=**Gymnema**
Bidaria foetida (Tsiang) P.T.Li= Gymnema foetidum
Bidaria foetida var. mairei (Tsiang) P.T.Li= Gymnema foetidum
Bidaria hainanensis (Tsiang) P.T.Li= Gymnemahainanense
Bidaria inodora (Lour.) Decaisne= Gymnema inodrum
Bidaria latifolia (Wall. ex Wight) P.T.Li= Gymnema latifolia
Bidaria longiretinaculata (Tsiang) P.t.Li= Gymnema longiretinaculatum
Bidaria tingens (Roxb. Ex Spreng.) Decaisne= Gymnema inodorum
Bidaria yunnanensis (Tsiang) P.T.Li=Gymnema yunnanense
Bidens L.**鬼针草属**(菊科)
Bidens aristosa L.鬓毛鬼针草
Bidens bipinnata L.婆婆针
Bidens biternata (Lour.) Merr. & Sherff 金盏银盘
Bidens cernua L.柳叶鬼针草
Bidens chinensis Willd.=Bidens biternata
Bidens frondosa L.大狼杷草
Bidens maximovicziana Oett.羽叶鬼针草
Bidens meyeniana Walp.=Glossogyne tenuifolia
Bidens parviflora Willd.小花鬼针草
Bidens pilosa L.鬼针草
Bidens pilosa var. *albiflora* Maxim.=Bidens pilosa var. radiata
Bidens pilosa var. *monor* (Bl.) Sherff=Bidens pilosa var. radiata
Bidens pilosa var. pilosa=Bidens pilosa
Bidens pilosa var. radiata Sch.-Bip.白花鬼针草
Bidens radiata Thuill.大羽叶鬼针草
Bidens radiata var. *pinnatifida* Kitam.=Bidens maximovicziana
Bidens repens D.Don=Bidens tripartita var. repens
Bidens robertianifolia Lévl. & Vant.=Bidens biternata
Bidens shimadai Hay.=Bidens tripartita
Bidens tenuifolia Labill.=Glossogyne tenuifolia
Bidens tripartita L.狼杷草
Bidens tripartita f. *limosa* Kom.=Bidens tripartita
Bidens tripartita var. *cenuifolia* Sherff=Bidens tripartita
Bidens tripartita var. repens (D.Don) Sherff 矮狼杷草
Bidens tripartita var. *shimadai* Yamam.=Bidens tripartita
Bidens tripartita var. *tripartita*=Bidens tripartita
Bidens tripartita β. *pinnatifida* Turcz. ex DC.=Bidens maximovicziana
Biebersteinia Steph. ex Fisch.**熏倒牛属**(牻牛儿苗科)
Biebersteinia emodii Jaub. & Spach.=Biebersteinia odora
Biebersteinia heterostemon Maxim.熏倒牛
Biebersteinia multifida DC.多裂熏倒牛
Biebersteinia odora Steph. ex Fisch.高山熏倒牛
Biermannia decumbens Griff.(分类学报 1951,海南志 1977)=Kingidium deliciosum
Biermannia taenialis (Lindl.) T.Tang & F.T.Wang=Kingidium taeniale
Bifaria Van Tiegh.=**Korthalsella**
Bifaria davidiana Van Tiegh.=Korthalsella japonica var. fasciculata
Bifaria fasciculata Van Tiegh.=Korthalsella japonica var. fasciculata
Bifaria japonica (Thunb.) Van.Tiegh.=Korthalsella japonica
Bifaria opuntia (Thunb.) Merr.=Korthalsella japonica
Bifrenaria Lindl.**比佛瑞纳兰属**(兰科)
Bifrenaria atropurpurea (Lodd.) Lindl.紫花比佛瑞纳兰
Bifrenaria harrisoniae (HK.) Rchb.f.比佛瑞纳兰
Bifrenaria inodora Lindl.无味比佛瑞纳兰
Bifrenaria tetragona (Lindl.) Schltr.四棱茎比佛瑞纳兰
Bifrenaria tyrianthina (Loud.) Rchb.f.青紫花比佛瑞纳兰
Bigamea Koen ex Endl.=**Ancistrocladus**
Bignonia africana Lam.=Kigelia africana
Bignonia catalpa Thunb.=Catalpa ovata
Bignonia chinensis Lam.=Campsis grandiflora
Bignonia colais Buch.-Ham. ex Dillwyn=Stereospermum colais
Bignonia ghorta Buch.-Ham.=Pauldopia ghorta
Bignonia gradiflora Thunb.=Campsis grandiflora
Bignonia indica L.=Oroxylum indicum
Bignonia pentandra Lour.=Oroxylum indicum
Bignonia porteriana Wall. ex A.DC.=Radermachera glandulosa
Bignonia radicans L.=Campsis radicans
Bignonia stipulata Roxb.=Markhamia stilulata
Bignonia tomentosa Thunb.=Paulownia tomentosa
Bignonia unguis-cati L.=Macfadyena unguis-cati
Bignonia venusta Ker-Gawl=Pyrostegia venusta
Bignoniaceae 紫葳科
Bilderdykia Dum.=**Fallopia**
Bilderdykia convolvulus (L.) Dum.=Fallopia convolvulus
Bilderdykia dentato-alata (F. Schm.) Kitag.=Fallopia dentato-alata
Bilderdykia dumetora (L.) Dum.=Fallopia dumetorum
Bileveillea granulatifolia (Bl.) Lévl.=Blumea lanceolaria
Billardiera Sm.**比拉蝶拉属**(海桐花科)
Billardiera cymosa F.Muell.聚伞花比拉蝶拉
Billardiera longiflora Labill.长花比拉蝶拉
Billardiera scandens Smith 攀援比拉蝶拉
Billardiera thyrsoides Mart.密花比拉蝶拉
Billbergia Thunb.**水塔花属**(凤梨科)
Billbergia nutans Wedl. ex Regel 垂花水塔花
Billbergia pyramidalis (Sims) Lindl.水塔花
Biondia Schltr.**秦岭藤属**(萝藦科)
Biondia chinensis Schltr.秦岭藤
Biondia crassipes M.G.Gilb. & P.T.Li 厚叶秦岭藤(萝藦科)
Biondia elliptica P.T.Li= Biondia microcentra
Biondia hemsleyana (Warb.) Tsiang 宽叶秦岭藤
Biondia henryi (Warb. ex Schltr. & Diels) Tsiang & P.T.Li 青龙藤
Biondia insignis Tsiang 黑水藤
Biondia laxa M.G.Gilb. & P.T.Li 杯冠秦岭藤
Biondia longipes P.T.Li 长序梗秦岭藤
Biondia microcentra (Tsiang) P.T.Li 祛风藤
Biondia parviurnula M.G.Gilb. & P.T.Li 小花秦岭藤
Biondia pilosa Tsiang & P.T.Li 宝兴藤
Biondia revoluta M.G.Gilb. & P.T.Li 卷冠秦岭藤

Biondia tsiukowensis M.G.Gilb. & P.T.Li 茨菇秦岭藤
Biondia yunnanensis (Lévl.) Tsiang 短叶秦岭藤
Biophytum DC.**感应草属**(酢浆草科)
Biophytum apodisecias (Turcz.) Degew. & HK.f.=Biophytum petersianum
Biophytum esquirolii Lévl.=Biophytum fruticosum
Biophytum fruticosum Bl.分枝感应草
Biophytum petersianum Klotzsch.无柄感应草
Biophytum sensitivum (L.) DC.感应草
Biophytum sessile (Buch.-Ham. ex Baill.) R.Knuth=Biophytum petersianum
Biophytum thorelianum var. *sinensis* Guill.=Biophytum fruticosum
Biota orientalis (L.) Endl.=Platycladus orientalis
Biota orientalis f. *sieboldii* (Endl.) Cheng & W.T.Wang=Platycladus orientalis cv. Siboldii
Biota orientalis var. *beverleyensis* (Rehd.) Hu=Platycladus orientalis cv. Beverleyensis
Biota orientalis var. *nana* Car.=Platycladus orientalis cv. Siboldii
Biota orientalis var. *semperaurescens* Lemoine ex Gord.=Platycladus orientalis cv. Semperaurescens
Biota orientalis var. *sieboldii* Endl.=Platycladus orientalis cv. Siboldii
Biotia corymbosa β. *discolor* Rgl.=Doellingeria scaber
Biotia discolor Maxim.=Doellingeria scaber
Biovularia Kamienski=**Utricularia**
Bischofia Bl.**秋枫属**(大戟科)
Bischofia cumingiana Decne.=Bischofia javanica
Bischofia javanica Bl.秋枫
Bischofia leplopoda Muell.Arg.=Bischofia javanica
Bischofia oblongifolia Decne.=Bischofia javanica
Bischofia polycarpa (Lévl.) Airy-Shaw 重阳木
Bischofia racemosa Cheng & C.D.Chu=Bischofia polycarpa
Bischofia roeperiana (Wight & Arn.) Decne.=Bischofia javanica
Bischofia toui Decne.=Bischofia javanica
Bischofia trifoliata (Roxb.) HK.=Bischofia javanica
Biscutella megalocarpa Fisch. ex DC.=Megacarpaea megalocarpa
Bismarckia Hildeb. & H.Wendl.**比斯马棕属**(棕榈科)
Bismarckia nobilis Hildeb. & Wendl.比斯马棕
Bistorta affinis (D.Don) Greene=Polygonum affine
Bistorta alopecuroides (Turcz.) Kom.=Polygonum alopecuroides
Bistorta amplexicaulis (D.Don) Greene=Polygonum amplexicaule
Bistorta chinensis H.Gross=Polygonum paleaceum
Bistorta emodi (Meisn.) V.Petr.=Polygonum emodi
Bistorta emodi var. *dependens* (Diels) V.Petr.=Polygonum emodi var. dependens
Bistorta franchetiana V.Petr.=Polygonum suffultum
Bistorta macrophyllum (D.Don) Sojak=Polygonum macrophyllum
Bistorta majanthemifolium V.Petr.=Polygonum suffultum
Bistorta major S.F. Gray=Polygonum bistorta
Bistorta manshuriensis Kom.=Polygonum manshuriense
Bistorta milletii Lévl.=Polygonum milletii
Bistorta ochotensis (V.Petr.) Kom.=Polygonum ochotense
Bistorta officinalis Rafin.=Polygonum bistorta
Bistorta pacifica (V.Petr. ex Kom.) Kom.=Polygonum pacificum
Bistorta pergracilis (Hemsl.) H.Gross=Polygonum suffultum var. pergracile
Bistorta pseudosuffulta V.Petr.=Polygonum suffultum var. pergracile
Bistorta sphaerostahyua (Meisn.) Greene=Polygonum macrophyllum
Bistorta subscaposum (Diels) V.Petr.=Polygonum subscaposum
Bistorta suffulta (Maxim.) Greene ex H.Gross=Polygonum suffultum
Bistorta vaccinifolium (Wall. ex Meisn.) Greene=Polygonum vaccinifolium
Bistorta vivipara (L.) S.F. Gray=Polygonum viviparum
Bistorta yunnanense H.Gross.=Polygonum paleaceum
Biswarea Cogn.**三裂瓜属**(葫芦科)
Biswarea tonglensis (C.B.Clarke) Cogn.三裂瓜
Bivolva fargesii Van Tiegh.=Balanophora fargesii
Bixa L.**红木属**(红木科)
Bixa orellana L.红木
Bixaceae 红木科
Blaberopus DC.=**Alstonia**
Blaberopus rupester Pichon=Alstonia rupestris
Blachia Baill.**留萼木属**(大戟科)
Blachia chunii Y.T.Chang & P.T.Li 海南留萼木
Blachia longzhouensis X.X.Chen 龙州留萼木
Blachia pentzii (Muell.Arg.) Benth.留萼木
Blachia umbellata (Willd.) Baill.印斯留萼木
Blackwellia Comm. ex Juss.=**Homalium**
Blackwellia ceylanica Gardn.=Homalium ceylanicum
Blackwellia fagifolia Lindl.=Homalium cochinchinense
Blackwellia padiflora Lindl.=Homalium cochinchinense
Bladhia Thunb.=**Ardisia**
Bladhia brevicaulis Migo=Ardisia brevicaulis
Bladhia chinensis Nakai=Ardisia chinensis
Bladhia chinensis var. *minor* Nakai=Ardisia chinensis
Bladhia citrifolia Nakai=Ardisia brevicaulis
Bladhia cornudentata Nakai=Ardisia cornudentata
Bladhia crenata Hara=Ardisia crenata
Bladhia crenata var. *tequetii* Hara=Ardisia crenata
Bladhia crispa Thunb.=Ardisia crispa
Bladhia crispa var. *dielsii* Nakai=Ardisia crispa
Bladhia crispa var. *taguetii* Nakai=Ardisia crenata
Bladhia elegans Koidz.=Ardisia elegans
Bladhia glabra Thunb.=Sarcandra glabra
Bladhia japonica Thunb.=Ardisia japonica
Bladhia kotoensis (Hay.) Nakai=Ardisia elliptica
Bladhia lentiginosa Nakai=Ardisia crenata
Bladhia lentiginosa var. *lanceolata* Masam.=Ardisia crenata
Bladhia lentiginosa var. *taquetii* Nakai=Ardisia crenata
Bladhia morrisonensis Nakai=Ardisia cornudentata
Bladhia oldhamii Masam.=Ardisia virens
Bladhia primulifolia Masam.=Ardisia primulaefolia
Bladhia pseudoquinquegona Masam.=Ardisia quinquegona
Bladhia punctata Nakai=Ardisia lindleyana
Bladhia quinquegona Nakai=Ardisia quinquegona
Bladhia radians Masam.=Ardisia virens
Bladhia recemosa Nakai=Ardisia squamulosa
Bladhia sciophila Nakai=Ardisia maclurei
Bladhia sieboldii Nakai=Ardisia sieboldii
Bladhia stenosepala Nakai=Ardisia cornudentata
Bladhia villosa Thunb.=Ardisia violacea
Bladhia violacea Suzuki=Ardisia brevicaulis var. violacea
Blainvillea Cass.**百能葳属**(菊科)
Blainvillea acmella (L.) Phillip.百能葳
Blainvillea latifolia (L.f.) DC.=Blainvillea acmella
Blainvillea rhomboidea sensu Dunn=Blainvillea acmella
Blastus Lour.**柏拉木属**(野牡丹科)
Blastus apricus (Hand.-Mazz.) H.L.Li 线萼金花树
Blastus apricus var. apricus=Blastus apricus
Blastus apricus var. longiflorus (Hand.-Mazz.) C.Chen 长瓣金花树
Blastus auriculatus Y.C.Huang ex C.Chen 耳基柏拉木
Blastus brevissimus C.Chen 短柄柏拉木
Blastus cavaleriei Lévl. & Vant.匙萼柏拉木
Blastus cavaleriei var. cavaleriei=Blastus cavaleriei
Blastus cavaleriei var. tomentosus (H.L.Li) C.Chen 腺毛柏拉木
Blastus cochinchinensis Lour.柏拉木
Blastus cogniauxii Stapf 南亚柏拉木
Blastus dunnianus Lévl.金花树
Blastus dunnianus var. dunnianus=Blastus dunnianus
Blastus dunnianus var. glandulo-setosus C.Chen 腺毛金花树
Blastus ernae Hand.-Mazz.留行草
Blastus hindsii Hance=Blastus pauciflorus
Blastus hirsuta H.L.Li=Sporoxeia hirsuta
Blastus latifolius H.L.Li=Sporoxeia latifolia
Blastus lii Nayer=Blastus cavaleriei var. tomentosus
Blastus longiflorus Hand.-Mazz.(H.L.Li in J. Arn.Arb.1944,p.p.)=Blastus cavaleriei
Blastus longiflorus Hand.-Mazz.=Blastus apricus var. longiflorus
Blastus lyi Lévl.=Fordiophyton faberi
Blastus mairei Lévl.=Bredia yunnanensis
Blastus marchandii Lévl.=Blastus cochinchinensis
Blastus mollissimus H.L.Li 密毛柏拉木
Blastus parviflorus Triana=Blastus cochinchinensis
Blastus pauciflorus (Benth.) Guillaum.(p.p.)=Blastus cavaleriei
Blastus pauciflorus (Benth.) Guillaum.少花柏拉木
Blastus setulosus Diels 刺毛柏拉木
Blastus spathulicalyx Hand.-Mazz.=Blastus cavaleriei
Blastus spathulicalyx var. *apricus* Hand.-Mazz.=Blastus apricus

Blastus squamosus C.Y.Wu & Y.C.Huang ex C.Chen 鳞毛柏拉木
Blastus tenuifolius Diels 薄叶柏拉木
Blastus tomentosus H.L.Li=Blastus cavaleriei var. tomentosus
Blastus tsaii H.L.Li 云南柏拉木
Blastus yunnanensis H.L.Li=Blastus tsaii
Blastus yunnanensis Lévl.=Bredia yunnanensis
Blatti Adans.=**Sonneratia**
Blatti acide Lam.=Sonneratia caseolaris
Blechnaceae 乌毛蕨科
Blechnidium Moore **乌木蕨属**(乌毛蕨科)
Blechnidium melanopus (HK.) Moore 乌木蕨
Blechnidium plagiogyriifrons Hay.=Blechnidium melanopus
Blechnopsis Presl=**Blechnum**
Blechnopsis orientalis Presl=Blechnum orientale
Blechnum L.**乌毛蕨属**(乌毛蕨科)
Blechnum eburneum Christ=Struthiopteris eburnea
Blechnum faberi C.Chr.=Plagiogyria assurgens
Blechnum fraseri Luerssen=Diploblechnum fraseri
Blechnum hancockii Hance=Struthiopteris hancockii
Blechnum integripinnum Hay.=Diploblechnum fraseri
Blechnum japonicum L.f.=Woodwardia japonica
Blechnum melanopus HK.=Blechnidium melanopus
Blechnum occidentale L.西方乌毛蕨
Blechnum orientale L.乌毛蕨
Blechnum orientalie var. cristata J.Sm.冠羽乌毛蕨
Blechnum orientalie var. orientalie=Blechnum orientale
Blechnum plagiogyriifrons Hay.=Blechnidium melanopus
Blechnum septentrionale Wallr.=Asplenium septentrionale
Blechnum serrulatum Rich.细齿乌毛蕨
Blechnum spicanta (L.) Roth 穗乌毛蕨
Blechnum stenopterum Hance=Plagiogyria stenoptera
Blechnum volubile Kaulf 卷乌毛蕨
Blechum P.Br.**赛山蓝属**(爵床科)
Blechum blechum Millsp.= Blechum pyramidatum
Blechum brownei Juss.= Blechum pyramidatum
Blechum pyramidatum (Lam.) Urb.赛山蓝
Bleekeria coccinea (Teijsm. & Binn.) Koidz.=Ochrosia coccinea
Bleekrodea tonkinensis Dub. & Eberh.=Streblus tonkinensis
Blepharis Juss.**百簕花属**(爵床科)
Blepharis boerhaaviaefolia Pers.= Blepharis maderaspatensis
Blepharis maderaspatensis (L.) Roth.百簕花
Bletia bicallosa D.Don=Eulophia bicallosa
Bletia bicallosa D.Don=Liparis nervosa
Bletia formosana Hay.=Bletilla formosana
Bletia gebina Lindl.=Bletilla striata
Bletia graminifolia D.Don=Arundina graminifolia
Bletia hyacinthina (J.E.Sm.) R.Br.=Bletilla striata
Bletia kotoensis Hay.=Bletilla formosana
Bletia masuca D.Don=Calanthe sylvatica
Bletia morrisonensis Hay.=Bletilla formosana
Bletia striata (Thunb. ex A.Murray) druce=Bletilla striata
Bletia woodfordii HK.=Phaius flavus
Bletilla Rchb.f.**白及属**(兰科)
Bletilla chinensis Schltr.=Bletilla sinensis
Bletilla elegantula (Kraenzl.) Garay & Romero=Bletilla formosana
Bletilla formosana (Hay.) Schltr.f. *kotoensis* (Hay.) T.P.Lin=Bletilla formosana
Bletilla formosana (Hay.) Schltr.小白及
Bletilla formosana.f. *rubrolabella* S.S.Ying=Bletilla formosana
Bletilla gebina (Lindl.) Rchb.f.=Bletilla striata
Bletilla hyacinthina (J.E.Sm.)=Bletilla striata
Bletilla kotoensis (Hay.) Schltr.=Bletilla formosana
Bletilla morrisonensis (Hay.) Schltr.=Bletilla formosana
Bletilla ochracea Schltr.黄花白及
Bletilla scopulorum (W.W.Sm.) Schltr.=Pleione scopulorum
Bletilla sinensis (Rolfe) Schltr.华白及
Bletilla striata (Thunb. ex A.Murray) Rchb.f.白及
Bletilla striata var. *gebina* (Lindl.) Rchb.f.=Bletilla striata
Bletilla striata var. *kotoensis* (Hay.) Masam.=Bletilla formosana
Bletilla szetchuanica Schltr. ex Limp.=Bletilla formosana
Bletilla yunnanensis Schltr. ex Limp.=Bletilla formosana
Bletilla yunnanensis var. *limprichtii* Schltr. ex Limp.=Bletilla formosana
Blinkworthia Choisy **苞叶藤属**(旋花科)
Blinkworthia convolvuloides Prain 苞叶藤
Blinkworthia discostigma Hand.-Mazz.=Blinkworthia convolvuloides
Blitum ambrosioides Beck.=Chenopodium ambrosioides
Blitum chenopodioides L.=Chenopodium chenoppdioides
Blitum glaucum Koch=Chenopodium glaucum
Blitum polymorphum C.A.Mey.=Chenopodium chenoppdioides
Blitum polymorphum C.A.Mey.=Chenopodium rubrum
Blitum rubrum Reichenb.=Chenopodium rubrum
Blitum virgatum L.=Chenopodium foliosum
Blossfeldia Werd.**松露玉属**(仙人掌科)
Blossfeldia liliputana Werd.松露玉
Bluffa eckloniana Nees=Alloteropsis semialata var. eckloniana
Blumea DC.**艾纳香属**(菊科)
Blumea adenophora Franch.具腺艾纳香
Blumea alata (Roxb.) DC.=Laggera alata
Blumea amethystina Hance=Blumea fistulosa
Blumea arnottiana Steud.=Inula cappa
Blumea aromatica DC.馥芳艾纳香
Blumea balansae Gagn.=Blumea membranacea
Blumea balsamifera (L.) DC.艾纳香
Blumea balsamifera var. *microcephala* Kitam.=Blumea balsamifera
Blumea barbata var. *sericans* Kurz=Blumea sericans
Blumea bodinieri Vant.=Blumea lacera
Blumea cavaleriei Lévl. & Vant.=Blumea hamiltoni
Blumea chevalieri Gagn.(Merr. & Chun in sunyats.1940)=Blumea laciniata
Blumea chevalieri Gagn.=Blumea lacera
Blumea chinensis (L.) DC.(p.p.)=Blumea riparia
Blumea chinensis DC.(Forb. & Hemsl.in J.L.Soc.Bot.1888)=Blumea megacephala
Blumea chinensis HK. & Arn.=Inula cappa
Blumea chinensis Walp.=Blumea hieracifolia
Blumea clarkei HK.f.(Randeria in Blumea 1960,p.p)=Blumea oblongifolia
Blumea clarkei HK.f.七里明
Blumea conspicua Hay.=Blumea lanceolaria
Blumea conyzoides Lévl. & Vant.=Conyza leucantha
Blumea conyzoides Lévl. & Vant.=Microglossa pyrifolia
Blumea dasycoma var. *pinnatifida* (Mikq.) Boerl.=Blumea densiflora
Blumea densiflora DC.密花艾纳香
Blumea densiflora var. densiflora=Blumea densiflora
Blumea densiflora var. hookeri (C.B.Clarke ex HK.f.) Chang & Tseng 薄叶密花艾纳香
Blumea densiflora var. *pinnatifida* Miq.=Blumea densiflora
Blumea eberharidtii Gagn.光叶艾纳香
Blumea esquirolii Lévl. & Vant.=Vernonia cinerea
Blumea excisa DC.=Blumea densiflora
Blumea fasciculata DC.=Blumea sessiliflora
Blumea fistulosa (Roxb.) Kurz 节节红
Blumea flava DC.=Blumeopsis flava
Blumea formosana Kitam.台北艾纳香
Blumea glandulosa Benth.=Blumea laciniata
Blumea glandulosa DC.=Blumea lacera
Blumea glomerata DC.=Blumea fistulosa
Blumea gnaphalioides Hay.=Blumea sericans
Blumea gracilis DC.=Blumea sessiliflora
Blumea gracilis Dunn=Blumea tenuifolia
Blumea hamiltoni DC.少叶艾纳香
Blumea henryi Dunn 尖苞艾纳香
Blumea hieracifolia (D.Don) DC.(Chang in Sunyats.1937,p.p.)=Blumea sericans
Blumea hieracifolia (D.Don) DC.(Merr. & Metc.in Lingn.Sci.J.1937,p.p.)=Blumea clarkei
Blumea hieracifolia (D.Don) DC.毛毡草
Blumea hieracifolia Hay.=Blumea sericans
Blumea hieracifolia var. *hamiltoni* (DC.) C.B.Clarke=Blumea hamiltoni
Blumea hieracifolia var. *hieracifolia* (D.Don) DC.(Randeria in Blumea 1960)=Blumea sericans
Blumea hieracifolia var. *holosericea* Benth.=Blumea sericans
Blumea hieracifolia var. *macrostachya* (DC.) HK.f.(Randeria in Blumea 1960,p.p.)=Blumea hieracifolia
Blumea hieracifolia var. *macrostachya* (DC.) HK.f.(Randeria in Blumea 1960,p.p.)=Blumea sericans
Blumea hongkongensis Lévl. & Vant.=Blumea clarkei
Blumea hookeri C.B.Clarke=Blumea densiflora var. hookeri

Blumea hymenophylla DC.=Blumea vrens
Blumea lacera (Burm.f.) DC.见霜黄
Blumea laciniata (Roxb.) DC.六耳铃
Blumea lanceolaria (Roxb.) Druce 千头艾纳香
Blumea lanceolaria var. *spectabilis* (DC.) Randeria=Blumea lanceolaria
Blumea lapsanoides DC.=Blumea vrens
Blumea leptophylla Hay.=Blumea aromatica
Blumea lessingi Merr.=Blumea clarkei
Blumea malabarica HK.f.(Hay.Comp.Formos.1904)=Blumea oblongifolia
Blumea malabarica HK.f.=Blumea clarkei
Blumea marginata Vant.裂苞艾纳香
Blumea martiniana Vant.(Randeria in Blumea 1960,p.p.)=Blumea henryi
Blumea martiniana Vant.裂苞艾纳香
Blumea megacephala (Rangeria) Chang & Tseng 东风草
Blumea membranacea DC.(Chang in Sunyats.1937)=Blumea napifolia
Blumea membranacea DC.长柄艾纳香
Blumea membranacea Hay.=Blumea laciniata
Blumea membranacea var. *gracilis* (DC.) HK.f.=Blumea sessiliflora
Blumea mollis (D.Don) Merr.柔毛艾纳香
Blumea myriocephala DC.=Blumea lanceolaria
Blumea napifolia DC.芜菁叶艾纳香
Blumea nudiflora HK.f.=Blumea fistulosa
Blumea oblongifolia Kitam.长圆叶艾纳香
Blumea okinawensis Hay.=Blumea laciniata
Blumea onnaensis Hay.=Blumea laciniata
Blumea oxyodonta DC.尖齿艾纳香
Blumea parvifolia DC.=Blumea mollis
Blumea procera DC.=Blumea repanda
Blumea pterodonda DC.=Laggera pterodonta
Blumea pubigera (L.) Merr.=Blumea riparia
Blumea purpurea DC.=Blumea fistulosa
Blumea racemosa DC.=Blumea fistulosa
Blumea repanda (Roxb.) Hand.-Mazz.高艾纳香
Blumea riparia (Bl.) DC.假东风草
Blumea riparia var. *megacephala* Randeria=Blumea megacephala
Blumea runcinata DC.=Blumea laciniata
Blumea sagittata Gagn.戟叶艾纳香
Blumea saussureoides Chang & Tseng 全裂艾纳香
Blumea semivestita DC.(p.p.)=Blumea repanda
Blumea sericans (Kurz) HK.f.(Merr. & Metc.in Lingn.Sci.J.1937,p.p.)=Blumea hieracifolia
Blumea sericans (Kurz) HK.f.拟毛毡草
Blumea sessiliflora Decne.无梗艾纳香
Blumea sinapifolia Gagn.=Blumea laciniata
Blumea sonchifolia DC.=Blumea laciniata
Blumea spectabilis DC.=Blumea lanceolaria
Blumea subcapitata DC.=Blumea lacera
Blumea subcapitata Matsum. & Hay.=Conyza japonica
Blumea tenuifolia C.Y.Wu 狭叶艾纳香
Blumea tonkinensis Gagn.=Blumea henryi
Blumea velutina Lévl. & Vant.=Blumea lacera
Blumea veronicifolia Franch.纤枝艾纳香
Blumea vrens DC.绿艾纳香
Blumea wightiana DC.=Blumea mollis
Blumeopsis Gagn.**拟艾纳香属**(菊科)
Blumeopsis falcata (D.Don) Merr. & Chun=Blumeopsis flava
Blumeopsis flava (DC.) Gagn.拟艾纳香
Blysmocarex macrantha (Böcklr.) Ivan=Kobresia macrantha
Blysmocarex nudicarpa Y.C.Yang=Kobresia macrantha var. nudicarpa
Blysmus Panz.**扁穗草属**(莎草科)
Blysmus compressus (L.) Panz.扁穗草
Blysmus sinocompressus Tang & Wang 华扁穗草
Blysmus sinocompressus var. nodosus Tang & Wang 节秆扁穗草
Blysmus sinocompressus var. sinocompressus=Blysmus sinocompressus
Blysmus sinocompressus var. stcnuifolius Tang & Wang 细叶扁穗草
Blyttia Arnott=**Cynanchum**
Blyxa Thou. ex Rich.**水筛属**(水鳖科)
Blyxa aubertii Rich.无尾水筛
Blyxa bicaudata Nakai=Blyxa echinosperma
Blyxa ceratosperma Maxim. ex Asch.u.Gürk.=Blyxa echinosperma
Blyxa ecaudata Hay.=Blyxa aubertii
Blyxa echinosperma (Clarke) HK.f.有尾水筛
Blyxa japonica (Miq.) Maxim.水筛
Blyxa laevissima Hay.=Blyxa japonica
Blyxa leiosperma Koidz.光滑水筛
Blyxa octandra (Roxb.) Planch. ex Thw.八药水筛
Blyxa roxburghii Rich.=Blyxa octandra
Blyxa shimadai Hay.=Blyxa echinosperma
Bobua Adans.=**Symplocos**
Bobua adinandrifolia (Hay.) Kanehira & Sasaki=Symplocos congesta
Bobua austrosinensis Migo=Symplocos sumatia
Bobua confusa (Brand) Kanehira & Sasaki=Symplocos confusa var. hirtistylis
Bobua congesta (Benth.) Migo=Symplocos congesta
Bobua crenatifolia Yamamoto=Symplocos nokoensis
Bobua divaricativena (Hay.) Kanehira & Sasaki=Symplocos cochinchinensis var. laurina
Bobua glauca (Thunb.) Nakai=Symplocos glauca
Bobua groffii (Merr.) migo=Symplocos groffii
Bobua ilicifolia (Hay.) Kanehira & Sasaki=Symplocos lucida
Bobua kotoensis (Hay.) Yamamoto=Symplocos cochinchinensis var. philippinensis
Bobua modesta (Brand) Yamamoto=Symplocos modesta
Bobua nakaii (Hay.) Kanehira & Sasaki=Symplocos congesta
Bobua neriifolia Miers=Symplocos glauca
Bobua nokoensis (Hay.) Kanehira & Sasaki=Symplocos nokoensis
Bobua phaeophylla (Hay.) Kanehira & Sasaki=Symplocos congesta
Bobua pseudolancifolia Hatusima=Symplocos lancifolia
Bobua stellaris (Brand) Migo=Symplocos stellaris
Bobua taiwaniana Hatusima=Symplocos congesta
Bobua theifolia Kanehira & Sasaki=Symplocos congesta
Bobua wikstroemiifolia (Hay.) Kanehira & Sasaki=Symplocos wikstroemiifolia
Bocconia cordata Willd.=Macleaya cordata
Bocconia microcarpa Maxim.=Macleaya microcarpa
Bodinierella cavaleriei Lévl.=Enkianthus chinensis
Bodinieria thalictrifolia Lévl. & Vant.=Boenninghausenia albiflora
Boea Comm. ex Lam.**旋蒴苣苔属**(苦苣苔科)
Boea arachnoidea Diels=Ornithoboea arachnoides
Boea birmanica Craib=Trisepalum birmanicum
Boea cavaleriei Lévl. & Vant=Rhabdothamnopsis sinensis
Boea chaffanjoni Lévl.=Paraboea sinensis
Boea clarkeana Hemsl.大花旋蒴苣苔
Boea crassifolia Hemsl.=Paraboea crassifolia
Boea darrisii Lévl.=Ornithoboea feddei
Boea densihispidula S.B.Zhou & X.H.Guo=Boea clarkeana
Boea dictyoneura Hance=Paraboea dictyoneura
Boea elephantopoides Chun=Boea philippensis
Boea feddei Lévl.=Ornithoboea feddei
Boea glutinosa Hand.-Mazz.=Paraboea martinii
Boea hainanensis Chun=Paraboea hainanensis
Boea hancei Clarke=Paraboea dictyoneura
Boea harroviana Craib=Paraboea dictyoneura
Boea hygrometrica (Bge.) R.Br.旋蒴苣苔
Boea macrophylla Drake=Paraboea sinensis
Boea mairei Lévl.=Boea clarkeana
Boea martinii (Lévl.) Lévl.=Paraboea martinii
Boea paniculata Hand.-Mazz.=Trisepalum burnabucyn
Boea philippensis Clarke 地胆旋蒴苣苔
Boea poilanei Pellegr.=Boea philippensis
Boea rubicunda Lévl.=Rhabdothamnopsis sinensis
Boea rufescens Franch.=Paraboea rufescens
Boea rufescens var. *seguini* (Lévl. & Vant.) Lévl.=Paraboea rufescens
Boea sect. *Caulescentes* Fritsch.=**Paraboea**
Boea swinhoii Hance=Paraboea swinhoii
Boea thirioni Lévl.=Paraboea thirionii
Boea umbellata Drake=Paraboea rufescens var. umbellata
Boehmeria Jacq.**苎麻属**(荨麻科)
Boehmeria allophylla W.T.Wang 异叶苎麻
Boehmeria bicuspis C.J.Chen 双尖苎麻
Boehmeria blinii Lévl.黔桂苎麻
Boehmeria blinii var. blinii=Boehmeria blinii
Boehmeria blinii var. podocarpa W.T.Wang 柄果苎麻
Boehmeria bodinieri Lévl.=Laportea bulbifera
Boehmeria canescens Wedd.=Boehmeria macrophylla var. canescens
Boehmeria clidemioides Miq.白面苎麻

Boehmeria clidemioides var. clidemioides=Boehmeria clidemioides
Boehmeria clidemioides var. diffusa (Wedd.) Hand.-Mazz.序叶苎麻
Boehmeria clidemioides var. *umbrosa* Hand.-Mazz.=Boehmeria umbrosa
Boehmeria comosa Wedd.=Boehmeria clidemioides var. diffusa
Boehmeria delavayi Gagn.=Pouzolzia elegans var. delavayi
Boehmeria delavayi var. longifolia Gagn.鸡山苎麻
Boehmeria densiflora HK. & Arn.=Boehmeria penduliflora var. loochooensis
Boehmeria densiglomerata W.T.Wang 密球苎麻
Boehmeria diffusa Wedd.=Boehmeria clidemioides var. diffusa
Boehmeria dolichostachya W.T.Wang 长序苎麻
Boehmeria elegantula Hand.-Mazz.=Pouzolzia elegans
Boehmeria esquirolii Lévl.=Maoutia puya
Boehmeria formosana Hay.海岛苎麻
Boehmeria formosana var. formosana=Boehmeria formosana
Boehmeria formosana var. fuzhouensis W.T.Wang 福州苎麻
Boehmeria frutescens (Thunb.) Thunb.=Oreocinide frutescens
Boehmeria frutescens Thunb.(Hand.-Mazz.in Symb.Sin.1929)=Boehmeria nivea var. nipononivea
Boehmeria frutescens var. *concolor* (Makino) Nakai=Goehmeria nivea var. tenacissima
Boehmeria frutescens var. *viridula* (Yamamoto) Suzuki=Boehmeria nivea var. viridula
Boehmeria fruticosa Gaudich.=Oreocinide frutescens
Boehmeria glomerulifera Miq.(Hand.-Mazz.in Symb.Sin.1929)=Boehmeria malabarica
Boehmeria glomerulifera Miq.腋花苎麻
Boehmeria glomerulifera var. *leioclada* W.T.Wang=Boehmeria malabarica var. leioclada
Boehmeria gracilis C.H.Wright 细野麻
Boehmeria grandifolia Wedd.=Boehmeria longispica
Boehmeria hamiltoniana Wedd.细序苎麻
Boehmeria heteroidea Bl.=Boehmeria zollingeriana
Boehmeria holosericea var. *strigosa* W.T.Wang=Boehmeria strigosifolia
Boehmeria japonica Miq.=Boehmeria longispica
Boehmeria japonica var. *platanifolia* Maxim.=Boehmeria tricuspis
Boehmeria leiophylla W.T.Wang 光叶苎麻
Boehmeria lohuiensis Chien 琼海苎麻
Boehmeria longispica Steud.大叶苎麻
Boehmeria macrophylla D.Don=Boehmeria penduliflora
Boehmeria macrophylla Hornem.水苎麻
Boehmeria macrophylla var. canescens (Wedd.) Long 灰绿水苎麻
Boehmeria macrophylla var. macrophylla=Boehmeria macrophylla
Boehmeria macrophylla var. rotundifolia (D.Don) W.T.Wang 圆叶水苎麻
Boehmeria macrophylla var. scabrella (Roxb.) Long 糙叶水苎麻
Boehmeria malabarica Wedd.腋球苎麻
Boehmeria malabarica var. leioclada (W.T.Wang) W.T.Wang 光枝苎麻
Boehmeria malabarica var. malabarica=Boehmeria malabarica
Boehmeria martinii Lévl.=Pilea martinii
Boehmeria maximowiczii Nakai=Boehmeria tricuspis
Boehmeria nepalensis Wedd.=Pouzolzia sanguinea var. nepalensis
Boehmeria nipononivea Koidz.=Boehmeria nivea var. nipononivea
Boehmeria nivea (L.) Gaudich.苎麻
Boehmeria nivea var. *concolor* Makino=Goehmeria nivea var. tenacissima
Boehmeria nivea var. *crassifolia* C.H.Wright=Maoutia puya
Boehmeria nivea var. nipononivea (Koidz.) W.T.Wang 贴毛苎麻
Boehmeria nivea var. nivea=Boehmeria nivea
Boehmeria nivea var. tenacissima (Gaudich.) Miq.青叶苎麻
Boehmeria nivea var. viridula Yamamoto 微绿苎麻
Boehmeria oblongifolia W.T.Wang 长圆苎麻
Boehmeria paraspicata Nakai=Boehmeria gracilis
Boehmeria parvifolia Wedd.=Droguetia iners subsp. urticoides
Boehmeria penduliflora Wedd. ex Long 长叶苎麻
Boehmeria penduliflora var. loochooensis (Wedd.) W.T.Wang 密花苎麻
Boehmeria penduliflora var. penduliflora=Boehmeria penduliflora
Boehmeria pilosiuscula (Bl.) Hassk.疏毛水苎麻
Boehmeria platanifolia Franch.=Boehmeria tricuspis
Boehmeria platanifolia var. *silvestrii* Pamp.=Boehmeria silvestrii
Boehmeria platyphylla D.Don=Boehmeria macrophylla
Boehmeria platyphylla var. *canescens* (Wedd.) Wedd.=Boehmeria macrophylla var. canescens
Boehmeria platyphylla var. *hamiltoniana* (Wedd.) Wedd.=Boehmeria hamiltoniana
Boehmeria platyphylla var. *loochooensis* Wedd.=Boehmeria penduliflora var. loochooensis
Boehmeria platyphylla var. *macrophylla* Wedd.=Boehmeria longispica
Boehmeria platyphylla var. *macrostachya* (Wight) Wedd.=Boehmeria macrophylla
Boehmeria platyphylla var. *pilosiuscula* (Bl.) Hand.-Mazz.=Boehmeria pilosiuscula
Boehmeria platyphylla var. *rotundifolia* (D.Don) Wedd.=Boehmeria macrophylla var. rotundifolia
Boehmeria platyphylla var. *scabrella* (Roxb.) Wedd.=Boehmeria macrophylla var. scabrella
Boehmeria platyphylla var. *stricta* C.H.Wright=Boehmeria formosana
Boehmeria platyphylla var. *tomentosa* (Wedd.) Wedd.=Boehmeria tomentosa
Boehmeria platyphylla var. *tricuspis* Hance=Boehmeria tricuspis
Boehmeria polystachya Wedd.岐序苎麻
Boehmeria pseudotricuspis W.T.Wang 滇黔苎麻
Boehmeria rotundifolia D.Don=Boehmeria macrophylla var. rotundifolia
Boehmeria salicifolia D.Don=Debregeasia saeneb
Boehmeria siamensis Craib 束序苎麻
Boehmeria sidaefolia Wedd.(Matsum. & Hay.in J.Coll.Sci.Univ.Tokyo 1906)=Leucosyke quadrinervia
Boehmeria sidaefolia Wedd.(Merr.in Lingnan Sci.J.1927,p.p.)=Boehmeria tonkinensis
Boehmeria sidaefolia Wedd.=Boehmeria clidemioides
Boehmeria sieboldiana Bl.(Hand.-Mazz.in Symb.Sin.1929)=Boehmeria formosana
Boehmeria silvestrii (Pamp.) W.T.Wang 赤麻
Boehmeria spicata (Thunb.) Thunb.小赤麻
Boehmeria spicata Thunb.(Chien in Contr.Biol. Lab.Sci.Soc.China 1934,p.p.)= Boehmeria gracilis
Boehmeria spicata var. *duploserrata* C.H.Wright=Boehmeria longispica
Boehmeria spirei Gagn.=Boehmeria siamensis
Boehmeria strigosifolia W.T.Wang 伏毛苎麻
Boehmeria strigosifolia var. mollis W.T.Wang 柔毛苎麻
Boehmeria strigosifolia var. strigosifolia=Boehmeria strigosifolia
Boehmeria taiwaniana Nakai & Satake=Boehmeria longispica
Boehmeria tenacissima Gaudich.=Goehmeria nivea var. tenacissima
Boehmeria ternifolia D.Don 圆叶苎麻
Boehmeria tibetica C.J.Chen 西藏苎麻
Boehmeria tomentosa Wedd.密毛苎麻
Boehmeria tonkinensis Gagn.越南苎麻
Boehmeria tricuspis (Hance) Makino (高等图鉴 1972,东北草本志 1980,湖北志 1976,河北志 1981)=Boehmeria silvestrii
Boehmeria tricuspis (Hance) Makino 悬铃叶苎麻
Boehmeria tricuspis var. *unicuspis* Makino ex Ohwi=Boehmeria gracilis
Boehmeria umbrosa (Hand.-Mazz.) W.T.Wang 阴地苎麻
Boehmeria vanioti Lévl.=Pilea notata
Boehmeria yingjiangensis W.T.Wang 盈江苎麻
Boehmeria zollingeriana Wedd.(C.H.Wright in J.L.Soc.Bot.1899)=Boehmeria blinii var. podocarpa
Boehmeria zollingeriana Wedd.帚序苎麻
Boeica Clarke **短筒苣苔属**(苦苣苔科)
Boeica ferruginea Drake 锈毛短筒苣苔
Boeica fulva Clarke 短筒苣苔
Boeica guileana Burtt 紫花短筒苣苔
Boeica multinervia K.Y.Pan 多脉短筒苣苔
Boeica porosa Clarke 孔药短筒苣苔
Boeica stolonifera K.Y.Pan 匍茎短筒苣苔
Boeica tonkinensis (Kranenzl.) Burtt(W.T.Wang & K.Y.Pan in Bull.Bot. Res.1982,p.p.)=Boeica stolonifera
Boeica tonkinensis (Kranenzl.) Burtt=Boeica porosa
Boeica yunnanensis (H.W.Li) K.Y.Pan 翼柱短筒苣苔
Boeicopsis H.W.Li=**Boeica**
Boeicopsis yunnanensis H.W.Li=Boeica yunnanensis
Boenninghausenia Reichb. ex Meisn.**石椒草属**(芸香科)
Boenninghausenia albiflora (HK.) Reichb. ex Meisn.臭节草
Boenninghausenia albiflora var. *albiflora*=Boenninghausenia albiflora
Boenninghausenia albiflora var. *brevipes* Franch.=Boenninghausenia sessilicarpa
Boenninghausenia albiflora var. pilosa Tan 毛臭节草

Boenninghausenia brevipes Lévl.=Boenninghausenia sessilicarpa
Boenninghausenia schizocarpa S.Y.Hu=Boenninghausenia albiflora
Boenninghausenia sessilicarpa Lévl.石椒草
Boerhavia L.**黄细心属**(紫茉莉科)
Boerhavia chinensis (L.) Aschers. & Schweinf. =Commicarpus chinensis
Boerhavia chinensis (L.) Druce=Commicarpus chinensis
Boerhavia crispa Heyne 皱叶黄细心
Boerhavia diffusa L.黄细心
Boerhavia diffusa var. *eudiffusa* Heim. ex Hand.-Mazz.=Boerhavia diffusa
Boerhavia diffusa var. *mutabilis* R.Br.=Boerhavia diffusa
Boerhavia erecta L.直立黄系心
Boerhavia repanda Willd.=Commicarpus chinensis
Boerhavia repens L.=Boerhavia diffusa
Boerlagiodendron Harms.**兰屿加属**(五加科)
Boerlagiodendron kotoense (Hay.) Nakai=Boerlagiodendron pectinatum
Boerlagiodendron palmatum (Zipp.) Harms 印度兰屿加
Boerlagiodendron pectinatum Merr.兰屿加
Boesenbergia O.Ktze.**凹唇姜属**(姜科)
Boesenbergia albomaculata S.Q.Tong 白斑凹唇姜
Boesenbergia fallax Loes.= Boesenbergia longiflora
Boesenbergia longiflora (Wall.) Kuntze.心叶凹唇姜
Boesenbergia pandurata (Roxb.) Schlecht.=Boesenbergia rotunda
Boesenbergia rotunda (L.) Mansf.凹唇姜
Bogenherdia Rchb.=**Abutilon**
Bogenherdia crispa (L.) Kearney=Abutilon crispum
Bohua ilicifolia (Hay.) Kanehira & Sasaki=Symplocos setchuensis
Boisduvalia Spach.**穗报春属**(柳叶菜科)
Boisduvalia densiflora S.Wats.密花穗报春
Boissiera Hochst. & Steud.**布瓦氏草属**(禾本科)
Boissiera squarrosa (Bundks & Soland.) Nevski 粗糙布瓦氏草
Boita D.Don ex Endl.=**Platycladus**
Bolbitidaceae 实蕨科
Bolbitis Schott **实蕨属**(实蕨科)
Bolbitis angustipinna (Hay.) H.Ito 多羽实蕨
Bolbitis annamensis Tard.-Blot & C.Chr.广西实蕨
Bolbitis appendiculata Iwatsuki=Egenolfia appendiculata
Bolbitis bipinnatifida Iwatsuki=Egenolfia bipinnatifida
Bolbitis christensenii (Ching) Ching 贵州实蕨
Bolbitis confertifolia Ching 密叶实蕨
Bolbitis contaminans Ching=Bolbitis angustipinna
Bolbitis formosana Tagawa=Bolbitis subcordata
Bolbitis hainanensis Ching & C.H.Wang 厚叶实蕨
Bolbitis hekouensis Ching 河口实蕨
Bolbitis hetyeroclita (Presl) Ching 长叶实蕨
Bolbitis laciniata (HK.) Abeywickr.=Leptochilus decurrens
Bolbitis latipinna Ching 宽羽实蕨
Bolbitis media Ching & C.H.Wang 中型实蕨
Bolbitis rhizophylla Hennipman=Egenolfia rhizophylla
Bolbitis scandens W.M.Chu ex Ching & C.H.Wang 附着实蕨
Bolbitis serrulata Iwatsuki=Egenolfia rhizophylla
Bolbitis sinensis Iwatsuki var. *costulata* Tagawa & Iwatsuki=Egenolfia bipinnatifida
Bolbitis sinensis Iwatsuki=Egenolfia sinensis
Bolbitis subcordata (Cop.) Ching 华南实蕨
Bolbitis tibetica Ching & S.K.Wu 西藏实蕨
Bolbitis tonkinensis Iwatsuki=Egenolfia tonkinensis
Bolbitis yunnanensis Ching 云南实蕨
Bolbostemma Franq.**假贝母属**(葫芦科)
Bolbostemma biglandulosum (Hemsl.) Franqet 刺儿瓜
Bolbostemma biglandulosum var. biglandulosum=Bolbostemma biglandulosum
Bolbostemma biglandulosum var. sinuato-lobulatum C.Y.Wu 波裂叶刺儿瓜
Bolbostemma paniculatum (Maxim.) Franq.土贝母
Bollea Rchb.f.**宝丽兰属**(兰科)
Bollea coelestis (Rochb.f.) Rchb.f.宝丽兰
Bollea lalindei (Rchb.f.) Rchb.f.拉氏宝丽兰
Bolocephalus Hand.-Mazz.**毬菊属**(菊科)
Bolocephalussaus saussureoides Hand.-Mazz.毬菊
Boltonia L'Herit.**波菊属**(菊科)
Boltonia asteroides L'Herit.白波菊
Boltonia cantonensis (Lour.) Franch. & Sav.=Kalimeris indica
Boltonia incisa (Fisch.) Benth.=Kalimeris incisa
Boltonia indica (L.) Benth.(p.p.)=Kalimeris indica
Boltonia integrifolia (Turcz.) Benth. & HK.f.=Kalimeris integrifolia
Boltonia latisquama A.Gray 美洲波菊
Boltonia lautureana Debx.=Kalimeris lautureana
Boltonia lautureana var. *holophylla* Chen=Kalimeris lautureana
Boltonia pekinensis Hance=Kalimeris integrifolia
Boltonia sect. *Asteromoea* (Bl.) Benth. & HK.f.=**Kalimeris**
Bombacaceae 木棉科
Bombax L.**木棉属**(木棉科)
Bombax insigne Wall.长果木棉
Bombax malabaricum DC.木棉
Bombax pentandrum L.=Ceiba pentandra
Bombax tenebrosum Gagn.=Bombax insigne
Bombycidendron grewiaefolium (Hassk.) Zoll.=Hibiscus grewiifolius
Bommeria Fournier **玻氏蕨属**(裸子蕨科)
Bommeria chrenbergiana (Kl.) Underw.玻氏蕨
Bommeria hispida (Mett.) underw.毛玻氏蕨
Boniniella Hay.**细辛蕨属**(铁角蕨科)
Boniniella cardiophylla (Hance) Tagawa 细辛蕨
Boniniella ikenoi (Makino) Hay.日本细辛蕨
Boniodendron Gagn.**黄梨木属**(无患子科)
Boniodendron minus (Hemsl.) T.Chen 黄梨木
Bonnaya Link. & Otto=**Lindernia**
Bonnaya antipoda (L.) Druce=Lindernia antipoda
Bonnaya brachiata Link & Otto=Lindernia ciliata
Bonnaya hyssopioides (L.) Benth.=Lindernia hyssopioides
Bonnaya pumila (D.Don) Spreng.=Chirita pumila
Bonnaya reptans (Roxb.) Spreng.=Lindernia ruellioides
Bonnaya tenuifolia (Colsm.) Spreng.=Lindernia tenuifolia
Bonnaya veronicifolia (Retz.) Spreng.=Lindernia antipoda
Boottia Wall.=**Ottelia**
Boottia acuminata Gagn.=Ottelia acuminata
Boottia cordata Wall.=Ottelia cordata
Boottia crispa Hand.-Mazz.=Ottelia acuminata var. crispa
Boottia echinata W.W.Sm.=Ottelia acuminata
Boottia esquirolii Lévl & Vaniot=Ottelia acuminata
Boottia heterophylla Merr & Metc.=Ottelia cordata
Boottia mairei Lévl.=Monochoria vaginalis
Boottia polygonifolia Gagn.=Ottelia acuminata
Boottia sinensis Lévl & Vaniot=Ottelia sinensis
Boottia yunnanensis Gagn.=Ottelia acuminata
Boraginaceae 紫草科
Borassodendron Becc.**树头木属**(棕榈科)
Borassodendron machadonis (Ridl.) Becc.树头木
Borassus L.**糖棕属**(棕榈科)
Borassus caudatus Lour.=Arenga caudata
Borassus flabellifer L.糖棕
borassus flabelliformis Murr.=Borassus flabellifer
Borreria G.Mey.**丰花草属**(茜草科)
Borreria alata (Aubl.) DC.=Borreria latifolia
Borreria articularis (L.f.) G.Mey.糙叶丰花草
Borreria hispida K.Schum.=Borreria articularis
Borreria laevia (Lamb.) Grieseb.台湾丰花草(新)?
Borreria latifolia (Aubl.) K.Schum.阔叶丰花草
Borreria pusila (Wall.) DC.破帽花
Borreria repens DC.二萼丰花草
Borreria shandongensis F.Z.Li & X.D.Chen 山东丰花草
Borreria stricta (L.f.) G.Mey.丰花草
Borszczowia Bge.**异子蓬属**(藜科)
Borszczowia aralocaspica Bge.异子蓬
Borthwickia W.W.Sm.**节蒴木属**(山柑科)
Borthwickia trifoliata W.W.Sm.节蒴木
Boschniakia C.A.Mey. ex Bongard **草苁蓉属**(列当科)
Boschniakia glabra C.A.Mey. ex Bong.=Boschniakia rossica
Boschniakia handelii f. *minor* G.Beck=Boschniakia himalaica
Boschniakia handelii G.Beck=Boschniakia himalaica
Boschniakia himalaica HK.f. & Thoms.丁座草
Boschniakia kawakamii Hay.=Boschniakia himalaica

Boschniakia rossica (Cham. & Schlecht.) Fedtsch.草苁蓉
Bossekia Necker=**Rubus**
Bostrychanthera Benth.**毛药花属**(唇形科)
Bostrychanthera deflexa Benth.毛药花
Bostrychanthera yaoshanensis S.L.Mo & F.N.Wei 瑶山毛药花
Boswellia Roxb.**乳香树属**(橄榄科)
Boswellia carteri Birdw.阿拉伯乳香树
Bothriochloa Kuntze **孔颖草属**(禾本科)
Bothriochloa anamitica Kuntze=Bothriochloa bladhii
Bothriochloa assimilis (Steud.) Ohwi=Capillipedium assimile
Bothriochloa bladhii (Retz.) S.T.Blake 臭根子草
Bothriochloa bladhii var. bladhii=Bothriochloa bladhii
Bothriochloa bladhii var. punctata (Roxb.) Steward 孔颖臭根子草
Bothriochloa glabra (Roxb.) A.Camus 光孔颖草
Bothriochloa gracilis W.Z.Fang 细瘦孔颖草
Bothriochloa intermedia (R.Br.) A.Camus=Bothriochloa bladhii
Bothriochloa intermedia var. haenkei (Hack.) Keng 海氏臭根子草
Bothriochloa intermedia var. *punctata* (Roxb.) Keng=Bothriochloa bladhii var. punctata
Bothriochloa ischaemum (L.) Keng 白羊草
Bothriochloa kwashotensis (Hay.) Ohwi=Capillipedium kwashotensis
Bothriochloa nana W.Z.Fang 小孔颖草
Bothriochloa parviflora (R.Br.) Ohwi=Capillipedium parviflorum
Bothriochloa parviflora var. *specigera* (Benth.) Ohwi=Capillipedium parviflorum var. spicigerum
Bothriochloa pertusa (L.) A.Camus 孔颖草
Bothriochloa picta Ohwi=Capillipedium assimile
Bothriochloa punctata (Roxb.) L.Liou=Bothriochloa bladhii var. punctata
Bothriochloa tuberculata W.Z.Fang=Dichanthium annulatum
Bothriochloa yunnanensis W.Z.Fang 云南孔颖草
Bothriospermum Bge.**斑种草属**(紫草科)
Bothriospermum asperugoides S. & Z.=Bothriospermum zeylanicum
Bothriospermum bicarunculatum Fisch. & Mey.=Bothriospermum chinense
Bothriospermum chinense Bge.(Diels in Not.Bot.Gard.Edinb.1912)=Bothriospermum hispidissimum
Bothriospermum chinense Bge.(Fisch. & Mey.in Ind.Sem.Hort.Petrop. 1935)=Bothriospermum kusnezowii
Bothriospermum chinense Bge.斑种草
Bothriospermum decumbens Kitag.=Bothriospermum kusnezowii
Bothriospermum hispidissimum Hand.-Mazz.云南斑种草
Bothriospermum kusnezowii Bge.狭苞斑种草
Bothriospermum majasculum (Hay.) Suzuki=Thyrocarpus sampsonii
Bothriospermum secundum Maxim.(Gusul.in Beih.Bot.Gentralbl.1926)=Bothriospermum hispidissimum
Bothriospermum secundum Maxim.多苞斑种草
Bothriospermum tenellum (Horn.) Fisch. & C.A.Mey.=Bothriospermum zeylanicum
Bothriospermum tenellum var. *asperugoides* (S. & Z.) Maxim.=Bothriospermum zeylanicum
Bothriospermum tenellum var. *majasculum* Hay.=Thyrocarpus sampsonii
Bothriospermum zeylanicum (J.Jacq.) Druce 柔弱斑种草
Bothrocaryum (Koehne) Pojark.**灯台树属**(山茱萸科)
Bothrocaryum controversum (Hemsl.) Pojark.灯台树
Bothrocaryum longipetiolatum (Hay.) Pojark.=Bothrocaryum controversum
Botor tertragonolobus (L.) Kuntze=Psophocarpus tetragonolobus
Botria Lour.=**Ampelocissus**
Botrya Juss.=**Ampelocissus**
Botrycarpum nigrum A.Rich.=Ribes nigrum
Botrychiaceae 阴地蕨科
Botrychium Sw.**阴地蕨属**(阴地蕨科)
Botrychium daucifolium Wall.薄叶阴地蕨
Botrychium daucifolium var. *japonicum* Prantl=Botrychium japonicum
Botrychium decurrens Ching 下延阴地蕨
Botrychium japonicum (Prantl)Underw.华东阴地蕨
Botrychium lanceolatum (Gmel.) Angst 披针阴地蕨
Botrychium lanuginosum Wall.绒毛阴地蕨
Botrychium longipedunculatum Ching 长柄阴地蕨
Botrychium lunaria (L.) Sw.扇羽阴地蕨
Botrychium lunarioides (Michx.) Sw.拟扇羽阴地蕨
Botrychium manshuricum Ching 长白山阴地蕨
Botrychium matricariae Spr.=Botrychium multifidum
Botrychium matricarlaefolium A.Br.菊叶阴地蕨
Botrychium modestum Ching 钝齿阴地蕨
Botrychium multifidum (Gmel.) Rupr.多裂阴地蕨
Botrychium multifidum var. *robustum* C.Chr.=Botrychium robustus
Botrychium officinale Ching 药用阴地蕨
Botrychium parvum Ching 小叶阴地蕨
Botrychium ramosum Wang wei=Botrychium manshuricum
Botrychium robustus (Rupr.)Underw.粗状阴地蕨
Botrychium rutaefolium var. *robustum* Rupr.=Botrychium robustus
Botrychium simplex Hitch.单叶阴地蕨
Botrychium strictum Underw.劲直阴地蕨
Botrychium subcarnosum Wall.=Botrychium daucifolium
Botrychium sutchuenense Ching 四川阴地蕨
Botrychium tenuifolium Underw 细叶阴地蕨
Botrychium ternatum (Thunb.) Sw.阴地蕨
Botrychium ternatum Kom.=Botrychium robustus
Botrychium virginianum (L.) Sw.蕨萁
Botrychium virginianum Clarke=Botrychium lanuginosum
Botrychium virginianum var. *lanuginosum* Moore=Botrychium lanuginosum
Botrychium yunnanense Ching 云南阴地蕨
Botrychium zeylanicum Sw.=Helminthostachys zeylanica
Botryolotus cachemirianus (Camb.) Jaub. & Spach=Trigonella cachemiriana
Botryopleuron Hemsl.=**Veronicastrum**
Botryopleuron axillare (S. & Z.) Hemsl.=Veronicastrum axillare
Botryopleuron caulopterum (Hance) Airy-Shaw=Veronicastrum cauloperum
Botryopleuron formosanum Masam.=Veronicastrum axillare
Botryopleuron kitamurae Ohwi=Veronicastrum kitamurae
Botryopleuron latifolium Hemsl.=Veronicastrum latifolium
Botryopleuron longispicatum Merr.=Veronicastrum longispicatum
Botryopleuron macrophyllum H.L.Li=Veronicastrum villosulum
Botryopleuron plukenetii Yamaz.=Veronicastrum stenostachyum subsp. plukenetii
Botryopleuron rhombifolium Hand.-Mazz.=Veronicastrum rhombifolium
Botryopleuron stenostachyum Hemsl.=Veronicastrum stenostachyum
Botryopleuron venosum (Hemsl.) Hemsl.(p.p.)=Veronicastrum stenostachyum
Botryopleuron venosum Hemsl.(p.p.)=Veronicastrum axillare
Botryopleuron villosulum (Miq.) Makino=Veronicastrum villosulum
Botryopleuron yamatsutae Yamaz.=Veronicastrum stenostachyum
Botryopleuron yunnanensis W.W.Sm.=Veronicastrum yunnanense
Botrypus Michx **蕨萁属**(瓶尔小草科)
Botrypus decurrens (Ching) Ching 下延蕨萁
Botrypus lanuginosus (Wall.) Holub.绒毛蕨萁
Botrypus lunaria Richard.=Botrychium lunaria
Botrypus manshuricus (Ching) Ching 长白山蕨萁?
Botrypus modestus (Ching) Ching 钝齿蕨萁
Botrypus parvus (Ching) Holub 小叶蕨萁
Botrypus strictus (Underw.) Holub 劲直蕨萁
Botrypus virginianus (L.) Hulub 蕨萁
Botrypus yunnanensis (Ching) Ching 云南蕨萁?
Bouea brandisiana Kurz(p.p.)=Spondias haplophylla
Bougainvillea Comm. ex Juss.**叶子花属**(紫茉莉科)
Bougainvillea glabra Choisy 光叶子花
Bougainvillea spectabilis Willd.叶子花
Bournea Oliv.**四数苣苔属**(苦苣苔科)
Bournea leiophylla (W.T.Wang) W.T.Wang & K.Y.Pan 五数苣苔
Bournea leiophylla W.T.Wang=Bournea leiophylla
Bournea sinensis Oliv.四数苣苔
Bousigonia Pierre.**奶子藤属**(夹竹桃科)
Bousigonia angustifolia Pierre 闷奶果
Bousigonia mekongensis Pierre 奶子藤
Boussingaultia cordifolia Tenore=Anredera cordifolia
Boussingaultia gracilis Miers=Anredera cordifolia
Boussingaultia gracilis f. *pseudobaselloides* Hauman=Anredera cordifolia
Boussingaultia gracilis var. *pseudobaselloides* (Hauman) Bailey=Anredera cordifolia
Boussingaultia H.B.K.=**Anredera**

Bouteloua Lag. **格兰马草属**(禾本科)
Bouteloua curtipendula (Michx.) Torr.垂穗草
Bouteloua gracilis (H.B.K.) Lag. ex Steud.格兰马草
Bouteloua hirsuta Lag.硬毛垂穗草
Bowringia Champ. ex Benth.**藤槐属**(豆科)
Bowringia HK.=**Brainea**
Bowringia callicarpa Champ. ex Benth.藤槐
Bowringia insignis HK.=Brainea insignis
Boykinia Nutt.**八幡草属**(虎耳草科)
Boykinia aconitifolia Nutt.乌头叶八幡草
Boykinia elata (Nutt.) Greene 高八幡草
Boykinia major Gray 大八幡草
Boykinia rotundifolia Parry 圆叶八幡草
Boykinia sect. *Peltoboykinia* Engl.=**Peltoboykinia**
Boykinia tellimoides (Maxim.) Engl.=Peltoboykinia tellimoides
Boymia glabrifolia Champ. ex Benth.=Evodia glabrifolia
Boymia rutaecarpa Juss.=Evodia rutaecarpa
Brachanthemum DC.**短舌菊属**(菊科)
Brachanthemum fruticulosum (Ledeb.) DC.新疆短舌菊(新)?
Brachanthemum kirghisorum Krasch.天山短舌菊(新)?
Brachanthemum mongolicum Krasch.蒙古短舌菊
Brachanthemum nanschanicum Krasch.=Brachanthemum pulvinatum
Brachanthemum pulvinatum (Hand.-Mazz.) Shih 星毛短舌菊
Brachanthemum titovii Krasch.准葛尔短舌菊(新)?
Brachiaria Griseb.**臂形草属**(禾本科)
Brachiaria eruciformis (J.E.Smith) Griseb.臂形草
Brachiaria isachne (Roth. ex Roem.) Stapf=Brachiaria eruciformis
Brachiaria miliiformis (Presl) A.Chase=Brachiaria subquadripara var. miliiformis
Brachiaria mutica (Forsk.) Stapf 巴拉草
Brachiaria paspaloides (Presl) Hubb.=Urochloa paspaloides
Brachiaria plantaginea (Link.) Hitchc.车前状臂形草
Brachiaria ramosa (L.) Stapf 多枝臂形草
Brachiaria reptans (L.) Gard. & Hubb.=Urochloa reptans
Brachiaria semiundulata (Hochst.) Stapf 短颖臂形草
Brachiaria subquadripara (Trin.) Hitchc.四生臂形草
Brachiaria subquadripara var. miliiformis (Presl) S.L.Chen & Y.X.Jin 锐头臂形草
Brachiaria subquadripara var. setulosa S.L.Chen & Y.X.Jin 刺毛臂形草
Brachiaria subquadripara var. subquadripara=Brachiaria subquadripara
Brachiaria urochloaoides S.L.Chen & Y.X.Jin 尾稃臂形草
Brachiaria villosa (Lam.) A.Camus 毛臂形草
Brachiaria villosa var. barbata Bor 髯毛臂形草
Brachiaria villosa var. glabrata S.L.Chen & Y.X.Jin 无毛臂形草
Brachiaria villosa var. villosa=Brachiaria villosa
Brachiostemon Hand.-Mazz.=**Ornithoboea**
Brachiostemon macrocalyx Hand.-Mazz.=Ornithoboea wildeana
Brachyactis Ledeb.**短星菊属**(菊科)
Brachyactis anomalum (DC.) Kitam.香短星菊
Brachyactis ciliata Ledeb.短星菊
Brachyactis iliensis Rupr.=Psychrogeton nigromontanus
Brachyactis indica C.B.Clarke=Brachyactis anomalum
Brachyactis latisquama (Maxim.) Kitag.=Brachyactis ciliata
Brachyactis menthodora Benth.=Brachyactis anomalum
Brachyactis pubescens (DC.) Aitch. & C.B.Clarke 腺毛短星菊
Brachyactis robusta Benth.=Brachyactis pubescens
Brachyactis roylei (DC.) Wendelbo 西疆短星菊
Brachyactis umbrosa (Kar. & Kir.) Benth.=Brachyactis roylei
Brachybotrys Maxim.**山茄子属**(紫草科)
Brachybotrys paridiformis Maxim.山茄子
Brachycome Cass.**短毛菊属**(菊科)
Brachycorythis Lindl.**苞叶兰属**(兰科)
Brachycorythis galeandra (Rchb.f.) Summerh 短距苞叶兰
Brachycorythis henryi (Schltr.) Summerh 长叶苞叶兰
Brachycorythis pleistophylla Rchb.f.多叶苞叶兰
Brachyelytrum Beauv.**短颖草属**(禾本科)
Brachyelytrum erectum (Schreb.) Beauv.短颖草
Brachyelytrum erectum var. erectum=Brachyelytrum erectum
Brachyelytrum erectum var. japonicum Hack 日本短颖草
Brachyelytrum japonicum (Hack.) Matsum. ex Honda=Brachyelytrum erectum var. japonicum
Brachyelytrum japonicum Hack. ex Matsum.=Brachyelytrum erectum var. japonicum
Brachyispatha konjac Schott ex Miq.=Amorphophallus rivieri
Brachylepis elatior C.A.Mey.=Anabasis elatior
Brachylepis eriopoda Schrenk=Anabasis eriopoda
Brachylepis salsa C.A.Mey.=Anabasis salsa
Brachylepis truncata Schrenk=Anabasis truncata
Brachypodium Beauv.**短柄草属**(禾本科)
Brachypodium distachyon (L.) Roem. & Schult.二穗短柄草
Brachypodium durum Keng=Roegneria dura
Brachypodium formosanum Hay.=Brachypodium luzoniense
Brachypodium kawakamii Hay.川上短柄草
Brachypodium kelungense (Honda) C.Hsu 基隆短柄草
Brachypodium luzoniense Hack.吕宋短柄草
Brachypodium miserum Koidz.=Brachypodium luzoniense
Brachypodium nepalense Nees ex Steud.=Brachypodium sylvaticum
Brachypodium pinnatum (L.) Beauv.羽状短柄草
Brachypodium pratense Keng 草地短柄草
Brachypodium sylvaticum (Huds.) Beauv.短柄草
Brachypodium sylvaticum var. breviglume Keng 小颖短柄草
Brachypodium sylvaticum var. gracile (Weig.) Keng 细株短柄草
Brachypodium sylvaticum var. *kelungense* (Honda) C.Hsu=Brachypodium kelungense
Brachypodium sylvaticum var. *luzoniense* (Hack.) Hara=Brachypodium luzoniense
Brachypodium sylvaticum var. *miserum* (Thunb.) Koidz.=Brachypodium luzoniense
Brachypodium sylvaticum var. sylvaticum=Brachypodium sylvaticum
Brachypodium wattii C.B.Clarke=Brachypodium sylvaticum
Brachyramphus DC.=**Launaea**
Brachyramphus ramosissimus Benth.=Paraixeris denticulata
Brachyramphus sinicus Miq.=Pterocypsela indica
Brachyspatha variabilis Benth.(Schott,Syn.Ar.1856)=Amorphophallus variabilis
Brachystachyum Keng **短穗竹属**(禾本科)
Brachystachyum densiflorum (Rehdle) Keng 短穗竹
Brachystachyum densiflorum var. densiflorum=Brachystachyum densiflorum
Brachystachyum densiflorum var. villosum S.L.Chen & C.Y.Yao 毛环短穗竹
Brachystelma R.Br.**润肺草属**(萝藦科)
Brachystelma edule Coll. & Hemsl.润肺草
Brachystelma kerrii Craib.长节润肺草
Brachystemma D.Don **短瓣花属**(石竹科)
Brachystemma calycinum D.Don 短瓣花
Brachystemma ovatifolium Mizushima=Stellaria ovatifolia
Brachytome HK.f.**短萼齿木属**(茜草科)
Brachytome hainanensis C.Y.Wu ex W.C.Chen 海南短萼齿木
Brachytome hirtellata Hu 滇短萼齿木
Brachytome hirtellata var. glabrescens W.C.Chen 疏毛短萼齿木
Brachytome hirtellata var. hirtellata=Brachytome hirtellata
Brachytome wallichii HK.f.(海南志 1974)=Brachytome hainanensis
Brachytome wallichii HK.f.短萼齿木
Bracteocarpus A.V.Bov. & Melik.=**Dacrycarpus**
Bracteocarpus kawaii (Hay.) A.V.Bob. & Melik.=Dacrycarpus imbricatus
Bradleia Banks ex Gaertn.=**Glochidion**
Bradleia hirsuta Roxb.=Glochidion hirsutum
Bradleia lanceolaria Roxb.=Glochidion lanceolarium
Bradleia philippensis Willd.=Glochidion philippicum
Bradleia philippica Cav.=Glochidion philippicum
Bradleia sinica Gaertn.=Glochidion puberum
Bradleia zeylanica Gaertn.=Glochidion zeylanicum
Brahea Martius **石棕属**(棕榈科)
Brahea armata Watson 刺石棕
Brahea dulcis Mart.甜石棕
Brahea edulis Watson 可食石棕
Brahea elegans H.E.Moore 优雅石棕
Brahea filamentosa Hort. ex Wats.=Washingtonia filifera
Brahea filifera Hort. ex Wats.=Washingtonia filifera
Brahea pimo Becc.皮谋石棕
Brainea J.Sm.**苏铁蕨属**(乌毛蕨科)

Brainea formosana Hay.=Brainea insignis
Brainea insignis (HK.) J.Sm.苏铁蕨
Brainia insignis var. *formosana* Tagawa=Brainea insignis
Bramia Lam.=**Bacopa**
Bramia monnieri (L.) Pennell=Bacopa monnieri
Brandisia HK.f. & Thoms.**来江藤属**(玄参科)
Brandisia cauliflora Tsoong & Lu 茎花来江藤
Brandisia discolor HK.f. & Thoms.(Hance in J.Bot.1880)=Brandisia hancei
Brandisia discolor HK.f. & Thoms.异色来江藤
Brandisia glabrescens Rehd.退毛来江藤
Brandisia glabrescens var. glabrescens=Brandisia glabrescens
Brandisia glabrescens var. hypochrysa P.C.Tsoong 藤黄背来江藤
Brandisia hance HK.f.(Rehd.in Sarg.Pl.Wils.1913,p.p.)=Brandisia glabrescens var. hypochrysa
Brandisia hancei HK.f.来江藤
Brandisia hwangsiensis Li 广西来江藤
Brandisia laetevirens Rehd.=Brandisia hancei
Brandisia racemosa Hemsl.总花来江藤
Brandisia rosea W.W.Sm.红花来江藤
Brandisia rosea var. flava C.E.C.Fisch.黄花来江藤(新)
Brandisia rosea var. rosea=Brandisia rosea
Brandisia souliei Bonati=Chelonopsis souliei
Brandisia swinglei Merr.岭南来江藤
Brasenia Schreb.**莼属**(莼菜科)
Brasenia purpurea Casp.=Brasenia schreberi
Brasenia schreberi J.F. Gmel.莼菜
Brassaiopsis A. *Palmatae* Harms=**Euraraliopsis**
Brassaiopsis Decne. & Planch.**罗伞属**(五加科)
Brassaiopsis acuminata Li 尖叶罗伞
Brassaiopsis acuminata var. *multiflora* Hoo=Brassaiopsis glomerulata var. longipedicellata
Brassaiopsis B.*Digitatae* Harms=**Brassaiopsis**
Brassaiopsis chengkangensis Hu 镇康罗伞
Brassaiopsis coriacea W.W.Sm.=Brassaiopsis glomerulata var. coriacea
Brassaiopsis fatsioides Harms=Euaraliopsis fatsioides
Brassaiopsis ferruginea (Li) Hoo=Euaraliopsis ferruginea
Brassaiopsis floribunda Seem.=Brassaiopsis glomerulata
Brassaiopsis glomerulata (Bl.) Regel 罗伞
Brassaiopsis glomerulata var. brevipedicellata Li 短梗罗伞
Brassaiopsis glomerulata var. coriacea (W.W.Sm.) Li 厚叶罗伞
Brassaiopsis glomerulata var. longipedicellata Li 长梗罗伞
Brassaiopsis gracilis Hand.-Mazz.细梗罗伞
Brassaiopsis hainla (Ham.) Seem.=Euaraliopsis hainla
Brassaiopsis hispida Seem.=Euaraliopsis hispida
Brassaiopsis kwangsiensis Hoo 广西罗伞
Brassaiopsis palmata (Roxb.) Kurz.(科学社丛刊 1924,植物分类学 1959)=Euaraliopsis hainla
Brassaiopsis palmipes Forr. ex W.W.Sm.=Euaraliopsis palmipes
Brassaiopsis papayoides Hand.-Mazz.瓜叶掌叶树?
Brassaiopsis pentalocula Hoo 五室罗伞
Brassaiopsis phanerophlebia (Merr. & Chun) C.N.Ho 显脉罗伞
Brassaiopsis quercifolia Hoo 栎叶罗伞
Brassaiopsis shweliensis W.W.Sm.瑞丽罗伞
Brassaiopsis speciosa Decne. & Planch.=Brassaiopsis glomerulata
Brassaiopsis spinibracteata Hoo 尖苞罗伞
Brassaiopsis trevesioides W.W.Sm.=Euaraliopsis fatsioides
Brassaiopsis tripteris (Lévl.) Rehd.三叶罗伞
Brassaopsis ficifolia Dunn=Euaraliopsis ficifolia
Brassavola R.Br.**巴索拉兰属**(兰科)
Brassavola acaulis Lindl. & Paxt.无茎巴索拉兰
Brassavola digbyana Lindl.巴索拉兰
Brassia R.Br.**长萼兰属**(兰科)
Brassia gireoudiana Rchb.f. & Warsc.长萼兰
Brassica L.**芸苔属**(十字花科)
Brassica alba (L.) Rabenh.=Sinapis alba
Brassica alboglabra L.H.Bail.=Brassica oleracea var. albiflora
Brassica antiquorum H.Lévl.=Brassica rapa var. chinensis
Brassica argyi H.Lévl.=Brassica juncea
Brassica arvensis (L.) Raben.=Sinapis arvensis
Brassica asperifolia Lam.=Brassica rapa var. oleifera
Brassica brevorpstrata Z.X.An.=Brassica elongata
Brassica campestris L.=Brassica rapa var. oleifera
Brassica campestris subsp. *chinensis* (L.) Makino=Brassica rapa var. chinensis
Brassica campestris subsp. *chinensis* var. *amplexicaulis* (Tanaka & Ono) Makino=Brassica rapa var. chinensis
Brassica campestris subsp. *napus* (L.) HK.f.=Brassica napus
Brassica campestris subsp. *narinosa* (L.H.Bail.) G.Olsson=Brassica rapa var. chinensis
Brassica campestris subsp. *nipposinica* (LH.Bail.) G.Olsson=Brassica rapa var. oleifera
Brassica campestris subsp. *oleifera* (DC.) Schübl. & Mart.=Brassica rapa var. oleifera
Brassica campestris subsp. *pekinensis* (Lour.) G.Olsson=Brassica rapa var. glabra
Brassica campestris subsp. *rapa* (L.) Hk.f.=Brassica rapa
Brassica campestris subsp. *rapifera* (Metz.) Sinsk.=Brassica rapa
Brassica campestris var. campestris=Brassica rapa var. oleifera
Brassica campestris var. *chinensis* (L.) T.Itô=Brassica rapa var. chinensis
Brassica campestris var. *chinoleifera* Vieh.=Brassica rapa var. oleifera
Brassica campestris var. *napobriassica* (L.) DC.=Brassica napus var. napobrassica
Brassica campestris var. *napus* (L.) Babng.=Brassica napus
Brassica campestris var. *narinosa* (L.H.Bail.) Kitamura=Brassica rapa var. chinensis
Brassica campestris var. *oleifera* DC.=Brassica rapa var. oleifera
Brassica campestris var. *parachinensis* (L.H.Bail.) Makino=Brassica rapa var. chinensis
Brassica campestris var. *pekinensis* (Lour.) Vieh.=Brassica rapa var. glabra
Brassica campestris var. purpuraria L.H.Bailey 紫菜苔
Brassica campestris var. *rapa* (L.) Hartm.=Brassica rapa
Brassica capitata Lévl.=Brassica oleracea var. capitata
Brassica caulorapa (DC.) Pasquale=Brassica oleracea var. gongylodes
Brassica cernua (Thunb.) F.B.Forb. & Hemsl.=Brassica juncea
Brassica cernua var. *chirimenna* Makino(北京志 1962)=Brassica juncea
Brassica chinensis L.=Brassica rapa var. chinensis
Brassica chinensis L.青菜
Brassica chinensis var. *angustifolia* V.G.Sun=Brassica rapa var. oleifera
Brassica chinensis var. chinensis=Brassica chinensis
Brassica chinensis var. *communis* M.Tsen & S.H.Lee=Brassica rapa var. chinensis
Brassica chinensis var. oleifera Makino & Nemoto 油白菜
Brassica chinensis var. *pandurata* V.G.Sun=Brassica rapa var. glabra
Brassica chinensis var. *parachinensis* (L.H.Bail.) Sinsk.=Brassica rapa var. chinensis
Brassica chinensis var. *pekinensis* (Lour.) V.G.Sun=Brassica rapa var. glabra
Brassica chinensis var. *rosularia* Tsen & Lee=Brassica napus var. chinensis
Brassica chinensis var. *utilis* M.Tsen & S.H.Lee=Brassica rapa var. oleifera
Brassica dubiosa L.H.Bail.=Brassica rapa var. oleifera
Brassica elongata Ehrh.短喙芥
Brassica eruca L.=Eruca vesicaria subsp. sativa
Brassica gemmifera Lévl.=Brassica oleracea var. gemmifera
Brassica hirta Moench=Sinapis alba
Brassica integrifolia (West) O.E.Schulz=Brassica juncea
Brassica integrifolia (Willd.) Rupr.=Brassica juncea
Brassica japonica (Thunb.) Sieb. ex Miq.=Brassica juncea
Brassica juncea (L.) Czern. & Coss.芥
Brassica juncea Coss.=Brassica juncea
Brassica juncea subsp. *integrifolia* (West.) Thell.=Brassica juncea
Brassica juncea subsp. *napiformis* (Paill. & Bois.) Gladis=Brassica juncea var. napiformis
Brassica juncea var. *crispifolia* L.H.Bail.=Brassica juncea
Brassica juncea var. *crispifolia* L.H.Bailey(高等图鉴 1972,湖北志 1979) =Brassica juncea
Brassica juncea var. *foliosa* L.H.Bail.=Brassica juncea
Brassica juncea var. *gracilis* M.Tsen & S.H.Lee=Brassica juncea
Brassica juncea var. *ingegrifolia* (Stokes) Sinsk.=Brassica juncea
Brassica juncea var. *japonica* (Thunb.) L.H.Bail.=Brassica juncea
Brassica juncea var. juncea=Brassica juncea
Brassica juncea var. *longidens* L.H.Bail.=Brassica juncea
Brassica juncea var. *longipes* M.Tsen & S.H.Lee=Brassica juncea

Brassica juncea var. *megarrhiza* M.Tsen & S.H.Lee=Brassica juncea var. napiformis
Brassica juncea var. *multiceps* M.Tsen & S.H.Lee=Brassica juncea
Brassica juncea var. *multisecta* L.H.Bail.=Brassica juncea
Brassica juncea var. napiformis (Paill. & Bois.) Kitamura 芥菜疙瘩
Brassica juncea var. *rugosa* (Roxb.) Kitamura=Brassica juncea
Brassica juncea var. *strumata* M.Tsen & S.H.Lee=Brassica juncea
Brassica juncea var. *subintegrifolia* Sinsk.=Brassica juncea
Brassica juncea var. *tsatsai* Mao=Brassica juncea var. tumida
Brassica juncea var. tumida Tsen & Lee 榨菜
Brassica lanceolata (DC.) Lange=Brassica juncea
Brassica muralis (L.) Boiss.=Diplotazis muralis
Brassica napiformis (Paill. & Bois.) L.H.Bail.=Brassica juncea var. napiformis
Brassica napiformis var. *multisecta* Baranov=Brassica juncea
Brassica napobrassica (L.) Mill.=Brassica napus var. napobrassica
Brassica napus L.欧洲油菜
Brassica napus subsp. *napobrassica* (L.) Jafri=Brassica napus var. napobrassica
Brassica napus subsp. *oleifera* (DC.) Metz.=Brassica napus
Brassica napus var. *arvensis* (Duch.) Thell.=Brassica napus
Brassica napus var. *chinensis* (L.) O.E.Schulz=Brassica chinensis
Brassica napus var. *edulis* Delile=Brassica napus var. napobrassica
Brassica napus var. *leptorrhiza* Spach.=Brassica napus
Brassica napus var. napobrassica (L.) Reich.蔓菁甘蓝
Brassica napus var. napus=Brassica napus
Brassica napus var. *oleifera* DC.=Brassica napus
Brassica napus var. *rapifera* Metz.=Brassica napus var. napobrassica
Brassica narinosa L.H.Bail.=Brassica rapa var. chinensis
Brassica nigra (L.) W.D.J.Koch 黑芥
Brassica nipposinica L.H.Bail.=Brassica rapa var. oleifera
Brassica oleracea L.野甘蓝
Brassica oleracea subsp. *gemmifera* (DC.) Schwarz.=Brassica oleracea var. gemmifera
Brassica oleracea var. acephala f. tricolor Hort.羽衣甘蓝
Brassica oleracea var. albiflora Kuntze 白花甘蓝
Brassica oleracea var. *arvensis* Duch.=Brassica napus
Brassica oleracea var. botrytis L.花椰菜
Brassica oleracea var. *bullata* subvar. *gemmifera* DC.=Brassica oleracea var. gemmifera
Brassica oleracea var. capitata L.甘蓝
Brassica oleracea var. *caulorapa* DC.=Brassica oleracea var. gongylodes
Brassica oleracea var. *chinensis* (L.) Prain=Brassica rapa var. chinensis
Brassica oleracea var. gemmifera Zenker 抱子甘蓝
Brassica oleracea var. *gongylodes* L.=Brassica oleracea var. gongylodes
Brassica oleracea var. gongylodes L.擘蓝
Brassica oleracea var. *hongnoensis* H.Lévl.=Brassica napus
Brassica oleracea var. italica Plenck.绿花菜
Brassica oleracea var. *napobrassica* L.=Brassica napus var. napobrassica
Brassica oleracea var. oleracea= Brassica oleracea
Brassica oleracea var. *pseudocolza* H.Lévl.=Brassica napus
Brassica oleracea var. *tsiekentsiensis* H.Lévl.=Brassica rapa var. chinensis
Brassica parachinensis L.H.Bail.=Brassica rapa var. chinensis
Brassica pekinensis (Lour.) Rupr.=Brassica rapa var. glabra
Brassica pekinensis var. *cephalata* M.Tsen & S.H.Lee=Brassica rapa var. glabra
Brassica pekinensis var. *cylindrica* M.Tsen & S.H.Lee=Brassica rapa var. glabra
Brassica pekinensis var. *laxa* M.Tsen & S. H.Lee=Brassica rapa var. glabra
Brassica pekinensis var. *petsai* Lour.=Brassica rapa var. glabra
Brassica persica Boiss. & Hohen.=Brassica elongata
Brassica perviridis (L.H.Bail.) L.H.Bail.=Brassica rapa var. oleifera
Brassica petsai Bailey=Brassica napus var. glabra
Brassica polymorpha Murray=Sisymbrium polymorphum
Brassica rapa L.芜青
Brassica rapa subsp. *chinensis* (L.) Hanelt=Brassica rapa var. chinensis
Brassica rapa subsp. *chinensis* var. *parachinensis* (L.H.Bail.) Hanelt=Brassica rapa var. chinensis
Brassica rapa subsp. *chinensis* var. *rosularis* (M.Tsen & S.H.Lee) Hanelt =Brassica rapa var. chinensis
Brassica rapa subsp. *chmpestris* (L.H.Bail.) L.H.Bail.=Brassica rapa var. chinensis
Brassica rapa subsp. *narinosa* (L.H.Bail.) Hanelt=Brassica rapa var. chinensis
Brassica rapa subsp. *nipposinica* (L.H.Bail.) Hanelt=Brassica rapa var. oleifera
Brassica rapa subsp. *oleifera* (DC.) Metz.=Brassica rapa var. oleifera
Brassica rapa subsp. *pekinensis* (Lour.) Hanelt=Brassica rapa var. glabra
Brassica rapa subsp. *pekinensis* var. *laxa* (M.Tsen & S.H.Lee) Hanelt= Brassica rapa var. glabra
Brassica rapa subsp. *pekinensis* var. *pandurata* (V.G.Sun) Gladis= Brassica rapa var. glabra
Brassica rapa subsp. *rapifera* Metz.=Brassica rapa
Brassica rapa var. *amplexicaulis* Tanaka & Ono=Brassica rapa var. chinensis
Brassica rapa var. *campestris* (L.) Clapham=Brassica rapa var. oleifera
Brassica rapa var. chinensis (L.) Kitam.青菜
Brassica rapa var. *chinoleifera* (Vieh.) Kitam.=Brassica rapa var. oleifera
Brassica rapa var. glabra Rgl.白菜
Brassica rapa var. oleifera DC.芸苔
Brassica rapa var. *perviridis* L.H.Bail.=Brassica rapa var. oleifera
Brassica rapa var. rapa=Brassica rapa
Brassica rugosa (Roxb.) L.H.Bail.=Brassica juncea
Brassica rutabaga DC. ex H.Lévl.=Brassica napus var. napobrassica
Brassica sinapistrum Boiss.=Sinapis arvensis
Brassica taquetii Lévl.=Brassica juncea
Brassica violacea L.=Orychophragmus violaceus
Brassica willdenowii Boiss.=Brassica juncea
Brassica xinjiangensis Y.C.Lan & T.Y.Cheo=Sinapis arvensis
Brassicaceae 十字花科
Brassiodendron Allen=**ndiandra**
Brasssaiopsis dumicola W.W.Sm.=Euaraliopsis dumicola
Brathys japonica (Thunb. ex Murray) Wight=Hypericum japonicum
Brathys laxa Bl.=Hypericum japonicum
Braxilia Rafin.=**Pyrola**
Braxilia minor (L.) House=Pyrola minor
Braxilia parvifolia Raf.=Pyrola minor
Braya Sternb. & Hoppe **肉叶荠属**(十字花科)
Braya aenea Bge.=Braya rosea
Braya aenea subsp. *pseudoaenia* Petr.=Braya rosea
Braya alpina Stemb. & Hoppe 高山肉叶荠
Braya angustifolia (N.Busch.) Vass.=Braya rosea
Braya brachycarpa Vass.=Braya rosea
Braya brevicaulis E.Schmid.=Braya rosea
Braya foliosa Pamp.=Aphragmus oxycarpus
Braya forrestii W.W.Sm.=Braya rosea
Braya forrestii W.W.Sm.弗氏肉叶荠
Braya glacialis Korsh.=Draba altaica
Braya heterophylla W.W.Sm.=Eutrema heterophylla
Braya humilis (C.A.Mey.) B.L.Robin.=Neotorularia humilis
Braya kokonorica O.E.Schulz.=Phaeonychium villosum
Braya limosella Bge.=Braya rosea
Braya limoselloides Bge. ex Ledeb.=Braya rosea
Braya marinellii Pamp.=Eurycarpus marinellii
Braya oxycarpa HK.f. & Thoms.=Aphragmus oxycarpus
Braya oxycarpa f. *glabra* Vassil.=Aphragmus oxycarpus
Braya oxycarpa var. *glaber* Vass.=Aphragmus oxycarpus
Braya oxycarpa var. *scharnhorstii* (Rgl. & Schmalh.) O.E.Schulz.=Braya scharnhorstii
Braya oxycarpa var. *stenocarpa* O.E.Schulz.=Aphragmus oxycarpus
Braya pamirica (Korsh.) O.Fedtsch.=Braya scharnhorstii
Braya pamirica var. *glabra* O.Fedtsch.=Braya scharnhorstii
Braya rosea (Turcz.) Bge.红花肉叶荠
Braya rosea var. *aenea* (Bge.) Malysch.=Braya rosea
Braya rosea var. *brachycarpa* (Vass.) Malysch.=Braya rosea
Braya rosea var. *glabra* Rgl. & Schmalh.=Braya rosea
Braya rosea var. *leiocarpa* O.E.Schulz.=Braya rosea
Braya rosea var. *multicaulis* B.Fedtsch.=Braya rosea
Braya rosea var. rosea=Braya rosea
Braya rosea var. *simplicior* B.Fedtsch.=Braya rosea
Braya rubicunda Franch.=Aphragmus oxycarpus
Braya scharnhorstii Rgl. & Schmalh.黄花肉叶荠
Braya siliquosa Bge.长角肉叶荠
Braya sinensis Hemsl.=Pegaeophyton scapiflorum
Braya sinuata Maxim.=Braya rosea
Braya sternbergii Krass.=Braya scharnhorstii

Braya thomsonii HK.f.=Braya rosea
Braya thomsonii var. *pamirica* (Korsh.) O.E.Schulz.=Braya scharnhorstii
Braya tibetica HK.f. & Thoms.=Braya rosea
Braya tibetica f. *breviscapa* Pamp.=Braya rosea
Braya tibetica f. *linearifolia* Z.X.An=Braya rosea
Braya tibetica f. *sinuata* (Maxim.) O.E.Schulz.=Braya rosea
Braya tibetica f. tibetica=Braya rosea
Braya tinkleri E.Schmid=Braya rosea
Braya uniflora HK.f. & Thoms.=Pycnoplinthus uniflorus
Braya versicolor Turcz.=Braya siliquosa
Braya verticillata (Jeffrey & W.W.Sm.) W.W.Sm.=Staintoniella verticillata
Bredia Bl.**野海棠属**(野牡丹科)
Bredia amoena Diels 秀丽野海棠
Bredia amoena var. amoena=Bredia amoena
Bredia amoena var. *serrata* H.L.Li=Bredia amoena
Bredia amoena var. trimera C.Chen 三数野海棠
Bredia biglandularis C.Chen 双腺野海棠
Bredia bodinieri Lévl.=Blastus cavaleriei
Bredia cavaleriei (Lévl.) Diels=Phyllagathis longiradiosa
Bredia cavaleriei Lévl. & Vant.=Fordiophyton faberi
Bredia chinensis Merr.=Bredia amoena
Bredia cordata H.L.Li=Bredia esquirolii var. cordata
Bredia esquirolii (Lévl.) Lauener=Phyllagathis longiradiosa
Bredia esquirolii (Lévl.) Lauener 赤水野海棠
Bredia esquirolii var. cordata (H.L.Li) C.Chen 心叶野海棠
Bredia esquirolii var. esquirolii=Bredia esquirolii
Bredia fordii (Hance) Diels (高等图鉴 1972,p.p.)=Phyllagathis fordii var. micrantha
Bredia fordii (Hance) Diels=Phyllagathis fordii
Bredia gibba Ohiw 尖瓣野海棠
Bredia glabra Merr.=Bredia sinensis
Bredia gracilis (Hand.-Mazz.) Diels=Phyllagathis gracilis
Bredia hainanensis Merr. & Chun=Phyllagathis hainanensis
Bredia hirsuta Bl.(Sasaki in List.Pl.Form. 1928)=Bredia hirsuta var. scandens
Bredia hirsuta var. scandens Ito & Matsum.野海棠
Bredia hispidissima C.Chen=Phyllagathis hispidissima
Bredia longiloba (Hand.-Mazz.) Diels 长萼野海棠
Bredia longiradiosa C.Chen=Phyllagathis longiradiosa
Bredia mairei Lévl.=Fordiophyton faberi
Bredia microphylla H.L.Li 小叶野海棠
Bredia oldhamii HK.f.金石榴
Bredia oldhamii var. ovata Ohwi?台湾金石榴(新)
Bredia omeiensis H.L.Li=Bredia tuberculata
Bredia penduliflora Ying?台湾野海棠(新)
Bredia pricei Metc.=Bredia amoena
Bredia quadrangularis Cogn.过路惊
Bredia rotundifolia Y.C.Liu & C.H.Ou 圆叶野海棠
Bredia scandens (Ito & Matsum.) Hay.=Bredia hirsuta var. scandens
Bredia sect. *Sinobredia* H.L.Li=**Phyllagathis**
Bredia sepalosa Diels=Phyllagathis fordii
Bredia sessilifolia H.L.Li 短柄野海棠
Bredia sinensis (Diels) H.L.Li (p.p.)=Bredia amoena var. trimera
Bredia sinensis (Diels) H.L.Li 鸭海棠
Bredia soneriloides Lévl.=Oxyspora paniculata
Bredia tuberculata (Guillaum.) Diels (H.L.Li in J.Arn.Arb.1944)=Phyllagathis fordii
Bredia tuberculata (Guillaum.) Diels 红毛野海棠
Bredia velutina Diels=Phyllagathis velutina
Bredia yunnanensis (Lévl.) Diels 云南野海棠
Breea Less.=**Cirsium**
Breea arvensis Less.=Cirsium arvense
Bretschneidera Hemsl.**伯乐树属**(伯乐树科)
Bretschneidera sinensis Hemsl.伯乐树
Bretschneidera yunshanensis Chun & How=Bretschneidera sinensis
Bretschneideraceae 伯乐树科
Breynia J.R. & G.Forst.**黑面神属**(大戟科)
Breynia accrescens Hay.=Breynia vitis-idaea
Breynia disticha J.R. & G.Forst.二列黑面神
Breynia formosana (Hay.) Hay.=Breynia vitis-idaea
Breynia fruticosa (L.) HK.f.黑面神
Breynia hyposauropa Croiz.广西黑面神
Breynia keithii Ridl.=Breynia vitis-idaea
Breynia microcalyx Ridl.=Breynia vitis-idaea
Breynia officinalis Hemsl.=Breynia vitis-idaea
Breynia patens (Roxb.) Benth.=Breynia retusa
Breynia retusa (Dennst.) Alston 钝叶黑面神
Breynia rhamnoides (Willd.) Craib=Breynia vitis-idaea
Breynia rostrata Merr.喙果黑面神
Breynia stipitata var. *formosana* Hay.=Breynia vitis-idaea
Breynia vitis-idaea (Burm.f.) C.E.C.Fischer 小叶黑面神
Breyniopsis pierrei Beille=Sauropus pierrei
Breza heterophylla Moq.=Suaeda heterophylla
Bridelia Willd.**土蜜树属**(大戟科)
Bridelia balansae Tutch.=Bridelia insulana
Bridelia brideliifolia (Pax) Fede 单室土密树
Bridelia fordii Hemsl.大叶土蜜树
Bridelia griffithii var. *penangiana* (HK.f.) Gehrm.=Bridelia insulana
Bridelia henryana Jabl.=Bridelia tomentosa
Bridelia insulana Hance 禾串树
Bridelia minutiflora HK.f.=Bridelia insulana
Bridelia monoica Merr.=Bridelia tomentosa
Bridelia montana (Roxb.) Willd.波叶土蜜树
Bridelia ovata Decne.(Kanehira in Form.Trees 1936)=Bridelia insulana
Bridelia pachinensis Hay. ex Matsumura & Hay.=Bridelia insulana
Bridelia penangiana HK.f.=Bridelia insulana
Bridelia pierrei Gagn.贵州土蜜树
Bridelia platyphylla Merr.=Bridelia insulana
Bridelia poilanei Gagn.圆叶土蜜树
Bridelia pubescens Kurz 膜叶土蜜树
Bridelia retusa (L.) Spreng.=Bridelia spinosa
Bridelia retusa A.Juss.=Bridelia stipularis
Bridelia scandens (Roxb.) Willd.=Bridelia stipularis
Bridelia spinosa (Roxb.) Willd.密脉土蜜树
Bridelia stipularis (L.) Bl.土蜜藤
Bridelia tomentosa Bl.土蜜树
Bridelia tomentosa var. *chinensis* (Muell.Arg.) Gehrm.=Bridelia tomentosa
Bridelia tonentosa β. *chinensis* Muell.Arg.=Bridelia tomentosa
Briggsia Craib **粗筒苣苔属**(苦苣苔科)
Briggsia acutiloba K.Y.Pan 尖瓣粗筒苣苔
Briggsia agnesiae (Forr.) Craib 灰毛粗筒苣苔
Briggsia amabilis (Diels) Craib=Briggsia kurzii
Briggsia amabilis var. *taliensis* Craib=Briggsia kurzii
Briggsia aurantiaca Buirtt 黄花粗筒苣苔
Briggsia beanuverdiana (Lévl.) Craib=Briggsiopsis delavayi
Briggsia cavaleriei (Lévl. & Vant.) Craib=Loxostigma cavaleriei
Briggsia chienii Chun 浙皖粗筒苣苔
Briggsia crenulata Hand.-Mazz.=Briggsia rosthornii var. crenulata
Briggsia delavayi (Franch.) Chun=Briggsiopsis delavayi
Briggsia dongxingensis Chun ex K.Y.Pan 东兴粗筒苣苔
Briggsia elegantissima (Lévl. & Vant.) Craib 紫花粗筒苣苔
Briggsia forrestii Craib 云南粗筒苣苔
Briggsia fritschii (Lévl.) Craib=Briggsia mihieri
Briggsia hians Chun=Briggsia rosthornii
Briggsia humilis K.Y.Pan 小粗筒苣苔
Briggsia kurzii (C.B.Clarke) W.E.Evans 粗筒苣苔
Briggsia latisepala Chun ex K.Y.Pan 宽萼粗筒苣苔
Briggsia longicaulis W.T.Wang & K.Y.Pan 长茎粗筒苣苔
Briggsia longifolia Craib 长叶粗筒苣苔
Briggsia longifolia var. longifolia=Briggsia longifolia
Briggsia longifolia var. multiflora s.y.chen ex K.Y.Pan 多花粗筒苣苔
Briggsia longipes (Hemsl. ex Oliv.) Craib 盾叶粗筒苣苔
Briggsia mairei Craib 东川粗筒苣苔
Briggsia mihieri (Franch.) Craib 革叶粗筒苣苔
Briggsia muscicola (Diels) Craib 藓丛粗筒苣苔
Briggsia parvifolia K.Y.Pan 小叶粗筒苣苔
Briggsia penlopi C.E.C.Fischer=Briggsia muscicola
Briggsia pinfaensis (Lévl.) Craib 平伐粗筒苣苔
Briggsia rosthornii (Diels) Burtt 川鄂粗筒苣苔
Briggsia rosthornii var. crenulata (Hand.-Mazz.) K.Y.Pan 贞丰粗筒苣苔
Briggsia rosthornii var. rosthornii=Briggsia rosthornii

Briggsia rosthornii var. wenshanensis K.Y.Pan 文山粗筒苣苔
Briggsia rosthornii var. xingrenensis K.Y.Pan 锈毛粗筒苣苔
Briggsia speciosa (Hemsl.) Craib 鄂西粗筒苣苔
Briggsia stewardii Chun 广西粗筒苣苔
Briggsiopsis K.Y.Pan **筒花苣苔属**(苦苣苔科)
Briggsiopsis delavayi (Frnch.) K.Y.Pan 筒花苣苔
Briza L.**凌风草属**(禾本科)
Briza bipinnata L.=Desmostachya bipinnata
Briza maxima L.大凌风草
Briza media L.凌风草
Briza minor L.银鳞茅
Briza rufa (C.Presl.) Steudel 红凌风草
Briza subaristata Lam.近无芒凌风草
Bromelia ananas L.=Ananas comosus
Bromelia comosa L.=Ananas comosus
Bromeliaceae 凤梨科
Bromopsis canadensis (Michx.) Hulub.=Bromus canadensis
Bromopsis inermis (Leyss.) Holub.=Bromus inermis
Bromopsis korotkiji (Drob.) Holub.=Bromus korotkiji
Bromopsis paulsenii subsp. *angrenica* (Drob.) Tzvel.=Bromus angrenica
Bromopsis pumpelliana (Scribn.) Holub.=Bromus pumpellianus
Bromopsis pumpelliana subsp. *korotkiji* (Drob.) Tzvel.=Bromus korotkiji
Bromopsis pumpelliana subsp. *korotkiji* var. *ircutensis* (Kom.) Tzvel.=Bromus ircutensis
Bromopsis riparia (Rehm.) Holub.=Bromopsis riparia
Bromopsis tementella subsp. *cappadocica* (Boiss. & Bal.) Tzvel.=Bromus cappadocicus
Bromopsis tyttholepis (Nevski) Holub.=Bromus tyttholepis
Bromus L.**雀麦属**(禾本科)
Bromus adoensis Steud.=Bromus pectinatus
Bromus alaicus Korsh.=Littledalea alaica
Bromus aleutensis Trin.阿留申雀麦
Bromus alopecuros Poiret 看麦娘雀麦
Bromus angrenica Drob.安格雀麦
Bromus arundinaceus (Schreb.) Roth.=Festuca arundinacea
Bromus arvensis L.野雀麦
Bromus arvensis var. *phragmitoides* (Nyar.) Borza=Bromus phragmitoides
Bromus asper Murr.=Bromus ramosus
Bromus benekenii (Lange) Trimen 密丛雀麦本氏雀麦
Bromus bifidus Thunb.=Trisetum bifidum
Bromus brachystachys Horm.短轴雀麦
Bromus canadensis Michx.加拿大雀麦
Bromus cappadocicus Boiss. & Bal.卡帕雀麦
Bromus carinatus HK. & Arn.显脊雀麦
Bromus catharticus Vahl 扁穗雀麦
Bromus ciliatus L. (Griseb. In Ledeb.,Fl.Ross.1852)=Bromus pumpellianus
Bromus coloratus Steudel 有色雀麦
Bromus commutatus Schrad.变雀麦
Bromus confinis Nees ex Steud.毗邻雀麦
Bromus crinitus Boiss. & Hoh.= Bromus gracillimus
Bromus cristatum L.=Agropyron cristatum
Bromus danthoniae Trin.三芒雀麦
Bromus diandrus Roth 双雄雀麦
Bromus distachyus L.=Brachypodium distachyon
Bromus epilis Keng 光稃雀麦
Bromus eractus Huds. (Griseb. In Fl.Ross.1852)=Bromopsis riparia
Bromus erectus Hudson 直立雀麦
Bromus erectus var. *arvensis* (L.) Hnds.=Bromus arvensis
Bromus fasciculatus C.Presl.束生雀麦
Bromus formosanus Honda 台湾雀麦
Bromus gedrosianus Penz.直芒雀麦
Bromus giganteus L.=Festuca gigantea
Bromus gracilis Weig.=Brachypodium sylvaticum var. gracile
Bromus gracillimus Bge.细雀麦
Bromus grandis (Stapf) Meld.大花雀麦
Bromus grossus Desf. ex DC.粗大雀麦
Bromus himalaicus Stapf 喜马拉雅雀麦
Bromus himalaicus var. *grandis* Stapf=Bromus grandis
Bromus hordeaceus L.大麦状雀麦
Bromus inermis Leyss.无芒雀麦
Bromus inermis subsp. *pumpellianus* (Scribn.) Wagnon=Bromus pumpellianus
Bromus inermis var. *confinis* (Nees ex Steud.) Stapf=Bromus confinis
Bromus inermis var. longiflorus Keng 长花雀麦
Bromus inermis var. *sibiricus* Kryl.=Bromus sibiricus
Bromus intermedius Guss.中间雀麦
Bromus ircutensis Kom.沙地雀麦
Bromus irkutensis Kom.(新拉汉英 1996)=Bromus ircutensis
Bromus japonicus Thunb.雀麦
Bromus japonicus var. *acutidens* Meld.=Bromus gedrosianus
Bromus japonicus var. *acutidens* Melderis=Bromus rechingeri
Bromus japonicus var. *falconeri* (Stapf) Stewart=Bromus pectinatus
Bromus japonicus var. *pectinatus* (Thunb.) Aschers.=Bromus pectinatus
Bromus japonicus var. *sinaicus* Hack.=Bromus pectinatus
Bromus korotkiji Drob.甘蒙雀麦
Bromus lanceolatus Roth 大穗雀麦
Bromus lepidus Holmb.鳞稃雀麦
Bromus macrostachys Desf.=Bromus lanceolatus
Bromus macrostachys var. *oxyodon* (Schrend.) Griseb.=Bromus oxyodon
Bromus madritensis L.马德雀麦
Bromus magnus Keng 大雀麦
Bromus mairei Hack.梅氏雀麦
Bromus manroi Boiss.=Bromus confinis
Bromus marginatus Ness ex Steud.山地雀麦
Bromus maximus Desf.=Bromus rigidus
Bromus mollis L.毛雀麦
Bromus morrisonensis Honda 玉山雀麦
Bromus nepalensis Meld.尼泊尔雀麦
Bromus occidentalis (Nevski) Pavl.=Bromus pumpellianus
Bromus oxyodon Schrend.尖齿雀麦
Bromus pamiricus Drob.帕米尔雀麦
Bromus patulus Merr. & Koch.=Bromus japonicus
Bromus patulus var. *falconeri* Stapf=Bromus pectinatus
Bromus patulus var. *vestitus* (Schrad.) Stapf=Bromus pectinatus
Bromus pauciflorus (Thunb.) Hack.=Bromus remotiflorus
Bromus paulsenii Hack. ex Paulsen 波申雀麦
Bromus pectinatus Thunb.篦齿雀麦
Bromus phragmitoides Nyar.苇状雀麦
Bromus piananensis (Ohwi) L.Liu 卑南雀麦
Bromus pinnatus L.=Brachypodium pinnatum
Bromus plurinodis Keng 多节雀麦
Bromus popovii Drob.波陂雀麦
Bromus porphyranthos T.A.Cope 大药雀麦
Bromus pseudoramosus Keng 假枝雀麦
Bromus pskemensis N.Pavl.普康雀麦
Bromus pumpellianus Scribn.耐酸草
Bromus racemosus L.总状雀麦
Bromus ramosus Huds.类雀麦
Bromus rechingeri Meld. ex Bor 丽庆雀麦
Bromus rechingeri Mell.=Bromus gedrosianus
Bromus remotiflorum var. *piananensis* Ohwi=Bromus piananensis
Bromus remotiflorus (Steud.) Ohwi 疏花雀麦
Bromus richardsoni Link (Nevski & Soch.in Kom.,Fl.URSS 1934,禾本科图说 1959)=Bromus pumpellianus
Bromus richardsonii Link (Nevskii & Soch.in Kom., Fl.URSS 1934,p.p.)=Bromus canadensis
Bromus rigens L.=Bromus scoparius
Bromus rigidus Roth 硬雀麦
Bromus riparius Rehm.山丹雀麦
Bromus rubens L.红雀麦
Bromus scoparius L.帚雀麦
Bromus secalinus L.黑麦状雀麦
Bromus sericeus Drob.绢雀麦
Bromus sewerzowii Rgl.密穗雀麦
Bromus sibiricus Drob.=Bromus pumpellianus
Bromus sibiricus Drobov 西伯利亚雀麦
Bromus sinensis Keng 华雀麦
Bromus sinensis var. minor L.Liu 小华雀麦
Bromus squarrosus L.偏穗雀麦

Bromus staintonii Meld.大序雀麦
Bromus stamineus Desv.雄蕊雀麦
Bromus stenostachys Boiss.窄序雀麦
Bromus sterilis L.贫育雀麦
Bromus tectorum L.旱雀麦
Bromus turkestanicus Drob.土耳其雀麦
Bromus tytthanthus Nevski 裂稃雀麦
Bromus tyttholepis Nevski 土沙雀麦
Bromus uralensis Govor.=Bromus pumpellianus
Bromus valdiviensis 早雀麦
Bromus variegatus M.Bieb.变色雀麦
Bromus villosus Forssk.=Bromus rigidus
Bromus wolgensis Fisch. ex Jacq.沃京雀麦
Bromus yezoensis Ohwi=Bromus canadensis
Brossea trichophylla (Royle) O.Kuntze=Gaultheria trichophylla
Broughtonia R.Br.**宝通兰属**(兰科)
Broughtonia sanguinea (Sw.) R.Br.宝通兰
Brousemichea Bal.=**Zoysia**
Broussonetia L.Hert. ex vent.**构属**(桑科)
Broussonetia kaempferi Sieb.(湖北志 1976,云南植物名录 1984,浙江志 1992)=Broussonetia kaempferi var. australis
Broussonetia kaempferi Sieb.葡蟠
Broussonetia kaempferi var. australis Suzuki 藤构
Broussonetia kaempferi var. kaempferi=Broussonetia kaempferi
Broussonetia kazinoki S. & Z.小构树
Broussonetia kazinoki Sieb.(海南志 1965,台湾志.1976,高等图鉴 1972, p.p.)=Broussonetia kaempferi var. australis
Broussonetia kazinoki Sieb.楮
Broussonetia kazinoki var. *ruyangensis* P.H.Ling & X.W.Wei=Broussonetia kazinok
Broussonetia kurzii (HK.f.) Corner 落叶花桑
Broussonetia papyifera (L.) L.Hert. ex Vent.构树
Brownleea Harv.**布郎兰属**(兰科)
Brownleea alpina (HK.f.) N.E.Br.高山布郎兰
Brownleea coerulea Harv.天蓝布郎兰
Brownleea recurvata Sond.布郎兰
Brsssaiopsis ciliata Dunn=Euaraliopsis ciliata
Brucea J.F.Mill.**鸦胆子属**(苦木科)
Brucea acuminata H.L.Li=Brucea mollis
Brucea amarissima (Lour.) Desv. ex Gomez=Brucea javanica
Brucea antidysenterica J.F.Mill.抗痢雅鸦胆子
Brucea javanica (L.) Merr.鸦胆子
Brucea mollis Wall. ex Kurz 柔毛鸦胆子
Brucea mollis var. *tonkinensis* Lecomte=Brucea mollis
Brucea sumatrana Roxb.=Brucea javanica
Brucea trichotoma (Lour.) Spreng.=Evodia trichotoma
Brugmansia Pers.**曼陀罗木属**(茄科)
Brugmansia arborea (L.) Steud.曼陀罗木
Bruguiera Lamk.**木榄属**(红树科)
Bruguiera caryophylloides Bl.=Bruguiera cylindrica
Bruguiera conjugata Merr.=Bruguiera gymnorrhiza
Bruguiera cylindrica (L.) Bl.柱果木榄
Bruguiera cylindrica Bl.(Hance in J.Bot.1879)=Bruguiera gymnorrhiza
Bruguiera gymnorrhiza (L.) Savigny 木榄
Bruguiera sexangula (Lour.) Poir.海莲
Bruguiera sexangula var. rhynchopetala Ko 尖瓣海莲
Bruguiera sexangula var. sexangula=Bruguiera sexangula
Bruinsmia Boerl. & Koord.**歧序安息香属**(安息香科)
Bruinsmia polysperma (C.B.Clarke) Steenis 歧序安息香
Brunella Moench=**Prunella**
Brunella grandiflora Moench=Prunella grandiflora
Brunella ovata Wall.=Prunella hispida
Brunella vulgaris var. *elongata* Benth.=Prunella vulgaris var. lanceolata
Brunella vulgaris var. *hispida* Benth.=Prunella hispida
Brunfelsia L.**番茉莉属**(茄科)
Brunfelsia americana L.番茉莉
Brunfelsia latifolia Benth.鸳鸯茉莉
Bruniera Franch.=**Wolffia**
Bryanthus coeruleus Dipp.=Phyllodoce caerulea
Bryanthus taxifolius Gray=Phyllodoce caerulea
Brylkinia Fr.Schmidt **扁穗草属**(禾本科)
Brylkinia caudata (Munro) Fr.Schmidt 扁穗草
Bryocarpum HK.f. & Thoms.**长果报春属**(报春花科)
Bryocarpum himalaicum HK.f. & Thoms.长果报春
Bryocles ventricosa Salisb.=Hosta ventricosa
Bryomorpha rupifraga Kar. & Kir.=Thylacospermum caespitosum
Bryonia affinis Endl.=Diplocyclos palmatus
Bryonia amplexicaulis Lam.=Solena amplexicaulis
Bryonia callosa Roettl.=Cucumis melo var. agrestis
Bryonia cochinchinensis Lour.=Gymnopetalum chinense
Bryonia grandis L.=Coccinia grandis
Bryonia hastata Lour.=Solena amplexicaulis
Bryonia japonica Thunb.=Zehneria indica
Bryonia laciniosa L.(p.p.)=Diplocyclos palmatus
Bryonia leucocarpa Bl.=Zehneria indica
Bryonia marginata Bl.=Zehneria marginata
Bryonia maysorensis Wight & Arn.=Zehneria maysorensis
Bryonia mucronata Bl.=Zehneria mucronata
Bryonia palmata L.=Diplocyclos palmatus
Bryonia pedunculosa Ser.=Herpetospermum pedunculosum
Bryonia scabrella L.=Mukia maderaspatana
Bryonia sect. *Diplocyclos* Endl.=**Diplocyclos**
Bryonia umbellata (Klein ex Willd.) Roxb.=Solena amplexicaulis
Bryoniopsis affinis (Endl.) Cogn.=Diplocyclos palmatus
Bryonopsis laciniosa (L.) Naud. (Naud.in Ann.Sc.Nat.Sér.1859,p.p.)=Diplocyclos palmatus
Bryonopsis laciniosa var. *erythrocarpa* (Naud.) Naud.=Diplocyclos palmatus
Bryonopsis laciniosa var. *walkeri* Chakr.=Diplocyclos palmatus
Bryophthalmum E.Mey.=**Moneses**
Bryophthalmum uniflorum (L.) E.Mey.=Moneses uniflora
Bryophyllum Salisb.**落地生根属**(景天科)
Bryophyllum calycinum Salisb.=Bryophyllum pinnatum
Bryophyllum pinnatum (L.f.) Oken 落地生根
Bubon buchtormensis Fisch.=Libanotis buchtormensis
Bubon eriocephalus Pall. ex Spreng.=Seseli eriocephalum
Buchanania Spreng **山様子属**(漆树科)
Buchanania arborescens (Bl.) Bl.山様子
Buchanania florida Schnauer=Buchanania arborescens
Buchanania florida var. *arborescens* Pierre=Buchanania arborescens
Buchanania florida var. *dongnaiensis* Pierre=Buchanania arborescens
Buchanania latifolia Roxb.豆腐果
Buchanania microphylla Engl.小叶山様子
Buchanania yunnanensis C.Y.Wu 云南山様子
Buchloë Engl.**野牛草属**(禾本科)
Buchloë dactyloides (Nutt.) Engelm.野牛草
Buchnera L.**黑草属**(玄参科)
Buchnera angustifolia D.Don=Striga angustifolia
Buchnera asiatica L.=Striga asiatica
Buchnera cruciata Hamilt.黑草
Buchnera densiflora Benth.=Striga densiflora
Buchnera densiflora HK. & Arn.=Buchnera cruciata
Buchnera hispida Ham.粗硬毛黑草
Buchnera masuria Ham. ex Benth.=Striga masuria
Buchnera stricta Benth.=Buchnera cruciata
Buchnera tetrastich.. Benth.四纵列黑草
Buckinghamia F.J.Muell.**布根海秘属**(山龙眼科)
Buckinghamia celsissima F.J.Muell.高耸布根海秘
Bucklandia R.Br.=**Exbucklandia**
Bucklandia populifolia HK.f. & Thoms.=Exbucklandia populnea
Bucklandia populnea R.Br.=Exbucklandia populnea
Bucklandia populnea sensu Merr.=Bucklandia tonkinensis
Bucklandia tonkinensis Lec.=Exbucklandia tonkinensis
Buckleya Torr.**米面蓊属**(檀香科)
Buckleya distrochophylla (Nutt.) Torr.北美米面蓊
Buckleya graebneriana Diels 秦岭米面蓊
Buckleya henryi Diels=Buckleya lanceolata
Buckleya joan Sieb.=Buckleya lanceolata
Buckleya lanceolata (S. & Z.) Miq.米面蓊
Buckleya quadriala Benth. & HK.f.=Buckleya lanceolata
Buda Adanson=**Spergularia**
Buddleia Auctt.=**Buddleja**
Buddleja L.**醉鱼草属**(马钱科)

Buddleja acosma Marq.(p.p.)=Buddleja crispa
Buddleja acosma Marq.=Budlleja crispa
Buddleja acuminatissima Bl.=Buddleja asiatica
Buddleja acutifolia Wright=Buddleja paniculata
Buddleja acutifolia f. *albiflora* (Lévl.) Rehd.(p.p.)=Buddleja albiflora
Buddleja acutifolia f. *albiflora* (Lévl.) Rehd.(p.p.)=Buddleja paniculata
Buddleja adenantha Diels=Buddleja myriantha
Buddleja agathosma Diels=Buddleja crispa
Buddleja agathosma var. *glandulifera* Marq.=Buddleja crispa
Buddleja alata Rehd. & Wils.翅枝醉鱼草
Buddleja albiflora Hemsl.巴东醉鱼草
Buddleja albiflora var. *giraldii* (Diels) Rehd. & Wils.=Buddleja albiflora
Buddleja albiflora var. *hemsleyana* (Koehne) Schneid.=Buddleja albiflora
Buddleja alternifolia Maxim.互叶醉鱼草
Buddleja amentacea Kränzl.=Buddleja asiatica
Buddleja americana L.美洲醉鱼草
Buddleja arfakensis Kanehira & Hatusima=Buddleja asiatica
Buddleja asiatica Lour.白背枫
Buddleja asiatica var. *brevicuspe* Koorders=Buddleja asiatica
Buddleja asiatica var. *densiflora* (Bl.) Koorders & Valeton=Buddleja asiatica
Buddleja asiatica var. *salicina* (Lamk.) Koorders & Valeton=Buddleja asiatica
Buddleja asiatica var. *stipulata* Gagn.=Buddleja myriantha
Buddleja asiatica var. *sundaica* (Bl.) Koord. & Valeton=Buddleja asiatica
Buddleja australis Vell 奥大利亚醉鱼草
Buddleja brachystachya Diels 短序醉鱼草
Buddleja candida Dunn 密香醉鱼草
Buddleja caryopteridifolia W.W.Sm.=Buddleja crispa
Buddleja caryopteridifolia var. *caryopteridifolia*=Budlleja crispa
Buddleja caryopteridifolia var. *eremophila* (W.W.Sm.) C.Marq.=Buddleja crispa
Buddleja caryopteridifolia var. *fasciculiflora* Z.Y.Zhang=Buddleja crispa
Buddleja caryopteridifolia var. *lanuginosa* Marq.=Buddleja crispa
Buddleja colvilei HK.f. & Thoms.大花醉鱼草
Buddleja cooperi W.W.Sm.=Buddleja forrestii
Buddleja crispa Benth.皱叶醉鱼草
Buddleja crispa var. *amplexicaulis* Z.Y.Zhang=Buddleja crispa
Buddleja crispa var. *dicipiens* Schmidt.=Buddleja crispa
Buddleja crispa var. *farreri* (Balf.f. & W.W.Sm.) Hand.-Mazz.=Buddleja crispa
Buddleja crispa var. *glandulifera* (Marq.) S.Y.Pao=Buddleja crispa
Buddleja crispa var. *grandiflora* (Marq.) S.Y.Pao=Buddleja crispa
Buddleja curviflora HK. & Arn.台湾醉鱼草
Buddleja cylindrostachya Kränzl.=Buddleja macrostachya
Buddleja davidii cv. *Superba*=Buddleja davidii
Buddleja davidii cv. *Veitchiana*=Buddleja davidii
Buddleja davidii Franch.大叶醉鱼草
Buddleja davidii var. *alba* Rehd. & Wils.=Buddleja davidii
Buddleja davidii var. *glabrescens* Gagn.=Buddleja davidii
Buddleja davidii var. *magnifica* (Wislon) Rehd. & Wils.=Buddleja davidii
Buddleja davidii var. *nanhoensis* (Chitt.) Rehd.=Buddleja davidii
Buddleja davidii var. *supera* (Beitch) Rehd. & Wils.=Buddleja davidii
Buddleja davidii var. *vetichiana* (Veitch) Rehd.=Buddleja davidii
Buddleja davidii var. *wilsonii* (Hort. ex Wils.) ehd. & Wils.=Buddleja davidii
Buddleja delavayi Gagn.腺叶醉鱼草
Buddleja delavayi var. *tomentosa* Comber=Buddleja delavayi
Buddleja densiflora Bl.=Buddleja asiatica
Buddleja discolor Roth=Buddleja asiatica
Buddleja duclouxii Marq.=Buddleja myriantha
Buddleja eremophila W.W.Sm.=Budlleja crispa
Buddleja fallowiana Balf.f. & W.W.Sm.紫花醉鱼草
Buddleja fallowiana var. *alba* Sabourin=Buddleja fallowiana
Buddleja farreri Balf.f. & W.W.Sm.=Buddleja crispa
Buddleja formosana Hatusima=Buddleja curviflora
Buddleja forrestii Diels 滇川醉鱼草
Buddleja forrestii var. *gracilis* Lingelsh.=Buddleja forrestii
Buddleja giraldii Diels=Buddleja albiflora
Buddleja glabrescens W.W.Sm.=Buddleja delavayi
Buddleja gracilis Lingelsh.=Buddleja forrestii Diels
Buddleja griffithii (C.B.Clarke) Marq.=Buddleja macrostachya var. griffithii
Buddleja gynandra Marq.=Buddleja paniculata
Buddleja hancockii Kränzl.=Buddleja macrostachya
Buddleja hastata Prain ex C.Marq.=Buddleja crispa
Buddleja heliophila W.W.Sm.=Buddleja delavayi
Buddleja heliophila var. *adenophora* Hand.-Mazz.=Budlleja delavayi
Buddleja heliophila var. *angustifolia* Marq.=Budlleja delavayi
Buddleja heliophila var. *pubescens* Marq.=Budlleja delavayi
Buddleja hemsleyana Koehne=Buddleja albiflora
Buddleja henryi Kränzl.=Buddleja forrestii
Buddleja henryi Rehd. & Wils.=Buddleja forrestii
Buddleja henryi var. *glabrescens* Marq.=Buddleja forrestii
Buddleja hernyi var. *hancockii* (Kränzl.) Marq.=Buddleja macrostachya
Buddleja heterophylla Lindl.=Buddleja madagascariensis
Buddleja hookeri Marq.=Buddleja macrostachya
Buddleja hosseuiana Kränzl.=Buddleja macrostachya
Buddleja incompta W.W.Sm.=Budlleja crispa
Buddleja insignis Carr.=Buddleja lindleyana
Buddleja insignis Hort. ex Dipp.=Buddleja lindleyana
Buddleja intermedia Carr.=Buddleja lindleyana
Buddleja intermedia var. *insignis* (Carr.) Rehd.=Buddleja lindleyana
Buddleja japonica Hemsl.(Kong Qing-lai et al.Dict.Pl.1933)=Buddleja lindleyana
Buddleja japonica var. *insignis* (Carr.) Wils.=Buddleja lindleyana
Buddleja latiflora S.Y.Pao=Budlleja forrestii
Buddleja lavandulacea Kränzl.=Buddleja paniculata
Buddleja legendrei Gagn.=Buddleja alternifolia
Buddleja limitanea W.W.Sm.=Buddleja forrestii
Buddleja lindleyana Fortune 醉鱼草
Buddleja lindleyana var. *sinuatodentata* Hemsl.=Buddleja lindleyana
Buddleja longifolia Gagn.=Buddleja forrestii
Buddleja macrostachya Wall. ex Benth.大序醉鱼草
Buddleja macrostachya var. griffithii C.B.Clarke 不丹醉鱼草
Buddleja macrostachya var. *macrostachya*=Buddleja macrostachya
Buddleja macrostachya var. *yunnanensis* Diels=Buddleja nivea
Buddleja macrostyahya var. *yunnanensis* Dop=Buddleja nivea
Buddleja madagascariensis Lamk.(Hance in Jurn.Bot.1882)=Buddleja officinalis
Buddleja madagascariensis Lamk.浆果醉鱼草
Buddleja mairei Lévl.=Buddleja paniculata
Buddleja mairei f. *albiflora* Lévl.=Buddleja paniculata
Buddleja marei f. *albiflora* Lévl.=Buddleja albiflora
Buddleja martii Schmidt=Buddleja macrostachya
Buddleja minima S.Y.Pao=Buddleja alternifolia
Buddleja myriantha Diels 酒药花醉鱼草
Buddleja nana W.W.Sm.=Buddleja brachystachya
Buddleja neemda Buch.-Ham. ex Roxb.=Buddleja asiatica
Buddleja neemda var. *philippensis* Cham. & Schlecht.=Buddleja asiatica
Buddleja nivea Duthie 金沙江醉鱼草
Buddleja nivea var. *yunnanensis* (Dop) Rehd. & Wils.=Buddleja nivea
Buddleja officinalis Maxim.密蒙花
Buddleja officinalis f. *albiflora* (Lévl.) Rehd.(p.p.)=Buddleja albiflora
Buddleja officinalis f. *albiflora* (Lévl.) Rehd.(p.p.)=Buddleja paniculata
Buddleja officinalis var. *macrantha* Lingelsh.=Buddleja officinalis
Buddleja officinalis var. sinuatodentata Hemsl.波叶醉鱼草
Buddleja paniculata Wall.(C.B.Clarke in Fl.Brit.Ind.1883)=Buddleja crispa
Buddleja paniculata Wall.喉药醉鱼草
Buddleja plectranthoidea Lévl.=Elsholtzia fruticosa
Buddleja praecox Lingelsh.=Buddleja crispa
Buddleja pterocaulis A.B.Jackson=Buddleja forrestii
Buddleja purdomii var. *fulvotomentosa* Z.Y.Zhang=Buddleja brachystachya
Buddleja purdomii W.W.Sm.甘肃醉鱼草?
Buddleja salicina Lamk.=Buddleja asiatica
Buddleja serrulata Roth=Buddleja asiatica
Buddleja sessilifolia B.S.Sun & S.Y.Pao=Buddleja colvilei
Buddleja shaanxiensis Z.Y.Zhang=Buddleja davidii
Buddleja shimidzuana Nakai=Buddleja davidii
Buddleja stenostachya Rehd. & Wils.=Buddleja nivea
Buddleja sterniana A.D.Cotton=Buddleja crispa
Buddleja stirata var. *zhouquensis* Z.Y.Zhang=Buddleja davidii
Buddleja striata Z.Y.Zhang=Buddleja davidii
Buddleja subherbacea Keenan=Buddleja forrestii
Buddleja subserrrata Ham. ex D.Don=Buddleja asiatica
Buddleja sundaica Bl=Buddleja asiatica

Buddleja taliensis W.W.Sm.=Buddleja forrestii
Buddleja tibetica W.W.Sm.=Buddleja crispa
Buddleja tibetica var. *farreri* (Balf.f. & W.W.Sm.) Marq.=Buddleja crispa
Buddleja tibetica var. *glandulifera* Marq.=Buddleja crispa
Buddleja tibetica var. *grandiflora* Marq.=Buddleja crispa
Buddleja tibetica var. *truncatifolia* (Lévl.) Marq.=Buddleja crispa
Buddleja truncata Gagn.=Buddleja crispa
Buddleja truncatifolia Lévl.=Buddleja crispa
Buddleja tsetangensis Marq.=Buddleja wardii
Buddleja variabilis Hemsl.=Buddleja davidii
Buddleja variabilis var. *magnifica* Wils.=Buddleja davidii
Buddleja variabilis var. *nanhoensis* Chitt.=Buddleja davidii
Buddleja variabilis var. *prostrata* Schneid.=Buddleja davidii
Buddleja variabilis var. *superba* Veitch=Buddleja davidii
Buddleja variabilis var. *veitchiana* Veitch=Buddleja davidii
Buddleja variabilis var. *wilsonii* Hort. ex Wils.=Buddleja davidii
Buddleja variabilis Veitch=Buddleja davidii
Buddleja venenifera Makino=Buddleja curviflora
Buddleja virgata Blanco=Buddleja asiatica
Buddleja wardii Marq.互对醉鱼草
Buddleja whitei Kränzl.=Buddleja crispa
Buddleja yunnanensis Gagn.云南醉鱼草
Buekia Giseke=**Alpinia**
Buergeria foribunda Miq.=Maackia floribunda
Buettneria grandifolia DC.=Byttneria aspera
Buglossoides I.J.Joh.=**Lithospermum**
Buglossoides arvensis (L.) Johnst=Lithospermum arvense
Buglossoides zollingeri (DC.) Johnst.=Lithospermum zollingeri
Bulbocodium serotinum L.=Lloydia serotina
Bulbophyllum Thou.**石豆兰属**(兰科)
Bulbophyllum affine Lindl.赤唇石豆兰
Bulbophyllum albociliatum (T.S.Liu & H.J.Su) Seidenf.白毛卷瓣兰
Bulbophyllum ambrosium (Hance) Schltr.芳香石豆兰
Bulbophyllum amplifolium (Rolfe) Balak. & Chowdhury 大叶卷瓣兰
Bulbophyllum andersonii (HK.f.) J.J.Sm.梳帽卷瓣兰
Bulbophyllum aureolabellum T.P.Lin 台湾石豆兰
Bulbophyllum barbigerum Lindl.毛唇石豆兰
Bulbophyllum bicolor (Lindl.) HK.f.=Sunipia bicolor
Bulbophyllum bicolor Lindl.二色卷瓣兰
Bulbophyllum biflorum Teijsm & Binn.双花石豆兰
Bulbophyllum bittnerianum Schltr.团花石豆兰
Bulbophyllum bomiense Z.H.Tsi 波密卷瓣兰
Bulbophyllum bootanense Griff.(HK.f.in Fl.Brit.Ind.1890,p.p.)=Bulbophyllum spathulatum
Bulbophyllum brevispicatum Z.H.Tsi 短序石豆兰
Bulbophyllum calodictyon Schltr.=Bulbophyllum griffithii
Bulbophyllum candidum (Lindl.) HK.f.=Sunipia candida
Bulbophyllum careyanum (HK.) Spreng.(HK.in Bot.Mag.1845)=Bulbophyllum crassipes
Bulbophyllum careyanum (HK.) Spreng.(高等图鉴 1976)=Bulbophyllum orientale
Bulbophyllum cariniflorum Richb.f.尖叶石豆兰
Bulbophyllum caudatum Lindl.尾萼卷瓣兰
Bulbophyllum cauliflorum HK.f.茎花石豆兰
Bulbophyllum chinense (Lindl.) Rchb.f.中华卷瓣兰
Bulbophyllum chitouense S.S.Ying 溪头石豆兰
Bulbophyllum chrondriophorum (Gagn.) Seidenf.城口卷瓣兰
Bulbophyllum clarkeanum King & Pantl.=Bulbophyllum stenobulbon
Bulbophyllum colomaculosum Z.H.Tsi & S.C.Chen 豹斑石豆兰
Bulbophyllum comosum Coll. & Hemsl.冠毛石豆兰
Bulbophyllum congestrum Rolfe=Bulbophyllum odoratissimum
Bulbophyllum corallinum Tix. & Guillaum.环唇石豆兰
Bulbophyllum craibianum Kerr=Bulbophyllum shweliense
Bulbophyllum crassipes HK.f.短耳石豆兰
Bulbophyllum cylindraceum Lindl.(King in Ann.Bot.Gared.Calcutta 1898)=Bulbophyllum khasyanum
Bulbophyllum cylindraceum Lindl.大苞石豆兰
Bulbophyllum cylindraceum var. *khasyanum* HK.f.=Bulbophyllum khasyanum
Bulbophyllum delitescens Hance 直唇卷瓣兰
Bulbophyllum densiflorum Rolfe=Bulbophyllum cariniflorum
Bulbophyllum derchianum S.S.Ying 白花小石豆兰?
Bulbophyllum drymoglossum Maxim. ex Okubo 圆叶石豆兰
Bulbophyllum ebulbum King & Pantl.=Bulbophyllum spathaceum
Bulbophyllum elatum (HK.f.) J.J.Sm.高茎卷瓣兰
Bulbophyllum electrinum Seidenf.=Bulbophyllum hirundinis
Bulbophyllum emarginatum (Finet) J.J.Sm.匍茎卷瓣兰
Bulbophyllum eublepharum Rchb.f.墨脱石豆兰
Bulbophyllum fascinator (Rolfe) Rolfe 粗柄石豆兰
Bulbophyllum fenghuangshanianum S.S.Ying 凤凰山石豆兰
Bulbophyllum flaviflorum (T.S.Liu & H.J.Su) Seidenf.=Bulbophyllum pectenveneris
Bulbophyllum fordii (Rofle) J.J.Sm.狭唇卷瓣兰
Bulbophyllum formosanum (Rolfe) Seidenf.伞苞石豆兰(新)?
Bulbophyllum forrestii Seidenf.尖角卷瓣兰
Bulbophyllum funingense Z.H.Tsi & S.C.Chen 富宁卷瓣兰
Bulbophyllum gongshanense Z.H.Tsi 贡山卷瓣兰
Bulbophyllum gracillimum Hay.=Bulbophyllum aureolabellum
Bulbophyllum griffithii (Lindl.) Rchb.f.短齿石豆兰
Bulbophyllum guttulatum (HK.f.) Balakrishnan 钻齿卷瓣兰
Bulbophyllum gymnopus HK.f.线瓣石豆兰
Bulbophyllum hainanense Z.H.Tsi 海南石豆兰
Bulbophyllum hanifii Carr.飘带石豆兰
Bulbophyllum hastatum T.Tang & F.T.Wang 戟唇石豆兰
Bulbophyllum helenae (Ktze.) J.J.Sm.角萼卷瓣兰
Bulbophyllum henanense J.L.Lu 河南卷瓣兰
Bulbophyllum henryi (Rolfe) J.J.Sm.=Bulbophyllum andersonii
Bulbophyllum hirtum (J.E.Sm.) Lindl.落叶石豆兰
Bulbophyllum hirundinis (Gagn.) Seidenf.莲花卷瓣兰
Bulbophyllum hirundinis var. *electrinum* (Seidenf.) S.S.Ying=Bulbophyllum hirundinis
Bulbophyllum hyacinthiodorum W.W.Sm.=Bulbophyllum odoratissimum
Bulbophyllum inabai Hay.=Bulbophyllum japonicum
Bulbophyllum inconspicum Maxim.麦斛
Bulbophyllum insulsoides Seidenf.穗花卷瓣兰
Bulbophyllum insulsum (Gagn.) Seidenf.(H.J.Su in Quart.J.Chin For.1989)=Bulbophyllum insulsoides
Bulbophyllum insulsum (Gagn.) Seidenf.瓶壶卷瓣兰
Bulbophyllum japonicum (Makino) Makino 瘤唇卷瓣兰
Bulbophyllum khaoyaiense Seidenf.白花卷瓣兰
Bulbophyllum khasyanum Griff.卷苞石豆兰
Bulbophyllum kusukuensis Hay.=Bulbophyllum affine
Bulbophyllum kwangtungense Schltr.广东石豆兰
Bulbophyllum ledungense T.Tang & F.T.Wang 乐东石豆兰
Bulbophyllum lemniscatum Par.垂花石豆兰
Bulbophyllum leopardinum (Wall.) Lindl.短葶石豆兰
Bulbophyllum levinei Schltr.齿瓣石豆兰
Bulbophyllum linchianum S.S.Ying 邵氏卷瓣兰
Bulbophyllum longibrachiatum Z.H.Tsi 长臂卷瓣兰
Bulbophyllum longiflorum Thou.长花石豆兰
Bulbophyllum macraei (Lindl.) Rchb.f.乌来卷瓣兰
Bulbophyllum macraei var. *autumnale* (Fukuyama) S.S.Ying=Bulbophyllum macraei
Bulbophyllum makoyanum Rchb.f.(台兰科图鉴 1996)=Bulbophyllum pectenveneris
Bulbophyllum melanoglossum Hay.紫纹卷瓣兰
Bulbophyllum melanoglossum var. melanoglossum=Bulbophyllum melanoglossum
Bulbophyllum melanoglossum var. rubropunctatum S.S.Ying 红斑卷瓣兰
Bulbophyllum menghaiense Z.H.Tsi 勐海石豆兰
Bulbophyllum menlunense Z.H.Tsi & Y.Z.Ma 勐仑石豆兰
Bulbophyllum monanthum (Ktze.) J.J.Sm.=Bulbophyllum pteroglossum
Bulbophyllum nigrescens Rolfe 钩梗石豆兰
Bulbophyllum obtusangulum Z.H.Tsi 黄花卷瓣兰
Bulbophyllum odoratissimum (J.E.Sm.) Lindl.密花石豆兰
Bulbophyllum odoratissimum var. *rubrolabellum* (T.P.Lin) S.S.Ying=Bulbophyllum rubrolabellum
Bulbophyllum omerandrum Hay.毛药卷瓣兰
Bulbophyllum oreogenses (W.W.Sm.) Seidenf.=Bulbophyllum retusiusculum
Bulbophyllum orientale Seidenf.麦穗石豆兰
Bulbophyllum otoglossum Tuyama 德钦石豆兰

Bulbophyllum pectenveneris (Gagn.) Seidnenf.斑唇卷瓣兰
Bulbophyllum pectinatum Finet 长足石豆兰
Bulbophyllum pectinatum var. pectinatum=Bulbophyllum pectinatum
Bulbophyllum pectinatum var. transarisanense (Hay.) S.S.Ying 阿里山石豆兰
Bulbophyllum pingtungense S.S.Ying & Chen ex S.S.Ying 屏东石豆兰?
Bulbophyllum poilanei Gagn.球花石豆兰
Bulbophyllum polyrhizum Lindl.锥茎石豆兰
Bulbophyllum psittacoglossum Rchb.f.滇南石豆兰
Bulbophyllum psychoon Rchb.f.(高等图鉴 1976,浙江志 1993)= Bulbophyllum levinei
Bulbophyllum pteroglossum Schltr.曲萼石豆兰
Bulbophyllum quadrangulum Z.H.Tsi 浙杭卷瓣兰
Bulbophyllum racemosum Hay.=Bulbophyllum insulsoides
Bulbophyllum radiatum Lindl.(Rolfe in J.L.Soc.Bot.1903)=Bulbophyllum kwangtungense
Bulbophyllum refractoides Seidenf.=Bulbophyllum wallichii
Bulbophyllum reptans (Lindl.) Lindl.伏生石豆兰
Bulbophyllum retusiusculum Ricbh.f.藓叶卷瓣兰
Bulbophyllum retusiusculum var. *oreogenes* (W.W.Sm.) Z.H.Tsi= Bulbophyllum retusiusculum
Bulbophyllum retusiusculum var. retusiusculum=Bulbophyllum retusiusculum
Bulbophyllum retusiusculum var. tigridum (Hance) Z.H.Tsi 虎紧卷瓣兰
Bulbophyllum riyanum Fukuyama 白花石豆兰
Bulbophyllum rotschildianum (O'Brien) J.J.Sm.美花卷瓣兰
Bulbophyllum rubrolabellum T.P.Lin 红心石豆兰
Bulbophyllum rufinum Rchb.f.窄苞石豆兰
Bulbophyllum saruwatarii Hay.=Bulbophyllum umbellatum
Bulbophyllum secundum HK.f.(分类学报 1995)=Bulbophyllum nigrescens
Bulbophyllum secundum HK.f.下垂石豆兰(新)?
Bulbophyllum setaceum T.P.Lin 鹳冠卷瓣兰
Bulbophyllum shanicum King & Pantl.二叶石豆兰
Bulbophyllum shweliense W.W.Sm.伞花石豆兰
Bulbophyllum somai Hay.=Bulbophyllum drymoglossum
Bulbophyllum spathaceum Rolfe 柄叶石豆兰
Bulbophyllum spathulatum (Rolfe ex Cooper) Seindenf.匙萼卷瓣兰
Bulbophyllum sphaericum Z.H.Tsi & H.Li 球茎卷瓣兰
Bulbophyllum stenobulbon Par. & Rchb.f.短足石豆兰
Bulbophyllum striatum (Griff.) Rchb.f.细柄石豆兰
Bulbophyllum suavissimum Rolfe (高等图鉴 1976)=Bulbophyllum shanicum
Bulbophyllum suavissimum Rolfe 直葶石豆兰
Bulbophyllum subparviflorum Z.H.Tsi & S.C.Chen 少花石豆兰
Bulbophyllum sutepense (Rolfe ex Downie) Siedenf.聚株石豆兰
Bulbophyllum taeniophyllum Par. & Rchb.f.带叶卷瓣兰
Bulbophyllum taichungianum S.S.Ying 台中石豆兰(新)?
Bulbophyllum taitungianum S.S.Ying 台东石豆兰?
Bulbophyllum taiwanense (Fukuyama) Seidnef.台湾卷瓣兰
Bulbophyllum tengchongense Z.H.Tsi 云北石豆兰
Bulbophyllum tibeticum Rolfe=Bulbophyllum umbellatum
Bulbophyllum tigridum Hance=Bulbophyllum retusiusculum. var. tigridum
Bulbophyllum tokioi Fukuyama 小叶石豆兰
Bulbophyllum tokioi f. *alboviride* Fukuyama=Bulbophyllum tokioi
Bulbophyllum transarisanense f. *alboviride* Fukuyama=Bulbophyllum pectinatum var. transarisanense
Bulbophyllum transarisanense Hay.=Bulbophyllum pectinatum var. transarisanense
Bulbophyllum tripudians var. *pumilum* Seidenf. & Smitin.=Bulbophyllum khaoyaiense
Bulbophyllum triste Rchb.f.球茎石豆兰
Bulbophyllum tseanum (S.Y.Hu & Barretto) Z.H.Tsi 香港卷瓣兰
Bulbophyllum umbellatum Lindl.伞花卷瓣兰
Bulbophyllum unciniferum Seidenf.直立卷瓣兰
Bulbophyllum uniflorum Griff.=Bulbophyllum pteroglossum
Bulbophyllum uraiense Hay.=Bulbophyllum macraei
Bulbophyllum violaceolabellum Siendenf.等萼卷瓣兰
Bulbophyllum viridiflorum Hay.=Bulbophyllum pectinatum var. transarisanense
Bulbophyllum wallichii Rchb.f.双叶卷瓣兰
Bulbophyllum watsonianum Rchb.f.=Bulbophyllum ambrosium
Bulbophyllum wightii Rchb.f.睫毛卷瓣兰
Bulbophyllum yoksunense J.J.Sm.=Bulbophyllum emarginatum
Bulbophyllum youngsayeanum S.Y.Hu=Bulbophyllum stenobulbon
Bulbophyllum yuanyangense Z.H.Tsi 元阳石豆兰
Bulbophyllum yunnanense Rolfe 蒙自石豆兰
Bulboscodium serotinum L.=Lloydia serotina
Bulbospermum Bl.=**Feliosanthes**
Bulbostylis C.B.Clarke **球柱草属**(莎草科)
Bulbostylis barbata (Rottb.) Kunth 球柱草
Bulbostylis capillaris var. trifida (Nees) C.B.Clarke=Bulbostylis densa
Bulbostylis densa (Wall.) Hand.-Mazz.丝叶球柱草
Bulbostylis disticha Ohwi=Bulbostylis barbata
Bulbostylis puberula (Poir.) Kunth 毛鳞球柱草
Bulbostylis trifida (Nees) Kunth=Bulbostylis densa
Bulleyia Schltr.**蜂腰兰属**(兰科)
Bulleyia yunnanensis Schltr.蜂腰兰
Bumalda trifolia Thunb.=Staphylea bumalda
Bungea sheareri S.Moore=Monochasma sheareri
Bunias L.**匙荠属**(十字花科)
Bunias cochlearioides Murr.匙荠
Bunias cornuta L.=Pugionium cornutum
Bunias orientalis L.疣果匙荠
Bunias syriaca (L.) M.Bieb.=Euclidium syriacum
Bunias tatarica Willd.=Litwinowia tenuissima
Bunias tscheliensis Debeaux=Bunias cochlearioides
Bunium buriaticum Drude=Carum buriaticum
Buntan=Citrus maxima cv. Wntan
Bupariti lampas (Cavan.) Rothm.=Thespesia lampas
Bupariti populnea (L.) Rothm.=Thespesia populnea
Buphthalmum L.**牛眼菊属**(菊科)
Buphthalmum grandiflorum L.大花牛眼菊
Buphthalmum salicifolium L.牛眼菊
Buphthalmum speciossimum Ard.高牛眼菊
Buphthalmum speciosum Schreb.心叶牛眼菊
Bupleurum L.**柴胡属**(伞形科)
Bupleurum alatum Shan & Sheh 翅果柴胡
Bupleurum angustissimum (Franch.) Kitag.线叶柴胡
Bupleurum aureum Fisch.金黄柴胡
Bupleurum aureum var. brevinvolucratum Trautv.短苞金黄柴胡
Bupleurum baldense β. *multicaule* Ledeb.=Bupleurum bicaule
Bupleurum bicaule Helm.锥叶柴胡
Bupleurum breviradiatum Regel=Bupleurum komarovianum
Bupleurum candollei Franch.=Bupleurum petiolulatum var. franchetii
Bupleurum candollei Wall. ex DC.川滇柴胡
Bupleurum candollei var. atropurpureum C.Y.Wu 紫红川滇柴胡
Bupleurum candollei var. virgatissimum C.Y.Wu 多枝川滇柴胡
Bupleurum chaishoui Shan & Sheh 柴首
Bupleurum chinense DC.柴胡
Bupleurum chinense f. chiliosciadium (Wolff) Shan & Y.Li 多伞北柴胡
Bupleurum chinense f. octoradiatum (Bge.) Shan & Sheh 百花山柴胡
Bupleurum chinense f. pekinense (Franch.) Shan & Y.Li 北京柴胡
Bupleurum chinense f. vanheurckii (Muell-Arg.) Shan & Y.Li 烟台柴胡
Bupleurum chinense Franch.=Bupleurum chinense f. pekinense
Bupleurum chinense var. *komarovianum* (Lincz.) Liou & Huang= Bupleurum komarovianum
Bupleurum commelynoideum de Boiss.紫花鸭跖柴胡
Bupleurum commelynoideum var. flaviflorum Shan & Y.Li 黄花鸭跖柴胡
Bupleurum condensatum Shan & Y.Li 簇生柴胡
Bupleurum dalhousieanum (Clarke) K.-Pol.匍枝柴胡
Bupleurum dauricum Fisch. & Mey. ex Turcz.=Bupleurum sibiricum
Bupleurum densiflorum Rupr.密花柴胡
Bupleurum dielsianum Wolff 太白柴胡
Bupleurum euphorbioides Nakai 大苞柴胡
Bupleurum exaltatum Marsch.-Bieb.新疆柴胡
Bupleurum exaltatum β. *multicaule* Ledeb.=Bupleurum bicaule
Bupleurum falcatum Ledeb.=Bupleurum krylovianum

Bupleurum falcatum Shan=Bupleurum chinense
Bupleurum falcatum subsp. *bicaule* var. α. *verum* K.-Pol.=Bupleurum bicaule
Bupleurum falcatum subsp. *eufalcatum* var. *gracillimum* Wolff=Bupleurum gracillimum
Bupleurum falcatum subsp. *eufalcatum* var. *scorzonerifolium* (willd.) Wolff=Bupleurum scorzonerifolium
Bupleurum falcatum subsp. *eufalcatum* var. *scorzonerifolium* f. *ensifolium* subf. *angustissimum* Wolff=Bupleurum angustissimum
Bupleurum falcatum subsp. *eufalcatum* var. *scorzonerifolium* f. *ensifolium* Wolff=Bupleurum chinense
Bupleurum falcatum subsp. *exaltatum* var. *euexaltatum* Wolff=Bupleurum exaltatum
Bupleurum falcatum subsp. *exaltatum* var. β. *linearifolium* Wolff=Bupleurum exaltatum
Bupleurum falcatum subsp. *flexuosum* K.-Pol.=Bupleurum krylovianum
Bupleurum falcatum subsp. *marginatum* (Wall.) Clarke ex Wolff=Bupleurum marginatum
Bupleurum falcatum subsp. *marginatum* var. β. *stenophyllum* Wolff=Bupleurum marginatum var. stenophyllum
Bupleurum falcatum subsp. *scorzonerifolium* (Willd.) K.-Pol.=Bupleurum scorzonerifolium
Bupleurum falcatum var. *angustissimum* Franch.=Bupleurum angustissimum
Bupleurum falcatum var. *bicaule* Wolff=Bupleurum bicaule
Bupleurum falcatum var. *chilioschiadium* Wolff=Bupleurum chinense f. chiliosciadium
Bupleurum falcatum var. *longepedunculatum* de Boiss (p.p.).=Bupleurum microcephalum
Bupleurum falcatum var. *marginatum* (Wall.) Clarke=Bupleurum marginatum
Bupleurum falcatum var. *scorzonerifolium* f. *angustissimum* (Franch.) Wolff (苏南植物手册 1959)=Bupleurum scorzonerifolium
Bupleurum falcatum var. *stenophyllum* Wolff=Bupleurum marginatum var. stenophyllum
Bupleurum falcatum β. *scorzoneraefolium* Ledeb.=Bupleurum scorzonerifolium
Bupleurum flexuosum Wall.=Bupleurum tenue
Bupleurum giraldii (Wolff) K.-Pol.=Bupleurum petiolulatum var. giraldii
Bupleurum gracilipes Diels 细柄柴胡
Bupleurum gracillimum Klotzsch 纤细柴胡
Bupleurum jeholense Nakai=Bupleurum sibricum var. jeholense
Bupleurum jeholense var. *latifolium* Nakai=Bupleurum sibricum var. jeholense
Bupleurum komarovianum Lincz.长白柴胡
Bupleurum krylovianum Schischk. ex Kryl.阿尔泰柴胡
Bupleurum kunmingense Y.Li & S.L.Pan 韭叶柴胡
Bupleurum kweichowense Shan 贵州柴胡
Bupleurum leveillei Boiss.=Bupleurum longiradiatum
Bupleurum longicaule Diels=Bupleurum petiolulatum var. giraldii
Bupleurum longicaule Wall. ex DC.(Diels in Engl.Bot.Jahrb.1905)=Bupleurum petiolulatum var. franchetii
Bupleurum longicaule Wall. ex DC.(北研丛刊 1934)=Bupleurum smithi
Bupleurum longicaule var. amplexicaule C.Y.Wu 抱茎柴胡
Bupleurum longicaule var. *dalhousieanum* Clarke=Bupleurum dalhousieanum
Bupleurum longicaule var. franchetii De Boiss.空心柴胡
Bupleurum longicaule var. giraldii Wolff 秦岭柴胡
Bupleurum longicaule var. strictum C.B. Clarke 坚挺柴胡
Bupleurum longicaule var. *tibetanicum* Wolff=Bupleurum petiolulatum
Bupleurum longifolium var. *aureum* (Fisch.) Wolff=Bupleurum aureum
Bupleurum longifolium var. *aureum* subvar. *breviinvolucratum* Trautv. ex Wolff =Bupleurum aureum var. brevinvolucratum
Bupleurum longiradiatum Turcz.大叶柴胡
Bupleurum longiradiatum f. australe Shan & Y.Li 南方大叶柴胡
Bupleurum longiradiatum subsp. *longiradiatum* f. *leveillei* (Boiss.) Kitag.=Bupleurum longiradiatum
Bupleurum longiradiatum var. breviradiatum Fr.Schmidt.短伞大叶柴胡
Bupleurum longiradiatum var. *genuinum* Wolff(p.p.)=Bupleurum longiradiatum
Bupleurum longiradiatum var. *genuinum* Wolff(p.p.)=Bupleurum longiradiatum var. porphyranthum
Bupleurum longiradiatum var. porphyranthum Shan & Y.Li 紫花大叶柴胡
Bupleurum longiradiatum β. *breviradiatum* Regel=Bupleurum komarovianum
Bupleurum malconense Shan & Y.Li 马尔康柴胡
Bupleurum marginatum Wall. ex DC.竹叶柴胡
Bupleurum marginatum var. stenophyllum (Wolff) Shan & Y.Li 窄竹叶柴胡
Bupleurum microcephalum Diels 马尾柴胡
Bupleurum octoradiatum Bge.=Bupleurum chinense f. octoradiatum
Bupleurum pekinense Franch.=Bupleurum chinense f. pekinense
Bupleurum petiolulatum Franch.有柄柴胡
Bupleurum petiolulatum var. amplexicaule C.Y.Wu 抱茎柴胡
Bupleurum petiolulatum var. franchetii de Boiss.空心柴胡
Bupleurum petiolulatum var. giraldii Wolff 秦岭柴胡
Bupleurum petiolulatum var. strictum C.B.Clarke 坚挺柴胡
Bupleurum petiolulatum var. tenerum Shan & Y.Li 细茎有柄柴胡
Bupleurum pusillum Krylov 短茎柴胡
Bupleurum ranunculoides var. *triradiatum* Regel=Bupleurum triradiatum
Bupleurum rockii Wolff 丽江柴胡
Bupleurum rotundifolium L.圆叶柴胡
Bupleurum sachalinense Fr.Schmidt=Bupleurum longiradiatum var. breviradiatum
Bupleurum scorzoneraefolium subsp. *angustissimum* Kitag.=Bupleurum angustissimum
Bupleurum scorzoneraefolium var. *angustissimum* (Franch.) Huang=Bupleurum angustissimum
Bupleurum scorzonerifolium Willd.红柴胡
Bupleurum scorzonerifolium f. longiradiatum Shan & Y.Li 长伞红柴胡
Bupleurum scorzonerifolium f. pauciflorum Shan & Y.Li 少花红柴胡
Bupleurum sibiricum Vest 兴安柴胡
Bupleurum sibricum var. jeholense (Nakai) Chu 雾灵柴胡
Bupleurum smithii Wolff 黑柴胡
Bupleurum smithii var. auriculatum Shan & Y.Li 耳叶黑柴胡
Bupleurum smithii var. parvifolium Shan & Y.Li 小叶黑柴胡
Bupleurum stewartianum Nasir?喜马雅山柴胡(新)
Bupleurum tatudinense Baranow=Bupleurum euphorbioides
Bupleurum tenue Buch.-Ham. ex D.Don 小柴胡
Bupleurum tenue var. humile Franch.矮小柴胡
Bupleurum tenue var. paucefulcrans C.Y.Wu 三苞小柴胡
Bupleurum tianschanicum Freyn 天山柴胡
Bupleurum triradiatum Adams ex Hoffm.三辐柴胡
Bupleurum vankeurckii Muell.-Arg.=Bupleurum chinense f. vanheurckii
Bupleurum wenchuanense Shan & Y.Li 汶川柴胡
Bupleurum yinchowense Shan & Y.Li 银州柴胡
Bupleurum yunnanense Franch.云南柴胡
Burmannia L.**水玉簪属**(水玉簪科)
Burmannia bifida Gagn.=Burmannia oblonga
Burmannia championii Thw.头花水玉簪
Burmannia chinensis Gandog=Burmannia coelestis
Burmannia coelestis D.Don 三品一枝花
Burmannia cryptopetala Makino 透明水玉簪
Burmannia dalzieli Rendle=Burmannia championii
Burmannia disticha L.水玉簪
Burmannia itoana Makino 纤草
Burmannia nana Fukuyama & Suzuki=Gymnosiphon nana
Burmannia nepalensis (Miers) HK.f.宽翅水玉簪
Burmannia oblonga Ridl.裂萼水玉簪
Burmannia pusilla var. hongkongensis Jonk.香港水玉簪
Burmannia takeoi Hay.=Burmannia itoana
Burmannia wallichii (Miers) HK.f.亭立
Burmannia wallichii HK.f.(Merr. & Chun in Sunyatsehia 1935,p.p.)=Burmannia itoana
Burmanniaceae 水玉簪科
Burretiodendron Rehd.**柄翅果属**(椴树科)
Burretiodendron combretoides Chun & How=Craigia yunnanensis
Burretiodendron esquirolii (Lévl.) Rehd.柄翅果
Burretiodendron hsienmu Chun & How(p.p.)=Excentrodendron hsienmu
Burretiodendron hsienmu Chun & How(p.p.)=Excentrodendron tonkinense
Burretiodendron longistipitatum R.H.Miau 长柄翅果
Burretiodendron obconicum Chun & How=Excentrodendron obconicum

Burretiodendron tonkinensis Kosterm.=Excentrodendron tonkinense
Burretiodendron yunnanense (Smith & Evans) Kosterm.=Craigia yunnanensis
Bursa Bochmer=**Capsella**
Bursa-pastoris Séguier=**Capsella**
Bursaria Cav.**少子果属**(海桐花科)
Bursaria sponosa Cav.少子果
Bursera L.**裂榄属**(橄榄科)
Bursera microphylla A.Gray 小叶裂榄
Bursera serrata Wall. ex Colebr.=Protium serratum
Bursera simaruba Sarg.苦樗裂榄
Burseraceae 橄榄科
Butea K.Koen. ex Roxb.**紫矿属**(豆科)
Butea braamiana DC.绒毛紫矿
Butea frondosa K.Koen. ex Roxb.=Butea monosperma
Butea monosperma (Lam.) Kuntze 紫矿
Butea sericophylla Wall.=Spatholobus roxburghii
Butea suberecta Blatter=Spatholobus suberectus
Butia Becc.**果冻棕属**(棕榈科)
Butia capitata (Mart.) Becc.果冻棕
Butia eriospatha (Drude) Becc.毛果冻棕
Butia vatay (Mart.) Becc.亚泰果冻棕
Butneria praecox (L.) Schneid=Chimonanthus praecox
Butomaceae 花蔺科
Butomopsis Kunth **拟花蔺属**(花蔺科)
Butomopsis lanceolata Kunth=Butomopsis latifolia
Butomopsis latifolia (D.Don) Kunth 拟花蔺
Butomus L.**花蔺属**(花蔺科)
Butomus lanceolatus Roxb.=Butomopsis latifolia
Butomus latifolia D.Don=Butomopsis latifolia
Butomus umbellatus L.花蔺
Butyrospermum Kotschy **牛油果属**(山榄科)
Butyrospermum parkii Kotschy 牛油果
Buxaceae 黄杨科
Buxiphyllum W.T.Wang=**Paraboea**
Buxiphyllum velutinum W.T.Wang=Paraboea velutina
Buxus L.**黄杨属**(黄杨科)
Buxus austroyunnanensis Hatusima 滇南黄杨
Buxus bodinieri Lévl.雀舌黄杨
Buxus cephalantha Lévl. & Vant.头花黄杨
Buxus cephalantha var. *cephalantha*=Buxus cephalantha
Buxus cephalantha var. shatouensis M.Chen 汕头黄杨
Buxus hainanensis Merr.海南黄杨
Buxus harlandii Hance (Rehd. & Wils.in Sarg.Pl.Wils.1914,p.p.)=Buxus ichangensis
Buxus harlandii Hance=Buxus bodinieri
Buxus harlandii Hance 匙叶黄杨
Buxus harlandii var. *cephalantha* (Lévl. & Vant.) Rehd.=Buxus cephalantha
Buxus harlandii var. *linearis* Hand.-Mazz.=Buxus cephalantha
Buxus hebecarpa Hatusima 毛果黄杨
Buxus henryi Mayr.大花黄杨
Buxus ichangensis Hatusima 宜昌黄杨
Buxus intermedia Kanehira=Buxus sinica var. intermedia
Buxus japonica Muel.-Arg.日本黄杨
Buxus latistyla Gagn.阔柱黄杨
Buxus linearifolia M.Cheng 线叶黄杨
Buxus liukiuensis Makino(Sasaki in Trans.Nat.Hist.Soc.Form.1928,p.p.)=Buxus sinica var. intermedia
Buxus megistophylla Lévl.大叶黄杨
Buxus microphylla subsp. *sinica* (Rehd. & Wils.) Hatusima=Buxus sinica
Buxus microphylla subsp. *sinica* var. *aemulans* (Rehd. & Wils.) Hatusima =Buxus sinica subsp. aemulans
Buxus microphylla var. *aemulans* Rehd. & Wils.(p.p.)=Buxus bodinieri
Buxus microphylla var. *aemulans* Rehd. & wils.(p.p.)=Buxus sinica subsp. aemulans
Buxus microphylla var. *intermedia* (Kahenira) H.L.Li=Buxus sinica var. intermedia
Buxus microphylla var. *kiangsiensis* Hu & Chen=Buxus sinica subsp. aemulans
Buxus microphylla var. *platyphylla* (Schneid.) Hand.-Mazz.=Buxus bodinieri
Buxus microphylla var. *platyphylla* (Schneid.) Hand.-Mazz.=Buxus rugulosa
Buxus microphylla var. *prostrata* W.W.Sm.=Buxus rugulosa var. prostrata
Buxus microphylla var. *rupicola* W.W.Sm.=Buxus rugulosa subsp. rupicola
Buxus microphylla var. *sinica* Rehd. & Wils.=Buxus sinica
Buxus mollicula W.W.Sm.软毛黄杨
Buxus mollicula var. glabra Hand.-Mazz.变光软毛黄杨
Buxus mollicula var. mollicula=Buxus mollicula
Buxus myrica Lévl.杨梅黄杨
Buxus myrica var. angustifolia Gagn.狭叶杨梅黄杨
Buxus myrica var. myrica=Buxus myrica
Buxus pubiramea Merr. & Chun 毛枝黄杨
Buxus rugulosa Hatusima 皱叶黄杨
Buxus rugulosa subsp. *prostrata* (W.W.Sm.) Hatusima=Buxus rugulosa var. prostrata
Buxus rugulosa subsp. rupicola (W.W.Sm.) Hatusima 岩生黄杨
Buxus rugulosa var. prostrata (W.W.Sm.) M.Cheng 平卧皱叶黄杨
Buxus rugulosa var. rugulosa=Buxus rugulosa
Buxus saligna D.Don=Sarcococca saligna
Buxus sempervirens L.(Benth.Fl.Hongk.1861)=Buxus harlandii
Buxus sempervirens L.(Hemsl.in J.L.Soc.1894,p.p.)=Buxus stenophylla
Buxus sempervirens L.(Hemsl.in J.L.Soc.Bot.1894)=Buxus sinica
Buxus sempervirens L.锦熟黄杨
Buxus sempervirens var. *microphylla* Lévl.=Buxus cephalantha
Buxus sinica (Rehd. & Wils.) Cheng 黄杨
Buxus sinica microphylla var. *insularis* Nakai= Buxus sinica subsp. sinica var. insularis
Buxus sinica subsp. aemulans (Rehd. & Wils.) M.Cheng 尖叶黄杨
Buxus sinica subsp. sinica var. insularis (Nakai) M.Cheng 朝鲜黄杨?
Buxus sinica var. intermedia (Kanehira) M.Cheng 中间黄杨
Buxus sinica var. parvifolia M.Cheng 小叶黄杨
Buxus sinica var. pumila M.Cheng 矮生黄杨
Buxus sinica var. sinica=Buxus sinica
Buxus sinica var. vacciniifolia M.Cheng 越橘叶黄杨
Buxus stenophylla Hance 狭叶黄杨
Buxus wallichiana var. *velutina* Franch.=Buxus mollicula
Bymbidium longibracteatum Y.S.Wu & S.C.Chen=Cymbidium goeringii var. longibracteatum
Byrsopteris Morton=**Arachniodes**
Byrsopteris henryi Morton=Arachniodes henryi
Byrsopteris speciosa Morton=Arachniodes speciosa
Bysteropogon graveolens Bl.=Hyptis suaveolens
Bysteropogon suaveolens (L.) Bl.=Hyptis suaveolens
Bythophyton HK.f.**沉水草属**(玄参科)
Bythophyton indicum HK.f.沉水草
Byttneria Loefl.**刺果藤属**(梧桐科)
Byttneria aspera Colebr.刺果藤
Byttneria integrifolia Lace 全缘刺果藤
Byttneria pilosa Roxb.粗毛刺果藤

C

Cabomba Aublet **水盾草属**(莼菜科)
Cabomba caroliniana A.Gray 竹节水松
Cabombaceae 莼菜科
Cacalia L.(Hoffm.(p.p.)=**Syneilesis**
Cacalia sensu auct.Plur.=**Parasenecio**
Cacalia achyrotricha (Diels) Ling=Ligularia achyrotricha
Cacalia aconitifolia Bge.=Syneilesis aconitifolia
Cacalia adenocauloides Hand.-Mazz.=Parasenecio roborowskii
Cacalia ainsiliaeflora (Franch.) Hand.-Mazz.=Parasenecio ainsliiflorus
Cacalia ambigua Ling=Parasenecio ambiguus
Cacalia angulosa (Wall.) DC.=Gynura cusimbua
Cacalia arachnantha (Franch.) Hand.-Mazz.=Senecio arachmanthus
Cacalia auriculata DC.(Kitam.in Mem.Coll.Sci.Tokyo Univ.1942,p.p.)=Parasenecio praetermissus
Cacalia auriculata DC.(秦岭志 1985,高原志 1989)=Parasenecio gansuensis
Cacalia auriculata DC.=Parasenecio auriculatus
Cacalia auriculata var. *kamtschatica* Matsum.(Kitam.in Mem.Coll.Sci. Tokyo Univ.1942,p.p.)=Parasenecio praetermissus
Cacalia auriculata α. *ochotensis* Kom.(p.p.)=Parasenecio auriculatus

Cacalia auriculata α. *ochotensis* Kom.(p.p.)=Parasenecio praetermissus
Cacalia begoniaefolia (Franch.) Hand.-Mazz.=Parasenecio begoniaefolius
Cacalia billolor Roxb. ex Willd.=Gynura bicolor
Cacalia bulbifera var. *piligera* Ling=Parasenecio hwangshanicus
Cacalia bulbiferoides Hand.-Mazz.=Parasenecio bulbiferoides
Cacalia bulbosa Lour.=Gynura pseudochina
Cacalia caroli (C.Winkl.) Chang=Sinacalia carolii
Cacalia coccinea Sims=Emilia coccinea
Cacalia cusimbua D.Don=Gynura cusimbua
Cacalia cyclota (Bur. & Franch.) Hand.-Mazz.=Parasenecio cyclotus
Cacalia dasythyrsa Hand.-Mazz.=Parasenecio dasythyrsus
Cacalia davidii (Franch.) Hand.-Mazz.=Sinacalia davidii
Cacalia delphyniphylla (Lévl.) Hand.-Mazz.=Parasenecio delphiniphyllus
Cacalia deltophylla (Maxim.) Mattf. ex Rehd. & Kobuski=Parasenecio deltophyllus
Cacalia diantha (Franch.) Hand.-Mazz.=Synotis erythropappa
Cacalia didymantha (Dunn) Hand.-Mazz.=Sinacalia davidii
Cacalia farfarifolia subsp. *petasitoides* (Lévl.) Koyama=Parasenecio petasitoides
Cacalia fargaraefolia α. *ramosa* Maxim.(Kom.in Fl.Mansh.1907)=Parasenecio komarovianus
Cacalia firma Koma.=Parasenecio firmus
Cacalia forrestii (W.W.Sm. & Small.) Hand.-Mazz.=Parasenecio forrestii
Cacalia hastata L.=Parasenecio hastatus
Cacalia hastata subsp. *komaroviana* (Pojark.) Kitag.=Parasenecio komarovianus
Cacalia hastata subsp. *orientalis* Kitam.(p.p.)=Parasenecio komarovianus
Cacalia hastata var. *glabra* Ledeb.=Parasenecio hastatus var. glaber
Cacalia hastata var. *lancifolia* (Franch.) Koyama=Parasenecio lancifolius
Cacalia hastata var. *pubescens* Ledeb.=Parasenecio hastatus
Cacalia hupehensis Hand.-Mazz.=Parasenecio phyllolepis
Cacalia hwangshanica Ling=Parasenecio hwangshanicus
Cacalia inathophylla (Franch.) Hand.-Mazz.=Parasenecio ianthophyllus
Cacalia incana L.=Gynura divaricata
Cacalia intermedia Hay.=Syneilesis intermedia
Cacalia intermedia var. *subglabrata* Yamamoto & Sasaki=Syneilesis subglabrata
Cacalia kamtschatica Kudô (东北检索表 1959,p.p.)=Parasenecio komarovianus
Cacalia kangxianensis Z.Y.Zhang & Y.H.Guo=Parasenecio kangxianensis
Cacalia komaroviana (Pojark.) Pojark.=Parasenecio komarovianus
Cacalia koualapensis (Franch.) Hand.-Mazz.=Parasenecio koualapensis
Cacalia krameri Matsum.(北研丛刊 1934)=Syneilesis australis
Cacalia latipes (Franch.) Hand.-Mazz.=Parasenecio latipes
Cacalia leucanthema (Dunn) Ling=Parasenecio ainsliiflorus
Cacalia leucanthema Dunn (北研丛刊 1934)=Parasenecio tsinlingensis
Cacalia leucocephala (Franch.) Hand.-Mazz.=Parasenecio leucocephalus
Cacalia lidjiangensis Hand.-Mazz.=Parasenecio lidjangensis
Cacalia lidjiangensis var. *acerina* Koyama=Parasenecio rockianus
Cacalia longispica Hand.-Mazz.=Parasenecio longispicus
Cacalia longispica Z.Y.Zhang & Y.H.Guo=Ligulariopsis shichuana
Cacalia macrocephala Hand.-Mazz.=Sinacalia macrocephala
Cacalia matsudai Kitam.=Parasenecio matsudai
Cacalia monantha (Diels) Hay.(Hay.in J.coll.Sci.Unvo.Tokyo 1908)=Parasenecio morrisonensis
Cacalia nokoensis Masam. & Suzuki=Parasenecio nokoensis
Cacalia ofrrestii (W.W.Sm. & Small) Hand.-Mazz.=Parasenecio forrestii
Cacalia otopteryx Hand.-Mazz.=Parasenecio otopteryx
Cacalia ovalis Ker-Gawl.=Gynura divaricata
Cacalia palmatisecta (J.F.Jeffr.) Hand.-Mazz.=Parasenecio palmatisectus
Cacalia palmatisecta var. *moupinensis* (Franch.) Koyama=Parasenecio palmatisectus var. moupinensis
Cacalia palmatisecta var. *moupinensis* f. *pilipes* Koyama=Parasenecio palmatisectus var. moupinensis
Cacalia palmatisecta var. *pubescens* (J.F.Jeffr.) C.Y.Wu=Parasenecio palmatisectus var. moupinensis
Cacalia penninervis Koyama=Senecio kumaonensis
Cacalia pentaloba Hand.-Mazz.=Parasenecio quinquelobus
Cacalia pentaloba var. *moupinensis* (Franch.) Hand.-Mazz.=Parasenecio palmatisectus var. moupinensis
Cacalia pentaloba var. *sinuata* Koyama=Parasenecio quinquelobus var. sinuatus
Cacalia phyllolepis (Franch.) Hand.-Mazz.=Parasenecio phyllolepis
Cacalia pilgeriana (Diels) Ling=Parasenecio pilgerianus
Cacalia pilgeriana subsp. *delphiniphylla* (Lévl.) Koyama=Parasenecio delphiniphyllus
Cacalia pinnatifida Lour.=Gynura japonica
Cacalia potaninii (C.Winkl.) Mattf.=Ligularia potaninii
Cacalia praetermissa (Pojark.) Pojark.=Parasenecio praetermissus
Cacalia procumbens Lour.=Gynura procumbens
Cacalia profundorum (Dunn) Hand.-Mazz.=Parasenecio profundorum
Cacalia quinqueloba (DC.) Kitam.=Parasenecio quinquelobus
Cacalia roborowskii (Maxim.) Ling=Parasenecio roborowskii
Cacalia rocikiana Hand.-Mazz.=Parasenecio rockianus
Cacalia rubescens (S.Moore) Matsuda (p.p.)=Parasenecio rubescens
Cacalia rubescens S.Moore (高等图鉴 1975,p.p.)=Parasenecio matsudai
Cacalia rufipilis (Franch.) Ling=Parasenecio rufipilis
Cacalia sagittata Willd.=Emilia coccinea
Cacalia sarmentosa Bl.=Gynura procumbens
Cacalia sect. *Cissampelopsis* DC.=**Cissampelopsis**
Cacalia segetum Lour.=Gynura japonica
Cacalia sinica Ling=Parasenecio sinicus
Cacalia sonchifolia L.=Emilia sonchifolia
Cacalia souliei (Franch.) Hand.-Mazz.=Parasenecio souliei
Cacalia subglabra Chang=Parasenecio subglaber
Cacalia subglabrata (Yamamoto & Sasaki) Kitam.=Syneilesis subglabrata
Cacalia taliensis (Franch.) Hand.-Mazz.=Parasenecio taliensis
Cacalia tangutica (Fracnh.) Hand.-Mazz.=Sinacalia tungutica
Cacalia tatsienensis (Bur. & Franch.) Hand.-Mazz.=Parasenecio roborowskii
Cacalia teniana Hand.-Mazz.=Parasenecio tenianus
Cacalia tricuspis (Franch.) Hand.-Mazz.=Senecio tricuspis
Cacalia tripteris Hand.-Mazz.=Parasenecio tripteris
Cacalia tsinlingensis Hand.-Mazz.(p.p.)=Parasenecio ambiguus
Cacalia tsinlingensis Hand.-Mazz.(p.p.)=Parasenecio tsinlingensis
Cacalia vespertilo (Franch.) Hand.-Mazz.=Parasenecio wespertilo
Cacalia volubilis Bl.=Cissampelopsis volubilis
Cacalia wangiana Ling=Parasenecio ambiguus var. wangianus
Cacalia xanthotricha Grün.=Ligularia xanthotricha
Cacalia xinjiashanensis Z.Y.Zhang & Y.H.Guo=Parasenecio xinjiashanensis
Cachrys L.**绵果芹属**(伞形科)
Cachrys athamanthoides M.B.=Stenocoelium athamantoides
Cachrys didyma Regel=Cryptodiscus didymus
Cachrys macrocarpa Ledeb.大果绵果芹
Cachrys sibirica Steph. ex Fisch.=Phlojodicarpus sibricus
Cachrys vaginata Ledeb.=Schrenkia vaginata
Cactaceae 仙人掌科
Cactus chinensis Roxb.=Opuntia ficus-indica
Cactus cochinellifera L.=Opuntia cochinellifera
Cactus decumanus Willd.=Opuntia ficus-indica
Cactus dillenii Ker-Gawl.=Opuntia stricta var. dillenii
Cactus ficus-indica L.=Opuntia ficus-indica
Cactus indicus Roxb.=Opuntia monacantha
Cactus monacanthos Willd.=Opuntia monacantha
Cactus pereskia L.=Pereskia aculeata
Cactus phyllanthus L.=Epiphyllum phyllanthus
Cactus strictus Haw.=Opuntia stricta
Cadenera 卡特尼拉(芸香科脐橙类)
Caenopteris japonica Thunb.=Onychium japonicum
Caenotus (Nutt.) Rafin.=**Conyza**
Caesalpinia L.**云实属**(豆科)
Caesalpinia aestivalis Chun & How=Pterolobium punctatum
Caesalpinia bonduc (L.) Roxb.刺果苏木
Caesalpinia caesia Hand.-Mazz.粉叶苏木
Caesalpinia crista L.(Thunb.in Fl.Jap.1784)=Caesalpinia decapetala
Caesalpinia crista L.(豆科图说 1955,海南志 1965,高等图鉴 1972)=Caesalpinia bonduc
Caesalpinia crista L.华南云实
Caesalpinia cucullata Roxb.见血飞
Caesalpinia decapetala (Roth) Alston 云实
Caesalpinia decapetala var. *japonica* (S. & Z.) Ohashi=Caesalpinia decapetala
Caesalpinia digyna Rottler 肉荚云实
Caesalpinia enneaphylla Roxb.九羽见血飞
Caesalpinia hymenocarpa (Prain) Hattink 膜荚见血飞
Caesalpinia hypoglauca Chun & How=Caesalpinia caesia
Caesalpinia inermis Roxb.=Peltophorum pterocarpum

Caesalpinia japonica S. & Z.=Caesalpinia decapetala
Caesalpinia kwangtungensis Merr.=Caesalpinia crista
Caesalpinia magnifoliolata Metc.大叶云实
Caesalpinia millettii HK. & Arn.小叶云实
Caesalpinia mimosoides Lam.含羞云实
Caesalpinia minax Hance 喙荚云实
Caesalpinia morsei Dunn=Caesalpinia minax
Caesalpinia nuga Ait.=Caesalpinia crista
Caesalpinia pulcherrima (L.) Sw.洋金凤
Caesalpinia sappan L.苏木
Caesalpinia sect. *Peltophorum* Vogel=**Peltophorum**
Caesalpinia sepiaria Roxb.=Caesalpinia decapetala
Caesalpinia sepiaria var. *japonica* (S. & Z.) Gagn.=Caesalpinia decapetala
Caesalpinia sinensis (Hemsl.) Vidal 鸡嘴簕
Caesalpinia stenoptera Merr.=Caesalpinia sinensis
Caesalpinia szechuenensis Craib=Caesalpinia crista
Caesalpinia tortuosa Roxb.扭果苏木
Caesalpinia tsoongii Merr.=Caesalpinia sinensis
Caesalpinia vernalis Champ.春云实
Caesalpinia violacea (Mill.) Standl.青紫苏木
Caesalpinia yaoshanensis Chun=Caesalpinia magnifoliolata
Cahtaranthus roseus var. *flavus* Metcalf=Catharanthus roseus cv .Flavus
Cajanus DC.**木豆属**(豆科)
Cajanus cajan (L.) Millsp.木豆
Cajanus crassus (Prain ex King) van der Maesen 虫豆
Cajanus flavus DC.=Cajanus cajan
Cajanus goensis Dalz.硬毛虫豆
Cajanus grandiflorus (Benth. ex Baker) van der Maesen 大花虫豆
Cajanus indicus Spreng.=Cajanus cajan
Cajanus mollis (Benth.) van der Maesen 长叶虫豆
Cajanus niveus (Benth.) van der Maesen 白虫豆
Cajanus niveus Grah. ex Wall.=Cajanus niveus
Cajanus scarabaeoides (L.) Thouars 蔓草虫豆
Cajanus scarabaeoides var. argyrophyllus (Y.T.Wei & S.Lee) Y.T.Wei & S.Lee 白蔓草虫豆
Cajanus scarabaeoides var. scarabaeoides=Cajanus scarabaeoides
Caladenia R.Br.**裂缘兰属**(兰科)
Caladenia alba R.Br.白花裂缘兰
Caladenia carnea R.Br.裂缘兰
Caladenia dimorpha R.Br.三型裂缘兰
Caladium Vant.**五彩芋属**(天南星科)
Caladium bicolor (Ait.) Vant.五彩芋
Caladium colocasia (L.) W.F.Wight ex Safford=Colocasia esculenta
Caladium cucullata Pres.=Alocasia cucullata
Caladium esculentum Vant.=Colocasia esculenta
Caladium giganteum Bl. ex Hassk=Colocasia gigantea
Caladium hortulanum Birds.彩叶芋
Caladium humboldtii Schott.银斑芋
Caladium maculatum Lodd.=Dieffenbachia picta
Caladium odorum Lindl.=Alocasia macrorrhiza
Caladium pictum Lodd.=Dieffenbachia picta
Caladium picturatum Koch 画叶芋
Caladium pumilum D.Don=Gonatanthus pumilus
Caladium viviparum Lodd.(p.p.)=Remusatia vivipara
Caladium viviparum Lodd.(p.p.)=Remusatia vivipara (Lodd.) Schott
Calamagristis kokonorica (Keng) Tzvel.=Deyeuxia kokonorica
Calamagrostis Adans.**拂子茅属**(禾本科)
Calamagrostis angustifolia Kom.=Deyeuxia angustifolia
Calamagrostis arundinacea (L.) Roth=Deyeuxia arundinacea
Calamagrostis arundinacea var. *brachytricha* (Steud.) Hack.=Deyeuxia arundinacea var. brachytricha
Calamagrostis arundinacea var. *cilata* Honda=Deyeuxia arundinacea var. ciliata
Calamagrostis arundinacea var. *hirsuta* Hack.=Deyeuxia arundinacea var. hirsuta
Calamagrostis arundinacea var. *latifolia* (Rendle) Kitag.=Deyeuxia arundinacea var. latifolia
Calamagrostis arundinacea var. *robusta* (Franch. & Sav.) Nakai ex Honda =Deyeuxia arundinacea var. robusta
Calamagrostis arundinacea var. *sciuroides* (Franch. & Sav.) Hack.= Deyeuxia arundinacea var. sciuroides
Calamagrostis borii Tzvel.=Deyeuxia rosea
Calamagrostis brachytricha Steud.=Deyeuxia arundinacea var. brachytricha
Calamagrostis canescens (Webb.) Roth 灰白佛子茅
Calamagrostis compacta (Munro ex HK.f.) Hack. ex Paulsen=Deyeuxia compacta
Calamagrostis emodensis Griseb.单蕊拂子茅
Calamagrostis epigeios (L.) Roth 拂子茅
Calamagrostis epigeios var. densiflora Griseb.密花拂子茅
Calamagrostis epigeios var. epigeios=Calamagrostis epigeios
Calamagrostis epigeios var. parviflora Keng ex T.F.Wang.小花拂子茅
Calamagrostis epigeios var. sylvstica T.F.Wang.林中拂子茅
Calamagrostis flaccida (Keng) Keng f.=Deyeuxia flaccida
Calamagrostis formosana Hay.=Deyeuxia formosana
Calamagrostis gigantea Roshev.=Calamagrostis macrolepis
Calamagrostis hakonensis Franch. & Sav.=Deyeuxia hakonensis
Calamagrostis hedinii Pilger 短芒拂子茅
Calamagrostis holciformis Jaub. & Spach=Deyeuxia holciformis
Calamagrostis kengii T.F.Wang 东北拂子茅
Calamagrostis lagurus Koel.=Imperata cylindrica
Calamagrostis lanceolata Roth 披针[illegible]拂子茅
Calamagrostis langsdorffii (Link) Trin.=Deyeuxia langsdorffii
Calamagrostis lapponica (Wanlenb.) Hartm.=Deyeuxia laponica
Calamagrostis longiflora (Keng) Keng f.=Deyeuxia longiflora
Calamagrostis macilenta (Griseb.) Litv.=Deyeuxia macilenta
Calamagrostis macrolepis Litv.大拂子茅
Calamagrostis macrolepis var. *macrolepis*=Calamagrostis macrolepis
Calamagrostis macrolepis var. rigidula T.F.Wang 刺稃拂子茅
Calamagrostis matsudana Honda=Deyeuxia matsudana
Calamagrostis megalantha (Keng) Keng f.=Deyeuxia megalantha
Calamagrostis moupinensis Franch.=Deyeuxia moupinensis
Calamagrostis neglecta (Ehrh.) Gaertn.=Deyeuxia neglecta
Calamagrostis pappophorea Hack.=Stephanachne pappophorea
Calamagrostis przevalskyi Tzvel.=Deyeuxia tibetica var. przevalskyi
Calamagrostis pseudophragmites (Hall.f.) Koel.假苇拂子茅
Calamagrostis pulchella Griseb.=Deyeuxia pulchella
Calamagrostis purpurea (Trin.) Trin.紫佛子茅
Calamagrostis rigidula Bar. & Skv.=Calamagrostis macrolepis var. rigidula
Calamagrostis robusta Franch. & Sav.=Deyeuxia arundinacea var. robusta
Calamagrostis scabrescens Griseb.=Deyeuxia scabrescens
Calamagrostis scabrescens var. *humilis* Griseb.=Deyeuxia scabrescens var. humilis
Calamagrostis sciuroides Franch. & Sav.=Deyeuxia arundinacea var. sciuroides
Calamagrostis stenophylla Hand.-Mazz.=Deyeuxia stenophylla
Calamagrostis suizanensis (Hay.) Honda=Deyeuxia suizanensis
Calamagrostis tianschanica Rupr.=Deyeuxia tianschanica
Calamagrostis tibetica (Bor) Tzvel.=Deyeuxia tibetica
Calamagrostis turczaninowii Litv.=Deyeuxia turczaninowii
Calamagrostis varia var. *macilenta* Griseb.=Deyeuxia macilenta
Calamagrostis willosa (Chaix) J.F.Gmel.柔毛佛子茅
Calamintha Mill.**新风轮属**(唇形科)
Calamintha albiflora Vaniot=Nepeta cataria
Calamintha annua Schrenk=Calamintha debilis
Calamintha argyi Lévl.=Mosla confine
Calamintha barosma W.W.Sm.=Micromeria barosma
Calamintha cavaleriei Lévl. & Vant.=Melissa axillaris
Calamintha chinensis Benth.(Hemsl.in J.L.Soc.Bot.1890,p.p.)= Clinopodium urticifolium
Calamintha chinensis Benth.=Clinopodium chinense
Calamintha chinensis var. *grandiflora* Maxim.=Clinopodium urticifolium
Calamintha chinensis var. *megalantha* Diels=Clinopodium megalanthum
Calamintha clinopodium Benth.(Rgl.in Mém.Acad.Sci.St.Pétersb.1861)= Clinopodium urticifolium
Calamintha clinopodium Benth.新风轮菜
Calamintha clinopodium var. *chinensis* Miq.=Clinopodium chinense
Calamintha clinopodium var. *discolor* (Diels) Dunn (p.p.)=Clinopodium discolor
Calamintha clinopodium var. *megalantha* (Diels) Dunn=Clinopodium megalanthum
Calamintha clinopodium var. *nepalensis* Dunn=Clinopodium polycephalum
Calamintha clinopodium var. *polycephala* (Vant.) Dunn=Clinopodium

polycephalum
Calamintha clinopodium var. *pratensis* Dunn=Clinopodium polycephalum
Calamintha clinopodium var. *repens* (Benth.) Dunn=Clinopodium repens
Calamintha clinopodium var. *typica* Dunn (p.p.)=Clinopodium megalanthum
Calamintha clinopodium var. *umbrosa* Dunn (p.p.)=Clinopodium polycephalum
Calamintha clinopodium var. *umbrosa* sensu Dunn (p.p.)=Clinopodium repens
Calamintha clinopodium var. *urticifolia* Hance=Clinopodium urticifolium
Calamintha clipeata Vant.=Mosla chinensis
Calamintha confinis Hance=Clinopodium confine
Calamintha coreana Lévl.=Clinopodium urticifolium
Calamintha debilis (Bge.) Benth.新风轮
Calamintha discolor Diels=Clinopodium discolor
Calamintha esquirolii Lévl.=Coleus esquirolii
Calamintha euosma W.W.Sm.=Micromeria euosma
Calamintha gracilis Benth.=Clinopodium gracile
Calamintha laxiflora Hay.=Clinopodium laxiflorum
Calamintha longicaulis Benth.长柄新风轮菜
Calamintha megalantha (Diels) Hand.-Mazz.=Clinopodium megalanthum
Calamintha polycephala Vant.=Clinopodium polycephalum
Calamintha radicans Vant.=Clinopodium gracile
Calamintha repens (D.Don) Benth.=Clinopodium repens
Calamintha tsacapanensis Lévl.=Clinopodium polycephalum
Calamintha umbrosa (Bieb.) Benth.(Diels in Notes Bot.Gard.Edinb., 1912)=Clinopodium polycephalum
Calamintha umbrosa (Bieb.) Benth.(HK.f.in Fl.Brit.Ind.1885)=Clinopodium repens
Calamintha umbrosa Benth.耐荫新风轮菜
Calamintha urticifolia (Hance) Hand.-Mazz.=Clinopodium urticifolium
Calamondin 四季橘
Calamovilfa (A.Gray) Hack.**沙芽属**(禾本科)
Calamovilfa longifolia Scribn.长叶沙芽
Calamus L.**省藤属**(棕榈科)
Calamus acanthospathus Griff.(C.F.Wei in Guihaia 1986,p.p.)=Calamus yunnanensis
Calamus aquatilis Ridley 浮游省藤
Calamus austroguangxiensis S.J.Pei & S.Y.Chen 桂南省藤
Calamus axillaris Becc.腋生省藤
Calamus balansaeanus Becc.小白藤
Calamus balansaeanus var. balansaeanus=Calamus balansaeanus
Calamus balansaeanus var. castaneolepis (C.F.Wei) S.J.Pei & S.Y.Chen 褐鳞省藤
Calamus balingensis Fedo.巴玲省藤
Calamus belumutensis Ftdo.百禄省藤
Calamus benomensis Ftdl 白农省藤
Calamus blumei Becc.布鲁墨省藤
Calamus bonianus Becc.多穗白藤
Calamus brevispadix Ridley 短佛焰序省藤
Calamus bubuensis Becc.布布省藤
Calamus burkillianus Becc.豐尔基利省藤
Calamus caesius Bl.蓝灰省藤
Calamus castaneus Griff.褐色省藤
Calamus chibenhensis Fetdo.其本省藤
Calamus ciliartis Bl.缘毛省藤
Calamus collinus Griff.=Calamus erectus
Calamus collinus Griff.=Salacca secunda
Calamus compsostachys Burret 短轴省藤
Calamus concinnus Mart.优雅省藤
Calamus corneri Ftdo.考奈省藤
Calamus densiflorus Becc.稠密花毛兰(新)
Calamus dianbaiensis C.F.Wei 电白省藤
Calamus diepenhorstii Miq.蝶盆豪氏省藤
Calamus distichoideus Ftdo.两列状省藤
Calamus distichus Ridl.二列省藤
Calamus distichus var. distichus=Calamus distichus
Calamus distichus var. shangsiensis S.J.Pei & S.Y.Chen 上思省藤
Calamus egregius Burret 短叶省藤
Calamus elegans Ridley 雅致省藤
Calamus erectus Roxb.直立省藤
Calamus erectus var. birmanicus Becc.滇缅省藤
Calamus erectus var. *collina* Becc.=Calamus erectus
Calamus erectus var. erectus=Calamus erectus
Calamus erectus var. *macrocarpus* Becc.=Calamus erectus
Calamus exillis Griff.瘦直省藤
Calamus faberii Becc.(Burret in Notzbl.Bot.Gart.Berlin 1937)=Calamus walkerii
Calamus faberii Becc.大白藤
Calamus faberii var. brevispicatus (C.F.Wei) S.J.Pei & S.Y.Chen 短穗省藤
Calamus faberii var. faberii=Calamus faberii
Calamus fasciculatus Roxb.=Calamus viminalis var. fasciculatus
Calamus feanus Becc.缅甸省藤
Calamus feanus var. feanus=Calamus feanus
Calamus feanus var. mêdogensis S.J.Pei & S.Y.Chen 墨脱省藤
Calamus filipendulus Becc.丝悬省藤
Calamus flabellatus Becc.扇形省藤
Calamus flabelloides Ftdo.扇叶省藤
Calamus flagellum Griff.长鞭藤
Calamus flagellum var. flagellum=Calamus flagellum
Calamus flagellum var. furvifurfuraceus S.J.Pei & S.Y.Chen 黑鳞秕藤
Calamus flagellum var. *karinensis* Becc.=Calamus karinensis
Calamus formosanus Becc.(C.E.Chang in Quart.J.Chin.For.1988)=Calamus formosanus
Calamus formosanus Becc.台湾省藤?
Calamus giganteus Becc.巨藤
Calamus giganteus var. giganteus=Calamus giganteus
Calamus giganteus var. robustus S.J.Pei & S.Y.Chen 粗壮省藤
Calamus gracilis Roxb.小省藤
Calamus guangxiensis C.F.Wei 广西省藤
Calamus hainanensis Chang & Xu ex Miau=Calamus gracilis
Calamus hendersonii Ftdo.亨氏省藤
Calamus henryanus Becc.滇南省藤
Calamus henryanus var. *castaneolepis* C.F.Wei=Calamus balansaeanus var. castaneolepis
Calamus hkasianus Becc.(C.F.Wei in Guihaia 1986,S.p.p.)=Calamus nambariensis var. alpinus
Calamus holttumii Ftdo.郝氏省藤
Calamus hoplites Dunn 高毛鳞省藤
Calamus insignis Griff.明显省藤
Calamus javensis Bl.爪哇省藤
Calamus jenkinsianus Griff.=Calamus flagellum
Calamus karinensis (Becc.) S.J.Pei & S.Y.Chen 勐腊鞭藤
Calamus kemamanensis Ftdo.克马曼省藤
Calamus khasianus Becc.(C.F.Wei in Guihaia 1986,p.p.)=Calamus nambariensis var. yingjiangensis
Calamus koribanus Ftdo.克里巴省藤
Calamus latifolius Roxb.(C.F.Wi in Guihaia 1986)=Calamus palustris var. cochinchinensis
Calamus latifolius Roxb.(Kurz in Journ As.Soc.Beng.1874 & For.Fl.Brit. Burma 1877,p.p.)=Calamus palustris
Calamus laxiflorus Becc.疏花省藤
Calamus laxissimus Ridley 极疏省藤
Calamus longisetus Griff.长刚毛省藤
Calamus longispathus Ridley 长佛焰苞省藤
Calamus luridus Becc.褐黄省藤
Calamus macrocarpus Griff.=Calamus erectus
Calamus macrorrhynchus Burret 大喙省藤
Calamus manan Miq.马南省藤
Calamus margaritae Hance (Henryi,List.Pl.Form.1896)=Calamus orientalis
Calamus margaritae Hance=Daemonorops margaritae
Calamus mawaiensis Ftdo.马尾省藤
Calamus melanochrous Burret 瑶山省藤
Calamus melanoloma Mart.(C.F.Wei in Guihaia 1986)=Calamus distichus var. shangsiensis
Calamus moorhousei Ftdo.木亳豪斯省藤
Calamus multirameus Ridley 多枝省藤
Calamus multispicatus Burret 裂苞省藤
Calamus nambariensis Becc.南巴省藤
Calamus nambariensis var. alpinus S.J.Pei & S.Y.Chen 高地省藤

Calamus nambariensis var. *furfuraceus* S.J.Pei & S.Y.Chen=Calamus nambariensis var. yingjiangensis
Calamus nambariensis var. menglongensis S.J.Pei & S.Y.Chen 勐龙省藤
Calamus nambariensis var. nambariensis=Calamus nambariensis
Calamus nambariensis var. xishuangbannaensis S.J.Pei & S.Y.Chen 版纳省藤
Calamus nambariensis var. yingjiangensis S.J.Pei & S.Y.Chen 盈江省藤
Calamus obovoideus S.J.Pei & S.Y.Chen 倒卵果省藤
Calamus oreophilus Ftdo.山地省藤
Calamus orientalis C.E.Chang 阔叶省藤
Calamus ornatus Bl.装饰省藤
Calamus oxycarpus Becc.尖果省藤
Calamus oxyleyanus Teysm.欧克莱省藤
Calamus padangensis Ftdo.巴当省藤
Calamus pallidulus Becc.苍白省藤
Calamus palustris Griff.泽生藤
Calamus palustris var. cochinchinensis Becc.滇越省藤
Calamus palustris var. longistachys S.J.Pei & S.Y.Chen 长穗省藤
Calamus palustris var. palustris=Calamus palustris
Calamus pandanosmus Ftdo.露兜树省藤
Calamus paspalanthus Becc.雀稗花省藤
Calamus penicillatus Roxb.画笔状省藤
Calamus perakensis Becc.波拉克省藤
Calamus peregrinus Ftdo.外来省藤
Calamus platyacanthoides Merr.(p.p.)=Calamus platyacanthus
Calamus platyacanthoides Merr.(p.p.)=Calamus simplicifolius
Calamus platyacanthus Warb. ex Becc.(C.F.Wei in Guihaia 1986,p.p.)=Calamus platyacanthus var. mediostachys
Calamus platyacanthus Warb. ex Becc.(C.F.Wei in Guihaia 1986,p.p.)=Calamus giganteus var. robustus
Calamus platyacanthus Warb. ex Becc.(Merr.in Lingnan Sci.J.1934)=Calamus simplicifolius
Calamus platyacanthus Warb. ex Becc.宽刺藤
Calamus platyacanthus var. mediostachys S.J.Pei & S.Y.Chen 中穗省藤
Calamus platyacanthus var. platyacanthus=Calamus platyacanthus
Calamus polystachys Becc.多穗省藤
Calamus pulaiensis Becc.布莱省藤
Calamus pulchellus Burret 阔叶鸡藤
Calamus quiquesetinervius Burret 五脉刚毛省藤
Calamus radulosus Becc.粗糙省藤
Calamus ramosissimus Griff.多分枝省藤
Calamus rhabdocladus Burret 杖藤
Calamus rhabdocladus var. globulosus S.J.Pei & S.Y.Chen 弓弦藤
Calamus rhabdocladus var. rhabdocladus=Calamus rhabdocladus
Calamus ridleyanus Becc.瑞得莱省藤
Calamus riparius Ftdo.河岸省藤
Calamus rotang L.省藤
Calamus rugosus Becc.皱纹省藤
Calamus scabridulus Becc.略粗糙省藤
Calamus scipionus Lour.杖省藤
Calamus siamensis Becc.泰国省藤
Calamus simplicifolius C.F.Wei 单叶省藤
Calamus siphonospathus Mart.管苞省藤
Calamus siphonospathus var. siphonospathus=Calamus siphonospathus
Calamus siphonospathus var. sublaevis Becc.兰屿省藤
Calamus spathulatus Becc.匙形省藤
Calamus speciocissimus Ftdo.极美丽省藤
Calamus spectatissimus Ftdo.非寻常省藤
Calamus tanakadatei Ftdo.田中省藤
Calamus tetradactyloides Burret 多刺鸡藤
Calamus tetradactylus Hance (C.F.Wei in Guihaia 1986,p.p.)=Calamus austroguangxiensis
Calamus tetradactylus Hance 白藤
Calamus tetradactylus var. *bonianus* (Becc.) Conrard=Calamus bonianus
Calamus thysanolepis Hance (Merr.in Lingnan Sci.J.1927)=Calamus simplicifolius
Calamus thysanolepis Hance 毛鳞省藤
Calamus thysanolepis var. polylepis C.F.Wei 多鳞省藤
Calamus thysanolepis var. thysanolepis=Calamus thysanolepis
Calamus tomentosus Becc.绒毛省藤
Calamus tonkinensis Becc.(C.F.Wei in Guihaia 1986)=Calamus walkerii
Calamus tonkinensis var. *brevispicatus* C.F.Wei=Calamus faberii var. brevispicatus
Calamus tumidus Ftdo.肿胀省藤
Calamus viminalis Willd.柳条省藤
Calamus viminalis var. fasciculatus (Roxb.) Becc.勐捧省藤
Calamus viminalis var. viminalis=Calamus viminalis
Calamus viridispinus Becc.绿刺省藤
Calamus wailong S.J.Pei & S.Y.Chen 大藤
Calamus walkerii Hance 多果省藤
Calamus yangchunensis C.F.Wei 阳春省藤
Calamus yunnanensis S.J.Pei & S.Y.Chen 云南省藤
Calamus yunnanensis var. densiflorus S.J.Pei & S.Y.Chen 密花省藤
Calamus yunnanensis var. intermedius S.J.Pei & S.Y.Chen 屏边省藤
Calamus yunnanensis var. yunnanensis=Calamus yunnanensis
Calanthe R.Br.**虾脊兰属**(兰科)
Calanthe actinomorpha Fukuyama 辐射虾脊兰
Calanthe albo-longicalcarata S.S.Ying 白花长距虾脊兰
Calanthe alismaefolia Lindl.泽泻虾脊兰
Calanthe alpina HK.f. ex Lindl.流苏虾脊兰
Calanthe amoena W.W.Sm.=Calanthe puberula
Calanthe angusta Lindl.=Calanthe odora
Calanthe angusta var. *laeta* Hand.-Mazz.=Calanthe odora
Calanthe angustifolia (Bl.) Lindl.狭叶虾脊兰
Calanthe arcuata Rolfe (高等图鉴 1976)=Calanthe brevicornu
Calanthe arcuata Rolfe 弧距虾脊兰
Calanthe arcuata var. arcuata=Calanthe arcuata
Calanthe arcuata var. brevifolia Z.H.Tsi 短叶虾脊兰
Calanthe argenteo-striata C.Z.Tang & S.J.Cheng 银带虾脊兰
Calanthe arisanensis Hay.台湾虾脊兰
Calanthe aristulifera Rchb.f.翘距虾脊兰
Calanthe biloba Lindl.二裂虾脊兰
Calanthe brachychila Gagn.=Calanthe mannii
Calanthe brevicolumna Hay.=Calanthe herbacea
Calanthe brevicornu Lindl.肾唇虾脊兰
Calanthe buccinifera Rolfe=Calanthe alpina
Calanthe cardioglossa Schltr.心唇虾脊兰
Calanthe caudatilabella Hay.=Calanthe arcuata
Calanthe caudatilabella var. *latiloba* F.Maekawa ex Yamamoto=Calanthe arcuata
Calanthe cheniana Hand.-Mazz.=Calanthe discolor
Calanthe clavata Lindl.(台湾兰科图志 1996)=Calanthe formosana
Calanthe clavata Lindl.(海南志 1977,p.p.)=Calanthe angustifolia
Calanthe clavata Lindl.棒距虾脊兰
Calanthe clavata var. *malipoensis* Z.H.Tsi=Calanthe clavata
Calanthe coelogyniformis Kraenzl.=Calanthe delavayi
Calanthe curculigoides Lindl.(Tutcher in Rep.Bot.Dep.Hongk. 1902)=Calanthe formosana
Calanthe davidii Franch.剑叶虾脊兰
Calanthe delavayi Finet 少花虾脊兰
Calanthe densiflora Lindl.密花虾脊兰
Calanthe discolor Lindl.虾脊兰
Calanthe disticha T.Tang & F.T.Wang=Calanthe formosana
Calanthe dolichopoda Fukuyama=Cephalantheropsis calanthoides
Calanthe ecarinata Rolfe 天全虾脊兰
Calanthe elliptica Hay.=Calanthe aristulifera
Calanthe emeishanica K.Y.Lang & Z.H.Tsi 峨眉虾脊兰
Calanthe ensifolia Rolfe=Calanthe davidii
Calanthe esquirolei Schltr.=Calanthe discolor
Calanthe fargesii Finet 天府虾脊兰
Calanthe fauriei Schltr.=Calanthe alismaefolia
Calanthe fimbriata Franch.=Calanthe alpina
Calanthe fimbriatomarginata Fukuyama=Calanthe alpina
Calanthe foerstermannii Rchb.f.=Calanthe lyroglossa
Calanthe formosana Rolfe 二列虾脊兰
Calanthe forsythiiflora Hay.=Calanthe lyroglossa
Calanthe furcata Batem. ex Lindl.=Calanthe triplicata
Calanthe graciliflora Hay.钩距虾脊兰
Calanthe graciliflora var. gracilliflora=Calanthe graciliflora
Calanthe graciliflora var. xuafengensis Z.H.Tsi 雪峰虾脊兰

Calanthe gracilis Lindl.=Cephalantheropsis gracilis
Calanthe griffithii Lindl.通麦虾脊兰
Calanthe hamata Hand.-Mazz.=Calanthe graciliflora
Calanthe hancockii Rolfe 叉唇虾脊兰
Calanthe henryi Rolfe 疏花虾脊兰
Calanthe herbacea Lindl.(Yamamoto in Trans.Nat.Hist.Sco.Formos. 1930)= Calanthe triplicata
Calanthe herbacea Lindl.西南虾脊兰
Calanthe japonica Bl. ex Miq.=Calanthe alismaefolia
Calanthe kawakamii Hay.=Calanthe sieboldii
Calanthe kazuoi Yamamoto=Calanthe densiflora
Calanthe kintaroi Yamamoto=Calanthe sylvatica
Calanthe kirishimensis Yatabe=Calanthe aristulifera
Calanthe kooshunensis Fukuyama=Cephalantheropsis calanthoides
Calanthe labrosa (Rchb.f.) Rchb.f.葫芦茎虾脊兰
Calanthe lamellata Hay.=Calanthe tricarinata
Calanthe lamellosa Rolfe=Calanthe brevicornu
Calanthe lechangensis Z.H.Tsi & T.Tang 乐昌虾脊兰
Calanthe lepida W.W.Sm.=Calanthe puberula
Calanthe limprichtii Schltr.开唇虾脊兰
Calanthe longicalcarata Hay. ex Yamamoto=Calanthe sylvatica
Calanthe lyroglossa Rchb.f.南方虾脊兰
Calanthe madagascariensis Rolfe 马达加斯加虾脊兰
Calanthe mannii HK.f.细花虾脊兰
Calanthe masuca (D.Don) Lindl.=Calanthe sylvatica
Calanthe masuca var. *sinensis* Rendle=Calanthe sylvatica
Calanthe matsudai Hay.=Calanthe davidii
Calanthe megalopha Franch.=Calanthe tricarinata
Calanthe metoensis Z.H.Tsi & K.Y.Lang 墨脱虾脊兰
Calanthe nankunensis Z.H.Tsi 南昆虾脊兰
Calanthe nigropuncticulata Fukuyama=Calanthe alismaefolia
Calanthe nipponica Makino 戟形虾脊兰
Calanthe odora Griff.香花虾脊兰
Calanthe patsinensis S.Y.Hu=Calanthe formosana
Calanthe petelotiana Gagn.圆唇虾脊兰
Calanthe phajoides Rchb.f.=Calanthe angustifolia
Calanthe plantaginea Lindl.车前虾脊兰
Calanthe plantaginea var. lushuiensis K.Y.Lang & Z.H.Tsi 泸水虾脊兰
Calanthe plantaginea var. plantaginea=Calanthe plantaginea
Calanthe puberula Lindl.镰萼虾脊兰
Calanthe pulchra var. *formosana* (Rolfe) S.S.Ying=Calanthe formosana
Calanthe pumila Fukuyama=Calanthe angustifolia
Calanthe pusilla Finet=Calanthe mannii
Calanthe raishaensis Hay.=Calanthe aristulifera
Calanthe reflexa (Ktze.) Maxim.反瓣虾脊兰
Calanthe rosea (Lindl.) Benth.红花虾脊兰
Calanthe rubens Ridl.红唇虾脊兰
Calanthe rubicallosa Masam.=Calanthe triplicata
Calanthe sacculata Schltr.囊爪虾脊兰
Calanthe sacculata var. sacculata=Calanthe sacculata
Calanthe sacculata var. tchenkeoutinensis T.Tang & F.T.Wang 城口虾脊兰
Calanthe sasakii Hay.=Calanthe arisanensis
Calanthe scaposa Z.H.Tsi & K.Y.Lang=Calanthe brevicornu
Calanthe schlechteri H.Hara=Calanthe alpina
Calanthe seikooensis Yamamoto=Calanthe sylvatica
Calanthe shweliensis W.W.Sm.=Calanthe odora
Calanthe sieboldii Decne.大黄花虾脊兰
Calanthe silvatica (Thou.) Lindl.林生虾脊兰
Calanthe similis Schltr.=Calanthe reflexa
Calanthe simplex Seidenf 匙瓣虾脊兰
Calanthe sinica Z.H.Tsi 中华虾脊兰
Calanthe striata (Banks) R.Br.红纹唇虾脊兰
Calanthe striata (Sw.) R.Br.(S.Y.Hu in Gen.Orch.Hongkong 1977)= Calanthe graciliflora
Calanthe striata var. *pumila* (Fukuyama) S.S.Ying=Calanthe angustifolia
Calanthe striata var. *sieboldii* (Decne.) Maxim.=Calanthe sieboldii
Calanthe sylvatica (Thou.) Lindl.长距虾脊兰
Calanthe takeoi Hay.=Calanthe sieboldii
Calanthe tangmaiensis K.Y.Lang & Y.Tateishi=Calanthe griffithii
Calanthe textori Miq.=Calanthe sylvatica
Calanthe tricarinata Lindl.三棱虾脊兰
Calanthe trifida T.Tang & F.T.Wang 裂距虾脊兰
Calanthe triplicata (Willem.) Ames 三褶虾脊兰
Calanthe triplicata f. *purpureoflora* S.S.Ying=Calanthe triplicata
Calanthe trulliformis var. *hastata* Finet=Calanthe nipponica
Calanthe tsoogiana T.Tang & F.T.Wang 无距虾脊兰
Calanthe tsoogiana var. guizhouensis Z.H.Tsi 贵州虾脊兰
Calanthe tsoogiana var. tsoogiana=Calanthe tsoogiana
Calanthe undulata Schltr.=Calanthe tricarinata
Calanthe veratrifolia R.Br.藜芦叶虾脊兰
Calanthe viridifusca Hk.=Tainia viridifusca
Calanthe wardii W.W.Sm.=Calanthe whiteana
Calanthe whiteana King & Pantl.四川虾脊兰
Calanthe yüana T.Tang & F.T.Wang 峨边虾脊兰
Calanthe yunnanensis Rolfe=Calanthe brevicornu
Calanthe yushunii Mori & Yamamoto=Calanthe formosana
Calanthea illustris Nichols.白边肖竹芋
Calathea G.F.W.Mey.**肖竹芋属**(竹芋科)
Calathea insignis Peter.明显肖竹芋
Calathea lietzei Morr.列兹肖竹芋
Calathea lindeniana Wallis 林登肖竹芋
Calathea makoyana Nichols.马克肖竹芋
Calathea mediopicta Rgl.白肋肖竹芋
Calathea micans Koern.光亮肖竹芋(新)
Calathea ornata (Lind.) Koern.肖竹芋
Calathea roseopicta Rgl.红边肖竹芋
Calathea vandenheckei Rgl.凡登肖竹芋
Calathea veitchiana HK.维氏肖竹芋(新)
Calathea vittata Koern.纵带肖竹芋
Calathea zebrina (Sims) Lindl.绒叶肖竹芋
Calathodes HK.f. & Thoms.**鸡爪草属**(毛茛科)
Calathodes oxycarpa Sprague 鸡爪草
Calathodes palmata HK.f. & Thoms.(Oliv.in HK.IC.Pl.1935)=Calathodes oxycarpa
Calathodes palmata HK.f. & Thoms.黄花鸡爪草
Calathodes palmata var. *appendiculata* Brühl=Calathodes oxycarpa
Calathodes polycarpa Ohwi 台湾鸡爪草
Calathodes unciformis W.T.Wang 多果鸡爪草
Calcareoboea C.Y.Wu ex H.W.Li **朱红苣苔属**(苦苣苔科)
Calcareoboea coccinea C.Y.Wu ex H.W.Li 朱红苣苔
Calceolaria L.**荷包花属**(玄参科)
Calceolaria crenatiflora Cav.荷包花
Calcitrapa Adans.=**Centaurea**
Calcitrapa iberica (Trev.) Schur.=Centaurea iberica
Caldesia Parl.**泽苔草属**(泽泻科)
Caldesia grandis Samuel.宽叶泽苔草
Caldesia parnassifolia (Bassi ex L.) Parl.泽苔草
Caldesia reniformis (D.Don) Makino=Caldesia parnassifolia
Caleana R.Br.**卡丽娜兰属**(兰科)
Caleana major R.Br.卡丽娜兰
Caleana minor R.Br.小卡丽娜兰
Calendula L.**金盏花属**(菊科)
Calendula arvensis L.欧洲金盏花
Calendula maritima Guss.欧洲金盏花
Calendula officinalis L.金盏花
Calendula suffruticosa Vahl.灌木金盏花
Calesiam Adanso=**Lannea**
Calesium grandis (Dennst.) O.Ktze.=Lannea coromandelica
Caligula Klotzsch=**Agapetes**
Calimeris Nees (p.p.)=**Kalimeris**
Calimeris alberitii Rgl.=Heteropappus altaicus var. canescens
Calimeris altaica (Willd.) Nees=Heteropappus altaicus
Calimeris altaica var. *scabra* Lallem.=Heteropappus altaicus var. scaber
Calimeris altaica var. *subincana* Lammem.=Heteropappus altaicus
Calimeris alyssoides DC.=Asterothamnus alyssoides
Calimeris biennis (Lindl.) Ledeb.=Heteropappus tataricus
Calimeris canescens Nees=Heteropappus altaicus var. canescens
Calimeris ciliata A.Gray=Heteropappus ciliosus
Calimeris ciliosa Turcz.=Heteropappus ciliosus
Calimeris exilis DC.=Heteropappus altaicus
Calimeris fruticosus C.Winkl.=Asterothamnus fruticosus

Calimeris hispida (Thunb.) Nees=Heteropappus hispidus
Calimeris incisa var. *holophylla* Maxim.=Kalimeris lautureana
Calimeris japonica Sch.-Bip.=Turczaninowia fastigiata
Calimeris tatarica Lindl. ex DC.=Heteropappus tataricus
Calinus Raf. =**Pyrularia**
Calispermum Lour.=**Embelia**
Calispermum oblongifolium Nakai=Embelia vestita
Calispermum rude (Hand.-Mazz.) Nakai=Embelia vestita
Calispermum scandens Lour.=Embelia scandens
Calla L.**水芋属**(天南星科)
Calla aethiopica L.=Zantedeschia aethiopica
Calla calyptrata Roxb.=Schismatoglottis calyptrata
Calla montana Bl.=Anadendrum montanum
Calla occulta Lour.=Homalomena occulta
Calla palustris L.水芋
Calliandra Benth.**朱缨花属**(豆科)
Calliandra eriophylla Benth.绵毛叶朱缨花
Calliandra haematocephala Hassk.朱缨花
Calliandra tweedii Benth.朱缨花
Callianthemum C.A.Mey.**美花草属**(毛茛科)
Callianthemum alatavicum Freyn 厚叶美花草
Callianthemum angustifolium Witasek 薄叶美花草
Callianthemum cashmirianum Camb.=Callianthemum pimpinelloides
Callianthemum cuneilobum Hand.-Mazz.=Callianthemum farreri
Callianthemum endlicheri Walp.=Oxygraphis endicheri
Callianthemum farreri W.W.Sm.川甘美花草
Callianthemum imbricatum Hand.-Mazz.=Callianthemum pimpinelloides
Callianthemum isopyroides (DC.) Witasek.扁果草状美花草
Callianthemum pimpinelloides (D.Don) HK.f. & Thoms.美花草
Callianthemum taipaicum W.T.Wang 太白美花草
Callianthemum tibeticum Witasek=Callianthemum pimpinelloides
Calliaspidia Bremek.**麒麟吐珠属**(爵床科)
Calliaspidia guttata (Brandegee) Bremek.虾衣花
Callicarpa L.**紫珠属**(马鞭草科)
Callicarpa acuminata Roxb.=Callicarpa nudiflora
Callicarpa acuminata var. *angustifolia* Metc.=Callicarpa nudiflora
Callicarpa acuminatissima Liu & Tseng=Callicarpa pilosissima
Callicarpa acutifolia H.T.Chang 尖叶紫珠
Callicarpa americana L.美洲紫珠
Callicarpa americana Lour.=Callicarpa candicans
Callicarpa anisophylla C.Y.Wu ex W.Z.Fang 异叶紫珠
Callicarpa antaoensis Hay.=Callicarpa kotoensis
Callicarpa arborea Roxb.木紫珠
Callicarpa aspera Hand.-Mazz.=Callicarpa formosana
Callicarpa australis Koidz.=Callicarpa japonica var. luxurians
Callicarpa basitruncata Merr. ex Modl.基截紫珠
Callicarpa bodinieri Lévl.紫珠
Callicarpa bodinieri Moldenke (p.p.)=Callicarpa giraldii
Callicarpa bodinieri var. bodinieri=Callicarpa bodinieri
Callicarpa bodinieri var. *giraldii* (Hesse) Rehd.=Callicarpa giraldii
Callicarpa bodinieri var. *giraldii* (Rehd.) Rehd.(分类学报 1971)= Callicarpa bodinieri
Callicarpa bodinieri var. itenophylla C.Y.Wu 柳叶紫珠
Callicarpa bodinieri var. *lyi* (Lévl.) Rehd.=Callicarpa giraldii var. subcanescens
Callicarpa bodinieri var. rosthornii (Diels) Rehd.南川紫珠
Callicarpa bodinieri var. *rosthornii* Sensu H.T.Chang(p.p.)=Callicarpa giraldii
Callicarpa brevipes sensu Hand.-Mazz.(p.p.)=Callicarpa kwangtunensis
Callicarpa brevipes (Benth.) Hance 短柄紫珠
Callicarpa brevipes f. *serrulata* P'ei=Callicarpa brevipes
Callicarpa brevipes f. *yingtakensis* H.T.Chang(p.p.)=Callicarpa dentosa
Callicarpa brevipes f. *yingtakensis* P'ei=Callicarpa collina
Callicarpa brevipes var. brevipes=Callicarpa brevipes
Callicarpa brevipes var. *dentosa* H.T.Chang=Callicarpa dentosa
Callicarpa brevipes var. obovata H.T.Chang 倒卵叶短柄紫珠
Callicarpa cana L.=Callicarpa candicans
Callicarpa candicans (Burm.f.) Hochr.白毛紫珠
Callicarpa cathayana H.T.Chang 华紫珠
Callicarpa cavaleriei Lévl.=Ilex chinensis
Callicarpa chinyunensis P'ei & W.Z.Fang=Callicarpa giraldii var. chinyunensis
Callicarpa collina Diels 丘陵紫珠
Callicarpa cuspoidata Lam. & Bakh.(p.p.)=Callicarpa longipes
Callicarpa dentosa (H.T.Chang) W.Z.Fang 多齿紫珠
Callicarpa dichotoma (Lour.) K.Koch 白棠子树
Callicarpa dichotoma (Lour.) Raeuch.=Callicarpa dichotoma
Callicarpa dielsii (Lévl.) P'ei=Callicarpa rubella
Callicarpa dunniana Lévl.=Callicarpa macrophylla
Callicarpa erioclona C.Y.Wu=Callicarpa yunnanensis
Callicarpa erythrosticta Merr. & Chun 红腺紫珠
Callicarpa esquirolli Lévl.=Caryopteris paniculata
Callicarpa feddei Lévl.=Callicarpa bodinieri
Callicarpa formosana sensu Court.=Callicarpa giraldii var. lyi
Callicarpa formosana Rolfe 杜虹花
Callicarpa formosana var. *chinensis* P'ei=Callicarpa integerrima var. chinensis
Callicarpa formosana var. formosana=Callicarpa formosana
Callicarpa formosana var. longifolia Suzuki 长叶杜虹花
Callicarpa giradiana var. *subcanescens* Rehd.(p.p.)=Callicarpa bodinieri
Callicarpa giraldiana Hesse=Callicarpa giraldii
Callicarpa giraldiana var. *rosthornii* (Diels) Rehd.=Callicarpa bodinieri var. rosthornii
Callicarpa giraldiana var. *subcanescens* Rehd.=Callicarpa giraldii var. lyi
Callicarpa giraldii Hesse ex Rehd.老鸦糊
Callicarpa giraldii var. chinyunensis P'ei & W.Z.Fang) S.L.Chen 缙云紫珠
Callicarpa giraldii var. giraldii=Callicarpa giraldii
Callicarpa giraldii var. *lyi* (Lévl.) C.Y.Wu=Callicarpa giraldii var. subcanescens
Callicarpa giraldii var. *rosthornii* (Diels) Rehd.=Callicarpa bodinieri var. rosthornii
Callicarpa giraldii var. subcanescens Rehd.毛叶老鸦糊
Callicarpa girsea Hand.-Mazz.=Callicarpa giraldii var. subcanescens
Callicarpa gracilipes Rehd.湖北紫珠
Callicarpa gracilis S. & Z.=Callicarpa dichotoma
Callicarpa grisea Hand.-Mazz.=Callicarpa giraldii var. lyi
Callicarpa hungtaii P'ei & S.L.Chen 厚萼紫珠
Callicarpa hypoleucophylla Wei-Fang 里白杜虹花
Callicarpa inamoena C.Y.Wu=Callicarpa giraldii var. subcanescens
Callicarpa incana Roxb.=Callicarpa macrophylla
Callicarpa integerrima Champ.全缘叶紫珠
Callicarpa integerrima P'ei (p.p.)=Callicarpa peii
Callicarpa integerrima var. chinensis (P'ei) S.L.Chen 藤紫珠
Callicarpa integerrima var. *serrulata* H.L.Li=Callicarpa formosana
Callicarpa integrifolia Forbes & Hemsl.=Callicarpa integerrima
Callicarpa japonica Thunb.日本紫珠
Callicarpa japonica f. *glabra* P'ei=Callicarpa siongsaiensis
Callicarpa japonica f. *kiuruninsularis* Masamune=Callicarpa japonica
Callicarpa japonica var. *angustata* Rehd.(p.p.)=Callicarpa kwangtunensis
Callicarpa japonica var. *angustata* sensu Rehd. =Callicarpa membranacea
Callicarpa japonica var. *dichotoma* Bakh.(p.p.)=Callicarpa oligantha
Callicarpa japonica var. japonica=Callicarpa japonica
Callicarpa japonica var. *kotoensis* (Hay.) Masam.=Callicarpa kotoensis
Callicarpa japonica var. *luxurians* Masam.=Callicarpa japonica f. kiruminsularis
Callicarpa japonica var. luxurians Rehd.朝鲜紫珠
Callicarpa japonica var. *rhombifolia* Lam (p.p.)=Callicarpa japonica
Callicarpa japonica var. *typica* Lam. & Bakjh.=Callicarpa japonica
Callicarpa kochiana Makino 枇杷叶紫珠
Callicarpa kochiana Moldenke (p.p.)=Callicarpa kochiana var. laxiflora
Callicarpa kochiana var. kochiana=Callicarpa kochiana
Callicarpa kochiana var. laxiflora (H.T.Chang) W.Z.Fang 散花紫珠
Callicarpa kotoensis Hay.红头紫珠
Callicarpa kwangtunensis Chun 广东紫珠
Callicarpa lanceolaria Roxb.=Callicarpa longifolia var. lanceolaria
Callicarpa lingii Merr.光叶紫珠
Callicarpa loboapiculata Metc.尖萼紫珠
Callicarpa longibracteata H.T.Chang 长苞紫珠
Callicarpa longifolia Forbes & Hemsl.(p.p.)=Callicarpa bodinieri
Callicarpa longifolia Lamk.(Forbes & Hemsl.in J.L.Soc.Bot.1890,p.p.)= Callicarpa japonica var. angustata
Callicarpa longifolia Lamk.(Forbes & Hemsl.in J.L.Soc.Bot.1890,p.p.)= Callicarpa giraldii
Callicarpa longifolia Lamk.(HK. in Exot.Fl.1825)=Callicarpa brevipes

Callicarpa longifolia Lamk.长叶紫珠
Callicarpa longifolia f. *floccosa* Schauer=Callicarpa longifolia var. floccosa
Callicarpa longifolia Li (p.p.)=Callicarpa kotoensis
Callicarpa longifolia P.Court.=Callicarpa lingii
Callicarpa longifolia var. *brevipes* Benth.=Callicarpa brevipes
Callicarpa longifolia var. floccosa Schauer 白毛长叶紫珠
Callicarpa longifolia var. lanceolaria (Roxb.) C.B.Clarke 披针叶紫珠
Callicarpa longifolia var. longifolia=Callicarpa longifolia
Callicarpa longifolia var. *longissima* Hemsl.=Callicarpa longissima
Callicarpa longifolia var. *rosthornii* Diels=Callicarpa bodinieri var. rosthornii
Callicarpa longifolia var. *subglabrata* Schauer=Callicarpa japonica
Callicarpa longiloba Merr.=Callicarpa kochiana
Callicarpa longipes Dunn 长柄紫珠
Callicarpa longipes var. *laui* Moldenke=Callicarpa longipes
Callicarpa longissima (Hemsl.) Merr.尖尾枫
Callicarpa longissima f. longissima=Callicarpa longissima
Callicarpa longissima f. subglabra P'ei 秃尖尾枫
Callicarpa loureiri HK. & Arn.=Callicarpa kochiana
Callicarpa loureiri var. *laxiflora* H.T.Chang=Callicarpa kochiana var. laxiflora
Callicarpa luteopunctata H.T.Chang 黄腺紫珠
Callicarpa lyi Lévl.=Callicarpa giraldii var. subcanescens
Callicarpa macrophylla P'ei (p.p.)=Callicarpa lobo-apiculata
Callicarpa macrophylla Vahl 大叶紫珠
Callicarpa macrophylla var. *kouytchensis* Lévl.=Callicarpa macrophylla
Callicarpa macrophylla var. *sinensis* C.B.Clarke=Callicarpa nudiflora
Callicarpa mairei Lévl.=Callicarpa giraldii
Callicarpa martini Lévl.=Caryopteris paniculata
Callicarpa membranacea Chang 窄叶紫珠
Callicarpa mimuraskai Hassk.=Callicarpa japonica
Callicarpa minutiflora Y.Y.Qian 细花紫珠
Callicarpa murasaki Sieb.=Callicarpa japonica
Callicarpa ningpoensis Mats.=Callicarpa formosana
Callicarpa nudiflora HK. & Arn.裸花紫珠
Callicarpa oligantha Merr.罗浮紫珠
Callicarpa panduriformis Lévl.=Callicarpa rubella
Callicarpa parvifolia Hay.=Callicarpa randaiensis
Callicarpa pauciflora Chun ex H.T.Chang 少花紫珠
Callicarpa pedunculata Lam. & Bakh.=Callicarpa formosana
Callicarpa pedunculata var. *chinensis* (P'ei) Metc.=Callicarpa integerrima var. chinensis
Callicarpa pedunculata var. *longifolia* (Suzuki) H.T.Chang=Callicarpa formosana var. longifolia
Callicarpa peichieniana Chun & S.L.Chen 钩毛紫珠
Callicarpa peii Chang=Callicarpa integerrima var. chinensis
Callicarpa pilosissima Maxim.长毛紫珠
Callicarpa pilosissima var. *henryi* Yamamoto=Callicarpa pilosissima
Callicarpa pingshanensis C.Y.Wu ex W.Z.Fang 屏山紫珠
Callicarpa poilanei P.Dop 白背紫珠
Callicarpa prolifera C.Y.Wu 抽芽紫珠
Callicarpa prolifera var. buroglandulosa S.L.Chen 红腺抽芽紫珠
Callicarpa prolifera var. prolifera=Callicarpa prolifera
Callicarpa pseudorubella H.T.Chang 拟红紫珠
Callicarpa purpurea Juss.=Callicarpa dichotoma
Callicarpa randaiensis Hay.峦大紫珠
Callicarpa rebella var. *hemsleyana* f. *subglabra* P'ei=Callicarpa rubella var. subglabra
Callicarpa reevesii Wall.=Callicarpa nudiflora
Callicarpa remotiflora W.F.Lin & J.L.Wang=Callicarpa remotiserrula
Callicarpa remotiserrulata Hay.疏齿紫珠
Callicarpa roxburghii P'ei (p.p.)=Callicarpa lobo-apiculata
Callicarpa roxburghii Wall.(Walp.in Rep.Bot.Syst.1844-48)=Callicarpa kochiana
Callicarpa roxburghii Wall.=Callicarpa macrophylla
Callicarpa rubella Lindl.红紫珠
Callicarpa rubella Rehd.(p.p.)=Callicarpa rubella f. angustata
Callicarpa rubella f. angustata P'ei 狭叶红紫珠
Callicarpa rubella f. crenata P'ei 钝齿红紫珠
Callicarpa rubella f. *robusta* P'ei=Callicarpa formosana
Callicarpa rubella var. *dielsii* (Lévl.) H.L.Li (p.p.)=Callicarpa rubella var. subglabra
Callicarpa rubella var. *dielsii* (P'ei) H.L.Li (p.p.)=Callicarpa rubella
Callicarpa rubella var. *hemsleyana* Diels=Callicarpa rubella
Callicarpa rubella var. *hemslyana* f. *subglabrta* P'ei=Callicarpa rubella var. subglabra
Callicarpa rubella var. rubella=Callicarpa rubella
Callicarpa rubella var. subglabra (P'ei) H.T.Chang 秃红紫珠
Callicarpa salicifolia P'er & W.Z.Fang 水金花
Callicarpa seguinii Lévl.=Callicarpa bodinieri
Callicarpa sinensis Hort. ex Steud.=Callicarpa candicans
Callicarpa siongsaiensis Metc.上狮紫珠
Callicarpa taquetii Lévl.=Callicarpa japonica
Callicarpa tenuifolia Champ.=Callicarpa rubella
Callicarpa tingwuensis H.T.Chang 鼎湖紫珠
Callicarpa tomentosa (L.) Murr.(Willd.in Enum.Hort.Berol.1809)= Callicarpa kochiana
Callicarpa tomentosa Lam. & Bakh.(p.p.)=Callicarpa arborea
Callicarpa tomentosa Lam. & Bakh.(p.p.)=Callicarpa integerrima
Callicarpa tomentosa Lamk.=Callicarpa candicans
Callicarpa tonkinensis P.Dop=Callicarpa bodinieri
Callicarpa triloba Lour.=Cissus triloba
Callicarpa tsiangii Mold.=Callicarpa bodinieri
Callicarpa vastifolia Diels=Viburnum rhytidophyllum
Callicarpa yunnanensis W.Z.Fang 云南紫珠
Calliea glomerata (Forsk.) Macbride=Dichrostachys cinerea
Calligonum L.**沙拐枣属**(蓼科)
Calligonum affine Popova=Calligonum rubicundum
Calligonum alaschanicum A.Los.阿拉善沙拐枣
Calligonum aphyllum (Pall.) Gürke 无叶沙拐枣
Calligonum arborescens Litv.乔木状沙拐枣
Calligonum caput-medusae Schrenk 头状沙拐枣
Calligonum chinense A.Los.甘肃沙拐枣
Calligonum colubrinum Borszcz.褐色沙拐枣
Calligonum cordatum E.Kor. ex N.Pavl.心形沙拐枣
Calligonum crispum Bge.=Calligonum rubicundum
Calligonum densum Borszcz.密刺沙拐枣
Calligonum dielsianum Hao=Calligonum mongolicum
Calligonum ebi-nurcum Ivanova ex Soskov 艾比湖沙拐枣
Calligonum flavidum Bge.=Calligonum rubicundum
Calligonum gobicum (Bge. ex Meisn.) A.Los.戈壁沙拐枣
Calligonum jimunaicum Z.M.Mao 吉木乃沙拐枣
Calligonum junceum (Fisch. & Mey.) Litv.泡果沙拐枣
Calligonum klementzii A.Los.奇台沙拐枣
Calligonum koslovi A.Los.=Calligonum zaidamense
Calligonum kuerlese Z.M.Mao 库尔勒沙拐枣
Calligonum leucocladum (Schrenk) Bge.淡枝沙拐枣
Calligonum litvinovii Dorb.(Сосковв Новости Сист Выщ. 1974,p.p.) =Calligonum chinense
Calligonum litvinovii Dorb.(Сосковв Новости Сист Выщ. 1974,p.p.) =Calligonum zaidamense
Calligonum litvinovii Drob.(Сосковв Новости Сист Выщ. 1974,p.p.) =Calligonum roborovskii
Calligonum macrocarpum Boszcz.大果沙拐枣(新)?
Calligonum mongolicum Turcz.沙拐枣
Calligonum mongolicum β. *gobicum* Bge. ex Meisn.=Calligonum gobicum
Calligonum potanini A.Los.=Calligonum mongolicum
Calligonum przewalskii A.Los.=Calligonum alaschanicum
Calligonum pumilum A.Los.小沙拐枣
Calligonum rigidum Litv.=Calligonum aphyllum
Calligonum roborovskii A.Los.塔里木沙拐枣
Calligonum rubescens Mattei (Сосковв Новости Сист Высщ.1974, p.p.)=Calligonum pumilum
Calligonum rubicundum Bge.红果沙拐枣
Calligonum squarrosum N.Pavl.粗糙沙拐枣
Calligonum trifarium Z.M.Mao 三列沙拐枣
Calligonum yingisaricum Z.M.Mao 英吉沙沙拐枣
Calligonum zaidamense A.Los.柴达木沙拐枣
Calliopsis tinctoria (Nutt.) DC.=Coreopsis tinctoria
Calliphysa juncea Fisch. & Mey.=Calligonum junceum
Callipteris Bory **菜蕨属**(蹄盖蕨科)
Callipteris ambigua (Sw.) Moore=Callipteris esculenta

Callipteris esculenta (Retz.) J.Sm. ex Moore & Houlst.菜蕨
Callipteris esculenta var. pubescens (Link) Ching 毛轴菜蕨
Callipteris esculenta. var. esculenta=Callipteris esculenta
Callipteris paradoxa (Fée) Moore 刺轴菜蕨
Callipteris smithiana (Bak.) Bedd.=Callipteris paradoxa
Callisace dahurica Fisch. ex Hoffm.=Angelica dahurica
Callisace ternata K.-Pol.=Angelica ternata
Callisia Loefl.**洋竹草属**(鸭跖草科)
Callisia repens L.洋竹草
Callista Lour.=**Dendrobium**
Callista comata (Bl.) Ktze.=Flickingeria comata
Callista gibsonii (Lindl.) Ktze.=Dendrobium gibsonii
Callista moniliforme (Lindl.) Ktze.=Dendrobium moniliforme
Callistemma chinensis (L.) Skeels=Callistephus chinensis
Callistemma hortense Cass.=Callistephus chinensis
Callistemma sinensis (L.) Broth.=Callistephus chinensis
Callistemon R.Br.**红千层属**(桃金娘科)
Callistemon rigidus R.Br.红千层
Callistemon salignus DC.柳叶红千层
Callistemon salignus var. viridiflorus F.V.Muell.绿花柳叶红千层
Callistemon speciosus DC.杉叶红千层
Callistephus Cass.**翠菊属**(菊科)
Callistephus biennis Lindl. ex DC.=Heteropappus tataricus
Callistephus chinensis (L.) Nees 翠菊
Callistephus hortensis Cass.=Callistephus chinensis
Callistopteris Cop.**毛杆蕨属**(膜蕨科)
Callistopteris apiifolia (Presl) Cop.毛杆蕨
Callitrichaceae 水马齿科
Callitriche L.**水马齿属**(水马齿科)
Callitriche bifida (L.) Morong.=Callitriche hermaphroditica
Callitriche elegans subsp. *elegans* V.Petr. ex Kom. & Alis.=Callitriche palustris var. elegans
Callitriche elegans V.Petr.=Callitriche palustris var. elegans
Callitriche hermaphroditica L.线叶水马齿
Callitriche oryzetorum Petr.广东水马齿
Callitriche palustris L.沼生水马齿
Callitriche palustris var. elegans (V.Petr.) Y.L.Chang 东北水马齿
Callitriche palustris var. palustris=Callitriche palustris
Callitriche palustris β. *bifida* L.=Callitriche hermaphroditica
Callitriche stagnais Scop.水马齿
Callitriche verna L.=Callitriche palustris
Callitris Vent **美丽柏属**(柏科)
Callitris endlicheri (Parlat.) F.M.Bailey 恩得利美丽柏
Callitris muelleri (Pariat.) F.Muell.马勒美丽柏
Callitris preissii Miq.布勒斯美丽柏
Callosmia fragrans (Wall.) Presl=Anneslea fragrans
Callostylis Bl.**美柱兰属**(兰科)
Callostylis rigida Bl.美柱兰
Calocapnos nobilis Spach=Corydalis nobilis
Calocedrus Kurz.**翠柏属**(柏科)
Calocedrus decurrens (Torr.) Florin 北美翠柏
Calocedrus formosana (Florin) Florin=Calocedrus macrolepis var. formosana
Calocedrus formosana Florin (海南志 964)=Calocedrus macrolepis
Calocedrus macrolepis Kurz 翠柏
Calocedrus macrolepis var. formosana (Florin) Cheng & L.K.Fu 台湾翠柏
Calocedrus macrolepis var. *longipes* Cheng & L.K.Fu=Calocedrus macrolepis
Calocedrus macrolepis var. macrolepis=Calocedrus macrolepis
Calochilus R.Br.**卡洛基兰属**(兰科)
Calochilus campestris R.Br.卡洛基兰
Calochortus Pursh.**蝶花百合属**(百合科)
Calochortus albus Dougl.仙灯
Calochortus amabilis Purdy 金灯
Calochortus caeruleus Wats.毛瓣仙灯
Calochortus clavatus Wats.棒毛仙灯
Calochortus luteus Dougl.纤毛仙灯
Calochortus macrocarpus Dougl.大果仙灯
Calochortus nitidus Dougl.无毛仙灯
Calochortus superbus Purdy 华丽仙灯
Calochortus venustus Dougl.异色仙灯
Calochortus vesta Wallace 大华丽仙灯
Calodium Lour.=**Cassytha**
Calogyne R.Br.**离根香属**(草海桐科)
Calogyne chinensis Benth.美柱草?
Calogyne pilosa R.Br.离根香
Calolinea macrocarpa Cham. & Schlecht.=Pachira macrocarpa
Calonyction Choisy=**Ipomoea**
Calonyction aculeatum (L.) House=Ipomoea alba
Calonyction aculeatum var. *aculeatum*=Ipomoea alba
Calonyction aculeatum var. *lobatum* (H.Hall.) C.Y.Wu=Ipomoea alba
Calonyction album (L.) House=Ipomoea alba
Calonyction bonanox (L.) Boj.=Ipomoea alba
Calonyction bonanox var. *lobata* Hall.f.=Ipomoea alba
Calonyction gradiflorum Choisy=Ipomoea vilacea
Calonyction jacquinii G.Don=Ipomoea violacea
Calonyction longiflorum Hassk.=Ipomoea turbinata
Calonyction mollissimum var. *galbrior* Miq.=Ipomoea alba
Calonyction muricatum (L.) G.Don=Ipomoea turbinata
Calonyction pavonii (Choisy) H.Hall.=Ipomoea setosa
Calonyction setosum (K.Gawl.) H.hall.=Ipomoea setosa
Calonyction speciosum Choisy=Ipomoea alba
Calonyction speciosum var. *muricatum* Choisy=Ipomoea turbinata
Calonyction tuba Schlecht.=Ipomoea vilacea
Calophaca Fisch.**丽豆属**(豆科)
Calophaca acaulis (Baker) Kom.=Chesneya acaulis
Calophaca chinensis Boriss.华丽豆
Calophaca crassicaulis (Benth. ex Baker) Kom.=Chesneya nubigena
Calophaca cuneata (Benth.) Kom.=Chesneya cuneata
Calophaca howenii Schrenk=Calophaca soongorica
Calophaca polystichoides Hand.-Mazz.=Chesneya polystichoides
Calophaca sinica Rehd.丽豆
Calophaca soongorica Kar. & Kir.新疆丽豆
Calophaca tianschanica (B.Fedtsch.) Boriss? 天山丽豆
Calophanoides Ridl.**杜根藤属**(爵床科)
Calophanoides albovelata (W.W.Sm.) C.Y.Wu ex Y.C.Tang 绵毛杜根藤
Calophanoides alboviridis (R.Ben.) C.Y.Wu & H.S.Lo 大叶赛爵床
Calophanoides buxifolia (H.S.Lo & D.Fang) C.Y.Wu & T.Y.Ding 黄杨叶赛爵床
Calophanoides chinensis (Champ.) C.Y.Wu & H.S.Lo ex Y.C.Tang 圆苞杜根藤
Calophanoides chinensis (Champ.) C.Y.Wu & H.S.Lo ex Y.C.Tang(高等图鉴 1975,湖北植物大全 1993,p.p.)= Calophanoides quadrifaria
Calophanoides hainanensis C.Y.Wu & H.S.Lo 海南赛爵床
Calophanoides kouytchensis (Lévl.) H.S.Lo 贵州赛爵床
Calophanoides kwangsiensis H.S.Lo 广西赛爵床
Calophanoides loheri (C.B.Clarke) Bremek.狭叶赛爵床
Calophanoides multinodis (R.Ben.) C.Y.Wu & H.S.Lo 白节赛爵床
Calophanoides quadrifaria (Nees) Ridl.杜根藤
Calophanoides siccanea (W.W.Sm.) C.Y.Wu 旱杜根藤
Calophanoides wardii (W.W.Sm.) C.Y.Wu 高山杜根藤
Calophanoides xantholeuca (W.W.Sm.) C.Y.Wu 黄白杜根藤
Calophanoides xerobatica (W.W.Sm.) C.Y.Wu 滇东杜根藤
Calophanoides xerophila (W.W.Sm.) C.Y.Wu 干地杜根藤
Calophanoides xylopoda (W.W.Sm.) C.Y.Wu 木柄杜根藤
Calophanoides yunnanensis (W.W.Sm.) C.Y.Wu 滇杜根藤
Calophyllum L.**红厚壳属**(藤黄科)
Calophyllum anthillanum Britt.拉美胡桐
Calophyllum balansae Pitard.(Gagn.in Humb.Suppl.Fl.Gen.Ind.-chine 1943,p.p.)=Calophyllum polyanthum
Calophyllum blancoi Planch. & Triana 兰屿红厚壳
Calophyllum brasiliense Camb.巴西胡桐
Calophyllum changii N.Robson=Calophyllum blancoi
Calophyllum inophyllum L.红厚壳
Calophyllum membranaceum Gardn. & Champ.薄叶胡桐
Calophyllum nagassarium Burm.f.=Mesua ferrea
Calophyllum polyanthum Wall. ex Choisy 滇南红厚壳
Calophyllum smilesianum Craib=Calophyllum polyanthum
Calophyllum smilesianum var. *lutea* Craib=Calophyllum polyanthum

Calophyllum thorelii Pierre (高等图鉴 1972)=Calophyllum polyanthum
Calophyllum tomentosum Wight 茸毛胡桐
Calophyllum williamsianum Craib=Calophyllum polyanthum
Calopogonium Desv.**毛蔓豆属**(豆科)
Calopogonium mucunoides Desv.毛蔓豆
Calorhabdos Benth.=**Veronicastrum**
Calorhabdos arisanensis Masam.=Veronicastrum kitamurae
Calorhabdos axillaris Benth. & HK.f. ex S.Moore (p.p.)=Veronicastrum stenostachyum subsp. plukenetii
Calorhabdos brunosiana Benth.=Veronicastrum brunonianum
Calorhabdos cauloptera Hance=Veronicastrum cauloperum
Calorhabdos chinensis (Maxim.) Franch.=Scrofella chinensis
Calorhabdos fargesii Franch.=Veronicastrum stenostachyum
Calorhabdos formosana (Masam.) Ohwi=Veronicastrum formosanum
Calorhabdos formosana var. *latifolia* Masam.=Veronicastrum kitamurae
Calorhabdos kitamurae Ohwi=Veronicastrum kitamurae
Calorhabdos latifolia Hemsl.=Veronicastrum latifolium
Calorhabdos longispicata (Merr.) Masam.=Veronicastrum longispicatum
Calorhabdos robusta Diels=Veronicastrum robustum
Calorhabdos simadai Masamune=Veronicastrum axillare
Calorhabdos stenostachyum Hemsl.=Veronicastrum stenostachyum
Calorhabdos sutchuenensis Franch.=Veronicastrum brunonianum
Calorhabdos vennosa Hemsl.=Veronicastrum stenostachyum
Calorhabdos venosa Hemsl.(p.p.)=Veronicastrum axillare
Calorhabdos villosula (Miq.) Benth. & HK.f. ex Najubi=Veronicastrum villosulum
Calorhabdos yunnanensis (W.W.Sm.) Masam.=Veronicastrum yunnanense
Calorhobdos axillaris (S. & Z.) Benth. & HK.f. ex S.Moore= Veronicastrum axillare
Calosanthes indica (L.) Bl.=Oroxylum indicum
Caloscordum Herb.=**Allium**
Caloscordum exsertum Lindl.=Allium chinense
Caloscordum inutile (Makino) Okuyama & Kitag.=Allium inutile
Caloscordum neriniflorum Herb.=Allium neriniflorum
Caloscordum tubiflorum (Rendl.) Traub.=Allium tubiflorum
Calospatha Becc.**美苞棕属**(棕榈科)
Calospatha confusa Ftdo.紊乱美苞棕
Calospatha scortechinii Becc.斯考氏美苞棕
Calotis R.Br.**刺冠菊属**(菊科)
Calotis anamitica (O.Ktze.) Merr (高等图鉴 1975)=Calotis caespitosa
Calotis caespitosa Chang 刺冠菊
Calotropis R.Br.**牛角瓜属**(萝藦科)
Calotropis gigantea (L.) Dryand. ex Ait.f.牛角瓜
Calotropis procera (L.) Dry. ex Ait.f.白花牛角瓜
Calpandria Bl.=**Camellia**
Calpidia Thouars=**Ceodes**
Calpidia excelsa (Bl.) Heim.=Ceodes umbellifera
Calpigyne Bl.=**Koilodepas**
Calpigyne hainanensis Merr.=Koilodepas hainanense
Caltha L.**驴蹄草属**(毛茛科)
Caltha arctica R.Br.北极驴蹄草
Caltha caespitosa N.Schipcz.簇生驴蹄草
Caltha camtschatica Spreng.=Oxygraphis glacialis
Caltha fistulosa Schipcz.=Caltha palustris var. barthei
Caltha fistulosa f. *atrorubra* W.T.Wang=Caltha palustris var. barthei
Caltha glacialis Spreng.=Oxygraphis glacialis
Caltha gracilis Hand.-Mazz.=Caltha sinogracilis
Caltha kamchatica (DC.) Spreng.=Oxygraphis glacialis
Caltha membranacea (TurcZ.) Schipcz.=Caltha palustris var. membranacea
Caltha membranacea var. *grandiflora* S.H.Li & Y.H.Huang=Caltha palustris var. membranacea
Caltha natans Pall.白花驴蹄草
Caltha palustris L.驴蹄草
Caltha palustris var. *barthei* f. *atrorubra* (W.T.Wang) W.T.Wang=Caltha pusstris var. barthei
Caltha palustris var. barthei Hance 空茎驴蹄草
Caltha palustris var. himalaica Tamura 长柱驴蹄草
Caltha palustris var. membranacea Turcz.膜叶驴蹄草
Caltha palustris var. *multiflora* Kom. ex Schipcz.=Caltha palustris var. barthei
Caltha palustris var. *orientalisinensis* X.H.Guo=Caltha palustris
Caltha palustris var. palustris=Caltha palustris
Caltha palustris var. *scaposa* Maxim.=Caltha scaposa
Caltha palustris var. sibirica Rgl.三角叶驴蹄草
Caltha palustris var. *sibirica* subvar. *palmata* Takeda=Caltha palustris var. umbrosa
Caltha palustris var. umbrosa Diels 掌叶驴蹄草
Caltha polypetala (Hochst.) Boiss.多瓣驴蹄草
Caltha rubriflora Brutt & Lauener=Caltha sinogracilis
Caltha scaposa HK.f. & Thoms.花葶驴蹄草
Caltha scaposa var. *parnassioides* Ulbr.=Caltha scaposa
Caltha scaposa var. *smithii* Ulbr.=Caltha scaposa
Caltha sibirica (Rgl.) Tolm.=Caltha palustris var. sibirica
Caltha sinogracilis W.T.Wang 细茎驴蹄草
Caltha sinogracilis f. *rubriflora* (B.L.Burtt & Lauen.) W.T.Wang=Caltha sinogracilis
Calycanthaceae 蜡梅科
Calycanthus L.**夏蜡梅属**(蜡梅科)
Calycanthus chinensis Cheng & S.Y.Chang 夏蜡梅
Calycanthus fertilis Walt.东南夏腊梅?
Calycanthus floridus L.美国蜡梅
Calycanthus floridus var. floridus=Calycanthus floridus
Calycanthus floridus var. laevigatus (Willd.) Torr. & Gray 光叶红
Calycanthus laevigatus Willd.=Calycanthus floridus var. laevigatu
Calycanthus nitens (Oliv.) Rehd.=Chimonanthus nitens
Calycanthus occidentalis HK. & Arn.加州夏腊梅
Calycanthus praecox L.=Chimonanthus praecox
Calycinum alyssoides L.=Alyssum alyssoides
Calycopteris Lam.**萼翅藤属**(使君子科)
Calycopteris floribunda (Roxb.) Lam.萼翅藤
Calycopteris joan S. & Z.=Buckleya lanceolata
Calycopteris nutans (Roxb.) Kurz=Calycopteris floribunda
Calycopteris nutans var. *glabriuscula* Kurz=Calycopteris floribunda
Calycopteris nutans var. *roxburghii* Kurz=Calycopteris floribunda
Calymmodon C.Presl **荷包蕨属**(禾叶蕨科)
Calymmodon asiaticus Copel.短叶荷包蕨
Calymmodon cuculatus (Nees & Bl.) Presl.荷包蕨
Calymmodon cucullatus (Nees & Bl.) C.Presl(海南志 1964)= Calymmodon asiaticus
Calymmodon glabrescens Copel.(Shimizu in Trans.Nat.Hist.Soc.Formosa 1938)=Calymmodon asiaticus
Calymmodon gracilis (Fee) Copel.疏毛荷包蕨
Calymmodon gracillimus (Copel.) Nakai ex H.Ito=Calymmodon asiaticus
Calymmodon hyalinus Copel.(Shimizu in Trans.Nat.Hist.Soc.Formosa 1938)=Calymmodon gracilis
Calypso Salisb.**布袋兰属**(兰科)
Calypso borealis (Sw.) Salisb.=Calypso bulbosa
Calypso bulbosa (L.) Oakes 布袋兰
Calyptranthes mangiferifolia Hance ex Walp.=Cleistocalyx operculatus
Calyptrocalyx Bl.**盖萼棕属**(棕榈科)
Calysphyrum floridum Bge.=Weigela florida
Calystegia R.Br.**打碗花属**(旋花科)
Calystegia abyssinica Engl.=Calystegia hederacea
Calystegia acetosaefolia Turcz.=Calystegia hederacea
Calystegia dahurica (Herb.) Choisy (Hemsl.in J.L.Soc.Bot.1890,p.p.)= Calystegia pellita
Calystegia dahurica (Herb.) Choisy=Calystegia pellita
Calystegia dahurica (Herb.) G.Don=Calystegia sepium subsp. spectabilis
Calystegia dahurica f. *anestia* (Fernal.) Hara=Calystegia pubescens
Calystegia dahurica f. *dahurica*=Calystegia pellita
Calystegia dahurica var. *pellitus* Choisy=Calystegia pellita
Calystegia hederacea Wall.打碗花
Calystegia hederacea var. *elongata* Liou & Ling=Calystegia hederacea
Calystegia japonica (Thunb.) Koidz.=Calystegia hederacea
Calystegia japonica Choisy (北研丛刊 1931)=Calystegia pellita
Calystegia japonica Choisy=Calystegia pubescens
Calystegia japonica f. *albiflora* (Makino) Hara= Calystegia pubescens
Calystegia japonica var. *albiflora* Makino= Calystegia pubescens
Calystegia pellita (Ledeb.) G.Don 藤长苗
Calystegia pellita subsp. longifolia Brumm.长叶藤长苗
Calystegia pellita subsp. pellita= Calystegia pellita
Calystegia pellita subsp. stricta Brumm.直立藤长苗
Calystegia pubescens Lindl.柔毛大碗花

Calystegia reniformis R.Br.=Calystegia soldanella
Calystegia sepium (L.) R.Br.旋花
Calystegia sepium subsp. spectabilis Brumm.欧旋花
Calystegia sepium var. *dahurica* (Herb.) Hand.-Mazz.(p.p.)=Calystegia pellita
Calystegia sepium var. *dahurica* (Herb.) Hand.-Mazz.(p.p.)=Calystegia pubescens
Calystegia sepium var. *integrifolia* Liou & Ling= Calystegia sepium subsp. spectabilis
Calystegia sepium var. japonica (Choisy) Makino 长裂旋花
Calystegia sepium var. sepium=Calystegia sepium
Calystegia silvatica subsp. orientalis Brumm.鼓子花
Calystegia soldanella (L.) R.Br.肾叶打碗花
Calystegia soldanelloides Makino=Calystegia soldanella
Calystegia subvolubilis (Ledeb.) G.Don (北研丛刊 1931)=Calystegia pellita
Camarotis Lindl.**卡马洛兰属**(兰科)
Camarotis philipinensis Lindl.菲律宾卡马洛兰
Camarotis rostrata (Roxb.) Rchb.f.卡马洛兰
Camassia Lindl.**克美莲属**(百合科)
Camassia esculenta Rob.蓝克美莲
Camchaya Gagn.**凋缨菊属**(菊科)
Camchaya kampotensis Gagn.柬凋缨菊
Camchaya loloana Kerr.凋缨菊
Camelina Crantz **亚麻荠属**(十字花科)
Camelina barbareaedolia DC.=Rorippa barbareaefolia
Camelina caucasica (Sinsk.) Vass.=Camelina sativa
Camelina glabrata (DC.) Frisch ex N.Zing.=Camelina sativa
Camelina longistyla Bordz.=Camelina microcarpa
Camelina microcarpa Andrz.小果亚麻荠
Camelina microcarpa f. longistipata Z.X.An 长梗亚麻荠
Camelina microphylla Z.X.An=Camelina microcarpa
Camelina pilosa DC.) N.Zing.=Camelina sativa
Camelina sativa (L.) Crantz 亚麻荠
Camelina sativa subsp. *microcarpa* (DC.) Hegi & E.Schmid=Camelina microcarpa
Camelina sativa var. *caucasica* Sinsk.=Camelina sativa
Camelina sativa var. *glabrata* DC.=Camelina sativa
Camelina sativa var. *pilosa* DC.=Camelina sativa
Camelina sylvestris Wallroth=Camelina microcarpa
Camelina yunnanensis W.W.Sm.=Rorippa globosa
Camellia L.**山茶属**(山茶科)
Camellia achrysantha Chang & S.Y.Liang 中东金花茶
Camellia acuticalyx Chang 尖萼瘤果茶
Camellia acutiperulata Chang & Ye 尖苞瘤果茶
Camellia acutisepala Sealy=Camellia longicalyx
Camellia acutisepala Tsai & Feng=Camellia forrestii var. acutisepala
Camellia acutiserrata Chang 尖齿离蕊茶
Camellia acutissma Chang 长尖连蕊茶
Camellia albescens Chang 褪色红山茶
Camellia albogigas Hu 大白山茶
Camellia albo-sericea Chang 白丝红山茶
Camellia albovillosaHu ex Chang 白毛红山茶
Camellia amplexifolia Merr. & Chun 抱茎短蕊茶
Camellia angustifolia Chang 狭叶茶
Camellia anlungensis Chang 安龙瘤果茶
Camellia apolyodonta Chang & Q.M.Chen 假多齿红山茶
Camellia arborescens Chang & Yü 大树茶
Camellia assamica (Mast.) Chang 普洱茶
Camellia assamica var. assamica =Camellia assamica
Camellia assamica var. kucha Chang & Wang 苦茶
Camellia assamica var. polyneura Chang 多脉普洱茶
Camellia assimilis Champ. ex Benth.香港毛蕊茶
Camellia assimiloides Sealy 大萼毛蕊茶
Camellia atrothea Chang & Wang 老黑茶
Camellia atuberculata Chang 直脉瘤果茶
Camellia aurea Chang 五室金花茶
Camellia axillaris Roxb. ex Ker-Gawl.=Gordonia axillaris
Camellia azelea Wei=Camellia changii
Camellia bailinshanica Chang,Liu & Xiong 白灵山红山茶
Camellia bambusifolia Chang,Liu & Zhang 竹叶红山茶
Camellia boreali-yunnanica Chang 滇北红山茶
Camellia brachyandra Chang 短蕊茶
Camellia brachygyna Chang 短蕊红山茶
Camellia brevicolumna Chang,Liu & Zhang 短轴红山茶
Camellia brevipetiolata Chang 短柄红山茶
Camellia brevistyla Coh.St.短柱茶
Camellia busianensis Sasaki=Camellia caudata
Camellia buxifolia Chang 黄杨叶连蕊茶
Camellia callidonta Chang 美齿连蕊茶
Camellia campanisepala Chang 钟萼连蕊茶
Camellia candida Chang 白毛毛蕊茶
Camellia cantonensis Lour.=Camellia sinensis
Camellia caudata Wall.长尾毛蕊茶
Camellia caudata var. *gracilis* (Hemsl.) Yamamoto ex Keng=Camellia caudata
Camellia changii Ye 假大头茶
Camellia chekiangoleosa Hu 浙江红山茶
Camellia chiupeiensis Hu 邱北山茶
Camellia chrysantha (Hu) Tuyama=Camellia nitidissima
Camellia chrysantha f. *longistyla* Mo & Zhong=Camellia nitidissima
Camellia chrysantha var. *microcarpa* Mo & Huang=Camellia nitidissima var. microcarpa
Camellia chrysanthoides Chang 薄叶金花茶
Camellia Chungkingensis Chang 重庆山茶
Camellia chunii Chang 陈氏红山茶
Camellia chunii var. chunii=Camellia chunii
Camellia chunii var. pentaphylax Chang 五列木红山茶
Camellia compressa Chang & Wen ex Chang 扁果红山茶
Camellia confusa Craib 小果短柱茶
Camellia connatistyla Mo & Zhong=Camellia lapidea
Camellia connatistyla Mo & Zhong 合柱糙果茶
Camellia cordifolia (Metc.) Nakai 心叶毛蕊茶
Camellia costata Hu & S.Y.Liang ex Chang 突肋茶
Camellia costei Lévl.贵州连蕊茶
Camellia crappelliana Tutch.红皮糙果茶
Camellia crassicolumna Chang 厚轴茶
Camellia crassipes Sealy 厚柄连蕊茶
Camellia crassipetala Chang 厚瓣短蕊茶
Camellia crassissima Chang & Shi 厚叶红山茶
Camellia cratera Chang 杯萼毛蕊茶
Camellia crispula Chang 皱叶茶
Camellia cryptoneura Chang 隐脉红山茶
Camellia cuspidata (Kochs)Wright 尖连蕊茶
Camellia cuspidata var. chekiangensis Sealy 浙江尖连蕊茶
Camellia cuspidata var. cuspidata=Camellia cuspidata
Camellia cuspidata var. grandiflora Sealy 大花尖连蕊茶
Camellia danzaiensis K.M.Lan 丹寨秃茶
Camellia dehungensis Chang & Chen 德宏茶
Camellia delicata Y.K.Li=Camellia mairei
Camellia dishiensis Zhang et al.=Camellia assamica
Camellia drupifera Lour.=Camellia oleifera
Camellia dubia Sealy 秃梗连蕊茶
Camellia edentata Chang 无齿毛蕊茶
Camellia edithae Hance 尖萼红山茶
Camellia elongata (Rehd. & Wils.) Rehd.长管连蕊茶
Camellia euonymifolia (Hu) C.Y.Wu 卫茅叶连蕊茶
Camellia euphlebia Merr. ex Sealy 显脉金花茶
Camellia euphlebia var. *yunnanensis* Wang & Fan=Camellia fascicularis
Camellia euryoides Lindl.柃叶连蕊茶
Camellia euryoides var. *nokoensis* (Hay.) Y.C.Liu=Camellia nokoensis
Camellia fascicularis Chang 簇蕊金花茶
Camellia fengchengensis Liang & Zhong 防城茶
Camellia flavida Chang 淡黄金花茶
Camellia fleuryi A.Chev.屏边山茶?
Camellia fluviatilis Hand.-Mazz.窄叶短柱茶
Camellia forrestii (Diels) Coh.St.蒙自连蕊茶
Camellia forrestii var. acutisepala (Tsai & Feng) Chang 尖萼连蕊茶
Camellia forrestii var. forrestii=Camellia forrestii

Camellia fraterna Hance 毛柄连蕊茶
Camellia furfuracea (Merr.) Coh.St.糙果茶
Camellia furfuracea var. *lutea* Hu=Camellia furfuracea
Camellia furfuracea var. *yaoshanica* Liang & Zhong=Camellia pubifurfuracea
Camellia gauchowensis Chang 高州油茶
Camellia gaudichaudii (Gagn.) Sealy 硬叶糙果茶
Camellia gigantocarpa Hu & Huang=Camellia crappelliana
Camellia glaberrima Chang 秃茶
Camellia grabriperulata Chang=Camellia saluenensis
Camellia gracilis Hemsl.=Camellia caudata
Camellia grandibracteata Chang & Yü 大苞茶
Camellia grandis (Liang & Mo) Chang & S.Y.Liang 弄岗金花茶
Camellia granthamiana Sealy 大苞山茶
Camellia grijsii Hance 长瓣短柱茶
Camellia gymnogyna Chang 秃房茶
Camellia gymnogynoides Chang & Chen=Camellia dehungensis
Camellia haaniensis Chang & Yü=Camellia makuanica
Camellia handelii Sealy 岳麓连蕊茶
Camellia hekouensis Wang & Fan 河口长柄茶
Camellia henryana Coh.St.光果山茶
Camellia heterophylla Hu=Camellia reticulata
Camellia hongkongensis Seem.香港红山茶
Camellia huiliensis Chang=Camellia pitardii
Camellia hupehensis Chang 湖北瘤果茶
Camellia ilicifolia Y.K.Li ex Chang 冬青叶山茶
Camellia impressinervis Chang & S.Y.Liang 凹脉金花茶
Camellia indochinensis Merr.中越山茶
Camellia integerrima Chang 全缘糙果茶
Camellia irrawadiensis Barua 滇缅茶
Camellia japonica L.山茶
Camellia japonica Lévl.=Camellia pitardii
Camellia jingyunshanica Chang & J.H.Xiong 缙云山茶
Camellia jinshajiangica Chang & S.L.Lee 金沙江红山茶
Camellia jiuyishanica Chang & L.L.Qi 九嶷山连蕊茶
Camellia kangdianica Chang=Camellia bailinshanica
Camellia kiemalis Nakai 冬红短柱茶
Camellia kissi Wall.落瓣短柱茶
Camellia kissi var. kissi=Camellia kissi
Camellia kissi var. megalantha Chang 大花短柱茶
Camellia kissi var. *stenophylla* (Kobuski) Sealy=Camellia fluviatilis
Camellia kwangnanica Chang & Chen 广南茶
Camellia kwangsiensis Chang 广西茶
Camellia kwangtungensis Chang 广东秃茶
Camellia kweichouensis Chang 贵州红山茶
Camellia lanceisepala L.K.Ling=Camellia longicalyx
Camellia lanceoleosa Chang & Chiu ex Chang & Ren 狭叶油茶
Camellia lancicalyx Chang 披针萼连蕊茶
Camellia lancilimba Chang 披针叶连蕊茶
Camellia lanosituba Chang 绵管红山茶
Camellia lapidea Wu 石果红山茶
Camellia latilimba Hu 梨茶
Camellia latipetiolata Chi 阔柄糙果茶
Camellia lawii Sealy 四川毛蕊茶
Camellia leptophylla S.Y.Liang ex Chang 膜叶茶
Camellia leyeensis Chang & Y.C.Zhong 乐业瘤果茶
Camellia liberistamina Chang & Chiu 离蕊红山茶
Camellia liberistyla Chang 散柱茶
Camellia liberistyloides Chang 肖散柱茶
Camellia lienshanensis Chang 连山红山茶
Camellia limonia c.f.liang & Mo 柠檬金花茶
Camellia limonia var. *obovata* Mo & Zhong=Camellia flavida
Camellia lipingensis Chang 黎平瘤果茶
Camellia lipoensis Chang & Xu 荔波连蕊茶
Camellia litchi Chang=Camellia obovatifolia
Camellia liui H.T.Tsai & K.M.Feng=Camellia forrestii
Camellia longgangensis Liang & Mo=Camellia flavida
Camellia longgangensis var. *grandis* Liang & Mo=Camellia grandis
Camellia longicalyx Chang 长萼连蕊茶
Camellia longicarpa Chang 长果连蕊茶
Camellia longicaudata Chang & Liang ex Chang 长尾红山茶
Camellia longicuspis Liang ex Chang 长凸连蕊茶
Camellia longigyna Chang 长蕊红山茶
Camellia longipetiolata (Hu) Chang & Fang 长柄山茶
Camellia longissima Chang & Liang 超长柄茶
Camellia longituba Chang 长管红山茶
Camellia lucidissima Chang 闪光红山茶
Camellia lungshenensis Chang 龙胜红山茶
Camellia lungzhouensis Luo 龙州金花茶
Camellia luteoflora Li ex Chang 小黄花茶
Camellia macrosepala Chang 大萼连蕊茶
Camellia magniflora Chang 大花红山茶
Camellia magnocarpa (Hu & Huang) Chang 大果红山茶
Camellia mairei (Lévl.) Melch.毛蕊红山茶
Camellia mairei var. alba Chang 白花红山茶
Camellia mairei var. *lapidea* (Wu) Sealy=Camellia lapidea
Camellia mairei var. mairei=Camellia mairei
Camellia mairei var. velutina Sealy 绒毛成凤山茶
Camellia makuanica Chang & Tang 马关茶
Camellia maliflora Lindl.樱花短柱茶
Camellia manglaensis Chang,Tan & Wang=Camellia dehungensis
Camellia meiocarpa Hu=Camellia oleifera var. monosperm
Camellia melliana Hand.-Mazz.广东毛蕊茶
Camellia membranacea Chang 膜叶连蕊茶
Camellia micrantha S.Y.Liang & Y.C.Zhong ex Liang 小花金花茶
Camellia microcarpa Mo=Camellia nitidissima var. microcarpa
Camellia microdonta Chang=Camellia oviformis
Camellia microphylla (Merr.) Chien 细叶短柱茶
Camellia minor Chang=Camellia saluenensis
Camellia minutiflora Chang 微花连蕊茶
Camellia mongshanica Chang & Ye 莽山红山茶
Camellia multibracteata Chang & Mo ex Mo 多苞糙果茶
Camellia multiperulata Chang=Camellia semiserrata
Camellia multiplex Chang & Tang=Camellia makuanica
Camellia multisepala Chang & Tang 多萼茶
Camellia muricatula Chang 瘤叶短蕊茶
Camellia nanchuanica Chang & Xiong 南川茶
Camellia neriifolia Chang 狭叶瘤果茶
Camellia nitidissima Chi 金花茶
Camellia nitidissima var. microcarpa Chang & Ye 小果金花茶
Camellia nitidissima var. nitidissima=Camellia nitidissima
Camellia nokoensis Hay.能高连蕊茶
Camellia oblata Chang 扁糙果茶
Camellia obovatifolia Chang 倒卵瘤果茶
Camellia obscurinervis Tsai & Feng=Camellia villicarpa
Camellia obtusifolia Chang 钝叶短柱茶
Camellia octopetala Hu=Camellia crappelliana
Camellia odorata Xie & Zhang=Camellia grijsii
Camellia oleifera Abel 油茶
Camellia oleifera var. *confusa* (Craib) Sealy=Camellia confusa
Camellia oleifera var. monosperma Chang 小叶油茶
Camellia oleifera var. oleifera=Camellia oleifera
Camellia oleosa (Lour.)Wu=Camellia oleifera
Camellia oligophlebia Chang 寡脉红山茶
Camellia omeiensis Chang 峨眉红山茶
Camellia oviformis Chang 卵果红山茶
Camellia pachyandra Hu 厚短蕊茶
Camellia parafurfuracea S.Y.Liang ex Chang 肖糙果茶
Camellia parvicaudata Chang 小长尾连蕊茶
Camellia parvicuspidata Chang 细尖连蕊茶
Camellia parviflora Merr. & Chun ex Sealy 细花短蕊茶
Camellia parvifolia (Hay.) Nakai=Camellia transarisanensis
Camellia parvilapidea Chang 小石果连蕊茶
Camellia parvilimba Merr. & Metc.细叶连蕊茶
Camellia parvilimba var. brevipes Chang 短柄细叶连蕊茶
Camellia parvilimba var. parvilimba=Camellia parvilimba
Camellia parvimuricata Chang 小瘤果茶
Camellia parvi-ovata Chang & S.S.Wang & Chang 小卵叶连蕊茶

Camellia parvipetala J.Y.Liang & Su 小瓣金花茶
Camellia parvipetala J.Y.Liang & Z.M.Su=Camellia grandis
Camellia parvisepala Chang 细萼茶
Camellia parvisepaloides Chang & Wang 拟细萼茶
Camellia paucipetala Chang 寡瓣红山茶
Camellia paucipunctata (Merr. & Chun) Chun 腺叶离蕊茶
Camellia pentamera Chang 五数离蕊茶
Camellia pentapetala Chang 五瓣红山茶
Camellia pentaphylacoides Chang=Camellia oligophlebia
Camellia pentastyla Chang 五柱茶
Camellia percuspidata Chang 超尖连蕊茶
Camellia petaphylax Chang=Camellia chunii var. pentaphylax
Camellia petelotii (Merr.) Sealy.多瓣山茶
Camellia phaeoclada Chang 褐枝短柱茶
Camellia phellocapsa Chang & B.K.Lee 栓壳红山茶
Camellia phelloderma Chang,Liu & Zhang 栓皮红山茶
Camellia pilosperma S.Y.Liang ex Chang 毛籽离蕊茶
Camellia pinggaoensis Fang 平果金花茶
Camellia pinggaoensis var. pinggaoensis=Camellia pinggaoensis
Camellia pinggaoensis var. terminalis (J.Y.Liang & Su) S.Y.Liang 顶生金花茶
Camellia pitardii Coh.St.西南红山茶
Camellia pitardii f. cavalerieana (Lévl.) Sealy 滇野山茶
Camellia pitardii var. alba Chang 西南白山茶
Camellia pitardii var. pitardii=Camellia pitardii
Camellia pitardii var. yunnanica Sealy 狭叶西南红山茶
Camellia polygama (Hu) Hu=Camellia forrestii
Camellia polyneura Chang & Tang=Camellia assami var. polyneura
Camellia polyodonta How ex Hu 多齿红山茶
Camellia polypetala Chang 多瓣糙果茶
Camellia ptilophylla Chang 毛叶茶
Camellia ptilosperma Liang & Chen=Camellia grandis
Camellia pubescens Cahgn & Ye 汝城毛叶茶
Camellia pubifurfuracea Zhong 毛糙果茶
Camellia pubipetala Wan & Huang 毛瓣金花茶
Camellia punctata (Kochs) Coh.St.斑枝毛蕊茶
Camellia puniceiflora Chang 粉红短柱茶
Camellia purpurea Chang & Chen 紫果茶
Camellia pyxidiacea Xu et al.=Camellia anlungensis
Camellia quinquelocularis Chang & Liang=Camellia tachangensis
Camellia quinqueloculosa Mo & Zhong=Camellia aurea
Camellia remotiserrata Chang & Wang 疏齿茶
Camellia reticulata Lindl.滇山茶
Camellia reticulata Benth.=Tutcheria championi
Camellia reticulata f. simplex Sealy 单瓣滇山茶
Camellia reticulata var. *rosea* Makino=Camellia uraku
Camellia rhytidocarpa Chang & Liang 皱果茶
Camellia rhytidophylla Y.K.Li & M.Z.Yang 皱叶瘤果茶
Camellia rosaeflora HK.玫瑰连蕊茶
Camellia rosthorniana Hand.-Mazz.川鄂连蕊茶
Camellia rotundata Chang & Yü 圆基茶
Camellia rubimuricata Chang & Z.R.Xu 荔波红瘤果茶
Camellia rubituberculata Chang 厚壳红瘤果茶
Camellia ruboanthera Chang=Camellia pitardii
Camellia salicifolia Champ. ex Benth.柳叶毛蕊茶
Camellia salicifolia var. *longisepala* Keng=Camellia salicifolia
Camellia saluenensis Stapf ex Been 怒江红山茶
Camellia saluenensis f. *minor* Sealy=Camellia saluenensis
Camellia sasanqua Sims=Camellia maliflora
Camellia sasanqua Thunb.茶梅
Camellia scariosisepala Chang 膜萼离蕊茶
Camellia semiserrata Chi 南山茶
Camellia semiserrata var. *magnocarpa* Hu & Huang=Camellia magnocarpa
Camellia septempetala Chang & L.L.Qi 七瓣连蕊茶
Camellia septempetala var. rubra Chang & L.L.Qi 红花七瓣连蕊茶
Camellia septempetala var. septempetala=Camellia septempetala
Camellia setiperulata Chang 粗毛红山茶
Camellia shensiensis Chang 陕西短柱茶
Camellia shinkoensis (Hay.) Coh.St.=Tutcheria shinkoensis
Camellia shinkoensis Makino=Tutcheria shinkoensis
Camellia sinensis (L.) O.Ktze.茶
Camellia sinensis var. *asamica* (Mast.) Kitam.=Camellia assamica
Camellia sinensis var. *kucha* Chang & Wang=Camellia assami var. kucha
Camellia sinensis var. pubilimba Chang 白花茶
Camellia sinensis var. *sinensis* f. *macrophylla* (Sieb.) Kitam.=Camellia sinensis
Camellia sinensis var. *sinensis* f. *parvifolia* (Miq.) Sealy=Camellia sinensis
Camellia sinensis var. sinensis=Camellia sinensis
Camellia sinensis var. waldenae (S.Y.Hu) Chang 香花茶
Camellia sophiae Hu=Tutcheria sophiae
Camellia speciosa (Pitard ex Diels) Melchior=Camellia pitardii
Camellia speciosa Hort.=Camellia saluenensis
Camellia spectabilis Champ.=Tutcheria championi
Camellia spectabilis var. *florepleno* Seem.=Camellia reticulata
Camellia stenophylla Kobuski=Camellia fluviatilis
Camellia stictoclada Chang 斑枝红山茶
Camellia stuartiana Sealy 五室连蕊茶
Camellia subacutissima Chang 肖长尖连蕊茶
Camellia subglabra Chang 半秃连蕊茶
Camellia subintegra Huang ex Chang 全缘红山茶
Camellia subliberipetala Chang=Camellia pitardii
Camellia summingensis Hu 嵩明山茶?
Camellia synaptica Sealy=Camellia tsaii var. synaptica
Camellia szechuanensis Chi 半宿萼茶
Camellia szemaoensis Chang 思茅短蕊茶
Camellia tachangensis Zhang 大厂茶
Camellia taliensis (W.W.Sm.) Melch.大理茶
Camellia tenii Sealy 大姚短柱茶
Camellia tenuiflora (Hay.) Coh.St. =Camellia brevistyla
Camellia tenuivalvis Chang 薄壳红山茶
Camellia terminalis J.Y.Liang & Su=Camellia pinggaoensis var. terminalis
Camellia tetracocca Chang=Camellia tachangensis
Camellia thea Link.=Camellia sinensis
Camellia theiformis Hance=Camellia euryoides
Camellia transarisanensis (Hay.) Coh.St.阿里山连蕊茶
Camellia transnokoensis Hay.南投连蕊茶
Camellia triantha Chang 三花连蕊茶
Camellia trichandra Chang 毛丝连蕊茶
Camellia trichocarpa Chang 毛果山茶
Camellia trichoclada (Rehd.) Chien 毛枝连蕊茶
Camellia trichosperma Chang 毛籽红山茶
Camellia trigonocarpa Chang 棱果毛蕊茶
Camellia truncata Chang & Ye 截叶连蕊茶
Camellia tsaii Hu 云南连蕊茶
Camellia tsaii var. synaptica (Sealy) Chang 川滇连蕊茶
Camellia tsaii var. tsaii=Camellia tsaii
Camellia tsingpienensis Hu 金屏连蕊茶
Camellia tsingpienensis var. pubisepala Chang 毛萼金屏连蕊茶
Camellia tsingpienensis var. tsingpienensis=Camellia tsingpienensis
Camellia tsofui Chien 细萼连蕊茶
Camellia tuberculata Chien 瘤果茶
Camellia tunganica Chang & B.K.Lee 东安红山茶
Camellia tunghinensis Chang 东兴金花茶
Camellia uraku (Mak.) Kitamura 单体红山茶
Camellia vietnamensis Huang & Hu 越南油茶
Camellia villicarpa Chien 小果毛蕊茶
Camellia villosa Chang & S.Y.Liang 长毛红山茶
Camellia viridicalyx Chang & S.Y.Liang ex Chang 绿萼连蕊茶
Camellia waldenae S.Y.Hu=Camellia sinensis var. waldenae
Camellia wardii Kobuski 滇缅离蕊茶
Camellia weiningensis Li ex Chang=Camellia saluenensis
Camellia wenshanensis Hu 文山毛蕊茶
Camellia xanthochroma Fen & Xie 黄花短蕊茶
Camellia xiashiensis S.Y.Liang & C.E.Deng=Camellia parvipetala
Camellia xichangensis Chang=Camellia albo-sericea
Camellia xylocarpa (Hu) Chang 木果红山茶

Camellia yankiangensis Chang 元江短蕊茶
Camellia yuhsienensis Hu=Camellia grijsii
Camellia yungkiangensis Chang 榕江茶
Camellia yunnanensis (Pitard) Coh.St.五柱滇山茶
Camelliastrum Nakai=**Camellia**
Camelliastrum assimile (Champ.) Nakai=Camellia assimilis
Camelliastrum busisanense (Sasaki) Nakai=Camellia caudata
Camelliastrum caudatum (Wall.) Nakai=Camellia caudata
Camelliastrum gracile (Hemsl.) Nakai=Camellia caudata
Camelliastrum salicifolium (Champ.) Nakai=Camellia salicifolia
Cameraria L.**鸭蛋花属**(夹竹桃科)
Cameraria latifolia L.鸭蛋花
Cameraria zeylanica Retz.=Hunteria zeylanica
Cammarum Hill=**Eranthis**
Campanula L.**风铃草属**(桔梗科)
Campanula albertii Truautv.新藏风铃草
Campanula aprica Nannf.=Campanula cana
Campanula aristata Wall.钻裂风铃草
Campanula aristata var. *longisepala* Marq.=Campanula aristata
Campanula calcicola W.W.Sm.灰岩风铃草
Campanula cana Wall.灰毛风铃草
Campanula canescens Wall. ex A.DC.一年风铃草
Campanula carnosa Wall.=Peracarpa carnosa
Campanula cephalotes Nakai=Campanula glomerata subsp. cephalotes
Campanula chinensis Hong 长柱风铃草
Campanula chrysosplenifolia Franch.丝茎风铃草
Campanula circaeoides Fr.Schmidt=Peracarpa carnosa
Campanula colorata Wall.西南风铃草
Campanula colorata var. *tibetica* HK.f. & Thoms.=Campanula colorata
Campanula coronopifolia Fisch. ex Roem. & Schult.=Adenophora gmelinii
Campanula crenulata Franch.流石风铃草
Campanula cylindrica (Pax. & Hoffm.) Nannf.=Campanula aristata
Campanula dehiscens Roxb.=Wahlenbergia marginata
Campanula delavayi Franch.丽江风铃草
Campanula denticulata Spreng.=Adenophora tricuspidata
Campanula erysimoides Roem. & Schult.=Adenophora gmelinii
Campanula fischeriana Spreng.=Adenophora gmelinii
Campanula fulgens Wall.=Asyneuma fulgens
Campanula glauca Thunb.=Platycodon grandiflorus
Campanula glomerata L.聚花风铃草
Campanula glomerata subsp. cephalotes (Nakai) Hong 头状风铃草
Campanula glomerata subsp. daqingshanica Hong & Zhao Ye-zhi 大青山风铃草
Campanula glomerata subsp. glomerata=Campanula glomerata
Campanula glomerata var. *salviifolia* Kom.=Campanula glomerata subsp. cephalotes
Campanula glomeratoides Hong 头花风铃草
Campanula gmelinii Spreng.=Adenophora gmelinii
Campanula grandiflora Jacq.=Platycodon grandiflorus
Campanula grestis Wall.=Wahlenbergia marginata
Campanula khasiana HK.f. & Thoms.=Adenophora khasiana
Campanula lamarkii Borb.=Adenophora lamarkii
*Campanula lancifolia*Roxb.=Campanumoea lancifolia
Campanula langsdorffiana Fisch. ex Trautv. & Mey.石生风铃草
Campanula lavandulifolia Reinw. ex Bl.=Wahlenbergia marginata
Campanula leucotricha C.Y.Wu=Campanula chrysosplenifolia
Campanula liliifolia L.=Adenophora liliifolia
Campanula marginata Thunb.=Wahlenbergia marginata
Campanula marsupiiflora Roem. & Schlt.=Adenophora stenanthina
Campanula mekongensis Diels ex C.Y.Wu 澜沧风铃草
Campanula microcarpa C.Y.Wu=Campanula colorata
Campanula modesta HK.f. & Thoms.藏滇风铃草
Campanula nakaoi Kitam.藏南风铃草
Campanula nepetifolia Lévl. & Vant.=Campanula colorata
Campanula nephrophylla C.Y.Wu(p.p.)=Campanula calcicola
Campanula nephrophylla C.Y.Wu(p.p.)=Campanula crenulata
Campanula pasumensis Marq.=Campanula cana
Campanula pereskiifolia Fisch. ex Roem. & Schult.=Adenophora pereskiifolia
Campanula punctata Lam.紫斑风铃草
Campanula purpurea Spreng.=Codonopsis purpurea
Campanula rabelaisiana Roem. & Schult.=Adenophora gmelinii
Campanula remotiflora S. & Z.=Adenophora remotiflora
Campanula rhomboidea Borb.=Adenophora pereskiifolia
Campanula richteri Borb.=Adenophora tricuspidata
Campanula sect. *Campanopsis* R.Br.=**Wahlenbergia**
Campanula sect. *Floerkea* Spreng.=**Adenophora**
Campanula sibirica L.刺毛风铃草
Campanula stenanthina Ledeb.=Adenophora stenanthina
Campanula subgen. *Adenophora* Borb.=**Adenophora**
Campanula tetraphylla Thunb.=Adenophora tetraphylla
Campanula thalictrifolia Spreng.=Codonopsis thalictrifolia
Campanula tortuosa C.Y.Wu=Campanula cana
Campanula tricuspidata Fisch. ex Roem. & Schult.=Adenophora tricuspidata
Campanula triphylla Thunb.=Adenophora tetraphylla
Campanula veronicifolia Hance=Campanula canescen
Campanula verticillata Pall.=Adenophora tetraphylla
Campanula yunnanensis Hong 云南风铃草
Campanulaceae 桔梗科
Campanumoea Bl.**金钱豹属**(桔梗科)
Campanumoea axillaris Oliv.=Campanumoea lancifolia
Campanumoea celebica Bl.小叶轮钟草
Campanumoea celebica Roxb.(Danguy in Lecte ,Fl.Gén.Indochin. 1930 ,p.p.)=Campanumoea lancifolia
Campanumoea cordata Miq.=Campanumoea javanica
Campanumoea inflata (HK.f.) C.B.Clarke 藏南金钱豹
Campanumoea javanica Bl.金钱豹
Campanumoea javanica subsp. japonica (Makino) Hong 日本金钱豹
Campanumoea javanica subsp. javanica=Campanumoea javanica
Campanumoea lanceolata S. & Z.=Codonopsis lanceolata
Campanumoea lancifolia (Roxb.) Merr.长叶轮钟草
Campanumoea lancifolia Roxb.(C.B.Clarke in HK.f. ,Fl.Birt.Ind.1881)=Campanumoea celebica
Campanumoea parviflora (Wall. ex A.DC.) Benth.小花轮钟草
Campanumoea pilosula Franch.=Codonopsis pilosula
Campanumoea truncata (Wall.) Diels=Campanumoea lancifolia
Campanumoea violifolia Lévl.=Codonopsis micrantha
Camphora Fabr.=**Cinnamomum**
Camphora glandulifera Nees=Cinnamomum glanduliferum
Camphora officinarum Nees=Cinnamomum camphora
Camphora porrecta Viogt=Cinnamomum porrectum
Camphorosma L.**樟味藜属**(藜科)
Camphorosma lessingii Litv.=Camphorosma monspelia subsp. lessingii
Camphorosma monspelia subsp. lessingii (Ltv.) Aellen 同齿樟味藜
Camphorosma monspelia subsp. monspelia=Camphorosma monspeliaca
Camphorosma monspeliaca L.樟味藜
Camphorosma ruthenicum Bieb.=Camphorosma monspeliaca
Campium cantoniense Ching=Leptochilus cantoniensis
Campium christensenii Ching=Bolbitis christensenii
Campium dilatatum Copel.=Leptochilus cantoniensis
Campium laciniatum Copel.=Leptochilus decurrens
Campium lanceolatum Copel.=Leptochilus decurrens
Campium matthewii Ching=Lomagramma matthewii
Campium sinenese C.Chr.=Egenolfia sinensis
Campium subcordatum Cop.=Bolbitis subcordata
Campsis Lour.**凌霄属**(紫葳科)
Campsis adrepens Lour.=Campsis grandiflora
Campsis chinensis (Lam.) Voss.=Campsis grandiflora
Campsis fortunei Seem.=Paulownia fortunei
Campsis grandiflora (Thunb.) Schum.凌霄
Campsis radicans (L.) Seem.美国凌霄
Camptandra fongyuensis (Gagn.) K.Schum.=Pyrgophyllum yunnanensis
Camptandra yunnanensis (Gagn.) K.Schum.=Pyrgophyllum yunnanensis
Campteria biaurita HK.=Pteris biaurita
Campteris wallichiana Moore=Pteris wallichiana
Camptosorus Link **过山蕨属**(铁角蕨科)
Camptosorus rhizophyllus (L.) Link.根叶过山蕨
Camptosorus sibiricus Rupr.过山蕨
Camptotheca Decne.**喜树属**(蓝果树科)
Camptotheca acuminata Decne.喜树
Camptotheca acuminata var. acuminata=Camptotheca acuminata
Camptotheca acuminata var. tenuifolia Fang & Soong 薄叶喜树
Camptotheca yunnanensis Dode=Camptotheca acuminata

Campylandra Baker **开口箭属**(百合科)
Campylandra annulata (H.Li & J.L.Huang) M.N.Tamura et al.环花开口箭
Campylandra aurantiaca Baker 橙花开口箭
Campylandra cauliflora Chun=Campylandra wattii
Campylandra chinensis (Baker) M.N.Tamura et al.开口箭
Campylandra delavayi (Franch.) M.N.Tamura et al.筒花开口箭
Campylandra emeiensis (Z.Y.Zhu) M.N.Tamura et al.峨眉开口箭
Campylandra ensifolia (F.T.Wang & Tang) M.N.Tamura et al.剑叶开口箭
Campylandra fimbriata (Hand.-Mazz.) M.N.Tamura et al.齿瓣开口箭
Campylandra jinshanensis (Z.L.Yang & X.G.Luo) M.N.Tamura et al.金山开口箭
Campylandra kwangtungneis Dandy=Campylandra chinensis
Campylandra liangshanensis (Z.Y.Zhu) M.N.Tamura et al.凉山开口箭
Campylandra lichuanensis (Y.K.Yang et al.) M.N.Tamura et al.利川开口箭
Campylandra longibracteata F.T.Wang & Tang=Campylandra wattii
Campylandra longipedunculata (F.T.Wang & S.Y.Liang) M.N.Tamura et al.长梗开口箭
Campylandra pachynema F.T.Wang & Tang=Campylandra chinensis
Campylandra tui (F.T.Wang & Tang) M.N.Tamura et al.碟花开口箭
Campylandra urotepala (Hand.-Mazz.) M.N.Tamura et al.尾萼开口箭
Campylandra verruculosa (Q.H.Chen) M.N.Tamura et al.疣点开口箭
Campylandra viridiflora (Franch.) Hand.-Mazz.=Campylandra chinensis
Campylandra watanabei (Hay.) Dandy=Campylandra chinensis
Campylandra wattii C.B.Clarke 弯蕊开口箭
Campylandra yunnanensis (F.T.Wang & S.Y.Liang) M.N.Tamura et al.云南开口箭
Campylanthus Roth.**弯花属**(玄参科)
Campylanthus ramosissimus Wight 分枝弯花
Campylocentrum Benth.**卡姆皮洛兰属**(兰科)
Campylocentrum micranthus (Lindl.) Rolfe 小花卡姆皮洛兰
Campylocentrum pachyrrhizum (Rchb.f.) Rolfe 大根卡姆皮洛兰
Campyloneurum Presl **弯脉蕨属**(水龙骨科)
Campyloneurum angustifolium (Sw.) Fee.狭叶弯脉蕨
Campyloneurum costatum (Kunze) Presl 尾弯脉蕨
Campyloneurum latum Moore 宽弯脉蕨
Campyloneurum phyllitidis (L.) Presl 弯脉蕨
Campylotropis Bge.**杭子稍属**(豆科)
Campylotropis alata Schindl.=Campylotropis trigonoclada
Campylotropis alopochloa Ohashi?察隅杭子稍
Campylotropis argentea Schindl.银叶杭子稍
Campylotropis balfouriana (Diels ex Schindl.) Schindl.=Campylotropis trigonoclada
Campylotropis bodinieri Schindl.=Campylotropis macrocarpa var. giraldii
Campylotropis bonatiana (Pamp.) Schindl.马尿藤
Campylotropis bonii Schindl 密花杭子稍
Campylotropis brevifolia Rick.短序杭子稍
Campylotropis capillipes (Franch.) Schindl.细花梗杭子稍
Campylotropis cavaleriei (Lévl.) C.Y.Wu 绒毛杭子稍
Campylotropis chinensis Bge.=Campylotropis macrocarpa
Campylotropis delavayi (Franch.) Schindl.西南杭子稍
Campylotropis diversifolia (Hemsl.) Schindl.异叶杭子稍
Campylotropis filipes Rick.=Campylotropis yunnanensis var. filipes
Campylotropis franchetiana Lingelsh. & Borza=Campylotropis bonatiana
Campylotropis fulva Schindl.暗黄杭子稍
Campylotropis giraldii Schindl.=Campylotropis macrocarpa var. giraldii
Campylotropis glauca (Schindl.) Schindl.=Campylotropis macrocarpa var. giraldii
Campylotropis gracilis Rick.=Campylotropis macrocarpa
Campylotropis grandifolia Schindl.大叶杭子稍?
Campylotropis harmsii Schindl.思茅杭子稍
Campylotropis henryi (Schindl.) Schindl.元江杭子稍
Campylotropis hersi Rich.=Campylotropis macrocarpa
Campylotropis hirtella (Franch.) Shindl.毛杭子稍
Campylotropis howellii Schindl 腾冲杭子稍
Campylotropis ichangensis Schndl. ex Cheng f. et al.=Campylotropis macrocarpa
Campylotropis latifolia (Dunn) Schindl.阔叶杭子稍
Campylotropis longepedunculata Rick.=Campylotropis macrocarpa f. Longepedunculata
Campylotropis macrocarpa (Bge.) Rehd.杭子稍
Campylotropis macrocarpa f. *giraldii* (Schindl.) P.Y.Fu(新拉汉英 1996)=Campylotropis macrocarpa var. giraldii
Campylotropis macrocarpa f. hupehensis (Pamp.) P.Y.Fu 丝苞杭子稍
Campylotropis macrocarpa f. lanceolata P.Y.Fu 披针叶杭子稍
Campylotropis macrocarpa f. longepedunculata (Rick.) P.Y.Fu 长叶杭子稍
Campylotropis macrocarpa f. macrocarpa=Campylotropis macrocarpa
Campylotropis macrocarpa f. microphylla K.T.Fu 小杭子稍
Campylotropis macrocarpa var. giraldii (Schindl.) K.T.Fu ex P.Y.Fu 太白山杭子稍
Campylotropis macrocarpa var. *hupehensis* Pamp.=Campylotropis macrocarpa f. Hupehensis
Campylotropis macrocarpa var. macrocarpa=Campylotropis macrocarpa
Campylotropis muehleana (Schindl.) Schindl.=Campylotropis polyantha
Campylotropis neglecta Schindl.蒙自杭子稍
Campylotropis paniculata Schindl.?圆锥杭子稍
Campylotropis parviflora (Kurz) Schindl.小花杭子稍
Campylotropis pinetorum (Kurz) Schindl.缅南杭子稍
Campylotropis pinetorum subsp. pinetorum=Campylotropis pinetorum
Campylotropis pinetorum subsp. velutina (Dunn) Ohashi 绒毛叶杭子稍
Campylotropis polyantha (Franch.) Schindl.小雀花
Campylotropis polyantha f. macrophylla P.Y.Fu 大叶小雀花
Campylotropis polyantha f. polyantha=Campylotropis polyantha
Campylotropis polyantha f. souliei (Schindl.) P.Y.Fu 狭叶小雀花
Campylotropis polyantha var. leiocarpa (Pamp.) Peter-Stibal 光果小雀花
Campylotropis polyantha var. tomentosa P.Y.Fu 密毛小雀花
Campylotropis praninii (Coll. & Hemsl.) Schindl.草山杭子稍
Campylotropis purpurascens Rick=Campylotropis sulcata
Campylotropis rckii Schindl.滇南杭子稍
Campylotropis reticulata Chien=Campylotropis polyantha
Campylotropis reticulata Rich.多网杭子稍(新)?
Campylotropis reticulinvervis C.Y.Wu 网脉杭子稍?
Campylotropis sargentiana (Schindl.) Lévl.=Campylotropis polyantha
Campylotropis sargentiana Schindl.=Campylotropis polyantha
Campylotropis schneideri Schindl.=Campylotropis polyantha var. leiocarpa
Campylotropis smithii Rick.=Campylotropis polyantha
Campylotropis souliei Schindl.=Campylotropis polyantha f. Souliei
Campylotropis sulcata Schindl.槽茎杭子稍
Campylotropis tenuiramea P.Y.Fu 细枝杭子稍
Campylotropis tomentosipetiolata P.Y.Fu 绒柄杭子稍
Campylotropis trigonoclada (Franch.) Schindl.三棱枝杭子稍
Campylotropis velutina Schindl.=Campylotropis pinetorum subsp. velutina
Campylotropis wangii Rick.=Campylotropis polyantha
Campylotropis wenshanica P.Y.Fu 秋杭子稍
Campylotropis wilsonii Schndl.小叶杭子稍
Campylotropis yajiangensis P.Y.Fu 雅江杭子稍
Campylotropis yajiangensis var. deronica P.Y.Fu 得荣杭子稍
Campylotropis yajiangensis var. yajiangensis=Campylotropis yajiangensis
Campylotropis yunnanensis (Franch.) Schindl.滇杭子稍
Campylotropis yunnanensis var. filipes (Rick) P.Y.Fu 丝梗杭子稍
Campylotropis yunnanensis var. yunnanensis=Campylotropis yunnanensis
Campylotropis yunnanensis var. zhongdianensis P.Y.Fu 中甸杭子稍
Campyltropis cavaleriei (Lévl.) C.Y.Wu 绒毛杭子稍
Campylus sinensis Lour.=Tinospora sinensis
Canacomyrica Guillaumin=**Myrica**
Cananga (DC.) HK.f. & Thoms.**依兰属**(番荔枝科)
Cananga odorata (Lamk.) HK.f. & Thoms.依兰
Cananga odorata var. fruticosa (Craib) Sincl.小依兰
Cananga odorata var. odorata=Cananga odorata
Canangium Baill.=**Cananga**
Canangium fruticosum Craib=Cananga odorata var. fruticosa
Canangium odoratum Baill.=Cananga odorata
Canangium odoratum var. *fruticosum* (Craib) Corner=Cananga odorata var. fruticosa
Canarium L.**橄榄属**(橄榄科)
Canarium album (Lour.) Rauesch.橄榄
Canarium album Leenh.=Canarium tonkinense
Canarium album Reausch.(Guill.in Bull.Soc.Bot.France 1911,p.p.)=

Canarium subulatum
Canarium bengalense Roxb.方榄
Canarium kerrii Craib=Canarium subulatum
Canarium nigrum (Lour.) Engl.=Canarium pimela
Canarium parvum Leenh.小叶榄
Canarium pimela König=Canarium pimela
Canarium pimela Leenh.乌榄
Canarium resiniferum Brace ex King=Canarium strictum
Canarium rotundifolium Guill.=Canarium subulatum
Canarium schweinfurthii Engl.非洲橄榄
Canarium sikkimense King=Canarium strictum
Canarium strictum Roxb.滇榄
Canarium subulatum Guill.毛叶榄
Canarium thorelianum Guill.=Canarium subulatum
Canarium tonkinense Engl.越榄
Canarium tonkinense Guill.=Canarium parvum
Canarium venosum Craib=Canarium subulatum
Canarium vittatistipulatum Guill.=Canarium subulatum
Canavalia DC.**刀豆属**(豆科)
Canavalia cathartica Thou.小刀豆
Canavalia ensiformis (L.) DC.直生刀豆
Canavalia ensiformis var. *turgida* Baker=Canavalia cathartica
Canavalia gladiata (Jacq.) DC.刀豆
Canavalia gladiolata Sauer 尖萼刀豆
Canavalia grandis (Wall. ex Benth.) Kurz=Dysolobium grande
Canavalia lineata (Thunb.) DC.狭刀豆
Canavalia loureirii G.Don=Canavalia gladiata
Canavalia maritima (Aubl.) Thou.海刀豆
Canavalia microcarpa (DC.) Piper=Canavalia cathartica
Canavalia obcordata (Roxb.) Voigt=Canavalia maritima
Canavalia obtusifolia (Laml) DC.=Canavalia maritima
Canavalia rosea (Swartz) DC.=Canavalia maritima
Canavalia turgida Gran. ex A.Gray=Canavalia cathartica
Canavalia virosa (Roxb.) Wight & Arn.(Dunn in Kew Bull.1922,p.p.)=Canavalia gladiolata
Cancrinia Kar. & Kir.**小甘菊属**(菊科)
Cancrinia brachypappus C.Winkl.=Cancrinia discoidea
Cancrinia chrysocephala Kar. & Kir.黄头小甘菊
Cancrinia chrysocephala subsp. *tianschanica* Krasch.=Cancrinia tianschanica
Cancrinia discoidea (Ledeb.) Poljak.小甘菊
Cancrinia lasiocarpa C.Winkl.毛果小甘菊
Cancrinia maximowiczii C.Winkl.灌木小甘菊
Cancrinia paucicephala Ling=Cancrinia maximowiczii
Cancrinia tianschanica (Krasch.) Tzvel.天山小甘菊
Candollea Mirbel=**Pyrrosia**
Canistrum E.Morr.**筒凤梨属**(凤梨科)
Canistrum lindenii (Rgl.) Mez.玲典筒凤梨
Canna L.**美人蕉属**(美人蕉科)
Canna chinensis Willd.=Canna indica
Canna edulis K.Gawl.=Canna indica
Canna flaccida Salisb.柔瓣美人蕉
Canna flavescens Lindk=Canna indica var. flava
Canna generalis Bailey 大花美人蕉
Canna glauca L.粉美人蕉
Canna indica L.美人蕉
Canna indica var. *flava* Rosc.=Canna indica var. flava
Canna indica var. flava Roxb.黄花美人蕉
Canna indica var. indica=Canna indica
Canna indica var. *orientalis* Rosc.=Canna indica
Canna indica var. *rubra* Aiton=Canna indica
Canna orchioides Bailey 兰花美人蕉
Canna orientalis Rosc.=Canna indica
Canna orientalis var. *flava* Rosc.=Canna indica var. flava
Canna warscewiezii A.Dietr.紫叶美人蕉
Cannabis L.**大麻属**(桑科)
Cannabis sativa L.大麻
Cannabis sativa subsp. indica (Lamarck) Small & Cronquist 火麻
Cannaceae 美人蕉科
Canscora Lam.**穿心草属**(龙胆科)
Canscora andrographioides Griff. ex C.B.Clarke 罗星草
Canscora andrographioides Griff.(海南志 1974)=Centaurium pulchellum var. altaicum
Canscora diffusa (Vahl) R.Br. ex Roem. & Schult.铺地穿心草
Canscora lucidissma (Lévl. & Vant.) Hand.-Mazz.穿心草
Canscora melastomacea Hand.-Mazz.= Canscora andrographioides
Canscora perfoliata Lam.贯叶草
Canscora rubiflora X.X.Chen=Canscora diffusa
Cansjera Juss.**山柑藤属**(山柚子科)
Cansjera manillana Bl.=Champereia manillana
Cansjera pentandra Blanco=Antidesma pentandrum
Cansjera rheedii J.F. Gmel.山柑藤
Cantharospermum Wight & Arn.=**Cajanus**
Cantharospermum molle (Benth.) Taub.=Cajanus mollis
Cantharospermum niveum (Benth.) Raiz.=Cajanus niveus
Cantharospermum scarabaeoides (L.) Baill.=Cajanus scarabaeoides
Cantharospermum volubilis (Blanco) Merr.=Cajanus crassus
Canthium Lam.**鱼骨木属**(茜草科)
Canthium dicoccum (Gaertn.) Merr.=Canthium dicoccum
Canthium dicoccum (Gaertn.) Teysmann & Binnedijk 鱼骨木
Canthium dicoccum var. dicoccum=Canthium dicoccum
Canthium dicoccum var. obovatifolium G.A.Fu 倒卵叶鱼骨木
Canthium didymum Garrtn.f.=Canthium dicoccum
Canthium dubium Lindl.=Diplospora dubia
Canthium dunnianum Lévl.=Lasianthus japonicus
Canthium gynochthodes Bail.台湾猪肚木?
Canthium henryi Lévl.=Damnacanthus henryi
Canthium horridum Bl.猪肚木
Canthium labordei Lévl.=Damnacanthus labordei
Canthium parvifolium Roxb.(Hemsl.in J.L.Soc.Bot.1888)=Canthium horridum
Canthium parvifolium Roxb.铁屎米
Canthium simile Merr. & Chun 大叶鱼骨木
Canthium spinosissima Merr.=Fagerlindia depauperata
Canthopanax ternatus Rehd.=Acanthopanax lasiogyne
Cantuffa J.F.Gmel.=**Pterolobium**
Capillipedium Stapf **细柄草属**(禾本科)
Capillipedium assimile (Steud.) A.Camus 硬秆子草
Capillipedium glaucopsis (Steud.) Stapf=Capillipedium assimile
Capillipedium kwashotensis (Hay.) Hsu 绿岛细柄草
Capillipedium parviflorum (R.Br.) Stapf 细柄草
Capillipedium parviflorum var. parviflorum=Capillipedium parviflorum
Capillipedium parviflorum var. spicigerum (Benth.) Hsu 多节细柄草
Capillipedium parviflorum var. villosum (Nees) Chang 柔毛细柄草
Capillipedium spicigerum S.T.Blake=Capillipedium parviflorum var. spicigerum
Capillipedium subrepens (Steud.) Henr.=Capillipedium assimile
Capparaceae(植物志 32,1999)=**Capparidaceae**
Capparidaceae 山柑科
Capparis Tourn. ex L.**山柑属**(山柑科)
Capparis acuminata Lindl.=Capparis acutifolia
Capparis acutifolai subsp. *acutifolia* Jacobs=Capparis acutifolia
Capparis acutifolia Sweet 独行千里
Capparis acutifolia subsp. *bodinieri* (Lévl.) Jacobs=Capparis bodinieri
Capparis acutifolia subsp. *sabiaefolia* (HK.f. & Thoms.) Jacobs=Capparis sabiaefolia
Capparis acutifolia subsp. *viminea* Jacobs=Capparis membranifolia
Capparis aphylla Roth.无叶山柑
Capparis assamica HK.f. & Thoms.总序山柑
Capparis bhamoensis Raizada=Capparis yunnanensis
Capparis bodinieri Lévl.野香橼花
Capparis cantoniensis Lour.广州山柑
Capparis cerasifolia A.Gray=Capparis pubiflora
Capparis chinensis Don=Capparis acutifolia
Capparis chingiana B.S.Sun 野槟榔
Capparis cuspidata B.S.Sun=Capparis urophylla
Capparis dasyphylla Merr & Metc.多毛山柑
Capparis fengii B.S.Sun 文山山柑
Capparis flacata Lour.=Crateva falcata
Capparis flexicaulis Hance=Capparis sepiaria
Capparis floribunda Wight 少蕊山柑
Capparis fohaiensis B.S.Sun 勐海山柑
Capparis formosana Hemsl.(Kanehira Formos.Trees 1936)=Capparis

henryi
Capparis formosana Hemsl.台湾山柑
Capparis hainanensis Oliv.山柑
Capparis hastigera Hance=Capparis zeylanica
Capparis hastigera var. *obcordata* Merr & Metc.=Capparis zeylanica
Capparis henryi Matsum.长刺山柑
Capparis himalayensis Jafri 爪瓣山柑
Capparis kanehirai Hay. ex Kaneh.=Capparis formosana
Capparis khuamak Gagn.屏边山柑
Capparis khumak Gagn.(p.p.)=Capparis versicolor
Capparis kikuchii Hay.=Capparis acutifolia
Capparis koi Merr & Chun=Capparis versicolor
Capparis lanceolaris DC.兰屿山柑
Capparis leptophylla Hay.=Capparis acutifolia
Capparis liangii Merr & Chun=Capparis micracantha
Capparis lutaoensis Chang=Capparis pubiflora
Capparis masaikai Lévl.马槟榔
Capparis membranacea Gardn & Champ.=Capparis acutifolia
Capparis membranacea var. *angustissima* Hemsl.=Capparis acutifolia
Capparis membranacea var. *puberula* B.S.Sun=Capparis acutifolia
Capparis membranifolia Kurz 雷公橘
Capparis menbranacea Gardn & Champ.(海南志 1964)=Capparis membranifolia
Capparis micracantha DC.小刺山柑
Capparis micracantha subsp. *micracantha* var. *henryi* (Matsum.) Jacobs=Capparis henryi
Capparis micracantha subsp. micracantha var. micracantha=Capparis micracantha
Capparis multiflora HK.f. & Thoms.多花山柑
Capparis oligostema Hay.=Capparis floribunda
Capparis pubiflora DC.毛蕊山柑
Capparis pubifolia B.S.Sun 毛叶山柑
Capparis pumila Champ. ex Benth.=Capparis cantoniensis
Capparis roxburghii DC.(Dunn in Journ L.Soc.Lond.Bot.1911)=Capparis yunnanensis
Capparis sabiaefolia HK.f. & Thoms.黑叶山柑
Capparis sciaphila Hance=Capparis cantoniensis
Capparis sepiaria L.青皮刺
Capparis sikiimensis subsp. *yunnanensis* (Criab & W.W.Sm.) Jacobs=Capparis yunnanensis
capparis sikkimensis subsp. *formosana* (Hemsl.) Jacobs=Capparis formosana
Capparis sikkimensis subsp. *masaikai* (Lévl.) Jacobs=Capparis masaikai
Capparis sp. Hand.-Mazz.=Capparis membranifolia
Capparis sp. Merr.=Capparis membranifolia
Capparis spinosa L.(西藏志 1985)=Capparis himalayensis
Capparis spinosa var. *himalayensis* (Jafri) Jacobs=Capparis himalayensis
Capparis subsessilis B.S.Sun 无柄山柑
Capparis subtenera Craib & W.W.Sm.=Capparis bodinieri
Capparis swinhoei Hance=Capparis zeylanica
Capparis tenera Dalz.(Dunn in J.L.Soc.Bot.1911)=Capparis bodinieri
Capparis tenera Dalz.薄叶山柑
Capparis tenera var. *caudata* B.S.Sun=Capparis urophylla
Capparis tenera var. *dalzellii* HK.f. & Thoms.=Capparis tenera
Capparis tenuifolia Hay.=Capparis acutifolia
Capparis tonkinensis Hshm 东京山柑
Capparis trichocarpa B.S.Sun 毛果山柑
Capparis trichopoda B.S.Sun=Capparis khuamak
Capparis trifoliata Roxb.=Crateva trifoliata
Capparis urophylla F.Chun 小绿刺
Capparis versicolor Griff.屈头鸡
Capparis viburnifolia Gagn.荚蒾叶山柑
Capparis viminea HK.f. & Thoms.(H.L.Li in Woody Fl.Twian 1963)=Capparis acutifolia
Capparis viminea HK.f. & Thoms.=Capparis membranifolia
Capparis viminea ser. *ferruginea* B.S.Sun=Capparis membranifolia
Capparis wui B.S.Sun 元江山柑
Capparis yunnanensis Craib & W.W.Sm.苦子马槟榔
Capparis zeylanica L.牛眼睛
Capraria crustacea L.=Lindernia crustacea
Caprifoliaceae 忍冬科
Caprifolium altmannii O.Ktze.=Lonicera altmannii
Caprifolium angustifolium O.Ktze.=Lonicera angustifolia
Caprifolium bowrnei O.Ktze.=Lonicera bournei
Caprifolium chrysanthum O.Ktze.=Lonicera chrysantha
Caprifolium confusum Spach=Lonicera confusa
Caprifolium decipiens O.Ktze.=Lonicera lanceolata
Caprifolium ferdinandi O.Ktze.=Lonicera ferdinandii
Caprifolium fragrantissimum O.Ktze.=Lonicera fragrantissima
Caprifolium fuchsioides O.Ktze.=Lonicera acuminata
Caprifolium gynochlamydeum O.Ktze.=Lonicera gynochlamydea
Caprifolium hemsleyanum O.Ktze.=Lonicera hemsleyana
Caprifolium henryi O.Ktze.=Lonicera acuminata
Caprifolium hispidum O.Ktze.=Lonicera hispida
Caprifolium humile O.Ktze.=Lonicera humilis
Caprifolium hypoglaucum Otto=Lonicera hypoglauca
Caprifolium japonicum Dum.=Lonicera japonica
Caprifolium karelini O.Ktze.=Lonicera heterophylla
Caprifolium longiflorum Lindl.=Lonicera longiflora
Caprifolium maackii O.Ktze.=Lonicera maackii
Caprifolium macranthum D.Don=Lonicera macrantha
Caprifolium maximowiczii O.Ktze.=Lonicera maximowiczii
Caprifolium micranthum O.Ktze.=Lonicera tatarica var. micrantha
Caprifolium microphyllum L.Ktze.=Lonicera microphylla
Caprifolium mollissimum Otto=Lonicera hypoglauca
Caprifolium nervosum O.Ktze.=Lonicera nervosa
Caprifolium nigrum O.Ktze.=Lonicera nigra
Caprifolium parvifolium O.Ktze.=Lonicera myrtillus
Caprifolium phyllocarpum O.Ktze.=Lonicera fragrantissima subsp. phyllocarpa
Caprifolium pileatum O.Ktze.=Lonicera pileata
Caprifolium reticulatum O.Ktze.=Lonicera rhytidophylla
Caprifolium rupicolum O.Ktze.=Lonicera rupicola
Caprifolium ruprechtianum O.Ktze.=Lonicera ruprechtiana
Caprifolium semnovii O.Ktze.=Lonicera semenovii
Caprifolium sempervirens (L.) Moench=Lonicera sempervirens
Caprifolium simile O.Ktze.=Lonicera similis
Caprifolium spinosum O.Ktze=Lonicera spinosa
Caprifolium standishii O.Ktze.=Lonicera fragrantissima subsp. standishii
Caprifolium tanguticum O.Ktze.=Lonicera tangutica
Caprifolium tataricum O.Ktze.=Lonicera tatarica
Caprifolium tatarinovii O.Ktze.=Lonicera tatarinowii
Caprifolium thomsonii O.Ktze.=Lonicera semenovii
Caprifolium tomentellum O.Ktze.=Lonicera tomentella
Caprifolium tragophyllum O.Ktze.=Lonicera tragophylla
Capsella Medic.**荠属**(十字花科)
Capsella bursa-pastoris (L.) Medic.荠
Capsella procumbens (L.) Fries=Hornungia procumbens
Capsella thomsonii HK.f.=Hedinia tibetica
Capsicum L.**辣椒属**(茄科)
Capsicum annuum L.辣椒
Capsicum annuum var. annuum=Capsicum annuum
Capsicum annuum var. *conoides* (Mill.) Irish. =Capsicum annuum
Capsicum annuum var. *fasciculatum* (Sturt.) Irish.=Capsicum annuum
Capsicum annuum var. *grossum* (L.) Sendt. =Capsicum annuum
Capsicum anomalum Franch. & Sav.=Tubocapsicum anomalum
Capsicum conoides Mill.=Capsicum annuum
Capsicum fasciculatum Sturt.=Capsicum annuum
Capsicum frutescens L.=Capsicum annuum
Capsicum frutescens var. *conoides* Bail.=Capsicum annuum
Capsicum frutescens var. *fasciculatum* Bail.=Capsicum annuum
Capsicum frutescens var. *grossum* Bail.=Capsicum annuum
Capsicum frutescens var. *longum* Bail.=Capsicum annuum
Capsicum grossum L.=Capsicum annuum
Capsicum longum DC.=Capsicum annuum
Capsicum minimum Walk.=Tubocapsicum anomalum
Capsicum sect. *Tubocapsicum* Wettst.=**Tubocapsicum**
Capura L.=**Wikstroemia**
Capura purpureata L.=Wikstroemia indica
Caragana Fabr.**锦鸡儿属**(豆科)
Caragana acanthophylla Kom.刺叶锦鸡儿
Caragana acualis Baker=Chesneya acaulis
Caragana alpina Liou f. 高山锦鸡儿
Caragana arborescens Lam.树锦鸡儿
Caragana arcuata Liou f.弯枝锦鸡儿
Caragana aurantiaca Koehne 镰叶锦鸡儿

Caragana aurantiaca var. *deserticola* Kom.=Caragana leucophloea
Caragana bicolor Kom.二色锦鸡儿
Caragana boisi Schneid.扁刺锦鸡儿
Caragana bongardiana (Fisch. & Mey.) Pojark.边塞锦鸡儿
Caragana brachypoda Pojark.矮脚锦鸡儿
Caragana brevifolia Kom.短叶锦鸡儿
Caragana camilli-schneideri Kom.北疆锦鸡儿
Caragana chamlago B.Meyer=Sophora davidii
Caragana chamlagu Lam.=Caragana sinica
Caragana changduensis Liou f.昌都锦鸡儿
Caragana chinensis Turcz. ex Maxim.=Caragana sinica
Caragana chinghaiensis Liou f.青海锦鸡儿
Caragana chinghaiensis var. chinghaiensis=Caragana chinghaiensis
Caragana chinghaiensis var. minima Liou f.小青海锦鸡儿
Caragana crassicaulis Benth. ex Baker=Chesneya nubigena
Caragana crassispina Marq.?粗枝锦鸡儿
Caragana cuneata (Benth.) Baker=Chesneya cuneata
Caragana cuneato-alata Liou f.楔翼锦鸡儿
Caragana czetyrkininii Sancz.=Caragana jubata var. czetyrkininii
Caragana dasyphylla Pojark.粗毛锦鸡儿
Caragana davazamcii Sancz.沙地锦鸡儿
Caragana davazamcii var. davazamcii=Caragana davazamcii
Caragana davazamcii var. viridis Liou f.绿沙地锦鸡儿
Caragana densa Kom.密叶锦鸡儿
Caragana erenensis Liou f.二连锦鸡儿
Caragana erinacea Kom.川西锦鸡儿
Caragana forrestii Sancz.=Caragana jubata var. czetyrkininii
Caragana franchetiana Kom.云南锦鸡儿
Caragana franchetiana var. franchetiana=Caragana franchetiana
Caragana franchetiana var. gyirongensis (C.C.Ni) Liou f.吉隆锦鸡儿
Caragana frutescens var. *ussuriensis* Regel=Caragana ussuriensis
Caragana frutescnes var. *turfanensis* Krassn.=Caragana turfanensis
Caragana frutex (L.) C.Koch 黄刺条
Caragana frutex var. frutex=Caragana frutex
Caragana frutex var. latifolia Schneid.宽叶黄刺条
Caragana fruticosa (Pall.) Bess.极东锦鸡儿
Caragana gerardiana Royle 印度锦鸡儿
Caragana gyirongensis C.C.Ni=Caragana franchetiana var. gyirongensis
Caragana hololeuca Bge. ex Kom.绢毛锦鸡儿
Caragana intermedia Kuang & H.C.Fu 中间锦鸡儿
Caragana jubata (Pall.) Poir.鬼箭锦鸡儿
Caragana jubata f. jubata =Caragana jubata
Caragana jubata f. seczhuanica Kom.四川鬼箭
Caragana jubata var. biaurita Liou f.两耳鬼箭
Caragana jubata var. czetyrkininii (Sancz.) Liou f.浪麻鬼箭
Caragana jubata var. jubata=Caragana jubata
Caragana jubata var. recurva Liou f.弯耳鬼箭
Caragana kansuensis Pojark.甘肃锦鸡儿
Caragana kirghisorum Pojark.囊萼锦鸡儿
Caragana korshinskii Kom.柠条锦鸡儿
Caragana korshinskii f. brachypoda Liou f.短荚柠条
Caragana korshinskii f. korshinskii=Caragana korshinskii
Caragana kozlowii Kom.沧江锦鸡儿
Caragana leucophloea Pojark.白皮锦鸡儿
Caragana leucospina Kom.白刺锦鸡儿
Caragana leveillei Kom.毛掌锦鸡儿
Caragana licentiana Hand.-Mazz.白毛锦鸡儿
Caragana litwinowii Kom.金州锦鸡儿
Caragana longiunguiculata C.W.Chang=Caragana rosea var. longiunguiculata
Caragana manshurica Kom.东北锦鸡儿
Caragana maximowiziana Kom.=Caragana erinacea
Caragana microphylla Lam.小叶锦鸡儿
Caragana microphylla f. cinerea Kom.灰叶锦鸡儿
Caragana microphylla f. daurica Kom.兴安锦鸡儿
Caragana microphylla f. microphylla=Caragana microphylla
Caragana microphylla f. pallasiana Kom.毛序锦鸡儿
Caragana microphylla f. tomentosa Kom.毛枝锦鸡儿
Caragana microphylla f. viridis Kom.绿叶锦鸡儿
Caragana microphylla var. microphylla=Caragana microphylla
Caragana microphylla var. potaninii (Kom.) Liou f.五台锦鸡儿
Caragana nepalensis Kitamura 尼泊尔锦鸡儿
Caragana opulens Kom.甘蒙锦鸡儿
Caragana pekinensis Kom.北京锦鸡儿
Caragana pleiophylla (Regel) Pojark.多叶锦鸡儿
Caragana polourensis Franch.昆仑锦鸡儿
Caragana potaninii Kom.=Caragana microphylla var. potaninii
Caragana prainii C.K.Schneid.阿富汗锦鸡儿
Caragana pruinosa Kom.粉刺锦鸡儿
Caragana przewalskii Pojark.通天河锦鸡儿
Caragana purdomii Rehd.秦晋锦鸡儿
Caragana pygmaea (L.) DC.矮锦鸡儿
Caragana pygmaea f. longifolia Kom.长叶矮锦鸡儿
Caragana pygmaea var. angustissima Schneid.窄叶矮锦鸡儿
Caragana pygmaea var. *pallasiana* Kom.=Caragana stenophylla
Caragana pygmaea var. parviflora H.C.Fu 小花矮锦鸡儿
Caragana pygmaea var. pygmaea=Caragana pygmaea
Caragana roborovskyi Kom.荒漠锦鸡儿
Caragana rosea Turcz. ex Maxim.红花锦鸡儿
Caragana rosea var. longiunguiculata (C.W.Chang) Liou f.长爪红花锦鸡儿
Caragana rosea var. rosea=Caragana rosea
Caragana sericea Pamp. ex Kom.=Caragana stipitata
Caragana shensiensis C.W.Chang 秦岭锦鸡儿
Caragana sinica (Buc'hoz) Rehd.锦鸡儿
Caragana soongorica Grub.准噶尔锦鸡儿
Caragana spinifera Kom.西藏锦鸡儿
Caragana spinosa (L.) DC.多刺锦鸡儿
Caragana stenophylla Pojark.狭叶锦鸡儿
Caragana stipitata Kom.柄荚锦鸡儿
Caragana sukiensis C.K.Schneid.锡金锦鸡儿
Caragana tangutica Maxim. ex Kom.青甘锦鸡儿
Caragana tibetica Kom.毛刺锦鸡儿
Caragana tragacanthoides (Pall.) Poir.中亚锦鸡儿
Caragana tragacanthoides var. *pallasiana* Fisch. & Mey.(Kom.in Acta. Hort.Petrop.1909)=Caragana przewalskii
Caragana tragacanthoides var. *pleiophylla* Regel=Caragana pleiophylla
Caragana tragacanthoides var. *villosa* Regel(Kom.in Acta.Hort.Petrop. 1909)=Caragana przewalskii
Caragana tragacanthoides β. *bongardiana* Fisch. & Mey.=Caragana bongardiana
Caragana turfanensis (Krassn.) Kom.吐鲁番锦鸡儿
Caragana turfanensis Krassn.(p.p.)=Caragana turfanensis
Caragana turkestanica Kom.新疆锦鸡儿
Caragana ussuriensis (Regel) Pojark.乌苏里锦鸡儿
Caragana versicolor Benth.变色锦鸡儿
Caragana zahlbrückneri Schneid.南口锦鸡儿
Carallia Roxb.**竹节树属**(红树科)
Carallia brachiata (Lour.) Merr.竹节树
Carallia diphopetala Hand.-Mazz.锯叶竹节树
Carallia diplopetala Hand.-Mazz.(分类学报 1953,p.p.)=Carallia longipes
Carallia garciniaefolia How & Ho 大叶竹节树
Carallia integerrima DC.=Carallia brachiata
Carallia longipes Chun ex Ko 旁杞木
Carallia lucida Roxb.=Carallia brachiata
Caralluma R.Br.**水牛掌属**(萝摩科)
Caralluma burchardii N.E.Br.龙角
Caralluma lutea N.E.Br.大龙角
Caralluma nebrownii Bge.水牛掌
Carandas edulis (Forssk.) Miern.=Carissa edulis
Carapa obovata Bl.=Xylocarpus granatum
Carbenia Adans.=**Cnicus**
Carbenia benedicta Benth.=Cnicus benedictus
Cardamine L.**碎米荠属**(十字花科)
Cardamine agyokumontana Hay.=Cardamine circaeoides
Cardamine alaunica Golitsin=Cardamine trifida
Cardamine angulata var. *kamtschatica* Rgl.=Cardamine scutata
Cardamine anhuiensis D.C.Zhang & J.Z.Shao 安徽碎米荠
Cardamine argyi H.Lévl.=Cardamine lyrata
Cardamine arisanensis Hay.=Cardamine flexuosa

Cardamine autumnalis Koidz.=Cardamine scutata
Cardamine baishanensis P.Y.Fu=Cardamine scutata
Cardamine basisagittata W.T.Wang=Cardamine impatiens
Cardamine bijiangensis W.T.Wang=Cardamine yunnanensis
Cardamine bodinieri (H.Lévl.) Lauener 博氏碎米荠
Cardamine borealis Andrz. ex DC.=Cardamine prorepens
Cardamine brachycarpa Franhc.=Cardamine parviflora
Cardamine bracteata S.Moore=Eutrema tenue
Cardamine calcicola W.W.Sm.岩生碎米荠
Cardamine calthifolia H.Lévl.驴蹄碎米荠
Cardamine caroides C.Y.Wu ex W.T.Wang 细裂碎米荠
Cardamine cathayensis Migo=Cardamine leucantha
Cardamine changbaiana Al-Shehbaz.天池碎米荠
Cardamine cheotaiyienii Al-Shehbaz & G.Yang 周氏碎米荠
Cardamine circaeoides HK.f. & Thoms.露珠碎米荠
Cardamine circaeoides var. *diversifolia* O.E.Schulz.=Cardamine circaeoides
Cardamine cryptantha var. *pinnatodentata* Kutze=Rorippa cantoniensis
Cardamine dasycarpa M.Bieb.=Cardamine impatiens
Cardamine dasyloba (Turcz.) Kom.=Cardamine leucantha
Cardamine dasyloba Miq.=Cardamine leucantha
Cardamine debilis D.Don=Cardamine flexuosa
Cardamine delavayi Franch.洱源碎米荠
Cardamine dentipetala Matsumura=Cardamine scutata
Cardamine denudata O.E.Schulz=Cardamine scaposa
Cardamine drakeana H.Boiss.=Cardamine scutata
Cardamine engleriana O.E.Schulz.光头碎米荠
Cardamine engleriana O.E.Schulz 光头山碎米荠
Cardamine fallax (O.E.Schulz.) Nakai=Cardamine parviflora
Cardamine fargesiana Al-Shehbaz 法氏碎米荠
Cardamine flexuosa With.弯曲碎米荠
Cardamine flexuosa subsp. *debilis* (D.Don) O.E.Schulz=Cardamine flexuosa
Cardamine flexuosa subsp. *debilis* var. *occulata* (Horn.) O.E.Schulz.=Cardamine flexuosa
Cardamine flexuosa subsp. *fallax* f. *microphylla* O.E.Schulz.=Cardamine parviflora
Cardamine flexuosa subsp. *fallax* O.E.Schulz=Cardamine parviflora
Cardamine flexuosa subsp. *regelian* var. *scutata* (Thunb.) O.E.Schulz=Cardamine scutata
Cardamine flexuosa subsp. *regeliana* (Miq.) O.E.Schulz.=Cardamine scutata
Cardamine flexuosa var. *debilis* (O.E.Schulz.) T.Y.Cheo & R.C.Fang=Cardamine flexuosa
Cardamine flexuosa var. *fallax* (O.E.Schulz) T.Y.Cheo & R.C.Fang=Cardamine parviflora
Cardamine flexuosa var. flexuosa=Cardamine flexuosa
Cardamine flexuosa var. *kamtschatica* (Rgl.) Matsumura=Cardamine scutata
Cardamine flexuosa var. *manshurica* Kom.=Cardamine scutata
Cardamine flexuosa var. *ovatifolia* T.Y.Cheo & R.C.Fang=Cardamine flexuosa
Cardamine flexuosa var. *regeliana* (Miq.) Kom.=Cardamine scutata
Cardamine flexuosoides W.T.Wang=Cardamine trifoliolata
Cardamine flexuosoides var. *glabricaulis* T.W.Wang=Cardamine trifoliolata
Cardamine fragarifolia O.E.Schulz=Cardamine trifoliolata
Cardamine fragariifolia O.E.Schulz.莓叶碎米荠
Cardamine franchetiana Diels=Cardamine franchetiana
Cardamine franchetiana Diels 宽翅碎米荠
Cardamine gemmifera Matsum.=Arabis gemmifera
Cardamine glandulosa Blanco=Rorippa indica
Cardamine glaphyropoda O.E.Schulz.=Cardamine impatiens
Cardamine glaphyropoda var. *crenata* T.Y.Cheo & R.C.Fang=Cardamine impatiens
Cardamine glaphyropoda var. glaphyropoda=Cardamine impatiens
Cardamine gracilis (O.E.Schulz) T.Y.Cheo & R.C.Fang 纤细碎米荠
cardamine granulifera (Franch.) Diels (W.W.Sm.in Not.Roy.Bot.Gard. Edinb.1929)=Cardamine simplex
Cardamine granulifera (Franch.) Diels 颗米粒碎米荠
Cardamine granulifera Diels=Cardamine granulifera
Cardamine greatrexii Miyabe & Kudo=Arabidopsis halleri subsp. gemmifera
Cardamine griffithii HK.f. & Thoms.山芥碎米荠
Cardamine griffithii subsp. *multijuga* (Franch.) O.E.Schulz.=Cardamine multijuga
Cardamine griffithii var. *grandifolia* T.Y.Cheo & R.C.Fang=Cardamine engleriana
Cardamine griffithii var. grandifolia T.Y.Cheo & R.C.Fang 大叶山芥碎米荠
Cardamine griffithii var. griffithii=Cardamine griffithii
Cardamine griffithii var. *pentaloba* W.T.Wang=Cardamine griffithii
Cardamine heishuiensis W.T.Wang=Sinosophiopsis heishuiensis
Cardamine heterandra J.Z.Sun & K.L.Chang=Cardamine circaeoides
Cardamine heterophylla T.Y.Cheo & R.C.Fang=Cardamine yunnanensis
Cardamine hickinii O.E.Schulz=Orychophragmus limprichtianus
Cardamine hirsuta Pall.=Cardamine prorepens
Cardamine hirsuta L.碎米荠
Cardamine hirsuta subsp. *flaxuosa* With. ex Forbes & Hemsl.=Cardamine flexuosa
Cardamine hirsuta var. *flaccida* Franch.=Cardamine hirsuta
Cardamine hirsuta var. *formosana* Hay.=Cardamine hirsuta
Cardamine hirsuta var. hirsuta=Cardamine hirsuta
Cardamine hirsuta var. *latifolia* Maxim.=Cardamine scutata
Cardamine hirsuta var. *omeiensis* T.Y.Cheo & R.C.Fang=Cardamine flexuosa
Cardamine hirsuta var. *oxycarpa* HK.f. & T.Anderson=Cardamine yunnanensis
Cardamine hirsuta var. *regeliana* (Miq.) Maxim.=Cardamine scutata
Cardamine hirsuta var. *rotundiloba* Hay.=Cardamine scutata
Cardamine hirsuta var. *sylvatica* (Link) HK.f. & T.Anders.=Cardamine flexuosa
Cardamine hydrocotyloides W.T.Wang 德钦碎米荠
Cardamine hygrophila T.Y.Cheo & R.C.Fang 湿生碎米荠
Cardamine impatiens L.弹裂碎米荠
Cardamine impatiens subsp. *elongata* O.E.Schulz.=Cardamine impatiens
Cardamine impatiens var. *angustifolia* O.E.Schulz.=Cardamine impatiens
Cardamine impatiens var. *dasycarpa* (M.Bisb.) T.Y.Cheo & R.C.Fang=Cardamine impatiens
Cardamine impatiens var. *eriocarpa* DC.=Cardamine impatiens
Cardamine impatiens var. *fumaria* H.Lévl.=Cardamine impatiens
Cardamine impatiens var. impatiens=Cardamine impatiens
Cardamine impatiens var. *microphylla* O.E.Schulz.=Cardamine impatiens
Cardamine impatiens var. *obtusifolia* Knaf.=Cardamine impatiens
Cardamine impatiens var. *pilosa* O.E.Schulz.=Cardamine impatiens
Cardamine impatiens β. *obtusifolia* Knaf=Cardamine impatiens
Cardamine inayatii O.E.Schulz.=Cardamine yunnanensis
Cardamine insignis O.E.Schulz=Cardamine circaeoides
Cardamine jinshaensis Q.H.Chen & T.L.Xu=Cardamine anhuiensis
Cardamine komarovii Nakai 翼柄碎米荠
Cardamine koshiensis Koidz.=Cardamine parviflora
Cardamine lamontii Hance=Rorippa indica
Cardamine leucantha (Tausch) O.E.Schulz 白花碎米荠
Cardamine leucantha var. *crenata* D.C.Zhang=Cardamine leucantha
Cardamine levicaulis W.T.Wang=Cardamine yunnanensis
Cardamine lihengiana Al-Shehbaz 李恒碎米荠
Cardamine limprichtiana Pax=Orychophragmus limprichtianus
Cardamine longipedicellata Z.M.Tan & G.H.Chen=Cardamine yunnanensis
Cardamine longistyla W.T.Wang=Cardamine yunnanensis
Cardamine loxostemonoides O.E.Schulz.弯蕊碎米荠
Cardamine loxostemonoides O.E.Schulz=Cardamine loxostemonoides
Cardamine lyrata Bge.水田碎米荠
Cardamine macrocepala Z.M.Tan & S.C.Zhou=Cardamine circaeoides
Cardamine macrophylla Willd.大叶碎米荠
Cardamine macrophylla subsp. *polyphylla* (D.Don) O.E.Schulz=Cardamine macrophylla var. polyphylla
Cardamine macrophylla var. *crenata* Trautv.=Cardamine macrophylla
Cardamine macrophylla var. *dentariifolia* HK.f. & T.Anderson=Cardamine macrophylla
Cardamine macrophylla var. *diplodonta* T.Y.Cheo=Cardamine macrophylla
Cardamine macrophylla var. *foliosa* HK.f. & T.Anderson=Cardamine macrophylla
Cardamine macrophylla var. *lobata* HK.f. & T.Anderson=Cardamine macrophylla
Cardamine macrophylla var. macrophylla=Cardamine macrophylla
Cardamine macrophylla var. *moupinensis* Franch.=Cardamine

macrophylla
Cardamine macrophylla var. *parviflora* Trautv.=Cardamine leucantha
Cardamine macrophylla var. *polyphylla* (D.Don) T.Y.Cheo & R.C.Fang=Cardamine macrophylla
Cardamine macrophylla var. *sikkimensis* HK.f. & T.Anderson=Cardamine macrophylla
Cardamine manshurica (Kom.) Nakai=Cardamine parviflora
Cardamine microsperma (DC.) Kuntze=Rorippa cantoniensis
Cardamine microzyga O.E.Schulz 小叶碎米荠
Cardamine microzyga var. duplolobata C.Y.wu ex T.Y.Cheo 重齿小叶碎米荠
Cardamine microzyga var. microzyga=Cardamine microzyga
Cardamine microzyga var. *purpurascens* O.E.Schulz=Cardamine purpurascens
Cardamine muliensis W.T.Wang=Cardamine yunnanensis
Cardamine multiflora T.Y.Cheo & R.C.Fang 多花碎米荠
Cardamine multijuga Franch.(Hand.-Mazz.in in Symb.Sin.1931)=Cardamine gracilis
Cardamine multijuga Franch.=Cardamine griffithii
Cardamine multijuga Franch.多裂碎米荠
Cardamine multijuga var. *gracilis* O.E.Schulz=Cardamine gracilis
Cardamine nakaiana H.Lévl.=Cardamine impatiens
Cardamine nipponica Franch. & Sav.日本碎米荠
Cardamine nivalis Pall.=Macropodium nivale
Cardamine nudicaulis L.=Parrya nudicaulis
Cardamine occulata Horn.=Cardamine flexuosa
Cardamine palustre (L.) Ktz.=Rorippa palustris
Cardamine paradoxa Hance=Yinshania paradoxa
Cardamine parviflora L.小花碎米荠
Cardamine parviflora f. *hispida* Franch.=Cardamine parviflora
Cardamine parviflora var. *manshurica* Kom.=Cardamine parviflora
Cardamine paucifolia Hand.-Mazz.少叶碎米荠
Cardamine pilosa Willd.=Cardamine prorepens
Cardamine polyphylla D.Don=Cardamine macrophylla
Cardamine potentillifolia H.Lévl.=Orychophragmus violaceus
Cardamine pratensis L.草甸碎米荠
Cardamine pratensis subsp. *chinensis* O.E.Schulz.=Cardamine stenoloba
Cardamine pratensis var. *prorepens* (Fisch. ex DC.) Maxim.=Cardamine prorepens
Cardamine pratensis β. *prorepens* Fisch. ex Maxim.=Cardamine prorepens
Cardamine prattii Hemsl. & Wils.=Cardamine microzyga
Cardamine prorepens Fisch. ex DC.伏水碎米荠
Cardamine pubescens Teven=Cardamine prorepens
Cardamine pulchella (HK.f. & Thoms.) Al-Shehbaz & G.Yang 细巧碎米荠
Cardamine purpurascens (O.E.Schulz) Al-Shehbz & al.紫花碎米荠
Cardamine regeliana Miq.=Cardamine scutata
Cardamine reniformis Hay.=Cardamine circaeoides
Cardamine repens (Franch.) Diels 匍匐碎米荠
Cardamine repens Diels=Cardamine repens
Cardamine resedifolia var. *morii* Nakai=Cardamine changbaiana
Cardamine rockii O.E.Schulz 鞭枝碎米荠
Cardamine sachalinensis Miyabe & Miyake=Cardamine macrophylla
Cardamine scaposa Franch.裸茎碎米荠
Cardamine schulziana Baehni=Cardamine trifida
Cardamine scoriarum W.W.Sm.=Cardamine trifoliolata
Cardamine scutata Thunb.圆齿碎米荠
Cardamine scutata subsp. *fallax* (O.E.Schulz.) H.Hara=Cardamine parviflora
Cardamine scutata subsp. *flexuosa* (With.) H.Hara=Cardamine flexuosa
Cardamine scutata var. *longiloba* P.Y.Fu=Cardamine scutata
Cardamine scutata var. *regeliana* (Miq.) H.Hara=Cardamine scutata
Cardamine scutata var. *rotundiloba* (Hay.) T.S.Liu & S.S.Ying=Cardamine scutata
Cardamine scutata var. scutata=Cardamine scutata
Cardamine sikkimensis H.Hara=Cardamine yunnanensis
Cardamine simplex Hand.-Mazz.单茎碎米荠
Cardamine sinica Rashida & H.Ohba=Cardamine yunnanensis
Cardamine sinomanshurica (Kitag.) Kitag.=Cardamine macrophylla
Cardamine smithiana Bisw.=Cardamine fragariifolia
Cardamine stenoloba Hemsl.=Cardamine stenoloba
Cardamine stenoloba Hemsl.狭叶碎米荠
Cardamine sublyrata Miq.=Rorippa dubia
Cardamine sylvatica Link=Cardamine flexuosa
Cardamine sylvatica var. *regeliana* (Miq.) Franch. & Sav.=Cardamine scutata
Cardamine tangutorum O.E.Schulz 紫花碎米荠
Cardamine taquetii H.Lévl.=Cardamine scutata
Cardamine tenuifolia (Ledeb.) Turcz.(东北检索表1959,东北草本志1980)=Cardamine trifida
Cardamine tenuifolia var. *granulifera* Franch.=Cardamine granulifera
Cardamine tenuifolia var. *repens* (Franch.) Franch.=Cardamine repens
Cardamine tibetana Rashid & H.Ohba=Cardamine loxostemonoides
Cardamine trifida (Lam. ex Poir.) B.M.G.Jones 细叶碎米荠
Cardamine trifoliolata HK.f. & Thoms.三小叶碎米荠
Cardamine truncatolobata W.T.Wang=Cardamine simplex
Cardamine urbaniana O.E.Schulz.=Cardamine macrophylla
Cardamine verticillata Jeffrey & W.W.Sm.=Staintoniella verticillata
Cardamine violacea (D.Don) Wall. ex HK.f. & Thoms.堇色碎米荠
Cardamine violacea subsp. *bhutanica* Grierson=Cardamine violacea
Cardamine violifolia O.E.Schulz.=Cardamine circaeoides
Cardamine violifolia var. *diversifolia* O.E.Schulz.=Cardamine circaeoides
Cardamine violifolia var. *pilosa* K.L.Chang & H.L.Huang=Cardamine circaeoides
Cardamine violifolia var. violifolia=Cardamine vircaeoides
Cardamine weixiensis W.T.Wang=Cardamine yunnanensis
Cardamine yungshunensis W.T.Wang=Neomartinella yungshunensis
Cardamine yunnanensis Franch.云南碎米荠
Cardamine yunnanensis var. *obtusata* C.Y.Wu ex T.Y.Cheo & R.C.Fang=Cardamine paucifolia
Cardamine yunnanensis var. yunnanensis=Cardamine yunnanensis
Cardamine zhejiangensis T.Y.Cheo & R.C.Fang=Cardamine scutata
Cardamine zhenjiangensis var. *huangshanensis* D.C.Zhang=Cardamine scutata
Cardamine zollingeri Turcz.=Cardamine flexuosa
Cardaminopsis (C.A.Mey.) Hayek=**Arabidopsis**
Cardaminopsis gemmifera (Matsumura) Berkut.=Arabidopsis halleri subsp. gemmifera
Cardaminopsis kamchatica (Fisch. ex DC.) O.E.Schulz.=Arabidopsis lyrata subsp. kamchatica
Cardaminum Moench.=**Nasturtium**
Cardaria Desv.**群心菜属**(十字花科)
Cardaria boissieri (N.Busch) Soó=Cardaria draba subsp. chalepensis
Cardaria chalepensis (L.) Hand.-Mazz.=Cardaria draba subsp. chalepensis
Cardaria draba (L.) Desv.群心菜
Cardaria draba subsp. chalepensis (L.) O.E.Schlz 球果群心菜
Cardaria draba subsp. *chalepensis* (L.) O.E.Schulz=Cardaria draba subsp. chalepensis
Cardaria draba subsp. *chalepensis* var. *repens* (Schrenk) O.E.Schlz=Cardaria draba subsp. chalepensis
Cardaria fenestrata (Boiss.) Roll.=Cardaria draba subsp. chalepensis
Cardaria macrocarpa (Franch.) Roll.=Cardaria draba subsp. chalepensis
Cardaria propinqua (Fisch. & C.A.Mey.) N.Busch.=Cardaria draba subsp. chalepensis
Cardaria pubescens (C.A.Mey.) Jarm.毛果群心菜
Cardaria pubescens (C.A.Mey.) Rollins=Cardaria pubescens
Cardaria repens (Schrenk) Jarm.=Cardaria draba subsp. chalepensis
Cardemine senanensis Franch. & Sav.=Cardamine impatiens
Cardenia volubilis Lour.=Ichnocarpus frutescens
Cardiaca L.=**Leonurus**
Cardiaca leonuroides Willd.=Chaituru marrubiastrum
Cardiaca marrubiastrum Medic.=Chaiturus marrubiastrum
Cardiandra S. & Z.**草绣球属**(虎耳草科)
Cardiandra alternifolia sensu Chun=Cardiandra moellendorffii var. laxiflora
Cardiandra alternifolia sensu Hemsl.=Cardiandra moellendorffii
Cardiandra alternifolia subsp. *moellendorffii* (Hance) H.Hara H.Ohba=Cardiandra moellendorffii
Cardiandra alternifolia subsp. *moellendorffii* var. *binata* F.Maekawa=Cardiandra formosana
Cardiandra alternifolia var. *moellendorffii* (Hance) Engl.=Cardiandra moellendorffii
Cardiandra densifolia C.F.Wei=Cardiandra formosana
Cardiandra formosana Hay.台湾草绣球
Cardiandra laxiflora Li=Cardiandra moellendorffii var. laxiflora

Cardiandra moellendorffii (Hance) Migo 草绣球
Cardiandra moellendorffii var. laxiflora (Li) Wei 疏花草绣球
Cardiandra moellendorffii var. moellendorffii=Cardiandra moellendorffii
Cardiandra sinensis Hemsl.(Hay.in J.Coll.Sci.Univ.Tokyo 1908)=Cardiandra formosana
Cardiandra sinensis Hemsl.=Cardiandra moellendorffii
Cardiobatus Greene=**Rubus**
Cardiochlamys discifera (Schneid.) C.Y.Wu=Porana discifera
Cardiochlamys sinensis Hand.-Mazz.(1920)=Porana sinensis
Cardiochlamys sinensis Hand.-Mazz.(1938)=Porana discifera
Cardiocrinum (Endl.) Lindl.**大百合属**(百合科)
Cardiocrinum cathayanum (Wilson) Stearn 荞麦叶大百合
Cardiocrinum cordatum (Thunb.) Makino 心叶大百合
Cardiocrinum giganteum (Wall.) Makino 大百合
Cardiopteris lobata R.Br.=Peripterygium quinquelobum
Cardiopteris moluccana Bl.(分类学报 1957)=Peripterygium platycarpum
Cardiopteris platycarpa Gagn.=Peripterygium platycarpum
Cardiospermum L.**倒地铃属**(无患子科)
Cardiospermum corindum L.(分类学报 1955)=Cardiospermum halicacabum
Cardiospermum halicacabum L.倒地铃
Cardiospermum halicaccabum var. *microcarpum* (Kunth) Bl.=Cardiospermum halicacabum
Cardiospermum microcarpum Kunth=Cardiospermum halicacabum
Cardioteucris C.Y.Wu **心叶石蚕属**(唇形科)
Cardioteucris cordifolia C.Y.Wu 心叶石蚕
Carduus L.(p.p.)=**Cirsium**
Carduus L.**飞廉属**(菊科)
Carduus acanthoides L.节毛飞廉
Carduus altaicus Patrin ex DC.=Serratula marginata
Carduus argyrancanthus Wall.=Cirsium argyrancanthum
Carduus armenus Boiss.=Carduus nutans
Carduus arvensis Robins.=Cirsium arvense
Carduus atriplicifolius Trev.=Synurus deltoides
Carduus cernuus Patrin ex Ledeb.=Alfredia cernua
Carduus coloratus Tamamsch.=Carduus nutans
Carduus crispus L.(苏南植物手册 1959,高等图鉴 1975)=Carduus acanthoides
Carduus crispus L.丝毛飞廉
Carduus desertorum Fisch. ex Steud.=Cirsium alatum
Carduus euosmus Forr. ex W.W.Sm.=Xanthopappus subacaulis
Carduus helenioides L.(p.p.)=Cirsium helenioides
Carduus horridus B.Fedtsch.=Schmalhausenia nidulans
Carduus japonicus (DC.) Franch.=Cirsium japonicum
Carduus karelini B.Fedtsch.=Alfredia nivea
Carduus ladak subsp. C.B.Clarke=Olgaea thomsonii
Carduus lanatus Roxb. ex Willd.=Cirsium lanatum
Carduus lanipes C.Winkl.=Olgaea lanipes
Carduus leucophyllus Turcz.=Olgaea leucophylla
Carduus linearis Thunb.=Cirsium lineare
Carduus lomonosowii Trautv.=Olgaea lomonosowii
Carduus mariae Crant=Silybum marianum
Carduus marianus L.=Silybum marianum
Carduus nutans L.飞廉
Carduus nutans var. *songaricus* C.Winkl.=Carduus nutans
Carduus pectinatus M.Pop.=Olgaea pectinata
Carduus schischkinii Tamamsch.=Carduus nutans
Carduus segetum (Bge.) Franch.=Cirsium setosum
Carduus serratuloides L.=Cirsium serratuloides
Carduus sinensis S.Moore=Olgaea lomonosowii
Carduus songaricus C.Winkl.=Carduus nutans
Carduus tenuiflorus Curt 细花飞廉
Carduus thoemeri Wemm.=Carduus nutans
Carduus thomsonii HK.f.=Olgaea thomsonii
Carduus tianschanicum B.Fedtsch.=Alfredia acantholepis
Carduus uniflorus Turcz. ex DC.=Serratula marginata
Carduus versonata (L.) Jacq.大治生飞廉
Carduus vulgaris Sav.=Cirsium vulgare
Carex L.**薹草属**(莎草科)
Carex accrescens Ohwi=Carex pallida
Carex acuta L.急尖薹草
Carex acuta var. *appendiculata* Trutv.=Carex appendiculata
Carex acutiformis Ehrh.(Franch. in Nouv.Arch.Mus.Paris 1898)=Carex dispalata
Carex adrienii E.G.Camus 广东薹草
Carex aequialta Kükenth.等高薹草
Carex agglomerata C.B.Clarke 团穗薹草
Carex akanensis Franch.=Carex drymophila var. abbreviata
Carex alba Scop.白鳞薹草
Carex alba subsp. *ussuriensis* (Kom.) Kükenth.=Carex ussuriensis
Carex albata Boott ex Franch.=Carex nubigena subsp. albata
Carex albomas C.B.Clarke=Carex pisiformis
Carex alliiformis C.B.Clarke (Hay. in Ic.Pl.Formos.1921)=Carex metallica
Carex alliiformis C.B.Clarke 葱状薹草
Carex alopecuroides D.Don 禾状薹草
Carex alopecuroides subsp. *subtransversa* (C.B.Clarke) Koyama=Carex subtransversa
Carex alopecuroides var. *chlorostachya* C.B.Clarke=Carex doniana
Carex alpina subsp. *infuscata* var. *gracilenta* (Boott ex Strachey) Kükenth.=Carex infuscata var. gracilenta
Carex alpina Swartz.=Carex angarae
Carex alpina var. *gracilenta* (Boott ex Strachey) C.B.Clarke=Carex infuscata var. gracilenta
Carex alpina var. *infuscata* (Nees) Boott=Carex infuscata var. gracilenta
Carex alta Boott 高杆薹草
Carex alta var. *latialata* Kükenth.=Carex alta
Carex altaica Gorodk.阿尔泰薹草
Carex alterniflora Franch.=Carex pisiformis
Carex amblyolepis Peterm.(Trautv. & Mey.in Fl.Ochot1856)=Carex vanheurckii
Carex amgunensis Fr.Schmidt 球穗薹草
Carex amgunensis var. *chloroleuca* (Meinsh.) Kükenth.=Carex amgunensis
Carex ampullacea Good.=Carex rostrata
Carex amurensis Kükenth.=Carex drymophila var. abbreviata
Carex amurensis var. *abbreviata* Kükenth.=Carex drymophila var. abbreviata
Carex aneurocarpa V.Krecz.=Carex pediformis
Carex angarae Steud.圆穗薹草
Carex angustifructus (Kükenth.) V.Krecz.窄果苔草
Carex angustinowiczii Meinsh. ex Korsh.短鳞薹草
Carex angustior Mack.小星穗薹草
Carex angustiutricula Wang & Tang ex L.K.Dai 狭果囊薹草
Carex anhuiensis S.W.Su & S.M.Xu=Carex Chungii
Carex anningensis Wang & Tang ex P.C.Li 安宁薹草
Carex anomocarya Nelmes=Carex harlandii
Carex aperta Boott 亚美薹草
Carex aphanolepis Franch. & Sav.匿鳞薹草
Carex apodostachya Ohwi=Carex atrata subsp. apodostachya
Carex appendiculata (Trautv.) Kükenth.灰脉薹草
Carex appendiculata var. appendiculata=Carex appendiculata
Carex appendiculata var. sacculiformis Y.L.Chang & Y.L.Yang 小囊灰脉薹草
Carex arcatica Meinsh.北疆薹草
Carex arguensis Turcz. ex Trev.额尔古纳薹草
Carex argyi Lévl. & Vant.阿齐薹草
Carex aridula V.Krecz.干生薹草
Carex arisanensis Hay.阿里山薹草
Carex aristata subsp. *orthostachys* (C.A.Mey.) Kükenth.=Carex orthostachys
Carex aristata subsp. *raddei* (Kükenth.) Kükenth.=Carex raddei
Carex aristata subsp. *raddei* var. *eriophylla* Kükenth.=Carex eriophylla
Carex aristatisquamata Tang & Wang ex L.K.Dai 芒鳞薹草
Carex aristulifera P.C.Li 具芒薹草
Carex arnellii Christ ex Scheutz 麻根薹草
Carex ascocetra C.B.Clarke 宜昌薹草
Carex asperifructus Kükenth.粗糙囊薹草
Carex aspernervis T.Koyama=Carex bilateralis
Carex aterrima Hoppe=Carex atrata subsp. aterrima
Carex atherodes Spreng.(内蒙志 1985)=Carex orthostachys
Carex atrata L.黑穗薹草
Carex atrata subsp. apodostachya (Ohwi) T.Koyama 南湖薹草
Carex atrata subsp. aterrima (Hoppe) S.Y.Liang 大桥薹草

Carex atrata subsp. atrata=Carex atrata
Carex atrata subsp. *caucasica* var. *longistolonifera* Kükenth.=Carex atrata subsp. longistolonifera
Carex atrata subsp. longistolonifera (Kükenth.) S.Y.Liang 长匍匐茎薹草
Carex atrata subsp. pullata (Boott) Kükenth.尖鳞薹草
Carex atrata subsp. *pullata* var. *sinensis* Kükenth.=Carex atrata subsp. pullata
Carex atrata var. *glacialis* Boott=Carex atrata subsp. pullata
Carex atrata var. *japonalpina* T.Koyama=Carex atrata
Carex atrata var. *pullata* Boott=Carex atrata subsp. pullata
Carex atrata var. *subglacilenta* Kükenth.(p.p.)=Carex atrata subsp. pullata
Carex atrofusca Schkuhr.(Kükenth.in Engl.,Pflanzenr.Heft.1909,p.p.)= Carex atrofusca subsp. minor
Carex atrofusca Schkuhr.暗褐薹草
Carex atrofusca subsp. atrofusca=Carex atrofusca
Carex atrofusca subsp. minor (Boott) T.Koyama 黑褐穗薹草
Carex atrofusca var. *angustifructus* (Boott) Kukenth=Carex atrofusca subsp. mino
Carex atrofusca var. *coriophora* (Fisch.) Kükenth.=Carex coriophora
Carex atrofusca var. *minor* (Boott) Kükenth.=Carex atrofusca subsp. minor
Carex atrofuscoides K.T.Fu 类黑褐穗薹草
Carex atro-nucula Hay.=Carex sociata
Carex auriculata Franch.=Carex pilosa var. auriculata
Carex austrooccidentalis Wang & Tang 西南薹草
Carex austrosinensis Tang & Wang ex S.Y.Liang 华南薹草
Carex autumnalis Ohwi 秋生薹草
Carex ayouensis X.Y.Mao & Y.C.Yang=Carex pediformis
Carex baccans Nees 浆果薹草
Carex baimaensis S.W.Su 白马薹草
Carex baiposhanensis P.C.Li 百坡山薹草
Carex bambusetorum Merr.(Merr. & Chun in Sunyatsenia1940)=Carex planiscapa
Carex baohuashanica Tang & Wang ex L.K.Dai 宝华山薹草
Carex baranovii Chou ex Liou et al.=Carex eleusinoides
Carex basiflora C.B.Clarke=Carex brevicuspis var. basiflora
Carex basilata Ohwi=Carex angustior
Carex bauhwaensis C.P.Wang=Carex pisiformi
Carex bellardii All.=Kobresia myosuroides
Carex bengalensis Roxb.=Carex cruciata
Carex bengalensis var. *scaberrina* Böcklr.=Carex rafflesiana
Carex bilateralis Hay.台湾薹草
Carex bipartida All.(东北草本志 1976)=Carex lachenalii
Carex biwensis Franch.=Carex rara
Carex blinii Lévl. & Vant.白尼薹草(新)?
Carex bodinieri Franch.滨海薹草
Carex bohemica Schreb.莎薹草
Carex boottiana HK. & Arn.=Carex oahuensis var. boottiana?
Carex borealihinganica Y.L.Chang 北兴安薹草
Carex bostrychostigma Maxim.卷柱头薹草
Carex brachyathera Ohwi 垂穗薹草
Carex breviaristata K.T.Fu 短芒薹草
Carex breviculmis R.Br.青绿薹草
Carex breviculmis subsp. *fibrillosa* (Franch. & Sav.) T.Koyama=Carex breviculmis var. fibrillosa
Carex breviculmis subsp. *royleana* (Nees) Kükenth.=Carex breviculmis
Carex breviculmis subsp. *royleana* f. *fibrillosa* (Franch. & Sav.) Kükenth. (p.p.)=Carex breviculmis var. fibrillosa
Carex breviculmis subsp. *royleana* f. *filiculmis* (Franch. & Sav.) Kükenth. (p.p.)=Carex breviculmis
Carex breviculmis subsp. *royleana* f. *longearistata* Kükenth.=Carex breviculmis
Carex breviculmis subsp. *royleana* var. *pluricostata* Kükenth.=Carex breviculmis var. fibrillosa
Carex breviculmis var. breviculmis=Carex breviculmis
Carex breviculmis var. cupulifera (Hay.) Y.C.Tang & S.Y.Liang 直蕊薹草
Carex breviculmis var. fibrillosa (Franch. & Sav.) Kükenth. ex Matsum & Hay.纤椎薹草
Carex brevicuspis C.B.Clarke 短尖薹草
Carex brevicuspis var. basiflora (C.B.Clarke) Kükenth.基花薹草
Carex brevicuspis var. brevicuspis=Carex brevicuspis
Carex breviscapa C.B.Clarke 短葶薹草
Carex brownii Tuckerm.亚澳薹草
Carex brownii var. *transversa* (Boott) Kukneht.=Carex transvesa
Carex brunnea Merr.=Carex hattoriana
Carex brunnea Thunb.褐果薹草
Carex brunnea var. *nakairi* Ohwi=Carex brunnea
Carex brunnea var. *sendaica* Kükenth.=Carex sendaica
Carex brunnea var. *stipitinux* (C.B.Clarke) Kükenth.=Carex stipitinux
Carex brunnescens (Pers.) Poir.布尔津薹草(新)?
Carex bullata b. *laevirostris* Blytt ex Fries=Carex rhynchophysa
Carex buxbaumii Wahlenb.(Kükenth. in Engl.Pflanzenr.Heft.1909,p.p.)= Carex tarumensis
Carex caespititia Nees 丛生薹草
Carex caespitosa L.丛薹草
Carex calcicola Tang & Wang 灰岩生薹草
Carex callitrichos V.Krecz.羊须草
Carex callitrichos var. *austrochinganica* Y.L.Chang Y.L.Yang=Carex humilis
Carex callitrichos var. callitrichos=Carex callitrichos
Carex callitrichos var. nana (Lévl. & Vant.) Ohwi 矮丛薹草
Carex campylorhina V.Krecz.=Carex pilosa
Carex canaliculata P.C.Li 沟囊薹草
Carex canescens L.(Kükenth. in Engl.,Pflanzenr.Heft.1909)=Carex curta
Carex canescens L.灰色薹草
Carex capillacea Boott 发秆薹草
Carex capillacea var. *linzensis* Y.C.Yang=Carex capillacea
Carex capillacea var. *yunnanensis* Franch.=Carex capillacea
Carex capillaris L.细秆薹草
Carex capillaris f. *major* Drejer (Kükenth.in Engl.,Pflanzenr.Heft 1909, p.p.)= Carex chlorostachys
Carex capillaris L.(Kükenth. in Act.Horti.Gothob.1929)=Carex chlorostachys
Carex capillaris subsp. *chlorostachys* Löve & Raymond=Carex chlorostachys
Carex capillaris subsp. *karoi* Freyn.=Carex karoi
Carex capillaris var. *ledebouriana* Kükenth.=Carex ledebouriana
Carex capillaris var. *ledebourii* F.Schmidt=Carex ledebouriana
Carex capillaris var. *parvirostris* Kükenth.=Carex karoi
Carex capillaris var. *pohuanshanensis* Yabe=Carex chlorostachys
Carex capilliformis Franch.丝叶薹草
Carex capilliformis var. *major* Kükenth.=Carex capilliformis
Carex capituliformis Meinsh. ex Maxim.=Carex onoei
Carex capricornis Meinsh. ex Maxim.弓喙薹草
Carex cardiolepis Nees 藏东薹草
Carex caricinus D.Don=Carex filicina
Carex caryophylla subsp. *nervata* (Franch. & Sav.) Kükenth.=Carex nervata
Carex caucasica Stev.高加索薹草
Carex caucasica subsp. caucasica=Carex caucasica
Carex caucasica subsp. jisaburo-ohwiana (T.Koyama) T.Koyama 大井扁果薹
Carex caudispicata Wang & Tang ex P.C.Li 尾穗薹草
Carex cavaleriei Lévl.=Carex laticeps
Carex cercostachys Franchl.=Kobresia cercostachya
Carex cernua Boott=Carex dinorpholepis
Carex chelungkiangnica Bar. & Skv.=Carex cirnerascens
Carex cheniana Tang & Wang ex S.Y.Liang 陈氏薹草
Carex chienii Wang & Tang=Carex adrienii
Carex chinensis Retz.(Matsum. & Hay. in Enum.Pl.Formos.1906)=Carex sociata
Carex chinensis Retz.中华薹草
Carex chinensis var. chinensis=Carex chinensis
Carex chinensis var. longkiensis (Franch.) Kükenth.龙奇薹草
Carex chinganensis Litw.兴安薹草
Carex chiwuana Wang & Tang ex P.C.Li 启无薹草
Carex chlorocephalula Wang & Tang ex P.C.Li 绿头薹草
Carex chlorochystis Böcklr.=Carex harlandii
Carex chloroleuca Meinsh.=Carex amgunensis
Carex chlorostachys D.Don=Carex doniana
Carex chlorostachys Stev.绿穗薹草
Carex chlorostachys var. chlorostachys=Carex chlorostachys
Carex chlorostachys var. conferta Tang & Wang 无喙绿穗薹草
Carex chorda Lévl. & Vant.柯达薹草(新)?

Carex chordorrhiza var. *pseudocuraica* (Fr.Schmdt) Trautv.=Carex pseudocuraica
Carex chrysolepis Franch. & Sav.黄花薹草
Carex chrysolepis var. *odontostoma* (Kükenth.) Ohwi=Carex chrysolepis
Carex Chuiana Wang & Tang ex P.C.Li 桂龄薹草
Carex chuii Nelmes 曲氏薹草
Carex Chungii C.P.Wang 仲氏薹草
Carex Chungii var. Chungii=Carex Chungii
Carex Chungii var. rigida Y.C.Tang & S.Y.Liang 坚硬薹草
Carex Chuniana Wang & Tang=Carex commixta
Carex ciliato-marginata Nakai=Carex siderosticta var. pilosa
Carex cinerascens Kükenth.(Ohwi in Cyper.Japon.1936,p.p.)=Carex micrantha
Carex cinerea Poll 青河薹草(新)?
Carex cirnerascens Kükenth.灰化薹草
Carex cobresiaeformis Bar. & Skv.=Carex gynocrates
Carex commixta Steud.细长喙薹草
Carex composita Boott 复序薹草
Carex composita var. *emineus* (Nees) Böcklr.=Carex emineus
Carex condensata Nees (Franch.in Nouv.Arch.Mus.Hist.Nat.Paris 1896, p.p.)= Carex cruciata
Carex confertiflora Boott 密花薹草
Carex conica var. *densa* Kükenth.=Carex kiangsuensis
Carex conicoides Honda=Carex pisiformis
Carex continua C.B.Clarke 连续薹草
Carex coreana Bailey=Carex dickinsii Franch.
Carex coriophora Fisch. & C.A.Mey. ex Kunth 扁囊薹草
Carex coriophora subsp. coriophora=Carex coriophora
Carex coriophora subsp. langtaodianensis S.Y.Liang 浪淘殿薹草
Carex courtallensis Nees ex Boott 隐穗柄薹草
Carex cranaocarpa Nelmes 鹤果薹草
Carex craspedotricha Nelmes 缘毛薹草
Carex crassinervia Franch.=Carex meyeriana
Carex crebra V.Krecz.密生薹草
Carex cremostachys Franch.燕子薹草
Carex cruciata Wahlenb.十字薹草
Carex cruciata subsp. *rubro-brunnea* (Ohwi) T.Koyama=Carex cruciata
Carex cruciata var. *rafflesiana* (Boott) Kern & Noot.=Carex rafflesiana
Carex cruciata var. *rubro-brunea* Ohwi=Carex cruciata
Carex cruenta Nees 狭囊薹草
Carex cryptocarpa C.A.Mey 隐果薹草
Carex cryptostachys Brongn.隐穗薹草
Carex curaica Kunth (Maxim.in Prim.Fl.amur.1859)=Carex pseudocuraica
Carex curaica Kunth 库地薹草
Carex curaica var. *pycnostachya* (Kar. & Kir.) Kükenth.=Carex pycnostachya
Carex curta Good.白山薹草
Carex curticeps C.B.Clarke=Kobresia curticeps
Carex curvata Boott=Kobresia curvata
Carex cylindriostachya Franch.柱穗薹草
Carex cyperoides Murr. ex L.=Carex bohemica
Carex dahurica Kükenth.针薹草
Carex daibuensis Hay.=Carex sociata
Carex dailingensis Y.L.Chou 带岭薹草
Carex davidii Franch.无喙囊薹草
Carex davidii var. *ascocetra* (C.B.Clarke) Kükenth.=Carex ascocetra
Carex dayunshaensis L.K.Ling & Y.Z.Huang=Carex glossostigma
Carex deciduisquama Wang & Tang ex P.C.Li 落鳞薹草
Carex decora Boott 多穗薹草
Carex decurticaulis Ohwi?=Carex reptabunda
Carex delavayi Franch.年佳薹草
Carex densefimbriata Wang & Tang ex S.Y.Liang 流苏薹草
Carex densefimbriata var. densefimbriata=Carex densefimbriata
Carex densefimbriata var. hirsuta P.C.Li 粗毛流苏薹草
Carex densicaespitosa L.K.Dai 密丛薹草
Carex deqinensis L.K.Dai 德钦薹草
Carex diandra Schrank 圆锥薹草
Carex dichroa Franch.=Carex thibetica
Carex dichroa Freyn 小穗薹草
Carex dickinsii Franch. & Sav.朝鲜薹草
Carex dielsiana Kükenth.丽江薹草
Carex digitata L.(Kom.in Fl.Mansh.1901)=Carex quadriflora
Carex digitata subsp. *quadriflora* Kükenth.=Carex quadriflora
Carex digitata var. *pallida* Meinsh.=Carex quadriflora
Carex digyna (Kükenth.) Tang & Wang=Carex przewalskii
Carex dimorpha Brot.(Böcklr. in Cyper.Nov.1888)=Carex infuscata var. gracilenta
Carex dineuros C.B.Clarke=Carex jaluensis
Carex dinorpholepis Steud.二形鳞薹草
Carex diplasiocarpa V.Krecz.=Carex yamatsutana
Carex diplodon Nelmes 秦岭薹草
Carex dispalata Boott ex A.Gray 皱果薹草
Carex dispalata var. *costata* Kükenth.=Carex dispalata
Carex disperma Dew 二籽薹草
Carex disticha Huds.二列薹草
Carex divaricata Kükenth.=Carex mollissima
Carex doisutepensis T.Koyama 景洪薹草
Carex dolichostachya Hay.长穗薹草
Carex dolichostachya subsp. dolichostachya=Carex dolichostachya
Carex dolichostachya subsp. trichosperma (Ohwi) T.Koyama 阿里山宿薹草
Carex doniana Spreng.签草
Carex drepanorhyncha Franch.镰喙薹草
Carex drymophila Turcz.野笠薹草
Carex drymophila var. abbreviata (Kükenth.) Ohwi 黑水薹草
Carex drymophila var. *akanensis* (Franch.) Kükenth.=Carex drymophila var. abbreviata
Carex drymophila var. drymophila=Carex drymophila
Carex drymophila var. *glabrescens* (Kükenth.) Kitag.=Carex glabrescens
Carex drymophila var. *pilifera* Kükenth.=Carex glabrescens
Carex dulthiei C.B.Clarke=Carex atrata subsp. pullata
Carex dunnii Hay.=Carex perakensis
Carex duriuscula C.A.Mey.寸草
Carex duriuscula subsp. duriuscula=Carex duriuscula
Carex duriuscula subsp. rigescens (Franch.) S.Y.Liang & Y.C.Tang 白颖薹草
Carex duriuscula subsp. stenophylloides (V.Krecz.) S.Y.Liang & Y.C.Tang 细叶薹草
Carex duriusculiformis V.Krecz.=Carex duriuscula subsp. stenophylloides
Carex duthiei sensu Ohwi=Carex caucasica subsp. jisaburo-ohwiana
Carex duvaliana Franch. & Sav.三阳薹草
Carex duvaliana var. *atterniflora* (Franch.) Kükenth. ex Matsum.=Carex pisiformis
Carex earistata Wang & Y.L.Chang ex S.Y.Liang 无芒薹草
Carex ebracteata Trautv.(Kom.in Fl.Mansh.1901)=Carex subebracteata
Carex echinochloaeformis Y.L.Chang & Y.L.Yang 类稗薹草
Carex egena Lévl. & Vant.少囊薹草
Carex eleusinoides Turcz. ex Kunth 蟋蟀薹草
Carex eleusinoides var. *flaccidior* Fr.Schinidt=Carex angustinowiczi
Carex emineus Nees 显异薹草
Carex enervis C.A.Mey.无脉薹草
Carex enervis subsp. chuanxibeiensis S.Y.Liang & Y.C.Tang 川西北薹草
Carex enervis subsp. enervis=Carex enervis
Carex ensifolia Turcz.箭叶薹草
Carex ereica Tang & Wang ex L.K.Dai 二峨薹草
Carex eremopyroides V.Krecz.离穗薹草
Carex eriophylla (Kükenth.) Kom.毛叶薹草
Carex erythrobasis Lévl. & Vant.红鞘薹草
Carex esanbeckii Kunth=Kobresia esanbeckii
Carex esquirolii Lévl. & Van.=Kyllinga brevifolia
Carex exerta Chü=Carex glossostigma
Carex falcata Turcz.=Carex sparsiflora var. petersii
Carex fallax var. *pseudoarenicola* (Hay.) Ohwi=Carex nubigena subsp. pseudoarenicola
Carex fargesii Franch.川东薹草
Carex fastigiata Franch.簇穗薹草
Carex fedia var. *miyabei* (Franch.) T.Koyama=Carex miyabei
Carex fedia var. *pilifera* (Kükenth.) T.Koyama- Carex glabrescens
Carex fenghuangshanica Wang & Tang ex P.C.Li 凤凰薹草
Carex fernaldiana Lévl. & Vant.=Carex pisiformis
Carex ferruginea Scop.锈色薹草

Carex ferruginea var. *tatsiensis* Franch.=Carex tatsiensis
Carex ferruspicalata Chü=Carex glossostigma
Carex fibrillosa Franch. & Sav.=Carex breviculmis var. fibrillosa
Carex fidia Nees 南亚薹草
Carex filamentosa K.T.Fu 丝秆薹草
Carex filicina Nees (Matsum. & Hay. in J.Coll.Sci.Univ.Tokyo 1906,p.p.)= Carex cruciata
Carex filicina Nees 蕨状薹草
Carex filicina subsp. *pseudofilicina* (Hay.) T.Koyama=Carex filicina
Carex filicina var. *meiogyma* (Nees) Strachey=Carex filicina
Carex filicina var. *subdensa* Wang & Tang=Carex filicina
Carex filiculmis Franch. & Sav.=Carex breviculmis
Carex filiformis Good=Carex lasiocarpa
Carex filipedunculata S.W.Su 丝梗薹草
Carex filipes Franch. & Sav.线柄薹草
Carex filipes var. *oligostachys* (Meinsh. ex maxim.) Kükenth.=Carex egena
Carex filipes var. *rouyana* (Franch.) Kükenth.=Carex filipes
Carex finitima Boott 亮绿薹草
Carex finitima var. attenuata C.B.Clarke 短叶亮绿薹草
Carex finitima var. finitima=Carex finitima
Carex floribunda Böcklr.=Carex emineus
Carex fluviatilis Boott 溪生薹草
Carex fluviatilis var. *unisexualis* (C.B.Clarke) Kükenth.=Carex unisexualis
Carex foetida All.烈味薹草
Carex fontinalis Chang=Carex enervis
Carex foraminata C.B.Clarke 穿孔薹草
Carex foraminatiformis Y.C.Tang & S.Y.Liang 拟穿孔薹草
Carex forficula Franch. & Sav.溪水薹草
Carex forficula var. *melinacra* (Franch.) Kükenth.=Carex melinacra
Carex formosensis Lévl. & Vant.=Carex ascocetra
Carex forrestii Kükenth.刺喙薹草
Carex forsicula var. scabrida Kükenth 糙囊苔草
Carex fuliniginosa Schkuhr.黑色薹草
Carex fulvo-rubescens Hay.茶色薹草
Carex fulvorubescens subsp. fulvorubescens=Carex fulvo-rubescens
Carex fulvo-rubescens subsp. longistipes (Hay.) T.Koyama 长梗扁果薹
Carex funicularis Franch.=Carex meyeriana
Carex funingensis Tang & Wang ex S.Y.Liang 富宁薹草
Carex gaoligongshanensis P.C.Li 高黎贡山薹草
Carex gaudichaudiana var. *thunbergii* (Steud.) Kükenth.=Carex thunbergii
Carex gentilis Franch.亲族薹草
Carex gentilis Ohwi=Carex gentilis var. nakaharai
Carex gentilis subsp. *nakaharai* (Hay.) T.Koyama=Carex gentilis var. nakaharai
Carex gentilis var. gentilis=Carex gentilis
Carex gentilis var. intermedia Tang & Wang ex L.K.Dai 宽叶亲族薹草
Carex gentilis var. macrocarpa Tang & Wang ex L.K.Dai 大果亲族薹草
Carex gentilis var. nakaharai (Hay.) T.Koyama 短喙亲族薹草
Carex gibba Wahlenb.穹隆薹草
Carex giraldiana Kükenth.涝峪薹草
Carex giraudiasii Lévl.大海薹草(新)?
Carex glabrescens (Kükenth.) Ohwi 辽东薹草
Carex glandulifolia Kükenth.=Carex lancifolia
Carex glaucaeformis Meinsh.米柱薹草
Carex globistylosa P.C.Li 球柱薹草
Carex globularis L.玉簪薹草
Carex glossostigma Hand.-Mazz.长梗薹草
Carex gmelinii HK. & Arn.长芒薹草
Carex gokwanensis Hay.=Carex chrysolepis
Carex gonggaensis P.C.Li 贡嘎薹草
Carex gongshanensis Tang & Wang ex Y.C.Yang 贡山薹草
Carex gotoi Ohwi 叉齿薹草
Carex gracilenta Boott ex Strachey.=Carex infuscata var. gracilenta
Carex graciliculmis Ohwi=Carex kirganica
Carex gracilis R.Br.=Carex hattoriana
Carex gracilispica Hay.=Carex truncatigluma
Carex grallatoria Maxim.菱果薹草
Carex grallatoria subsp. grallatoria=Carex grallatoria
Carex grallatoria subsp. heteroclita (Franch.) T.Koyama 异型菱果薹
Carex grallatoria var. *heteroclita* (Franch.) Kükenth. ex Matsum.=Carex grallatoria subsp. heteroclita
Carex graminiculmis T.Koyama 禾秆薹草
Carex grandiligulata Kükenth.大舌薹草
Carex gynocrates Wormskj. ex Drejer 异株薹草
Carex haematostoma Nees 红嘴薹草
Carex haematostoma var. *digyae* Kükenth.=Carex przewalskii
Carex haematostoma var. *hirtellolides* Kükenth.=Carex hirtelloides
Carex hainanensis Merr.=Carex commixta
Carex hakkuensis Hay.=Carex cruciata
Carex hakonensis var. *capituliformis* (Meinsh. ex Maxim.) Ohwi=Carex onoei
Carex hakonensis var. *onoei* (Franch. & Sav.) Ohwi=Carex onoei
Carex hallaisanensis Lévl. & Vant.=Carex erythrobasis
Carex hancei C.B.Clarke=Carex laticeps
Carex hancockiana Maxim.点叶薹草
Carex hancockiana var. *pektusani* (Kom.) Kükenth.=Carex peiktusani
Carex handelii Kükenth.双脉囊薹草
Carex hangtongensis Lévl. & Vant.杭东薹草(新)?
Carex hankaensis Kitag.=Carex pediformis
Carex harlandii Boott 长囊薹草
Carex harlandii var. *liuguensis* S.Y.Liang & D.Y.Liu=Carex harlandii
Carex harlandii var. *xiuningensis* S.W.Su=Carex harlandii
Carex harrysmithii Kükenth.哈氏薹草
Carex hastata Kükenth.戟叶薹草
Carex hattoriana Nakai 长叶薹草
Carex hatusimana Ohwi=Carex truncatigluma subsp. rhynchachaenium
Carex hayatana Honda=Carex subtransversa
Carex hebecarpa C.A.Mey.疏果薹草
Carex hebecarpa var. *ligulata* (Nees) Kükenth.=Carex ligulata
Carex hebecarpa var. *maubertiana* (Boott) Franch.=Carex maubertiana
Carex heilongjiangensis Y.L.Chou=Carex reptabunda
Carex henryi C.B.Clarke ex Franch.亨氏薹草
Carex heshuonensis S.Y.Liang 和硕薹草
Carex heteroclita Franch.=Carex grallatoria subsp. heteroclita
Carex heterolepis Bge.异鳞薹草
Carex heterolepis var. abtegens Kükenth.陕西溪水薹草(新)?
Carex heterostachya Bge.异穗薹草
Carex heudesii Lévl. & Vant.长安薹草
Carex hirtella Drejer 硬毛薹草
Carex hirtelloides (Kükenth.) Wang & Tang ex P.C.Li 流石薹草
Carex hirticaulis P.C.Li 密毛薹草
Carex hirtiutriculata L.K.Dai 糙毛囊薹草
Carex hongkongensis Franch.=Carex ligata
Carex hongyuanensis Y.C.Tang & S.Y.Liang 红原薹草
Carex huashanica Tang & Wang ex L.K.Dai 华山薹草
Carex humbertii Wang & Tang=Carex commixta
Carex humida Y.L.Chang & Y.L.Yang 湿薹草
Carex humilis Leyss.低矮薹草
Carex humilis f. *callitrichos* (V.Krecz.) T.Koyama=Carex callitrichos
Carex humilis var. *callitrichos* (V.Krecz.) Ohwi=Carex callitrichos
Carex humilis var. humilis=Carex humilis
Carex humilis var. *nana* (Lévl. & Vant.) Ohwi (安徽志 1992)=Carex humilis
Carex humilis var. scirrobasis (Kitag.) Y.L.Chang & Y.L.Yang 雏田薹草
Carex huolushanensis P.C.Li 火炉山薹草
Carex hypochlora Freyn 绿囊薹草
Carex hypolytrifolia T.Koyama=Carex commixta
Carex ichanqensis C.B.Clarke=Carex ascocetra
Carex idzuroei Franch. & Sav.马菅
Carex imbricata Drobov.(Kükenth.in Hand.-Mazz.,Sumb.Sin.1936)= Carex craspedotricha
Carex immanis C.B.Clarke=Carex fargesii
Carex inanis Kunth 毛囊薹草
Carex indica L.(分类学报 1958,海南志 1977)=Carex indicaeformis
Carex indica L.印度薹草
Carex indicaeformis Wang & Tang ex P.C.Li 印度型薹草
Carex inflata Huds.=Carex vesicaria
Carex inflata Suter.=Carex rostrata
Carex infossa C.P.Wang 隐匿薹草

Carex infossa var. extensa S.W.Su 显穗薹草
Carex infossa var. infossa=Carex infossa
Carex infuscata Nees 淡色薹草
Carex infuscata var. gracilenta (Boott ex Strachey) P.C.Li 高山淡色薹草(新)
Carex infuscata var. infuscata=Carex infuscata
Carex insignis Boott 秆叶薹草
Carex intermedia Good.(Kom.in Fl.Mansh.1901)=Carex lithophila
Carex ischnostachya Steud.狭穗薹草
Carex ischnostachya var. *subtumida* Kukenht.=Carex subtumida
Carex ivanoviae Egorova.无穗柄薹草
Carex jakiana f. *oxyphylla* (Franch.) Kükenth.=Carex oxyphylla
Carex jaluensis Kom.鸭绿薹草
Carex japonalpina (T.Koyama) T.Koyama=Carex atrata
Carex japonica Boott=Carex doniana
Carex japonica Boott=Carex doniana
Carex japonica subsp. *subtransversa* (C.B.Clarke) T.Koyama=Carex subtransversa
Carex japonica Thunb.日本薹草
Carex japonica var. *alopecuroides* (D.Don) C.B.Clarke=Carex alopecuroides
Carex japonica var. *aphanolepis* (Franch. & Sav.) Kükenth. ex Matsum.=Carex aphanolepis
Carex japonica var. *chlorostachys* Tang=Carex planiculmis
Carex japonica var. *humilis* Franch.=Carex aphanolepis
Carex jiaodongensis Y.M.Zhang & X.D.Chen 胶东薹草
Carex jinfoshanensis Tang & Wang ex S.Y.Liang 金佛山薹草
Carex jisaburoohwiana T.Koyama=Carex caucasica subsp. jisaburoohwiana
Carex jiuhuaensis S.W.Su=Carex manca subsp. jiuhuaensis
Carex jiuxianshanensis L.K.Dai ex Y.Z.Huang 九仙山薹草
Carex jizhuangensis S.Y.Liang 季庄薹草
Carex kansuensis Nelmes 甘肃薹草
Carex kaoi Tang & Wang ex S.Y.Liang 高氏薹草
Carex karafutoana Ohwi=Carex lanceolata var. laxa
Carex karlongensis Kükenth.卡郎薹草
Carex karlongensis subsp. *handelii* Kükenth.) P.C.Li=Carex handelii
Carex karoi (Freyn) Freyn 小粒薹草
Carex karoi var. *parvirostris* Kükenth.) Löve & Raymond=Carex karoi
Carex kawakamii Hay.=Carex subtransversa
Carex kengiana C.P.Wang=Carex davidii
Carex kengii Kükenth.=Carex paxii
Carex kiangsuensis Kükenth.江苏薹草
Carex kilinowii Turcz.=Carex pediformis
Carex kirganica Kom.湿脉薹草
Carex kirganica var. *mukdenensis* (Kitag.) Kitag.=Carex kirganica
Carex kirinensis Wang & Y.L.Chang 吉林薹草
Carex kobomugi Ohwi 筛草
Carex koidzumii var. *fuscata* (Ohwi) Ohwi=Carex lasiocarpa
Carex komaroviana Bar. & Skv.=Carex angarae
Carex koreana Kom.=Carex tenuiformis
Carex korshinskyi Kom.黄囊薹草
Carex kotoensis Hay.=Carex bilateralis
Carex kuChunensis Tang & Wang ex S.Y.Liang 古城薹草
Carex kucyniakii Raynond 棕叶薹草
Carex kwangsiensis Wang & Tang ex P.C.Li 广西薹草
Carex kwangtoushanica K.T.Fu 光头山薹草
Carex kwangtungensis Wang & Tang=Carex adrienii
Carex lachenalii Schkuhr 二裂薹草
Carex laeta Boott 明亮薹草
Carex laevirostris (Blytt) Blytt ex Blytt & Fries=Carex rhynchophysa
Carex laevissima Nakai 假尖嘴薹草
Carex lamprosandra Franch.=Carex tapintzensis
Carex lancangensis S.Y.Liang 澜沧薹草
Carex lanceolata Boott (Kükenth. in Engl.,Pflanzenr Heft 1909,p.p.)=Carex lanceolata var. laxa
Carex lanceolata Boott 大披针薹草
Carex lanceolata var. *alashanica* Egor.=Carex lanceolata
Carex lanceolata var. lanceolata=Carex lanceolata
Carex lanceolata var. laxa Ohwi 少花大披针薹草
Carex lanceolata var. *macrosandra* Franch.=Carex macrosandra
Carex lanceolata var. *nana* Lévl. & Vant.=Carex callitrichos var. nana
Carex lanceolata var. subpediformis Kükenth.亚柄薹草
Carex lancifolia C.B.Clarke 披针薹草
Carex lancisquamata L.K.Dai 披针鳞薹草
Carex laricetorum Y.L.Chou 落叶松薹草
Carex lasiocarpa Ehrh.毛薹草
Carex lasiocarpa var. *fuscata* Ohwi=Carex lasiocarpa
Carex lasiocarpa var. *occultans* (Franch.) Kükenth.=Carex lasiocarpa
Carex laticeps C.B.Clarke ex Franch.弯喙薹草
Carex latisquamea Kom.宽鳞薹草
Carex laxa Wahlenb.稀花薹草
Carex laxiflora Lamarck.疏花薹草
Carex laxisquamata Tang & Wang=Carex breviscapa
Carex ledebouriana C.A.Mey. & Trev.棒穗薹草
Carex lehmanii Drejer 膨囊薹草
Carex leiorhyncha C.A.Mey.尖嘴薹草
Carex leucochlora Bge.=Carex breviculmis
Carex leucochlora f. *fibrillosa* (Franch. & Sav.) K.T.Fu=Carex breviculmis var. fibrillosa
Carex leucochlora f. *longearistata* (Kükenth.) Kitag.=Carex breviculmis
Carex leucochlora var. *filiculmis* (Franch. & Sav.) Kinga.=Carex breviculmis
Carex leucochlora var. *longiaristata* (Kükenth.) Kitag.=Carex breviculmis
Carex leucochlora var. *petrogena* Kitag.=Carex breviculmis
Carex licentii Nemer=Carex karoi
Carex lienchengensis S.Y.Liang & Y.Z.Huang 连城薹草
Carex ligata Boott 香港薹草
Carex ligata subsp. *formosensis* (Lévl. & Vant.) T.Koyama=Carex ascocetra
Carex ligata var. *formsensis* (Lévl. & Vant.) Kükenth.=Carex ascocetra
Carex ligata var. *nexa* (Boott) Kükenth.=Carex ligata
Carex ligata var. *strictior* (Kükenth.) Kükenth.=Carex sociata
Carex ligulata Nees 舌叶薹草
Carex ligulata var. glabriutriculata Q.S.Wang 光囊薹草?
Carex limosa L.湿生薹草
Carex limprichtiana Kükenth.小果囊薹草
Carex linearis Boott=Kobresia nepalensis
Carex lingii Wang & Tang 林氏薹草
Carex liouana Wang & Tang 刘氏薹草
Carex liqingii Tang & Wang ex S.Y.Liang 立卿薹草
Carex lithophila Turcz.二柱薹草
Carex litorhyncha Franch.坚喙薹草
Carex liui T.Koyama & Chuang 台中薹草
Carex loliacea L.间穗薹草
Carex longepedicellata Boeck.=Carex duriuscula subsp. stenophylloides
Carex longerostrata C.A.Mey.长嘴薹草
Carex longerostrata var. hoi S.Y.Liang 城弯薹草
Carex longerostrata var. longerostrata=Carex longerostrata
Carex longerostrata var. pallida (Kitag.) Ohwi 细穗长嘴薹草(新)
Carex longerostrata var. *tsinlingensis* K.T.Fu=Carex longerostrata
Carex longicruris Diels=Carex henryi
Carex longicruris var. *henryi* C.B.Clarke=Carex henryi
Carex longipes D.Don 长穗柄薹草
Carex longipes var. longipes=Carex longipes
Carex longipes var. sessilis Tang & Wang ex L.K.Dai 短穗柄薹草
Carex longirostrata C.A.Mey.(新拉汉英 1996)=Carex longerostrata
Carex longispica Böcklr.=Carex speciosa
Carex longispiculata Y.C.Yang 长密花穗薹草
Carex longisquamata Mainsh. ex Kom.=Carex lanceolata
Carex longistipes Hay.=Carex fulvo-rubescens subsp. longistipes
Carex longistolon C.B.Clarke=Carex sendaic
Carex longkiensis Franch.=Carex chinensis var. longkiensis
Carex longpanlaensis S.Y.Liang 龙盘拉薹草
Carex longshengensis Y.C.Tang & S.Y.Liang 龙胜薹草
Carex longxishanensis S.Y.Liang 陇栖山薹草
Carex luctuosa f. *brevisquama* K.T.Fu=Carex luctuosa
Carex luctuosa f. *mucronata* K.T.Fu=Carex luctuosa
Carex luctuosa Franch.城口薹草
Carex lurida C.B.Clarke=Carex obscuriceps
Carex lushanensis Kükenth.泸山薹草
Carex lutiChunensis Ohwi=Carex breviscapa
Carex lyngbeyi subsp. *cryptocarpa* (C.A.Mey.) Hultén=Carex cryptocarpa

Carex lyngbyei Hornem.(Kükenth. in Engl.,Pflanzenr.Heft 1909,p.p.)= Carex cryptocarpa
Carex lyngbyei subsp. *prionocarpa* (Franch.) Kitag.=Carex cryptocarpa
Carex maackii Maxim.卵果薹草
Carex macrandrolepis Lévl. & Vant.和平菱果薹草
Carex macrocephala Willd. ex Spreng.大头薹草
Carex macrocephala var. *kobomugi* Miyabe & Kudô =Carex kobomugi
Carex macrocephala var. *longibracteata* Oliv.=Carex kobomugi
Carex macrosandra (Franch.) V.Krecz.大雄薹草
Carex macroura Meinsh.=Carex pediformis
Carex maculata Boott 斑点果薹草
Carex magnoutriculata Tang & Wang ex L.K.Dai 大果囊薹草
Carex makinoensis Franch.牧野薹草
Carex makuensis P.C.Li 马库薹草
Carex manca Boott 弯柄薹草
Carex manca subsp. jiuhuaensis (S.W.Su) S.Y.Liang 九华薹草
Carex manca subsp. manca=Carex manca
Carex manca subsp. takasagoana (Akiyama) T.Koyama 梦佳薹草
Carex manca subsp. wichurai (Boeck.) S.Y.Liang 短叶薹草
Carex manca var. *wichurai* Kükenth.=Carex manca subsp. wichurai
Carex mancaeformis C.B.Clarke ex Franch.鄂西薹草
Carex mandarinorum Raymond=Carex glossostigma
Carex maorshanica Y.L.Chou 帽儿山薹草
Carex maquensis Y.C.Yang 玛曲薹草
Carex martinii Lévl. & Vant.马特薹草(新)?
Carex matudai (Hay.) Hay. ex Makino & Nemoto=Carex dolichostachya
Carex maubertiana Boott 套鞘薹草
Carex maximowiczii Miq.乳突薹草
Carex meihsienica K.T.Fu 眉县薹草
Carex meiogyma Nees (p.p.)=Carex filicina
Carex melanantha C.A.Mey.黑花薹草
Carex melanantha var. *moorcroftii* (Boott) Kükenth.=Carex moorcroftii
Carex melanocephala Turcz.黑鳞薹草
Carex melanostachya M.V. Bieb. ex Willd.凹脉薹草
Carex melinacra Franch.扭喙薹草
Carex melinacra var. changning S.Y.Liang 昌宁薹草
Carex melinacra var. melinacra=Carex melinacra
Carex metallica Lévl. & Vant.锈果薹草
Carex meyeriana Kunth 乌拉草
Carex michauxiana C.B.Clarke=Carex idzuroei
Carex micrantha Kükenth.滑茎薹草
Carex microglochin Wahl.尖苞薹草
Carex middendorffii Fr.Schmidt.高鞘薹草
Carex minuta Franch.=Carex caespitosa
Carex minxianensis S.Y.Liang 岷县薹草
Carex mitrata Franch.灰帽薹草
Carex mitrata subsp. *aristata* (Ohwi) T.Koyama=Carex mitrata var. aristata
Carex mitrata var. aristata Ohwi 具芒灰帽薹草
Carex mitrata var. mitrata=Carex mitrata
Carex miyabei Franch.柔叶薹草
Carex miyabei var. maopengensis S.W.Su 毛果薹草
Carex miyabei var. miyabei=Carex miyabei
Carex mollicula Boott 柔果薹草
Carex mollissima Christ.柄薹草
Carex mongolica Bar. & Skv. ex Liou et al.=Carex lithophila
Carex montana Ohwi=Carex ulobasis
Carex montana var. *manshuriensis* Kom.=Carex ulobasis
Carex montis-everestii Kükenth.窄叶薹草
Carex montis-wutaii T.Koyama 五台山薹草
Carex moorcroftii Falc. ex Boott 青藏薹草
Carex morii Hay.森氏薹草
Carex morrisonicola Hay.=Carex breviculmis
Carex mosoynensis Franch.滇西薹草
Carex motuoensis Y.C.Yang 墨脱薹草
Carex moupinensis Franch.宝兴薹草
Carex mucronatiformis Tang & Wang 类短尖薹草
Carex mukdenensis Kitag.=Carex kirganica
Carex muliensis Hand.-Mazz.木里薹草
Carex munda Bott 秀丽薹草
Carex munda var. *mundaeformis* T.Koyama=Carex munda
Carex muricata var. *basilata* (Ohwi) Y.L.Chou=Carex angustior
Carex myosuroides Villari=Kobresia myosuroides
Carex myosurus Nees 鼠尾薹草
Carex myosurus subsp. *spiculata* (Boott) Kükenth.=Carex myosurus
Carex nachiana Ohwi 日南薹草
Carex nakaharai Hay.=Carex gentilis var. nakaharai
Carex nakaoana T.Koyama 钝鳞薹草
Carex nanchuanensis Chü ex S.Y.Liang 南川薹草
Carex nanella Ohwi=Carex callitrichos var. nana
Carex nemorosa Rebent.=Carex otruba
Carex nemostachys Steud.条穗薹草
Carex neodigyna P.C.Li 双柱薹草
Carex neopolycepha Tang & Wang ex L.K.Dai 新多穗薹草
Carex neopolycepha var. neopolycepha=Carex neopolycepha
Carex neopolycepha var. simplex Tang & Wang ex L.K.Dai 简序薹草
Carex nervata Franch. & Sav.截嘴薹草
Carex neurocarpa Maxim.翼果薹草
Carex nexa Boott=Carex ligata
Carex nexa var. *strictior* Kükenth.=Carex sociata
Carex nikkoensis Franch. & Sav.=Carex satsumensis
Carex nipposinica Ohwi=Carex brownii
Carex nitida var. *aspera* (Boeck.) Kükenth.=Carex turkestanica
Carex nitidiutriculata L.K.Dai 亮果薹草
Carex nivalis Boott 喜马拉雅薹草
Carex nodaeana Ber. & Svk. ex Liou et al.=Carex pseudolongerostrata
Carex nubigena D.Don (高等图鉴 1976,西藏志 1987,安徽志.1992)= Carex fluviatilis
Carex nubigena D.Don 云雾薹草
Carex nubigena f. *viridans* Kükenth.=Carex nubigena
Carex nubigena subsp. albata (Boott) T.Koyama 褐红脉薹草
Carex nubigena subsp. nubigena=Carex nubigena
Carex nubigena subsp. pseudoarenicola (Hay.) T.Koyama 聚生穗序薹草
Carex nubigena var. *albata* (Boott) Kükenth. ex Matsum.=Carex nubigena subsp. albata
Carex nugata Ohwi 横纹薹草
Carex nutans Boott (Franch. in Bull.Soc.Philom.Paris 1895)=Kobresia esanbeckii
Carex nutans Host.(Kom.in Fl.Mansh.1901)=Carex heterostachya
Carex nutans Host.=Carex melanostachya
Carex oahuensis var. boottiana (HK. & Arn.) Kükenth.俄胡薹草(新)?
Carex obesa var. *aspera* Boeck.=Carex turkestanica
Carex obovatosquamata Wang & Y.L.Chang ex P.C.Li 倒卵鳞薹草
Carex obscura Nees (Kükenth. in Engl.,Pflanzenr.Heft 1909,p.p.)=Carex obscura var. brachycarpa
Carex obscura Nees 暗色薹草
Carex obscura var. brachycarpa C.B.Clarke 刺囊薹草
Carex obscura var. obscura=Carex obscura
Carex obscuriceps Kükenth.褐紫鳞薹草
Carex obscuriceps var. *pamirica* (O.Fedtsch.) Kükenth.=Carex pamirensis
Carex obtusata Liljebl.北薹草
Carex obtuso-bracteata Hay.=Carex breviscapa
Carex odontostoma Kükenth.=Carex chrysolepis
Carex oedorrhampha Nelmes 肿喙薹草
Carex okamotoi Ohwi (安徽志 1992)=Carex glossostigma
Carex oligostachya Nees 少穗薹草
Carex oligostachys Meinsh. & Maxim.=Carex egena
Carex olivacea Boott (Kükenth. in Engl.,Pflanzenr.Heft 1909,p.p.)=Carex confertiflora
Carex olivacea Boott 榄绿果薹草
Carex omeiensis Tang & Wang 峨眉薹草
Carex omeiensis var. *multifascula* Q.S.Wang=Carex omeiensis
Carex omiana Franch. & Sav.星穗薹草
Carex onoei Franch. & Sav.针叶薹草
Carex onoei var. *macrogyna* Tang=Carex onoei
Carex orbicularinucis L.K.Dai 圆坚果薹草
Carex orbicularis Boott 圆囊薹草
Carex orbicularis var. *taldycola* (Meinsh.) Kükenth.=Carex taldycola
Carex orthostachys C.A.Mey.直穗薹草
Carex orthostachys var. *drymophila* (Turcz.) Maxim.=Carex drymophila
Carex orthostemon Hay.=Carex breviculmis var. cupulifera

Carex orthostemon var. *cupulifera* Hay.=Carex breviculmis var. cupulifera
Carex otarunensis Franch.鹞落薹草
Carex otruba Pobl.捷克薹草
Carex ouensanensis Ohwi=Carex micrantha
Carex ovatispiculata Y.L.Chang ex S.Y.Liang 卵穗薹草
Carex oxyleuca V.Krecz.=Carex atrofusca subsp. minor
Carex oxyphylla Franch.尖叶薹草
Carex pachinensis Hay.=Carex metallica
Carex pachynura Kitag.肋脉薹草
Carex pachyrrhiza Franch.=Carex setosa
Carex paishanensis Nakai=Carex atrata
Carex pallens C.P.Wang=Carex breviculmis var. fibrillosa
Carex pallida C.A.Mey.疣囊薹草
Carex pallida var. angustifolia Y.L.Chang 狭叶疣囊薹草
Carex pallida var. pallida=Carex pallida
Carex pamirensis C.B.Clarke ex B.Fedtsch.帕米尔薹草
Carex pamirica (O.Fedtsch.) B.Fedtsch.=Carex pamirensis
Carex pandanophylla E.G.Camus=Carex scaposa
Carex panicea var. *sparsiflora* Wahlenb.=Carex sparsiflora
Carex paracuraica Wang & Y.L.Chang 陇县薹草
Carex parva Nees 小薹草
Carex parviflora C.A.Mey.(Kükenth.in Engl.,Pflanzenr.Heft 1909,p.p.)=
Carex melanocephala
Carex paxii Kükenth.短苞薹草
Carex pediformis C.A.Mey.柄状薹草
Carex pediformis var. *floribunda* Korsh.=Carex pediformis
Carex pediformis var. *macrosandra* (Franch.) C.B.Clarke=Carex macrosandra
Carex pediformis var. *macroura* (Meinsh.) Kükenth.=Carex pediformis
Carex pediformis var. pediformis=Carex pediformis
Carex pediformis var. pedunculata Maxim.柞薹草
Carex pediformis var. *rhizina* Kükenth.=Carex pediformis var. pedunculata
Carex pediformis var. *rostrata* Maxim.(p.p.)=Carex subebracteata
Carex pediformis α. *genuina* Maxim.(Akiyama in Caric.Far.East.Reg.Asia 1955)=Carex pediformis var. pedunculata
Carex pediformis α. *genuina* Maxim.=Carex pediformis
Carex pedunculata var. *erythrobasis* (Lévl. & Vant.) T.Koyama=Carex erythrobasis
Carex peiana Wang & Tang=Carex emineus
Carex peiktusani Kom.白头山薹草
Carex peliosanthifolia Wang & Tang ex P.C.Li 扇叶薹草
Carex pensylvanica var. *amblyolepis* (Trautv. & Mey.) Kükenth.=Carex vanheurckii
Carex perakensis C.B.Clarke 霹雳薹草
Carex pergracilis Nelmes 纤细薹草
Carex petersii C.A.Mey.=Carex sparsiflora var. petersii
Carex phacota Spreng.镜子薹草
Carex phaenocarpa Franch.色果薹草(新)
Carex phyllocephala T.Koyama 密苞叶薹草
Carex physodes M.-Bieb.囊果薹草
Carex pierotii Miq.=Carex scabrifolia
Carex pilosa Scop.毛缘薹草
Carex pilosa var. auriculata Kükenth.刺毛缘薹草
Carex pilosa var. pilosa=Carex pilosa
Carex pisanensis T.Koyama=Carex laeta
Carex pisiformis Boott 豌豆形薹草
Carex pisiformis f. *polyschoena* (Lévl. & Vant.) Kükenth.=Carex pisiformis
Carex pisiformis var. *alterniflora* (Franch.) T.Koyama=Carex pisiformis
Carex pisiformis var. *fernaldiana* (Lévl. & Vant.) T.Koyama=Carex pisiformis
Carex pisiformis var. *koreana* (Nakai) T.Koyama=Carex pisiformis
Carex pisiformis var. *major* (Kükenth.) T.Koyama=Carex capilliformis
Carex pisiformis var. *sachaliensis* (F.Schmidt) Kükenth. ex Matsum.=
Carex pisiformis
Carex pisiformis var. *subebracteata* Kükenth.=Carex subebracteata
Carex planiculmis Kom.扁秆薹草
Carex planiscapa Chun & How 扁茎薹草
Carex platysperma Y.L.Chang & Y.L.Yang 双辽薹草
Carex platysperma var. platysperma=Carex platysperma
Carex platysperma var. sungareensis Y.L.Chang & Y.L.Yang 松花江薹草
Carex pleistogyna V.Krecz.=Carex nubigena
Carex pocilliformis Boott=Carex tristachya var. pocilliformis
Carex poculisquama Kükenth.杯鳞薹草
Carex pollens C.B.Clarke=Carex dispalata
Carex pollens var. *angustioir* C.B.Clarke=Carex dispalata
Carex polymascula P.C.Li 多雄薹草
Carex polyschoena Lévl. & Vant. ex Lévl.(安徽志 1992,p.p.)=Carex breviaristata
Carex polyschoena Lévl. & Vant. ex Lévl.=Carex pisiformis
Carex polyschoenoides K.T.Fu 类白薹草
Carex praeclara Nelmes 沙生薹草
Carex praelonga C.B.Clarke 帚状薹草
Carex prainii C.B.Clarke=Carex perakensis
Carex prescottiana var. *cremostachys* (Franch.) Kükenth.=Carex cremostachys
Carex prescottiana var. *fargesii* (Franch.) Kükenth.=Carex fargesii
Carex prevernalis Kitag.=Carex lanceolata var. subpediformis
Carex prionocarpa Franch.=Carex cryptocarpa
Carex prolongata Kükenth.延长薹草
Carex pruinosa Boott 粉被薹草
Carex pruinosa subsp. *maximowiczii* (Miq.) Kükenth.=Carex maximowiczii
Carex przewalski Egorova 红棕薹草
Carex przewalskii var. *ramosa* Y.C.Yang=Carex przewalskii
Carex pseudoarenicola Hay.=Carex nubigena subsp. pseudoarenicola
Carex pseudobiwnensis Kitag.=Carex rara
Carex pseudocuraica Fr.Schmidt 漂筏薹草
Carex pseudocyperus L.似莎薹草
Carex pseudodispalata K.T.Fu 似皱果薹草
Carex pseudofilicina Hay.=Carex filicina
Carex pseudofoetida Kükenth.无味薹草
Carex pseudohumilis Wang & Y.L.Chang ex P.C.Li 假矮薹草
Carex pseudojaponica Hay.=Carex subtransversa
Carex pseudolanceolata V.Krecz.=Carex lanceolata var. subpediformis
Carex pseudolaticeps Tang & Wang ex S.Y.Liang 弥勒山薹草
Carex pseudoligulata L.K.Dai 锈点薹草
Carex pseudolongerostrata Y.L.Chang & Y.L.Yang 假长嘴薹草
Carex pseudophyllocephala L.K.Dai 假头序薹草
Carex pseudosupina Y.C.Tang ex L.K.Dai 高山薹草
Carex pseudovesicaria Lévl. & Vant.=Carex idzuroei
Carex psychrophila Nees 黄绿薹草
Carex pterocaulos Nelmes 翅茎薹草
Carex pterolepta Franch.=Carex fluviatilis
Carex pumila Thunb.矮生薹草
Carex purplevaginalis Q.S.Wang 紫鞘薹草?
Carex purpurascens Kükenth. ex Matsum.=Carex alliiformis
Carex purpureo-squamata L.K.Dai 紫鳞薹草
Carex purpureotincta Ohwi 太鲁阁薹草
Carex purpureovagina Wang & Y.L.Chang 紫红鞘薹草
Carex putuoensis S.Y.Liang 普陀薹草
Carex pycnostachya Kar. & Kir.密穗薹草
Carex qimenensis S.W.Su & S.M.Xu=Carex dolichostachya
Carex qingdaoensis F.Z.Li & S.J.Fan 青岛薹草
Carex qinghaiensis Y.C.Yang 青海薹草
Carex qingyangensis S.W.Su & S.M.Xu 青阳薹草
Carex qiyunensis S.W.Su & S.M.Xu 齐云薹草
Carex quadriflora (Kukehtn.) Ohwi 四花薹草
Carex raddei Kükenth.(东北检索表 1959,p.p.)=Carex humida
Carex raddei Kükenth.锥囊薹草
Carex raddei Liou et al.=Carex eriophylla
Carex radicalis Boott (横断山植物 1994)=Carex Chuiana
Carex radicalis Boott 根穗薹草
Carex radiciflora Dunn 根花薹草
Carex radicina C.P.Wang 细根茎薹草
Carex rafflesiana Boott 红头薹草
Carex rafflesiana subsp. *scaberrina* (Bocklr.) T.Koyama=Carex rafflesiana
Carex rafflesiana var. *continua* Kükenth.=Carex continua
Carex rafflesiana var. *scaberrina* (Böcklr.) Kükenth.=Carex rafflesiana
Carex rankanensis Hay.=Carex dolichostachya

Carex rara Boott 松叶薹草
Carex rara subsp. *capillacea* (Boott) Kükenth.(p.p.)=Carex capillacea
Carex rara var. *biwensis* (Franch.) Kükenth. ex Matsum.=Carex rara
Carex recurvisaccus T.Koyama 垂果薹草
Carex remota L.薮薹草
Carex remota subsp. *alta* (Boott) Kükenth.=Carex alta
Carex remota subsp. *rochebruni* (Franch. & Sav.) Kükenth.=Carex rochebruni
Carex remota subsp. *rochebruni* var. *enervulosa* Kükenth.=Carex rochebruni subsp. reptans
Carex remota subsp. *rochebruni* var. *reptans* (Franch.) Kükenth.=Carex rochebruni subsp. reptans
Carex remota subsp. *rochebrunii* var. *remotaeformis* (Kom.) Kükenth.= Carex remotiuscula
Carex remota var. *reptans* Franch.=Carex rochebruni subsp. reptans
Carex remotaeformis Kom.=Carex remotiuscula
Carex remotispicula Hay.=Carex rochebruni subsp. remotispicula
Carex remotiuscula Wahlenb 丝引薹草
Carex reptabunda (Trautv.) V.Krecz.走茎薹草
Carex retrofracta Kükenth.反折果薹草
Carex reventa V.Krecz.=Carex pediformis var. pedunculata
Carex rhizina Blytt ex Lindom.=Carex pediformis
Carex rhizina Blytt. ex Lindblom.(Kom. in Fl.Kamtsch.1927)=Carex pediformis var. pedunculata
Carex rhizodes var. *obbreviata* Meinsh.=Carex pediformis
Carex rhizomata Steud.=Carex oligostachya
Carex rhizopoda Maxim.根足薹草
Carex rhynchachaenium C.B.Clarke ex Merr.=Carex truncatigluma subsp. rhynchachaenium
Carex rhynchophora Franch.长颈薹草
Carex rhynchophysa C.A.Mey.大穗薹草
Carex ridongensis P.C.Li 日东薹草
Carex rigescens (Franch.) V.Krecz.=Carex duriuscula subsp. rigescens
Carex rigida subsp. *altaica* Gorodk.=Carex altaica
Carex rigidae Good.坚挺薹草
Carex riparia Curt.泽生薹草
Carex riparia var. *rugulosa* (Kikenth.) Kükenth.=Carex rugulosa
Carex roborowskii V.Krecz.?=Carex pseudofoetida
Carex rochebruni Franch. & Sav.书带薹草
Carex rochebruni subsp. remotispicula (Hay.) T.Koyamam 高山穗序薹草
Carex rochebruni subsp. reptans (Franch.) S.Y.Liang & Y.C.Tang 匍匐薹草
Carex rochebruni subsp. rochebrunii=Carex rochebruni
Carex rochebrunii var. *remotispicula* (Hay.) Ohwi=Carex rochebruni subsp. remotispicula
Carex rocheruni Franch. & Sav.(Franch.in Pl.David.1888)=Carex remotiuscula
Carex rostrata Boeck.=Carex obscuriceps
Carex rostrata Stokes 灰株薹草
Carex rouyana Franch.=Carex filipes
Carex royleana Nees=Carex breviculmis
Carex rubra Lévl. & Vant.=Carex caespitosa
Carex rubro-brunnea C.B.Clarke 点囊薹草
Carex rubro-brunnea var. brevibracteata T.Koyama 短苞大理薹草(新)
Carex rubro-brunnea var. *elineolata* Merr.=Carex rubro-brunnea var. taliensis
Carex rubro-brunnea var. rubro-brunnea=Carex rubro-brunnea
Carex rubro-brunnea var. taliensis (Franch.) Kükenth.大理薹草
Carex rugulosa Kükenth.粗脉薹草
Carex rugulosa var. *graciliculmis* (Ohwi) Kitag.=Carex kirganica
Carex sabynensis Lessing ex Kunth (Kom. in Fl.Mansh.1901,p.p.)=Carex hypochlora
Carex sabynensis var. *rostrata* (Maxim.) Ohwi=Carex subebracteata
Carex sachaliensis F.Schmidt=Carex pisiformis
Carex sachaliensis subsp. *alterniflora* (Franch.) T.Koyama=Carex pisiformis
Carex sachaliensis subsp. *fernaldiana* (Lévl. & Vant.) T.Koyama=Carex pisiformis
Carex sachaliensis var. *alterniflora* (Franch.) Ohwi=Carex pisiformis
Carex sachaliensis var. *conicoides* (Honda) Ohwi=Carex pisiformis
Carex sachaliensis var. *duvaliana* (Franch. & Sav.) T.Koyama=Carex duvaliana
Carex sachaliensis var. *fernaldiana* (Lévl. & Vant.) T.Koyama=Carex pisiformis
Carex sadoensis Franch.美丽薹草
Carex sagaensis Y.C.Yang 萨嘎薹草
Carex sasakii Hay.=Carex doniana
Carex satakeana T.Koyama 藏北薹草
Carex satsumensis Franch. & Sav.砂地薹草
Carex satsumensis var. *longiculma* Hay.=Carex satsumensis
Carex satsumensis var. *nakaii* Hay.=Carex satsumensis
Carex saxicola Tang & Wang 岩生薹草
Carex scaberrina (Böcklr.) C.B.Clarke=Carex rafflesiana
Carex scabriculmis (Kükenth.=Carex teinogyna
Carex scabrifolia Steud.糙叶薹草
Carex scabrirostris Kükenth.糙喙薹草
Carex scaposa C.B.Clare 花葶薹草
Carex scaposa var. *baviensis* Franch.=Carex adrienii
Carex scaposa var. dolicostachya Wang & Tang 长雄薹草
Carex scaposa var. hirsuta P.C.Li 糙叶花葶薹草
Carex scaposa var. *marantacea* Raymod=Carex scaposa
Carex scaposa var. scaposa=Carex scaposa
Carex schlagintweitiana Boeck.=Carex setigera var. schlagintweitiana
Carex schmidtii Meinsh.瘤囊薹草
Carex schneideri Nelmes 川滇薹草
Carex schreberi Schrank (Kom.in Fl.Mansh.1901)=Carex yamatsutana
Carex scirrobasis Kitag.=Carex humilis var. scirrobasis
Carex sclerocarpa Franch.硬果薹草
Carex scolopendriformis Wang & Tang ex P.C.Li 蜈蚣薹草
Carex secalina Wahlenb.(Kükenth. in Engl.,Pflanzenr.Heft 1909,p.p.)= Carex eremopyroides
Carex sedakovoii C.A.Mey.沟顺薹草
Carex selengensis Ivan.=Carex karoi
Carex semperirens subsp. *tristis* (Marsch.-Bieb.) Kükenth.=Carex stenocarpa
Carex sendaica Franch.仙台薹草
Carex sendaica var. *nakairi* (Ohwi) Koyama=Carex brunnea
Carex sendaica var. pseudosendaica T.Koyama 多穗仙台薹草
Carex sendaica var. sendaica=Carex sendaica
Carex serreana Hand.-Mazz.紫喙薹草
Carex setigera D.Don 长茎薹草
Carex setigera var. schlagintweitiana (Boeck.) Kükenth.小长茎薹草
Carex setigera var. setigera=Carex setigera
Carex setosa Boott 刺毛薹草
Carex setosa var. mianxinica S.Y.Liang 丐县薹草
Carex setosa var. punctata S.Y.Liang 锈点刺毛薹草(新)
Carex setosa var. setosa=Carex setosa
Carex setulifolia Nelmes=Carex perakensis
Carex shaanxiensis Wang & Tang ex P.C.Li 陕西薹草
Carex shandanica Y.C.Yang 山丹薹草
Carex shangchengensis S.Y.Liang 商城薹草
Carex shanghaiensis S.X.Qian & Y.Q.Liu 上海薹草
Carex shanghangensis S.Y.Liang 上杭薹草
Carex sharyotoensis Hay.=Carex macrandrolepis
Carex shichiseitensis Hay.=Carex phacota
Carex shimadai Hay.=Carex makinoensis
Carex shimadai var. *longibracteata* Hay.=Carex makinoensis
Carex shuangbaiensis L.K.Dai 双柏薹草
Carex shuchengensis S.W.Su & Q.Zhang 舒城薹草
Carex sichouensis P.C.Li 西畴薹草
Carex siderosticta Hance 宽叶薹草
Carex siderosticta var. pilosa Lévl. ex Nakai 毛缘宽叶薹草
Carex siderosticta var. siderosticta=Carex siderosticta
Carex siderosticta var. *variegata* Akiyama=Carex siderosticta
Carex simulans C.B.Clarke 相仿薹草
Carex simulans var. densiflora Tang & Wang ex S.Y.Liang 密花相仿薹草
Carex simulans var. simulans=Carex simulans
Carex sino-aristata Wang & Tang ex L.K.Dai 华芒鳞薹草
Carex sinocriapa Raymond=Carex lingii
Carex sino-dissitiflora Tang & Wang ex L.K.Dai 华疏花薹草
Carex siroumensis Koidz.冻原薹草
Carex smirnovii V.Krecz.=Carex rugulosa
Carex sociata Boott 伴生薹草
Carex songarica Kar. & Kir.准噶尔薹草

Carex souliei Franch.=Carex obscura var. brachycarpa
Carex soyaeensis Kükenth.=Carex angustinowiczi
Carex spachiana Boott 澳门薹草
Carex sparsiflora (Wahlenb.) Steud.少花薹草
Carex sparsiflora var. petersii (C.A.Mey.) Kükenth.大少花薹草
Carex sparsiflora var. sparsiflora=Carex sparsiflora
Carex sparsinux C.B.Clarke ex Franch.=Carex filipes
Carex spatiosa Boott=Carex commixta
Carex speciosa Kunth 翠丽薹草
Carex speciosa var. *abscondita* Kükenth.=Carex speciosa
Carex speciosa var. *angustifolia* Boott=Carex speciosa
Carex speciosa var. *courtallensis* (Nees) Kükenth.=Carex courtallensis
Carex speciosa var. *monor* Böcklr.=Carex speciosa
Carex squamata V.Krecz.=Carex craspedotricha
Carex stachydesma Franch.=Carex rubro-brunnea var. taliensis
Carex stellulata var. *omiana* (Franch.et Sav.) Kükenth.=Carex omiana
Carex stenantha C.B.Clarke=Carex bostrychostigma
Carex stenocarpa Turcz. ex V.Krecz.细果薹草
Carex stenophylla Wanhleb.(Kom.in Fl.Mansh.1901)=Carex duriuscula
Carex stenophylla Wahlb. 狭叶薹草(新)
Carex stenophylla var. *duriuscula* (C.A.Mey.) Trautv.=Carex duriuscula
Carex stenophylla var. *enervis* (C.A.Mey.) Kükenth.=Carex enervis
Carex stenophylla var. *longepedicellata* (Boeck.) Kükenth.=Carex duriuscula subsp. stenophylloides
Carex stenophylla var. *reptabunda* Trautv.=Carex reptabunda
Carex stenophylla var. *rigescens* Franch.=Carex duriuscula subsp. rigescens
Carex stenophylloides V.Krecz.=Carex duriuscula subsp. stenophylloides
Carex stipala Mühlenb.(新拉汉英 1996)= Carex stipata
Carex stipata Muhl. ex Willd.海绵基薹草
Carex stipitinux C.B.Clarke 柄果薹草
Carex stipitiutriculata P.C.Li 柄囊薹草
Carex stramentitia Boott 草黄薹草
Carex subcernua Ohwi 武义薹草
Carex subebracteata (Kükenth.) Ohwi 小苞叶薹草
Carex subfilicinoides Kükenth.近蕨薹草
Carex submollicula Tang & Wang ex L.K.Dai 似柔果薹草
Carex subpediformis (Kükenth.) Suto & Suzuki=Carex lanceolata var. subpediformis
Carex subperakensis L.K.Ling & Y.Z.Huang 类霹雳薹草
Carex subpumila Tang & Wang ex L.K.Dai 似矮生薹草
Carex subteinogyna Ohwi=Carex bilateralis
Carex subtransversa C.B.Clarke 似横果薹草
Carex subtumida (Kükenth.) Ohwi 肿胀果薹草
Carex sukaczovii V.Krecz.=Carex gotoi
Carex supermascula V.Krecz.=Carex pediformis
Carex supina var. *costata* Meinsh.=Carex korshinskyi
Carex supina var. *korshinskii* (Kom.) Kükenth.=Carex korshinskyi
Carex surculosa Raymond=Carex tsiangii
Carex sutchuensis Franch.四川薹草
Carex sutschanensis Kom.=Carex pediformis
Carex sylvatica Maxim.=Carex arnellii
Carex tagawana T.Koyama=Carex fulvorubescens subsp. longistipes
Carex taihokuensis Hay.=Carex tatsutakensis
Carex taihuensis S.W.Su & S.M.Xu 太湖薹草
Carex taipaishanica K.T.Fu 太白山薹草
Carex takasagoana Akiyama=Carex manca subsp. takasagoana
Carex takenakai Nakai=Carex karoi
Carex taldycola Meinsh.南疆薹草
Carex taliensis Franch.=Carex rubro-brunnea var. taliensis
Carex tangiana Ohwi 唐进薹草
Carex tangii Kükenth.河北薹草
Carex tangulashanensis Y.C.Yang 唐古拉薹草
Carex tapintzensis Franch.大坪子薹草
Carex tapintzensis var. *lamprosandra* (Franch.) Kükenth.=Carex tapintzensis
Carex tarumensis Franch.长鳞薹草
Carex tatewakiana Ohwi=Carex perakensis
Carex tato Chang=Carex appendiculata
Carex tatsiensis (Franch.) Kükenth.打箭薹草
Carex tatsutakensis Hay.锐果薹草
Carex tchenkeouensis E.G.Camus=Carex thibetica
Carex teansalpina Hay.?=Carex dolichostachya subsp. trichosperma
Carex teinogyna Boott 长柱头薹草
Carex teinogyna var. *scabriculmis* Kükenth.=Carex teinogyna
Carex tenebrosa Boott 芒尖鳞薹草
Carex tenella Thuill.(Schkuhr.in Riedgr.1801)=Carex disperma
Carex tenuiflora Wahlenb.细花薹草
Carex tenuiformis Lévl. & Vant.细形薹草
Carex tenuipaniculata P.C.Li 细序薹草
Carex tenuispicula T.Tang ex S.Y.Liang 细穗薹草
Carex tenuissima var. *duvaliana* (Franch. & Sav.) Kükenth.=Carex duvaliana
Carex tenuistachya Nakai=Carex longerostrata var. pallida
Carex tenuistachya f. *pallida* (Kitag.) Kitag.=Carex longerostrata var. pallida
Carex tenuistachya var. *pallida* Kitag.=Carex longerostrata var. pallida
Carex teres Boott 糙芒薹草
Carex ternaria Meinsh.=Carex tuminensis
Carex thibetica Franch.藏薹草
Carex thibetica var. minor Kükenth.小藏薹草
Carex thibetica var. pauciflora Tang & Wang 少花藏薹草
Carex thibetica var. thibetica=Carex thibetica
Carex thompsonii Franch.球结薹草
Carex thomsonii Boott (神农架植物 1980)=Carex thompsonii
Carex thomsonii Boott 高节薹草
Carex thunbergii Steud.(南大学报 1962)=Carex cirnerascens
Carex thunbergii Steud.陌上菅
Carex tonkinensis Franch.=Carex perakensis
Carex tosaensis Akiyama ?(安徽志 1992)=Carex polyschoenoides
Carex transvesa Boott 横果薹草
Carex tricephala Böcklr.三头薹草
Carex trichosperma Ohwi=Carex dolichostachya subsp. trichosperma
Carex trinervis Nees=Kobresia esanbeckii
Carex tripartita All.(Egorova in Caric.URSS Subgen. Vignea Sp.1966)= Carex lachenalii
Carex tristachya Thunb.三穗薹草
Carex tristachya var. pocilliformis (Boott) Kükenth.合鳞薹草
Carex tristachya var. tristachya=Carex tristachya
Carex truncatigluma C.B.Clarke 截鳞薹草
Carex truncatigluma subsp. rhynchachaenium (C.B.Clarke ex Merr.) Y.C.Tang & S.Y.Liang 喙果薹草
Carex truncatigluma subsp. truncatigluma=Carex truncatigluma
Carex truncatirostris S.W.Su & S.M.Xu=Carex Chungii
Carex truncatirostris var. erostris S.W.Su & S.M.Xu=Carex Chungii
Carex tsaiana Wang & Tang ex P.C.Li 希陶薹草
Carex tsangensis Franch.=Carex setigera var. schlagintweitiana
Carex tsiangii Wang & Tang 三念薹草
Carex tsoi Merr. & Chun 线茎薹草
Carex tumida Boott=Carex oedorrhampha
Carex tuminensis Kom.图们薹草
Carex tungfangensis L.K.Dai & S.M.Huang 东方薹草
Carex turkestanica Rgl.新疆薹草
Carex uda Maxim.大针薹草
Carex ulobasis V.Krecz.卷叶薹草
Carex umbrosa subsp. *sabynensis* (Lessing ex Kunth) Kükenth.(p.p.)= Carex hypochlora
Carex umbrosa var. *koreana* Nakai=Carex pisiformis
Carex uncinoides Boott=Kobresia uncinoides
Carex unifoliatum Kükenth. & Hand.-Mazz.=Carex parva
Carex unisexualis C.B.Clarke 单性薹草
Carex uraiensis Hay.=Carex sociata
Carex urelytra Ohwi 扁果薹草
Carex ussuriensis Kom.乌苏里薹草
Carex ustulata var. *minor* Boott=Carex atrofusca subsp. minor
Carex vaginata Tausch=Carex sparsiflora
Carex valida Nees=Carex cruciata
Carex vanheurckii Müell. Arg.鳞苞薹草
Carex vesicaria L.(Maxim. in Prim.Fl.Amur.1859,p.p.)=Carex vesicata
Carex vesicaria L.胀囊薹草
Carex vesicaria var. *alpigena* Kükenth.=Carex dichroa
Carex vesicaria var. pamirica O.Fedtsch.=Carex pamirensis
Carex vesicaria var. *tenuistachya* Kükenth.=Carex vesicata

Carex vesicata Meinsh.褐黄鳞薹草
Carex vidua Boott ex C.B.Clarke=Kobresia vidua
Carex villosa Boott=Carex latisquamea
Carex villosa var. *latisquamea* Kom.) Kükenth.=Carex latisquamea
Carex viridimarginata Kükenth.绿边薹草
Carex vulpina L.狐狸薹草
Carex vulpinaris var. *pseudofoetida* (Kükenth.) Y.C.Yang=Carex pseudofoetida
Carex wallichiana Prescott ex Nees=Carex fidia
Carex wallichiana var. *miyabei* (Franch.) Kükenth.=Carex miyabei
Carex wallichiana var. *miyabei* f. *glabrescens* Kükenth.=Carex glabrescens
Carex warburgiana Kükenth.=Carex makinoensis
Carex wawuensis Chü 瓦屋薹草
Carex wenchenii Wang & Tang=Carex serreana
Carex wenshanensis L.K.Dai 文山薹草
Carex wichurai Kükenth.=Carex manca subsp. wichurai
Carex wui Chü ex L.K.Dai 沙坪薹草
Carex wushanensis S.Y.Liang 武山薹草
Carex wutuensis K.T.Fu 武都薹草
Carex wuyishanensis Y.C.Tang ex S.Y.Liang 武夷山薹草
Carex xiphium Kom.稗薹草
Carex xuanthengensis S.W.Su & S.M.Xu=Carex Chungii
Carex yajiangensis Tang & Wang 雅江薹草
Carex yamatsutana Ohwi 山林薹草
Carex yangshuoensis Tang & Wang ex S.Y.Liang 阳朔薹草
Carex yingkiliensis Bar. & Skv.=Carex mollissima
Carex ypsilandraefolia Wang & Tang 丫蕊薹草
Carex yuexiensis S.W.Su & S.M.Xu 岳西薹草
Carex yulungshanensis P.C.Li 玉龙薹草
Carex yungningensis Hand.-Mazz. & Kükenth. ex Hand.-Mazz.=Carex fluviatilis
Carex yunlingensis P.C.Li 云岭薹草
Carex yunnanensis Franch.云南薹草
Carex zekogensis Y.C.Yang 泽库薹草
Carex zhengkangensis Wang & Tang 镇康薹草
Carex zhonghaiensis S.Y.Liang 中海薹草
Carex zizaniaefolia Raynond 菰叶薹草
Carex zunyiensis Tang & Wang 遵义薹草
Carica L.**番木瓜属**(番木瓜科)
Carica papaya L.番木瓜
Caricaceae 番木瓜科
Carissa L.**假虎刺属**(夹竹桃科)
Carissa carandas L.刺黄果
Carissa diffusa Roxb.=Carissa spinarum
Carissa edulis (Forssk.) Vahl 甜假虎刺
Carissa grandiflora (E.Mey.) DC.=Carissa macrocarpa
Carissa macrocarpa (Eckl.) DC.大花假虎刺
Carissa spinarum L.假虎刺
Carissa yunnanensis Tsiang=Carissa spinarum
Carlemannia Benth.**香茜属**(茜草科)
Carlemannia henryi Lévl.=Carlemannia tetragona
Carlemannia tetragona HK.f.香茜
Carlesia Dunn **山茴香属**(伞形科)
Carlesia sinensis Dunn 山茴香
Carlina L.**刺苞菊属**(菊科)
Carlina acanthifolia All.叶刺苞菊
Carlina acaulis L.(Ledeb.in Fl.Ross.1845-46,p.p.)=Carlina biebersteinii
Carlina acaulis L.无茎刺苞菊
Carlina biebersteinii Bernh. ex Hornem.刺苞菊
Carlina longifolia Rchb.=Carlina biebersteinii
Carlina longifolia var. *pontica* Boiss.=Carlina biebersteinii
Carlina nebrodensis Guss.(Ledeb.in Fl.Ross.1845-46,p.p.)=Carlina biebersteinii
Carlina vulgaris L.(Ledeb.in Fl.Ross.1833)=Carlina biebersteinii
Carlina vulgaris L.欧洲刺苞菊
Carlina vulgaris var. *longifolia* Kirsh.=Carlina biebersteinii
Carlina vulgaris γ. *microcephala* Ledeb.(p.p.)=Carlina biebersteinii
Carlowitzia Moench=**Carlina**
Carludovica Ruiz & Pav.**巴拿马草属**(巴拿马草科)
Carludovica atrovirens Wendl.暗绿巴拿马草
Carludovica palmata Ruiz & Pav.巴拿马草
Carmona Cav.**基及树属**(紫草科)
Carmona heterophylla Cav.=Carmona microphylla
Carmona microphylla (Lam.) G.Don 基及树
Carmona viminea (Wall.) G.Don=Rotula aquatica
Carnegiea Britt. & Rose **巨人柱属**(仙人掌科)
Carnegiea gigantea (Engl.) Britt. & Rose 巨人柱
Carolinella cordifolia Hemsl.=Primula partschiana
Carolinella henryi Hemsl.=Primula henryi
Carolinella obovata Hemsl.=Primula rugosa
Carpanthus Raf.=**Azolla**
Carparia crustacea L.=Lindernia crustacea
Carpesium L.**天名精属**(菊科)
Carpesium abrotanoides L.天名精
Carpesium acutum Hay.=Carpesium nepalense
Carpesium atkinsonianum Hemsl.=Carpesium divaricatum
Carpesium cernuum L.(HK.f.in Fl.Brit.Ind.1881,p.p.)=Carpesium nepalense
Carpesium cernuum L.烟管头草
Carpesium cernuum var. *trachelifolium* C.B.Clarke=Carpesium trachelifolium
Carpesium cordatum Chen & C.M.Hu 心叶天名精
Carpesium divaricatum S. & Z.金挖耳
Carpesium eximum Winkl.=Carpesium macrocephalum
Carpesium faberi Winkl.贵州天名精
Carpesium hosokawae Kitam.=Carpesium faberi
Carpesium humile Winkl.矮天名精
Carpesium kweichowense Chang=Carpesium faberi
Carpesium leptophyllum Chen & C.M.Hu 薄叶天名精
Carpesium leptophyllum var. leptophyllum=Carpesium leptophyllum
Carpesium leptophyllum var. linearibracteatum Chen & C.M.Hu 狭苞薄叶天名精
Carpesium lipskyi Winkl.高原天名精
Carpesium lipskyi var. *hotonense* Winkl.=Carpesium lipskyi
Carpesium lipskyi var. *potaninii* Winkl.=Carpesium lipskyi
Carpesium lipskyi var. *przewalskyi* Winkl.(Hand.-Mazz.in Act.Hort.Goth 1938)=Carpesium velutinum
Carpesium lipskyi var. *przewalskyi* Winkl.=Carpesium lipskyi
Carpesium longifolium Chen & C.M.Hu 长叶天名精
Carpesium macrocephalum Franch. & Sav.大花金挖耳
Carpesium manshuricum Kitam.=Carpesium triste
Carpesium minum Hemsl.(Hand.-Mazz.in Notzbl.Bot.Gard. & Mus.Berlin 1937,p.p.)=Carpesium faberi
Carpesium minum Hemsl.小花金挖耳
Carpesium nepalense Less.尼泊尔天名精
Carpesium nepalense var. lanatum (HK.f. & T.Thoms. ex C.B.Clarke) Kitam. ex C.B.Clarke 棉毛尼泊尔天名精
Carpesium nepalense var. nepalense=Carpesium nepalense
Carpesium pseudotracheliifolium Ling=Carpesium triste var. sinense
Carpesium scapiforme Chen & C.M.Hu 葶茎天名精
Carpesium szechuanense Chen & C.M.Hu 四川天名精
Carpesium thunbergianum S. & Z.=Carpesium abrotanoides
Carpesium trachelifolium Less.(Forb. & Hemsl.in J.L.Soc.Bot.1888)=Carpesium faberi
Carpesium trachelifolium Less.粗齿天名精
Carpesium triste Maxim.暗花金挖耳
Carpesium triste var. *manshuricum* Kitam.=Carpesium triste
Carpesium triste var. sinense Diels 毛暗花金挖耳
Carpesium triste var. triste=Carpesium triste
Carpesium tristeforme Hand.-Mazz.=Carpesium triste var. sinense
Carpesium velutinum Winkl.绒毛天名精
Carphephorus baicalensis DC.=Saussurea baicalensis
Carpinus L.**鹅耳枥属**(桦木科)
Carpinus austrosinensis Hu=Carpinus pubescens
Carpinus austroyunnanensis Hu=Carpinus kweichowensis
Carpinus betulus L.欧洲鹅耳枥
Carpinus caroliniana Walt.美洲鹅耳枥
Carpinus chinensis (Franch.) Pei.=Carpinus cordata var. chinensis
Carpinus chowii Hu=Carpinus turczaninowii
Carpinus chuniana Hu 粤北鹅耳枥

Carpinus chuniana var. sichourensis (Hu) T.Hong 西畴鹅耳枥?
Carpinus cordata Bl.(H.Winkl.in Engler,Bvot.Jahrb. 1914,p.p.)=Carpinus cordata var. chinensis
Carpinus cordata Bl.千金榆
Carpinus cordata var. chinensis Franch.华千金榆
Carpinus cordata var. cordata=Carpinus cordata
Carpinus cordata var. mollis (Rehd.) Cheng ex Chen 毛叶千金榆
Carpinus daginensis Hu=Carpinus fargesiana
Carpinus dayongina K.W.Liu & Q.Z.Lin 大庸鹅耳枥
Carpinus densispica Hu=Carpinus monbeigiana
Carpinus erosa Bl.=Carpinus cordata
Carpinus falcatibracteata Hu=Carpinus tschonoskii
Carpinus falcatibracteata Hu=Carpinus tschonoskii
Carpinus fangiana Hu 川黔千金榆
Carpinus fargesiana H.Winkkl.川陕鹅耳枥
Carpinus fargesiana var. fargesiana=Carpinus fargesiana
Carpinus fargesiana var. hwai (Hu & Cheng) P.C.Li 狭叶鹅耳枥
Carpinus fargesii Franch.=Carpinus viminea
Carpinus firmifolia (H.Winkl.) Hu 厚叶鹅耳枥
Carpinus funiushanensis P.C.Kuo=Carpinus hupeana
Carpinus handelii Rehd.=Carpinus polyneura
Carpinus hebestoma Yamamoto 太鲁阁鹅耳枥
Carpinus henryana (H.Winkl.) H.Winkl.川鄂鹅耳枥
Carpinus hogoensis Hay.=Carpinus kawakamii
Carpinus huana Cheng=Carpinus hupeana
Carpinus hupeana Hu 湖北鹅耳枥
Carpinus hupeana var. *henryana* (H.Winkl.) P.C.Li=Carpinus henryana
Carpinus hupeana var. hupeana=Carpinus hupeana
Carpinus hupeana var. *simplicifentata* (Hu) P.C.Li=Carpinus stipulata
Carpinus hwai Hu & Cheng=Carpinus fargesiana var. hwai
Carpinus kawakamii Hay.阿里山鹅耳枥
Carpinus kweichowensis Hu 贵州鹅耳枥
Carpinus kweitingensis Hu=Carpinus pubescens
Carpinus kweiyangensis Hu=Carpinus pubescens
Carpinus lanceolata Hand.-Mazz.=Carpinus londoniana var. lanceolata
Carpinus lancilimba Hu=Carpinus pubescens
Carpinus laxiflora Hu=Carpinus hupeana
Carpinus laxiflora var. *davidii* Franch.=Carpinus viminea
Carpinus laxiflora var. *macrostachya* Oliv.(Merr.in Lingn.Sci.J.1927)=Carpinus londoniana var. lanceolata
Carpinus laxiflora var. *macrostachya* Oliv.=Carpinus viminea
Carpinus laxiflora var. *tientaiensis* Hu=Carpinus tientaiensis
Carpinus likiangensis Hu=Carpinus monbeigiana
Carpinus londoniana H.Winkl.短尾鹅耳枥
Carpinus londoniana var. lanceolata (Hand.-Mazz.) P.C.Li 海南鹅耳枥
Carpinus londoniana var. latifolius P.C.Li 宽叶鹅耳枥
Carpinus londoniana var. londoniana=Carpinus londoniana
Carpinus londoniana var. xiphobracteata P.C.Li 剑苞鹅耳
Carpinus longipes Hu=Carpinus hupeana
Carpinus marlipoensis Hu=Carpinus pubescens
Carpinus mianningensis Yi=Carpinus tschonoskii
Carpinus microphylla Z.C.Chen ex Y.S.Wang & J.P.Huang 田阳鹅耳枥
Carpinus minutiserrata Hay.细齿鹅耳枥
Carpinus mollicoma Hu 软毛鹅耳枥
Carpinus mollis Rehd.=Carpinus cordata var. mollis
Carpinus monbeigiana Hand.-Mazz.云南鹅耳枥
Carpinus monbeigiana var. *weisiensis* Hu=Carpinus monbeigiana
Carpinus oblongifolia (Hu) Hu & W.C.Cheng 宝华鹅耳枥
Carpinus obovatifolia Hu=Carpinus tschonoskii
Carpinus omeiensis Hu 峨眉鹅耳枥
Carpinus paoshingensis Hsia=Carpinus tschonoskii
Carpinus parva Hu=Carpinus pubescens
Carpinus paxii H.Win (L.)=Carpinus turczaninowii
Carpinus pilosinucula Hu=Carpinus pubescens
Carpinus pinfaensis Lévl. & Vaniat=Carpinus pubescens
Carpinus pingpienensis Hu=Carpinus pubescens
Carpinus poilanei A.Camus=Carpinus londoniana
Carpinus polyneura Franch.(Burk.in J.L.Soc.Bot.1899,p.p.)=Carpinus hupeana var. henryana
Carpinus polyneura Franch.(分类学报 1964,p.p.)=Carpinus mollicoma
Carpinus polyneura Franch.多脉鹅耳枥
Carpinus polyneura var. polyneura=Carpinus polyneura
Carpinus polyneura var. *sungpanensis* (W.Y.Hsia) P.C.Li=Carpinus sungpanensis
Carpinus polyneura var. *tsunyihensis* (Hu) P.C.Li=Carpinus tsunyihensis
Carpinus pubescens Burk.云贵鹅耳枥
Carpinus pubescens var. *bigiehensis* Hu=Carpinus pubescens var. firmifolia
Carpinus pubescens var. *firmifolia* (H.Winkl.) Hu ex P.C.Li=Carpinus firmifolia
Carpinus pubescens var. pubescens=Carpinus pubescens
Carpinus purpurinervis Hu 紫脉鹅耳枥
Carpinus putoensis Cheng 普陀鹅耳枥
Carpinus rankanensis Hay.兰邯千金榆
Carpinus rankanensis var. mutsudae Yamamoto 细叶兰邯千金榆
Carpinus rankanensis var. rankanensis=Carpinus rankanensis
Carpinus rupestris A.Camus 岩生鹅耳枥
Carpinus seemeniana Diels=Carpinus pubescens
Carpinus seemeniana Hu=Carpinus stipulata
Carpinus sekii Yamamoto=Carpinus kawakamii
Carpinus shensiensis Hu 陕西鹅耳枥
Carpinus sichourensis Hu=Carpinus tsaiana
Carpinus simplicidentata Hu=Carpinus stipulata
Carpinus stipulata H.Winkl.小叶鹅耳枥
Carpinus stunyihensis Hu=Carpinus tsunyihensis
Carpinus sungpanensis W.Y.Hsia 松潘鹅耳枥
Carpinus tehcheingensis Hu=Carpinus viminea
Carpinus tientaiensis Cheng 天台鹅耳枥
Carpinus tsaiana Hu 宽苞鹅耳枥
Carpinus tschonoskii Maxim.昌化鹅耳枥
Carpinus tschonoskii var. *falcatibracteata* (Hu) P.C.Li=Carpinus tschonoskii
Carpinus tschonoskii var. *henryana* H.Winkl.=Carpinus henryana
Carpinus tschonoskii var. tschonoskii=Carpinus tschonoskii
Carpinus tsiangiana Hu=Carpinus pubescens
Carpinus tsoongiana Hu=Carpinus pubescens
Carpinus tsunyihensis Hu 遵义鹅耳枥
Carpinus tungtzeensis Hu=Carpinus pubescens
Carpinus turczaninowii Hance 鹅耳枥
Carpinus turczaninowii var. *chungnanensis* P.C.Kuo=Carpinus turczaninowii
Carpinus turczaninowii var. *firmifolia* H.Winkl.=Carpinus pubescens var. firmifolia
Carpinus turczaninowii var. *oblongifolia* Hu=Carpinus hupeana
Carpinus turczaninowii var. *polyneura* (Franch.) H.Winkl.=Carpinus polyneura
Carpinus turczaninowii var. *stipulata* (H.Winkl.) H.Winkl.=Carpinus stipulata
Carpinus turczaninowii var. turczaninowii=Carpinus turczaninowii
Carpinus viminea Lindl.雷公鹅耳枥
Carpinus viminea var. chiukiangensis Hu 贡山鹅耳枥
Carpinus viminea var. viminea=Carpinus viminea
Carpinus wangii Hu & Cheng=Carpinus pubescens
Carpinus wilsoniana Hu=Carpinus fangiana
Carpinus yedoensis Maxim.=Carpinus tschonoskii
Carpobrotus edulis (L.) N.E.Br.=Mesembryanthemum edule
Carpodinus G.Don **果回藤属**(夹竹桃科)
Carpogymnia Löve & Löve=**Gymnocarpium**
Carpogymnia dryopteris Löve & Löve=Gymnocarpium dryopteris
Carpogymnia jessoensis (Koidz.) Löve & Löve=Gymnocarpium jessoense
Carpogymnia oyamensis Löve & Löve=Gymnocarpium oyamense
Carpogymnia robertiana Löve & Löve=Gymnocarpium robertianum
Carpopogon Roxb.=**Mucuna**
Carpopogon bracteatum Roxb.=Mucuna bracteata
Caprifolium elisae O.Ktze.=Lonicera elisae
Caprifolium ligustrinum L.Itze.=Lonicera ligustrina
Carrierea Franch.**山羊角树属**(大风子科)
Carrierea calycina Franch.山羊角树
Carrierea dunniana Lévl.贵州嘉丽树
Carrierea rehderiana Sleum.=Carrierea dunniana
Carrierea vieillardii Gagn.=Itoa orientalis
Carthamus L.**红花属**(菊科)
Carthamus lanatus L.毛红花
Carthamus maculatum (Scop.) Lam.=Silybum marianum

Carthamus tinctorius L.红花
Carthanmus tauricus MB.=Carthamus lanatus
Carum L.**葛缕子属**(伞形科)
Carum alpestre K.-Pol.=Aegopodium alpestre
Carum angustissimum Kitag.=Carum buriaticum f. angustissimum
Carum atrosanguineum Kar. & Kir.暗红葛缕子
Carum bretschneideri Wolff 河北葛缕子
Carum bupleuroides Schrenk=Hymenoluma trichophyllum
Carum buriaticum Turcz.田葛缕子
Carum buriaticum f. angustissimum (Kitag.) Shan & Pu 丝叶葛缕子
Carum buriaticum f. buriaticum=Carum buriaticum
Carum cardiocarpum Franch.=Pternopetalum cardiocarpum
Carum carvi L.葛缕子
Carum carvi C.B.Clarke=Carum carvi f. gracile
Carum carvi f. carvi=Carum carvi
Carum carvi f. gracile (Lindl.) Wolff 细葛缕子
Carum carvi var. *gracile* f. *rubriflora* Wolff=Carum carvi f. gracile
Carum caudatum Franch.=Pimpinella caudata
Carum coloratum Diels=Sinocarum coloratum
Carum coriaceum Franch.=Pimpinella coriacea
Carum cruciatum Franch.=Sinocarum cruciatum
Carum cruciatum var. *linearilobum* Franch.=Sinocarum cruciatum var. linearilobum
Carum delavayi Franch.=Pternopetalum delavayi
Carum delicatulum Wolff=Pternopetalum delicatulum
Carum dissecta Franch.=Harrysmithia dissecta
Carum dolichopodum Diels=Sinocarum dolichopodum
Carum filicinum Franch.=Pternopetalum filicinum
Carum furcatum Wolff=Carum buriaticum
Carum gracile Lindl.=Carum carvi f. gracile
Carum hookeri (C.B.Clarke) Franch.=Acronema hookeri
Carum leptocladum Aitch. & Hemsl.=Aphanopleura leptoclada
Carum loloense Franch.=Tongoloa loloensis
Carum molle Franch.=Pternopetalum molle
Carum neurophyllum Franch. & Sav.=Pterygopleurum neurophyllum
Carum paniculatum Franch.=Acronema paniculatum
Carum pseudoburiaticum Wolff=Carum buriaticum
Carum purpurea Franch.=Pimpinella purpurea
Carum scaberula Franch.=Trachyspermum scaberulum
Carum scaberulum var. *ambrosiifolium* Franch.=Trachyspermum scaberulum var. ambrosiifolium
Carum schizopetalum Franch.=Sinocarum schizopetalum
Carum sect. II. *Cryptotaeniopsis* Franch.=**Pternopetalum**
Carum setaceum Schrenk=Scaligeria setacea
Carum subgen. *Mesocarum* sect. *Tragodes* ser. *Aphanoleura* K.-Pol.= **Aphanopleura**
Carum tenerum (Wall.) Franch.=Acronema tenerum
Carum trichomanifolium Franch.=Pternopetalum trichomanifolium
Carum yunnanense Franch.=Pimpinella yunnanensis
Carumbium baccatum (Roxb.) Kurz=Sapium baccatum
Carumbium fastuosum Muell.Arg.=Homalanthus fastuosus
Carumbium insigne (Royle) Kurz=Sapium insigne
Carya Nutt.**山核桃属**(胡桃科)
Carya alba K.Koch.毛山核桃
Carya aquatica (Michx.f.) Nutt.苦山核桃
Carya cathayensis Sarg.山核桃
Carya cordiformis (Wangenh.) K.Koch.心果山核桃
Carya floridana Sarg.佛罗里达山核桃
Carya glabra (Mill.) Sweet.光叶山核桃
Carya glabra var. megacarpa (Sarg.) Sarg.大果山核桃
Carya glabra var. odorata (Marsh.) Little 红山核桃
Carya hunanensis Cheng & R.H.Chang ex Chang & Lu 湖南山核桃
Carya illinoensis (Wangenh.) K.Koch.美国山核桃
Carya integrifoliolata (Kuang) Hjiemquist=Annamocarya sinensis
Carya kweichowensis Kuang & A.M.Lu ex Chang & Lu 贵州山核桃
Carya laciniosa (Michx.f.) Loud.条裂山核桃
Carya leiodermis Sarg.沼泽山核桃
Carya myristiciformis (Michx.f.) Nutt.肉豆冠山核桃
Carya ovata (Mill.) K.Koch.小糙皮山核桃
Carya pallida (Ashe) Engl. & Graebn.沙地山核桃
Carya palmeri Manning 墨西哥山核桃
Carya pecan (Marsh.) Engl. & Graebn.=Carya illinoensis
Carya sinensis Dode=Annamocarya sinensis
Carya texana Bukl.黑山核桃
Carya tomentosa (Poir.) Nutt.毡毛山核桃
Carya tonkinensis Lecomt.越南山核桃
Carya tsiangiana Chun ex Lee=Annamocarya sinensis
Carya tsiangii Chun=Annamocarya sinensis
Caryodaphnopsis Airy-Shaw **檬果樟属**(樟科)
Caryodaphnopsis baviensis (Lec.) Airy-Shaw 巴围檬果樟
Caryodaphnopsis henryi Airy-Shaw 小花檬果樟
Caryodaphnopsis latica Airy-Sahw 老挝檬果樟
Caryodaphnopsis latifolia W.T.Wang 宽叶檬果樟
Caryodaphnopsis tonkinensis (Lec.) Airy-Shaw 檬果樟
Caryophyllaceae 石竹科
Caryopteris Bge.**莸属**(马鞭草科)
Caryopteris aureoglandulosa (Van.) C.Y.Wu 金腺莸
Caryopteris bicolor (Roxb. ex Hardw.) Mabb.香莸
Caryopteris cordifolia C.Y.Wu=Caryopteris siccanea
Caryopteris divaricata (S. & Z.) Maxim.莸
Caryopteris divaricatum S. &. Z.=Caryopteris divaricata
Caryopteris esquirolii Lévl.(p.p.)=Pogostemon esquirolii
Caryopteris esquirolii Lévl.=Pogostemon esquirolii
Caryopteris fluminis Lévl.=Colquhounia sequinii
Caryopteris forrestii Diels (p.p.)=Caryopteris forrestii var. minor
Caryopteris forrestii Diels 灰毛莸
Caryopteris forrestii var. forrestii=Caryopteris forrestii
Caryopteris forrestii var. minor P'ei 小叶灰毛莸
Caryopteris glutinosa Rehd.粘叶莸
Caryopteris incana (Thunb.) Miq.兰香草
Caryopteris incana Rehd.(p.p.)=Caryopteris tanguitica
Caryopteris incana var. angustifolia S.L.Chen & R.L.Guo 狭叶兰香草
Caryopteris incana var. *brachyodonta* (Hand.-Mazz.) Moldenke= Caryopteris trichosphaera
Caryopteris incana var. incana=Caryopteris incana
Caryopteris jinshajiangensis Y.K.Yang & X.D.Cong 金沙江莸
Caryopteris mairei Lévl.=Rubiteucris palmata
Caryopteris martinii Lévl.=Caryopteris paniculata
Caryopteris mastacantnus Schauer=Caryopteris incana
Caryopteris mongholica Bge.蒙古莸
Caryopteris mongholica var. *serrata* Maxim.=Caryopteris mongholica
Caryopteris nepetaefolia (Benth.) Maxim.单花莸
Caryopteris nepetaefolia f. brevipes C.Y.Wu & H.Li 短柄单花莸?
Caryopteris ningpoensis Hemsl.=Comanthosphace ningpoensis
Caryopteris odorata (D.Don) Robins.=Caryopteris bicolor
Caryopteris ovata Miq.=Caryopteris incana
Caryopteris paniculata C.B.Clarke 锥花莸
Caryopteris parvifolia Batal.=Isodon parvifolius
Caryopteris siccanea W.W.Sm.腺毛莸
Caryopteris sinensis (Lour.) Dippel=Caryopteris incana
Caryopteris tanguitica Maxim.光果莸
Caryopteris tangutica var. *brachyodonta* Hand.-Mazz.=Caryopteris trichosphaera
Caryopteris terniflora Maxim.三花莸
Caryopteris terniflora f. *brevipedunculata* P'ei & S.L.Chen= Caryopteris terniflora
Caryopteris terniflora f. terniflora=Caryopteris terniflora
Caryopteris terniflora P'ei (p.p.)=Caryopteris aureoglandulosa
Caryopteris trichosphaera W.W.Sm.毛球莸
Caryopteris wallichiana Schauer=Caryopteris odorata
Caryota L.**鱼尾葵属**(棕榈科)
Caryota mitis Lour.短穗鱼尾葵
Caryota monostachya Becc.单穗鱼尾葵
Caryota obtusa var. aequatorialis Becc.巨大山地鱼尾葵
Caryota ochlandra Hance 鱼尾葵
Caryota sobolifera Wall.=Caryota mitis
Caryota urens L.董棕
Caryotaxus grandis Henkel & Hochst.=Torreya grandis
Cascabela Raf.=**Thevetia**
Cascabela thevetia (L.) Lipp.=Thevetia peruviana
Casearia Jacq.**脚骨脆属**(大风子科)
Casearia aequilateralis Merr.海南脚骨脆
Casearia balansae Gagn.脚骨脆

Casearia balansae var. balansae=Casearia balansae
Casearia balansae var. *cuneifolia* Gagn.=Casearia balansae
Casearia balansae var. subglabra S.Y.Bao 景东脚骨脆
Casearia calciphila C.Y.Wu & Y.C.Huang ex S.Y.Bao 石生脚骨脆
Casearia flexuosa Craib 曲枝脚骨脆
Casearia glomerata Roxb.球花脚骨脆
Casearia glomerata f. glomerata=Casearia glomerata
Casearia glomerata f. pubinervis How & Ko 毛脉脚骨脆
Casearia graveolens Dalz.烈味脚骨脆
Casearia graveolens var. graveolens=Casearia graveolens
Casearia graveolens var. lingtsangensis S.Y.Bao 临沧脚骨脆
Casearia harmandiana Pierre ex Gagn.=Casearia flexuosa
Casearia kurzii C.B.Clarke 印度脚骨脆
Casearia kurzii var. gracilis S.Y.Bao 细柄脚骨脆
Casearia kurzii var. kurzii=Casearia kurzii
Casearia membranacea Hance 膜叶脚骨脆
Casearia membranacea f. membranacea=Casearia membranacea
Casearia membranacea f. nigrescens S.S.Lai 黑叶脚骨脆
Casearia merrillii Hay.=Casearia membranacea
Casearia petelotii Merr.=Casearia balansae
Casearia velutina Bl.爪哇脚骨脆
Casearia villilimba Merr.=Casearia balansae
Casearia virescens Pierre ex Gagn.中越脚骨脆
Casearia yunnanensis How & Ko 云南脚骨脆
Casimiroa La Llave **香肉果属**(芸香科)
Casimiroa edulis La Llave 香肉果
Casparya silletensis A.DC.=Begonia silletensis
Cassandra D.Don=**Chamaedaphne**
Cassandra calyculata (L.) D.Don=Chamaedaphne calyculata
Cassebera tenuifolia J.Sm.=Cheilosoria tenuifolia
Cassia L.**决明属**(豆科)
Cassia acutifolia Del.(中药辞海三 1997)=Cassia senna
Cassia agnes (de Wit) Brenan 神黄豆
Cassia alata L.翅荚决明
Cassia angustifolia Wahl.狭叶番泻
Cassia auriculata L.耳叶决明
Cassia bicapsularis L.双荚决明
Cassia biciliaris L.f.=Cassia fruticosa
Cassia candenatensis Dennst.=Dalbergia candenatensis
Cassia didymobotrya Fresen.长穗决明
Cassia fistula L.腊肠树
Cassia floribunda Cav.光叶决明
Cassia fruticosa Mill.大叶决明
Cassia glauca Lam.粉叶决明
Cassia glauca var. *suffruticosa* (Koen. ex Roth) Baker=Cassia surattensis
Cassia hirsuta L.毛荚决明
Cassia javanica var. *agnes* de Wit.=Cassia agnes
Cassia javanica var. *indo-chinensis* Gagn.=Cassia agnes
Cassia laevigata Willd.=Cassia floribunda
Cassia leschenaultiana DC.短叶决明
Cassia mimosoides L.含羞草决明
Cassia mimosoides var. *wallichiana* (DC.) Baker=Cassia leschenaultiana
Cassia multijuga Rich.密叶决明
Cassia nodosa Buch.-Ham. ex Roxb.节果决明
Cassia nomame (Sieb.) Kitag.豆茶决明
Cassia obovata Colladon 卵叶番泻
Cassia obtusifolia L.钝叶番泻
Cassia occidentalis L.望江南
Cassia pumila Lam.柄腺山扁豆
Cassia senna L.尖叶番泻
Cassia siamea Lam.铁刀木
Cassia sophera L.槐叶决明
Cassia spectabilis DC.美丽决明
Cassia suffruticos Koen. ex Roth=Cassia surattensis
Cassia surattensis Burm.f.(豆科图说 1955)=Cassia glauca
Cassia surattensis Burm.f.黄槐决明
Cassia surattensis subsp. *glauca* K.Larsen,S.S.Larsen & Vidal=Cassia glauca
Cassia surattensis subsp. *surattensis* K.Larsen,S.S.Larsen & Vidal=Cassia surattensis
Cassia tora L.决明
Cassia wallichiana DC.=Cassia leschenaultiana
Cassine discolor Wall.=Microtropis discolor
Cassine excelsa Wall.=Ilex excelsa
Cassine illicifolia Hay.=Microtropis fokienensis
Cassine japonica (Franch. & Sav.) O.Ktze.=Microtropis japonica
Cassine kotoensis Hay.=Microtropis japonica
Cassine matsudai Hay.=Microtropis fokienensis
Cassine micrantha Hay.=Microtropis micrantha
Cassiope D.Don **岩须属**(杜鹃花科)
Cassiope abbreviata Hand.-Mazz.短梗岩须
Cassiope argyrotricha T.Z.Hsu 银毛岩须
Cassiope dendrotricha Hand.-Mazz.睫毛岩须
Cassiope fastigiata D.Don (Hand.-Mazz.in Sitz.Akad.Wiss.Wien 1925)=Cassiope abbreviata
Cassiope fastigitata (Wall.) D.Don 扫帚岩须
Cassiope hypnoides (L.) D.Don 灰藓状岩须
Cassiope lycopodioides (Pall.) D.Don 石松状岩须
Cassiope macratha Hand.-Mazz.=Cassiope pectinata
Cassiope mariei Lévl.=Cassiope selaginoides
Cassiope mertensiana (Bong) D.Don 白石南岩须
Cassiope myosuroides W.W.Sm.鼠尾岩须
Cassiope nana T.Z.Hsu 矮小岩须
Cassiope palpebrata W.W.Sm.朝天岩须
Cassiope pectinata Stapf.篦叶岩须
Cassiope pulvinalis T.Z.Hsu 垫状岩须
Cassiope selaginoides HK.f. & Thoms.(Diels in Bot.Jahrb.1901)=Cassiope abbreviata
Cassiope selaginoides HK.f. & Thoms.岩须
Cassiope stellerana (Pall.) DC.狼毒状岩须
Cassiope tetragona (L.) D.Don 四棱岩须
Cassiope wardii Marq. & Airy-Shaw 长毛岩须
Cassytha L.**无根藤属**(樟科)
Cassytha filiformis L.无根藤
Castalia crassifolia Hand.-Mazz.=Nymphaea tetragona
Castanea Mill.**栗属**(壳斗科)
Castanea bodinieri Lévl. & Vant.=Castanopsis hystrix
Castanea bungeana Bl.=Castanea mollissima
Castanea chinensis Spreng.=Castanopsis chinensis
Castanea concinna Champ. ex Benth.=Castanopsis concinna
Castanea crenata S. & Z.日本栗
Castanea davidii Dode=Castanea seguinii
Castanea dentata Borkh.美洲栗
*Castanea duclouxii*Dode=Castanea mollissima
Castanea fargesii Dode=Castanea mollissima
Castanea formosana (Hay.) Hay.=Castanea mollissima
Castanea henryi (Skan) Rehd. & Wils.锥栗
Castanea henryi var. henryi=Castanea henryi
Castanea henryi var. omeiensis Fang 峨眉锥栗
Castanea hupehensis Dode=Castanea mollissima
Castanea indica Roxb.=Castanopsis indica
Castanea japonica Bl.=Castanea crenata
Castanea mollissima Bl.栗
Castanea mollissima var. *pendula* X.Y.Zhou & Z.D.Zhou=Castanea mollissima
Castanea pumila Mill.矮栗
Castanea satica Skan=Castanea mollissima
Castanea sativa Skan=Castanea henryi
Castanea sativa var. *acuminatissima* Seem.=Castanea henryi
Castanea sativa var. *bungeana* Pamp.=Castanea seguinii
Castanea sativa var. *formosana*Hasy.=Castanea mollissima
Castanea sativa var. *japonica* Seem.=Castanea seguinii
Castanea sativa var. *mollisssima* Pamp.=Castanea mollissima
Castanea sativa var. *typica* Seem.=Castanea mollissima
Castanea seguinii Dode 茅栗
Castanea stricta S. & Z.=Castanea crenata
Castanea tribuloides (Sm.) Lindl.=Castanopsis tribuloides
Castanea vesca Bge.=Castanea mollissima
Castanea vilmoriniana Dode=Castanea henryi
Castanea vulgaris Hance=Castanea mollissima
Castanea vulgaris var. *japonica* Hance=Castanea seguinii
Castanea vulgaris var. *yunnanensis* Franch.=Castanea mollissima

Castanola Llanos=**Agelaea**
Castanola glabrifolia Schellenb.=Agelaea trinervis
Castanola obliqua Schellenb.=Agelaea trinervis
Castanola trinervis Llanos=Agelaea trinervis
Castanopsis (D.Don) Spach **锥属**(壳斗科)
Castanopsis amabilis Cheng & Chao 南宁锥
Castanopsis amabilis var. *brevispinosa* Cheng & Chao=Castanopsis amabilis
Castanopsis angustifolia Huang & Y.T.Chang=Castanopsis choboensis
Castanopsis annamensis Hick. & A.Camus (分类学报 1976)=Castanopsis boisii
Castanopsis annamensis Hick. & A.Camus 越南栲
Castanopsis argyracantha A.Camus=Castanopsis fargesii
Castanopsis argyrophylla King ex HK.f.银叶锥
Castanopsis armata (Roxb.) Spach.(Merr.in Lingn.Sci.J.1931)= Castanopsis lamontii
Castanopsis asymetrica Lévl.=Castanopsis eyrei
Castanopsis balansae (Drake) Schott.=Lithocarpus balansae
Castanopsis bodinieri (Lévl. & Vant.) Koidz.=Castanopsis hystrix
Castanopsis boisii Hick. & A.Camus 榄壳锥
Castanopsis borneensis King (Hand.-Mazz.in Beih.Bot.Centralbl.1931,台湾志 1976)=Castanopsis kawakamii
Castanopsis brachyacantha Hay.=Castanopsis eyrei
Castanopsis brevispina Hay. & Kanehira ex A.Camus=Castanopsis fabri
Castanopsis brevispina Hay.=Castanopsis fabri
Castanopsis brevistella Hay. & Kanehiraex A.Camus=Castanopsis fabri
Castanopsis brunnea (Lévl.) A.Camus=Castanopsis hystrix
Castanopsis calathiformis (Skan) Rehd. & Wils.枹丝锥
Castanopsis carlesii (Hemsl.) Hay.米槠
Castanopsis carlesii var. carlesii=Castanopsis carlesii
Castanopsis carlesii var. spinulosa Cheng & Chao 短刺米槠
Castanopsis caudata Franch.=Castanopsis eyrei
Castanopsis cavaleriei Lévl.(p.p.)=Castanopsis eyrei
Castanopsis cavaleriei Lévl.(p.p.)=Sloanea hemsleyana
Castanopsis ceradacantha var. *semiserrata* (Hick. & A.Camus) A.Camus =Castanopsis fabri
Castanopsis ceratacantha Rehd. & Wils.瓦山锥
Castanopsis cerebrina (Hick. & A.Camus) Barn.毛叶杯锥
Castanopsis chaysophylla (HK.) DC.金叶锥
Castanopsis chengfengensis Hu=Castanopsis tibetana
Castanopsis chevalieri Hick. & A.Camus (Hu in Bull.Fan Mem.Inst.Biol. Bot.1940)=Castanopsis rockii
Castanopsis chinensis (Abel) Schott. (A.Chev. in Bull.Econ.Indo-Chine 1918)=Castanopsis indica
Castanopsis chinensis Hance (Franch.in J.de Bot.1899)=Castanopsis orthacantha
Castanopsis chinensis Hance 锥
Castanopsis chingii A.Camus=Castanopsis eyrei
Castanopsis choboensis Hick. & A.Camus 窄叶锥
Castanopsis chuniana Fang=Castanopsis ceratacantha
Castanopsis chunii Cheng 厚皮锥
Castanopsis clarkei King ex HK.f.(分类学报 1975,云南志 1979)= Castanopsis indica
Castanopsis clarkei King ex HK.f.棱刺锥
Castanopsis concinna (Champ. ex Benth.) A.DC.华南锥
Castanopsis concolor Rehd. & Wils.=Castanopsis orthacantha
Castanopsis crassifolia Hick. & A.Camus 厚叶锥
Castanopsis cryptoneuron (Lévl.) A.Camus ex Rehd.=Castanopsis fargesii
Castanopsis cuspidata var. *carlesii* (Hemsl.) T.Yamazaki=Castanopsis carlesii
Castanopsis cuspidata var. *longicaudata* (Hay.) S.S.Ying=Castanopsis carlesii
Castanopsis damingshanensis S.L.Mo 大明山锥
Castanopsis daxinensis Huang & Y.T.Chang=Castanopsis crassifolia
Castanopsis delavayi Franch.(Wilson in J.Arn.Arb.1927)=Castanopsis jucunda
Castanopsis delavayi Franch.高山锥
Castanopsis densispinosa C.H.Hsuet H.W.Jen 密刺锥
Castanopsis diversifolia (Kurz.) King ex HK.f.(高等图鉴 1972)= Castanopsis mekongensis
Castanopsis echidnocarpa Miq.短刺锥
Castanopsis echidnocarpa var. *seminuda* Cheng & Chao=Castanopsis echidnocarpa
Castanopsis eyrei (Champ.) Tutch.甜槠
Castanopsis eyrei var. *brachyacantha* (Hay.) ShenexYing=Castanopsis eyrei
Castanopsis eyrei var. *caudata* (Franch.) Cheng=Castanopsis eyrei
Castanopsis fabri Hance 罗浮锥
Castanopsis fargesii Franch.栲
Castanopsis ferox (Roxb.) Spach.思茅锥
Castanopsis ferox var. *longispina* (King ex HK.f.) A.Camus=Castanopsis longispina
Castanopsis fissa (Champ. ex Benth.) Rehd. & Wils.黧蒴锥
Castanopsis fissoides Chun & Huang ex Lung=Castanopsis fissa
Castanopsis fissus (Champ. ex Benth.) A.Camus=Castanopsis fissa
Castanopsis fleuryi Hick. & A.Camus 小果锥
Castanopsis fohaiensis Hu=Castanopsis mekongensis
Castanopsis fordii Hance 毛锥
Castanopsis formosana (Skan) Hay.=Castanopsis jucunda
Castanopsis globigemmata Chun & Huang 圆芽锥
Castanopsis goniacantha A.Camus=Castanopsis lamontii
Castanopsis greenii Chun=Castanopsis kawakamii
Castanopsis hainanensis Merr.海南锥
Castanopsis hamata Duanmu=Castanopsis boisii
Castanopsis henryi Skan=Castanea henryi
Castanopsis hickelii A.Camus=Castanopsis fabri
Castanopsis hupehensis C.S.Caho 湖北锥
Castanopsis hystrix A.Camus (台湾志 1976)=Castanopsis fargesii
Castanopsis hystrix Miq.红锥
Castanopsis hystrix subsp. *rufescens* (HK.f. & Thunb.) A.Camus= Castanopsis wattii
Castanopsis incana A.Camus=Castanopsis eyrei
Castanopsis indica (Roxb. ex Lindl.) A.DC.印度锥
Castanopsis indica (Roxb.) Miq.(Rehd. & Wils.in Sarg.Pl.1916,p.p.)= Castanopsis clarkei
Castanopsis indica (Roxb.) Miq.(台湾志 1976)=Castanopsis indica
Castanopsis jianfenglingensis Duanmu 尖峰岭锥
Castanopsis jucunda Hance 秀丽锥
Castanopsis jucunda var. *versicolor* Huang & Y.T.Chang=Castanopsis jucunda
Castanopsis juncunda var. annularis Hick. & A.Camus 石山秀丽栲
Castanopsis kawakamii Hay.吊皮锥
Castanopsis ×kuchugouzhui Huang & Y.T.Chang 苦槠钩锥
Castanopsis kusanoi Hay.=Castanopsis fabri
Castanopsis kweichowensis Hu 贵州锥
Castanopsis lamontii Hance 鹿角锥
Castanopsis lamontii var. lamontii=Castanopsis lamontii
Castanopsis lamontii var. *shanghangensis* Q.F.Zheng=Castanopsis lamontii
Castanopsis lantsangensis Hu=Castanopsis mekongensis
Castanopsis ledongensis Huang & Y.T.Chang 乐东锥
Castanopsis lohfauensis Hu=Castanopsis hystrix
Castanopsis longicaudata (Hay.) Nakai=Castanopsis carlesii
Castanopsis longispicata Hu(p.p.)=Castanopsis ferox
Castanopsis longispicata Hu(p.p.)=Castanopsis fleuryi
Castanopsis longispina (King ex HK.f.) Huang & Y.T.Chang 长刺锥
Castanopsis longzhouica Huang & Y.T.Chang 龙州锥
Castanopsis lunglingensis Hu=Castanopsis rockii
Castanopsis macrostachys A.Chev.=Castanopsis indica
Castanopsis matsudae Hay. ex A.Camus=Castanopsis fabri
Castanopsis megaphylla Hu=Castanopsis boisii
Castanopsis megaphylla Hu 大叶锥
Castanopsis mekongensis A.Camus 湄公锥
Castanopsis mianningensis Hu=Castanopsis orthacantha
Castanopsis microcarpa Hu=Castanopsis fleuryi
Castanopsis namdinhensis Hick. & A.Camus (Chun in Sunyatsenia 1940) =Castanopsis amabilis
Castanopsis neocaraleriei C.Amus 红背栲
Castanopsis nigrescens Chun & Huang 黑叶锥
Castanopsis ninbiensis Hick. & A.Camus=Castanopsis fabri
Castanopsis oblonga Y.C.Hsu & H.W.Jen 矩叶锥
Castanopsis oblongifolia Cheng & Chao=Castanopsis concinna
*Castanopsis oerstedii*Hick. & A.Camus=Castanopsis kawakamii

Castanopsis orthacantha Franch.元江锥
Castanopsis ouonbiensis Hick. & A.Camus 屏边锥
Castanopsis pachyrachis Hick. & A.Camus=Castanopsis lamontii
Castanopsis pinfaensis Lévl.=Castanopsis fargesii
Castanopsis platyacantha Rehd. & Wils.扁刺锥
Castanopsis poilanei Hu=Castanopsis mekongensis
Castanopsis pseudoconcinna ChengetC.S.Chao=Castanopsis hystrix
Castanopsis quangtriensis Hick. & A.Camus=Castanopsis fabri
Castanopsis remotidenticulata Hu 疏齿锥
Castanopsis remotiserrata Hu=Castanopsis chinensis
Castanopsis robustispina Hu=Castanopsis lamontii
Castanopsis rockii A.Camus 龙陵锥
Castanopsis rufescens (HK.f & Thunb.) Huang & Y.T.Chang(植物志 22,1998)=Castanopsis wattii
Castanopsis rufotomentosa Hu 红壳锥
Castanopsis sclerophylla (Lindl.) Schott.(Diels in Not.Roy.Bot.Gard. Edinb.1912)=Castanopsis orthacantha
Castanopsis sclerophylla (Lindl.) Schott.苦槠
Castanopsis semiserrata Hick. & A.Camus=Castanopsis fabri
Castanopsis sempervirens (Kell.) Dudley 常绿锥栗
Castanopsis sichouensis Huang & Y.T.Chang=Castanopsis xichouensis
Castanopsis sinensis A.Chev.=Castanopsis indica
Castanopsis sinsuiensis Kanehira=Castanopsis fabri
Castanopsis stellatospina Hay.=Castanopsis fabri
Castanopsis stipidata (Hay. ex Koidz.) Nakai=Castanopsis carlesii
Castanopsis stipitata (Hay.) Nakai=Castanopsis carlesii
Castanopsis subuliformis Chun & Huang 钻刺锥
Castanopsis taiwanica Hay.=Castanopsis fargesii
Castanopsis tapuensis Hu=Castanopsis hystrix
Castanopsis tcheponensis Hick. & A.Camus 薄叶锥
Castanopsis tenuinervis A.Camus=Castanopsis orthacantha
Castanopsis tenuispinula Hick. & A.Camus=Castanopsis fabri
Castanopsis tessellata Hick. & A.Camus 棕毛锥
Castanopsis thunkinensis (Drake) Barn.=Castanopsis fissa
Castanopsis tibetana ×sclerophylla Huang & Y.T.Chang=Castanopsis ×kuchugouzhui
Castanopsis tibetana Hance 钩锥
Castanopsis tonkinensis Seem.公孙锥
Castanopsis tonkinensis var. laocaiensis Luong?云南公孙锥(新)
Castanopsis tranninhensis Hick. & A.Camus=Castanopsis fabri
Castanopsis tribuloides (Sm.) A.DC.蒺藜锥
Castanopsis tribuloides A.Camus=Castanopsis ouonbiensis
Castanopsis tribuloides A.DC.(高等图鉴 1972,p.p.,云南志 1979,p.p.)= Castanopsis ferox
Castanopsis tribuloides var. *echidnocarpa* King ex HK.f.=Castanopsis echidnocarpa
Castanopsis tribuloides var. *ferox* King ex HK.f.=Castanopsis ferox
Castanopsis tribuloides var. *formosana* Skan=Castanopsis jucunda
Castanopsis tribuloides var. *longispina* King ex HK.f.=Castanopsis longispina
Castanopsis tribuloides var. *wattii* King ex HK.f.=Castanopsis wattii
*Castanopsis tsai*Hu=Castanopsis delavayi
Castanopsis tunkinensis (Drake) Barn.=Castanopsis fissa
Castanopsis uraiana (Hay.) Kanehira & Hatusima 淋漓锥
Castanopsis wangii Hu=Castanopsis mekongensis
Castanopsis wattii (King ex HK.f.) A.Camus 变色锥
Castanopsis wenchangensis G.A.Fuet Huang 文昌锥
Castanopsis xichouensis Huang & Y.T.Chang 西畴锥
Castanopsis yanshanensis Hu(p.p.)=Castanopsis echidnocarpa
Castanopsis yanshanensis Hu(p.p.)=Castanopsis orthacantha
Castilleja Mutis ex L.f.**火焰草属**(玄参科)
Castilleja pallida (L.) Kunth 火焰草
Casuarina Adans.**木麻黄属**(木麻黄科)
Casuarina cunninghamiana Miq.细枝木麻黄
Casuarina equisetifolia Forst.木麻黄
Casuarina glauca Sieb. ex Spreng.粗枝木麻黄
Casuarinaceae 木麻黄科
Catabrosa Beauv.**沿沟草属**(禾本科)
Catabrosa altaica (Trin.) Boiss.=Paracolpodium altaicum
Catabrosa angusta (Stapf) L.Liu=Catabrosa aquatica var. angusta
Catabrosa aquatica (L.) Beauv.沿沟草
Catabrosa aquatica subsp. *capusii* (Franch.) Tzvel.=Catabrosa capusii
Catabrosa aquatica var. angusta Stapf 窄沿沟草
Catabrosa aquatica var. aquatica=Catabrosa aquatica
Catabrosa capusii Franch.长颖沿沟草
Catabrosa humilis (Bieb.) Trin.=Catabrosella humilis
Catabrosa wallichii HK.f.=Catabrosa capusii
Catabrosella (Tzvel.) Tzvel.**小沿沟草属**(禾本科)
Catabrosella humilis (Bieb.) Tzvel. 矮小沿沟草
Catalpa Scop.**梓属**(紫葳科)
Catalpa bignonioides var. *speciosa* Ward. ex Barney=Catalpa speciosa
Catalpa bignonioides Welt.美国梓
Catalpa bungei C.A.Mey 楸
Catalpa duclouxii Dode=Catalpa fargesii
Catalpa fargesii Wils.(p.p.)=Catalpa fargesii
Catalpa fargesii Wils.(p.p.)=Catalpa fargesii f. duclouxi
Catalpa fargesii Burtt 灰楸
Catalpa fargesii f. *duclouxii* (Dode) Gilm.=Catalpa fargesii
Catalpa fargesii f. fargesii=Catalpa fargesii
Catalpa henryi Dode=Catalpa ovata
Catalpa kaempferi S. & Z.=Catalpa ovata
Catalpa ovata G.Don 梓
Catalpa speciosa (Warder ex Barney) Engelm.黄金树
Catalpa sutchuenensis Dode=Catalpa fargesii
Catalpa syringifolia Bge.=Catalpa bungei
Catalpa tibetica Forr.藏楸
Catalpa vestita Diels=Catalpa fargesii
Catapodium Lind.**绳柄草属**(禾本科)
Catapodium filiforme Nees ex Duthie=Tripogon filiformis
Catapodium marinum (L.) C.E.Hubb.滨绳柄草
Catapodium rigidum (L.) C.E.Hubb.硬绳柄草
Cataria Adans.=**Nepeta**
Catasetum L.**龙须兰属**(兰科)
Catasetum atratum Lindl.黑斑唇龙须兰
Catasetum bicolor Klotzsch 二色龙须兰
Catasetum cernuum (dl.) Rchb.f.垂花龙须兰
Catasetum discolor (Lindl.) Lindl.异色龙须兰
Catasetum fimbriatum Lindl.流苏龙须兰
Catasetum globiflorum HK.球花龙须兰
Catasetum longiflorum Lindl.长叶龙须兰
Catasetum macrocarpum L.C.Rich.大果龙须兰
Catenaria caudata (Thunb.) Schindl.=Desmodium caudatum
Catenaria laburnifolium (Poir.) Benth.=Desmodium caudatum
Catha Forssk.**巧茶属**(卫矛科)
Catha edulis Forssk 巧茶
Catha monosperma Benth.=Celastrus hindsii
Catharanthus G.Don. **长春花属**(夹竹桃科)
Catharanthus roseus (L.) G.Don 长春花
Catharanthus roseus cv. Albus 白长春花
Catharanthus roseus cv. Flavus 黄长春花
Catharanthus roseus var. *albus* G.Don=Catharanthus roseus
Cathaya Chun & Kuang **银杉属**(松科)
Cathaya argyrophylla Chen & Kuang 银杉
Cathaya nanchuanensis Chun & Kuang=Cathaya argyrophylla
Cathayanthe Chun **扁蒴苣苔属**(苦苣苔科)
Cathayanthe biflora Chun 扁蒴苣苔
Cathcartia betonicifolia (Franch.) Prain=Meconopsis betonicifolia
Cathcartia delavayi Franch.=Meconopsis delavayi
Cathcartia integrifolia Maxim.=Meconopsis integrifolia
Cathcartia lancifolia Franch.=Meconopsis lacifolia
Cathcartia lyrata Cummin & Prain ex Prain=Meconopsis lyrata
Cathcartia polygonoides Prain=Meconopsis lyrata
Cathcartia smithiana Hand.-Mazz.(p.p.)=Cremanthodium smithianum
Cathcartia smithiana Hand.-Mazz.(p.p.)=Meconopsis smithiana
Cathetus cochinchinensis Lour.=Phyllanthus cochinchinensis
Cattleya Lindl.**卡特兰属**(兰科)
Cattleya aclandiae Lindl.阿柯兰德卡特兰
Cattleya aurantiaca (Batem. ex Lindl.) P.N.Don 橙黄卡特兰
Cattleya bicolor Lindl.二色卡特兰
Cattleya bowringiana Veitch 波氏卡特兰
Cattleya citrina (Lali & Lex) Lindl.柠檬黄卡特兰
Cattleya forbesii Lindl.佛毕斯卡特兰

Cattleya granulosa Lindl.粒斑卡特兰
Cattleya guttata Lindl.褐红斑卡特兰
Cattleya labiata Lindl.卡特兰
Cattleya labiata subvar. aurea (Lindl.) Veitch 黄花卡特兰
Cattleya labiata var. dowiana (Atem & Rohb.f.) Veitch 道卫卡特兰
Cattleya labiata var. eldorado (Lind.) Veitch 多里多卡特兰
Cattleya labiata var. mossiae (HK.) Lindl.小卡特兰
Cattleya labiata var. quadricolor (Lindl.) A.D.Hawkes 四色卡特兰
Cattleya labiata var. rex (O.Brien) Schltr.王卡特兰
Cattleya lawrenceana Rchb.f.劳伦氏卡特兰
Cattleya loddigesii Lindl.劳德基氏卡特兰
Cattleya luteola Lindl.淡黄卡特兰
Cattleya maxima Lindl.巨大卡特兰
Cattleya violacea (HBK) Rolfe 堇色卡特兰
Cattleyopsis Lem.**卡特丽奥兰属**(兰科)
Cattleyopsis lindenii (Lindl.) Cgn.林氏卡特丽奥兰
Cattleyopsis ortgiesiana (Rchb.f.) Cgn.奥氏卡特丽奥兰
Catunaregam Wolff **山石榴属**(茜草科)
Catunaregam spinosa (Thunb.) Tirveng.山石榴
Caturus scandens Lour.=Malaisia scandens
Caucalis japonica Houtt.=Torilis japonica
Caucalis latifolia L.=Turgenia latifolia
Caucalis scabra Makino=Torilis scabra
Caucalis scandix Scop.=Anthriscus scandicina
Caucalis subgen. *Turgenia* Drude=**Turgenia**
Caulinia ovalis R.Br.=Halophila ovalis
Caulokaempferia K.Larsen **大苞姜属**(姜科)
Caulokaempferia coenobialis (Hance) K.Larsen 黄花大苞姜
Caulokaempferia yunnanensis (Gagn.) R.M.Sm.=Pyrgophyllum yunnanense
Caulophyllum Michaux.**红毛七属**(小檗科)
Caulophyllum robustum Maxim.红毛七
Caulophyllum thalictroides Michx.蓝籽红毛七
Causonia japonica Raf.=Cayratia japonica
Cautleya Royle **距药姜属**(姜科)
Cautleya cathcartii Bak.多花距药姜
Cautleya gracilis (Smith) Dandy 距药姜
Cautleya lutea (Royle) HK.f.=Caytleya gracilis
Cautleya spicata (Smith) Bak.红苞距药姜
Cavaleriea enkianthoidea Lévl.=Ribes laurifolium
Cavanilla Salisb.=**Stewartia**
Cavanillea philippensis Desr.=Diospyros philippensis
Cavea W.W.Sm.**葶菊属**(菊科)
Cavea tanguensis (Drumm.) W.W.Sm.葶菊
Cayatia pseudotrifolia WT.Wang=Cayratia japonica var. pseudotrifolia
Cayratia Luss.**乌蔹莓属**(葡萄科)
Cayratia albifolia C.L.Li 白毛乌蔹莓
Cayratia albifolia var. albifolia=Cayratia albifolia
Cayratia albifolia var. glabra (Gagn.) C.L.Li 脱毛乌蔹莓
Cayratia cardiospermoides (Planch.) Gagn.短柄乌蔹莓
Cayratia cilifera (Merr.) Chun 节毛乌蔹莓
Cayratia cordifolia C.Y.Wu 心叶乌蔹莓
Cayratia corniculata (Benth.) Gagn.角花乌蔹莓
Cayratia daliensis C.L.Li 大理乌蔹莓
Cayratia elongata (Roxb.) Suesseng.=Cissus elongata
Cayratia fugongensis C.L.Li 福贡乌蔹莓
Cayratia geniculata (Bl.) Gagn.膝曲乌蔹莓
Cayratia japonica (Thunb.) Gagn.乌蔹莓
Cayratia japonica var. *japonica*=Cayratia japonica
Cayratia japonica var. mollis (Wall.) Momiyama 毛乌蔹莓
Cayratia japonica var. pseudotrifolia (W.T.Wang) C.L.Li 尖叶乌蔹莓
Cayratia japonica var. pubifolia Merr. & Chun 毛叶乌蔹莓
Cayratia kiujiangense C.Y.Wu ex W.T.Wang=Tetrastigma rumicispermum
Cayratia medogensis C.L.Li 墨脱乌蔹莓
Cayratia menglaensis C.L.Li 勐腊乌蔹莓
Cayratia mollissima var. lanceolata C.L.Li 狭哇乌蔹莓
Cayratia oligocarpa (Lévl. & Vant.) Gagn.华中乌蔹莓
Cayratia papillata (Hance) Merr. & Chun=Tetrastigma papillatum
Cayratia pedata (Lamk.) Juss.鸟足乌蔹莓
Cayratia pseudotrifolia W.T.Wang 尖叶乌蔹莓
Cayratia tenuifolia var. *cinerea* Gagn.=Cayratia japonica var. mollis
Cayratia thomsoni (Laws.) Suesseng.=Yua thomsoni
Cayratia timoriensis (DC.) C.L.Li 南亚乌蔹莓
Cayratia timoriensis var. mekongensis (C.Y.Wu ex W.T.Wang) C.L.Li 澜沧乌蔹莓
Cayratia timoriensis var. timoriensis=Cayratia timoriensis
Cayratia trifolia (L.) Domin 三叶乌蔹莓
Cayratia trifolia var. *quinquefolia* W.T.Wang=Cayratia japonica
Ceanothus Wall.=**Rhamnus**
Ceanothus L.**美洲茶属**(鼠李科)
Ceanothus americanus L.美洲茶
Ceanothus americanus var. intermedius (L.) Trel.乔治亚美洲茶
Ceanothus americanus var. pitcheri Torr. & Gray 瓶状叶美洲茶
Ceanothus arboreus Greene 树状美洲茶
Ceanothus asiaticus L.=Colubrina asiatica
Ceanothus coeruleus Lag.天蓝美洲茶
Ceanothus cordulatus Kellogg.山白刺美洲茶
Ceanothus crassifolia Torr.厚叶美洲茶
Ceanothus cuneatus (HK.) Nutt.楔状美洲茶
Ceanothus cyaneus Eastw.蓝色美洲茶
Ceanothus delilianus Spach 德利尔美洲茶
Ceanothus dentatus Torr. & A.Gray 齿叶美洲茶
Ceanothus divergensis Parry.略叉开美洲茶
Ceanothus fendleri A.Gary 芬德勒美洲茶
Ceanothus fendleri var. venosus Trel.显脉芬德勒美洲茶
Ceanothus foliosus Parry 波叶美洲茶
Ceanothus gloriosus J.T.Howell.华丽美洲茶
Ceanothus greggii Gray 沙漠美洲茶
Ceanothus greggii var. perplexans (Trel.) Jeps.杯叶沙漠美洲茶
Ceanothus herbacea Raf.草绿色美洲茶
Ceanothus herbacea var. pubescens (Torr. & Gray) Shinnera 柔毛草绿色美洲茶
Ceanothus incanus Torr. & A.Gray 海岸白刺美洲茶
Ceanothus integerrimus HK. & Arn.全缘叶美洲茶
Ceanothus integerrimus var. californicus (Kell) Benson 加州全缘叶美洲茶
Ceanothus integerrimus var. peduncularis Jeps.窄花序全缘叶美洲茶
Ceanothus integerrimus var. puberulus Abrams 宽花序全缘叶美洲茶
Ceanothus jepsonii Greene 杰普森美洲茶
Ceanothus lemmonii Parry 莱蒙美洲茶
Ceanothus leucodermis Greene 白皮美洲茶
Ceanothus lobbianus HK.洛布美洲茶
Ceanothus megacarpus Nutt.大果美洲茶
Ceanothus napalensis Wall.=Rhamnus napalensis
Ceanothus oliganthus Nutt.毛美洲茶
Ceanothus ovatus Desf.卵叶美洲茶
Ceanothus pallidus Lindl.苍白美洲茶
Ceanothus palmeri Trel.帕麦尔美洲茶
Ceanothus prostratus Benth 平卧美洲茶
Ceanothus sanguineus Pursh 红茎美洲茶
Ceanothus spinosus Nutt.刺美洲茶
Ceanothus thyrsiflorus Esch.兰花美洲茶
Ceanothus veitchianus HK.维奇美洲茶
Ceanothus velutinus Dougl.毡毛美洲茶
Cecidodaphne Nees=**Cinnamomum**
Cedrela P.Br.**洋椿属**(楝科)
Cedrela chinensis Franch.=Toona sinensis
Cedrela glaziovii C.DC.洋椿
Cedrela mahagoni L.=Swietenia mahagoni
Cedrela mexicana M.roem.墨西哥洋椿
Cedrela micropcarpa C.DC.=Toona microcarpa
Cedrela mollis Hand.-Mazz.=Toona ciliata var. pubescens
Cedrela odorata L.烟洋椿
Cedrela rosmarinus Lour.=Baeckea frutescens
Cedrela sinensis A.Juss.=Toona sinensis
Cedrela sinensis var. *hupehana* C.DC.=Toona sinensis var. hupehana
Cedrela sinensis var. *schensiana* C.DC.=Toona sinensis var. schensiana
Cedrela toona Roxb. ex Rottl. & Willd.=Toona ciliata

Cedrela toona var. *henryi* C.DC.=Toona ciliata var. henryi
Cedrela toona var. *pubescens* Franch.=Toona ciliata var. pubescens
Cedrela toona var. *sublaxiflora* C.DC.=Toona ciliata var. sublaxiflora
Cedrela yunnanensis C.DC.=Toona ciliata var. yunnanensis
Cedronella urticifolia Maxim.=Meehania urticifolia
Cedrus Trew **雪松属**(松科)
Cedrus atlantica Manetti 北非雪松
Cedrus brevifolia (HK.f.) Henry 塞浦路斯雪松
Cedrus deodara (Roxb.) G.Don 雪松
Cedrus libani Rich.黎巴嫩雪松
Cedrus libani subsp. *atlantica* (Endl.) Batt. & Trabut.=Cedrus atlantica
Cedrus libani subsp. *deodara* (Roxb.) P.D.Sell=Cedrus deodara
Cedrus libani var. *atlaniica* (Endl.) HK.f.=Cedrus atlantica
Cedrus libani var. *deodara* (Roxb.) HK.f.=Cedrus deodara
Ceiba Mill.**吉贝属**(木棉科)
Ceiba pentandra (L.) Gaertn.吉贝
Celastraceae 卫矛科
Celastrus L.**南蛇藤属**(卫矛科)
Celastrus aculeatus Merr.(D.Hou in Ann.Miss.Bot.Gard. 1955, p.p.)= Celastrus oblanceifolius
Celastrus aculeatus Merr.过山枫
Celastrus aculeatus var. *oblanceifolius* (Wang & Tsoong) Hsu=Celastrus oblanceifolius
Celastrus adenophylla Miq.=Ilex crenata
Celastrus alatus Thunb.=Euonymus alatus
Celastrus angulatus Maxim.苦皮藤
Celastrus articulatus Thunb.=Celastrus orbiculatus
Celastrus articulatus var. *cuneatus* Rehd. & Wils.=Celastrus cuneatus
Celastrus articulatus var. *pubescens* Makino=Celastrus orbiculatus
Celastrus articulatus var. *punctatus* (Thunb.) Makino=Celastrus punctatus
Celastrus benthamii Rehd. & Wils.=Celastrus monospermus
Celastrus bodinieri Lévl.=Ilex chinensis
Celastrus cantoniensis Hance=Celastrus hindsii
Celastrus cavaleriei Lévl.=Myrsine semiserrata
Celastrus championi Benth.=Celastrus monospermus
Celastrus ciliidens Miq.=Celastrus flagellaris
Celastrus crassifolia C.H.Wang=Celastrus stylosus
Celastrus cuneatus (Rehd. & Wils.) C.Y.Cheng & T.C.Kao 小南蛇藤
Celastrus dependens Wall.=Celastrus paniculatus
Celastrus discolor Lévl.=Sabia parviflora
Celastrus emarginatus Willd.=Maytenus ermarginata
Celastrus esquirolianus Lévl.=Rhamnus crenata
Celastrus esquirolii Lévl.=Sabia parviflora
Celastrus euonymoidea Lévl.=Grewia biloba
Celastrus euphlebiphyllus (Hay.) Kanehira=Celastrus paniculatus
Celastrus flagellaris Rupr.刺苞南蛇藤
Celastrus franchetiana Loes.耳源南蛇藤
Celastrus geminiflorus Hay.=Celastrus punctatus
Celastrus gemmatus Loes.大芽南蛇藤
Celastrus glaucophyllus Rehd. & Wils.灰叶南蛇藤
Celastrus glaucophyllus var. *angustus* Q.H.Chen=Celastrus glaucophyllus
Celastrus glaucophyllus var. *puberulus* Hsu=Celastrus stylosus var. puberulus
Celastrus glaucophyllus var. *rugosus* (Rehd. & Wils.) C.Y.Wu=Celastrus rugosus
Celastrus gracillimus Hay.=Celastrus punctatus
Celastrus hindsii Benth(D.Hou in Fl.Males.Ser.1962,p.p.)=Celastrus tonkinensis
Celastrus hindsii Benth 青江藤
Celastrus hindsii var. henryi Loes.短梗青江藤
Celastrus hirsutus Comber 硬毛南蛇藤
Celastrus homaliifolius Hsu 小果南蛇藤
Celastrus hookeri Prain 滇边南蛇藤
Celastrus hypoglaucus Hemsl.=Celastrus hypoleucus
Celastrus hypoleucoides P.L.Chiu 薄叶南蛇藤
Celastrus hypoleucus (Oliv.) Warb. ex Loes.粉背南蛇藤
Celastrus hypoleucus Warb. ex Loes.(分类学报 1966)=Celastrus hypoleucoides
Celastrus hypoleucus f. *argutior* Loes.=Celastrus hypoleucus
Celastrus hypoleucus f. *genuina* Loes.=Celastrus hypoleucus
Celastrus hypoleucus f. *puberula* Loes.=Celastrus stylosus
Celastrus jeholensis Nakai=Celastrus orbiculatus
Celastrus kouytchensis Lévl.=Rhamnus crenata
Celastrus kusanoi Hay.圆叶南蛇藤
Celastrus laotica Pitard 老挝南蛇藤
Celastrus leiocarpus Hay.=Celastrus punctatus
Celastrus loeseneri Rehd. & Wils.(p.p.)=Celastrus rosthornianus
Celastrus loeseneri Rehd. & Wils.(p.p.)=Celastrus rosthornianus var. loeseneri
Celastrus longeracemosus Hay.=Celastrus punctatus
Celastrus lyi Lévl.=Rhamnus esquirolii
Celastrus mairei Lévl.=Sabia yunnanensis
Celastrus monospermus Roxb.(Benthin Pl.Hongkong1861)=Celastrus hindsii
Celastrus monospermus Roxb.独子藤
Celastrus multiflorus Roxb.=Celastrus paniculatus
Celastrus oblanceifolius Wang & Tsoong 窄叶南蛇藤
Celastrus opposita Wall.=Pleurostylia opposita
Celastrus orbiculatus Thunb.(D.Hou in Ann.Miss.Bot.Gard.1955, p.p.)= Celastrus cuneatus
Celastrus orbiculatus Thunb.南蛇藤
Celastrus orbiculatus f. *major* Loes.=Celastrus orbiculatus
Celastrus orbiculatus var. humilis Maxim.小南蛇藤
Celastrus orbiculatus var. *punctatus* Rehd.=Celastrus punctatus
Celastrus orbiculatus β. *microphyllus Loes.*=Celastrus cuneatus
Celastrus paniculatus Willd 灯油藤
Celastrus paniculatus subsp. multiforus (Roxb.) D.Hou 花灯油藤
Celastrus paniculatus subsp. serratus (Blanco) D.Hou 具齿灯油藤
Celastrus pateniflorus Hay.展花南蛇藤
Celastrus punctatus Thunb.东南南蛇藤
Celastrus punctatus var. *microphyllus* Li & Hou ex Hou=Celastrus punctatus
Celastrus reticulatus C.H.Wang=Celastrus rosthornianus
Celastrus robustus Roxb.=Bhesa robusta
Celastrus rosthornianus Loes.短梗南蛇藤
Celastrus rosthornianus var. loeseneri (Rehd. & Wils.) C.Y.Wu 宽叶短梗南蛇藤
Celastrus rosthornianus var. rosthornianus=Celastrus rosthornianus
Celastrus royleana Wall.=Maytenus royleanus
Celastrus rufa Wall.=Maytenus rufus
Celastrus rugosus Rehd. & Wils.皱叶南蛇藤
Celastrus salicifolia Lévl.=Ilex macrocarpa
Celastrus scandens L.美洲南蛇藤
Celastrus seguini Lévl.=Myrsine semiserrata
Celastrus spiciformis Rehd. & Wils.=Celastrus vaniotii
Celastrus spiciformis var. *laevis* Rehd. & Wils.=Celastrus vaniotii
Celastrus stylosus Wall.(D.Hou in Ann.Miss.Bot.Gard.1955,p.p.)= Celastrus stylosus var. puberulus
Celastrus stylosus Wall.显柱南蛇藤
Celastrus stylosus subsp. glaber Ding Hou 茎花南蛇藤
Celastrus stylosus var. angustifolius C.Y.Cheng & T.C.Kao 狭叶显柱南蛇藤
Celastrus stylosus var. puberulus (Hsu) C.Y.Cheng & T.C.Kao 毛脉显柱南蛇藤
Celastrus stylosus var. stylosus=Celastrus stylosus
Celastrus suaveolens Lévl.=Ilex suaveolens
Celastrus tartarinowii Rupr.=Celastrus orbiculatus
Celastrus tonkinensis Pitard 皱果南蛇藤
Celastrus tristis Lévl.=Rhamnus napalensis
Celastrus vaniotii (Lévl.) Rehd.长序南蛇藤
Celastrus vaniotii var. laevis (Rehd. & Wils.) Rehd.平滑南蛇藤
Celastrus variabilis Hemsl.=Maytenus variabilis
Celastrus virens (Wang & Tang) C.Y.Cheng & T.C.Kao 绿独子藤
Celastrus xizangensis Y.R.Li=Celastrus hindsii
Celastrus yunnanensis Lévl.=Premna parvilimba
Celastrus § 2. *Gymnosporia* Wight & Arn.=**Maytenus**
Celosia L.**青葙属**(苋科)
Celosia argentea L.青葙
Celosia argentea var. *cristata* (L.) O.Ktze.=Celosia cristata
Celosia cristata L.鸡冠花
Celosia monsoniae Retz.=Trichurus monsoniae
Celosia nodiflora L.=Allmania nodiflora
Celosia polysperma Roxb.=Cladostachys polysperma
Celosia swinhoei Hemsl.?海南青葙(新)
Celosia taitoensis Hayata 台湾青葙

Celsia L.=**Verbascum**
Celsia coromandeliana Wahl.=Verbascum coromandelianum
Celtis L.**朴属**(榆科)
Celtis amboinensis Willd.=Trema cannabina
Celtis amphibola Schneid.=Celtis bungeana
Celtis angustifolia Lindl.=Trema angustifolia
Celtis aurantica Nakai=Celtis koraiensis
Celtis australis L.南欧朴
Celtis biondii Pamp. var. *holophylla* (Nakai) E.W.Ma=Celtis biondii
Celtis biondii Pamp.紫弹树
Celtis biondii var. *cavaleriei* (Lévl.) Schneid.=Celtis biondii
Celtis biondii var. *heterophylla* (Lévl.) Schneid.=Celtis biondii
Celtis bodinieri Lévl.=Celtis sinensis
Celtis bungeana Bl.黑弹树
Celtis bungeana var. *heterophylla* Lévl.=Celtis biondii
Celtis bungeana var. *lanceolata* E.W.Ma=Celtis bungeana
Celtis caucasica Willd.高加索朴
Celtis caudata Hance=Cerasus pogonostyla
Celtis cavaleriei Lévl.=Celtis biondii
Celtis cerasifera Schneid.小果朴
Celtis cercidifolia Schneid.=Celtis sinensis
Celtis chekiangensis Cheng 天目朴树
Celtis chinensis Bge.=Celtis bungeana
Celtis chiwuana Cheng 启无朴
Celtis chuanchowensis Metcalf. =Celtis biondii
Celtis cinnamomifolia Nakai 樟叶朴
Celtis cinnamonea Lindl. ex Planch=Celtis timorensis
Celtis collinsae Craib=Celtis philippensis var. consimilis
*Celtis davidiana*Carr.=Celtis bungeana
Celtis discolor Brongn.=Trema orientalis
Celtis douglasii Planch.美西朴
Celtis emuyaca M & calf=Celtis biondii
Celtis emuyaca var. *cuspidatophylla* (Metcalf) Pei=Celtis biondii
Celtis fengqingensis Hu ex E.W.Ma=Celtis tetrandra
Celtis fooningensis Cheng 富宁朴?
Celtis formosana Hay.=Celtis tetrandra
Celtis hunanensis Hand.-Mazz.=Celtis sinensis
Celtis jessoensis Koidz.(辽宁志 1988)=Celtis bungeana
Celtis julianae Schneid.珊瑚朴
Celtis julianae var. *calvescens* Schneid.=Celtis julianae
Celtis koraiensis Nakai 大叶朴
Celtis koraiensis var. *aurantica* (Nakai) Kitag.=Celtis koraiensis
Celtis kunmingensis Cheng & Hong=Celtis tetrandra
Celtis labilis Schneid.=Celtis sinensis
Celtis laevigata Willd.密西西比朴
Celtis leveillei Nakai=Celtis biondii
Celtis leveillei va.*cuspidatophylla* Metcalf. =Celtis biondii
Celtis leveillei var. *heterophylla* (Lévl.) Nakai=Celtis biondii
Celtis leveillei var. *hirtifolia* Hand.-Mazz.=Celtis biondii
Celtis leveillei var. *holophylla* Nakai=Celtis biondii
Celtis mairei Lévl.=Celtis bungeana
Celtis nervosa Hemsl.=Celtis sinensis
Celtis oblongifolia Hu & Cheng 长圆叶朴
Celtis occidentalis L.美洲朴
Celtis orientalis L.=Trema orientalis
Celtis philippensis Blanco (海南志 1965)=Celtis timorensis
Celtis philippensis Blanco 菲律宾朴树
Celtis philippensis var. consimilis (Bl.) Lerory 铁灵花
Celtis philippensis var. philippensis=Celtis philippensis
Celtis philippensis var. *wightii* (Planch.) Soepadmo=Celtis philippensis var. consimilis
Celtis polycarpa Lévl.=Bischofia polycarpa
Celtis pruniputaminea E.W.Ma=Celtis vandervoetiana
Celtis pumila Pursh.矮朴
Celtis reticulata Torr.网脉朴
Celtis rigida Bl.=Trema orientalis
Celtis rockii Rehd.=Celtis biondii
Celtis salvatiana Schneid.=Celtis tetrandra
Celtis shunningensis Cheng 顺宁朴?
Celtis sinensis Dunn & Tutcher=Aphananthe aspera
Celtis sinensis Pers.朴树
Celtis soyauxii Engl.非洲朴
*Celtis taiyuanensis*E.W.Ma=Celtis cerasifera
Celtis tetrandra Roxb.四蕊朴
Celtis tetrandra subsp. *sinensis* (Pers.) Y.C.Tang=Celtis sinensis
Celtis timorensis Span.假玉桂
Celtis tomentosa Roxb.=Trema tomentosa
Celtis trichocarpa Cheng & E.W.Ma=Celtis biondii
Celtis vandervoetiana Schneid.西川朴
Celtis virgata Roxb. ex Wall.=Trema cannabina
Celtis wangii Hu & Cheng 王氏朴
Celtis wightii Planch.(高等图鉴 1972,云南树木志 1990)=Celtis philippensis
Celtis wightii Planch.=Celtis philippensis var. consimilis
Celtis wightii var. *consimilis* (Bl.) Gagn.=Celtis philippensis var. consimilis
Celtis xizangensis E.W.Ma=Celtis tetrandra
*Celtis yangquanensis*E.W.Ma=Celtis bungeana
Celtis yui Cheng 俞氏朴
Celtis yunconensis Cheng 银坑朴
Celtis yunnanensis Schneid.=Celtis tetrandra
Cenchrus L.**蒺藜草属**(禾本科)
Cenchrus calyculatus Cav.光梗蒺藜草
Cenchrus calyculatus Gavan (禾本科图说 1959,海南志 1977)=Cenchrus echinatus
Cenchrus echinatus L.蒺藜草
Cenchrus granularis L.=Hackelochloa granularis
Cenchrus pauciflorus Benth.少花蒺藜草
Cenchrus racemosus L.=Tragus racemosus
Cenchrus racemosus Saunt.=Tragus betteronianus
Cenchrus setosus Sw.=Pennisetum setosum
Cenchrus tribuloides L.沙丘蒺藜草
Cenesmon hainanense Merr. & Chun=Cnesmon hainense
Cenesmon tonkinensis Gagn.=Cnesmone tonkinensis
Cenocentrum Gagn.**大萼葵属**(锦葵科)
Cenocentrum tonkinense Gagn.大萼葵
Cenolophium Koch **空棱芹属**(伞形科)
Cenolophium denudatum (Hornem.) Tutin 空棱芹
Cenolophium fischeri (Spreng.) Koch ex DC.=Cenolophium denudatum
Centaurea Pers.(p.p.)=**Amberboa**
Centaurea L.**矢车菊属**(菊科)
Centaurea adpressa Ledeb.糙叶矢车菊
Centaurea albipina (Bge.) B.Fedtsch.=Schischkinia albispina
Centaurea americana Nutt.大矢车菊
Centaurea aspera L.粗糙矢车菊
Centaurea atriplicifolia (Trev.) Matsum.=Synurus deltoides
Centaurea benedicta L.=Cnicus benedictus
Centaurea calcitrapa L.(MB in Fl.Taur-cauc.1819,p.p.)=Centaurea iberica
Centaurea calcitrapoides L.(DC.in Prodr.1837,p.p.)=Centaurea iberica
*Centaurea carduncula*s Pall.=Serratula carduncula
Centaurea carthamoides Benth.=Stemmacantha carthamoides
Centaurea crupina L.=Crupina vulgaris
Centaurea cyanocephala Vel.=Centaurea cyanus
Centaurea cyanus L.矢车菊
Centaurea depressa MB.?凹陷矢车菊(新)
Centaurea diffusa Lam.铺散矢车菊
Centaurea dschungarica Shih 准噶尔矢车菊
Centaurea glastifolia L.(p.p.)=Chartolepis intermedia
Centaurea glauca Willd.=Amberboa glauca
Centaurea grandiflora Pall.=Stemmacantha uniflora
Centaurea iberica Trev.针刺矢车菊
Centaurea jacea L.棕鳞矢车菊
Centaurea kasakorum Iljin 天山矢车菊
Centaurea membranacea Lam.=Stemmacantha uniflora
Centaurea minima (Boiss.) B.Fedtsch.=Oligochaeta minima
Centaurea missionis Lévl.=Serratula chinensis
Centaurea monanthos Georgi=Stemmacantha uniflora
Centaurea montana L.山矢车菊
Centaurea moschata L.=Amberboa moschata
Centaurea nervosa Willd.显腺矢车菊
Centaurea nigra L.黑矢车菊
Centaurea nigrescens Willd.縂裂矢车菊
Centaurea paniculata L.圆锥矢车菊
Centaurea parviflora Bess.=Centaurea diffusa

Centaurea picris Pall.=Acroptilon repens
Centaurea pulchella Ledeb.=Hyalea pulchella
Centaurea pulchella α. *viminea* (Less.) DC.=Hyalea pulchella
Centaurea pulchra DC.=Centaurea cyanus
Centaurea repens L.=Acroptilon repens
Centaurea ruthenica Lam.欧亚矢车菊
Centaurea scabiosa L.粗糙矢车菊(新)
Centaurea scabiosa var. *adpressa* (Ledeb.) DC.=Centaurea adpressa
Centaurea scabiosa var. *angustata* Ledeb.=Centaurea adpressa
Centaurea sect. *Acroptilon* (Cass.) Benth.=**Acroptilon**
Centaurea sect. *Chartolepis* (Cass.) DC.(p.p.)=**Chartolepis**
Centaurea sect. *Hyalea* DC.=**Hyalea**
Centaurea sect. *Microlonchus* (Cass.) O.Hoffm.(p.p.)=**Oligochaeta**
Centaurea segetalis Salisb.=Centaurea cyanus
Centaurea sibirica L.矮小矢车菊
Centaurea squarosa Willd.小花矢车菊
Centaurea subgen. *Acroptilon* (Cass.) Schmlh.=**Acroptilon**
Centaurea subgen. *Chartolepis* (Cass.) Schmalh.=**Chartolepis**
Centaurea umbrosa Huet & Reut.=Centaurea cyanus
Centaurea viminea Less.=Hyalea pulchella
Centaurea vvedenskyi M.Pop.=Oligochaeta minima
Centaurium Cass.=**Centaurea**
Centaurium Hill.**百金花属**(龙胆科)
Centaurium capitatum (Willd.) Borbas 头状百金花
Centaurium erythreae Rafn.百金花
Centaurium japonicum (Maxim.) Druce 日本百金花
Centaurium littorale (Turner) G.Lmour.海滨百金花
Centaurium meyeri (Bge.) Druce=Centaurium pulchellum var. altaicum
Centaurium minus Moench 小百金花
Centaurium pulchellum (Swartz) Druce 美丽百金花
Centaurium pulchellum var. altaicum (Griseb.) Kitag. & Hara 百金花
Centaurium pulchellum var. pulchellum=Centaurium pulchellum
Centaurium ruthenicum (Lam.) C.Koch=Centaurea ruthenica
Centaurium scilloides (L.f.) Samp.簇百金花
Centaurium spicatum Fritsch.(高等图鉴 1974)=Centaurium japonicum
Centaurium tenuiflorum (Hoffm. ex Link) Fritsch.细花百金花
Centaurium turneri (Wheld. & Salm.) Butcher 沙丘百金花
Centella L.**积雪草属**(伞形科)
Centella asiatica (L.) Urban 积雪草
Centella villosa L.毛叶积雪草
Centipeda Lour.**石胡荽属**(菊科)
Centipeda minima (L.) A.Br. & Aschers.鹅不食草
Centipeda minuta (Less.) C.B.Clarke=Centipeda minima
Centotheca Desv. **酸模芒属**(禾本科)
Centotheca lappacea (L.) Desv.酸模芒
Centotheca latifolia Trin=Centotheca lappacea
Centotheca latifolia var. inermis (Rendle) Keng 无芒假淡竹叶
Centranthera R.Br.**胡麻草属**(玄参科)
Centranthera brunoniana Wall.(广州志 1956)=Centranthera cochinchinensis
Centranthera cochinchinensis (Lour.) Merr.胡麻草
Centranthera cochinchinensis var. cochinchinensis=Centranthera cochinchinensis
Centranthera cochinchinensis var. *longiflora* (Merr.) P.C.Tsoong=Centranthera cochinchinensis
Centranthera cochinchinensis var. lutea (H.Hara) H.Hara 中南胡麻草
Centranthera cochinchinensis var. nepalensis (D.Don) Merr.西南胡麻草
Centranthera grandiflora Benth.大花胡麻草
Centranthera hispida R.Br.(Benth.in J.Bot.1853)=Centranthera cochinchinensis
Centranthera hispida R.Br.(Benth.in Scroph.Ind.1835)=Centranthera cochinchinensis var. nepalensis
Centranthera humifusa Wall.=Centranthera tranquebarica
Centranthera longiflora (Merr.) Merr.=Centrathera cochinchinensis
Centranthera nepalensis D.Don=Centranthera cochinchinensis var. nepalensis
Centranthera rubra H.L.Li=Centranthera cochinchinensis var. lutea
Centranthera tonkinensis Bonati=Centranthera trangquebarica
Centranthera tranquebarica (Spreng.) Merr.矮胡麻草
Centranthera tranquebarica (Spreng.) Yamaz.=Centranthera tranquebarica
Centrochilus gracilis Schauer=Habenaria linguella
Centrolepidaceae 刺鳞草科
Centrolepis Labill.**刺鳞草属**(刺鳞草科)
Centrolepis asiatica Merr. ex Gagn.=Centrolepis banksii
Centrolepis banksii (R.Br.) Roem. & Schult.刺鳞草
Centrolepis hainanensis Merr. & Metcalf=Centrolepis banksii
Centrolepis miboroides Gagn.=Centrolepis banksii
Centrophorum chinense Trin.=Chrysopogon aciculatus
Centrosema Benth.**距瓣豆属**(豆科)
Centrosema pubescens Benth.距瓣豆
Centrosemma Decne.**蜂出巢属**(萝藦科)
Centrosemma multiflorum (Bl.) Decne.蜂出巢
Centrosis sylvatica Thou.=Calanthe sylvatica
Centrospermum H.B. & Kunth=**Acanthospermum**
Centrostemma Dec.=**Hoya**
Centrostemma multiflora (Bl.) Decne.=Hoya multiflora
Centrostemma platypetalum Merr.=Centrosemma multiflorum
Centrostemma yunnanense P.T.Li=Hoya lii
Centunculus L.**柔弱草属**(报春花科)
Centunculus tenellus Duby 柔弱草
Ceodes J. & G.Forst.**胶果木属**(紫茉莉科)
Ceodes grandis Choisy 抗风桐
Ceodes umbellifera J. & G.Forst 胶果木
Cepa prolifera Moench.=Allium cepa var. proliferum
Cephaelis Sawrtz **头九节属**(茜草科)
Cephaelis laui (Merr. & Metc.) How & Ko 头九节
Cephalandra indica Naud.=Coccinia grandis
Cephalanthera L.C.Rich **头蕊兰属**(兰科)
Cephalanthera acuminata Lindl.=Cephalanthera longifolia
Cephalanthera alpicola Fukuyama 高山头蕊兰
Cephalanthera bijiangensis S.C.Chen 碧江头蕊兰
Cephalanthera calcarata S.C.Chen & K.Y.Lang 硕距头蕊兰
Cephalanthera damasonium (Miller) druce 大花头蕊兰
Cephalanthera elegans Schltr.=Cephalanthera falcata
Cephalanthera ensifolia (Sw.) L.C.rich.=Cephalanthera longifolia
Cephalanthera ensifolia var. *acuminata* (Lindl.) T.Tang & F.T.Wang=Cephalanthera longifolia
Cephalanthera erecta (Thunb. ex A.Murray) Bl.(Kom.in Fl.Mansh.1901)=Cephalanthera longibracteata
Cephalanthera erecta (Thunb. ex A.Murray) Bl.银兰
Cephalanthera erecta var. *szechuanica* Schltr.=Cephalanthera erecta
Cephalanthera falcata (Thunb. ex A.Murray) Bl.金兰
Cephalanthera japonica A.Gray=Cephalanthera falcata
Cephalanthera longibracteata Bl.长苞头蕊兰
Cephalanthera longifolia (L.) Fritsch 头蕊兰
Cephalanthera mairei Schltr.=Cephalanthera longifolia
Cephalanthera pallens (Willd.) L.C.Rich 苍白头蕊兰
Cephalanthera platycheila Rchb.f.=Cephalanthera falcata
Cephalanthera raymondiae Schltr.=Cephalanthera falcata
Cephalanthera rubra (L.) L.红花头蕊兰
Cephalanthera szechuanica (Schltr.) Schltr.=Cephalanthera erecta
Cephalanthera taiwaniana S.S.Ying 台湾头蕊兰
Cephalanthera thomsonii Rchb.f.云南头蕊兰(新)?
Cephalanthera xiphophyllum L.f.剑叶头蕊兰
Cephalanthera yuennanensis Hand.-Mazz.=Cephalanthera damasonium
Cephalantheropsis Guill. 黄兰属(兰科)
Cephalantheropsis calanthoides (Ames) T.S.Liu & H.J.Su 铃花黄兰
Cephalantheropsis gracilis (Lindl.) S.Y.Hu 黄兰
Cephalanthus L.**风箱树属**(茜草科)
Cephalanthus glabrifolius Hay.=Cephalanthus tetrandrus
Cephalanthus naucleoides DC.=Cephalanthus tetrandrus
Cephalanthus occidentalis L.(树木分类学 1937 ,广州志 1958 ,海南志 1974 ,高等图鉴 1975)=Cephalanthus tetrandrus
Cephalanthus pilulifera Lam.=Adina pilulifera
Cephalanthus ratoensis Hay.=Cephalanthus tetrandrus
Cephalanthus tetrandrus (Roxb.) Ridsd. & Bakh.f.风箱树
Cephalariq cachemiria Decne.=Dipsacus inermis var. mitis
Cephalis siamica Criab=Psychotria praimii
Cephalocereus Pfeiff.**翁柱属**(仙人掌科)
Cephalocereus dybowskii (Rol.-Goss.) Britt. & Rose 丽翁柱
Cephalocereus militaris (Audot) H.E.Moore 金毛翁柱
Cephalocereus scoparius (Poselg) Br. & R.舞翁柱

Cephalocereus senilis (Haw.) Pfelff.翁柱
Cephalocitrus grandis Tseng=Citrus maxima
Cephalocitrus paradisi (Macf.) Tseng=Citrus paradisi
Cephalomanes Presl **厚叶蕨属**(膜蕨科)
Cephalomanes auriculatum v.d.B.=Vandenboschia auriculata
Cephalomanes javanicum (Bl.)v.d.B.爪哇厚叶蕨
Cephalomanes laciniatum (Roxb.) Devl.菲律宾厚叶蕨
Cephalomanes rhomboideum v.d.B.=Cephalomanes javanicum
Cephalomanes sumatranum (v.A.v.R.) Cop.厚叶蕨
Cephalomanes zollingeri v.d.B.=Cephalomanes javanicum
Cephalomappa Baill.**肥牛树属**(大戟科)
Cephalomappa becaniana Baill.刺果肥牛树
Cephalomappa sinensis (Chun & How) Kosterm.肥牛树
Cephalonoplos Neck.=**Cirsium**
Cephalonoplos arvense (L.) Fourr.=Cirsium arvense
Cephalonoplos arvense var. *alpestre* (Naeg.) Kitam=Cirsium lanatum
Cephalonoplos segetum (Bge.) Kitam.=Cirsium setosum
Cephalopanax Baill.=**Acanthopanax**
Cephalorrhynchus Boiss.**头嘴菊属**(菊科)
Cephalorrhynchus albiflorus Shih 白花头嘴菊
Cephalorrhynchus macrorrhizus (Royle) Tsuil 头嘴菊
Cephalorrhynchus saxatilis (Edgew.) Shih 岩生头嘴菊
Cephalostachyum Munro **空竹属**(禾本科)
Cephalostachyum capitatum (Wall. & Griff.) Munro (西藏志 1987)=Cephalostachyum pallidum
Cephalostachyum capitatum Munro 空竹
Cephalostachyum fuchsianum Gamble 空竹
Cephalostachyum pallidum Munro 小空竹
Cephalostachyum pergracile Munro 糯竹
Cephalostachyum virgatum (Munro) Kurz 金毛空竹
Cephalostigma A.DC.**星花草属**(桔梗科)
Cephalostigma hookeri C.B.Clarke 星花草
Cephalostigma paniculatum A.DC.(Hosseus (Beih.in Bot.Centr.1911)=Cephalostigma hookeri
Cephalostigmaton Yakovl.=**Sophora**
Cephalostigmaton tonkinensis (Gagn.) Yakovl.=Sophora tonkinensis
Cephalotaxaceae 三尖杉科
Cephalotaxus S. & Z.**三尖杉属**(三尖杉科)
Cephalotaxus alpina (H.L.Li L.K.Fu=Cephalotaxus fortunei var. alpina
Cephalotaxus argotaenia (Hance) Pilger=Amentotaxus argotaenia
Cephalotaxus drupacea S. & Z.(Rehd. & Wils.in Sarg.Pl.Wilson.1914)=Cephalotaxus sinensis
Cephalotaxus drupacea S. & Z.(台湾志,1964,p.p.)=Cephalotaxus latifolia
Cephalotaxus drupacea var. *sinensis* Rehd. & Wils.=Cephalotaxus sinensis
Cephalotaxus drupacea var. *sinensis* S. & Z.(Merr.in Lingnan Sci.Joun. 1927)=Cephalotaxus mannii
Cephalotaxus drupacea var. *sinensis* f. *globosa* Rehd. & Wils.=Cephalotaxus sinensis
Cephalotaxus filiformis Knight ex Gord.=Cephalotaxus fortunei
Cephalotaxus fortunei HK.三尖杉
Cephalotaxus fortunei cv. *Brevifolia*=Cephalotaxus fortunei
Cephalotaxus fortunei cv. *Longifolia*=Cephalotaxus fortunei
Cephalotaxus fortunei var. alpina Li 高山三尖杉
Cephalotaxus fortunei var. *concolor* Franch.=Cephalotaxus fortunei
Cephalotaxus fortunei var. fortunei=Cephalotaxus fortunei
Cephalotaxus fortunei var. *globosa* S.Y.Hu=Cephalotaxus fortunei
Cephalotaxus fortunei var. *longifolia* Hort. ex Dallimore & Jackson=Cephalotaxus fortunei
Cephalotaxus griffithii HK.f.(Oliv.in HK.Icon Pl.1890)=Cephalotaxus oliveri
Cephalotaxus griffithii HK.f.=Cephalotaxus mannii
Cephalotaxus hainanensis H.L.Li=Cephalotaxus mannii
Cephalotaxus harringtonia (Forbes) Koch 日本粗榧
Cephalotaxus harringtonia Koch(台湾志,1964,p.p.)=Cephalotaxus mannii
Cephalotaxus harringtonia cv. Fastigiata 柱冠粗榧
Cephalotaxus harringtonia f. *lastigiata* Rehd.=Cephalotaxus harringtonia cv. Fastigiata
Cephalotaxus harringtonia var. *sinensis* (Rehd. & Wils.) Rehd.=Cephalotaxus sinensis
Cephalotaxus harringtonia var. *wilsoniana* (Hay.) Kitamura=Cephalotaxus wilsoniana
Cephalotaxus kaempferi Anon.=Cephalotaxus fortunei
Cephalotaxus lanceolata K.M.Feng 贡山三尖杉
Cephalotaxus latifolia W.C.Cheng & L.K.Fu ex L.K.Fu et al.宽叶粗榧
Cephalotaxus mannii HK.f.西双版纳粗榧
Cephalotaxus oliveri Mast.篦子三尖杉
Cephalotaxus pedunculata var. *fastigiata* Carr.=Cephalotaxus harringtonia cv. Fastigiata
Cephalotaxus sinensis (Rehd. & Wils.) Li 粗榧
Cephalotaxus sinensis f. *globosa* (Rehd. & Wils.) Li=Cephalotaxus sinensis
Cephalotaxus sinensis var. *latifolia* Cheng & L.K.Fu=Cephalotaxus latifolia
Cephalotaxus sinensis var. sinensis=Cephalotaxus sinensis
Cephalotaxus sinensis var. wilsoniana (Hay.) L.K.Fu & Nana Li 台湾粗榧
Cephalotaxus wilsoniana Hay.=Cephalotaxus sinensis var. wilsoniana
Cephalotrophis Bl.=**Malaisia**
Ceraia Lour.=**Dendrobium**
Cerasophora Necker=**Cerasus**
Cerastium L.**卷耳属**(石竹科)
Cerastium alpinum var. *glanduliferum* Trautv.=Cerastium pusillum
Cerastium amplexicaule Sims=Cerastium dahuricum
Cerastium amurense Ohwi=Cerastium furcatum
Cerastium aquaticum L.=Myosoton aquaticum
Cerastium arisanense Hay.=Stellaria arisanensis
Cerastium arvense L.(东北检索表 1959)=Cerastium arvense subsp. strictum
Cerastium arvense L.(植物,26,1996)=Cerastium arvense subsp. strictum
Cerastium arvense subsp. strictum Gaudin 卷耳
Cerastium arvense var. *angustifolium* Fenzl=Cerastium arvense subsp. strictum
Cerastium arvense var. arvense=Cerastium arvense subsp. strictum
Cerastium arvense var. glabellum (Turcz.) Fenzl 无毛卷耳
Cerastium arvense var. *strictum* W.D.J.Koch=Cerastium arvense subsp. strictum
Cerastium baischanense Y.C.Chu 长白卷耳
Cerastium biebersteinii DC.比伯史坦氏卷耳
Cerastium boissieri Gren.西班牙卷耳
Cerastium caespitosum Gilib.=Cerastium fontanum subsp. vulgare
Cerastium caespitosum subsp. *triviale* (Spenn.) Hiit.=Cerastium fontanum subsp. vulgare
Cerastium cerastioides (L.) Brown (Kitag.in Lineam.Fl.Mansh.1939)=Minuartia macrocarpa var. korean
Cerastium cerastoides (L.) Britt.六齿卷耳
Cerastium cerastoides var. *foliosum* Kozhev.=Cerastium cerastoides
Cerastium ciliatum Waldst. & Kitaib.(Turcz.in Bull.Soc.Nat.Moscou 1842)=Cerastium furcatum
Cerastium ciliatum Ohwi=Cerastium furcatum
Cerastium ciliatum var. *acutifolium* (Franch.) Hand.-Mazz.=Cerastium furcatum
Cerastium ciliatum var. *brevifolium* (Franch.) Hand.-Mazz.=Cerastium furcatum
Cerastium dahuricum Fisch. (植物,26,1996)=Cerastium davuricum
Cerastium davuricum Fisch. ex Spreng.达乌里卷耳
Cerastium dichotomum subsp. inflatum (Link) Culen 膨萼卷耳
Cerastium falcatum Bge. ex Fenzl 披针叶卷耳
Cerastium falcatum Bge.镰刀叶卷耳
Cerastium fimbriatum E.Pritz.=Arenaria fimbriata
Cerastium fimbriatum Ledeb.=Stellaria radians
Cerastium fischerianum Ser.(东北检索表 1959)=Cerastium furcatum
Cerastium fontanum Baumg.喜泉卷耳
Cerastium fontanum subsp. grandiflorum H.Hara 大花泉卷耳
Cerastium fontanum subsp. *holosteoides* (Fries) Salman et al.=Cerastium fontanum subsp. vulgare
Cerastium fontanum subsp. *triviale* (Spenn.) Jalas=Cerastium fontanum subsp. vulgare
Cerastium fontanum subsp. vulgare (Hartm.) Greut. & Burdet 簇生泉卷耳
Cerastium fontanum var. *angustifolium* (Franch.) H.Hara=Cerastium fontanum subsp. vulgare
Cerastium fontanum var. *tibeticum* (Edge. & HK.f.) C.Y.Wu & L.H. Zhou=Cerastium fontanum subsp. vulgare
Cerastium formosanum (Ohwi) Ohwi=Cerastium morrisonense

Cerastium furcatum Cham. & Schlecht.缘毛卷耳
Cerastium glabellum Turcz.=Cerastium arvense var. glabellum
Cerastium glomeratum Thull.球序卷耳
Cerastium glomeratum var. brachycarpum L.H.Zhou & Q.Z.Han 短果卷耳
Cerastium glomeratum var. glomeratum=Cerastium glomeratum
Cerastium grandiflorum Hamilt. ex D.Don=Cerastium fontanum subsp. grandiflorum
Cerastium holosteoides Fries=Cerastium fontanum subsp. vulgare
Cerastium holosteoides subsp. *triviale* (Spenn.) Möschl=Cerastium fontanum subsp. vulgare
Cerastium holosteoides subsp. *triviale* var. *grandiflorum* Majumd.=Cerastium fontanum subsp. grandiflorum
Cerastium holosteoides var. *hallaisanense* (Nakai) Mizushima=Cerastium fontanum subsp. vulgare
Cerastium ianthes F.N.Will.=Cerastium fontanum subsp. vulgare
Cerastium inflatum Link=Cerastium dichotomum subsp. inflatum
Cerastium ledebourianum Ser.=Cerastium pauciflorum
Cerastium limprichtii Pax & Hoffm.华北卷耳
Cerastium lithospermifolium Fisch.紫草叶卷耳
Cerastium mairei Lévl.=Arenaria iochanensis
Cerastium maximum L.大卷耳
Cerastium maximum var. *falcatum* Grenier=Cerastium falcatum
Cerastium maximum β. *falcatum* Gren.=Cerastium falcatum
Cerastium melanandrum Maxim.=Arenaria melanandra
Cerastium morrisonense Hay.玉山卷耳
Cerastium morrisonense var. *formosanum* Ohwi=Cerastium morrisonense
Cerastium nipaulense Wall. ex G.Don=Cerastium fontanum subsp. grandiflorum
Cerastium oxalidiflorum Makino=Cerastium pauciflorum var. oxalidiflorum
Cerastium parvipetalum Hosok.小瓣卷耳
Cerastium pauciflorum Ser.(东北检索表 1959)=Cerastium pauciflorum var. oxalidiflorum
Cerastium pauciflorum Stev. ex Ser.疏花卷耳
Cerastium pauciflorum subsp. pauciflorum=Cerastium pauciflorum
Cerastium pauciflorum subsp. triviale (Link) Jalas 簇生卷耳
Cerastium pauciflorum var. *amurense* (Rgl.) Mizush.=Cerastium pauciflorum var. oxalidiflorum
Cerastium pauciflorum var. oxalidiflorum (Makino) Ohwi 毛蕊卷耳
Cerastium pauciflorum var. pauciflorum=Cerastium pauciflorum
Cerastium perfoliatum L.抱茎叶卷耳
Cerastium pilosum Ledeb.(Hay.in J.Coll.Soc.Univ.Tokyo 1908)=Cerastium subpilosum
Cerastium pilosum Ledeb.=Cerastium pauciflorum
Cerastium pilosum Sibth. & Sm.(Rgl.in Tent.Fl.Ussur.1861)=Cerastium pauciflorum var. oxalidiflorum
Cerastium pilosum var. *amurense* Rgl.=Cerastium pauciflorum var. oxalidiflorum
Cerastium pilosum β. *amurense* Rgl.=Cerastium pauciflorum var. oxalidiflorum
Cerastium pusillum Ser.山卷耳
Cerastium repens L.(Lour.in Fl.CochincH.1790)=Stellaria alsine
Cerastium rigidum Ledeb.=Cerastium furcatum
Cerastium rubescens Mattf.=Cerastium furcatum
Cerastium schizopetalum Maxim.(Winkl.in Videnskab.Meddel.1901)=Stellaria winkleri
Cerastium strictum Haenke=Cerastium arvense subsp. strictum
Cerastium subpilosum Hay.细叶卷耳
Cerastium subpilosum var. *takasagomontanum* (Masamune) S.S.Ying=Cerastium takasagomontanum
Cerastium szechuense Williams 四川卷耳
Cerastium taiwanense T.SH.Liu=Cerastium subpilosum
Cerastium takasagomontanum Masamune 高山卷耳
Cerastium thomsonii HK.f.藏南卷耳
Cerastium tianschanicum Schischk.天山卷耳
Cerastium tomentosum L.绒毛卷耳
Cerastium tomentosum var. columnae (Ten.) Arc.意大利绒毛卷耳
Cerastium trigynum Vill.(James in J.Mansh.1888)=Minuartia macrocarpa var. korean
Cerastium trigynum Vill.=Cerastium cerastoides
Cerastium trigynum var. *morrisonense* (Hay.) Hay.=Cerastium morrisonense
Cerastium trigynum var. *taiwanianum* S.S.Ying=Cerastium morrisonense
Cerastium triviale Link=Cerastium pauciflorum subsp. triviale
Cerastium triviale var. *nipaulense* F.N.Will.=Cerastium fontanum subsp. grandiflorum
Cerastium verticifolium R.L.Dang & X.M.Pi 轮叶卷耳
Cerastium viscosum L.=Cerastium fontanum subsp. vulgare
Cerastium vulgare Hartm.=Cerastium fontanum subsp. vulgare
Cerastium vulgatum L.=Cerastium fontanum subsp. vulgare
Cerastium vulgatum subsp. *caespitosum* Dostal=Cerastium fontanum subsp. vulgare
Cerastium vulgatum var. *acutifolium* Franch.=Cerastium furcatum
Cerastium vulgatum var. *angustifolium* Franch.=Cerastium fontanum subsp. vulgare
Cerastium vulgatum var. *brevifolium* Franch.=Cerastium furcatum
Cerastium vulgatum var. *glomeratum* (Thull.Edgew. & HK.f.=Cerastium glomeratum
Cerastium vulgatum var. *grandiflorum* Edge. & HK.f.=Cerastium fontanum subsp. grandiflorum
Cerastium vulgatum var. *hallaisanense* Nakai=Cerastium fontanum subsp. vulgare
Cerastium vulgatum var. *leiopetalum* Fenzl=Cerastium pusillum
Cerastium vulgatum var. *tianschanicum* (Schischk.) Kozhev.=Cerastium tianschanicum
Cerastium vulgatum var. *tibeticum* Edge. & HK.f.=Cerastium fontanum subsp. vulgare
Cerastium vulgatum β. *bravifolium* Franch.=Cerastium furcatum
Cerastium vulgatum γ. *acutifolium* Franch.=Cerastium furcatum
Cerastium vulgatum η. *leiopetalum* Fenzl=Cerastium pusillum
Cerastium wilsonii Takeda 鄂西卷耳
Cerastium winkleri Briq.=Stellaria winkleri
Cerasus Mill.**樱属**(蔷薇科)
Cerasus acuminata Wall.=Laurocerasus undulata
Cerasus arasoides (D.Don) Sok.(新拉汉英 1966)=Cersus cerasoides
Cerasus avium (L.) Moench 欧洲甜樱桃
Cerasus campanulata (Maxim.) Yü & Li 钟花樱桃
Cerasus caudata (Franch.) Yü & Li 尖尾樱桃
Cerasus cerasoides (D.Don) Sok.高盆樱桃
Cerasus cerasoides var. cerasoides=Cerasus cerasoides
Cerasus cerasoides var. rubea (C.Ingram) Yü & Li 红花高盆樱桃
Cerasus cerasus Eaton & Wrigh=Cerasus vulgaris
Cerasus clarofolia (Schneid.) Yü & Li 微毛樱桃
Cerasus claviculata Yü & Li 长腺樱桃
Cerasus conadenia (Koehne) Yü & Li 锥腺樱桃
Cerasus conradinae (Koehne) Yü & Li 华中樱桃
Cerasus cornuta Wall.=Padus cornuta
Cerasus crataegifolius (Hand.-Mazz.) Yü & Li 山楂叶樱桃
Cerasus cyclamina (Koehne) Yü & Li 襄阳山樱桃
Cerasus cyclamina var. biflora (Koehne) Yü 双花山樱桃
Cerasus cyclamina var. cyclamina=Cerasus cyclamina
Cerasus dictyoneura (Diels) Yü 毛叶欧李
Cerasus dielsiana (Schneid.) Yü & Li 尾叶樱桃
Cerasus dielsiana var. abbreviata (Card.) Yü & Li 短梗尾叶樱桃
Cerasus dielsiana var. dielsiana=Cerasus dielsiana
Cerasus discoidea Yü & Li 迎春樱桃
Cerasus duclouxii (Koehne) Yü & Li 西南樱桃
Cerasus fruticosa (Pall.) G.Woron 草原樱桃
Cerasus glabra (Pamp.) Yü & Li 光叶樱桃
Cerasus glandulosa (Thunb.) Lois.麦李
Cerasus glandulosa f. alboplena Koehne 白花重瓣麦李
Cerasus glandulosa f. rosea Koehne 粉花麦李
Cerasus glandulosa f. sinensis (Pers.) Koehne 粉花重瓣麦李
Cerasus henryi (Schneid.) Yü & Li 蒙自樱桃
Cerasus hortensis Mill.=Cerasus vulgaris
Cerasus humilis (Bge.) Bar. & Liou=Cerasus humilis
Cerasus humilis (Bge.) Sok.欧李
Cerasus japonica (Thunb.) Lois.郁李
Cerasus japonica var. *glandulosa* Kom. & Klob-Alis=Cerasus glandulosa
Cerasus japonica var. japonica=Cerasus japonica
Cerasus japonica var. nakaii (Lévl.) Yü & Li 长梗郁李
Cerasus lannesiana Carr.=Cerasus serrulata var. lannesiana
Cerasus mahaleb (L.) Mill.圆叶樱桃

Cerasus maximowiczii (Rupr.) Kom.黑樱桃
Cerasus mugus (Hand.-Mazz.) Yü & Li 偃樱桃
Cerasus nakaii (Lévl.) Bar. & Liou=Cerasus japonica var. nakaii
Cerasus napaulensis Ser.=Padus napaulensis
Cerasus nigra Mill.=Cerasus avium
Cerasus padus DC.=Padus racemosa
Cerasus patentipila (Hand.-Mazz.) Yü & Li 散毛樱桃
Cerasus pleiocerasus (Koehne) Yü & Li 雕核樱桃
Cerasus pogonostyla (Maxim.) Yü & Li 毛柱郁李
Cerasus pogonostyla var. obovata (Koehne) Yü & Li 长尾毛柱樱桃
Cerasus pogonostyla var. pogonostyla=Cerasus pogonostyla
Cerasus polytricha (Koehne) Yü & Li 多毛樱桃
Cerasus pseudocerasus (Lindl.) G.Don 樱桃
Cerasus puddum Seringe=Cerasus cerasoides
Cerasus pumila Pall.=Cerasus fruticosa
Cerasus pusilliflora (Card.) Yü & Li 细花樱桃
Cerasus rufa Wall.红毛樱桃
Cerasus rufa var. rufa=Cerasus rufa
Cerasus rufa var. trichantha (Koehne) Yü & Li 毛萼红毛樱桃
Cerasus sachalinensis (Fr.Schmidt) Kom.(东北木本志 1955)=Cerasus serrulata
Cerasus schneideriana (Koehne) Yü & Li 浙闽樱桃
Cerasus scopulorum (Koehne) Yü & Li 崖樱桃
Cerasus sect. *Cerasophora* Benth.HK.f.=**Cerasus**
Cerasus sect. *Cerasophora* DC. ex Ser.=**Cerasus**
Cerasus sect. II subsect. *Laurocerasi* (Tourn. ex Duh.) Ser.= **Laurocerasus**
Cerasus sect. *Laurocerasus* (Tourn. ex Duh.) G.Don (p.p.)=**Laurocerasus**
Cerasus sect. *Padus* S.F.Gray=**Padus**
Cerasus serrula (Franch.) Yü & Li 细齿樱桃
Cerasus serrulata (Lindl.) G.Don ex London 山樱花
Cerasus serrulata var. lannesiana (Carr.) Makino 日本晚樱
Cerasus serrulata var. pubescens (Makino) Yü & Li 毛叶山樱花
Cerasus serrulata var. serrulata=Cerasus serrulata
Cerasus setulosa (Batal.) Yü & Li 刺毛樱桃
Cerasus stipulacea (Maxim.) Yü & Li 托叶樱桃
Cerasus subgen. *Laurocerasus* (Tourn. ex Dyh.) Rchb.=**Laurocerasus**
Cerasus subhirtella (Miq.) Sok.大叶早樱
Cerasus subhirtella var. pendula (Tanaka) Yü & Li 垂枝大叶早樱
Cerasus subhirtella var. subhirtella=Cerasus subhirtella
Cerasus szechuanica (Batal.) Yü & Li 四川樱桃
Cerasus tatsienensis (Batal.) Yü & Li 康定樱桃
Cerasus tianshanica Pojark.天山樱桃
Cerasus tomentosa (Thunb.) Wall.毛樱桃
Cerasus trichostoma (Koehne) Yü & Li 川西樱桃
Cerasus undulata (D.Don) Ser.=Laurocerasus undulata
Cerasus vulgaris Mill.欧洲酸樱桃
Cerasus vulgaris f. perwsiciflora 粉色重瓣欧洲酸樱桃
Cerasus vulgaris f. plena 半重瓣欧洲酸樱桃
Cerasus vulgaris f. rhexii 重瓣欧洲酸樱桃
Cerasus vulgaris f. salicifolia 柳叶欧洲酸樱桃
Cerasus vulgaris f. umbraculifera 小叶欧洲酸樱桃
Cerasus vulgaris var. frutescens 矮生欧洲酸樱桃
Cerasus vulgaris var. semperflorens 晚花欧洲酸樱桃
Cerasus wallichii (Stend.) Roem.=Laurocerasus undulata
Cerasus yedoensis (Matsum.) Yü & Li 东京樱桃
Cerasus yunnanensis (Franch.) Yü & Li 云南樱桃
Cerasus yunnanensis var. polybotrys (Koehne) Yü & Li 多花云南樱桃
Cerasus yunnanensis var. yunnanensis=Cerasus yunnanensis
Ceratanthus F.Muell.**角花属**(唇形科)
Ceratanthus calcaratus (Hemsl.) G.Briq.角花
Ceratia Adans.=**Ceratonia**
Ceratocarpus L.**角果藜属**(藜科)
Ceratocarpus areanrius L.角果藜
Ceratocarpus turkestanicum Sav.-Rycz. ex Iljin=Ceratocarpus areanrius
Ceratocarpus utriculosus Bluk.=Ceratocarpus areanrius
Ceratocephala Moench **角果毛茛属**(毛茛科)
Ceratocephala falcata (L.) Pers.弯喙角果毛茛
Ceratocephala falcata var. *orthoceras* (DC.) Aitch. & Hemsl.= Ceratocephala falcata
Ceratocephala orthoceras DC.=Ceratocephala falcata
Ceratocephala testiculata (Crantz) Roth 角果毛茛
Ceratocephalus Moench(植物志 28,1980)=Ceratocephala
Ceratocephalus glaber (Beck.) Janisch.=Ceratocephala testiculata
Ceratocephalus orthoceras DC.(植物志 28,1980)=Ceratocephala falcata
Ceratoides (Tourn.) Gagn.**驼绒藜属**(藜科)
Ceratoides arborescens (Loisnsk.) Tsien & C.G.Ma 华北驼绒藜
Ceratoides compacta (Losinsk.) Tsien & C.G.Ma 垫状驼绒藜
Ceratoides compacta var. compacta=Ceratoides compacta
Ceratoides compacta var. longipilosa Tsien & C.G.Ma 长毛垫状驼绒藜
Ceratoides ewersmanniaia (Stschegl. ex Losinsk.) Botsch. & Ikonn.心叶驼绒藜
Ceratoides latens (J.F.Gmel.) Reveal & Holmgren 驼绒藜
Ceratoides papposa (Pers.) Botsch. & Ikonn.=Ceratoides latens
Ceratolobus Bl.**角裂棕属**(棕榈科)
Ceratolobus kingianus Becc.庆氏角裂棕
Ceratolobus laevigatus (Mart.) Becc.平滑角裂棕
Ceratonia L.**长角豆属**(豆科)
Ceratonia siliqua L.长角豆
Ceratophyllaceae 金鱼藻科
Ceratophyllum L.**金鱼藻属**(金鱼藻科)
Ceratophyllum demersum f. *quadrispinum* (Makino) Kitag.= Ceratophyllum platyacanthum subsp. oryzetorum
Ceratophyllum demersum L.金鱼藻
Ceratophyllum demersum var. *pentacorne* Kitag.=Ceratophyllum platyacanthum subsp. oryzetorum
Ceratophyllum demersum var. *quadrispinum* Makino=Ceratophyllum platyacanthum subsp. oryzetorum
Ceratophyllum inflatum C.C.Jao ex K.C.Kuan=Ceratophyllum muricatum subsp. kossinskyi
Ceratophyllum kossinskyi Kurz.-Procho=Ceratophyllum muricatum subsp. kossinskyi
Ceratophyllum manschuricum (Miki) Kitag.=Ceratophyllum muricatum subsp. kossinskyi
Ceratophyllum muricatum subsp. kossinskyi (Kuz.-Procho.) Les 粗糙金鱼藻
Ceratophyllum oryzetorum V.Kom.=Ceratophyllum platyacanthum subsp. oryzetorum
Ceratophyllum pentacanthum Hay.=Ceratophyllum platyacanthum subsp. oryzetorum
Ceratophyllum platyacanthum subsp. oryzetorum (V.Kom.) Les 五刺金鱼藻
Ceratophyllum submersum var. *manschuricum* Miki=Ceratophyllum muricatum subsp. kossinskyi
Ceratophyllum submersum var. *squamosum* Wilmotd.=Ceratophyllum muricatum subsp. kossinskyi
Ceratopteridaceae=**Parkeriaceae**
Ceratopteris Brongn. 水蕨属(水蕨科)
Ceratopteris calomelanos Underw.=Pityrogramme calomelanos
Ceratopteris deltoidea Bened.三角水蕨
Ceratopteris parkeri J.Sm.=Ceratopteris peridoides
Ceratopteris peridoides (HK.) Hieron.粗梗水蕨
Ceratopteris siliquosum Cop.=Ceratopteris thalictroides
Ceratopteris thalictroides (L.) Brongn 水蕨
Ceratopteris thalictroides Tard.-Blot & C.Chr.=Ceratopteris peridoides
Ceratoscyphus Chun=**Chirita**
Ceratoscyphus caeruleus Chun=Chirita ceratoscyphus
Ceratostachys Bl.=**Nyssa**
Ceratostachys arborea Bl.=Nyssa javanica
Ceratostema vacciniacea Roxb.=Vaccinium vacciniaceum
Ceratostemma angulatum Griff.=Agapetes angulata
Ceratostemma miniatum Griff.=Agapetes miniata
Ceratostigma Bge.**蓝雪花属**(白花丹科)
Ceratostigma griffithii Clarke (Pritzel in Bot.Janrb.1900)=Ceratostigma minus
Ceratostigma griffithii Clarke 毛蓝雪花
Ceratostigma minus Stapf ex Prain 小蓝雪花
Ceratostigma minus f. lasaënse Peng 拉萨小蓝雪花
Ceratostigma minus f. minus=Ceratostigma minus
Ceratostigma plumbaginoides Bge.蓝雪花
Ceratostigma polhilli Bulley=Ceratostigma minus
Ceratostigma ulicinum Prain 刺鳞蓝雪花

Ceratostigma willmottianum Stapf 岷江蓝雪花
Ceratostylis Bl.**牛角兰属**(兰科)
Ceratostylis caespitosa (Rolfe) T.Tang & F.T.Wang=Ceratostylis hainanensis
Ceratostylis hainanensis Z.H.Tsi 牛角兰
Ceratostylis himalaica HK.f.叉枝牛角兰
Ceratostylis pendula HK.f.垂茎牛角兰
Ceratostylis rubra Amers 红花牛角兰
Ceratostylis subulata Bl.管叶牛角兰
Ceratostylis teres (Griff.) Rchb.f.=Ceratostylis subulata
Ceratozamia Brongiart **角铁属**(苏铁科)
Ceratozamia mexicana Brongniart 墨西哥角铁
Ceratozamia mexicana var. robusta Brongniart 壮角铁
Cerbera L.**海杧果属**(夹竹桃科)
Cerbera ahouai L.=Thevetia ahouai
Cerbera chinensis Spreng.=Rauvolfia verticillata
Cerbera fruticosa K.Gawl=Kopsia fruticosa
Cerbera fruticosa Ker=Kopsia fruticosa
Cerbera manghas L.海杧果
Cerbera peruviana Pers.=Thevetia peruviana
Cerbera thevetia L.=Thevetia peruviana
Cercidiphyllaceae 连香树科
Cercidiphyllum S. & Z.**连香树属**(连香树科)
Cercidiphyllum japonicum S. & Z.连香树
Cercidiphyllum japonicum var. *sinense* Rehd. & Wils.=Cercidiphyllum japonicum
Cercis L.**紫荆属**(豆科)
Cercis canadensis L.加拿大紫荆
Cercis chinensis Bge.(H.L.Li in Bull.Torrey Bot.Club.1944,p.p.)=Cercis glabra
Cercis chinensis Bge.紫荆
Cercis chinensis f. alba Hsu 白花紫荆
Cercis chinensis f. chinensis=Cercis chinensis
Cercis chinensis f. pubescens Wei 短毛紫荆
Cercis chinensis f. *rosea* Hsu=Cercis chinensis
Cercis chingii Chun 黄山紫荆
Cercis chuniana Metc.广西紫荆
Cercis glabra Pampan.湖北紫荆
Cercis likiangensis Chun=Cercis chuniana
Cercis occidentalis Torr.加州紫荆
Cercis pauciflora Li=Cercis chinensis
Cercis racemosa Oliv.垂丝紫荆
Cercis siliquastrum L.西亚紫荆
Cercis yunnanensis Hu & Cheng=Cercis glabra
Cereus Mill.**天轮柱属**(仙人掌科)
Cereus dayamii Speg.溃天柱
Cereus jamacarus DC.牙买加天轮柱
Cereus oxypetalus DC.=Epiphyllum oxypetalum
Cereus peruvianus (L.) Mill.秘鲁天轮柱
Cereus subgen. *Hylocereus* Berg.=**Hylocereus**
Cereus undatus Haw.=Hylocereus undatus
Cereus variabilis Pfeiff.神代柱
Ceriops Arn.**角果木属**(红树科)
Ceriops candolleana Arn.=Ceriops tagal
Ceriops candolleana var. *sassakii* Hay.=Ceriops tagal
Ceriops decandra 十蕊角果木
Ceriops roxburghiana Arn.罗氏角果木
Ceriops tagal (Perr.) C.B.Rob.角果木
Ceriscoides (HK.f.) Tirveng.**木瓜榄属**(茜草科)
Ceriscoides howii Lo 木瓜榄
Ceriscus Gaertn.=**Catunaregam**
Cerochilus Lindl.=**Hetaeria**
Cerochilus rubens Lindl.=Hetaeria rubens
Ceropegia L.**吊灯花属**(萝藦科)
Ceropegia angustilimba Merr.=Ceropegia trichantha
Ceropegia aridicola W.W.Sm.丽江吊灯花
Ceropegia balfouriana Schltr.=Ceropegia mairei
Ceropegia christenseniana Hand.-Mazz.短序吊灯花
Ceropegia dolichophylla Schltr.剑叶吊灯花
Ceropegia dolichophylla var. *brachyloba* Hand.-Mazz.=Ceropegia dolichophylla
Ceropegia dolichophylla var. *brachyloba* Hand.-Mazz.=Ceropegia dolichophylla
Ceropegia dolichophylla var. *purpureo-barbata* W.W.Sm.=Ceropegia dolichophylla
Ceropegia driophila Schneid.巴东吊灯花
Ceropegia exigua (H.Huber) M.G.Gilb. & P.T.Li 四川吊灯花
Ceropegia hookeri C.B.Clarke 匙冠吊灯花
Ceropegia juncunda Kerr=Ceropegia trichantha
Ceropegia longifolia Wall.长叶吊灯花
Ceropegia longifolia subsp. *exigua* H.Huber=Ceropegia exigua
Ceropegia longifolia subsp. *sinensis* var. *sinensis* H.Huber(p.p.)= Ceropegia stenophylla
Ceropegia longifolia subsp. *sinensis* var. *sinensis* H.Huber(p.p.)= Ceropegia dolichophylla
Ceropegia lucida subsp. *dryophila* (Schneid.) H.Huber=Ceropegia driophila
Ceropegia mairei (Lévl.) H.Huber 金雀马尾参
Ceropegia mairei var. *tenella* H.Huber=Ceropegia mairei
Ceropegia micrantha Merr.=Ceropegia driophila
Ceropegia monticola W.W.Sm.白马吊灯花
Ceropegia muliensis W.W.Sm.木里吊灯花
Ceropegia paoshingensis Tsiang & P.T.Li 宝兴吊灯花
Ceropegia profundorum Hand.-Mazz.=Ceropegia dolichophylla
Ceropegia pubescens Wall.西藏吊灯花
Ceropegia salicifolia H.Huber 柳叶吊灯花
Ceropegia siamensis Kerr.=Ceropegia monticola
Ceropegia sinoerecta M.G.Gilb. & P.T.Li 鹤庆吊灯花
Ceropegia sootepensis Craib 河坝吊灯花
Ceropegia stapeliiformis Haw.拟犀角吊金钱
Ceropegia stenophylla Schneid.狭叶吊灯花
Ceropegia teniana Hand.-Mazz.马鞍山吊灯花
Ceropegia trichantha Hemsl.吊灯花
Ceropegia tsiana Tsiang=Ceropegia pubescens
Ceropegia woodii Schlecht.吊金钱
Ceropegia yunnanensis Schltr. & Hand.-Mazz.=Ceropegia monticola
Ceropteris Link=**Pityrogramme**
Ceroxylon Bonpl.**蜡棕属**(棕榈科)
Ceroxylon alpinum Bonpl.蜡棕
Cervicina Delile=**Wahlenbergia**
Cervispina Moench=**Rhamnus**
Cespedesia Goudot.**同萼树属**(金莲木科)
Cespedesia discolor Bull.异色同萼树
Cestichis dolichopoda Hay.=Liparis condylobulbon
Cestichis hensoaensis (Kudô) F.Maekawa=Liparis hensoaensis
Cestichis longipes (Lindl.) Ames=Liparis viridiflora
Cestichis nakaharai (Hay.) Kudô =Liparis distans
Cestichis platybulba (Hay.) Kudô =Liparis elliptica
Cestichis plicata (Franch. & Sav.) F.Maekawa=Liparis bootanensis
Cestichis taiwaniana (Hay.) Nakai=Liparis distans
Cestorchis cespitosa (Thou.) Ames=Liparis cespitosa
Cestrum L.**夜香树属**(茄科)
Cestrum aurantiacum Lindl.黄花夜香树
Cestrum elengans (Brong.) Schlecht.毛茎夜香树
Cestrum fasciculatum var. newellii Bailey 瓶子花
Cestrum nocturnum L.夜香树
Cestrum oppositifolium Lam.=Acokanthera oppositifolia
Cestrum parquii Herit.帕克夜香树
Ceterach Willd.**药蕨属**(铁角蕨科)
Ceterach alternans Kuhn=Ceterachopsis dalhousiae
Ceterach ceterach Newm.=Ceterach officinarum
Ceterach dalhousiae C.Chr.=Ceterachopsis dalhousiae
Ceterach marantae DC.=Gymnopteris marantae
Ceterach officinarum Willd.药蕨
Ceterach paucivenosa Ching=Ceterachopsis paucivenosa
Ceterach pedunculatum HK. & Grev.=Colysis pedunculata
Ceterachopsis (J.Sm.) Ching **苍山蕨属**(铁角蕨科)
Ceterachopsis chiukiangensis Ching & Fu ex Chang et al.=Ceterachopsis qiujiangensis
Ceterachopsis dalhousiae (HK.) Ching 苍山蕨
Ceterachopsis latibasis Ching & Shing ex Ching & S.H.Wu 阔基苍山蕨
Ceterachopsis latiloba Ching & Shing ex Chang et al.=Ceterachopsis

latibasis
Ceterachopsis magnifica Ching 大叶苍山蕨
Ceterachopsis paucivenosa (Ching) Ching 疏脉苍山蕨
Ceterachopsis paucivenosa Ching=Ceterachopsis latibasis
Ceterachopsis qiujiangensis Ching & Fu ex Ching & S.H.Wu 俅江苍山蕨
Chaefolium Hamm.=**Anthriscus**
Chaemaele tanakae Franch. & Sav.=Pternopetalum tanakae
Chaemaeraphis palmifolia (Willd.) O.Ktze=Setaria palmifolia
Chaemaerops fortunei HK.=Trachycarpus fortunei
Chaenomeles Lindl.**木瓜属**(蔷薇科)
Chaenomeles cathayensis (Hemsl.) Schneid.毛叶木瓜
Chaenomeles japonica (Thunb.) Lindl. ex Spach 日本木瓜
Chaenomeles lagenara (Loisel) Koidz.=Chaenomeles speciosa
Chaenomeles lagenaria var. *cathayensis* (Hemsl.) Rehd.=Chaenomeles cathayensis
Chaenomeles lagenaria var. *wilsonii* Rehd.=Chaenomeles cathayensis
Chaenomeles maulei Schneid.=Chaenomeles japonica
Chaenomeles sinensis (Thouin) Koehne 木瓜
Chaenomeles speciosa (Sweet) Nakai 皱皮木瓜
Chaenomeles speciosa var. *cathayensis* (Hemsl.) Hara=Chaenomeles cathayensis
Chaenomeles speciosa var. *wilsonii* (Rehd.) Hara=Chaenomeles cathayensis
Chaenomeles thibetica Yü 西藏木瓜
Chaerefolium Hamm.=**Anthriscus**
Chaerophyllopsis de Boiss **滇藏细叶芹属**(伞形科)
Chaerophyllopsis huai de Boiss.(Hiroe in Umbell.Asia 1958,p.p.)= Pimpinella purpurea
Chaerophyllopsis huai de Boiss.滇藏细叶芹
Chaerophyllum L.**细叶芹属**(伞形科)
Chaerophyllum aristatum Thunb.=Osmorhiza aristata
Chaerophyllum aromaticum L.芳香细叶芹
Chaerophyllum bulbosum L.鳞茎细叶芹
Chaerophyllum cyminum Fisch.=Sphallerocarpus gracilis
Chaerophyllum gracile Bess. ex Trevir.=Sphallerocarpus gracilis
Chaerophyllum nemorosum Bornm.=Anthriscus nemorosa
Chaerophyllum nemorosum Hoffm.=Anthriscus nemorosa
Chaerophyllum nemorosum M.Bieb.=Anthriscus nemorosa
Chaerophyllum prescottii DC.新疆细叶芹
Chaerophyllum scabrum Thunb.=Torilis scabra
Chaerophyllum sylvestre L.=Anthriscus sylvestris
Chaerophyllum temulentum L.毒细叶芹
Chaerophyllum temulum L.=Chaerophyllum temulentum
Chaerophyllum villosum Wall. ex DC.细叶芹
Chaetaria Beauv.=**Aristida**
Chaetaria adscensionis (L.) Beauv.=Aristida adscensionis
Chaetaria depressa (Retz.) Beauv.=Aristida depressa
Chaetocarpus Schreb.=**Chaetocarpus**
Chaetocarpus Thw.**刺果树属**(大戟科)
Chaetocarpus castanocarpus (Roxb.) Thw.刺果树
Chaetochloa Scribn.=**Setaria**
Chaetochloa brevispica Scribn. & Merr.=Setaria verticillata
Chaetochloa chondrachne (Steud.) Honda=Setaria chondrachne
Chaetochloa forbesiana (Nees) Scribn. & Merr.=Setaria forbesiana
Chaetochloa geniculata (Lam.) Millsp. & A.Chase=Setaria geniculata
Chaetochloa germanica (Mill.) Smyth=Setaria italica var. germanica
Chaetochloa gigantea (Franch. & Sav.) Honda=Setaria viridis subsp. pycnocoma
Chaetochloa glauca (L.) Scribn.=Setaria glauca
Chaetochloa glauca var. *aures* Wight=Setaria pallidifusca
Chaetochloa italica Scribn.=Setaria italica
Chaetochloa italica var. *germanica* (Mill.) Scribn.=Setaria italica var. germanica
Chaetochloa lutescens Stuntze=Setaria glauca
Chaetochloa matsumurae (Hack.) Keng=Setaria chondrachne
Chaetochloa palmifolia (Willd.) Hitchc. & A.Chase=Setaria palmifolia
Chaetochloa verticillata Scribn.=Setaria verticillata
Chaetochloa verticillata var. *breviseta* (Godr.) Farwell=Setaria verticillata
Chaetochloa viridis (L.) Scribn.=Setaria viridis
Chaetochloa virids var. *pachystachys* (Franch. & Sav.) Honda=Setaria viridis subsp. pachystachys
Chaetocyperus limnocharis Nees=Heleocharis chaetaria
Chaetocyperus setaceus Nees=Heleocharis chaetaria
Chaetoseris Shih **毛鳞菊属**(菊科)
Chaetoseris beesiana (Diels) Shih 线叶毛鳞菊(新)?
Chaetoseris bonatii (Beauverd) Shih 东川毛鳞菊(新)?
Chaetoseris ciliata Shih 景东毛鳞菊
Chaetoseris cyanea (D.Don) Shih 蓝花毛鳞菊
Chaetoseris dolichophylla Shih 长叶毛鳞菊
Chaetoseris grandiflora (Franch.) Shih 大花毛鳞菊
Chaetoseris hastata (Wall. ex DC.) Shih 滇藏毛鳞菊
Chaetoseris hirsuta (Franch.) Shih 鹤庆毛鳞菊(新)?
Chaetoseris hispida Shih 粗毛毛鳞菊
Chaetoseris leiolepis Shih 光苞毛鳞菊
Chaetoseris likiangensis (Franch.) Shih 丽江毛鳞菊
Chaetoseris lutea (Hand.-Mazz.) Shih 黄花毛鳞菊
Chaetoseris lyriformis Shih 毛鳞菊
Chaetoseris macrantha (C.B.Clarke) Shih 缘毛毛鳞菊
Chaetoseris macrocephala Shih 大头毛鳞菊
Chaetoseris pectiniformis Shih 栉齿毛鳞菊
Chaetoseris rhombiformis Shih 菱裂毛鳞菊
Chaetoseris roborowskii (Maxim.) Shih 川甘毛鳞菊
Chaetoseris sichuanensis Shih 四川毛鳞菊
Chaetoseris taliensis Shih 戟裂毛鳞菊
Chaetoseris teniana (Beauverd) Shih 盐丰毛鳞菊(新)?
Chaetoseris yunnanensis Shih 云南毛鳞菊
Chaetospermum Swingle **毛籽桔属**(芸香科)
Chaetospermum glutinosum Swingle 毛籽桔
Chaetospora calostachya R.Br.=Schoenus calostachyus
Chaetotropis Kunth.**智利刺毛草属**(禾本科)
Chaetotropis chilensis Kunth.智利刺草
Chailletia gelonioides Bedd.=Dichapetalum gelonioides
Chailletia hainanensis Hance=Dichapetalum longipetalum
Chailletia longipetala Turcz.=Dichapetalum longipetalum
Chaiturus Ehrh. ex Willd.**鬃尾草属**(唇形科)
Chaiturus leonuroides Willd.=Chaiturus marrubiastrum
Chaiturus marrubiastrum (L.) Spenn.鬃尾草
Chalcas crenulata Tanaka=Murraya crenulata
Chalcas euchrestifolia Tanaka=Murraya euchrestifolia
Chalcas koenigii (L.) Kurz=Murraya koenigii
Chalcas paniculata L.=Murraya paniculata
Chalinanthus Briq.=**Lagochilus**
Chalmysporum Salisb.=**Thysanotus**
Chalynochlamis anomala (Steud.) Franch.=Arundinella anomala
Chamabainia Wight **微柱麻属**(荨麻科)
Chamabainia cuspidata Wihgt 微柱麻
Chamabainia cuspidata var. cuspidata=Chamabainia cuspidata
Chamabainia cuspidata var. denticulosa W.T.Wang 多齿微柱麻
Chamabainia cuspidata var. morii (Hay.) W.T.Wang 小叶微柱麻
Chamabainia morii Hay.=Chamabainia cuspidata var. morii
Chamabainia squamigera Wedd.=Chamabainia cuspidata
Chamaeanthus Schltr.**低药兰属**(兰科)
Chamaeanthus wenzelii Ames 低药兰
Chamaebuxus arillata Hassk.=Polygala arillata
Chamaebuxus arillata var. *brachybotrya* Hassk.=Polygala arillata
Chamaebuxus arillata var. *robusta* Hassk.=Polygala arillata
Chamaebuxus paniculata Hassk.=Polygala tricholopha
Chamaecerasus alberti Carr.=Lonicera alberti
Chamaecereus Britt. & Rose **白檀属**(仙人掌科)
Chamaecereus sylvestri (Speg.) Britt. & Rose. 野生白檀(新)
Chamaecereus sylvestri f. varieg 山吹
Chamaecyparis Spach **扁柏属**(柏科)
Chamaecyparis breviramea Maxim.=Chamaecyparis obtusa cv. Breviramea
Chamaecyparis filifera Veitch ex Sénécl.=Chamaecyparis pisifera cv. Filifera
Chamaecyparis formosensis Matsum.红桧
Chamaecyparis funebris (Endl.) Franco=Cupressus funebris
Chamaecyparis lawsoniana (A.Murr.) Parl.美国扁柏
Chamaecyparis lawsoniana cv. Allumii 金龟子叶花柏
Chamaecyparis lawsoniana cv. Argentea 银白美国扁柏
Chamaecyparis lawsoniana cv. Ellwoodii 爱乌德花柏
Chamaecyparis lawsoniana cv. Erecta Viridis 绿柱美国花柏

Chamaecyparis lawsoniana cv. Fletcheri 弗雷彻花柏
Chamaecyparis lawsoniana cv. Forsteckensis 伏斯特克花柏
Chamaecyparis lawsoniana cv. Fraseri 蓝叶美国花柏
Chamaecyparis lawsoniana cv. Glauca 灰叶美国花柏
Chamaecyparis lawsoniana cv. Lutea 金花柏
Chamaecyparis lawsoniana cv. Minima Glauca 兰花柏
Chamaecyparis lawsoniana cv. Nidiformis 鸟巢花柏
Chamaecyparis lawsoniana cv. Stewartii 紫茎美国扁柏
Chamaecyparis lawsoniana cv. Wisselii 卫塞尔花柏
Chamaecyparis nootkatensis (D.Don) Spach 黄扁柏
Chamaecyparis nootkatensis cv. Compacta 柱黄扁柏
Chamaecyparis nootkatensis cv. Pendula 垂枝黄扁柏
Chamaecyparis obtusa (S. & Z.) Endl.日本扁柏
Chamaecyparis obtusa cv. Aurea 金黄日本扁柏
Chamaecyparis obtusa cv. Breviramea 云片柏
Chamaecyparis obtusa cv. Crippsii 塔形日本扁柏
Chamaecyparis obtusa cv. Filicoides 凤尾柏
Chamaecyparis obtusa cv. Gracillis 纤细日本扁柏
Chamaecyparis obtusa cv. Lycopodioides 石松日本扁柏
Chamaecyparis obtusa cv. Nana Aurea 矮黄日本扁柏
Chamaecyparis obtusa cv. Nana 矮生日本扁柏
Chamaecyparis obtusa cv. Tetragona 孔雀柏
Chamaecyparis obtusa Endl.(Fl.Woody Taiwan.1936)=Chamaecyparis obtusa var. formosana
Chamaecyparis obtusa f. *barronii* Rehd.=Chamaecyparis obtusa cv. Tetragona
Chamaecyparis obtusa f. *breviramea* (Maxim.) Rehd.=Chamaecyparis obtusa cv. Breviramea
Chamaecyparis obtusa f. *filicoides* (R.Smith) Beissn.=Chamaecyparis obtusa cv. Filicoides
Chamaecyparis obtusa f. *formosana* Hay.=Chamaecyparis obtusa var. formosana
Chamaecyparis obtusa subsp. *formosana* (Hay.) Li=Chamaecyparis obtusa var. formosana
Chamaecyparis obtusa var. *filicoides* (R.Smith) Hartwig & Rüme=Chamaecyparis obtusa cv. Filicoides
Chamaecyparis obtusa var. formosana (Hay.) Rehd.台湾扁柏
Chamaecyparis obtusa var. obtusa=Chamaecyparis obtusa
Chamaecyparis obtusa var. *plumosa* Carr.=Chamaecyparis pisifera cv. Plumosa
Chamaecyparis obtusa var. *tetragona* (R.Smith) Hornibr.=Chamaecyparis obtusa cv. Tetragona
Chamaecyparis pendula Maxim.=Chamaecyparis obtusa
Chamaecyparis pisifera (S. & Z.) Endl.日本花柏
Chamaecyparis pisifera cv. Aurea 金叶日本花柏
Chamaecyparis pisifera cv. Filifera 线柏
Chamaecyparis pisifera cv. Pendula 垂枝日本花柏
Chamaecyparis pisifera cv. Plumosa 羽叶花柏
Chamaecyparis pisifera cv. Snow 白尖日本花柏
Chamaecyparis pisifera cv. Squarrosa Suphurea 黄叶绒柏
Chamaecyparis pisifera cv. Squarrosa 绒柏
Chamaecyparis pisifera f. *filifera* (Sénécl.) Voss=Chamaecyparis pisifera cv. Filifera
Chamaecyparis pisifera f. *plumosa* (Carr.) Beissn.=Chamaecyparis pisifera cv. Plumosa
Chamaecyparis pisifera f. *squarrosa* (Zucc.) Beissn. & Hochst. ex Beissn.=Chamaecyparis pisifera cv. Squarrosa
Chamaecyparis pisifera var. *filifera* (Veitch) Hartwig & Rümpler=Chamaecyparis pisifera cv. Filifera
Chamaecyparis pisifera var. *plumosa* Otto=Chamaecyparis pisifera cv. Plumosa
Chamaecyparis pisifera var. *squarrosa* (Zucc.) Beissn. & Hochst. ex Hochst.=Chamaecyparis pisifera cv. Squarrosa
Chamaecyparis squarrosa (Zucc.) Endl.=Chamaecyparis pisifera cv. Squarrosa
Chamaecyparis taiwanensis Masam. & Suzuki=Chamaecyparis obtusa var. formosana
Chamaecyparis thyoides (L.) Britton,Sterns & Poggenburg 美国尖叶扁柏
Chamaecyparis thyoides f. andelyensis Schneid.直立美尖柏
Chamaecyparis thyoides f. eriocoides (Carr.) Sudw 丛生美尖柏
Chamaecyparis thyoides f. glauca (Endl.) Sudw.蓝叶美尖扁柏
Chamaecyparis thyoides f. variegata Sudw.黄斑美尖扁柏
Chamaedaphne Moench **地桂属**(杜鹃花科)
Chamaedaphne calyculata (L.) Moench 地桂
Chamaedorea Willd.**袖珍椰子属**(棕榈科)
Chamaedorea elegans Martius 袖珍椰子
Chamaedorea erumpens H.E.Moore 竹茎玲珑椰子
Chamaedorea tepejilote Liebm.巴卡亚椰子
Chamaegastrodia Makino & F.Maekawa **叠鞘兰属**(兰科)
Chamaegastrodia exigua (Rolfe) F.Maekawa=Chamaegastrodia vaginata
Chamaegastrodia inverta (W.W.Sm.) Seidenf 川滇叠鞘兰
Chamaegastrodia poilanei (Gagn.) Seidenf & A.N.Rao 齿爪叠鞘兰
Chamaegastrodia shikokiana Makino & F.Maekawa 叠鞘兰
Chamaegastrodia vaginata (HK.f.) Seidenf 戟唇叠鞘兰
Chamaejasme stelleriana Kuntze=Stellera chamaejasme
Chamaejesme formosana Hay.=Stellera formosana
Chamaemelum Mill.**果香菊属**(菊科)
Chamaemelum ambiguum (Ledeb.) Boiss.=Tripleurospermum ambiguum
Chamaemelum limosum Maxim.=Tripleurospermum limosum
Chamaemelum nobile (L.) All.果香菊
Chamaemorus Hill.=**Rubus**
Chamaenerion Seg.=**Epilobium**
Chamaenerion angustifolium (L.) Scop.(,高等图鉴 1972,p.p.,秦岭志 1981,p.p.;山东志 1997)=Epilobium angustifolium subsp. circumvagum
Chamaenerion angustifolium (L.) Scop.(秦岭志 1981,p.p.)=Epilobium conspersum
Chamaenerion angustifolium (L.) Scop.=Epilobium angustifolium
Chamaenerion angustifolium subsp. *circumvagum* (Mosquin) Moldenke=Epilobium angustifolium subsp. circumvagum
Chamaenerion angustifolium var. *platyphyllum* Daniels=Epilobium angustifolium subsp. circumvagum
Chamaenerion conspersum (Hausskn.) Kitamura=Epilobium conspersum
Chamaenerion hirsutum (L.) Scop.=Epilobium hirsutum
Chamaenerion latifolium (L.) Fries & Lange=Epilobium latifolium
Chamaenerion reticulatum (C.B.Clarke) Kitam.=Epilobium conspersum
Chamaepericlymenum Graebn.**草茱萸属**(山茱萸科)
Chamaepericlymenum canadense (L.) Aschers. & Graebn.草茱萸
Chamaepericlymenum suecicum (L.) Aschers. & Graebn.瑞典草茱萸
Chamaepeuce macrantha Schrnek=Cirsium lamyroides
Chamaepeuce macrantha β. *bracteata* Rupr.=Cirsium semenovii
Chamaepus Spreng.=**Herminium**
Chamaeraphis depauperata Nees=Pseudoraphis spinescens var. depauperata
Chamaeraphis italica Kuntze=Setaria italica
Chamaeraphis italica var. *germanica* (Mill.) Kuntze=Setaria italica var. germanica
Chamaeraphis italica var. *verticillata* Kuntze=Setaria verticillata
Chamaeraphis spinescens var. *depauperata* (Nees) HK.f.=Pseudoraphis spinescens var. depauperata
Chamaeraphis verticillata Porter=Setaria verticillata
Chamaerhodiola Nakai=**Rhodiola**
Chamaerhodiola atuntsuensis (Praeg.) Nakai=Rhodiola atuntsuensis
Chamaerhodiola crassipes (Wall. ex HK.f. & Thoms.) Nakai=Rhodiola wallichiana
Chamaerhodiola cretinii (Hamet) Nakai=Rhodiola cretinii
Chamaerhodiola dumulosa (Franch.) Nakai=Rhodiola dumulosa
Chamaerhodiola eurycarpa (Fröd.) Nakai=Rhodiola macrocarpa
Chamaerhodiola fastigiata (HK.f. & Thoms.) Fröd.=Rhodiola fastigiata
Chamaerhodiola gelida (Schrenk) Nakai=Rhodiola gelida
Chamaerhodiola himalensis (D.Don) Nakai=Rhodiola himalensis
Chamaerhodiola horrida (Praeg.) Nakai=Rhodiola nobilis
Chamaerhodiola humilis (HK.f. & Thoms.) Nakai=Rhodiola humilis
Chamaerhodiola nobilis (Franch.) Nakai=Rhodiola nobilis
Chamaerhodiola quadridida (Pall.) Nakai=Rhodiola quadrifida
Chamaerhodiola scabrida (Franch.) Nakai=Rhodiola coccinea subsp. scabrida
Chamaerhodiola stephanii (Cham.) Nakai=Rhodiola stephanii
Chamaerhodiola stracheyi (HK.f. & Thoms.) Nakai=Rhodiola tibetica
Chamaerhodiola tibetica (HK.f. & Thoms.) Nakai=Rhodiola tibetica
Chamaerhodiola wulingensis Nakai=Rhodiola dumulosa
Chamaerhodos Bge.**地蔷薇属**(蔷薇科)
Chamaerhodos altaica (Laxm.) Bge.阿尔泰地蔷薇
Chamaerhodos canescens Krause 灰毛地蔷薇
Chamaerhodos corymbosa Muravieva=Chamaerhodos canescens

Chamaerhodos corymbosa var. *brevifolia* Muravieva=Chamaerhodos canescens
Chamaerhodos erecta (L.) Bge.地蔷薇
Chamaerhodos grandiflora (Pall.) Ledeb.(Yabe in Ic.Pl.Manch.1920)=Chamaerhodos canescens
Chamaerhodos klementzii Muravieva=Chamaerhodos trifida
Chamaerhodos micrantha Krause=Chamaerhodos erecta
Chamaerhodos mongolica Bge.(Muravieva in Bull.Jard.Bot.Princ.URSS 1928)=Chamaerhodos trifida
Chamaerhodos sabulosa Bge.砂生地蔷薇
Chamaerhodos songarica Juzep.=Chamaerhodos erecta
Chamaerhodos trifida Ledeb.三裂地蔷薇
Chamaerops L.**欧洲矮棕属**(棕榈科)
Chamaerops acaulis Michx.=Sabal minor
Chamaerops excelsa Thunb.=Rhapis excelsa
Chamaerops excelsa var. *humilior* Thunb.=Rhapis humilis
Chamaerops humilis L.欧洲矮棕
Chamaerops khasyana Griff.=Trachycarpus martianus
Chamaerops martiana Wall.=Trachycarpus martianus
Chamaerops palmetto Michx.=Sabal palmetto
Chamaesaracha echinata Yatabe=Physaliastrum japonicum
Chamaesaracha heterophylla Hemsl.=Physaliastrum heterophyllum
Chamaesaracha japonica Franch.(p.p.)=Physaliastrum japonicum
Chamaesaracha sinensis Hemsl.=Physaliastrum sinensis
Chamaesciadium C.A.Mey.**矮伞芹属**(伞形科)
Chamaesciadium acaule (M.B.) de Boiss.矮伞芹
Chamaesciadium acaule var. simplex Shan & Pu 单羽矮伞芹
Chamaesciadium albiflorum Kar. & Kir.=Schultzia albiflora
Chamaesciadium flavescens C.A.Mey=Chamaesciadium acaule
Chamaesium Wolff **矮泽芹属**(伞形科)
Chamaesium delavayi (Franch.) Shan & S.L.Liou 鹤庆矮泽芹
Chamaesium paradoxum Wolff 矮泽芹
Chamaesium spatuliferum (W.W.Sm.) Norm.大苞矮泽芹
Chamaesium spatuliferum var. minor Shan & S.L.Liou 小矮泽芹
Chamaesium thalictrifolium Wolff 松潘矮泽芹
Chamaesium viridiflorum (Franch.) Wolff ex Shan 绿花矮泽芹
Chamaesphacos Schrenk **矮刺苏属**(唇形科)
Chamaesphacos ilicifolius Schrenk 矮刺苏
Chamaesphacos longiflorus Bornm. & Sint.=Chamaesphacos ilicifolius
Chamaesyce S.F.Gray=**Euphorbia**
Chamaesyce atoto(Forst.) Croiz.=Euphorbia atoto
Chamaesyce garanbiensis (Hay.) Hara=Euphorbia garanbiensis
Chamaesyce hirta (L.) Mill.=Euphorbia hirta
Chamaesyce hsinchuensis Lin & Chaw=Euphorbia hsinchuensis
Chamaesyce hyssopifolia (L.) Small=Euphorbia hyssopifolia
Chamaesyce maculata (L.) Small=Euphorbia maculata
Chamaesyce makinoi (Hay.) Hara=Euphorbia makinoi
Chamaesyce prostrata (Ait.) Small=Euphorbia prostrata
Chamaesyce serpens (H.B.K.) Small=Euphorbia serpens
Chamaesyce sparrmannii (Boiss.) Hurusawa=Euphorbia sparrmannii
Chamaesyce supina (Raf.) Moldenke=Euphorbia maculata
Chamaesyce taihsiensis Chaw & Koutnik=Euphorbia taihsiensis
Chamaesyce tashiroi Hara=Euphorbia humifusa
Chamaesyce thymifolia (L.) Millsp.=Euphorbia thymifolia
Chamaesyce vachellii (HK. & Arn.) Hurusawa=Euphorbia bifida
Chamamelum tetragonospermum F.Schmidt=Tripleurospermum tetragonospermum
Chambeyronia Vieill.**禅比罗棕属**(棕榈科)
Chamerion angustifolium (L.) Hulub=Epilobium angustifolium
Chamerion conspersum (Hausskn.) Hulub=Epilobium conspersum
Chamerion latifolium (L.) Fries & Lange (西藏志 1986,p.p.)=Epilobium speciosum
Chamerion latifolium (L.) Holub=Epilobium latifolium
Chamerion speciosum (Decne.) Holub=Epilobium speciosum
Chamorchis Rich.=**Herminium**
Champereia Griff.**台湾山柚属**(山柚子科)
Champereia griffithiana Planch. ex Kurz=Champereia manillana
Champereia manillana (Bl.) Merr.台湾山柚
Championella Bremek.**黄猄草属**(爵床科)
Championella dalzellii var. *glaber* R.Ben.= Pteroptychia dalziellii
Championella debilis (Hemsl.) Bremek.= Championella tetrasperma
Championella fauriei (R.Ben.) C.Y.Wu & C.C.Hu 台湾黄猄草
Championella fulvihispida (D.Fang & H.S.Lo) C.Y.Wu & C.C.Hu 锈毛黄猄草
Championella japonica (Thunb.) Bremek.日本黄猄草
Championella labordei (Lévl.) E.Hossain 贵阳黄猄草
Championella longiflora (R.Ben.) C.Y.Wu & C.C.Hu 长花黄猄花
Championella maclurei (Merr.) C.Y.Wu & H.S.Lo 海南黄猄草
Championella oligantha (Miq.) Bremek.少花黄猄草
Championella sarcorrhiza C.Ling 菜头肾
Championella tetrasperma (Champ. ex Benth.) Bremek.黄猄草
Championella xanthantha (Diels) Bremek.黄花黄猄草
Championia Clarke=**Leptoboea**
Championia multiflora Clarke=Leptoboea multiflora
Chamydites prainii Drumm.=Aster prainii
Changium Wolff **明党参属**(伞形科)
Changium smyrnioides Wolff 明党参
Changnienia S.S.Chien **独花兰属**(兰科)
Changnienia amoena S.S.Chien 独花兰
Changshou Jingan 长寿金柑
Changshou kumquat=Changshou Jingan
Chaptalia maxima D.Don=Gerbera maxima
Charieis Cass.**佳丽菊属**(菊科)
Charieis heterophylla Cass.佳丽菊
Chartolepis Cass.**薄鳞菊属**(菊科)
Chartolepis biebersteinii Juab. & Spach(p.p.)=Chartolepis intermedia
Chartolepis intermedia Boiss.薄鳞菊
Chartolepis subgen. *Euchartopelis* Jaub. & Spach=**Chartolepis**
Chasalia Comm. ex Poir.**弯管花属**(茜草科)
Chasalia curviflora Thwaites 弯管花
Chasalia curviflora var. curviflora=Chasalia curviflora
Chasalia curviflora var. longifolia HK.f.长叶弯管花
Chasea Nieuwland=**Panicum**
Chasea virgata (L.) Nieuwl.=Panicum virgatum
Chasmanthe N.E.Br.**裂冠花属**(鸢尾科)
Chasmanthe aethiopica N.E.Br.埃塞俄比亚裂冠花
Chaulmoogra odorata Roxb.=Gynocardia codorata
Chavica Miq.=**Piper**
Chavica boehmeriaefolia Miq.=Piper boehmeriaefolium
Chavica hainana C.DC.=Piper sarmentosum
Chavica leptostachya Hance=Piper hancei
Chavica mullesua (D.Don) Miq.=Piper mullesua
Chavica officinarum Miq.=Piper retrofractum
Chavica peepuloides sunsu Wight=Piper retrofractum
Chavica puberula Benth.=Piper hongkongense
Chavica roxburghii Miq.=Piper longum
Chavica sarmentosa Miq.=Piper sarmentosum
Chavica sinensis Champ.=Piper cathayama
Chavica sphaerostachya Miq.=Piper mullesua
Chavica suipigua (Buch.-Ham. ex D.Don) Miq.=Piper suipigua
Chavica sylvatica Miq.=Piper sylvaticum
Chavica thomsonii C.DC.=Piper thomsonii
Chavica wallichii Miq.=Piper wallichii
Chaydaia Pitard **苞叶木属**(鼠李科)
Chaydaia crenulata Hand.-Mazz.=Chaydaia rubrinervis
Chaydaia rubrinervis (Lévl.) C.Y.Wu & Y.L.Chen 苞叶木
Chaydaia tonkinensis Pitard 越南苞叶木
Chaydaia wilsonii Schneid.=Berchemiella wilsonii
Cheilanthes Cop.(p.p.)=**Notholaena**
Cheilanthes Sw.**真碎米蕨属**(中国蕨科)
Cheilanthes alabamensis (Buckl.) Kze.无毛真碎米蕨
Cheilanthes albofusca Bak.=Sinopteris albofusca
Cheilanthes albofusca sensu Christ=Sinopteris grevilleoides
Cheilanthes albo-marginata Clarke=Aleuritopteris albo-marginata
Cheilanthes argentea Kze.=Aleuritopteris argentea
Cheilanthes argentea var. *chrysophylla* HK.=Aleuritopteris chrysophlla
Cheilanthes argentea var. *obscura* Christ=Aleuritopteris shensiensis
Cheilanthes argentea var. *tamburii* Bedd.=Aleuritopteris tamburii
Cheilanthes belangeri C.Chr=Cheilosoria beiangeri
Cheilanthes bockii Diels=Cheilosoria chusana
Cheilanthes boltoni Cop.=Cheilosoria chusana
Cheilanthes bonatiana Brause=Cheilosoria hancockii
Cheilanthes brandtii Franch. & Sav.=Leptolepidium kuhnii var. brandtii
Cheilanthes brandtii var. *farinosa* Makino=Leptolepidium kuhnii var. brandtii

Cheilanthes caesia Christ=Leptolepidium caesium
Cheilanthes chrysophylla HK.=Aleuritopteris chrysophlla
Cheilanthes chusana HK.=Cheilosoria chusana
Cheilanthes contigua Bak.=Cheilosoria tenuifolia
Cheilanthes contiguum Wall.=Onychium contiguum
Cheilanthes dalhousiae HK.=Leptolepidium dalhousiae
Cheilanthes dealbata Don=Aleuritopteris doniana
Cheilanthes delavayi Bak.=Pellaea trichophylla
Cheilanthes densa Fée=Notholaena hirsuta
Cheilanthes duclouxii var. *sulphurea* Ching=Aleuritopteris veitchii
Cheilanthes eatonii Bak.艾氏真碎米蕨
Cheilanthes farinosa Bedd.=Aleuritopteris anceps
Cheilanthes farinosa Fée=Aleuritopteris anceps
Cheilanthes farinosa H.Ito=Aleuritopteris formosana
Cheilanthes farinosa f. *minor* Clarke & Bak.=Aleuritopteris gresia
Cheilanthes farinosa var. *albo-marginata* Bedd.=Aleuritopteris albo-marginata
Cheilanthes farinosa var. *brandtii* C.Chr.=Leptolepidium kuhnii var. brandtii
Cheilanthes farinosa var. *chrysophylla* Clarke=Aleuritopteris chrysophlla
Cheilanthes farinosa var. *dalhousiae* Clarke=Leptolepidium dalhousiae
Cheilanthes farinosa var. *flaccida* Bedd.=Leptolepidium dalhousiae
Cheilanthes farinosa var. gresia Blandord=Aleuritopteris gresia
Cheilanthes farinosa var. tenera Clarke & Bak.=Aleuritopteris gresia
Cheilanthes feei Moore 费氏真碎米蕨
Cheilanthes fendleri HK.细长真碎米蕨
Cheilanthes fordii Bak.=Cheilosoria chusana
Cheilanthes formosana Hay.=Aleuritopteris formosana
Cheilanthes fragilis HK.=Cheilosoria fragilis
Cheilanthes gigantea Cesati=Macrothelypteris polypodioides
Cheilanthes gracilis Kaulf.=Cryptogramma stelleri
Cheilanthes gracillima Eat.纤细真碎米蕨
Cheilanthes gresia Blanford=Aleuritopteris gresia
Cheilanthes grevilleoides Christ=Sinopteris grevilleoides
Cheilanthes hancockii Bak.=Cheilosoria hancockii
Cheilanthes henryi Christ=Cheilosoria hancockii
Cheilanthes hirsuta Mett.=Notholaena hirsuta
Cheilanthes hopeana C.Chr.=Aleuritopteris squamosa
Cheilanthes insignis Ching=Cheilosoria insignis
Cheilanthes krameri Franch. & Sav.=Aleuritopteris krameri
Cheilanthes kuhnii Miilde=Leptolepidium kuhnii
Cheilanthes kuhnii var. *brandtii* Tagawa=Leptolepidium kuhnii var. brandtii
Cheilanthes kuhnii var. *caesia* C.Chr.=Leptolepidium caesium
Cheilanthes lanceolata C.Chr.=Leptolepidium kuhnii
Cheilanthes lanosa (Michx.) D.C.Eat.绵毛真碎米蕨
Cheilanthes leucopoda Link.白柄真碎米蕨
Cheilanthes leveillei Christ=Aleuritopteris albo-marginata
Cheilanthes lindheimeri (J.Sm.) HK.林氏真碎米蕨
Cheilanthes lucida Wall.=Onychium japonicum var. lucidum
Cheilanthes mairei Brause=Sinopteris albofusca
Cheilanthes marantae Domin=Gymnopteris marantae
Cheilanthes microphylla Sw.小叶真碎米蕨
Cheilanthes micropteris Sw.真碎米蕨
Cheilanthes multifida Sw.多裂真碎米蕨
Cheilanthes myriophylla Desv.密叶真碎米蕨
Cheilanthes mysurensis Wall.=Cheilosoria mysurensis
Cheilanthes mysurensis HK. & Bak.=Cheilosoria chusana
Cheilanthes mysurensis var. *chusana* Christ=Cheilosoria chusana
Cheilanthes mysurensis var. *giraldii* Christ=Cheilosoria chusana
Cheilanthes niphobola C.Chr.=Aleuritopteris niphobola
Cheilanthes nitidula HK.=Pellaea nitidula
Cheilanthes nudiuscula Moore=Notholaena hirsuta
Cheilanthes patula Bak.=Pellaea patula
Cheilanthes rosulata C.Chr.=Aleuritopteris rosulata
Cheilanthes rufa Don=Aleuritopteris rufa
Cheilanthes semiglabra Fée=Cheilosoria tenuifolia
Cheilanthes setigera Bl.=Macrothelypteris setigera
Cheilanthes stenophylla Kze.=Macrothelypteris setigera
Cheilanthes subrufa Bak.=Aleuritopteris albo-marginata
Cheilanthes subvillosa HK.=Leptolepidium subvillosum
Cheilanthes taliensis Christ=Cheilosoria hancockii
Cheilanthes tamburii Moore=Aleuritopteris tamburii
Cheilanthes tenuifolia C.Chr.=Cheilosoria insignis
Cheilanthes tenuifolia HK.=Cheilosoria chusana
Cheilanthes tenuifolia Sw.=Cheilosoria tenuifolia
Cheilanthes tomentosa Link 茸毛真碎米蕨
Cheilanthes trichophylla Bak.=Pellaea trichophylla
Cheilanthes undulata Hope & C.H.Wright=Pellaea trichophylla
Cheilanthes varians HK.=Cheilosoria beiangeri
Cheilanthes veitchii Ching=Aleuritopteris veitchii
Cheilanthes wilsoni Christ=Cheilosoria hancockii
Cheilanthes wootoni Maxon 串珠真碎米蕨
Cheilanthes yunnanense Brause=Leptolepidium subvillosum
Cheilanthes yunnanense var. *dilatata* Brause=Leptolepidium subvillosum var. diatatum
Cheilanthopsis Hieron.**滇蕨属**(岩蕨科)
Cheilanthopsis elongata (HK.) Cop.长叶滇蕨
Cheilanthopsis indusiosa (Christ) Ching 滇蕨
Cheilanthopsis straminea Brause=Cheilanthopsis indusiosa
Cheilosoria Trev.**碎米蕨属**(中国蕨科)
Cheilosoria beiangeri (Bory) Ching & Shing 疏羽碎米蕨
Cheilosoria chusana (HK.) Ching & Shing 毛轴碎米蕨
Cheilosoria fragilis (HK.) Ching & Shing 脆叶碎米蕨
Cheilosoria hancockii (Bak.) Ching & Shing 大理碎米蕨
Cheilosoria insignis (Ching) Ching & Shing 厚叶碎米蕨
Cheilosoria mysurensis (Wall. ex HK.) Ching & Shing 碎米蕨
Cheilosoria tenuifolia (Burm.)Trev.薄叶碎米蕨
Cheilotheca HK.f.**假水晶兰属**(鹿蹄草科)
Cheilotheca hkasiana HK.f.假水晶兰
Cheilotheca humilis (D.Don) H.Keng 球果假水晶兰
Cheilotheca macrocarpa (H.Andr.) Y.L.Chou 大果假水晶兰
Cheilotheca pubescens (K.F.Wu) Y.L.Chou 毛花假水晶兰
Cheiranthera Brongn.**毛花属**(海桐花科)
Cheiranthus L.=**Erysimum**
Cheiranthus aculis Hand.-Mazz.=Erysimum handel-mazzettii
Cheiranthus albiflorus T.Anderson=Phaeonychium albiflorum
Cheiranthus apricus var. *trichosepalus* (Turcz.) Franch.=Clausia trichosepala
Cheiranthus aurantiacus Bge.=Erysimum amurense
Cheiranthus caspicus Lam.=Sterigmostemum caspicum
Cheiranthus cheiri L.桂竹香
Cheiranthus forrestii (W.W.Sm.) Hand.-Mazz.=Erysimum forrestii
Cheiranthus forrestii var. *acaulis* K.C.Kuan=Erysimum handel-mazzettii
Cheiranthus forrestii var. forrestii=Erysimum forrestii
Cheiranthus himalaicus HK.f. & Thoms.=Desideria himalayensis
Cheiranthus himalayensis Camb.=Desideria himalayensis
Cheiranthus incanus L.=Matthiola incana
Cheiranthus muricatus Weinm.=Dontostemon integrifolius
Cheiranthus parryoides Kurz ex HK.f. & T.Anders.=Phaeonychium parryoides
Cheiranthus pinnatifidus Willd.=Dontostemon pinnatifidus
Cheiranthus roseus Maxim.=Erysimum roseum
Cheiranthus roseus var. *glabrescens* Dang.=Erysimum roseum
Cheiranthus scapiger Andams.=Parrya nudicaulis
Cheiranthus siliculosus M.Bieb.=Erysimum siliculosum
Cheiranthus stewartii T.Anders.=Christolea stewartii
Cheiranthus taraxacifolius Balb.=Malcolmia africana
Cheiranthus tomentosus Willd.=Sterigmostemum caspicum
Cheiranthus torulosus M.Bieb.=Sterigmostemum incanum
Cheiridopsis N.E.Br.**虾蚶花**(番杏科)
Cheiridopsis bifida 虾蚶花
Cheirinia Link.=**Erysimum**
Cheiropleuria C.Presl **燕尾蕨属**(燕尾蕨科)
Cheiropleuria bicuspis (Bl.) C.Presl 燕尾蕨
Cheiropleuria tricuspis (HK.) J.Sm.=Christiopteris tricuspis
Cheiropleuriaceae 燕尾蕨科
Cheiropteris Christ=**Neocheiropteris**
Cheirostylis Bl **叉柱兰属**(兰科)
Cheirostylis chinensis Rolfe 中华叉柱兰
Cheirostylis chinensis var. *tortilacinia* (C.S.Leou) S.S.Ying=Cheirostylis tortilacinia
Cheirostylis clibborndyeri S.Y.Hu & Barretto=Cheirostylis tatewakii
Cheirostylis cochinchinensis Bl.(C.S.Leou in Quart.J.Expert.Forest.Nat. Univ.Taiwan 1989)=Cheirostylis taichungensis S.S.Ying 台中叉柱兰
Cheirostylis derchiensis S.S.Ying 德基叉柱兰

Cheirostylis flabellata Wight (S.S.Ying in Col.Ill.Indig.Orch.Taiwan.1977, 台湾志,1978)=Cheirostylis inabai
Cheirostylis griffithii Lindl.大花叉柱兰
Cheirostylis hungyehensis P.T.Lin=Cheirostylis tatewakii
Cheirostylis inabai Hay 羽唇叉柱兰
Cheirostylis jamesleungii S.Y.Hu & Barretto 粉红叉柱兰
Cheirostylis josephi Schltr.=Cheirostylis chinensis
Cheirostylis liukiuensis Masam 琉球叉柱兰
Cheirostylis monteiroi S.Y.Hu & Barretto 箭药叉柱兰
Cheirostylis nemorosa Fukuyama=Zeuxine nemorosa
Cheirostylis oligantha Masamune & Fukuyama=Cheirostylis inabai
Cheirostylis phillipinensis Ames=Cheirostylis chinensis
Cheirostylis pingbianensis K.Y.Lang 屏边叉柱兰
Cheirostylis taichungensis S.S.Ying 台中叉柱兰
Cheirostylis tairae Fukuyama=Cheirostylis takeoi
Cheirostylis taiwanensis Yamamoto=Cheirostylis chinensis
Cheirostylis takeoi (Hay.) Schltr 全唇叉柱兰
Cheirostylis tatewakii Masam.=Cheirostylis tatewakii
Cheirostylis tatewakii Masam 大鲁阁叉柱兰
Cheirostylis tortilacinia C.S.Leou 和社叉柱兰
Cheirostylis yunnanensis Rolfe 云南叉柱兰
Chelidonium L.**白屈菜属**(罂粟科)
Chelidonium dicranostigma Prain=Dicranostigma lactucoides
Chelidonium dicranostigma Prain=Dicranostigma platycarpum
Chelidonium franchetianum Prain=Dicranostigma leptopodum
Chelidonium grandiflorum DC.=Chelidonium majus
Chelidonium hybridum L.=Roemeria hydrida
Chelidonium japonicum Thunb.=Hylomecon japonica
Chelidonium lactucoides (HK.f. & Thoms.) Pain=Dicranostigma lactucoides
Chelidonium lasiocarpum Oliv.=Stylophorum lasiocarpum
Chelidonium leptopodium Prain=Dicranostigma leptopodum
Chelidonium majus L.白屈菜
Chelidonium majus var. *grandiflorum* DC.=Chelidonium majus
Chelidonium sutchuense Franch.=Stylophorum sutchuense
Chelonistele Pfitz.=**Panisea**
Chelonopsis Miq.**铃子香属**(唇形科)
Chelonopsis abbreviata C.Y.Wu & H.W.Li 缩序铃子香
Chelonopsis albiflora Pax & Hoffm. ex Limpr.白花铃子香
Chelonopsis benthamiana Hemsl.=Bostrychanthera deflexa
Chelonopsis bracteata W.W.Sm.(分类学报 1959)=Chelonopsis pseudobracteata
Chelonopsis bracteata W.W.Sm.具苞铃子香
Chelonopsis chekiangensis C.Y.Wu 浙江铃子香
Chelonopsis chekiangensis var. brevipes C.Y.Wu & H.W.Li 短枝浙江铃子香
Chelonopsis chekiangensis var. chekiangensis=Chelonopsis chekiangensis
Chelonopsis deflexa (Benth.) Diels=Bostrychanthera deflexa
Chelonopsis deflexa var. *matsudae* Kudô =Bostrychanthera deflexa
Chelonopsis dontochila subsp. III. *bracteata* (W.W.Sm.) Kudô = Chelonopsis bracteata
Chelonopsis forrestii Anthony 大萼铃子香
Chelonopsis giraldii Diels 小叶铃子香
Chelonopsis lichiangensis W.W.Sm.(Hand.-Mazz.Symb.Sin. 1936)=Chelonopsis pseudobracteata
Chelonopsis lichiangensis W.W.Sm.丽江铃子香
Chelonopsis mollissima C.Y.Wu 多毛铃子香
Chelonopsis moschata Miq.(Hemsl.in J.L.Soc.Bot.1890)=Chelonopsis chekiangensis
Chelonopsis odontochila Diels 齿唇铃子香
Chelonopsis odontochila subsp. Ⅶ. *rosea* (W.W.Sm.) Kudô =Chelonopsis rosea
Chelonopsis odontochila subsp. *bracteata* (W.W.Sm.) Kudô=Chelonopsis bracteata
Chelonopsis odontochila subsp. *forrestii* (Anth.) Kudô=Chelonopsis forrestii
Chelonopsis odontochila subsp. I. *lichiangensis* (W.W.Sm.) Kudô =Chelonopsis lichiangensis
Chelonopsis odontochila subsp. II. *smithii* Kudô =Chelonopsis odontochila var. smithii
Chelonopsis odontochila subsp. IV. *odontochila* (Diels) Kudô = Chelonopsis odontochila
Chelonopsis odontochila subsp. *lichiangensis* (W.W.Sm.) Kudô= Chelonopsis lichiangensis
Chelonopsis odontochila subsp. *rosea* (W.Sm.) Kudô=Chelonopsis rosea
Chelonopsis odontochila subsp. *smithii* Kudô=Chelonopsis odontochila var. smithii
Chelonopsis odontochila subsp. V *forrestii* (Anth.) Kudô =Chelonopsis forrestii
Chelonopsis odontochila var. odontochila=Chelonopsis odontochila
Chelonopsis odontochila var. smithii (Kudô) C.Y.Wu 钝齿铃子香(新)
Chelonopsis pseudobracteata C.Y.Wu & H.W.Li 假具苞铃子香
Chelonopsis pseudobracteata var. *pseudobracteata*=Chelonopsis pseudobracteata
Chelonopsis pseudobracteata var. *rubra* C.Y.Wu & H.W.Li=Chelonopsis pseudobracteata
Chelonopsis rosea W.W.Sm.玫红铃子香
Chelonopsis siccanea W.W.Sm.(分类学报 1959)=Chelonopsis odontochila var. smithii
Chelonopsis siccanea W.W.Sm.干生铃子香
Chelonopsis souliei (Bonati) Merr.(分类学报 1959)=Chelonopsis albiflora
Chelonopsis souliei (Bonati) Merr.轮叶铃子香
Chenolea divaricata HK.f.=Bassia dasyphylla
Chenopodiaceae 藜科
Chenopodina dendroides Moq.=Suaeda dendroides
Chenopodina glauca Moq.=Suaeda glauca
Chenopodina maritima a.*vulgaris* Moq.=Suaeda prostrata
Chenopodina microphylla Moq.=Suaeda microphylla
Chenopodium L.**藜属**(藜科)
Chenopodium acumimnatum subsp. acumimnatum=Chenopodium acumimnatum
Chenopodium acumimnatum subsp. virgatum (Thunb.) Kitam.狭叶尖头藜
Chenopodium acumimnatum Willd.尖头叶藜
Chenopodium acuminatum var. *ovatum* Fenzl=Chenopodium acumimnatum
Chenopodium acuminatum var. *virgatum* Moq.(海南志 1964)= Chenopodium acumimnatum subsp. virgatum
Chenopodium album L.藜
Chenopodium album subsp. *karoi* Murr.=Chenopodium prostratum
Chenopodium altissimum L.=Suaeda altissima
Chenopodium amaranticolor Caste & Reyn.=Chenopodium giganteum
Chenopodium ambrosioides L.土荆芥
Chenopodium aristatum L.刺藜
Chenopodium atripliciforme Murr.=Chenopodium bryoniaefolium
Chenopodium australe R.Br.=Suaeda australis
Chenopodium blitum HK.f.=Chenopodium foliosum
Chenopodium botrys L.(北部植物图志 1935,秦岭志 1974)= Chenopodium foetidum
Chenopodium botrys L.香藜
Chenopodium bryoniaefolium Bge.凌叶藜
Chenopodium bryoniaefolium var. *kapelleriae* Aellen ex Iljin= Chenopodium iljinii
Chenopodium chenoppdioides (L.) Aellen 合被藜
Chenopodium ficifolium Smith(Bge.in Maxim.Prim.Fl.Amur.1859)= Chenopodium bryoniaefolium
Chenopodium ficifolium Smith=Chenopodium serotinum
Chenopodium foetidum Schrad.菊叶香藜
Chenopodium foetidum subsp. *tibetanum* Murr.=Chenopodium foetidum
Chenopodium foliosum (Moench) Aschers 球花藜
Chenopodium giganteum D.Don 杖藜
Chenopodium glaucum L.灰绿藜
Chenopodium gracilispicum Kung 细穗藜
Chenopodium hybridum L.杂配藜
Chenopodium iljinii Golosk.小白藜
Chenopodium karoi Aellen=Chenopodium prostratum
Chenopodium koraiense Nakai (Migo in J.Shanghai Sci.Inst.1935)= Chenopodium gracilispicum
Chenopodium koraiense Nakai=Chenopodium bryoniaefolium
Chenopodium korshinskyi Litv.=Chenopodium foliosum
Chenopodium linifolium Schult.=Suaeda linifolia
Chenopodium mairei Lévl.=Chenopodium giganteum
Chenopodium minimum Wang-wei & Fuh=Chenopodium aristatum
Chenopodium physophora Moq.=Suaeda physophora

Chenopodium prostratum Bge.平卧藜
Chenopodium rubrum L.红叶藜
Chenopodium salsum L.=Suaeda salssa
Chenopodium schraderianum Schult.=Chenopodium foetidum
Chenopodium scoparia L=Kochia scoparia
Chenopodium serotinum L.小藜
Chenopodium sinense Hort ex Moq.=Chenopodium aristatum
Chenopodium strictum Roth.圆头藜
Chenopodium suffruticosum Pall.=Flueggea suffruticosa
Chenopodium urbicum L.(北部植物图志.1935,高等图鉴 1972)=Chenopodium urbicum subsp. sinicum
Chenopodium urbicum L.市藜
Chenopodium urbicum subsp. sinicum Kung & G.L.Chu 东亚市藜
Chenopodium urbicum subsp. urbicum=Chenopodium urbicum
Chenopodium urbicum var. *intermedium* Koch(东北草本志 1959)=Chenopodium urbicum subsp. sinicum
Chenopodium uvbicum var. *integrum* Moq.(Blom in Act.Hort.Gothob. 1930,)=Chenopodium urbicum subsp. sinicum
Chenopodium vachelii HK. & Arn.=Chenopodium acumimnatum subsp. virgatum
Chenopodium virgatum Thunb.=Chenopodium acumimnatum subsp. virgatum
Chenopodiumrubrum L.红叶藜
Cheo kan=Citrus reticulata cv. Tankan
Cherleria juniperina D.Don=Arenaria densissima
Chesneya Lindl. ex Endl.**雀儿豆属**(豆科)
Chesneya acaulis (Baker) Popov 无茎雀儿豆
Chesneya crassipes Boriss.长梗雀儿豆
Chesneya cuneata (Benth.) Ali 截叶雀儿豆
Chesneya gansuensis Liou f. =Chesniella gansuensis
Chesneya macrantha Cheng f. ex H.C.Fu 大花雀儿豆
Chesneya macrantha Cheng f. ex P.C.Li=Chesneya macrantha
Chesneya mongolica Maxim.=Chesniella mongolica
Chesneya nubigena (D.Don) Ali 云雾雀儿豆
Chesneya polystichoides (Hand.-Mazz.) Ali 川滇雀儿豆
Chesneya polystichoides (Hand.-Mazz.) Cheng f. =Chesneya polystichoides
Chesneya purpurea P.C.Li 紫花雀儿豆
Chesneya rysidosperma Jaub. & Spach.皱籽雀儿豆
Chesneya sect. *Microcarpon* Boriss.=**Chesniella**
Chesneya spinosa P.C.Li 刺柄雀儿豆
Chesniella Boriss.**旱雀豆属**(豆科)
Chesniella gansuensis (Liou f.) P.C.Li 甘肃旱雀豆
Chesniella mongolica (Maxim.) P.C.Li 蒙古旱雀豆
Chiazospermum erectum (L.) Bernh.=Hypecoum erectum
Chienia W.T.Wang=**Delphinium**
Chienia honanensis W.T.Wang=Delphinium grandiflorum
Chieniodendron Tsinag & P.T.Li=**Oncodostigma**
Chieniodendron hainanense (Merr.) Tsiang & P.T.Li=Oncodostigma hainanense
Chieniopteris Ching **崇澍蕨属**(乌毛蕨科)
Chieniopteris harlandii (HK.) Ching 崇澍蕨
Chieniopteris kempii (Cop.) Ching 裂羽崇澍蕨
Chienodoxa Saa un=**Schnabelia**
Chienodoxa tetrodonta Sun=Schnabelia tetrodonta
Chikusichloa Koidz.**山涧草属**(禾本科)
Chikusichloa aquatica Koidz.山涧草
Chikusichloa mutica Keng 无芒山涧草
Chiliandra Griff.=**Rhynchotechum**
Chiliandra obovata Griff.=Rhynchotechum obvatum
Chilmoria Buch.-Ham.=**Gynocardia**
Chilmoria odorata Buch.=Ham.=Gynocardia codorata
Chiloschista Lindl.**异型兰属**(兰科)
Chiloschista guangdongensis Z.H.Tsi 广东异型兰
Chiloschista hoii S.S.Ying 何氏梅兰?
Chiloschista lunifera (Rchb.f.) J.J.Sm.(S.Y.Hu in Quart.J.Taiwan Mus.1972)=Chiloschista yunnanensis
Chiloschista lunifera (Rchb.f.) J.J.Sm.短蕊柱异唇兰
Chiloschista segawai (Masam.) Masam. & Fukuyama 台湾异型兰
Chiloschista segawai var. taiwaniana S.S.Ying 小花台湾异型兰(新)?
Chiloschista usneoides (D.Don) Lindl.(高等图鉴 1976)=Chiloschista yunnanensis
Chiloschista yunnanensis Schltr.异型兰
Chimaphila Pursh.**喜冬草属**(鹿蹄草科)
Chimaphila astyla Maxim.=Chimaphila japonica
Chimaphila corymbosa Pursch=Chimaphila umbellata
Chimaphila fukuyamai Masamune=Chimaphila japonica
Chimaphila japonica Miq.喜冬草
Chimaphila japonica var. *taiwanica* (Masamune) Hsieh=Chimaphila monticola
Chimaphila maculata (L.) Pursh.斑点梅笠草
Chimaphila menziesii R.Br. & D.Don 墨叙梅笠草
Chimaphila monticola H.Andr.川西喜冬草
Chimaphila rhombifolia Hay.=Moneses uniflora
Chimaphila taiwaniana Masamune=Chimaphila monticola
Chimaphila umbellata (L.) DC. ex Hegi=Chimaphila umbellata
Chimaphila umbellata (L.) Nutt.=Chimaphila umbellata
Chimaphila umbellata (L.) W.Barton 伞形喜冬草
Chimaza R.Br. ex DC.=**Chimaphila**
Chimonanthus Lindl.**蜡梅属**(蜡梅科)
Chimonanthus campanulatus R.H.Chang & C.S.Ding 西南腊梅?
Chimonanthus fragrans Lindl.=Chimonanthus praecox
Chimonanthus fragrans β. *grandiflora* Lindl.=Chimonanthus praecox
Chimonanthus nitens Oliv.山蜡梅
Chimonanthus parviflorus Raf. =Chimonanthus praecox
Chimonanthus praecox (L.) Link 蜡梅
Chimonanthus praecox cv. Grandiflora-concolor 磬口素心腊梅
Chimonanthus praecox var. *concolor* Makino=Chimonanthus praecox
Chimonanthus praecox var. *grandiflorus* (Lindl. Makino=Chimonanthus praecox
Chimonanthus praecox var. *intermedius* Makino=Chimonanthus praecox
Chimonanthus salicifolius Hu 柳叶蜡梅
Chimonanthus yunnanensis Smith=Chimonanthus praecox
Chimonobambusa Makino **寒竹属**(禾本科)
Chimonobambusa angulata Nakai=Chimonobambusa quadrangularis
Chimonobambusa angustifolia C.D.Chu & C.S.Chao 狭叶方竹
Chimonobambusa armata (Gamble) Hsueh & Yi 缅甸方竹
Chimonobambusa armata f. *tuberculata* (Hsueh & L.Z.Gao) Wen ex D. Ohrnb.=Chimonobambusa tuberculata
Chimonobambusa brevinoda Hsueh & W.P.Zhang 短节方竹
Chimonobambusa communis (Hsueh & Yi) Wen & D.Ohrnb. ex D.Ohrnb. =Qiongzhuea communis
Chimonobambusa convoluta Q.H.Dai & X.L.Tao 小方竹
Chimonobambusa damingnshanensis Hsueh & W.P.Zhang 大明山方竹
Chimonobambusa grandifolia Hsueh & W.P.Zhang 大叶方竹
Chimonobambusa hejiangensis C.D.Chu & C.S.Chao 合江方竹
Chimonobambusa hirtinoda C.S.Chao & K.M.Lan 毛环方竹
Chimonobambusa lactistriata W.D.Li & Q.X.Wu 乳纹方竹
Chimonobambusa linearifolia W.D.Li & Q.X.Wu=Chimonobambusa angustifolia
Chimonobambusa luzhiensis (Hsueh & Yi) Wen & D.Ohrnb. ex D.Ohrnb. =Qiongzhuea luzhiensis
Chimonobambusa macrophylla (Hsueh & Yi) Wen & D.Ohrnb. ex D. Ohrnb.=Qiongzhuea marcophylla
Chimonobambusa macrophylla f *leiboensis* (Hsueh & D.Z.Li) Wen & D. Ohrnb. ex D.Ohrnb.=Qiongzhuea marcophylla f. leiboensis Hsueh
Chimonobambusa marmorea (Mitford) Makino 寒竹
Chimonobambusa metuoensis Hseuh & Yi 墨脱方竹
Chimonobambusa microfloscula McClure 小花方竹
Chimonobambusa naibunensis (Hay.) McClure & W.C.Lin= Drepanostachyum naibunense
Chimonobambusa neopurpurea Yi 刺黑竹
Chimonobambusa ningnanica Hsueh & L.Z.Gao=Chimonobambusa tuberculata
Chimonobambusa opienensis (Hsueh & Yi) Wen & D.Ohrnb. ex D.Ohrnb. =Qiongzhuea opienensis
Chimonobambusa pachystachys Hsueh & Yi 刺竹子
Chimonobambusa puberula (Hsueh & Yi) Wen & D.Ohrnb. ex D.Ohrnb. =Qiongzhuea puberula
Chimonobambusa purpurea Hsueh & Yi=Chimonobambusa marmorea
Chimonobambusa purpurea Hsueh. & Yi=Chimonobambusa neopurpurea
Chimonobambusa quadrangularis (Fenzi) Makino 方竹
Chimonobambusa rigidula (Hsueh & Yi) Wen & D.Ohrnb.=Qiongzhuea

rigidula
Chimonobambusa sect. *Qiongzhuea* (Hsueh & Yi) Wen & D.Ohrnb. ex D. Ohrnb.=**Qiongzhuea**
Chimonobambusa setiformis Wen 武夷山方竹
Chimonobambusa szechuanensis (Rendle) Keng f.八月竹
Chimonobambusa szechuanensis f. *flexuosa* (Hsueh & C.Li) Wen & D.Ohrnb.=Chimonobambusa szechuanensis var. flexuosa
Chimonobambusa szechuanensis var. flexuosa Hsueh & C.Li 龙拐竹
Chimonobambusa szechuanensis var. szechuanensis=Chimonobambusa szechuanensis
Chimonobambusa tuberculata Hsueh & L.Z.Gao 永善方竹
Chimonobambusa tumidinoda Z.Y.Wu(Pl.Veg.China1980)=Qiongzhuea tumidinoda
Chimonobambusa tumidissinoda Hsueh & Yi ex D.Ohrnb=Qiongzhuea tumidinoda
Chimonobambusa utilis (Keng) Keng f.金佛山方竹
Chimonobambusa utilis (Keng) Keng f.金佛山方竹
Chimonobambusa yunnanensis Hsueh & W.P.Zhang 云南方竹
Chimonocalamus Hsueh & Yi **香竹属**(禾本科)
Chimonocalamus delicatus Hsueh & Yi 香竹
Chimonocalamus dumosus Hsueh & Yi 小香竹
Chimonocalamus dumosus var. dumosus=Chimonocalamus dumosus
Chimonocalamus dumosus var. pygmaeus Hsueh & Yi 耿马小香竹
Chimonocalamus fimbriatus Hsueh & Yi 流苏香竹
Chimonocalamus longiligulatus Hsueh & Yi 长舌香竹
Chimonocalamus longiusculus Hsueh & Yi 长节香竹
Chimonocalamus makuanensis Hsueh & Yi 马关香竹
Chimonocalamus montanus Hsueh & Yi 山香竹
Chimonocalamus pallens Hsueh & Yi 灰香竹
Chimonocalamus tortuosus Hsueh & Yi 西藏香竹
Chinese Honey=Citrus reticulata cv. Ponkan
Chingia Holtt **仁昌蕨属**(金星蕨科)
Chingia ferox (Bl.) Holtt 仁昌蕨
Chingiacanthus Hand.-Mazz.=**Isoglossa**
Chingiacanthus glaber Hand.-Mazz.= Chingiacanthus glaber
Chingiacanthus patulus Hand.-Mazz.= Isoglossa collina
Chingithamnus Hand.-Mazz.=**Microtropis**
Chingithamnus osmanthoides Hand.-Mazz.=Microtropis osmanthoides
Chingyungia T.M.Ai=**Melampyrum**
Chingyungia scutellarioides T.M.Ai=Melampyrum klebelsbergianum
Chintan=Fortunella crassifolia
Chiogenes Salisb.**伏地杜鹃属**(杜鹃花科)
Chiogenes hispidula (L.) Torr. & Gray 硬毛伏杜鹃
Chiogenes serpyllifolia (Pursh) Salisb.北美伏地杜鹃
Chiogenes suborbicularis (W.W.Sm.) Ching ex T.Z.Hsu 伏地杜鹃
Chiogenes suborbicularis var. albiflorus T.Z.Hsu 白花伏地杜鹃
Chiogenes suborbicularis var. suborbicularis=Chiogenes suborbicularis
Chionachne massii Balansa=Polytoca massii
Chionanthus L.**流苏树属**(木犀科)
Chionanthus brachythyrsus (Merr.) P.S.Green 白枝流苏树
Chionanthus chinensis Maxim.=Chionanthus retusus
Chionanthus coreanus Lévl.=Chionanthus retusus
Chionanthus duclouxii Hickel=Chionanthus retusus
Chionanthus guangxiensis B.M.Miao 广西流苏树
Chionanthus hainanensis (Merr. & Chun) B.M.Miao 海南流苏树
Chionanthus henryanus P.S.Green 李榄
Chionanthus leucocladus (Merr. & Chun) Miao=Chionanthus brachythyrsus
Chionanthus longiflorus (H.L.Li) B.M.Miao 长花流苏树
Chionanthus luzonica Bl.=Chionanthus ramiflorus
Chionanthus montanus Bl.(Kurz in J.Asiat.Soc.Bengal Part.1877)= Chionanthus heryanus
Chionanthus ramiflorus Roxb.枝花流苏树
Chionanthus ramiflorus var. grandiflorus B.M.Miao 大花流苏树
Chionanthus ramiflorus var. ramiflorus=Chionanthus ramiflorus
Chionanthus retusus Lindl. & Paxt.流苏树
Chionanthus retusus var. *coreanus* (Lévl.) Nakai=Chionanthus retusus
Chionanthus retusus var. *fauriei* Lévl.=Chionanthus retusus
Chionanthus retusus var. *mairei* Lévl.=Chionanthus retusus
Chionanthus retusus var. *mairei* Lévl.=Chionanthus retusus
Chionanthus retusus var. *serrulatus* (Hay.) Koidz.=Chionanthus retusus
Chionanthus rmaiflorus var. *grandiflorus* Miao=Chionanthus ramiflorus var. grandiflorus
Chionanthus serrulatus Hay.=Chionanthus retusus
Chionocharis Johnst.**垫紫草属**(紫草科)
Chionocharis hookeri (Clarke) Johnst.垫紫草
Chionodoxa Boiss.**雪光花属**(百合科)
Chionodoxa gigantea Hort.蓝光花
Chionodoxa gigantea var. alba Hort.白雪光花
Chionodoxa gigantea var. pink Hort.粉光花
Chionodoxa luciliae Boiss.雪光花
Chionodoxa sardensis Drude.撒丁雪光花
Chionographis Maxim.**白丝草属**(百合科)
Chionographis chinensis Krause 中国白丝草
Chionographis merrilliana Hara=Chionographis chinensis
Chiratia Montr.=**Sonneratia**
Chirita Buch.-Ham. ex D.Don **唇柱苣苔属**(苦苣苔科)
Chirita acaulis Merr.=Opithandra acaulis
Chirita acuminata Wall. ex R.Br.=Chirita oblongifolia
Chirita anachoreta Hance 光萼唇柱苣苔
Chirita atroglandulosa W.T.Wang 黑腺唇柱苣苔
Chirita atropurpurea W.T.Wang 紫萼唇柱苣苔
Chirita balansae Drake=Chirita swinglei
Chirita barbata Sprague 髯毛唇柱苣苔
Chirita bicolor W.T.Wang 二色唇柱苣苔
Chirita bicornuta Hay.=Hemiboea bicornuta
Chirita botusidentata W.T.Wang 钝齿唇柱苣苔
Chirita brachysitigma W.T.Wang 短头唇柱苣苔
Chirita brachytricha W.T.Wang & D.Y.Chen 短毛唇柱苣苔
Chirita brachytricha var. brachytricha=Chirita brachytricha
Chirita brachytricha var. magnibracteata W.T.Wang & D.Y.Chen 大苞短毛唇柱苣苔
Chirita brassicoides W.T.Wang 芥状唇柱苣苔
Chirita brevipes Clarke=Chirita speciosa
Chirita briggsioides W.T.Wang 鹤聒唇柱苣苔
Chirita carnosifolia C.Y.Wu ex H.W.Li 肉叶唇柱苣苔
Chirita ceratoscyphus Burtt=Chirita corniculata
Chirita chlamydata W.W.Sm.=Didissandra begoniifolia
Chirita cicatricosa W.T.Wang=Chirita minutihamata
Chirita clarkei HK.f.=Chirita lachenensis
Chirita cordifolia W.T.Wang 心叶唇柱苣苔
Chirita corniculata Pelleg.角萼唇柱苣苔
Chirita cortusifolia Hance=Didymocarpus cortusifolius
Chirita crassituba W.T.Wang 粗筒唇柱苣苔
Chirita cruciformis (Chun) W.T.Wang 十字唇柱苣苔
Chirita cyrtocarpa D.Fang & L.Zeng 弯果唇柱苣苔
Chirita dalzielii W.W.Sm.=Opithandra dalzielii
Chirita demissa (Hance) W.T.Wang 巨柱唇柱苣苔
Chirita depressa HK.f.短序唇柱苣苔
Chirita dielsii (Borza) Burtt 圆叶唇柱苣苔
Chirita dimidiata R.Br. ex C.B.Clarke=Chirita anachoreta
Chirita dimidiata Wall. ex Clarke 墨脱唇柱苣苔
Chirita dryas Dunn=Chirita sinensis
Chirita eburnea Hance 牛耳朵
Chirita fangii W.T.Wang 方氏唇柱苣苔
Chirita fasciculiflora W.T.Wang 簇花唇柱苣苔
Chirita faurie Franch.(Lévl.in Fl.Kouy-Tcheou 1914 ,p.p.)=Briggsia mihieri
Chirita fauriei Franch.=Chirita eburnea
Chirita fimbrisepala Hand.-Mazz.蚂蝗七
Chirita fimbrisepala var. fimbrisepala=Chirita fimbrisepala
Chirita fimbrisepala var. mollis W.T.Wang 密毛蚂蝗七
Chirita flava R.Br.=Chirita pumila
Chirita flavimaculata W.T.Wang 黄斑唇柱苣苔
Chirita floribunda W.T.Wang 多花唇柱苣苔
Chirita fordii (Hemsl.) Wood 桂粤唇柱苣苔
Chirita fordii var. dolichotricha (W.T.Wang) W.T.Wang 鼎湖唇柱苣苔
Chirita forrestii Anth.滇川唇柱苣苔
Chirita forrestii var. *acutidentata* W.T.Wang=Chirita forrestii
Chirita fruticola H.W.Li 灌丛唇柱苣苔
Chirita glabrescens W.T.Wang & D.Y.Chen 少毛唇柱苣苔

Chirita grandidentata W.T.Wang=Didymocarpus grandidentatus
Chirita grandiflora Wall.=Chirita urticifolia
Chirita guangxiensis S.Z.Huang=Pseudochirita guangxiensis
Chirita gueilinensis W.T.Wang 桂林唇柱苣苔
Chirita gueilinensis var. *brachycarpa* W.T.Wang=Chirita juliae
Chirita gueilinensis var. *dolichotricha* W.T.Wang=Chirita fordii var. dolichotricha
Chirita gueilinensis var. gueilinensis=Chirita gueilinensis
Chirita hamosa R.Br.钩序唇柱苣苔
Chirita hedyotidea (Chun) W.T.Wang 肥牛草
Chirita heterotricha Merr.烟叶唇柱苣苔
Chirita heucherifolia (Hand.-Mazz.) Wood.=Didymocarpus heucherifolius
Chirita hochiensis C.C.Huang & X.X.Chen 河池唇柱苣苔
Chirita infundibuliformis W.T.Wang 合苞唇柱苣苔
Chirita jiuwanshanica W.T.Wang 九万山唇柱苣苔
Chirita juliae Hance 大齿唇柱苣苔
Chirita kurzii (C.B.Clarke) C.B.Clarke=Briggsia kurzii
Chirita lachenensis Clarke 卧茎唇柱苣苔
Chirita laifengensis W.T.Wang 来凤唇柱苣苔
Chirita langshanica W.T.Wang 莨山唇柱苣苔
Chirita latinervis W.T.Wang 宽脉唇柱苣苔
Chirita laxiflora W.T.Wang 疏花唇柱苣苔
Chirita leiophylla W.T.Wang 光叶唇柱苣苔
Chirita liboensis W.T.Wang & D.Y.Chen 荔波唇柱苣苔
Chirita lienxienensis W.T.Wang 连县唇柱苣苔
Chirita liguliformis W.T.Wang 舌柱唇柱苣苔
Chirita linearifolia W.T.Wang 线叶唇柱苣苔
Chirita linglingensis W.T.Wang 零陵唇柱苣苔
Chirita liujiangensis D.Fang & D.H.Qin 柳江唇柱苣苔
Chirita longgangensis W.T.Wang 弄岗唇柱苣苔
Chirita longgangensis var. hongyao S.Z.Huang 红药
Chirita longgangensis var. longgangensis=Chirita longgangensis
Chirita longipedunculata W.T.Wang=Lysionotus longipedunculatus
Chirita longistyla W.T.Wang 长柱唇柱苣苔
Chirita lunglinensis W.T.Wang 隆林唇柱苣苔
Chirita lunglinensis var. amblyosepala W.T.Wang 钝萼唇柱苣苔
Chirita lunglinensis var. lunglinensis=Chirita lunglinensis
Chirita lungzhouensis W.T.Wang 龙州唇柱苣苔
Chirita macrophylla Wall.大叶唇柱苣苔
Chirita macrorhiza D.Fang & D.H.Qin 大根唇柱苣苔
Chirita macrosiphon Hance=Didissandra macrosiphon
Chirita mangshanensis W.T.Wang=Chirita juliae
Chirita mangshanensis var. *lasiandra* W.T.Wang=Chirita juliae
Chirita marthinii Lévl. & Vant.=Paraboea martinii
Chirita medica D.Fang ex W.T.Wang 药用唇柱苣苔
Chirita minutihamata Wood 多痕唇柱苣苔
Chirita minutimaculata D.Fang & W.T.Wang 微斑唇柱苣苔
Chirita minutiserrulata Hay.=Chirita anachoreta
Chirita monantha W.T.Wang 单花唇柱苣苔
Chirita naponensis Z.Y.Li 那坡唇柱苣苔
Chirita oblongifolia (Roxb.) Sinchlair 长圆叶唇柱苣苔
Chirita obtusa Clarke=Didymostigma obtusum
Chirita obtusidentata W.T.Wang 钝齿唇柱苣苔
Chirita obtusidentata var. mollipes W.T.Wang 毛序唇柱苣苔
Chirita obtusidentata var. obtusidentata=Chirita obtusidentata
Chirita ophiopogoides D.Fang & W.T.Wang 条叶唇柱苣苔
Chirita orbicularis W.W.Sm.=Chirita dielsii
Chirita orthandra W.T.Wang 直蕊唇柱苣苔
Chirita parvifolia W.T.Wang 小叶唇柱苣苔
Chirita pellegriniana Burtt=Chirita swinglei
Chirita pinnata W.T.Wang 复叶唇柱苣苔
Chirita pinnatifida (Hand.-Mazz.) Burtt 羽裂唇柱苣苔
Chirita polycephala (Chun) W.T.Wang 多葶唇柱苣苔
Chirita polyneura var. *amabilis* Clarke=Chirita dimidiata
Chirita pseudoeburnea D.Fang & W.T.Wang 紫纹唇柱苣苔
Chirita pteropoda W.T.Wang 翅柄唇柱苣苔
Chirita puerensis Y.Y.Qian 普洱唇柱苣苔
Chirita pumila D.Don 斑叶唇柱苣苔
Chirita pungentisepala W.T.Wang 尖萼唇柱苣苔
Chirita pycnantha W.T.Wang 密花唇柱苣苔
Chirita quercifolia Wood=Chirita pinnatifida
Chirita roseoalba W.T.Wang 粉花唇柱苣苔
Chirita rotundifolia (Hemsl.) Wood 卵圆唇柱苣苔
Chirita rupestris Ridl.岩石唇柱苣苔
Chirita sclerophylla W.T.Wang 硬叶唇柱苣苔
Chirita secundiflora (Chun) W.T.Wang 清镇唇柱苣苔
Chirita sericea (Lévl.) Lévl. & Vant.=Oreocharis auricula
Chirita shennungjiaensis W.T.Wang=Chirita tenuituba
Chirita shouchengensis Z.Y.Li 寿城唇柱苣苔
Chirita shuii Z.Y.Li 税氏唇柱苣苔
Chirita sichuanensis W.T.Wang 四川唇柱苣苔
Chirita sinensis Lindl.唇柱苣苔
Chirita sinensis var. *angustifolia* Dunn=Chirita sinensis
Chirita sinensis var. *bodinieri* Lévl.=Chirita sinensis
Chirita skogiana Z.Y.Li 斯氏唇柱苣苔
Chirita spadiciformis W.T.Wang 焰苞唇柱苣苔
Chirita speciosa Kurz 美丽唇柱苣苔
Chirita speluncae (Hand.-Mazz.) Wood 小唇柱苣苔
Chirita sphagnicola Lévl. & Vant.=Chirita pumila
Chirita spinulosa D.Fang & W.T.Wang 刺齿唇柱苣苔
Chirita subacaulis (Hand.-Mazz.) Burtt=Hemiboea subacaulis
Chirita subrhomboidea W.T.Wang 菱叶唇柱苣苔
Chirita subulatisepala W.T.Wang 钻萼唇柱苣苔
Chirita swinglei (Merr.) W.T.Wang 钟冠唇柱苣苔
Chirita tenuifolia W.T.Wang 薄叶唇柱苣苔
Chirita tenuituba (W.T.Wang) W.T.Wang 神农架唇柱苣苔
Chirita tibetica (Franch.) Burtt 康定唇柱苣苔
Chirita trailliana Forrest & W.W.Sm.=Chirita speciosa
Chirita tribracteata W.T.Wang 三苞唇柱苣苔
Chirita umbrophila C.Y.Wu ex H.W.Li 喜荫唇柱苣苔?
Chirita urticifolia Buch.-Ham. ex D.Don 麻叶唇柱苣苔
Chirita verecunda (Chun) W.T.Wang 齿萼唇柱苣苔
Chirita vestita Wood 细筒唇柱苣苔
Chirita villosissima W.T.Wang 长毛唇柱苣苔
Chirita wangiana Z.Y.Li 五氏唇柱苣苔
Chirita wentsaii D.Fang & L.Zeng 文采唇柱苣苔
Chirita xinningensis W.T.Wang 新宁唇柱苣苔
Chirita yungfuensis W.T.Wang 永富唇柱苣苔
Chiritopsis W.T.Wang **小花苣苔属**(苦苣苔科)
Chiritopsis bipinnatifida W.T.Wang 羽裂小花苣苔
Chiritopsis confertiflora W.T.Wang 密小花苣苔
Chiritopsis cordifolia D.Fang & W.T.Wang 心叶小花苣苔
Chiritopsis glandulosa D.Fang,L.Zeng & D.H.Qin 紫脉小花苣苔
Chiritopsis lobulata W.T.Wang 浅裂小花苣苔
Chiritopsis mollifolia D.Fang & W.T.Wang 密毛小花苣苔
Chiritopsis repanda W.T.Wang 小花苣苔
Chiritopsis repanda var. guilinensis W.T.Wang 桂林小花苣苔
Chiritopsis repanda var. repanda =Chiritopsis repanda
Chiritopsis subulata W.T.Wang 钻丝小花苣苔
Chiritopsis subulata var. yangchunensis W.T.Wang 阳春小花苣苔
Chiritopsis xiuningensis X.L.Liu & X.H.Guo 休宁小花苣苔
Chisocheton Bl.**溪桫属**(楝科)
Chisocheton chinensis Merr.=Chisocheton paniculatus
Chisocheton erythrocarpus Hisern.(Hay. & Kanehira in Pl.Formos.1920)= Dysoxylum kanehirai
Chisocheton hongkengensis Tutch.=Dysoxylum hongkongense
Chisocheton kanehirai Sasaki=Dysoxylum kanehirai
Chisocheton kusukusuense Hay.=Dysoxylum kusukusuense
Chisocheton paniculatus (Roxb.) Hiern 溪桫
Chisocheton siamensis Craib(云南志 1977,云南植物名录 1984)= Chisocheton paniculatus
Chisocheton tetrapetalus DC.(Lui Sasaki & Keng in Quart.J.Taiwan Mus.1955)=Dysoxylum kanehirai
Chlaenobolus Cass.=**Pterocaulon**
Chlamydites Drumm.**被菊属**(菊科)
Chlamydites prainii Drumm.被菊
Chlamydoboea Stapf=**Paraboea**
Chlamydoboea sinensis (Oliv.) Stapf=Paraboea sinensis
Chlamydoboea sinensis f. *macra* Stapf=Paraboea sinensis

Chlamydoboea sinensis f. *macrophylla* Stapf=Paraboea sinensis
Chloopsis Bl.=**Ophiopogon**
Chloraea Lindl.**科劳里亚兰属**(兰科)
Chloraea penicillata Rchb.f.科劳里亚兰
Chloranthaceae 金粟兰科
Chloranthus Swartz **金粟兰属**(金粟兰科)
Chloranthus angustifolius Oliv.狭叶金粟兰
Chloranthus anhuiensis K.F.Wu 安徽金粟兰
Chloranthus brachystachys Bl.=Sarcandra glabra subsp. bachystachys
Chloranthus brachystachys sensu Merr.=Sarcandra glabra subsp. brachystachys
Chloranthus dentialatus Cord.=Sarcandra glabra
Chloranthus elatior R.Br.=Cephalotaxus erectus
Chloranthus erectus (Buch.-Ham.) Verd.鱼子兰
Chloranthus erectus Sweet.=Cephalotaxus erectus
Chloranthus esquirolii Lévl.=Sarcandra glabra
Chloranthus fortunei (A.Gray) Solms-Laub.丝穗金粟兰
Chloranthus fortunei var. *holostegius* Hand.-Mazz.=Chloranthus holostegius
Chloranthus glaber (Thunb.) Makino=Sarcandra glabra
Chloranthus hainanensis Pei=Sarcandra glabra subsp. brachystachys
Chloranthus henryi Hemsl.宽叶金粟兰
Chloranthus henryi var. henryi=Chloranthus henryi
Chloranthus henryi var. hupehensis (Pamp.) K.F.Wu 湖北金粟兰
Chloranthus holostegius (Hand.-Mazz.) Pei & Shan 全缘金粟兰
Chloranthus holostegius var. holostegius=Chloranthus holostegius
Chloranthus holostegius var. shimianensis K.F.Wu 石棉金粟兰
Chloranthus holostegius var. trichoneurus K.F.Wu 毛脉金粟兰
Chloranthus hupehensis Pamp.=Chloranthus henryi var. hupehensis
Chloranthus inconspicuus Swartz=Chloranthus spicatus
Chloranthus japonicus Sieb.银线草
Chloranthus kiangsiensis Metc.=Ardisia gigantifolia
Chloranthus mandshuricus Rupr.=Chloranthus japonicus
Chloranthus multistachys Pei 多穗金粟兰
Chloranthus officinalis Bl.=Cephalotaxus erectus
Chloranthus oldhami sensu Pei=Chloranthus sessilifolius var. austrosinensis
Chloranthus oldhami Solms-Laub.台湾金粟兰
Chloranthus pernyanus Solms-Laub.?贵州金粟兰(新)
Chloranthus serratus (Thunb.) Roem. & Schult.及已
Chloranthus serratus var. serratus=Chloranthus serratus
Chloranthus serratus var. taiwanensis K.F.Wu 台湾及已
Chloranthus sessilifolius K.F.Wu 四川金粟兰
Chloranthus sessilifolius var. austrosinensis K.F.Wu 华南金粟兰
Chloranthus sessilifolius var. sessilifolius=Chloranthus sessilifolius
Chloranthus spicatus (Thunb.) Makino 金粟兰
Chloranthus tianmushanensis K.F.Wu 天目金粟兰
Chloris Sw.**虎尾草属**(禾本科)
Chloris anomala B.S.Sun & Z.H.Hu 异序虎尾草
Chloris barbata Sw.孟仁草
Chloris barbata var. *formosana* Honda=Chloris formosana
Chloris caudata Trin. ex Bge.=Chloris virgata
Chloris cruciata (L.) Swartz 十字虎尾草
Chloris curtipendula Michx.=Bouteloua curtipendula
Chloris dolicostachya Lag.=Enteropogon dolichostachyus
Chloris formosana (Honda) Keng 台湾虎尾草
Chloris gayana Kunth 非洲虎尾草
Chloris incompleta Roth=Enteropogon dolichostachyus
Chloris inflata Link=Chloris barbata
Chloris mucronata Michx.=Dactyloctenium aegyptium
Chloris tenera (J.S.Presl) Scribr.=Eustachys tener
Chloris unispicea f. Muell.=Enteropogon unispiceus
Chloris virgata Sw.虎尾草
Chlorophytum Ker-Gawl.**吊兰属**(百合科)
Chlorophytum bichetii 条纹叶吊兰
Chlorophytum brachystachum Bak.短穗吊兰
Chlorophytum capense Kuntze 宽叶吊兰
Chlorophytum capense var. variegatum Hort.银边吊兰
Chlorophytum chinense Bur. & Franch.狭叶吊兰
Chlorophytum comosum (Thunb.) Baker 吊兰
Chlorophytum comosum cv. Mediopictum 多心吊兰
Chlorophytum comosum cv. Variegatum 金边吊兰
Chlorophytum elatum var. picturatum Hort 斑心吊兰
Chlorophytum flaccidum W.W.Sm.=Chlorophytum nepalense
Chlorophytum khasianum HK.f.=Chlorophytum nepalense
Chlorophytum laxum R.Br.小花吊兰
Chlorophytum majus (Hemsl.) Marais & Reilly=Diuranthera major
Chlorophytum malayense Ridley 大叶吊兰
Chlorophytum mekongense W.W.Sm.=Chlorophytum nepalense
Chlorophytum nepalense (Ldl.) Baker 西南吊兰
Chlorophytum orchidastrum Ldl.(Ridley in Fl.Malay Penis.1924)=Chlorophytum malayense
Chlorophytum oreogenes W.W.Sm.=Chlorophytum nepalense
Chlorophytum parviflorum (Wight) Dalz.=Clorophytum laxum
Chlorophytum platystemon Diels=Chlorophytum chinense
Choeradoplectron spiranthes Schauer=Peristylus lacertiferus
Choeriseris Link=**Picris**
Choerospondias Burtt & Hill **南酸枣属**(漆树科)
Choerospondias axillaris (Roxb.) Burtt & Hill 南酸枣
Choerospondias axillaris var. axillaris=Choerospondias axillaris
Choerospondias axillaris var. pubinervis (Rehd. & Wils.) Burtt & Hill 毛脉南酸枣
Choisya HNK **墨西哥桔属**(芸香科)
Choisya ternata HNK 墨西哥桔
Chomelia L.=**Tarenna**
Chomelia gracilipes Hay.=Tarenna gracilipes
Chomelia kotoensis Hay.=Tarenna zeylanica
Chomelia lancifolia Hay.=Tarenna gracilipes
Chondrachenia doyonensis (Hand.-Mazz.) Vermeulen=Platanthera roseotincta
Chondrilla L.**粉苞菊属**(菊科)
Chondrilla ambigua Fisch. ex Kar. & Kir.沙地粉苞菊
Chondrilla articulata Rodin=Chondrilla lejosperma
Chondrilla aspera (Schrad. ex Willd.) Poir.硬叶粉苞菊
Chondrilla baicalensis (Ledeb.) Sch.-Bip.=Youngia tenuifolia
Chondrilla brevirostris Fisch. & Mey.短喙粉苞菊
Chondrilla canescens Kar. & Kir.灰白粉苞菊
Chondrilla chinensis (Thunb.) Poiret=Ixeridium chinense
Chondrilla debilis Poiret=Ixeris japonica
Chondrilla hastata Willd.=Chaetoseris hastata
Chondrilla japonica (L.) Lam.=Youngia japonica
Chondrilla juncea L.狭叶粉苞苣
Chondrilla juncea var. *canescens* (Kar. & Kir.) Trautv.=Chondrilla canescens
Chondrilla lanceolata (Houtt.) Poret=Crepidiastrum lanceolatum
Chondrilla laticoronata Leonova 宽冠粉苞菊
Chondrilla lejosperma Kar. & Kir.北疆粉苞菊
Chondrilla longifolia Wall.=Lactuca dolichophylla
Chondrilla pauciflora Ledeb.少花粉苞菊
Chondrilla phaeocephala Rupr.暗苞粉苞菊
Chondrilla piptocoma Fisch. & Mey.粉苞菊
Chondrilla polydichotoma Ostenf.=Hexinia polydichotoma
Chondrilla rouillieri Kar. & Kir.基节粉苞菊
Chondrilla sagittata Wall.=Ixeridium sagittaroides
Chondrilla stricta Ledeb.=Chondrilla aspera
Chondrorhyncha Lindl.**康多兰属**(兰科)
Chondrorhyncha amazonica (Rchb.f. & Warsc.) A.D.Howkes 亚马逊康多兰
Chondrorhyncha aromaticha (Rchb.f.) P.H.Allen 芳香康多兰
Chondrorhyncha discolor (Lindl.) P.H.Allen 二色康多兰
Chondrorhyncha fimbriata (Lind. & Rchb.f.) Rchb.f.流苏康多兰
Chondrosea likiangensis (Franch.) Losinsk.=Saxifraga likiangensis
Chondrosea pulchra (Engl. & Irmsch.) Losinsk.=Saxifraga pulchra
Chondrosea saxatilis (H.Smith) Losinsk.=Saxifraga saxatilis
Chondrosea unguipetala (Engl. & Irmsch.) Losinsk.=Saxifraga unguipetala
Chondrosium gracile H.B.K.=Bouteloua gracilis
Chonemorpha G.Don. **鹿角藤属**(夹竹桃科)
Chonemorpha antidysenterica (Roth) G.Don=Holarrhena pubescens
Chonemorpha eriostylis Pitard 鹿角藤
Chonemorpha floccosa Tsiang & P.T.Li 丛毛鹿角藤
Chonemorpha fragrans (Moon) Alston 大叶鹿角藤

Chonemorpha griffithii HK.f.漾濞鹿角藤
Chonemorpha macrophylla G.Don=Chonemorpha fragrans
Chonemorpha megacalyx Pieere 长萼鹿角藤
Chonemorpha mollis Miq.=Chonemorpha fragrans
Chonemorpha parviflora Tsiang & P.T.Li 小花鹿角藤
Chonemorpha rheedei Ridl.=Chonemorpha fragrans
Chonemorpha splendens Chun & Tsiang 海南鹿角藤
Chonemorpha valvata Chatt.=Chonemorpha griffithii
Chonemorpha verrucosa (Bl.) D.J.Middl 尖子藤.
Choripetalum A.DC.=**Embelia**
Choripetalum benthamii Hance=Embelia laeta
Choripetalum obovatum Benth.=Embelia laeta
Choripetalum undulatum A.DC.=Embelia undulata
Chorisis DC.**沙苦荬属**(菊科)
Chorisis repens (L.) DC 沙苦荬
Chorisma D.Don=**Chorisis**
Chorisma repens (L.) D.Don=Chorisis repens
Chorispermum R.Br.=**Chorispora**
Chorispermum tenellus R.Br.=Chorispora tenella
Chorispora R.Br. exDC.**离子芥属**(十字花科)
Chorispora bungeana Fisch. & Mey.高山离子芥
Chorispora elegans Camb.=Chorispora sabulosa
Chorispora elegans var. *integrifolia* O.E.Schulz.=Chorispora sabulosa
Chorispora elegans var. *sabulosa* (Camb.) O.E.Schulz.=Chorispora sabulosa
Chorispora elegans var. *stenophylla* O.E.Schulz.=Chorispora sabulosa
Chorispora exscapa Bge. ex Ledeb.=Chorispora bungeana
Chorispora greigii Rgl.具葶离子芥
Chorispora macaropoda Trautv.小花离子芥
Chorispora pamirica Pach.=Chorispora songarica
Chorispora pectinata Hadac.=Chorispora macropoda
Chorispora sabulosa Camb.砂生离子芥
Chorispora sabulosa var. *elgandulosa* Naray. ex Naith. & Uniyal= Chorispora sabulosa
Chorispora sibirica (L.) DC.西伯利亚离子芥
Chorispora sibirica var. *songorica* O.Fedtsch.=Chorispora sibirica
Chorispora songarica Schrenk 准噶尔离子芥
Chorispora stenopetala Rgl. & Schmalh.=Diptychocarpus strictus
Chorispora stricta (Fisch. ex M.Bieb.) DC.=Diptychocarpus strictus
Chorispora tashkorganica Al-Shehbaz & al.塔什离子芥
Chorispora tenella (Pall.) DC.离子芥
Chorispora tianschanica Z.X.Am=Chorispora bungeana
Chosenia Nakai **钻天柳属**(杨柳科)
Chosenia arbutifolia (Pall.) A.Skv.钻天柳
Chosenia bracteosa (Trautv.) Nakai=Chosenia arbutifolia
Chosenia eucalyptoides (Schneid.) Nakai=Chosenia arbutifolia
Chosenia macrolepis (Turcz.) Kom.=Chosenia arbutifolia
Chosenia splendida (Nakai) Nakai=Chosenia arbutifolia
Christella Lévl.(p.p.)=**Cyclosorus**
Christella acuminata (Houtt.) Lévl.=Cyclosorus acuminatus
Christella acuminata var. *kuliangensis* (Ching) Kuo=Cyclosorus kuliangensis
Christella acuminata. monstr. *kuliangensis* (Ching) Nakaike=Cyclosorus kuliangensis
Christella arida Holtt.=Cyclosorus aridus
Christella assamica Holtt.=Cyclosorus subelatus
Christella calvescens (Ching) Holtt.=Cyclosorus calvescens
Christella cavaleriei Lévl.=Pseudocyclosorus cavaleriei
Christella crinipes (HK.) Holtt.=Cyclosorus crinipes
Christella dentata (Forssk.) Brown. & Jermy=Cyclosorus dentatus
Christella ensifer (Tagawa) Holtt. ex Kuo=Cyclosorus ensifer
Christella erubescens Lévl.=Glaphyropteridopsis erubescens
Christella esquirolii Lévl.=Pseudocyclosorus esquirolii
Christella euphlebia Holtt.=Cyclosorus euphlebius
Christella evoluta (Clarke & Bak.) Holtt.=Cyclosorus evolutus
Christella fukienensis (Ching) Holtt.=Cyclosorus fukienensis
Christella glanduligera Ching=Parathelypteris glanduligera
Christella hokouensis Holtt.=Cyclosorus hokouensis
Christella jaculosa Holtt.=Cyclosorus jaculosus
Christella japonica Lévl.=Parathelypteris japonica
Christella latipinna Lévl.=Cyclosorus latipinnus
Christella moulmeinensis Lévl.=Pronephrium nudatum
Christella omeigensis (Ching) Holtt.=Cyclosorus omeigensis
Christella papilio (Hope) K.Iwats.=Cyclosorus papilio
Christella parasitica (L.) Holtt.=Cyclosorus procurrens
Christella parasitica Lévl.(p.p.)=Cyclosorus parasiticus
Christella porphyrophlebia Lévl.=Pronephrium penangianum
Christella scaberula (Ching) Holtt.=Cyclosorus scaberulus
Christella subaridus (Tatew. & Tagawa) Holtt.=Cyclosorus jaculosus
Christella subelata Holtt.=Cyclosorus subelatus
Christella subpubescens (Bl.) Holtt.=Cyclosorus latipinnus
Christensenia Maxon **天星蕨属**(天星蕨科)
Christensenia assamica (Griff.) Ching 天星蕨
Christenseniaceae 天星蕨科
Christia Moench. **蝙蝠草属**(豆科)
Christia campanulata (Wall.) Thoth.台湾蝙蝠草
Christia constricta (Schindl.) T.Chen 长管蝙蝠草
Christia hainanensis Yang & Huang 海南蝙蝠草
Christia obcordata (Poir.) Bahn.f.铺地蝙蝠草
Christia vespertilionis (L.f.) Bahn.f.蝙蝠草
Christiopteris Copel.**戟蕨属**(水龙骨科)
Christiopteris cantoniensis Christ=Leptochilus cantoniensis
Christiopteris tricuspis (HK.) Christ 戟蕨
Christisonia Gardn.**假野菰属**(列当科)
Christisonia hookeri Clarke 假野菰
Christisonia sinensis G.Beck.=Christisonia hookeri
Christolea Camb.**高原芥属**(十字花科)
Christolea afghanica (K.H.Rech.) K.H.Rech.=Christolea crassifolia
Christolea albiflora (T.Anderson) Jafri=Phaeonychium albiflorum
Christolea baiogoensis K.C.Kuan & Z.X.An=Desideria baiogoensis
Christolea crassifolia Camb.高原芥
Christolea crassifolia var. *pamirica* (Korsh.) Korsh.=Christolea crassifolia
Christolea flabellata (Rgl.) N.Busch.=Desideria flabellata
Christolea himalayensis (Camb.) Jafri=Desideria himalayensis
Christolea incisa O.E.Schulz.=Christolea crassifolia
Christolea karakorumensis Y.H.Wu & Z.X.An=Desideria mirabilis
Christolea kashgarica (Botsch.) Z.X.An=Phaeonychium kashgaricum
Christolea lanuginosa (HK.f. & Thoms.) Ovczin.=Eurycarpus lanuginosus
Christolea linearis N.Busch=Desideria himalayensis
Christolea longmucoensis Y.H.Wu & Z.X.An=Eurycarpus marinellii
Christolea mirabilis (Pamp.) Jafri=Desideria mirabilis
Christolea niyaensis Z.X.An 尼雅高原芥
Christolea pamirica Korsh.=Christolea crassifolia
Christolea parkeri (O.E.Schulz.) Jafri=Desideria linearis
Christolea pinnatifida R.F.Huang=Desideria flabellata
Christolea prolifera (Maxim.) Ovczin.=Desideria prolifera
Christolea prolifera β. Cob.=Christolea prolifera
Christolea pumila (Kurz) Jafri=Desideria pumila
Christolea rosularis K.C.Kuan & Z.X.An.=Lepidostemon rosularis
Christolea scaposa Jafri=Desideria mirabilis
Christolea stewartii (T.Anderson) Jafri=Desideria stewartii
Christolea suslovaeana Jafri=Desideria mirabilis
Christolea villosa (Maxim.) Jafri=Phaeonychium villosum
Christolea villosa var. *platyfilamenta* K.C.Kuan & Z.X.An= Phaeonychium villosum
Christolea villosa var. villosa=Phaeonychium villosum
Chroesthes R.Br.**色萼花属**(爵床科)
Chroesthes lanceolata (T.Anders.) B.Hansen 色萼花
Chroesthes racemiflora Bremek.= Chroesthes lanceolata
Chroesthes silvicola (W.W.Sm.) E.Hossain = Chroesthes lanceolata
Chromatolepis Dulac=**Carlina**
Chrosesthes pubiflora R.Ben.= Chroesthes lanceolata
Chrozophora A.Juss.**沙戟属**(大戟科)
Chrozophora sabulosa Kar. & Kir 沙戟
Chrozophora tinctoria (L.) A.Juss.染料沙戟
Chrysalidocarpus H.Wendl.**散尾葵属**(棕榈科)
Chrysalidocarpus lutescens H.Wendl.散尾葵
Chrysanthemopsis K.H.Rech.=**Smelowskia**
Chrysanthemopsis koelzii K.H.Rech.=Smelowskia calycina
Chrysanthemum L.**茼蒿属**(菊科)
Chrysanthemum abrotanifolium (Bge.) Kryl.(p.p.)=Pyrethrum keryolovianum
Chrysanthemum abrotanifolium (Bge.) Kyrl.(p.p.)=Pyrethrum abrotanifolium

Chrysanthemum achilloides (Turcz.) Hand.-Mazz.=Ajania achilloides
Chrysanthemum adenanthum (Diels) Hand.-Mazz.=Ajania adenantha
Chrysanthemum alashanense (Ling) Ling=LingHippolytia alashanensis
Chrysanthemum alatavicum (Herd.) B.fedtsch.=Pyrethrum alatavicum
Chrysanthemum arcticum L.(Chen in Bull.Fan Mem.Inst.Biol.Botl 1934)=Dendranthema oreastrum
Chrysanthemum arcticum L.(Ledeb.in Fl.Alt.1833)=Dendranthema zawadskii
Chrysanthemum argyrophyllum Ling=Dendranthema argyrophyllum
Chrysanthemum arisanense Hay.=Dendranthema arisanense
Chrysanthemum arrasanicum C.Winkl.=Pyrethrum arrasanicum
Chrysanthemum artemisioides (Less.) Kitam.=Crossostephium chinense
Chrysanthemum atkinsonii C.B.Clarke=Pyrethrum atkinsonii
Chrysanthemum aureoglobosum (W.W.Sm.et Farrer) Hand.-Mazz.=Ajania fruticulosa
Chrysanthemum bellum Grün.=Dendranthema lavandulifolium
Chrysanthemum bellum var. *glabriusculum* Ling=Dendranthema lavandulifolium
Chrysanthemum bellum var. *jucundum* (Nakai & Kitag.) Hand.-Mazz.=Dendranthema lavandulifolium
Chrysanthemum bellum var. *jucundum* (Nakai & Kitag.) Kitagm.=Dendranthema lavandulifolium
Chrysanthemum boreale (Makino) Makino=Dendranthema lavandulifolium var. seticuspe
Chrysanthemum brachyglossum Ling=Dendranthema glabriusculum
Chrysanthemum brevilobum (Franch.) Hand.-Mazz.=Ajania breviloba
Chrysanthemum bulbosum (Hand.-Mazz.) Hand.-Mazz.=Hippolytia delavayi
Chrysanthemum carinatum Schousb.蒿子杆
Chrysanthemum chanetii Lévl.=Dendranthema chanetii
Chrysanthemum cinerariifolium (Trv.) Vis.=Pyrethrum cinerariifolium
Chrysanthemum coccineum Willd.=Pyrethrum coccineum
Chrysanthemum coronarium L.(东北检索表 1959,p.p.)=Chrysanthemum carinatum
Chrysanthemum coronarium L.茼蒿
Chrysanthemum coronarium var. *spatiosum* Bailey=Chrysanthemum segetum
Chrysanthemum crassipes (Stschgel.) B.Fedtsch.=Tanacetum crassipes
Chrysanthemum djilgense Franch.=Pyrethrum djilgense
Chrysanthemum elegantulum (W.W.Sm.) S.Y.Hu=Ajania elegantyla
Chrysanthemum erubescens Stapf.=Dendranthema chanetii
Chrysanthemum falcatolobatum Krsch.=Cancrinia maximowiczii
Chrysanthemum frutescens L.=Argyranthemum frutescens
Chrysanthemum fruticulosum Ledeb.=Brachanthemum fruticulosum
Chrysanthemum glabriusculum (W.W.Sm.) Hand.-Mazz.=Dendranthema glabriusculum
Chrysanthemum gmelinii Ledeb. ex Turcz.=Dendranthema zawadskii
Chrysanthemum hwangshanense Ling=Dendranthema zawadskii
Chrysanthemum hypargyrum Diels=Dendranthema hypargyrum
Chrysanthemum indicum L.=Dendranthema indicum
Chrysanthemum indicum var. *acutum* Uyeki (东北检索表 1959)=Dendranthema indicum
Chrysanthemum indicum var. *acutum* Uyeki=Dendranthema lavandulifolium
Chrysanthemum indicum var. *boreale* Makino=Dendranthema lavandulifolium var. seticuspe
Chrysanthemum indicum var. *coreanum* Lévl.=Dendranthema indicum
Chrysanthemum indicum var. *edule* Kitam.=Dendranthema indicum
Chrysanthemum indicum var. *litorale* Ling=Dendranthema indicum
Chrysanthemum indicum var. *lushanense* (Kitam.) Hand.-Mazz.=Dendranthema indicum
Chrysanthemum japonicum Thunb.=Artemisia japonica
Chrysanthemum jucundum Nakai & Kitag.=Dendranthema lavandulifolium
Chrysanthemum jugorum W.W.Sm.=Pyrethrum tatsienense
Chrysanthemum jugorum var. *tanacetopsis* W.W.Sm.=Pyrethrum tatsienense var. tanacetopsis
Chrysanthemum kennedyi (Dunn) Kitam.=Hippolytia kennedyi
Chrysanthemum lavandulifolium (Fisch. ex Trauvt.) Makino=Dendranthema lavandulifolium
Chrysanthemum lavandulifolium var. *discoideum* Hand.-Mazz.=Dendranthema lavandulifolium var. discoideum
Chrysanthemum lavandulifolium var. *glabriusculum* (Ling) Kitam.=Dendranthema lavandulifolium
Chrysanthemum lavandulifolium var. *sianense* Kitam.=Dendranthema lavandulifolium
Chrysanthemum lavandulifolium var. *tomentellum* Hand.-Mazz.=Dendranthema lavandulifolium var. tomentellum
Chrysanthemum ledebourianum Ling=Cancrinia discoidea
Chrysanthemum leicentianum W.C.Wu=Dendranthema hypargyrum
Chrysanthemum leucanthemum L.=Leucanthemum vulgare
Chrysanthemum lineare Matsu.(东北检索表 1959)=Dendranthema maximowiczii
Chrysanthemum lineare Matsum.=Leucanthemella linearis
Chrysanthemum lineare var. *manshuricum* Kom.=Leucanthemella linearis
Chrysanthemum linearifolium Chang=Ajania salicifolia
Chrysanthemum lushanense Kitam.=Dendranthema indicum
Chrysanthemum mairei (Lévl.) Hand.-Mazz.=Ajania myriantha
Chrysanthemum marschallii Aschers.=Pyrethrum coccineum
Chrysanthemum maximoviczianum var. *aristato-mucronatum* Ling=Dendranthema chanetii
Chrysanthemum maximoviczianum var. *dissectum* Ling=Dendranthema zawadskii
Chrysanthemum maximowiczii Kom.=Dendranthema maximowiczii
Chrysanthemum maximum Ramood=Leucanthemum maximum
Chrysanthemum merzabacheri B.Fedtsch. ex G.Merzbacher=Pyrethrum richterioides
Chrysanthemum mongolicum Ling=Dendranthema mongolicum
Chrysanthemum morifolium Ramat.=Dendranthema morifolium
Chrysanthemum morifolium var. *sinense* (Sabine) Makino=Dendranthema morifolium
Chrysanthemum morii Hay.=Dendranthema morii
Chrysanthemum mutellinum (Hand.-Mazz.) Hand.-Mazz.=Ajania khartensis
Chrysanthemum myconis L.=Coleostephus myconis
Chrysanthemum myrianthum (Franch.) Ling=Ajania myriantha
Chrysanthemum myrianthum var. *sericocephalum* Hand.-Mazz.=Ajania myriantha
Chrysanthemum myrianthum var. *wardii* (Marq. & Shaw) Hand.-Mazz.=Ajania myriantha
Chrysanthemum nactongense var. *dissectum* (Ling) Hand.-Mazz.=Dendranthema zawadskii
Chrysanthemum naktongense Nakai (Hand.-Mazz.in Act.Hort.Gothob. 1938,p.p.)=Dendranthema chanetii
Chrysanthemum naktongense Nakai=Dendranthema naktongense
Chrysanthemum namikawanum Kitam.=Dendranthema lavandulifolium
Chrysanthemum nankingense Hand.-Mazz.=Dendranthema indicum
Chrysanthemum nematolobum Hand.-Mazz.=Ajania nematoloba
Chrysanthemum neofruticulosum Ling=Ajania fruticulosa
Chrysanthemum neo-oreastrum Chang=Dendranthema hypargyrum
Chrysanthemum oreastrum Hance=Dendranthema oreastrum
Chrysanthemum oresbium (W.W.Sm.) Hand.-Mazz.=Ajania myriantha
Chrysanthemum pallasianum (Fisch. ex Bess.) Kom.=Ajania pallasiana
Chrysanthemum pallasianum var. *brevilobum* (Franch.) Hand.-Mazz.=Ajania breviloba
Chrysanthemum parthenifolium (Willd.) Pers.=Pyrethrum parthenifolium
Chrysanthemum parthenium (L.) Pers.=Pyrethrum parthenium
Chrysanthemum parviflorum Grün.=Ajania parviflora
Chrysanthemum parvifolium Chang=Dendranthema parvifolium
Chrysanthemum potaninii (Krasch.) Hand.-Mazz.=Ajania potaninii
Chrysanthemum potaninii var. *amphisericeum* Hand.-Mazz.=Ajania potaninii
Chrysanthemum potentilloides Hand.-Mazz.=Dendranthema potentilloides
Chrysanthemum procumbens Lour.=Dendranthema indicum
Chrysanthemum pulchrum (Ledeb.) C.Winkl.=Pyrethrum pulchrum
Chrysanthemum pulchrum (Ledeb.) Ling=Pyrethrum pulchrum
Chrysanthemum pullum Hand.-Mazz.=Pyrethrum tatsienense var. tanacetopsis
Chrysanthemum pulvinatum Hand.-Mazz.=Brachanthemum pulvinatum
Chrysanthemum pyrethroides (Kar. & Kir.) B.Fedtsch.=Pyrethrum pyrethroides
Chrysanthemum quercifolium (W.W.Sm.) Hand.-Mazz.=Ajania quercifolia
Chrysanthemum remotipinnum Hand.-Mazz.=Ajania remotipinna
Chrysanthemum richteria Benth.=Pyrethrum pyrethroides
Chrysanthemum richterioides C.Winkl.=Pyrethrum richterioides
Chrysanthemum rockii (Mattf.) Ling=Ajania potaninii
Chrysanthemum sabinii Lindl.=Dendranthema indicum
Chrysanthemum salicifolium (Mattf.) Hand.-Mazz.=Ajania salicifolia
Chrysanthemum santolina (C.Winkl.) B.Fedtsch.=Tanacetum santolina

Chrysanthemum scharnhorstii (Rgl. & Schmalh.) B.Fedtsch.=Ajania scharnhorstii
Chrysanthemum sect. *Argyranthemum* (Webb ex Sch.-Bip.) Benth. & HK.f.(p.p.)=**Brachanthemum**
Chrysanthemum sect. *Argyranthemum* (Webb. ex Sch.-Bip.) Benth. & HK.f.=**Argyranthemum**
Chrysanthemum sect. *Argyranthemum* subsect. *Brachanthemum* (DC.) Ling =**Brachanthemum**
Chrysanthemum sect. *Coleostephus* (Cass.) Boiss.(p.p.)=**Coleostephus**
Chrysanthemum sect. *Magarsa* DC.=**Argyranthemum**
Chrysanthemum sect. *Pinardia* (Cass.) Boiss.(p.p.)=**Chrysanthemum**
Chrysanthemum sect. *Pyrethrum* subsect. *Dendranthema* (DC.) Kitam.= **Ajania**
Chrysanthemum sect. *Pyrethrum* subsect. *Dendranthema* (DC.) Kitam.= **Dendranthema**
Chrysanthemum sect. *Pyrethrum* subsect. *Leucanthemum* (Mill.) Kitam. (p.p.)=**Leucanthemum**
Chrysanthemum segetum L.南茼蒿
Chrysanthemum seticuspe (Maxim.) Hand.-Mazz.=Dendranthema lavandulifolium var. seticuspe
Chrysanthemum seticuspe Maxim.=Dendranthema lavandulifolium var. seticuspe
Chrysanthemum seticuspe var. *boreale* (Makaino) Hand.-Mazz.= Dendranthema lavandulifolium var. seticuspe
Chrysanthemum sibiricum Fisch. ex Turcz.(北研丛刊 1934,p.p.)= Dendranthema naktongense
Chrysanthemum sibiricum Fisch. ex Turcz.(北研丛刊 1934,p.p.)= Dendranthema chanetii
Chrysanthemum sibiricum Fisch. ex Turcz.=Dendranthema zawadskii
Chrysanthemum sibiricum Turcz. ex DC.=Dendranthema zawadskii
Chrysanthemum sibiricum var. *alpinum* Nakai=Dendranthema oreastrum
Chrysanthemum sibiricum var. *latilobum* (Maxim.) Kom.=Dendranthema naktongense
Chrysanthemum sibiricum var. *sinoalpinum* Nakai=Dendranthema chanetii
Chrysanthemum sibirucm var. *aristato-mucronatum* Ling=Dendranthema zawadskii
Chrysanthemum sinense Sabine=Dendranthema morifolium
Chrysanthemum sinense var. *hortense* Makino ex Matsum.= Dendranthema morifolium
Chrysanthemum sinense var. *vestitum* Hemsl.=Dendranthema vestitum
Chrysanthemum spatiosum Bailey (北京志 1964)=Chrysanthemum coronarium
Chrysanthemum squamiferum Ling=Brachanthemum pulvinatum
Chrysanthemum stenolobum Hand.-Mazz.=Ajania tenuifolia
Chrysanthemum taihangense Ling=Opisthopappus taihangensis
Chrysanthemum tanacetoides (DC.) B.Fedtsch.=Tanacetum tanacetoides
Chrysanthemum tanacetum Vis.=Tanacetum vulgare
Chrysanthemum tatsienense Bur. & Franch.=Pyrethrum tatsienense
Chrysanthemum tatsienense var. *tanacetopsis* (W.W.Sm.) Marq. & Shaw= Pyrethrum tatsienense var. tanacetopsis
Chrysanthemum tibeticum (HK.f. & Thoms. ex C.B.Clarke) Hoffm.= Ajania tibetica
Chrysanthemum tibeticum (HK.f. & Thoms. ex C.B.Clarke) S.Y.Hu= Ajania tibetica
Chrysanthemum trifidum (DC.) Krasch.=Hippolytia trifida
Chrysanthemum trinioides Hand.-Mazz.=Filifolium sibiricum
Chrysanthemum truncatum Hand.-Mazz.=Ajania potaninii
Chrysanthemum variifolium Chang=Ajania variifolia
Chrysanthemum variifolium var. *ramosum* Chang=Ajania ramosa
Chrysanthemum vestitum (Hemsl.) Stapf.=Dendranthema vestitum
Chrysanthemum vulgare (L.) Bernh.=Tanacetum vulgare
Chrysanthemum vulgare var. *boreale* (Fiscy. ex DC.) Makino & Nemoto= Tanacetum vulgare
Chrysanthemum wilsonianum Hand.-Mazz.=Dendranthema lavandulifolium var. seticuspe
Chrysanthemum yunnanense (J.F.Jeffr.) Hand.-Mazz.=Hippolytia yunnanensis
Chrysanthemum zawadckii var. *latyilobum* (Maxim.) Kitam.(p.p.)= Dendranthema naktongense
Chrysanthemum zawadskii Herb.=Dendranthema zawadskii
Chrysanthemum zawadskii subsp. *acutilobum* (DC.) Kitag.= Dendranthema maximowiczii
Chrysanthemum zawadskii subsp. *acutilobum* Kitag.(东北检索表 1959)= Dendranthema zawadskii
Chrysanthemum zawadskii subsp. *acutilobum* var. *alpinum* (Nakai) Kitag. = Dendranthema oreastrum
Chrysanthemum zawadskii subsp. *latilobum* (Maxim.) Kitag.= Dendranthema naktongense
Chrysanthemum zawadskii subsp. *latilobum* Kitag.(东北检索表 1959)= Dendranthema chanetii
Chrysanthemum zawadskii var. *alpinum* (Nakai) Kitam.=Dendranthema oreastrum
Chrysanthemum zawadskii var. *latilobum* (Maxim.) Kitam.(p.p.)= Dendranthema chanetii
Chrysatnhemum maximoviczianum Ling=Dendranthema chanetii
Chryseis Cass.=**Amberboa**
Chryseis glauca (Willd.) Cass.=Amberboa glauca
Chrysobaphus roxburghii Wall.=Anoectochilus roxburghii
Chrysobotrya odorata Rydb.=Ribes odoratum
Chrysobotrya revoluta Spach=Ribes odoratum
Chrysobraya H.Hara=Lepidostemon
Chrysocoma tatarica Less.=Linosyris tatarica
Chrysocoma villosa L.=Linosyris villosa
Chrysodium aureum Mett.=Acrostichum aureum
Chrysodium harlandii Hance=Hemigramma decurrens
Chrysodium inaequale Fée=Acrostichum aureum
Chrysodium palustre Luerss=Stenochlaena palustris
Chrysodium velgare Fée =Acrostichum aureum
Chrysoglossella japonica Hatusima=Hancockia uniflora
Chrysoglossum Bl.**金唇兰属**(兰科)
Chrysoglossum assamicum Hk.f.=Collabium assamicum
Chrysoglossum chapaense (Gagn.) T.Tang & F.T.Wang=Collabium formosanum
Chrysoglossum delavayi (Gagn.) T.Tang & F.T.Wang=Collabium formosanum
Chrysoglossum erraticum HK.f.=Chrysoglossum ornatum
Chrysoglossum formosanum Hay.=Chrysoglossum ornatum
Chrysoglossum ornatum Bl.金唇兰
Chrysoglossum robinsonii Ridl.=Collabium chinense
Chrysoglossum sinense Masf.=Collabium assamicum
Chrysogonum peruvianum L.=Zinnia peruviana
Chrysolarix Moore=**Pseudolarix**
Chrysolarix amabilis (Nelson) Moore=Pseudolarix amabilis
Chrysoma biflora L.=Galatella biflora
Chrysophyllum L.**金叶树属**(山榄科)
Chrysophyllum cainito L.星萍果
Chrysophyllum lanceolatum (Bl.) A.DC.多花金叶树
Chrysophyllum lanceolatum var. lanceolatum=Chrysophyllum lanceolatum
Chrysophyllum lanceolatum var. stellatocarpon van Royen 金叶树
Chrysophyllum roxburghii G.Don (树木分类学 1937)=Chrysophyllum lanceolatum var. stellatocarpon
Chrysopogon Trin.**金须茅属**(禾本科)
Chrysopogon aciculatus (Retz.) Trin.竹节草
Chrysopogon echinulatus (Nees) Wats.刺金须茅
<u>Chrysopogon gryllus (L.) Trin.欧洲金须茅</u>
Chrysopogon orientalis (Desv.) A.Camus 金须茅
Chrysopogon parviflorus var. *spicigerus* Benth.=Capillipedium parviflorum var. spicigerum
<u>**Chrysopsis** Ell.**金菊属**(菊科)</u>
<u>Chrysopsis falcata Ell.镰叶金菊</u>
<u>Chrysopsis graminifolia Ell.禾叶金菊</u>
<u>Chrysopsis villosa DC.毛金菊</u>
Chrysopteris phymatodes (L.) Link=Phymatosorus scolopendria
Chrysosplenium Tourn. ex L.**金腰属**(虎耳草科)
Chrysosplenium absconditicapsulum J.T.Pan 蔽果金腰
Chrysosplenium adoxoides HK.f. & Thoms. ex Maxim.=Chrysosplenium lanuginosum
Chrysosplenium alternifolium L.(Clarke in Fl.Brit.Ind.1878,p.p.)= Chrysosplenium griffithii var. intermedium
Chrysosplenium alternifolium L.(Forb. & Hemsl.in J.L.Soc.Bot.1887,p.p.) =Chrysosplenium chinense
Chrysosplenium alternifolium L.(东北草本志 1980)=Chrysosplenium serreanum
<u>Chrysosplenium alternifolium L.金腰子</u>
Chrysosplenium alternifolium subsp. *sibiricum* (Seringe) Hultén=Chrysosplenium serreanum

Chrysosplenium alternifolium var. *chinense* Hara=Chrysosplenium chinense
Chrysosplenium alternifolium var. *japonicum* Maxim.=Chrysosplenium japonicum
Chrysosplenium alternifolium var. *sibiricum* Ser. ex DC.(Hara in J.Fac.Sci. Unv.Tokyo Bot.1957)=Chrysosplenium griffithii var. intermedium
Chrysosplenium alternifolium var. sibiricum Seringe ex DC.互叶金腰子
Chrysosplenium alternifolium var. *sibiricum* Seringe=Chrysosplenium serreanum
Chrysosplenium alternifolium β. *japonicum* Maxim.(p.p.)=Chrysosplenium japonicum var. emeiense
Chrysosplenium alternifolium β. *japonicum* Maxim.(p.p.)=Chrysosplenium chinense
Chrysosplenium alternifolium β. *sibiricum* Ser. ex DC.=Chrysosplenium serreanum
Chrysosplenium amabile Kitag.=Chrysosplenium lectus-cochleae
Chrysosplenium axillare Maxim.长梗金腰
Chrysosplenium baicalense Maxim.(Kom.in Fl.Mansh.1903,p.p.)=Chrysosplenium lectus-cochleae
Chrysosplenium baicalense var. *lectus-cochleae* (Kitag.) Bar. & Skv.=Chrysosplenium lectus-cochleae
Chrysosplenium barbeyi Terracc.=Chrysosplenium macrophyllum
Chrysosplenium biondianum Engl.秦岭金腰
Chrysosplenium briquetii Terracc.=Chrysosplenium davidianum
Chrysosplenium carnosum HK.f. & Thoms.肉质金腰
Chrysosplenium cavaleriei Lévl. & Vant.滇黔金腰
Chrysosplenium chamaedryoides Engl. ex Diels=Chrysosplenium sinicum
Chrysosplenium chinense (Hara) J.T.Pan 乳突金腰
Chrysosplenium chingii Hara ex Walker=Chrysosplenium sinicum
Chrysosplenium ciliatum Franch.=Chrysosplenium lanuginosum var. ciliatum
Chrysosplenium davidianum Decne. ex Maxim.锈毛金腰
Chrysosplenium davidianum var. *alpinum* Hara=Chrysosplenium davidianum
Chrysosplenium delavayi Franch.肾萼金腰
Chrysosplenium dunnianum Lévl.=Chrysosplenium lanuginosum
Chrysosplenium duplocrenatum Hand.-Mazz.=Chrysosplenium biondianum
Chrysosplenium esquirolii Lévl.=Chrysosplenium hydrocotylifolium
Chrysosplenium flagelliferum Fr.Schmidt 蔓金腰
Chrysosplenium formosanum Hay.=Chrysosplenium lanuginosum var. formosanum
Chrysosplenium forrestii Diels 贡山金腰
Chrysosplenium fuscopuncticulosum Jien 褐点金腰
Chrysosplenium giraldianum Engl.纤细金腰
Chrysosplenium glossophyllum Hara 舌叶金腰
Chrysosplenium grayarum Maxim.格雷氏金腰子
Chrysosplenium grcile Franch.=Chrysosplenium lanuginosum var. gracile
Chrysosplenium griffithii HK.f. & Thoms.肾叶金腰
Chrysosplenium griffithii var. griffithii=Chrysosplenium griffithii
Chrysosplenium griffithii var. intermedium (Hara) J.T.Pan 居间金腰
Chrysosplenium guangxiense H.G.Ye & G.C.Zhang=Chrysosplenium glossophyllum
Chrysosplenium guebriantianum Hand.-Mazz.=Chrysosplenium nepalense
Chrysosplenium hebetatum Ohwi 大武金腰
Chrysosplenium henryi Franch.=Chrysosplenium lanuginosum
Chrysosplenium holochlorum Ohwi=Chrysosplenium delavayi
Chrysosplenium hydrocotylifolium Lévl. & Vant.天胡荽金腰
Chrysosplenium hydrocotylifolium var. emeiense J.T.Pan 峨眉金腰
Chrysosplenium hydrocotylifolium var. guangdongense S.J.Xu & Z.X.Li 广东金腰
Chrysosplenium hydrocotylifolium var. hydrocotylifolium=Chrysosplenium hydrocotylifolium
Chrysosplenium japonicum (Maxim.) Makino 日本金腰
Chrysosplenium japonicum var. cuneifolium X.H.Guo & X.P.Zhang 楔叶金腰
Chrysosplenium japonicum var. japonicum=Chrysosplenium japonicum
Chrysosplenium jienningense W.T.Wang 建宁金腰
Chrysosplenium lanuginosum HK.f. & Thoms.(J.T.Pan in 西藏志 1985)=Chrysosplenium lanuginosum var. gracile
Chrysosplenium lanuginosum HK.f. & Thoms.绵毛金腰
Chrysosplenium lanuginosum var. ciliatum (Franch.) J.T.Pan 睫毛金腰
Chrysosplenium lanuginosum var. *dunnianum* (Lévl. & Vant.) Hara=Chrysosplenium lanuginosum
Chrysosplenium lanuginosum var. formosanum (Hay.) H.Hara 台湾金腰
Chrysosplenium lanuginosum var. gracile (Franch.) Hara 细弱金腰
Chrysosplenium lanuginosum var. lanuginosum=Chrysosplenium lanuginosum
Chrysosplenium lanuginosum var. pilosomarginatum (Hara) J.T.Pan 毛边金腰
Chrysosplenium lanuginosum var. *yunnanense* Hara=Chrysosplenium lanuginosum
Chrysosplenium lectus-cochleae Kitag.林金腰
Chrysosplenium lixianense Jien ex J.T.Pan 理县金腰
Chrysosplenium ludlowii Hara=Chrysosplenium oxygraphoides
Chrysosplenium lushanense W.T.Wang=Chrysosplenium sinicum
Chrysosplenium macrophyllum Oliv 大叶金腰
Chrysosplenium microspermum Franch.微子金腰
Chrysosplenium nepalense D.Don 山溪金腰
Chrysosplenium nepalense var. *cavaleriei* (Lévl. & Vant.) Hara=Chrysosplenium cavaleriei
Chrysosplenium nepalense var. *vegetum* Hara=Chrysosplenium cavaleriei
Chrysosplenium nepalense var. *yunnanense* (Franch.) Franch.=Chrysosplenium nepalense
Chrysosplenium nepalense β. *yunnanense* (Franch.) Franch.=Chrysosplenium nepalense
Chrysosplenium nudicaule Bge.裸茎金腰
Chrysosplenium nudicaule var. *intermedium* Hara=Chrysosplenium griffithii var. intermedium
Chrysosplenium oxygraphoides Hand.-Mazz.鸦跖花金腰
Chrysosplenium pilosomarginatum Hara=Chrysosplenium lanuginosum var. pilosomarginatum
Chrysosplenium pilosopetiolatum Jien=Chrysosplenium pilosum var. pilosopetiolatum
Chrysosplenium pilosum Maxim.(东北草本志 1979)=Chrysosplenium pilosum var. valdepilosum
Chrysosplenium pilosum Maxim.毛金腰
Chrysosplenium pilosum var. pilosopetiolatum (Jien) J.T.Pan 毛柄金腰
Chrysosplenium pilosum var. pilosum=Chrysosplenium pilosum
Chrysosplenium pilosum var. *valdepilosum* Ohwi (Hara in Jurn.Fac.Sci. Univ.Tokyo 1957,p.p.)=Chrysosplenium lectus-cochleae
Chrysosplenium pilosum var. valdepilosum Ohwi 柔毛金腰
Chrysosplenium pseudofauriei Lévl.=Chrysosplenium sinicum
Chrysosplenium pumilum Franch.=Chrysosplenium delavayi
Chrysosplenium qinlingense Jien ex J.T.Pan 陕甘金腰
Chrysosplenium ramosum Maxim.多枝金腰
Chrysosplenium serreanum Hand.-Mazz.五台金腰
Chrysosplenium sibiricum (Seringe) Khark.=Chrysosplenium serreanum
Chrysosplenium sikangense Hara 西康金腰
Chrysosplenium sinicum Maxim.中华金腰
Chrysosplenium sphaerospermum Maxim.(Kom. in Fl.Mansh.1903)=Chrysosplenium lectus-cochleae
Chrysosplenium sphaerospermum var. *amabile* (Kitag) Bar. & Skv.=Chrysosplenium lectus-cochleae
Chrysosplenium subargenteum Lévl. & Vatn.=Chrysosplenium delavayi
Chrysosplenium sulcatum Maxim.=Chrysosplenium nepalense
Chrysosplenium taibaishanense J.T.Pan 太白金腰
Chrysosplenium tianschanicum Kirassn.=Chrysosplenium axillare
Chrysosplenium tibeticum Limpr.=Chrysosplenium carnosum
Chrysosplenium trachyspermum Maxim.=Chrysosplenium sinicum
Chrysosplenium umbellatum Kitag.=Chrysosplenium pilosum
Chrysosplenium uniflorum Maxim.单花金腰
Chrysosplenium villosum Franch.=Chrysosplenium pilosum var. valdepilosum
Chrysosplenium wuwenchenii Jien 韫珍金腰
Chrysosplenium yunnanense Franch.=Chrysosplenium nepalense
Chuanminshen Sheh & Shan **川明参属**(伞形科)
Chuanminshen violaceum Sheh & Shan 川明参
Chukrasia A.Juss.**麻楝属**(楝科)
Chukrasia tabularis A.Juss.麻楝
Chukrasia tabularis var. tabularis=Chukrasia tabularis
Chukrasia tabularis var. velutina (Wall.) King 毛麻楝
Chunechites Tsiang=**Urceola**

Chunechites xylinabariopsoides Tsiang=Urceola xylinabariopsoides
Chunia Chang **山铜材属**(金缕梅科)
Chunia bucklandioides Chang 山铜材
Chuniodendron Hu=**Aphanamixis**
Chuniodendron yunnanense Hu=Aphanamixis polystachya
Chuniophoenix Burret **琼棕属**(棕榈科)
Chuniophoenix hainanensis Burret 琼棕
Chuniophoenix humilis C.Z.Tang & T.L.Wu=Chuniophoenix nana
Chuniophoenix nana Burret 矮琼棕
Chusua Nevski=**Orchis**
Chusua brevicalcarata (Finet) P.F.Hunt=Orchis brevicalcarata
Chusua chrysea (W.W.Sm.) P.F.Hunt=Orchis chrysea
Chusua crenulata (Schltr.) P.F.Hunt=Orchis crenulata
Chusua donii Nevski=Orchis chusua
Chusua hui (T.Tang & F.T.Wang) P.F.Hunt=Orchis limprichtii
Chusua kiraishiensis (Hay.) P.F.Hunt=Orchis kiraishiensis
Chusua limprichtii (Schltr.) P.F.Hunt=Orchis limprichtii
Chusua monophylla (Coll & Hems(L.) P.F.Hunt=Orchis monophylla
Chusua pauciflora (Lindl.) P.F.Hunt=Orchis chusua
Chusua pulchella (Hand.-Mazz.) P.F.Hunt=Orchis chusua
Chusua roborovskii (Maxim.) P.F.Hunt=Orchis roborovskii
Chusua roborovskii var. *delavayi* (Schltr.) P.F.Hunt=Orchis chusua
Chusua roborovskii var. *giraldiana* (Kraenzl.) P.F.Hunt=Orchis chusua
Chusua roborovskii var. *nana* (King & Pantl.) P.F.Hunt=Orchis chusua
Chusua roborovskii var. *tenii* (Schltr.) P.F.Hunt=Orchis chusua
Chusua roborovskii var. *unifoliata* (Schltr.) P.F.Hunt=Orchis chusua
Chusua secunda Nevski=Orchis chusua
Chusua taiwanensis (Fukuyama) P.F.Hunt=Orchis taiwanensis
Chusua takasagomontana (Masam.) P.F.Hunt=Orchis takasago-montana
Chylocalyx senticosus Meisn. ex Miq.=Polygonum senticosum
Chysis Lindl.**长脚兰属**(新)(兰科)
Chysis aurea Lindl.黄长足兰
Chysis laevis Lindl.平滑长足兰
Cianitis Reinw.=**Dichroa**
Cibotium Kaulf.**金毛狗属**(蚌壳蕨科)
Cibotium assamicum Hook=Cibotium barometz
Cibotium barometz (L.) J.Sm.金毛狗脊
Cibotium cumingii Kze.菲律宾金毛狗蕨
Cicca flexuosa S. & Z.=Phyllanthus flexuosus
Cicca leucopyra (Willd.) Kurz=Flueggea leucopyra
Cicca microcarpa Benth.=Phyllanthus reticulatus
Cicca obovata Kurz=Flueggea virosa
Cicca reticulata Kurz=Phyllanthus reticulatus
Cicca sinica Baill.=Margaritaria indica
Cicendia microphylla Edgew.=Sebaea microphylla
Cicer L.**鹰嘴豆属**(豆科)
Cicer arietinum L.鹰嘴豆
Cicer jacquemontii Jaub. & Spach=Cicer microphyllum
Cicer microphyllum Benth.小叶鹰嘴豆
Cicer songaricum Steph. ex DC.(Baker in Fl.Brit.Ind.1876)=Cicer microphyllum
Cicerbita Wallr.**岩参属**(菊科)
Cicerbita alpina (L.) Wallr.高山岩参
Cicerbita azurea (Ledeb.) Beauverd 岩参
Cicerbita bonatii Beauverd=Chaetoseris bonatii
Cicerbita cyanea (D.Don) Beauverd=Chaetoseris cyanea
Cicerbita cyanea var. *glandulifera* (Franch.) Beauverd=Chaetoseris cyanea
Cicerbita cyanea var. *hastata* (Wall. ex DC.) Beauverd=Chaetoseris hastata
Cicerbita cyanea var. *lutea* Hand.-Mazz.=Chaetoseris lutea
Cicerbita cyanea var. *teniana* Beauverd=Chaetoseris teniana
Cicerbita dutchieana Beauverd (西藏志 1985)=Cephalorrhynchus albiflorus
Cicerbita grandiflora (Franch.) Beauverd=Chaetoseris grandiflora
Cicerbita likiangensis (Franch.) Beauverd=Chaetoseris likiangensis
Cicerbita macrantha (C.B.Clarke) Beauverd=Chaetoseris macrantha
Cicerbita macrophylla (Willd.) Wallr.大叶岩参
Cicerbita macrorrhiza (Royle) Beauverd=Cephalorrhynchus macrorrhizus
Cicerbita macrorrhiza var. *saxatilsi* (Edgew.) Beauverd=Cephalorrhynchus saxatilis
Cicerbita oligolepis Chang ex Shih 大理岩参
Cicerbita roborowskii (Maxim.) Beauverd=Chaetoseris roborowskii
Cicerbita sikkimensis (HK.f.) Shih 西藏岩参
Cicerbita taliensis (Franch.) Beauverd=Stenoseris taliensis
Cicerbita tianschanica (Rgl. & Schmlh.) Beauverd 天山岩参
Cicerbita § 1. *Mulgedium* (Cass.) Beauverd=**Mulgedium**
Cicerbita § 4. *Cephalorrhynchus* Beauverd=**Cephalorrhynchus**
Cichlanthus ferrugineus (Jack) Van Tiegh.=Scurrula ferruginea
Cichlanthus philippensis (Cham. & Schlecht.) Van Tiegh.=Scurrula philippensis
Cichlanthus pulverulentus (Wall.) Van Tiegh.=Scurrula pulverulenta
Cichlanthus scurrula (L.) Van Tiegh.=Scurrula parasitica
Cichorium L.**菊苣属**(菊科)
Cichorium endivia L.栽培菊苣
Cichorium endivia subsp. endivia Hegi.=Cichorium endivia
Cichorium endivia β. *sativa* DC.=Cichorium endivia
Cichorium glandulosum Boiss. & Huet.腺毛菊苣
Cichorium intybus L.菊苣
Cicuta L.**毒芹属**(伞形科)
Cicuta nipponica Franch.=Cicuta virosa var. latisecta
Cicuta virosa L.毒芹
Cicuta virosa var. latisecta Celak.宽叶毒芹
Cicuta virosa var. virosa=Cicuta virosa
Ciliaria brochialis (L.) Haworth=Saxifraga bronchialis
Ciliaria cinerascens (Engl. & Irmsch.) Losinsk.=Saxifraga cinerascens
Cimicifuga L.**升麻属**(毛茛科)
Cimicifuga acerina Tanaka=Cimicifuga japonica
Cimicifuga acerina f. *hispidula* P.K.Dsiao=Cimicifuga japonica
Cimicifuga acerina f. *purpurea* P.K.Hsiao=Cimicifuga japonica
Cimicifuga acerina f. *strigulosa* P.K.Hsiao=Cimicifuga japonica
Cimicifuga brachycarpa Hsiao 短果升麻
Cimicifuga calthaefolia Maxim.=Beesia calthifolia
Cimicifuga calthifolia Maxim. ex Oliv.=Beesia calthifolia
Cimicifuga chinensis Koidz.=Cimicifuga japonica
Cimicifuga dahurica (Turcz.) Maxim.兴安升麻
Cimicifuga europaea N.Schipcz 欧洲升麻
Cimicifuga foetida L.升麻
Cimicifuga foetida var. bifida W.T.Wang & P.K.Hsiao 两裂升麻
Cimicifuga foetida var. foliolosa Hsiao 多小叶升麻
Cimicifuga foetida var. *intermedia* Rgl.=Cimicifuga simplex
Cimicifuga foetida var. longibracteata Hsiao 长苞升麻
Cimicifuga foetida var. *mairei* (H.Levl.) W.T.Wang & Z.Wang=Cimicifuga foetida
Cimicifuga foetida var. *racemosa* Rgl.=Cimicifuga simplex
Cimicifuga foetida var. *racemosa* Yabe=Cimicifuga simplex
Cimicifuga foetida var. *simplex* Rgl.=Cimicifuga simplex
Cimicifuga foetida var. velutina Franch. ex Finet & Gagn.毛叶升麻
Cimicifuga frigida Royle=Cimicifuga foetida
Cimicifuga heracleifolia Kom.大三叶升麻
Cimicifuga japonica (Thunb.) Spreng.小升麻
Cimicifuga japonica var. *acerina* Huth=Cimicifuga japonica
Cimicifuga lancifoliolata X.F.Pu & M.R.Jia=Cimicifuga brachycarpa
Cimicifuga macrophylla Koidz.=Cimicifuga japonica
Cimicifuga mairei Lévl.=Cimicifuga foetida
Cimicifuga mairei var. *foliolosa* (P.K.Hsiao) J.Compt. & Hedder.=Cimicifuga foetida var. foliolosa
Cimicifuga nanchueennsis Hsiao 南川升麻
Cimicifuga purpurea (P.K.Hsiao) C.W.Park & H.W.Lee=Cimicifuga japonica
Cimicifuga simplex Wormsk 单穗升麻
Cimicifuga ussuriensis Oettgigen=Cimicifuga simplex
Cimicifuga yunnanensis Hsiao 云南升麻
Cincetoxicum taihangense (Tsiang & Zhang) C.Y.Wu & D.Z.Li=Cynanchum taihangense
Cinchona L.**金鸡纳属**(茜草科)
Cinchona calisaya Wedd.美金鸡纳
Cinchona calisaya var. *ledgeriana* Howard=Cinchona ledgeriana
Cinchona excelsa Roxb.=Hymenodictyon orixense
Cinchona gratissima Wall.=Luculia gratissima
Cinchona hybrida Hort.杂金鸡纳
Cinchona ledgeriana (Howard) Moens ex Trim.金鸡纳树
Cinchona officinalis L.正鸡纳树
Cinchona orixensis Roxb.=Hymenodictyon orixense
Cinchona succirubra Pav. ex Klotzsch.鸡纳树

Cineraria chinensis Spreng.=Senecio scandens
Cineraria congesta R.Br.=Tephroseris palustris
Cineraria cruenta Masson ex L'Herit.=Pericallis hybrida
Cineraria fischeri Ledeb.=Ligularia fischeri
Cineraria macrophylla Ledeb.=Ligularia macrophylla
Cineraria mongolica Turcz.=Ligularia mongolica
Cineraria palustris (L.) L.=Tephroseris palustris
Cineraria repanda Lour.=Senecio scandens
Cineraria sect. *Tephroseris* Reichenb.=**Tephroseris**
Cineraria sibirica L.(p.p.)=Ligularia sibirica
Cineraria speciosa Schrand ex Link.=Ligularia fischeri
Cineraria subdentata Bge.=Tephroseris subdentata
Cineraria thyrsoidea Ledeb.=Ligularia thyrsoidea
Cinlinalis marantae Desv.=Gymnopteris marantae
Cinna L.**单蕊草属**(禾本科)
Cinna arundinacea L.苇状单蕊草
Cinna filiformis Llanos=Pogonatherum crinitum
Cinna latifolia Ness ex Steud.单蕊草
Cinnadenia paniculata (HK.f.) Kosterm.=Litsea liyuyingi Liou
Cinnamomum Trew **樟属**(樟科)
Cinnamomum acuminatifolium Hay.=Cinnamomum japonicum
Cinnamomum acuminatissimum Hay.=Cinnamomum philippinense
Cinnamomum albiflorum var. *kwangtungensis* Liou Ho=Cinnamomum subavenium
Cinnamomum albiflorum var. *tonkinensis* Lec.=Cinnamomum tonkinense
Cinnamomum albosericeum (Gamble) Cheng=Cinnamomum septentrionale
Cinnamomum appelianum Schewe 毛桂
Cinnamomum appelianum var. *tripartitum* Y.C.Yang=Cinnamomum appelianum
Cinnamomum argenteum Gamble=Cinnamomum mairei
Cinnamomum argenteum Liou Ho=Cinnamomum subavenium
Cinnamomum argenteum subsp. *aff.*Rehd.=Cinnamomum mairei
Cinnamomum aromaticum Nees=Cinnamomum cassia
Cinnamomum austrosinense H.T.Chang 华南桂
Cinnamomum austroyunnanense H.W.Li 滇南桂
Cinnamomum barbatoaxillatum N.Chao=Cinnamomum porrectum
Cinnamomum bartheifolium Hay.=Cinnamomum subavenium
Cinnamomum bejolghota (Buch.-Ham.) Sweet 钝叶桂
Cinnamomum bodinieri Lévl.猴樟
Cinnamomum brevipedunculatum C.E.Chang=Cinnamomum rigidissimum
Cinnamomum burmanii var. *angustifolium* Meissn.=Cinnamomum burmannii f. heyneanum
Cinnamomum burmannii (C.G. & Th.Nees) Bl.阴香
Cinnamomum burmannii f. burmannii=Cinnamomum burmannii
Cinnamomum burmannii f. heyneanum (Nees) H.W.Li 狭叶阴香
Cinnamomum burmannii var. *angustifolium* (Hemsl.) Allen= Cinnamomum burmannii f. heyneanum
Cinnamomum calcareum Y.K.Li 石山桂
Cinnamomum camphora (L.) Presl 樟
Cinnamomum camphora var. *glaucescens* (Braun) Meissn.=Cinnamomum camphora
Cinnamomum camphora var. *nominale* Hay. ex Matsum. & Hay.= Cinnamomum camphora
Cinnamomum camphoroides Hay.=Cinnamomum camphora
Cinnamomum cassia (Nees) Bl.(D.Don in Prodr.Fl.Nepal.1925)= Cinnamomum tamala
Cinnamomum cassia Presl 肉桂
Cinnamomum caudatifolium Hay.=Cinnamomum philippinense
Cinnamomum caudatum Nees=Neocinnamomum caudatum
Cinnamomum caudiferum Kosterm.尾叶樟
Cinnamomum cavaleriei Lévl.=Cinnamomum glanduliferum
Cinnamomum chartophyllum H.W.Li 坚叶樟
Cinnamomum chekiangense Nakai=Cinnamomum japonicum
Cinnamomum chengkouense N.Chao=Cinnamomum platyphyllum
Cinnamomum chenii Nakai=Cinnamomum japonicum
Cinnamomum chinense Bl.=Cinnamomum burmannii
Cinnamomum chingii Metc.(p.p.)=Cinnamomum subavenium
Cinnamomum chingii Metc.=Cinnamomum austrosinense
Cinnamomum contractum H.W.Li 聚花桂
Cinnamomum delavayi Lec.=Neocinnamomum dalavayi
Cinnamomum delavayi var. *aromatica* Lec. ex Lee=Neocinnamomum mekongense
Cinnamomum delavayi var. *mekongense* Hand.-Mazz.=Neocinnamomum mekongense
Cinnamomum dulcis (Roxb.) Sweet=Cinnamomum burmannii
Cinnamomum esquirolii Lévl.=Cocculus laurifolius
Cinnamomum fargesii Lec.=Neocinnamomum fargesii
Cinnamomum glanduliferum (Wall.) Nees 云南樟
Cinnamomum glanduliferum var. *longipaniculata* Lec.=Cinnamomum bodinieri
Cinnamomum heyneanum Nees=Cinnamomum burmannii f. heyneanum
Cinnamomum hiananense Nakai=Cinnamomum burmannii
Cinnamomum hupehanum Gamble=Cinnamomum bodinieri
Cinnamomum ilicioides A.Chev.八角樟
Cinnamomum iners Reinw. ex Bl.大叶桂
Cinnamomum iners Reinw.(Liou Ho in Laur.Chine & Indoch.1932 & 1934)=Cinnamomum bejolghota
Cinnamomum iners var. γ. *subvenosum* Meissn.=Cinnamomum burmannii f. heyneanum
Cinnamomum insularimontanum Hay.=Cinnamomum japonicum
Cinnamomum inunctum (Nees) Meissn.(Gamble in Sarg.Pl.Wils.1916,高等图鉴 1972)=Cinnamomum longepaniculatum
Cinnamomum inunctum var. *alboseriiceum* Gamble=Cinnamomum septentrionale
Cinnamomum inunctum var. *fulvipilosum* Y.C.Yang=Cinnamomum bodinieri
Cinnamomum inunctum var. *longepaniculatum* Gamble=Cinnamomum longepaniculatum
Cinnamomum japonicum Sieb.天竺桂
Cinnamomum javanicum Bl.爪哇肉桂
Cinnamomum jensenianum Hand.-Mazz.野黄桂
Cinnamomum kanahirai Hay.=Cinnamomum micranthum
Cinnamomum kiamis Nees=Cinnamomum burmannii
Cinnamomum kotoense Kanehira & Sasaki 兰屿肉桂
Cinnamomum kwangtungense Merr.红辣槁树
Cinnamomum liangii Allen 软皮桂
Cinnamomum linearifolium Lec.=Cinnamomum burmannii f. heyneanum
Cinnamomum liouii Allen=Cinnamomum subavenium
Cinnamomum longepaniculatum (Gamble) N.Chao ex H.W.Li 油樟
Cinnamomum longicarpum Kanehira=Cinnamomum subavenium
Cinnamomum longipetiolatum H.W.Li 长柄樟
Cinnamomum loureirii (Buch.-Ham.) Th.G. & Fr.Nees (Liou Ho,Laur. Chine & Indoch.1934)=Cinnamomum pingbienense
Cinnamomum macrostemon var. *pseudoloureirii* (Hay.) Yamamoto= Cinnamomum japonicum
Cinnamomum mairei Lévl.银叶桂
Cinnamomum marlipoense H.W.Li=Alseodaphne marlipoensis
Cinnamomum merrillianum Allen=Cinnamomum tsangii
Cinnamomum miaoshanensis S.Lee & F.N.Wei 苗山桂
Cinnamomum micranthum (Hay.) Hay.沉水樟
Cinnamomum migao H.W.Li 米槁
Cinnamomum mollifolium H.W.Li 毛叶樟
Cinnamomum myrianthum Merr.(台湾树木志 1963)= Cinnamomum kotoense
Cinnamomum myrianthum Merr.密花桂
Cinnamomum nominale (Hay.) Hay.=Cinnamomum camphora
Cinnamomum obovatifolia Hay.=Machilus obovatifolia
Cinnamomum obtusifolium (Roxb.) Nees=Cinnamomum bejolghota
Cinnamomum osmophloeum Kanehira 土肉桂
Cinnamomum ovatum Allen=Cinnamomum rigidissimum
Cinnamomum parthenoxylon Nees (Hemsl.in J.L.Soc.Bot.1891,p.p.)= Cinnamomum bodinieri
Cinnamomum parthenoxylon Nees (Liou in Ho,Laur.Chine & Indoch. 1932 & 1934)=Cinnamomum ilicioides
Cinnamomum parthenoxylum (Jack) Nees=Cinnamomum porrectum
Cinnamomum pauciflorum H.T.Chang=Cinnamomum jensenianum
Cinnamomum pauciflorum Nees 少花桂
Cinnamomum pedunculatum Nees=Cinnamomum japonicum
Cinnamomum pedunculatum var. *angustifolium* Hemsl.=Cinnamomum burmannii f. heyneanum
Cinnamomum petrophilum N.Chao=Cinnamomum pauciflorum
Cinnamomum philippinense (Merr.) C.E.Chang 菲律宾樟树
Cinnamomum pingbienense H.W.Li 屏边桂
Cinnamomum pittosporoides Hand.-Mazz.刀把木

Cinnamomum platyphyllum (Diels) Allen 阔叶樟
Cinnamomum porrectum (Roxb.) Kosterm.黄樟
Cinnamomum pseudoloureirii Hay.=Cinnamomum japonicum
Cinnamomum pseudopedunculatum Nees (Matsum. & Hay.in J.coll.Sci. Univ.Tokyo 1906)=Cinnamomum japonicum
Cinnamomum randaiense Hay.=Cinnamomum subavenium
Cinnamomum recurvatum (Roxb.) Wight=Cinnamomum pauciflorum
Cinnamomum reticulatum Hay.网脉桂
Cinnamomum rigidissimum H.T.Chang 卵叶桂
Cinnamomum saxatile H.W.Li 岩樟
Cinnamomum septentrionale Hand.-Mazz.银木
Cinnamomum simondii Lec.(Allen in J.Arn.Arb.1939,p.p.)=Cinnamomum longepaniculatum
Cinnamomum simondii Lec.=Cinnamomum camphora
Cinnamomum sp. Rehd.=Cinnamomum subavenium
Cinnamomum subavenium Miq.香桂
Cinnamomum szechuanense Y.C.Yang=Cinnamomum appelianum
Cinnamomum taimoshanicum Chun ex H.T.Chang=Cinnamomum appelianum
Cinnamomum tamala (Buch.-Ham.) Nees & Eberm.柴桂
Cinnamomum tamala (Buch.-Ham.) Th.G. & Fr.Nees (秦岭志 1974)=Cinnamomum wilsonii
Cinnamomum tamala Nees (Diels in Engler Bot.Jahrb.1901)=Cinnamomum jensenianum
Cinnamomum tenuipilum Kosterm.细毛樟
Cinnamomum tonkinense (Lec.) A.Chev.假桂皮树
Cinnamomum trinervatum C.Y.Yang=Cinnamomum appelianum
Cinnamomum tsangii Merr.辣汁桂
Cinnamomum tsoi Allen 平托桂
Cinnamomum validinerve Hance 粗脉桂
Cinnamomum validinerve var. *poilanei* Kiou=Cinnamomum subavenium
Cinnamomum verum Presl.正肉桂
Cinnamomum wilsonii Gamble (Edinb.Staff in Not.Bot.Gard.Edinb.1929 & 1930)=Cinnamomum contractum
Cinnamomum wilsonii Gamble 川桂
Cinnamomum wilsonii var. *multiflorum* Gamble=Cinnamomum wilsonii
Cinnamomum xanthophyllum H.W.Li=Cinnamomum micranthum
Cinnamomum zeylanicum Bl.锡兰肉桂
Cipadessa Bl.**浆果楝属**(楝科)
Cipadessa baccifera (Roth.) Miq.浆果楝
Cipadessa baccifera var. *sinensis* Rehd. & Wils.=Cipadessa cinerascens
Cipadessa cinerascens (Pellergr.) Hand.-Mazz.灰毛浆果楝
Cipadessa fruticosa Bl.=Cipadessa baccifera
Cipadessa fruticosa var. *cinerascens* Pellegr.=Cipadessa cinerascens
Cipadessa sinensis (Rehd. & Wils.) Hand.-Mazz.=Cipadessa cinerascens
Circaea L.**露珠草属**(柳叶菜科)
Circaea alpina L. 高山露珠草
Circaea alpina L.(河北志 1988,p.p.)=Circaea alpina subsp. caulescens
Circaea alpina L.(秦岭志 1981,西藏志 1986,河北志 1988,p.p.,安徽志 1988,贵州志 1989,福建志 1989,浙江志 1993)=Circaea alpina subsp. imaicola
Circaea alpina subsp. alpina =Circaea alpina
Circaea alpina subsp. angustifolia (Hand.-Mazz.) Bouford 狭叶露珠草
Circaea alpina subsp. caulescens (Kom.) Tatew.深山露珠草
Circaea alpina subsp. imaicola (Asch. & Mag.) Kitam.高原露珠草
Circaea alpina subsp. micrantha (Skvortsov) Bullford 高寒露珠草
Circaea alpina var. *caulescens* Kom.=Circaea alpina subsp. caulescens
Circaea alpina var. *himalaica* C.B.Clarke=Circaea repens
Circaea alpina var. *imaicola* Asch. & Mag.(p.p.)=Circaea alpina subsp. caulescens
Circaea alpina var. *imaicola* Asch. & Mag.(p.p.)=Circaea alpina subsp. imaicola
Circaea alpina var. *pilosula* Hara=Circaea alpina subsp. caulescens
Circaea bodinieri Lévl.=Circaea cordata
Circaea cardiophylla Makino=Circaea cordata
Circaea caucasica Skvortsov=Circaea alpina subsp. caulescens
Circaea caulescens (Kom.) Nakai ex Hara=Circaea alpina subsp. caulescens
Circaea caulescens f. *ramosissima* Hara=Circaea alpina
Circaea caulescens var. *glabra* Hara=Circaea alpina
Circaea caulescens var. *pilosula* Hara=Circaea alpina subsp. caulescens
Circaea caulescens var. *robusta* Nakai ex Hara=Circaea alpina subsp. caulescens
Circaea caulescens var. *rosulata* Hara=Circaea alpina
Circaea cordata Royle 露珠草
Circaea cordata var. *glabrescens* Pamp.=Circaea glabrescens
Circaea coreana Lévl.=Circaea mollis
Circaea coreana var. *sinensis* Lévl.=Circaea mollis
Circaea delavayi Lévl.=Circaea erubescens
Circaea ×dubia var. *makinoi* Hara=Circaea alpina subsp. caulescens
Circaea erubescens Franch. & Sav.谷蓼
Circaea glabrescens (Pamp.) Hand.-Mazz.秃梗露珠草
Circaea hohuanensis S.S.Ying=Circaea alpina subsp. imaicola
Circaea ×hybrida Hand.-Mazz.=Circaea cordata
Circaea imaicola (Asch. & Mag.) Hand.-Mazz.(p.p.)=Circaea alpina subsp. caulescens
Circaea imaicola (Asch. & Mag.) Hand.-Mazz.=Circaea alpina subsp. imaicola
Circaea imaicola var. *angstifolia* Hand.-Mazz.=Circaea alpina subsp. angustifolia
Circaea imaicola var. *mairei* (Lévl.) Hand.-Mazz.=Circaea alpina subsp. angustifolia
Circaea kawakamii Hay.=Circaea erubescens
Circaea kitagawawe Hara=Circaea cordata
Circaea lutetiana L.(C.B.Clarke in Fl.Brit.Ind.1879)=Circaea repens
Circaea lutetiana L.水珠草
Circaea lutetiana f. *quadrisulcata* Maxim.=Circaea lutetiana subsp. quadrisulcata
Circaea lutetiana race *alpina* (L.) Lévl.=Circaea alpina
Circaea lutetiana race *erubescens* (Franch. & Sav.) Lévl.=Circaea alpina subsp. angustifolia
Circaea lutetiana subsp. *alpina* (L.) Lévl.=Circaea alpina
Circaea lutetiana subsp. quadrisulcata (Maxim.) Asch & Magnus 华水珠草
Circaea maximowiczii (Lévl.) Hara=Circaea lutetiana subsp. quadrisulcata
Circaea maxsimowiczii f. *viridicalyx* (Hara) Kitag.=Circaea lutetiana subsp. quadrisulcata
Circaea micrantha Skvortsov=Circaea alpina subsp. micrantha
Circaea minutula Ohwi=Circaea alpina subsp. imaicola
Circaea mollis S. & Z.(Maxim.in Prim.Fl.Amur.1859)=Circaea cordata
Circaea mollis S. & Z.南方露珠草
Circaea mollis var. *maximowiczii* Lévl.=Circaea lutetiana subsp. quadrisulcata
Circaea pacifica Aschers & Mag.太平洋露珠草
Circaea pricei Hay.=Circaea alpina subsp. imaicola
Circaea quadrisulcata (Maxim.) Franch. & Sav.(江苏志 1982)=Circaea mollis
Circaea quadrisulcata (Maxim.) Franch. & Sav.=Circaea lutetiana subsp. quadrisulcata
Circaea quadrisulcata Maxim.(秦岭志 1981,安徽志 1988,p.p.)=Circaea erubescens
Circaea quadrisulcata var. viridicalyx Hara 绿萼露珠草
Circaea repens Wallich ex Asch. & Magnus 匍匐露珠草
Circaea repens Wallich=Circaea repens
Circaea taiwaniana S.S.Ying=Circaea alpina subsp. imaicola
Circaeaster Maxim.**星叶草属**(毛茛科)
Circaeaster agrestis Maxim.星叶草
Circaeocarpus C.Y.Wu=**Zippelia**
Circaeocarpus saururoides C.Y.Wu=Zippelia begoniaefolia
Cirrhaea Lindl.**卷须兰属**(兰科)
Cirrhaea dependens (Lodd.) Rchb.f.悬垂卷须兰
Cirrhopetalum Lindl.=**Bulbophyllum**
Cirrhopetalum aemulum W.W.Sm.=Bulbophyllum forrestii
Cirrhopetalum albociliatum T.S.Liu & H.J.Su=Bulbophyllum albociliatum
Cirrhopetalum amplifolium Rolfe=Bulbophyllum amplifolium
Cirrhopetalum andersonii HK.f.=Bulbophyllum andersonii
Cirrhopetalum aurantiacum W.W.Sm.=Bulbophyllum hirundinis
Cirrhopetalum autumnale Fukuyama=Bulbophyllum macraei
Cirrhopetalum bicolor (Lindl.) Rolfe=Bulbophyllum bicolor
Cirrhopetalum bootanense Griff.(HK.f. in Fl.Brit.Ind.1890)=Bulbophyllum spathulatum
Cirrhopetalum brevipes HK.f.=Bulbophyllum emarginatum
Cirrhopetalum caudatum (Lindl.) King & Pantl.=Bulbophyllum caudatum
Cirrhopetalum chinense Lindl.=Bulbophyllum chinense
Cirrhopetalum chrondriophorum Gagn.=Bulbophyllum chrondriophorum

Cirrhopetalum delitescens (Hance) Rolfe=Bulbophyllum delitescens
Cirrhopetalum elatum HK.f.=Bulbophyllum elatum
Cirrhopetalum emarginatum Finet=Bulbophyllum emarginatum
Cirrhopetalum flaviflorum T.S.Liu & H.J.Su=Bulbophyllum pectenveneris
Cirrhopetalum flavisepalum Hay.=Bulbophyllum retusiusculum
Cirrhopetalum fordii Rolfe=Bulbophyllum fordii
Cirrhopetalum formosanum Rolfe=Bulbophyllum formosanum?
Cirrhopetalum guttulatum HK.f.=Bulbophyllum guttulatum
Cirrhopetalum henryi Rolfe=Bulbophyllum andersonii
Cirrhopetalum hirundinis Gagn.=Bulbophyllum hirundinis
Cirrhopetalum inabai Hay.=Bulbophyllum japonicum
Cirrhopetalum insulsum Gagn.=Bulbophyllum insulsum
Cirrhopetalum japonicum Makino=Bulbophyllum japonicum
Cirrhopetalum macraei Lindl.=Bulbophyllum macraei
Cirrhopetalum melanoglossum Hay.=Bulbophyllum melanoglossum
Cirrhopetalum melinanthum Schltr.=Bulbophyllum hirundinis
Cirrhopetalum miniatum Rolfe=Bulbophyllum pectenveneris
Cirrhopetalum oreogenes W.W.Sm.=Bulbophyllum retusiusculum
Cirrhopetalum pectenveneris Gagn.=Bulbophyllum pectenveneris
Cirrhopetalum racemosum (Hay.) Hay.=Bulbophyllum insulsoides
Cirrhopetalum refractum Zoll.(HK.f.in Fl.Brit.Ind.1890,p.p.)=Bulbophyllum wallichii
Cirrhopetalum remotifolium Fukuyama=Bulbophyllum hirundinis
Cirrhopetalum rotschildianum O'Brien=Bulbophyllum rotschildianum
Cirrhopetalum spathulatum Rolfe ex Cooper=Bulbophyllum spathulatum
Cirrhopetalum stramineum var. *purpureum* Gagn.(海南志 1977)=Bulbophyllum obtusangulum
Cirrhopetalum striatum T.S.Liu & H.J.Su=Bulbophyllum melanoglossum
Cirrhopetalum sutepense Rolfe ex Downie=Bulbophyllum sutepense
Cirrhopetalum taeniophyllum (Par. & Rchb.f.) HK.f.=Bulbophyllum taeniophyllum
Cirrhopetalum taiwanense Fukuyama=Bulbophyllum taiwanense
Cirrhopetalum tigridum (Hance) Rolfe=Bulbophyllum retusiusculum var. tigridum
Cirrhopetalum trichocephalum Schltr.=Bulbophyllum odoratissimum
Cirrhopetalum tseanum S.Y.Hu & Barretto=Bulbophyllum tseanum
Cirrhopetalum uraiense Hay.=Bulbophyllum macraei
Cirrhopetalum wallichii Lindl.(p.p.)=Bulbophyllum retusiusculum
Cirrhopetalum wallichii Lindl.(p.p.)=Bulbophyllum wallichii
Cirsium Mill.**蓟属**(菊科)
Cirsium acaule Ledeb.=Cirsium esulentum
Cirsium acaule β. *sibiricum* Ledeb.=Cirsium esulentum
Cirsium acaule γ. *gmelinii* DC.=Cirsium esulentum
Cirsium acaulon (L.) Scop.无茎蓟
Cirsium alatum (S.G.Gmel.) Bobr.准噶尔蓟
Cirsium alberti Rgl & Schmalh.天山蓟
Cirsium albexens Kitam.椭圆果蓟(新)?
Cirsium albiflorum (Kitag.) Kitag.=Cirsium setosum
Cirsium altissimum Hill.高蓟
Cirsium argunense DC.=Cirsium setosum
Cirsium argyrancanthum DC.南蓟
Cirsium arisanense Kitam.污白冠毛蓟(新)?
Cirsium arnese (L.) Scop.(Chen in Bull.Fan.Mem.Inst.Biol.Bot.1934)=Cirsium setosum
Cirsium arnese var. *incanum* Ledeb.(北研丛刊 1935)=Cirsium setosum
Cirsium arvense (L.) Scop.丝路蓟
Cirsium arvense var. *alpestre* Naig. & S.Y.Hu in Quart.J.Taiwan Mus. 1966)=Cirsium lanatum
Cirsium arvense var. auct.non al.(北研丛刊 1935)=Cirsium lanatum
Cirsium arvense var. *mite* Wimm. & Grab.(S.Y.Hu in Quart.J.Taiwan Mus.1966)=Cirsium lanatum
Cirsium arvense var. *setosum* f. *albbiflorum* Kitag.=Cirsium setosum
Cirsium arvense γ. *integrifolium* Wimm. & Grab.=Cirsium setosum
Cirsium arvense γ. *setosum* (Ledeb.) Maxim.=Cirsium setosum
Cirsium arvense γ. *setosum* Ledeb.=Cirsium setosum
Cirsium arvense γ. *subulatum* Ledeb.=Cirsium setosum
Cirsium arvense δ. *incanum* Ledeb.=Cirsium incanum
Cirsium asiaticum Schischk.=Cirsium serratuloides
Cirsium asperum Nakai=Cirsium maakii
Cirsium belingshanicum Petrak ex Hand.-Mazz.=Cirsium japonicum
Cirsium bodinieri (Vant.) Lévl.=Cirsium japonicum
Cirsium bolocephalum Petrak ex Hand.-Mazz.=Cirsium eriophoroides
Cirsium bolocephalum var. *racemosum* Petrak ex Hand.-Mazz.=Cirsium eriophoroides
Cirsium bolocephalum var. *setchwanicum* Petrak ex Hand.-Mazz.=Cirsium eriophoroides
Cirsium botryodes Petrak ex Hand.-Mazz.=Cirsium griseum
Cirsium bracteiferum Shih 刺盖蓟
Cirsium carthamoides Link=Stemmacantha carthamoides
Cirsium cavaleriei (Lévl.) Lévl.=Cirsium monocephalum
Cirsium cerberus (Vant.) Lévl.=Cirsium japonicum
Cirsium chienii Chang=Cirsium leo
Cirsium chinense Gardn. & Champ.(苏南植物手册 1959)=Cirsium shansiense
Cirsium chinense Gardn. & Champ.绿蓟
Cirsium chinense var. *austale* Diels=Cirsium shansiense
Cirsium chinense var. *laushanense* (Yabe) Kitag.=Cirsium chinense
Cirsium chlorolepis Petrak 两面蓟
Cirsium chrysolepis Shih 黄苞蓟
Cirsium desertorum Fisch. ex Link=Cirsium alatum
Cirsium desertorum var. *sinuatoloba* Trautv.=Cirsium alatum
Cirsium desertorum var. *subintegerrima* Trautv.=Cirsium alatum
Cirsium diamentiacum (Nakai) Nakai=Cirsium schantarense
Cirsium dissectum (L.) Hill.草地蓟
Cirsium edule Nutt.印度蓟
Cirsium elodes var. *sinuato-lobatum* O. & B.Fedstsch.=Cirsium alatum
Cirsium elodes var. *subintegrerrima* O. & B.Fedtsch.=Cirsium alatum
Cirsium elodes β. *setigerum* Kryl.=Cirsium alatum
Cirsium eriophoroides (HK.f.) Petrak 贡山蓟
Cirsium eriophorum (L.) Scop.棉毛蓟
Cirsium erisithales (Jacq.) Scop.黄花蓟
Cirsium esculentum var. *acaule* Trautv.=Cirsium esulentum
Cirsium esculentum α. *sibiricum* C.A.Mey.=Cirsium esulentum
Cirsium esculentum β. caulescens C.A.Mey.=Cirsium esulentum
Cirsium esulentum (Sievers) C.A.Mey 莲座蓟
Cirsium falcatum Turcz. ex DC.=Cirsium pendulum
Cirsium fangii Petrak 峨眉蓟
Cirsium fanjingshanense Shih 梵净蓟
Cirsium fargesii (Franch.) Diels (北研丛刊 1935)=Cirsium leo
Cirsium fargesii (Franch.) Diels 等苞蓟
Cirsium ferum Kitam.锥果蓟(新)?
Cirsium ficifolium Fisch.=Synurus deltoides
Cirsium forrestii (Diels) Lévl.=Cirsium henryi
Cirsium fusco-trichum Chang 褐毛蓟
Cirsium glabrifolium (C.Winkl.) O. & B.Fedtsch.无毛蓟
Cirsium glabrifolium Petrak=Cirsium glabrifolium
Cirsium gmelinii Tausch.=Cirsium esulentum
Cirsium griseum Lévl.灰蓟
Cirsium hadelii Petrak ex Hand.-Mazz.(西藏志 1985)=Cirsium interpositum
Cirsium hainanense Masamune=Cirsium japonicum
Cirsium handelii Petrak ex Hand.-Mazz.骆骑蓟
Cirsium handelii Petrak(西藏志 1985)=Cirsium argyrancanthum
Cirsium helenioides (L.) Hill 堆心蓟
Cirsium helenioides Willd.=Cirsium helenioides
Cirsium heleophilum Petrak ex Hand.-Mazz.=Cirsium griseum
Cirsium helgendrofii (Franch. & Sav.) Makino=Cirsium pendulum
Cirsium henryi (Franch.) Diels 刺苞蓟
Cirsium heterophylloides Pavl.=Cirsium helenioides
Cirsium heterophyllum (L.) Hill.异叶蓟
Cirsium heterophyllum Hill.(Ledeb.in Fl.Ross.1845-46,p.p.)=Cirsium helenioides
Cirsium heterophyllum subsp. *angarense* M.Pop.=Cirsium helenioides
Cirsium hosokawai Kitam.白冠毛蓟(新)?
Cirsium hupehense Pamp.湖北蓟
Cirsium igniarium Spreng.=Ancathia iganiaria
Cirsium incanum (S.G.Gmel.) Fisch. ex MB.阿尔泰蓟
Cirsium interpositum Petrak 披裂蓟
Cirsium involucratum DC.=Cirsium verutum
Cirsium japonicum Fishc. ex DC.蓟
Cirsium japonicum subsp. *maackii* (Maxim.) Nakai=Cirsium maakii
Cirsium japonicum var. *amurense* Kitam.=Cirsium maakii
Cirsium japonicum var. *ausrale* Kitam.=Cirsium japonicum
Cirsium japonicum var. *fukiense* Kitam.=Cirsium japonicum
Cirsium japonicum var. *intermedium* (Maxim.) Matsum.=Cirsium

japonicum
Cirsium japonicum var. *takaoense* Kitam.=Cirsium japonicum
Cirsium japonicum var. *ussuriense* (Rgl.) Kitam.=Cirsium maaki
Cirsium kawakamii Hay.褐冠毛蓟(新)?
Cirsium lacinnulatum Nakai=Cirsium japonicum
Cirsium laevigatum Tausch.=Cirsium setosum
Cirsium lamyroides Tamamsch.阿拉套蓟(新)?
Cirsium lanatum (Roxb. ex Willd.) Spreng.藏蓟
Cirsium lanceolatum (L.) Scop.=Cirsium vulgare
Cirsium lanceolatum Hill.(DC.in Prodr.1837)=Cirsium vulgare
Cirsium lanceolatum var. *nemorale* Naegeli ex Koch=Cirsium vulgare
Cirsium lanceolatum var. *vulagre* Naegeli ex Koch=Cirsium vulgare
Cirsium lanceolatum β. *hypoleucum* DC.=Cirsium vulgare
Cirsium laushanense Yabe=Cirsium chinense
Cirsium leducei (Franch.) Lévl.覆瓦蓟
Cirsium leo Nakai & Kitag.魁蓟
Cirsium leo var. *angustilobum* Ling=Cirsium leo
Cirsium lidjiangense Petrak ex Hand.-Mazz.丽江蓟
Cirsium lineare (Thunb.) Sch.-Bip.(高等图鉴 1975)=Cirsium hupehense
Cirsium lineare (Thunb.) Sch.-Bip.线叶蓟
Cirsium lineare var. *franchetii* Kitam.=Cirsium hupehense
Cirsium lineare var. *franchetii* f. *pallidum* Kitam.=Cirsium lineare
Cirsium lineare var. *glabrescens* Petrak=Cirsium chinense
Cirsium lineare var. *intermedium* (Pamp.) Petrak=Cirsium shansiense
Cirsium lineare var. *laushanense* (Yabe) Kitam.=Cirsium chinense
Cirsium lineare var. *laushanense* f. *inciso-lobatum* Kitam.=Cirsium shansiense
Cirsium lineare var. *linearifolium* f. *tomentosum* Petrak=Cirsium hupehense
Cirsium lineare var. *linearifolium* f. *viride* Petrak=Cirsium lineare
Cirsium lineare var. *lushanense* f. *vestitum* Kitam.=Cirsium shansiense
Cirsium lineare var. *pallidum* (Kitam.) Ling=Cirsium lineare
Cirsium lineare var. *rigidum* Petrak=Cirsium shansiense
Cirsium lineare var. *rigidum* f. *subintegrifolium* Petak=Cirsium leducei
Cirsium lineare var. *salicifolium* Ling(p.p.)=Cirsium hupehense
Cirsium lineare var. *spatulatum* Petrak=Cirsium shansiense
Cirsium lineare var. *tchefouense* (Debeaux) Ling=Cirsium chinense
Cirsium lineare var. *tenii* Petak=Cirsium shansiense
Cirsium lineare var. *tsoongianum* (Ling) Ling=Cirsium lineare
Cirsium lineare var. *typicum* Nakai=Cirsium lineare
Cirsium lineare var. *uninervium* (Lévl. & Vant.) Petrak(北研丛刊 1949, p.p.)= Cirsium hupehense
Cirsium lineare var. *uninervium* (Lévl. & Vant.) Petrak(北研丛刊 1949, p.p.)= Cirsium shansiense
Cirsium lineare var. *yunnanense* Petrak=Cirsium shansiense
Cirsium littorale Maxim.=Cirsium schantarense
Cirsium littorale var. *ussuriense* Rgl.=Cirsium maakii
Cirsium littorale δ. *nudum* Rgl.=Cirsium schantarense
Cirsium lyratum Bge.=Hemistepta lyrata
Cirsium maackii f. *koreiense* (Nakai) Nakai=Cirsium maakii
Cirsium maackii var. *intermedium* (Maxim.) Nakai=Cirsium japonicum
Cirsium maackii var. *kiusianum* Nakai=Cirsium japonicum
Cirsium maackii var. *koreiense* (Nakai) Nakai=Cirsium maakii
Cirsium maackii var. *spiniferum* Nakai=Cirsium schantarense
Cirsium maakii Maxim.野蓟
Cirsium maculatum Scop.=Silybum marianum
Cirsium mairei (Lévl.) Lévl.=Cirsium griseum
Cirsium manshuricum Kitag.=Cirsium chinense
Cirsium melanolepis Petrak=Cirsium henryi
Cirsium monocephalum (Vant.) Lévl.马刺蓟
Cirsium morii Hay.线冠蓟(新)?
Cirsium muliense Shih 木里蓟
Cirsium muticum Michx.沼泽蓟
Cirsium nidulans Rgl.=Schmalhausenia nidulans
Cirsium ochrolepideum Juz.=Cirsium arvense
Cirsium oleraceum (L.) Scop.圆白蓟
Cirsium penduluim β. *oligocephalum* Rgl.=Cirsium schantarense
Cirsium pendulum Fisch. ex DC.烟管蓟
Cirsium periacantheceum Shih 川蓟
Cirsium pinnatibracteatum Ling=Cirsium leo
Cirsium provostii (Franch.) Petrak=Cirsium pendulum
Cirsium provostii f. *subulatum* Petrak=Cirsium monocephalum
Cirsium provostii var. *monocephalum* (Vant.) Petrak=Cirsium monocephalum
Cirsium provostii var. *oleracioides* Petrak=Cirsium monocephalum
Cirsium provostii var. *racemosum* Petrak=Cirsium monocephalum
Cirsium provostii var. *spinosum* Petrak=Cirsium monocephalum
Cirsium pumilum Spreng.鱼蓟
Cirsium racemiforme Ling & Shih 总序蓟
Cirsium sairamense (C.Winkl.) O. & B.Fedtsch.赛里木蓟
Cirsium salicifolium (Kitag.) Shih 块蓟
Cirsium schantarense Trautv. & Mey.林蓟
Cirsium segetum Bge.=Cirsium setosum
Cirsium semenovii Rgl. & Schmalh.新疆蓟
Cirsium semenovii subsp. *sairamense* Petrak=Cirsium sairamense
Cirsium senile Nakai=Cirsium japonicum
Cirsium serratuloides (L.) Hill 麻花头蓟
Cirsium setigerum Ledeb.=Cirsium alatum
Cirsium setosum (Willd.) MB.刺儿菜
Cirsium setosum β. *subulatum* Ledeb.=Cirsium setosum
Cirsium shansiense Petrak 牛口蓟
Cirsium sieversii (Fisch. & Mey.) Petrak 附片蓟
Cirsium simithianum Petrak=Cirsium japonicum
Cirsium souliei (Franch.) Mattf.葵花大蓟
Cirsium spinosissimum (L.) Scop.密刺苞
Cirsium subgen. *Eusirsium* Rouy=**Cirsium**
Cirsium subulariforme Shih 钻苞蓟
Cirsium suzukii Kitam.棕果蓟(新)?
Cirsium taliense (Jeff.) Lévl.=Cirsium henryi
Cirsium tchefouense Debeaux=Cirsium chinense
Cirsium tenuifolium Shih 薄叶蓟
Cirsium tianmushanicum Shih 杭蓟
Cirsium tibeticum Kitam.=Cirsium argyrancanthum
Cirsium tsoongianum Ling=Cirsium lineare
Cirsium tuberosum (L.) All.块根蓟
Cirsium vernonioides Shih 斑鸠蓟
Cirsium verutum (D.Don) Spreng.苞叶蓟
Cirsium viridifolium (Hand.-Mazz.) Shih=Cirsium salicifolium
Cirsium vlassovianum Fisch. ex DC.绒背蓟
cirsium vlassovianum var. *salicifolium* Kita.g(p.p.)=Cirsium salicifolium
Cirsium vlassovianum var. *salicifolium* Kitag.=Cirsium vlassovianum
Cirsium vlassovianum var. *viridifolium* Hand.-Mazz.=Cirsium salicifolium
Cirsium vlassovianum α. *genuinum* Herd.=Cirsium vlassovianum
Cirsium vlassovianum β. *bracteatum* Ledeb.=Cirsium vlassovianum
Cirsium vulgare (Savi) Ten.翼蓟
Cirsium wallichii DC.(Diels in Engl.Bot.Jahrb.1901)=Cirsium shansiense
Cirsium wallichii var. *glabratum* (HK.f.) Wendeb.=Cirsium glabrifolium
Cirsium wallichii var. *intermedium* Pamp.=Cirsium shansiense
Cirsium yunnanense Petrak=Cirsium griseum
Cissampelopsis (DC.) Miq.**藤菊属**(菊科)
Cissampelopsis buimalia (Buch.-Ham. ex D.Don) C.Jeffr. & Y.L.Chen 尼泊尔藤菊
Cissampelopsis corifolia C.Jeffr. & Y.L.Chen 革叶藤菊
Cissampelopsis erythrochaeta C.Jeffr. & Y.L.Chen 赤缨藤菊
Cissampelopsis glandulosa C.Jeffr. & Y.L.Chen 腺毛藤菊
Cissampelopsis spelaeicola (Vant.) C.Jeffr. & Y.L.Chen 岩穴藤菊
Cissampelopsis volubilis (Bl.) Miq.藤菊
Cissampelos L.**锡生藤属**(防已科)
Cissampelos glabra Roxb.=Stephania glabra
Cissampelos hernandifolia Willd.=Stephania hernandifolia
Cissampelos hirsuta Buch. ex DC.=Cissampelos pareira var. hirsuta
Cissampelos hypoglauca Schauer=Cyclea hypoglauca
Cissampelos isularis Makino=Cyclea insularis
Cissampelos pareira var. hirsuta (Buch. ex DC.) Forman 锡生藤
Cissus L.**白粉藤属**(葡萄科)
Cissus acida L.肉白粉藤
Cissus adenopodus Sprangue 腺荚白粉藤
Cissus adnata Roxb.贴生白粉藤
Cissus adnata Rxob.(Planch.in DC.Monogr.Phan.1887,p.p.,台湾志 1977)=Cissus assamica
Cissus antarctica Vent.南极白粉藤
Cissus aristata Bl.毛叶苦郎藤
Cissus assamica (Laws.) Craib (海南志 1974)=Cissus aristata

Cissus assamica (Laws.) Craib 苦郎藤
Cissus assamica var. *pilosissima* Gagn.=Cissus aristata
Cissus austroyunnanensis Y.H.Li 滇南青紫葛
Cissus brevipedunculata Maxim.=Ampelopsis heterophylla var. brevipedunculata
Cissus cactiformis Gilg 仙素莲
Cissus cantoniensis HK. & Arn.=Ampelopsis cantoniensis
Cissus cantoniensis HK. & Arn.=Ampelopsis hypoglauca
Cissus carnosa Lamk.=Cayratia trifolia
Cissus cordata Roxb.=Cissus repens
Cissus davidiana Carr.=Ampelopsis humulifolia
Cissus discolor Bl.=Cissus javana
Cissus discolor var. mollis Phanch.丝绒白粉藤
Cissus diversifolia Walp.=Ampelopsis cantoniensis
Cissus elongata Roxb.五叶白粉藤
Cissus geniculata Bl.=Cayratia geniculata
Cissus glaberrima (Wall.) Planch.(海南志 1974,分类学报 1979)=Cissus luzoniensis
Cissus hastata (Miq.) Planch.(海南志 1974,分类学报 1979,云南植物名录 1984,福建志 1988)=Cissus pteroclada
Cissus hastata (Miq.) Planch.戟叶白粉藤
Cissus hexangularis Thorel ex Planch.翅茎白粉藤
Cissus humulifolia (Bge.) Regel=Ampelopsis humulifolia
Cissus humulifolia var. *brevpedunculata* Regel=Ampelopsis heterophylla var. brevipedunculata
Cissus incisa Desm.缺刻白粉藤
Cissus japonica (Thunb.) Willd.=Cayratia japonica
Cissus japonica var. *canescens* W.T.Wang=Cayratia japonica var. mollis
Cissus japonica var. *ferruginea* W.T.Wang=Cayratia japonica var. mollis
Cissus japonica var. *mollis* (Wall.) Planch.=Cayratia japonica var. mollis
Cissus japonica var. *pubifolia* Merr. & Chun=Cayratia japonica var. mollis
Cissus javana DC.青紫葛
Cissus javana var. *pubescens* C.L.Li=Cissus austroyunnanensis
Cissus juttae Dinter & Gilg ex Gilg & M.Brandt.肉瓶树
Cissus kerrii Craib 鸡心藤
Cissus lanyuensis (Chang) F.Y.Lu=Tetrastigma lanyuense
Cissus leucocarpa Bl.=Cayratia japonica
Cissus longzhouensis W.T.Wang=Cayratia pedata
Cissus luzoniensis (Merr.) C.L.Li 粉果藤
Cissus mekongensis C.Y.Wu & W.T.Wang=Cayratia timoriensis var. mekongensis
Cissus modeccoides Planch.=Cissus triloba
Cissus modeccoides var. *kerrii* Craib=Cissus kerrii
Cissus modeccoides var. *subintegra* Gagn.=Cissus kerrii
Cissus mollis (Wall.) C.Y.Wu=Cayratia japonica var. mollis
Cissus napaulensis DC.=Tetrastigma napaulense
Cissus oligocarpa (Lévl. & Vant.) Bailey=Cayratia oligocarpa
Cissus oligocarpa (Lévl. & Vant.) Gagn.(树木分类学 1937,经济植物手册 1957,高等图鉴 1972,云南植物名录 1984,福建志 1988)=Cayratia albifolia
Cissus oligocarpa f. *glabra* Gagn.=Cayratia albifolia var. glabra
Cissus oligocarpa var. *glabra* (Gagn.) Rehd.=Cayratia albifolia var. glabra
Cissus pedata Lamk.=Cayratia pedata
Cissus pseudotrifolia W.T.Wang=Cayratia japonica var. pseudotrifolia
Cissus pteroclada Hay.翼茎白粉藤
Cissus quadrangula L.方茎青紫葛
Cissus repanda Vahl 大叶白粉藤
Cissus repanda var. repanda=Cissus repanda
Cissus repanda var. subferruginea (Merr. & Chun) C.L.Li 海南大叶白粉藤
Cissus repens Lamk.(台湾志, 1967)=Cissus assamica
Cissus repens Lamk.白粉藤
Cissus repens var. *luzoniensis* Merr.=Cissus luzoniensis
Cissus rotundifolia Vahl 圆叶白粉藤
Cissus serjaniaefolia Walp.=Ampelopsis japonica
Cissus serrulata Roxb.=Tetrastigma serrulatum
Cissus sicyoides L.四季藤
Cissus striate Ruiz & Pav.条纹白粉藤
Cissus subtetragona Planch.四棱白粉藤
Cissus subtetragonum Planch.(云南植物名录 1984)=Tetrastigma subtetragonum
Cissus thomsoni (Laws.) Planch.=Yua thomsoni
Cissus thunbergii S. & Z.=Parthenocissus tricuspidata
Cissus triloba (Lour.) Merr.掌叶白粉藤
Cissus umbellata Lour.=Strychnos umbellata
Cissus vitiginea L.森林白粉藤(新)
Cissus wenshanensis C.L.Li 文山青紫葛
Cistaceae 半日花科
Cistanche Hoffmg. & Link **肉苁蓉属**(列当科)
Cistanche ambigua (Bge.) G.Beck=Cistanche salsa
Cistanche ambigua G.Beck (蒙大学报 1960)=Cistanche deserticola
Cistanche deserticola Ma 肉苁蓉
Cistanche feddeana Hao (Grubov ,Ke Vas.Pl.Mongol.1982)=Cistanche sinensis
Cistanche feddeana Hao=Orobanche cernua
Cistanche lanzhouensis Z.Y.Zhang 兰州肉苁蓉
Cistanche lutea Hoofmg. & Link (Wight in Ill.Ind.Bot.1831)=Cistanche tubulosa
Cistanche mongolica Beck.管花肉苁蓉
Cistanche ningxiaensis D.Z.Ma & J.Z.Duan=Cistanche lanzhouensis
Cistanche salsa (C.A.Mey) G.Beck 盐生肉苁蓉
Cistanche salsa var. *albiflora* P.F.Tu & Z.C.Lou=Cistanche salsa
Cistanche sinensis G.Beck 沙苁蓉
Cistanche tubulosa (Schrenk) Wight(植物志 69,1990)=Cistanche mongolica
Cistanche tubulosa var. *tomentosa* HK.f.=Cistanche tubulosa
Cistella Bl.=**Geodorum**
Cistella cernua (Willd.) Bl.=Geodorum densiflorum
Cithareloma Bge.**对枝菜属**(十字花科)
Cithareloma vernum Bge.对枝菜
Citrange 枳橙
Citropsis Swingle & Kellerm.**樱桃桔属**(芸香科)
Citropsis schweinfurthii Swingle & Kellerm.施文樱桃桔
Citrullus Schrad.**西瓜属**(葫芦科)
Citrullus edulis Spach=Citrullus lanatus
Citrullus lanatus (Thunb.) Matsum. & Nakai 西瓜
Citrullus vulgaris Schrad. ex Kckl. & Zeyh.=Citrullus lanatus
Citrus L.**柑橘属**(芸香科)
Citrus ampullacea Hort. & Tanaka 日本瓢柑
Citrus aurantifolia (Christm.) Swingle 来檬
Citrus aurantium L.酸橙
Citrus aurantium cv. Daidai 代代酸橙
Citrus aurantium cv. Goutou Cheng 枸头橙
Citrus aurantium cv. Hutou Gan 虎头柑
Citrus aurantium cv. Natsudaidai 日本夏橙
Citrus aurantium cv. Taiwaqnica 南庄橙
Citrus aurantium cv. Xiaohong Cheng 小红橙
Citrus aurantium cv. Zhuluan 朱栾
Citrus aurantium subsp. *japonica* var. *globifera* subvar. *margarita* Engl.=Fortunella margarita
Citrus aurantium subsp. *junos* Makino=Citrus junos
Citrus aurantium subsp. *nobilis* var. *tachibana* Makino=Citrus tachibana
Citrus aurantium var. amara Engl.代代花
Citrus aurantium var. *daidai* Tanaka=Citrus aurantium cv. Daidai
Citrus aurantium var. *decumana* L.=Citrus maxima
Citrus aurantium var. *grandis* L.=Citrus maxima
Citrus aurantium var. *japonica* HK.f.=Fortunella margarita
Citrus aurantium var. *sinensis* L.=Citrus sinensis
Citrus aurantium var. *tachibana* Makino=Citrus tachibana
Citrus bergamia Rosso & Poit.贝加毛橙
Citrus buxifolia Poir.=Atalantia buxifolia
Citrus cavaleriei Lévl. ex Cavaler=Citrus ichangensis
Citrus celebica Koord.西里伯橙
Citrus chachiensis Tanaka=Citrus reticulata cv. Chachiensis
Citrus daidai Sieb.=Citrus aurantium cv. Daidai
Citrus decumana var. *paradisi* Nich.=Citrus paradisi
Citrus deliciosa Tenore.=Citrus reticulata
Citrus depressa Hay.扁平桔
Citrus erythrocarpa Hay.=Glycosmis parviflora
Citrus erythrosa Hort. & Tanaka 朱红桔
Citrus erythrosa Tanaka=Citrus reticulata cv. Erythrosa
Citrus genshokan Hort & Tanaka 元霄柑

Citrus grandis (L.) Osbeck=Citrus maxima
Citrus grandis ×junos 香圆
Citrus grandis var. *shangyuan* Hu=Citrus grandis ×juno
Citrus grandis var. tomentosa Hort.橘红
Citrus hongheensis Ye et al.红河橙
Citrus hsiangyuan Hort.=Citrus grandis ×junos
Citrus hyalopulpa Tanaka=Citrus macroptera var. kerrii
Citrus hystris DC.毛里求斯苦橙
Citrus hystrix DC.箭叶橙
Citrus ichangensis Swingle 宜昌橙
Citrus indica Tanaka 印度野桔
Citrus intermedia Hort. ex Tanaka 山蜜柑
Citrus iwaika Tanaka 岩井柑
Citrus japonica Thunb.=Fortunella japonica
Citrus japonica var. *fructuelliptico* S. & Z.=Fortunella margarita
Citrus junos Sieb. ex Tanaka 香橙
Citrus kinokuni Tanaka=Citrus reticulata cv. Kinokuni
Citrus kotokan Hay.红头柑(新)
Citrus kwangsiensis Hu=Citrus maxima
Citrus latipes (Swingle) Tanaka 印缅橙
Citrus leiocarpa Hort. ex Tanaka 日本土柑
Citrus limetta Rosso 甜柠檬
Citrus limon (L.) Burm.f.柠檬
Citrus limonelloides Hay.=Citrus limon
Citrus limonia Osb.(Endl.in Nat.Pflanzenfam.1896)=Citrus limon
Citrus limonia Osb.黎檬
Citrus limonia var. *digitata* Risso=Citrus medica var. sarcodactylis
Citrus macroptera Nontr.大翼橙
Citrus macroptera var. kerrii Swingle 马峰橙
Citrus madurensis Lour.(海南志 1974)=Citrus reticulata
Citrus madurensis Lour.=Calamondin
Citrus margarita Lour.=Fortunella margarita
Citrus matsudai Hay.夏橙
Citrus maxima (Burm.) Merr.柚
Citrus maxima cv. Anjiang Yu 安江香柚
Citrus maxima cv. Jinlan Yu 金兰柚
Citrus maxima cv. Jinxiang Yu 金香柚
Citrus maxima cv. Liangpin Yu 梁平柚
Citrus maxima cv. Pingshan Yu 坪山柚
Citrus maxima cv. Shatian Yu 沙田柚
Citrus maxima cv. Songma Yu 桑麻柚
Citrus maxima cv. Szechipaw 四季柚
Citrus maxima cv. Tomentosa 化州柚
Citrus maxima cv. Wanbei Yu 晚白柚
Citrus maxima cv. Wentan 文旦
Citrus medica L.香橼
Citrus medica var. *limon* L.=Citrus limon
Citrus medica var. medica=Citrus medica
Citrus medica var. sarcodactylis (Noot.) Swingle 佛手
Citrus medica var. yunnanenis S.Q.Ding ex Huang 云南香橼
Citrus medioglobosa Tanaka 鸣门柑
Citrus meyerii Tananka 香柠檬
Citrus micrantha Wester 小花橙
Citrus microcarpa Bge.=Calamondin
Citrus mitis Blanco=Calamondin
Citrus myrtifolia Raf.厚叶橙
Citrus natsuidaidai Tanaka=Citrus aurantium cv. Natsudaidai
Citrus nobilis Lour.(p.p.)=Citrus reticulata
Citrus nobilis Lour.(p.p.)=Citrus reticulata cv. Nobilis
Citrus nobilis var. *subcompressa* Hu=Citrus reticulata cv. Subcompressa
Citrus nobilis var. *tankan* Hay.=Citrus reticulata cv. Tankan
Citrus paradisi Macf.葡萄柚
Citrus poonensis Tanaka=Citrus reticulata cv. Ponkan
Citrus pseudoyulyul Shirai 狮子柚
Citrus pyriformis Hassk.梨形橙
Citrus reticulata Blanco 橘
Citrus reticulata cv. Bian Gan 扁柑
Citrus reticulata cv. Chachiensis 茶枝柑
Citrus reticulata cv. Dahongan 大红柑
Citrus reticulata cv. Erythrosa 九月黄
Citrus reticulata cv. Hanggan 行柑
Citrus reticulata cv. Kinokuni 南丰蜜橘
Citrus reticulata cv. *Madurensis* Lour.=Calamodin
Citrus reticulata cv. Manau Gan 玛瑙柑
Citrus reticulata cv. Nian Ju 年橘
Citrus reticulata cv. Nobilis 沙柑
Citrus reticulata cv. Ponkan 椪柑
Citrus reticulata cv. Shiyue Ju 十月橘
Citrus reticulata cv. Suavissima 欧柑
Citrus reticulata cv. subcompressa 早橘
Citrus reticulata cv. Succosa 本地早
Citrus reticulata cv. Tangerina 福橘
Citrus reticulata cv. Tankan 蕉柑
Citrus reticulata cv. Tardiferax 槾橘
Citrus reticulata cv. Unshui 温州蜜柑
Citrus reticulata cv. Zaohong 早红
Citrus reticulata cv. Zhuhong 朱红
Citrus reticulata var. *austera* Swingle=Citrus reticulata
Citrus reticulata var. *szehuikan* (Tanaka) Tseng=Citrus reticulata cv. Hanggan
Citrus sarcodactylis Noot.=Citrus medica var. sarcodactylis
Citrus sinensis (L.) Osb.甜橙
Citrus sinensis cv. Dahong Cheng 大红橙
Citrus sinensis cv. Gailiang Cheng 改良橙
Citrus sinensis cv. Huangguo 黄果
Citrus sinensis cv. Huazhou Cheng 化州橙
Citrus sinensis cv. Jin Cheng 锦橙
Citrus sinensis cv. Liu Cheng 柳橙
Citrus sinensis cv. Pushi Cheng 浦市橙
Citrus sinensis cv. Taoye Cheng 桃叶橙
Citrus sinensis cv. Xinhui Cheng 新会橙
Citrus sinensis cv. Xue Cheng 雪橙
Citrus sinensis f. *kanton* Y.Tanaka=Citrus sinensis cv. Xinhui Cheng
Citrus sinensis f. *sekkan* Hay.=Citrus sinensis cv. Xue Cheng
Citrus suavissima Tanaka=Citrus reticulata cv. Suavissima
Citrus subcompressa Tanaka=Citrus reticulata cv. Subcompressa
Citrus succosa Tanaka=Citrus reticulata cv. Succosa
Citrus suhoiensis Tanaka=Citrus reticulata cv. Hanggan
Citrus suhuiensis Tanaka=Citrus reticulata cv. Hanggan
Citrus sukata Tanaka 三宝柑
Citrus sunki Hort. ex Tanaka 酸桔
Citrus tachibana (Makino) Tanaka 立花橘
Citrus taiwanica Tanaka & Shimada=Citrus aurantium cv. Taiwaqnica
Citrus tangerina Tanaka=Citrus reticulata cv. Tangerina
Citrus tankan Yah.=Citrus reticulata cv. Tankan
Citrus tardiferax Tanaka=Citrus reticulata cv. Tardiferax
Citrus trifolia Thunb.=Poncirus trifoliata
Citrus trifoliata L.=Poncirus trifoliata
Citrus truncata Tanaka 海红柑
Citrus unshiu Marc.=Citrus reticulata cv. Unshui
Citrus verrucosa Tanaka=Citrus reticulata cv. Manau Gan
Citrus wilsonii Tanaka=Citrus grandis ×junos
Citrus yatsushiro Hort. ex Tanaka 八代蜜柑
Citta Lour.=**Mucuna**
Cladium P.Brownc **克拉莎属**(莎草科)
Cladium chinense Nees 华克拉莎
Cladium ensigerum Hance 剑叶克拉莎
Cladium glomeratum C.B.Clarke=Cladium nipponense
Cladium jamaicense C.B.Clarke=Cladium chinense
Cladium mariscus Benth.=Cladium chinense
Cladium myrianthum Chun & How 多花克拉莎
Cladium nipponense Ohwi 毛喙克拉莎
Cladium undulatum Henry=Schoenus falcatus
Clадodes rugosa Lour.=Alchornea rugosa
Cladogynos Zipp. ex Span.**白大凤属**(大戟科)
Cladogynos orientalis Zipp. ex Span.白大凤
Cladopus H.Moll.**飞瀑草属**(川苔草科)
Cladopus japonicus Imamura=Cladopus nymani
Cladopus nymani H.Moll.飞瀑草

Cladostachys D.Don **浆果苋属**(苋科)
Cladostachys frutescens D.Don.浆果苋
Cladostachys polysperma (Roxb.) Kuan 白浆果苋
Cladrastis Rafin.**香槐属**(豆科)
Cladrastis amurensis Benth.=Maackia amurensis
Cladrastis australis Dunn=Maackia australis
Cladrastis delavayi (Franch.) Prain 鸡足香槐?
Cladrastis parvifolia C.Y.Ma 小叶香槐
Cladrastis platycarpa (Maxim.) Makino 翅荚香槐
Cladrastis scandens C.Y.Ma 藤香槐
Cladrastis sinensis Hemsl.小花香槐
Cladrastis wilsonii Takeda 香槐
Cladratis fauriei Lévl.=Maackia floribunda
Clamagrostis collina Franch.=Deyeuxia arundinacea var. collina
Clandestina japonica Miq.=Lathraea japonica
Claoxylon A.Juss.**白桐树属**(大戟科)
Claoxylon brachyandrum Pax & Hoffm.台湾白桐树
Claoxylon hainanense Pax & Hoffm.海南白桐树
Claoxylon indicum (Reinw. ex Bl.) Hassk.白桐树
Claoxylon khasianum HK.f.喀西白桐树
Claoxylon kotoense Hay.=Claoxylon brachyandrum
Claoxylon longifolium (Bl.) endl. ex Hassk.长叶白桐树
Claoxylon parviflorum A.Juss.小花白桐树
Claoxylon parviflorum HK. & Arn.=Claoxylon indicum
Claoxylon polot (Burm.f.) Merr.=Claoxylon indicum
Claoxylon rubescens Miq.(Hay.in Gen.Ind.Fl.Form.1916)=Claoxylon brachyandrum
Clarkella HK.f.**岩上珠属**(茜草科)
Clarkella nana (Edgew.) HK.f.岩上珠
Clarkella siamensis Craib=Clarkella nana
Clarkia Pursh.**克拉花属**(柳叶菜科)
Clarkia amoena A.Nels & Macbr.可爱春再来
Clarkia breweri Greene 仙女扇
Clarkia concinna Greene 优雅春再来
Clarkia pulchella Pursh.克拉花
Clarkia pulchella var. holopetala Voss 全萼春再来
Clarkia rhomboidea Douglas 菱形春再来
Clarkia unguiculata Lindl.有爪春再来
Clausena Burm.f.**黄皮属**(芸香科)
Clausena anisum-olens (Blanco) Merr.细叶黄皮
Clausena brevistyla Oliv.(台湾志 1977)=Clausena anisumolens
Clausena brevistyla Oliv.短柱黄皮
Clausena dentata (Willd.) Roem.(Swingle in Webb. & Batc.Citrus Indust. 1943,p.p.)=Clausena dunniana
Clausena dentata var. *dunniana* Swingle=Clausena dunniana
Clausena dentata var. *henryi* Swigle=Clausena dunniana var. robusta
Clausena dentatta var. *robusta* Tanaka=Clausena dunniana var. robusta
Clausena dunniana Lévl.齿叶黄皮
Clausena dunniana var. dunniana=Clausena dunniana
Clausena dunniana var. robusta (Tanaka) Huang 毛齿叶黄皮
Clausena emarginata Huang 小黄皮
Clausena esquirolii Lévl.=Glycosmis esquirolii
Clausena euchrestifolia Kanehira=Murraya euchrestifolia
Clausena excavata Burm.f.(Lévl.in Fl.Kouy-Tcheou 1915)=Clausena dunniana
Clausena excavata Burm.f.假黄皮
Clausena excavata var. *lunulata* Tanaka=Clausena excavata
Clausena ferruginea Huang=Glycosmis esquirolii
Clausena hainanensis Huang & Xing 海南黄皮
Clausena henryi (Swingle) Huang=Clausena dunniana var. robusta
Clausena indica (Dalz.) Oliv.(分类学报 959)=Clausena anisum-olens
Clausena indica (Dalz.) Oliv.细叶黄皮
Clausena kwangsiensis Huang=Murraya kwangsiensis
Clausena lansium (Lour.) Skeels 黄皮
Clausena lenis Drake 光滑黄皮
Clausena loheri Merr.=Clausena anisum-olens
Clausena lunulata Hay.=Clausena excavata
Clausena microphylla Merr. & Chun=Murraya microphylla
Clausena moningerae Merr.=Clausena excavata
Clausena odorata Huang 香花黄皮
Clausena punctata Wight & Arn.(Rehd. & Wils.in Sarg.Pl.Wils.1914)= Clausena lansium
Clausena suffruticosa Wight & Arn.(Seem.in Bot.Jahrb.1901)=Clausena dunniana var. robusta
Clausena tetramera Hay.=Clausena excavata
Clausena vestita Tao 毛叶黄皮
Clausena wampi (Blanco) Oliv.=Clausena lansium
Clausena willdienowii Wight & Arn.(Lévl.in Fl.Kouy-Tcheou 1915)= Clausena dunniana
Clausena yunnanensis Huang 云南黄皮
Clausena yunnanensis var. *dolichocarpa* Liang & Lu ex Huang=Clausena yunnanensis var. longgangensis
Clausena yunnanensis var. longgangensis Liang & Lu 弄岗黄皮
Clausena yunnanensis var. yunnanensis=Clausena yunnanensis
Clausia Kornuch.-Trotzky **香芥属**(十字花科)
Clausia aprica (Steph.) Kornuch-Trotzky 香芥
Clausia aprica var. *trichosepala* (Turcz.) Kornuch-Trotzky=Clausia trichosepala
Clausia trichosepala (Turcz.) Dvorák 香花芥
Clausia turkestanica Lipsky=Pseudoclausia turkestanica
Clausia turkestanica var. *glandulosissima* Lipsky=Pseudoclausia turkestanica
Clausia turkestanica var. *subintegrifolia* Lipsky=Pseudoclausia turkestanica
Clausia ussuriensis N.Buxh.=Dontostemon hispidus
Clavimyrtus latifolia Bl.=Syzygium lineatum
Clavinodum Wen=**Oligostachyum**
Clavinodum globinodum (C.H.Hu) Keng f. & Wen=Pleioblastus globinodus
Clavinodum oedogonatum (Z.P.Wang & G.H.Ye) Wen=Oligostachyum oedogonatum
Cleghornia Wight **金平藤属**(夹竹桃科)
Cleghornia acuminata Wight=Cleghornia malaccensis
Cleghornia chinensis (Merr.) P.T.Li=Sindechites chinensis
Cleghornia cymosa Wight=Cleghornia malaccensis
Cleghornia henryi (Oliv.) P.T.Li=Sindechites henryi
Cleghornia malaccensis (HK.f.) Pichon= Cleghornia malaccensis
Cleghornia malaccensis (HK.) King & Gamble 金平藤
Cleidiocarpon Airy-Shaw **蝴蝶果属**(大戟科)
Cleidiocarpon cavaleriei (Lévl.) Airy-Shaw 蝴蝶果
Cleidiocarpon laurinum Airy Shaw 缅甸蝴蝶果
Cleidion Bl.**棒柄花属**(大戟科)
Cleidion bracteosum Gagn.灰岩棒柄花
Cleidion brevipetiolatum Pax & Hoffm.棒柄花
Cleidion javanicum Bl.(Tutch.in J.L.Soc.Bot.1905)=Cleidion brevipetiolatum
Cleidion javanicum Bl.长棒柄花
Cleidion sect. *Discocleidion* Muell.Arg.=**Discocleidion**
Cleidion xyphophylloidea Croiz.=Trigonostemon xyphopyhlloides
Cleisostoma Bl.**隔距兰属**(兰科)
Cleisostoma acuminatum Rolfe=Pomatocalpa acuminatum
Cleisostoma bifidus (Lindl.) Ames 二裂隔距兰
Cleisostoma birmanicum (Schltr.) Garay 美花隔距兰
Cleisostoma brachybotryum Hay.=Pomatocalpa acuminatum
Cleisostoma brevipes HK.f.=Cleisostoma striatum
Cleisostoma breviracema Hay.=Trichoglottis rosea var. breviracema
Cleisostoma cerinum Hance=Cleisostoma paniculatum
Cleisostoma dawsonianum Rchb.f.=Staurochilus dawsonianus
Cleisostoma elongatum (Rolfe) Garay=Cleisostoma williamsonii
Cleisostoma filiforme (Lindl.) Garay 金塔隔距兰
Cleisostoma flagelliforme (Rolfe ex Downie) Garay(海南志 1977)= Cleisostoma filiforme
Cleisostoma flagelliforme (Rolfe ex Downie) Garay=Cleisostoma fuerstenbergianum
Cleisostoma fordii Hance=Cleisostoma rostratum
Cleisostoma formosanum Hnce=Cleisostoma paniculatum
Cleisostoma fuerstenbergianum Kraenzl.长叶隔距兰
Cleisostoma hongkoengense (Rolfe) Garay=Cleisostoma williamsonii
Cleisostoma ionosma Lindl.(Hay.in Icon.Pl.Formos.1912)=Staurochilus luchuensis
Cleisostoma ionosma f. *lutschuense* Makino=Staurochilus luchuensis
Cleisostoma longiopeculatum Z.H.Tsi 长帽隔距兰
Cleisostoma medogense Z.H.Tsi 西藏隔距兰

Cleisostoma memghaiense Z.H.Tsi 勐海隔距兰
Cleisostoma micranthum (Lindl.) King & Pantl.=Smitinandia micrantha
Cleisostoma nangongense Z.H.Tsi 南贡隔距兰
Cleisostoma oblongisepala Hay.=Trichoglottis rosea var. breviracema
Cleisostoma paniculatum (Ker-Gawl.) Garay 大序隔距兰
Cleisostoma parishii (HK.f.) Garay 短茎隔距兰
Cleisostoma racemifer (Wall.) Rchb.f.总状序隔距兰
Cleisostoma racemiferum (Lindl.) Garay 大叶隔距兰
Cleisostoma rostratum (Lindl.) Garay=Cleisostoma rostratum
Cleisostoma rostratum (Lodd.) Seidenf.尖喙隔距兰
Cleisostoma sagittiforme Garay 隔距兰
Cleisostoma scolopendrifolium (Makino) Garay 蜈蚣兰
Cleisostoma simondii (Gagn.) Seidenf.毛柱隔距兰
Cleisostoma simondii var. guangdongense Z.H.Tsi 广东隔距兰
Cleisostoma simondii var. simondii=Cleisostoma simondii
Cleisostoma spatulatum Bl.=Robiquetia spatulata
Cleisostoma striatum (Rchb.f.) Garay 短序隔距兰
Cleisostoma taiwaniana Hay.=Sarcophyton taiwanianum
Cleisostoma teres Garay(高等图鉴 1976,p.p.,海南志 1977,p.p.)= Cleisostoma simondii var. guangdongense
Cleisostoma teres Garay=Cleisostoma simondii
Cleisostoma uraiense (Hay.) Garay 绿花隔距兰
Cleisostoma virginale Hance=Robiquetia succisa
Cleisostoma viridescens (Fukuyama) Garay=Cleisostoma uraiense
Cleisostoma wendlandorum Rchb.f.=Pomatocalpa spicatum
Cleisostoma williamsonii (Rchb.f.) Garay 红花隔距兰
Cleistanthium nepalense Kunze=Gerbera kunzeana
Cleistanthus HK.f. ex Planch.**闭花木属**(大戟科)
Cleistanthus eburneus Gagn.=Cleistanthus tomentosus
Cleistanthus eburneus var. *sordidus* Gagn.=Cleistanthus tomentosus
Cleistanthus macarophyllus HK.f.大叶闭花木
Cleistanthus pedicellatus HK.f.米咀闭花木
Cleistanthus petelotii Merr. ex Croiz.假肥牛树
Cleistanthus saichikii Merr.=Cleistanthus sumatranus
Cleistanthus sumatranus (Miq.) Muell.Arg.闭花木
Cleistanthus tomentosus Hance 锈毛闭花木
Cleistanthus tonkinensis Jabl.馒头果
Cleistes L.C.Rich **科雷兰属**(兰科)
Cleistes divaricata (L.) Ames 叉唇科雷兰
Cleistes rosea Lindl.红花科雷兰
Cleistocalyx Bl.**水翁属**(桃金娘科)
Cleistocalyx conspersipunctatus Merr. & Perry 大果水翁
Cleistocalyx operculatus (Roxb.) Merr. & Perry 水翁
Cleistocatus Lem.**管花柱属**(仙人掌科)
Cleistocatus baumanii Lem.凌云柱
Cleistocatus strausii (Heese) Backeb.吹雪柱
Cleistogenes Keng **隐子草属**(禾本科)
Cleistogenes caespitosa Keng 丛生隐子草
Cleistogenes chiennsis var. *nakai* Keng=Cleistogenes hackeli var. nakai
Cleistogenes chinensis (Maxim.) Keng 中华隐子草
Cleistogenes chinensis.Keng.(КрЫов Фл.Зал.Сиб.1961)= Cleistogenes kitagawai
Cleistogenes foliosa Keng=Cleistogenes kitagawai var. foliosa
Cleistogenes gracilis Keng 细弱隐子草
Cleistogenes hackeli (Honda) Honda 朝阳隐子草
Cleistogenes hackeli var. *chinensis* (Maxim.) Ohwi=Cleistogenes chinensis
Cleistogenes hackeli var. hackeli=Cleistogenes hackeli
Cleistogenes hackeli var. nakai (Keng) Ohwi 宽叶隐子草
Cleistogenes hancei Keng 北京隐子草
Cleistogenes kitagawai Honda 凌源隐子草
Cleistogenes kitagawai var. foliosa (Keng) S.L.Chen & C.P.Wang 包鞘隐子草
Cleistogenes kitagawai var. kitagawai=Cleistogenes kitagawai
Cleistogenes kokonorica Hao=Orinus kokonorica
Cleistogenes longiflora Keng ex Keng f. & L.Liou 长花隐子草
Cleistogenes mucronata Keng 小尖隐子草
Cleistogenes mutica Keng=Cleistogenes songorica
Cleistogenes nakai (Keng) Honda=Cleistogenes hackeli var. nakai
Cleistogenes polyphylla Keng ex Keng f. & L.Liou 多叶隐子草
Cleistogenes ramiflora Keng & C.P.Wang 枝花隐子草
Cleistogenes serotina (L.) Keng 秋隐子草
Cleistogenes serotina Keng (Грубов, Консл. Ф. МНР. 1955)= Cleistogenes kitagawai
Cleistogenes serotina var. *chinensis* (Maxim.) Hand.-Mazz.=Cleistogenes chinensis
Cleistogenes serotina var. *sinensis* (Hance) Keng=Cleistogenes hancei
Cleistogenes songorica (Roshev.) Ohwi 无芒隐子草
Cleistogenes squarrosa (Trin.) Keng 糙隐子草
Cleistogenes squarrosa var. *longe-aristata* (Rendle) Keng=Cleistogenes squarrosa
Cleistogenes striata Honda=Cleistogenes kitagawai
Clematis L.**铁线莲属**(毛茛科)
Clematis acerifolia Maxim.槭叶铁线莲
Clematis acuminata subsp. *leschenaultiana* Brühl=Clematis leschenaultiana
Clematis acuminata subsp. *leschenaultiana* Ktz.=Clematis leschenaultiana
Clematis acuminata subsp. *sikkimensis* (HK.f. & Thoms) Brühl=Clematis siamensis
Clematis acuminata subsp. *yunnanensis* Brühl=Clematis yunnanensis
Clematis acuminata var. *clarkei* Ktz.=Clematis siamensis var. clarkei
Clematis acuminata var. *hirtella* Hand.-Mazz.=Clematis siamensis
Clematis acuminata var. *hirtella* Hand.-Mazz.=Clematis siamensis
Clematis acuminata var. *leschenaultiana* (DC.) Ktz.=Clematis leschenaultiana
Clematis acuminata var. longicaudata W.T.Wang 长尾尖铁线莲
Clematis acuminata var. *multiflora* H.F.Comb.=Clematis siamensis
Clematis acuminata var. *sikkimensis* HK.f. & Thoms.=Clematis siamensis
Clematis acutangula f. *major* W.T.Wang=Clematis ranunculoides
Clematis aethusifolia Turcz.芹叶铁线莲
Clematis aethusifolia var. aethusifolia=Clematis aethusifolia
Clematis aethusifolia var. latisecta Maxim.宽芹叶铁线莲
Clematis akebioides (Maxim.) Hort. ex Veitch 甘川铁线莲
Clematis akoensis Hay.屏东铁线莲
Clematis alpina subsp. *macropetala* var. *albiflora* Maxim. ex Ktz.= Clematis macropetala var. albiflora
Clematis alpina subsp. *macropetala* var. *rupestris* Turcz. ex Ktz.= Clematis macropetala
Clematis alpina subsp. *sibirica* Ktz.=Clematis sibirica
Clematis alpina var. *chinensis* Maxim.=Clematis sibirica var. ochotensis
Clematis alpina var. *koreana* (Kom.) Nakai=Clematis koreana
Clematis alpina var. *macropetala* Maxim.=Clematis macropetala
Clematis alpina var. *macropetala* subvar. *albiflora* Maxim.=Clematis macropetala var. albiflora
Clematis alpina var. *macropetala* subvar. *rupestris* Maxim.=Clematis macropetala
Clematis alpina var. *ochotensis* (Pall.) Ktz.=Clematis sibirica var. ochotensis
Clematis alsomitrifolia Hay.=Clematis uncinata
Clematis alternata Kitamura & Tamura 互叶铁线莲
Clematis angustifolia Jacq.(Forbes & Hemsl.in J.L.Soc.Bot.1886,p.p.)= Clematis hexapetala var. tchefouensis
Clematis angustifolia Jacq.=Clematis hexapetala
Clematis angustifolia f. *dissecta* (Yabe) Kitag.=Clematis hexapetala
Clematis angustifolia var. *dissecta* Yabe=Clematis hexapetala
Clematis angustifolia var. *longiloba* Freyn=Clematis hexapetala
Clematis angustifolia var. *tchefouensis* Debeaux=Clematis hexapetala var. tchefouensis
Clematis angustifolia α. *longiloba* Freyn=Clematis hexapetala
Clematis angustifolia β. *breviloba* Freyn=Clematis hexapetala
Clematis angustifoliola W.T.Wang=Clematis yunnanensis
Clematis anhweiensis M.C.Chang=Clematis chinensis var. anhweiensis
Clematis anshuensis M.Y.Fang=Clematis clarkeana
Clematis apiifolia DC.女萎
Clematis apiifolia subsp. obtusidentata Rehd. & Wils.钝齿铁线莲
Clematis apiifolia var. apiifolia=Clematis apiifolia
Clematis apiifolia var. argentilucida (H.Lévl. & Vnt.) W.T.Wang 铁齿铁线莲
Clematis apiifolia var. *obtusidentata* Rehd. & Wils.=Clematis apiifolia var. argentilucida
Clematis argentilucida (Lévl. & Vant.) Hj.Eichler=Clematis argentilucida var. likiangensis
Clematis argentilucida (Lévl. & Vant.) W.T.Wang 粗齿铁线莲

Clematis argentilucida var. likiangensis (Rehd.) W.T.Wang 丽江铁线莲
Clematis armandii Franch.小木通
Clematis armandii f. *farquhariana* Rehd. & Wils.=Clematis armandii var. farquhariana
Clematis armandii var. armandii=Clematis armandii
Clematis armandii var. *biondiana* (Pavol.) Rehd.=Clematis armandii
Clematis armandii var. farquhariana (Rehd. & Wils.) W.T.Wang 大花小木通
Clematis armandii var. hefengensis (G.F.Tao) W.T.Wang 鹤庆铁线莲
Clematis asplenifolia Schrenk=Clematis songarica var. asplenifolia
Clematis asplenifolia var. *boissieriana* (Korsh.) Krasch.=Clematis songarica var. asplenifolia
Clematis baominiana W.T.Wang 多毛铁线莲
Clematis barbellata var. obtusa Kitam. & Tamura 吉隆铁线莲
Clematis bartlettii Yamamoto=Clematis parviloba var. bartlettii
Clematis benthamiana Hemsl.(湖北志 1976)=Clematis pashanensis
Clematis benthamiana Hemsl.=Clematis chinensis
Clematis biondiana Pavol=Clematis armandii
Clematis boissieriana Korsh.=Clematis songarica var. asplenifolia
Clematis bracteata (Roxb.) Kurz=Clematis cadmia
Clematis bracteata var. *leptomera* (Hance) Ktz.=Clematis florida
Clematis bracteata γ. *leptomera* (Hance) Ktz.=Clematis florida
Clematis brevicaudata DC.短尾铁线莲
Clematis brevicaudata subsp. *subsericea* Rehd. & Wils.=Tangutica puberula var. subsericea
Clematis brevicaudata subsp. *tenuisepala* Maxim.=Tangutica puberula var. tenuisepala
Clematis brevicaudata var. brevicaudata=Clematis brevicaudata
Clematis brevicaudata var. *filipes* Rehd. & Wils.=Tangutica puberula var. tenuisepala
Clematis brevicaudata var. *gangpiniana* (Lévl.) Vant.) Hand.-Mazz.= Clematis puberula var. ganpiniana
Clematis brevicaudata var. *leiophylla* Hand.-Mazz.=Clematis puberula var. ganpiniana
Clematis brevicaudata var. *lissocarpa* Rehd. & Wils.=Clematis puberula var. ganpiniana
Clematis brevicaudata var. malacotricha W.T.Wang 密毛短尾铁线莲
Clematis brevicaudata var. *subsericea* Rehd. & Wils.=Clematis puberula var. subsericea
Clematis brevicaudata var. *tenuisepala* Maxim.=Clematis puberula var. tenuisepala
Clematis brevipes Rehd.短梗铁线莲
Clematis buchananiana DC.毛木通
Clematis buchananiana subsp. *connata* Ktz.=Clematis connata
Clematis buchananiana subsp. *trullifera* Franch.=Clematis connata var. trullifera
Clematis buchananiana subsp. vitifolia HK.f. & Thoms.膜叶毛木通
Clematis buchananiana var. *rugosa* HK.f. & Thoms.=Clematis buchananiana
Clematis buchananiana var. *trullifera* Franch.=Clematis connata var. trullifera
Clematis burmanica Lace 緬甸铁线莲
Clematis cadmia Buch.-Ham.短柱铁线莲
Clematis caesariata Hance=Clematis leschenaultiana
Clematis canescens (Turcz.) W.T.Wang & M.C.Chang=Clematis fruticosa var. canescens
Clematis canescens subsp. *viridis* W.T.Wang & M.C.Chang=Clematis viridis
Clematis canescens var. *viridis* (W.T.Wang. & M.C.Chang) W.T.Wang= Clematis viridis
Clematis caudigera W.T.Wang 尾尖铁线莲
Clematis cavaleriei Lévl. & Porter=Clematis chinensis
Clematis chanetii Lévl.=Clematis kirilowii var. chanetii
Clematis chekiangensis Péi 浙江铁线莲
Clematis cheusanensis Plukenet=Veronicastrum stenostachyum subsp. plukenetii
Clematis chinensis Osbeck(Finet & Gagn.in Bull.Soc.Bot.1903,p.p.)= Clematis pashanensis
Clematis chinensis Osbeck 威灵仙
Clematis chinensis Retz.=Clematis chinensis
Clematis chinensis f. *vestita* Rehd. & Wils.=Clematis chinensis var. vestita
Clematis chinensis var. anhweiensis (M.C.Chang) W.T.Wang 安徽威灵仙
Clematis chinensis var. chinensis=Clematis chinensis
Clematis chinensis var. *uncinata* (Champ. ex Benth.) Ktz.=Clematis uncinata
Clematis chinensis var. vestita (Rehjd. & Wils.) W.T.Wang 毛叶威灵仙
Clematis chingii W.T.Wang 两广铁线莲
Clematis chiupehensis M.Y.Fang 邱北铁线莲
Clematis chrysantha Ulbr.=Clematis tangutica
Clematis chrysocoma Franch.金毛铁线莲
Clematis chrysocoma var. ? Hand.-Mazz.=Clematis montana var. glabrescens
Clematis chrysocoma var. *glabrescens* H.F.Cobm.=Clematis montana var. glabrescens
Clematis chrysocoma var. *laxistrigosa* W.T.Wang & M.C.Chang=Clematis laxistrigosa
Clematis chrysocoma var. *sericea* (Franch.) Schneid.=Clematis chrysocoma
Clematis cirrhosa var. *napaulensis* (DC.) Kutz.=Clematis napaulensis
Clematis cirrhosa α. *nepalensis* (DC.) Ktz.=Clematis napaulensis
Clematis clarkeana Lévl. & Vant.(Hand.-Mazz.in Symb.Sin.1931)= Clematis yunnanensis
Clematis clarkeana Lévl. & Vant.平坝铁线莲
Clematis clarkeana var. *stenophylla* Hand.-Mazz.=Clematis yunnanensis
Clematis coerulea Lindl.=Clematis patens
Clematis connata DC.(Hand.-Mazz.in Act.Hort.Gothob.1939)= Clematis connata var. trullifera
Clematis connata DC.合柄铁线莲
Clematis connata subsp. *sublanata* W.T.Wang=Clematis connata var. trullifera
Clematis connata var. *bipinnata* M.Y.Fang=Clematis connata var. pseudoconnata
Clematis connata var. connata=Clematis connata
Clematis connata var. pseudoconnata (Ktz.) W.T.Wang 川藏铁线莲
Clematis connata var. trullifera (Franch.) W.T.Wang 杯柄铁线莲
Clematis coriigera Lévl.=Clematis connata var. trullifera
Clematis corniculata W.T.Wang 角萼铁线莲
Clematis courtoisii Hand.-Mazz.大花威灵仙
Clematis crassifolia Benth.厚叶铁线莲
Clematis crassipes Chun & How 粗柄铁线莲
Clematis crassipes var. crassipes=Clematis crassipes
Clematis crassipes var. pubipes W.T.Wang 毛序粗柄铁线莲
Clematis dasyandra Maxim.毛花铁线莲
Clematis dasyandra var. *polyantha* Finet & Gagn.=Clematis dasyndra
Clematis davidiana Decne. ex Verlot=Clematis heracleifolia
Clematis delavayi Franch.银叶铁线莲
Clematis delavayi var. calvescens Schneid.疏毛银叶铁线莲
Clematis delavayi var. delavayi=Clematis delavayi
Clematis delavayi var. limprichtii Ulbr.裂银叶铁线莲
Clematis delavayi var. spinescens Balf. f. ex Diels 刺铁线莲
Clematis dilatata Péi 舟柄铁线莲
Clematis dioscoreifolia H.Lévl. & Vnt.=Clematis terniflora
Clematis dioscoreifolia var. *robusta* (Carr.) Rehd.=Clematis terniflora
Clematis dolichosepala Hay.=Clematis akoensis
Clematis drakeana Lévl. & Vant.=Clematis uncinata
Clematis duclouxii Lévl.=Clematis lancifolia
Clematis ethusifolia var. latisecta Maxim.宽叶铁线莲
Clematis faberi Hemsl. & Wils.=Clematis pogonandra
Clematis fargesii Franch.=Clematis potaninii
Clematis fargesii var. *souliei* Finet & Gagn.=Clematis potaninii
Clematis fasciculiflora Franch.滑叶藤
Clematis fasciculiflora var. angustifolia Comb.狭叶滑叶藤
Clematis fasciculiflora var. fasciculiflora=Clematis fasciculiflora
Clematis fengii W.T.Wang 国楣铁线莲
Clematis filamentosa Dunn=Clematis loureiroana
Clematis finetiana Lévl. & Vant.山木通
Clematis finetiana var. finetiana=Clematis finetiana
Clematis finetiana var. pedata W.T.Wang 鸟足叶铁线莲
Clematis flammula robusta Carr.=Clematis terniflora
Clematis floribunda (Hay.) Yamamoto=Clematis uncinata
Clematis florida Thunb.(Courtois in Bull.Soc.Bot.Fr.1925)=Clematis courtoisii
Clematis florida Thunb.(Henry in Gard.Chron.1902)=Clematis longistyla
Clematis florida Thunb.铁线莲

Clematis florida b. *lanuginosa* Ktz.=Clematis lanuginosa
Clematis florida var. florida=Clematis florida
Clematis florida var. *hancockiana* (Maxim.) Court.=Clematis hancockiana
Clematis florida var. *hancockiana* (Maxim.) Court.=Clematis hancockiana
Clematis florida var. *lanuginosa* (Lindl.) Ktz.=Clematis lanuginosa
Clematis florida var. plena D.Don 重瓣铁线莲
Clematis formosana Ktz.宝岛铁线莲
Clematis forrestii W.W.Sm.=Clematis napaulensis
Clematis fruticosa Turcz.(Rehd. & Wils.in Sarg.Pl.Wils.1913)=Clematis viridis
Clematis fruticosa Turcz.灌木铁线莲
Clematis fruticosa f. *atriplexifolia* Kozl.=Clematis fruticosa var. lobata
Clematis fruticosa f. *chenopodiofolia* Kozl.=Clematis fruticosa var. lotata
Clematis fruticosa f. *lanceifolia* Kozl.=Clematis tomentella
Clematis fruticosa var. canescens Turcz.毛灌木铁线莲
Clematis fruticosa var. fruticosa=Clematis fruticosa
Clematis fruticosa var. lobata Maxim.浅裂铁线莲
Clematis fruticosa var. *tomentella* Maxim.=Clematis tomentella
Clematis fruticosa var. *viridis* Turcz.=Clematis fruticosa
Clematis fruticosa α. *viridis* Turcz.=Clematis fruticosa
Clematis fruticosa β. *canescens* Turcz.=Clematis fruticosa var. canescens
Clematis fruticosa β. *lobata* Maxim.=Clematis fruticosa
Clematis fulvicoma Rehd. & Wils.滇南铁线莲
Clematis funebris Lévl. & Vant.=Clematis chinensis
Clematis fusca Turcz.褐毛铁线莲
Clematis fusca f. *obtusifoliola* Ktz.=Clematis fusca
Clematis fusca subsp. *violacea* (Maxim.) Kitag.=Clematis fusca var. vilacea
Clematis fusca var. *amurensis* Ktz.=Clematis fusca
Clematis fusca var. fusca=Clematis fusca
Clematis fusca var. *mandshurica* Rgl.=Clematis fusca
Clematis fusca var. vilacea Maxim.紫花铁线莲
Clematis fusca γ. *amurensis* Ktz.=Clematis fusca
Clematis fusca γ. *mandshurica* Rgl.=Clematis fusca
Clematis gagnepainiana Lévl. & Vant.=Clematis uncinata
Clematis gangpiniana var. *subsericea* (Rehd. & Wils.) C.T.Ting=Clematis puberula var. subsericea
Clematis gangpiniana var. *tenuisepala* (Maxim.) C.T.Ting=Clematis puberula var. tenuisepala
Clematis ganpiniana (Lévl. & Vant.) Tamura=Clematis puberula var. ganpiniana
Clematis ganpiniana var. *subsericea* (Rehd. & Wils.) C.T.Ting=Clematis puberula var. subsericea
Clematis garanbiensis Hay.=Clematis terniflora var. garanbiensis
Clematis gebleriana Bong.=Clematis songarica
Clematis glabrifolia K.Sun & M.S.Yan 光叶铁线莲
Clematis glauca Willd.粉绿铁线莲
Clematis glauca var. *akebioides* (Maxim.) Rehd. & Wils.=Clematis akebioides
Clematis glauca var. *angustifolia* Ledeb.=Clematis intricata
Clematis glauca β. *angustifolia* Ledeb.=Clematis intricata
Clematis gouriana Roxb. ex DC.小蓑衣藤
Clematis gouriana Roxb.(台湾志.1976)=Clematis javana
Clematis gouriana Roxb.(苏南植物手册 1959)=Clematis peterae var. trichocarpa
Clematis gouriana subsp. *lishanensis* T.Y.Yang & T.C.Huang=Clematis peterae var. lishanensis
Clematis gouriana var. *finetii* Rehd. & Wils.=Clematis peterae
Clematis gracilifolia Rehd. & Wils.(Rehd. in J.Arn.Arb. 1928,p.p.)= Clematis gracilifolia var. macrantha
Clematis gracilifolia Rehd. & Wils.薄叶铁线莲
Clematis gracilifolia var. dissectifolia W.T.Wang & M.C.Chang 狭裂薄叶铁线莲
Clematis gracilifolia var. gracilifolia=Clematis gracilifolia
Clematis gracilifolia var. lasiocarpa W.T.Wang 毛果薄叶铁线莲
Clematis gracilifolia var. macrantha W.T.Wang & M.C.Chang 大花薄叶铁线莲
Clematis gracilifolia var. *pentaphylla* (Maxim.) W.T.Wang=Clematis gracilifolia
Clematis gracilifolia var. *trifoliata* M.F.Johns.=Clematis gracilifolia
Clematis grandidentata (Rehd. & Wils.) W.T.Wang 粗齿铁线莲
Clematis grandidentata var. grandidentata=Clematis grandidentata
Clematis grandidentata var. likiangensis (Rehd.) W.T.Wang 丽江铁线莲
Clematis granulata (Finet & Gagn.) Ohwi=Clematis meyeniana var. granulata
Clematis grata Wall.(Forbes & Hemsl.in J.L.Soc.Bot.1886,p.p.)=Clematis argentilucida
Clematis grata Wall.秀丽铁线莲
Clematis grata var. *argentilucida* (Lévl. & Vant.) Rehd.=Clematis apiifolia var. argentilucida
Clematis grata var. *grandidentata* Rehd. & Wils.=Clematis argentilucida
Clematis grata var. *likiangensis* Rehd.=Clematis grandidentata var. likiangensis
Clematis grata var. *lobulata* Rehd. & Wils.=Clematis gratopsis
Clematis grata var. *lobulata* Rehd. Wils.=Clematis javana
Clematis grata var. *ryukiuensis* Tamura=Clematis javana
Clematis gratopsis W.T.Wang 金佛铁线莲
Clematis gratopsis var. *integriloba* W.T.Wang=Clematis wissmanniana
Clematis graveclens Lindl.(HK.in Curtis,s Bot.Mag.1850)=Clematis tenuifolia
Clematis graveolens Lindl. (植物志 28,1980) =Clematis zandaensis
Clematis grewiiflora DC.黄毛铁线莲
Clematis hainanensis W.T.Wang 海南铁线莲
Clematis hakonensis Franch. & Sav.(Courtois in Mem.HisT.NaT.Chin. 1920) =Clematis cadmia
Clematis hancockiana Maxim.毛萼铁线莲
Clematis hastata Fient & Gagn.戟状铁线莲
Clematis hayatae Kudo & Masamune=Clematis henryi
Clematis hefengensis G.F.Tao=Clematis armandii var. hefengensis
Clematis henryi Oliv.单叶铁线莲
Clematis henryi var. henryi=Clematis henryi
Clematis henryi var. *leptophylla* Hay.=Clematis henryi
Clematis henryi var. mollis W.T.Wang 毛单叶铁线莲
Clematis henryi var. *morii* (Hay.) T.Y.Yang & T.C.Huang=Clematis morii
Clematis henryi var. ternata M.Y.Fang 陕南单叶铁线莲
Clematis heracleifolia DC.大叶铁线莲
Clematis heracleifolia var. *davidiana* (Decne. ex Verlot) Ktz.=Clematis heracleifolia
Clematis heracleifolia var. *ichangensis* Rehd. & Wils=Clematis heracleifolia
Clematis heracleifolia var. *taiwanica* S.Suzuki & Hosokawa=Clematis psilandra
Clematis hexapetala Pall.棉团铁线莲
Clematis hexapetala f. *dissecta* (Yabe) Kitag.=Clematis hexapetala
Clematis hexapetala var. *elliptica* S.Y.Hu=Clematis hexapetala var. tchefouensis
Clematis hexapetala var. hexapetala=Clematis hexapetala
Clematis hexapetala var. *insularis* S.Y.Hu=Clematis hexapetala var. tchefouensis
Clematis hexapetala var. *longiloba* (Freyn) S.Y.Hu=Clematis hexapetala
Clematis hexapetala var. *smithiana* S.Y.Hu=Clematis hexapetala
Clematis hexapetala var. tchefouensis (Debeaux) S.Y.Hu 长冬草
Clematis hexapetela f. *breviloba* (Freyn) Nakai=Clematis hexapetala
Clematis hexapetela f. *longiloba* (Freyn) S.H.Li & Y.H.Huang=Clematis hexapetala
Clematis honanensis S.Y.Wang & C.L.Chang=Clematis pseudootophora
Clematis huchouensis Tamura 吴兴铁线莲
Clematis hupehensis Hemsl. & Wils.湖北铁线莲
Clematis ianthina var. *manshurica* (Rgl.) Nakai=Clematis fusca
Clematis ianthina var. *violacea* (Maxim.) Nakai=Clematis fusca var. vilacea
Clematis iliensis Y.S.Hou & W.H.Hou 伊犁铁线莲
Clematis ingegrifolia L.全缘铁线莲
Clematis insularialpina Hay.=Clematis montana
Clematis integrifolia L.全缘铁线莲
Clematis integrifolia var. *normalis* Ktz.=Clematis ingegrifolia
Clematis intricata Bge.黄花铁线莲
Clematis intricata var. intricata=Clematis intricata
Clematis intricata var. purpurea Y.Z.Zhao 变异黄花铁线莲
Clematis intricata var. purpurea Y.Z.Zhao 紫萼铁线莲
Clematis intricata var. *serrata* (Maxim.) Kom.=Clematis serratifolia
Clematis intricata var. *wilfordi* (Maxim.) Kom.=Clematis serratifolia
Clematis iochanica Ulbr.=Clematis lancifolia
Clematis japonica var. *simsii* Makino=Clematis florida
Clematis japonica var. *urophylla* Ktz.=Clematis urophylla
Clematis javana DC.台湾铁线莲

Clematis jialasaensis W.T.Wang 加拉萨铁线莲
Clematis jialasaensis var. jialasaensis =Clematis jialasaensis
Clematis jialasaensis var. macrantha W.T.Wang 滇北铁线莲
Clematis jingdungensis W.T.Wang 多花铁线莲
Clematis jinzhaiensis Z.W.Xue & X.W.Wang 金寨铁线莲
Clematis kamtscharica Bong.=Clematis fusca
Clematis kerriana J.R.Drumm. & Craib=Clematis subumbellata
Clematis kilungensis W.T.Wang & M.Y.Fang=Clematis barbellata var. obtusa
Clematis kirilowii Maxim.太行铁线莲
Clematis kirilowii var. chanetii (Lévl.) Hand.-Mazz.狭裂太行铁线莲
Clematis kirilowii var. kirilowii=Clematis kirilowii
Clematis kirilowii var. *latisepala* (M.C.Chang) W.T.Wang=Clematis pashanensis var. latisepala
Clematis kirilowii var. *pashanensis* M.C.Chang=Clematis pashanensis
Clematis kockiana C.K.Schneid.滇川铁线莲
Clematis komaroviana Koidz.=Clematis koreana
Clematis komarovii Koidz.=Clematis koreana
Clematis koreana Kom.朝鲜铁线莲
Clematis kuntziana Lévl. & Vant.=Clematis montana
Clematis kweichowensis Péi 贵州铁线莲
Clematis lancifolia Bur. & Franch.披针叶铁线莲
Clematis lancifolia var. lancifola=Clematis lancifolia
Clematis lancifolia var. ternata W.T.Wang 竹叶铁线莲
Clematis lanuginosa Lindl.毛叶铁线莲
Clematis lasiandra Maxim.毛蕊铁线莲
Clematis laxipaniculata Péi=Clematis subumbellata
Clematis laxistrigosa (W.T.Wang & M.C.Chang) W.T.Wang 糙毛铁线莲
Clematis leiocarpa Oliv.=Clematis uncinata var. coriacea
Clematis leptomera Hance=Clematis florida
Clematis leschenaultiana DC.锈毛铁线莲
Clematis leschenaultiana var. *angustifolia* Hay.=Clematis leschenaultiana
Clematis leschenaultiana var. *denticulata* Merr.=Clematis leschenaultiana
Clematis leschenaultiana var. *rubifolia* (C.H.Wright) W.T.Wang=Clematis rubifolia
Clematis liaotungensis Kitag.=Clematis terniflora subsp. mandshurica
Clematis liboensis Z.R.Xu 荔波铁线莲
Clematis limprichtii Ulbr.=Clematis delavayi var. limprichtii
Clematis lingyunensis W.T.Wang 凌云铁线莲
Clematis longisepala Hay.=Clematis tashiroi
Clematis longistyla Hand.-Mazz.光柱铁线莲
Clematis loureiriana DC.菝葜叶铁线莲
Clematis loureiriana subsp. *subpeltata* (Wall.) Hand.-Mazz.=Clematis loureiriana
Clematis loureiriana var. *peltata* W.T.Wang=Clematis smilacifolia var. peltata
Clematis macropetala Ledeb.长瓣铁线莲
Clematis macropetala var. albiflora (Maxim.) Hand.-Mazz.白花长瓣铁线莲
Clematis macropetala var. macropetala=Clematis macropetala
Clematis macropetala var. *rupestris* (Turcz.) Hand.-Mazz.=Clematis macropetala
Clematis mandshurica Rupr.=Clematis terniflora subsp. mandshurica
Clematis martini Lévl.=Clematis gouriana
Clematis mashanensis W.T.Wang 马山铁线莲
Clematis matsumurana Yabe=Clematis kirilowii
Clematis maximowicziana Franch. & Sav.=Clematis terniflora
Clematis maximowicziana var. *robusta* (Carr.) Nakai=Clematis terniflora
Clematis menglaensis M.C.Chang 勐腊铁线莲
Clematis metouensis M.Y.Fang 墨脱铁线莲
Clematis meyeniana Walp.毛柱铁线莲
Clematis meyeniana f. *major* Sprag.=Clematis meyeniana
Clematis meyeniana f. *retusa* Sprag.=Clematis meyeniana
Clematis meyeniana var. granulata Finet & Gagn.沙叶铁线莲
Clematis meyeniana var. insularis Sprague 光梗毛柱铁线莲
Clematis meyeniana var. meyeniana=Clematis meyeniana
Clematis meyeniana var. *pavoliniana* (Pamp.) Sprag.=Clematis finetiana
Clematis meyeniana var. uniflora W.T.Wang 单花毛柱铁线莲
Clematis minggangiana W.T.Wang=Clematis siamensis
Clematis minor Lour.=Clematis chinensis
Clematis moisseenkoi (Serov) W.T.Wang 绒萼铁线莲
Clematis montana Buch.-Ham. ex DC.锈球藤
Clematis montana Buch.-Ham.(D.Don in Prodr.Fl.Nep.1825)=Clematis napaulensis
Clematis montana var. brevifoliola Ktz.伏毛绣球藤
Clematis montana var. *fasciculiflora* (Franch.) Brühl=Clematis fasciculiflora
Clematis montana var. glabrescens (H.F.Comb.) W.T.Wang & M.C.Chang 毛果绣球藤
Clematis montana var. grandiflora HK.大绣球藤(新)
Clematis montana var. longipes W.T.Wang 大花绣球藤
Clematis montana var. montana=Clematis montana
Clematis montana var. *pentaphylla* Maxim.=Clematis gracilifolia
Clematis montana var. *potanini* (Maxim.) Finet & Gagn.=Clematis potaninii
Clematis montana var. *rubens* Wils.=Clematis montana subsp. grandiflora
Clematis montana var. *sericea* Franch.=Clematis chrysocoma
Clematis montana var. sterilis Hand.-Mazz.小叶锈球藤
Clematis montana var. *trichogyna* M.C.Chang=Clematis montana var. glabrescens
Clematis montana var. *wilsonii* f. *platysepala* Rehd. & Wils.=Clematis montana subsp. wilsonii
Clematis montana var. wilsonii Sprang.晚花锈球藤
Clematis morii Hay.台湾丝瓜花
Clematis morii Hay.森氏铁线莲
Clematis multiflora (H.F.Comb.) W.T.Wang=Clematis siamensis
Clematis nannophylla Maxim.(Rehd.in J.Arn.Arb.1923)=Clematis nannophylla var. foliosa
Clematis nannophylla Maxim.小叶铁线莲
Clematis nannophylla var. foliosa Maxim.多叶铁线莲
Clematis nannophylla var. nannophylla=Clematis nannophylla
Clematis nannophylla var. pinnatisecta W.T.Wang & L.Q.Li 长小叶铁线莲
Clematis napaulensis DC.合苞铁线莲
Clematis napoensis W.T.Wang 那坡铁线莲
Clematis ningjingshanica W.T.Wang 宁静山铁线莲
Clematis nobilis Nakai=Clematis xibirica var. ochotensi
Clematis nukiangensis M.Y.Fang 怒江铁线莲
Clematis nutans var. *aethusifolia* Ktz.=Clematis aethusifolia
Clematis nutans var. *pseudoconnata* Ktz.=Clematis connata var. pseudoconnata
Clematis nutans var. *thyrsoidea* Rehd. & Wils.=Clematis rehderiana
Clematis obscura Maxim.秦岭铁线莲
Clematis obtusidentata (Rehd. & Wils.) Hj.Eichler=Clematis apiifolia subsp. argentilucida
Clematis ochotensis (Pall.) Poiret=Clematis sibirica var. ochotensis
Clematis okinawensis Ohwi=Clematis uncinata var. okinawensis
Clematis okinawensis var. *trichocarpa* (Tamura) Tamura=Clematis uncinata var. okinawensis
Clematis oligocarpa Lévl. & Vant.=Clematis chinensis
Clematis oreophila Hance=Clematis meyeniana
Clematis orientalis L.东方铁线莲
Clematis orientalis var. *akebioides* Maxim.=Clematis akebioides
Clematis orientalis var. *glauca* Maxim.=Clematis glauca
Clematis orientalis var. *intricata* (Bge.) Maxim.=Clematis intricata
Clematis orientalis var. orientalis=Clematis orientalis
Clematis orientalis var. *robusta* W.T.Wang=Clematis orientalis var. sinorobusta
Clematis orientalis var. *serrata* Maxim.=Clematis serratifolia
Clematis orientalis var. sinorobusta W.T.Wang 粗梗东方铁线莲
Clematis orientalis var. *tangutica* Maxim.=Clematis tangutica
Clematis orientalis var. *wilfordi* Maxim.=Clematis serratifolia
Clematis ornithopus Ulbr.=Clematis armandii
Clematis otophora Franch. ex Finet & Gagn.宽柄铁线莲
Clematis otophora var. *nanensis* K.Sun & M.S.Yan=Clematis otophora
Clematis owatarii Hay.=Clematis akoensis
Clematis pamiralaica Grey-Wilson 帕米尔铁线莲
Clematis paniculata Thunb.(秦岭志 1974,p.p.)=Clematis pashanensis var. latisepala
*Clematis paniculata*Thunb.=Clematis terniflora
Clematis parviloba Gardn. & Champ.裂叶铁线莲
Clematis parviloba subsp. *bartlettii* (Yamamoto) T.Y.Yang & T.C.Huang=Clematis parviloba var. bartlettii
Clematis parviloba var. bartlettii (Yamamoto) W.T.Wang 巴氏铁线莲
Clematis parviloba var. *ganpiniana* (Lévl. & Vant.) Rehd.=Clematis

puberula var. ganpiniana
Clematis parviloba var. *glabrescens* Finet & Gagn.=Clematis puberula var. ganpiniana
Clematis parviloba var. longiathera W.T.Wang 长药裂叶铁线莲
Clematis parviloba var. parviloba=Clematis parviloba
Clematis parviloba var. rhombicoelliptica W.T.Wang 棱果裂叶铁线莲
Clematis parviloba var. suboblonga W.T.Wang 长圆裂叶铁线莲
Clematis parviloba var. *tenuipes* (W.T.Wang) C.T.Ting=Clematis tenuipes
Clematis pashanensis (M.C.Chang) W.T.Wang 巴山铁线莲
Clematis pashanensis var. latisepala (M.C.Chang) W.T.Wang 尖药巴山铁线莲
Clematis pashanensis var. pashanensis=Clematis pashanensis
Clematis patens Morr. & Decne.转子莲
Clematis patens subsp. *tientaiensis* M.Y.Fang=Clematis patens var. tientaiensis
Clematis patens var. patens=Clematis patens
Clematis patens var. tientaiensis (M.Y.Fang) W.T.Wang 天台铁线莲
Clematis pavoliniana Pamp.=Clematis finetiana
Clematis peterae Hand.-Mazz.钝萼铁线莲
Clematis peterae var. lishanensis (T.Y.Yang & T.C.Huang) W.T.Wang 梨山铁线莲
Clematis peterae var. *mollis* W.T.Wang=Clematis peterae
Clematis peterae var. peterae=Clematis peterae
Clematis peterae var. trichocarpa W.T.Wang 毛果铁线莲
Clematis phaseolifolia W.T.Wang=Clematis vaniotii
Clematis philippiana Lévl.=Clematis ranunculoides
Clematis pianmaensis W.T.Wang 片马铁线莲
Clematis pierotii Miq.(Finet & Gagn.in Bull.Soc.Bot.Fr.1903,p.p.)=Clematis puberula var. ganpiniana
Clematis pierotii Miq.=Clematis parviloba
Clematis pinchuanensis W.T.Wang & M.Y.Fang 宾川铁线莲
Clematis pinchuanensis var. pinchuanensis=Clematis pinchuanensis
Clematis pinchuanensis var. tomentosa (Finet & Gagn.) W.T.Wang 三出宾川铁线莲
Clematis pinnata Maxim.羽叶铁线莲
Clematis pinnata var. pinnata=Clematis pinnata
Clematis pinnata var. *tatarinowii* (Maxim.) Ktz.=Clematis tatarinowii
Clematis pinnata var. ternatifolia W.T.Wang 平谷铁线莲
Clematis platysepala (Trautv. & Mey.) Hand.-Mazz.=Clematis sibirica var. ochotensis
Clematis pogonandra Maxim.须蕊铁线莲
Clematis pogonandra var. alata W.T.Wang & M.Y.Fang 雷波铁线莲
Clematis pogonandra var. *pilosa* Rehd. & Wils(植物志 28,1980)=Clematis pogonandra var. pilosula
Clematis pogonandra var. pilosula Rehd. & Wils 多毛须蕊铁线莲
Clematis pogonandra var. pogonandra=Clematis pogonandra
Clematis potaninii Maxim.美花铁线莲
Clematis potaninii var. *fargesii* (Franch.) Hand.-Mazz.=Clematis potaninii
Clematis prattii Hemsl.=Clematis pogonandra
Clematis pseudootophora M.Y.Fang 华中铁线莲
Clematis pseudootophora var. *integra* W.T.Wang=Clematis pseudootophora
Clematis pseudopogonandra Finet & Gagn.西南铁线莲,
Clematis pseudopogonandra var. *paucidentata* Finet & Gagn.=Clematis pseudopogonandra
Clematis psilandra Kitag.光蕊铁线莲
Clematis pterantha Dunn 思茅铁线莲
Clematis pterantha var. *grossedentata* Rehd. & Wils.=Clematis ranunculoides
Clematis puberula HK.f. & Thoms.短毛铁线莲
Clematis puberula var. ganpiniana (H.Lévl. & Vnt.) W.T.Wang 扬子铁线莲
Clematis puberula var. puberula=Clematis puberula
Clematis puberula var. subsericea (Rehd. & Wils.) W.T.Wang 毛叶扬子铁线莲
Clematis puberula var. tenuisepala (Maxim.) W.T.Wang 毛果扬子铁线莲
Clematis pubipes (W.T.Wang) W.T.Wang=Clematis crassipes var. pubipes
Clematis quinquefoliolata Hutch.五叶铁线莲
Clematis ranunculoides Franch.毛茛铁线莲
Clematis ranunculoides var. cordata M.Y.Fang 心叶铁线莲
Clematis ranunculoides var. *grossedentata* (Rehd. & Wils.) Hand.-Mazz.=Clematis ranunculoides
Clematis ranunculoides var. *pterantha* (Dunn) M.Y.Fang=Clematis pterantha
Clematis ranunculoides var. ranunculoides=Clematis ranunculoides
Clematis ranunculoides var. *tomentosa* Finet & Gagn.=Clematis pinchuanensis var. toentosa
Clematis recta L.(Finet & Gagn.in Bull.Soc.Bot.Fr.1903,p.p.)=Clematis terniflora
Clematis recta L.(Rgl Tent.Fl.Ussur.1861)=Clematis terniflora subsp. mandshurica
Clematis recta subsp. *chinensis* 4. *uncinata* (Champ.) Ktz.=Clematis uncinata
Clematis recta subsp. *kirilowii* (Maxim.) Ktz.=Clematis kirilowii
Clematis recta subsp. *nannophylla* (Maxim.) Ktz.=Clematis nannophylla
Clematis recta subsp. *songarica* (Bge.) Ktz.=Clematis songarica
Clematis recta var. *mandshurica* (Rupr.) Maxim.(Forbes & Hemsl.in J. L. Soc.Bot.1886,p.p.)=Clematis terniflora
Clematis recta var. *mandshurica* (Rupr.) Maxim.=Clematis terniflora subsp. mandshurica
Clematis rehderiana Craib 长花铁线莲
Clematis repens Finet & Gagn.曲柄铁线莲
Clematis rubifolia Wright 莓叶铁线莲
Clematis sasakii Shim.=Clematis formosana
Clematis sect. *Archiclematis* Tamura=**Archiclematis**
Clematis serrata (Maxim.) Kom.=Clematis serratifolia
Clematis serratifolia Rehd.齿叶铁线莲
Clematis shenlungchiaensis M.Y.Fang 神农架铁线莲
Clematis shensiensis W.T.Wang 陕西铁线莲
Clematis siamensis J.R.Drumm. & Craib 锡金铁线莲
Clematis siamensis var. clarkei (Ktz.) W.T.Wang 毛萼锡金铁线莲
Clematis siamensis var. monantha (W.T.Wang & L.Q.Li) W.T.Wang & L. Q.Li 单花锡金铁线莲
Clematis siamensis var. siamensis=Clematis siamensis
Clematis sibirica (L.) Mill.西伯利亚铁线莲
Clematis sibirica var. *iliensis* (Y.S.Hou & W.H.Hou) J.G.Liu=Clematis iliensis
Clematis sibirica var. ochotensis (Pall.) S.H.Li & Y.H.Huang 半钟铁线莲
Clematis sibirica var. sibirica=Clematis sibirica
Clematis sibirica var. *tianzhuensis* M.S.Yang T.K.Sun=Clematis sibirica
Clematis sikkimensis Drumm. ex Burkill=Clematis siamensis
Clematis sikkimensis var. *clarkei* (Ktz.) W.T.Wang=Clematis siamensis var. clarkei
Clematis sikkimensis var. *monantha* W.T.Wang & L.Q.Li=Clematis siamensis var. monantha
Clematis sinensis Lour.=Clematis chinensis
Clematis sinii W.T.Wang 辛氏铁线莲
Clematis smilacifolia Wall.菝葜叶铁线莲
Clematis smilacifolia var. peltata (W.T.Wang) W.T.Wang 盾叶铁线莲
Clematis smilacifolia var. smilacifolia=Clematis smilacifolia
Clematis smilacifolia var. *subpeltata* (Wall.) Ktz.=Clematis loureiriana
Clematis songarica Bge.准噶尔铁线莲
Clematis songarica var. asplenifolia (Schrenk) Trautv.蕨叶铁线莲
Clematis songarica var. *intermedia* Truautv.=Clematis songarica var. asplenifolia
Clematis songorica var. songorica=Clematis sognorica
Clematis souliei Franch. ex Finet & Gagn.=Clematis potaninii
Clematis splendens Lévl. & Vant.=Clematis rubifolia
Clematis spooneri Rehd. & Wils.=Clematis chrysocoma
Clematis spooneri var. *subglabra* S.Y.Hu=Clematis montana
Clematis stronachii Hance=Clematis cadmia
Clematis subfalcata C.Pei ex M.Y.Fang=Clematis yunnanensis
Clematis subfalcata var. *pubipes* W.T.Wang=Clematis yunnanensis
Clematis subfalcata var. *stenophylla* (Hand.-Mazz.) W.T.Wang=Clematis yunnanensis
Clematis subpeltata Wall.=Clematis loureiriana
Clematis subumbellata Kurz 细木通
Clematis taiwaniana Hay.=Clematis javana
Clematis tamurae T.Y.Yang & T.C.Huang 田村铁线莲
Clematis tangutica (Maxim.) Korsh.甘青铁线莲
Clematis tangutica var. obtusiuscula Rehd. & Wils.钝萼甘青铁线莲
Clematis tangutica var. pubescens M.C.Chang & P.P.Ling 毛萼甘青铁线莲
Clematis tangutica var. tangutica=Clematis tangutica

Clematis tashiroi Maxim.长萼铁线莲
Clematis tatarinowii Maxim.细花铁线莲
Clematis tenuifolia Royle 西藏铁线莲
Clematis tenuipes W.T.Wang 细梗铁线莲
Clematis teretipes W.T.Wang 柱梗铁线莲
Clematis terniflora DC.(Hand.-Mazz.in Act.Hort.Gothob.1939)=Clematis terniflora subsp. mandshurica
Clematis terniflora DC.(Maxim.in Bull.Acad.Sci.ST.-Pétersb.1876,p.p.)= Clematis chinensis
Clematis terniflora DC.圆锥铁线莲
Clematis terniflora subsp. *garanbiensis* (Hay.) M.C.Chang= Clematis terniflora var. garanbiensis
Clematis terniflora subsp. mandshurica (Rupr.) Ohwi= Clematis terniflora var. mandshurica
Clematis terniflora var. garanbiensis (Hay.) M.C.Chang 鸳銮鼻铁线莲
Clematis terniflora var. *latisepala* M.C.Chang=Clematis pashanensis var. latisepala
Clematis terniflora var. mandshurica (Rupr.) Ohwi 辣蓼铁线莲
Clematis terniflora var. *robusta* (Carr.) Tamura (台湾志.1976)= Clematis terniflora subsp. garanbiensis
Clematis terniflora var. *robusta* (Carr.) Tamura=Clematis terniflora
Clematis terniflora var. terniflora=Clematis terniflora
Clematis tibetana Ktz.中印铁线莲
Clematis tibetana subsp. *vernayi* (C.E.C.Fisch.) Gre-Wilson=Clematis tibetana var. vernayi
Clematis tibetana var. lineariloba W.T.Wang 狭裂中印铁线莲
Clematis tibetana var. tibetana=Clematis tibetana
Clematis tibetana var. vernayi (C.E.C.Fisch.) W.T.Wang 百萼中印铁线莲
Clematis tinghuensis C.T.Ting 鼎湖铁线莲
Clematis tomentella (Maxim.) W.T.Wang & L.Q.Li 灰叶铁线莲
Clematis tongluensis var. mollisepala W.T.Wang 软萼铁线莲
Clematis tozanensis Hay.=Clematis tashiroi
Clematis trichocarpa Tamura=Clematis uncinata var. okinawensis
Clematis trifoliata Thunb.=Akebia trifoliata
Clematis tripartita W.T.Wang 深裂铁线莲
Clematis trullifera (Franch.) Finet & Gagn.= Clematis connata var. trullifera
Clematis tsaii W.T.Wang 福贡铁线莲
Clematis tsengiana M etcalf=Clematis hancockiana
Clematis tsugetorum Ohwi 台中铁线莲
Clematis tubulosa Turcz.=Clematis heracleifolia
Clematis tubulosa var. *davidiana* (Decne. ex Verlot) Franch.=Clematis heracleifolia
Clematis uncinata Champ.(Finet & Gagn.in Bull.Soc.Bot.Fr.1993,p.p.)= Clematis uncinata var. coriacea
Clematis uncinata Champ.柱果铁线莲
Clematis uncinata var. *biternata* W.T.Wang=Clematis uncinata
Clematis uncinata var. coriacea Pamp.皱叶铁线莲
Clematis uncinata var. *floribunda* Hay.=Clematis uncinata
Clematis uncinata var. okinawensis (Ohwi) Ohwi 毛柱果铁线莲
Clematis uncinata var. uncinata=Clematis uncinata
Clematis urophylla Franch.(Rehd. & Wils.in Sarg.Pl.Wils.1913)=Clematis urophylla
Clematis urophylla Franch.尾叶铁线莲
Clematis urophylla var. *heterophylla* H.Lévl.=Clematis ranunculoides
Clematis urophylla var. *obtusiuscula* C.K.Schneid.=Clematis urophylla
Clematis vaniotii Lévl. & Port.云贵铁线莲
Clematis veitchiana Craib=Clematis rehderiana
Clematis venusta M.C.Chang 丽叶铁线莲
Clematis vernayi C.E.C.Fisch.=Clematis tibetana var. vernayi
Clematis villosa B.M.Yang=Clematis baominiana
Clematis viridis (W.T.Wang & M.C.Chang) W.T.Wang 绿叶铁线莲
Clematis vitalba subsp. *brevicaudata* (DC.) Ktz.=Clematis brevicaudata
Clematis vitalba subsp. *gouriana* (Roxb. ex DC.) Ktz.=Clematis gouriana
Clematis vitalba subsp. *gouriana* (Roxb.) Ktz.=Clematis gouriana
Clematis vitalba subsp. *grata* (*Wall.*) Ktz.=Clematis argentilucida
Clematis vitalba var. *argentilucida* Lévl. & Vant.=Clematis apiifolia var. argentilucida
Clematis vitalba var. *ganpiniana* Lévl. & Vant.=Clematis puberula var. ganpiniana
Clematis vitalba var. *micrantha* Lévl. & Vant.=Clematis gouriana
Clematis vitalba var. *microcarpa* Franch.=Clematis peterae
Clematis vitalba β. *gouriana* (Roxb.) Finet & Gagn.=Clematis gouriana
Clematis vitalba β. *gouriana* Finet & Gagn.(p.p.)=Clematis peterae
Clematis vitalba γ. *grata* Finet & Gagn.=Clematis argentilucida
Clematis viticella L.葡萄胞铁线莲
Clematis wenshanensis W.T.Wang 文山铁线莲
Clematis wilfordi (Maxim.) Kom.Alis.=Clematis serratifolia
Clematis wissmanniana Hand.-Mazz.厚萼铁线莲
Clematis wutangensis W.T.Wang=Clematis shensiensis
Clematis xinhuiensis R.J.Wang 新惠铁线莲
Clematis yingtzulinia S.S.Ying=Clematis tashiroi
Clematis yuanjiangensis W.T.Wang 元江铁线莲
Clematis yui W.T.Wang 俞氏铁线莲
Clematis yunnanensis Franch.云南铁线莲
Clematis yunnanensis var. *brevipedunculata* W.T.Wang=Clematis kockiana
Clematis yunnanensis var. *chingtungensis* M.Y.Fang=Clematis kockiana
Clematis zandaensis W.T.Wang 扎达铁线莲
Clematis zygophylla Hand.-Mazz.对叶铁线莲
Clematoclethra Maxim.**藤山柳属**(猕猴桃科)
Clematoclethra actinidioides Maxim.猕猴桃藤山柳
Clematoclethra actinidioides var. actinidioides=Clematoclethra actinidioides
Clematoclethra actinidioides var. integrifolia (Maxim.) C.F.Liang 全缘藤山柳
Clematoclethra actinidioides var. populifolia C.F.Liang & Y.C.Chen 杨叶藤山柳
Clematoclethra argentifolia C.F.Liang & C.Y.Chen 银叶藤山柳
Clematoclethra cordifolia Franch.心叶藤山柳(新)?
Clematoclethra disticha Hemsl.二列藤山柳
Clematoclethra faberi Franch.尖叶藤山柳
Clematoclethra floribunda W.T.Wang 多花藤山柳
Clematoclethra franchetii Kom.圆叶藤山柳
Clematoclethra grandis Hemsl.=Clematoclethra lasioclada var. grandis
Clematoclethra guangxiensis C.F.Liang & Y.C.Chen 广西藤山柳
Clematoclethra guizhouensis C.F.Liang & Y.C.Chen 贵州藤山柳
Clematoclethra hemsleyi Baill.繁花藤山柳
Clematoclethra integrifolia Maxim.=Clematoclethra actinidioides var. integrifolia
Clematoclethra lanosa Rehd.绵毛藤山柳
Clematoclethra lasioclada Maxim.藤山柳
Clematoclethra lasioclada var. grandis (Hemsl.) Rehd.大叶藤山柳
Clematoclethra lasioclada var. lasioclada=Clematoclethra lasioclada
Clematoclethra loniceroides C.F.Liang & Y.C.Chen 银花藤山柳
Clematoclethra nanchuanensis W.T.Wang 南川藤山柳
Clematoclethra oliviformis C.F.Liang & Y.C.Chen 榄叶藤山柳
Clematoclethra pachyphylla C.F.Liang & Y.C.Chen 厚叶藤山柳
Clematoclethra pingwuensis C.Y.Chang 平武藤山柳
Clematoclethra pratii Kom.=Clematoclethra lasioclada var. grandis
Clematoclethra racemosa Lévl.总状藤山柳(新)?
Clematoclethra scandens Maxim.刚毛藤山柳
Clematoclethra sichuanensis C.Shih 四川藤山柳
Clematoclethra strigillosa Franch.粗毛藤山柳
Clematoclethra tiliacea Kom.椴叶藤山柳(新)?
Clematoclethra tomentella Franch.=Clematoclethra hemsleyi
Clematoclethra variabilis C.F.Liang & Y.C.Chen 变异藤山柳
Clematoclethra variabilis var. multinervis C.F.Liang & Y.C.Chen 多脉藤山柳
Clematoclethra variabilis var. variabilis=Clematoclethra variabilis
Clematoclethra wilsoni Hemsl.=Clematoclethra scandens
Clementsia Rorse=**Rhodiola**
Clementsia semenovii (Rgl. & Herd.) A.Bor.=Rhodiola semenovii
Cleome L.**白花菜属**(山柑科)
Cleome bungei Steud.=Cleome gynandra
Cleome gynandra L.白花菜
Cleome icosandra L.=Cleome viscosa
Cleome pentaphylla L.=Cleome gynandra
Cleome rutidosperma DC.皱子白花菜
Cleome speciosa Raf.美丽白花菜
Cleome spinosa Jacq.醉蝶花
Cleome viscosa L.黄花草
Cleome viscosa f. *deglabrata* (Back.) Jacobs=Cleome viscosa var.

deglabrata
Cleome viscosa var. deglabrata (Back.) B.S.Sun 无毛黄花草
Cleome viscosa var. viscosa=Cleome viscosa
Cleome yunnanensis W.W.Sm.滇白花菜
Clerodendranthus Kudô **肾茶属**(唇形科)
Clerodendranthus spicatus (Thunb.) C.Y.Wu 肾茶
Clerodendranthus staminenus (Benth.) Kudô =Clerodendranthus spicatus
Clerodendron L.=**Clerodendrum**
Clerodendron amplius Hance=Clerodendrum cyrtophyllum
Clerodendron bodinierii Lévl.=Clerodendrum mandarinorum
Clerodendron castaneifolium HK. & Arn.=Clerodendrum fortunatum
Clerodendron cavaleriei Lévl.=Clerodendrum mandarinorum
Clerodendron commersonii Spreng.(Chung in Mem.Sci.Soc.China 1924)=Clerodendrum inerme
Clerodendron darrisii Lévl.=Clerodendrum japonicum
Clerodendron divaricatum Jack=Clerodendrum serratum var. wallichii
Clerodendron divaricatum S. & Z.=Caryopteris divaricata
Clerodendron esquirolii Lévl.=Clerodendrum japonicum
Clerodendron esquirolii Lévl.=Tacca chantrieri
Clerodendron fargesii Dode=Clerodendrum trichotomum
Clerodendron foetidum D.Don (Bge.in Mem.Acad.Sci.St.Petersb.1833)=Clerodendrum bungei
Clerodendron formosanum Maxim.=Clerodendrum cyrtophyllum
Clerodendron fragrans Hort. ex Vent.(Schauer in DC.Prodr.1847)=Clerodendrum chinensis var. simplex
Clerodendron fragrans Vent.(P'ei in Mem.Sic.Soc.China 1932,p.p.)=Clerodendrum yunnanense
Clerodendron fragrans Vent.(树木分类学 1937,高等图鉴 1974,海南志 1977)= Clerodendrum lindleyi
Clerodendron fragrans Hort. ex Vent.=Clerodendrum chinensis
Clerodendron fragrans var. *foetida* (Bge.) Bakj.=Clerodendrum bungei
Clerodendron fragrans var. *multiplex* Sweet=Clerodendrum chinensis
Clerodendron fragrans var. *pleniflora* Schauer=Clerodendrum chinensis
Clerodendron glandulosum Colebr. ex Wall.=Clerodendrum colebrookianum
Clerodendron gratum Kurz=Caryopteris paniculata
Clerodendron haematocalyx Hance=Clerodendrum canescens
Clerodendron herbacea (Roxb.) Wall.=Clerodendrum serratum var. herbaceum
Clerodendron infortunatum L.(Lour.in Fl.Cochinch.1790)=Clerodendrum japonicum
Clerodendron japonicum var. *album* P'ei=Clerodendrum japonicum
Clerodendron kaempferi (Jacq.) Sieb.=Clerodendrum japonicum
Clerodendron kaempferi var. *album* (P'ei) Moldenke=Clerodendrum japonicum
Clerodendron koshunense Hay.=Clerodendrum trichotomum
Clerodendron kwangtungense var. *puberulum* H.L.Li=Clerodendrum mandarinorum
Clerodendron leucosceptrum D.Don=Leucosceptrum canum
Clerodendron leveillei Fedde ex L"evl.=Clerodendrum japonicum
Clerodendron lividum Lindl.=Clerodendrum fortunatum
Clerodendron longipetiolatum P'ei=Clerodendrum peii
Clerodendron molle H.B.K.(Jack Mal.Misc.1820)=Clerodendrum villosum
Clerodendron moupinense Franch.=Microtoena moupinensis
Clerodendron nerifolium Wall.=Clerodendrum inerme
Clerodendron nudans Wall. ex D.Don (P'ei in Mem.Sci.Soc.China 1932,p.p.)= Clerodendrum henryi
Clerodendron nutans Jack(Wall. ex D.Don in Prodr.Fl. Nep.1825)=Clerodendrum wallichii
Clerodendron nutans Wall. ex D.Don (P'ei in Mem.Sci.Soc.China 1932,p.p.)= Clerodendrum longilimbum
Clerodendron odoratum D.Don=Caryopteris odorata
Clerodendron oxysepalum Miq.=Clerodendrum fortunatum
Clerodendron pentagonum Hance=Clerodendrum fortunatum
Clerodendron pumilum (Lour.) Spreng.=Clerodendrum fortunatum
Clerodendron pyramidale Andr.=Clerodendrum paniculatum
Clerodendron sericeum Wall.=Hiptage sericea
Clerodendron serotinum Carr.=Clerodendrum trichotomum
Clerodendron siphonathus R.Br.=Clerodendrum indicum
Clerodendron spicatum Thunb.=Clerodendranthus spicatus
Clerodendron squamatum Vahl=Clerodendrum japonicum
Clerodendron trichotomum var. *fargesii* (Dode) Rehd.=Clerodendrum trichotomum
Clerodendron trichotomum var. *villosum* Hsu=Clerodendrum trichotomum
Clerodendron tsaii H.L.Li=Clerodendrum mandarinorum
Clerodendron viscosum Vent.(P'ei in Mem.Sci.Soc.China 1932,海南志 1977)=Clerodendrum canescens
Clerodendron yatschuense H.Wikl.=Clerodendrum bungei
Clerodendrum L.**大青属**(马鞭草科)
Clerodendrum amplius Hance=Clerodendrum cyrtophyllum
Clerodendrum bodinieri Lévl.=Clerodendrum mandarinorum
Clerodendrum bodinierii var. *cavaleriei* Lévl.=Clerodendrum mandarinorum
Clerodendrum brachystemon C.Y.Wu & R.C.Fang 短蕊大青
Clerodendrum bracteatum Wall. ex Walp.苞花大青
Clerodendrum bungei Steud.臭牡丹
Clerodendrum bungei var. bungei=Clerodendrum bungei
Clerodendrum bungei var. megacalyx C.Y.Wu ex S.L.Chen 大萼臭牡丹
Clerodendrum canescens Wall.灰毛大青
Clerodendrum castaneifolium HK. & Zrn.=Clerodendrum fortunatum
Clerodendrum cavaleriei Lévl.=Clerodendrum mandarinorum
Clerodendrum chinense (Osbck.) Mabb.重瓣臭茉莉
Clerodendrum chinense var. chinense=Clerodendrum chinense
Clerodendrum chinensis var. simplex (Modl.) S.L.Chen 臭茉莉
Clerodendrum colebrookianum Walp.腺茉莉
Clerodendrum confine S.L.Chen & T.D.Zhuang 川黔大青
Clerodendrum cyrtophyllum Turcz.大青
Clerodendrum cyrtophyllum var. cyrtophyllum=Clerodendrum cyrtophyllum
Clerodendrum cyrtophyllum var. kwangsiense S.L.Chen & T.D.Zhuang 广西大青
Clerodendrum darrisii Lévl.=Clerodendrum japonicum
Clerodendrum divaricatum Jack.=Clerodendrum serratum var. wallichii
Clerodendrum elachistanthum Merr. ex Li=Premna cavaleriei
Clerodendrum ervatamioides C.Y.Wu 狗牙大青
Clerodendrum esquirolii Lévl.(p.p.)=Clerodendrum japonicum
Clerodendrum esquirolii Lévl.(p.p.)=Tacca chantrieri
Clerodendrum fargesii Dode=Clerodendrum trichotomum
Clerodendrum foetidum Bge.臭大青
Clerodendrum formosanum Maxim.=Clerodendrum cyrtophyllum
Clerodendrum fortunatum L.白花灯笼
Clerodendrum fragrans var. *foetidum* (Bge.) Bak.=Clerodendrum bungei
Clerodendrum fragrans var. *multiplex* Sweet.=Clerodendrum chinense
Clerodendrum fragrans var. *pleniflorum* Schauer=Clerodendrum chinense
Clerodendrum garrettianum Craib.泰国垂茉莉
Clerodendrum girffithianum C.B.Clarke 西垂茉莉
Clerodendrum haematocalyx Hance=Clerodendrum canescens
Clerodendrum hainanense Hand.-Mazz.海南赪桐
Clerodendrum henryi P'ei 南垂茉莉
Clerodendrum herbaceum Roxb. ex Schauer=Clerodendrum serratum var. herbaceum
Clerodendrum indicum (L.) O.Ktze 长管大青
Clerodendrum inerme (L.) Gaertn.苦郎树
Clerodendrum infortunatum L.欠愉大青
Clerodendrum intermedium Cham.垦丁苦林盘
Clerodendrum japonicum (Thunb.) Sweet.赪桐
Clerodendrum japonicum var. *album* P'ei=Clerodendrum japonicum
Clerodendrum japonicum var. *pleniflorum* (Schauer) Maheskw.=Clerodendrum chinensis
Clerodendrum kaempferi (Jacq.) Sieb.=Clerodendrum japonicum
Clerodendrum kaempferi var. *album* (P'ei) Mold.=Clerodendrum japonicum
Clerodendrum kaichianum Hsu 浙江大青
Clerodendrum kisangsiense Merr. ex H.L.Li 江西大青
Clerodendrum koshunense Hay.=Clerodendrum trichotomum
Clerodendrum kwangtungense Hand.-Mazz.广东大青
Clerodendrum kwangtungense var. *puberulum* H.L.Li=Clerodendrum mandarinorum
Clerodendrum leucosceptrum D.Don=Leucosceptrum canum
Clerodendrum lindleyi Decne. ex Planch.尖齿臭茉莉
Clerodendrum lividum Lindl.=Clerodendrum fortunatum
Clerodendrum longilimbum P'ei 长叶大青
Clerodendrum luteopunctatum P'ei & S.L.Chen 黄腺大青
Clerodendrum mandarinorum Diels 海通

Clerodendrum moupinense Franch.=Microtoena moupinensis
Clerodendrum nerifolium (Roxb.) Schauer=Clerodendrum inerme
Clerodendrum nutans Wall. ex D.Don=Clerodendrum wallchi
Clerodendrum oxysepalum Miq.=Clerodendrum fortunatum
Clerodendrum paniculatum L.圆锥大青
Clerodendrum peii Moldenke 长梗大青
Clerodendrum pentagonum Hance=Clerodendrum fortunatum
Clerodendrum petasites (Lour.) Moore (高等图鉴 1974)=Clerodendrum canescens
Clerodendrum philippinum Schauer=Clerodendrum chinense
Clerodendrum philippinum var. *simplex* C.Y.Wu ex R.C.Fang=Clerodendrum chinensis var. simplex
Clerodendrum pumilum (Lour.) Spreng.=Clerodendrum fortunatum
Clerodendrum pyramidale Andr.=Clerodendrum paniculatum
Clerodendrum serotinum Carr.=Clerodendrum trichotomum
Clerodendrum serratum (L.) Moon 三对节
Clerodendrum serratum var. amplexifolium Moldene 三台花
Clerodendrum serratum var. herbaceum (Roxb.) C.Y.Wu 草本三对节
Clerodendrum serratum var. serratum=Clerodendrum serratum
Clerodendrum serratum var. wallichii C.B.Clarke 大序三对节
Clerodendrum spicatum Thunb.=Clerodendranthus spicatus
Clerodendrum squamatum Vahl=Clerodendrum japonicum
Clerodendrum subscaposum Hemsl.抽葶大青
Clerodendrum thomsonae Balf.龙吐珠
Clerodendrum tibetanum C.Y.Wu & S.K.Wu 西藏大青
Clerodendrum trichotomum Thunb.海州常山
Clerodendrum trichotomum var. *fargesii* (Dode) Nakai=Clerodendrum trichotomum
Clerodendrum trichotomum var. ferrgineum Nakai 绣毛海州常山
Clerodendrum trichotomum var. trichotomum =Clerodendrum trichotomum
Clerodendrum trichotomum var. *villosum* Hsu=Clerodendrum trichotomum
Clerodendrum tsaii H.L.Li=Clerodendrum mandarinorum
Clerodendrum villosum Bl.绢毛大青
Clerodendrum wallichii Merr.垂茉莉
Clerodendrum yatschuense H.Wink.=Clerodendrum bungei
Clerodendrum yunnanense Hu ex Hand.-Mazz.滇常山
Clerodendrum yunnanense var. linearilobum S.L.Chen & G.Y.Sheng 线齿滇常山
Clerodendrum yunnanense var. yunnanense=Clerodendrum yunnanense
Clethra (Gronov.) L.**桤叶树属**(桤叶树科)
Clethra alnifolia L.桤叶树
Clethra annamensis Don=Clethra faberi
Clethra barbinervis S. & Z.髭脉桤叶树
Clethra bodinieri Lévl.单毛桤叶树
Clethra bodinieri var. bodinieri=Clethra bodinieri
Clethra bodinieri var. coriacea L.C.Hu 革叶桤叶树
Clethra bodinieri var. parviflora Fang & L.C.Hu 小花桤叶树
Clethra brachypoda L.C.Hu 短柄桤叶树
Clethra brachystachya Fang & L.C.Hu 短穗桤叶树
Clethra brammeriana Hand.-Mazz.=Clethra kaipoensis
Clethra canescens Rienw ex Bl.(Forbes & Hemsl.in J.L.Soc.Bot.1889,p.p.)=Clethra faberi
Clethra canescens Rinw ex Bl.(Forbes & Hemsl.in J.L.Soc.Bot.1889,p.p.)=Clethra fargesii
Clethra cavaleriei Lévl.(Sleum.in Bot.Jahrb.1967,p.p.)=Clethra purpurea
Clethra cavaleriei Lévl.贵定桤叶树
Clethra cavaleriei var. cavaleriei=Clethra cavaleriei
Clethra cavaleriei var. leptophylla L.C.Hu 薄叶桤叶树
Clethra cavaleriei var. subintegrifolia Ching ex L.C.Hu 全缘桤叶树
Clethra delavayi Franch.(Sleum in Bot.Hahrb.1967,p.p.)=Clethra monostachya var. lancilimba
Clethra delavayi Franch.(Sleum in Bot.Jahrb.1967,p.p.)=Clethra delavayi var. lanata
Clethra delavayi Franch.(Sleum in Bot.Jahrb.1967,p.p.)=Clethra delavayi var. yuiana
Clethra delavayi Franch.(Sleum in Bot.Jahrb.1967,p.p.)=Clethra monostachya
Clethra delavayi Franch.(Sleum.in Bot.Jahrb.1967,p.p.)=Clethra monostachya var. trichopetala
Clethra delavayi Franch.云南桤叶树
Clethra delavayi var. delavayi=Clethra delavayi
Clethra delavayi var. lanata S.Y.Hu 毛叶云南桤叶树
Clethra delavayi var. yuiana (S.Y.Hu) C.Y.Wu & L.C.Hu 大花云南桤叶树
Clethra esquirolii Lévl.(S.Y.Hu in J.Arn.Arb.1960,p.p.)=Clethra purpurea
Clethra esquirolii Lévl.=Clethra cavaleriei
Clethra euosmoda Dop=Clethra delavayi
Clethra faberi Hance 华南桤叶树
Clethra faberi var. brevipes L.C.Hu 短梗华南桤叶树
Clethra faberi var. faberi=Clethra faberi
Clethra faberi var. laxiflora Fang & L.C.Hu 疏花桤叶树
Clethra fargesii Franch.(S.Y.Hu in J.Arn.Arb.1960,p.p.)=Clethra sleumeriana
Clethra fargesii Franch.(Sleum in Bot.Jahrb.1967,p.p.)=Clethra monostachya
Clethra fargesii Franch.城口桤叶树
Clethra glandulosa Fang & L.C.Hu 腺叶桤叶树
Clethra kaipoensis Lévl.(Sleum in Bot.Jahrb.1967,p.p.)=Clethra kaipoensis var. polyneura
Clethra kaipoensis Lévl.贵州桤叶树
Clethra kaipoensis var. kaipoensis=Clethra kaipoensis
Clethra kaipoensis var. paucinervis L.C.Hu 稀脉桤叶树
Clethra kaipoensis var. polyneura (Li) Fang & L.C.Hu 多肋桤叶树
Clethra kwangsiensis S.Y.Hu=Clethra kaipoensis
Clethra lancilimba C.Y.Wu=Clethra monostachya var. lancilimba
Clethra liangii Li=Clethra faberi
Clethra longebracteata Sleum=Clethra cavaleriei
Clethra magnifica Fang & L.C.Hu 壮丽桤叶树
Clethra magnifica var. magnifica=Clethra magnifica
Clethra magnifica var. trichocarpa L.C.Hu 毛果桤叶树
Clethra minutistellata C.Y.Wu=Clethra monostachya var. minutistellata
Clethra monostachya Rehd. & Wils.(S.Y.Hu in J. Arn.Arb.1960,p.p.)=Clethra delavayi
Clethra monostachya Rehd. & Wils.(S.Y.Hu in J.Arn.Arb.1960,p.p.)=Clethra monostachya var. lancilimba
Clethra monostachya Rehd. & Wils.(S.Y.Hu in JArn.Arb.1960,p.p.)=Clethra delavayi var. yuiana
Clethra monostachya Rehd. & Wils.单穗桤叶树
Clethra monostachya var. cuprescens Fang & L.C.Hu 铜色桤叶树
Clethra monostachya var. lancilimba (C.Y.Wu) C.Y.Wu & L.C.Hu 披针桤叶树
Clethra monostachya var. minutistellata (C.Y.Wu) C.Y.Wu & L.C.Hu 细星毛桤叶树
Clethra monostachya var. monostachya=Clethra monostachya
Clethra monostachya var. trichopetala Fang & L.C.Hu 毛瓣桤叶树
Clethra nanchuanensis Fang & L.C.Hu 南川桤叶树
Clethra nanchuanensis var. albrescens L.C.Hu 白毛桤叶树
Clethra nanchuanensis var. nanchuanensis=Clethra nanchuanensis
Clethra petelotii P.Dop & Y.Trochain 白背桤叶树
Clethra pinfaensis Lévl.=Clethra kaipoensis
Clethra polyneura Li=Clethra kaipoensis var. polyneura
Clethra purpurea Fang & L.C.Hu 紫花桤叶树
Clethra purpurea var. microcarpa Fang & L.C.Hu 小果桤叶树
Clethra purpurea var. purpurea=Clethra purpurea
Clethra scandens Franch.=Clematoclethra scandens
Clethra sect. *Clematoclethra* Franch.=**Clematoclethra**
Clethra sinica Hao=Clethra cavaleriei
Clethra sleumeriana Hao 湖南桤叶树
Clethra smithiana Fang=Clethra faber
Clethra smithiana var. *latifolia* C.Y.Wu=Clethra faberi
Clethra tonkinensis Dop=Clethra faberi
Clethra wuyishanica Ching ex L.C.Hu 武夷桤叶树
Clethra wuyishanica var. erosa L.C.Hu 蚀瓣桤叶树
Clethra wuyishanica var. wuyishanica=Clethra wuyishanica
Clethra yuiana S.Y.Hu=Clethra delavayi var. yuiana
Clethraceae 桤叶树科
Clethropsis nepalensis Spach.=Alnus nepalensis
Cleyera Thunb.=**Ternstroemia**
Cleyera Thunb.**红淡比属**(山茶科)
Cleyera conocarpa H.T.Chang=Cleyera obscurinervis
Cleyera dubia Champ.=Ternstroemia japonica
Cleyera fragrans Champ.=Ternstroemia japonica

Cleyera gymnanthera Wight & Arn.=Ternstroemia gymnanthera
Cleyera incornuta Y.C.Wu 凹脉红淡比
Cleyera japonica Thunb.(p.p.)=Ternstroemia japonica
Cleyera japonica Thunb.红淡比
Cleyera japonica var. *grandiflora* (Wall. ex Choisy) Kobuski=Cleyera japonica var. wallichiana
Cleyera japonica var. hayatai (Masamune & Yamamoto) Kobuski 早田野氏红淡比
Cleyera japonica var. japonica=Cleyera japonica
Cleyera japonica var. *lipingensis* (Hand.-Mazz.) Kobuski(p.p.)=Cleyera longicarpa
Cleyera japonica var. *lipingensis* (Hand.-Mazz.) Kobuski(p.p.)=Cleyera obscurinervis
Cleyera japonica var. lipingensis (Hand.-Mazz.) Kobuski 齿叶红淡比
Cleyera japonica var. morii (Yamamoto) Masamune 森氏红淡比
Cleyera japonica var. *parvifolia* Kibuski=Cleyera parvifolia
Cleyera japonica var. taipehensis Keng 台北红淡比
Cleyera japonica var. taipinensis Keng 太平山红淡比
Cleyera japonica var. wallichiana (DC.) Sealy 大花红淡比
Cleyera longicarpa (Yamamoto) L.K.Ling 长果红淡比
Cleyera lushia (Ham. ex D.Don) G.Don=Cleyera japonica var. wallichiana
Cleyera lushia Hamilton ex G.Don=Cleyera japonica
Cleyera lushia var. *wallichiana* (DC.) G.Don=Cleyera japonica var. wallichiana
Cleyera millettii HK. & Arn.=Adinandra millettii
Cleyera obovata H.T.Chang 倒卵红淡比
Cleyera obscurinervis (Mnerr. & Chun) H.T.Chang 隐脉红淡比
Cleyera ochnacea DC.=Cleyera japonica
Cleyera ochnacea var. *kaempferiana* DC.=Cleyera japonica var. wallichiana
Cleyera ochnacea var. *lushai* (Ham. ex D.Don) Dyer=Cleyera japonica var. wallichiana
Cleyera ochnacea var. *lushia* (D.Don) Dyer=Cleyera japonica
Cleyera ochnacea var. *wallichiana* DC.=Cleyera japonica var. wallichiana
Cleyera pachyphylla Chun ex H.T.Chang 厚叶红淡比
Cleyera pachyphylla var. *epunctata* H.T.Chang=Cleyera pachyphylla
Cleyera parvifolia (Kobuski) Hu ex L.K.Ling 小叶红淡比
Cleyera wallichiana (DC.) S & Z.=Cleyera japonica var. wallichiana
Cleyera yangchunensis L.K.Ling 阳春红淡比
Clianthum binnedyckianum Kurz=Sarcodum scandens
Clianthus Soland ex Lindl.**原耀花豆属**(新) (豆科)
Clianthus scandens (Lour.) Merr.=Sarcodum scandens
Clianthus scandens (Lour.) Merr.原耀花豆(新)
Climacoptera affinis (C.A.Mey.) Botsch.=Salsola affinis
Climacoptera brachiata (Pall.) Botsch.=Salsola brachiata
Climacoptera ferganica (Drob.) Botsch.=Salsola ferganica
Climacoptera korshinskyi (Dorb.) Botsch.=Salsola korshinskyi
Climacoptera lanata (Pall.) Botsch.=Salsola lanata
Climacoptera obtusifolia (Scharenk) Botsch.=Salsola heptapotamica
Climacoptera subcrassa (M.Pop.) Botsch.=Salsola crassa
Climacoptera sukaczevii Botsch.=Salsola sukaczevii
Clinacanthus Ness **鳄嘴花属** (爵床科
Clinacanthus burmanni Nees= Clinacanthus nutans
Clinacanthus nutans (Burm.f.) Lindau 鳄嘴花
Clinacanthus nutans Ding & Groff.= Peristrophe lanceolaria
Clinacanthus nutans var. nutans= Clinacanthus nutans
Clinacanthus nutans var. robinsoni R.Ben.大花鳄嘴花
Clinelymus (Griseb.) Nevski=**Elymus**
Clinelymus atratus Nevski=Elymus atratus
Clinelymus breviaristatus Keng=Elymus breviaristatus
Clinelymus canadensis (L.) Nevski=Elymus canadensis
Clinelymus clindricus (Franch.) Honda=Elymus cylindricus
Clinelymus dahuricus (Turcz.) Nevski=Elymus dahuricus
Clinelymus excelsus (Turcz.) Nevski=Elymus excelsus
Clinelymus nutans (Griseb.) Nevski=Elymus nutans
Clinelymus sibiricus (L.) Nevski=Elymus sibiricus
Clinelymus submuticus Keng=Elymus submuticus
Clinelymus tangutorum Nevski=Elymus tangutorum
Clinopodium L.**风轮菜属**(唇形科)
Clinopodium chinense (Benth.) O.Ktze.(Boriss.in Fl.URSS 1954)= Clinopodium urticifolium
Clinopodium chinense (Benth.) O.Ktze.风轮菜
Clinopodium chinense subsp. *grandiflorum* Hara=Clinopodium urticifolium
Clinopodium chinense subsp. *grandiflorum* var. *parviflorum* (Kudô) Hara (p.p.)=Clinopodium polycephalum
Clinopodium chinense subsp. *grandiflorum* var. *urticifolium* Koidz.= Clinopodium urticifolium
Clinopodium confine (Hance) O.Ktze.邻近风轮菜
Clinopodium confine var. confine=Clinopodium confine
Clinopodium confine var. *globosum* C.Y.Wu & Hsuan ex H.W.Li= Clinopodium confine
Clinopodium coreanum (Lévl.) Hara=Clinopodium urticifolium
Clinopodium discolor (Diels) C.Y.Wu & Husan 异色风轮菜
Clinopodium gracile (Benth.) Matsum.细风轮菜
Clinopodium kudoi (Hosokawa) Mori=Clinopodium repens
Clinopodium laxiflorum (Hay.) C.Y.Wu & Hsuan 疏花风轮菜
Clinopodium longipes C.Y.Wu & Hsuan 长梗风轮菜
Clinopodium martinicense Jacq.=Leucas martinicensis
Clinopodium megalanthum (Diels) C.Y.Wu & Husan 寸金草
Clinopodium megalanthum f. subglabrum C.Y.Wu & Hsuan ex H.W.Li 近无毛寸金草(新)
Clinopodium megalanthum var. *intermedium* C.Y.Wu & Hsuan ex H.W.Li =Clinopodium megalanthum
Clinopodium megalanthum var. *lancifolium* C.Y.Wu & Hsuan ex H.W.Li= Clinopodium megalanthum
Clinopodium megalanthum var. *robustum* C.Y.Wu & Hsuan ex H.W.Li= Clinopodium megalanthum
Clinopodium megalanthum var. *speciosum* C.Y.Wu & Hsuan ex H.W.Li= Clinopodium megalanthum
Clinopodium multicaule (Maxim.) Kuntze 多茎剪刀草(新)
Clinopodium omeiense C.Y.Wu & Hsuan 峨眉风轮菜
Clinopodium polycephalum (Vant.) C.Y.Wu & Hsuan 灯笼草
Clinopodium repens (D.Don) Wall.匍匐风轮菜
Clinopodium umbrosa (Bieb.) C.Koch(Murata in Act.Phytotax.Geobot. 1969)=Clinopodium repens
Clinopodium urticifolium (Hance) C.Y.Wu & Husan 麻叶风轮菜
Clinopodium vulgare L.(Thunb.in Fl.Jap.1784)=Clinopodium chinense
Clinopoidum repens Roxb.=Clinopodium repens
Clintonia Raf.**七筋姑属**(百合科)
Clintonia alpina Kunth=Clintonia udensis
Clintonia alpina var. *udensis* (Trautv. & Mey.) Machbride=Clintonia udensis
Clintonia andrewsiana Torr.安德鲁斯七筋姑
Clintonia borealis Raf.黄花本筋姑
Clintonia udensis Trautv. & Mey.七筋姑
Clintonia udensis var. *alpina* (Kunth ex Baker) Hara=Clintonia udensis
Clintonia uniflora Kunth 单花七筋姑
Clitoria L.**蝶豆属**(豆科)
Clitoria cajanifolia (Presl) Benth.=Clitoria laurifolia
Clitoria hanceana Hemsl.广东蝶豆
Clitoria laurifolia Poir.棱荚蝶豆
Clitoria macrophylla Wall. ex Benth.(Hance in J.Bot.1878)=Clitoria hanceana
Clitoria mariana L.三叶蝶豆
Clitoria ternatea L.蝶豆
Clivia Lindl.**君子兰属**(石蒜科)
Clivia miniata Rgl.君子兰
Clivia nobilis Lindl.垂笑君子兰
Clligonum rubescens Matteri (Сосквв Новости. Сист. Высш.1974, p.p.)=Calligonum alaschanicum
Clusiaceae Lindl.=**Guttiferae**
Clusiaceae 藤黄科
Clutia androgyna L.=Sauropus androgynus
Clutia retusa L.=Bridelia spinosa
Clutia stipularis L.=Bridelia stipularis
Cluytia montana Roxb.=Bridelia montana
Cluytia scandens Roxb.=Bridelia stipularis
Cluytia spinosa Roxb.=Bridelia spinosa
Clypea Bl.=**Stephania**
*Clypea sp.*Griff. =Stephania elegans
Clypeola alyssoides L.=Alyssum alyssoides
Clypeola maritima L.=Lobularia maritima
Clytostoma Miers.**连理藤属**(紫葳科)

Clytostoma callistegioides (Cham.) Burtt & Schum.连理藤
Cnemidia angulosa Lindl.=Tropidia angulosa
Cnesmone Bl.**粗毛藤属**(大戟科)
Cnesmone anisosepala (Merr. & Chun) Croiz.=Cnesmone tonkinensis
Cnesmone hainanensis (Merr. & Chun) Croiz.海南粗毛藤
Cnesmone hainanensis Merr. & Chun=Cnesmone hainanensis
Cnesmone javanica Bl.爪哇粗毛藤
Cnesmone mairei (Lévl.) Croiz.粗毛藤
Cnesmone tonkinensis (Gagn.) Croiz.灰岩粗毛藤
Cnestis Juss.**螯毛果属**(牛栓藤科)
Cnestis corniculata Lam.小角螯毛果
Cnestis emarginata Jack=Roureopsis emarginata
Cnestis palala (Lour.) Merr.螯毛果
Cnestis ramiflora Griff.=Cnestis palala
Cnicus L.(p.p.)=**Cirsium**
Cnicus L.**藏掖花属**(菊科)
Cnicus argyrancanthus (DC.) C.B.Clarke=Cirsium argyrancanthum
Cnicus arnensis O.Hoffm.(Forbes & Hemsl.in J.L.Soc.Bot.1888)=Cirsium setosum
Cnicus arthamoides Wall.=Hemistepta lyrata
Cnicus arvensis (L.) O.Hoffm.(C.B.Clarke in Comp.Ind.1876,p.p.)=Cirsium lanatum
Cnicus arvensis O.Hoffm.=Cirsium arvense
Cnicus auriculata Wall.=Saussurea auriculata
Cnicus benedictus L.藏掖花
Cnicus bodinieri Vant.=Cirsium japonicum
Cnicus carthamoides Willd.=Stemmacantha carthamoides
Cnicus cavaleriei Lévl.=Cirsium monocephalum
Cnicus centauroides Willd.(p.p.)=Stemmacantha carthamoides
Cnicus cerberus Vant.=Cirsium japonicum
Cnicus cernuus L.=Alfredia cernua
Cnicus chinense (Gardn. & Champ.) Bneh.(Forbes & Hemsl.in J.L.Soc.Bot.1888)=Cirsium shansiense
Cnicus chinense (Gardn. & Champ.) C.B.Clarke=Cirsium shansiense
Cnicus chinensis Benth.(Maxim.in Bull.Acad.Sci.St.Pétersb.1874)=Cirsium lineare
Cnicus chinensis Gardn. & Champ.=Cirsium chinense
Cnicus diamentiacus Nakai=Cirsium schantarense
Cnicus eriophoroides HK.f.=Cirsium eriophoroides
Cnicus esculentus Sievers=Cirsium esulentum
Cnicus fargesii Franch.=Cirsium fargesii
Cnicus forrestii Diels=Cirsium henryi
Cnicus glabrifolium C.Winkl.=Cirsium glabrifolium
Cnicus gmelinii Spreng.=Cirsium esulentum
Cnicus griffithii HK.f.=Cirsium interpositum
Cnicus helgendorfii Franch. & Sav.=Cirsium pendulum
Cnicus henryi Franch.=Cirsium henryi
Cnicus ignarius (Spreng.) Benth.=Ancathia iganiaria
Cnicus japonicus (DC.) Maxim.=Cirsium japonicum
Cnicus japonicus (DC.) Maxmim.(Forbes & Hemsl.in J.L.Soc.Bot.1888,p.p.)=Cirsium maakii
Cnicus japonicus var. *intermedius* Maxim.=Cirsium japonicum
Cnicus japonicus ε. *maackii* Maxim.=Cirsium maakii
Cnicus japonicus ζ. *schantarensis* (Trautv. & Meuy.) Maxim.=Cirsium schantarense
Cnicus leducei Franch.=Cirsium leducei
Cnicus linearis (Thunb.) Benth.=Cirsium lineare
Cnicus maacki (Maxim.) Nakai=Cirsium maakii
Cnicus maacki var. *koreiensis* Nakai=Cirsium maakii
Cnicus mairei Lévl.=Cirsium griseum
Cnicus monocephalus Vant.=Cirsium monocephalum
Cnicus multicaulis Wall. ex DC.=Hemistepta lyrata
Cnicus niveus Wall.=Saussurea crispa
Cnicus pendulus (Fisch. ex DC.) Maxim.=Cirsium pendulum
Cnicus provostii Franch.=Cirsium pendulum
Cnicus sairamenisis C.Winkl.=Cirsium sairamense
Cnicus Sect. *Ancathia* (DC.) Benth.=**Ancathia**
Cnicus semenovii C.Winkl.=Cirsium semenovii
Cnicus serratuloides (L.) Roth.=Cirsium serratuloides
Cnicus setosus Bess.=Cirsium setosum
Cnicus souliei Franch.=Cirsium souliei
Cnicus taliensis J.F.Jeff.=Cirsium henryi
Cnicus tchefouensis (Debeaux) Franch.=Cirsium chinense
Cnicus uniflorus L.=Stemmacantha uniflora
Cnicus uniflorus Siervers=Stemmacantha carthamoides
Cnicus verutus D.Don=Cirsium verutum
Cnicus vlassovianum (Fisch. ex DC.) Maxim.=Cirsium vlassovianum
Cnidium Cuss.**蛇床属**(伞形科)
Cnidium ajanense (Regel) Drude=Ligusticum ajanense
Cnidium chinense Spreng.=Conioselinum chinense
Cnidium dahuricum (Jacq.) Turcz. ex Fisch. & Mey.兴安蛇床
Cnidium japonicum Miq.滨蛇床
Cnidium jeholense Nakai & Kitag.=Ligusticum jeholense
Cnidium monnieri (L.) Cuss 蛇床
Cnidium monnieri var. formosana (Yabe) Kitag.台湾蛇床(新)?
Cnidium salinum Turcz.(东北检索表 1959)=Peucedanum stepposum
Cnidium salinum Turcz.碱蛇床
Cnidium tachiroei (Franch. & Sav.) Makino=Ligusticum tachiroei
Cnidium tilingia Takeda=Ligusticum ajanense
Cobaea Cav.**电灯花属**(花葱科)
Cobaea scandens Cav.电灯花
Coccinia Wight & Arn.**红瓜属**(葫芦科)
Coccinia cordifolia (L.) Cogn.(海南志 1964 ,高等图鉴 1975)=Coccinia grandis
Coccinia grandis (L.) Voigt 红瓜
Coccinia indica Wight & Arn.=Coccinia grandis
Cocculus DC.**木防己属**(防已科)
Cocculus affinis Oliv.=Diploclisia affinis
Cocculus cuneatus Benth.=Cocculus orbiculatus
Cocculus diversifolius DC.(Miq.in Ann.Mus.Bot.Lugd.-Bat.1867)=Sinomenium acutum
Cocculus diversifolius var. *cinereus* Diels=Sinomenium acutum
Cocculus forsteri DC.=Stephania forsteri
Cocculus glaucescens Bl.=Diploclisia glaucescens
Cocculus heterophyllus Hemsl. & Wils.=Sinomenium acutum
Cocculus incannus Colebr.=Pericampylus glaucus
Cocculus kunstleri King=Diploclisia glaucescens
Cocculus laurifolius DC.樟叶木防已
Cocculus lenissimus Gagn.=Cocculus orbiculatus var. mollis
Cocculus lucidus Teijsm. & Binn.=Pycnarrhena lucida
Cocculus macrocarpa Wight=Diploclisia glaucescens
Cocculus mokinangensis Lien=Cocculus orbiculatus var. mollis
Cocculus mollis Wall. ex HK.f. & Thoms.=Cocculus orbiculatus var. mollis
Cocculus orbiculatus (L.) DC.木防已
Cocculus orbiculatus var. mollis (Wall. ex HK.f. & Thoms.) Hara 毛木防已
Cocculus sarmentosus (Lour.) Diels=Cocculus orbiculatus
Cocculus sarmentosus var. *linearis* Yamamoto=Cocculus orbiculatus
Cocculus sarmentosus var. *pauciflorus* Y.C.Wu=Cocculus orbiculatus
Cocculus sarmentosus var. *stenophyllus* Merr.=Cocculus orbiculatus
Cocculus thunbergii Forman=Cocculus orbiculatus
Cocculus tomentosus Colebr.=Tinospora sinensis
Cocculus trilobus (Thunb.) DC.=Cocculus orbiculatus
Cochlearia L.**岩荠属**(十字花科)
Cochlearia acutangula O.E.Schulz=Yinshania acutangula
Cochlearia alatipes Hand.-Mazz.=Cardamine fragariifolia
Cochlearia altaica (C.A.Mey.) HKf. & Thoms.=Taphrospermum altaicum
Cochlearia armoracia L.=Armoracia rusticana
Cochlearia changhuaensis (Y.H.Zhang) L.L.Lou=Yinshania lichuanensis
Cochlearia draba (L.) L.=Cardaria draba subsp. chalepensis
Cochlearia formosana Hay.=Yinshania rivulorum
Cochlearia fumarioides Dunn=Yinshania fumarioides
Cochlearia furcatopilosa K.C.Kuan=Yinshania furcatopilosa
Cochlearia globosa Ledeb.=Rorippa globosa
Cochlearia henryi (Oliv.) O.E.Schulz.=Yinshania henryi
Cochlearia henryi var. *wilsonii* O.E.Schulz=Yinshania acutangula subsp. wilsonii
Cochlearia himalaica HK.f. & Thoms.=Taphrospermum himalaicum
Cochlearia hobsonii Pers.=Lignariella hobsonii
Cochlearia hui O.E.Schulz.=Yinshania hui
Cochlearia integrifolia DC.=Eutrema integrifolium
Cochlearia lapathifolia Gilib.=Armoracia rusticana
Cochlearia lichuanensis (Y.H.Zhang) L.L.Lou=Yinshania lichuanensis
Cochlearia longistyla (Y.H.Zhang) L.L.Lou=Yinshania lichuanensis
Cochlearia microcarpa K.C.Kuan=Yinshania acutangula subsp. microcarpa

Cochlearia officinalis L.岩荠
Cochlearia paradoxa (Hance) O.E.Schulz.=Yinshania paradoxa
Cochlearia paucifolia Hand.-Mazz.=Cardamine trifoliolata
Cochlearia rivulorum (Dunn) O.E.Schulz=Yinshania rivulorum
Cochlearia rusticana Lam.=Armoracia rusticana
Cochlearia scapiflorum HK.f. & Thoms.=Pegaeophyton scapiflorum
Cochlearia scorianum (W.W.Sm.) Hand.-Mazz.=Cardamine trifoliolata
Cochlearia serpens W.W.Sm.=Lignariella serpens
Cochlearia sinuata K.C.Kuan=Yinshania sinuata
Cochlearia warburgii O.E.Schulz=Yinshania fumarioides
Cochlearia wasabi Sieb.=Eutrema wasabi
Cochleariella Y.H.Zhang & R.Vgt.=**Yinshania**
Cochleariella zhejiangensis (Y.H.Zhang) Y.H.Zhang & R.Vogt.=Yinshania fumarioides
Cochleariopsis Y.H.Zhang=**Yinshania**
Cochleariopsis warburgii (O.E.Schulz) L.L.Lou=Yinshania fumarioides
Cochleariopsis zhejiangensis Y.H.Zhang=Yinshania fumarioides
Cochlianthus Benth.**旋花豆属**(豆科)
Cochlianthus gracilis Benth.细茎旋花豆
Cochlianthus gracilis var. brevipes Wei 短柄旋花豆
Cochlianthus gracilis var. gracilis=Cochlianthus gracilis
Cochlianthus montanus (Diels) Harms 高山旋花豆
Cocos L.**椰子属**(棕榈科)
Cocos nucifera L.椰子
Cocos nypa Lour.=Nypa fructicans
Cocos romanzoffiana Cham.=Syagrus romanzoffiana
Cocos subgen. *Arecastrum* Drude=**Syagrus**
Cocumis hardwickii Royle=Cucumis sativus var. hardwickii
Cocumis muriculatus Chakr.=Cucumis hystrix
Codariocalyx Hassk.**舞草属**(豆科)
Codariocalyx gyrans (L.f.) Hassk.=Codariocalyx motorius
Codariocalyx gyroides (Roxb. & Link.) Hassk.圆叶舞草
Codariocalyx motorius (Houtt.) Ohashi 舞草
Codiaeum A.Juss.**变叶木属**(大戟科)
Codiaeum pentzii Muell.Arg.=Blachia pentzii
Codiaeum variegatum (L.) A.Juss.变叶木
Codiaeum variegatum (L.) Bl.=Codiaeum variegatum
Codiaeum variegatum var. *pictum* (Lodd.) Muell.Arg.=Codiaeum variegatum
Codonacanthus Nees **钟花草属**(爵床科)
Codonacanthus acuminatus Nees= Codonacanthus pauciflorus
Codonacanthus pauciflorus (Nees) Nees 钟花草
Codonacanthus spicatus Hand.-Mazz.= Leptostachya wallichii
Codonanthe Hanst.**钟花苣苔属**(苦苣苔科)
Codonanthe gracilis Hanst.纤细钟花苣苔
Codonocephalum grande (Schrenk.) O. & B.Fedtsch.=Inula grandis
Codonopsis Wall.(HK.f.in Ill.Himal.Pl.1855 ,p.p.)=**Campanumoea**
Codonopsis Wall.**党参属**(桔梗科)
Codonopsis accrescenticalyx Lévl.=Codonopsis tubulosa
Codonopsis affinis HK.f. & Thoms.大叶党参
Codonopsis albiflora Griff.=Campanumoea lancifolia
Codonopsis alpina Nannf.高山党参
Codonopsis argentea Tsoong 银背叶党参
Codonopsis bicolor Nannf.二色党参
Codonopsis bulleyana Forr. ex Diels 管钟党参
Codonopsis canescens Nannf.灰毛党参
Codonopsis cardiophylla Diels (Anth.in Not.Roy.Bot.Gard.Edinb.1926 , p.p.)=Codonopsis nervosa var. macrantha
Codonopsis cardiophylla Diels ex Kom.(Anth.in Not.Roy.Bot.Gard.Edinb. 1926,p.p.)=Codonopsis viridiflora
Codonopsis cardiophylla Diels ex Kom.光叶党参
Codonopsis celabica (Bl.) Miq.=Campanumoea celebica
Codonopsis chimiliensis Anth.滇缅党参
Codonopsis chlorocodon C.Y.Wu 绿钟党参
Codonopsis clematidea (Schrenk) C.B.Clarke 新疆党参
Codonopsis convolvulacea Kurz.(Chipp in Jounr.L.Soc.Bot.1908 ,p.p.)= Codonopsis convolvulacea var. vinciflora
Codonopsis convolvulacea Kurz.(高等图鉴 1975)=Codonopsis convolvulacea var. forrestii
Codonopsis convolvulacea Kurz 鸡蛋参
Codonopsis convolvulacea var. convolvulacea=Codonopsis convolvulacea
Codonopsis convolvulacea var. efilamentosa (W.W.Sm.) L.T.Shen 心叶珠子参
Codonopsis convolvulacea var. forrestii (Diels) Ballard 珠儿参
Codonopsis convolvulacea var. *forrestii* Diels (高等图鉴 1975)= Codonopsis convolvulacea var. vinciflora
Codonopsis convolvulacea var. *heterophylla* C.Y.Wu=Codonopsis convolvulacea var. vinciflora
Codonopsis convolvulacea var. hirsuta (Hand.-Mazz.) Nannf.毛叶鸡蛋参
Codonopsis convolvulacea var. limprichtii (Lingel & Borza) Anthony 直立鸡蛋参
Codonopsis convolvulacea var. pinifolia (Hand.-Mazz.) Nannf.松叶鸡蛋参
Codonopsis convolvulacea var. vinciflora (Kom.) L.T.Shen 薄叶鸡蛋参
Codonopsis cordata Hassk.=Campanumoea javanica
Codonopsis cordifolia Kom.=Campanumoea javanica
Codonopsis cordifolioidea Tsoong 心叶党参
Codonopsis deltoidea Chipp 三角叶党参
Codonopsis dicentrifolia (C.B.Clarke) W.W.Sm.珠峰党参
Codonopsis efilamentosa W.W.Sm.=Codonopsis convolvulacea var. efilamentosa
Codonopsis farreri Anth.秃叶党参
Codonopsis foetens HK.f. & Thoms.(Chipp in J.L.Soc.Bot.1908 ,p.p.)= Codonopsis subglobosa
Codonopsis foetens HK.f. & Thoms.(Chipp in J.L.Soc.Bot.1908 ,p.p.)= Codonopsis nervosa
Codonopsis foetens HK.f. & Thoms.臭党参
Codonopsis foetens var. *major* Hand.-Mazz.=Codonopsis alpina
Codonopsis forrestii Diels=Codonopsis convolvulacea var. forrestii
Codonopsis forrestii var. *hirsuta* Tsoong & L.T.Shen=Codonopsis convolvulacea var. forrestii
Codonopsis glaberrima Nannf.=Codonopsis pilosula var. modesta
Codonopsis gombalana C.Y.Wu 贡山党参
Codonopsis gracilis HK.f.=Leptocodon gracilis
Codonopsis graminifolia Lévl.=Codonopsis convolvulacea var. pinifolia
Codonopsis handeliana Nannf.=Codonopsis pilosula var. handeliana
Codonopsis henryi Oliv.川鄂党参
Codonopsis inflata HK.f.=Campanumoea inflata
Codonopsis japonica Maxim.=Campanumoea javanica subsp. japonica
Codonopsis javanica (Bl.) HK.f.=Campanumoea javanica
Codonopsis javanica var. *japonica* Makino=Campanumoea javanica subsp. japonica
Codonopsis kawakamii Hay.台湾党参
Codonopsis labordei Lévl.=Campanumoea javanica
Codonopsis lanceolata (S. & Z.) Trautv.羊乳
Codonopsis lanceolata var. *ussuriensis* Trautv.=Codonopsis ussurieneis
Codonopsis lancifolia (Roxb.) Moeliono=Campanumoea lancifolia
Codonopsis lancifolia subsp. *celabica* Moeliono=Campanumoea celebica
Codonopsis levicalyx L.T.Shen 光萼党参
Codonopsis levicalyx var. hirsuticalyx L.T.Shen 线党参
Codonopsis levicalyx var. levicalyx=Codonopsis levicalyx
Codonopsis limprichtii Lingel & Borza=Codonopsis convolvulacea var. limprichtii
Codonopsis limprichtii var. *hirsuta* Hand.-Mazz.=Codonopsis convolvulacea var. hirsuta
Codonopsis limprichtii var. *pinifolia* Hand.-Mazz.=Codonopsis convolvulacea var. pinifolia
Codonopsis longifolia Hong 长叶党参
Codonopsis macrantha Nannf.=Codonopsis nervosa var. macrantha
Codonopsis macrocalyx Diels 大萼党参
Codonopsis macrocalyx var. *coerulescens* Hand.-Mazz.=Codonopsis tubulosa
Codonopsis macrocalyx var. *parviloba* Anth.=Codonopsis macrocalyx
Codonopsis mairei Lévl.=Codonopsis convolvulacea var. forrestii
Codonopsis maximowiczi Honda=Campanumoea javanica subsp. japonica
Codonopsis meleagris Diels 珠鸡斑党参
Codonopsis micrantha Chipp 小花党参
Codonopsis modesta Nannf.=Codonopsis pilosula var. modesta
Codonopsis mollis Chipp=Codonopsis thalictrifolia var. mollis
Codonopsis nervosa (Chipp) Nannf.脉花党参
Codonopsis nervosa var. macrantha (Nannf.) L.T.Shen 大花党参
Codonopsis nervosa var. nervosa=Codonopsis nervosa
Codonopsis ovata Benth.(Nannf.in Act.Hort.Gothob.1929 ,p.p.)= Codonopsis nervosa

Codonopsis ovata Benth.(Trautv.in Act.Hort.Petrop.1879)=Codonopsis clematidea
Codonopsis ovata var. *cuspidata* Chipp=Codonopsis clematidea
Codonopsis ovata var. *nervosa* Chipp=Codonopsis nervosa
Codonopsis ovata var. *obtusa* Chipp=Codonopsis clematidea
Codonopsis parviflora Wall. ex A.DC.=Campanumoea parviflora
Codonopsis pilosa Chipp=Codonopsis tubulosa
Codonopsis pilosula (Franch.) Nannf.党参
Codonopsis pilosula var. *glaberrima* (Nannf.) Tsoong=Codonopsis pilosula var. modesta
Codonopsis pilosula var. handeliana (Nannf.) L.T.Shen 闪毛党参
Codonopsis pilosula var. modesta (Nannf.) L.T.Shen 素花党参
Codonopsis pilosula var. pilosula=Codonopsis pilosula
Codonopsis pilosula var. volubilis (Nannf.) L.T.Shen 缠绕党参
Codonopsis purpurea Wall.紫花党参
Codonopsis rosulata W.W.Sm.莲座状党参
Codonopsis rotundifolia (Royle) Benth.(Hand.-Mazz.in Karst.u.Schenck Vegetablild.1932)=Codonopsis pilosula var. handeliana
Codonopsis silvestris Kom.(Anth.in Not.roy.Bot.Gard.Edinb.1926)= Codonopsis pilosula var. handeliana
Codonopsis silvestris Kom.=Codonopsis pilosula
Codonopsis subglobosa W.W.Sm.球花党参
Codonopsis subscaposa Kom.抽葶党参
Codonopsis subsimplex HK.f. & Thoms.藏南党参
Codonopsis tangshen Oliv.(Kom.in Act.Hort.Pétrop.1908 ,p.p.)= Codonopsis pilosula
Codonopsis tangshen Oliv.川党参
Codonopsis thalictrifolia Wall.唐松草党参
Codonopsis thalictrifolia var. mollis (Chipp) L.T.Shen 长花党参
Codonopsis thalictrifolia var. thalictrifolia=Codonopsis thalictrifolia
Codonopsis tsinglingensis Pax & Hoffm.秦岭党参
Codonopsis tubulosa Kom.管花党参
Codonopsis ussurieneis (Rupr. & Maxim.) Hemsl.雀斑党参
Codonopsis vinciflora Kom.=Codonopsis convolvulacea var. vinciflora
Codonopsis viridiflora Maxim.绿花党参
Codonopsis volubilis Nannf.=Codonopsis pilosula var. volubilis
Codonopsis xizangensis Hong 西藏党参
Coelachne R.Br.**小丽草属**(禾本科)
Coelachne pulchella R.Br.(禾本科图说 1959)=Coelachne simpliciuscula
Coelachne pulchella R.Br.肖丽草
Coelachne simpliciuscula (Wight & Arn.) Munro ex Benth.小丽草
Coelodepas Hassk.=**Koilodepas**
Coelodepas hainanense (Merr.) Croiz.=Koilodepas hainanense
Coelodiscus Baill.=**Mallotus**
Coelodiscus eriocarpoides Kurz=Mallotus decipiens
Coelodiscus speciosus Muell.Arg.=Sumbaviopsis albicans
Coeloglossum Hartm **凹舌兰属**(兰科)
Coeloglossum bracteatum (Muhl ex Willd.) Schltr.=Coeloglossum viride
Coeloglossum bracteatum Parl.=Coeloglossum viride
Coeloglossum densum Lindl.=Peristylus densus
Coeloglossum flagelliferum Maxim. ex Makino=Peristylus flagellifer
Coeloglossum formosanum Makino & Hay. ex Matsum & Hay.=Peristylus formosanus
Coeloglossum lacertiferum Lindl.=Peristylus lacertiferus
Coeloglossum mannii Rchb.f.=Peristylus mannii
Coeloglossum nankotaizanense (Masam.) S.S.Ying=Coeloglossum viride
Coeloglossum taiwanianum S.S.Ying=Coeloglossum viride
Coeloglossum viride (L.) Hartm 凹舌兰
Coeloglossum viride (L.) L.C.Rich=Coeloglossum viride
Coeloglossum viride var. *bracteatum* (Muhl ex Willd.) A.Gray= Coeloglossum viride
Coelogyne Lindl.**贝母兰属**(兰科)
Coelogyne annamensis Rolfe 越南贝母兰
Coelogyne arthuriana Rchb.f.=Pleione maculata
Coelogyne articulata (Lindl.) Rchb.f.=Pholidota articulata
Coelogyne assamica Linden & Rchb.f.(Seidenf.in Dansk Bot.Ark.1975)= Coelogyne fuscescens var. brunnea
Coelogyne barbata Griff.髯毛贝母兰
Coelogyne birmanica Rchb.f.=Pleione praecox
Coelogyne borneensis Rolfe 婆罗州贝母兰
Coelogyne breviscapa Lindl.短花茎贝母兰
Coelogyne brunnea Lindl.=Coelogyne fuscescens var. brunnea
Coelogyne bulbocodioides Franch.=Pleione bulbocodioides
Coelogyne calcicola Kerr 滇西贝母兰
Coelogyne carinata Rolfe 龙骨唇贝母兰
Coelogyne carnea HK.f.肉红花贝母兰
Coelogyne chinensis (Lindl.) Rchb.f.=Pholidota chinensis
Coelogyne chlorptera Rchb.f.绿花贝母兰
Coelogyne cinnamomea Teijsm. & Binn.褐唇贝母兰
Coelogyne convallariae Rchb.f.=Pholidota convallariae
Coelogyne coronaria Lindl.=Eria coronaria
Coelogyne corymbosa Lindl.眼斑贝母兰
Coelogyne cristata Lindl.贝母兰
Coelogyne delavayi Rolfe=Pleione bulbocodioides
Coelogyne diphylla (Lindl.) Lindl.=Pleione maculata
Coelogyne elata Lindl.=Coelogyne stricta
Coelogyne elegantula Kraenzl.=Bletilla formosana
Coelogyne esquirolei Schltr.=Coelogyne flaccida
Coelogyne fimbriata Lindl.流苏贝母兰
Coelogyne flaccida Lindl.栗鳞贝母兰
Coelogyne flavida Wall. ex Lindl.(Seidnef.in Dansk.Bot.Ark.1975)= Coelogyne schultesii
Coelogyne flavida Wall. ex Lindl.=Coelogyne prolifera
Coelogyne fusca (Lindl.) Rchb.f.=Otochilus fuscus
Coelogyne fuscescens Lindl.(分类学报 1995)=Coelogyne fuscescens var. brunnea
Coelogyne fuscescens Lindl.褐唇贝母兰
Coelogyne fuscescens var. brunnea (Lindl.) Lindl.斑唇贝母兰
Coelogyne fuscescens var. fuscescens=Coelogyne fuscescens
Coelogyne gongshanensis H.Li ex S.C.Chen 贡山贝母兰
Coelogyne gradiflora Rolfe=Pleione grandiflora
Coelogyne graminifolia Par. & Rchb.f.=Coelogyne viscosa
Coelogyne henryi Rolfe=Pleione bulbocodioides
Coelogyne hookeriana Lindl.=Pleione hookeriana
Coelogyne hookeriana var. *brachyglossa* Rchb.f.=Pleione hookeriana
Coelogyne imbricata (HK.) Rchb.f.=Pholidota imbricata
Coelogyne khaiana (Rchb.f.) Rchb.f.=Pholidota articulata
Coelogyne laotica Gagn.=Coelogyne fimbriata
Coelogyne lentiginosa 麝香贝母兰
Coelogyne leucantha var. *heterophylla* T.Tang & F.T.Wang=Coelogyne leucantha
Coelogyne leucantha W.W.Sm.白花贝母兰
Coelogyne leungiana S.Y.Hu 单唇贝母兰
Coelogyne longipes Lindl.长柄贝母兰
Coelogyne longipes var. *verruculata* S.C.Chen=Coelogyne schultesii
Coelogyne maculata Lindl.=Pleione maculata
Coelogyne malipoensis Z.H.Tsi 麻栗坡贝母兰
Coelogyne mandarinorum Kraenzl.=Ischnogyne mandarinorum
Coelogyne miniata (Bl.) Lindl.朱红贝母兰
Coelogyne nitida (Roxb.) HK.f.=Coelogyne punctulata
Coelogyne nitida (Wall. ex D.Don) Lindl.密茎贝母兰
Coelogyne nitida Lindl.=Coelogyne punctulata
Coelogyne occultata HK.f.卵叶贝母兰
Coelogyne ochracea Lindl.=Coelogyne nitida
Coelogyne ochracea subsp. *conferta* Parish & Rchb.f.=Coelogyne nitida
Coelogyne odoratissima Lindl.芳香贝母兰
Coelogyne ovalis Lindl.长鳞贝母兰
Coelogyne pogonioides Rofle=Pleione bulbocodioides
Coelogyne porrecta (Lindl.) Rchb.f.=Otochilus porrectus
Coelogyne praecox (J.E.Sm.) Lindl.=Pleione praecox
Coelogyne prasina Ridl.绿色贝母兰(新)
Coelogyne primulina Barretto 报春贝母兰
Coelogyne prolifera Lindl.(Hk.f.in Fl.Brit.Ind.1890)=Coelogyne schultesii
Coelogyne prolifera Lindl.黄绿贝母兰
Coelogyne punctulata Lindl.狭瓣贝母兰
Coelogyne punctulata Lndl.(高等图鉴 1976)=Coelogyne corymbosa
Coelogyne punctulata var. *conferta* (Par. & Rchb.f.) T.Tang & F.T.Wang= Coelogyne nitida
Coelogyne punctulata var. *hysterantha* T.Tang & F.T.Wang=Coelogyne punctulata
Coelogyne raizadai Jain & Das=Coelogyne longipes
Coelogyne rigida Par. & Rchb.f.挺茎贝母兰
Coelogyne sanderae Kraenzl.撕裂贝母兰

Coelogyne schultesii Jain & Das 疣鞘贝母兰
Coelogyne sect. *Neogyne* Rchb.f.=**Neogyna**
Coelogyne sect. *Panisea* Lindl.=**Panisea**
Coelogyne speciosa (Bl.) Lindl.美丽贝母兰
Coelogyne stricta (D.Don) Schltr.双褶贝母兰
Coelogyne suaveolens (Lindl.) HK.f.疏茎贝母兰
Coelogyne taronensis Hand.-Mazz.=Coelogyne corymbosa
Coelogyne tomentosa Lindl.毛序贝母兰
Coelogyne venusta Rolfe 多花贝母兰
Coelogyne viscosa Rchb.f.禾叶贝母兰
Coelogyne wallichi HK.=Pleione praecox
Coelogyne wallichiana Lindl.=Pleione praecox
Coelogyne xerophyta Hand.-Mazz.=Coelogyne ovalis
Coelogyne yunnanensis Rolfe=Pleione yunnanensis
Coelogyne zhenkangensis S.C.Chen & K.Y.Lang 镇康贝母兰
Coelonema Maxim.**穴丝荠属**(十字花科)
Coelonema draboides Maxim.穴丝荠
Coelopleurum Ledeb.**高山芹属**(伞形科)
Coelopleurum alpinum Kitag.=Coelopleurum saxatile
Coelopleurum brevicaule Drude=Archangelica braevicaulis
Coelopleurum gmelinii (DC.) Ledeb.堪察加高山芹
Coelopleurum gmelinii Ledeb.(Schischk.in Fl.URSS 1951,p.p.)=Coelopleurum saxatile
Coelopleurum nakaianum (Kitag.) Kitag.长白高山芹
Coelopleurum saxatile (Turcz.) Drude 高山芹
Coelorachis Brongn **空轴茅属**(禾本科)
Coelorachis striata (Nees ex Steud.) A.Camus 空轴茅
Coelorachis striata var. pubescens (Hack.) Bor 毛空轴茅
Coelorachis striata var. striata=Coelorachis striata
Coelospermum Bl.**穴果木属**(茜草科)
Coelospermum kanehirae Merr.穴果木
Coelospermum morindiforme Pierre ex Pitard 长叶穴果木
Coffea L.**咖啡属**(茜草科)
Coffea arabica L.小粒咖啡
Coffea bengahalensis Heyene ex Roen. & Scult.米什米咖啡?
Coffea canephora Pierre ex Forehn.中粒咖啡
Coffea congensis Froehn.刚果咖啡
Coffea liberica Bull ex Hiern 大粒咖啡
Coffea stenophylla G.Don 狭叶咖啡
Coffea tetrandra Roxb.=Prismatomeris tetrantra
Coix L.**薏苡属**(禾本科)
Coix agrestis Lour.=Coix lacryma-jobi
Coix aquatica Roxb.水生薏苡
Coix arundinacea Lamk.=Coix lacryma-jobi
Coix chinensis Tod.薏米
Coix chinensis var. chinensis=Coix chinensis
Coix chinensis var. formosana (Ohwi) L.Liu 台湾薏苡
Coix exaltata Jacq.=Coix lacryma-jobi
Coix gigantea var. *aquatica* (Roxb.) Watt=Coix aquatica
Coix heteroclita Roxb.=Polytoca digitata
Coix lacryma-jobi L 薏苡
Coix lacryma-jobi f. *aquatica* (Roxb.) Back.=Coix aquatica
Coix lacryma-jobi var. *formosana* Ohwi=Coix chinensis var. formosana
Coix lacryma-jobi var. *frumentacea* Makino=Coix chinensis
Coix lacryma-jobi var. lacryma-jobi=Coix lacryma-jobi
Coix lacryma-jobi var. maxima Makino 念珠薏苡
Coix lacryma-jobi var. *mayuen* (Roman.) Stapf=Coix chinensis
Coix lacryma-jobi var. *puellarum* (Balansa) A.Camus=Coix puellarum
Coix lacryma-jobi var. *stenocarpa* Stapf=Coix stenocarpa
Coix lacryoma L.=Coix lacryma-jobi
Coix mayuen Roman.=Coix chinensis
Coix ovata Stokes=Coix lacryma-jobi
Coix puellarum Balansa 小珠薏苡
Coix stenocarpa Balansa 窄果薏苡
Coix tubutosa Hack. ex Warbg.=Coix stenocarpa
Colania Gagn.=**Aspidistra**
Colania tonkinensis Gagn.=Aspidistra tonkinensis
Colax Lindl.**可拉属**(兰科)
Colax jugosus (Lindl.) Lindl.可拉兰
Colchicum L.**秋水仙属**(百合科)
Colchicum autumnale L.秋水仙
Colchicum autumnale var. album Hort.白花秋水仙
Colchicum autumnale var. florepleno Hort.重瓣秋水仙
Colchicum autumnale var. majus Hort.大秋水仙
Colchicum bornmuelleri Freyn.早花秋水仙
Colchicum speciosum Steven.美丽秋水仙
Colchicum speciosum var. giganteum Hort.粉花秋水仙
Colchicum vernum Ker.春花秋水仙
Coldenia L.**双柱紫草属**(紫草科)
Coldenia procumbens L.双柱紫草
Coleanthus Seidel **莎禾属**(禾本科)
Coleanthus subtilis (Tratt.) Seidel 莎禾
Colebrookea Smith **羽萼木属**(唇形科)
Colebrookea oppositifolia Lodd.=Elsholtzia fruticosa
Colebrookea oppositifolia Smith 羽萼木
Colebrookea ternifolia Roxb.=Colebrookea oppositifolia
Colensoa HK.f.=**Pratia**
Coleostephus Cass.**鞘冠菊属**(菊科)
Coleostephus myconis (L.) Cass.鞘冠菊
Coleus Lour.**鞘蕊花属**(唇形科)
Coleus acuminatus Benth.=Coleus scutellarioides
Coleus aromaticus Benth.芳香鞘蕊花
Coleus atropurpureus Benth.暗紫鞘蕊花
Coleus barbatus (Andr.) Benth.=Coleus forskohlii
Coleus barbatus Benth.髯毛鞘蕊花
Coleus blumei Benth.=Coleus scutellarioides
Coleus bracteatus Dunn 光萼鞘蕊花
Coleus carnosifolius (Hemsl.) Dunn 肉叶鞘蕊花
Coleus crispipilus Merr.=Coleus scutellarioides var. crispipilus
Coleus esquirolii (Lévl.) Dunn 毛萼鞘蕊花
Coleus formosanus Hay.=Coleus scutellarioides var. crispipilus
Coleus forskohlii (Willd.) Briq.毛喉鞘蕊花
Coleus inflatus Benth.膨大鞘蕊花
Coleus macranthus var. *crispipilus* Merr.=Coleus scutellarioides var. crispipilus
Coleus malabaricus Benth.印度鞘蕊花
Coleus mucosus Hay.=Coleus esquirolii
Coleus parviflorus Benth.小花鞘蕊花
Coleus pumilus Blanco=Coleus scutellarioides var. crispipilus
Coleus scutellarioides (L.) Benth.五彩苏
Coleus scutellarioides var. crispipilus (Merr.) H.Keng 小五彩苏
Coleus scutellarioides var. scutellarioides=Coleus scutellarioides
Coleus spicatus Benth.穗序鞘蕊花
Coleus wulfenioides Diels=Orthosiphon wulfenioides
Coleus xanthanthus C.Y.Wu & Y.C.Huang 黄鞘蕊花
Collabiopsis S.S.Ying=**Collabium**
Collabiopsis delavayi (Gagn.) Seidenf.=Collabium formosanum
Collabiopsis formosanum (Hay.) S.S.Ying=Collabium formosanum
Collabiopsis uraiensis (Fukuyama=Collabium chinense
Collabium Bl.**吻兰属**(兰科)
Collabium assamicum Hay.锚钩吻兰
Collabium chinense (Rolfe) T.Tang & F.T.Wang 吻兰
Collabium formosanum Hay.台湾吻兰
Collabium nebulosum Blo.宽叶吻兰
Collabium uraiense Fukuyama=Collabium chinense
Collaea mollis Grah. ex Wall.(p.p.)=Cajanus crassus
Collaea mollis Grah. ex Wall.(p.p.)=Cajanus mollis
Collea Lindl.=**Pelexia**
Collumnea chinensis Osb.=Limnophila chinensis
Collyris Wahl.=**Dischidia**
Collyris minor Vahl=Dischidia nummularia
Colocasia Schott **芋属**(天南星科)
Colocasia affinis var. jenningsii (Veitch.) Engl.紫叶芋
Colocasia antiquorum Schott 野芋
Colocasia antiquorum f. *purpurea* Makino=Colocasia tonoimo
Colocasia antiquorum var. *esculenta* (L.) Schott=Colocasia esculenta
Colocasia cucullata Schott=Alocasia cucullata
Colocasia esculenta (L.) Schott 芋
Colocasia esculentum var. *antiquorum* (Schott) Hubbard & Rehd.=Colocasia antiquorum
Colocasia fallax Schott 假芋

Colocasia formosana Hay.台芋
Colocasia gigantea (Bl.) HK.f.大野芋
Colocasia indica (Lour.) Hassk.印度芋
Colocasia indica Engl.=Colocasia gigantea
Colocasia kerrii Gagn.=Colocasia fallax
Colocasia konischii Hay.红芋
Colocasia kotoensis Hay.红头芋
Colocasia macrorrhiza Schott=Alocasia macrorrhiza
Colocasia mucronata Kunth=Alocasia macrorrhiza
Colocasia neogyineensis Andre=Schismatoglottis novo-guineensis
Colocasia odora Grongn.=Alocasia macrorrhiza
Colocasia pumila Kunth=Gonatanthus pumilus
Colocasia rugosa Kunth=Alocasia cucullata
Colocasia sect. *Alocasia* Schott=**Alocasia**
Colocasia tonoimo Nakai 紫芋
Colocasia vivipara Thwait.=Remusatia vivipara
Colocynthis citrullus (L.) O.Ktze.=Citrullus lanatus
Colona Cav.**一担柴属**(椴树科)
Colona floribunda (Wall.) Craib 一担柴
Colona sinica Hu=Colona thorelii
Colona thorelii (Gagn.) Burret 狭叶一担柴
Colpodium altaicum Trin. (Rgl. In ActaHort.Petrop.1881,p.p.)=Paracolpodium altaicum subsp. leucolepis
Colpodium altaicum Trin.=Paracolpodium altaicum
Colpodium bulbosum Trin.=Catabrosella humilis
Colpodium himalaicum Bor (Stewart in Bull.Bot.Surv.Ind.1967)=Paracolpodium altaicum subsp. leucolepis
Colpodium humilis (Bieb.) Griseb.=Catabrosella humilis
Colpodium leucolepis Nevski=Paracolpodium altaicum subsp. leucolepis
Colpodium subgen. Catabrosella Tzvel.=**Catabrosella**
Colpodium subgen. *Paracolpodium* Tzvel.=**Paracolpodium**
Colpodium tibeticum Bor=Paracolpodium tibeticum
Colpodium villosum Bor=Paracolpodium altaicum subsp. leucolepis
Colquhounia Wall.**火把花属**(唇形科)
Colquhounia coccinea Wall.(Dunn in Notes.Bot.Gard.Edinb.1911)=Colquhounia coccinea var. mollis
Colquhounia coccinea Wall.(Hemsl.in J.L.Soc.Bot.1890,p.p.)=Colquhounia sequinii
Colquhounia coccinea Wall.深红火把花
Colquhounia coccinea var. coccinea=Colquhounia coccinea
Colquhounia coccinea var. mollis (Schlecht.) Prain 火把花
Colquhounia coccinea var. *vestita* Prain=Colquhounia vestita
Colquhounia compta W.W.Sm.金江火把花
Colquhounia compta var. compta=Colquhounia compta
Colquhounia compta var. mekongensis (W.W.Sm.) Kudô 沧江火把花(新)
Colquhounia decora Deils=Colquhounia sequinii
Colquhounia elegans Wall.秀丽火把花
Colquhounia elegans var. elegans=Colquhounia elegans
Colquhounia elegans var. *pauciflora* Prain=Colquhounia sequinii
Colquhounia elegans var. tenuiflora (HK.f.) Prain 细花火把花(新)
Colquhounia elegans var. *typica* Prain=Colquhounia elegans
Colquhounia mekongensis W.W.Sm.=Colquhounia compta var. mekongensis
Colquhounia mollis Schlecht.=Colquhounia coccinea var. mollis
Colquhounia sequinii Vant.藤状火把花
Colquhounia sequinii var. pilosa Rehd.长毛火把花(新)
Colquhounia sequinii var. sequinii=Colquhounia sequinii
Colquhounia sp. Clarke=Leucosceptrum canum
Colquhounia tenuiflora HK.f.=Colquhounia elegans var. tenuiflora
Colquhounia tomentosa Houllet=Colquhounia coccinea var. mollis
Colquhounia vestita Wall.(Benth.in DC.Prodr.1873)=Colquhounia coccinea var. mollis
Colquhounia vestita Wall.白毛火把花
Colquhounia vestita var. *rugosa* Clarke ex Prain (p.p.)=Colquhounia coccinea var. mollis
Colubrina Rich. ex Brongn.**蛇藤属**(鼠李科)
Colubrina asiatica (L.) Brongn.蛇藤
Colubrina ferruginosa Brongn.锈毛蛇藤
Colubrina pubescens Kurz 毛蛇藤
Colubrina texensis (Torr. & Gray) Gray 得州蛇藤
Columbia Pers.=**Colona**
Columbia floribunda Kurz=Colona floribunda
Columbia thorelii Gagn.=Colona thorelii
Columella cilifera Merr.=Cayratia cilifera
Columella corniculata (Benth.) Merr.=Cayratia corniculata
Columella geniculata (Bl.) Merr.=Cayratia geniculata
Columella japonica (Thunb.) Merr.=Cayratia japonica
Columella oligocarpa (Lévll & Vant.) Rehd.=Cayratia oligocarpa
Columella tenuifolia (Heyne) Gagn.(p.p.)=Cayratia japonica
Columnea L.**金鱼花属**(苦苣苔科)
Columnea chinensis Osbeck.=Limnophila chinensis
Columnea glabra Oerst 光金鱼藤
Columnea glabra var. major 大光金鱼藤
Columnea gloriosa Sprague 大红金鱼藤
Columnea heterophylla Roxb.=Limnophila heterophylla
Columnea magnifica Klotzsch & Hanst 壮大金鱼藤
Columnea oerstediana Klotzsch 欧氏金鱼藤
Columnea schiedeana Schlecht 希氏金鱼藤
Coluria R.Br.**无尾果属**(蔷薇科)
Coluria elegans var. *imbricata* Card.=Coluria longifolia
Coluria henryi Batal.大头叶无尾果
Coluria henryi var. *gradiflora* Card.=Coluria henryi
Coluria henryi var. *pluriflora* Card.=Coluria henryi
Coluria longifolia Maxim.(秦岭志 1974)=Acomastylis elata var. leiocarpa
Coluria longifolia Maxim.无尾果
Coluria oligocarpa (J.Krause) F.Bolle 汶川无尾果
Coluria purdomii (N.E.Br.) Evans=Coluria longifolia
Colutea L.**鱼鳔槐属**(豆科)
Colutea arborescens L. ×*C. orientalis* Mill.=Colutea ×media
Colutea arborescens L.鱼鳔槐
Colutea arborescens var. *nepalensis* (Sims) Baker=Colutea nepalensis Sims 尼泊尔鱼鳔槐
Colutea delavayi Franch.膀胱豆
Colutea ×media Willd.杂种鱼鳔槐
Colutea nepalensis Sims 尼泊尔鱼鳔槐
Colysis C.Presl **线蕨属**(水龙骨科)
Colysis ×beddomei Manickam & Irudayaraj=Colysis diversifolia
Colysis boisii (Christ) Ching=Colysis elliptica
Colysis bonii Ching=Colysis pedunculata
Colysis decurrens (Bl.) Manickam & Irudayaraj=Leptochilus decurrens
Colysis digitata (Baker) Ching 掌叶线蕨
Colysis digitata f. *annamensis* (Christ) Ching=Colysis digitata
Colysis digitata f. *cadieri* (Christ) Ching=Colysis digitata
Colysis digitata f. *laciniata* Ching=Colysis digitata
Colysis dissimilialata (Bonap.) Ching=Colysis elliptica var. flexiloba
Colysis diversifolia W.M.Chu 异叶线蕨
Colysis elegans Sa Kurata=Colysis elliptica var. pothifolia
Colysis elliptica (Thunb.) Ching(台湾志 1975)= Colysis elliptica var. pothifolia
Colysis elliptica (Thunb.) Ching 线蕨
Colysis elliptica var. elliptica=Colysis elliptica
Colysis elliptica var. flexiloba (Christ) L.Shi & X.C.Zhang 曲边线蕨
Colysis elliptica var. longipes (Ching) L.Shi & X.C.Zhang 长柄线蕨
Colysis elliptica var. pentaphylla (Baker) Lshi & X.C.Zhang 滇线蕨
Colysis elliptica var. pothifolia Ching 宽羽线蕨
Colysis elliptica var. *pothifolia* f. *furcans* (Tutcher) Ching=Colysis elliptica
Colysis elliptica var. *pothifolia* f. *simplex* Ching=Colysis ×shintenensis
Colysis evrardii Tardieu=Leptochilus decurrens
Colysis flavescens (Ching) Nakaike=Colysis elliptica var. pothifolia
Colysis flexiloba (Christ) Ching=Colysis elliptica var. flexiloba
Colysis flexiloba var. *undulato-repanda* (C.Chr.) Ching=Colysis elliptica var. flexiloba
Colysis fluviatila (Lauterb.) Ching=Colysis pedunculata
Colysis hemionitidea (Wall. ex Mett.) C.Presl 断线蕨
Colysis hemitoma (Hance) Ching 胄叶线蕨
Colysis hemitoma f. *integra* Ching=Colysis hemitoma
Colysis henryi (Baker) Ching 矩圆线蕨
Colysis hokouensis Ching=Colysis wrightii
Colysis insignis (Bl.) J.Sm.=Microsorium insigne
Colysis intermedia Ching & S.H.Wang=Colysis pedunculata
Colysis ×kiusiana Sa Kurata=Colysis elliptica var. pothifolia
Colysis latiloba Ching=Colysis elliptica var. flexiloba
Colysis leptophylla H.Ito=Colysis elliptica var. pothifolia

Colysis leveillei (Christ) Ching 绿叶线蕨
Colysis leveillei f. *angusta* (C.Chr.) Ching=Colysis leveillei
Colysis leveillei f. *major* (C.Chr.) Ching=Colysis leveillei
Colysis liouii Ching=Colysis henryi
Colysis longifrons Tagawa=Colysis wrightii
Colysis longipes Ching=Colysis elliptica var. longipes
Colysis longisora (Baker) Ching=Colysis elliptica var. pentaphylla
Colysis longissima (Bl.) J.Sm.=Phymatosorus longissimus
Colysis megalolepis Tagawa=Colysis wrightii
Colysis membranacea C.Presl=Colysis pedunculata
Colysis morsei Ching=Colysis elliptica
Colysis pedunculata (HK. & Grev.) Ching 长梗线蕨(新)
Colysis pentaphylla (Baker) Ching=Colysis elliptica var. pentaphylla
Colysis poilanei C.Chr. & Tardieu=Leptochilus decurrens
Colysis pothifolia (D.Don) C.Presl=Colysis elliptica var. pothifolia
Colysis pothifolia (Ham. ex D.Don) H.Ito=Colysis elliptica var. pothifolia
Colysis pothifolia f. *bipinnatifida* H.Ito=Colysis elliptica var. pothifolia
Colysis pothifolia monstr. *bipinnatifida* (H.Ito) Nakaike=Colysis elliptica var. pothifolia
Colysis pothifolia var. *membranacea* Nakai=Colysis elliptica var. pothifolia
Colysis pteropus Bosman=Microsorium pteropus
Colysis sanjiangensis H.G.Zhou & Hua Li=Colysis elliptica var. flexiloba
Colysis saxicola H.G.Zhou & Hua Li=Colysis pedunculata
Colysis selliguea Ching=Colysis pedunculata
Colysis ×shintenensis (Hay.) H.Ito 新店线蕨
Colysis simplicifrons (Christ) Tagawa=Colysis ×shintenensis
Colysis subsessilifolia Ching=Colysis wrightii
Colysis superficialis J.Sm.=Microsorium superficiale
Colysis tridactyla J.Sm.=Microsorium pteropus
Colysis triphylla Ching=Colysis digitata
Colysis wrightii (HK.) Ching 褐叶线蕨
Colysis wrightii f. *laciniata* Sa Kurata=Colysis wrightii
Colysis wrightii var. *lacerata* Nakai=Colysis ×shintenensis
Colysis wrigthii monstr. *laciniata* (Sa Kurata) Nakaike=Colysis wrightii
Colysis wrigthii var. *henryi* (Baker) Tagawa=Colysis henryi
Colysis wui (C.Chr.) Ching=Colysis pedunculata
Colysis zippelii J.Sm.=Microsorium zippelii
Comanthosphace S.Moore **绵穗苏属**(唇形科)
Comanthosphace formosana Ohwi?台湾绵穗苏
Comanthosphace japonica (Miq.) S.Moore 天人草
Comanthosphace nanchuanensis C.Y.Wu & H.W.Li 南川绵穗苏
Comanthosphace nepalensis Kitam. & Murata=Leucosceptrum canum
Comanthosphace ningpoensis (Hemsl.) Hand.-Mazz.绵穗苏
Comanthosphace ningpoensis var. *ningpoensis*=Comanthosphace ningpoensis
Comanthosphace ningpoensis var. stellipiloides C.Y.Wu 绒毛绵穗苏(新)
Comanthosphace stellipila var. *japonica* (Miq.) Matsumura & Kduô=Comanthosphace japonica
Comanthosphace sublanceolata (Miq.) S.Mooore (科学论文集 1932)=Comanthosphace ningpoensis
Comarobatia Greene=**Rubus**
Comarum L.**沼委陵菜属**(蔷薇科)
Comarum palustre L.沼委陵菜
Comarum salesovianum (Steph.) Asch. & Gr.西北沼委陵菜
Comarum salesovii Bge.=Comarum salesovianum
Comastoma (Wettst.) Toyokuni **喉毛花属**(龙胆科)
Comastoma arrectum (Franch.) Holub=Comastoma pulmonarium
Comastoma beesianum (W.W.Sm.) Holub=Comastoma traillianum
Comastoma cyananthiflorum (Franch. ex Hemsl.) Holub 蓝钟喉毛花
Comastoma cyananthiflorum var. acutifolium (Franch. ex Hemsl.) Holub 尖叶蓝钟喉毛花
Comastoma cyananthiflorum var. cyananthiflorum=Comastoma cyananthiflorum
Comastoma disepalum H.W.Li ex T.N.Ho 三萼喉毛花
Comastoma falcatum (Trurz. ex Kar. & Kir.) Toyokuni 镰萼喉毛花
Comastoma henryi (Hemsl.) Holub 鄂西喉毛花
Comastoma limprichtii (Grüning) Toyokuni=Comastoma polycladum
Comastoma maclearenii (H.Sm.) Holub=Comastoma cyananthiflorum
Comastoma muliense (Marq.) T.N.Ho 木里喉毛花
Comastoma pedunculatum (Royle ex D.Don) Holub 长梗喉毛花
Comastoma polycladum (Diels & Gilg) T.N.Ho 皱边喉毛花
Comastoma pulmonarium (Turcz.) Toyokuni 喉毛花
Comastoma pulmonarium subsp. *arrectum* (Franch.) Toyokuni=Comastoma pulmonarium
Comastoma stellariifolium (Franch. ex Hemsl.) Holub 纤枝喉毛花
Comastoma tenellum (Rottb.) Toyokuni (高等图鉴 1974,p.p.)=Comastoma pedunculatum
Comastoma tenellum (Rottb.) Toyukuni 柔弱喉毛花
Comastoma traillianum (Forr.) Holub 高杯喉毛花
Combretaceae 使君子科
Combretum Loefl.**风车子属**(使君子科)
Combretum alfredii Hance 风车子
Combretum auriculatum C.Y.Wu & T.Z.Hsu 耳叶风车子
Combretum chinense Roxb.=Combretum griggithii
Combretum collinum Fresen 小丘风车子
Combretum extensum Roxb. ex G.Don=Combretum latifolium
Combretum ghasalense Engl. & Diels 加沙尔风车子
Combretum griggithii Van Huerck & Muell.-Arg.西南风车子
Combretum incertum Hand.-Mazz.=Combretum wallichii
Combretum kachinense King & Prain=Sarcosperma kachinense
Combretum kwangsiense Li=Combretum alfredii
Combretum latifolium Bl.阔叶风车子
Combretum linyenense Hand.-Mazz.=Combretum wallichii
Combretum olivaeforme Chao 榄形风车子
Combretum pilosum Roxb.长毛风车子
Combretum punctatum Bl.盾鳞风车子
Combretum punctatum subsp. punctatum=Combretum punctatum
Combretum punctatum subsp. squamosum (Roxb. ex G.Don) Exell 水密花
Combretum purpurascens Hand.-Mazz.=Combretum wallichii
Combretum quadrangulare Kurz.四角风车子
Combretum roxburghii Spreng.十蕊风车子
Combretum schmanii Engl.非洲风车子
Combretum squamosum Roxb. ex G.Don=Combretum punctatum subsp. squamosum
Combretum squamosum Roxb.(分类学报 1958,p.p.)=Combretum punctatum
Combretum sundaicum Miq.(Merr.in Lingnan Sci.J.1935)=Combretum olivaeforme
Combretum wallichii DC.石风车子
Combretum wallichii var. pubinerve C.Y.Wu ex T.Z.Hsu 毛脉石风车子
Combretum wallichii var. wallichii=Combretum wallichii
Combretum yuankiangense C.C.Huang & S.C.Huang ex T.Z.Hsu 元江风车子
Combretum yunnanense Exell 云南风车子
Commelina L.**鸭跖草属**(鸭跖草科)
Commelina auriculata Bl.耳苞鸭跖草
Commelina axillaris L.=Cyanotis axillartis
Commelina bengalensis L.饭包草
Commelina bracteolata Lam.=Murdannia spirata
Commelina cavaleriei Lévl.=Commelina benghalensis
Commelina coelestis Willd.墨西哥鸭跖草
Commelina communis L.(C.B.Clarke in Commel & Cyrt.Beng.Tab.1874, p.p.)=Commelina diffusa
Commelina communis L.鸭跖草
Commelina communis var. *angustifolia* Nakai=Commelina communis
Commelina communis var. *ludens* (Miq.) C.B.Clarke=Commelina communis
Commelina conspicua Bl.=Dictyospermum conspicuum
Commelina coreana Lévl. & Vant.=Commelina communis
Commelina covaleriei Lévl.=Commelina bengalensis
Commelina cristata L.=Cyanotis cristata
Commelina diffusa Burm.f.节节草
Commelina edulis Stokes=Murdannia edulis
Commelina elata Vahl=Murdannia japonica
Commelina herbacea Roxb.=Murdannia japonica
Commelina hookeri Dietr.=Murdannia simplex
Commelina japonica Thunb.=Murdannia japonica
Commelina kurzii C.B.Clarke=Commelina undulata
Commelina lineolata Bl.=Murdannia japonica
Commelina longifolia (HK.) Spreng.=Murdannia simplex
Commelina loureirii Kunth=Commelina diffusa

Commelina ludens Miq.=Commelina communis
Commelina maculata Edgew.地地藕
Commelina medica Lour.=Murdannia medica
Commelina nana Roxb.=Murdannia spirata
Commelina nudiflora L.(贵州志 1956)=Commelina diffusa
Commelina nudiflora L.=Murdannia nudiflora
Commelina obliqua Buch.-Ham. ex D.Don=Commelina paludosa
Commelina obliqua var. *mathewii* C.B.Clarke=Commelina undulata
Commelina obliqua var. *viscida* C.B.Clarke=Commelina maculata
Commelina paludosa Bl.大苞鸭跖草
Commelina paludosa var. *mathewii* (C.B.Clarke) Rolla Rao & Kammathy =Commelina undulata
Commelina paludosa var. *viscida* (C.B.Clarke) Rolla Rao & Kammathy= Commelina maculata
Commelina salicifolia Roxb.(Benth.,Fl.Hongk.1861)=Commelina diffusa
Commelina scaberrima Bl.=Rhopalephora scaberrima
Commelina scapiflora Roxb.=Murdannia edulis
Commelina secundiflora Bl.=Pollia secundiflora
Commelina simplex Vahl=Murdannia simplex
Commelina sinica (Ker-Gawl.) Roem. & Schult.=Murdannia simplex
Commelina spirata L.=Murdannia spirata
Commelina striata Edgew.=Commelina undulata
Commelina suffruticosa Bl.大叶鸭跖草
Commelina tuberosa Lour.=Murdannia edulis
Commelina undulata R.Br.波缘鸭跖草
Commelina vaginata L.=Murdannia vaginata
Commelinaceae 鸭跖草科
Commersonia J.R. & G.Forst.**山麻树属**(梧桐科)
Commersonia bartramis (L.) Merr.山麻树
Commersonia echinata Forst.=Commersonia bartramis
Commersonia echinata var. *platyphylla* (Andr.) Gagn.=Commersonia bartramis
Commersonia platyphylla Andr.=Commersonia bartramis
Commia cochinchinensis Lour.=Excoecaria agallocha
Commicarpus Standl.**粘腺果属**(紫茉莉科)
Commicarpus chinensis (L.) Heim.(横断山植物 1993)=Commicarpus lantsangensis
Commicarpus chinensis (L.) Heim.中华粘腺果
Commicarpus lantsangensis D.Q.Lu 澜沧粘腺果
Commiphora myrrha (Nees) Engl.没药树
Compositae(植物志 74－80)=**Asteraceae**
Compsoa D.Don=**Tricyrtis**
Compsoa maculata D.Don=Tricyrtis pilosa
Compsos maculata D.Don=Tricyrtis pilosa
Compylocercum striatum V.Tiegh.=Gomphia striata
Conandron S. & Z.**苦苣苔属**(苦苣苔科)
Conandron ramondioides S. & Z.苦苣苔
Conandron ramondioides var. *taiwanensis* Masam.=Conandron ramondioides
Conchidium pusillum Griff.=Eria pusilla
Conchidium sinicum Lindl.=Eria sinica
Condalia Cav.**康达木属**(鼠李科)
Condalia lycioides (Gray) Weberb.枸杞状康达木
Condalia mexicana Schlecht.墨西哥康达木
Condalia obovata HK.倒卵叶康达木
Condalia obovata var. edwardsiana V.L.Cory 爱德华倒卵叶康达木
Condalia obtusifolia (HK.) Weberb 钝叶康达木
Condalia spathulata Gray 匙叶康达木
Condalia viridis I.M.Johnstony.绿康达木
Condalia viridis var. reedii Cory 里德绿康达木
Congea Roxb.**绒苞藤属**(马鞭草科)
Congea azurea Wall.=Congea tomentosa
Congea chinensis Moldenke 华绒苞藤
Congea tomentosa P'ei=Congea chinensis
Congea tomentosa Roxb.绒苞藤
Congea tomentosa var. *oblongifolia* Schauer=Congea tomentosa
Congea vestita Griff.康吉木
Coniogeton arborescens Bl.=Buchanania arborescens
Coniogramme Fée **凤丫蕨属**(裸子蕨科)
Coniogramme affinis Hieron 尖齿凤丫蕨
Coniogramme ankangensis Ching & Hus 安康凤丫蕨
Coniogramme caudata (Ettingsh.) Ching 骨齿凤丫蕨
Coniogramme caudata var. caudata=Coniogramme caudata
Coniogramme caudata var. salwinensis Ching & Shing 怒江凤丫蕨
Coniogramme caudiformis Ching & Shing 尾尖凤丫蕨
Coniogramme centro-chinensis Ching 南岳凤丫蕨
Coniogramme centro-chinensis f. melanocaulis Ching 乌柄凤丫蕨
Coniogramme crenato-serrata Ching & Shing 圆齿凤丫蕨
Coniogramme emeiensis Ching & Shing 峨眉凤丫蕨
Coniogramme emeiensis var. lancipinna Ching & Shing 圆基凤丫蕨
Coniogramme emeiensis var. salicfolia Ching & Shing 柳羽凤丫蕨
Coniogramme falcipinna Ching & Shing 镰羽凤丫蕨
Coniogramme fraxinea (Don) Diels 全缘凤丫蕨
Coniogramme fraxinea Diels (Kom.in Fl.Mansh.1901)=Coniogramme intermedia var. glabra
Coniogramme fraxinea sensu Ogata=Coniogramme intermedia
Coniogramme fraxinea Diels=Coniogramme rosthornii
Coniogramme fraxinea f. connexa Ching 微齿凤丫蕨
Coniogramme fraxinea f. fraxinea=Coniogramme fraxinea
Coniogramme fraxinea var. *coriacea* Merr.=Coniogramme merrillii
Coniogramme gigantea Ching ex Shing 大凤丫蕨
Coniogramme gracilis Ogata=Coniogramme japonica
Coniogramme guangdongensis Ching & Shing 广东凤丫蕨
Coniogramme guizhouensis Ching & Shing 贵州凤丫蕨
Coniogramme intermedia Hieron.普通凤丫蕨
Coniogramme intermedia Hieron=Coniogramme intermedia var. glabra
Coniogramme intermedia Shieh=Coniogramme taipaiensis
Coniogramme intermedia var. glabra Ching 无毛凤丫蕨
Coniogramme intermedia var. intermedia=Coniogramme intermedia
Coniogramme intermedia var. pulchra Ching & Shing 优美凤丫蕨
Coniogramme intermedia var. *villosa* Ching=Coniogramme intermedia
Coniogramme japonica (Thunb.) Diels 凤丫蕨
Coniogramme japonica var. *gracilis* Tagawa=Coniogramme japonica
Coniogramme javanica Fée=Coniogramme fraxinea
Coniogramme jingganshanensis Ching & Shing 井冈山凤丫蕨
Coniogramme kweichowensis Ching=Coniogramme guizhouensis
Coniogramme lanceolata Ching ex Shing 披针凤丫蕨
Coniogramme lantsangensis Ching & Shing 澜沧凤丫蕨
Coniogramme latibasis Ching ex Shing 阔基凤丫蕨
Coniogramme longissima Ching & Kung ex Shing 长羽凤丫蕨
Coniogramme maxima Ching & Shing 阔带凤丫蕨
Coniogramme merrillii Ching 海南凤丫蕨
Coniogramme omeiensis Ching & Shing(新拉汉英 1996)=Coniogramme emeiensis
Coniogramme ovata S.K.Wu ex Shing 卵羽凤丫蕨
Coniogramme parvipinnula Hay.=Coniogramme procera
Coniogramme petelotii Tard-Blotin 心基凤丫蕨
Coniogramme procera Fée 直角凤丫蕨
Coniogramme pseudorobusta Ching & Shing 假黑轴凤丫蕨
Coniogramme robusta Ching 黑轴凤丫蕨
Coniogramme robusta var. rependula Ching ex Shing 棕轴凤丫蕨
Coniogramme robusta var. robusta=Coniogramme robusta
Coniogramme robusta var. splendens Ching ex Shing 黄轴凤丫蕨
Coniogramme rosthornii Hieron.乳头凤丫蕨
Coniogramme rubescens Ching & Shing 红秆凤丫蕨
Coniogramme rubicaulis Ching ex Shing 紫秆凤丫蕨
Coniogramme simillima Ching ex Shing 带羽凤丫蕨
Coniogramme simplicior Ching ex Shing 单网凤丫蕨
Coniogramme sinensis Ching 紫柄凤丫蕨
Coniogramme spinulosa Hieron.=Coniogramme caudata
Coniogramme subcordata Ching=Coniogramme petelotii
Coniogramme suprapilosa Ching 上毛凤丫蕨
Coniogramme taipaishanensis Ching & Y.T.Hsieh 太白山凤丫蕨
Coniogramme taipeiensis Ching ex Shing 台北凤丫蕨
Coniogramme taiwanensis Ching ex Shing 台湾凤丫蕨
Coniogramme tsingkangshanensis Ching=Coniogramme jingganshanensis
Coniogramme venusta Ching ex Shing 美丽凤丫蕨
Coniogramme wilsonii Ching & Shing 疏网凤丫蕨
Coniogramme xingrenensis Ching & Shing 兴仁凤丫蕨
Conioselinum Fisch. ex Hoffm.**山芎属**(伞形科)

Conioselinum chinense (L.) Britton,Sterns & Poggenburg 山芎
Conioselinum czernaevia Fisch. & Mey.=Czernaevia laevigata
Conioselinum kamtschaticum Rupr.=Conioselinum chinense
Conioselinum morrisonense Hay.台湾山芎
Conioselinum nipponicum Hara=Conioselinum chinense
Conioselinum vaginatum (Spreng.) Thell.鞘山芎
Conium L.**毒参属**(伞形科)
Conium maculatum L.毒参
Connaraceae 牛栓藤科
Connarus L.**牛栓藤属**(牛栓藤科)
Connarus hainanensis Merr.=Connarus paniculatus
Connarus microphyllus HK. & Arn.=Rourea microphylla
Connarus monocarpus L.单果牛栓藤
Connarus paniculatus Roxb.牛栓藤
Connarus roxburghii HK. & Arn.=Rourea minor
Connarus tonkinensis Lécomte=Connarus paniculatus
Connarus yunnanensis Schellenb.云南牛栓藤
Conocephalus Bl.=**Poikilospermum**
Conocephalus lanceolatus Trec.=Poikilospermum lanceolatum
Conocephalus niveus Wight=Debregeasia longifolia
Conocephalus sinensis C.H.Wright=Poikilospermum suaveolens
Conocephalus suaveolens Bl.=Poikilospermum suaveolens
Conoclinium coelestinum (L.) DC.=Eupatorium coelestinum
Conophytum N.E.Br.**肉锥花属**(番杏科)
Conophytum auriflorum N.E.Br.肉锥花
Conophytum nelianum Schwant.小公子
Conophytum pearsonii N.E.Br.皮氏肉锥花
Conopodium cyminum Benth. & HK.=Sphallerocarpus gracilis
Conopodium smyrnioides (Wolff) Hiroe=Changium smyrnioides
Conringia Adans.**线果芥属**(十字花科)
Conringia planisiliqua Fisch. & Mey.线果芥
Consolida (DC.) S.F. Gray **飞燕草属**(毛茛科)
Consolida ajacis (L.) Schur 飞燕草
Consolida rugulosa (Boiss.) Schröd.凸脉飞燕草
Convallaria L.**铃兰属**(百合科)
Convallaria bifolia L.=Maianthemum bifolium
Convallaria cirrhifolia Wall.=Polygonatum cirrhifolium
Convallaria fruticosa L.=Cordyline fruticosa
Convallaria japonica L.f.=Ophiopogon japonicus
Convallaria japonica var. *minor* Thunb.=Ophiopogon japonicus
Convallaria keiskei Miq.=Convallaria majalis
Convallaria keiskei var. *trifolia* Y.C.Chu et al.=Convallaria majalis
Convallaria majalis L.铃兰
Convallaria majalis var. *manshurica* Kom.=Convallaria majalis
Convallaria odorata Mill.=Polygonatum odoratum
Convallaria oppositifolia Wall.=Polygonatum oppositifolium
Convallaria polygonatum L.=Polygonatum odoratum
Convallaria rosea Ledeb.=Polygonatum roseum
Convallaria spicata Thunb.=Liriope spicata
Convallaria trifolia L.=Maianthemum trifolium
Convallaria verticillata L.=Polygonatum verticillatum
Convolvulaceae 旋花科
Convolvulus L.**旋花属**(旋花科)
Convolvulus acetosaefolius Turcz.=Calystegia hederacea
Convolvulus acetosifolius Vahl=Ipomoea imperati
Convolvulus aculeatum L.=Ipomoea alba
Convolvulus acuminatus Vahl=Ipomoea indica
Convolvulus alsinoides L.=Evolvulus alsinoides
Convolvulus althaeoides L.地中海旋花
Convolvulus ammannii Desr.银灰旋花
Convolvulus amplus Wall.= Argyreia mastersii
Convolvulus anceps L.=Operculina turpethum
Convolvulus angularis N.L.Burm.=Merremia vitifolia
Convolvulus arensis var. *crassifolius* Choisy=Convolvulus arvensis
Convolvulus argyi Lévl.=Calystegia hederacea
Convolvulus arvensis L.田旋花
Convolvulus arvensis var. *angustatus* Ledeb.=Convolvulus arvensis
Convolvulus arvensis var. *crassifolius* Choisy=Convolvulus arvensis
Convolvulus arvensis var. *linearifolius* Choiry=Convolvulus arvensis
Convolvulus arvensis var. *sagittaefolius* Turcz.=Convolvulus arvensis
Convolvulus arvensis var. *sagittatus* Ledeb.=Convolvulus arvensis
Convolvulus asarifolius Salisb.=Calystegia soldanella
Convolvulus askabadensis Bormm. & Sint.=Convolvulus pseudocantabricus
Convolvulus atropurpureus Wall.=Argyreia pierreana
Convolvulus batatas L.=Ipomoea batatas
Convolvulus bicolor Vahl=Hewittia malabarica
Convolvulus biflorus L.=Ipomoea biflora
Convolvulus bilobatus Roxb.=Ipomoea pes-caprae
Convolvulus binectariferus Wall. ex Roxb.=Lepistemon binectariferum
Convolvulus bracteatus Vahl=Hewittia malabarica
Convolvulus brasiliensis L.=Ipomoea pescaprae
Convolvulus bryoneae-folius Sims 硬毛旋花(新)?
Convolvulus caespitosus Roxb.=Merremia hirta
Convolvulus cairicus L.=Ipomoea cairica
Convolvulus calycinus Roxb.=Ipomoea biflora
Convolvulus calystegioides Choisy=Calystegia hederacea
Convolvulus campanulata Spreng.=Stictocardia tiliaefolia
Convolvulus candicans Soland. ex Sims=Ipomoea batatas
Convolvulus capitata Vahl= Argyreia capitiformis
Convolvulus capitiformis Poir.=Argyreia capitiformis
Convolvulus cephalanthus Wall.=Lepistemon binectariferum
Convolvulus chinensis Ker-Gawl.=Convolvulus arvensis
Convolvulus chryseides (K.Gawl.) Spreng.=Merremia hederacea
Convolvulus cneorum L.银旋花
Convolvulus coccinea Salisb.=Quamoclit coccinea
Convolvulus colubrinus Blanco=Ipomoea turbinata
Convolvulus congestus (R.Br.) Spreng.=Ipomoea indica
Convolvulus cymosus Desr.=Merremia umbellata
Convolvulus dahuricus Herb.(p.p.)= Calystegia pellita
Convolvulus dahuricus Herb.(p.p.)=Calystegia sepium subsp. spectabilis
Convolvulus defloratus Choisy=Ipomoea polynorpha
Convolvulus dentatus Wahl.=Merremia hederacea
Convolvulus denticulatus Desr.=Ipomoea littoralis
Convolvulus dianthoides Kar. & Kir.=Convolvulus pseudocantabrica
Convolvulus dissectus Jacq.=Merremia dissecta
Convolvulus distillatorius Blanco=Merremia similis
Convolvulus edulis Thunb.=Ipomoea batatas
Convolvulus eriocarpus (R.Br.) Spreng.=Ipomoea eriocarpa
Convolvulus erythrocarpus Wall.=Argyreia wallichii
Convolvulus flavescens D.Dietr.=Lepistemon binectariferum
Convolvulus flavus Willd.=Merremia hederacea
Convolvulus fruticosus f. *tianschanica* Palibin= Convolvulus tragacanthoides
Convolvulus fruticosus Pall.灌木旋花
Convolvulus gemellus Burm.f.=Merremia gemella
Convolvulus gortschakovii Schrenk 鹰爪柴
Convolvulus gracilis (R.Br.) Spreng.=Ipomoea littoralis
Convolvulus gradiflorus L.f.(Jacq.in Hort.Vidob.1776)=Ipomoea vilacea
Convolvulus hardwickii Spreng.=Ipomoea biflora
Convolvulus hastatus Desr.=Xenostegia tridentata
Convolvulus hederaceus L.=Ipomoea nil
Convolvulus hirtus L.=Merremia hirta
Convolvulus hispidus Vahl=Ipomoea eriocarpa
Convolvulus imperati Vahl.=Ipomoea imperati
Convolvulus indicus Burm.=Ipomoea indica
Convolvulus japonicus Thunb.=Calystegia hederacea
Convolvulus lapathifolius Spreng.=Merremia hederacea
Convolvulus lineatus L.线叶旋花
Convolvulus littoralis L(p.p.)=Ipomoea littoralis
Convolvulus littoralis L.=Ipomoea imperati
Convolvulus loureiri G.Don=Calystegia hederacea
Convolvulus malabaricus L.=Hewittia malabarica
Convolvulus marginatus Desr.=Ipomoea marginata
Convolvulus maritimus Desr.=Ipomoea pes-caprae
Convolvulus marittimus Lam.=Calystegia soldanella
Convolvulus mauritanicus Boiss 摩咯哥旋花
Convolvulus maximus L.f.= Ipomoea marginata
Convolvulus mollis N.L.Burm.=Argyreia mollis
Convolvulus muricatus L.=Ipomoea turbinata
Convolvulus nervosus Burm.f.=Argyreia nervosa
Convolvulus nil L.=Ipomoea nil
Convolvulus nolaniflorus Zippel. ex Span.=Ipomoea polynorpha
Convolvulus nummularius L.=Evolvulus nummularius
Convolvulus obscurus L.=Ipomoea obscura
Convolvulus obtectus Wall.= Argyreia mollis
Convolvulus paniculatus L.= Ipomoea mauritiana

Convolvulus parviflorus Vahl=Jacquemontia paniculata
Convolvulus pellitus Ledeb.=Calystegia pellita
Convolvulus pellitus f. *anestius* Fernald=Calystegia pubescens
Convolvulus pennatus Desr.=Quamoclit pennata
Convolvulus pescaprae L.=Ipomoea pescaprae
Convolvulus pestigridis Spreng.=Ipomoea pestigridis
Convolvulus pileatus (Roxb.) Spreng.=Ipomoea pileata
Convolvulus plebeius (R.Br.) Spreng.=Ipomoea biflora
Convolvulus pseudocantabiricus var. pseudocantabricus= Convolvulus pseudocantabricus
Convolvulus pseudocantabrica Schrenk 直立旋花
Convolvulus pseudocantabrica subsp. *dianthoides* Vved.=Convolvulus pseudocantabrica
Convolvulus pungens Kar. & Kir.=Convolvulus gortschakovii
Convolvulus purpureus L.=Ipomoea purpurea
Convolvulus quamoclit Spreng.=Quamoclit pennata
Convolvulus quinatus (R.Br.) Spreng.=Merremia quinata
Convolvulus racemosus Roem. & Schult.= Ipomoea sumatana
Convolvulus reniformis Roxb.=Merremia emarginata
Convolvulus repens Vahl=Ipomoea aquatica
Convolvulus retans L.=Merremia hirta
Convolvulus robertianus Spreng.=Ipomoea polynorpha
Convolvulus roxburghii Wall.=Argyreia roxburghii
Convolvulus sagittifolius (fisch.) Liou & Ling=Convolvulus arvensis
Convolvulus scammonia Lour.=Calystegia hederacea
Convolvulus scandens Milne=Hewittia malabarica
Convolvulus sepium L.=Calystegia sepium
Convolvulus ser Spreng.=Ipomoea biflora
Convolvulus sericeus L.=Argyreia mollis
Convolvulus sessiliflorus (Roth) Spreng.=Ipomoea eriocarpa
Convolvulus setosus (K.Gawl.) Spreng.=Ipomoea setosa
Convolvulus sibiricus L.=Merremia sibirica
Convolvulus sinensis Desr.=Ipomoea biflora
Convolvulus sinuatus Petagna=Ipomoea imperati
Convolvulus soldanella L.=Calystegia soldanella
Convolvulus speciosus L.f.=Argyreia nervosa
Convolvulus sphaerocephalus Roxb.=Argyreia pierreana
Convolvulus spicaefolius Desr.=Convolvulus lineatus
Convolvulus spinifer M.Popov.=Convolvulus tragacanthoides
Convolvulus spinosus Bge.=Convolvulus tragacanthoides
Convolvulus spinosus Desr.=Convolvulus fruticosus
Convolvulus splendens Hornem.=Argyreia splendens
Convolvulus steppicola Hand.-Mazz.草坡旋花
Convolvulus stoloniferus Cyrillo=Ipomoea imperati
Convolvulus strigosus Wall.= Argyreia capitiformis
Convolvulus sublobatus L.f.=Hewittia malabarica
Convolvulus tiliaefolius Desr.=Stictocardia tiliaefolia
Convolvulus tragacanthoides Turcz.刺旋花
Convolvulus tricolor L.三色旋花
Convolvulus tridentatus L.=Xenostegia tridentata
Convolvulus trilobus (L.) Desr.=Ipomoea triloba
Convolvulus trinervis Thunb.=Tripterospermum japonicum
Convolvulus tuba Schlech.=Ipomoea violacea
Convolvulus reniformis (R.B.R.) Poiret=Calystegia soldanella
Convolvulus tuberculatus Desr.=Ipomoea cairica
Convolvulus turpethum L.=Operculina turpethum
convolvulus umbellatus L.=Merremia umbellata
Convolvulus verrucosus (Bl.) D.Diet.=Ipomoea marginata
Convolvulus violaceus Wahl.=Jacquemontia paniculata
Convolvulus vitifolius Burm.f.=Merremia vitifolia
Convolvulus wallichianus Spreng.=Calystegia hederacea
Convovlulus strigosus Wall.= Argyreia capitiformis
Conyza Less.**白酒草属**(菊科)
Conyza absinthifolia DC.=Conyza stricta var. pinnatifida
Conyza aegyptiaca (L.) Ait.埃及白酒草
Conyza alata Roxb.=Laggera alata
Conyza altaica DC.=Brachyactis ciliata
Conyza anthelmintica L.=Vernonia anthelmintica
Conyza argentea Wall.=Inula cappa
Conyza asteroides DC.=Conyza japonica
Conyza attenuata Wall.=Vernonia attenuata
Conyza balsamifera L.=Blumea balsamifera
Conyza blanda Wall.=Vernonia blanda
Conyza blinii Lévl.熊胆草
Conyza bonariensis (L.) Cronq.香丝草
Conyza britanica Moris. ex Rupr.=Inula britanica
Conyza canadensis (L.) Cronq.小蓬草
Conyza chilensis C.Spreng.智利白酒草
Conyza chinensis L.=Vernonia cinerea
Conyza chinensis Lour.=Blumea lanceolaria
Conyza cinerea L.=Vernonia cinerea
Conyza conspicua Wall.=Aster albescens
Conyza dasycoma var. *pinnatifida* Miq.=Blumea densiflora
Conyza dentata Blanco=Blumea lacera
Conyza dentata Blanco=Inula cappa
Conyza dunniana Lévl.=Conyza blinii
Conyza eriophora Wall.=Inula cappa
Conyza eupatorioides Wall.=Inula eupatorioides
Conyza extensa Wall.=Vernonia extensa
Conyza fistulosa Roxb.=Blumea fistulosa
Conyza hieracifolia Spreng.=Blumea hieracifolia
Conyza iliensis Trautv.=Psychrogeton nigromontanus
Conyza japonica (Thunb.) Less.白酒草
Conyza lacera Burm.f.=Blumea lacera
Conyza laciniata Roxb.=Blumea laciniata
Conyza lanceolaria Roxb.=Blumea lanceolaria
Conyza lanuginosa Wall.=Inula cappa
Conyza leucantha (D.Don) Ludlow & Raven 粘毛白酒草
Conyza leucodasys Miq.=Conyza bonariensis
Conyza mairei Lévl.=Conyza stricta var. pinnatifida
Conyza mollis Lévl.=Anaphalis bulleyana
Conyza muliensis Y.L.Chen 木里白酒草
Conyza multicaulis DC.=Conyza japonica
Conyza patula Dryand.=Vernonia patula
Conyza perennis Hand.-Mazz.宿根白酒草
Conyza pinnatifida Buch.-Ham. ex Roxb.=Conyza stricta var. pinnatifida
Conyza pinnatifida Dunn=Conyza blinii
Conyza pinnatifida Franch.=Conyza blinii
Conyza pubescens DC.=Brachyactis pubescens
Conyza pyrifolia Lam.=Microglossa pyrifolia
Conyza redolens Willd.=Pterocaulon redolens
Conyza repanda Roxb.=Blumea repanda
Conyza rhizocephala Rupr.=Inula rhizocephala
Conyza riparia Bl.=Blumea riparia
Conyza roylei DC.=Brachyactis roylei
Conyza salicina Rupr.=Inula salicina
Conyza saligna Wall.=Vernonia saligna
Conyza salsoloides Turcz.=Inula salsoloides
Conyza setschwanica Hand.-Mazz.=Blumea aromatica
Conyza stricta Wall. ex DC.=Conyza japonica
Conyza stricta Willd.(Dunn in J.L.Soc.Bot.1911)=Conyza stricta var. pinnatifida
Conyza stricta Willd.劲直白酒草
Conyza stricta var. pinnatifida (D.Don) Kitam.羽裂白酒草
Conyza stricta var. stricta=Conyza stricta
Conyza sumatrensis (Retz.) Walker 苏门白酒草
Conyza syringaeifolia Meyen & Walp.=Microglossa pyrifolia
Conyza umbrosa Ker. & Kir.=Brachyactis roylei
Conyza velutina Lévl.=Blumea lacera
Conyza veronicaefolia Wall. ex DC.=Conyza japonica
Conyza viscidula Wall.=Conyza leucantha
Conyza volkameriaefolia Wall.=Vernonia volkameriifolia
Cookia anisumolens Blanco=Clausena anisum-olens
Cookia wampi Blanco=Clausena lansium
Copernicia Martius **巴西蜡棕属**(棕榈科)
Copernicia alba Morong 白巴西蜡棕
Copiapoa Britt. & Rose **龙爪球属**(仙人掌科)
Copiapoa cinerea (Phill.) Britt. & Rose 黑王球
Copiapoa coquimbana (Karw.) Britt. & Rose 龙爪
Copodium Rafinesq.=**Lycopodium**
Coprosma Forst.**污生境属**(茜草科)
Coprosma kawakamii Hay.=Lonicera kawakamii
Coprosma petriei Cheesem 帕氏污生境
Coprosmanthus japonicus Kunth=Smilax china
Coprosmanthus oldhami (Miq.) Masamune=Smilax riparia
Coprosmanthus oldhami var. *daibuensis* (Hay.) Masamune=Smilax riparia
Coprosmanthus pseudochina (Blanco) Masamune=Smilax riparia
Coprosmanthus simadae Masamune=Smilax nipponica
Coptidipteris wilfordii Nakai & Momose=Dennstaedtia wilfordii

Coptis Salisb.**黄连属**(毛茛科)
Coptis chinensis Franch.黄连
Coptis chinensis var. brevisepala W.T.Wang 短萼黄连
Coptis chinensis var. chinensis=Coptis chinensis
Coptis chinensis var. *omeiensis* Chen=Coptis omeiensis
Coptis deltoidea C.Y.Cheng & Hsiao 三角叶黄连
Coptis morii Hay.=Coptis quinquefolia
Coptis omeiensis (Chen) C.Y.Cheng 峨眉黄连
Coptis ospirocarpa Brühl=Souliea vaginata
Coptis quinquefolia Miq.五叶黄连
Coptis quinquefolia f. *ramosa* Makino=Coptis quinquefolia
Coptis quinquesecta W.T.Wang 五裂黄连
Coptis teeta Wall.云南黄连
Coptis teeta var. *chinensis* (Franch.) Finet & Gagn.=Coptis chinensis
Coptis teeta var. *chinensis* subvar. *rhizomatosa* Lévl.=Coptis chinensis
Coptis teetoides C.Y.Cheng=Coptis teeta
Coptis trifolia (L.) Salisb.三叶黄连
Coptosapelta Korth.**流苏子属**(茜草科)
Coptosapelta diffusa (Champ. ex Benth.) Van Steenis 流苏子
Corallobotrys HK.f.=**Agapetes**
Corallodiscus Batalin **珊瑚苣苔属**(苦苣苔科)
Corallodiscus bullatus (Craib) B.L.Burtt.=Corallodiscus lanuginosus
Corallodiscus conchaefolius Batalin 小石花
Corallodiscus cordatulus (Craib) B.L.Burtt=Corallodiscus lanuginosus
Corallodiscus flabellatus (Craib) B.L.Burtt=Corallodiscus lanuginosus
Corallodiscus flabellatus var. *flabellatus*=Corallodiscus flabellatus
Corallodiscus flabellatus var. *leiocalyx* W.T.Wang=Corallodiscus lanuginosus
Corallodiscus flabellatus var. *luteus* (Craib) K.Y.Pan=Corallodiscus lanuginosus
Corallodiscus flabellatus var. *puberulus* K.Y.Pan=Corallodiscus lanuginosus
Corallodiscus flabellatus var. *sericeus* (Craib) K.Y.Pan=Corallodiscus lanuginosus
Corallodiscus forrestii (Anth.) Burtt=Corallodiscus conchaefolius
Corallodiscus grandis (Criab) Burtt=Corallodiscus kingianus
Corallodiscus kingianus (Craib) Burtt 卷丝苣苔
Corallodiscus labordei (Craib) Burtt=Corallodiscus lanuginosus
Corallodiscus lanuginosa (Wall. ex A.DC.) Burtt 西藏珊瑚苣苔
Corallodiscus lineatus (Craib) Burtt=Corallodiscus lanuginosus
Corallodiscus luteus (Craib) Burtt=Corallodiscus lanuginosus
Corallodiscus mengtzeanus (Craib) Burtt=Corallodiscus lanuginosus
Corallodiscus patens (Craib) B.L.Burtt.=Corallodiscus lanuginosus
Corallodiscus patens (Craib) Burtt
Corallodiscus plicatus (Franch.) B.L.Burtt.=Corallodiscus lanuginosus
Corallodiscus plicatus var. *lineatus* (Craib) K.Y.Pan=Corallodiscus lanuginosus
Corallodiscus plicatus var. plicatus=Corallodiscus lanuginosus
Corallodiscus sericeus (Criab) Burtt=Corallodiscus lanuginosus
Corallodiscus taliensis (Craib) B.L.Burtt.=Corallodiscus lanuginosus
Corallorhiza Gagn.**珊瑚兰属**(兰科)
Corallorhiza indica Lindl.=Oreorchis indica
Corallorhiza innata R.Br.=Corallorhiza trifida
Corallorhiza maculata Raf.斑唇珊瑚兰
Corallorhiza patens Lindl.=Oreorchis patens
Corallorhiza trifida Chat.珊瑚兰
Corchoropsis S. & Z.**田麻属**(椴树科)
Corchoropsis crenata S. & Z.=Corchoropsis tomentosa
Corchoropsis psilocarpa Harms & Loes. ex Loes.光果田麻
Corchoropsis tomentosa (Thunb.) Makino 田麻
Corchorus L.**黄麻属**(椴树科)
Corchorus acutangulus Lam.=Corchorus aestuans
Corchorus aestuans L.甜麻
Corchorus aestuans var. aestuans=Corchorus aestuans
Corchorus aestuans var. brevicaulis (Hosok.) Liu & Lo 短茎甜麻
Corchorus brevicaulis Hosok.=Corchorus aestuans var. brevicaulis
Corchorus capsularis L.黄麻
Corchorus cavaleriei Lévl.=Helicteres glabriuscula
Corchorus japonicus Thunb.=Kerria japonica
Corchorus oenotheroides Lévl.=Indigofera squalida
Corchorus olitorius L.长蒴黄麻
Corchorus polygonatum Lévl.=Tricyrtis pilosa
Corchorus scandens Thunb.=Rhodotypos scandens
Corchorus serrata Thunb.=Zelkova serrata
Corchorus tomentosus Thunb.=Corchoropsis tomentosa
Cordia L.**破布木属**(紫草科)
Cordia cochinchinensis Gagn.越南破布木
Cordia cumingiana Vidal= Cordia kanehirai
Cordia dichotoma Forst.破布木
Cordia furcans Hohnst.二叉破布木
Cordia kanehirai Hay.台湾破布木
Cordia myxa L.(Hemsl.in J.L.Soc.Bot.1890)=Cordia dichotoma
Cordia myxa L.毛叶破布木
Cordia subcordata Lam.橙花破布木
Cordia thyrsiflora S. & Z.=Ehretia thyrsiflora
Cordia venosa Hemsl.=Clerodendrum cyrtophyllum
Cordula Raf.=**Paphiopedilum**
Cordula appletonianum (Gower) Rolfe=Paphiopedilum appletonianum
Cordula bellatula (Rchb.f.) Rolfe=Paphiopedilum bellatulum
Cordula concolor (Lindl.) Rolfe=Paphiopedilum concolor
Cordula hirsutissima (Lindl ex HK.) Rolfe=Paphiopedilum hirsutissimum
Cordula insignis (Lindl.) Raf.=Paphiopedilum insigne
Cordula parishii (Rchb.f.) Rolfe=Paphiopedilum parishii
Cordula villosum (Lindl.) Rolfe=Paphiopedilum villosum
Cordyline Comm. ex Juss.**朱蕉属**(百合科)
Cordyline australis HK.新西兰朱蕉
Cordyline fruticosa (L.) A.Cheval.朱蕉
Cordyline stricta Endi 澳洲朱蕉
Cordyline terminalis (L.) Kunth=Cordyline fruticosa
Cordyline terminalis var. *ferra* (L.) Baker=Cordyline fruticosa
Coreopsis L.**金鸡菊属**(菊科)
Coreopsis biternata Lour.=Bidens biternata
Coreopsis drummondii Torr. & Gray 金鸡菊
Coreopsis grandiflora Hogg.大花金鸡菊
Coreopsis lanceolata L.剑叶金鸡菊
Coreopsis tinctoria Nutt.两色金鸡菊
Coreosma americana Nieuwl.=Ribes americanum
Coreosma florida Spach=Ribes americanum
Coreosma longifolia Lunell=Ribes odoratum
Coreosma odorata Nieuwl.=Ribes odoratum
Coreosma tristis Lunell=Ribes triste
Corethrodendron Fisch. & Basin.=**Hedysarum**
Corethrodendron scoparium Fisch. & Basin.=Hedysarum scoparium
Coriandrum L.**芫荽属**(伞形科)
Coriandrum sativum L.芫荽
Coriaria L.**马桑属**(马桑科)
Coriaria intermedia Matsumura 台湾马桑
Coriaria kweichowensis Hu=Coriaria nepalensis
Coriaria nepalensis Wall.马桑
Coriaria sinica Maxim.=Coriaria nepalensis
Coriaria summicola Hay.=Coriaria intermedia
Coriaria terminalis Hemsl.草马桑
Coriaria terminalis var. *xanthocarpa* Rehd. & Wils.=Coriaria terminalis
Coriariaceae 马桑科
Corispermum L.**虫实属**(藜科)
Corispermum candelabrum Iljin 烛台虫实
Corispermum chinganicum Iljin 兴安虫实
Corispermum chinganicum var. chinganicum=Corispermum chinganicum var.
Corispermum chinganicum var. *microcarpum* Iljin=Corispermum chinganicum
Corispermum chinganicum var. stellipile Tsien & C.G.Ma 毛果兴安虫实
Corispermum confertum Bge.密穗虫实
Corispermum declinatum Steph. ex Atev.绳虫实
Corispermum declinatum var. declinatum=Corispermum declinatum
Corispermum declinatum var. tylocarpum (Hance) Tsien & C.G.Ma 毛果绳实虫
Corispermum dilutulum (Kitag.) Tisen & C.G.Ma 辽西虫实
Corispermum dilutulum var. dilutulum=Corispermum dilutulum
Corispermum dilutulum var. hebecarpum Tsien & C.G.Ma 毛果辽西虫实
Corispermum dutreuilii Iljin 粗喙虫实
Corispermum elongatum Bge.(东北草本志 1959,p.p.)=Corispermum chinganicum

Corispermum elongatum Bge.长穗虫实
Corispermum falcatum Iljin 镰叶虫实
Corispermum falcatum Iljin 镰叶虫实
Corispermum gmelinii Bge.=Corispermum declinatum var. tylocarpum
Corispermum heptapotamicum Iljin 中亚虫实
Corispermum huanghoenes Tisen & C.G.Ma 黄河虫实
Corispermum lehmannianum Bge.倒披针叶虫实
Corispermum lepidocarpum Grubov 鳞果虫实
Corispermum lhasaense Tsien & C.G.Ma 拉萨虫实
Corispermum macrocarpum Bge.大果虫实
Corispermum macrocarpum var. *elongatum* Wang-wei & Fuh=Corispermum candelabrum
Corispermum macrocarpum var. macrocarpum =Corispermum macrocarpum
Corispermum macrocarpum var. *microstachyum* Fuh & Wang-wei=Corispermum macrocarpum var. rubrum
Corispermum macrocarpum var. *rubrum* Fuh & Wang-wei (p.p.)=Corispermum confertum
Corispermum macrocarpum var. rubrum Fuh & Wang-wei 毛大果虫实
Corispermum mcarocarpum var. *elongatum* Fuh & Wang-wei=Corispermum macrocarpum var. rubrum
Corispermum mongolicum Iljin 蒙古虫实
Corispermum orientale Lam.东方虫实
Corispermum pamiricum Iljin 帕米尔虫实
Corispermum pamiricum var. pamiricum=Corispermum pamiricum
Corispermum pamiricum var. pilocarpum Tsien & C.G.Ma 毛果帕米尔虫实
Corispermum patelliforme Iljin 碟果虫实
Corispermum platypterum Kitag.宽翅虫实
Corispermum praecox Tsien & C.G.Ma 早熟虫实
Corispermum pseudofalcatum Tsien & C.G.Ma 假镰叶虫实
Corispermum puberulum Iljin=Corispermum candelabrum
Corispermum puberulum Iljin 软毛虫实
Corispermum puberulum var. ellipsocarpum Tsien & C.G.Ma 光果软毛虫实
Corispermum puberulum var. puberulum=Corispermum puberulum
Corispermum pungens Vahl=Agriophyllum squarrosum
Corispermum retortum Wang-Wei & Fuh 扭果虫实
Corispermum rostratum Baranov & Skv. ex Wang=Corispermum declinatum var. tylocarpum
Corispermum squarrosum L.=Agriophyllum squarrosum
Corispermum stauntonii Moq.华虫实
Corispermum stenolepis f. *psilocarpum* (Kitag) Kitag.=Corispermum stenolepis var. psilocarpum
Corispermum stenolepis Kitag.细苞虫实
Corispermum stenolepis var. psilocarpum Kitag.光果细苞虫实
Corispermum stenolepis var. stenolepis=Corispermum stenolepis
Corispermum thelelegium Kitag.=Corispermum candelabrum
Corispermum thelelegium var. *dilutum* Kitag=Corispermum dilutulum
Corispermum tibeticum Iljin 藏虫实
Corispermum tylocarpum Hance=Corispermum declinatum var. tylocarpum
Cormus yunnanensis Koidz.=Malus yunnanensis
Cornaceae 山茱萸科
Cornella Rydb.=**Chamaepericlymenum**
Cornella canadensis (L.) Rydb.=Chamaepericlymenum canadense
Cornera Furtado=**Calamus**
Cornera Furtado **可耐拉棕属**(棕榈科)
Cornera conirostris (Becc.) Ftdo.圆锥喙可耐拉棕
Cornera lobbiana (Becc.) Ftdo.洛卜可耐棕
Cornera pycnocarpa Ftdo.密果可耐拉棕
Cornidia Riuz & Pav.=**Hydrangea**
Cornopteris (J.Jap.Bot.1986)=**Neoathyrium**
Cornopteris Nakai **角蕨属**(蹄盖蕨科)
Cornopteris approximata W.M.Chu 密羽角蕨
Cornopteris badia Ching 复叶角蕨
Cornopteris badia f. badia=Cornopteris badia
Cornopteris badia f. quadripinnatifida (M.Kato) W.M.Chu 毛复叶角蕨
Cornopteris badia var. *pubescens* Z.R.Wang=Cornopteris badia f. quadripinnatifida
Cornopteris banahaoensis (C.Chr.) K.Iwats. & Price 溪生角蕨
Cornopteris banahaoensis M.Kato (p.p.)=Cornopteris badia
Cornopteris boryanum (Willd.)Tard.-Blot=Dryoathyrium boryanum
Cornopteris christenseniana (Koidz.)Tagawa 尖羽角蕨
Cornopteris coreana Nakai=Neoathyrium crenulatoserrulatum
Cornopteris crenulatoserrulata f. *coreana* H.Ito=Neoathyrium crenulatoserrulatum
Cornopteris crenulatoserrulata Nakai=Neoathyrium crenulatoserrulatum
Cornopteris decurrenti-alata (HK.) Nakai 角蕨
Cornopteris decurrenti-alata f. decurrenti-alata=Cornopteris decurrenti-alata
Cornopteris decurrenti-alata f. pillosella (H.Ito) W.M.Chu 毛叶角蕨
Cornopteris decurrenti-alata var. *pillosella* H.Ito=Cornopteris decurrenti-alata f. pillosella
Cornopteris fluvialis (Hay.)Tagawa=Cornopteris banahaoensis
Cornopteris glandulosopilosa S.F.Wu=Cornopteris decurrenti-alata f. pillosella
Cornopteris hakonensis (Makino) Nakai=Cornopteris christenseniana
Cornopteris latibasis W.M.Chu 阔基角蕨
Cornopteris latiloba Ching 阔片角蕨
Cornopteris likiangensis Ching=Cornopteris decurrenti-alata f. pillosella
Cornopteris major W.M.Chu 大叶角蕨
Cornopteris mcdonellii Tard.-Blot=Dryoathyrium mcdonellii
Cornopteris musashiensis Nakai=Cornopteris decurrenti-alata f. pillosella
Cornopteris omeiensis Ching 峨眉角蕨
Cornopteris opaca sensu M.Kato (p.p.)=Cornopteris omeiensis
Cornopteris opaca (Don)Tagawa 黑叶角蕨
Cornopteris opaca f. glabrescens Kurata 变光黑叶角蕨
Cornopteris opaca f. opaca=Cornopteris opaca
Cornopteris pseudofluvialis Ching & W.M.Chu 滇南角蕨
Cornopteris pterorachis Tard.-Blot=Dryoathyrium pterorachis
Cornopteris quadripinnatifida M.Kato=Cornopteris badia f. quadripinnatifida
Cornopteris succulentipes (Haay.) Ching 台湾角蕨?
Cornopteris tashiroi Tagawa=Cornopteris banahaoensis
Cornopteris tenuisecta Tard.-Blot=Acystopteris tenuisecta
Cornopteris tsangii Ching=Cornopteris decurrenti-alata
Cornopteris viridifrons Tard.-Blot=Dryoathyrium viridifrons
Cornulaca Del.**单刺蓬属**(藜科)
Cornulaca alaschanica Tsien & G.L.Chu 阿拉善单刺蓬
Cornus L.(p.p.)=**Swida**
Cornus L.**山茱萸属**(山茱萸科)
Cornus alba L.(Thunb. in Fl.Jap.1984)=Swida macrophylla
Cornus alba L.=Swida alba
Cornus alba var. argenteo-marginata Rehd.银边红瑞木
Cornus alba var. siberica Loud.西伯利亚红瑞木
Cornus alba var. spaethii Wittm.黄阔边红瑞木
Cornus alpina Fang & W.K.Hu=Swida alpina
Cornus alsophila W.W.Sm.=Swida alsophila
Cornus alternifolia L.互叶梾木
Cornus amomum Mill.熊果梾木
Cornus aspera Wanger.=Swida bretschneideri
Cornus austrosinensis Fang & W.K.Hu=Swida austrosinensis
Cornus baileyi Coult. & Evans.贝蕾红瑞木
Cornus brachypoda C.A.Meyer=Swida macrophylla
Cornus brachypoda Miq.=Bothrocaryum controversum
Cornus bretschneideri L.Henryi=Swida bretschneideri
Cornus bretschneideri var. *crispa* Fang & W.K.Hu=Swida bretschneideri var. crispa
Cornus bretschneideri var. *gracilis* Wanger.=Swida bretschneideri var. gracilis
Cornus canadensis L.=Chamaepericlymenum canadense
Cornus capitata Wall.(Hemsl.in J.L.Soc.Bot.1888)=Dendrobenthamia angustata
Cornus capitata Wall.(Rehd.in Sarg.Pl.Wils.1916,p.p.)=Dendrobenthamia melanotricha
Cornus capitata Wall.=Dendrobenthamia capitata
Cornus capitata var. *mollis* Rehd.=Dendrobenthamia angustata var. mollis
Cornus chinensis Wanger.川鄂山茱萸
Cornus chinensis f. *jiyangensis* (W.K.Hu) W.K.Hu=Cornus chinensis
Cornus chinensis f. *longipedunculata* (Fang & W.K.Hu) Fang & W.K.Hu=Cornus chinensis
Cornus chinensis f. *microcarpa* (W.K.Hu) W.K.Hu=Cornus chinensis
Cornus controversa Hemsl.=Bothrocaryum controversum

Cornus controversa var. *angustifolia* Wanger.=Bothrocaryum controversum
Cornus coreana Wanger.=Swida coreana
Cornus corynostylis Koehne=Swida macrophylla
Cornus crispula Hance=Swida macrophylla
Cornus daijinensis Fang & W.K.Hu=Swida daijinensis
Cornus ferruginea Wu=Dendrobenthamia ferruginea
Cornus florida L.群花梾木(新)
Cornus florida cv. Cherokee Chief 深玫瑰多花梾木
Cornus florida cv. Cherokee Princess 白花多花梾木
Cornus florida cv. Cloud Nine 美丽多花梾木
Cornus florida cv. Pendula 垂枝多花梾木
Cornus florida cv. Rainbow 鲜黄多花梾木
Cornus florida cv. Rubra 玫瑰梾木
Cornus florida cv. Welchii 彩叶多花梾木
Cornus fordii Hemsl.=Swida wilsoniana
Cornus fulvescens Fang & W.K.Hu=Swida fulvescens
Cornus hemsleyi Schneid. & Wanger.=Swida hemsleyi
Cornus hemsleyi var. *gracilipes* Fang & W.K.Hu=Swida hemsleyi var. gracilipes
Cornus hemsleyi var. *longistyla* Fang & W.K.Hu=Swida hemsleyi var. longistyla
Cornus henryi Hemsl.=Swida walteri
Cornus hongkonegensis Hemsl.(Hand.-Mazz.in Symb.Sin 1933,p.p.)=Dendrobenthamia angustata
Cornus hongkongensis var. *gigantea* Hand.-Mazz.=Dendrobenthamia gigantea
Cornus honkogensis Hemsl.=Dendrobenthamia hongkongensis
Cornus ignorata Koch (Franch. & Sav.Enum.Pl.Jap.1875)=Bothrocaryum controversum
Cornus japonica DC.(G.Don in Gen.Hist.Dichlam.Pl.1934)=Dendrobenthamia japonica
Cornus japonica DC.=Dendrobenthamia japonica
Cornus koehneana Wanger.=Swida koehneana
Cornus kousa Buerg. ex Miq.=Dendrobenthamia japonica
Cornus kousa Buerg.(Harms ex Diels in Engl.Bot.Jahrb.1900)=Dendrobenthamia japonica var. chinensis
Cornus kousa Bureg.(Rehd.in Sarg.Pl.Wils.1916,p.p.)=Dendrobenthamia angustata
Cornus kousa Harms ex Diels=Dendrobenthamia japonica var. chinensis
Cornus kousa Rehd.=Dendrobenthamia multinervosa
Cornus kousa var. *angustata* Chun=Dendrobenthamia angustata
Cornus kousa var. *chinensis* Osborn=Dendrobenthamia japonica var. chinensis
Cornus liankwangensis Fang & W.K.Hu 两广梾木?
cornus lixianensis Fang & W.K.Hu=Swida schindleri var. lixianensis
Cornus longipedunculata Fang & W.K.Hu=Swida macrophylla
Cornus longipetiolata Hay.(Kanehira in Forms.Trees 1917)=Swida macrophylla
Cornus longipetiolata Hay.=Bothrocaryum controversum
Cornus macrophylla Wall.(Roxb.in Wall.Catnom.1829,p.p.)=Bothrocaryum controversum
Cornus macrophylla Wall.=Swida macrophylla
Cornus malifolia Fang & W.K.Hu=Swida poliophylla var. malifolia
Cornus mas L.欧洲山茱萸
Cornus melanosticta C.Y.Wu 黑线梾木
Cornus monbeigii Hemsl.=Swida monbeigii
Cornus monbeigii subsp. *populifolia* Fang & W.K.Hu=Swida monbeigii var. populifolia
Cornus nutallii Audub.太平洋梾木
Cornus nutallii cv. Colrigo Giant 直立太平洋梾木
Cornus nutallii cv. Goldspot 黄斑太平洋梾木
Cornus oblianus Raf.斜叶梾木
Cornus oblonga Wall.=Swida oblonga
Cornus oblonga f. *pilosula* Li=Swida oblonga var. griffithii
Cornus oblonga var. *glabrescens* Fang & W.K.Hu=Swida oblonga var. glabrescens
Cornus oblonga var. *griffithii* Clarke=Swida oblonga var. griffithii
Cornus obovata Thunb.=Bothrocaryum controversum
Cornus officinalis S. & Z.(Harms ex Diels in Engl.Bot.Jahrb.1961)=Cornus chinensis
Cornus officinalis S. & Z.山茱萸
Cornus oligophlebia Merr.=Swida oligophlebia
Cornus paniculata Buch.-Ham. ex Don=Swida oblonga
Cornus papillosa Fang & W.K.Hu=Swida papillosa
Cornus parviflora Chien=Swida parviflora
Cornus paucinervis Hance=Swida paucinervis
Cornus poliophylla Schneid. & Wanger.=Swida poliophylla
Cornus poliophylla var. *prelonga* Fang & W.K.Hu=Swida poliophylla var. praelonga
Cornus polyantha Fang & W.K.Hu=Swida polyantha
Cornus quinquenervis Franch.=Swida paucinervis
Cornus racemosa Lam.圆锥梾木
Cornus rugosa Lam.圆叶梾木
Cornus sanguinea L.(Thunb., Fl.Jap.1784)=Bothrocaryum controversum
Cornus sanguinea L.(Thunb., Fl.Jap.1987)=Swida macrophylla
Cornus sanguinea L.=Swida sanguinea
Cornus scabrida Franch.=Swida scabrida
Cornus schindleri Wanger.=Swida schindleri
Cornus sect. *Arctocrania* Endl.=**Chamaepericlymenum**
Cornus sect. *Bothrocaryum* Koehne=**Bothrocaryum**
Cornus sect. *Cornion* Spach=**Chamaepericlymenum**
Cornus smonbeigii subsp. *crassa* Fang & W.K.Hu=Swida monbeigii var. crassa
Cornus stolonifera Michx 偃伏梾木
Cornus stolonifera var. glaviamea Rehd.金枝偃伏梾木
Cornus subgen.*Macrocarpium* Spach=**Cornus**
Cornus suecica A.Gray=Chamaepericlymenum canadense
Cornus taiwanensis Kanehira=Swida macrophylla
Cornus tonkinensis (Fang) Tardieu=Dendrobenthamia tonkinensis
Cornus ulotricha Schneid. & Wanger.=Swida ulotrida
Cornus unalaschkensis Ledeb.=Chamaepericlymenum canadense
Cornus walteri Wanger=Swida walteri
Cornus walteri var. *confertiflora* Fang & W.K.Hu=Swida walteri
Cornus walteri var. *insignis* Fang & W.K.Hu=Swida walteri
Cornus wilsoniana Wanger.(Hemsl.in Kew Bull.1909,p.p.)=Swida walteri
Cornus wilsoniana Wanger.=Swida wilsoniana
Cornus xanthotricha Fang & W.K.Hu=Swida monbeigii var. xanthotricha
Cornus yunnanensis Li=Swida walteri
Cornutia corymbosa Burm.f.=Premna serratifolia
Cornutia quinata Lour.=Vitex quinata
Coronaria Guett.=**Lychnis**
Coronaria coriacea (Moench) Schischk.=Lychnis coronaria
Coronilla L.**小冠花属**(豆科)
Coronilla aculeata Willd.=Sesbania bispinosa
Coronilla buxifolia Hance 厦门小冠花?
Coronilla emerus L.蝎子旃那
Coronilla sesban Willd.=Sesbania sesban
Coronilla varia L.绣球小冠花
Coronopus J.G.Zinn **臭荠属**(十字花科)
Coronopus didymus (L.) J.E.Smith 臭荠
Coronopus englerianus Muschl.=Coronopus integrifolius
Coronopus integrifolia (DC.) Prantl=Coronopus integrifolius
Coronopus integrifolius (DC.) Spreng.单叶臭荠
Coronopus linoides (DC.) Spreng.=Coronopus integrifolius
Coronopus wrightii Hara=Coronopus integrifolius
Cortaderia Stapf **蒲苇属**(禾本科)
Cortaderia selloana (Schult.) Aschers. & Graebn.蒲苇
Cortia DC.**喜峰芹属**(伞形科)
Cortia depressa (Don) Norm.喜峰芹
Cortia elata Edgew.=Ligusticum elatum
Cortia hookeri C.B.Clarke(p.p.)=Cortiella hookeri
Cortia hookeri C.B.Clarke(p.p.)=Selinum cortioides
Cortia lindleyi DC.=Cortia depressa
Cortia wallichiana (DC.) Leute=Selinum candollei
Cortiella Norm.**栓果芹属**(伞形科)
Cortiella caespitosa Shan & Sheh 宽叶栓果芹
Cortiella hookeri (C.B.Clarke) Norm.栓果芹
Cortusa L.**假报春属**(报春花科)
Cortusa gmelinii Gaertn.=Androsace gmelinii
Cortusa matthioli L.假报春
Cortusa matthioli f. *pekinensis* Al.Richt.=Cortusa matthioli subsp. pekinensis
Cortusa matthioli subsp. matthioli=Cortusa matthioli
Cortusa matthioli subsp. pekinensis (Al.Richt.) Kitag.河北假报春
Cortusa pekinensis (Al.Richt.) A.Los.=Cortusa matthioli subsp. pekinensis

Corvisartia Merat.=**Inula**
Corvisartia helenium Méniol.=Inula helenium
Coryanthes HK.**吊桶兰属**(兰科)
Coryanthes macrantha (HK.) HK.大花吊桶兰
Coryanthes maculata HK.吊桶兰
Coryanthes speciosa HK.美丽吊桶兰
Corybas Salisb **铠兰属**(兰科)
Corybas pruinosus (Cunn.) Rchb.f.澳洲铠兰
Corybas sinii T.Tang & F.T.Wang 铠兰
Corybas taiwanensis T.P.Lin & S.Y.Leu 台湾铠兰
Corybas taliensis T.Tang & F.T.Wang 大理铠兰
Corydalis Medik.=**Corydalis**
Corydalis Ventenat=**Corydalis**
Corydalis DC.**紫堇属**(罂粟科)
Corydalis acropteryx Fedde 顶冠黄堇
Corydalis acuminata Franch.(湖北志 1979)=Corydalis acuminata subsp. hupehensis
Corydalis acuminata Franch.川东紫堇
Corydalis acuminata subsp. acuminata=Corydalis acuminata
Corydalis acuminata subsp. hupehensis C.Y.Wu 湖北紫堇
Corydalis adiantifolia HK.f. & Thoms.(西藏志 1985,p.p.)=Corydalis flabellata
Corydalis adiantifolia HK.f. & Thoms.铁线蕨叶黄堇
Corydalis adoxifolia C.Y.Wu 东义紫堇
Corydalis adrienii Prain 美丽紫堇
Corydalis adrienii var. *forrestii* Fedde=Corydalis adrienii
Corydalis adunca Maxim.(Fedde in Fedde Repert.1920,p.p.)=Corydalis latiloba
Corydalis adunca Maxim.(Fedde in Fedde Repert.1926,p.p.)=Corydalis racemosa
Corydalis adunca Maxim.灰绿黄堇
Corydalis adunca subsp. adunca=Corydalis adunca
Corydalis adunca subsp. microsperma Lidén & Z.Y.Su 滇西灰绿黄堇
Corydalis adunca subsp. scaphopetala (Fedde) C.Y.Wu & Z.Y.Su 帚枝灰绿黄堇
Corydalis adunca var. *humilis* Maxim.=Corydalis adunca
Corydalis aegopodioides Lévl & Vant.=Corydalis temulifolia subsp. aegopodioides
Corydalis alaschanica (Maxim.) Peshkova 贺兰山延胡索
Corydalis albicaulis Franch.=Corydalis adunca
Corydalis albicaulis var. *latiloba* Franch.=Corydalis latiloba
Corydalis alburyi Ludlow=Corydalis latiflora subsp. gerdae
Corydalis alpestris C.A.Mey.(云南植物研究 1985,p.p.)=Corydalis tangutica subsp. bullata
Corydalis alpestris C.A.Mey.(云南植物研究 1985,p.p.)=Corydalis tangutica
Corydalis alpestris var. *bayeriana* (Rupr.) Popov(云南植物研究 1985)=Corydalis tianzhuensis
Corydalis alpigena C.Y.Wu & H.Chuang=Corydalis trachycarpa var. leucostachya
Corydalis altaica (Ledeb.) Bess.=Corydalis pauciflora
Corydalis amabilis Migo=Corydalis decumbens
Corydalis ambigua Cham & Schlecht.(E.P.Smith in Mater.Medic & Nat. Hist.China 1971)=Corydalis yanhusuo
Corydalis ambigua f. *dentata* Y.H.Chou=Corydalis fumariifolia
Corydalis ambigua f. *fumariifolia* (Maxim.) Kitag.=Corydalis fumariifolia
Corydalis ambigua f. *multifida* Y.H.Chou=Corydalis fumariifolia
Corydalis ambigua var. *amurensis* lusus *lineariloba* Maxim.=Corydalis fumariifolia
Corydalis ambigua var. *amurensis* lusus *rotundiloba* Maxim.=Corydalis fumariifolia
Corydalis ambigua var. *amurensis* Maxim.(江苏志 1982)=Corydalis caudata
Corydalis ambigua var. *amurensis* Maxim.(高等图鉴 1975)=Corydalis repens
Corydalis ambigua var. *amurensis* Maxim.=Corydalis fumariifolia
Corydalis ambigua var. lineariloba Maxim.线裂东北延胡索
Corydalis ambigua var. pectinata Kom.栉裂东京延胡索
Corydalis ambigua var. rotundiloba Maxim.圆裂东北延胡索
Corydalis anaginova Lidén & Z.Y.Su 藏中黄堇
Corydalis anethifolia C.Y.Wu & Z.Y.Su 莳萝叶紫堇
Corydalis angustiflora C.Y.Wu 狭花紫堇
Corydalis anthriscifolia Franch.峨参叶紫堇
Corydalis apletonii Hutch?念果紫堇(新)
Corydalis appendiculata Hand.-Mazz.小距紫堇
Corydalis aquilegioides Z.Y.Su 假耧斗菜紫堇
Corydalis asterostigma Lévl.=Corydalis duclouxii
Corydalis astragalina HK.f. & Thoms.=Corydalis stricta
Corydalis atuntsuensis W.W.Sm.阿墩紫堇
Corydalis aurea var. *speciosa* (Maxim.) Rgl.=Corydalis speciosa
Corydalis aurea γ. *pallida* (Thunb.) Rgl.=Corydalis pallida
Corydalis auriculata Lidén & Z.Y.Su 耳柄紫堇
Corydalis balansae Prain 北越紫堇
Corydalis balfouriana Diels (云南植物研究 1982)=Corydalis pseudoadoxa
Corydalis balfouriana Diels 直梗紫堇
Corydalis balfouriana var. *pseudoadoxa* C.Y.Wu & H.Chuang=Corydalis pseudoadoxa
Corydalis balsamiflora Prain=Corydalis flaxuosa subsp. balsamiflora
Corydalis barbisepala Hand.-Mazz.髯萼紫堇
Corydalis benecincta W.W.Sm.囊距紫堇
Corydalis bibracteolata Z.Y.Su 梗苞黄堇
Corydalis bijiangensis C.Y.Wu & H.Chuang 碧江黄堇
Corydalis bimaculata C.Y.Wu & Z.Y.Su 双斑黄堇
Corydalis binderae Fedde (云南植物研究 1986)=Corydalis pseudohamata
Corydalis binderae Fedde(p.p.)=Corydalis glycyphyllos
Corydalis binderae Fedde(p.p.)=Corydalis melanochlora
Corydalis binderae subsp. *pseudohamata* (Fedde) Z.Y.Su=Corydalis pseudohamata
Corydalis borii C.E.C.Fisch.那加黄堇
Corydalis boweri Hemsl.金球黄堇
Corydalis bowes-lyonii D.G.Long=Corydalis crispa
Corydalis bracteata (Steph.) Pers.苞叶延胡索
Corydalis brevipedunculata (Z.Y.Su) Z.Y.Su & Lidén 短轴臭黄堇
Corydalis brevirostrata C.Y.Wu & Z.Y.Su 短喙黄堇
Corydalis brunneo-vaginata Fedde 褐鞘紫堇
Corydalis bulbifera C.Y.Wu 鳞叶紫堇
Corydalis bulbillifera C.Y.Wu 巫溪紫堇
Corydalis bulbosa (L.) DC.(Forbes & Hemsl.in Journ L.Soc.Bot.1996,p.p.)=Corydalis gamosepala
Corydalis bulbosa (L.) DC.(苏南植物手册 1959,杭州药物志 1961,)=Corydalis yanhusuo
Corydalis bulbosa var. *remota* (Maxim.) Nakai=Corydalis turtschaninovii
Corydalis bulbosa var. *remota* f. *ternata* Nakai=Corydalis ternata
Corydalis bulleyana Diels 齿冠紫堇
Corydalis bulleyana subsp. bulleyana=Corydalis bulleyana
Corydalis bulleyana subsp. muliensis Lidén & Z.Y.Su 木里齿冠紫堇
Corydalis bungeana Turcz.地丁草
Corydalis bungeana var. *odontopetala* Hemsl.=Corydalis bungeana
Corydalis buschii Nakai 东紫堇
Corydalis cabulica Gili.=Corydalis ledebouriana
Corydalis cachemiriana Royle (Franch.in Bull.soc.Bot.France 1886)=Corydalis pachycentra
Corydalis caespitosa C.Y.Wu=Corydalis Feddeana
Corydalis calcicola W.W.Sm.灰岩紫堇
Corydalis calcicola var. *szechuanica* Fedde=Corydalis trachycarpa
Corydalis calcycosa H.Chuang=Corydalis flaxuosa subsp. gemmipera
Corydalis campulicarpa Hay.=Corydalis ophiocarpa
Corydalis capnoides (L.) Pers.真堇
Corydalis capnoides var. *tibetica* Maxim.=Corydalis brevirostrata
Corydalis cashmeriana Royle 克什米尔紫堇
Corydalis cashmeriana subsp. *brevicornu* (Prain) D.G.Long=Corydalis jigmei
Corydalis cashmeriana var. *brevicornu* Prain (云南植物研究 1982)=Corydalis pseudoadoxa
Corydalis cashmeriana var. *brevicornu* Prain=Corydalis ecristata
Corydalis cashmeriana var. *ecristata* Prain=Corydalis ecristata
Corydalis casimiriana Duthie & Prain ex Prain 铺散黄堇
Corydalis casimiriana var. *meeboldii* Fedde=Corydalis cornuta
Corydalis caudata (Lam.) Pers.小药八旦子
Corydalis cavaleriei Lévl.=Corydalis balansae

Corydalis cavei D.G.Long(Lidén in Rheedea 1991)=Corydalis longipes var. pubescens
Corydalis cavei D.G.Long 聂拉木黄堇
Corydalis chamdoensis C.Y.Wu & H.Chuang 昌都紫堇
Corydalis chanetii Lévl.阜平黄堇
Corydalis cheilanthifolia Hemsl.地柏枝
Corydalis cheilantifolia Hemsl.(湖北志 1979,p.p.)=Corydalis ophiocarpa
Corydalis cheirifolia Franch.掌叶紫堇
Corydalis chelidoniifolia Lévl.=Corydalis sheareri
Corydalis chelidonium Fedde=Corydalis stenantha
Corydalis chinensis Franch.=Corydalis edulis
Corydalis chingii Fedde 甘肃紫堇
Corydalis chingii var. chingii=Corydalis chingii
Corydalis chosenensis Ohwi=Corydalis buschii
Corydalis chrysosphaera Marq & Shaw=Corydalis boweri
Corydalis clematis Lévl.(云南植物名录 1984)=Corydalis davidii
Corydalis clematis Lévl.开阳黄堇
Corydalis concinna C.Y.Wu & H.Chuang 优雅黄堇
Corydalis conspersa Maxim.斑花黄堇
Corydalis cornuta Royle 角状黄堇
Corydalis cornutior (Marq & Shaw) C.Y.Wu & Z.Y.Su=Corydalis dubia
Corydalis corymbosa C.Y.Wu & Z.Y.Su 伞花黄堇
Corydalis crassicalcarata C.Y.Wu & H.Chuang=Corydalis eugeniae
Corydalis crassirhizomata (C.Y.Wu) C.Y.Wu 粗颈紫堇
Corydalis crispa Prain 皱波黄堇
Corydalis crispa var. *laeviangula* C.Y.Wu & H.Chuang=Corydalis crispa
Corydalis crispa var. *setulosa* C.Y.Wu & H.Chuang=Corydalis crispa
Corydalis crispa var. *waltoni* Fedde=Corydalis crispa
Corydalis cristagalli Maxim.鸡冠黄堇
Corydalis cristata Maxim.(秦岭志 1974)=Corydalis trisecta
Corydalis cristata Maxim.具冠黄堇
Corydalis cristata var. *pseudoflaccida* Fedde=Corydalis dajingensis
Corydalis cristata var. *ramosa* C.Y.Wu & Huang=Corydalis trisecta
Corydalis curviflora Maxim.(Hand.-Mazz.in Symb.Sin.1931,p.p.)= Corydalis pachycentra
Corydalis curviflora Maxim.曲花紫堇
Corydalis curviflora subsp. altecristata (C.Y.Wu & H.Chuang) C.Y.Wu 高冠曲花紫堇
Corydalis curviflora subsp. curviflora=Corydalis curviflora
Corydalis curviflora subsp. minuticristata (Fedde) C.Y.Wu 直距曲花紫堇
Corydalis curviflora subsp. pseudosmithii (Fedde) C.Y.Wu 流苏曲花紫堇
Corydalis curviflora subsp. rosthornii (Fedde) C.Y.Wu 具爪曲花紫堇
Corydalis curviflora var. *altercristata* C.Y.Wu & H.Chuang=Corydalis curviflora subsp. altecristata
Corydalis curviflora var. *cytisiflora* Fedde=Corydalis cytisiflora
Corydalis curviflora var. *giraldii* Fedde=Corydalis shensiana
Corydalis curviflora var. *minuticristata* Fedde=Corydalis curviflora subsp. minuticristata
Corydalis curviflora var. *pseudosmithii* Fedde=Corydalis curviflora subsp. pseudosmithii
Corydalis curviflora var. *rosthornii* Fedde (云南植物研究 1984,p.p.,西藏志 1985)=Corydalis pachycentra
Corydalis curviflora var. *rosthornii* Fedde=Corydalis curviflora subsp. rosthornii
Corydalis curviflora var. *smithii* Fedde=Corydalis cytisiflora
Corydalis curviflora var. *trifida* W.T.Wang ex C.Y.Wu & H.Chuang= Corydalis curviflora
Corydalis cytisiflora (Fedde) Lidén 金雀花紫堇
Corydalis dajingensis C.Y.Wu & Z.Y.Su 大金紫堇
Corydalis dasyptera Maxim.迭裂黄堇
Corydalis daucifolia Lévl.=Corydalis cheilanthifolia
Corydalis davidii Franch.(秦岭志 1974,湖北志 1979,p.p.)=Corydalis fargesii
Corydalis davidii Franch.(湖北志 1979,p.p.)=Corydalis shennongensis
Corydalis davidii Franch.南黄堇
Corydalis debilis Edgew=Corydalis cornuta
Corydalis decumbens (Thunb.) Pers.(Kom.in Fl.Mansh.1903)=Corydalis buschii
Corydalis decumbens (Thunb.) Pers.夏天无
Corydalis deflexi-calcarata C.Y.Wu=Corydalis trachycarpa
Corydalis degensis C.Y.Wu & H.Chuang 德格紫堇
Corydalis delavayi Franch.苍山黄堇
Corydalis delavayi var. *euryphylla* Fedde=Corydalis mayae
Corydalis delavayi var. *stenophylla* Fedde=Corydalis mayae var. stenophylla
Corydalis delicatula D.G.Long 妖嫩黄堇
Corydalis delphinioides Fedde 飞燕黄堇
Corydalis densispica C.Y.Wu 密穗黄堇
Corydalis denticulatobracteata Fedde (西藏志 1985,p.p.)=Corydalis imbricata
Corydalis denticulatobracteata Fedde (西藏志 1985,p.p.)=Corydalis wuzhengyiana
Corydalis denticulatobracteata Fedde=Corydalis hookeri
Corydalis dingdonis Airy-Shaw 多雄黄堇
Corydalis diphylla Wall.尼泊尔延胡索
Corydalis dorjii D.G.Long 不丹紫堇
Corydalis drakeana Prain 短爪黄堇
Corydalis drakeana var. *tibetica* C.Y.Wu & H.Chuang=Corydalis pseudodrakeana
Corydalis dubia Prain 稀花黄堇
Corydalis duclouxii Lévl & Vant.师宗紫堇
Corydalis dulongjiangensis H.Chuang 独龙江紫堇
Corydalis ecalcarata (Z.Y.Su) Y.H.Zhang=Corydalis balansae
Corydalis eccremocarpa W.W.Sm.=Corydalis drakeana
Corydalis eccremocarpa W.W.Sm.悬果紫堇
Corydalis echinocarpa Franch.=Corydalis sheareri
Corydalis ecristata (Prain) D.G.Long 无冠紫堇
Corydalis ecristata subsp. ecristata=Corydalis ecristata
Corydalis ecristata subsp. longicalcarata (D.g.Long) C.Y.Wu 长距无冠紫堇
Corydalis ecristata var. *longicalcarata* D.G.Long=Corydalis ecristata subsp. longicalcarata
Corydalis edulis Maxim.紫堇
Corydalis edulis var. *cicutariaefolia* Fedde=Corydalis racemosa
Corydalis eduloides Fedde=Corydalis decumbens
Corydalis eduloides var. *haimensis* Fedde=Corydalis decumbens
Corydalis elata Bur & Franch.高茎紫堇
Corydalis elata subsp. ecristata Lidén 无冠高茎紫堇
Corydalis elata subsp. elata=Corydalis elata
Corydalis ellipticarpa C.Y.Wu & Z.Y.Su 椭果紫堇
Corydalis ellipticarpa var. *ellipticarpa*=Corydalis ellipticarpa
Corydalis ellipticarpa var. taipaica C.Y.Wu 陕西椭果紫堇
Corydalis erythrocarpa Lévl.=Dactylicapnos torulosa
Corydalis esquirolii Lévl.籽纹紫堇
Corydalis eugeniae Fedde 粗距紫堇
Corydalis eugeniae subsp. eugeniae=Corydalis eugeniae
Corydalis eugeniae subsp. fissibracteata (Fedde) Lidén 裂苞粗距紫堇
Corydalis fangshanensis W.T.Wang ex S.Y.He 房山紫堇
Corydalis fargesii Franch.北岭黄堇
Corydalis feddeana Lévl.大海黄堇
Corydalis feddei Lévl. ex Fedde=Corydalis Feddeana
Corydalis fedtschenkoana Rgl.天山囊果紫堇
Corydalis filisecta C.Y.Wu 丝叶紫堇
Corydalis fimbripetala Ludlow 流苏瓣缘黄堇
Corydalis flabellata Edgew.扇叶黄堇
Corydalis flaccida HK.f. & Thoms.裂果紫堇
Corydalis flavifibrillosa C.Y.Wu=Corydalis flaxuosa subsp. pseudoheterocentra
Corydalis flaxuosa Franch.穆坪紫堇
Corydalis flaxuosa f. bulbillifera C.Y.Wu 珠芽穆坪紫堇
Corydalis flaxuosa f. flaxuosa=Corydalis flaxuosa
Corydalis flaxuosa subsp. balsamiflora (Prain) C.Y.Wu 香花紫堇
Corydalis flaxuosa subsp. gemmipera (H.Chuang) C.Y.Wu 显芽紫堇
Corydalis flaxuosa subsp. kuanhsinensis C.Y.Wu 灌县紫堇
Corydalis flaxuosa subsp. microflora (C.Y.Wu & H.Chuang) C.Y.Wu 小花穆坪紫堇
Corydalis flaxuosa subsp. mucronipetala (C.Y.Wu & H.Chuang) C.Y.Wu 尖突穆坪紫堇
Corydalis flaxuosa subsp. omeiana (C.Y.Wu & H.Chuang) C.Y.Wu 金顶紫堇
Corydalis flaxuosa subsp. pinnatibracteata (C.Y.Wu & H.Chuang) C.Y.Wu

羽苞穆坪紫堇
Corydalis flaxuosa subsp. pseudoheterocentra (Fedde) Lidén 黄根紫堇
Corydalis flexuosa var. *microflora* C.Y.Wu & H.Chuang=Corydalis flaxuosa subsp. microflora
Corydalis flexuosa var. *mucronipetala* C.Y.Wu & H.Chuang=Corydalis flaxuosa subsp. mucronipetala
Corydalis flexuosa var. *omeiana* C.Y.Wu & H.Chuang=Corydalis flaxuosa subsp. omeiana
Corydalis flexuosa var. *pinnatibracteata* C.Y.Wu & H.Chuang=Corydalis flaxuosa subsp. pinnatibracteata
Corydalis fluminicola W.W.Sm.=Corydalis hamata
Corydalis foetida C.Y.Wu & Z.Y.Su 臭黄堇
Corydalis foetida var. *brevipedunculaa* Z.Y.Su=Corydalis brevipedunculata
Corydalis foliaceo-bracteata C.Y.Wu & Z.Y.Su 叶苞紫堇
Corydalis formosana Hay.密花黄堇
Corydalis formosana var. *microphylla* Sasaki=Corydalis pallida
Corydalis franchetiana Prain 春丕黄堇
Corydalis fumaria Lévl & Vant.=Corydalis racemosa
Corydalis fumariifolia Maxim.堇叶延胡索
Corydalis fumariifolia var. incisa M.Pop.栉苞堇叶延胡索
Corydalis gamosepala Maxim.北京延胡索
Corydalis gebleri Ledeb.=Corydalis capnoides
Corydalis gemmipara H.Chuang=Corydalis flaxuosa subsp. gemmipera
Corydalis gemmipara var. *ecristata* H.Chuang(p.p.)=Corydalis flaxuosa f. bulbillifera
Corydalis gemmipara var. *ecristata* H.Chuang(p.p.)=Corydalis flaxuosa subsp. kuanhsinensis
Corydalis geocarpa H.Sm. ex Lidén 弯柄紫堇
Corydalis gerdae Fedde=Corydalis latiflora subsp. gerdae
Corydalis gigantea Trautv & Mey.巨紫堇
Corydalis gigantea Trautv.Mey.(sensu in Far East.Fl.URSS.1988)= Corydalis macrantha
Corydalis gigantea var. *amurensis* Rgl.=Corydalis gigantea
Corydalis gigantea var. *genuina* Rgl.=Corydalis gigantea
Corydalis gigantea var. *macrantha* Rgl.=Corydalis macrantha
Corydalis giraldii Fedde.小花宽瓣黄堇
Corydalis glaucescens Rgl.新疆元胡
Corydalis glycyphyllos Fedde 甘草叶紫堇
Corydalis gortschakovii Schrenk(Blatter in Beaut.Fl.Kashmir 1928)= Corydalis moorcroftiana
Corydalis gortschakovii Schrenk 新疆黄堇
Corydalis govaniana Wall.库莽黄堇
Corydalis gracilipes S.Moore=Corydalis decumbens
Corydalis gracilis Franch.=Corydalis gracillima
Corydalis gracillima C.Y.Wu(西藏志 1985=Corydalis casimiriana
Corydalis gracillima C.Y.Wu 纤细黄堇
Corydalis gracillima var. gracillima=Corydalis gracillima
Corydalis gracillima var. microcalcarata H.Chuang 小距纤细黄堇
Corydalis graminea Prain=Corydalis polygalina
Corydalis grancilis Franch.(西藏志 1985)=Corydalis casimiriana
Corydalis grandiflora C.Y.Wu & Z.Y.Su 丹巴黄堇
Corydalis grubovii M.Mikhailova=Corydalis stricta
Corydalis gyrophylla Lidén 裸茎延胡索
Corydalis hamata Franch.(Fedde in Fedde Repert.1924)=Corydalis melanochlora
Corydalis hamata Franch.(Fedde in Fedde Repert.1926)=Corydalis glycyphyllos
Corydalis hamata Franch.(Whitmore in Hara & Williams Enum.Fl.Plants Nepal 1979)=Corydalis conspersa
Corydalis hamata Franch.钩距黄堇
Corydalis hamata var. *ramosa* Z.Y.Su=Corydalis hamata
Corydalis handelmazzettii Fedde=Corydalis racemosa
Corydalis hannae Kanitz=Corydalis trachycarpa
Corydalis hebephylla C.Y.Wu & Z.Y.Su 毛被黄堇
Corydalis hebephylla var. glabrescens C.Y.Wu & Z.Y.Su 假毛被黄堇
Corydalis hebephylla var. hebephylla=Corydalis hebephylla
Corydalis hemidicentra Hand.-Mazz.半荷包紫堇
Corydalis hemsleyana Franch. ex Prain 巴东紫堇
Corydalis hemsleyana Franch.(云南植物名录 1984,p.p.)=Corydalis heterodonta
Corydalis hemsleyana Prain (Hand.-Mazz.in Symb.Sin.1931,p.p.)= Corydalis petrophila
Corydalis hendersonii Hemsl.尼泊尔黄堇
Corydalis hendersonii var. alto-cristata C.Y.Wu & Z.Y.Su 高冠尼泊尔黄堇
Corydalis hendersonii var. hendersonii=Corydalis hendersonii
Corydalis hepaticifolia C.Y.Wu & Z.Y.Su 假獐耳紫堇
Corydalis heracleifolia C.Y.Wu & Z.Y.Su 独活叶紫堇
Corydalis heterocarpa S. & Z.异果黄堇
Corydalis heterocarpa var. *japonica* Ohwi=Corydalis heterocarpa
Corydalis heterocentra Diels (Limpr.in Fedde Repert.Beih.1922)= Corydalis flaxuosa subsp. pseudoheterocentra
Corydalis heterocentra Diels (高等图鉴补编 1982,横断山植物 1993)= Corydalis petrophila
Corydalis heterocentra Diels 异心紫堇
Corydalis heterodonta Lévl.异齿紫堇
Corydalis homopetala Diels 同瓣黄堇
Corydalis hondoensis Ohwi=Corydalis speciosa
Corydalis hookeri Prain 拟锥花黄堇
Corydalis hsiaowutaishanensis T.P.Wang 五台山延胡索
Corydalis humicola Hand.-Mazz.湿生紫堇
Corydalis humilis Oh & Kim 矮生延胡索
Corydalis humosa Migo(江苏志 1959)=Corydalis caudata
Corydalis humosa Migo 土元胡
Corydalis hupehensis C.Y.Wu ex Z.Zheng=Corydalis acuminata subsp. hupehensis
Corydalis imbricata Z.Y.Su & Lidén 银瑞
Corydalis impatiens (Pall.) Fisch.(西藏志 1985)=Corydalis pseudoimpatiens
Corydalis impatiens (Pall.) Fisch.赛北紫堇
Corydalis impatiens var. *maxima* M.Mikhailova=Corydalis pseudoimpatiens
Corydalis impatiens var. *minima* M.Mikhailova=Corydalis impatiens
Corydalis incisa (Thunb.) Pers.刻叶紫堇
Corydalis incisa f. *liuchiuensis* Nakai=Corydalis incisa
Corydalis incisa f. *pallescens* Makino=Corydalis incisa
Corydalis incisa var. *koreana* Fedde=Corydalis incisa
Corydalis incisa var. *pseudomakinoana* Fedde=Corydalis incisa
Corydalis incisa var. *tschejiangensis* Fedde=Corydalis incisa
Corydalis inconspicua Bge. ex Ledeb.小株紫堇
Corydalis inopinata Prain ex Fedde 卡惹拉黄堇
Corydalis inopinata var. glabra C.Y.Wu & Z.Y.Su 无毛卡惹拉黄堇
Corydalis inopinata var. inopinata=Corydalis inopinata
Corydalis iochanensis Lévl.药山紫堇
Corydalis ivaschkeviczii Aparina=Corydalis humilis var. watanabei
Corydalis japonica Makino=Corydalis ophiocarpa
Corydalis japonica Sieb. ex Miiq.=Corydalis incisa
Corydalis jigmei C.E.C.Fisch & K.N.Kaul 藏南紫堇
Corydalis jinguyanensis C.Y.Wu & H.Chuang 泾源紫堇
Corydalis juncea Wall.裸茎黄堇
Corydalis kailiensis Z.Y.Su 凯里紫堇
Corydalis kansuana Fedde=Corydalis chingii
Corydalis kareliniana Pritzel=Corydalis inconspicua
Corydalis kaschgarica Rupr.喀什黄堇
Corydalis kelungensis Hay.=Corydalis decumbens
Corydalis kiautschouensis V.Poelln.胶州延胡索
Corydalis kingii Prain 帕里紫堇
Corydalis kingii var. kingii=Corydalis kingii
Corydalis kingii var. megalantha C.Y.Wu & Z.Y.Su 大花帕里紫堇
Corydalis kiukiangensis C.Y.Wu,Z.Y.Su & Lidén 俅江紫堇
Corydalis koidzumiana Ohwi=Corydalis formosana
Corydalis kokiana Hand.-Mazz.狭距紫堇
Corydalis kokiana var. *micrantha* C.Y.Wu & H.Chuang=Corydalis minutiflora
Corydalis kokiana var. *robusta* C.Y.Wu & H.Chuang=Corydalis nigro-apiculata
Corydalis kolpakovskiana Rgl.=Corydalis glaucescens
Corydalis kolpakovskiana var. *hennigii* Fedde=Corydalis glaucescens
Corydalis krasnovii M.Mikhailova 南疆黄堇
Corydalis laelia Prain 高冠黄堇
Corydalis laelia subsp. *bhutanica* D.G.Long=Corydalis laelia
Corydalis lasiocarpa Lidén & Z.Y.Su 毛果紫堇

Corydalis lathyrophylla C.Y.Wu 长冠紫堇
Corydalis latiflora HK.f. & Thoms.(西藏志 1985)=Corydalis latiflora subsp. gerdae
Corydalis latiflora HK.f. & Thoms.宽花紫堇
Corydalis latiflora subsp. gerdae (Fedde) Lidén 西藏宽花紫堇
Corydalis latiflora subsp. latiflora=Corydalis latiflora
Corydalis latiloba (Franch.) Hand.-Mazz.宽裂黄堇
Corydalis latiloba subsp. wumungensis C.Y.Wu 乌蒙黄堇
Corydalis latiloba var. latiloba=Corydalis latiloba
Corydalis latiloba var. tibetica Z.Y.Su 西藏宽裂黄堇
Corydalis laucheana Fedde 松潘黄堇
Corydalis ledebouriana Kar & Kir.薯根延胡索
Corydalis leptocarpa HK.f. & Thoms.细果紫堇
Corydalis leucanthema C.Y.Wu 粉叶紫堇
Corydalis leucostachya C.Y.Wu & H.Chuang=Corydalis trachycarpa var. leucostachya
Corydalis lhasaensis C.Y.Wu & Z.Y.Su 拉萨黄堇
Corydalis lhorongensis C.Y.Wu & H.Chuang 洛隆紫堇
Corydalis lichuanensis Z.Zhang=Corydalis hemsleyana
Corydalis linarioides Maxim.条裂黄堇
Corydalis linarioides var. *fissibracteata* Fedde=Corydalis eugeniae subsp. fissibracteata
Corydalis lineariloba f. *pectinata* (Kom.) Kitag.=Corydalis fumariifolia
Corydalis lineariloba var. *fumariifolia* (Maxim.) Kitag.=Corydalis fumariifolia
Corydalis lineariloba var. *micrantha* Ohwi=Corydalis repens
Corydalis lineariloba var. *papillata* (Ohwi) Ohwi=Corydalis repens
Corydalis linearis C.Y.Wu 线叶黄堇
Corydalis linjiangensis Z.Y.Su ex Lidén 临江延胡索
Corydalis linstowiana Fedde 变根紫堇
Corydalis livida Maxim.红花紫堇
Corydalis livida var. denticulato-cristata Z.Y.Su 齿冠红花紫堇
Corydalis livida var. livida=Corydalis livida
Corydalis lofouensis Lévl.=Corydalis balansae
Corydalis longibracteata Ludlow 长苞紫堇
Corydalis longicalcarata H.Chuang & Z.Y.Su 长距紫堇
Corydalis longicalcarata var. longicalcarata=Corydalis longicalcarata
Corydalis longicalcarata var. multipinnata Z.Y.Su 多裂长距紫堇
Corydalis longicalcarata var. nonsacata Z.Y.Su 无囊长距紫堇
Corydalis longicornu Franch.=Corydalis davidii
Corydalis longiflora (Willd.) Pers.=Corydalis schanginii
Corydalis longiflora var. *caudata* (Lam.) DC.=Corydalis caudata
Corydalis longipes DC.(D.G.Long in Not.Bot.Gard.Edino.1984)=Corydalis pseudolongipes
Corydalis longipes DC.(Whitmore in Hara al.in Enum.Fl.Pl.Nepal 1979, p.p.)=Corydalis cavei
Corydalis longipes DC.长梗黄堇
Corydalis longipes var. *burkillii* Fedde=Corydalis pseudolongipes
Corydalis longipes var. *chumbica* Prain ex W.W.Sm.=Corydalis cornuta
Corydalis longipes var. longipes=Corydalis longipes
Corydalis longipes var. *megalantha* H.Chuang=Corydalis casimiriana
Corydalis longipes var. *phallutiana* Fedde=Corydalis pseudolongipes
Corydalis longipes var. pubescens (C.Y.Wu & H.Chuang) C.Y.Wu 毛长梗黄堇
Corydalis longipes var. *smithii* Fedde=Corydalis pseudolongipes
Corydalis longkiensis C.Y.Wu,Lidén & Z.Y.Su 龙溪紫堇
Corydalis lopinensis Franch.罗平山黄堇
Corydalis lowndesii Lidén=Corydalis polygalina var. micrantha
Corydalis ludlowii Stearn 单叶紫堇
Corydalis lupinoides Marq & Shaw 米林紫堇
Corydalis luquanensis H.Chuang 禄劝黄堇
Corydalis maackii Rupr. ex trautv.=Corydalis speciosa
Corydalis macrantha (Rgl.) M.Popov 大花紫堇
Corydalis mairei Lévl.会泽紫堇
Corydalis mairei var. mairei=Corydalis mairei
Corydalis mairei var. megalantha C.Y.Wu 大花会泽紫堇
Corydalis makinoana Matsum.=Corydalis ophiocarpa
Corydalis martinii Lévl & Vant.=Corydalis temulifolia subsp. aegopodioides
Corydalis maximowicziana Nakai=Corydalis speciosa
Corydalis mayae Hand.-Mazz.马牙黄堇
Corydalis mayae var. mayae=Corydalis mayae
Corydalis mayae var. stenophylla (Fedde) C.Y.Wu 狭叶马牙黄堇
Corydalis megalantha C.Y.Wu=Corydalis concinna
Corydalis megalosperma Z.Y.Su 少子黄堇
Corydalis meifolia Wall.细叶黄堇
Corydalis meifolia var. *cornutior* Marq & Shaw=Corydalis dubia
Corydalis meifolia var. *ecristata* C.Y.Wu & Z.Y.Su=Corydalis lhasaensis
Corydalis meifolia var. *sikkimensis* Prain (横断山植物 1993)=Corydalis stracheyi
Corydalis melanochlora Maxim.暗绿紫堇
Corydalis melanochlora var. *pallescens* Maxim.(p.p.)=Corydalis glycyphyllos
Corydalis melanochlora var. *pallescens* Maxim.(p.p.)=Corydalis melanochlora
Corydalis micropoda Franch.=Corydalis edulis
Corydalis mienningensis C.Y.Wu=Corydalis schweriniana
Corydalis minutiflora C.Y.Wu 小花紫堇
Corydalis mira (Batalin) C.Y.Wu & H.Chuang 疆堇
Corydalis mitae Kitag.=Corydalis latiflora subsp. gerdae
Corydalis moorcroftiana Wall.革吉黄堇
Corydalis moupinensis Franch.尿罐草
Corydalis mucronata Franch.突尖紫堇
Corydalis mucronifera Maxim.尖突黄堇
Corydalis muliensis C.Y.Wu & Z.Y.Su 木里黄堇
Corydalis multiflora Mikhailova=Corydalis gigantea
Corydalis multisecta C.Y.Wu & H.Chuang 多裂紫堇
Corydalis nakaii Ishidoya=Corydalis ternata
Corydalis nana var. *jacqemontii* Fedde=Corydalis stracheyi
Corydalis napuligera C.Y.Wu=Corydalis lupinoides
Corydalis nemoralis C.Y.Wu & H.Chuang 林生紫堇
Corydalis nepalensis Kitam.=Corydalis hendersonii
Corydalis nigro-apiculata C.Y.Wu 黑顶黄堇
Corydalis nigroapiculata var. erosipetala C.Y.Wu 心瓣黑顶黄堇
Corydalis nigroapiculata var. nigroapiculata=Corydalis nigroapiculata
Corydalis nobilis (L.) Pers.阿山黄堇
Corydalis ochotensis Turcz.黄紫堇
Corydalis ochotensis Tuucz.(forb & Hemsl.in J.Soc.Bot.1886,p.p.,台湾志 1976)=Corydalis raddeana
Corydalis ochotensis var. *raddeana* (Rgl.) Nakai=Corydalis raddeana
Corydalis octocornuta C.Y.Wu=Corydalis trachycarpa var. octocornuta
Corydalis odontostigma Fedde=Corydalis adunca
Corydalis oldhamii Koidz.=Corydalis heterocarpa
Corydalis oligantha Ludlow 少花紫堇
Corydalis oligosperma C.Y.Wu & Z.Y.Su 稀子黄堇
Corydalis omphalocarpa Hay.=Corydalis balansae
Corydalis onobrychoides Fedde=Corydalis moorcroftiana
Corydalis ophiocarpa HK.f. & Thoms.蛇果黄堇
Corydalis orthocarpa Hay.=Corydalis formosana
Corydalis oxypetala Franch.(Hand.-Mazz.in Symb.Sin.1931,p.p.)=Corydalis uvaria
Corydalis oxypetala Franch.(云南植物研究 1984,p.p.)=Corydalis balfouriana
Corydalis oxypetala Franch.尖瓣紫堇
Corydalis pachycentra Franch.浪穹紫堇
Corydalis pachypoda (Franch.) Hand.-Mazz.粗梗黄堇
Corydalis pallida (Thunb.) Pers.(湖北志 1979,p.p.)=Corydalis balansae
Corydalis pallida (Thunb.) Pers.黄堇
Corydalis pallida var. pallida=Corydalis pallida
Corydalis pallida var. *platycarpa* Maxim. ex Palibin=Corydalis heterocarpa
Corydalis pallida var. *ramosissima* Kom.=Corydalis pallida
Corydalis pallida var. sparsimamma (Ohwi) Ohwi 凹子黄堇
Corydalis pallida var. *speciosa* (Maxim.) Kom.=Corydalis speciosa
Corydalis pallida var. *tenuis* Yatabe=Corydalis pallida
Corydalis paniculata C.Y.Wu & H.Chuang=Corydalis hookeri
Corydalis paniculigera Rgl & Schmalh.帕米尔黄堇
Corydalis papillipes C.Y.Wu(p.p.)=Corydalis cavei
Corydalis papillipes C.Y.Wu=Corydalis crispa
Corydalis parviflora Z.Y.Su & Lidén 贵州黄堇
Corydalis pauciflora Pers.(云南植物研究 1985,p.p.)=Corydalis hsiaowutaishanensis

Corydalis pauciflora (Steph.) Pers.少花延胡索
Corydalis pauciflora var. *alaschanica* Maxim.=Corydalis alaschanica
Corydalis pauciflora var. *aquilegifolia* DC.=Corydalis pauciflora
Corydalis pauciflora var. *holanschanica* Fedde=Corydalis alaschanica
Corydalis pauciflora var. *latiloba* Maxim.(高等图鉴补编 1982,西藏志 1985)=Corydalis tangutica subsp. bullata
Corydalis pauciflora var. *loatiloa* Maxim.=Corydalis tangutica
Corydalis peltata Lidén & Z.Y.Su 盾萼紫堇
Corydalis petrophila Franch.(云南植物名录 1984)=Corydalis smithiana
Corydalis petrophila Franch.岩生紫堇
Corydalis pingwuensis C.Y.Wu 平武紫堇
Corydalis pinnata Lidén & Z.Y.Su 羽叶紫堇
Corydalis platycarpa (Maxim.) Makino=Corydalis heterocarpa
Corydalis polygalina HK.f. & Thoms.远志黄堇
Corydalis polygalina var. micrantha C.Y.Wu 小花远志黄堇
Corydalis polygalina var. polygalina=Corydalis polygalina
Corydalis polyphylla Hand.-Mazz.多叶紫堇
Corydalis porphyrantha C.Y.Wu 紫花紫堇
Corydalis potaninii Maxim.半裸茎黄堇
Corydalis praecipitorum C.Y.Wu,Z.Y.Su & Lidén 峭壁紫堇
Corydalis prainiana Kanodia & S.K.Mukerjee=Corydalis casimiriana
Corydalis prattii Franch.草甸黄堇
Corydalis pseudacropteryx Fedde=Corydalis acropteryx
Corydalis pseudasterostigma Fedde=Corydalis taliensis
Corydalis pseudoadoxa C.Y.Wu & H.Chuang 波密紫堇
Corydalis pseudoalpestris M.Popov 假高山延胡索
Corydalis pseudoasterostigma Fedde 假星头紫堇
Corydalis pseudobalfouriana Lidén 弯梗紫堇
Corydalis pseudobarbisepala Fedde 假髯萼紫堇
Corydalis pseudoclematis Fedde=Corydalis davidii
Corydalis pseudocristata Fedde 美花黄堇
Corydalis pseudodrakeana Lidén 甲格黄堇
Corydalis pseudofargesii H.Chuang 假北岭黄堇
Corydalis pseudofilisecta Lidén & Z.Y.Su 假丝叶紫堇
Corydalis pseudofluminicola Fedde (Hand.-Mazz.in Symb.Sin.1931)= Corydalis corymbosa
Corydalis pseudofluminicola Fedde 假溪畔紫堇
Corydalis pseudohamata Fedde 川北钩距黄堇
Corydalis pseudoheterocentra Fedde=Corydalis flaxuosa subsp. pseudoheterocentra
Corydalis pseudoimpatiens Fedde 假北紫堇
Corydalis pseudoincisa C.Y.Wu,Z.Y.Su & Lidén 假刻叶紫堇
Corydalis pseudojuncea Ludlow 拟裸茎黄堇
Corydalis pseudolluminicola Fedde 假多叶黄堇
Corydalis pseudolongipes Lidén 短腺黄堇
Corydalis pseudomicrophylla Z.Y.Su 假小叶黄堇
Corydalis pseudomucoronata C.Y.Wu,Z.Y.Su & Lidén 长尖突紫堇
Corydalis pseudomucoronata var. cristata C.Y.Wu 圆萼紫堇
Corydalis pseudomucoronata var. pseudomucoronata=Corydalis pseudomucoronata
Corydalis pseudorupestris Lidén & Z.Y.Su 短葶黄堇
Corydalis pseudoschlechteriana Fedde (高等图鉴补编 1982,西藏志 1985)=Corydalis atuntsuensis
Corydalis pseudoschlechteriana Fedde=Corydalis eugeniae
Corydalis pseudothyrsiflora C.Y.Wu & Z.Y.Su=Corydalis crispa
Corydalis pseudotomentella Fedde=Corydalis balansae
Corydalis pseudotongolensis Lidén 假全冠黄堇
Corydalis pseudoweigoldii Z.Y.Su 假川西紫堇
Corydalis pterophora Ohwi=Corydalis speciosa
Corydalis pterygopetala Hand.-Mazz.翅瓣黄堇
Corydalis pterygopetala var. ecristata H.Chuang 无冠翅瓣黄堇
Corydalis pterygopetala var. pterygopetala=Corydalis pterygopetala
Corydalis pubescens C.Y.Wu & H.Chuang=Corydalis longipes var. pubescens
Corydalis pubicaulis C.Y.Wu & H.Chuang 毛茎紫堇
Corydalis pulchella Franch.=Corydalis adrienii
Corydalis punicea C.Y.Wu=Corydalis livida
Corydalis purpureocalcarata C.Y.Wu & Z.Y.Su=Corydalis stracheyi
Corydalis pygmaea C.Y.Wu & Z.Y.Su 矮黄堇
Corydalis qinghaiensis Z.Y.Su & Lidén 青海黄堇
Corydalis quadriflora Hand.-Mazz.=Corydalis trifoliata
Corydalis quantmeyeriana Fedde 掌苞紫堇
Corydalis quinquefoliolata Ludlow 朗县黄堇
Corydalis racemosa (Thunb.) Pers.(Bge.in Bull.De L'Acad.Imp.Acad.Sci. St.Pétersb.1835)=Corydalis bungeana
Corydalis racemosa (Thunb.) Pers.小花黄堇
Corydalis racemosa var. *ecalcarata* Z.Y.Su=Corydalis balansae
Corydalis raddeana Rgl.小黄紫堇
Corydalis radicans Hand.-Mazz.裂瓣紫堇
Corydalis ramosa HK.f. & Thoms.=Corydalis stracheyi
Corydalis ramosa Wall. ex HK.f. & Thoms.(Whitmore in Hara & Williams Enum.Fl.Pl.Nepal 1979,p.p.)=Corydalis cornuta
Corydalis remota (L.emend.Mill.) DC.(Forbes & Hemsl.in J.L.Soc.Bot. 1886,p.p.)= Corydalis turtschaninovii
Corydalis remota Fisch. ex Maxim.=Corydalis turtschaninovii
Corydalis remota f. *haitaoensis* (Chou & Xu) C.Y.Wu & Z.Y.Su= Corydalis gamosepala
Corydalis remota f. *heteroclita* (K.T.Fu) C.Y.Wu & Z.Y.Su=Corydalis gamosepala
Corydalis remota f. *nonapiculata* (Ohwi) C.Y.Wu & Z.Y.Su=Corydalis gamosepala
Corydalis remota var. *fumariifolia* (Maxim.) Kom.=Corydalis fumariifolia
Corydalis remota var. *heteroclita* K.T.Fu=Corydalis gamosepala
Corydalis remota var. *lineariloba* Maxim.(p.p.)=Corydalis turtschaninovii
Corydalis remota var. papillosa (Kitag.) Bar. & Skv.瘤叶延胡索
Corydalis remota var. *pectinata* Kom.=Corydalis fumariifolia
Corydalis remota var. *rotundiloba* Maxim.=Corydalis turtschaninovii
Corydalis remota var. *ternata* (Nakai) Makino=Corydalis ternata
Corydalis repens Mandl & Muehld.全叶延胡索
Corydalis repens Mandl & Mühld.(云南植物研究 1985,p.p.,湖北植物大全 1993)=Corydalis caudata
Corydalis repens Mandl & Mühld.(东北检索表 1959,p.p.)=Corydalis repens var. watanabei
Corydalis repens var. *humosoides* Y.H.Zhang=Corydalis caudata
Corydalis repens var. *jiangsuensis* Y.H.Zhang=Corydalis caudata
Corydalis repens var. repens=Corydalis repens
Corydalis repens var. watanabei (Kitag.) Y.H.Zhou 角瓣延胡索
Corydalis retingensis Ludlow 囊果紫堇
Corydalis rheinbabeniana Fedde (云南植物研究 1984,p.p.)=Corydalis rheinbabeniana var. leioneura
Corydalis rheinbabeniana Fedde 扇苞黄堇
Corydalis rheinbabeniana var. leioneura H.Chuang 无毛扇苞黄堇
Corydalis rheinbabeniana var. rheinbabeniana=Corydalis rheinbabeniana
Corydalis rockii Fedde=Corydalis petrophila
Corydalis rorida H.Chuang 露点紫堇
Corydalis rosea Maxim.=Corydalis livida
Corydalis roseotincta C.Y.Wu & H.Chuang 拟鳞叶紫堇
Corydalis rupifraga C.Y.Wu & Z.Y.Su 石隙紫堇
Corydalis saccata Z.Y.Su & Lidén 囊瓣延胡索
Corydalis saxicola Bunting 石生黄堇
Corydalis scaberula Maxim.粗糙黄堇
Corydalis scaberula var. purpurescens C.Y.Wu 紫花粗糙黄堇
Corydalis scaberula var. ramifera C.Y.Wu & H.Chuang 分枝粗糙黄堇
Corydalis scaberula var. scaberula=Corydalis scaberula
Corydalis scandens Franch.(p.p.)=Dactylicapnos roylei
Corydalis scandens Franch.(p.p.)=Dactylicapnos scandens
Corydalis scaphopetala Fedde=Corydalis adunca subsp. scaphopetala
Corydalis schanginii (Pall.) B.Fedtsch.长距元胡
Corydalis schlagintweitii Fedde=Corydalis stricta
Corydalis schlechteriana Fedde=Corydalis linarioides
Corydalis schochii Fedde=Corydalis taliensis
Corydalis schusteriana Fedde 甘洛紫堇
Corydalis schusteriana var. *crassirhizomata* C.Y.Wu=Corydalis crassirhizomata
Corydalis schweriniana Fedde 巧家紫堇
Corydalis semenovii Rgl & Herd.天山黄堇
Corydalis semiaquilegiifolia C.Y.Wu & H.Chuang=Corydalis pseudoadoxa
Corydalis sewerzovi Rgl.大苞延胡索
Corydalis sheareri S.Moore 地锦苗
Corydalis sheareri f. bulbillifera Hand.-Mazz.珠芽地锦苗
Corydalis sheareri f. sheareri=Corydalis sheareri

Corydalis sheareri var. *changyangensis* Fedde=Corydalis sheareri
Corydalis shennongensis H.Chuang 鄂西黄堇
Corydalis shensiana Lidén 陕西紫堇
Corydalis sherriffii Ludlow 巴嘎紫堇
Corydalis shimienensis C.Y.Wu & Z.Y.Su 石棉紫堇
Corydalis siamensis Craib=Corydalis leptocarpa
Corydalis sibirica (L.f.) Pers.北紫堇.
Corydalis sibirica Pers.(HK.f. & Thoms in Fl.Brit.Ind.1872)=Corydalis longipes
Corydalis sibirica var. *impatiens* (Pall.) Rgl.=Corydalis impatiens
Corydalis sigmantha Z.Y.Su & C.Y.Wu 甘南紫堇
Corydalis sigmoides C.Y.Wu=Corydalis linearis
Corydalis smithiana Fedde 箐边紫堇
Corydalis solida (L.) Clair (Rgl.in Reise Sud.-Oest.Sib.19861,p.p.)= Corydalis gamosepala
Corydalis solida (L.) Clairv.(Hemsl.in J.L.Soc.Bot.1886-88,p.p.)= Corydalis kiautschouensis
Corydalis solida subsp. *remota* (Maxim.) Korsh.=Corydalis turtschaninovii
Corydalis souliei Franch.=Corydalis trachycarpa
Corydalis sparsimamma Ohwi=Corydalis pallida var. sparsimamma
Corydalis spathulata Prain ex Craib 匙苞黄堇
Corydalis speciosa Maxim.珠果黄堇
Corydalis speciosa var. *pterophora* (Ohwi) Ohwi=Corydalis speciosa
Corydalis spinulosa H.Chuang=Corydalis atuntsuensis
Corydalis squamigera Z.Y.Su 具鳞紫堇
Corydalis stenantha Franch.(C.Y.Wu et al.in Icon.Pl.Medio 1945)= Corydalis duclouxii
Corydalis stenantha Franch.洱源紫堇
Corydalis stewartii Fedde (R.R.Stewart in Ann.Cat.Vasc.Pl.W.Pakist & Kashmir 1972)=Corydalis cornuta
Corydalis stracheyi Duthie ex Prain 折曲黄堇
Corydalis stracheyi var. ecristata Prain 无冠折曲黄堇
Corydalis stracheyi var. stracheyi=Corydalis stracheyi
Corydalis stracheyoides Fedde=Corydalis crispa
Corydalis straminea Maxim.(Fedde in Fedde Repert.1929,p.p.)=Corydalis potaninii
Corydalis straminea Maxim.(西藏志 1985,横断山植物 1993)=Corydalis stramineoides
Corydalis straminea Maxim.草黄堇
Corydalis stramineoides C.Y.Wu & Z.Y.Su 索县黄堇
Corydalis streptocarpa Maxim.=Corydalis ophiocarpa
Corydalis striatocarpa H.Chuang 纹果紫堇
Corydalis stricta Steph. ex Fisch.直立紫堇
Corydalis stricta subsp. *holosepala* M.Mikhailova=Corydalis stricta
Corydalis stricta var. *potaninii* Fedde=Corydalis stricta
Corydalis suaveolens Hance=Corydalis shearer
Corydalis taipaishanica H.Chuang 太白紫堇
Corydalis taitoensis Hay.=Corydalis balansae
Corydalis taiwanensis Ohwi=Corydalis pallida
Corydalis taliensis Franch.(Hand.-Mazz.in Symb.Sin.1931,p.p.)= Corydalis duclouxii
Corydalis taliensis Franch.金钩如意草
Corydalis taliensis var. *bulleyana* (Diels) C.Y.Wu & H.Chuang=Corydalis bulleyana
Corydalis taliensis var. *ecristata* Hand.-Mazz.(云南植物名录 1984)= Corydalis stenantha
Corydalis taliensis var. *ecristata* Hand.-Mazz.=Corydalis duclouxii
Corydalis taliensis var. potentillifolia C.Y.Wu & H.Chuang 绿春金钩如意草
Corydalis taliensis var. *siamensis* (Craib) H.Chuang=Corydalis leptocarpa
Corydalis taliensis var. taliensis=Corydalis taliensis
Corydalis tangutica Peshkova 唐古特延胡索
Corydalis tangutica subsp. bullata (Lidén) Z.Y.Su 长轴唐古特延胡索
Corydalis tangutica subsp. tangutica=Corydalis tangutica
Corydalis tashiroi Makino=Corydalis balansae
Corydalis temolana C.Y.Wu & H.Chuang 黄绿紫堇
Corydalis temulifolia Franch.大叶紫堇
Corydalis temulifolia subsp. aegopodioides (Lévl & Vant.) C.Y.Wu 鸡血七
Corydalis temulifolia subsp. temulifolia=Corydalis temulifolia
Corydalis tenantha Franch.(C.Y.Wu et al.in Icon Pl.Medic.et Libro Tien-nan-pen-tsao Lanmaoano 1945)=Corydalis duclouxii
Corydalis tenella Kar & Kir.=Corydalis inconspicua
Corydalis tenerrima C.Y.Wu 柔弱黄堇
Corydalis tenuicalcarata C.Y.Wu & T.Y.Shu=Corydalis chamdoensis
Corydalis ternata (Nakai) Nakai 三裂延胡索
Corydalis ternatifolia C.Y.Wu,Z.Y.Su & Lidén 神农架紫堇
Corydalis thalictrifolia Franch.=Corydalis saxicola
Corydalis thalictrifolia Jameson ex Rgl.=Corydalis cornuta
Corydalis thyrsiflora Prain (高等图鉴补编 1982,西藏志 1985)=Corydalis hookeri
Corydalis thyrsiflora Prain 锥花黄堇
Corydalis tianzhuensis M.S.Yang & C.J.Wang 天祝黄堇
Corydalis tianzhuensis subsp. *bullata* Lidén=Corydalis tangutica subsp. bullata
Corydalis tibetica HK.f. & Thoms.(Franch.in Bull.Soc.Bot.France 1886)= Corydalis pachypoda
Corydalis tibetica HK.f. & Thoms.=Corydalis tibeto-alpina
Corydalis tibetica HK.f. & Thoms.西藏黄堇
Corydalis tibetica var. *pachypoda* Franch.=Corydalis pachypoda
Corydalis tibeto-alpina C.Y.Wu & Z.Y.Su 西藏高山黄堇
Corydalis tibeto-oppositifolia C.Y.Wu & Z.Y.Su 西藏对叶黄堇
Corydalis tomentella Franch.毛黄堇
Corydalis tomentosa N.E.Brown=Corydalis tomentella
Corydalis tongolensis Franch.(横断山植物 1993)=Corydalis pseudotongolensis
Corydalis tongolensis Franch.全冠黄堇
Corydalis trachycarpa Maxim.(Hand.-Mazz.in Symb.Sin.1931)= Corydalis calcicola
Corydalis trachycarpa Maxim.糙果紫堇
Corydalis trachycarpa var. leucostachya (C.Y.Wu & H.Chuang) C.Y.Wu 白穗紫堇
Corydalis trachycarpa var. *nana* C.Y.Wu & H.Chuang=Corydalis trachycarpa
Corydalis trachycarpa var. octocornuta (C.Y.Wu) C.Y.Wu 淡花黄堇
Corydalis trachycarpa var. trachycarpa=Corydalis trachycarpa
Corydalis trifoliata Franch.三裂紫堇
Corydalis trigibbosa H.Chuang=Corydalis petrophila
Corydalis trilobipetala Hand.-Mazz.三裂瓣紫堇
Corydalis trisecta Franch.秦岭紫堇
Corydalis triternata Franch.(Prain in Jurn As.Soc.Bengal 1986)= Corydalis dorjii
Corydalis triternata Franch.=Corydalis triternatifolia
Corydalis triternatifolia C.Y.Wu 重三出黄堇
Corydalis tsangensis Lidén & Z.Y.Su 藏紫堇
Corydalis tsariensis Ludlow=Corydalis dubia
Corydalis tsayulensis C.Y.Wu & H.Chuang 察隅紫堇
Corydalis tuberi-pisiformis Z.Y.Su 豌豆根紫堇
Corydalis turtschaninovii Bess.(东北草本志 1980,p.p.)=Corydalis ternata
Corydalis turtschaninovii Bess.齿瓣延胡索
Corydalis turtschaninovii f. *fumariifolia* (Maxim.) Y.H.Chou=Corydalis fumariifolia
Corydalis turtschaninovii f. *haitaoensis* Y.H.Chou & Ch.Q.Xu=Corydalis gamosepala
Corydalis turtschaninovii f. lineariloba (Maxim) Kitag.线裂齿瓣延胡索
Corydalis turtschaninovii f. pectinata (Kom.) Y.H.Chou 栉裂齿瓣延胡索
Corydalis turtschaninovii f. *yanhusuo* Y.H.Chou & C.C.Hsü=Corydalis yanhusuo
Corydalis turtschaninovii var. *non-apiculata* Ohwi=Corydalis gamosepala
Corydalis turtschaninovii var. *papillata* Ohwi=Corydalis repens
Corydalis turtschaninovii var. *papillosa* Kitag.=Corydalis turtschaninovii
Corydalis turtschaninovii var. *ternata* (Nakai) Ohwi=Corydalis ternata
Corydalis uniflora (Sieb.) Nyman.单花延胡索
Corydalis urbaniana Fedde 紫苞黄堇
Corydalis uvaria Lidén 圆根紫堇
Corydalis variicolor C.Y.Wu=Corydalis nigro-apiculata
Corydalis vermicularis Lidén 蔓生黄堇
Corydalis vivipara Fedde 胎生紫堇
Corydalis wardii Marq. & Shaw=Corydalis dingdonis
Corydalis wardii W.W.Sm.(p.p.)=Corydalis calcicola
Corydalis wardii W.W.Sm.(p.p.)=Corydalis densispica
Corydalis wardii W.W.Sm.(云南植物研究 1990,p.p.)=Corydalis

tenerrima
Corydalis watanabei Kitag.=Corydalis repens var. watanabei
Corydalis weigoldii Fedde 川西紫堇
Corydalis weisinensis H.Chuang=Corydalis lopinensis
Corydalis wilfordii var. *japonica* Franch & Sav.=Corydalis heterocarpa
Corydalis wilsonii N.E.Brown (Lidén in Herb.E.P.cum.)=Corydalis latiloba
Corydalis wilsonii N.E.Brown (高等图鉴 1972,湖北志.1979,p.p.)= Corydalis cheilanthifolia
Corydalis wilsonii N.E.Brown (湖北志.1979,p.p.)=Corydalis saxicola
Corydalis wilsonii N.E.Brown 川鄂黄堇
Corydalis wuzhengyiana Z.Y.Su & Lidén 齿苞黄堇
Corydalis yanhusuo W.T.Wang ex Z.Y.Su & C.Y.Wu 延胡索
Corydalis yanhusuo W.T.Wang=Corydalis yanhusuo
Corydalis yargongensis C.Y.Wu 雅江紫堇
Corydalis yui Lidén 瘤籽黄堇
Corydalis yunnanensis Franch.滇黄堇
Corydalis yunnanensis var. megalantha Diels 大花滇黄堇
Corydalis yunnanensis var. yunnanensis=Corydalis yunnanensis
Corydalis zadoiensis L.H.Zhou 杂多紫堇
Corydalis zambuii C.E.C.Fisch & K.N.Kaul=Corydalis conspersa
Corydalis zeaensis Mikhailova=Corydalis macrantha
Corydalis zhongdianensis C.Y.Wu 中甸黄堇
Corylopasania tubulosa (Hick. & A.Camus) Nakai=Lithocarpus tubulosus
Corylopsis S. & Z.**蜡瓣花属**(金缕梅科)
Corylopsis alnifolia (Lévl.) Schneid.桤叶蜡瓣花
Corylopsis brevistyla Chang 短柱蜡瓣花
Corylopsis cavaleriei Lévl.=Corylopsis multiflora
Corylopsis cordata Merr. ex Li=Corylopsis multiflora var. cordata
Corylopsis glandulifera Hemsl.腺果蜡瓣花
Corylopsis glandulifera var. hypoglauca (Cheng) Chang 灰白蜡瓣花
Corylopsis glaucescens Hand.-Mazz.怒江蜡瓣花
Corylopsis henryi Hemsl.鄂西蜡瓣花
Corylopsis hypoglauca Cheng=Corylopsis glandulifera var. hypoglauca
Corylopsis hypoglauca var. *glaucescens* Cheng=Corylopsis glandulifera
Corylopsis macrostachys Pamp.=Sinowilsonia henryi
Corylopsis matsudae Kanehira & Sasaki=Corylopsis pauciflora
Corylopsis microcarpa Chang 小果蜡瓣花
Corylopsis multiflora sensu Chang=Corylopsis multiflora var. cordata
Corylopsis multiflora Hance 瑞木
Corylopsis multiflora var. cordata (Merr.) Chang 心叶瑞木
Corylopsis multiflora var. nivea Chang 白背瑞木
Corylopsis multiflora var. parvifolia Chang 小叶瑞木
Corylopsis obovata Chang 黔蜡瓣花
Corylopsis omeiensis Yang 峨眉蜡瓣花
Corylopsis pauciflora S. & Z.少花蜡瓣花
Corylopsis platypetala Rehd. & Wils.阔蜡瓣花
Corylopsis platypetala var. levis Rehd. & Wils.川西阔蜡瓣花
Corylopsis polyneura Li=Corylopsis glaucescens
Corylopsis rotundifolia Chang 圆叶蜡瓣花
Corylopsis sinensis Hemsl.蜡瓣花
Corylopsis sinensis var. calvescens Rehd. & Wils.秃蜡瓣花
Corylopsis sinensis var. *glandulifera* (Hemsl.) Rehd. & Wils.=Corylopsis glandulifera
Corylopsis sinensisi var. parvifolia Chang 小蜡瓣花
Corylopsis sp. Courtois=Fortunearia sinensis
Corylopsis sp. Diels=Corylopsis rotundifolia
Corylopsis spicata Hemsl.=Corylopsis sinensis
Corylopsis stelligera Guill.星毛蜡瓣花
Corylopsis stenopetala Hay.=Corylopsis multiflora
Corylopsis trabeculosa Hu & Cheng 求江蜡瓣花
Corylopsis veitchiana Bean 红药蜡瓣花
Corylopsis velutina Hand.-Mazz.绒毛蜡瓣花
Corylopsis willmottiae Rehd. & Wils.四川蜡瓣花
Corylopsis willmottiae var. *chekiangensis* Cheng=Corylopsis glandulifera
Corylopsis wilsonii Hemsl.=Corylopsis multiflora
Corylopsis yui Hu & Cheng 长穗蜡瓣花
Corylopsis yunnanensis Diels(云南志 1977,p.p.)=Corylopsis brevistyla
Corylopsis yunnanensis Diels 滇蜡瓣花
Corylus L.**榛属**(桦木科)
Corylus americana Marsh.美洲榛
Corylus avellana L.欧洲榛
Corylus avellana var. *davurica* Ledeb=Corylus heterophylla
Corylus chinensis Franch.华榛
Corylus chinensis var. brevilimba Hu 钟苞榛
Corylus chinensis var. *macrocarpa* Hu=Corylus chinensis
Corylus colurna var. *chinensis* Burk.=Corylus chinensis
Corylus davidiana Baillon=Ostryopsis davidiana
Corylus fargesii Schneid.披针叶榛
Corylus fargesii var. latifolia T.Hong & J.W.Li 宽叶绒苞榛
Corylus ferox Wall.刺榛
Corylus ferox var. ferox=Corylus ferox
Corylus ferox var. thibetica (Batal.) Franch.藏刺榛
Corylus formosana Hay.台湾榛?
Corylus heterophylla Fisch. ex Trautv.榛
Corylus heterophylla var. *cristagalli* Burk.=Corylus heterophylla var. sutchuenensis
Corylus heterophylla var. heterophylla=Corylus heterophylla
Corylus heterophylla var. sutchuenensis Franch.川榛
Corylus heterophylla var. *thunbergii* Bl.=Corylus heterophylla
Corylus heterophylla var. *yunnanensis* Franch.=Corylus yunnanensis
Corylus jasquemontii Decne.(森林图志 1948)=Corylus wangii
Corylus kweichowensis Hu=Corylus heterophylla var. sutchuenensis
Corylus mandshurica Maxim.毛榛
Corylus mandshurica var. *fargesii* Burk.=Corylus fargesii
Corylus maxima Mill.马氏榛
Corylus papyracea Hickel=Corylus chinensis
Corylus rostrata var. ? Hay.=Corylus formosana
Corylus rostrata var. *fargesii* Franch.=Corylus fargesii
Corylus rostrata var. *mandshurica* (Maxim. Rgl.=Corylus mandshurica
Corylus sieboldiana Bl.日本榛
Corylus sieboldiana var. *mandshurica* (Maxim. & Rupr.) Schneid.= Corylus mandshurica
Corylus thibetica Batal.=Corylus ferox var. thibetica
Corylus wangii Hu 维西榛
Corylus yunnanensis A.Camus 滇榛
Corymbis Lindl.=**Corymborkis**
Corymbis veratrifolia (Reinw.) Rchb.f.=Corymborkis veratrifolia
Corymborkis Thou **管花兰属**(兰科)
Corymborkis flava (Sw.) O.Ktze.淡黄管花兰
Corymborkis forcipigera (Rchb.f.) L.O.Wms.钳叉状管花兰
Corymborkis sakisimensis Fukuyama=Corymborkis veratrifolia
Corymborkis veratrifolia (Reinw.) Bl 管花兰
Corynephorus Beauv.**棒芒草属**(禾本科)
Corynephorus canescens (L.) P.Beauv.灰白棒芒草
Corypha L.**贝叶棕属**(棕榈科)
Corypha elata Roxb.高行李叶椰子
Corypha minor Jacq.=Sabal minor
Corypha palmetto Walt.=Sabal palmetto
Corypha pilearia Lour.=Licuala spinosa
Corypha pumila Walt.=Sabal minor
Corypha saribus Lour.=Livistona saribus
Corypha umbraculifera Jacq.=Sabal palmetto
Corypha umbraculifera L.贝叶棕
Coryphantha (Engelm.) Lem.**菠萝球属**(仙人掌科)
Coryphantha andreae (J.Purpus & Böd.) A.Berger.巨象球
Coryphantha elephantidens Lem.象牙球
Coryphantha pycnacantha (Mart.) Lem.菠萝球
Coryphopteris Holtt.=**arathelypteris**
Coryphopteris hirsutipes Holtt.(p.p.)=Parathelypteris angulariloba
Coryphopteris hirsutipes Holtt.(p.p.)=Parathelypteris hirsutipes
Coryphopteris hirsutipes Holtt.(p.p.)=Parathelypteris indo-chinensis
Coryphopteris petelotii Holtt.=Parathelypteris petelotii
Corysadenia Griff.=**Illigera**
Corysanthera elliptica Wall.=Rhynchotechum ellipticum
Coryzadenia trifoliata Griff.=Illigera trifoliata
Cosbaea coccinea Lem.=Kadsura coccinea
Coscimium collaniae Gagn.=Pericampylus glaucus
Cosmea Willd.=**Cosmos**
Cosmianthemum Bremek.**秋英爵床属**(爵床科)
Cosmianthemum guangxiense H.S.Lo & D.Fang 广西秋英爵床

Cosmianthemum knoxifolium (C.B.Clarke) B.Hansen 节叶秋英爵床
Cosmianthemum longiflorum D.Fang & H.S.Lo 长花秋英爵床
Cosmianthemum viriduliflorum (C.Y.Wu & H.S.Lo) H.S.Lo 海南秋英爵床
Cosmos Cav.**秋英属**(菊科)
Cosmos bipinnata Cav.秋英
Cosmos sulphureus Cav.黄秋英
Cosmostigma Wight **荟蔓藤属**(萝藦科)
Cosmostigma hainanense Tsiang 荟蔓藤
Costanthina inflexa (Cost.) Bull.=Lygisma inflexum
Costantina Bull.=**Lygisma**
Costantina inflexa (Costantin) Bullock=Lygisma inflexum
Costus L.**闭鞘姜属**(姜科)
Costus chinensis T.L.Wu & Senjen=Costus lacerus
Costus formosanus Nakai=Costus speciosus
Costus lacerus Gagn.莴笋花
Costus oblongus S.Q.Tong 长圆闭鞘姜
Costus speciosus (Koen.) Smith 闭鞘姜
Costus speciosus var. *hirsutus* Bl.=Costus speciosus
Costus speciosus var. *leocalyx* (K.Schum) Nakai=Costus speciosus
Costus tonkinensis Gagn.光叶闭鞘姜
Costus viridis S.Q.Tong 绿苞闭鞘姜
Costus zerumbet Pers.=Alpinia zerumbet
Cotinus (Tourn.) Mill.**黄栌属**(漆树科)
Cotinus cinerea F.A.Barkl.=Cotinus coggygria var. cinerea
Cotinus coggygria Scop.(高等图鉴 1972,p.p.)=Cotinus coggygria var. glaucophylla
Cotinus coggygria Scop.黄栌
Cotinus coggygria var. cinerea Engl.红叶
Cotinus coggygria var. coggygria=Cotinus coggygria
Cotinus coggygria var. glaucophylla C.Y.Wu 粉背黄栌
Cotinus coggygria var. *pubescens* Engl.(Rehd. & Wils.in Sarg.Pl.Wils. 1914,p.p.)=Cotinus coggygria var. glaucophylla
Cotinus coggygria var. pubescens Engl.毛黄栌
Cotinus nana W.W.Sm.矮黄栌
Cotinus szechuanensis A.Penzés 四川黄栌
Cotoneaster B.Ehrhart **栒子属**(蔷薇科)
Cotoneaster acuminata Lind.(Pritz.in Engl.Bot.Jahrb.1900)=Cotoneaster acutifolius var. villosulus
Cotoneaster acuminata var. β. *prostrata* HK. ex Dcne.=Cotoneaster horizontalis
Cotoneaster acuminatus Lindl.尖叶栒子
Cotoneaster acutifolius Turcz.灰栒子
Cotoneaster acutifolius f. *glabriuscula* Hurusawa=Cotoneaster hurusawaianus
Cotoneaster acutifolius var. acutifolius=Cotoneaster acutifolius
Cotoneaster acutifolius var. *ambigua* (Rehd. & Wils.) Hurusawa= Cotoneaster ambiguus
Cotoneaster acutifolius var. *pekiennsis* Koehne=Cotoneaster acutifolius
Cotoneaster acutifolius var. villosulus Rehd. & Wils.毛灰栒子
Cotoneaster adpressus Boiss.匍匐栒子
Cotoneaster affinis Lindl.(DC.in Prodr.1825,p.p.)=Cotoneaster buxifolius
Cotoneaster affinis Lindl.(Hort. ex Zabl in Mitt.Deutsch.Dendr.Ges 1897, p.p.)=Cotoneaster frigidus
Cotoneaster affinis Lindl.藏边栒子
Cotoneaster ambiguus Rehd. & Wils.川康栒子
Cotoneaster amoene Wils.美丽栒子?
Cotoneaster angustifolia Franch.=Pyracantha angustifolia
Cotoneaster apiculatus Rehd. & Wils.细尖栒子
Cotoneaster applanata Duthie ex Veitch=Cotoneaster dielsianus
Cotoneaster arbusculus Kotz.=Cotoneaster glaucophyllus var. meiophyllus
Cotoneaster argenteus Kltoz 凸尖栒子(新)?
Cotoneaster bacillaris var. *affinis* HK.f.=Cotoneaster affinis
Cotoneaster bakeri Klotz 柔毛栒子(新)?
Cotoneaster blinii Lévl.=Photinia blinii
Cotoneaster bodinieri Lévl.=Docynia delavayi
Cotoneaster breviramea Rehd. & Wils.=Cotoneaster buxifolius
Cotoneaster bullatus Bois 泡叶栒子
Cotoneaster bullatus f. floribundus (Stapf) Rehd. & Wils.多花泡叶栒子(新)
Cotoneaster bullatus var. bullatus=Cotoneaster bullatus
Cotoneaster bullatus var. macrophyllus Rehd. & Wils.大泡叶栒子(新)
Cotoneaster buxifolia f. *cochleata* Franch.=Cotoneaster microphyllus var. cochleatus
Cotoneaster buxifolia f. *vellaea* Franch.=Cotoneaster buxifolius var. vellaeus
Cotoneaster buxifolius Lindl.黄杨叶栒子
Cotoneaster buxifolius var. buxifolius=Cotoneaster buxifolius
Cotoneaster buxifolius var. marginatus Loud.多花黄杨叶栒子(新)
Cotoneaster buxifolius var. vellaeus (Franch.) Klotz 小黄杨叶栒子(新)
Cotoneaster camilli-schneideri Pojark.?肉苞栒子(新)
Cotoneaster chengkangensis Yü 镇康栒子
Cotoneaster cochleatus (Franch.) Klotz=Cotoneaster microphyllus var. cochleatus
Cotoneaster compta Lemaire (Hort. ex Schneid.in Ill.Handb.Laubh.1906, p.p.)=Cotoneaster frigidus
Cotoneaster congesta Baker=Cotoneaster microphyllus var. glacialis
Cotoneaster conspicua Messel=Cotoneaster microphyllus var. conspicuus
Cotoneaster conspicua var. *decora* Russell=Cotoneaster microphyllus var. conspicuus
Cotoneaster coreanus Lévl.=Symplocos paniculata
Cotoneaster coriaceus Franch.厚叶栒子
Cotoneaster cornifolius Flinck & Hylmö=Cotoneaster obscurus var. cornifolius
Cotoneaster crenulata K.Koch=Pyracantha crenulata
Cotoneaster dammerii Schneid.矮生栒子
Cotoneaster dammerii var. dammerii=Cotoneaster dammerii
Cotoneaster dammerii var. radicans (Dammer) Schneid.长柄矮生栒子(新)
Cotoneaster delavayanus Klotz 滇西栒子(新)?
Cotoneaster dielsianus Pritz.木帚栒子
Cotoneaster dielsianus var. dielsianus=Cotoneaster dielsianus
Cotoneaster dielsianus var. elegans Rehd. & Wils.小叶木帚栒子
Cotoneaster difficilis Klotz=Cotoneaster gracilis
Cotoneaster dissimilis Klotz 陕西栒子(新)?
Cotoneaster disticha Lange=Cotoneaster nitidus
Cotoneaster disticha var. *duthieana* Schneid.=Cotoneaster nitidus var. duthieanus
Cotoneaster distichus var. *parvifolius* Yü=Cotoneaster nitidus var. parvifolius
Cotoneaster distichus var. *verruculosus* (Diels) Yü=Cotoneaster verruculosus
Cotoneaster divaricatus Rehd. & Wils.散生栒子
Cotoneaster dokeriensis Klotz 毛瓣栒子(新)?
Cotoneaster elatus Klotz=Cotoneaster microphyllus
Cotoneaster elegans Flinck & Hylmö=Cotoneaster dielsianus var. elegans
Cotoneaster esquirolii Lévl.=Photinia esquirolii
Cotoneaster fangianus Yü 恩施栒子
Cotoneaster fontanesii γ. *soongorica* Rgl.=Cotoneaster soongoricus
Cotoneaster formosana Hay.=Pyracantha koidzumii
Cotoneaster foveolatus Rehd. & Wils.麻核栒子
Cotoneaster franchetii Boiss.西南栒子
Cotoneaster frigida Wall.=Cotoneaster frigidus
Cotoneaster frigidus Wall. ex Lindl.耐寒栒子
Cotoneaster frigida var. *affinis* Wenzig=Cotoneaster affinis
Cotoneaster fulvidus (W.W.Sm.) Klotz=Cotoneaster hebephyllus var. fulvidus
Cotoneaster glabratus Rehd. & Wils.光叶栒子
Cotoneaster glaucophyllus Franch.粉叶栒子
Cotoneaster glaucophyllus f. serotinus (Hutch.) Stapf 多花粉叶栒子(新)
Cotoneaster glaucophyllus var. glaucophyllus=Cotoneaster glaucophyllus
Cotoneaster glaucophyllus var. meiophyllus W.W.Sm.小粉叶栒子(新)
Cotoneaster glaucophyllus var. vestitus W.W.Sm.毛萼粉叶栒子(新)
Cotoneaster glomerulatus W.W.Sm.球花栒子
Cotoneaster gracilis Rehd. & Wils.细弱栒子
Cotoneaster handel-mazzettii Klotz.?西昌栒子(新)
Cotoneaster harrovianus Wils.蒙自栒子
Cotoneaster harrysmithii Flinck & Hylmö 丹巴栒子
Cotoneaster hebephylla var. *monopyrena* W.W.Sm.=Cotoneaster hebephyllus
Cotoneaster hebephyllus Diels 钝叶栒子
Cotoneaster hebephyllus var. fulvidus W.W.Sm.黄毛钝叶栒子(新)

Cotoneaster hebephyllus var. hebephyllus =Cotoneaster hebephyllus var.
Cotoneaster hebephyllus var. incanus W.W.Sm.灰毛钝叶栒子(新)
Cotoneaster hebephyllus var. majuscula W.W.Sm.大果钝叶栒子(新)
Cotoneaster henryana (Schneid.) Rehd. & Wils.=Cotoneaster salicifolius var. henryanus
Cotoneaster himalaiensis Hort. ex Zabel=Cotoneaster frigidus
Cotoneaster hodjngensis Klotz 鹤庆栒子(新)?
Cotoneaster horizontalis Dcne.平枝栒子
Cotoneaster horizontalis var. *adpressa* (Bois) Schneid.=Cotoneaster adpressus
Cotoneaster horizontalis var. horizontalis=Cotoneaster horizontalis
Cotoneaster horizontalis var. perpusillus Schneid.小叶栒刺木
Cotoneaster humifusa Duthie ex Veitch=Cotoneaster dammerii
Cotoneaster hupehensis Rehd. & Wils.=Cotoneaster silvestrii
Cotoneaster hurusawaianus Klotz 梨果栒子(新)?
Cotoneaster improvius Klotz=Cotoneaster chengkangensis
Cotoneaster incanus (W.W.Sm.) Klotz=Cotoneaster hebephyllus var. incanus
Cotoneaster insculptus Diels?怒江栒子(新)
Cotoneaster integerrima var. *frnigro* Medic.=Cotoneaster melanocarpus
Cotoneaster integerrima var. *uniflora* (Bge.) Schneid.=Cotoneaster uniflorus
Cotoneaster integerrimus Medic.全缘栒子
Cotoneaster integrifolius (Roxb.) Klotz=Cotoneaster microphyllus var. thymifolius
Cotoneaster kaschkarovii Pojark.?巴塘栒子
Cotoneaster kinishii Hay. & Hylmö?纸叶栒子(新)
Cotoneaster koidzumii Hay.=Pyracantha koidzumii
Cotoneaster kongboensis Klotz.?康布栒子(新)
Cotoneaster kweitschoviensis Klotz=Cotoneaster dammerii
Cotoneaster lacteus W.W.Sm.乳白栒子?
Cotoneaster lanata Jacq.(Dcne.in Nouv.Arch.Mus.Hist.Nat.Paris 1874)= Cotoneaster buxifolius
Cotoneaster lanata Otto (Jacq.in J.Soc.Imp.Cent.Hort.1859)=Cotoneaster buxifolius var. marginatus
Cotoneaster langei Klotz 中甸栒子
Cotoneaster lidiangensis Klotz 丽江栒子(新)?
Cotoneaster lucida Schlecht.贝加尔栒子(新)?
Cotoneaster ludlowi Klotz.?西藏栒子(新)
Cotoneaster mairei Lévl.=Cotoneaster franchetii
Cotoneaster majuscula (W.W.Sm.) Klotz=Cotoneaster hebephyllus var. majuscula
Cotoneaster marginata Lindl. ex Loud.=Cotoneaster buxifolius var. marginatus
Cotoneaster marginatus Schlecht.边境栒子(新)?
Cotoneaster meiophyllus (W.W.Sm.) Edinb.=Cotoneaster glaucophyllus var. meiophyllus
Cotoneaster melanocarpa var. *typica* Schneid.=Cotoneaster melanocarpus
Cotoneaster melanocarpus Lodd.黑果栒子
Cotoneaster micarophylla β.(var.) U*va-ursi* Lindl.=Cotoneaster ortundifolius
Cotoneaster microphylla Lindl.(Diels. in Engl.Bot.Jahrb.1901,p.p.)= Cotoneaster horizontalis
Cotoneaster microphylla var. *rotundifolia* Wenzig=Cotoneaster ortundifolius
Cotoneaster microphylla var. *vellaea* Rehd. & Wils.=Cotoneaster buxifolius var. vellaeus
Cotoneaster microphylla α. *buxifolia* Dipp.=Cotoneaster buxifolius
Cotoneaster microphylla α. *buxifolia* f. *lanata* Dipp.=Cotoneaster buxifolius var. marginatus
Cotoneaster microphyllus Wall. ex Lindl.小叶栒子
Cotoneaster microphyllus var. cochleatus (Franch.) Rehd. & Wils.白毛小叶栒子(新)
Cotoneaster microphyllus var. conspicuus Messel 大果小叶栒子(新)
Cotoneaster microphyllus var. glacialis HK.f.无毛小叶栒子(新)
Cotoneaster microphyllus var. microphyllus=Cotoneaster microphyllus
Cotoneaster microphyllus var. *nivalis* Klotz=Cotoneaster microphyllus var. glacialis
Cotoneaster microphyllus var. thymifolius (Baker) Koehne 细小叶栒子(新)
Cotoneaster mongolicus Pojark.蒙古栒子
Cotoneaster morrisonensis Hay.台湾栒子
Cotoneaster moupinensis Franch.(Stapf in Curtis's Bot.Mag.1909)= Cotoneaster bullatus
Cotoneaster moupinensis Franch.宝兴栒子
Cotoneaster moupinensis f. *floribunda* Stapf=Cotoneaster bullatus f. floribundus
Cotoneaster mucronatus Franch.短尖头栒子
Cotoneaster muliensis Kltz 木里栒子?
Cotoneaster multiflora var. *typica* Hurusawa=Cotoneaster multiflorus
Cotoneaster multiflorus Bge.水栒子
Cotoneaster multiflorus var. atropurpureus Yü 紫果水栒子(新)
Cotoneaster multiflorus var. calocarpus Rehd. & Wils.大果水栒子
Cotoneaster multiflorus var. multiflorus=Cotoneaster multiflorus
Cotoneaster nepalensis André=Cotoneaster acuminatus
Cotoneaster nigra Fries=Cotoneaster melanocarpus
Cotoneaster nigra β. *acutifolia* Wenzig=Cotoneaster acutifolius
Cotoneaster nitens Rehd. & Wils.光泽栒子
Cotoneaster nitidifolius Marq.亮叶栒子
Cotoneaster nitidus Jacq.两列栒子
Cotoneaster nitidus subsp. *cavei* (Klotz) Ohashi=Cotoneaster nitidus var. parvifolius
Cotoneaster nitidus subsp. *taylorii* (Yü) Ohashi=Cotoneaster taylorii
Cotoneaster nitidus var. duthieanus (Schneid.) Yü 大叶两列栒子(新)
Cotoneaster nitidus var. nitidus=Cotoneaster nitidus
Cotoneaster nitidus var. parvifolius (Yü) Yü 小叶两列栒子(新)
Cotoneaster notabilis Klotz 密柔毛栒子(新)?
Cotoneaster nummularia β. *soongoricum* Rgl. & Herd.=Cotoneaster soongoricus
Cotoneaster obscurus Rehd. & Wils.暗红栒子
Cotoneaster obscurus var. cornifolius Rehd. & Wils.?大叶暗红栒子(新)
Cotoneaster oliganthus Pojark.少花栒子
Cotoneaster oligocarpus Schneid.少果栒子?
Cotoneaster orientalis Kerner=Cotoneaster melanocarpus
Cotoneaster ortundifolius Wall. ex Lindl.圆叶栒子
Cotoneaster pannosus Franch.毡毛栒子
Cotoneaster pannosus var. pannosus=Cotoneaster pannosus
Cotoneaster pannosus var. robustior W.W.Sm.大叶毡毛栒子(新)
Cotoneaster peduncularis Boiss.=Cotoneaster melanocarpus
Cotoneaster pekiensis Zabel 北京栒子(新)?
Cotoneaster pleuriflorus Klotz 微凸栒子(新)?
Cotoneaster potaninii Pojark.=Cotoneaster soongoricus var. microcarpus
Cotoneaster prostrata Baker=Cotoneaster ortundifolius
Cotoneaster przewalskii Pojark.=Cotoneaster multiflorus var. calocarpus
Cotoneaster racemiflora var. *veitchii* Rehd. & Wils.=Cotoneaster silvestrii
Cotoneaster racemiflora var. *microcarpa* Rehd. & Wils.=Cotoneaster soongoricus var. microcarpus
Cotoneaster racemiflora var. *ovalifolia* (Boiss.) Hurusawa=Cotoneaster soongoricus
Cotoneaster racemiflora var. *soongorica* (Rgl. & Herd.) Schneid.= Cotoneaster soongoricus
Cotoneaster radicans (Schneid.) Klotz=Cotoneaster dammerii var. radicans
Cotoneaster radicans Dammer=Cotoneaster dammerii var. radicans
Cotoneaster reflexa Carr.=Cotoneaster multiflorus
Cotoneaster rehderi Pojark.=Cotoneaster bullatus var. macrophyllus
Cotoneaster reticulatus Rehd. & Wils.网脉栒子
Cotoneaster rhytidophyllus Rehd. & Wils.麻叶栒子
Cotoneaster rockii Klotrz 川藏栒子(新)?
Cotoneaster rokujodaisanensis Hay.=Cotoneaster morrisonensis
Cotoneaster rotundifolia Lindl.(Baker in Sauders,Refug.Bot.1869)= Cotoneaster nitidus
Cotoneaster rotundifolia var. *lanata* (Dipp.) Schneid.=Cotoneaster buxifolius var. marginatus
Cotoneaster rubens W.W.Sm.红花栒子
Cotoneaster rubens var. minianus Yü 小叶红花栒子(新)
Cotoneaster rubens var. rubens=Cotoneaster rubens
Cotoneaster rugosa Pritz.=Cotoneaster salicifolius var. rugosus
Cotoneaster rugosa var. *henryana* Schneid.=Cotoneaster salicifolius var. henryanus
Cotoneaster rugosa var. *typica* Schneid.=Cotoneaster salicifolius var. rugosus
Cotoneaster rupestris Charlt.=Cotoneaster nitidus
Cotoneaster salicifolia var. *floccosa* Rehd. & Wils.=Cotoneaster

salicifolius
Cotoneaster salicifolius Franch.柳叶栒子
Cotoneaster salicifolius var. angustus Yü 窄叶栒子(新)
Cotoneaster salicifolius var. henryanus (Schneid.) Yü 大叶栒子(新)
Cotoneaster salicifolius var. rugosus (Pritz.) Rehd. & Wils.小叶山米麻
Cotoneaster salicifolius var. salicifolius=Cotoneaster salicifolius
Cotoneaster sanguineus Yü 血色栒子
Cotoneaster schantungensis Klotz 山东栒子
Cotoneaster schlechtendalii Klotz 灰绿栒子(新)?
Cotoneaster sect. *Bucotoneaster* Focke=**Cotoneaster**
Cotoneaster sect. *Pyracantha* (Roem.) Focke=**Pyracantha**
Cotoneaster serotina Hutch.=Cotoneaster glaucophyllus f. serotinus
Cotoneaster sherriffii Klotz 康巴栒子
Cotoneaster sikangensis Flinck & Hylmö 西康栒子(新)?
Cotoneaster silvestrii Pamp.华中栒子
Cotoneaster soongoricus (Rgl. & Herd.) Popov 准噶尔栒子
Cotoneaster soongoricus var. microcarpus (Rehd. & Wils.) Klotz 小果总花栒子
Cotoneaster soongoricus var. soongoricus=Cotoneaster soongoricus
Cotoneaster splendens Flinck.?康定栒子(新)
Cotoneaster staintonii Klotz 尼泊尔栒子(新)?
Cotoneaster subadpressus Yü 高山栒子
Cotoneaster submultiflorus Popov 毛叶水栒子
Cotoneaster symonsii Loud. ex Koehne=Cotoneaster horizontalis
Cotoneaster taitoensis Hay.=Pyracantha koidzumii
Cotoneaster taoensis Klotz 洮河栒子?
Cotoneaster taylorii Yü 藏南栒子
Cotoneaster tenuipes Rehd. & Wils.细枝栒子
Cotoneaster thymifolia Baker=Cotoneaster microphyllus var. thymifolius
Cotoneaster tibeticus Kltz 拉萨栒子(新)?
Cotoneaster tomentella Pojark.=Cotoneaster soongoricus
Cotoneaster transeus Klotz=Cotoneaster glaucophyllus
Cotoneaster tumetica Pojark.?土默特栒子
Cotoneaster turbinatus Craib 陀螺栒子
Cotoneaster uniflorus Bge.单花栒子
Cotoneaster veitchii (Rehd.ety Wils.) Klotz=Cotoneaster silvestrii
Cotoneaster vernae Schneid.?雪山栒子(新)
Cotoneaster verruculosus Diels 疣枝栒子
Cotoneaster vestitus (W.W.Sm.) Flinck & Hylmö=Cotoneaster glaucophyllus var. vestitus
Cotoneaster villosulus (Rehd. & Wils.) Flinck & Hylmö 河北栒子(新)?
Cotoneaster vilmorinianus Klotz.?宿萼栒子(新)
Cotoneaster vulgaris Lindl.=Cotoneaster integerrimus
Cotoneaster vulgaris β. *melanocarpa* Ledeb.=Cotoneaster melanocarpus
Cotoneaster vulgaris γ. *uniflora* (Bge.) Regel=Cotoneaster uniflorus
Cotoneaster wardii W.W.Sm.白毛栒子
Cotoneaster zabelii Schneid.西北栒子
Cotoneaster zuyulensis Klotz 札尤栒子(新)?
Cottonia championii Lindl.=Diploprora championii
Cotula L.**芫荽属**(菊科)
Cotula anthemoides L.(Lour.in Fl.Cochinch.1790)=Grangea maderaspatana
Cotula anthemoides L 芫荽菊
Cotula bicolor Roth.=Dichrocephala auriculata
Cotula coronopifolia L.荠叶山芫荽
Cotula hemisphaerica Wall.山芫荽
Cotula latifolia Pers.=Dichrocephala auriculata
Cotula minima (L.) Willd.=Centipeda minima
Cotula orbicularis Lour.=Centipeda minima
Cotula sect. *Centipeda* Baill.(p.p.)=**Centipeda**
Cotula sphaeranthus Link.=Grangea maderaspatana
Cotylanthera Bl.**杯药草属**(龙胆科)
Cotylanthera paucisquama C.B.Clarke 杯药草
Cotylanthera tenuis Bl.细杯药草
Cotylanthera yunnanensis W.W.Sm.=Cotylanthera paucisquama
Cotyledon L.**长筒莲属**(景天科)
Cotyledon affinis (Schrenk) Maxim.=Pseudosedum affine
Cotyledon erubescens (Maxim.) Franch. & Savat.=Orostachys spinosa
Cotyledon fimbriata Turcz.=Orostachys fimbriatus
Cotyledon fimbriata var. *ramosissima* (Maxim.) Maxim.=Orostachys fimbriata
Cotyledon fimbriata β. *ramosissimum* (Maxim.) Maxim.=Orostachys fimbriatu
Cotyledon integra Medik.=Kalanchoe integra
Cotyledon laciniata L.=Kalanchoe eratophylla
Cotyledon leucantha Ledeb.=Orostachys thyrsiflorus
Cotyledon lievenii Ledeb.=Pseudosedum lievenii
Cotyledon malacophylla Pall.=Orostachys malacophyllus
Cotyledon minuta Kom.=Orostachys minutus
Cotyledon orbiculata L.圆叶长筒莲
Cotyledon oreades (Decne.) C.B.Clarke=Sedum oreades
Cotyledon spathulata (DC.) Poir.=Kalanchoe integra
Cotyledon spinosa L.=Orostachys spinosus
Cotyledon thyrsiflora (Fisch.) Maxim.=Orostachys thyrsiflorus
Cotyledon turkestanica (Rgl. & Winkl.) O.Fedtsch. & B.Fedtsch.=Rosularia turkestanica
Cotyledon undulata Haw.银波锦
Cotylonia Norm.=**Dickinsia**
Cotylonia bracteata Norm.=Dickinsia hydrocotyloides
Courtoisia Nees **翅鳞莎属**(莎草科)
Courtoisia cyperoides Nees 翅鳞莎
Cousinia Cass.**刺头菊属**(菊科)
Cousinia affinis Schrenk 刺头菊
Cousinia alata Schrenk 翼茎刺头菊
Cousinia caespitosa C.Winkl.丛生刺头菊
Cousinia dissecta Kar. & Kir.(高等图鉴 1975)=Cousinia alata
Cousinia dissecta Kar. & Kir.深裂刺头菊
Cousinia eriophora Rgl. & Schamlh.=Schmalhausenia nidulans
Cousinia falconeri HK.f.穗花刺头菊
Cousinia lasiophylla Shih 丝毛刺头菊
Cousinia leiocephala (Rgl.) Juz.光苞刺头菊
Cousinia platylepis Schenk ex Fishc. & Mey.宽苞刺头菊
Cousinia polycephala Rupr.多花刺头菊
Cousinia sclerolepis Shih 硬苞刺头菊
Cousinia sewertzowii var. *leiocephala* Rgl.=Cousinia leiocephala
Cousinia subgen. *Oligochaeta* (C.Koch) C.Winkl.=**Oligochaeta**
Cousinia thomsonii C.B.Clarke (西藏志 1985,p.p.)=Cousinia falconeri
Cousinia thomsonii C.B.Clarke 毛苞刺头菊
Cousinia trautvetter Rgl.=Alfredia nivea
Cousinia wolgensis var. *affinis* Rgl.=Cousinia affinis
Covellia cunia (Buch.-Ham.) Miq.=Ficus semicordata
Covellia cyrtophylla Wall. ex Miq.=Ficus cyrtophylla
Covellia glomerata (Roxb.) Miq.=Ficus racemosa
Covellia hispida (*L.*) *F.*) Miq.=Ficus hispida
Covellia prostrata Miq.=Ficus prostrata
Cracca purpurea L.=Tephrosia purpurea
Craibiodendron W.W.Sm.**金叶子属**(杜鹃花科)
Craibiodendron forrestii W.W.Sm.怒江泡花树
Craibiodendron henryi W.W.Sm.柳叶金叶子
Craibiodendron kwangtunensis S.I.Hu 广东泡花树?
Craibiodendron kwangtungense var. *frutescens* S.Y.Hu=Craibiodendron scleranthum var. kwangtungense
Craibiodendron scleranthum (Dop) Judd.硬花金叶子
Craibiodendron scleranthum var. kwangtungense (S.Y.Hu) Judd 广东金叶子
Craibiodendron scleranthum var. scleranthum=Craibiodendron scleranthum
Craibiodendron shanicum W.W.Sm.=Craibiodendron stellatum
Craibiodendron stellatum (Pierre) W.W.Sm.(Merr.in Lingn.Sci.Jorun 1931)=Craibiodendron scleranthum var. kwangtungense
Craibiodendron stellatum (Pierre) W.W.Sm.金叶子
Craibiodendron yunnanense W.W.Sm.云南金叶子
Craigia W.W.Sm. & W.E.Evans **滇桐属**(椴树科)
Craigia kwangsiensis Hsue 桂滇桐
Craigia yunnanensis Smith & Evans 滇桐
Crambe L.**两节荠属**(十字花科)
Crambe cordifolia subsp. *kotschyana* (Boiss.) Jafri=Crambe kotschyana
Crambe cordifolia var. *kotschyana* (Boiss.) O.E.Schulz=Crambe kotschyana
Crambe kotschyana Boiss.两节荠
Craniches nudifolia (Lour.) Pers.=Galeola nudifolia
Cranichis Sw.**宝石兰属**(兰科)

Cranichis muscosa Sw.宝石兰
Craniospermum Lehm.**颅果草属**(紫草科)
Craniospermum echioides (Schrenk) Bge.= Craniospermum mongolicum
Craniospermum mongolicum I.M.Joh 颅果草
Craniospermum subfloccosum Krylov 卷毛颅果草
Craniotome Reichenb.**簇序草属**(唇形科)
Craniotome furcata (Link) O.Kitze 簇序草
Craniotome versicolor Reichenb.=Craniotome furcata
Crarwfurida pterygocalyx Hemsl.=Pterygocalyx volubilis
Craspedolobium Harms **巴豆藤属**(豆科)
Craspedolobium schochii Harms 巴豆藤
Craspedoneuron album v.d.B.=Pleuromanes pallidum
Craspedoneuron braunii v.d.B.=Pleuromanes pallidum
Craspedoneuron pallidum v.d.B.=Pleuromanes pallidum
Craspedosorus Ching & W.M.Chu **边果蕨属**(金星蕨科)
Craspedosorus sinensis Ching & W.M.Chu 边果蕨
Craspedum Lour.=**Elaeocarpus**
Crassina Scepin=**Zinnia**
Crassocephalum Moench. **野茼蒿属**(菊科)
Crassocephalum crepidioides (Benth.) S.Moore 野茼蒿
Crassocephalum sonchifolium (L.) Less.=Emilia sonchifolia
Crasssula Sect. Tillaeoideae Schönl.=**Tillaea**
Crassula L.**青锁龙属**(景天科)
Crassula alata (Viviani) Berg.=Tillaea alata
Crassula aliciae Hamet=Orostachys alicae
Crassula arborescens (Mill.) Willd.花月
Crassula falcata H.Wendl.神刀
Crassula indica Decne.=Sinocrassula indica
Crassula lycopodioides Lam.青锁龙
Crassula mongolica Franch.=Tillaea mongolica
Crassula pentandra (Royle ex Edgew.) Schönl.=Tillaea schimperi
Crassula perforata L.串子掌
Crassula pinnata L.f.=Bryophyllum pinnatum
Crassula pyramidalis Thunb.锥塔
Crassula schimperi C.A.Mey.=Tillaea schimperi
Crassula yunnanensis Franch=Sinocrassula yunnanensis
Crassulaceae 景天科
Crataegus L.**山楂属**(蔷薇科)
Crataegus alnifolia S. & Z.=Sorbus alnifolia
Crataegus altaica (Loud.) Lange 阿尔泰山楂
Crataegus altaica γ. *villosa* Lange=Crataegus maximowiczii
Crataegus argyi Lévl. & Vant.=Crataegus cuneata
Crataegus aurantia Pojark.结红山楂
Crataegus bibas Lour.=Eriobotrya japonica
Crataegus bodinieri Lévl.=Crataegus scabrifolia
Crataegus cavaleriei Lévl. & Vant. (Lévl.in Fl.Kouy-Tchéou 1915)= Photinia parvifolia
Crataegus cavaleriei Lévl. & Vant.=Malus sieboldii
Crataegus chantcha Lévl.=Crataegus cuneata
Crataegus chitaensis Sarg.=Crataegus dahurica
Crataegus chlorosarca Maxim.绿肉山楂
Crataegus chungtienensis W.W.Sm.中甸山楂
Crataegus coreana Lévl.=Crataegus pinnatiffida var. psilosa
Crataegus crenulata Roxb.=Pyracantha crenulata
Crataegus cuneata S. & Z.野山楂
Crataegus cuspidata Spach=Sorbus cuspidata
Crataegus dahurica Koehne ex Schneid.光叶山楂
Crataegus dsungarica Zabel?天山枸子(新)
Crataegus fischeri Schneid.=Crataegus songorica
Crataegus glabra Thunb.=Photinia glabra
Crataegus henryi Dunn (Schneid.Ill.Handb.Laubh.1906,p.p.)=Crataegus hupehensis
Crataegus henryi Dunn=Crataegus scabrifolia
Crataegus hupehensis Sarg.湖北山楂
Crataegus indica L.=Raphiolepis indica
Crataegus integrifolia Roxb.=Cotoneaster microphyllus var. thymifolius
Crataegus kansuensis Wils.甘肃山楂
Crataegus komarovii Sarg.=Malus komarovii
Crataegus kulingensis Sarg.=Crataegus cuneata
Crataegus lyi Lévl.=Symplocos paniculata
Crataegus maximowiczii Schneid.毛山楂
Crataegus mongyna Jacq.单子山楂
Crataegus oresbia W.W.Sm.滇西山楂
Crataegus oxyacantha L.锐刺山楂
Crataegus oxyacantha γ. *pinnatifida* Regel=Crataegus pinnatiffida
Crataegus pinnatiffida Bge.山楂
Crataegus pinnatiffida var. major N.E.Br.山里红
Crataegus pinnatiffida var. pinnatiffida=Crataegus pinnatiffida
Crataegus pinnatiffida var. psilosa Schneid.长毛山楂
Crataegus pinnatifida var. *korolkowi* Yabe=Crataegus pinnatiffida var. major
Crataegus pinnatifida var. *typica* Schneid.=Crataegus pinnatiffida
Crataegus pinnatifida α. *songarica* Dipp.=Crataegus pinnatiffida
Crataegus przewalskii Pojark?西湾山楂(新)
Crataegus purpurea 2. *altaica* Loud.=Crataegus altaica
Crataegus purpurea Bosc. ex DC.=Crataegus dahurica
Crataegus pyracantha Hemsl.=Pyracantha atalantioides
Crataegus pyracantha var. *crenulata* Loud.=Pyracantha crenulata
Crataegus remotilobata H.Raik. ex Popov 裂叶山楂
Crataegus rubra Lour.=Raphiolepis indica
Crataegus sanguinea Pall.(Sarg.in Pl.Wils.1912)=Crataegus kansuensis
Crataegus sanguinea Pall.辽宁山楂
Crataegus sanguinea var. *inermis* Kar. & Kir.=Crataegus altaica
Crataegus sanguinea α. *genuina* Maxim.=Crataegus sanguinea
Crataegus sanguinea β. *villosa* Rupr.=Crataegus maximowiczii
Crataegus sanguinea γ. *glabra* Maxim.=Crataegus dahurica
Crataegus sanguinea γ. *incisa* Regel=Crataegus altaica
Crataegus scabrifolia (Franch.) Rehd.云南山楂
Crataegus shensinensis Pojark.陕西山楂
Crataegus songorica K.Koch 准噶尔山楂
Crataegus stephanostyla Lévl. & Vant.=Crataegus cuneata
Crataegus tang-chungchangii Metcalf?福建山楂(新)
Crataegus taquetii Lévl.=Malus sieboldii
Crataegus tenuifolia Britton.(Kom.in Acta.Hort.Petrop.1901)=Malus komarovii
Crataegus villosa Thunb.=Photinia villosa
Crataegus watiana Hemsl. & Lace (Rehd.in J.arn.Arb.1924=Crataegus kansuensis
Crataegus wattiana var. *incisa* Schneid.=Crataegus altaica
Crataegus wattieana Hemsl. & Lace.山东山楂?
Crataegus wilsonii Sarg.华中山楂
Crataeva marnelos L.=Aegle marmelos
Cratalaria duboisii Lévl.=Polygala arillata
Crateva L.**鱼木属**(山柑科)
Crateva adansonii subsp. *formosensis* Jacobs=Crateva formosensis
Crateva adansonii subsp. *trifoliata* (Roxb.a) Jacobs=Crateva trifoliata
Crateva erythrocarpa Gagn.=Crateva trifoliata
Crateva falcata (Lour.) DC.广东鱼木(新)?
Crateva formosensis (Jacobs) B.S.Sun 鱼木
Crateva lophosperma Kurz=Crateva nurvala
Crateva nurvala Buch.-Ham.沙梨木
Crateva religiosa (G.Forst.) Miers.千斤藤
Crateva religiosa Forst.f.(Hay.Ic.Pl.Formos.1911)=Crateva formosensis
Crateva religiosa Forst.f.(广州志 1956,海南志 1964,高等图鉴 1972)= Crateva unilocularis
Crateva roxburghii var. *erythrocarpa* (Gagn.) Gagn.=Crateva trifoliata
Crateva trifoliata (Roxb.) B.S.Sun 钝叶鱼木
Crateva unilocularis Buch.-Ham.树头菜
Cratoxylum Bl.**黄牛木属**(藤黄科)
Cratoxylum arborescens Bl.树状黄牛木
Cratoxylum chinensis Merr.=Cratoxylum cochinchinense
Cratoxylum cochinchinense (Lour.) Bl.黄牛木
Cratoxylum cochinchinense Bl.(海南志 1965)=Cratoxylum formosum
Cratoxylum formosum (Jack) Dyer 越南黄牛木
Cratoxylum formosum subsp. formosum=Cratoxylum formosum
Cratoxylum formosum subsp. pruniflorum (Kurz) Gogelin 红芽木
Cratoxylum ligustrinum Bl.=Cratoxylum cochinchinense
Cratoxylum polyanthum Korth.=Cratoxylum cochinchinense
Cratoxylum polyanthum var. *ligustrinum* Dyer=Cratoxylum cochinchinense
Cratoxylum sumatranum (Jack.) Bl.苏门答腊黄牛木
Cratoxylun pruniflorum Kurz=Cratoxylum formosum subsp. pruniflorum
Crawfurdia Wall.**蔓龙胆属**(龙胆科)
Crawfurdia angustata C.B.Clarke 大花蔓龙胆

Crawfurdia bulleyana Forr.=Crawfu.dia campanulacea
Crawfurdia campanulacea Wall. & Griff. ex C.B.Clarke 云南蔓龙胆
Crawfurdia chinensis Migo (p.p.)=Tripterospermum chinense
Crawfurdia coerulea Hand.-Mazz.(p.p.)=Tripterospermum chinense
Crawfurdia coerulea Hand.-Mazz.(p.p.)=Tripterospermum coeruleum
Crawfurdia cordata (Marq.) Hand.-Mazz.=Tripterospermum cordatum
Crawfurdia cordifolium Yamamoto=Tripterospermum cordifolium
Crawfurdia crawfurdioides (Marq.) H.Sm.裂萼蔓龙胆
Crawfurdia crawfurdioides var. crawfurdioides=Crawfurdia crawfurdioides
Crawfurdia crawfurdioides var. iochroa (Marq.) C.J.Wu 根茎蔓龙胆
Crawfurdia crawfurdioides var. *macrophylla* Marq.=Crawfurdia crawfurdioides
Crawfurdia delavayi Franch.披针叶蔓龙胆
Crawfurdia dimidiata (Marq.) H.Sm.半侧蔓龙胆
Crawfurdia fasciculata Wall. f. . Franch.=Tripterospermum cordatum
Crawfurdia fasciculata Wall. f. 2. Franch.=Tripterospermum pallidum
Crawfurdia fasciculata Wall.(Hemsl.in J.L.Soc.Bot.1890,p.p.)=Tripterospermum chinense
Crawfurdia fasciculata Wall.(Hemsl.in J.L.Soc.Bot.1890,p.p.)=Tripterospermum filicaule
Crawfurdia fasciculata Wall.(Hemsl.in J.L.Soc.Bot.1890,p.p.)=Tripterospermum cordatum
Crawfurdia fasciculata Wall.=Tripterospermum filicaule
Crawfurdia forrestii H.Sm.=Crawfurdia crawfurdioides
Crawfurdia gracilipes H.Sm.细柄蔓龙胆
Crawfurdia iochroa (Marq.) Hand.-Mazz.=Crawfurdia crawfurdioides var. iochroa
Crawfurdia japonica S. & Z.=Tripterospermum japonicum
Crawfurdia japonica var. *luteoviridis* (C.B.Clarke) C.B.Clarke=Tripterospermum volubile
Crawfurdia japonica var. *taiwanense* Masam.=Tripterospermum taiwanense
Crawfurdia lanceolata Hay.=Tripterospermum lanceolatum
Crawfurdia luteoviridis C.B.Clarke (H.Sm.in Hand.-Mazz.,Symb.Sin. 1936)=Tripterospermum pallidum
Crawfurdia luteoviridis C.B.Clarke=Tripterospermum volubile
Crawfurdia luzonensis Vidal=Tripterospermum luzonense
Crawfurdia maculaticaulis C.Y.Wu ex C.J.Wu 斑茎蔓龙胆
Crawfurdia nienkui (Marq.) Chun=Tripterospermum nienkui
Crawfurdia parvifolia (Hay.) Hay.=Tripterospermum mircorphyllum
Crawfurdia pricei (Marq.) H.Sm.福建蔓龙胆
Crawfurdia pterygocalyx Hemsl.=Pterygocalyx volubilis
Crawfurdia puberula C.B.Clarke 毛叶蔓龙胆
Crawfurdia sect. *Dipterospermum* C.B.Clarke=**Crawfurdia**
Crawfurdia sect. *Protocrawfurdia* H.Sm.=**Crawfurdia**
Crawfurdia sect. *Tripterospermum* (Bl.) C.B.Clarke=**Tripterospermum**
Crawfurdia semialata (Marq.) H.Sm.直立蔓龙胆
Crawfurdia sessiliflora (Marq.) H.Sm.无柄蔓龙胆
Crawfurdia speciosa Wall.(Limpr.in Fedde,Rep.Sp.Nov.Beih.1922)=Crawfurdia sessiliflora
Crawfurdia speciosa Wall.穗序蔓龙胆
Crawfurdia subgen. *Dipterosperumum* (C.B.Clarke) C.B.Clarke=**Crawfurdia**
Crawfurdia subgen. *Tripterospermum* (Bl.) C.B.Clarke=**Tripterospermum**
Crawfurdia tibetica Franch.四川蔓龙胆
Crawfurdia trailliana Forr.=Crawfurdia angustata
Crawfurdia tsangshanensis C.J.Wu 苍山蔓龙胆
Crawfurdia volubilis (Maxim.) Makino=Pterygocalyx volubilis
Crawfurdia wardii Marq.=Crawfurdia speciosa
Crawfurida fasciculata Wall.(Hemsl.in J.L.Soc.Bot.1890,p.p.)=Tripterospermum filicaule
Cremanthodium Benth.**垂头菊属**(菊科)
Cremanthodium acernum Good=Cremanthodium smithianum
Cremanthodium angustifolium W.W.Sm.狭叶垂头菊
Cremanthodium angustifolium var. angustifolium =Cremanthodium angustifolium var.
Cremanthodium angustifolium var. roseum Hand.-Mazz.红花狭叶垂头菊
Cremanthodium arnicoides (DC. ex Royle) Good(p.p.)=Cremanthodium coriaceum
Cremanthodium arnicoides (DC. ex Royle) Good 宽舌垂头菊
Cremanthodium arnicoides Wall.) Good(阿里考察报告 1979)=Cremanthodium petiolatum
Cremanthodium atrocapitatum Good 黑垂头菊
Cremanthodium atroviolaceum (Franch.) Good=Ligularia atroviolacea
Cremanthodium bhutanicum Ludlow 不丹垂头菊
Cremanthodium botryocephalum S.W.Liu 总状垂头菊
Cremanthodium brachychaetum Chang 短缨垂头菊
Cremanthodium brunneo-pilosum S.W.Liu 褐毛垂头菊
Cremanthodium bulbilliferum W.W.Sm.珠芽垂头菊
Cremanthodium bupleurifolium W.W.Sm.柴胡叶垂头菊
Cremanthodium calcicola W.W.Sm.长鞘垂头菊
Cremanthodium calothum Diels=Doronicum thibetanum
Cremanthodium campanulatum (Franch.) Diels 钟花垂头菊
Cremanthodium campanulatum var. brachytricum Ling & S.W.Liu 短毛钟花垂头菊
Cremanthodium campanulatum var. campanulatum=Cremanthodium campanulatum
Cremanthodium campanulatum var. *pinnatisectum* Ludlow=Cremanthodium pinnatisectum
Cremanthodium chungtienense Ling & S.W.Liu 中甸垂头菊
Cremanthodium citriflorum Good 柠檬色垂头菊
Cremanthodium comptum W.W.Sm.=Cremanthodium humile
Cremanthodium conaense S.W.Liu 错那垂头菊
Cremanthodium coriaceum S.W.Liu 革叶垂头菊
Cremanthodium cremanthodioides (Hand.-Mazz.) Good=Ligularia cremanthodioides
Cremanthodium cucullatum Ling & S.W.Liu 兜鞘垂头菊
Cremanthodium cuculliferum W.W.Sm.=Cremanthodium discoideum
Cremanthodium cyclaminanthum Hand.-Mazz.仙客来垂头菊
Cremanthodium cymosum Hand.-Mazz.=Ligularia cymosa
Cremanthodium daochengense Ling & S.W.Liu 稻城垂头菊
Cremanthodium deasyi Hemsl.=Cremanthodium nanum
Cremanthodium decaisnei C.B.Clarke=Cremanthodium smithianum
Cremanthodium decaisnei C.B.Clarke 喜马拉雅垂头菊
Cremanthodium decaisnei f. *clarkei* Good=Cremanthodium decaisnei
Cremanthodium decaisnei f. *sinense* Good=Cremanthodium decaisnei
Cremanthodium delavayi (Franch.) Diels ex Lévl.大理垂头菊
Cremanthodium discoideum Maxim.盘花垂头菊
Cremanthodium discoideum subsp. *ramosum* Ling=Cremanthodium ellisii var. ramosum
Cremanthodium dissectum Griers.细裂垂头菊
Cremanthodium ellisii (HK.f.) Kitam.车前状垂头菊
Cremanthodium ellisii (HK.f.) S.W.Liu=Cremanthodium petiolatum
Cremanthodium ellisii var. ellisii=Cremanthodium ellisii
Cremanthodium ellisii var. ramosum (Ling) Ling & S.W.Liu 祁连垂头菊
Cremanthodium ellisii var. roseum (Hand.-Mazz.) S.W.Liu 红舌垂头菊
Cremanthodium farreri W.W.Sm.红花垂头菊
Cremanthodium fletcheri (Hemsl.) Hemsl.=Cremanthodium ellisii
Cremanthodium forrestii J.F.Jeffr.矢叶垂头菊
Cremanthodium glandulipilosum Y.L.Chen ex S.W.Liu 腺毛垂头菊
Cremanthodium glaucum Hand.-Mazz.灰绿垂头菊
Cremanthodium goringense (Hemsl.) Hemsl.=Cremanthodium ellisii
Cremanthodium gracillimum W.W.Sm.=Cremanthodium rhodocephalum
Cremanthodium gypsophilum Good=Cremanthodium principis
Cremanthodium hederifolius (Dunn) Chang=Sinosenecio hederifolius
Cremanthodium hilianthus (Franch.) W.W.Sm.向日垂头菊
Cremanthodium hirtiflora S.W.Liu=Cremanthodium spathulifolium
Cremanthodium hookeri C.B.Clarke=Ligularia hookeri
Cremanthodium humile Maxim.矮垂头菊
Cremanthodium laciniatum Ling & Y.L.Chen ex S.W.Liu 条裂垂头菊
Cremanthodium larium Hand.-Mazz.=Cremanthodium campanulatum
Cremanthodium limprichtii Deils ex Limpr.=Cremanthodium potaninii
Cremanthodium lineare Maxim.条叶垂头菊
Cremanthodium lineare var. eligulatum Ling & S.W.Liu 无舌条叶垂头菊
Cremanthodium lineare var. lineare=Cremanthodium lineare
Cremanthodium lineare var. roseum Hand.-Mazz.红花条叶垂头菊
Cremanthodium lingulatum S.W.Liu 舌叶垂头菊
Cremanthodium lobatum Griers.=Cremanthodium forrestii
Cremanthodium microcephalum Hand.-Mazz.=Ligularia microcephala
Cremanthodium microphyllum S.W.Liu 小叶垂头菊
Cremanthodium nakaoi Kitam.=Cremanthodium oglongatum
Cremanthodium nanum (Decne.) W.W.Sm.小垂头菊

Cremanthodium nepalense Kitam.尼泊尔垂头菊
Cremanthodium nervosum S.W.Liu 显脉垂头菊
Cremanthodium nobile (Franch.) Diels ex Lévl.壮观垂头菊
Cremanthodium oblongatum var. *villosior* C.B.Clarke=Cremanthodium ellisii
Cremanthodium obovatum S.W.Liu 硕首垂头菊
Cremanthodium oglongatum C.B.Clarke 矩叶垂头菊
Cremanthodium palmatum Benth.掌叶垂头菊
Cremanthodium palmatum subsp. *benthami* Good=Cremanthodium palmatum
Cremanthodium palmatum subsp. *rhodocephalum* (Diels) Good=Cremanthodium rhodocephalum
Cremanthodium petiolatum S.W.Liu 长柄垂头菊
Cremanthodium phoenicochaetum (Franch.) Good=Ligularia phcenicochaeta
Cremanthodium phyllodineum S.W.Liu 叶状柄垂头菊
Cremanthodium pinnatifidum Benth.羽裂垂头菊
Cremanthodium pinnatisectum (Ludlow) Y.L.Chen & S.W.Liu 裂叶垂头菊
Cremanthodium plantagineum Maxim.=Cremanthodium ellisii
Cremanthodium plantagineum f. *albidum* Godd=Cremanthodium ellisii
Cremanthodium plantagineum f. *ellisii* (HK.f.) Good(p.p.)=Cremanthodium brunneo-pilosum
Cremanthodium plantagineum f. *goringense* (Hemsl.) Good=Cremanthodium ellisii
Cremanthodium plantagineum f. *roseum* Hand.-Mazz.=Cremanthodium ellisii var. roseum
Cremanthodium plantaginifolium (Franch.) Good=Ligularia virgaurea
Cremanthodium plantaginifolium subsp. *franchettii* f.*winkleri* Good=Ligularia liatroides
Cremanthodium pleurocaule (Franch.) Good=Ligularia pleurocaulis
Cremanthodium potaninii C.Winkl.戟叶垂头菊
Cremanthodium prattii (Hemsl.) Good 长舌垂头菊
Cremanthodium principis (Franch.) Good 方叶垂头菊
Cremanthodium pseudooblongatum Good 无毛垂头菊
Cremanthodium puberulum S.W.Liu 毛叶垂头菊
Cremanthodium pulchrum Good 美丽垂头菊
Cremanthodium purpureifolium Kitam.紫叶垂头菊
Cremanthodium reniforme (DC.) Benth.垂头菊
Cremanthodium retusum (Wall. ex HK.f.) Good=Ligularia retusa
Cremanthodium rhodocephalum Diels 长柱垂头菊
Cremanthodium rumicifolium (Drumm.) Good=Ligularia rumicifolia
Cremanthodium sagittifolium Ling & Y.L.Chen ex S.W.Liu 箭叶垂头菊
Cremanthodium sherriffii H.R.Fletch.=Cremanthodium rhodocephalum
Cremanthodium sino-oblongatum Good 铲叶垂头菊
Cremanthodium smithianum (Hand.-Mazz.) Hand.-Mazz.紫茎垂头菊
Cremanthodium spathulifolium S.W.Liu 匙叶垂头菊
Cremanthodium stenactinium Diels ex Limpr.膜苞垂头菊
Cremanthodium stenactinium var. *evillosum* Hand.-Mazz.=Cremanthodium stenactinium
Cremanthodium stenoglossum Ling & S.W.Liu 狭舌垂头菊
Cremanthodium suave W.W.Sm.木里垂头菊
Cremanthodium thomsonii C.B.Clarke (p.p.)=Cremanthodium decaisnei
Cremanthodium thomsonii C.B.Clarke 叉舌垂头菊
Cremanthodium trilobum S.W.Liu 裂舌垂头菊
Cremanthodium variifolium Good 变叶垂头菊
Cremanthodium virgaurea (Maxim.) Hand.-Mazz.=Ligularia virgaurea
Cremanthodium wardii W.W.Sm.=Cremanthodium campanulatum
Cremanthodium yadongense S.W.Liu 亚东垂头菊
Cremastra Lindl.**杜鹃兰属**(兰科)
Cremastra appendiculata (D.Don) Makino 杜鹃兰
Cremastra appendiculata var. *triloba* (Hay.) S.S.Ying=Cremastra appendiculata
Cremastra appendiculata var. *variabilis* (Bl.) I.D.Lund=Cremastra appendiculata
Cremastra bifolia C.L.Tso=Cremastra appendiculata
Cremastra lanceolata (Kraenzl.) Schltr.=Cremastra appendiculata
Cremastra mitrata A.Gray=Cremastra appendiculata
Cremastra triloba Hay.=Cremastra appendiculata
Cremastra unguiculata (Finet) Finet 斑叶杜鹃兰
Cremastra variabilis (Bl.) Nakai=Cremastra appendiculata
Cremastra wallichiana Lindl.=Cremastra appendiculata
Crepidiastrum Nakai **假还阳参属**(菊科)
Crepidiastrum koshunense (Haya.) Nakai=Crepidiastrum lanceolatum
Crepidiastrum koshunense var. *taiwananum* (Nakai) Yamamoto=Crepidiastrum taiwanianum
Crepidiastrum lanceolatum (Hourtt.) Nakai 假还阳参
Crepidiastrum lanceolatum f. lanceolatum=Crepidiastrum lanceolatum
Crepidiastrum lanceolatum f. pinnatilobum (Maxim.) Nakai 羽裂状半裂
Crepidiastrum lanceolatum var. *batakanense* (Kitam.) Nemoto=Crepidiastrum lanceolatum
Crepidiastrum quercus (Lévl. & Vant.) Nakai=Crepidiastrum lanceolatum f. pinnatilobum
Crepidiastrum taiwanianum Nakai 台湾假还阳参
Crepidomanes Presl **假脉蕨属**(膜蕨科)
Crepidomanes bilabiatum (Nees & Bl.) Cop.圆唇假脉蕨
Crepidomanes bipunctatum (Poir.) Cop.南洋假脉蕨
Crepidomanes chuii Ching & Chiu 朱氏假脉蕨
Crepidomanes dilatatum Ching & C.H.Wang 阔瓣假脉蕨
Crepidomanes hainanense Ching 海南假脉蕨
Crepidomanes insigne (v.d.B.)Fu 多脉假脉蕨
Crepidomanes intramarginale (HK. & Grev.) Cop.边内假脉蕨
Crepidomanes latealatum (v.d.B.) Cop.翅柄假脉蕨
Crepidomanes latemarginale (Eaton) Cop.阔边假脉蕨
Crepidomanes latifrons (v.d.B.) Ching 宽叶假脉蕨
Crepidomanes omeiense Ching & Chiu 峨眉假脉蕨
Crepidomanes palmifolium (Hay.) Devol.双叶假脉蕨
Crepidomanes paucinervium Ching 少脉假脉蕨
Crepidomanes pinnatifidum Ching & Chiu 边上假脉蕨
Crepidomanes plicatum (v.d.B.) Ching 皱叶假脉蕨
Crepidomanes racemulosum (v.d.B.) Ching 长柄假脉蕨
Crepidomanes smithiae Ching 琼崖假脉蕨
Crepidomanes yunnanense Ching & Chiu 云南假脉蕨
Crepidopteris Cop.**厚边蕨属**(膜蕨科)
Crepidopteris humilis (Forst.) Cop.厚边蕨
Crepis L.**还阳参属**(菊科)
Crepis acuminata Nutt.锐尖还阳参
Crepis atripappa Babcock=Youngia stebbinsiana
Crepis aurea (L.) Carr.金黄色还阳参(新)
Crepis aurea ξ. *crocea* Froel ex DC.=Crepis crocea
Crepis baicalensis Ledeb.=Youngia tenuifolia
Crepis bhotanica Hutch.=Dubyaea bhotanica
Crepis biennis L.粗糙还阳参
Crepis bifurcata (Babcock & Stebbins) Hand.-Mazz.=Youngia bifurcata
Crepis blinii Lévl.(1914)=Youngia blinii
Crepis blinii Lévl.=Youngia fusca
Crepis bockiana Diels (Hand.-Mazz. in Symb.Sin.1936)=Youngia heterophylla
Crepis bodinieri Lévl.果山还阳参
Crepis bonii Gagn.=Ixeris polycephala
Crepis capillaris (L.) Wallr.纤细还阳参
Crepis chanetii Lévl.=Tephroseris subdentata
Crepis charbonnelii Lévl.=Mulgedium tataricum
Crepis chloroclada Coll. & Hemsl.(Hand.-Mazz.in Symb.Sin.1936)=Crepis lingea
Crepis chrysantha (Ledeb.) Turcz.金黄还阳参
Crepis cineripappa Babcock=Youngia cineripappa
Crepis crocea (Lam.) Babcock 北方还阳参
Crepis darvazica Krasch.新疆还阳参?
Crepis depressa HK.f. & Thoms.=Youngia depressa
Crepis disciformis Mattf.=Syncalathium disciforme
Crepis dubyaea (C.B.Clarke) Marq. & Shaw=Dubyaea bhotanica
Crepis elongata Babcock 藏滇还阳参
Crepis flxuosa (Ledeb.) C.B.Clarke 弯茎还阳参
Crepis foetida L.臭味还阳参
Crepis formosana Hay.=Youngia japonica
Crepis fusca Babcock=Youngia fusca
Crepis gillii S.Moore=Soroseris gillii
Crepis gillii var. *bellidifolia* Hand.-Mazz.=Soroseris glomerata
Crepis gillii var. *erysimoides* Hand.-Mazz.=Soroseris erysimoides
Crepis gillii var. *hirsuta* Anth.=Soroseris hirsuta
Crepis glomerata (Decne.) C.B.Clarke=Youngia depressa

Crepis glomerata (Dence.) Benth. & HK.f.=Soroseris glomerata
Crepis glomerata var. *porphyrea* Marqd. & Shaw=Syncalathium porphyreum
Crepis gmelinii var. *grandiflora* Tausch.=Crepis crocea
Crepis gracilipes HK.f.=Youngia gracilipes
Crepis gracilis HK.f. & HK.f. ex C.B.Clarke=Youngia stebbinsiana
Crepis graminifolia Ledeb.=Ixeridium graminifolium
Crepis henryi Diels=Youngia henryi
Crepis heterophylla Hemsl.=Youngia heterophylla
Crepis hieracium Lévl.=Faberia sinensis
Crepis hookeriana C.B.Clarke=Soroseris hookeriana
Crepis humilis Fisch. ex Herd.=Crepis nana
Crepis integra (Thunb.) Miq.=Crepidiastrum lanceolatum
Crepis integra var. *pinnatiloba* Maxim.=Crepidiastrum lanceolatum f. pinnatilobum
Crepis integrifolia Shih 全叶还阳参
Crepis japonica (L.) Benth.=Youngia japonica
Crepis japonica f. *foliosa* Matsuda=Youngia rosthornii
Crepis japonica subsp. *genuina* (Hochr) Hochr=Youngia japonica
Crepis japonica subsp. *longiflora* (Babcock & Stebbins) Hand.-Mazz.=Youngia longiflora
Crepis japonica var. *elstonii* Hochr.=Youngia pseudosenecio
Crepis karelinii M.Pop. & Schischk. ex Czer.乌恰还阳参
Crepis koshunensis Hay.=Crepidiastrum lanceolatum
Crepis lactea Lipsch.红花还阳参
Crepis laevigata (Bl.) Sch.-Bip. ex Zoll.=Ixeridium laevigatum
Crepis lanceolata Sch.-Bip.=Crepidiastrum lanceolatum
Crepis lanceolata var. *pinnatiloba* (Maxim.) Makino=Crepidiastrum lanceolatum f. pinnatilobum
Crepis lingea (Vant.) Babcock 绿茎还阳参
Crepis longipes Hemsl.=Youngia longipes
Crepis lyrata (Poir.) Benth. ex C.B.Clarke=Youngia japonica
Crepis mairei Lévl.=Youngia mairei
Crepis minuta Kitam.=Crepis lactea
Crepis mollis (Jacq.) Aschers.柔色还阳参
Crepis multicaulis Ledeb.多茎还阳参
Crepis multicaulis subsp. *congesta* (Rgl.) Babcock=Crepis multicaulis
Crepis multicaulis subsp. *genuina* (Rgl.) Babcock=Crepis multicaulis
Crepis multicaulis subsp. *subintegrifolia* Tolm. & Rebr.=Crepis multicaulis
Crepis multicaulis var. *congesta* Rgl.=Crepis multicaulis
Crepis multicaulis var. *genuina* Rgl.=Crepis multicaulis
Crepis multicaulis var. *laxa* Rgl.=Crepis multicaulis
Crepis nana Richards.矮小还阳参
Crepis nana subsp. *typica* Babcock=Crepis nana
Crepis napifera (Franch.) Babcock 芜菁还阳参
Crepis nicaeensis Balb.法国还阳参
Crepis oreades Schrenk 山地还阳参
Crepis paleacea Diels=Youngia paleacea
Crepis pallasii Turcz.=Crepis crocea
Crepis paludosa (L.) Moench 沼生还阳参
Crepis parva (Babcock & Stebbins) Hand.-Mazz.=Youngia parva
Crepis phoenix Dunn 万丈深
Crepis pratensis Shih 草甸还阳参
Crepis pratti Babcock=Youngia pratti
Crepis prenanthoides Hemsl.=Paraprenanthes prenanthoides
Crepis primulifolia HK.f. ex Benth. & HK.f.=Youngia cineripappa
Crepis pseudonaniformis Shih 长苞还阳参
Crepis pseudovirens Lévl.=Ixeridium gramineum
Crepis pulcherrima Fisch. ex Link=Youngia tenuifolia
Crepis racemifera HK.f.=Youngia racemifera
Crepis rapunculoides Dunn=Youngia racemifera
Crepis rigescens Diels 还阳参
Crepis rigescens subsp. *lignesens* Babcock=Crepis rigescens
Crepis rigescens subsp. *typica* Babcock=Crepis rigescens
Crepis rigida v. *songorica* Kar. & Kir.=Crepis darvazica
Crepis rosthornii Diels=Youngia rosthornii
Crepis rosularis Diels=Soroseris glomerata
Crepis rubra L.红还阳参
Crepis ruprechtii Boiss.=Crepis sibirica
Crepis scaposa Chang=Youngia szechuanica
Crepis sect. *Youngia* (Cass.) Benth=**Youngia**
Crepis setigera Scott ex W.W.Sm.=Youngia blinii
Crepis setosa Haller f.刺毛还阳参
Crepis shawuanensis Shih 沙湾还阳参
Crepis sibirica L.西伯利亚还阳参
Crepis simulatrix Babcock=Youngia simulatrix
Crepis smithiana Hand.-Mazz.=Youngia simulatrix
Crepis sorocephala Hemsl.=Soroseris glomerata
Crepis stenoma Turcz.=Youngia stenoma
Crepis stolonifera Lévl.=Paraixeris humifusa
Crepis subscaposa Coll. & Hemsl.抽茎还阳参
Crepis szechuanica Söderb.=Youngia szechuanica
Crepis taquetii (Lévl. & Vant.) Lévl.=Youngia japonica
Crepis tectorum L.屋根草
Crepis tenuifolia Willd.=Youngia tenuifolia
Crepis tenuifolia subsp. *tenuicaulis* (Babcock & Stebbins) Hand.-Mazz.=Youngia tenuicaulis
Crepis tianshanica Shih 天山还阳参
Crepis tibetica Babcock=Crepis elongata
Crepis tsarongensis (W.W.Sm.) Anth.=Dubyaea tsarongensis
Crepis tsarongensis var. *chimiliensis* (W.W.Sm.) Anth.=Dubyaea tsarongensis
Crepis turczaninowii C.A.M. ex Turcz.=Crepis crocea
Crepis umbrella Franch.=Stebbinsia umbrella
Crepis vaniotii Lévl.=Ixeridium gramineum
Crepis vesicaria L.膀胱还阳参
Crepis wilsonii Babcock=Youngia wilsoni
Crepis yunnanensis Babcock=Youngia paleacea
Crescentia L.**葫芦树属**(紫葳科)
Crescentia alata H.B.K.十字架树
Crescentia cujete L.葫芦树
Crescentia trifolia Blanco=Crescentia alata
Crinita Moench.=**Linosyris**
Crinitaria Cass.=**Linosyris**
Crinitaria biflora (L.) Cass.=Galatella biflora
Crinitaris tatarica (Less.) Novopokr.=Linosyris tatarica
Crinum L.**文殊兰属**(石蒜科)
Crinum americanum L.美国文殊兰
Crinum asiaticum L.东亚文殊兰
Crinum asiaticum var. anomalum Herb.奇形东亚文殊兰(新)?
Crinum asiaticum var. declinatum Herb.下弯东亚文殊兰(新)?
Crinum asiaticum var. japonicum Baker 日本文殊兰
Crinum asiaticum var. sinicum (Roxb. ex Herb.) Baker 文殊兰
Crinum esquirolii Lévl.=Crinum latifolium
Crinum latifolium L.西南文殊兰
Crinum loureirii M.Roem.劳瑞氏文殊兰
Crinum ornatum var. *letifolium* Herb.=Crinum latifolium
Crinum sinicum Roxb. ex Herb.=Crinum asiaticum var. sinicum
Critesion jubatum (L.) Nevski=Hordeum jubatum
Crocosmia Planch.**雄黄兰属**(鸢尾科)
Crocosmia aurea (Pappe ex W.J.HK.) J.E.Planch.金黄臭藏红花
Crocosmia crocosmiflora (Nichols.) N.E.Br.雄黄兰
Crocosmia pottsii N.E.Br.射干鸢尾
Crocus L.**番红花属**(鸢尾科)
Crocus alatavicus Rgl. & Sem.白番红花
Crocus aureus Sibth. & Sm.金黄番红花
Crocus biflorus var. parkinsonii Hort.白金番红花
Crocus biflorus var. weldenii Barker 韦尔登番红花
Crocus chrysanthus Herb.金冬番红花
Crocus chrysanthus var. bluebird Hort.蓝鸟番红花
Crocus chrysanthus var. bluepeter Hort.蓝彼得番红花
Crocus chrysanthus var. E.B.Bowles Hort.金盏番红花
Crocus chrysanthus var. gibsygirl Hort.吉普赛番红花
Crocus chrysanthus var. ladykiller Hort.褐瓣番红花
Crocus clusii J.Gay.克路西番红花
Crocus etruscus Maw.冬番红花
Crocus imperati Ten.艾佩雷特番红花
Crocus kotschyanus Koch.科奇番红花
Crocus maesiacus Ker.番黄花
Crocus minimus (DC.) Rehd.小番红花
Crocus salzmannii J.Gay.索尔曼番红花
Crocus sativus L.番红花
Crocus sieberi J.Gay.西伯番紫花

Crocus speciosus Bieb.美丽番红花
Crocus speciosus var. aitchisonii Hort.大花美丽番红花
Crocus susianus Ker.金线番红黄花
Crocus tomasinianus Herb.托马西尼番紫花
Crocus tomasinianus var. rubygiant Hort.红宝石番红花
Crocus vernus Wulfen 春番红花
Crocus versicolor Barcelo 变色番红花
Croftia spectabilis King & Prain=Pommereschea spectabilis
Croomia Torr. ex Torr. & Gray **黄精叶钩吻属**(百部科)
Croomia japonica Miq.黄精叶钩吻
Crossandra Salisb.**十字爵床属**(爵床科)
Crossandra flava HK.黄十字爵床
Crossandra infundibuliformis 十字爵床
Crossandra nilotica Oliv.尼罗河十字爵床
Crossandra pungens Lindau 辛棘十字爵庆
Crossopetalum P.Br.**缨瓣属**(卫矛科)
Crossopetalum Roth=**Gentianopsis**
Crossopetalum austrinum Gardner.南方缨瓣
Crossopetalum floridanum Gardner.弗洛里达缨瓣
Crossostephium Less.**芙蓉菊属**(菊科)
Crossostephium artemisioides Less.=Crossostephium chinense
Crossostephium chinense (L.) Makino 芙蓉菊
Crotalaria L.**猪屎豆属**(豆科)
Crotalaria acicularis Buch.-Ham. ex Benth.针状猪屎豆
Crotalaria acuminata G.Don=Crotalaria verrucosa
Crotalaria alata Buch.-Ham. ex D.Don 翅托叶猪屎豆
Crotalaria alata Lévl.=Crotalaria alata
Crotalaria albida Heyne ex Roth 响铃豆
Crotalaria anagyroides Kunth=Crotalaria micans
Crotalaria angulosa Lam.=Crotalaria verrucosa
Crotalaria anthylloides D.Don=Crotalaria calycina
Crotalaria assamia Benth.大猪屎豆
Crotalaria benghalensis Lamk.=Crotalaria juncea
Crotalaria bidiei Gamble=Crotalaria alata
Crotalaria bodinieri Lévl.=Crotalaria ferruginea
Crotalaria bracteata Roxb. ex DC.毛果猪屎豆
Crotalaria brevipes Champ.=Crotalaria sessiliflora
Crotalaria burmanni DC.=Crotalaria assamia
Crotalaria calycina Schrank 长萼猪屎豆
Crotalaria capitata Baker=Crotalaria mairei
Crotalaria chinensis L.中国猪屎豆
Crotalaria cytisoides Roxb. ex DC.=Prioptropis cytisoides
Crotalaria decasperma Nair=Crotalaria mysorensis
Crotalaria dubia Grah. ex Benth.卵苞猪屎豆
Crotalaria elliptica Roxb.=Crotalaria uncinella
Crotalaria esquirolii Lévl.=Crotalaria tetragona
Crotalaria ferruginea Grah. ex Benth.假地蓝
Crotalaria ferruginea var. *pilosissima* Benth. ex Baker=Crotalaria ferruginea
Crotalaria formosana Matsumura ex Ito & Matsumura=Crotalaria albida
Crotalaria gengmaensis Z.Wei & Chun-yu Yang 耿马猪屎豆
Crotalaria grandiflora Zoll.=Crotalaria tetragona
Crotalaria hainanensis Huang 海南猪屎豆
Crotalaria heqingensis Chun-yu Yang 鹤庆猪屎豆
Crotalaria incana L.圆叶猪屎豆
Crotalaria intermedia Kotscy (海南志 1965)=Crotalaria ochroleuca
Crotalaria jianfengensis Chun-yu Yang 尖峰猪屎豆
Crotalaria jinpingensis Chun-yu Yang=Crotalaria prostrata var. jinpingensis
Crotalaria juncea L.菽麻
Crotalaria lanceolata E.Mey.长果猪屎豆
Crotalaria leschenaultii DC.=Crotalaria spectabilis
Crotalaria linifolia L.f.线叶猪屎豆
Crotalaria linifolia var. linifolia=Crotalaria linifolia
Crotalaria linifolia var. *pygmaea* Yamamoto=Crotalaria linifolia
Crotalaria linifolia var. stenophylla (Vogel) Chun-yu Yang 狭线叶猪屎豆
Crotalaria lonchophylla Hand.-Mazz.=Crotalaria ferruginea
Crotalaria luxurians Benth.=Crotalaria medicaginea var. luxurians
Crotalaria macrophylla Weinm.=Crotalaria spectabilis
Crotalaria macrophylla Willd.=Flemingia macrophylla
Crotalaria mairei Lévl.头花猪屎豆
Crotalaria mairei var. mairei=Crotalaria mairei
Crotalaria mairei var. pubescens C.Chen & J.Q.Li 短头花猪屎豆
Crotalaria medicaginea Lamk.假苜蓿
Crotalaria medicaginea var. luxurians (Benth.) Baker 大叶假苜宿
Crotalaria medicaginea var. medicaginea=Crotalaria medicaginea
Crotalaria micans Link 三尖叶猪屎豆
Crotalaria montana Roxb.=Crotalaria albida
Crotalaria mucronata Desv.=Crotalaria pallida
Crotalaria mysorensis Roth 褐毛猪屎豆
Crotalaria nana Burm.小猪屎豆
Crotalaria nana var. nana=Crotalaria nana
Crotalaria nana var. patula Grah. ex Baker 座地猪屎豆
Crotalaria neglecta Wight & Arn.=Crotalaria medicaginea
Crotalaria occulta Grah. ex Benth.紫花猪屎豆
Crotalaria ochroleuca G.Don 狭叶猪屎豆
Crotalaria pallida Ait.猪屎豆
Crotalaria peguana Benth. ex Baker 薄叶猪屎豆
Crotalaria pilosissima Miq.=Crotalaria ferruginea
Crotalaria prostrata Rottler ex Willd.俯伏猪屎豆
Crotalaria prostrata Roxb. ex D.Don=Crotalaria prostrata
Crotalaria prostrata Roxb.=Crotalaria prostrata
Crotalaria prostrata var. jinpingensis (Chun-yu Yang) Chun-yu Yang 金平猪屎豆
Crotalaria prostrata var. prostrata=Crotalaria prostrata
Crotalaria psoralioides D.Don=Prioptropis cytisoides
Crotalaria purpurascens Lamk.=Crotalaria incana
Crotalaria qiubeiensis Chun-yu Yang 邱北猪屎豆
Crotalaria retusa L.吊裙草
Crotalaria roxburghiana DC.=Crotalaria calycina
Crotalaria rufescens Franch.=Crotalaria ferruginea
Crotalaria saltiana Prain ex King=Crotalaria pallida
Crotalaria schimperi A.Rich.=Crotalaria incana
Crotalaria sect. *Hedriocarpae* subsect. *Hedriocarpae* (Wight & Arn.) Polhill=**Prioptropis**
Crotalaria sect. *Hedriocarpae* subsect. *Priotropis* (Wight & Arn.) Polhill= **Prioptropis**
Crotalaria sericea Burm.f.=Crotalaria assamia
Crotalaria sericea Retz.=Crotalaria spectabilis
Crotalaria sericea Willd.=Crotalaria juncea
Crotalaria sessiliflora L.紫花野百合
Crotalaria similis Hemsl.屏东猪屎豆
Crotalaria sinensis J.f.Gmel.=Crotalaria chinensis
Crotalaria spectabilis Roth 大托叶猪屎豆
Crotalaria splendens Vogel=Crotalaria uncinella
Crotalaria stenophylla Vogel=Crotalaria linifolia var. stenophylla
Crotalaria stipulacea Roxb.=Crotalaria mysorensis
Crotalaria striata DC.=Crotalaria pallida
Crotalaria szemoensis Gagn.=Prioptropis cytisoides
Crotalaria tenuifolia Roxb. ex DC.=Crotalaria juncea
Crotalaria tetragona Roxb. ex Andr.四棱猪屎豆
Crotalaria trifoliastrum Willd.(台湾志 1977)=Crotalaria medicaginea
Crotalaria tuberosa Hamilt. ex D.Don=Eriosema himalaicum
Crotalaria uliginosa Huang 湿生猪屎豆
Crotalaria uncinella Lamk.球果猪屎豆
Crotalaria usaramensis Baker f. =Crotalaria zanzibarica
Crotalaria verrucosa L.多疣猪屎豆
Crotalaria yaihsiensis T.Chen 崖州猪屎豆
Crotalaria yuanjiangensis Chun-yu Yang 元江猪屎豆
Crotalaria yunnanensis Franch.云南猪屎豆
Crotalaria zanzibarica Benth.光萼猪屎豆
Croton L.**巴豆属**(大戟科)
Croton albicans (Bl.) Reichb.f. & Zoll.=Sumbaviopsis albicans
Croton cascarilloides Raeusch.银叶巴豆
Croton cascarilloides f pilosus Y.T.Chang 毛银叶巴豆
Croton cascarilloides f. cascarilloides=Croton cascarilloides
Croton caudatiformis Hand.-Mazz.=Croton euryphyllus
Croton caudatus Geisel.卵叶巴豆
Croton caudatus var. tomentosus HK.毛叶巴豆
Croton cavaleriei Gagn.=Croton euryphyllus
Croton chinensis Benth.=Croton crassifolius
Croton chinensis Geisel.=Mallotus paxii

Croton chunianus Croiz.光果巴豆
Croton crassifolius Geisel.鸡骨香
Croton cuminigii Muell.Arg.=Croton cascarilloides
Croton damayeshu Y.T.Chang 大麻叶巴豆
Croton duclouxii Gagn.=Croton yunnanensis
Croton euryphyllus W.W.Sm.石山巴豆
Croton hainanensis Merr. & Metc.=Croton laui
Croton hancei Benth.香港巴豆
Croton howii Merr. & Chun ex Y.T.Chang 宽昭巴豆
Croton japonicum Thunb.=Mallotus japonicus
Croton kongensis Gagn.越南巴豆
Croton kroneanus Miq.=Croton crassifolius
Croton kwangsiensis Croiz.=Croton lachnocarpus
Croton lachnocarpus Benth.毛果巴豆
Croton laevigatus Vahl 光叶巴豆
Croton laui Merr. & Metc.海南巴豆
Croton limitincola Croiz.疏齿巴豆
Croton longifolium Wall.(Seem.in Bot.Voy.Herald.1857,p.p.)=Croton hancei
Croton mangelong Y.T.Chang 曼哥龙巴豆
Croton merrillianus Croiz.厚叶巴豆
Croton multiglandulosus Reinw. ex Bl.=Melanolepis multiglandulosa
Croton oblongifolius Roxb.=Croton laevigatus
Croton olivaceus Y.T.Chang & P.T.Li 榄绿巴豆
Croton paniculatus Lam.=Mallotus paniculatus
Croton philippensis Lam.=Mallotus philippensis
Croton pictus Lodd.=Codiaeum variegatum
Croton pierrei Gagn.=Croton cascarilloides
Croton punctatus Lour.=Croton cascarilloides
Croton purpurascens Y.T.Chang 淡紫毛巴豆
Croton repandus Willd.=Mallotus repandus
Croton roxburghii Balakr.=Croton laevigatus
Croton sebiferum L.=Sapium sebiferum
Croton tiglium L.巴豆
Croton tiglium var. tiglium=Croton tiglium
Croton tiglium var. xiaopadou Y.T.Chang & S.Z.Huang 小巴豆
Croton tiliifolius var. *aromaticus* Lam.=Mallotus tiliifolius
Croton tomentosus (Lour.) Muell.Arg.=Croton crassifolius
Croton tonkinensis Gagn.=Croton kongensis
Croton tuberculatus Bge.=Speranskia tuberculata
Croton urticifolius Y.T.Chang & Q.H.Chen 荨麻叶巴豆
Croton urticifolius var. dui Y.T.Chang 孟连巴豆
Croton urticifolius var. urticifolius=Croton urticifolius
Croton variegatum L.=Codiaeum variegatum
Croton yanhui Y.T.Chang 延辉巴豆
Croton yunnanensis W.W.Sm.云南巴豆
Croton yunnanensis var. megadentus W.T.Wang 大齿滇巴豆
Croton yunnanensis var. yunnanensis=Croton yunnanensis
Crucianella stylosa Trin.=Phuopsis stylosa
Cruciferae(植物志 33)=**Brassicaceae**
Crucihimalaya Al-Shehbaz & al.**须弥芥属**(十字花科)
Crucihimalaya axillaris (HK.f. & Thoms.) Al-Shehbaz & al.腋花须弥芥
Crucihimalaya himalaica (Edgew.) Al-Shehbaz & al.须弥芥
Crucihimalaya lasiocarpa (HK.f. & Thoms.) Al-Shehbaz & al.毛果须弥芥
Crucihimalaya mollissima (C.A.Mey) Al-Shehbaz & al.柔毛须弥芥
Crucihimalaya stricta (Camb.) Al-Shehbaz & al.直须弥芥
Crucihimalaya wallichii (HK.f. & Thoms.) Al-Shehbaz & al.卵叶须弥芥
Crula grisea (Franch.) Nieuwland=Acer griseum
Crula henryi (Pax) Nieuwland=Acer henryi
Crula mandshurica (Maxim.) Nieuwland=Acer mandshuricum
Crula nikoense (Maxim.) Nieuwland=Acer nikoense
Crula sutchuenensis (Franch.) Nieuwland=Acer sutchuenense
Crula triflora (Kom.) Nieuwland=Acer triflorum
Crupina Cass.**半毛菊属**(菊科)
Crupina vulgaris Cass.半毛菊
Crybe Lindl.**南美白芨属**(兰科)
Crybe rosea Lindl.南美白芨
Cryophytum crystallinum (L.) N.E.Br.=Mesembryanthemum crystallinum
Cryosophila Bl.**根刺棕属**(棕榈科)
Cryosophila warscewiczii (wendland) Bartlett 根刺棕
Cryphaea erecta Buch.-Ham.=Chloranthus erectus
Crypsinus Presl **隐子蕨属**(水龙骨科)
Crypsinus chinensis (Ching) Tagawa=Phymatopteris albopes
Crypsinus chysotrichus (C.Chr.) Tagawa=Phymatopteris chrysotricha
Crypsinus cruciformis (Ching) Tagawa=Phymatopteris cruciformis
Crypsinus dactylinus (Christ) Tagawa=Phymatopteris dactylina
Crypsinus digitatus (Ching) Tagawa=Phymatopteris digitata
Crypsinus ebenipes (HK.) Copel.=Phymatopteris ebenipes
Crypsinus echinosporus (Tagawa) Tagawa=Phymatopteris echinospora
Crypsinus engleri (Luerss.) Copel.=Phymatopteris tenuipes
Crypsinus engleri var. *coriaceus* (Tagawa) Tagawa=Phymatopteris tenuipes
Crypsinus glaucopsis (Franch.) Tagawa=Phymatopteris glaucopsis
Crypsinus griffithiana (HK.) Copel=Phymatopteris griffithiana
Crypsinus hainanensis (Ching) Tagawa=Phymatopteris hainanensis
Crypsinus hastata (Thunb.) Copel.=Phymatopteris hastata
Crypsinus hirsutus Tagawa & K.Iwats.=Phymatopteris trisecta
Crypsinus intermedia (Ching) Tagawa=Phymatopteris quasidivaricata
Crypsinus kwangtungensis (Ching) Tagawa=Phymatopteris oxyloba
Crypsinus okamotoi (Tagawa) Tagawa=Phymatopteris rhynchophylla
Crypsinus oxyloba (Wall. ex Kunze) Sledge=Phymatopteris oxyloba
Crypsinus quasidivaricatus (Hay.) Copel.=Phymatopteris quasidivaricata
Crypsinus rhynchophylla (HK.) Copel.=Phymatopteris rhynchophylla
Crypsinus taeniatus var. *palmatus* De Vol & C.M.Kuo(台湾志 1975)=Phymatopteris falcatopinnata
Crypsinus taiwanensis (Tagawa) Tagawa=Phymatopteris taiwanensis
Crypsinus triloba (Houtt.) Copel.=Phymatopteris triloba
Crypsinus trisecta (Baker) Tagawa=Phymatopteris trisecta
Crypsinus veitchii (Baker) Copel.(台湾志.1975)=Phymatopteris quasidivaricata
Crypsinus waryi (Bak.) Cop.隐子蕨
Crypsinus yakushimensis (Makino) Tagawa=Phymatopteris yakushimensis
Crypsis Ait.**隐花草属**(禾本科)
Crypsis aculeata (L.) Ait.隐花草
Crypsis schoenoides (L.) Lam.蔺状隐花草
Cryptandra Sm.**缩苞木属**(鼠李科)
Cryptandra amara Sm.苦味缩苞木
Cryptandra ericoides Sm.尖苞缩苞木
Cryptandra propinqua A.Cunn.线叶缩苞木
Cryptandra spinescens Sieb. ex DC.阔苞缩苞木
Cryptanthus Otto & Dietr.**姬凤梨属**(凤梨科)
Cryptanthus acaulis Beer 姬凤梨
Cryptanthus beuckeri Morr.小花姬凤梨
Cryptanthus bivittatis Rgl.双条带姬凤
Cryptanthus chinense Osbeck=Clerodendrum chinense
Cryptanthus zonatus Beer 环条带姬凤
Crypteronia Bl.**隐翼属**(隐翼科)
Crypteronia glabra (Wall.) Bl.=Crypteronia paniculata
Crypteronia paniculata Bl.隐翼木
Crypteronia pubescens (Wall.) Bl.=Crypteronia paniculata
Crypteroniaceae 隐翼科
Cryptocarya R.Br.**厚壳桂属**(樟科)
Cryptocarya acutifolia H.W.Li 尖叶厚壳桂
Cryptocarya amygdalina Nees 杏仁厚壳桂
Cryptocarya andersonii King ex HK.f.=Alseodaphne andersonii
Cryptocarya brachythyrsa H.W.Li 短序厚壳桂
Cryptocarya caesia Bl.(Liou Ho in Laur.Chine & Indoch.1932-34,p.p.)=Cryptocarya maclurei
Cryptocarya calcicola H.W.Li 岩生厚壳桂
Cryptocarya chinensis (Hance) Hemsl.厚壳桂
Cryptocarya chingii Cheng 硬壳桂
Cryptocarya concinna Hance 黄果厚壳桂
Cryptocarya densiflora Bl.丛花厚壳桂
Cryptocarya depauperata H.W.Li 贫花厚壳桂
Cryptocarya hainanensis Merr.海南厚壳桂
Cryptocarya howii Allen=Cryptocarya metcalfiana
Cryptocarya impressinervia H.W.Li 钝叶厚壳桂
Cryptocarya konishii Hay. ex Kawakami=Cryptocarya concinna
Cryptocarya kwangtungensis H.T.Chang 广东厚壳桂
Cryptocarya laevigata Elmer=Cryptocarya densiflora

Cryptocarya laui Merr. & Metc.=Cryptocarya chingii
Cryptocarya leiana Allen 鸡卵槁
Cryptocarya lenticellata Lec.=Cryptocarya concinna
Cryptocarya lyoniifolia S.Lee & F.N.Wei 南烛厚壳桂
Cryptocarya maclurei Merr.白背厚壳桂
Cryptocarya maculata H.W.Li 斑果厚壳桂
Cryptocarya merrilliana Allen=Cryptocarya chingii
Cryptocarya metcalfiana Allen 长序厚壳桂
Cryptocarya obtusifolia Merr.=Cryptocarya impressinervia
Cryptocarya reticulata Y.C.Yang=Cryptocarya yaanica
Cryptocarya tsangii Nakai 红柄厚壳桂
Cryptocarya yaanica N.Chao ex H.W.Li 雅安厚壳桂
Cryptocarya yunnanensis H.W.Li 云南厚壳桂
Cryptochilus Wall.**宿苞兰属**(兰科)
Cryptochilus farreri Schltr.=Cryptochilus luteus
Cryptochilus luteus Lindl.宿苞兰
Cryptochilus sanguineus Wall.红花宿苞兰
Cryptocoryne Fischer ex Wyedler **隐棒花属**(天南星科)
Cryptocoryne beckettii Thwaites ex Trimen.贝氏隐棒花
Cryptocoryne ciliata (Roxb.) Fisch.纤毛隐棒花
Cryptocoryne cordata Girff.心叶隐棒花
Cryptocoryne crispatula Engl.=Cryptocoryne retrospiralis
Cryptocoryne grandis Riddley 大叶隐棒花
Cryptocoryne kwangsiensis H.Li 广西隐棒花
Cryptocoryne retrospiralis (Roxb.) Fisch. ex Wydler 旋苞隐棒花
Cryptocoryne sinensis Merr.隐棒花
Cryptocoryne yunnanensis H.Li 八仙过海
Cryptodiscus Schrenk **隐盘芹属**(伞形科)
Cryptodiscus cachroides Schrenk 隐盘芹
Cryptodiscus didymus (Regel) Korov 双生隐盘芹
Cryptogramma R.Br.**珠蕨属**(中国蕨科)
Cryptogramma acrostichoides R.Br.美国珠蕨
Cryptogramma aurata Prantl=Onychium siliculosum
Cryptogramma brunoniana Wall. ex HK & Grev.高山珠蕨
Cryptogramma crispa Bedd.=Cryptogramma brunoniana
Cryptogramma crispa f. *indica* HK.=Cryptogramma brunoniana
Cryptogramma crispa var. *brunoniana* Bak.=Cryptogramma brunoniana
Cryptogramma emeiensis Ching & Shing 峨眉珠蕨
Cryptogramma japonica Prantl=Onychium japonicum
Cryptogramma raddeana Fomin 珠蕨
Cryptogramma shensiensis Ching 陕西珠蕨
Cryptogramma stelleri (Gmél) Prantl 稀叶珠蕨
Cryptolepis R.Br.**白叶藤属**(萝藦科)
Cryptolepis buchananii Roem. & Schult.古钩藤
Cryptolepis edithae Benth. & HK.f. ex Maxim.=Cryptolepis sinensis
Cryptolepis elegans Wall.=Cryptolepis sinensis
Cryptolepis sinensis (Lour.) Merr.白叶藤
Cryptomeria D.Don **柳杉属**(杉科)
Cryptomeria araucarioides Henk. & Hochst.=Cryptomeria japonica cv. Araucarioides
Cryptomeria elegans Jakob-Makoy=Cryptomeria japonica cv. Elegans
Cryptomeria fortunei Hooibrek ex Otto & Dietr. (植物志 7,1978)= Cryptomeria japonica var. sinensis
Cryptomeria fortunei f. wawaii (Hay.) Cheng & H.P.Tsui 云南柳杉?
Cryptomeria japonica (L.f.) D.Don 日本柳杉
Cryptomeria japonica D.Don (广州志 1956,苏南植物手册 1959)= Cryptomeria japonica var. sinensis
Cryptomeria japonica cv. Araucarioides 短叶柳杉
Cryptomeria japonica cv. Compactoglobosa 圆球柳杉
Cryptomeria japonica cv. Cristata 鸡冠柳杉
Cryptomeria japonica cv. Dacrydioides 鳞叶柳杉
Cryptomeria japonica cv. Elegans 扁叶柳杉
Cryptomeria japonica cv. Lobbi Nana 罗比矮柳杉
Cryptomeria japonica cv. Pygmeae 矮柳杉
Cryptomeria japonica cv. Vilmoriniana 千头柳杉
Cryptomeria japonica cv. Yuantouliusha 圆头柳杉
Cryptomeria japonica f. *araucarioides* (Henk. & Hochst.) Beissn.= Cryptomeria japonica cv. Araucarioides
Cryptomeria japonica f. *compactoglobosa* Chen=Cryptomeria japonica cv. Compactoglobosa
Cryptomeria japonica f. *dacarydioides* (Carr.) Rehd.=Cryptomeria japonica cv. Dacrydioides
Cryptomeria japonica f. *elegans* (Jakob-Makoy) Beissn.=Cryptomeria japonica cv. Elegans
Cryptomeria japonica var. *araucarioides* Sieb.=Cryptomeria japonica cv. Araucarioides
Cryptomeria japonica var. *dacrydioides* Carr.=Cryptomeria japonica cv. Dacrydioides
Cryptomeria japonica var. *elegans* Mast.=Cryptomeria japonica cv. Elegans
Cryptomeria japonica var. *fortunei* Henryi=Cryptomeria japonica var. sinensis
Cryptomeria japonica var. japonica =Cryptomeria japonica
Cryptomeria japonica var. sinensis Miq. 柳杉
Cryptomeria japonica var. *vilmoriniana* Hornibr.=Cryptomeria japonica cv. Vilmoriniana
Cryptomeria kawaii Hay.=Cryptomeria japonica var. sinensis
Cryptomeria mairei (Lévl.) Nakai=Cryptomeria japonica var. sinensis
Cryptophoranthus Br.**窗兰属**(兰科)
Cryptophoranthus atropurpureus (Lindl.) Rolfe 暗紫红花窗兰
Cryptophoranthus lepidotus L.D.Wms.窗兰
Cryptophragmum sanguinolentum Nees= Gymnostachyum sanguinolentum
Cryptosorus Fee=**Ctenopteris**
Cryptosorus khasyanus Fee=Prosaptia khasyana
Cryptosorus obliquata (Bl.) J.Sm.=Prosaptia obliquata
Cryptospora Kar. & Kir.**隐子芥属**(十字花科)
Cryptospora falcata Kar. & Kir.隐子芥
Cryptospora omissa Botsch.=Cryptospora falcata
Cryptostegia R.Br.**桉叶藤属**(萝藦科)
Cryptostegia grandiflora R.Br.桉叶藤
Cryptostylis R.Br.**隐柱兰属**(兰科)
Cryptostylis arachnites (Bl.) Hassk 隐柱兰
Cryptostylis arachnites var. arachnites=Cryptostylis arachnites
Cryptostylis arachnites var. *philippinensis* (Schltr.) S.S.Ying=Cryptostylis arachnites var. taiwaniana
Cryptostylis arachnites var. taiwaniana (Masam.) S.S.Ying 台湾隐柱兰
Cryptostylis erecta R.Br.直立隐柱兰
Cryptostylis erythroglossa Hay.=Cryptostylis arachnites
Cryptostylis leptochila FvM. ex Benth 薄唇隐柱兰
Cryptostylis philippinensis Schltr.=Cryptostylis arachnites
Cryptostylis subulata (Labill.) Rchb.f.钻形隐柱兰
Cryptostylis taiwaniana Masam.=Cryptostylis arachnites var. taiwaniana
Cryptotaenia DC.**鸭儿芹属**(伞形科)
Cryptotaenia canadensis DC.(Franch.in Nouv.Mus.Paris 1886)= Cryptotaenia japonica
Cryptotaenia canadensis L.北美鸭儿芹
Cryptotaenia canadensis subsp. *japonica* (Hassk.) Hand.-Mazz.= Cryptotaenia japonica
Cryptotaenia canadensis var. *japonica* f. *dissecta* (Yabe) Makino= Cryptotaenia japonica f. dissecta
Cryptotaenia canadensis var. *japonicua* (Hassk.) Makino=Cryptotaenia japonica
Cryptotaenia japonica Hassk.鸭儿芹
Cryptotaenia japonica f. dissecta (Yabe) Hara 深裂鸭儿芹
Cryptotaenia japonica f. japonica=Cryptotaenia japonica
Cryptotaenia japonica f. pinnatisecta S.L.Liou 羽裂鸭儿芹
Cryptotaenia japonica var. *dissecta* Yabe=Cryptotaenia japonica f. dissecta
Cryptotaeniopsis Dunn=**Pternopetalum**
Cryptotaeniopsis botrychioides Dunn=Pternopetalum botrychioides
Cryptotaeniopsis cardiocarpa (Franch.) Dunn=Pternopetalum cardiocarpum
Cryptotaeniopsis davidii (Franch.) Wolff=Pternopetalum
Cryptotaeniopsis decipiens Norm.=Pternopetalum kiangsiense
Cryptotaeniopsis delavayi Dunn=Pternopetalum delavayi
Cryptotaeniopsis delicatula Wolff=Pternopetalum delicatulum
Cryptotaeniopsis filicina (Franch.) de Boiss.=Pternopetalum filicinum
Cryptotaeniopsis kiangsiense Wolff=Pternopetalum kiangsiense
Cryptotaeniopsis leptophylla Dunn=Pternopetalum leptophyllum
Cryptotaeniopsis mollis (Franch.) Dunn=Pternopetalum molle
Cryptotaeniopsis nudicaulis de Boiss.=Pternopetalum nudicaule
Cryptotaeniopsis rosthornii (Diels) Wolff=Pternopetalum rosthornii

Cryptotaeniopsis tanakae (Franch. & Sav.) de Boiss.=Pternopetalum tanakae
Cryptotaeniopsis trichomanifolia (Franch.) Wolff=Pternopetalum trichomanifolium
Cryptotaeniopsis viridis Norm.=Pternopetalum leptophyllum
Cryptotaeniopsis vulgare Dunn (p.p.)=Pternopetalum botrychioides var. latipinnulatum
Cryptotaeniopsis vulgaris Dunn=Pternopetalum vulgare
Cryptotaeniopsis wolffiana Fedde ex Wolff=Pternopetalum wolffianum
Ctenitis (C.Chr.) C.Chr.**肋毛蕨属**(叉蕨科)
Ctenitis angustodissecta H.Ito=Ctenitopsis angustodissecta
Ctenitis anyuanensis Ching & C.H.Wang=Ctenitis rhodolepis
Ctenitis apiciflora (Wall. ex Mett.) Ching 顶囊肋毛蕨
Ctenitis aureo-vestita (Ros.) Ching 红棕肋毛蕨
Ctenitis boryana (Willd.) Copel.=Dryoathyrium boryanum
Ctenitis calcarea Ching & C.H.Wang 钙岩肋毛蕨
Ctenitis changanensis Ching 正安肋毛蕨
Ctenitis chungyiensis Ching & C.H.Wang=Ctenitis rhodolepis
Ctenitis clarkei (Bak.) Ching 膜边肋毛蕨
Ctenitis confusa Ching 贵州肋毛蕨
Ctenitis contigua Ching 密羽肋毛蕨
Ctenitis costulisora Ching 靠脉肋毛蕨
Ctenitis crassirachis Ching 粗柄肋毛蕨
Ctenitis crenata Ching 波边肋毛蕨
Ctenitis decurrenti-pinnata (Ching) Ching 海南肋毛蕨
Ctenitis dentisora Ching 尖齿肋毛蕨
Ctenitis dingnanensis Ching=Ctenitis rhodolepis
Ctenitis dissecta H.Ito=Ctenitopsis dissecta
Ctenitis eatoni (Bak.) Ching 直鳞肋毛蕨
Ctenitis fengiana Ching 贡山肋毛蕨
Ctenitis fulgens Ching & C.H.Wang 银毛肋毛蕨
Ctenitis heterolaena (C.Chr.) Ching 异鳞肋毛蕨
Ctenitis kawakamii (Hay.) Ching 缩羽肋毛蕨
Ctenitis kwangsiensis Ching & Chiu=Ctenitis heterolaena
Ctenitis mariformis (Ros.) Ching 泡鳞肋毛蕨
Ctenitis matsumurae Koidz.=Ctenitis maximowicziana
Ctenitis maximowicziana (Miq.) Ching 阔鳞肋毛蕨
Ctenitis membranifolia Ching & C.H.Wang 膜叶肋毛蕨
Ctenitis nidus (Clarke) Ching 长柄肋毛蕨
Ctenitis omeiensis Ching & C.H.Wang=Ctenitis heterolaena
Ctenitis pseudorhodolepis Ching & C.H.Wang 棕鳞肋毛蕨
Ctenitis quelpaertensis var. *yakumontana* H.Ito=Lastrea quelpaertensis
Ctenitis quelpaetensis H.Ito=Lastrea quelpaertensis
Ctenitis recedens Cop.=Lastreopsis tenera
Ctenitis rhodolepis (Clarke) Ching 虹鳞肋毛蕨
Ctenitis sacholepis (Hay.) H.Ito 耳形肋毛蕨
Ctenitis sagenioides Cop.=Ctenitopsis sagenioides
Ctenitis sasaki Ching=Ctenitopsis dissecta
Ctenitis silaensis Ching 圆齿肋毛蕨
Ctenitis sinii Ohwi=Ctenitopsis sinii
Ctenitis sphaeropteroides (Bak.) Ching 无鳞肋毛蕨
Ctenitis subglandulosa (Hance) Ching 亮鳞肋毛蕨
Ctenitis submarginalis (Long. & Fisch.) Cop.边生肋毛蕨
Ctenitis submariformis Ching & C.H.Wang 疏羽肋毛蕨
Ctenitis subtripinnata H.Ito.=Ctenitis subglandulosa
Ctenitis tenera Cop.=Lastreopsis tenera
Ctenitis tenuifrons Ching=Ctenitopsis dissecta
Ctenitis thrichorhachis (Hay.) H.Ito 钻鳞肋毛蕨
Ctenitis tibetica Ching & S.K.Wu 西藏肋毛蕨
Ctenitis transmorrisonensis (Hay.) H.Ito 台湾肋毛蕨
Ctenitis trichorhachis (Hay.) H.Ito 钻鳞肋毛蕨
Ctenitis truncata Ching & H.S.Kung ex Ching & C.H.Wang 截头肋毛蕨
Ctenitis wantsiengshanica Ching & Shing ex Ching & C.H.Wang 梵净肋毛蕨
Ctenitis yunnanensis Ching & C.H.Wang 云南肋毛蕨
Ctenitis zayuensis Ching & S.K.Wu 察隅肋毛蕨
Ctenitopsis Ching ex Tard.-Blot & C.Chr.**轴脉蕨属**(叉蕨科)
Ctenitopsis acrocarpa Ching 顶果轴脉蕨
Ctenitopsis angustodissecta (Hay.) Ching 毛盖轴脉蕨
Ctenitopsis austrosinensis C.Chr.=Ctenitopsis subsageniaca
Ctenitopsis cadieri Tard.-Blot & C.Chr.=Ctenitopsis ingens
Ctenitopsis chinensis Ching & C.H.Wang 中华轴脉蕨
Ctenitopsis devexa (Kze.) Ching & C.H.Wang 毛叶轴脉蕨
Ctenitopsis dissecta (Forst.) Ching 薄叶轴脉蕨
Ctenitopsis dissecta Tagawa=Ctenitopsis angustodissect
Ctenitopsis fuscipes (Bedd.) Tard.-Blot & C.Chr.黑鳞轴脉蕨
Ctenitopsis fuscipes Bedd.(Tard.-Blot & C.Chr.in Lecomte,Not.Syst.p.p. 1938)=Ctenitopsis glabra
Ctenitopsis glabra Ching & C.H.Wang 光滑轴脉蕨
Ctenitopsis hainanensis Ching & C.H.Wang 海南轴脉蕨
Ctenitopsis ingens (Atkinso ex Clarke) Ching 西藏轴脉蕨
Ctenitopsis kusukusensis (Hay.) C.Chr.台湾轴脉蕨
Ctenitopsis kusukusensis C.Chr.(Tard.-Blot & C.Chr.in Fl.Indo-Chine 1941)= Ctenitopsis tamdaoensis
Ctenitopsis kusukusensis var. crenatolobata Tagawa 齿裂轴脉蕨
Ctenitopsis kusukusensis var. kusukusensis=Ctenitopsis kusukusensis
Ctenitopsis matthewi (Ching) Ching 粤北轴脉蕨
Ctenitopsis obscura C.Chr.=Ctenitopsis sagenioides
Ctenitopsis sagenioides (Mett.) Ching 轴脉蕨
Ctenitopsis sagenioides var. glabrescens Ching & C.H.Wang 光叶轴脉蕨
Ctenitopsis sagenioides var. sagenioides=Ctenitopsis sagenioides
Ctenitopsis sasaki Ching & C.H.Wang=Ctenitopsis dissecta
Ctenitopsis setulosa (Bak.) C.Chr. ex Tard.-Blot & C.Chr.棕毛轴脉蕨
Ctenitopsis sinii (Ching) Ching 厚叶轴脉蕨
Ctenitopsis subfuscipes Tagawa 棕柄轴脉蕨
Ctenitopsis subsageniaca (Christ) Ching 无盖轴脉蕨
Ctenitopsis tamdaoensis Ching 河口轴脉蕨
Ctenitopsis tenuifrons (Hay.) Ching & C.H.Wang 薄轴脉蕨(新)
Ctenopteris Bl. ex Kuinze **蒿蕨属**(禾叶蕨科)
Ctenopteris brevivenosa (Alderw.) Holttum (台湾志 1978,p.p.)= Ctenopteris mollicoma
Ctenopteris contigua (G.Forst.) Holttum=Prosaptia contigua
Ctenopteris curtisii (Baker) Copel.蒿蕨
Ctenopteris khasyana (HK.) Holttum=Prosaptia khasyana
Ctenopteris merrittii (Copel.) Tagawa 拟虎尾蒿蕨
Ctenopteris mollicoma (Nees & Bl.) Kunze 南洋蒿蕨
Ctenopteris moultonii (Copel.) C.Chr. & Tardieu 光滑蒿蕨
Ctenopteris obliquata (Bl.) Copel.=Prosaptia obliquata
Ctenopteris sect. *Prosaptia* (C.Presl) K.Iwats.=**Prosaptia**
Ctenopteris sikkimensis (Hieron.) C.Chr. & Tardieu=Micropolypodium sikkimensis
Ctenopteris subcorticolor Tagawa=Ctenopteris merrittii
Ctenopteris subfalcata (Bl.) Kuze 虎尾蒿蕨
Ctenopteris tenuisecta (Bl.) J.Sm.细叶蒿蕨
Ctenopteris veaulosa (Bl.) Kunze 蒿叶蕨(新)
Cubeba Rafin.=**Piper**
Cucholzia philoxeroides Mart.=Alternanthera philoxeroides
Cucmis mairei Lévl.=Lagenaria siceraria
Cucubalus L.=**Silene**
Cucubalus baccifer var. *angustifolius* L.H.Zhou=Silene baccifera
Cucubalus baccifer var. *cavaleriei* Lévl.=Silene baccifera
Cucubalus baccifer var. *japonicus* Miq.=Silene baccifera
Cucubalus behen L.=Silene vulgaris
Cucubalus fruticulosus Pall.=Silene altaica
Cucubalus latifolius Mill.=Silene vulgaris
Cucubalus otites L.=Silene otites
Cucubalus venosa Gilib.=Silene vulgaris
Cucubalus wolgensis Willd.=Silene wolgensis
Cucumeroides Gaertn.=**Trichosanthes**
Cucumis L.**黄瓜属**(葫芦科)
Cucumis acidus Jacq.=Cucumis melo var. agrestis
Cucumis acutangula L.=Luffa acutangula
Cucumis argyi Lévl.=Momordica charantia
Cucumis bisexualis A.M.Lu & G.C.Wang ex lu & Z.Y.Zhang 小马泡
Cucumis callosus Cogn. & Harms=Cucumis melo var. agrestis
Cucumis citrullus (L.) Ser.=Citrullus lanatus
Cucumis conomon Thunb.=Cucumis melo var. conomon
Cucumis courtoisii Lévl.=Thladiantha nudiflora
Cucumis dudaim L.=Cucumis melo
Cucumis hystrix Chakr.野黄瓜
Cucumis integrifolius Roxb.=Gymnopetalum integrifolium
Cucumis maderaspatanus L.=Mukia maderaspatana

Cucumis melo L.甜瓜
Cucumis melo subsp. *agrestis* (Naud.) Grebensc.=Cucumis melo var. agrestis
Cucumis melo var. agrestis Naud.马泡瓜
Cucumis melo var. conomon (Thunb.) Makino 菜瓜
Cucumis melo var. *conomon* f. *albus* Makino=Cucumis melo var. conomon
Cucumis melo var. melo=Cucumis melo
Cucumis sativus L.黄瓜
Cucumis sativus var. anglicus Bail.无刺黄瓜
Cucumis sativus var. hardwickii (Royle) Alef.西南野黄瓜
Cucumis sativus var. sativus=Cucumis sativus
Cucumis trigonus Roxb.(Forb. & Hemsl.in J.L.Soc.Bot.1887)=Cucumis melo var. agrestis
Cucurbita L.**南瓜属**(葫芦科)
Cucurbita citrullus L.=Citrullus lanatus
Cucurbita hispida Thunb.(p.p.)=Benincasa hispida
Cucurbita hispida Thunb.(p.p.)=Lagenaria siceraria var. hispida
Cucurbita leucantha Duch. ex Lam.=Lagenaria siceraria
Cucurbita maxima Duch. ex Lam.笋瓜
Cucurbita moschata (Duch. ex Lam.) Duch. ex Poiret 南瓜
Cucurbita pepo L.西葫芦
Cucurbita pepo var. *moschata* Duch. ex Lam.=Cucurbita moschata
Cucurbita siceraria Laos=Lagenaria siceraria
Cucurbitaceae 葫芦科
Cudrania Tréc.**柘属**(桑科)
Cudrania amboinensis (Bl.) Miq.景东柘
Cudrania bodinieri Lévl.=Capparis cantoniensis
Cudrania cochinchinensis (Lour.) Kudô & Masam.构棘
Cudrania cochinchinensis var. *gerontogea* (S. & Z.) Kudô & Masamune=Cudrania cochinchinensis
Cudrania fruticosa (Roxb.) Wight ex Kurz 柘藤
Cudrania grandifolia Merr.=Cudrania amboinensis
Cudrania integra Wang & Tang=Cudrania cochinchinensis
Cudrania javanensis Tréc=Cudrania cochinchinensis
Cudrania jingdongensis S.S.Chang=Cudrania amboinensis
Cudrania jinghongensis S.S.Chang=Cudrania pubescens
Cudrania pubescens Tréc.毛柘藤
Cudrania tricuspidata (Carr.) Bur. ex Lavallee 柘
Cudranus Rumph. ex Miq.=**Cudrania**
Cudranus pubescens Miq.=Cudrania pubescens
Cudranus triloba Hance=Cudrania tricuspidata
Cumbata Raf.=**Rubus**
Cuminum L.**孜然芹属**(伞形科)
Cuminum cyminum L.孜然芹
Cunila nepalensis D.Don=Mosla dianthera
Cunninghamia R.Br.**杉木属**(杉科)
Cunninghamia chinensis C.de Vos.=Cunninghamia lanceolata
Cunninghamia kawakamii Hay.=Cunninghamia lanciolata var. konishii
Cunninghamia konishii Hay.=Cunninghamia lanceolata var. konishii
Cunninghamia lanceolata (Lamb.) HK.杉木
Cunninghamia lanceolata HK.(Sasaki in Trans.Nat.Hist.Soc.Formos. 1925)=Cunninghamia lanciolata var. konishii
Cunninghamia lanceolata cv. Glauca 灰叶杉木
Cunninghamia lanceolata cv. Mollifolia 软叶杉木
Cunninghamia lanceolata f. *glauca* (Dallimore & Jackson) S.Y.Hu=Cunninghamia lanceolata
Cunninghamia lanceolata var. *corticosa* Z.Y.Que & J.X.Li=Cunninghamia lanceolata
Cunninghamia lanceolata var. *glauca* (Dallimore & Jackson) Dallimore & Jackso=Cunninghamia lanceolata
Cunninghamia lanceolata var. *konishii* (Hay.) Fujita=Cunninghamia lanciolata var. konishii
Cunninghamia lanceolata var. konishii (Hay.) Fujita 台湾杉木
Cunninghamia sinensis R.Br. ex Rich.=Cunninghamia lanceolata
Cunninghamia sinensis var. *glauca* Dallimore & Jackson=Cunninghamia lanceolata
Cunninghamia sinensis var. *prolifera* Lemée & Lévl.=Cunninghamia lanceolata
Cunninghamia unicanaliculata D.Y.Wang & H.L.Liu=Cunninghamia lanceolata
Cunninghamia unicanaliculata var. *pyramidalis* D.Y.Wang & H.L.Liu=Cunninghamia lanceolata
Cuphea Adans. ex P.Br.**萼距花属**(千屈菜科)
Cuphea balsamona Cham. & Schlechtend.香膏萼距花
Cuphea hookeriana Walp.萼距花
Cuphea ignea A.DC.=Cuphea platycentra
Cuphea jorullensis Lindl.=Cuphea mircopetala
Cuphea lanceolata Ait.披针叶萼距花
Cuphea llavea Lindl.=Cuphea hookeriana
Cuphea mircopetala H.B.K.小瓣萼距花
Cuphea petiolata (L.) Koehne 粘毛萼距花
Cuphea platycentra Lem.火红萼距花
Cuphea procumbens Cav.平卧萼距花
Cuphea viscosissima Jacq.=Cuphea petiolata
Cupia mollissima HK. & Arn.=Tarenna mollissima
Cupressaceae 柏科
Cupressus L.**柏木属**(柏科)
Cupressus arizonica Greene 绿干柏
Cupressus arizonica var. *bonita* Lemm.=Cupressus arizonica
Cupressus austrotibetica Silba=Cupressus duclouxiana
Cupressus bakeri Jepson 巴克柏木
Cupressus benthamii var. *arizonica* (Greene) Mast.=Cupressus arizonica
Cupressus cashmeriana Royle ex Carr.克什米尔柏木
Cupressus chengiana S.Y.Hu 岷江柏木
Cupressus chengiana var. jiangeensis (N.Zhao) Silba 剑阁柏木
Cupressus chengiana var. *kansouensis* Silba=Cupressus chengiana
Cupressus chengiana var. *wenchuanhsiensis* Silba=Cupressus chengiana
Cupressus disticha L.=Taxodium distichum
Cupressus disticha var. *imbricatum* Nutt.=Taxodium distichum var. imbricatum
Cupressus disticha var. *nudans* Ait.=Taxodium distuchum var. imbricatum
Cupressus drupreziana Camus 阿尔及利亚柏木
Cupressus duclouxiana Hickel (Wils.in J.Arn.Arb.1926)=Cupressus chengiana
Cupressus duclouxiana Hickel 干香柏
Cupressus fallax Franco=Cupressus chengiana
Cupressus formosensis (Matsum.) Henry=Chamaecyparis formosensis
Cupressus funebris Endl.柏木
Cupressus funebris var. *gracilis* Carr.=Cupressus funebris
Cupressus gigantea Cheng & L.K.Fu 巨柏
Cupressus glabra f. garei 蓝绿光皮柏木
Cupressus glabra f. pyramidalis 塔形光皮柏木
Cupressus goveniana Gord.加利福尼亚柏木
Cupressus guadalupensis S.Wats.瓜达罗浦柏木
Cupressus hodginsii Dunn=Fokienia hodginsii
Cupressus japonica L.f.=Cryptomeria japonica
Cupressus japonica Thunb. ex L.f.=Cryptomeria japonica
Cupressus lawsoniana Murr.=Chamaecyparis lawsoniana
Cupressus lusitanica Mill.墨西哥柏木
Cupressus lusitanica var. benthamii Carr.本瑟姆柏木
Cupressus lusitanica var. knigghtia Rehd.奈特柏木
Cupressus macnabiana Murr.加州柏木
Cupressus macrocarpa Hartw.大果柏木
Cupressus mairei Lévl.=Cryptomeria japonica var. sinensis
Cupressus obtusa (S. & Z.) Koch=Chamaecyparis obtusa
Cupressus obtusa f. *formosana* (Hay.) Clinton-Baker=Chamaecyparis obtusa var. formosana
Cupressus obtusa var. *formosana* (Hay.) Dallimore & Jackson=Chamaecyparis obtusa var. formosana
Cupressus pendula Abel=Cupressus funebris
Cupressus pisifera (S. & Z.) Koch=Chamaecyparis pisifera
Cupressus pisifera f. *squarrosa* (Zucc.) Mast.=Chamaecyparis pisifera cv. Squarrosa
Cupressus pisifera var. *filifera* (Veitch) Lav.=Chamaecyparis pisifera cv. Filifera
Cupressus pisifera var. *plumosa* Lav.=Chamaecyparis pisifera cv. Plumosa
Cupressus pisifera var. *squarrosa* (Zucc.) Keng=Chamaecyparis pisifera cv. Squarrosa
Cupressus sargentii Jeps.萨金特柏木
Cupressus sempervirens L.(Franch.in J.De Bot.1899)=Cupressus duclouxiana
Cupressus sempervirens L.地中海柏木
Cupressus sempervirens var. horizontalis Gord.匍匐地中海柏木
Cupressus sempervirens var. indica Parl.亮叶地中海柏木

Cupressus sempervirens var. stricta Ait.柱形地中海柏木
Cupressus thyoides L.=Chamaecyparis thyoides
Cupressus tongmaiensis Silba=Cupressus torulosa
Cupressus tongmaiensis var. *ludlowii* Silba=Cupressus torulosa
Cupressus tonkinensis Silba=Cupressus torulosa
Cupressus torulosa D.Don (Chun in Chinese Econ.Trees 1921,p.p.)=Cupressus duclouxiana
Cupressus torulosa D.Don (Rehd. & Wils.in Sarg.Pl.Wilson.1914)=Cupressus chengiana
Cupressus torulosa D.Don 西藏柏木
Curanga Juss.=**Picria**
Curanga amara Juss.=Picria fle-terrae
Curanga felterrae (Lour.) Merr.=Picria fle-terrae
Curatella Loefl.**拭戈木属**(五桠果科)
Curatella americana L.拭戈木
Curculigo Gaertn.**仙茅属**(石蒜科)
Curculigo breviscapa S.C.Chen 短葶仙茅
Curculigo capitulata (Lour.) O.Kuntze 大叶仙茅
Curculigo crassifolia (Baker) HK.f.绒叶仙茅
Curculigo fuziwarae Yamamoto=Curculigo capitulata
Curculigo glabrescens (Ridl.) Merr.光叶仙茅
Curculigo gracilis (Wall. ex Kirz) HK.f.疏花仙茅
Curculigo latifolia Dry.宽叶仙茅
Curculigo latifolia var. *glabrescens* Ridl.=Curculigo glabrescens
Curculigo orchioides Gaertn.仙茅
Curculigo orchioides var. *minor* Benth.=Curculigo orchioides
Curculigo recurvata Aiton f.=Curculigo capitulata
Curculigo senporeiensis Yamamoto=Curculigo glabrescens
Curculigo sinensi S.C.Chen 中华仙茅
Curculigo strobiliformis D.Fang & D.H.Qin=Curculigo capitulata
Curcuma L.**姜黄属**(姜科)
Curcuma albicoma S.Q.Tong=Curcuma sichuanensis
Curcuma amarissima Rosc.味极苦姜黄
Curcuma aromatica Salisb.郁金
Curcuma aromatica cv. *Wenyujin*(植物志 16-2,1981)=Curcuma wenyujin
Curcuma aromatica cv. Wenyujin 温郁金
Curcuma caesia Roxb.(植物志 16-2,1981)=Curcuma phaeocaulis
Curcuma caesia Roxb.淡蓝姜黄(新)
Curcuma domestica Wahl.=Curcuma longa
Curcuma elata Roxb.高姜黄(新)
Curcuma exigua N.Liu 细莪术
Curcuma falviflora S.Q.Tong 黄花姜黄
Curcuma kwangsiensis S.G.Lee & C.F.Liang 广西莪术
Curcuma longa L.姜黄
Curcuma pallida Lour.=Curcuma phaeocaulis
Curcuma phaeocaulis Valeton 莪术
Curcuma rotunda L.=Boesenbergia rotunda
Curcuma sichuanensis X.X.Chen 川郁金
Curcuma viridiflora Roxb.二黄
Curcuma viridifolia Roxb.绿叶姜黄(新)
Curcuma wenyujin Y.H.Chen & C.Ling 温郁金
Curcuma yunnanensis N.Liu & S.J.Chen 顶花莪术
Curcuma zanthorrhiza Roxb.印度莪术
Curcuma zedoaria (Christm.) Rosc.(植物志 16-2,1981)=Curcuma phaeocaulis
Curcumorpha longiflora (Wall.) A.S.Rao & D.M.Verma=Boesenbergia longiflora
Currania Copel.=**Gymnocarpium**
Currania gracilips Copel.=Gymnocarpium oyamense
Currania oyamensis Copel.=Gymnocarpium oyamense
Currania oyamensis var. *incisa* Koidz.=Gymnocarpium oyamense
Cuscuta L.**菟丝子属**(旋花科)
Cuscuta anguina Edgeworth=Cuscuta reflexa var. anguina
Cuscuta approximata Bab.杯花菟丝子
Cuscuta approximata var. *urceolata* (Ktze) Uncker (p.p.)= Cuscuta approximata
Cuscuta arvensis Beyrich ex Engl.=Cuscuta campestris
Cuscuta arvensis var. *calycina* Engl.= Cuscuta campestris
Cuscuta astyla Engelm.(Maxim.Prim.Fl.Amur.1859)=Cuscuta japonica
Cuscuta astyla Engelm.=Cuscuta monogyna
Cuscuta australis R.Br.南方菟丝子
Cuscuta campestris Yuncker 原野菟丝子
Cuscuta carvensis Bey. ex Engl.=Cuscuta campestris
Cuscuta carvensis var. *calycina* Engl.=Cuscuta campestris
Cuscuta chinensis Lam.(Hand.-Mazz.in Symb.Sin.1936,p.p.)=Cuscuta europaea
Cuscuta chinensis Lam.(北部植物图志 1931,p.p.,广州志 1956)=Cuscuta australis
Cuscuta chinensis Lam.菟丝子
Cuscuta colorans Maxim.=Cuscuta japonica
Cuscuta cupulata Engelm. (植物志 64-1,1979)= Cuscuta approximata
Cuscuta europaea L.欧洲菟丝子
Cuscuta europaea var. *indica* Engl.=Cuscuta europaea
Cuscuta flava Siev. ex Ledeb.=Cuscuta lupuliformis
Cuscuta formosana Hay.=Cuscuta japonica var. formosana
Cuscuta gigantea Griff.高大菟丝子
Cuscuta hygrophilae Pears.=Cuscuta australis
Cuscuta japonica Choisy 金灯藤
Cuscuta japonica var. fissistyla Engelm.川西金灯藤
Cuscuta japonica var. formosana (Hay.) Yuncker 台湾菟丝子
Cuscuta japonica var. japonica=Cuscuta japonica
Cuscuta japonica var. *paniculata* Engl.=Cuscuta japonica
Cuscuta japonica var. *thyrsoidea* Engelm.=Cuscuta japonica
Cuscuta kawakamii Hay.=Cuscuta australis
Cuscuta lupuliformis Krocker 啤酒花菟丝子
Cuscuta macrantha G.Don=Cuscuta reflexa
Cuscuta macrolepis R.C.Fang & S.H.Huang 大鳞菟丝子
Cuscuta major Bauhin=Cuscuta europaea
Cuscuta millettii HK. & Arn.=Cuscuta australis
Cuscuta monogyna Vahl (Turcz.in Bull.Soc.Nat.Mosc.1849)=Cuscuta lupuliformis
Cuscuta monogyna Vahl 单柱菟丝子
Cuscuta obtusiflora var. *australis* Engelm.=Cuscuta australis
Cuscuta pentagona var. *calycina* Engl.=Cuscuta campestris
Cuscuta pentagona var. *subulata* Yncker=Cuscuta campestris
Cuscuta planiflora var. *approximata* Engelm.(p.p.)= Cuscuta approximata
Cuscuta reflexa Roxb.大花菟丝子
Cuscuta reflexa var. anguina (Edgeworth) C.B.Clarke 短柱头菟丝子
Cuscuta reflexa var. *anguine* (Edgeworth) Yuncker=Cuscuta reflexa var. anguina
Cuscuta reflexa var. *brachystigma* Engelm.=Cuscuta reflexa var. anguina
Cuscuta reflexa var. *densiflora* Benth.=Cuscuta japonica
Cuscuta reflexa var. *grandiflora* Engelm.=Cuscuta reflexa
Cuscuta reflexa var. reflexa=Cuscuta reflexa
Cuscuta tianshanica Palib.=Cuscuta monogyna
Cuscuta upcraftii Pearson=Cuscuta japonica var. fissistyla
Cuscuta urceolata Ktz.=Cuscuta approximata
Cuspidaria (DC.) Besser=**Erysimum**
Cutandia Wilk.**海滨草属**(禾本科)
Cutandia maritima (L.) Benth. ex Barley 海滨草
Cyamopsis DC.**瓜儿豆属**(豆科)
Cyamopsis psoraloides (Lam.) DC.=Cyamopsis tetragonoloba
Cyamopsis tetragonoloba (L.) Taub.瓜儿豆
Cyananthus Griff.=**Stauranthera**
Cyananthus Wall. ex Benth.**蓝钟花属**(桔梗科)
Cyananthus argenteus Marq.总花蓝钟花
Cyananthus barbatus Franch.=Cyananthus delavayi
Cyananthus chungdianensis C.Y.Wu 中甸蓝钟花
Cyananthus cordifolius Duthie 心叶蓝钟花
Cyananthus delavayi Franch.细叶蓝钟花
Cyananthus dolichosceles Marq.川西蓝钟花
Cyananthus fasciculatus Marq.束花蓝钟花
Cyananthus flavus Marq.丽江黄钟花(新)
Cyananthus flavus var. flavus=Cyananthus flavus
Cyananthus flavus var. glaber C.Y.Wu 光叶黄钟花
Cyananthus formosus Diels 美丽蓝钟花
Cyananthus forrestii Diels=Cyananthus inflatus
Cyananthus hookeri C.B.Clarke 蓝钟花
Cyananthus hookeri var. densus Marq.密枝蓝钟花(新)?
Cyananthus hookeri var. grandiflorus Marq.长柔毛蓝钟花(新)?
Cyananthus hookeri var. *hispidus* Franch.=Cyananthus hookeri
Cyananthus hookeri var. hookeri=Cyananthus hookeri
Cyananthus hookeri var. levicalyx Lian 光萼蓝钟花

Cyananthus hookeri var. levicaulis Franch.光茎蓝钟花
Cyananthus incanus HK.f. & Thoms.灰毛蓝钟花
Cyananthus incanus var. decumbens Lian 蔓茎蓝钟花
Cyananthus incanus var. incanus=Cyananthus incanus
Cyananthus incanus var. *leiocalyx* Franch.=Cyananthus leiocalyx
Cyananthus incanus var. parvus Marq.矮小蓝钟花
Cyananthus inflatus HK.f. & Thoms.胀萼蓝钟花
Cyananthus inflatus var. rufus Franch.粗茎蓝钟花(新)?
Cyananthus inflatus var. sylvestris Marq.长柄蓝钟花(新)?
Cyananthus inflatus var. *tenuis* Franch.=Cyananthus inflatus
Cyananthus leiocalyx (Franch.) Cowan 光萼钟花(新)
Cyananthus lichiangensis W.W.Sm.丽江蓝钟花
Cyananthus linifolius HK.f. & Thoms.(p.p.)=Cyananthus microphyllus
Cyananthus linifolius HK.f. & Thoms.(p.p.)=Cyananthus pedunculatus
Cyananthus lobatus Wall. ex Benth.裂叶蓝钟花
Cyananthus lobatus var. *farreri* Marq.=Cyananthus lobatus
Cyananthus longiflorus Franch.长花蓝钟花
Cyananthus macrocalyx Franch.大萼蓝钟花
Cyananthus macrocalyx var. flavo-purpureus Marq.黄紫花蓝钟花
Cyananthus macrocalyx var. macrocalyx=Cyananthus macrocalyx
Cyananthus macrocalyx var. pilosus Marq.毛蓝钟花
Cyananthus mairei (Lévl.) Cowan=Cyananthus montanus
Cyananthus mairei Lévl.=Codonopsis bulleyana
Cyananthus microphyllus Edgew 小叶蓝钟花
Cyananthus microryhombeus C.Y.Wu 小菱叶蓝钟花
Cyananthus microryhombeus var. leiocalyx C.Y.Wu 光萼小菱叶蓝钟花
Cyananthus microryhombeus var. microrhombeus=Cyananthus microryhombeus
Cyananthus montanus C.Y.Wu 白钟花
Cyananthus neglectus Marq.=Cyananthus petiolatus
Cyananthus nepalensis Kitam.=Cyananthus sherriffii
Cyananthus neurocalyx C.Y.Wu 脉萼蓝钟花
Cyananthus obtusilobus Marq.=Cyananthus longiflorus
Cyananthus pedunculatus C.B.Clarke 有梗蓝钟花
Cyananthus petiolatus Franch.毛叶蓝钟花
Cyananthus petiolatus var. petiolatus=Cyananthus petiolatus
Cyananthus petiolatus var. pilifolius (C.Y.Wu) Lian 黄白花蓝钟花
Cyananthus pilifolius var. *minor* C.Y.Wu=Cyananthus petiolatus var. pilifolius
Cyananthus pilifolius var. *pallidocoeruleus* C.Y.Wu=Cyananthus petiolatus
Cyananthus pilifolius var. *pilifolius* C.Y.Wu=Cyananthus petiolatus var. pilifolius
Cyananthus pseudoinflatus Tsoong 短毛蓝钟花
Cyananthus sericeus Lian 绢毛蓝钟花
Cyananthus sherriffii Cown 杂毛蓝钟花
Cyananthus umbrosa Griff.=Stauranthera umbrosa
Cyananthus umbrosus Griff.=Stauranthera umbrosa
Cyananthus wardii Marq.=Cyananthus macrocalyx var. pilosus
Cyanitis Reinw.=**Dichroa**
Cyanitis chinensis HK.f. & Thoms.=Dichroa febrifuga
Cyanitis sylvatica Reinw.=Dichroa febrifuga
Cyanitis versicolor HK.f. & Thoms.=Dichroa febrifuga
Cyanodaphne Bl.=**Dehaasia**
Cyanotis D.Don **蓝耳草属**(鸭跖草科)
Cyanotis arachnoidea C.B.Clarke 蛛丝毛蓝耳草
Cyanotis axillaris (L.) D.Don ex Sweet 鞘苞花
Cyanotis barbata D.Don=Cyanotis vaga
Cyanotis bodinieri Lévl. & Vant.=Cyanotis arachnoidea
Cyanotis bulbosa Lévl.=Cyanotis vaga
Cyanotis capitata (Bl.) C.B.Clarke=Belosynapsis ciliata
Cyanotis cavaleriei Lévl. & Vant.=Cyanotis cristata
Cyanotis ciliata (Bl.) Bakh.f.=Belosynapsis ciliata
Cyanotis cristata (L.) D.Don 四孔草
Cyanotis fasciculata Roem. & Schult.(Benth.,Fl.Hongk.1961)=Cyanotis vaga
Cyanotis geniculata C.B.Clarke=Cyanotis loureiriana
Cyanotis kawakamii Hay.=Belosynapsis ciliata
Cyanotis labordei Lévl. & Vant.=Cyanotis arachnoidea
Cyanotis loureiriana (Roem. & Schult.) Merr.沙地蓝耳草
Cyanotis nobilis Hassk.=Cyanotis vaga
Cyanotis pilosa Roem. & Schult.(广州志 1956)=Cyanotis arachnoidea
Cyanotis racemosa C.B.Clarke=Cyanotis cristata
Cyanotis sect. *Dalzellia* C.B.Clarke=**Belosynapsis**
Cyanotis sect. *Ochreae flora* C.B.Clarke=**Amischophacelus**
Cyanotis vaga (Lour.) Roem. & Schult.蓝耳草
Cyanus Juss.=**Centaurea**
Cyanus segetum Hill.=Centaurea cyanus
Cyathea aspidioides Maritz.=Diacalpe aspidioides
Cyathea subglandulosa Cop.=Ctenitis subglandulosa
Cyatheaceae 桫椤科
Cyathella Decne.=**Cynanchum**
Cyathella callialata (Buch.-Ham. ex Wight) C.Y.Wu & D.Z.Li=Cynanchum callialatum
Cyathella cathayensis (Tsiang & Zhang) C.Y.Wu & D.Z.Li=Cynanchum acutum subsp. sibiricum
Cyathella corymbosa (Wight) C.Y.Wu & D.Z.Li=Cynanchum corymbosum
Cyathella formosana (Maxim.) C.Y.Wu & D.Z.Li=Cynanchum formosanum
Cyathella formosana var. *ovalifolia* (Tsiang & P.T.Li) C.Y.Wu & D.Z.Li= Cynanchum formosanum
Cyathella insulana Tsiang & Zhang=Cynanchum insulanum
Cyathella insulana var. *linearis* Tsiang ex Zhang=Cynanchum insulanum var. lineare
Cyathella kwangsiensis (Tsiang & Zhang) C.Y.Wu & D.Z.Li=Cynanchum kwangsiense
Cyathella otophylla (C.K.Schneid.) C.Y.Wu & D.Z.Li=Cynanchum otophyllum
Cyathella purpurea (Pall.) C.Y.Wu & D.Z.Li=Cynanchum purpureum
Cyathella wallichii (Wight) C.Y.Wu & D.Z.Li=Cynanchum wallichii
Cyathidium Lindl.=**Saussurea**
Cyathidum taraxacifolium Lindl. ex Royle=Saussurea taraxacifolia
Cyathocephalum schmidtii (Maxim.) Nakai=Ligularia schmidtii
Cyathocline Cass.**杯菊属**(菊科)
Cyathocline lyrata Cass.=Cyathocline purpurea
Cyathocline purpurea (Buch.-Ham. ex D.Don) O.Ktze.杯菊
Cyathostemma Griff. **杯冠木属**(番荔枝科)
Cyathostemma yunnanense Hu 杯冠木
Cyathula Bl.**杯苋属**(苋科)
Cyathula capitata (Wall.) Moq.头花杯苋
Cyathula capitata Moq.(中药志 1959)=Cyathula officinalis
Cyathula officinalis Kuan 川牛膝
Cyathula prostrata (L.) Bl.杯苋
Cyathula tomentosa (Roth) Moq.(高等图鉴 1972)=Cyathula officinalis
Cyathula tomentosa (Roth) Moq.绒毛杯苋
Cybbanthera connata Buch.-Ham. ex D.Don=Limnophila connata
Cybela Falc ex Lindl.=**Herminium**
Cycadaceae 苏铁科
Cycas L.**苏铁属**(苏铁科)
Cycas acuminatissima Hung T.Chang et al.=Cycas segmentifida
Cycas baguanheensis L.K.Fu & S.Z.Cheng=Cycas panzhihuaensis
Cycas balansae Warb.宽叶苏铁
Cycas brevipinnata Hung T.Chang et al.=Cycas miquelii
Cycas changjiangensis N.Liu 葫芒苏铁
Cycas chevalieri Leand.=Cycas balansae
Cycas circinalis L.(Roxb.in Hort.Bengal.1814)=Cycas rumphii
Cycas circinalis L.掌叶苏铁
Cycas circinalis subsp. *vera* var. *pectinata* (Griff.) Schuster=Cycas pectinata
Cycas circinalis var. *pectinata* (Griff.) Schust.=Cycas pectinata
Cycas debaoensis Y.C.Zhong & C.J.Chen 德保苏铁
Cycas diannanensis Z.T.Guan & G.D.Tao=Cycas taiwaniana
Cycas dilatata Griff=Cycas pectinata
Cycas fairylakea D.Y.Wang=Cycas taiwaniana
Cycas ferruginea F.N.Wei 锈毛苏铁
Cycas guzhowensis K.M.Lan & R.F.Zou=Cycas szechuanensis
Cycas hainanensis C.J.Chen 海南苏铁
Cycas hongheensis S.Y.Yang & S.L.Yang ex D.Y.Wang 灰干苏铁
Cycas immersa Craib=Cycas siamensis
Cycas inermis Lour.=Cycas revoluta
Cycas inermis Oudem=Cycas revoluta
Cycas intermedia Hort. ex B.S.Williams=Cycas siamensis
Cycas jenkinsiana Griff.=Cycas pectinata
Cycas longiconifera Hung T.Chang & Y.C.Zhong.=Cycas segmentifida
Cycas longipetioluta D.Y.Wang=Cycas multipinnata
Cycas longisporophylla F.N.Wei=Cycas miquelii

Cycas media Qld.大子苏铁
Cycas micholitzii Dyer 叉叶苏铁
Cycas micholitzii f. *distichus* Z.T.Guan=Cycas micholitzii
Cycas micholitzii f. *stonensis* (S.L.Liang) Z.T.Guan=Cycas micholitzii
Cycas micholitzii var. *simplicipinna* Smitin.=Cycas balansae
Cycas micholitzii var. *stonensis* S.L.Iang=Cycas micholitzii
Cycas miquelii Warb.石山苏铁
Cycas multifida Hung T.Chang & Y.C.Zhong=Cycas segmentifida
Cycas multifrondis D.Y.Wang=Cycas micholitzii
Cycas multiovula D.Y.Wang=Cycas szechuanensis
Cycas multipinnata C.J.Chen 多歧苏铁
Cycas palmatifida Hung T.Chang et al.=Cycas balansae
Cycas panzhihuaensis L.Zhou & S.Y.Yang 攀枝花苏铁
Cycas parvula S.L.Yang ex D.Y.Wang=Cycas balansae
Cycas pectinata Buch.-Ham.篦齿苏铁
Cycas pectinata f. *hongheensis* (S.Y.Yang & S.L.Yang ex D.Y.Wang) Z.T.Guan=Cycas hongheensis
Cycas pectinata Griff.(广州志 1956)=Cycas twiwaniana
Cycas pectinata Griff.=Cycas pectinata
Cycas pectinata subsp. *manhaoensis* C.Chen & P.Yun=Cycas taiwaniana
Cycas revoluta Thunb.苏铁
Cycas revoluta var. *inermis* Miq.=Cycas revoluta
Cycas revoluta var. *taiwaniana* (Carruth.) Schuster=Cycas twiwaniana
Cycas rumphii Miq.(台湾志,1964)=Cycas siamensis
Cycas rumphii Miq.华南苏铁
Cycas rumphii var. *bifida* Dyer=Cycas micholitzii
Cycas segmentifida D.Y.Wang & C.Y.Deng 叉孢苏铁
Cycas septemsperma Hung T.Chang et al.=Cycas miquelii
Cycas sexseminifera F.N.Wei=Cycas miquelii
Cycas shiwandashanica Hugn T.Chang & Y.C.Zhong=Cycas balansae
Cycas siamensis Miq.云南苏铁
Cycas siamensis subsp. *balansae* (Warb.) Schust.=Cycas balansae
Cycas simplicipinna (Smitin.=Cycas balansae
*Cycas sp.*Griff.=Cycas rumphii
Cycas spiniformis J.Y.Liang=Cycas miquelii
Cycas szechuanensis Cheng & L.K.Fu 四川苏铁
Cycas tanquingii D.Y.Wang=Cycas balansae
Cycas twiwaniana Carruth.台湾苏铁
Cycas wallichii Miq.=Cycas pectinata
Cycas xilignensis Hung T.Chang & Y.C.Zhong=Cycas segmentifida
Cyclamen L.**仙客来属**(报春花科)
Cyclamen persicum Mill.仙客来
Cyclanthaceae 巴拿马草科
Cyclanthera Schrand.**小雀瓜属**(葫芦科)
Cyclanthera pedata (L.) Schrad.小雀瓜
Cyclea Arn. ex Wight **轮环藤属**(防已科)
Cyclea barbata Miers 毛叶轮环藤
Cyclea ciliata Craib=Cyclea barbata
Cyclea debiliflora Miers 纤花轮环藤
Cyclea deltoidea Miwers=Cyclea hypoglauca
Cyclea densiflora (Yamamoto) Y.C.Tang & Lo=Cyclea gracillima
Cyclea gracillima Diels 纤细轮环藤
Cyclea hainanensis Merr.=Cyclea polypetala
Cyclea hypoglauca (Schauer) Diels 粉叶轮环藤
Cyclea insularis (Makino) Hatusima 海岛轮环藤
Cyclea insularis subsp. guangxiensis Lo 黔桂轮环藤
Cyclea insularis subsp. insularis=Cyclea insularis
Cyclea longganensis J.Y.Luo 莽岗轮环藤
Cyclea meeboldii Diels 云南轮环藤
Cyclea migoana Yamamoto=Cyclea hypoglauca
Cyclea polypetala Dunn 铁藤
Cyclea racemosa Oliv.轮环藤
Cyclea racemosa f. emeiensis J.Y.Luo 峨眉轮环藤
Cyclea racemosa f. racemosa=Cyclea racemosa
Cyclea sutchuenensis Gagn.四川轮环藤
Cyclea sutchuenensis var. *sessilis* Y.C.Wu=Cyclea sutchuenensis
Cyclea tonkenensis Gagn.南轮环藤
Cyclea wallichii Diels=Cyclea barbata
Cyclea wattii Diels 西南轮环藤
Cyclobalanopsis Oerst.**青冈属**(壳斗科)
Cyclobalanopsis albicaulis (Chun & Ko) Y.C.Hsu & H.W.Jen 白枝青冈
Cyclobalanopsis angustinii (Skan) Schott.窄叶青冈
Cyclobalanopsis annulata (Smith) Oerst.环青冈
Cyclobalanopsis argyrotricha (A.Camus) Chun & Y.T.Chang 贵州青冈
Cyclobalanopsis augustinii (Skan) Schott.窄叶青冈
Cyclobalanopsis austrocochinchinensis (Hisk. & A.Camus) Hjelmq.越南青冈
Cyclobalanopsis austroglauca Y.T.Chang ex Y.C.aHsu & H.W.Jen 滇南青冈
Cyclobalanopsis austroyunnanensis Hu=Cyclobalanopsis fleuryi
Cyclobalanopsis bambusaefolia (Hance) Chun ex Y.C.Hsu & H.W.Jen= Cyclobalanopsis neglecta
Cyclobalanopsis bella (Chun & Tsian) Chun 槟榔青冈
Cyclobalanopsis blakei (Skan) Schott.栎子青冈
Cyclobalanopsis breviradiata W.C.Cheng ex Y.C.Hsu & H.W.Jen= Cyclobalanopsis oxyodon
Cyclobalanopsis camusae (Trel. ex Hick. & A.Camus) Y.C.Hsu & H.W.Jen 法斗青冈
Cyclobalanopsis championii (Benth.) Oerst.岭南青冈
Cyclobalanopsis chapensis (Hick. & A.Camus) Y.C.Hsu & H.W.Jen 扁果青冈
Cyclobalanopsis chevalieri (Hick. & A.Camus) Y.C.Hsu & H.W.J 黑果青冈
Cyclobalanopsis chingsiensis (Y.T.Chang) Y.T.Chang 靖西青冈
Cyclobalanopsis chrysocalyx (Hick. & A.Camus) Hjelmq.毛斗青冈
Cyclobalanopsis chungii (Metc.) Y.C.Hsu & H.W.Jen 福建青冈
Cyclobalanopsis damingshanensis S.Lee 大明山青冈
Cyclobalanopsis delavayi (Franch.) Schott.黄毛青冈
Cyclobalanopsis delicatula (Chun & Tsiang) Y.C.Hsu & H.W.Jen 上思青冈
Cyclobalanopsis dinghuensis (Huang) Y.C.Hsu & H.W.Jen 鼎湖青冈
Cyclobalanopsis disciformis (Chun & Tsiang) Y.C.Hsu & H.W.Jen 碟叶青冈
Cyclobalanopsis dulongensis H.Li & Y.C.Hsu=Cyclobalanopsis gambleana
Cyclobalanopsis edithae (Skan) Schott.华南青冈
Cyclobalanopsis elevaticostata Q.F. Zheng 突脉青冈
Cyclobalanopsis faadoouensis Hu=Cyclobanopsis camusae
Cyclobalanopsis fengii Hu & Cheng=Cyclobalanopsis lamellosa
Cyclobalanopsis fleuryi (Hick. & A.Camus) Chun 饭甑青冈
Cyclobalanopsis fuhsingensis (Y.T.Chang) Y.T.Chang= Cyclobalanopsis xanthotricha
Cyclobalanopsis fulviseriaca Y.C.Hsu & D.M.Wang=Cyclobalanopsis lungmaiensis
Cyclobalanopsis gambleana (A.Camus) Y.C.Hsu & H.W.Jen 毛曼青冈
Cyclobalanopsis gilva (Bl.) Oerst.赤皮青冈
Cyclobalanopsis glauca (Thunb.) Oerst.青冈
Cyclobalanopsis glauca var. *gracilis* (Rehd. & Wils.) Y.T.Chang= Cyclobalanopsis gracilis
Cyclobalanopsis glauca var. *kuyuensis* (J.C.Liao) J.C.Liao= Cyclobalanopsis glauca
Cyclobalanopsis glaucoides Schott.滇青冈
Cyclobalanopsis gracilis (Rehd. & Wils.) W.C.Cheng & T.Hong 细叶青冈
Cyclobalanopsis helferiana (A.DC.) Oerst.毛枝青冈
Cyclobalanopsis hui (Chun) Chun ex Y.C.Hsu & H.W.Jen 雷公青冈
Cyclobalanopsis hunanensis (Hand.-Mazz.) W.C.Cheng & T.Hong= Cyclobalanopsis gilva
Cyclobalanopsis hypargyrea (Seem.) Y.C.Hsu & H.W.Jen= Cyoclbalanopsis multinervis
Cyclobalanopsis hypargyrea(Hay.)Kudô 绒毛青冈
Cyclobalanopsis jenseniana (Hand.-Mazz.) Cheng & T.Hong 大叶青冈
Cyclobalanopsis jinpingensis Y.C.Hsu & H.W.Jen 金平青冈
Cyclobalanopsis kerrii (Craib) Hu 毛叶青冈
Cyclobalanopsis kiukiangensis Y.T.Chang ex Y.C.Hsu & H.W.Jen 俅江青冈
Cyclobalanopsis kontumensis (A.Camus) Y.C.Hsu & H.W.Jen= Cyclobalanopsis saravanensis
Cyclobalanopsis kouangsiensis (A.Camus) Y.C.Hsu & H.W.Jen 广西青冈
Cyclobalanopsis koumeii Hu=Cyclobalanopsis chapensis
Cyclobalanopsis lamelloides (C.C.Huang) Y.T.Chang=Cyclobalanopsis

lamellosa
Cyclobalanopsis lamellosa (Smith) Oerst.薄片青冈
Cyclobalanopsis lineata var. *lobbii* (HK.f. & Thoms. ex Wenzig) Schott.=Cyclobalanopsis lobbii
Cyclobalanopsis litoralis Chun & Tamex Y.C.Hsu & H.W.Jen 尖峰青冈
Cyclobalanopsis litseoides (Dunn) Schott.木姜叶青冈
Cyclobalanopsis lobbii (Etting.) Y.C.Hsu & H.W.Jen 滇西青冈
Cyclobalanopsis longinux (Hay.) Schott.长果青冈
Cyclobalanopsis longinux var. longinux=Cyclobalanopsis longinux
Cyclobalanopsis lungmaiensis Hu 龙迈青冈
Cyclobalanopsis morii (Hay.) Schott.台湾青冈
Cyclobalanopsis motuoensis (Huang) Y.C.Hsu & H.W.Jen.默脱青冈
Cyclobalanopsis multinervis Cheng & T.Hong 多脉青冈
Cyclobalanopsis myrsinaefolia (Bl.) Oerst.小叶青冈
Cyclobalanopsis nanchuanica (C.C.Huang) Y.T.Chang=Cyclobalanopsis gambleana
Cyclobalanopsis neglecta Schott.竹叶青冈
Cyclobalanopsis nengpulaensis H.Li & Y.C.Hsu=Cyclobalanopsis fleuryi
Cyclobalanopsis nigrinervis Hu=Cyclobalanopsis lamellosa
Cyclobalanopsis nigrinux Hu=Cyclobalanopsis chevalieri
Cyclobalanopsis ningangensis Cheng & Y.C.Hsu 宁冈青冈
Cyclobalanopsis nudium (Hand.-Mazz.) Chun ex Q.F. Zheng=Cyclobalanopsis sessillifolia
Cyclobalanopsis obovatifolia (C.C.Huang) Q.F.Zheng 倒卵叶青冈
Cyclobalanopsis oxyodon (Miq.) Oerst.曼青冈
Cyclobalanopsis oxyodon var. *tomentosa* Hu=Cyclobalanopsis gambleana
Cyclobalanopsis pachyloma (Seem.) Schott.毛果青冈
Cyclobalanopsis pachyloma var. *mubianensis* Y.C.Hsu & H.W.Jen=Cyclobalanopsis pachyloma
Cyclobalanopsis pachyloma var. pachyloma=Cyclobalanopsis pachyloma
Cyclobalanopsis pacnhyloma var. *tomentosicupula* (Hay.) J.C.Liao=Cyclobalanopsis pachyloma
Cyclobalanopsis patelliformis (Chun) Y.C.Hsu & H.W.Jen 托盘青冈
Cyclobalanopsis paucidentata (Franch.) Kudô & Masamune=Cyclobalanopsis sessillifolia
Cyclobalanopsis pentacycla (Y.T.Chang) Y.T.Chang 五环青冈
Cyclobalanopsis phanera (Chun) Y.C.Hsu & H.W.Jen 亮叶青冈
Cyclobalanopsis pinbianensis Y.C.Hsu & H.W.Jen 屏边青冈
Cyclobalanopsis poilanei (Hick. & A.Camus) Hjemq.黄背青冈
Cyclobalanopsis pseudoglauca Y.K.Li & X.M.Wang=Cyclobalanopsis gracilis
Cyclobalanopsis repandifolia (J.C.Liao) J.C.Liao=Cyclobalanopsis glauca
Cyclobalanopsis rex (Hemsl.) Schott.大果青冈
Cyclobalanopsis saravanensis (A.Camus) Hjielm.薄叶青冈
Cyclobalanopsis semiserrata (Roxb.) Oerst.无齿青冈
Cyclobalanopsis semiserratoides Y.C.Hsu & H.W.Jen=Cyclobalanopsis semiserrata
Cyclobalanopsis semiserratoides Y.C.Hsu & H.W.Jen 无齿青冈
Cyclobalanopsis sessillifolia (Bl.) Schott.云山青冈
Cyclobalanopsis shennongii (Huang & Fu) Y.C.Hsu & H.W.Jen 神农青冈
Cyclobalanopsis shianpyngensis Hu=Cyclobalanopsis chapensis
Cyclobalanopsis sichourensis Hu 西畴青冈
Cyclobalanopsis stenophylla var. *stenophylloides* (Hay.) Liao=Cyclobalanopsis stenophylloides
Cyclobalanopsis stenophylloides (Hay.) Kudô 台湾窄叶青冈
Cyclobalanopsis stewardiana (A.Camus) Y.C.Hsu & H.W.Jen 褐叶青冈
Cyclobalanopsis stewardiana var. *longicaudata* Y.C.Hsu et al.=Cyclobalanopsis stewardiana
Cyclobalanopsis stewardiana var. longicaudata Y.C.Hsu,P.I.Mao & W.Z.Li
Cyclobalanopsis stewardiana var. stewardiana=Cyclobalanopsis stewardiana
Cyclobalanopsis subhinoides (Chun & Ko) Y.C.Hsu & H.W.Jen 鹿茸青冈
Cyclobalanopsis tenuicupula Y.C.Hsu & H.W.Jen 薄斗青冈
Cyclobalanopsis ternaticupula (Hay.) Kudô =Lithocarpus hancei
Cyclobalanopsis ternaticupula f. *arisanensis* (Hay.) Kanehira=Lithocarpus hancei
Cyclobalanopsis ternaticupula f. *arisanensis* (Hay.) Kudô =Lithocarpus hancei
Cyclobalanopsis thorelii (Hick. & A.Camus) Hu 厚缘青冈
Cyclobalanopsis tiaoloshanica (Chun & Ko) Y.C.Hsu & H.W.Jen 吊罗山青冈
Cyclobalanopsis tomentosinervis Y.C.Hsu & H.W.Jen 毛脉青冈
Cyclobalanopsis xanthotricha (A.Camus) Y.C.Hsu & H.W.Jen 思茅青冈
Cyclobalanopsis xizangensis Y.C.Hsu & H.W.Jen=Cyclobalanopsis kiukiangensis
Cyclobalanopsis yingjiangensis Y.C.Hsu & Q.Z.Dong 盈江青冈
Cyclobalanopsis yonganensis (L.Lin & Huang) Y.C.Hsu & H.W.Jen 永安青冈
Cyclobalanus hancei (Benth.) Oerst.=Lithocarpus hancei
Cyclobalanus ternaticupula (Hay.) Nakai=Lithocarpus hancei
Cyclocarya Iljinsk.**青钱柳属**(胡桃科)
Cyclocarya paliurus (Batal.) Iljinsk.青钱柳
Cyclocarya paliurus var. *micropaliurus* (Tsoong) P.S.Hsu et al.=Cyclocarya paliurus
Cyclocodon Griff.=**Campanumoea**
Cyclocodon adnatus Griff.=Campanumoea lancifolia
Cyclocodon parviflora (Wall.) HK.f. & Thoms.=Campanumoea parviflora
Cyclocodon truncatum (Wall.) HK.f. & Thoms.=Campanumoea lancifolia
Cyclogramma Tagawa **钩毛蕨属**(金星蕨科)
Cyclogramma auriculata (J.Sm) Ching 耳羽钩毛蕨
Cyclogramma chunii (Ching) Tagawa 焕镛钩毛蕨
Cyclogramma costularisorum Ching ex Shing 无量山钩毛蕨
Cyclogramma flexilis (Christ) Tagawa 小叶钩毛蕨
Cyclogramma himalayensis Tagawa=Cyclogramma auriculata
Cyclogramma leveillei (Christ) Ching 狭基钩毛蕨
Cyclogramma léveillei (Christ.) Nakaike=Cyclogramma omeiensis
Cyclogramma maguanensis Ching ex Shing 马关钩毛蕨
Cyclogramma neoauriculata (Ching) Tagawa 滇东钩毛蕨
Cyclogramma omeiensis (Bak.) Tagawa 峨眉钩毛蕨
Cyclogramma omeiensis Tagawa (p.p.)=Cyclogramma leveillei
Cyclogramma simulans Tagawa=Cyclogramma auriculata
Cyclogramma tibetica Ching & S.K.Wu 西藏钩毛蕨
Cyclopasania tubulosa (Hickel & A.Camus) Nakai=Lithocarpus tubulosus
Cyclopeltis J.Sm.**拟贯众属**(鳞毛蕨科)
Cyclopeltis crenata (Fee) C.Chr.拟贯众
Cyclopeltis semicordata (Sw.) J.Sm.半心形拟贯众
Cyclophorus Desv.=**Pyrrosia**
Cyclophorus acrostichoides var. *backeri* Alderw.=Pyrrosia longifolia
Cyclophorus alcicornu Christ=Pyrrosia porosa
Cyclophorus assimilis f. *lobata* Wu et al.=Pyrrosia assimilis
Cyclophorus bodinieri Lévl.=Pyrrosia lingua
Cyclophorus cinnamomeus Alderw.=Pyrrosia longifolia
Cyclophorus cornutus Copel.=Pyrrosia lanceolata
Cyclophorus drakeanus f. *maxima* Wu et al.=Pyrrosia sheareri
Cyclophorus esquirolii Lévl.=Pyrrosia calvata
Cyclophorus giesenhageni (Christ) C.Chr.=Pyrrosia lanceolata
Cyclophorus glaber Desv.=Pyrrosia lanceolata
Cyclophorus grandissimus Hay.=Pyrrosia sheareri
Cyclophorus inaequalis (Christ) C.Chr.(p.p.)=Pyrrosia drakeana
Cyclophorus inaequalis (Christ) C.Chr.(p.p.)=Pyrrosia sheareri
Cyclophorus induratus Christ=Pyrrosia longifolia
Cyclophorus lingua Merr.=Pyrrosia eberhardtii
Cyclophorus lingus var. *angustifrons* Hay.=Pyrrosia lingua
Cyclophorus matsudai Hay.=Pyrrosia gralla
Cyclophorus nummulariifolius var. *rufa* Alderw.=Pyrrosia nummulariifolia
Cyclophorus pekinensis C.Chr.=Pyrrosia davidii
Cyclophorus pustulosus Christ=Pyrrosia adnascens
Cyclophorus sasakii Hay.=Saxiglossum angustissimum
Cyclophorus scolopendrium Desv.=Pyrrosia longifolia
Cyclophorus sheari f. *maxima* (Wu et al.) C.Chr.=Pyrrosia sheareri
Cyclophorus spissum (Willd.) Desv.=Pyrrosia lanceolata
Cyclophorus stellatus Copel.=Pyrrosia adnascens
Cyclophorus subfissus Hay.=Pyrrosia gralla
Cyclophorus taenioides C.Chr.=Saxiglossum angustissimum
Cyclophorus taiwanensis (Christ) C.Chr.=Pyrrosia lingua
Cyclophorus transmorissonensis Hay.=Pyrrosia gralla
Cyclopteris fragilis Gray=Cystopteris fragilis
Cyclorhiza Sheh. & Shan **环根芹属**(伞形科)
Cyclorhiza major (Sheh & Shan) Sheh 南竹叶环根芹
Cyclorhiza waltonii (Wolff) Sheh & Shan 环根芹
Cyclorhiza waltonii var. *major* Sheh & Shan=Cyclorhiza major
Cyclosorus Link **毛蕨属**(金星蕨科)

Cyclosorus abbreviatus Ching & Shing ex Shing & J.F.Cheng 缩羽毛蕨
Cyclosorus acuminatus (Houtt.) Nakai 渐尖毛蕨
Cyclosorus acuminatus var. ×acuminatoides Shieh & Tsai 赛毛蕨
Cyclosorus acuminatus var. acuminatus=Cyclosorus acuminatus
Cyclosorus acuminatus var. *kuliangensis* Ching=Cyclosorus kuliangensis
Cyclosorus acutilobus Ching 锐片毛蕨
Cyclosorus acutissimus Ching ex Shing & J.F.Cheng 锐尖毛蕨
Cyclosorus angustipinnus (Ching) Shing 线羽毛蕨
Cyclosorus angustus Ching 狭羽毛蕨
Cyclosorus appendiculatus (Presl) Shing 附生毛蕨?
Cyclosorus aridus (Don) Tagawa 干旱毛蕨
Cyclosorus assamicus Ching=Cyclosorus subelatus
Cyclosorus attenuatus Ching ex Shing 下延毛蕨
Cyclosorus aureoglandulifer Ching ex Shing 腺饰毛蕨
Cyclosorus aureo-glandulosus Ching & Shing ex Ching & C.F.Zhang 金腺毛蕨
Cyclosorus aureoglandulosus Ching=Cyclosorus baiseensis
Cyclosorus aure-olepidotus Ching=Cyclosorus aureoglandulifer
Cyclosorus baiseensis Ching ex Shing 百色毛蕨
Cyclosorus bamleri Rosenst=Pyrrosia adnascens
Cyclosorus benguetensis Cop.=Cyclosorus procurrens
Cyclosorus brevipes Ching & Shing 短柄毛蕨
Cyclosorus caii Ching ex Shing 多耳毛蕨
Cyclosorus calvescens Ching 三合毛蕨
Cyclosorus cangnanensis Shing & C.F.Zhang 苍南毛蕨
Cyclosorus centrochinensis Ching=Cyclosorus aridus
Cyclosorus cheliensis Ching=Cyclosorus jinghongensis
Cyclosorus chengii Ching ex Shing 程氏毛蕨
Cyclosorus chingii Z.Y.Liu ex Ching & Z.Y.Liu 秦氏毛蕨
Cyclosorus ciliensis Shing 慈利毛蕨
Cyclosorus clavatus Shing 棒腺毛蕨
Cyclosorus contractus Ching ex Shing 狭缩毛蕨
Cyclosorus crinipes (HK.) Ching 鳞柄毛蕨
Cyclosorus cuneatus Ching ex Shing 狭基毛蕨
Cyclosorus cuspidatus Ching=Cyclosorus aridus
Cyclosorus damingshanensis Ching ex Shing 大明山毛蕨
Cyclosorus decipiens Ching 光盖毛蕨
Cyclosorus decorus Ching=Cyclosorus terminans
Cyclosorus dehuaensis Ching & Shing 德化毛蕨
Cyclosorus densissimus Ching ex Shing 密羽毛蕨
Cyclosorus dentatus (Forssk.) Ching 齿牙毛蕨
Cyclosorus didymosorus Nayar & Kaur=Cyclosorus parasiticus
Cyclosorus dimorphus Copel.=Pyrrosia adnascens
Cyclosorus dissitus Ching ex Shing 疏羽毛蕨
Cyclosorus distans Ching=Cyclosorus dissitus
Cyclosorus dulongjiangensis W.M.Chu 独龙江毛蕨
Cyclosorus eberhardtii Christ=Pyrrosia eberhardtii
Cyclosorus elatus Ching ex Shing 高株毛蕨
Cyclosorus elegans Ching=Cyclosorus hirtisorus
Cyclosorus ensifer (Tagawa) Shieh 广叶毛蕨
Cyclosorus euphlebius Ching 河池毛蕨
Cyclosorus evolutus (Bedd.) Ching 展羽毛蕨
Cyclosorus excelsior Ching & Shing 高大毛蕨
Cyclosorus extensus (Bl.) Ching(Holtt.in Dansk Bot.Ark.1961)=Cyclosorus terminans
Cyclosorus extensus (Bl.) H.Ito=Cyclosorus opulentus
Cyclosorus fengii Ching ex Shing 国楣毛蕨
Cyclosorus flaccidus Ching & Z.Y.Liu 平基毛蕨
Cyclosorus fraxinifolius Ching 梣叶毛蕨
Cyclosorus fukienensis Ching 福建毛蕨
Cyclosorus gaoxiongensis Ching ex Shing 高雄毛蕨
Cyclosorus glabellus Ching=Cyclosorus taiwanensis
Cyclosorus glabrescens Ching ex Shing 光叶毛蕨
Cyclosorus gongylodes (Schkuhr) Link=Cyclosorus interruptus
Cyclosorus gongylodes var. *glaber* (Mett.) Ching=Cyclosorus interruptus
Cyclosorus gongylodes var. *glaber* H.Ito=Cyclosorus interruptus
Cyclosorus gongylodes var. *hirsutus* (Mett.) Farwell.=Cyclosorus interruptus
Cyclosorus grandissimus Ching & Shing 大毛蕨
Cyclosorus grosso-dentatus Ching ex Shing 粗齿毛蕨
Cyclosorus hainanensis Ching 海南毛蕨
Cyclosorus heterocarpus (Bl.) Ching 异果毛蕨
Cyclosorus heterophyllum Desv.=Pyrrosia adnascens
Cyclosorus hirticarpus Ching=Cyclosorus hirtisorus
Cyclosorus hirtipes Shing & C.F.Zhang 毛脚毛蕨
Cyclosorus hirtisorus (C.Chr.) Ching 毛囊毛蕨
Cyclosorus hokouensis Ching 河口毛蕨
Cyclosorus houi Ching 学煜毛蕨
Cyclosorus incertus Ching=Cyclosorus opulentus
Cyclosorus insularis Ching=Cyclosorus yuanjiangensis
Cyclosorus interruptus (Willd.) H.Ito (Ching in Bull.Fan.Mem.Inst.Bill.Bot.1938)=Cyclosorus terminans
Cyclosorus interruptus (Willd.) H.Ito 毛蕨
Cyclosorus interruptus var. *hirsutus* Ching=Cyclosorus terminans
Cyclosorus iridescens Ching=Cyclosorus yunnanensis
Cyclosorus jaculosus (Christ) H.Ito 闽台毛蕨
Cyclosorus jinghongensis Ching ex Shing 景洪毛蕨
Cyclosorus jiulongshanensis Chiu & Yao ex Ching 九龙山毛蕨
Cyclosorus kingtungensis Ching=Cyclosorus dentatus
Cyclosorus kotoensis Shieh=Cyclosorus productus
Cyclosorus kuizouensis Shing 夔州毛蕨
Cyclosorus kuliangensis (Ching) Shing 细柄毛蕨
Cyclosorus kweichowensis Ching ex Shing 贵州毛蕨
Cyclosorus lanpingensis Ching=Cyclosorus fengii
Cyclosorus latipinnus (Benth.) Tard.-Blot 宽羽毛蕨
Cyclosorus laui Ching 心祁毛蕨
Cyclosorus leipoensis Ching & H.S.Kung 雷波毛蕨
Cyclosorus leucadenius Cop.=Cyclosorus productus
Cyclosorus linearifolius Ching=Cyclosorus hirtisorus
Cyclosorus longqishanensis Shing 龙栖毛蕨
Cyclosorus lungmenensis Ching=Cyclosorus dentatus
Cyclosorus lushiensis Ching=Cyclosorus fengii
Cyclosorus macrophyllus Ching & Z.Y.Liu 阔羽毛蕨
Cyclosorus medogensis Ching & S.K.Wu 墨脱毛蕨
Cyclosorus megongensis Ching ex Shing 临沧毛蕨
Cyclosorus mekongensis Ching=Cyclosorus megongensis
Cyclosorus mianningensis Ching ex Shing 冕宁毛蕨
Cyclosorus mollissimus Ching ex Shing 多网眼毛蕨
Cyclosorus molliusculus (Wall. ex Kuhn) Ching 美丽毛蕨
Cyclosorus moulmeinensis Tard.-Blot=Pronephrium nudatum
Cyclosorus multilineatum Tard.-Blot & C.Chr.=Pronephrium nudatum
Cyclosorus multisorus Ching ex Shing 多囊毛蕨
Cyclosorus nanchuanensis Ching & Z.Y.Liu=Cyclosorus sino-acuminatus
Cyclosorus nanchuanensis Ching & Z.Y.Liu 南川毛蕨
Cyclosorus nanlingensis Ching ex Shing & J.F.Cheng 南岭毛蕨
Cyclosorus nanpingensis Ching 南平毛蕨
Cyclosorus nanxiensis Ching ex Shing 南溪毛蕨
Cyclosorus nigrescens Ching ex Shing 黑叶毛蕨
Cyclosorus oblanceolatus Shing & C.F.Zhang 倒披针毛蕨
Cyclosorus omeigensis Ching 峨眉毛蕨
Cyclosorus oppositipinnus Ching & Z.Y.Liu 对羽毛蕨
Cyclosorus oppositus Ching ex Shing 对生毛蕨
Cyclosorus opulentus (Kaulf.) Nakai 腺脉毛蕨
Cyclosorus orientalis Ching ex Shing 东方毛蕨
Cyclosorus pandus Ching=Cyclosorus paradentatus
Cyclosorus papilio (Hope) Ching 蝶状毛蕨
Cyclosorus papilionaceus Shing & C.F.Zhang 蝶羽毛蕨
Cyclosorus paracuminatus Ching ex Shing & J.F.Cheng 宽顶毛蕨
Cyclosorus paradentatus Ching ex Shing 曲轴毛蕨
Cyclosorus paralatipinnus Ching ex Shing 长尾毛蕨
Cyclosorus pararidus Ching ex Shing 岳麓山毛蕨
Cyclosorus parasiticus (L.) Farwell 华南毛蕨
Cyclosorus parasiticus var. *formosana* Ching=Cyclosorus procurrens
Cyclosorus parvifolius Ching 小叶毛蕨
Cyclosorus parvilobus Ching & Shing 龙胜毛蕨
Cyclosorus paucipinnus Ching & C.F.Zhang 少羽毛蕨
Cyclosorus pauciserratus Ching & C.F.Zhang 齿片毛蕨
Cyclosorus pingshanensis Ching & H.S.Kung 屏山毛蕨
Cyclosorus procurrens (Mett.) Ching 无腺毛蕨
Cyclosorus procurrens (Mett.) Cop.=Cyclosorus parasiticus

Cyclosorus productus (Kaulf.) Ching 兰屿大叶毛蕨
Cyclosorus proliferus (Retz.) Tard.-Blot ex Tard.Blot & C.Chr.= Ampelopteris prolifera
Cyclosorus proximus Ching & C.H.Wang 越北毛蕨
Cyclosorus pseudoaridus Ching ex Shing 假干旱毛蕨
Cyclosorus pseudoattenuatus Ching=Cyclosorus mollissimus
Cyclosorus pseudocuneatus Ching ex Shing 楔形毛蕨
Cyclosorus pubescens Ching(p.p.)=Cyclosorus latipinnus
Cyclosorus pulcher Ching=Cyclosorus molliusculus
Cyclosorus pumilus Ching ex Shing 狭叶毛蕨
Cyclosorus pustuliferus Ching ex Shing 泡泡毛蕨
Cyclosorus pustulosus Cop.=Pronephrium gymnopteridifrons
Cyclosorus pygmaeus Ching & C.F.Zhang 矮毛蕨
Cyclosorus quadrangularis (Fée) Tard.-Blot 四棱毛蕨
Cyclosorus rubra Tard.-Blot=Pronephrium lakhimpurense
Cyclosorus rupicola Ching 石生毛蕨
Cyclosorus sahsiensis Ching=Cyclosorus subacutus
Cyclosorus sanduensis Shing & P.S.Wang 三都毛蕨
Cyclosorus scaberulus Ching 糙叶毛蕨
Cyclosorus serratus Cop.=Cyclosorus productus
Cyclosorus serrifer Ching ex Shing 锯齿毛蕨
Cyclosorus shapingbaensis Ching ex Shing 沙坪坝毛蕨
Cyclosorus simenensis Shing & C.M.Zhang 石门毛蕨
Cyclosorus similis Ching=Cyclosorus hokouensis
Cyclosorus simillimus Ching ex Shing 同羽毛蕨
Cyclosorus sino-acuminatus Ching & Z.Y.Liu 拟渐尖毛蕨
Cyclosorus sinodentatus Ching & Z.Y.Liu 中华齿状毛蕨
Cyclosorus sophoroides Tard.-Blot=Cyclosorus acuminatus
Cyclosorus sparsisorus Ching ex Shing 疏囊毛蕨
Cyclosorus stenopes Ching & Shing ex Shing 狭脚毛蕨
Cyclosorus strigosus Ching=Cyclosorus hokouensis
Cyclosorus subacuminatus Ching ex Shing & J.F.Cheng 假渐尖毛蕨
Cyclosorus subacutus Ching 短尖毛蕨
Cyclosorus subaridus Tatew. & Tagawa(p.p.)=Cyclosorus aridus
Cyclosorus subaridus Tatew. & Tagawa(p.p.)=Cyclosorus jaculosus
Cyclosorus subcoriaceus Ching ex Shing 坚叶毛蕨
Cyclosorus subelatus (Bak.) Ching 巨型毛蕨
Cyclosorus subgen. *Abacopteris* sect. *Abacopteris* A.R.Sm.= **Pronephrium**
Cyclosorus subgen. *Ampelopteris* A.R.Sm.=**Ampelopteris**
Cyclosorus subgen. *Cyclogramma* A.R.Sm.=**Cyclogramma**
Cyclosorus subgen. *Cyclosorus* A.R.Sm.=**Cyclosorus**
Cyclosorus subgen. *Pseudocyclosorus* A.R.Sm.=**Pseudocyclosorus**
Cyclosorus subgen. *Stegnogramma* A.R.Sm.(p.p.)=**Leptogramma**
Cyclosorus subgen. *Stegnogramma* A.R.Sm.=**Stegnogramma**
Cyclosorus subgen. *Stengogramma* A.R.Sm.(p.p.)=**Dictyocline**
Cyclosorus subheterocarpus Ching=Cyclosorus taiwanensis
Cyclosorus sublaevis Ching=Cyclosorus aureoglandulifer
Cyclosorus subnamburensis Ching ex Shing 万金毛蕨
Cyclosorus subpubescens (Bl.) Ching=Cyclosorus latipinnus
Cyclosorus subpubescens Ching(p.p.)=Cyclosorus jaculosus
Cyclosorus sulfurea Cop.=Cyclosorus opulentus
Cyclosorus taiwanensis (C.Chr.) H.Ito 台湾毛蕨
Cyclosorus tarningensis Ching 泰宁毛蕨
Cyclosorus terminans (HK.) Shing 顶育毛蕨
Cyclosorus tingwoownsis Ching=Cyclosorus paradentatus
Cyclosorus transitorius Ching ex Shing 河边毛蕨
Cyclosorus triphyllus (Sw.) Tard.-Blot ex Tard.-Blot & C.Chr.= Pronephrium triphyllum
Cyclosorus truncatus (Poir.) Farwell 截裂毛蕨
Cyclosorus truncatus var. acutiloba Ching 尖裂毛蕨
Cyclosorus truncatus var. *angustipinna* Ching=Cyclosorus angustipinnus
Cyclosorus truncatus var. *kotoensis* H.Ito=Cyclosorus productus
Cyclosorus tungkooshanensis Ching=Cyclosorus taiwanensis
Cyclosorus valeculosus Alderw.=Pyrrosia longifolia
Cyclosorus wangii Ching 黄志毛蕨
Cyclosorus wangmoensis Shing & P.S.Wang 望谟毛蕨
Cyclosorus weberi Cop.=Cyclosorus productus
Cyclosorus wenzhouensis Shing & C.F.Zhang 温州毛蕨
Cyclosorus wulingshanensis C.M.Zhang 武陵毛蕨
Cyclosorus xunwuensis Ching & J.F.Cheng 寻乌毛蕨
Cyclosorus yandangensis Ching & Shing 雁荡毛蕨
Cyclosorus yuanjiangensis Ching ex Shing 元江毛蕨
Cyclosorus yunnanensis Ching ex Shing 云南毛蕨
Cyclosorus zhangii Shing 朝芳毛蕨
Cyclospermum leptophyllum Sprague=Apium leptophyllum
Cyclostegia strobilifera Benth.=Elsholtzia strobilifera
Cyclostemon Bl.=**Drypetes**
Cyclostemon cumingii Baill.=Drypetes cumingii
Cyclostemon cuspidatum Bl.=Aphananthe cuspidata
Cyclostemon hieranensis Hay.=Drypetes indica
Cyclostemon indicus Muell.-Arg.=Drypetes indica
Cyclostemon iwahigensis Elm.=Drypetes littoralis
Cyclostemon karapinensis Hay.=Drypetes indica
Cyclostemon littoralis C.B.Rob.=Drypetes littoralis
Cyclostemon mindorensis Merr.=Drypetes littoralis
Cyclostemon yamadai Kahehira & Sasaki=Drypetes littoralis
Cycnoches Lindl.**肉唇兰属**(兰科)
Cycnoches egerotonianum Batem.艾氏肉唇兰
Cycnoches egerotonianum var. aureum (Lindl.) P.H.Allen 黄艾氏肉蜃兰
Cycnoches egerotonianum var. diane (Rchb.f.) P.H.Allen 丹氏肉唇兰
Cycnoches maculatum Lindl.斑唇肉唇兰
Cycnoches pentadacytylon Lindl.五指肉唇兰
Cydonia Mill.**榅桲属**(蔷薇科)
Cydonia cathayensis Hemsl.=Chaenomeles cathayensis
Cydonia delavayi Card.=Docynia delavayi
Cydonia indica Spach=Docynia indica
Cydonia japonica Pers.=Chaenomeles japonica
Cydonia japonica var. *cathayensis* (Hemsl.) Card.=Chaenomeles cathayensis
Cydonia japonica var. *lagenaria* (Loisel) Makino=Chaenomeles speciosa
Cydonia lagenaria Loisel.=Chaenomeles speciosa
Cydonia oblonga Mill.榅桲
Cydonia sect. *Chaenomeles* DC.=**Chaenomeles**
Cydonia sinensis Thuin=Chaenomeles sinensis
Cydonia speciosa Sweet=Chaenomeles speciosa
Cydonia vulgaris Pers.=Cydonia oblonga
Cylastis Raf.=**Rubus**
Cylicodaphne akoensis (Hay.) Nakai=Litsea akoensis
Cylicodaphne hayatae (Kan.) Nakai=Litsea hayatae
Cylindrokelupha Kosterm.**棋子豆属**(豆科)
Cylindrokelupha alternifoliolata T.L.Wu 长叶棋子豆
Cylindrokelupha balansae (Oliv.) Kosterm.锈毛棋子豆
Cylindrokelupha chevalieri Kosterm.坛腺棋子豆
Cylindrokelupha dalatensis (Kosterm.) T.L.Wu 显脉棋子豆
Cylindrokelupha eberhardtii (Nielsen) T.L.Wu 大棋子豆
Cylindrokelupha glabrifolia T.L.Wu 光叶棋子豆
Cylindrokelupha kerrii (Gagn.) T.L.Wu 碟腺棋子豆
Cylindrokelupha macrophylla T.L.Wu=Cylindrokelupha eberhardtii
Cylindrokelupha robinsonii (Gagn.) Kosterm.(Kosterm in Adansonia 1966, p.p.)=Cylindrokelupha chevalieri
Cylindrokelupha robinsonii (Gagn.) Kosterm.棋子豆
Cylindrokelupha robinsonii Kosterm.(Kosterm.in Adansonia 1966,p.p.)= Cylindrokelupha tonkinensis
Cylindrokelupha tonkinensis (Nielsen) T.L.Wu 绢毛棋子豆
Cylindrokelupha turgida (Merr.) T.L.Wu 大叶合欢
Cylindrokelupha yunnanensis (Kosterm.) T.L.Wu 云南棋子豆
Cyliodaphne garciae (Vidal) Nakai=Litsea garciae
Cymaria Benth.**岐伞花属**(唇形科)
Cymaria acuminata Decne.长柄岐伞花
Cymaria dichotoma Benth.岐伞花
Cymaria elongata Benth.长歧伞花
Cymaria sp. Oliv. ex C.B.Clarke=Microtoena insuavis
Cymbaria L.**芯芭属**(玄参科)
Cymbaria dahurica L.达乌里芯芭
Cymbaria linearifolia Hao=Cymbaria mongolica
Cymbaria mongolica Maxim.蒙古芯芭
Cymbidiella Rolfe **马达加斯加兰属**(兰科)
Cymbidiella flabellata (Thon.) Rolfe 马达加斯加兰
Cymbidiella humblotii (Rolfe) Rolfe 洪氏马达加斯加兰
Cymbidiella rhodochila (Rolfe) Rolfe 红唇马达加斯加兰
Cymbidium Sw.**兰属**(兰科)

Cymbidium albo-jucundissimum Hay.=Cymbidium sinense
Cymbidium aloifolium (L.) Sw.纹瓣兰
Cymbidium aphyllum Ames & Schltr.=Cymbidium macrorhizon
Cymbidium appendiculatum D.Don=Cremastra appendiculata
Cymbidium arrogans Hay.=Cymbidium ensifolium
Cymbidium aspidistrifolium Fukuyama=Cymbidium lancifolium
Cymbidium atropurpureum (Lindl.) Rolfe (夏门兰谱 1964)=Cymbidium aloifolium
Cymbidium babae (Kudô ex Masam.) Masam.=Cymbidium cochleare
Cymbidium bambusifolium Fowlie=Cymbidium lancifolium
Cymbidium bicolor subsp. bicolor 南亚硬叶兰
Cymbidium bicolor subsp. obtusum Du Puy & Cribb 硬叶兰
Cymbidium boreale Sw.=Calypso bulbosa
Cymbidium carnosum Griff.=Cymbidium cyperifolium
Cymbidium chinense Heynh.=Cymbidium sinense
Cymbidium chuan-lan C.Chow=Cymbidium goeringii
Cymbidium cochleare Lindl.垂花兰
Cymbidium crinum Schltr.=Cymbidium faberi
Cymbidium cyperifolium Wall. ex Lindl.莎叶兰
Cymbidium dayanum Rchb.f.冬凤兰
Cymbidium dayanum subsp. *leachianum* (Rchb.f.) S.S.Ying=Cymbidium dayanum
Cymbidium dayanum var. *albiflorum* S.S.Ying=Cymbidium dayanum
Cymbidium dayanum var. *austrojaponicum* Tuyama=Cymbidium dayanum
Cymbidium dayanum var. *leachianum* (Rchb.f.) S.S.Ying=Cymbidium dayanum
Cymbidium defoliatum Y.S.Wu & S.C.Chen 落叶兰
Cymbidium eburneum Lindl.独占春
Cymbidium eburneum var. *austrojaponicum* (Tuyama) Hiroe=Cymbidium dayanum
Cymbidium eburneum var. parishii (Rchb.f.) HK.f.大雪兰
Cymbidium elegans Lindl.莎草兰
Cymbidium ensifolium (L.) Sw.建兰
Cymbidium ensifolium var. *misericors* (Hay.) T.P.Lin=Cymbidium ensifolium
Cymbidium ensifolium var. *munronianum* King & Pantl.(分类学报 1951)=Cymbidium sinense
Cymbidium ensifolium var. *rubrigemmum* (Hay.) T.S.Liu & H.J.Su=Cymbidium ensifolium
Cymbidium ensifolium var. *striatum* Lindl.=Cymbidium ensifolium
Cymbidium ensifolium var. *susin* f. *arcuatum* T.K.Yen=Cymbidium ensifolium
Cymbidium ensifolium var. *susin* f. *falcatum* T.K.Yen=Cymbidium ensifolium
Cymbidium ensifolium var. susin Yen 素心建兰
Cymbidium ensifolium var. *xiphiifolium* (Lindl.) S.S.Ying=Cymbidium ensifolium
Cymbidium ensifolium var. *yakibaran* (Makino) Y.S.Wu & S.C.Chen=Cymbidium ensifolium
Cymbidium ensifolium. var. *susin* T.K.Yen=Cymbidium ensifolium
Cymbidium erythraeum Lindl.长叶兰
Cymbidium faberi Rolfe 蕙兰
Cymbidium faberi f. *viridiflorum* S.S.Ying=Cymbidium faberi
Cymbidium faberi var. faberi=Cymbidium faberi
Cymbidium faberi var. omeiense (Y.S.Wu & S.C.Chen) Y.S.Wu & S.C.Chen 峨眉春蕙
Cymbidium faberi var. szechuanicum (Y.S.Wu & S.C.Chen) Y.S.Wu & S.C.Chen 送春
Cymbidium flaccidum Schltr.=Cymbidium bicolor subsp. obtusum
Cymbidium floribundum Lindl.多花兰
Cymbidium floribundum var. *pumilum* (Rolfe) Y.S.Wu & S.C.Chen=Cymbidium floribundum
Cymbidium formosanum Hay.=Cymbidium goeringii
Cymbidium formosanum var. *gracillimum* (Fukuyama) T.S.Liu & H.J.Su=Cymbidium goeringii var. serratum
Cymbidium forrestii Rolfe=Cymbidium goeringii
Cymbidium fragrans Salisb.=Cymbidium sinense
Cymbidium fukienense T.K.Yen=Cymbidium faberi
Cymbidium giganteum Wall. ex Lindl.=Cymbidium iridioides
Cymbidium giganteum var. *hookerianum* (Rchb.f.) Boiss.=Cymbidium hookerianum
Cymbidium giganteum var. *lowianum* Rchb.f.=Cymbidium lowianum
Cymbidium giganteum var. *wilsonii* Rolfe ex Cook=Cymbidium wilsonii
Cymbidium goeringii (Rchb.f.) Rchb.f.春兰
Cymbidium goeringii var. *formosanum* (Hay.) S.S.Ying=Cymbidium goeringii
Cymbidium goeringii var. *formosanum* f. *albiflorum* S.S.Ying=Cymbidium goeringii
Cymbidium goeringii var. goeringii=Cymbidium goeringii
Cymbidium goeringii var. longibracteatum (Y.S.Wu & S.C.Chen) Y.S.Wu & S.C.Chen 春剑
Cymbidium goeringii var. *papyfiflorum* Y.S.Wu=Cymbidium goeringii
Cymbidium goeringii var. serratum (Schltr.) Y.S.Wu & S.C.Chen 线叶春兰
Cymbidium goeringii var. tortisepalum (Fukuyama) Y.S.Wu & S.C.Chen 菅草兰
Cymbidium goeringii var. *tortisepalum* f. *albiflorum* S.S.Ying=Cymbidium goeringii var. tortisepalum
Cymbidium gracillimum Fukuyama=Cymbidium goeringii var. serratum
Cymbidium grandiflorum Griff.=Cymbidium hookerianum
Cymbidium gyokuchin var. *arrogans* (Hay.) S.S.Ying=Cymbidium ensifolium
Cymbidium hookerianum Rchb.f.虎头兰
Cymbidium hookerianum var. *lowianum* (Rchb.f.) Y.S.Wu & S.C.Chen=Cymbidium lowianum
Cymbidium hoosai Makino=Cymbidium sinense
Cymbidium hyacinthinum J.E.Sm.=Bletilla striata
Cymbidium illiberale Hay.=Cymbidium floribundum
Cymbidium imbricatum Roxb.=Pholidota imbricata
Cymbidium insigne Rolfe 美花兰
Cymbidium iridifolium Roxb.=Oberonia iridifolia
Cymbidium iridioides D.Don 黄蝉兰
Cymbidium ixioides D.Don=Spathoglottis ixioides
Cymbidium javanicum Bl.=Cymbidium lancifolium
Cymbidium javanicum var. *aspidistrifolium* (Fukuyama) F.Maekawa=Cymbidium lancifolium
Cymbidium kanran Makino 寒兰
Cymbidium kanran var. *aestivale* Y.S.Wu=Cymbidium kanran
Cymbidium kanran var. *babae* (Kudô ex Masam.) S.S.Ying=Cymbidium cochleare
Cymbidium kanran var. *misericors* (Hay.) S.S.Ying=Cymbidium ensifolium
Cymbidium lancifolium HK.兔耳兰
Cymbidium lancifolium var. *aspidistrifolium* (Fukuyama) S.S.Ying=Cymbidium lancifolium
Cymbidium lancifolium var. *papuanum* (Schltr.) S.S.Ying=Cymbidium lancifolium
Cymbidium lancifolium var. *syunitianum* (Fukuyama) S.S.Ying=Cymbidium lancifolium
Cymbidium leachianum Rchb.f.=Cymbidium dayanum
Cymbidium lianpan T.Tang & F.T.Wang ex Y.S.Wu=Cymbidium goeringii var. tortisepalum
Cymbidium linearisepalum Yamamoto=Cymbidium kanran
Cymbidium linearisepalum f. *atropurpureum* Yamamoto=Cymbidium kanran
Cymbidium linearisepalum f. *atrovirens* Yamamoto=Cymbidium kanran
Cymbidium linearisepalum var. *atropurpureum* (Yamamoto) Masam.=Cymbidium kanran
Cymbidium linearisepalum var. *atrovirens* (Yamamoto) Masam.=Cymbidium kanran
Cymbidium longibracteatum var. *flaccidifolium* Y.S.Wu=Cymbidium goeringii var. longibracteatum
Cymbidium longibracteatum var. *rubisepalum* Y.S.Wu=Cymbidium goeringii var. longibracteatum
Cymbidium longibracteatum var. *tonghaiense* Y.S.Wu=Cymbidium goeringii var. longibracteatum
Cymbidium longibracteatum var. *tortisepalum* (Fukuyama) Y.S.Wu=Cymbidium goeringii var. tortisepalum
Cymbidium longifolium D.Don (高等图鉴 1976)=Cymbidium erythraeum
Cymbidium longifolium D.Don=Cymbidium elegans
Cymbidium lowianum (Rchb.f.) Rchb.f.碧玉兰
Cymbidium maclehoseae S.Y.Hu=Cymbidium lancifolium
Cymbidium macrorhizon Lindl.大根兰
Cymbidium maguanense f.Y.Liu=Cymbidium mastersii
Cymbidium mannii Rchb.f.=Cymbidium bicolor subsp. obtusum
Cymbidium mastersii Griff. ex Lindl.大雪兰

Cymbidium micans Schauer=Cymbidium ensifolium
Cymbidium misericors Hay.=Cymbidium ensifolium
Cymbidium misericors var. *oreophyllum* (Hay.) Hay.=Cymbidium kanran
Cymbidium nanulum Y.S.Wu & S.C.Chen 珍珠矮
Cymbidium nitidum Roxb.=Coelogyne punctulata
Cymbidium nitidum Wall. ex D.Don=Coelogyne nitida
Cymbidium oiwakensis Hay.=Cymbidium faberi
Cymbidium omeiense Y.S.Wu & S.C.Chen=Cymbidium faberi var. omeiense
Cymbidium oreophyllum Hay.=Cymbidium kanran
Cymbidium papuanum Schltr.=Cymbidium lancifolium
Cymbidium pendulum (Roxb.) Sw.(分类学报 1980)=Cymbidium bicolor subsp. obtusum
Cymbidium pendulum (Roxb.) Sw.=Cymbidium aloifolium
Cymbidium poilanei Gagn.=Cymbidium dayanum
Cymbidium pseudovirens Schltr.=Cymbidium goeringii
Cymbidium pumilum Rolfe=Cymbidium floribundum
Cymbidium purpureo-hiemale Hay.=Cymbidium kanran
Cymbidium quibeiense K.M.Feng & H.Li 邱北冬蕙兰
Cymbidium rubrigemmum Hay.=Cymbidium ensifolium
Cymbidium scabroserrulatum Makino=Cymbidium faberi
Cymbidium serratum Schltr.=Cymbidium goeringii var. serratum
Cymbidium simonsianum King & Pantl.=Cymbidium dayanum
Cymbidium simulans Rolfe=Cymbidium aloifolium
Cymbidium sinense (Jackson ex Andr.) Willd.墨兰
Cymbidium sinense f. *albo-jucundissimum* (Hay.) Fukuyama=Cymbidium sinense
Cymbidium sinense f. *aureomarginatum* T.K.Yen=Cymbidium sinense
Cymbidium sinense f. *pallidiflorum* S.S.Ying=Cymbidium sinense
Cymbidium sinense f. *taiwanianum* S.S.Ying=Cymbidium sinense
Cymbidium sinense var. *albo-jucundissimum* (Hay.) Masam.=Cymbidium sinense
Cymbidium sinense var. *album* f. *viridiflorum* T.K.Yen=Cymbidium sinense
Cymbidium sinense var. *album* T.K.Yen=Cymbidium sinense
Cymbidium sinense var. *autumnale* Y.S.Wu=Cymbidium sinense
Cymbidium sinense var. *margicoloratum* Hay.=Cymbidium sinense
Cymbidium sinokanran T.K.Yen=Cymbidium kanran
Cymbidium sinokanran var. *atropurpureum* T.K.Yen=Cymbidium kanran
Cymbidium strictum D.Don=Coelogyne stricta
Cymbidium suavissimum Sander ex C.Curtis 果香兰
Cymbidium sutepense Rolfe ex Downie=Cymbidium dayanum
Cymbidium syunitianum Fukuyama=Cymbidium lancifolium
Cymbidium szechuanensis S.Y.Hu=Cymbidium macrorhizon
Cymbidium szechuanicum Y.S.Wu et S.C.Chen=Cymbidium faberi var. szechuanicum
Cymbidium tentyozanense Masam.=Cymbidium goeringii
Cymbidium tigrinum Parsh ex HK.斑舌兰
Cymbidium tortisepalum Fukuyama=Cymbidium goeringii var. tortisepalum
Cymbidium tortisepalum var. *viridiflorum* S.S.Ying=Cymbidium goeringii var. tortisepalum
Cymbidium tosyaense Masam.=Cymbidium kanran
Cymbidium tracyanum L.Castle 西藏虎头兰
Cymbidium tsukengensis C.Chow=Cymbidium goeringii var. tortisepalum
Cymbidium uniflorum T.K.Yen=Cymbidium goeringii
Cymbidium virens Rchb.f.=Cymbidium goeringii
Cymbidium virescens Lindl.=Cymbidium goeringii
Cymbidium viridiflorum Griff.=Cymbidium cyperifolium
Cymbidium wenshanense Y.S.Wu & F.Y.Liu 文山红柱兰
Cymbidium wilsonii (Rolfe ex Cook) Rolfe 滇南虎头兰
Cymbidium xiphiifolium Lindl.=Cymbidium ensifolium
Cymbidium yakibaran Makino=Cymbidium ensifolium
Cymbidium yunnanense Schltr.=Cymbidium goeringii
Cymbopogon Spreng. **香茅属**(禾本科)
Cymbopogon arriani (Edgew.) Aitch.=Cymbopogon olivieri
Cymbopogon arundinacea (Roxb.) Schult.=Themeda arundinacea
Cymbopogon bracteata (Humb & Bonpl. ex Willd.) Hitchc.=Hyparrhenia bracteata
Cymbopogon caesius (Nees ex HK. & Arn.) Stapf 青香茅
Cymbopogon citratus (DC.) Stapf 柠蒙草
Cymbopogon diplandrus (Hack.) De Wild.=Hyparrhenia diplandra
Cymbopogon distans (Nees) Wats.芸香草
Cymbopogon eberhardtii A.Camus=Hyparrhenia diplandra
Cymbopogon eugenolatus L.Liu 香酚草
Cymbopogon filipendulus (Hochst.) Rendle=Hyparrhenia filipendula
Cymbopogon flexuosus (Nees ex Steud.) Wats.曲序香茅
Cymbopogon flexuosus var. *microstachys* (HK.f.) Bor=Cymbopogon microstachys
Cymbopogon foliosus (H.B.K.) Roem. & Schult.=Hyparrhenia bracteata
Cymbopogon goeringii (Steud.) A.Camus 橘草
Cymbopogon hamatulus (Nees ex HK. & Arn.) A.Camus 扭鞘香茅
Cymbopogon hookeri (Munro ex Hack.) Stapf ex Bor=Andropogon munroi
Cymbopogon jwarancusa (Jones) Schult.辣薄荷草
Cymbopogon jwarancusa subsp. *olivieri* (Boiss.) S.Soen.=Cymbopogon olivieri
Cymbopogon khasianus (Munro ex Hack.) Bor 卡西香茅
Cymbopogon lanceifolius L.Liu 披针叶香茅
Cymbopogon liangshanensis L.Liu 凉山香茅
Cymbopogon martinii (Roxb.) Wats.鲁沙香茅
Cymbopogon melanocarpus Spreng.=Heteropogon melanocarpus
Cymbopogon microstachys (HK.f.) S.Soen.细穗香茅
Cymbopogon nardus (L.) Rendle 亚香茅
Cymbopogon nardus var. *tortilis* (Presl) Merr. ex Griff et al.= Cymbopogon hamatulus
Cymbopogon olivieri (Boiss.) Bor 西亚香茅
Cymbopogon phoenix Rendle=Hyparrhenia diplandra
Cymbopogon schoenanthus (L.) Spreng.(Scultan & Stewart.in Grass.W. Pakist.1958)=Cymbopogon olivieri
Cymbopogon schoenanthus (L.) Spreng.香茅
Cymbopogon stracheyi (HK.f.) Raiz. & Jain 喜马拉雅香茅
Cymbopogon tibeticus Bor 藏香茅
Cymbopogon tortilis (Presl) A.Camus (海南志 1977,台湾志 1978,禾本科图说 1959)=Cymbopogon hamatulus
Cymbopogon tortilis var. *goeringii* (Steud.) Hand.-Mazz.=Cymbopogon goeringii
Cymbopogon travancorensis Bor=Cymbopogon flexuosus
Cymbopogon tungmaiensis L.Liu 通麦香茅
Cymbopogon winterianus Jowitt 枫茅
Cyminosma pedunculata DC.=Acronychia pedunculata
Cymnama nepalense Wall.=Gongronema nepalense
Cymodocea König.**丝粉藻属**(茨藻科)
Cymodocea aequorea König.沼生丝粉藻
Cymodocea isoetifolium Asch.=Syringodium isoetifolium
Cymodocea rotundata Asch & Schweinf.丝粉藻
Cynanchum L.**鹅绒藤属**(萝藦科)
Cynanchum acuminatifolium Hemsl.潮风草
Cynanchum acuminatum (Decaisne) Matsum.= Cynanchum acuminatifolium
Cynanchum acutum subsp. sibiricum (Willd.) K.H.Rech.戟叶鹅绒藤
Cynanchum acutum var. *longiflolium* (Mart.) Ledeb.= Cynanchum acutum subsp. sibiricum
Cynanchum acutum β. *longifolium* Ledeb.=Cynanchum sibiricum
Cynanchum affine Hemsl.=Cynanchum mooreanum
Cynanchum alatum Wight & Arn.翅果杯冠藤
Cynanchum amphibolum Schneid.=Cynanchum boudieri
Cynanchum amplexicaule (S. & Z.) Hemsl.合掌消
Cynanchum amplexicaule var. amplexicaule=Cynanchum amplexicaule
Cynanchum amplexicaule var. *castaneum* Makino= Cynanchum amplexicaule
Cynanchum anthonyanum Hand.-Mazz.小叶鹅绒藤
Cynanchum anthopotamicum Hand.-Mazz.=Tylophora anthopotamica
Cynanchum ascyrifolium (Franch. ex Sav.) Matsum.= Cynanchum acuminatifolium
Cynanchum atratum Bge.白薇
Cynanchum auriculatum Royle ex Wight 牛皮消
Cynanchum auriculatum var. *amamianjm* (Hatusima) T.Yamazaki= Cynanchum boudieri
Cynanchum balfourianum (Schlech.) Tsiang & Zhang=Cynanchum forrestii
Cynanchum batangense P.T.Li 巴塘白前
Cynanchum bicampanulatum M.G.Glb. & P.T.Li 钟冠白前
Cynanchum biondioides W.T.Wang ex Tsiang & P.T.Li 秦岭藤白前
Cynanchum bodinieri Schltr. ex Lévl.=Cynanchum officinale
Cynanchum boudieri Lévl. & Vant.折冠牛皮消

Cynanchum brevicoronatum M.G.Gilb. & P.T.Li 短冠豹药藤
Cynanchum bungei Decne.白首乌
Cynanchum callialatum Ham. ex Wight 美翼杯冠藤
Cynanchum canescens (Willd.) K.Schum.粉绿白前
Cynanchum cathayense Tsiang & Zangh=Cynanchum acutum subsp. sibiricum
Cynanchum caudatum sensu (Miq.) Maxim.(黄山研究 1965)=Cynanchum auriculatum
Cynanchum chekiangense M.Cheng ex Tsiang & P.T.Li 蔓剪草
Cynanchum chinense R.Br.(p.p.)=Cynanchum mooreanum
Cynanchum chinense R.Br.鹅绒藤
Cynanchum corymbosum Wight 刺瓜
Cynanchum crassifolium Hatus.=Cynanchum formosanum
Cynanchum decipiens Scjmeod 豹药藤
Cynanchum deltoideum Hance=Cynanchum chinense
Cynanchum deltoideum HK.f.=Cynanchum otophyllum
Cynanchum dubium Kitag.=Cynanchum paniculatum
Cynanchum duclouxii M.G.Gilb. & P.T.Li 小花杯冠藤
Cynanchum fordii Hemsl.山白前
Cynanchum formosanum (Maxim.) Hemsl.台湾杯冠藤
Cynanchum formosanum var. formosanum=Cynanchum formosanum
Cynanchum formosanum var. ovalifolium Tsiang & P.T.Li 卵叶杯冠藤
Cynanchum forrestii Schltr.大理白前
Cynanchum forrestii var. *balfourianum* Schltr.=Cynanchum forrestii
Cynanchum forrestii var. forrestii=Cynanchum forrestii
Cynanchum forrestii var. *stenolobum* Tsiang & Zhang=Cynanchum forrestii
Cynanchum giraldii Schltr.峨眉牛皮消
Cynanchum glaucescens (Decne.) Hand.-Mazz.白前
Cynanchum glaucum Wall. ex Wight=Cynanchum canescens
Cynanchum gracilipes Tsiang & Zhang=Cynanchum taihangense
Cynanchum gracillimum Wall. ex Wight=Adelostemma gracillimum
Cynanchum hancockianum (Maxim.) Iljin.=Cynanchum mongolicum
Cynanchum hastatum Lam.=Cynanchum bungei
Cynanchum hatusimai P.T.Li=Cynanchum formosanum
Cynanchum henryi Warb. ex Schltr. & Diels=Biondia henryi
Cynanchum heydei HK.f.西藏鹅绒藤
Cynanchum hydrophilum Tsiang & Zhang 水白前
Cynanchum inamoenum (Maxim.) Loes.竹灵消
Cynanchum inodorum Lour.=Gymnema inodorum
Cynanchum insulanum (Hance) Hemsl.海南杯冠藤
Cynanchum insulanum var. insulanum=Cynanchum insulanum
Cynanchum insulanum var. lineare (Tsiang & Zhang) Tsiang & Zhang 线叶杯冠藤
Cynanchum japonicum var. purpurascens Maxim.紫色白前?
Cynanchum kingdongwardii M.G.Gilb. & P.T.Li 宁蒗杯冠藤
Cynanchum kintungense Tsiang 景东杯冠藤
Cynanchum komarovii Al.Iljin.=Cynanchum mongolicum
Cynanchum kwangsiense Tsiang & Zhang 广西杯冠藤
Cynanchum lateriflorum (Hemsl.) Kitag.=Cynanchum mongolicum
Cynanchum leveilleanum Schltr. ex Lévl.=Cynanchum verticillatum
Cynanchum lighti Dunn=Cynanchum glaucescens
Cynanchum likiangense W.T.Wang ex Tsiang & P.T.Li=Cynanchum lysinachioides
Cynanchum limprichtii Schlech.=Cynanchum forrestii
Cynanchum linearifolium Hemsl.=Cynanchum stauntonii
Cynanchum linearisepalum P.T.Li 线萼白前
Cynanchum longifolium Mart.=Cynanchum acutum subsp. sibiricum
Cynanchum longipedunculatum M.G.Gilb. & P.T.Li 短柱豹药藤
Cynanchum lysimachioides Tsiang & P.T.Li 白牛皮消
Cynanchum mairei Schltr. ex Lévl.=Cynanchum alatum
Cynanchum mandshuricum Hemsl.=Cynanchum versicolor
Cynanchum megalanthum M.G.Gilb. & P.T.Li 大花刺瓜
Cynanchum mongolicum (Maxim.) Hemsl.华北白前
Cynanchum mongolicum (Maxim.) K.Schum.=Cynanchum mongolicum
Cynanchum mongolicum (Maxim.) Kom.=Cynanchum mongolicum
Cynanchum mooreanum Hemsl.毛白前
Cynanchum muliense Tsiang=Cynanchum forrestii
Cynanchum multinerve (Franch. & Sav.) Matusma=Cynanchum atratum
Cynanchum odoratissimum Lour.=Telosma cordata
Cynanchum officinale (Hemsl.) Tsiang & Zhang 朱砂藤
Cynanchum otophyllum Schndeid.青羊参
Cynanchum paniculatum (Bge.) Kitag.徐长卿
Cynanchum pingshanicum M.G.Gilb. & P.T.Li 平山白前
Cynanchum pubescens Bge.=Cynanchum chinense
Cynanchum purpureum (Pall.) K.Schum.紫花杯冠藤
Cynanchum riparium Tsiang & Zhang 荷花柳
Cynanchum rockii M.G.Gilb.高冠白前
Cynanchum roseum R.Br.=Cynanchum purpureum
Cynanchum saccatum W.T.Wang ex Tsiang & P.T.Li=Cynanchum auriculatum
Cynanchum sibiricum Willd.= Cynanchum acutum subsp. sibiricum
Cynanchum sibiricum R.Br.=Cynanchum thesioides
Cynanchum sibiricum var. *austale* Maxim. ex Kom.=Cynanchum thesioides var. australe
Cynanchum sibiricum var. gracilentum f. hypopsilum Nakai & Kitag.平滑白前(新)?
Cynanchum sibiricum var. *gracilentum* Nakai & Kitag.=Cynanchum tesioides
Cynanchum sibiricum var. *latifolium* Katag.=Cynanchum thesioides var. australe
Cynanchum sinoracemosum M.G.Gilb. & P.T.Li 尖叶杯冠藤
Cynanchum stauntonii (Decne.) Schltr. ex Lévl.柳叶白前
Cynanchum stauntonii Hand.-Mazz.=Cynanchum stauntonii
Cynanchum stenophyllum Hemsl.狭叶白前
Cynanchum steppicolum Hand.-Mazz.=Cynanchum forrestii
Cynanchum sublanceolatum (Maxim.) Maxim. ex Dunn & Tutch.镇江白前
Cynanchum sublanceolatum var. obtusulum (Franch. & Sav.) Matsum.钝叶镇江白前(新)?
Cynanchum szechuanense Tsiang & Zhang 四川鹅绒藤
Cynanchum szechuanense var. *albescens* Tsiang & Zhang=Cynanchum szechuanense
Cynanchum taihangense Tsiang & Zhang 太行白前
Cynanchum taiwanianum T.Yamazaki=Cynanchum boudieri
Cynanchum thesioides (Freyn) K.Schum.地梢瓜
Cynanchum thesioides var. australe (Maxim.) Tsiang & P.T.Li 雀瓢
Cynanchum tsiangii P.T.Li=Tylophora tsiangii
Cynanchum tylophoroideum Schltr. ex Lévl.=Cynanchum mooreanum
Cynanchum versicolor Bge.蔓生白薇
Cynanchum verticillatum Hemsl.轮叶白前
Cynanchum verticillatum var. *arenicolum* Tsiang & Zhang=Cynanchum verticillatum
Cynanchum vincetoxicum (L.) Pers.催吐白前
Cynanchum volubile (Maxim.) Hemsl.蔓白前
Cynanchum volubile sensu Courtois=Cynanchum sublanceolatum
Cynanchum wallichii Wight 昆明杯冠藤
Cynanchum wangii P.T.Li & W.Kitt.启无白前
Cynanchum wilfordii var. *amamianum* Hatusima=Cynanchum boudieri
Cynanchum wilforidii (Maxim.) Hemsl.隔山消
Cynanchum yunnanense Anthony=Cynanchum anthonyanum
Cynanchun yunnanensis Lévl.=Paederia yunnanensis
Cynara L.**菜蓟属**(菊科)
Cynara cardunculus L.刺苞菜蓟
Cynara scolymus L.菜蓟
Cynocrambe Gagn.=**Theligonum**
Cynocrambe formosana Ohwi=Theligonum formosanum
Cynocrambe macrantha Poul=Theligonum macranthum
Cynoctonum E.H.F.Mey.=**Cynanchum**
Cynoctonum Gmel.=**Mitreola**
Cynoctonum alatum Decne.=Cynanchum alatum
Cynoctonum callialata Decne.=Cynanchum callialatum
Cynoctonum corymbosum Decne.=Cynanchum corymbosum
Cynoctonum formosanum Maxim.=Cynanchum formosanum
Cynoctonum insulanum Hance=Cynanchum insulanum
Cynoctonum mitreola (L.) Britt.=Mitreola petiolata
Cynoctonum oldenlandioides (Wall. ex DC.) Rob.=Mitreola petiolata
Cynoctonum paniculatum (Wall. ex G.Don) Rob.=Mitreola petiolata
Cynoctonum pedicellatum (Benth.) Rob.=Mitreola pedicellata
Cynoctonum petiolatum Gmel.=Mitreola petiolata
Cynoctonum purpureum Pobed.=Cynanchum purpureum
Cynoctonum roseum Decne.=Cynanchum purpureum
Cynoctonum wallichii Decne.=Cynanchum wallichii
Cynoctonum wilfordi Maxim.=Cynanchum wilforidii

Cynodon Rich.**狗牙根属**(禾本科)
Cynodon arcuatus J.S.Presl ex Presl 弯穗狗牙根
Cynodon dactylon (L.) Pers.狗牙根
Cynodon dactylon var. biflorus Merino 双花狗牙根
Cynodon dactylon var. dactylon=Cynodon dactylon
Cynodon tener J.S.Presl ex Presl=Eustachys tener
Cynoglossospermum deflexum O.Ktze.=Eritrichium deflexum
Cynoglossum L.**琉璃草属**(紫草科)
Cynoglossum alpestre Ohwi 高山倒提壶
Cynoglossum amabile Stapf & Drumm.倒提壶
Cynoglossum amabile var. amabile=Cynoglossum amabile
Cynoglossum amabile var. pauciglochidiatum Y.L.Liu 滇西琉璃草
Cynoglossum canescens Willd.=Cynoglossum lanceolatum
Cynoglossum cavaleriei Lévl.=Antiotrema dunnianum
Cynoglossum denticulatum DC.=Cynoglossum wallichii
Cynoglossum divaricatum Steph. ex Lehm.大果琉璃草
Cynoglossum dunnianum Diels=Antiotrema dunnianum
Cynoglossum edgeworthii DC.=Cynoglossum wallichii
Cynoglossum formosanum Nakai 台湾琉璃草
Cynoglossum furcatum Wall.琉璃草
Cynoglossum furcatum var. furcatum=Cynoglossum furcatum
Cynoglossum furcatum var. villosulum (Nakai) Riedl 短毛琉璃草
Cynoglossum gansuense Y.L.Liu 甘青琉璃草
Cynoglossum glochidianum Wall. ex Benth.=Cynoglossum wallichii var. glochidiatum
Cynoglossum hirsutum Jacq.=Cynoglossum lanceolatum
Cynoglossum laevigatum L.f.=Rindera tetraspis
Cynoglossum lanceolatum Forsk.小花琉璃草
Cynoglossum laxum G.Don=Hackelia uncinatum
Cynoglossum macrocalycinum Riedl 大萼琉璃草
Cynoglossum micranthum Desf.=Cynoglossum lanceolatum
Cynoglossum micranthum HK.f. & Thoms. ex Clarke=Cynoglossum wallichii
Cynoglossum officinale L.红花琉璃草
Cynoglossum racemosum Roxb.=Cynoglossum lanceolatum
Cynoglossum roylei Wall.=Hackelia uncinatum
Cynoglossum schlagintweitii (Brand) Kazmi 西藏琉璃草
Cynoglossum stylosa Kar. & Kir.=Lindelofia stylosa
Cynoglossum triste Diels 心叶琉璃草
Cynoglossum uncinatum Benth.=Hackelia uncinatum
Cynoglossum villosulum Nakai=Cynoglossum zeylanicum
Cynoglossum viridiflorum Pall. ex Lehm.绿花琉璃草
Cynoglossum wallichii G.Don 西南琉璃草
Cynoglossum wallichii var. glochidiatum (Wall. ex Benth.) Kazmi 倒钩琉璃草
Cynoglossum wallichii var. wallichii=Cynoglossum wallichii
Cynoglossum zeylanicum (Vahl) Thunb. ex Lehm.= Cynoglossum furcatum
Cynometra pinnata Lour.=Ormosia pinnata
Cynomoriaceae 锁阳科
Cynomorium L.**锁阳属**(锁阳科)
Cynomorium coccineum subsp. *songaricum* (Rupr.) J.Leonard= Cynomorium songaricum
Cynomorium songaricum Rupr.锁阳
Cynopsole Endl.=**Balanophora**
Cynopsole elongata (Bl.) Endl. ex Jacks.=Balanophora elongata
Cynorkis Thou.**西奥兰属**(兰科)
Cynorkis compacta Rchb.f.密花西奥兰
Cynorkis lowiana Rchb.f.洛氏西奥兰
Cynorkis purpurascens Thou.紫花西奥兰
Cynorkis uniflora Lindl.单花西奥兰
Cynosorchis chinensis Rolfe=Amitostigma gracile
Cynosorchis gracilis (Bl.) Kraenzl.=Amitostigma gracile
Cynosurus L.**洋狗尾草属**(禾本科)
Cynosurus aegyptius L.=Dactyloctenium aegyptium
Cynosurus coracanus L.=Eleusine coracana
Cynosurus cristatus L.洋狗尾草
Cynosurus durus L.=Sclerochloa dura
Cynosurus echinatus L.刺洋狗尾草
Cynosurus elegans Desf.美丽洋狗尾草
Cynosurus indicus L.=Eleusine indica
Cynosurus retroflexus Vahl=Denebra retroflexa
Cynosurus tenerrimus Hornem.=Leptochloa chinensis
Cynosurus virgata L.=Leptochloa virgata
Cynoxylon capitata (Wall.) Nakai=Dendrobenthamia capitata
Cynoxylon elliptica Pojark.=Dendrobenthamia angustata
Cynoxylon ferrginea (Wu) Pojark.=Dendrobenthamia ferruginea
Cynoxylon hongkongense (Hemsl.) Nakai=Dendrobenthamia hongkongensis
Cynoxylon japonica (S. & Z.) Nakai=Dendrobenthamia japonica
Cynoxylon kousa Nakai=Dendrobenthamia japonica
Cynoxylon melanotricha Pojark.=Dendrobenthamia melanotricha
Cynoxylon multinervosa Pojark.=Dendrobenthamia multinervosa
Cynoxylon pseudokousa Pojark.=Dendrobenthamia japonica var. chinensis
Cynoxylon sinense Nakai (Pojark.in Notul.Syst.Inst.Bot.Nom.Kom.Acad. Sci.UTSS 1950,p.p.)=Dendrobenthamia angustata var. mollis
Cynoxylon sinense Nakai=Dendrobenthamia japonica var. chinensis
Cynoxylon sinensis Pojark.=Dendrobenthamia angustata
Cynoxylon yunnanense Pojark.=Dendrobenthamia capitata
Cynoxylum Pluk.=**Nyssa**
Cypeola maritima L.=Lobularia maritima
Cypeola minor L.=Alyssum minus
Cyperaceae 莎草科
Cyperocymbidium A.D.Hawkes **莎草建兰属**(兰科)
Cyperocymbidium gammieanum (King & Pantl.) A.D.Hawkes 莎草建兰
Cyperorchis Bl.=**Cymbidium**
Cyperorchis babae Kudô ex Masam.=Cymbidium cochleare
Cyperorchis cochlearis (Lindl.) Benth.=Cymbidium cochleare
Cyperorchis eburnea (Lindl.) Schltr.=Cymbidium eburneum
Cyperorchis elegans (Lindl.) Bl.=Cymbidium elegans
Cyperorchis gigantea (Wall. ex Lindl.) Schltr.=Cymbidium iridioides
Cyperorchis grandiflora (Griff.) Schltr.=Cymbidium hookerianum
Cyperorchis insignis (Rolfe) Schltr.=Cymbidium insigne
Cyperorchis longifolia (D.Don) Schltr.=Cymbidium erythraeum
Cyperorchis lowiana (Rchb.f.) Schltr.=Cymbidium lowianum
Cyperorchis mastersii (Griff.) Benth.=Cymbidium mastersii
Cyperorchis tigrina (Parish ex HK.) Schltr.=Cymbidium tigrinum
Cyperorchis tracyana (L.Castle) Schltr.=Cymbidium tracyanum
Cyperorchis wallichii Bl.=Cymbidium cyperifolium
Cyperorchis wilsonii (Rolfe ex Cook) Schltr.=Cymbidium wilsonii
Cyperus L.**莎草属**(莎草科)
Cyperus acuminatus R.xb. & Clarke 线叶莎草
Cyperus adenophorus Schrad & Nees 巴西莎草
Cyperus alternifolius L.伞莎草
Cyperus alternifolius subsp. flabelliformis (Rottb.) Kükenth.风车草
Cyperus alternifolius var. gracilis Hort.细弱伞莎草
Cyperus amuricus Maxim.阿穆尔莎草
Cyperus amuricus var. *japonicus* Kükenth.=Cyperus microiria
Cyperus amuricus var. *teztori* (Miq.) Kükenth.=Cyperus microiria
Cyperus aristatus Rottb.=Mariscus aristatus
Cyperus aristatus var. *floribundus* E.-G.Camus=Mariscus aristatus
Cyperus bancamus Miq.=Mariscus trialatus
Cyperus brevifolia var. *leiocarpa* Kitag.=Kyllinga brevifolia var. leiolepis
Cyperus brevifolius (Rottb.) Hasak.=Kyllinga brevifolia
Cyperus brevifolius f. *pumilus* Suiringar=Kyllinga brevifolia f. pumila
Cyperus brevifolius var. *stellulatus* Suringar=Kyllinga brevifolia var. stellulata
Cyperus canescens Vahl=Mariscus javanicus
Cyperus compactus Retz.=Mariscus compactus
Cyperus compactus var. γ. *macrostachys* (Böcklr.) Kükenth.=Mariscus compactus var. macrostachys
Cyperus compressus L.扁穗莎草
Cyperus cuspidatus H.B.K.长尖莎草
Cyperus cyperinus (Retz.) Suringar=Mariscus cyperinus
Cyperus cyperinus Ohwi=Mariscus umbellatus var. microstachys
Cyperus cyperinus var. *bengalensis* (C.B.Clarke) Kükenth.=Mariscus cyperinus var. bengalensis
Cyperus cyperoides (L.) O.Ktze.=Mariscus umbellatus
Cyperus cyperoides subsp. *cyperinus* Kükenth.=Mariscus cyperinus
Cyperus cyperoides var. *microstachys* Kükenth.=Mariscus umbellatus var. microstachys
Cyperus cyperoides var. β. *subcompositus* (C.B.Clarke) Kükenth.= Mariscus umbellatus var. subcompositus
Cyperus Cyperus (Griseb.) C.B.Clarke=**Cyperus**

Cyperus cyplindrostachys Böcklr.=Mariscus umbellatus
Cyperus delavayi Kükenth.=Pycreus delavayi
Cyperus dense-spicatus Hay.=Cyperus imbricatus var. dense-spicatus
Cyperus dichrostachyus Kükenth.=Cyperus duclouxii
Cyperus difformis L.异型莎草
Cyperus diffusus Vahl 多脉莎草
Cyperus diffusus f. *turgidulus* Suringar=Mariscus trialatus
Cyperus diffusus subsp. *bancanus* (Miq.) Kükenth.=Mariscus trialatus
Cyperus diffusus var. diffusus=Cyperus diffusus
Cyperus diffusus var. latifolius L.K.Dai 宽叶多脉莎草
Cyperus digitatus Roxb.长小穗莎草
Cyperus digitatus var. digitatus=Cyperus digitatus
Cyperus digitatus var. laxiflorus L.K.Dai 少花穗莎草
Cyperus digitatus var. pingbienensis L.K.Dai 屏边莎草
Cyperus dilutus Vahl=Mariscus compactus
Cyperus dilutus var. *macrostachys* Böcklr.=Mariscus compactus var. macrostachys
Cyperus distans L.f.疏穗莎草
Cyperus duclouxii E.-G.Camus 云南莎草
Cyperus eleusinoides Kunth 䅟穗莎草
Cyperus eragrostis Vahl=Pycreus sanguinolentus
Cyperus eragrostis f. *melanocephalus* Suringar=Pycreus sanguinolentus f. melanocephalus
Cyperus eragrostis f. *rubro-marginatus* Kükenth.=Pycreus sanguinolentus f. rubro-marginatus
Cyperus eragrostis var. *humilis* Miq.=Pycreus sanguinolentus f. humilis
Cyperus esculentus L.油莎豆
Cyperus exaltatus Retz.高秆莎草
Cyperus exaltatus var. exaltatus=Cyperus exaltatus
Cyperus exaltatus var. hainanensis L.K.Dai 海南高秆莎草
Cyperus exaltatus var. megalanthus Kükenth.长穗高秆莎草
Cyperus exaltatus var. tenuispicatus L.K.Dai 广东高秆莎草
Cyperus ferax L.=Torulinium ferax
Cyperus flabelliformis Rottb.=Cyperus alternifolius subsp. flabelliformis
Cyperus flavescens f. *rubro-marginatus* Schrenk=Pycreus sanguinolentus f. rubro-marginatus
Cyperus flavidus C.B.Clarke=Cyperus tenuispica
Cyperus fortunei Steud.=Cyperus malaccensis
Cyperus fuscus L.褐穗莎草
Cyperus fuscus f. fuscus=Cyperus fuscus
Cyperus fuscus f. pallescens Husnet 缘白穗莎草
Cyperus fuscus f. virescens (Hoffm.) Vahl 北莎草
Cyperus globosus All.=Pycreus globosus
Cyperus globosus f. *minimus* Kükenth.=Pycreus globosus var. minimvs
Cyperus globosus var. *nilagiricus* (Hochst.) C.B.Clarke=Pycreus globosus var. nilagiricus
Cyperus globosus var. *strictus* (Roxb.) C.B.Clarke=Pycreus globosus var. strictus
Cyperus glomeratus L.头状穗莎草
Cyperus gracillimus Miq.=Kyllinga brevifolia var. leiolepis
Cyperus haspan L.畦畔莎草
Cyperus hexastachyus Nees=Cyperus zollingeri
Cyperus imbricatus Retz.迭穗莎草
Cyperus imbricatus var. *densespicatus* (Hay.) Ohwi=Cyperus imbricatus
Cyperus imbricatus var. dense-spicatus (Hay.) Ohwi 大密穗莎草
Cyperus imbricatus var. imbricatus=Cyperus imbricatus
Cyperus imbricatus var. *multiflorus* Kukenth=Cyperus imbricatus var. dense-spicatus
Cyperus inundatus Roxb.=Juncellus serotinus var. inundatus
Cyperus iria L.碎米莎草
Cyperus javanicus Houtt.=Mariscus javanicus
Cyperus kyllingia Engl.=Kyllinga monocephala
Cyperus latespicatus Böcklr.=Pycreus latespicatus
Cyperus latespicatus var. *gracilescens* Kükenth.=Pycreus pseudolatespicatus
Cyperus limosus Maxim.=Juncellus limosus
Cyperus linearispiculatus L.K.Dai 线状穗莎草
Cyperus lucidulus C.B.Clarke=Cyperus zollingeri
Cyperus malaccensis Lam.茳芏
Cyperus malaccensis var. brevifolius Böcklr.短叶茳芏
Cyperus malaccensis var. malaccensis=Cyperus malaccensis
Cyperus marginellus Nees=Cyperus pilosus
Cyperus mediorubescens Hay.=Cyperus imbricatus
Cyperus melanocephalus Miq.=Pycreus sanguinolentus f. melanocephalus
Cyperus melanosperma (Nees) Suringar=Kyllinga melanosperma
Cyperus metzii (Hochst.) Mattf. & Kükenth.=Kyllinga squamulata
Cyperus michelianus (L.) Link.旋鳞莎草
Cyperus michelianus subsp. *pygmaeus* var. *nipponicus* (Franch. & Savat.) Kukenth= Cyperus nipponicus
Cyperus michelianus subsp. *pygmaneus* (Rottb.) Schers. & Graebn.= Cyperus pygmaeus
Cyperus microiria Steud.具芒碎米莎草
Cyperus monostachya (L.) Vahl=Fimbristylis monostachya
Cyperus nanellus Tang & Wang 汾河莎草
Cyperus nigrofuscus L.K.Dai 黑穗莎草
Cyperus nilagiricus Hochst. ex Steud.=Pycreus globosus var. nilagiricus
Cyperus nipponicus Franch. & Savat.白鳞莎草
Cyperus nitens Retz.=Pycreus pumilus
Cyperus niveus Retz.南莎草
Cyperus nutans Vashl.垂穗莎草
Cyperus orthostachyus Franch. & Savat.三轮草
Cyperus orthostachyus var. longibracteatus L.K.Dai 长苞三轮草
Cyperus orthostachyus var. orthostachyus=Cyperus orthostachyus
Cyperus owahuensis Nees=Mariscus javanicus
Cyperus pangorei Rottb.红翅莎草
Cyperus pannonicus Jacq.=Juncellus pannonicus
Cyperus pennatus Lam.=Mariscus javanicus
Cyperus pilosus Vahl 毛轴莎草
Cyperus pilosus var. obliquus (Nees) C.B.Clarke 白花毛轴莎草
Cyperus pilosus var. pauciflorus L.K.Dai 少花毛轴莎草
Cyperus pilosus var. pilosus=Cyperus pilosus
Cyperus pilosus var. purpurascens L.K.Dai 紫穗毛轴莎草
Cyperus polystachyus Rottb.=Pycreus polystachyus
Cyperus pseudokyllingioides Kükenth.=Courtoisia cyperoides
Cyperus pumilus L.=Pycreus pumilus
Cyperus pygmaeus Rottb.矮莎草
Cyperus radians Nees & Meyen ex Nees=Mariscus radians
Cyperus radiatus Vahl=Cyperus imbricatus
Cyperus rotundus L 香附子
Cyperus rotundus subsp. *tuberosus* (Rottb.) Kükenth.=Cyperus tuberosus
Cyperus rotundus var. quimoyensis L.K.Dai 金门莎草
Cyperus sanguinolentus Vahl=Pycreus sanguinolentus
Cyperus sanguinolentus f. *humilis* (Miq.) Kükenth.=Pycreus sanguinolentus f. humilis
Cyperus sanguinolentus f. *melanocephalus* (Miq.) Kükenth.=Pycreus sanguinolentus f. melanocephalus
Cyperus sanguinolentus f. *rubro-marginatus* (Schrenk.) Kukenth=Pycreus sanguinolentus f. rubro-marginatus
Cyperus sect. *Juncellus* Griseb.=**Juncellus**
Cyperus sect. *Kyllingia* Endl.=**Kyllinga**
Cyperus serotinus Rottb.=Juncellus serotinus
Cyperus serotinus f. *depauperatus* Kükenth.=Juncellus serotinus f. depauperatus
Cyperus serotinus var. *inundatus* (Roxb.) Kükenth.=Juncellus serotinus var. inundatus
Cyperus sesquiflorus var. *γ. cylindrica* (Nees) Kükenth.=Kyllinga cylindrica
Cyperus setaceus Retz.=Heleocharis chaetaria
Cyperus sinensis Debeaux=Mariscus radians
Cyperus squarrosus L.=Mariscus aristatus
Cyperus stoloniferus Retz.粗根茎莎草
Cyperus strictus Roxb.=Pycreus globosus var. strictus
Cyperus subgen. Juncellus (Griseb.) C.B.Clarke=**Juncellus**
Cyperus subgen. *Kyllinga* (Rottb.) Suringar=**Kyllinga**
Cyperus subgen. *Mariscus* sect. *Mariscus* Endl.=**Mariscus**
Cyperus subgen. *Pycreus* C.B.Clarke=**Pycreus**
Cyperus subgen. *Torulinium* (Desv.) Kükenth.=**Torulinium**
Cyperus sulcinux C.B.Clarke=Pycreus sulcinux
Cyperus szechuanensis T.Koyama 四川莎草
Cyperus tegetiformis C.B.Clarke=Cyperus malaccensis var. brevifolius
Cyperus tenuiculmis Bocklr.四棱穗莎草
Cyperus tenuifolius L.K.Dai 疏鳞莎草
Cyperus tenuispica Steud.窄穗莎草
Cyperus triceps (Rottb.) Engl.=Kyllinga triceps
Cyperus truncatus Turcz.=Cyperus orthostachyus
Cyperus tuberosus Rottb.假香附子

Cyperus turgidulus C.B.Clarke=Mariscus trialatus
Cyperus umbellatus Benth.=Mariscus cyperinus
Cyperus umbellatus f. *cyperinus* C.B.Clarke=Mariscus cyperinus
Cyperus umbellatus var. *cylindrostachys* C.B.Clarke=Mariscus umbellatus var. evolutior
Cyperus uncinatus C.B.Clarke=Cyperus cuspidatus
Cyperus unioloides R.Br.=Pycreus unioloides
Cyperus wightii Hance=Cyperus zollingeri
Cyperus zollingeri Steud.四棱穗莎草
Cyphokentia Brongn.**赛佛棕属**(棕榈科)
Cypholophus Wedd.**瘤冠麻属**(荨麻科)
Cypholophus moluccanus (Bl.) Miq.瘤冠麻
Cyphomandra Sendt.**树番茄属**(茄科)
Cyphomandra betacea Sendt.树番茄
Cyphophoenix Benth. & HK.f.**弯棕属**(棕榈科)
Cyphotheca Diels **药囊花属**(野牡丹科)
Cyphotheca hispida S.Y.Hu=Phyllagathis hispida
Cyphotheca montana Diels 药囊花
Cypripedium L. **杓兰属**(兰科)
Cypripedium acule Ait.粉红杓兰
Cypripedium amesianum Schltr.=Cypripedium yunnanense
Cypripedium appletonianum Gower=Paphiopedilum appletonianum
Cypripedium arietinum R.Br.(Franchin JournBot.1894)=Cypripedium plectrochilum
Cypripedium arietinum R.Br.羊角杓兰
Cypripedium bardolphianum W.W.Sm. & Farrer 无苞杓兰
Cypripedium bardolphianum var. bardolphianum=Cypripedium bardolphianum
Cypripedium bardolphianum var. zhongdianense S.C.Chen 中甸杓兰
Cypripedium bellatulum Rchb.f.=Paphiopedilum bellatulum
Cypripedium bulbosum L.=Calypso bulbosa
Cypripedium bullenianum var. *appletonianum* (Gower) Rolfe=Paphiopedilum appletonianum
Cypripedium calceolus L 杓兰
Cypripedium calceolus var. pubescens (Willd.) Corr.柔毛杓兰
Cypripedium californicum 加州杓兰
Cypripedium calsicolum Schltr.=Cypripedium smithi
Cypripedium candidum Muhl. ex Willd.白唇杓兰
Cypripedium cardiophyllum Franch & Sav.=Cypripedium debile
Cypripedium cathayenum S.S.Chien=Cypripedium japonicum
Cypripedium chinense Franch.=Cypripedium henryi
Cypripedium compactum Schltr.=Cypripedium tibeticum
Cypripedium concolor Lindl.=Paphiopedilum concolor
Cypripedium cordigerum D.Don 白唇杓兰
Cypripedium corrugatum Franch.=Cypripedium tibeticum
Cypripedium corrugatum var. *obesum* Franch.=Cypripedium tibeticum
Cypripedium daliense S.C.Chen & J.L.Wu(Cribb in Bull.Alp.Gard.Soc. Brit.1992)=Cypripedium lichiangense
Cypripedium daliense S.C.Chen & J.L.Wu=Cypripedium margaritaceum
Cypripedium debile Rchb.f.对叶杓兰
Cypripedium ebracteatum Rolfe=Cypripedium fargesii
Cypripedium elegans Rchb.f.雅致杓兰
Cypripedium fargesii Franch 毛瓣杓兰
Cypripedium farreri W.W.Sm 华西杓兰
Cypripedium fasciolatum Franch.大叶杓兰
Cypripedium flavum P.F.Hunt & Summerh 黄花杓兰
Cypripedium formosanum Hay 台湾杓兰
Cypripedium forrestii Cribb 玉龙杓兰
Cypripedium franchetii E.H.Wilson 毛杓兰
Cypripedium guttatum Sw 紫点杓兰
Cypripedium guttatum var. *segawai* (Masam.) S.S.Ying=Cypripedium segawai
Cypripedium guttatum var. *wardii* (Rolfe) P.Taylor=Cypripedium wardii
Cypripedium henryi Rolfe 绿花杓兰
Cypripedium himalaicum Rolfe 高山杓兰
Cypripedium hirsutissimum Lindl. ex HK.=Paphiopedilum hirsutissimum
Cypripedium insigne Lindl.=Paphiopedilum insigne
Cypripedium japonicum Thunb.(台湾志,1978)=Cypripedium formosanum
Cypripedium japonicum Thunb 扇脉杓兰
Cypripedium japonicum var. *formosanum* (Hay.) S.S.Ying=Cypripedium formosanum
Cypripedium langrhoa Gattefosse=Cypripedium fasciolatum
Cypripedium lanuginosum Schltr.=Cypripedium tibeticum
Cypripedium lichiangense S.C.Chen & Cribb 丽江杓兰
Cypripedium ludlowii Cribb 波密杓兰
Cypripedium luteum Franch.=Cypripedium flavum
Cypripedium macranthum Sw.大花杓兰
Cypripedium macranthum f. *albiflorum* (Makino) Ohwi=Cypripedium macranthum
Cypripedium macranthum var. *albiflorum* Makino=Cypripedium macranthum
Cypripedium macranthum var. *taiwanianum* F.Maekawa=Cypripedium macranthum
Cypripedium macranthum var. *tibeticum* (King ex Rolfe) Kraenzl.=Cypripedium tibeticum
Cypripedium macranthum var. *villosum* Hand.-Mazz.=Cypripedium franchetii
Cypripedium manshuricum Stapf=Cypripedium x ventricosum
Cypripedium manshuricum var. *ventricosum* (Sw.) Rchb.f. =Cypripedium x ventricosum
Cypripedium manshuricum var. *virescens* Stpaf.=Cypripedium x ventricosum
Cypripedium maranthum Sw(西藏志 1987)=Cypripedium tibeticum
Cypripedium margaritaceum Franch.斑叶杓兰
Cypripedium margaritaceum var. *fargesii* (Franch.) Pfitz.=Cypripedium fargesii
Cypripedium micranthum Franch 小花杓兰
Cypripedium montanum Dougl. ex Lindl.山地杓兰
Cypripedium nutans Schltr.=Cypripedium bardolphianum
Cypripedium orientale Spreng.=Cypripedium guttatum
Cypripedium palangshanense T.Tang & F.T.Wang 巴郎山杓兰
Cypripedium parishii Rchb.f.=Paphiopedilum parishii
Cypripedium parviflorum 小花杓兰
Cypripedium parviflorum var. pubescens 柔毛小花杓兰
Cypripedium passerinum 加拿大杓兰
Cypripedium plectrochilon Franch.(新拉汉英 1996)= Cypripedium plectrochilum
Cypripedium plectrochilum Franch 离萼杓兰
Cypripedium prupratum Lindl.=Paphiopedilum purpuratum
Cypripedium pulchrum Ames & Schltr.=Cypripedium franchetii
Cypripedium reginae var. *segawai* (Masam.) S.S.Ying=Cypripedium segawai
Cypripedium reginae Walt (Rolfe in Orchid Rev.1893)=Cypripedium flavum
Cypripedium reginae 美丽杓兰
Cypripedium segawai Masam 宝岛杓兰
Cypripedium shanxiense S.C.Chen 山西杓兰
Cypripedium sinicum Hance ex Rchb.f.=Paphiopedilum purpuratum
Cypripedium smithii Schltr 褐花杓兰
Cypripedium speciosum Rolfe=Cypripedium macranthum
Cypripedium subtropicum S.C.Chen & K.Y.Lang 暖地杓兰
Cypripedium taiwanianum Masam.=Cypripedium macranthum
Cypripedium tibeticum King ex Rolfe 西藏杓兰
Cypripedium venustum Sims=Paphiopedilum venustum
Cypripedium villosum Lindl.=Paphiopedilum villosum
Cypripedium wardii (Summerh.) C.Curtis=Paphiopedilum wardii
Cypripedium wardii Rolfe 宽口杓兰
Cypripedium wilsonii Rolfe=Cypripedium fasciolatum
Cypripedium wumengense S.C.Chen 乌蒙杓兰
Cypripedium x ventricosum Sw.东北杓兰
Cypripedium yatabeanum Makino 黄铃杓兰?
Cypripedium yunnanense Franch 云南杓兰
Cypripedium zhongdianense Z.D.Fang=Cypripedium farreri
Cyrta Lour.=**Styrax**
Cyrta agrestis Lour.=Styrax agrestis
Cyrta japonica Miers=Styrax japonicus
Cyrta suberifolia Miers=Styrax suberifolius
Cyrtandra J.R. & G.Forst.**浆果苣苔属**(苦苣苔科)
Cyrtandra kotoensis Hosokawa=Cyrtandra umbellifera
Cyrtandra pendula Bl.垂花弯蕊苣苔
Cyrtandra pritchardii Seem.波瑞氏弯蕊苣苔
Cyrtandra umbellifera Merr.浆果苣苔

Cyrtandromoea Zoll.**囊萼花属**(玄参科)
Cyrtandromoea grandifloraC.B.Clarke 囊萼花
Cyrtandromoea pterocaulis D.D.Tao,X.D.Li & X.Yang 云南囊管花?
Cyrtanthera Nees **珊瑚花属**(爵床科)
Cyrtanthera carnea (Lindl.) Bremek.珊瑚花
Cyrtanthus Ait.**曲花属**(石蒜科)
Cyrtanthus parviflorus Bak.小花曲花
Cyrtococcum Stapf **弓果黍属**(禾本科)
Cyrtococcum accrescens (Trin.) Stapf=Cyrtococcum patens var. latifolium
Cyrtococcum muricatum (Retz.) Bor=Cyrtococcum patens var. schmidtii
Cyrtococcum oxyphyllum (Hochst. ex Steud.) Stapf 尖叶弓果黍
Cyrtococcum patens (L.) A.Camus 弓果黍
Cyrtococcum patens var. latifolium (Honda) Ohwi 散穗弓果黍
Cyrtococcum patens var. patens=Cyrtococcum patens
Cyrtococcum patens var. schmidtii (Hack.) A.Camus 瘤穗弓果黍
Cyrtococcum pilipes (Nees & Arn.) A.Camus=Cyrtococcum oxyphyllum
Cyrtococcum radicans (Retz.) Stapf=Cyrtococcum patens
Cyrtococcum schmidtii (Hack.) Henr.=Cyrtococcum patens var. schmidtii
Cyrtococcum setigerum (Beauv.) Stapf 非洲弓果黍
Cyrtogonellum Ching **柳叶蕨属**(鳞毛蕨科)
Cyrtogonellum caducum Ching 离脉柳叶蕨
Cyrtogonellum emeiensis Ching ex Y.T.Hsien 峨眉柳叶蕨
Cyrtogonellum falcilobum Ching ex Y.T.Hsien 镰羽柳叶蕨
Cyrtogonellum fraxinellum (Christ) Ching 柳叶蕨
Cyrtogonellum inaequalis Ching 斜基柳叶蕨
Cyrtogonellum minimum Y.T.Hsih 小柳叶蕨
Cyrtogonellum omeiensis Ching=Cyrtogonellum emeiensis
Cyrtogonellum salicifolium Ching ex Y.T.Hsien 弓羽柳叶蕨
Cyrtogonellum simile Ching ex Y.T.Hsieh=Cyrtogonellum xichouensis
Cyrtogonellum xichouensis S.K.Wu & Mitsuda 西畴柳叶蕨
Cyrtomidictyum Ching **鞭叶蕨属**(鳞毛蕨科)
Cyrtomidictyum basipinnatum (Bak.) Ching 单叶鞭叶蕨
Cyrtomidictyum conjunctum Ching 卵叶鞭叶蕨
Cyrtomidictyum faberi (Bak.) Ching 阔镰鞭叶蕨
Cyrtomidictyum lepidocaulon (HK.) Ching 鞭叶蕨
Cyrtomium Presl **贯众属**(鳞毛蕨科)
Cyrtomium aequibasis (C.Chr.) Ching 等基贯众
Cyrtomium aequibasis Ching=Cyrtomium yunnanense
Cyrtomium balansae (Christ) C.Chr.镰羽贯众
Cyrtomium balansae f. balansae=Cyrtomium balansae
Cyrtomium balansae f. edentatum Ching ex Shing 无齿镰叶贯众
Cyrtomium bemionitis Christ (新拉汉英 1996)=Cyrtomium hemionitis
Cyrtomium brevicuneatum Ching & Shing ex Shing=Cyrtomium omeiense
Cyrtomium calcicola Ching ex Shing=Cyhrtomium obliquum
Cyrtomium caryotideum (Wall. exHK. & Grev.) Presl 刺齿贯众
Cyrtomium caryotideum f. *attenuatum* (Moore) Ching=Cyrtomium caryotideum
Cyrtomium caryotideum f. *attenuatum* Moore=Cyrtomium caryotideum
Cyrtomium caryotideum f. caryotideum=Cyrtomium caryotideum
Cyrtomium caryotideum f. grossedentatum Ching ex Shing 粗齿贯众
Cyrtomium caryotideum f. *hastosum* (Christ) Ching=Cyrtomium caryotideum
Cyrtomium caryotideum var. *aequibasis* C.Chr.=Cyrtomium aequibasis
Cyrtomium caryotideum var. *attenuatum* Moore=Cyrtomium caryotideum
Cyrtomium caryotideum var. *intermedium* (Diels) C.Chr.=Cyrtomium yamamotoi var. intermedium
Cyrtomium caudatum Ching & Shing ex Shing=Cyrtomium omeiense
Cyrtomium chingianum P.S.Wang 秦氏贯众
Cyrtomium clivicolum (Makino) Tagawa=Cyrtomium yamamotoi var. intermedium
Cyrtomium confertifolium Ching & Shing 密羽贯众
Cyrtomium conforme Ching 福建贯众
Cyrtomium coriaceum Ching & Shing ex Shing=Cyrtomium omeiense
Cyrtomium cuneatum Ching ex Shing=Cyrtomium aequibasis
Cyrtomium devexiscapulae (Koidz.) Ching 披针贯众
Cyrtomium faberi (Bak.) Ching=Cyrtomidictyum lepidocaulon
Cyrtomium falcatipinnum Ching & Shing ex Shing=Cyrtomium omeiense
Cyrtomium falcatum (L.f.) Presl 全缘贯众
Cyrtomium falcatum Presl(p.p.)=Cyrtomium devexiscapulae
Cyrtomium falcatum subvar. *hastosum* Christ=Cyrtomium caryotideum
Cyrtomium falcatum var. *acuminatum* (Diels) C.Chr.=Cyrtomium yamamotoi
Cyrtomium falcatum var. *caryotideum* (Wall.) Bedd.=Cyrtomium caryotideum
Cyrtomium falcatum var. *devexiscapulae* (Koidz.) Tagawa=Cyrtomium devexiscapulae
Cyrtomium falcatum var. *intermedium* (Diels) C.Chr.=Cyrtomium yamamotoi var. intermedium
Cyrtomium falcatum var. *macropterum* (Diels) Christ=Cyrtomium macrophyllum
Cyrtomium falcatum var. *muticum* Christ=Cyrtomium macrophyllum
Cyrtomium falcatum var. *polypterum* (Diels) C.Chr.=Cyrtomium fortunei f. polypterum
Cyrtomium falcipinnum Ching & Shing 巫溪贯众
Cyrtomium fengianum Ching & Shing ex Shing=Cyrtomium pachyphyllum
Cyrtomium fortunei J.Sm.贯众
Cyrtomium fortunei f. fortunei=Cyrtomium fortunei
Cyrtomium fortunei f. *intermedia* (Tagawa) Ching=Cyrtomium yamamotoi
Cyrtomium fortunei f. latipinna Ching 宽羽贯众
Cyrtomium fortunei f. polypterum (Diels) Ching 多羽贯众(新)
Cyrtomium fortunei var. *clivicolum* (Makino) Tagawa=Cyrtomium yamamotoi var. intermedium
Cyrtomium fortunei var. *intermedia* Tagawa=Cyrtomium yamamotoi
Cyrtomium fraxinellum Christ=Cyrtogonellum fraxinellum
Cyrtomium grossum Christ 惠水贯众
Cyrtomium guizhouense H.S.Kung & P.S.Wang 贵州贯众
Cyrtomium hemionitis Christ 单叶贯众
Cyrtomium hookerianum (Presl) C.Chr.尖羽贯众
Cyrtomium houi Ching ex Shing=Cyrtomium aequibasis
Cyrtomium hunanense Ching & Shing ex Shing=Cyrtomium omeiense
Cyrtomium integripinnum Cop.=Cyrtomium hookerianum
Cyrtomium integrum Ching & Shing ex Shing=Cyrtomium devexiscapulae
Cyrtomium kansuense Ching & Shing ex Shing=Cyrtomium macrophyllum
Cyrtomium kungshanense Ching & Shing 贡山贯众?
Cyrtomium kwangtungense Ching=Cyrtomium balansae
Cyrtomium latifalcatum S.K.Wu & Mitsuda 宽镰贯众
Cyrtomium lonchitoides (Christ) Christ 小羽贯众
Cyrtomium longipes Ching & Shing ex Shing(p.p.)=Cyrtomium nervosum
Cyrtomium longipes Ching & Shing ex Shing(p.p.)=Cyrtomium tsinglingense
Cyrtomium macrophyllum (Makino) Tagawa 大叶贯众
Cyrtomium macrophyllum f. *minor* Ching & Shing ex Shing=Cyrtomium macrophyllum
Cyrtomium macrophyllum f. *muticum* (Christ) Ching & Shing ex Shing=Cyrtomium macrophyllum
Cyrtomium macrophyllum var. *acuminatum* (Diels) Tagawa=Cyrtomium yamamotoi
Cyrtomium macrophyllum var. *simada* Tagawa=Cyrtomium macrophyllum
Cyrtomium macrophyllum var. *tukusicola* (Tagawa) Tagawa=Cyrtomium tukusicola
Cyrtomium maximum Ching & Shing ex Shing 大羽贯众?
Cyrtomium mediocre Ching & Shing ex Shing=Cyrtomium yamamotoi
Cyrtomium megaphyllum Ching & Shin=Cyrtomium tsinglingense
Cyrtomium membranifolium Ching & Shing ex H.S.Kung 膜叶贯众
Cyrtomium micropterin (Kze.) Ching 长方贯众
Cyrtomium moupinense Ching & Shing ex Shing=Cyrtomium tsinglingense
Cyrtomium muticum (Christ) Ching=Cyrtomium macrophyllum
Cyrtomium muticum f. *acuminatum* (Diels) Ching=Cyrtomium yamamotoi
Cyrtomium muticum f. *intermedium* (Diels) Ching=Cyrtomium yamamotoi var. intermedium
Cyrtomium neocaryotideum Ching & Shing 维西贯众
Cyrtomium nephrolepioides (Christ) Cop 低头贯众
Cyrtomium nephrolepioides C.Chr.(p.p.)=Cyrtomium grossum
Cyrtomium nephrolepioides C.Chr.(p.p.)=Cyrtomium pachyphyllum
Cyrtomium nephrolepioides f. *grossum* (Christ) Ching=Cyrtomium grossum

Cyrtomium nervosum Ching & Shing 显脉贯众
Cyrtomium obliquum Ching & Shing 斜基贯众
Cyrtomium omeiense Ching & Shing ex Shing=Cyrtomium macrophyllum
Cyrtomium omeiense Ching & Shing 峨眉贯众
Cyrtomium ovale Ching & Shing ex Shing=Cyrtomium serratum
Cyrtomium pachyphyllum (Rosenst.) C.Chr.厚叶贯众
Cyrtomium pseudocaudipinnum Ching & Shing ex Shing=Cyrtomium macrophyllum
Cyrtomium recurvum Ching & Shing ex Shing=Cyrtomium fortunei f. polypterum
Cyrtomium retrosopaleaceum Ching & Shing 鳞毛贯众
Cyrtomium salicipinnum Ching & Shing ex Shing=Cyrtomium urophyllum
Cyrtomium serratum Ching & Shing 尖齿贯众
Cyrtomium shandongense J.X.Li 山东贯众
Cyrtomium shingianum H.S.Kung & P.S.Wang 邢氏贯众
Cyrtomium shunningense Ching & Shing ex Shing=Cyrtomium nervosum
Cyrtomium simile Ching ex Shing=Cyrtomium yamamotoi
Cyrtomium sinicum Ching ex shing=Cyrtomium devexiscapulae
Cyrtomium sinningngese Ching & Shing 新宁贯众
Cyrtomium spectabile Ching ex Shing=Cyrtomium yunnanense
Cyrtomium tachiroanum (Luerss.) C.Chr.=Cyrtomium hookerianum
Cyrtomium taiwanense Tagawa 台湾贯众
Cyrtomium tengii Ching & Shing 世纬贯众
Cyrtomium trapezoideum Ching & Shing 斜方贯众
Cyrtomium tsinglingense Ching & Shing 秦岭贯众
Cyrtomium tukusicola Tagawa 齿盖贯众
Cyrtomium uniseriale Ching 单行贯众
Cyrtomium uniseriale f. *marginale* Ching ex Shing=Cyrtomium uniseriale
Cyrtomium urophyllum Ching 线羽贯众
Cyrtomium vittatum Christ (C.Chr.in Amer.Fern.J.1930)=Cyrtomium balansae
Cyrtomium vittatum Christ=Cyrtomium lonchitoides
Cyrtomium wangianum Ching & Shing ex Shing=Cyrtomium obliquum
Cyrtomium wulingense S.F.Wu 武陵贯众
Cyrtomium yamamotoi Tagawa 阔羽贯众
Cyrtomium yamamotoi var. intermedium (Diels) Ching & Shing ex Shing 粗齿阔羽贯众
Cyrtomium yamamotoi var. yamamotoi=Cyrtomium yamamotoi
Cyrtomium yiangshanense Ching & Y.C.Lang=Cyrtomium falcatum
Cyrtomium yuanum Chimg & Shing ex Shing=Cyrtomium macrophyllum
Cyrtomium yunnanense Ching & Shing 云南贯众
Cyrtopera bicarinata Lindl.=Eulophia bicallosa
Cyrtopera flava Lindl.=Eulophia flava
Cyrtopera formosana Rolfe=Eulophia bicallosa
Cyrtopera nuda (Lindl.) Rchb.f.=Eulophia spectabilis
Cyrtopera sanguinea Lindl.=Eulophia zollingeri
Cyrtopera zollingeri Rchb.f.=Eulophia zollingeri
Cyrtopodium R.Br.**曲足兰属**(兰科)
Cyrtopodium andersonii (Lamb. ex Andr.) R.Br.安氏曲足兰
Cyrtopodium paludicolum Koehne 沼泽曲足兰
Cyrtopodium punctatum (L.) Lindl.斑点曲足兰
Cyrtopodium virescens Rchb.f. & Warm.绿花曲足兰
Cyrtosia Bl.**肉果兰属**(兰科)
Cyrtosia Lindl.=**Eulophia**
Cyrtosia altissima Bl.=Erythrorchis altissima
Cyrtosia javanica Bl.肉果兰
Cyrtosia lindleyana Hk.f. & Thoms.=Galeola lindleyana
Cyrtosia nana (Rolfe ex Downie) Garay 矮小肉果兰
Cyrtosia septentrionalis (Rchb.f.) Garay 血红肉果兰
Cyrtosperma Griff.**曲籽芋属**(天南星科)
Cyrtosperma lasioides Griff.曲籽芋
Cyrtostachys Bl.**封蜡棕属**(棕榈科)
Cyrtostachys lakka Becc.猩猩椰子
Cyrtostachys renda Bl.封蜡棕
Cyrtotropis carnea Wall.=Apios carnea
Cystacanthus T.Anders.**鳔冠花属**(爵床科)
Cystacanthus abbreviatus Craib= Phlogacanthus abbreviatus
Cystacanthus affinis W.W.Sm.丽江鳔冠花
Cystacanthus paniculatus T.Anders.鳔冠花
Cystacanthus yangzekiangensis (Lévl.) Rehd.金江鳔冠花
Cystacanthus yunnanensis W.W.Sm.滇鳔冠花
Cystea Sm.=**Cystopteris**
Cystea fragilis Sm.=Cystopteris fragilis
Cysticorydalis fedtschenkoana (Rgl.) Fedde=Corydalis fedtschenkoana
Cystoathyrium Ching **光叶蕨属**(蹄盖蕨科)
Cystoathyrium chinense Ching 光叶蕨
Cystopteris Luerss.=**Acystopteris**
Cystopteris Maxim.=**Pseudocystopteris**
Cystopteris Bernh.**冷蕨属**(蹄盖蕨科)
Cystopteris alata Ching=Cystopteris pellucida
Cystopteris baenitzii Dorfl.=Cystopteris dickieana
Cystopteris bulbifera (L.) Bernh.球茎冷蕨
Cystopteris chinensis Ching=Acystopteris japonica
Cystopteris chinensis Ching=Cystopteris moupinensis
Cystopteris deqinensis Z.R.Wang 德钦冷蕨
Cystopteris dimidiata Dcne.=Leucostegia immersa
Cystopteris disckieana Sim.皱孢冷蕨
Cystopteris filix-fragilis (L.)Gilib.=Cystopteris fragilis
Cystopteris formosana Hay.=Acystopteris tenuisecta
Cystopteris fragilis (L.) Bernh.冷蕨
Cystopteris fragilis subsp. *dickieana* (Sim.) Hylander=Cystopteris dickieana
Cystopteris fragilis var. Christ=Woodsia shensiensis
Cystopteris fragilis var. *dickieana* (Sim.) Lindberg=Cystopteris dickieana
Cystopteris grandis C.Chr.=Pseudocystopteris atkinsonii
Cystopteris guizhouensis X.Y.Wang & P.S.Wang 贵州冷蕨
Cystopteris japonica Luerss.=Acystopteris japonica
Cystopteris japonica var. *taiwaniana* Tagawa=Acystopteris taiwaniana
Cystopteris kansuana C.Chr.西宁冷蕨
Cystopteris ×kansuana Blasdell=Cystopteris kansuana
Cystopteris leucosoria Schur=Cystopteris sudetica
Cystopteris mairei Brause=Cystopteris moupinensis
Cystopteris modesta Ching 卷叶冷蕨
Cystopteris montana (Lam.) Bernh. ex Desv.高山冷蕨
Cystopteris moupinensis Franch.宝兴冷蕨
Cystopteris pellucida (Franch.) Ching ex C.Chr.膜叶冷蕨
Cystopteris pratrusa (Weath.) Blasd.低地冷蕨
Cystopteris remotipinnata Ching=Cystopteris fragilis
Cystopteris setosa Bedd.=Acystopteris tenuisecta
Cystopteris sikkimensis Ching ex Bir=Cystopteris dickieana
Cystopteris sphaerocarpa Hay.=Cystopteris moupinensis
Cystopteris spinulosa Maxim.=Pseudocystopteris spinulosa
Cystopteris stipellata v.A.v.R.=Acrophorus stipellatus
Cystopteris subgen. *Acystopteris* (Nakai) Blasdell=**Acystopteris**
Cystopteris sudetica A.Br. & Milde (Nakaike in Enum.Pterid.Jap.1975)=Cystopteris moupinensis
Cystopteris sudetica A.Br. & Milde 欧洲冷蕨
Cystopteris sudetica var. *moupinensis* Blasdell=Cystopteris modesta
Cystopteris sudetica var. *moupinensis* C.Chr.=Cystopteris moupinensis
Cystopteris tangutica Grubov=Cystopteris moupinensis
Cystopteris tenuisecta Mett.=Acystopteris tenuisecta
Cystopteris tibetica Z.R.Wang 藏冷蕨
Cystopus elwesii (Clarke ex HK.f.) Ktze.=Anoectochilus elwesii
Cystopus humilis Fukuyama=Vexillabium yakushimense
Cytisus L.**金雀儿属**(豆科)
Cytisus cajan L.=Cajanus cajan
Cytisus laburnum L.=Laburnum anagyroides
Cytisus nigricans L.变黑金雀儿
Cytisus pinnatus L.=Pongamia pinnata
Cytisus purpureus Scop.紫金雀花
Cytisus scoparius (L.) Link 金雀儿
Cytisus volubilis Blanco=Cajanus crassus
Cytolanthera yunnanensis W.W.Sm.=Cotylanthera paucisquama
Cyttarium Peterm.(p.p.)=**Helichrysum**
Czernaevia Turcz.**柳叶芹属**(伞形科)
Czernaevia laevigata Turcz.柳叶芹
Czernaevia laevigata var. exalatocarpa Chu 无翼柳叶芹
Czernaevia laevigata var. laevigata=Czernaevia laevigata
Czernaevia laevigata var. latipinna Chu 宽叶柳叶芹

D

Dacrycarpus (Endl.) D.Laub.**鸡毛松属**(罗汉松科)
Dacrycarpus imbricatus var. patulus D.Laub. 鸡毛松

Dacrycarpus kawaii (Hay.) A.V.Bob. & Melik.=Dacrycarpus imbricatus var. patulus
Dacrydium Soland. ex Forst.**陆均松属**(罗汉松科)
Dacrydium balansae Brongn. & Griseb 新喀多尼亚陆均松
Dacrydium beccarii Parlat.加里曼丹陆均松
Dacrydium bidwillii HK.f.高山陆均松
Dacrydium comosum Correr 马来西亚陆均松
Dacrydium cupressinum Solander 柏木陆均松
Dacrydium elatum Wall.(Pilger in Engler Pflanzenr.1903,p.p.)=Dacrydium pectinatum
Dacrydium elatum Wall.巨陆均松
Dacrydium falciforme (Parlat.) Pigler 镰叶陆均松
Dacrydium fonkii Benth.智利陆均松
Dacrydium franklinii HK.f.塔斯马尼亚陆均松
Dacrydium intermedium T.Kirk 黄银陆均松
Dacrydium laxifolium HK.f.疏叶陆均松
Dacrydium lycopodioides Brongn. & Griseb.石松叶陆均松
Dacrydium pectinatum D.Laub.陆均松
Dacrydium pierrei Hickel.(植物志 7,1978)=Dacrydium pectinatum
Dacrydium xanthaudrum Pilg.新几内亚陆均松
Dactylicapnos Wall.**紫金龙属**(罂粟科)
Dactylicapnos lichiangensis (Fedde) Hand.-Mazz.丽江紫金龙
Dactylicapnos multiflora Hu=Dactylicapnos scandens
Dactylicapnos roylei (HK.f. & Thoms.) Hutch.宽果紫金龙
Dactylicapnos scandens (D.Don) Hutch.紫金龙
Dactylicapnos thalictrifolia Wall.=Dactylicapnos scandens
Dactylicapnos torulosa (HK.f. & Thoms.) Hutch.扭果紫金龙
Dactylicapnos wolfdietheri Fedde=Dactylicapnos torulosa
Dactylis L.**鸭茅属**(禾本科)
Dactylis cristata (L.) Bieb.=Koeleria cristata
Dactylis glomerata L.鸭茅
Dactylis glomerata subsp. glomerata=Dactylis glomerata
Dactylis glomerata subsp. himalayensis Domin 喜马拉雅鸭茅
Dactylis polygama Horvato 杂性鸭茅
Dactylis smithii Link 斯密氏鸭茅
Dactylis spicata Willd.=Elytrophorus spicatus
Dactylis woronowii Ovcz.沃氏鸭茅
Dactylium Griff. =**Erythropalum**
Dactylium vagum Griff. =Erythropalum scandens
Dactyloctenium Willd.**龙爪茅属**(禾本科)
Dactyloctenium aegyptiacum Willd.=Dactyloctenium aegyptium
Dactyloctenium aegyptium (L.) Beauv.龙爪茅
Dactyloctenium aegyptium (L.) Richt.=Dactyloctenium aegyptium
Dactyloctenium mucronatum Willd.=Dactyloctenium aegyptium
Dactylorchis Vermeulen=**Orchis**
Dactylorchis latifolia (L.) Rathmaler=Orchis latifolia
Dactylorchis salina (Turcz. ex Lindl.) Vermeule=Orchis latifolia
Dactylorhiza (Necker ex Nevski) Nevski=**Orchis**
Dactylorhiza hatagirea (D.Don) Sóo=Orchis latifolia
Dactylorhiza latifolia (L.) Sóo=Orchis latifolia
Dactylorhiza salina (Turcz. ex Lindl.) Sóo=Orchis latifolia
Daedalacanthus T.Anders.= **Eranthemum**
Daedalacanthus nervosus (Vahl) T.Anders (Hance in J.Bot. 1878)=Eranthemum austrosinense
Daedalacanthus nervosus (Vahl) T.Anders.= Eranthemum pulchellum
Daedalacanthus splendens T.Anders.= Eranthemum splendens
Daemonorops Bl.**黄藤属**(棕榈科)
Daemonorops angustifolia Mart.狭叶黄藤
Daemonorops angustispatha Ftdo.狭苞黄藤
Daemonorops brachystachys Furttade 短穗黄藤
Daemonorops calicarpa (Griff.) Mart.秀果黄藤
Daemonorops didymophylla Becc.双叶黄藤
Daemonorops draco Bl.血蝎
Daemonorops geniculata (Griff.) Mart.膝曲状黄藤
Daemonorops hystrix (Griff.) Mart.豪猪刺黄藤
Daemonorops imbellis Becc.软弱黄藤
Daemonorops intermedia (Griff.) Mart.中间黄藤
Daemonorops kiahii Ftdo.贾赫黄藤
Daemonorops kunstleri Becc.孔氏黄藤
Daemonorops laciniata Ftdo.条裂黄藤
Daemonorops lasiospatha Ftdo.毛苞黄藤
Daemonorops leptopus (Griff.) Mart.细黄藤
Daemonorops lewisiana Mart.路易斯黄藤
Daemonorops longipes (Griff.) Mart.长柄黄藤
Daemonorops macrophylla Becc.大叶黄藤
Daemonorops margaritae (Hance) Becc.黄藤
Daemonorops margaritae Becc.(Kaneh.in Trans.Nat-Hist.Soc.Form., 1937)=Calamus orientalis
Daemonorops melanochaetes Bl.黑刚毛黄藤
Daemonorops micracantha Becc.小刺黄藤
Daemonorops monticola (Griff.) Mart.山生黄藤
Daemonorops nurii Ftdo.努尔黄藤
Daemonorops oligophylla Becc.少叶黄藤
Daemonorops periacantha Miq.周刺黄藤
Daemonorops propingqua Becc.亲近黄藤
Daemonorops pseudosepala Becc.假萼黄藤
Daemonorops sabut Becc.萨布特黄藤
Daemonorops scortechinii Becc.斯考氏黄藤
Daemonorops sepala Becc.萼片黄藤
Daemonorops stipitata Ftdo.有柄黄藤
Daemonorops tabacina Becc.烟草色黄藤
Daemonorops verticillatis (Griff.) Mart.轮生黄藤
Dahlia Cav.**大丽花属**(菊科)
Dahlia coccinea Cav.红大丽花
Dahlia excelsa Benth.平夹大丽花
Dahlia imperialis Roezl.垂头大丽花
Dahlia mercki Lehm.光滑大丽花
Dahlia pinnata Cav.大丽花
Dahlia purpurea Poir.=Dahlia pinnata
Dahlia rosea Cav.=Dahlia pinnata
Dahlia variabilia Desv.=Dahlia pinnata
Daiswa birmanica Takht.=Paris polyphylla var. yunnanensis
Daiswa bockiana (Diels) Takht.=Paris polyphylla var. stenophylla
Daiswa chinensis (Franch.) Takht.=Paris polyphylla var. chinensis
Daiswa chinensis subsp. *brachysepala* (Pamp.) Takht.=Paris polyphylla var. chinensis
Daiswa cronquistii Takht.=Paris cronquistii
Daiswa delavayi (Franch.) Takht.=Paris delavayi
Daiswa dunniana (Lévl.) Takht.=Paris dunniana
Daiswa fargesii (Franch.) Takht.=Paris fargesii
Daiswa fargesii var. *brevipetalata* T.C.Huang & K.C.Yang=Paris fargesii
Daiswa forrestii Takht.=Paris forrestii
Daiswa hainanensis (Merr.) Takht.=Paris dunniana
Daiswa hainanensis subsp. *vietnamensis* Takht.=Paris vietnamensis
Daiswa lancifolia (Hay.) Takht.=Paris polyphylla var. stenophylla
Daiswa polyphylla (Smith) Rafin.=Paris polyphylla
Daiswa pubescens (Hand.-Mazz.) Takht.=Paris mairei
Daiswa thibetica (Franch.) Takht.=Paris thibetica
Daiswa violacea (Lévl.) Takht.=Paris mairei
Daiswa yunnanensis (Franch.) Takht.=Paris polyphylla var. yunnanensis
Dalbergia L.f.**黄檀属**(豆科)
Dalbergia assamica Benth.=Dalbergia sericea
Dalbergia assamica Benth.秧青
Dalbergia balansae Prain 南岭黄檀
Dalbergia benthami Prain 两粤黄檀
Dalbergia burmanica Prain 缅甸黄檀
Dalbergia candenatensis (Dennst.) Prain 弯枝黄檀
Dalbergia cavaleriei Lévl.=Dalbergia stenophylla
Dalbergia cochinchinensis Pierre 交趾黄檀
Dalbergia collettii Prain=Dalbergia yunnanensis var. collettii
Dalbergia dyeriana Prain ex Harms 大金刚藤
Dalbergia fusca Pierre 黑黄檀
Dalbergia fusca var. *enneandra* Zou & Liu=Dalbergia fusca
Dalbergia hainanensis Merr. & Chun (广州志 1955,p.p)=Dalbergia odorifera
Dalbergia hainanensis Merr. & Chun 海南黄檀
Dalbergia hancei Benth.藤黄檀
Dalbergia henryana Prain 蒙自黄檀
Dalbergia hircina Wall.=Dalbergia sericea
Dalbergia hupeana Hance 黄檀

Dalbergia kingiana Prain 滇南黄檀
Dalbergia lanceolaria L.f.(Gamble in Darjeel List.1896)=Dalbergia assamica
Dalbergia lanceolaria L.f.(Hemsl.in J.L.Soc.Bot.1887)=Dalbergia balansae
Dalbergia latifolia Roxb.印度玫瑰木
Dalbergia marginata Roxb.=Derris marginata
Dalbergia melanoxylon Guill. & Perre 非洲黄檀
Dalbergia millettii Benth.(Harms in Engl.Bot.Jahrb.1900)=Dalbergia stenophylla
Dalbergia millettii Benth.(Prain in J.As.Soc.Beng.1897)=Dalbergia mimosoides
Dalbergia millettii Benth.香港黄檀
Dalbergia mimosoides Franch.象鼻藤
Dalbergia monosperma Dalz.=Dalbergia candenatensis
Dalbergia obtusifolia (Baker) Prain 钝叶黄檀
Dalbergia odorifera T.Chen 降香
Dalbergia ovata var. *obtusifolia* Baker=Dalbergia obtusifolia
Dalbergia parviflora Roxb.小花黄檀
Dalbergia peishaensis Chun & T.Chen 白沙黄檀
Dalbergia pinnata (Lour.) Merr.斜叶黄檀
Dalbergia polyadelpha Prain 多体蕊黄檀
Dalbergia rimosa Roxb.多裂黄檀
Dalbergia robusta Roxb.=Derris robusta
Dalbergia rubiginosa Roxb.(Benth.Fl.Hongk.1861)=Dalbergia benthami
Dalbergia rubiginosa Roxb.褐赤色藤黄檀(新)
Dalbergia sacerdotum Prain 上海黄檀
Dalbergia sericea G.Don 毛叶黄檀
Dalbergia sissoo Roxb.印度黄檀
Dalbergia sp. Collett & Hemsl.=Dalbergia yunnanensis var. collettii
Dalbergia stenophylla Prain 狭叶黄檀
Dalbergia stipulacea Roxb.托叶黄檀
Dalbergia szemaoensis Prain=Dalbergia assamica
Dalbergia tamarindifolia Roxb.=Dalbergia pinnata
Dalbergia tonkinensis Prain 越南黄檀
Dalbergia torta Grah.=Dalbergia candenatensis
Dalbergia tsoi Merr. & Chun 红果黄檀
Dalbergia yunnanensis Franch.滇黔黄檀
Dalbergia yunnanensis var. collettii (Prain) Thoth.高原黄檀
Dalbergia yunnanensis var. yunnanensis=Dalbergia yunnanensis
Dalechampia L.**黄蓉花属**(大戟科)
Dalechampia bidentata Bl.二齿黄蓉花
Dalechampia bidentata var. bidentata=Dalechampia bidentata
Dalechampia bidentata var. yunnanensis Pax & Hoffm.黄蓉花
Dalechampia scandens L.藤状黄蓉花
Dalibarda L.=**Rubus**
Dalibarda calycinus Ser.=Rubus calycinus
Dalibarda ternata Steph.=Waldsteinia ternata
Dalrympelea Roxb.=**Turpinia**
Dalrympelea pomifera Roxb.=Turpinia pomifera
Dalzellia Hassk.=**Belosynapsis**
Damasonium indicum Willd.=Ottelia alismoides
Dammara Link=**Agathis**
Dammara alba Lam.=Agathis dammara
Dammara alba Rump. ex Bl.=Agathis dammara
Damnacanthus Gaertn.f.**虎刺属**(茜草科)
Damnacanthus angustifolius Hay.(Merr. & Chun in Sunyatsenia 1930)=Damnacanthus giganteus
Damnacanthus angustifolius Hay.台湾虎刺
Damnacanthus angustifolius var. *stenophylla* (Koidz.) Masamune=Damnacanthus angustifolius
Damnacanthus esqurolii Lévl.=Carissa carandas
Damnacanthus formosanus (Nakai) Koidz.=Damnacanthus indicus
Damnacanthus giganteus (Mak.) Nakai 短刺虎刺
Damnacanthus guangxiensis Y.Z.Ruan 广西虎刺
Damnacanthus hainanensis (Lo) Lo ex W.Z.Ruan 海南虎刺
Damnacanthus henryi (Lévl.) Lo 云桂虎刺
Damnacanthus henryi subsp. *hainanensis* Lo=Damnacanthus hainanensis
Damnacanthus indicus Gaertn.f.虎刺
Damnacanthus indicus var. *formosanus* Nakai=Damnacanthus indicus
Damnacanthus indicus var. *giganteus* Mak.=Damnacanthus giganteus
Damnacanthus indicus var. *major* (Sieb.) Mak.=Damnacanthus major
Damnacanthus indicus var. *major* f. *macrophylls* (Sieb. ex Miq.) Mak.=Damnacanthus macrophyllus
Damnacanthus labordei (Lévl.) Lo 柳叶虎刺
Damnacanthus macrophyllus Sieb. ex Miq.浙皖虎刺
Damnacanthus macrophyllus var. *giganteus* (Mak.) Koidz.=Damnacanthus giganteus
Damnacanthus major S. & Z.大卵叶虎刺
Damnacanthus major var. *macrophyllus* (Sieb. ex Miq.) Maxim.=Damnacanthus macrophyllus
Damnacanthus major var. *parvispinis* Koidz.=Damnacanthus macrophyllus
Damnacanthus major var. *submitis* Maxim. & Rgl.=Damnacanthus macrophyllus
Damnacanthus minutispinis Koidz.=Damnacanthus macrophyllus
Damnacanthus moniliformis Koidz.=Damnacanthus macrophyllus
Damnacanthus officinarum Huang 四川虎刺
Damnacanthus shanii K.Yao & Deng=Damnacanthus macrophyllus
Damnacanthus stenophyllus Masamune=Damnacanthus angustifolius
Damnacanthus subspinosus Hand.-Mazz.=Damnacanthus giganteus
Damnacanthus subspinosus var. *salicifolius* Deng & K.Yao=Damnacanthus macrophyllus
Damnacanthus tsaii Hu 西南虎刺
Damrongia kerrii (Craib) Pellegr.=Petrocosmea kerrii
Danthonia Lam. & DC.**扁芒草属**(禾本科)
Danthonia cirrata Hackel 卷须扁芒草
Danthonia decumbens (L.) DC.斜生扁芒草
Danthonia neuroelytrum Steud.=Arundinella setosa
Danthonia schneideri Pilger 扁芒草
Danthonia spicata (L.) Beauv.穗状扁芒草
Daphne L.**瑞香属**(瑞香科)
Daphne acutiloba Rehd.尖瓣瑞香
Daphne altaica Pall.阿尔泰瑞香
Daphne altaica var. *longilobata* Lecomte=Daphne longilobata
Daphne angustiloba Rehd.狭瓣瑞香
Daphne arisanensis Hay.台湾瑞香
Daphne aurantiaca Diels 橙花瑞香
Daphne axillaris (Merr. & Chun) Chun & C.F.Wei 腋花瑞香
Daphne bholua Buch.-Ham. ex D.Don 藏东瑞香
Daphne bholua var. bholua=Daphne bholua
Daphne bholua var. glacialis (W.W.Sm. & Cav) B.L.Burtt 落叶瑞香
Daphne bodinieri Lévl.(p.p.)=Alyxia schlechteria
Daphne bodinieri Lévl.(p.p.)=Daphne tangutica
Daphne brevituba H.F.Zhou ex C.Y.Chang 短管瑞香
Daphne calcicola W.W.Sm.=Daphne aurantiaca
Daphne canescens Wall.=Wikstroemia canescens
Daphne cannabina Lour.=Wikstroemia indica
Daphne cannabina Wall.(p.p.)=Daphne papyracea
Daphne cannabina var. *bholua* (Buch.-Ham. ex D.Don) Keissl.=Daphne bholua
Daphne cannabina var. *glacialis* W.W.Sm. & Cav=Daphne bholua var. glacialis
Daphne championii Benth.长柱瑞香
Daphne clivicola Hand.-Mazz.=Daphne rosmarinifolia
Daphne composita (L.f.) Gilg=Eriosolena composita
Daphne depauperata H.F.Zhou ex C.Y.Chang 少花瑞香
Daphne emeiensis C.Y.Chang 峨眉瑞香
Daphne erosiloba C.Y.Chang 啮蚀瓣瑞香
Daphne esquirolii Lévl.穗花瑞香
Daphne feddei Lévl.滇瑞香
Daphne feddei var. feddei=Daphne feddei
Daphne feddei var. taliensis H.F.Zhou ex C.Y.Chang 大理瑞香
Daphne fortunei Lindl.(Benth.in HK.in Kew J.Bot.1853)=Daphne championii
Daphne fortunei Lindl.=Daphne genkwa
Daphne gardneri Wall.=Edgeworthia gardneri
Daphne gemmata E.Prtz.川西瑞香
Daphne genkwa S. & Z.芫花
Daphne genkwa f. *taitoensis* Hamaya=Daphne genkwa
Daphne genkwa var. *fortunei* (Lind.) Franch.=Daphne genkwa
Daphne giraldii Nitsche 黄瑞香
Daphne gracilis E.Pritz.小娃娃皮

Daphne grueningiana H.Winkl.倒卵叶瑞香
Daphne holosericea (Diels) Hamaya 丝毛瑞香
Daphne holosericea var. holosericea=Daphne holosericea
Daphne holosericea var. thibetensis (Lecomte) Hamaya 五出瑞香
Daphne holosericea var. wangeana Hamaya 少丝毛瑞香
Daphne indica L.=Wikstroemia indica
Daphne involucrata Wall.=Eriosolena composita
Daphne japonica Thunb.=Daphne odora
Daphne jinyunensis C.Y.Chang 缙云瑞香
Daphne jinyunensis var. jinyunensis=Daphne jinyunensis
Daphne jinyunensis var. ptilostyla C.Y.Chang 毛柱瑞香
Daphne kiusiana var. atrocaulis (Rehd.) F.Maekawa 毛瑞香
Daphne koreana Nakai 朝鲜瑞香
Daphne laciniata Lecomte 翼柄瑞香
Daphne leishanensis H.F.Zhou ex C.Y.Chang 雷山瑞香
Daphne leuconeura Rehd.=Daphne esquirolii
Daphne leuconeura var. *mairei* Rehd. & Lévl.=Daphne esquirolii
Daphne limprichtii H.Winkl.铁牛皮
Daphne longilobata (Lecomte) Turrill 长瓣瑞香
Daphne longituba C.Y.Chang 长管瑞香
Daphne macrantha Ludlow 大花瑞香
Daphne mairei Lévl.=Daphne papyracea
Daphne martini Lévl.=Daphne feddei
Daphne mazeli Carr.=Daphne odora
Daphne modesta Rehd.瘦叶瑞香
Daphne myrtilloides Nitsche 乌饭瑞香
Daphne odora Thunb.(Hemsl.in J.L.Soc.Bot.1891)=Daphne kiusiana var. atrocaulis
Daphne odora Thunb.瑞香
Daphne odora f. marginata Makino 金边瑞香
Daphne odora f. odora=Daphne odora
Daphne odora var. *atrocaulis* Rehd.=Daphne kiusiana var. atrocaulis
Daphne odora var. *mazeli* (Carr.) Hemsl.=Daphne odora
Daphne odora var. *taiwaniana* Masam.=Daphne kiusiana var. atrocaulis
Daphne papyracea Wall. ex Steud.白瑞香
Daphne papyracea f. *grandiflora* Meisn. ex Diels=Daphne papyracea var. grandiflora
Daphne papyracea var. crassiuscula Rehd.山辣子皮
Daphne papyracea var. duclouxii Lecomte 短柄白瑞香
Daphne papyracea var. grandiflora (Meisn. ex Diels) C.Y.Chang 大花白瑞香
Daphne papyracea var. papyracea=Daphne papyracea
Daphne papyrifera Suchsan Hamilt. ex D.Don=Daphne papyracea
Daphne pedunculata H.F.Zhou ex C.Y.Chang 长梗瑞香
Daphne pendula Smith=Eriosolena composita
Daphne penicillata Rehd.岷江瑞香
Daphne pseudomezereum A.Gray 东北瑞香
Daphne purpurascens S.C.Huang 紫花瑞香
Daphne retusa Hemsl.凹叶瑞香
Daphne rhynchocarpa C.Y.Chang 喙果瑞香
Daphne rosmarinifolia Rehd 华瑞香
Daphne salicina Lévl.=Wikstroemia salicina
Daphne szetschuanica H.Winkl.=Daphne tangutica
Daphne taiwaniana (Masam.) Masam.=Daphne kiusiana var. atrocaulis
Daphne tangutica Maxim.(E.Pritz.in Bot.Jahrb.1900)=Daphne giraldii
Daphne tangutica Maxim.唐古特瑞香
Daphne tangutica var. tangutica=Daphne tangutica
Daphne tangutica var. wilsonii (Rehd.) H.F.Zhou ex C.Y.Chang 野梦花
Daphne tenuiflora Bur. & Franch.细花瑞香
Daphne tenuiflora var. legendrei (Lecomte) Hamaya 毛细花瑞香
Daphne tenuiflora var. tenuiflora=Daphne tenuiflora
Daphne triflora Lour.=Daphne odora
Daphne tripartita H.F.Zhou ex C.Y.Chang 九龙瑞香
Daphne vavaleriei Lévl.=Daphne papyracea
Daphne viridiflora Wall.=Wikstroemia indica
Daphne wilsonii Rehd.=Daphne tangutica var. wilsonii
Daphne xichouensis H.F.Zhou ex C.Y.Chang 西畴瑞香
Daphne yunnanensis H.F.Zhou ex C.Y.Chang 云南瑞香
Daphnidium bifarium Nees=Lindera nacusua
Daphnidium caudatum Nees=Lindera caudata
Daphnidium elongata Nees=Litsea elongata
Daphnidium lancifolium S. & Z.=Litsea coreana
Daphnidium pulcherrimum (Wall.) Nees=Lindera pulcherrima
Daphnidium strynifolium S. & Z.=Lindera aggregata
Daphniphyllaceae 虎皮楠科
Daphniphyllopsis Kurz.=**Nyssa**
Daphniphyllopsis capitata Kurz=Nyssa javanica
Daphniphyllum Bl.**虎皮楠属**(虎皮楠科)
Daphniphyllum angustifolium Hutch.狭叶虎皮楠
Daphniphyllum atrobadium Croiz. & Metc.=Daphniphyllum paxianum
Daphniphyllum beddomei Craib(S.S.Chien in Cont.Biol.Lab.Sci.Soc. China 1933)=Daphniphyllum paxianum
Daphniphyllum bengalense Rosenth.=Daphniphyllum himalense
Daphniphyllum calycinum Benth.牛耳枫
Daphniphyllum candelabrum Croiz. & Metc.=Daphniphyllum paxianum
Daphniphyllum cavaleriei Lévl.=Nyssa sinensis
Daphniphyllum chartaceum Rosenth.=Daphniphyllum himalense
Daphniphyllum formosanum Rosenth.=Daphniphyllum oldhami
Daphniphyllum glaucescens Bl.(树木分类学 1937,高等图鉴 1972)= Daphniphyllum oldhami
Daphniphyllum glaucescens Bl.粉绿虎皮楠
Daphniphyllum glaucescens var. *oldhami* Hemsl.=Daphniphyllum oldhami
Daphniphyllum himalayanse Müll.-Arg.(Hay.in J.Coll.Sci.Univ.Tokyo 1904)=Daphniphyllum oldhami
Daphniphyllum himalense (Benth.) Müll.-Arg.西藏虎皮楠
Daphniphyllum kengii Hurusawa=Daphniphyllum oldhami
Daphniphyllum longeracemosum Rosnth.长序虎皮楠
Daphniphyllum longistylum S.S.Chien 长柱虎皮楠
Daphniphyllum macropodum Miq.交让木
Daphniphyllum majorum Muell.-Arg.大虎皮楠(新)
Daphniphyllum marchandii (Lévl.) Croiz. & Metc.=Daphniphyllum macropodum
Daphniphyllum membranaceum Hay.=Daphniphyllum macropodum
Daphniphyllum oblongum S.S.Chien=Daphniphyllum oldhami
Daphniphyllum oldhami (Hemsl.) Rosenth.虎皮楠
Daphniphyllum paxianum Rosenth.脉叶虎皮楠
Daphniphyllum pentandrum Hay.=Daphniphyllum oldhami
Daphniphyllum pentandrum var. *oldhami* (Hemsl.) Hurusawa= Daphniphyllum oldhami
Daphniphyllum roxburghii Baill.=Daphniphyllum oldhami
Daphniphyllum salicifolium S.S.Chien=Daphniphyllum oldhami
Daphniphyllum subverticillatus Merr.假轮叶虎皮楠
Daphniphyllum yunnanense C.C.Huang 大叶虎皮楠
Dapsilanthus B.G.Brig.**薄果草属**(帚灯草科)
Dapsilanthus disjunctus (Mast.) B.G.Brig. & L.A.S.Hohn.薄果草
Darea appendiculata Bl.=Asplenium belangeri
Darea belangeri Bory=Asplenium belangeri
Darea furcata Bl.=Asplenium belangeri
Darea japonica Willd.=Onychium japonicum
Darea tenera Spreng.=Asplenium tenerum
Dargeria Decne. ex Jacq.=**Leptorhabdos**
Dartus Lour.=**Maesa**
Dartus perlrius Lour.=Maesa perlarius
Dasillipe Dubard=**Madhuca**
Dasillipe pasquieri Dubard=Madhuca pasquieri
Dasiphora Raf.=**Potentilla**
Dasiphora davurica (Nestl.) Kom. & Klob.-Alis=Potentilla glabra
Dasiphora fruticosa var. *veitchii* (Wils.) Nakai=Potentilla glabra var. veitchii
Dasiphora mandshurica (Maxim.) Juzep.=Potentilla glabra var. mandshurica
Dasiphora parvifolia (Fisch.) Juzep.=Potentilla parvifolia
Dasiphora riparia Raf.=Potentilla fruticosa
Dasus Lour.=**Lasianthus**
Dasydesmus Craib=**Oreocharis**
Dasydesmus bodinieri (Lévl.) Craib=Oreocharis bodinieri
Dasyloma DC.=**Oenanthe**
Dasyloma subbipinnatum Miq.=Oenanthe javanica
Dasymaschalon (HK.f. & Thoms.) Dalle Torre & Harms **皂帽花属**(番荔枝科)
Dasymaschalon glaucum Merr. & Chun=Dasymaschalon rostratum
Dasymaschalon macrocalyx sensu Ast=Dasymaschalon trichophorum
Dasymaschalon rostratum Merr. & Chun 喙果皂帽花

Dasymaschalon rostratum var. *glaucum* (Merr. & Chun) Ban=Dasymaschalon rostratum
Dasymaschalon sootepense Craib 黄花皂帽花
Dasymaschalon trichophorum Merr.皂帽花
Dasymaschalon yunnanense (Hu) Ban=Desmos yunnanensis
Datura L.**曼陀罗属**(茄科)
Datura alba Rumph. ex Ness=Datura metel
Datura arborea L.木本曼陀罗
Datura cornucopaea Hort. ex W.WSm.=Datura metel
Datura fastuosa L.=Datura metel
Datura fastuosa var. *alba* C.B.Clarke=Datura metel
Datura ferox L.粗刺曼陀罗
Datura inermis Jacq.=Datura stramonium
Datura innoxia Mill.毛曼陀罗
Datura laevis L.f.=Datura stramonium
Datura melel f. *alba* Chou=Datura metel
Datura metel L.(Sims.in Curtis,Bot.Mag.1812)=Datura innoxia
Datura metel L.洋金花
Datura stramonium L.曼陀罗
Datura stramonium var. *inermis* (Macq.) Schnz. & Thell.= Datura stramonium
Datura stramonium var. *tatula* Torr.=Datura stramonium
Datura tatula L.=Datura stramonium
Daucus L.**胡萝卜属**(伞形科)
Daucus carota L.野胡萝卜
Daucus carota var. carota=Daucus carota
Daucus carota var. sativa Hoffm.胡萝卜
Daucus visnaga L.=Ammi visnaga
Davallia Sm.**骨碎补属**(骨碎补科)
Davallia amabilis Ching 云桂骨碎补
Davallia assamica Bak.=Humata assamica
Davallia athamantica Christ=Araiostegia pseudocystopteris
Davallia athyrifolia Bak.=Pseudocystopteris atkinsonii
Davallia austrosinica Ching 华南骨碎补
Davallia beddomei Hope=Araiostegia beddomei
Davallia biflora Kaulf=Stenoloma biflorum
Davallia brevisora Ching 麻栗坡骨碎补
Davallia bullata HK. & Bak.=Davallia mariesii
Davallia bullata Wall.(HK. & Bak.in Syn.Fil.1868, p.p.)=Davallia mariesii
Davallia calvescens Wall.=Microlepia calvescens
Davallia canariensis (L.) Sm.加那利骨碎补
Davallia chaerophylla Wall.=Araiostegia pulchra
Davallia chrysanthemifolia Hay.=Humata repens
Davallia chusana Willd.=Stenoloma chusanum
Davallia clarikei Bak.=Araiostegia hookeri
Davallia clarkei Bak.(分类学报 1996, p.p.)=Araiostegia faberiana
Davallia clarkei Bak.(分类学报 1996, p.p.)=Araiostegia perdurans
Davallia clarkei var. *faberiana* C.Chr.=Araiostegia faberiana
Davallia contigua (G.Forst.) Spreng.=Prosaptia contigua
Davallia cumingii HK.=Humata trifoliata
Davallia cylindrica Ching 云南骨碎补
Davallia dareiformis Levinge ex Clarke=Gymnogrammitis dareiformis
Davallia delavayi Bedd.=Araiostegia delavayi
Davallia denticulata (Burm.f.) Mett. ex Kuhn 假脉骨碎补
Davallia divaricata Bl.(Dunn & Tutch.in Kew Bull.Misc.Infl.Add.Ser. 1912)= Davallia formosana
Davallia divaricata Dunn & Tutch.=Davallia formosana
Davallia divaricata var. *orientalis* Tard.-Blot & C.Chr.=Davallia formosana
Davallia elegans Sw.=Davallia denticulata
Davallia flaccida R.Br.=Microlepia speluncae
Davallia formosana Hay.大叶骨碎补
Davallia griffithiana Dunn & Tutch.=Humata tyermanni
Davallia griffithiana HK.(Dunn & Tutch.inKew Bull.Misc.Inf.Add.Ser. 1912)=Humata tyermanni
Davallia griffithiana HK.=Humata griffithiana
Davallia henryana Bak.=Humata henryana
Davallia hirsuta Sw.=Dennstaedtia pilosella
Davallia hookeriana Wall.=Microlepia hookeriana
Davallia immersa Wall.=Leucostegia immersa
Davallia japonica Kze.=Microlepia strigosa
Davallia khasiyana HK.=Microlepia khasiyana
Davallia kurzii Clarke=Microlepia kurzii
Davallia lepida Presl=Humata trifoliata
Davallia macraeana HK. & Arn.=Lindsaea macraeana
Davallia marginalis Bak.=Microlepia marginata
Davallia mariesii Moore ex Bak.骨碎补
Davallia matthewii Dunn & Tutch.=Microlepia matthewii
Davallia membranulosa Wall. ex HK.(分类学报 1996, p.p.)=Paradavallodes chingae
Davallia membranulosa Wall.(p.p.)=Davallodes membranulosa
Davallia membranulosa Wall.(p.p.)=Paradavallodes membranulosum
Davallia micans Mett. ex Bak.=Humata assamica
Davallia multidentata HK. & Bak.(p.p.)=Araiostegia multidentata
Davallia multidentata HK. & Bak.(p.p.)=Paradavallodes multidentatum
Davallia multidentata HK. & Bak.(分类学报 1996,p.p.)=Paradavallodes kansuense
Davallia nodosa HK.=Acrophorus stipellatus
Davallia orientalis C.Chr.=Davallia formosana
Davallia parallela Wall. ex HK.=Humata pectinata
Davallia parvipinnula Hay.=Araiostegia parvipinnula
Davallia parvipinnula Hay.=Araiostegia perdurans
Davallia pectinata Sm.=Humata pectinata
Davallia pedata Sm.=Humata repens
Davallia perdurans Christ=Araiostegia perdurans
Davallia phanerophlebia Bak.=Microlepia hookeriana
Davallia pilosella HK.=Dennstaedtia pilosella
Davallia pilosula Wall.=Microlepia pilosula
Davallia platylepis Bak.=Humata platylepis
Davallia platyphylla Don=Microlepia platyphylla
Davallia polypodioides Benthy.Microlepia hancei
Davallia polypodioides Clarke=Microlepia khasiyana
Davallia polypodioides var. *hispida* HK.=Microlepia pilosula
Davallia pseudocystopteris Kze.=Araiostegia pseudocystopteris
Davallia puberula Wall.=Microlepia subspeluncae
Davallia pulcherrima Bak.=Asplenium coenobiale
Davallia pulchra Don=Araiostegia pulchra
Davallia pulchra var. *delavayi* Bedd. ex Charke & Bak.=Araiostegia delavayi
Davallia pyramidata Wall.=Microlepia villosa
Davallia repens Kuhn.=Humata repens
Davallia rhomboidea HK.=Dennstaedtia wilfordii
Davallia rhomboidea Wall.=Microlepia rhomboides
Davallia rigidula Bak.=Araiostegia yunnanensis
Davallia scabra Don=Microlepia marginata
Davallia setosa Bak.=Acystopteris tenuisecta
Davallia sinensis (Christ) Ching 中国骨碎补
Davallia sinensis Ching=Davallia solida
Davallia solida (Forst.) Sw.阔叶骨碎补
Davallia solida Ogata=Davallia subsolida
Davallia solida var. *sinensis* Christ(p.p.)=Davallia sinensis
Davallia solida var. *sinensis* Christ(p.p.)=Davallia solida
Davallia speluncae HK. & Bak.=Microlepia speluncae
Davallia stenolepis Hay.=Davallia mariesii
Davallia stenolepis Hay.台湾骨碎补
Davallia stipellata Wall.=Acrophorus stipellatus
Davallia strigosa Dunn & Tutch.=Microlepia sino-strigosa
Davallia strigosa HK. & Bak.=Microlepia khasiyana
Davallia strigosa Kze.=Microlepia strigosa
Davallia strigosa var. *rhomboidea* HK. & Bak.=Microlepia rhomboides
Davallia subalpina Hay.=Humata trifoliata
Davallia subsolida Ching=Davallia solida
Davallia tenuifolia Sw.=Stenoloma chusanum
Davallia trapeziformis Roxb.=Microlepia trapeziformis
Davallia trichomanoides Bl.(分类学报 1996)=Davallia mariesii
Davallia tyermanni Moore=Humata tyermanni
Davallia urophylla Wall.=Microlepia calvescens
Davallia vestita Bl.=Humata vestita
Davallia villosa Don=Microlepia villosa
Davallia wilfordii Bak.=Dennstaedtia wilfordii
Davallia yaklaensis C.Chr.=Pseudocystopteris atkinsonii
Davallia yunnanensis Christ=Araiostegia yunnanensis
Davalliaceae 骨碎补科
Davallodes Cop.**钻毛蕨属**(骨碎补科)
Davallodes chingae Ching=Paradavallodes chingae
Davallodes chingiae Ching 秦氏钻毛蕨

Davallodes membranulosa (Wall.) Cop.膜钻毛蕨
Davallodes membranulosa Cop.=Paradavallodes membranulosum
Davidia Baill.**珙桐属**(蓝果树科)
Davidia involucrata Baill.珙桐
Davidia involucrata var. involucrata=Davidia involucrata
Davidia involucrata var. vilmoriniana (Dode) Wanger 光叶珙桐
Davidia laeta Dode=Davidia involucrata var. vilmoriniana
Davidia tibetana David=Davidia involucrata
Davidia vilmoriniana Dode=Davidia involucrata var. vilmoriniana
Dayaoshania W.T.Wang **瑶山苣苔属**(苦苣苔科)
Dayaoshania cotinifolia W.T.Wang 瑶山苣苔
Debregeasia Gaudich.**水麻属**(荨麻科)
Debregeasia atrata Gagn.=Archiboehmeria atrata
Debregeasia bicolor (Roxb.) Wedd.=Debregeasia saeneb
Debregeasia dichotoma (Bl.) Wedd.=Debregeasia longifolia
Debregeasia edulis (S. & Z.) Wedd.(Forb. & Hemsl.in Ind.Fl.Sin.1899, p.p.)=Debregeasia orientalis
Debregeasia edulis Wedd.(C.H.Wright in J.L.Soc.Bot.1899,p.p.)= Debregeasia longifolia
Debregeasia elliptica C.J.Chen 椭圆叶水麻
Debregeasia hypoleuca (Steud.) Wedd.=Debregeasia saeneb
Debregeasia leucophylla Wedd.=Debregeasia wallichiana
Debregeasia libera Chien & C.J.Chen=Debregeasia longifolia
Debregeasia longifolia (Burm.f.) Wedd.长叶水麻
Debregeasia obovata C.H.Wright=Oreocnide obovata
Debregeasia orientalis C.J.Chen 水麻
Debregeasia saeneb (Forssk.) Hepper & Wood 柳叶水麻
Debregeasia salicifolia (D.Don) Rendle=Debregeasia saeneb
Debregeasia salicifolia Rendle (Hand.-Mazz.in Symb.Sin.1927)= Debregeasia longifolia
Debregeasia spiculifera Merr.=Debregeasia squamata
Debregeasia squamata King ex HK.f.鳞片水麻
Debregeasia velutina Gaudich.=Debregeasia longifolia
Debregeasia wallichiana (Wedd.) Wedd.长序水麻
Decaisnea HK.f. & Thoms.**猫儿屎属**(木通科)
Decaisnea fargesii Franch.=Decaisnea insignis
Decaisnea insignis (Griff.) HK.f. & Thoms.猫儿屎
Decaisnella O.Ktze=**Aquilaria**
Decaneuron divergens DC.=Vernonia divergens
Decaneurum Sch.-Bip.=**Leucanthemella**
Decaschistia Wight & Arn.**十裂葵属**(锦葵科)
Decaschistia nervifolia Masamune 十裂葵
Decaspermum J.R. & G.Forst.**子楝树属**(桃金娘科)
Decaspermum albocilianum Merr. & Perry 白毛子楝树
Decaspermum austrohainanicum Chang & Miau 琼南子楝树
Decaspermum cambodianum Gagn.柬埔寨子楝树
Decaspermum esquirolii (Lévl.) Chang & Miau 华夏子楝树
Decaspermum fruticosum J.R. & G.Forst.(Merr. & Chun in Sunyatsenia 1930, 1934)=Decaspermum gracilentum
Decaspermum fruticosum J.R. & G.Forst.(Merr. & Perry in J.Arn.Arb. 1938,p.p.)=Decaspermum esquirolii
Decaspermum fruticosum J.R. & G.Forst.五瓣子楝树
Decaspermum glabrum Chang & Miau 秃子楝树
Decaspermum gracilentum (Hance) Merr. & Perry 子楝树
Decaspermum hainanense (Merr.) Merr. & Perry(p.p.)=Pyrenocarpa hainanenesis
Decaspermum hainanense (Merr.) Merr. & Perry(p.p.)=Pyrenocarpa teretis
Decaspermum sericeum Hance?丝状子楝树(新)
Deckera Sch.-Bip.=**Picris**
Decumaria L.**赤壁木属**(虎耳草科)
Decumaria barbata L.毛赤壁木
Decumaria sinensis Oliv.赤壁木
Decussocarpus fleuryi (Hickel) D.Laub.=Nageia fleuryi
Decussocarpus nagi (Thunb.) D.Laub.=Nageia nagi
Decussocarpus nagi var. *formosensis* (Dunn) Silb.=Nageia nagi
Decussocarpus wallichianus (C.Presl) D.Laub.=Nageia wallichiana
Deeringia amaranthoides (Lam.) Merr.=Cladostachys frutescens
Deeringia celosioides R.Br.=Cladostachys frutescens
Deeringia polysperma (Roxb.) Moq.=Cladostachys polysperma
Deguelia robusta (Roxb.) Taub.=Derris robusta
Dehaasia Bl.**莲桂属**(樟科)
Dehaasia cairocan (Vid.) Allen (海南志 1964,高等图鉴 1972)=Dehaasia hainanensis
Dehaasia cairocan (Vid.) Allen=Dehaasia hainanensis
Dehaasia hainanensis Kosterm.莲桂
Dehaasia incrassata (Jack) Kosterm.腰果楠
Dehaasia kwangtungensis Kosterm.广东莲桂
Dehaasia lanyuensis (Chang) Kosterm.=Dehaasia incrassata
Dehaasia triandra Merr.=Dehaasia incrassata
Deinanthe Maxim.**叉叶蓝属**(虎耳草科)
Deinanthe bifida Maxim.(Oliv.in HK.Ic.Pl.1899)=Deinanthe caerulea
Deinanthe bifida Maxim.二裂叶银梅草
Deinanthe caerulea Stapf 叉叶蓝
Deinocheilos W.T.Wang **全唇苣苔属**(苦苣苔科)
Deinocheilos jiangxiense W.T.Wang 江西全唇苣苔
Deinocheilos sichuanense W.T.Wang 全唇苣苔
Deinostema Yamaz.**泽蕃椒属**(玄参科)
Deinostema adenocaula (Maxim.) T.Yamazaki 有腺泽番椒
Deinostema violaceum (Maxim.) Yamaz.泽蕃椒
Delavaya Franch.**茶条木属**(无患子科)
Delavaya toxocarpa Franch.茶条木
Delavaya yunnanensis Franch.=Delavaya toxocarpa
Delina sarmentosa L.=Tetracera scandens
Delonix Raf.**凤凰木属**(豆科)
Delonix regia (Boj.) Raf.凤凰木
Delosperma N.E.Br.**露子花属**(番杏科)
Delosperma pruinosum (Thunb.) J.Ingram 刺叶露子花
Delphinium L.**翠雀属**(毛茛科)
Delphinium aconitioides Chen=Delphinium forrestii
Delphinium acuminatissimum W.T.Wang=Delphinium kingianum var. acuminatissimum
Delphinium aemulans Nevski 塔城翠雀花
Delphinium ajacis L.=Consolida ajacis
Delphinium aktoense W.T.Wang 阿克陶翠雀花
Delphinium albocoeruleum Maxim.白蓝翠雀花
Delphinium albocoeruleum var. albocoeruleum=Delphinium albocoeruleum
Delphinium albocoeruleum var. przewalskii (Huth) W.T.Wang 贺兰翠雀花
Delphinium albocoeruleum var. *pumilum* Huth=Delphinium albocoeruleum
Delphinium albo-marginatum Chen=Delphinium chenii
Delphinium altissimum subsp. *drepanocentrum* (Brühl ex Hut) Brühl= Delphinium umbrosum var. drepanocentrum
Delphinium altissimum var. *drepanocentrum* Brühl=Delphinium umbrosum var. drepanocentrum
Delphinium altissimum Wall.高茎翠雀花
Delphinium amabile Chang Y.Yang & B.Wang=Delphinium wangii
Delphinium angustipaniculatum W.T.Wang 宕昌翠雀花
Delphinium angustirhombicum W.T.Wang 狭菱形翠雀花
Delphinium anthriscifolium Hance 还亮草
Delphinium anthriscifolium f. *latilobulatum* W.T.Wang=Delphinium anthriscifolium
Delphinium anthriscifolium var. anthriscifolium=Delphinium anthriscifolium
Delphinium anthriscifolium var. *calleryi* (Franch.) Finet & Gagn.= Delphinium anthriscifolium
Delphinium anthriscifolium var. majus Pamp.大花还亮草
Delphinium anthriscifolium var. savatieri (Franch.) Munz 卵瓣还亮草
Delphinium apetalum Huth=Aconitum apetalum
Delphinium arcuatum N.Busch.拱形翠雀花
Delphinium autumnale Hand.-Mazz.秋翠雀花
Delphinium baoshanense W.T.Wang=Delphinium delavayi var. baoshanense
Delphinium batalinii Huth.巴塔林氏翠雀花
Delphinium batangense Finet & Gagn.巴塘翠雀花
Delphinium beesianum W.W.Sm.宽距翠雀花
Delphinium beesianum f. *calcicola* (W.W.Sm.) W.T.Wang=Delphinium beesianum
Delphinium beesianum var. beesianum=Delphinium beesianum
Delphinium beesianum var. latisectum W.T.Wang 粗裂宽距翠雀花
Delphinium beesianum var. *malacotrichum* f. *radiatifolium* Hand.-Mazz.=

Delphinium beesianum var. radiatifolium
Delphinium beesianum var. *malacotricum* Hand.-Mazz.=Delphinium caeruleum
Delphinium beesianum var. radiatifolium (Hand.-Mazz.) W.T.Wang 辐裂翠雀花
Delphinium beesianum var. *radiatifolium* f. *ramosum* W.T.Wang=Delphinium beesianum var. radiatifolium
Delphinium biternatum Huth 三出翠雀花
Delphinium bonatii Lévl.=Delphinium grandiflorum
Delphinium bonvalotii Franch.=Delphinium potaninii var. bonvalotii
Delphinium bonvalotii var. *eriostylum* (H.Lévl.) W.T.Wang=Delphinium eriostylum
Delphinium bonvalotii var. *hispidum* W.T.Wang=Delphinium eriostylum var. hispidum
Delphinium brevisepalum W.T.Wang 短萼翠雀花
Delphinium brunonianum Royle 囊距翠雀花
Delphinium brunoniunum var. *densa* Maxim.=Delphinium densiflorum
Delphinium bucharicum M.Pop.布哈尔翠雀花
Delphinium bulleyanum Forr. ex Diels 拟螺距翠雀花
Delphinium caeruleum Jacq. ex Camb.蓝翠雀花
Delphinium caeruleum f. *albrum* W.T.Wang=Delphinium caeruleum
Delphinium caeruleum var. caeruleum=Delphinium caeruleum
Delphinium caeruleum var. crassicalcaratum W.T.Wang & M.J.Marnock 粗距蓝翠雀花
Delphinium caeruleum var. majus W.T.Wang 大叶蓝翠雀花
Delphinium caeruleum var. obtusilobum Brühl 钝裂蓝翠雀花
Delphinium caeruleum var. *tenuicaule* Brühl ex Huth=Delphinium nortonii
Delphinium calcicola W.W.Sm.=Delphinium beesianum
Delphinium calleryi Franch.=Delphinium anthriscifolium
Delphinium calophyllum W.T.Wang 美叶翠雀花
Delphinium calthifolium Q.E.Yang & Y.Luo 驴蹄草叶翠雀花
Delphinium campylocentrum Maxim.(秦岭志 1974)=Delphinium potaninii
Delphinium campylocentrum Maxim.弯距翠雀花
Delphinium candelabrum Ostf 奇林翠雀花
Delphinium candelabrum var. candelabrum=Delphinium candelabrum
Delphinium candelabrum var. monanthum (Hand.-Mazz.) W.T.Wang 单花翠雀花
Delphinium caucasicum var. *tangutica* Maxim.=Delphinium albocoeruleum
Delphinium caudatolobum W.T.Wang 尾裂翠雀花
Delphinium cavaleriense Lévl.=Delphinium anthriscifolium
Delphinium ceratophoroides W.T.Wang 拟角萼翠雀花
Delphinium ceratophorum Franch.角萼翠雀花
Delphinium ceratophorum var. brevicorniculatum W.T.Wang 短角萼翠雀花
Delphinium ceratophorum var. ceratophorum=Delphinium ceratophorum
Delphinium ceratophorum var. hirsutum W.T.Wang 毛角萼翠雀花
Delphinium ceratophorum var. robustum W.T.Wang 粗壮角萼翠雀花
Delphinium cerefolium Lévl. & Vant.=Delphinium anthriscifolium
Delphinium chayuense W.T.Wang 察隅翠雀花
Delphinium chefoense Franch.烟台翠雀花
Delphinium cheilanthum Fisch. ex DC.唇花翠雀花
Delphinium cheilanthum Fisch.(Franch.in Pl.David 1884)=Delphinium siwanense
Delphinium chenii W.T.Wang 白缘翠雀花
Delphinium chinense Fisch.=Delphinium grandiflorum
Delphinium chinensis Fisch.=Delphinium grandiflorum
Delphinium chrysotrichum Finet & Gagn.黄毛翠雀花
Delphinium chrysotrichum var. chrystotrichum=Delphinium chrysotrichum
Delphinium chrysotrichum var. *pygmaeum* Ostf. =Delphinium tangkulaense
Delphinium chrysotrichum var. tsarongense (Hand.-Mazz.) W.T.Wang 察瓦龙翠雀花
Delphinium chumulangmaënse W.T.Wang 珠峰翠雀花
Delphinium chungbaense W.T.Wang 仲巴翠雀花
Delphinium coelestinum Franch.=Delphinium hirticaule
Delphinium coleopodum Hand.-Mazz.鞘柄翠雀花
Delphinium conaense W.T.Wang 错那翠雀花
Delphinium corymbosum Rgl.伞房花翠雀花
Delphinium crassifolium Schrad.厚叶翠雀花
Delphinium crassifolium var. *tangutica* Maxim.=Delphinium kansuense
Delphinium crispulum Rupr.皱波翠雀花
Delphinium cuneatum Ster.楔形翠雀花
Delphinium dasycarpum Stev.毛果翠雀花
Delphinium davidii Franch.(贵州草药 1970)=Delphinium eriostylum
Delphinium davidii Franch.(峨眉图志 1944,p.p.四川中药志 1960,p.p.)=Delphinium omeiense
Delphinium davidii Franch.(峨眉图志 1944,p.p.四川中药志 1960,p.p.分类学报 1962)=Delphinium omeiense var. pubescens
Delphinium davidii Franch.谷地翠雀花
Delphinium davidii var. *saxatile* (W.T.Wang) W.T.Wang=Delphinium saxatile
Delphinium davidii var. saxatile (W.T.Wang) W.T.Wang 岩生翠雀花
Delphinium delavayi Franch.滇川翠雀花
Delphinium delavayi f. *aurea* W.T.Wang=Delphinium delavayi
Delphinium delavayi var. *acuminatum* Franch.=Delphinium delavayi
Delphinium delavayi var. baoshanense (W.T.Wang) W.T.Wang 保山翠雀花
Delphinium delavayi var. delavaryi=Delphinium delavayi
Delphinium delavayi var. lasiandrum W.T.Wang 毛蕊翠雀花
Delphinium delavayi var. pogonathum (Hand.-Mazz.) W.T.Wang 须花翠雀花
Delphinium densiflorum Duthie ex Huth 密花翠雀花
Delphinium denudatum var. *yunnanense* Franch.=Delphinium yunnanense
Delphinium dictyocarpum DC.网纹果翠雀花
Delphinium dolichocentroides var. dolichocentroides=Delphinium dolichocentroides
Delphinium dolichocentroides var. leiogynum W.T.Wang 基苞翠雀花
Delphinium dolichocentroides var. *parvidolium* W.T.Wang=Delphinium dolichocentroides
Delphinium dolichocentroides W.T.Wang 拟长距翠雀花
Delphinium dolichocentrum W.T.Wang=Delphinium tenii
Delphinium drepanocentrum (Brühl) Munz=Delphinium umbrosum var. drepanocentrum
Delphinium eglandulosum Chang Y.Yang & B.Wang 无腺翠雀花
Delphinium elatum var. sericeum W.T.Wang 绢毛高翠雀花
Delphinium elliptico-ovatum W.T.Wang 长卵苞翠雀花
Delphinium eriostylum H.Lévl.毛梗翠雀花
Delphinium eriostylum var. eriostylum=Delphinium eriostylum
Delphinium eriostylum var. hispidum (W.T.Wang) W.T.Wang 毛柄川黔翠雀花
Delphinium erlangshanicum W.T.Wang 二郎山翠雀花
Delphinium esquirolii Lévl. & Vant.=Delphinium yunnanense
Delphinium exiguum Pritz.=Delphinium anthriscifolium
Delphinium fangshanense W.T.Wang=Delphinium grandiflorum var. fangshanense
Delphinium fargesii Franch.(峨眉图志,1944,四川中药志 1960)=Delphinium potaninii var. bonvalotii
Delphinium fargesii Franch.=Delphinium potaninii
Delphinium fengii W.T.Wang=Delphinium forrestii
Delphinium flexuosum M.B.曲折翠雀花
Delphinium foetidum Lomak.臭翠雀花
Delphinium forrestii Diels 短距翠雀花
Delphinium forrestii var. forrestii=Delphinium forrestii
Delphinium forrestii var. *leiophyllum* W.T.Wang=Delphinium leiophyllum
Delphinium forrestii var. viride (W.T.Wang) W.T.Wang 光茎短距翠雀花
Delphinium fugorum Hand.-Mazz.=Delphinium micropetalum
Delphinium georgei Comber=Delphinium taliense
Delphinium gilgianum Pilger ex Gilg=Delphinium grandiflorum var. gilgianum
Delphinium giraldii Diels 秦岭翠雀花
Delphinium glabricaule W.T.Wang 光茎翠雀花
Delphinium glaciale HK.f. & Thoms.冰川翠雀花
Delphinium gonggaense W.T.Wang 贡嘎翠雀花
Delphinium grandiflorum L.翠雀
Delphinium grandiflorum var. *chinense* Fisch. ex DC.=Delphinium grandiflorum
Delphinium grandiflorum var. *davidii* (Frnch.) Brühl=Delphinium davidii
Delphinium grandiflorum var. deinocarpum W.T.Wang 安泽翠雀

Delphinium grandiflorum var. fangshanense (W.T.Wang) W.T.Wang 房山翠雀

Delphinium grandiflorum var. gilgianum (Pilg. ex Gilg) Finet & Gagn.腺毛翠雀

Delphinium grandiflorum var. *glandulosum* W.T.Wang=Delphinium grandiflorum var. gilgianum

Delphinium grandiflorum var. grandiflorum=Delphinium grandiflorum

Delphinium grandiflorum var. *kamaonense* Huth ex Brühl=Delphinium kamaonense

Delphinium grandiflorum var. *kunawarensis* Brühl=Delphinium caeruleum

Delphinium grandiflorum var. leiocarpum W.T.Wang 光果翠雀

Delphinium grandiflorum var. *majus* W.T.Wang(p.p.)=Delphinium grandiflorum var. mosoynense

Delphinium grandiflorum var. *majus* W.T.Wang(p.p.)=Delphinium majus

Delphinium grandiflorum var. mosoynense (Franch.) Huth 裂瓣翠雀

Delphinium grandiflorum var. *obtusilobum* Brühl=Delphinium caeruleum var. obtusilobum

Delphinium grandiflorum var. *potaninii* Brühl=Delphinium potaninii

Delphinium grandiflorum var. *robustum* f. *glanduliferum* W.T.Wang=Delphinium grandiflorum var. mosoynense

Delphinium grandiflorum var. *robustum* W.T.Wang=Delphinium grandiflorum var. mosoynense

Delphinium grandiflorum var. *tenuicaulis* Brühl=Delphinium nortonii

Delphinium grandiflorum var. *tigridium* Kitag.=Delphinium grandiflorum

Delphinium grandiflorum var. *tsangense* Brühl=Delphinium caeruleum

Delphinium grandiflorum var. *villosum* f. *heterotrichum* W.T.Wang=Delphinium grandiflorum var. mosoynense

Delphinium grandiflorum var. *villosum* W.T.Wang=Delphinium grandiflorum var. mosoynense

Delphinium grandilimbum W.T.Wang 硕边翠雀花

Delphinium gyalanum Marq. & Shaw 拉萨翠雀花

Delphinium hamatum Franch.钩距翠雀花

Delphinium handelianum W.T.Wang 淡紫翠雀花

Delphinium henryi Franch.川陕翠雀花

Delphinium henryi f. *concolor* W.T.Wang=Delphinium henryi

Delphinium hillcoatiae Munz 毛茛叶翠雀花

Delphinium hirticaule Franch.毛茎翠雀花

Delphinium hirticaule var. *coelestinum* (Franch.) Finet & Gagn.=Delphinium hirticaule

Delphinium hirticaule var. hirticaule=Delphinium hirticaule

Delphinium hirticaule var. *micranthum* Finet & Gagn.=Delphinium hirticaule

Delphinium hirticaule var. mollipes W.T.Wang 腺毛茎翠雀花

Delphinium hirtifolium W.T.Wang 毛叶翠雀花

Delphinium honanense W.T.Wang 河南翠雀花

Delphinium honanense var. honanense=Delphinium honanense

Delphinium honanense var. piliferum W.T.Wang 毛梗河南翠雀花

Delphinium honanense var. piliferum W.T.Wang 毛梗翠雀花

Delphinium hsinganense S.H.Li & Z.F. Fang 兴安翠雀花

Delphinium huangzhongense W.T.Wang 湟中翠雀花

Delphinium hueizeense W.T.Wang 会泽翠雀花

Delphinium hui Chen 贡噶翠雀花

Delphinium hui Chen 稻城翠雀花

Delphinium humilius (W.T.Wang) W.T.Wang 乡城翠雀花

Delphinium iliense Huth 伊犁翠雀花

Delphinium incisolobulatum W.T.Wang 缺刻翠雀花

Delphinium inconspicum Serg.不显翠雀花

Delphinium inopinatum Nevski 偶生翠雀花

Delphinium jugorum Hand.-Mazz.=Delphinium micropetalum

Delphinium kamaonense Huth 光序翠雀花

Delphinium kamaonense var. *autumnale* (Hand.-Mazz.) W.T.Wang=Delphinium autumnale

Delphinium kamaonense var. glabrescens (W.T.Wang) W.T.Wang 展毛翠雀花

Delphinium kamaonense var. kamaonense =Delphinium kamaoense

Delphinium kansuense W.T.Wang 甘肃翠雀花

Delphinium kansuense var. kansuense=Delphinium kansuense

Delphinium kansuense var. villosiusculum W.T.Wang 粘毛甘肃翠雀花

Delphinium kantzeense W.T.Wang 甘孜翠雀花

Delphinium karategini Korsh.喀拉特氏翠雀花

Delphinium kaschgaricum Chang Y.Yang & B.Wang 喀什翠雀花

Delphinium kawaguchii Tamura=Delphinium gyalanum

Delphinium kingianum Brühl ex Huth 密叶翠雀花

Delphinium kingianum var. acuminatissimum (W.T.Wang) W.T.Wang 尖裂密叶翠雀花

Delphinium kingianum var. eglandulosum W.T.Wang 少腺密叶翠雀花

Delphinium kingianum var. kingianum=Delphinium kingianum

Delphinium kingianum var. leiocarpum Brühl 光果密叶翠雀花

Delphinium kingianum var. liocarpum Brühl ex Huth 光果密叶翠雀花

Delphinium korshinskyanum Nevski 东北高翠雀花

Delphinium kuanii W.T.Wang=Delphinium winklerianum

Delphinium kunlunshanicum Chang Y.Yang & B.Wang 昆仑翠雀花

Delphinium kweichowense W.T.Wang=Delphinium anthriscifolium var. savatieri

Delphinium labrungense Ulbr. ex Rehd. & Kobuski=Delphinium pylzowii var. trigynum

Delphinium lacostei Danguy 帕米尔翠雀花

Delphinium lancisepalum Hand.-Mazz.=Delphinium pachycentrum var. lancisepalum

Delphinium lankongense Franch.=Delphinium pycnocentrum

Delphinium lasiantherum W.T.Wang 毛药翠雀花

Delphinium lasiocarpum Tamura=Delphinium gyalanum

Delphinium latirhombicum W.T.Wang 宽菱形翠雀花

Delphinium laxicymosum W.T.Wang 聚伞翠雀花

Delphinium laxicymosum var. laxicymosum=Delphinium laxicymosum

Delphinium laxicymosum var. pilostachyum W.T.Wang 毛序聚伞翠雀花

Delphinium leiocarpum Huth.光果翠雀花

Delphinium leiophyllum (W.T.Wang) W.T.Wang 光叶翠雀花

Delphinium leiostychyum W.T.Wang 光轴翠雀花

Delphinium leptopogon Hand.-Mazz.=Delphinium siwanense

Delphinium liangshanense W.T.Wang 凉山翠雀花

Delphinium likiangense Franch.丽江翠雀花

Delphinium lilacinum Hand.-Mazz.=Delphinium handelianum

Delphinium lingbaoense S.Y.Wang & Q.S.Yang 灵宝翠雀花

Delphinium lipskyi Korsh.李普氏飞燕草

Delphinium longiciliatum W.T.Wang=Delphinium iliense

Delphinium longipedicellatum W.T.Wang 长梗翠雀花

Delphinium longipedunculatum Rgl.长总梗翠雀花

Delphinium longipes Franch.=Delphinium davidii

Delphinium maackianum Rgl.宽苞翠雀花

Delphinium maackianum f. *albiflorum* S.H.Li & Z.F. Fang=Delphinium maackianum

Delphinium maackianum f. *lasiocarpum* (Rgl.) Kitag.=Delphinium maackianum

Delphinium maackianum var. *lasiocarpum* Rgl.=Delphinium maackianum

Delphinium mairei Ulbr.=Delphinium forrestii

Delphinium mairei var. *viride* W.T.Wang=Delphinium forrestii var. viride

Delphinium majus (W.T.Wang) W.T.Wang 金沙翠雀花

Delphinium malacophyllum Hand.-Mazz.软叶翠雀花

Delphinium maoxianense W.T.Wang 茂县翠雀花

Delphinium mariae N.Busch.马里亚氏翠雀

Delphinium maximowiczii Franch.多枝翠雀花

Delphinium medongense W.T.Wang 墨脱翠雀花

Delphinium micropetalum Finet & Gagn.小瓣翠雀花

Delphinium micropetalum f. *album* W.T.Wang=Delphinium micropetalum

Delphinium minutum Lévl. & Vant.=Delphinium anthriscifolium var. savatieri

Delphinium mirabile Serg 奇异翠雀花

Delphinium mitzugense Ulbr.=Delphinium taliense

Delphinium mollifolium W.T.Wang 新源翠雀花

Delphinium mollipilum W.T.Wang 软毛翠雀花

Delphinium monanthum Hand.-Mazz.=Delphinium candelabrum var. monanthum

Delphinium mosoynense Franch.=Delphinium grandiflorum var. mosoynense

Delphinium motingshanicum W.T.Wang & M.J.Warnck 磨顶山翠雀花

Delphinium muliense W.T.Wang 木里翠雀花

Delphinium muliense var. minutibracteolatum W.T.Wang 小苞木里翠雀花

Delphinium muliense var. muliense=Delphinium muliense

Delphinium nalacophyllum Hand.-Mazz.(新拉汉英 1996)=Delphinium

malacophyllum
Delphinium nangchienense W.T.Wang 囊谦翠雀花
Delphinium nangziense W.T.Wang 朗孜翠雀花
Delphinium naviculare W.T.Wang 船苞翠雀花
Delphinium naviculare var. lasiocarpum W.T.Wang 毛果船苞翠雀花
Delphinium naviculare var. naviculare=Delphinium naviculare
Delphinium ninglangshanicum W.T.Wang 宁朗山翠雀花
Delphinium nordhagenii Wendelbo 迭裂翠雀花
Delphinium nordhagenii var. acutidentatum W.T.Wang 尖齿翠雀花
Delphinium nordhagenii var. nordhagenii=Delphinium nordhagenii
Delphinium nortonii Dunn 细茎翠雀花
Delphinium obcordatilimbum var. *minus* W.T.Wang=Delphinium tenii
Delphinium obcordatilimbum W.T.Wang 倒心形翠雀花
Delphinium ochroleucum Stev.黄白翠雀花
Delphinium oliganthum Franch.=Delphinium likiangense
Delphinium omeiense W.T.Wang 峨眉翠雀花
Delphinium omeiense var. micranthum G.F.Tao 小花峨眉翠雀花
Delphinium omeiense var. omeiense=Delphinium omeiense
Delphinium omeiense var. pubescens W.T.Wang 柔毛峨眉翠雀花
Delphinium oreophilum Huth 山地翠雀花
Delphinium orthocentrum Franch.直距翠雀花
Delphinium osseticum N.Busch.骨质翠雀花
Delphinium oxycentrum W.T.Wang 尖距翠雀花
Delphinium pachycentrum Hemsl.粗距翠雀花
Delphinium pachycentrum subsp. *hemsleyi* Brühl=Delphinium pachycentrum
Delphinium pachycentrum subsp. *tsangense* var. *dasycarpum* Brühl=Delphinium kingianum
Delphinium pachycentrum subsp. *tsangense* var. leiocaropum Brühl=Delphinium kingianum var. leiocarpum
Delphinium pachycentrum var. *humilius* W.T.Wang=Delphinium humilius
Delphinium pachycentrum var. lancisepalum (Hand.-Mazz.) W.T.Wang 狭萼粗距翠雀花
Delphinium pachycentrum var. *lobatum* W.T.Wang=Delphinium pachycentrum
Delphinium pachycentrum var. pachycentrum=Delphinium pachycentrum
Delphinium pachycentrum var. *pseudolancisepalum* W.T.Wang=Delphinium pachycentrum var. lancisepalum
Delphinium pachycentrum var. *tenuicaule* Chen=Delphinium muliense
Delphinium pallasii Nevski 巴拉斯翠雀花
Delphinium paludicola Ulbr.=Delphinium souliei
Delphinium pediforme Comber=Delphinium spirocentrum
Delphinium pellucidum Busch=Delphinium trichophorum
Delphinium pergameneum W.T.Wang 纸叶翠雀花
Delphinium pogonanthum Hand.-Mazz.=Delphinium delavayi var. pogonathum
Delphinium poltoratzkii Rupr.泼氏翠雀花
Delphinium polyanthum W.T.Wang=Delphinium bulleyanum
Delphinium pomeense W.T.Wang 波密翠雀花
Delphinium potaninii Huth 黑水翠雀花
Delphinium potaninii var. bonvalotii (Franch.) W.T.Wang 川黔翠雀花
Delphinium potaninii var. latibracteolatum W.T.Wang 宽苞黑水翠雀花
Delphinium potaninii var. potaninii=Delphinium potaninii
Delphinium propinquum Nevski 亲近翠雀花
Delphinium przewalskii Huth=Delphinium albocoeruleum var. przewalskii
Delphinium pseudobrescens W.T.Wang=Delphinium kamaonense var. glabrescens
Delphinium pseudocaemulans Chang Y.Yang & B.Wang＝Delphinium shawurense var. pseudoaemulan
Delphinium pseudocaeruleum W.T.Wang 拟蓝翠雀花
Delphinium pseudocampylocentrum W.T.Wang 拟弯距翠雀花
Delphinium pseudocampylocentrum var. glabripes W.T.Wang 光序拟弯距翠雀花
Delphinium pseudocampylocentrum var. pseudocampylocentrum=Delphinium pseudocampylocentrum
Delphinium pseudocandelabrum W.T.Wang 石滩翠雀花
Delphinium pseudocyananthum Chang Y.Yang & B.Wang 假深蓝翠雀花
Delphinium pseudoglaciale W.T.Wang 拟冰川翠雀花
Delphinium pseudograndiflorum W.T.Wang=Delphinium kamaonense var. glabrescens
Delphinium pseudograndiflorum var. *glabrescens* W.T.Wang=Delphinium kamaonense var. glabrescens
Delphinium pseudograndiflorum var. *lobatum* W.T.Wang=Delphinium kamaonense var. glabrescens
Delphinium pseudohamatum W.T.Wang 宁蒗翠雀花
Delphinium pseudomosoynense W.T.Wang 条裂翠雀花
Delphinium pseudomosoynense var. pseudomosoynense=Delphinium pseudomosoynense
Delphinium pseudomosoynense var. subglabrum W.T.Wang 疏毛条裂翠雀花
Delphinium pseudopulcherrimum W.T.Wang 宽萼翠雀花
Delphinium pseudothibeticum W.T.Wang & M.J.Warnock 拟澜沧翠雀花
Delphinium pseudotongolense W.T.Wang 拟川西翠雀花
Delphinium pseudoyunnanense W.T.Wang & M.H.Warnock 拟云南翠雀花
Delphinium pulanense W.T.Wang 普蓝翠雀花
Delphinium pulcherrimum W.T.Wang=Delphinium batangense
Delphinium pumilum W.T.Wang 矮翠雀花
Delphinium puniceum Pall.红紫翠雀花
Delphinium purdomii Craib=Delphinium trichophorum
Delphinium purpurascens W.T.Wang 紫苞翠雀花
Delphinium pycnocentroides W.T.Wang=Delphinium thibeticum
Delphinium pycnocentroides var. *latisectum* W.T.Wang=Delphinium thibeticum
Delphinium pycnocentrum Franch.密距翠雀花
Delphinium pycnocentrum var. *lankongense* (Franch.) Huth=Delphinium pycnocentrum
Delphinium pylzowii Maxim.(Munz.in Journ Arn.Arb.1967,p.p.)=Delphinium albocoeruleum
Delphinium pylzowii Maxim.大通翠雀花
Delphinium pylzowii var. pylzowii=Delphinium pylzowii
Delphinium pylzowii var. trigynum W.T.Wang 三果大通翠雀花
Delphinium pyramidatum Albov.尖塔翠雀花
Delphinium qinghaiense W.T.Wang 青海翠雀花
Delphinium rangtangense W.T.Wang 壤塘翠雀花
Delphinium robertianum Lévl. & Vant.=Delphinium anthriscifolium var. savatieri
Delphinium rockii Munz=Delphinium albocoeruleum
Delphinium rugulosum Boiss.=Consolida rugulosa
Delphinium ruprechtii Nevski 鲁布勒氏翠雀花
Delphinium sauricum Schischk.蜥蜴翠雀花
Delphinium savatieri Franch.=Delphinium anthriscifolium var. savatieri
Delphinium saxatile W.T.Wang 岩生翠雀花
Delphinium scaposum W.T.Wang=Delphinium sinoscaposum
Delphinium sect. *Consolida* DC.=**Consolida**
Delphinium semibarbatum Bienert.半髯毛翠雀花
Delphinium semiclavatum Nevski 半棒状翠雀花
Delphinium setiferum Franch.=Delphinium pachycentrum
Delphinium shawurense W.T.Wang 沙乌尔翠雀花
Delphinium shawurense var. albiflorum Chang Y.Yang & B.Wang 白花萨乌尔翠雀花
Delphinium shawurense var. pseudoaemulans (Chang Y.Yang & B.Wang) W.T.Wang & M.J.Warnck 毛茎萨乌尔翠雀花
Delphinium shawurense var. shawurense=Delphinium shawurense
Delphinium sherriffii Munz 米林翠雀花
Delphinium shuichengense W.T.Wang 水城翠雀花
Delphinium sinoelatum Chang Y.Yang & B.Wang 新疆高翠雀花
Delphinium sinopentagynum W.T.Wang 五果翠雀花
Delphinium sinoscaposum W.T.Wang 花葶翠雀花
Delphinium sinovitifolium W.T.Wang 葡萄叶翠雀花
Delphinium siwanense Franch.细须翠雀花
Delphinium siwanense var. albopuberulum W.T.Wang 冀北翠雀花
Delphinium siwanense var. *leptopogon* (Hand.-Mazz.) W.T.Wang=Delphinium siwanense
Delphinium siwanense var. siwanense=Delphinium siwanense
Delphinium smithianum Hand.-Mazz.宝兴翠雀花
Delphinium soonmingense Chen=Delphinium tatsienense
Delphinium sordidecaerulescens Ulbr.=Delphinium kamaonense var. glabrescens
Delphinium souliei Franch.川甘翠雀花
Delphinium sparsiflorum Maxim.疏花翠雀花

Delphinium speciosum M.B.美丽翠雀花
Delphinium spirocentrum Hand.-Mazz.螺距翠雀花
Delphinium spirocentrum var. *grandibracteolatum* W.T.Wang= Delphinium spirocentrum
Delphinium spirocentrum var. *hirsutum* Chen=Delphinium spirocentrum
Delphinium spirocentrum var. *pauciflorum* Chen=Delphinium bulleyanum
Delphinium spirocentrum var. *pediforme* (Comber) W.T.Wang= Delphinium spirocentrum
Delphinium subspathulatum W.T.Wang 匙苞翠雀花
Delphinium sungpanense W.T.Wang=Delphinium sutchuenense
Delphinium sutchuenense Franch.(植物学报 1962)=Delphinium davidii
Delphinium sutchuenense Franch.松潘翠雀花
Delphinium szechuanicum Ulbr.=Delphinium orthocentrum
Delphinium tabatae Tamura 吉隆翠雀花
Delphinium taipaicum W.T.Wang 太白翠雀花
Delphinium taliense Franch.大理翠雀花
Delphinium taliense var. dolichocentrum W.T.Wang 长距大理翠雀花
Delphinium taliense var. *glabrum* W.T.Wang=Delphinium taliense
Delphinium taliense var. hirsutum W.T.Wang 硬毛大理翠雀花
Delphinium taliense var. platycentrum W.T.Wang 粗距大理翠雀花
Delphinium taliense var. pubipes W.T.Wang 毛梗大理翠雀花
Delphinium taliense var. taliense=Delphinium taliense
Delphinium tangkulaense W.T.Wang 唐古拉翠雀花
Delphinium tangkulaense f. *xanthanthum* W.T.Wang & S.K.Wu= Delphinium tangkulaense
Delphinium tanguticum Huth=Delphinium albocoeruleum
Delphinium tarbagataicum Chang Y.Yang & B.Wang 新塔翠雀花
Delphinium tatsienense f. *sordidecaerulescens* (Ulbr.) Hand.-Mazz.= Delphinium kamaonense var. glabrescens
Delphinium tatsienense Franch.康定翠雀花
Delphinium tatsienense var. chinghaiense W.T.Wang 班玛翠雀花
Delphinium tatssienense var. tatsienense=Delphinium tatsienense
Delphinium taxkorganense W.T.Wang 塔什库尔干翠雀花
Delphinium tenii Lévl.长距翠雀花
Delphinium ternatum Huth.三出叶翠雀花
Delphinium tetragynum W.T.Wang 四果翠雀花
Delphinium thibeticum Finet & Gagn.澜沧翠雀花
Delphinium thibeticum var. laceratilobumW.T.Wang 锐裂翠雀花
Delphinium thibeticum var. *schizophyllumn* Hand.-Mazz.=Delphinium thibeticum
Delphinium thibeticum var. *subintegrum* Finet & Gagn.=Delphinium thibeticum
Delphinium thibeticum var. thibeticum=Delphinium thibeticum
Delphinium tianschanicum W.T.Wang 天山翠雀花
Delphinium tongolense Franch.川西翠雀花
Delphinium trichophorum Franch.毛翠雀花
Delphinium trichophorum f. *brevungue* H.Lévl.=Delphinium delavayi
Delphinium trichophorum f. *brevungue* Lévl.=Delphinium delavayi
Delphinium trichophorum var. platycentrum W.T.Wang 粗距毛翠雀花
Delphinium trichophorum var. subglaberrimum Hand.-Mazz.光果毛翠雀花
Delphinium trichophorum var. trichophorum=Delphinium trichophorum
Delphinium trifoliololatum Finet & Gagn.三小叶翠雀花
Delphinium trisectum W.T.Wang 全裂翠雀花
Delphinium triste Fisch.苦翠雀
Delphinium tsarongense Hand.-Mazz.(Hand.-Mazz.in Acta Hort.Gothob. 1939)=Delphinium chrysotrichum
Delphinium tsarongense Hand.-Mazz.=Delphinium chrysotrichum var. tsarongense
Delphinium tsarongense var. *patentipilum* W.T.Wang=Delphinium chrysotrichum
Delphinium tsoongi W.T.Wang=Delphinium caeruleum var. obtusilobum
Delphinium turkestanicum Huth=Delphinium iliense
Delphinium turkmenum Lipsky 土库曼翠雀
Delphinium umbrosum Hand.-Mazz.阴地翠雀花
Delphinium umbrosum subsp. *drepanocentrum* (Brühl ex Huth) Chowdh. ex Muk.=Delphinium umbrosum var. drepanocentrum
Delphinium umbrosum var. drepanocentrum (Brühl ex Huth) W.T.Wang & M.J.Warnock 宽苞阴地翠雀花
Delphinium umbrosum var. hispidum W.T.Wang 展毛阴地翠雀花
Delphinium umbrosum var. umbrosum=Delphinium umbrosum
Delphinium vestitum Wall.浅裂翠雀花
Delphinium viride Chen=Delphinium forrestii var. viride
Delphinium viscosum var. chrysotrichum Brühl. ex Huth 黄粘毛翠雀花
Delphinium vitifolium Finet & Gagn.=Delphinium sinovitifolium
Delphinium wangii M.J.Warnock 秀丽翠雀花
Delphinium wardii Marq. & Shaw 堆拉翠雀花
Delphinium weiningense W.T.Wang 威宁翠雀花
Delphinium wenchuanense W.T.Wang 文川翠雀花
Delphinium wentsaii Y.Z.Zhao 文采翠雀花
Delphinium wilsonii Munz=Delphinium hirticaule
Delphinium winklerianum Huth 温泉翠雀花
Delphinium wrightii Chen 狭序翠雀花
Delphinium wrightii var. subtubulosum W.T.Wang 粗距狭序翠雀花
Delphinium wrightii var. writhii=Delphinium wirghtii
Delphinium wuqiaense W.T.Wang 乌恰翠雀花
Delphinium xichangense W.T.Wang 西昌翠雀花
Delphinium yajiangense W.T.Wang 雅江翠雀花
Delphinium yangii W.T.Wang 竟生翠雀花
Delphinium yanwaense W.T.Wang 岩瓦翠雀花
Delphinium yechengense Chang Y.Yang & B.Wang 叶城翠雀花
Delphinium yongningense W.T.Wang & M.J.Warnock 永宁翠雀花
Delphinium yuanum Chen 中甸翠雀花
Delphinium yuchuanii Y.Z.Zhao 敏泉翠雀花
Delphinium yulungshanicum W.T.Wang 玉龙山翠雀花
Delphinium yunnanense Franch.云南翠雀花
Delphinium zhangii W.T.Wang 镜锂翠雀花
Deltocheilos W.T.Wang=**Chirita**
Deltocheilos tenuitubum W.T.Wang=Chirita tenuituba
Demidovia tetragonioides Pall.=Tetragonia tetragonioides
Democritea serissoides DC.=Serissa serissoides
Dendranthema (DC.) Des Moul.**菊属**(菊科)
Dendranthema argyrophyllum (Ling) Ling & Shih 银背菊
Dendranthema arisanense (Hay.) Ling & Shih 阿里山菊
Dendranthema boreale (Makino) Ling=Dendranthema lavandulifolium var. seticuspe
Dendranthema chanetii (Lévl.) Shih 小红菊
Dendranthema dichrum Shih 异菊
Dendranthema erubescens (Stapf.) Tzvel.=Dendranthema chanetii
Dendranthema glabriusculum (W.W.Sm.) Shih 拟亚菊
Dendranthema hypargyrum (Diels) Ling & Shih 黄花小山菊
Dendranthema indicum (L.) Des Moul.野菊
Dendranthema lavandulifolium (Fisch. ex Trautv.) Ling & Shih 甘菊
Dendranthema lavandulifolium var. discoideum (Hand.-Mazz.) Shih 稳舌甘菊(新)
Dendranthema lavandulifolium var. lavandulifolium=Dendranthema lavandulifolium
Dendranthema lavandulifolium var. seticuspe (Maxm.) Shih 野甘菊(新)
Dendranthema lavandulifolium var. tomentellum (Hand.-Mazz.) Ling 毛叶甘菊(新)
Dendranthema maximowiczii (Kom.) Tzvel.细叶菊
Dendranthema mongolicum (Ling) Tzvel.蒙菊
Dendranthema morifolium (Ramat.) Tzvel.菊花
Dendranthema morii (Hay.) Shih 台湾菊?
Dendranthema naktongense (Nakai) Tzvel.楔叶菊
Dendranthema oreastrum (Hance) Ling 小山菊
Dendranthema parvifolium (Chang) Shih 小叶菊?
Dendranthema potentilloides (Hand.-Mazz.) Shih 委陵菊
Dendranthema rhombifolium Ling & Shih 菱叶菊
Dendranthema sichotense Tzvel.=Dendranthema oreastrum
Dendranthema sinense (Sabine) Des Moul.=Dendranthema morifolium
Dendranthema vestitum (Hemsl.) Ling 毛华菊
Dendranthema zawadskii (Herb.) Tzvel.紫花野菊
Dendrobenthamia Hutch.**四照花属**(山茱萸科)
Dendrobenthamia angustata (Chun) Fang(p.p.)=Dendrobenthamia angustata var. mollis
Dendrobenthamia angustata (Chun) Fang 尖叶四照花
Dendrobenthamia angustata var. angustata=Dendrobenthamia angustata
Dendrobenthamia angustata var. mollis (Rehd.) Fang 绒毛尖叶四照花
Dendrobenthamia angustata var. wuyishanensis (Fang & Hsieh) Fang &

W.K.Hu 武夷四照花

Dendrobenthamia brevipedunculata Fang & Hsieh=Dendrobenthamia tonkinensis

Dendrobenthamia capitata (Wall.) Hutch.(分类学报 1953,p.p.)=Dendrobenthamia capitata var. emeiensis

Dendrobenthamia capitata (Wall.) Hutch.头状四照花

Dendrobenthamia capitata var. capitata=Dendrobenthamia capitata

Dendrobenthamia capitata var. emeiensis (Fang & Hsieh) Fang & W.K.Hu 峨眉四照花

Dendrobenthamia elegans Fang & Hsieh 秀丽四照花

Dendrobenthamia emeiensis Fang & Hsieh=Dendrobenthamia capitata var. emeiensis

Dendrobenthamia ferruginea (Wu) Fang 褐毛四照花

Dendrobenthamia ferruginea var. ferruginea=Dendrobenthamia ferruginea

Dendrobenthamia ferruginea var. jiangxiensis Fang & Hsieh 江西褐毛四照花

Dendrobenthamia ferruginea var. jinyunensis (Fang & W.K.Hu) Fang & W.K.Hu 缙云四照花

Dendrobenthamia gigantea (Hand.-Mazz.) Fang 大型四照花

Dendrobenthamia gigantea var. *caudata* Fang & W.K.Hu=Dendrobenthamia gigantea

Dendrobenthamia hongkongensis (Hemsl.) Hutch.香港四照花

Dendrobenthamia hupehensis Fang=Dendrobenthamia angustata

Dendrobenthamia japonica (DC.) Fang 日本四照花

Dendrobenthamia japonica (S. & Z.) Hutch.=Dendrobenthamia japonica

Dendrobenthamia japonica var. chinensis (Osborn) Fang 四照花

Dendrobenthamia japonica var. huaxiensis Fang & W.K.Hu 华西四照花

Dendrobenthamia japonica var. japonica=Dendrobenthamia japonica

Dendrobenthamia japonica var. leucotricha Fang & Hsieh 白毛四照花

Dendrobenthamia jinyunensis Fang & W.K.Hu=Dendrobenthamia ferruginea var. jinyunensis

Dendrobenthamia latibracteata Fang & Hsieh=Dendrobenthamia tonkinensis

Dendrobenthamia melanotricha (Pojark.) Fang 黑毛四照花

Dendrobenthamia multinervosa (Pojark.) Fang 多脉四照花

Dendrobenthamia pachyphylla Fang & W.K.Hu=Dendrobenthamia gigantea

Dendrobenthamia rotundifolia Fang & Hsieh=Dendrobenthamia elegans

Dendrobenthamia tonkinensis Fang 东京四照花

Dendrobenthamia tonkinensis var. *brevipedunculata* (Fang & Hsieh) Fang & W.K.Hu=Dendrobenthamia tonkinensis

Dendrobenthamia wuyishanensi Fang & Hsieh=Dendrobenthamia angustata var. wuyishanensis

Dendrobium Sw.**石斛属**(兰科)

Dendrobium acinaciforme Roxb.剑叶石斛

Dendrobium acinaciforme var. *minus* T.Tang & F.T.Wang=Dendrobium acinaciforme

Dendrobium aduncum Lindl.钩状石斛

Dendrobium aduncum var. *faulhaberianum* (Schltr.) T.Tang & F.T.Wang=Dendrobium aduncum

Dendrobium aggregatum Roxb.=Dendrobium lindleyi

Dendrobium aggregatum var. *jenkinsii* (Lindl.) King & Pantl.=Dendrobium jenkinsii

Dendrobium alboviride Hay.=Dendrobium linawianum

Dendrobium alboviride var. *majuis* Rofle=Dendrobium lindleyi var. majus

Dendrobium aloefolium (Bl.) Rchb.f.芦荟石斛

Dendrobium amabile (Lour.) O'Brien (S.Y.Hu in Qrart.J.Taiwan.Mus. 1973)=Dendrobium densiflorum

Dendrobium amboinense Hk.安倍那石斛

Dendrobium amoenum Wall. ex Lindl.可爱石斛

Dendrobium amplexicaulis Bl.=Thrixspermum amplexicaule

Dendrobium amplum Lindl.=Epigeneium amplum

Dendrobium angustiflium (Bl.) Lindl.=Flickingeria angustifolia

Dendrobium anosmum Lindl.无香味石斛

Dendrobium aphyllum (Roxb.) C.E.Fischer 兜唇石斛

Dendrobium arachnites Rchb.f.蜘蛛石斛

Dendrobium atrovilaceum Rolfe 紫堇花石斛

Dendrobium aurantiacum Rchb.f.线叶石斛

Dendrobium aurantiacum var. denneanum (Kerr) Z.H.Tsi 叠鞘石斛

Dendrobium aurantiacum var. zhaojuense (S.C.Sun & L.G.Xu) Z.H.Tsi 双斑叠石斛

Dendrobium auriferum Lindl.=Thrixspermum centipeda

Dendrobium batanense Ames & Quisumbing=Dendrobium equitans

Dendrobium bellatulum Rolfe 矮石斛

Dendrobium brymerianum Rchb.f.长苏石斛

Dendrobium bulleyi Rolfe=Dendrobium longicornu

Dendrobium candidum Lindl.(高等图鉴 1976)=Dendrobium officinale

Dendrobium candidum Wall. ex Lindl.白花石斛

Dendrobium capillipes Rchb.f.短棒石斛

Dendrobium cariniferum Rchb.f.翅萼石斛

Dendrobium carnosum (Bl.) Reichb.f.肉质花石斛

Dendrobium castum Baten ex Rchb.f.=Dendrobium moniliforme

Dendrobium catenatum Lindl.=Dendrobium moniliforme

Dendrobium chameleon Ames 长爪石斛

Dendrobium changjiangense S.J.Cheng & C.Z.Tang 昌江石斛

Dendrobium chrysanthum Lindl.束花石斛

Dendrobium chryseum Rolfe (分类学报 1995)=Dendrobium aurantiacum var. denneanum

Dendrobium chryseum Rolfe 金黄花石斛

Dendrobium chryseum var. *bulangense* G.X.Ma & J.Xu=Dendrobium aurantiacum

Dendrobium chrysotoxum Lindl.鼓槌石斛

Dendrobium chrysotoxum var. *suavissimum* (Rchlb.f.) HK.f. ex Veitch=Dendrobium chrysotoxum

Dendrobium clavatum Lindl.=Dendrobium aurantiacum var. denneanum

Dendrobium clavatum var. *auratiacum* (Rchb.f.) T.Tang & F.T.Wang=Dendrobium aurantiacum

Dendrobium comatum (Bl.) Lindl.=Flickingeria comata

Dendrobium compactum Rolfe ex W.Hackett 草石斛

Dendrobium concinnum Miq.(海南志 1977)=Dendrobium changjiangense

Dendrobium crepidatum Lindl. ex Paxt.玫瑰石斛

Dendrobium cretaceum Lindl.白垩色石斛

Dendrobium crispulum Kimura & Migo=Dendrobium moniliforme

Dendrobium crumenatum Sw.木石斛

Dendrobium crystallinum Rchb.f.晶帽石斛

Dendrobium cucullatum R.Br. ex Lindl.=Dendrobium aphyllum

Dendrobium denneanum Kerr.=Dendrobium aurantiacum var. denneanum

Dendrobium densiflorum Lindl.密花石斛

Dendrobium devonianum Paxt.齿瓣石斛

Dendrobium discolor Lindl.二色石斛

Dendrobium dixanthum Rchb.f.黄花石斛

Dendrobium ellipsophyllum T.Tang & F.T.Wang 反瓣石斛

Dendrobium equitans Kraenzl.燕石斛

Dendrobium eriiflorum Griff.(兰花全书 1998)=Dendrobium monticola

Dendrobium erythroglossum Hay.=Dendrobium falconeri

Dendrobium evaginatum Gagn.=Dendrobium henryi

Dendrobium exile Schltr.景洪石斛

Dendrobium falconeri HK.串珠石斛

Dendrobium fargesii Finet=Epigeneium fargesii

Dendrobium faulhaberianum Schltr.=Dendrobium aduncum

Dendrobium fimbriatolabellum Hay.=Flickingeria comata

Dendrobium fimbriatum HK.马鞭石斛

Dendrobium fimbriatum var. *bimaculosum* T.Tang & F.T.Wang=Dendrobium hookerianum

Dendrobium fimbriatum var. *oculatum* HK.f.=Dendrobium fimbriatum

Dendrobium findlayanum Par. & Rchb.f.棒节石斛

Dendrobium flaviflorum Hay.=Dendrobium aurantiacum

Dendrobium flexicaule Z.H.Tsi,S.C.Sun & L.G.Xu 曲茎石斛

Dendrobium formosanum (Rchb.f.) Masam.=Dendrobium nobile

Dendrobium funiushanense T.B.Chao,Z.X.Chen & Z.K.Chen=Dendrobium huoshanense

Dendrobium furcatopedicellatum Hay.双花石斛

Dendrobium fuscatum Lindl.=Dendrobium gibsonii

Dendrobium fuscescens Griff.=Epigeneium fuscescens

Dendrobium gibsonii Lindl.曲轴石斛

Dendrobium gratiossimum Rchb.f.杯鞘石斛

Dendrobium guangxiense S.J.Cheng & C.Z.Tang 滇桂石斛

Dendrobium hainanense Rolfe (Matsumura & Hay.in J.Coll.Sci.Univ. Tokyo 1908)=Dendrobium miyakei

Dendrobium hainanense Rolfe 海南石斛

Dendrobium hancockii Rolfe 细叶石斛

Dendrobium harveyanum Rchb.f.苏瓣石斛

Dendrobium heishanense Hay.=Dendrobium moniliforme
Dendrobium henryi Schltr.疏花石斛
Dendrobium hercoglossum Rchb.f.(S.Y.Hu in Gen.Orch.Hongkong 1977)= Dendrobium aduncum
Dendrobium hercoglossum Rchb.f.重唇石斛
Dendrobium hercoglossum var. *album* S.J.Cheng & C.Z.Tang= Dendrobium hercoglossum
Dendrobium heterocarpum Lindl.尖刀唇石斛
Dendrobium hookerianum Lindl.金耳石斛
Dendrobium huoshanense C.Z.Tang & S.J.Cheng 霍山石斛
Dendrobium infundibulum Lindl.高山石斛
Dendrobium javanicum Sw.=Eria javanica
Dendrobium jenkinsii Lindl.(高等图鉴 1986,p.p.,海南志 1977,p.p.)= Dendrobium lindleyi
Dendrobium jenkinsii Lindl.小黄花石斛
Dendrobium kosepangii C.L.Tso=Dendrobium moniliforme
Dendrobium kosepangii C.L.Tso=Dendrobium wilsonii
Dendrobium kwangtungense C.L.Tso=Dendrobium wilsonii
Dendrobium kwashotense Hay.=Dendrobium crumenatum
Dendrobium leopardinum Wall.=Bulbophyllum leopardinum
Dendrobium leporinum J.J.Sm.兔耳状石斛
Dendrobium leptocladum Hay.菱唇石斛
Dendrobium linawianum Rchb.f.矩唇石斛
Dendrobium lindleyi Steundel 聚石斛
Dendrobium lindleyi var. majus (Rolfe) S.Y.Hu 大叶聚石斛(新)?
Dendrobium lituflorum Lindl.喇叭唇石斛
Dendrobium loddigesii Rolfe 美花石斛
Dendrobium loddigesii var. *album* T.Tang & F.T.Wang=Dendrobium loddigesii
Dendrobium lohohense T.Tang & F.T.Wang 罗河石斛
Dendrobium longicalcaratum Hay.=Dendrobium chameleon
Dendrobium longicornu Lindl.长距石斛
Dendrobium luteolum Batem.淡黄花石斛
Dendrobium macrophyllum A.Rich.大叶石斛
Dendrobium minutiflorum S.C.Chen & Z.H.Tsi 勐海石斛
Dendrobium miyakei Schltr.红花石斛
Dendrobium monile (Thunb. ex A.Murray) Kraenzl.=Dendrobium moniliforme
Dendrobium moniliforme (L.) Sw.金钗石斛
Dendrobium moniliforme Sw.(Lindl.in Bot.Reg.1830)=Dendrobium linawianum
Dendrobium moniliforne var. *taiwanianum* S.S.Ying=Dendrobium moniliforme
Dendrobium monticola P.F.Hunt & Summerh.藏南石斛
Dendrobium moschatum (Buch.-Ham.) Sw.杓唇石斛
Dendrobium moulmeinense Rchb.f.(兰花全书 1998)=Dendrobium dixanthum
Dendrobium muscicola Lindl.=Eria muscicola
Dendrobium mutabile (Bl.) Lindl.易变石斛
Dendrobium nakaharaei Schltr.=Epigeneium nakaharaei
Dendrobium nienkui C.L.Tso=Dendrobium moniliforme
Dendrobium nobile Lindl.石斛
Dendrobium nobile var. *formosanum* Rchb.f.=Dendrobium nobile
Dendrobium nobile var. *nobilus* Burbidge=Dendrobium nobile
Dendrobium nobile var. *pallidiflorum* HK.=Dendrobium primulinum
Dendrobium nutans Presl=Geodorum densiflorum
Dendrobium ochreatum Lindl.(分类学报 1995)=Dendrobium chrysanthum
Dendrobium odiosum Finet=Dendrobium hancockii
Dendrobium officinale Kimura & Migo(Z.H.Tsi,S.C.Chen & K.Mori in Wild Orch.China1997)=Dendrobium guangxiense
Dendrobium officinale Kimura & Migo 铁皮石斛
Dendrobium pallens Ridley(A.T.Hsieh in Quart J.Taiwan Mus.1955)= Flickingeria tairukounia
Dendrobium parciflorum Rchb.f. ex Lindl.少花石斛
Dendrobium parishii Rchb.f.紫瓣石斛
Dendrobium pendulicaule Hay.=Thrixspermum pendulicaule
Dendrobium pendulum Roxb.肿节石斛
Dendrobium pere-fauriei Hay.=Dendrobium tosaense
Dendrobium phalaenopsis Fitzg.蝴蝶石斛
Dendrobium pierardii Roxb. ex HK.=Dendrobium aphyllum
Dendrobium primulinum Lindl.报春石斛
Dendrobium prophyrochilum Lindl.单葶石斛
Dendrobium pseudohainanense Masam.=Dendrobium miyakei
Dendrobium pseudotenellum Guillaum.针叶石斛
Dendrobium pubescens HK.=Eria lasiopetala
Dendrobium pulchellum Roxb. ex Lindl.(Lindl.in Bot.Cab.1833)= Dendrobium loddigesii
Dendrobium randaiense Hay.=Dendrobium chameleon
Dendrobium regium Prain 王石斛
Dendrobium reptans Franch. & Sav.=Eria reptans
Dendrobium revolutum Lindl.(分类学报 1980)=Dendrobium ellipsophyllum
Dendrobium robustum Bl.=Eria robusta
Dendrobium rotundatum (Lindl.) HK.f.=Epigeneium rotundatum
Dendrobium rupicola Rchb.f. ex Krzl.岩生石斛
Dendrobium salaccense (Bl.) Lindl.竹枝石斛
Dendrobium sanguinolentum Lindl.血红石斛
Dendrobium sanseiense Hay.=Epigeneium nakaharaei
Dendrobium sinense T.Tang & F.T.Wang 华石斛
Dendrobium somai Hay.小双花石斛
Dendrobium speciosum Sm.娇美石斛
Dendrobium spectabile (Bl.) Miq 大花石斛.
Dendrobium stenoglossum Schltr.=Dendrobium strongylanthum
Dendrobium striatum Griff.=Bulbophyllum striatum
Dendrobium strongylanthum Rchb.f.梳唇石斛
Dendrobium stuposum Lindl.叉唇石斛
Dendrobium suavissimum Rchb.f.=Dendrobium chrysotoxum
Dendrobium sulcatum Lindl.具槽石斛
Dendrobium tenuicaule HK.f.(Hay.in J.Coll.Sci.Univ.Tokyo 1911)= Dendrobium leptocladum
Dendrobium teres Roxb.=Papilionanthe teres
Dendrobium teretifolium R.Br.圆柱叶石斛
Dendrobium terminale Par. & Rchb.f.刀叶石斛
Dendrobium tetragonum A.Cunn ex Lindl.四棱茎石斛
Dendrobium thyrsiflorum Rchb.f.球花石斛
Dendrobium tibeticum Schltr.=Dendrobium aurantiacum
Dendrobium tosaense Makino 黄石斛
Dendrobium tosaense var. *chingshuishanianum* S.S.Ying=Dendrobium moniliforme
Dendrobium tosaense var. *pere-fauriei* Hay.=Dendrobium tosaense
Dendrobium trigonopus Rchb.f.翅梗石斛
Dendrobium uniflorum Griff.单花石斛
Dendrobium velutinum Rolfe=Dendrobium trigonopus
Dendrobium ventricosum Kraenzl.(台湾志,1978)=Dendrobium equitans
Dendrobium ventricosum Kranzl.燕子石斛
Dendrobium victoriae-reginae Loher 维多利亚女王石斛
Dendrobium victoriaereinae var. *miyakei* (Schltr.) T.S.Liu & H.J.Su= Dendrobium miyakei
Dendrobium wangii C.L.Tso=Dendrobium hercoglossum
Dendrobium wardianum Warner 大苞石斛
Dendrobium williansonii Day & Rchb.f.黑毛石斛
Dendrobium wilsonii Rolfe 广东石斛
Dendrobium xichouense S.J.Cheng & C.Z.Tang 西畴石斛
Dendrobium yunnanense Finet=Dendrobium moniliforme
Dendrobium zhaojuense S.C.Sun & L.G.Xu=Dendrobium aurantiacum var. zhaojuense
Dendrobium zonatum Rolfe=Dendrobium moniliforme
Dendrocalamopsis (Chia & H.L.Fung) Keng f.**绿竹属**(禾本科)
Dendrocalamopsis atrovirens (Wen) Keng f. ex W.T.Lin= Dendrocalamopsis oldhami
Dendrocalamopsis basihirsuta (McClure) Keng f. & W.T.Lin 苦绿竹
Dendrocalamopsis beecheyana (Munro) Keng f.吊丝球竹
Dendrocalamopsis beecheyana var. beecheyana=Dendrocalamopsis beecheyana
Dendrocalamopsis beecheyana var. pubescens (Pf.Li) Keng f.大头典竹
Dendrocalamopsis bicicatricata (W.T.Lin) Keng f.孟竹
Dendrocalamopsis daii Keng f.大绿竹
Dendrocalamopsis edulis (Odashima) Keng f.乌脚绿
Dendrocalamopsis grandis Q.H.Dai & X.L.Tao=Dendrocalamopsis daii
Dendrocalamopsis oldhami (Munro) Keng f.绿竹
Dendrocalamopsis oldhami f. oldhami=Dendrocalamopsis oldhami

Dendrocalamopsis oldhami f. revoluta (W.T.Lin & J.Y.Lin) W.T.Lin 花头黄
Dendrocalamopsis prasina (Wen) Keng f.=Dendrocalamopsis basihirsuta
Dendrocalamopsis stenoaurita (W.T.Lin) Keng f. ex W.T.Lin 黄麻竹
Dendrocalamopsis vario-striata (W.T.Lin) Keng f.吊丝单
Dendrocalamus Nees **牡竹属**(禾本科)
Dendrocalamus affinis Rendle=Neosinocalamus affinis
Dendrocalamus albociliata (Munro) J.L.Sun=Gigantochloa albociliata
Dendrocalamus asper (J.A. & J.H.Schult.) Backer 马来甜龙竹
Dendrocalamus bambusoides Hsueh & D.Z.Li 椅子竹
Dendrocalamus barbatus Hsueh & D.Z.Li 小叶龙竹
Dendrocalamus barbatus var. barbatus=Dendrocalamus barbatus
Dendrocalamus barbatus var. internodiiradicatus Hsueh & D.Z.Li 毛脚龙竹
Dendrocalamus birmanicus A.Camus 缅甸龙竹
Dendrocalamus brandisii (Munro) Kurz 勃氏甜龙竹
Dendrocalamus calostachyus (Kurz) Kurz 美穗龙竹
Dendrocalamus farinosus (Keng & Keng f.) Chia & H.L.Fung 大叶慈
Dendrocalamus fugongensis Hsueh & D.Z.Li 福贡龙竹
Dendrocalamus giganteus Munro 龙竹
Dendrocalamus hamiltonii Nees & Arn ex Munro 版纳甜龙竹
Dendrocalamus hookeri var. *parishii* (Munro) Blatter=Dendrocalamus parishii
Dendrocalamus jianshuiensis Hsueh & D.Z.Li 建水龙竹
Dendrocalamus latiflorus Munro 麻竹
Dendrocalamus latiflorus cv. *Meinung* W.C.Lin=Dendrocalamus latiflorus cv. Meinung
Dendrocalamus latiflorus cv. Meinung 美浓麻竹
Dendrocalamus latiflorus cv. *Subconvex* W.C.Lin=Dendrocalamus latiflorus cv. Subconvex
Dendrocalamus latiflorus cv. Subconvex 葫芦麻竹
Dendrocalamus latiflorus var. *lagenarius* W.C.Lin=Dendrocalamus latiflorus cv. Subconvex
Dendrocalamus latiflorus var. *latiflorus* W.C.Lin.=Dendrocalamus latiflorus
Dendrocalamus liboensis Hsueh & D.Z.Li 荔波吊竹
Dendrocalamus membranaceus Munro 黄竹
Dendrocalamus membranaceus f. fimbriligulatus Hsueh & D.Z.Li 流苏黄竹
Dendrocalamus membranaceus f. membranaceus=Dendrocalamus membranaceus
Dendrocalamus membranaceus f. pilosus Hsueh & D.Z.Li 毛竿黄竹
Dendrocalamus membranaceus f. striatus Hsueh & D.Z.Li 花竿黄竹
Dendrocalamus mianningensis Q.Li & X.Jiang 冕宁慈
Dendrocalamus minor (McClure) Chia & H.L.Fung 吊丝竹
Dendrocalamus minor var. amoenus (Q.H.Dai & C.F.Huang) Hsueh & D.Z.Li 花吊丝竹
Dendrocalamus minor var. minor=Dendrocalamus minor
Dendrocalamus pachystachys Hsueh & D.Z.Li 粗穗龙竹
Dendrocalamus parishii Munro 巴氏龙竹
Dendrocalamus patellaris Gamble 碟环慈
Dendrocalamus peculiaris Hsueh & D.Z.Li 金平龙竹
Dendrocalamus pulverulentus Chia & But 粉麻竹
Dendrocalamus semiscandens Hsueh & D.Z.Li 野龙竹
Dendrocalamus sikkimensis Gamble ex Oliv.锡金龙竹
Dendrocalamus sinicus Chia & J.L.Sun 歪脚龙竹
Dendrocalamus strictus (Roxb.) Nees 牡竹
Dendrocalamus stricus Nees (禾本科图说 1959,p.p.)=Dendrocalamus membranaceus
Dendrocalamus tibeticus Hsueh & Yi 西藏牡竹
Dendrocalamus tomentosus Hsueh & D.Z.Li 毛龙竹
Dendrocalamus tsiangii (McClure) Chia & H.L.Fung 黔竹
Dendrocalamus tsiangii cv Viridistriatus 花黔竹
Dendrocalamus tsiangii f. *viridistriatus* X.H.Song=Dendrocalamus tsiangii cv Viridistriatus
Dendrocalamus yunnanicus Hsueh & D.Z.Li 云南龙竹
Dendrochilum Bl.**足柱兰属**(兰科)
Dendrochilum aurantiacum Bl.橙黄足柱兰
Dendrochilum cobbianum Rchb.f.考氏足柱兰
Dendrochilum filiforme Lindl.丝状足柱兰
Dendrochilum formosanum (Schltr.) Schltr.=Dendrochilum uncatum
Dendrochilum glumaceum Lindl.颖状足柱兰
Dendrochilum latifolium Lindl.宽叶足柱兰
Dendrochilum longifolium Rchb.f.长叶足柱兰
Dendrochilum uncatum Rchb.f.足柱兰
Dendrochilum uncatum var. *formosanum* (Schltr.) T.Hashimoto= Dendrochilum uncatum
Dendrocnide Miq. **火麻树属**(荨麻科)
Dendrocnide basirotunda (C.Y.Wu) Chew 圆基火麻树
Dendrocnide chingiana (Hand.-Mazz.) Chew=Dendrocnide urentissima
Dendrocnide meyeniana (Walp.) Chew 咬人狗
Dendrocnide meyeniana f. meyeniana=Dendrocnide meyeniana
Dendrocnide meyeniana f. subglabra (Hay.) Chew 恒春火麻树
Dendrocnide sinuata (Bl.) Chew 全缘火麻树
Dendrocnide stimulans (L.f.) Chew 海南火麻树
Dendrocnide subglabra (Hay.) Chew=Dendrocnide meyeniana f. subglabra
Dendrocnide urentissima (Gagn.) Chew 火麻树
Dendrocolla pricei Rolfe=Thrixspermum formsanum
Dendroglossa C.Presl=**Leptochilus**
Dendroglossa Presl **树舌蕨属**(水龙骨科)
Dendroglossa cantoniensis Copel.=Leptochilus cantoniensis
Dendroglossa lanceolata Fee=Leptochilus decurrens
Dendroglossa normalis (J.Sm.) Presl 树舌蕨
Dendroglossa zeylanica Copel.=Leptochilus decurrens
Dendrolobium (Wight & Arn.) Benth.**假木豆属**(豆科)
Dendrolobium dispermum (Hay.) Schindl.两节假木豆
Dendrolobium lanceolatum (Dunn) Schindl.单节假木豆
Dendrolobium triangulare (Retz.) Schindl.假木豆
Dendrolobium umbellatum (L.) Benth.伞花假木豆
Dendropanax Decne. & Planch.**树参属**(五加科)
Dendropanax acuminatissimus Merr.=Dendropanax proteus
Dendropanax angustilobus (Hu) Merr.(Li in Sargentia 1942,p.p.)= Dendropanax gracilis
Dendropanax angustilobus (Hu) Merr.=Dendropanax proteus
Dendropanax arboreus (L.) Decne. & Planch.美洲树参
Dendropanax bilocularis C.N.Ho 双室树参
Dendropanax brevistylus Ling 短柱树参
Dendropanax chevalieri (Vig.) Merr.(Li in Sargentia 1942,p.p.)= Dendropanax yunnanensis
Dendropanax chevalieri (Vig.) Merr.=Dendropanax dentiger
Dendropanax chevalieri var. *dentigerus* (Harms) Li=Dendropanax dentiger
Dendropanax confertus Li 挤果树参
Dendropanax dentiger (Harms) Merr.树参
Dendropanax ferrugineus Li=Euaraliopsis ferruginea
Dendropanax ficifolius Tseng & Hoo 榕叶树参
Dendropanax gracilis Tseng & Hoo 细梗树参
Dendropanax hainanensis (Merr. & Chun) Chun 海南树参
Dendropanax inflatus f. multiflorus Tseng & Hoo 圆锥胀果树参
Dendropanax inflatus f. pani-culatus Tseng & Hoo 多花胀果树参
Dendropanax inflatus f. promineus Tseng & Hoo 显脉胀果树参
Dendropanax inflatus Li 胀果树参
Dendropanax japonicus Seem.(Forb. & Hemsl.in J.L.Soc.Bot.1888)= Dendropanax dentiger
Dendropanax kwangsiensis Li 广西树参
Dendropanax listeri King=Merrilliopanax listeri
Dendropanax macrocarpus C.N.Ho 大果树参
Dendropanax oligodontus Merr. & Chun 保亭树参
Dendropanax parvifloroides C.N.Ho 两广树参
Dendropanax parviflorus (Champ.) Benth.=Dendropanax proteus
Dendropanax pellucidopunctata (Hay.) Merr.=Dendropanax dentiger
Dendropanax productus Li 长萼树参
Dendropanax proteus (Champ.) Benth.变叶树参
Dendropanax stellatus Li 星柱树参
Dendropanax yunnanensis Tseng & Hoo 云南树参
Dendrophthoë Mart.**五蕊寄生属**(桑寄生科)
Dendrophthoë pentandra (L.) Miq.五蕊寄生
Dendrotrophe Miq.**寄生藤属**(檀香科)

Dendrotrophe buxifolia (Bl.) Miq.黄杨叶寄生藤
Dendrotrophe frutescens (Champ. ex Benth.) Danser 寄生藤
Dendrotrophe frutescens var. frutescens=Dendrotrophe frutescens
Dendrotrophe frutescens var. subquinquenervia (Tam) Tam 叉脉寄生藤
Dendrotrophe granulata (HK.f. & Thoms ex A.DC.) A.N.Henry 疣枝寄生藤
Dendrotrophe heterantha (Wall. ex DC.) A.N.Henry & B.Roy 异花寄生藤
Dendrotrophe polyneura (Hu) D.D.Tao 多脉寄生藤
Dendrotrophe umbellata (Bl.) Miq.伞花寄生藤
Dendrotrophe umbellata var. longifolia (Lecomte) Tam 长叶寄生藤
Dendrotrophe umbellata var. umbellata=Dendrotrophe umbellata
Dennstaedeaceae(植物志,2,1959)=**Hypolepidaceae**
Dennstaedtia Bernh.**碗蕨属**(碗蕨科)
Dennstaedtia appendiculata (Wall.) J.Sm.顶生碗蕨
Dennstaedtia deltoidea Moore=Dennstaedtia scabra
Dennstaedtia elwesii Bedd.峨山碗蕨
Dennstaedtia formosae Christ 台湾碗蕨
Dennstaedtia glabrescens Ching=Dennstaedtia scabra var. Glabrescens
Dennstaedtia hirsuta Mett. ex Miquel=Dennstaedtia pilosella
Dennstaedtia leptophylla Hay 薄叶碗蕨
Dennstaedtia liwesii Bedd.(新拉汉英 1996)=Dennstaedtia eliwesii
Dennstaedtia melanostipes Ching 乌柄碗蕨
Dennstaedtia pilosella (HK.) Ching 细毛碗蕨
Dennstaedtia punctilobula (Michx.) Moore 草香碗蕨
Dennstaedtia scabra Wu=Dennstaedtia scabra var. Glabrescens
Dennstaedtia scabra (Wall.) Moore 碗蕨
Dennstaedtia scabra var. Glabrescens (Ching) C.Chr.光叶碗蕨
Dennstaedtia scabra var. scabra=Dennstaedtia scabra
Dennstaedtia scandens (Bl.) Moore 刺柄碗蕨
Dennstaedtia smithii (HK.) Moore 斯氏碗蕨
Dennstaedtia strigosa J.Sm.=Microlepia strigosa
Dennstaedtia villosa Cop.=Microlepia villosa
Dennstaedtia wilfordii (Moore) Christ 溪洞碗蕨
Dennstaedtiaceae 碗蕨科
Dentaria L.=**Cardamine**
Dentaria alaunica Golist.=Cardamine trifida
Dentaria bodinieri H.Lévl.=Cardamine bodinieri
Dentaria dasyloba Turcz.=Cardamine leucantha
Dentaria dasyloba Turcz.=Cardamine leucantha
Dentaria gmelinii Tausch.=Cardamine macrophylla
Dentaria leucantha Tausch.=Cardamine leucantha
Dentaria leucantha Tausch=Cardamine leucantha
Dentaria macrophylla (Willd.) Bge. ex Maxim.=Cardamine macrophylla
Dentaria macrophylla var. *dasyloba* (Turcz.) Makino=Cardamine leucantha
Dentaria repens Franch.=Cardamine delavayi
Dentaria repens Franch.=Cardamine repens
Dentaria sinomanshurica Kitag.=Cardamine macrophylla
Dentaria tenuifolia Ledeb.=Cardamine trifida
Dentaria trifida Lam. ex Poir.=Cardamine trifida
Dentaria wallichii G.Don=Cardamine macrophylla
Dentaria willdenowii Tausch.=Cardamine macrophylla
Dentella J.R. & G.Forst.**小牙草属**(茜草科)
Dentella matsudai Hay.=Dentella repens
Dentella repens (L.) J.R. & G.Forst.小牙草
Dentella repens var. *grandis* Pierre ex Pitard=Dentella repens
Dentidia nankinensis Lour.=Perilla frutescens var. crispa
Dentidia purpurascens Pers.=Perilla frutescens var. crispa
Dentidia purpurea Poir.=Perilla frutescens var. crispa
Deparia albosquamata (M.Kato) Nakaike=Lunathyrium orientale
Deparia allantodioides (Bedd.) M.Kato=Lunathyrium ×allantodioides
Deparia boryana (Willd.) M.Kato=Dryoathyrium boryanum
Deparia conilii (Franch. & Sav.) M.Kato=Athyriopsis conilii
Deparia coreana M.Kato=Dryoathyrium coreanum
Deparia dickasonii M.Kato=Athyriopsis dickasonii
Deparia dimorphophylla (Koidz.) M.Kato=Athyriopsis dimorphophylla
Deparia dimorphophylla var. *kiusiana* (Koidz.) Serizawa=Athyriopsis kiusiana
Deparia dolosa M.Kato=Lunathyrium dolosum
Deparia erecta M.Kato=Dryoathyrium erectum
Deparia henryi (Bak.) M.Kato (p.p.)=Dryoathyrium henryi
Deparia henryi sensu M.Kato (p.p.)=Dryoathyrium coreanum
Deparia japonica (Thunb.) M.Kato=Athyriopsis japonica
Deparia japonica sensu Tagawa & K.Iwats.=Athyriopsis petersenii
Deparia kiusiana (Koidzz.) M.Kato=Athyriopsis kiusiana
Deparia mcdonellii (Bedd.) M.Kato=Dryoathyrium mcdonellii
Deparia okuboana M.Kato=Dryoathyrium okubosanum
Deparia omeiensis (Z.R.Wang) M.Kato=Athyriopsis omeiensis
Deparia petersenii (Kze.) M.Kato(p.p.)=Athyriopsis japonica var. oshimensis
Deparia petersenii (Kze.) M.Kato(p.p.)=Athyriopsis petersenii
Deparia pseudoconilii (Serizawa) Serizawa=Athyriopsis pseudoconilii
Deparia pterorachis (Christ) M.Kato=Dryoathyrium pterorachis
Deparia pycnosora (Christ) M.Kato=Lunathyrium pycnosorum
Deparia pycnosora var. *albosquamata* M.Kato=Lunathyrium orientale
Deparia sect. *Athyriopsis* (Ching) M.Kato=**Athyriopsis**
Deparia sect. *Dryoathyrium* (Ching) M.Kato=**Dryoathyrium**
Deparia sect. *Lunathyrium* (Koidz.) M.Kato=**Lunathyrium**
Deparia shikkimensis Nakaike & S.Malik=Lunathyrium acutum
Deparia subfluvialis (Hay.) M.Kato=Dryoathyrium boryanum
Deparia unifurcata (Bak.) M.Kato=Dryoathyrium unifurcatum
Deparia viridifrons M.Kato=Dryoathyrium viridifrons
Derris Lour.**鱼藤属**(豆科)
Derris albo-rubra Hemsl.白花鱼藤
Derris bonatiana Pamp.=Pueraria peduncularis
Derris breviramosa How 短枝鱼藤
Derris caudatilimba How 尾叶鱼藤
Derris cavaleriei Gagn.黔桂鱼藤
Derris cuneifolia Benth.楔形叶鱼藤
Derris cuneifolia var. *malaccensis* Benth.=Derris malaccensis
Derris elegans Benth.(Merr.in Philip.J.Sci.1915)=Derris hancei
Derris elliptica (Roxb.) Benth.毛鱼藤
Derris eriocarpa How 毛果鱼藤
Derris ferruginea (Roxb.) Benth.锈毛鱼藤
Derris fordii Oliv.中南鱼藤
Derris fordii var. fordii=Derris fordii
Derris fordii var. lucida How 亮叶中南鱼藤
Derris glauca Merr. & Chun 粉叶鱼藤
Derris hainanensis Hay.海南鱼藤
Derris hancei Hemsl.粤东鱼藤
Derris harrowiana (Diels) Z.Wei 大理鱼藤
Derris henryi Thoth.长果鱼藤(新)?
Derris lasiopetala Hay.=Millettia pachyloba
Derris latifolia Prain 大叶鱼藤
Derris laxiflora Benth.疏花鱼藤
Derris malaccensis (Benth.) Prain 异翅鱼藤
Derris marginata (Roxb.) Benth.边荚鱼藤
Derris marginata Benth.(Hand.-Mazz.Symb.Sin 1933)=Derris fordii
Derris oblonga Benth.(Hance in Jour.Bot.1879)=Derris hancei
Derris oblonga Benth.兰屿鱼藤
Derris palmifolia Chun & How 掌叶鱼藤
Derris pinnata Lour.=Dalbergia pinnata
Derris robusta (Roxb.) Benth.大鱼藤树
Derris rubromaculata Chun & How=Derris fordii
Derris scabricaulis (Franch.) Gagn.粗茎鱼藤
Derris scabricaulis Gagn.(豆科图说 1955,高等图鉴 1972)=Derris eriocarpa
Derris scandens Benth.截耳瓣鱼藤
Derris sp. Merr.=Derris glauca
Derris thyrsiflora Benth.密锥花鱼藤
Derris tinghuensis P.Y.Chen 鼎湖鱼藤
Derris tonkinensis Gagn.东京鱼藤
Derris tonkinensis var. compacta Gagn.大叶东京鱼藤
Derris tonkinensis var. tonkinensis=Derris tonkinensis
Derris trifoliata Lour.鱼藤
Derris uliginosa Benth.=Derris trifoliata
Derris yunnanensis Chun & How 云南鱼藤
Deschampsia Beauv.**发草属**(禾本科)
Deschampsia caespitosa (L.) Beauv.发草
Deschampsia caespitosa subsp. *koelerioides* (Regel) Tzvel.=Deschampsia koelerioides
Deschampsia caespitosa subsp. *pamirica* (Roshev.) Tzvel.=Deschampsia

pamirica
Deschampsia caespitosa var. caespitosa=Deschampsia caespitosa
Deschampsia caespitosa var. exaristata Z.L.Wu 无芒发草
Deschampsia caespitosa var. microstachya Roshev.小穗发草
Deschampsia flexuosa (L.) Trin.曲芒发草
Deschampsia ivanovae Tzvel.=Deschampsia littoralis var. ivanovae
Deschampsia koelerioides Regel 穗发草
Deschampsia littoralis (Gaud.) Reuter 滨发草
Deschampsia littoralis var. ivanovae (Tzvel.) P.C.Kuo & Z.L.Wu 短枝发草
Deschampsia littoralis var. littoralis=Deschampsia littoralis
Deschampsia media (Gouan) R. & Z.中间发草
Deschampsia multiflora P.C.Kuo & Z.L.Wu 多花发草
Deschampsia pamirica Roshev.帕米尔发草
Deschampsia refracta (Lag.) Roem. & Schult.下弯发草
Deschampsia setacea (Hudson) Hackel 刚毛发草
Deschampsia sukatschewii (Popl.) Roshev.=Deschampsia caespitosa var. microstachya
Descurainia Webb & Berth.**播娘蒿属**(十字花科)
Descurainia sophia (L.) Schur.=Descurainia sophia
Descurainia sophia (L.) Webb. ex Prantl 播娘蒿
Descurainia sophia var. *glabrata* N.Busch=Descurainia sophia
Descurainia sophioides (Fisch.) O.E.Schulz 腺毛播娘蒿
Desideria Pamp.**扇叶芥属**(十字花科)
Desideria baiogoensis (K.C.Kuan & Z.X.An) Al-Shehbaz 藏北扇叶芥
Desideria flabellata (Rgl.) Al-Shehbaz 长毛扇叶芥
Desideria himalayensis (Camb.) Al-Shehbaz 须弥扇叶芥
Desideria linearis (N.Busch.) Al-Shehbaz 线果扇叶芥
Desideria mirabilis Pamp.扇叶芥
Desideria pamirica Suslova=Desideria mirabilis
Desideria pamirica Suslova=Desideria mirabilis
Desideria prolifera (Maxim.) Al-Shehbaz 丛生扇叶芥
Desideria pumila (Kurz) Al-Shehbaz 矮扇叶芥
Desideria stewartii (T.Anderson) Al-Shehbaz 少花扇叶芥
Desmanthus Willd.**合欢草属**(豆科)
Desmanthus illinoensis MacMill.伊利诺合欢草
Desmanthus sect. *Dichrostachys* DC.=**Dichrostachys**
Desmanthus virgatus (L.) Willd.合欢草
Desmitus Raf.=**Camellia**
Desmitus reticulata (Lindl.) Rafin.=Camellia reticulata
Desmodium Desv.**山蚂蝗属**(豆科)
Desmodium akoense Hay.=Desmodium scorpiurus
Desmodium amethystinum Dunn?紫水晶山蚂蝗
Desmodium amethystinum Dunn 光果山马蝗
Desmodium barbigerum Lévl.=Desmodium concinnum
Desmodium biarticulatum (L.) F.-Muell.=Dicerma biarticulatum
Desmodium blandum van Meeuwen=Phyllodium elegans
Desmodium bodinieri Lévl.=Podocarpium podocarpum
Desmodium buergeri Miq.=Desmodium heterocarpum
Desmodium callianthum Franch.美花山蚂蝗
Desmodium capitatum (Burm.f.) DC.=Desmodium styracifolium
Desmodium carlesii Schindl.=Desmodium rubrum
Desmodium caudatum (Thunb.) DC.小槐花
Desmodium cavalerieri Lévl.=Desmodium gangeticum
Desmodium cinerascens Franch.=Desmodium elegans
Desmodium concinnum DC.凹叶山蚂蝗
Desmodium dichotomum (Willd.) DC.二岐山蚂蝗
Desmodium diffusum (Willd.) DC.=Desmodium alxiflorum
Desmodium diffusum (Willd.) DC.=Desmodium dichotomum
Desmodium dispermum Hay.=Dendrolobium dispermum
Desmodium duclouxii Pamp.=Podocarpium duclouxii
Desmodium duclouxii var. *hneryi* (Schindl.) Ohashi=Podocarpium duclouxii
Desmodium dunnii Merr.=Dendrolobium lanceolatum
Desmodium elegans (Lour.) Benth.=Phyllodium elegans
Desmodium elegans DC.圆锥山蚂蝗
Desmodium elegans subsp. *callianthum* (Franch.) Ohashi=Desmodium callianthum
Desmodium elegans subsp. *stenophyllum* (Pamp.) Ohashi=Desmodium stenophyllum
Desmodium elegans var. elegans=Desmodium elegans
Desmodium elegans var. handelii (Schindl.) Ohashi 盐源山蚂蝗
Desmodium elegans var. nutans (HK.) Ohashi 下垂山马蝗
Desmodium elegans var. wolohoense (Schindl.) Ohashi 川南山蚂蝗
Desmodium esquirolii Lévl.=Desmodium elegans
Desmodium fallax Schindl.=Podocarpium podocarpum var. fallax
Desmodium fallax var. *mandshuricum* (Maxim.) Nakai=Podocarpium podocarpum var. fallax
Desmodium floribundum (D.Don) Sweet.=Desmodium multiflorum
Desmodium floribundum D.Don=Desmodium multiflorum
Desmodium formosanum Hay.=Christia campanulata
Desmodium formosum Vog.=Lespedeza formosa
Desmodium forrestii Schindl.=Desmodium elegans
Desmodium franchetii Rehd.=Desmodium elegans
Desmodium gangeticum (L.) DC.大叶山蚂蝗
Desmodium gardneri Benth.=Podocarpium leptopum
Desmodium glaucophyllum Pamp.=Desmodium elegans
Desmodium gracillimum Hemsl.细叶山蚂蝗
Desmodium grande Kurz=Phyllodium kurzianum
Desmodium griffithianum Benth.疏果山蚂蝗
Desmodium griffithianum var. griffithianum=Desmodium heterocarpum
Desmodium griffithianum var. stigosum van Meeuwen 粗毛疏果山蚂蝗
Desmodium gyrans (L.f.) DC.=Codariocalyx motorius
Desmodium gyrans var. *roylei* (Wight & Arn.) Baker=Codariocalyx motorius
Desmodium gyroides (Roxb. ex Lindk.) DC.=Codariocalyx gyroides
Desmodium hainanensis Isely=Podocarpium laxum var. laterale
Desmodium hamulatum Franch.=Desmodium sequax
Desmodium handelii Schindl.=Desmodium elegans var. handelii
Desmodium henryi Schindl.=Podocarpium duclouxii
Desmodium heterocarpum (L.) DC.假地豆
Desmodium heterocarpum subsp. *angustifolium* (Craib) Ohashi=Desmodium reticulatum
Desmodium heterocarpum var. *buergeri* (Miq.) Hosokawa=Desmodium heterocarpum
Desmodium heterocarpum var. strigosum van Meeuwen 糙毛假地豆
Desmodium heterophyllum (Willd.) DC.异叶山蚂蝗
Desmodium kurzii Craib=Phyllodium kurzianum
Desmodium laburnifolium (Poir.) DC.=Desmodium caudatum
Desmodium lasiocarpum (Beauv.) DC.=Desmodium velutinum
Desmodium laterale Schindl.=Podocarpium laxum var. laterale
Desmodium latifolium DC.=Desmodium velutinum
Desmodium laxiflorum DC.大叶拿身草
Desmodium laxum DC.=Podocarpium laxum
Desmodium laxum subsp. *laterale* (Schindl.) Ohashi=Podocarpium laxum var. laterale
Desmodium laxum subsp. *leptopus* (A.Gray ex Benth.) Ohashi=Podocarpium leptopum
Desmodium leptopus A.Gray ex Benth.=Podocarpium leptopum
Desmodium longibracteatum Schindl.=Desmodium velutinum var. longibracteatum
Desmodium longipes Craib=Phyllodium longipes
Desmodium macrophyllum Desv.=Desmodium alxiflorum
Desmodium mairei Pamp.=Desmodium multiflorum
Desmodium mandshuricum Nakai=Podocarpium podocarpum var. fallax
Desmodium megaphyllum Zoll.滇南山蚂蝗
Desmodium megaphyllum var. glabrescens Prain 无毛滇南山蚂蝗
Desmodium megaphyllum var. megaphyllum=Desmodium megaphyllum
Desmodium microphyllum (Thunb.) DC.小叶三点金
Desmodium motorium (Houtt.) Merr.=Codariocalyx motorius
Desmodium multiflorum DC.饿蚂蝗
Desmodium oblatum Baker ex Kurz=Desmodium renifolium
Desmodium oblongum Wall. ex Benth.长圆叶山蚂蝗
Desmodium oldhami Oliv.=Podocarpium oldhamii
Desmodium oxalidifolium Lévl.(p.p.)=Codariocalyx gyroides
Desmodium oxalidifolium Lévl.=Desmodium griffithianum
Desmodium oxyphyllum DC.=Desmodium podocarpum var. oxyphyllum
Desmodium oxyphyllum var. *mandshuricum* (Maxim.) Ohashi=Podocarpium podocarpum var. fallax
Desmodium oxyphyllum var. *szechuenense* (Craib) Ohashi=Podocarpium podocarpum var. szechuenense
Desmodium parvifolium DC.=Desmodium microphyllum
Desmodium pilosum (Thunb.) DC.=Lespedeza pilosa
Desmodium plukenetii (Wight & Arn.) Merr.=Desmodium velutinum
Desmodium podocarpum DC.=Podocarpium podocarpum

Desmodium podocarpum subsp. *fallax* (Schindl.) Ohashi=Podocarpium podocarpum var. fallax
Desmodium podocarpum subsp. *oxyphyllum* (DC.) Ohashi=Podocarpium podocarpum var. oxyphyllum
Desmodium podocarpum var. *mandshuricum* Maxim.=Podocarpium podocarpum var. fallax
Desmodium podocarpum var. *szechuenense* Craib=Podocarpium podocarpum var. szechuenense
Desmodium polycarpum DC.=Desmodium griffithianum var. stigosum
Desmodium polycarpum var. *angustifolium* Carib=Desmodium reticulatum
Desmodium praestans Forr.=Desmodium yunnanense
Desmodium prainii Schindl.=Desmodium megaphyllum
Desmodium prainii var. *glabrescens* (Prain) Schindl.=Desmodium megaphyllum var. glabrescens
Desmodium pseudotriquetrum DC.=Tadehagi pseudotriquetrum
Desmodium pulchellum (L.) Benth.=Phyllodium pulchellum
Desmodium purpureum (Mill.) Fawc. & Rehdle=Desmodium tortuosum
Desmodium racemosum (Thunb.) DC.=Podocarpium podocarpum var. oxyphyllum
Desmodium racemosum var. *mandshuricum* (Maxim.) Ohwi= Podocarpium podocarpum var. fallax
Desmodium racemosum var. *pubescens* Metc.=Podocarpium podocarpum var. oxyphyllum
Desmodium renifolium (L.) Schindl.肾叶山蚂蝗
Desmodium renifolium var. *oblatum* (Baker ex Kurz) Ohashi=Desmodium renifolium
Desmodium reniforme (L.) DC.=Desmodium renifolium
Desmodium repandum (Wahl.) DC.=Podocarpium repandum
Desmodium reticulatum Champ. ex Benth.显脉山绿豆
Desmodium retroflexum (L.) DC.=Desmodium styracifolium
Desmodium rhabdocladum Franch.=Desmodium elegans
Desmodium rockii Schindl.=Desmodium yunnanense
Desmodium rotundifolium Wall.=Desmodium styracifolium
Desmodium rubrum (Lour.) DC.赤山蚂蝗
Desmodium rufescens DC.=Uraria rufescens
Desmodium rufihirsutum Craib=Desmodium velutinum var. longibracteatum
Desmodium salicifolium (Poir.) DC.=Phyllodium kurzianum
Desmodium sambuense (D.Don) DC.=Desmodium multiflorum
Desmodium scorpiurus (Sw.) Desv.蝎尾山蚂蝗
Desmodium sect. *Dendrolobium* (Wight & Arn.) Benth.=**Dendrolobium**
Desmodium sect. *Dicerma* (DC.) Benth.=**Dicerma**
Desmodium sect. *Heteroloma* subsect. *Podocarpia* (Benth.) Benth.= **Podocarpium**
Desmodium sect. *Phyllodium* (Desv.) Benth.=**Phyllodium**
Desmodium sect. *Pleurolobium* DC.=**Codariocalyx**
Desmodium sect. *Podocarpium* Benth.=**Podocarpium**
Desmodium sect. *Pteroloma* (Desv. ex Benth.) Benth.=**Tadehagi**
Desmodium sequax Wall.长波叶山蚂蝗
Desmodium sequax var. *sinuatum* (Miq.) Hosokawa=Desmodium sequax
Desmodium shimadai Hay.=Desmodium zonatum
Desmodium sinuatum (Miq.) Bl. ex Baker=Desmodium sequax
Desmodium spicatum Rehd.=Desmodium elegans
Desmodium stenophyllum Pamp.狭叶山蚂蝗
Desmodium strangulatum var. *sinuatum* Miq.=Desmodium sequax
Desmodium styracifolium (Osbeck) Merr.广金钱草
Desmodium subgen. *Dendrolobium* Wight & Arn.=**Dendrolobium**
Desmodium subgen. *Dicerma* (DC.) Baker=**Dicerma**
Desmodium subgen. *Phyllodium* (Desv.) Baker=**Phyllodium**
Desmodium subgen. *Pleurolobium* Baker=**Codariocalyx**
Desmodium subgen. *Podocarpium* (Benth.) Ohashi=**Podocarpium**
Desmodium subgen. *Pteroloma* (Desv. ex Benth.) Baker=**Tadehagi**
Desmodium szechuenense (Craib) Schindl.=Podocarpium podocarpum var. szechuenense
Desmodium tashiroi Matsumura=Podocarpium leptopum
Desmodium thunbergii DC.=Lespedeza formosa
Desmodium tiliaefolium (D.Don) Wall.=Desmodium elegans
Desmodium tiliifolium Schindl.=Desmodium elegans
Desmodium tiliifolium f. *glabrum* Schindl.=Desmodium elegans
Desmodium tiliifolium var. *potaninii* Schindl.=Desmodium elegans
Desmodium tiliifolium var. *rhabdocladum* (Franch.) Schindl.=Desmodium elegans
Desmodium tiliifolium var. *stenophyllum* (Pamp.) Schindl.=Desmodium stenophyllum
Desmodium tomentosum DC.=Lespedeza tomentosa
Desmodium tonkinense Schidnl.=Phyllodium longipes
Desmodium tortuosum (Sw.) DC.南美山蚂蝗
Desmodium triangulare (Retz.) Merr.=Dendrolobium triangulare
Desmodium triflorum (L.) DC.三点金
Desmodium triqetrum (L.) DC.=Tadehagi triquetrum
Desmodium triquetrum subsp. *pseudotriquetrum* (DC.) Prain=Tadehagi pseudotriquetrum
Desmodium umbellatum (L.) DC.白古苏花
Desmodium velutinum (Willd.) DC.绒毛山蚂蝗
Desmodium velutinum subsp. *longibracteatum* (Schindl.) Ohashi= Desmodium velutinum var. longibracteatum
Desmodium velutinum var. longibracteatum (Schindl.) van Meeuwen 长苞绒毛山蚂蝗
Desmodium velutinum var. velutinum=Desmodium velutinum
Desmodium williamsii (Ohashi) Yang & Huang 大苞长柄山蚂蝗
Desmodium williamsii Ohashi=Podocarpium williamsii
Desmodium williamsii subsp. *magnibracteatum* Ohashi=Podocarpium williamsii
Desmodium wolohoense Schindl.=Desmodium elegans var. wolohoense
Desmodium yunnanense Franch.云南山蚂蝗
Desmodium zonatum Miq.单叶拿身草
Desmogyne King & Prain=**Agapetes**
Desmogyne neriifolia King & Prain=Agapetes neriifolia
Desmoncus Mart.**黑莓棕属**(棕榈科)
Desmos Lour.**假鹰爪属**(番荔枝科)
Desmos chinensis Lour.假鹰爪
Desmos chochinchinchensis sensu Merr.=Desmos chinensis
Desmos cohcinchinensis
grandifolia (Finet & Gagn.) Ast=Desmos grandifolius
Desmos dumosus (Roxb.) Saff.毛叶假鹰爪
Desmos grandifolius (Finet & Gagn.) C.Y.Wu ex P.T.Li 大叶假鹰爪
Desmos hainanensis (Merr.) Merr. & Chun=Oncodostigma hainanense
Desmos sect. *Dasymaschalon* (HK.f. & Thoms.) Safford=**Dasymaschalon**
Desmos yunnanensis (Hu) P.T.Li 云南假鹰爪
Desmostachya (Stapf) Stapf **羽穗草属**(禾本科)
Desmostachya bipinnata (L.) Stapf 羽穗草
Desmotrichum Bl.=**Flickingeria**
Desmotrichum angustifolium Bl.=Flickingeria angustifolia
Desmotrichum comata Bl.=Flickingeria comata
Desmotrichum fargesii (Finet) Kraenzl.=Epigeneium fargesii
Desmotrichum fimbriatolabellum Hay.=Flickingeria comata
Desmotrichum fimbriatum Bl.=Flickingeria fimbriata
Deutzia Thunb.**溲疏属**(虎耳草科)
Deutzia acuminata Merr.=Deutzia pulchra
Deutzia albida Batal.(Bean.Op.Cit.1950)=Deutzia discolor
Deutzia albida Batalin 白溲疏
Deutzia amurensis (Rgl.) Airy-Shaw=Deutzia parviflora var. amurensis
Deutzia aspera Rehd.马桑溲疏
Deutzia aspera var. aspera=Deutzia aspera
Deutzia aspera var. *fedorovii* (Zaikon.) S.M.Hwang=Deutzia aspera
Deutzia baroniana Diels=Deutzia baroniana
Deutzia baroniana Diels 钩齿溲疏
Deutzia baroniana var. *insignis* Pamp.=Deutzia grandiflora
Deutzia bartlettii Yamamoto=Deutzia pulchra
Deutzia bodinieri Rehd.=Deutzia setchuenensis
Deutzia bomiensis S.M.Hwang 波密溲疏
Deutzia bomiensis var. bomiensis=Deutzia bomiensis
Deutzia bomiensis var. *dinggyensis* (H.T.Pan) S.M.Hwang=Deutzia bomiensis
Deutzia breviloba S.M.Hwang 短裂溲疏
Deutzia brunoniana Wall. ex G.Don=Deutzia staminea
Deutzia calycosa Rehd.大萼溲疏
Deutzia calycosa var. *brachytricha* Hand.-Mazz.=Deutzia calycosa
Deutzia calycosa var. *calycosa*=Deutzia calycosa
Deutzia calycosa var. *longisepala* Zaikonn.=Deutzia calycosa
Deutzia calycosa var. macropetala Rehd.大瓣溲疏
Deutzia calycosa var. xerophyta (Hand.-Mazz.) S.M.Hwang 旱生溲疏
Deutzia candida Rehd.白色溲疏(新)
Deutzia carnea Rehd.三角萼溲疏
Deutzia carnea var. densiflora Rehd.密花三角萼溲疏
Deutzia carnea var. lactea Rehd.乳白三角萼溲疏

Deutzia carnea var. stellata Rehd.窄瓣三角萼溲疏
Deutzia chaffanjonii Lévl.=Deutzia esquirolii
Deutzia chanetii Lévl.=Philadelphus pekinensis
Deutzia chunii Hu=Deutzia ningpoensis
Deutzia cinerascens Rehd.灰叶溲疏
Deutzia compacta Craib 密序溲疏
Deutzia compacta var. *multiradiata* J.T.Pan=Deutzia hookeriana
Deutzia cordatula H.L.Li=Deutzia taiwanensis
Deutzia coreana L.朝鲜溲疏
Deutzia coriacea Rehd.革叶溲疏
Deutzia corymbiflora Lemoine ex Andre=Deutzia setchuenensis var. corymbiflora
Deutzia corymbosa R.Br. ex G.Don (Diels in Not.Bot.Gard.Edinb.1912-13)= Deutzia compacta
Deutzia corymbosa R.Br.(Forb. & Hemsl.in J.L.Sco.Bot.1905)=Deutzia setchuenensis var. corymbiflora
Deutzia corymbosa R.Br.伞房溲疏
Deutzia corymbosa var. *dinggyensis* J.T.Pan=Deutzia bomiensis
Deutzia corymbosa var. *hookeriana* Schneid.=Deutzia hookeriana
Deutzia corymbosa var. *parviflora* Schneid.=Deutzia parviflora
Deutzia corymbosa var. *purpurascens* Schneid.=Deutzia hookeriana
Deutzia corymbosa var. *yunnanensis* Franch. ex Rehd.=Deutzia hookeriana
Deutzia crassidentata S.M.Hwang 粗齿溲疏
Deutzia crassifolia Rehd.厚叶溲疏
Deutzia crassifolia var. crassifolia=Deutzia crassifolia
Deutzia crassifolia var. *humilis* Rehd.=Deutzia crassifolia
Deutzia crassifolia var. *pauciflora* (Rehd.) S.M.Hwang=Deutzia crassifolia
Deutzia crenata S. & Z.(Forb. & Hemsl.in J.L.Sco.Bot.1887,p.p.)= Deutzia schneideriana
Deutzia crenata S. & Z.齿叶溲疏
Deutzia crenata δ. *taiwanensis* Maxim.=Deutzia taiwanensis
Deutzia cyanocalyx Lévl.=Deutzia setchuenensis
Deutzia cymuligera S.M.Hwang 小聚花溲疏
Deutzia densiflora Rehd.=Deutzia discolor
Deutzia discolor Hemsl.(Diels in Not.Bot.Gard.Edinb.1912-1913, p.p.)= Deutzia glomeruliflora
Deutzia discolor Hemsl.(Diels in Not.Bot.Gard.Edinb.1912-1913,p.p.)= Deutzia calycosa
Deutzia discolor Hemsl.(Diels in Not.Bot.Gard.Edinb.1912-1913,p.p.)= Deutzia subulata
Deutzia discolor Hemsl.(Pavolini in Nuov.Giorn.Bot.Ital.1908)=Deutzia silvestrii
Deutzia discolor Hemsl.(Schneid.in Ill.Hamdb.Laubh.1905)=Deutzia purpurascens
Deutzia discolor Hemsl.异色溲疏
Deutzia discolor f. *compacta* Diels=Deutzia discolor
Deutzia discolor var. *albida* (Batal.) Schnied.=Deutzia albida
Deutzia discolor var. *bicruristyli* P.He=Deutzia discolor
Deutzia discolor var. *gannaensis* L.C.Wang & X.G.Sun=Deutzia discolor
Deutzia discolor var. *major* Veitch=Deutzia discolor
Deutzia discolor var. *purpurascens* Franch. ex L.Henry=Deutzia purpurascens
Deutzia discolor var. *typica* Schneid.=Deutzia discolor
Deutzia dumicola W.W.Sm.=Deutzia rehderiana
Deutzia elegantissima Rehd.美秀溲疏
Deutzia esquirolii (Lévl.) Rehd.狭叶溲疏
Deutzia esquirolii H.Lévl.=Deutzia esquirolii
Deutzia faberi Rehd.浙江溲疏
Deutzia fauriei Lévl.=Deutzia glabrata
Deutzia fedorovii Zaikonn.=Deutzia aspera
Deutzia fragesii Franch.=Deutzia setchuenensis var. corymbiflora
Deutzia glaberrima Koehne=Deutzia glabrata
Deutzia glabrata Kom.光萼溲疏
Deutzia glabrata var. sessilifolia (Pamp.) Zaikonn.无柄溲疏
Deutzia glauca Cheng 黄山溲疏
Deutzia glauca var. decalvata S.M.Hwang 斑萼溲疏
Deutzia glauca var. glauca=Deutzia glauca
Deutzia glaucophylla S.M.Hwang 灰绿溲疏
Deutzia globosa Dutchie=Deutzia discolor
Deutzia glomeruliflora Franch.(Merr.in Brittonia 1941)=Deutzia subulata
Deutzia glomeruliflora Franch.(Rehd.in Sargent P.Wils.1911,p.p.)= Deutzia calycosa
Deutzia glomeruliflora Franch.球花溲疏
Deutzia glomeruliflora var. *forrestiana* Zaikonn.=Deutzia subulata
Deutzia glomeruliflora var. glomeruliflora=Deutzia glomeruliflora
Deutzia glomeruliflora var. *lichiangensis* (Zaikon.) S.M.Hwang=Deutzia glomeruliflora
Deutzia glomerulifora var. *xerophyta* (Hand.-Mazz.) Zaikonn.=Deutzia calycosa var. xerophyta
Deutzia gracilis S. & Z.细梗溲疏
Deutzia gracilis f. aurea Schell 黄叶冰生溲疏
Deutzia gracilis subsp. *arisanensis* Zaikon.=Deutzia taiwanensis
Deutzia gracilis subsp. gracilis=Deutzia gracilis
Deutzia grandiflora Bge.(Forb. & Hemsl.in J.L.Soc.Bot.1887,p.p.)= Deutzia baroniana
Deutzia grandiflora Bge.大花溲疏
Deutzia grandiflora var. *baroniana* (Diels) Rehd.=Deutzia baroniana
Deutzia grandiflora var. *baroniana* (Diels) Rehd.=Deutzia baroniana
Deutzia grandiflora var. *glabrata* Maxim.=Deutzia grandiflora
Deutzia grandiflora var. *minor* Maxim.=Deutzia grandiflora
Deutzia grandiflora var. *typica* Schneid.=Deutzia grandiflora
Deutzia hamata Koehne ex Gilg. & Loesener=Deutzia baroniana
Deutzia hamata var. *baroniana* (Diels) Zaikonn.=Deutzia baroniana
Deutzia hayatae Nakai=Deutzia pulchra
Deutzia henryi Rehd.=Deutzia crassifolia
Deutzia heterophylla S.M.Hwang 异叶溲疏
Deutzia hookeriana (Schneid.) Airy-Shaw 西藏溲疏
Deutzia hookeriana var. hookeriana=Deutzia hookeriana
Deutzia hookeriana var. *macrophylla* S.M.Hwang=Deutzia hookeriana
Deutzia hookeriana var. *ovatifolia* S.M.Hwang=Deutzia hookeriana
Deutzia hypoglauca Rehd.=Deutzia hookeriana
Deutzia hypoglauca Rehd.粉背溲疏
Deutzia hypoglauca var. hypoglauca=Deutzia hypoglauca
Deutzia hypoglauca var. shawana Zaikonn.青城溲疏
Deutzia hypoglauca var. *viridis* S.M.Hwang=Deutzia hypoglauca var. shawiana
Deutzia jinyangensis P.He & L.C.Hu=Deutzia nanchuanensis
Deutzia kalmiaeflora Lemoine 山月桂果溲疏
Deutzia kelungensis Hay.=Deutzia taiwanensis
Deutzia lanceifolia Rehd.=Deutzia esquirolii
Deutzia leiboensis P.He & L.C.Hu=Deutzia setchuenensis
Deutzia lemoinei Lemoine 勒莫尼溲疏
Deutzia lemoinei cv. Compacta 密生勒莫尼溲疏
Deutzia longiflora var. *farreri* Airy-Shaw=Deutzia discolor
Deutzia longifolia Franch.(Hand.-Mazz.in Symb.Sin.1931,p.p.)=Deutzia subulata
Deutzia longifolia Franch.(Hand.-Mazz.in Symb.Sin.1931,p.p.)=Deutzia rehderiana
Deutzia longifolia Franch.(Hand.-Mazz.in Symb.Sin.1931,p.p.)=Deutzia calycosa
Deutzia longifolia Franch.(Hand.-Mazz.in Symb.Sin.1931,p.p.)=Deutzia calycosa var. xerophyta
Deutzia longifolia Franch.长叶溲疏
Deutzia longifolia var. *densitomentosa* P.He & L.C.Hu=Deutzia squamosa
Deutzia longifolia var. *elegans* Rehd.=Deutzia longifolia
Deutzia longifolia var. *grandiflora* Franch. ex Diels=Deutzia calycosa var. macropetala
Deutzia longifolia var. longifolia=Deutzia longifolia
Deutzia longifolia var. *macropetala* (Rehd.) Zaikonn.=Deutzia calycosa var. macropetala
Deutzia longifolia var. pingwuensis S.M.Hwang 平武溲疏
Deutzia longifolia var. *sikangensis* (W.P.Fang) P.He=Deutzia glomeruliflora
Deutzia longifolia var. *veitchii* Rehd.=Deutzia longifolia
Deutzia longifolia var. *xerophyta* Hand.-Mazz.=Deutzia calycosa var. xerophyta
Deutzia longifolia var. yunnanensis Franch.?衣白皮
Deutzia macrantha HK.f. & Thoms.(西藏志 1983)=Deutzia wardiana
Deutzia magnifica Rehd.大溲疏
Deutzia magnifica var. eburnea Rehd.稀花大溲疏
Deutzia magnifica var. erecta Rehd.直立大溲疏
Deutzia magnifica var. formosa Rehd.台湾大溲疏?
Deutzia magnifica var. latiflora Rehd.大花大溲疏
Deutzia magnifica var. superba Rehd.钟花大溲疏

Deutzia maliflora Rehd.苹果花溲疏
Deutzia micrantha Engl.=Deutzia parviflora var. micrantha
Deutzia mollis Duthie 钻丝溲疏
Deutzia monbeigii W.W.Sm.维西溲疏
Deutzia monbeigii var. lanceolata S.M.Hwang 披针叶溲疏
Deutzia monbeigii var. monbeigii=Deutzia monbeigii
Deutzia muliensis S.M.Hwang 木里溲疏
Deutzia multiradiata W.T.Wang 多辐线溲疏
Deutzia myriantha R.Br.密花溲疏
Deutzia nanchuanensis W.T.Wang 南川溲疏
Deutzia ningpoensis Rehd.宁波溲疏
Deutzia ningpoensis f. *integrifoliis* D.T.Liu & J.Han=Deutzia ningpoensis
Deutzia nitidula W.T.Wang=Deutzia multiradiata
Deutzia obtusilobata S.M.Hwang 钝裂溲疏
Deutzia parviflora Bge.(Forb. & Hemsl.Op.Cit.1887)=Deutzia setchuenensis var. corymbiflora
Deutzia parviflora Bge.(Maxim.in Mem.Acad.Sci.Petersb.Sav.Etrang. 1859)= Deutzia parviflora var. amurensis
Deutzia parviflora Bge.小花溲疏
Deutzia parviflora var. amurensis Rgl.东北溲疏
Deutzia parviflora var. *bungei* Franch.=Deutzia parviflora var. amurensis
Deutzia parviflora var. micrantha (Engl.) Rehd.碎花溲疏
Deutzia parviflora var. *mongolica* Franch.=Deutzia parviflora
Deutzia parviflora var. *ovatifolia* Rehd.=Deutzia parviflora
Deutzia parviflora var. parviflora=Deutzia parviflora
Deutzia pauciflora (Rehd.) Zaikonn.=Deutzia crassifolia
Deutzia pilosa Rehd.褐毛溲疏
Deutzia pilosa var. *longiloba* P.He & L.C.Hu=Deutzia pilosa
Deutzia pilosa var. *ochrophloeos* Rehd.=Deutzia setchuenensis
Deutzia pilosa var. pilosa=Deutzia pilosa
Deutzia prunifolia Rehd.=Deutzia baroniana
Deutzia pulchra Vidal 美丽溲疏
Deutzia pulchra var. *bartlettii* (Yamaoto) S.S.Ying=Deutzia pulchra
Deutzia pulchra var. *formosana* Nakai=Deutzia pulchra
Deutzia pulchra var. *hayatai* (Nakai) Zaikonn.=Deutzia pulchra
Deutzia pulchra var. *typica* Nakai=Deutzia pulchra
Deutzia purpurascens (Franch. ex L.Henry) Rehd.紫花溲疏
Deutzia purpurascens var. *lichiangensis* Zaikonn.=Deutzia glomeruliflora
Deutzia purpurascens var. *pauciflora* Rehd.=Deutzia crassifolia
Deutzia reflexa Duthie=Deutzia discolor
Deutzia reflexa Duthine 卷瓣溲疏
Deutzia rehderiana Schneid.(Hand.-Mazz.in Symb.Sin.1931,p.p.)= Deutzia setosa
Deutzia rehderiana Schneid.灌丛溲疏
Deutzia relexa Duthie=Deutzia discolor
Deutzia rosea var. campanulata Rehd.钟状粉花溲疏
Deutzia rosea var. carminea Rehd.胭脂粉花溲疏
Deutzia rosea var. eximia Rehd.浅粉花溲疏
Deutzia rosea var. floribunda Rehd.稠密粉花溲疏
Deutzia rosea var. grandiflora Rehd.大花粉花溲疏
Deutzia rosea var. multiflora Rehd.多花粉花溲疏
Deutzia rosea var. venusta Rehd.绿萼粉花溲疏
Deutzia rubens Rehd.(Airy-Shaw in Crutis's Bot.Mag.Tab.3962.p.p.)= Deutzia hypoglauca var. shawana
Deutzia rubens Rehd.(Airy-Shaw in Curtis's Bot.Mag.1934,p.p.)=Deutzia hypoglauca
Deutzia rubens Rehd.粉红溲疏
Deutzia scabra Thunb.(Chung in Mem.Sci.Soc.China 1924)=Deutzia glauca
Deutzia scabra Thunb.(Diels in Engl.Bot.Jahrb.1901)=Deutzia schneideriana
Deutzia scabra Thunb.(Forb. & Hemsl.in J.L.Soc.Bot.1887,p.p.)=Deutzia taiwanensis
Deutzia scabra Thunb.(树木分类学 1937,高等图鉴 1972,湖北志 1979)= Deutzia crenata
Deutzia scabra cv. Pride of Rochester 罗切斯溲疏
Deutzia scabra var. angustifolia Voss 狭叶粗涩溲疏
Deutzia scabra var. candidissima Rehd.白花重瓣溲疏
Deutzia scabra var. *crenata* Maxim.=Deutzia crenata
Deutzia scabra var. *cumis-paucifloris* Forb. & Hemsl.=Deutzia setchuenensis var. corymbiflora
Deutzia scabra var. marmorata Rehd.黄斑叶溲疏
Deutzia scabra var. plena Rehd.重瓣溲疏
Deutzia scabra var. punctata Rehd.白斑叶溲疏
Deutzia scabra var. *typica* Schneid.=Deutzia crenata
Deutzia scabra var. watereri Rehd.彩色溲疏
Deutzia schneideriana Rehd.长江溲疏
Deutzia schneideriana var. *laxiflora* Rehd.(Chein,Contr.Biol.Lab.Sci.Soc. China Bot.1927)=Deutzia glauca
Deutzia schneideriana var. *laxiflora* Rehd.=Deutzia schneideriana
Deutzia sessilifolia Pamp.=Deutzia glabrata var. sessilifolia
Deutzia setchuenensis Franch.(Diels in Engl.Bot.Jahrb.1901)=Deutzia setchuenensis var. corymbiflora
Deutzia setchuenensis Franch.四川溲疏
Deutzia setchuenensis var. corymbiflora (Lemoine ex Andre) Rehd.多花溲疏
Deutzia setchuenensis var. longidentata Rehd.长齿溲疏
Deutzia setchuenensis var. setchuenensis=Deutzia setchuenensis
Deutzia setifera Zaikonn.=Deutzia crassifolia
Deutzia setosa Zaikonn.刚毛溲疏
Deutzia shawana Zaikonn.=Deutzia hypoglauca var. shawana
Deutzia sieboldiana Maxim.萨波得溲疏
Deutzia sieboldiana var. dippeliana Schneid.得帕尔溲疏
Deutzia sikangensis Fang=Deutzia glomeruliflora
Deutzia silvestrii Pamp.红花溲疏
Deutzia squamosa S.M.Hwang 鳞毛溲疏
Deutzia staminea R.Br. ex Wall.(Zaikonn in Дейции-Де Корат.Куст. 1966)=Deutzia subulata
Deutzia staminea R.Br. ex Wall.长柱溲疏
Deutzia staminea R.Brown (Forb. & Hemsl.in J.L.Sco.Bot.1887)=Deutzia schneideriana
Deutzia staminea var. *brunoniana* (Wall. ex G.Don) HK. & Thoms.= Deutzia staminea
Deutzia staminea var. *sikkimensis* Schneid.=Deutzia staminea
Deutzia staminea var. *typica* Schneid.=Deutzia staminea
Deutzia subsessilis Rehd.=Deutzia glomeruliflora
Deutzia subulata Hand.-Mazz.钻齿溲疏
Deutzia taibaiensis W.T.Wang ex S.M.Hwang 太白溲疏
Deutzia taiwanensis (Maxim.) Schneid.台湾溲疏
Deutzia taiwanensis Schneid.(Hay.in J.Coll.Sci.Tokyo 1911)=Deutzia pulchra
Deutzia veitchii Veitch=Deutzia longifolia
Deutzia vilmorinae Lemoine & Bois=Deutzia discolor
Deutzia wardiana Zaikonn.宽萼溲疏
Deutzia wilsonii Duthie 威尔逊溲疏
Deutzia yunnanensis S.M.Hwang 云南溲疏
Deutzia zhongdianensis S.M.Hwang 中甸溲疏
Deutzianthus Gen.**东京桐属**(大戟科)
Deutzianthus tokinensis Gagn.东京桐
Devauxia R.Br.=**Centrolepis**
Devauxia banksii R.Br.=Centrolepis banksii
Deyeuxia Clarion **野青茅属**(禾本科)
Deyeuxia ampla Keng 长序野青茅
Deyeuxia angustifolia (Kom.) Y.L.Chang 小叶章
Deyeuxia arundinacea (L.) Beauv.野青茅
Deyeuxia arundinacea var. arundinacea=Deyeuxia arundinacea
Deyeuxia arundinacea var. borealis (Rendle) P.C.Kuo & S.L.Lu 北方野青茅
Deyeuxia arundinacea var. brachytricha (Steud.) P.C.Kuo & S.L.Lu 短毛野青茅
Deyeuxia arundinacea var. ciliata (Honda) P.C.Kuo & S.L.Lu 纤毛野青茅
Deyeuxia arundinacea var. collina (Franch.) P.C.Kuo & S.L.Lu 丘生野青茅
Deyeuxia arundinacea var. hirsuta (Hack.) P.C.Kuo & S.L.Lu 糙毛野青茅
Deyeuxia arundinacea var. latifolia (Rendle) P.C.Kuo & S.L.Lu 宽叶野青茅
Deyeuxia arundinacea var. laxiflora (Rendle) P.C.Kuo & S.L.Lu 疏花野青茅
Deyeuxia arundinacea var. ligulata (Rendle) P.C.Kuo & S.L.Lu 长舌野青茅

Deyeuxia arundinacea var. robusta (Franch. & Sav.) P.C.Kuo & S.L.Lu 粗壮野青茅
Deyeuxia arundinacea var. sciuroides (Franch. & Sav.) P.C.Kuo & S.L.Lu 西塔茅
Deyeuxia biflora Keng 两花野青茅
Deyeuxia canadensis (Michx.) Muro 加拿大野青茅
Deyeuxia collina (Franch.) Pilger=Deyeuxia arundinacea var. collina
Deyeuxia compacta Munro ex HK.f.高原野青茅
Deyeuxia conferta Keng 密穗野青茅
Deyeuxia diffusa Keng 散穗野青茅
Deyeuxia effusiflora Rendle 疏穗野青茅
Deyeuxia filipes Keng 细柄野青茅
Deyeuxia flaccida Keng 柔弱野青茅
Deyeuxia flavens Keng 黄花野青茅
Deyeuxia formosana (Hay.) Hsu 台湾野青茅
Deyeuxia grata Keng 川野青茅
Deyeuxia hakonensis (Franch. & Sav.) Keng 箱根野青茅
Deyeuxia henryi Rendle 房县野青茅
Deyeuxia himalaica L.Liou 喜马拉雅野青茅
Deyeuxia holciformis (Jaub. & Spach) Bor 青藏野青茅
Deyeuxia hugoniana Rendle=Poa glauca
Deyeuxia hupehensis Rendle 湖北野青茅
Deyeuxia kokonorica Keng 青海野青茅
Deyeuxia langsdorffii (Link) Kunth 大叶章
Deyeuxia laponica (Wahlenb.) Kunth 欧野青茅
Deyeuxia levipes Keng 光柄野青茅
Deyeuxia longiflora Keng 长花野青茅
Deyeuxia macilenta (Griseb.) Keng 瘦野青茅
Deyeuxia matsudana (Honda) Keng 短舌野青茅
Deyeuxia megalantha Keng 大花野青茅
Deyeuxia montana Beauv.山野青茅
Deyeuxia moupinensis (Franch.) Pilger 宝兴野青茅
Deyeuxia neglecta (Ehrh.) Kunth 小花野青茅
Deyeuxia nepalensis Bor 顶芒野青茅
Deyeuxia nivicola HK.f.微药野青茅
Deyeuxia nyingchinensis P.C.Kuo & S.L.Lu 林芝野青茅
Deyeuxia pulchella (Griseb.) HK.f.小丽矛
Deyeuxia pulchella var. laxa P.C.Kuo & S.L.Lu 川藏野青茅
Deyeuxia pulchella var. pulchella=Deyeuxia pulchella
Deyeuxia robusta (Franch. & Sav.) Makino=Deyeuxia arundinacea var. robusta
Deyeuxia rosea Bor 玫红野青茅
Deyeuxia scabrescens (Griseb.) Munro ex Duthie 糙野青茅
Deyeuxia scabrescens var. humilis (Griseb.) HK.f.小糙野青茅
Deyeuxia scabrescens var. scabrescens=Deyeuxia scabrescens
Deyeuxia sikangensis Keng 西康野青茅
Deyeuxia sinelatior Keng ex P.C.Kuo 华高野青茅
Deyeuxia sinelatior Keng=Deyeuxia sinelatior
Deyeuxia stenophylla (Hand-Mazz.) P.C.Kuo & S.L.Lu 会理野青茅
Deyeuxia suizanensis (Hay.) Hsu 水山野青茅
Deyeuxia sylvatica (Schrad.) Kunth=Deyeuxia arundinacea
Deyeuxia sylvatica var. *borealis* Rendle=Deyeuxia arundinacea var. borealis
Deyeuxia sylvatica var. *brachytricha* (Steud.) Rendle=Deyeuxia arundinacea var. brachytricha
Deyeuxia sylvatica var. *cilata* (Honda) Keng=Deyeuxia arundinacea var. ciliata
Deyeuxia sylvatica var. *collina* Rendle=Deyeuxia arundinacea var. collina
Deyeuxia sylvatica var. *hirsuta* (Hack.) Rendle=Deyeuxia arundinacea var. hirsuta
Deyeuxia sylvatica var. *laxiflora* Rendle=Deyeuxia arundinacea var. Laxiflora
Deyeuxia sylvatica var. *ligulata* Rendle=Deyeuxia arundinacea var. ligulata
Deyeuxia sylvatica var. *robusta* (Franch. & Sav.) Keng=Deyeuxia arundinacea var. robusta
Deyeuxia sylvatica var. *sciuroides* (Franch. & Sav.) Rendle=Deyeuxia arundinacea var. sciuroides
Deyeuxia syvatica var. *latifolia* Rendle=Deyeuxia arundinacea var. latifolia
Deyeuxia tianschanica (Rupr.) Bor 天山野青茅
Deyeuxia tibetica Bor 藏野青茅
Deyeuxia tibetica var. przevalskyi (Tzvel.) P.C.Kuo & S.L.Lu 矮野青茅
Deyeuxia tibetica var. tibetica=Deyeuxia tibetica
Deyeuxia treutleri (Kuntze) Stapf=Aulacolepis treutleri
Deyeuxia tripilifera (HK.f.) Keng 三刺野青茅
Deyeuxia turczaninowii (Litv.) Y.L.Chang 兴安野青茅
Deyeuxia turczaninowii var. nenjiangensis S.L.Lu 长毛野青茅
Deyeuxia turczaninowii var. turczaninowii=Deyeuxia turczaninowii
Deyeuxia venusta Keng 美丽野青茅
Deyeuxia zangxiensis P.C.Kuo & S.L.Lu 藏西野青茅
Diacalpe Bl.**红腺蕨属**(球盖蕨科)
Diacalpe adscendens Ching ex S.H.Wu 小叶红腺蕨
Diacalpe annamensis Tagawa 圆头红腺蕨
Diacalpe aspidioides Bl.红腺蕨
Diacalpe aspidioides var. aspidioide=Diacalpe aspidioides
Diacalpe aspidioides var. hookeriana (Moore) Ching & S.H.Wu 西藏红腺蕨
Diacalpe aspidioides var. minor Ching ex S.H.Wu 旱生红腺蕨
Diacalpe caudifolia Ching & S.K.Wu=Diacalpe annamensis
Diacalpe chinensis Ching & S.H.Wu 大囊红腺蕨
Diacalpe christensenae Ching 离轴红腺蕨
Diacalpe foeniculacea C.B.Clarke=Lithostegia foeniculacea
Diacalpe hookeriana Moore=Diacalpe aspidioides var. hookeriana
Diacalpe laevigata Ching & S.H.Wu 光轴红腺蕨
Diacalpe manchuriensis Trev.=Protowoodsia manchuriensis
Diacalpe medogensis Ching & S.K.Wu=Diacalpe laevigata
Diacalpe obtusipinnula Ching & S.H.Wu=Diacalpe annamensis
Diacalpe omeiensis Ching 峨眉红腺蕨
Diacalpe pseudocaenopteris Kunze=Diacalpe aspidioides
Diacicarpium Bl.=**Alangium**
Diacicarpium tomentosum Bl.=Alangium kurzii
Dialium coromandelica Houtt.=Lannea coromandelica
Diandranthus L.Liu **双药芒属**(禾本科)
Diandranthus aristatus L.Liu 芒稃双药芒
Diandranthus brevipilus (Hand.-Mazz.) L.Liu 短毛双药芒
Diandranthus corymbosus L.Liu 伞房双药芒
Diandranthus eulalioides (Keng) L.Liu 类金茅双药芒
Diandranthus nepalensis (Trin.) L.Liu 尼泊尔双药芒
Diandranthus nudipes (Griseb.) L.Liu 双药芒
Diandranthus ramosus L.Liu 分枝双药芒
Diandranthus taylorii (Bor) L.Liu 紫毛双药芒
Diandranthus tibeticus L.Liu 西藏双药芒
Diandranthus yunnanensis (A.Camus) L.Liu 西南双药芒
Dianella Lam.**山菅属**(百合科)
Dianella ensifolia (L.) DC.山菅
Dianella ensifolia f. *albiflora* T.S.Liu & S.S.Ying=Dianella ensifolia
Dianella ensifolia f. *racemulifera* (Schltt.) T.S.Liu & S.S.Ying=Dianella ensifolia
Dianella mairei Lévl.=Stemona mairei
Dianella nemorosa Lam.=Dianella ensifolia
Dianella nemorosa f. *racemulifera* Schlitt.=Dianella ensifolia
Dianthera bicalyculata Retz.= Peristrophe bicalyculata
Dianthera collina (T.Anders.) C.B.Clarke= Isoglossa collina
Dianthera japonica Thunb.= Peristrophe japonica
Dianthera sinensis W.W.Sm.= Isoglossa collina
Dianthus L.**石竹属**(石竹科)
Dianthus acicularis Fisch. ex Ledeb.针叶石竹
Dianthus alpinus L.高山石竹
Dianthus alpinus var. *semenovii* Rgl. & Herd.=Dianthus semenovii
Dianthus amurensis Jacq.=Dianthus chinensis
Dianthus arboreus L.树石竹
Dianthus arbuscula Lindl.=Dianthus caryophyllus
Dianthus arenarius L.白香石竹
Dianthus barbatus L.须苞石竹
Dianthus barbatus var. asiaticus Nakai 头石竹
Dianthus barbatus var. barbatus=Dianthus barbatus
Dianthus brevicaulis Fenzl.短茎石竹
Dianthus callizonus Schott. & Ky.美环石竹
Dianthus carthusianorum L.丹麦石竹

Dianthus caryophyllus L.香石竹
Dianthus chinensis L.石竹
Dianthus chinensis f. *ignesces* (Nakai) Kitag.=Dianthus chinensis
Dianthus chinensis subsp. *repens* (Willd.) Worosch.=Dianthus repens
Dianthus chinensis subsp. *versicolor* (Fisch. ex Link) Vorosch.=Dianthus chinensis
Dianthus chinensis var. *amurensis* (Jacq.) Katag.=Dianthus chinensis
Dianthus chinensis var. chinensis=Dianthus chinensis
Dianthus chinensis var. *dentosus* (Fisch. ex Reichb.) Debx.=Dianthus chinensis
Dianthus chinensis var. *ignescens* Nakai=Dianthus chinensis
Dianthus chinensis var. *jingpoensis* G.Y.Zhang & X.Y.Yuan=Dianthus chinensis
Dianthus chinensis var. *liaotungensis* Y.C.Chu=Dianthus chinensis
Dianthus chinensis var. *longisquama* Nakai & Kitag.=Dianthus chinensis
Dianthus chinensis var. *macrosepalus* Franch. ex Bailey=Dianthus chinensis
Dianthus chinensis var. morii (Nakai) Y.C.Chu
Dianthus chinensis var. *morii* (Nakai) Y.C.Chu=Dianthus chinensis
Dianthus chinensis var. *subulifolius* (Kitag.) Y.C.Ma=Dianthus chinensis
Dianthus chinensis var. *sylvaticus* W.D.J.Koch=Dianthus chinensis
Dianthus chinensis var. *trinervis* D.Q.Lu=Dianthus chinensis
Dianthus chinensis var. *versicolor* (Fisch. ex Link) Y.C.Ma=Dianthus chinensis
Dianthus crinitus subsp. *soongoricus* (Schischk.) Kozhev.=Dianthus soongoricus
Dianthus cruentus Griseb.深红石竹
Dianthus deltoides L.洋石竹
Dianthus dentosus Fisch. ex Reichb.=Dianthus chinensis
Dianthus elatus Ledeb.高石竹
Dianthus fimbriatus M.Bieb.=Dianthus orientalis
Dianthus fischeri Spreng.=Dianthus chinensis
Dianthus fragrans Fisch.芳香石竹(新)
Dianthus freyni Vandas.弗雷恩冰石竹
Dianthus glacialis Haenke.冰石竹
Dianthus granicticus Jordan.花蔺石竹
Dianthus gratianopolitanus Will.蓝灰石竹
Dianthus hoeltzerri Winkl.大苞石竹
Dianthus japonicus Thunb.日本石竹
Dianthus knappii Aschers.纳普石竹
Dianthus kuschkewiczii Rgl. & Schmaih.长萼石竹
Dianthus latifolius Willd.宽叶石竹
Dianthus longicalyx Miq.长萼瞿麦
Dianthus monspessulanus L.蒙彼利石竹
Dianthus morii Nakai=Dianthus chinensis
Dianthus morrisii Hance=Dianthus caryophyllus
Dianthus neglectus Loisel.冰山石竹
Dianthus oreadum Hance=Dianthus longicalyx
Dianthus orientalis Adams 縒裂石竹
Dianthus palinensis S.S.Ying 八里石竹
Dianthus petraeus W. & K.岩生石竹
Dianthus plumarius L.常夏石竹
Dianthus pygmaeus Hay.玉山石竹
Dianthus pygmaeus f. *albiflorus* (S.S.Ying) S.S.Ying=Dianthus pygmaeus
Dianthus pygmaeus var. *albiflorus* S.S.Yin=Dianthus pygmaeus
Dianthus ramosissimus Pall. ex Poir.多分枝石竹
Dianthus repens Willd.簇茎石竹
Dianthus repens var. repens=Dianthus repens
Dianthus repens var. scabripilosus Y.Z.Zhao 毛簇茎石竹
Dianthus saxifraga L.=Petrorhagia saxifraga
Dianthus seguieri Vill.西高石竹
Dianthus semenovii (Rgl. & Herd.) Vierh.狭叶石竹
Dianthus sequieri Chaix=Dianthus chinensis
Dianthus sequieri var. *dentosus* (Fisch. ex Reichb.) Franch.=Dianthus chinensis
Dianthus soongoricus Schischk.准噶尔石竹
Dianthus speciosus Reichb.=Dianthus superbus subsp. alperstris
Dianthus sternbergii Sieb.南欧石竹
Dianthus subulifolius f. *leucopetalus* Kitag.=Dianthus chinensis
Dianthus subulifolius Kitag.=Dianthus chinensis
Dianthus sundermannii Bornm.桑德石竹
Dianthus superbus L.瞿麦
Dianthus superbus f. *longicalycinus* Maxim.=Dianthus longicalyx
Dianthus superbus L.(Forbes & Hemsl.in J.L.Soc.Bot.1886,p.p.)=Dianthus longicalyx
Dianthus superbus subsp. alpestris Kabliv. ex Celakvo.高山瞿麦
Dianthus superbus subsp. *speciosus* (Reich.) Hayek=Dianthus superbus subsp. alpestris
Dianthus superbus subsp. *speciosus* (Reichb.) Hayek=Dianthus superbus subsp. alperstris
Dianthus superbus var. *longicalycinus* (Maxim.) Williams=Dianthus longicalyx
Dianthus superbus var. *monticola* Makino=Dianthus superbus subsp. alperstris
Dianthus superbus var. *oreadum* (Hance) Pamp.=Dianthus longicalyx
Dianthus superbus var. *speciosus* Reich.=Dianthus superbus subsp. alpestris
Dianthus superbus var. superbus=Dianthus superbus
Dianthus superbus var. *taiwanensis* (Masamune) T.S.Liu & S.S.Ying =Dianthus longicalyx
Dianthus szechuensis Williams=Dianthus superbus
Dianthus taiwanensis Masamune=Dianthus longicalyx
Dianthus turkestanicus Preobr.细茎石竹
Dianthus versicolor Fisch. ex Link=Dianthus chinensis
Dianthus versicolor f. *leucopetalus* (Kitag.) Y.C.Chu=Dianthus chinensis
Dianthus versicolor subsp. *turkestanicus* (Preobr.) Kozhev.=Dianthus turkestanicus
Dianthus versicolor var. *subulifolius* (Kitag.) Y.C.Chu=Dianthus chinensis
Dianthus viscidus Bory & Chaub.粘石竹
Diapensia L.**岩梅属**(岩梅科)
Diapensia acutifolia Hand.-Mazz.=Diapensia himalaica var. acutifolia
Diapensia bulleyana Forr. ex Diels 黄花岩梅
Diapensia himalaica HK.f. & Thoms.(Duinn in J.L.Soc.Bot.1942)=Diapensia purpurea
Diapensia himalaica HK.f. & Thoms.喜马拉雅岩梅
Diapensia himalaica var. acutifolia (Hand.-Mazz.) W.E.Evans 渐尖叶岩梅
Diapensia himalaica var. himalaica=Diapensia himalaica
Diapensia lapponica L.岩梅
Diapensia purpurea Diels 红花岩梅
Diapensia purpurea f. *bulleyana* (Forr. ex Diels) W.E.Evans=Diapensia bulleyana
Diapensia purpurea f. *rosea* W.E.Evans=Diapensia purpurea
Diapensia purpurea var. albida W.E.Evans 白花岩梅
Diapensia purpurea var. purpurea=Diapensia purpurea
Diapensia wardii W.E.Evans 西藏岩梅
Diapensiaceae 岩梅科
Diarrhena Beauv.**龙常草属**(禾本科)
Diarrhena fauriei (Hack.) Ohwi 法利龙常草
Diarrhena japonica Franch. & Sav.日本龙常草
Diarrhena manshurica Maxim.龙常草
Diarthron Turcz.**草瑞香属**(瑞香科)
Diarthron altaica (Thieb.) Kit Tan=Stelleropsis altaica
Diarthron carinatum Jaub. & Spach.=Diarthron vesiculosum
Diarthron linifolium Turcz.草瑞香
Diarthron tianschanica (Pobed.) Kit Tan=Stelleropsis tianschanica
Diarthron vesiculosum C.A.Mey 囊管草瑞香
Diaspananthus Miq.=**Ainsliaea**
Diasperus Kuntze=**Phyllanthus**
Diasperus emblica (L.) Kuntze=Phyllanthus emblica
Diasperus niruri (L.) Kuntze=Phyllanthus niruri
Diasperus pulcher (Wall.) Kuntze=Phyllanthus pulcher
Diastema Benth.**二雄蕊苣苔属**(苦苣苔科)
Diastema ochroleucum HK.淡黄白色二雄蕊苣苔
Diatoma brachiata Lour.=Carallia brachiata
Dicalix Lour.=**Symplocos**
Dicalix adenopus (Hance) Migo=Symplocos adenopus
Dicalix anomalus (Brand) Migo=Symplocos anomala
Dicalix austrosinensis (Migo) Migo=Symplocos sumatia
Dicalix bodinieri (Brnad) Migo=Symplocos cochinchinensis var. laurina
Dicalix botryanthus (Franch.) Migo=Symplocos sumatia
Dicalix chunii (Merr.) Migo=Symplocos poilanei
Dicalix cochinchinensis Lour.=Symplocos cochinchinensis
Dicalix congestus (Benth.) Migo=Symplocos congesta
Dicalix crassifolia (Benth.) Migo=Symplocos lucida

Dicalix crassilimbus (Merr.) Migo=Symplocos crassilimba
Dicalix decorus (Hance) Migo=Symplocos sumatia
Dicalix delavayi (Brand) Migo=Symplocos dryophila
Dicalix ernestii (Dunn) Migo=Symplocos lucida
Dicalix forrestii (W.W.Sm.) Migo=Symplocos dryophila
Dicalix fusonii (Merr.) Migo=Symplocos anomala
Dicalix glomeratus (King ex C.B.Clarke) Migo=Symplocos glomerata
Dicalix groffii (Merr.) Migo=Symplocos groffii
Dicalix heishanensis (Hay.) Migo=Symplocos heishanensis
Dicalix hookeri (C.B.Clarke) Migo=Symplocos hookeri
Dicalix javanicus Bl.=Symplocos cochinchinensis
Dicalix lancilimbus (Merr.) Migo=Symplocos viridissima
Dicalix laurinus (Retz.) Migo=Symplocos cochinchinensis var. laurina
Dicalix myrianthus (Rehd.) Migo=Symplocos ramosissima
Dicalix oligoplebius (Merr.) Migo=Symplocos adenopus
Dicalix poilanei (Guill.) Migo=Symplocos poilanei
Dicalix propinqus (Hance) Migo=Symplocos racemosa
Dicalix pseudostellaris Migo=Symplocos stellaris var. aenea
Dicalix psueodlancifolius (Hatusima) Migo=Symplocos lancifolia
Dicalix punctomarginatus (A.Cheval. ex Guill.) Migo=Symplocos adenophylla
Dicalix schaefferae (Merr.) Migo=Symplocos cochinchinensis var. laurina
Dicalix setchuensis (Brand) Migo=Symplocos setchuensis
Dicalix shinodanus Migo=Symplocos lucida
Dicalix shunnigensis Migo=Symplocos dryophila
Dicalix stellaris (Brand) Migo=Symplocos stellaris
Dicalix swinhoeanus (Hance) Migo=Symplocos sumatia
Dicalix terminalis (Brand) Migo=Symplocos cochinchinensis var. laurina
Dicalix theophrastifolius (S. & Z.) Migo=Symplocos cochinchinensis var. laurina
Dicalix urceolaris (Hance) Migo=Symplocos sumatia
Dicalix wangii Migo=Symplocos glauca
Dicalix wiksitroemiifolius (Hay.) Migo=Symplocos wikstroemiifolia
Dicalix yunnanensis (Brand) Migo=Symplocos sulcata
Dicellostyles jujubifolia (Griff.) Benth.=Kydia jujubifolia
Dicentra Bernh.**荷包牡丹属**(罂粟科)
Dicentra lichiangensis Fedde=Dactylicapnos lichiangensis
Dicentra macrantha Oliv.大花荷包牡丹
Dicentra roylei HK.f. & Toms.=Dactylicapnos roylei
Dicentra scandens (D.Don) Walp.=Dactylicapnos scandens
Dicentra schneideri Fedde=Dactylicapnos scandens
Dicentra spectabilis (L.) Lem.荷包牡丹
Dicentra subgen. *Dactylicapnos* (Wall.) Stern=**Dactylicapnos**
Dicentra thalictrifolia (Wall.) HK.f. & Thoms.=Dactylicapnos scandens
Dicentra torulosa HK.f. & Thoms.=Dactylicapnos torulosa
Dicentra torulosa var. *yunnanensis* Fedde=Dactylicapnos torulosa
Dicera Forst.=**Elaeocarpus**
Dicercoclados C.Jeffr. & Y.L.Chen **岐笔菊属**(菊科)
Dicercoclados triplinervis C.Jeffr. & Y.L.Chen 岐笔菊
Dicerma DC.**两节豆属**(豆科)
Dicerma biarticulatum (L.) DC.两节豆
Dicerma sect. *Phyllodium* (Desv.) DC.=**Phyllodium**
Dicerolepis paludosa Bl.=Gymnanthera oblonga
Diceros montanus Bl.=Lindernia mollis
Dicerostylis Bl.=**Hylophila**
Dicerostylis nipponica Fukuyama=Hylophila nipponica
Dichaea Lindl.**迪西亚兰属**(兰科)
Dichaea glauca (Sw.) Lindl.粉绿迪西亚兰
Dichaea morrisii F. & R.莫氏迪西亚兰
Dichaea muricata (Sw.) Lindl.粗糙迪西亚兰
Dichaea panamensis Lindl.巴拿马迪西亚兰
Dichaespermum Wight=**Murdannia**
Dichanthelium (Hitchc. & A.Chase) Gould **二型花属**(禾本科)
Dichanthelium acuminatum (Swartz) Gould & Clarke 渐尖二型花
Dichanthelium dichotomum (L.) Gould 二型花
Dichanthelium lanuginosum (Ell.) Gould=Dichanthelium acuminatum
Dichanthelium lanuginosum var. *fasciculatum* (Torr.) Spellenerg=Dichanthelium acuminatum
Dichanthium Willemet **双花草属**(禾本科)
Dichanthium annulatum (Forssk.) Stapf 双花草
Dichanthium aristatum (Poir.) C.E.Hubb.毛梗双花草
Dichanthium caricosum (L.) A.Camus 单穗草
Dichanthium ischaemum (L.) Roberty 鸭嘴草尖双花草
Dichanthium nodosum Willem.=Dichanthium aristatum
Dichapetalaceae 毒鼠子科
Dichapetalum Thou.**毒鼠子属**(毒鼠子科)
Dichapetalum gelonicoides (Roxb.) Engl.毒鼠子
Dichapetalum hainanense (Hance) Engl.=Dichapetalum longipetalum
Dichapetalum howii Merr. & Chun=Dichapetalum gelonioides
Dichapetalum longipetalum (Turcz.) Engl.海南毒鼠子
Dichapetalum tonkinense Engl.=Dichapetalum longipetalum
Dichasianthus brachycarpus (Vass.) Soják=Neotorularia brachycarpa
Dichasianthus brevipes (Kar. & Kir.) Soják=Neotorularia brevipes
Dichasianthus humilis (C.A.Mey.) Soják=Neotorularia humilis
Dichasianthus korolkowii (Rgl. & Schmalh.) Soják=Neotorularia korolkowii
Dichasianthus torulosus (Desf.) Soják=Neotorularia torulosa
Dichelachne Endl.**双毛草属**(禾本科)
Dichelachne crinita (L.f.) HK.f.双毛草
Dichelactina nodicaulis Hance=Phyllanthus emblica
Dichiloboea Stapf=**Trisepalum**
Dichiloboea birmanica (Craib) Stapf=Trisepalum birmanicum
Dichocarpum W.T.Wang & Hsiao **人字果属**(毛茛科)
Dichocarpum arisanense (Hay.) W.T.Wang & Hsiao 台湾人字果
Dichocarpum auriculatum (Franch.) W.T.Wang & Hsiao 耳状人字果
Dichocarpum auriculatum var. auriculatum=Dichocarpum auriculatum
Dichocarpum auriculatum var. puberulum D.Z.Fu 毛叶人字果
Dichocarpum basilare W.T.Wang & Hsiao 基叶人字果
Dichocarpum carinatum D.Z.Fu 种脐人字果
Dichocarpum dalzielii (Drumm. & Hutch.) W.T.Wang & Hsiao 蕨叶人字果
Dichocarpum fargesii (Franch.) W.T.Wang & Hsiao 纵肋人字果
Dichocarpum franchetii (Finet & Gagn.) W.T.Wang & Hsiao 小花人字果
Dichocarpum hypoglaucum W.T.Wang & Hsiao 粉背叶人字果
Dichocarpum malipoenense D.D.Tao 麻栗坡人字果
Dichocarpum sutchuenense (Franch.) W.T.Wang & Hsiao 人字果
Dichocarpum trifoliololatum W.T.Wang & Hsiao 三小叶人字果
Dichodon cerastoides (L.) Reich.=Cerastium cerastoides
Dichondra J.R. & G.Forst.**马蹄金属**(旋花科)
Dichondra evolvulacea Britton=Dichondra repens
Dichondra micrantha Urb.马蹄金
Dichondra repens Forst.(植物志 64-1,1979) =Dichondra micrantha
Dichondra repens var. *micrantha* (Urb.) Lu=Dichondra micrantha
Dichorisandra Mikan.**敌克里桑草属**(鸭跖草科)
Dichorisandra dubietiana Schult.奥别特敌克里桑草
Dichorisandra mosaica Lindl.斑驳敌克里桑草
Dichorisandra thyrsiflora Mikan.聚伞圆锥花序敌克里桑草
Dichostylis micheliana Nees=Cyperus michelianus
Dichotomanthus Kurz.**牛筋条属**(蔷薇科)
Dichotomanthus tristaniaecarpa Kurz 牛筋条
Dichotomanthus tristaniaecarpa var. glabrata Rehd.光叶牛筋条(新)
Dichotomanthus tristaniaecarpa var. tristaniaecarpa=Dichotomanthus tristaniaecarpa
Dichroa Lour.**常山属**(虎耳草科)
Dichroa cyanea (Wall.) Schltr.=Dichroa febrifuga
Dichroa cyanitis Miq.=Dichroa febrifuga
Dichroa damingshanensis Y.C.Wu 大明常山
Dichroa febrifuga Lour.常山
Dichroa febrifuga var. *glabra* S.Y.Hu=Dichroa febrifuga
Dichroa henryi Lévl.=Dichroa febrifuga
Dichroa hirsuta Gagn.硬毛常山
Dichroa latifolia Miq.=Dichroa febrifuga
Dichroa mollissima Merr.海南常山
Dichroa sylvatica (Reinw.) Merr.=Dichroa febrifuga
Dichroa tristyla W.T.Wang=Hydrangea lingii
Dichroa versicolor Hunt=Dichroa febrifuga
Dichroa yaoshanensis Y.C.Wu 罗蒙常山
Dichroa yunnanensis S.M.Hwang 云南常山
Dichrocephala DC.**鱼眼草属**(菊科)
Dichrocephala amphiloba Lévl. & Vant.=Dichrocephala benthamii
Dichrocephala auriculata (Thunb.) Druce 鱼眼草
Dichrocephala benthamii C.B.Clarke 小鱼眼草
Dichrocephala bicolor (Roth) Schlecht=Dichrocephala auriculata
Dichrocephala bodinieri Vant.=Dichrocephala benthamii

Dichrocephala chrysanthemifolia DC.菊叶鱼眼草
Dichrocephala integrifolia (L.f.) O.Ktze.星莠草
Dichrocephala latifolia (Pers.) DC.=Dichrocephala auriculata
Dichrocephala leveillei Vant.=Myriactis nepalensis
Dichrocephala minutiflora Vant.=Cyathocline purpurea
Dichrostachys (DC.) Wight & Arn.**代儿茶属**(豆科)
Dichrostachys cinerea (L.) Wight & Arn.代儿茶
Dichrostachys glomerata (Forsk.) Chiov.=Dichrostachys cinerea
Dichrostachys nutans Benth.俯垂二色穗
Dichrostachys platycarpa Welw.宽果二色穗
Dichrotrichum Reinw.**二色种毛苣苔属**(苦苣苔科)
Dichrotrichum griffithii (Wight) Clarke=Loxostigma griffithii
Dickasonia L.O.Wms.**迪卡属**(兰科)
Dickasonia vernicosa L.O.Wms.迪卡兰
Dickinsia Franch.**马蹄芹属**(伞形科)
Dickinsia hydrocotyloides Franch.马蹄芹
Dicksonia L'Hertier **蚌壳蕨属**(蚌壳蕨科)
Dicksonia antarctica Lak.塔斯马尼亚蚌壳蕨
Dicksonia appendiculata Wall.=Dennstaedtia appendiculata
Dicksonia arborescens L'Heritier 蚌壳蕨
Dicksonia barometz Link=Cibotium barometz
Dicksonia deltioidea HK.=Dennstaedtia scabra
Dicksonia elwesii Bak.=Dennstaedtia elwesii
Dicksonia fibrosa Cop.纤毛蚌壳蕨
Dicksonia glutinosa HK.=Dennstaedtia appendiculata
Dicksonia japonica Sw.=Microlepia strigosa
Dicksonia marginalis Sw.=Microlepia marginata
Dicksonia pilosiuscula Willd.柔毛蚌壳蕨
Dicksonia polypodioides HK.=Microlepia speluncae
Dicksonia scabra Wall.=Dennstaedtia scabra
Dicksonia scandens Bl.=Dennstaedtia scandens
Dicksonia squarrosa (Forst.) Sw.粗糙蚌壳蕨
Dicksonia strigosa Thunb.=Microlepia strigosa
Dicksoniaceae 蚌壳蕨
Diclidopteris Brack.=**Vaginularia**
Dicliptera Juss.**狗肝菜属**(爵床科)
Dicliptera buergeriana Miq.= Peristrophe japonica
Dicliptera bupleuroides Nees 印度狗肝菜
Dicliptera bupleuroides var. *roxburghiana* Panig.= Dicliptera bupleuroides
Dicliptera burmanni Nees= Dicliptera chinensis
Dicliptera chinensis (L.) Juss.狗肝菜
Dicliptera crinita Nees= Peristrophe japonica
Dicliptera crinita var. *floribunda* Hemsl.= Peristrophe floribunda
Dicliptera cyclostegia Hand.-Mazz.= Calophanoides chinensis
Dicliptera elegans W.W.Sm.优雅狗肝菜
Dicliptera induta W.W.Sm.毛狗肝菜
Dicliptera japonica (Thunb.) Makino= Peristrophe japonica
Dicliptera mairei R.Ben.= Dicliptera elegans
Dicliptera riparia Nees 河畔狗肝菜
Dicliptera riparia var. riparia= Dicliptera riparia
Dicliptera riparia var. *yunnanensis* Hand.-Mazz.= Hypoestes triflora
Dicliptera riparia var. yunnanensis Hand.-Mazz.滇中狗肝菜
Dicliptera roxburghiana Nees(T.Anders.in J.L.Soc.Bot.1867)= Dicliptera bupleuroides
Dicliptera roxburghiana Nees= Dicliptera chinensis
Dicliptera roxburghiana var. *bupleuroides* (Nees) C.B.Clarke= Dicliptera bupleuroides
Dicliptera roxburghiana var. *riparia* (Nees) R.Ben.= Dicliptera riparia
Dicliptera uraiensis Hay.= Peristrophe japonica
Dicotyodaphne Bl.=**Endiandra**
Dicranopteris Bernh.**芒萁属**(里白科)
Dicranopteris ampla Ching & Chiu 大芒萁
Dicranopteris dichotoma (Thunb.)Bernh.芒萁
Dicranopteris gigantea Ching 乔芒萁
Dicranopteris laevissima Nakai=Diplopterygium laevissima
Dicranopteris linearis (Burm.)Underw.铁芒萁
Dicranopteris longissima Nakai=Diplopterygium blotiana
Dicranopteris pedata (Houtt.) Nakaike 鸟足芒萁(新)
Dicranopteris splendida (Hand.-Mazz.) Ching 大羽芒萁
Dicranopteris taiwanensis Ching & Chiu 台湾芒萁

Dicranostigma HK.f. & Thoms.**秃疮花属**(罂粟科)
Dicranostigma franchetianum (Prain) Fedde=Dicranostigma leptopodum
Dicranostigma iliense C.Y.Wu & H.Chuang=Glaucium fimbrilligerum
Dicranostigma lactucoides Fedde (p.p.)=Dicranostigma platycarpum
Dicranostigma lactucoides HK.f. & Thoms.苣叶秃疮花
Dicranostigma leptopodum (Maxim.) Fedde 秃疮花
Dicranostigma platycarpum C.Y.Wu & H.Chuang 宽果秃疮花
Dicrophylla Rafin.=**Ludisia**
Dictamnus L.**白鲜属**(芸香科)
Dictamnus albus L.(Kom.in Fl.Mans.1904)=Dictamnus dasycarpus
Dictamnus albus subsp. *dasycarpus* (Turcz.) Kitag.=Dictamnus dasycarpus
Dictamnus albus subsp. *dasycarpus* Wint.=Dictamnus dasycarpus
Dictamnus dasycarpus Turcz.白鲜
Dictyocline Moore 圣蕨属(金星蕨科)
Dictyocline griffithii Moore (H.Ito in Fil.Jap.1944)=Dictyocline wilfordii
Dictyocline griffithii Moore 圣蕨
Dictyocline griffithii var. *pinnata* Bedd.=Dictyocline griffithii
Dictyocline griffithii var. *pinnatifida* Bedd.=Dictyocline wilfordii
Dictyocline griffithii var. *tenuissima* Ching=Dictyocline mingchengensis
Dictyocline griffithii var. *wilfordii* Moore=Dictyocline wilfordii
Dictyocline mingchengensis Ching 闽浙圣蕨
Dictyocline sagittifolia Ching 戟叶圣蕨
Dictyocline wilfordii (HK.) J.Sm.羽裂圣蕨
Dictyodroma Ching **网蕨属**(蹄盖蕨科)
Dictyodroma basipinnatifidum (Ching) Ching=Dictyodroma formosanum
Dictyodroma formosanum (Rosenst.) Ching 全缘网蕨
Dictyodroma hainanense Ching 海南网蕨
Dictyodroma heterophlebium (Mett.) Ching 网蕨
Dictyodroma yunnanense Ching 云南网蕨
Dictyogramma griffithii Trev.=Dictyocline griffithii
Dictyogramme Fée=**Coniogramme**
Dictyogramme japonica Fée=Coniogramme japonica
Dictyosperma Wendl. & Drude **网脉种子棕属**(棕榈科)
Dictyosperma album (Bory) Wendl. & Drude 白网脉种子棕
Dictyosperma aureum Nichols.金黄网脉种子棕
Dictyospermum Wight **网籽草属**(鸭跖草科)
Dictyospermum conspicuum (Bl.) Hassk.网籽草
Dictyospermum ovalifolium Wight?卵叶网籽草(新)
Dictyospermum scaberrimum (Bl.) J.K.Mort. ex D.Y.Hong=Rhopalephora scaberrima
Dictyospermum vaginatum (L.) Hong=Murdannia vaginata
Dictyospermum wightii var. *robustum* Hassk.=Pollia subumbellata
Dictyoxiphium HK.**网箭蕨属**(叉蕨科)
Dictyoxiphium panamense HK.网箭蕨
Dicyrta Rgl.**二弯苣苔属**(苦苣苔科)
Dicyrta candida Hanst. & Klotzsch 白色二弯苣苔
Dicyrta warscewicziana Rgl.瓦氏二弯苣苔
Didactylon Zoll. & Mor.=**Dimeria**
Didiciea King & Pantl.**迪迪兰属**(兰科)
Didiciea cunninghamii King & Pantl.迪迪兰
Didissandra Clarke (Craib in Not.Bot.Gard. Edinb.1919)= **Corallodiscus**
Didissandra Clarke **漏斗苣苔属**(苦苣苔科)
Didissandra agnesiae Forr.=Briggsia agnesiae
Didissandra amabilis Diels=Briggsia kurzii
Didissandra aurea (Dunn) B.L.Burtt.=Didissandra macrosiphon
Didissandra beauverdiana Lévl.=Briggsiopsis delavayi
Didissandra begoniifolia Lévl.大苞漏斗苣苔
Didissandra bullata Craib=Corallodiscus lanuginosus
Didissandra cavaleriei Lévl. & Vant.=Loxostigma cavaleriei
Didissandra cordatula Craib=Corallodiscus lanuginosus
Didissandra delavayi Frnch.=Briggsiopsis delavayi
Didissandra elegantissima Lévl. & Vant.(p.p.)=Briggsia elegantissima
Didissandra elegantissima Lévl. & Vant.(p.p.)=Briggsia pinfaensis
Didissandra fargesii Franch.=Isometrum fargesii
Didissandra flabellata Craib=Corallodiscus lanuginosus
Didissandra forrestii Anth.=Corallodiscus conchaefolius
Didissandra fritschii Lévl. & Vant.=Briggsia mihieri
Didissandra giraldii Diels=Isometrum giraldii
Didissandra glandulosa Batal.=Isometrum glandulosum
Didissandra grandis Criab=Corallodiscus kingianus
Didissandra kingiana Ctiab=Corallodiscus kingianus

Didissandra labordei Craib=Corallodiscus lanuginosus
Didissandra lancifolius Franch.=Isometrum lancifolium
Didissandra lanuginosa (Wall. ex A.DC.) Clarke=Corallodiscus lanuginosa
Didissandra leucantha Diels=Isometrum leucanthum
Didissandra lineata Craib=Corallodiscus lanuginosus
Didissandra longipedunculata C.Y.Wu & H.W.Li 长梗漏斗苣苔
Didissandra longipes Hemsl. ex Oliv.=Briggsia longipes
Didissandra lutea Craib=Corallodiscus lanuginosus
Didissandra macrosiphon (Hance) W.T.Wang 长筒漏斗苣苔
Didissandra mengtzeana Craib=Corallodiscus lanuginosus
Didissandra mihieri Franch.=Briggsia mihieri
Didissandra muscicola Diels=Briggsia muscicola
Didissandra notochlaena Lévl. & Vant.=Ancylostemon notochlaenus
Didissandra patens Craib=Corallodiscus lanuginosus
Didissandra pinfaensis Lévl.=Briggsia pinfaensis
Didissandra plicata Franch.=Corallodiscus lanuginosus
Didissandra primuliflora Batal.=Isometrum primuliflorum
Didissandra rosthornii Diels=Briggsia rosthornii
Didissandra rufa King ex HK.f.=Corallodiscus kingianus
Didissandra saxatilis Hemsl.=Ancylostemon saxatilis
Didissandra saxatilis var. *microcalyx* Hemsl.=Ancylostemon humilis
Didissandra sericea Craib=Corallodiscus lanuginosus
Didissandra sesquifolia Clarke 大叶锣
Didissandra sinica (Chun) W.T.Wang 无毛漏斗苣苔
Didissandra sinophiorrhizoides W.T.Wang=Anna ophiorrhizoides
Didissandra speciosa Hemsl.=Briggsia speciosa
Didissandra taliensis Craib=Corallodiscus taliensis
Didissandra taliensis f. *robusta* Craib=Corallodiscus lanuginosus
Didymocarpus Wall.**长蒴苣苔属**(苦苣苔科)
Didymocarpus acutidentata W.T.Wang=Chirita forrestii
Didymocarpus adenocalyx W.T.Wang 腺萼长蒴苣苔
Didymocarpus anachoreta (Hance) Lévl.=Chirita anachoreta
Didymocarpus anthonyanus Hand.-Mazz.=Chirita pumila
Didymocarpus aromatica Wall.=Didymocarpus primulifolius
Didymocarpus aromaticus Wall. ex D.Don 互叶长蒴苣苔
Didymocarpus aureus (Franch.) Diels ex Lévl.=Ancylostemon aureus
Didymocarpus auricula S.MOre=Oreocharis auricula
Didymocarpus balansae Pellegr.=Chirita swinglei
Didymocarpus bicornutus (Hay.) S.Y.Hu=Hemiboea bicornuta
Didymocarpus brevipes (C.B.Clarke) Hand.-Mazz.=Chirita speciosa
Didymocarpus cavaleriei (Lévl. & Vant.) Lévl.=Loxostigma cavaleriei
Didymocarpus cavaleriei Lévl.=Anna ophiorrhizoides
Didymocarpus clarkei Lévl.=Didymostigma obtusum
Didymocarpus cortusifolius (Hance) Lévl.温州长蒴苣苔
Didymocarpus cruciformis Chun=Chirita cruciformis
Didymocarpus cyaneus Ridley 蓝色长蒴苣苔
Didymocarpus demissus Hance=Chirita demissa
Didymocarpus depressus (HK.f.) Chun=Chirita depressa
Didymocarpus dilesii Borza=Chirita dielsii
Didymocarpus eburneus (Hance) Lévl.=Chirita eburnea
Didymocarpus elegantissima (Lévl. & Vant.) Lévl.=Briggsia elegantissima
Didymocarpus esquirolii Lévl.=Lysionotus serratus
Didymocarpus fangii Chun ex W.T.Wang=Chirita fangii
Didymocarpus fauriei (Franch.) Lévl.=Chirita eburnea
Didymocarpus fimbrisepalus (Hand.-Mazz.) Hand.-Mazz.=Chirita fimbrisepala
Didymocarpus floribundus Chun ex W.T.Wang=Gyrocheilos chorisepalum
Didymocarpus floribundus var. *glabrescens* Chun ex W.T.Wang(p.p.)= Gyrocheilos microtrichum
Didymocarpus floribundus var. *retrotrichus* Chun ex W.T.Wang(p.p.)= Gyrocheilos retrotrichum
Didymocarpus fordii Hemsl.=Chirita fordii
Didymocarpus forrestii (Anth.) Hand.-Mazz.=Chirita forrestii
Didymocarpus fritschii Lévl.=Briggsia mihieri
Didymocarpus glandulosus (W.W.Sm.) W.T.Wang 腺毛长蒴苣苔
Didymocarpus glandulosus var. glandulosus=Didymocarpus glandulosus
Didymocarpus glandulosus var. lasiantherus (W.T.Wang) W.T.Wang 毛药长蒴苣苔
Didymocarpus glandulosus var. minor (W.T.Wang) W.T.Wang 短萼长蒴苣苔
Didymocarpus grandidentatus (W.T.Wang) W.T.Wang 大齿长蒴苣苔
Didymocarpus grandifolius (A.Diet.) F.G.Dietr.=Chirita macrophylla
Didymocarpus griffithii Wight=Loxostigma griffithii
Didymocarpus hancei Hemsl.东南长蒴苣苔
Didymocarpus hedyotideus Chun=Chirita hedyotidea
Didymocarpus hemsleyanus Lévl.=Gyrocheilos chorisepalum var. synsepalum
Didymocarpus heucherifolius Hand.-Mazz.闽赣长蒴苣苔
Didymocarpus hwaianus S.Y.Hu=Hemiboea subcapitata
Didymocarpus juliae (Hance) Lévl.=Chirita juliae
Didymocarpus kurzii C.B.Clarke=Briggsia kurzii
Didymocarpus lanuginosa Wall. ex A.DC.=Corallodiscus lanuginosa
Didymocarpus lanuginosus Wall.(Maxim.in Mel.Biol.1874)=Oreocharis maximowiczii
Didymocarpus leiboensis Z.P.Soong & W.T.Wang 雷波长蒴苣苔
Didymocarpus mairei Lévl.=Ancylostemon mairei
Didymocarpus margaritae W.W.Sm.短茎长蒴苣苔
Didymocarpus martinii Lévl.=Paraboea martinii
Didymocarpus medogensis W.T.Wang 墨脱长蒴苣苔
Didymocarpus mengtze W.W.Sm.(高等图鉴 1975)=Didymocarpus pseudomengtze
Didymocarpus mengtze W.W.Sm.蒙自长蒴苣苔
Didymocarpus mengze var. *zhenkangensis* (W.T.Wang) H.W.Li= Didymocarpus zhenkangensios
Didymocarpus mihieri Lévl.=Briggsia mihieri
Didymocarpus minutiserrulata (Hay.) Yamamoto=Chirita anachoreta
Didymocarpus minutus Hand.-Mazz.=Chirita speluncae
Didymocarpus mollifolius W.T.Wang 柔毛长蒴苣苔
Didymocarpus nanophyton C.Y.Wu ex H.W.Li 矮生长蒴苣苔
Didymocarpus neurophylla Coll. & Hemsl.=Paraboea neurophylla
Didymocarpus niveolanosus D.Fang & W.T.Wang 绵毛长蒴苣苔
Didymocarpus notochlaena (Lévl. & Vant.) Lévl.=Ancylostemon notochlaenus
Didymocarpus oreocharis Hance=Oreocharis benthamii
Didymocarpus pinnatifidus Hand.-Mazz.=Chirita pinnatifida
Didymocarpus polycephalus Chun=Chirita polycephala
Didymocarpus praeteritus Burtt & David.片马长蒴苣苔
Didymocarpus primulifolius D.Don 藏南长蒴苣苔
Didymocarpus primulinus W.T.Wang=Didymocarpus sinoprimulinus
Didymocarpus pseudomengtze W.T.Wang 凤庆长蒴苣苔
Didymocarpus pulcher Clarke 美丽长蒴苣苔
Didymocarpus purpureobracteata var. *veitchiana* (W.W.Sm.) H.W.Li= Didymocarpus purpureobracteatus
Didymocarpus purpureobracteatus W.W.Sm.紫苞长蒴苣苔
Didymocarpus reniformis W.T.Wang 肾叶长蒴苣苔
Didymocarpus rotundifolius Hemsl.=Chirita rotundifolia
Didymocarpus salviiflorus Chun 迭裂长蒴苣苔
Didymocarpus saxatilis (Hemsl.) Lévl.=Ancylostemon saxatilis
Didymocarpus sect. *Paraboea* Clarke=**Paraboea**
Didymocarpus secundiflorus Chun=Chirita secundiflora
Didymocarpus seguini Lévl. & Vant.=Paraboea rufescens
Didymocarpus sericeus Lévl.=Oreocharis auricula
Didymocarpus sesquifolia (Clarke) Lévl.=Didissandra sesquifolia
Didymocarpus silvarum W.W.Sm.林生长蒴苣苔
Didymocarpus silvarum var. *glandulosa* W.W.Sm.=Didymocarpus glandulosus
Didymocarpus silvarum var. *lasiantherus* W.T.Wang=Didymocarpus glandulosus var. lasiantherus
Didymocarpus silvarum var. *minor* W.T.Wang=Didymocarpus glandulosus var. minor
Didymocarpus sinensis (Lindl.) Lévl.=Chirita sinensis
Didymocarpus sinohenryi Chun=Opithandra sinohenryi
Didymocarpus sinoprimulinus W.T.Wang 报春长蒴苣苔
Didymocarpus sp. Hemsl.=Gyrocheilos chorisepalum var. synsepalum
Didymocarpus speciosa (Hemsl.) Lévl.=Briggsia speciosa
Didymocarpus speciosus (Kurz) Hand.-Mazz.=Chirita speciosa
Didymocarpus speluncae Hand.-Mazz.=Chirita speluncae
Didymocarpus stenanthos Clarke 狭冠长蒴苣苔
Didymocarpus stenanthos var. pilosellus W.T.Wang 疏毛长蒴苣苔
Didymocarpus stenanthos var. stenanthos=Didymocarpus stenanthos
Didymocarpus stenocarpus W.T.Wang 细果长蒴苣苔
Didymocarpus subalternans Wall.(Clarke in Comm. & Cyrt.Beng.1874)= Didymocarpus pulcher
Didymocarpus subalternans Wall.=Didymocarpus aromaticus

Didymocarpus subgen. *Chirita* (D.Don) Chun=**Chirita**
Didymocarpus subpalmatinervis W.T.Wang 掌脉长蒴苣苔
Didymocarpus swinglei Merr.=Chirita swingle
Didymocarpus tengii Chun ex W.T.Wang=Chirita vestita
Didymocarpus tibeticus (Franch.) Hand.-Mazz.=Chirita tibetica
Didymocarpus tonkinensis (Kranenzl.) Hand.-Mazz.=Boeica porosa
Didymocarpus traillianus (Forr. & W.W.Sm.) Hand.-Mazz.=Chirita speciosa
Didymocarpus uniflorus (Franch.) Borza=Chirita dielsii
Didymocarpus urticifolius (D.Don) Wonisch=Chirita urticifolia
Didymocarpus veitchiana W.W.Sm.=Didymocarpus purpureobracteatus
Didymocarpus verecundus Chun=Chirita verecunda
Didymocarpus villosus D.Don 长毛长蒴苣苔
Didymocarpus yuenlingensis W.T.Wang 沅陵长蒴苣苔
Didymocarpus yunnanensis (Franch.) C.E.C.Fisch.=Didymocarpus yunnanensis
Didymocarpus yunnanensis (Franch.) W.W.Sm.云南长蒴苣苔
Didymocarpus zhenkangensios W.T.Wang 镇康长蒴苣苔
Didymocarpus zhufengensis W.T.Wang 珠峰长蒴苣苔
Didymochlaena Desv.**翼盖蕨属**(叉蕨科)
Didymochlaena junulata Desv.新月翼盖蕨
Didymocolpus S.C.Chen=**Acanthochlamys**
Didymocolpus nanus S.C.Chen=Acanthochlamys bracteata
Didymoglossum acanthoides v.d.B.=Meringium acanthoides
Didymoglossum affine v.d.B.=Meringium holochilum
Didymoglossum alatum Presl=Crepidomanes bipunctatum
Didymoglossum bipunctatum Fourm=Crepidomanes bipunctatum
Didymoglossum decipiens Dsv.=Crepidomanes bipunctatum
Didymoglossum filicula Desv.=Crepidomanes bipunctatum
Didymoglossum holochilum v.d.B.=Meringium holochilum
Didymoglossum insigne v.d.B.=Crepidomanes insigne
Didymoglossum latealatum v.d.B.=Crepidomanes latealatum
Didymoglossum longisetum Presl=Selenodesmium obscurum
Didymoglossum plicatum v.d.B.=Crepidomanes plicatum
Didymoglossum racemulosum v.d.B.=Crepidomanes racemulosum
Didymoplexiella Garay **锚柱兰属**(兰科)
Didymoplexiella siamensis (Rolfe ex Downie) Seidenf.锚柱兰
Didymoplexis Griff.**双唇兰属**(兰科)
Didymoplexis pallens Griff.双唇兰
Didymoplexis subcampanulata Hay.=Didymoplexis pallens
Didymosperma H.Wendl. & Drude ex HK.f.=**Arenga**
Didymosperma caudatum (Lour.) H.Wendl. & Drude=Arenga caudata
Didymosperma caudatum var. *tonkinensis* Becc.=Arenga caudata
Didymosperma engleri (Becc.) Warb.=Arenga engleri
Didymosperma tonkinensis (Becc.) Gagn.=Arenga caudata
Didymostigma W.T.Wang **双片苣苔属**(苦苣苔科)
Didymostigma leiophyllum D.Fang & X.H.Lu 光叶双片苣苔
Didymostigma obtusum W.T.Wang 双片苣苔
Dieffenbachia Schott **花叶万年青属**(天南星科)
Dieffenbachia bausei Hort.星点黛粉叶
Dieffenbachia bowmannii Carr.白斑万年青
Dieffenbachia humilis Poepp.矮花叶万年青
Dieffenbachia imperialis Lindl. & Andre 壮丽花叶万年青
Dieffenbachia leopoldii Bull.白肋万年青
Dieffenbachia macrophylla Poepp.大叶黛粉叶
Dieffenbachia picta (Lodd.) Schott=Dieffenbachia picta
Dieffenbachia picta (Lodd.) Schott 花叶万年青
Dieffenbachia sequina (L.) Schott 彩叶万年青
Dielsia Kudô =**Skapanthus**
Dielsia oreophila (Diels) Kudô =Skapanthus oreophilus
Dielytra scandens (D.Don) G.Don=Dactylicapnos scandens
Dielytra scandens D.Don=Dactylicapnos scandens
Dielytra spectabilis (L.) DC.=Dicentra spectabilis
Dienia congesta Lindl.=Malaxis latifolia
Dierama Koch.**漏斗花属**(鸢尾科)
Dierama pulcherrima Baker 红漏斗花
Diervilla DC.(p.p.)=**Weigela**
Diervilla florida (Bge.) S. & Z.=Weigela florida
Diervilla japonica (Thunb.) DC.=Weigela japonica
Diervilla japonica var. *sinica* Rehd.=Weigela japonica var. sinica
Diflugossa Bremek.**叉花草属**(爵床科)
Diflugossa colorata (Nees) Bremek.叉花草
Diflugossa divaricata (Nees) Bremek.疏花叉花草
Diflugossa muliensis H.P.Tsui= Pteracanthus panduratus
Diflugossa pinetorum (W.W.Sm.) C.Y.Wu & C.C.Hu 松林叉花草
Diflugossa scoriarum (W.W.Sm.) E.Hossain 瑞丽叉花草
Diflugossa shweliensis (W.W.Sm.) E.Hossain = Diflugossa scoriarum
Digitalis L.**毛地黄属**(玄参科)
Digitalis cochinchinensis Lur.=Centranthera cochinchinensis
Digitalis glutinosa Gaertn.=Rehmannia glutinosa
Digitalis lanata Ehrn 毛叶洋地黄
Digitalis purpurea L.毛地黄
Digitalis sinensis Lour.=Adenosma glutinosum
Digitaria Asanson=**Digitaria**
Digitaria Hall.**马唐属**(禾本科)
Digitaria Heist. ex Stirp.=**Digitaria**
Digitaria abludens (Roem. & Schult.) Veldk.粒状马唐
Digitaria adscendens (H.B.K.) Henr.=Digitaria ciliaris
Digitaria adscendens subsp. *chrysoblephara* (Fig. & De.Not) Henr.= Digitaria chrysoblephara
Digitaria baliensis Ohwi=Digitaria heterantha
Digitaria bantamensis Ohwi=Digitaria heterantha
Digitaria barbata Willd.(Balansa in J.Bot.1890)=Digitaria heterantha
Digitaria bicornis (Lam.) Roem. & Schult.异马唐
Digitaria bicornis Roem. & Schult.(Bor in Webbia1956)=Digitaria heterantha
Digitaria biforme Willd.=Digitaria bicornis
Digitaria chinense Henr.(A.Camus in Not.Syst.1923)=Digitaria violascens
Digitaria chinensis Henr.=Digitaria radicosa
Digitaria chinensis var. *hirsuta* Ohwi=Digitaria radicosa
Digitaria chrysoblephara Fig. & De Not.毛马唐
Digitaria ciliaris (Retz.) Koel.升马唐
Digitaria ciliaris subsp. *chrysoblephara* Blake=Digitaria chrysoblephara
Digitaria ciliaris var. *chrysoblephara* (Fig. & De Not.) Stew.=Digitaria chrysoblephara
Digitaria corymbosa Merr.=Digitaria setigera
Digitaria cruciata (Nees) A.Camus 十字马唐
Digitaria denudata Link 露子马唐
Digitaria dilatata (Poir.) Coste.=Paspalum dilatatum
Digitaria dispar Henr.=Digitaria heterantha
Digitaria fibrosa (Hack.) Stapf 纤维马唐
Digitaria fibrosa var. fibrosa=Digitaria fibrosa
Digitaria fibrosa var. yunnanensis (Henr.) L.Liou 云南马唐
Digitaria formosana Rendle=Digitaria radicosa
Digitaria formosana var. *hirsuta* (Honda) Nenr.=Digitaria radicosa
Digitaria fuscescens (Presl) Henr.袍褐马唐
Digitaria glabrescens (Bor) L.Liou 秃穗马唐
Digitaria granularis (Trin.) Henr.=Digitaria abludens
Digitaria hainanensis Hitchc. ex Keng=Digitaria setigera
Digitaria hayatae Honda ex Ohwi=Digitaria mollicoma
Digitaria hengduanensis L.Liou 横断山马唐
Digitaria henryi Rendle 亨利马唐
Digitaria heterantha (HK.f.) Merr.二型马唐
Digitaria hispida Spreng.=Arthraxon hispidus
Digitaria humifusa Pers.=Digitaria ischaemum
Digitaria ischaemum (Schreb.) Schreb.止血马唐
Digitaria jubata (Griseb.) Henr.棒毛马唐
Digitaria kanehira Ohwi=Digitaria heterantha
Digitaria leptalea var. reticulmis Ohwi 丛立马唐
Digitaria longiflora (Retz.) Pers.长花马唐
Digitaria longissima Nez=Digitaria heterantha
Digitaria magna Tuyama=Digitaria mollicoma
Digitaria microbachne (Presl) Henr.短颖马唐
Digitaria microstachya Henr.=Digitaria setigera
Digitaria mollicoma (Kunth) Henr 绒马唐
Digitaria paspaloides Michx.=Paspalum paspaloides
Digitaria pedicellaris (Trin.) Prain.=Digitaria abludens
Digitaria preslii (Kunth) Henr.=Digitaria longiflora
Digitaria puberula Link=Digitaria stricta
Digitaria radicosa (Presl) Miq.红尾翎
Digitaria radicosa var. *hirsuta* (Honda) Hsu=Digitaria radicosa
Digitaria royleana (Nees) Prain=Digitaria stricta
Digitaria sanguinalis (L.) Scop.(禾本科图说 1959,秦岭志 1970)=

Digitaria ciliaris
Digitaria sanguinalis (L.) Scop.马唐
Digitaria sanguinalis var. *ciliaris* Parl (禾本科图说 1959; 秦岭志 1970)=Digitaria chrysoblephara
Digitaria sanguinalis var. *extensa* HK.f.=Digitaria setigera
Digitaria sanguinalis var. *pruriens* Prain=Digitaria setigera
Digitaria sasakii (Honda) Tuyama=Digitaria henryi
Digitaria setifolia Stapf(Rendle in J.L.Soc.Bot.1906)=Digitaria fibrosa
Digitaria setigera Roth ex Roem. & Schult.海南马唐
Digitaria shimadana Ohwi=Digitaria heterantha
Digitaria stewartiana Bor 昆仑马唐
Digitaria stricata var. *glabrescens* Bor=Digitaria glabrescens
Digitaria stricta Roth ex Roem. & Schult.竖毛马唐
Digitaria stricta var. *denudata* (Link) Bor=Digitaria denudata
Digitaria tenuispica Rendle=Digitaria radicosa
Digitaria ternata (Hochst.) Stapf ex Dyer 三数马唐
Digitaria thwaitesii (Hack.) Henr.宿根马唐
Digitaria timorensis (Kunth) Bal.=Digitaria radicosa
Digitaria timorensis var. *hirsuta* Henr.=Digitaria radicosa
Digitaria violascens Link 紫马唐
Digitaria violascens var. *villosa* Keng=Digitaria violascens
Digitaria yunnanensis Henr.=Digitaria fibrosa var. yunnanensis
Diglyphis latifolia Bl.=Diglyphosa latifolia
Diglyphosa Bl.**密花兰属**(兰科)
Diglyphosa evrardii (Gagn.) Tang & Wang 密花兰
Diglyphosa latifolia Bl.宽叶密花兰
Diglyphosa macrophyllum King & Pantl.=Diglyphosa latifolia
Dilasia Faf.=**Murdannia**
Dilivaria ilicifolia (L.) Nees= Acanthus ilicifolius
Dillenia L.**五桠果属**(五桠果科)
Dillenia elliptica Thunb.=Dillenia indica
Dillenia hainanensis Merr.=Dillenia pentagyna
Dillenia indica L.五桠果
Dillenia ovatum Wall.卵形五桠果
Dillenia pentagyna Roxb.小花五桠果
Dillenia philippinensis Rolfe 菲律宾五桠果
Dillenia speciosa Thunb.=Dillenia indica
Dillenia turbinata Fin& & Gagn.大花五桠果
Dilleniaceae 五桠果科
Dilochia Bl.**迪劳兰属**(兰科)
Dilochia cantleyi (HK.f.) Ridl.迪劳兰
Dilophia Thoms.**双脊荠属**(十字花科)
Dilophia dutreulii Franch.=Dilophia salsa
Dilophia ebracteata Maxim.无苞双脊荠
Dilophia fontana Maxim.=Taphrospermum fontanum
Dilophia fontana var. *trichocarpa* W.T.Wang=Taphrospermum fontanum subsp. microspermum
Dilophia hopkinsonii O.E.Schulz=Dilophia ebracteata
Dilophia kashgarica Rupr.=Dilophia salsa
Dilophia macrosperma O.E.Schulz=Taphrospermum fontanum
Dilophia salsa Thoms.盐泽双脊荠
Dilophia salsa var. *hirticalyx* Pamp.=Dilophia salsa
Dimeria R.Br.**鳞茅属**(禾本科)
Dimeria acimaciformis R.Br.短弯刀鳞茅
Dimeria acinaciformis R.Br.剑形鳞茅
Dimeria falcata Hack.镰形鳞茅
Dimeria falcata var. falcata=Dimeria falcata
Dimeria falcata var. taiwaniana (Ohwi) S.L.Chen & G.Y.Sheng 台湾鳞茅
Dimeria falcata var. tenuior Keng & Y.L.Yang 细鳞茅
Dimeria filiformis (Roxb.) Hochst.=Dimeria ornithopoda
Dimeria fuscescens Trin.(Benth.Fl.Hongk.1861)=Dimeria falcata
Dimeria guangxiensis S.L.Chen & G.Y.Sheng 广西鳞茅
Dimeria heterantha S.L.Chen & G.Y.Sheng 异花鳞茅
Dimeria ornithoda var. *subrobusta* Hack.=Dimeria ornithopoda subsp. subrobusta
Dimeria ornithopoda Trin.鳞茅
Dimeria ornithopoda subsp. ornithopoda=Dimeria ornithopoda
Dimeria ornithopoda subsp. subrobusta (Hack.) S.L.Chen & G.Y.Sheng 具脊鳞茅
Dimeria ornithopoda subsp. subrobusta var. nana (Keng & Y.L.Yang) S.L.Chen & G.Y.Sheng 矮鳞茅
Dimeria ornithopoda subsp. subrobusta var. plurinodis (Keng & Y.L.Yang) S.L.Chen & G.Y.Sheng 多节鳞茅
Dimeria ornithopoda var. *nana* Keng & Y.L.Yang=Dimeria ornithopoda subsp. subrobusta var. nana
Dimeria ornithopoda var. *parva* Keng & Y.L.Yang=Dimeria parva
Dimeria ornithopoda var. *plurinodis* Keng & Y.L.Yang=Dimeria ornithopoda subsp. subrobusta var. plurinodis
Dimeria ornithopoda var. *tenera* (Trin.) Hack.=Dimeria ornithopoda
Dimeria parva (Keng & Y.L.Yang) S.L.Chen & G.Y.Sheng 小鳞茅
Dimeria sinensis Rendle 华鳞茅
Dimeria solitaria Keng & Y.L.Yang 单生鳞茅
Dimeria stipaeformis Miq.=Dimeria ornithopoda
Dimeria taiwaniana Ohwi(p.p.)=Dimeria falcata
Dimeria taiwaniana Ohwi(p.p.)=Dimeria falcata var. taiwaniana
Dimeria tenera Trin.=Dimeria ornithopoda
Dimerocarpus Gagn.=**Streblus**
Dimerocarpus balansae (Hutch.) C.Y.wu & H.L.Li=Streblus macrophyllus
Dimocarpus Lour.**龙眼属**(无患子科)
Dimocarpus confinis (How & Ho) H.S.Lo 龙荔
Dimocarpus fumatus subsp. calcicola C.Y.Wu 灰岩肖韶子
Dimocarpus longan Lour.龙眼
Dimocarpus longan var. obtussus (Pierre) Leenh.钝叶龙眼
Dimocarpus yunnanensis (W.T.Wang) C.Y.Wu & T.L.Ming 滇龙眼
Dimorphanthus elatus Miq.=Aralia elata
Dimorphanthus mandshuricus Rupr. & Maxim.=Aralia elata
Dimorphocalyx Thw.**异萼木属**(大戟科)
Dimorphocalyx glabellus Thw.印斯异萼木
Dimorphocalyx poilanei Gagn.异萼木
Dimorphostemon Kitag.=**Dontostemon**
Dimorphostemon asper (Pall.) Kitag.=Dontostemon pinnatifidus
Dimorphostemon glandulosus (Kar. & Kir.) Golubk.=Dontostemon glandulosus
Dimorphostemon pectinatus (DC.) Golubk.=Dontostemon pinnatifidus
Dimorphostemon pectinatus var. *humilior* (N.Busch.) Golubk.=Dontostemon pinnatifidus
Dimorphostemon pinnatus (Pers.) Kitag.=Dontostemon pinnatifidus
Dimorphostemon sergievskianus (Polozh.) S.V.Ovchin.=Dontostemon glandulosus
Dimorphostemon shanxiensis R.L.Guo & T.Y.Cheo=Dontostemon pinnatifidus
Dinebra Jacq.**弯穗草属**(禾本科)
Dinebra arabica Jacq.=Denebra retroflexa
Dinebra brevifolia Steud.=Denebra retroflexa
Dinebra retroflexa (Vahl) Panz.弯穗草
Dinebra rettroflexa var. *brevifolia* (Steud.) Dur. & Schnz=Denebra retroflexa
Dinetopsis grandiflora (Wall.) Roberty=Dinetus grandiflorus
Dinetus Buch.-Ham. ex Sweet **飞蛾藤属(旋花科)**
Dinetus decorus (W.W.Sm.) Staples 白飞蛾藤
Dinetus dinetoides (C.K.Schneid) Staples 蒙自飞蛾藤
Dinetus duclouxii (Gagn. & Courch.) Staple 三列飞蛾藤
Dinetus grandiflorus (Wall.) Staples 藏飞蛾藤
Dinetus paniculata Sweet=Poranopsis paniculata
Dinetus racemosa Ham. ex Sweet 飞蛾藤
Dinetus truncatus (Kurz.) Staples 毛果飞蛾藤
Dinochloa Buese **藤竹属**(禾本科)
Dinochloa bambusoides Q.H.Dai=Melocalamus arrectus
Dinochloa diffusa (Blanco) Merr.=Schizostachyum diffusum
Dinochloa orenuda McClure 东方藤竹?
Dinochloa puberula McClure 短藤竹?
Dinochloa utilis McClure 可用藤竹?
Diodia L.**双角草属**(茜草科)
Diodia virginiana L.双角草
Dionaea Ellis **捕蝇草属**(茅膏菜科)
Dionaea muscipula Ellis 捕蝇草
Dioon Lindl.**多脉苏铁属**(苏铁科)
Dioon edule Lindl.食用苏铁
Dioscorea L.**薯蓣属**(薯蓣科)
Dioscorea acerifolia Ulne ex Diels=Dioscorea nipponica
Dioscorea acrotheca Uline ex R.Knuth=Dioscorea tenuipes

Dioscorea aculeata var. *spinosa* Roxb. ex Prain & Burk.=Dioscorea esculenta var. spinosa
Dioscorea alata L.参薯
Dioscorea alata var. *purpurea* (Roxb.) M.Pouch.=Dioscorea alata
Dioscorea althaeoides R.Knuth 蜀葵叶薯蓣
Dioscorea angusta R.Knuth=Dioscorea cirrhosa
Dioscorea arachidna Prain & Burkill 三叶薯蓣
Dioscorea aspersa Prain & Burkill 丽叶薯蓣
Dioscorea banzuana Pei & C.T.Ting 板砖薯蓣
Dioscorea batatas Benth.=Dioscorea fordii
Dioscorea batatas Decne.=Dioscorea polystachya
Dioscorea belophylloides Prain & Burkill=Dioscorea japonica
Dioscorea benthamii Prain & Burkill 大青薯
Dioscorea bicolor Prain & Burkill 尖头果薯蓣
Dioscorea biformifolia Pei & C.T.Ting 异叶薯蓣
Dioscorea birmanica Prain & Burk.独龙薯蓣
Dioscorea biserialis Prain & Burkill=Dioscorea panthaica
Dioscorea bonatiana Prain & Burk.=Dioscorea kamoonensis
Dioscorea buergeri Ulnie ex R.Knuth=Dioscorea tokoro
Dioscorea buergeri var. *enneaneura* Ulnie ex Diels=Dioscorea tokoro
Dioscorea bulbifera L.黄独
Dioscorea bulbifera var. simbha Prain & Burkill?腾冲薯蓣(新)
Dioscorea bulbifera var. vera Prain & Burkill?茂汶薯蓣(新)
Dioscorea burkillii R.Knuth=Dioscorea delavayi
Dioscorea cayenensis Lam.黄薯蓣
Dioscorea changjiangensis F.W.Xing & Z.X.Li=Dioscorea pentaphylla
Dioscorea chingii Prain & Burkill 山葛薯
Dioscorea cirrhosa Lour.薯莨
Dioscorea cirrhosa var. cylindrica C.T.Ting & M.C.Chang 异块茎薯蓣
Dioscorea codonopsidifolia Kamik.=Dioscorea pentaphylla
Dioscorea collettii HK.f.叉蕊薯蓣
Dioscorea collettii var. hypoglauca (Palibin) Pei & C.T.Ting 粉背薯蓣
Dioscorea cumingii Prain & Burk.吕宋薯蓣
Dioscorea cumingii var. *inaequifolia* (Elmer ex Prain & Burk.) Burk.=Dioscorea cumingii
Dioscorea cumingii var. *polyphylla* (R.Knuth) Burk.=Dioscorea cumingii
Dioscorea daemona Roxb.=Dioscorea hispida
Dioscorea decaisneana Carr.=Dioscorea polystachya
Dioscorea decipiens HK.f.多毛叶薯蓣
Dioscorea decipiens var. decipiens=Dioscorea decipiens
Dioscorea decipiens var. glabrescens C.T.Ting & M.C.Chang 滇薯
Dioscorea delavayi Franch.高山薯蓣
Dioscorea deltoidea Wall.三角叶薯蓣
Dioscorea deltoidea var. deltoidea=Dioscorea deltoidea
Dioscorea deltoidea var. orbiculata Prain & Burkill 圆果三角叶薯蓣
Dioscorea discolor Hort.异色薯蓣
Dioscorea dissecta R.Knuth=Dioscorea kamoonensis
Dioscorea doryphora Hance=Dioscorea polystachya
Dioscorea engleriana R.Knuth=Dioscorea delavayi
Dioscorea enneaneura (Ulne ex Diels) Prain & Burkill=Dioscorea tokoro
Dioscorea esculenta (Lour.) Burkill 甘薯
Dioscorea esculenta var. *fasciculata* (Roxb.) R.Knuth=Dioscorea esculenta
Dioscorea esculenta var. spinosa (Roxb. ex Wall.) R.Knuth 有刺甘薯
Dioscorea esquirolii Prain & Burkill 七叶薯蓣
Dioscorea exalata C.T.Ting & M.C.Chang 无翅参薯
Dioscorea fargesii Franch.=Dioscorea kamoonensis
Dioscorea fasciculata Roxb.=Dioscorea esculenta
Dioscorea firma R.Knuth=Dioscorea kamoonensis
Dioscorea fordii Prain & Burkill 山薯
Dioscorea formosana R.Knuth=Dioscorea cirrhosa
Dioscorea futschauensis Uline ex R.Knuth 福州薯蓣
Dioscorea garrettii Prain & Burk.宽果薯蓣
Dioscorea giraldii R.Knuth.=Dioscorea nipponica
Dioscorea glabra C.H.Wright (p.p.)=Dioscorea fordii
Dioscorea glabra Roxb.(Hay. in Gen.Ind.Fl.Formos.1917)=Dioscorea benthamii
Dioscorea glabra Roxb.光叶薯蓣
Dioscorea glabra Rtoxb.(C.H.Wrigh in J.L. Soc.Bot.1903,p.p.)=Dioscorea persimilis
Dioscorea glabra var. *longifolia* Prain & Burkill=Dioscorea glabra
Dioscorea glabra var. vera R.Kunth 卵叶野山药
Dioscorea gracillima Miq.纤细薯蓣
Dioscorea gracillima var. *collettii* (HK.f.) Uline ex Yamamoto=Dioscorea collettii
Dioscorea grata Prain & Burkill.(高等图鉴 1976)=Dioscorea cirrhosa var. cylindrica
Dioscorea hainanensis Prain & Burkill=Dioscorea fordii
Dioscorea hamiltonii HK.f.哈氏山药
Dioscorea hemsleyi Prain & Burkill 粘山药
Dioscorea henryi (Prain & Burk.) C.T.Ting=Dioscorea delavayi
Dioscorea henryi Uline ex Diels=Dioscorea zingiberensis
Dioscorea heptaphylla Sasaki=Dioscorea cumingii
Dioscorea hispida Denst.白薯莨
Dioscorea hispida var. *daemona* (Roxb.) Prain & Burk.=Dioscorea hispida
Dioscorea hongkongense Uline ex R.Knuth=Dioscorea glabra
Dioscorea hui R.Knuth=Dioscorea collettii
Dioscorea hypoglauca Palibin=Dioscorea colletii var. hypoglauca
Dioscorea inaequifolia Elmer ex Prain & Burk.=Dioscorea cumingii
Dioscorea izuensis Akahori=Dioscorea colletii var. hypoglauca
Dioscorea japonica Thunb.(C.H.Wright in J.L.Soc.Bot.1903,p.p.)=Dioscorea persimilis
Dioscorea japonica Thunb.日本薯蓣
Dioscorea japonica var. oldhamii Uline ex R.Knuth 细叶日本薯蓣
Dioscorea japonica var. pilifera C.T.Ting M.C.Chang 毛藤日本薯蓣
Dioscorea japonica var. *pseudojaponica* (Hay.) Yamamoto=Dioscorea japonica
Dioscorea japonica var. *tenuiaxon* Prain & Burkill=Dioscorea japonica
Dioscorea japonica var. *vera* Prain & Burkill=Dioscorea japonica
Dioscorea kamoonensis Kunth 毛芋头薯蓣
Dioscorea kamoonensis var. *brevifolia* Prain & Burkill=Dioscorea kamoonensis
Dioscorea kamoonensis var. *delavayi* Prain & Burkill=Dioscorea delavayi
Dioscorea kamoonensis var. *engleriana* Prain & Burkill=Dioscorea kamoonensis
Dioscorea kamoonensis var. *henryi* Prain & Burk.=Dioscorea delavayi
Dioscorea kamoonensis var. *henryi* Prain & Burkill=Dioscorea delavayi
Dioscorea kamoonensis var. *praccox* Prain & Burkill=Dioscorea kamoonensis
Dioscorea kamoonensis var. *straminea* Prain & Burkill=Dioscorea kamoonensis
Dioscorea kamoonensis var. *vera* Prain & Burkill=Dioscorea kamoonensis
Dioscorea kaoi Liu & Huang=Dioscorea colletii var. hypoglauca
Dioscorea kelungensis Hay.=Dioscorea collettii
Dioscorea kiangsiensis R.Knuth=Dioscorea japonica
Dioscorea komoonensis var. *fargesii* Prain & Burkill=Dioscorea kamoonensis
Dioscorea linearicordata Prain & Burkill 柳叶薯蓣
Dioscorea mairei Lévl.=Dioscorea hemsleyi
Dioscorea mairei R.Knuth=Dioscorea kamoonensis
Dioscorea martini Prain & Burkill 柔毛薯蓣
Dioscorea matsudai Hay.=Dioscorea cirrhosa
Dioscorea maximowiczii Uline ex R.Knuth=Dioscorea tenuipes
Dioscorea melanophyma Prain & Burk 黑珠芽薯蓣
Dioscorea menglaensis H.Li 石山薯蓣
Dioscorea mengtzeana R.Knuth=Dioscorea kamoonensis
Dioscorea mollissima Bl.=Dioscorea hispida
Dioscorea morsei Prain & Burkill=Dioscorea colletii var. hypoglauca
Dioscorea nigrescens R.Knuth(p.p.)=Dioscorea collettii
Dioscorea nigrescens R.Knuth(p.p.)=Dioscorea panthaica
Dioscorea nipponica Makino 穿龙薯蓣
Dioscorea nipponica subsp. rosthornii (Prain & Burkill) C.T.Ting 柴黄姜
Dioscorea nipponica var. *jamesii* Prain & Burk.=Dioscorea nipponica subsp. rosthornii
Dioscorea nipponica var. *rosthornii* Prain & Burkill=Dioscorea nipponica subsp. rosthornii
Dioscorea nitens Prain & Burkill 光亮薯蓣
Dioscorea nummularia Roxb.=Dioscorea glabra
Dioscorea oenea Prain & Burkill=Dioscorea collettii
Dioscorea opposita Thunb. (植物志 16-1,1985)=Dioscorea polystachya
Dioscorea oppositifolia Benth.=Dioscorea benthamii
Dioscorea paecox Prain & Burk.=Dioscorea hemsleyi

Dioscorea panthaica Prain 黄山药
Dioscorea parviflora C.T.Ting=Dioscorea sinoparviflora
Dioscorea pentaphylla L.五叶薯蓣
Dioscorea persimilis Prain & Burkill 褐苞薯蓣
Dioscorea persimilis var. pubescens C.T.Ting & M.C.Chang 毛褐苞薯蓣
Dioscorea platanifolis Prain & Burkill=Dioscorea althaeoides
Dioscorea poilanei Prain & Burkill 吊罗薯蓣
Dioscorea polyphylla R.Knuth=Dioscorea cumingii
Dioscorea polystachya Turcz.薯蓣
Dioscorea potaninii Prain & Burk.=Dioscorea polystachya
Dioscorea praecox Prain & Burkill=Dioscorea hemsleyi
Dioscorea pseudojaponica Hay.=Dioscorea japonica
Dioscorea pulverea Prain & Burkill=Dioscorea aspersa
Dioscorea purpurea Roxb.=Dioscorea alata
Dioscorea rhipogonoides Hay.=Dioscorea japonica
Dioscorea rhipogonoides Oliv.=Dioscorea cirrhosa
Dioscorea rosthornii Diels=Dioscorea polystachya
Dioscorea rotundata Poir.几内亚薯蓣
Dioscorea rotundifoliolata R.Knuth=Dioscorea delavayi
Dioscorea saidae R.Knuth=Dioscorea tokoro
Dioscorea sativa Miq.=Dioscorea tokoro
Dioscorea sativa Thunb.=Dioscorea bulbifera
Dioscorea scortenchinii var. parviflora Prain & Burkill 小花刺薯蓣
Dioscorea seniavinii Prain & Burk.=Dioscorea collettii
Dioscorea septemloba Thunb. (植物志 16-1,1985)=Dioscorea spongiosa
Dioscorea simulans Prain & Burkill 马肠薯蓣
Dioscorea sinoparviflora C.T.Ting 小花盾叶薯蓣
Dioscorea spinosa Roxb. ex Wall.=Dioscorea esculenta var. spinosa
Dioscorea spongiosa J.Q.Xi et al.绵萆薢
Dioscorea subcalva Prain & Burkill 毛胶薯蓣
Dioscorea subcalva var. subcalva=Dioscorea subcalva
Dioscorea subcalva var. submollis (R.Knuth) C.T.Ting 略毛薯蓣
Dioscorea subfusca R.Knuth=Dioscorea kamoonensis
Dioscorea submollis R.Knuth=Dioscorea subcalva var. submollis
Dioscorea swinhoei Rolfe=Dioscorea polystachya
Dioscorea tarokoensis Hay.=Dioscorea benthamii
Dioscorea tashiroi Hay.=Dioscorea collettii
Dioscorea tenii R.Knuth=Dioscorea melanophyma
Dioscorea tentaculigera Prain & Burkill 卷须状薯蓣
Dioscorea tenuipes Franch. & Savat.细柄薯蓣
Dioscorea tokoro Makino 山萆薢
Dioscorea trifida L.f.三浅裂薯蓣
Dioscorea undulata R.Knuth=Dioscorea colletii var. hypoglauca
Dioscorea velutipes Prain & Burkill 毡毛薯蓣
Dioscorea villosa L.长柔毛薯蓣
Dioscorea wallichii HK.f.盈江薯蓣
Dioscorea wichurae Ulne ex R.Knuth=Dioscorea tokoro
Dioscorea xizangensis C.T.Ting 藏刺薯蓣
Dioscorea yokusai Prain & Burkill=Dioscorea tokoro
Dioscorea yunnanensis Prain & Burkill 云南薯蓣
Dioscorea zingiberensis C.H.Wright 盾叶薯蓣
Dioscoreaceae 薯蓣科
Diospyros L.**柿属**(柿科)
Diospyros anisocalyx C.Y.Wu 异萼柿
Diospyros argyi Lévl.=Diospyros kaki var. silvestris
Diospyros armata Hemsl.瓶兰花
Diospyros arnata Hemsl.(Diels in Bot.Jahrb.1900)=Diospyros cathayensis
Diospyros atrotricha H.W.Li 黑毛柿
Diospyros balfouriana Diels 大理柿
Diospyros bodinieri Lévl.=Ilex macrocarpa
Diospyros buxifolia (Rottb.) Bakh.=Symplocos lucida
Diospyros caloneura C.Y.Wu 美脉柿
Diospyros cardiophylla Merr.=Diospyros strigosa
Diospyros carssiflora Hiern 无梗柿
Diospyros cathayensis Steward 乌柿
Diospyros cathayensis var. cathayensis=Diospyros cathayensis
Diospyros cerasifolia D.Don=Eurya cerasifolia
Diospyros chaffanjoni Lévl.=Cotoneaster horizontalis
Diospyros changii Miau=Diospyros howii
Diospyros chinensis Pl.=Diospyros kaki
Diospyros chretioides Wall. ex A.DC.红枝柿
Diospyros chunii Metc. & L.Chen 崖柿
Diospyros corallina Chun & L.Chen 五蒂柿
Diospyros cordifolia Roxb.=Diospyros montana
Diospyros cordifolia var. *glabrifolia* Merr.=Diospyros diversilimba
Diospyros crassiflora Hiern 非洲柿
Diospyros discolor Willd.=Diospyros philippensis
Diospyros diversilimba Merr. & Chun 光叶柿
Diospyros dumetorum W.W.Sm.岩柿
Diospyros ebenum Koen.乌木
Diospyros egbertwaleri Kostermans 冲绳柿(新)?
Diospyros ehretioides Wall. ex DC.红枝柿
Diospyros eriantha Champ. ex Benth.乌材
Diospyros esquirolii Lévl.贵阳柿
Diospyros fanjingshanica S.Lee 梵净山柿
Diospyros fengii C.Y.Wu 老君柿
Diospyros ferrea (Willd.) Bakh.象牙柿
Diospyros ferrea var. buxifolia (Rottb.) Bakh.=Diospyros ferrea
Diospyros foochowensis Metc. & Chen=Diospyros cathayensis
Diospyros forrestii Anth.腾冲柿
Diospyros glaucifolia F.P.Metc.=Diospyros japonica
Diospyros glaucifolia var. *brevipes* S.Lee=Diospyros japonica
Diospyros glaucifolia var. *glaucifolia*=Symplocos japonica
Diospyros glaucifolia var. *pubescens* Ling=Symplocos japonica
Diospyros hainanensis Merr.海南柿
Diospyros hayatai Odashimi=Diospyros oldhami
Diospyros hayatai f. *ellipsoidea* Odashima=Diospyros oldhami f. ellipsoidea
Diospyros helferi Clarke 柬埔寨乌木
Diospyros hexamera C.Y.Wu 六花柿
Diospyros horsefieldii Hien.=Diospyros hasseltii
Diospyros howii Merr. & Chun 琼南柿
Diospyros iflata Merr. & Chun 囊萼柿
Diospyros japonica S. & Z.粉叶柿
Diospyros kaki Thunb.柿
Diospyros kaki var. *domestica* Makino=Diospyros kaki
Diospyros kaki var. kaki=Diospyros kaki
Diospyros kaki var. macrantha Hand.-Mazz.大花柿
Diospyros kaki var. silvestris Makino 野柿
Diospyros kaki β. Thunb.=Diospyros lotus
Diospyros kaki γ. *glabra* A.DC.=Diospyros lotus
Diospyros kamerunensis Gurke 喀麦隆柿
Diospyros kerrii Craib 傣柿
Diospyros kintungensis C.Y.Wu 景东君迁子
Diospyros kusanoi Hay.=Diospyros maritima
Diospyros laui Merr.=Diospyros susarticulata
Diospyros liukiuensis Makino=Diospyros maritima
Diospyros lobata Lour.=Diospyros kaki
Diospyros longibracteata Lec.长苞柿
Diospyros longshengensis S.Lee 龙胜柿
Diospyros lotus L.君迁子
Diospyros lotus var. lotus=Diospyros lotus
Diospyros lotus var. mollissima C.Y.Wu 多毛君迁子
Diospyros maclurei Merr.琼岛柿
Diospyros mairei Lévl.=Diospyros dumetorum
Diospyros maritima Bl.海边柿
Diospyros metcalfii Chun & L.Chen 圆萼柿
Diospyros miaoshanica S.Lee 苗山柿
Diospyros mollifolia Rehd. & Wils.=Diospyros dumetorum
Diospyros montana Roxb.山柿
Diospyros morrisiana Hance 罗浮柿
Diospyros mun (A.Chev.) Lec.文柿
Diospyros navillei Lévl.=Lysimachia navillei
Diospyros nigrocortex C.Y.Wu 黑皮柿
Diospyros nitida Merr.黑柿
Diospyros odashima Hatusima=Diospyros oldhami
Diospyros oldhami Maxim.红柿
Diospyros oldhami f. ellipsoidea (Odashima) Li 椭圆红柿
Diospyros oldhami f. oldhami=Diospyros oldhami
Diospyros oldhami var. *chartacea* Hay.=Diospyros oldhami
Diospyros oleifera Cheng 油柿

Diospyros philippensis (Desr.) Gürke 异色柿
Diospyros potingensis Merr. & Chun 保亭柿
Diospyros punctilimba C.Y.Wu 点叶柿
Diospyros reticulinervis C.Y.Wu 网脉柿
Diospyros reticulinervis var. glabrescens C.Y.Wu 无毛网脉柿
Diospyros reticulinervis var. reticulinervis=Diospyros reticulinervis
Diospyros rhombifolia Hemsl.老鸦柿
Diospyros roi Lec.(Merr.in Sunyatsenia 1940)=Diospyros corallina
Diospyros rubra Lec.青茶柿
Diospyros sanzaminika A.Chev.利比里亚柿
Diospyros schitze Bge.=Diospyros kaki
Diospyros sichourensis C.Y.Wu 西畴君迁子
Diospyros siderophylla H.L.Li 山榄叶柿
Diospyros sinensis Bl. ex Naudin (Hemsl.in J.L.Soc.Bto.1889)=Diospyros cathayensis
Diospyros sinensis Bl. ex Naudin=Diospyros kaki
Diospyros sinensis Naud.=Diospyros kaki
Diospyros strigosa Hemsl.毛柿
Diospyros sunyiensis Chun & L.Chen 信宜柿
Diospyros susarticulata Lec.过布柿
Diospyros sutchuensis Yang 川柿
Diospyros taamii Merr.=Diospyros tutcheri
Diospyros taitoensis Odashima=Diospyros oldhami
Diospyros tomentosa Roxb.印度乌木
Diospyros trichocarpa Miau=Diospyros kaki var. silvestris
Diospyros tsangii Merr.延平柿
Diospyros tutcheri Dunn 岭南柿
Diospyros unisemina C.Y.Wu 单子柿
Diospyros utilis Hemsl.=Diospyros philippensis
Diospyros vaccinioides Lindl.小果柿
Diospyros vaccinioides var. *oblongata* Merr. & Chun=Diospyros vaccinioides
Diospyros vaccinioides var. vaccinioides=Diospyros vaccinioides
Diospyros virginiana L.美洲柿
Diospyros xiangguienis S.Lee 湘桂柿
Diospyros yunnanensis Rehd. & Wils.云南柿
Diospyros zhenfengensis S.Lee 贞丰柿
Dipelta Maxim.**双盾木属**(忍冬科)
Dipelta elegans Batal.优美双盾木
Dipelta floribunda Maxim.双盾木
Dipelta ventricosa Hemsl.=Dipelta yunnanensis
Dipelta yunnanensis Franch.云南双盾木
Dipentodon Dunn **十齿花属**(卫矛科)
Dipentodon longipedicellatus C.Y.Cheng & J.S.Liu 长梗十齿花
Dipentodon sincicus Dunn(西藏志 1987)=Dipentodon longipedicellatus
Dipentodon sinicus Dunn 十齿花
Dipetalia Rafin.=**Oligomeris**
Diphaca Lour.=**Ormocarpum**
Diphaca cochinchinense Lour.=Ormocarpum cochinchinense
Diphasiastrum Holub **扁枝石松属**(石松科)
Diphasiastrum alpinum (L.) Holub 高山石松
Diphasiastrum complanatum (L.) Holub.扁枝石松
Diphasiastrum complanatum var. anceps (Wallr.) Aschers.地刷子
Diphasiastrum complanatum var. glaucum Ching 灰白扁枝石松
Diphasiastrum veitchii (Christ) Holub 矮小石松
Diphasium complanatum (L.) Rothm.(p.p.)= Diphasiastrum alpinum
Diphasium complanatum (L.) Rothm.(p.p.)= Diphasiastrum complanatum
Diphasium complanatum (L.) Rothm.(Tagawa in Col.Illustr.Jap.Pterid.Ind.1959.)= Diphasiastrum complanatum var. anceps
Diphasium complanatum (L.) Rothm.=Diphasiastrumcomplanatum
Diphylax HK.f.**尖药兰属**(兰科)
Diphylax contigua (T.Tang & F.T.Wang) T.Tang & F.T.Wang 长苞尖药兰
Diphylax uniformis (T.Tang & F.T.Wang) T.Tang & F.T.Wang 西南尖药兰
Diphylax urceolata (Clarke) HK.f.尖药兰
Diphylleia Michaux **山荷叶属**(小檗科)
Diphylleia cymosa Michx.美洲山荷叶
Diphylleia cymosa subsp. *sinensis* (H.L.Li) T.Shimizu=Diphylleia sinensis
Diphylleia grayi Fr.Schmidt. (高等图鉴 1972)=Diphylleia sinensis
Diphylleia grayi Fr.Schmidt.东北山荷叶
Diphylleia sinensis H.L.Li 南方山荷叶
Diplachne Beauv.**双稃草属**(禾本科)
Diplachne fascicularis (Lam.) Beauv.束序双稃草
Diplachne fusca (L.) Beauv.双稃草
Diplachne hackeli Honda=Cleistogenes hackeli
Diplachne malabarica (L.) Merr.=Diplachne fusca
Diplachne serotina Link.(Крылов in Фл.Залб.1928)=Cleistogenes kitagawai
Diplachne serotina var. *chinensis* Maxim.=Cleistogenes chinensis
Diplachne sinensis Hance (Roshev in Fl.CCCP1934).=Cleistogenes kitagawai
Diplachne sinensis Hance=Cleistogenes hancei
Diplachne songorica Roshev.=Cleistogenes songorica
Diplachne squarrosa (Trin.) Richt.=Cleistogenes squarrosa
Diplachne squarrosa var. *longe-aristata* Rendle=Cleistogenes squarrosa
Diplachne thoroldii Stapf ex Hemsl.=Orinus thoroldii
Diplacorchis Schltr.=**Brachycorythis**
Diplacrum R.Br.**裂颖茅属**(莎草科)
Diplacrum caricinum R.Br.裂颖茅
Diplandrorchis S.C.Chen **双蕊兰属**(兰科)
Diplandrorchis sinica S.C.Chen 双蕊兰
Diplanthera Thou.=**Halodule**
Diplanthera pinifolia Miki=Halodule pinifolia
Diplanthera Thou.=**Halophila**
Diplanthera tridentata Steintheil=Halodule tridentata
Diplanthera univervis Asch & Graebn.=Halodule uninervis
Diplarche HK.f. & Thoms.**杉叶杜属**(杜鹃花科)
Diplarche multiflora HK.f. & Thoms.杉叶杜
Diplarche pauciflora HK.f. & Thoms.少花杉叶杜鹃
Diplasanthum lanosum Desv.=Dichanthium aristatum
Diplaziopsis C.Chr.**肠蕨属**(蹄盖蕨科)
Diplaziopsis brunoniana (Wall.) W.M.Chu 阔羽肠蕨
Diplaziopsis cavaleriana (Christ) C.Chr.川黔肠蕨
Diplaziopsis hainanensis Ching=Diplaziopsis brunoniana
Diplaziopsis intermedia Ching=Diplaziopsis cavaleriana
Diplaziopsis javanica (Bl.) C.Chr.肠蕨
Diplaziopsis javanica (Christ) C.Chr.(Ogata in Ic.Fil.Jap.1935)=Diplaziopsis cavaleriana
Diplaziopsis javanica Ching(p.p.)=Diplaziopsis brunoniana
Diplaziopsis javanica var. *cavalerianum* Tagawa=Diplaziopsis cavaleriana
Diplazium Diels=**Allantodia**
Diplazium Sw.**双盖蕨属**(蹄盖蕨科)
Diplazium allantodioides Ching=Allantodia contermina
Diplazium amamianum Tagawa=Allantodia amamiana
Diplazium ambiguum (Sw.) Milde=Callipteris esculenta
Diplazium aphanoneuron Ohwi=Diplazium donianum var. aphanoneuron
Diplazium aridum Christ=Allantodia doederleinii
Diplazium arisanense Hay.=Athyrium arisanense
Diplazium asperum Bl.=Allantodia aspera
Diplazium axillare Ching=Allantodia himalayensis
Diplazium bantamense Bedd.=Diplazium donianum
Diplazium basahense Ching 白沙双盖蕨
Diplazium basipinnatifidum Ching=Dictyodroma formosanum
Diplazium bicuspe Hay.=Asplenium ensiforme f. bicuspe
Diplazium brevicarpium Ching=Allantodia sikkimensis
Diplazium burmanicum Ching 缅甸双盖蕨?
Diplazium calogramma Christ=Allantodia calogramma
Diplazium cavalerianum (Christ) M.Kato=Diplaziopsis cavaleriana
Diplazium cavaleriei Christ=Allantodia metteniana
Diplazium centrochinense Tard.-Blot=Asplenium wrightioides
Diplazium chinense (Bak.) C.Chr.=Allantodia chinensis
Diplazium christensenianum Koidz.=Cornopteris christenseniana
Diplazium conilii (Franch. & Sav.) Makino=Athyriopsis conilii
Diplazium conterminum Christ=Allantodia contermina
Diplazium costalisorum Hay.=Allantodia doederleinii
Diplazium crassiusculum Ching 厚叶双盖蕨
Diplazium crenatoserratum var. *hirta* Rosenst.=Monomelangium pullingeri
Diplazium crinipes Ching=Allantodia dilatata
Diplazium decurrenti-alatum (HK.) C.Chr.=Cornopteris decurrenti-alata

Diplazium dilatata sensu Nakaike (p.p.)=Allantodia uraiensis
Diplazium dilatatum Bl.=Allantodia dilatata
Diplazium dimorphophyllum Koidz.=Athyriopsis dimorphophylla
Diplazium divaricatum Ching=Allantodia alata
Diplazium diversifolium (Wall.) J.Sm.=Allantodia maxima
Diplazium doederleinii (Luerss.) Makino=Allantodia doederleinii
Diplazium donianum (Mett.)Tard.-Blot 双盖蕨
Diplazium donianum var. aphanoneuron (Ohwi)Tagawa 隐脉双盖蕨
Diplazium donianum var. *biserrulatum* Tard.-Blot=Diplazium crassiusculum
Diplazium donianum var. donianum=Diplazium donianum
Diplazium donianum var. lobatum Tagawa 顶羽裂双盖蕨
Diplazium epirachis Chirst=Athyrium epirachis
Diplazium esculentum (Rez.) Sm.=Callipteris esculenta
Diplazium esculentum var. *pubescens* Tard.-Blot=Callipteris esculenta var. pubescens
Diplazium fauriei Christ=Allantodia metteniana var. fauriei
Diplazium fauriei sensu Nakaike=Allantodia metteniana
Diplazium flaccidum Christ=Allantodia gigantea
Diplazium formosanum Rosenst.=Dictyodroma formosanum
Diplazium fraxineum Don=Coniogramme fraxinea
Diplazium fraxinifolium Bedd.=Diplazium donianum
Diplazium giganteum (Bak.) Ching=Allantodia gigantea
Diplazium grammitoides var. *conilii* (Franch. & Sav.) Nakai=Athyriopsis conilii
Diplazium griffithii (Bak.) Bedd.=Allantodia multicaudata
Diplazium griffithii Moore=Allantodia griffithii
Diplazium grosselobatum C.Chr.=Allantodia matthewii
Diplazium hachijoense Nakai=Allantodia hachijoensis
Diplazium hainanense Ching 海南双盖蕨
Diplazium hancockii (Maxim.) Hay.=Monomelangium pullingeri
Diplazium hemionitideum Christ=Dictyodroma heterophlebium
Diplazium heterocarpum Ching=Allantodia heterocarpa
Diplazium heterophlebium (Mett.) Diels (Wu,Wng & Pong in Bull.Dept.Biol.Sun Yatsen Univ.1932)=Dictyodroma formosanum
Diplazium heterophlebium (Mett.) Diels=Dictyodroma heterophlebium
Diplazium heterophlebium Diels (分类学报 1959)=Dictyodroma hainanense
Diplazium hirtipes Christ=Allantodia hirtipes
Diplazium hokouense Ching=Diplazium splendens
Diplazium hookerianum Koidz.=Cornopteris decurrenti-alata
Diplazium incompta Tagawa=Allantodia incompta
Diplazium insigne Ching=Allantodia hirtipes
Diplazium isobase Christ=Allantodia metteniana
Diplazium japonicum sensu DeVol.=Athyriopsis petersenii
Diplazium japonicum (Thunb.) Bedd.=Athyriopsis japonica
Diplazium japonicum var. latipes Rosenst.=Athyriopsis conilii
Diplazium japonicum var. *conilii* (Franch. & Sav.) Makino=Athyriopsis conilii
Diplazium japonicum var. *coreanum* Bak.=Athyriopsis petersenii
Diplazium japonicum var. *nudisorum* C.Chr.=Cornopteris omeiensis
Diplazium japonicum var. *textori* (Miq.) Christ=Allantodia metteniana
Diplazium japonicum var. *yaoshanense* Wu=Allantodia yaoshanensis
Diplazium javanicum (Bl.) Makino=Diplaziopsis cavaleriana
Diplazium kanasiroi Tagawa=Allantodia yaoshanensis
Diplazium kappanense Hay.=Allantodia kappanensis
Diplazium kawakamii Hay.=Allantodia kawakamii
Diplazium kiusianum Koidz.=Athyriopsis kiusiana
Diplazium lanceum (Thunb.) Presl=Diplazium subsinuatum
Diplazium lanceum var. *crenatum* Makino=Diplazium tomitaroanum
Diplazium lanceum var. *grandicrenatum* Nakai ex H.Ito=Diplazium tomitaroanum
Diplazium lasiopteeris Kze.=Athyriopsis petersenii
Diplazium latifolium (Don) Moore=Allantodia dilatata
Diplazium latifolium var. *cyclolobum* Christ=Allantodia uraiensis
Diplazium laxifrons Rosenst.=Allantodia laxifrons
Diplazium leptophyllum Christ=Allantodia leptophylla
Diplazium lobatum (Tagawa)Tagawa=Diplazium donianum var. lobatum
Diplazium lobulosum (Wall. & Mett.) Presl=Allantodia lobulosa
Diplazium lohfauense C.Chr.=Allantodia metteniana
Diplazium longifolium (Don) Moore=Allantodia lobulosa
Diplazium lutchuense Koidz.=Allantodia virescens
Diplazium macrophyllum Ching=Allantodia megaphylla
Diplazium makinoi Yabe ex Matsumura & Hay.=Asplenium loriceum
Diplazium maonense Ching 马鞍山双盖蕨
Diplazium matsumurae Kodama=Asplenium matsumurae
Diplazium matthewii (Copel.) C.Chr.=Allantodia matthewii
Diplazium maximum sensu C.Chr.=Allantodia dilatata
Diplazium maximum (Don) C.Chr.=Allantodia maxima
Diplazium maximum var. *formosanum* Rosenst.=Allantodia petri
Diplazium megaphyllum (Bak.) Christ=Allantodia megaphylla
Diplazium megaphyllum var. *subintegrifolium* Tard.-Blot=Allantodia megaphylla
Diplazium mesosorum (Makino) Koidz.=Rhachidosorus mesosorus
Diplazium metcalfii Ching=Allantodia metcalfii
Diplazium mettenianum (Miq.) C.Chr.=Allantodia metteniana
Diplazium mettenianum var. *fauriei* (Christ)Tagawa=Allantodia metteniana var. fauriei
Diplazium mettenianum var. *isobase* (Christ)Tagawa=Allantodia metteniana
Diplazium nagamanum Makino=Allantodia chinensis
Diplazium nipponicum Tagawa=Allantodia nipponica
Diplazium nudicaule (Copel.) C.Chr.=Allantodia doederleinii
Diplazium odoratissimum Hay.=Dictyodroma formosanum
Diplazium okinawaense Tagawa=Allantodia virescens var. okinawaensis
Diplazium okudairai Makino=Allantodia okudairai
Diplazium oldhamii (HK. & Bak.) Christ=Athyriopsis conilii
Diplazium omeiense Ching=Allantodia hachijoensis
Diplazium opacum (Don) Christ=Cornopteris opaca
Diplazium opacum sensu Tagawa (p.p.)=Cornopteris decurrenti-alata
Diplazium orientale Rosenst.=Allantodia chinensis
Diplazium oshimense (Christ) H.Ito=Athyriopsis japonica var. oshimensis
Diplazium otophorum C.Chr.=Athyrium otophorum
Diplazium paradoxa Fée=Callipteris paradoxa
Diplazium parallelosorum (Bak.) C.Chr.=Allantodia hirtipes
Diplazium pellucidum Ching=Allantodia hirtipes
Diplazium peptelotii Tard.-Blot=Allantodia petelotii
Diplazium petersenii (Kze.) Christ=Athyriopsis petersenii
Diplazium petersenii sensu Christ=Cornopteris omeiensis
Diplazium petri Tard.-Blot=Allantodia petri
Diplazium phaeolepis Tagawa=Allantodia viridissima
Diplazium pinfaense Ching 薄叶双盖蕨
Diplazium pinnatifido-pinnatum Moore=Allantodia pinnatifido-pinnata
Diplazium platylepis Ching=Diplazium hainanense
Diplazium polypodioides Bedd.=Allantodia aspera
Diplazium polypodioides var. *sinense* Christ=Allantodia laxifrons
Diplazium polypodioides var. *vestitum* (Clarke) C.Chr.=Allantodia himalayensis
Diplazium polysporum Ching=Diplazium splendens
Diplazium prolixum Rosenst.=Allantodia prolixa
Diplazium pseudodoederleinii Hay.=Allantodia viridissima
Diplazium pubescens Link=Callipteris esculenta var. pubescens
Diplazium pulchrum Tagawa=Rhachidosorus pulcher
Diplazium pullingeri (Bak.) J.Sm.=Monomelangium pullingeri
Diplazium pullingeri f. *intermedia* Wu=Monomelangium pullingeri
Diplazium pullingeri f. *lanceolata* Wu=Monomelangium pullingeri
Diplazium rude Christ=Dictyodroma heterophlebium
Diplazium sahposhanense Ching=Diplazium serratifolium
Diplazium serratifolium Ching 锯齿双盖蕨
Diplazium siamense C.Chr.=Allantodia siamensis
Diplazium sibiricum (Turcz. ex Kze.) Kurata=Allantodia crenata
Diplazium sibiricum var. *glabrum* (Tagawa) Kurata=Allantodia crenata var. glabra
Diplazium sikkimense (Clarke) C.Chr.=Allantodia sikkimensis
Diplazium simplicifolium Kodama=Diplazium subsinuatum
Diplazium siroyamense Tagawa=Allantodia hachijoensis
Diplazium spectabile (Wall. ex Mett.) Ching=Allantodia spectabilis
Diplazium splendens Ching 大叶双盖蕨
Diplazium squamigerum (Mett.) Matsum.=Allantodia squamigera
Diplazium stenochlamys C.Chr.=Allantodia stenochlamys
Diplazium stenolepis Ching 狭鳞双盖蕨
Diplazium stoliczkae var. *hirsutipes* Bedd.=Allantodia hirsutipes
Diplazium submettenianum Ching=Allantodia wangii
Diplazium subrigescens Hay.=Athyrium subrigescens
Diplazium subsinuatum (Wall. ex HK. & Grev.)Tagawa 单叶双盖蕨
Diplazium subsinuatum W.C.Shieh et al.=Diplazium tomitaroanum
Diplazium succulentum (Clarke) C.Chr.=Allantodia succulenta
Diplazium taiwanense Tagawa=Allantodia kappanensis
Diplazium taquetii C.Chr.=Allantodia taquetii
Diplazium textori (Miq.) Makino=Allantodia metteniana

Diplazium thelypteris Bedd.=Allantodia hirsutipes
Diplazium thelypteroides Presl=Lunathyrium acrostichoides
Diplazium thunbergii Nakai ex Momose=Athyriopsis japonica
Diplazium tomitaroanum Masam.羽裂叶双盖蕨
Diplazium triangulare Tagawa=Allantodia petri
Diplazium uraiense Rosenst.=Allantodia uraiensis
Diplazium uraiense var. *cyclolobum* (Christ)Tagawa=Allantodia uraiensis
Diplazium veitchii Christ=Allantodia dilatata
Diplazium veitchii sensu C.Chr.=Allantodia griffithii
Diplazium virescens DeVol. & C.M.Kuo (p.p.)=Allantodia virescens var. okinawaensis
Diplazium virescens Tagawa=Allantodia contermina
Diplazium virescens var. *conterminum* Kurata=Allantodia contermina
Diplazium virescens var. *okonawaense* (Tagawa) Kurata=Allantodia virescens var. okinawaensis
Diplazium virescens var. *sugimotoi* Kurata=Allantodia virescens var. sugimotoi
Diplazium virescens var. *taiwanense* (Tagawa) Kurata=Allantodia kappanensis
Diplazium virescens sensu Tagawa=Allantodia wheeleri
Diplazium viresens Kze.=Allantodia virescens
Diplazium viridescens Ching=Allantodia viridescens
Diplazium viridissimum Christ=Allantodia viridissima
Diplazium wangii Ching=Allantodia procera
Diplazium wangii Ching=Allantodia wangii
Diplazium wheeleri (Bak.) Diels=Allantodia wheeleri
Diplazium wichurae (Mett.) Diels=Allantodia wichurae
Diplazium yangpieense Ching=Allantodia squamigera
Diplazium yaoshanense (Wu)Tard.-Blot=Allantodia yaoshanensis
Diplazium yaoshanicum Ching=Allantodia dilatata
Diplazium yuyangense Ching=Allantodia heterocarpa
Diplazium zeylanicum (HK.) Moore (分类学报 1959)=Diplazium tomitaroanum
Diplazoptilon Liang **重羽菊属**(菊科)
Diplazoptilon cooperi (Anth.) Shih 裂叶重羽菊
Diplazoptilon picridifolium (Hand.-Mazz.) Ling 重羽菊
Diplectria Bl. ex Reichenb.**藤牡丹属**(野牡丹科)
Diplectria assamica (C.B.Clarke) O.Kitze=Medinilla assamica
Diplectria barbata (Wall. ex C.B.Clarke) Franken & Roos.藤牡丹
Diploblechnum Hay.**扫把蕨属**(乌毛蕨科)
Diploblechnum fraseri (A.Cunn.) DeVol.扫把蕨
Diploblechnum integripinnum Hay.=Diploblechnum fraseri
Diplocarex Hay.=**Carex**
Diplocarex matudai Hay.=Carex dolichostachya
Diplochilus Lindl.=**Diplomeris**
Diploclisia Miers **秤钩风属**(防已科)
Diploclisia affinis (Oliv.) Diels 秤钩风
Diploclisia chinensis Merr.=Diploclisia affinis
Diploclisia glaucescens (Bl.) Diels 苍白秤钩风
Diploclisia kunstleri (King) Diels=Diploclisia glaucescens
Diploclisia macrocarpa (Wight) Miers=Diploclisia glaucescens
Diploconchium inocephalum Schauer=Agrostophyllum inocephalum
Diplocos zeylanica (Thw.) Bur.=Streblus zeylanicus
Diplocyatha N.E.Br.**复杯角属**(萝藦科)
Diplocyatha ciliata N.E.Br.复杯角
Diplocyclos (Endl.) Post & Kuntze **毒瓜属**(葫芦科)
Diplocyclos palmatus (L.) C.Jeff.毒瓜
Diplofatsia Nakai=**Fatsia**
Diplofatsia polycarpa (Hay.) Nakai=Fatsia polyarpa
Diploglossum Meissn.=**Cynanchum**
Diploglossum auriculatum Meissn.=Cynanchum auriculatum
Diploknema Pierre **藏榄属**(山榄科)
Diploknema butyracea (Roxb.) Lam.藏榄
Diploknema yunnanensis D.D.Tao,Z.H.Yang & Q.T.Zhang 云南藏榄
Diplolepis ovata Lindl.=Tylophora ovata
Diploloma echioides Schrndk=Craniospermum echioides
Diplomeris D.Don **合柱兰属**(兰科)
Diplomeris chinensis Rolfe=Amitostigma pinguiculum
Diplomeris pulchella D.Don 合柱兰
Diplomorpha Meisn.=**Wikstroemia**
Diplomorpha dolichantha (Diels) Hamaya=Wikstroemia dolichantha
Diplomorpha dolichantha var. *effusa* (Rehd.) Hamaya=Wikstroemia dolichantha
Diplomorpha dolichantha var. *pilosa* (Cheng) Hamaya=Wikstroemia pilosa
Diplomorpha dolichantha var. *pubescens* (Domke) Hamaya=Wikstroemia dolichantha
Diplomorpha trichotoma (Thunb.) Nakai=Wikstroemia trichotoma
Diplopanax Hand.-Mazz.**马蹄参属**(五加科)
Diplopanax stachyanthus Hand.-Mazz.马蹄参
Diplopappus asperrimus DC.=Aster trinervius
Diplopappus baccharoides Benth.=Aster baccharoides
Diplopappus chinensis (L.) Less.=Callistephus chinensis
Diplopappus diplostephioides (DC.) HK.f. & Thoms. ex HK.f.=Aster diplostephioides
Diplopappus dysentericus Bluff. & Fingerh.=Pulicaria dysenterica
Diplopappus elegans HK.f. & Thoms.=Aster neo-elegans
Diplopappus molliusculus Lindl. ex DC.=Aster molliusculus
Diplopappus pulicarius Bluff. & Fingesd.=Pulicaria prostrata
Diplopappus roylei Lindl. ex DC.=Aster molliusculus
Diplophragma tetrangulare Korth.=Hedyotis tetrangularis
Diplophyllum cardiocarpum Kar. & Kir.=Veronica cardiocarpa
Diploprora HK.f.**蛇舌兰属**(兰科)
Diploprora bicaudata (Thw.) Schltr.=Diploprora championii
Diploprora championii (Lindl.) HK.f.蛇舌兰
Diploprora kusukusensis Hay.=Diploprora championii
Diploprora uraiensis Hay.=Diploprora championii
Diplopterygium (Diels) Nakai **里白属**(里白科)
Diplopterygium blotiana (C.Chr.) Nakai 阔片里白
Diplopterygium cantonense Ching 粤里白
Diplopterygium chinense (Ros.) Devol.中华里白
Diplopterygium criticum (Ching & Chiu) Ching 正里白
Diplopterygium gigantea (Wall. ex HK.) Nakai 大里白
Diplopterygium glaucoides (Ching) Ching 假里白
Diplopterygium glaucum (Thunb.) Nakai 里白
Diplopterygium laevissima (Christ) Nakai 光里白
Diplopterygium maximum (Ching) Ching 绿里白
Diplopterygium omeiense (Ching & Chiu) Ching 峨眉里白
Diplopterygium reflexum (Ching & Chiu) Ching 灰里白
Diplopterygium refopilosum (Ching & Chiu) Ching 红毛里白
Diplopterygium remotum (Ching) Ching 远羽里白
Diplopterygium rufum (Ching) Ching 厚毛里白
Diplopterygium simulans (Ching) Ching 海南里白
Diplopterygium tamdaoense (Ching & Chiu) Ching 越北里白
Diplopterygium yunnanense (Ching) Ching 云南里白
Diplora cadieri Christ=Lomariopsis cochinchinenis
Diplospora DC.**狗骨柴属**(茜草科)
Diplospora buisanensis Hay.=Diplospora dubia
Diplospora dubia (Lindl.) Masam.狗骨柴
Diplospora fruticosa Hemsl.毛狗骨柴
Diplospora mollissima Hutch.云南狗骨柴
Diplospora sp. ?=Aidia cochinchinensis
Diplospora tanakai Hay.=Diplospora dubia
Diplospora viridiflora DC.=Diplospora dubia
Diplotaxis DC.**二行芥属**(十字花科)
Diplotaxis muralis (L.) DC.二行芥
Diplotaxis parvula Schrenk=Thellungiella parvula
Diplotaxis tenuifolia (L.) DC.细叶二行芥
Diplothora tonkinensis Gagn.=Streblus asper
Diplycosia alboglauca Merr.=Gaultheria dumicola
Diplycosia semi-infera C.B.Clarke=Gaultheria semi-infera
Diplyphosa Bl.(新拉汉英 1996)=**Diglyphosa**
Diplyphosa evrardii (Gagn.) Tang & Wang (新拉汉英 1996) = Diglyphosa evrardii
Diplyphosa latifolia Bl. (新拉汉英 1996) = Diglyphosa latifolia
Dipodium R.Br.**迪波兰属**(兰科)
Dipodium paludosum (Griff.) Rchb.f.沼泽迪波兰
Dipodium parviflorum J.J.Sm.小花迪波兰
Dipodium punctatum (Sm.) R.Br.斑点迪波兰
Dipoma Franch.**蛇头荠属**(十字花科)
Dipoma iberideum Franch.蛇头荠
Dipoma iberideum f. *pilosius* O.E.Schulz=Dipoma iberideum
Dipoma iberideum var. *dasycarpum* O.E.Schulz=Dipoma iberideum
Dipoma iberideum var. iberideum f. pilosius O.E.Schulz 叉毛蛇头荠

Dipoma iberideum var. iberideum=Dipoma iberideum
Dipoma tibeticum O.E.Schulz.=Taphrospermum tibeticum
Dipsacaceae 川续断科
Dipsacus L.**川续断属**(川续断科)
Dipsacus asper Wall.续断
Dipsacus asperoides C.Y.Cheng & T.M.Ai 川续断
Dipsacus asperoides var. asperoides=Dipsacus asperoides
Dipsacus asperoides var. omeiensis Z.T.Yin 峨眉续断
Dipsacus atropurpureus C.Y.Cheng & Z.T.Yin 深紫续断
Dipsacus chinensis Bat.大头续断
Dipsacus fulingensis C.Y.Cheng & T.M.Ai 涪陵续断
Dipsacus fullonum Huds.=Dipsacus sativus
Dipsacus fullonum L.(华北经济志 1953)=Dipsacus sativus
Dipsacus fullonum L.起绒草
Dipsacus fullonum subsp. *sativus* (L.) Thell.=Dipsacus sativus
Dipsacus fullonum α. *silvestris* Schmlh.=Dipsacus fullonum
Dipsacus fullonum β. L.=Dipsacus sativus
Dipsacus fullonum β. *sativus* L.=Dipsacus sativus
Dipsacus fullonum γ. *sativus* (L.) Gmel. ex Schmalb.=Dipsacus sativus
Dipsacus inermis Wall.(C.B.Clarke in Fl.Brit.Ind.1882)=Dipsacus inermis var. mitis
Dipsacus inermis Wall.劲直续断
Dipsacus inermis var. inermis=Dipsacus inermis
Dipsacus inermis var. mitis (D.Don) Y.Nasir 滇藏续断
Dipsacus inermis var. β. Wall.=Dipsacus inermis var. mitis
Dipsacus japonicus Miq.日本续断
Dipsacus sativus (L.) Honck.拉毛果
Dipsacus silvestris Huds.=Dipsacus fullonum
Dipsacus strictus D.Don=Dipsacus inermis
Dipsacus tianmuensis C.Y.Cheng & Z.T.Yin 天目续断
Diptera mengtzeana (Engl. & Irmsch.) Losinsk.=Saxifraga mengtzeana
Diptera sarmentosa (L.f.) Losinsk.=Saxifraga stolonifera
Dipteracanthus Nees **楠草属**(爵床科)
Dipteracanthus calycinus Champ.= Baphicacanthus cusia
Dipteracanthus lanceolatus Nees= Dipteracanthus repens
Dipteracanthus repens (L.) Hassk.楠草
Dipteridaceae 双扇蕨科
Dipteris Reinw.**双扇蕨属**(双扇蕨科)
Dipteris chinensis Christ 中华双扇蕨
Dipteris conjugata (Kaulf.) Reinw.双扇蕨
Dipteris wallichii (R.Br.) T.Moore 喜马拉雅双扇蕨
Dipterocarpaceae 龙脑香科
Dipterocarpus Gaertn.f.**龙脑香属**(龙脑香科)
Dipterocarpus alatus Roxb.翅龙脑香
Dipterocarpus chartaceus Syminton 纸质龙脑香
Dipterocarpus costatus Gaertn.f.中脉龙脑香
Dipterocarpus dyeri Pierre 钱支龙脑香
Dipterocarpus gracilis Bl.纤细龙脑香
Dipterocarpus grandiflorus Blanco 大花龙脑香
Dipterocarpus insularis Hance 海岛龙脑香
Dipterocarpus intricatus Dyer 缠结龙脑香
Dipterocarpus obtusifolius Teysm.钝叶龙脑香
Dipterocarpus pilosus Roxb.=Dipterocarpus gracilis
Dipterocarpus retusus Bl.东京龙脑香
Dipterocarpus skinneri King=Dipterocarpus gracilis
Dipterocarpus tonkinensis A.Chev.=Dipterocarpus retusus
Dipterocarpus tuberculatus Roxb.小瘤龙脑香
Dipterocarpus turbinatus Gaertn.f.羯布罗香
Dipterocarpus zeylanicus Thw.锡兰龙脑香
Dipteronia Oliv.**金钱槭属**(槭树科)
Dipteronia chinensis Erdtman=Dipteronia sinensis
Dipteronia dyerana Henry 云南金钱槭
Dipteronia sinensis Oliv.金钱槭
Dipteronia sinensis var. sinensis=Dipteronia sinensis
Dipteronia sinensis var. taipeiensis Fang & Fang f. 太白金钱槭
Dipterosperma Hassk.=**Stereospermum**
Dipterosperma personatum Hassk=Stereospermum colais
Diptychocarpus Trautv.**异果芥属**(十字花科)
Diptychocarpus strictus (Fisch. ex M.Bieb.) Trautv.异果芥
Diracodes Bl.=**Etlingera**
Disa Berg.**迪萨兰属**(兰科)
Disa capricornis Rchb.f.羊角迪萨兰
Disa crassicornis Lindl.粗角迪萨兰
Disa cylindrica (Thunb.) Sw.圆柱迪萨兰
Disa laeta Rchb.f.可爱迪萨兰
Disa longicorna L.f.长角迪萨兰
Disa nervosa Lindl.具脉迪萨兰
Disa porrecta Sw.外伸迪萨兰
Disa sanguinea Sond.血红迪萨兰
Disa uniflora Berg.单花迪萨兰
Disanthus Maxim.**双花木属**(金缕梅科)
Disanthus cercidifolius Maxim.双花木
Disanthus cercidifolius var. longipes Chang 长柄双花木
Dischidanthus Tsiang **马兰藤属**(萝藦科)
Dischidanthus urceolatus (Decne.) Tsiang 马兰藤
Dischidia B.Br.**眼树莲属**(萝藦科)
Dischidia alboflava Cost=Dischidia tonkinensis
Dischidia australis Tsiang & P.T.Li 尖叶眼树莲
Dischidia balansae Costantin=Dischdia tonkinensis
Dischidia chinensis Champ. ex Benth.眼树莲
Dischidia chinghungensis Tsiang & P.T.Li=Hoya chinghungensis
Dischidia esquirolii (Lévl.) Tsiang=Dischidia tonkinensis
Dischidia formosana Maxim.台湾眼树莲
Dischidia minor (Wahl.) Merr.=Dischidia nummularia
Dischidia nummularia R.Br.圆叶眼树莲
Dischidia obcordata (N.E.Br.) Maxwell & Donck.=Micholitzia obcordata
Dischidia orbicularis Decne.=Dischidia nummularia
Dischidia tonkinensis Cost.滴锡眼树莲
Dischidia yunnanensis Lévl.=Biondia yunnanensis
Discocleidion Muell.Arg.) Pax & Hoffm.**假奓包叶属**(大戟科)
Discocleidion glabrum Merr.光假奓包叶
Discocleidion rufescens (Franch.) Pax & Hoffm.假奓包叶
Disemma horsfieldii Miq.=Passiflora moluccana var. teysmanniana
Disemma penangiana (Wall.) Miq.=Adenia penangiana
Disperis Sw.**双袋兰属**(兰科)
Disperis hidebrandtii Rchb.f.赫氏双袋兰
Disperis nantauensis S.Y.Hu 香港双袋兰
Disperis orientalis Fukuyama=Disperis siamensis
Disperis siamensis Rolfe ex Downie 双袋兰
Disperis teleplana F.Maekawa=Disperis siamensis
Disporopsis Hance **竹根七属**(百合科)
Disporopsis arisanensis Hay.=Disporopsis pernyi
Disporopsis aspera (Hua) Engl. ex Krause 散斑竹根七
Disporopsis fuscopicta Hance 竹根七
Disporopsis jinfunshanensis Z.Y.Liu 金佛山竹根七
Disporopsis leptophylla Hay.=Disporopsis pernyi
Disporopsis longifolia Craib 长叶竹根七
Disporopsis mairei Lévl.=Polygonatum punctatum
Disporopsis pernyi (Hua) Diels 深裂竹根七
Disporopsis taiwanensis S.S.Ying=Disporopsis pernyi
Disporopsis undulata M.N.Tamura & Ogisu 峨眉竹根七
Disporum Salisb.**万寿竹属**(百合科)
Disporum acuminatissimum Wl.L.Sha=Disporum megalanthum
Disporum austrosinense H.Hara=Disporum trabeculatum
Disporum bodinieri (Lévl. & Vant.) Wang & Tang 长蕊万寿竹
Disporum brachystemon F.T.Wang & Tang=Disporum bodinieri
Disporum calcaratum D.Don 距花万寿竹
Disporum calcaratum var. *hamiltonianum* (D.Don) Baker=Disporum calcaratum
Disporum cantoniense (Lour.) Merr.万寿竹
Disporum cantoniense f. *brunneum* (C.H.Wright) H.Hara=Disporum cantoniense
Disporum cantoniense var. *brunneum* (C.H.Wright) Hand.-Mazz.= Disporum cantoniense
Disporum cantoniense var. *kawakamii* (Hay.) H.Hara=Disporum kawakamii
Disporum cavaleriei Lévl.=Disporum bodinieri
Disporum cavaleriei Lévl.=Disporum longistylum
Disporum chinense D.Dom=Disporum cantoniense
Disporum chinense O.Kuntze=Disporum cantoniense
Disporum esquirolii Lévl.=Tricyrtis pilosa

Disporum flavens Kitag.=Disporum uniflorum
Disporum hainanense Merr.海南万寿竹
Disporum hamiltonianum D.Don=Disporum calcaratum
Disporum hookeri Nichols.加州万寿竹
Disporum jiangchengense Y.Y.Qiang=Disporum calcaratum
Disporum kawakamii Hay.台湾万寿竹
Disporum latipetalum Coll. & Hemsl.=Disporum calcaratum
Disporum longistylum (Lévl. & Vant.) H.Hara 长蕊万寿竹
Disporum luzoniense Merr.=Disporopsis fuscopicta
Disporum mairei Lévl.=Stemona mairei
Disporum megalanthum Wang & Tang 大花万寿竹
Disporum nantouensis S.S.Ying 南投万寿竹
Disporum ovale Ohwi=Streptopus ovalis
Disporum pedunculatum H.Li & J.L.Huang=Disporum calcaratum
Disporum pullum Salisb.=Disporum cantoniense
Disporum pullum var. *brunnea* C.H.Wright=Disporum cantoniense
Disporum pullum var. *ovalifolium* Lévl.=Disporum brachystemon
Disporum senpomonticolum Yamamoto=Disporum hainanense
Disporum sessile D.Don 宝铎草
Disporum sessile subsp. *flavens* (Kitag.) Kitag.=Disporum uniflorum
Disporum sessile var. *pachyrrhizum* Hand.-Mazz.=Disporum uniflorum
Disporum sessile var. *shimadae* (Hay.) H.Hara=Disporum shimadae
Disporum sessile var. *shimadae* f. *intermedium* H.Hara=Disporum nantouensis
Disporum sessile var. *stenophyllum* Franch. & Sav.=Disporum uniflorum
Disporum shimadae Hay.山西万寿竹
Disporum shimadai Hay.=Disporum uniflorum
Disporum smilacinum A.Gray 山东万寿竹
Disporum smilacinum C.H.Wright=Disporum viridescens
Disporum smilacinum var. *album* Maxim.=Disporum smilacinum
Disporum smilacinum var. *ramosum* Nakai=Disporum smilacinum
Disporum smilacinum var. *rotundatum* Satake=Disporum smilacinum
Disporum smilacinum var. *variegatum* Nakai=Disporum smilacinum
Disporum smilacinum var. *viridescens* Maxim.=Disporum viridescens
Disporum smithii Piper 长花万寿竹
Disporum taipingense M.N.Tamura & Kawano=Disporum nantouensis
Disporum uniflorum Baker ex S.Moore 少花万寿竹
Disporum viridescens (Maxim.) Nakai 宝珠草
Dissecocarpus Hassk.=**Commelina**
Dissochaeta barthei Hance=Barthea barthei
Dissochaeta sect. *Diplectriae* Bl.=**Diplectria**
Dissolaena verticillata Lour.=Rauvolfia verticillata
Distegocarpus? cordata DC.=Carpinus cordata
Distegocarpus? erosa DC.=Carpinus cordata
Distreptus spicatus (Juss ex Aublet) Cass.=Pseudelephantopus spicatus
Distyliopsis Endress=**Sycopsis**
Distyliopsis dunnii (Hemsl.) Endress=Sycopsis dunnii
Distyliopsis laurifolia (Hemsl.) Endress=Sycopsis laurifolia
Distyliopsis salicifolia (Li) Endress=Sycopsis salicifolia
Distyliopsis tutcheri (Hemsl.) Endress=Sycopsis tutcheri
Distyliopsis yunnanensis C.Y.Wu=Sycopsis yunnanensis
Distylium S. & Z.**蚊母树属**(金缕梅科)
Distylium buxifolium Walker (p.p.)=Distylium chinense
Distylium buxifolium Walker (p.p.)=Distylium dunnianum
Distylium buxifolium (Hance) Merr.小叶蚊母树
Distylium buxifolium var. rotundum Chang 圆头蚊母树
Distylium chinense (Fr.) Diels 中华蚊母树
Distylium chinense Hemsl.(p.p.)=Distylium chinense
Distylium chinense Rehd. & Wils.=Distylium buxifolium
Distylium chinense Rehd.=Distylium dunnianum
Distylium chingii Chun ex Walker=Eustigma balansae
Distylium chungii (Metc.) Cheng 闽粤蚊母树
Distylium cuspidatum Chang 尖尾蚊母树
Distylium dunnianum Lévl.窄叶蚊母树
Distylium elaeagnoides Chang 鳞毛蚊母树
Distylium formosanum Kanehira=Sycopsis sinensis
Distylium gracile Nakai 台湾蚊母树
Distylium lanceolatum Chun ex Cheng=Distylium dunnianum
Distylium macrophyllum Chang 大叶蚊母树
Distylium myricoides Hemsl.杨梅叶蚊母树
Distylium myricoides var. nitidum Chang 亮叶蚊母树
Distylium pingpienense (Hu) Walker 屏边蚊母树
Distylium pingpienense var. serratum Walker 锯齿蚊母树
Distylium racemosum Matsum. & Hay.=Sycopsis sinensis
Distylium racemosum S. & Z.蚊母树
Distylium racemosum var. *chinense* Fr. ex Hemsl.(p.p.)=Distylium buxifolium
Distylium racemosum var. *chinense* Fr. ex Hemsl.(p.p.)=Distylium chinense
Distylium stricatum Hemsl.=Distylium buxifolium
Distylium tsiangii Chun ex Walker 黔蚊母树
Distylium velutinum Hu=Sycopsis laurifolia
Dittelasma rarak(DC.) Benth. & HK.f.=Sapindus rarak
Diuranthera Hemsl.**鹭鸶草属**(百合科)
Diuranthera chinglingensis J.Q.Xing & T.C.Cui 秦岭鹭鸶兰
Diuranthera inarticulata Wang & K.Y.Lang 南川鹭鸶草
Diuranthera major Hesmsl.鹭鸶草
Diuranthera minor (C.H.Wright) Hemsl.小鹭鸶草
Diuris Sm.**簇叶兰属**(兰科)
Diuris alba R.Br.白花簇叶兰
Diuris aurea Sm.黄花簇叶兰
Dobinea Buch.-Ham. ex D.Don **九子母属**(漆树科)
Dobinea delavayi (Baill.) Baill.羊角天麻
Dobinea vulgaris Buch.-Ham. ex D.Don 贡山九子母
Dochafa flava Schott=Arisaema flavum
Docynia Dcne.**移 属**(蔷薇科)
Docynia delavayi (Franch.) Schneid.云南移㭴
Docynia docynioides Rehd.=Docynia indica
Docynia doumeri (Boiss.) Schneid.=Malus doumeri
Docynia grifithiana Dcne.=Docynia indica
Docynia hookeriana Dcne.=Docynia indica
Docynia indica (Wall.) Dcne.移㭴
Docynia indica var. *doumeri* Chev.=Malus doumeri
Docynia indica var. *laosensis* Chev.=Malus doumeri
Docynia rufifolia (Lévl.) Rehd.=Docynia indica
Docyniopsis prattii Koidz.=Malus prattii
Docyniopsis yunnanensis Koidz.=Malus yunnanensis
Dodartia L.**野胡麻属**(玄参科)
Dodartia orientalis L.野胡麻
Dodecadenia Nees **单花木姜子属**(樟科)
Dodecadenia grandiflora Nees 大花木姜子(新)
Dodecadenia grandiflora var. griffithii (HK.f.) Long 无毛花单木姜子
Dodecadenia paniculata HK.f.=Litsea liyuyingi Liou
Dodonaea Miller **车桑子属**(无患子科)
Dodonaea angustifolia L.f.车桑子
Dodonaea viscosa (L.) Jacp.=Dodonaea angustifolia
Dodonaea viscosa var. *linearis* f. *linearis* =Dodonaea angustifolia
Dodonaea viscosa var. *viscosa* f. *angustifolia* (Benth.) Sherff=Dodonaea angustifolia
Dodonaea viscosa var. *viscosa* f. *burmanniana* (Schum. & Thonn.) Radlk. =Dodonaea angustifolia
Dodonaea viscosa var. *viscosa* f. *epandar* (Schum. & Thonn.) Radlk.= Dodonaea angustifolia
Doellingeria Nees. **东风菜属**(菊科)
Doellingeria marchandii (Lévl.) Ling 短冠东风菜
Doellingeria scaber (Thunb.) Nees 东风菜
Dolichandrone (Fenzl) Seem. (植物志 69,1990)=Markhamia
Dolichandrone caudafelina (Hance) Benth. & HK.f.=Markhamia stilulata var. kerrii
Dolichandrone stipulata (Wall.) C.B.Clarke=Markhamia stipulata
Dolichandrone stipulata var. *kerrii* (Sprag.) C.Y.Wu & W.C.Qin= Markhamia stilulata var. kerrii
Dolichandrone stipulata var. stipulata=Markhamia stilulata
Dolichandrone stipulata var. *velutina* (Kurz) Clarke=Markhamia stipulata
Dolicholoma D.Fang & W.T.Wang **长檐苣苔属**(苦苣苔科)
Dolicholoma jasminiflorum D.Fang & W.T.Wang 长檐苣苔
Dolichopetalum Tsiang **金凤藤属**(萝藦科)
Dolichopetalum kwangsiense Tsiang 金凤藤
Dolichos L.**镰扁豆属**(豆科)
Dolichos angularis Willd.=Vigna angularis
Dolichos appendiculatus Hand.-Mazz.丽江镰扁豆
Dolichos barbatus Wall.=Cajanus goensis
Dolichos catjang Burm.f.=Vigna unguiculata subsp. cylindrica

Dolichos ensiformis L.=Canavalia ensiformis
Dolichos erosus L.=Pachyrhizus erosus
Dolichos fabaeformis L'Her=Cyamopsis tetragonoloba
Dolichos falcatus Willd.=Dolichos trilobus
Dolichos giganteus Willd.=Mucuna gigantea
Dolichos gladiatus Jacq.=Canavalia gladiata
Dolichos grandifolius Grah. exWall.=Pueraria lobata var. thomsonii
Dolichos henryi Harms=Dolichos junghuhmianus
Dolichos hirsutus Thunb.=Pueraria lobata
Dolichos junghuhmianus Benth.滇南镰扁豆
Dolichos kosyunensis Hosokawa=Dolichos trilobus
Dolichos lablab L.=Lablab purpureus
Dolichos lagopus Dunn=Sinodolichos lagopus
Dolichos lineatus Thunb.=Canavalia lineata
Dolichos lobatus Willd.=Pueraria lobata
Dolichos luteolus Jacq.=Vigna luteola
Dolichos luteus Sw.=Vigna marina
Dolichos maritimus Aubl.=Canavalia maritima
Dolichos minimus L.=Rhynchosia minima
Dolichos montana Lour.=Pueraria lobata var. montana
Dolichos obcordatus Roxb.=Canavalia maritima
Dolichos obtusifolius Lam=Canavalia maritima
Dolichos phaseoloides Roxb.=Pueraria phaseoloides
Dolichos pilosus Klein ex Willd.=Vigna pilosa
Dolichos pruriens L.=Mucuna pruriens
Dolichos psoraloides Lam.=Cyamopsis tetragonoloba
Dolichos purpureus L.=Lablab purpureus
Dolichos repens L.=Vigna luteola
Dolichos rhombifolius (Hay.) Hosokawa 菱叶镰扁豆
Dolichos roseus Swartz=Canavalia maritima
Dolichos scarabaeoides L.=Cajanus scarabaeoides
Dolichos sect. a. *Macrotyloma* Wight & Arn.=**Macrotyloma**
Dolichos sesquipedalis L.=Vigna unguiculata subsp. sesquipedalis
Dolichos sinensis L.=Vigna unguiculata
Dolichos soja L.=Glycine max
Dolichos subgen. *Macrotyloma* (Wight & Arn.) Baker=**Macrotyloma**
Dolichos tetragonolobus L.=Psophocarpus tetragonolobus
Dolichos thorelii Gagn.海南镰扁豆
Dolichos trilobatus L.=Vigna trilobata
Dolichos trilobus L.镰扁豆
Dolichos trilobus Lour.=Pueraria lobata var. thomsonii
Dolichos umbellatus Thunb.=Vigna umbellata
Dolichos unguiculatus L.=Vigna unguiculata
Dolichos uniflorus Lam.=Macrotyloma uniflorum
Dolichothele Britt. & Rose **长疣球属**(仙人掌科)
Dolichothele longimamma (DC.) Britt. & Rose 金星
Dolichothele sphaerica (Dietr.) Britt. & Rose 八卦掌
Dolichovigna Hay.=**Vigna**
Dolichovigna formosana Hay.=Vigna pilosa
Dolichovigna rhombifolia Hay.=Dolichos rhombifolius
Dolomiaea DC.**川木香属**(菊科)
Dolomiaea berardioides (Franch.) Shih 厚叶川木香
Dolomiaea calophylla Ling 美叶川木香
Dolomiaea cooperi (Anth.) Ling=Diplazoptilon cooperi
Dolomiaea crispo-undulata (Chang) Ling 皱叶川木香
Dolomiaea crispo-undulata var. *chienii* Ling=Dolomiaea crispo-undulata
Dolomiaea denticulata (Ling) Shih 越隽川木香
Dolomiaea edulis (Franch.) Shih 菜木香
Dolomiaea forrestii (Deis) Shih 膜缘川木香
Dolomiaea georgii (Anth.) Shih 腺叶川木香
Dolomiaea platylepis (Hand.-Mazz.) Shih 平苞川木香
Dolomiaea salwinensis (Hand.-Mazz.) Shih 怒江川木香
Dolomiaea saussureoides (Hand.-Mazz.) Y.L.Chen=Bolocephalussaus saussureoides
Dolomiaea scabrida (Shih ex S.Y.Jin) Shih 糙羽川木香
Dolomiaea souliei (Franch.) Shih 川木香
Dolomiaea souliei var. mirabilis (Anth.) Shih 灰毛川木香
Dolomiaea souliei var. souliei=Dolomiaea souliei
Dolomiaea wardii (Hand.-Mazz.) Ling 西藏川木香
Dolophragma juniperinum (D.Don) Fenzl=Arenaria densissima
Donacopsis Gagn.=**Eulophia**
Donax Lour.**竹叶蕉属**(竹芋科)
Donax arundastrum Lour.=Donax canniformis
Donax arundinacea Merr.=Maranta arundinacea
Donax cannaeformis (Forst.) Rolf.=Donax canniformis
Donax canniformis (Forst.) K.Schum.竹叶蕉
Donella lanceolatum var. *stellatocarpon* (PO.Roeyn) X.Y.Chang= Chrysophyllum lanceolatum var. stellatocarpon
Dontostemon Andz. ex Ledeb.**花旗杆属**(十字花科)
Dontostemon Ledeb.(p.p.)=**Dimorphostemon**
Dontostemon asper (Pall.) Schischkin=Dontostemon pinnatifidus
Dontostemon brevipes Bge.=Malcolmia karelinii
Dontostemon crassifolius (Bge.) Maxim.厚叶花旗杆
Dontostemon dentatus (Bge.) Ledeb.花旗杆
Dontostemon dentatus var. dentatus=Dontostemon dentatus
Dontostemon dentatus var. *glandulosus* Maxim. ex Franch. & Sav.= Dontostemon dentatus
Dontostemon eglandulosus (DC.) Ledeb.(内蒙志 1978)=Dontostemon perennis
Dontostemon eglandulosus (DC.) Ledeb.=Dontostemon integrifolius
Dontostemon eglandulosus C.A.Mey.=Dontostemon dentatus
Dontostemon elegans Maxim.扭果花旗杆
Dontostemon elegans var. *semiamplexicaulis* (H.L.Yang) H.L.Yang & M.S.Yan=Dontostemon elegans
Dontostemon glandulosus (Kar. & Kir.) O.E.Schulz.腺花旗杆
Dontostemon glandulosus (Kar. & Kir.) O.E.Schulz=Dontostemon glandulosus
Dontostemon hispidus Maxim.毛蕊旗杆
Dontostemon integrifolius (L.) Ledeb.线叶花旗杆
Dontostemon integrifolius var. *eglandulosus* (DC.) Turcz.=Dontostemon integrifolius
Dontostemon integrifolius var. *eglandulosus* Turcz.(东北草本志 1980)= Dontostemon perennis
Dontostemon integrifolius var. *glandulosus* Turcz.=Dontostemon integrifolius
Dontostemon intermedius Vorosch.=Dontostemon dentatus
Dontostemon matthioloides Franch.=Oreoloma matthioloides
Dontostemon micranthus C.A.Mey.小花花旗杆
Dontostemon oblongifolia Ledeb.=Dontostemon dentatus
Dontostemon pectinatus (DC.) Ledeb.=Dontostemon pinnatifidus
Dontostemon pectinatus var. *humilior* N.Busch.=Dontostemon pinnatifidus
Dontostemon perennis C.A.Mey.多年生花旗杆
Dontostemon pinnatifidus (Willd.) Al-Shehbaz & H.Ohba 羽裂花旗杆
Dontostemon pinnatifidus subsp. linearifolius (Maxim.) Al-Shehbaz & H.Ohba 线叶羽裂花旗杆
Dontostemon pinnatifidus subsp. pinnatifidus=Dontostemon pinnatifidus
Dontostemon scorpioides Be.=Malcolmia scorpioides
Dontostemon sect. *Dinorphostemon* (Kitag.) Golubk.=**Dimorphostemon**
Dontostemon semiamplexicaulis H.L.Yang=Dontostemon elegans
Dontostemon senilis Maxim.白毛花旗杆
Dontostemon tibeticus (Maxim.) Al-Shehbaz 西藏花旗杆
Doodia R.Br.**弓锯蕨属**(乌毛蕨科)
Doodia crinita Roxb.=Uraria crinita
Doodia hamosa Roxb.=Uraria rufescens
Doodia lagopodioides Roxb.=Uraria lagopodioides
Doodia maxima J.Sm.大弓锯蕨
Doodia media R.Br.中锯蕨
Doodia picta Roxb.=Uraria picta
Dopatrium Buch.-Ham.**虻眼属**(玄参科)
Dopatrium junceum (Roxb.) Buch.-Ham.虻眼
Dopatrium lobelioides Benth.半边莲状虻眼
Dopatrium nudicaule Ham. ex Benth.裸茎虻眼
Doraena Thunb.=**Maesa**
Doraena japonica Thunb.=Maesa japonica
Doratometra bowringiana Seemann=Begonia palmata var. bowringiana
Dorcoceras Bge.=**Boea**
Dorcoceras crassifolium (Hemsl.) Schlecht.=Paraboea crassifolia
Dorcoceras hygrometrica Bge.=Boea hygrometrica
Dorcoceras philippense (Clarke) Schlecht.=Boea philippensis
Dorcoceras rufescens (Franch.) Schlecht.=Paraboea rufescens
Doritis Lindl.**五唇兰属**(兰科)
Doritis braceana HK.f.=Kingidium braceanum
Doritis pulcherrima Lindl.五唇兰
Doritis taenialis (Lindl.) HK.f.=Kingidium taeniale

Doronicum L.**多榔菊属**(菊科)
Doronicum altaicum Pall.(Hand.-Mazz.in Symb.Sin.1936,青海志 1996, p.p.)= Doronicum thibetanum
Doronicum altaicum Pall.(北研丛刊 1934,p.p.)=Doronicum turkestanicum
Doronicum altaicum Pall.(青海志 1996,p.p.)=Doronicum altaicum
Doronicum altaicum Pall.(秦岭志 1985)=Doronicum gansuense
Doronicum altaicum Pall.阿尔泰多榔菊
Doronicum conaesnse Y.L.Chen 错那多榔菊
Doronicum gansuense Y.L.Chen 甘肃多榔菊
Doronicum grandiflorum Lam.大花多榔菊
Doronicum limprichtii Diels=Doronicum thibetanum
Doronicum oblongifolium DC.长圆多榔菊
Doronicum oblongifolium var. *leiocarpum* Trautv.=Doronicum turkestanicum
Doronicum pardalianthes L.心叶多榔菊
Doronicum plantagineum L.车前多榔菊
Doronicum soliei Cavill.=Doronicum stenoglossum
Doronicum stenoglossum Maxim.狭舌多榔菊
Doronicum thibetanum Cavill.(Rehd. & Kobuski in J.Arn.Arb.1907)= Doronicum gansuense
Doronicum thibetanum Cavill.西藏多榔菊
Doronicum turkestanicum Cavill.中亚多榔菊
Doronicum wightii DC.=Senecio wightii
Doronicum yunnanense Franch. ex Diels=Doronicum stenoglossum
Dortmannia Hill=**Lobelia**
Dortmannia Necker=**Lobelia**
Dortmannia Steud.=**Lobelia**
Dortmannia alsinoides O.Kuntze=Lobelia alsinoides
Dortmannia campanuloides O.Kuntze.=Lobelia chinensis
Dortmannia chinensis O.Kuntze=Lobelia chinensis
Dortmannia colorata L.Kuntze=Lobelia colorata
Dortmannia erecta O.Kuntze=Lobelia erectiuscula
Dortmannia pyramidalis O.Kuntze=Lobelia pyramidalis
Dortmannia radicans O.Kuntze=Lobelia chinensis
Dortmannia reinwardtiana O.Kuntze=Lobelia zeylanica
Dortmannia succulenta O.Ktze.=Lobelia zeylanica
Dortmannia succulenta O.Kuntze=Lobelia zeylanica
Dortmannia trigona O.Kuntze=Lobelia alsinoides
Dortmannia trigona var. *affinis* O.Kuntze.=Lobelia zeylanica
Dortmannia trigona var. *terminalis* O.Kuntze=Lobelia terminalis
Doryopteris J.Sm.**黑心蕨属**(中国蕨科)
Doryopteris argentea Christ=Aleuritopteris argentea
Doryopteris concolor (Langsd & Fisch.) Kuhn 黑心蕨
Doryopteris duclouxii Christ=Aleuritopteris argentea var. flava
Doryopteris geraniifolia Kl.=Doryopteris concolor
Doryopteris ludens (Wall. ex HK.) J.Sm.戟叶黑心蕨
Doryopteris mairei Brause=Aleuritopteris argentea var. flava
Doryopteris michelii Christ(p.p.)=Aleuritopteris michelii
Doryopteris muralis Christ(p.p.)=Aleuritopteris argentea var. flava
Doryopteris palmata J.Sm.掌叶黑心蕨
Doryopteris veitchii Christ=Aleuritopteris veitchii
Dossinia Morr.**道西兰属**(兰科)
Dossinia marmorata (Bl.) Morr.道西兰
Dossinia obliqua (Bl.) Miq.=Hetaeria obliqua
Doublefine Ameliorée 西班牙血橙(芸香科血橙类)
Dovyalis Warb.=**Dovyalis**
Dovyalis E.Mey. ex Arn.**锡兰莓属**(大风子科)
Dovyalis hebecarpa (Gardn.)Warb.锡兰莓
Dplazium japonicum var. *oldhamii* (HK. & Bak.) C.Chr.=Athyriopsis conilii
Draba L.**葶苈属**(十字花科)
Draba alajica Litv.帕米尔葶苈
Draba alajica var. *lasiocarpa* Pohle=Draba alajica
Draba alajica var. *leiocarpa* Pohle=Draba alajica
Draba algida var. *brachycarpa* Bge.=Draba oreades
Draba algida var. *brachycarpa* Bge.=Draba oreades
Draba alpicola Klotzsch=Draba oreades var. alpicola
Draba alpina Clairv=Draba fladnizensis
Draba alpina HK.f. & Thoms.=Draba oreades
Draba alpina L.高山葶苈
Draba alpina var. *involucrata* W.W.Sm.=Draba involucrata
Draba alpina var. *korshinskyi* O.Fedstch.=Draba korshinskyi
Draba alpina var. *leiophylla* Franch.=Draba involucrata
Draba alpina var. *rigida* Franch.=Draba oreades
Draba altaica (C.A.Mey.) Bge.阿尔泰葶苈
Draba altaica prol *modesta* (W.W.Sm.) O.E.Schulz=Draba altaica
Draba altaica var. altaica =Draba altaica
Draba altaica var. *foliosa* O.E.Schulz.=Draba altaica
Draba altaica var. *glabrescens* Lipsky=Draba altaica
Draba altaica var. *microcarpa* O.E.Schulz.=Draba altaica
Draba altaica var. *modesta* (W.W.Sm.) W.T.Wang=Draba altaica
Draba altaica var. pusilla (Kar. & Kir.) Fedtsch.矮阿尔泰葶苈
Draba altaica var. *racemosa* O.E.Schulz.=Draba altaica
Draba amplexicaulis Franch.抱茎葶苈
Draba amplexicaulis var. amplexicaulis=Draba amplexicaulis
Draba amplexicaulis var. *bracteata* O.E.Schulz.=Draba surculosa
Draba amplexicaulis var. *dasycarpa* O.E.Schulz.=Draba calcicola
Draba amplexicaulis var. dolichocarpa O.E.Schulz 长果抱茎葶苈
Draba aprica O.E.Schulz=Draba calcicola
Draba balangshanica W.T.Wang=Draba surculosa
Draba bhutanica H.Hara 不丹葶苈
Draba borealis DC.北方葶苈
Draba cachemirica Gand.克什米尔葶苈
Draba cachemirica var. *koelzii* O.E.Schulz.=Draba cachemirica
Draba cachemirica var. *stoliczkae* O.E.Schulz.=Draba cachemirica
Draba calcicola O.E.Schulz 灰岩葶苈
Draba cholaensis W.W.Sm.大花葶苈
Draba cholaensis var. *leiocarpa* H.Hara=Draba cholaensis
Draba composita O.E.Schulz.=Draba senilis
Draba daochengensis W.T.Wang=Draba lichiangensis
Draba dasyastra Gilg. & O.E.Schulz.=Draba winterbottomii
Draba dasycarpa C.A.Mey.=Draba subamplexicaulis
Draba dolichotricha W.T.Wang=Draba oreodoxa
Draba elata HK.f. & Thoms.高茎葶苈
Draba elata W.W.Sm. & Cave=Draba polyphylla
Draba ellipsoidea HK.f. & Thoms.椭圆果葶苈
Draba eriopoda Turcz.毛葶苈
Draba eriopoda var. *kamensis* Pohle=Draba eriopoda
Draba eriopoda var. *sinensis* Maxim.=Draba eriopoda
Draba fladnizensis Wulfen 福地葶苈
Draba glacialis δ. *incompta* Rgl.=Draba incompta
Draba glomerata Royle 球果葶苈
Draba glomerata var. *dasycarpa* O.E.Schulz.=Draba glomerata
Draba glomerata var. glomerata=Draba glomerata
Draba glomerata var. *leiocarpa* Pamp.=Draba lasiophylla
Draba gmelinii Adams.=Draba sibirica
Draba gracillima HK.f. & Thoms.纤细葶苈
Draba granitica Hand.-Mazz.=Draba gracillima
Draba handelii O.E.Schulz 矮葶苈
Draba hicksii Grisers.=Draba lichiangensis
Draba hirta L.硬毛葶苈
Draba hirta var. *leiocarpa* Maxim.=Draba mongolica
Draba hirta var. *subamplexicaulis* (C.A.Mey.) Rgl.=Draba subamplexicaulis
Draba hirta α. *leiocarpa* d. *parviflora* E.Rgl.=Draba parviflora
Draba huetii Boiss.中亚葶苈
Draba humillima O.E.Schulz.小葶苈
Draba incana L.灰白葶苈
Draba incana f. *altera* Cham. & Schl.=Draba hirta
Draba incana prol. Thomasii (Koch) Arcang.=Draba stylaris
Draba incana var. *borealis* Torrey & Gray=Draba borealis
Draba incana var. *flaccida* Maxim.=Draba ladyginii
Draba incana var. *microphylla* W.W.Sm.=Draba ladyginii
Draba incana var. *mongolica* E.Rgl.=Draba mongolica
Draba incompta Steven (HK.f. & T.Anders.in Fl.Brit.Ind.1872)=Draba winterbottomii
Draba incompta Steven 星毛葶苈
Draba involucrata (W.W.Sm.) W.W.Sm.总苞葶苈
Draba involucrata var. *lasiocarpa* W.T.Wang=Draba involucrata
Draba jucunda W.W.Sm.愉悦葶苈
Draba kizylarti (Korsh.) N.Busch.=Draba oreades
Draba korshinskyi (O.Fedtsch.) Pohle 科氏葶苈
Draba korshinskyi var. *setosa* Pohle=Draba cachemirica
Draba ladyginii Pohle 苞序葶苈

Draba ladyginii var. ladyginii=Draba ladyginii
Draba ladyginii var. *trichocarpa* O.E.Schulz.=Draba lasiophylla
Draba lanceolata Royle (Klotzsch & Garcke in Bot.Ergebn.Reise Waldem.1862)=Draba gracillima
Draba lanceolata Royle 锥果葶苈
Draba lanceolata var. *brachycarpa* O.E.Schulz.=Draba lanceolata
Draba lanceolata var. *chingii* O.E.Schulz=Draba ladyginii
Draba lanceolata var. lanceolata=Draba lanceolata
Draba lanceolata var. *latifolia* O.E.Schulz.=Draba ladyginii
Draba lanceolata var. *leiocarpa* O.E.Schulz.=Draba lanceolata
Draba lanceolata var. *sonamargensis* O.E.Schulz.=Draba lanceolata
Draba lanjarica O.E.Schulz.=Eurycarpus lanuginosus
Draba lasiophylla Royle 毛叶葶苈
Draba lasiophylla f. *leiocarpa* Pohle=Draba lasiophylla
Draba lasiophylla var. lasiophylla=Draba lasiophylla
Draba lasiophylla var. *leiocarpa* (Pamp.) O.E.Schulz.=Draba lasiophylla
Draba lasiophylla var. *royleana* Pohle=Draba lasiophylla
Draba lichiangensis ×*piepunensis* Hand.-Mazz.=Draba senilis
Draba lichiangensis W.W.Sm.丽江葶苈
Draba lichiangensis var. *microcarpa* O.E.Schulz.=Draba lichiangensis
Draba lichiangensis var. *trichocarpa* O.E.Schulz.=Draba lichiangensis
Draba linearifolia L.L.Lou & T.Y.Cheo 线叶葶苈
Draba linearis HK.f. & T.Anders.=Draba stenocarpa
Draba ludingensis W.T.Wang=Draba oreodoxa
Draba mairei H.Lévl.=Draba surculosa
Draba matangensis O.E.Schulz 马塘葶苈
Draba media Litv.=Draba stenocarpa
Draba media var. *leiocarpa* Lipsky=Draba stenocarpa
Draba melanopus Kom.天山葶苈
Draba modesta W.W.Sm.=Draba altaica
Draba mongolica Turcz.蒙古葶苈
Draba mongolica var. *chinensis* Pohle=Draba mongolica
Draba mongolica var. *elongata* Pohle=Draba mongolica
Draba mongolica var. mongolica=Draba mongolica
Draba mongolica var. *trichocarpa* O.E.Schulz.=Draba mongolica
Draba mongolica var. *turczaninoviana* Pohle=Draba mongolica
Draba moupinensis Franch.=Draba surculosa
Draba moupinensis var. *calcicola* (O.E.Schulz.) W.T.Wang=Draba calcicola
Draba moupinensis var. *dasycarpa* O.E.Schulz.=Draba calcicola
Draba multiceps Kitag.=Stevenia cheiranthoides
Draba muralis var. β. L.=Draba nemorosa
Draba nemoralis Ehrh.=Draba nemorosa
Draba nemorosa L.葶苈
Draba nemorosa f. acaulis S.Sommier 短茎葶苈
Draba nemorosa f. latifolia M.-Bieb.宽叶葶苈
Draba nemorosa var. *brevisilicula* Zapal.=Draba nemorosa
Draba nemorosa var. *hebecarpa* Lindb.=Draba nemorosa
Draba nemorosa var. *leiocarpa* Lindb.=Draba nemorosa
Draba nemorosa var. nemorosa=Draba nemorosa
Draba nemorosa β. *hebecarpa* Lindbl.=Draba nemorosa
Draba nichanaica O.E.Schulz.=Draba lanceolata
Draba olgae Rgl. & Schmalh.奥氏葶苈
Draba olgae var. *chitralensis* O.E.Schulz.=Draba olgae
Draba oreades prol. *alpicola* (Klotz.) O.E.Schulz.=Draba oreades
Draba oreades prol. *chinensis* O.E.Schulz.=Draba oreades
Draba oreades prol. *exigua* O.E.Schulz.=Draba oreades
Draba oreades prol. *pikei* O.E.Schulz.=Draba oreades
Draba oreades Schrenk 喜山葶苈
Draba oreades var. alpicola (Klotzc\sch) O.E.Schulz 喜高山葶苈
Draba oreades var. chinensis O.E.Schulz ex LimpR.Br.中国喜山葶苈
Draba oreades var. *ciliolata* O.E.Schulz.=Draba oreades
Draba oreades var. *commutata* (Rgl.) O.E.Schulz.=Draba oreades
Draba oreades var. *dasycarpa* O.E.Schulz.=Draba oreades
Draba oreades var. *depauperata* O.E.Schulz.=Draba oreades
Draba oreades var. *estylosa* O.E.Schulz.=Draba oreades
Draba oreades var. *glabrescens* O.E.Schulz.=Draba oreades
Draba oreades var. *occulata* O.E.Schulz.=Draba oreades
Draba oreades var. oreades=Draba oreades
Draba oreades var. *pulvinata* O.E.Schulz=Draba oreades
Draba oreades var. *racemosa* O.E.Schulz.=Draba oreades
Draba oreades var. *tafellii* O.E.Schulz.=Draba oreades
Draba oreodoxa W.W.Sm.山景葶苈
Draba oreodoxa var. *glabra* L.L.Lou & T.Y.Cheo=Coelonema draboides
Draba oreodoxa var. *glabra* L.L.Lou & T.Y.Cheo=Coelonema draboides
Draba pakistanica Jafri=Draba olgae
Draba parviflora (E.Rgl.) O.E.Schulz 小花葶苈
Draba piepunensis O.E.Schulz.=Draba senilis
Draba pilosa var. *commutata* Rgl.=Draba oreades
Draba pilosa var. *oreades* (Schrenk) Rgl.=Draba oreades
Draba pingwuensis Z.M.Tan & S.C.Zhou=Draba eriopoda
Draba polyphylla O.E.Schulz 多叶葶苈
Draba pyriformis Pohle=Draba setosa
Draba qinghaiensis L.L.Lou=Draba oreades
Draba remotiflora O.E.Schulz 疏花葶苈
Draba repens M.Bieb.=Draba sibiricua
Draba rockii O.E.Schulz.=Draba oreades
Draba rosea Turcz.=Braya rosea
Draba rupestris Bge.=Draba altaica
Draba rupestris var. *pusilla* Kar. & Kir.=Draba altaica var. pusilla
Draba rupestris β. *altaica* C.A.Mey.=Draba altaica
Draba sekiyana Ohwi 台湾葶苈
Draba senilis O.E.Schulz 衰老葶苈
Draba serpens O.E.Schulz 中甸葶苈
Draba setosa Royle 刚毛葶苈
Draba setosa var. glabrata O.E.Schulz 变光刚毛葶苈
Draba setosa var. *pyriformis* (Pohle) O.E.Schulz.=Draba setosa
Draba setosa var. *pyriformis* subvar. *glabrata* O.E.Schulz.=Draba setosa
Draba setosa var. setosa=Draba setosa
Draba sibiricua (Pall.) Thell.西伯利亚葶苈
Draba sikkimensis (HK.f. & Thoms.) Pohle 锡金葶苈
Draba sikkimensis f. *thoroldii* O.E.Schulz.=Draba sikkimensis
Draba sikkimensis var. *chitralensis* O.E.Schulz.=Draba tibetica
Draba stenocarpa HK.f. & Thoms.狭果葶苈
Draba stenocarpa var. *leiocarpa* (Lipsky) L.L.Lou=Draba stenocarpa
Draba stenocarpa var. *media* (Litv.) O.E.Schulz.=Draba stenocarpa
Draba stenocarpa var. *media* subvar. *leiocarpa* (Lipsky) O.E.Schulz.=Draba stenocarpa
Draba stenocarpa var. stenocarpa=Draba stenocarpa
Draba stepposa L.L.Lou & T.Y.Cheo=Coelonema draboides
Draba stylaris J.Gay ex E.Thomas 伊宁葶苈
Draba stylaris J.Gay.(N.Busch in Fl.Sib. & Or.Br.Bxtr.Br.1919)=Draba lanceolata
Draba stylaris var. *leiocarpa* L.L.Lou & T.Y.Cheo=Draba lanceolata
Draba stylaris var. stylaris=Draba stylaris
Draba subamplexicaulis C.A.Mey.半抱茎葶苈
Draba subamplexicaulis var. *hirsutifolia* Pohle=Draba parviflora
Draba surculosa Franch.山菜葶苈
Draba thomsonii (HK.f. & Thoms.) Pohle=Draba tibetica
Draba thomsonii var. *lasiocarpa* (Lipsky) Pohle=Draba tibetica
Draba thomsonii var. *leiocarpa* (Lipsky) Pohle=Draba tibetica
Draba tianschanica Pohle=Draba oreades
Draba tibetica HK.f. & Thoms.(Diels in Not.Roy.Bot.Gard.Edinb.1912)=Draba lichiangensis
Draba tibetica HK.f. & Thoms.(W.W.Sm. & Cav in Records Bot.Surv.Ind. 1911)=Draba sikkimensis
Draba tibetica HK.f. & Thoms.西藏葶苈
Draba tibetica var. *chitralensis* (O.E.Schulz.) Jafri=Draba tibetica
Draba tibetica var. *duthiei* O.E.Schulz.=Draba tibetica
Draba tibetica var. *sikkimensis* HK.f. & Thoms.=Draba sikkimensis
Draba tibetica var. *sikkimensis* Hookf. & Thoms.=Draba sikkimensis
Draba tibetica var. *thomsonii* HK.f. & Thoms.=Draba tibetica
Draba tibetica var. tibetica=Draba tibetica
Draba tibetica var. *turkestanica* (Rgl. & Schmalh.) O.E.Schulz.=Draba tibetica
Draba tibetica var. *turkestanica* subvar. *leiocarpa* O.E.Schulz.=Draba tibetica
Draba tibetica var. *winterhottomii* HK.f. & Thoms.=Draba winterbottomii
Draba torticarpa L.L.Lou & T.Y.Cheo=Draba lasiophylla
Draba tranzschelii Litv.=Draba tibetica
Draba turczaninowii Pohle & N.Busch 屠氏葶苈
Draba turkestanica Rgl. & Schmalh.=Draba tibetica
Draba turkestanica var. *lasiocarpa* Lipsky=Draba tibetica
Draba turkestanica var. *leiocarpa* Lipsky=Draba tibetica
Draba ussuriensis Pohle 乌苏里葶苈
Draba wardii W.W.Sm.=Draba gracillima
Draba winterbottomii (HK.f. & Thoms.) Pohle 棉毛葶苈

Draba winterbottomii var. *stracheyi* O.E.Schulz.=Draba alajica
Draba winterbottomii var. winterbottomii=Draba winterbottomii
Draba yunnanensis Franch.云南葶苈
Draba yunnanensis var. *gracilipes* Franch.=Draba yunnanensis
Draba yunnanensis var. gracilipes Franch.细梗云南葶苈
Draba yunnanensis var. *latifolia* O.E.Schulz.=Draba yunnanensis
Draba yunnanensis var. latifolia O.E.Schulz 宽叶云南葶苈
Draba yunnanensis var. *microcarpa* O.E.Schulz.=Draba yunnanensis
Draba yunnanensis var. *ramosa* O.E.Schulz.=Draba amplexicaulis
Draba yunnanensis var. yunnanensis=Draba yunnanensis
Draba zangbeiensis L.L.Lou 藏北葶苈
Drabopsis K.Koch **假葶苈属**(十字花科)
Drabopsis brevisiliqua Naqshi & javeid=Drabopsis nuda
Drabopsis nuda (Bélang.) Stapf.假葶苈
Drabopsis oronotica Stapf.=Olimarabidopsis pumila
Drabopsis verna K.Koch.=Drabopsis nuda
Dracaena Vand. ex L.**龙血树属**(百合科)
Dracaena angustifolia Roxb.长花龙血树
Dracaena atropurpurea var. *gracilis* (Baker) Baker=Dracaena elliptica
Dracaena cambadiana Gagn.(分类学报 1973)=Dracaena cochinchinensis
Dracaena cambodiana Pierre ex Gagn.海南龙血树
Dracaena cochinchinensis (Lour.) S.C.Chen 剑叶龙血树
Dracaena deremensis Engl.异味龙血树
Dracaena draco L.龙血树
Dracaena elliptica Thunb.细枝龙血树
Dracaena elliptica var. *gracilis* Baker=Dracaena elliptica
Dracaena ensifolia L.=Dianella ensifolia
Dracaena ferra L.=Cordyline fruticosa
Dracaena fragrans (L.) Ker.-Gawl.香龙血树
Dracaena fragrans cv. Massangeana 花叶千年木
Dracaena godseffiana Hort. ex Bak.星龙血树
Dracaena goldieana Bull.虎斑毛年木
Dracaena goldseffiana Sander 斑点叶千年木
Dracaena gracilis (Baker) HK.f.=Dracaena elliptica
Dracaena graminifolia L.=Liriope graminifolia
Dracaena hokouensis G.Z.Ye 河口龙血树
Dracaena loureiroi Gagn.=Dracaena cochinchinensis
Dracaena marginata Lam.缘叶龙血树
Dracaena sanderiana Hort.银叶龙血树
Dracaena sanderiana Sander 宽边叶千年木
Dracaena terminalis (L.) L.=Cordriline fruticosa
Dracaena terniflora Roxb.矮龙血树
Dracocephalum L.**青兰属**(唇形科)
Dracocephalum acanthoides Edgew. ex Benth.=Dracocephalum heterophyllum
Dracocephalum alpinum Salisb.(Turcz.in Bull.Soc.Nat.Mosc.1851)=Dracocephalum nutans
Dracocephalum altaiense Laxm.(Maxim.in Bull.Soc.Nat.Moscou 1879)=Dracocephalum rupestre
Dracocephalum altaiense Laxm.=Dracocephalum grandiflorum
Dracocephalum argunense Hisch. ex Link.光萼青兰
Dracocephalum austriacum L.奥地利青兰
Dracocephalum biondicanum Diels=Glechoma biondiana
Dracocephalum bipinnatum Rupr.羽叶枝子花
Dracocephalum bipinnatum var. *biflorum* C.Y.Wu=Dracocephalum bipinnatum
Dracocephalum bipinnatum var. bipinnatum=Dracocephalum bipinnatum
Dracocephalum bipinnatum var. *brevilobum* C.Y.Wu & W.T.Wang=Dracocephalum bipinnatum
Dracocephalum botryoides Stev.总状花序青兰
Dracocephalum breviflorum Trurrill.短花枝子花
Dracocephalum bullatum Forr. ex Diels (分类学报 1959,p.p.)=Dracocephalum velutinum
Dracocephalum bullatum Forr. ex Diels (分类学报 1959p.p.)=Dracocephalum wallichii
Dracocephalum bullatum Forr. ex Diels 皱叶毛建草
Dracocephalum bungeanum Schischk. & Serg.本氏青兰
Dracocephalum calanthum C.Y.Wu(p.p.)=Dracocephalum imbricatum
Dracocephalum calanthum C.Y.Wu(p.p.)=Dracocephalum velutinum
Dracocephalum calanthum C.Y.Wu(p.p.)=Dracocephalum velutinum var. intermedium
Dracocephalum calanthum C.Y.Wu(p.p.)=Dracocephalum wallichii
Dracocephalum calophyllum Hand.-Mazz.美叶青兰
Dracocephalum cavaleriei Lévl.=Meehania henryi
Dracocephalum cochinchinense Lour.=Nosema cochinchinensis
Dracocephalum coerulescens (Maxim.) Dunn=Nepeta coerulescens
Dracocephalum discolor Bge.(Lipsky in Act.Hort.Petrop.1910)=Dracocephalum paulsenii
Dracocephalum discolor Bge.异色青兰
Dracocephalum diversifolium Rupr.异叶青兰
Dracocephalum esquirolii Lévl.=Meehania pinfaensis
Dracocephalum faberi Hemsl.=Meehania faberi
Dracocephalum fargesii Lévl.=Meehania fargesii
Dracocephalum foetidum Rgl.烈味青兰
Dracocephalum forrestii W.W.Sm.松叶青兰
Dracocephalum forrestii var. *calyphyllum* (Hand.-Mazz.) Kudô =Dracocephalum calophyllum
Dracocephalum forrestii W.W.Sm.(Edinb.Staff in Notes Bot.Gard.Edinb. 1925,p.p.)=Dracocephalum calophyllum
Dracocephalum fragile Turcz.易断青兰
Dracocephalum fruticulosum Steph. ex Willd.线叶青兰
Dracocephalum fruticulosum subsp. *psammophilum* (C.Y.Wu & W.T. Wang) H.C.Fu & S.Chen=Dracocephalum psammophilum
Dracocephalum fumosum Gontsch.烟灰色青兰
Dracocephalum grandiflorum L.(Franch.in Pl.David.1884)=Dracocephalum rupestre
Dracocephalum grandiflorum L.大花毛建草
Dracocephalum grandiflorum var. *purdomii* (W.W.Sm.) Kudô =Dracocephalum purdomi
Dracocephalum hemsleyannum (Oliv. ex Prain) Prain ex C.Marq. & Airy-Shaw=Nepeta hemsleyana
Dracocephalum henryi Hemsl.=Meehania henryi
Dracocephalum heterophyllum Benth.白花枝子花
Dracocephalum hoboksarensis G.J.Liu 和布克塞青兰
Dracocephalum hookeri C.B.Clarke 长齿青兰
Dracocephalum imberbe Bge.(Kanitz in Bot.Res.Szechenyi Gentr.As. Exped.1890)=Dracocephalum truncatum
Dracocephalum imberbe Bge.(Walker in Contr.U.S.Nat.Herb.1941)=Dracocephalum rupestre
Dracocephalum imberbe Bge.无髭毛建草
Dracocephalum imbricatum C.Y.Wu & W.T.Wang 覆苞毛建草
Dracocephalum integrifolium Bge.全缘青兰
Dracocephalum isabellae Forr. ex W.W.Sm.白萼青兰
Dracocephalum kaitcheense Lévl.=Meehania henryi var. kaitcheensis
Dracocephalum kaschgaricum Rupr.=Dracocephalum heterophyllum
Dracocephalum komarovii Lipsky 柯氏青兰
Dracocephalum krylovii Lipsky 柯瑞洛夫青兰
Dracocephalum linearifolium C.H.Hu=Dracocephalum fruticulosum
Dracocephalum microflorum C.Y.Wu & W.T.Wang 小花毛建草
Dracocephalum microphyllum Turcz.=Dracocephalum nutans
Dracocephalum moldavica L.香青兰
Dracocephalum multicaule Montbr. & Auch.多茎青兰
Dracocephalum multicolor Kom.多色青兰
Dracocephalum nodulosum Rupr.多节青兰
Dracocephalum nutans L.垂花青兰
Dracocephalum nutans var. *alpinum* Kar. & Kir.=Dracocephalum nutans
Dracocephalum oblongifolium Rgl.椭圆叶青兰
Dracocephalum origanoides Steph. ex Willd.铺地青兰
Dracocephalum palmatoides C.Y.Wu & W.T.Wang 掌叶青兰
Dracocephalum palmatum Steph.掌状青兰
Dracocephalum pamiricum Briq.=Dracocephalum heterophyllum
Dracocephalum paulsenii Briq.宽齿青兰
Dracocephalum pedunculatum Sessé & Moc.=Meehania fargesii var. pedunculata
Dracocephalum peregrinum L.刺齿枝子花
Dracocephalum pinfaense Lévl.=Meehania pinfaensis
Dracocephalum pinnatum L.(Lipsky in Act.Hort.Petrop.1910)=Dracocephalum origanoides
Dracocephalum pinnatum var. *songaricum* Lipsky=Dracocephalum origanoides
Dracocephalum politovii Gand.=Dracocephalum peregrinum
Dracocephalum prattii (Lévl.) Hand.-Mazz.=Nepeta prattii
Dracocephalum propinquum W.W.Sm.多枝青兰

Dracocephalum psammophilum C.Y.Wu & W.T.Wang 沙地青兰
Dracocephalum pulchellum Briq.=Fedtschenkiella staminea
Dracocephalum purdomii W.W.Sm.岷山毛建草
Dracocephalum radicans Vaniot=Meehania fargesii var. radicans
Dracocephalum rigidulum Hand.-Mazz.微硬毛建草
Dracocephalum robustum Nakai & Kitag.=Nepeta prattii
Dracocephalum rockii Diels=Marmoritis complanatum
Dracocephalum royleanum Benth.=Lallemantia royleana
Dracocephalum rupestre Hance 毛建草
Dracocephalum ruprechtianum Regel=Dracocephalum bipinnatum
Dracocephalum ruprechtii Regel=Dracocephalum bipinnatum
Dracocephalum ruyschiana L.青兰
Dracocephalum ruyschiana var. *arguneanse* Nakai=Dracocephalum argunense
Dracocephalum ruyschiana var. *japonicum* A.Gray=Dracocephalum argunense
Dracocephalum ruyschiana var. *speciosum* Ledeb.=Dracocephalum argunense
Dracocephalum ruyschianum L.(Franch.Pl.David.1884)=Dracocephalum argunense
Dracocephalum scrobiculatum Rgl.有孔青兰
Dracocephalum sect. *Moldavica* subsect. *Androdracontes* Briq.= **Fedtschenkiella**
Dracocephalum sibiricum L.(Dunn in Notes.Bot.Gard.Edinb.1913,p.p.)= Nepeta prattii
Dracocephalum sibiricum L.(Dunn in Notes.Bot.Gard.Edinb.1913,p.p.)= Nepeta souliei
Dracocephalum sibiricum L.(Dunn in Notes.Bot.Gard.Edinb.1915,p.p.)= Nepeta wilsonii
Dracocephalum sibiricum L.(Dunn in Notes.Bot.Gard.Edinb.1915,p.p.)= Nepeta veitchii
Dracocephalum sibiricum L.=Nepeta sibirica
Dracocephalum simplex Vaniot=Meehania fargesii var. pinetorum
Dracocephalum sinense S.Moore=Meehania urticifolia
Dracocephalum souliei (Lévl.) Hand.-Mazz.=Nepeta souliei
Dracocephalum speciosum Benth.(Dunn in Notes Bot.Gard.Edinb.1913)= Dracocephalum bullatum
Dracocephalum speciosum Benth.=Dracocephalum wallichii
Dracocephalum speciosum Ledeb. ex Gartenfl.=Dracocephalum argunense
Dracocephalum spinulosum M.Pop.小刺青兰
Dracocephalum stachydifolium Lévl.=Meehania henryi var. stachydifolia
Dracocephalum stamineum Karelin & Kirilow 长蕊青兰
Dracocephalum stewartianum (Diels) Dunn (Hort.in J.Roy.Hort.Soc. London 1939,p.p.)=Nepeta sibirica
Dracocephalum stewartianum (Diels) Dunn=Nepeta stewartiana
Dracocephalum stewartianum Dunn (p.p.)=Nepeta souliei
Dracocephalum subcapitatum (Ktze.) Lipsky 头状青兰
Dracocephalum subgen. *Fedczenkiella* Schischk.=**Fedtschenkiella**
Dracocephalum taliense Forr. ex W.W.Sm.大理青兰
Dracocephalum tanguticum Maxim.(Diels in Notes Bot.Gard.Edinb.1912, p.p.)=Dracocephalum forrestii
Dracocephalum tanguticum Maxim.甘青青兰
Dracocephalum tanguticum var. cinereum Hand.-Mazz.灰毛甘青青兰(新)
Dracocephalum tanguticum var. nanum C.Y.Wu & W.T.Wang 矮生甘青青兰(新)
Dracocephalum tanguticum var. tanguticum=Dracocephalum tanguticum
Dracocephalum tenuiflorum (Diels) Dunn=Nepeta tenuiflora
Dracocephalum truncatum Sun ex C.Y.Wu 截萼毛建草
Dracocephalum turkestanicum Gand.=Dracocephalum grandiflorum
Dracocephalum uricifolium var. *angustifolia* f. *normalis* Dunn (p.p.)= Meehania fargesii var. pinetorum
Dracocephalum uricifolium var. *angustifolia* f. *racemosa* Dunn (p.p.)= Meehania henryi var. kaitcheensis
Dracocephalum urticifolijm var. *typica* f. *normalis* Dunn (p.p.)=Meehania fargesii var. pedunculata
Dracocephalum urticifolium Miq.(Hemsl.in J.L.Soc.Bot.1890,p.p.)= Meehania fargesii
Dracocephalum urticifolium Miq.(Hemsl.in J.L.Soc.Bot.1890,p.p.)= Meehania fargesii var. radicans
Dracocephalum urticifolium Miq.=Meehania urticifolia
Dracocephalum urticifolium f. *normalis* Dunn (p.p.)=Meehania fargesii var. pedunculata
Dracocephalum urticifolium var. *angustifolia* (Dunn) Hand.-Mazz.= Meehania pinfaensis
Dracocephalum urticifolium var. *angustifolia* f. *normalis* Dunn (p.p.)= Meehania pinfaensis
Dracocephalum urticifolium var. *angustifolia* f. *racemosa* Dunn (p.p.)= Meehania henryi var. stachydifolia
Dracocephalum urticifolium var. *pedunculatum* Hemsl.=Meehania fargesii var. pedunculata
Dracocephalum urticifolium var. *pinetorum* Hand.-Mazz.=Meehania fargesii var. pinetorum
Dracocephalum urticifolium var. *typica* f. *carnosa* Dunn=Meehania faberi
Dracocephalum urticifolium var. *typica* f. *normalis* Dunn (p.p.)= Meehania fargesii var. radicans
Dracocephalum urticifolium var. *typica* f. *normalis* Dunn(p.p.)= Meehania fargesii
Dracocephalum urticifolium var. *typica* f. *racemosa* Dunn=Meehania henryi
Dracocephalum urticifolium var. *typica* f. *radicans* Dunn (p.p.)=Meehania fargesii var. radicans
Dracocephalum veitchii (Duthie) Dunn=Nepeta veitchii
Dracocephalum velutinum C.Y.Wu & W.T.Wang 绒叶毛建草
Dracocephalum velutinum var. intermedium C.Y.Wu & W.T.Wang 圆齿绒叶毛建草(新)
Dracocephalum velutinum var. velutinum=Dracocephalum velutinum
Dracocephalum wallichii Sealy 美花毛建草
Dracocephalum wallichii var. platyanthum C.Y.Wu & W.T.Wang 宽花毛建草(新)
Dracocephalum wallichii var. proliferum C.Y.Wu & W.T.Wang 复序美花毛建草(新)
Dracocephalum wallichii var. wallichii=Dracocephalum wallichii
Dracocephalum wilsonii (Duthie) Dunn=Nepeta wilsonii
Dracontium foethidum L.=Symplocarpus foetidus
Dracontium spinosum L.=Lasia spinosa
Dracontomelon Bl.**人面子属**(漆树科)
Dracontomelon dao (Blanc) Merr. & Rolfe (广州志 1956,高等图鉴 1972,海南志 1974)=Dracontomelon duperreanum
Dracontomelon duperreanum Pierre 人面子
Dracontomelon edule Merr.可食人面子
Dracontomelon macrocarpum H.L.Li 大果人面子
Dracontomelon mangiferum Bl.(Forb. & Hemsl.in J.L.Soc.Bot.1886)= Dracontomelon duperreanum
Dracontomelon sinensis Stapf=Dracontomelon duperreanum
Dracunculus marschallinus Less.=Artemisia marschalliana
Dregea E.Mey.**南山藤属**(萝藦科)
Dregea corrugata Schneid.=Dregea sinensis var. corrugata
Dregea cuneifolia Tsiang & P.T.Li 楔叶南山藤
Dregea formosana T.Yamazaki=Dregea volubilis
Dregea sinensis Hemsl.苦绳
Dregea sinensis var. corrugata (Schneid.) Tsiang & P.T.Li 贯筋藤
Dregea sinensis var. sinensis=Dregea sinensis
Dregea volubbilis (L.f.) Benth. ex HK.f.南山藤
Dregea yunnanensis (Tsiang) Tsiang & P.T.Li 丽子藤
Dregea yunnanensis var. *major* (Tsiang) Tsiang & P.T.Li=Dregea yunnanensis
Dregea yunnanensis var. yunnanensis=Dregea yunnanensis
Drejerella Lindau **虾衣花属**(爵床科)
Drejerella guttata Brandegee) Bemek.**虾衣花**
Drepanostachyum Keng f.**镰序竹属**(禾本科)
Drepanostachyum falcatum (Nees) Keng f.镰序竹
Drepanostachyum luodianense (Yi & R.S.Wang) Keng f.小逄竹
Drepanostachyum melicoideum Keng f.南川镰序竹
Drepanostachyum microphyllum (Hsueh & Yi) Keng f. ex Yi 坝竹
Drepanostachyum naibunense (Hay.) Keng f.内门竹
Drepanostachyum saxatile (Hsueh & Yi) Keng f. ex Yi 羊竹子
Drepanostachyum scandens (Hsueh & W.D.Li) Keng f. ex Yi 爬竹
Dricocephalum urticifolium var. *typica* f. *radicans* Dunn (p.p.)=Meehania fargesii
Drimycarpus HK.f.**辛果漆属**(漆树科)
Drimycarpus anacardiifolius C.Y.Wu & T.L.Ming 大果辛果漆
Drimycarpus racemosus (Roxb.) HK.f.辛果漆
Droguetia Gaudich.**单蕊麻属**(荨麻科)

Droguetia diffusa Wedd.(K.f. in Fl.Brit.Ind.1888)=Droguetia iners subsp. urticoides
Droguetia iners subsp. urticoides (Wight) Friis & Wilmot-Dear 单蕊麻
Droguetia pauciflora (Wich.) Wedd.(Backer & Bakh.f. in Fl.Java 1965)= Droguetia iners subsp. urticoides
Droguetia urticoides (Wight) Wedd.=Droguetia iners subsp. urticoides
Drosera L.**茅膏菜属**(茅膏菜科)
Drosera brevifolia Pursh.短叶茅膏菜
Drosera burmannii DC.=Drosera spathulata
Drosera burmannii Vahl 锦地罗
Drosera capillaris Poir.毛状茅膏菜
Drosera filiformis Raf.线形茅膏菜
Drosera indica L.长叶茅膏菜
Drosera lobbiana Turcz.=Drosera peltata
Drosera loureirii HK. & Arn.=Drosera spathulata var. loureiri
Drosera lunata Buch.-Hamilt. ex DC.=Drosera peltata
Drosera makinoi Masamune=Drosera indica
Drosera oblanceolata Y.Z.Ruan 长柱茅膏菜
Drosera peltata Smith (广州志 1956)=Drosera peltata
Drosera peltata Smith 茅膏菜
Drosera peltàta var. *glabrata* Y.Z.Ruan=Drosera peltata
Drosera peltata var. *lunata* Clarke (Fl.E.Himal.1966,高等图鉴 1972)= Drosera peltata
Drosera peltata var. *lunata* Clarke (高等图鉴 1972)=Drosera peltata
Drosera peltata var. *multisepala* Y.Z.Ruan=Drosera peltata
Drosera peltata var. peltata=Drosera peltata
Drosera rothundifolia L.(Lour.in Fl.Cochcinch.1890)=Drosera burmannii
Drosera rotundifolia L.圆叶茅膏菜
Drosera rotundifolia var. *furcata* Y.Z.Ruan=Drosera rotundifolia
Drosera rotundifolia var. rotundifolia=Drosera rotundifolia
Drosera spathulata Labill.匙叶茅膏菜
Drosera spathulata var. *loureirii* (HK. & Arn.) Y.Z.Ruan=Drosera spathulata
Drosera spathulata var. spathulata=Drosera spathulata
Drosera umbellata Lour.=Androsace umbellata
Droseraceae 茅膏菜科
Drosophyllum Link **葡萄牙茅膏菜属**(茅膏菜科)
Drosophyllum lusitanicum Link.葡萄牙茅膏菜
Druparia (aa Clarville) Man.(p.p.)=**Prunus**
Drupatris cochinchinensis Lour.=Symplocos cochinchinensis var. laurina
Drupifera Raf.=**Camellia**
Dryadanthe Endl.=**Sibbaldia**
Dryadanthe bungeana Ledeb.=Sibbaldia tetrandra
Dryadanthe tetrandra (Bge.) Juzep.=Sibbaldia tetrandra
Dryandra R.Br.**丝头花属**(山龙眼科)
Dryandra Thunb.=**Vernicia**
Dryandra floribunda R.Br.多花丝头花
Dryandra formosa R.Br.美丽丝头花
Dryas L.**仙女木属**(蔷薇科)
Dryas ajanensis Juzep.=Dryas octopetala var. asiatica
Dryas nervosa Juzep.=Dryas octopetala var. asiatica
Dryas octopetala L.(Kom.in Acta Hort.petrop.1904)=Dryas octopetala var. asiatica
Dryas octopetala L.仙女木
Dryas octopetala f. *asiatica* Nakai=Dryas octopetala var. asiatica
Dryas octopetala var. asiatica (Nakai) Nakai 东亚仙女木
Dryas octopetala var. octopetala=Dryas octopetala
Dryas tschonoskii Juzep.=Dryas octopetala var. asiatica
Drymaria Willd. ex Roem. & Schult.**荷莲豆草属**(石竹科)
Drymaria cordata (L.) Schltes 荷莲豆草
Drymaria cordata subsp. *diandra* (Bl.) Duke=Drymaria cordata
Drymaria mairei (Lévl.) Lévl.=Arenaria iochanensis
Drymaria villosa Cham. & Schlecht.毛荷莲豆草
Drymaria villosa subsp. *villosa* Duke=Drymaria villosa
Drymocodon Fourr.=**Campanula**
Drymoda Lindl.**德里蒙达兰属**(兰科)
Drymoda picta Lindl.德里蒙达兰
Drymoda siamensis Schltr.泰国德里蒙达兰
Drymoglossum C.Presl **抱树莲属**(水龙骨科)
Drymoglossum amoenum Ching=Drymoglossum piloselloides
Drymoglossum carnosum var. *obovatum* Harr.=Lemmaphyllum microphyllum var. obovatum
Drymoglossum cordatum Christ=Leptochilus cantoniensis
Drymoglossum piloselloides (L.) C.Presl 抱树莲
Drymoglossum subcordatum var. *obovatum* Baker=Loxogramme lankokiensis
Drymonia Mart.**锥莫尼亚属**(苦苣苔科)
Drymonia macrophylla H.E.Moore 大叶锥莫尼亚
Drymonia mollis Oerst.毛锥莫尼亚
Drymonia parviflora Hanst.小花锥莫尼亚
Drymonia serulata Mart.锯齿锥莫尼亚
Drymonia stenophylla H.E.Moore 狭叶锥莫尼亚
Drymonia strigosa Wiehl.粗毛锥莫尼亚
Drymophloeus Zipp.**木皮棕属**(棕榈科)
Drymotaenium Makino **丝带蕨属**(水龙骨科)
Drymotaenium miyoshianum Makino 丝带蕨
Drymotaenium nakaii Hay.=Drymotaenium miyoshianum
Drynaria (Bory) J.Sm.**槲蕨属**(槲蕨科)
Drynaria baronii (Christ) Diels=Drynaria sinica
Drynaria bonii Christ(分类学报 1959)=Pseudodrynaria coronans
Drynaria bonii Christ 团叶槲蕨
Drynaria conjugata Bedd.=Pseudodrynaria coronans
Drynaria coromans J.Sm.=Pseudodrynaria coronans
Drynaria costulisora Ching & S.K.Wu=Drynaria mollis
Drynaria delavayi Christ 川滇槲蕨
Drynaria Drynaria (Bory) J.Sm.=**Drynaria**
Drynaria esquirolii C.Chr.=Pseudodrynaria coronans
Drynaria fortunei (Kunze ex Mett.) J.Sm.=Drynaria roosii
Drynaria fortuni T.Moore=Microsorium fortunei
Drynaria hastata (Thunb.) Fee=Phymatopteris hastata
Drynaria hemionitidea Sm.=Colysis hemionitidea
Drynaria heraclea Kze.白芷槲蕨
Drynaria loriforma J.Sm.=Lepisorus loriformis
Drynaria mollis Bedd.毛槲蕨
Drynaria mutilata Christ=Drynaria parishii
Drynaria parishii (Bedd.) Bedd.小槲蕨
Drynaria phymatodes (L.) Fee=Phymatosorus scolopendria
Drynaria Poronema J.Sm.=**Drynaria**
Drynaria propinqua (Wall. ex Mett.) J.Sm. ex Bedd.石莲姜槲蕨
Drynaria propinqua var. *mesosora* Christ=Drynaria propinqua
Drynaria quercifolia (L.) J.Sm.栎叶槲蕨
Drynaria quercifolia J.Sm.(J.Bot.London 1857)=Drynaria roosii
Drynaria reducta Christ=Drynaria sinica
Drynaria rigidula (Sw.) Bnedd.硬叶槲蕨
Drynaria rivalis (Mett. ex Baker) Christ=Drynaria mollis
Drynaria rivalis var. *yunnanensis* Christ=Drynaria delavayi
Drynaria roosii Nakaike 槲蕨
Drynaria sect. *Eudrynaria* Fee=**Drynaria**
Drynaria sinica Diels 秦岭槲蕨
Drynaria sinica var. *intermedia* Ching & S.K.Wu=Drynaria sinica
Drynaria sparsisora (Desv.) T.Moore (Hand.-Mazz.in Symb.Sin.1929)= Drynaria bonii
Drynaria tibetica Ching & S.K.Wu=Drynaria mollis
Drynaria tridactyla Fee=Microsorium pteropus
Drynaria vulgaris (C.Presl) J.Sm.=Phymatosorus scolopendria
Drynaria willdenowii (Bory) Moore 威氏槲蕨
Drynariaceae 槲蕨科
Dryoathyrium Ching **介蕨属**(蹄盖蕨科)
Dryoathyrium articulatipilosum Ching & W.M.Chu=Dryoathyrium erectum
Dryoathyrium boryanum (Willd.) Ching 介蕨
Dryoathyrium chinense Ching 中华介蕨
Dryoathyrium chingii W.M.Chu=Dryoathyrium erectum
Dryoathyrium confusum Ching & Hsu 陕甘介蕨
Dryoathyrium coreanum (Christ)Tagawa 朝鲜介蕨
Dryoathyrium dielsii Ching=Dryoathyrium stenopteron
Dryoathyrium edentulum (Kunze) Ching 无齿介蕨
Dryoathyrium erectum (Z.R.Wang) W.M.Chu & Z.R.Wang 直立介蕨
Dryoathyrium falcatipinnulum Z.R.Wang 镰小羽介蕨
Dryoathyrium henryi (Bak.) Ching 鄂西介蕨
Dryoathyrium henryi sensu S.H.Fu=Dryoathyrium coreanum
Dryoathyrium jinfoshanense Ching & Z.R.Liu=Dryoathyrium unifurcatum

Dryoathyrium mcdonellii (Bedd.)Z.R.Wang 麦氏介蕨
Dryoathyrium okubosanum (Makino) Ching 华中介蕨
Dryoathyrium pterorachis (Christ) Ching 翅轴介蕨
Dryoathyrium setigerum Ching ex Y.T.Hsieh 刺毛介蕨
Dryoathyrium stenopteron (Bak.) Ching 川东介蕨
Dryoathyrium unifurcatum (Bak.) Ching 峨眉介蕨
Dryoathyrium viridifrons (Makino) Ching 绿叶介蕨
Dryoathyrium viridifrons var. *okuboanum* Ching=Dryoathyrium okubosanum
Dryobalanops Gaertn.f.**羯布罗香属**(龙脑香科)
Dryobalanops aromatica Gaertn.f.龙脑香(龙脑香科)
Dryomenis polymorpha var. *pentaphylla* Nakai=Tectaria polymorpha
Dryopteridaceae 鳞毛蕨科
Dryopteris O.Ktze.=**Cyrtomidictyum**
Dryopteris Adanson **鳞毛蕨属**(鳞毛蕨科)
Dryopteris abbreviatipinna Makino & Ogata ex Makino=Parathelypteris cystopteroides
Dryopteris acuminata Nakai=Cyclosorus acuminatus
Dryopteris acurita C.Chr.(Hay.in Icon.Pl.Form.1914)=Pseudophegopteris subaurita
Dryopteris acutidens C.Chr.(分类学报 1959,海南志 1964)=Dryopteris subtriangularis
Dryopteris acutodentata Ching 尖齿鳞毛蕨
Dryopteris africana (Besv.) C.Chr.(Hay.Icon.Pl.Form.1914)= Leptogramma tottoides
Dryopteris africana C.Chr.非洲鳞毛蕨
Dryopteris alpestris Tagawa 多雄拉鳞毛蕨
Dryopteris alpicola Ching & Z.R.Wang 高山鳞毛蕨
Dryopteris amurensis Christ 黑水鳞毛蕨
Dryopteris angustifrons (HK.) O.Ktze.狭叶鳞毛蕨
Dryopteris angustodissecta Hay.(p.p.)=Ctenitopsis dissecta
Dryopteris angustodissecta Hay.=Ctenitopsis angustodissecta
Dryopteris apicidens C.Chr.=Athyrium dissitifolium
Dryopteris apicifixa Ching=Dryopteris fructuosa
Dryopteris apiciflora O.Ktze.=Ctenitis apiciflora
Dryopteris apicisora Ching & Y.T.Hsieh=Dryopteris peninsulae
Dryopteris arida O.Ktze.=Cyclosorus aridus
Dryopteris arisanensis Rosenst.=Metathelypteris gracilescens
Dryopteris assamensis (Hope) C.Chr. & Ching 阿萨姆鳞毛蕨
Dryopteris assimilis S.Walk.=Dryopteris expansa
Dryopteris athyrioformis Rosenst.=Cornopteris banahaoensis
Dryopteris atrata (Kunze) Ching 暗鳞鳞毛蕨
Dryopteris atrata (Wall. & Kunze) Ching=Dryopteris cycadina
Dryopteris atrata var. *stenolepis* (Bak.) Tagawa=Dryopteris stenolepis
Dryopteris aureovestita Ros.=Ctenitis aureo-vestita
Dryopteris aurita C.Chr.=Pseudophegopteris aurita
Dryopteris austriaca (Jacq.) Waynar ex Schinz & Thell.阔叶鳞毛蕨
Dryopteris austriaca (Jacq.) Woyn.(东北草本志 1958)=Dryopteris expansa
Dryopteris austrosinensis Christ=Ctenitopsis subsageniaca
Dryopteris austroussuriensis Kom.=Neoathyrium crenulatoserrulatum
Dryopteris backeri v.A.v.R.=Macrothelypteris setigera
Dryopteris banahaoensis C.Chr.=Cornopteris banahaoensis
Dryopteris barbigera (T.Moore & HK.) O.Ktze.多鳞鳞毛蕨
Dryopteris barbigera subsp. *komarovii* (Kosshinsky) Fraser-Jenkins= Dryopteris komarovii
Dryopteris basissora Christ=Dryopteris pseudovaria
Dryopteris basitripinnatifida Ching & Z.Y.Liu=Dryopteris lepidorachis
Dryopteris beddomei O.Ktze.=Parathelypteris beddomei
Dryopteris bissetiana (Bak.) C.Chr.=Dryopteris setosa
Dryopteris bissetiana var. *sacrosancta* (Koidz.) H.Ito=Dryopteris sacrosancta
Dryopteris blanfordii (C.Hope) C.Chr.西域鳞毛蕨
Dryopteris blanfordii subsp. blanfordii=Dryopteris blanfordii
Dryopteris blanfordii subsp. nigrosquamosa (Ching) Fraser-Jenkins 黑鳞西域鳞毛蕨
Dryopteris blepharolepis C.Chr.=Dryopteris sublacera
Dryopteris blinii Lévl.=Dryopteris marginata
Dryopteris bodinieri (Christ) C.Chr.大平鳞毛蕨
Dryopteris bonatianum (Brause) Fraser-Jenkins=Dryopteris panda
Dryopteris borreri Newm.玻里鳞毛蕨
Dryopteris boryana (Willd.) C.Chr.=Dryoathyrium boryanum
Dryopteris braineoides (Bak.) C.Chr.=Glaphyropteridopsis erubescens
Dryopteris brunnea C.Chr.=Pseudocyclosorus pyrrhorachis
Dryopteris brunneo-villosa C.Chr.=Macrothelypteris polypodioides
Dryopteris brunoniana O.Ktze.=Athyrium wallichianum
Dryopteris bullatipaleacea Ching=Dryopteris championii
Dryopteris bulligera Ching=Dryopteris erythrosora
Dryopteris calcarata Merr.=Pseudocyclosorus ciliatus
Dryopteris calcarata var. *ciliata* C.Chr.=Pseudocyclosorus ciliatus
Dryopteris calcaratus v.A.v.R.(p.p.)=Pseudocyclosorus falcilobus
Dryopteris cana (Bak.) Kuz.=Pseudocyclosorus canus
Dryopteris canaliculata Ching=Dryopteris pulcherrima
Dryopteris caroli-hopei Fraser-Jenkins 假边果鳞毛蕨
Dryopteris carthusiana (Vill.) H.P.Fuchs 刺叶鳞毛蕨
Dryopteris castanea Tagawa=Parathelypteris castanea
Dryopteris cathayana Ching & Z.Y.Liu=Dryopteris peninsulae
Dryopteris caudifolia Ching & Chiu=Dryopteris varia
Dryopteris caudifrons Ching=Dryopteris subtriangularis
Dryopteris cavaleriei Lévl.=Dryopteris fructuosa
Dryopteris cavalerii C.Chr.=Arachniodes cavalerii
Dryopteris centrochinensis Ching=Dryopteris rosthornii
Dryopteris championii (Benth.) C.Chr.阔鳞鳞毛蕨
Dryopteris championii var. *rheosora* (Bak.) Shing=Dryopteris lepidorachis
Dryopteris championii var. *tenuifrons* (H.Ito) H.Ito=Dryopteris kinkiensis
Dryopteris changii Ching=Dryopteris championii
Dryopteris chapaensis C.Chr. & Ching ex Ching=Dryopteris polita
Dryopteris chinensis (Bak.) Koidz.中华鳞毛蕨
Dryopteris chinensis Ching=Parathelypteris chinensis
Dryopteris chiui Ching=Dryopteris marginata
Dryopteris christiana Kodama ex Koidz.=Lastrea quelpaertensis
Dryopteris christii C.Chr.=Pseudophegopteris hirtirachis
Dryopteris chrysocoma (Christ) C.Chr.金冠鳞毛蕨
Dryopteris chrysocoma var. *alpina* Ching(p.p.)=Dryopteris chrysocoma
Dryopteris chrysocoma var. *alpina* Ching=Dryopteris alpicola
Dryopteris chrysocoma var. *chrysocoma*=Dryopteris chrysocoma
Dryopteris chrysocoma var. *gracilis* Ching(p.p.)=Dryopteris chrysocoma
Dryopteris chrysocoma var. *major* Ching=Dryopteris chrysocoma
Dryopteris chrysocoma var. squamosa (C.Chr.) Ching 密鳞金冠鳞毛蕨
Dryopteris chunii Ching=Cyclogramma chunii
Dryopteris ciliata C.Chr.=Pseudocyclosorus ciliatus
Dryopteris clarkei O.Ktze.=Ctenitis clarkei
Dryopteris cnemidaria Christ=Pteridrys cnemidaria
Dryopteris cochleata (Buch.-Ham. ex D.Don) C.Chr.二型鳞毛蕨
Dryopteris cochleata var. *squamosa* C.Chr.=Dryopteris chrysocoma var. squamosa
Dryopteris commixta Tagawa 混淆鳞毛蕨
Dryopteris conferta Ching & Chiu=Dryopteris championii
Dryopteris confertipinna Chinge & Shing=Dryopteris fuscipes
Dryopteris conjugata Ching 连合鳞毛蕨
Dryopteris consimilis Ching=Dryopteris varia
Dryopteris constantissima (Hay.) Hay.=Dryopteris formosana
Dryopteris cordipinna Ching & Shing=Dryopteris decipiens var. diplazioides
Dryopteris coreano-montana Nakai 东北亚鳞毛蕨
Dryopteris costalisora Tagawa 近中肋鳞毛蕨
Dryopteris crassirhizoma Nakai 粗茎鳞毛蕨
Dryopteris crassirhizoma var. *setosa* (Christ) Miyabe & Kudô = Dryopteris coreano-montana
Dryopteris crassirhizoma var. *whangshanensis* (Ching) Fraser-Jenkins= Dryopteris huangshanensis
Dryopteris crenata C.Chr.(p.p.)=Hypodematium fordii
Dryopteris crenata O.Ktze.=Hypodematium crenatum
Dryopteris crenatum var. *shantungensis* Ching=Hypodematium sinense
Dryopteris crenigera C.Chr.=Polystichum cringerum
Dryopteris crenulatoserrulata C.Chr.=Neoathyrium crenulatoserrulatum
Dryopteris crinipes O.Ktze.=Cyclosorus crinipes
Dryopteris cristata (L.) Gray 鸡冠鳞毛蕨
Dryopteris cristulata Rosenst.=Athyrium dissitifolium
Dryopteris cuneatiloba Ching & Chiu=Dryopteris pseudosparsa
Dryopteris cuspidata Christ (C.Chr.in Contr.U.S.Nat.Herb.1931)= Pronephrium lakhimpurense
Dryopteris cycadina (Franch. & Sav.) C.Chr.桫椤鳞毛蕨
Dryopteris cyclopeltiformis C.Chr.弯羽鳞毛蕨
Dryopteris cyrtolepis Hay.=Dryopteris wallichiana

Dryopteris cystopteroides C.Chr.=Parathelypteris grammitoides
Dryopteris cystopteroides Kodama ex Tagawa=Parathelypteris cystopteroides
Dryopteris decipiens (HK.) O.Ktze.迷人鳞毛蕨
Dryopteris decipiens var. decipiens=Dryopteris decipiens
Dryopteris decipiens var. diplazioides (Christ) Ching 深裂迷人鳞毛蕨
Dryopteris decipiens var. *subbipinnata* Ching=Dryopteris decipiens var. diplazioides
Dryopteris decorus Domin=Cyclosorus terminans
Dryopteris decurrenti-alata (HK.) C.Chr.=Cornopteris decurrenti-alata
Dryopteris decurrentiloba Ching & C.F.Zhang=Dryopteris uniformis
Dryopteris decurrentipinnata Ching=Ctenitis decurrenti-pinnata
Dryopteris decursivepinnata O.Ktze.=Phegopteris decursive-pinnata
Dryopteris dehuaensis Ching & Shing 德化鳞毛蕨
Dryopteris dentata (Forssk.) C.Chr.=Cyclosorus dentatus
Dryopteris dickinsii (Franch. & Sav.) C.Chr.远轴鳞毛蕨
Dryopteris dickinsii var. *namegatae* Kurata=Dryopteris namegatae
Dryopteris didymosora C.Chr.=Cyclosorus parasiticus
Dryopteris dielsii C.Chr.=Dryoathyrium stenopteron
Dryopteris diffracta Hay.=Acrorumohra diffracta
Dryopteris dilatata (Hoffm.) A.Gray 阔基鳞毛蕨
Dryopteris discreta Ching=Dryopteris squamifera
Dryopteris dispar Ching & C.F.Zhang=Dryopteris ryo-itoana
Dryopteris dissecta var. *ingens* C.Chr.=Ctenitopsis ingens
Dryopteris dissecta var. *lepidota* Christ=Ctenitopsis setulosa
Dryopteris dissitifolia C.Chr.=Athyrium dissitifolium
Dryopteris distans var. *coreana* Christ=Pseudophegopteris aurita
Dryopteris distantipinna Ching & Z.Y.Liu=Dryopteris erythrosora
Dryopteris doiana Tagawa=Dryopteris wallichiana
Dryopteris doniana (Spreng.) Ching=Dryopteris wallichiana
Dryopteris doshunglaensis Ching & S.K.Wu=Dryopteris alpestris
Dryopteris dryopteris Christ=Gymnocarpium dryopteris
Dryopteris duclouxii Christ=Pseudocyclosorus ducholuxii
Dryopteris eatoni O.Ktze.(Merr.in Lingnan Sci.J.1927)=Ctenitis decurrenti-pinnata
Dryopteris eatoni O.Ktze.=Ctenitis eatoni
Dryopteris eberharatii var. *glabrata* Christ=Pseudocyclosorus subochthodes
Dryopteris eberhardtii Christ=Pseudocyclosorus esquirolii
Dryopteris edentula O.Ktze.=Dryoathyrium edentulum
Dryopteris elegans Koidz.=Macrothelypteris oligophlebia var. elegans
Dryopteris elegans var. *subtripinnata* Tagawa=Macrothelypteris viridifrons
Dryopteris elongata O.Ktze.=Kuniwatsukia cuspidata
Dryopteris elwesii O.Ktze.=Lastrea elwesii
Dryopteris enneaphylla (Bak.) C.Chr.宜昌鳞毛蕨
Dryopteris enneaphylla var. enneaphylla=Dryopteris enneaphylla
Dryopteris enneaphylla var. pseudosieboldii (Hay.) Tagawa 大宜昌鳞毛蕨
Dryopteris ensifer Tagawa=Cyclosorus ensifer
Dryopteris ensipinna Tagawa=Cyclosorus acuminatus
Dryopteris eriochlamys Christ=Cyclosorus procurrens
Dryopteris erubescens C.Chr.=Glaphyropteridopsis erubescens
Dryopteris erythrochlamys Ching & z.Y.Liu=Dryopteris simasakii
Dryopteris erythrosora (Eaton) O.Ktze.红盖鳞毛蕨
Dryopteris erythrosora O.Ktze.(Wu,Wang & Pong in Bull.Dept.Bipl.sun Yatsen Univ.1932)=Dryopteris subtriangularis
Dryopteris erythrosora var. *tenuipes* Rosenst.=Dryopteris tenuipes
Dryopteris esquirolii Chirst=Pseudocyclosorus esquirolii
Dryopteris evoluta C.Chr.=Cyclosorus evolutus
Dryopteris excelsior Ching & Chiu=Dryopteris simasakii
Dryopteris exindusiata Ching & P.S.Chiu=Dryopteris polita
Dryopteris expansa (Presl) Fraser-Jenkins & Jermy 广布鳞毛蕨
Dryopteris extensa (Bl.) O.Ktze.=Cyclosorus opulentus
Dryopteris falcata O.Ktze.=Cyrtomium falcatum
Dryopteris falciloba C.Chr.=Pseudocyclosorus falcilobus
Dryopteris fangii Ching ex Fraser-Jenkins=Dryopteris chrysocoma
Dryopteris fargesii C.Chr. ex Wu,Wong & Pong=Arachniodes festina
Dryopteris fargesii C.Chr.=Pseudocystopteris atkinsonii
Dryopteris fengyangshanensis Ching & C.F.Zhang=Dryopteris cycadina
Dryopteris fengyangshanensis Ching & Chiu=Dryopteris cycadina
Dryopteris festina C.Chr.=Arachniodes festina
Dryopteris fibrillosa (C.B.Clarke) C.Chr.=Dryopteris sinofibrillosa
Dryopteris fibrillosa Ching 近纤维鳞毛蕨
Dryopteris fibrillosa Hand.-Mazz.=Ctenitis clarkei
Dryopteris filix-mas (L.) Schott 欧洲鳞毛蕨
Dryopteris filix-mas subsp. *assamensis* (Hope) C.Chr.=Dryopteris assamensis
Dryopteris filix-mas subsp. *fibrillosa* (C.B.Clarke) C.Chr.=Dryopteris sinofibrillosa
Dryopteris filix-mas subsp. *fibrillosa* var. *rosthornii* (Diels) C.Chr.= Dryopteris rosthornii
Dryopteris filixmas var. *rosthornii* C.Chr.=Ctenitis mariformis
Dryopteris flaccida Diels=Metathelypteris flaccida
Dryopteris flaccida O.Ktze.(Christ in Bull.Acad.Geogr.Bot.1909)= Metathelypteris laxa
Dryopteris flexilis C.Chr.=Cyclogramma flexilis
Dryopteris floridana (HK.) O.Ktze.佛罗里达鳞毛蕨
Dryopteris fluvialis Hay.=Cornopteris banahaoensis
Dryopteris formosa Maxon (Nakai in Bot.Mag.Tokyo 1931)= Parathelypteris japonica var. glabrata
Dryopteris formosana (Christ) C.Chr.台湾鳞毛蕨
Dryopteris fragrans (L.) Schott 香鳞毛蕨
Dryopteris fragrans var. *remotiuscula* (Kom.) Kom.=Dryopteris fragrans
Dryopteris fructuosa (Christ) C.Chr.硬果鳞毛蕨
Dryopteris fructuosa var. *integriloba* Cing=Dryopteris pseudovaria
Dryopteris fuscipes C.Chr.黑足鳞毛蕨
Dryopteris fuscipes f. *major* Ching ex Shing & J.F.Cheng=Dryopteris fuscipes
Dryopteris fuscipes var. *diplazioides* (Christ) Ching=Dryopteris decipiens var. diplazioides
Dryopteris fuyangensis Ching & Chiu=Dryopteris varia
Dryopteris gamblei (C.Hipe) C.Chr.=Dryopteris stenolepis
Dryopteris glabrescens Ching & Chiu=Dryopteris varia
Dryopteris glanduligera Christ=Parathelypteris glanduligera
Dryopteris glanduligera var. *hyalostegia* H.Ito=Parathelypteris angustifrons
Dryopteris glandulosa C.Chr.=Pronephrium gymnopteridifrons
Dryopteris goeringiana (Kunze) Loidz.华北鳞毛蕨
Dryopteris goldiana (HK.) Gray 硕鳞毛蕨
Dryopteris gonboensis Ching=Dryopteris blanfordii
Dryopteris gongylodes O.Ktze.=Cyclosorus interruptus
Dryopteris gongylodes var. *glabra* C.Chr.=Cyclosorus interruptus
Dryopteris gongylodes var. *hirsuta* C.Chr.=Cyclosorus interruptus
Dryopteris gongylodes var. *propinaqua* C.Chr.=Cyclosorus interruptus
Dryopteris gracilescens (Bl.) O.Ktze (Minino in J.Jap.Bot.1929)= Parathelypteris angustifrons
Dryopteris gracilescens O.Ktze.(C.Chr.in Contr.U.S.Nat.Herb.1931)= Metathelypteris uraiensis
Dryopteris gracilescens O.Ktze.(Hay.Icon.Fl.Form.1914)=Parathelypteris glanduligera
Dryopteris gracilescens O.Ktze=Metathelypteris gracilescens
Dryopteris gracilescens subsp.*glanduligera* C.Chr.=Parathelypteris glanduligera
Dryopteris gracilescens subsp.*glanduligera* var. *abbreviata* Kodama= Parathelypteris cystopteroides
Dryopteris gracilescens var. *chinensis* Christ=Parathelypteris hirsutipes
Dryopteris gracilescens var. *decipiens* v.A.v.R.=Metathelypteris decipiens
Dryopteris gracilescens var. *glanduligera* C.Chr.=Parathelypteris glanduligera
Dryopteris gracilifrons C.Chr.=Pseudocystopteris atkinsonii
Dryopteris gradissima Tagawa=Dryopteris marginata
Dryopteris grammitoides C.Chr.=Parathelypteris grammitoides
Dryopteris grandiosa Ching & Chiu=Dryopteris championii
Dryopteris guangxiensis S.G.Lu 广西鳞毛蕨
Dryopteris gushaigensis Ching=Dryopteris blanfordii subsp. nigrosquamosa
Dryopteris gushanica Ching & Shing=Dryopteris dehuaensis
Dryopteris gutishanensis Ching & C.F.Zhang=Dryopteris championii
Dryopteris gymnogrammoides C.Chr.=Gymnocarpium oyamense
Dryopteris gymnophylla (Bak.) C.Chr.裸叶鳞毛蕨
Dryopteris gymnopteridifrons Hay.=Pronephrium gymnopteridifrons
Dryopteris gymnosora (Makino) C.Chr.裸果鳞毛蕨
Dryopteris gymnosora var. *indusiata* (Makino) Makino ex Bonaparte= Dryopteris indusiata
Dryopteris habaensis Ching 哈巴鳞毛蕨
Dryopteris handeliana C.Chr.边生鳞毛蕨
Dryopteris hangchowensis Ching 杭州鳞毛蕨

Dryopteris harae H.Ito=Dryopteris pulvinulifera
Dryopteris hattorii H.Ito.=Metathelypteris hattorii
Dryopteris hayatae Tagawa=Dryopteris subexaltata
Dryopteris hendersoni Christ=Ctenitis rhodolepis
Dryopteris henryi C.Chr.=Arachniodes henryi
Dryopteris heterocarpa Merr.(p.p.)=Cyclosorus truncatus
Dryopteris heterocarpa O.Ktze.=Cyclosorus heterocarpus
Dryopteris heterolaena C.Chr.=Ctenitis heterolaena
Dryopteris heteroneura (Tagawa) Ching=Dryopteris enneaphylla
Dryopteris hexagonoptera (Michx) C.Chr.六角鳞毛蕨
Dryopteris himachalensis Fraser-Jenkins 木里鳞毛蕨
Dryopteris himalayensis C.Chr.=Cyclogramma auriculata
Dryopteris hirsutipes C.Chr.=Parathelypteris hirsutipes
Dryopteris hirsutisquamata Hay.=Metathelypteris uraiensis
Dryopteris hirtipes Christ=Dryopteris handeliana
Dryopteris hirtipes subsp. *atrata* (Kunze) Fraser-Jenkins=Dryopteris atrata
Dryopteris hirtipes var. *stenolepis* (Bak.) C.Chr.=Dryopteris stenolepis
Dryopteris hirtirachis C.Chr.=Pseudophegopteris hirtirachis
Dryopteris hirtisora C.Chr.=Cyclosorus hirtisorus
Dryopteris hirtosparsa Christ.(Wu,Wang & Pong in Bull.Dept.Biol.Sun Yatsen Univ.1932)=Dryopteris integriloba
Dryopteris hondoensis Koidz.桃花岛鳞毛蕨
Dryopteris huanglungensis Ching=Dryopteris championii
Dryopteris huangshanensis Ching 黄山鳞毛蕨
Dryopteris huangshangensis Ching ex Ling=Dryopteris huangshanensis
Dryopteris hupehensis Ching=Dryopteris rosthornii
Dryopteris hwangii Ching=Dryopteris tahmingensis
Dryopteris hypophlebia Hay.=Dryopteris fructuosa
Dryopteris immixta Ching 假异鳞毛蕨
Dryopteris inaensis Tagawa=Polystichum inaense
Dryopteris incerta Domin ex C.Chr.=Cyclosorus opulentus
Dryopteris incisolobata Ching 深裂鳞毛蕨
Dryopteris incrassata C.Chr.=Athyrium dissitifolium
Dryopteris indochinensis Christ=Parathelypteris indo-chinensis
Dryopteris indusiata (Makino) Yamamoto 平行鳞毛蕨
Dryopteris indusiata var. *paleacea* H.Ito=Dryopteris simasakii var. paleacea
Dryopteris indusiata var. *simasakii* H.Ito=Dryopteris simasakii
Dryopteris infrahirtella Ching & Z.Y.Liu=Dryopteris championii
Dryopteris infrapuberula Ching=Dryopteris namegatae
Dryopteris ingens Ching=Ctenitopsis ingens
Dryopteris integriloba C.Chr.羽裂鳞毛蕨
Dryopteris integripinna Ching=Dryopteris decipiens var. diplazioides
Dryopteris intermedia v.A.v=Ctenitis rhodolepis
Dryopteris interrupta Bak. & Posth.=Cyclosorus terminans
Dryopteris izuensis Kodama=Cyclogramma leveillei
Dryopteris jaculosa C.Chr.=Cyclosorus jaculosus
Dryopteris japonica C.Chr.=Parathelypteris japonica
Dryopteris japonica var. *elongata* Rosenst.=Parathelypteris chinensis
Dryopteris jessoensis Koidz.=Gymnocarpium jessoense
Dryopteris jiangshanensis Ching & P.C.Chiu=Dryopteris uniformis
Dryopteris jiulongshanensis Chiu & Yao=Dryopteris tenuicula
Dryopteris junlianensis H.S.Kung=Dryopteris lepidopoda
Dryopteris juxtaposita Christ 粗齿鳞毛蕨
Dryopteris juxtaposita f. *mutica* C.Chr.=Dryopteris sublacera
Dryopteris kaihuaensis Ching & C.F.Zhang=Dryopteris ryo-itoana
Dryopteris kamtschatica Kom.=Lastrea quelpaertensis
Dryopteris kawakamii Hay.=Ctenitis kawakamii
Dryopteris khasiana C.Chr.=Kuniwatsukia cuspidata
Dryopteris kinkiensis Koidz.京鹤鳞毛蕨
Dryopteris kodamai Hay.=Dryopteris formosana
Dryopteris komarovii Kosshinsky 近多鳞鳞毛蕨
Dryopteris kotoensis Hay.=Cyclosorus productus
Dryopteris kusukusensis Hay.=Ctenitopsis kusukusensis
Dryopteris kwashotensis Hay.=Cyclosorus truncatus
Dryopteris kweichowicola Ching & P.S.Wang=Dryopteris wallichiana var. kweichowicola
Dryopteris labordei (Christ) C.Chr.(高等图鉴 1972,福建志 1982,安徽志 1985,浙江志 1993,江西志 1993)=Dryopteris gymnosora
Dryopteris labordei (Christ) C.Chr.齿头鳞毛蕨
Dryopteris labordei var. *simasakii* (H.Ito) H.Ito=Dryopteris simasakii
Dryopteris labordei var. *simasakii* f. *paleacea* (H.Ito) H.Ito=Dryopteris simasakii var. paleacea
Dryopteris lacera (Thunb.) O.Ktze.狭顶鳞毛蕨
Dryopteris lacera subsp. *peninsulae* Kitag.=Dryopteris peninsulae
Dryopteris lacera var. *peninsulae* Tagawa=Dryopteris peninsulae
Dryopteris lachoongensis (Bedd.) Nayar & Kaur 脉纹鳞毛蕨
Dryopteris laeta (Kom.) C.Chr.=Dryopteris goeringiana
Dryopteris laeta var. *oblongifrons* Kitag.=Dryopteris goeringiana
Dryopteris laevifrons var. *kwashotensis* Tagawa=Cyclosorus truncatus
Dryopteris lakhimpurensis Rosenst.=Pronephrium lakhimpurense
Dryopteris lancipinnula Ching=Dryopteris subimpressa
Dryopteris laodianensis Ching & Chiu=Dryopteris simasakii
Dryopteris laokaiensis C.Chr.=Ctenitopsis sagenioides
Dryopteris laoshanensis J.X.Li & S.T.Ma=Dryopteris championii
Dryopteris lasiocarpa Hay.=Macrothelypteris torresiana
Dryopteris late-repens C.Chr.=Pseudophegopteris pyrrhorachis
Dryopteris latibasis Ching 阔基鳞毛蕨
Dryopteris latipinna (HK.) O.Ktze.(Hay.Icon.Pl.Form.1918)=Cyclosorus ensifer
Dryopteris latipinna O.Ktze.=Cyclosorus latipinnus
Dryopteris laxa C.Chr.(Maxon in L.H.Bailey,Gentes Herb.1920)=Parathelypteris glanduligera var. puberula
Dryopteris laxa C.Chr.=Metathelypteris laxa
Dryopteris laxa var. *dilatata* Koidz.=Metathelypteris hattorii
Dryopteris lepidocaula O.Ktze.=Cyrtomidictyum lepidocaulon
Dryopteris lepidocaulon Ching & Chiu=Dryopteris lepidorachis
Dryopteris lepidopoda Hay.黑鳞鳞毛蕨
Dryopteris lepidopoda var. *phaeocoma* Ching & S.K.Wu=Dryopteris lepidopoda
Dryopteris lepidorachis C.Chr.轴鳞鳞毛蕨
Dryopteris lepigera O.Ktze.=Ctenitis subglandulosa
Dryopteris leucolepis Maxon=Macrothelypteris polypodioides
Dryopteris leucostipes C.Chr.=Ctenitis eatoni
Dryopteris leveillei Christ=Cyclogramma leveillei
Dryopteris leveillei Nakai=Dryopteris marginata
Dryopteris levingei C.Chr.=Pseudophegopteris levingei
Dryopteris liangkwangensis Ching 两广鳞毛蕨
Dryopteris lichiangensis (Wright) C.Chr.=Polystichum shensiense
Dryopteris likiangensis Ching=Dryopteris montigena
Dryopteris linganensis Ching & C.F.zhang=Dryopteris championii
Dryopteris lingii Ching=Dryopteris varia
Dryopteris linnaeana C.Chr.=Gymnocarpium dryopteris
Dryopteris linnaeana C.Chr.=Gymnocarpium jessoense
Dryopteris linnaeana var. *jessoensis* (Koidz.) C.Chr.=Gymnocarpium jessoense
Dryopteris linyingensis Ching & C.F.Zhang=Dryopteris erythrosora
Dryopteris liui Ching=Dryopteris formosana
Dryopteris liukiuensis (Christ) C.Chr.=Pronephrium cuspidatum
Dryopteris livida Ching & G.H.Wang=Dryopteris polita
Dryopteris liyangensis Ching & Y.C.Lan 溧阳鳞毛蕨?
Dryopteris lofouensis C.Chr.=Pteridrys australis
Dryopteris lofouensis Christ=Pteridrys lofouensis
Dryopteris longirostrata Ching ex Shing eett J.F.Cheng=Dryopteris cycadina
Dryopteris longistipes Ching=Dryopteris lepidopoda
Dryopteris lunanensis (Christ) C.Chr.路南鳞毛蕨
Dryopteris lungjingensis Ching & Chiu=Dryopteris pacifica
Dryopteris lushanensis Ching & Chiu=Dryopteris ryo-itoana
Dryopteris luzonica var. *puberula* Christ=Cyclosorus productus
Dryopteris macarthyi C.Chr.=Metathelypteris laxa
Dryopteris manshurica Ching=Dryopteris expansa
Dryopteris marginata (C.B.Clarke) Christ (Tagawa & K.Iwats. in Fl.Tailand 1988)=Dryopteris porosa
Dryopteris marginata (C.B.Clarke) Christ 边果鳞毛蕨
Dryopteris mariformis Ros.=Ctenitis mariformis
Dryopteris matsumurae C.Chr.=Ctenitis maximowicziana
Dryopteris matsuzoana Koidz.=Dryopteris varia
Dryopteris maximowicziana C.Chr.=Ctenitis maximowicziana
Dryopteris maximowicziana Koidz.=Ctenitis subglandulosa
Dryopteris maximowicziana var. *rhodolepis* Koidz.=Ctenitis rhodolepis
Dryopteris media v.A.v.R.=Metathelypteris singalanensis
Dryopteris medialisora Ching & Chiu=Dryopteris fuscipes
Dryopteris membranoides Hay.=Ctenitopsis kusukusensis
Dryopteris metafuscipes Ching & C.F.Zhang=Dryopteris decipiens var. diplazioides
Dryopteris metcalfii Ching=Dryopteris marginata
Dryopteris michelii Lévl.=Arachniodes michelii

Dryopteris microlepis (Bak.) C.Chr.细鳞鳞毛蕨
Dryopteris mimetica Ching & C.F.Zhang=Dryopteris decipiens var. diplazioides
Dryopteris minjiangensis H.S.Kung=Dryopteris sublacera
Dryopteris mollissima C.Chr.=Macrothelypteris torresiana
Dryopteris monticola (Makino) C.Chr.山地鳞毛蕨
Dryopteris montigena Ching 丽江鳞毛蕨
Dryopteris moulmeinensis C.Chr.=Pronephrium nudatum
Dryopteris moussetii C.Chr.=Pseudophegopteris rectangularis
Dryopteris multijungata Ching & Shing=Dryopteris fuscipes
Dryopteris nakanensis Ching=Dryopteris microlepis
Dryopteris namegatae (Kurata) Kurata 黑鳞远轴鳞毛蕨
Dryopteris nanchuanensis Ching & Z.Y.Liu=Dryopteris championii
Dryopteris nanchuanensis Ching & Z.Y.Liu=Dryopteris varia
Dryopteris neassamensis Ching=Dryopteris kinkiensis
Dryopteris neglecta Ching & Z.Y.Liu=Dryopteris tenuicula
Dryopteris neoauriculata Ching=Cyclogramma neoauriculata
Dryopteris neochrysocoma Ching=Dryopteris woodsiisora
Dryopteris neofuscipes Ching & Chiu=Dryopteris championi
Dryopteris neofuscipes Ching & Z.Y.Liu=Dryopteris championii
Dryopteris neolacera Ching=Dryopteris peninsulae
Dryopteris neolepidopoda Ching & S.K.Wu 近黑鳞鳞毛蕨
Dryopteris neopodophyllum Ching=Phanerophlebiopsis neopodophylla
Dryopteris neorosthornii Ching 近川西鳞毛蕨
Dryopteris neosordidipes Ching ex Shing & J.F.Cheng=Dryopteris dehuaensis
Dryopteris nigra Ching=Dryopteris lepidopoda
Dryopteris nigrosquamata Hay.=Dryopteris scottii
Dryopteris nigrosquamosa Ching=Dryopteris blanfordii subsp. nigrosquamosa
Dryopteris nipponica C.Chr.=Parathelypteris nipponica
Dryopteris nipponica var. *borealis* Hara=Parathelypteris borealis
Dryopteris nitidula (Wall. ex Kuhn) Mitsuta & S.K.Wu=Dryopteris yoroii
Dryopteris nobilis Ching 优雅鳞毛蕨
Dryopteris nobilis var. fengiana Ching 冯氏鳞毛蕨
Dryopteris nobilis var. nobilis=Dryopteris nobilis
Dryopteris nokoensis Tagawa=Ctenitis transmorrisonensis
Dryopteris nov-auriculata Ching=Cyclogramma auriculata
Dryopteris nudistipes Ching & Chiu=Dryopteris submarginata
Dryopteris nyalamensis Ching & S.K.Wu=Dryopteris squamifera
Dryopteris nyalamensis var. *angustipinnata* Ching & S.K.Wu=Dryopteris squamifera
Dryopteris nyingchiensis Ching 林芝鳞毛蕨
Dryopteris oblongipinnula Ching & Chiu=Dryopteris erythrosora
Dryopteris occidentalizhejiangensis Ching & Chiu=Dryopteris championii
Dryopteris ochthodes C.Chr.(Merr.in Lingnan Sci.J.1927)= Pseudocyclosorus falcilobus
Dryopteris ochthodes Ogata=Pseudocyclosorus subochthodes
Dryopteris ochthodes var. *xylodes* C.Chr.=Pseudocyclosorus typlodes
Dryopteris odontoloma T.Moore (秦岭志 1974)=Dryopteris juxtaposita
Dryopteris ogawai H.Ito=Dryopteris varia
Dryopteris okuboana Koidz.=Dryoathyrium okubosanum
Dryopteris oldhami C.Chr.=Ctenitis subglandulosa
Dryopteris oligophlebia C.Chr.=Macrothelypteris oligophlebia
Dryopteris oligophlebia var. *lasiocarpa* Nakai=Macrothelypteris torresiana
Dryopteris oligophlebia var. *subtripinnata* H.Ito=Macrothelypteris viridifrons
Dryopteris omeicola Ching=Dryopteris rosthornii
Dryopteris omeiensis C.Chr.=Cyclogramma omeiensis
Dryopteris opaca (Don) C.Chr.=Cornopteris opaca
Dryopteris oppositipinna C.Chr.=Pseudophegopteris rectangularis
Dryopteris oppositipinna Ching & Z.Y.Liu=Dryopteris erythrosora
Dryopteris oreopteris var. *fauriei* (Christ) Miyabe & Kudô =Lastrea quelpaertensis
Dryopteris ornata C.Chr.=Macrothelypteris ornata
Dryopteris oshimensis C.Chr.=Cyclosorus acuminatus
Dryopteris otarioides C.Chr.=Anisocampium sheareri
Dryopteris oyamensis C.Chr.=Gymnocarpium oyamense
Dryopteris pachyphylla Hay.=Dryopteris wallichiana
Dryopteris pacifica (Nakai) Tagawa 太平鳞毛蕨
Dryopteris paleacea (Sw.) C.Chr.大忌鳞毛蕨
Dryopteris paleifera Ching & Z.Y.Liu=Dryopteris championii
Dryopteris pallida (Bory) C.Chr. ex Maire & Petitm.灰白鳞毛蕨
Dryopteris paludicola Ching=Dryopteris reflexosquamata
Dryopteris panda (C.B.Clarke) Christ 大果鳞毛蕨
Dryopteris paomowanensis Ching & Z.Y.Liu=Dryopteris simasakii var. paleacea
Dryopteris paraerythrosora Ching & C.F.Zhang=Dryopteris erythrosora
Dryopteris parafuscipes Ching & Z.Y.Liu (植物研究 1987)=Dryopteris guangxiensis
Dryopteris parafuscipes Ching & Z.Y.Liu=Dryopteris fuscipes
Dryopteris parallelogramma (Kuze) Alston=Dryopteris wallichiana
Dryopteris paralunanensis W.M.Chu ex S.G.Lu 假路南鳞毛蕨
Dryopteris parasitica C.Chr.(p.p.)=Cyclosorus dentatus
Dryopteris parasitica O.Ktze.(p.p.)=Cyclosorus parasiticus
Dryopteris parasitica var. *aureo-glandulosa* Bonap.=Cyclosorus parasiticus
Dryopteris parasitica var. *latipinna* C.Chr.=Cyclosorus latipinnus
Dryopteris parasparsa Ching & S.K.Wu=Dryopteris sparsa
Dryopteris paravaria Ching & Chiu=Dryopteris setosa
Dryopteris patens O.Ktze.=Cyclosorus parasiticus
Dryopteris pectinatopinnata Ching ex Z.R.Wang=Dryopteris himachalensis
Dryopteris pedana (Desv.) O.Ktze.掌状鳞毛蕨
Dryopteris pellucida C.Chr.=Cystopteris pellucida
Dryopteris peninsulae Kitag.半岛鳞毛蕨
Dryopteris persimilis Ching & C.F.Zhang=Dryopteris fuscipes
Dryopteris phaeolepis Hay.=Dryopteris formosana
Dryopteris phegopteris (L.) C.Chr.=Phegopteris connectilis
Dryopteris philippinensis Cop.=Cyclosorus productus
Dryopteris podophylla (HK.) O.Ktze.柄叶鳞毛蕨
Dryopteris polita Rosenst.蓝色鳞毛蕨
Dryopteris polylepis (Franch. & Sav.) C.Chr.单脉鳞毛蕨
Dryopteris polylepis C.Chr.=Ctenitis mariformis
Dryopteris polypodiforme C.Chr.=Anisocampium sheareri
Dryopteris porosa Ching 微孔鳞毛蕨
Dryopteris porphyrophlebia C.Chr.=Pronephrium penangianum
Dryopteris prachyodes O.Ktze.(蕨类图说 1957)=Pronephrium penangianum
Dryopteris procurrens Bak.=Cyclosorus dentatus
Dryopteris procurrens O.Ktze.=Cyclosorus procurrens
Dryopteris producta C.Chr.=Cyclosorus productus
Dryopteris pseudatrata Ching=Dryopteris cycadina
Dryopteris pseudobissetiana Ching & Shing & R.J.Cheng=Dryopteris setosa
Dryopteris pseudocalcarata C.Chr.=Pseudocyclosorus ciliatus
Dryopteris pseudochrysocoma Ching ex Z.R.Wang=Dryopteris chrysocoma
Dryopteris pseudodontuloma Ching=Dryopteris lachoongensis
Dryopteris pseudoerythrosora Ching & C.F.Zhang=Dryopteris erythrosora
Dryopteris pseudofibrillosa Ching=Dryopteris redactopinnata
Dryopteris pseudofuscipes Ching & Chiu=Dryopteris ryo-itoana
Dryopteris pseudohirsuta Rosenst.=Cyclosorus productus
Dryopteris pseudomarginata Ching=Dryopteris caroli-hopei
Dryopteris pseudosabaei Hay.=Dryopteris fructuosa
Dryopteris pseudosieboldii Hay.=Dryopteris enneaphylla var. pseudosieboldii
Dryopteris pseudosikkimensis Ching & S.K.Wu=Dryopteris sikkimensis
Dryopteris pseudosparsa Ching 假稀羽鳞毛蕨
Dryopteris pseudouniformis Ching ex Ling=Dryopteris uniformis
Dryopteris pseudovaria (Christ) C.Chr.凸背鳞毛蕨
Dryopteris pteridoformis Christ 蕨状鳞毛蕨
Dryopteris pteroides (Retz.) O.Ktze.(C.Chr.in Ind.Fil.1906,p.p.)= Cyclosorus terminans
Dryopteris pteroides var. *obtusata* Bonap.=Cyclosorus terminans
Dryopteris pudouensis Ching=Dryopteris pacifica
Dryopteris pulcherrima Ching (Fraser-Jenkins in Bull.Br.Mus.Nat.Hist. Bot.1989,p.p.)=Dryopteris squamifera
Dryopteris pulcherrima Ching (Fraser-Jenkins in Bull.Br.Mus.Nat.Hist. Bot.1989,p.p.)=Dryopteris sinofibrillosa
Dryopteris pulcherrima Ching 豫陕鳞毛蕨
Dryopteris pulvinulifera (Bedd.) O.Ktze.肿足鳞毛蕨
Dryopteris punctata C.Chr.=Hypolepis punctata
Dryopteris purpurascens (Bl.) Christ 紫色鳞毛蕨
Dryopteris purpurella Tagawa=Dryopteris tenuicula

Dryopteris pycnopteroides (Christ) C.Chr.密鳞鳞毛蕨
Dryopteris qamdoensis Ching=Dryopteris squamifera
Dryopteris qinyuangensis Ching & Chu=Dryopteris championii
Dryopteris quadrifisa Ching=Dryopteris pacifica
Dryopteris quatanensis Ching=Dryopteris wallichiana
Dryopteris quelpaertensis Christ=Lastrea quelpaertensis
Dryopteris rampans C.Chr.=Pronephrium penangianum
Dryopteris redactopinnata S.K.Basu & Panigr.藏布鳞毛蕨
Dryopteris reflexosquamata Hay.(H.Ito in Fl.E.Himal.1966)=Dryopteris splendens
Dryopteris reflexosquamata Hay.倒鳞鳞毛蕨
Dryopteris remota Hayek (Hay.in J.Coll.Sci.Imp.Univ. Tokyo 1911)=Gymnocarpium remotepinnatum
Dryopteris remote-pinnata Hay.=Gymnocarpium remotepinnatum
Dryopteris remotipinnula Ching & C.F.Zhang=Dryopteris erythrosora
Dryopteris retroso-paleacea Ching & C.F.Zhang=Dryopteris decipiens var. diplazioides
Dryopteris rhodolepis C.Chr.=Ctenitis rhodolepis
Dryopteris rigida (Hoffm.) Underw.坚硬鳞毛蕨
Dryopteris rigidiuscula Ching ex Shing & J.F.Cheng=Dryopteris cycadina
Dryopteris robertiana C.Chr.=Gymnocarpium robertianum
Dryopteris robertiana sensu C.Chr.=Gymnocarpium jessoense
Dryopteris rosthornii (Diels) C.Chr.川西鳞毛蕨
Dryopteris rubra Ching=Pronephrium lakhimpurense
Dryopteris rubripes W.M.Chu=Dryopteris rubrobrunnea
Dryopteris rubristipes Ching & Z.Y.Liu=Dryopteris tenuicula
Dryopteris rubrobrunnea W.M.Chu 红褐鳞毛蕨
Dryopteris rufosquamosa Ching & Chiu=Dryopteris simasakii var. paleacea
Dryopteris rufostraminea C.Chr.=Glaphyropteridopsis rufostraminea
Dryopteris ryo-itoana Kurata 宽羽鳞毛蕨
Dryopteris sacholepis Hay.=Ctenitis sacholepis
Dryopteris sacrosancta Koidz.棕边鳞毛蕨
Dryopteris sagenioides O.Ktze.=Ctenitopsis sagenioides
Dryopteris sakuraii (Rosenst.) Tagawa=Dryopteris gymnophylla
Dryopteris sanningensis Ching=Dryopteris tokyoensis
Dryopteris sasaki Hay.=Ctenitopsis dissecta
Dryopteris saxifraga H.Ito 虎耳鳞毛蕨
Dryopteris scabripes Ching=Dryopteris pseudosparsa
Dryopteris scallanii C.Chr.=Leptogramma scallanii
Dryopteris schneideriana Hand.-Mazz.=Dryopteris sublacera
Dryopteris scottii (Bedd.) Ching ex C.Chr.无盖鳞毛蕨
Dryopteris sect. *Eudryopteris* C.Chr.=**Hypodematium**
Dryopteris sect. *Hypodematium* C.Chr.=**Hypodematium**
Dryopteris sect. *Phegopteris* C.Chr.(p.p.)=**Thelypteris**
Dryopteris semipinnata Ching=Dryopteris lunanensis
Dryopteris senanensis C.Chr.=Pseudocystopteris atkinsonii
Dryopteris sericea C.Chr.腺毛鳞毛蕨
Dryopteris serrato-dentata (Bedd.) Hay.刺尖鳞毛蕨
Dryopteris sessilipinna Ching & Chiu=Dryopteris submarginata
Dryopteris setigera C.Chr.=Macrothelypteris torresiana
Dryopteris setigera O.Ktze.=Macrothelypteris setigera
Dryopteris setosa (Thunb.) Akasawa 两色鳞毛蕨
Dryopteris setulosa C.Chr.=Ctenitopsis setulosa
Dryopteris shanghaiensis Ching & Chiu=Dryopteris setosa
Dryopteris shangqianensis Ching & Z.Y.Liu=Dryopteris commixta
Dryopteris sheareri C.Chr.=Anisocampium sheareri
Dryopteris shensicola Ching & Y.T.Hsieh=Dryopteris peninsulae
Dryopteris sieboldii (van Houtte ex Mett.) O.Ktze.奇羽鳞毛蕨
Dryopteris sieboldii var. *hetereoneura* Tagawa=Dryopteris enneaphylla
Dryopteris sikkimensis (HK.) O.Ktze.锡金鳞毛蕨
Dryopteris silaensis Ching=Dryopteris acutodentata
Dryopteris simasakii (H.Ito) Kurata 高鳞毛蕨
Dryopteris simasakii var. paleacea (H.Ito) Kurata 密鳞高鳞毛蕨
Dryopteris simasakii var. simasakii=Dryopteris simasakii
Dryopteris simplex (HK.) C.Chr.=Pronephrium simplex
Dryopteris singalanensis C.Chr.=Metathelypteris singalanensis
Dryopteris sinica Christ=Cyclosorus acuminatus
Dryopteris sinobissetiana Ching & Z.Y.Liu=Dryopteris setosa
Dryopteris sinodickinsii Ching ex K.H.Shing & J.F.Cheng=Dryopteris commixta
Dryopteris sinoerythrosora Ching & shing=Dryopteris erythrosora
Dryopteris sinofibrillosa Ching 纤维鳞毛蕨
Dryopteris sinosparsa Ching & Shing=Dryopteris sparsa
Dryopteris sinovaria Ching & Z.Y.Liu=Dryopteris varia
Dryopteris siranensis Nakai=Dryopteris expansa
Dryopteris sophoroides O.Ktze.(Merr. in Lingnan Sci.J.1927)=Cyclosorus aridus
Dryopteris sophoroides O.Ktze.=Cyclosorus acuminatus
Dryopteris sophoroides f. *ensipinna* Hay.=Cyclosorus ensifer
Dryopteris sordidipes Tagawa 落鳞鳞毛蕨
*Dryopteris sp.*Merr.=Cyclosorus angustipinnus
*Dryopteris sp.*Wu=Ctenitopsis setulosa
Dryopteris sparsa (Buch.-Ham. ex D.Don) O.Ktze.稀羽鳞毛蕨
Dryopteris sparsa var. *nitidula* (Wall.) C.Chr.=Dryopteris yoroii
Dryopteris sparsa var. *viridescens* (Bak.) Ching=Dryopteris sparsa
Dryopteris sphaeropteroides C.Chr.=Ctenitis sphaeropteroides
Dryopteris sphaerosora Tagawa=Arachniodes sphaerosora
Dryopteris spinulosa (O.F.Mull.) Watt 小刺鳞毛蕨
Dryopteris spinulosa O.Ktze.(Fl.CCCP.1934)=Dryopteris carthusiana
Dryopteris spinulosa subsp. *assimilis* (S.Walk.) Schididay=Dryopteris expansa
Dryopteris splendens (HK.) O.Ktze.光亮鳞毛蕨
Dryopteris squamifera Ching & S.K.Wu 褐鳞鳞毛蕨
Dryopteris squamiseta (HK.) Ktze.阿里山鳞毛蕨
Dryopteris squamistipes C.Chr.=Cyclogramma auriculata
Dryopteris squamistipes Ching & Z.Y.Liu=Dryopteris erythrosora
Dryopteris stegnogramma var. *cyrtomioides* C.Chr.=Stegnogramma cyrtomioides
Dryopteris stenochlamys Ching & Chiu ex Shing & J.F.Cheng=Dryopteris fuscipes
Dryopteris stenolepis (Bak.) C.Chr.狭鳞鳞毛蕨
Dryopteris subassamensis Ching=Dryopteris subtriangularis
Dryopteris subatrata Tagawa 细叶鳞毛蕨
Dryopteris subaurita Tagawa=Pseudophegopteris subaurita
Dryopteris subbarbigera Ching=Dryopteris komarovii
Dryopteris subchampionii Ching=Dryopteris tenuicula
Dryopteris subconjugata S.G.Lu=Dryopteris conjugata
Dryopteris subdecipiens Hay.=Dryopteris scottii
Dryopteris subelata C.Chr.=Cyclosorus subelatus
Dryopteris subexaltata (Christ) C.Chr.裂盖鳞毛蕨
Dryopteris subfluvialis Hay.=Dryoathyrium boryanum
Dryopteris subfuscipes Ching ex Shing & J.F.Cheng=Dryopteris indusiata
Dryopteris subgen. *Ctenitis* C.Chr.=**Ctenitis**
Dryopteris subgen. *Cyclosorus* C.Chr.(p.p.)=**Cyclosorus**
Dryopteris subgen. *Laastrea* C.Chr.=**Thelypteris**
Dryopteris subgen. *Meniscium* C.Chr.(p.p.)=**Pronephrium**
Dryopteris subgen. *Nothoperanema* Tagawa=**Nothoperanema**
Dryopteris subgen. *Phegopteris* C.Chr.(p.p.)=**Glaphyropteridopsis**
Dryopteris subgen. *Phegopteris* C.Chr.(p.p.)=**Phegopteris**
Dryopteris subgen. *Phegopteris* C.Chr.(p.p.)=**Pseudophegopteris**
Dryopteris subglandulosa Hay.=Ctenitis subglandulosa
Dryopteris subhispidula Rosenst.=Cyclosorus taiwanensis
Dryopteris subimpressa Loyal 柳羽鳞毛蕨
Dryopteris subintegriloba Serizawa=Dryopteris integriloba
Dryopteris sublacera Christ 半育鳞毛蕨
Dryopteris sublaeta Ching & Hsu 浅裂鳞毛蕨
Dryopteris sublaxa Hay.=Metathelypteris gracilescens
Dryopteris submarginata Loyal=Dryopteris subimpressa
Dryopteris submarginata Rosenst.无柄鳞毛蕨
Dryopteris submonticola Nakai=Dryopteris monticola
Dryopteris subpycnopteroides Ching ex Fraser-Jenkins 近密鳞鳞毛蕨
Dryopteris subsageniaca C.Chr.=Ctenitopsis subsageniaca
Dryopteris subsagenioides Christ=Anisocampium sheareri
Dryopteris subspinulosa C.Chr.=Athyrium yokoscense
Dryopteris subtenuicula Ching & Chiu=Dryopteris tenuicula
Dryopteris subthelypteris C.Chr.=Cyclogramma flexilis
Dryopteris subtriangularis (Hope) C.Chr.三角鳞毛蕨
Dryopteris subtripinnata O.Ktze.=Ctenitis subglandulosa
Dryopteris subtripinnata var. *sakuraii* Rosenst.=Dryopteris gymnophylla
Dryopteris succulentipes Hay.=Cornopteris opaca
Dryopteris sulfurea E.Brown=Cyclosorus opulentus
Dryopteris syrmatica C.Chr.=Pteridrys cnemidaria
Dryopteris tahmingensis Ching 大明鳞毛蕨
Dryopteris taishanensis F.Z.Li & C.K.Ni=Dryopteris woodsiisora
Dryopteris taiwanensis C.Chr.=Cyclosorus taiwanensis
Dryopteris taiwanicola Tagawa=Dryopteris lepidopoda

Dryopteris takeoi Hay.=Athyrium drepanopterum
Dryopteris tamdaoensis C.Chr.=Ctenitopsis tamdaoensis
Dryopteris tasiroi Tagawa=Dryopteris handeliana
Dryopteris tenericaulis Ching(p.p.)=Macrothelypteris torresiana
Dryopteris tenuicula Matthew & Christ 华南鳞毛蕨
Dryopteris tenuifrons Hay.=Ctenitopsis dissecta
Dryopteris tenuipes (Rosenst.) Serizawa 落叶鳞毛蕨
Dryopteris tenuissima Tagawa=Dryopteris woodsiisora
Dryopteris thelypteris (L.) A.Gray=Thelypteris palustris
Dryopteris thelypteris var. *pubescens* Nakai=Thelypteris palustris var. pubescens
Dryopteris thibetica (Franch.) C.Chr.陇蜀鳞毛蕨
Dryopteris thomsonii (HK.f.) Oktze.=Polystichum thomsonii
Dryopteris thrichorhachis Hay.=Ctenitis thrichorhachis
Dryopteris thunbergii Koidz.=Dryopteris setosa
Dryopteris thysanocarpa Hay.=Athyrium anisopterum
Dryopteris tianzuensis Ching & Chiu=Dryopteris sacrosancta
Dryopteris tieluensis Ching & Hsu 铁楼鳞毛蕨
Dryopteris tingiensis Ching & S.K.Wu 定结鳞毛蕨
Dryopteris todagensis Christ(Hay.in Bot.Mag.Tokyo 1909)=Cyclosorus taiwanensis
Dryopteris tokyoensis (Matsum. ex Makino) C.Chr.东京鳞毛蕨
Dryopteris tosensis Kodoma=Dryoathyrium unifurcatum
Dryopteris toyamae Tagawa 裂羽鳞毛蕨
Dryopteris transmorrisonensis Hay.=Ctenitis transmorrisonensis
Dryopteris triangularifrons Ching=Dryopteris ryo-itoana
Dryopteris trinidadensis C.Chr.=Kuniwatsukia cuspidata
Dryopteris triphylla (Sw.) C.Chr.=Pronephrium triphyllum
Dryopteris triptera (Kunze) O.Ktze.=Polystichum tripteron
Dryopteris truncata O.Ktze.=Cyclosorus truncatus
Dryopteris tsangpoensis Ching=Dryopteris redactopinnata
Dryopteris tsiangiana (Ching) R.M.Tryon & A.F.Tryon= Phanerophlebiopsis tsiangiana
Dryopteris tsoongii Ching 观光鳞毛蕨
Dryopteris tuberculifera C.Chr.=Pseudocyclosorus tuberculiferus
Dryopteris uliginosa C.Chr.=Macrothelypteris torresiana
Dryopteris uniformis (Makino) Makino (辽宁志 1985)=Dryopteris monticola
Dryopteris uniformis (Makino) Makino 同形鳞毛蕨
Dryopteris uniformis var. *rufomarginata* Shing ex Shing & J.F.Cheng= Dryopteris uniformis
Dryopteris unifurcatum C.Chr.=Dryoathyrium unifurcatum
Dryopteris unita O,Ktze.(Wu,Wong & Pong in Bull.Dept.Biol.Sun Ytasen Unvi.1952)=Cyclosorus aridus
Dryopteris uraiensis Rosenst.=Metathelypteris uraiensis
Dryopteris urophylla f. *rubiginosa* Wu,Wong & Pong=Pronephrium lakhimpurense
Dryopteris uropinna Price=Dryopteris subtriangularis
Dryopteris varia (L.) O.Ktze.变异鳞毛蕨
Dryopteris varia subsp. *sacrosancta* (Koidz.) Sugimoto=Dryopteris sacrosancta
Dryopteris varia subsp. *saxifraga* (H.Ito) Sugimoto=Dryopteris saxifraga
Dryopteris varia subsp. *setosa* (Thunb.) Sugimoto=Dryopteris setosa
Dryopteris varia var. *hikonensis* (H.Ito) Kurata=Dryopteris pacifica
Dryopteris varia var. *sacrosancta* (Koidz.) Ohwi=Dryopteris sacrosancta
Dryopteris varia var. *saxifraga* (H.Ito) H.Ohba=Dryopteris saxifraga
Dryopteris varia var. *setosa* (Thunb.) Ohwi=Dryopteris setosa
Dryopteris venosa Ching & S.K.Wu=Dryopteris lachoongensis
Dryopteris viridifrons Tagawa (p.p.)=Macrothelypteris viridifrons
Dryopteris viridis Ching=Dryopteris polita
Dryopteris wakefieldii C.Chr.=Cyclosorus opulentus
Dryopteris wallichiana (Spreng.) Hylander 大羽鳞毛蕨
Dryopteris wallichiana var. *himalaica* Ching=Dryopteris wallichiana
Dryopteris wallichiana var. kweichowicola (Ching & P.S.Wang) S.K.Wu 贵州鳞毛蕨
Dryopteris wallichiana var. wallichiana=Dryopteris wallichiana
Dryopteris wangii Ching=Dryopteris championii
Dryopteris woodsiisora Hay.细叶鳞毛蕨
Dryopteris wuyishanensis Ching=Dryopteris championii
Dryopteris wuyishanica Ching & Chiu 武夷山鳞毛蕨
Dryopteris wuyuanensis Ching=Dryopteris tsoongii
Dryopteris xanthomelas C.Chr.=Dryopteris rosthorni
Dryopteris xunwuensis Ching & Shing 寻乌鳞毛蕨
Dryopteris xylodes C.Chr.(p.p.)=Pseudocyclosorus esquirolii
Dryopteris xylodes Christ=Pseudocyclosorus typlodes
Dryopteris yabei Hay.=Dryopteris varia
Dryopteris yakumontana Masam.=Lastrea quelpaertensis
Dryopteris yandangensis Ching & C.F.Zhang=Dryopteris championii
Dryopteris yaoi Ching=Dryopteris tenuicula
Dryopteris yigongensis Ching 易贡鳞毛蕨
Dryopteris yongdeensis W.M.Chu ex S.G.Lu 永德鳞毛蕨
Dryopteris yoroii Serizawa 栗柄鳞毛蕨
Dryopteris yui Ching=Dryopteris panda
Dryopteris yungtzeensis Ching 永自鳞毛蕨
Dryopteris yunnanensis (Christ) Copel=Kuniwatsukia cuspidata
Dryopteris yushanensis Ching & Chiu=Dryopteris pacifica
Dryopteris zayuensis Ching & S.K.Wu=Dryopteris squamifera
Dryopteris zhenanensis Ching & Chiu=Dryopteris kinkiensis
Dryopteris zinongii Z.R.Wang & Fraser-Jenkins=Dryopteris woodsiisora
Dryopteris zunyiensis Ching=Dryopteris championii
Dryostachyum J.Sm.=Aglaomorpha
Dryostachyum J.Sm.=**Aglaomorpha**
Dryostachyum speciosum (Bl.) Kuhn=Photinopteris acuminata
Drypetes Vahl **核果木属**(大戟科)
Drypetes arcuatinervia Merr. & Chun 拱网核果木
Drypetes arcuatinervia var. *elongata* Merr. & Chun=Drypetes arcuatinervia
Drypetes confertiflora Merr. & Chun=Drypetes congestiflora
Drypetes congestiflora Chun & T.Chen 密花核果木
Drypetes cumingii (Baill.) Pax & Hoffm.青枣核果木
Drypetes falcata Pax & Hoffm.(H.Keng in J.Wash.Acad.Sci.1951)= Drypetes littoralis
Drypetes falcata var. *yamadai* (Kanehira & Sasaki) Hurusawa=Drypetes littoralis
Drypetes formosana (Kanehira & Sasaki ex Shimada) Kanehira 台湾核果木
Drypetes hainanensis Merr.海南核果木
Drypetes hainanensis var. hainanensis=Drypetes hainanensis
Drypetes hainanensis var. longistipitata P.T.Li 长柄海南核果木
Drypetes hieranensis (Hay.) Pax & Hoffm.=Drypetes indica
Drypetes hoaensis Gagn.勐腊核果木
Drypetes indica (Muell.Arg.) Pax & Hoffm.核果木
Drypetes integrifolia Merr. & Chun 全缘叶核果木
Drypetes karapinensis (Hay.) Pax & Hoffm.=Drypetes indica
Drypetes karapinensis var. *hieranensis* (Hay.) Hurusawa=Drypetes indica
Drypetes littoralis (C.B.Rob.) Merr.滨海核果木
Drypetes longipies X.H.Song=Drypetes indica
Drypetes matsumurae (Koidz.) Kanehira 毛药核果木
Drypetes mindorensis (Merr.) Pax & Hoffm.=Drypetes littoralis
Drypetes nienhui Merr. & Chun=Drypetes indica
Drypetes obtusa Merr. & Chun 钝叶核果木
Drypetes perreticulata Gagn.网脉核果木
Drypetes roxburghii (Wall.) Hurusawa 无盘核果木
Drypetes salicifolia Gagn.柳叶核果木
Drypetes yamadai (Kanehira & Sasaki) Kanehira & Sasaki=Drypetes littoralis
DSisporum sessile var. *flavens* Kitag.=Disporum uniflorum
Duabanga Buch.-Ham.**八宝树属**(海桑科)
Duabanga grandiflora (Roxb. ex DC.) Walp.八宝树
Duabanga moluccana Bl.摩鹿加八宝树
Duabanga sonneralioides Buch.-Ham.=Duabanga grandiflora
Duabanga taylorii Jay.细花八宝树
Dubrueilia Gaudich.=**Pilea**
Dubrueilia microphylla Gaudich.=Pilea microphylla
Dubruelia peploides Gaudich.=Pilea peploides
Dubyaea DC.**厚喙菊属**(菊科)
Dubyaea amoena (Hand.-Mazz.) Stebbins 棕毛厚喙菊
Dubyaea atropurpurea (Franch.) Stebbins 紫花厚喙菊
Dubyaea bhotanica (Hutch.) Shih 不丹厚喙菊
Dubyaea chimiliensis (W.W.Sm.) Stebbins=Dubyaea tsarongensis
Dubyaea cymiformis Shih 伞房厚喙菊
Dubyaea glaucescens Stebbins 光滑厚喙菊
Dubyaea gombalana (Hand.-Mazz.) Stebbins 矮小厚喙菊
Dubyaea grandis Hand.-Mazz.=Dubyaea glaucescens
Dubyaea hispida (D.Don) DC.(Stebbins in Mem.Torrey Bot.Club.1940, p.p.)= Dubyaea bhotanica

Dubyaea hispida (D.Don) DC.(高等图鉴 1975,西藏志 1985,p.p.)=Dubyaea lanceolata
Dubyaea hispida (D.Don) DC.=Dubyaea pteropoda
Dubyaea hispida (D.Don) DC.厚喙菊
Dubyaea jinyangensis Shih 金阳厚喙菊
Dubyaea lanceolata Shih 披针叶厚喙菊
Dubyaea muliensis Shih 木里厚喙菊
Dubyaea omeiensis Shih 峨眉厚喙菊
Dubyaea panduriformis Shih 琴叶厚喙菊
Dubyaea pteropoda Shih 翼柄厚喙菊
Dubyaea rubra Stebbins 长柄厚喙菊
Dubyaea stebbinii Ludlow 朗县厚喙菊(新)?
Dubyaea tsarongensis (W.W.Sm.) Stebbins 察隅厚喙菊
Dubyaea tsarongensis subsp. *chimiliensis* (W.W.Sm.) Stebbins=Dubyaea tsarongensis
Duchesnea J.E.Smith **蛇莓属**(蔷薇科)
Duchesnea chrysantha (Zoll. & Mor.) Miq.皱果蛇莓
Duchesnea formosana Odashima=Duchesnea chrysantha
Duchesnea indica (Andr.) Focke (Merr.in Ling.Sci.J.1927,Li in Lloydia 1951)=Duchesnea chrysantha
Duchesnea indica (Andr.) Focke 蛇莓
Duchesnea indica var. indica=Duchesnea indica
Duchesnea indica var. *major* Makino=Duchesnea indica
Duchesnea indica var. microphylla Yü & Ku 小叶蛇莓
Duchesnea wallichiana Nakai ex Hara=Duchesnea chrysantha
Dufrenoya Ghatin=**Dendrotrophe**
Duhaldea chinensis DC.=Inula cappa
Duhaldea eupatorioides Steetz=Inula eupatorioides
Dumasia DC.**山黑豆属**(豆科)
Dumasia bicolor Hay.台湾山黑豆
Dumasia bracteosa Gagn.=Dumasia Forrestii
Dumasia cordifolia Benth. ex Baker 心叶山黑豆
Dumasia forrestii Diels 小鸡藤
Dumasia glaucescens Miq.=Dumasia villosa
Dumasia hirsuta Craib 硬毛山黑豆
Dumasia nitida Chun & Y.T.Wei & S.Lee 瑶山山黑豆
Dumasia oblongifoliolata Wang & Tang ex Y.T.Wei & S.Lee 长圆叶山黑豆
Dumasia pubescens DC.=Dumasia villosa
Dumasia truncata S. & Z.山黑豆
Dumasia villosa DC.柔毛山黑豆
Dumasia villosa var. leiocarpa Benth.光果山黑豆
Dumasia yunnanensis Y.T.Wei & S.Lee 云南山黑豆
Dumula sinensis Lour. ex Gomes=Atalantia buxifolia
Dunbaria Wight & Arn.**野扁豆属**(豆科)
Dunbaria barbata Benth.=Cajanus goensis
Dunbaria circinalis (Benth.) Baker 卷圈野扁豆
Dunbaria fusca (Wal.) Kurz 黄毛野扁豆
Dunbaria harmandii Gagn.=Dunbaria nivea
Dunbaria henryi Y.C.Wu 鸽仔豆
Dunbaria nivea Miq.白背野扁豆
Dunbaria parvifolia X.X.Chen 小叶野扁豆
Dunbaria podocarpa Kurz 长柄野扁豆
Dunbaria rotundifolia (Lour.) Merr.圆叶野扁豆
Dunbaria scortechinii Prain ex King=Dunbaria nivea
Dunbaria subrhombea (Miq.) Hemsl.=Dunbaria villosa
Dunbaria villosa (Thunb.) Makino 野扁豆
Dunbaria villosa Makino(Merr. & Chun in Sunyatsenia 1940)=Dunbaria henryi
Dunbaria villosa Makino(Sasaki in List.Pl.Formosa 1928)=Dolichos trilobus
Dunnia Tutch.**绣球茜属**(茜草科)
Dunnia sinensis Tutch.绣球茜
Dunniella Rauchart=**Pilea**
Dunniella myriantha (Dunn) Rauchart=Pilea myriantha
Duperrea Pierre ex Pitard **长柱山丹属**(茜草科)
Duperrea pavettaefolia (Kurz) Pitard 长柱山丹
Duranta L.**假连翘属**(马鞭草科)
Duranta repens L.假连翘
Durio Adans.**榴莲属**(木棉科)
Durio zibethinus Murr.榴莲
Duschekia mandshurica (Call. ex C.K.Schneid) Pourz.=Alnus mandshurica
Duthiea Hack.**毛蕊草属**(禾本科)
Duthiea brachypodia (P.Candargy) Keng & Keng f.毛蕊草
Duthiea bromoides Hack.雀麦状毛蕊草
Duthiea dura (Keng) Keng & Keng f.=Duthiea brachypodia
Duthiea nepalensis Bor=Duthiea brachypodia
Duvalia Haw.**玉牛角属**(萝藦科)
Duvalia angustiloba N.E.Br.司牛角
Duvalia elegans (Mass.) Haw 玉牛角
Dyckia Schult.**小雀舌兰属**(兰科)
Dyckia altissima Lindl.高茎小雀舌
Dyckia brevifolia Bak.小雀舌兰
Dyckia rariflora Schult.疏花小雀舌兰
Dyctisperma Raf.=**Rubus**
Dypsis Mart.**狄棕属**(棕榈科)
Dyschoriste Nees **安龙花属**(爵床科)
Dyschoriste depressa (Wall.) Nees 凹陷安龙花(新)?
Dyschoriste grandiflora H.S.Lo 川黔安龙花(新)?
Dyschoriste principis R.Ben.基出安龙花(新)?
Dyschoriste sinica H.S.Lo 安龙花
Dysolobium (Benth.) Prain **镰瓣豆属**(豆科)
Dysolobium grande (Benth.) Prian 镰瓣豆
Dysophylla Bl.(p.p.)=**Pogostemon**
Dysophylla Bl. ex El-Gazzar & Watson **水腊烛属**(唇形科)
Dysophylla auricularia (L.) Bl.=Pogostemon auricularius
Dysophylla benthamiana Hance=Dysophylla stellata
Dysophylla benthamiana var. *hainanensis* C.Y.Wu & Hsuan=Dysophylla stellata var. hainanensis
Dysophylla benthamiana var. *intermedia* C.Y.Wu & Hsuan=Dysophylla stellata var. intermedia
Dysophylla communis Coll. & Hemsl.=Elsholtzia communis
Dysophylla crassicaulis Benth.粗茎水蜡烛
Dysophylla cruciata Benth.(Hemsl.in J.L.Soc.Bot.1890)=Dysophylla stellata var. hainanensis
Dysophylla cruciata Benth.毛茎水腊烛
Dysophylla erecta Dalz.直立水蜡烛
Dysophylla esquirolii Lévl.=Dysophylla stellata
Dysophylla falcata C.Y.Wu=Pogostemon falcatus
Dysophylla gracilis Dalz.细水蜡烛
Dysophylla griffithii HK.f.格瑞氏水蜡烛
Dysophylla helferi HK.f.何佛水蜡烛
Dysophylla ianthina Maxim. ex Kanitz=Elsholtzia densa var. ianthina
Dysophylla ianthinus Maxim. ex Kanitz=Elsholtzia densa
Dysophylla japonica Miq.=Dysophylla stellata
Dysophylla linearis Benth.(Dunn in Notes Bot.Gard.Edinb.1915,p.p.)=Dysophylla yatabeana
Dysophylla linearis Benth.(科学论文集 1932)=Dysophylla sampsonii
Dysophylla linearis Benth.线叶水腊烛
Dysophylla linearis var. *yatabeana* Kudô =Dysophylla yatabeana
Dysophylla lythroides Diels=Dysophylla yatabeana
Dysophylla mairei Lévl.=Elsholtzia pilosa
Dysophylla martini Vant.=Dysophylla yatabeana
Dysophylla myosuroides Benth.鼠尾草状水蜡烛
Dysophylla peguana Prain (Kudô in Mem.Fac.Sci.Agr.Taihoku Univ. 1965)=Dysophylla stellata var. hainanensis
Dysophylla pentagona C.B.Clarke 五稜水腊烛
Dysophylla quadrifolia Benth.四叶水蜡烛
Dysophylla ramosissima Benth.=Dysophylla stellata
Dysophylla rugosa HK.f.绉纹水蜡烛
Dysophylla salicifolia Dalz.柳叶水蜡烛
Dysophylla sampsonii Hance 齿叶水腊烛
Dysophylla stellata (Lour.) Benth.水虎尾
Dysophylla stellata var. *hainanensis* (C.Y.Wu & Hsuan) C.Y.Wu & H.W.Li=Dysophylla stellata
Dysophylla stellata var. *intermedia* (C.Y.Wu & Hsuan) C.Y.Wu & H.W. Li=Dysophylla stellata
Dysophylla stellata var. stellata=Dysophylla stellata
Dysophylla stocksii HK.f.斯托克水蜡烛
Dysophylla szemaoensis C.Y.Wu & Hsuan 思茅水腊烛

Dysophylla tetraphylla Wight=Dysophylla cruciata
Dysophylla tomentosa Dalz.茸毛水蜡烛
Dysophylla tsiangii Sun ex C.H.Hu=Dysophylla sampsonii
Dysophylla verticillata (Roxb.) Benth.=Dysophylla stellata
Dysophylla yatabeana Makino 水腊烛
Dysosma Woodosn **鬼臼属**(小檗科)
Dysosma aurantiocaulis (Hand.-Mazz.) Hu 云南八角莲
Dysosma chengii (Chien) Keng f.郑氏八角莲
Dysosma delavayi (Franch.) Hu=Dysosma veitchii
Dysosma difformis (Hemsl. & Wils.) T.H.Wang ex Ying 小八角莲
Dysosma furfuracea S.Y.Bao=Dysosma aurantiocaulis
Dysosma guangxiensis Y.S.Wang=Dysosma majorensis
Dysosma hispida (Hao) Chun 毛八角莲
Dysosma majorensis (Gagn.) Ying 贵州八角莲
Dysosma pleiantha (Hance) Woods.六角莲
Dysosma tsayuensis Ying 西藏八角莲
Dysosma veitchii (Hemsl. & Wils.) Fu ex Ying 川八角莲
Dysosma veitchii (Hemsl. & Wils.) Fu=Dysosma veitchii
Dysosma versipellis (Hance) M.Cheng ex Ying 八角莲
Dysosma versipellis (Hance) M.Cheng=Dysosma versipellis
Dysosmia foetida (L.) M.Roem.=Passiflora foetida
Dysoxylum Bl.**樫木属**(楝科)
Dysoxylum binectariferum (Roxb.) HK.f. ex Bedd.红果樫木
Dysoxylum binectariferum HK.f.(分类学报 1955,p.p.)=Dysoxylum excelsum
Dysoxylum cumingianum C.DC.兰屿樫木
Dysoxylum cupuliforme H.L.Li 杯萼樫木
Dysoxylum densiflorum (Bl.) Miq.密花樫木
Dysoxylum excelsum Bl.樫木
Dysoxylum filicifolium H.L.Li=Dysoxylum mollissimum
Dysoxylum gobara (Buch.-Ham.) Merr.=Dysoxylum excelsum
Dysoxylum grandifolium H.L.Li=Dysoxylum binectariferum
Dysoxylum hainanense Merr.=Dysoxylum mollissimum
Dysoxylum hainanense var. *glaberrimum* How & T.Chen=Dysoxylum mollissimum var. glaberrimum
Dysoxylum hongkongense (Tutch.) Merr.(分类学报 1955,p.p.)=Amoora stellato-squamosa
Dysoxylum hongkongense (Tutch.) Merr.香港樫木
Dysoxylum kanehirai (Sasaki) Kanehira & Hatusima 金平樫木
Dysoxylum kusukusuense (Hay.) Kanshira & Hatusima 台湾樫木
Dysoxylum laxiracemosum C.Y.Wu & H.L.Li 总序樫木
Dysoxylum lenticellatum C.Y.Wu ex H.L.Li 皮孔樫木
Dysoxylum leytense Merr.大花樫木
Dysoxylum lukii Merr.多脉樫木
Dysoxylum lukii var. *paucinervium* How & T.Chen=Dysoxylum lukii
Dysoxylum malabaricum Bedd.巴拉巴尔坚木
Dysoxylum medogense C.Y.Wu & H.L.Li 墨脱樫木
Dysoxylum mollissimum Bl.海南樫木
Dysoxylum mollissimum var. glaberrimum P.Y.Chen 光叶海南樫木
Dysoxylum mollissimum var. mollissimu=Dysoxylum mollissimum
Dysoxylum oliganthum C.Y.Wu ex H.L.Li 少花樫木
Dysoxylum procerum (Wall.) Hiern.=Dysoxylum excelsum
Dysoxylum spicatum H.L.Li=Dysoxylum binectariferum
Dystaenia Kitag.=**Ligusticum**

E

Eatonia purpurascens Rafin.=Panicum virgatum
Ebenaceae 柿科
Eberhardtia Lec.**梭子果属**(山榄科)
Eberhardtia aurata (Pierre ex Dubard) Lec.锈毛梭子果
Eberhardtia tonkinensis Lec.梭子果
Ebermaiera Nees= **Staurogyne**
Ebermaiera concinnula Hance= Staurogyne concinnula
Ecballium A.Rich.**喷瓜属**(葫芦科)
Ecballium elaterium (L.) A.Rich.喷瓜
Eccoilopus Steud.**油芒属**(禾本科)
Eccoilopus Andropogonoides Steud.=Eccoilopus cotulifer
Eccoilopus bambusoides Keng ex L.Liu 竹油芒
Eccoilopus cotulifer (Thunb.) A.Camus 油芒
Eccoilopus formosanus (Rendle) A.Camus 台湾油芒
Eccoilopus formosanus var. *tohoensis* (Hay.) Honda=Eccoilopus formosanus
Eccoilopus taiwanicus Honda=Eccoilopus formosanus
Ecdysanthera HK. & Arn.=**Urceola**
Ecdysanthera brachiata DC.=Urceola micrantha
Ecdysanthera linearicarpa Pierre=Urceola linaericarpa
Ecdysanthera micrantha A.DC.=Urceola micrantha
Ecdysanthera micrantha Quint.=Urceola quintaretii
Ecdysanthera multiflora King & Gamble=Urceola micrantha
Ecdysanthera napeensis (Quint.) Pierre=Urceola napeensis
Ecdysanthera parameroides Tsiang=Urceola quintaretii
Ecdysanthera quintaretii Pierre=Urceola quintaretii
Ecdysanthera rosea HK. Et Arn.=Urceola rosea
Ecdysanthera tournieri Pieere=Parabarium tournieri
Ecdysanthera utilis Hay. & Kawakami=Urceola micrantha
Ecdysanthera xylinabariopsoides (Tsiang) P.T.Li=Urceola xylinabariopsoides
Echenais Cass.=**Cirsium**
Echenais sieversii Fisch. & Mey.=Cirsium sieversii
Echeveria DC.**石莲花属**(景天科)
Echeveria glauca Bak.石莲花
Echeveria pulvinata Rose 绒毛掌
Echidnopsis HK.f.**苦瓜掌属**(萝藦科)
Echidnopsis angustiloba Druce & Bally.狭浅裂苦瓜掌
Echidnopsis cereiforme HK.f.柱状苦瓜掌
Echinacanthus Nees **恋岩花属**(爵床科)
Echinacanthus calycinus (Nees) Nees= Pteracanthus calycinus
Echinacanthus flaviflorus H.S.Lo & D.Fang= Echinacanthus lofouensis
Echinacanthus lofouensis (Lévl.) J.R.I.Wood 黄花恋岩花
Echinacanthus longipes H.S.Lo & D.Fang 长柄恋岩花
Echinacanthus longzhouensis H.S.Lo 龙洲恋岩花
Echinacea Moench.**紫松果菊属**(菊科)
Echinacea purpurea Moench.紫松果菊
Echinanthus Neck.=**Echinops**
Echinaria Desf.**刺草属**(禾本科)
Echinaria capitata (L.) Desf.头状刺草
Echinius trisulcus Lour.=Mallotus paniculatus
Echinocactus Link & Otto **金琥属**(仙人掌科)
Echinocactus grandis Rose.弁庆
Echinocactus grusonii Hildm.金琥
Echinocactus horizonthalonius Lem.太平球
Echinocactus polycephalus Engelm. & Bigel.大龙冠
Echinocactus xeranthemoides (J.Coult.) Rdb.龙女冠
Echinocarpus Bl.=**Sloanea**
Echinocarpus assamicus Benth.=Sloanea assamica
Echinocarpus dasycarpus Benth.=Sloanea dasycarpa
Echinocarpus esquirolii Lévl.(p.p.)=Euonymus echinatus
Echinocarpus esquirolii Lévl.(p.p.)=Euonymus subtrinervis
Echinocarpus sinensis Hance (Hemsl.in Ann.Bot.1895)=Sloanea hemsleyana
Echinocarpus sinensis Hance=Sloanea sinensis
Echinocarpus sterculiaceus Benth.=Sloanea sterculiacea
Echinocarpus tomentosus Benth.=Sloanea tomentosa
Echinocaulon perfoliatum (L.) Meisn. ex Hassk.=Polygonum perfoliatum
Echinocereus Engelm.**鹿角柱属**(仙人掌科)
Echinocereus delaetii Gürke.翁锦
Echinocereus pectinatus (Scheidw.) Engelm.三光球
Echinocereus pentalophus (DC.) Rümpler 鹿角柱
Echinocereus procumbens (Engelm.) Rümpler 匍匐鹿角柱
Echinochloa Beauv.**稗属**(禾本科)
Echinochloa caudata Roshev.长芒稗
Echinochloa coarctata Kossenko=Echinochloa oryzoides
Echinochloa colona var. *frumentacea* (Roxb.) Ridl.=Echinochloa frumentacea
Echinochloa colonum (L.) Link 光头稗
Echinochloa crusgalli (L.) Beauv.稗
Echinochloa crusgalli f. *zelayensis* (H.B.K.) Farwell=Echinochloa crusgalli var. zelayensis
Echinochloa crusgalli subsp. *caudata* (Reshev.) Tzevl.=Echinochloa caudata
Echinochloa crusgalli subsp. *colonum* Honda=Echinochloa colonum
Echinochloa crusgalli subsp. *edulis* (Hitchc.) Honda (p.p.)=Echinochloa frumentacea

Echinochloa crusgalli subsp. *edulis* (Hitchc.) Honda (p.p.)=Echinochloa utilis
Echinochloa crusgalli subsp. *edulis* Hitchc.(p.p.)=Echinochloa frumentacea
Echinochloa crusgalli subsp. *edulis* Tzvel (p.p.).=Echinochloa utilis
Echinochloa crusgalli subsp. *spiralis* (Vasing.) Tzvel.=Echinochloa crusgalli var. mitis
Echinochloa crusgalli subsp. *submuticum* Honda=Echinochloa crusgalli var. praticola
Echinochloa crusgalli var. austrojaponensis Ohwi 小旱稗
Echinochloa crusgalli var. breviseta (Doel.) Neilr.短芒稗
Echinochloa crusgalli var. *caudata* (Roshev.) Kitag.=Echinochloa caudata
Echinochloa crusgalli var. crusgalli=Echinochloa crusgalli
Echinochloa crusgalli var. *cruspa-vonis* (H.B.K.) Hitchc.(禾本科图说 1959,秦岭志 1976,江苏志 1976)=Echinochloa caudata
Echinochloa crusgalli var. *cruspavonis* (H.B.K.) Hitchc.=Echinochloa cruspavonis
Echinochloa crusgalli var. *formoscensis* Ohwi=Echinochloa glabrescens
Echinochloa crusgalli var. *frumentacea* (Roxb.) W.F.Wight(禾本科图说 1959,p.p.)=Echinochloa utilis
Echinochloa crusgalli var. *frumentacea* (Roxb.) W.F.Wight=Echinochloa frumentacea
Echinochloa crusgalli var. *hispidula* (Retx.) Honda (禾本科图说 1959, p.p.)=Echinochloa phyllopogon
Echinochloa crusgalli var. *hispidula* (Retz.) Honda (禾本科图说 1959,p.p.)=Echinochloa oryzoides
Echinochloa crusgalli var. *hispidula* (Retz.) Honda (禾本科图说 1959,江苏志 1976)=Echinochloa glabrescens
Echinochloa crusgalli var. *hispidula* (Retz.) Honda=Echinochloa hispidula
Echinochloa crusgalli var. mitis (Pursh) Peterm.无芒稗
Echinochloa crusgalli var. *oryzicola* (Vasing.) Ohwi=Echinochloa phyllopogon
Echinochloa crusgalli var. praticola Ohwi 细叶旱稗
Echinochloa crusgalli var. zelayensis (H.B.K.) Hitchc.西来稗
Echinochloa cruspavonis (H.B.K.) Schult.孔雀稗
Echinochloa eruciformis (J.E.Smith) Koch=Brachiaria eruciformis
Echinochloa frmentacea Link (Roshev.in Kom.Fl.URSS 1934,p.p.)=Echinochloa utilis
Echinochloa frumentacea (Roxb.) Link 湖南稗子
Echinochloa frumentacea subsp. *utilis* (Ohwi & Yabuno) Tzvel.=Echinochloa utilis
Echinochloa glabrescens Murno ex HK.f.硬稃稗
Echinochloa hispidula (Retz.) Nees 旱稗
Echinochloa hostii (Bieb.) Stev.=Echinochloa oryzoides
Echinochloa macrocarpa Vasing.=Echinochloa oryzoides
Echinochloa microstachys (Wieg.) Rybd.小穗稗
Echinochloa mouricata (P.Beauv.) Fernald 粗稗
Echinochloa oryzicola (Vasing.) Vasing.=Echinochloa phyllopogon
Echinochloa oryzoides (Ard.) Fritsch 水田稗
Echinochloa oryzoides subsp. *phyllopogon* (Stapf) Tzvel.=Echinochloa phyllopogon
Echinochloa pachychloa Kossenko=Echinochloa phyllopogon
Echinochloa paludigena Wiegand 佛罗里达稗
Echinochloa phyllopogon (Stapf) Koss.水稗
Echinochloa pungens (Poir.) Rybd.刺穗稗
Echinochloa spiralis Vasing.=Echinochloa crusgalli var. mitis
Echinochloa utilis Ohwi & Yabuno 紫穗稗
Echinochloa walteri (Pursh) Heller 海岸稗
Echinochloa zelayense (H.B.K.) Schult.=Echinochloa crusgalli var. zelayensis
Echinodium Poiteau ex Cass.=**Acanthospermum**
Echinodorus L.C.Rich.**刺果泽泻属**(泽泻科)
Echinodorus brevipedicellatus (O.Ktze.) Buchenau 短柄刺果泽泻
Echinodorus grandiflorus (Cham. & Schl.) Micheli.大花刺果泽泻
Echinodorus longistylis Buchenau 长柱刺果泽泻
Echinodorus nymphaeifolius (Griseb.) Buchenau 睡莲叶刺果泽泻
Echinodorus paniculatus Micheli.伞花刺果泽泻
Echinodorus ranunculoides (L.) Engelm.毛茛状刺果泽泻
Echinodorus tenellus (Mart.) Buchenau 柔弱刺果泽泻
Echinofossulocactus G.Lawr.**多棱球属**(仙人掌科)
Echinofossulocactus albatus (A.Dietr.) Britt. & Rose 雪溪
Echinofossulocactus mylticostatus (Hildm.) Britt. & Rose 多棱球
Echinofossulocactus phyllacanthus (Mart.) G.Lawr.太刀岗
Echinofossulocactus vaupelianus (Werderm.秋阵营
Echinolaena polystyachya H.B.K.=Pseudechinolaena polystachya
Echinolobium biarticulatum (L.) Desv.=Dicerma biarticulatum
Echinopanax Decne. & Planch.=**Oplopanax**
Echinopanax elatum Nakai=Oplopanax elatus
Echinopanax horridum Decne. & Planch.(Harms in Engl. & Prantl,Nat. Pflanzenfam.1894)=Oplopanax elatus
Echinops L.**蓝刺头属**(菊科)
Echinops acaule Gmel=.Echinops ritro
Echinops albicaulis Kar. & Kir.(北研丛刊 1935)=Echinops przewalskii
Echinops cathayanus Kitag.=Echinops grijisii
Echinops caule subunifloro Gmel.=Echinops latifolius
Echinops chantavicus Trautv.?准噶尔蓝刺头(新)
Echinops cirsiifolius C.Koch=Echinops sphaerocephalus
Echinops coriophyllus Shih 截叶蓝刺头
Echinops cornigerus DC.?硬刺蓝刺头(新)
Echinops dahuricus Fisch.(Forbes & Hemsl.in J.L.Soc.Bot.1888,p.p.)=Echinops grijisii
Echinops dahuricus Fisch.(北研丛刊 1935, p.p.)=Echinops przewalskii
Echinops dahuricus Fishc.(Forbes & Hemsl.in J.L.Soc.Bot.1888,p.p.)=Echinops pseudosetifer
Echinops dahuricus var. *angustilobus* DC.=Echinops latifolius
Echinops dahuricus var. *latilobus* DC.=Echinops latifolius
Echinops dahurucus Fisch.=Echinops latifolius
Echinops dissectus Kitag.褐毛蓝刺头
Echinops foliis integris Gmel.=Echinops gmelini
Echinops gmelini Turcz.(Trautv.in Diss.Echin.1833)=Echinops latifolius
Echinops gmelini Turcz.砂蓝刺头
Echinops grijisii Hance 华东蓝刺头
Echinops humilis MB.矮蓝刺头
Echinops integrifolius Kar. & Kir.全缘叶蓝刺头
Echinops latifolius Tausch.禹州漏芦
Echinops maximus Sievers ex Pall.=Echinops sphaerocephalus
Echinops nanus Bge.丝毛蓝刺头
Echinops przewalskii Iljin 火烙草
Echinops pseudosetifer Kitag.(东北检索表 1959)=Echinops latifolius
Echinops pseudosetifer Kitag.羽裂蓝刺头
Echinops ritro L.(北研丛刊 1935)=Echinops tjanschanicus
Echinops ritro L.硬叶蓝刺头
Echinops ritro β. *tenuifolius* DC.=Echinops ritro
Echinops setifer Iljin 糙毛蓝刺头
Echinops sphaerocephalus L.蓝刺头
Echinops sylvicola Shih 林生蓝刺头
Echinops talassicus Golosk.大蓝刺头
Echinops tauricus Willd. ex Ledeb.=Echinops ritro
Echinops tenuifolius Fisch. ex Schkurh.=Echinops ritro
Echinops tibeticus Bge.?蛛毛蓝刺头(新)
Echinops tjanschanicus Bobr.天山蓝刺头
Echinops tricholepis Schrenk 薄叶蓝刺头
Echinops turczaninovii Ledeb. ex Turcz.=Echinops gmelini
Echinopsilon Moq.=**Bassia**
Echinopsilon divaricatum Kar. & Kir.=Bassia dasyphylla
Echinopsilon hyssopifolium (Pall.) Moq.=Bassia hyssopifolia
Echinopsilon sedoides (Pall.) Moq.=Bassia sedoides
Echinopsis Zucc.**仙人球属**(仙人掌科)
Echinopsis calochlora J.Schum.金盛球
Echinopsis eryiesii (Turp) Zucc.短毛球
Echinopsis multiplex Zucc 仙人球
Echinopsis oxygona (Link) Zucc.旺盛球
Echinopsis tubiflora (Pfeiff.) Zucc.仙人球
Echinopsus St.-Lag.=**Echinops**
Echinopus Adns.=**Echinops**
Echinosperm deflexum var. *pumilum* Ledeb.=Eritrichium thymifolium
Echinospermum Sw. ex Lehm.=**Lappula**
Echinospermum anisacanthum Turcz.=Lappula heteracantha
Echinospermum brachycentrum Ledeb.=Lappula brachycentra
Echinospermum canum Benth.=Eritrichium canum
Echinospermum consanguineum Fisch. & May.=Lappula consanguinea

Echinospermum deflexum Lehm.=Eritrichium deflexum
Echinospermum divaricatum Bge.=Lappula sinaica
Echinospermum glochidiatum DC.=Hackelia uncinatum
Echinospermum heteracanthum Ledeb.=Lappula heteracantha
Echinospermum heterocaryum Bge.=Heterocaryum rigidum
Echinospermum intermedium Ledeb.=Lappula redowskii
Echinospermum karelinii Fisch. & C.A.Mey.=Lappula karelinii
Echinospermum kottschyi Boiss.=Lappula sinaica
Echinospermum lappula (L.) Lehm.=Lappula myosotis
Echinospermum lappula var. *consanguineum* (Fisch. & Mey.) Regel=Lappula consanguinea
Echinospermum macranthum Ledeb.=Lappula macrantha
Echinospermum microcarpum Ledeb.=Lappula microcarpa
Echinospermum minimum Lehm.(Clarke in Fl.Brit.Ind.1883)=Heterocaryum rigidum
Echinospermum oligacanthum Ledeb.=Lappula microcarpa
Echinospermum patulum Lehm.=Lappula patula
Echinospermum redowskii Lehm.=Lappula redowskii
Echinospermum sect. *Homalocaryum* DC.=**Eritrichium**
Echinospermum semiglabrum Ledeb.=Lappula semiglabra
Echinospermum sericeum Benth.=Eritrichium villosum
Echinospermum sinaicum DC.=Lappula sinaica
Echinospermum spathulatum Benth.=Eritrichium spathulatum
Echinospermum spinocarpos (Forssk.) Boiss.=Lappula spinocarpos
Echinospermum stricum Ledeb.=Lappula stricta
Echinospermum stylosum Kar. & Kir.=Lappula microcarpa
Echinospermum szovitsianum Boiss.=Heterocaryum rigidum
Echinospermum tenue Ledeb.=Lappula tenuis
Echinospermum thymifolium DC.=Eritrichium thymifolium
Echinospermum vahlianum Lehm.=Lappula spinocarpos
Echinospermum zeylanicum Lehm.=Cynoglossum zeylanicum
Echinosperumum casipicum Fisch. & Mey.=Lappula semiglabra
Echioglossum birmanicum Schltr.=Cleisostoma birmanicum
Echioglossum striatum Rchb.f.=Cleisostoma striatum
Echites acuminata Roxb.=Aganosma cymosa
Echites antidysenterica Roth=Holarrhena pubescens
Echites caudata Bourm.f.=Strophanthus caudatus
Echites cymosa Roxb.=Aganosma cymosa
Echites fragrans Moon=Chonemorpha fragrans
Echites frutescens Wall.=Ichnocarpus frutescens
Echites grandiflora Roxb.=Beaumontia grandiflora
Echites laevigata Moon=Parsonia alboflavescens
Echites laxa Ruiz & Pavon=Mandevilla laxa
Echites marcrophylla Roxb.=Chonemorpha fragrans
Echites marginata Roxb.=Aganosma marginata
Echites micrantha Wall.=Urceola micrantha
Echites pubescens Buch.-Ham.=Holarrhena pubescens
Echites religiosa Teijsm. & Binn.=Wrightia religiosa
Echites rhynchosperm Wall.=Chonemorpha verrucosa
Echites scholaris L.=Alstonia scholaris
Echites sect. Aganosma Bl.=**Aganosma**
Echium L.**蓝蓟属**(紫草科)
Echium candicans L.f.马德拉蓝蓟
Echium connatum Lévl.=Triosteum himalayanum
Echium fastousum Ait.高贵蓝蓟
Echium giganteum L.大蓝蓟
Echium vulgare L.蓝蓟
Eclipta L. **鳢肠属**(菊科)
Eclipta dentata Lévl. & Vant.=Wedelia prostrata
Eclipta erecta L.=Eclipta prostrata
Eclipta latifolia f.=Blainvillea acmella
Eclipta marginata Boiss=Eclipta prostrata
Eclipta prostrata (L.) L.鳢肠
Eclipta thermalis Bge.=Eclipta prostrata
Edgaria C.B.Clarke **三棱瓜属**(葫芦科)
Edgaria darjeelingensis C.B.Clarke 三棱瓜
Edgeworthia Meisn.**结香属**(瑞香科)
Edgeworthia albiflora Nakai 白结香
Edgeworthia chrysantha Lindl.结香
Edgeworthia eriosolenoides Feng & S.C.Huang 西畴结香
Edgeworthia gardneri (Wall.) Meisn.滇结香
Edgeworthia gardneri Meisn.(HK.f.in Fl.Brit.Ind.1886, p.p.)=Edgeworthia chrysantha
Edgeworthia papyrifera (Sieb.) S. & Z.=Edgeworthia chrysantha
Edgeworthia tomentosa (Thunb.) Nakai=Edgeworthia chrysantha
Edosmia neurophyllum Maxim.=Pterygopleurum neurophyllum
Edwardsia Salisb.=**Sophora**
Edwardsia hortensis Boiss. & Buhse=Sophora mollis
Edwardsia mollis Royle=Sophora mollis
Egenolfia Schott **刺蕨属**(实蕨科)
Egenolfia appendiculata (Willd.) J.Sm.刺蕨
Egenolfia bipinnatifida J.Sm.长耳刺蕨
Egenolfia crassifolia Ching 厚叶刺蕨
Egenolfia crenata Ching & Chiu ex Ching & C.H.Wang 圆齿刺蕨
Egenolfia fengiana Ching 疏裂刺蕨
Egenolfia laxireticulata (Iwatsuki) Kuo 网脉刺蕨
Egenolfia medogensis Ching & S.K.Wu 墨脱刺蕨
Egenolfia rhizophylla (Kaulf.) Fée 根叶刺蕨
Egenolfia serrulata Fée=Egenolfia rhizophylla
Egenolfia sinensis (Bak.) Maxon 中华刺蕨
Egenolfia tonkinensis C.Chr. ex Ching 镰裂刺蕨
Egenolfia yunnanensis Ching & Chiu ex Ching & C.H.Wang 云南刺蕨
Egyptiana Blood 埃及血橙(芸香科血橙类)
Ehretia L.**厚壳树属**(紫草科)
Ehretia acuminata R.Br.厚壳树
Ehretia acuminata var. *grandifolia* Pamp.=Ehretia acuminata
Ehretia acuminata var. *obovata* (Lindl.) Johnst.=Ehretia acuminata
Ehretia argyi Lévl.=Ehretia acuminata
Ehretia asperula Zoll. & Mor.宿苞厚壳树
Ehretia buxifolia Roxb.=Carmona microphylla
Ehretia buxifolia var. *latisepala* Gagn.=Carmona microphylla
Ehretia changjiangensis Xing & Z.X.Li 昌江厚壳树
Ehretia confinis Johnst.云南粗糠树
Ehretia corylifolia C.H.Wright 西南粗糠树
Ehretia densiflora F.N.Wei & H.Q.Wen 密花厚壳树
Ehretia dentata Cour.=Carmona microphylla
Ehretia dicksonii Hance 粗糠树
Ehretia dicksonii var. *glabrescens* Nakai=Ehretia dicksonii
Ehretia dicksonii var. *tilioides* Johnst.=Ehretia dicksonii
Ehretia dicksonii var. *typica* Nakai=Ehretia dicksonii
Ehretia dicksonii var. *tomentosa* Nakai=Ehretia dicksonii
Ehretia dunniana Lévl.云贵厚壳树
Ehretia ferrea Willd.=Diospyros ferrea
Ehretia formosana Hemsl.=Ehretia resinosa
Ehretia glaucescens Hay.=Ehretia longiflora
Ehretia hainanensis Johnst.海南厚壳树
Ehretia hanceana Hemsl.=Ehretia asperula
Ehretia kantonensis Masam.=Ehretia acuminata
Ehretia laevis Roxb.毛萼厚壳树
Ehretia laevis var. *platyphylla* Merr.=Ehretia laevis
Ehretia longiflora Champ. ex Benth.长花厚壳树
Ehretia macrophylla Wall. ex Roxb. (植物志 64-2,1990)=Ehretia dicksonii
Ehretia macrophylla var. *glabrescens* (Nakai) Y.L.Liu(植物志 64-2, 1990)=Ehretia dicksonii
Ehretia macrophylla var. macrophylla=Ehretia dicksonii
Ehretia macrophylla var. *tomentosa* Gagn. & Cour.=Ehretia dicksonii
Ehretia microphylla Lam.=Carmona microphylla
Ehretia navesii Vidal=Ehretia resinosa
Ehretia pingbianensis Y.L.Liu 屏边厚壳树
Ehretia resinosa Hance 台湾厚壳树
Ehretia serrata var. *obovata* Lindl.=Ehretia acuminata
Ehretia taiwaniana Nakai=Ehretia acuminata
Ehretia thyrsiflora (S. & Z.) Nakai=Ehretia acuminata
Ehretia tsangii Johnst.上思厚壳树
Ehretia umbellulata Wall.=Ilex umbellulata
Ehretia viminea Wall.=Rotula aquatica
Ehretia volubilis Hand.-Mazz.=Ehretia dunniana
Ehrharta Thunb.**沙地牧草属**(禾本科)
Ehrharta calycina Sm.沙地牧草
Ehrharta caudata Munor. ex Gray.=Brylkinia caudata
Eichhornia Kunth **凤眼蓝属**(雨久花科)
Eichhornia azurea Kunth 齿瓣凤眼蓝
Eichhornia crassipes (Mart.) Solms 凤眼蓝
Eichhornia crassipes var. aurea Hort.黄花凤眼蓝

Eichhornia crassipes var. major Hort.大花凤眼蓝
Eichhornia speciosa Kunth=Eichhornia crassipes
Elachanthemum Ling & Y.R.Ling **紊蒿属**(菊科)
Elachanthemum intricatum (Franch.) Ling & Y.R.Ling 紊蒿
Elachocroton asperococcus F.V.Muell.=Sebastiania chamaelea
Elaeagnaceae 胡颓子科
Elaeagnus L.**胡颓子属**(胡颓子科)
Elaeagnus angustata (Rehd.) C.Y.Chang 窄叶木半夏
Elaeagnus angustata var. songmingensis W.K.Hu & H.F.Chow 嵩明木半夏
Elaeagnus angustifolia L.沙枣
Elaeagnus angustifolia var. angustifolia=Elaeagnus angustifolia
Elaeagnus angustifolia var. orientalis (L.) Kuntze 东方沙枣
Elaeagnus argyi Lévl.佘山羊奶子
Elaeagnus aurea-picta=Elaeagnus pengens var. frederici
Elaeagnus bambusetorum Hand.-Mazz.竹生羊奶子
Elaeagnus bockii Diels 长叶胡颓子
Elaeagnus bockii var. bockii=Elaeagnus bockii
Elaeagnus bockii var. muliensis C.Y.Chang 木里胡颓子
Elaeagnus buisanensis Hay.=Elaeagnus glabra
Elaeagnus chekiangensis Matsuda=Elaeagnus argyi
Elaeagnus cinnamomifolia W.K.Hu & H.F.Chow 樟叶胡颓子
Elaeagnus commutata Bernh.美洲胡颓子
Elaeagnus conferta Roxb.密花胡颓子
Elaeagnus conferta subsp. *euconferta* Serv.=Elaeagnus conferta
Elaeagnus conferta var. conferta=Elaeagnus conferta
Elaeagnus conferta var. menghaiensis W.K.Hu & H.F.Chow 勐海胡颓子
Elaeagnus convexolepidota Hay.=Elaeagnus oldhami
Elaeagnus coreanus Lévl.=Elaeagnus umbellata
Elaeagnus courtoisi Belval 毛木半夏
Elaeagnus crispa Thunb.=Elaeagnus umbellata
Elaeagnus cuprea Rehd.=Elaeagnus difficilis
Elaeagnus daibuensis Hay.=Elaeagnus glabra
Elaeagnus davidi Franch.四川胡颓子?
Elaeagnus delavayi Lecomte 长柄胡颓子
Elaeagnus difficilis Serv.巴东胡颓子
Elaeagnus difficilis var. brevistyla W.K.Hu & H.F.Chow 短柱胡颓子
Elaeagnus difficilis var. difficilis=Elaeagnus difficilis
Elaeagnus edulis Carr.=Elaeagnus multiflora
Elaeagnus erosifolia Hay.=Elaeagnus thunbergii
Elaeagnus fargesii Lecomte=Elaeagnus henryi
Elaeagnus formosana Nakai 台湾胡颓子
Elaeagnus fruticosa (Lour.) A.Schlecht.锈花胡颓子
Elaeagnus glabra Thunb.蔓胡颓子
Elaeagnus glabra subsp. *oxyphylla* Serb.=Elaeagnus glabra
Elaeagnus gonyanthes Benth.角花胡颓子
Elaeagnus grandifolia Hay.=Elaeagnus morrisonensis
Elaeagnus griffithi Serv.钟花胡颓子
Elaeagnus grijsii Hance 多毛羊奶子
Elaeagnus guadichaudiana Schlechtend (海南志 1974)=Elaeagnus gonyanthes
Elaeagnus guizhouensis C.Y.Chang 贵州羊奶子
Elaeagnus henryi Warb.宜昌胡颓子
Elaeagnus hortensis M.B.Marsch.=Elaeagnus angustifolia
Elaeagnus jiangxiensis C.Y.Chang 江西羊奶子
Elaeagnus jingdonensis C.Y.Chang 景东羊奶子
Elaeagnus kotoensis Hay.=Elaeagnus macrophylla
Elaeagnus lanceolata Warb.披针叶胡颓子
Elaeagnus lanceolata subsp. grandifolia Serv.大披针叶胡颓子
Elaeagnus lanceolata subsp. lanceolata=Elaeagnus lanceolata
Elaeagnus lanceolata subsp. rubescens Lecomte 红枝胡颓子
Elaeagnus lanceolata subsp. *stricta* Serv.=Elaeagnus lanceolata
Elaeagnus lanpingensis C.Y.Chang 兰坪胡颓子
Elaeagnus latifolia L.(Lour.Fl.Cochinch.1790)=Elaeagnus glabra
Elaeagnus latifolia L.宽叶胡颓子
Elaeagnus liuzhouensis C.Y.Chang 柳州胡颓子
Elaeagnus longidrupa Hay.=Elaeagnus morrisonensis
Elaeagnus longiloba C.Y.Chang 长裂胡颓子
Elaeagnus longipes Gray=Elaeagnus multiflora
Elaeagnus loureirii Champ.鸡柏胡颓子
Elaeagnus luoxiangensis C.Y.Chang 罗香胡颓子
Elaeagnus luxiensis C.Y.Chang 潞西胡颓子
Elaeagnus macrantha Rehd.大花胡颓子
Elaeagnus macrophylla Thunb.大叶胡颓子
Elaeagnus magna Rehd.银果牛奶子
Elaeagnus micrantha C.Y.Chang 小花羊奶子
Elaeagnus mollis Diels 翅果油树
Elaeagnus moorcroftii Wall. ex Schlenchtend.?西藏沙枣(新)
Elaeagnus morrisonensis Hay.阿里胡颓子
Elaeagnus multiflora Thunb.(苏南植物手册 1959)=Elaeagnus multiflora var. obovoidea
Elaeagnus multiflora Thunb.木半夏
Elaeagnus multiflora f. *angustata* Rehd.(p.p.)=Elaeagnus angustata
Elaeagnus multiflora f. *angustata* Rehd.(p.p.)=Elaeagnus multiflora
Elaeagnus multiflora var. multiflora=Elaeagnus multiflora
Elaeagnus multiflora var. obovoidea C.Y.Chang 倒果木半夏
Elaeagnus multiflora var. siphonantha (Nakai) C.Y.Chang 长萼木半夏
Elaeagnus multiflora var. tenuipes C.Y.Chang 细枝木半夏
Elaeagnus nanchuanensis C.Y.Chang 南川牛奶子
Elaeagnus nokoensis Hay.=Elaeagnus formosana
Elaeagnus obovata Li 倒卵叶胡颓子?
Elaeagnus odorataedulis Hort. ex Lav.(p.p.)=Elaeagnus multiflora
Elaeagnus oiwakensis Hay.=Elaeagnus thunbergii
Elaeagnus oldhami Maxim.福建胡颓子
Elaeagnus orientalis L.=Elaeagnus angustifolia var. orientalis
Elaeagnus ovata Serv.卵叶胡颓子?
Elaeagnus oxycarpa Schlechtend.尖果胡颓子
Elaeagnus pallidiflora C.Y.Chang 白花胡颓子
Elaeagnus parvifolia Wall.=Elaeagnus umbellata
Elaeagnus paucilepidota Hay.=Elaeagnus glabra
Elaeagnus pengens Thunb.胡颓子
Elaeagnus pilostyla C.Y.Chang 毛柱胡颓子
Elaeagnus pungens Thunb.(Matsum & Hay.in Coll.Sci.Univ.Tokyo 1916)=Elaeagnus formosana
Elaeagnus pungens var. aurea?金点胡颓子(新)
Elaeagnus pungens var. aurea-variegata 黄色胡颓子(新)?
Elaeagnus pungens var. frederici 黄斑胡颓子(新)?
Elaeagnus pungens var. reflexa 反折胡颓子(新)?
Elaeagnus pungens var. simonii 希西蒙胡颓子(新)?
Elaeagnus pungens var. variegata 彩斑胡颓子(新)?
Elaeagnus reflexa Decais=Elaeagnus pungens var. reflexa
Elaeagnus retrostyla C.Y.Chang 卷柱胡颓子
Elaeagnus rhamonoids (L.) A.Nelson=Hippophaë rhamnoides
Elaeagnus salicifolia (D.Don) A.Nelson=Hippophaë salicifolia
Elaeagnus salicifolia Don ex Loudon=Elaeagnus umbellata
Elaeagnus sarmentosa Rehd.攀援胡颓子
Elaeagnus sativa Hort. ex Dipp.=Elaeagnus multiflora
Elaeagnus schlechtendalii Serv.小胡颓子
Elaeagnus schnabeiliana Hand.-Mazz.=Elaeagnus argyi
Elaeagnus simonii Carr.=Elaeagnus pengens var. simonii
Elaeagnus siphonantha Nakai=Elaeagnus multiflora var. siphonantha
Elaeagnus stellipila Rehd.星毛羊奶子
Elaeagnus tenuiflora Benth.=Elaeagnus glabra
Elaeagnus thunbergii Serv.薄叶胡颓子
Elaeagnus tonkinensis Serv.越南胡颓子
Elaeagnus tubiflora C.Y.Chang 管花胡颓子
Elaeagnus tutcheri Dunn 香港胡颓子
Elaeagnus umbellata Thunb.(Chun in Sunyatsenia 1940)=Elaeagnus multiflora var. siphonantha
Elaeagnus umbellata Thunb.(Rehd.in J.Arn.Arb.1937)=Elaeagnus argyi
Elaeagnus umbellata Thunb.羊奶子
Elaeagnus umbellata subsp. *magna* Serv.=Elaeagnus magna
Elaeagnus umbellata var. *siphonantha* (Nakai) Hand.-Mazz.=Elaeagnus multiflora var. siphonantha
Elaeagnus viridis Serv.绿叶胡颓子
Elaeagnus viridis var. delavayi Lecomte 白绿叶胡颓子
Elaeagnus viridis var. viridis=Elaeagnus viridis
Elaeagnus wenshanensis C.Y.Chang 文山胡颓子
Elaeagnus wilsonii Li 少果胡颓子?
Elaeagnus wushanensis C.Y.Chang 巫山牛奶子

Elaeagnus yunnanensis Serv.?云南羊奶子
Elaeis Jacq.**油棕属**(棕榈科)
Elaeis guineensis Jacq.油棕
Elaeis oleifera Cortés 美洲油棕
Elaeocarpaceae 杜英科
Elaeocarpus L.**杜英属**(杜英科)
Elaeocarpus alatus Kunt=Elaeocarpus glabripetalus var. alatus
Elaeocarpus apiculatum Masters 长芒杜英
Elaeocarpus apiculatus var. *annamensis* Gagn.=Elaeocarpus apiculatum
Elaeocarpus arthropus Ohwi 节柄杜英
Elaeocarpus assimilis Chun 冬桃
Elaeocarpus atro-punctatus H.T.Chang 黑腺杜英
Elaeocarpus auricomus C.Y.Wu & H.T.Chang 金毛杜英
Elaeocarpus austrosinicus H.T.Chang 华南杜英
Elaeocarpus austroyunnanensis Hu 滇南杜英
Elaeocarpus bachmaensis Gagn.少花杜英
Elaeocarpus balansae A.DC.大叶杜英
Elaeocarpus boreali-yunnanensis H.T.Chang 滇北杜英
Elaeocarpus braceanus Watt ex C.B.Clarke 滇藏杜英
Elaeocarpus brachyphyhllus (Merr.) Kunth=Elaeocarpus hainanensis var. brachyphyllus
Elaeocarpus brachystachyus H.T.Chang 短穗杜英
Elaeocarpus chinensis (Gardn. & Champ.) HK.f. & Benth.中华杜英
Elaeocarpus chinensis HK.f.(Merr.in Lingn.Sci.J.1934)=Elaeocarpus dubius
Elaeocarpus decipens Hemsl.=Elaeocarpus sylvestris
Elaeocarpus decipiensis Hemsl.杜英
Elaeocarpus decurvatus Diels=Elaeocarpus varunua
Elaeocarpus dentatus Vahl 齿叶杜英
Elaeocarpus dubius A.DC.显脉杜英
Elaeocarpus duclouxii Gagn.褐毛杜英
Elaeocarpus fleuryi A.Chev ex Gagn.大果杜英
Elaeocarpus floribundioides H.T.Chang 多花杜英
Elaeocarpus ganitrus Roxb.圆果杜英
Elaeocarpus glabripetalus Merr.=Elaeocarpus sylvestris
Elaeocarpus glabripetalus Merr.秃瓣杜英
Elaeocarpus glabripetalus var. alatus (Kunt) H.T.Chang 棱枝杜英
Elaeocarpus glabripetalus var. glabripetalus=Elaeocarpus glabripetalus
Elaeocarpus glabripetalus var. teres H.T.Chang 圆枝杜英
Elaeocarpus griffithii Mast.(Dunn & Tutch in Rep.Bot.For.Hongk.1915)=Elaeocarpus dubius
Elaeocarpus gymnogynus H.T.Chang 秃蕊杜英
Elaeocarpus hainanensis Oliv.水石榕
Elaeocarpus hainanensis var. brachyphyllus Merr.短叶水石榕
Elaeocarpus hainanensis var. hainanensis=Elaeocarpus hainanensis
Elaeocarpus harmandii Pirerre 肿柄杜英
Elaeocarpus hayatae Kanehira & Sasaki=Elaeocarpus decipiensis
Elaeocarpus hemsleyanus Ito=Sloanea hemsleyana
Elaeocarpus henryi Hance=Elaeocarpus sylvestris
Elaeocarpus hookerianus Raool 胡克氏杜英
Elaeocarpus howii Merr. & Chun 锈毛杜英
Elaeocarpus integerrimus Lour.=Ochna integerrima
Elaeocarpus integripetalus Gagn.=Elaeocarpus chinensis
Elaeocarpus japonicus S. & Z.日本杜英
Elaeocarpus japonicus var. *euplebius* Merr.=Elaeocarpus japonicus
Elaeocarpus japonicus var. japonicus=Elaeocarpus japonicus
Elaeocarpus japonicus var. lantsangensis (Hu) H.T.Chang 澜沧杜英
Elaeocarpus kwangsiensis H.T.Chang 广西杜英
Elaeocarpus kwangtungensis Hu=Elaeocarpus sylvestris
Elaeocarpus lacunosus Wall. ex Kurz 多沟杜英
Elaeocarpus lanceaefolius Roxb.(Benth.in Fl.Hongk.1861)=Elaeocarpus decipiensis
Elaeocarpus lanceaefolius Roxb.披针叶杜英
Elaeocarpus lantsangensis Hu=Elaeocarpus japonicus var. lantsangensis
Elaeocarpus laoticus Gagn.老挝杜英
Elaeocarpus limitaneus Hand.-Mazz.灰毛杜英
Elaeocarpus maclurei Merr.=Elaeocarpus limitaneus
Elaeocarpus nitentifolius Merr. & Chun 绢毛杜英
Elaeocarpus oblongilimbus H.T.Chang 长圆叶杜英
Elaeocarpus omeiensis Rehd. & Wils.=Elaeocarpus sylvestris
Elaeocarpus petiolatus (Jack.)Wall. ex Kurz 长柄杜英
Elaeocarpus poilanei Gagn.滇越杜英
Elaeocarpus prunifolioideds Hu 樱叶杜英
Elaeocarpus prunifolioides var. prunifolioides=Elaeocarpus prunifolioideds
Elaeocarpus prunifolioides var.rectinervis H.T.Chang 直脉杜英
Elaeocarpus serratus L.锡兰杜英
Elaeocarpus shunningensis Hu (p.p.)=Elaeocarpus braceanus
Elaeocarpus shunningensis Hu (p.p.)=Elaeocarpus sphaerocarpus
Elaeocarpus sphaericus (Gaertn.) K.Schum.圆果杜英
Elaeocarpus sphaerocarpus H.T.Chang 阔叶杜英
Elaeocarpus subglobosus Merr.=Elaeocarpus sphaericus
Elaeocarpus subpetiolatus H.T.Chang 屏边杜英
Elaeocarpus subsessilis Hand.-Mazz.=Elaeocarpus glabripetalus
Elaeocarpus sylvestris (Lour.) Poir.山杜英
Elaeocarpus sylvestris Metc.=Elaeocarpus glabripetalus
Elaeocarpus sylvestris var. *viridescens* Chun & How=Elaeocarpus poilanei
Elaeocarpus varunua Buch-Ham.美脉杜英
Elaeocarpus yentangensis Hu=Elaeocarpus japonicus
Elaeocarpus yunnanensis Brandis ex Tutch.=Elaeocarpus japonicus
Elaeodendron Jacq.f.**福木属**(卫矛科)
Elaeodendron capense Eckl. & Zeyh.好望角福木
Elaeodendron glaucum Pers.福木
Elaeodendron glaucum var. cochinchinensis Pierre 越南福木
Elaeodendron glaucum var. roxburghii Lawson 罗克斯伯福木
Elaeodendron laneanum A.H.Moore 百慕大福木
Elaeodendron orientale Jacq.东方福木
Elaeodendron xylocarpum DC.木果福木
Elalia cumingii (Nees) A.Camus=Eulalia leschenaultiana
Elaphoglossaceae 舌蕨科
Elaphoglossum Schott **舌蕨属**(舌蕨科)
Elaphoglossum angulatum (Bl.) Moore 爪哇舌蕨
Elaphoglossum austrosinicum Matthew & Christ=Elaphoglossum yoshinagae
Elaphoglossum callifolium (Bl.) Moore 南海舌蕨
Elaphoglossum conforme (Sw.) Schott.舌蕨
Elaphoglossum fuscopunctatum Christ=Elaphoglossum conforme
Elaphoglossum lepidopodum C.Chr. ex Ogata=Elaphoglossum luzonicum
Elaphoglossum luzonicum Cop.吕宋舌蕨
Elaphoglossum marginatum Moore=Elaphoglossum conforme
Elaphoglossum mcclurei Ching 琼崖舌蕨
Elaphoglossum ogatai C.Chr.=Elaphoglossum angulatum
Elaphoglossum parvulum Cop.=Elaphoglossum yoshinagae
Elaphoglossum pendulifolium Tagawa=Elaphoglossum conforme
Elaphoglossum sinii C.Chr. ex Wu 圆叶舌蕨
Elaphoglossum yoshinagae (Yatabe) Makino 华南舌蕨
Elaphoglossum yunnanense (Bak.) C.Chr.云南舌蕨
Elatinaceae 沟繁缕科
Elatine L.**沟繁缕属**(沟繁缕科)
Elatine ambigua Wight 长梗沟繁缕
Elatine americana (Pursh) Arin.美洲沟繁缕
Elatine americana Arn.(贵州志 1956)=Elatine triandra
Elatine brachysperma A.Gray 短籽沟繁缕
Elatine hedropiper L.马蹄沟繁缕
Elatine hexandra (Lapierre) DC.六蕊沟繁缕
Elatine minima (Nutt.) Fisch. & Meyer 小沟繁缕
Elatine triandra Schkuhr 三蕊沟繁缕
Elatine williamsii Rybd.威廉斯氏沟繁缕
Elatostema J.R. & G.Forst.**楼梯草属**(荨麻科)
Elatostema acuminatum (Poir.) Brongn.渐尖楼梯草
Elatostema acutitepalum W.T.Wang 尖被楼梯草
Elatostema albopilosum W.T.Wang 疏毛楼梯草
Elatostema aliferum W.T.Wang 翅苞楼梯草
Elatostema alnifolium W.T.Wang 桤叶楼梯草
Elatostema angulosum W.T.Wang 翅棱楼梯草
Elatostema angustitepalum W.T.Wang 狭被楼梯草
Elatostema approximatum Wedd.=Elatostema cuneatum
Elatostema asterocephalum W.T.Wang 星序楼梯草

Elatostema atropurpureum Gagn.深紫楼梯草
Elatostema atroviride W.T.Wang 深绿楼梯草
Elatostema atroviride var. *lobulatum* W.T.Wang=Elatostema atroviride
Elatostema attenuatum W.T.Wang 渐狭楼梯草
Elatostema auriculatum W.T.Wang 耳状楼梯草
Elatostema auriculatum var. auriculatum=Elatostema auriculatum
Elatostema auriculatum var. strigosum W.T.Wang 毛茎耳状楼梯草
Elatostema backei var. backei=Elatostema backeri
Elatostema backei var. villosulum W.T.Wang 展毛滇黔楼梯草
Elatostema backeri H.Schrotet 滇黔楼梯草
Elatostema balansae Gagn.华南楼梯草
Elatostema beibengense W.T.Wang 背崩楼梯草
Elatostema beshengii W.T.Wang 渤生楼梯草
Elatostema bigloneratum W.T.Wang 叉序楼梯草
Elatostema bijiangense W.T.Wang 碧江楼梯草
Elatostema bodinieri (Lévl.) Hand.-Mazz.=Elatostema oblongifolium
Elatostema bodinieri Lévl.=Elatostema cuspidatum
Elatostema boehmerioides W.T.Wang 苎麻楼梯草
Elatostema brachyodontum (Hand.-Mazz.) W.T.Wang 短齿楼梯草
Elatostema bracteosum W.T.Wang 显苞楼梯草
Elatostema breviacuminatum W.T.Wang 短尖楼梯草
Elatostema brevifolium (Benth.) Hall.f.=Pellionia brevifolia
Elatostema brevipedunculatum W.T.Wang 短梗楼梯草
Elatostema brunneinerve W.T.Wang 褐脉楼梯草
Elatostema cavaleriei Hand.-Mazz.=Elatostema ichangense
Elatostema crassiusculum W.T.Wang 厚叶楼梯草
Elatostema crenatum W.T.Wang 浅齿楼梯草
Elatostema crispulum W.T.Wang 弯毛楼梯草
Elatostema cuneatum Wight 稀齿楼梯草
Elatostema cuneiforme W.T.Wang 楔苞楼梯草
Elatostema cuneiforme var. cuneiforme=Elatostema cuneiforme
Elatostema cuneiforme var. gracilipes W.T.Wang 细梗楔苞楼梯草
Elatostema cuspidatum Wight 骤尖楼梯草
Elatostema cuspidatum var. cuspidatum=Elatostema cuspidatum
Elatostema cuspidatum var. dolichoceras W.T.Wang 长角骤尖楼梯草
Elatostema cyrtandrifolium (Zoll. & Mor.) Miq.锐齿楼梯草
Elatostema cyrtandrifolium var. brevicaudatum (W.T.Wang) W.T.Wang 短尾楼梯草
Elatostema cyrtandrifolium var. cyrtandrifolium=Elatostema cyrtandrifolium
Elatostema didymocephalum W.T.Wang 双头楼梯草
Elatostema dissectum Wedd.盘托楼梯草
Elatostema diversifolium Wedd.=Elatostema monandrum
Elatostema dulongense W.T.Wang 独龙楼梯草
Elatostema ebracteatum W.T.Wang 无苞楼梯草
Elatostema edule C.B.Robinson 南海楼梯草
Elatostema eriocephalum W.T.Wang 绒序楼梯草
Elatostema ferrugineum W.T.Wang 锈茎楼梯草
Elatostema ficoides var. *brachyodontum* Hand.-Mazz.=Elatostema brachyodontum
Elatostema ficoides Wedd.(海南志 1965)=Elatostema hainanense
Elatostema ficoides Wedd.(湖北志 1976)=Elatostema nasutum
Elatostema ficoides Wedd.梨序楼梯草
Elatostema filipes W.T.Wang 丝梗楼梯草
Elatostema filipes var. filipes=Elatostema filipes
Elatostema filipes var. floribundum W.T.Wang 多花丝梗楼梯草
Elatostema goniocephalum W.T.Wang 角托楼梯草
Elatostema grandidentatum W.T.Wang 粗齿楼梯草
Elatostema griffithianum (Wedd.) Hall.f. =Pellionia heteroloba
Elatostema guilinense W.T.Wang 桂林楼梯草
Elatostema gungshanense W.T.Wang 贡山楼梯草
Elatostema hainanense W.T.Wang 海南楼梯草
Elatostema hekouense W.T.Wang 河口楼梯草
Elatostema helferianum Hall.f.(Hand.-Mazz.in Symb.Sin.1929)=Pellionia tsoongii
Elatostema henryanum Hand.-Mazz.=Pellionia heteroloba
Elatostema henryanum var. *oligodontum* Hand.-Mazz.=Pellionia paucidentata
Elatostema herbaceifolium Hay.=Elatostema cyrtandrifolium
Elatostema herbaceifolium var. *brevicaudatum* W.T.Wang=Elatostema cyrtandrifolium var. brevicaudatum
Elatostema heyneanum (Wedd.) Hall.f. =Pellionia heyneana
Elatostema hirtellum (W.T.Wang) W.T.Wang 硬毛楼梯草
Elatostema hirticaule W.T.Wang=Pellionia retrohispida
Elatostema hookerianum Wedd.疏晶楼梯草
Elatostema hunanense W.T.Wang=Pellionia retrohispida
Elatostema ichangense H.Schröter 宜昌楼梯草
Elatostema imbricans Dunn 刀叶楼梯草
Elatostema incisoserratum H.Schröter=Pellionia incisoserrata
Elatostema integrifolium (D.Don) Wedd.全缘楼梯草
Elatostema integrifolium var. integrifolium=Elatostema integrifolium
Elatostema integrifolium var. tomentosum (HK.f.) W.T.Wang 朴叶楼梯草
Elatostema involucratum Franch.楼梯草
Elatostema jinpingense W.T.Wang 金平楼梯草
Elatostema laevissimum W.T.Wang 光叶楼梯草
Elatostema laevissimum var. laevissimum=Elatostema laevissimum
Elatostema laevissimum var. puberulum W.T.Wang 毛枝光叶楼梯草
Elatostema lasiocephalum W.T.Wang 毛序楼梯草
Elatostema laxicymosum W.T.Wang 疏伞楼梯草
Elatostema laxisericeum W.T.Wang 绢毛楼梯草
Elatostema leiocephalum W.T.Wang 光序楼梯草
Elatostema leucocephalum W.T.Wang 白序楼梯草
Elatostema lineolatum Wight 鱼公草
Elatostema lineolatum var. *majus* Thwit.=Elatostema lineolatum var. majus
Elatostema lineolatum var. *majus* Wedd.(海南志 1965)=Elatostema laevissimum
Elatostema lineolatum var. majus Wedd.狭叶楼梯草
Elatostema litseifolium W.T.Wang 木姜楼梯草
Elatostema longecornutum H.Schröter=Elatostema sinense var. longecornutum
Elatostema longibracteatum W.T.Wang 长苞楼梯草
Elatostema longipes W.T.Wang 长梗楼梯草
Elatostema longipetiolatum W.T.Wang=Elatostema pachyceras
Elatostema longistipulum Hand.-Mazz.显脉楼梯草
Elatostema lunzhouense W.T.Wang 龙州楼梯草
Elatostema luxiense W.T.Wang 潞西楼梯草
Elatostema mabienense W.T.Wang 马边楼梯草
Elatostema mabienense var. mabienense=Elatostema mabienense
Elatostema mabienense var. sexbracteatum W.T.Wang 六苞楼梯草
Elatostema macintyrei Dunn 多序楼梯草
Elatostema medogense W.T.Wang 墨脱楼梯草
Elatostema medogense var. medogense=Elatostema medogense
Elatostema medogense var. oblongum W.T.Wang 长叶墨脱楼梯草
Elatostema megacephalum W.T.Wang 巨序楼梯草
Elatostema microcephalanthum Hay.微序楼梯草
Elatostema microdontum W.T.Wang 微齿楼梯草
Elatostema microtrichum W.T.Wang 微毛楼梯草
Elatostema minutifurfuraceum W.T.Wang 微鳞楼梯草
Elatostema minutum Hay.=Elatostema parvum
Elatostema mollifolium W.T.Wang 毛叶楼梯草
Elatostema monandrum (D.Don) Hara 异叶楼梯草
Elatostema monandrum f. ciliatum (HK.f.) Hara 锈毛楼梯草
Elatostema monandrum f. monandrum=Elatostema monandrum
Elatostema monandrum f. pinnatifidum (HK.f.) Hara 羽裂楼梯草
Elatostema muscicola W.T.Wang=Elatostema monandrum f. ciliatum
Elatostema myrtillus (Lévl.) Hand.-Mazz.瘤茎楼梯草
Elatostema nanchuanense W.T.Wang 南川楼梯草
Elatostema napoense W.T.Wang 那坡楼梯草
Elatostema nasutum HK.f.托叶楼梯草
Elatostema nasutum var. nasutum=Elatostema nasutum
Elatostema nasutum var. puberulum (W.T.Wang) W.T.Wang 短毛楼梯
Elatostema oblongifolium Fu ex W.T.Wang 长圆楼梯草
Elatostema obscurinerve W.T.Wang 隐脉楼梯草
Elatostema obtusidentatum W.T.Wang 钝齿楼梯草
Elatostema obtusum Wedd.钝叶楼梯草
Elatostema obtusum var. glabrescens W.T.Wang 光茎钝叶楼梯草
Elatostema obtusum var. obtusum=Elatostema obtusum
Elatostema obtusum var. trilobulatum (Hay.) W.T.Wang 三齿钝叶楼梯草

Elatostema omeiense W.T.Wang 峨眉楼梯草
Elatostema oreocnidioides W.T.Wang 紫麻楼梯草
Elatostema ovatum Wight=Lecanthus peduncularis
Elatostema pachyceras W.T.Wang 粗角楼梯草
Elatostema pachyceras var. *majus* W.T.Wang=Elatostema pachyceras
Elatostema papilionaceum W.T.Wang=Elatostema atroviride
Elatostema papillosum Wedd.微晶楼梯草
Elatostema parvum (Bl.) Miq.小叶楼梯草
Elatostema parvum var. brevicuspis W.T.Wang 骤尖小叶楼梯草
Elatostema parvum var. parvum=Elatostema parvum
Elatostema paucidentatum H.Schröter=Pellionia paucidentata
Elatostema pellioniifolium W.T.Wang=Pellionia scabra
Elatostema pergameneum W.T.Wang 坚纸楼梯草
Elatostema petelotii Gagn.樟叶楼梯草
Elatostema platyceras W.T.Wang 宽角楼梯草
Elatostema platyphyllum Wedd.宽叶楼梯草
Elatostema platyphyllum var. *balansae* (Gagn.) Yahara=Elatostema balansae
Elatostema platyphyllum Wedd.(C.H.Wright in J.L.Soc.Bot.1899,p.p.)=Elatostema edule
Elatostema polystachyoides W.T.Wang 多歧楼梯草
Elatostema prunifolium W.T.Wang 樱叶楼梯草
Elatostema pseudobrachyodontum W.T.Wang 隆林楼梯草
Elatostema pseudocuspidatum W.T.Wang 假骤尖楼梯草
Elatostema pseudodissectum W.T.Wang 滇桂楼梯草
Elatostema pseudoficoides W.T.Wang 多脉楼梯草
Elatostema pseudoficoides var. pseudoficoides=Elatostema pseudoficoides
Elatostema pseudoficoides var. pubicaule W.T.Wang 毛茎多脉楼梯草
Elatostema pubipes W.T.Wang 毛梗楼梯草
Elatostema pycnodontum W.T.Wang 密齿楼梯草
Elatostema quinquecostatum W.T.Wang 五肋楼梯草
Elatostema radicans (S. & Z.) Wedd.=Pellionia radicans
Elatostema radicans var. *grande* (Gagn.) H.Schröter=Pellionia radicans f. grandis
Elatostema radicans var. *minimum* (Makino) H.Schröter=Pellionia minima
Elatostema ramosum W.T.Wang 多枝楼梯草
Elatostema ramosum var. ramosum=Elatostema ramosum
Elatostema ramosum var. villosum W.T.Wang 密毛多枝楼梯草
Elatostema recticaudatum W.T.Wang 直尾楼梯草
Elatostema repens (Lour.) Hall.f. =Pellionia repens
Elatostema repens var. *pelchrum* H.Schröter=Pellionia repens
Elatostema retrohirtum Dunn 曲毛楼梯草
Elatostema rhombiforme W.T.Wang 菱叶楼梯草
Elatostema rupestre (Buch.-Ham.) Wedd.(高等图鉴 1972)=Elatostema macintyrei
Elatostema rupestre (Buch.-Ham.) Wedd.石生楼梯草
Elatostema salvinioides W.T.Wang 迭叶楼梯草
Elatostema salvinioides var. *angustius* W.T.Wang=Elatostema salvinioides
Elatostema salvinioides var. robustum W.T.Wang 粗壮迭叶楼梯草
Elatostema salvinioides var. salvinioides=Elatostema salvinioides
Elatostema scabrum (Benth.) Hall.f. =Pellionia scabra
Elatostema schizocephalum W.T.Wang 裂序楼梯草
Elatostema sesquifolium (Reinw. ex Bl. Hassk.=Elatostema integrifolium
Elatostema sesquifolium var. *integrifolium* (D.Don) Wedd.=Elatostema integrifolium
Elatostema sesquifolium var. *tomemtosum* HK.f.=Elatostema integrifolium var. tomentosum
Elatostema sessile Forst.(湖北志 1976)=Elatostema oblongifolium
Elatostema sessile J.R.Forst & G.Forst 毛楼梯草
Elatostema sessile var. *cuspidatum* (Wighjt) Wedd.=Elatostema cuspidatum
Elatostema sessile var. *cyrtandraefolium* (Zoll & Mor.) Wedd.=Elatostema cyrtandrifolium
Elatostema sessile var. polycephalum Wedd.多头楼梯草
Elatostema sessile var. *pubescens* HK.f.=Elatostema cyrtandrifolium
Elatostema setulosum W.T.Wang 刚毛楼梯草
Elatostema shanglinense W.T.Wang 上林楼梯草
Elatostema shuzhii W.T.Wang 树志楼梯草
Elatostema sinense H.Schröter 对叶楼梯草
Elatostema sinense var. longecornutum (H.Schröter) W.T.Wang 角苞楼梯草
Elatostema sinense var. sinense=Elatostema sinense
Elatostema sinense var. trilobatum W.T.Wang 三裂楼梯草
*Elatostema sp.*C.H.Wright=Elatostema trichocarpum
Elatostema stewardii Merr.庐山楼梯草
Elatostema stigmatosum W.T.Wang 显柱楼梯草
Elatostema stipulosum Hand.-Mazz.=Elatostema nasutum
Elatostema stipulosum var. *puberulum* W.T.Wang=Elatostema nasutum var. puberulum
Elatostema stracheyanum Wedd.(湖北志 1976)=Elatostema pycnodontum
Elatostema stracheyanum Wedd.=Elatostema parvum
Elatostema strigulosum W.T.Wang 伏毛楼梯草
Elatostema strigulosum var. Semitriplinerve W.T.Wang 赤水楼梯草
Elatostema strigulosum var. strigulosum=Elatostema strigulosum
Elatostema subcuspidatum W.T.Wang 拟骤尖楼梯草
Elatostema subfalcatum W.T.Wang 镰状楼梯草
Elatostema sublineare W.T.Wang 条叶楼梯草
Elatostema subpenninerve W.T.Wang 近羽脉楼梯草
Elatostema subtrichotomum W.T.Wang 歧序楼梯草
Elatostema subtrichotomum var. corniculatum W.T.Wang 角萼楼梯草
Elatostema subtrichotomum var. *hirtellum* W.T.Wang=Elatostema hirtellum
Elatostema subtrichotomum var. subtrichotomum=Elatostema subtrichotomum
Elatostema surculosum Wight=Elatostema monandrum
Elatostema surculosum var. *ciliatum* HK.f.=Elatostema monandrum f. ciliatum
Elatostema surculosum var. *elegan* HK.f.=Elatostema monandrum
Elatostema surculosum var. *pinnatifidum* HK.f.=Elatostema monandrum f. pinnatifidum
Elatostema tenuicaudatoides W.T.Wang 拟细尾楼梯草
Elatostema tenuicaudatum W.T.Wang 细尾楼梯草
Elatostema tenuicaudatum var. lasiocladum W.T.Wang 毛枝细尾楼梯草
Elatostema tenuicaudatum var. tenuicaudatum=Elatostema tenuicaudatum
Elatostema tenuifolium W.T.Wang 薄叶楼梯草
Elatostema tetratepalum W.T.Wang 四被楼梯草
Elatostema trichocarpum Hand.-Mazz.疣果楼梯草
Elatostema trilobulatum (Hay.) Yamazaki=Elatostema obtusum var. trilobulatum
Elatostema tsoongii (Merr.) H.Schröter=Pellionia tsoongii
Elatostema umbellatum Bl.(C.H.Wright in J.L.Soc.Bot.1899,p.p.)=Elatostema tenuicaudatum
Elatostema umbellatum var. *majus* Maxim.=Elatostema involucratum
Elatostema viride (C.H.Wright) Hand.-Mazz.=Pellionia viridis
Elatostema viridicaule W.T.Wang 绿茎楼梯草
Elatostema wenxienense W.T.Wang 文县楼梯草
Elatostema xanthophyllum W.T.Wang 变黄楼梯草
Elatostema xichouense W.T.Wang 西畴楼梯草
Elatostema xinningense W.T.Wang 新宁楼梯草
Elatostema yangbiense W.T.Wang 漾濞楼梯草
Elatostema yaoshanense W.T.Wang 瑶山楼梯草
Elatostema youyangense W.T.Wang 酉阳楼梯草
Elatostema yui W.T.Wang 俞氏楼梯草
Elatostema yungshunense W.T.Wang 永顺楼梯草
Elatostema yunnanense H.Schröter=Pellionia yunnanensis
Eleocharis R.Br.=**Heleocharis**
Eleocharis capitata R.Br.=Heleocharis caribaea
Eleocharis chaetaria Hance=Heleocharis yokoscensis
Eleocharis japonica Miq.=Heleocharis pellucida var. japonica
Eleocharis komarovii Zinserl.=Heleocharis kamtschatica
Eleocharis palustris Bge.=Heleocharis valleculosa f. setosa
Eleocharis satoi Ohwi=Heleocharis mamillata var. cyclocarpa
Eleocharis savatieri C.B.Clarke ex Lévl.=Heleocharis kamtschatica f. reducta
Eleocharis setacea R.Br.=Heleocharis chaetaria
Eleocharis shimadai Hay.=Heleocharis pellucida
Eleocharis tetraquetra Kom.=Heleocharis wichurai
Eleocharis truncatovaginata T.Koyama=Heleocharis valleculosa f. setosa
Eleocharis tuberosa Schult.=Heleocharis dulcis
Eleocharis variegata Dunn & Tutch.=Heleocharis ochrostachys
Eleocharis variegata var. *laxiflora* (Thw.) C.B.Clarke=Heleocharis

ochrostachys
Eleodendron fortunei Turcz.=Euonymus fortunei
Eleodendron japonicum Franch.=Microtropis japonica
Elephantopus L.**地胆草属**(菊科)
Elephantopus bodinieri Gagn.=Elephantopus tomentosus
Elephantopus mollis H.B.K.=Elephantopus tomentosus
Elephantopus scaber L.地胆草
Elephantopus spicatus Juss. ex Aublet=Pseudelephantopus spicatus
Elephantopus tomentosus L.白花地胆草
Elepharis boerhaaviaefolia Pers.= Blepharis maderaspatensis
Elerutherococcus simonii (Schneid.) Hesse=Acanthopanax simonii
Elettaria speciosa Bl.=Etlingera elatior
Elettariopsis Baker **拟豆蔻属**(姜科)
Elettariopsis longipetiolata (Merr.) D.Fang=Amomum longipetiolatum
Elettariopsis monophylla (Gagn.) Loesen.拟豆蔻
Eleusine Gaertn.**䅟属**(禾本科)
Eleusine aegyptia (L.) Desf.=Dactyloctenium aegyptium
Eleusine calycina Roxb.=Denebra retroflexa
Eleusine coracana (L.) Gaertn.䅟
Eleusine indica (L.) Gaertn.牛筋草
Eleusine pectinata Moench=Dactyloctenium aegyptium
Eleusine racemosa Heyne ex Roem. & Schult.=Acrachne racemosa
Eleusine tristachya Kunth 三穗䅟
Eleusine verticillata Roxb.=Acrachne racemosa
Eleutharrhena Forman **藤枣属**(防已科)
Eleutharrhena macrocarpa (Diels) Forman 藤枣
Eleutherine Herb.**红葱属**(鸢尾科)
Eleutherine americana Merr. & Heyne 小红蒜
Eleutherine bulbosa (P.Mill.) Urban.鳞茎红葱
Eleutherine plicata Herb.红葱
Eleutherococcus Maxim.=**Acanthopanax**
Eleutherococcus brachypus (Harms) Nakai=Acanthopanax brachypus
Eleutherococcus cissifolius (Griff.) Nakai=Acanthopanax cissifolius
Eleutherococcus giraldii (Harms) Nakai=Acanthopanax giraldii
Eleutherococcus henryi Oliv.=Acanthopanax henryi
Eleutherococcus japonicus Nakai=Acanthopanax sieboldianus
Eleutherococcus leucorrhizus Oliv.=Acanthopanax leucorrhizus
Eleutherococcus leucorrhizus var. *fulvescens* (Harms & Rehd.) Nakai=Acanthopanax leucorrhizus var. fulvescens
Eleutherococcus leucorrhizus var. *scaberulus* (Harms & Rehd.) Nakai=Acanthopanax leucorrhizus var. scaberulus
Eleutherococcus mairei Lévl.=Aralia chinensis var. nuda
Eleutherococcus melanocarpa Lévl.=Aralia melanocarpa
Eleutherococcus rehderianus (Harms) Nakai=Acanthopanax rehderianus
Eleutherococcus senticosus (Rupr. & Maxim.) Maxim.=Acanthopanax senticosus
Eleutherococcus senticosus f. *inermis* Kom.=Acanthopanax senticosus
Eleutherococcus senticosus f. *subinermis* Regel=Acanthopanax senticosus
Eleutherococcus setchuenensis (Harms) Nakai=Acanthopanax setchuenensis
Eleutherococcus sieboldianus (Makino) Koidz.=Acanthopanax sieboldianus
Eleutherococcus stenophyllus (Harms) Nakai=Acanthopanax stenophyllus
Eleutherococcus wilsonii (Harms) Nakai=Acanthopanax wilsonii
Elichrysum nepalense Spreng.=Anaphalis nepalensis
Elisanthe noctiflora (L.) Rupr.=Silene noctiflora L.
Ellimia Nutt.=**Oligomeris**
Ellipanthus HK.f.**单叶豆属**(牛栓藤科)
Ellipanthus glabrifolius Merr.单叶豆
Ellipanthus unifoliolatus Thwaithes.锡兰单叶豆
Ellisiophyllum Maxim.**幌菊属**(玄参科)
Ellisiophyllum pinnatum (Wall.) Makino 幌菊
Ellisiophyllum reptans Maxim.=Ellisiophyllum pinnatum
Elodea formosa Jack=Cratoxylum formosum
Elodea japonica Bl.=Triadenum japonicum
Elodes virginica Nutt. var. *asiatica* Maxim.=Triadenum japonicum
Elsholtzia Willd.**香薷属**(唇形科)
Elsholtzia alopecuroides Lévl.=Elsholtzia cypriani
Elsholtzia angustifolia (Loes.) Kitag.=Elsholtzia splendens
Elsholtzia angustifolia Loesen.(p.p.=Elsholtzia saxatilis
Elsholtzia argyi Lévl.紫花香薷
Elsholtzia blanda Benth.四方蒿
Elsholtzia bodinieri Vant.东紫苏
Elsholtzia calycocarpa Diels=Elsholtzia densa var. calyocarpa
Elsholtzia capituligera C.Y.Wu 头花香薷
Elsholtzia cavaleriei Lévl. & Vant.=Rostrinucula sinensis
Elsholtzia cephalantha Hand.-Mazz.小头花香薷
Elsholtzia ciliata (Thunb.) Hyland.香薷
Elsholtzia ciliata var. *brevipes* C.Y.Wu & S.C.Huang=Elsholtzia ciliata
Elsholtzia ciliata var. ciliata=Elsholtzia ciliata
Elsholtzia ciliata var. *depauperata* C.Y.Wu & S.C.Huang=Elsholtzia ciliata
Elsholtzia ciliata var. duplicato-crenata C.Y.Wu & S.C.Huang 重圆齿香薷(新)
Elsholtzia ciliata var. *ramosa* (Nakai) C.Y.Wu & H.W.Li=Elsholtzia ciliata
Elsholtzia ciliata var. *remota* C.Y.Wu & S.C.Huang=Elsholtzia ciliata
Elsholtzia communis (Coll. & Hemsl.) Diels (科学论文集 1932)=Elsholtzia cypriani
Elsholtzia communis (Coll. & Hemsl.) Diels 吉龙草
Elsholtzia communis var. *longipilosa* Hand.-Mazz.=Elsholtzia cypriani var. longipilosa
Elsholtzia cristata Willd.(Dunn in Notes Bot.Gard.Edinb.1915,p.p.)=Elsholtzia argyi
Elsholtzia cristata Willd.(Dunn in Notes Bot.Gard.Edinb.1915,p.p.)=Elsholtzia louliei
Elsholtzia cristata Willd.(科学论文集 1932)=Elsholtzia splendens
Elsholtzia cristata Willd.=Elsholtzia ciliata
Elsholtzia cristata f. *saxatilis* Kom.=Elsholtzia saxatilis
Elsholtzia cristata var. *angustifolia* (Loesen.) Kitag.=Elsholtzia splendens
Elsholtzia cristata var. *angustifolia* Loesen.=Elsholtzia splendens
Elsholtzia cristata var. *saxatilis* Nakai (p.p.)=Elsholtzia saxatilis
Elsholtzia cypriani (Pavol.) S.Chow 野草香
Elsholtzia cypriani var. cypriani=Elsholtzia cypriani
Elsholtzia cypriani var. longipilosa (Hand.-Mazz.) C.Y.Wu & S.C.Huang 长毛野草香(新)
Elsholtzia cyprianii var. *angustifolia* C.Y.Wu & S.C.Huang=Elsholtzia cyprianii
Elsholtzia densa Benth.密花香薷
Elsholtzia densa var. *calycocarpa* (Diels) C.Y.Wu & S.C.Huang=Elsholtzia densa
Elsholtzia densa var. densa=Elsholtzia densa
Elsholtzia densa var. *ianthina* (Maxim. ex Kanitz.) C.Y.Wu & S.C.Huang =Elsholtzia densa
Elsholtzia dependens Rehd.=Rostrinucula dependens
Elsholtzia dielsii Lévl.=Elsholtzia fruticosa
Elsholtzia ecristata var. *angustifolia* Loes.(p.p.)=Elsholtzia splendens
Elsholtzia eriocalyx C.Y.Wu & S.C.Huang 毛萼香薷
Elsholtzia eriocalyx var. eriocalyx=Elsholtzia eriocalyx
Elsholtzia eriocalyx var. tomentosa C.Y.Wu & S.C.Huang 绒毛毛萼香薷(新)
Elsholtzia eriostachya Benth.(Dunn in Notes Bot.Gard.Edinb.1915,p.p.)=Elsholtzia densa
Elsholtzia eriostachya Benth.毛穗香薷
Elsholtzia eriostachya var. *pusilla* (Benth.) HK.f.=Elsholtzia eriostachya
Elsholtzia exigua Hand.-Mazz.=Elsholtzia strobilifera
Elsholtzia feddei Lévl.高原香薷
Elsholtzia feddei f. feddei=Elsholtzia feddei
Elsholtzia feddei f. *heterophylla* C.Y.Wu & S.C.Huang=Elsholtzia feddei
Elsholtzia feddei f. *remotibracteata* C.Y.Wu & S.C.Huang=Elsholtzia feddei
Elsholtzia feddei f. *robusta* C.Y.Wu & S.C.Huang=Elsholtzia feddei
Elsholtzia flava (Benth.) Benth.野苏子
Elsholtzia formosana Hay.=Elsholtzia ciliata
Elsholtzia fruticosa (D.Don) Rehd.鸡骨柴
Elsholtzia fruticosa f. fruticosa=Elsholtzia fruticosa
Elsholtzia fruticosa f. *inclusa* Sun ex C.H.Hu=Elsholtzia fruticosa
Elsholtzia fruticosa f. *leptostachya* C.Y.Wu & S.C.Huang=Elsholtzia fruticosa
Elsholtzia fruticosa var. fruticosa=Elsholtzia fruticosa
Elsholtzia fruticosa var. glabrifolia C.Y.Wu & S.C.Huang 光叶鸡骨柴(新)
Elsholtzia fruticosa var. *parvifolia* C.Y.Wu & S.C.Huang=Elsholtzia fruticosa
Elsholtzia fruticosa var. *paucidentata* Hand.-Mazz.=Elsholtzia eriocalyx
Elsholtzia fruticosa var. *tomentella* Rehd.=Elsholtzia myosurus
Elsholtzia glabra C.Y.Wu & S.C.Huang 光香薷

Elsholtzia graffithii HK.f.格氏香薷
Elsholtzia haichowensis Sun ex C.H.Hu=Elsholtzia splendens
Elsholtzia heterophylla Diels 异叶香薷
Elsholtzia hunanensis Hand.-Mazz.湖南香薷
Elsholtzia ianthina (Maxim. ex Kanitzz) Dunn=Elsholtzia densa
Elsholtzia incisa (Benth.) Benth.(Hemsl.in J.L.Soc.Bot.1890,p.p.)=Elsholtzia cypriani
Elsholtzia incisa (Benth.) Benth.=Elsholtzia stachyodes
Elsholtzia integrifolia Benth.=Nepeta tenuifolia
Elsholtzia japonica Miq.=Comanthosphace japonica
Elsholtzia kachinensis Prain 水香薷
Elsholtzia kachinensis var. *petiolata* Sun ex C.H.Hu=Elsholtzia kachinensis
Elsholtzia labordei Vant.=Elsholtzia rugulosa
Elsholtzia lampradena Lévl.=Elsholtzia ochroleuca
Elsholtzia loeseneri Hand.-Mazz.=Elsholtzia splendens
Elsholtzia lungtangensis Sun ex C.H.Hu=Elsholtzia splendens
Elsholtzia luteola Diels 淡黄香薷
Elsholtzia luteola var. holostegia Hand.-Mazz.全苞淡黄香薷(新)
Elsholtzia luteola var. luteola=Elsholtzia luteola
Elsholtzia lychnitis Lévl. & Vant.=Isodon ternifolius
Elsholtzia macrostemon Hand.-Mazz.=Elsholtzia argyi
Elsholtzia mairei Lévl.=Elsholtzia rugulosa
Elsholtzia manshurica (Kitag.) Kitag.=Elsholtzia densa
Elsholtzia minima Nakai=Elsholtzia ciliata
Elsholtzia monostachya Lévl.Vaniot=Agastache rugosa
Elsholtzia myosurus Dunn 鼠尾香薷
Elsholtzia ochroleuca Dunn 黄白香薷
Elsholtzia ochroleuca var. ochroleuca=Elsholtzia ochroleuca
Elsholtzia ochroleuca var. *parvifolia* C.Y.Wu & S.C.Huang=Elsholtzia ochroleuca
Elsholtzia oldhami Hemsl.台湾香薷
Elsholtzia oppostifolia Poir.=Colebrookea oppositifolia
Elsholtzia patrini (Lepech.) Garcke (Hand.-Mazz.in Act.Hort.Göthob. 1935,p.p.)=Elsholtzia argyi
Elsholtzia patrini (Lepech.) Garcke (Hand.-Mazz.in Act.Hort.Göthob. 1934,p.p.)=Elsholtzia splendens
Elsholtzia patrini (Lepech.) Garcke (Hand.-Mazz.in Act.Hort.Göthob. 1935,p.p.)=Elsholtzia louliei
Elsholtzia patrini (Lepech.) Garcke (Hand.-Mazz.in Act.Hort.Göthob. 1935,p.p.)=Elsholtzia feddei
Elsholtzia patrini (Lepech.) Garcke=Elsholtzia ciliata
Elsholtzia patrini var. *ramosa* Nakai=Elsholtzia ciliata
Elsholtzia penduliflora W.W.Sm.大黄药
Elsholtzia pilosa (Benth.) Benth.长毛香薷
Elsholtzia polystachya Benth.=Elsholtzia fruticosa
Elsholtzia pseudocristata Lévl. & Vant.=Elsholtzia ciliata
Elsholtzia pseudocristata var. *angustifolia* (Lesen.) P.Y.Fu=Elsholtzia splendens
Elsholtzia pseudocristata var. *saxatilis* (V.Kom.) P.Y.Fu=Elsholtzia saxatilis
Elsholtzia pusilla Benth.=Elsholtzia eriostachya
Elsholtzia pygmaea W.W.Sm.矮香薷
Elsholtzia rugulosa Hemsl.野拔子
Elsholtzia saxatilis (Kom.) Nakai 岩生香薷
Elsholtzia sect. *Rabdosia* Bl.=**Isodon**
Elsholtzia souliei Lévl.川滇香薷
Elsholtzia splendens Nakai 海州香薷
Elsholtzia stachyodes (Link) C.Y.Wu 穗状香薷
Elsholtzia stauntoni Benth.木香薷
Elsholtzia strobilifera Benth.球穗香薷
Elsholtzia strobilifera var. *exigua* (Hand.-Mazz.) C.Y.Wu & S.C.Huang=Elsholtzia strobilifera
Elsholtzia strobilifera var. strobilifera=Elsholtzia strobilifera
Elsholtzia thompsoni HK.f.汤波森香薷
Elsholtzia tristis Lévl.=Elsholtzia fruticosa
Elsholtzia winitiana Craib.白香薷
Elymus L.**披碱草属**(禾本科)
Elymus abolinii (Drob.) Tzvel.=Roegneria abolinii
Elymus angustus Trin.=Leymus angustus
Elymus aristatus Merr.紫野麦
Elymus atratus (Nevski) Hand-Mazz.黑紫披碱草
Elymus breviaristatus (Keng) Keng f.短芒披碱草
Elymus canadensis L.加拿大披碱草
Elymus cylindricus (Franch.) Honda 圆柱披碱草
Elymus czilikensis (Drob.) Tzvel.=Roegneria tianschanica
Elymus czimganicus (Drob.) Tzvel.=Roegneria tschimganica
Elymus dahuricus Turcz.披碱草
Elymus dahuricus var. *cylindricus* Franch.=Elymus cylindricus
Elymus dahuricus var. dahuricus=Elymus dahuricus
Elymus dahuricus var. *excelsus* (Turcz.) Neshev=Elymus excelsus
Elymus dahuricus var. violeus C.P.Wang & H.L.Yang 青紫披碱草
Elymus dasystachys (Trin.) Pilger=Leymus secalinus
Elymus dasystachys Trin.=Leymus secalinus
Elymus dentatus subsp. *ugamicus* (Drob.) Tzvel.=Roegneria ugamica
Elymus excelsus Turcz.肥披碱草
Elymus giganteus Wahl.=Leymus racemosus
Elymus junceus Fisch.=Psathyrostachys juncea
Elymus komarovii (Nevski) Tzvel.=Roegneria komarovii
Elymus lanuginosus Trin.=Psathyrostachys lanuginosa
Elymus mollis Trin.=Leymus mollis
Elymus mollis var. *corensis* (Hack.) Honda=Leymus mollis
Elymus multicaulis Kar. & Kir.=Leymus multicaulis
Elymus nutans Griseb 垂穗披碱草
Elymus ovatus Trin.=Leymus ovatus
Elymus paboanus Claus=Leymus paboanus
Elymus purpuraristatus C.P.Wang & H.L.Yang 紫芒披碱草
Elymus racemosus Lam.=Leymus racemosus
Elymus regelii Roshev.=Leymus chinensis
Elymus sect. *Clinelymus* Griseb.=**Elymus**
Elymus sibiricus L.老芒麦
Elymus submuticus (Keng) Keng f.无芒披碱草
Elymus tangutorum (Nevski) Hand-Mazz.麦賓草
Elymus tianschanicus Drob.=Leymus tianschanicus
Elymus tschimganicus (Drob.) Tzvel.=Roegneria tschimganica
Elymus villifer C.P.Wang & H.L.Yang 毛披碱草
Elymus virginicus L.弗吉尼亚野麦
Elyna bellardii (All.) Hartm=Kobresia myosuroides
Elyna capillifolia Decne.=Kobresia capillifolia
Elyna capillifolia var. *filifolia* (Turcz.) Kükenth.=Kobresia filifolia
Elyna filifolai Turcz.=Kobresia filifolia
Elyna humilis C.A.Mey. ex Trautv.=Kobresia humilis
Elyna kokanica Rgl.=Kobresia royleana
Elyna schoenoides C.A.Mey.=Kobresia schoenoides
Elythranthe henryi Lecomte=Elytranthe albida
Elythranthe robinsonii Gamble=Macrosolen robinsonii
Elytranthe Bl.**大苞鞘花属**(桑寄生科)
Elytranthe albida (Bl.) Bl.大苞鞘花
Elytranthe ampullacea (Roxb.) G.Don=Macrosolen cochinchinensis
Elytranthe ampullacea var. *tonkinensis* Lecomte=Macrosolen cochinchinensis
Elytranthe bibracteolata (Hance) Lecomte=Macrosolen bibracteolatus
Elytranthe bibracteolata var. *acuminatissima* Merr.=Macrosolen bibracteolatus
Elytranthe bibracteolata var. *sinensis* Lecomte=Macrosolen bibracteolatus
Elytranthe cochinchinensis (Lour.) G.Don=Macrosolen cochinchinensis
Elytranthe fordii (Hance) Merr.=Macrosolen cochinchinensis
Elytranthe loniceroides (L.) G.Don=Elytranthe parasitica
Elytranthe parasitica (L.) Danser 墨脱大苞鞘花
Elytranthe suberosa Lauterb.=Macrosolen suberosus
Elytranthe tricolor Lecomte=Macrosolen tricolor
Elytrigia Desv.**偃麦草属**(禾本科)
Elytrigia elongata (Host) Nevski 长穗偃麦草
Elytrigia intermedia subsp. *trichophora* (Link) A.D.Love=Elytrigia trichophora
Elytrigia intermiedia (Host) Nevski 中间偃麦草
Elytrigia juncea (L.) Nevski 脆轴偃麦草
Elytrigia repens (L.) Nevksi 偃麦草
Elytrigia simithii (Rydb.) Nevski 硬叶偃麦草
Elytrigia trichophora (Link.) Nevski 毛偃麦草
Elytrophorus Beauv.**总苞草属**(禾本科)
Elytrophorus articulatus Beauv.=Elytrophorus spicatus
Elytrophorus spicatus (Willd.) A.Camus 总苞草
Embelia Burm.f.**酸藤子属**(紫金牛科)
Embelia aberrans Walker=Ardisia aberrans

Embelia blinii Lévl.=Embelia pauciflora
Embelia bodinieri Lévl.=Embelia vestita
Embelia carnosisperma C.Y.Wu & C.Chen 肉果酸藤子
Embelia cavaleriei Lévl.=Ilex metabaptista var. myrsinoides
Embelia dielsii Lévl.=Embelia pauciflora
Embelia floribunda Wall.多花酸藤子
Embelia fordii Mez=Ardisia fordii
Embelia gamblei Kurz ex C.B.Clarke 皱叶酸藤子
Embelia hainanensis Merr.=Embelia scandens
Embelia heneryi Walker 毛果酸藤子
Embelia kaopoensis Lévl.=Embelia pauciflora
Embelia laeta (L.) Mez 酸藤子
Embelia laeta Mez (静生汇报 1939,p.p.)=Embelia undulata
Embelia laeta subsp. papilligera (Nakai) Pip. & C.Chen 腺毛酸藤子
Embelia laeta var. laeta=Embelia laeta
Embelia laeta var. *papilligera* (Nakai) Walker=Embelia laeta subsp. papilligera
Embelia lenticellata Hay.=Embelia vestita
Embelia longifolia (Benth.) Hemsl.=Embelia undulata
Embelia myrtifolia Hemsl. & Mez=Embelia parviflora
Embelia nagushia D.Don (C.B.Clarke in Fl.Brit.Ind.1882,p.p.)=Embelia undulata
Embelia nagushia var. *subcoriacea* C.B.Clarke=Embelia undulara
Embelia nigroviridis C.Chen=Embelia vestita
Embelia oblongifolia Hemsl.=Embelia vestita
Embelia obovata Hemsl.=Embelia laeta
Embelia parviflora Wall.(静生汇报 1939,p.p.)=Embelia parviflora
Embelia parviflora Wall.当归藤
Embelia pauciflora Diels 疏花酸藤子
Embelia pauciflora var. *blinii* Walker=Embelia pauciflora
Embelia penduliramula Hay.=Embelia laeta var. papilligera
Embelia polypodioides Hemsl. & Mez 龙骨酸藤子
Embelia procumbens Hemsl.匍匐酸藤子
Embelia prunifolia Mez=Embelia vestita
Embelia pulchella Mez.=Embelia parviflora
Embelia ribes Burm.f.(静生汇报 1939,p.p.)=Embelia sessiliflora
Embelia ribes Burm.f.(静生汇报 1939,p.p.)=Embelia vestita
Embelia ribes Burm.f.白花酸藤子
Embelia ribes subsp. pachyphylla (Chun ex C.Y.Wu & C.Chen) Pip. & C.Chen 厚叶白花酸藤子
Embelia ribes subsp. ribes=Embelia ribes
Embelia ribes var. *pachyphylla* Chun ex C.Y.Wu=Embeliaribes subsp. pachyphylla
Embelia ribes var. ribes=Embelia ribes
Embelia rubia Hand.-Mazz.网脉叶酸藤果
Embelia rubrinervis Lévl.=Chaydaia rubrinervis
Embelia rubro-violacea Lévl.=Ilex chinensis
Embelia rudis Hand.-Mazz.=Embelia vestita
Embelia saxatilis Hemsl.=Embelia procumbens
Embelia scandens (Lour.) Mez 瘤皮孔酸藤子
Embelia schlechteri Lévl.=Embelia pauciflora
Embelia sessiliflora Kurz 短梗酸藤子
Embelia sp. Walker=Embelia undulara
Embelia stricta Craib.=Embelia sessiliflora
Embelia subcoriacea Mez (静生汇报 1939,p.p.)=Embelia undulata
Embelia tenuis Mez.=Embeliaribes subsp. pachyphylla
Embelia undulata (Wall.) Mez 平叶酸藤子
Embelia valbrayi Lévl.=Schisandra propinqua var. sinensis
Embelia vestita Roxb.密齿酸藤子
Embelia vestita var. *lenticellata* (Hay.) C.Y.Wu & C.Chen=Embelia vestita
Embelia vestita var. vestita=Embelia vestita
Emblica officinalis Gaertn.=Phyllanthus emblica
Embothrium J.R.Forst. & G.forst.**红柱花属**(山龙眼科)
Embothrium coccineum J.R.Forst. & G.Forst.绯红柱花
Emericia divaricata Roem. & Schult.=Strophanthus divaricatus
Emericia sinensis Roem. & Schult.=Cryptolepis sinensis
Emilia Cass.**一点红属**(菊科)
Emilia angustifolia DC.=Emilia prenanthoidea
Emilia coccinea (Sims) G.Don 绒缨菊
Emilia flammea Cass.=Emilia coccinea
Emilia prenanthoidea DC.小一点红
Emilia sagittata DC.=Emilia coccinea
Emilia sinica Miq.=Emilia sonchifolia
Emilia sonchifolia (L.) DC.一点红
Emilia sonchifolia DC.(秦岭志 1985)=Emilia coccinea
Emmenopterys Oliv.**香果树属**(茜草科)
Emmenopterys henryi Oliv.香果树
Empetraceae 岩高兰科
Empetrum L.**岩高兰属**(岩高兰科)
Empetrum asiaticum Nakai=Empetrum nigrum var. japonicum
Empetrum hermaphroditicum (Lange) Hagerup.两性岩高兰
Empetrum nigrum L.(S. & Z.in Abh.Akad.Muench.1845)=Empetrum nigrum var. japonicum
Empetrum nigrum L.岩高兰
Empetrum nigrum f. *japonicum* Good.=Empetrum nigrum var. japonicum
Empetrum nigrum var. *asiaticum* Nakai ex H.Ito=Empetrum nigrum var. japonicum
Empetrum nigrum var. japonicum K.Koch 东北岩高兰
Empetrum nigrum var. nigrum=Empetrum nigrum
Empodium Salisb.=**Curculigo**
Empusa paradoxa Lindl.=Liparis odorata
Enallagma Baill.**黑炮弹果属**(紫葳科)
Encephalartos Lindl.**大头苏铁属**(苏铁科)
Encephalartos altensteinii Lehm.欧登斯大头苏铁
Encephalartos hildebrandtii A.Br. & Bouche 休得布朗大头苏铁
Encephalartos horridus (Jacq.) Lehm.粉叶大头苏铁
Encephalartos laurentianus De Willd.矮干大头苏铁
Encephalartos lehmannii Lehmann 深绿大头苏铁
Encephalartos villosus Lemoine 亮绿大头苏铁
Enchidium Jack=**Trigonostemon**
Endiandra R.Br.**土楠属**(樟科)
Endiandra coriacea Merr.革叶土楠
Endiandra dolichocarpa S.Lee & Y.T.Wei 长果土楠
Endiandra hainanensis Merr. & Metc. ex Allen 土楠
Endiandra lanyuensis C.E.Chang=Dehaasia incrassata
Endogonia Lindl.=**Trigonotis**
Endomallus Gagn.=**Cajanus**
Endopogon vitellina Nees= Phlogacanthus vitellinus
Endospermum Benth.**黄桐属**(大戟科)
Endospermum Bl.=**Endospermum**
Endospermum chinense Benth.黄桐
Endotropis Endl.=**Cynanchum**
Endotropis auriculata Decne.=Cynanchum auriculatum
Enemion Rafin **拟扁果草属**(毛茛科)
Enemion raddeanum Rgl.拟扁果草
Engelhardtia Lesch. ex Bl.**黄杞属**(胡桃科)
Engelhardtia aceriflora (Rein.) Bl.爪哇黄杞
Engelhardtia aceriflora (Reinw.) Bl.=Engelhardtia spicata var. aceriflora
Engelhardtia aceriflora (*Sphalmata* "*acerifolia*") Bl.(Skan in J.L.Soc.Bot. 1899)=Engelhardtia spicata
Engelhardtia chryolepis Hance=Engelhardtia roxburghiana
Engelhardtia colebrookeana Lindl.=Engelhardtia spicata var. colebrookeana
Engelhardtia esquirolii Lévl.=Engelhardtia spicata var. colebrookeana
Engelhardtia fenzelii Merr.=Engelhardtia roxburghiana
Engelhardtia formosana Hay.=Engelhardtia roxburghiana
Engelhardtia hainanensis Chen 海南黄杞
Engelhardtia pterococca δ. colebrookeana Lindl. ex Wall. Ktz.= Engelhardtia spicata var. colebrookeana
Engelhardtia roxburghiana f. *brevialata* Manning=Engelhardtia roxburghiana
Engelhardtia roxburghiana Lindl. ex Wall.=Engelhardtia spicata
Engelhardtia roxburghiana Wall.黄杞
Engelhardtia serrata Bl.齿叶黄杞
Engelhardtia serrata var. *combodica* Manning=Engelhardtia serrata
Engelhardtia spicata Lesch. ex Bl.云南黄杞
Engelhardtia spicata var. aceriflora (Reinw.) Koord. & Valet.爪哇黄杞
Engelhardtia spicata var. colebrookeana (Lindl.) Loord. & Val.毛叶黄杞
Engelhardtia spicata var. formosana Hay.=Engelhardtia roxburghiana
Engelhardtia unijuga Chun ex P.Y.Chen=Engelhardtia roxburghiana
Engelhardtia villosa var. *integra* Kurz.=Engelhardtia spicata var. colebrookeana

Engelhardtia wallichiana Lindl.=Engelhardtia roxburghiana
Engelhardtia wallichiana var. *chrysolepis* (Hance) D.DC.=Engelhardtia roxburghiana
Enhalus R.C.Rich. **海菖蒲属**(水鳖科)
Enhalus acoroides (L.f.) Steud.海菖蒲
Enhalus koenigii Rich.=Enhalus acoroides
Enhydra Lour.(新拉汉英 1996)= **Enydra**
Enhydra fluctuans Lour.(新拉汉英 1996)= Enydra fluctuans
Enicosanthellum Ban=**Polyalthia**
Enicosanthellum petelotii (Merr.) Ban=Polyalthia petelotii
Enicosanthellum plagioneurum (Diels) Ban=Polyalthia plagioneura
Enkianthus Lour.**吊钟花属**(杜鹃花科)
Enkianthus brachyphyllus Franch.=Enkianthus chinensis
Enkianthus campanulatus (Miq.) Nichols 黄吊钟花(杜鹃花科)
Enkianthus cavaleriei Lévl.=Enkianthus quinqueflorus
Enkianthus cernuus (S. & Z.) Mak.俯垂钟花
Enkianthus chinensis Franch.灯笼树
Enkianthus deflexus (Griff.) Schneid.毛叶吊钟花
Enkianthus deflexus var. *variegatus* Forr.=Enkianthus deflexus
Enkianthus dunnii Lévl.=Enkianthus quinqueflorus
Enkianthus hirtinervus Fang f.=Enkianthus serrulatus var. hirtuinervus
Enkianthus kimalaicus HK.f. & Thoms.=Enkianthus deflexus
Enkianthus leveilleanus Craib=Enkianthus chinensis
Enkianthus pauciflorus Wils.单花吊钟花
Enkianthus peulatus (Miq.) C.K.Schneid.日本钟花
Enkianthus quinqueflorus Lour.吊钟花
Enkianthus quinqueflorus var. *serrulatus* Wils.=Enkianthus serrulatus
Enkianthus ruber Dop 越南吊钟花
Enkianthus serotinus Chun & Fang 晚花吊钟花
Enkianthus serrulatus (Wils.) Schneid.齿缘吊钟花
Enkianthus serrulatus var. hirtuinervus (Fang f.) T.Z.Hsu 毛脉吊钟花
Enkianthus serrulatus var. serrulatus=Enkianthus serrulatus
Enkianthus sichuanensis T.Z.Hsu 四川吊钟花
Enkianthus sinohimalaicus Craib=Enkianthus chinensis
Enkianthus subsessilis (Miq.) Mak.短柄钟花
Enkianthus taiwanianus S.S.Ying 台湾吊钟花
Enkianthus tubulatus Tam=Enkianthus serrulatus
Enkianthus variegatus Forr.=Enkianthus deflexus
Enkianthus xanthoxantha Lévl.=Enkianthus quinqueflorus
Enkiantus sulcatus Craib=Enkianthus deflexus
Enkylia digyna Griff.=Gynostemma pentaphyllum
Enkylia trigyna Griff.=Gynostemma pentaphyllum
Enneapogon Desv. ex Beauv.**九顶草属**(禾本科)
Enneapogon borealis (Grseb.) Honda 九顶草
Enneapogon brachystachyus Stapf.(高等图鉴 1976).=Enneapogon borealis
Enneapogon desvauxii subsp. *borealis* (Griseb.) Tzvel.=Enneapogon borealis
Ensete Bruce ex Horan.**象腿蕉属**(芭蕉科)
Ensete glaucum (Roxb.) Cheesm.象腿蕉
Ensete lasiocarpum (Fr.) Cheesm.=Musella lasiocarpa
Ensete wilsonii (Tutch.) Cheesm.象头蕉
Entada Adans.**榼藤属**(豆科)
Entada formosana Kanehira=Entada phaseoloides
Entada gigas Fawc. & Rendle 剑豆榼藤子
Entada koshunensis Hay.=Entada phaseoloides
Entada phaseoloides (L.) Merr.榼藤
Entada pursaetha DC.台湾榼藤子?
Entada pursaetha subsp. sinohimalensis Grierson & Long 坚果榼藤(新)?
Entada scandens (L.) Benth.=Entada phaseoloides
Enterolobium Mart.**象耳豆属**(豆科)
Enterolobium cyclocarpum (Jacq.) Griieseb.象耳豆
Enterolobium saman (Jacq.) Prain=Samanea saman
Enteropogon Nees **肠须草属**(禾本科)
Enteropogon dolichostachyus (Lag.) Keng 肠须草
Enteropogon gracilior Rendle=Enteropogon unispiceus
Enteropogon melicoides (Koen.) Nees 印度肠须草
Enteropogon unispiceus (F.Muell.) W.D.Clayton 细穗肠须草
Enula Neck.=**Inula**
Enydra Lour.**沼菊属**(菊科)
Enydra fluctuans Lour.沼菊
Eomecon Hance **血水草属**(罂粟科)
Eomecon chionantha Hance 血水草
Epaltes Cass.**球菊属**(菊科)
Epaltes australis Less.球菊
Epaltes divaricata (L.) Cav.翅柄球菊
Ephebopogon gratus Nees & Mey. ex Steud.=Microstegium vagans
Ephedra Tourn. ex L.**麻黄属**(麻黄科)
Ephedra antisyphilitica Berl.直立麻黄
Ephedra antisyphilitica var. brachycarpa Cory 短果直立麻黄
Ephedra arenicola Cutelr.沙秋麻黄
Ephedra coryi Reed 科里麻黄
Ephedra distachya L.双穗麻黄
Ephedra equisetina Bge.木贼麻黄
Ephedra fedtschenkoae Pauls.雌雄麻黄
Ephedra fedtschenkoi Pauls.(Bobrov in Kom.Fl.URSS 1934)=Ephedra regeliana
Ephedra ferganensis V.Nikitin=Ephedra intermedia
Ephedra flava Smith=Ephedra sinica
Ephedra gerardiana Wall. ex C.A.Mey.山岭麻黄
Ephedra gerardiana var. *congesta* C.Y.Cheng=Ephedra gerardiana
Ephedra gerardiana var. gerardiana=Ephedra gerardiana
Ephedra gerardiana var. *saxatilis* Stapf=Ephedra saxatilis
Ephedra gerardiana var. *sikkimensis* Stapf.(Hand.-Mazz.in Symb.Sin. 1929)=Ephedra likiangensis f. mairei
Ephedra gerardiana var. *wallichii* Stapf=Ephedra gerardiana
Ephedra glauca Rgl.=Ephedra intermedia
Ephedra intermedia Schrenk ex C.A.Mey.中麻黄
Ephedra intermedia var. *glauca* Stapf=Ephedra intermedia
Ephedra intermedia var. *schrenkii* Stapf=Ephedra intermedia
Ephedra intermedia var. *tibetica* Stapf.=Ephedra intermedia
Ephedra kaschgarica B.Fedtsch. & Bobrov=Ephedra przewalskii
Ephedra kaschgarica Fedtsch. & Bobr.=Engelhardtia pezewalskii
Ephedra lepidosperma C.Y.Cheng 斑子麻黄
Ephedra likiangensis Florin 丽江麻黄
Ephedra likiangensis f. likiangensis=Ephedra likiangensis
Ephedra likiangensis f. *mairei* (Florin) C.Y.Cheng=Ephedra saxatilis
Ephedra likiangensis var. *mairei* (Florin) L.K.Fu & Y.F.Yu=Ephedra saxatilis
Ephedra lomatolepis Schrenk 窄膜麻黄
Ephedra mahuang Liu=Ephedra sinica
Ephedra microsperma V.Nikit.=Ephedra intermedia
Ephedra minima Hao=Ephedra monosperma
Ephedra minuta Florin 矮麻黄
Ephedra minuta var. *dioeca* C.Y.Cheng=Ephedra minuta
Ephedra minuta var. minuta=Ephedra minuta
Ephedra monosperma Gmel. ex Mey.单子麻黄
Ephedra monosperma β. *disperma* Regel=Ephedra regeliana
Ephedra nebrodensis Tineo 南欧麻黄
Ephedra nevadensis var. aspera (Engelm.) Benson 粗麻黄
Ephedra pedunculata Engelm.藤麻黄
Ephedra persica (Stapf.) V.Nikit.=Ephedra intermedia
Ephedra procera Fisch. & Mey 树状麻黄
Ephedra przewalskii Stapf 膜果麻黄
Ephedra przewalskii var. *kaschgarica* (B.Fetsch. & Bobrov) C.Y.Cheng= Ephedra przewalskii
Ephedra przewalskii var. przewalskii=Ephedra przewalskii
Ephedra regeliana Florin 细子麻黄
Ephedra saxatilis Royle ex Florin 藏麻黄
Ephedra saxatilis var. *mairei* Florin=Ephedra saxatilis
Ephedra saxatilis var. sikkimensis (Stapf) Florin 锡金麻黄
Ephedra shennungiana Tang=Ephedra equisetina
Ephedra sinica Stapf.草麻黄
Ephedra tesquorum V.Nikit.=Ephedra intermedia
Ephedra tibetica (Stapf) Nikit.=Ephedra intermedia
Ephedra torreyana Wats.托雷麻黄
Ephedra trifurca Torr.长叶麻黄
Ephedra valida V.Nikit.=Ephedra intermedia
Ephedra viridis Cov.绿麻黄
Ephedraceae 麻黄科
Ephemerantha P.E.Hunt & Summerh.=**Flickingeria**
Ephemerantha angustifolia (Bl.) P.F.Hunt & Summerh.=Flickingeria

angustifolia
Ephemerantha comata (Bl.) P.F.Hunt & Summerh.=Flickingeria comata
Ephemerantha fimbriata (Bl.) P.F.Hunt & Summerh.=Flickingeria fimbriata
Ephemerantha tairukounia S.S.Ying=Flickingeria tairukounia
Epicarpurus zeylanicus Thw.=Streblus zeylanicus
Epicharis densiflora Bl.=Dysoxylum densiflorum
Epicharis procera (Wall.) Pierre=Dysoxylum excelsum
Epicycas micholtizii (Dyer) D.Laub.=Cycas micholitzii
Epicycas multipinnata (C.H.Chen & S.Y.Yang) D.Laub.=Cycas multipinnata
Epicycas niquelii (Warb.) D.Laub.=Cycas miquelii
Epidendrum L.**柱瓣兰属**(兰科)
Epidendrum alatum Batem.翼柱瓣兰
Epidendrum aloifolium m L.=Cymbidium aloifolium
Epidendrum anceps Jacq.扁平柱瓣兰
Epidendrum arachnoglossum Rchb.f.柱瓣兰
Epidendrum arachnoglossum f. candidum (Rchb.f.) A.D.Hawke 白柱瓣兰
Epidendrum armeniacum Lindl.亚美尼亚柱瓣兰
Epidendrum aromaticum Batem.芳香柱瓣兰
Epidendrum atropurpureum Willd.暗紫柱瓣兰
Epidendrum boothii (Lindl.) L.O.Wms.布氏柱瓣兰
Epidendrum brassavolae Rchb.f.伯拉氏柱瓣兰
Epidendrum calceolare Buch.-Ham. ex D.Don=Gastrochilus calceolaris
Epidendrum chinense (Ldl.) Ames 中华柱瓣兰?
Epidendrum ciliare L.缘毛柱瓣兰
Epidendrum cinnabarinum Salzm.朱红柱瓣兰
Epidendrum clavatum (Raf.) Lindl.棒状柱瓣兰
Epidendrum cochleatum L.螺壳柱瓣兰
Epidendrum concretum Jacq.=Polystachya concreta
Epidendrum difforme Jacq.异形柱瓣兰
Epidendrum elegans (Ku. & Westc.) Lindl.雅致柱瓣兰
Epidendrum ellipticum Lindl.椭圆柱瓣兰
Epidendrum ensifolium L.=Cymbidium ensifolium
Epidendrum floribundum HBK 密花柱瓣兰
Epidendrum fragrans Sw.香花柱瓣兰
Epidendrum fucatum Lindl.有色柱瓣兰
Epidendrum gracile Lindl.纤细柱瓣兰
Epidendrum ionosmum Lindl.紫萝兰香柱瓣兰
Epidendrum longifolium R.Br.长叶柱瓣兰
Epidendrum monile Thunb. ex A.Murray=Dendrobium moniliforme
Epidendrum moniliforme L.=Dendrobium moniliforme
Epidendrum moschatum Buch.-Ham.=Dendrobium moschatum
Epidendrum myosurus Forst.f.=Oberonia myosurus
Epidendrum nemorale 森林柱瓣兰
Epidendrum nervosum (Thunb. ex A.Murray) Thunb.=Liparis nervosa
Epidendrum nocturnum Jacq.夜花柱瓣兰
Epidendrum ochraceum Lindl.赭黄柱瓣兰
Epidendrum odoratissimum Lindl.极香柱瓣兰
Epidendrum osmanthum B.R.桂香柱瓣兰
Epidendrum paniculatum R. & P.圆锥序柱瓣兰
Epidendrum pendulum Roxb.=Cymbidium aloifolium
Epidendrum phoeniceum Lindl.紫红柱瓣兰
Epidendrum polyanthum Lindl.多花柱瓣兰
Epidendrum praecox J.E.Sm.=Pleione praecox
Epidendrum prismatocarpum Rchb.f.角柱状果柱瓣兰
Epidendrum rediatum Lindl.辐射状柱瓣兰
Epidendrum retusum L.=Rhynchostylis retusa
Epidendrum sinense Jackson ex Andr.=Cymbidium sinense
Epidendrum stenopetalum HK.狭瓣柱瓣兰
Epidendrum teres Thunb. ex A.Murray=Luisia teres
Epidendrum teretifolium Sw.圆柱叶柱瓣兰
Epidendrum tomentosum K.D.Koen.=Eria tomentosa
Epidendrum varicosum Ratem. ex Lindl.张脉柱瓣兰
Epidendrum verrucosum Sw.多疣柱瓣兰
Epidendrum virens Lindl.绿色柱瓣兰
Epidendrum virgatum Lindl.帚状柱瓣兰
Epidendrum vitellinum Lindl.蛋黄色柱瓣兰
Epidendrum xanthinum Lindl.金黄色柱瓣兰
Epigeneium Gagn.**厚唇兰属**(兰科)
Epigeneium acuminatum (Rolfe) Summerh.渐尖厚唇兰(新)
Epigeneium amplum (Lindl.) Summerh.宽叶厚唇兰
Epigeneium clemensiae Gagn.厚唇兰
Epigeneium coelogyne (Rchb.f.) Summerh.考氏厚唇兰
Epigeneium cymbidioides (Bl.) Summerh.建兰样厚唇兰
Epigeneium fargesii (Finet) Gagn.(S.Y.Ding in Bull.Bot.Res.1991)=Epigeneium clemensiae
Epigeneium fargesii (Finet) Gagn.单叶厚唇兰
Epigeneium fuscescens (Griff.) Summerh.景东厚唇兰
Epigeneium lyonii (Ames) Summerh.里氏厚唇兰
Epigeneium nakaharaei (Schltr.) Summerh.台湾厚唇兰
Epigeneium rotundatum (Lindl.) Summerh.双叶厚唇兰
Epigeneium sanseiense (Hay.) Nackejima=Epigeneium nakaharaei
Epigeneium sanseiense (Hay.) Summerh.=Epigeneium nakaharaei
Epigeneium yunnanense T.Tang & Z.H.Tsi 长爪厚唇兰
Epigynium dunalianum (Wight) Klotzsch=Vaccinium dunalianum
Epigynium leucobotrys Nutt.=Vaccinium leucobotrys
Epigynium serratum (G.Don) Klotzsch=Vaccinium vacciniaceum
Epigynium venosum (Wight) Klotzsch=Vaccinium venosum
Epigynum Wight **思茅藤属**(夹竹桃科)
Epigynum auritum (Schneid.) Tsiang & P.T.Li 思茅藤
Epigynum chinense Merr.=Sindechites chinensis
Epigynum lachnocarpum Pichon=Epigynum auritum
Epilasia (Bge.) Benth.**鼠毛菊属**(菊科)
Epilasia acrolasia (Bge.) C.B.Clarke 顶毛鼠毛菊
Epilasia acrolasia (Bge.) Sojǎk.=Epilasia acrolasia
Epilasia ammophila (Bge.) C.B.Clarke (p.p.)=Epilasia acrolasia
Epilasia bungeana C.B.Clarke=Epilasia hemilasia
Epilasia cenopleura (Bge.) C.B.Clarke=Epilasia hemilasia
Epilasia cenoplura Bge.) Sojǎk.=Epilasia hemilasia
Epilasia hemilasia (Bge.) C.B.Clarke 鼠毛菊
Epilasia hemilasia var. *nana* (Boiss. & Buhse) Ktze.=Epilasia hemilasia
Epilasia intermedia (Bge.) C.B.Clarke=Epilasia hemilasia
Epilasia intermedia (Bge.) Sojǎk.=Epilasia hemilasia
Epilobium L.**柳叶菜属**(柳叶菜科)
Epilobium adenocaulon Haussk.粘柳叶菜
Epilobium affine Bogard (Maxim.in Ind. Hort.Petrop.1869,p.p.)=Epilobium amurense subsp. cephalostigma
Epilobium almaatense Steinb.=Epilobium roseum subsp. subsessile
Epilobium alpinum L.(C.B.Clarke in Fl.Brit.Ind.1879)=Epilobium clarkeanum
Epilobium alpinum L.(Steinb.in Fl.URSS 1949,p.p.)=Epilobium anagallidifolium
Epilobium alpinum L.高山柳叶菜
Epilobium alsinifolium Vilars (C.B.Clarke in Fl.Brit.Ind.1879,p.p.)=Epilobium sikkimense
Epilobium amplectens (Benth. ex C.B.Clarke) Hausskn.=Epilobium laxum
Epilobium amplectens Benth.=Epilobium laxum
Epilobium amurense Hausskn.毛脉柳叶菜
Epilobium amurense subsp. amurense=Epilobium amurense
Epilobium amurense subsp. cephalostigma (Hausskn.) C.J.Chen 光滑柳叶菜
Epilobium amurense subsp. laetum (Wallich. ex Hausskn.) Raven=Epilobium amurense
Epilobium anagallidifolium Lam.新疆柳叶菜
Epilobium angulatum Kom.=Epilobium amurense subsp. cephalostigma
Epilobium angustifolium L.柳兰
Epilobium angustifolium subsp. angustifolium=Epilobium angustifolium
Epilobium angustifolium subsp. circumvagum Mosquin 毛脉柳兰
Epilobium baicalense Popov=Epilobium fastigiatoramosum
Epilobium beauverdianum Lévl.=Epilobium cylindricum
Epilobium blinii Lévl.长柱柳叶菜
Epilobium boreale Haussk.北方柳叶菜
Epilobium brevifolium D.Don 短叶柳叶菜
Epilobium brevifolium subsp. brevifolium=Epilobium brevifolium
Epilobium brevifolium subsp. *pannosum* (Hausskn.) Raven=Epilobium pannosum
Epilobium brevifolium subsp. trichoneurum (Hausskn.) Raven 腺茎柳叶菜

Epilobium calycinum Hausskn.=Epilobium amurense subsp. cephalostigma
Epilobium cavalieri Lévl.=Epilobium brevifolium subsp. trichoneurum
Epilobium cephalostigma Hausskn.(内蒙志 1979,p.p.)=Epilobium minutiflorum
Epilobium cephalostigma Hausskn.=Epilobium amurense subsp. cephalostigma
Epilobium cephalostigma var. *linearifolium* Hissuti=Epilobium platystigmatosum
Epilobium cephalostigma var. *nudicarpum* (Kom.) Hara=Epilobium amurense subsp. cephalostigma
Epilobium changaicum Grubov=Epilobium latifolium
Epilobium christii Lévl.=Epilobium cylindricum
Epilobium ciliatum Raf.东北柳叶菜
Epilobium clarkeanum Hausskn.雅致柳叶菜
Epilobium coloratum Muhl. ex Willd.紫叶柳叶菜
Epilobium consimile var. *japonicum* Nakai=Epilobium amurense subsp. cephalostigma
Epilobium conspersum Hausskn.网脉柳兰
Epilobium cordouei Lévl.=Epilobium brevifolium subsp. trichoneurum
Epilobium coreanum Lévl.=Epilobium amurense subsp. cephalostigma
Epilobium cylindricum D.Don 圆柱柳叶菜
Epilobium cylindrostigma Kom.(东北检索表 1959,东北草本志 1977)=Epilobium ciliatum
Epilobium cylindrostigma Kom.=Epilobium amurense subsp. cephalostigma
Epilobium decipiens Hausskn.=Epilobium minutiflorum
Epilobium densum Rafin 灰毛柳叶菜
Epilobium dielsii Lévl.=Epilobium anagallidifolium
Epilobium duclouxii Lévl.=Epilobium wallichianum
Epilobium duthiei Hausskn.=Epilobium laxum
Epilobium esquirolii Lévl.=Epilobium brevifolium subsp. trichoneurum
Epilobium fangii C.J.Chen,Hoch & Raven 川西柳叶菜
Epilobium fastigiatoramosum Nakai 多枝柳叶菜
Epilobium fischerianum Pavlov.=Epilobium palustre
Epilobium fleischeri Hochst.弗来歇氏柳叶菜
Epilobium formosanum Masamune=Epilobium platystigmatosum
Epilobium forrestii Diels=Epilobium blinii
Epilobium franciscanum Barbey 弗兰西氏柳叶菜
Epilobium gansuense Lévl.=Epilobium amurense
Epilobium glandulosum Lehm.(东北检索表 1959,东北草本志 1977)=Epilobium ciliatum
Epilobium glandulosum Lehm.腺柳叶菜
Epilobium glandulosum var. *asiaticum* Hara=Epilobium ciliatum
Epilobium glandulosum var. *kurilense* (Nakai) Hara=Epilobium ciliatum
Epilobium gouldii Raven 鳞根柳叶菜
Epilobium hectori Haussk.赫氏柳叶菜
Epilobium himalayense Haussk.喜马拉雅柳叶菜?
Epilobium himalayense Hausskn.(Hand.-Mazz. in Symb.Sin.1933)=Epilobium wallichianum
Epilobium himalayense Hausskn.=Epilobium royleanum
Epilobium hirsutum L.柳叶菜
Epilobium hirsutum var. *laetum* Wall. ex C.B.Clarke=Epilobium hirsutum
Epilobium hirsutum var. *sericeum* Benth. ex C.B.Clarke=Epilobium hirsutum
Epilobium hirsutum var. *tomentosum* (Vent.) Boiss.=Epilobium hirsutum
Epilobium hirsutum var. *villosum* (Thunb.) Hara=Epilobium hirsutum
Epilobium hohuanense S.S.Ying 合欢柳叶菜
Epilobium hookeri C.B.Clarke=Epilobium brevifolium subsp. trichoneurum
Epilobium hornemannii Reichenb.霍氏柳叶菜
Epilobium japonicum (Miq.) Hausskn.(Hand.-Mazz.in Symb.Sin. 1933,p.p.)=Epilobium brevifolium subsp. trichoneurum
Epilobium japonicum (Miq.) Hausskn.=Epilobium pyrricholophum
Epilobium japonicum β. *glanduloso-pubescens* Hausskn.=Epilobium pyrricholophum
Epilobium kermodei Raven 锐齿柳叶菜
Epilobium kesamistsui Yamazaki=Epilobium latifolium
Epilobium khasianum C.B.Clarke=Epilobium pannosum
Epilobium kingdonii Raven 矮生柳叶菜
Epilobium kurilense Nakai=Epilobium ciliatum
Epilobium laetum Wallich. ex Hausskn.=Epilobium amurense
Epilobium laetum Wallich.=Epilobium amurense
Epilobium lamyi Schulz 拉氏柳叶菜
Epilobium latifolium L.宽叶柳兰
Epilobium latifolium subsp. *speciosum* (Decne.) Rave=Epilobium speciosum
Epilobium laxum Royle 大花柳叶菜
Epilobium leiospermum Hausskn,=Epilobium tibetanum
Epilobium lividum Hausskn.=Epilobium royleanum
Epilobium luteum Pursh 黄花柳叶菜
Epilobium mairei Lévl.=Epilobium wallichianum
Epilobium maximowiczii Oesterr.=Epilobium ciliatum
Epilobium minutiflorum Hausskn.细籽柳叶菜
Epilobium miyabe H.lev.=Epilobium amurense
Epilobium modestum Hausskn.=Epilobium minutiflorum
Epilobium nankotaizanense Yamamoto 南湖柳叶菜
Epilobium nepalense H.Oesterr.(p.p.)=Epilobium wallichianum
Epilobium nepalense Hausskn.=Epilobium amurense
Epilobium nerlifolium Lévl.=Epilobium angustifolium
Epilobium nervosum Boiss. & Buhse=Epilobium roseum subsp. subsessile
Epilobium nudicarpum Kom.=Epilobium amurense subsp. cephalostigma
Epilobium nuristanicum K.H.rech.=Epilobium tibetanum
Epilobium obcordatum A.Gray 倒心形柳叶菜
Epilobium obscurum Schreb.矮柳叶菜
Epilobium oligodontum Hausskn.=Epilobium pyrricholophum
Epilobium origanifolium var. *pubescens* Maxim.=Epilobium amurense
Epilobium ovale Takeda=Epilobium amurense
Epilobium palustre L.(内蒙志 1979,p.p.,秦岭志 1981,p.p.)=Epilobium minutiflorum
Epilobium palustre L.(内蒙志 1981,p.p.,秦岭志 1981,p.p.)=Epilobium fastigiatoramosum
Epilobium palustre L.沼生柳叶菜
Epilobium palustre var. *majus* C.B.Clarke=Epilobium palustre
Epilobium palustre var. *minimum* C.B.Clarke=Epilobium palustre
Epilobium palustre var. *typicum* C.B.Clarke=Epilobium palustre
Epilobium paniculatum Nutt.圆锥柳叶菜
Epilobium pannosum Hausskn.硬毛柳叶菜
Epilobium parviflorum Schreber 小花柳叶菜
Epilobium parviflorum var. *vestitum* Benth.=Epilobium parviflorum
Epilobium pengii C.J.Chen,Hoch & Raven 网籽柳叶菜
Epilobium philippinense C.Robin.=Epilobium brevifolium subsp. trichoneurum
Epilobium platystigmatosum C.Robinson 阔柱柳叶菜
Epilobium propinquum Hausskn.=Epilobium minutiflorum
Epilobium pseudobscurum Hausskn.=Epilobium tibetanum
Epilobium puncatatum Lévl.=Epilobium ciliatum
Epilobium pyrricholophum Franch. & Savat.长籽柳叶菜
Epilobium pyrricholophum Hausskn.(秦岭志 1981,p.p.)=Epilobium brevifolium subsp. trichoneurum
Epilobium pyrricholophum var. *curvatopilosum* Hara=Epilobium pyrricholophum
Epilobium pyrricholophum var. *japonicum* (Miq.) Hara=Epilobium pyrricholophum
Epilobium reticulatum C.B.Clarke=Epilobium conspersum
Epilobium rhynchocarpum Boiss.=Epilobium palustre
Epilobium roseum Schreber 长柄柳叶菜
Epilobium roseum subsp. roseum=Epilobium roseum
Epilobium roseum subsp. subsessile (Boissier) Raven 多脉柳叶菜
Epilobium roseum var. *anagallidifolium* C.B.Clarke (p.p.)=Epilobium tibetanum
Epilobium roseum var. *cylindricum* (D.Don) C.B.Clarke=Epilobium cylindricum
Epilobium roseum var. *dalhousieanum* C.B.Clarke=Epilobium royleanum
Epilobium roseum var. *indicum* C.B.Clarke=Epilobium royleanum
Epilobium roseum β. *subsessile* Boiss.=Epilobium roseum subsp. subsessile
Epilobium rougyeanum Lévl.=Epilobium pyrricholophum
Epilobium royleanum Hausskn.短梗柳叶菜
Epilobium royleanum f. *glabrum* Raven=Epilobium royleanum
Epilobium royleanum f. *glandulosum* Raven=Epilobium royleanum
Epilobium sadae Lévl.=Epilobium laxum
Epilobium sikkimense Hausskn (Hand.-Mazz.in Symb.Sin.1933,p.p.)=Epilobium williamsii
Epilobium sikkimense Hausskn.鳞片柳叶菜
Epilobium sikkimense subsp. *ludlowianum* Raven=Epilobium sikkimense

Epilobium sinense Lévl.(Bartholomew et al.in J.Arn.Arb.1983,p.p.)=Epilobium cylindricum
Epilobium sinense Lévl.(Bartholomew et al.in J.Arn.Arb.1983,p.p.)=Epilobium platystigmatosum
Epilobium sinense Lévl.中华柳叶菜
Epilobium smyraeum Boiss. & Bal.=Epilobium roseum subsp. subsessile
Epilobium soboliferum Raven=Epilobium sikkimense
Epilobium sohayakiense Koudzumi=Epilobium platystigmatosum
Epilobium souliei Lévl.=Epilobium wallichianum
Epilobium sp. Forb. & Hemsl.=Epilobium platystigmatosum
Epilobium sp.? Hand.-Mazz.=Epilobium kermodei
Epilobium speciosum Decne.喜马拉雅柳兰
Epilobium spicatum Lam.=Epilobium angustifolium
Epilobium squamosum Raven=Epilobium sikkimense
Epilobium subcoriaceum Hausskn.亚革质柳叶菜
Epilobium subnivale Popov ex Pavlov.=Epilobium laxum
Epilobium sugaharai Koid.=Epilobium amurense subsp. cephalostigma
Epilobium sykesii Raven=Epilobium wallichianum
Epilobium taiwanianum C.J.Chen,Hoch & Raven 台湾柳叶菜
Epilobium tanguticum Hausskn.=Epilobium wallichianum
Epilobium tenue Kom.(东北草本志 1959,东北草本志 1977)=Epilobium ciliatum
Epilobium tenue Kom.=Epilobium amurense
Epilobium tetragonum L.(Aitch.in Joun.L.Soc.Bot.1880,p.p.)=Epilobium minutiflorum
Epilobium tetragonum L.(C.B.Clarke in Fl.Brit.Ind.1879,p.p.)=Epilobium amurense
Epilobium tetragonum L.(C.B.Clarke in Fl.Brit.Ind.1879,p.p.)=Epilobium wallichianum
Epilobium tetragonum var. *amplectens* ? Benth. ex C.B.Clarke=Epilobium laxum
Epilobium tetragonum var. *japonica* Miq.=Epilobium pyrricholophum
Epilobium tetragonum β. *minutiflorum* (Hausskn.) Boiss.=Epilobium minutiflorum
Epilobium tianschanicum Pavlov.天山柳叶菜
Epilobium tibetanum Hausskn.光籽柳叶菜
Epilobium tomentosum Vent.=Epilobium hirsutum
Epilobium trichoneurum Hausskn.=Epilobium brevifolium subsp. trichoneurum
Epilobium trichoneurum var. *brachyphyllum* Hausskn.=Epilobium brevifolium
Epilobium trilectorum Raven=Epilobium sikkimense
Epilobium velutinum Nevski=Epilobium hirsutum
Epilobium vestitum Benth.=Epilobium parviflorum
Epilobium villosum Thunb.=Epilobium hirsutum
Epilobium wallichianum Hausskn.滇藏柳叶菜
Epilobium wallichianum subsp. *souliei* (Lévl.) Raven=Epilobium wallichianum
Epilobium williamsii Raven 埋鳞柳叶菜
Epilobium yabei Lévl.=Epilobium amurense
Epimedium L.**淫羊藿属**(小檗科)
Epimedium acuminatum Franch.粗毛淫羊藿
Epimedium alpinum L.高山淫羊藿
Epimedium boreali-guizhouense S.Z.He & Y.K.Yang 黔北淫羊藿
Epimedium brachyrrhizum Stearn 短茎淫羊藿
Epimedium brevicornu Maxim.淫羊藿
Epimedium cavaleriei (Gagn.) Lévl.=Stauntonia cavalerieana
Epimedium chlorandrum Stearn 绿药淫羊藿
Epimedium coactum H.R.Liang=Epimedium pubescens
Epimedium coactum var. *longtouhum* H.R.Ling=Epimedium sagittatum
Epimedium cremeum Nakai=Epimedium koreanum
Epimedium davidii Franch.宝兴淫羊藿
Epimedium davidii var. *hunanense* Hand.-Mazz.=Epimedium hunanense
Epimedium dolichostemon Stearn 长蕊淫羊藿
Epimedium ecalcaratum G.Y.Zhong 无距淫羊藿
Epimedium elongatum Kom.川西淫羊藿
Epimedium enshiense B.L.Guo & Hsiao 恩施淫羊藿
Epimedium epsteinii Stearn 紫距淫羊藿
Epimedium fangii Stearn 方氏淫羊藿
Epimedium fargesii Franch.川鄂淫羊藿
Epimedium flavuum Stearn 天全淫羊藿
Epimedium franchetii Stearn 木鱼坪淫羊藿
Epimedium glandulosopilosum H.R.Liang 腺毛淫羊藿
Epimedium grandiflorum Mort.大花淫羊藿
Epimedium grandiflorum sensu(高等图鉴 1972,东北检索表 1959)=Epimedium koreanum
Epimedium grandiflorum subsp. *koreanum* (Nakai) Kitamura=Epimedium koreanum
Epimedium grandiflorum var. violaceum Stearn 堇色大花淫羊藿
Epimedium hunanense (Hand.-Mazz.) Hand.-Mazz.湖南淫羊藿
Epimedium ilicifolium Stearn 镇坪淫羊藿
Epimedium komarovii Lévl.=Epimedium acuminatum
Epimedium koreanum Nakai 朝鲜淫羊藿
Epimedium kunawarense S.Clay=Epimedium hunanense
Epimedium latisepalum Stearn 宽萼淫羊藿
Epimedium leptorrhizum Tsearn 黔岭淫羊藿
Epimedium lishihchenii Stearn 时珍淫羊藿
Epimedium macranthum Lévl.=Epimedium leptorrhizum
Epimedium membranaceum K.Meyer=Epimedium davidii
Epimedium menbranaceum subsp. *orientale* Stearn.=Epimedium lishihchenii
Epimedium mikinorii Stearn 直距淫羊藿
Epimedium multiflorum Ying 多花淫羊藿
Epimedium musschianum Morr. & Decne.日本淫羊藿
Epimedium myrianthum Stearn 天平山淫羊藿
Epimedium ogisui Stearn 芦山淫羊藿
Epimedium parvifolium S.Z.He & T.L.Zhang 小叶淫羊藿
Epimedium pauciflorum K.C.Yen 少花淫羊藿
Epimedium pinnatum Fisch.羽状淫羊藿
Epimedium pinnatum var. colchicum Boiss.金毛淫羊藿
Epimedium platypetalum K.Meyer 茂汶淫羊藿
Epimedium pubescens Maxim.柔毛淫羊藿
Epimedium pubescens var. *cavaleriei* Stearn.=Epimedium pubescens
Epimedium reticulatum C.Y.Wu 革叶淫羊藿
Epimedium rhizomatosum Stearn 强茎淫羊藿
Epimedium rotundatum Hao=Epimedium brevicornu
Epimedium rubrum Morr.红淫羊藿
Epimedium sagittatum (S. & Z.) Maxim.箭叶淫羊藿
Epimedium sagittatum var. glabratum Ying 光叶淫羊藿
Epimedium sagittatum var. oblongifoliolatum Z.Cheng 长圆叶淫羊藿
Epimedium sagittatum var. *pyramidale* (Franch.) Stearn.=Epimedium myrianthum
Epimedium sagittatum var. sagittatum=Epimedium sagittatum
Epimedium shuichengense S.Z.He 水城淫羊藿
Epimedium simplicifolium Ying 单叶淫羊藿
Epimedium sinense Sieb.=Epimedium sagittatum
Epimedium stellulatum Stearn 星花淫羊藿
Epimedium sulphurellum Nakai=Epimedium koreanum
Epimedium sutchuenense Franch.四川淫羊藿
Epimedium truncatum H.R.Liang 偏斜淫羊藿
Epimedium versicolor Morr.多色淫羊藿
Epimedium versicolor var. neosulphureum Stearn 新黄淫羊藿
Epimedium versicolor var. sulphureum Stearn 黄淫羊藿
Epimedium wushanense Ying 巫山淫羊藿
Epimedium youngianum Fisch. & Mey.杨氏淫羊藿
Epimedium youngianum var. niveum Stearn 白花淫羊藿
Epimedium youngianum var. roseum Stearn 玫瑰紫淫羊藿
Epimedium zhushanense K.F.Wu & S.X.Qian 竹山淫羊藿
Epimeredi Adans. (植物志 66,1977) =**Anisomeles**
Epinetrum Hiern=**Albertisia**
Epipactis Zinn **火烧兰属**(兰科)
Epipactis amoena Buch.-Ham.=Epipactis consimilis
Epipactis consimilis D.Don 疏花火烧兰
Epipactis discolor Kraenzl.=Epipactis helleborine
Epipactis ensifolia Sw.=Cephalanthera longifolia
Epipactis erecta Sw.=Cephalanthera erecta
Epipactis falcata Sw.=Cephalanthera falcata
Epipactis formosana (Rolfe) Eaton=Goodyera fumata
Epipactis gigantea Dougl. ex HK.巨火烧兰
Epipactis handelii Schltr.=Epipactis consimilis
Epipactis helleborine (L.) Crantz 火烧兰
Epipactis helleborine var. *rubiginosa* Crantz.=Epipactis helleborine

Epipactis helleborine var. *viridans* Crantz.=Epipactis helleborine
Epipactis henryi (Rolfe) Eaton=Goodyera henryi
Epipactis latifolia (L.) All.=Epipactis helleborine
Epipactis latifolia var. *papillosa* (Franch & Sav.) Maxim. ex Kom.= Epipactis papillosa
Epipactis lingulata Hand.-Mazz.=Epipactis helleborine
Epipactis mairei Schltr 大叶火烧兰
Epipactis mairei var. humillior T.Tang & F.T.Wang 矮大叶火烧兰
Epipactis mairei var. mairei=Epipactis mairei
Epipactis matsumurana Eaton=Goodyera hachijoensis
Epipactis melinostele (Schltr.) H.H.Hu=Goodyera schlechtendaliana
Epipactis micrantha E.Peter ex Hand.-Mazz.=Epipactis helleborine
Epipactis monticola Schltr.=Epipactis helleborine
Epipactis nephrocordia Schltr.=Epipactis helleborine
Epipactis ohwii Fukuyama 台湾火烧兰
Epipactis palustris (L.) Crantz 新疆火烧兰
Epipactis papillosa Franch & Sav 细毛火烧兰
Epipactis schensiana Schltr. ex Limpricht=Epipactis mairei
Epipactis schlechtendaliana (Rchb.f.) Eaton=Goodyera schlechtendaliana
Epipactis secundiflora (Lindl.) H.H.Hu=Goodyera schlechtendaliana
Epipactis setschuanica Ames & Schl Epipactis mairei
Epipactis squamellosa Schltr.=Epipactis helleborine
Epipactis tangutica Schltr.=Epipactis helleborine
Epipactis tenii Schltr.=Epipactis helleborine
Epipactis thunbergii A.Gray(东北检索表 1959 & 1995)=Epipactis xanthophaea
Epipactis thunbergii A.Gray 尖叶火烧兰
Epipactis veratrifolia Boiss.=Epipactis consimilis
Epipactis wilsonii Schltr.=Epipactis mairei
Epipactis xanthophaea Schltr 北火烧兰
Epipactis yunnanensis Schltr.=Epipactis helleborine
Epiperinus hanianensis Croiz.=Epiprinus siletianus
Epiphanes javanica Bl.=Gastrodia javanica
Epiphyllum Haw.**昙花属**(仙人掌科)
Epiphyllum oxypetalum (DC.) Haw.昙花
Epiphyllum phyllanthus (L.) Haw.孔雀花
Epipogium Gmelin ex Borkh.**虎舌兰属**(兰科)
Epipogium aphyllum (F.W.Schmidt) Sw.裂唇虎舌兰
Epipogium aphyllum var. *stenochilum* Hand.-Mazz.=Epipogium aphyllum
Epipogium japonicum Makino=Epipogium roseum
Epipogium kusukusense (Hay.) Schltr.=Epipogium roseum
Epipogium nutans (Bl.) Rchb.f.=Epipogium roseum
Epipogium rolfei (Hay.) Schltr.=Epipogium roseum
Epipogium roseum (D.Don) Lindl.虎舌兰
Epipogium roseum var. stenochilum Hand.-Mazz.窄唇虎舌兰
Epipogium sinicum C.L.Tso=Epipogium roseum
Epipremnopsis Engl.=**Amydrium**
Epipremnopsis hainanensis Ting & Wu ex H.Li et al.=Amydium hainaense
Epipremnopsis sinensis (Eng(L.) H.Li=Amydrium sinense
Epipremnum Schott **麒麟叶属**(天南星科)
Epipremnum aureum (Linden & Andre) Bunting 绿萝
Epipremnum formosanum Hay.台湾麒麟叶
Epipremnum mirabile Schott=Epipremnum pinatum
Epipremnum pinatum (L.) Engl.麒麟叶
Epiprinus Griff.**风轮桐属**(大戟科)
Epiprinus siletianus (Baill.) Croiz.风轮桐
Epirixanthes Bl.=**Salomonia**
Epirixanthes aphylla Merr.=Salomonia elongata
Epirixanthes elongata Bl.=Salomonia elongata
Episcia Mart.**喜荫花属**(苦苣苔科)
Episcia cupresta Hanst.喜荫花
Episcia dianthiflora H.E.Moore & R.G.Wils.绒花喜荫花
Episcia reptans Mart.匍匐喜荫花
Epistephium Kth.**爱波斯提夫兰属**(兰科)
Epistephium lucidum Cgn.爱波斯提夫兰
Episthelantha A.Web. ex Britt. & Rose **月世界属**(仙人掌科)
Episthelantha micromeris (Engelm.) A.Web. ex Britt.月世界
Epistylium leptocladon Hance=Phyllanthus leptoclados
Epistylium pulchrum Baill.=Phyllanthus pulcher
Epithema Bl.**盾座苣苔属**(苦苣苔科)
Epithema brunonis var. *fasciculata* C.B.Clarke=Epithema taiwanensis
Epithema carnosum (G.Don) Benth.盾座苣苔
Epithema taiwanensis S.S.Ying 台湾盾座苣苔
Epitrachys C.Kcoh=**Cirsium**
Equisetaceae 木贼科
Equisetum L.**木贼属**(木贼科)
Equisetum arvense L.问荆
Equisetum debile (Roxb.) Ching 笔管草
Equisetum diffusum D.Don 散生问荆
Equisetum fouviantile L.水生木贼
Equisetum heleocharis Ehrh.水木贼
Equisetum hiemale L.木贼
Equisetum kansanum Schaffn.坎沙木贼
Equisetum laevigatum A.Br.平滑木贼
Equisetum limosum L.淤泥木贼
Equisetum litorale Kuhl.滨海木贼
Equisetum moorei Newm.穆氏木贼
Equisetum palustre L.犬问荆
Equisetum pratense Ehrh.草问荆
Equisetum prealtum Raf.大木贼
Equisetum ramosissima (Desf.) Boerner 土木贼
Equisetum scropiodes Michx.矮木贼
Equisetum sylvaticum L.林问荆
Equisetum telmateja Ehrh.沼生木贼
Equisetum trachyodon A.Br.粗齿木贼
Equisetum umbrosum Meyer & Willd.耐阴木贼
Equisetum variegatum Schleich 兴安木贼
Eragrostiella Bor **细画眉草属**(禾本科)
Eragrostiella bifaria (Vahl.) Bor.二列细画眉草
Eragrostiella lolioides (Hand.-Mazz.) Keng f.细画眉草
Eragrostiella nardoides (Trin.) Bor.喜马细画眉草?
Eragrostis Wolf **画眉草属**(禾本科)
Eragrostis afghanica Gandog.=Eragrostis pilosa
Eragrostis alopecuroides Balamsa (Merr. & Chun in Synyatsemia1940)= Eragrostis ciliata
Eragrostis alta Keng 高画眉草
Eragrostis amabilis (L.) Wight & Arn. ex HK. & Arn.=Eragrostis tenella
Eragrostis atropurpurea Hochst. ex Steud.=Eragrostis nigra
Eragrostis atrovirens (Desf.) Trin. ex Steud.鼠妇草
Eragrostis autumnalis Keng 秋画眉草
Eragrostis brevispica Keng=Eragrostis ciliata
Eragrostis bulbillifera Steud.珠芽画眉草
Eragrostis chariis Hitchc.(Merr. & Chun in Synyatsemia 1940)= Eragrostis atrovirens
Eragrostis cilianensis (All.) Link. ex Vignolo-Lutati 大画眉草
Eragrostis ciliara Link.(Merr. & Chun in Sunyatsemia 1940)=Eragrostis ciliata
Eragrostis ciliata (Roxb.) Nees 纤毛画眉草
Eragrostis curvula (Schrad.) Nees 弯叶画眉草
Eragrostis cylindrica (Roxb.) Nees 短穗画眉草
Eragrostis cynosuroides (Retz.) Beauv.=Desmostachya bipinnata
Eragrostis elegantula Nees (Merr.in Lingn.Sci.J.1927)=Eragrostis atrovirens
Eragrostis elongata Jacq.(Stapf in HK.f.,in Fl.Brit.India 1896)=Eragrostis zeylanica
Eragrostis eragrostis (L.) Beauv.=Eragrostis minor
Eragrostis fauriei Ohwi 佛欧里画眉草
Eragrostis ferruginea (Thunb.) Beauv.知风草
Eragrostis ferruginea var. *yunnanensis* Keng=Eragrostis ferruginea
Eragrostis formosana Hay.=Eragrostis unioloides
Eragrostis fractus S.C.Su & H.Q.Wang 垂穗画眉草
Eragrostis geniculata Nees & Mey.=Eragrostis cylindrica
Eragrostis guangxiensis S.C.Sun & H.Q.Wang 广西画眉草
Eragrostis hainanensis Chia 海南画眉草
Eragrostis harpachnoides Hack.=Harpachne harpachnoides
Eragrostis japonica (Thunb.) Trin.乱草
Eragrostis lolioides Hand.-Mazz.=Eragrostiella lolioides
Eragrostis longispicula S.C.Su & H.Q.Wang 长穗鼠妇草
Eragrostis mairei Hack.梅氏画眉草
Eragrostis major Host.=Eragrostis cilianensis
Eragrostis makinoi Hack.=Eragrostis pilosissima

Eragrostis megastachya (Koel.) Link.=Eragrostis cilianensis
Eragrostis minor Host 小画眉草
Eragrostis neesii Trin.尼氏画眉草
Eragrostis nevinii Hance 华南画眉草
Eragrostis nigra Nees ex Steud.黑穗画眉草
Eragrostis perennans Keng 宿根画眉草
Eragrostis perlaxa Keng ex Keng f. & L.Liou 疏穗画眉草
Eragrostis pilosa (L.) Beauv.画眉草
Eragrostis pilosa var. imberbis Franch.无毛画眉草
Eragrostis pilosa var. pilosa=Eragrostis pilosa
Eragrostis pilosissima Link 多毛知风草
Eragrostis poaeoides Beauv.=Eragrostis minor
Eragrostis pulchra S.C.Sun & H.Q.Wang 美丽画眉草
Eragrostis reflexa Hack.扭枝画眉草
Eragrostis rufinerva Chia 红脉画眉草
Eragrostis sect. *Desmostachya* Stapf=**Desmostachya**
Eragrostis stenophylla Hochst.狭叶画眉草
Eragrostis tenella (L.) Beauv. ex Roem. & Schult.鲫鱼草
Eragrostis tenella (L.) Beauv.(Ohwi in Bot.Mag.Tokyo 1941)=Eragrostis japonica
Eragrostis tephrosanthos Schult.灰花画眉草
Eragrostis unioloides (Retz.) Nees ex Steud.牛虱草
Eragrostis zeylanica Nees & Mey.长画眉草
Eranthemum L.**喜花草属**(爵床科)
Eranthemum austrosinense H.S.Lo 华南可爱花
Eranthemum bicolor Shrank.= Pseuderanthemum bicolor
Eranthemum crenulatum Nees= Pseuderanthemum graciliflorum
Eranthemum graciliflorum Nees= Pseuderanthemum graciliflorum
Eranthemum malaccense C.B.Clarke= Pseuderanthemum graciliflorum
Eranthemum nervosum (Vahl) R.Br. ex Roem. & Schult.= Eranthemum pulchellum
Eranthemum palatiferium (Wall.) Nees= Pseuderanthemum latifolium
Eranthemum palatiferum var.? Forbes & Hemsl.= Pseuderanthemum couderci
Eranthemum polyanthum C.B.Clarke= Pseuderanthemum polyanthum
Eranthemum pubipetalum S.Z.Huang 毛冠可爱花
Eranthemum pulchellum Andrews.喜花草
Eranthemum shweliensis W.W.Sm.= Pseuderanthemum shweliense
Eranthemum splendens (T.Anders.) Hort. ex Sieb. & Voss 云南可爱花
Eranthemum tapingense W.W.Sm.= Pseuderanthemum tapingense
Eranthemum teysmanni C.B.Clarke= Pseuderanthemum teysmanni
Eranthemum zollingeriunum Nees (S.T.Dunn in J.L.Soc.Bot.1911,p.p.)= Pseuderanthemum couderci
Eranthis Salisb.**菟葵属**(毛茛科)
Eranthis albiflora Franch.白花菟葵
Eranthis lobulata W.T.Wang 浅裂菟葵
Eranthis lobulata var. elatior W.T.Wang 高浅裂菟葵
Eranthis lobulata var. lobulata=Eranthis lobulata
Eranthis longistipitata Rgl.长柄菟葵
Eranthis sibirica DC.西伯利亚菟葵
Eranthis stellata Maxim.菟葵
Eranthis uncinata var. *puerula* Rgl. & Maack=Eranthis stellata
Erechtites Rafin.**菊芹属**(菊科)
Erechtites hieracifolia (L.) Raf. ex DC.梁子菜
Erechtites prealta Rafin.美洲梁子菜
Erechtites prenanthoides (A.Rich.) DC.大洋洲菊芹
Erechtites valerianaefolia (Wolf.) DC.败酱叶菊芹
Eremochloa Büse **蜈蚣草属**(禾本科)
Eremochloa bimaculata Hack.西南马陆草
Eremochloa ciliaris (L.) Merr.蜈蚣草
Eremochloa ophiuroides (Munro) Hack.假俭草
Eremochloa zeylanica Hack.马陆草
Eremopappus Takht.=**Hyalea**
Eremopappus pulchellus (Ledeb.) Takht.=Hyalea pulchella
Eremopoa Roshev.**旱禾属**(禾本科)
Eremopoa altaica (Trin.) Roshev.阿尔泰旱禾
Eremopoa altaica subsp. *oxyglumis* (Boiss.) Tzvel.=Eremopoa oxyglumis
Eremopoa altaica subsp. *songarica* (Schrenk) Tzvel.=Eremopoa songarica
Eremopoa bellula (Rgl.) Roshev.=Eremopoa altaica
Eremopoa oxyglumis (Boiss.) Roshev.尖颖旱禾
Eremopoa persica (Trin.) Roshev.旱禾
Eremopoa persica var. *songarica* (Schrenk) Bor=Eremopoa songarica
Eremopoa songarica (Schrenk) Roshev.新疆旱禾
Eremopogon Stapf **旱茅属**(禾本科)
Eremopogon delavayi (Hack.) A.Camus 旱茅
Eremopogon foveolatus (Del.) Stapf 菲洲旱茅
Eremopyrum (Ledeb.) Jaub. & Spach **旱麦草属**(禾本科)
Eremopyrum bonaepartis (Sprengl.) Nevski 硬旱麦草
Eremopyrum hirsutum Bertol.) Nevski 硬毛旱麦草
Eremopyrum orientale (L.) Jaub. & Spach 东方旱麦草
Eremopyrum triticeum (Gaertn.) Nevski 旱麦草
Eremosparton Fisch. & Mey.**无叶豆属**(豆科)
Eremosparton aphyllum var. *songoricum* Litv.=Eremosparton songoricum
Eremosparton songoricum (Litv.) Vass.准噶尔无叶豆
Eremostachys Bge.**沙穗属**(唇形科)
Eremostachys acamthocalyx Boiss.刺萼沙穗
Eremostachys desertorum Rgl.沙生沙穗
Eremostachys fulgens Bge.光沙穗
Eremostachys macorphylla Montbr. & Auch.=Eremostachys moluccelloides
Eremostachys moluccelloides Bge.沙穗
Eremostachys phlomoides Bge.糙苏沙穗
Eremostachys speciosa Rupr.美丽沙穗
Eremostachys speciosa var. speciosa=Eremostachys speciosa
Eremostachys speciosa var. viridifolia M.Pop.绿叶美丽沙穗
Eremostachys superba Royle 华丽沙穗
Eremostachys vicaryi Benth.维加利沙穗
Eremotropa H.Andr.**沙晶兰属**(鹿蹄草科)
Eremotropa sciaphila H.Andr.沙晶兰
Eremotropa wuana Y.L.Chou 五瓣沙晶兰
Eremurus M.Bieb.**独尾草属**(百合科)
Eremurus altaicus (Pall.) Stev.阿尔泰独尾草
Eremurus anisopterus (Kar. & Kir.) Rgl.异翅独尾草
Eremurus aurantiacus Baker 桔黄独尾草
Eremurus bungei Baker 本吉氏独尾草
Eremurus chinensis Fedtsch.独尾草
Eremurus comosus O.Fedtsch.丛毛独尾
Eremurus elwesii Mich.埃耳威氏独尾草
Eremurus himalaicus Baker 喜马独尾草?
Eremurus inderiensis (M.Bieb.) Rgl.粗柄独尾草
Eremurus kaufmannii Rgl.考氏独尾草
Eremurus olgae Rgl.奥氏独尾草
Eremurus ruiter 鲁因特独尾
Eremurus stenophyllus var. bungei O.Fedtsch.本吉独尾
Eremurus tauricus Stev.克里木独尾草
Eremurus turkestanicus Rgl.土耳其斯坦独尾草
Eremurus warei Reuthe 沃里独尾
Eria Lindl.**毛兰属**(兰科)
Eria acervata Lindl. 钝叶毛兰
Eria aeridostachya Rchb.f. ex Lindl.白花毛兰
Eria alba Lindl.(西藏志 1987)=Eria excavata
Eria ambrosia Hance=Bulbophyllum ambrosium
Eria amica Rchb.f.粗茎毛兰
Eria andersonii HK.f.=Eria amica
Eria arisanensis Hay.=Eria reptans
Eria bambusifolia Lindl.竹叶毛兰
Eria barbata Rchb.f.=Eriodes barbata
Eria biflora Griff.双花毛兰
Eria bipunctata Lindl.双点毛兰
Eria bractescens Lindl.具苞片毛兰
Eria bulbophylloides T.Tang & S.C.Chen=Eria thao
Eria caespitosa Rolfe=Ceratostylis hainanensis
Eria calamifolia HK.f.=Eria pannea
Eria clausa King & Pantl.匍茎毛兰
Eria conferta S.C.Chen & Z.H.Tsi 密苞毛兰
Eria confusa HK.f.=Eria amica
Eria convallarioides Lindl.=Eria spicata
Eria copelandii Leavitt (Makino & Nomato in Fl.Jap.1939)=Eria

formosana
Eria corneria Rchb.f.半柱毛兰
Eria coronaria (Lindl.) Rchb.f.足茎毛兰
Eria coronaria Rchb.f.(Herklots in Hongkong Naturalist 1935)=Eria gagnepainii
Eria crassifolia Z.H.Tsi & S.C.Chen 厚叶毛兰
Eria cylindropoda Griff.=Eria coronaria
Eria dalatensis Gagn.(高等图鉴 1976,海南志 1977)=Eria microphylla
Eria dasyphylla Par. & Rchb.f.瓜子毛兰
Eria densa Ridl.稠密花毛兰(新)
Eria discolor Lindl.=Callostylis rigida
Eria euryloba Schltr.宽裂毛兰
Eria excavata Lindl.=Eria amica
Eria excavata Lindl.反苞毛兰
Eria extinctoria (Lindl.) Olv. ex HK.落叶毛兰
Eria ferox (Bl.) Bl.多刺毛兰
Eria ferruginea Lindl.铁红毛兰
Eria flava Lindl.=Eria lasiopetala
Eria floribunda Lindl.多花毛兰
Eria formosana Rolfe 台湾毛兰
Eria fragrans Rchb.f.=Eria javanica
Eria gagnepainii Hawkes & Hller 香港毛兰
Eria goldschmidtiana Schltr.=Eria corneria
Eria gracilicaulis Kraenzl.(植物研究 1988)=Eria tenuicaulis
Eria gracilis HK.f.纤细毛兰
Eria graminifolia Lindl.禾叶毛兰
Eria hainanensis Rolfe=Eria tomentosa
Eria herklotsii Cribb=Eria gagnepainii
Eria hyacinthoides (Bl.) Lindl.风信子毛兰
Eria hypomelana Hay.=Eria amica
Eria japonica Maxim.=Eria reptans
Eria javanica (Sw.) Bl.香花毛兰
Eria lasiopetala (Willd.) Ormerod 白绵毛兰
Eria latifolia (Bl.) Rchb.f.宽叶毛兰
Eria lochongensis C.L.Tso=Eria szetchuanica
Eria longlingensis S.C.Chen 龙陵毛兰
Eria luchuensis Yatabe=Eria ovata
Eria marginata Rolfe 棒茎毛兰
Eria matsudai Hay.=Eria reptans
Eria medogensis S.C.Chen & Z.H.Tsi 墨脱毛兰
Eria microphylla (Bl.) Bl.小叶毛兰
Eria muscicola (Lindl.) Lindl.(分类学报 1980)=Eria pusilla
Eria muscicola (Lindl.) Lindl.网鞘毛兰
Eria nudicaulis Hay.=Eria ovata
Eria obvia W.W.Sm.长苞毛兰
Eria ovata Lindl.大脚筒
Eria paniculata Lindl.竹枝毛兰
Eria pannea Lindl.指叶毛兰
Eria philippinensis Ames (台湾志,1978)=Eria formosana
Eria philippinensis Ams.菲律宾毛兰
Eria pholidotoides Gagn.=Callostylis rigida
Eria plicatilabella Hay.=Eria formosana
Eria poilanei Gagn.=Eria acervata
Eria pubescens (HK.) Steudel=Eria lasiopetala
Eria pudica Ridl.版纳毛兰
Eria pulvinata Lindl.高茎毛兰
Eria pusilla (Griff.) Lind.(Benth.in Fl.Hongkong.1861)=Eria sinica
Eria pusilla (Griff.) Lindl.对茎毛兰
Eria quiquelamellosa T.Tang & F.T.Wang 五脊毛兰
Eria reptans (Franch. & Sav.) Makino 高山毛兰
Eria rhomboidalis T.Tang & F.T.Wang 菱唇毛兰
Eria robusta (Bl.) Lindl.长囊毛兰
Eria rosea Lindl.玫瑰毛兰
Eria rubropunctata Seidenf.=Eria gagnepainii
Eria rufinula Rchb.f.=Eria pulvinata
Eria salwinensis Hand.-Mazz.=Eria spicata
Eria sawadae Yamamoto=Eria robusta
Eria septemlamellata Hay.=Eria corneria
Eria sinica (Lindl.) Lindl.小毛兰
Eria spicata (D.Don) Hand.-Mazz.密花毛兰
Eria stricta Lindl.鹅白毛兰
Eria suavis (Lindl.) Lindl.=Eria coronaria
Eria szetchuanica Schltr.马齿毛兰
Eria tenuicaulis S.C.Chen & Z.H.Tsi 细茎毛兰
Eria tenuiflora Ridl.细花毛兰
Eria thao Gagn.石豆毛兰
Eria tomentosa (K.D.Koen) HK.f.黄绒毛兰
Eria tomentosiflora Hay.=Eria formosana
Eria ustulata Par. & Rchb.f.=Porpax ustulata
Eria vittata Lindl.条纹毛兰
Eria xanthocheila Ridl.黄唇毛兰
Eria yanshanensis S.C.Chen 砚山毛兰
Eria yunnanensis S.C.Chen & Z.H.Tsi 滇南毛兰
Eriachne R.Br.**鹧鸪草属**(禾本科)
Eriachne chinensis Hance=Eriachne pallescens
Eriachne pallescens R.Br.鹧鸪草
Eriachne rara R.Br.澳洲鹧鸪草
Erianthera Benth.=**Alajja**
Erianthera anomala (Juz.) Juz.=Alajja anomala
Erianthera rhomboidea (Benth.) Benth.=Alajja rhomboidea
Erianthus Michaux. **蔗茅属**(禾本科)
Erianthus articulatum (Trin.) F.Muell.=Pseudopogonatherum contortum
Erianthus arundinaceus (Retz.) Jesw.=Saccharum arundinaceum
Erianthus chrysothrix Hack.=Narenga fallax
Erianthus contortus Baldw. ex Ell.弯芒蔗茅
Erianthus fallax (Balansa) Ohwi=Narenga fallax
Erianthus fastigiatus Nees (Henry in Trans.Asiat.Soc.Jap.1896)=Erianthus formosanus
Erianthus formosanus Stapf 台蔗茅
Erianthus formosanus var. formosanus=Erianthus formosanus
Erianthus formosanus var. pollinioides (Rendle) Ohwi 紫台蔗茅
Erianthus fulvus Nees ex Steud.=Erianthus rufipilus
Erianthus giganteus (Walt.) Muhl.大蔗茅
Erianthus griffithii var. *trichophyllus* Hand.-Mazz.=Erianthus trichophyllus
Erianthus hookeri Hack.西南蔗茅
Erianthus japonicus Beauv.=Miscanthus sinensis
Erianthus longifolius (Munro) A.Camus=Narenga fallax
Erianthus longisectosus var. *hookeri* (Hack.) Bor=Erianthus hookeri
Erianthus longisetosus Anderss.长齿蔗茅
Erianthus mollis Griseb.=Eulalia mollis
Erianthus nudipes Griseb.=Diandranthus nudipes
Erianthus pollinioides Rendle=Erianthus formosanus var. pollinioides
Erianthus purpurascens Anderss.(Roshev.in Kom.Fl.URSS 1934)=Erianthus ravennae
Erianthus ravennae (L.) Beauv.沙生蔗茅
Erianthus rockii Keng 滇蔗茅
Erianthus rufipilus (Steud.) Griseb.蔗茅
Erianthus speciosus Debeaux=Eulalia speciosa
Erianthus stenophyllus L.Liu 窄叶蔗茅
Erianthus strictus Baldw.窄蔗茅
Erianthus trichophyllus (Hand.-Mazz.) Hand.-Mazz.毛叶蔗茅
Erica L.**欧石南属**(杜鹃花科)
Erica arborea L.树状欧石南
Erica australis L.南欧石南
Erica baccans L.浆果欧石南
Erica canaliculata Andr.圣诞欧石南
Erica capensis Salter 南非欧石南
Erica carnea L.春花欧石南
Erica ciliaris L.隧毛欧石南
Erica cinerea L.苏格兰欧石南
Erica coerulea Willd.=Phyllodoce caerulea
Erica cruenta Soland.血红欧石南
Erica decipiens K.Spreng.迷人欧石南
Erica diaphana K.Spreng.蜡花欧石南
Erica doliiformis Salisb.常花法国欧石南
Erica glandulosa Thunb.腺毛欧石南
Erica glauca Adnr.灰叶欧石南
Erica globosa Andr.圆叶欧石南
Erica gracilis J.C.Wendl.纤细欧石南

Erica hirtiflora Curtis 硬毛欧石南
Erica hyemalis Nichols.冬白花欧石南
Erica lateralis Willd.侧生欧石南
Erica lusitanica K.Rudolphi 西班牙欧石南
Erica mackaiana Bab.白背叶欧石南
Erica mammosa L.垂乳欧石南
Erica mediterranea L.爱尔兰欧石南
Erica melanthera L.黑药欧石南
Erica multiflora L.密花欧石南
Erica persoluta L.疏毛欧石南
Erica peziza Lodd.毛枝矮欧石南
Erica scoparia L.帚状欧石南
Erica sicifolia Salisb.短剑叶欧石南
Erica sitiens Klotzsch 耐旱欧石南
Erica terminalis Salisb.科西嘉岛欧石南
Erica tetralix L.沼泽欧石南
Erica umbellata L.伞花欧石南
Erica vagans L.漂泊欧石南
Erica ventricosa Thunb.偏肿欧石南
Erica versicolor J.C.Wendl.多色欧石南
Erica verticilata Bergius 轮生叶欧石南
Erica viridipurpurea L.紫绿欧石南
Ericaceae 杜鹃花科
Ericala aquatica (L.) Borkhausen=Gentiana aquatica
Ericala argentea D.Don=Gentiana argentea
Ericala capitata D.Don=Gentiana capitata
Ericala depressa D.Don ex g.Don=Gentiana depressa
Ericala loureirii G.Don=Gentiana loureirii
Ericala pedicellata D.Don=Gentiana pedicellata
Ericala procumbens D.Don ex G.Don=Gentiana pedicellata
Ericala squarrosa G.Don=Gentiana squarrosa
Ericala thunbergii G.Don=Gentiana thunbergii
Ericala tubiflora G.Don=Gentiana tubiflora
Ericala venusta G.Don=Gentiana venusta
Erigeron L.飞蓬属(菊科)
Erigeron acer L.飞蓬
Erigeron acer var. *manshuricus* Kom.=Erigeron kamtschaticus
Erigeron aceris L.(Chen in Bull.Fan.Mem.Inst.Biol.Bot.1934,p.p.)=Erigeron elongatus
Erigeron aegyptiacus L.=Conyza aegyptiaca
Erigeron alatum D.Don=Laggera alata
Erigeron allochrous Botsch.异色飞蓬
Erigeron alpicola Makino=Erigeron komarovii
Erigeron alpinus L.(M.Pop.in Act.Inst.Bot.Ac.Sc.URSS 1948)=Erigeron pseudoseravschanicus
Erigeron alpinus Lam.高山飞蓬
Erigeron alpinus var. *oreades* Trautv.=Erigeron oreades
Erigeron alpinus β. *eriocalyx* Ledeb.=Erigeron eriocalyx
Erigeron altaicus M.Pop.阿尔泰飞蓬
Erigeron andryaloides (DC.) Benth. ex HK.f.(p.p.)=Psychrogeton poncinsii
Erigeron annuus (L.) Pers.一年蓬
Erigeron anomalum DC.=Brachyactis anomalum
Erigeron armeriaefolius α. *humilis* Ledeb.=Erigeron lonchophyllus
Erigeron armeriaefolius β. *elatior* Ledeb.=Erigeron lonchophyllus
Erigeron armerifolius Turcz. ex DC.=Erigeron lonchophyllus
Erigeron aurantiacus Rgl.橙花飞蓬
Erigeron bellidioides var. *integrifolius* Franch. ex Lévl.=Erigeron breviscapus
Erigeron bonariensis L.=Conyza bonariensis
Erigeron borealis (Vierh.) Simmons 北方飞蓬
Erigeron breviscapus (Vant.) Hand.-Mazz.短葶飞蓬
Erigeron breviscapus var. alboradiatus Ling & Y.L.Chen 白舌短葶飞蓬(新)
Erigeron breviscapus var. breviscapus=Erigeron breviscapus
Erigeron breviscapus var. tibeticus Ling & Y.L.Chen 西藏短葶飞蓬(新)
Erigeron canadensis L.=Conyza canadensis
Erigeron ciliatus Ledeb.=Brachyactis ciliata
Erigeron cochinchinense Spreng.=Blumea aromatica
Erigeron coeruleus M.Pop.=Erigeron tianschanicus
Erigeron consanguineus Kitam.=Erigeron komarovii
Erigeron crispus Pourr.=Conyza bonariensis
Erigeron delavayi (Franch.) Botsch.=Aster diplostephioides
Erigeron dielsii Lévl.=Erigeron breviscapus
Erigeron diplostephioides (DC.) Botsch.=Aster diplostephioides
Erigeron divaricatus Michx.矮飞蓬
Erigeron dubius var. *alpicola* Makino=Erigeron komarovii
Erigeron elongatus Ledeb.(东北检索表 1959,p.p.)=Erigeron kamtschaticus
Erigeron elongatus Ledeb.长茎飞蓬
Erigeron eriocalyx (Ledeb.) Vierh.棉苞飞蓬
Erigeron eriocephalus Rgl. & Schamlh.=Erigeron schmalhausenii
Erigeron farreri (W.W.Sm. & J.F.Jeffr.) Botsch.=Aster farreri
Erigeron flaccidus (Bge.) Botsch.=Aster flaccidus
Erigeron fukuyamae Kitam.台湾飞蓬
Erigeron gramineus L.=Arctogeron gramineum
Erigeron heterochaeta (C.B.Clarke) Botsch.=Aster flaccidus
Erigeron heterophyllus Muhl. ex Willd.=Erigeron annuus
Erigeron hieracifolium D.Don=Blumea hieracifolia
Erigeron himalajensis Vierh.珠峰飞蓬
Erigeron hirsutum Lour.=Aster sampsonii
Erigeron hispidum DC.=Conyza aegyptiaca
Erigeron japonicum Thunb.=Conyza japonica
Erigeron kamtschaticus DC.堪察加飞蓬
Erigeron kamtschaticus var. *hirsutus* Ling=Erigeron acer
Erigeron kamtschaticus var. *manshuricus* (Kom.) Lidz.=Erigeron kamtschaticus
Erigeron karvinskiaus DC.墨西哥飞蓬
Erigeron kaszachstanicus Serg.=Psychrogeton nigromontanus
Erigeron kiukiangensis Ling & Y.L.Chen 俅江飞蓬
Erigeron komarovii Botsch.山飞蓬
Erigeron krylovii Serg.西疆飞蓬
Erigeron kunshanensis Ling & Y.L.Chen 贡山飞蓬
Erigeron lachnocephalus Botsch.毛苞飞蓬
Erigeron lanuginosus Y.L.Chen 棉毛飞蓬
Erigeron latisquamus Maxim.=Brachyactis ciliata
Erigeron leioreades M.Pop.光山飞蓬
Erigeron leucanthema Buch.-Ham. ex D.Don=Conyza leucantha
Erigeron leucanthum D.Don=Conyza leucantha
Erigeron leucoglossus Ling & Y.L.Chen 白舌飞蓬
Erigeron linifolius Willd.=Conyza bonariensis
Erigeron lonchophyllus HK.矛叶飞蓬
Erigeron matsudae Koidz.=Aster flaccidus
Erigeron molle D.Don=Blumea mollis
Erigeron morrisonense var. *fukuyamae* Kitam.=Erigeron fukuyamae
Erigeron morrisonensis Hay.玉山飞蓬
Erigeron moupinensis Franch.=Aster moupinensis
Erigeron muiltiradiatus var. *platyphyllus* Franch. ex Lévl.=Erigeron multiradiatus
Erigeron multifolius Hand.-Mazz.密叶飞蓬
Erigeron multifolius var. amplisquamus Ling & Y.L.Chen 阔苞密叶飞蓬(新)
Erigeron multifolius var. multifolius=Erigeron multifolius
Erigeron multifolius var. pilanthus Ling & Y.L.Chen 毛花密叶飞蓬(新)
Erigeron multiradiatus (Lindl.) Benth.多舌飞蓬
Erigeron multiradiatus var. glabrescens Ling & Y.L.Chen 无毛多舌飞蓬(新)
Erigeron multiradiatus var. multiradiatus=Erigeron multiradiatus
Erigeron multiradiatus var. ovatifolius Ling & Y.L.Chen 卵叶多舌飞蓬(新)
Erigeron multiradiatus var. salicifolius Chang ex Ling & Y.L.Chen 柳叶多舌飞蓬(新)
Erigeron nigromontanus Boiss. & Buhse=Psychrogeton nigromontanus
Erigeron oreades (Schrenk) Fisch. & Mey.山地飞蓬
Erigeron panduratus Chang=Aster sphaerotus
Erigeron patentisquamus J.F.Jeffr.展苞飞蓬
Erigeron petiolaris Vierh.柄叶飞蓬
Erigeron philadelphicus L.费城飞蓬
Erigeron pinnatifidum D.Don=Conyza stricta var. pinnatifida
Erigeron podolicus var. *pusillus* Ledeb.=Erigeron lonchophyllus
Erigeron poncinsii (Franch.) Botsch.=Psychrogeton poncinsii
Erigeron porphyrolepis Ling & Y.L.Chen 紫苞飞蓬

Erigeron praecox Vierh. & Hand.-Mazz.=Erigeron breviscapus
Erigeron pseudoneglectus M.Pop.=Erigeron petiolaris
Erigeron pseudoseravschanicus Botsch.假泽山飞蓬
Erigeron pseudoseravschanicus f. glabrescens Ling & Y.L.Chen 无毛假泽山飞蓬(新)
Erigeron pseudoseravschanicus f. pseudoseravschanicus=Erigeron pseudoseravschanicus
Erigeron pulchellus DC.(北研丛刊 1934)=Erigeron allochrous
Erigeron purpurascens Ling & Y.L.Chen 紫茎飞蓬
Erigeron pyrifolius (Lam.) Benth.=Microglossa pyrifolia
Erigeron schmalhausenii M.Pop.革叶飞蓬
Erigeron sect. *Conyza* (L.) Baillon=**Conyza**
Erigeron seravschanicus M.Pop.泽山飞蓬
Erigeron speciosus (Lidnle) DC.美丽飞蓬
Erigeron strigosus Muhl.北美飞蓬
Erigeron strigosus Muhl.粗糙飞蓬
Erigeron subgen. *Caenotus* Nutt.=**Conyza**
Erigeron subgen. *Conyzastrum* (Boiss.) Botsch.=**Psychrogeton**
Erigeron subgen. *Psychrogeton* (Boiss.) M.Pop.=**Psychrogeton**
Erigeron subsect. *Pseudoconyzastrum* Rech.f.=**Psychrogeton**
Erigeron sumatrensis Retz.(Merr.in Sunyats.1930)=Conyza bonariensis
Erigeron taipeiensis Ling & Y.L.Chen 太白飞蓬
Erigeron tenuicaulis Ling & Y.L.Chen 细茎飞蓬
Erigeron thunbergii var. *glabratum* A.Gray=Erigeron komarovii
Erigeron tianschanicus Botsch.天山飞蓬
Erigeron trisulcum D.Don=Conyza stricta var. pinnatifida
Erigeron turkestanus Vierh.=Erigeron lachnocephalus
Erigeron umbrosus (Kar. & Kir.) Buser=Brachyactis roylei
Erigeron uniflorus L.(Ledeb.in Fl.Alt.1833,p.p.)=Erigeron eriocalyx
Erigeron uniflorus L.(北研丛刊 1934)=Erigeron lachnocephalus
Erigeron uniflorus L.单花飞蓬
Erigeron uniflorus β. *oreades* Schrenk.=Erigeron oreades
Erigeron vicarius Botsch.蓝舌飞蓬
Erigeron vilmorinii (Franch.) Botsch.=Aster yunnanensis var. angustior
Erinia Noulet=**Campanula**
Eriobotrya Lindl.**枇杷属**(蔷薇科)
Eriobotrya bengalensis (Roxb.) HK.f.南亚枇杷
Eriobotrya bengalensis HK.f.(Dunn in J.L.Soc.Bot.1911)=Eriobotrya prinoides
Eriobotrya bengalensis f. angustifolia (Card.) Vidal 窄叶南亚枇杷(新)
Eriobotrya bengalensis f. bengalensis=Eriobotrya bengalensis
Eriobotrya bengalensis f. intermedia Vidal 四柱南亚枇杷(新)
Eriobotrya bengalensis var. *angustifolia* Card.=Eriobotrya bengalensis f. angustifolia
Eriobotrya brackloi Hand.-Mazz.=Eriobotrya cavaleriei
Eriobotrya brackloi var. *atrichophylla* Hand.-Mazz.=Eriobotrya cavaleriei
Eriobotrya busisanensis Kanehira=Eriobotrya deflexa f. koshunensis
Eriobotrya cavaleriei (Lévl.) Rehd.大花枇杷
Eriobotrya cavaleriei var. *brackloi* (Hand.-Mazz.) Rehd.=Eriobotrya cavaleriei
Eriobotrya deflexa (Hemsl.) Nakai 台湾枇杷
Eriobotrya deflexa f. *buisanensis* Nakai=Eriobotrya deflexa f. koshunensis
Eriobotrya deflexa f. busisanensis (Hay.) Nakai 武葳山枇杷(新)
Eriobotrya deflexa f. deflexa=Eriobotrya deflexa
Eriobotrya deflexa f. koshunensis (Kanehira & Sasaki) Li 恒春台湾枇杷(新)
Eriobotrya deflexa var. *busisanensis* (Hay.) Kanehira & Sasaki=Eriobotrya deflexa f. busisanensis
Eriobotrya deflexa var. *grandiflora* (Rehd. & Wils.) Nakai=Eriobotrya cavaleriei
Eriobotrya deflexa var. *koshunensis* Kanehira & Sasaki=Eriobotrya deflexa f. koshunensis
Eriobotrya dubia Dcne.(Franch.Pl.Delav.1890,p.p.)=Eriobotrya prinoides
Eriobotrya fragrans Champ.香花枇杷
Eriobotrya fseguinii (Lévl.) Card ex Guill. (新拉汉英 1996)= Eriobotrya seguinii
Eriobotrya grandiflora Rehd. & Wils.=Eriobotrya cavaleriei
Eriobotrya griffithii Franch.=Photinia glomerata
Eriobotrya henryi Nakai 窄叶枇杷
Eriobotrya japonica (Thunb.) Lindl.枇杷
Eriobotrya malipoensis Kuan 麻栗坡枇杷
Eriobotrya obovata W.W.Sm.倒卵叶枇杷
Eriobotrya ochracea Hand.-Mazz.=Sorbus ochracea
Eriobotrya prinoides Rehd. & Wils.栎叶枇杷
Eriobotrya prionophylla Franch.=Photinia prionophylla
Eriobotrya pseudoraphiolepis Card.=Eriobotrya seguinii
Eriobotrya salwinensis Hand.-Mazz.怒江枇杷
Eriobotrya seguinii (Lévl.) Card. ex Guillaumin 小叶枇杷
Eriobotrya serrata Vidal 齿叶枇杷
Eriobotrya tengyuehensis W.W.Sm.腾越枇杷
Eriobotrya undulata Franch.=Stranvaesia davidiana var. undulata
Eriocapitella Nakai=**Anemone**
Eriocapitella elegans (Dcne.) Nakai=Anemone vitifolia
Eriocapitella japonica (Thunb.) Nakai=Anemone hupehensis var. japonica
Eriocapitella vitifolia (Buch.-Ham.) Nakai=Anemone vitifolia
Eriocapitella vitifolia var. *tomentosa* (Maxim.) Nakai=Anemone tomentosa
Eriocaulaceae 谷精草科
Eriocaulon L.**谷精草属**(谷精草科)
Eriocaulon acutibracteatum W.L.Ma 双江谷精草
Eriocaulon alatum Lecomte=Eriocaulon zollingerianum
Eriocaulon alpestre HK.f. & Thoms. ex Koern.高山谷精草
Eriocaulon alpestre var. *alpestre*=Eriocaulon alpestre
Eriocaulon alpestre var. *robustius* Maxim.=Eriocaulon robustius
Eriocaulon alpestre var. sichuanense W.L.Ma 四川谷精草
Eriocaulon angustulum W.L.Ma 狭叶谷精草
Eriocaulon australe R.Br.毛谷精草
Eriocaulon bilobatum W.L.Ma=Eriocaulon kunmingense
Eriocaulon brownianum Mart.=Eriocaulon brownianum var. nilagirense
Eriocaulon brownianum Mart.云南谷精草
Eriocaulon brownianum var. brownianum=Eriocaulon brownianum
Eriocaulon brownianum var. nilagirense (Steud.) Fyson 印度谷精草
Eriocaulon buergerianum Koern.谷精草
Eriocaulon cantoniensis HK. & Arn.=Eriocaulon sexangulare
Eriocaulon capillus-naiadis HK.f.=Eriocaulon setaceum
Eriocaulon chinorossium Kom.中俄谷精草
Eriocaulon chishingsanensis C.E.Chang=Eriocaulon buergerianum
Eriocaulon cinereum R.Br.白药谷精草
Eriocaulon cinereum var. *sieboldianum* (S. & Z.) Koyama=Eriocaulon cinereum
Eriocaulon compressum Lam.压扁谷精草
Eriocaulon cristatum sensu Benth.=Eriocaulon tonkinense
Eriocaulon cristatum Mart.(Icon.Cormoph.Sin.1976)=Eriocaulon henryanum
Eriocaulon cristatum var. *brevicalyx* C.H.Wright=Eriocaulon tonkinense
Eriocaulon cristatum var. *mackii* HK.f.(Hand.-Mazz.in Symb.Sin.1936)=Eriocaulon henryanum
Eriocaulon decangulare L.十棱谷精草
Eriocaulon decemflorum Maxim.长苞谷精草
Eriocaulon decemflorum var. *nipponicum* (Maxim.) Nakai=Eriocaulon decemflorum
Eriocaulon echinulatum Mart.尖苞谷精草
Eriocaulon ermeiense W.L.Ma ex Z.X.Zhang 峨眉谷精草
Eriocaulon faberi Ruhl.江南谷精草
Eriocaulon filifolium Hand.-Mazz.=Eriocaulon tonkinense
Eriocaulon fluviatile Trim.(高等图鉴 1976)=Eriocaulon tonkinense
Eriocaulon formosanum Hay.=Eriocaulon cinereum
Eriocaulon glabripetalum W.L.Ma 光瓣谷精草
Eriocaulon henryanum Ruhl.蒙自谷精草
Eriocaulon heteroanthum Benth. =Eriocaulon cinereum
Eriocaulon kengii Ruhl.=Eriocaulon miquelianum
Eriocaulon kunmingense Z.X.Zhang 昆明谷精草
Eriocaulon kwangtungense Ruhl.=Eriocaulon sexangulare
Eriocaulon leianthum W.L.Ma 光萼谷精草
Eriocaulon longifolium Nees=Eriocaulon sexangulare
Eriocaulon luzulaefolium Mart.(广州志 1956)=Eriocaulon nantoense
Eriocaulon luzulaefolium Mart.(高等图鉴 1976)=Eriocaulon senile
Eriocaulon luzulaefolium Mart.小谷精草
Eriocaulon mangshanense W.L.Ma 莽山谷精草
Eriocaulon merrillii Ruhl.=Eriocaulon truncatum
Eriocaulon merrillii var. *longibracteatum* W.L.Ma=Eriocaulon truncatum

Eriocaulon merrillii var. merrillii=Eriocaulon truncatum
Eriocaulon merrillii var. *suishanense* (Hay.) C.E.Chang=Eriocaulon truncatum
Eriocaulon minusculum Moldenke 极小谷精草
Eriocaulon miquelianum Körnicke 四国谷精草
Eriocaulon miyagianum Koid.=Eriocaulon sexangulare
Eriocaulon nantoense Hay.南投谷精草
Eriocaulon nantoense var. micropetalum W.L.Ma 小瓣谷精草
Eriocaulon nantoense var. nantoense=Eriocaulon nantoense
Eriocaulon nantoense var. *parviceps* (Hand.-Mazz.) W.L.Ma=Eriocaulon nepalense
Eriocaulon nantoense var. *trisectum* (Satake) C.E.Chang=Eriocaulon nepalense
Eriocaulon nepalense Prescott ex Bong.尼泊尔谷精草
Eriocaulon nigrum var. *suishaense* (Hay.) Hatusima & Koyama=Eriocaulon truncatum
Eriocaulon nilagirense Steud.=Eriocaulon brownianum var. nilagirense
Eriocaulon niponicum Maxim.=Eriocaulon decemflorum
Eriocaulon nudicuspe Maxim.白珠谷精草
Eriocaulon oryzetorum Mart.南亚谷精草
Eriocaulon pachypetalum Hay.=Eriocaulon buergerianum
Eriocaulon parkeri Robins.帕克尔谷精草
Eriocaulon parvum Körnicke 朝日谷精草
Eriocaulon pterosepalum Hay.=Eriocaulon sexangulare
Eriocaulon pullum T.Koyama=Eriocaulon nepalense
Eriocaulon robustius (Maxim.) Makino 宽叶谷精草
Eriocaulon rockianum Hand.-Mazz.玉龙山谷精草
Eriocaulon rockianum var. latifolium W.L.Ma 宽玉谷精草
Eriocaulon rockianum var. rockianum=Eriocaulon rockianum
Eriocaulon schochianum Hand.-Mazz.云贵谷精草
Eriocaulon schochianum var. *parviceps* Hand.-Mazz. =Eriocaulon nepalense
Eriocaulon sclerophyllum W.L.Ma 硬叶谷精草
Eriocaulon senile Honda=Eriocaulon nepalense
Eriocaulon septangulare With.七棱谷精草
Eriocaulon setaceum L.丝叶谷精草
Eriocaulon sexangulare L.(Mart.in Wall.Pl.As.Rar.1832)=Eriocaulon cinereum
Eriocaulon sexangulare L.华南谷精草
Eriocaulon sexangulare var. *longifolium* (Nees ex Kunth.) HK.f.=Eriocaulon sexangulare
Eriocaulon sieboldianum S. & Z. ex Steud.=Eriocaulon cinereum
Eriocaulon sikokianum Maxim.=Eriocaulon miquelianum
Eriocaulon sikokianum var. *linanense* W.L.Ma=Eriocaulon miquelianum
Eriocaulon sikokianum var. sikokianum=Eriocaulon miquelianum
Eriocaulon sinicum Miq.=Eriocaulon sexangulare
Eriocaulon sinii Ruhl.=Eriocaulon sexangulare
Eriocaulon sollyanum Royle 大药谷精草
Eriocaulon suishaense Hay.=Eriocaulon truncatum
Eriocaulon taishanense F.Z.Li 泰山谷精草
Eriocaulon tonkinense Ruhl.越南谷精草
Eriocaulon trilobum Buch.-Ham.=Eriocaulon sollyanum
Eriocaulon trisectum Satake=Eriocaulon nepalense
Eriocaulon truncatum Buch.-Ham. ex Mart.菲律宾谷精草
Eriocaulon truncatum Mart.(Benth.in Fl.Hongk.1961,广州志 1956,海南志 1977)=Eriocaulon truncatum
Eriocaulon wallichianum Mart.=Eriocaulon sexangulare
Eriocaulon whangii ruhl.=Eriocaulon buergerianum
Eriocaulon willdinovianum Moldenke=Eriocaulon sexangulare
Eriocaulon yaoshanense Ruhl.=Eriocaulon tonkinense
Eriocaulon yaoshanense var. *brevicalyx* (C.H.Wright) W.L.Ma=Eriocaulon tonkinense
Eriocaulon yaoshanense var. *yaoshanense*=Eriocaulon tonkinense
Eriocaulon yunnanense Moldenke=Eriocaulon brownianum
Eriocaulon zollingerianum Koern.翅谷精草
Eriochloa Kunth **野黍属**(禾本科)
Eriochloa annulata (Fluegge) Kunth=Eriochloa procera
Eriochloa distachya H.B.K.双穗野黍
Eriochloa gracilis (Furn.) Hitchc.西南野黍
Eriochloa polystachya H.B.K.(Rendle in J.L.Soc.Bot.1904)=Eriochloa procera
Eriochloa polystachya H.B.K.多穗羊毛草
Eriochloa procera (Retz.) Hubb.高野黍
Eriochloa ramosa (Retz.) Kuntze=Eriochloa procera
Eriochloa villosa (Thunb.) Kunth 野黍
Eriochloa villosa var. *setenantha* Ohwi=Eriochloa villosa
Eriochrysis longifolia Munro=Narenga fallax
Eriochrysis narenga Nees ex Steud.=Narenga porphyrocoma
Eriochrysis porphyrocoma Hance ex Trin.=Narenga porphyrocoma
Eriococcus gracilis Hassk.=Phyllanthus gracilipes
Eriocoma Nutt.=**Oryzopsis**
Eriocoma cuspidata Nutt.=Oryzopsis hymenoides
Eriocoma membranacea (Pursh) Beal=Oryzopsis hymenoides
Eriocycla Lindl.**绒果芹属**(伞形科)
Eriocycla albescens Wolff (东北草本志 1977)=Eriocycla albescens var. latifolia
Eriocycla albescens (Franch.) Wolff 绒果芹
Eriocycla albescens var. albescens=Eriocycla albescens
Eriocycla albescens var. latifolia Shan & Yuan 大叶绒果芹
Eriocycla nuda Lindl.裸茎绒果芹
Eriocycla nuda var. nuda=Eriocycla nuda
Eriocycla nuda var. purpurescens Shan & Yuan 紫花裸茎绒果芹
Eriocycla pelliotii (de Boiss.) Wolff 新疆绒果芹
Eriodendron anfractuosum DC.=Ceiba pentandra
Eriodes Rolfe **毛梗兰属**(兰科)
Eriodes barbata (Lindl.) Rolfe 毛梗兰
Erioglossum Bl.**赤才属**(无患子科)
Erioglossum rubiginosum (Roxb.) Bl.赤才
Eriolaena DC.**火绳树属**(梧桐科)
Eriolaena candollei Wall.南火绳
Eriolaena ceratocarpa Hu=Eriolaena kwangsiensis
Eriolaena esquirolii Lévl.=Burretiodendron esquirolii
Eriolaena glabrescens A.DC.光叶火绳
Eriolaena glabrescens Hu=Eriolaena glabrescens
Eriolaena hookeriana W. & A.虎克火蝇树
Eriolaena kwangsiensis Hand.-Mazz.桂火绳
Eriolaena malvacea (Lévl.) Hand.-Mazz.=Eriolaena spectabilis
Eriolaena quinquelocularis (Wight & Arnott)Wight 五室火绳
Eriolaena spectabilis (DC.) Planch. ex Masters 火绳树
Eriolaena sterculiacea Lévl.=Eriolaena spectabilis
Eriolaena stocksii HK.f.斯托克火绳树
Eriolaena szemaoensis Hu=Eriolaena spectabilis
Eriolaena wallichii DC.单花火绳树
Eriolaena yunnanensis W.W.Sm.=Reevesia pubescens
Eriolepis Cass.=**Cirsium**
Eriolepis lacnceolata (L.) Cass.=Cirsium vulgare
Eriolobus delavayi Schneid.=Docynia delavayi
Eriolobus doumeri (Boiss.) Schneid.=Malus doumeri
Eriolobus kansuensis Schneid.=Malus kansuensis
Eriolobus sect. *Docynia* Schneid.=**Docynia**
Eriolobus yunnanensis Schneid.=Malus yunnanensis
Eriophorum L.**羊胡子草属**(莎草科)
Eriophorum angustifolium Roth.窄叶羊胡子草
Eriophorum comosum Nees 丛毛羊胡子草
Eriophorum coreanum Palla=Eriophorum gracile
Eriophorum fauriei E.-G.Camus=Eriophorum vaginatum
Eriophorum gracile Koch 细秆羊胡子草
Eriophorum japonicum Maxim.日羊胡子草
Eriophorum latifolium Hoppe 宽叶羊胡子草
Eriophorum mandshuricum Meinsh.=Eriophorum russeolum var. majus
Eriophorum polystachyon L.=Eriophorum latifolium
Eriophorum russeolum Fries 红毛羊胡子草
Eriophorum russeolum Ohwi=Eriophorum russeolum var. majus
Eriophorum russeolum var. majus Sommier 大型红毛羊胡子草
Eriophorum russeolum var. russeolum=Eriophorum russeolum
Eriophorum scabridum Ohwi=Eriophorum vaginatum
Eriophorum vaginatum L.白毛羊胡子草
Eriophorum virginicum L.弗吉尼亚羊胡子草
Eriophyllum Lag.**绵毛叶菊属**(菊科)
Eriophyllum lanatum (Pursh) Forbes 绵毛叶菊
Eriophyton Benth.**绵参属**(唇形科)
Eriophyton wallichii Benth.绵参
Eriosema (DC.) G.Don **鸡头薯属**(豆科)

Eriosema chinense Vog.鸡头薯
Eriosema himalaicum Ohashi 绵三七
Eriosema tuberosum A.Rich.(豆科图说 1955)=Eriosema himalaicum
Eriosolena Bl.**毛花瑞香属**(瑞香科)
Eriosolena composita (L.f.) Van Tiegh.毛管花
Eriosolena involucrata (Wall.) Van Tiegh.=Eriosolena composita
Eriosolena montana Bl.=Eriosolena composita
Eriosolena pendula (Smith) Bl. ex Lecomte=Eriosolena composita
Eriosoriopsis rosthorniana Ching & S.H.Wu=Woodsia rosthorniana
Eriostemon Less.=**Saussurea**
Erismanthus Wall. ex Muell.Arg.**轴花木属**(大戟科)
Erismanthus obliquus Wall. ex Muell. Arg.大叶轴花木
Erismanthus sinensis Oliv.轴花木
Eritrichium Lem.=**Eritrichium**
Eritrichium Schrad.**齿缘草属**(紫草科)
Eritrichium aciculare Lian & J.Q.Wang 针刺齿缘草
Eritrichium aktonense Lian & J.Q.Wang=Eritrichium longifolium
Eritrichium altaicum Popov= Eritrichium pauciflorum
Eritrichium angustifolium Lian & J.Q.Wang 狭叶齿缘草
Eritrichium aquatica (L.) Borkausen-=Gentiana aquatica
Eritrichium axillare W.T.Wang 腋花齿缘草
Eritrichium basifixum Clarke=Eritrichium villosum
Eritrichium betissovii Regel=Eritrichium latifolium
Eritrichium borealisinense Kitag.北齿缘草
Eritrichium brachytubum (Diels) Y.S.Lian & J.Q.Wang=Hackelia brachytuba
Eritrichium canum (Benth.) Kitamura 灰毛齿缘草
Eritrichium confertiflorum W.T.Wang 密花齿缘草
Eritrichium davuricum (Pall. ex Roem. & Schlt.) DC.=Amblynotus rupestris
Eritrichium deflexum (Wahlenb.) Lian & J.Q.Wang 反折假鹤虱
Eritrichium deflexum var. *pumilum* Ledeb.=Eritrichium thymifolium
Eritrichium deltodentum Lian & J.Q.Wang 三角齿缘草
Eritrichium densiflorum Duthie=Lasiocaryum densiflorum
Eritrichium deqinense W.T.Wang 德钦齿缘草
Eritrichium difforme Y.S.Lian & J.Q.Wang=Hackelia difformis
Eritrichium echinocaryum (Johnst.) Lian & J.Q.Wang 云南齿缘草
Eritrichium fetisovii Rgl.短梗齿缘草
Eritrichium fruticulosum Klotzsch 小灌齿缘草
Eritrichium gracile W.T.Wang 条叶齿缘草
Eritrichium hemisphaericum W.T.Wang 半球齿缘草
Eritrichium heterocarpum Lian & J.Q.Wang 异果齿缘草
Eritrichium hookeri (Clarke) Brand=Chionocharis hookeri
Eritrichium humillimum W.T.Wang 矮齿缘草
Eritrichium incanum (Turcz.) DC.钝叶齿缘草
Eritrichium jacquemontii Decne.=Eritrichium spathulatum
Eritrichium japonicum Miq.=Trigonotis peduncularis
Eritrichium jeholense Bar. & Skv.=Eritrichium borealisinense
Eritrichium kangdingense W.T.Wang 康定齿缘草
Eritrichium lasiocarpum W.T.Wang 毛果齿缘草
Eritrichium latifolium Kar. & Kir.宽叶齿缘草
Eritrichium latifolium Lipsky(p.p.)=Eritrichium pseudolatifolium
Eritrichium laxum Johnst.疏花齿缘草
Eritrichium leucanthum W.T.Wang 腋花齿缘草
Eritrichium longifolium Decne.阿克陶齿缘草
Eritrichium longipes Liang & J.Q.Wang 长梗齿缘草
Eritrichium maackii Maxim.=Amblynotus rupestris
Eritrichium mandshuricum M.Pop.东北齿缘草
Eritrichium medicarpum Lian & J.Q.Wang 青海齿缘草
Eritrichium microcarpum A.DC.=Trigonotis microcarpa
Eritrichium microcarpum W.T.Wang=Eritrichium sinomicrocarpum
Eritrichium munroi Clarke=Lasiocaryum munroi
Eritrichium myosotideum Maxim.=Trigonotis myosotidea
Eritrichium nanum subsp. *villosum* (Ledeb.) Brand=Eritrichium villosum
Eritrichium nanum subsp. *villosum* var. *euvillosum* Brand=Eritrichium villosum
Eritrichium obovatum DC.=Amalocalyx rupestris
Eritrichium oligacanthum Lian & J.Q.Wang 疏刺齿缘草
Eritrichium pamiricum Fedtsch.帕米尔齿缘草
Eritrichium pauciflorum (Ledeb.) DC.少花齿缘草
Eritrichium pectionato-ciliatum Lian & J.Q.Wang 篦毛齿缘草
Eritrichium pedunculare DC.=Trigonotis peduncularis
Eritrichium pendulifructum Liang & J.Q.Wang 垂果齿缘草
Eritrichium petiolare W.T.Wang 具柄齿缘草
Eritrichium petiolare var. petiolare=Eritrichium petiolare
Eritrichium petiolare var. subturbinatum W.T.Wang 陀果齿缘草
Eritrichium petiolare var. villosum W.T.Wang 柔毛齿缘草
Eritrichium pseudolatifolium M.Pop.对叶齿缘草
Eritrichium pulviniforme Popov= Eritrichium pauciflorum
Eritrichium pustulosum Clarke=Microula pustulosa
Eritrichium pygmaeum Calrke=Microcaryum pygmaeum
Eritrichium qofengense Lian & J.Q.Wang 珠峰齿缘草
Eritrichium radicans (Turcz.) DC.=Trigonotis radicans subsp. sericea
Eritrichium riae Winkl.=Microcaryum pygmaeum
Eritrichium rupestre Bge.(Kitag.in Lineam.Fl.Mansh.1939)=Eritrichium mandshuricum
Eritrichium rupestre Pall. ex Gorg.=Eritrichium pauciflorum
Eritrichium rupestre var. *pectinatum* (Pall.) Brand (p.p.)=Eritrichium canum
Eritrichium rupestre var. *pectinatum* subvar. *spathulatum* (Benth.) Brand=Eritrichium spathulatum
Eritrichium sect. *Endogonia* DC.=**Trigonotis**
Eritrichium sect. *Oreocharis* quoad *species brevifloras* DC.=**Trigonotis**
Eritrichium sericeum (Benth.) DC.=Eritrichium villosum
Eritrichium sericeum (DC.) Aitch.=Eritrichium canum
Eritrichium sessilifructum Lian & J.Q.Wang 无梗齿缘草
Eritrichium sichotense M.Pop.急尖叶齿缘草(新)?
Eritrichium sinomicrocarpum W.T.Wang 小果齿缘草
Eritrichium spathulatum (Benth.) Clarke 匙叶齿缘草
Eritrichium strictum Decne.=Eritrichium canum
Eritrichium strictum var. *fruticulosum* (Klotzsch) Clarke=Eritrichium fruticulosum
Eritrichium strictum var. *thomsoni* Clarke=Eritrichium canum
Eritrichium sub-jacquemontii M.Pop.新疆齿缘草
Eritrichium subrupestre Popov= Eritrichium pauciflorum
Eritrichium tangkulaense W.T.Wang 唐古拉齿缘草
Eritrichium thymifolium (DC.) Lian & J.Q.Wang 假鹤虱
Eritrichium thymifolium subsp. latialatum Y.S.Lian & J.Q.Wang 宽翅齿缘草
Eritrichium thymifolium subsp. thymifolium=Eritrichium thymifolium
Eritrichium tibeticum Clarke=Trigonotis tibetica
Eritrichium uncinatum (Benth.) Y.S.Lian & J.Q.Wang=Hackelia uncinatum
Eritrichium villosum (Ledeb.) Bge.长毛齿缘草
Eritrichium younghusbandii (Duthie) Brand=Microula younghusbandii
Ermania Cham.=**Christolea**
Ermania albiflora (T.Anderson) O.E.Schulz.=Phaeonychium albiflorum
Ermania bifaria Botsch.=Desideria pumila
Ermania flabellata (Rgl.) O.E.Schulz=Desideria flabellata
Ermania himalayensis (Camb.) O.E.Schulz=Desideria himalayensis
Ermania kachrooi Dar & Naqshi=Desideria linearis
Ermania kashmiriana Dar & Naqshi=Desideria linearis
Ermania koelzii O.E.Schulz.=Desideria pumila
Ermania lanuginosa (HK.f. & Thoms.) O.E.Schulz=Eurycarpus lanuginosus
Ermania linearis (N.Busch.) Botsch.=Desideria linearis
Ermania pamirica (Korsh.) Ovczin. & Jun.=Christolea crassifolia
Ermania parkeri O.E.Schulz=Desideria linearis
Ermania prolifera (Maxim.) O.E.Schulz=Christolea prolifera
Ermania stewartii (T.Anders.) O.E.Schulz=Desideria stewartii
Ermania villosa (Maxim.) O.E.Schulz.=Phaeonychium villosum
Ermaniopsis H.Hara=**Desideria**
Ernestella Germ.de St.Pierre=**Rosa**
Erodium L'Hér **牻牛儿苗属**(牻牛儿苗科)
Erodium chamaedryoides L'Herit.高山牻牛儿苗
Erodium cicutarium (L.) L'Hér 芹叶牻牛儿苗
Erodium hoefftianum C.A.Mey.=Erodium oxyrrhynchum
Erodium moschatum L'Herit.白茎牻牛儿苗
Erodium oxyrrhynchum M.Bieb.尖喙牻牛儿苗
Erodium stephanianum Willd.牻牛儿苗
Erodium tibetanum Edgew.西藏牻牛儿苗
Eruca Mill.**芝麻菜属**(十字花科)
Eruca cappadocica var. *eriocarpa* Boiss.=Eruca vesicaria subsp. sativa
Eruca lativalvis Boiss.=Eruca vesicaria subsp. sativa

Eruca sativa Gars.=Eruca vesicaria subsp. sativa
Eruca sativa Lam.=Eruca vesicaria subsp. sativa
Eruca sativa Mill.=Eruca vesicaria subsp. sativa
Eruca sativa var. *eriocarpa* (Boiss.) Post.=Eruca vesicaria subsp. sativa
Eruca sativa var. sativa=Eruca vesicaria subsp. sativa
Eruca vesicaria subsp. sativa (Mill.) Thell.芝麻菜
Ervatamia (DC.) Stapf=**Tabernaemontana**
Ervatamia bovina (Lour.) Mark.=Tabernaemontana bovina
Ervatamia bufalina (Lour.) Pichon=Tabernaemontana bufalina
Ervatamia ceratocarpa Kerr.=Tabernaemontana bufalina
Ervatamia chengkiangensis Tsiang=Tabernaemontana bufalina
Ervatamia chinensis (Merr.) Tsiang=Tabernaemontana corymbosa
Ervatamia continentalis Tsiang=Tabernaemontana corymbosa
Ervatamia continentalis var. *continentalis*=Tabernaemontana corymbosa
Ervatamia continentalis var. *pubiflora* Tsiang=Tabernaemontana corymbosa
Ervatamia coronaria Stapf=Tabernaemontana divaricata
Ervatamia corymbosa (Roxb. ex Wall.) King & Gamble=Tabernaemontana corymbosa
Ervatamia divaricata (L.) Burk.=Tabernaemontana divaricata
Ervatamia flabelliformis Tsiang=Tabernaemontana divaricata
Ervatamia hainanensis Tsiang=Tabernaemontana bufalina
Ervatamia kwangsiensis Tsiang=Tabernaemontana corymbosa
Ervatamia kweichowensis Tsiang=Tabernaemontana corymbosa
Ervatamia mucronata (Merr.) Mark.=Tabernaemontana pandacaqui
Ervatamia officinalis Tsiang=Tabernaemontana bovina
Ervatamia pandacaqui (Lam.) Pichon=Tabernaemontana pandacaqui
Ervatamia puberula Tsiang & P.T.Li=Tabernaemontana pandacaqui
Ervatamia tenuiflora Tsiang=Tabernaemontana corymbosa
Ervatamia tonkinensis (Pierre ex Pit.) Mark.=Tabernaemontana bovina
Ervatamia yunnanensis Tsiang=Tabernaemontana corymbosa
Ervatamia yunnanensis var. *heterosepala* Tsiang=Tabernaemontana corymbosa
Ervatamia yunnanensis var. *yunnanensis*=Tabernaemontana corymbosa
Ervum amoenum var. *pallida* Trautv.=Vicia japonica
Ervum hirsutum L.=Vicia hirsuta
Ervum lens L.=Lens culinaris
Ervum tetraspermum L.=Vicia tetrasperma
Ervum unijugum Alefeld=Vicia unijuga
Erxlebenia Opiz=**Pyrola**
Erxlebenia minor (L.) Rydb.=Pyrola minor
Erxlebenia rosea Opiz=Pyrola minor
Erycibe Roxb.**丁公藤属**(旋花科)
Erycibe acutifolia Hay.=Erycibe henryi
Erycibe bachmaense Gagn.=Erycibe hainanensis
Erycibe elliptilimba Merr. & Chun 九来龙
Erycibe expansa Wall. ex G.Don 锈毛丁公藤
Erycibe fecunda Kerr=Erycibe elliptilimba
Erycibe ferruginosa C.Y.Wu=Erycibe expansa
Erycibe ferruginosa Griffith.=Erycibe expansa
Erycibe glaucescens Wall. ex Choisy 粉绿丁公藤
Erycibe hainanensis Merr.毛叶丁公藤
Erycibe henryi Prain 台湾丁公藤
Erycibe integripetala Merr. & Chun=Neuropeltis racemosa
Erycibe laevigata Wall. ex Choisy (C.B.Clarke in Fl.Brit.Ind.1883)=Erycibe schmidtii
Erycibe laevigata Wall. ex Choisy=Erycibe glaucescens
Erycibe myriantha Merr.多花丁公藤
Erycibe noei Kerr=Erycibe elliptilimba
Erycibe obtusifolia Benth.(Hay.in Ic.Pl.Formos.1912)=Erycibe henryi
Erycibe obtusifolia Benth.(Hoogl.in Blumea 1953,p.p.)=Erycibe schmidtii
Erycibe obtusifolia Benth.丁公藤
Erycibe oligantha Merr. & Chun 疏花丁公藤
Erycibe pallidifolia Merr. & Chun ex Tanaka & Odashima=Erycibe oligantha
Erycibe paniculata Roxb.(Gagn. & Courch.in Lecte.Fl.Gen.Indo-Chine 1915)=Erycibe elliptilimba
Erycibe paniculata var. *subspicata* (Wall. ex G.Don) Choisy=Erycibe subspicata
Erycibe poilanei Gagn.=Erycibe elliptilimba
Erycibe rabilii Kerr=Erycibe elliptilimba
Erycibe schmidtii Craib (云南区系报告 1965,p.p.)=Erycibe glaucescens
Erycibe schmidtii Craib 光叶丁公藤
Erycibe semipilosa Gagn.=Erycibe schmidtii
Erycibe sinii How 瑶山丁公藤
Erycibe subspicata Wall. ex G.Don 锥序丁公藤
Erycibe versatilihirta C.Y.Ma=Erycibe obtusifolia
Eryngium L.**刺芹属**(伞形科)
Eryngium campestre L.田野刺芹
Eryngium foetidum L.刺芹
Eryngium lateriflorum Lam.=Agriophyllum lateriflorum
Eryngium maritimum L.滨海刺芹
Eryngium planum L.扁叶刺芹
Erysimum L.**糖芥属**(十字花科)
Erysimum absconditum O.E.Schulz.=Erysimum funiculosum
Erysimum afghanicum Kitamura=Erysimum hieraciifolium
Erysimum alliaria L.=Alliaria petiolata
Erysimum altaicum C.A.Mey.=Erysimum flavum
Erysimum altaicum var. *humillinum* Ledeb.=Erysimum flavum
Erysimum altaicum var. *shinganicum* Y.L.Chang=Erysimum flavum
Erysimum alyssoides Franch.=Neotorularia humilis
Erysimum amurense Kitag.=Erysimum amurense
Erysimum amurense Kitag.糖芥
Erysimum amurense subsp. *bungei* Kitag.=Erysimum amurense
Erysimum amurense subsp. *bungei* f. *flavum* (Kitag.) Kitag.=Erysimum bungei f. flavum
Erysimum amurense var. *bungei* (Kitag.) Kitag.=Erysimum amurense
Erysimum amurense var. *bungei* f. *flavum* (Kitag.) Kitag.=Erysimum bungei f. flavum
Erysimum arcuatum Opiz ex Presl=Barbarea vulgaris
Erysimum aurantiacum (Bge.) Maxim.=Erysimum amurense
Erysimum aurantiacum f. *flavum* Kitag.=Erysimum bungei f. flavum
Erysimum barbarea L.=Barbarea vulgaris
Erysimum benthamii P.Monnet 四川糖芥
Erysimum benthamii var. *grandiflorum* Monnet=Erysimum benthamii
Erysimum bracteatum W.W.Sm.=Erysimum wardii
Erysimum brevifolium Z.X.An=Erysimum cheiranthoides
Erysimum bungei (Kitag.) Kitag.=Erysimum amurense
Erysimum bungei f. bungei=Erysimum bungei
Erysimum bungei f. flavum (Kitag) K.C.Juan 黄花糖芥
Erysimum canescens Roth 灰毛糖芥
Erysimum chamaephyton Maxim.=Erysimum funiculosum
Erysimum cheiranthoides L.小花糖芥
Erysimum cheiranthoides var. *japonicum* H.Boiss.=Erysimum cheiranthoides
Erysimum cheiranthoides var. *sinuatum* Franch.=Erysimum macilentum
Erysimum deflexum HK.f. & Thoms.外折糖芥
Erysimum diffusum Ehrh.= Erysimum canescens
Erysimum eseptatum Z.X.An=Erysimum hieraciifolium
Erysimum flavum (Georgi) Bobrov 蒙古糖芥
Erysimum flavum subsp. altaicum (C.A.Mey.) Polozhij 阿尔泰糖芥
Erysimum flavum var. flavum=Erysimum flavum
Erysimum flavum var. *shinganicum* (Y.L.Chang) K.C.Kuan=Erysimum flavum
Erysimum forrestii (W.W.Sm.) Polats.匍匐糖芥
Erysimum funiculosum HK.f. & Thoms.紫花糖芥
Erysimum glandulosum Monnet=Dontostemon pinnatifidus
Erysimum handel-mazzettii Polats.无茎糖芥
Erysimum hieracifolium L.山柳菊叶糖芥
Erysimum hookeri Monnet=Dontostemon pinnatifidus
Erysimum humillinum (Ledeb.) N.Busch=Erysimum flavum
Erysimum japonicum (H.Boss.) Makino=Erysimum cheiranthoides
Erysimum limprichtii O.E.Schulz.=Erysimum roseum
Erysimum longisiliquum HK.f. & Thoms.=Erysimum benthamii
Erysimum macilentum Bge.=Erysimum cheiranthoides
Erysimum macilentum Bge.波齿糖芥
Erysimum marschallianum Andrz.=Erysimum hieracifolium
Erysimum odoratum Ehrh.星毛糖芥
Erysimum officinale L.=Sisymbrium officinale
Erysimum pamiricum Korsh.=Braya scharnhorstii
Erysimum pannoricum Crantz=Erysimum odoratum
Erysimum parviflorum Pers.=Erysimum cheiranthoides
Erysimum planisiliquum (Fisch. & C.A.Mey.) Steud.=Conringia planisiliqua
Erysimum quadricorne Steph.=Tetracme quadricornis
Erysimum repandum L.粗梗糖芥
Erysimum rigidum DC.=Erysimum repandum
Erysimum roseum (Maxim.) Polats.红紫糖芥

Erysimum schlagintweitianum O.E.Schulz 矮糖芥
Erysimum schneideri O.E.Schulz.=Erysimum forrestii
Erysimum sikkimense Polats.=Erysimum benthamii
Erysimum siliculosum (M.Bieb.) DC.棱果糖芥
Erysimum sinuatum (Franch.) Hand.-Mazz.=Erysimum macilentum
Erysimum sisymbrioides C.A.Mey.小糖芥
Erysimum stigmatosum Franch.=Neotorularia humilis
Erysimum strictum Gaertn.=Erysimum hieracifolium
Erysimum szechuanense O.E.Schulz=Erysimum benthamii
Erysimum violaceum D.Don=Cardamine violacea
Erysimum wardii Polats.具苞糖芥
Erysimum yunnanense Franch.=Erysimum macilentum
Erythraea Renealm. ex Borkh.=**Centaurium**
Erythraea chanetii Lévl.=Centaurium pulchellum var. altaicum
Erythraea japonica Maxim.=Centaurium japonicum
Erythraea meyeri Bge.=Centaurium pulchellum var. altaicum
Erythraea pulchella var. *altaica* Kitag.=Centaurium pulchellum var. altaicum
Erythraea ramosissima var. *altaica* Griseb.=Centaurium pulchellum var. altaicum
Erythraea ramosissima β. *albiflora* Boiss.=Centaurium pulchellum var. altaicum
Erythrina L.**刺桐属**(豆科)
Erythrina acanthocarpa E.H.May.非洲刺桐
Erythrina arborescens Roxb.鹦哥花
Erythrina corallodendron L.(Lour.Fl.Cochinch.1790)=Erythrina variegata
Erythrina corallodendron L.龙牙花
Erythrina corallodendron var. *orientalis* L.=Erythrina variegata
Erythrina cristagalli L.鸡冠刺桐
Erythrina indica Lam.=Erythrina variegata
Erythrina lithosperma Miq.=Erythrina subumbrans
Erythrina loureiri G.don=Erythrina variegata
Erythrina monosperma Lam.=Butea monosperma
Erythrina orientalis (L.) Murr.=Erythrina variegata
Erythrina senegalensis DC.塞内加尔刺桐
Erythrina speciosa Andr.象牙花
Erythrina stricta Roxb.劲直刺桐
Erythrina subumbrans (Hassk.) Merr.翅果刺桐
Erythrina tienensis Wang & Tang=Erythrina arborescens
Erythrina variegata L.刺桐
Erythrina variegata var. *orientalis* (L.) Merr.=Erythrina variegata
Erythrina yunnanensis Tsai & Yü 云南刺桐
Erythrocarpus glomerulatus Bl.=Suregada glomerulata
Erythrochaeta dentata A.Gray=Ligularia dentata
Erythrochaeta palmatifida S. & Z.=Ligularia japonica
Erythrodes Bl.**钳唇兰属**(兰科)
Erythrodes blumei (Lindl.) Schltr 钳唇兰
Erythrodes chinensis (Rolfe) Schltr.=Erythrodes blumei
Erythrodes formosana Schltr.=Erythrodes blumei
Erythrodes henryi Schltr.=Erythrodes blumei
Erythrodes latiflolia Bl.宽钳喙兰
Erythrodes latifolia Bl.(台湾志,1978)=Erythrodes blumei
Erythronium L.**猪牙花属**(百合科)
Erythronium albidum Nutt.白猪牙花
Erythronium americanum Ker.美国猪牙花
Erythronium californicum Purdy.加州猪牙花
Erythronium citrinum Wats.黄花猪牙花
Erythronium denscanis L.狗牙堇
Erythronium dens-canis var. *japonicum* Baker=Erythronium japoniucm
Erythronium denscanis var. *sibiricum* Fisch. & Mey.=Erythronium sibiricum
Erythronium grandiflorum Pursh.大花猪牙花
Erythronium hendersonii Wats.汉森猪牙花
Erythronium japonicum f. *album* C.F.Fang=Erythronium japonicum
Erythronium japonicum f. *immaculatum* P.Y.Fu & Q.S.Sun=Erythronium japonicum
Erythronium japoniucm Decne.猪牙花
Erythronium multiscapoideum A.Nels. & Kennedy 多葶猪牙花
Erythronium oregonum Applegate 俄勒冈猪牙花
Erythronium revolutum Smith.粉花猪牙花
Erythronium revolutum var. johnsonii Purdy 深玫猪牙花
Erythronium sibiricum (Fisch. & Mey.) Kryl.新疆猪牙花
Erythronium tuolumnense Applegate 长叶猪牙花
Erythropalla Hassk.=**Erythropalum**
Erythropalum Bl.**赤苍藤属**(铁青树科)
Erythropalum scandens Bl.赤苍藤
Erythropalum vagum (Griff.) Mast.=Erythropalum scandens
Erythrophleum R.Br.**格木属**(豆科)
Erythrophleum africanum Harms 非洲格木
Erythrophleum fordii Oliv.格木
Erythrophleum guineense G.Don 几内亚格木
Erythrophleum ivorense A.Chev.象牙海岸格木
Erythrophleum suaveolens Brenan 香格木
Erythropsis Lindl. ex Schott & Endl.**火桐属**(梧桐科)
Erythropsis colorata (Roxb.) Burkill 火桐
Erythropsis kwangsiensis (Hsue) Hsue 广西火桐
Erythropsis pulcherrima (Hsue) Hsue 美丽火桐
Erythropsis roxburghiana Schott & Endl.=Erythropsis colorata
Erythrorchis Bl.**倒吊兰属**(兰科)
Erythrorchis altissima (Bl.) Bl.倒吊兰
Erythrorchis kuhlii Rchb.f.=Galeola nudifolia
Erythrorchis lindleyana (HK.f. & Thoms.) Rchb.f.=Galeola lindleyana
Erythrorchis ochobiensis (Hay.) Garay=Erythrorchis altissima
Erythrospermum Lamk **红子木属**(大风子科)
Erythrospermum cavaleriei Lévl.=Celastrus hindsi
Erythrospermum hypoleucum Oliv.=Celastrus hypoleucus
Erythrospermum phytolaccoides Gard.锡兰红子木
Erythrostaphyle vitiginea Hance=Iodes vitiginea
Erythroxylaceae 古柯科
Erythroxylum P.Br.**古柯属**(古柯科)
Erythroxylum coca var. *novogranatense* Morris=Erythroxylum novogranatense
Erythroxylum kunthianum (Wall.) Kurz=Erythroxylum sinensis
Erythroxylum novogranatense (Morris) Hier.古柯
Erythroxylum sinensis C.Y.Wu 东方古柯
Erytrochilus indicus Reinw. ex Bl.=Claoxylon indicum
Erytrochilus longifolius Bl.=Claoxylon longifolium
Escallonia L.f.**艾思卡罗属**(虎耳草科)
Eschscholtzia Cham.**花菱草属**(罂粟科)
Eschscholtzia californica Cham.花菱草
Eschweileria palmatum Zipp.=Boerlagiodedron palmatum
Esmeralda Chlb.f.**花蜘蛛兰属**(兰科)
Esmeralda bella Rchb.f.口盖花蜘蛛兰
Esmeralda clarkei Rchb.f.花蜘蛛兰
Espera cordifolia Willd.=Berrya cordifolia
Espostoa Britt & Rose **老乐柱属**(仙人掌科)
Espostoa lanata (HNK) Britt & Rose 老乐柱
Esquirolia sinensis Lévl.=Ligustrum lucidum
Esquiroliella Lévl.=**Neomartinella**
Esquiroliella violifolia (Lévl.) Lévl.=Neomartinella violifolia
Esula Haw=**Euphorbia**
Etaeria abbreviata Lindl.=Anoectochilus abbreviatus
Etaeria elongata Lindl.=Hetaeria elongata
Etaeria moulmeinensis (Par & Rchb.f.=Anoectochilus moulmeinensis
Ethulia L.**都丽菊属**(菊科)
Ethulia angustifolia Bojer ex DC.=Ethulia conyzoides
Ethulia auriculata Thunb.=Dichrocephala auriculata
Ethulia conyzoides L.都丽菊
Ethulia divaricata L.=Epaltes divaricata
Ethulia gracilis Delile=Ethulia conyzoides
Ethulia ramosa Roxb.=Ethulia conyzoides
Etlingera Giseke **茴香砂仁属**(姜科)
Etlingera elatior (Jack.) R.M.Sm.火炬姜
Etlingera littoralis (J.König) Giseke 红茄砂
Etlingera yunnanense T.L.Wu & S.J.Chen 茄香砂仁
Euaraliopsis Hutch.**掌叶树属**(五加科)
Euaraliopsis ciliata (Dunn) Hgutch.假通草
Euaraliopsis dumicola (W.W.Sm.) Hutch.翅叶掌叶树
Euaraliopsis fatsioides (Harms) Hutch.盘叶掌叶树
Euaraliopsis ferruginea (Li) Hoo & Tseng 锈毛掌叶树
Euaraliopsis ficifolia Hutch.榕叶掌叶树

Euaraliopsis hainla (Ham.) Hutch.浅裂掌叶树
Euaraliopsis hispida (Seem.) Hutch.粗毛掌叶树
Euaraliopsis palmata (Roxb.) Hutch.掌叶树
Euaraliopsis palmipes (Forr. ex W.W.Sm.) Hutch.假柄掌叶树
Eubasis dichotoma Salisb.=Aucuba japonica
Eublatii Niedenzu=**Sonneratia**
Eucalyptus L'Herit.**桉属**(桃金娘科)
Eucalyptus alba Reinw. ex Bl.白桉
Eucalyptus amplifolia Naud.广叶桉
Eucalyptus bicolor A.Cunn.二色桉
Eucalyptus blakelyi Maiden 布氏桉
Eucalyptus botryoides Smith 葡萄桉
Eucalyptus camaldulensis Dehnh.赤桉
Eucalyptus camaldulensis var. acuminata (HK.) Blak.渐尖赤桉
Eucalyptus camaldulensis var. brevirostris (F.v.Muell.) Blak.短喙赤桉
Eucalyptus camaldulensis var. camaldulensis=Eucalyptus camaldulensis
Eucalyptus camaldulensis var. obtusa Blak.钝盖赤桉
Eucalyptus camaldulensis var. pendula Blak. & Jacobs 垂枝赤桉
Eucalyptus citriodora HK.f.柠檬桉
Eucalyptus crebara F.v.Muell.常桉
Eucalyptus exserta F.v.Muell.窿缘桉
Eucalyptus ficifolia F.Muell.美丽花桉
Eucalyptus globulus Labill.蓝桉
Eucalyptus grandis Hill ex Maiden 大桉
Eucalyptus kirtoniana F.v.Muell.斜脉胶桉
Eucalyptus lageniflerens F.v.Muell.=Eucalyptus bicolor
Eucalyptus leptophleba F.v.Muell.纤脉桉
Eucalyptus maculata HK.斑皮桉
Eucalyptus maculata var. *citriodora* (HK.f.) Bailey=Eucalyptus citriodora
Eucalyptus maideni F.v.Muell.直杆蓝桉
Eucalyptus melliodora A.Cunn. ex Schauer 蜜味桉
Eucalyptus microcorys F.v.Muell.小帽桉
Eucalyptus paniculata Smith 圆锥花桉
Eucalyptus patentinervis R.T.Baker=Eucalyptus kirtoniana
Eucalyptus pellita F.v.Muell.粗皮桉
Eucalyptus platyphylla F.v.Muell.阔叶桉
Eucalyptus polyanthemos Schauer 多花桉
Eucalyptus punctata DC.斑叶桉
Eucalyptus resinifera Sm.树胶桉
Eucalyptus robusta Smith 桉
Eucalyptus rudis Endl.野桉
Eucalyptus saligna Smith 柳叶桉
Eucalyptus tereticornis Smith 细叶桉
Eucalyptus torelliana F.v.Muell.毛叶桉
Euchlaena Schrad.**类蜀黍属**(禾本科)
Euchlaena mexicana Schrad.类蜀黍
Euchresta J.Benn.**山豆根属**(豆科)
Euchresta formosana (Hay.) Nakai=Euchresta formosana
Euchresta formosana (Hay.) Ohwi 台湾山豆根
Euchresta horsfieldii (Lesch.) J.Benn.伏毛山豆根
Euchresta horsfieldii var. *formosana* Hay.=Euchresta formosana
Euchresta japonica Benth. ex Olver=uchresta japonica
Euchresta japonica HK.f. ex Regel 山豆根
Euchresta longiracemosa S.Lee & H.Q.Wen=Euchresta tubulosa var. longiracemosa
Euchresta strigillosa C.Y.Wu=Euchresta horsfieldii
Euchresta tenuifolia Hemsl.=Maackia tenuifolia
Euchresta trifoliolata Merr.=uchresta japonica
Euchresta tubulosa Dunn 管萼山豆根
Euchresta tubulosa var. brevituba C.Chen 短萼山豆根
Euchresta tubulosa var. longiracemosa (S.Lee & Hl.Q.Wen) C.Chen 长序山豆根
Euchresta tubulosa var. tubulosa=Euchresta tubulosa
Euclidium R.Br.**乌头荠属**(十字花科)
Euclidium syriacum (L.) R.Br.乌头荠
Euclidium tataricum (Willd.) DC.=Litwinowia tenuissima
Euclidium tenuissimum (Pall.) B.Fedtsch.=Litwinowia tenuissima
Eucommia Oliv.**杜仲属**(杜仲科)
Eucommia ulmoides Oliv.杜仲
Eucommiaceae 杜仲科
Eugeissona Griff.**由基松棕属**(棕榈科)
Eugeissona brachystachys Ridley 短穗由基松棕
Eugeissona tristis Griff.暗淡由基松棕
Eugenia L.**番樱桃属**(桃金娘科)
Eugenia acutiseptala Hay.=Syzygiumscutisepalum
Eugenia aherniana C.B.Robins.吕宋番樱桃
Eugenia antiseptica O.Ktze.(Ridley in J.Bot.1930)=Syzygium seylanicum
Eugenia balsameum Wight=Syzygium balsameum
Eugenia baviensis Gagn.=Syzygium baviense
Eugenia boisiana Gagn.=Syzygium boisianum
Eugenia brachiata Roxb.(Duthie in Fl.Brit.Ind.1879)=Syzygium cinereum
Eugenia bullockii Hance=Syzygium bullockii
Eugenia caryophyllata Thunb.丁香
Eugenia championii Hemsl.=Syzygium championii
Eugenia ciliaris Ridley=Decaspermum cambodianum
Eugenia cinerea Kurz=Syzygium cinereum
Eugenia clausa C.B.Robins.=Cleistocalyx operculatus
Eugenia claviflora Roxb.=Syzygium claviflorum
Eugenia claviflora var. *oblongifolia* Hay.=Syzygium taiwanicum
Eugenia cumini Druce=Syzygium cumini
Eugenia deckeri Gagn.=Syzygium odoratum
Eugenia divaricato-cymosa Hay.=Cleistocalyx operculatus
Eugenia dumetora DC.=Rhodamnia dumetorum
Eugenia esquirolii Lévl.=Decaspermum esquirolii
Eugenia euonymifolia Metc.=Syzygium euonymifolium
Eugenia euphlebia Hay.=Syzygium euphlebium
Eugenia fluviatilis Hemsl.(Gagn.in Lecte.Fl.Gén.Indo-Chine 1920)=Syzygium sterrophyllum
Eugenia fluviatilis Hemsl.=Syzygium fluviatile
Eugenia formosana Hay.=Syzygium formosanum
Eugenia fruticosa Roxb.=Syzygium fruticosum
Eugenia gracilenta Hance=Decaspermum gracilentum
Eugenia grijsii Hance=Syzygium grijsii
Eugenia hainanensis Merr.=Pyrenocarpa hainanenesis
Eugenia henryi Hance=Syzygium championii
Eugenia holtzei F.v.Muell.=Cleistocalyx operculatus
Eugenia jambolana Lam.=Syzygium cumini
Eugenia jambos L.=Syzygium jambos
Eugenia javanica Lam.=Syzygium samarangense
Eugenia kashotensis Hay.=Syzygium kashotense
Eugenia kusukusensis Hay.=Syzygium kusukusense
Eugenia kwangtungensis Merr.=Syzygium kwangtungense
Eugenia laosensis var. *quocensis* Gagn.=Syzygium laosense var. quocense
Eugenia leptanthum Wight=Syzygium leptanthum
Eugenia leucocarpa Gagn.=Syzygium tsoongi
Eugenia maclurei Merr.=Syzygium championii
Eugenia macrophylla Lam.=Syzygium malaccense
Eugenia malaccensis L.=Syzygium malaccense
Eugenia malaccensis sensu Lour.=Syzygium jambos
Eugenia michelii Lam.=Eugenia uniflora
Eugenia microphylla Abel=Syzygium buxifolium
Eugenia millettiana Hemsl.(Dunn & Tutcher in Kew Bull.1912)=Syzygium levinei
Eugenia millettiana Hemsl.=Syzygium odoratum
Eugenia minutiflora Hance=Syzygium hancei
Eugenia multipunctata Merr.=Decaspermum cambodianum
Eugenia myrsinifolia Hance=Syzygium myrsinifolium
Eugenia oblata Roxb.=Syzygium oblatum
Eugenia operculata Roxb.=Cleistocalyx operculatus
Eugenia paniculata Banks 圆锥花番樱桃
Eugenia paniculata var. australis (Wendl.) Bailey 澳洲圆锥花番樱桃
Eugenia pyxiphylla Hance=Syzygium grijsii
Eugenia racemosa L.=Barringtonia racemosa
Eugenia sinensis Hemsl.=Syzygium buxifolium
Eugenia subdecurrens Merr. & Chun=Acmena acuminatissima
Eugenia tephrodes Hance=Syzygium tephrodes
Eugenia tetragona Wight=Syzygium tetragonum
Eugenia thumra Roxb.=Syzygium thumra
Eugenia tsoi Merr. & Chun=Syzygium cumini var. tsoi
Eugenia tsoongii Merr.=Syzygium tsoongi
Eugenia uniflora L.红果仔
Eugenia varians Miq.=Syzygium seylanicum

Eugenia zeylanica Wight=Syzygium seylanicum
Eugeniodes urceolare (Hance) O.Kuntze=Symplocos sumatia
Eulalia Kunth **黄金茅属**(禾本科)
Eulalia argentea Brongn.=Eulalia trispicata
Eulalia aurea (Bory) Kunth 黄金茅
Eulalia brevifolia Keng ex Keng f.短叶金茅
Eulalia collina (Balansa) Keng 山金茅
Eulalia contorta (Brongn.) Kuntze=Pseudopogonatherum contortum
Eulalia contorta var. *linearifolia* Keng=Pseudopogonatherum contortum var. linearifolium
Eulalia contorta var. pedicellata (Hack.) Keng 具梗笔草
Eulalia contorta var. *sinensis* Keng=Pseudopogonatherum contortum var. sinense
Eulalia cotulifera Munro ex Miq.=Eccoilopus cotulifer
Eulalia cumingii (Nees) A.Camus 库民金茅(新)
Eulalia filifolia S.L.Chen=Pseudopogonatherum capilliphyllum
Eulalia japonicum Trin.=Miscanthus sinensis
Eulalia koretrostachys (Trin.) Henr.=Pseudopogonatherum contortum
Eulalia leschenaultiana (Decne) Ohwi 龚氏金茅
Eulalia micranthera Keng & S.L.Chen 微药金茅
Eulalia mollis (Griseb.) Kuntze 银丝金茅
Eulalia nana Keng & S.L.Chen=Polytrias amaura var. nana
Eulalia nepalensis Trin=Diandranthus nepalensis
Eulalia nuda (Trin.) Kuntze=Microstegium nudum
Eulalia pallens (Hack.) Kuntze 白健秆
Eulalia phaeothrix (Hack.) Kuntze 棕茅
Eulalia praemorsa (Nees) Stapf ex Ridley=Polytrias amaura
Eulalia quadrinervis (Hack.) Kuntze 四脉金茅
Eulalia sect. *Polytrias* (Hack.) Pilger=**Polytrias**
Eulalia sect. *Pseudopogonatherum* (A.Camus) Pilger= **Pseudopogonatherum**
Eulalia setifolia (Nees) Pilger=Pseudopogonatherum setifolium
Eulalia speciosa (Debeaux) Kuntze 黄金茅
Eulalia splendens Keng & S.L.Chen 红健秆
Eulalia trispicata (Schult.) Henr.三穗金茅
Eulalia viminea (Trin.) Kuntze=Microstegium vimineum
Eulalia wightii (HK.f.) Bor 魏氏金茅
Eulalia yunnanensis Keng & S.L.Chen 云南金茅
Eulaliopsis Honda **拟金茅属**(禾本科)
Eulaliopsis angustifolia (Trin.) Honda=Eulaliopsis binata
Eulaliopsis binata (Retz.) C.E.Hubb.拟金茅
Eulophia R.Br. ex Lindl.**美冠兰属**(兰科)
Eulophia bicallosa (D.Don) P.F.Hunt & Summerh.台湾美冠兰
Eulophia bicarinata (Lindl.) HK.f.=Eulophia bicallosa
Eulophia brachycentra Hay.=Eulophia bicallosa
Eulophia brachypetala Lindl.=Eulophia herbacea
Eulophia bracteosa Lindl.长苞美冠兰
Eulophia burkei Rolfe ex Downie=Eulophia spectabilis
Eulophia campestris Lindl.(高等图鉴 1976,海南志 1977)=Eulophia graminea
Eulophia dentata Ames (台兰科图鉴 1977 & 1990)=Eulophia taiwanensis
Eulophia ensata Lindl.剑形叶美冠兰
Eulophia euglossa (Rchb.f.) Rchb.f.美舌美冠兰
Eulophia faberi Rolfe 长距美冠兰
Eulophia flava (Lindl.) HK.f.黄花美冠兰
Eulophia formosana (Rolfe) Rolfe=Eulophia bicallosa
Eulophia gigantea (Welw.) N.E.Br.巨美冠兰
Eulophia graminea Lindl.美冠兰
Eulophia graminea var. *kitamurai* (Masam.) S.S.Ying=Eulophia taiwanensis
Eulophia guineensis Lindl.几内亚美冠兰
Eulophia gusukumai Masam.=Eulophia graminea
Eulophia herbacea Lindl.毛唇美冠兰
Eulophia hildebrandii Schltr.裸美冠兰
Eulophia hirsuta T.P.Lin 短毛美冠兰
Eulophia holochila Coll. & Hemsl.=Eulophia spectabilis
Eulophia kitamurai Masam.=Eulophia taiwanensis
Eulophia macrorhiza Bl.=Eulophia zollingeri
Eulophia macrostachya Lindl.=Eulophia pulchra
Eulophia monantha W.W.Sm.单花美冠兰
Eulophia nuda Lindl.=Eulophia spectabilis
Eulophia ochobiensis Hay.=Eulophia zollingeri
Eulophia porphyroglossa Rchb.f.紫舌美冠兰
Eulophia pulchra (Thou.) Lindl.美花美冠兰
Eulophia purpurata (Lindl.) N.E.Br.紫红美冠兰(新)
Eulophia ramosa Hay.=Eulophia graminea
Eulophia rosea (Lindl.) A.D.Hawkes 红美冠兰
Eulophia sanguinea (Lindl.) HK.f.=Eulophia zollingeri
Eulophia segawai Fukuyama=Eulophia taiwanensis
Eulophia sinensis Bl.(Guill.in Bul.Mus.Hist.Nat.1960)=Spathoglottis pubescens
Eulophia sinensis Miq.=Eulophia graminea
Eulophia sooi W.Y.Chun & T.Tang & S.C.Chen 剑叶美冠兰
Eulophia spectabilis (Dennst.) Suresh 紫花美冠兰
Eulophia streptopetala (Lindl.) Lindl.旋扭花美冠兰
Eulophia stricta (Presl) Ames 劲直美冠兰
Eulophia taiwanensis Hay.宝岛美冠兰
Eulophia taiwanensis var. *kitamurai* Masam.=Eulophia taiwanensis
Eulophia venusta Schltr.=Eulophia graminea
Eulophia yunnanensis Rolfe 云南美冠兰
Eulophia yushuiana S.Y.Hu=Eulophia zollingeri
Eulophia zollingeri (Rchb.f.) J.J.Sm.无叶美冠兰
Euonymus L.**卫矛属**(卫矛科)
Euonymus acanthocarpus Franch.刺果卫矛
Euonymus acanthocarpus var. acanthocarpus=Euonymus acanthocarpus
Euonymus acanthocarpus var. laxus (C.H.Wang) C.Y.Cheng 长梗刺果卫矛
Euonymus acanthocarpus var. *longipes* (Loes.) Blakel=Euonymus acanthocarpus var. laxus
Euonymus acanthocarpus var. lushanensis (Chen & Wang) C.Y.Cheng 短刺刺果卫矛
Euonymus acanthocarpus var. scandens (Loes.) Blakel.攀生刺果卫矛
Euonymus acanthocarpus var. sutchuenensis Franch. ex Loes.蔬花刺果卫矛
Euonymus acanthoxanthus Pitard 刺黄卫矛
Euonymus actinocarpus Leos 星刺卫矛
Euonymus aculeatus Hemsl.软刺卫矛
Euonymus aculeolus C.Y.Cheng ex J.S.Ma 微刺卫矛
Euonymus acutorhombifolius Hay.=Euonymus tashiroi
Euonymus alatus Rupr.=Euonymus alatus
Euonymus alatus Sieb.(长白药志 1982)=Euonymus alatus var. pubescens
Euonymus alatus (Thunb.) Sieb.卫矛
Euonymus alatus f. ciliatodentatus Hiyama 齿毛卫矛
Euonymus alatus f. microphyllus Hara 小叶卫矛
Euonymus alatus var. alatus=Euonymus alatus
Euonymus alatus var. *apterus* Rgl.=Euonymus alatus
Euonymus alatus var. *ellipticus* C.H.Wang=Euonymus ellipticus
Euonymus alatus var. *pilosa* Loes. & Rehd.=Euonymus alatus var. pubescens
Euonymus alatus var. pubescens Maxim.毛脉卫矛
Euonymus americanus L.美洲卫矛
Euonymus americanus var. angustifolius (Prush.) Wood.狭叶美洲卫矛
Euonymus amygdalifolius Franch.=Euonymus clivicolus
Euonymus amygdalifolius Franch.大理卫矛
Euonymus angustatus Sprague 紫刺卫矛
Euonymus aquifolius Loes. & Rehd.=Glyptopetalum aquifolium
Euonymus arboricolus Hay.=Euonymus trichocarpus
Euonymus atropurpureus Jacq.深紫卫矛
Euonymus austrotibetanus Y.R.Li 藏南卫矛
Euonymus blinii Lévl.=Euonymus laxiflorus
Euonymus bockii Loes.南川卫矛
Euonymus bockii var. bockii=Euonymus bockii
Euonymus bockii var. orgyalis (W.W.Sm.) C.Y.Cheng 六尺卫矛
Euonymus boninensis Koidz.小笠原卫矛
Euonymus bullatus Wall.皱叶卫矛
Euonymus bungeanus Maxim.=Euonymus maackii
Euonymus bungeanus var. *mongolicus* (Nakai) Kitag.=Euonymus maackii
Euonymus bungeanus var. pendulus Rehd.垂枝白杜
Euonymus bungeanus var. semipersistens Schneid.半常绿卫矛
Euonymus carnosus Hemsl.肉花卫矛

Euonymus centidens Lévl.百齿卫矛
Euonymus ceratophorus Loes.带角卫矛
Euonymus chengii J.S.Ma 静容卫矛
Euonymus chenkangensis C.W.Wang=Euonymus viburnoides
Euonymus chenmoui Cheng 陈谋卫矛
Euonymus chibai Makino 千叶卫矛
Euonymus chinensis Lindl.=Euonymus nitidus
Euonymus chinensis var. *microcarpa* Oliv. ex Loes.=Euonymus microcarpus
Euonymus chinensis var. *tonkinensis* Loes.=Euonymus tonkinensis
Euonymus chloranthoides Yang 缙云卫矛
Euonymus chuii Hand.-Mazz.隐刺卫矛
Euonymus cinereus Laws 灰绿卫矛
Euonymus clivicolus W.W.Sm.岩坡卫矛
Euonymus clivicolus var. *rongchuensis* (Marq & Shaw) Blakel.=Euonymus clivicolus
Euonymus cochinchinensis Pierre=Euonymus gibber
Euonymus colonoides Craib 中南卫矛?
Euonymus contractus Sprague 密花卫矛
Euonymus contractus var. pedunculatus C.Y.Cheng 长梗密花卫矛
Euonymus cornudoides Loes.=Euonymus frigidus var. cornutoides
Euonymus cornutus Hemsl.(Comber in Not.Roy.Bot.Gard.Edinb1934)=Euonymus frigidus var. cornutoides
Euonymus cornutus Hemsl.角翅卫矛
Euonymus cornutus var. quinquecornutus (Comber) Blakelock 五角卫矛
Euonymus crenatus C.H.Wang 灵兰卫矛
Euonymus crinitus Pamp.=Euonymus schensianus
Euonymus cuspidatus Loes.凸尖卫矛
Euonymus dasydictyon Loes. & Rehd.=Euonymus porphyreus
Euonymus decorus W.W.Sm.=Euonymus yunnanensis
Euonymus dielsianus Loes.裂果卫矛
Euonymus dielsianus var. *euryanthus* Hand.-Mazz.=Euonymus fertilis var. euryanthus
Euonymus dielsianus var. *fertilis* Loes.=Euonymus fertilis
Euonymus dielsianus var. *latifolius* Loes.=Euonymus lecleri
Euonymus distichus Lévl.双歧卫矛
Euonymus dolichopus Merr. ex J.S.Ma 长梗卫矛
Euonymus dorsicostatus Nakai 背肋卫矛
Euonymus echinatus Sprague 棘刺卫矛
Euonymus echinatus Wall. ex Roxb.(Matsum & Hay.in J.Coll.Sci.Univ. Tokyo 1908,p.p.)=Euonymus spraguei
Euonymus echinatus Wall. ex Roxb.(台湾树木志 1963, p.p.)=Euonymus trichocarpus
Euonymus elegatissima Loes. & Rehd.=Euonymus schensianus
Euonymus ellipticus (C.H.Wang) C.Y.Cheng 南昌卫矛
Euonymus euphlebiphyllus Hay.=Celastrus paniculatus
Euonymus europaeus L.欧卫矛
Euonymus europaeus var. albus West.白果欧洲卫矛
Euonymus europaeus var. angustifolius Reichb.狭叶欧洲卫矛
Euonymus europaeus var. atropurpureus Nichols.暗紫欧洲卫矛
Euonymus europaeus var. atrorubens Rehd.深红欧洲卫矛
Euonymus europaeus var. intermedius Gaud.居间欧洲卫矛
Euonymus europaeus var. nanus Loud.矮生欧洲卫矛
Euonymus euscaphioides Chen & Wang=Euonymus centidens
Euonymus euscaphis Hand.-Mazz.鸦椿卫矛
Euonymus euscaphis var. *gracilis* Hand.-Mazz.=Euonymus euscaphis
Euonymus feddei Lévl.=Glyptopetalum feddei
Euonymus fengii Chun & How=Glyptopetalum fengii
Euonymus fertilis (Loes.) C.Y.Cheng ex C.Y.Chang 全育卫矛
Euonymus fertilis var. euryanthus (Hand.-Mazz.) C.Y.Chang 宽蕊卫矛
Euonymus fertilis var. fertilis=Euonymus fertilis
Euonymus ficoides C.Y.Cheng ex J.S.Ma 榕叶卫矛
Euonymus fimbriatus Wall. ex Roxb.縫叶卫矛
Euonymus flavescens Loes. ex Diels=Euonymus oblongifolius
Euonymus forbesianus Loes.=Euonymus laxiflorus
Euonymus forbesii Hance=Euonymus maackii
Euonymus forrestii Comber=Euonymus viburnoides
Euonymus fortunei (Turcz.) Hand.-Mazz.扶芳藤
Euonymus fortunei cv. Uncinatus 钩枝扶芳藤
Euonymus fortunei f. angustifolius Hara 狭叶扶芳藤
Euonymus fortunei f. carrierei (Vauv.) Rehd.卡里尔扶芳藤
Euonymus fortunei f. reticulatus Rehd.网脉扶芳藤
Euonymus fortunei f. rugosus Hara 凹脉扶芳藤
Euonymus fortunei var. alticolus (Hand.-Mazz.) Rehd.高原扶芳藤
Euonymus fortunei var. argenteo-marginatus Rehd.银边扶芳藤
Euonymus fortunei var. coloratus (Rehd.) Rehd.色叶扶芳藤
Euonymus fortunei var. fastigiatus Sugimoto 丛枝扶芳藤
Euonymus fortunei var. microphyllus Sieb.小叶扶芳藤
Euonymus fortunei var. minima (Simon-Louis) Rehd.小扶芳藤
Euonymus fortunei var. radicans (Miq.) Rehd.爬行扶芳藤
Euonymus fortunei var. vegetus (Rehd.) Rehd.变叶扶芳藤
Euonymus fortunei var. villosus Hara 毛扶芳藤
Euonymus frigidus Wall. ex Roxb.冷地卫矛
Euonymus frigidus var. cornutoides (Loes.) C.Y.Cheng 窄叶冷地卫矛
Euonymus frigidus var. frigidus=Euonymus frigidus
Euonymus frigidus var. *wardii* (W.W.Sm.) Blakel.=Euonymus frigidus
Euonymus geloniifolium var. *robusta* Chun & How=Glyptopetalum geloniifolium var. robustum
Euonymus geloniifolius Chun & How=Glyptopetalum geloniifolium
Euonymus gibber Hance 流苏卫矛
Euonymus giraldii Loes.纤齿卫矛
Euonymus giraldii var. *angustialatus* Loes.=Euonymus giraldii
Euonymus giraldii var. ciliatus Loes.缘毛纤齿卫矛
Euonymus glaber Roxb.无毛卫矛
Euonymus gracillimus Hemsl.纤细卫矛
Euonymus grandiflorus Wall.大花卫矛
Euonymus grandiflorus f. grandiflorus=Euonymus grandiflorus
Euonymus grandiflorus f. *longipedunculatus* C.Y.Cheng=Euonymus grandiflorus
Euonymus grandiflorus f. salicifolius Stapf & Ball 柳叶大花卫矛
Euonymus grandiflorus var. *angustifolia* C.H.Wang=Euonymus grandiflorus f. Salicifolius
Euonymus grandiflorus Wall.(苏南植物手册 1959)=Euonymus carnosus
Euonymus hainanensis Chun & How 海南卫矛
Euonymus hamiltonianus Wall. ex Roxb.西南卫矛
Euonymus hamiltonianus f. hamiltonianus=Euonymus hamiltonianus
Euonymus hamiltonianus f. koehneanus (Loes.) Blakel.凯内西南卫矛
Euonymus hamiltonianus f. lanceifolius (Loes.) C.Y.Cheng 毛脉搏西南卫矛
Euonymus hamiltonianus var. australis Kom.南方卫矛
Euonymus hamiltonianus var. hians (Koehne) Blakel.开裂西南卫矛
Euonymus hamiltonianus var. *lanceifolius* (Loes.) Blakel.=Euonymus hamiltonianus f. lanceifolius
Euonymus hamiltonianus var. *maackii* (Rupr.) Blakel.=Euonymus maackii
Euonymus hamiltonianus var. nikoensis (Nakai) Blakel.日光卫矛
Euonymus hamiltonianus var. *pubinervius* S.Z.Qu & He=Euonymus hamiltonianus f. lanceifolius
Euonymus hamiltonianus var. semiexsertus (Koehne) Blakel.半露卫矛
Euonymus hamiltonianus var. yedoensis (Koehne) Blakel.紫药西南卫矛
Euonymus haoi Loes. ex Wang=Euonymus schensianus
Euonymus hederaceus Champex Benth 常春卫矛
Euonymus hemsleyanus Loes.厚叶卫矛
Euonymus hui J.S.Ma 秀英卫矛
Euonymus hukuangensis C.Y.Cheng ex J.S.Ma 湖广卫矛
Euonymus hupehensis Loes.湖北卫矛?
Euonymus hupehensis var. brevipedunculatus Loes.短梗湖北卫矛
Euonymus hupehensis var. maculatus Loes.斑点湖北卫矛
Euonymus hystrix W.W.Sm.刺猬卫矛
Euonymus ilicifolia Franch.=Glyptopetalum ilicifolium
Euonymus incertus Pitard.不定卫矛
Euonymus integgerrimus Prokh.=Euonymus verrucosus var. chinensis
Euonymus integrifolius Blakel.=Euonymus schensianus
Euonymus japonicus L.冬青卫矛
Euonymus japonicus cv. Mediopicta 心纹冬青卫矛
Euonymus japonicus cv. Microphylls Variegatus 小纹冬青卫矛
Euonymus japonicus cv. Microphyllus 小叶冬青卫矛
Euonymus japonicus cv. Silver Queen 银后冬青卫矛
Euonymus japonicus cv. Yellow Queen 黄后冬青卫矛
Euonymus japonicus f. albomarginatus (Moore) Rehd.银边冬青卫矛
Euonymus japonicus f. aureomarginatus (Redh.) Rehd.金边冬青卫矛

Euonymus japonicus f. aureovariegatus (Rgl.) Rehd.金心冬青卫矛
Euonymus japonicus f. macrophyllus Beissn.大叶冬青卫矛
Euonymus japonicus f. pyramidatus Rehd.塔形冬青卫矛
Euonymus japonicus var. albomarginatus 银边黄杨?
Euonymus japonicus var. *aucta* Rehd.=Euonymus fortunei
Euonymus japonicus var. aureo-marginatus 金边黄杨?
Euonymus japonicus var. fastigiatus Carr.帚状冬青卫矛
Euonymus japonicus var. longifolium Nakai 长叶冬青卫矛
Euonymus japonicus var. *radicans* Miq.=Euonymus fortunei
Euonymus japonicus var. radicifer Nakai 匍根冬青卫矛
Euonymus japonicus var. viridivariegatus Rehd.绿斑冬青卫矛
Euonymus javanicus Bl.爪哇卫矛
Euonymus javanicus var. talungensis Pierre 塔龙卫矛
Euonymus jinfoshanensis Z.M.Gu 金佛山卫矛
Euonymus jinggangshanensis M.X.Nie 井冈山卫矛
Euonymus jinyuangensis C.Y.Cheng 金阳卫矛
Euonymus kawachiana Nakai 河内卫矛
Euonymus kengmaensis C.Y.Cheng ex J.S.Ma 耿马卫矛
Euonymus kiautschuvicus Loess 胶州卫矛
Euonymus kuraruensis Hay.=Euonymus spraguei
Euonymus kwangtungensis C.Y.Cheng 长叶卫矛
Euonymus kweichowensis C.H.Wang=Euonymus schensianus
Euonymus lanceifolius Loes.=Euonymus hamiltonianus f. lanceifolius
Euonymus lanceolatus Yatabe 披针叶卫矛
Euonymus latifolius (L.) Mill.宽叶卫矛
Euonymus lawsonii C.B.Clarke ex Prain 中缅卫矛
Euonymus lawsonii f. lawsonii=Euonymus lawsonii
Euonymus lawsonii f. salicifolius (Loes.) C.Y.Cheng 柳叶中缅卫矛
Euonymus lawsonii var. *salicifolius* (Loes.) Blakel.=Euonymus lawsonii f. Salicifolius
Euonymus laxicymosus C.Y.Cheng ex J.S.Ma 稀序卫矛
Euonymus laxiflorus Champ ex Benth 疏花卫矛
Euonymus laxus C.H.Wang=Euonymus acanthocarpus var. laxus
Euonymus lecleri Lévl.(高等图鉴 1971)=Euonymus dielsianus
Euonymus lecleri Lévl.革叶卫矛
Euonymus lichiangensis W.W.Sm.丽江卫矛
Euonymus lindleyi K.Koch.=Euonymus nitidus
Euonymus linearifolius Franch.线叶卫矛
Euonymus longifolius Champ. ex Benth.=Euonymus kwangtungensis
Euonymus longipedicellatus Merr. & Chun=Glyptopetalum longipedicellatum
Euonymus longipedicellatus var. *continentalis* Chun & How=Glyptopetalum continentale
Euonymus lucidus D.Don 光亮卫矛
Euonymus lushanensis Chen & Wang=Euonymus acanthocarpus var. lushanensis
Euonymus maackii Rupr.白杜
Euonymus macropterus Rupr.黄心卫矛
Euonymus mairei Lévl.=Euonymus grandiflorus
Euonymus matsudai Hay.=Euonymus tashiroi
Euonymus maximowiczianus (Pfrokh.) Varosh 凤城卫矛
Euonymus melananthus Franch. & Sav.黑花卫矛
Euonymus mengtseanus (Loes.) Sprague 蒙自卫矛
Euonymus merrillianus C.H.Wang=Euonymus nitidus
Euonymus micranthus Bge.=Euonymus maackii
Euonymus microcarpus (Oliv.) Sprague 小果卫矛
Euonymus mitratus Pierre 帽果卫矛
Euonymus miyakei Hay.=Euonymus gibber
Euonymus monbeigii W.W.Sm.=Euonymus sanguineus
Euonymus mongolicus Nakai=Euonymus maackii
Euonymus morrisonensis Kanehira & Sasaki 玉山卫矛
Euonymus mupinensis Loes. & Rehd.(高等图鉴 1972)=Euonymus chuii
Euonymus myrianthus Hemsl.大果卫矛
Euonymus myrianthus var. *tenuis* C.Y.Cheng=Euonymus myrianthus
Euonymus nanoides Loes.小卫矛
Euonymus nanus Bieb 矮卫矛
Euonymus nanus var. turkestanicus (Dieck.) Krist.土耳其斯坦卫矛
Euonymus nitidus Benth 中华卫矛
Euonymus nitidus f. nitidus=Euonymus nitidus
Euonymus nitidus f. tsoi (Merr.) C.Y.Cheng 窄叶中华卫矛
Euonymus oblongifolius Loes. & Rehd.矩叶卫矛
Euonymus obovatus Nutt.倒卵叶卫矛
Euonymus occidentalis Nuut.西方卫矛
Euonymus occidentalis parishii (Trel.) Jeps.帕瑞斯卫矛
Euonymus omeiensis Fang 峨眉卫矛
Euonymus oresbius W.W.Sm.=Euonymus nanoides
Euonymus oresibius W.W.Sm.山生卫矛
Euonymus orgyalis W.W.Sm.=Euonymus bockii var. orgyalis
Euonymus oukiakiensis Pamp.=Euonymus maackii
Euonymus oxyphyllus Miq.垂丝卫矛
Euonymus oxyphyllus var. nipponicus (Maxim.) Blakel.日本垂丝卫矛
Euonymus oxyphyllus var. yezoensis (Koidz.) Blakel.北海道垂丝卫矛
Euonymus pallidifolius Hay.淡绿叶卫矛
Euonymus parasimilis C.Y.Cheng ex J.S.Ma 碧江卫矛
Euonymus paravagans Z.M.Gu 滇西卫矛
Euonymus pashanensis S.Z.Qu & Y.H.He 巴山卫矛
Euonymus pauciflorus Maxim.=Euonymus verrucosus var. pauciflorus
Euonymus pauciflorus var. *chinensis* (Maxim.) Rehd.=Euonymus verrucosus var. chinensis
Euonymus pellucidifolius Hay.透明卫矛
Euonymus pendulus Wall. ex Roxb.垂序卫矛
Euonymus pendulus Wall.(Laws.in Fl.Brit.Ind.1875)=Euonymus fimbriatus
Euonymus perbellus C.Y.Cheng 美丽卫矛
Euonymus percoriaceus C.Y.Wu ex J.S.Ma 西畴卫矛
Euonymus phellomanus Loes.栓翅卫矛
Euonymus pinchuanensis Loes.=Euonymus linearifolius
Euonymus planipes Koehne 扁柄卫矛
Euonymus porphyreus Loes.紫花卫矛
Euonymus porphyreus var. ellipticus Blakel.椭圆叶紫花卫矛
Euonymus potingensis Chun & How ex J.S.Ma 保亭卫矛
Euonymus przwalskii Maxim.八宝茶
Euonymus pseudosootepensis Y.R.Li & S.G.Wu 光果卫矛
Euonymus pseudovagans Pitard.假蔓生卫矛
Euonymus pulvinatus Chun & How=Euonymus yunnanensis
Euonymus pygmaeus W.W.Sm.=Euonymus frigidus
Euonymus rehderianus Loes.短翅卫矛
Euonymus rhodacanthus Pitard.红刺卫矛
Euonymus rhytidophyllus Chun & How=Glyptopetalum rhytidophyllum
Euonymus rongchuensis Marq & Shaw=Euonymus clivicolus
Euonymus roseperulatus Loes.粉芽鳞卫矛
Euonymus rosthornii Loes.=Euonymus myrianthus
Euonymus rostratus W.W.Sm.喙果卫矛
Euonymus rubescens Pitard.变红卫矛
Euonymus sachalinensis (Fr.Schmidt) Maxim.库页卫矛
Euonymus sacrosanctus Koidz.=Euonymus alatus var. pubescens
Euonymus salicifolius Loes.=Euonymus lawsonii f. Salicifolius
Euonymus sanguineus Loes.石枣子
Euonymus sanguineus var. *brevipeduncula* Blakel.=Euonymus sanguineus
Euonymus sanguineus var. brevipedunculatus Loes.短梗石枣子
Euonymus sanguineus var. *camptoneurus* Blakel.=Euonymus sanguineus
Euonymus sanguineus var. lanceolatus S.Z.Qu & Y.H.He 披针叶石枣子
Euonymus sanguineus var. laxus Loes.疏花石枣子
Euonymus sanguineus var. *orthoneura* Blakel.=Euonymus sanguineus
Euonymus sanguineus var. *sanguineus*=Euonymus sanguineus
Euonymus sargentianus Loes. & Rehd.=Euonymus myrianthus
Euonymus saxicolus Loes. & Rehd.岩卫矛
Euonymus saxicolus var. petoilatus C.Y.Cheng 有柄岩卫矛
Euonymus scandens Graham 爬藤卫矛
Euonymus schensianus Maxim.陕西卫矛
Euonymus sclerocarpus Kurz.=Glyptopetalum sclerocarpum
Euonymus semenovii Rgl. & Herd(Loes. & Rehd.in Sarg.Pl.Wils. 1913, p.p.)=Euonymus przwalskii
Euonymus semenovii Rgl.中亚卫矛
Euonymus semiexserta Koehne 半伸卫矛
Euonymus spraguei Hay.疏刺卫矛
Euonymus streptopterus Merr.=Euonymus centidens
Euonymus striata var. *aperta* Loes.=Euonymus verrucosoides var. viridiflorus
Euonymus subcordatus J.S.Ma 近心叶卫矛?

Euonymus subsessilis Sprague 无柄卫矛
Euonymus subsessilis var. *latifolius* Loes.=Euonymus chuii
Euonymus subtrinervis Rehd.三脉卫矛
Euonymus szechuanensis C.H.Wang 四川卫矛
Euonymus taliensis Loes.=Euonymus amygdalifolius
Euonymus tanakae Maxim.=Euonymus carnosus
Euonymus tashiroi Maxim.菱叶卫矛
Euonymus tengyuehensis W.W.Sm.腾冲卫矛
Euonymus ternifolius Hand.-Mazz.=Euonymus nanus
Euonymus ternifolius Hand.-Mazz.轮叶卫矛
Euonymus theacolus C.Y.Cheng 茶色卫矛
Euonymus theifolius var. *mengtseanus* Loes.=Euonymus mengtseanus
Euonymus theifolius Wall.茶叶卫矛
Euonymus thunbergianus Bl.=Euonymus alatus
Euonymus tibeticus W.W.Sm.西藏卫矛
Euonymus tingens Wall.染用卫矛
Euonymus tonkinensis Loes.北部湾卫矛
Euonymus tricarpus Koidz.三果卫矛
Euonymus trichocarpus Hay.卵叶刺果卫矛
Euonymus tsoi Merr.=Euonymus nitidus f. Tsoi
Euonymus tsoi var. *brevipes* Hsu=Euonymus euscaphis
Euonymus uniflorus Lévl. ex Vant.=Euonymus myrianthus
Euonymus ussuriensis Maxim.(湖北志 1979)=Euonymus giraldii
Euonymus vaganoides C.Y.Cheng ex J.S.Ma 拟游藤卫矛
Euonymus vagans Wall. ex Roxb.游藤卫矛
Euonymus vagans subsp. macrophyllus Kanz.大叶石宝茶藤
Euonymus velutinus (C.A.Mey.) Fisch. & Mey.天鹅绒毛卫矛
Euonymus venosus Hemsl.曲脉卫矛
Euonymus verrucosoides Loes.疣点卫矛
Euonymus verrucosoides var. *aptera* (Loes.) C.Y.Wu ex Y.R.Li=Euonymus verrucosoides var. viridiflorus
Euonymus verrucosoides var. verrucosoides=Euonymus verrucosoides
Euonymus verrucosoides var. viridiflorus Loes.小叶疣点卫矛
Euonymus verrucosus Scop.瘤枝卫矛
Euonymus verrucosus var. chinensis Maxim.中华瘤枝卫矛
Euonymus verrucosus var. pauciflorus (Maxim.) Rgl.少花瘤枝卫矛
Euonymus verrucosus var. verrucosus=Euonymus verrucosus
Euonymus viburnifolius Merr.=Euonymus gibber
Euonymus viburnoides Prain 荚蒾卫矛
Euonymus wardii W.W.Sm.=Euonymus frigidus
Euonymus wensiensis J.W.Ren & D.S.Yao 文县卫矛
Euonymus wilsonii Sprague 长刺卫矛
Euonymus wui J.S.Ma 征镒卫矛
Euonymus xylocarpus C.Y.Cheng & Z.M.Gu 木果卫矛
Euonymus yakushimensis Makino 屋久岛卫矛
Euonymus yunnanensis Franch.云南卫矛
Eupatorium L.**泽兰属**(菊科)
Eupatorium album L.(Thunb.in Fl.Jap.1784)=Eupatorium japonicum
Eupatorium altissimum L.高泽兰
Eupatorium amabile Kitam.多花泽兰
Eupatorium asperum Roxb.=Vernonia aspera
Eupatorium caespitosum Miq.=Eupatorium fortunei
Eupatorium cannabinum DC.(北研丛刊 1934)=Eupatorium lindleyanum
Eupatorium cannabinum L.大麻叶泽兰
Eupatorium chinense L.(Kom.in Fl.Manch.1907)=Eupatorium japonicum
Eupatorium chinense L.多须公
Eupatorium chinense var. *simplicifolium* (Makino) Kitam.=Eupatorium japonicum
Eupatorium chinense var. *tripartitum* Miq.=Eupatorium fortunei
Eupatorium coelestinum L.破坏草
Eupatorium cordatum Burm.f.=Mikania cordata
Eupatorium crenatifolium Hand.-Mazz.=Eupatorium chinense
Eupatorium formosanum Hay.台湾泽兰
Eupatorium fortunei Turcz.佩兰
Eupatorium fortunei var. angusti-lobum Ling?狭叶佩兰(新)
Eupatorium fortunei var. *simplicifolium* (Makino) Nakai=Eupatorium japonicum
Eupatorium fortunei var. *simplicifolium* f. *aureo-reticulatum* (Makino) Nakai=Eupatorium japonicum
Eupatorium fortunei var. *triparticum* (Makino) Nakai=Eupatorium japonicum var. tripartitum
Eupatorium gracillimum Hay.=Eupatorium tashiroi
Eupatorium heterophyllum DC.异叶泽兰
Eupatorium japonicum f. *aureo-reticulatum* Makino=Eupatorium japonicum
Eupatorium japonicum Thunb.白头婆
Eupatorium japonicum var. japonicum=Eupatorium japonicum
Eupatorium japonicum var. *simplicifolium* Makino=Eupatorium japonicum
Eupatorium japonicum var. tozanense (Hay.) Kitam.土场白头婆?
Eupatorium japonicum var. tripartitum Makino 三裂白头婆(新)
Eupatorium kirilowii Turcz.=Eupatorium lindleyanum
Eupatorium lindleyanum DC.林泽兰
Eupatorium lindleyanum f. *aureo-reticulatum* Makino=Eupatorium lindleyanum
Eupatorium lindleyanum var. eglandulosum Kitam.无腺林泽兰(新)
Eupatorium lindleyanum var. lindleyanum=Eupatorium lindleyanum
Eupatorium lindleyanum var. *trifoliolatum* Makino=Eupatorium lindleyanum
Eupatorium luchuense var. kiirunense Kitam.基隆泽兰
Eupatorium maculatum L.斑茎泽兰
Eupatorium mairei Lévl.=Eupatorium heterophyllum
Eupatorium nanchuanense Ling & Shih 南川泽兰
Eupatorium nodiflorum Wall.=Eupatorium cannabinum
Eupatorium odoratum L.飞机草
Eupatorium omeiense Ling & Shih 峨眉泽兰
Eupatorium perfoliatum L.贯叶泽兰
Eupatorium pyramidale D.Don=Vernonia aspera
Eupatorium reevesii Wall.=Eupatorium chinense
Eupatorium riparium Rgl.河岸泽兰
Eupatorium rugosum Houtt.皱叶泽兰
Eupatorium shimadai Kitam.毛果泽兰
Eupatorium stoechadosmum Hance=Eupatorium fortunei
Eupatorium subtetragonum Miq.=Eupatorium lindleyanum
Eupatorium tashiroi Hay.木泽兰
Eupatorium tashiroi var. *gracillimum* (Hay.) Yamamoto=Eupatorium tashiroi
Eupatorium tozanense Hay.=Eupatorium japonicum var. tozanense
Eupatorium vernale Vatke & Kurtz.春泽兰
Eupatorium volkameriaefolium Wall. ex DC.=Vernonia volkameriifolia
Eupatorium wallichii DC.=Eupatorium japonicum
Eupatorium wallichii var. *heterophyllum* (DC.) Diels=Eupatorium heterophyllum
Euphorbia L.(p.p.)=**Pedilanthus**
Euphorbia L.**大戟属**(大戟科)
Euphorbia adenochlora Morr. & Decne.草间茹
Euphorbia alatavica Boiss.阿拉套大戟
Euphorbia alpina Meyer ex Ledeb.北高山大戟
Euphorbia altaica Meyer (Forb. & Hemsl.in Jour.L.Soc.Bot.1891)=Euphorbia micractina
Euphorbia altaica Meyer ex Ledeb.阿尔泰大戟
Euphorbia altotibetica O.Pauls.青藏大戟
Euphorbia ammak Schw.大戟阁
Euphorbia antiqorum L.(高等图鉴 1972,北京志 1984,云南植物名录.1984)=Euphorbia neriifolia
Euphorbia antiquorum L.火殃勒
Euphorbia atoto Forst.f.海滨大戟
Euphorbia barbellata Hurusawa=Euphorbia pekinensis
Euphorbia bifida HK. & Arn.细齿大戟
Euphorbia blepharophylla Meyer ex Ledeb.睫毛大戟
Euphorbia bodinieri Lévl. & Vant.=Euphorbia sieboldiana
Euphorbia bracteolaris Boiss.(云南植物名录.1984)=Euphorbia thymifolia
Euphorbia buchtormensis Meyer ex Ledeb.布赫塔尔大戟
Euphorbia bulleyana Diels=Euphorbia griffithii
Euphorbia bupleurifolia Jacq.铁甲大戟
Euphorbia bupleuroides Dils=Euphorbia stracheyi
Euphorbia calonesiana Croiz.=Euphorbia jolkinii
Euphorbia cavaleriei Lévl. & Vant.=Euphorbia pekinensis
Euphorbia chamaesyce L.毛果地锦
Euphorbia chrysocoma Lévl. & Vant.=Euphorbia sikkimensis

Euphorbia chrysocoma var. *glaucophylla* Lévl. & Vant.=Euphorbia sikkimensis
Euphorbia clandestina Jacq.逆鳞龙
Euphorbia consanguinea Schrenk.斋桑泊戟?
Euphorbia corollata L.花大戟
Euphorbia cotinifolia L.紫锦木
*Euphorbia cyanophylla*Lévl.=Euphorbia griffithii
Euphorbia cyathophora Murr.猩猩草
Euphorbia cyparissias L.柏大戟
Euphorbia dentata Michx.齿裂大戟
Euphorbia discolor Ledeb.=Euphorbia esula
Euphorbia donii Oudejians 长叶大戟
Euphorbia dracunculoides Lam.蒿状大戟
Euphorbia duclouxii Lévl. & Vant.=Euphorbia wallichii
Euphorbia ebracteolata Hay.(江苏志 1982)=Euphorbia kansuensis
Euphorbia epilobiifolia W.T.Wang=Euphorbia heterophylla
Euphorbia erythraea Heaml.=Euphorbia sieboldiana
Euphorbia erythrocoma Lévl.=Euphorbia griffithii
Euphorbia esquirolii Lévl. & Vant.=Euphorbia sieboldiana
Euphorbia esula L.乳浆大戟
Euphorbia esula var. *cyparioides* Boiss.=Euphorbia esula
Euphorbia esula var. *latifolia* Ledeb.=Euphorbia esula
Euphorbia fischeriana Steud.(河南志 1986)=Euphorbia kansuensis
Euphorbia fischeriana Steud.狼毒大戟
Euphorbia fischeriana var. *komaroviana* (Prokh.) Chu=Euphorbia fischeriana
Euphorbia fischeriana var. *pilosa* (Regel) Kitag.=Euphorbia fischeriana
Euphorbia formosana Hay.=Euphorbia jolkinii
Euphorbia franchetii B.Fedtsch.北疆大戟
Euphorbia garanbiensis Hay.鹅銮鼻大戟
Euphorbia geniculata Orteg.=Euphorbia heterophylla
Euphorbia glaucopoda Diels=Euphorbia sieboldiana
Euphorbia globosa (Haw.) Sims.松球掌
Euphorbia glomerulans Prokh.=Euphorbia esula
Euphorbia granula Forssk.土库曼大戟
Euphorbia griffithii HK.f.圆苞大戟
Euphorbia hainanensis Croiz.海南大戟
Euphorbia handiensis Burch.剑光角
Euphorbia heishuiensis W.T.Wang 黑水大戟
Euphorbia helioscopia L.泽漆
Euphorbia henryi Hemsl.=Euphorbia sieboldiana
Euphorbia heterophylla L.(海南志 1965,高等图鉴 1972,湖北志 1979,江苏志 1982,北京志 1984,云南植物名录.1984,河南志 1986,福建志 1987)=Euphorbia cyathophora
Euphorbia heterophylla L.白苞猩猩草
Euphorbia heyneana Spreng.闽南大戟(新)
Euphorbia himalayensis (Klotyzsch ex Klotzsch & Garcke) Boiss.= Euphorbia stracheyi
Euphorbia himalayensis Klotzsch & Garcke (Boiss.in Fl.Brit.Ind.1887)= Euphorbia wallichii
Euphorbia hippocrepica Hemsl.=Euphorbia sieboldiana
Euphorbia hirta L.飞扬草
Euphorbia hirta var. *typica* L.C.Wheeler=Euphorbia hirta
Euphorbia horrida Boiss.魁伟玉
Euphorbia hsinchuensis (Lin & Chaw) C.Y.Wu & J.S.Ma 新竹地锦
Euphorbia humifusa Willd. ex Schlecht.地锦草
Euphorbia humilis Meyer ex Ledeb.矮大戟
Euphorbia hurusawae Oudejians=Euphorbia pekinensis
Euphorbia hurusawae var. *imaii* (Hurusawa) Oudejians=Euphorbia pekinensis
Euphorbia hylonoma Hand.-Mazz.湖北大戟
Euphorbia hypericifolia L.通奶草
Euphorbia hyppocrepica Hemsl.牛奶浆草
Euphorbia hyssopifolia L.紫斑大戟
Euphorbia imaii f. *denudata* Hurusawa=Euphorbia pekinensis
Euphorbia imaii Hurusawa=Euphorbia pekinensis
Euphorbia inderiensis Less. ex Kar. & Kir.(Fl.Desert.Sin.1987)= Euphorbia franchetii
Euphorbia inderiensis Less. ex Kar. & Kir.英德尔大戟
Euphorbia indica Lam.=Euphorbia hypericifolia
Euphorbia ingens E.Mey.冲天阁
Euphorbia jaxartica Prokh.=Euphorbia esula
Euphorbia jessonii Oudejians=Euphorbia pekinensis
Euphorbia jolkinii Boiss.大狼毒
Euphorbia kaleniczenkii Czern. ex Trautv.=Euphorbia esula
Euphorbia kangdingensis var. *puberula* W.T.Wang=Euphorbia sieboldiana
Euphorbia kangdingensis W.T.Wang=Euphorbia sieboldiana
Euphorbia kansuensis Prokh.甘肃大戟
Euphorbia kansui T.N.Liou ex S.B.Ho 甘遂
Euphorbia komaroviana Prokh.=Euphorbia fischeriana
Euphorbia kozlovii Prokh.沙生大戟
Euphorbia kozlovii var. *angustifolia* S.Q.Zhou=Euphorbia kozlovii
Euphorbia labbei Lévl.=Euphorbia pekinensis
Euphorbia lactea Haw.龟纹箭
Euphorbia lamprocarpa Prokh.=Euphorbia soongarica
Euphorbia lanceolata T.N.Liou=Euphorbia pekinensis
Euphorbia lasiocaula Boiss.=Euphorbia pekinensis
Euphorbia lasiocaula var. *pseudolucorum* Hurusawa=Euphorbia pekinensis
Euphorbia lathylris L.续随子
Euphorbia latifolia Meyer ex Ledeb.宽叶大戟
Euphorbia lingiana Shih 线叶大戟
Euphorbia lioui C.Y.Wu & J.S.Ma 刘氏大戟
Euphorbia longifolia D.Don=Euphorbia donii
Euphorbia lucida Waldst.& Kit.光亮大戟
Euphorbia lucidissima Lévl. & Vant.=Canscora lucidissma
Euphorbia lucorum Rupr.林大戟
Euphorbia lucorum var. *parvifolia* H.L.Yang=Euphorbia micractina
Euphorbia lunulata Bge.=Euphorbia esula
Euphorbia luteo-viridis Long=Euphorbia wallichii
Euphorbia luticola Hand.-Mazz.=Euphorbia sieboldiana
Euphorbia macrorrhiza Meyer ex Ledeb.粗根大戟
Euphorbia maculata L.斑地锦
Euphorbia mairei Lévl.=Euphorbia stracheyi
Euphorbia mairei var. *luteocilata* W.T.Wang=Euphorbia stracheyi
Euphorbia makinoi Hay.小叶大戟
Euphorbia mammilaris L.丝瓜掌
Euphorbia mandshurica Maxim.=Euphorbia esula
Euphorbia marginata Pursh.银边翠
Euphorbia megistopoda Diels=Euphorbia stracheyi
Euphorbia meloformis Ait.贵青玉
Euphorbia micractina Boiss.甘青大戟
Euphorbia micractina var. *tangutica* (Prokh.) W.T.Wang=Euphorbia micractina
Euphorbia micromera Boiss.少叶大戟(新)
Euphorbia microphylla Heyne ex Roth=Euphorbia heyneana
Euphorbia milii Ch.des Moulins 铁海棠
Euphorbia milii var. tananariva Leandri 黄白铁海棠(新)
Euphorbia minxianensis W.T.Wang=Euphorbia esula
Euphorbia monocyathium Porkh.单伞大戟
Euphorbia nematocypha Hand.-Mazz.=Euphorbia jolkinii
Euphorbia nematocypha var. *induta* Hand.-Mazz.=Euphorbia jolkinii
Euphorbia nepalensis Boiss.=Euphorbia prolifera
Euphorbia neriifolia L.金刚纂
Euphorbia neriifolia cv. Cristata 麒麟角
Euphorbia obesa HK.f.布纹球
Euphorbia oreophila Miq.(Lauener in Not.Roy.Bot.Gard.Edinb.1983)= Euphorbia sieboldiana
Euphorbia orientalis L.(Hay.in Jour.Coll.Sc.Unvi.Tokyo 1904)= Euphorbia jolkinii
Euphorbia pachyrrhiza Kar. & Kir.长根大戟
Euphorbia pallasii Turcz.=Euphorbia fischeriana
Euphorbia pallasii var. *pilosa* Regel=Euphorbia fischeriana
Euphorbia pekinensis Rupr.大戟
Euphorbia pekinensis f. *denudata* (Hurusawa) Oudejians=Euphorbia pekinensis
Euphorbia pekinensis f. *sinensis* Hurusawa=Euphorbia pekinensis
Euphorbia pekinensis var. *hupehensis* Hurusawa=Euphorbia pekinensis
Euphorbia pekinensis var. *lasiocaula* (Boiss.) Oudejians=Euphorbia pekinensis
Euphorbia pekinensis var. *pseudolucorum* (Hurusawa) Oudejians= Euphorbia pekinensis
Euphorbia pekinensis var. *sinensis* (Hurusawa) Oudejians=Euphorbia

pekinensis
Euphorbia peplus L.南欧大戟
Euphorbia pilosa L.(HK.f.in Fl.Brit.Ind.1887)=Euphorbia hylonoma
Euphorbia pilosa L.毛大戟
Euphorbia pilulifera L.=Euphorbia hirta
Euphorbia pinus Lévl.=Euphorbia prolifera
Euphorbia polgona Haw.宝轮玉
Euphorbia porphyrastra Hand.-Mazz.=Euphorbia griffithii
Euphorbia prolifera Hamilt. ex D.Don 土瓜狼毒
Euphorbia prostrata Ait.匍匐大戟
Euphorbia przewalskii Prokh.=Euphorbia altotibetica
Euphorbia pseudocatua Bgr.春驹
Euphorbia pseudochamaesyce Fisch.=Euphorbia humifusa
Euphorbia pseudosikkimensis (Hurusawa & Ya.Tanaka) A.Radcliffe-Smith(西藏志 1986)=Euphorbia sikkimensis
Euphorbia pulcherrima Willd. ex Kl.一品红
Euphorbia purpureomaculata T.J.Feng & J.X.Huang=Euphorbia dentata
Euphorbia pygmaea Fisch. & Meyer ex Boiss.=Euphorbia inderiensis
Euphorbia rapulum Kar. & Kir.小萝卜大戟
Euphorbia regina Lévl.=Euphorbia jolkinii
Euphorbia riae Pax & Hoffm.=Euphorbia stracheyi
Euphorbia rothiana Spreng.(云南植物名录.1984)=Euphorbia sieboldiana
Euphorbia royleana Boiss.霸王鞭
Euphorbia rubriflora Lévl.=Euphorbia griffithii
Euphorbia sampsonii Hance=Euphorbia pekinensis
Euphorbia sanguinea Hochst. & Steud. ex Boiss.(Forb. & Hemsl.in J. L.Soc.Bot.1894)=Euphorbia thymifolia
Euphorbia savaryi Kiss.=Euphorbia sieboldiana
Euphorbia schuganica B.Fedtsch.苏甘大戟?
Euphorbia seguieriana Neck.西格尔大戟?
Euphorbia sericocarpa Hand.-Mazz.=Euphorbia griffithii
Euphorbia serpens H.B.K.匍根大戟
Euphorbia serrata L.锯齿大戟
Euphorbia serrulata Reinw. exBl.=Euphorbia bifida
Euphorbia sessiliflora Roxb.百步回阳?
Euphorbia shětöensis Pax & Hoffm.=Euphorbia stracheyi
Euphorbia shouanensis H.Keng=Euphorbia jolkinii
Euphorbia sieboldiana Morr. & Decne.钩腺大戟
Euphorbia sikkimensis Boiss.黄苞大戟
Euphorbia sinensis Jesson & Turr.=Euphorbia pekinensis
Euphorbia soongarica Boiss.准噶尔大戟
Euphorbia soongarica subsp. *lamprocarpa* (Prokh.) Prokh.=Euphorbia soongarica
Euphorbia sororia A.Schrenk 对叶大戟
Euphorbia sparrmannii Boiss.心叶大戟
Euphorbia splendens Bojer ex HK.=Euphorbia milii
Euphorbia stracheyi Boiss.高山大戟
Euphorbia subcordata Meyer ex Ldeb.=Euphorbia esula
Euphorbia supina Raf.=Euphorbia maculata
Euphorbia szechuanica Pax & Hoffm.=Euphorbia sieboldiana
Euphorbia taihsiensis (Chaw & Koutnik) Oudejians 台西地锦
Euphorbia taiwaniana S.S.Ying=Euphorbia heterophylla
Euphorbia tangutica Prokh.=Euphorbia micractina
Euphorbia tarokoensis Hay.=Euphorbia esula
Euphorbia tashiroi Hay.=Euphorbia humifusa
Euphorbia tchen-ngoi (sojak) A.Radcliffe-Smith=Euphorbia pekinensis
Euphorbia thomsoniana Boiss.天山大戟
Euphorbia thymifolia L.千根草
Euphorbia tianshanica Prokh.=Euphorbia thomsoniana
Euphorbia tibetica Boiss.西藏大戟
Euphorbia tirucalli L.绿玉树
Euphorbia tithymaloides L.=Pedilanthus tithymaloides
Euphorbia tongchuanensis C.Y.Wu & J.S.Ma 铜川大戟
Euphorbia trigona Haw=Euphorbia antiquorum
Euphorbia turcomanica Boiss.=Euphorbia granula
Euphorbia turczaninowii Kar. & Kir.土大戟
Euphorbia turkestanica Franch.=Euphorbia franchetii
Euphorbia turkestanica Regel 中亚大戟
Euphorbia vachellii HK. & Arn.=Euphorbia bifida
Euphorbia valida N.E.Br.法利达
Euphorbia vermiculata Raf.柔毛大戟
Euphorbia verticillata Fisch.=Euphorbia fischeriana
Euphorbia villifera W.T.Wang=Euphorbia micractina
Euphorbia wallichii HK.f.大果大戟
Euphorbia wangii Oudejiangs=Euphorbia micractina
Euphorbia yanjianensis W.T.Wang 盐津大戟
Euphorbia yinshanica S.Q.Zhou & G.H.Liu=Euphorbia kansuensis
Euphorbia yunnanensis A.Radcliffe-Smith=Euphorbia wallichii
Euphorbiaceae 大戟科
Euphorbiopsis lucidissima (Lévl. & Vant.) Lévl.=Canscora lucidissma
Euphoria abyssinica Raeuschel.深岳(无患子科)
Euphoria longan (Lour.) Steud.=Dimocarpus longan
Euphoria longana Lam.=Dimocarpus longan
Euphrasia L.**小米草属**(玄参科)
Euphrasia amurensis Freyn 东北小米草
Euphrasia bilineata Ohwi=Euphrasia matsudae
Euphrasia borneensis Stapf.(Hay.in J.Coll.Sci.Imp.Univ.Tokyo 1908)=Euphrasia durietziana
Euphrasia durietziana Ohwi 多腺小米草
Euphrasia durietzii Yamamoto=Euphrasia durietziana
Euphrasia exilis Ohwi=Euphrasia matsudae
Euphrasia fangii Li=Euphrasia regelii
Euphrasia forrestii Li=Euphrasia regelii
Euphrasia fukuyamai Masam.=Euphrasia pumilis
Euphrasia hirtella Jord.长腺小米草
Euphrasia hirtella var. *pauper* Yamaz.=Euphrasia hirtella
Euphrasia jaeschkei Wettst.大花小米草
Euphrasia kanzanensis Masamune=Euphrasia pumilio
Euphrasia kingdon-wardii Pugsley=Euphrasia regelii
Euphrasia masamuneana Ohwi=Euphrasia matsudae
Euphrasia matsudae Yamamoto 光叶小米草
Euphrasia maximowiczii var. *simplex* Freyn=Euphrasia pectinata subsp. simplex
Euphrasia maximowiczii Wettst.(p.p.)=Euphrasia pectinata subsp. simplex
Euphrasia nankotaizanensis Yamamoto 高山小米草
Euphrasia odontites L.=Odontites vulgaris
Euphrasia officinalis L.=Euphrasia pectinata
Euphrasia pectinata Ten.小米草
Euphrasia pectinata subsp. pectinata=Euphrasia pectinata
Euphrasia pectinata subsp. sichuanica Hong 四川小米草
Euphrasia pectinata subsp. simplex (Freyn) Hong 高枝小米草
Euphrasia petiolaris Wettst.(Hay.in J.Coll.Sci.Imp.Univ.Tokyo 1918)=Euphrasia transmorrisonensis
Euphrasia pumilis Ohwi 矮小米草
Euphrasia regelii Wettst.短腺小米草
Euphrasia regelii subsp. kangtienensis Hong 川藏小米草
Euphrasia regelii subsp. regelii=Euphrasia regelii
Euphrasia rockii Li=Euphrasia regelii
Euphrasia schlagintweitii Wettst.(Y.Kimura in J.Jap.Bot.1941)=Euphrasia amurensis
Euphrasia serotina Lam.=Odontites serotina
Euphrasia subpetiolaris Pugsley=Euphrasia pectinata subsp. simplex
Euphrasia tarokoana Ohwi 大鲁阁小米草
Euphrasia tatakensis Masam.=Euphrasia transmorrisonensis
Euphrasia tatarica Fisch. ex Spreng.=Euphrasia pectinata
Euphrasia tatarica var. *simplex* (Freyn) Yamaz.=Euphrasia pectinata subsp. simplex
Euphrasia transmorrisonensis Hay.台湾小米草
Euproboscis Griff.=**Thelasis**
Euproboscis pygmaea Griff.=Thelasis pygmaea
Euptelea S. & Z.**领春木属**(领春木科)
Euptelea davidiana Baill.=Euptelea pleiospermum
Euptelea delavayi Van Tiegh.=Euptelea pleiospermum
Euptelea franchetii Van Tiegh.=Euptelea pleiospermum
Euptelea minor Ching=Euptelea pleiospermum
Euptelea pleiosperma f. *franchetii* (Van Tiegh.) P.C.Kuo=Euptelea pleiospermum
Euptelea pleiospermum HK.f. & Thoms.领春木
Eupteleaceae 领春木科
Eurckalemon 尤力克柠檬
Eurotia Adans.=**Ceratoides**
Eurotia arborescens Losinsk.=Ceratoides arborescens
Eurotia ceratoides (*L.*) C.A.Mey.=Ceratoides latens
Eurotia compacta Losinsk.=Ceratoides compacta
Eurotia ewersmanniana Stscheg (L.) ex Losinsk.=Ceratoides

ewersmanniana
Eurotia prostrata Losinsk.=Ceratoides latens
Eurya Thunb.**柃木属**(山茶科)
Eurya acuminata DC.(Kobuski in Ann.Miss.Bot.Gard.1937,p.p.)=Eurya acuminata var. arisanensis
Eurya acuminata DC.(Kobuski in Ann.Miss.Bot.Gard.1937,p.p.)=Eurya acuminata var. suzukii
Eurya acuminata DC.(Kobuski in Ann.Miss.Bot.Gard.1937,p.p.)=Eurya handel-mazzettii
Eurya acuminata DC.(Kobuski in Ann.Miss.Bot.Gard.1937,p.p.)=Eurya tsaii
Eurya acuminata DC.尾尖叶柃
Eurya acuminata var. acuminata =Eurya acuminata var.
Eurya acuminata var. arisanensis (Hay.) Keng 阿里山尾尖叶柃
Eurya acuminata var. *euprusta* (Korthals) Thsielton-Dyer=Eurya acuminata
Eurya acuminata var. *groffii* (Merr.) Kobuski=Eurya groffii
Eurya acuminata var. *multiflora* Bl.(Rehd. & Wils.in Sarg.Pl.Wils.1915, p.p.)=Eurya groffii
Eurya acuminata var. *multiflora* Bl.=Eurya acuminata
Eurya acuminata var. suzukii (Yamamoto) Keng 尖尾锐叶柃
Eurya acuminata var. *wallichiana* Dyer=Eurya acuminata
Eurya acuminatissima Merr. & Chun 尖叶毛柃
Eurya acuminoides Hu & L.K.Ling 川黔尖叶柃
Eurya acutisepala Hu & L.K.Ling 尖萼毛柃
Eurya alata Kobuski 翅柃
Eurya amplexifolia Dunn 穿心柃
Eurya annamensis Gagn.=Eurya quinquelocularis
Eurya arisanensis Hay.=Eurya acuminata var. arisanensis
Eurya aurea (Lévl.) H.T.Chang=Eurya aurea
Eurya aurea (Lévl.) Hu & L.K.Ling 金叶柃
Eurya aurescens var. *aurescens* Rehd. & Wils.(Hand.-Mazz.in Symb.Sin. 1931,p.p.)=Eurya cavinervis
Eurya auriformis H.T.Chang 耳叶柃
Eurya bifidostyla Feng & Mao 双柱柃
Eurya brevistyla Kobuski 短柱柃
Eurya cavaleriei Lévl.=Symplocos cochinchinensis var. laurina
Eurya cavinervis Vesque 云南凹脉柃
Eurya cavinervis f. cavinervis=Eurya cavinervis
Eurya cavinervis f. laevis H.T.Chang 平脉柃
Eurya cavinervis var. *strigillosa* (Hand.-Mazz.) Kobuski (p.p.)=Eurya handel-mazzettii
Eurya cavinervis var. *strigillosa* (Hand.-Mazz.) Kobuski(p.p.)=Eurya tsaii
Eurya cerasifolia (D.Don) Kobuski (分类学报 1954)=Eurya pseudocerasifera
Eurya cerasifolia (D.Don) Kobuski 樱桃叶柃(新)
Eurya changii Hsu=Eurya fangii var. megaphylla
Eurya chienii Hsu=Eurya persicaefolia
Eurya chinensis R.Br.(Bl. in Mus.Bot.Ludg.-Bat.1856,p.p.)=Eurya emarginata
Eurya chinensis R.Br.(Merr.in Lingn.Sci.J.1927)=Eurya nitida
Eurya chinensis R.Br.(北研丛刊 1936)=Eurya saxicola
Eurya chinensis R.Br.米碎花
Eurya chinensis var. chinensis=Eurya chinensi
Eurya chinensis var. glabra Hu & L.K.Ling 光枝米碎花
Eurya chrysotola Melchior=Eurya quinquelocularis
Eurya chukiangensis Hu 大果柃
Eurya ciliata Merr.(Kobuski in Ann.Miss.Bot.Gard.1937)=Eurya patenipila
Eurya ciliata Merr.华南毛柃
Eurya crassilimba H.T.Chang 厚叶柃
Eurya crenatifolia Yamamoto 钝齿柃
Eurya cuneata Kobuski 楔叶柃
Eurya cuneata var. cuneata=Eurya cuneata
Eurya cuneata var. glabra Kobuski 光枝楔叶柃
Eurya dascyclados Kobuski=Eurya glandulosa var. dasyclados
Eurya disticha Chun 秃小耳柃
Eurya distichophylla Hemsl.二列叶柃
Eurya distichophylla f. asymmetrica H.T.Chang 偏心毛柃
Eurya distichophylla f. distichophylla=Eurya distichophylla
Eurya distichophylla var. *henryi* (Hemsl.) Kobuski=Eurya henryi
Eurya distichophylla var. *henryi* Kobuski (分类学报 1964)=Eurya kueichowensis
Eurya emarginata (Thunb.) Makino 滨柃
Eurya esquirolii Lévl.=Litsea kobuskiana
Eurya euprusta Korthals=Eurya acuminata
Eurya fangii Rehd.川柃
Eurya fangii var. fangii=Eurya fangii
Eurya fangii var. *glaberrima* Hsu=Eurya cavinervis
Eurya fangii var. megaphylla Hsu 大叶川柃
Eurya gigantofolia Y.K.Li (p.p.)=Eurya quinquelocularis
Eurya gigantofolia Y.K.Li=Eurya muricata
Eurya glaberrima Hay.光柃
Eurya glandulosa Merr.腺柃
Eurya glandulosa var. cuneiformis H.T.Chang 楔基腺柃
Eurya glandulosa var. dasyclados (Kobuski) H.T.Chang 粗枝腺柃
Eurya glandulosa var. glandulosa=Eurya glandulosa
Eurya gnaphalocarpa Hay.灰毛柃
Eurya groffii Merr.岗柃
Eurya gungshanensis Hu & L.K.Ling 贡山柃
Eurya gynandra Vesque 合体柃(新)?
Eurya hainanensis (Kobuski) H.T.Chang 海南柃
Eurya handeliana Kobuski=Eurya cavinervis
Eurya handel-mazzettii H.T.Chang 丽江柃
Eurya hayatai Yamamoto 台湾柃
Eurya hebeclados Ling 微毛柃
Eurya hebeclados var. *aureo-punctata* (H.T.Chang) L.K.Ling=Eurya loquaiana var. aureo-punctata
Eurya henryi Hemsl.披针叶毛柃
Eurya hortensis Sieb.=Eurya japonica
Eurya huiana f. *glaberrima* H.T.Chang=Eurya muricata
Eurya huiana Kobuski=Eurya muricata var. huiana
Eurya hupehensis Hsu 鄂柃
Eurya hwangshanensis Hsu=Eurya saxicola
Eurya impressinervis Kobuski 凹脉柃
Eurya inaequalis Hsu 偏心叶柃
Eurya japonica Thunb.(Pritzel in Bot.Jahrb.1900,p.p.)=Eurya nitida
Eurya japonica Thunb.柃木
Eurya japonica var. *aurescens* Rehd. & Wils.=Eurya nitida var. aurescens
Eurya japonica var. *multiflora* Miq.=Eurya japonica
Eurya japonica var. *nitida* Thiselton-Dyer=Eurya nitida
Eurya japonica var. *phyllanthoides* (Bl.) Thiselton-Dyer=Eurya acuminata
Eurya japonica var. *thunbergii* Thw.(Dyer in Fl.Brit.Ind.1874,p.p.)=Eurya cavinervis
Eurya japonica var. *thunbergii* Thwaites=Eurya nitida
Eurya jintungensis Hu & L.K.Ling 景东柃
Eurya kueichowensis Hu & L.K.Ling 贵州毛柃
Eurya lanciformis Kobuski 披针叶柃
Eurya leptophylla Hay.薄叶柃
Eurya lineanis Hu & L.K.Ling=Eurya hebeclados
Eurya littoralis S. & Z. ex S=Eurya emarginata
Eurya longistyla H.T.Chang=Eurya stenophylla
Eurya loquaiana Dunn 细枝柃
Eurya loquaiana var. aureo-punctata H.T.Chang 金叶细枝柃
Eurya loquaiana var. loquaiana=Eurya loquaiana
Eurya lunglingensis Hu & L.K.Ling 隆林耳叶柃
Eurya macartneyi Champ.黑柃
Eurya macartneyi var. *hainanensis* Kobuski=Eurya hainanensis
Eurya magniflora Mao & P.X.He 大花柃
Eurya marlipoensis Hu 麻栗坡柃
Eurya matsudai Hay.=Eurya loquaiana
Eurya megatrichocarpa H.T.Chang 大果毛柃
Eurya metcalfiana Kobuski 从化柃
Eurya microphylla S. & Z.=Eurya japonica
Eurya montana Sieb.=Eurya japonica
Eurya multiflora DC.=Eurya acuminata
Eurya muricata Dunn 格药柃
Eurya muricata var. huiana (Kobuski) L.K.Ling 毛枝格药柃
Eurya muricata var. muricata=Eurya muricata
Eurya nitida Korthals (Rehd.in J. Arn.Arb.1934)=Eurya aurea
Eurya nitida Korthals 细齿叶柃
Eurya nitida var. *aurescens* (Rehd. & Wils.) Kobuski (分类学报 1964)=Eurya aurea

Eurya nitida var. aurescens (Rehd. & Wils.) Kobuski 黄背叶柃
Eurya nitida var. nitida=Eurya nitida
Eurya nitida var. *rigida* H.T.Chang=Eurya rubiginosa var. attenuata
Eurya nitida var. *strigillosa* Hand.-Mazz.=Eurya handel-mazzettii
Eurya obliquifolia Hemsl.斜基叶柃
Eurya oblonga var. oblonga=Eurya oblonga
Eurya oblonga var. stylosa Yang 合柱矩圆叶柃
Eurya oblonga Yang 矩圆叶柃
Eurya obtusifolia H.T.Chang 钝叶柃
Eurya ochnacea (DC.) Szyszyl.=Cleyera japonica
Eurya ochnacea var. *lipingensis* Hand.-Mazz.=Cleyera japonica var. lipingensis
Eurya ochnacea var. *morii* Yamamoto=Cleyera japonica var. morii
Eurya ovatifolia H.T.Chang 卵叶柃
Eurya parastrigillosa Hsu=Eurya patenipila
Eurya paratetragonoclada Hu 滇四角柃
Eurya patenipila Chun 长毛柃
Eurya pentagyna H.T.Chang 五柱柃
Eurya perserrata Kobuski 尖齿柃
Eurya persicaefolia Gagn.坚桃叶柃
Eurya phyllanthoides Bl.=Eurya acuminata
Eurya pittosporifolia Hu 海桐叶柃
Eurya polyneura Chun 多脉柃
Eurya prunifolia Hsu 桃叶柃
Eurya pseudocerasifera Kobuski 拟樱叶柃?
Eurya pseudocerasifera Kobuski 肖樱叶柃
Eurya pseudopolyneura H.T.Chang=Eurya impressinervis
Eurya pyracanthifolia Hsu 火棘叶柃
Eurya quinquelocularis Kobuski 大叶五室柃
Eurya rengechiensis Yamamoto 莲华柃
Eurya rubiginosa H.T.Chang 红褐柃
Eurya rubiginosa var. attenuata H.T.Chang 窄基红褐柃
Eurya rubiginosa var. rubiginosa=Eurya rubiginosa
Eurya rugosa Hu 皱叶柃
Eurya saxicola H.T.Chang 岩柃
Eurya saxicola f. puberula H.T.Chang 毛岩柃
Eurya saxicola f. saxicola=Eurya saxicola
Eurya semiserrata H.T.Chang 半齿柃
Eurya stenophylla Merr.窄叶柃
Eurya stenophylla var. caudata H.T.Chang 长尾窄叶柃
Eurya stenophylla var. stenophylla f. pubesens H.T.Chang 毛窄叶柃
Eurya stenophylla var. stenophylla f. stenophylla=Eurya stenophylla
Eurya stenophylla var. stenophylla=Eurya stenophylla
Eurya strigillosa Hay.台湾毛柃
Eurya subcordata Hu et al.K.Ling 微心叶毛柃
Eurya subgen. *Cleyera* Melchior=**Cleyera**
Eurya subintegra Kobuski 假杨桐
Eurya suzukii Yamamoto=Eurya acuminata var. suzukii
Eurya swinglei Merr.=Eurya distichophylla
Eurya symplocina Bl.=Eurya cerasifolia
Eurya systyla Miq. & Dyer=Eurya nitida
Eurya szechuanensis H.T.Chang=Eurya oblonga
Eurya taronensis Hu 独龙柃
Eurya tetragonoclada Merr. & Chun 四角柃
Eurya trichocarpa Korthals (分类学报 1954,p.p.)=Eurya acuminatissima
Eurya trichocarpa Korthals (分类学报 1954,p.p.)=Eurya acutisepala
Eurya trichocarpa Korthals 毛果柃
Eurya trichogyna Bl.=Eurya trichocarpa
Eurya tsaii H.T.Chang 怒江柃
Eurya tsingpienensis Hu 镇边柃
Eurya uniflora S. & Z.=Eurya japonica
Eurya velutina Chun 信宜毛柃
Eurya wallichiana Bl.=Eurya acuminata
Eurya weissiae Chun 单耳柃
Eurya wenshanensis Hu & L.K.Ling 文山柃
Eurya yunnanensis Hsu 云南柃
Euryale Salisb. ex DC.**芡属**(睡莲科)
Euryale ferox Salisb.芡实
Euryangium sumbul Kauffm.=Ferula sumbul
Eurycarpus Botsch.=**Christolea**
Eurycarpus Botsch.**宽果芥属**(十字花科)
Eurycarpus lanuginosus (HK.f. & Thoms.) Botsch.绒毛宽果芥
Eurycarpus marinellii (Pamp.) Al-Shehbaz & G.Yang 马氏宽果芥
Eurycaryus lanuginosa (HK.f. & Anders.) Botsch.=Eurycarpus lanuginosus
Eurycorymbus Hand.-Mazz.**伞花木属**(无患子科)
Eurycorymbus austrosinensis Hand.-Mazz.=Eurycorymbus cavaleriei
Eurycorymbus cavaleriei (Lévl.) Reld. & Hand.-Mazz.伞花木
Euryodendron H.T.Chang **猪血木属**(山茶科)
Euryodendron excelsum H.T.Chang 猪血木
Eurysolen Prain **宽管花属**(唇形科)
Eurysolen gracilis Prain 宽管花
Eurythalia pedunculata Royle ex D.Don=Comastoma pedunculatum
Euscaphis S. & Z.**野鸦椿属**(省沽油科)
Euscaphis chinensis Gagn.=Euscaphis japonica
Euscaphis fukienensis Hsu 福建野鸦椿
Euscaphis japonica (Thunb.) Dippel.野鸦椿
Euscaphis japonica var. *ternata* Rehd.=Euscaphis japonica
Euscaphis konishii Hay.=Euscaphis japonica
Euscaphis staphyleoides S. & Z.=Euscaphis japonica
Eustachys Desv.**真穗草属**(禾本科)
Eustachys distichophylla (Lag.) Nees.二列叶真穗草
Eustachys petraeus (Swartz) Desv.西印度真穗草
Eustachys tener (J.S.Presl) A.Camus 真穗草
Eustachys tenera (J.S.Presl) Hubb.=Eustachys tener
Eustachys uliginosa (Hach.) Herter 湿地真穗草
Eusteralis Rafin.=**Dysophylla**
Eusteralis pumila Raf.=Dysophylla stellata
Eusteralis pumila Rafin.=Dysophylla stellata
Eustigma Gaerdn. & Champ.**秀柱花属**(金缕梅科)
Eustigma balansae Oliv.褐毛秀柱花
Eustigma lenticellatum C.Y.Wu 云南秀柱花
Eustigma oblongifolium Gaedn. & Champ.秀柱花
Eustigma stellatum Feng ex Wu=Eustigma lenticellatum
Eutassa cunninghamii (Ait. ex D.Don) Spach.=Araucaria cunninghamii
Eutassa heterophylla Salisb.=Araucaria heterophylla
Euterpe Mart.**埃塔棕属**(棕榈科)
Euterpe edulis Mart.可食埃塔棕
Euterpe oleracea Mart.蔬食埃塔棕
Euthyra Salisb.=**Paris**
Eutrema R.Br.**山萮菜属**(十字花科)
Eutrema alpestre Ledeb.=Eutrema integrifolium
Eutrema alpestre var. *hissaricum* Lipsky=Eutrema integrifolium
Eutrema bracteatum (S.Moore) Koidz.=Eutrema tenue
Eutrema compactum O.E.Schulz=Eutrema heterophylla
Eutrema deltoideum (HK.f. & Thoms.) O.E.Schulz 三角叶山萮菜
Eutrema deltoideum var. deltoideum=Eutrema deltoideum
Eutrema deltoideum var. *grandiflorum* O.E.Schulz.=Eutrema deltoideum
Eutrema edwardsii R.Br.西北山萮菜
Eutrema heterophylla (W.W.Sm.) Hara 密序山萮菜
Eutrema himalaicum HK.f. & Thoms.川滇山萮菜
Eutrema integrifolium (DC.) Bge.全缘叶山萮菜
Eutrema integrifolium var. *hissaricum* (Lipsky) O.E.Schulz.=Eutrema integrifolium
Eutrema japonicum (Miq.) Liidz.=Eutrema wasabi
Eutrema koreanum (Nakai) K.Hamm.=Eutrema wasabi
Eutrema lancifolium (Franch.) O.E.Schulz.=Eutrema himalaicum
Eutrema obliquum K.C,Kuan & Z.X.An=Eutrema heterophyllum
Eutrema okinosimense Taken.=Eutrema wasabi
Eutrema potaninii Kom.=Eutrema yunnanense
Eutrema przewalskii Maxim.=Aphragmus oxycarpus
Eutrema pseudocardifolium M.Popov 北疆山萮菜
Eutrema reflexa T.Y.Cheo=Eutrema yunnanense
Eutrema tenue Makino 日本山萮菜
Eutrema thibeticum Franch.=Eutrema tenue
Eutrema wasabi (Sieb.) Maxim.块茎山萮菜
Eutrema wasabia var. *tenue* (Miq.) O.E.Schulz=Eutrema tenue
Eutrema yunnanense Franch.山萮菜
Eutrema yunnanense var. *tenerum* O.E.Schulz.=Eutrema yunnanense
Eutrema yunnanense var. *yexinicum* Z.X.An.=Eutrema yunnanense
Eutrema yunnanense var. yunnanense=Eutrema yunnanense

Euxolus Raf. =**Amaranthus**
Euxolus ascendens (Loise (L.) Hara=Amaranthus lividus
Euxolus viridis (L.) Moq.=Amaranthus viridis
Eversmannia Bgn.**刺枝豆属**(豆科)
Eversmannia hedysaroides Bge.刺枝豆
Evodia J.R. & G.Forst **吴茱萸属**(芸香科)
Evodia ailanthifolia Pierre 云南吴萸
Evodia arborescens Tao=Evodia triphylla
Evodia austrosinensis Hand.-Mazz.华南吴萸
Evodia awandan Hatusima=Melicope triphylla
Evodia baberi Rehd. & Wils.=Evodia daniellii
Evodia baberi Rehd. & Wils.=Evodia rutaecarpa
Evodia bodinieri Dode (Merr.in Lingn.Sci.Jour.1934)=Evodia austrosinensis
Evodia bodinieri Dode=Evodia rutaecarpa var. bodinieri
Evodia calcicola Chun ex Huang 石山吴萸
Evodia chaffanjonii Lévl.=Euscaphis japonica
Evodia chunii Merr.=Evodia lepta
Evodia colorata Dunn=Evodia trichotoma
Evodia compacta Hand.-Mazz.密果吴萸
Evodia compacta var. *meionocarpa* Hand.-Mazz.=Evodia rutaecarpa var. officinalis
Evodia confusa Merr.(台湾树木志 1963)=Evodia lunurankenda
Evodia daniellii (Benn.) Hemsl.臭檀吴萸
Evodia daniellii var. *delavayi* (Dode) Huang=Evodia delavayi
Evodia daniellii var. *henryi* (Dode) Huang=Evodia henryi
Evodia daniellii var. *hupehensis* (Dode) Huagn=Evodia daniellii
Evodia daniellii var. *labordei* (Dode) Huang=Evodia daniellii
Evodia daniellii var. *villicarpa* (Rehd. & Wils.) Huang=Evodia henryi
Evodia delavayi Dode 丽江吴萸
Evodia fargesii Dode (高等图鉴 1972,p.p.)=Evodia ailanthifolia
Evodia fargesii Dode 臭辣吴萸
Evodia fraxinifolia (D.Don) HK.f.无腺吴萸
Evodia fraxinifolia HK.f.(Dunn in J.L.Soc.Bot.1911)=Evodia trichotoma
Evodia glabrifolia (Champ. ex Benth.) Huang 楝叶吴萸
Evodia glauca Miq.(Kanehira in Form.Trees 1936)=Evodia glabrifolia
Evodia glauca Miq.(Rehd. & Wils.in Sarg.Pl.Wils.1914)=Evodia ailanthifolia
Evodia gracilis Kurz=Evodia triphylla
Evodia hainanensis Merr.=Evodia trichotoma
Evodia henryi var. *villicarpa* Rehd. & Wils.=Evodia henryi
Evodia henryi Dode 密序吴萸
Evodia hirsutifolia Hay.=Evodia rutaecarpa
Evodia hirsutifolia Hay.硬毛吴萸
Evodia hupehensis Dode=Evodia daniellii
Evodia impellucida Hand.-Mazz.=Evodia fraxinifolia
Evodia impellucida var. *macrococca* Huang=Evodia fraxinifolia
Evodia labordei Dode=Evodia daniellii
Evodia lamarckiana Benth.=Evodia lepta
Evodia lenticellata Huang 蜜楝吴萸
Evodia lepta (Spreng.) Merr.三桠苦
Evodia lepta var. cambodiana (Pierre) Huang 毛三桠苦
Evodia lepta var. *chunii* Huang=Evodia lepta
Evodia lepta var. lepta=Evodia lepta
Evodia lunurankenda (Gaertn.) Merr.山刈叶吴萸
Evodia lyi Lévl.=Miliusa sinensis
Evodia meliaefolia (Hance ex Walp.) Benth.(HK.f.in Fl.Brit.Ind.1875)=Evodia ailanthifolia
Evodia meliaefolia (Hance ex Walp.) Benth.=Evodia glabrifolia
Evodia merrillii Kanehira & Sasaki ex Kanehira=Evodia lunurankenda
Evodia mollicoma Hu & Chen=Zanthoxylum molle
Evodia odorata Lévl.=Zanthoxylum myriacanthum
Evodia officinalis Dode=Evodia rutaecarpa var. officinalis
Evodia patulinervia Merr. & Chun=Melicope patulinervia
Evodia poilanei Guill.=Evodia ailanthifolia
Evodia pteleaefolia (Champ. ex Benth.) Merr.=Evodia lepta
Evodia robusta HK.f.(分类学报 1957)=Evodia fraxinifolia
Evodia robusta Huang 大吴茱萸
Evodia roxbourghiana Benth.=Evodia lepta
Evodia rugosa Rehd. & Wils.=Evodia rutaecarpa
Evodia rutaecarpa (Juss.) Benth.吴茱萸
Evodia rutaecarpa f. *meionocarpa* (Hand.-Mazz.) Huang=Evodia rutaecarpa var. officinalis
Evodia rutaecarpa var. bodinieri (Dode) Huang 波氏吴萸
Evodia rutaecarpa var. officinalis (Dode) Huang 石虎
Evodia rutaecarpa var. rutaecarpa=Evodia rutaecarpa
Evodia simplicifolia Ridl.单叶吴萸
Evodia simplicifolia var. pubescens Huang 毛单叶吴萸
Evodia simplicifolia var. simplicifolia=Evodia simplicifolia
Evodia subtirgonosperma Huang 棱子吴萸
Evodia sutchuenensis Dode 四川吴萸
Evodia trichotoma (Lour.) Pierre 牛斜吴萸
Evodia trichotoma var. pubescens Huang 毛牛斜吴萸
Evodia trichotoma var. trichotoma=Evodia trichotoma
Evodia triphylla DC.(Hemsl.in Hour.L.Soc.Bot.1886)=Evodia lepta
Evodia triphylla DC.三叶吴萸
Evodia triphylla var. *cambodiana* Pierre=Evodia lepta var. cambodiana
Evodia velutina Rehd.etWils.=Evodia sutchuenensis
Evodia vestita W.W.Sm.=Evodia delavayi
Evodia viridans Drake=Evodia trichotoma
Evodia yunnanensis Huang=Evodia ailanthifolia
Evodiopanax Nakai=**Acanthopanax**
Evodiopanax evodiaefolium Nakai=Acanthopanax evodiaefolius
Evodiopanax evodiaefolium var. *ferrugineum* Nakai=Acanthopanax evodiaefolius var. ferrugineus
Evolvulus L.**土丁桂属**(旋花科)
Evolvulus alsinoides (L.) L.土丁桂
Evolvulus alsinoides f. *rotundifolia* (Hay.) Yamamoto=Evolvulus alsinoides var. rotundifolia
Evolvulus alsinoides var. alsinoides=Evolvulus alsinoides
Evolvulus alsinoides var. decumbens (R.Br.) v.Ooststr.银丝草
Evolvulus alsinoides var. rotundifolia Hay.圆叶土丁桂
Evolvulus chinensis Choisy=Evolvulus alsinoides
Evolvulus decumbens R.Br.=Evolvulus alsinoides var. decumbens
Evolvulus emarginatus Burm.f.=Merremia emarginata
Evolvulus hederaceus Burm.f.=Merremia hederacea
Evolvulus hirsutus Lam.=Evolvulus alsinoides
Evolvulus nummularius (L.) L.短梗土丁桂
Evolvulus pudicus Hance=Evolvulus alsinoides
Evolvulus sinicus Miq.=Evolvulus alsinoides
Evolvulus tridentatus (L.) L.=Xenostegia tridentata
Evolvulus yunnanensis S.H.Huang=Evolvulus nummularius
Evonymus chinensis Lour.=Gymnopetalum chinense
Evonymus hypoglaucus Lévl.=Mallotus philippensis
Evonymus provicarii Lévl.=Pittosporum brevicalyx
Evonymus tobira Thunb.=Pittosporum tobira
Evrandianthe Rauschert=**Chamaegastrodia**
Evrantdianthe exigua (Rolfe) Rauschert=Chamaegastrodia vaginata
Evrantdianthe inverta (W.W.Sm.) Rauschert=Chamaegastrodia inverta
Evrantdianthe poilanei (Gagn.) Rauschert=Chamaegastrodia poilanei
Evrardia poilanei Gagn.=Chamaegastrodia poilanei
Evrardiana Averyanov=**Chamaegastrodia**
Evrardiana poilanei (Gagn.) Averyanov=Chamaegastrodia poilanei
Ewyckia Bl.=**Pternandra**
Exacum L.**藻百年属**(龙胆科)
Exacum sessile L.无梗藻百年
Exacum teres Wall.云南藻百年
Exacum tetragonum Roxb.藻百年
Exallage auricularia (L.) Bremek.=Hedyotis auricularia
Exallage ulmifolia (Wall.) Brenek.=Hedyotis lineata
Exbucklandia R.W.Brown **马蹄荷属**(金缕梅科)
Exbucklandia longipetala Chang 长瓣马蹄荷
Exbucklandia populnea (R.Br.) R.W.Brown.马蹄荷
Exbucklandia tonkinensis (Lec.) Steenis 大果马蹄荷
Excavatia coccinea (Teijsm. & Binn.) Mark.=Ochrosia coccinea
Excentrodendron H.T.Chang & R.H.Miau **蚬木属**(椴树科)
Excentrodendron hsienmu (Chun & How) H.T.Chang & R.H.Miau 蚬木
Excentrodendron obconicum (Chun & How) H.T.Chang & R.H.Miau 长蒴蚬木
Excentrodendron rhombifolium H.T.Chang & R.H.Miau 菱叶蚬木
Excentrodendron tonkinense (A.Chev.) H.T.Chang & R.H.Miau 节花蚬木
Excoecaria L.**海漆属**(大戟科)
Excoecaria acerifolia Didr.云南土沉香
Excoecaria acerifolia var. acerifolia=Excoecaria acerifolia
Excoecaria acerifolia var. cuspidata (Muell.Arg.) Muell.Arg.狭叶土沉香

Excoecaria acerifolia var. *genuina* Muell.Arg.=Excoecaria acerifolia
Excoecaria acerifolia var. *himalayensis* (Klotzsch) Pax & Hoffm.=Excoecaria acerifolia
Excoecaria acerifolia var. *lanceolata* Pax & Hoffm.=Excoecaria acerifolia var. cuspidata
Excoecaria affinis Griff=Sapium baccatum
Excoecaria agallocha L.海漆
Excoecaria baccata (Roxb.) Muell.Arg.=Sapium baccatum
Excoecaria bicolor (Hassk.) Zoll. ex Hassk.=Excoecaria cochinchinensis
Excoecaria bicolor var. *orientalis* (Pax & Hoffm.) Gagn.=Excoecaria formosana
Excoecaria bicolor var. *purpurascens* Pax & Hoffm.=Excoecaria cochinchinensis
Excoecaria cochinchinensis Lour.红背桂花
Excoecaria cochinchinensis var. *formosana* (Hay.) Hurusawa=Excoecaria formosana
Excoecaria cochinchinensis var. *viridis* (Pax & Hoffm.) Merr.=Excoecaria formosana
Excoecaria crenulata var. *formosana* Hay.=Excoecaria formosana
Excoecaria discolor (Champ. ex Benth.) Muell.Arg.=Sapium discolor
Excoecaria formosana (Hay.) Hay.绿背桂花
Excoecaria himalayensis Muell.Arg.=Excoecaria acerifolia
Excoecaria himalayensis var. *cuspidata* Muell.Arg.=Excoecaria acerifolia var. cuspidata
Excoecaria insignis (Royle) Muell.Arg.=Sapium insigne
Excoecaria japonica Muell.Arg.=Sapium japonicum
Excoecaria kawakamii Hay.兰屿土沉香
Excoecaria orientalis var. *viridis* Pax & Hoffm.=Excoecaria formosana
Excoecaria sebifera Muell.Arg.=Sapium sebiferum
Excoecaria venenata S.K.Lee & F.N.Wei 鸡尾木
Exochorda Lindl.**白鹃梅属**(蔷薇科)
Exochorda giraldii Hesse 红柄白鹃梅
Exochorda giraldii var. giraldii=Exochorda giraldii
Exochorda giraldii var. wilsonii (Rehd.) Rehd.绿柄白鹃梅
Exochorda grandiflora Lindl.(Pritz.in Engl.Bot.Jahrb.1900)=Exochorda giraldii
Exochorda grandiflora Lindl.=Exochorda racemosa
Exochorda racemosa (Lindl.) Rehd.白鹃梅
Exochorda racemosa var. *giraldii* Rehd.=Exochorda giraldii
Exochorda racemosa var. *wilsonii* Rehd.=Exochorda giraldii var. wilsonii
Exochorda serratifolia S.Moore 齿叶白鹃梅
Exogonium Choisy=**Ipomoea**
Eyrea Champ.=**Turpinia**
Eyrea vernalis Champ.=Turpinia arguta

F

Faba bona Medik=Vicia faba
Faba vulgaris Moench=Vicia faba
Fabaceae 豆科
Faberia Sch.-Bip.**花佩菊属**(菊科)
Faberia blinii (Lévl.) Lévl.=Youngia blinii
Faberia cavaleriei Lévl.小花花佩菊(新)?
Faberia ceterach Beauverd 东川花佩菊(新)?
Faberia hieracium (Lévl.) Lévl.=Faberia sinensis
Faberia lanceifolia Anth.德钦花佩菊(新)?
Faberia nanchuanensis Shih 狭叶花佩菊
Faberia sinensis Hemsl.花佩菊
Faberia thibetica (Franch.) Beauverd 光滑花佩菊
Faberia tsiangii (Chang) Shih 卵叶花佩菊
Fagaceae 壳斗科
Fagara ailanthoides (S. & Z.) Engl.=Zanthoxylum ailanthoides
Fagara avicennae Lam.=Zanthoxylum avicennae
Fagara biondii Pamp.=Zanthoxylum micranthum
Fagara chaffanjonii (Lévl.) Hand.-Mazz.=Zanthoxylum esquirolii
Fagara chinensis Merr.=Zanthoxylum scandens
Fagara cuspidata (Champ. ex Benth.) Engl.=Zanthoxylum scandens
Fagara cyrtorhachia Hay.=Zanthoxylum scandens
Fagara dimorphophylla f. *unifoliolata* Pritz.=Zanthoxylum ovalifolium
Fagara dissita (Hemsl.) Engl.=Zanthoxylum dissitum
Fagara dissita var. *hispida* (Reeder & Cheo=Zanthoxylum dissitum var. hispidum
Fagara dminorphophylla (Hemsl.) Engl.=Zanthoxylum ovalifolium
Fagara echinocarpa (Hemsl.) Engl.=Zanthoxylum echinocarpum
Fagara emarginella (Miq.) Engl.=Zanthoxylum ailanthoides
Fagara esquirolii (Lévl.) Hand.-Mazz.=Zanthoxylum esquirolii
Fagara gigantea Hand.-Mazz.=Zanthoxylum myriacanthum
Fagara hamitoniana (Wall. ex HK.f.) Engl.=Zanthoxylum nitidum
Fagara hemsleyana (Makino) Makino=Zanthoxylum ailanthoides
Fagara horida Thunb.=Gleditsia japonica
Fagara integrifolia Merr.=Zanthoxylum integrifolium
Fagara kwangsiensis Hand.-Mazz.=Zanthoxylum kwangsiense
Fagara laxifoliolata Hay.=Zanthoxylum scandens
Fagara leioachia Hay.=Zanthoxylum scandens
Fagara lunurankenda Gaertn.=Evodia lunurankenda
Fagara macrantha Hand.-Mazz.=Zanthoxylum macranthum
Fagara mengtzeana Hu=Zanthoxylum multijugum
Fagara micrantha (Hemsl.) Engl.=Zanthoxylum micranthum
Fagara mollis (Rehd.) Reeder & Cheo=Zanthoxylum molle
Fagara multijuga (Franch.) Hu=Zanthoxylum multijugum
Fagara myriacantha (Wall. ex HK.f.) Engl.=Zanthoxylum myriacanthum
Fagara nitida Roxb.=Zanthoxylum nitidum
Fagara odorata (Lévl.) Hand.-Mazz.=Zanthoxylum myriacanthum
Fagara oxyphyllum (Edgew.) Engl.=Zanthoxylum oxyphyllum
Fagara poodcarpa (Hemsl.) Engl.=Zanthoxylum simulans
Fagara pteropoda (Hay.) Liu=Zanthoxylum schinifolium
Fagara rhetsoides (Drake) Reeder & Cheo=Zanthoxylum myriacanthum
Fagara robiginosa Reeder & Cheo=Zanthoxylum ovalifolium
Fagara scandens (Bl.) Engl.=Zanthoxylum scandens
Fagara schinifolia (S. & Z.) Engl.=Zanthoxylum schinifolium
Fagara setosa (Hemsl.) Engl.=Zanthoxylum simulans
Fagara stenophylla (Hemsl.) Engl.=Zanthoxylum stenophyllum
Fagara tomentella Hand.-Mazz.=Zanthoxylum tomentellum
Fagara tomentella var. *mekongensis* Hand.-Mazz.=Zanthoxylum tomentellum
Fagara triphylla Lam.=Melicope triphylla
Fagara volubilis E.Pritz.=Jasminum lanceolarium
Fagara volubilis var. *pubescens* Pamp.=Jasminum lanceolarium
Fagaropsis Mildbr.**拟崖椒属**(芸香科)
Fagaropsis angolensis Dale.东非拟崖椒
Fagerlindia Tirveng.**浓子茉莉属**(茜草科)
Fagerlindia depauperata (Drake) Tirveng.多刺山黄皮
Fagerlindia scandens (Thunb.) Tirveng.浓子茉莉
Fagerlindia sinensis (Lour.) Tirveng.=Oxyceros sinensis
Fagopyrum Mill.**荞麦属**(蓼科)
Fagopyrum bonatii (Lévl.) H.Gross=Fagopyrum gracilipes
Fagopyrum caudatum (Sam.) A.J.Li 疏穗野荞麦
Fagopyrum cymosum (Trv.) Meisn.=Fagopyrum dibotrys
Fagopyrum cynanchoides (Hemsl.) H.Gross=Fallopia cynanchoides
Fagopyrum dibotrys (D.Don) Hara 金荞麦
Fagopyrum esculentum Moench 荞麦
Fagopyrum gilesii (Hemsl.) Hedb.心叶野荞麦
Fagopyrum gracilipes (Hemsl.) Damm. ex Diels 细柄野荞麦
Fagopyrum grossii (Lévl.) Sam.=Fagopyrum leptopodum var. grossii
Fagopyrum leptopodum (Diels) Hedb.小野荞麦
Fagopyrum leptopodum var. grossii (Lévl.) Lauener & Ferguson 疏穗小野荞麦
Fagopyrum leptopodum var. leptopodum=Fagopyrum leptopodum
Fagopyrum lineare (Sam.) Harald.线叶野荞麦
Fagopyrum odontopterum H.Gross=Fagopyrum gracilipes
Fagopyrum sagittatum Gilib.=Fagopyrum esculentum
Fagopyrum statice (Lévl.) H.Gross 长柄野荞麦
Fagopyrum tataricum (L.) Gaertn.苦荞麦
Fagopyrum urophyllum (Bur. & Franch.) H.Gross 硬枝野荞麦
Fagraea Thunb.**灰莉属**(马钱科)
Fagraea ceilanica Thunb.灰莉
Fagraea chinensis Merr.=Fagraea ceilanica
Fagraea fragrans Roxb.缅甸灰莉
Fagraea gardneri C.B.Clarke=Fagraea ceilanica
Fagraea khasiana Benth.=Fageraea ceilanica
Fagraea obovata Wall.=Fagraea ceilanica
Fagraea sasakii Hay.=Fagraea ceilanica
Fagus L.**水青冈属**(壳斗科)
Fagus bijiensis C.F. Wei=.Fagus longipetiolata
Fagus brevipetiolata Hu=Fagus longipetiolata
Fagus chienii Cheng 钱氏水青冈
Fagus clavata Y.T.Chang=Fagus longipetiolata
Fagus engleriana Seem.米心水青冈

Fagus grandifolia Ehrh.美国水青冈
Fagus hayatae Palib. ex Hay.台湾水青冈
Fagus hayatae var. *zhejiangensis* LiuetWu=Fagus hayatae
Fagus japonica Maxim.日本水青冈
Fagus longipes (Oliv.) Lévl.=Fagus longipetiolata
Fagus longipes (Oliv.) Lévl.=Fagus longipetiolata
Fagus longipetiolata Seem.水青冈
Fagus longipetiolata f. longipetiolata=.Fagus longipetiolata
Fagus longipetiolata f. *yunnanica* Y.T.Chang=Fagus longipetiolata
Fagus lucida Rehd. & Wils.光叶水青冈
Fagus lucida var. *opienica* Y.T.Chang=Fagus lucida
Fagus nayonica Y.T.Chang=Fagus lucida
Fagus orientalis Lipsky.东方水青冈
Fagus pashanica Yang=Fagus hayatae
Fagus sieboldii Endl.奚氏水青冈
Fagus silvatica L.(Lévl. in Fl.Kouy-Tcheou 1914)=Fagus engleriana
Fagus sinensis Oliv.=Fagus longipetiolata
Fagus sylvatica sensu Hay.=Fagus hayatae
Fagus sylvatica var. ? Oliv.=Fagus engleriana
Fagus sylvatica var. atropurpurea Kirchn.紫叶欧洲水青冈
Fagus sylvatica var. *bracteolis* Oliv.=Fagus longipetiolata
Fagus sylvatica var. *chinensis* Franch.=Fagus engleriana
Fagus sylvatica var. *longipes* Oliv.=Fagus longipetiolata
Fagus tientaiensis Loiu=Fagus longipetiolata
Falcata japonica (Oliv.) Kom.=Amphicarpaea edgeworthii
Falconeria insignis Royle=Sapium insigne
Fallopia Adans.**何首乌属**(蓼科)
Fallopia aubertii (L.Henry) Holub 木藤蓼
Fallopia convolvulus (L.) Löve 卷茎蓼
Fallopia cynanchoides (Hemsl.) Harald.牛皮消蓼
Fallopia cynanchoides var. cynanchoides=Fallopia cynanchoides
Fallopia cynanchoides var. glabriuscula (A.J.Li) A.J.Li 光叶牛皮消蓼
Fallopia dentato-alata (Fr.Schm.) Holub 齿翅蓼
Fallopia denticulata (Huang) A.J.Li 齿叶蓼
Fallopia dumetorum (L.) Holub 篱蓼
Fallopia dumetorum var. dumetorum=Fallopia dumetorum
Fallopia dumetorum var. pauciflora (Maxim.) A.J.Li 疏花篱蓼
Fallopia multiflora (Thunb.) Harald.何首乌
Fallopia multiflora var. cillinerve (Nakai) A.J.Li 毛脉蓼
Fallopia multiflora var. multiflora=Fallopia multiflora
Fallopia pauciflora (Maxim.) Kitag.=Fallopia dumetorum var. pauciflora
Farfugium Lindl.**大吴风草属**(菊科)
Farfugium grande Lindl.=Farfugium japonicum
Farfugium japonicum (L.f.) Kitam.大吴风草
Farfugium japonicum var. *formosum* (Hay.) Kitam.=Farfugium japonicum
Farfugium kaempferi Benth.=Farfugium japonicum
Farfugium tussilatigneum (Burm.f.) Kitam.=Farfugium japonicum
Fargesia Franch.emnd.Yi **箭竹属**(禾本科)
Fargesia acuticontracta Yi 尖削箭竹
Fargesia adpressa Yi 贴毛箭竹
Fargesia albo-cerea Hsueh & Yi 片马箭竹
Fargesia altior Yi 船竹
Fargesia ampullais Yi 樟木箭竹
Fargesia angustissima Yi 油竹子
Fargesia aurita Yi=Fargesia decurvata
Fargesia brevipes (McClure) Yi 短柄箭竹?
Fargesia brevissima Yi 窝竹
Fargesia caduca Yi 景谷箭竹
Fargesia canaliculata Yi 岩斑竹
Fargesia circinata Hsueh & Yi 卷耳箭竹
Fargesia collaris Yi 颈鞘箭竹
Fargesia communis Yi 马亨箭竹
Fargesia concinna Yi 美丽箭竹
Fargesia conferta Yi 笼笼竹
Fargesia contracta Yi 带鞘箭竹
Fargesia contracta f. contracta=Fargesia contracta
Fargesia contracta f. evacuata Yi 空心带鞘箭竹
Fargesia crassinoda Yi 粗节箭竹
Fargesia cuspidata (Keng) Z.P.Wang & G.H.Ye 尖尾箭竹?
Fargesia declivis Yi 斜倚箭竹
Fargesia decurvata J.L.Lu 毛龙头竹
Fargesia demissa Yi 矮箭竹
Fargesia densiflora (Rendle) Nakai=Brachystachyum densiflorum
Fargesia denudata Yi 缺苞箭竹
Fargesia dracocephala Yi 龙头竹
Fargesia dura Yi 马斯箭竹
Fargesia edulis Hsueh & Yi 空心箭竹
Fargesia emaculata Yi 牛麻箭竹
Fargesia extensa Yi 喇叭箭竹
Fargesia farcta Yi 勒布箭竹
Fargesia ferax (Keng) Yi 丰实箭竹
Fargesia fractiflexa Yi 扫把竹
Fargesia frigida Yi 凋叶箭竹
Fargesia fungosa Yi 棉花竹
Fargesia glabrifolia Yi 光叶箭竹
Fargesia gongshanensis Yi 贡山箭竹
Fargesia grossa Yi 错那箭竹
Fargesia gYirongensis Yi 吉隆箭竹
Fargesia hainanensis Yi 海南箭竹
Fargesia hsuehiana Yi 冬竹
Fargesia hygrophila Hsueh & Yi 喜湿箭竹
Fargesia jiulongensis Yi 九龙箭竹
Fargesia lincangensis Yi 雪山箭竹
Fargesia longissima (Yi) Yi=Yushania complanata Yi
Fargesia lushuiensis Hsueh & Yi 泸水箭竹
Fargesia mairei (Hack. ex Hand.-Mazz.) Yi 大姚箭竹
Fargesia mali Yi 马利箭竹
Fargesia melanostachys (Hand.-Mazz.) Yi 黑穗箭竹
Fargesia murielae (Gamble) Yi 神农箭竹
Fargesia nitida (Mitford) Keng f. ex Yi 华西箭竹
Fargesia obliqua Yi 团竹
Fargesia orbiculata Yi 长圆鞘箭竹
Fargesia papyrifera Yi 云龙箭竹
Fargesia pauciflora (Keng) Yi 少花箭竹
Fargesia perlonga Hsueh & Yi 超包箭竹
Fargesia pleniculmis (Hand.-Mazz.) Yi 皱壳箭竹
Fargesia plurisetosa Wen 密毛箭竹
Fargesia porphyrea Yi 红壳箭竹
Fargesia praecipua Yi 弩刀箭竹
Fargesia qinlingensis Yi & J.X.Shao 秦岭箭竹
Fargesia robusta Yi 拐棍竹
Fargesia rufa Yi 青川箭竹
Fargesia sagittatinea Yi 佤箭竹
Fargesia scabrida Yi 糙花箭竹
Fargesia semicoriacea Yi 白竹
Fargesia semiorbiculata Yi 圆芽箭竹
Fargesia setosa Yi 西藏箭竹
Fargesia similaris Hsueh & Yi 秃鞘箭竹
Fargesia solida Yi 腾冲箭竹
Fargesia spathacea Franch.箭竹
Fargesia stenoclada Yi 细枝箭竹
Fargesia strigosa Yi 粗毛箭竹
Fargesia subflexuosa Yi 曲竿箭竹
Fargesia sylvestris Yi 德钦箭竹
Fargesia tenuilignea Yi 薄壁箭竹
Fargesia ungulata Wen 鸡爪箭竹?
Fargesia utilis Yi 伞把竹
Fargesia vicina (Keng) Yi 紫序箭竹?
Fargesia wuliangshanensis Yi 无量山箭竹
Fargesia yuanjangensis Hsueh & Yi 元江箭竹
Fargesia yulongshanensis Yi 玉龙山箭竹
Fargesia yunnanensis Hsueh & Yi 昆明实心竹
Fargesia zayuensis Yi 察隅箭竹
Farreria pretiosa Balf.f. & W.W.Sm. ex Farr.=Daphne rosmarinifolia
Farsetia incana (L.) R.Br.=Berteroa incana
Fatoua Gaud.**水蛇麻属**(桑科)
Fatoua japonica (Thunb.) Bl.=Fatoua villosa
Fatoua pilosa Gaud.细齿水蛇麻

Fatoua villosa (Thunb.) Nakai 水蛇麻
Fatsia Decne. & Planch.**八角金盘属**(五加科)
Fatsia cavaleriei Lévl.=Trevesia palmata
Fatsia japonica (Thunb.) Decne. & Planch.八角金盘
Fatsia papyrifera Benth. & HK.f. ex Forb. & Hemsl.=Tetrapanax papyrifer
Fatsia polyarpa Hay.多室八角金盘
Faucaria Schwant.**肉黄菊属**(番杏科)
Faucaria acutipetala L.Bolus.尖瓣肉黄菊
Faucaria felina (Weston) Schwant ex Jacob.猫颚肉黄菊
Faucaria longidens L.Bolus.长齿肉黄菊
Faucaria longifolia L.Bolus.长叶肉黄菊
Faucaria tigrina (Haw.) Schwant.虎颚肉黄菊
Fedia Adans.=**Patrinia**
Fedia intermedia Horn.=Patrinia intermedia
Fedia rupestris Vahl=Patrinia rupestris
Fedia rupestris var. *intermedia* Vahl=Patrinia intermedia
Fedia scabiosaefolia Trev.=Patrinia scabiosaefolia
Fedia serratulaefolia Trev.=Patrinia scabiosaefolia
Fedorovia Yakovl.=**Ormosia**
Fedorovia emarginata (HK. & Arn.) Yakovl.=Ormosia emarginata
Fedorovia formosana (Kanehira) Yakovl.=Ormosia formosana
Fedorovia glaberrina (Wu) Yakovl.=Ormosia glaberrima
Fedorovia henryi (Prain) Yakovl.=Ormosia henryi
Fedorovia henryi var. *nuda* (How) Yakovl.=Ormosia nuda
Fedorovia indurata (L.chen) Yakovl.=Ormosia indurata
Fedorovia microphylla (Merr.) Yakovl.=Ormosia microphylla
Fedorovia olivacea (L.Chen) Yakovl.=Ormosia olivacea
Fedorovia pachyptera (L.Chen) Yakovl.=Ormosia pachyptera
Fedorovia pinnata (Lour.) Yakovl.=Ormosia pinnata
Fedorovia simplicifolia (Merr. & Chun) Yakovl.=Ormosia simplicifolia
Fedorovia striata (Dunn) Yakovl.=Ormosia striata
Fedorovia xylocarpa (Chun ex L.Chen) Yakovl.=Ormosia xylocarpa
Fedtschenkiella Kudr.=**Dracocephalum**
Fedtschenkiella Kudr.**长蕊青兰属**(唇形科)
Fedtschenkiella staminea (Kar. & Kir.) Kudr.长蕊青兰
Fedtschenkiella staminea (Karelin & Kirilow) Kudr.=Dracocephalum stamineum
Fedtschenkoa Rgl. & Schmalh=**Malcolmia**
Fedtschenkoa africana (L.) Dvorak=Malcolmia africana
Fedtschenkoa brevipes (Kar. & Kir.) Dvorak(p.p.)=Neotorularia brevipes
Fedtschenkoa hispida (Litw.) Dvorak=Malcolmia hispida
Fedtschenkoa multisiliqua (Vass.) Dvorak=Malcolmia scorpioides
Fedtschenkoa scorpioides (Bge.) Dvorak=Malcolmia scorpioides
Fedtschenkoa stenopetala (Bernh. ex Fisch. & C.A.Mey.) Dvorák=Malcolmia africana
Fedtschenkoa taraxacifolia Dvorák=Malcolmia africana
Feea Bory **轴果膜蕨属**(膜蕨科)
Feea echinata Nees 轴果膜蕨
Feijoa Berg.**南美稔属**(桃金娘科)
Feijoa sellowiana Berg.南美稔
Felicia Cass **费利菊属**(菊科)
Felicia echinata Nees 刺费利菊
Fendleria Steud.=**Oryzopsis**
Fendleria rhynchelytroides Steud.=Oryzopsis hymenoides
Fenestraria N.E.Br.**棒叶花属**(番杏科)
Fenestraria aurantiaca N.E.Br.橙黄棒叶花
Fenestraria rhopalophylla (Schlechter & Diels 棒叶花
Fernandia Baill.=**Fernandoa**
Fernandoa Welw. ex Seem.**厚膜树属**(紫葳科)
Fernandoa guangxiensis D.D.Tao 广西厚膜树
Ferocactus Britt. & Rose **强刺球属**(仙人掌科)
Ferocactus acantodes (Lem.) Britt. & Rose 琥头
Ferocactus chrysacanthus (Orcutt) Britt. & Rose 金冠龙
Ferocactus covillei Britt. & Rose 江守玉
Ferocactus glaucescens (DC.) Britt. & Rose 王冠龙
Ferocactus gracilis H.E.Gates.刈穗玉
Ferocactus horridus Britt. & Rose 巨鹫玉
Ferocactus latispinus (Haw.) Britt. & Rose 日出
Ferocactus viridescens (Torr. & A.Gary) Britt. & Rose 龙眼强刺球(新)
Feronia Correa **象橘属**(芸香科)
Feronia elephatum Correa=Feronia limonia
Feronia limonia (L.) Swingle 象橘
Ferrocalamus Hsueh & Keng f.**铁竹属**(禾本科)
Ferrocalamus rimosivaginus Wen=Ferrocalamus strictus
Ferrocalamus strictus Hsueh & Keng f.铁竹
Ferula L.**阿魏属**(伞形科)
Ferula akitschkensis B.Fedtsch. ex K.-Pol.山地阿魏
Ferula borealis Kuan=Ferula bungeana
Ferula bungeana Kitag.硬阿魏
Ferula canescens (Ledeb.) Ledeb.灰色阿魏
Ferula caspica M.Bieb.里海阿魏
Ferula communis L.大阿魏
Ferula conocaula Korov.圆锥茎阿魏
Ferula dissecta (Ledeb.) Ledeb.全裂叶阿魏
Ferula dshaudshamyr Korov.=Ferula dubjanskyi
Ferula dubjanskyi Korov. ex Pavlov 沙生阿魏
Ferula ferulaeoides (Steud.) Korov.多伞阿魏
Ferula fukanensis K.M.Shen 阜康阿魏
Ferula gracilis (Ledeb.) Ledeb.细茎阿魏
Ferula hexiensis K.M.Shen 河西阿魏
Ferula jaeschkeanaVatke 中亚阿魏
Ferula karataviensis (Rgl. & Schmalh.) Korov.短柄阿魏
Ferula karelinii Bge.=Schumannia turcomanica
Ferula kingdon-wardii Wolff 草甸阿魏
Ferula kirialovii Pimenov 山蛇床阿魏
Ferula krylovii Korov.托里阿魏
Ferula lapidosa Korov.多石阿魏
Ferula lehmannii Boiss.大果阿魏
Ferula licentiana Hand.-Mazz.太行阿魏
Ferula licentiana var. licentiana=Ferula licentiana
Ferula licentiana var. tunshanica (Su) Shan & Q.X.Kiu 铜山阿魏
Ferula microcarpa Korov.=Ferula ovina
Ferula moschata (Reinsch) K.-Pol.=Ferula sumbul
Ferula olivacea (Diels) Wolff ex Hand.-Mazz.榄绿阿魏
Ferula ovina (Boiss.) Boiss.羊食阿魏
Ferula peucedanifolia Willd(Kryl.in Fl.W.Sibirica 1935)=Soranthus meyeri
Ferula peucedanifolia Willd.(Kar. & Kir.in Bull.Soc.Nat.Mosc.1842)=Schumannia turcomanica
Ferula pseudooreoselinum Rgl. & Schmalh.(K.-Pol.in Bull.Soc.Nat.Voron. 1925,p.p.)=Ferula kirialovii
Ferula rigida (Bge.) Wolff=Ferula bungeana
Ferula rigidula Fisch. ex DC.(Hiroe in Umbell.Asia 1958)=Ferula bungeana
Ferula sinkiangensis K.M.Shen 新疆阿魏
Ferula songorica Pall. ex Spreng.准噶尔阿魏
Ferula stylosa Korov.=Ferula ovina
Ferula sumbul (Kauffm.) HK.f.麝香阿魏
Ferula syreitschikowii K.-Pol.荒地阿魏
Ferula teterrima Kar. & Kir.臭阿魏
Ferula transitoria Korov.=Ferula akitschkensis
Ferula tunshanica Su=Ferula licentiana var. tunshanica
Ferulopsis Kitag.=**Phlojodicarpus**
Ferulopsis mongolica Kitag.=Phlojodicarpus sibricus
Festuca L.**羊茅属**(禾本科)
Festuca alaica Drob.帕米尔羊茅
Festuca alatavica (St.-Yves) Roshev.阿拉套羊茅
Festuca altaica Trin.阿尔泰羊茅
Festuca altissima All.巨羊茅
Festuca amblyodes Krecz. & Bobr.葱岭羊茅
Festuca amblyodes subsp. *erectiflora* (Pavl.) Tzvel.=Festuca amblyodes
Festuca arioides Lam.高山羊茅
Festuca arundinacea Schreb.苇状羊茅
Festuca arundinacea subsp. arundinacea=Festuca arundinacea
Festuca arundinacea subsp. orientalis (Hack.) Tzvel.东方羊茅
Festuca borealis Mert. & Koch.=Scolochloa festucacea
Festuca brachyphylla Schult. & Schylt.f.短叶羊茅
Festuca brevifolia R.Br.=Festuca brachyphylla
Festuca capillaris Lilj.=Puccinellia capillaris
Festuca caucasica Hack.=Leucopoa caucasica

Festuca chanduensis L.Liu 昌都羊茅
Festuca chayuensis L.Liu 察隅羊茅
Festuca chelungkiangnica Chang & Skv.草原羊茅
Festuca chumbiensis E.Alexeev 春丕谷羊茅
Festuca cinerea Vill.灰羊茅
Festuca coelestis (St.-Yves) Krecz. & Bobr.矮羊茅
Festuca cristata (L.) Vill.=Koeleria cristata
Festuca dahurica (St.-Yves) Krecz. & Bobr.达乌里羊茅
Festuca dahurica subsp. dahurica=Festuca dahurica
Festuca dahurica subsp. mongolica (Chang & Skv.) Sh.R.Liou & Ma 蒙古羊茅
Festuca deasyi Rendle=Leucopoa deasyi
Festuca diversifolia Boiss. & Bol.=Poa diversifolia
Festuca dolichantha Keng 长花羊茅
Festuca durata B.X.Sun & H.Peng 硬序羊茅
Festuca eauriei Hack.=Festuca japonica
Festuca elata Keng 高羊茅
Festuca elatior subsp. *arundinacea* var. *genuina* subvar. *orientalis* Hack.= Festuca arundinacea subsp. orientalis
Festuca elatior var. *arundinacea* (Schreb.) Wimm.=Festuca arundinacea
Festuca erectiflora Pavl.=Festuca amblyodes
Festuca extremiorientalis Ohwi 远东羊茅
Festuca fascicullaris Lam.=Diplachne fascicularis
Festuca fascinata Keng 蛊羊茅
Festuca filiformis Lam.=Leptochloa panicea
Festuca filiformis var. *chinensis* Franch.=Tripogon chinensis
Festuca formosana E.Alexeev=Festuca taiwanensis
Festuca formosana Honda 台湾羊茅
Festuca forrestii St.-Yves 玉龙羊茅
Festuca fusca L.=Diplachne fusca
Festuca georgii E.Alexeev=Festuca yunnanensis
Festuca gigantea (L.) Vill.大羊茅
Festuca handelii (St.-Yves) E.Alexeev=Festuca modesta
Festuca heterophylla Lam.异羊茅
Festuca jacutica Drob.雅库羊茅
Festuca japonica Makino 日本羊茅
Festuca joldosensis D.M.Chang=Festuca brachyphylla
Festuca kansuensis Markgraf-Dann 甘肃羊茅
Festuca kashmiriana Stapf 克什米尔羊茅
Festuca kirilowii Steud.毛稃羊茅
Festuca kryloviana Reverd.寒生羊茅
Festuca kurtschumica E.Alexeev 三界羊茅
Festuca leptopogon Stapf 弱须羊茅
Festuca liangshenica L.Liu 凉山羊茅
Festuca limosa (Schur.) Simonk=Puccinellia limosa
Festuca litvinovii (Tzvel.) E.Alexeev 东亚羊茅
Festuca longiglumis S.L.Lu 长颖羊茅
Festuca mairei Hack. ex Hand.-Mazz.= Festuca mazzetiana
Festuca mazzetiana E.Alexeev 昆明羊茅
Festuca modesta Steud.素羊茅
Festuca modesta subsp. *handelii* St.-Yves=Festuca modesta
Festuca mongolica Chang & Skv.=Festuca dahurica subsp. mongolica
Festuca mutica S.L.Lu 无芒羊茅
Festuca myuros L.=Vulpia myuros
Festuca nitidula Stapf 微药羊茅
Festuca olgae (Rgl.) Kriv.=Leucopoa olgae
Festuca olgae subsp. *deasyi* (Rendle) Tzvel.=Leucopoa deasyi
Festuca ovina L.羊茅
Festuca ovina subsp. *coelestis* St.-Yves=Festuca coelestis
Festuca ovina subsp. *laevis* var. *dahurica* St.-Yves.=Festuca dahurica
Festuca ovina subsp. *supina* (Schur.) Schina & R.Keller=Festuca arioides
Festuca ovina var. *alpina* Griseb.=Festuca coelestis
Festuca ovina var. brachyphylla (Schult.) Piper 高山羊茅
Festuca ovina var. duriuscula (L.) Koch 硬羊茅
Festuca ovina var. glauca Hack.蓝羊茅
Festuca ovina var. *sulcata* Hack.=Festuca rupicola
Festuca ovina var. *supina* (Schr.) Hack.=Festuca arioides
Festuca pallens Host 淡白色羊茅
Festuca parvigluma Steud.小颖羊茅
Festuca pauciflora Thunb.=Bromus remotiflorus
Festuca pinnata Huds.=Brachypodium pinnatum
Festuca pluriflora D.M.Cang=Festuca rubra subsp. villosa
Festuca poecilantha C.Kcoh=Puccinellia poecilantha
Festuca polycolea Stapf=Festuca wallichiana
Festuca pratensis Huds.草甸羊茅
Festuca psammophila Hack.沙生羊茅
Festuca pseudosclerophylla Krivot=Leucopoa pseudosclerophylla
Festuca pseudosulcata var. *litvinovii* Tzvel.=Festuca litvinovii
Festuca pseudovina Hack. ex Wiesb.假羊茅
Festuca pubiglumis S.L.Lu 毛颖羊茅
Festuca regeliana Pavl.=Festuca arundinacea subsp. orientalis
Festuca remotiflorus Steud.=Bromus remotiflorus
Festuca rubra L.紫羊茅
Festuca rubra subsp. *alatavica* Hack. ex St.-Yves=Festuca alatavica
Festuca rubra subsp. *arctica* (Hack.) Govor.=Festuca kirilowii
Festuca rubra subsp. eurubra var. arenaria f. arctica Hack.= Festuca kirilowii
Festuca rubra subsp. *kashmiriana* (Stapf) St.-Yves=Festuca kashmiriana
Festuca rubra subsp. pluriflora (D.M.Chang) N.R.Cui 多花羊茅
Festuca rubra subsp. villosa (Mert. & Koch. ex Rochl.) S.L.Lu 糙毛羊茅
Festuca rubra var. *genuina* Hand.-Mazz.=Festuca yulungschanica
Festuca rubra var. nankotaizanensis Ohwi 南湖紫羊茅
Festuca rubra var. niitakensis Ohwi 玉山紫羊茅
Festuca rubra var. rubra=Festuca rubra
Festuca rubra var. *villosa* Mert. & Koch. ex Rochl.=Festuca rubra subsp. villosa
Festuca rupicola Heuffel 沟叶羊茅
Festuca scaberrima Steud.=Melica scaberrima
Festuca scabriflora L.Liu 糙花羊茅
Festuca sect. *Leucopoa* (Griseb.) Kriv.=**Leucopoa**
Festuca sibirica Hack. ex Boiss.=Leucopoa albida
Festuca sinensis Keng ex S.L.Lu 中华羊茅
Festuca slerophylla Boiss. & Bisch.=Leucopoa sclerophylla
Festuca spectabilis subsp. *sclerophylla* (Boiss. ex Bisch.) Boiss.= Leucopoa sclerophylla
Festuca stapfii E.Alexeev 细芒羊茅
Festuca subalpina Chang & Skv. ex S.L.Lu 长白山羊茅
Festuca subgen. *Leucopoa* (Griseb.) Tzvel.=**Leucopoa**
Festuca subsulcata Chang & Skv.=Festuca rupicola
Festuca subulata subsp. *japonica* (Hack.) T.Kayama & Kawano=Festuca extremiorientalis
Festuca subulata var. *japonica* Hack.=Festuca extremiorientalis
Festuca subulata var. *leptopogon* (Stapf) St.-Yves=Festuca leptopogon
Festuca sulcata (Hack.) Hack.=Festuca rupicola
Festuca sulcata (Hack.) Nym.=Festuca rupicola
Festuca sulcata (Hock.) Nym.沟羊茅
Festuca supina Shur.=Festuca arioides
Festuca sylvatica Huds.=Brachypodium sylvaticum
Festuca taiwanensis S.L.Lu 光稃羊茅
Festuca takasagoensis Ohwi 高砂羊茅
Festuca tenuifolia Sibth.细弱羊茅
Festuca tianschanica Roshev.=Festuca alatavica
Festuca tibertica (Stapf) E.Alexeev.=Festuca coelestis
Festuca trachyphylla Krajina 粗糙叶羊茅
Festuca tristis Kryl. & Ivan.黑穗羊茅
Festuca tuberculosa Coss. & Dur.块茎羊茅
Festuca undata Stapf 曲枝羊茅
Festuca undata var. *aristata* Stapf=Festuca stapfii
Festuca valesiaca Gaud. (Stapf in HK.f.,Fl.Brit.Ind.1897,p.p.)=Festuca wallichiana
Festuca valesiaca Schleich ex Gaud.瑞士羊茅
Festuca valesiaca subsp. *pseudovina* (Hack. ex Wiesb.) Hegi=Festuca pseudovina
Festuca valesiaca subsp. *sulcata* (Hack.) Schinz. & R.Keller.=Festuca rupicola
Festuca valesiaca var. *tibetica* Stapf=Festuca coelestis
Festuca varia Haenke 变色羊茅
Festuca vierhapperi Hand.-Mazz.藏滇羊茅
Festuca wallichiana E.Alexeev 藏羊茅
Festuca yulungschanica E.Alexeev 丽江羊茅
Festuca yunnanensis St.-Yves 滇羊茅
Festuca yunnanensis var. *genuina* St.-Yves ex Hand.-Mazz.=Festuca yunnanensis

Festuca yunnanensis var. vilosa St.-Yves ex Hand.-Mazz.毛羊茅
Festuca yunnanensis var. yunnanensis=Festuca yunnanensis
Fibichia umbellata β. *biflora* Beck.=Cynodon dactylon var. biflorus
Fibraurea Lour.**天仙藤属**(防已科)
Fibraurea recisa Pierre 天仙藤
Ficaria glacialis Fisch. ex DC.=Oxygraphis glacialis
Ficus L.**榕属**(桑科)
Ficus abelii Miq.石榕树
Ficus acanthocarpa Lévl. & Vant.=Ficus henryi
Ficus affinis Wall. ex Kurz=Ficus concinna
Ficus altissima Bl.高山榕
Ficus ampelas Burm.f.菲律宾榕
Ficus annulata Bl.环纹榕
Ficus antaoensis Hay.=Ficus ruficaulis
Ficus arisanensis Hay.=Ficus sarmentosa var. henryi
Ficus asperiuscula Kunth & Bouch.钩毛榕
Ficus asymmetrica Lévl. & Vant.=Ficus cyrtophylla
Ficus aulocarpa (Miq.) Miq.大叶赤榕
Ficus aurantiaca Griff. 橙黄榕
Ficus aurantiaca var. *parvifolia* Corner=Ficus aurantiaca
Ficus auriculata Lour.大果榕
Ficus awkwotsang Makino=Ficus pumila var. awkwotsang
Ficus baileyi Hutch.=Ficus sarmentosa var. impressa
Ficus basidentula Miq.=Ficus callosa
Ficus beecheyana HK. & Arn.=Ficus erecta var. beecheyana
Ficus beecheyana f. *koshunensis* (Hay.) Corner=Ficus erecta var. beecheyana f. koshunensis
Ficus beecheyana var. *koshunensis* (Hay.) Sata=Ficus erecta var. beecheyana f. koshunensis
Ficus beipeiensis S.S.Chang 北培榕
Ficus bengalensis L.孟加拉榕
Ficus benguetensis Merr.黄果榕
Ficus benjamina L.垂叶榕
Ficus benjamina var. benjamina=Ficus benjamina
Ficus benjamina var. *comosa* (Roxb.) Kurz=Ficus benjamina var. nuda
Ficus benjamina var. *comosa* King=Ficus benjamina var. nuda
Ficus benjamina var. nuda (Miq.) Barrett 丛毛垂叶榕
Ficus blinii Lévl. & Vant.=Ficus nervosa
Ficus bodinieri Lévl. & Vant.=Ficus sarmentosa var. impressa
Ficus bonatii Lévl.=Ficus tikoua
Ficus bonii Gagn.=Ficus cardiophylla
Ficus botryoides Lévl. & Vant.=Ficus sarmentosa var. lacrymans
Ficus caesia Hand.-Mazz.=Ficus orthoneura
Ficus callosa Willd.硬皮榕
Ficus campressicaulis Bl.=Ficus sagittata
Ficus cantoniensis Bodinier ex Lévl.=Ficus hederacea
Ficus cardiophylla Merr.龙州榕
Ficus carica L.无花果
Ficus caudata Wall.=Ficus subincisa var. paucidentata
Ficus caudato-longifolia Sata=Ficus heteropleura
Ficus caulobotrya var. *fraseri* Miq.=Ficus virens var. sublanceolata
Ficus cavaleriei Lévl. & Vant.=Ficus heteromorpha
Ficus cavaleriei Lévl. & Vant.=Ficus variolosa
Ficus cehengensis S.S.Chang=Ficus gasparriniana var. esquirolii
Ficus chaffajoni Lévl.=Ficus sarmentosa var. nipponica
Ficus championii Benth.=Ficus vasculosa
Ficus chapaensis Gagn.沙坝榕
Ficus chartacea Wall. ex King 纸叶榕
Ficus chartacea var. chartacea=Ficus chartacea
Ficus chartacea var. torulosa King 无柄纸叶榕
Ficus chittagonga Miq.=Ficus racemosa var. miquelli
Ficus chlorocarpa Benth.=Ficus variegata var. chlorocarpa
Ficus chrysocarpa Reinw.金毛榕
Ficus cilata S.S.Chang 缘毛榕
Ficus clavata Wall. ex Miq.(Hemsl. in J.L.Bot.1889)=Ficus henryi
Ficus clavata Wall. ex Miq.=Ficus subincisa var. paucidentata
Ficus clavata Wall.=Ficus subincisa
Ficus comata Hand.-Mazz.=Ficus gasparriniana var. viridescens
Ficus comosa Roxb.=Ficus benjamina var. nuda
Ficus compressa S.S.Chang=Ficus hispida var. badiostrigosa
Ficus concinna (Miq.) Miq.雅榕
Ficus concinna var. concinna=Ficus concinna
Ficus concinna var. subsessilis Corner 近无柄雅榕
Ficus congesta (Lévl. & Vant.) Lévl.=Ficus trivia
Ficus congesta Lévl. & Vant.=Ficus gasparriniana var. viridescens
Ficus cordifolia Roxb.=Ficus rumphii
Ficus coronata Reinw. ex Bl.=Ficus asperiuscula
Ficus cumingii Miq.糙毛榕
Ficus cumingii var. *terminalifolia* (Elm.) Sata=Ficus cumingii
Ficus cuneata Lévl. & Vant.(p.p.)=Ficus heteromorpha
Ficus cuneata Lévl. & Vant.(p.p.)=Ficus trivia
Ficus cuneata var. *congesta* Lévl. & Vant.=Ficus trivia
Ficus cuneato-nerosa Yamamoto=Ficus pubinervis
Ficus cunia Buch.-Mah. ex Roxb.=Ficus semicordata
Ficus curtipes Corner 钝叶榕
Ficus cuspidato-caudata Hay.=Ficus benjamina
Ficus cuspidifera Miq.=Ficus tinctoria subsp. parastica
Ficus cyanus Lévl. & Vant.=Ficus gasparriniana var. viridescens
Ficus cyrtophylla Wall. ex Miq.歪叶榕
Ficus damiaoshanensis S.S.Chang=Ficus ruyuanensis
Ficus damingshanensis S.S.Chang 大明山榕
Ficus decaisneana Miq.=Ficus virgata
Ficus delavayi Gagn.=Ficus ischnopoda
Ficus dinganensis S.S.Chang 定安榕
Ficus drupacea Thunb.枕果榕
Ficus drupacea var. drupacea=Ficus drupacea
Ficus drupacea var. pubescens (Roth) Corner 毛果枕果榕
Ficus duclouxii Lévl ex Vant.(p.p.)=Ficus sarmentosa var. luducca
Ficus duclouxii Lévl. & Vant.(p.p.)=Ficus sarmentosa var. duclouxii
Ficus elastica Roxb. ex Hornem.印度榕
Ficus erecta Thunb.矮小天仙果
Ficus erecta var. beecheyana (HK. & Arn.) King 天仙果
Ficus erecta var. beecheyana f. koshunensis (Hay.) Corner 狭叶天仙果
Ficus erecta var. erecta=Ficus erecta
Ficus esquiroliana Lévl.黄毛榕
Ficus esquirolii Lévl. & Vant.=Ficus gasparriniana var. esquirolii
Ficus fachikoogi Koidz.=Ficus irisana
Ficus fecundissima Lévl. & Vang.=Ficus concinna
Ficus feddei Lévl. & Vant.=Ficus glaberrima
Ficus fedorovii W.T.Wang=Ficus orthoneura
Ficus fenicis Merr.=Ficus tinctoria subsp. swinhoei
Ficus fieldingii Miq.=Ficus neriifolia var. fieldingii
Ficus filicauda Hand.-Mazz.线尾榕
Ficus filicauda var. filicauda=Ficus filicauda
Ficus filicauda var. longipes S.S.Chang 长柄线尾榕
Ficus firmula Miq.=Ficus virgata
Ficus fistulosa Reinw. ex Bl.水同木
Ficus fistulosa f. *benguetensis* (Merr.) Liu & Liao=Ficus benguetensis
Ficus formosana Maxim.台湾榕
Ficus formosana f. *lageniformis* (Lévl. & Vant.) C.Y.Wu=Ficus formosana
Ficus formosana var. angustifola (Cheng) Migo 台湾窄叶榕?
Ficus formosana var. *angustissima* Ko=Ficus pandurata var. angustifolia
Ficus formosana var. formosana=Ficus formosana
Ficus formosana var. shimadai Hay.细叶台湾榕
Ficus fortunati Lévl.=Ficus sarmentosa var. nipponica
Ficus foveolata Wall. ex Miq.(Rehd.in J.Arn.Arb.1929)=Ficus sarmentosa var. nipponica
Ficus foveolata Wall.(Classif. Arb.Pl.Sin.1937)=Ficus sarmentosa var. henryi
Ficus foveolata Wall.(HK.f.in Fl.Brit.Ind.1888)=Ficus pubigera
Ficus foveolata Wall. ex Miq.=Ficus sarmentosa
Ficus foveolata var. *arisanensis* (Hay.) Kudô =Ficus sarmentosa var. henryi
Ficus foveolata var. *henryi* King & Oliv.=Ficus sarmentosa var. henryi
Ficus foveolata var. *impressa* (Champ.) King=Ficus sarmentosa var. impressa
Ficus foveolata var. *maliformis* King=Ficus pubigera var. maliformis
Ficus foveolata var. *thunbergii* (Maxim.) King=Ficus sarmentosa var. thunbergii
Ficus fulva Reinw. ex Bl.=Ficus chrysocarpa
Ficus fulva Reinw.(海南志 1965,高等图鉴 1972,西藏志 1983)=Ficus esquiroliana
Ficus fusuiensis S.S.Chang 扶绥榕
Ficus garanbiensis Hay.=Ficus pedunculosa var. mearnsii

Ficus garciae Elm.=Ficus variegata var. garciae
Ficus gasparriniana Miq.冠毛榕
Ficus gasparriniana var. esquirolii (Lévl. & Vant.) Corner 长叶冠毛榕
Ficus gasparriniana var. gasparriniana=Ficus gasparriniana
Ficus gasparriniana var. laceratifolia (Lévl. & Vant.) Corner 菱叶冠毛榕
Ficus gasparriniana var. viridescens (Lévl. & Vant.) Corner 绿叶冠毛榕
Ficus gemella Wall. ex Miq.=Ficus neriifolia
Ficus geniculata Kurz 曲枝榕
Ficus geniculata var. *abnormalis* Kutz=Ficus superba var. japonica
Ficus gibbosa Bl.(Liu in Ill.Nat.Intr.Lign.Pl.Taiwan 1962)=Ficus irisana
Ficus gibbosa Bl.(Sata in Monogr.Ficus Form.And Philipp.1944)=Ficus virgata
Ficus gibbosa Bl.=Ficus tinctoria subsp. gibbosa
Ficus gibbosa var. *cuspidifera* (Miq.) King (Rehd.in J.Arn.Arb.1929)=Ficus tinctoria subsp. gibbosa
Ficus gibbosa var. *cuspidifera* (Miq.) King=Ficus tinctoria subsp. parastica
Ficus gibbosa var. *parasitica* (Willd.) King=Ficus tinctoria subsp. parastica
Ficus gibbosa var. *rigida* Miq.=Ficus tinctoria subsp. gibbosa
Ficus glabella Bl.无毛榕
Ficus glabella var. *affinis* (Wall. ex Kurz) King=Ficus concinna
Ficus glabella var. *concinna* (Miq.) King=Ficus concinna
Ficus glaberrima Bl.大叶水榕
Ficus glaberrima var. glaberrima=Ficus glaberrima
Ficus glaberrima var. pubescens S.S.Chang 毛叶大叶水榕
Ficus glomerata var. *chittagonga* (Miq.) King=Ficus racemosa var. miquelli
Ficus glomerata var. *miquelli* King=Ficus racemosa var. miquelli
Ficus glonerata Roxb.=Ficus racemosa
Ficus guangxiensis S.S.Chang 广西榕
Ficus guizhouensis S.S.Chang 贵州榕
Ficus hainanensis Merr. & Chun=Ficus oligodon
Ficus hanceana Maxim.=Ficus pumila
Ficus harlandii Benth.(Kanehira in Form.Trees 1936)=Ficus benguetensis
Ficus harlandii Benth.=Ficus fistulosa
Ficus harlandii var. *kotoensis* (Hay.) Sata=Ficus benguetensis
Ficus harmandii Gagn.=Ficus langkokensis
Ficus haulii Blanco=Ficus septica
Ficus hayatae Sata=Ficus irisana
Ficus hederacea Roxb.藤榕
Ficus henryi Warb. ex Diels (西藏志 1983)=Ficus subincisa var. paucidentata
Ficus henryi Warb. ex Diels 尖叶榕
Ficus heteromorpha Hemsl.异叶榕
Ficus heterophylla L.f.山榕
Ficus heterophylla var. *scabrella* (Roxb.) King=Ficus heterophylla
Ficus heteropleura Bl.尾叶榕
Ficus heterostyla Merr.=Ficus hispida var. badiostrigosa
Ficus hibiscifolia Champ. ex Benth.=Ficus hirta
Ficus hiiranensis Hay.=Ficus ruficaulis
Ficus hirsuta Roxb.=Ficus hirta var. roxburghii
Ficus hirta Roxb.Hort.=Ficus hirta var. roxburghii
Ficus hirta Vahl 粗叶榕
Ficus hirta var. brevipila Corner 全缘粗叶榕
Ficus hirta var. *hibiscifolia* (Champ.) Chun=Ficus hirta
Ficus hirta var. hirta=Ficus hirta
Ficus hirta var. imberbis Gagn.薄毛粗叶榕
Ficus hirta var. *palmata* (Merr.) Chun=Ficus hirta
Ficus hirta var. roxburghii (Miq.) King 大果粗叶榕
Ficus hirta var. *roxburghii* King (Rehd.in J.Arn.Arb.1929)=Ficus esquiroliana
Ficus hispida L.对叶榕
Ficus hispida var. badiostrigosa Corner 扁果榕
Ficus hispida var. hispida=Ficus hispida
Ficus hispida var. rubra Corner 红果对叶榕
Ficus hookeri Miq.=Ficus hookeriana
Ficus hookeriana Corner 大青树
Ficus howii Merr. & Chun=Ficus pubigera
Ficus hypoleucogramma Lévl. & Vant.=Ficus orthoneura
Ficus imennensis S.S.Chang=Ficus orthoneura
Ficus impressa Champ.=Ficus sarmentosa var. impressa
Ficus infectoria (Miq.) Miq.=Ficus virens
Ficus infectoria var. *caulocarpa* (Miq.) King=Ficus aulocarpa
Ficus infectoria Willd.(Roxb.in Fl.Ind.1832)=Ficus virens
Ficus irisana Elmer 糙叶榕
Ficus ischnopoda Miq.壶托榕
Ficus jamini Lévl. & Vant.=Ficus laevis
Ficus katsumadai Hay.=Ficus hirta
Ficus kingiana Hemsl.(Lévl in Fl.Kouy-Tchéou 1915)=Ficus stenophylla var. macropodocarpa
Ficus kingiana Hemsl.=Ficus ampelas
Ficus kingiana Lévl.=Ficus glaberrima
Ficus konishii Hay.=Ficus variegata var. garciae
Ficus koshunensis Hay.=Ficus erecta var. beecheyana f. koshunensis
Ficus kotoensis Hay.=Ficus benguetensis
Ficus kouytchense Lévl. & Vant.=Ficus heteromorpha
Ficus kusanoi Hay.=Ficus cumingii
Ficus kwangtungensis Merr.=Ficus sarmentosa var. lacrymans
Ficus laceratifolia Lévl. & Vant.=Ficus gasparriniana var. laceratifolia
Ficus lacor Buch.-Ham.(Pl.Fl.Sin.)=Ficus virens var. sublanceolata
Ficus lacor Buch.-Ham.(Rehd.in J.Arn.Arb.1929,p.p.)=Ficus concinna
Ficus lacrymans Lévl. & Vant.=Ficus sarmentosa var. lacrymans
Ficus lacus Buch.-Ham.(海南志 1965,高等图鉴 1972)=Ficus virens
Ficus laevigata Bl.=Ficus variegata
Ficus laevis Bl.光叶榕
Ficus lageniformis Lévl. & Vant.=Ficus formosana
Ficus lamponga var. *chartacea* Wall. ex Kurz=Ficus chartacea
Ficus langbianensis Gagn.=Ficus ischnopoda
Ficus langkokensis Drake 青藤公
Ficus lanoensis Merr. ex Sata=Ficus sagittata
Ficus laus-esquirolii Lévl.(Esquiro,334)=Ficus hirta
Ficus laus-esquirolii Lévl.(p.p.)=Ficus esquiroliana
Ficus leekensis Drake=Ficus gasparriniana
Ficus letaqui Lévl. & Vant.=Ficus hispida
Ficus leucodermis var. *saxicola* Hand.-Mazz.=Ficus sarmentosa var. impressa
Ficus lineari-formosana Sata=Ficus formosana var. shimadai
Ficus longbianensis Gagn.=Ficus variolosa
Ficus longepedata Lévl.=Ficus sarmentosa var. luducca
Ficus luducca Roxb.=Ficus sarmentosa var. luducca
Ficus luzonensis Merr.=Ficus pedunculosa
Ficus maclellandi King 瘤枝榕
Ficus maclellandi var. maclellandi=Ficus maclellandi
Ficus maclellandi var. rhododendrifolia Corner 杜鹃叶榕
Ficus macrocarpa Lévl. & Vant.=Ficus auriculata
Ficus macropodocarpa Lévl. & Vant.=Ficus stenophylla var. macropodocarpa
Ficus mairei Lévl.=Ficus heteromorpha
Ficus marhcandii Lévl.=Capparis membranifolia
Ficus martini Lévl. & Vant.=Ficus sarmentosa var. impressa
Ficus mearnsii Merr.=Ficus pedunculosa var. mearnsii
Ficus megacarpa Merr.=Ficus aurantiaca
Ficus michelii Lévl.=Ficus tinctoria subsp. gibbosa
Ficus microcarpa L.f. 榕树
Ficus microcarpa L.f.(高等图鉴 1972)=Ficus concinna var. subsessilis
Ficus microstoma Wall. ex King=Ficus pisocarpa
Ficus millettii Miq.=Ficus pyriformis
Ficus mysorensis var. *pubescens* Roth=Ficus drupacea var. pubescens
Ficus nagayamai Yamamoto=Ficus pumila var. awkwotsang
Ficus napoensis S.S.Chang 那坡榕
Ficus nemoralis Wall. ex Miq.=Ficus neriifolia var. nemoralis
Ficus nemoralis var. *fieldingii* (Miq.) King=Ficus neriifolia var. fieldingii
Ficus nemoralis var. *gemella* (Wall.) King=Ficus neriifolia
Ficus nemoralis var. *trilepis* (Miq.) King=Ficus neriifolia var. trilepis
Ficus neoesquirolii Lévl.=Ficus esquiroliana
Ficus neriifolia J.E.Sm.森林榕
Ficus neriifolia var. fieldingii (Miq.) Corner 薄果森林榕
Ficus neriifolia var. trilepis (Miq.) Corner 棒果森林榕
Ficus nerium Lévl. & VAnt.=Ficus stenophylla
Ficus nervosa Heyne ex Roth 九丁榕
Ficus nigrescens King=Ficus tikoua
Ficus nipponica Franch. & Sav.=Ficus sarmentosa var. nipponica
Ficus nitida Thunb.=Ficus benjamina
Ficus nuda Miq.=Ficus benjamina var. nuda
Ficus obscura Bl.(高等图鉴 1972)=Ficus cyrtophylla
Ficus obtusa Hassk.=Ficus trichocarpa var. obtusa

Ficus obtusa var. *genuina* Koord. & Vall.=Ficus trichocarpa var. obtusa
Ficus obtusifolia Roxb.=Ficus curtipes
Ficus oldhami Hance=Ficus septica
Ficus oligodon Miq.苹果榕
Ficus orthoneura Lévl. & Vant.直脉榕
Ficus ouangliensis Lévl.=Amoora ouangliensis
Ficus ovatifolia S.S.Chang 卵叶榕
Ficus oxyphylla Miq.=Ficus sarmentosa var. nipponica
Ficus palmatiloba Merr.=Ficus hirta
Ficus pandurata Hance (Lévl.in Fl.Kouy-Tchéou 1915)=Ficus heteromorpha
Ficus pandurata Hance 琴叶榕
Ficus pandurata var. angustifolia Cheng 条叶榕
Ficus pandurata var. holophylla Migo 全缘琴叶榕
Ficus pandurata var. *linearis* Migo=Ficus pandurata var. angustifolia
Ficus pandurata var. pandurata=Ficus pandurata
Ficus parasitica Willd.=Ficus tinctoria subsp. parastica
Ficus parvifolia Miq.=Ficus concinna
Ficus pedunculosa Miq.蔓榕
Ficus pedunculosa var. *glabrifolia* Chang=Ficus pedunculosa
Ficus pedunculosa var. mearnsii (Merr.) Corner 鹅銮鼻蔓榕
Ficus pedunculosa var. pedunculosa=Ficus pedunculosa
Ficus petelotii Merr.=Ficus ischnopoda
Ficus philippinensis Miq.=Ficus virgata
Ficus pilosa Gaud.(S. & Z.Fl.Jap.Fam.Nat.1864)=Fatoua villosa
Ficus pinfaensis Lévl. & Vant.=Ficus heteromorpha
Ficus pingtangensis S.S.Chang=Ficus tuphapensis
Ficus pisocarpa Bl.豆果榕
Ficus polynervis S.S.Chang 多脉榕
Ficus pomifera Wall. ex King=Ficus oligodon
Ficus porteri Lévl. & Vant.=Ficus hirta
Ficus potingensis Merr. & Chun=Ficus tuphapensis
Ficus prostrata Wall. ex Miq.平枝榕
Ficus pseudobotryoides Lévl. & Vant.=Ficus tinctoria subsp. parastica
Ficus pseudoreligiosa Lévl.=Ficus concinna
Ficus pubigera (Wall. ex Miq.) Miq.褐叶榕
Ficus pubigera var. anserina Corner 鳞果褐叶榕
Ficus pubigera var. maliformis (King) Corner 大果褐叶榕
Ficus pubigera var. pubigera=Ficus pubigera
Ficus pubigera var. reticulata S.S.Chang 网果褐叶榕
Ficus pubilimba Merr.球果山榕
Ficus pubinervis Bl.绿岛榕
Ficus pumila L.薜荔
Ficus pumila var. awkwotsang (Makino) Corner 爱玉子
Ficus pumila var. pumila=Ficus pumila
Ficus pyrifolia Burm.f.=Pyrus pyrifolia
Ficus pyriformis HK. & Arn.(Rehd.in J.Arn.Arb.1929,p.p.)=Ficus stenophylla
Ficus pyriformis HK. & Arn.(Rehd.in J.Arn.Arb.1929,p.p.)=Ficus stenophylla var. macropodocarpa
Ficus pyriformis HK. & Arn.舶梨榕
Ficus pyriformis var. *abelii* (Miq.) King=Ficus abelii
Ficus pyriformis var. *angustifolia* Ridl.)=Ficus ischnopoda
Ficus pyriformis var. *brevifolia* Gagn.=Ficus variolosa
Ficus pyriformis var. hirtinervis S.S.Chang 毛脉舶梨榕
Ficus pyriformis var. *ischnopoda* (Miq.) King=Ficus ischnopoda
Ficus pyriformis var. *ischnopoda* King (Rehd.in J.Arn.Arb.1929)=Ficus stenophylla var. macropodocarpa
Ficus pyriformis var. pyriformis=Ficus pyriformis
Ficus pyrrhocarpa Kurz=Ficus squamosa
Ficus quantriensis Gagn.=Ficus hirta var. roxburghii
Ficus racemosa L.聚果榕
Ficus racemosa var. miquelli (King) Corner 柔毛聚果榕
Ficus racemosa var. racemosa=Ficus racemosa
Ficus ramentacea Roxb.=Ficus sagittata
Ficus rectinervia Merr.=Ficus pyriformis
Ficus regia Miq.(p.p.)=Ficus oligodon
Ficus religiosa L.菩提树
Ficus reticulata Miq.=Ficus sarmentosa
Ficus reticulata Thunb.=Ficus tinctoria subsp. gibbosa
Ficus retusa L.(HK.f.in Fl.Brit.Ind.1889)=Ficus microcarpa
Ficus retusiformis Lévl. & Vant.=Ficus microcarpa
Ficus rhododendrifolia Miq.=Ficus maclellandi var. rhododendrifolia
Ficus rhomboidalis Lévl. & Vant.(Lévl.in Fl.Kouy-Tcheou 1915,p.p.)=Ficus gasparriniana var. laceratifolia
Ficus rhomboidalis Lévl. & Vant.=Ficus tinctoria subsp. parastica
Ficus rigida Bl.(Kanehira in Form.Trees 1936)=Ficus irisana
Ficus rostrata Lam.(Merr. & Chun in Sunyatsenia 1946)=Ficus heteropleura
Ficus rostrata var. *urophylla* (Wall. ex Miq.) Koord. & Vahl=Ficus heteropleura
Ficus roxburghii Miq.=Ficus hirta var. roxburghii
Ficus roxburghii Wall.=Ficus auriculata
Ficus ruficaulis Merr.红茎榕
Ficus ruficaulis f. *typica* Sata=Ficus ruficaulis
Ficus rufipes Lévl.=Ficus sarmentosa var. nipponica
Ficus rumphii Bl.心叶榕
Ficus ruyuanensis S.S.Chang 乳源榕
Ficus saemocarpa Miq.=Ficus squamosa
Ficus sagittata Vahl 羊乳榕
Ficus sambucixylon Lévl.=Ficus hispida
Ficus sarmentosa Buch.-Ham. ex J.E.Sm.匐茎榕
Ficus sarmentosa subsp. *nipponica* (Franch. & Sav.) Ohashi=Ficus sarmentosa var. nipponica
Ficus sarmentosa var. duclouxii (Lévl. & Vant.) Corner 大果爬藤榕
Ficus sarmentosa var. henryi (King ex Oliv.) Corner 珍珠莲
Ficus sarmentosa var. impressa (Champ.) Corner 爬藤榕
Ficus sarmentosa var. lacrymans (Lévl. & Vant.) Corner 尾尖爬藤榕
Ficus sarmentosa var. luducca (Roxb.) Corner 长柄爬山藤榕
Ficus sarmentosa var. luducca f. sessilis Corner 无柄爬藤榕
Ficus sarmentosa var. nipponica (Franch. & Sav.) Corner 白背爬藤榕
Ficus sarmentosa var. sarmentosa=Ficus sarmentosa
Ficus sarmentosa var. thunbergii (Maxim.) Corner 少脉爬藤榕
Ficus saxophila var. *sublanceolata* Miq.=Ficus virens var. sublanceolata
Ficus scabrella Roxb.=Ficus heterophylla
Ficus scandens Roxb.=Ficus hederacea
Ficus schinzii Lévl. & Vant.=Ficus abelii
Ficus seguini Lévl.=Ficus sarmentosa var. nipponica
Ficus semicordata Buch.-Ham. ex J.E.Sm.鸡嗉子榕
Ficus septica Burm.f. 棱果榕
Ficus sikkimensis Miq.=Ficus subulata
Ficus silhetensis Miq.(Rehd.in J.Arn.Arb.1936,p.p.)=Ficus gasparriniana var. viridescens
Ficus silhetensis Miq.=Ficus gasparriniana
Ficus silhetensis var. *annamica* Gagn.=Ficus gasparriniana
Ficus simplicissima Lour.极简榕
Ficus simplicissima var. *hirta* (Vahl) Migo=Ficus hirta
Ficus somai Hay.=Ficus cumingii
Ficus sordida Hand.-Mazz.=Ficus sarmentosa var. luducca
Ficus squamosa Roxb.肉托榕
Ficus stapfii Lévl.=Ficus gasparriniana var. viridescens
Ficus stenophylla Hemsl.竹叶榕
Ficus stenophylla var. macropodocarpa (Lévl. & Vant.) Corner 长柄竹叶榕
Ficus stenophylla var. stenophylla=Ficus stenophylla
Ficus stipula Thunb.=Ficus pumila
Ficus stipulosa (Miq.) Miq.=Ficus aulocarpa
Ficus stricata Miq.劲直榕
Ficus suberosa Lévl. & Vant.=Ficus glaberrima
Ficus subincisa J.E.Sm.棒果榕
Ficus subincisa var. paucidentata (Miq.) Corner 细梗棒果榕
Ficus subincisa var. subincisa=Ficus subincisa
Ficus subpedunculata Miq.=Ficus concinna var. subsessilis
Ficus subulata Bl.假斜叶榕
Ficus superba Miq.华丽榕
Ficus superba var. japonica Miq.笔管榕
Ficus swinhoei King=Ficus tinctoria subsp. swinhoei
Ficus taiwaniana Hay.=Ficus formosana
Ficus tannoensis Hay.滨榕
Ficus tannoensis f. *angustifolia* Hay.=Ficus tannoensis
Ficus tannoensis f. rhombifolia Hay.菱叶滨榕
Ficus tannoensis f. tannoensis=Ficus tannoensis
Ficus tenax Bl.=Ficus erecta Thunb.矮小天仙果
Ficus tenuicaudata W.Y.Chun=Ficus langkokensis
Ficus terasonensis Hay.=Ficus aurantiaca

Ficus thunbergii Maxim.=Ficus sarmentosa var. thunbergii
Ficus tikoua Bur.地果
Ficus tinctoria Forst.f. 斜叶榕
Ficus tinctoria subsp. gibbosa (Bl.) Corner 西藏斜叶榕
Ficus tinctoria subsp. parastica (Willd.) Corner 凸尖榕
Ficus tinctoria subsp. swinhoei (King) Corner 匍匐斜叶榕
Ficus tinctoria subsp. tinctoria=Ficus tinctoria
Ficus trachycarpa var. *paucidentata* Miq.=Ficus subincisa var. paucidentata
Ficus trichocarpa Bl.毛果榕
Ficus trichocarpa var. obtusa (Hassk.) Corner 钝叶毛果榕
Ficus trichocarpa var. trichocarpa=Ficus trichocarpa
Ficus trichopoda Lévl.=Ficus sarmentosa var. luducca
Ficus tridactylites Gagn.=Ficus hirta var. imberbis
Ficus trilepis Miq.=Ficus neriifolia var. trilepis
Ficus triloba Buch.-Ham.=Ficus hirta var. roxburghii
Ficus trivia Corner 楔叶榕
Ficus trivia var. laevigata S.S.Chang 光叶楔叶榕
Ficus trivia var. *tenuipetiolata* S.S.Chang=Ficus trivia
Ficus trivia var. trivia=Ficus trivia
Ficus tsiangii Merr. ex Corner 岩木瓜
Ficus tuphapensis Drake 平塘榕
Ficus undulata S.S.Chang 波缘榕
Ficus urophylla Wall. ex Miq.=Ficus heteropleura
Ficus vaccinioides Hemsl. ex King 越桔叶蔓榕
Ficus vanioti Lévl.(Lévl.in Fl.Couy-Tchéou 1915,p.p.)=Ficus gasparriniana var. viridescens
Ficus vanioti Lévl.=Amoora ouangliensis
Ficus variegata Bl.杂色榕
Ficus variegata f. *rotundata* Sata=Ficus variegata
Ficus variegata var. chlorocarpa (Benth.) King 青果榕
Ficus variegata var. garciae (Elm.) Corner 幹花榕
Ficus variegata var. variegata=Ficus variegata
Ficus variolosa Lindl. ex Benth.变叶榕
Ficus vasculosa Wall. ex Miq.白肉榕
Ficus vasculosa Wall.(Kanehira in Form.Trees.1936)=Ficus virgata
Ficus virens Ait.(浙江志 1992)=Ficus superba var. japonica
Ficus virens Ait.绿黄葛树
Ficus virens var. sublanceolata (Miq.) Corner 黄葛树
Ficus virens var. virens=Ficus virens
Ficus virgata Reinw. ex Bl.岛榕
Ficus virgata var. *philippinensis* (Miq.) Corner=Ficus virgata
Ficus viridescens Lévl. & Vant.=Ficus gasparriniana var. viridescens
Ficus wardii C.E.C.Fischer=Ficus neriifolia
Ficus wightiana Wall. ex Miq.(高等图鉴 1972)=Ficus superba var. japonica
Ficus xichouensis S.S.Chang=Ficus heteromorpha
Ficus xiphias C.E.C.Fischer=Ficus filicauda
Ficus yunnanensis S.S.Chang 云南榕
Fiedleria alpina (Habl.) Ovcz.=Petrorhagia alpina
Fieldia A.Cunn.**裴德苣苔属**(苦苣苔科)
Filago L.**絮菊属**(菊科)
Filago acaulis Kroch.=Gnaphalium supinum
Filago apiculata G.E.Sm.红须絮菊
Filago arvensis L.絮菊
Filago californica Nutt.加州絮菊
Filago gallica L.钻叶絮菊
Filago germanica Hk.f.=Filago spathulata
Filago germanica var. *spathulata* DC.=Filago spathulata
Filago leontopodioides Willd.=Leontopodium leontopodioides
Filago minima (Sm.) Pers.纤细絮菊
Filago spathulata Predl.匙叶絮菊
Filago vulgaris Lam.普通絮菊
Filex Ludwig.=**Cystopteris**
Filifolium Kitam.**线叶菊属**(菊科)
Filifolium sibiricum (L.) Kitam.线叶菊
Filipendula Mill.**蚊子草属**(蔷薇科)
Filipendula amurensis (Bar.) Bar.=Filipendula palmata
Filipendula angustiloba (Turcz.) Maxim.细叶蚊子草
Filipendula angustiloba var. *glabra* Maxim.=Filipendula angustiloba
Filipendula angustiloba var. *tomentosa* Maxim.=Filipendula intermedia
Filipendula glaberrima Nakai=Filipendula purpurea
Filipendula glabra Nakai ex Kom. & Alis.=Filipendula purpurea
Filipendula intermedia (Glehn) Juzep.翻白蚊子草
Filipendula kamtschatica var. *glaberrima* Nakai=Filipendula purpurea
Filipendula kiraishiensis Hay.台湾蚊子草
Filipendula koreana (Nakai) Nakai=Filipendula purpurea
Filipendula koreana var. *alba* Nakai ex Mori=Filipendula purpurea
Filipendula multijuga var. *alba* Nakai=Filipendula purpurea
Filipendula multijuga var. *koreana* Nakai=Filipendula purpurea
Filipendula nuda Grub.=Filipendula palmata var. glabra
Filipendula palmata (Pall.) Maxim.蚊子草
Filipendula palmata f. *nuda* (Grub.) Schimizu=Filipendula palmata var. glabra
Filipendula palmata var. *amurensis* Bar.=Filipendula palmata
Filipendula palmata var. glabra Ledeb. ex Kom.光叶蚊子草
Filipendula palmata var. palmata=Filipendula palmata
Filipendula palmata var. *stenoloba* Bar. ex Liou et al.=Filipendula palmata
Filipendula purprea var. *albiflora* Makino=Filipendula purpurea
Filipendula purpurea Maxim.槭叶蚊子草
Filipendula ulmaria (L.) Maxim.旋果蚊子草
Filipendula vestita (Wall.) Maxim.绣脉蚊子草
Filipendula vulgaris Moench 长叶蚊子草
Fimbripetalum (Turcz.) Ikonn.=**Stellaria**
Fimbripetalum radians (L.) Ikonnik.=Stellaria radians
Fimbristylis Vahl **飘拂草属**(莎草科)
Fimbristylis actinoschoenus Dunn & Tutch.=Fimbristylis chinensis
Fimbristylis actinoschoenus var. *chinensis* C.B.Clarke=Fimbristylis chinensis
Fimbristylis acuminata Vahl 披针穗飘拂草
Fimbristylis aestivalis (Retz.) Vahl 夏飘拂草
Fimbristylis aginkotensis Hay.=Fimbristylis ferruginea
Fimbristylis annua (All.) Roem. & Schult.(p.p.)=Fimbristylis dichotoma
Fimbristylis annua (All.) Roem. & Schult.(p.p.)=Fimbristylis dichotoma f. annua
Fimbristylis anpinensis Hay.=Fimbristylis ferruginea
Fimbristylis aphylla Steud.无叶飘拂草
Fimbristylis aphylla var. aphylla=Fimbristylis aphylla
Fimbristylis aphylla var. gracilis Tang & Wang 小飘拂草
Fimbristylis bispicata Nees=Fimbristylis subbispicata
Fimbristylis bisumbellata (Forsk.) Bubani 复序飘拂草
Fimbristylis brevicollis Kükenth.=Fimbristylis diphylloides
Fimbristylis chalarocephala Ohwi & Koyama=Fimbristylis hookeriana
Fimbristylis chinensis (Benth.) Tang & Wang 华飘拂草
Fimbristylis cinnamometorum Hance=Fimbristylis fusca
Fimbristylis complanata (Retz.) Link 扁鞘飘拂草
Fimbristylis complanata Benth.=Fimbristylis thomsonii
Fimbristylis complanata var. complanata=Fimbristylis complanata
Fimbristylis complanata var. kraussiana C.B.Clarke 矮扁鞘飘拂草
Fimbristylis crassipes Palla=Fimbristylis subbispicata
Fimbristylis cylindrocarpa Kunth=Fimbristylis tetragona
Fimbristylis cymosa (Lam.) R.Br.黑果飘拂草
Fimbristylis decoras Nees & Meyen=Fimbristylis sericea
Fimbristylis dichotoma (L.) Vahl=Fimbristylis bisumbellata
Fimbristylis dichotoma (L.) Vahl 两歧飘拂草
Fimbristylis dichotoma f. annua (All.) Ohwi 线叶两歧飘拂草
Fimbristylis dichotoma f. depauperata (C.B.Clarke) Ohwi 矮两歧飘拂草
Fimbristylis dichotoma f. dichotoma=Fimbristylis dichotoma
Fimbristylis dichotomoides Tang & Wang 拟两歧飘拂草
Fimbristylis dietrichseni Böcklr.=Fimbristylis longispica
Fimbristylis diphylla (Retz.) Vahl=Fimbristylis dichotoma
Fimbristylis diphylla var. *annua* (All.) C.B.Clarke=Fimbristylis dichotoma f. annua
Fimbristylis diphylla var. *depauperata* C.B.Clarke=Fimbristylis dichotoma f. depauperata
Fimbristylis diphylloides Makino 拟二叶飘拂草
Fimbristylis diphylloides var. diphylloides=Fimbristylis diphylloides
Fimbristylis diphylloides var. straminea Tang & Wang 黄鳞二叶飘拂草
Fimbristylis dipsacea (Rottb.) Benth.起绒飘拂草
Fimbristylis dipsacea Kom.=Fimbristylis verrucifera
Fimbristylis eragrostis (Nees) Hance 知风飘拂草
Fimbristylis fauriei Ohwi=Fimbristylis quinquangularis

Fimbristylis ferruginea (L.) Vahl 锈鳞飘拂草
Fimbristylis ferruginea var. ferruginea=Fimbristylis ferruginea
Fimbristylis ferruginea var. sieboldii (Miq.) Ohwi 弱锈鳞飘拂草
Fimbristylis fordii C.B.Clarke 罗浮飘拂草
Fimbristylis formosensis C.B.Clarke=Fimbristylis spathacea
Fimbristylis fusca (Nees) Benth.暗褐飘拂草
Fimbristylis fusca var. contoniensis C.B.Clarke 广州暗褐飘拂草
Fimbristylis fusca var. fusca=Fimbristylis fusca
Fimbristylis globulosa (Retz.) Kunth 球穗飘拂草
Fimbristylis globulosa var. *aphylla* Miq.=Fimbristylis aphylla
Fimbristylis globulosa var. austrojaponica Ohwi 两广球穗飘拂草
Fimbristylis globulosa var. globulosa =Fimbristylis globulosa
Fimbristylis globulosa var. *torresiana* (Gaud.) C.B.Clarke=Fimbristylis globulosa
Fimbristylis gracilenta Hance 纤细飘拂草
Fimbristylis gynophora C.B.Clarke=Fimbristylis subbispicata
Fimbristylis hainanensis Tang & Wang 海南飘拂草
Fimbristylis henryi C.B.Clarke 宜昌飘拂草
Fimbristylis hookeriana Böcklr.金色飘拂草
Fimbristylis hookeriana Merr.=Fimbristylis fordii
Fimbristylis kagiensis Hay.=Fimbristylis schoenoides
Fimbristylis kankaoensis Hay.=Fimbristylis spathacea
Fimbristylis kraussiana Hochst. ex Steud.=Fimbristylis complanata var. kraussiana
Fimbristylis longispica Steud.长穗飘拂草
Fimbristylis longistipitata Tang & Wang 长柄果飘拂草
Fimbristylis makinoana Ohwi 短尖飘拂草
Fimbristylis miliacea (L.) Vahl 水虱草
Fimbristylis monostachya (L.) Hassk.独穗飘拂草
Fimbristylis nanningensis Tang & Wang 南宁飘拂草
Fimbristylis nanofusca Tang & Wang 矮飘拂草
Fimbristylis nigrobrunnea Thw.褐鳞飘拂草
Fimbristylis nutans (Retz.) Vahl 垂穗飘拂草
Fimbristylis ovata (Burm.f.) Kern 卵状飘拂草(新)
Fimbristylis pauciflora Chun & How=Fimbristylis hainanensis
Fimbristylis pierotii Miq.东南飘拂草
Fimbristylis polytrichoides (Retz.) Vahl 细叶飘拂草
Fimbristylis psammocola Tang & Wang 砂生飘拂草
Fimbristylis pycnostachya Hance=Fimbristylis nigrobrunnea
Fimbristylis quiquangularis (Vahl) Kunth 五棱秆飘拂草
Fimbristylis quiquangularis var. bistaminifera Tang & Wang 异五棱飘拂草
Fimbristylis quiquangularis var. elata Tang & Wang 高五棱飘拂草
Fimbristylis quiquangularis var. quiquangularis=Fimbristylis quiquangularis
Fimbristylis rigidula Nees 结壮飘拂草
Fimbristylis rufoglumosa Tang & Wang 红鳞飘拂草
Fimbristylis schoenoides (Retz.) Vahl 少穗飘拂草
Fimbristylis sericea (Poir.) R.Br.绢毛飘拂草
Fimbristylis setacea Merr. & Chun=Fimbristylis hainanensis
Fimbristylis sieboldii Miq.=Fimbristylis ferruginea var. sieboldii
Fimbristylis spathacea Roth.佛焰苞飘拂草
Fimbristylis squarrosa Vahl 畦畔飘拂草
Fimbristylis squarrosa var. esquarrosa Makino=Fimbristylis makinoana
Fimbristylis stauntoni Debeaux & Franch.烟台飘拂草
Fimbristylis stolonifera C.B.Clarke 匍匐茎飘拂草
Fimbristylis subbispicata Nees & Meyen 双穗飘拂草
Fimbristylis tetragona R.Br.四棱飘拂草
Fimbristylis thomsonii Böcklr.西南飘拂草
Fimbristylis thouarsii Merr. & Chun=Fimbristylis chinensis
Fimbristylis tikushiensis Hay.=Fimbristylis dichotoma
Fimbristylis torresiana Gaud.=Fimbristylis globulosa
Fimbristylis unicolor Ohwi & Koyama=Fimbristylis henryi
Fimbristylis verrucifera (Maxim.) Makino 疣果飘拂草
Fimbristylis wightiana Nees=Fimbristylis spathacea
Fimbristylis wukungshanensis Tang & Wang 武功山飘拂草
Fimbristylis yunnanensis C.B.Clarke 滇飘拂草
Fiorinia Parl.=**Aira**
Firmiana Marsili **梧桐属**(梧桐科)
Firmiana chinensis Medicus ex Steud.=Firmiana platanifolia
Firmiana colorata (Roxb.) R.Br.=Erythropsis colorata
Firmiana colorata R.Br.(Merr.in Lingn.Sci.J.1934,p.p.)=Erythropsis pulcherrima
Firmiana hainanensis Kosterm.海南梧桐
Firmiana kwangsiensis Hsue=Erythropsis kwangsiensis
Firmiana major (W.W.Sm.) Hand.-Mazz.云南梧桐
Firmiana platanifolia (L.f.) Marsili 梧桐
Firmiana pulcherrima Hsue=Erythropsis pulcherrima
Firmiana simplex (L.) F.W.Wight=Firmiana platanifolia
Fissistigma Graiff.**瓜馥木属**(番荔枝科)
Fissistigma acuminatissimum Merr.尖叶瓜馥木
Fissistigma balansae (A.DC.) Merr.多脉瓜馥木
Fissistigma bracteolatum Chatterjee 排骨灵
Fissistigma capitatum Merr. ex Li=Fissistigma retusum
Fissistigma cavaleriei (Lévl.) Rehd.独山瓜馥木
Fissistigma chloroneurum (Hand.-Mazz.) Tsiang 阔叶瓜馥木
Fissistigma cupreonitens Merr. & Chun 金果瓜馥木
Fissistigma glaucescens (Hance) Merr.白叶瓜馥木
Fissistigma globosum C.Y.Wu ex P.T.Li 坝治瓜馥木
Fissistigma hainanense Merr.=Oncodostigma hainanense
Fissistigma kwangsiense Tsiang & P.T.Li 广西瓜馥木
Fissistigma lanuginosum (HK.f. & Thoms.) Merr.(分类学报 1957)=Fissistigma oldhamii
Fissistigma latifolium (Dunn) Merr.大叶瓜馥木
Fissistigma maclurei Merr.=Oncodostigma hainanense
Fissistigma maclurei Merr.毛瓜馥木
Fissistigma minuticalyx (McGr. & W.W.Sm.) Chatterjee 小萼瓜馥木
Fissistigma obtusifolium Merr.(分类学报 1957,p.p.)=Fissistigma wallichii
Fissistigma obtusifolium Merr.=Fissistigma glaucescens
Fissistigma oldhamii (Hemsl.) Merr.瓜馥木
Fissistigma oldhamii var. longistipitatum Tsiang 长柄瓜馥木
Fissistigma oldhamii var. oldhamii=Fissistigma oldhamii
Fissistigma oligocarpum W.T.Wang=Fissistigma wallichii
Fissistigma poilanei (Ast) Tsiang & P.T.Li 火绳藤
Fissistigma polyanthum (HK.f. & Thoms.) Merr.黑风藤
Fissistigma retusum (Lévl.) Rehd.凹叶瓜馥木
Fissistigma shangtzeënse Tsiang & P.T.Li 上思瓜馥木
Fissistigma tientangense Tsiang & P.T.Li 天堂瓜馥木
Fissistigma tungfangense Tsiang & P.T.Li 东方瓜馥木
Fissistigma uonicum (Dunn) Merr.香港瓜馥木
Fissistigma wallichii (HK.f. & Thoms.) Merr.贵州瓜馥木
Fissistigma xylopetalum Tsiang & P.T.Li 木瓣瓜馥木
Fittonia verchaffeltii (Lemaire) v.Houtte 网纹草
Fitzseraldia F. Muell.=**Cananga**
Fiwa morrisonensis (Hay.) Nakai=Actinodaphne morrisonensis
Fiwa mushanensis (Hay.) Nakai=Actinodaphne mushanensis
Fiwa nantoensis (Hay.) Nakai=Actinodaphne nantoensis
Fiwa pedicellata (Hay.) Nakai=Actinodaphne pedicellata
Fiwa sasaki (Kamikoti) Nakai=Litsea Sasakii
Flacourtia Comm. ex L'Herit.**刺篱木属**(大风子科)
Flacourtia balansae Gagn.=Flacourtia ramontchii
Flacourtia cataphrcta Roxb. ex Willd.=Flacourtia jangomas
Flacourtia chinensis Clos=Xylosma racemosum
Flacourtia indica (Burm.f.) Merr.刺篱木
Flacourtia inermis Roxb.罗比梅
Flacourtia jangomas (Lour.) Rauschel.云南刺篱木
Flacourtia montana f.Grah.山刺子
Flacourtia parvifolia Merr.=Flacourtia indica
Flacourtia ramontchii L'Herit.大果刺篱木
Flacourtia rukam Zoll. & Mor.大叶刺篱木
Flacourtiaceae 大风子科
Flagellaria L.**须叶藤属**(须叶藤科)
Flagellaria indica L.须叶藤
Flagellaria minor Bl.=Flagellaria indica
Flagellaria philippinensis Elm.=Flagellaria indica
Flagellaria repens Lour.=Pothos repens
Flagellariaceae 须叶藤科
Flemingia Roxb. ex Ait.**千斤拔属**(豆科)
Flemingia bracteata (Roxb.) Wight=Flemingia strobilifera
Flemingia capitata Zoll.=Flemingia involucrata

Flemingia chappar Haom. ex Benth.墨江千斤拔
Flemingia congesta Roxb. ex Ait.f.=Flemingia macrophylla
Flemingia congesta var. *latifolia* Baker=Flemingia latifolia
Flemingia fluminalis C.B.Clarke ex Prain 河边千斤拔
Flemingia fruticulosa Wall. ex Benth.=Flemingia strobilifera
Flemingia glutinosa (Prain) Y.t.We & S.Lee 腺毛千斤拔
Flemingia grahamiana Wight & Arn.绒毛千斤拔
Flemingia grandiflora Roxb. ex Rottl.= Thunbergia grandiflora
Flemingia involucrata Benth.总苞千斤拔
Flemingia kweichowensis Tang & Wang ex Y.T.Wei & S.Lee 贵州千斤拔
Flemingia latifolia Benth.宽叶千斤拔
Flemingia latifolia var. hainanensis Y.T.Wei & S.Lee 海南千斤拔
Flemingia latifolia var. latifolia=Flemingia latifolia
Flemingia lineata (L.) Roxb. ex Ait.细叶千斤拔
Flemingia lineata var. *glutinosa* Prain=Flemingia glutinosa
Flemingia macrophylla (Willd.) Prain 大叶千斤拔
Flemingia mengpengensis Y.T.Wei & S.Lee 勐板千斤拔
Flemingia paniculata Wall. ex Benth.锥序千斤拔
Flemingia philippinensis Merr. & Rolfe 千斤拔
Flemingia procumbens Roxb.矮千斤拔
Flemingia stricta Roxb. & Ait.长毛千斤拔
Flemingia strobilifera (L.) Ait.球穗千斤拔
Flemingia strobilifera var. *fruticulosa* Baker=Flemingia strobilifera
Flemingia vestita Benth. ex Baker=Flemingia procumbens
Flemingia wallichii Wight & Arn.云南千斤拔
Flemingia yunnanensis Franch.=Flemingia wallichii
Fleurya Gaudich.=**Laportea**
Fleurya interrupta (L.) Gaudich.=Laportea interrupta
Flickingeria Hawkes **金石斛属**(兰科)
Flickingeria albopurpurea Seidenf.滇金石斛
Flickingeria angustifolia (Bl.) Hawkes 狭叶金石斛
Flickingeria bicolor Z.H.Tsi & S.C.Chen 二色金石斛
Flickingeria calocephala Z.H.Tsi & S.C.Chen 红头金石斛
Flickingeria comata (Bl.) Hawkes 金石斛
Flickingeria concolor Z.H.Tsi & S.C.Chen 同色金石斛
Flickingeria fimbriata (Bl.) Hawkes 流苏金石斛
Flickingeria fimbriatolabella (Hay.) Hawkes=Flickingeria comata
Flickingeria tairukounia (S.S.Ying) T.P.Lin 卵唇金石斛
Flickingeria tricarinata var. tricarinata=Flickingeria tricarinata
Flickingeria tricarinata var. viridilamella Z.H.Tsi & S.C.Chen 绿脊金石斛
Flickingeria tricarinata Z.H.Tsi & S.C.Chen 三脊金石斛
Flindersia R.Br.**巨盘木属**(芸香科)
Flindersia amboinensis Poir.巨盘木
Floerkea Spreng.=**Adenophora**
Floerkea marsupiiflora Spreng.=Adenophora stenanthina
Floscopa Lour.**聚花草属**(鸭跖草科)
Floscopa bambusifolia Lévl.=Rhopalephora scaberrima
Floscopa cavaleriei Lévl. & Vant.=Murdannia hookeri
Floscopa scandens Lour.聚花草
Floscopa yunnanensis Hong 云南聚花草
Flueggea L.C.Rich.=**Ophiopogon**
Flueggea Willd.**白饭树属**(大戟科)
Flueggea acicularis (Croiz.) Webster 毛白饭树
Flueggea capillipes Pax=Leptopus chinensis
Flueggea dracaenoides Baker=Ophiopogon dracaenoides
Flueggea dracaenoides Baker=Ophiopogon dracaenoides
Flueggea dubia Kunth=Ophiopogon intermedius
Flueggea flueggeoides Webster=Flueggea suffruticosa
Flueggea griffithii Baker=Ophiopogon intermedius
Flueggea intermedia Kunth=Ophiopogon intermedius
Flueggea jacquemontiana Kunth=Ophiopogon intermedius
Flueggea japonica Rich.=Ophiopogon japonicus
Flueggea japonica var. *intermedia* Schlt.F.=Ophiopogon intermedius
Flueggea japonica var. *umbraticola* Baker=Ophiopogon umbraticola
Flueggea leucopyra Willd.(Hutch.in Sarg.Pl.Wilson 1916)=Flueggea acicularis
Flueggea leucopyra Willd.聚花白饭树
Flueggea microcarpa Bl.=Flueggea virosa
Flueggea monticola Webster=Flueggea virosa
Flueggea obovata Wall. ex Ferm.-Vill.=Flueggea virosa
Flueggea sinensis Baill.=Flueggea virosa
Flueggea suffruticosa (Pall.) Baill.一叶萩
Flueggea virosa (Roxb. ex Willd.) Voigt 白饭树
Flueggea wallichiana Kunth=Ophiopogon intermedius
Fluminia arundinacea Fries=Scolochloa festucacea
Foeniculum Mill.**茴香属**(伞形科)
Foeniculum foeniculum Karsten=Foeniculum vulgare
Foeniculum officinale All.=Foeniculum vulgare
Foeniculum vulgare Mill.茴香
Foersteria Scop.=**Breynia**
Foettlera pumila (D.Don) Ktz.=Chirita pumila
Fokienia Henry & Thomas **福建柏属**(柏科)
Fokienia hodginsii (Dunn) Henry & Thomas 福建柏
Fokienia kawaii Hay.=Fokienia hodginsii
Fokienia maclurei Merr.=Fokienia hodginsii
Fontanesia Labill.**雪柳属**(木犀科)
Fontanesia argyi Lévl.=Fontanesia philiraeoides subsp. fortunei
Fontanesia chinensis Hance=Fontanesia philiraeoides subsp. fortunei
Fontanesia philliraeoides subsp. fortunei (Carr.) Yalt.雪柳
Fontanesia phillyreoides Labill.(Hemsl.in J.L.Soc.Bot.1889)=Fontanesia philiraeoides subsp. fortunei
Fontanesia phillyreoides var. *sinensis* Debeaux=Fontanesia philiraeoides subsp. fortunei
Fontanesia phillyreoides var. β. *fortunei* (Carr.) Koehne=Fontanesia philiraeoides subsp. fortunei
Forbesia Eckl.=**Curculigo**
Fordia Hemsl.**干花豆属**(豆科)
Fordia cauliflora Hemsl.干花豆
Fordia microphylla Dunn ex Z.Wei 小叶干花豆
Fordiophyton Stapf **异药花属**(野牡丹科)
Fordiophyton begoniifolium H.L.Li=Sonerila plagiocardia
Fordiophyton brevicaule C.Chen 短茎异药花
Fordiophyton cantonense Stapf=Fordiophyton fordii
Fordiophyton cavaleriei (Lévl.) Guillaum.(p.p.)=Phyllagathis longiradiosa
Fordiophyton cavaleriei Guillaum.(p.p.)=Bredia yunnanensis
Fordiophyton cavaleriei var. *violacea* Lévl.=Phyllagathis longiradiosa
Fordiophyton cordifolium C.Y.Wu ex C.Chen 心叶异药花
Fordiophyton faberi Stapf 异药花
Fordiophyton fordii (Oliv.) Krass.肥肉草
Fordiophyton fordii var. fordii=Fordiophyton fordii
Fordiophyton fordii var. pilosum C.Chen 毛柄肥肉草
Fordiophyton fordii var. vernicinum Hand.-Mazz.光萼肥肉草
Fordiophyton gracile Hand.-Mazz.=Phyllagathis gracilis
Fordiophyton gracile var. *longilobum* Hand.-Mazz.=Bredia longiloba
Fordiophyton longies Y.C.Huang ex C.Chen 长柄异药花
Fordiophyton longipetiolatum S.Y.Hu=Fordiophyton strictum
Fordiophyton multiflorum C.Chen 多花肥肉草
Fordiophyton polystegium Hand.-Mazz.=Fordiophyton strictum
Fordiophyton repens Y.C.Huang ex C.Chen 匍匐异药花
Fordiophyton strictum Diels 劲枝异药花
Fordiophyton tuberculatum Guillaum.=Bredia tuberculata
Formania W.W.Sm. & J.Small **复芒菊属**(菊科)
Formania mekongensis W.W.Sm. & J.Small 复芒菊
Formanodendron Nixon & Crepet **三棱栎属**(壳斗科)
Formanodendron doichangensis (A.Camus) Nixon & Crepet 三棱栎
Formosia Pichon=**Anodendron**
Formosia benthamiana Pichon=Anodendron benthamianum
Forrestia Less. & A.Rich.=**Amischotolype**
Forrestia chinensis N.E.Brown=Amischotolype hispida
Forrestia hispida Less. & A.Rich.=Amischotolype hispida
Forrestia hookeri Hassk.=Amischotolype hookeri
Forrestia marginata Hassk.(Cherfils in Fl.L'Indo-Chin.1937)=Porandra scandens
Forskohlea urticoides Wight=Droguetia iners subsp. urticoides
Forstera L.f.**福斯特拉属**(花柱草科)
Forstera sedifolia L.f.景天福斯特拉
Forsteria Steud.=**Breynia**
Forstythia Walt.=**Decumaria**
Forsythia Vahl **连翘属**(木犀科)
Forsythia europaea Deg. & Bald.欧洲连翘
Forsythia fortunei Lindl.=Forsythia suspensa
Forsythia giraldiana Lingelsh.秦连翘

Forsythia giraldii Pamp.=Forsythia giraldiana
Forsythia japonica Makino (Markgraf in Mitt.Deutsch.Dendr.Ges. 1930,p.p.)=Forsythia ovata
Forsythia japonica f. *ovata* Markgraf=Forsythia ovata
Forsythia likiangensis Ching & Feng ex P.Y.Bai 丽江连翘
Forsythia mandschurica Uyeki 东北连翘
Forsythia mira M.C.Chang 奇异连翘
Forsythia ovata Nakai 卵叶连翘
Forsythia sieboldii Dipp.=Forsythia suspensa
Forsythia suspensa (Thunb.) Wahl.连翘
Forsythia suspensa f. *pubescens* Rehd.=Forsythia suspensa
Forsythia suspensa f. suspensa=Forsythia suspensa
Forsythia suspensa var. *angustifolia* Jien=Forsythia suspensa
Forsythia suspensa var. *fortunei* (Lindl.) Rehd.=Forsythia suspensa
Forsythia suspensa var. *fortunei* f. *typica* Koehne=Forsythia suspensa
Forsythia suspensa var. *latifolia* Rehd.=Forsythia suspensa
Forsythia suspensa var. *pubescens* (Rehd.) Lingelsh.=Fontanesia suspensa
Forsythia suspensa var. *sieboldii* Zabel=Forsythia suspensa
Forsythia viridissima Lindl.金钟花
Fortunaea Lindl.=**Platycarya**
Fortunaea chinensis Lindl.=Platycarya strobilacea
Fortunearia Rehd. & Wils.**牛鼻栓属**(金缕梅科)
Fortunearia sinensis Rehd. & Wils.牛鼻栓
Fortunella Swingle **金橘属**(芸香科)
Fortunella bawangica Huang 霸王金橘
Fortunella crassifolia Swingle 金弹
Fortunella erythrocarpa Hay.=Glycosmis parviflora
Fortunella hindsii (Champ. ex Benth.) Swingle 山橘
Fortunella hindsii var. *chintou* Swingke=Fortunella venosa
Fortunella japonica (Thunb.) Swingle 金柑
Fortunella margarita (Lour.) Swingle 金橘
Fortunella obovata Tanaka=Changshou Jingan
Fortunella polyandra (Ridl.) Tanaka 长叶金桔
Fortunella sagittifolia Feng & Mao=Citrus hystrix
Fortunella venosa (Champ. ex Benth.) Huang 金豆
Fragaria L.**草莓属**(蔷薇科)
Fragaria ×ananassa Duch.草莓
Fragaria chinensis Lozinsk.=Fragaria vesca
Fragaria chrysantha Zoll. & Mor.=Duchesnea chrysantha
Fragaria concolor Kitag.=Fragaria vesca
Fragaria corymbosa Lozinsk.=Fragaria orientalis
Fragaria daltoniana Gay.裂萼草莓
Fragaria elatior Ehrh.(Forbes & Hemsl.in J.L.Soc.Bot.1887,p.p.)=Fragaria orientalis
Fragaria filipendula Hemsl.=Potentilla reptans var. sericophylla
Fragaria gracilis Lozinsk.纤细草莓
Fragaria grandiflora Ehrh.=Fragaria ×ananassa
Fragaria indica var. *wallichii* Franch. & Sav.=Duchesnea chrysanth
Fragaria indica var. indica =Duchesnea indica
Fragaria mairei Lévl.=Fragaria nilgerrensis var. mairei
Fragaria moupinensis (Franch.) Card.西南草莓
Fragaria nilgerrensis Schlecht. ex Gay 黄毛草莓
Fragaria nilgerrensis var. mairei (Lévl.) Hand.-Mazz.粉叶黄毛草莓
Fragaria nilgerrensis var. nilgerrensis=Fragaria nilgerrensis
Fragaria nipponica Makino (Hand.-Mazz.in Acta Hort.Gothob.1939)=Fragaria vesca
Fragaria nubicola (HK.f.) Lindl. ex Lacaita 西藏草莓
Fragaria nubicola Lindl.(Breslau in Fedde in Repert. subsp. Nov.Beih. 1922)=Fragaria moupinensis
Fragaria orientalis Lozinsk.东方草莓
Fragaria pentaphylla Lozinsk.五叶草莓
Fragaria sect. *Duchesnea* DC.=**Duchesnea**
Fragaria sikkimensis Kurz.=Fragaria daltoniana
Fragaria uniflora Lozinsk.=Fragaria orientalis
Fragaria vesca L.野草莓
Fragaria vesca var. *nubicola* HK.f.=Fragaria nubicola
Frailea Britt. & Rose **土童属**(仙人掌科)
Frailea asterioides Werd.土童
Frailea schilinzkyana (F.A.Haageje) Britt. & Rose 小狮子球
Francoeuria Cass.=**Pulicaria**
Frangula (Tourn.) Mill.=**Rhamnus**
Frangula alnus Mill.=Rhamnus frangula
Frangula crenata (S. & Z.) Miq.=Rhamnus crenata
Frangula crenata var. *acuminatifolia* (Hay.) Hatusima=Rhamnus crenata
Frangula henryi (Schneid.) Grub.=Rhamnus henryi
Frangula longipes (Merr. & Chun) Grub.=Rhamnus longipes
Frankenia L.**瓣鳞花属**(瓣鳞花科)
Frankenia laevis L.平滑瓣鳞花
Frankenia pulvesrulenta L.瓣鳞花
Frankeniaceae 瓣鳞花科
Frasera diluta (Turcz.) Toyokuni=Swertia diluta
Fraxinus L.**梣属**(木犀科)
Fraxinus americana L.美国白梣
Fraxinus baroniana Diels 狭叶梣
Fraxinus bracteata Hemsl.=Fraxinus griffithii
Fraxinus bungeana DC.小叶梣
Fraxinus bungeana var. *parvifolia* Wenzig=Fraxinus bungeana
Fraxinus caudata J.L.Wu=Fraxinus chinensis
Fraxinus championii Little=Fraxinus insularis
Fraxinus chinensis Roxb.白蜡树
Fraxinus chinensis subsp. rhynchophylla (Hance) E.Murr.花曲柳
Fraxinus chinensis var. *acuminata* Lingelsh.=Fraxinus chinensis
Fraxinus chinensis var. *rhynchophylla* (Hance) Hemsl.=Fraxinus chinensis subsp. rhynchophylla
Fraxinus chinensis var. *rotundata* Lingelsh.=Fraxinus chinensis
Fraxinus chinensis var. *tomentosa* Lingelsh.=Fraxinus chinensis
Fraxinus depauperata (Lingelsh.) Z.Wei 疏花梣
Fraxinus dipetala HK. & Arn.二瓣梣
Fraxinus excelsior L.欧梣
Fraxinus excelsissima Koidz.日本大白蜡树
Fraxinus fallax Lingelsh.=Fraxinus stylosa
Fraxinus fallax var. *stylosa* (Lingel.) Chun & J.L.Wu=Fraxinus stylosa
Fraxinus ferruginea Lingelsh.锈毛梣
Fraxinus floribunda Wall. ex Roxb.(Nakaike in Bull.Nat.Sci.Mus. Tokyo 1972,p.p.)=Fraxinus insularis
Fraxinus floribunda Wall. ex Roxb.(T.Nakaike in Bull.Nat.Sci.Mus. Tokyo 1972,p.p.)=Fraxinus insularis
Fraxinus floribunda Wall. ex Roxb.多花梣
Fraxinus floribunda subsp. *insularis* (Hemsl.) S.S.Sun=Fraxinus insularis
Fraxinus formosana Hay.=Fraxinus griffithii
Fraxinus griffithii C.B.Clarke (西藏志 1986)=Fraxinus ferruginea
Fraxinus griffithii C.B.Clarke 光蜡树
Fraxinus guilingensis S.Lee & F.N.Wei=Fraxinus griffithii
Fraxinus hopeiensis Tang=Fraxinus chinensis subsp. rhynchophylla
Fraxinus huangshanensis S.S.Sun=Fraxinus odontocalyx
Fraxinus hupehensis Ch'ü,Shang & Su 湖北梣
Fraxinus inopinata Lingelsh.=Fraxinus platypoda
Fraxinus insularis Hemsl.苦枥木
Fraxinus insularis var. *henryiana* (Oliv.) Z.Wei=Fraxinus insularis
Fraxinus insularis var. insularis=Fraxinus insularis
Fraxinus japonica Bl. ex K.Koch=Fraxinus chinensis subsp. rhynchophylla
Fraxinus lanceolata Borkh.=Fraxinus pennsylvanica var. subintegerrma
Fraxinus latifolia Benth.阔叶梣
Fraxinus lingelsheimii Rehd.=Fraxinus chinensis
Fraxinus longicuspis S. & Z.(T.Nakaike in Bull.Nat.Sci.Mus.Tokyo 1972,p.p.)=Fraxinus chinensis
Fraxinus longicuspis S. & Z.(T.Nakaike in Bull.Nat.Sci.Mus.Tokyo 1985,p.p.)=Fraxinus chinensis
Fraxinus malacophylla Hemsl.白枪杆
Fraxinus mandschurica Rupr.水曲柳
Fraxinus mandschurica subsp. *brevipedicellata* S.Z.Qu & T.C.Cui=Fraxinus mandschurica
Fraxinus mariesii HK.f.=Fraxinus sieboldiana
Fraxinus medicinalis S.S.Sun=Fraxinus chinensis
Fraxinus nanchuanensis S.S.Sun & J.L.Wu=Fraxinus odontocalyx
Fraxinus nigra Marsh.黑白蜡树
Fraxinus nigra subsp. *mandschurica* (Rupr.) S.S.Sun=Fraxinus mandschurica
Fraxinus nigra var. *mandschurica* (Rupr.) Lingelsh.=Fraxinus mandschurica
Fraxinus obovata Bl.(S.S.Sun in Bul.Bot.Res.1988)=Fraxinus chinensis subsp. rhynchophylla
Fraxinus odontocalyx Hand.-Mazz.尖萼梣

Fraxinus orunus L.花梣
Fraxinus oxycarpa Willd.小果白蜡树
Fraxinus parvifolia (Wenzig) Lingelsh.=Fraxinus bungeana
Fraxinus paxiana Lingelsh.秦岭梣
Fraxinus paxiana var. *depauperata* Lingelsh.=Fraxinus depauperata
Fraxinus paxiana var. *sikkimensis* Lignelsh.=Fraxinus sikkimensis
Fraxinus pennsylvanica Marsh.美国红梣
Fraxinus pennsylvanica var. *lanceolata* (Borkh.) Sarg.=Fraxinus pennsylvanica var. subintegerrma
Fraxinus pennsylvanica var. subintegerrma (Vahl) Fern.绿梣
Fraxinus platypoda Oliv.象蜡树
Fraxinus punctata S.Y.Hu 斑叶梣
Fraxinus retusa Champ. ex Benth.=Fraxinus insularis
Fraxinus retusa var. *calcicola* C.Y.Wu & P.Y.Bai=Fraxinus insularis
Fraxinus retusa var. *henryana* Oliv.=Fraxinus insularis
Fraxinus retusifoliolata Feng ex P.Y.Bai 楷叶梣
Fraxinus rhynchophylla Hance=Fraxinus chinensis subsp. rhynchophylla
Fraxinus rhynchophylla var. *huashanensis* J.L.Wu & Z.W.Xie=Fraxinus chinensis
Fraxinus sangustifolia subsp. oxycarpa (Willd.) Franch. & Alfonso 尖果梣
Fraxinus sargentiana Lingel.=Fraxinus chinensis
Fraxinus sieboldiana Bl.(T.Nakaike in Bull.Nat.Sci.Mus.Tokyo 1972,p.p.) =Fraxinus sieboldiana
Fraxinus sieboldiana Bl.庐山梣
Fraxinus sikkimensis (Lingelsh.) Hand.-Mazz.锡金梣
Fraxinus sogdiana Bge.天山梣
Fraxinus spaethiana Lingel.=Fraxinus platypoda
Fraxinus stylosa Lingelsh.(S.S.Sun in Bull.Bot.Res.1988,p.p.)=Fraxinus odontocalyx
Fraxinus stylosa Lingelsh.宿柱梣
Fraxinus suaveolens W.W.Sm.=Fraxinus sikkimensis
Fraxinus szaboana Lingel.=Fraxinus chinensis
Fraxinus taiwaniana Masamune=Fraxinus insularis
Fraxinus tomentosa Michx.f.绒白蜡树
Fraxinus trifoliolata W.W.Sm.三叶梣
Fraxinus uhdei (Wenzig) Lingelsh.墨西哥梣
Fraxinus urophylla Wall. ex DC.=Fraxinus floribunda
Fraxinus velutina Lingel.=Fraxinus chinensis
Fraxinus velutina Torr.绒毛梣
Fraxinus xanthoxyloides (G.Don) DC.椒叶梣
Fraxinus yunnanensis Lngel.=Fraxinus chinensis
Freesia Klatt **香雪兰属**(鸢尾科)
Freesia armstrongii W.Wats.红小苍兰
Freesia refracta Klatt 香雪兰
Freesia refracta var. alba Baker 白香雪兰
Freesia refracta var. leichtlinii W.Miller 窄管香雪兰
Freesia refracta var. odorata Baker 黄香雪兰
Freesia refracta var. xanthospila Voss 白细管小菖兰
Freesia tigridia L.f.=Tigridia pavonia
Freirea Gaudich.=**Parietaria**
Freycinetia Gaud.**藤露兜树属**(露兜树科)
Freycinetia batanensis Martelli=Freycinetia williamsii
Freycinetia formosana Hemsl.山露兜
Freycinetia formosana f. *typica* Kimura=Freycinetia formosana
Freycinetia scandensis Gaudich 藤露兜
Freycinetia williamsii Merr.菲岛山林投
Freziera ochnacea (DC.) Nakai ex Mori=Cleyera japonica
Friesia chinensis Gaedn. & Champ.=Elaeocarpus chinensis
Friesodielsia Steen.=**Richella**
Friesodielsia hainanensis Tsiang & P.T.Li=Richella hainanensis
Fritilaria cantoniense Lour.=Disporum cantoniense
Fritillaria L.**贝母属**(百合科)
Fritillaria albidoflora X.Z.Duan & X.J.Zheng=Fritillaria verticillata
Fritillaria albidoflora var. *jimunaica* (X.Z.Duan & X.J.Zheng) X.Z.Duan & X.J.Zheng=Fritillaria verticillata
Fritillaria albidoflora var. *purpurea* X.Z.Duan & X.J.Zheng=Fritillaria verticillata
Fritillaria albidoflora var. *rhodanthera* X.Z.Duan & X.J.Zheng=Fritillaria verticillata
Fritillaria amoena C.Y.Yang=Fritillaria verticillata
Fritillaria anhuiensis S.C.Chen & S.F.Yin 安徽贝母
Fritillaria anhuiensis f. *jinzhaiensis* Y.K.Yang & J.Z.Shao=Fritillaria anhuiensis
Fritillaria anhuiensis var. *albiflora* S.C.Chen & S.F.Yin=Fritillaria anhuiensis
Fritillaria asouliei Franch.=Lilium souliei
Fritillaria austroanthuiensis Y.K.Yang & J.K.Wu=Fritillaria thunbergii
Fritillaria bolensis G.Z.Zhang & Y.M.Liu=Fritillaria pallidiflora
Fritillaria borealixingjiangensis Y.K.Yang et al.=Fritillaria verticillata
Fritillaria camptschatcensis Ker-Gawl.堪察加贝母
Fritillaria cantoniensis Lour.=Disporum cantoniense
Fritillaria chekiangensis (P.K.Hsiao & K.C.Hsia) Y.K.Yang et al.= Fritillaria thunbergii var. chekiangensis
Fritillaria chuanbeiensis Y.K.Yang et al.=Fritillaria sichuanica
Fritillaria chuanbeiensis var. *huyabeimu* Y.K.Yang & D.H.Jiang= Fritillaria sichuanica
Fritillaria cirrhosa D.Don=Fritillaria cirrhosa
Fritillaria cirrhosa D.Don 川贝母
Fritillaria cirrhosa f. *glabra* P.Y.Li=Fritillaria taipaiensis
Fritillaria cirrhosa var. *bonatii* (Lévl.) S.C.Chen=Fritillaria cirrhosa
Fritillaria cirrhosa var. *brevistigma* Y.K.Yang & J.K.Wu=Fritillaria yuzhongensis
Fritillaria cirrhosa var. cirrhosa=Fritillaria cirrhosa
Fritillaria cirrhosa var. *dingriensis* Y.K.Yang & J.Z.Zhang=Fritillaria cirrhosa
Fritillaria cirrhosa var. *ecirrhosa* Franch.=Fritillaria sichuanica
Fritillaria cirrhosa var. *vifidiflava* S.C.Chen=Fritillaria cirrhosa
Fritillaria collicola Hance=Fritillaria thunbergii
Fritillaria crassicaulis S.C.Chen 粗茎贝母
Fritillaria dagana Turcz.(C.H.Wright in Hourn.L.Soc.Bot.1903) = Fritillaria maximowiczii
Fritillaria dajinensis S.C.Chen 大金贝母
Fritillaria davidii Franch.米贝母
Fritillaria delavayi Franch.梭砂贝母
Fritillaria delavayi var. *banmaensis* Y.K.Yang & J.K.Wu=Fritillaria delavayi
Fritillaria dulongdeqingensis Y.K.Yang & Gesan=Fritillaria cirrhosa
Fritillaria ebeiensis G.D.Yu & G.Q.Ji=Fritillaria anhuiensis
Fritillaria ebeiensis var. *purpurea* G.D.Yu & P.Li=Fritillaria anhuiensis
Fritillaria ferganensis A.Los.乌恰贝母
Fritillaria flavida Rendle=Lilium nanum var. flavidum
Fritillaria fujiangensis Y.K.Yang et al.=Fritillaria sichuanica
Fritillaria fusca Turrillh.高山贝母
Fritillaria gansuensis S.C.Chen & G.D.Yu=Fritillaria przewalskii
Fritillaria glabra (P.Y.Li) S.C.Chen=Fritillaria taipaiensis
Fritillaria glabra var. *qingchuanensis* (Y.K.Yang & J.K.Wu) S.Y.Tang & S.C.Yueh=Fritillaria sichuanica
Fritillaria glabra var. *shanxiensis* S.C.Chen=Fritillaria yuzhongensis
Fritillaria graeca Boiss.希腊贝母
Fritillaria guizhouensis Y.K.Yang et al.=Fritillaria monantha
Fritillaria halabulanica X.Z.Duan & X.J.Zheng=Fritillaria pallidiflora
Fritillaria hebvoksarensis X.Z.Duan & X.J.Zheng=Fritillaria verticillata
Fritillaria himalaica Y.K.Yang et al.=Fritillaria fusca
Fritillaria huangshanensis Y.K.Yang & C.J.Wu=Fritillaria monantha
Fritillaria huangshanensis f. *tonglingensis* (S.C.Chen & S.F.Yin) Y.K. Yang & Y.H.Zhang=Fritillaria monantha
Fritillaria hupehensis P.K.Hsiao & K.C.Hsia=Fritillaria monantha
Fritillaria hupehensis var. *dabishanensis* M.B.Deng & K.Yao=Fritillaria anhuiensis
Fritillaria imperialis L.皇冠贝母
Fritillaria involucrata All.总苞贝母
Fritillaria kamtschtensis (L.) Fisch.(东北检索表 1959)=Fritillaria maximowiczii
Fritillaria karelinii (Fisch.) Baker 砂贝母
Fritillaria karelinii var. *albiflora* X.Z.Duan & X.H.Zheng=Fritillaria karelinii
Fritillaria lanceolata Pursh.深裂柱贝母
Fritillaria lanzhouensis Y.K.Yang et al.=Fritillaria yuzhongensis
Fritillaria lhiinzeensis Y.K.Yang et al.=Fritillaria cirrhosa
Fritillaria lichuanensis P.Li & C.P.Yang=Fritillaria monantha
Fritillaria lishienensis var. *yichengensis* Y.K.Yang & P.P.Ling=Fritillaria yuzhongensis
Fritillaria lishienensis Y.K.Yang & J.K.Wu=Fritillaria yuzhongensis
Fritillaria lophophora Bur. & Franch.=Lilium lophophorum
Fritillaria lusitanica Wikstr.葡萄牙贝母

Fritillaria macrophylla D.Don=Notholirion macrophyllum
Fritillaria maximowiczii Freyn 轮叶贝母
Fritillaria maximowiczii f. *flaviflora* Q.S.Sun & H.C.Lo=Fritillaria maximowiczii
Fritillaria meleagris L.阿尔泰贝母
Fritillaria meleagris var. alba Hort.白花阿尔泰贝母
Fritillaria meleagroides Patrin ex Schult. & J.H.Schult.额敏贝母
Fritillaria meleagroides var. *flavovirens* X.Z.Duan ex X.J.Zheng=Fritillaria meleagroides
Fritillaria meleagroides var. *plena* X.Z.Duan & X.J.Zheng=Fritillaria meleagroides
Fritillaria meleagroides var. *rhodantha* X.Z.Duan & X.J.Zheng=Fritillaria meleagroides
Fritillaria mellea S.Y.Tang & S.C.Yueh=Fritillaria sichuanica
Fritillaria messanensis Rafin.墨塞尼亚贝母
Fritillaria monantha Migo 湖北贝母
Fritillaria monantha var. *ningguoica* Y.K.Yang & M.M.Fang=Fritillaria monantha
Fritillaria monantha var. *tonglingensis* S.C.Chen & S.F.Yin=Fritillaria monantha
Fritillaria ningguoensis S.C.Chen & S.F.Yin=Fritillaria monantha
Fritillaria omeiensis S.C.Chen=Fritillaria crassicaulis
Fritillaria pallidiflora Schrenk 伊贝母
Fritillaria pallidiflora var. *plena* X.Z.Duan & X.J.Zheng=Fritillaria pallidiflora
Fritillaria persica L.波斯贝母
Fritillaria pingwuensis Y.K.Yang & J.K.Wu=Fritillaria sichuanica
Fritillaria pluriflora Torr.多花贝母
Fritillaria pontica Wahlenb.黑海贝母
Fritillaria przewalskii Maxim. ex Batal.甘肃贝母
Fritillaria przewalskii f. *emacula* Y.K.Yang & J.K.Wu=Fritillaria przewalskii
Fritillaria przewalskii var. *discolor* Y.K.Yang & Y.S.Zhou=Fritillaria przewalskii
Fritillaria przewalskii var. *gannanica* Y.K.Yang & J.Z.Ren=Fritillaria przewalskii
Fritillaria przewalskii var. *longistigma* Y.K.Yang & J.K.Wu=Fritillaria sichuanica
Fritillaria przewalskii var. *tessellata* Y.K.Yang & Y.S.Zhou=Fritillaria przewalskii
Fritillaria pudica Spreng.小花贝母
Fritillaria puqiensis G.D.Yu & C.Y.Chen=Fritillaria monantha
Fritillaria pyrenaica Georgi 比利牛斯贝母
Fritillaria qimenensis D.C.Zhang & J.Z.Shao=Fritillaria monantha
Fritillaria qingchuanensis Y.K.Yang & J.K.Wu=Fritillaria sichuanica
Fritillaria recurva Benth.弯被贝母
Fritillaria recurva var. coccinea Greene 绯红贝母
Fritillaria ruthenica Wikstr.俄罗斯贝母
Fritillaria sewerzowi Rgl.谢氏贝母
Fritillaria shaanxinica Y.K.Yang et al.=Fritillaria taipaiensis
Fritillaria shuchengensis Y.K.Yang et al.=Fritillaria anhuiensis
Fritillaria sichuanica S.C.Chen 华西贝母
Fritillaria sinica S.C.Chen 中华贝母
Fritillaria souliei Franch.=Lilium souliei
Fritillaria sulcisquamosa S.Y.Tang & S.C.Yueh=Fritillaria unibracteata
Fritillaria tachengensis var. *nivea* Y.K.Yang & S.X.Zhang=Fritillaria yuminensis
Fritillaria tachengensis X.Z.Duan & X.J.Zheng=Fritillaria yuminensis
Fritillaria taipaiensis P.Y.Li 太白贝母
Fritillaria taipaiensis f. *platyphylla* Y.K.Yang & S.X.Zhang=Fritillaria taipaiensis
Fritillaria taipaiensis var. *fenxianensis* Y.K.Yang & J.K.Wu=Fritillaria taipaiensis
Fritillaria taipaiensis var. *ningxiaensis* Y.K.Yang & J.K.Wu=Fritillaria yuzhongensis
Fritillaria taipaiensis var. *yuxiensis* Y.K.Yang et al.=Fritillaria yuzhongensis
Fritillaria taipaiensis var. *zhouquensis* S.C.Chen & G.D.Yu=Fritillaria sichuanica
Fritillaria thunbergii Miq.浙贝母
Fritillaria thunbergii var. chekiangensis Hsiao & K.C.Hsia 东贝母
Fritillaria thunbergii var. *puqiensis* (G.D.Yu & C.Y.Chen) P.K.Hsiao & S.C.Yu=Fritillaria monantha
Fritillaria thunbergii var. thunbergii=Fritillaria thunbergii
Fritillaria tianshanica Y.K.Yang & L.R.Hsu=Fritillaria walujewii
Fritillaria tortifolia X.Z.Duan & X.J.Zheng 托里贝母
Fritillaria tortifolia var. *albiflora* X.Z.Duan & X.J.Zheng=Fritillaria verticillata
Fritillaria tortifolia var. *barlikensis* X.Z.Duan & X.J.Zheng=Fritillaria tortifolia
Fritillaria tortifolia var. *citrina* X.Z.Duan & X.J.Zheng=Fritillaria verticillata
Fritillaria tortifolia var. *parviflora* X.Z.Duan & X.J.Zheng=Fritillaria verticillata
Fritillaria tortifolia var. *plena* X.Z.Duan & X.J.Zheng=Fritillaria tortifolia
Fritillaria tortifolia var. *wusunica* X.Z.Duan & X.J.Zheng=Fritillaria tortifolia
Fritillaria unibracteata Hsiao & K.C.Hsia 暗紫贝母
Fritillaria unibracteata var. *ganziensis* Y.K.Yang & J.K.Wu=Fritillaria unibracteata
Fritillaria unibracteata var. longinectarea S.Y.Tang & S.C.Yueh 长腺贝母
Fritillaria unibracteata var. *maculata* S.Y.Tang & S.C.Yueh=Fritillaria unibracteata
Fritillaria unibracteata var. unibracteata=Fritillaria unibracteata
Fritillaria ussuriensis Maxim.平贝母
Fritillaria ussuriensis f. *lutosa* C.F.Fang=Fritillaria ussuriensis
Fritillaria verticillata Willd.黄花贝母
Fritillaria verticillata var. *jimunaica* X.Z.Duan & X.J.Zheng=Fritillaria verticillata
Fritillaria verticillata var. *thunbergii* (Miq.) Baker=Fritillaria thunbergii
Fritillaria verticillata var. *thunbergii* (Miq.) Baker=Fritillaria thunbergii
Fritillaria wabuensis S.Y.Tang & S.C.Yueh=Fritillaria crassicaulis
Fritillaria walujewii Rgl.新疆贝母
Fritillaria walujewii var. *plena* X.Z.Duan & X.J.Zheng=Fritillaria walujewii
Fritillaria walujewii var. *shawanensis* X.Z.Duan & X.J.Zheng=Fritillaria walujewii
Fritillaria wanjiangensis Y.K.Yang et al.=Fritillaria monantha
Fritillaria wenxianensis Y.K.Yang & J.K.Wu=Fritillaria sichuanica
Fritillaria wuyangensis Z.Y.Gao=Fritillaria anhuiensis
Fritillaria xiaobeimu Y.K.Yang et al.=Fritillaria thunbergii var. chekiangensis
Fritillaria xibeiensis Y.K.Yang et al.=Fritillaria sichuanica
Fritillaria xinyuanensis Y.K.Yang & J.K.Wu=Fritillaria walujewii
Fritillaria yuminensis X.Z.Duan 裕民贝母
Fritillaria yuminensis var. *albiflora* X.Z.Duna & X.J.Zheng=Fritillaria yuminensis
Fritillaria yuminensis var. *roseiflora* X.Z.Duan & X.J.Zheng=Fritillaria yuminensis
Fritillaria yuminensis var. *varians* Y.K.Yang & G.J.Liu=Fritillaria yuminensis
Fritillaria yuzhongensis G.D.Yu & Y.S.Zhou 榆中贝母
Fritillaria zhufenensis Y.K.Yang & J.Z.Zhang=Fritillaria cirrhosa
Frolovia formosana (Hay.) Lipsch.=Saussurea deltoidea
Fuchsia L.**倒挂金钟属**(柳叶菜科)
Fuchsia arborescens Sims 乔木倒挂金钟
Fuchsia excorticata L.f.剥皮倒挂金钟
Fuchsia hybrida Hort. ex Sieb. & Voss.倒挂金钟
Fuchsia magellanica Lam.短筒倒挂金钟
Fuchsia rosea Ruiz & Pav.粉红倒挂金钟
Fuchsia triphylla L.三叶倒挂金钟
Fuirena Rottb.**芙兰草属**(莎草科)
Fuirena ciliaris (L.) Roxb.毛芙兰草
Fuirena glomerata Lam.=Fuirena ciliaris
Fuirena rhizomatifer Tang & Wang 黔芙兰草
Fuirena rottboellii Nees=Fuirena ciliaris
Fuirena umbellata Rottb.芙兰草
Fuirena umbellata var. *angustifolia* Kükenth.=Fuirena rhizomatifer
Fumaria L.**烟堇属**(罂粟科)
Fumaria altaica Ledeb.=Corydalis pauciflora
Fumaria capnoides L.=Corydalis capnoides
Fumaria caudata Lam.=Corydalis caudata
Fumaria decumbens Thunb.=Corydalis decumbens
Fumaria impatiens Pall.=Corydalis impatiens
Fumaria incisa Thunb.=Corydalis incisa
Fumaria longiflora Willd.=Corydalis schanginii

Fumaria lutea (L.) DC.(Thunb.Fl.Jap.1784)=Corydalis pallida
Fumaria nobilis L.=Corydalis nobilis
Fumaria pallida Thunb.=Corydalis pallida
Fumaria pauciflora Steph.=Corydalis pauciflora
Fumaria racemosa Thunb.=Corydalis racemosa
Fumaria schanginii Pall.=Corydalis schanginii
Fumaria schleicheri Soy-Willem.烟堇
Fumaria sibirica Lf.=Corydalis sibirica
Fumaria spectabilis L.=Dicentra spectabilis
Fumaria vaillantii Loisel.短梗烟堇
Funkia Spreng.=**Hosta**
Funkia albo-marginata HK.=Hosta albo-marginata
Funkia argyi Lévl.=Hosta ventricosa
Funkia lancifolia Spreng.=Hosta albo-marginata
Funkia legendrei Lévl.=Hosta ventricosa
Funkia ovata Spreng.=Hosta ventricosa
Funkia subcordata Spreng.=Hosta plantaginea
Funtumia Stapf **丝胶树属**(夹竹桃科)
Funtumia elastica (Preuss) Stapf 丝胶树
Furcaria cavanillesii Kostel.=Hibiscus cannabinus
Furcaria surattensis Kostel.=Hibiscus surattensis
Furcaria thalictroides Desv.=Ceratopteris thalictroides
Fussia Schur.=**Aira**
Fuziifilix pilosella Nakai & Momose=Dennstaedtia pilosella

G

Gaertnera Retz.=**Sphenoclea**
Gaertnera hongkongensis Seem.=Tsiangia hongkongensis
Gaertnera obtusifolia Roxb.=Hiptage benghalensis
Gaertnera pongati Retz.=Sphenoclea zeylanica
Gagea Salisb.**顶冰花属**(百合科)
Gagea albertii Rgl.毛梗顶冰花
Gagea altaica Schischk.阿尔泰顶冰花
Gagea argyi Lévl.=Tulipa edulis
Gagea atepposa L.Z.Shue 草原顶冰花
Gagea bulbifera (Pall.) Roem. & Schult.腋球顶冰花
Gagea coreana Lévl.=Tulipa edulis
Gagea coreana Nakai=Gagea nakaiana
Gagea coreanica Koidz.=Gagea nakaiana
Gagea divaricata Rgl.叉梗顶冰花
Gagea emarginata Karelin & Kirilov=Gagea fragifera
Gagea fedtschenkoana Pasch.镰叶顶冰花
Gagea filiformis (Ledeb.) Kunth 林生顶冰花
Gagea fragifera (Vill.) E.Bayer & G.López 钝瓣顶冰花
Gagea granulosa Turcz.粒瓣顶冰花
Gagea hiensis Pasch.小顶冰花
Gagea hypoxioides Lévl.=Tulipa edulis
Gagea iliensis Popov.伊利顶冰花
Gagea jaeschkei Pasch.高山顶冰花
Gagea japonica Pasch.=Gagea terraccianoana
Gagea lolydioides (Kanitz.) Pasch.=Gagea pauciflora
Gagea lutea (L.) Ker-Gawl.(植物志 14,1980)=Gagea nakaiana
Gagea lutea var. *nakaiana* (Kitag.) Q.S.Sum=Gagea nakaiana
Gagea minuta Grossh.=Gagea filiformis
Gagea nakaiana Kitag.顶冰花
Gagea neopopovii Golosk.新疆顶冰花
Gagea nigra L.Z.Shue=Gagea filiformis
Gagea nipponensis Makino=Gagea terraccianoana
Gagea olgae Rgl.乌恰顶冰花
Gagea ova Stapf 多球顶冰花
Gagea pamirica Grossh.=Gagea jaeschkei
Gagea parva Vved. & Grossh.微小顶冰花(新)
Gagea pauciflora Turcz.少花顶冰花
Gagea provisa Pasch.=Gagea pauciflora
Gagea pseudorubescens Pasch.=Gagea filiformis
Gagea sacculifera Rgl.=Gagea filiformis
Gagea stepposa L.Z.Shue 草原顶冰花
Gagea subalpina L.Z.Shue=Gagea neopopovii
Gagea tenera Pasch.细弱顶冰花
Gagea terraccianoana Pasch.陆生顶冰花(新)
Gagea triflora (Ledeb.) Schult. & J.H.Schlt.=Lloydia triflora
Gagea uniflora (L.) Schult. & J.H.Schult.=Tulipa uniflora
Gagea vaginata M.Pop. ex Golosk.=Gagea neopopovii
Gagea vaginata Pasch.=Gagea terraccianoana
Gahnia J.R. & G.Forst.**黑莎草属**(莎草科)
Gahnia javanica Moritzi 爪哇黑莎草
Gahnia tristis Nees 黑莎草
Gailardia Foug.**天人菊属**(菊科)
Gailardia aristata Pursh.宿根天人菊
Gailardia pulchella Foug.天人菊
Gaillardia amblyodon F.Gay 红天人菊
Galactia P.Br.**乳豆属**(豆科)
Galactia elliptifoliola Merr.=Galactia formosana
Galactia formosana Matsumura 台湾乳豆
Galactia lanceolata Hay.=Galactia formosana
Galactia tashiroi Maxim.琉珠乳豆
Galactia tenuiflora (Klein ex Willd.) Wight & Arn.(豆科图说 1955, p.p.)=Galactia formosana
Galactia tenuiflora (Klein ex Willd.) Wight & Arn.乳豆
Galanthus L.**雪花莲属**(石蒜科)
Galanthus alpinus Sosn.高山雪花莲
Galanthus elwesii HK.f.大雪花莲
Galanthus nivalis L.雪花莲
Galanthus platyphyllus Traub & Mold.宽叶雪花莲
Galanthus plicatus Bieb.克里木雪花莲
Galarrhaeus Haw.=**Euphorbia**
Galatella Cass.**乳菀属**(菊科)
Galatella acutisquama Novopokr.=Galatella punctata
Galatella acutisquamoides Novopokr.(p.p.)=Galatella fastigiiformis
Galatella acutisquamoides Novopokr.(p.p.)=Galatella punctata
Galatella acutisquamoides subsp. *fastigiiformis* Novopokr.=Galatella fastigiiformis
Galatella acutisquamoides subsp. *montana* Novopokr.=Galatella fastigiiformis
Galatella altaica Tzvel.阿尔泰乳菀
Galatella angustissima (Tausch.) Novopokr.(p.p.)=Galatella hauptii
Galatella angustissima (Tausch.) Novopokr.窄叶乳菀
Galatella biflora (L.) Nees ab Esenb.盘花乳菀
Galatella bipunctata Novopokr.=Galatella altaica
Galatella chromopappa f. *discoidea* Novopokr.=Galatella regelii
Galatella chromopappa Novopokr.紫缨乳菀
Galatella dahurica DC.兴安乳菀
Galatella densiflora (Avé-Lallem.) Novopokr.=Galatella punctata
Galatella dracunculoides var. *discoidea* DC.=Galatella biflora
Galatella fastigiiformis Novopokr.帚枝乳菀
Galatella hauptii (Ledeb.) Lindl.鳞苞乳菀
Galatella hauptii var. *grandiflora* Avé=Lallem.=Galatella hauptii
Galatella hauptii var. *tenuifolia* (Lindl.) Avé-Lallem.=Galatella angustissima
Galatella juncea Lindl. ex Royle=Heteropappus altaicus var. canescens
Galatella macrosciadia Tzvel.(p.p.)=Galatella songorica
Galatella meyendorffii Rgl. & Maack=Heteropappus meyendorffii
Galatella punctata (K. & W.) Nees ab Esenb.乳菀
Galatella punctata (W. & K.) Cass.=Galatella punctata
Galatella punctata var. *densillora* Avé-Lallem.(p.p.)=Galatella punctata
Galatella regelii Tzvel.昭苏乳菀
Galatella rossica var. *densiflora* (Avé-Lallem.) Novopokr.=Galatella punctata
Galatella scoparia (Kar. & Kir.) Novopokr.卷缘乳菀
Galatella songorica Novopokr.新疆乳菀
Galatella songorica var. angustifolia Novopokr.窄叶新疆乳菀(新)
Galatella songorica var. discoidea Ling & Y.L.Chen 盘花新疆乳菀(新)
Galatella songorica var. latifolia Ling & Y.L.Chen 宽叶新疆乳菀(新)
Galatella songorica var. songorica=Galatella songorica
Galatella squamosa DC.=Galatella hauptii
Galatella tarbagatensis Novopokr.=Galatella songorica
Galatella tenuifolia Lindl.=Galatella angustissima
Galatella tianshanica Novopokr.天山乳菀
Galatella villosa Novopokr.长柔毛乳菀
Galbergia glauca Kurz=Dalbergia obtusifolia
Galeandra Lindl.**鼬蕊兰属**(兰科)
Galeandra baueri Lindl.包氏鼬蕊兰
Galeandra beyrichii Rchb.f.比氏鼬蕊兰
Galeandra claesiana Cgn.克氏鼬蕊兰

Galeandra devoniana Lindl.德氏鼬蕊兰
Galeandra funkii 芬氏鼬蕊兰
Galearis Rafin.=**Orchis**
Galearis constricta (LO.Williams) P.F.Hunt=Neottianthe camptoceras
Galearis cyclochila (Franch & Sav.) Sóo=Orchis cyclochila
Galearis diantha (Schltr.) P.F.Hunt=Orchis diantha
Galearis doyonensis (Hand.-Mazz.) P.F.Hunt=Platanthera roseotincta
Galearis paxiana (Schltr.) P.F.Hunt=Orchis roborovskii
Galearis spathulata (Lindl.) P.F.Hunt=Orchis diantha
Galearis stracheyi (HK.f.) P.F.Hunt=Orchis roborovskii
Galearis szechenyiana (Rchb.f. ex Kanitz.) P.F.Hunt=Orchis roborovskii
Galearis wardii (W.W.Sm.) P.F.Hunt=Orchis wardii
Galedupa elliptica Roxb.=Derris elliptica
Galega L.**山羊豆属**(豆科)
Galega daurica Pall.=Astragalus dahuricus
Galega officinalis L.山羊豆
Galega officinalis var. hartlandii Hort 粉花山羊豆?
Galega officinalis var. patus (Stev.) Schmalh.斜果山羊豆?
Galega officinalis var. persica (Pers.) Schmalh.白花山羊豆?
Galega procumbens Buch.-Ham.=Tephrosia pumilla
Galega pumila Lam.=Tephrosia pumilla
Galeobdolon Adans.**小野芝麻属**(唇形科)
Galeobdolon amplexicaule Moench.=Lamium amplexicaule
Galeobdolon chinense (Benth.) C.Y.Wu 小野芝麻
Galeobdolon chinense var. arbustum C.Y.Wu 粗壮小野芝麻(新)
Galeobdolon chinense var. chinense=Galeobdolon chinense
Galeobdolon chinense var. subglabrum C.Y.Wu 近无毛小野芝麻(新)
Galeobdolon kwangtungense C.Y.Wu 广东小野芝麻
Galeobdolon szechuanense C.Y.Wu 四川小野芝麻
Galeobdolon tuberiferum (Makino) C.Y.Wu 块根小野芝麻
Galeobdolon yangsoense Sun ex C.Y.Wu 阳朔小野芝麻
Galeoglossa C.Presl=**Pyrrosia**
Galeola Lour.**山珊瑚属**(兰科)
Galeola altissima (Bl.) Rchb.f.=Erythrorchis altissima
Galeola cassythoides (A.Cunn.) Rchb.f.澳洲山珊瑚
Galeola faberi Rolfe 山珊瑚
Galeola hydra Rchb.f.=Galeola nudifolia
Galeola javanica (Bl.) Benth. & HK.f.=Cyrtosia javanica
Galeola kuhlii (Rchb.f.) Rchb.f.(台湾志,1978)=Galeola matsudai
Galeola kuhlii (Rchb.f.) Rchb.f.=Galeola nudifolia
Galeola kwangsiensis Hand.-Mazz.=Galeola lindleyana
Galeola lindleyana (HK.f. & Thoms.) Rchb.f.毛萼山珊瑚
Galeola lindleyana var. *unicolor* Hand.-Mazz.=Galeola lindleyana
Galeola matsudai Hay.直立山珊瑚
Galeola nana Rolfe ex Downie=Cyrtosia nana
Galeola nudifolia Lour.蔓生山珊瑚
Galeola ochobiensis Hay.=Erythrorchis altissima
Galeola septentrionalis Rchb.f.=Cyrtosia septentrionalis
Galeopsis L.**鼬瓣花属**(唇形科)
Galeopsis bifida Boenn.鼬瓣花
Galeopsis bifida var. *emarginata* Nakai=Galeopsis bifida
Galeopsis tetrachit L.(Korsh.in Act.Hort.Petrop.1892)=Galeopsis bifida
Galeopsis tetrachit var. *bifida* Kudô =Galeopsis bifida
Galeopsis tetrachit var. *parviflora* Benth.=Galeopsis bifida
Galeorchis Rydb.=**Orchis**
Galeorchis constricta (LO.Williams) Sóo=Neottianthe camptoceras
Galeorchis cyclochilus (Franch & Sav.) Nevski=Orchis cyclochila
Galeorchis diantha (Schltr.) Sóo=Orchis diantha
Galeorchis doyonensis (Hand.-Mazz.) Sóo=Platanthera roseotincta
Galeorchis paxiana (Schltr.) Sóo=Orchis roborovskii
Galeorchis reichenbachii Nevski=Orchis diantha
Galeorchis roborovskii (Maxim.) Nevski=Orchis roborovskii
Galeorchis spathulata (Lindl.) Sóo=Orchis diantha
Galeorchis spathulata var. *wilsonii* (Schltr.) Sóo=Orchis diantha
Galeorchis stracheyi (HK.f.) Sóo=Orchis roborovskii
Galeorchis szechenyiana (Rchb.f. ex Kanitz.) Sóo=Orchis roborovskii
Galera japonica (Makino) Makino=Epipogium roseum
Galera kusukusensis Hay.=Epipogium roseum
Galera nutans Bl.=Epipogium roseum
Galera rolfei Hay.=Epipogium roseum
Galinsoga Ruiz & Pav.**牛膝菊属**(菊科)
Galinsoga parviflora Cav.牛膝菊
Galinsoga parviflora γ. *hispida* Benth.(DC.in Prodr.1836)=Galinsoga quadriradiata
Galinsoga quadriradiata Ruiz & Pav.粗毛牛膝菊
Galinsogaea Zucc.=**Galinsoga**
Galitzkya V.V.Botsch.**翅籽荠属**(十字花科)
Galitzkya potaninii (Maxim.) V.V.Botsch.大果翅籽荠
Galitzkya spathulata (Stephan ex Willd.) V.V.Botsch.匙叶翅籽荠
Galium L.**拉拉藤属**(茜草科)
Galium aberrans W.W.Sm.=Kelloggia chinensis
Galium actum Edegew.尖瓣拉拉藤
Galium acutum Edgew.(Hand.-Mazz.in Symb.Sin.1936)=Galium asperifolium var. setosum
Galium agreste α. *echinospermum* Wallr.=Galium aparine var. echinospermum
Galium agreste β. *leiospermum* Wallr.=Galium aparine var. leiospermum
Galium aparine L.(广州志 1956 ,西藏志 1985 ,p.p.)=Galium aparine var. echinospermum
Galium aparine L.(西藏志 1985 ,p.p.)=Galium asperifolium var. sikkimense
Galium aparine L.原拉拉藤
Galium aparine f. *leiocarpum* Makino=Galium aparine var. leiospermum
Galium aparine var. aparine=Galium aparine
Galium aparine var. echinospermum (Wallr.) Cuf.拉拉藤
Galium aparine var. leiospermum (Wallr.) Cuf.光果拉拉藤
Galium aparine var. tenerum (Gren. & Godr.) Rchb.猪殃殃
Galium aparine var. *tenerum* Rchb.(苏南植物手册 1959 ,秦岭志 1985)=Galium aparine var. echinospermum
Galium argyi Lévl. & Vant.=Rubia argyi
Galium asperifolium Wall. ex Roxb.(Hand.-Mazz.in Symb.Sin.1936 ,p.p.)=Galium asperifolium var. verrucifructum
Galium asperifolium Wall. ex Roxb.(西藏志 1985 ,p.p.)=Galium asperifolium var. sikkimense
Galium asperifolium Wall. ex Roxb.楔叶葎
Galium asperifolium var. asperifolium=Galium asperifolium
Galium asperifolium var. lasiocarpum W.C.Chen 毛果楔叶葎
Galium asperifolium var. setosum Cuf.刚毛小叶葎
Galium asperifolium var. sikkimense (Gand.) Cuf.小叶葎
Galium asperifolium var. verrucifructum Cuf.滇小叶葎
Galium asperuloides Edgew.车叶葎
Galium asperuloides subsp. asperuloides=Galium asperuloides
Galium asperuloides subsp. hoffmeisteri (Klotzsch) Hara 六叶葎
Galium asperuloides var. *hoffmeisteri* (HK.f.) Hand.-Mazz.=Galium asperuloides subsp. hoffmeisteri
Galium asprellum Michx.(Forb. & Hemsl.in J.L.Soc.Bot.1888 ,p.p.)=Galium pseudoasprellum
Galium asprellum Michx.(Pritz.in Bot.Jahrb.1901 ,p.p.)=Galium asperifolium var. sikkimense
Galium asprellum var. *tokyoense* (Makino) Nakai=Galium davuricum var. tokyoense
Galium asprellum β. *davuricum* (Turcz. ex Ledeb.) Maxim.=Galium davuricum
Galium baldensiforme Hand.-Mazz.(西藏志 1985)=Galium asperifolium var. setosum
Galium baldensiforme Hand.-Mazz.玉龙拉拉藤
Galium blinii Lévl.=Galium asperifolium var. sikkimense
Galium bodinieri Lévl.=Galium asperifolium var. sikkimense
Galium boreale L.(Forb. & Hemsl. in J.L.Soc.Bot.1888 ,p.p.)=Galium boreale var. rubioides
Galium boreale f. *kamtschaticum* Maxim.=Galium boreale var. kamtschaticum
Galium boreale L.北方拉拉藤
Galium boreale var. angustifolium (Freyn) Cuf.狭叶砧草
Galium boreale var. *angustifolium* Cuf.(Cuf. in Oesterr.Bot.Zeitschr.1940 ,p.p.)=Galium boreale var. ciliatum
Galium boreale var. boreale=Galium boreale
Galium boreale var. ciliatum Nakai 硬毛拉拉藤
Galium boreale var. hyssopifolium (Pers.) DC.装梭浦茜砧草
Galium boreale var. *hyssopifolium* DC.(Hand.-Mazz.in Symb.sin.1936)=Galium kinuta
Galium boreale var. intermedium DC.新砧草
Galium boreale var. kamtschaticum (Maxim.) Nakai 堪察加拉拉藤
Galium boreale var. *kamtschaticum* Nakai (Nakai in Bot.Mag.Tokyo

1909)= Galium boreale var. ciliatum
Galium boreale var. *koreanum* Nakai=Galium boreale var. kamtschaticum
Galium boreale var. lanceolatum Nakai 光果砧草
Galium boreale var. lancilimbum W.C.Chen 披针茜砧草
Galium boreale var. latifolium Turcz.宽叶拉拉藤
Galium boreale var. *leiocarpum* Nakai=Galium boreale var. lanceolatum
Galium boreale var. *molle* Hemsl.=Galium hupehense var. molle
Galium boreale var. pseudorubioides Schur.假茜砧草
Galium boreale var. rubioides (L.) Celak.茜砧草
Galium broeale var. *uvlgare* Turcz.=Galium boreale
Galium bullatum Lipsky 泡果拉拉藤
Galium bungei Steud.四叶葎
Galium bungei var. angustiflolium (Loesen.) Cuf.狭叶四叶葎
Galium bungei var. bungei=Galium bungei
Galium bungei var. hispidum (Kitag.) Cuf.硬毛四叶葎
Galium bungei var. punduanoides Cuif.毛四叶葎
Galium bungei var. setuliflorum (A.Gray) Cuf.毛冠四叶葎
Galium bungei var. trachyspermum (A.Gray) Cuif.阔叶四叶葎
Galium cavaleriei Lévl.=Galium asperifolium var. sikkimense
Galium comari Lévl. & Vant.线梗拉拉藤
Galium crassifolium W.C.Chen 厚叶拉拉藤
Galium cuneatum Lévl.=Galium asperifolium var. sikkimense
Galium davuricum Turcz. ex Ledeb.大叶猪殃殃
Galium davuricum var. davuricum=Galium davuricum
Galium davuricum var. manshuricum (Kitag.) Hara 东北猪殃殃
Galium davuricum var. tokyoense (Makino) Cuf.钝叶拉拉藤
Galium davuricum α. *leiocarpum* Nakai=Galium davuricum
Galium echinocarpum Hay.刺果猪殃殃
Galium elegans Wall. ex Roxb.小红参
Galium elegans var. angustifolium Cuf.狭叶拉拉藤
Galium elegans var. elegans=Galium elegans
Galium elegans var. glabriusculum Req. ex DC.广西拉拉藤
Galium elegans var. *javanicum* (Bl.) Hand.-Mazz.(p.p.)=Galium elegans var. velutinum
Galium elegans var. *javanicum* (Bl.) Hand.-Mazz.(p.p.)=Galium elegans var. nemorosum
Galium elegans var. nemorosum Cuf.四川拉拉藤
Galium elegans var. nephrostigmaticum (Diels) W.C.Chen 肾西半球拉拉藤
Galium elegans var. velutinum Cuf.毛拉拉藤
Galium esquirolii Lévl.=Galium asperifolium var. sikkimense
Galium exile HK.f.单花拉拉藤
Galium formosense Ohwi=Galium elegans
Galium forrestii Deils 丽江拉拉藤
Galium fukuyamai Masamune=Galium bungei
Galium glandulosum Hand.-Mazz.(西藏志 1985)=Galium serpylloides
Galium glandulosum Hand.-Mazz.腺叶拉拉藤
Galium gracile Bge.(Maxim. in Bull.Acad.Imp.Sci.St.-Petersb.1874 ,p.p.) =Galium bungei var. setuliflorum
Galium gracile Bge.(Maxim. in Bull.Acad.Imp.Sci.St.-Petersb.1874 ,p.p.) =Galium bungei var. trachyspermum
Galium gracile Bge.=Galium bungei
Galium gracile f. *hispidum* Matsuda=Galium bungei var. hispidum
Galium gracile var. *miltorrhizum* (Hance) Loesen.=Galium bungei
Galium gracile var. *vel* f. *angustifolium* Loesen.=Galium bungei var. angustiflolium
Galium gracilens (A.Gray) Makino=Galium bungei
Galium handelii Cuf.=Galium exile
Galium hemsleyanum Beauverd=Galium hupehense var. molle
Galium himalayense Klotzsch=Galium actum
Galium humifusum M.Bieb.蔓生拉拉藤
Galium hupehense Pampan.湖北拉拉藤
Galium hupehense var. hupehense=Galium hupehense
Galium hupehense var. molle (Hemsl.) Cuf.毛鄂拉拉藤
Galium japonicum (Maxim.) Makino & Nakai=Galium kinuta
Galium kamtschaticum Steller ex Roem. & Schult.(西藏志 1985)=Galium elegans
Galium kamtschaticum Steller ex Roem. & Schult.三脉猪殃殃
Galium karakulense Pobed.粗沼拉拉藤
Galium kinuta Nakai & Hara 显脉拉拉藤
Galium kwanzanense Ohwi 关山拉拉藤
Galium linearifolium Turcz.线叶拉拉藤
Galium lutchuense Nakai ex Kitag.=Galium bungei
Galium luteum Lam.=Galium verum
Galium maborasense Masamune 高山拉拉藤
Galium mairei Lévl.=Galium elegans var. velutinum
Galium majmechense Bordz.卷边拉拉藤
Galium manshuricum Kitaga.=Galium davuricum var. manshuricum
Galium martinii Lévl. & Vant.安平拉拉藤
Galium maximowiczii (Kom.) Pobed.异叶轮草
Galium miltorrhizum Hance=Galium bungei
Galium miltorrhizum var. *lutchuense* (Nakai ex Kitag.) Hara=Galium bungei
Galium miltorrhizum var. *molle* (Hemsl.) Migo=Galium hupehense var. molle
Galium minutissimum T.Shimizu 微小拉拉藤
Galium modestum Diels=Galium trifidum var. modestum
Galium mollugo L.(Breslau & Krause in Fedde ,Repert.Sp.Nov.Beih. 1922)= Galium bungei
Galium mollugo L.(E.Pritz. in Bot.Jahrb.1901 ,p.p.)=Galium bungei var. angustiflolium
Galium mollugo L.(Forb. & Hesml.in J.L.Sob.Bot.1888)=Galium asperifolium var. sikkimense
Galium morii Hay.森氏猪殃殃
Galium nakaii Kudô ex Hara 福建拉拉藤
Galium nankotaizanum Ohiw 南湖大山拉拉藤
Galium nephrostigmaticum Diels=Galium elegans var. nephrostigmaticum
Galium niewerthi Franch. & Savat.昌化拉拉藤
Galium odoratum (L.) Scop.车轴草
Galium oliganthum Nakai & Kitag.=Galium aparine var. tenerum
Galium palustre L.沼生拉拉藤
Galium paniculatum (Bge.) Pobed.圆锥拉拉藤
Galium paradoxum Maxim.(西藏志 1985,p.p.)=Galium asperuloides subsp. hoffmeisteri
Galium paradoxum Maxim.林猪殃殃
Galium pauciflorum Bge.(西藏志 1985)=Galium exile
Galium pauciflorum Bge.=Galium aparine var. tenerum
Galium petiolatum Geddes=Galium elegans
Galium platygalium (Maxim.) Pobed.卵叶轮草
Galium pogonanthum A.Franch. & Savat.=Galium bungei var. setuliflorum
Galium pogonanthum var. *setuliflorum* (A.Gray) Hara=Galium bungei var. setuliflorum
Galium prattii Cuf.康定拉拉藤
Galium pseudoasprellum Makino 山猪殃殃
Galium pseudoasprellum var. densiflorum Cuf.密花猪殃殃
Galium pseudoasprellum var. pseudoasprellum=Galium pseudoasprellum
Galium pseudoellipticum Lingelsh. & Borza=Galium elegans var. nephrostigmaticum
Galium pseudohirtiflorum H.Li=Galium asperifolium
Galium pusillosetosum Hara 细毛拉拉藤
Galium quinatum Lévl.五叶拉拉藤
Galium remotiflorum Lévl. & Vant.=Galium bungei
Galium rivale (Sibth. & Smith) Griseb.中亚车轴草
Galium rotundifolium L.(HK.f.in Fl.Brit.Ind.1881)=Galium elegans
Galium rubioides L.=Galium boreale var. rubioides
Galium rubioides var. *angustifolium* Freyn=Galium boreale var. angustifolium
Galium rubioides β. *hyssopifolium* Pers.=Galium boreale var. hyssopifolium
Galium ruprechtii Pobed.=Galium trifidum
Galium salwinense Hand.-Mazz.怒江拉拉藤
Galium saurense Litw.狭序拉拉藤
Galium serpylloides Royle ex HK.f.隆子拉拉藤
Galium setuliflorum α. *setuliflorum* (A.Gray) Makino(p.p.)=Galium bungei var. setuliflorum
Galium sigeyosii Masamune=Galium morii
Galium sikkimense Gand.=Galium asperifolium var. sikkimense
Galium smithii Cuf.无梗拉拉藤
Galium soongoricum Schrenk 准噶尔拉拉藤
Galium spurium L.=Galium aparine var. leiospermum
Galium spurium var. *echinospermum* (Wallr.) Hayek=Galium aparine var. echinospermum

Galium spurium var. *tenerum* Gren. & Godr.=Galium aparine var. tenerum
Galium sungpanense Cuf.松潘拉拉藤
Galium taiwanense Masamune 台湾猪殃殃
Galium takasagomontana Masamune 山地拉拉藤
Galium tarokoense Hay.太鲁阁拉拉藤
Galium tenuissimum M.Bieb.纤细拉拉藤
Galium tohyoense Nmakino=Galium davuricum var. tokyoense
Galium trachyspermum A.Gray(E.Pritz.in Bot.Jahrb.1901)=Galium asperuloides subsp. hoffmeisteri
Galium trachyspermum A.Gray=Galium bungei var. trachyspermum
Galium trachyspermum var. *hispidum* (Matsuda) Kitag.=Galium bungei var. hispidum
Galium trachyspermum β. *setuiliflorum* A.Gray=Galium bungei var. setuliflorum
Galium tricorne Stokes (西藏志 1985 ,p.p.)=Galium aparine var. echinospermum
Galium tricorne Stokes 麦仁珠
Galium trifidum L.小叶猪殃殃
Galium trifidum var. modestum (Diels) Cuf.小猪殃殃
Galium trifidum var. trifidum =Galium trifidum
Galium trifloriforme Kom.=Galium asperuloides subsp. hoffmeisteri
Galium triflorum Michx.三花拉拉藤
Galium triflorum var. *hoffmeisteri* (Klotzsch.) HK.f.=Galium asperuloides subsp. hoffmeisteri
Galium turkestanicum Pobed.中亚拉拉藤
Galium uliginosum L.(东北检索表 1959 ,内蒙志 1980)=Galium davuricum var. tokyoense
Galium uliginosum L.沼猪殃殃
Galium ussuriense Pobed.=Galium boreale var. lanceolatum
Galium vaillantii DC.=Galium aparine var. echinospermum
Galium venosum Lévl.=Galium bungei var. trachyspermum
Galium verum L.(图鉴 1937)=Galium verum var. trachycarpum
Galium verum L.蓬子菜
Galium verum var. asiaticum Nakai 长叶蓬子菜
Galium verum var. lacteum Maxim.白花蓬子菜
Galium verum var. *leiocarpum* Ledeb.=Galium verum
Galium verum var. leiophyllum Wallr.淡黄蓬子菜
Galium verum var. nikkoense Nakai 日光蓬子菜
Galium verum var. *ruthenicum* f. *tomentosum* Nakai=Galium verum var. tomentosum
Galium verum var. tomentosum (Nakai) Nakai 毛蓬子菜
Galium verum var. trachycarpum DC.毛果蓬子菜
Galium verum var. trachyphyllum Wallr.粗糙蓬子菜
Galium verum var. *typicum lasiocarpum* Maxim.=Galium verum var. trachycarpum
Galium verum var. verum=Galium verum
Galium verum α. *fructibus glabris* Turcz.=Galium verum
Galium verum β. *fructibus villoso-pubescentibus* Turcz.=Galium verum var. trachycarpum
Galium verum β. *lasiocarpum* Ledeb.=Galium verum var. trachycarpum
Galium wutaicum Hurusawa=Galium aparine var. tenerum
Galium xinjiangense W.C.Chen 新疆拉拉藤
Galium yunnanense Hara & C.Y.Wu 滇拉拉藤
Galphimia Cav.=**Thryallis**
Galphimia gracilis Bartl.=Thryallis gracilis
Galtonia Decne.**夏风信子属**(百合科)
Galtonia candicans Decne.夏风信子
Galumpita cuspidata (Bl.) Bl.=Aphananthe cuspidata
Gamochaeta norvegica Gren.=Gnaphalium norvegicum
Gamochaeta pensylvanicum (Willd.) Cabrera=Gnaphalium pensylvanicum
Gamosepalum Haussk.=**Alyssum**
Ganitrus Gaertn.=**Elaeocarpus**
Ganitrus sphaericus Gaertn.=Elaeocarpus sphaericus
Garcinia L.**藤黄属**(藤黄科)
Garcinia bracteata C.Y.Wu & Y.H.Li 大苞藤黄
Garcinia cowa Roxb.云树
Garcinia esculenta Y.H.Li 山木瓜
Garcinia forbesi King.福氏藤黄
Garcinia hainanensis Merr.=Garcinia multiflora
Garcinia hanburyi HK.f. 印支藤黄
Garcinia hombroniana Pierre.山凤果
Garcinia indica Choisy 印度藤黄
Garcinia kwangsiensis Merr. ex F.N.Wei 广西藤黄
Garcinia lancilimba C.Y.Wu ex Y.H.Li 长裂藤黄
Garcinia linii C.E.Chang 兰屿福木
Garcinia mangostana L.莽吉柿
Garcinia morella Desr.藤黄
Garcinia multiflora Champ. ex Benth.(台湾树木志 1963,p.p.)=Garcinia linii
Garcinia multiflora Champ. ex Benth.木竹子
Garcinia nujiangensis C.Y.wu & Y.H.Li 怒江藤黄
Garcinia oblongifolia Champ. ex Benth.岭南山竹子
Garcinia oligantha Merr.单花山竹子
Garcinia paucinervis Chun & How 金丝李
Garcinia pedunculata Roxb.大果藤黄
Garcinia roxburghii Wight=Garcinia cowa
Garcinia rubrisepala Y.H.Li 红萼藤黄
Garcinia schefferi Pierre 越南藤黄
Garcinia spicata HK.f.(Liou in Ill.Nat.Intr.Lign.Pl.Taiwan 1960,台湾树木志 1963,树木分类学 196)=Garcinia subelliptica
Garcinia subelliptica Merr.(Liu in Quart.J.Taiwan Mus.1955)=Garcinia linii
Garcinia subelliptica Merr.菲岛福木
Garcinia subfalcata Y.H.Li & F.N.Wei 尖叶藤黄
Garcinia tetralata C.Y.Wu ex Y.H.Li 双籽藤黄
Garcinia tinctoria (DC.) Dunn=Garcinia xanthochymus
Garcinia tinctoria (DC.) W.F.Wight=Garcinia xanthochymus
Garcinia wallichii Choisy=Garcinia cowa
Garcinia xanthochymus HK.f. & T.Anders.大叶藤黄
Garcinia xipshuanbannaensis Y.H.Li 版纳藤黄
Garcinia yunnanensis Hu=Garcinia cowa
Garcinia yunnanensis Hu 云南藤黄
Gardenia Ellis **栀子属**(茜草科)
Gardenia angkorensis Pitard 匙叶栀子
Gardenia augusta Merr.=Gardenia jasminoides
Gardenia dumetorum Retz.=Catunaregam spinosa
Gardenia florida L.=Gardenia jasminoides
Gardenia florida var. *fortuniana* Lindl.=Gardenia jasminoides var. fortuniana
Gardenia grandiflora Lour.=Gardenia jasminoides
Gardenia hainanensis Merr.海南栀子
Gardenia jasminoides Ellis 栀子
Gardenia jasminoides f. *maruba* (Sieb. ex Bl.) Nakai ex Ishii=Gardenia jasminoides
Gardenia jasminoides f. *oblanceolata* (Nakai) Nakai=Gardenia jasminoides
Gardenia jasminoides f. *ovalifolia* (Sims) Hara=Gardenia jasminoides
Gardenia jasminoides f. *simpliciflora* (Makino) Makino=Gardenia jasminoides
Gardenia jasminoides f. *variegata* (Carr.) Nakai=Gardenia jasminoides
Gardenia jasminoides var. *boniensis* (Nakai) Nakai=Gardenia jasminoides
Gardenia jasminoides var. fortuniana (Lindl.) Hara 白蟾
Gardenia jasminoides var. jasminoides=Gardenia jasminoides
Gardenia jasminoides var. *longisepala* (Masam.) Metcalf=Gardenia jasminoides
Gardenia radicans Thunb.=Gardenia jasminoides
Gardenia scandens Thunb.=Fagerlindia scandens
Gardenia schlechteri Lévl.=Gardenia jasminoides
Gardenia sect. *Ceriscoides* HK.f.=**Ceriscoides**
Gardenia sootepensis Hutch.大黄栀子
Gardenia spinosa Thunb.=Catunaregam spinosa
Gardenia stenophylla Merr.狭叶栀子
Gardenia volubilis Lour.=Ichnocarpus frutescens
Gardneria Wall.**蓬莱葛属**& Franch.
Gardneria angustifolia Wall.(Leenhouts in Bull.Jard.Bot.Etat.Brux.1962, p.p.)=Gardneria distincta
Gardneria angustifolia Wall.狭叶蓬莱葛
Gardneria chinensis Nakai=Gardneria multiflora
Gardneria distincta P.T.Li 离药蓬莱葛
Gardneria glabra Wall. ex D.Don (云南志 1983)=Gardneria distincta
Gardneria glabra Wall. ex D.Don=Gardneria angustifolia

Gardneria hongkongensis Hand.-Mzz.=Gardneria multiflora
Gardneria insularia Nakai=Gardneria angustifolia
Gardneria lanceolata Rehd. & Wils.柳叶蓬莱葛
Gardneria linifolia C.Y.Wu & S.Y.Pao=Gardneria nutans
Gardneria liukiuensis Hatusmia=Gardneria nutans
Gardneria multiflora Makino 蓬莱葛
Gardneria nutans S. & Z.=Gardneria angustifolia
Gardneria nutans S. & Z.线叶蓬莱葛
Gardneria nutans f. *multiflora* (Makino) Matsuda=Gardneria multiflora
Gardneria ovata Wall.卵叶蓬莱葛
Gardneria shamadai Hay.=Gardneria multiflora
Gardneria wallichii Wight ex Wall.=Gardneria ovata
Garduus hsiaowutaishanensis Chen=Olgaea lomonosowii
Garhadiolus Jaub. & Spach **小疮菊属**(菊科)
Garhadiolus papposus Boiss. & Buhse 小疮菊
Garnotia aa **耳稃草属**(禾本科)
Garnotia acutigluma (Steud.) Ohwi 锐颖葛氏草?
Garnotia caespitosa Santos 丛茎耳稃草
Garnotia ciliata Merr.纤毛耳稃草
Garnotia ciliata f. paupercula Santos?瘦小耳稃草
Garnotia ciliata var. ciliata=Garnotia ciliata
Garnotia ciliata var. conduplicata Santos 折叶耳稃草
Garnotia ciliata var. glabriuscula Santos?微秃耳稃草
Garnotia drymeia Hance=Garnotia patula
Garnotia fragilis Santos 脆枝耳稃草
Garnotia maxima Santos 大耳稃草
Garnotia mutica (Munro) Druce 无芒耳稃草
Garnotia patula (Munro) Benth.耳稃草
Garnotia patula f. sinensis Santos 中华耳稃草?
Garnotia patula var. gradior Santos 大穗耳稃草
Garnotia patula var. hainanensis Santos 海南耳稃草?
Garnotia patula var. hainanensis f. similis Santos 拟海南耳稃草?
Garnotia patula var. *mutica* (Munro) Rendle=Garnotia mutica
Garnotia patula var. partitipilosa Santos 斑毛耳稃草?
Garnotia patula var. patula=Garnotia patula
Garnotia patula var. strictor Santos 劲直耳稃草?
Garnotia poilanei A.Camus=Garnotia patula
Garnotia stricta Benth.=Garnotia mutica
Garnotia stricta Brongn.坚硬耳稃草
Garnotia tectorum HK.f.=Garnotia mutica
Garnotia tenuis Keng 细弱耳稃草
Garnotia triseta Hitchc.三芒耳稃草
Garnotia triseta var. decumbens Keng 偃卧耳稃草
Garnotia triseta var. triseta=Garnotia triseta
Garrettia Fletch.**辣莸属**(马鞭草科)
Garrettia siamensis Fletch.辣莸
Garuga Roxb.**嘉榄属**(橄榄科)
Garuga floribunda Decne.南洋白头树
Garuga floribunda var. floribunda=Garuga floribunda
Garuga floribunda var. gamblei (King ex Smith) Kalkm.多花白头树
Garuga forrestii W.W.Sm.白头树
Garuga gamblei King ex Smith=Garuga floribunda var. gamblei
Garuga pierrei Guill.光叶白头树
Garuga pinnata Roxb.羽叶白头树
Garuga pinnata var. *pierrei* (Guill.) Gretzoiu=Garuga pierrei
Garuga yunnanensis Hu=Garuga forrestii
Gasteria Duval.**脂麻掌属**(百合科)
Gasteria acinacifolia Haw.弯刀叶脂麻掌
Gasteria armstrongii Schoenl.脂麻掌
Gasteria caespitosa Poelln.丛生脂麻掌
Gasteria croucheri Baker 弯穗脂麻掌
Gasteria excavata Haw.牛利
Gasteria liliputana Poelln.小脂麻掌
Gasteria lingua Link 舌叶脂麻掌
Gasteria maculata Haw.墨鉾
Gasteria marmorata Bak.虎皮掌
Gasteria minima Hort.小牛舌
Gasteria obtusifolia Haw.钝叶脂麻掌
Gasteria trigona Haw.三棱脂麻掌
Gasteria verrucosa Haw.沙鱼掌
Gastonia palmata Roxb.=Trevesia palmata
Gastrochilus D.Don **盆距兰属**(兰科)
Gastrochilus Wall.=**Boesenbergia**
Gastrochilus acinacifolius Z.H.Tsi 镰叶盆距兰
Gastrochilus bellinus (Rchb.f.) Ktze.(台兰科图鉴 1996)=Gastrochilus rantabunensis
Gastrochilus bellinus (Rchb.f.) Ktze.大花盆距兰
Gastrochilus bigibbus (Rchb.f.) O.Kuntze 二肿胀体盆距兰
Gastrochilus calceolaris (Buch.-Ham. ex J.E.Sm.) D.Don 盆距兰
Gastrochilus dasypogon(J.E.Sm.) Ktze.(台兰科图鉴 1996)=Gastrochilus japonicus
Gastrochilus dasypogon(J.E.Sm.) Ktze.(高等图鉴 1976)=Gastrochilus obliquus
Gastrochilus diannaensis Z.H.Tsi & Y.C.Ma=Gastrochilus platycalcaratus
Gastrochilus distichus (Lindl.) Ktze.列叶盆距兰
Gastrochilus fallax Loes.=Boesenbergia longiflora
Gastrochilus fargesii (Kraenzl.) Schltr.城口盆距兰
Gastrochilus flavus T.P.Lin 金松盆距兰
Gastrochilus formosanus (Hay.) Hay.台湾盆距兰
Gastrochilus formosanus (Hay.) Schltr.=Gastrochilus formosanus
Gastrochilus fuscopunctatum Hay.(Masam.in J.Geobot.1975)=Gastrochilus formosanus
Gastrochilus fuscopunctatus (Ha.) Schltr.=Gastrochilus fuscopunctatus
Gastrochilus fuscopunctatus (Hay.) Hay.红斑盆距兰
Gastrochilus gongshanensis Z.H.Tsi 贡山盆距兰
Gastrochilus guangtungensis Z.H.Tsi 广东盆距兰
Gastrochilus hainanensis Z.H.Tsi 海南盆距兰
Gastrochilus hoii T.P.Lin 何氏盆距兰
Gastrochilus holttumianus S.Y.Hu & Barretto=Gastrochilus japonicus
Gastrochilus intermedius (Griff. ex Lindl.) Ktze.(西藏志 1987)=Gastrochilus linearifolius
Gastrochilus intermedius (Griff. ex Lindl.) Ktze.细茎盆距兰
Gastrochilus japonicus (Makino) Schaltr.黄松盆距兰
Gastrochilus linearifolius Z.H.Tsi 狭叶盆距兰
Gastrochilus longiflora Wall.=Boesenbergia longiflora
Gastrochilus matsudai Hay.宽唇盆距兰
Gastrochilus matsuran(Makino) Schltr.(台湾志,1978,p.p.)=Gastrochilus formosanus
Gastrochilus monticola (Rolfe ex Downie) Seindenf. ex Smith=Gastrochilus yunnanensis
Gastrochilus nanchuanensis Z.H.Tsi 南川盆距兰
Gastrochilus nanus Z.H.Tsi 江口盆距兰
Gastrochilus nebulosus Fukuyama=Gastrochilus formosanus
Gastrochilus obliquus (Lindl.) Ktze.无茎盆距兰
Gastrochilus pandurata (Roxb.) Schlecht.=Boesenbergia rotunda
Gastrochilus platycalcaratus (Rolfe) Schltr.滇南盆距兰
Gastrochilus pseudodistichus (King & Pantl.) Schltr.小唇盆距兰
Gastrochilus quercetorum Fukuyama=Gastrochilus formosanus
Gastrochilus rantabunensis C.Chow ex T.P.Lin 合欢盆距兰
Gastrochilus raraensis Fukuyama 红松盆距兰
Gastrochilus raraensis var. *flavus* (T.P.Lin) S.S.Ying=Gastrochilus flavus
Gastrochilus rupestris Fukuyama=Gastrochilus formosanus
Gastrochilus saccatus Z.H.Tsi 四肋盆距兰
Gastrochilus sinensis Z.H.Tsi 中华盆距兰
Gastrochilus somai (Hay.) Hay.=Gastrochilus japonicus
Gastrochilus subpapillosus Z.H.Tsi 歪头盆距兰
Gastrochilus toramanus (Makino) Schltr.(台湾志,1978)=Gastrochilus raraensis
Gastrochilus xuanenensis Z.H.Tsi 宣恩盆距兰
Gastrochilus yunnanensis Schltr.云南盆距兰
Gastrocotyle Bge.**腹脐草属**(紫草科)
Gastrocotyle hispida (Forssk.) Bge.腹脐草
Gastrodia R.Br.**天麻属**(兰科)
Gastrodia angusta S.Chow & S.C.Chen 原天麻
Gastrodia appendiculata C.S.Leou & N.J.Chung 无喙天麻
Gastrodia autumnalis T.P.Lin 秋天麻
Gastrodia confusa Honda & Tuyama 八代天麻
Gastrodia crassisepala L.O.Wms.厚萼天麻
Gastrodia dioscoreirhiza Hay.=Gastrodia gracilis

Gastrodia elata Bl.天麻
Gastrodia elata f. alba S.Chow 松天麻
Gastrodia elata f. elata=Gastrodia elata
Gastrodia elata f. flavida S.Chow 黄天麻
Gastrodia elata f. glauca S.Chow 乌天麻
Gastrodia elata f. *pilifera* Tuyama=Gastrodia elata
Gastrodia elata f. viridis (Makino) Makino 绿天麻
Gastrodia elata var. *gracilis* Pamp.=Gastrodia elata
Gastrodia elata var. *pallens* Kitag.=Gastrodia elata f. viridis
Gastrodia elata var. *viridis* (Makino) Makino=Gastrodia elata f. viridis
Gastrodia flabilabella S.S.Ying 夏天麻
Gastrodia fontinalis T.P.Lin 春天麻
Gastrodia gracilis Bl.细天麻
Gastrodia hiemalis T.P.Lin 冬天麻
Gastrodia javanica (Bl.) Lindl.南天麻
Gastrodia lutea Fukuyama=Gastrodia javanica
Gastrodia mairei Schltr.=Gastrodia elata
Gastrodia menghaiensis Z.H.Tsi & S.C.Chen 勐海天麻
Gastrodia nipponica var. *hiemalis* (T.P.Lin) S.S.Ying=Gastrodia hiemalis
Gastrodia peichatieniana S.S.Ying 北插天天麻
Gastrodia sesamoides R.Br.澳洲天麻
Gastrodia shikokiana Makino=Chamaegastrodia shikokiana
Gastrodia stapfii Hay.=Gastrodia javanica
Gastrodia taiwaniana Fukuyama=Gastrodia gracilis
Gastrodia tuberculata f.Y.Liu & S.C.Chen 疣天麻
Gastrodia viridis Makino=Gastrodia elata f. viridis
Gastrolea E.Walth.**元宝掌属**(百合科)
Gastrolea imbricata (Bgr.) E.Walth.元宝掌
Gastrolea pfrimmeri E.Walth.翠花元宝掌
Gastrolychnis (Fenzl) Reichnb.=**Silene**
Gastrorchis calanthoides (Ames) Z.H.Tsi,S.C.Chen & K.Mori=
Cephalantheropsis calanthoides
Gastrorchis gracilis (Lindl.) Averyanov=Cephalantheropsis gracilis
Gatnaia annamica Gagn.=Baccaurea ramiflora
Gaultheria Kalm ex L.**白珠树属**(杜鹃花科)
Gaultheria adenothrix (Miq.) Maxim.腺毛白珠树
Gaultheria antipoda G.Forst.食果白珠树
Gaultheria benguetensis Copeland=Gaultheria borneensis
Gaultheria borneensis Stapf 高山白珠
Gaultheria cardiosepala Hand.-Mazz.苍山白珠
Gaultheria caudata Stapf=Gaultheria griffithiana
Gaultheria crenulata Kurz=Gaultheria leucocarpa var. crenulata
Gaultheria cumingiana Vidal=Gaultheria leucocarpa var. cumingiana
Gaultheria cuneata (Rehd. & Wils.) Bean 四川白珠
Gaultheria depressa HK.f.匍匐白珠树
Gaultheria dolichopoda Airy-Shaw 长梗白珠
Gaultheria dumicola W.W.Sm.丛林白珠
Gaultheria dumicola var. aspera Airy-Shaw 粗糙丛林白珠
Gaultheria dumicola var. dumicola=Gaultheria dumicola
Gaultheria dumicola var. petanoneuron Airy-Shaw 高山丛林白珠
Gaultheria forrestii Diels 地檀香
Gaultheria forrestii var. forrestii=Gaultheria forrestii
Gaultheria forrestii var. setigera C.Y.Wu ex T.Z.Hsu 刚毛地檀香
Gaultheria fragrantissima var. *hirsuta* Franch.=Gaultheria hookeri
Gaultheria fragrantissima Wall.芳香白珠
Gaultheria griffithiana Wight 尾叶白珠
Gaultheria hispida R.Br.蜡果白珠树
Gaultheria hispidula (L.) Muhlenb. ex Bigel.爬地雪果白珠树
Gaultheria hookeri C.B.Clarke 红粉白珠
Gaultheria hookeri var. angustifolia C.B.Clarke 狭叶红粉白珠
Gaultheria hookeri var. hookeri=Gaultheria hookeri
Gaultheria humifusa (R.C.Grah.) Rybd.高山冬绿
Gaultheria hypochlora Airy-Shaw 绿背白珠
Gaultheria itoana Hay.=Gaultheria borneensis
Gaultheria laxiflora Diels=Gaultheria leucocarpa var. crenulata
Gaultheria leucocarpa Bl.(Chamberl.in Not.Roy.Bot.Gard.Edinb.1977, p.p.)=Gaultheria leucocarpa var. crenulata
Gaultheria leucocarpa Bl.白果白珠
Gaultheria leucocarpa f. *cumingiana* (Vidal) Sleumer=Gaultheria leucocarpa var. cumingiana
Gaultheria leucocarpa var. crenulata (Kurz) T.Z.Hsu 滇白珠
Gaultheria leucocarpa var. cumingiana (Vidal) T.Z.Hsu 白珠树
Gaultheria leucocarpa var. hirsuta (D.Fang & N,K.Liang) T.Z.Hsu 硬毛白珠
Gaultheria leucocarpa var. leucocarpa=Gaultheria leucocarpa
Gaultheria leucocarpa var. pingbienensis C.Y.Wu ex T.Z.Hsu 屏边白珠
Gaultheria longiracemosa Y.C.Yang 长序白珠
Gaultheria miqueliana Takeda 日本垂花白珠树
Gaultheria nana C.Y.Wu & T.Z.Hsu 矮小白珠
Gaultheria nivea (Anth.) Airy-Shaw=Gaultheria sinensis var. nivea
Gaultheria notabilis Anth.矮穗白珠
Gaultheria nummularioides D.Don 铜钱叶白珠
Gaultheria nummularioides var. *elliptica* Rehd. & Wils.=Gaultheria nummularioides
Gaultheria nummularioides var. microphylla C.Y.Wu & T.Z.Hsu 小叶铜钱白珠
Gaultheria nummularioides var. nummularioides=Gaultheria nummularioides
Gaultheria oppositifolia HK.f.对叶白珠树
Gaultheria ovatifolia A.Gray 卵叶白珠树
Gaultheria praticola C.Y.Wu ex T.Z.Hsu 草地白珠
Gaultheria procumbens L.伏卧白珠树
Gaultheria prostrata W.W.Sm.平卧白珠
Gaultheria pyrolaefolia HK.f. ex C.B.Clarke=Gaultheria pyroloides
Gaultheria pyroloides HK.f. & Thoms. ex Miq.鹿蹄草叶白珠
Gaultheria pyroloides var. *cuneata* Rehd. & Wils.=Gaultheria cuneata
Gaultheria repens Bl.(Hay.in Bot.Mag.Tokyo 1906)=Gaultheria borneensis
Gaultheria repens Bl.=Gaultheria nummularioides
Gaultheria rupestris (L.f.) G.Don 岩生白珠树
Gaultheria semi-infera (C.B.Clarke) Airy-Shaw 五雄白珠
Gaultheria shallon Pursh 柠檬叶白珠树
Gaultheria sinensis Anth.(p.p.)=Gaultheria hypochlora
Gaultheria sinensis Anth.华白珠
Gaultheria sinensis var. *maior* Airy-Shaw=Gaultheria sinensis
Gaultheria sinensis var. nivea Anth.白果华白珠
Gaultheria sinensis var. sinensis=Gaultheria sinensis
Gaultheria stapfiana Airy-Shaw=Gaultheria hookeri
Gaultheria suborbicularis W.W.Sm.=Chiogenes suborbicularis
Gaultheria taiwaniana S.S.Ying 台湾白珠
Gaultheria tetramera W.W.Sm.四裂白珠
Gaultheria trichoclada C.Y.Wu ex T.Z.Hsu 毛枝白珠
Gaultheria trichophylla Royle (Edib.in Not.Roy.Bot.Gard.Edionb.1929)=Gaultheria hypochlora
Gaultheria trichophylla Royle 刺毛白珠
Gaultheria trichophylla var. *tetracme* Airy-Shaw=Gaultheria trichophylla
Gaultheria veitchiana Craib=Gaultheria hookeri
Gaultheria wardii Marq. & Airy-Shaw 西藏白珠
Gaultheria wardii var. serrulata C.Y.Wu & T.Z.Hsu 齿缘西藏白珠
Gaultheria wardii var. wardii=Gaultheria wardii
Gaultheria yunnanense (Franch.) Rehd.=Gaultheria leucocarpa var. crenulata
Gaultheria yunnanensis var. *hisruta* D.Fang & N.K.Liang=Gaultheria leucocarpa var. hirsuta
Gaura L.**山桃草属**(柳叶菜科)
Gaura biennis L.阔果山桃草
Gaura chinensis Lour.=Haloragis chinensis
Gaura coccinea Pursh.红山桃草
Gaura lindheimeri Engelm. & Gray 山桃草
Gaura parviflora Dougl.小花山桃草
Gaurea binectariferum Roxb.=Dysoxylum binectariferum
Gaurea gobara Buch.-HaM.=Dysoxylum excelsum
Gaurea procerum Wall.=Dysoxylum excelsum
Gaussia H.Wendl.**露美棕属**(棕榈科)
Gaylussacia incurvata Griff.=Agapetes incurvata
Gaylussacia serrata (Don) Lindl.=Vaccinium vacciniaceum
Gaylussacia serrata Lindl.(Griff.in Ic.Pl.Saiat.Pl.1854)=Vaccinium subdissitifolium
Gayoides crispum (L.) Small=Abutilon crispum
Geanthus Reinw.=**Etlingera**
Geblera akagii Kitag.=Youngia tenuicaulis
Geblera chinensis Rupr.=Flueggea suffruticosa

Geblera suffruticosa Fisch. & Mey.=Flueggea suffruticosa
Geblera tenuifolia Willd.=Youngia tenuifolia
Geissaspis Wight & Arn.**睫苞豆属**(豆科)
Geissaspis cristata Wight & Arn.睫苞豆
Gela lanceolata Lour.=Acronychia pedunculata
Gelidocalamus Wen **井冈寒竹属**(禾本科)
Gelidocalamus annulatus Wen 亮竿竹
Gelidocalamus fangianus (A.Camus) Keng f. & Wen=Bashania fangiana
Gelidocalamus kunishii (Hay.) Keng f. & Wen 台湾矢竹
Gelidocalamus latifolius Q.H.Dai & T.Chen 掌竿竹
Gelidocalamus longiinternodus Wen & S.C.Chen 箭靶竹
Gelidocalamus monophyllus (Yi & B.M.Yang) B.M.Yang=Gelidocalamus stellatus
Gelidocalamus multifolius B.M.Yang 多叶井冈竹
Gelidocalamus rutilans Wen 红壳寒竹
Gelidocalamus solidus C.D.Chu & C.S.Chao 实心短枝竹
Gelidocalamus stellatus Wen 井冈寒竹
Gelidocalamus tessellatus Wen & C.C.Chang 抽筒竹
Gelonium Roxb. ex Willd.=**Suregada**
Gelonium aequoreum Hance=Suregada aequorea
Gelonium aequoreum var. *hainanense* Hemsl.=Suregada glomerulata
Gelonium glomerulatum (Bl.) Hassk.=Suregada glomerulata
Gelsemium Juss.**钩吻属**(马钱科)
Gelsemium elegans (Gardn. & Champ.) Benth.钩吻
Gendarussa Nees **驳骨草属**(爵床科)
Gendarussa quadrifaria Nees= Calophanoides quadrifaria
Gendarussa vasculosa Nees= Mananthes vasculosa
Gendarussa ventricosa (Wall. ex Sims.) Nees 黑叶小驳骨
Gendarussa vulgaris Nees 小驳骨
Genianthus HK.f.**须花藤属**(萝藦科)
Genianthus bicoronatus Klack.双色须花藤(新)
Genianthus laurifolius (Roxb.) HK.f.须花藤
Geniosporum Wall. ex Benth.**网萼木属**(唇形科)
Geniosporum axillare Benth.=Melissa axillaris
Geniosporum coloratum (D.Don) Ktze.网萼木
Geniosporum elongatum Benth.长网萼木
Geniosporum holocheilum Hance=Nosema cochinchinensis
Geniosporum parviflorum Benth.=Mesona parviflora
Geniosporum prostratum Benth.平卧网萼木
Geniosporum strobiliferum Wall.=Geniosporum coloratum
Geniostoma J.R. & G.Forst.**髯管花属**(马钱科)
Geniostoma fagraeoides Benth.台湾髯管花?
Geniostoma glabrum Matsumura (台湾树木志 1963,1976,高等图鉴 1974)=Geniostoma rupestre
Geniostoma kasyotense Kanehira & Sasaki=Geniostoma rupestre
Geniostoma rupestre J.R. & G.Forst.髯管花
Genista L.**染料木属**(豆科)
Genista pilosa L.毛染料木
Genista tinctoria L.染料木
Genitia Nakai=**Euonymus**
Genitia carnosus (Hemsl.) Li & Hou=Euonymus carnosus
Genitia tanakae (Maxim.) Nakai=Euonymus carnosus
Gentiana ****Crossopetalae* Fröel.=**Gentianopsis**
Gentiana ×*quaterna* subsp. *sankarensis* H.Sm.=Gentiana hexaphylla
Gentiana ×*quaterna* var. *octoloba* H.Sm.=Gentiana hexaphylla
Gentiana (Tourn.) L.**龙胆属**(龙胆科)
Gentiana abaensis T.N.Ho 阿坝龙胆
Gentiana acuta Michx.=Gentianella acuta
Gentiana adscendens Pall.=Gentiana decumbens
Gentiana agrorum H.Sm.(p.p.)=Gentiana sutchuenensis
Gentiana agrorum H.Sm.=Gentiana yokusai
Gentiana aikinsonii Burk.=Gentiana davidii
Gentiana aikinsonii var. *formosana* (Hay.) Yamamoto=Gentiana davidii var. formosana
Gentiana alata T.N.Ho 翅萼龙胆
Gentiana albescens Franch. ex Kusnez=Gentiana albo-marginata
Gentiana albicalyx Burk.银萼龙胆
Gentiana albo-marginata Marq.膜边龙胆
Gentiana algida var. *nubigena* (Edgew.) Kusnez.=Gentiana nubigena
Gentiana algida Pall.(高等图鉴 1974,p.p.)=Gentiana purdomii
Gentiana algida Pall.高山龙胆
Gentiana algida var. *nubigena* (Edgew.) Kusn.=Gentiana nubigena
Gentiana algida var. *parviflora* Kusnez.(青藏图志 1978) =Gentiana purdomii
Gentiana algida var. *przewalskii* (Maxim.) Kusnez.(青藏图志 1978)= Gentiana purdomii
Gentiana algida var. *sibirica* Kusn.=Gentiana algida
Gentiana algida var. *sibirica* Kusnezow=Gentiana algida
Gentiana algida δ. *przewalskii* (Maxim.) Kusnez.=Gentiana nubigena
Gentiana alsinoides Franch.繁缕状龙胆
Gentiana altigena H.Sm.椭叶龙胆
Gentiana altorum H.Sm. ex Marq.道浮龙胆
Gentiana amarella L.(东北检索表 1959)=Gentianella acuta
Gentiana amarella var. *fastigiata* Ling=Gentianella acuta
Gentiana amoena C.B.Clarke=Gentiana emodii
Gentiana amoena f. *pallida* Marq.=Gentiana urnula
Gentiana amoena var. *major* Burk.=Gentiana urnula
Gentiana ampla H.Sm.=Gentiana caelestis
Gentiana amplicrater Burk.硕花龙胆
Gentiana amrella subsp. *acuta* (Michx.) Hulten.=Gentianella acuta
Gentiana anglica Pugsl.英国龙胆
Gentiana angusta (Masamune) Liu & Koo=Gentiana taiwanica
Gentiana angustata (C.B.Clarke) Marq.=Crawfurdia angustata
Gentiana anisostemon Marq.异药龙胆
Gentiana anomala Marq.=Gentianella anomala
Gentiana aperta Maxim.(p.p.)=Gentiana spathulifolia
Gentiana aperta Maxim.开张龙胆
Gentiana aperta var. aperta=Gentiana aperta
Gentiana aperta var. aureo-punctata T.N.Ho 黄斑龙胆
Gentiana aphrosperma H.Sm.=Gentiana nanobella
Gentiana apiata N.E.Brown 太白龙胆
Gentiana aprica Decne (Diels in Not.Bot.Gard.Edinb.1912)=Gentiana taliensis
Gentiana aquatica L.(C.B.Clarke in J.L.Soc.Bot.1875,p.p.)=Gentiana pseudoaquatica
Gentiana aquatica L.(C.B.Clarke in J.L.Soc.Bot.1883,p.p.)=Gentiana leucomelaena
Gentiana aquatica L.(Maxim.in Diagn.Pl.Nov.Asiat.1893,p.p.)=Gentiana riparia
Gentiana aquatica L.水生龙胆
Gentiana arenaria Maxim.=Gentianella arenaria
Gentiana arethusae Burk.(Marq.in J.Roy.Hort.Soc.London,1937,p.p.)=Gentiana arethusae var. delicatula
Gentiana arethusae Burk.川东龙胆
Gentiana arethusae Marq.(p.p.)=Gentiana hexaphylla
Gentiana arethusae var. arethusae=Gentiana arethusae
Gentiana arethusae var. delicatula Marq.七叶龙胆
Gentiana arethusae var. *rotundato-lobata* Marq.=Gentiana arethusae var. delicatula
Gentiana argentea (D.Don) Griseb 银脉龙胆.
Gentiana argentea var. *albescens* Franch. ex Hemsl.=Gentiana albo-marginata
Gentiana arisanensis Hay.阿里山龙胆
Gentiana aristata Maxim.刺芒龙胆
Gentiana arrecta Franch. ex Hemsl.=Comastoma pulmonarium
Gentiana asparagoides T.N.Ho 天冬叶龙胆
Gentiana asterocalyx Diels 星萼龙胆
Gentiana atkinsonii Burk.=Gentiana davidii
Gentiana atropurpurea T.N.Ho 黑紫龙胆
Gentiana atuntsiensis W.W.Sm.阿墩子龙胆
Gentiana aurea L.(C.B.Clarke in Fl.Brit.Ind.1883)=Gentianella azurea
Gentiana azurea Bge.=Gentianella azurea
Gentiana baltica Murb.波罗的海龙胆
Gentiana baoxingensis T.N.Ho 宝兴龙胆
Gentiana barbata Fröel.=Gentianopsis barbata
Gentiana beesiana W.W.Sm.=Comastoma stellariifolium
Gentiana beesiana W.W.Sm.=Comastoma traillianum
Gentiana bella Franch. & Hemsl.秀丽龙胆
Gentiana bellidifolia Franch.=Gentiana rubicunda var. biloba
Gentiana biflora Regel=Gentiana dahurica
Gentiana blinii Lévl.=Gentiana suborbisepala var. kialensis
Gentiana bodinieri Lévl.=Gentiana rubicunda
Gentiana bomiensis T.N.Ho 波密龙胆

Gentiana borealis Bge.(C.B.Clarke in Fl.Brit.Ind.1883)=Comastoma pedunculatum
Gentiana brevidens Reel=Gentiana tibetica
Gentiana bryoides Burk.卵萼龙胆
Gentiana bulleyana (Forr.) Marq.=Crawfurdia campanulacea
Gentiana burkillii H.Sm.=Gentiana pseudoaquatica
Gentiana burkillii H.Sm.白条纹龙胆
Gentiana burmensis Marq.缅甸龙胆
Gentiana cachemirrica Decne.(C.B.Clarke in Fl.Brit.Ind.1883)=Gentiana stipitata
Gentiana caelestis (Marq.) H.Sm.天蓝龙胆
Gentiana caeruleo-grisea T.N.Ho 蓝灰龙胆
Gentiana caespitosa Hay.=Gentiana arisanensis
Gentiana callistantha Diels & Gilg.=Gentiana szechenyii
Gentiana campestris L.田野龙胆
Gentiana canaliculata Royle ex G.Don=Jaeschkea canaliculata
Gentiana capitata Buch.-Ham. ex D.Don 头状龙胆
Gentiana capitata var. *strobiliformis* C.B.Clarke=Gentiana albicalyx
Gentiana capitata var. strobiliformis C.B.Clarke 不丹龙胆(新)?
Gentiana carrecta Franch.=Comastoma pulmonarium
Gentiana caryophylla H.Sm.石竹叶龙胆
Gentiana caudata C.Marq.=Tripterospermum discoideum
Gentiana caudata Marq.=Tripterospermum filicaule
Gentiana cephalantha Franch. ex Hemsl.头花龙胆
Gentiana cephalantha var. cephalantha=Gentiana cephalantha
Gentiana cephalantha var. vaniotii (Lévl.) T.N.Ho 腺龙胆
Gentiana cephalodes Edgew.=Gentiana capitata
Gentiana chinensis Kusnez.中国龙胆
Gentiana chingii C.Marq.=Gentiana trichotoma var. chingii
Gentiana chingii Marq.=Gentiana nubigena
Gentiana choanantha Marq.反折花龙胆
Gentiana chungtienensis Marq.中甸龙胆
Gentiana clarkei Kusnez.西域龙胆
Gentiana complexa T.N.Ho 莲座叶龙胆
Gentiana conduplicata T.N.Ho 对折龙胆
Gentiana confertifolia Marq.密叶龙胆
Gentiana contorta Royle=Gentianopsis contorta
Gentiana cordata Marq.=Tripterospermum cordatum
Gentiana cordisepala Murbeck=Comastoma falcatum
Gentiana crarfurdioides Marq.=Crawfurdia crawfurdioides
Gentiana crassicaulis Duthie ex Burk.粗茎秦艽
Gentiana crassula H.Sm.景天叶龙胆
Gentiana crassuloides Bureau & Franch.肾叶龙胆
Gentiana crassuloides Franch.=Gentiana choanantha
Gentiana crawfurdioides C.Marq.=Grawfurdia crawfurdioides
Gentiana crenulato-truncata (Marq.) T.N.Ho 圆齿褶龙胆
Gentiana cristata H.Sm.脊突龙胆
Gentiana cruciata L.欧洲秦艽
Gentiana cuneibarba H.Sm.髯毛龙胆
Gentiana curvianthera T.N.Ho 弯药龙胆
Gentiana curviflora Marq.=Crawfurdia semialata
Gentiana curviphylla T.N.Ho 弯叶龙胆
Gentiana cyananthiflora Frnch. ex Hemsl.=Comastoma cyananthiflorum
Gentiana cyanea Marq.=Tripterospermum coeruleum
Gentiana dahurica Fisch.(C.B.Clarke in J.L.Soc.Bot.1875,p.p.)=Gentiana tianschanica
Gentiana dahurica Fisch.小秦艽
Gentiana dahurica var. campanulata T.N.Ho 钟花达乌里秦艽
Gentiana dahurica var. dahurica=Gentiana dahurica
Gentiana dahurica var. *gracilipes* (Turrill) Ma=Gentiana dahurica
Gentiana damyonensis C.Marq.深裂龙胆
Gentiana daochengensis T.N.Ho 稻城龙胆
Gentiana davidii Franch.五岭龙胆
Gentiana davidii var. davidii=Gentiana davidii
Gentiana davidii var. formosana (Hay.) T.N.Ho 台湾龙胆
Gentiana davidii var. fukiensis (Ling) T.N.Ho 福建龙胆
Gentiana decemfida Buch.-Ham.(Forbes & Hemsl.in J.L.Soc.Bot.1890)=Gentiana taliensis
Gentiana decipiens H.Sm.=Gentiana sutchuenensis
Gentiana decorata Diels 美龙胆
Gentiana decumbens L.(K.S.Hao in Bot.Jahrb.1938)=Gentiana dahurica
Gentiana decumbens L.f.(C.B.Clarke in J.L.Soc.Bot.1875)=Gentiana tianschanica
Gentiana decumbens L.f.斜升秦艽
Gentiana delavayi Franch.微籽龙胆
Gentiana delavayi f. *caulescens* Franch. ex H.Sm.=Gentiana delavayi
Gentiana delicata Hance 黄山龙胆
Gentiana deltoidea H.Sm.三角叶龙胆
Gentiana dendrologi Marq.川西秦艽
Gentiana densiflora T.N.Ho 密花龙胆
Gentiana dentiformis T.N.Ho=Gentiana epichysantha
Gentiana depressa D.Don (Kusnez.in Acta Hort.Petrop.1904,p.p.)=Gentiana stipitata
Gentiana depressa D.Don 平龙胆
Gentiana detonsa Rottb.(北部植物图志 1933)=Gentianopsis barbata
Gentiana detonsa var. *lutea* Burk.=Gentianopsis lutea
Gentiana detonsa var. *nana* Ling=Gentianopsis paludosa
Gentiana detonsa var. *ovato-deltoidea* Burk.=Gentianopsis paludosa var. ovato-deltoidea
Gentiana detonsa var. *paludosa* HK.f.=Gentianopsis paludosa
Gentiana detonsa var. *stracheyi* C.B.Clarke=Gentianopsis paludosa
Gentiana detonsa β. *barbata* Griseb.=Gentianopsis barbata
Gentiana diffusa Vahl=Canscora diffusa
Gentiana diluta Turcz.=Swertia diluta
Gentiana dimidiata Marq.=Crawfurdia dimidiata
Gentiana discoidea Marq.=Tripterospermum discoideum
Gentiana divaricata T.N.Ho 叉枝龙胆
Gentiana dolichocalyx T.N.Ho 长萼龙胆
Gentiana doxiongshanensis T.N.Ho 多雄山龙胆
Gentiana duclouxii Franch.昆明龙胆
Gentiana duthiei Burk.=Jaeschkea microsperma
Gentiana ecaudata Marq.无尾尖龙胆
Gentiana elwesii C.B.Clarke 壶冠龙胆
Gentiana emergens C.Marq.=Gentiana wardii var. emergens
Gentiana emodii Marq. ex J.R.Sealy 扇叶龙胆
Gentiana epichysantha Hand.-Mazz.齿褶龙胆
Gentiana erecto-sepala T.N.Ho 直萼龙胆
Gentiana esquirolii Lévl.=Gentiana rigescens
Gentiana eurycolpa C.Marq.滇东龙胆
Gentiana exigua H.Sm.弱小龙胆
Gentiana expansa H.Sm.盐丰龙胆
Gentiana exquisita H.Sm.丝瓣龙胆
Gentiana falcata Turcz. ex Kar. & Kir.=Comastoma falcatum
Gentiana farreri I.B.Balf.=Gentiana lawrencei var. farreri
Gentiana fascicularis Marq.(Marq.in Kew Bull.1937,p.p.)=Tripterospermum filicaule
Gentiana fasciculata Hay.=Gentiana davidii var. formosana
Gentiana fastigiata Franch.=Gentiana intricata
Gentiana faucipilosa H.Sm.毛喉龙胆
Gentiana faucipilosa var. *caudata* C.Marq.=Gentiana faucipilosa
Gentiana faucipilosa var. faucipilosa=Gentiana faucipilosa
Gentiana fetissowi Regel & Winkl.=Gentiana macrophylla var. fetissowii
Gentiana filicaule Hemsl.=Tripterospermum filicaule
Gentiana filisepala T.N.Ho 丝萼龙胆
Gentiana filistyla Balf.f. & Forr. ex Marq.丝柱龙胆
Gentiana filistyla var. filistylaw=Gentiana filistyla
Gentiana filistyla var. *parviflora* C.Marq.=Gentiana filistyla
Gentiana flavescens Hay.=Gentiana flavo-maculata
Gentiana flavo-maculata Hay.黄花龙胆
Gentiana flexicaulis H.Sm.弯茎龙胆
Gentiana formosa H.Sm.美丽龙胆
Gentiana formosa f. albiflora H.Sm. ex T.N.Ho 白花美丽龙胆
Gentiana formosana Hay.=Gentiana davidii var. formosana
Gentiana forrestii Marq.苍白龙胆
Gentiana fortunei HK.f.=Gentiana scabra
Gentiana franchetiana Kusnez.密枝龙胆
Gentiana fratris Marq.=Crawfurdia delavayi
Gentiana frigida var. *algida* (Pall.) Ledeb.=Gentiana algida
Gentiana fscicularis Marq.(Marq.in Kew Bull.1937,p.p.)=Tripterospermum chinense
Gentiana fukienensis Ling=Gentiana davidii var. formosana
Gentiana futtereri Diels & Gilg 青藏龙胆
Gentiana gannamensis Y.Wang & Z.C.Liu=Gentiana officinalis

Gentiana gebleri Ledeb. ex Bge.=Gentiana decumbens
Gentiana gentilis Franch.高贵龙胆
Gentiana georgei Deils 滇西龙胆
Gentiana germanica Willd.德国龙胆
Gentiana gilvostriata Marq.黄条纹龙胆
Gentiana gilvostriata var. gilvostriata=Gentiana gilvostriata
Gentiana gilvostriata var. *stricta* C.Marq.=Gentiana gilvostriata
Gentiana globosa T.N.Ho 圆球龙胆
Gentiana glomerata Maxim. ex Kusnez.=Gentiana tianschanica
Gentiana golowninia Marq.=Tripterospermum japonicum
Gentiana golowninia var. *oblonga* Marq.(Marq.in Kew Bull.1937,p.p.)= Tripterospermum cordatum
Gentiana golowninia var. *oblonga* Marq.=Tripterospermum filicaule
Gentiana gracilenta T.N.Ho=Gentiana prainii
Gentiana gracilipes Turrill=Gentiana dahurica
Gentiana grandis H.Sm.=Gentianopsis grandis
Gentiana grata H.Sm.长流苏龙胆
Gentiana grombczewskii Kusn.=Gentiana olgae
Gentiana grumii Kusnez 南山龙胆
Gentiana gyirongensis T.N.Ho 吉隆龙胆
Gentiana handeliana H.Sm.斑点龙胆
Gentiana handeliana var. *brevisepala* Marq.=Gentiana handeliana
Gentiana hapalocaula Marq.=Gentiana leptoclada
Gentiana harrowiana Deils 扭果柄龙胆
Gentiana haynaldii Kanitz 钻叶龙胆
Gentiana hedinii Murbeeck=Comastoma falcatum
Gentiana helenii Marq.=Crawfurdia angustata
Gentiana heleonastes H.Sm. ex Marq.针叶龙胆
Gentiana helophila Balf.f. & Forr. ex Marq.喜湿龙胆
Gentiana henryi Hemsl.=Comastoma henryi
Gentiana heptaphylla Balf.f. & Forr.=Gentiana arethusae var. delicatula
Gentiana heptaphylla var. *mixta* H.Sm.=Gentiana arethusae var. delicatula
Gentiana heterostemon H.Sm.=Gentiana taliensis
Gentiana heterostemon subsp. *bietii* H.Sm.=Gentiana taliensis
Gentiana heterostemon subsp. *cavaleriei* H.Sm.=Gentiana taliensis
Gentiana heterostemon subsp. *glabricaulis* H.Sm.=Gentiana taliensis
Gentiana heterostemon var. *chingii* Marq.=Gentiana delicata
Gentiana hexaphylla Maxim. ex Kusnez 六叶龙胆
Gentiana hexaphylla var. *caudata* Marq.=Gentiana hexaphylla
Gentiana hexaphylla var. *pentaphylla* H.Sm.=Gentiana arethusae var. delicatula
Gentiana hexaphylla var. *septemloba* H.Sm. ex Marq.=Gentiana hexaphylla
Gentiana himalayaensis T.N.Ho 西藏龙胆(新)
Gentiana hirsuta Ma & E.W.Ma ex T.N.Ho 硬毛龙胆
Gentiana holdereriana Diels & Gilg=Comastoma pulmonarium
Gentiana horaimontana Masam.=Gentiana scabrida var. horaimontana
Gentiana humilis Stev.(C.B.Clarke J.L.Soc.Bot.1875)=Gentiana leucomelaena
Gentiana humilis Stev.(Hay.in J.Coll.Sci.Univ.Tokyo 1908)=Gentiana loureirii
Gentiana humilis Stev.(Kusnez in Acta Hort.Petrop.1904,p.p.)=Gentiana pseudoaquatica
Gentiana humilis Stev.=Gentiana aquatica
Gentiana humilis var. *evoluttor* C.B.Clarke=Gentiana leucomelaena
Gentiana huxleyi Kusn.藏南龙胆
Gentiana hyalina T.N.Ho=Gentiana clarkei
Gentiana incompta H.Sm.=Gentiana macrauchena
Gentiana inconspicua H.Sm.不显龙胆
Gentiana inconspiqua H.Sm. ex Marq.(植物志 62,1988)=Gentiana inconspicua
Gentiana indica Steud.=Gentiana loureirii
Gentiana infelix C.B.Clarke 小耳褶龙胆
Gentiana intricata Marq.帚枝龙胆
Gentiana iochroa Marq.=Crawfurdia crawfurdioides var. iochroa
Gentiana itzershanensis liu & Kuo 伊泽山龙胆
Gentiana ivanoviczii Marq.=Gentiana grumii
Gentiana jakutensis Bge. ex Griseb.=Gentiana macrophylla
Gentiana jamesii Hemsl.长白山龙胆
Gentiana jankae Kanitz=Gentiana rhodantha
Gentiana japonica Maxim.=Gentiana thunbergii
Gentiana jingdongensis T.N.Ho 景东龙胆
Gentiana karelinii Griseb.=Gentiana prostrata var. karelinii
Gentiana kaufmanniana Regel & Schmlh.中亚秦艽
Gentiana kawakamii Makino=Gentiana jamesii
Gentiana kesselringii Regel=Gentiana walujewii
Gentiana khamensis Marq.=Crawfurdia tibetica
Gentiana kingdonii Marq.=Crawfurdia speciosa
Gentiana kumaonensis Bisw.=Gentiana huxleyi
Gentiana kunmingensis S.W.Liu 滇龙胆
Gentiana kurroo Royle (Rupr.in Mém.Acad.Sci.St-Pétersb.1869)= Gentiana kaufmanniana
Gentiana kurroo var. *brevidens* Maxim. ex Kusnez.=Gentiana dahurica
Gentiana kusnezowii Franch.= Gentiana alata
Gentiana kwangsiensis T.N.Ho 广西龙胆
Gentiana lacerulata H.Sm.撕裂边龙胆
Gentiana lacinulata T.N.Ho 条裂龙胆
Gentiana lawrencei Burk.湖边龙胆
Gentiana lawrencei var. farreri (I.B.Balf.) T.N.Ho 线叶龙胆
Gentiana lawrencei var. lawrencei =Gentiana lawrencei
Gentiana laxiflora T.N.Ho 疏花龙胆
Gentiana leptoclada Balf.f. & Forr.蔓枝龙胆
Gentiana leucantha H.Sm.黄耳龙胆
Gentiana leucomelaena Maxim.蓝白龙胆
Gentiana leucomelaena var. *alba* Kusnez=Gentiana leucomelaena
Gentiana leucomelaena var. *pusilla* Krylov.=Gentiana leucomelaena
Gentiana lhakengensis Marq.=Gentiana robusta
Gentiana lhasaensis Hsiao & K.C.Hsia=Gentiana waltonii Burk.f. lhasaensis
Gentiana lhassica Burk.全萼秦艽
Gentiana licentii H.Sm.苞叶龙胆
Gentiana limprichtii Grüning=Comastoma polycladum
Gentiana lineolata Franch.四萎龙胆
Gentiana lineolata var. *verticillaris* F.B.Forb. & Hemsl.=Gentiana lineolata
Gentiana linoides Franch. ex Hemsl.亚麻状龙胆
Gentiana longipes Turz.=Gentiana prostrata var. karelinii
Gentiana longistyla Ma=Gentianopsis paludosa
Gentiana longistyla T.N.Ho=Gentiana tubiflora
Gentiana loureirii (G.Don) Griseb.(高等图鉴 1974,p.p.)=Gentiana napulifera
Gentiana loureirii (G.Don) Griseb.华南龙胆
Gentiana ludingensis T.N.Ho 泸定龙胆
Gentiana ludlowii C.Marq.=Gentiana prostrata var. ludlowii
Gentiana lutea L.黄龙胆
Gentiana luteoviridis (C.B.Clarke) Marq.(Marq.in Kew Bull.1937)= Tripterospermum pallidum
Gentiana luteoviridis (C.B.Clarke) Marq.=Tripterospermum volubile
Gentiana macrauchena Marq.大颈龙胆
Gentiana macrophylla Pall.秦艽
Gentiana macrophylla var. *albolutea* Limpr.f.=Gentiana officinalis
Gentiana macrophylla var. fetissowii (Rgl. & Winkl.) Ma & K.Hsia 大花秦艽
Gentiana macrophylla var. macrophylla=Gentiana macrophylla
Gentiana maeulchanensis Franch.马耳山龙胆
Gentiana mailingensis T.N.Ho 米林龙胆
Gentiana mairei Lévl.寡流苏龙胆
Gentiana manshurica Kitag.条叶龙胆
Gentiana maximowiczii Kanitz=Gentiana aperta
Gentiana maximowiczii Kusnez=Gentiana grumii
Gentiana melandriifolia ×rigescens Kusnez.=Gentiana cephalantha
Gentiana melandriifolia Franch. ex Hemsl.女娄菜叶龙胆
Gentiana membranacea C.Marq.=Tripterospermum membranaceum
Gentiana micans C.B.Clark (Limpr.in Fedde,Rep.Sp.Nov.Beih.1922)= Gentiana haynaldii
Gentiana micans C.B.Clarke 亮叶龙胆
Gentiana micantiformis Burk.娄亮叶龙胆
Gentiana microdonta Franch. ex Hemsl.(p.p.)=Gentiana omeiensis
Gentiana microdonta Franch. ex Hemsl.小齿龙胆
Gentiana microphyta Franch. ex Hemsl.微形龙胆
Gentiana microtophora Marq.=Gentiana infelix
Gentiana minuta N.E.Br.=Gentiana infelix
Gentiana mivalis L.雪龙胆
Gentiana moniliformis Marq.念珠脊龙胆

Gentiana monochroa T.N.Ho=Gentiana namlaensis
Gentiana moorcroftiana Wall. ex Griseb.(p.p.)=Jaeschkea canaliculata
Gentiana moorcroftiana Wall.=Gentianella moorcroftiana
Gentiana moorcroftiana var. *maddenii* C.B.Clarke=Gentianella moorcroftiana
Gentiana muliensis Marq.=Comastoma muliense
Gentiana muscicola Marq.藓生龙胆
Gentiana myrioclada Franch.多枝龙胆
Gentiana myrioclada var. myrioclada=Gentiana myrioclada
Gentiana myrioclada var. wuxiensis T.N.Ho 无锡龙胆
Gentiana namlaensis Marq.墨脱龙胆
Gentiana nannobella Marq.钟花龙胆
Gentiana napulifera Franch.菔根龙胆
Gentiana nienkui Marq.=Tripterospermum nienkui
Gentiana ninglangensis T.N.Ho 宁蒗龙胆
Gentiana ninglangensis var. glabrescens (H.Sm.) T.N.Ho 脱毛龙胆
Gentiana ninglangensis var. ninglangensis=Gentiana ninglangensis
Gentiana nubigena Edgew.云雾龙胆
Gentiana nubigena var. *parviflora* C.B.Clarke=Gentiana himalayaensis
Gentiana nutans Bge.垂花龙胆
Gentiana nyalamensis T.N.Ho 聂拉木龙胆
Gentiana nyalamensis var. nyalamensis=Gentiana nyalamensis
Gentiana nyalamensis var. parviflora T.N.Ho 小花聂拉木龙胆
Gentiana nyingchiensis T.N.Ho 林芝龙胆
Gentiana obconica T.N.Ho 倒锥花龙胆
Gentiana officinalis H.Sm.黄管秦艽
Gentiana olgae Rgl. & Schmalh.北疆秦艽
Gentiana oligophylla H.Sm. ex Marq.少叶龙胆
Gentiana olivieri Griseb.楔湾缺秦艽
Gentiana omeiensis T.N.Ho 峨眉龙胆
Gentiana oreodoxa H.Sm.山景龙胆
Gentiana ornata Wall.(C.B.Clarke in J.L.Soc.Bot.1875,p.p.)=Gentiana prolata
Gentiana ornata Wall.(Forr. in Not.Bot.Gard.Edinb.1907)=Gentiana sino-ornata
Gentiana ornata (Wall. ex G.Don) Grtiseb.华丽龙胆
Gentiana ornata var. *acutifolia* Franch.=Gentiana veitchiorum
Gentiana ornata var. *alba* Forr.=Gentiana sino-ornata var. gloriosa
Gentiana ornata var. *obtusifolia* Franch.=Gentiana veitchiorum
Gentiana ornata var. *veitchii* Iving=Gentiana sino-ornata
Gentiana otophora Franch. ex Hemsl.耳褶龙胆
Gentiana otophora var. *ovatisepala* Marq.=Gentiana otophora
Gentiana otophoroides H.Sm.类耳褶龙胆
Gentiana pallescens H.Sm.=Gentiana forrestii
Gentiana paludosa Munro=Gentianopsis paludosa
Gentiana panthaica Prain & Burk.流苏龙胆
Gentiana panthaica var. *epichysantha* (Hand.-Mazz.) H.Sm.=Gentiana epichysantha
Gentiana papillosa Franch 乳突龙胆.
Gentiana parvifolia Hay.=Tripterospermum mircorphyllum
Gentiana parvula H.Sm.小龙胆
Gentiana pedata H.Sm.鸟足龙胆
Gentiana pedicellata Wall.(Limpr.in Fedde,Rep.Sp.Nov.Beih.1922)=Gentiana taliensis
Gentiana pedicellata (D.Don) Wall. ex Griseb.糙毛龙胆
Gentiana pedicellata Wall.=Gentiana pedicellata
Gentiana pedicellata var. *chinensis* Kusnez.=Gentiana taliensis
Gentiana pedicellata var. *chingii* C.Marq.=Gentiana delicata
Gentiana pedicellata var. *rosulata* Kusn.=Gentiana loureiroi
Gentiana pedicellata var. *wallichii* Kusn.=Gentiana pedicellata
Gentiana pedunculata Royle ex G.Don=Comastoma pedunculatum
Gentiana pharica Burk.=Gentiana robusta
Gentiana phob Franch.=Gentiana trichotoma
Gentiana phyllocalyx C.B.Clarke 叶萼龙胆
Gentiana phyllopoda Lévl.叶柄龙胆
Gentiana piasezkii Maxim.陕南龙胆
Gentiana picta Franch. ex Hemsl.着色龙胆
Gentiana pluviarum subsp. subtilis (H.Sm.) T.N.Ho 纤细龙胆
Gentiana pneumonanthe L.长枝龙胆
Gentiana polyclada Diels & Gilg=Comastoma polycladum
Gentiana praeclara Marq.脊萼龙胆
Gentiana prainii Burk.柔软龙胆
Gentiana praticola Franch.草甸龙胆
Gentiana prattii Kusnez.黄白龙胆
Gentiana pricei Marq.=Crawfurdia pricei
Gentiana primuliflora Franch.报春花龙胆
Gentiana producta T.N.Ho 伸梗龙胆
Gentiana prolata Balf.f.观尝龙胆
Gentiana prostrata Haenke (S.Nilsson in Grana Palyn.1967)=Gentiana crenulato-truncata
Gentiana prostrata Haenke 匍地龙胆
Gentiana prostrata var. *bilobata* Marq.=Gentiana crenulato-truncata
Gentiana prostrata var. *crenulato-truncata* Marq.=Gentiana crenulato-truncata
Gentiana prostrata var. karelinii (Griseb.) Kusen.新疆龙胆
Gentiana prostrata var. ludlowii (C.Marq.) T.N.Ho 短蕊龙胆
Gentiana prostrata var. prostrata =Gentiana prostrata
Gentiana prostrata ε. *pudica* Kusnez.=Gentiana pudica
Gentiana przewalskii Maxim.=Gentiana nubigena
Gentiana pseudoaquatica Kusnez.假水生龙胆
Gentiana pseudodecumbens H.Sm. ex Marq.=Gentiana dahurica
Gentiana pseudohumilis Burk.=Gentiana burkillii
Gentiana pseudosikkimensis Marq. ex Wilkie=Gentiana sikkimensis
Gentiana pseudosquarrosa H.Sm.假鳞叶龙胆
Gentiana pterocalyx Franch. ex Hemsl.翼萼龙胆
Gentiana pterocalyx var. *flavo-viridis* Marq.=Gentiana souliei
Gentiana puberula Franch. ex Hemsl.(p.p.)=Gentiana pubiflora
Gentiana puberula Franch. ex Hemsl.(p.p.)=Gentiana pubigera
Gentiana pubicaulis H.Sm.=Gentiana piasezkii
Gentiana pubiflora T.N.Ho 毛花龙胆
Gentiana pubigera Marq.柔毛龙胆
Gentiana pubigera var. *glabrescens* H.Sm.=Gentiana pubigera
Gentiana pudica Maxim.偏翅龙胆
Gentiana puigera Marq.(p.p.)=Gentiana pubiflora
Gentiana pulchella Swartz=Centaurium pulchellum
Gentiana pulchra H.Sm.=Gentiana serra
Gentiana pulla Franch. ex Hemsl.=Gentiana franchetiana
Gentiana pulmonaria Turcz.=Comastoma pulmonarium
Gentiana purdomii Marq.岷县龙胆
Gentiana purpurata Maxim.=Gentiana rubicunda var. purpurata
Gentiana pygmaea C.B.Clarke=Gentiana clarkei
Gentiana pygmaea Regel & Schmalh.=Gentianella pygmaea
Gentiana quadrifaria Bl.(C.B.Clarke in Fl.Brit.Ind.1883,p.p.)=Gentiana pedicellata
Gentiana quadrifaria var. *pilosula* C.B.Clarke=Gentiana pedicellata
Gentiana quaterna H.Sm. ex Marq.=Gentiana tetraphylla
Gentiana quaterna subsp. *longiflora* H.Sm. ex Marq.=Gentiana tetraphylla
Gentiana quaterna subsp. *sankarensis* H.Sm. ex Marq.=Gentiana tetraphylla
Gentiana quaterna var. *octoloba* H.Sm. ex Marq.=Gentiana tetraphylla
Gentiana quijiangensis T.N.Ho 俅江龙胆
Gentiana quinquenervia Turrill=Gentiana macrophylla
Gentiana radiata Marq.辐射龙胆
Gentiana recurvata C.B.Clarke 外弯龙胆
Gentiana regeliana Gand.=Gentiana olivieri
Gentiana regelii d. *genuina* Kusnez.=Gentiana tianschanica
Gentiana regelii e. *glomerata* Kusnez=Gentiana tianschanica
Gentiana regelii f. *turkestanica* Kusnez.=Gentiana tianschanica
Gentiana renardii Rgl.=Gentiana olgae
Gentiana reynieri Lévl.(Marq.in Kew Bull.1937,p.p.)=Gentiana oligophylla
Gentiana reynieri Lévl.=Gentiana panthaica
Gentiana rhodantha Franch. ex Hemsl.红花龙胆
Gentiana rhodantha var. *wilsoni* Marq.=Gentiana rhodantha
Gentiana rigescens Franch. ex Hemsl.坚龙胆
Gentiana rigescens var. *stictantha* Marq.=Gentiana rigescens
Gentiana rigescens var. *violacea* H.Sm.=Gentiana cephalantha
Gentiana rigidifolia H.Sm.=Gentiana sutchuenensis
Gentiana riparia Kar. & Kir.河边龙胆
Gentiana robusta King ex HK.f.粗壮秦艽
Gentiana robusta King(H.Sm.in Hand.-Mazz.Symb.Sin 1936,p.p.)=Gentiana dendrologi
Gentiana robustior Burk. ex Diels=Gentiana panthaica

Gentiana rockhillii Hemsl.=Gentiana haynaldii
Gentiana romanzovii Ledeb. ex Bge.=Gentiana algida
Gentiana romanzovii Ledebour ex Bge.=Gentiana algida
Gentiana rosularis Franch.=Gentiana szechenyii
Gentiana rubicunda Franch.深红龙胆
Gentiana rubicunda subsp. *purpurata* (Maxim.) H.Sm.=Gentiana rubicunda var. purpurata
Gentiana rubicunda var. *bellidifolia* (Franch.) Marq.=Gentiana rubicunda var. biloba
Gentiana rubicunda var. biloba T.N.Ho 二裂深红龙胆
Gentiana rubicunda var. *delicata* (Hance) Marq.=Gentiana delicata
Gentiana rubicunda var. purpurata (Maxim.) T.N.Ho 大花深红龙胆
Gentiana rubicunda var. rubicunda=Gentiana rubicunda
Gentiana rubicunda var. samolifolia (Franch.) C.Marq.水繁缕叶龙胆
Gentiana saginoides Burk.=Gentiana clarkei
Gentiana samolifolia Franch.=Gentiana rubicunda var. samolifolia
Gentiana sarcorrhiza Ling & Ma ex T.N.Ho=Gentiana napulifera
Gentiana scabra Bge.龙胆
Gentiana scabra subsp. *australis* M.Y.Liou=Gentiana scabra
Gentiana scabra var. *bungeana* f. *levis* Pamp.=Gentiana manshurica
Gentiana scabra α. *bungeana* f. *angustifolia* Kusnez.=Gentiana scabra
Gentiana scabra α. *bungeana* f. *latifolia* Kusnez.=Gentiana scabra
Gentiana scabra β. fortunei Maxim.=Gentiana scabra
Gentiana scabratopes W.W.Sm.=Gentianella gentianoides
Gentiana scabrida Hay.玉山龙胆
Gentiana scabrida var. *angusta* Masam.=Gentiana taiwanica
Gentiana scabrida var. horaimontana (Masam.) Liu & Kuo 矮玉山龙胆
Gentiana scabrida var. scabrida=Gentiana scabrida
Gentiana scabrifilamenta T.N.Ho 毛蕊龙胆
Gentiana scandens Lour.=Paederia scandens
Gentiana scariosa Balf.f. & Forr.=Gentiana haynaldi
Gentiana schlechteriana Limpr.=Gentiana striata
Gentiana scytophylla T.N.Ho 革叶龙胆
Gentiana sect. *Comastoma* Wettst.=**Comastoma**
Gentiana sect. *Crossopetalum* Fröel. ex Griseb.=**Gentianopsis**
Gentiana sect. *Dipterospermum* (C.B.Clarke) Marq.=**Crawfurdia**
Gentiana sect. *Megacodon* Hemsl.=**Megacodon**
Gentiana sect. *Stylophora* C.B.Clarke=**Megacodon**
Gentiana sect. *Tripterospermum* (Bl.) Marq.=**Tripterospermum**
Gentiana semialata Marq.=Crawfurdia semialata
Gentiana septentrionalis Druce.北方龙胆
Gentiana serra Franch.锯齿龙胆
Gentiana sessiliflora Marq.=Crawfurdia sessiliflora
Gentiana setulifolia Marq.=Gentiana ecaudata
Gentiana shaanxiensis T.N.Ho 陕西龙胆
Gentiana sherriffii Marq.=Gentiana namlaensis
Gentiana sichitoensis Marq.短管龙胆
Gentiana sikkimensis C.B.Clarke 锡金龙胆
Gentiana simulatrix Marq.厚边龙胆
Gentiana sino-ornata Balf.f.华丽龙胆
Gentiana sino-ornata f. *alba* (Forr.) Marq.=Gentiana sino-ornata var. gloriosa
Gentiana sino-ornata var. gloriosa Marq.瘦华丽龙胆
Gentiana sino-ornata var. *punctata* Marq.=Gentiana oreodoxa
Gentiana sino-ornata var. sino-ornata=Gentiana sino-ornata
Gentiana siphonantha Maxim. ex Kusnez.管花秦艽
Gentiana siphonantha var. *latifolia* Marq.=Gentiana siphonantha
Gentiana sororcula Burk.=Gentiana haynaldii
Gentiana souliei Franch.毛脉龙胆
Gentiana souliei var. *flavo-viridis* (Marq.) Marq.=Gentiana souliei
Gentiana spathulifolia Maxim. ex Kusnez.匙叶龙胆
Gentiana spathulifolia var. ciliata Kusnez.紫红花龙胆
Gentiana spathulifolia var. spathulifolia=Gentiana spathulifolia
Gentiana speciosa (Wall.) Marq.=Crawfurdia speciosa
Gentiana squarrosa Ledeb.(C.B.Clarke in Fl.Brit.Ind.1883,p.p.)=Gentiana pedicellata
Gentiana squarrosa Ledeb.(北部植物图志 1933,苏南植物手册 1959,高等图鉴 1974,p.p.)=Gentiana yokusai
Gentiana squarrosa Ledeb.鳞叶龙胆
Gentiana stellariifolia Franch. ex Hemsl.=Comastoma cyananthiflorum var. acutifolium
Gentiana stellata Turrill 珠峰龙胆
Gentiana stellulata H.Sm.星状龙胆
Gentiana stellulata var. dichotoma H.Sm.岐伞星状龙胆
Gentiana stellulata var. stellulata=Gentiana stellulata
Gentiana stictantha Marq.=Gentiana handeliana
Gentiana stipitata (Edgew.) A. & D.Löve=Gentiana stipitata
Gentiana stipitata Edgew.短柄龙胆
Gentiana stipitata subsp. stipitata=Gentiana stipitata
Gentiana stipitata subsp. tizuensis (Franch.) T.N.Ho 提宗龙胆
Gentiana stragulata Balf.f. & Forr. ex Marq.匙萼龙胆
Gentiana straminea Maxim.麻花秦艽
Gentiana streptopoda Balf.f. & Forr. ex Marq.=Gentiana harrowiana
Gentiana striata Maxim.条纹龙胆
Gentiana striolata T.N.Ho 多花龙胆
Gentiana stylophora C.B.Clarke=Megacodon stylophorus
Gentiana stylosa Biswas=Gentiana bryoides
Gentiana subgen. *Eublephis* Raf.=**Gentianopsis**
Gentiana subgen. *Gentianella* (Moench.) Kusnez.=**Gentianella**
Gentiana subintricata T.N.Ho 假帚枝龙胆
Gentiana subocculta Marq.=Gentiana arethusae var. delicatula
Gentiana suborbisepala Marq.圆萼龙胆
Gentiana suborbisepala var. kialensis (C.Marq.) T.N.Ho 卡拉龙胆
Gentiana suborbisepala var. suborbisepala=Gentiana suborbisepala
Gentiana subtilis H.Sm.=Gentiana pluviarum subsp. subtilis
Gentiana subuliformis S.W.Liu 钻萼龙胆
Gentiana subuniflora Marq.单花龙胆
Gentiana sutchuenensis Franch. ex Hemsl.四川龙胆
Gentiana syringea T.N.Ho 紫花龙胆
Gentiana szechenyii Kanitz 大花龙胆
Gentiana taiwanica T.N.Ho 狭瓣龙胆
Gentiana taliensis Balf.f. & Forr.大理龙胆
Gentiana tatakensis Masam.塔塔卡龙胆
Gentiana tatsienensis Franch.打箭炉龙胆
Gentiana tenella Rottb.(C.B.Clarke in Fl.Brit.Ind.1883)=Comastoma pedunculatum
Gentiana tenella Rottbv.=Comastoma tenellum
Gentiana tenella var. *falcata* (Turcz.) Griseb.=Comastoma falcatum
Gentiana tentyoensis Masam.厚叶龙胆
Gentiana tenuicaulis Ling 纤茎秦艽
Gentiana tenuissima Hay.=Gentiana yokusai
Gentiana ternifolia Franch.三叶龙胆
Gentiana tetraphylla Maxim. ex Kusnez.(Marq.in Kew Bull.1937,p.p.)=Gentiana lawrencei var. farreri
Gentiana tetraphylla Maxim. ex Kusnez.四叶龙胆
Gentiana tetrasticha Marq.四列龙胆
Gentiana thomsonii C.B.Clarke (Hemsl.in J.L.Soc.Bot.1902)=Gentianella arenaria
Gentiana thomsonii C.B.Clarke=Gentianella pygmaea
Gentiana thunbergii (G.Don) Griseb.丛生龙胆
Gentiana thunbergii Griseb.(Forbes & Hemsl.in J.L.Soc.Bot.1890)=Gentiana zollingeri
Gentiana thunbergii var. minor Maxim.小丛生龙胆
Gentiana thunbergii var. thunbergii=Gentiana thunbergii
Gentiana tianschanica d. *genuina* Kusnez.=Gentiana tianschanica
Gentiana tianschanica Rupr.天山秦艽
Gentiana tianschanica var. *glomerata* Kusnez.=Gentiana tianschanica
Gentiana tianschanica var. *intermedia* Kusn.=Gentiana tianschanica
Gentiana tianschanica var. *koslowii* Kusn.=Gentiana tianschanica
Gentiana tianschanica var. *pumila* Kusn.=Gentiana tianschanica
Gentiana tibetica King ex HK.f.西藏秦艽
Gentiana tibetica King(高等图鉴 1974,p.p.)=Gentiana crassicaulis
Gentiana tibetica var.. *robusta* (King ex HK.f.) Kusnez.=Gentiana robusta
Gentiana tibetica β. *robusta* (King) Kusnez.=Gentiana robusta
Gentiana tizuensis Franch.=Gentiana stipitata subsp. tizuensis
Gentiana tongolensis Franch.东俄洛龙胆
Gentiana traillianа Forest.=Comastoma traillianum
Gentiana trailliana Forr.=Comastoma stellariifolium
Gentiana trailliana var. *minima* Marq.=Comastoma traillianum
Gentiana tricholoba Franch.=Gentiana striata
Gentiana trichotoma Kusnez.(Marq.in J.Roy.Hort.Soc.Lodon 1937)=Gentiana nubigena
Gentiana trichotoma Kusnez 三歧龙胆
Gentiana trichotoma var. *albescens* Marq.=Gentiana microdonta

Gentiana trichotoma var. *brevicaulis* C.Marq.=Gentiana atuntsiensis
Gentiana trichotoma var. chingii (C.Marq.) T.N.Ho 短茎三歧龙胆
Gentiana trichotoma var. trichotoma=Gentiana trichotoma
Gentiana tricolor Diels & Gilg 三色龙胆
Gentiana triflora Pall.三花龙胆
Gentiana tsarongensis Balf.f. & Forr. ex Marq.=Gentiana decorata
Gentiana tsinlingesis Limpr.f.=Gentiana apiata
Gentiana tubiflora Wall.=Gentiana tubiflora
Gentiana tubiflora (G.Don) Wall. ex Griseb.筒花龙胆
Gentiana tubiflora var. *longiflora* Turrill=Gentiana tubiflora
Gentiana tubiflora var. *namlaensis* Marq.=Gentiana tubiflora
Gentiana turkestanorum Gand.=Gentianella turkestanorum
Gentiana uchiyamae Nakai 朝鲜龙胆
Gentiana uliginosa Willd.沙生龙胆
Gentiana urnula H.Sm.乌奴龙胆
Gentiana vandellioides Hemsl.母草叶龙胆
Gentiana vandellioides var. biloba Franch.二裂母草叶龙胆
Gentiana vandellioides var. vandellioides=Gentiana vandellioides
Gentiana vaniotii (Lévl.) A. & D.Löve=Gentiana cephalantha
Gentiana vaniotii Lévl.(p.p.)=Gentiana cephalantha var. vaniotii
Gentiana vaniotii Lévl.(p.p.)=Gentiana rigescens
Gentiana variabilis Rupr.=Gentiana prostrata var. karelinii
Gentiana veitchiorum Hemsl.蓝玉簪龙胆
Gentiana veitchiorum var. *altorum* (H.Sm.) Marq.=Gentiana altorum
Gentiana veitchiorum var. *caelestis* Marq.=Gentiana caelestis
Gentiana venosa Hemsl.(Forr. in Not.Bot.Gard.Edinb.1907)=Megacodon stylophorus
Gentiana venosa Hemsl.=Megacodon venosus
Gentiana venusta (G.Don) Wall. ex Griseb.喜马拉雅龙胆
Gentiana venusta Wall.=Gentiana venusta
Gentiana verna L.春龙胆
Gentiana vernayi Marq.露蕊龙胆
Gentiana viatrix H.Sm. ex Marq.五叶龙胆
Gentiana villifera H.W.Li ex T.N.Ho 紫毛龙胆
Gentiana volubile D.Don=Tripterospermum volubile
Gentiana waltonii Burk.长梗秦艽
Gentiana waltonii f. lhasaensis (Hsiao etK.C.Hsia) T.N.Ho 白花长梗秦艽(新)?
Gentiana waltonii f. *nana* Hsiao & K.C.Hsia=Gentiana waltonii
Gentiana walujewii Regel & Schmlh.新疆秦艽
Gentiana walujewii var. *kesselringii* (Rgl.) Kusnez.=Gentiana walujewii
Gentiana wardii W.W.Sm.矮龙胆
Gentiana wardii var. emergens (C.Marq.) T.N.Ho 露萼龙胆
Gentiana wardii var. micrantha Marq.小花矮龙胆
Gentiana wardii var. wardii=Gentiana wardii
Gentiana wasenensis Mrq.瓦山龙胆
Gentiana weschniakowii Rgl.=Gentiana olivieri
Gentiana wilsonii Marq.川西龙胆
Gentiana winchuanensis T.N.Ho 汶川龙胆
Gentiana wutaiensis Marq.=Gentiana macrophylla var. fetissowii
Gentiana xanthonannos H.Sm.小黄花龙胆
Gentiana xingrenensis T.N.Ho 兴仁龙胆
Gentiana yakushimensis Makino 台湾轮叶龙胆
Gentiana yamatsutae Kitag.=Gentianopsis contorta
Gentiana yiliangensis T.N.Ho 奕良龙胆
Gentiana yokusai Burk.灰绿龙胆
Gentiana yokusai var. cordifolia T.N.Ho 心叶灰绿龙胆
Gentiana yokusai var. *japonica* Burk.Gentiana yokusai
Gentiana yokusai var. yokusai=Gentiana yokusai
Gentiana yunnanensis Franch.云南龙胆
Gentiana yunnanensis var. *kialensis* Marq.=Gentiana suborbisepala var. kialensis
Gentiana zekuensis T.N.Ho & S.W.Liu 泽库秦艽
Gentiana zollingeri Fawcett 笔龙胆
Gentianaceae 龙胆科
Gentianella Moench. **假龙胆属**(龙胆科)
Gentianella acuta (Michx.) Hulten 尖叶假龙胆
Gentianella amarella var. *acuta* (Michx.) J.M.Gillett=Gentianella acuta
Gentianella angustiflora H.Sm.窄花假龙胆
Gentianella anomala (Marq.) T.N.Ho 异萼假龙胆
Gentianella arenaria (Maxim.) T.N.Ho 紫红假龙胆
Gentianella arrecta (Franch.) H.Sm.=Comastoma pulmonarium
Gentianella azurea (Bge.) Holub 黑边假龙胆
Gentianella beesiana (W.W.Sm.) H.Sm.=Comastoma traillianum
Gentianella campestris (L.) Böern.田野假龙胆
Gentianella contorta (Royle) H.Sm.=Gentianopsis contorta
Gentianella cyanthiflora (Franch.) H.Sm.=Comastoma cyananthiflorum
Gentianella detonsa (Rottb.) G.Don (H.Sm.in Symb.Sin.1936,p.p.)=Gentianopsis barbata
Gentianella duthiei (Burk.) H.Sm.=Jaeschkea microsperma
Gentianella falcata (Turcz.) H.Sm.=Comastoma falcatum
Gentianella gentianoides (Franch.) H.Sm.密花假龙胆
Gentianella grandis H.Sm.=Gentianopsis grandis
Gentianella limprichtii (Grüning) H.Sm.=Comastoma polycladum
Gentianella maclarenii H.Sm.=Comastoma cyananthiflorum
Gentianella maddenii (C.B.Clarke) Airy-Shaw=Gentianella moorcroftiana
Gentianella moorcroftiana (Wall. ex Griseb.) Airy-Shaw 普兰假龙胆
Gentianella paludosa (HK.f.) H.Sm.=Gentianopsis paludosa
Gentianella pedunculata (Royle) H.Sm.=Comastoma pedunculatum
Gentianella pulmonaria (Turcz.) H.Sm.=Comastoma pulmonarium
Gentianella pygmaea (Regel & Schmalh.) H.Sm.矮假龙胆
Gentianella scabromarginata H.Sm.=Gentianopsis paludosa var. ovato-deltoidea
Gentianella stellariifolia (Franch.) H.Sm.=Comastoma stellariifolium
Gentianella stenocalyx H.Sm.=Gentianopsis barbata var. stenocalyx
Gentianella subgen. *Comastoma* (Wettst.) J.M.Gillett=**Comastoma**
Gentianella subgen. *Eublephis* (Raf.) J.M.Gillett=**Gentianopsis**
Gentianella tenella (Rottb.) Böern.=Comastoma tenellum
Gentianella trailliana (Forr.) H.Sm.=Comastoma traillianum
Gentianella trailliana Forr.(K.S.Hao in Bot.Jahrb.1938)=Comastoma falcatum
Gentianella trailliana var. *beesiana* (W.W.Sm.) H.Sm.=Comastoma traillianum
Gentianella turkestanorum (Gand.) Holub 新疆假龙胆
Gentianella vvedenskyi (Grossh.) H.Sm.=Gentianopsis stricta
Gentianodes algida (Pall.) A. & D.Löve=Gentiana algida
Gentianodes amplicrater (Burk.) A. & D.Löve=Gentiana amplicrater
Gentianodes cephalantha (Franch.) A. & D.Löve=Gentiana cephalantha
Gentianodes chinensis (Kusnez.) A. & D.Löve=Gentiana chinensis
Gentianodes davidii (Franch.) A. & D.Löve=Gentiana davidii
Gentianodes delavayi (Franch.) A. & D.Löve=Gentiana delavayi
Gentianodes depressa (D.Don) A. & D.Löve=Gentiana depressa
Gentianodes duclouxii (Franch.) A. & D.Löve=Gentiana duclouxii
Gentianodes elwesii (C.B.Clarke) A. & D.Löve=Gentiana elwesii
Gentianodes emodii (Marq.) A. & D.Löve=Gentiana emodii
Gentianodes farreri (Balf.f.) A. & D.Löve=Gentiana lawrencei var. farreri
Gentianodes filistyla (Balf.f. & Forr.) A. & D.Löve=Gentiana filistyla
Gentianodes hexaphylla (Maxim.) A. & D.Löve=Gentiana hexaphylla
Gentianodes jamesii (Mesl.) A. & D.Löve=Gentiana jamesii
Gentianodes lineolata (Franch.) A. & D.Löve=Gentiana lineolata
Gentianodes melandriifolia (Franch.) A. & D.Löve=Gentiana melandriifolia
Gentianodes microdonta (Franch.) A. & D.Löve=Gentiana microdonta
Gentianodes picta (Franch.) A. & D.Löve=Gentiana picta
Gentianodes praeclara (Marq.) A. & D.Löve=Gentiana praeclara
Gentianodes rigescens (Franch.) A. & D.Löve=Gentiana rigescens
Gentianodes sikkimensis (C.B.Clarke) A. & D.Löve=Gentiana sikkimensis
Gentianodes sino-ornata (Balf.f.) A. & D.Löve=Gentiana sino-ornata
Gentianodes stragulata (Balf.f. & Forr.) A. & D.Löve=Gentiana stragulata
Gentianodes subocculta (Marq.) a. & D.Löve=Gentiana arethusae var. delicatula
Gentianodes szechenyi (Kanitz) A. & D.Löve=Gentiana szechenyii
Gentianodes tetraphylla (Kusnez.) A. & D.Löve=Gentiana tetraphylla
Gentianodes tongolensis (Franch.) A. & D.Löve=Gentiana tongolensis
Gentianodes trichotona (Kusnez.) A. & D.Löve=Gentiana trichotoma
Gentianodes tubiflora (Wall.) A. & D.Löve=Gentiana tubiflora
Gentianodes urnula (H.Sm.) A. & D.Löve=Gentiana urnula
Gentianodes veitchiorum (Hemsl.) A. & D.Löve=Gentiana veitchiorum
Gentianodes venusta (Wall.) A. & D.Löve=Gentiana venusta
Gentianodes yunnanensis (Franch.) A. & D.Löve=Gentiana yunnanensis
Gentianopsis Ma **扁蕾属**(龙胆科)
Gentianopsis barbata (Fröel.) Ma 扁蕾
Gentianopsis barbata var. alboflavida T.N.Ho 黄白扁蕾
Gentianopsis barbata var. barbata=Gentianopsis barbata

Gentianopsis barbata var. *ovato-deltoidea* (Burk.) Ma=Gentianopsis paludosa var. ovato-deltoidea
Gentianopsis barbata var. *sinensis* Ma=Gentianopsis barbata
Gentianopsis barbata var. stenocalyx H.W.Li ex T.N.Ho 细萼扁蕾
Gentianopsis contorta (Royle) Ma 迴旋扁蕾
Gentianopsis contorta var. *wui* Ma=Gentianopsis contorta
Gentianopsis grandis (H.Sm.) Ma 大花扁蕾
Gentianopsis longistyla Ma=Gentianopsis paludosa
Gentianopsis lutea (Burk.) Ma 黄花扁蕾
Gentianopsis nana (Ling) Ma=Gentianopsis paludosa
Gentianopsis paludosa (HK.f.) Ma 湿生扁蕾
Gentianopsis paludosa var. alpina T.N.Ho 高原扁蕾
Gentianopsis paludosa var. ovato-deltoidea (Burk.) Ma ex T.N.Ho 卵叶扁蕾
Gentianopsis paludosa var. paludosa=Gentianopsis paludosa
Gentianopsis scabromarginata (H.Sm.) Ma=Gentianopsis paludosa var. ovato-deltoidea
Gentianopsis stenoclyx H.W.Li=Gentianopsis barbata var. stenocalyx
Gentianopsis stricta (Klotszch.) Ikonnikov.长梗扁蕾(新)?
Geodorum G.Jacks.**地宝兰属**(兰科)
Geodorum attenuatum Griff.大花地宝兰
Geodorum candidum Wall.白花地宝兰
Geodorum citrinum Jacks.橙黄地宝兰
Geodorum cochinchinense Gagn.=Geodorum attenuatum
Geodorum densiflorum (Lam.) Schltr.地宝兰
Geodorum dilatatum R.Br.=Geodorum recurvum
Geodorum esquirolei Schltr.=Geodorum densiflorum
Geodorum eulophioides Schltr.贵州地宝兰
Geodorum formosanum Rolfe=Geodorum densiflorum
Geodorum laoticum Guill.=Geodorum attenuatum
Geodorum nutans (Presl) Ames=Geodorum densiflorum
Geodorum pulchellum Ridl.美丽地宝兰
Geodorum purpuratum R.Br.=Geodorum densiflorum
Geodorum recurvum (Roxb.) Alston 多花地宝兰
Geodorum regneri Gagn.=Geodorum attenuatum
Geodorum semicristatum Lindl.=Geodorum densiflorum
Geophila D.Don **爱地草属**(茜草科)
Geophila exigua Li=Ophiorrhiza mitchelloides
Geophila herbacea (Jacq.) K.Schum.爱地草
Geophila herbacea (L.) O.Ktze.=Geophila herbacea
Geophila reniformis D.Don=Geophila herbacea
Geophilla Don **爱地草属**(茜草科)
Georchis biflora Lindl.=Goodyera biflora
Georchis cordata Lindl.=Goodyera viridiflora
Georchis foliosa Lindl.=Goodyera foliosa
Georchis schletendaliana (Rchb.f.) Rchb.f.=Goodyera schlechtendaliana
Georchis vittata Lindl.=Goodyera vittata
Georgina Willd.=**Dahlia**
Georgina variabilis Willd.=Dahlia pinnata
Geotaenium Maekawa=**Asarum**
Geotaenium epigynum (Hay.) Maekawa=Asarum epigynum
Geradia japonica Thunb.=Phtheirospermum japonicum
Geraniaceae 牻牛儿苗科
Geranium L.(p.p.)=**Erodium**
Geranium L.**老鹳草属**(牻牛儿苗科)
Geranium affine Ledeb.=Geranium pratense var. affine
Geranium albiflorum Ledeb.白花老鹳草
Geranium anguistilobum Z.M.Tan=Geranium refractoides
Geranium argenteum L.银叶老鹳草
Geranium ascendens Z.N.Tan=Geranium moupinense
Geranium batangense Pax. & Hoffm.=Geranium refractoides
Geranium bockii R.Knuth 金佛山老鹳草
Geranium botauense Z.M.Tan=Geranium rosthornii
Geranium calanthum Hand.-Mazz.美花老鹳草
Geranium candicans R.Knuth=Geranium yunnanense
Geranium canopurpureum Yeo=Geranium pylzowianum
Geranium carolinianum L.野老鹳草
Geranium christensenianum Hand.-Mazz.大姚老鹳草
Geranium cicutarium L.=Erodium cicutarium
Geranium collinum Steph. ex Willd.丘陵老鹳草
Geranium criostemon Fisch. ex DC.=Geranium platyanthum
Geranium dahuricum DC.粗根老鹳草
Geranium dahuricum var. dahuricum=Geranium dahuricum
Geranium dahuricum var. paishanense (Y.L.Cheng) Huang & L.R.Xu 长白老鹳草
Geranium delavayi Franch.五叶老鹳草
Geranium divaricatum Ehrh.叉枝老鹳草
Geranium donianum Sweet 长根老鹳草
Geranium erianthum DC.东北老鹳草
Geranium eriostemon Fisch.毛蕊老鹤草
Geranium fangii R.Knuth=Geranium nepalense
Geranium fargesii Yeo=Geranium bockii
Geranium farreri Stapf.=Geranium donianum
Geranium forrestii R.Knuth=Geranium kariense
Geranium franchetii R.Knuth 灰岩紫地榆
Geranium franchetii var. franchetii=Geranium franchetii
Geranium franchetii var. glandulosum Z.M.Tan 腺灰岩紫地榆
Geranium gandiflorum Edgew.=Geranium himalayense
Geranium grevilleanum Wall.=Geranium lamberti
Geranium hayatanum Ohwi 单花老鹳草
Geranium henryi R.Knuth=Geranium rosthornii
Geranium henryi var. *wilsonii* (R.Knuth) Yeo=Geranium rosthornii
Geranium himalayense Klotzsch 大花老鹳草
Geranium hispidissimum (Franch.) R.Knuth 刚毛紫地榆
Geranium hupehanum R.Knuth=Geranium rosthornii
Geranium japonicum Franch. & Sav.(东北草本志 1977,p.p.)=Geranium krameri
Geranium kariense R.Knuth 滇老鹳草
Geranium koreanum Kom.朝鲜老鹳草
Geranium krameri Franch. & Sav.突节老鹳草
Geranium kweichowense Huang=Geranium ocellatum
Geranium lamberti Sweet 吉隆老鹳草
Geranium lauschanense R.Knuth=Geranium koreanum
Geranium limprichtii Lingelsh. & Borza 齿托紫地榆
Geranium linearilobum subsp. *transversale* (Kar. & Kir.) P.H.Davis=Geranium transversale
Geranium maculatum L.斑点老鹤草
Geranium mairei Lévl.=Geranium sinense
Geranium maximowiczii Regel & Maack 兴安老鹳草
Geranium meeboldii Briq.=Geranium himalayense
Geranium meiguense Z.M.Tan=Geranium refractoides
Geranium melanandrum Franch.黑药老鹳草
Geranium molle L.柔毛老鹤草
Geranium moupinense Franch.宝兴老鹳草
Geranium multifidium Patrin ex DC.=Erodium stephanianum
Geranium napuligerum Franch.萝卜根老鹳草
Geranium nepalense Sweet 尼泊尔老鹳草
Geranium nepalense var. nepalense=Geranium nepalense
Geranium nepalense var. oliganthum (Huang) Huang & L.R.Xu 少花老鹳草
Geranium nepalense var. thunbergii (S. & Z.) Kudo 中日老鹳草
Geranium ocellatum Camb.二色老鹳草
Geranium ocellatum var. *yunnanense* R.Knuth=Geranium ocellatum
Geranium oliganthum Huang=Geranium nepalense var. oliganthum
Geranium orientale Freyn=Geranium erianthum
Geranium orientali-tibeticum R.Knuth 川西老鹳草
Geranium paishanense Y.L.Cheng=Geranium dahuricum var. paishanense
Geranium peltatum L.=Pelargonium peltatum
Geranium pinetorum Hand.-Mazz.松林老鹳草
Geranium platyanthum Duthie 毛蕊老鹳草
Geranium platylobum (Franch.) R.Knuth 宽片老鹳草
Geranium platypetalum Franch.=Geranium sinense
Geranium platyrenifolium Z.M.Tan 宽肾叶老鹳草
Geranium pogonanthum Franch.=Geranium delavayi
Geranium polyanthes Edgew. & HK.f.多花老鹳草
Geranium pratense L.草地老鹳草
Geranium pratense var. affine (Ledeb.) Huang & L.R.Xu 草甸老鹳草
Geranium pratense var. pratense=Geranium pratense
Geranium pseudofarreri Z.M.Tan=Geranium rosthornii
Geranium pseudosibiricum J.Mayer 蓝花老鹳草
Geranium pylzowianum Maxim.甘青老鹳草
Geranium radula Cav.=Pelargonium radula
Geranium rectum Trautv.直立老鹳草

Geranium refractoides Pax & Hoffm.紫萼老鹳草
Geranium refractum Edgew. & HK.f.反瓣老鹳草
Geranium retectum Yeo=Geranium shensianum
Geranium robertianum L.汉荭鱼腥草
Geranium rosthornii R.Knuth 湖北老鹳草
Geranium rotundifolium L.圆叶老鹳草
Geranium rubifolium Lindl.红叶老鹳草
Geranium saxatile Kar. & Kir.=Geranium collinum
Geranium shensianum R.Knuth 陕西老鹳草
Geranium sibiricum L.鼠掌老鹳草
Geranium sieboldii Maxim.=Geranium krameri
Geranium sinense R.Knuth 中华老鹳草
Geranium soboliferum Kom.线裂老鹳草
Geranium stapfianum Hand.-Mazz.=Geranium donianum
Geranium stenorrhirum Stapf.=Geranium donianum
Geranium stephanianum Poir.=Erodium stephanianum
Geranium strictipes R.Knuth 紫地榆
Geranium strictipes var. *grandiflorum* (Franch.) C.Y.Wu=Geranium strictipes
Geranium strigellum R.Knuth 反毛老鹳草
Geranium strigosum Franch.=Geranium strictipes
Geranium strigosum var. *gracile* Franch.=Geranium strictipes
Geranium strigosum var. *grandiflorum* Franch.=Geranium strictipes
Geranium strigosum var. *hispidissimum* Franch.=Geranium hispidissimum
Geranium strigosum var. *platylobum* Franch.=Geranium platylobum
Geranium suzukii Masamune 黄花老鹳草
Geranium tapintzense Huang=Geranium ocellatum
Geranium terminale Z.M.Tan=Geranium pinetorum
Geranium transbaicalicum Serg.=Geranium pratense
Geranium transversale (Kar. & Kir.) Vved.球根老鹳草
Geranium tsingtauense Yabe=Geranium koreanum
Geranium tuberusum var. *transversale* Kar. & Kir.=Geranium transversale
Geranium umbelliforme Franch.伞花老鹳草
Geranium uniflorum Hay.=Geranium hayatanum
Geranium wallichianum D.Don ex Sweet 宽托叶老鹳草
Geranium wilfordii Maxim.老鹳草
Geranium wilfordii var. *glandulosum* Z.M.Tan=Geranium wilfordii
Geranium wilsonii R.Knuth=Geranium rosthornii
Geranium wlassowianum Fisch. ex Link 灰背老鹳草
Geranium yexiense Z.M/Tan=Geranium rosthornii
Geranium yunnanense Franch.云南老鹳草
Gerardia glutinosa L.=Adenosma glutinosum
Gerardia japonica Thunb.=Phtheirospermum japonicum
Gerardia parviflora Benth.=Leptorhabdos parviflora
Gerbera Cass.**大丁草属**(菊科)
Gerbera amabilis Hance=Gerbera piloselloides
Gerbera anadria (L.) Sch.-Bip.(Diels in Not.bot.Gard.Edinb.1912)=Gerbera curvisquama
Gerbera anandria (L.) Sch.-Bip.大丁草
Gerbera anandria var. anandria=Gerbera anandria
Gerbera anandria var. *bonatiana* Beauverd=Gerbera bonatiana
Gerbera anandria var. densiloba Mattf.多裂大丁草
Gerbera bonatiana (Beauverd) Beauverd 早花大丁草
Gerbera bonatiana f. *cavalaeirei* (Vant. & Lévl.) Lévl.=Gerbera anandria
Gerbera cavaleriei Vant. & Lévl.=Gerbera anandria
Gerbera connata Y.C.Tseng 合缨大丁草
Gerbera curvisquama Hand.-Mazz.弯苞大丁草
Gerbera delavayi Franch.(Hand.-Mazz.in Symb.Sin.1936,p.p.)=Gerbera henryi
Gerbera delavayi Franch.钩苞大丁草
Gerbera hederifolia Dunn=Sinosenecio hederifolius
Gerbera henryi Dunn 蒙自大丁草
Gerbera hirsuta (Forsck.) Less.=Gerbera piloselloides
Gerbera jamesonii Bolus 非洲菊
Gerbera kunzeana A.Br. & Aschers.长喙大丁草
Gerbera laevipes Gand.=Gerbera anandria
Gerbera latiligulata Y.C.Tseng 阔舌大丁草
Gerbera lijiangensis Y.C.Tseng 丽江大丁草
Gerbera macrocephala Y.C.Tseng 巨头大丁草
Gerbera macrophylla Wall. ex C.B.Clarke=Gerbera maxima
Gerbera maxima (D.Don) Beauv.箭叶大丁草
Gerbera nepalensis Sch.-Bip.=Gerbera maxima
Gerbera nivea (DC.) Sch.-Bip.白背大丁草
Gerbera ovalifolia DC.=Gerbera piloselloides
Gerbera piloselloides (L.) Cass.毛大丁草
Gerbera pterodonta Y.C.Tseng 翼齿大丁草
Gerbera raphanifolia Franch.光叶大丁草
Gerbera ruficoma Franch.红缨大丁草
Gerbera saxatilis Chang & Y.C.Tseng 石上大丁草
Gerbera serotina Beauverd 晚花大丁草
Gerbera tanantii Franch.钝苞大丁草
Gerbera uncinata Beauverd=Gerbera delavayi
Germainia Bal. & Poitr.**吉曼草属**(禾本科)
Germainia capitata Bal. & Poitr.吉曼草
Geropogon L.=**Tragopogon**
Gesneria L.**南美苦苣苔属**(苦苣苔科)
Gesneria acaulis L.无茎南美苦苣苔
Gesneria citrina Urb.黄色南美苦苣苔
Gesneria cuneifolia Fritesch 楔叶南美苦苣苔
Gesneria pauciflora Urb.少花南美苦苣苔
Gesneria pedicellaris Alain.有柄南美苦苣苔
Gesneria pedunculosa Fritsch.序柄南美苦苣苔
Gesneria saxatilis Alain.岩生南美苦苣苔
Gesneriaceae 苦苣苔科
Getonia Roxb.=**Calycopteris**
Getonia floribunda Roxb.=Calycopteris floribunda
Geum L.**路边青属**(蔷薇科)
Geum aleppicum Jacq.路边青
Geum aleppicum var. *bipinnata* (Batal) Hand.-Mazz.=Geum aleppicum
Geum elatum Wall. ex HK.f.=Acomastylis elata
Geum elatum var. *humile* (Royle) HK.f.=Acomastylis elata var. humilis
Geum elatum var. *humile* Franch.=Coluria longifolia
Geum elatum var. *leiocarpum* W.E.Evans=Acomastylis elata var. leiocarpa
Geum intermedium Ledeb.=Geum aleppicum
Geum japonicum Thunb.日本路边青
Geum japonicum var. chinense f. Bolle 柔毛路边青
Geum japonicum var. japonicum=Geum japonicum
Geum macrosepalum Ludlow=Acomastylis macrosepala
Geum oligocarpum J.Krause=Coluria oligocarpa
Geum potaminii Juzep.=Geum aleppicum
Geum ranunculoides Ser.(Lévl.in Bull.Acad.Géog.Bot.1915)=Geum aleppicum
Geum rivale L.紫萼路边青
Geum strictum Ait.=Geum aleppicum
Geum strictum var. *bipinnata* Batal.=Geum aleppicum
Geum subgen. *Acomastylis* (Greene) Gajewski ex Schoenbeck-Temesy=**Acomastylis**
Geum urbanum L.西藏水杨梅
Gevuina Mol.**格伏纳属**(山龙眼科)
Gevuina avellana Mol.智利榛
Giadotrum malaccense (HK.) Pichon.=Cleghornia malaccensis
Gifola Cass.=**Filago**
Gifola germanica Cass.=Filago spathulata
Gigantochloa Kurz. ex Munro **巨竹属**(禾本科)
Gigantochloa albociliata (Munro) Kurz 白毛巨竹
Gigantochloa andamanica Kurz=Gigantochloa nigrociliata
Gigantochloa aspera (Schultf.) Kurz=Dendrocalamus asper
Gigantochloa atter (Hassk.) Kurz ex Munro 黑巨竹
Gigantochloa felix (Keng) Keng f.滇竹
Gigantochloa hasslarliana J.L.Sun=Gigantochloa nigrociliata
Gigantochloa levis (Bles) Merr.光笋竹
Gigantochloa ligulata Gamble (中国竹谱 1988,云南树木志 1991)=Gigantochloa verticillata
Gigantochloa maxima (Lour.) Kurz=Gigantochloa verticillata
Gigantochloa nigrociliata (Büse) Kurz 黑毛巨竹
Gigantochloa parviflora (Keng f.) Keng.f.南峤滇竹
Gigantochloa verticillata (Willd.) Munro 花巨竹
Gilibertia Ruiz & Pav.=**Dendropanax**
Gilibertia acuminatissima Hu=Dendropanax proteus
Gilibertia angustiloba Hu=Dendropanax proteus

Gilibertia angustiloba Hu=Euaraliopsis ferruginea
Gilibertia chevalieri Vig.=Dendropanax dentiger
Gilibertia dentigera Harms ex Diels=Dendropanax dentiger
Gilibertia dentigera var. *anodonta* Hand.-Mazz.=Dendropanax dentiger
Gilibertia hainanensis Merr. & Chun=Dendropanax hainanensis
Gilibertia intercedens Hand.-Mazz.=Dendropanax dentiger
Gilibertia listeri Hand.-Mazz.=Merrilliopanax listeri
Gilibertia membranifolia Hand.-Mazz.=Merrilliopanax listeri
Gilibertia myriantha Hand.-Mazz.=Merrilliopanax listeri
Gilibertia palmata DC.=Trevesia palmata
Gilibertia parviflora Harms=Dendropanax proteus
Gilibertia pellucidopunctata Hay.=Dendropanax dentiger
Gilibertia protea Harms=Dendropanax proteus
Gilibertia sinensis Nakai=Dendropanax dentiger
Gilibertia trifida Makino(科学社丛刊 1924)=Dendropanax dentiger
Ginkgo L.**银杏属**(银杏科)
Ginkgo biloba L.银杏
Ginkgo biloba cv. Damaling 大马铃
Ginkgo biloba cv. Dameihai 大梅核
Ginkgo biloba cv. Dongtinghuang 洞庭皇
Ginkgo biloba cv. Fozhi 佛指
Ginkgo biloba cv. Ganlanfoshou 橄榄佛手
Ginkgo biloba cv. Luanguofoshou 卵果佛手
Ginkgo biloba cv. Mianhuaguo 棉花果
Ginkgo biloba cv. Tongziguo 桐子果
Ginkgo biloba cv. Wuxinyinxing 无心银杏
Ginkgo biloba cv. Xiaofoshou 小佛手
Ginkgo biloba cv. Yaweiyinxing 鸭尾银杏
Ginkgo biloba cv. Yuandifoshou 圆底佛手
Ginkgoaceae 银杏科
Giraldia Baroni=**Atractylodes**
Giraldia stapfii Baroni=Atractylodes lancea
Giraldiella Dammer=**Lloydia**
Giraldiella montana Dammer=Lloydia tibetica
Girardinia Gaudich.**蝎子草属**(荨麻科)
Girardinia chingiana Chien 浙江蝎子草
Girardinia condensata (Steud.) Wedd.(Hand.-Mazz.in Symb.Sin.1929)=Girardinia suborbiculata subsp. grammata
Girardinia condensata (Steud.) Wedd.=Girardinia diversifolia
Girardinia cuspidata Wedd.(北京志 1962,高等图鉴 1972,p.p.,秦岭志 1974,p.p.,内蒙志 1975,河北志 1985)=Girardinia suborbiculata
Girardinia cuspidata Wedd.(秦岭志 1974,p.p.)=Girardinia suborbiculata subsp. triloba
Girardinia cuspidata Wedd.(秦岭志 1974,p.p.=Girardinia suborbiculata subsp. grammata
Girardinia cuspidata Wedd.=Laportea cuspidata
Girardinia cuspidata subsp. *grammata* C.J.Chen=Girardinia suborbiculata subsp. grammata
Girardinia cuspidata subsp. *triloba* C.J.Chen=Girardinia suborbiculata subsp. triloba
Girardinia diversifolia (Link) Friis 大蝎子草
Girardinia formosana Hay.台湾蝎子草
Girardinia heterophylla (Vahl) Decne.=Girardinia diversifolia
Girardinia heterophylla Decne.(Hay.in J.Coll.Sci.Univ.Tokyo 198)=Girardinia formosana
Girardinia leschenaultiana Decne.=Girardinia diversifolia
Girardinia longispica Hand.-Mazz.=Girardinia diversifolia
Girardinia longispica subsp. *conferta* C.J.Chen=Girardinia diversifolia
Girardinia palmata Wedd.(秦岭志 1974,p.p.,湖北志 1976)=Girardinia suborbiculata subsp. triloba
Girardinia palmata Bl.=Girardinia diversifolia
Girardinia palmata Gaud.(秦岭志 1974,p.p.)=Girardinia suborbiculata subsp. grammata
Girardinia palmata subsp. *ciliata* C.J.Chen=Girardinia diversifolia
Girardinia suborbiculata C.J.Chen 蝎子草
Girardinia suborbiculata subsp. grammata (C.J.Chen) C.J.Chen 棱果蝎子草
Girardinia suborbiculata subsp. suborbiculata=Girardinia suborbiculata
Girardinia suborbiculata subsp. triloba (C.J.Chen) C.J.Chen 红火麻
Girardinia vitifolia Franch.=Girardinia diversifolia
Girardinia vitifolia Wedd.=Girardinia diversifolia
Girgensohnia Bge.**对叶盐蓬属**(藜科)
Girgensohnia oppositiflora (Pall.) Fenzl 对叶盐蓬
Gironniera Gaudich.**白颜树属**(榆科)
Gironniera chinensis Benth.=Gironniera subaequalis
Gironniera cuspidata (Bl.) Kurz=Aphananthe cuspidata
Gironniera lucida Kurz=Aphananthe cuspidata
Gironniera nervosa var. *subaequalis* (Planch.) Kurz=Gironniera subaequalis
Gironniera nitida Benth.=Aphananthe cuspidata
Gironniera reticulata Thw.=Aphananthe cuspidata
Gironniera subaequalis Planch.白颜树
Gironniera yunnanensis Hu=Aphananthe cuspidata
Gisekia L.**针晶粟草属**(番杏科)
Gisekia pharnaceoides L.针晶粟草
Gladiolus L.**唐菖蒲属**(鸢尾科)
Gladiolus alatus Jacq.翼唐菖蒲?
Gladiolus angustus L.线叶唐菖蒲
Gladiolus aurantiacus Klatt 橙黄唐菖蒲
Gladiolus blandus Ait.悦花唐菖蒲
Gladiolus byzantinus Bieb.土耳其唐菖蒲
Gladiolus callistus L.Bolus 美丽唐菖蒲
Gladiolus cardinalis Curt.绯红唐菖蒲
Gladiolus carneus Burm.肉色唐菖蒲
Gladiolus childsii Hort. ex Bull.齐氏唐菖蒲
Gladiolus colvillei Sweet 柯氏唐菖蒲
Gladiolus communis L.普通唐菖蒲
Gladiolus cruentus T.Moore 血红唐菖蒲
Gladiolus cuspidatus Jacq.凸尖唐菖蒲
Gladiolus dracocephalus HK.f.龙头唐菖蒲
Gladiolus floribundus Hort.多花唐菖蒲
Gladiolus gandavensis Van Houtte 唐菖蒲
Gladiolus grandis Thunb.大花唐菖蒲
Gladiolus insignis X.Paxt.显异唐菖蒲
Gladiolus involutus Burm.f.内卷唐菖蒲
Gladiolus lemonia Pourr. ex Steud.莱氏唐菖蒲
Gladiolus milleri Ker-Gawl.米氏唐菖蒲
Gladiolus nanceianus X.Hort. ex Baker 南锡唐菖蒲
Gladiolus oppositiflorus Herb.对花唐菖蒲
Gladiolus papilo HK.f.紫斑唐菖蒲
Gladiolus primulinus Baker 报春唐菖蒲
Gladiolus princeps Hort.杂种唐菖蒲
Gladiolus psittacinus HK.鹦鹉唐菖蒲
Gladiolus quartinianus A.Rich.夸特唐菖蒲
Gladiolus ramosus L.多枝唐菖蒲
Gladiolus recurvus Houtt.卷瓣唐菖蒲
Gladiolus saundersii HK.f.邵氏唐菖蒲
Gladiolus scullyi Baker 风雅唐菖蒲
Gladiolus segetum Ker.意大利唐菖蒲
Gladiolus tristis L.圆叶唐菖蒲
Gladiolus undulatus L.波瓣唐菖蒲
Gladiolus watsonius Thunb.沃森唐菖蒲
Glaphylopteris falciloba H.Ito=Pseudocyclosorus subochthodes
Glaphyropteridopsis Ching **方秆蕨属**(金星蕨科)
Glaphyropteridopsis emeiensis Y.X.Lin 峨眉方秆蕨
Glaphyropteridopsis eriocarpa Ching 毛囊方秆蕨
Glaphyropteridopsis erubescens (HK.) Ching 方秆蕨
Glaphyropteridopsis glabrata Ching & W.M.Chu ex Y.X.Lin 光滑方秆蕨
Glaphyropteridopsis jinfushanensis Ching & Y.X.Lin 金佛山方秆蕨
Glaphyropteridopsis mollis Ching & Y.X.Lin 柔弱方秆蕨
Glaphyropteridopsis pallida Ching & W.M.Chu ex Y.X.Lin 灰白方秆蕨
Glaphyropteridopsis rufostraminea (Christ) Ching 粉红方秆蕨
Glaphyropteridopsis sichuanensis Y.X.Lin 四川方秆蕨
Glaphyropteridopsis splendens Ching 大叶方秆蕨
Glaphyropteridopsis villosa Ching & W.M.Chu ex Y.X.Lin 柔毛方秆蕨
Glaphyropteris Fée=**Glaphyropteridopsis**
Glaphyropteris erubescens Fée=Glaphyropteridopsis erubescens
Glaphyropteris falciloba H.Ito=Pseudocyclosorus falcilobus
Glaphyropteris omeiensis H.Ito (p.p.)=Cyclogramma leveillei
Glaphyropteris omeiensis H.Ito (p.p.)=Cyclogramma omeiensis
Glaphyropteris sect. *Cyclogramma* H.Ito=**Cyclogramma**

Glaphyropteris sect. *Euglaphyropteris* H.Ito=**Glaphyropteridopsis**
Glaphyropteris simulans H.Ito=Cyclogramma auriculata
Glaribraya H.Hara=**Taphrospermum**
Glaribraya lowndesii H.Hara=Taphrospermum lowndesii
Glaucium Mill.**海罂粟属**(罂粟科)
Glaucium elegans Fisch & Mey.天山海罂粟
Glaucium fimbrilligerum Boiss.海罂粟
Glaucium lactucoides Benth. & HK.f.=Dicranostigma lactucoides
Glaucium leptopodum Maxim.=Dicranostigma leptopodum
Glaucium refracta Stev.=Roemeria refracta
Glaucium squamigerum Kar & Kir.新疆海罂粟
Glaux L.**海乳草属**(报春花科)
Glaux maritima L.海乳草
Gleadovia Gamble & Prain **藨寄生属**(列当科)
Gleadovia kokonorica Keng f.=Mannagettaea hummelii
Gleadovia kwangtungense Hu=Christisonia hookeri
Gleadovia lepoense Hu=Christisonia hookeri
Gleadovia mupinense Hu 宝兴藨寄生
Gleadovia ruborum Gamble & Prain 藨寄生
Gleadovia yunnanense Hu=Gleadovia ruborum
Glebionis Cass.=**Chrysanthemum**
Glechoma L.**活血丹属**(唇形科)
Glechoma biondiana (Diels) C.Y.Wu & C.Chen 白透骨消
Glechoma biondiana var. angustituba C.Y.Wu & C.Chen 狭萼白透骨消(新)
Glechoma biondiana var. biondiana=Glechoma biondiana
Glechoma biondiana var. glabrescens C.Y.Wu & C.Che 无毛白透骨消(新)
Glechoma brevituba Kupr.=Glechoma longituba
Glechoma complanata (Dunn) Trurill=Marmoritis complanatum
Glechoma decolorans (Hemsl.) Turrill=Marmoritis decolorans
Glechoma grandis (A.Gray) Kupr.日本活血丹
Glechoma hederacea L.(Maxim.in Mém.Acad.Sci.St.Pétersb.Sav.Étrang. 1859)=Glechoma longituba
Glechoma hederacea L.欧活血丹
Glechoma hederacea var. *grandis* (A.Gray) Kudô =Glechoma grandis
Glechoma hederacea var. *hirsuta* Baumg.=Glechoma longituba
Glechoma hederacea var. *longituba* Nakai=Glechoma longituba
Glechoma hirsuta W. & K.硬毛活血丹
Glechoma longibracteata O.Ktze.=Glechoma longibracteata
Glechoma longituba (Nakai) Kupr (分类学报 1959,p.p.)=Scutellaria tuberifera
Glechoma longituba (Nakai) Kupr.活血丹
Glechoma nivalis Jacq. ex Benth.=Marmoritis nivalis
Glechoma shikikunensis (Kudô) Masam.=Suzukia shikikunensis
Glechoma sinograndis C.Y.Wu 大花活血丹
Glechoma tibetica Jacq. ex Benth.=Marmoritis rotundifolia
Glechoma urticaefolia Makino=Meehania urticifolia
Gleditsia L.**皂荚属**(豆科)
Gleditsia aquatica Marsh.水皂荚
Gleditsia australis Hemsl.小果皂荚
Gleditsia delavayi Franch.=Gleditsia japonica var. delavayi
Gleditsia fera (Lour.) Merr.华南皂荚
Gleditsia formosana Hay.=Gleditsia fera
Gleditsia heterophylla Raf.(树木分类学 1937,豆科图说 1955,高等图鉴 1972)=Gleditsia microphylla
Gleditsia horrida Hort. ex Willd.(树木分类学 1937)=Gleditsia japonica
Gleditsia horrida Willd.=Gleditsia sinensis
Gleditsia japonica Miq.山皂荚
Gleditsia japonica var. delavayi (Franch.) L.C.Li 滇皂荚
Gleditsia japonica var. japonica=Gleditsia japonica
Gleditsia japonica var. velutina L.C.Li 绒毛皂荚
Gleditsia koraiensis Nakai ex Mori=Gleditsia japonica
Gleditsia macracantha Desf.=Gleditsia sinensis
Gleditsia melanacantha Tang & Wang=Gleditsia japonica
Gleditsia microcarpa Metc.=Gleditsia australis
Gleditsia microphylla Gordon ex Y.T.Lee 野皂荚
Gleditsia officinalis Hemsl.=Gleditsia sinensis
Gleditsia sinensis Lam.皂荚
Gleditsia thorelii Gagn.=Gleditsia fera
Gleditsia triacanthos L.美国皂荚
Gleditsia vestita Chun & How ex B.G.Li=Gleditsia japonica var. velutina
Glehnia Fr.Schmidt ex Miq.**珊瑚菜属**(伞形科)
Glehnia littoralis Fr.Schmidt ex Miq.珊瑚菜
Gleichenia Sm.**微羽里白属**(里白科)
Gleichenia bifida (Willd.) Spr.二裂微羽里白
Gleichenia blotiana C.Chr.=Diplopterygium blotiana
Gleichenia cantonensis Ching=Diplopterygium cantonense
Gleichenia chinensis Ros.=Diplopterygium chinense
Gleichenia dichotoma HK.=Dicranopteris dichotoma
Gleichenia gigantea Wall.=Diplopterygium gigantea
Gleichenia glauca Clarke=Diplopterygium gigantea
Gleichenia gluaca HK.=Diplopterygium glaucum
Gleichenia kiusiana Makino=Diplopterygium laevissima
Gleichenia laevigata HK.=Sticherus laevigatus
Gleichenia laevissima Christ=Diplopterygium laevissima
Gleichenia lanigera Don=Dicranopteris dichotoma
Gleichenia linearis Clarke (Tard.-Blot. & C.Chir. in Fl.Indo-Chine 1933, p.p.)= Dicranopteris dichotoma
Gleichenia linearis Clarke (蕨类图说 1957=Dicranopteris linearis
Gleichenia longissima HK. & Bak.=Diplopterygium glaucum
Gleichenia polypodioides (L.) Sm.微羽里白
Gleichenia splendida Ching=Dicranopteris ampla
Gleichenia splendida Hand.-Mazz.=Dicranopteris splendida
Gleicheniaceae 里白科
Glinus L.**星粟草属**(番杏科)
Glinus lotoides L.星粟草
Glinus oppositifolius (L.) A.DC.长梗星粟草
Globba L.**舞花姜属**(姜科)
Globba barthei Gagn.毛舞花姜
Globba bulbosa Gagn.=Globba racemosa
Globba chinensis K.Schum.=Globba schomburgkii
Globba emeiensis Z.Y.Zhu 峨眉舞花姜
Globba japonica Thunb.=Alpinia japonica
Globba lancangensis Y.Y.Qian 澜沧舞花姜
Globba orixensis var. *racemosa* (Smith) Gagn.=Globba racemosa
Globba racemosa Smith 舞花姜
Globba schomburgkii HK.f.双翅舞花姜
Globba schomburgkii var. angustata Gagn.小珠舞花姜
Globba schomburgkii var. schomburgkii=Globba schomburgkii
Globba simaoensis Y.Y.Qiang=Globba racemosa
Globba strigulosa K.Schum.=Globba racemosa
Glochidion J.R. & G.Forst.**算盘子属**(大戟科)
Glochidion acuminatum Muell.Arg.=Glochidion triandrum
Glochidion album (blanco) Boerl.(Hay.in J.Coll.Sci.Unvi.Tokyo 1911)= Glochidion philippicum
Glochidion arborescens Bl.白毛算盘子
Glochidion arnottianum Muell.Arg.=Glochidion hirsutum
Glochidion assamicum (Muell.Arg.) HK.f.四裂算盘子
Glochidion auminatum var. *siamense* Airy-Shaw=Glochidion triandrum var. siamense
Glochidion bicolor Hay.=Glochidion triandrum
Glochidion bodinieri Lévl.=Glochidion puberum
Glochidion breynioides C.B.Rob.(Merr.in Lingnana Sci.J.1927)= Glochidion wrightii
Glochidion breynioides C.B.Rob.=Glochidion lutescens
Glochidion cantoniense Hance=Glochidion lanceolarium
Glochidion cavaleriei Lévl.=Illicium majus
Glochidion chademenosocarpum Hay.线药算盘子
Glochidion coccineum (Buch.-Ham.) Muell.Arg.红算盘子
Glochidion compressicaule Kurz ex Teijsm. & Binnend.=Glochidion philippicum
Glochidion daltonii (Muell.Arg.) Kurz.革叶算盘子
Glochidion dasyphyllum K.Koch=Glochidion hirsutum
Glochidion distichum Hance=Glochidion puberum
Glochidion diversifolium (Miq.) Merr.=Glochidion rubrum
Glochidion eriocarpum Champ. ex Benth.(Hay.Ic.Pl.Formos 1920)= Glochidion puberum
Glochidion eriocarpum Champ. ex Benth.毛果算盘子
Glochidion esquirolii Lévl.=Glochidion eriocarpum
Glochidion fagifolium (Miq.) HK.f.=Glochidion sphaerogynum
Glochidion fagifolium Miq. ex Bedd.=Glochidion sphaerogynum
Glochidion fagifolium Miq.=Glochidion sphaerogynum
Glochidion flexuosum (S. & Z.) Muell.=Phyllanthus flexuosus

Glochidion formosanum Hay.=Glochidion philippicum
Glochidion fortunei Hance (Henryi in Trans.Asiat.Soc.Japon 1896)=Glochidion rubrum
Glochidion fortunei Hance=Glochidion puberum
Glochidion glaucifolium Muell.Arg.(Merr.in Lingnan Sci.J.1930)=Glochidion wrightii
Glochidion hayatai (Hay.) Croiz. & Hara=Glochidion triandrum
Glochidion hirsutum (Roxb.) Voigt 厚叶算盘子
Glochidion hongkongense Muell.Arg.=Glochidion zeylanicum
Glochidion hypoleucum Hay.=Glochidion triandrum
Glochidion khasicum (Muell.Arg.) HK.f.长柱算盘子
Glochidion kotoense Hay.=Glochidion lanceolatum
Glochidion kusukusense Hay.台湾算盘子
Glochidion lanceolarium (Roxb.) Voigt 艾胶算盘子
Glochidion lanceolatum Hay.披针叶算盘子
Glochidion littorale Bl.(Benth.Fl.Hongkong.1861)=Glochidion zeylanicum
Glochidion longipedicellatum Yamamoto=Margaritaria indica
Glochidion lutescens Bl.山漆茎
Glochidion macrophyllum Benth.=Glochidion lanceolarium
Glochidion medongense Chin 墨脱算盘子
Glochidion nubigenum HK.f.云雾算盘子
Glochidion oblatum HK.f.宽果算盘子
Glochidion obovatum S. & Z.(Hay.in J.Coll.Sci.Univ.Tokyo 1904,p.)=Glochidion rubrum
Glochidion obovatum S. & Z.倒卵叶算盘子
Glochidion obscurum (Roxb. ex Willd.) Bl.(Forber & Hemsl.in J.L.Soc.Bot.1894)=Glochidion puberum
Glochidion philippicum (Cav.) C.B.Rob.甜叶算盘子
Glochidion philippinense Benth.=Glochidion philippicum
Glochidion pseudoobscurum Pamp.=Glochidion puberum
Glochidion pseudoobscurum var. *glabrum* Pamp.=Glochidion puberum
Glochidion pseudoobscurum var. *lanceolatum* Pamp.=Glochidion puberum
Glochidion puberum (L.) Hutch.算盘子
Glochidion quercinum (Muell.Arg.) Boerl.=Glochidion philippicum
Glochidion ramiflorum J.R. & G.Forst.茎花算盘子
Glochidion rubidulum Chin=Glochidion thomsonii
Glochidion rubrum Bl.台闽算盘子
Glochidion sericeum (Bl.) Zoll. & Morr.绢毛算盘子
Glochidion silheticum (Muell.Arg.) Croiz.=Glochidion arborescens
Glochidion sinicum HK. & Arn.=Glochidion puberum
Glochidion sphaerogynum (Muell.Arg.) Kurz 圆果算盘子
Glochidion sphaerostigmum Hay.(p.p.)=Glochidion zeylanicum
Glochidion sphaerostigmum Hay.=Glochidion lanceolatum
Glochidion suishaense Hay.水社算盘子
Glochidion thomsonii (Muell.Arg.) HK.f.青背叶算盘子
Glochidion triandrum (Blanco) C.B.Rob.里白算盘子
Glochidion triandrum var. siamense (Airy-Shaw) P.T.Li 泰云算盘子
Glochidion triandrum var. triandrum=Glochidion triandrum
Glochidion velutinum Wight 绒志算盘子
Glochidion villicaule HK.f.=Glochidion eriocarpum
Glochidion wilsonii Hutch.湖北算盘子
Glochidion wrightii Benth.白背算盘子
Glochidion zeylanicum (Gaertn.) A.Juss.香港算盘子
Glochidion zeylanicum var. *tomentosum* Trim.=Glochidion hirsutum
Glochidionopsis Bl.=**Glochidion**
Glochidocaryum W.T.Wang=**Actinocarya**
Glochidocaryum kansuense W.T.Wang=Actinocarya tibetica
Glochisandra Wight=**Glochidion**
Gloriosa L.**嘉兰属**(百合科)
Gloriosa rothschildiana O'Brien 宽瓣嘉兰
Gloriosa simplex L.平瓣嘉兰
Gloriosa superba L.嘉兰
Gloriosa superba f. lutea Hort.黄花嘉兰
Glossaspis Spreng.=**Peristylus**
Glossaspis antennifera Rchb.f.=Peristylus tentaculatus
Glossaspis tentaculata (Lindl.) Spreng.=Peristylus tentaculatus
Glossocomia D.Don=**Codonopsis**
Glossocomia clematidea Fisch.=Codonopsis clematidea
Glossocomia hortensis Rupr.=Codonopsis lanceolata
Glossocomia lanceolata Rgl.(p.p.)=Codonopsis lanceolata
Glossocomia lanceolata Rgl.(p.p.)=Codonopsis ussurieneis
Glossocomia lanceolata var. *obtusa* Rgl.=Codonopsis ussurieneis
Glossocomia lanceolata var. *ussuriensis* Rgl.=Codonopsis ussurieneis
Glossocomia tenera D.Don=Codonopsis thalictrifolia
Glossocomia thalictrifolia Wall.=Codonopsis thalictrifolia
Glossocomia ussuriensis Rupr. & Maxim.=Codonopsis ussurieneis
Glossodia R.Br.**格罗兰属**(兰科)
Glossodia major R.Br.大格罗兰
Glossodia minor R.Br.小格罗兰
Glossogyne Cass.**鹿角草属**(菊科)
Glossogyne tenuifolia Cass.鹿角草
Glossopetalon Gray **舌瓣属**(卫矛科)
Glossopetalon meionandrum Koehne 少雄舌瓣
Glossopetalon nevadense A.Gray 内华达舌瓣
Glossopetalon pungens Brandg.矮舌瓣
Glossopetalon spinescens A.Gray 刺舌瓣
Glossopetalon stipulifera St.John 托叶舌瓣
Glossostigma Arn.**舌柱草属**(玄参科)
Glossostigma spathulatum Arn.匙形舌柱草
Glossostylis arvensis Benth.=Melasma arvense
Glossula Lindl.=**Peristylus**
Glossula calcarata Rolfe=Peristylus calcaratus
Glossula tentaculata Lindl.=Peristylus tentaculatus
Glottiphyllum Haw. ex N.E.Br.**舌叶花属**(番杏科)
Glottiphyllum depressum (Haw.) N.E.Br.铺地舌叶花
Glottiphyllum linguiforme (L.) N.E.Br.舌叶花
Glottiphyllum uncatum (S.-D.) N.E.Br.佛手掌
Glottiphyllum uncatum (Salm-Dyck) N.E.Br.=Mesembryanthemum uncatum
Gloxinia L'Herit.**苣苔花属**(苦苣苔科)
Gloxinia gymnostoma Griseb.裸口苣苔花
Gloxinia perennis Druce 多年生苣苔花
Glyceria R.Br.**甜茅属**(禾本科)
Glyceria acutiflora subsp. japonica (Steud.) T.Koyama & Kawano 甜茅
Glyceria acutiflora Torr.=Glyceria acutiflora subsp. japonica
Glyceria angustifolia Skvortz.=Glyceria spiculosa
Glyceria aquatica (L.) J.S. & C.B.=Catabrosa aquatica
Glyceria aquatica (L.) Wahlb.=Glyceria maxima
Glyceria aquatica Honda=Glyceria leptolepis
Glyceria aquatica Wahlb.(禾本科图说 1959)=Glyceria triflora
Glyceria aquatica var. *triflora* Korsh=Glyceria triflora
Glyceria aquatica γ. *debilior* Trin. ex Fr.=Glyceria lithuanica
Glyceria arundinacea subsp. *triflora* (Korsh.) Tzvel.=Glyceria triflora
Glyceria canadensis (Michx.) Trinius 加拿大甜茅
Glyceria caspica Griseb.=Glyceria tonglensis
Glyceria chinensis Keng=Glyceria chinensis
Glyceria chinensis Keng 中华甜茅
Glyceria debilior (Trin. ex Fr.Schmidt) Kudo=Glyceria lithuanica
Glyceria debilior Kudo (Tzvel.in Pl.Asiae Centr.1968,内蒙志 1983)=Glyceria triflora
Glyceria distans Wahlb.=Puccinellia distans
Glyceria distans var. *pulvinata* Franch.=Puccinellia pulvinata
Glyceria effusa Kitag.=Glyceria triflora var. effusa
Glyceria fluitans var. *leptorhiza* Maxim.=Glyceria leptorhiza
Glyceria fluitans var. *plicata* Fries=Glyceria plicata
Glyceria formosensis Ohwi=Glyceria leptolepis
Glyceria glumaris Griseb.=Poa eminens
Glyceria japonica (Steud.) Miq.=Glyceria acutiflora subsp. japonica
Glyceria kamtschatica Kom.=Glyceria triflora
Glyceria kashmiriensis Kelso=Glyceria tonglensis
Glyceria leptolepis Ohwi 假鼠妇草
Glyceria leptolepis var. *formosensis* (Ohwi) Ohwi=Glyceria leptolepis
Glyceria leptolepis var. *laxior* Keng=Glyceria leptolepis
Glyceria leptorhiza (Maxim.) Kom.细根茎甜茅
Glyceria lithuanica (Gorski) Gorski 两蕊甜茅
Glyceria longiglumis Hand.-Mazz.=Glyceria spiculosa
Glyceria maxima (Hartm.) Holmberg 水甜茅
Glyceria maxima subsp. *triflora* (Korsh.) Hult.=Glyceria triflora
Glyceria orientalis Kom.=Glyceria lithuanica
Glyceria ovatiflora Keng ex Keng f.=Glyceria tonglensis
Glyceria ovatiflora Keng=Glyceria tonglensis
Glyceria paludificans Kom.=Glyceria spiculosa

Glyceria plicata (Fries) Fries 折甜茅
Glyceria poaeoides Stapf=Puccinellia staphfiana
Glyceria remota (Forsell.) Fries=Glyceria lithuanica
Glyceria scaberrima Steud.=Melica scaberrima
Glyceria songarica Schrenk=Eremopoa songarica
Glyceria spectabilis Mert. & Koch=Glyceria maxima
Glyceria spectabilis γ. Trin.=Glyceria lithuanica
Glyceria spiculosa (F.Schm.) Roshev.狭叶短期茅
Glyceria striata (Lamarck) Hitchocock 脉甜茅
Glyceria subfastigiata (Trin.) Griseb.=Poa subfastigiata
Glyceria tenella Lange ex Kjellin=Puccinellia tenella
Glyceria thomsonii Stapf=Puccinellia thomsonii
Glyceria tonglensis C.B.Clarke=Glyceria chinensis
Glyceria tonglensis C.B.Clarke 卵花甜茅
Glyceria tonglensis var. *ovatiflora* (Keng) Keng f.=Glyceria tonglensis
Glyceria triflora (Korsh.) Kom.东北甜茅
Glyceria triflora var. effusa (Kitag.) Z.L.Wu 散穗甜茅
Glyceria triflora var. triflora=Glyceria triflora
Glyceria turcomanica Kom.=Glyceria plicata
Glyceria ussuriensis Kom.=Glyceria leptolepis
Glycine Willd.**大豆属**(豆科)
Glycine clandestina Wendl.澎湖大豆
Glycine ferruginea Grah.=Shuteria hirsuta
Glycine floribunda Willd.=Wisteria floribunda
Glycine formosana Hosokawa=Glycine soja
Glycine gracilis Skv.宽叶蔓豆
Glycine hainanensis Merr. & Metc.=Teyleria koordersii
Glycine hispida (Moench) Maxim.=Glycine max
Glycine involucrata Wall.=Shuteria involucrata
Glycine javanica L.=Pueraria lobata var. montana
Glycine koordersii Backer=Teyleria koordersii
Glycine labialis L.f.=Teramnus labialis
Glycine max (L.) Merr.大豆
Glycine pescadrensis Hay.=Glycine clandestina
Glycine pinnata Merr.=Ophrestia pinnata
Glycine rufescens Willd.=Rhynchosia rufescens
Glycine sinensis Sims=Wisteria sinensis
Glycine soja S. & Z.(Baker in Fl.Brit.Ind.1876)=Glycine max
Glycine soja S. & Z.蔨豆
Glycine soja var. albiflora P.Y.Fu & Y.A.Chen 白花野大豆?
Glycine soja var. albiflora f. angustifolia P.Y.Fu & Y.A.Chen 狭叶白花野大豆?
Glycine soja var. *lanceolata* Skv.=Glycine soja.f. angustifolia
Glycine soja var. lanceolata Skv.披针叶蔨豆(新)?
Glycine soja var. ovata Skv.=Glycine soja
Glycine tabacina Benth.(Hay.Ic.Pl.Formos.1920)=Glycine clandestina
Glycine tabacina Benth.烟豆
Glycine tenuiflora Klein ex Willd.=Galactia tenuiflora
Glycine tmentosa L.(Benth.in Fl.Austr.1864)=Glycine tomentella
Glycine tomentella Hay.短绒野大豆
Glycine ussuriensis Regel & Maack=Glycine soja
Glycine ussuriensis var. *brevifolia* Kom. & Alis.=Glycine soja
Glycine vestita Grah.=Shuteria involucrata var. glabrata
Glycine villosa Thunb.=Dunbaria villosa
Glycine viscosa Roth=Rhynchosia viscosa
Glycine vracilis var. nigra Skv.?褐子宽叶蔓豆(新)
Glycine vracilis var. nigra-brunea Skv.?黑子宽叶蔓豆(新)
Glycosmis Correa **山小橘属**(芸香科)
Glycosmis arborea (Roxb.) DC.=Glycosmis pentaphylla
Glycosmis citrifolia (Willd.) Lindl.=Glycosmis parviflora
Glycosmis cochinchinensis (Lour.) Pierre ex Engl.(台湾树木志 1963)=Glycosmis parviflora
Glycosmis cochinchinensis (Lour.) Pierre ex Engl.山橘树
Glycosmis craibii Tanaka 毛山小橘
Glycosmis craibii var. craibii=Glycosmis craibii
Glycosmis craibii var. glabra (Craib) Tanaka 光叶山小橘
Glycosmis crenulata Turcz.=Murraya crenulata
Glycosmis cyanocarpa f. *longifolia* Tanaka=Glycosmis longifolia
Glycosmis cyanocarpa var. *cymosa* Kurz=Glycosmis lucida
Glycosmis cyanocarpa var. *simplicifolia* Kurz=Glycosmis longifolia
Glycosmis cymosa (Kurz) Narayan. ex Tanaka=Glycosmis lucida
Glycosmis cymosa var. *simplicifolia* (Kurz) Narayan=Glycosmis longifolia
Glycosmis erythrocarpa (Hay.) Hay.=Glycosmis parviflora
Glycosmis esquirolii (Lévl.) Tanaka 锈毛山小橘
Glycosmis ferruginea (Huang) Huang=Glycosmis esquirolii
Glycosmis hainanensis Huang=Glycosmis montana
Glycosmis longifolia (Oliv.) Tanaka 长叶山小橘
Glycosmis lucida Wall. ex Huang 亮叶山小橘
Glycosmis medogensis D.D.Tao 西藏割舌树
Glycosmis montana Pierre 海南山小橘
Glycosmis motuoensis Tao 墨脱山小橘
Glycosmis oligantha Huang 少花山小橘
Glycosmis oxyphylla Wall.=Glycosmis lucida
Glycosmis parviflora (Sims) Kurz 小花山小橘
Glycosmis pentaphylla (Retz.) Correa 山小橘
Glycosmis pentaphylla subvar. *longifolia* Olivl.=Glycosmis longifolia
Glycosmis pentaphylla var. subvar. 5.Olivl.=Glycosmis lucida
Glycosmis pseudoracemosa (Guill.) Swingle 华山小橘
Glycosmis sinensis Huang=Glycosmis pseudoracemosa
Glycosmis singuliflora var. *glabra* Craib=Glycosmis craibii var. glabra
Glycosmis tetraphylla Wall.=Glycosmis lucida
Glycosmis tonkinensis Tanaka ex Guill.=Glycosmis montana
Glycosmis touranensis Guill.=Glycosmis cochinchinensis
Glycosmis yunnanensis Huang=Glycosmis lucida
Glycyrrhiza L.**甘草属**(豆科)
Glycyrrhiza aspera Pall.粗毛甘草
Glycyrrhiza asperima L.=Glycyrrhiza aspera
Glycyrrhiza asperima α. *uralensis* Regel=Glycyrrhiza uralensis
Glycyrrhiza asperima β. *desertorum* Regel=Glycyrrhiza uralensis
Glycyrrhiza costulata Hand.-Mazz.=Astragalus chinensis
Glycyrrhiza eglandulosa X.Y.Li 无腺毛甘草
Glycyrrhiza eurycarpa P.C.Li=Glycyrrhiza inflata
Glycyrrhiza glabra L.光果甘草
Glycyrrhiza glabra var. *caduca* X.Y.Li=Glycyrrhiza glabra
Glycyrrhiza glabra var. *glandulosa* X.Y.Li=Glycyrrhiza glabra
Glycyrrhiza glabra var. *laxifoliolata* X.Y.Li=Glycyrrhiza glabra
Glycyrrhiza glabra var. *violacea* (Boiss.) Boiss.=Glycyrrhiza glabra
Glycyrrhiza glandulifera Ledeb.=Glycyrrhiza uralensis
Glycyrrhiza inflata Batal.胀果甘草
Glycyrrhiza kansuensis Chang & Peng 黄甘草
Glycyrrhiza korshinskyi G.Grig.(分类学报 1977)=Glycyrrhiza inflata
Glycyrrhiza laxiflora X.Y.Li=Glycyrrhiza aspera
Glycyrrhiza laxissima Vass.=Glycyrrhiza aspera
Glycyrrhiza macrophylla X.Y.Li=Glycyrrhiza aspera
Glycyrrhiza nutaniflora X.Y.Li=Glycyrrhiza aspera
Glycyrrhiza pallidiflora Maxim.刺果甘草
Glycyrrhiza prostata X.Y.Li=Glycyrrhiza aspera
Glycyrrhiza purpureiflora X.Y.Li=Glycyrrhiza aspera
Glycyrrhiza squamulosa Franch.圆果甘草
Glycyrrhiza uralensis Fisch.甘草
Glycyrrhiza violacea Boiss.=Glycyrrhiza glabra
Glycyrrhiza yunnanensis Cheng f. & L.K.Dai ex P.C.Li 云南甘草
Glycyrrhiza yunnanensis Cheng f. & L.K.Dai=Glycyrrhiza yunnanensis
Glyptocarpa Hu=**Camellia**
Glyptocarpa camellioides Hu=Camellia yunnanensis
Glyptopetalum Thw.**沟瓣属**(卫矛科)
Glyptopetalum acutorhombifolium (Hay.) Li & Hou=Euonymus tashiroi
Glyptopetalum aquifolium (Loes. & Rehd.) C.Y.Cheng & Q.S.Ma 冬青沟瓣
Glyptopetalum calypteratum Pierre 盖果沟瓣
Glyptopetalum chaudocense Pierre 朱笃沟瓣
Glyptopetalum continentale (Chun & How) C.Y.Cheng Q.S.Ma 大陆沟瓣
Glyptopetalum feddei (Lévl.) D.Hou 罗甸沟瓣
Glyptopetalum fengii (Chun & How) D.Hou 海南沟瓣
Glyptopetalum geloniifolium (Chun & How) C.Y.Cheng=Glyptopetalum geloniifolium
Glyptopetalum geloniifolium (Chun & How) C.Y.Cheng 白树沟瓣
Glyptopetalum geloniifolium var. geloniifolium=Glyptopetalum geloniifolium
Glyptopetalum geloniifolium var. *robustum* (Chun & How) C.Y.Cheng=Glyptopetalum geloniifolium var. robustum
Glyptopetalum geloniifolium var. robustum (Chun & How) C.Y.Cheng 大叶白树沟瓣

Glyptopetalum gracilipes Pierre 细柄沟瓣
Glyptopetalum harmandianum Pierre 哈曼德沟瓣
Glyptopetalum ilicifolium (Franch.) C.Y.Cheng & Q.S.Ma 刺叶沟瓣
Glyptopetalum ilicifolium (Franch.) C.Y.Cheng=Glyptopetalum ilicifolium
Glyptopetalum longepedunculatum Tardieu 细梗沟瓣
Glyptopetalum longipedicellatum (Merr. & Chun) C.Y.Cheng 长梗沟瓣
Glyptopetalum matsudai (Hay.) Nakai=Euonymus tashiroi
Glyptopetalum occultonervatum Miau=Glyptopetalum geloniifolium
Glyptopetalum rhytidophyllum (Chun & How) C.Y.Cheng=Glyptopetalum rhytidophyllum
Glyptopetalum rhytidophyllum (Chun & How) C.Y.Cheng 皱叶沟瓣
Glyptopetalum rhytidophyllum var. *gracilipes* C.Y.Cheng=Glyptopetalum longepedunculatum
Glyptopetalum sclerocarpum (Kurz.) Laws 硬果沟瓣
Glyptopetalum stixifolium Pierre 刺孔叶沟瓣
Glyptopetalum thorelii Pitard 托雷尔沟瓣
Glyptopetalum tonkinense Pitard 东京沟瓣
Glyptopetalum zeylanicum Thw 锡兰沟瓣
Glyptostrobus Endl.**水松属**(杉科)
Glyptostrobus aquaticus (Roxb.) Parker=Glyptostrobus pensilis
Glyptostrobus heterophyllus (Brongn.) Endl.=Glyptostrobus pensilis
Glyptostrobus lineata (Poir.) Druce=Taxodium ascendens cv. Nutans
Glyptostrobus lineatus Druce (Franco in An.Inst.Super.Agron 1952)=Glyptostrobus pensilis
Glyptostrobus pensilis (Staunt.) Koch 水松
Glyptostrobus sinensis Henry ex Loder=Glyptostrobus pensilis
Gmelina L.**石梓属**(马鞭草科)
Gmelina arborea Roxb.云南石梓
Gmelina asiatica L.亚洲石梓
Gmelina asiatica var. *typica* Lam & Bakh.=Gmelina asiatica
Gmelina chinensis Benth.石梓
Gmelina delavayana P.Dop 小叶石梓
Gmelina hainanensis Oliv.苦梓
Gmelina indica Brum.f.=Flacourtia indica
Gmelina lecomtei P.Dop 越南石梓
Gmelina montana W.W.Sm.=Gmelina delavayana
Gmelina szechuanensis K.Yao 四川石梓
Gmelinia speciosissima D.Don=Wightia speciosissima
Gnaphalium L.(p.p.)=**Anaphalis**
Gnaphalium L.(p.p.)=**Helichrysum**
Gnaphalium L.=**Leontopodium**
Gnaphalium L.**鼠麹草属**(菊科)
Gnaphalium adnatum (Wall. ex DC.) Kitam.宽叶鼠麹草
Gnaphalium affine D.Don 鼠麹草
Gnaphalium andersonii (C.B.Clarke) Franch.=Leontopodium andersonii
Gnaphalium arenarium L.=Helichrysum arenarium
Gnaphalium artemisiifolium Lévl.=Leontopodium artemisiifolium
Gnaphalium arvense Willd.=Filago arvensis
Gnaphalium aureum Gilib.=Helichrysum arenarium
Gnaphalium baicalense Kirp.贝加尔鼠麹草
Gnaphalium bicolor Franch.=Anaphalis bicolor
Gnaphalium bodinieri (Frnch.) Franch.=Anaphalis hancockii
Gnaphalium busuum Buch.-Ham.=Anaphalis busua
Gnaphalium chilense HK. & Arn.智利鼠麹草
Gnaphalium chinense Gandog.=Gnaphalium pensylvanicum
Gnaphalium chrysocephalum Franch.金头鼠麹草
Gnaphalium cinnamomeum Wall.=Anaphalis margaritacea var. cinnamomea
Gnaphalium confertum Benth.=Gnaphalium hypoleucum
Gnaphalium confusum DC.=Gnaphalium affine
Gnaphalium contortum Ham.=Anaphalis contorta
Gnaphalium corymbosum Bur. & Franch.=Anaphalis nepalensis var. corymbosa
Gnaphalium cuneifolium Wall.=Anaphalis nepalensis
Gnaphalium cynoglossoides Trev.=Anaphalis triplinervis
Gnaphalium dedekensii Bur. & Franch.=Leontopodium dedekensii
Gnaphalium dedekensii f. *depauperatum* Franch.=Leontopodium albo-griseum
Gnaphalium delavayi Franch.=Anaphalis delavayi
Gnaphalium dioicum L.=Antennaria dioica
Gnaphalium elichrysum Pall.=Helichrysum arenarium
Gnaphalium esquirolii Lévl.=Gnaphalium adnatum
Gnaphalium flavescens Kitam.拉萨鼠麹草
Gnaphalium formosanum Hay.=Gnaphalium adnatum
Gnaphalium fuscatum Pers.=Gnaphalium norvegicum
Gnaphalium fuscum Lam.=Gnaphalium norvegicum
Gnaphalium fuscum Scop.=Gnaphalium supinum
Gnaphalium futtereri Diels=Leontopodium dedekensii
Gnaphalium graveolens Henning=Helichrysum arenarium
Gnaphalium hololeucum Hay.=Gnaphalium hypoleucum var. amoyense
Gnaphalium hypoleucum DC.秋鼠麹草
Gnaphalium hypoleucum var. amoyense (Hance) Hand.-Mazz.同白秋鼠麹草
Gnaphalium hypoleucum var. brunneonitens Hand.-Mazz.亮褐秋鼠麹草
Gnaphalium hypoleucum var. *hololeucum* (Hay.) Yamam.=Gnaphalium hypoleucum var. amoyense
Gnaphalium hypoleucum var. hypoleucum=Gnaphalium hypoleucum
Gnaphalium indicum L.(Boiss.in.Fl.Or.1875)=Gnaphalium polycaulon
Gnaphalium intermedium Wall.=Anaphalis nepalensis
Gnaphalium involucratum Forst.星芒鼠麹草
Gnaphalium involucratum var. involucratum=Gnaphalium involucratum
Gnaphalium involucratum var. ramosum DC.分枝星芒鼠麹草
Gnaphalium japonicum Thunb.细叶鼠麹草
Gnaphalium kasachstanicum Kirp.天山鼠麹草
Gnaphalium leontopodioides Willd.=Leontopodium leontopodioides
Gnaphalium leontopodium L.(p.p.)=Leontopodium campestre
Gnaphalium leontopodium b.*sibirica* Franch.(p.p.)=Leontopodium jacotianum var. cespitosum
Gnaphalium leontopodium f. *alpina pygmaea* Herd.(p.p.)=Leontopodium himalayanum
Gnaphalium leontopodium f. *alpina pygmaea* Herd.(p.p.)=Leontopodium ochroleucum
Gnaphalium leontopodium f. *depauperata* Herd.=Leontopodium leontopodioides
Gnaphalium leontopodium f. *genuina* Herd.(p.p.)=Leontopodium leontopodioides
Gnaphalium leontopodium f. *gracilis* Herd.=Leontopodium leontopodioides
Gnaphalium leontopodium f. *humilis* Herd.(p.p.)=Leontopodium leontopodioides
Gnaphalium leontopodium f. *sibirica* Herd.=Leontopodium leontopodioides
Gnaphalium leontopodium var. *sibiricum* Franch.(p.p.)=Leontopodium calocephalum
Gnaphalium leontopodium α. *alpinum* Frnch.(p.p.)=Leontopodium conglobatum
Gnaphalium leontopodium α. *alpinum* Frnch.(p.p.)=Leontopodium sinense
Gnaphalium leontopodium β. *sibirica* Franch.(p.p.)=Leontopodium himalayanum
Gnaphalium leontopodium β. *sibirica* Franch.(p.p.)=Leontopodium leontopodioides
Gnaphalium leontopodium β. *subalpinum* Ledeb.=Leontopodium ochroleucum
Gnaphalium leontopodium γ. *calocephalum* Franch.=Leontopodium calocephalum
Gnaphalium leontopodium δ. *foliosa* Franch.=Leontopodium dedekensii
Gnaphalium likiangense Franch.=Anaphalis likiangensis
Gnaphalium lineare Hay.=Gnaphalium involucratum var. simplex
Gnaphalium luteo-album L.丝棉草
Gnaphalium luteoalbum subsp. *affine* (D.Don) Kosker=Gnaphalium affine
Gnaphalium luteoalbum var. *multiceps* HK.f.=Gnaphalium affine
Gnaphalium mandshuricum Kirp.东北鼠麹草
Gnaphalium margaritaceum L.=Anaphalis margaritacea
Gnaphalium margaritaceum var. *timua* O.Ktze.=Anaphalis margaritacea
Gnaphalium margaritaceum γ. *angustifolium* Franch. & Sav.=Anaphalis margaritacea var. japonica
Gnaphalium morii Hay.=Gnaphalium involucratum var. ramosum
Gnaphalium multicaule Willd.=Gnaphalium polycaulon
Gnaphalium multiceps DC.=Gnaphalium affine
Gnaphalium nanchuanense Ling & Tseng 南川鼠麹草
Gnaphalium nobile Bur. & Franch.华火绒草
Gnaphalium norvegicum Gunn.挪威鼠麹草
Gnaphalium nubigenum Wall.=Anaphalis nepalensis var. monocephala

Gnaphalium nutakayamense Hay.=Anaphalis nagasawai
Gnaphalium obtusifolium L.钝叶鼠麴草
Gnaphalium pellucidum Franch.=Anaphalis contorta var. pellucida
Gnaphalium pensylvanicum Willd.匙叶鼠麴草
Gnaphalium perfoliatum Wall.=Anaphalis triplinervis
Gnaphalium polycaulon Pers.多茎鼠麴草
Gnaphalium pterocaula Franch. & Sav.=Anaphalis sinica
Gnaphalium pulchellum Wall.(p.p.)=Leontopodium himalayanum
Gnaphalium pulvinatum Delile 垫头鼠麴草
Gnaphalium purpureum L.(Benth.in Fl.Hongk.1861=Gnaphalium pensylvanicum
Gnaphalium ramigerum DC.=Gnaphalium affine
Gnaphalium redolens Forst.f.=Pterocaulon redolens
Gnaphalium sect. *Antennaria* Baill.=**Antennaria**
Gnaphalium sericeo-albidum Lévl. & Vant.=Gnaphalium adnatum
Gnaphalium sieboldianum Franch. & Sva.=Leontopodium japonicum
Gnaphalium silvaticum β. *macrostachys* Ledeb.=Gnaphalium sylvaticum
Gnaphalium simplicicaule Wall.=Anaphalis contorta
Gnaphalium sinense (Hemsl.) Franch.=Leontopodium sinense
Gnaphalium sphaericum Willd.=Gnaphalium involucratum var. simplex
Gnaphalium stewartii C.B.Clarke 矮鼠麴草
Gnaphalium stoechas L.(Pallas in Rises 1771)=Helichrysum arenarium
Gnaphalium stracheyi (HK.f.) Franch.=Leontopodium stracheyi
Gnaphalium stracheyi HK.f.=Leontopodium franchetii
Gnaphalium strictum Roxb.=Gnaphalium polycaulon
Gnaphalium subulatum Franch.=Leontopodium subulatum
Gnaphalium supinum L.平卧鼠麴草
Gnaphalium supinum β. *subacaule* Wahl.=Gnaphalium supinum
Gnaphalium sylvaticum L.(Diels in Engl.Bot.Jahrb.1901)=Gnaphalium nanchuanense
Gnaphalium sylvaticum L.林地鼠麴草
Gnaphalium sylvaticum α. *brachystachys* Ledeb.=Gnaphalium norvegicum
Gnaphalium sylvaticum α. *rectum* DC.=Gnaphalium sylvaticum
Gnaphalium sylvaticum β. *fuscatum* Wahl.=Gnaphalium norvegicum
Gnaphalium sylvaticum β. *macrostachyum* Ledeb.=Gnaphalium sylvaticum
Gnaphalium tenellum Wall.=Anaphalis contorta
Gnaphalium thibeticum Bur. & Franch.=Leontopodium nanum
Gnaphalium tranzschelii Kirp.湿生鼠麴草
Gnaphalium uliginosum L.(p.p.)=Gnaphalium baicalense
Gnaphalium uliginosum L.(p.p.)=Gnaphalium kasachstanicum
Gnaphalium uliginosum L.(p.p.)=Gnaphalium mandshuricum
Gnaphalium uliginosum L.(p.p.)=Gnaphalium tranzschelii
Gnaphalium uliginosum α. *leiocarpum* Ledeb.=Gnaphalium baicalense
Gnaphalium uliginosum β. *lasiocarpum* Ledeb.(p.p.)=Gnaphalium baicalense
Gnaphalium uliginosum β. *lasiocarpum* Ledeb.(p.p.)=Gnaphalium kasachstanicum
Gnaphalium uliginosum β. *lasiocarpum* Ledeb.(p.p.)=Gnaphalium mandshuricum
Gnaphalium uliginosum β. *lasiocarpum* Ledeb.(p.p.)=Gnaphalium tranzschelii
Gnaphalium yunnanense Franch.=Anaphalis yunnanensis
Gnemon Rumph.=**Gnetum**
Gnetaceae 买麻藤科
Gnetum L.**买麻藤属**(买麻藤科)
Gnetum africanum Welw.刚果买麻藤
Gnetum buchholzianum Engl.喀麦隆买麻藤
Gnetum cataphaericum H.Shao 球子买麻藤
Gnetum cleistostachyum C.Y.Cheng 闭苞买麻藤
Gnetum cuspidatum Bl.急尖买麻藤
Gnetum diminutum Markgr 加里曼丹买麻藤
Gnetum giganteum H.Shao 巨子买麻藤
Gnetum gnemon L.灌状买麻藤
Gnetum gnemonoides Brongn.马来西亚买麻藤
Gnetum gracilipes C.Y.Cheng 细柄买麻藤
Gnetum hainanense C.Y.Cheng 海南买麻藤
Gnetum indicum (Lour.) Merr.=Gnetum montanum
Gnetum indicum Merr.(Merr.in Lingnan Scil.J.1927)=Gnetum parvifolium
Gnetum indicum f. *parvifolium* (Warb.) Masamune=Gnetum parvifolium
Gnetum latifolium Bl.宽叶买麻藤
Gnetum leptostachyum Bl.细穗买麻藤
Gnetum leyoboldii Tul.亚马逊买麻藤
Gnetum lofuense C.Y.Cheng 罗浮买麻藤
Gnetum macrostachyum HK.f.大穗买麻藤
Gnetum microcarpum Bl.小子买麻藤
Gnetum montanum Markgr.买麻藤
Gnetum montanum f. *megalocarpum* Markgr.=Gnetum pendulum
Gnetum montanum f. montanum=Gnetum montanum
Gnetum montanum f. *parvifolium* (Warb.) Markgr=Gnetum parvifolium
Gnetum nodiflorum Brongn.巴西买麻藤
Gnetum oblongum Markgr.矩圆叶买麻藤
Gnetum paniculatum Spruce 哥伦比亚买麻藤
Gnetum parvifolium (Warbv.) C.Y.Cheng ex Chun 小叶买麻藤
Gnetum parvifolium C.Y.Cheng(Fl.Hainan.964)=Gnetum hainanense
Gnetum pendulum C.Y.Cheng 垂子买麻藤
Gnetum pendulum f. intermedium C.Y.Cheng 短柄垂子买麻藤
Gnetum pendulum f. pendulum=Gnetum pendulum
Gnetum pendulum f. subsessile C.Y.Cheng 无柄垂子买麻藤
Gnetum scandens Roxb.(Benth.in Fl.Hongkong.1861)=Gnetum parvifolium
Gnetum scandens Roxb.(HK.f.in Fl.Brit.Ind.1890)=Gnetum montanum
Gnetum scandens var. *parvifolium* (Warb.) Markgr.=Gnetum parvifolium
Gnetum tenuifolium Ridl.薄叶买麻藤
Gnetum ula Brongn.印度买麻藤
Gnetum venosum Spruce 大子买麻藤
Gochnatia H.B.K.**白菊木属**(菊科)
Gochnatia decora (Kurz) A.L.Cabrera 白菊木
Goebelia Bge. ex Boiss.=**Sophora**
Goebelia alopecuroides (L.) Bge.=Sophora alopecuroides
Goebelia alppecuroides var. *tomentosa* Bioss.=Sophora alopecuroides var. tomentosa
Goebelia pachycarpa (Schrenk) Bge. ex Boiss.=Sophora pachycarpa
Goldbachia DC.**四棱荠属**(十字花科)
Goldbachia hispida Blatt. & Hallb.=Goldbachia laevigata
Goldbachia ikonnikovii Vass.=Goldbachia laevigata
Goldbachia ikonnikovii Vass.短梗四棱荠
Goldbachia laevigata (M.Bieb.) DC.四棱荠
Goldbachia laevigata var. *adscendens* Franch.=Eutrema integrifolium
Goldbachia laevigata var. *ascendens* Boiss.=Goldbachia laevigata
Goldbachia laevigata var. *ascendens* f. *reticulata* Ktz.=Goldbachia laevigata
Goldbachia laevigata var. *ikonnikovii* (Vass.) K.C.Kuan & Y.C.Ma= Goldbachia laevigata
Goldbachia lancifolia Franch.=Erysimum himalaicum
Goldbachia pendula Botsch.垂果四棱荠
Goldbachia reticulata (Ktz.) Vass.=Goldbachia laevigata
Goldfussia Nees **金足草属**(爵床科)
Goldfussia austinii (C.B.Clarke ex W.W.Sm.) Bremek.蒙自金足草
Goldfussia capitata Nees 金足草
Goldfussia colorata Nees= Diflugossa colorata
Goldfussia cusia Nees= Baphicacanthus cusia
Goldfussia dimorphotricha (Hance) Bremek.= Goldfussia pentstemonoides
Goldfussia divaricata Nees= Diflugossa divaricata
Goldfussia equitans (Lévl.) E.Hossain 黔金足草
Goldfussia extensa Nees= Pteracanthus extensus
Goldfussia feddei (Lévl.) E.Hossain 观音山金足草
Goldfussia formosana (S.Moore) C.F.Hsieh & T.C.Huang 台湾金足草
Goldfussia glandibracteata (D.Fang & H.S.Lo) C.Y.Wu 腺苞金足草
Goldfussia glomerata Nees 聚花金足草
Goldfussia grandissima H.P.Tsui= Pteracanthus grandissimus
Goldfussia hancockii (C.B.Clarke ex W.W.Sm.) Bremek.= Goldfussia austinii
Goldfussia leucocephala (Craib) C.Y.Wu 白头金足草
Goldfussia mahongensis (Lévl.) E.Hossain= Goldfussia austinii
Goldfussia medogensis H.W.Li= Diflugossa scoriarum
Goldfussia ningmingensis (D.Fang & H.S.Lo) C.Y.Wu 宁明金足草
Goldfussia ovatibracteata (H.S.Lo & D.Fang) C.Y.Wu 卵苞金足草
Goldfussia pentstemonoides Nees 圆苞金足草
Goldfussia psilostachys (C.B.Clarke ex W.W.Sm.) Bremek.细穗金足草
Goldfussia scoriarum (W.W.Sm.) Bremek.= Diflugossa scoriarum
Goldfussia seguini (Lévl.) C.Y.Wu & C.C.Hu 独山金足草

Goldfussia sessilis Nees= Diflugossa scoriarum
Goldfussia straminea (W.W.Sm.) C.Y.Wu & C.C.Hu 草色金足草
Goldfussia tengyuehensis C.Y.Wu= Diflugossa colorata
Goldfussia thomsoni HK.= Pteracanthus alatus
Golowninia japonica (S. & Z.) Maxim.=Tripterospermum japonicum
Gomesa R.Br.**小人兰属**(兰科)
Gomesa crispa (Lindl.) Kl. & Rchb.f.皱瓣小人兰
Gomesa laxiflora (Lindl.) Kl. & Rchb.f.疏花小人兰
Gomesa planifolia (Lindl.) Kl. & Rchb.f.扁叶小人兰
Gomesa sessilis B.-R.无柄小人兰
Gomphandra Wall. ex Lindl.**粗丝木属**(茶茱萸科)
Gomphandra cambodiana Pierre ex Gagn.=Gomphandra tetrandra
Gomphandra chingianus (Hand.-Mazz.) Sleum.=Gomphandra tetrandra
Gomphandra hainanensis Merr.=Gomphandra tetrandra
Gomphandra mollis Merr.毛粗丝木
Gomphandra pauciflora Craib=Gomphandra tetrandra
Gomphandra tetrandra (Wall.in Roxb.) Sleum.粗丝木
Gomphandra tonkinensis Gagn.=Gomphandra mollis
Gomphia Schreb.**赛金莲木属**(金莲木科)
Gomphia serrata (Gaertn.) Kanis 齿叶赛金莲木
Gomphia striata (V.Tiegh.) C.F.Wei 赛金莲木
Gomphima Rafin.=**Monochoria**
Gomphocarpus R.Br.**钉头果属**(萝藦科)
Gomphocarpus fruticosus (L.) R.Br.钉头果
Gomphocarpus physocarpus E.Mey.钝针头果
Gomphogyne Griff.**锥形果属**(葫芦科)
Gomphogyne alleizetii Gagn.=Gomphogyne cissiformis
Gomphogyne bonii Gagn.=Gomphogyne cissiformis
Gomphogyne cissiformis Griff.锥形果
Gomphogyne cissiformis f. *villosa* (Cogn.) Mizushima=Gomphogyne cissiformis var. villosa
Gomphogyne cissiformis var. cissiformis=Gomphogyne cissiformis
Gomphogyne cissiformis var. villosa Cogn.毛锥形果
Gomphogyne delavayi Gagn.=Hemsleya delavayui
Gomphopetalum Turcz.(p.p.)=**Ostericum**
Gomphopetalum amaximowiczii Fr.Schmidt ex Maxim.=Ostericum maximowiczii
Gomphopetalum viridiflorum Truvz.=Ostericum viridiflorum
Gomphostemma Wall. ex Benth.**锥花属**(唇形科)
Gomphostemma acaule Kurz.无茎锥花
Gomphostemma arbusculum C.Y.Wu 木锥花
Gomphostemma callicarpoides (Yamamoto) Masam.紫珠状锥花
Gomphostemma chinense Oliv.中华锥花
Gomphostemma chinense var. cauliflorum C.Y.Wu 茎锥花(新)
Gomphostemma chinense var. chinense=Gomphostemma chinense
Gomphostemma crinitum Wall. ex Benth.长毛锥花
Gomphostemma deltodon C.Y.Wu 三角齿锥花
Gomphostemma eriocarpum Benth.毛果锥花
Gomphostemma formosana Masamune=Gomphostemma callicarpoides
Gomphostemma hainanense C.Y.Wu 海南锥花
Gomphostemma insuave Hance=Microtoena insuavis
Gomphostemma intermedium Craib=Gomphostemma lucidum var. intermedium
Gomphostemma latifolium C.Y.Wu 宽叶锥花
Gomphostemma leptodon Dunn 细齿锥花
Gomphostemma lucidum Wall. ex Benth.光泽锥花
Gomphostemma lucidum var. intermedium (Craib) C.Y.Wu 中间光泽锥花(新)
Gomphostemma lucidum var. lacidum=Gomphostemma lucidum
Gomphostemma mastersii Benth.马氏锥花
Gomphostemma melissaefolium Wall.密蜂花叶锥花
Gomphostemma microdon Dunn 小齿锥花
Gomphostemma niveum HK.f.雪白锥花
Gomphostemma nutans HK.f.俯垂锥花
Gomphostemma oblongum Wall.长圆锥花
Gomphostemma ovatum Wall.卵形锥花
Gomphostemma parviflorum Wall.(Dunn in Notes Bot.Gard.Edinb.1915)=Gomphostemma parviflorum var. farinosum
Gomphostemma parviflorum Wall.(p.p.)=Gomphostemma parviflorum var. farinosum
Gomphostemma parviflorum Wall.小花锥花
Gomphostemma parviflorum var. farinosum Prain 被粉小锥花(新)
Gomphostemma parviflorum var. parviflorum=Gomphostemma microdon
Gomphostemma pedunculatum Benth. ex HK.f.抽葶锥花
Gomphostemma pseudocrinitum C.Y.Wu 拟长毛锥花
Gomphostemma stellatohirsutum C.Y.Wu 硬毛锥花
Gomphostemma strobilinum Wall.球果锥花
Gomphostemma sulcatum C.Y.Wu 槽茎锥花
Gomphostemma thompsonii Benth.汤氏锥花
Gomphostemma velutinum Benth.短毛锥花
Gomphrena L.**千日红属**(苋科)
Gomphrena celosioides Mart.银花苋
Gomphrena globosa L.千日红
Gonatanthus Schott **曲苞芋属**(天南星科)
Gonatanthus griffithii Schott=Steudnera griffithii
Gonatanthus ornathus Schott 秀丽曲苞芋
Gonatanthus peltatus Hort. ex Van Houtte=Steudnera colocasiaefolia
Gonatanthus pumilus (D.Don) Engl. & Krause 曲苞芋
Gonatanthus sarmentosus Klotzsch.=Gonatanthus pumilus
Gonatostemon boucheanum Rgl.=Chirita urticifolia
Gongora R. & P.**爪唇兰属**(兰科)
Gongora ameniaca (Lindl. & Paxt.) Rchb.f.杏黄爪唇兰
Gongora atropurpurea HK.暗紫花爪唇兰
Gongora bufonia Lindl.蟾蜍色爪唇兰
Gongora maculata Lindl.斑纹爪唇兰
Gongora quinquenervis R. & P.五脉爪唇兰
Gongora truncata Lindl.截形爪唇兰
Gongronema (Endl.) Decne.**纤冠藤属**(萝藦科)
Gongronema hemsleyana Warb.=Biondia hemsleyana
Gongronema multibracteolatum P.T.Li & X.M.Wang 多苞纤冠藤
Gongronema nepalense (Wall.) Decne.纤冠藤
Gongronema yunnanense Lévl.=Marsdenia oreophila
Goniolimon Boiss.**驼舌草属**(白花丹科)
Goniolimon callicomum (C.A.Mey.) Boiss.疏花驼舌草
Goniolimon dschungaricum (Regel) O. & B.Fedtsch.大叶驼舌草
Goniolimon eximium (Schrenk) Boiss.团花驼舌草
Goniolimon kaufmannianum (Regel) Voss=Ikonnikovia kaufmanniana
Goniolimon orthocladum Rupr.=Goniolimon eximium
Goniolimon sewerzowii Herd.西天山驼舌草
Goniolimon speciosum (L.) Boiss.驼舌草
Goniolimon speciosum var. speciosum=Goniolimon speciosum
Goniolimon speciosum var. strictum (Regel) Pen 直杆驼舌草
Goniolimon strictum (Regel) Lincz.=Goniolimon speciosum var. strictum
Goniolimon tarbagataicum Gamajun.=Goniolimon dschungaricum
Goniolimon tataricum (L.) Boiss.鞑靼驼舌草
Goniophlebium (Bl.) Presl **显脉蕨属**(水龙骨科)
Goniophlebium amoenum (Wall. ex Mett.) Bedd.=Polypodiodes amoena
Goniophlebium argutum (Wall. ex HK.) Bedd.=Polypodiastrum argutum
Goniophlebium cuspidatum (D.Don) C.Presl(Bedd.in Ferns Brit.Ind. 1865)=Schellolepis persicifolia
Goniophlebium dielseanum (C.Chr.) Rodl.-Linder=Polypodiastrum dielseanum
Goniophlebium erythrocarpum (Mett. ex Kuhn) Bedd.=Phymatopteris erythrocarpa
Goniophlebium fieldingianum (Kuze ex Mett.) T.Moore=Polypodiodes microrhizoma
Goniophlebium formosanum (Baker) Rodl.-Linder=Polypodiodes formosana
Goniophlebium hendersonii Bedd.=Polypodiodes hendersonii
Goniophlebium lachnopum (Wall. ex HK.) J.Sm.=Polypodiodes lachnopus
Goniophlebium manmeiense (Christ) Rodl.-Lind.=Metapolypodium manmeiense
Goniophlebium mengtzeense (Christ) Rodl.-Linder=Polypodiastrum mengtzeense
Goniophlebium microrhizoma (C.BlClarke ex Baker) Bedd.=Polypodiodes microrhizoma
Goniophlebium molle Bedd.=Schellolepis subauriculata
Goniophlebium niponicum (Mett.) Bedd.=Polypodiodes niponica
Goniophlebium niponicum var. *wattii* (Bedd.) Bedd.=Polypodiodes wattii
Goniophlebium persicifolium (Desv.) Bedd.=Schellolepis persicifolia

Goniophlebium sect. *Schellolepis* J.Sm.=**Schellolepis**
Goniophlebium subamoenum (C.B.Clarke) Bedd.=Polypodiodes subamoena
Goniophlebium subauriculatum (Bl.) C.Presl=Schellolepis subauriculata
Goniophlebium triseriale (Sw.) Wherry 显脉蕨
Goniophlebium yunnanense (Franch.) Bedd.=Polypodiodes amoena
Goniopteris Presl **美洲星毛蕨属**(金星蕨科)
Goniopteris costata J.Sm.=Pronephrium penangianum
Goniopteris lineata Presl(Bedd.inFern.Jbrit.Ind.1866)=Pronephrium nudatum
Goniopteris lineata Presl=Pronephrium penangianum
Goniopteris multilineata Bedd.=Pronephrium nudatum
Goniopteris penangiana C.Chr.=Pronephrium penangianum
Goniopteris prolifera (Retz.) Fée=Ampelopteris prolifera
Goniopteris reptana (Gmel.) Presl.美洲星毛蕨
Goniopteris siderophylla (Poep. ex Kunze) Wherry 硬叶美洲星毛蕨
Goniopteris tetragona (Sw.) Presl.四棱美洲星毛蕨
Goniostemma Wight **孟腊藤属**(萝藦科)
Goniostemma punctatum Tsiang & P.T.Li 孟腊藤
Goniothalamus (Bl.) HK.f. & Thoms.**哥纳香属**(番荔枝科)
Goniothalamus amuyon (Bl.) Merr.台湾哥纳香
Goniothalamus cheliensis Hu 景洪哥纳香
Goniothalamus chinensis Merr. & Chun 哥纳香
Goniothalamus donnaiensis Finet & Gagn.田方骨
Goniothalamus gabriacianus (Baill. Ast.保亭哥纳香
Goniothalamus gardneri HK.f. & Thoms.长叶哥纳香
Goniothalamus griffithii HK.f. & Thoms.大花哥纳香
Goniothalamus howii Merr. & Chun 海南哥纳香
Goniothalamus leiocarpus (W.T.Wang) P.T.Li 金平哥纳香
Goniothalamus saigonensis Pierre=Goniothalamus gabriacianus
Goniothalamus yunnanensis W.T.Wang 云南哥纳香
Gonocarpus micranthus Thunb.=Haloragis micrantha
Gonocarpyum sinense Hand.-Mazz.=Osmanthus marginatus
Gonocaryum Miq.**琼榄属**(茶茱萸科)
Gonocaryum calleryanum (Baill.) Becc.台湾琼榄
Gonocaryum diospyrosifolium Hay.=Gonocaryum calleryanum
Gonocaryum lobbianum (Miers) Kurz 琼榄
Gonocaryum maclurei Merr.=Gonocaryum lobbianum
Gonocaryum sinense Hand.-Mazz.=Osmanthus marginatus
Gonocormus v.d.Bosch **团扇蕨属**(膜蕨科)
Gonocormus australis Ching 海南团扇蕨
Gonocormus matthewii (Christ) Ching 广东团扇蕨
Gonocormus minutus (Bl.)v.d.B.团扇蕨
Gonocormus nitidulus (v.d.B.) Prantl 细口团扇蕨
Gonocormus palmatus v.d.B.=Gonocormus prolifer
Gonocormus prolifer (Bl.) Prantl 节节团扇蕨
Gonostegia Turcz.**糯米团属**(荨麻科)
Gonostegia hirta (Bl.) Miq.糯米团
Gonostegia matsudai (Yamamoto) Yamamoto & Masamune 台湾糯米团
Gonostegia neurocarpa (Yamamoto) Yamamoto & Masamune 小叶糯米团
Gonostegia pentandra var. akoensis (Yamamoto) Yamamoto & Masamune 异叶糯米团
Gonostegia pentandra var. hypericifolia (Bl.) Masamune 狭叶糯米团
Gonotheca blumei DC.=Hedyotis pterita
Gonotheca ovatifolia (Cav.) Sant. & Wagh.=Hedyotis ovatifolia
Gonus amarissimus Lour.=Brucea javanica
Gonyanthes nepalensis Miers=Burmannia nepalensis
Goodeniaceae 草海桐科
Goodyera R.Br.**斑叶兰属**(兰科)
Goodyera albo-reticulata Hay.=Goodyera hachijoenis
Goodyera arisanensis Hay.=Goodyera schlechtendaliana
Goodyera biflora (Lindl.) HK.f.大花斑叶兰
Goodyera bilamellata Hay 长叶斑叶兰
Goodyera bomiensis K.Y.Lang 波密斑叶兰
Goodyera brachystegia Hand.-Mazz 莲座斑叶兰
Goodyera brevis Schltr. ex Limpricht.=Goodyera repens
Goodyera caudatilabella Hay.=Goodyera fumata
Goodyera colorata (Bl.) Bl.具色斑叶兰
Goodyera commelinoides Fukuyama=Goodyera foliosa
Goodyera cordata (Lindl.) Benth. ex HK.f.=Goodyera viridiflora
Goodyera cyrtoglossa Hay.=Goodyera grandis
Goodyera daibuzanensis Yamamoto 大武斑叶兰
Goodyera discolor Ker-Gawl.=Ludisia discolor
Goodyera elongata Lindl.=Hetaeria elongata
Goodyera foliosa (Lindl.) Benth. ex Clarke 多叶斑叶兰
Goodyera foliosa (Lindl.) Benth. ex HK.f.=Goodyera foliosa
Goodyera foliosa var. *maximowicziana* (Maxim.) S.S.Ying=Goodyera foliosa
Goodyera formosana Rolfe=Goodyera fumata
Goodyera fumata Thw 烟色斑叶兰
Goodyera fusca (Lindl.) HK.f.脊唇斑叶兰
Goodyera fusca Lindl.=Goodyera fusca
Goodyera grandis (Bl.) Bl 红花斑叶兰
Goodyera hachijoenis Yatabe 白网斑叶兰
Goodyera henryi Rolfe 光萼斑叶兰
Goodyera hispida Lindl.粗硬毛斑叶兰
Goodyera japonikca Bl. =Goodyera schlechtendaliana
Goodyera kwangtungensis C.L.Tso 花格斑叶兰
Goodyera labiata Pamp.=Goodyera schlechtendaliana
Goodyera longibracteata Hay.=Goodyera grandis
Goodyera longicolumna Hay.=Goodyera grandis
Goodyera longirostrata Hay.=Goodyera viridiflora
Goodyera macrantha Maxim.=Goodyera biflora
Goodyera mairei Schltr.=Goodyera repens
Goodyera marginata Lindl.=Goodyera repens
Goodyera matsumurana (Eaton) Schltr.=Goodyera hachijoenis
Goodyera maximowicziana Makino=Goodyera henryi
Goodyera maximowicziana var. *commelinoides* (Fukuyama) Masam.=Goodyera foliosa
Goodyera maximowiczziana f. *commelinoides* (Fukuyama) Hiroe=Goodyera foliosa
Goodyera melinostele Schltr.=Goodyera schlechtendaliana
Goodyera morrisonicola Hay.=Goodyera velutina
Goodyera nachijoensis var. *matsumurana* (Schltr.) Ohwi ex Hatsusime & Amano=Goodyera hachijoenis
Goodyera nankoensis Fukuyama 南湖斑叶兰
Goodyera nantoensis Hay.=Goodyera repens
Goodyera oblongifolia Raf.长圆叶斑叶兰
Goodyera ogatai Yamamoto=Goodyera viridiflora
Goodyera pachyglossa Hay.=Goodyera foliosa
Goodyera pauciflora Schltr.=Goodyera biflora
Goodyera pogonorrhyncha Hand.-Mazz.=Anoectochilus abbreviatus
Goodyera prainii HK.f.长苞斑叶兰
Goodyera procera (Ker-Gawl.) HK 高斑叶兰
Goodyera pubescens (Willd.) R.Br.柔毛斑叶兰
Goodyera recurva Lindl.(横断山植物 1994)=Goodyera prainii
Goodyera repens (L.) R.Br.小斑叶兰
Goodyera repsns var. *marginata* (Lindl.) T.Tang & F.T.Wang=Goodyera repens
Goodyera robusta HK.f.滇藏斑叶兰
Goodyera rontabunensis Chow=Goodyera kwangtungensis
Goodyera rubicunda (Bl.) Lindl.=Goodyera grandis
Goodyera schlechtendaliana Rchb.f.斑叶兰
Goodyera secundiflora Griff (Lindl. in J.L.Soc.Bot.1857)=Goodyera schlechtendaliana
Goodyera seikoomontana Yamamoto 歌绿斑叶兰
Goodyera serpens Schltr.=Goodyera yunnanensis
Goodyera shixingensis K.Y.Lang 始兴斑叶兰
Goodyera similis Bl.=Goodyera schlechtendaliana
Goodyera sononarae Fukuyama=Goodyera foliosa
Goodyera sp. no.4. Grittith.=Hetaeria rubens
Goodyera sp. no6. Grittih=Goodyera schlechtendaliana
Goodyera tessilata Lodd.方格纹斑叶兰
Goodyera velutina Maxim 绒叶斑叶兰
Goodyera viridiflora (Bl.) Bl 绿花斑叶兰
Goodyera viridiflora Bl.(台湾志,1978)=Goodyera seikoomontana
Goodyera viridiflora var. *seikoomorutana* (Yamamoto) S.S.Ying=Goodyera seikoomontana
Goodyera viridilora var. *ogatai* (Yamamoto) T.S.Liu & H.J.Su=Goodyera viridiflora
Goodyera vittata Benth. ex HK.f.秀丽斑叶兰

Goodyera wolongensis K.Y.Lang 卧龙斑叶兰
Goodyera wuana T.Tang & F.T.Wang 天全斑叶兰
Goodyera yangmeishanensis T.P.Lin 小小斑叶兰
Goodyera youngsayei S.Y.Hu & Barretto 香港斑叶兰
Goodyera yumiana Fukuiama 兰屿斑叶兰
Goodyera yunnanensis Schltr 川滇斑叶兰
Gooringia Williams=**Arenaria**
Gooringia littledalei (Hemsl.) Williams=Arenaria littledalei
Gordonia Ellis **大头茶属**(山茶科)
Gordonia acuminata Chang 四川大头茶
Gordonia anomala Spreng.=Gordonia axillaris
Gordonia axillaris (Roxb.) Dietr.大头茶
Gordonia axillaris Rehd. & Wils.=Gordonia acuminata
Gordonia axillaris var. *acuminata* Pritz.=Gordonia acuminata
Gordonia axillaris var. axillaris=Gordonia axillaris
Gordonia axillaris var. nantoensis Keng 南头大头茶
Gordonia balansae sensu Merr. & Chun=Gordonia hainanensis
Gordonia chrysandra Cowan 黄药大头茶
Gordonia hainanensis Chang 海南大头茶
Gordonia javanica Rollis ex HK.=Schima noronhae
Gordonia kwangsiensis Chang 广西大头茶
Gordonia longicarpa Chang 长果大头茶
Gordonia sinensis Hemsl. & E.H.Wils.=Schima sinensis
Gordonia szechuanensis Chang=Gordonia acuminata
Gordonia wallichii DC.=Schima wallichii
Gordonia yunnanensis (Hu) H.L.Li 滇大头茶?
Gossampinus insignis Bakh.=Bombax insigne
Gossampinus malabarica (DC.) Merr.=Bombax malabaricum
Gossypium L.**棉属**(锦葵科)
Gossypium acuminatum Roxb.=Gossypium barbadense var. acuminatum
Gossypium arboreum L.树棉
Gossypium arboreum var. arboreum=Gossypium arboreum
Gossypium arboreum var. obtusifolium (Roxb.) Roberty 钝叶树棉
Gossypium barbadense L.海岛棉
Gossypium barbadense var. acuminatum (Roxb.) Mast.巴西海岛棉
Gossypium barbadense var. barbadense=Gossypium barbadense
Gossypium barbadense var. *brasiliense* (Macf.) J.B.Hutch.=Gossypium barbadense var. acuminatum
Gossypium brasiliense Macf.=Gossypium barbadense var. acuminatum
Gossypium herbaceum L.草棉
Gossypium hirsutum L.陆地棉
Gossypium indicum Lamk.=Gossypium arboreum var. obtusifolium
Gossypium mexicanum Todaro=Gossypium hirsutum
Gossypium nangking Meyen=Gossypium arboreum var. obtusifolium
Gossypium obtusifolium Roxb.=Gossypium arboreum var. obtusifolium
Gossypium peruvianum Cavan.=Gossypium barbadense
Gossypium purpurascens Poir.紫棉
Gossypium stocksii Mast.阿拉伯棉
Gouana Jaeq.**咀签属**(鼠李科)
Gouana glabra jacq.无毛咀签
Gouana javanica Miq.毛咀签
Gouana leptostachya DC.咀签
Gouana leptostachya var. leptostachya=Gouana leptostachya
Gouana leptostachya var. macrocarpa Pitard 大果咀签
Gouana leptostachya var. tonkinensis Pitard 越南咀签
Gouffeia holosteoides C.A.Mey.=Lepyrodiclis holosteoides
Goufferia crassiuscula Camb.=Lepyrodiclis holosteoides
Goufferia holosteoides C.A.Mey.=Lepyrodiclis holosteoides
Gouphia himalensis Benth.=Daphniphyllum himalense
Gramineae(植物志 9—10)=**Poaceae**
Grammatophyllum Bl.**巨兰属**(兰科)
Grammatophyllum measuresianum Weathers 米氏巨兰
Grammatophyllum scriptum (L.) Bl.多花巨兰
Grammatophyllum speciosum Bl.巨兰
Grammitidaceae 禾叶蕨科
Grammitis Ching (p.p.)=**Micropolypodium**
Grammitis Sw.**禾叶蕨属**(禾叶蕨科)
Grammitis adspersa Bl.无毛禾叶蕨
Grammitis affinis Wall.=Coniogramme affinis
Grammitis aurita Moore=Pseudophegopteris aurita
Grammitis caudata Wall.=Coniogramme caudata
Grammitis ceterach Sw.=Ceterach officinarum
Grammitis congener Bl.太武禾叶蕨
Grammitis cornigera (Baker) Ching=Micropolypodium cornigera
Grammitis cuspidata Zenker=Loxogramme cuspidata
Grammitis dorsipila (Christ) C.Chr. & Tardieu 短柄禾叶蕨
Grammitis fenicis Copel.(台湾志 1979)=Grammitis dorsipila
Grammitis flavescens Wall.(p.p.)=Loxogramme involuta
Grammitis flavescens Wall.(p.p.)=Loxogramme porcata
Grammitis hamiltoniana Wall.=Colysis pedunculata
Grammitis hirtella (Bl.) Ching 红毛禾叶蕨
Grammitis hirtella (Bl.) Tuyama (Ching in Bull.Fam.Mem.Inst.Biol.Bot. Ser.1940,p.p.)=Grammitis dorsipila
Grammitis intromissa (Christ) Parris 大禾叶蕨
Grammitis involuta D.Don=Loxogramme involuta
Grammitis jagoriana (Mett.) Tagawa 拟禾叶蕨
Grammitis lasiosora (Bl.) Ching (Ching in Bull.Fam.Mem.Inst.Biol.Bot. Ser. 1940,p.p.)=Grammitis dorsipila
Grammitis latifolia De Vol=Grammitis intromissa
Grammitis leptophylla Sw.=Anogramma leptophylla
Grammitis malaiva (Alderw.) Tagawa=Grammitis adspersa
Grammitis membranacea Bl.=Colysis pedunculata
Grammitis microphylla Bedd.=Anogramma microphylla
Grammitis nuda Tagawa 长孢禾叶蕨
Grammitis okuboi (Yatabe) Ching=Micropolypodium okuboi
Grammitis procera Wall.=Coniogramme procera
Grammitis renwardtii Bl.毛禾叶蕨
Grammitis sect. *Xiphopteris* (Kaulf.) C.Presl=**Micropolypodium**
Grammitis sessilifolia J.Sm.=Grammitis adspersa
Grammitis setosa Bl.(台湾志 1975)=Grammitis congener
Grammitis setosa Bl.刚毛禾叶蕨
Grammitis sikkimensis (Hieron.) Ching=Micropolypodium sikkimensis
Grammitis subfalcata (Bl.) Ching=Ctenopteris subfalcata
Grammitis subgen. *Melanoloma* Copel.=**Grammitis**
Grammitis tenuisecta (Bl.) Ching=Ctenopteris tenuisecta
Grammitis vestita Wall.=Gymnopteris vestita
Grangea Adans.**田基黄属**(菊科)
Grangea latifolia Lam. ex Poir.=Dichrocephala auriculata
Grangea maderaspatana (L.) Poir.田基黄
Grangea procumbens DC.=Grangea maderaspatana
Grangea sphaeranthus (Link) C.Koch=Grangea maderaspatana
Graphephorum arundinaceum Aschers.=Scolochloa festucacea
Graphistemma Champ. ex Benth. & HK.f.**天星藤属**(萝藦科)
Graphistemma pictum (Champ.) Benth. & HK.f. ex Maxim.天星藤
Graphorchis bicarinata (Lindl.) Ktze.=Eulophia bicallosa
Graphorchis bicolor (Roxb.) Ktze.=Eulophia herbacea
Graphorchis graminea (Lindl.) Ktze.=Eulophia graminea
Graptopetalum Rose **风车草属**(景天科)
Graptopetalum paraguayense (N.E.Br.) Walth.东美人
Graptophyllum Nees **紫叶属**(爵床科)
Graptophyllum viriduliflorum C.Y.Wu & H.S.Lo= Cosmianthemum viriduliflorum
Graptophyllum viriduliflorum C.Y.Wu & H.S.Lo 琼紫叶
Grastidium salaccense Bl.=Dendrobium salaccense
Gratiola L.**水八角属**(玄参科)
Gratiola adenocaula Maxim.=Deinostema adenocaula
Gratiola anagallidea Mich.=Lindernia dubia
Gratiola ciliata Colsm.=Lindernia ciliata
Gratiola cordifolia Colsm.=Lindernia anagallis
Gratiola dubia L.=Lindernia dubia
Gratiola griffithii HK.f.黄花水八角
Gratiola hyssopioides L.=Lindernia hyssopioides
Gratiola japonica Miq.白花水八角
Gratiola juncea Roxb.=Dopatrium junceum
Gratiola monnieri (L.) L.=Bacopa floribunda
Gratiola officinalis L.新疆水八角
Gratiola pusilla Willd.=Lindernia pusilla
Gratiola repens Swartz.=Bacopa repens
Gratiola reptans Roxb.=Lindernia ruellioides
Gratiola ruellioides Colsm.=Lindernia ruellioides
Gratiola serrata Roxb.=Lindernia ciliata
Gratiola tenuifolia Colsm.=Lindernia tenuifolia
Gratiola veronicifolia Retz.=Lindernia antipoda
Gratiola violacea Maxim.=Deinostemma violaceum

Gratiola viscosa Hornem.=Lindernia viscosa
Graya Nees ex Steud.=**Sphaerocaryum**
Graya elegans (Wight & Arn.) Nees ex Steud.=Sphaerocaryum malaccense
Grevillea R.Br.**银桦属**(山龙眼科)
Grevillea aquifolium Lindl.刺叶银桦
Grevillea arobusta A.Cunn. ex R.Br.银桦
Grevillea aspleniifolia R.Br. ex Salib.蕨叶银桦
Grevillea banksii R.Br.贝克斯银桦
Grevillea bipinnatifida R.Br.硬叶银桦
Grevillea crithmifolia R.Br.海莲子叶银桦
Grevillea endlicheriana Meissn.恩德裂契银桦
Grevillea eriostachya Lindl.绵毛穗银桦
Grevillea hilliana F.J.Muell.海莉亚银桦
Grevillea juniperina R.Br.桧叶银桦
Grevillea lanigera A.Cunn.绵毛银桦
Grevillea lavandulacea Schlecht.薰衣草银桦
Grevillea leucopteris Meissn.白翅银桦
Grevillea minosoides R.Br.含羞草银桦
Grevillea obtusifolia Meissn.钝叶银桦
Grevillea oleoides Sieb.油橄榄银桦
Grevillea ornithopoda Meissn.鸟足银桦
Grevillea paniculata Meissn.圆锥花银桦
Grevillea polybotrya Meissn.多总状花银桦
Grevillea polystachya R.Br.多穗银桦
Grevillea punicea R.Br.深红银桦
Grevillea pyramidalis A.Cunn.金字塔银桦
Grevillea rosmarinifolia A.Cunn.迷迭香叶银桦
Grevillea thelemanniana Endl.多乳头银桦
Grevillea triternata R.Br.双三银桦
Grevillea wilsonii A.Cunn.威尔逊银桦
Grewia L.**扁担杆属**(椴树科)
Grewia abutilifolia Vent ex Juss.苘麻叶扁担杆
Grewia abutilifolia var. *urenifolia* Pierre=Grewia urenifolia
Grewia affinis Lindl.=Microcos paniculata
Grewia angustisepala H.T.Chang 狭萼扁担杆
Grewia asiatica var. *celtidifolia* (Juss.) Gagn.=Grewia celtidifolia
Grewia biloba G.Don 扁担杆
Grewia biloba var. biloba=Grewia biloba
Grewia biloba var. microphylla (Maxim.) Hand.-Mazz.小叶扁担杆
Grewia biloba var. parviflora (Bge.) Hand.-Mazz.小花扁担杆
Grewia boehmeriifolia Kahehira & Sasaki=Grewia eriocarpa
Grewia brachypoda C.Y.Wu 短柄扁担杆
Grewia celtidifolia Juss.朴叶扁担杆
Grewia chanetii Lévl.=Grewia biloba var. parviflora
Grewia chungii Merr.=Microcos chungii
Grewia chuniana Burret 崖县扁担杆
Grewia concolor Merr.同色扁担杆
Grewia cuspidato-serrata Burret 复齿扁担杆
Grewia densiserrulata H.T.Chang 密齿扁担杆
Grewia eriocarpa Juss.毛果扁担杆
Grewia esquirolii Lévl.=Grewia biloba
Grewia falcata C.Y.Wu 镰叶扁担杆
Grewia floribunda Wall.=Colona floribunda
Grewia glabrescens Benth.=Grewia biloba
Grewia henryi Burret 黄麻叶扁担杆
Grewia hirsuta Vahl 粗毛扁担杆
Grewia hirsuto-velutina Burret 粗茸扁担杆
Grewia humilis Wall.元谋扁担杆(新)?
Grewia kainantensis Masumune=Grewia abutilifolia
Grewia kwangtungensis H.T.Chang 广东扁担杆
Grewia lantsangensis Hu=Grewia eriocarpa
Grewia macropetala Burret 长瓣扁担杆
Grewia microcos L.=Microcos paniculata
Grewia microcos sensu Lecomte=Microcos stauntoniana
Grewia oligandra Pierre 寡蕊扁担杆
Grewia parviflora Bge.=Grewia biloba var. parviflora
Grewia parviflora var. *glabrescens* Rehd. & Wils.=Grewia biloba
Grewia parviflora var. *microphylla* Maxim.=Grewia biloba var. microphylla
Grewia permagna C.Y.Wu ex H.T.Chang 大叶扁担杆
Grewia pilosa Roxb.=Grewia hirsuta
Grewia piscatorum Hance 海南扁担杆
Grewia retisifolia pierre 钝叶扁担杆
Grewia rhombifolia Kanehira & Sasaki 菱叶扁担杆
Grewia rotunda C.Y.Wu ex H.T.Chang 圆叶扁担杆
Grewia rugulosa C.Y.Wu ex H.T.Chang 硬毛扁担杆
Grewia salviifolia L.f.=Alangium salviifolium
Grewia sect. *Microcos* HK.f.=**Microcos**
Grewia serrykata DC.细齿扁担杆
Grewia sessiliflora Gagn.无柄扁担杆
Grewia tenuifolia Kahehira & Sasaki=Grewia biloba
Grewia tiliaefolia Vahl 椴叶扁担杆
Grewia urenifolia (Pierre) Gagn.稔叶扁担杆
Grewia yunnanensis H.T.Chang 云南扁担杆
Griffithella (Tul.) Warm.=**Cladopus**
Grindelia incisa (Fisch.) Spreng.=Kalimeris incisa
Groftia spectabilis King & Prain=Pommereschea spectabilis
Grona Benth.=**Nogra**
Gronovia Blanco=**Illigera**
Gronovia ternata Blanco=Illigera luzonensis
Grosourdya Chb.f.**火炬兰属**(兰科)
Grosourdya appendiculatum (Bl.) Rchb.f.火炬兰
Grossularia Mill.=**Ribes**
Grossularia Rupr.=**Ribes**
Grossularia acicularis (Smith) Spach=Ribes aciculare
Grossularia atropurpureum Osten-Sacken & Rupr.=Ribes meyeri
Grossularia burejensis (Fr.Schmidt) Berger=Ribes burejense
Grossularia nigra (L.) Ruipr.=Ribes nigrum
Grossularia nigrum Rupr.=Ribes nigrum
Grossularia reclinata (L.) Mill.=Ribes reclinatum
Grossularia rubra Rupr.=Ribes pubescens
Grossularia stenocarpa (Maxim.) Berger=Ribes stenocarpum
Grossularia vulgaris Spach=Ribes reclinatum
Guarea (Allem.) L.**驼峰楝属**(楝科)
Guarea cedrata Pellegr.驼峰楝
Guarea guara P.Wils.拉美驼峰楝
Guarea paniculata Roxb.=Chisocheton paniculatus
Guatteria pisocarpa Bl.=Popowia pisocarpa
Guatteria rumphii Bl. ex Hensch.=Polyalthia rumphii
Guatteria simiarum Ham. ex HK.f. & Thoms.=Polyalthia simiarum
Guatteria suberosa Dun.=Polyalthia suberosa
Guazuma Plum.**瓜祖马属**(梧桐科)
Guazuma tomentosa Kunth 绒毛瓜祖马
Gueldenstadtia subgen. *Gueldenstadtia* Ali=**Gueldenstaedtia**
Gueldenstaedtia Fisch.**米口袋属**(豆科)
Gueldenstaedtia brachyptera Pamp.=Gueldenstaedtia harmsii
Gueldenstaedtia brachyptera var. *elongata* (Pavol.) Pamp.=Gueldenstaedtia harmsii
Gueldenstaedtia coelestis (Diels) Simps.=Tibetia coelestis
Gueldenstaedtia cuneata Benth.=Chesneya cuneata
Gueldenstaedtia delavayi Franch.川填米口袋
Gueldenstaedtia delavayi f. alba Tsui 白花川滇米口袋
Gueldenstaedtia delavayi f. delavayi=Gueldenstaedtia delavayi
Gueldenstaedtia diversifolia Maxim.=Tibetia himalaica
Gueldenstaedtia flava Adamson=Tibetia tongolensis
Gueldenstaedtia flava var. *tonglensis* (Ulbr.) Ali=Tibetia tongolensis
Gueldenstaedtia forrestii Ali=Tibetia yunnanensis
Gueldenstaedtia gansuensis H.P.Tsui 甘肃米口袋
Gueldenstaedtia giraldii Harms=Gueldenstaedtia verna subsp. multiflora
Gueldenstaedtia giraldii f. *elongata* Pavol.=Gueldenstaedtia harmsii
Gueldenstaedtia giraldii subsp. *glabra* Jacot=Gueldenstaedtia maritima
Gueldenstaedtia giraldii var. *longiscapa* (Franch.) Lévl.=Gueldenstaedtia harmsii
Gueldenstaedtia gracilis H.P.Tsui 细瘦米口袋
Gueldenstaedtia guangxiensis W.l.Shan & X.X.Chen 广西米口袋
Gueldenstaedtia guillonii Franch.=Gueldenstaedtia maritima
Gueldenstaedtia harmsii Ulbr.长柄米口袋
Gueldenstaedtia henryi Ulbr.川鄂米口袋
Gueldenstaedtia himalaica Baker=Tibetia himalaica
Gueldenstaedtia longiscapa Franch.=Gueldenstaedtia harmsii
Gueldenstaedtia maritima Maxim.光滑米口袋

Gueldenstaedtia monophylla (Fisch.) C.Y.Wu 一叶米口袋
Gueldenstaedtia multiflora Bge.(Hemsl.in J.L.Soc.Bot.1887)= Gueldenstaedtia henryi
Gueldenstaedtia multiflora Bge.=Gueldenstaedtia verna subsp. multiflora
Gueldenstaedtia multiflora f. *alba* F. Z.Li=Gueldenstaedtia verna f. Alba
Gueldenstaedtia multiflora var. *longiscapa* Franch.=Gueldenstaedtia harmsii
Gueldenstaedtia multiflora var. *maritima* (Maxim.) Jacot=Gueldenstaedtia maritima
Gueldenstaedtia pauciflora Fisch.(Franch.in Bull.Soc.Bot.France,1882)= Gueldenstaedtia stenophylla
Gueldenstaedtia pauciflora Fisch.=Gueldenstaedtia verna
Gueldenstaedtia samptani Thaothathri=Tibetia himalaica
Gueldenstaedtia sect. I *Caulebetia* Ali=**Tibetia**
Gueldenstaedtia sect. I *Caulescentes* B.Fedtsch=**Tibetia**
Gueldenstaedtia stenophylla Bge.狭叶米口袋
Gueldenstaedtia taihangensis H.P.Tsui 太行米口袋
Gueldenstaedtia tongolensis Ulbr.=Tibetia tongolensis
Gueldenstaedtia uniflora Strachey ex Jacot=Tibetia himalaica
Gueldenstaedtia verna (Georgi) Boriss. 甜地丁
Gueldenstaedtia verna f. alba (F.Z.Li) Tsui 白花米口袋
Gueldenstaedtia verna subsp. multiflora (Bge.) Tsui 米口袋
Gueldenstaedtia verna subsp. verna=Gueldenstaedtia verna
Gueldenstaedtia yunnanensis Franch.=Tibetia yunnanensis
Guettarda L.**海岸桐属**(茜草科)
Guettarda speciosa L.海岸桐
Guettardella chinensis Champ. ex Benth.=Antirhea chinensis
Guihaia J.Dransf.,S.K.Lee & F.N.Wei **石山棕属**(棕榈科)
Guihaia argyrata (S.K.Lee & F.N.Wei) S.K.Lee,F.N.Wei & J.Dransf.石山棕
Guihaia grossefibrosa (Gagn.) J.Dransf.,S.K.Lee & F.N.Wei 两广石山棕
Guihaiothamnus Lo **桂海木属**(茜草科)
Guihaiothamnus acaulis Lo 桂海木
Guilandina L.=**Caesalpinia**
Guilandina bonduc L.=Caesalpinia bonduc
Guilandina nuga L.=Caesalpinia crista
Guillenia axillaris (HK.f. & Thoms.) Bennet=Crucihimalaya axillaris
Guillenia bracteosa (Jafri) H.B.Naith. & S.N.Biswas=Crucihimalaya axillaris
Guillenia duthiei (O.E.Schulz.) Kuntze=Crucihimalaya lasiocarpa
Guillenia minutiflora (HK.f. & Thoms.) Bennet=Ianhedgea minutiflora
Gumnocline Cass.=Pyrethrum
Guttiferae(植物志 50-2)=**Clusiaceae**
Gutzlaffia Hance **山一笼鸡属**(爵床科)
Gutzlaffia anisandra (R.Ben.) Hand.-Mazz.= Paragutzlaffia lyi
Gutzlaffia anisandra var. *drosothyrsa* Hand.-Mazz.= Paragutzlaffia henryi
Gutzlaffia aprica Hance 山一笼鸡
Gutzlaffia aprica var. aprica= Gutzlaffia aprica
Gutzlaffia aprica var. glabra (Imlay) H.S.Lo 岩一笼鸡
Gutzlaffia cavaleriei Lévl.= Gutzlaffia aprica
Gutzlaffia dielsiana (W.W.Sm.) S.Moore= Gutzlaffia aprica
Gutzlaffia forestii S.Moore= Paragutzlaffia henryi
Gutzlaffia henryi (Hemsl.) C.B.Clarke ex S.Moore=Paragutzlaffia henryi
Gutzlaffia lyi (Lévl.) E.Hossain= Paragutzlaffia lyi
Gutzlaffia multiramosa Hand.-Mazz.= Paragutzlaffia lyi
Guzmania Ruiz & Pav.**果子蔓属**(凤梨科)
Guzmania lingulata (L.) Mez.果子蔓
Guzmania monostachia (L.) Rusby.单穗果子蔓
Guzmania sanguinea (Andre) Ande ex Mez.红叶果子蔓
Gyminda Sarg. **假黄杨木属** (卫矛科)
Gyminda grisebachii Sarg.阔叶假黄杨木
Gymnadenia Schltr.=**Brachycorythis**
Gymnadenia R.Br.**手参属**(兰科)
Gymnadenia albida (L.) L.C.Rich.欧洲手参
Gymnadenia bicornis T.Tang & K.Y.Lang 角距手参
Gymnadenia brevicalcarata Finet=Orchis brevicalcarata
Gymnadenia calcicola W.W.Sm.=Neottianthe calcicola
Gymnadenia camptoceras (Rolfe) Schltr.=Neottianthe camptoceras
Gymnadenia chusua (D.Don) Lindl.Orchis chusua
Gymnadenia chusua var. *nana* (King & Pantl.) Finet=Orchis chusua
Gymnadenia conopsea (L.) R.Br.手参
Gymnadenia conopsea var. *latifolia* Schltr.=Gymnadenia conopsea
Gymnadenia conopsea var. *ussuriensis* Rgl.=Gymnadenia conopsea
Gymnadenia conopsea var. *yunnanensis* Schltr.=Gymnadenia orchidis
Gymnadenia crassinervis Finet 短距手参
Gymnadenia crassinervis var. *elatior* T.Tang & F.T.Wang=Gymnadenia crassinervis
Gymnadenia cucullata (L.) L.C.Rich.=Neottianthe cucullata
Gymnadenia cucullata var. *maculata* Nakai & Kitag.=Neottianthe cucullata
Gymnadenia cylindrostachya Lindl.=Gymnadenia orchidis
Gymnadenia delavayi Schltr.=Gymnadenia orchidis
Gymnadenia emeiensis K.Y.Lang 峨眉手参
Gymnadenia faberi Rolfe=Amitostigma faberi
Gymnadenia galeandra (Rchb.f.) Rchb.f.=Brachycorythis galeandra
Gymnadenia graminifolia Rchb.f.禾叶手参
Gymnadenia hemipilioides Finet=Amitostigma hemipilioides
Gymnadenia himalaica Schltr.喜马拉雅手参?
Gymnadenia monophylla Ames & Schltr.=Neottianthe monophylla
Gymnadenia obcordata Rchb.f.(Finet in Rev.Gen.Bot.1901)= Brachycorythis galeandra
Gymnadenia odoratissima (L.) Rchb.f.芳香手参
Gymnadenia orchidis Lindl.西南手参
Gymnadenia pauciflora Lindl.=Orchis chusua
Gymnadenia pinguicula Rchb.f. & S.Moore=Amitostigma pinguiculum
Gymnadenia pseudodiphylax Kraenzl.=Neottianthe pseudodiphylax
Gymnadenia scabrilinguis Kraenzl.=Neottianthe cucullata
Gymnadenia secundiflora (HK.f.) Kraenzl.=Neottianthe secundiflora
Gymnadenia sibirica Turcz. ex Lindl.=Gymnadenia conopsea
Gymnadenia souliei Schltr.=Gymnadenia orchidis
Gymnadenia spathulata Lindl.=Orchis diantha
Gymnadenia tomingai Hay.=Amitostigma tomingai
Gymnadenia tryphiaeformis Rchb.f. ex Hemsl.=Amitostigma gracile
Gymnadenia viridis (L.) L.C.Rich.=Coeloglossum viride
Gymnagathis Stapf=**Stapfiophyton**
Gymnagathis peperomiifolia (Oliv.) Stapf=Stapfiophyton peperomiaefolium
Gymnandra Pall.=**Lagotis**
Gymnandra borealis Pall.(p.p.)=Lagotis integrifolia
Gymnandra integrifolia Willd.=Lagotis integrifolia
Gymnandra pallasii Cham. & Schlecht.(p.p.)=Lagotis integrifolia
Gymnanthera R.Br.**海岛藤属**(萝藦科)
Gymnanthera nitida R.Br.=Gymnanthera oblonga
Gymnanthera oblonga (N.L.Burm.) P.S.Green 海岛藤
Gymnanthera paludosa (Bl.) K.Schum.=Gymnanthera oblonga
Gymnaster Kitam.**裸菀属**(菊科)
Gymnaster angustifolius (Chang) Ling 窄叶裸菀
Gymnaster piccolii (HK.f.) Kitam.裸菀
Gymnaster simplex (Chang) Ling 四川裸菀
Gymnema R.Br.**匙羹藤属**(萝藦科)
Gymnema affine Decne.=Gymnema sylvestre
Gymnema alterniflorum Merr.=Gymnema sylvestre
Gymnema foetidum Tsiang 华宁藤
Gymnema foetidum var. foetidum=Gymnema foetidum
Gymnema foetidum var. *mairei* Tsiang=Gymnema foetidum
Gymnema formosanum Warb.=Gymnema sylvestre
Gymnema hainanense Tsiang 海南匙羹藤
Gymnema hirsuta Wall.=Tylophora ovata
Gymnema inodorum (Lour.) Decne.广东匙羹藤
Gymnema latifolium Wall. ex Wight 宽叶匙羹藤
Gymnema longiretinaculatum Tsiang 会东藤
Gymnema napalense Wall.=Gongronema napalense
Gymnema sylvestre (Retz.) Schult.匙羹藤
Gymnema sylvestre (Willd.) R.Br.=Gymnema sylvestre
Gymnema sylvestre var. *affine* (Decne.) Tsiang=Gymnema sylvestre
Gymnema sylvestre var. *chinense* Benth.=Gymnema sylvestre
Gymnema tenacissima (Roxb.) Spreng.=Marsdenia tenacissima
Gymnema tingens Roxb.=Gymnema inodorum
Gymnema yunnanense Tsiang 云南匙羹藤
Gymnobotrys lucida Wall. ex Baill.=Sapium insigne
Gymnocalycium Pfeiff.**裸萼球属**(仙人掌科)
Gymnocalycium damsii Britt. & Rose 丽蛇球
Gymnocalycium denudatum (Link. & Otto) Pfeiff.蛇龙球
Gymnocalycium gibbosum Pfeiff.九纹龙
Gymnocalycium lafaldense Vaup.罗星球

Gymnocalycium mihanovichii (Fric. & Gürke) Britt. & Rose 瑞云球
Gymnocalycium mihanovichii var. fridrichii f. aureorubrovariegatum Hort. 绯牡丹锦
Gymnocalycium mihanovichii var. friedrichii cv. Hibotan 绯牡丹
Gymnocalycium mostii (Gürke) Britt. & Rose 红蛇球
Gymnocalycium multiflorum (HK.) Britt. & Rose 多花球
Gymnocalycium oenanthemum Backeb.纯绯玉
Gymnocalycium saglionlis (Diels) Britt. & Rose 新天地
Gymnocarpium Newman **羽节蕨属**(蹄盖蕨科)
Gymnocarpium altaycum C.Y.Yang=Gymnocarpium robertianum
Gymnocarpium continentale Pojark.(蕨类图说 1957,东北草本志 1958,北京志 1992,新疆志 1992)=Gymnocarpium jessoense
Gymnocarpium disjuncta Löve & Löve=Gymnocarpium jessoense
Gymnocarpium disjunctum Ching=Gymnocarpium jessoense
Gymnocarpium dryopteris (L.) Newman 欧洲羽节蕨
Gymnocarpium dryopteris subsp.*disjunctum* Sarvela=Gymnocarpium jessoense
Gymnocarpium dryopteris var. *disjunctum* Ching=Gymnocarpium jessoense
Gymnocarpium gracilipes (Copel.) Ching=Gymnocarpium oyamense
Gymnocarpium jessoense (Koidz.) Koidz 羽节蕨
Gymnocarpium longulum Kitag.=Gymnocarpium jessoense
Gymnocarpium oyamense (Bak.) Ching 东亚羽节蕨
Gymnocarpium oyamense var. *gracilipes* W.C.Shieh=Gymnocarpium oyamense
Gymnocarpium phegopteris (L.) Newm.=Phegopteris connectilis
Gymnocarpium remotepinnatum (Hay.) Ching 细裂羽节蕨
Gymnocarpium remote-pinnatum sensu Ching=Gymnocarpium jessoense
Gymnocarpium remotum Ching=Gymnocarpium remotepinnatum
Gymnocarpium renotum Ching=Gymnocarpium jessoense
Gymnocarpium robertianum sensu Nakaike=Gymnocarpium jessoense
Gymnocarpium robertianum (Hoffm.) Newman 密腺羽节蕨
Gymnocarpium robertianum subsp.*longulum* (Christ)Toyokuni=Gymnocarpium jessoense
Gymnocarpium robertianum var. *longulum* (Christ) H.Ito ex Nakai=Gymnocarpium jessoense
Gymnocarpos Forssk.**裸果木属**(石竹科)
Gymnocarpos przewalskii Maxim.裸果木
Gymnocarpos przewalskii var. *scabrida* Chaud=Gymnocarpos przewalskii
Gymnocladus Lam.**肥皂荚属**(豆科)
Gymnocladus chinensis Baill.肥皂荚
Gymnocladus dioicus (L.) K.Koch.加拿大肥皂荚
Gymnogramma affinis Presl=Coniogramme affinis
Gymnogramma aurita HK.=Pseudophegopteris aurita
Gymnogramma cantoniense Baker=Leptochilus cantoniensis
Gymnogramma caudata Presl=Coniogramme caudata
Gymnogramma decurrenti-alata HK.=Cornopteris decurrenti-alata
Gymnogramma fauriei Christ=Asplenium subvarians
Gymnogramma fraxinea Clarke=Coniogramme procera
Gymnogramma fraxinea var. *pilosa* Clarke=Coniogramme caudata
Gymnogramma frxinea Bedd.=Coniogramme fraxinea
Gymnogramma gigantea Bak.=Allantodia gigantea
Gymnogramma grammitoides Baker=Loxogramme grammitoides
Gymnogramma griffithii Hance=Dictyocline griffithii
Gymnogramma hamiltoniana HK.=Colysis pedunculata
Gymnogramma henryi Baker=Colysis henryi
Gymnogramma japonica Desv.=Coniogramme japonica
Gymnogramma javanica sensu Bedd.=Coniogramme caudata
Gymnogramma javanica Bl.(HK.in Sp.Fil.1864,)=Coniogramme affinis
Gymnogramma javanica Bl.=Coniogramme fraxinea
Gymnogramma javanica HK.(1874,p.p.)=Coniogramme intermedia
Gymnogramma javanica HK.(1880,p.p.)=Coniogramme procera
Gymnogramma javanica var. *robusta* Christ=Coniogramme robusta
Gymnogramma javanica var. *spinulosa* Christ=Coniogramme caudata
Gymnogramma lanceolata var. *minor* Baker ex Makino=Loxogramme grammitoides
Gymnogramma leptophylla Desv.=Anogramma leptophylla
Gymnogramma levingei Clarke=Pseudophegopteris levingei
Gymnogramma macrophylla HK.(Baker in J.Bot.1888)=Colysis henryi
Gymnogramma makinoi Maxim. ex Makino=Pleurosoriopsis makinoi
Gymnogramma marantae Mett.=Gymnopteris marantae
Gymnogramma microphylla HK. & Bak.=Anogramma microphylla
Gymnogramma mollissima Kze.=Leptogramma pozoi
Gymnogramma obtusata Bl.=Cornopteris opaca
Gymnogramma opaca (Don) Spreng.=Cornopteris opaca
Gymnogramma rhizophylla Kaulf.=Egenolfia rhizophylla
Gymnogramma sect. *Selliguea* C.B.Clarke=**Loxogramme**
Gymnogramma serrulata Wall.=Coniogramme caudata
Gymnogramma vestita Presl=Gymnopteris vestita
Gymnogramma vestita var. *auriculata* Franch.=Gymnopteris bipinnata var. auriculata
Gymnogramme andersonii Bedd.=Woodsia andersonii
Gymnogramme arifolia Kuhn=Hemionitis arifolia
Gymnogramme calomelas Link=Pityrogramme calomelanos
Gymnogramme ceterach Spring=Ceterach officinarum
Gymnogramme delavayi Bak.=Gymnopteris delavayi
Gymnogramme delavayi sensu Christ=Gymnopteris bipinnata
Gymnogramme digitata Baker=Colysis digitata
Gymnogramme ellipticum Baker=Colysis elliptica
Gymnogramme involuta (D.Don) HK.=Loxogramme involuta
Gymnogramme longisora Baker=Colysis elliptica var. pentaphylla
Gymnogramme pentaphylla Baker=Colysis elliptica var. pentaphylla
Gymnogramme sagittata Ettingsh.=Hemionitis arifolia
Gymnogramme salicifolia Makino=Loxogramme salicifolia
Gymnogramme selliguea HK.=Colysis pedunculata
Gymnogramme wrightii HK. & Baker=Colysis wrightii
Gymnogrammitidaceae 雨蕨科
Gymnogrammitis Griff.**雨蕨属**(雨蕨科)
Gymnogrammitis dareiformis (HK.) Ching ex Tard.-Blot & C.Chr.雨蕨
Gymnopetalum Bl.**金瓜属**(葫芦科)
Gymnopetalum chinense (Lour.) Merr.金瓜
Gymnopetalum cochinchinense (Lour.) Kurz=Gymnopetalum chinense
Gymnopetalum heterophyllum Kurz=Gymnopetalum chinense
Gymnopetalum horsfieldii Miq.=Thladiantha cordifolia
Gymnopetalum integrifolium (Roxb.) Kurz 凤瓜
Gymnopetalum leucostictum Miq.=Gymnopetalum integrifolium
Gymnopetalum monoicum Gagn.=Gymnopetalum integrifolium
Gymnopetalum monoicum var. *incisa* Gagn.=Gymnopetalum integrifolium
Gymnopetalum penicaudii Gagn.=Gymnopetalum integrifolium
Gymnopetalum piperifolium Miq.=Thladiantha cordifolia
Gymnopetalum quinquelobatum Merr.=Gymnopetalum chinense
Gymnopetalum quinquelobum Miq.=Gymnopetalum chinense
Gymnopteris Bernh.**金毛裸蕨属**(裸子蕨科)
Gymnopteris axillaris var. *axillaris* Bedd.=Leptochilus axillaris
Gymnopteris bipinnata Christ 川西金毛裸蕨
Gymnopteris bipinnata var. auriculata (Franch.) Ching 耳羽金毛裸蕨
Gymnopteris bipinnata var. bipinnata=Gymnopteris bipinnata
Gymnopteris borealisinensis Kitag.=Gymnopteris bipinnata var. auriculata
Gymnopteris decurrens HK.=Hemigramma decurrens
Gymnopteris delavayi (Bak.) Underw 滇西金毛裸蕨
Gymnopteris dichotomophlebia Hay.=Leptochilus decurrens
Gymnopteris feei T.Moore=Leptochilus decurrens
Gymnopteris feei f. *anomala* Bedd.=Leptochilus decurrens
Gymnopteris feei var. *pinnatifida* Bedd.=Leptochilus decurrens
Gymnopteris feei var. *triloba* Bedd.=Leptochilus decurrens
Gymnopteris harlandii HK.=Hemigramma decurrens
Gymnopteris marantae (L.) Ching 欧洲金毛裸蕨
Gymnopteris marantae var. intermedia Ching 中间金毛裸蕨
Gymnopteris marantae var. marantae=Gymnopteris marantae
Gymnopteris quercifolia Bernh.=Quercifilix zeylanica
Gymnopteris sargentii Christ 三角金毛裸蕨
Gymnopteris tricupis (HK.) Bedd.=Christiopteris tricuspis
Gymnopteris variabilis var. *lanceolata* Bedd.=Leptochilus decurrens
Gymnopteris vestita (Wall. ex Presl) Underw 金毛裸蕨
Gymnosiphon Bl.**腐草属**(水玉簪科)
Gymnosiphon nana (Fukuyama & Suzuki) Tuyama 腐草
Gymnospermium Spach. **牡丹草属**(小檗科)
Gymnospermium altaicum (Pall.) Spach.阿尔泰牡丹草
Gymnospermium kiangnaense (P.L.Chiu) Loconte 江南牡丹草
Gymnospermium microrrhynchum (S.Moore) Takht.牡丹草
Gymnosphaera Bl.**黑桫椤属**(桫椤科)
Gymnosphaera denticulata (Bak.) Cop.齿牙黑桫椤
Gymnosphaera glabra Bl.光黑桫椤
Gymnosphaera metteniana (Hance) Tagawa 小黑桫椤
Gymnosphaera podophylla (HK.) Cop.黑桫椤

Gymnosporia Benth. & HK.f.=**Maytenus**
Gymnosporia acuminata HK.f.=Maytenus hookeri
Gymnosporia berberoides W.W.Sm.=Maytenus berberoides
Gymnosporia diversifolia Maxim.=Maytenus diversifolius
Gymnosporia esquirolii Lévl.=Maytenus esquirolii
Gymnosporia hainanensis Merr. & Chun=Maytenus hainanensis
Gymnosporia royleana Laws.=Maytenus royleanus
Gymnosporia rufa (Wall.) Laws.=Maytenus rufus
Gymnosporia tiaoloshanensis Chun & How=Maytenus tiaoloshanensis
Gymnosporia var. *iabilis* (Hemsl.) Loes.=Maytenus variabilis
Gymnostachyum Nees **裸柱草属**(爵床科)
Gymnostachyum knoxiifolium C.B.Clarke= Cosmianthemum knoxifolium
Gymnostachyum kwangsiense H.S.Lo 广西裸柱草
Gymnostachyum sanguinolentum (Vahl) T.Anders.裸柱草
Gymnostachyum sinense (H.S.Lo) H.Chu 华裸柱草
Gymnostachyum subrosulatum H.S.Lo 矮裸柱草
Gymnostyles Juss.=**Soliva**
Gymnostyles anthemifolia Juss.=Soliva anthemifolia
Gymnotheca Decne.**裸蒴属**(三白草科)
Gymnotheca chinensis Decne.裸蒴
Gymnotheca involucrata Pei 白苞裸蒴
Gymnothrix Beauv.=**Pennisetum**
Gymnothrix nitens Anderss.=Pennisetum purpureum
Gymnothrix thuarii Beauv.=Pennisetum alopecuroides
Gynandropsis DC.=**Cleome**
Gynandropsis gynandra (L.) Briq.=Cleome gynandra
Gynandropsis pentaphylla (L.) DC.=Cleome gynandra
Gynandropsis sinica Miq.=Cleome gynandra
Gynandropsis speciosa (H.B.K.) DC.=Cleome speciosa
Gynandropsis viscida Bge.=Cleome gynandra
Gynocardia R.Br.**马蛋果属**(大风子科)
Gynocardia codorata R.Br.马蛋果
Gynostemma Bl.**绞股蓝属**(葫芦科)
Gynostemma aggregatum C.Y.Wu & S.K.Chen 聚果绞股蓝
Gynostemma burmanicum King ex Chakr.缅甸绞股蓝
Gynostemma burmanicum var. burmanicum=Gynostemma burmanicum
Gynostemma burmanicum var. molle C.Y.Wu ex C.Y.Wu & S.K.Chen 大果绞股蓝
Gynostemma cardiospermum Cogn. ex Oliv.心籽绞股蓝
Gynostemma crenulata Ridl.=Gynostemma laxum
Gynostemma elongatum Merr.=Neoalsomitra integrifoliola
Gynostemma integrifoliola Cogn.=Neoalsomitra integrifoliola
Gynostemma laxiflorum C.Y.Wu & S.K.Chen 疏花绞股蓝
Gynostemma laxum (Wall.) Cogn.(Keraudren in Auréville & Leroy ,Fl. Cambodge Laos Viêtnam 1975)=Gynostemma laxum
Gynostemma laxum (Wall.) Cogn.光叶绞股蓝
Gynostemma longipes C.Y.Wu ex C.Y.Wu & S.K.Chen 长梗绞股蓝
Gynostemma microspermum C.Y.Wu & S.K.Chen 小籽绞股蓝
Gynostemma pedata Bl.=Gynostemma pentaphyllum
Gynostemma pedata var. *pubescens* Gagn.=Gynostemma pubescens
Gynostemma pedatum var. *hypehense* Pamp.=Gynostemma pentaphyllum
Gynostemma pedatum var. *trifoliatum* Hay.=Gynostemma pentaphyllum
Gynostemma pentaphyllum (Thunb.) Makino 绞股蓝
Gynostemma pentaphyllum var. dasycarpum C.Y.Wu ex C.Y.Wu & S.K.Chen 毛果绞股蓝
Gynostemma pentaphyllum var. pentaphyllum=Gynostemma pentaphyllum
Gynostemma pubescens (Gagn.) C.Y.Wu ex C.Y.Wu & S.K.Chen 毛绞股蓝
Gynostemma simplicifolium Bl.单叶绞股蓝
Gynostemma sp. Forbes & Hemsl.=Hemsleya chinensis
Gynostemma yixingense (Z.P.Wang & Q.Z.Xie) C.Y.Wu & S.K.Chen 喙果绞股蓝
Gynura Cass **菊三七属**(菊科)
Gynura amaclurei Merr.=Gynura barbareifolia
Gynura angulosa (Wall.) DC.=Gynura cusimbua
Gynura angulosa DC.(Hance in J.L.Soc.Bot.1883)=Gynura bicolor
Gynura auriculata Cass.=Gynura divaricata
Gynura aurita C.Winkl.=Gynura japonica
Gynura barbareifolia Gagn.山芥菜
Gynura bicolor (Willd.) DC.红凤菜
Gynura bodinierei Lévl.=Gynura pseudochina
Gynura cavalerei Lévl.=Gynura procumbens
Gynura crepidioides Benth.=Crassocephalum crepidioides
Gynura cusimbua (D.Don) S.Moore 木耳菜
Gynura dielsii Lévl.=Gynura nepalensis
Gynura divaricata (L.) DC.白子菜
Gynura divaricata subsp. *barbareifolia* (Gagn.) F.Davies=Gynura barbareifolia
Gynura divaricata subsp. *formosana* (Kitam.) F.Davies=Gynura formosana
Gynura elliptica Yabe & Hay. ex Hay.兰屿木耳菜
Gynura esquirolii Lévl.=Synotis hieraciifolia
Gynura flava Hay.=Gynura japonica
Gynura formosana Kitam.白凤菜
Gynura hemsleyana Lévl.=Gynura divaricata
Gynura hieraciifolia Lévl.=Synotis hieraciifolia
Gynura integrifolia Gagn.缘叶三七草
Gynura japonica (Thunb.) Juel.菊三七
Gynura japonica var. *flava* (Hay.) Kitam.=Gynura japonica
Gynura nepalensis DC.尼泊尔菊
Gynura nudibasis (Lévl. & Vant.) Lauener & Ferguson=Gynura nepalensis
Gynura ovalis (Ker-Gawl.) DC.=Gynura divaricata
Gynura ovalis DC.(Hay.in J.Coll.Sci.1904)=Gynura formosana
Gynura ovalis var. *pinnatifida* Hemsl.=Gynura divaricata
Gynura pinnatifida (Lour.) DC.=Gynura japonica
Gynura pinnatifida Vant.=Gynura japonica
Gynura procumbens (Lour.) Merr.平卧菊三七
Gynura pseudochina (L.) DC.(Hand.-Mazz.in Act.Hort.Gothob.1938)=Gynura nepalensis
Gynura pseudochina (L.) DC.狗头七
Gynura sarmentosa (Bl.) DC.=Gynura procumbens
Gynura segetum Lour. ex Merr.=Gynura japonica
Gynura sinica Diels=Synotis sinica
Gynura vaniotii Lévl.=Gynura japonica
Gypsophila L.**石头花属**(石竹科)
Gypsophila acutifolia Fisch. ex Spreng.(Forbes & Hemsl.in J.L.Soc.Bot. 1886)=Gypsophila licentiana
Gypsophila acutifolia Fisch. ex Spreng.(北京志 1984)=Gypsophila tschiliensis
Gypsophila acutifolia var. *chinensis* Rgl.=Gypsophila tschiliensis
Gypsophila acutifolia var. *gmelinii* (Bge.) Rgl.=Gypsophila patrinii
Gypsophila acutifolia β. *gmelini* Rgl.=Gypsophila patrinii
Gypsophila alpina HaBl.=Petrorhagia alpina
Gypsophila altissima L.高石头花
Gypsophila capituliflora Rupr.头状石头花
Gypsophila cephalotes (Schrenk) Williams 膜苞石头花
Gypsophila cerastioides D.Don 卷耳状石头花
Gypsophila davurica Turcz. ex Fenzl 草原石头花
Gypsophila davurica var. angustifolia Fenzl 狭叶草原石头花
Gypsophila davurica var. davurica=Gypsophila davurica
Gypsophila desertorum (Bge.) Fenzl 荒漠石头花
Gypsophila dshungarica Czerniakowska=Gypsophila capituliflora
Gypsophila elegans M.Bieb.缕丝花
Gypsophila ellipticifolia Barkoudah=Gypsophila tschiliensis
Gypsophila fastigiata var. *cephalotes* Schrenk=Gypsophila cephalotes
Gypsophila fastigiata β. *cephalotes* Schrenk=Gypsophila cephalotes
Gypsophila gmelini Bge.=Gypsophila patrinii
Gypsophila gmelini β. *dahurica* Turcz.=Gypsophila davurica
Gypsophila huashanensis Y.W.Tsui & D.Q.Lu 华北石头花
Gypsophila licentiana Hand-Mazz.细叶石头花
gypsophila muralis L.细小石头花
Gypsophila oldhamiana Miq.长蕊石头花
Gypsophila pacifica Kom.大叶石头花
Gypsophila paniculata L.圆锥石头花
Gypsophila patrinii Ser.紫萼石头花
Gypsophila patrinii subsp. *davurica* (Turcz. ex Fenzl) Kozhev.=Gypsophila davurica
Gypsophila perfoliata L.(华北经济志要 1953,经济植物手册 1955)=Gypsophila pacifica
Gypsophila perfoliata L.钝叶石头花
Gypsophila repens L.匍伏丝石竹
Gypsophila sect. *Petrorhagia* Ser. ex DC.=**Petrorhagia**

Gypsophila sericea (Ser.) Krylov 绢毛石头花
Gypsophila spinosa D.Q.Lu 刺序石头花
Gypsophila stricta Bge.=Petrorhagia alpina
Gypsophila trichotoma Wend.=Gypsophila perfoliata
Gypsophila tschiliensis J.Krause 河北石头花
Gyrinopsis Decne.=**Aquilaria**
Gyrocheilos W.T.Wang **圆唇苣苔属**(苦苣苔科)
Gyrocheilos chorisepalum W.T.Wang 圆唇苣苔
Gyrocheilos chorisepalum var. chorisepalum=Gyrocheilos chorisepalum
Gyrocheilos chorisepalum var. synsepalum W.T.Wang 北流圆唇苣苔
Gyrocheilos lasiocalyx W.T.Wang 毛萼圆唇苣苔
Gyrocheilos microtrichum W.T.Wang 微毛圆唇苣苔
Gyrocheilos retrotrichum W.T.Wang 折毛圆唇苣苔
Gyrocheilos retrotrichum var. oligolobum W.T.Wang 稀裂圆唇苣苔
Gyrocheilos retrotrichum var. retrotrichum=Gyrocheilos retrotrichum
Gyrogyne W.T.Wang **圆果苣苔属**(苦苣苔科)
Gyrogyne subaequifolia W.T.Wang 圆果苣苔
Gyrosorium C.Presl=**Pyrrosia**

H

Haasia Nees=**Dehaasia**
Habenaria Willd.**玉凤花属**(兰科)
Habenaria achalensis Krzl.阿根廷玉凤花
Habenaria acianthoides Schltr 小花玉凤花
Habenaria acuifera Lindl.(HK.f.in Fl.Brit.Ind.1890,p.p.)=Habenaria linguella
Habenaria acuifera Lindl.凸孔坡参
Habenaria acuifera var. *linguella* (Lindl.) Finet=Habenaria linguella
Habenaria acuifera var. *rostrata* Finet=Habenaria rostrata
Habenaria affinis D.Don=Peristylus affinis
Habenaria aitchisoni Rchb.f.(高等图鉴 1976,p.p.)=Habenaria balfouriana
Habenaria aitchisonii Rchb.f.落地玉凤花
Habenaria alexandrae Schltr.=Habenaria glaucifolia
Habenaria altior Rendl.较高玉凤花
Habenaria amanoana Ohwi=Habenaria stenopetala
Habenaria arietina HK.f.毛瓣玉凤花
Habenaria atramentaria Kranezl.=Peristylus densus
Habenaria austrosinensis T.Tang & F.T.Wang 薄叶玉凤花
Habenaria bakeriana King & Pantl.=Platanthera bakeriana
Habenaria balfouriana Schltr 滇蜀玉凤花
Habenaria beesiana W.W.Sm.=Peristylus bulleyi
Habenaria bihamata Kraenzl.=Habenaria aitchisonii
Habenaria bonatiana Schltr.=Platanthera latilabris
Habenaria bulleyi Rolfe=Peristylus bulleyi
Habenaria burchneroides (Schltr.=Peristylus densus
Habenaria calcarata (Rolfe) Schltr.=Peristylus calcaratus
Habenaria camptoceras Rofle=Neottianthe camptoceras
Habenaria carnea N.E.Br.肉色玉凤花
Habenaria cavaleriei Schltr.=Peristylus affinis
Habenaria ceratopetala A.Rich.角状瓣玉凤花
Habenaria chiloglossa T.Tang & F.T.Wang=Platanthera chiloglossa
Habenaria chlorantha (Cust ex Rchb.) Bab.=Platanthera chlorantha
Habenaria chloropecten Schltr.=Habenaria davidii
Habenaria chrysantha Schltr.=Habenaria linguella
Habenaria chysea W.W.Sm.=Orchis chrysea
Habenaria ciliolaris Kraenzl 毛葶玉凤花
Habenaria cirrhifera Ohwi=Habenaria pantlingiana
Habenaria clavigera (Lindl.) Dandy=Platanthera clavigera
Habenaria commelinifolia (Roxb.) Lindl.斧萼玉凤花
Habenaria conopsea (L.) Benth.=Gymnadenia conopsea
Habenaria costricta (Lindl.) HK.f.=Peristylus constrictus
Habenaria coultousii Barretto 香港玉凤花
Habenaria crassilabia Kraenzl.=Habenaria shweliensis
Habenaria cucullata (L.) Hoefft.=Neottianthe cucullata
Habenaria cyclochila Franch & Sav.=Orchis cyclochila
Habenaria davidii Franch 长距玉凤花
Habenaria decorata Hochst.美丽玉凤花
Habenaria delavayi Finet 厚瓣玉凤花
Habenaria delessertiana Kraenzl.=Habenaria stenopetala
Habenaria densa Lindl.=Platanthera clavigera
Habenaria dentata (Sw.) Schltr 鹅毛玉凤花
Habenaria dentata var. *ecalcarata* (King & Pantl.) Hand.-Mazz.= Habenaria malintana
Habenaria dentata var. *tohoensis* (Hay.) S.S.Ying=Habenaria dentata
Habenaria diceras Schltr.=Habenaria aitchisonii
Habenaria diceras var. *pubicaulis* (Schltr.) Sóo=Habenaria aitchisonii
Habenaria digitata Kdl.指状玉凤花
Habenaria dilatata subsp. *lucida* (Willd.) S.S.Ying=Habenaria lucida
Habenaria diphylla Dalz 二叶玉凤花
Habenaria diplonema Schltr 小巧玉凤花
Habenaria duclouxii Rolfe=Peristylus mannii
Habenaria elisabethae Duthie=Peristylus elisabethae
Habenaria endothrix Miq.=Habenaria linguella
Habenaria ensifolia Lindl.=Habenaria pectinata
Habenaria faberi Rolfe=Amitostigma faberi
Habenaria fallax (Lindl.) King & Pantl.=Peristylus fallax
Habenaria fargesii Finet 雅致玉凤花
Habenaria finetiana Schltr 齿片玉凤花
Habenaria flagellifera Makino(台湾志,1978)=Peristylus calcaratus
Habenaria flagellifera Makino=Peristylus flagellifer
Habenaria forceps (Finet) Schltr.=Peristylus forceps
Habenaria fordii Rolfe 线瓣玉凤花
Habenaria formosana Schltr.=Peristylus formosanus
Habenaria forrestii Schltr.=Peristylus forrestii
Habenaria fulva T.Tang & F.T.Wang 褐黄玉凤花
Habenaria furcifera Lindl.密花玉凤花
Habenaria galeandra (Rchb.f.) Benth.=Brachycorythis galeandra
Habenaria galeandra var. *annamica* Gagn.=Brachycorythis galeandra
Habenaria geniculata D.Don=Habenaria dentata
Habenaria geniculata var. *ecalcarata* King & Pantl.=Habenaria malintana
Habenaria geniculata var. *yunnanensis* (Finet) Finet=Habenaria finetiana
Habenaria glaucifolia Bur & Franch 粉叶玉凤花
Habenaria glossophora W.W.Sm.=Platanthera hologlottis
Habenaria gnomifera Schltr.=Habenaria glaucifolia
Habenaria goodyeroides D.Don=Peristylus goodyeroides
Habenaria goodyeroides var. *affinis* King & Pantl.=Peristylus affinis
Habenaria goodyeroides var. *formosana* Hay.=Peristylus goodyeroides
Habenaria hancockii Rolfe=Habenaria rostellifera
Habenaria hayataena Schltr.=Peristylus goodyeroides
Habenaria henryi Rolfe=Platanthera minor
Habenaria herbiola R.Br.=Tulotis fuscescens
Habenaria herminioides Aames & Schltr.=Peristylus forceps
Habenaria hosokawa Fukuyama 毛唇玉凤花
Habenaria humidicola Rolfe 湿地玉凤花
Habenaria hysitris Ames 粤琼玉凤花
Habenaria intermedia D.Don 大花玉凤花
Habenaria intermedia var. *arietina* (HK.f.) Finet=Habenaria arietina
Habenaria japonica (Thubn ex A.Muray) A.Gray=Platanthera japonica
Habenaria japonica var. *minor* Miq.=Platanthera minor
Habenaria juncea King & Pantl.=Platanthera juncea
Habenaria kweitchuensis Schltr.=Habenaria ciliolaris
Habenaria lacertifera (Lindl.) Benth.=Peristylus lacertiferus
Habenaria latilabris (Lindl.) HK.f.=Platanthera latilabris
Habenaria leptocaulon HK.f.=Platanthera leptocaulon
Habenaria leptoloba Benth 细裂玉凤花
Habenaria leucopecten Schltr.=Habenaria davidii
Habenaria limprichtii Schltr 宽药隔玉凤花
Habenaria linearifolia Maixm 线叶玉凤花
Habenaria linearifolia Maxim.(浙江志 1993,p.p.)=Habenaria schindleri
Habenaria linearipetala Hay.=Habenaria stenopetala
Habenaria linguella Lindl.坡参
Habenaria loloorum Schltr.=Habenaria acuifera
Habenaria longicalcarata (Hay.) S.S.Ying(p.p.)=Platanthera longicalcarata
Habenaria longicalcarata (Hay.) S.S.Ying(p.p.)=Tulotis devolii
Habenaria longifolia Buch.-Ham.长叶玉凤花
Habenaria longiracema Fukuyama=Peristylus longiracemus
Habenaria longitenticulata Hay.=Habenaria pantlingiana
Habenaria lucida Lindl.细花玉凤花
Habenaria macrantha Hochst.大玉凤花(新)
Habenaria mairei Schltr 棒距玉凤花
Habenaria malintana (Blanco) Merr 南方玉凤花
Habenaria malleifera HK.f.(Hand.-Mazzin in Symb.Sin.1936)=Habenaria ciliolaris
Habenaria marginata Coleb 滇南玉凤花

Habenaria medioflexa Turrill 版纳玉凤花
Habenaria meyenii Merr.=Peristylus lacertiferus
Habenaria microgymnadenia Kraenzl.=Gymnadenia conopsea
Habenaria miersiana Champ. ex Benth.=Habenaria dentata
Habenaria miersiana var. *yunnanensis* Finet=Habenaria finetiana
Habenaria minor Fukuyama ex Masam 岩坡玉凤花
Habenaria monophylla Coll & Hemsl.=Orchis monophylla
Habenaria multibracteata W.W.Sm.=Platanthera minor
Habenaria nematocerata T.Tang & F.T.Wang 细距玉凤花
Habenaria oligoschista Schltr.=Habenaria limprichtii
Habenaria omeiensis Rolfe=Platanthera japonica
Habenaria oreophila W.W.Sm.=Platanthera oreophila
Habenaria pachyglossa (Hay.) Masam.=Platanthera mandarinorum subsp. pachyglossa
Habenaria pantlingiana Kraenzl 丝瓣玉凤花
Habenaria parishii (Rchb.f.) HK.f.=Peristylus parishii
Habenaria pectinata (J.E.Smith) D.Don 剑叶玉凤花
Habenaria pectinata var. *davidii* (Franch.) Finet=Habenaria davidii
Habenaria petelotii Gagn 裂瓣玉凤花
Habenaria peyentsinensis Kraenzl.=Habenaria finetiana
Habenaria pinguicula (Rchb.f. & S.Moore) Benth. ex Rolfe=Amitostigma pinguiculum
Habenaria platantheroides T.Tang & F.T.Wang=Platanthera platantheroides
Habenaria plurifoliata T.Tang & F.T.Wang 莲座玉凤花
Habenaria polytricha Rolfe 丝裂玉凤花
Habenaria pseudodenticulata Hand.-Mazz.=Habenaria petelotii
Habenaria pubicaulis Schltr.=Habenaria aitchisonii
Habenaria pugionifera W.W.Sm.=Tulotis fuscescens
Habenaria purpureo-punctata K.Y.Lang 紫斑玉凤花
Habenaria radiata (Thunb.) Spreng.=Pecteilis radiata
Habenaria recurva var. *erectiflora* T.Tang & F.T.Wang=Habenaria lucida
Habenaria reniformis (D.Don) HK.f.肾叶玉凤花
Habenaria rhodochelia Hance 橙黄玉凤花
Habenaria roseotincta W.W.Sm.=Platanthera roseotincta
Habenaria rostellifera Rchb.f.齿片坡参
Habenaria rostrata Lindl.喙房坡参
Habenaria rupestris T.P.Lin & T.W.Hu=Habenaria minor
Habenaria sagittifera Rchb.f.(高等图鉴 1976,p.p.,安徽志 1992,p.p.)=Habenaria linearifolia
Habenaria sagittifera Rchb.f.(高等图鉴 1976,p.p.,江苏志 1977,安徽志 1992,p.p.,福建志 1995)=Habenaria schindleri
Habenaria sagittifera f. *lacerata* Matsuda=Habenaria schindleri
Habenaria sampsoni (Hance) Hance=Peristylus affinis
Habenaria schindleri Schltr 十字兰
Habenaria sect. *Phyllostachya* Benth.=**Brachycorythis**
Habenaria secundiflora HK.f.=Neottianthe secundiflora
Habenaria shensiana Kraenzl.=Tulotis ussuriensis
Habenaria shweliensis W.W.Sm 中缅玉凤花
Habenaria siamensis Schltr 中泰玉凤花
Habenaria sikkinensis HK.f.=Platanthera sikkinensis
Habenaria simeonis Kraenzl.=Habenaria linguella
Habenaria spiranthiformis Ames & Schltr.=Peristylus mannii
Habenaria stenantha HK.f.=Platanthera stenantha
Habenaria stenantha var. *auriculata* (Finet) S.Y.Hu=Platanthera finetiana
Habenaria stenopetala Lindl.狭瓣玉凤花
Habenaria stenopetala var. *polytricha* HK.f.=Habenaria pantlingiana
Habenaria stenostachya (Lindl. ex Benth.) Benth.=Peristylus densus
Habenaria stenostachya subsp. *burchneroides* Sóo=Peristylus densus
Habenaria subulifera W.W.Sm.=Platanthera chlorantha
Habenaria susannae (L.) Bl.=Pecteilis susannae
Habenaria susannae (L.) R.Br.=Pecteilis susannae
Habenaria sutepensis Rolfe ex Downie=Habenaria stenopetala
Habenaria szechuanica Schltr 四川玉凤花
Habenaria tentaculata (Lindl.) Rchb.f.=Peristylus tentaculatus
Habenaria tentaculata var. *acutifolia* Hay.=Peristylus formosanus
Habenaria tibetica Schltr. ex Limpricht 西藏玉凤花
Habenaria tienensis T.Tang & F.T.Wang=Habenaria finetiana
Habenaria tohoensis Hay.=Habenaria dentata
Habenaria tonkinensis Seidenf 丛叶玉凤花
Habenaria transnokoensis (Owhi & Fukuyama) S.S.Ying=Platanthera sachalinensis
Habenaria trichochila Rolfe ex Downie=Habenaria medioflexa
Habenaria uliginosa Rchb.f.湿地玉凤花
Habenaria urceolata Clarke=Diphylax urceolata
Habenaria ussuriensis (Maxim.) Miyabe=Tulotis ussuriensis
Habenaria viridiflora (Rottl ex Sw.) R.Br.绿花玉凤花
Habenaria viridis (L.) R.Br.=Coeloglossum viride
Habenaria wolongensis K.Y.Lang 卧龙玉凤花
Habenaria yüana T.Tang & F.T.Wang 川滇玉凤花
Habenaria yunnanensis Rolfe=Habenaria delavayi
Haberlea Friv.**巴尔干苣苔属**(苦苣苔科)
Haberlea ferdinandi-coburgii Urum.费的南多巴尔干苣苔
Haberlea rhodopensis Friv.巴尔干苣苔
Haberlia grandis Dennst.=Lannea coromandelica
Habranthus Herb.**美花莲属**(石蒜科)
Habranthus andersonii Herb.安德逊氏美花莲
Habranthus gracilifolius Herb.纤叶美花莲
Habrodictyum cumingii v.d.B.=Abrodictyum cumingii
Habrothamnus elegans Brong.=Cestrum elengans
Hackelia Opiz=**Eritrichium**
Hackelia Opiz ex Bercht.**假鹤虱属**(紫草科)
Hackelia brachytuba (Diels) I.M.Joh.大叶假鹤虱
Hackelia brachytuba (Diels) Johnst.=Hackelia brachytuba
Hackelia deflexa (Wahlenb.) Opiz=Eritrichium deflexum
Hackelia dielsii (Brand) Jonst.=Hackelia brachytuba
Hackelia difformis (Y.S.Lian & J.Q.Wang 异型假鹤虱
Hackelia echinocarya Johnst.=Eritrichium echinocaryum
Hackelia floribunda (Lehm.) I.M.Johnso 多花假鹤虱
Hackelia glochidiata (Wall.) Brand=Hackelia uncinatum
Hackelia minima Brand=Actinocarya tibetica
Hackelia pamirica (Fedtsch.) Brand=Eritrichium pamiricum
Hackelia roylei (Wall.Johnst.=Hackelia uncinatum
Hackelia thymifolia (DC.) Johnst.=Eritrichium thymifolium
Hackelia uncinata (Benth.) C.E.C.Fisch.=Hackelia uncinatum
Hackelia uncinatum (Benth.) C.E.C.Fisch.卵叶假鹤虱
Hackelochloa Kuntze **球穗草属**(禾本科)
Hackelochloa granularis (L.) Kuntze 球穗草
Hackelochloa porifera (Hack.) Rhind 穿孔球穗草
Haemanthus L.**网球花属**(石蒜科)
Haemanthus albiflos Jacq.白花网球花
Haemanthus coccineus L.血莲
Haemanthus katherinae Bak.绣球百合
Haemanthus multiflorus Martyn 网球花
Haemaria Lindl.=**Ludisia**
Haemaria Lindl.**黑玛兰属**(兰科)
Haemaria discolor (Ker-Gawl.) Lindl.=Ludisia discolor
Haemaria discolor (Ker-Grawl.) Lindl.黑玛兰
Haematorchis altissima (Bl.) Bl.=Erythrorchis altissima
Haematoxylon L.**采木属**(豆科)
Haematoxylon campechianum L.采木
Hagioseris Boiss.=**Picris**
Hainania Merr.**海南椴属**(椴树科)
Hainania trichosperma Merr.海南椴
Hakea Schrad.**哈克属**(山龙眼科)
Hakea acicularis R.Br.针叶哈克
Hakea arborescens R.Br.乔木状哈克
Hakea auriculata Meissn.耳叶哈克
Hakea cristata R.Br.鸡冠状哈克
Hakea cucullata R.Br.兜状哈克
Hakea cyclophora Lindl.粗果哈克
Hakea dactyloides Cav.指状叶哈克
Hakea elliptica R.Br.椭圆果哈克
Hakea erinacea Meissn.猬状哈克
Hakea gibbosa Cav.隆凸哈克
Hakea glabella R.Br.光滑哈克
Hakea incrassata R.Br.厚叶哈克
Hakea laurina R.Br.海猬哈克
Hakea lecoptera R.Br.白翅哈克
Hakea marginata R.Br.边缘哈克
Hakea multilineata Meissn.多条哈克
Hakea petiolaris Meissn.柄生哈克
Hakea platysperma HK.宽籽哈克

Hakea propinqua A.Cunn.亲哈克
Hakea pugioniformis Cav.匕首形果哈克
Hakea purpurea HK.紫色哈克
Hakea recurva Meissn.弯形哈克
Hakea ruscifolia Labill.假叶树状哈克
Hakea saligna J.Knight.柳形哈克
Hakea suaveolens R.Br.香甜哈克
Hakea subsulcata Meissn.沟状哈克
Hakea trifurcata R.Br.三叉哈克
Hakea ulicina R.Br.荆豆哈克
Hakea varia R.Br.多色叶哈克
Hakea victoriae J.Dumm.胜利哈克
Hakea vittata R.Br.纵带哈克
Haldina Ridsd.**心叶木属**(茜草科)
Haldina cordifolia (Roxb.) Ridsd.心叶木
Halenia Borkh.**花锚属**(龙胆科)
Halenia corniculata (L.) Cornaz 花锚
Halenia deltoidea Gand.=Halenia corniculata
Halenia elliptica D.Don 椭圆叶花锚
Halenia elliptica var. elliptica=Halenia elliptica
Halenia elliptica var. grandiflora Hemsl.大花花锚
Halenia fischeri Grah.=Halenia corniculata
Halenia japonica Gand.=Halenia corniculata
Halenia sibirica Borkn.=Halenia corniculata
Halenia vaniotii Lévl.=Halenia elliptica
Halerpestes Green **碱毛茛属**(毛茛科)
Halerpestes cymbalaria (Pursh) Green 水葫芦苗
Halerpestes filisecta L.Liou 丝裂碱毛茛
Halerpestes haiyanica D.Z.Ma=Halerpestes tricuspis
Halerpestes lancifolia (Bert.) Hand.-Mazz.狭叶碱毛茛
Halerpestes lancifolia var. *variifolia* Tamura=Halerpestes tricuspis var. variifolia
Halerpestes ruthenica (Jacq.) Ovcz.长叶碱毛茛
Halerpestes salsuginosa (Pall.) Green=Halerpestes cymbalaria
Halerpestes sarmentosa (Adams) Kom. & Alissova 碱毛茛
Halerpestes sarmentosa var. multisecta (S.H.Li & Y.H.Huang) W.T.Wang 裂叶碱毛茛
Halerpestes sarmentosa var. sarmentosa=Halerpestes sarmentosa
Halerpestes tricuspis (Maxim.) Hand.-Mazz.三裂碱毛茛
Halerpestes tricuspis var. heterophylla W.T.Wang 异叶三裂碱毛茛
Halerpestes tricuspis var. intermedia W.T.Wang 浅三裂碱毛茛
Halerpestes tricuspis var. *linearisecta* L.H.Zhou=Halerpestes tricuspis
Halerpestes tricuspis var. tricuspis=Halerpestes tricuspis
Halerpestes tricuspis var. variifolia (Tamura) W.T.Wang 变叶三裂碱毛茛
Halerpestes variifolia (Tamura) Tamura=Halerpestes tricuspis var. variifolia
Halesia Ellia ex L.**银钟花属**(安息香科)
Halesia carolina L.北美银钟花
Halesia carolina var. dialypetala (Rehd.) Schneid.深裂办四翅银钟花
Halesia carolina var. meehanii Perkins 米汉四翅银钟花
Halesia carolina var. mollis Sarg.毛四翅银钟花
Halesia corymbosa (S. & Z.) Nichols.=Pterostyrax corymbosus
Halesia diptera Ellis 二翅银钟花
Halesia fortunei Hemsl.=Alniphyllum fortunei
Halesia hispidus Mast.(Forb. & Hemsl.in J.L.Soc.Bot.1889)=Pterostyrax psilophyllus
Halesia macgregorii Chun 银钟花
Halesia macgregorii var. *crenata* Chun=Halesia macgregorii
Halesia macgregorii var. *venata* Chun=Halesia macgregorii
Halesia monticola Sarg.山银钟花
Halesia monticola f. rosea Sarg.粉红山银钟花
Halesia monticola var. vestita Sarg.毛叶山银钟花
Halesia parviflora Michx.小花银钟花
Halesia ternata Blanco=Illigera luzonensis
Halimione verrucifera (Bieb.) Aellen=Atriplex verrucifera
Halimocnemis Less **盐蓬属**(藜科)
Halimocnemis juniperina C.A.Mey.=Nanophyton erinaceum
Halimocnemis karelinii Moq.短苞盐蓬
Halimocnemis longifolia Bge.长叶盐蓬
Halimocnemis sibirica C.A.Mey.=Petrosimonia sibirica
Halimocnemis squarrosa Schrenk=Petrosimonia squarrosa
Halimocnemis villosa Kar. & Kir.柔毛盐蓬
Halimodendron Fisch. ex DC.**铃铛刺属**(豆科)
Halimodendron argenteum DC.=Halimodendron halodendron
Halimodendron argentium var. *albiflorum* Kar. & Kir.=Halimodendron halodendron var. albiflorum
Halimodendron halodendron (Pall.) Voss 铃铛刺
Halimodendron halodendron var. albiflorum (Kar. & Kir.) Prjech.白花铃铛刺
Halimodendron halodendron var. halodendron=Halimodendron halodendron
Halocharis carthamoides MB ex DC.=Stemmacantha carthamoides
Halocnemum Bieb.**盐节木属**(藜科)
Halocnemum caspicum Bieb.=Halostachys caspica
Halocnemum strobilaceum (Plall.) Bieb.盐节木
Halodule Endl.**二药藻属**(眼子菜科)
Halodule pinifolia (Miki) Hartog.羽叶二药藻
Halodule tridentata (Steinheil) Endl. ex Unger 齿叶二叶藻
Halodule uninervis (Forsk.) Asch.二药藻
Halogeton C.A.Mey **盐生草属**(藜科)
Halogeton arachnoideus Moq.白茎盐生草
Halogeton glomeratus (Bieb.) C.A.Mey.盐生草
Halogeton glomeratus var. glomeratus=Halogeton glomeratus
Halogeton glomeratus var. tibeticus (Bge.) Grubov 西藏盐生草
Halogeton oppositiflora C.A.Mey.=Girgensohnia oppositiflora
Halogeton tibeticus Bge.=Halogeton glomeratus var. tibeticus
Halongia purpurea Jeanpl.=Thysanotus chinensis
Halopeplis Bge. ex Ung.-Sternb.**盐千屈菜属**(藜科)
Halopeplis pygmaea (Pall.) Kalidium 盐千屈菜
Halophila Thou.**喜盐草属**(水鳖科)
Halophila becarii Asch.贝克喜盐草
Halophila euphlebia Makino=Halophila ovalis
Halophila hawaiiana Doty & Stone=Halophila ovalis
Halophila lemnopsis Miq.=Halophila minor
Halophila madagscariensis Doty & Stone 马岛喜盐草
Halophila minor (Zoll.) Hartog 小喜盐草
Halophila ovalis (R.Br.) HK.f.喜盐草
Halophila ovata Gaud.=Halophila minor
Haloragidaceae 小二仙草科
Haloragis J.R. & G.Forst.**小二仙草属**(小二仙草科)
Haloragis chinensis (Lour.) Merr.黄花小二仙草
Haloragis micrantha (Thunb.) R.Br.小二仙草
Haloragis scabra (Koenig.) Benth.=Haloragis chinensis
Haloragis tetragyna HK.f.=Haloragis chinensis
Halostachys C.A.Mey.**盐穗木属**(藜科)
Halostachys belangeriana (Moq.) Botsch.=Halostachys caspica
Halostachys caspica (Bieb.) C.A.Mey.盐穗木
Halostachys caspica (Pall.) C.A.Mey.=Halostachys caspica
Halostachys caspica Bieb.=Halostachys caspica
Haloxylon Bge.**梭梭属**(藜科)
Haloxylon ammodendron (C.A.Mey.) Bge.梭梭
Haloxylon ammodendron Boiss.=Haloxylon ammodendron
Haloxylon aphyllum (Minkw.) Iljin=Haloxylon ammodendron
Haloxylon persicum Bge. ex Boiss. & Buhse.白梭梭
Haloxylon regelii Bge.=Iljinia Iljina regelii
hamaesaracha heterophylla Hemsl.=Physaliastrum heterophyllum
Hamamelidaceae 金缕梅科
Hamamelis Gronov. ex L.**金缕梅属**(金缕梅科)
Hamamelis chinensis R.Br.=Loropetalum chinense
Hamamelis japonica Z. & S.日本金缕梅
Hamamelis mollis Oliv.金缕梅
Hamamelis obtusata 钝叶金缕梅
Hamamelis subaequalis Chang 小叶金缕梅
Hamatocactus Britt. & Rose **长钩球属**(仙人掌科)
Hamatocactus hamatacanthus Kunth.大虹
Hamatocactus setispinus Britt. & Rose 龙王球
Hamelia Jacq.**长隔木属**(茜草科)
Hamelia patens Jacq.长隔木
Hamiltonia oblonga Franch.=Leptodermis oblonga
Hamiltonia suaveolens Roxb.=Spermadictyon suaveolens

Hamlin 哈姆林(芸香科脐橙类)
Hancea Hemsl.=**Hanceola**
Hancea cavaleriei Lévl.=Hanceola cavaleriei
Hancea hemsleyana Lévl.=Siphocranion macranthum
Hancea hookeriana Seem.=Mallotus hookerianus
Hancea labordei Lévl.=Hanceola labordei
Hancea mairei Lévl.=Hanceola mairei
Hancea muricata Benth.=Mallotus oblongifolius
Hancea nudipes (Hemsl.) Dunn=Siphocranion nudipes
Hancea prainiana Lévl.=Siphocranion macranthum
Hancea sinensis Hemsl.=Hanceola sinensis
Hanceola Kudô **四轮香属**(唇形科)
Hanceola cavaleriei (Lévl.) Kudô 贵州四轮香
Hanceola cordiovata Sun 心卵叶四轮香
Hanceola exserta Sun 出蕊四轮香
Hanceola flexuosa C.Y.Wu & H.W.Li 曲折四轮香
Hanceola labordei (Lévl.) Sun 高坡四轮香
Hanceola mairei (Lévl.) Sun 龙溪四轮香
Hanceola sinensis (Hemsl.) Kudô (分类学报 1959,p.p.)=Siphocranion macranthum
Hanceola sinensis (Hemsl.) Kudô 四轮香
Hanceola tuberifera Sun 块茎四轮香
Hancockia Rolfe **滇兰属**(兰科)
Hancockia japonica (Hatusima) F.Maekawa=Hancockia uniflora
Hancockia uniflora Rolfe 滇兰
Hancornia Gomes.**罕考尼亚属**(夹竹桃科)
Handelia Heimerl **天山蓍属**(菊科)
Handelia trichophylla (Schrenk ex Fisch. & Mey.) Heimerl 天山蓍
Handeliodendron Rehd.**掌叶木属**(无患子科)
Handeliodendron bodinieri (Lévl.) Rehd.掌叶木
Hapaline Schott **细柄芋属**(天南星科)
Hapaline ellipticifolium C.Y.Wu & H.Li 细柄芋
Haphlanthoides H.W.Li= **Andrographis**
Haphlanthoides yunnanensis H.W.Li= Andrographis laxiflora var. glomerulifera
Haplachne J.S.Prel=**Dimeria**
Haplanthus tener Nees= Andrographis laxiflora
Haplophragma Dop=**Fernandoa**
Haplophyllum A.Juss.**拟芸香属**(芸香科)
Haplophyllum dauricum (L.) G.Don 北芸香
Haplophyllum perforatum (M.B.) Kar. & Kir.大叶芸香
Haplophyllum tragacanthoides Diels 针枝芸香
Haplopteris Presl=**Vittaria**
Haploseseli Wolff & Hand.-Mazz.=**Physospermopsis**
Haploseseli alepidioides Wolff & Hand.-Mazz.=Physospermopsis alepidioides
Haplosphaera Hand.-Mazz.**单球芹属**(伞形科)
Haplosphaera himalayensis Ludlow 西藏单球芹
Haplosphaera phaea Hand.-Mazz.单球芹
Haplostemma Endl.=**Cynanchum**
Haplostephium sibiricum (L.) D.Don=Crepis sibirica
Haplotaxis Endl.=**Saussurea**
Haplotaxis australasia F.Muell.=Hemistepta lyrata
Haplotaxis involucrata Kar. & Kir.=Saussurea involucrata
Haplotaxis sorocephala (Schrenk) Schrenk=Saussurea gnaphaloides
Haraella Kudô **香兰属**(兰科)
Haraella odorata Kudô =Haraella retrocalla
Haraella retrocalla (Hay.) Kudô 香兰
Harina Buch.-Ham.=**Wallichia**
Harina caryotoides Buch.-Ham.=Wallichia caryotoides
Harina oblongifolia Griff.=Wallichia densiflora
Harina wallichia Steud. ex Saloman=Wallichia caryotoides
Harpachne Hochst.**镰稃草属**(禾本科)
Harpachne harpachnoides (Hack.) Keng 镰稃草
Harpachne schimperi Hochst.非洲镰稃草
Harpullia Roxb.**假山萝属**(无患子科)
Harpullia cupanoides Roxd.假山萝
Harrisonia R.Br. ex Juss.**牛筋果属**(苦木科)
Harrisonia peforata (Blanco) Merr.牛筋果
Harrsia Brit.**卧龙柱属**(仙人掌科)
Harrsia tortuosa (Forb.) Br. & R.卧龙柱
Harrysmithia Wolff **细裂芹属**(伞形科)
Harrysmithia dissecta (Franch.) Wolff ex Shan 云南细裂芹
Harrysmithia heterophylla Wolff 细裂芹
Hartia Dunn **折柄茶属**(山茶科)
Hartia brevicalyx Chang 短萼折柄茶
Hartia cordifolia Li 心叶折柄茶
Hartia crassifolia Yan 圆萼折柄茶
Hartia densivillosa Hu ex Chang & Ye 狭萼折柄茶
Hartia gracilis (Yan) Chang & Ye 总状折柄茶
Hartia hwangtungensis var. *grangdifolia* Chun=Hartia villosa var. grandifolia
Hartia kwangtungensis Chun=Hartia villosa var. kwangtungensis
Hartia kwangtungensis var. *serrata* Hu=Hartia villosa var. kwangtungensis
Hartia micrantha Chun 小花折柄茶
Hartia multinervis Yan=Hartia tonkinensis
Hartia nankwanica Chang & Ye 南昆折柄茶
Hartia nitida Li=Hartia micrantha
Hartia obovata Chun ex Chang 钝叶折柄茶
Hartia quizhouensis Ye=Hartia cordifolia
Hartia racemosa Chang & Ye=Hartia gracilis
Hartia sichuanensis Yan 四川折柄茶
Hartia sinensis Dunn 折柄茶
Hartia sinii Wu 黄毛折柄茶
Hartia tonkinensis Merr.小叶折柄茶
Hartia villosa (Merr.) Merr.毛折柄茶
Hartia villosa var. elliptica Chang 短叶毛折柄茶
Hartia villosa var. grandifolia (Chun) Chang 大叶毛折柄茶
Hartia villosa var. kwangtungensis (Chun) Chang 贴毛折柄茶
Hartia villosa var. villosa=Hartia villosa
Hartia yunnanensis Hu 云南折柄茶
Hartia yunnanensis var. *gracilis* Yan=Hartia gracilis
Hasteola Raf.=**Parasenecio**
Hasteola auriculata Pojark.=Parasenecio auriculatus
Hasteola hastata Pojark.=Parasenecio hastatus
Hasteola komaroviana Pojark.=Parasenecio komarovianus
Hasteola praetermissa Pojark.=Parasenecio praetermissus
Haworthia H.Duval.**十二卷属**(百合科)
Haworthia arachnoidea Dauval 蛛网卷
Haworthia attenuata Haw.松雪
Haworthia attenuata var. elaviperla Baker 细点纹十二卷
Haworthia batesiana Uitew.软锦鸡尾
Haworthia blackbeardiana v.Poelln.黑须尾
Haworthia coarctata Haw.曲叶龙掌
Haworthia cooperi Baker 白尖锦鸡尾
Haworthia cuspidata Haw.杯状宝草(新)
Haworthia cymbiflorumis (Haw.) Duval.玻璃莲
Haworthia cymbiformis Bge.宝草
Haworthia cymbiformis var. translucens Triebn. & v.Pooelln.宝透草
Haworthia fasciata (Willd.) Haw.锦鸡尾
Haworthia fasciata f. houo Hort.凤凰
Haworthia fasciata f. major Hort.大叶条纹十二卷
Haworthia gracilis v.Poelln.纤毛尾
Haworthia herbacea (Mill.) Stearn 草质卷
Haworthia krausii Haege & Schmidt.绿心锦鸡尾
Haworthia limifolia Marloth 界叶掌
Haworthia margaritifera (L.) Haw.珍珠十二卷
Haworthia mirabilis Haw.卷边十二卷
Haworthia papillosa Haw.乳突锦鸡尾
Haworthia radula (Jacq.) Haw.鹰爪
Haworthia reinwardtii Haw.白点锦鸡尾
Haworthia retusa (L.) Haw.水晶掌
Haworthia setata haw.刚毛锦鸡尾
Haworthia subfasciata Baker 锦纹卷
Haworthia tenera v.Poelln 柔茎锦鸡尾
Haworthia tessellata haw.龙鳞
Haworthia translucens Haw.玻璃虎爪
Haworthia truncata Schonl 截枝锦鸡尾
Haworthia turgida Haw.丛生玻璃掌

Haworthia viscosa Haw.粘塔
Hayataella Masam.=**Ophiorrhiza**
Hayataella mitchelloides Masam.=Ophiorrhiza mitchelloides
Hearnia balansae C.DC.=Canarium tonkinense
Hecatonia palustris Lour.=Ranunculus sceleratus
Hecatonia pilosa Lour.=Ranunculus cantoniensis
Hechtia Klotzsch.**银叶凤香属**(凤梨科)
Hechtia argentea Bak.银叶凤香
Hechtia glomerata Zucc.球银叶凤香
Heckeria Kunth=**Pothomorphe**
Heckeria subpeltata Kunth=Pothomorphe subpeltata
Hedeinia Ostenf.**藏荠属**(十字花科)
Hedeoma nepalensis (D.Don) Benth.=Mosla dianthera
Hedeoma sect. *Mosla* Benth.=**Mosla**
Hedera L.=**Parthenocissus**
Hedera L.**常春藤属**(五加科)
Hedera arborea L.=Dendropanax arboreus
Hedera elata Ham.=Schefflera elata
Hedera floribunda Wall.=Brassaiopsis glomerulata
Hedera formosana Nakai=Hedera rhombea var. formosana
Hedera fragrans D.Don=Heteropanax fragrans
Hedera hainla Ham.=Euaraliopsis hainla
Hedera helix L.(Hance in J.Bot.1882)=Hedera nepalensis var. sinensis
Hedera helix L.(Icon.Pl.Forms.1912)=Hedera rhombea var. formosana
Hedera helix L.洋常春藤
Hedera helix cv. Albo-Marginata 银边洋常春藤
Hedera helix cv. Variegata 花叶洋常春藤
Hedera helix f. *angustifolia* Miq.=Hedera rhombea
Hedera helix f. *latifolia* Miq.=Hedera rhombea
Hedera helix var. *rhombea* Miq.=Hedera rhombea
Hedera himalaica Tobl.(科学社丛刊 1924)=Hedera nepalensis var. sinensis
Hedera himalaica var. *sinensis* Tobl.=Hedera nepalensis var. sinensis
Hedera hypoglauca Hance=Ampelopsis hypoglauca
Hedera leschenaultii Wight & Arn.=Pentapanax leschenaultii
Hedera nepalensis K.Koch 尼泊尔常春藤
Hedera nepalensis var. nepalensis=Hedera nepalensis
Hedera nepalensis var. sinensis (Tobl.) Rehd.常春藤
Hedera parasitica D.Don=Pentapanax parasiticus
Hedera parviflora Champ. ex Benth.=Dendropanax proteus
Hedera potaninii Pojark.=Hedera nepalensis var. sinensis
Hedera protea Champ. ex Benth.=Dendropanax proteus
Hedera quinquefolia L.=Parthenocissus quinquefolia
Hedera rhombea (Miq.) Bean 菱叶常春藤
Hedera rhombea var. formosana (Nakai) Li 台湾菱叶常春藤
Hedera rhombea var. rhombea=Hedera rhombea
Hedera robusta Pojark.=Hedera nepalensis var. sinensis
Hedera senticosa Rupr. & Maxim.=Acanthopanax senticosus
Hedera shensiensis Pojark.=Hedera nepalensis var. sinensis
Hedera sinensis Tobl.=Hedera nepalensis var. sinensis
Hedera subcordata Wall.=Pentapanax subcordatus
Hedera trifoliata Wight & Arn.=Pentapanax leschenaultii
Hedera undulata Wall.=Macropanax undulatus
Hedesarum villosa Willd.=Lespedeza tomenttosa
Hedinia Ostenf.**藏荠属**(十字花科)
Hedinia elata C.L.He & Z.X.An=Hedinia tibetica
Hedinia rotundata Z.X.An=Hedinia tibetica
Hedinia taxkargannica G.L.Zhou & Z.X.An=Hedinia tibetica
Hedinia taxkargannica var. *hejigensis* G.L.Zhou & Z.X.An=Hedinia tibetica
Hedinia tibetica (Thoms.) Ostenf.藏荠
Hediniopsis Botsch. & Petr.=**Hedeinia**
Hedona Lour.=**Lychnis**
Hedona davidii (Franch.) F.N.Will.=Silene davidii
Hedona ischnopetala F.N.Will.=Silene aprica
Hedona sinensis Lour.=Lychnis coronata
Hedychium Koen.**姜花属**(姜科)
Hedychium acuminatum Rosc.=Hedychium spicatum var. acuminatum
Hedychium bijiangense T.L.Wu & Senjen 碧江姜花
Hedychium bipartitum Z.G.Li 深裂黄姜花
Hedychium brevicaule D.Fang 矮姜花
Hedychium carneum Y.Y.Qian=Hedychium neocarneum
Hedychium coccineum Buch.-Ham.红姜花
Hedychium convexum S.Q.Tong 唇凸姜花
Hedychium coronarium Koen.姜花
Hedychium coronarium var. *baimao* Z.Y.Zhu=Hedychium coronarium
Hedychium densiflorum Bak.=Hedychium sino-aureum
Hedychium densiflorum Wall.密花姜花
Hedychium efilamentosum Hand.-Mazz.无丝姜花
Hedychium emeiense Z.Y.Zhu=Hedychium flavescens
Hedychium flavescens Carey ex Rosc.峨眉姜花
Hedychium flavum Roxb.黄姜花
Hedychium forrestii Diels 圆瓣姜花
Hedychium forrestii var. forrestii=Hedychium forrestii
Hedychium forrestii var. latebracteatum T.L.Wu & S.J.Chen 宽苞圆瓣姜花
Hedychium glabrum S.Q.Tong 无毛姜花
Hedychium gonezianum Wall.(K.Schum.in Engl.Pflanzenr.1904,p.p.)=Hedychium yunnanense
Hedychium kwangsiense T.L.Wu & Senjen 广西姜花
Hedychium neocarneum T.L.Wu et al.肉红姜花
Hedychium nutantiflorum H.Dong & G.J.Xu 垂序姜花
Hedychium panzhuum Z.Y.Zhu=Hedychium flavescens
Hedychium parvibracteatum T.L.Wu & Senjen 小苞姜花
Hedychium pauciflorum S.Q.Tong 少花姜药
Hedychium purerense Y.Y.Qian 普洱姜花
Hedychium qingchengense Z.Y.Zhu 青藏姜花
Hedychium simaoense Y.Y.Qian 思茅姜花
Hedychium sinoaureum Stapf.小花姜花
Hedychium spicatum Ham. ex Smith 草果药
Hedychium spicatum var. acuminatum Wall.疏花草果药
Hedychium spicatum var. spicatum=Hedychium spicatum
Hedychium tengchongense Y.B.Luo 腾冲姜花
Hedychium tenuiflorum (Bak.) K.Schum.=Hedychium villosum var. tenuiflorum
Hedychium tienlinense D.Fang 田林姜花
Hedychium villosum Wall.毛姜花
Hedychium villosum var. tenuiflorum Wall. ex Bak.小毛姜花
Hedychium villosum var. villosum=Hedychium villosum
Hedychium ximengense Y.Y.Qian 西盟姜花
Hedychium yingjiangense S.Q.Tong 盈江姜花
Hedychium yunnanense Gagn.滇姜花
Hedyosmum Swartz **雪香兰属**(金粟兰科)
Hedyosmum nutans sensu Merr.=Hedyosmum orientale
Hedyosmum orientale Merr. & Chun 雪香兰
Hedyotis L.**耳草属**(茜草科)
Hedyotis acuminatissima Merr.=Hedyotis matthewii
Hedyotis acutangula Champ. ex Benth.金草
Hedyotis ampliflora Hance 广花耳草
Hedyotis angustifolia Cham. & Schlecht.=Hedyotis tenelliflora
Hedyotis assimilis Tutch.清远耳草
Hedyotis auricularia L.耳草
Hedyotis auricularia var. auricularia=Hedyotis auricularia
Hedyotis auricularia var. mina Ko 细叶亚婆潮
Hedyotis baotingensis Ko 保亭耳草
Hedyotis biflora (L.) Lam.双花耳草
Hedyotis bodinieri Lévl.大帽山耳草
Hedyotis boerhaavioides Hance=Neanotis boerhaavioides
Hedyotis borrerioides Champ. ex Benth.=Hedyotis uncinella
Hedyotis bracteosa Hance 大苞耳草
Hedyotis butensis Masam.台湾耳草
Hedyotis cantoniensis How ex Ko 广州耳草
Hedyotis capitellata Wall.头状花耳草
Hedyotis capitellata var. capitellata=Hedyotis capitellata
Hedyotis capitellata var. mollis (Pierre ex Pitard) Ko 疏毛头状花耳草
Hedyotis capitellata var. mollissima (Pitard) Ko 绒毛头状花耳草
Hedyotis capituliflora Miq.=Hedyotis costata
Hedyotis capituligera Hance 败酱耳草
Hedyotis cathayana Ko 中华耳草
Hedyotis caudatifolia Merr. & Metcalf 剑叶耳草
Hedyotis chereevensis (Pierre ex Pitard) Ko 越南耳草
Hedyotis chrysotricha (Palib.) Merr.金毛耳草

Hedyotis communis Ko 大众耳草
Hedyotis congesta R.Br.=Hedyotis philippensis
Hedyotis connata HK.f.=Hedyotis coronaria
Hedyotis consanguinea Hance 拟金草
Hedyotis coreana Lévl.肉叶耳草
Hedyotis coronaria (Kurz) Craib 合叶耳草
Hedyotis coronata Wall. ex HK.f.=Hedyotis coronaria
Hedyotis corymbosa (L.) Lam.伞房花耳草
Hedyotis corymbosa var. corymbosa=Hedyotis corymbosa
Hedyotis corymbosa var. tereticaulis Ko 圆茎耳草
Hedyotis costata (Roxb.) Kurz 脉耳草
Hedyotis cryptantha Dunn 闭花耳草
Hedyotis dianxiensis Ko 滇西耳草
Hedyotis diffusa Willd.白花蛇舌草
Hedyotis effusa Hance 鼎湖耳草
Hedyotis esquirolii Lévl.=Hedyotis hedyotidea
Hedyotis exserta Merr.长花轴耳草
Hedyotis fruticosa Kuntze=Hedyotis hedyotidea
Hedyotis hainanensis (Chun) Ko 海南耳草
Hedyotis hedyotidea (DC.) Merr.牛白藤
Hedyotis herbacea L.丹草
Hedyotis herbacea Lour.=Hedyotis diffusa
Hedyotis hirsuta Wight & Arn.=Neanotis hirsuta
Hedyotis hispida Retz.=Hedyotis verticillata
Hedyotis hui Diels=Hedyotis caudatifolia
Hedyotis kuraruensis Hay.=Hedyotis uncinella
Hedyotis laevigata (DC.) Miq.=Hedyotis philippensis
Hedyotis lancea Tanaka & Odashima=Hedyotis minutopuberula
Hedyotis lancea Thunb. ex Maxim.(高等图鉴 1975 ,西藏志 1993)=Hedyotis caudatifolia
Hedyotis lancea Thunb. ex Maxim.=Hedyotis consanguinea
Hedyotis lianshaniensis Ko 连山耳草
Hedyotis lindleyana HK. ex Wight & Arn.=Neanotis hirsuta
Hedyotis lindleyana HK. ex Wight (台湾志,1978 ,p.p.)=Neanotis formosana
Hedyotis lindleyana var. *glabricalycina* (Honda) Hara=Neanotis hirsuta var. glabricalycina
Hedyotis lineata Roxb.东亚耳草
Hedyotis loganioides Benth.粤港耳草
Hedyotis longidens Hance=Wendlandia longidens
Hedyotis longiexserta Merr. & Metcalf 上思耳草
Hedyotis longipetala Merr.长瓣耳草
Hedyotis macrostemon HK. & Arn.=Hedyotis hedyotidea
Hedyotis mairei Lévl.=Viburnum congestum
Hedyotis matthewii Dunn 疏花耳草
Hedyotis mellii Tutch.粗毛耳草
Hedyotis minutopuberula Merr. & Metcalf 粉毛耳草
Hedyotis nantoensis Hay.理肺散
Hedyotis obliquinervis Merr.偏脉耳草
Hedyotis oligantha Merr.=Hedyotis hainanensis
Hedyotis ovata Thunb. ex Maxim.卵叶耳草
Hedyotis ovatifolia Cav.矮小耳草
Hedyotis paridifolia Dunn 延龄耳草
Hedyotis parryi Hance=Hedyotis tetrangularis
Hedyotis philippensis (Willd. ex Spreng.) Merr. ex C.B.Rob.菲律宾耳草
Hedyotis pinifolia Wall. ex G.Don 松叶耳草
Hedyotis platystipula Merr.阔托叶耳草
Hedyotis pterita Bl.翅果耳草
Hedyotis pulcherrima Dunn 艳丽耳草
Hedyotis quadrangularis Miq.=Hedyotis tetrangularis
Hedyotis racemosa Lam.=Hedyotis biflora
Hedyotis recurva Benth.=Hedyotis hedyotidea
Hedyotis rotundifolia DC.=Hedyotis trinervia
Hedyotis scandens Roxb.攀茎耳草
Hedyotis sect. *Anotis* Wight & Arn.(p.p.)=**Neanotis**
Hedyotis speciosa Hand.-Mazz.=Hedyotis mellii
Hedyotis stipulata R.Br. ex HK.f.=Neanotis hirsuta
Hedyotis taiwanensis S.F.Huang & J.Murata 单花耳草
Hedyotis tenelliflora Bl.纤花耳草
Hedyotis tenuipes Hemsl.细梗耳草
Hedyotis terminaliflora Merr. & Chun 顶花耳草
Hedyotis tetrangularis (Korth.) Walp.方茎耳草
Hedyotis trinervia (Retz.) Roem. & Schult.三脉耳草
Hedyotis ulmifolia Wall.=Hedyotis lineata
Hedyotis umbellata (L.) Lam.伞形花耳草
Hedyotis uncinella HK. & Arn.长节耳草
Hedyotis uncinella var. cephalophora (Wall.) C.Y.Wu 具头小钩耳草
Hedyotis uncinella var. mekongensis Pierre 湄公小钩耳草
Hedyotis uncinella var. scabrida Franch.粗糙钩毛耳草
Hedyotis vachellii HK. & Arn.香港耳草
Hedyotis verticillata (L.) Lam.粗叶耳草
Hedyotis vestita R.Br.=Hedyotis costata
Hedyotis wightiana Wall. ex Wight & Arn.=Neanotis wightiana
Hedyotis wulsinii Merr.=Hedyotis mellii
Hedyotis xanthochroa Hance 黄叶耳草
Hedyotis yangchunensis Ko & Zhang 阳春耳草
Hedyotis yuannensis Lévl.=Viburnum foetidum var. rectangulatum
Hedypnois hieracioides (L.) Huds.=Picris hieracioides
Hedysarum L.**岩黄芪属**(豆科)
Hedysarum alaschanicum Y.Z.Zhao=Hedysarum petrovii
Hedysarum algidum L.Z.Shue 块茎岩黄芪
Hedysarum alhagi L.=Alhagi maurorum
Hedysarum alpinum L.山岩黄芪
Hedysarum alpinum subsp. alpinum=Hedysarum alpinum
Hedysarum alpinum subsp. laxiflorum (Benth. ex Baker) Ohashi & Tateishi 疏花岩黄芪
Hedysarum alpinum var. *chinense* B.Fedtsch.=Hedysarum chinense
Hedysarum alpinum var. *vicioides* (Turcz.) B.Fedtsch.=Hedysarum vicioides
Hedysarum arbuscula Maxim.=Hedysarum scoparium
Hedysarum austrosibiricum B.Fedtsch.紫花岩黄芪
Hedysarum biarticulatum L.=Dicerma biarticulatum
Hedysarum biflorum Benth.=Desmodium triflorum
Hedysarum blepharopterum Hand.-Mazz.=Hedysarum pseudoastragalus
Hedysarum brachypterum Bge.短翼岩黄芪
Hedysarum bracteatum Roxb.=Flemingia strobilifera
Hedysarum bupleurifolium L.=Alysicarpus bupleurifolius
Hedysarum campylocarpon Ohashi 曲果岩黄芪
Hedysarum capitatum Burm.f.=Desmodium styracifolium
Hedysarum caudatum Thunb.=Desmodium caudatum
Hedysarum cephalotes (Roxb.) Wight & Arn.=Dendrolobium triangulare
Hedysarum cephalotes Franch.=Hedysarum ferganense var. minjianense
Hedysarum cephalotes Roxb.=Dendrolobium triangulare
Hedysarum chinense (B.Fedtsch.) Hand.-Mazz.中国岩黄芪
Hedysarum citrinum E.Baker 黄花岩黄芪
Hedysarum connatum B.Fedtsch.=Hedysarum inundatum
Hedysarum crinitum L.=Uraria crinita
Hedysarum dahuricum Turcz. ex B.Fedtsch.刺岩黄芪
Hedysarum dentato-alatum K.T.Fu 齿翅岩黄芪
Hedysarum dichotomum Willd.=Desmodium dichotomum
Hedysarum diffusum Willd.=Desmodium dichotomum
Hedysarum elegans Lour.=Phyllodium elegans
Hedysarum esculentum Ledeb.=Hedysarum vicioides
Hedysarum esculentum var. *taipeicum* Hand.-Mazz.=Hedysarum taipeicum
Hedysarum falconeri Benth. ex Baker 藏西岩黄芪
Hedysarum ferganense Korsh.费尔干岩黄芪
Hedysarum ferganense var. ferganense=Hedysarum ferganense
Hedysarum ferganense var. minjianense (Rech.f.) L.Z.Shue 敏姜岩黄芪
Hedysarum ferganense var. poncinsii (Franch.) L.Z.Shue 河滩岩黄芪
Hedysarum fistulosum Hand.-Mazz.空茎岩黄芪
Hedysarum flavescens Regel & Schmalh. ex B.Fedtsch.乌恰岩黄芪
Hedysarum frticosum var. *hybridum* H.C.Fu=Hedysarum fruticosum var. lignosum
Hedysarum fruticosum Pall.(东北草本志 1976,p.p.)=Hedysarum fruticosum var. mongolicum
Hedysarum fruticosum Pall.山竹岩黄芪
Hedysarum fruticosum subsp. *laeve* (Maxim.) B.Fedtsch.=Hedysarum fruticosum var. laeve
Hedysarum fruticosum subsp. *lignosum* (Trautv.) B.Fedtsch.=Hedysarum fruticosum var. lignosum
Hedysarum fruticosum subsp. *mongolicum* B.Fedtsch.=Hedysarum fruticosum var. mongolicum

Hedysarum fruticosum var. fruticosum=Hedysarum fruticosum
Hedysarum fruticosum var. laeve (Maxim.) H.C.Fu 塔落岩黄芪
Hedysarum fruticosum var. lignosum (Trautv.) Kitag.木岩黄芪
Hedysarum fruticosum var. mongolicum (Turcz.) Turcz. ex B.Fedtsch.蒙古岩黄芪
Hedysarum gangeticum L.=Desmodium gangeticum
Hedysarum gmelinii Ledeb.华北岩黄芪
Hedysarum gmelinii var. *lineiforme* H.C.Fu=Hedysarum gmelinii
Hedysarum gyrans L.f.=Codariocalyx motorius
Hedysarum gyroides Roxb.=Codariocalyx gyroides
Hedysarum heterocarpon L.=Desmodium heterocarpum
Hedysarum heterophyllum Waiild.=Desmodium heterophyllum
Hedysarum iliense B.Fedtsch.伊犁岩黄芪
Hedysarum inundatum Turcz.湿地岩黄芪
Hedysarum jinchuanense L.Z.Shue 金川岩黄芪
Hedysarum junceum L.f.=Lespedeza juncea
Hedysarum kirghisorum B.Fedtsch.吉尔吉斯岩黄芪
Hedysarum krylovii Sumn.克氏岩黄芪
Hedysarum kumaonense Benth. ex Baker 库茂恩岩黄芪
Hedysarum laburnifolium Poir.=Desmodium caudatum
Hedysarum laeve Maxim.=Hedysarum fruticosum var. laeve
Hedysarum lagopodioides L.=Uraria lagopodioides
Hedysarum lasiocarpum (Beauv.) DC.=Desmodium velutinum
Hedysarum laxiflorum Benth. ex Baker=Hedysarum alpinum subsp. laxiflorum
Hedysarum lignosum Trautv.=Hedysarum fruticosum var. lignosum
Hedysarum limitaneum Hand.-Mazz.滇岩黄芪
Hedysarum limprichitt Ulbr.=Hedysarum sikkimense
Hedysarum lineatum L.=Flemingia lineata
Hedysarum linifolium L.f.=Indigofera linifolia
Hedysarum liupanshanicum L.Z.Shue=Hedysarum petrovii
Hedysarum longigynophorum Ni 长柄岩黄芪
Hedysarum lutescens Poir.=Pycnospora lutescens
Hedysarum microphyllum Thunb.=Desmodium microphyllum
Hedysarum minjanense Rech.f.=Hedysarum ferganense var. minjianense
Hedysarum mongolicum Turcz.=Hedysarum fruticosum var. mongolicum
Hedysarum montanum B.Fedtsch.山地岩黄芪
Hedysarum motorius Houtt.=Codariocalyx motorius
Hedysarum multijugum Maxim.红花岩黄芪
Hedysarum multijugum var. *inermis* Liu=Hedysarum multijugum
Hedysarum nagarzense Ni 浪卡子岩黄芪
Hedysarum neglectum Ledeb.疏忽岩黄芪
Hedysarum nummularifolium L.=Indigofera nummularifolia
Hedysarum obocordatum Poir.=Christia obcordata
Hedysarum obscurum var. *connatum* B.Fedtsch.=Hedysarum inundatum
Hedysarum obscurum var. *inundatum* B.Fedtsch.=Hedysarum inundatum
Hedysarum obscurum var. *lasiocarpum* B.Fedtsch.=Hedysarum neglectum
Hedysarum onobrychis Lam.=Onobrychis viciifolia
Hedysarum petrovii Yakovl.贺兰山岩黄芪
Hedysarum pilosum Thunb.=Lespedeza pilosa
Hedysarum polybotrys Hand.-Mazz.多序岩黄芪
Hedysarum polybotrys var. alaschanicum (B.Fedtsch.) H.C.Fu & Z.Y.Chu 宽叶岩黄芪
Hedysarum polybotrys var. *latifolium* L.Z.Shue=Hedysarum polybotrys var. alaschanicum
Hedysarum polybotrys var. polybotrys=Hedysarum polybotrys
Hedysarum polybotrys var. robustum K.T.Fu 粗壮岩黄芪
Hedysarum polymorphum var. *pumilum* Ledeb.=Hedysarum ferganense
Hedysarum poncinsii Franch.=Hedysarum ferganense var. poncinsii
Hedysarum prostratum L.=Indigofera linnaei
Hedysarum pseudoastragalus Ulbr.紫云英岩黄芪
Hedysarum pulchellum L.=Phyllodium pulchellum
Hedysarum pumilum (Ledeb.) B.Fedtsch.=Hedysarum ferganense
Hedysarum purpureum Mill.=Desmodium tortuosum
Hedysarum racemosum Thunb.=Desmodium podocarpum var. oxyphyllum
Hedysarum renifolium L.=Desmodium renifolium
Hedysarum reniforme L.=Desmodium renifolium
Hedysarum repandum Wahl.=Podocarpium repandum
Hedysarum retroflexum L.=Desmodium styracifolium
Hedysarum rugosum Willd.=Alysicarpus rugosus
Hedysarum sambuense D.Don=Desmodium multiflorum
Hedysarum scoparium Fisch. & May.细枝岩黄芪
Hedysarum scorpiurus Sw.=Desmodium scorpiurus
Hedysarum semenovii Regel & Herd.天山岩黄芪
Hedysarum semenovii var. *alaschanicum* B.Fedtsch.=Hedysarum polybotrys var. alaschanicum
Hedysarum sericeum Thunb.=Lespedeza cuneata
Hedysarum setigerum Turcz.短茎岩黄芪
Hedysarum setosum Ved.刚毛岩黄芪
Hedysarum sibiricum Ledeb.=Hedysarum alpinum
Hedysarum sikkimense Benth. ex Baker 锡金岩黄芪
Hedysarum sikkimense var. *megalanthum* Ohashi & Tateishi=Hedysarum tanguticum
Hedysarum sikkimense var. rigidum Hand.-Mazz.坚硬岩黄芪
Hedysarum sikkimense var. sikkimense=Hedysarum sikkimense
Hedysarum sikkimense var. xiangchengense L.Z.Shue 乡城岩黄芪
Hedysarum smithianum Hand.-Mazz.=Hedysarum chinense
Hedysarum songaricum Bong 准噶尔岩黄芪
Hedysarum songaricum var. *montanum* B.Fedtsch.=Hedysarum montanum
Hedysarum songaricum var. songaricum=Hedysarum songaricum
Hedysarum songaricum var. urumchiense L.Z.Shue 乌鲁木齐岩黄芪
Hedysarum splendens Fisch.光滑岩黄芪
Hedysarum striatum Thunb.=Kummerowia striata
Hedysarum strobiliferum L.=Flemingia strobilifera
Hedysarum styracifolium Osbeck=Desmodium styracifolium
Hedysarum sulfurescens Rybd.硫黄色岩黄芪
Hedysarum taipeicum (Hand.-Mazz.) K.T.Fu 太白岩黄芪
Hedysarum tanguticum B.Fedtsch.唐古特岩黄芪
Hedysarum thiochroum Hand.-Mazz.中甸岩黄芪
Hedysarum tiliaefolium D.Don=Desmodium elegans
Hedysarum tomentosum Thunb.=Lespedeza tomentosa
Hedysarum tongolense Ulbr.=Hedysarum tanguticum
Hedysarum tortuosum Sw.=Desmodium tortuosum
Hedysarum triangulare Retz.=Dendrolobium triangulare
Hedysarum trichocarpum Stephan ex Willd.=Lespedeza daurica
Hedysarum triflorum L.=Desmodium triflorum
Hedysarum triflorum var. β. L.=Desmodium heterophyllum
Hedysarum triflorum var. γ. L.=Desmodium heterophyllum
Hedysarum trigonomerum Hand.-Mazz.三角荚岩黄芪
Hedysarum triquetrum L.=Tadehagi triquetrum
Hedysarum tuberosum B.Fedtsch.=Hedysarum algidum
Hedysarum tuberosum var. *speciosum* Hand.-Mazz.=Hedysarum algidum
Hedysarum umbellatum L.=Dendrolobium umbellatum
Hedysarum ussurense Schisch. & Kom.=Hedysarum vicioides
Hedysarum vaginale L.=Alysicarpus vaginalis
Hedysarum velutinum Willd.=Desmodium velutinum
Hedysarum vespertilionis L.f.=Christia vespertilionis
Hedysarum vicioides Turcz.拟蚕豆岩黄芪
Hedysarum vicioides var. *taipeicum* (Hand.-Mazz.) Liu=Hedysarum taipeicum
Hedysarum virgatum Thunb.=Lespedeza virgata
Hedysarum xizangense Ni 西藏岩黄芪
Hedysarums pictum Jacq.=Uraria picta
Hedyscephe Wendland & Drude **伞棕属**(棕榈科)
Hedyscephe cantherburyana (Morre & Muell.) Wendland & Drude 伞棕
Hegemone lilacina (Bge.) Bge.=Trollius lilacinus
Heimia Link **黄薇属**(千屈菜科)
Heimia myrtifolia Cham. & Schlechtend.黄薇
Helenium L.**堆心菊属**(菊科)
Helenium autumnale L.堆心菊
Helenium grandiflorum Gilib.=Inula helenium
Heleocharis R.Br.**荸荠属**(莎草科)
Heleocharis acicularis Maxim.=Heleocharis yokoscensis
Heleocharis acicularis var. *longiseta* Svens.=Heleocharis yokoscensis
Heleocharis acutangula (Roxb.) Schult.锐棱荸荠
Heleocharis afflata Steud.=Heleocharis pellucida
Heleocharis argyrolepis Kjeruff. ex Bge.银鳞荸荠
Heleocharis atropurpurea (Retz.) Presl 紫果蔺
Heleocharis attenuata (Franch. & Savat.) Palla 渐尖穗荸荠
Heleocharis attenuata var. attenuata =Heleocharis attenuata
Heleocharis attenuata var. erhizomatosa Tang & Wang 无根状茎荸荠
Heleocharis breviseta Kurz. & Skv.短刺针蔺

Heleocharis caribaea (Rottb.) Blake 黑籽荸荠
Heleocharis chaetaria Roem. & Schult.贝壳叶荸荠
Heleocharis congesta D.Don 密花荸荠
Heleocharis dulcis (Burm.f.) Trin. ex Henschel 荸荠
Heleocharis equisetina J. & C.Presl 木贼状荸荠
Heleocharis eupalustris Lindb.f.沼泽荸荠
Heleocharis euunigglumis Zinserl.=Heleocharis uniglumis
Heleocharis fennica Palla ex Kneuck.扁基荸荠
Heleocharis fennica f. fennica=Heleocharis fennica
Heleocharis fennica f. sareptana (Zinserl.) Tang & Wang 具刚毛扁基荸荠
Heleocharis fennica var. *sareptana* Zinserl.=Heleocharis fennica f. sareptana
Heleocharis fistulosa Poir.) Link.空心秆荸荠
Heleocharis geniculata (L) Roem. & Schult.黑籽荸荠
Heleocharis intermedia (Muhl.) Schult.席状针蔺
Heleocharis intersita Zinserl.中间型荸荠
Heleocharis intersita f. acetosa Tang & Wang 内蒙古荸荠
Heleocharis intersita f. intersita=Heleocharis intersita
Heleocharis kamtschatica (C.A.Mey.) Kom.大基荸荠
Heleocharis kamtschatica f. kamtschatica=Heleocharis kamtschatica
Heleocharis kamtschatica f. reducta Ohwi 无刚毛荸荠
Heleocharis kuroguwai Ohwi=Heleocharis equisetina
Heleocharis laeviseta var. *major* (Hara) Hara=Heleocharis attenuata
Heleocharis liouana Tang & Wang 刘氏荸荠
Heleocharis major Hara=Heleocharis attenuata
Heleocharis mamillata Lindb.f.乳头基荸荠
Heleocharis mamillata f. ussuriensis (Zinserl.) Y.L.Chang 乌苏里荸荠?
Heleocharis mamillata var. cyclocarpa Kitag.圆果乳头荸荠
Heleocharis mamillata var. mamillata=Heleocharis mamillata
Heleocharis maximowiczii Zinserl.细秆荸荠
Heleocharis migoana Ohwi & T.Koyama 江南荸荠
Heleocharis mitrata (Franch. & Savat.) Makino=Heleocharis kamtschatica f. reducta
Heleocharis obtusa (Willd.) Schult.钝针蔺
Heleocharis ochrostachys Steud.假马蹄
Heleocharis ovata (Roth.) Roem. & Schult.=Heleocharis soloniensis
Heleocharis palustris (L.) Roem. & Schult.沼针蔺
Heleocharis parvula (Roem. & Schult.) Link.矮针蔺
Heleocharis pauciflora (Lightf.) Link 少花荸荠
Heleocharis pauciflora var. *rhizomatosa* Hand.-Mazz.=Heleocharis yunnanensis
Heleocharis pellucida Presl 透明鳞荸荠
Heleocharis pellucida f. *elata* Hara=Heleocharis pellucida
Heleocharis pellucida var. japonica (Miq.) Tang & Wang 稻田荸荠
Heleocharis pellucida var. pellucida=Heleocharis pellucida
Heleocharis pellucida var. sanguinolenta Tang & Wang 血红穗荸荠
Heleocharis pellucida var. spongiosa Tang & Wang 海绵基荸荠
Heleocharis petasata (Maxim.) Zinserl.=Heleocharis wichurai
Heleocharis philippinensis Sverson 菲律宾荸荠
Heleocharis plantaginea R.Br.=Heleocharis dulcis
Heleocharis plantagineiformis Tang & Wang 野荸荠
Heleocharis purpurascens Böcklr.=Heleocharis congesta
Heleocharis quadrangulata (Michx.) roem. & Schult.方茎针蔺
Heleocharis sachalinensis (Meinsh.) Kom.=Heleocharis kamtschatica
Heleocharis sareptana Zinserl.=Heleocharis fennica f. sareptana
Heleocharis soloniensis (Dubois) Hara 卵穗荸荠
Heleocharis spiralis (Rottb.) R.Br.螺旋鳞荸荠
Heleocharis svensonii Zinserl.=Heleocharis yokoscensis
Heleocharis tenuis (Willd.) Schult.细针蔺
Heleocharis tetraquetra Nees 龙师草
Heleocharis trilateralis Tang & Wang 三面秆荸荠
Heleocharis tuberosa (Roxb.) Roem. & Schult.荸荠
Heleocharis uniglumis (Link) Schult.单鳞苞荸荠
Heleocharis ussuriensis Zinserl.乌苏里针蔺?
Heleocharis valleculosa Ohwi 具槽秆荸荠
Heleocharis valleculosa f. setosa (Ohwi) Kitag.具刚毛荸荠
Heleocharis valleculosa f. valleculosa=Heleocharis valleculosa
Heleocharis valleculosa var. *setosa* Ohwi=Heleocharis valleculosa f. setosa
Heleocharis wichurai Böcklr.羽毛荸荠
Heleocharis yokoscensis (Franch. & Savat.) Tang & Wang 牛毛毡
Heleocharis yunnanensis Svens.云南荸荠
Heleochloa Host.=**Crypsis**
Heleochloa schoenoides (L.) *Host*.=Crypsis schoenoides
Helianthemum Mill.**半日花属**(半日花科)
Helianthemum songaricum Schrenk 半日花
Helianthus L.**向日葵属**(菊科)
Helianthus angustiflolius L.沼泽向日葵
Helianthus annuus L.向日葵
Helianthus argophyllus Torr. & Gray 银叶向日葵
Helianthus atrorubens L.黑斑向日葵
Helianthus debilis Nutt.小花葵
Helianthus decapetalus Darl.薄叶向日葵
Helianthus giganteus L.大向日葵
Helianthus laetiflora Pers.美丽向日葵
Helianthus rigidus (Carr.) Desf.坚杆向日葵
Helianthus salicifolius A.Dietr.柳叶向日葵
Helianthus tuberosus L.菊芋
Helichrysum Mill.**蜡菊属**(菊科)
Helichrysum angustifolium DC.白叶蜡菊
Helichrysum arenarium (L.) DC.=Helichrysum arenarium
Helichrysum arenarium (L.) Moench.沙生蜡菊
Helichrysum arenarium δ. *kokanicum* Rgl. & Schmalh.(p.p.)= Helichrysum thianschanicum
Helichrysum bellidioides Willd.卵叶蜡菊
Helichrysum bracteatum Vent.蜡菊
Helichrysum kokanicum Krasch. & Gonstsch.=Helichrysum thianschanicum
Helichrysum margaritaceum Moench.=Anaphalis margaritacea
Helichrysum petiolatum DC.伞花蜡菊
Helichrysum stoloniferum D.Don=Anaphalis nepalensis
Helichrysum thianschanicum Rgl.天山蜡菊
Helichrysum thianschnicum var. *aureum* O. & B.Fedtsch.=Helichrysum thianschanicum
Helicia Lour.**山龙眼属**(山龙眼科)
Helicia annularis W.W.Sm.=Helicia cochinchinensis
Helicia cauliflora Merr.东兴山龙眼
Helicia caulifloroides W.T.Wang=Heliciopsis lobata
Helicia chunii W.T.Wang=Helicia kwangtungensis
Helicia clivicola W.W.Sm.山地山龙眼
Helicia cochinchinensis Lour.小果山龙眼
Helicia cochinchinensis var. *lungtauensis* Sleum.=Helicia kwangtungensis
Helicia cochinchinensis var. *pseuderratica* Sleum=Helicia reticulata
Helicia cornifolia W.T.Wang=Helicia nilagirica
Helicia erratica HK.f.(Forb. & Hemsl.in J.L.Soc.Bot.1891)=Helicia reticulata
Helicia erratica HK.f.=Helicia nilagirica
Helicia erratica var. *sinica* W.T.Wang=Helicia nilagirica
Helicia falcata C.Y.Wu 镰叶山龙眼
Helicia formosana Hemsl.山龙眼
Helicia formosana var. *oblanceolata* Sleum.=Helicia formosana
Helicia grandis Hemsl.大山龙眼
Helicia hainanensis Hay.海南山龙眼
Helicia henryi Diels (Hand.-Mazz.in Sinensia 1932)=Heliciopsis terminalis
Helicia henryi Diels=Heliciopsis henryi
Helicia kwangtungensis W.T.Wang 广东山龙眼
Helicia lobata Merr.=Heliciopsis lobata
Helicia longipetiolata Merr. & Chun 长柄山龙眼
Helicia nilagirica Bedd.深绿山龙眼
Helicia obovata Y.C.Liu=Helicia rengetiensis
Helicia obovatifolia Merr. & Chun 倒卵叶山龙眼
Helicia obovatifolia var. mixta (Li) Sleum 枇杷叶山龙眼
Helicia obovatifolia var. obovatifolia=Helicia obovatifolia
Helicia pallidiflora W.W.Sm.=Heliciopsis henryi
Helicia parasitica (Lour.) Pers.=Helixanthera parasitica
Helicia pyrrhobotrya Kurz 焰序山龙眼
Helicia rengetiensis Masam.台湾山龙眼(新)?
Helicia reticulata var. *parvifolia* W.T.Wang=Helicia reticulata
Helicia reticulata W.T.Wang 网脉山龙眼

Helicia shweliensis W.W.Sm.瑞丽山龙眼
Helicia silvicola W.W.Sm.林地山龙眼
Helicia stricta Diels=Helicia nilagirica
Helicia terminalis Kurz.(分类学报 1956,p.p.)=Helicia falcata
Helicia terminalis Kurz=Heliciopsis terminalis
Helicia terminalis W.T.Wang=Helicia longipetiolata
Helicia tibetensis H.S.Kiu 西藏山龙眼
Helicia tonkinensis Lecomte=Helicia cochinchinensis
Helicia tsaii W.T.Wang 潞西山龙眼
Helicia vestita W.W.Sm.浓毛山龙眼
Helicia vestita Li=Helicia obovatifolia var. mixta
Helicia vestita var. longipes W.T.Wang 锈毛山龙眼
Helicia vestita var. *mixta* Li(p.p.)=Helicia obovatifolia
Helicia vestita var. *mixta* Li(p.p.)=Helicia obovatifolia var. mixta
Helicia vestita var. vestita=Helicia vestita
Heliciopsis Sleum.**假山龙眼属**(山龙眼科)
Heliciopsis henryi (Diels) W.T.Wang 假山龙眼
Heliciopsis henryi (Diels.) W.T.Wang (海南志 1964)=Heliciopsis terminalis
Heliciopsis lobata (Merr.) Sleum.调羹树
Heliciopsis lobata var. *microcarpa* C.Y.Wu & T.Z.Hsu=Heliciopsis terminalis
Heliciopsis terminalis (Kur) Sleum.痄腮树
Heliciopsis velutina (Prain) Sleum.马来假山龙眼
Heliconia L.**蝎尾蕉属**(芭蕉科)
Heliconia alba L.f.=Strelitzia alba
Heliconia aureostriata Bull.黄纹蝎尾蕉
Heliconia bihai L.比海蝎尾蕉
Heliconia caribaea Lam.加勒比群岛蝎尾蕉
Heliconia illustris Bull.显著蝎尾蕉
Heliconia metallica Planch. & Lind. ex HK.f.蝎尾蕉
Heliconia psittacorum L.鹦鹉蝎尾蕉
Helicteres L.**山芝麻属**(梧桐科)
Helicteres angustifolia L.山芝麻
Helicteres cavaleriei Lévl.=Helicteres glabriuscula
Helicteres chrysocalyx Miq. ex Mast.=Helicteres isora
Helicteres elongata Wall.长序山芝麻
Helicteres glabriuscula Wall.细齿山芝麻
Helicteres hirsuta Lour.雁婆麻
Helicteres hispida F.-Vill.=Helicteres hirsuta
Helicteres isora L.火索麻
Helicteres lanceolata DC.剑叶山芝麻
Helicteres obtusa Wall.钝叶山芝麻
Helicteres plebeja Kurz 矮山芝麻
Helicteres roxburhgii G.Don=Helicteres isora
Helicteres spicata Colebr. ex Roxb.=Helicteres hirsuta
Helicteres spinulosa Wall.=Helicteres glabriuscula
Helicteres viscida Bl.粘毛山芝麻
Helictotrichon Bess.**异燕麦属**(禾本科)
Helictotrichon abietetorum (Ohwi) Ohwi 冷杉异燕麦
Helictotrichon altius (Hitchc.) Ohwi 高异燕麦
Helictotrichon brachyantherum Keng=Helictotrichon potaninii
Helictotrichon dahuricum (Kom.) Kitag.大穗异燕麦
Helictotrichon delavayi (Hack.) Henr.云南异燕麦
Helictotrichon hookeri subsp. *schellianum* (Hack.) Tzvel.=Helictotrichon schellianum
Helictotrichon leianthum (Keng) Ohwi 光花异燕麦
Helictotrichon mongolicum (Roshev.) Henr.蒙古异燕麦
Helictotrichon polyneurum (Hookf.) Henr.长稃异燕麦
Helictotrichon potaninii Tzvel.短药异燕麦
Helictotrichon pubescens (Huds.) Pilger 毛轴异燕麦
Helictotrichon roylei (HK.f.) Keng=Helictotrichon virescens
Helictotrichon schellianum (Hack.) Kitag.异燕麦
Helictotrichon schmidii (HK.f.) Henr.粗糙异燕麦
Helictotrichon schumidii var. parviglumum Keng ex Z.L.Wu 小颖异燕麦
Helictotrichon schumidii var. schumidii=Helictotrichon schmidii
Helictotrichon sempervirens (Vill.) Pilger 欧洲异燕麦
Helictotrichon tianschanicum (Roshev.) Henr.天山异燕麦
Helictotrichon tibeticum (Roshev.) Holub.藏异燕麦
Helictotrichon tibeticum (Roshev.) Keng f.=Helictotrichon tibeticum
Helictotrichon tibeticum var. laxiflorum Keng ex Z.L.Wu 疏花异燕麦
Helictotrichon tibeticum var. *suffuscum* (Hitchc.) Tzvel.=Helictotrichon tibeticum
Helictotrichon tibeticum var. tibeticum=Helictotrichon tibeticum
Helictotrichon trisetoides Kitag.=Helictotrichon altius
Helictotrichon virescens (Nees ex Steud.) Henr.变绿异燕麦
Heligme spiralis (Wall. ex G.Don) Thw.=Parsonsia alboflavescens
Heliopsis Pers.**赛菊芋属**(菊科)
Heliopsis helianthoides Sweet 赛菊芋
Heliopsis scabra Dun.粗糙赛菊芋
Heliotropium L.**天芥菜属**(紫草科)
Heliotropium acutiflorum Kar. & Kir.尖花天芥菜
Heliotropium arborescens L.南美天芥菜
Heliotropium arguzioides Karel. & Kirilov 新疆天芥菜
Heliotropium eichwaldi Steud.=Heliotropium ellipticum
Heliotropium eichwaldi var. *lasiocarpum* (Fisch. & Mey.) Clarke=Heliotropium lasiocarpum
Heliotropium ellipticum Ledeb.椭圆叶天芥菜
Heliotropium ellipticum var. *lasiocarpum* (Fisch. & Mey.) M.Pop.=Heliotropium lasiocarpum
Heliotropium europaeum L.天芥菜
Heliotropium europaeum var. europaeum=Heliotropium europaeum
Heliotropium europaeum var. *lasiocarpum* (Fisch. & C.A.Mey.) Kazmi.=Heliotropium lasiocarpum
Heliotropium formosanum Johnst.台湾天芥菜
Heliotropium indicum L.大尾摇
Heliotropium lasiocarpum Fisch. & C.A.Mey.毛果天芥菜
Heliotropium marifolium Retz.大苞天芥菜
Heliotropium micranthum (Pall.) Bge.小花天芥菜
Heliotropium peruvianum L.=Heliotropium arborescens
Heliotropium pseudoindicum H.Chuang 拟大尾摇
Heliotropium radula Fisch. & C.A.Mey.=Heliotropium arguzioides
Heliotropium strigosum Willd.细叶天芥菜
Heliotropium xinjiangensis Y.L.Liu=Heliotropium arguzioides
Helixanthera Lour.**离瓣寄生属**(桑寄生科)
Helixanthera apodanthes Danser 无梗离瓣寄生
Helixanthera coccinea (Jack) Danser 景洪离瓣寄生
Helixanthera guangxiensis H.S.Ku 广西离瓣寄生
Helixanthera ligustrina (Wall.) Danser 女贞叶寄生
Helixanthera longispicata (Lecomte) Danser (云南志 1983)=Helixanthera pierrei
Helixanthera parasitica Lour.离瓣寄生
Helixanthera pierrei Danser 密花离瓣寄生
Helixanthera sampsoni (Hance) Danser 油茶离瓣寄生
Helixanthera scoriarum (W.W.Sm.) Danser 滇西离瓣寄生
Helixanthera terrestris (HK.f.) Danser 林地离瓣寄生
Helleborine Miller=**Epipactis**
Helleborine consimilis (D.Don Druce=Epipactis consimilis
Helleborine palustris (L.) Schrank.=Epipactis palustris
Helleborine thunbergii Druce=Epipactis thunbergii
Helleborus L.**铁筷子属**(毛茛科)
Helleborus chinensis Maxim.=Helleborus thibetanus
Helleborus niger L.嚏根草
Helleborus thibetanus Franch.铁筷子
Helleborus viridis var. *thibetanus* (Franch.) Finet & Gagn.=Helleborus thibetanus
Helmia bulbifera (L.) Kunth=Dioscorea bulbifera
Helminthia Juss.=**Picris**
Helminthostachyaceae 七指蕨科
Helminthostachys Kaulf **七指蕨属**(七指蕨科)
Helminthostachys dulcis Kaulf.=Helminthostachys zeylanica
Helminthostachys zeylanica (L.) HK.七指蕨
Helonias thibetica (Franch.) N.Tanaka=Ypsilandra thibetica
Helonias umbellata (Baker) N.Tanaka=Heloniopsis umbellata
Helonias yunnanensis (W.W.Sm. & Jeffr.) N.Tanaka=Ypsilandra yunnanensis
Heloniopsis A.Gray **胡麻花属**(百合科)
Heloniopsis acutifolia Hay.=Heloniopsis umbellata
Heloniopsis arisanensis Hay. ex Honda=Heloniopsis umbellata
Heloniopsis taiwaniana S.S.Ying=Heloniopsis umbellata
Heloniopsis umbellata Baker 胡麻花

Helosciadium leptophyllum DC.=Apium leptophyllum
Helosciadium tenerum (Wall.) DC.=Acronema tenerum
Helwingia Willd.**青荚叶属**(山茱萸科)
Helwingia argyi Lévl. & Vaniot=Stemona japonica
Helwingia chinensis Batal (Hara & Kuros.in Chashi,Fl.E.Himal.1975)=Helwingia chinensis var. stenophylla
Helwingia chinensis Batal.(Li in Woody Pl.Taiwan 1963)=Helwingia japonica subsp. formosana
Helwingia chinensis Batal.中华青荚叶
Helwingia chinensis f. megaphylla Fang?大叶青荚叶(新)
Helwingia chinensis f. *oblanceolata* Chien=Helwingia himalaica
Helwingia chinensis var. chinensis=Helwingia chinensis
Helwingia chinensis var. crenata (Lingelsh. ex Limpr.) Fang 钝齿青荚叶
Helwingia chinensis var. *macrocarpa* Pamp.=Helwingia chinensis
Helwingia chinensis var. microphylla Fang & Soong 小叶青荚叶
Helwingia chinensis var. stenophylla (Merr.) Fang & Soong 窄叶青荚叶
Helwingia chinensis var. α. *genuina* Wanger.=Helwingia chinensis
Helwingia chinensis var. β. *longipedicellata* Wanger.=Helwingia chinensis
Helwingia crenata Lingelsh. ex Limpr.=Helwingia chinensis var. crenata
Helwingia formosana Kan. & Sas.=Helwingia japonica subsp. formosana
Helwingia himalaica (HK.f. & Thosm ex C.B.Clarke 西域青荚叶
Helwingia himalaica f. *oblanceolata* (Chien) Fang & Soong=Helwingia himalaica
Helwingia himalaica f. *omeiensis* Fang=Helwingia omeiensis
Helwingia himalaica var. *crenata* Li=Helwingia chinensis var. crenata
Helwingia himalaica var. gracilipes Fang & Soong 细梗青荚叶
Helwingia himalaica var. himalaica=Helwingia himalaica
Helwingia himalaica var. nanchuanensis (Fang) Fang & Soong 南川青荚叶
Helwingia himalaica var. parvifolia Li 小型青荚叶
Helwingia himalaica var. prunifolia Fang & Soong 桃叶青荚叶
Helwingia japonica (Thunb.) Dietr.青荚叶
Helwingia japonica subsp. formosana (Kan. & Sas.) Hara & Kuros.台湾青荚叶
Helwingia japonica subsp. japonica =Helwingia japonica
Helwingia japonica var. *forosana* (Kan. & Sas.) Kitamure=Helwingia japonica subsp. formosana
Helwingia japonica var. grisea Fang & Soong 达色青荚叶
Helwingia japonica var. *himalaica* (HK.f. & Thoms.) Franch.=Helwingia himalaica
Helwingia japonica var. hypoleuca Hemsl. ex Rehd.白粉青荚叶
Helwingia japonica var. japonica=Helwingia japonica
Helwingia japonica var. *nanchuanensis* Fang=Helwingia himalaica var. nanchuanensis
Helwingia japonica var. papillosa Fang & Soong 乳突青荚叶
Helwingia japonica var. szechuanensis (Fang) Fang & Soong 四川青荚叶
Helwingia omeiensis (Fang) Hara & Kuros.峨眉青荚叶
Helwingia omeiensis var. *oblanceolata* (Chien) Hara & Kuros.=Helwingia himalaica
Helwingia omeiensis var. oblonga Fang & Soong 长圆青荚叶
Helwingia omeiensis var. omeiensis=Helwingia omeiensis
Helwingia rusciflora Willd.=Helwingia japonica
Helwingia stenophylla Merr.=Helwingia chinensis var. stenophylla
Helwingia szechuanensis Fang=Helwingia japonica var. szechuanensis
Helwingia zhejiangensis Fang & Soong 浙江青荚叶
Hemarthria R.Br.**牛鞭草属**(禾本科)
Hemarthria altissima (Poir.) Stapf & C.E.Hubb.牛鞭草
Hemarthria compressa (L.f.) R.Br.扁穗牛鞭草
Hemarthria compressa var. *fasciculata* (Lamk.) Keng=Hemarthria altissima
Hemarthria compressa var. japonica (Hack.) Ohwi 日本牛鞭草
Hemarthria humilis Keng=Hemarthria protensa
Hemarthria longiflora (HK.f.) A.Camus 长花牛鞭草
Hemarthria protensa Steud.小牛鞭草
Hemerocallis L.**萱草属**(百合科)
Hemerocallis altissima Stout=Hemerocallis citrina
Hemerocallis aurantiaca Baker=Hemerocallis fulva var. aurantiaca
Hemerocallis citrina Baroni 黄花菜
Hemerocallis coreana Nakai=Hemerocallis citrina
Hemerocallis disticha Donn=Hemerocallis fulva var. angustifolia
Hemerocallis dumortieri Morr.小萱草
Hemerocallis dumortieri var. *esculenta* (Koidz.) Kitamura=Hemerocallis esculenta
Hemerocallis dumortieri var. florepleno Hort.重瓣小萱草
Hemerocallis dumortieri var. *middendorfii* (Trautv. & Mey.) Kitamura=Hemerocallis middendorfii
Hemerocallis esculenta Koidz.北萱草
Hemerocallis flava (L.) L.=Hemerocallis lilioasphodelus
Hemerocallis flava var. *minor* (Mill.) M.Hotta=Hemerocallis minor
Hemerocallis forrestii Diels 西南萱草
Hemerocallis fulva (L.) L.萱草
Hemerocallis fulva var. angustifolia Baker 长管萱草
Hemerocallis fulva var. aurantiaca (Baker) M.Hotta 常绿萱草
Hemerocallis fulva var. *disticha* (Donn) Baker(植物志 14,1980)=Hemerocallis fulva var. angustifolia
Hemerocallis fulva var. fulva=Hemerocallis fulva
Hemerocallis fulva var. kwanso Rgl.重瓣萱草
Hemerocallis fulva var. *longituba* (Miq.) Maxim.=Hemerocallis fulva var. angustifolia
Hemerocallis fulva var. *maculata* Baroni=Hemerocallis fulva
Hemerocallis fulva var. *rosea* Stout=Hemerocallis fulva var. angustifolia
Hemerocallis japonica Thunb.=Hosta albo-marginata
Hemerocallis lilioasphodelus L.北黄花菜
Hemerocallis lilioasphodelus var. *flava* L.=Hemerocallis lilioasphodelus
Hemerocallis lilioasphodelus var. *fulva* L.=Hemerocallis fulva
*Hemerocallis lilioasphodelus*γ β. *fulvus* L.=Hemerocallis fulva
Hemerocallis longituba Miq.=Hemerocallis fulva var. angustifolia
Hemerocallis middendorfii Trautv. & Mey.大苞萱草
Hemerocallis middendorfii var. *esculenta* (Koidz.) Ohwi=Hemerocallis esculenta
Hemerocallis middendorfii var. longibracteata Z.T.Xiong 长苞萱草
Hemerocallis middendorfii var. middendorffii=Hemerocallis middendorffii
Hemerocallis minor Mill.小黄花菜
Hemerocallis multiflora Stout 多花萱草
Hemerocallis nana Forr.矮萱草
Hemerocallis plantaginea Lam.=Hosta plantaginea
Hemerocallis plicata Stapf 折叶萱草
Hemerocallis thunbergii Baker 董氏萱草
Hemesteum deltodon (Bak.) Lévl.=Polystichum deltodon
Hemesteum dielsii Lévl.=Polystichum dielsii
Hemesteum hecatopterum (Diels) Lévl.=Polystichum hecatopteron
Hemesteum leveillei (C.Chr.) Lévl.=Polystichum leveillei
Hemiadelphis Nees= **Hygrophila**
Hemiadelphis polysperma (Roxb.) Nees= Hygrophila polysperma
Hemiboea Clarke **半蒴苣苔属**(苦苣苔科)
Hemiboea axillariflora C.Y.Wu=Hemiboeopsis longisepala
Hemiboea bicornuta (Hay.) Ohwi 台湾半蒴苣苔
Hemiboea cavaleriei Lévl.贵州半蒴苣苔
Hemiboea cavaleriei var. cavaleriei=Hemiboea cavaleriei
Hemiboea cavaleriei var. paucinervis W.T.Wang 疏脉半蒴苣苔
Hemiboea esquirolii Lévl.=Hemiboea follicularis
Hemiboea fangii Chun ex Z.Y.Li 齿叶半蒴苣苔
Hemiboea flaccida Chun ex Z.Y.Li 毛果半蒴苣苔
Hemiboea flava C.Y.Wu ex H.W.Li=Hemiboea cavaleriei var. paucinervis
Hemiboea follicularis Clarke 华南半蒴苣苔
Hemiboea gamosepala Z.Y.Li 合萼半蒴苣苔
Hemiboea glandulosa Z.Y.Li 腺萼半蒴苣苔
Hemiboea gracilis Franch.纤细半蒴苣苔
Hemiboea gracilis var. gracilis=Hemiboea gracilis
Hemiboea gracilis var. pilobracteata Z.Y.Li 毛苞半蒴苣苔
Hemiboea henryi C.B.Clarke=Hemiboea subcapitata
Hemiboea henryi var. *gaungdongensis* Z.Y.Li=Hemiboea subcapitata var. guangdongensis
Hemiboea henryi var. *major* Diels=Hemiboea subcapitata
Hemiboea himalayensis Lévl.=Lysionotus serratus
Hemiboea integra C.Y.Wu ex H.W.Li 全叶半蒴苣苔
Hemiboea latisepala H.W.Li 宽萼半蒴苣苔
Hemiboea longgangensis Z.Y.Li 莽岗半蒴苣苔
Hemiboea longisepala Z.Y.Li 长萼半蒴苣苔
Hemiboea lungzhouensis W.T.Wang ex Z.Y.Li 龙州半蒴苣苔
Hemiboea magnibracteata Y.G.Wei & H.Q.Wen 大苞半蒴苣苔
Hemiboea marmorata Lévl.=Hemiboea subcapitata

Hemiboea merrillii Yamamoto=Hemiboea bicornuta
Hemiboea mollifolia W.T.Wang 柔毛半蒴苣苔
Hemiboea omeiensis W.T.Wang 峨眉半蒴苣苔
Hemiboea parvibracteata W.T.Wang & Z.Y.Li 小苞半蒴苣苔
Hemiboea parviflora Z.Y.Li 小花半蒴苣苔
Hemiboea pingbianensis Z.Y.Li 屏边半蒴苣苔
Hemiboea sordidopuberula Z.Y.Li ex H.W.Li=Hemiboea subcapitata
Hemiboea strigosa Chun & W.T.Wang 腺毛半蒴苣苔
Hemiboea subacaulis Hand.-Mazz.短茎半蒴苣苔
Hemiboea subacaulis var. jiangxiensis Z.Y.Li 江西半蒴苣苔
Hemiboea subacaulis var. subacaulis=Hemiboea subacaulis
Hemiboea subcapitata Clarke (苏南植物手册 1959)=Hemiboea subcapitata
Hemiboea subcapitata Clarke 降龙草
Hemiboea subcapitata var. *denticulata* W.T.Wang ex Z.Y.Li=Hemiboea subcapitata
Hemiboea subcapitata var. guangdongensis (Z.Y.Li) Z.Y.Li 广东半蒴苣苔
Hemiboea subcapitata var. *intermedia* R.Pamp.=Hemiboea subcapitata
Hemiboea subcapitata var. *sordidopuberula* Z.Y.Li=Hemiboea subcapitata
Hemiboea subcapitata var. subcapitata=Hemiboea subcapitata
Hemiboea wangiana Z.Y.Li 王氏半蒴苣苔
Hemiboeopsis W.T.Wang **密序苣苔属**(苦苣苔科)
Hemiboeopsis longisepala (H.W.Li) W.T.Wang 密序苣苔
Hemibromus japonicus Steud.=Glyceria acutiflora subsp. japonica
Hemicarex filicina C.B.Clarke=Kobresia filicina
Hemicarex pygmaea C.B.Clarke=Kobresia pygmaea
Hemicarex trinervis (Nees) C.B.Clarke=Kobresia esanbeckii
Hemicicca flexuosa (S. & Z.) Hurusawa=Phyllanthus flexuosus
Hemicicca japonica Baill.=Phyllanthus flex uosus
Hemidictyum ceteach Bedd.=Ceterach officinarum
Hemidictyum finlaysonianum Moore=Asplenium finlaysonianum
Hemidictyum hookerianum Moore=Asplenium finlaysonianum
Hemigramma Christ **沙皮蕨属**(叉蕨科)
Hemigramma decurrens (HK.) Cop.沙皮蕨
Hemigramma distinctipetiola Ching=Hemigramma decurrens
Hemigraphis Nees **半插花属**(爵床科)
Hemigraphis chinensis (Nees) T.Anders. ex Hemsl.= Sericocalyx chinensis
Hemigraphis cumingiana (Nees) F.-Vill.直立半插花
Hemigraphis drymophila Diels= Pararuellia delavayana
Hemigraphis fluviatilis C.B.Clarke ex W.W.Sm.= Sericocalyx fluviatilis
Hemigraphis primulifolia (Nees) F.-Vill.恒春半插花
Hemigraphis procumbens (Lour.) Merr.= Sericocalyx chinensis
Hemigraphis reptans (Forst.) T.Anders. ex Hemsl.匍匐半插花
Hemigraphis szechuanica Batal.= Championella tetrasperma
Hemigymnia Stapf=**Ottochloa**
Hemigymnia multinodis (Presl) Stapf=Ottochloa nodosa
Hemihabenaria radiata (Thunb.) Finet=Pecteilis radiata
Hemihabenaria stenantha (HK.f.) Finet=Platanthera stenantha
Hemihabenaria stenantha var. *auriculata* Finet=Platanthera finetiana
Hemihabenaria susannae (L.) Finet=Pecteilis susannae
Hemilophia Franch.**半脊荠属**(十字花科)
Hemilophia franchetii Al-Shehbaz 法氏半脊荠
Hemilophia pulchella Franch.半脊荠
Hemilophia pulchella var. *flavida* Hand.-Mazz.=Hemilophia rockii
Hemilophia pulchella var. *pilosa* O.E.Schulz=Hemilophia franchetii
Hemilophia pulchella var. pulchella=Hemilophia pulchella
Hemilophia pulchella var. *rockii* (O.E.Schulz) W.T.Wang=Hemilophia rockii
Hemilophia rockii O.E.Schulz 小叶半脊荠
Hemilophia rockii var. *flavida* (Hand.-Mazz.) Hand.-Mazz.=Hemilophia rockii
Hemilophia sessilifolia Al-Shehbaz & al.无柄叶半脊荠
Hemionitis HK.=**Dictyocline**
Hemionitis L.**泽泻蕨属**(裸子蕨科)
Hemionitis arifolia (Burm.) Moore 泽泻蕨
Hemionitis coracea Don=Antrophyum coriaceum
Hemionitis cordata HK. & Grev.=Hemionitis arifolia
Hemionitis cordifolia roxb.=Hemionitis arifolia
Hemionitis esculenta Retz.=Callipteris esculenta
Hemionitis griffithii HK.f. & Thoms.=Dictyocline griffithii
Hemionitis griffithii var. *pinnata* HK.=Dictyocline griffithii
Hemionitis griffithii var. *pinnatifida* HK.=Dictyocline wilfordii
Hemionitis griffithii var. *wilfordii* Bak.=Dictyocline wilfordii
Hemionitis japonica Thunb.=Coniogramme japonica
Hemionitis opaca Don=Cornopteris opaca
Hemionitis palmata L.掌叶泽泻蕨
Hemionitis parvula (Bl.) Presl=Antrophyum parvulum
Hemionitis pothifolia D.Don=Colysis elliptica var. pothifolia
Hemionitis pozoi Lag.=Leptogramma pozoi
Hemionitis prolifera Retz.=Ampelopteris prolifera
Hemionitis sagittata Fée=Hemionitis arifolia
Hemionitis sessilifolium Cav.=Antrophyum sessilifolium
Hemionitis toxotis Trev.=Hemionitis arifolia
Hemionitis vestita J.Sm.=Gymnopteris vestita
Hemionitis wilfordii HK.=Dictyocline wilfordii
Hemiotidaceae 裸子蕨科
Hemiphragma Wall.**鞭打绣球属**(玄参科)
Hemiphragma heterophyllum Wall.鞭打绣球
Hemiphragma heterophyllum Merr. & Rolfe=Hemiphragma heterophyllum var. dentatum?
Hemiphragma heterophyllum var. dentatum (Elmer) Yamaz.齿状鞭打绣球(新)?
Hemiphragma heterophyllum var. pedicellatum Hand.-Mazz.有梗鞭打绣球(新)?
Hemipilia Lindl.**舌喙兰属**(兰科)
Hemipilia amesiana Schltr 四川舌喙兰
Hemipilia brevicalcarata Finet=Orchis brevicalcarata
Hemipilia bulleyi Rolfe=Hemipilia cruciata
Hemipilia calophylla Par. & Rchb.f.美叶舌喙兰
Hemipilia cordifolia Lindl.心叶舌喙兰
Hemipilia cordifolia var. *bifoliata* Finet=Hemipilia limprichtii
Hemipilia cordifolia var. *cuneata* Finet=Hemipilia henryi
Hemipilia cordifolia var. *sub-flabellata* finet=Hemipilia flabellata
Hemipilia cordifolia var. *yunnanensis* Finet=Hemipilia cruciata
Hemipilia crassicalcarata S.S.Chien 粗距舌喙兰
Hemipilia cruciata Finet 舌喙兰
Hemipilia cuneata Schltr.=Hemipilia henryi
Hemipilia flabellata Bur & Franch 扇唇舌喙兰
Hemipilia flabellata var. *grandiflora* Finet=Hemipilia flabellata
Hemipilia flabellata var. *leptoceras* Sóo=Hemipilia flabellata
Hemipilia formosana Hay.=Hemipilia cruciata
Hemipilia forrestii Rolfe 长距舌喙兰
Hemipilia forrestii var. *macrantha* Hand.-Mazz.=Hemipilia forrestii
Hemipilia henryi Rolfe 裂唇舌喙兰
Hemipilia kwangsiensis T.Tang & F.T.Wang ex K.Y.Lang 广西舌喙兰
Hemipilia leptoceras Schltr. ex Sóo=Hemipilia flabellata
Hemipilia limprichtii Schltr 短距舌喙兰
Hemipilia quinquangularis T.Tang & F.T.Wang=Hemipilia flabellata
Hemipilia sikangensis T.Tang & F.T.Wang=Hemipilia flabellata
Hemipilia silvatica Kraenzl.=Amitostigma hemipilioides
Hemipilia silvatica Kraenzl.=Hemipilia cruciata
Hemipilia silvestrii Pamp.=Hemipilia crassicalcarata
Hemipilia yunnanensis (Finet) Schltr.=Hemipilia cruciata
Hemiptelea Planch.**刺榆属**(榆科)
Hemiptelea davidiana Priem.=Hemiptelea davidii
Hemiptelea davidii (Hance) Planch.刺榆
Hemistachyum (Copel.) Ching=**Aglaomorpha**
Hemistepta Bge. ex Fisch. & Mey.=**Hemistepta**
Hemistepta Bge.**泥胡菜属**(菊科)
Hemistepta bungei (DC.) Benth. & HK.f. ex Franch. & Sav.=Hemistepta lyrata
Hemistepta carthamoides (Buch.-Ham.) O.Ktze.=Hemistepta lyrata
Hemistepta lyrata (Bge.) Bge.泥胡菜
Hemistepta puchra (Lipsch.) Soják=Saussurea pulchra
Hemslea calcarata (Hemsl.) Kudô =Ceratanthus calcaratus
Hemsleia Kudô =**Ceratanthus**
Hemsleia calcarata (Hemsl.) Kudô =Ceratanthus calcaratus
Hemsleya Cogn.**雪胆属**(葫芦科)
Hemsleya amabilis Diels 曲莲
Hemsleya brevipetiolata Hand.-Mazz.=Hemsleya delavayui
Hemsleya brevipetiolata var. *yalungensis* Hand.-Mazz.=Hemsleya delavayui var. yalungensis

Hemsleya carnosiflora C.Y.Wu & C.L.Chen 肉花雪胆
Hemsleya changningensis C.Y.Wu & C.L.Chen 赛金刚
Hemsleya chinensis Cogn. ex Forbes & Hemsl.雪胆
Hemsleya chinensis Cogn.(p.p.)=Hemsleya graciliflora
Hemsleya chinensis var. chinensis=Hemsleya chinensis
Hemsleya chinensis var. ningnanensis L.T.Shen & W.J.Chang 宁南雪胆
Hemsleya chinensis var. polytricha Kuang & A.M.Lu 毛雪胆
Hemsleya cissiformis C.Y.Wu ex C.Y.Wu & C.L.Chen 滇南雪胆
Hemsleya clavata C.Y.Wu & C.L.Chen 棒果雪胆
Hemsleya delavayui (Gagn.) C.Jeff. ex C.Y.Wu & C.L.Chen 短柄雪胆
Hemsleya delavayui var. delavayi=Hemsleya delavayui
Hemsleya delavayui var. yalungensis (Hand.-Mazz.) C.Y.Wu & C.L.Chen 雅砻雪胆
Hemsleya dipterygia Kuang & A.M.Lu 翼蛇莲
Hemsleya dolichocarpa W.J.Chang 长果雪胆
Hemsleya dulongjiangensis C.Y.Wu & C.L.Chen 独龙江雪胆
Hemsleya ellipsoidea L.T.Shen & W.J.Chang 椭圆果雪胆
Hemsleya elongata (Merr.) Cogn.=Neoalsomitra integrifoliola
Hemsleya endecaphylla C.Y.Wu ex C.Y.Wu & C.L.Chen 十一叶雪胆
Hemsleya esquirolii Lévl.=Bolbostemma biglandulosum
Hemsleya gigantha W.J.Chang 巨花雪胆
Hemsleya graciliflora (Harms.) Cogn.马铜铃
Hemsleya grandiflora C.Y.Wu exC.Y.Wu & C.L.Chen 大花雪胆
Hemsleya lijiangensis A.M.Lu ex C.Y.Wu & C.L.Chen 丽江雪胆
Hemsleya longivillosa C.Y.Wu & C.L.Chen 长毛雪胆
Hemsleya macrocarpa C.Y.Wu ex C.Y.Wu & C.L.Chen 大果雪胆
Hemsleya macrosperma C.Y.Wu ex C.Y.Wu & C.L.Chen 罗锅底
Hemsleya macrosperma var. macrosperma=Hemsleya macrosperma
Hemsleya macrosperma var. oblongicarpa C.Y.Wu & C.L.Chen 长果罗锅底
Hemsleya megathyrsa C.Y.Wu ex C.Y.Wu & C.L.Chen 大序雪胆
Hemsleya megathyrsa var. major C.Y.Wu & C.L.Chen 大花大序雪胆
Hemsleya megathyrsa var. megathyrsa=Hemsleya megathyrsa
Hemsleya mitrata C.Y.Wu & C.L.Chen 帽果雪胆
Hemsleya obconica C.Y.Wu & C.L.Chen 圆锥果雪胆
Hemsleya omeiensis L.T.Shen & W.J.Chang 峨眉雪胆
Hemsleya panacis-scandens C.Y.Wu & C.L.Chen 藤三七雪胆
Hemsleya panacis-scandens var. panacis-scandens=Hemsleya panacis-scandens
Hemsleya panacis-scandens var. pingbianensis C.Y.Wu & C.L.Chen 屏边藤三七雪胆
Hemsleya panlongqi A.M.Lu & W.J.Chang 盘龙七
Hemsleya pengxianensis W.J.Chang 彭县雪胆
Hemsleya pengxianensis var. gulinensis L.T.Shen & W.J.Chang 古蔺雪胆
Hemsleya pengxianensis var. jinfushanensis L.T.Shen & W.J.Chang 金佛山雪胆
Hemsleya pengxianensis var. junlianensis L.T.Shen & W.J.Chang 筠连雪胆
Hemsleya pengxianensis var. pengzianensis=Hemsleya pengxianensis
Hemsleya pengxianensis var. polycarpa L.T.Shen & W.J.Chang 多果雪胆
Hemsleya sphaerocarpa Kuang & A.M.Lu 蛇莲雪胆
Hemsleya szechuenensis Kuang & A.M.Lu(p.p.)=Hemsleya chinensis
Hemsleya szechuenensis Kuang & A.M.Lu(p.p.)=Hemsleya graciliflora
Hemsleya tonkinensis Cogn.=Thladiantha hookeri
Hemsleya trifoliolata Cogn.=Thladiantha hookeri var. palmatifolia
Hemsleya turbinata C.Y.Wu ex C.Y.Wu & C.L.Chen 陀罗果雪胆
Hemsleya villosipetala C.Y.Wu & C.L.Chen 母猪雪胆
Hemsleya wenshanensis A.M.Lu ex C.Y.Wu & C.L.Chen 文山雪胆
Hemsleya zhejiangensis C.Z.Zheng 浙江雪胆
Hemslowia pubescens Wall.=Crypteronia paniculata
Henckelia aromatica (Wall. ex D.Don) Spreng.=Didymocarpus aromaticus
Henckelia grandifolia A.Dietr.=Chirita macrophylla
Henckelia primulifolia (D.Don) Spreng.=Didymocarpus primulifolius
Henckelia pumila (D.Don) A.Dietr.=Chirita pumila
Henckelia urticifolia (Buch.-Ham. ex D.Don) A.Dietr.=Chirita urticifolia
Henckelia villosa (D.Don) Spreng.=Didymocarpus villosus
Henckelia wallichiana A.Dietr.=Chirita urticifolia
Henningia Karelin & Kirilov=**Eremurus**
Henningia anisoptera Kar. & Kir.=Eremurus anisopterus
Henrya Hemsl.=**Tylophora**
Henrya augustiniana Hemsl.=Tylophora augustiniana
Henrya silvestrii Pamp.=Tylophora silvestrii
Henryastrum Happ.=**Tylophora**
Henryastrum augustinianum (Hemsl.) Happ.=Tylophora augustiniana
Henryastrum silvestrii (Pamp.) Happ.=Tylophora silvestrii
Henryettena Brand=**Antiotrema**
Henryettena mirabilis Brand=Antiotrema dunnianum
Henschelia Presl=**Illigera**
Henschelia luzonensis Presl=Illigera luzonensis
Henslowia Bl.=**Dendrotrophe**
Henslowia buxifolia Bl.=Dendrotrophe buxifolia
Henslowia frutescens Champ. ex Benth=Dendrotrophe frutescens
Henslowia frutescens var. *subquinquenervia* Tam=Dendrotrophe frutescens var. subquinquenervia
Henslowia glabra Wall.=Crypteronia paniculata
Henslowia granulata HK.f. & Thoms. ex A.D.=Dendrotrophe granulata
Henslowia heterantha (Wall. ex DC.) HK.f. & Thoms ex A.DC.=Dendrotrophe heterantha
Henslowia polyneura Hu=Dendrotrophe polyneura
Henslowia sessiliflora Hemsl.=Dendrotrophe frutescens
Henslowia umbellata (Bl.) Bl.=Dendrotrophe umbellata
Henslowia umbellata var. *longifolia* Lecomte=Dendrotrophe umbellata var. longifolia
Hepatica Mill.**獐耳细辛属**(毛茛科)
Hepatica asiatica Nakai=Hepatica nobilis var. asiatica
Hepatica falconeri (Hthoms.) Juz.法康勒细辛
Hepatica henryi (Oliv.) Steward 川鄂獐耳细辛
Hepatica nobilis Gars.名贵细辛
Hepatica nobilis var. asiatica (Nakai) Hara 獐耳细辛
Hepatica yamatutae Nakai=Hepatica henryi
Hepericum acutisepalum Hay.=Hypericum geminiflorum
Heptaca latifolia Gardn. & Champ.=Actinidia latifolia
Heptacodium Redh.**七子花属**(忍冬科)
Heptacodium jasminoides Airy-Shaw 浙江七子花?
Heptacodium miconioides Rehd.七子花
Heptapleurum Gaertn.=**Schefflera**
Heptapleurum arboricolum Hay.=Schefflera arboricola
Heptapleurum bodinieri Lévl.=Schefflera bodinieri
Heptapleurum cavaleriei Lévl.=Schefflera venulosa
Heptapleurum delavayi Franch.=Schefflera delavayi
Heptapleurum dunnianum Lévl.=Schefflera delavayi
Heptapleurum elatum C.B.Clarke=Schefflera elata
Heptapleurum esquirolii Lévl.=Macropanax rosthornii
Heptapleurum hoi Dunn=Schefflera hoi
Heptapleurum hypoleucum Kirz=Schefflera hypoleuca
Heptapleurum impressum C.B.Clarke=Schefflera impressa
Heptapleurum khasianum C.B.Clarke=Schefflera khasiana
Heptapleurum macrophyllum Dunn=Schefflera macrophylla
Heptapleurum octophyllum Benth. ex Hance=Schefflera octophylla
Heptapleurum productum Dunn=Schefflera producta
Heptapleurum racemosum Bedd.(Hay.in Bot.Mag.Tokyo 1906)=Schefflera taiwaniana
Heptapleurum sasakii Hay.=Schefflera arboricola
Heptapleurum tripteris Lévl.=Brassaiopsis tripteris
Heptapleurum venulosum Seem.=Schefflera venulosa
Heptecodium jasminoides Airy-Shaw=Heptacodium miconioides
Heracleum L.**独活属**(伞形科)
Heracleum acuminatum Franch.渐尖叶独活
Heracleum apaense (Shan & Yuan) Shan & T.S.Wang 法落海
Heracleum barbatum Ledeb.(东北检索表 1959)=Heracleum dissectum
Heracleum barmanicum Kurz 印度独活
Heracleum bivittatum de Boiss.二管独活
Heracleum candicans Wall. ex DC.白亮独活
Heracleum canescens Lindl.灰白独活
Heracleum dissectifolium K.T.Fu 多裂独活
Heracleum dissectum Ledeb.兴安独活
Heracleum fargesii de Boiss.城口独活
Heracleum forrestii Wolff 中甸独活
Heracleum hemsleyanum Diels 独活
Heracleum henryi Wolff 思茅独活
Heracleum kansuense Diels 甘肃独活
Heracleum kingdoni Wolff 贡山独活

Heracleum likiangense Wolff 丽江独活
Heracleum longilobum (Norm.) Sheh & T.S.Wang 锐尖叶独活
Heracleum microcarpum Franch.=Heracleum moellendorffii
Heracleum millefolium Diels 裂叶独活
Heracleum millefolium var. *longilobum* Norm.=Heracleum longilobum
Heracleum moellendorffii f. *subbipinnatum* (Franch.) Kitag.=Heracleum moellendorffii var. subbipinnatum
Heracleum moellendorffii Hance 短毛独活
Heracleum moellendorffii var. moellendorffii=Heracleum moellendorffii
Heracleum moellendorffii var. paucivittatum Shan & T.S.Wang 少管短毛独活
Heracleum moellendorffii var. subbipinnatum (Franch.) Kitag.狭叶短毛独活
Heracleum morifolium Wolff=Heracleum moellendorffii
Heracleum morifolium f. *angustum* Kitag.=Heracleum moellendorffii var. subbipinnatum
Heracleum nepalense D.Don=Tetrataenium nepalense
Heracleum nubigenum C.B.Clarke (Hiroe in Umbell.Asia.1958)=Tetrataenium olgae
Heracleum nyalamense Shan & T.S.Wang 聂拉木独活
Heracleum obtusifolium Wall. ex DC.钝叶独活
Heracleum olgae Rgl. & Schmalh. ex Regel=Tetrataenium olgae
Heracleum oreocharis Wolff 山地独活
Heracleum rapula Franch.鹤庆独活
Heracleum scabridum Franch.糙独活
Heracleum schansianum Fedde ex Wolff 山西独活
Heracleum sect. *Tetrataenium* DC.=**Tetrataenium**
Heracleum smithii Fedde=Heracleum millefolium
Heracleum souliei de Boiss.康定独活
Heracleum stenopteroides Fedde ex Wolff 腾冲独活
Heracleum stenopterum Diels 狭翅独活
Heracleum tiliifolium Wolff 椴叶独活
Heracleum transiliensis (Rgl. & Herd.) O. & B.Fedtsch.=Semenovia transiliensis
Heracleum vicinum de Boiss.平截独活
Heracleum yungningense Hand.-Mazz.永宁独活
Heracleum yunnanense Franch.云南独活
Hereroa Schwant.) Dinter & Schwant.**龙骨角属**(番杏科)
Hereroa calycina L.Bol.大萼龙骨花
Hereroa granulata (N.E.Br.) Dinter & Schwant.龙骨角
Hereroa mccirii L.Bol.莫氏龙骨角
Heritiera Dryand.**银叶树属**(梧桐科)
Heritiera allughas Retz.=Alpinia nigra
Heritiera angustata Pierre 长柄银叶树
Heritiera chinensis Retz.=Alpinia oblongifolia
Heritiera fomes Buch.佛摩斯银叶树
Heritiera littoralis Dryand.银叶树
Heritiera macrophylla Wall. ex Voigt (广州志 1956)=Heritiera angustata
Heritiera papilio Beddome 乳头银叶树
Heritiera parvifolia Merr.蝴蝶树
Herminium Guett **角盘兰属**(兰科)
Herminium alaschanicum Maxim 裂瓣角盘兰
Herminium alaschanicum var. *tanguticum* Maxim.=Herminium monorchis
Herminium alpinum (L.) Lindl.高山角盘兰
Herminium altigenum Schltr. ex Limpr.=Herminium alaschanicum
Herminium angustifolium (Lindl.) Benth. ex Clarke=Herminium lanceum
Herminium angustifolium (Lindl.) Benth. ex HK.f.=Herminium lanceum
Herminium angustifolium var. *brevilabre* T.Tang & F.T.Wang=Herminium lanceum
Herminium angustifolium var. *longicruris* (C.Wright ex A.Gray) Makino=Herminium lanceum
Herminium angustifolium var. *nematolobum* Hand.-Mazz.=Herminium lanceum
Herminium angustifolium var. *souliei* Finet=Herminium souliei
Herminium angustilabre King & Pantl 狭唇角盘兰
Herminium biporosum Maxim.=Porolabium biporosum
Herminium bulleyi (Rolfe) T.Tang & F.T.Wang=Peristylus bulleyi
Herminium calceoliforme W.W.Sm.=Smithorchis calceoliformis
Herminium carnosilabre T.Tang & F.T.Wang 厚唇角盘兰
Herminium chiwui T.Tang & F.T.Wang=Gymnadenia crassinervis
Herminium chloranthum T.Tang & F.T.Wang 矮角盘兰
Herminium coeloceras (Finet) Schltr.=Peristylus coeloceras
Herminium coiloglossum Schltr 条叶角盘兰
Herminium congestum Lindl.=Herminium macrophyllum
Herminium constrictum Lindl.=Peristylus constrictus
Herminium ecalcaratum (Finet) Schltr 无距角盘兰
Herminium elisabethae (Duthie) T.Tang & F.T.Wang=Peristylus elisabethae
Herminium fallax Lindl.=Peristylus fallax
Herminium forceps (Finet) Schltr.=Peristylus forceps
Herminium forrestii Schltr.=Herminium josephi
Herminium glossophyllum T.Tang & F.T.Wang 雅致角盘兰
Herminium goodyeroides (D.Don) Lindl.=Peristylus goodyeroides
Herminium gracile King & Pantl (Kraenzl in Bot.Jahrb.1903)=Androcorys ophioglossoides
Herminium josephi Rchb.f.宽唇角盘兰
Herminium lanceum (Thunb. ex Sw.) Vuijk 叉唇角盘兰
Herminium lanceum var. *longicrure* (C.Wright ex A.Gray) H.Hara=Herminium lanceum
Herminium latifolia Gagn 宽叶角盘兰
Herminium limprichtii Schltr.=Herminium souliei
Herminium linguliformis T.Tang & F.T.Wang=Platanthera minutiflora
Herminium longicruris (C.Wirght ex A.Gray) T.Tang & F.T.Wang=Herminium lanceum
Herminium macrophyllum (D.Don) Dandy 耳片角盘兰
Herminium mannii (Rolfe) T.Tang & F.T.Wang=Peristylus mannii
Herminium minutiflorum Schltr.=Herminium lanceum
Herminium monorchis (L.) R.Br.角盘兰
Herminium nankotaizanense Masam.=Coeloglossum viride
Herminium neotineoides Ames & Schltr.=Peristylus neotineoides
Herminium nivale Schltr.=Androcorys pugioniformis
Herminium ophioglossoides Schltr 长瓣角盘兰
Herminium ophioglossoides var. *minus* Hand.-Mazz.=Herminium glossophyllum
Herminium pugioniformis Lindl. ex HK.f.=Androcorys pugioniformis
Herminium pusillum Ohwi & Fukuyama=Androcorys pusillus
Herminium quinquelobum King & Pantl 秀丽角盘兰
Herminium singulum T.Tang & F.T.Wang 披针唇角盘兰
Herminium souliei Schltr 宽萼角盘兰
Herminium souliei var. *lichiangense* W.W.Sm.=Herminium souliei
Herminium stenostachyum T.Tang & F.T.Wang=Herminium lanceum
Herminium suave T.Tang & F.T.Wang=Peristylus forrestii
Herminium tanguticum (Maxim.) Rolfe=Herminium monorchis
Herminium tenianum Kraenzl.=Peristylus coeloceras
Herminium tsoongii T.Tang & F.T.Wang=Peristylus forceps
Herminium unicorne Kraenzl.=Peristylus coeloceras
Herminium yüanum T.Tang & F.T.Wang=Peristylus mannii
Herminium yunnanense Rolfe 云南角盘兰
Hermodactylus Mill.**蛇头鸢尾属**(鸢尾科)
Hermodactylus tuberosus Mill.蛇头鸢尾
Hernandia L.**莲叶桐属**(莲叶桐科)
Hernandia ovigera L.=Hernandia sonora
Hernandia peltata Meisn.=Hernandia sonora
Hernandia sonora L.莲叶桐
Hernandiaceae 莲叶桐科
Herniaria L.**治疝草属**(石竹科)
Herniaria caucasica Rupr.高加索治疝草
Herniaria glabra L.治疝草
Herniaria polygama J.Gay 杂性治疝草
Herpestis Gaertn.f.=**Bacopa**
Herpestis floribunda R.Br.=Bacopa floribunda
Herpestis javanica Bl.=Adenosma javanicum
Herpestis monnieria (L.) H.B.K.=Bacopa monnieri
Herpestis ovata Benth.=Adenosma javanicum
Herpestis rugosa Roth=Limnophila rugosa
Herpetospermum Wall. ex HK.f.**波棱瓜属**(葫芦科)
Herpetospermum caudigerum Wall.=Herpetospermum pedunculosum
Herpetospermum grandiflorum Cogn.=Herpetospermum pedunculosum
Herpetospermum pedunculosum (Ser.) C.B.Clarke 波棱瓜
Herpysma Lindl.**爬兰属**(兰科)
Herpysma longicaulis Lindl.爬兰
Herpysma merrillii Ames 玛氏直唇兰

Herschelia Lindl.**蓝兰属**(兰科)
Herschelia graminifolia (Ker-Gawl.) Dur. & Schltr.禾叶蓝兰
Herschelia purpurascens (Bolus) Krzl.紫花蓝兰
Hersilia simplex Keotsch.=Aster molliusculus
Hesperantha Ker-Gawl.**长庚花属**(鸢尾科)
Hesperantha bauri Baker 包尔长庚花
Hesperantha stanfordiae L.Bolus 斯坦福长庚花
Hesperethusa Roem.**柑果子属**(芸香科)
Hesperethusa crenulata (Roxb.) Roem.柑果子
Hesperhodos Cockerell=**Rosa**
Hesperidopsis (DC.) Kuntze=**Dontostemon**
Hesperidopsis pinnatifidus (Willd.) Kuntze=Dontostemon pinnatifidus
Hesperis L.(p.p.)=**Clausia**
Hesperis L.**香花芥属**(十字花科)
Hesperis africana L.=Malcolmia africana
Hesperis arabidiflora DC.=Parrya nudicaulis
Hesperis brevipes (Kar. & Kir.) Ktz.=Neotorularia brevipes
Hesperis deltoidea (HK.f. & Thoms.) Ktz.=Eutrema deltoideum
Hesperis elata Horn.=Hesperis sibirica
Hesperis flava Georgi=Erysimum flavum
Hesperis glandulosus Pers.=Dontostemon integrifolius
Hesperis halophila (C.A.Mey.) Ktz.=Thellungiella halophila
Hesperis himalaica (Edgew.) Kuntze=Crucihimalaya himalaica
Hesperis hygrophila Ktz.=Neotorularia humilis
Hesperis lasiocarpa (HK.f. et Thoms.) Ktz.=Crucihimalaya lasiocarpa
Hesperis laxa Lam.=Malcolmia africana
Hesperis limosella (Bge. & Ktz.=Braya rosea
Hesperis limoselloides (Bge. ex Ledeb.) Ktz.=Braya rosea
Hesperis limprichtii O.E.Schulz=Clausia trichosepala
Hesperis limprichtii var. *violacea* O.E.Schulz=Clausia trichosepala
Hesperis lutea Maxim.=Sisymbrium luteum
Hesperis matronalis L.欧亚香花芥
Hesperis matronalis subsp. *sibirica* (L.) G.V.Krylov=Hesperis sibirica
Hesperis matronalis var. *elata* (Horn.) Schmalh.=Hesperis sibirica
Hesperis matronalis var. *sibirica* (L.) DC.=Hesperis sibirica
Hesperis matronalis var. *sibirica* DC.(O.E.Schulz in Fedde,Repert.So.Nov. Beih.1922)=Hesperis sibirica
Hesperis mollissima (C.A.Mey.) Kuntze.=Crucihimalaya mollissima
Hesperis oreophila Kitag.=Hesperis sibirica
Hesperis piasezkii (Maxim.) Ktz.=Neotorularia humilis
Hesperis pilosa Poiret=Dontostemon pinnatifidus
Hesperis pinnata Pers.=Dimorphostemon pinnatu
Hesperis pseudonivea Tzvel.=Hesperis sibirica
Hesperis pumila (Steph.) Ktz.=Olimarabidopsis pumila
Hesperis punctata Poiret=Dontostemon pinnatifidus
Hesperis rosea (Trucz.) Ktz.=Braya rosea
Hesperis salsuginea (Pall.) Ktz.=Thellungiella salsuginea
Hesperis scapigera (Adams.) DC.=Parrya nudicaulis
Hesperis sibirica L.北香花芥
Hesperis sibirica var. *alba* Georgi=Hesperis sibirica
Hesperis spectabilis (HK.f. & Thoms. ex Fourn.) Ktz.=Eutrema himalaicum
Hesperis stricta (Camb.) Kuntze=Crucihimalaya stricta
Hesperis trichosepala Trucz.=Clausia trichosepala
Hesperis uniflora (HK.f. & Thoms.) Ktz.=Pycnoplinthus uniflora
Hesperis wallichii (HK.f. & Thoms) Kuntze=Crucihimalaya wallichii
Hesperopeuce (Engelm.) Lemm.=**Tsuga**
Hesperopeuce longibracteata (Cheng) Cheng=Tsuga longibracteata
Hetaeria Bl.**翻唇兰属**(兰科)
Hetaeria abbreviata T.Tang & F.T.Wang=Anoectochilus abbreviatus
Hetaeria agyokuana (Fukuyama) Nackejima=Zeuxine agyokuana
Hetaeria biloba (Ridl.) Seidenf & J.J.Wood 四腺翻唇兰
Hetaeria cristata Bl 白肋翻唇兰
Hetaeria cristata var. *agyokuana* (Fukuyama) S.S.Ying=Zeuxine agyokuana
Hetaeria cristata var. *minor* Rendle=Anoectochilus abbreviatus
Hetaeria cristata var. *tokioi* (Fukuyama) S.S.Ying=Hetaeria cristata
Hetaeria elongata (Lindl.) HK.f.长序翻唇兰
Hetaeria exigua (Rolfe) Schltr.=Chamaegastrodia vaginata
Hetaeria hainanensis T.Tang & F.T.Wang=Hetaeria biloba
Hetaeria inverta (W.W.Sm.) Schltr.=Chamaegastrodia inverta
Hetaeria obliqua Bl.斜瓣翻唇兰
Hetaeria oblongifolia Bl.(S.S.Ying in Col.IllusT.Indig.Orch.Taiwan 1977)= Hetaeria biloba
Hetaeria oblongifolia Bl.长椭圆叶翻唇兰
Hetaeria parviflora Ridl.=Zeuxine parviflora
Hetaeria poilanei (Gagn.) T.Tang & F.T.Wang=Chamaegastrodia poilanei
Hetaeria rotundiloba J.J.Sm.=Hetaeria biloba
Hetaeria rubens (Lindl.) Benth. ex HK.f.滇南翻唇兰
Hetaeria shikokiana (Makino) Tuyama=Chamaegastrodia shikokiana
Hetaeria tokioi Fukuyama=Hetaeria cristata
Hetaeria yakusimensis (Masam.) Masam.=Hetaeria cristata
Heteracia Fisch. & C.A.Mey.**异喙菊属**(菊科)
Heteracia epapposa (Rgl. & Smalh.) M.Pop.=Heteracia szovitsii
Heteracia szovitsii Fisch. & C.A.Mey.异喙菊
Heteracia szovitsii var. *epapposa* Rgl. & Smalh.=Heteracia szovitsii
Heteranthera formosa Miq.=Eichhornia crassipes
Heterelytron scabrum Jungh.=Themeda villosa
Heteroarisaema heterophyllum (Bl.) Nakai=Arisaema heterophyllum
Heterocarpus Wight=**Commelina**
Heterocaryum DC.**异果鹤虱属**(紫草科)
Heterocaryum echinophorumn var. *minium* (Lehm.) Brand=Heterocaryum rigidum
Heterocaryum rigidum DC.异果鹤虱
Heterochaeta asteroides DC.=Aster asteroides
Heterochaeta diplostephioides DC.=Aster diplostephioides
Heterochroa Bge.=**Gypsophila**
Heterochroa descrtorum Bge.=Gypsophila desertorum
Heterocodon Nutt. (云南区系报告 1965 ,p.p.)=**Homocodon**
Heterocodon brevipes (Hemsl.) Hand.-Mazz. & Nannf.=Homocodon brevipes
Heterogonium sagenioides Holtt.=Ctenitopsis sagenioides
Heterogonium subsageniaceum Holtt.=Ctenitopsis subsageniaca
Heterolamium C.Y.Wu **异野芝麻属**(唇形科)
Heterolamium debile (Hemsl.) C.Y.Wu 异野芝麻
Heterolamium debile var. cardiophyllum (Hemsl.) C.Y.Wu 细齿异野芝麻(新)
Heterolamium debile var. debile=Heterolamium debile
Heterolamium debile var. tochauense (Kudo) C.Y.Wu 尖齿异野芝麻(新)
Heterolophus Cass.=**Centaurea**
Heterolophus sibiricus (L.) Cass.=Centaurea sibirica
Heteropanax Seem.**幌伞枫属**(五加科)
Heteropanax brevipedicellatus Li 短梗幌伞枫
Heteropanax chinensis (Dunn) Li 华幌伞枫
Heteropanax fragrans (Roxb.) Seem.幌伞枫
Heteropanax fragrans var. attenuatus C.B.Clarke 狭叶幌伞枫
Heteropanax fragrans var. *chinensis* Dunn=Heteropanax chinensis
Heteropanax fragrans var. subcordatus C.B.Clarke 心叶幌伞枫
Heteropanax nitentifolius Hoo 亮叶幌伞枫
Heteropanax yunnanensis Hoo 云南幌伞枫
Heteropappus Less.**狗娃花属**(菊科)
Heteropappus albertii (Rgl.) Novopokr=Heteropappus altaicus var. canescens
Heteropappus altaicus (Willd.) Novopokr.阿尔泰狗娃花
Heteropappus altaicus (Willd.) Novopokr=Heteropappus altaicus
Heteropappus altaicus var. altaicus=Heteropappus altaicus
Heteropappus altaicus var. canescens (Nees) Serg.灰白狗娃花(新)
Heteropappus altaicus var. hirsutus (Hand.-Mazz.) Ling 粗毛狗娃花(新)
Heteropappus altaicus var. millefolius (Vant.) Wang 千叶狗娃花(新)
Heteropappus altaicus var. scaber (Lallem.) Wang 糙毛狗娃花(新)
Heteropappus altaicus var. taitoensis (Kitam.) Ling 台东狗娃花(新)
Heteropappus arenarius Kitam.普陀狗娃花
Heteropappus bowerii (Hemsl.) Griers.青藏狗娃花
Heteropappus canescens (Nees) Novopokr=Heteropappus altaicus var. canescens
Heteropappus ciliosus (Turcz.) Ling 华南狗娃花
Heteropappus crenatifolius (Hand.-Mazz.) Griers.圆齿狗娃花
Heteropappus crenatifolius var. ramosissimus Ling?四川圆齿狗娃花(新)
Heteropappus decipiens Maxim.=Heteropappus hispidus
Heteropappus eligulatus Ling 无舌狗娃花
Heteropappus gouldii (C.E.Fisch) Griers.拉萨狗娃花
Heteropappus hispidus (Thunb.) Less.狗娃花
Heteropappus hispidus subsp. *arenarius* (Kitam.) Kitam.=Heteropappus arenarius
Heteropappus hispidus subsp. *oldhami* Kitam.=Heteropappus oldhami

Heteropappus hispidus var. *decipiens* (Maxim.) Kom.=Heteropappus hispidus
Heteropappus hispidus var. *elongatus* Novopokr.=Heteropappus hispidus
Heteropappus hispidus var. *longiradiatus* Kom.=Heteropappus meyendorffii
Heteropappus hispidus var. *pinetorum* (Kom.) Bar. & Skv.=Heteropappus hispidus
Heteropappus hispidus var. *sibiricus* Kom.=Heteropappus tataricus
Heteropappus incisus S. & Z.=Heteropappus hispidus
Heteropappus meyendorffii (Rgl. & Maack.) Kom.砂狗娃花
Heteropappus meyendroffii var. *hirsutus* Ling & Wang=Heteropappus meyendorffii
Heteropappus meyendroffii var. *tataricus* Ling & Wang=Heteropappus tataricus
Heteropappus oldhami (Hemsl.) Kitam.台北狗娃花
Heteropappus oldhami f. discoidus Kitam.盘状台北狗娃花(新)?
Heteropappus pinetorumn Kom.=Heteropappus hispidus
Heteropappus sampsonii Hance=Aster sampsonii
Heteropappus semiprostratus Griers.半卧狗娃花
Heteropappus tataricus (Lindl.) Tamamsch.鞑靼狗娃花
Heteropholis C.E.Hubb.**假蛇尾草属**(禾本科)
Heteropholis cochinchinensis (Lour.) Clayton 假蛇尾草
Heteropholis cochinchinensis var. chenii (Hsu) Soet.R.Koning 屏东假蛇尾草
Heteropholis cochinchinensis var. cochinchinensis=Heteropholis cochinchinensis
Heteropholis sulcata C.E.Hubb.东非假蛇尾草
Heteroplexis Chang **异裂菊属**(菊科)
Heteroplexis microcephala Y.L.Chen 小花异裂菊
Heteroplexis sericophylla Y.L.Chen 绢叶异裂菊
Heteroplexis vernonioides Chang 异裂菊
Heteropogon Pers.**黄茅属**(禾本科)
Heteropogon acuminatus Trin.=Heteropogon melanocarpus
Heteropogon contortus (L.) Beauv. ex Roem. & Schult.黄茅
Heteropogon insignis Thw.=Heteropogon triticeus
Heteropogon melanocarpus (Ell.) Benth.黑果黄茅
Heteropogon polystictus Hochst.=Heteropogon melanocarpus
Heteropogon roylei Nees ex Steud.=Heteropogon melanocarpus
Heteropogon triticeus (R.Br.) Stapf ex Craib.麦黄茅
Heteropolygonatum M.N.Tamura & Ogisu **异黄精属**(百合科)
Heteropolygonatum ginfushanicum (F.T.Wang & Tang) M.N.Tamura et al. 金佛山异黄精
Heteropolygonatum pendulum (Z.G.Liu & X.H.Hu) M.N.Tamura & Ogisu 垂茎异黄精
Heteropolygonatum roseolum M.H.Tamura & Ogisu 异黄精
Heteropolygonatum xui W.K.Bao & M.N.Tamura 四川异黄精
Heterosmilax Kunth **肖菝葜属**(百合科)
Heterosmilax arisanensis Hay.=Heterosmilax japonica
Heterosmilax chinensis Wang 华肖菝葜
Heterosmilax erecta F.T.Wang & Tang=Smilax synandra
Heterosmilax erythrantha Baill. ex Gagn.=Heterosmilax gaudichaudiana
Heterosmilax gaudichaudiana (Kunth) Maxim.合丝肖菝葜
Heterosmilax gaudichaudiana Norton=Heterosmilax japonica
Heterosmilax gaudichaudiana var. *hongkongensis* A.DC.=Heterosmilax gaudichaudiana
Heterosmilax gaudichaudiana var. *latifolia* Bodinier ex Lévl.= Heterosmilax gaudichaudiana
Heterosmilax hogoensis (Hay.) T.Koyama=Heterosmilax seisuiensis
Heterosmilax indica A.DC.=Heterosmilax japonica
Heterosmilax japonica Kunth 肖菝葜
Heterosmilax japonica var. *gaudichaudiana* (Kunth) F.T.Wang & Tang= Heterosmilax gaudichaudiana
Heterosmilax longiflora K.Y.Guan & Noltie 长花肖菝葜
Heterosmilax micrandra T.Koyama 小花肖菝葜
Heterosmilax polyandra Gagn.多蕊肖菝葜
Heterosmilax pottingeri (Prain) F.T.Wang & Tang=Smilax pottingeri
Heterosmilax raishaensis Hay.=Heterosmilax japonica
Heterosmilax seisuiensis (Hay.) Wang & Tang 台湾肖菝葜
Heterosmilax septemnervia F.T.Wang & Tang 短柱肖菝葜
Heterosmilax suisuiensis (Hay.) Wang & Tang(新拉汉英 1996)= Heterosmilax seisuiensis
Heterosmilax tsaii Wang & Tang=Heterosmilax japonica
Heterosmilax yunnanensis Gagn. 云南肖菝葜
Heterospathe Scheff.**异苞棕属**(棕榈科)
Heterospathe elata Scheff.高异苞棕
Heterostalis diversifolia Schott=Typhonium diversifolium
Heterostalis flagelliformis Schott=Typhonium flagelliforme
Heterostalis huegeliana Schott=Typhonium diversifolium
Heterostemma Wight & Arn.**醉魂藤属**(萝藦科)
Heterostemma alatum Wight 醉魂藤
Heterostemma brownii Hay.台湾醉魂藤
Heterostemma esquirolii (Lévl.) Tsiang 贵州醉魂藤
Heterostemma gracile Kerr=Heterostemma esquirolii
Heterostemma grandiflorum Cost.大花醉魂藤
Heterostemma membghaiense (H.Zhu & H.Wang) M.G.Gilb. & P.T.Li 勐海醉酝藤
Heterostemma oblongifolium Cost.催乳藤
Heterostemma renchangii Tsiang=Heterostemma tsoongii
Heterostemma siamicum Craib.心叶醉魂藤
Heterostemma sinicum Tsiang 海南醉魂藤
Heterostemma tsoongii Tsiang 灵山醉魂藤
Heterostemma villosum Cost.长毛醉魂藤
Heterostemma villosum var. *menghaiense* H.Zhu & H.Wang=Heterostemma membghaiense
Heterostemma wallichii Wight 云南醉魂藤
Heterotrichum M.VonBieerstein=**Saussurea**
Heterotrichum dissectum Bieb. & Herd.=Saussurea runcinata
Heterotrichum leptophyllum Bieb. ex DC.=Saussurea salicifolia
Heterotrichum pulchellum Fisch.=Saussurea pulchella
Heterotrichum salsum Bieb.=Saussurea salsa
Heterotropa Morr. & Decn.=**Asarum**
Heterotropa infrapurpurea (Hay.) Maekawa ex Nemoto=Asarum infrapurpureum
Heterotropa macrantha (HK.f.) Maekawa ex Nemoto=Asarum macranthum
Heterotropa magnifica (Tsiang) Maekawa=Asarum magnificum
Heterotropa splendens Maekawa=Asarum splendens
Heterotropa taitonensis (Hay.) Maekawa ex Nenoto=Asarum taitonense
Heuchera L.**矾根属**(虎耳草科)
Heuchera americana L.美洲矾根
Heuchera bracteata Ser.具苞矾根
Heuchera chlorantha Piper 绿花矾根
Heuchera cylindrica Dorugl.圆叶矾根
Heuchera flabellifolia Rudb.扇叶矾根
Heuchera glabella Torr. & Gray 近光矾根
Heuchera glabra Willd.光矾根
Heuchera himalayensis Decne. & Jacq.喜马拉雅矾根?
Heuchera hispida Pursh.硬毛矾根
Heuchera micrantha Dougl.小花矾根
Heuchera pubescens Pursh.柔毛矾根
Heuchera sanguinea Engelm.珊瑚钟
Heuchera undulata Rgl. & Rach.浅波状矾根
Heuchera villosa Michx.长柔毛矾根
Hevea Aubl.**橡胶树属**(大戟科)
Hevea brasiliensis (HBK.) Muell.Arg.(广州志 1956,海南志 1965,高等图鉴 1972)=Hevea brasiliensis
Hevea brasiliensis (Willd. ex A.Juss.) Muell.Arg.橡胶树
Hevea guianensis Aubl.秘鲁橡胶树
Hewittia Wight & Arn.**猪菜藤属**(旋花科)
Hewittia bicolor (Bvahl) Wight=Hewittia malabarica
Hewittia malabarica (L.) Suresh 猪菜藤
Hewittia scandens (Milne) Mabb.=Hewittia malabarica
Hewittia sublobata (Lf.) Ktz.=Hewittia malabarica
Hexacentris coccinea (Wall.) Nees= Thunbergia coccinea
Hexadica cochinchinensis Lour.=Ilex cochinchinensis
Hexanthus umbellatus Lour.=Litsea umbellata
Hexastylis Rafin.=**Asarum**
Hexinia H.L.Yang **河西菊属**(菊科)
Hexinia polydichotoma (Ostenf.) H.L.Yang 河西菊
Hexonix Rafin.=**Heloniopsis**
Heyderia formosana (Florin) Li=Calocedrus macrolepis var. formosana
Heyderia macrolepis (Kurz) Li=Calocedrus macrolepis

Heydia Dennst.=**Scleropyrum**
Heydria K.Koch=**Calocedrus**
Heynea Roxb.=**Trichilis**
Heynea cochinchinensis Baill.=Walsura cochinchinensis
Heynea trijuga Roxb.=Trichilia connaroides
Heynea trijuga var. *microcarpa* Pierre=Trichilia connaroides var. microcarpa
Heynea trijuga var. *pilosula* C.DC.=Trichilia connaroides
Heynea velutina How & T.Chen=Trichilia sinensis
Hibbertia Andr.**钮扣花属**(五桠果科)
Hibbertia cuneiformis Sm.楔形肯度里亚
Hibbertia dentata R.Br.有齿钮扣花
Hibbertia scandens Dryand.攀援钮扣花
Hibiscus L.**木槿属**(锦葵科)
Hibiscus abelmoschus L.=Abelmoschus moschatus
Hibiscus acerifolius Salisb. ex HK.=Hibiscus syriacus
Hibiscus aculeatus G.Don=Hibiscus surattensis
Hibiscus africanus Mill.=Hibiscus trionum
Hibiscus appendiculatus Stokes=Hibiscus surattensis
Hibiscus aridicola Anthony 旱地木槿
Hibiscus aridicola var. aridicola=Hibiscus aridicola
Hibiscus aridicola var. glabratus Feng 光柱旱地木槿
Hibiscus austroyunnanensis Wu & Feng 滇南芙蓉
Hibiscus bantamensis Miq.=Hibiscus grewiifolius
Hibiscus bellicosus Lévl.=Abelmoschus sagittifolius
Hibiscus bodinieri Lévl.=Abelmoschus crinitus
Hibiscus bodinieri var. *brevicalyculata* Lévl.=Abelmoschus sagittifolius
Hibiscus callosus Bl.=Thespesia lampas
Hibiscus cancellatus Roxb.=Abelmoschus crinitus
Hibiscus cannabinus L.(Merr.in Philip.J.Sc.1908)=Hibiscus radiatus
Hibiscus cannabinus L.大麻槿
Hibiscus cavaleriei Lévl.=Abelmoschus crinitus
Hibiscus chinensis DC.(Forbes & Hemsl.in J.L.Soc.Bot.1886)=Hibiscus syriacus
Hibiscus chinensis Roxb.=Abelmoschus moschatus
Hibiscus cinnamomifolius Chun & Tsiang=Hibiscus grewiifolius
Hibiscus coccineus (Medicus)Walt.红秋葵
Hibiscus cordofonus Turcz.=Hibiscus sabdariffa
Hibiscus crinitus (Wall.) G.Don=Abelmoschus crinitus
Hibiscus digitatus Cavan.=Hibiscus sabdariffa
Hibiscus elatus Sw.高红槿
Hibiscus esculentus L.=Abelmoschus esculentus
Hibiscus esquirolii Lévl.=Abelmoschus sagittifolius
Hibiscus festivalis Salisb.=Hibiscus rosa-sinensis
Hibiscus floridus Salisb.=Hibiscus syriacus
Hibiscus forrestii Deils 紫红黄蜀葵(新)?
Hibiscus fragilis DC.=Hibiscus rosa-sinensis
Hibiscus fragrans Roxb.香芙蓉
Hibiscus grewiifolius Hassk.樟叶槿
Hibiscus hispidus Mill.=Hibiscus trionum
Hibiscus indicus (Burm.f.) Hochr.美丽芙蓉
Hibiscus indicus var. indicus=Hibiscus indicus
Hibiscus indicus var. integrilobus (S.Y.Hu) Feng 全叶美丽芙蓉
Hibiscus involucratus Salisb.=Hibiscus surattensis
Hibiscus japonicus Miq.=Abelmoschus manihot
Hibiscus javanicus Mill.=Hibiscus rosa-sinensis
Hibiscus javanicus Weinm.=Hibiscus indicus
Hibiscus labordei Lévl.贵州芙蓉
Hibiscus lampas Cavan.=Thespesia lampas
Hibiscus leiospermus K.T.Fu & C.C.Fu 光籽木槿
Hibiscus lobatus (Murr.) O.Kuntze 草木槿
Hibiscus longifolius Roxb.=Abelmoschus esculentus
Hibiscus longifolius var. *tuberosus* Span.=Abelmoschus sagittifolius
Hibiscus macrophyllus Roxb.大叶木槿
Hibiscus manihot L.=Abelmoschus manihot
Hibiscus manihot var. *palmatus* DC.=Abelmoschus manihot
Hibiscus manihot var. *pungens* (Roxb.) Hochr.=Abelmoschus manihot var. pungens
Hibiscus manihot var. *typicus* Hochr.=Abelmoschus manihot
Hibiscus moscheutos L 芙蓉葵
Hibiscus mutabilis L.木芙蓉
Hibiscus mutabilis f. mutabilis=Hibiscus mutabilis
Hibiscus mutabilis f. plenus (Andrews) S.Y.Hu 重瓣木芙蓉
Hibiscus mutabilis var. *flore-pleno* Andrews=Hibiscus mutabilis f. Plenus
Hibiscus palmatilobus Baill.=Hibiscus sabdariffa
Hibiscus palmatus Cavan.=Abelmoschus manihot
Hibiscus palustris L.(Hochr in Ann.Cons.Jard.Bot.Géneve 1900)=Hibiscus moscheutos
Hibiscus paramutabilis Bailey 庐山芙蓉
Hibiscus paramutabilis var. longipedicellatus Feng 长梗庐山芙蓉
Hibiscus paramutabilis var. paramutabilis=Hibiscus paramutabilis
Hibiscus platystegius Turcz.=Hibiscus indicus
Hibiscus populneus L.=Thespesia populnea
Hibiscus praeclarus Gagn.=Hibiscus grewiifolius
Hibiscus pungens Roxb.=Abelmoschus manihot var. pungens
Hibiscus radiatus Cav.辐射刺芙蓉
Hibiscus rhombifolius Cavan.=Hibiscus syriacus
Hibiscus rosa-sinensis L.朱槿
Hibiscus rosa-sinensis var. *carnea-plenus* Sweet=Hibiscus rosa-sinensis var. rubro-plenus
Hibiscus rosa-sinensis var. *floreplena* Seem=Hibiscus rosa-sinensis var. rubro-plenus
Hibiscus rosa-sinensis var. *genuinus* Hochr.=Hibiscus rosa-sinensis
Hibiscus rosa-sinensis var. rosa-sinensis=Hibiscus rosa-sinensis
Hibiscus rosa-sinensis var. rubro-plenus Sweet 重瓣朱槿
Hibiscus rosa-sinensis var. *schizopetalus* Mast.=Hibiscus schizopetalus
Hibiscus rosiflorus Stokes=Hibiscus rosa-sinensis
Hibiscus rosiflorus var. *simplex* Stokes=Hibiscus rosa-sinensis
Hibiscus sabdariffa L.玫瑰茄
Hibiscus sagittifolius Kurz=Abelmoschus sagittifolius
Hibiscus sagittifolius var. *septentrionalis* Gagn.=Abelmoschus sagittifolius
Hibiscus salturarius Hand.-Mazz.=Hibiscus paramutabilis
Hibiscus schizopetalus (Masters) HK.f.吊灯扶桑
Hibiscus setosus Roxb.=Hibiscus macrophyllus
Hibiscus sinensis Mill.=Hibiscus mutabilis
Hibiscus sinosyriacus Bailey(S.Y.Hu Fl.China Family 1955,p.p.)=Hibiscus leiospermus
Hibiscus sinosyriacus Bailey 华木槿
Hibiscus solandra L'Hér.=Hibiscus lobatus
Hibiscus surattensis L.刺芙蓉
Hibiscus surattensis var. *genuinus* Hochr.=Hibiscus surattensis
Hibiscus syriacus L.木槿
Hibiscus syriacus f. albus-plenus Loudon 白花木槿
Hibiscus syriacus f. amplissimus Gagn.粉紫重瓣木槿
Hibiscus syriacus f. elegantissimus Gagn.f.雅致木槿
Hibiscus syriacus f. grandiflorus Hort. ex Rehd.大花木槿
Hibiscus syriacus f. paeoniflorus f.牡丹木槿
Hibiscus syriacus f. syriacus=Hibiscus syriacus
Hibiscus syriacus f. totus-albus T.Moore 白花单瓣木槿
Hibiscus syriacus f. voilaceus f. 紫花重瓣木槿
Hibiscus syriacus var. brevibracteatus S.Y.Hu 短苞木槿
Hibiscus syriacus var. *chinensis* Lindl.=Hibiscus syriacus
Hibiscus syriacus var. longibracteatus S.Y.Hu 长苞木槿
Hibiscus syriacus var. *sinensis* Lemaire=Hibiscus syriacus
Hibiscus taiwanensis S.Y.Hu 台湾芙蓉
Hibiscus ternatus Cavan.=Hibiscus trionum
Hibiscus tiliaceus L.黄槿
Hibiscus tiliaceus var. *genuinus* Hochr.=Hibiscus tiliaceus
Hibiscus tiliaceus var. *hirsutus* Hochr.(S.Y.Hu in Fl.China Family 1955)=Hibiscus tiliaceus
Hibiscus tiliaefolius Salisb.=Hibiscus tiliaceus
Hibiscus tortuosus Roxb.=Hibiscus tiliaceus
Hibiscus trionum L.野西瓜苗
Hibiscus trionum var. *ternatus* DC.=Hibiscus trionum
Hibiscus venustus Bl.=Hibiscus indicus
Hibiscus venustus var. *integrilobus* S.Y.Hu=Hibiscus indicus var. integrilobus
Hibiscus verrucosus Guill. & Per.=Hibiscus cannabinus
Hibiscus vestitus Griff.=Hibiscus macrophyllus
Hibiscus vestitus Wall.=Abelmoschus manihot var. pungens
Hibiscus wangianus S.Y.Hu=Cenocentrum tonkinense
Hibiscus yunnanensis S.Y.Hu 云南芙蓉
Hibscus titiaceus var. *tortuosus* (Roxb.) Mast.=Hibiscus tiliaceus
Hicksbeachia F.J.Muell.**希克贝契属**(山龙眼科)
Hicksbeachia pinnatifolia F.J.Muell.羽叶希克贝契

Hicoria Rafin=**Carya**
Hicoria cathayensis (Sarg.) Chun=Carya cathayensis
Hicoria olivaeformis (Mich.) Nutt.=Carya illinoinensis
Hicoria pecan (Marsh.) Britt.=Carya illinoinensis
Hicorius Rafin.=**Carya**
Hicriopteris Presl= **Diplopterygium**
Hicriopteris blotiana (C.Chr.) Ching= Diplopterygium blotiana
Hicriopteris cantonensis (Ching) Ching= Diplopterygium cantonense
Hicriopteris chinensis (Ros.) Ching= Diplopterygium chinense
Hicriopteris critica Ching & Chiu= Diplopterygium criticum
Hicriopteris gigantea (Wall.) Ching= Diplopterygium gigantea
Hicriopteris glauca (Thunb.) Ching= Diplopterygium glaucum
Hicriopteris glaucoides Ching= Diplopterygium glaucoides
Hicriopteris laevissima (Christ) Ching= Diplopterygium laevissima
Hicriopteris maxima Ching= Diplopterygium maximum
Hicriopteris omeiensis Ching & Chiu= Diplopterygium omeiense
Hicriopteris reflexa Ching & Chiu= Diplopterygium reflexum
Hicriopteris remota Ching= Diplopterygium remotum
Hicriopteris rufopilosa Ching & Chiu=Diplopterygium refopilosum
Hicriopteris rufum Ching= Diplopterygium rufum
Hicriopteris simulans Ching= Diplopterygium simulans
Hicriopteris tamdaoensis Ching & Chiu= Diplopterygium tamdaoense
Hicriopteris yunnanensis Ching= Diplopterygium yunnanense
Hieracioides Rupr.=**Crepis**
Hieracioides chrysanthum (Ledeb.) O.Ktze.=Crepis chrysantha
Hieracioides croceum (Lam.) O.Ktze.=Crepis crocea
Hieracioides flexuosum (Ledeb.) O.Ktze.=Crepis flxuosa
Hieracioides multicaule (Ledeb.) O.Ktze.=Crepis multicaulis
Hieracioides nanum (Richards.) O.Ktze.=Crepis nana
Hieracioides oreades (Schrenk) O.Ktze.=Crepis oreades
Hieracioides racemiferum (HK.f.) O.Ktze.=Youngia racemifera
Hieracioides ruprechtii (Boiss.) O.Ktze.=Crepis sibirica
Hieracioides sibiricum (L.) O.Ktze.=Crepis sibirica
Hieracioides stenoma (Turcz.) O.Ktze.=Youngia stenoma
Hieracioides tectorum (L.) O.Ktze.(p.p.)=Crepis tectorum
Hieracioides tenuifolium Sch.-Bip.=Youngia tenuifolia
Hieracium L.**山柳菊属**(菊科)
Hieracium albiflorum HK.白花山柳菊
Hieracium alpinum L.高山闪
Hieracium arvense Scop.=Sonchus arvensis
Hieracium asiaticum Naeg. & Peter.中亚山柳菊
Hieracium aurantiacum Urv.桔黄山柳菊
Hieracium chrysathum Ledeb.=Crepis chrysantha
Hieracium coreanum Nakai 宽叶山柳菊
Hieracium croceum Lam.=Crepis crocea
Hieracium cumbellatum var. *mongolicum* Fries=Hieracium umbellatum
Hieracium echioides Lumn.刚毛山柳菊
Hieracium floribundum Wimm. & Grab.多花山柳菊
Hieracium frigidum Stev. ex DC.=Crepis chrysantha
Hieracium glabrum Turz. ex DC.=Taraxacum glabrum
Hieracium hispidum D.Don=Dubyaea hispida
Hieracium hololeion Maxim.全光菊
Hieracium integrum (Thunb.) O.Ktze.=Crepidiastrum lanceolatum
Hieracium korshinskyi Zahn.新疆山柳菊
Hieracium lanatum (L.) Vill.绵毛山柳菊
Hieracium lessertianum Wall.=Mulgedium lessertianum
Hieracium maculatum Sm.斑叶山柳菊
Hieracium morii Hay.楔苞山柳菊(新)?
Hieracium murorum L.少叶山柳菊
Hieracium persicum Boiss.=Hieracium procerum
Hieracium pilosella L.绿毛山柳菊
Hieracium pinanense Kitam.线苞山柳菊(新)?
Hieracium prenanthoides L 褐王草状山柳菊.
Hieracium procerum Fries 棕毛山柳菊
Hieracium prostratum Ledeb.=Hieracium virosum
Hieracium regelianum Zahn.卵叶山柳菊
Hieracium runcinatifolium Chang=Youngia szechuanica
Hieracium salaudum Pall.=Hieracium virosum
Hieracium sibiricum (L.) Lam.=Crepis sibirica
Hieracium sinense Vant.=Hieracium umbellatum
Hieracium sparsum subsp. *hololeion* Maxim.=Hieracium hololeion
Hieracium tsiangii Chang=Faberia tsiangii
Hieracium umbellatum f. *scabrum* Kom.=Hieracium umbellatum
Hieracium umbellatum L.山柳菊
Hieracium umbellatum subsp. *umbellatum* var. *commune* Fries=Hieracium umbellatum
Hieracium umbellatum var. *coronopifolium* Bernh. ex Kom.=Hieracium umbellatum
Hieracium umbellatum var. *mongolicum* Fries=Hieracium umbellatum
Hieracium villosum Jacq.长毛山柳菊
Hieracium virosum Pall.粗毛山柳菊
Hieracium vulgatum Ear.习见山柳菊
Hierochloë L.**茅香属**(禾本科)
Hierochloë alpina (Sw.) Roem. & Schult.高山茅香
Hierochloë antarctica (Labill.) R.Br.南极茅香
Hierochloë glabra Trin.光稃茅香
Hierochloë laxa R.Br. ex HK.f.松序茅香
Hierochloë odorata (L.) Beauv.茅香
Hierochloë odorata var. odorata=Hierochloë odorata
Hierochloë odorata var. pubescens Kryl.毛鞘茅香
Hierochloë phleoides L.=Phleum phleoides
Hierochloë potaninii Tzvel.=Hierochloë laxa
Hierochontis Medik.=**Euclidium**
Hildegardia major (Hand.-Mazz.) Kosterm.=Firmiana major
Hilliella (O.E.Schulz) Y.H.Zhang & H.W.Li=**Yinshania**
Hilliella alatipes (Hand.-Mazz.) Y.H.Zhang & H.W.Li=Cardamine fragariifolia
Hilliella alatipes var. *macrnatha* Y.H.Zhang=Cardamine cheotaiyienii
Hilliella alatipes var. *micrantha* Y.H.Zhang=Yinshania rivulorum
Hilliella changhuaensis Y.H.Zhang=Yinshania lichuanensis
Hilliella formosana (Hay.) Y.H.Zhang & H.W.Li=Yinshania rivulorum
Hilliella fumarioides (Dunn) Y.H.Zhang & H.W.Li=Yinshania fumarioides
Hilliella guangdongensis Y.H.Zhang=Yinshania lichuanensis
Hilliella hongistyla Y.H.Zhang=Yinshania lichuanensis
Hilliella hui (O.E.Schulz.) Y.H.Zhang=Yinshania hui
Hilliella hunanensis Y.H.Zhang=Yinshania hunanensis
Hilliella lichuanensis Y.H.Zhang=Yinshania lichuanensis
Hilliella longistyla Y.H.Zhang=Yinshania lichuanensis
Hilliella paradoxa (Hance) Y.H.Zhang & H.W.Li=Yinshania paradoxa
Hilliella rivulorum (Dunn) Y.H.Zhang & H.W.Li=Yinshania rivulorum
Hilliella rupicola (D.C.Zhang & J.Z.Shao) Y.H.Zhang=Yinshania rupicola
Hilliella shuangpaiensis Z.Y.Li=Yinshania rupicola subsp. shuangpaiensis
Hilliella sinuata (K.C.Kuan) Y.H.Zhang & H.W.Li=Yinshania sinuata
Hilliella sinuata var. *qianwuensis* Y.H.Zhang=Yinshania sinuata subsp. qianwuensis
Hilliella warburgii (O.E.Schultz.) Y.H.Zhang & H.W.Li=Yinshania fumarioides
Hilliella warburgii var. *albiflora* S.X.Qian=Yinshania fumarioides
Hilliella xiangguiensis Y.H.Zhang=Yinshania rupicola subsp. shuangpaiensis
Hilliella yixianensis Y.H.Zhang=Yinshania yixianensis
Himalrandia Yamazaki **须弥茜树属**(茜草科)
Himalrandia lichiangensis (W.W.Sm.) Tirveng.须弥茜树
Himantoglossum cucullatum (L.) Rchb.f.=Neottianthe cucullata
Hippeastrum Herb.**朱顶红属**(石蒜科)
Hippeastrum reginae (L.) Herb.短筒朱顶红
Hippeastrum rutilum (Ker-Gawl.) Herb.朱顶红
Hippeastrum vittatum (L'Her.) Herb.花朱顶红
Hippeophyllum Schltr.**套叶兰属**(兰科)
Hippeophyllum pumilum Fukuyama & Masam.宝岛套叶兰
Hippeophyllum pumilum Fukuyama ex Masam. & T.P.Lin (植物研究 1992)=Hippeophyllum sinicum
Hippeophyllum sinicum S.C.Chen & K.Y.Lang 套叶兰
Hippocastanaceae 七叶树科
Hippochaete (L.) Milde=**Equisetum**
Hippochaete debilis (Roxb.) Ching=Equisetum debilis
Hippochaete hiemale (L.) Borher.=Equisetum hiemale
Hippochaete ramosissima (Desf.) Boerner=Equisetum ramosissima
Hippocratea arborea Roxb.=Pristimera arborea
Hippocratea cambodina Pierre=Pristimera cambodiana
Hippocratea indica Willd.=Pristimera indica
Hippocratea obtusiflora sensu Merr.=Loeseneriella merrilliana
Hippocratea obtusifolia sensu Benth.=Loeseneriella concinna
Hippocratea yunnanensis Hu=Loeseneriella yunnanensis
Hippocrateaceae 翅子藤科

Hippolytia Poljak.**女蒿属**(菊科)
Hippolytia achilloides (Turcz.) Poljak. ex Grubov=Ajania achilloides
Hippolytia alashanensis (Ling) Shih 贺兰山女蒿
Hippolytia delavayi (Franch. ex W.W.Sm.) Shih 川滇女蒿
Hippolytia desmantha Shih 束伞女蒿
Hippolytia glomerata Shih 团伞女蒿
Hippolytia gossypina (C.B.Clarke) Shih 棉毛女蒿
Hippolytia herderi (Rgl. & Schmalh.) Poljak.新疆女蒿
Hippolytia kennedyi (Dunn) Ling 垫状女蒿
Hippolytia leucophylla (Rgl.) Poljak.=Hippolytia herderi
Hippolytia scharnhorstii (Rgl. & Sdchmalh.) Poljak.=Ajania scharnhorstii
Hippolytia senecionis (Jacq. ex Bess.) Poljak.普兰女蒿
Hippolytia syncalathiformis Shih 合头女蒿
Hippolytia tomentosa (DC.) Tzvel.灰叶女蒿
Hippolytia trifida (Turcz.) Poljak.女蒿
Hippolytia yunnanensis (J.F.Jeffr.) Shih 大叶女蒿
Hippophaë L.**沙棘属**(胡颓子科)
Hippophaë angustifolia Loddiges=Hippophaë rhamnoides
Hippophaë littoralis Salish.=Hippophaë rhamnoides
Hippophaë neurocarpa S.W.Liu & T.N.He 肋果沙棘
Hippophaë rhamnoides L.(Rehd.in Sarg.Pl.Wils.1915)=Hippophaë rhamnoides subsp. sinensis
Hippophaë rhamnoides L.沙棘
Hippophaë rhamnoides subsp. gyantsensis Rousi 江孜沙棘
Hippophaë rhamnoides subsp. mongolica Rousi 蒙古沙棘
Hippophaë rhamnoides subsp. *salicifolia* (D.Don) Serv.=Hippophaë salicifolia
Hippophaë rhamnoides subsp. sinensis Rousi 中国沙棘
Hippophaë rhamnoides subsp. *thibetana* (Schlechtend.) Serv.=Hippophaë thibetana
Hippophaë rhamnoides subsp. turkestanica Rousi 中亚沙棘
Hippophaë rhamnoides subsp. yunnanensis Rousi 云南沙棘
Hippophaë rhamnoideum Saint-Lager=Hippophaë rhamnoides
Hippophaë rhamnoids var. *procera* Rehd.=Hippophaë rhamnoides subsp. sinensis
Hippophaë salicifolia D.Don 柳叶沙棘
Hippophaë sibirica Loddiges=Hippophaë rhamnoides
Hippophaë stourdziana Szabó=Hippophaë rhamnoides
Hippophaë thibetana Schlechtend.西藏沙棘
Hipposelinum Britt. & Rose=**Levisticum**
Hipposelinum levisticum Britt. & Rose=Levisticum officinale
Hippuridaceae 杉叶藻科
Hippuris L.**杉叶藻属**(杉叶藻科)
Hippuris eschscholtzii Cham. ex Lam.=Hippuris vulgaris
Hippuris fluitans Liljebl. ex Hsing.=Hippuris vulgaris
Hippuris montana Lam.=Hippuris vulgaris
Hippuris spiralis D.Yu 螺旋杉叶藻
Hippuris tetraphylla L.(D.Yu in Bot.Res.1990)=Hippuris vulgaris
Hippuris vulgaris L.杉叶藻
Hippuris vulgaris var. ramificans D.Yu 分枝杉叶藻
Hippuris vulgaris var. vulgaris=Hippuris vulgaris
Hiptage Gaertn.**风筝果属**(金虎尾科)
Hiptage acuminata Wall. ex A.Juss.尖叶风筝果
Hiptage arborea Kurz=Hiptage candicans
Hiptage benghalensis (L.) Kurz 风筝果
Hiptage benghalensis var. benghalensis=Hiptage benghalensis
Hiptage benghalensis var. tonkinensis (Dop) S.K.Chen 越南风筝果
Hiptage candicans HK.f.白花风筝果
Hiptage candicans var. candicans=Hiptage candicans
Hiptage candicans var. harmandiana (Pierre) P.Dop 越南白花风筝果
Hiptage cavaleriei Lévl.=Eriobotrya cavaleriei
Hiptage esquirolii Lévl.=Photinia bodinieri
Hiptage fraxinifolia F.N.Wei 白蜡叶风筝果
Hiptage harmandiana Pierre=Hiptage candicans var. harmandiana
Hiptage henryana Nied.=Hiptage minor
Hiptage javanica Bl.=Hiptage benghalensis
Hiptage lanceolata J.Ar.披针叶风筝果
Hiptage leptophylla Hay.薄叶风筝果(新)?
Hiptage luodianensis S.K.Chen 罗甸风筝果
Hiptage madablota Gaertn.=Hiptage benghalensis
Hiptage madablota var. *cochinchinensis* Pierre=Hiptage benghalensis
Hiptage madablota var. *macroptera* Merr.=Hiptage benghalensis
Hiptage madablota var. *tonkinensis* Dop=Hiptage benghalensis var. tonkinensis
Hiptage minor Dunn 小花风筝果
Hiptage multiflora F.N.Wei 多花风筝果
Hiptage obtusifolia (Roxb.) DC.=Hiptage benghalensis
Hiptage parviflora Wight=Hiptage sericea
Hiptage parvifolia Wight & Arn.=Hiptage benghalensis
Hiptage sericea (Wall.) HK.f.绢毛风筝果(新)?
Hiptage tianyangensis F.N.Wei 田阳风筝果
Hiptage yunnanensis Huang ex S.K.Chen 云南风筝果
Hiraea concava Wall.=Aspidopterys concava
Hiraea glabriuscula Wall.=Aspidopterys glabriuscula
Hiraea lanuginosa Wall.=Aspidopterys nutans
Hiraea nutans Roxb.=Aspidopterys nutans
Hirculus angustatus (H.Smith) Losinsk.=Saxifraga angustata
Hirculus aristulatus (HK.f. & Thoms.) Losinsk.=Saxifraga aristulata
Hirculus auriculatus (Engl. & Irmsch.) Losinsk.=Saxifraga auriculata
Hirculus balfourii (Engl. & Irmsch.) Losinsk.=Saxifraga balfourii
Hirculus bonatianus (Engl. & Irmsch.) Losinsk.=Saxifraga candelabrum
Hirculus brachypodus (D.Don) Losinsk.=Saxifraga brachypoda
Hirculus brunonianus Losinsk.=Saxifraga brunosnis
Hirculus bulleyanus (Engl. & Irmsch.) Losinsk.=Saxifraga bulleyana
Hirculus cacuminum (H.Smith) Losnsk.=Saxifraga cacuminum
Hirculus candelabrum (Franch.) Losinsk.=Saxifraga candelabrum
Hirculus cardiophyllus (Franch.) Losinsk.=Saxifraga cardiophylla
Hirculus chrysanthoides (Engl. & Irmsch.) Losinsk.=Saxifraga chrysanthoides
Hirculus confertifolius (Engl. & Irmsch.) Losinsk.=Saxifraga aurantiaca
Hirculus congestiflorus (Engl. & Irmsch.) Losinsk.=Saxifraga congestiflora
Hirculus crassulifolius (Engl.) Losinsk.=Saxifraga atuntsiensis
Hirculus densifoliatus (Engl. & Irmsch.) Losinsk.=Saxifraga densifoliata
Hirculus diapensia (H.Smith) Losinsk.=Saxifraga diapensia
Hirculus dielsianus (Engl. & Irmsch.) Losinsk.=Saxifraga dielsiana
Hirculus diversifolius (Wall. ex Seringe) Losinsk.=Saxifraga diversifolia
Hirculus drabiformis (Franch.) Losinsk.=Saxifraga drabiformis
Hirculus egregius (Engl.) Losinsk.=Saxifraga egregia
Hirculus filicaulis (Wall. ex Seringe) Losnsk.=Saxifraga filicaulis
Hirculus flagrans (H.Smith) Losinsk.=Saxifraga tangutica
Hirculus forrestii (Engl. & Irmsch.) Losinsk.=Saxifraga forrestii
Hirculus gatogombensis (Engl.) Losinsk.=Saxifraga aurantiaca
Hirculus gemmigerus (Engl.) Losinsk.=Saxifraga gemmigera
Hirculus gemmiparus (Franch.) Losinsk.=Saxifraga gemmipara
Hirculus gemmuligerus (Engl.) Losinsk.=Saxifraga gemmigera var. gemmuligera
Hirculus giraldianus (Engl.) Losinsk.=Saxifraga giraldiana
Hirculus glacialis (H.Smith) Losinsk.=Saxifraga glacialis
Hirculus haplophylloides (Franch.) Losinsk.=Saxifraga haplophylloides
Hirculus heleonastes (H.Smith) Losinsk.=Saxifraga heleonastes
Hirculus hispidulus (D.Don) Losinsk.=Saxifraga hispidula
Hirculus josephii (Engl.) Losinsk.=Saxifraga josephii
Hirculus limprichtii (Engl. & Irmsch.) Losinsk.=Saxifraga unuiiculata var. limporichtii
Hirculus litangensis (Engl.) Losinsk.=Saxifraga litangensis
Hirculus lychnitis (HK.f. & Thoms.) Losinsk.=Saxifraga lychnitis
Hirculus macrostigma (Franch.) Losinsk.=Saxifraga aristulata
Hirculus macrostigmatoides (Engl.) Losinsk.=Saxifraga macrostigmatoides
Hirculus maximowiczii (Losinsk.) Losinsk.=Saxifraga nigroglandulosa
Hirculus microgynus (Engl. & Irmsch.) Losinsk.=Saxifraga microgyna
Hirculus montanus Losinsk.=Saxifraga sinomontana
Hirculus moorcroftianus (Seringe) Losinsk.=Saxifraga moorcroftiana
Hirculus nigroglandulosus (Engl. & Irmsch.) Losinsk.=Saxifraga nigroglandulosa
Hirculus nutans Losinsk.=Saxifraga nigroglandulifera
Hirculus oreophilus (Franch.) Losinsk.=Saxifraga oreophila
Hirculus peplidifolius (Franch.) Losinsk.=Saxifraga peplidifolia
Hirculus petrophilus (Franch.) Losinsk.=Saxifraga peplidifolia
Hirculus pratensis (Engl. & Irmsch.) Losinsk.=Saxifraga pratensis
Hirculus prattii (Engl. & Irmsch.) Losinsk.=Saxifraga prattii
Hirculus propaguliferus (H.Smith) Losinsk.=Saxifraga consanguinea
Hirculus przewalskii (Engl.) Losinsk.=Saxifraga przewalskii
Hirculus pseudohirculus (Engl.) Losinsk.=Saxifraga pseudohirculus
Hirculus saginoides (HK.f. & Thoms.) Losinsk.=Saxifraga saginoides

Hirculus sanguineus (Franch.) Losinsk.=Saxifraga sanguinea
Hirculus sediformis (Engl. & Irmsch.) Losinsk.=Saxifraga sediformis
Hirculus signatus (Engl. & Irmsch.) Losinsk.=Saxifraga signata
Hirculus stellariifolius (Franch.) Losinsk.=Saxifraga stellariifolia
Hirculus strigosus (Wall. ex Seringe) Losinsk.=Saxifraga strigosa
Hirculus subamplexicaulis (Endl. & Irmsch.) Losinsk.=Saxifraga subamplexicaulis
Hirculus tanguticus (Engl.) Losinsk.=Saxifraga tangutica
Hirculus tibeticus (Losinsk.) Losinsk.=Saxifraga tibetica
Hirculus trinervius (Franch.) Losinsk.=Saxifraga hypericoides var. aurantiascens
Hirculus tsangchanensis (Franch.) Losinsk.=Saxifraga tsangchanensis
Hirculus unguiculatus (Engl.) Losinsk.=Saxifraga unguiculata
Hirculus vilmorinianus (Engl. & Irmsch.) Losinsk.=Saxifraga unguiculata
Hisingera Hell.=**Xylosma**
Hisingera japonica S. & Z.=Xylosma racemosum
Hisingera racemosa S. & Z.=Xylosma racemosum
Histiopteris (Agardh) J.Sm.**栗蕨属**(凤尾蕨科)
Histiopteris aurita J.Sm.=Histiopteris incisa
Histiopteris incisa (Thunb.) J.Sm.栗蕨
Hisutsua DC.=**Kalimeris**
Hisutsua cantonensis (Lour.) DC.=Kalimeris indica
Hisutsua serrata HK. & Arn.=Kalimeris indica
Hocquartia fulvicoma (Merr. & Chun) Migo=Aristolochia fulvicoma
Hocquartia hainanensis (Merr.) Migo=Aristolochia hainanensis
Hocquartia howii (Merr. & Chun) Migo=Aristolochia howii
Hocquartia kankauensis (Sasaki) Nakai ex Masam.=Aristolochia zollingeriana
Hocquartia manshuriensis (Kom.) Nakai=Aristolochia manshuriensis
Hodgsonia HK.f. & Thoms.**油渣果属**(葫芦科)
Hodgsonia capniocarpa Ridl.=Hodgsonia macrocarpa var. capniocarpa
Hodgsonia heteroclita (Roxb.) HK.f. & Thoms.=Hodgsonia macrocarpa
Hodgsonia macrocarpa (Bl.) Cogn.油渣果
Hodgsonia macrocarpa var. capniocarpa (Ridl.) Tsai 腺点油瓜
Hodgsonia macrocarpa var. macrocarpa=Hodgsonia macrocarpa
Hoeckia Engl. & Graebn.=**Triplostegia**
Hoeckia aschersoniana Engl. & Graebn.=Triplostegia glandulifera
Hoferia japonica Franch.=Ternstroemia gymnanthera
Holarrhena R.Br.**止泻木属**(夹竹桃科)
Holarrhena affinis HK. & Arn.=Anodendron affine
Holarrhena antidysenterica Roth=Holarrhena pubescens
Holarrhena codaga G.Don=Holarrhena pubescens
Holarrhena malaccensis Wight=Holarrhena pubescens
Holarrhena pubescens Wall. ex G.Don 止泻木
Holarrhena villosa Ait. ex Loud.=Holarrhena pubescens
Holboellia Wall.**八月瓜属**(木通科)
Holboellia acuminata Lindl.=Holboellia angustifolia
Holboellia angustifolia Wall.五月瓜藤
Holboellia angustifolia Hand.-Mazz.=Holboellia angustifolia
Holboellia angustifolia subsp. *linearifolia* T.Chen & H.N.Qin=Holboellia linearifolia
Holboellia angustifolia subsp. linearifolia T.Chen & H.N.Qin 线叶王八瓜
Holboellia angustifolia subsp. obtusa (Gagn.) H.N.Qin 钝叶五风藤
Holboellia angustifolia subsp. trifoliata H.N.Qin 三叶王风藤
Holboellia angustifolia var. *angustussima* Deils=Holboellia angustifolia
Holboellia apetala Xia=Archakebia apetala
Holboellia bambusifolia T.Chen=Holboellia linearifolia
Holboellia brachyandra H.N.Qin 短蕊八月瓜
Holboellia brevipes (Hemsl.) P.C.Kuo=Holboellia coriacea
Holboellia chapaensis Gagn.沙坝八月瓜
Holboellia chinensis (Franch.) Diels=Sinofranchetia chinensis
Holboellia coriacea Diels 鹰爪枫
Holboellia coriacea var. *angustifolia* Pamp.=Holboellia coriacea
Holboellia coriacea var. *brevipes* (Hemsl.) Chun=Holboellia coriacea
Holboellia cuneata Oliv.=Sargentodoxa cuneata
Holboellia fargesii Réaub.=Holboellia angustifolia
Holboellia grandiflora Reaub.牛姆瓜
Holboellia latifolia Franch.=Holboellia angustifolia
Holboellia latifolia Wall. (Franch. in Nouv.Arch.Mus.Paris 1885)= Holboellia angustifolia
Holboellia latifolia Wall. (H.N.Qin in Cathaya 1997)=Holboellia latifolia
Holboellia latifolia Wall.八月瓜
Holboellia latifolia subsp. chartacea C.Y.Wu & S.H.Huang 纸叶八月瓜
Holboellia latifolia subsp. latifolai=Holboellia latifolia
Holboellia latifolia var. *acuminata* Gagn.=Holboellia angustifolia
Holboellia latifolia var. *angustifolia* (Wall.) HK.f. & Thoms.=Holboellia angustifolia
Holboellia latifolia var. *bracteata* Gagn.=Holboellia angustifolia
Holboellia latifolia var. *obtusa* Gagn.=Holboellia angustifolia var. obtusa
Holboellia latistaminea T.Chen=Holboellia parviflora
Holboellia latistaminea T.Chen 扁丝八月瓜
Holboellia linearifolia (T.Chen & H.N.Qin) T.Chen 线叶八月瓜
Holboellia marmorata Hand.-Mazz.=Holboellia angustifolia
Holboellia medogensis H.N.Qin 墨脱八月瓜
Holboellia obovata (Hemsl.) Chun=Stauntonia obovata
Holboellia ovatifoliolata C.Y.Wu & T.Chen ex S.H.Haung=Holboellia latifolia
Holboellia parviflora (Hemsl.) Gagn.小花鹰爪枫
Holboellia pterocaulis T.Chen & Q.H.Chen 棱茎八月瓜
Holboellia reticulata C.Y.Wu(p.p.)=Holboellia chapaensis
Holboellia reticulata C.Y.Wu(p.p.)=Holboellia pterocaulis
Holboellia subgen. *Sinofranchetia* Diels=**Sinofranchetia**
Holcoglossum Schltr.**槽舌兰属**(兰科)
Holcoglossum amesianum (Rchb.f.) Christenson 大根槽舌兰
Holcoglossum falcatum (Thunb. ex A.Murray) Garay & Sweet= Neofinetia falcata
Holcoglossum flavescens (Schltr.) Z.H.Tsi 短距槽舌兰
Holcoglossum junceum Z.H.Tsi=Ascocentrum himalaicum
Holcoglossum kimballianum (Rchb.f.) Garay 管叶槽舌兰
Holcoglossum kimballianum var. *lingulatum* Averyanov=Holcoglossum lingulatum
Holcoglossum lingulatum (Averyanov) Averyanov 舌唇槽舌兰
Holcoglossum quasipinifolium (Hay.) Schltr.槽舌兰
Holcoglossum rupestre (Hand.- Mazz.) Garay 滇西槽舌兰
Holcoglossum sinicum Christenson 中华槽舌兰
Holcoglossum subulifolium (Rchb.f.) Chrsitenson 白唇槽舌兰
Holcus L.**绒毛草属**(禾本科)
Holcus alpinus Sw.=Hierochloë alpina
Holcus avenaceus Scop.=Arrhenatherum elatius
Holcus bicolor L.=Sorghum bicolor
Holcus caffrorum Thunb.=Sorghum caffrorum
Holcus cernuus Ard.=Sorghum cernuum
Holcus dochna Forssk.=Sorghum dochna
Holcus durra Forsk.=Sorghum durra
Holcus fulvus R.Br.=Sorghum nitidum
Holcus halepensis L.=Sorghum halepense
Holcus lanatus L.绒毛草
Holcus latifolius Osbeck=Centotheca lappacea
Holcus mollis L.根茎绒毛草
Holcus nitidum Wahl.=Sorghum nitidum
Holcus odoratus L.=Hierochloë odorata
Holcus parviflorum R.Br.=Capillipedium parviflorum
Holcus pertusus L.=Bothriochloa pertusa
Holcus saccharatus L.=Sorghum dochna
Holcus sorghum L.=Sorghum cernuum
Holcus spicatus L.=Pennisetum americarum
Holcus sudanensis (Piper) Bailey=Sorghum sudanense
Holigarna racemosa Roxb.=Drimycarpus racemosus
Holmskioldia Retz.**冬红属**(马鞭草科)
Holmskioldia sanguinea Retz.冬红
Holobellia subgen. *Sinofranchetia* Diels=**Sinofranchetia**
Holocheila (Kudô) S.Chow **全唇花属**(唇形科)
Holocheila longipedunculata S.Chow 全唇花
Hololachne Ehrb.=**Reaumuria**
Hololachne schawiana HK.f.=Reaumuria songarica
Hololachne soongarica (Pall.) Ehrenb.=Reaumuria songarica
Hololeion Kitam.=**Hieracium**
Hololeion Kitam.**全光菊属**(新)(菊科)
Hololeion maximowiczii Kitam.=Hieracium hololeion
Hololeion maximowiczii Kitam.全光菊(新)
Holopogon Kom.**无喙兰属**(兰科)
Holopogon gaudissartii (Hand.-Mazz.) S.C.Chen 无喙兰
Holopogon smithianus (Schltr.) S.C.Chen 叉唇无喙兰
Holoptelea Planch.**印缅榆属**(榆科)
Holoptelea integrifolia Planch.印缅榆

Holostemma R.Br.**铰剪藤属**(萝藦科)
Holostemma adakodien Schul.铰剪藤
Holostemma annulare (Roxb.) K.Schum.=Holostemma adakodien
Holostemma pictum Champ.=Graphistemma pictum
Holostemma rheedei Wall.=Holostemma adakodien
Holostemma rheedianum Spreng.=Holostemma adakodien
Holostemma sinense Hemsl.=Metaplexis hemsleyana
Holosteum L.**硬骨草属**(石竹科)
Holosteum corddatum L.=Drymaria cordata
Holosteum umbellatum L.硬骨草
Homalanthus A.Juss.**奥杨属**(大戟科)
Homalanthus alpinus Elm.高山奥杨
Homalanthus fastuosus (Lind.) F.Vill.圆叶奥杨
Homalanthus rotundifolius Merr.(Sasaki in List.Pl.Form.1928)= Homalanthus fastuosus
Homalium Jcaq.**天料木属**(大风子科)
Homalium balansae Gagn.=Homalium ceylanicum
Homalium breviracemosum How & Ko 短穗天料木
Homalium brevisepalum How & Ko 短萼天料木
Homalium ceylanicum (Gardn.) Benth.斯里兰卡天料木
Homalium ceylanicum Benth.(福建志 1989)=Homalium hainanense
Homalium ceylanicum var. *ceylanicum*=Homalium ceylanicum
Homalium ceylanicum var. laoticum (Gagn.) S.G.Fan 老挝天料木
Homalium cochinchinense (Lour.) Druce (Merr.in Ling.Sci.J.1935)= Homalium paniculiflorum
Homalium cochinchinense (Lour.) Druce 天料木
Homalium cochinchinense var. cochinchinense=Homalium cochinchinense
Homalium cochinchinense var. pseudopaniculatum (Yamamoto) Li 台湾天料木
Homalium digynum Gagn.=Homalium cochinchinense
Homalium fagifolium Benth.(Kanehira in Form.Trees 1936,p.p.)= Homalium cochinchinense var. pseudopaniculatum
Homalium fagifolium Benth.=Homalium cochinchinense
Homalium fagifolium var. *pseudopaniculatum* Yamamoto=Homalium cochinchinense var. pseudopaniculatum
Homalium hainanense Gagn.红花天料木
Homalium kainantense Masamune 阔瓣天料木
Homalium kwangsiense How & Ko 广西天料木
Homalium laoticum Gagn.=Homalium ceylanicum var. laoticum
Homalium laoticum var. *glabratum* C.Y.Wu=Homalium ceylanicum
Homalium mollissimum Merr.毛天料木
Homalium paniculiflorum How & Ko 广南天料木
Homalium phanerophlebium How & Ko 显脉天料木
Homalium phanerophlebium var. obovatifolium S.S.Lai 卵叶天料木
Homalium phanerophlebium var. phanerophlebium=Homalium phanerophlebium
Homalium sabiifolium How & Ko 柳叶天料木
Homalium stenophyllum Merr. & Chun 狭叶天料木
Homalocenchrus japonicus (Makino) Honda=Leersia japonica
Homalocenchrus oryzoides var. *japonicus* (Hack.) Honda=Leersia sayanuka
Homalocheilos J.K.Morton=**Rabdosia**
Homalocladium (F.Murll.) Bailey **竹节蓼属**(蓼科)
Homalocladium platycladum (F.Muell.) Bailey 竹节蓼
Homalomena Schott **千年健属**(天南星科)
Homalomena aromatica Schott (Gagn.in Fl.Gén.Indo-Chine 1942)= Homalomena occulta
Homalomena calyptratum Kunth. =Schismatoglottis calyptrata
Homalomena cochinchinensis Engl.=Homalomena occulta
Homalomena hainanensis H.Li 海南千年健
Homalomena kelungensis Hay.台湾千年健
Homalomena occulta (Lour.) Schott 千年健
Homalomena rubescens Kunth.红千年健
Homalomena tonkinensis Engl.=Homalomena occulta
Homalomena wallisii Rgl.春雪芋
Homecentria vagans Naud.=Oxyspora vagans
Homocodon Hong **同钟花属**(桔梗科)
Homocodon brevipes (Hemsl.) Hong 同钟花
Homoeatherum chinensis Nees=Andropogon chinensis
Homogyne Cass.**异色菊属**(菊科)
Homogyne discolor (Jacq.) Carr.异色菊
Homoioceltis aspera (Thunb.) Bl.=Aphananthe aspera
Homolostachys sinensis Böcklr.=Carex moupinensis
Homonoia Lour.**水柳属**(大戟科)
Homonoia comberi (Haines) Merr.=Lasiococca comberi
Homonoia pseudoverticillata (Merr.) Merr.=Lasiococca comberi var. pseudoverticillata
Homonoia riparia Lour.水柳
Homonoia symphylliaefolia Kurz.(Merr.in Lingnan Sci.J.1940)=Epiprinus siletianus
Homoplitis Trin=**Pogonatherum**
Homoplitis crinita (Thunb.) Trin.=Pogonatherum crinitum
Homopterys nakaiana Kitag.=Coelopleurum nakaianum
Homopteryx Kitag.=**Coelopleurum**
Homostylium cabulicum Nees.=Aster albescens
Hondbesseion lanuginosum (Wall.) O.Ktze.=Paederia lanuginosa
Hongpi Suan Cheng 红皮酸橙
Hoodia Sweet.**火地亚属**(萝藦科)
Hoodia bainii R.A.Dyer.锦杯角
Hoodia godonii Sweet.丽杯角
Hoodia macrnatha Dinter.魔杯角
Hopea Roxb.**坡垒属**(龙脑香科)
Hopea chinensis Hand.-Mazz.狭叶坡垒
Hopea dealbata Hance 白粉坡垒
Hopea exalata W.T.Lin 铁凌
Hopea hainanensis Merr. & Chun 坡垒
Hopea hongayensis Tard.-Blot.河内坡垒
Hopea jianshu Y.K.Yang et al.=Hopea nikkussuna
Hopea nikkussuna C.Y.Wu 多毛坡垒
Hopea odorata Roxb.香坡垒
Hopea parviflora Bedd.小花坡垒
Hopea pierrei Hance 芒药坡垒
Hoppea spciosa Reichb.=Ligularia fischeri
Horaninowia Fisch. & Mey.**对节刺属**(藜科)
Horaninowia minor Schrenk 弓叶对节刺?
Horaninowia ulicina Fisch. & Mey.对节刺
Hordelymus (Jessen) Jessen ex Harz.**大麦披硷草属**(禾本科)
Hordelymus europaeus (L.) Jessen ex Harz.欧洲大麦披硷草
Hordeum L.**大麦属**(禾本科)
Hordeum agriocrithon Aberg.野生六棱大麦
Hordeum bogdanii Wilensky 布顿大麦草
Hordeum brevisubulatum (Trin.) Link 短芒大麦草
Hordeum brevisubulatum subsp. *turkestanicum* (Nevski) Tzvel.=Hordeum turkestanicum
Hordeum brevisubulatum subsp. *violaceum* (Boiss. & Huet.) Tzvel.= Hordeum violaceum
Hordeum brevisubulatum var. hireellum Chang & Skv.刺稃野大麦
Hordeum bulbosum L.球茎大麦
Hordeum coeleste var. *trifurcatum* Schlecht.=Hordeum vulgare var. trifurcatum
Hordeum distichon L.栽培二棱大麦
Hordeum ischnatherum Schulz.细花大麦
Hordeum ithaburense Boiss.=Hordeum spontaneum
Hordeum ithaburense var. *ischatherum* Coss.=Hordeum spontaneum var. ischnatherum
Hordeum jubatum L.芒颖大麦草
Hordeum kronenburgii Hack.=Psathyrostachys kronenburgii
Hordeum lagunculiforme Bakht.野生瓶形大麦
Hordeum leporinum Link.兔耳大麦
Hordeum marinum Hudson 海滨大麦
Hordeum murinum L.鼠大麦
Hordeum nodosum L.草地大麦
Hordeum proskowetzii Nabel.=Hordeum spontaneum var. proskowetzii
Hordeum sativum Pers.=Hordeum vulgare
Hordeum secalinum var. *brevisubulatum* Trin.=Hordeum brevisubulatum
Hordeum sibiricum Roshev.西伯利亚野大麦
Hordeum spontaneum Bahkt.钝稃野大麦
Hordeum spontaneum var. ischnatherum (Coss.) Thell.尖稃野大麦
Hordeum spontaneum var. spontaneum=Hordeum spontaneum
Hordeum spontaneum. var. proskowetzii Nabel.芒稃野大麦

Hordeum stenostachys Godron 狭穗大麦
Hordeum turkestanicum Nevski 糙稃大麦草
Hordeum violaceum Boiss. & Hutet.紫大麦草
Hordeum vulgare L.大麦
Hordeum vulgare var. *distichon* (L.) Alef.=Hordeum distichon
Hordeum vulgare var. nudum HK.f.青稞
Hordeum vulgare var. trifurcatum (Schlecht.) Alef.藏青稞
Hordeum vulgare var. vulgare=Hordeum vulgare
Hormathophylla spathulata (Stephan ex Willd.) Cuillen & T.R.Dydl.=Galitzkya spathulata
Hornemannia Link. & Otto=**Lindernia**
Hornemannia Vahl (Benth.in DC.Prodr.1846)=**Ellisiophyllum**
Hornemannia Willd.=**Mazus**
Hornemannia bicolor Willd.=Mazus pumilus
Hornemannia pinnata Benth.=Ellisiophyllum pinnatum
Hornemannia viscosa (Horn.) Villd.=Lindernia viscosa
Hornschuchia hypericina Bl.=Cratoxylum sumatranum
Hornstedtia Retz.**大豆蔻属**(姜科)
Hornstedtia hainanensis T.L.Wu & Senjen 大豆蔻
Hornstedtia megalocheilus (Griff.) Ridl.=Etlingera littoralis
Hornstedtia tibetica T.L.Wu & Senjen 西藏大豆蔻
Hornungia Reich.**薄果荠属**(十字花科)
Hornungia procumbens (L.) Hayek 薄果荠
Horsfieldia Willd.**风吹楠属**(肉豆蔻科)
Horsfieldia amygdalina (Wall.) Warb.=Horsfieldia glabra
Horsfieldia glabra (Bl.) Warb.风吹楠
Horsfieldia hainanensis Merr.海南风吹楠
Horsfieldia kingii (HK.f.) Warb.(J.Sincl.in Gard.Bull.Singap.1975,p.p.)=Horsfieldia hainanensis
Horsfieldia kingii (HK.f.) Warb.大叶风吹楠
Horsfieldia longipedunculata Hu=Horsfieldia pandurifolia
Horsfieldia macrocoma (Miq.) Warb.(J.Sincl.in Gard.Bull.Singap.1975, p.p.)=Horsfieldia pandurifolia
Horsfieldia pandurifolia H.H.Hu 琴叶风吹楠
Horsfieldia prunoides C.Y.Wu=Horsfieldia glabra
Horsfieldia tetratepala C.Y.Wu 滇南风吹楠
Hortensia Comm. ex Juss.=**Hydrangea**
Hortensia opuloides Lam.=Hydrangea macrophylla
Hosiea Hemsl. & Wils.**无须藤属**(茶茱萸科)
Hosiea sinensis (Oliv.) Hemsl. & Wils.无须藤
Hosta Tratt.**玉簪属**(百合科)
Hosta albofarinosa D.Q.Wang 白粉玉簪
Hosta albomarginata (Hook.) Ohwi 紫玉簪
Hosta clause var. *normalis* F.Maekawa=Hosta ensata
Hosta coerulea Tratt.=Hosta ventricosa
Hosta crispula Maekawa 皱叶玉簪
Hosta decorata Bailey 钝叶玉簪
Hosta ensata F.Maekawa 东北玉簪
Hosta ensata var. *foliata* P.Y.Fu & Q.S.Sun=Hosta ensata
Hosta ensata var. *normalis* (F.Maek.) Q.S.Sun=Hosta ensata
Hosta erromena Stearn.秋紫萼
Hosta fortunei Bailey 高丛玉簪
Hosta fortunei var. gigantea Bailey 大高丛玉簪
Hosta fortunei var. marginata-alba Bailey 花叶高丛玉簪
Hosta glauca Stearn.粉叶玉簪
Hosta lancifolia (Thunb.) Engl.=Hosta albo-marginata
Hosta lancifolia Spreng.(Czerniak.in Kom.Fl.URSS 1935)=Hosta ensata
Hosta lancifolia Thunb.=Hosta albo-marginata
Hosta lancifolia var. albomarginata Stearn.白边叶紫萼
Hosta lancifolia var. tardiflora Bailey 迟花玉簪
Hosta plantaginea (Lam.) Aschers.玉簪
Hosta plantaginea f. *stenantha* F.Maekawa=Hosta plantaginea
Hosta plantaginea var. plena Hort.重瓣玉簪
Hosta sieboldiana Hort.圆叶玉簪
Hosta sieboldiana var. variegata Hort.花圆叶玉簪
Hosta undulata Bailey 波叶玉簪
Hosta ventricosa (Salisb.) Stearn 紫萼
Hoteia chinensis Maxim.=Astilbe chineisis
Hottonia indica L.=Limnophila indica
Hottonia sessiliflora Vahl=Limnophila sessiliflora
Houlletia Brongn.**霍丽兰属**(兰科)
Houlletia brocklehurstiana Lindl.霍丽兰
Houlletia chrysantha Andre 黄花霍丽兰
Houlletia lansbergii Lindl. & Rchb.f.兰斯伯氏霍丽兰
Houlletia odoratissima Lindl.香霍丽兰
Houttuynia Thunb.**蕺菜属**(三白草科)
Houttuynia cordata Thunb.蕺菜
Hovenia Thunb.**枳椇属**(鼠李科)
Hovenia acerba Lindl.枳椇
Hovenia acerba var. acerba=Hovenia acerba
Hovenia acerba var. kiukiangensis (Hu & Cheng) C.Y.Wu ex Y.L.Chen 俅江枳椇
Hovenia dulcis Thunb.(Rehd.in J.Arn.Arb.1927,p.p.)=Hovenia trichocarpa var. robusta
Hovenia dulcis Thunb.(森林植物志 1937,广州志 1956,苏南植物手册 1959,高等图鉴 1972,p.p.)=Hovenia acerba
Hovenia dulcis Thunb.北枳椇
Hovenia dulcis var. *glabra* Makino=Hovenia dulcis
Hovenia dulcis var. *latifolia* Nakai ex Kimura=Hovenia dulcis
Hovenia fulvotomentosa Hu & Chen=Hovenia trichocarpa
Hovenia inaequalis DC.=Hovenia acerba
Hovenia kiukiangensis Hu & Cheng=Hovenia acerba var. kiukiangensis
Hovenia merrilliana Cheng=Hovenia trichocarpa
Hovenia parviflora Nakai & Y.Kimura=Hovenia acerba
Hovenia robusta Nakai & Y.Kimura=Hovenia trichocarpa var. robusta
Hovenia tomentosa Cheng=Hovenia trichocarpa
Hovenia trichocarpa Chun & Tsiang(黄山植物研究 1965)=Hovenia trichocarpa var. robusta
Hovenia trichocarpa Chun & Tsiang 毛果枳椇
Hovenia trichocarpa var. *fulvotomentosa* (Hu & Chen) Y.L.Chen & P.K.Chou=Hovenia trichocarpa
Hovenia trichocarpa var. robusta (Nakai & Y.Kimura) Y.L.Chen & P.K.Chou 光叶毛果枳椇
Hovenia trichocarpa var. trichocarpa=Hovenia trichocarpa
Howea Becc.**荷威棕属**(棕榈科)
Howea belmoreana Becc.白摩尔荷威棕
Howea fosterana Becc.荷威棕
Hoya R.Br.**球兰属**(萝藦科)
Hoya alata Wall.=Heterostemma alatum
Hoya angustifolia Traill=Hoya pottsii
Hoya carnosa (L.f.) R.Br.(Woods.in J.Arn.Arb.1934)=Hoya lyi
Hoya carnosa (L.f.) R.Br.球兰
Hoya carnosa var. gushanica W.Xu 彩叶球兰
Hoya chinensis Traill=Hoya carnosa
Hoya chinghungensis (Tsiang & P.T.Li) M.G.Gilb. & P.T.Li 景洪球兰
Hoya commutata M.G.Gilb. & P.T.Li 广西球兰
Hoya cordata P.T.Li & S.Z.Huang 心叶球兰
Hoya dasyantha Tsiang 厚花球兰
Hoya esquirolii Lévl.=Dischidia tonkinensis
Hoya flexuosa (R.Br.) Spreng.=Tylophora flexuosa
Hoya formosana T.Yamazaki=Dregea volubilis
Hoya fungii Merr.护耳草
Hoya fusca Wall.黄花球兰
Hoya gongshanica P.T.Li=Hoya lii
Hoya griffithii HK.f.荷秋藤
Hoya hainanensis Merr.=Hoya ovalifolia
Hoya kerrii Craib 凹脉球兰
Hoya kwangsiensis Tsiang & P.T.Li=Hoya griffithii
Hoya lacunosa Bl.裂瓣球兰
Hoya lancilimba Merr. =Hoya griffithii
Hoya lancilimba f. *lancilimba*=Hoya griffithii
Hoya lancilimba f. *tsoi* (Merr.) Tsiang=Hoya griffithii
Hoya lantsangensis Tsiang & P.T.Li=Micholitzia obcordata
Hoya lasiogynostegia P.T.Li 橙花球兰
Hoya liangii Tsiang 崖县球兰
Hoya lii C.M.Burton 贡山球兰
Hoya linearis Wall. ex Wight 线叶球兰
Hoya lipoensis P.T.Li & Z.R.Xu 荔坡球兰
Hoya longifolia Wall. ex Wight 长叶球兰
Hoya lyi Lévl.香花球兰
Hoya manipurensis Deb.=Micholitzia obcordata
Hoya mekongensis M.G.Gilb. & P.T.Li 尾叶球兰

Hoya mengtzeensis Tsiang & P.T.Li 薄叶球兰
Hoya multiflora Bl.蜂出巢
Hoya nervosa Tsiang & P.T.Li 凸脉球兰
Hoya obovata var. *kerrii* (Craib) Cost=Hoya kerrii
Hoya obscurinervia Merr.=Hoya pottsii
Hoya ovalifolia Wight & Arn.卵叶球兰
Hoya pandurata Tsiang 琴叶球兰
Hoya polyneura HK.f.多脉球兰
Hoya pottsii Traill 铁草鞋
Hoya pottsii var. *angustifolia* (Traill) Tsiang & P.T.Li=Hoya pottsii
Hoya pottsii var. pottsii=Hoya pottsii
Hoya radicalis Tsiang & P.T.Li 匙叶球兰
Hoya revolubilis Tsiang & P.T.Li 卷边球兰
Hoya salweenica Tsiang & P.T.Li 怒江球兰
Hoya sect. *Antiostelma* Tsiang & P.T.Li=**Micholitzia**
Hoya siamica Craib 菖蒲球兰
Hoya silvatica Tsiang & P.T.Li 山球兰
Hoya thomsonii HK.f.西藏球兰
Hoya tsoi Merr.=Hoya griffithii
Hoya villosa Cost.毛球兰
Hoya yuennanensis Hand.-Mazz.=Hoya lyi
Hoyopsis Lévl.=**Tylophora**
Hoyopsis dielsii Lévl.=Tylophora flexuosa
Huangpi Suan Cheng 黄皮酸橙
Huernia R.Br.**龙王角属**(萝摩科)
Huernia brevirostris N.E.Br.峨角
Huernia oculata HK.f.剑龙角
Huernia pillansii N.E.Br.阿修罗
Huernia primulina N.E.Br.龙王角
Huernia schneideriana Bgr.青鬼角
Hugeria japonica (Miq.) Nakai=Vaccinium japonicum
Hugeria japonica var. *lasiostemon* (Hay.) Sasaki=Vaccinium japonicum var. lasiostemon
Hugeria japonica var. *sinica* (Nakai) Hand.-Mazz.=Vaccinium japonicum var. sinicum
Hugeria lasiostemon (Hay.) Maekawa=Vaccinium japonicum var. lasiostemon
Hugeria randaiensis Masamune=Vaccinium japonicum var. lasiostemon
Hugeria sinica (Nakai) Maekawa=Vaccinium japonicum var. sinicum
Hugeria vaccinioides (Lévl.) Hara=Vaccinium japonicum var. sinicum
Hugeria vaccinioides var. *lasiostemon* (Hay.) Hara=Vaccinium japonicum var. lasiostemon
Hugueninia Reichnb.=**Descurainia**
Hultenia Reichb.=**Rosa**
Hulthemia Dumort.=**Rosa**
Hulthemia berberifolia (Pall.) Dumort.=Rosa berberifolia
Humata Cav.**阴石蕨属**(骨碎补科)
Humata assamica (Bedd.) C.Chr.长叶阴石蕨
Humata chrysanthemifolia C.Chr.=Humata repens
Humata cumingii Brack.=Humata trifoliata
Humata dareoidea Mett.=Asplenium davallioides
Humata dryopteridifrons Hay.=Leucostegia immersa
Humata elegans Desv.=Davallia denticulata
Humata gaimardiana J.Sm.=Humata pectinata
Humata grandissima Hay.=Microlepia platyphylla
Humata griffithiana (HK.) C.Chr.杯盖阴石蕨
Humata griffithiana var. *tyermanni* Tagawa=Humata tyermanni
Humata henryana (Bak.) Ching 云南阴石蕨
Humata hirsuta Desv.=Demstaedtia pilosella
Humata immersa Mett.=Leucostegia immersa
Humata kinabaluensis Cop.=Humata vestita
Humata lepida Moore=Humata trifoliata
Humata macrostegia Tagawa=Humata repens
Humata membranulosa Diels=Davallodes membranulosa
Humata membranulosa Diels=Paradavallodes membranulosum
Humata micans Diels=Humata assamica
Humata multidentata Diels=Araiostegia multidentata
Humata multidentata Diels=Paradavallodes multidentatum
Humata parallela Brack.=Humata pectinata
Humata pectinata (Sm.) Desv.马来阴石蕨
Humata pedata J.Sm.=Humata repens
Humata perdurans Hieron.=Araiostegia perdurans
Humata platylepis (Bak.) Ching 半圆盖阴石蕨
Humata pulcherrima Diels=Asplenium coenobiale
Humata pulchra Diels=Araiostegia pulchra
Humata repens (L.f.)Diels 阴石蕨
Humata trifoliata Cav.鳞叶阴石蕨
Humata tyermanni Moore 圆盖阴石蕨
Humata vestita (Bl.) Moore 热带阴石蕨
Humata yunnanensis Ching=Araiostegia yunnanensis
Humulus L.**葎草属**(桑科)
Humulus japonicus S. & Z.=Humulus scandens
Humulus lupulus L.啤酒花
Humulus lupulus var. cordifolius (Miq.) Maxim.华忽布
Humulus scandens (Lour.) Merr.葎草
Humulus yunnanensis Hu 滇葎草
Hunteria Roxb.**仔榄树属**(夹竹桃科)
Hunteria corymbosa Roxb.=Hunteria zeylanica
Hunteria zeylanica (Retz.) Gard. ex Thw.仔榄树
Huntleya Batem. ex Lindl.**洪特兰属**(兰科)
Huntleya meleagris Lindl.洪特兰
Huodendron Rehd.**山茉莉属**(安息香科)
Huodendron biaristatum (W.W.Sm.) Rehd.双齿山茉莉
Huodendron biaristatum subsp. *parviflorum* (Merr.) Y.C.Tang=Huodendron biaristatum var. parviflorum
Huodendron biaristatum var. biaristatum=Huodendron biaristatum
Huodendron biaristatum var. parviflorum (Merr.) Rehd.岭南山茉莉
Huodendron chunianum Hu=Huodendron biaristatum
Huodendron tibeticum (Anthony) Rehd.西藏山茉莉
Huodendron tomentosum Y.C.Tang ex S.M.Hwang 绒毛山茉莉
Huodendron tomentosum var. guangxiense S.M.Hwang 广西山茉莉
Huodendron tomentosum var. tomentosum =Huodendron tomentosum
Huodendron yunnanensis Herb.云南山茉莉?
Huolirion Wang & Tang=**Lloydia**
Huolirion montana (Dammer) Wang & Tang ex P.C.Kuo=Lloydia tibetica
Huperzia Bernh.**石杉属**(石杉科)
Huperzia adpressa (Chapman.) Trev.贴生石杉
Huperzia aloifolia (Wall. ex HK. et Grev.) Hert. ex Nessel= Phlegmariurus hamiltonii
Huperzia austrosinica Ching(X.Y.Wang in Bull.Bot. Res.1994)= Huperzia kunmingensis
Huperzia austrosinica Ching=Phlegmariurus petiolatus
Huperzia bucahwangensis Ching 曲尾石杉
Huperzia cancellata (Spreng) Trev.=Phlegmariurus cancellatus
Huperzia carinata (Desv. ex Poiret) Trev.= Phegmariurus carrnatus
Huperzia carinata (Desv. ex Poiret.) Rothm.= Phegmariurus carrnatus
Huperzia chinensis (Christ) Ching 中华石杉
Huperzia chishuiensis X.Y.Wang 赤水石杉
Huperzia crispata (Ching) Ching 皱边石杉
Huperzia cryptomeiana (Maxim.) Dixit= Phlegmariurus cryplomerianus
Huperzia cunninghamioides (Hay.) Holub.= Phlegmariurus cunninghamioides
Huperzia delavayi (Christ & Hert.) Ching 苍山石杉
Huperzia emeiensis (Ching & H.S.Kung) Ching 峨眉石杉
Huperzia fargesii (Hert.) Holub= Phegmariurusfargesii
Huperzia fordii (Bak.) Dixit.= Phlegmariurus fordii
Huperzia formosana Hulub= Phlegmariurus taiwanensis
Huperzia guangdongensis (Ching) Holub.=Phlegmariurus guangdongensis
Huperzia hamiltonii Sen & Sen= Phlegmariurus hamiltonii
Huperzia henryi (Bak.) Holub.= Phlegmariurus henryi
Huperzia herteriana (Kümm.) Sen et Sen 锡金石杉
Huperzia herteriana (Künmm.) Sen et Sen(Ching in Acta.Bot.Yunnan 1981= Huperzia delavayi
Huperzia heterana (Kümm) Sen et Sen(云南植物研究 1981)=Huperzia delavayi
Huperzia hupehensis Ching 湖北石杉
Huperzia kamaensis Ching et S.K.Wu ex Ching= Huperzia heteriana
Huperzia kamaensis Ching 卡马石杉
Huperzia kangdingensis (Ching) Ching 康定石杉
Huperzia kunmingensis Ching et S.K.Wu ex Ching 昆明石杉
Huperzia laipoensis Ching 雷波石杉
Huperzia lajouensis Ching 拉觉石杉

Huperzia laxa Sen et Sen= Phlegmariurus cancellatus
Huperzia leishanensis X.Y.Wang 雷山石杉
Huperzia liangshanica (H.S.Kung) Ching & H.S.Kung 凉山石杉
Huperzia lucidula (Michx.) Rothm.= Huperzia lucidula
Huperzia lucidula (Michx.) Trev.(Makra et Res.in Bull.Ponjab.Univ.1964)= Huperzia lucidula
Huperzia lucidula (Michx.) Trev.亮叶石杉
Huperzia lucidula var. *asiatica* Ching=Huperzia lucidula
Huperzia lucidulua Machaux(Clarke in Trans L.Soc. II Bot. 1:589;Christ. In Bot. Gaz. 1911)=Huperzia herteriana
Huperzia maerhkangensis Ching＝Huperzia herteriana
Huperzia mamiltonii (Spreng.) Trev.=Phlegmariurus hamiltonii
Huperzia mencheense (Ching) Holub= Phlegmariurus mincheensis
Huperzia minimadenta J.F.Cheng= Huperzia sutchueniana
Huperzia miyoshiana (Makino) Ching 东北石杉
Huperzia miyoshiana var. coreana (Hay.) Ching 朝鲜石杉
Huperzia moerhkangensis Ching= Huperzia heteriana
Huperzia multidichotoma Ching=Huperzia heteriana
Huperzia nanchuanensis (Ching & H.S.Kung) Ching 南川石杉
Huperzia nylamensis Ching=Phlegmariurus nylamensis
Huperzia obscure-denticulata Ching= Huperzia heteriana
Huperzia ovatifolia Ching=Phlegmariurus ovatifolius
Huperzia petiolata (Clarke) Dixit= Phlegmariurus petilatus
Huperzia phlegmaia Rothm.= Phlegmariurus phlegmaria
Huperzia pulcherrima (Wall. ex HK. et Grev.) Pic.= Phlegmariurus pulcherrimus
Huperzia pulcherrima (Wall. ex HK. et Grev.) Sen= Phlegmariurus pulcherrimus
Huperzia quasipolytrichoides (Hay.) Ching 金发石杉
Huperzia salivinioides (Hert.) Holub= Phlegmariurus salvinioides
Huperzia sect. *Phlegmaria* Rothm.= **Phlegmariurus**
Huperzia selago (L.) Bernh. ex Schrean & Mart.小杉兰
Huperzia selago f. angustinus (Christ) Hert.狭小杉兰(新)?
Huperzia selago f. reductum Christ 弯小杉兰(新)?
Huperzia selago f. reductum-angustinum Christ 弯狭小杉兰(新)?
Huperzia selago var. appressa (Desv.) Ching 伏贴石杉
Huperzia selago var. *serrata* (Thunb.) Murray= Huperzia serrata
Huperzia selago var. sulcata Ching 大吉岭石杉
Huperzia serrata (Thunb. ex Murray) Rothm.= Huperzia serrata
Huperzia serrata (Thunb.) Trev.蛇足石杉
Huperzia serrata f. *intermedia* (Nakai) Ching= Huperzia serrata
Huperzia serrata f. *longipetiolata* (Spring) Ching= Huperzia serrata
Huperzia setacea (Hamilt. ex Don) Hert. ex Nessel= Phlegmariurus pulcherrimus
Huperzia setacea (Hamilt. ex Don) Rohtm.= Phlegmariurus pulcherrimus
Huperzia setacea (Hamilt. ex Don) Trev.= Phlegmariurus pulcherrimus
Huperzia shangsiensis (C.Y.Yang) Holub= Phlegmariurus shangsiensis
Huperzia sieboldii (Miq.) Holub.= Phegmariurus sieboldii
Huperzia somai (Hay.) Ching 相马石杉
Huperzia squarrosa (Forst.) Rothm.= Phlegmariurus squarrosus
Huperzia squarrosa (Forst.) Trev.= Phlegmariurus squarrosus
Huperzia squarrosa Rothm.= Phlegmariurus squarrosus
Huperzia sutchueniana (Hert.) Ching 四川石杉
Huperzia tahkuanensis Ching 大关石杉
Huperzia taiwanensis (Ching) Holub= Phlegmariurus taiwanensis
Huperzia takingensis Ching 大金石杉
Huperzia tibetica (Ching) Ching 西藏石杉
Huperzia whangshanensis Ching 黄山石杉
Huperzia yunnanense (Ching) Holub.云南马尾杉
Huperziaceae 石杉科
Hura L.**响盒子属**(大戟科)
Hura crepitans L.响盒子
Hutchinsia alba (Pall.) Bge.=Smelowskia alba
Hutchinsia annua Kpach.=Descurainia sophioides
Hutchinsia annua Kpach.=Sophiopsis annua
Hutchinsia anuua (Rupr.) Krass.=Sophiopsis annua
Hutchinsia bifurcata Ledeb.=Smelowskia bifurcata
Hutchinsia calycina (Steph.) Desv.=Smelowskia calycina
Hutchinsia calycina var. *pectinata* (Bge.) Rgl. & Herd.=Smelowskia calycina
Hutchinsia pectinata Bge.=Smelowskia calycina
Hutchinsia procumbens (L.) Desvaux=Hornungia procumbens
Hutchinsia sisymbrioides Rgl. & Herd.=Sophiopsis sisymbrioides
Hutchinsia tibetica Thoms.=Hedinia tibetica
Hutchinsiella O.E.Schulz=**Hornungia**
Huthamnus Tsiang=**Stephanotis**
Huthamnus sinicus Tsiang=Jasminanthes pilosa
Hwang Kuo=Citrus sinensis cv. Huangguo
Hyacinthorchis variabilis Bl.=Cremastra appendiculata
Hyacinthus L.**风信子属**(百合科)
Hyacinthus azureus Baker 短叶风信子
Hyacinthus orientalis L.风信子
Hyalea (DC.) Jaub. & Spach.(p.p.)=**Centaurea**
Hyalea (DC.) Jaub. & Spach **琉苞菊属**(菊科)
Hyalea pulchella (Ledeb.) C.Koch 琉苞菊
Hybanthera cordifolia Link=Belostemma cordifolium
Hybanthus Jacq.**鼠鞭草属**(堇菜科)
Hybanthus enneaspermus (L.) F.v.Muell.鼠鞭草
Hybanthus filiformis (DC.) F.Muell.线鼠鞭草
Hybanthus suffruticosus (L.) Baill.=Hybanthus enneaspermus
Hybanthus vernonii F.Muell.春鼠鞭草
Hydnocarpus Gaertn.**大风子属**(大风子科)
Hydnocarpus annamensis (Gagn.) M.Lesocot & Sleum.大叶龙角
Hydnocarpus anthelminthicus Pierre ex Gagn.大风子
Hydnocarpus hainanensis (Merr.) Sleum.海南大风子
Hydnocarpus kurzii (King)Warb.印度大风子
Hydnocarpus merrillianum H.L.Li=Hydnocarpus annamensis
Hydnocarpus wightiana Bl.韦氏大枫子
Hydrangea L.**绣球属**(虎耳草科)
Hydrangea altissima Wall.=Hydrangea anomala
Hydrangea angustifolia Hay.=Hydrangea chinensis
Hydrangea angustipetala Hay.=Hydrangea chinensis
Hydrangea angustipetala var. *major* W.T.Wang=Hydrangea chinensis
Hydrangea angustipetala var. *subumbellata* W.T.Wang=Hydrangea linkweiensis
Hydrangea angustisepala Hay.=Hydrangea chinensis
Hydrangea anomala D.Don (分类学报 1954,p.p.)=Hydrangea robusta
Hydrangea anomala D.Don (分类学报 1982)=Hydrangea anomala var. sericea
Hydrangea anomala D.Don 冠盖绣球
Hydrangea anomala var. *sericea* C.C.Yang=Hydrangea anomala
Hydrangea arbostiana Lévl.=Hydrangea davidii
Hydrangea aspera D.Don (Shimizu & Kao in Fl.Tawan 1977)=Hydrangea kawakamii
Hydrangea aspera D.Don 马桑绣球
Hydrangea aspera f. *emasculata* Chun=Hydrangea aspera
Hydrangea aspera subsp. *robusta* (HKf. & Thoms.) E.M.McClint. =Hydrangea robusta
Hydrangea aspera subsp. *sargentiana* (Rehd.) E.M.McClint.=Hydrangea sargentiana
Hydrangea aspera subsp. *strigosa* (Rehd.) E.M.McClint.=Hydrangea strigosa
Hydrangea aspera var. *angustifolia* Diels=Hydrangea strigosa
Hydrangea aspera var. *emasculata* Chun=Hydrangea aspera
Hydrangea aspera var. *longipes* (Franch.) Diels=Hydrangea longipes
Hydrangea aspera var. *macrophylla* Hemsl.=Hydrangea strigosa
Hydrangea aspera var. *sinica* Diels=Hydrangea strigosa
Hydrangea aspera var. *strigosior* Diels=Hydrangea aspera
Hydrangea aspera var. *velutina* Rehd.=Hydrangea aspera
Hydrangea bretschneideri Dipp.(分类学报 1954,p.p.)=Hydrangea xanthoneura
Hydrangea bretschneideri Dipp.东陵绣球
Hydrangea bretschneideri var. *giraldii* (Diels) Rehd.=Hydrangea hypoglauca
Hydrangea bretschneideri var. *glabrescens* Rehd.=Hydrangea bretschneideri
Hydrangea bretschneideri var. *setchuenensis* Rehd.=Hydrangea xanthoneura
Hydrangea brevipes Chun=Hydrangea kwangsiensis
Hydrangea candida Chun 珠光绣球
Hydrangea caudatifolia W.T.Wang & Nie 尾叶绣球
Hydrangea chinensis Hay.中国绣球
Hydrangea chinensis Maxim.(分类学报 1954,p.p.)=Hydrangea chinensis
Hydrangea chinensis Maxim.(分类学报 1954,p.p.)=Hydrangea coenobialis

Hydrangea chinensis Maxim.(分类学报 1954,p.p.)=Hydrangea gracilis

Hydrangea chinensis Maxim.(分类学报 1954,p.p.)=Hydrangea lingii

Hydrangea chinensis Maxim.(分类学报 1954,p.p.)=Hydrangea mangshanensis

Hydrangea chloroleuca Diels=Hydrangea chinensis

Hydrangea chungii Rehd.福建绣球

Hydrangea coacta Wei 毡毛绣球

Hydrangea coenobialis Chun 酥醪绣球

Hydrangea coenobialis var. *acutidens* Chun=Hydrangea coenobialis

Hydrangea davidii Franch.西南绣球

Hydrangea davidii var. *arbostiana* Lévl.=Hydrangea davidii

Hydrangea discocarpa C.F.Wei=Hydrangea longipes

Hydrangea dumicola W.W.Sm.银针绣球

Hydrangea formosana Koidz.=Hydrangea chinensis

Hydrangea fulvescens Rehd.=Hydrangea longipes var. fulvescens

Hydrangea fulvescens var. *rehderiana* (Schneid.) Chun=Hydrangea longipes var. fulvescens

Hydrangea giraldii Diels=Hydrangea hypoglauca

Hydrangea glabra Hay.=Hydrangea anomala

Hydrangea glabrifolia Hay.=Hydrangea chinensis

Hydrangea glabripes Rehd.=Hydrangea aspera

Hydrangea glaucophylla C.C.Yang=Hydrangea anomala

Hydrangea glaucophylla var. glaucophylla=Hydrangea anomala

Hydrangea glaucophylla var. *sericea* (C.C.Yang) C.F.Wei=Hydrangea anomala

Hydrangea gracilis W.T.Wang & Nie 细枝绣球

Hydrangea hedyotidea Chun=Hydrangea kwangsiensis

Hydrangea hemsleyana Diels=Hydrangea longipes

Hydrangea hemsleyana var. *pavonliniana* Pamp.=Hydrangea longipes

Hydrangea heteromalla D.Don 微绒绣球

Hydrangea heteromalla var. *mollis* Rehd.=Hydrangea macrocarpa

Hydrangea heteromalla var. *parviflora* Marquand & Shaw=Hydrangea heteromalla

Hydrangea hortensia Sieb.=Hydrangea macrophylla

Hydrangea hortensia var. *otaksa* A.Gray=Hydrangea macrophylla

Hydrangea hortensis Smith=Hydrangea macrophylla

Hydrangea hypoglauca Rehd.白背绣球

Hydrangea hypoglauca var. *giraldii* (Diels) C.F.Wei=Hydrangea hypoglauca

Hydrangea hypoglauca var. hypoglauca=Hydrangea hypoglauca

Hydrangea hypoglauca var. *obovata* Chun=Hydrangea hypoglauca

Hydrangea integra Hay.=Hydrangea integrifolia

Hydrangea integrifolia Hay.全缘绣球

Hydrangea involucrata Sieb.总苞绣球

Hydrangea involucrata var. hortensis Maxim.重瓣绣球

Hydrangea involucrata var. *longifolia* (Hay.) Y.C.Liu=Hydrangea longifolia

Hydrangea jiangxiensis W.T.Wang & Nie=Hydrangea chinensis

Hydrangea kamienskii Lévl.=Hydrangea paniculata

Hydrangea kawakamii Hay.蝶萼绣球

Hydrangea khasiana HK.f. & Thoms.=Hydrangea heteromalla

Hydrangea kwangsiensis Hu 粤西绣球

Hydrangea kwangsiensis var. *hedyotidea* (Chun) C.M.Hu ex C.F.Wei=Hydrangea kwangsiensis

Hydrangea kwangsiensis var. kwangsiensis=Hydrangea kwangsiensis

Hydrangea kwangtungensis Merr.广东绣球

Hydrangea kwangtungensis var. *elliptica* Chun=Hydrangea kwangtungensis

Hydrangea lingii Hoo 狭叶绣球

Hydrangea linkweiensis Chun 临桂绣球

Hydrangea linkweiensis var. linkweiensis=Hydrangea linkweiensis

Hydrangea linkweiensis var. *subumbellata* (W.T.Wang) C.F.Wei=Hydrangea linkweiensis

Hydrangea longialata C.F.Wei=Hydrangea robusta

Hydrangea longifolia Hay.长叶绣球

Hydrangea longipes Franch.(分类学报 1954,p.p.)=Hydrangea longipes var. fulvescens

Hydrangea longipes Franch.莼兰绣球

Hydrangea longipes Hemsl.=Hydrangea longipes

Hydrangea longipes var. fulvescens (Rehd.) W.T.Wang ex Wei 绣毛绣球

Hydrangea longipes var. lanceolata Hemsl.披针绣球

Hydrangea longipes var. longipes=Hydrangea longipes

Hydrangea macraocarpa Hand.-Mazz.大果绣球

Hydrangea macrophylla (Thunb.) Ser.绣球

Hydrangea macrophylla f. *hortensia* (Maxim.) Rehd.=Hydrangea macrophylla

Hydrangea macrophylla f. mariesii (Bean) wils.马力斯绣球

Hydrangea macrophylla f. *normalis* (Wils.) Hara=Hydrangea macrophylla var. normalis

Hydrangea macrophylla f. *otaksa* Wils.=Hydrangea macrophylla

Hydrangea macrophylla f. rosea (S. & Z.) Wils.粉红绣球

Hydrangea macrophylla f. veitchii Wils.玫瑰红绣球

Hydrangea macrophylla subsp. *chungii* (Rehd.) E.M.McClint.=Hydrangea chungii

Hydrangea macrophylla subsp. *stylosa* (HK.f. & Thoms.) E.M.McClint.=Hydrangea stylosa

Hydrangea macrophylla var. coerulea Wils.蓝边八仙花

Hydrangea macrophylla var. macrophylla=Hydrangea macrophylla

Hydrangea macrophylla var. macrosepala Wils.齿瓣八仙花

Hydrangea macrophylla var. maculata Wils.银边八仙花

Hydrangea macrophylla var. mandshurica Wils.紫茎八仙花

Hydrangea macrophylla var. *normalis* Wils.(分类学报 1954,p.p.)=Hydrangea zhewanensis

Hydrangea macrophylla var. normalis Wils.山绣球

Hydrangea macrophylla var. *otaksa* Bailey=Hydrangea macrophylla

Hydrangea macrosepala Hay.=Hydrangea chinensis

Hydrangea mandarinorum Diels=Hydrangea heteromalla

Hydrangea mangshanensis Wei 莽山绣球

Hydrangea maximowiczii Lévl.=Hydrangea robusta

Hydrangea minnanica W.D.Han=Hydrangea lingii

Hydrangea moellendorffii Hance=Cardiandra moellendorffii

Hydrangea mollis (Rehd.) W.T.Wang=Hydrangea macrocarpa

Hydrangea obovatifolia Hay.=Hydrangea chinensis

Hydrangea opuloides Hort.=Hydrangea macrophylla

Hydrangea opuloides var. *hortensia* Dipp.=Hydrangea macrophylla

Hydrangea opuloides var. *plena* Rehd.=Hydrangea macrophylla

Hydrangea otaksa S. & Z.=Hydrangea macrophylla

Hydrangea paniculata Sieb.圆锥绣球

Hydrangea paniculata var. grandiflora Sieb.大花圆锥绣球

Hydrangea paniculata var. praecox Rehd.早花水亚木

Hydrangea peckinensis Hort.=Hydrangea bretschneideri

Hydrangea petiolaris S. & Z.(Dunn & Tutch.in Kew Bull.Misc.Inform. 1912)=Hydrangea anomala

Hydrangea pubineris Rehd.=Hydrangea xanthoneura

Hydrangea radiata Walt.厚叶绣球

Hydrangea rehderiana Schneid.=Hydrangea longipes var. fulvescens

Hydrangea robusta HK.f. & Thoms.粗枝绣球

Hydrangea rosthornii Diels=Hydrangea robusta

Hydrangea rotundifolia C.F.Wei=Hydrangea robusta

Hydrangea sachalinensis Lévl.=Hydrangea paniculata

Hydrangea sargentiana Rehd.紫彩绣球

Hydrangea scandens subsp. *chinensis* (Maxim.) E.M.McClint. =Hydrangea chinensis

Hydrangea scandens subsp. *kwangtungensis* (Merr.) E.M.McCLlint.=Hydrangea kwangtungensis

Hydrangea schindleri Engl.=Hydrangea paniculata

Hydrangea serrata (Thunb.) DC.粗齿绣球

Hydrangea serrata f. acuminata (S. & Z.) Wils. & Chun 泽八绣球?

Hydrangea serrata f. prolifera (Rgl.) Rehd.参萼粗齿绣球

Hydrangea serrata f. pubescens (Franch. & Sav.) Wils.毛粗齿绣球

Hydrangea serrata f. rosalba (Vanh.) Wils.二色粗齿绣球

Hydrangea shaochingii Chun=Hydrangea kwangtungensis

Hydrangea stenophylla Merr. & Chun 柳叶绣球

Hydrangea stenophylla var. *decorticata* Chun (p.p.)=Hydrangea coenobialis

Hydrangea stenophylla var. *decorticata* Chun (分类学报 1954,p.p.)=Hydrangea stenophylla

Hydrangea strigosa Rehd.(分类学报 1954,p.p.)=Hydrangea robusta

Hydrangea strigosa Rehd.蜡莲绣球

Hydrangea strigosa f. *sterilis* Rehd.=Hydrangea strigosa

Hydrangea strigosa var. *angustifolia* (Diels) Rehd.=Hydrangea strigosa

Hydrangea strigosa var. *longifolia* (Hay.) Chun=Hydrangea longifolia

Hydrangea strigosa var. *longifolia* Chun=Hydrangea strigosa

Hydrangea strigosa var. *macrophylla* (Hemsl.) Rehd.(分类学报 1954, p.p.)=Hydrangea robusta

Hydrangea strigosa var. *macrophylla* (Hemsl.) Rehd.=Hydrangea strigosa
Hydrangea strigosa var. *macrophylla* Rehd.(分类学报 1954,p.p.)= Hydrangea longialata
Hydrangea strigosa var. *purpurea* C.C.Yang=Hydrangea strigosa
Hydrangea strigosa var. *sinica* (Diels) Rehd.=Hydrangea strigosa
Hydrangea strigosa var. strigosa=Hydrangea strigosa
Hydrangea stylosa HK.f. & Thoms.长柱绣球
Hydrangea sungpanensis Hand.-Mazz.松潘绣球
Hydrangea taronensis Hand.-Mazz.=Hydrangea stylosa
Hydrangea umbellata Rehd.=Hydrangea chinensis
Hydrangea verticillata W.H.Gao=Hydrangea paniculata
Hydrangea vestita Hort.=Hydrangea bretschneideri
Hydrangea vestita var. *fimbriata* Wall.=Hydrangea aspera
Hydrangea vestita var. *pubescens* Maxim.=Hydrangea bretschneideri
Hydrangea vestita Wall.=Hydrangea heteromalla
Hydrangea villosa Rehd.=Hydrangea aspera
Hydrangea villosa f. *sterilis* Rehd.=Hydrangea aspera
Hydrangea villosa var. *delicatula* Chun=Hydrangea aspera
Hydrangea villosa var. *strigosior* (Diels) Rehd.=Hydrangea aspera
Hydrangea villosa var. *velutina* (Rehd.) Chun=Hydrangea aspera
Hydrangea vinicolor Chun=Hydrangea lingii
Hydrangea xanthoneura Diels 挂苦绣球
Hydrangea xanthoneura var. *glagbrescens* Rehd.=Hydrangea bretschneideri
Hydrangea xanthoneura var. *lancifolia* Rehd.=Hydrangea xanthoneura
Hydrangea xanthoneura var. *setchuenensis* Rehd.=Hydrangea xanthoneura
Hydrangea xanthoneura var. *sikangensis* Chun=Hydrangea xanthoneura
Hydrangea xanthoneura var. *wilsonii* Rehd.=Hydrangea xanthoneura
Hydrangea xanthoneura var. xanthoneura=Hydrangea xanthoneura
Hydrangea yayeyamensis Koidz.=Hydrangea chinensis
Hydrangea yunnanensis Rehd.(W.W.Sm.in Not.Bot.Gard.Edinb.1930)= Hydrangea stylosa
Hydrangea yunnanensis Rehd.=Hydrangea davidii
Hydrangea zhewanensis Hsu & X.P.Zhang 浙皖绣球
Hydrilla rich.**黑藻属**(水鳖科)
Hydrilla japonica Miq.=Blyxa japonica
Hydrilla ovalifolia Rich.=Hydrilla verticillata
Hydrilla verticillata (L.f.) HK.f.黑藻
Hydrilla verticillata var. roxburghii Casp.罗氏轮叶黑藻
Hydrilla verticillata var. verticillata=Hydrilla verticillata
Hydrobryum Endl.**水石衣属**(川苔草科)
Hydrobryum griffithii (Wall. ex Griff.) Tulasnc 水石衣
Hydrocera Bl.**水角属**(凤仙花科)
Hydrocera angustifolia Bl.=Hydrocera triflora
Hydrocera triflora (L.) Wight & Arn.水角
Hydrocharis L.**水鳖属**(水鳖科)
Hydrocharis asiatica Miq.=Hydrocharis dubia
Hydrocharis dubia (Bl.) Backer 水鳖
Hydrocharis morsus-ranae L.(Sasaki in List.Pl.Form.1928)=Hydrocharis dubia
Hydrocharis morsus-ranae L.蛙食草
Hydrocharitaceae 水鳖科
Hydrocleis L.C.Rich.**水罂粟属**(花蔺科)
Hydrocleis nymphoides Buchenau 水罂粟
Hydrocotyle L.**天胡荽属**(伞形科)
Hydrocotyle asiatica L.=Centella asiatica
Hydrocotyle batrachium Hance=Hydrocotyle sibthropioides var. batrachium
Hydrocotyle benguetensis Elm.吕宋天胡荽
Hydrocotyle burmanica Kurz 缅甸天胡荽
Hydrocotyle chinensis (Dunn) Craib 中华天胡荽
Hydrocotyle dichondroides Makino 毛柄天胡荽
Hydrocotyle dielsiana Wolff 裂叶天胡荽
Hydrocotyle formosana Masamune=Hydrocotyle sibthormpioides
Hydrocotyle forrestii Wolff 中甸天胡荽
Hydrocotyle handelii Wolff 普渡天胡荽
Hydrocotyle hookeri (C.B.Clarke) Craib 阿萨姆天胡荽
Hydrocotyle javanica var. *chinensis* Dunn ex Shan & S.L.Liou= Hydrocotyle chinensis
Hydrocotyle javanica var. *hookeri* C.B.Clarke=Hydrocotyle hookeri
Hydrocotyle javanica var. *podantha* (Molk.) C.B.Clarke=Hydrocotyle podantha
Hydrocotyle nepalensis Hk.红马蹄草
Hydrocotyle podantha Molk 柄花天胡荽
Hydrocotyle polycephala Wight & Arn.=Hydrocotyle nepalensis
Hydrocotyle pseudoconferta Masamune 密伞天胡荽
Hydrocotyle ramiflora Maxim.长梗天胡荽
Hydrocotyle ranunculifolia Ohwi=Hydrocotyle benguetensis
Hydrocotyle ranunculoides L.毛茛状天胡荽
Hydrocotyle rotundifolia Roxb.=Hydrocotyle sibthormpioides
Hydrocotyle rotundifolia var. *batrachium* (Hance) Chermezon= Hydrocotyle sibthropioides var. batrachium
Hydrocotyle rubescens Franch.=Pimpinella rubescens
Hydrocotyle salwinica Shan & S.L.Liou 怒江天胡荽
Hydrocotyle salwinica var. obtusiloba S.L.Liou 钝裂天胡荽
Hydrocotyle setulosa Hay.刺毛天胡荽
Hydrocotyle sibthormpioides Lam.天胡荽
Hydrocotyle sibthropioides var. batrachium (Hance) Hand.-Mazz. ex Shan 破铜钱
Hydrocotyle vulgaris L.欧洲天胡荽
Hydrocotyle wilfordii Maxim.肾叶天胡荽
Hydrocotyle wilsonii Diels ex Wolff 鄂西天胡荽
Hydroglossum auriculatum R.Br.=Lygodium flexuosum
Hydroglossum flexuosum Willd.=Lygodium flexuosum
Hydroglossum japonicum Willd.=Lygodium japonicum
Hydroglossum scandens Willd.=Lygodium scandens
Hydrolea L.**田基麻属**(田基麻科)
Hydrolea arayatensis Blanco=Hydrolea zeylanica
Hydrolea inermis Lour.=Hydrolea zeylanica
Hydrolea javanica Bl.=Hydrolea zeylanica
Hydrolea zeylanica (L.) Vahl 田基麻
Hydrolea zeylanica var. *ciliata* Choisy=Hydrolea zeylanica
Hydrophyllaceae 田基麻科
Hydrophyum latifolium Griseb.=Zizania latifolia
Hydrosma vivieri Engl.=Amorphophallus rivieri
Hydrotrophus echinospermus Clarke=Blyxa echinosperma
Hygrochilus Pfitz.**湿唇兰属**(兰科)
Hygrochilus parishii (Rchb.f.) Pfitz.湿唇兰
Hygrochilus subparishii Z.H.Tsi=Sedirea subparishii
Hygrophila R.Br.**水蓑衣属**(爵床科)
Hygrophila erecta (Burm.f.) Hochr.小叶水蓑衣
Hygrophila lancea (Thunb.) Miq.= Hygrophila salicifolia
Hygrophila megalantha Merr.大花水蓑衣
Hygrophila phlomoides Nees 毛水蓑衣
Hygrophila phlomoides var. *roxburghii* C.B.Clark= Hygrophila erecta
Hygrophila pogonocalyx Hay.大安水蓑衣
Hygrophila polysperma T.Anders.小狮子草
Hygrophila salicifolia (Vahl) Nees 水蓑衣
Hygrophila salicifolia var. longihirsuta H.S.Lo & D.Fang 贵港水蓑衣
Hygrophila salicifolia var. salicifolia= Hygrophila salicifolia
Hygrophila saxatilis sensu Merr. & Chun= Calophanoides multinodis
Hygroryza Nees **水禾属**(禾本科)
Hygroryza aristata (Retz.) Nees 水禾
Hylandra A.Löve=**Arabidopsis**
Hylocereus (Berg.) Britt. & Rose **量天尺属**(仙人掌科)
Hylocereus triangularis (L.) Britt. & Rose 多刺量天尺
Hylocereus undatus (Haw.) Britt. & Rose 量天尺
Hylomecon Maxim.**荷青花属**(罂粟科)
Hylomecon japonica (Thunb.) Prain & Kündig 荷青花
Hylomecon japonica var. dissecta (Franch. & Savat.) Fedde 多裂荷青花
Hylomecon japonica var. japonica=Hylomecon japonica
Hylomecon japonica var. subincisa Fedde 锐裂荷青花
Hylomecon lasiocarpum ?(Oliv.) Diels=Stylophorum lasiocarpum
Hylomecon sutchuense ?(Franch.) Diels=Stylophorum sutchuense
Hylomecon vernalis Maxim.=Hylomecon japonica
Hylophila Lindl.**袋唇兰属**(兰科)
Hylophila nipponica (Fukuyama) S.S.Ying 袋唇兰
Hylophila nipponica (Fukuyama) T.P.Lin=Hylophila nipponica
Hylophila nipponica T.S.Lu & H.J.Su=Hylophila nipponica
Hylotelephium H.Ohba **八宝属**(景天科)
Hylotelephium almae (Fröd.) K.T.Fu & G.Y.Rao=Hylotelephium tatarinowii var. integrifolium

Hylotelephium angustum (Maxim.) H.Ohba 狭穗八宝
Hylotelephium angustum var. angustum=Hylotelephium angustum
Hylotelephium bonnafousii (Hamet) H.Ohba 川鄂八宝
Hylotelephium bonnafousii (Raym.-Hamet) H.Ohba 川鄂八宝
Hylotelephium erythrostictum (Miq.) H.Ohba 八宝
Hylotelephium eupatorioides (Kom.) H.Ohba=Hylotelephium pallescens
Hylotelephium ewersii (Ledeb.) H.Ohba 圆叶八宝
Hylotelephium mingjinianum (S.H.Fu) H.Ohba 紫花八宝
Hylotelephium mongolicum (Franch.S.H.Fu 承德八宝?
Hylotelephium pallescens (Freyn) H.Ohba 白八宝
Hylotelephium pseudospectabile (Praeg.) S.H.Fu 心叶八宝
Hylotelephium purpureum (L.) Holub=Hylotelephium triphyllum
Hylotelephium sieboldii (Sweet ex HK.) H.Ohba 圆扇八宝
Hylotelephium spectabele (Bor.) H.Ohba 长药八宝
Hylotelephium spetabele var. angustifolium (Kitag.) S.H.Fu 狭叶长药八宝
Hylotelephium spetabele var. spetabele=Hylotelephium spetabele
Hylotelephium subcapitatum (Hay.) H.Ohba 头状八宝
Hylotelephium tangchiense R.X.Meng 汤池八宝
Hylotelephium tatarinowii (Maxim.) H.Ohba 华北八宝
Hylotelephium tatarinowii var. integrifolium (Palib.) S.H.Fu 全缘华北八宝
Hylotelephium tatarinowii var. tatarinowii=Hylotelephium tatarinowii
Hylotelephium telephium subsp. *telephium* H.Ohba=Hylotelephium triphyllum
Hylotelephium triphyllum (Haworth) Holub 紫八宝
Hylotelephium verticillatum (L.) H.Ohba 轮叶八宝
Hylotelephium viviparum (Maxim.) H.Ohba 珠芽八宝
Hymenachne Beauv.**膜稃草属**(禾本科)
Hymenachne acutigluma (Steud.) Gill.膜稃草
Hymenachne amplexicaulis (Rudge) Nees (禾本科图说 1959)=Hymenachne acutigluma
Hymenachne amplexicaulis (Rudge) Nees 抱茎膜稃草
Hymenachne assamicum (HK.f.) Hitchc.弊草
Hymenachne aurita (Presl ex Nees) Balanea (禾本科图说 1959,海南志 1977)=Hymenachne insulicola
Hymenachne indica Büse=Sacciolepis indica
Hymenachne insulicola (Steud.) L.Liou 长耳膜稃草
Hymenachne interrupta Büse=Sacciolepis interrupta
Hymenachne myosuroides (R.Br.) Balansa=Sacciolepis myosuroides
Hymenachne patens L.Liou 展穗膜稃草
Hymenachne pseudointerrupta C.Muell.=Hymenachne acutigluma
Hymenaea L.**李叶豆属**(豆科)
Hymenaea courbaril L.李叶豆
Hymenaea verrucosa Gaertn.疣果李叶豆
Hymenasplenium cheilosorum Tagawa=Asplenium cheilesorum
Hymenasplenium rahaoense H.Ito ex Tuyama=Asplenium excisum
Hymenasplenium unilaterale Hay.=Asplenium unilaterale
Hymenocallis Salisb.**水鬼蕉属**(石蒜科)
Hymenocallis americana Roem.=Hymenocallis littoralis
Hymenocallis calathina Nichols.蓝花水鬼蕉
Hymenocallis littoralis (Jacq.) Salisb.水鬼蕉
Hymenochlaena Bremek.**延苞蓝属**(爵床科)
Hymenochlaena pteroclada (R.Ben.) C.Y.Wu & C.C.Hu 延苞蓝
Hymenocrater Fisch. & Mey.**膜杯草属**(唇形科)
Hymenocrater bituminosus Fisch. & Mey.肿胀膜杯草
Hymenocrater elegans Bge.雅致膜杯草
Hymenodictyon Wall.**土连翘属**(茜草科)
Hymenodictyon excelsum (Roxb.) Wall.=Hymenodictyon orixense
Hymenodictyon flaccidum Wall.土连翘
Hymenodictyon orixense (Roxb.) Mabberley 毛土连翘
Hymenolaena DC.=**Pleurospermum**
Hymenolaena angelicoides DC.=Pleurospermum angelicoides
Hymenolaena nana Rupr.=Pleurospermum lindleyanum
Hymenolaena obtusiuscula DC.=Physospermopsis obtusiuscula
Hymenolepis Kaulf.=**Belvisia**
Hymenolepis annamensis C.Chr.=Belvisia annamensis
Hymenolepis formosana Ogata=Belvisia mucronata
Hymenolepis henryi Hieron. ex C.Chr.=Belvisia henryi
Hymenolepis macronata Fee=Belvisia mucronata
Hymenolobus Nutt.=**Hornungia**
Hymenolobus Nuttall ex Torr. & A.Gray=**Hornungia**
Hymenolobus procumbens Nutt. ex Torre. & Gray=Hyornungia procumbens
Hymenoluma Korov.**斑膜芹属**(伞形科)
Hymenoluma bupleuroides (Schrenk) Korov.柴胡状斑膜芹
Hymenoluma trichophyllum (Schrenk) Korov.斑膜芹
Hymenophyllaceae 膜蕨科
Hymenophyllum Sm.**膜蕨属**(膜蕨科)
Hymenophyllum acanthoides Rosenstock=Meringium acanthoides
Hymenophyllum acrocarpum Christ=Mecodium acrocarpum
Hymenophyllum affine Racibarski=Meringium holochilum
Hymenophyllum alatum Schkuhr=Crepidomanes bipunctatum
Hymenophyllum alishanense Devol 阿里山膜蕨?
Hymenophyllum austrosinicum Ching 华南膜蕨
Hymenophyllum badium HK. & Grev.=Mecodium badium
Hymenophyllum barbatum (v.d.B.) HK. & Bak.华东膜蕨
Hymenophyllum boschii Rosenstock=Meringium holochilum
Hymenophyllum coloratum A.Br.=Mecodium paniculiflorum
Hymenophyllum corrugatum Christ=Mecodium corrugatum
Hymenophyllum crispatum Wall.=Mecodium crispatum
Hymenophyllum cumingii v.d.B.=Mecodium badium
Hymenophyllum delavayi Christ=Mecodium exsertum
Hymenophyllum denticulatum Sw.=Meringium denticulatum
Hymenophyllum denticulatum var. *flaccidum* Clarke=Hymenophyllum khasyanum
Hymenophyllum discosum Christ=Mecodium paniculiflorum
Hymenophyllum exsertum Wall.=Mecodium exsertum
Hymenophyllum fastigiosum Christ 长叶膜蕨
Hymenophyllum flexile Ogata=Mecodium badium
Hymenophyllum gardneri v.d.B.=Mecodium exsertum
Hymenophyllum hamuliferum v.A.v.r.=Meringium holochilum
Hymenophyllum holochilum C.Chr.=Meringium holochilum
Hymenophyllum humile Nees & Bl.=Meringium denticulatumo
Hymenophyllum javanicum var. *badium* Clarke=Mecodium badium
Hymenophyllum khasyanum HK. & Bak.顶果膜蕨
Hymenophyllum kurzii Prantl=Meringium holochilum
Hymenophyllum latilobium Bonaparte=Mecodium badium
Hymenophyllum levingei Clarke=Mecodium levingei
Hymenophyllum lingganum v.A.v.R.=Meringium holochilum
Hymenophyllum macrocarpum v.d.B.=Mecodium badium
Hymenophyllum microsorum v.d.B.=Mecodium microsorum
Hymenophyllum minuti-denticulatum Ching & Chiu 微齿膜蕨
Hymenophyllum omeiense Christ 峨眉膜蕨
Hymenophyllum osmundoides v.d.B.=Mecodium osmundoides
Hymenophyllum oxyodon Bak.小叶膜蕨
Hymenophyllum paniculiflorum Presl=Mecodium paniculiflorum
Hymenophyllum polyanthos Bedd.=Mecodium microsorum
Hymenophyllum pycnocarpum Ogata=Mecodium osmundoides
Hymenophyllum sabinifolium HK. & Bak.=Meringium acanthoides
Hymenophyllum simonsianum HK.宽片膜蕨
Hymenophyllum spinosum Ching 刺边膜蕨
Hymenophyllum taiwanense Devol 台湾膜蕨?
Hymenophyllum tunbridgense (L.) Sm.坦布里膜蕨
Hymenophyllum whangshanense Ching & Chiu 黄山膜蕨
Hymenophyllum wilsonii HK.威氏膜蕨
Hymenophysa C.A.Mey.=**Cardaria**
Hymenophysa fenestrata Boiss.=Cardaria draba subsp. chalepensis
Hymenophysa macrocarpa Franch.=Cardaria draba subsp. chalepensis
Hymenophysa persica Gilli=Cardaria draba subsp. chalepensis
Hymenophysa pubescens C.A.Mey.=Cardaria pubescens
Hymenopogon Wall.=**Neohymenopogon**
Hymenopogon oligocarpus Li=Neohymenopogon oligocarpus
Hymenopogon parasiticus var. *longiflorus* How ex W.C.Chen=Neohymenopogon parasiticus
Hymenopogon parasiticus Wall.=Neohymenopogon parasiticus
Hymenopyranis Wall. ex Griff.**膜萼藤属**(马鞭草科)
Hymenopyranis cana Craib 膜萼藤
Hymenospermum dentatum Benth.=Melasma arvense
Hymenosporum F.Muell.**香荫树属**(海桐花科)
Hymenosporum flavum F.L.Muell.香荫树
Hyophorbe Gaertn.**亥佛棕属**(棕榈科)

Hyophorbe lagenicaulis H.E.Moore 匏茎亥佛棕
Hyophorbe verschaffeltii H.Wendl.纺缍棕
Hyoscyamus L.**天仙子属**(茄科)
Hyoscyamus agrestis Kit. ex Schult.=Hyoscyamus niger
Hyoscyamus aureus Pall.=Hyoscyamus pusillus
Hyoscyamus bohemicus F.W.Schmidt.=Hyoscyamus niger
Hyoscyamus micranthus G.Don=Hyoscyamus pusillus
Hyoscyamus muticus L.钝天仙子
Hyoscyamus niger L.天仙子
Hyoscyamus niger var. *annuus* Sims.=Hyoscyamus niger
Hyoscyamus niger var. *biennis* Corr.=Hyoscyamus niger
Hyoscyamus niger var. *chinensis* Makino=Hyoscyamus niger
Hyoscyamus niger β. *annuus* Sims=Hyoscyamus niger
Hyoscyamus physaloides L.=Physochlaina physaloides
Hyoscyamus pictus Roch=Hyoscyamus niger
Hyoscyamus praealtus Walp.=Physochlaina praealta
Hyoscyamus pungens Griseb.=Hyoscyamus pusillus
Hyoscyamus pusillus L.中亚天仙子
Hyospathe Mar.**亥俄棕属**(棕榈科)
Hypaelyptum Vahl (p.p.)=**Lipocarpha**
Hypaelyptum argenteum Vahl=Lipocarpha senegalensis
Hypaelyptum microcephala R.Br.=Lipocarpha chinensis
Hypaphorus subumbrans Hassk.=Erythrina subumbrans
Hyparrhenia Anderss. ex Fourn.**苞茅属**(禾本科)
Hyparrhenia bracteata (Humb. & Bonpl. ex Willd.) Stapf 苞茅
Hyparrhenia diplandra (Hack.) Stapf 短梗苞茅
Hyparrhenia eberhardtii (A.Camus) Hitchc.=Hyparrhenia diplandra
Hyparrhenia filipendula (Hochst.) Stapf 纤细苞茅
Hyparrhenia foliosa (H.B.K.) Fourn.=Hyparrhenia bracteata
Hyparrhenia pachystachya Stapf=Hyparrhenia diplandra
Hyparrhenia pseudocymbaria (Steud.) Stapf 假舟状苞茅
Hyparrhenia rufa (Nees) Stapf 红苞茅
Hyparrhenia rufa var. rufa=Hyparrhenia rufa
Hyparrhenia rufa var. siamensis Clayton 泰国苞茅
Hypecoum L.**角茴香属**(罂粟科)
Hypecoum chinense Franch.=Hypecoum leptocarpum
Hypecoum erectum L.角茴香
Hypecoum leptocarpum HK.f. & Thoms.细果角茴香
Hypecoum millefolium Lévl & Vant.=Hypecoum leptocarpum
Hypecoum parviflorum Kar & Kir.小花角茴香
Hypecoum pendulum L.(西藏志 1985)=Hypecoum parviflorum
Hypecoum pendulum L.悬垂角茴香
Hypericum L.**金丝桃属**(藤黄科)
Hypericum acmosepalum N.Robson 尖萼金丝桃
Hypericum acutisepalum Hay.合柱金丝桃
Hypericum addingtonii N.Robson 碟花金丝桃
Hypericum alternifolium Labill.=Reaumuria alternifolia
Hypericum androsaemum L.点地梅状金丝桃(新)
Hypericum argyi Lévl. & Vant.=Hypericum patulum
Hypericum ascyron L.黄海棠
Hypericum ascyron var. *brevistylum* Maxim.=Hypericum ascyron
Hypericum ascyron var. *genuinum* Maxim.=Hypericum ascyron
Hypericum ascyron var. *giraldii* R.Keller=Hypericum ascyron
Hypericum ascyron var. *longistylum* Maxim.=Hypericum ascyron
Hypericum ascyron var. *micropetalum* R.Keller=Hypericum ascyron
Hypericum ascyron var. *punctatostriatum* R.Keller=Hypericum ascyron
Hypericum ascyron var. *umbellatum* R.Keller=Hypericum ascyron
Hypericum asiaticum (Maxim.) Nakai=Triadenum japonicum
Hypericum attenuatum Choisy(Hay.in J.Coll.Sci.Univ.Tokyo 19)8)=Hypericum nagasawai
Hypericum attenuatum Choisy 赶山鞭
Hypericum augustinii N.Robson 无柄金丝桃
Hypericum aureum Lour.=Hypericum monogynum
Hypericum bachii Lévl.=Hypericum monanthemum
Hypericum beanii N.Robson 栽秧花
Hypericum bellum Li 美丽金丝桃
Hypericum bellum subsp. bellum=Hypericum bellum
Hypericum bellum subsp. latisepalum N.Robson 宽萼金丝桃
Hypericum biflorum Choisy=Cratoxylum formosum
Hypericum bodinieri Lévl. & Vant.=Hypericum wightianum
Hypericum breviflorum Wall. ex Dyer=Triadenum breviflorum
Hypericum calycinum L.萼状加拿大金丝桃
Hypericum canadense L.加拿大金丝桃
Hypericum cavaleriei Lévl.=Hypericum japonicum
Hypericum centiflorum Lévl.=Hypericum petiolulatum subsp. yunnanense
Hypericum chinense L.=Hypericum monogynum
Hypericum chinense Retz.=Cratoxylum cochinchinense
Hypericum chinense var. *minutum* R.Keller=Hypericum przewalskii
Hypericum chinense var. *salicifolium* (S. & Z.) Choisy=Hypericum monogynum
Hypericum chinense α. *obtusifolium* Kuntze=Hypericum monogynum
Hypericum choisianum Wall. ex N.Robson 多蕊金丝桃
Hypericum cochinchinensis Lour.=Cratoxylum cochinchinense
Hypericum cohaerens N.Robson 连柱金丝桃
Hypericum curvisepalum N.Robson 弯萼金丝桃
Hypericum delavayi R.Keller=Hypericum wightianum
Hypericum elatoides R.Keller 歧山金丝桃?
Hypericum electrocarpum Maxim.=Hypericum sampsonii
Hypericum elliptifolium Li 椭圆叶金丝桃
Hypericum elodeoides Choisy(Diannan Bengchao 1975)=Hypericum wightianum
Hypericum elodeoides Choisy 挺茎遍地金
Hypericum eloides L.沼泽加拿大金丝桃
Hypericum erectum Thunb. ex Murray 小连翘
Hypericum erectum var. *angustifolium* Y.Kimura=Hypericum erectum
Hypericum erectum var. *erectum* f. *angustifolium* (Y.Kimura) Y.Kimura=Hypericum erectum
Hypericum faberi R.Keller ex Hand.-Mazz.扬子小连翘
Hypericum fauriei R.Keller=Triadenum japonicum
Hypericum filicaule (Dyer) N.Robson 纤茎金丝桃
Hypericum filicaule HK.f. & Thoms. ex Dyer=Hypericum filicaule
Hypericum formosanum Maxim.(Hay.Suppl.Icon.Pl.Formosa 1916,台湾志 1976,p.p.)=Hypericum geminiflorum
Hypericum formosanum Maxim.(Lévl.in Bull.Soc.Bot.France 1906)=Hypericum subalatum
Hypericum formosanum Maxim.台湾金丝桃
Hypericum forrestii (Chittenden) N.Robson 川滇金丝桃
Hypericum garrettii Craib(p.p.)=Hypericum henryi subsp. hancockii
Hypericum garrettii Craib(p.p.)=Hypericum hookerianum
Hypericum garrettii var. *ovatum* Craib=Hypericum henryi subsp. hancockii
Hypericum gebleri Ledeb.=Hypericum ascyron
Hypericum geminiflorum Hemsl.双花金丝桃
Hypericum geminiflorum subsp. geminiflorum=Hypericum geminiflorum
Hypericum geminiflorum subsp. simplicistylum (Hay.) N.Robson 小双花金丝桃
Hypericum geminiflorum var. *simplicistylum* (Hay.) N.Robson=Hypericum geminiflorum subsp. simplicistylum
Hypericum giraldii R.Keller=Hypericum longistylum var. giraldii
Hypericum gramineum G.Forster 细叶金丝桃
Hypericum hayatae Y.Kikura=Hypericum nagasawai
Hypericum hemsleyanum Lévl.=Hypericum ascyron
Hypericum hengshanense W.T.Wang 衡山金丝桃
Hypericum henryi Lévl. & Vant.西南金丝桃
Hypericum henryi subsp. hancockii N.Robson 蒙自金丝桃
Hypericum henryi subsp. henryi=Hypericum henryi
Hypericum henryi var. uraloides (Rehd.) N.Robson 岷江金丝桃
Hypericum himalaicum N.Robson 西藏金丝桃
Hypericum hookerianum var. *leschenaultii* sensu Dyer=Hypericum choisianum
Hypericum hookerianum Wight & Arn.(R.Keller in Engl.Bot.Jahrb. 1904)=Hypericum lagarocladum
Hypericum hookerianum Wight & Arn.短柱金丝桃
Hypericum humifusum L.(Y.Kimura in Hara,Fl.E.Himal.1966)=Hypericum himalaicum
Hypericum humifusum L.匍匐金丝桃
Hypericum japonicum Thunb. ex Murray 地耳草
Hypericum japonicum var. *calyculatum* R.Keller=Hypericum japonicum
Hypericum japonicum var. *cavaleriei* (Lévl.) Koidz.=Hypericum japonicum
Hypericum japonicum var. *kainantense* Masamune=Hypericum japonicum
Hypericum japonicum var. *lanceolatum* Y.Kimura=Hypericum gramineum
Hypericum japonicum var. *maximowiczii* R.Keller=Hypericum japonicum
Hypericum japonicum var. *thunbergii* R.Keller=Hypericum japonicum

Hypericum kirustum L.毛金丝桃
Hypericum kouytchense Lévl.(Milne-redh.in Curtis's Bot.Mag.1934)=Hypericum wilsonii
Hypericum kouytchense Lévl.贵州金丝桃
Hypericum kushakuense R.Keller=Hypericum subalatum
Hypericum lagarocladum N.Robson 纤枝金丝桃
Hypericum lalandii Choisy(Dyer in Fl.Brit.Ind.1874,p.p.)=Hypericum gramineum
Hypericum lancasteri N.Robson 展萼金丝桃
Hypericum lateriflorum Lévl.=Hypericum seniavinii
Hypericum laxum (Bl.) Koidz.=Hypericum japonicum
Hypericum linarifolium Vahl.狭叶金丝桃
Hypericum longifolium Lévl.=Hypericum ascyron
Hypericum longistylum Oliv.长柱金丝桃
Hypericum longistylum var. giraldii (R.Keller) N.Robson 圆果金丝桃
Hypericum longistylum var. *giraldii* (R.Keller) Pamp.=Hypericum longistylum var. giraldii
Hypericum longistylum var. longistylum=Hypericum longistylum
Hypericum longistylum var. *silvestri* Pamp.=Hypericum longistylum
Hypericum maclarenii N.Robson 康定金丝桃
Hypericum macrosepalum Redh.大萼金丝桃
Hypericum maculatum Cratz.斑点金丝桃
Hypericum mairei Lévl.=Hypericum monanthemum
Hypericum mairei Lévl.=Hypericum petiolulatum subsp. yunnanense
Hypericum monantemum var. *brachypetalum* Franch.=Hypericum monanthemum
Hypericum monanthemum HK.f. & Thoms. ex Dyer (Pax & Hoffm.in Reptert.Sp.Nov.Beih.,1922)=Hypericum wightianum
Hypericum monanthemum HK.f. & Thoms. ex Dyer 单花遍地金
Hypericum monanthemum var. *nigropunctatum* Franch.=Hypericum monanthemum
Hypericum monogynum L.金丝桃
Hypericum montanum L.山地金丝桃
Hypericum mutilum L.(Maxim.in Bull.Acad.Sci.St.Pétersb.1832,p.p.)=Hypericum japonicum
Hypericum nacamurai (Masamune) N.Robson.(新拉汉英 1996)=Hypericum nakamurai
Hypericum nagasawai Hay.玉山金丝桃
Hypericum nagasawai var. *nigrum* Y.Kimura=Hypericum nagasawai
Hypericum nagasawai var. *typicum* Y.Kimura=Hypericum nagasawai
Hypericum nakamurai (Masamune) N.Robson 清水金丝桃
Hypericum napaulense Choisy(Dyer in Fl.Brit.Ind.1874,p.p.)=Hypericum wightianum
Hypericum napaulense Choisy(Dyer in Fl.Brit.Ind.1874,p.p.)=Hypericum himalaicum
Hypericum napaulense Choisy=Hypericum elodeoides
Hypericum nepalense K.Koch=Hypericum uralum
Hypericum nokoense Ohwi 能高金丝桃
Hypericum pallens D.Don=Hypericum himalaicum
Hypericum patulum Thunb. ex Murray (Dyer in Fl.Brit.Ind.1874)=Hypericum uralum
Hypericum patulum Thunb. ex Murray (Matsumura & Hay.in J.Coll.Sci. Univ.Tokyo 1906,p.p.)=Hypericum formosanum
Hypericum patulum Thunb. ex Murray (R.Keller in Engl.Bot.Jahrb.19)9)=Hypericum pseudohenryi
Hypericum patulum Thunb. ex Murray(N.Robson in J.Roy.Hoty.Soc. 1970,p.p.)=Hypericum henryi
Hypericum patulum Thunb. ex Murray(高等图鉴 1972)=Hypericum beanii
Hypericum patulum Thunb. ex Murray 金丝梅
Hypericum patulum f. *forrestii* (Chittenden) Rehd.=Hypericum forrestii
Hypericum patulum subsp. γ. *hookerianum* (wigt & Arn.) Kuntze=Hypericum hookerianum
Hypericum patulum var. *attenuatum* Choisy=Hypericum uralum
Hypericum patulum var. *forrestii* Chittenden=Hypericum forrestii
Hypericum patulum var. *henryi* Veitch ex Bean(Rehd.in Sarg.Pl.Wils. 1915,p.p.)=Hypericum pseudohenryi
Hypericum patulum var. *henryi* Veitch. ex Bean=Hypericum beanii
Hypericum patulum var. *uralum* (Buch.-Ham. ex D.Don) Koehne=Hypericum uralum
Hypericum pedunculatum R.Keller 具梗金丝桃?
Hypericum perforatum L.贯叶连翘
Hypericum perforatum var. *confertiflora* Debaux=Hypericum perforatum
Hypericum perforatum var. *microphylla* Lévl.=Hypericum perforatum
Hypericum petiolulatum sensu R.Keller(p,.p.)=Hypericum petiolulatum
Hypericum petiolulatum HK.f. & Thoms. ex Dyer 短柄小连翘
Hypericum petiolulatum subsp. petiolulatum=Hypericum petiolulatum
Hypericum petiolulatum subsp. yunnanense (Franch.) N.Robson 云南小连翘
Hypericum petiolulatum var. *orbiculatum* Franch.=Hypericum petiolulatum
Hypericum prattii Hemsl.(Rehd.in Sarg.Pl.Wils.1915,p.p.)=Hypericum monogynum
Hypericum prattii Hemsl.大叶金丝桃
Hypericum przewalskii Maxim.突脉金丝桃
Hypericum pseudohenryi N.Robson 北栽秧花
Hypericum pseudopetiolatum R.Keller.短柄金丝桃
Hypericum pseudopetiolatum var. *taihezanense* (Sasaki ex S.Suzuki) Y.Kimura=Hypericum pseudopetiolatum
Hypericum pulchrum L.小金丝桃
Hypericum ramosissimum K.Coch=Hypericum uralum
Hypericum randaiense Hay.=Hypericum nagasawai
Hypericum reptans HK.f. & Thoms. ex Dyer 匍枝金丝桃
Hypericum salicifolium S. & Z.=Hypericum monogynum
Hypericum sampsonii Hance 元宝草
Hypericum scabrum L.糙枝金丝桃
Hypericum sect. *Elodea* Choisy=**Triadenum**
Hypericum seniavinii Maxim.密腺小连翘
Hypericum simplicistylum Hay.=Hypericum geminiflorum subsp. simplicistylum
*Hypericum sp.*Rehd.=Hypericum wilsonii
Hypericum stellatum N.Robson 星萼金丝桃
Hypericum subalatum Hay.方茎金丝桃
Hypericum subsessile N.Robson 近无柄金丝桃
Hypericum suzukianum Y.Kimura=Hypericum nagasawai
Hypericum taihezanense Sasaki ex S.Suzuki=Hypericum pseudopetiolatum
Hypericum taisanense Hay.=Hypericum erectum
Hypericum taiwanianum var. *ohwi* Y.Kimura=Hypericum nagasawai
Hypericum tetrapterum Fr.四翼金丝桃
Hypericum thomsonii R.Keller(p.p.)=Hypericum petiolulatum
Hypericum thunbergii Franch. & Sav.=Hypericum japonicum
Hypericum trigonum Hand.-Mazz.=Hypericum monanthemum
Hypericum trinervium Hemsl.=Hypericum geminiflorum
Hypericum undulatum Schousb.波状金丝桃
Hypericum uraloides Rehd.=Hypericum henryi var. uraloides
Hypericum uralum Buch.-Ham. ex D.Don 匙萼金丝桃
Hypericum virginicum var. *asiatica* (Maxim.) Maxim. ex Yabe=Triadenum japonicum
Hypericum wightianum Wall. ex Wight & Arn.遍地金
Hypericum wightianum var. axillare N.Robson 察隅遍地金
Hypericum wightianum var. wightianu=Hypericum wightianum
Hypericum wilsonii N.Robson 川鄂金丝桃
Hypericum yabei Lévl. & Vant.=Hypericum japonicum
Hypericum yunnanense Franch.=Hypericum petiolulatum subsp. yunnanense
Hyphaene Gaertn.**姜饼棕属**(棕榈科)
Hyphaene dichotoma (White) Ftdo.二歧姜饼棕
Hyphaene thebaica Mart.埃及姜饼棕
Hyphear Danser=**Loranthus**
Hyphear delavayi (Van Tiegh.) Danser=Loranthus delavayi
Hyphear europaeus (Jacq.) Danser (秦岭志 1974)=Loranthus tanakae
Hyphear hemsleyanum Danser=Loranthus delavayi
Hyphear kaoi J.M.Chao=Loranthus kaoi
Hyphear koumensis (Sasaki) Hosok.=Loranthus delavayi
Hyphear lambertianum (Schult.) Danser=Loranthus lambertianus
Hyphear pseudoodoratum (Lingelsh.) Danser=Loranthus pseudoodoratus
Hyphear tanakae (Franch. & Sav.) Hosok=Loranthus tanakae
Hypobathrum sect. *Diplospora* (DC.) Baillon=**Diplospora**
Hypochaeris L.**猫儿菊属**(菊科)
Hypochaeris ciliata (Thunb.) Makino 猫儿菊
Hypochaeris glabra L.无毛猫乳
Hypochaeris grandiflora Ledeb.=Hypochaeris ciliata
Hypochaeris maculata L.新疆猫儿菊
Hypochaeris mairei Lévl.=Picris divaricata

Hypochaeris radicata L.欧洲猫儿菊
Hypocyrta Mart.**下突苣苔属**(苦苣苔科)
Hypodematiaceae 肿足蕨科
Hypodematium Kunze **肿足蕨属**(肿足蕨科)
Hypodematium acutidentatum Ching=Hypodematium gracile
Hypodematium chinense Ching=Hypodematium gracile
Hypodematium crenatum (Forssk.) Kuhn 肿足蕨
Hypodematium crenatum Kuhn (p.p.)=Hypodematium hirsutum
Hypodematium cystopteroides Kuhn (Ching in Sunyatsenia 1935)=Hypodematium sinense
Hypodematium daochengense Shing 稻城肿足蕨
Hypodematium eriocarpum (Mett.) Ching=Hypodematium hirsutum
Hypodematium fauriei Bak.(江苏志 1977)=Hypodematium glanduloso-pilosum
Hypodematium fauriei f. *glanduloso-pilosum* Tagawa=Hypodematium glanduloso-pilosum
Hypodematium fordii (Bak.) Ching 福氏肿足蕨
Hypodematium glabrum Ching ex Shing 无毛肿足蕨
Hypodematium glanduloso-pilosum (Tagawa) Ohwi 球腺肿足蕨
Hypodematium glandulosum Ching ex Shing 腺毛肿足蕨
Hypodematium gracile Ching 修株肿足蕨
Hypodematium hirsutum (Don) Ching 光轴肿足蕨
Hypodematium laxum Ching ex He=Hypodematium gracile
Hypodematium microlepioides Ching ex Shing 滇边肿足蕨
Hypodematium onustrum Ktze.=Hypodematium crenatum
Hypodematium pilosum Ching ex He=Hypodematium squamuloso-pilosum
Hypodematium sinense K.Iwats.山东肿足蕨
Hypodematium squamuloso-pilosum Ching 鳞毛肿足蕨
Hypodematium squamuloso-pilosum var. *ishingense* Y.C.Lan=Hypodematium squamuloso-pilosum
Hypodematium taiwanensis Ching ex Shing 台湾肿足蕨
Hypoderris R.Br.**莕盖蕨属**(叉蕨科)
Hypoderris brownii J.Sm.莕盖蕨
Hypoestes Soland. ex R.Br.**枪刀药属**(爵床科)
Hypoestes bodinieri Lévl.= Peristrophe baphica
Hypoestes cumingiana Benth. & HK.f.枪刀菜
Hypoestes poilanei R.Benoistr.枪花药
Hypoestes purpurea (L.) R.Br.枪刀药
Hypoestes sinica Miq.= Hypoestes purpurea
Hypoestes triflora Roem. & Schult.三花枪刀药
Hypogomphia Bge.**拟金莲草属**(唇形科)
Hypogomphia elatior (Rgl.) Vass.高拟金莲草
Hypogomphia turkestana Bge.新疆拟金莲草?
Hypolepidaceae 姬蕨科
Hypolepis Bernh.**姬蕨属**(姬蕨科)
Hypolepis alte-gracillima Hay.台湾姬蕨
Hypolepis gigantea Ching 大姬蕨
Hypolepis glabrescens Ching 亚光姬蕨
Hypolepis pteridioides HK.=Pteris longipes
Hypolepis punctata (Thunb.) Mett.姬蕨
Hypolepis punctata var. *henryi* Christ=Macrothelypteris oligophlebia
Hypolepis repens (L.) Presl 匍匐姬蕨
Hypolepis setigera HK.=Macrothelypteris setigera
Hypolepis tenera Ching 狭叶姬蕨
Hypolepis tenuifolia (Forst.) Benth.薄叶姬蕨
Hypolepis yunnanensis Ching 云南姬蕨
Hypoletis biserrata Bory=Nephrolepis biserrata
Hypolytrum L.C.Rich. **割鸡芒属**(莎草科)
Hypolytrum formosanum Ohwi 台湾割鸡芒
Hypolytrum hainanensis (Merr.) Tang & Wang 海南割鸡芒
Hypolytrum latifolium Amatzum.=Hypolytrum formosanum
Hypolytrum latifolium Chn & How=Hypolytrum hainanensis
Hypolytrum latifolium L.C.Rich.宽叶割鸡芒
Hypolytrum nemorum (Vahl.) Spreng.割鸡芒
Hypolytrum ohwianum T.Koyama=Hypolytrum latifolium
Hypolytrum pandanophyllum F.V.Muell.=Thoracostachyum pandanophyllum
Hypolytrum paucistrobiliferum Tang & Wang 少穗割鸡芒
Hypopeltis biserrata Bory=Nephrolepis biserrata
Hypopitys Hill.=**Monotropa**
Hypopitys monotropa Crantz=Monotropa hypopitys
Hypopitys multiflora Scop.=Monotropa hypopitys
Hypopitys multiflora var. *glabra* Ledeb.=Monotropa hypopitys
Hypoporum pergracile Nees=Scleria pergracilis
Hypoxis L.**小金梅草属**(石蒜科)
Hypoxis aurea Lour.小金梅草
Hypoxis hirsuta (L.) Coville 毛小金梅草
Hypoxis spicata Thunb.=Aletris spicata
Hypoxis villosa L.长柔毛小金梅草
Hypserpa Miers **夜花藤属**(防已科)
Hypserpa cuspidata (HK.f. & Thoms.) Miers=Hypserpa nitida
Hypserpa laevifolia Diels=Hypserpa nitida
Hypserpa nitida Miers 夜花藤
Hyptianthera Wight & Arn.**藏药木属**(茜草科)
Hyptianthera bracteata Craib (云南植物名录 1984)=Hyptianthera stricta
Hyptianthera bracteata Craib 具苞藏药木
Hyptianthera stricta (Roxb.) Wight & Arn.藏药木
Hyptis Jacq.**山香属**(唇形科)
Hyptis brevipes Poit.短柄吊球草
Hyptis burmanni Benth.布尔曼山香
Hyptis capitata Jacq.(Merr.in Lingnan.Agr.Rev.1925)=Hyptis rhoboides
Hyptis celebica Zipp. ex Koord.=Hyptis rhoboides
Hyptis decurrens (Blanco) Epling=Hyptis rhoboides
Hyptis gibsoni Grah.吉布森山香
Hyptis rhoboides Mart. & Gal.吊球草
Hyptis spicigera Lam.穗序山香
Hyptis stachyodes Link=Elsholtzia stachyodes
Hyptis suaveolens (L.) Poit.山香
Hyrtanandra Miq.=**Gonostegia**
Hysocyamus niger β. *agrestis* Koch=Hyoscyamus niger
Hyssopus L.**神香草属**(唇形科)
Hyssopus altaicus Klokov & Desjat.-Schost.阿尔泰百里香
Hyssopus cuspidatus Boriss.硬尖神香草
Hyssopus cuspidatus var. albiflorus C.Y.Wu & H.W.Li=Hyssopus cuspidatus
Hyssopus cuspidatus var. cuspidatus=Hyssopus cuspidatus
Hyssopus latilabiatus C.Y.Wu & H.Li 宽唇神香草
Hyssopus lophanthoides Buch.-Ham. ex D.Don=Isodon longitubus
Hyssopus ocymifolius Lam.=Elsholtzia ciliata
Hyssopus officinalis L.神香草
Hysteria veratrifolia Reinw.=Corymborkis veratrifolia
Hysterophorus Adans.=**Parthenium**
Hystrix Moench **猬草属**(禾本科)
Hystrix duthiei (Stapf) Bor 猬草
Hystrix komarovii (Roshev.) Ohwi 东北猬草

I

Ianhedgea Al-Shehbaz & O'Kane **葶芥属**(十字花科)
Ianhedgea minutiflora (HK.f. & Thoms.) Al-Shehbaz & O'Kane 葶芥
Iberidella andersonii HK.f. & Thoms.=Thlaspi andersonii
Iberidella tibetica Marq. & Shaw=Thlaspi andersonii
Iberis L.**屈曲花属**(十字花科)
Iberis amara L.屈曲花
Iberis intermedia Guersent 披针叶屈曲花
Icacinaceae 茶茱萸科
Ichnanthus Beauv.**距花黍属**(禾本科)
Ichnanthus glaber Link ex Steud.=Panicum virgatum
Ichnanthus pallens Munro (禾本科图说 1959)=Ichnanthus vicinus
Ichnanthus panicoides Beauv.黍状距花黍
Ichnanthus vicinus (F.M.Bail.) Merr.距花黍
Ichnocarpus R.Br.**腰骨藤属**(夹竹桃科)
Ichnocarpus baillonii (Pierre) Lý=Ichnocarpus polyanthus
Ichnocarpus frutescens (L.) W.T.Aiton 腰骨藤
Ichnocarpus frutescens f. frutescens=Ichnocarpus frutescens
Ichnocarpus frutescens f. pubescens Markgr.毛叶腰骨藤
Ichnocarpus fulvus Kerr=Ichnocarpus oliganthus
Ichnocarpus himalaicus T.Yamazaki=Ichnocarpus polyanthus
Ichnocarpus jacquetii (Pierre) D.J.Middl.少花腰骨藤
Ichnocarpus malipoensis (Tsiang & P.T.Li) D.J.Middl 麻栗坡小花藤
Ichnocarpus oliganthus Tsiang=Ichnocarpus jacquetii
Ichnocarpus ovatifolius A.DC.=Ichnocarpus frutescens

Ichnocarpus polyanthus (Bl.) P.I.Forst.小花藤
Ichnocarpus pubiflorus HK.=Ichnocarpus polyanthus
Ichnocarpus volubilis Merr.=Ichnocarpus frutescens
Idesia Maxim.**山桐子属**(大风子科)
Idesia fujianensis G.S.Fan=Idesia polycarpa var. fujianensis
Idesia polycarpa Maxim.山桐子
Idesia polycarpa var. fujianensis (G.S.Fan) S.S.Lai 福建山桐子
Idesia polycarpa var. *latifolia* Diels=Idesia polycarpa
Idesia polycarpa var. longicarpa S.S.Lai 长果山桐子
Idesia polycarpa var. polycarpa=Idesia polycarpa
Idesia polycarpa var. vestita Diels 毛叶山桐子
Ignatia amara L.f.=Strychnos ignatii
Ignatiana Lour.=**Strychnos**
Ignatiana philippinica Lour.=Strychnos ignatii
Iguanura Bl.**鬣蜥棕属**(棕榈科)
Iguanura arakudensis Ftdo.阿拉库得鬣蜥棕
Iguanura bicornis Becc.二角鬣蜥棕
Iguanura brevipes HK.f.短柄鬣蜥棕
Iguanura corniculata Becc.小角鬣蜥棕
Iguanura diffusa Becc.披散鬣蜥棕
Iguanura ferruginea Becc.锈色鬣蜥棕
Iguanura geonomaeformis Mart.低地榈状鬣蜥棕
Iguanura malaccensis Becc.马拉克鬣蜥棕
Iguanura parvula Becc. ex Becc.稍小鬣蜥棕
Iguanura polymorpha Becc.多型鬣蜥棕
Iguanura spectabilis Ridhley 美丽鬣蜥棕
Iguanura wallichiana (Mart.) Benth. & HK.f. ex Becc.瓦氏鬣蜥棕
Ikonnikovia Lincz.**伊犁花属**(白花丹科)
Ikonnikovia kaufmanniana (Regel) Lincz.伊犁花
Ilex L.**冬青属**(冬青科)
Ilex aculeolata Nakai 满树星
Ilex aculeolata var. *kiangsiensis* S.Y.Hu=Ilex kiangsiensis
Ilex angulata Merr. & Chun (海南志 1965,p.p.)=Ilex huiana
Ilex angulata Merr. & Chun 棱枝冬青
Ilex angulata var. *longipedunculata* S.Y.Hu=Ilex huiana
Ilex aquifolium L.(Franch.in Bull.Soc.Bot.France 1886)=Ilex centrochinensis
Ilex aquifolium L.(Thunb.in Fl.Jap.1931)=Osmanthus heterophyllus
Ilex aquifolium L.枸骨叶冬青
Ilex aquifolium var. *chinensis* Loes. ex Diels=Ilex centrochinensis
Ilex ardisioides Loes.=Ilex cochinchinensis
Ilex arisanensis Yamamoto 阿里山冬青
Ilex asiatica Spreng.=Ilex integra
Ilex asprella (HK. & Arn.) Champ. ex Benth.秤星树
Ilex asprella (HK. & Arn.) Champ.(台湾树木志 1963)= Ilex arisanensis
Ilex asprella var. *asprella*=Ilex asprella
Ilex asprella var. tapuensis S.Y.Hu 大埔秤星树
Ilex atrata W.W.Sm.黑果冬青
Ilex atrata var. atrata=Ilex atrata
Ilex atrata var. glabra C.Y.Wu 无毛黑果冬青
Ilex atrata var. wangii S.Y.Hu 长梗黑果冬青
Ilex austrosinensis C.J.Tseng 两广冬青
Ilex axyphylla Miq.=Ilex asprella
Ilex bidens C.Y.Wu ex Y.R.Li 双齿冬青
Ilex bioritsensis Hay.刺叶冬青
Ilex bioritsensis var. *ciliospinosa* (Loes.) Comb.=Ilex ciliospinosa
Ilex bioritsensis var. *integra* Comb.=Ilex dipyrena
Ilex brachyphylla (Hand.-Mazz.) S.Y.Hu 短叶冬青
Ilex buergeri Miq.短梗冬青
Ilex buergeri var. *glabra* Loes.=Ilex ficoidea
Ilex buergeri var. *subpuberula* (Miq.) Loes.=Ilex buergeri
Ilex burfordii S.R.Howell.=Ilex cornuta
Ilex buxifolia Hance=Ilex hanceana
Ilex buxoides S.Y.Hu 黄杨冬青
Ilex campionii Loes.(新拉汉英 1996)= Ilex championii
Ilex capitella Pierre=Ilex godajam
Ilex cauliflora H.W.Li ex Y.R.Li 茎花冬青
Ilex centrochinensis S.Y.Hu 华中枸骨
Ilex chamaebuxus C.Y.Wu ex Y.R.Li 矮杨梅冬青
Ilex championii Loes.凹叶冬青
Ilex chapaensis Merr.沙坝冬青
Ilex chartaceifolia C.Y.Wu ex Y.R.Li 纸叶冬青
Ilex chartaceifolia var. chartaceifolia=Ilex chartaceifolia
Ilex chartaceifolia var. glabra C.Y.Wu ex Y.R.Li 无毛纸叶冬青
Ilex chengkouensis C.J.Tseng 城口冬青
Ilex cheniana T.R.Dudley 龙陵冬青
Ilex chepaensis Merr.(新拉汉英 1996)=Ilex chapaensis
Ilex chieniana S.Y.Hu=Ilex dunniana
Ilex chinensis Sims 冬青
Ilex chingiana Hu & Tang 苗山冬青
Ilex chingiana var. *puberula* S.Y.Hu=Ilex chingiana
Ilex chowii S.Y.Hu=Ilex editicostata
Ilex chuniana S.Y.Hu 铁仔冬青
Ilex ciliospinosa Loes.纤细枸骨
Ilex cinerea Champ.(Groff in Lingnan Sci.Bull.1930)=Ilex subficoidea
Ilex cinerea Champ.(Maxim.in Mém.Acad.St.Pétersb.1881)=Ilex ficoidea
Ilex cinerea Champ.灰冬青
Ilex cinerea var. *faberi* Loes.=Ilex cinerea
Ilex cinerea var. Merr.=Ilex nuculicava
Ilex cleyeroides Hay.=Ilex cochinchinensis
Ilex cochinchinensis (Lour.) Loes.越南冬青
Ilex confertiflora Merr.密花冬青
Ilex confertiflora var. confertiflora=Ilex confertiflora
Ilex confertiflora var. kwangsiensis S.Y.Hu 广西密花冬青
Ilex congesta H.w.Li ex Y.R.Li=Ilex cheniana
Ilex coralina Franch.珊瑚冬青
Ilex coralina var. aberrans Hand.-Mazz.刺叶珊瑚冬青
Ilex coralina var. coralina=Ilex coralina
Ilex coralina var. macrocarpa S.Y.Hu 大果珊瑚冬青
Ilex coralina var. pubescens S.Y.Hu 毛枝珊瑚冬青
Ilex corallina Franch.(Anon in Not.Bot.Gard.Edinb.1929)=Ilex wangiana
Ilex corallina Franch.(Anon in Notes Bot.Gard.Edinb.1924)=Ilex forrestii
Ilex corallina Franch.(Rehd.in J.Arn.Arb.1933)=Ilex dunniana
Ilex corallina Franch.(S.Y.Hu in J.Arn.Arb.1950,p.p.)=Ilex coralina var. aberrans
Ilex corallina var. burfordii De France 枸骨猫儿刺
Ilex corallina var. *loeseneri* Lévl.=Ilex coralina
Ilex corallina var. *wangiana* (S.Y.Hu) Y.R.Li=Ilex wangiana
Ilex cornuta Lindl. & Paxt.枸骨
Ilex cornuta f. *burfordii* (DeFrance) Rehd.=Ilex cornuta
Ilex cornuta f. *gaetana* Loes.=Ilex cornuta
Ilex cornuta f. *typica* Loes.=Ilex cornuta
Ilex cornuta var. *burfordii* DeFrance=Ilex cornuta
Ilex cornuta var. *fortunei* (Lindl.) S.Y.Hu=Ilex cornuta
Ilex costata Bl. ex Miq.=Ilex macropoda
Ilex crenata Thunb.(Ito & Matsum in J.Coll.Sci.Tokyo 1900)=Ilex maximowicziana
Ilex crenata Thunb.齿叶冬青
Ilex crenata f. crenata=Ilex crenata
Ilex crenata f. longipedunculata S.Y.Hu 长梗齿叶冬青
Ilex crenata f. multicrenata (C.J.Tseng) S.K.Chen 多齿钝齿冬青
Ilex crenata var. *kanehirai* Yamamoto=Ilex triflora var. kanehirai
Ilex crenata var. *multicrenata* C.J.Tseng=Ilex crenata f. Multicrenata
Ilex crenata var. *scoriarum* W.W.Sm.=Ilex szechwanensis
Ilex crenata var. *scoriatum* Yamamoto=Ilex maximowicziana
Ilex crenata var. *typica* f. *genuina* Loes.=Ilex crenata
Ilex crenata var. *typica* f. *kusnetzoffii* Loes.=Ilex crenata
Ilex cupreonitens C.Y.Wu ex Y.R.Li 铜光冬青
Ilex cyrtura Merr.弯尾冬青
Ilex dabieshanensis K.Yao & M.P.Deng 大别山冬青
Ilex daphniphylloides Kurz=Nyssa javanica
Ilex dasyclada C.Y.Wu ex Y.R.Li 毛枝冬青
Ilex dasyphylla Merr.黄毛冬青
Ilex dasyphylla var. *lichuanensis* S.Y.Hu=Ilex hirsuta
Ilex debaoensis C.J.Tseng=Ilex suaveolens
Ilex dehongensis S.K.Chen & Y.X.Feng 德宏冬青
Ilex delavayi Franch.(Anon.in Notes Bot.Gard.Edinb.1930)=Ilex delavayi var. combriana
Ilex delavayi Franch.陷脉冬青
Ilex delavayi var. comberiana S.Y.Hu 丽江陷脉冬青
Ilex delavayi var. delavayi=Ilex delavayi
Ilex delavayi var. exalta Comb.高山陷脉冬青

Ilex delavayi var. linearifolia S.Y.Hu 线叶陷脉冬青
Ilex delavayi var. muliensis Fang & Z.M.Tan 木里陷脉冬青
Ilex denticulata Wall.细齿冬青
Ilex dentonii Hort. ex Loud.=Ilex dipyrena
Ilex dianguiensis C.J.Tseng 滇贵冬青
Ilex dicarpa Y.R.Li 双果冬青
Ilex diplosperma S.Y.Hu=Ilex bioritsensis
Ilex dipyrena Wall.双核枸骨
Ilex dipyrena var. *connexiva* W.W.Sm.=Ilex dipyrena
Ilex dipyrena var. *leptacantha* Loes.=Ilex centrochinensis
Ilex dipyrena var. *paucispinosa* Loes.=Ilex dipyrena
Ilex dolichopoda Merr. & Chun 长柄冬青
Ilex doniana DC.=Ilex excelsa
Ilex dubia var. *hupehensis* Loes.(Hand.-Mazz.Symb.Sin.1933) =Ilex aculeolata
Ilex dubia var. *hupehensis* Loes.(p.p.)=Ilex macrocarpa
Ilex dubia var. *hupehensis* Loes.(p.p.)=Ilex macropoda
Ilex dubia var. *macropoda* (Miq.) Loes.=Ilex macropoda
Ilex dubia var. *pseudomacropoda* Loes.=Ilex macropoda
Ilex dunniana Lévl.龙里冬青
Ilex editicostata Hu & Tang 显脉冬青
Ilex editicostata var. *chowii* (S.Y.Hu) S.Y.Hu(p.p.)=Ilex editicostata
Ilex editicostata var. *chowii* (S.Y.Hu) S.Y.Hu(p.p.)=Ilex robusta
Ilex editicostata var. *litseaefolia* (Hu & Tang) S.Y.Hu=Ilex litseaefolia
Ilex elliptica D.Don=Ilex excelsa
Ilex elliptica Sieb. ex Miq.=Ilex crenata
Ilex elmerrilliana S.Y.Hu 厚叶冬青
Ilex emarginata Thunb.=Eurya emarginata
Ilex estriata C.J.Tseng 平核冬青
Ilex euryoides C.J.Tseng 柃叶冬青
Ilex excelsa (Wall.) HK.f.高冬青
Ilex excelsa var. excelsa=Ilex excelsa
Ilex excelsa var. hypotricha (Loes.) S.Y.Hu 毛背高冬青
Ilex exsulca Wall.=Ilex excelsa
Ilex fabrilis Loes.(Merr. & Chun in Sunyats.1940)=Ilex godajam
Ilex fangii (Rehd.) S.Y.Hu=Ilex dunniana
Ilex fargesii Franch.狭叶冬青
Ilex fargesii var. angustifolia C.Y.chang 线叶冬青
Ilex fargesii var. *bodinieri* Loes.=Ilex metabaptista var. myrsinoides
Ilex fargesii var. fargesii=Ilex fargesii
Ilex fargesii var. *megalophylla* Loes.=Ilex fargesii
Ilex fengqingensis C.Y.Wu ex Y.R.Li 凤庆冬青
Ilex ferruginea Hand.-Mazz.锈毛冬青
Ilex ficifolia C.J.Tseng ex S.K.Chen & Y.X.Feng 硬叶冬青
Ilex ficifolia C.J.Tseng=Ilex ficifolia
Ilex ficifolia f. daiyunshanensis C.J.Tseng 毛硬叶冬青
Ilex ficifolia var. ficifolia=Ilex ficifolia
Ilex ficoidea Hemsl.(Rehd.in J.Arn.Arb.1933)=Ilex buergeri
Ilex ficoidea Hemsl.(S.Y.Hu in J.Arn.Arb.1953,p.p.)=Ilex arisanensis
Ilex ficoidea Hemsl.榕叶冬青
Ilex ficoidea var. *brachyphylla* Hand.-Mazz.=Ilex brachyphylla
Ilex flaveo-mollissima Metc.=Ilex dasyphylla
Ilex fleuryana Tardieu=Ilex triflora
Ilex formosana Maxim.台湾冬青
Ilex formosana var. formosana=Ilex formosana
Ilex formosana var. macropyrena S.Y.Hu 大核台湾冬青
Ilex formosana var. *ruijinensis* C.J.Tseng=Ilex formosana
Ilex fornosae (Loes.) Li=Ilex uraiensis
Ilex forrestii Comb.滇西冬青
Ilex forrestii var. forrestii=Ilex forrestii
Ilex forrestii var. glabra S.Y.Hu 无毛滇西冬青
Ilex fortunei Lindl.=Ilex cornuta
Ilex fragilis HK.f.薄叶冬青
Ilex fragilis f. fragilis=Ilex fragilis
Ilex fragilis f. kingii Loes.毛薄叶冬青
Ilex fragilis f. *subcoriacea* C.J.Tseng=Ilex fragilis
Ilex franchetiana Loes.(Comb.in Notes Bot.Gard.Edinb.1933,p.p.)=Ilex melanotricha
Ilex franchetiana Loes.(S.Y.Hu in J.Arn.Arb.1950,p.p.)=Ilex gracilis
Ilex franchetiana Loes.康定冬青
Ilex franchetiana var. frachetiana=Ilex franchetiana
Ilex franchetiana var. parvifolia S.Y.Hu 小叶康定冬青
Ilex fukienensis S.Y.Hu 福建冬青
Ilex fukienensis f. fukienensis=Ilex fukienensis
Ilex fukienensis f. puberula C.J.Tseng 毛枝福建冬青
Ilex furcata Lindl.=Ilex cornuta
Ilex geniculata Maxim.膝曲冬青
Ilex gentilis Franch. ex Loes.=Ilex yunnanensis var. gentilis
Ilex georgei Comber 长叶枸骨
Ilex georgyi var. *rugosa* Comb.=Ilex perryana
Ilex gingtungensis H.W.Li ex Y.R.Li 景东冬青
Ilex glomerata King 团花冬青
Ilex glomeratiflora Hay.(Yamamoto in Suppl.Ic.Pl.Form.1925)=Ilex uraiensis
Ilex godajam (Colebr. ex Wall.) Wall.伞花冬青
Ilex godajam var. *capitella* (Pierre) Loes.=Ilex godajam
Ilex godajam var. *genuina* Kurz=Ilex godajam
Ilex godajam var. *sulcata* (Wall.) Kurz=Ilex umbellulata
Ilex goshiensis Hay.海岛冬青
Ilex graciliflora Champ.纤花冬青
Ilex gracilipes Merr.=Ilex asprella
Ilex gracilis C.J.Tseng 纤枝冬青
Ilex griffithii HK.f.=Ilex triflora
Ilex guangnanensis C.J.Tseng ex Y.R.Li 广南冬青
Ilex guizhouensis C.J.Tseng 贵州冬青
Ilex hainanensis Merr.海南冬青
Ilex hakkuensis Yamamoto=Ilex lonicerifolia
Ilex hanceana Maxim.(Hay.Ic.Pl.Form.1913)=Ilex goshiensis
Ilex hanceana Maxim.(Kanehira in Form.Trees 1917)=Ilex hayataiana
Ilex hanceana Maxim.(Merr. & Chun in Sunyats.1934)=Ilex liangii
Ilex hanceana Maxim.青茶香
Ilex hanceana f. *goshiensis* Yamamoto=Ilex goshiensis
Ilex hanceana f. *rotundata* Makino ex Yamamoto=Ilex goshiensis
Ilex hanceana var. *anhweiensis* Loes. ex Rehd.=Ilex lohfauensis
Ilex hanceana var. *lohfauensis* (Merr.) Chun=Ilex lohfauensis
Ilex hanceana var. *rotundata* Makino ex Yamamoto=Ilex goshiensis
Ilex hayataiana Loes.早田氏冬青
Ilex henryi Loes.=Ilex macrocarpa
Ilex heterophylla G.Don=Osmanthus heterophyllus
Ilex hirsuta C.J.Tseng=Ilex hirsuta
Ilex hirsuta J.H.Tseng ex S.K.Cheng & Y.X.Feng 硬毛冬青
Ilex hirsuticarpa Tard.-Blot=Ilex pubilimba
Ilex hookeri King 贡山冬青
Ilex horsfieldii Miq.=Ilex triflora
Ilex howii Merr. & Chun ex Tanaka & Odashima=Ilex chapaensis
Ilex huiana C.J.Tseng ex S.K.Chen & Y.X.Feng 秀英冬青
Ilex huiana C.J.Tseng=Ilex huiana
Ilex hylonoma Hu & Tang 细刺枸骨
Ilex hylonoma var. glabra S.Y.Hu 光叶细刺枸骨
Ilex hylonoma var. hylonoma=Ilex hylonoma
Ilex hypotricha Loes.=Ilex excelsa var. hypotricha
Ilex impressivena Yamamoto=Ilex pedunculosa
Ilex integra Thunb.全缘冬青
Ilex intermedia Loes. ex Diels 中型冬青
Ilex intermedia Loes.(峨眉图志 1946)=Ilex hylonoma
Ilex intermedia var. *fangii* (Rehd.) S.Y.Hu=Ilex dunniana
Ilex intricata HK.f.(Hand.-Mazz.in Symb.Sin.1933,p.p.)=Ilex rockii
Ilex intricata HK.f.(Merr.in Brittonia 1941,p.p.)=Ilex nothofagifolia
Ilex intricata HK.f.错枝冬青
Ilex intricata f. *macrophylla* Comb.=Ilex intricata
Ilex intricata var. *oblata* W.E.Evans=Ilex nothofagifolia
Ilex japonica Thunb.=Mahonia japonica
Ilex jiaolingensis C.J.Tseng 蕉岭冬青
Ilex jinggangshanensis C.J.Tseng=Ilex chinensis
Ilex jinyunensis Z.M.Tan 缙云冬青
Ilex jiuwanshanensis C.J.Tseng 九万山冬青
Ilex kanehirai (Yamamoto) Koidz.=Ilex triflora var. kanehirai
Ilex kanehirai var. *glabra* Kanehira=Ilex triflora var. kanehirai
Ilex kaushue S.Y.Hu 扣树
Ilex kelungensis Loes.=Ilex formosana
Ilex kengii S.Y.Hu 皱柄冬青
Ilex kengii f. *tiantangshanensis* C.J.Tseng=Ilex kengii
Ilex kiangsiensis (S.Y.Hu) C.J.Tseng & B.W.Liu 江西满树星
Ilex kobuskiana S.Y.Hu 凸脉冬青

Ilex kosunensis Yamamoto=Ilex rotunda
Ilex kudingcha C.J.Tseng=Ilex kaushue
Ilex kunmingensis H.W.Li ex Y.R.Li 昆明冬青
Ilex kunmingensis var. capitata Y.R.Li 头状昆明冬青
Ilex kunmingensis var. kunmingensis=Ilex kunmingensis
Ilex kusanoi Hay.兰屿冬青
Ilex kwangtungensis Merr.(S.Y.Hu in J.Arn.Arb.1949,p.p.)=Ilex latifrons
Ilex kwangtungensis Merr.广东冬青
Ilex kwangtungensis var. *pilosior* Hand.-Mazz.=Ilex kwangtungensis
Ilex kwangtungensis var. *pilosissima* Hand.-Mazz.(p.p.)=Ilex kwangtungensis
Ilex kwangtungensis var. *pilosissima* Hand.-Mazz.(p.p.)=Ilex latifrons
Ilex laevigata Bl. ex Miq.=Ilex rotunda
Ilex lanceolata Chiang=Ilex formosana
Ilex lancilimba Merr.剑叶冬青
Ilex latifolia Thunb.大叶冬青
Ilex latifolia f. *puberula* Fang & Z.M.Tan=Ilex kaushue
Ilex latifolia var. *fangii* Rehd.=Ilex dunniana
Ilex latifolia var. *subrugosa* (Loes.) Hu & Tang(p.p.)=Ilex dunniana
Ilex latifolia var. *subrugosa* (Loes.) Hu & Tang(p.p.)=Ilex subrugosa
Ilex latifrons Chun 阔叶冬青
Ilex latifrons var. *pilosissima* (Hand.-Mazz.) Chun=Ilex latifrons
Ilex lepta Spreng.=Evodia lepta
Ilex leptophylla Fang & Z.M.Tang=Ilex triflora
Ilex liana S.Y.Hu 毛核冬青
Ilex liangii S.Y.Hu 保亭冬青
Ilex lihuaensis T.R.Dudley 溪畔冬青
Ilex limii C.J.Tseng 汝昌冬青
Ilex litseaefolia Hu & Tang 木姜冬青
Ilex liukiuensis Loes.=Ilex uraiensis
Ilex lobbiana Rolf.=Ilex triflora
Ilex lohfauensis Merr.矮冬青
Ilex longecaudata Comb.长尾冬青
Ilex longecaudata var. glabra S.Y.Hu 无毛长尾冬青
Ilex longecaudata var. longecaudata=Ilex longecaudata
Ilex longzhouensis C.J.Tseng 龙州冬青
Ilex lonicerifolia Hay.忍冬叶冬青
Ilex lonicerifolia var. *hakkuensis* (Yamamoto) S.Y.Hu=Ilex lonicerifolia
Ilex lonicerifolia var. lonicerifolia=Ilex lonicerifolia
Ilex lonicerifolia var. matsudai Yamamoto 松田氏冬青
Ilex lucida Bl. ex Miq.=Ilex chinensis
Ilex ludianensis S.C.Huang ex Y.R.Li 鲁甸冬青
Ilex lupingsanensis Chiang=Ilex suzukii
Ilex machilifolia H.W.Li ex Y.R.Li 楠叶冬青
Ilex maclurei Merr.长圆叶冬青
Ilex macrocarpa Oliv.大果冬青
Ilex macrocarpa var. *brevipedunculata* S.Y.Hu=Ilex macrocarpa
Ilex macrocarpa var. *genuina* Loes.=Ilex macrocarpa
Ilex macrocarpa var. longipedunculata S.Y.Hu 长梗冬青
Ilex macrocarpa var. macrocarpa=Ilex macrocarpa
Ilex macrocarpa var. reevesae (S.Y.Hu) S.Y.Hu 柔毛冬青
Ilex macrocarpa var. *trichophylla* Loes.=Ilex macrocarpa
Ilex macrophylla Bl.=Ilex latifolia
Ilex macropoda Miq.大柄冬青
Ilex macrostigma C.Y.Wu ex Y.R.Li 大柱头冬青
Ilex malabarica var. *sinica* Loes.=Ilex sinica
Ilex mamillata C.Y.Wu ex C.J.Tseng 乳头冬青
Ilex mamillata C.Y.Wu ex Y.R.Li=Ilex wuiana
Ilex manneiensis S.Y.Hu 红河冬青
Ilex manneiensis var. *glabra* C.Y.Wu ex Y.R.Li=Ilex manneiensis
Ilex marlipoensis H.W.Li ex Y.R.Li 麻栗坡冬青
Ilex matsudai Yamamoto=Ilex lonicerifolia var. matsudai
Ilex maximowicziana Loes.(台湾志 1933,p.p.)=Ilex triflora var. kanehirai
Ilex maximowicziana Loes.倒卵叶冬青
Ilex medongensis Y.R.Li 墨脱冬青
Ilex megistocarpa Merr.=Ilex chapaensis
Ilex melanophylla H.T.Chang 黑叶冬青
Ilex melanotricha Merr.黑毛冬青
Ilex memecylifolia Champ. ex Benth.谷木叶冬青
Ilex memecylifolia var. *nummularifolia* Champ. ex Benth.=Ilex championii
Ilex memecylifolia var. *oblongifolia* Champ.=Ilex memecylifolia
Ilex memecylifolia var. *plana* Loes.=Ilex wilsonii
Ilex merrillii Briq.=Ilex asprella
Ilex mertensii var. *formosae* Loes.=Ilex uraiensis
Ilex metabaptista Loes. ex Diels 河滩冬青
Ilex metabaptista var. metabaptista=Ilex metabaptista
Ilex metabaptista var. myrsinoides (Lévl.) Rehd.紫金牛叶冬青
Ilex microcarpa Lindl. ex Paxt.=Ilex rotunda
Ilex micrococca Maxim.(峨眉图志 1940,p.p.)=Ilex micrococca f. Pilosa
Ilex micrococca Maxim.小果冬青
Ilex micrococca f. micrococca=Ilex micrococca
Ilex micrococca f. pilosa S.Y.Hu 毛梗冬青
Ilex micrococca var. *longifolia* Hay.=Ilex micrococca
Ilex micrococca var. *polyneura* Hand.-Mazz.=Ilex polyneura
Ilex micropyrena C.Y.Wu ex Y.R.Li 小核冬青
Ilex miguensis S.Y.Hu 米谷冬青
Ilex monopyrena Watt. ex Loes.=Ilex dipyrena
Ilex montana var. *hupehensis* Fern.=Ilex macrocarpa
Ilex montana var. *macropoda* (Miq.) Fern.=Ilex macropoda
Ilex morii Yamamoto=Ilex pedunculosa
Ilex mutchagara Makino(Kaneh.in Forms.Trees 1936)=Ilex formosana
Ilex nanchuanensis Z.M.Tan 南川冬青
Ilex nanningensis Hand.-Mazz.南宁冬青
Ilex nepalensis Spreng.=Ilex excelsa
Ilex nilagirica Miq. ex HK.f.=Ilex denticulata
Ilex ningdeensis C.J.Tseng 宁德冬青
Ilex nitidissima C.J.Tseng 亮叶冬青
Ilex nokoensis Hay.=Symplocos nokoensis
Ilex nothofagifolia Ward.小圆叶冬青
Ilex nubicola C.Y.Wu ex Y.R.Li 云中冬青
Ilex nuculicava S.Y.Hu 洼皮冬青
Ilex nuculicava var. auctumnalis S.Y.Hu 秋花洼皮冬青
Ilex nuculicava var. *brevipedicellata* S.Y.Hu=Ilex nuculicava
Ilex nuculicava var. glabra S.Y.Hu 光枝洼皮冬青
Ilex nuculicava var. nuculicava=Ilex nuculicava
Ilex oblata (Evans) Comb.=Ilex nothofagifolia
Ilex oblata Comber (Chun in Sunyats.1940)=Ilex subcrenata
Ilex oblonga C.J.Tseng 长圆果冬青
Ilex occulta C.J.Tseng 粤桂冬青
Ilex odorata Buch.-Ham.(Anon in Notes Bot.Gard.Edinb.1929)=Ilex forrestii
Ilex odorata var. *tephrophylla* Loes.(Comb.in Notes Bot.Gard.Edinb.1933) =Ilex forrestii
Ilex odorata var. *tephrophylla* Loes.=Ilex tetramera
Ilex oldhami Miq.=Ilex chinensis
Ilex oligadenia Merr. & Chun=Ilex cochinchinensis
Ilex oligodonta Merr. & Chun 疏齿冬青
Ilex omeiensis Hu & Tang 峨眉冬青
Ilex omeiensis S.Y.Hu=Ilex omeiensis
Ilex opienensis S.Y.Hu=Ilex fragilis f. kingii
Ilex orixa Spreng.=Orixa japonica
Ilex othera Spreng.=Ilex integra
Ilex paraguariensis 巴拉圭茶
Ilex parvifolia Hay.=Ilex yunnanensis var. parvifolia
Ilex pedunculosa Miq.(Merr. & Chun in Sunyats.1935)=Ilex sterrophylla
Ilex pedunculosa Miq.具柄冬青
Ilex pedunculosa f. *continentalis* Loes. ex Diels=Ilex pedunculosa
Ilex pedunculosa f. *genuina* Loes.=Ilex pedunculosa
Ilex pedunculosa var. continentalis Loes.长轴冬青
Ilex pedunculosa var. *taiwanensis* S.Y.Hu=Ilex sugerokii var. brevipedunculata
Ilex peiradena S.Y.Hu 上思冬青
Ilex pentagona S.K.Chen,Y.X.Feng & C.F.Liang 五棱苦丁茶
Ilex perlata C.Chen & S.C.Huang ex Y.R.Li 巨叶冬青
Ilex pernyi Franch.(Loes in Sarg.Pl.Wils.1911,p.p.)=Ilex georgei
Ilex pernyi Franch.(Marq.in J.L.Soc.Bot.1929)=Ilex perryana
Ilex pernyi Franch.=Ilex perryana
Ilex pernyi Franch.猫儿刺
Ilex pernyi var. Anon.=Ilex perryana
Ilex pernyi var. *manipurensis* Loes.=Ilex georgei
Ilex pernyi var. *veitchii* Bean=Ilex bioritsensis
Ilex perryana S.Y.Hu 皱叶冬青

Ilex phaneroplebia Merr.=Ilex kwangtungensis
Ilex pingheensis C.J.Tseng 平和冬青
Ilex pingnanensis S.Y.Hu 平南冬青
Ilex polyneura (Hand.-Mazz.) S.Y.Hu 多脉冬青
Ilex polyneura var. *glabra* S.Y.Hu=Ilex polyneura
Ilex polypyrena C.J.Tseng & B.W.Liu 多核冬青
Ilex poneantha Koidz.=Ilex kusanoi
Ilex pseudomachilifolia C.Y.Wu ex Y.R.Li 假楠叶冬青
Ilex pubescens HK. & Arn.毛冬青
Ilex pubescens var. kwangsiensis Hand.-Mazz.广西毛冬青
Ilex pubescens var. pubescens=Ilex pubescens
Ilex pubigera (C.Y.Wu ex Y.R.Li) S.K.Chen & Y.X.Feng 有毛冬青
Ilex pubilimba Merr. & Chun 毛叶冬青
Ilex punctatilimba C.Y.Wu ex Y.R.Li 点叶冬青
Ilex purpurea Hassk.(Hand.-Mazz.in Symb.Sin.1933,p.p.)=Ilex suaveolens
Ilex purpurea Hassk.=Ilex chinensis
Ilex purpurea var. *leveilleana* Loes.=Ilex pedunculosa
Ilex purpurea var. *oldhami* (Miq.) Loes. ex Diles=Ilex chinensis
Ilex purpurea var. *pubigera* C.Y.Wu ex Y.R.Li=Ilex pubigera
Ilex purpurea var. umbratica Loes.耐荫冬青
Ilex pyrifolia C.J.Tseng 梨叶冬青
Ilex qianlingshanensis C.J.Tseng 黔灵山冬青
Ilex qingyuanensis C.Z.Zheng 庆元冬青
Ilex racemosa Oliv.=Perrottetia racemosa
Ilex rarasanensis Sasaki 拉拉山冬青
Ilex reevesae S.Y.Hu=Ilex macrocarpa var. reevesae
Ilex reevesae S.Y.Hu 柔毛冬青
Ilex reticulata C.J.Tseng 网脉冬青
Ilex retusifolia S.Y.Hu 微凹冬青
Ilex revoluta Tam 卷边冬青
Ilex rhamnifolia Merr.=Ilex aculeolata
Ilex rivularis Y.K.Li=Ilex lihuaensis
Ilex robusta C.J.Tseng 粗枝冬青
Ilex robustinervosa C.J.Tseng ex S.K.Chen & Y.X.Feng 粗脉冬青
Ilex robustinervosa C.J.Tseng=Ilex robustinervosa
Ilex rockii S.Y.Hu 高山冬青
Ilex rotunda Thunb.(D.Don in Prodr.Fl.Nep.1825)=Ilex excelsa
Ilex rotunda Thunb.plur.=Ilex godajam
Ilex rotunda Thunb.铁冬青
Ilex rotunda var. *hainanica* Loes.(p.p.)=Ilex hainanensis
Ilex rotunda var. *hainanica* Loes.(p.p.)=Ilex rotunda
Ilex rotunda var. *microcarpa* (Lindl. ex Paxt.) S.Y.Hu=Ilex rotunda
Ilex rotunda var. *piligera* Loes.=Ilex rotunda
Ilex salicina Hand.-Mazz.柳叶冬青
Ilex sasakii Yamamoto=Ilex rotunda
Ilex saxicola C.J.Tseng & H.H.Liu 石生冬青
Ilex scoriatulum Koidz.=Ilex maximowicziana
Ilex serrata Thunb.落霜红
Ilex serrata var. *sieboldi* (Miq.) Rehd.=Ilex serrata
Ilex serrata var. *subtilis* (Miq.) Yatabe=Ilex serrata
Ilex shennongjiaensis T.R.Dudley 神农架冬青
Ilex shimeica Tam 石枚冬青
Ilex shweliensis Comb.=Ilex kwangtungensis
Ilex sieboldi Miq.=Ilex serrata
Ilex sikkimensis Kurz 锡金冬青
Ilex sikkimensis var. *coccinea* Comb.=Ilex sikkimensis
Ilex sinica (Loes.) S.Y.Hu 中华冬青
Ilex sterrophylla Merr. & Chun 华南冬青
Ilex stewardii S.Y.Hu 黔桂冬青
Ilex strigilosa T.R.Dudley 粗毛冬青
Ilex suaveolens (Lévl.) Loes.香冬青
Ilex suaveolens var. *brevipetiola* W.S.Wu & Y.X.Luo=Ilex ficifolia
Ilex suaveolens var. *sterrophylla* (Merr. & Chun) Chang=Ilex sterrophylla
Ilex subcoriacea Z.M.Tan 薄革叶冬青
Ilex subcrenata S.Y.Hu 拟钝齿冬青
Ilex subficoidea S.Y.Hu 拟榕叶冬青
Ilex sublongecaudata C.J.Tseng & S.Liu ex Y.R.Li 拟长尾冬青
Ilex subodorata S.Y.Hu 微香冬青
Ilex subpuberula Miq.=Ilex buergeri
Ilex subrugosa Loes.异齿冬青
Ilex subtilis Miq.=Ilex serrata
Ilex sugerokii Maxim.(Hara in Bot.Mag.Tokyo 1936)=Ilex sugerokii var. brevipedunculata
Ilex sugerokii Maxim.太平山冬青
Ilex sugerokii f. *brevipedunculata* (Maxim.) Hu (Loes in Nov.Act.Acad. Caes.Leop.-Carol.Nat.Cur.1901)=Ilex yunnanensis
Ilex sugerokii f. *brevipedunculata* Maxim.=Ilex sugerokii var. brevipedunculata
Ilex sugerokii f. *longipedunculata* Maxim.=Ilex sugerokii
Ilex sugerokii subsp. *brevipedunculata* Makino=Ilex sugerokii var. brevipedunculata
Ilex sugerokii subsp. *longipedunculata* (Maxim.) Makino=Ilex sugerokii
Ilex sugerokii var. brevipedunculata (Maxim.) S.Y.Hu 短梗太平山冬青
Ilex sugerokii var. sugerokii=Ilex sugerokii
Ilex suichangensis C.Z.Zheng 遂昌冬青
Ilex sulcata Wall.=Ilex umbellulata
Ilex suzukii S.Y.Hu 铃木冬青
Ilex symplocona Chun 山矾冬青
Ilex synpyrena C.J.Tseng 合核冬青
Ilex syzygiophylla C.J.Tseng ex S.K.Chen & Y.X.Feng 蒲桃叶冬青
Ilex syzygiophylla C.J.Tseng=Ilex syzygiophylla
Ilex szechwanenis f. *villosa* Fang & Z.M.Tan=Ilex triflora
Ilex szechwanensis Loes.四川冬青
Ilex szechwanensis f. *calva* Loes. ex Diels=Ilex szechwanensis
Ilex szechwanensis f. *puberula* Loes.=Ilex szechwanensis
Ilex szechwanensis S.Y.Hu (p.p.)=Ilex szechwanensis var. mollissima
Ilex szechwanensis var. *heterophylla* C.Y.Wu ex Y.R.Li=Ilex szechwanensis
Ilex szechwanensis var. huiana T.R.Dudley 桂南四川冬青
Ilex szechwanensis var. mollissima C.Y.Wu ex Y.R.Li 毛叶川冬青
Ilex szechwanensis var. *scoriarum* (W.W.Sm.) C.Y.Wu=Ilex szechwanensis
Ilex szechwanensis var. szechwanensis=Ilex szechwanensis
Ilex taisanensis Hay.=Ilex sugerokii var. brevipedunculata
Ilex taiwanensis (S.Y.Hu) Li=Ilex sugerokii var. brevipedunculata
Ilex taiwaniana Hay.=Ilex kusanoi
Ilex tarajo Hort.=Ilex latifolia
Ilex tenuis C.J.Tseng 薄核冬青
Ilex tephrophylla (Loes.) S.Y.Hu=Ilex tetramera
Ilex tephrophylla var. *glabra* C.Y.Wu ex Y.R.Li=Ilex tetramera var. glabra
Ilex terago Anon.=Ilex latifolia
Ilex tetramera (Rehd.) C.J.Tseng 灰叶冬青
Ilex tetramera (Rehd.) H.Y.Zou=Ilex tetramera
Ilex tetramera var. glabra (C.Y.Wu ex Y.R.Li) T.R.Dudley 无毛灰叶冬青
Ilex tetramera var. tetramera=Ilex tetramera
Ilex theicarpa Hand.-Mazz.=Ilex triflora
Ilex trichocarpa H.W.Li ex Y.R.Li 毛果冬青
Ilex trichoclata Hay.=Ilex pubescens
Ilex triflora Bl.三花冬青
Ilex triflora var. *horsfieldii* (Miq.) Loes.=Ilex triflora
Ilex triflora var. *javensis* Loes.=Ilex triflora
Ilex triflora var. kanehirai (Yamamoto) S.Y.Hu 钝头冬青
Ilex triflora var. *kurziana* Loes.=Ilex triflora
Ilex triflora var. *lobbiana* (Rolfe) Loes.=Ilex triflora
Ilex triflora var. triflora=Ilex triflora
Ilex triflora var. *viridis* (Champ. ex Benth.) Loes.=Ilex viridis
Ilex triflora var. *viridis* Loes.(Comber in Notes Bot.Gard.Edinb.1933)= Ilex szechwanensis
Ilex tsangii S.Y.Hu 细枝冬青
Ilex tsangii var. guangxiensis T.R.Dudley 瑶山细枝冬青
Ilex tsangii var. tsangii=Ilex tsangii
Ilex tsiangiana C.J.Tseng 蒋英冬青
Ilex tsoii Merr. & Chun 紫果冬青
Ilex tsoii var. guangxiensis T.R.Dudley 广西紫果冬青
Ilex tsoii var. tsoii=Ilex tsoii
Ilex tugitakayamensis Sasaki 雪山冬青
Ilex tutcheri Merr.罗浮冬青
Ilex umbellulata (Wall.) Loes.伞序冬青
Ilex umbellulata Loes.(Merr.in Lingnan.Sci.J.1928)=Ilex godajam
Ilex umbellulata var. *megalophylla* Loes.=Ilex umbellulata
Ilex unicanalicula C.J.Tseng=Ilex rotunda
Ilex uraiensis Mori & Yamamoto 乌来冬青
Ilex uraiensis var. *formosae* (Loes.) S.Y.Hu=Ilex uraiensis

Ilex uraiensis var. *macrophylla* S.Y.Hu=Ilex uraiensis
Ilex veitchii Veitch=Ilex bioritsensis
Ilex venosa C.Y.Wu ex Y.R.Li 细脉冬青
Ilex venulosa HK.f.微脉冬青
Ilex venulosa var. simplifrons S.Y.Hu 短梗微脉冬青
Ilex venulosa var. venulosa=Ilex venulosa
Ilex verisimilis Chun ex C.J.Tseng ex S.K.Chen & Y.X.Feng 湿生冬青
Ilex verisimilis Chun ex C.J.Tseng=Ilex verisimilis
Ilex viridis Champ. ex Benth.绿冬青
Ilex viridis var. *brevipedicellata* Z.M.Tan=Ilex triflora
Ilex wangiana S.Y.Hu 假枝冬青
Ilex warburgii Loes.=Ilex ficoidea
Ilex wardii Merr.滇缅冬青
Ilex wattii Loes.假香冬青
Ilex wenchowensis S.Y.Hu 温州冬青
Ilex wilsonii Loes.(Hand.-Mazz.in Symb.Sin.1933,p.p.)=Ilex wilsonii var. handel-mazzettii
Ilex wilsonii Loes.(Merr.in Lingnan.Sci.J.1934,p.p.)=Ilex oligodonta
Ilex wilsonii Loes.尾叶冬青
Ilex wilsonii var. handel-mazzettii T.R.Dudley 武风尾叶冬青
Ilex wilsonii var. wilsonii=Ilex wilsonii
Ilex wugonshanensis C.J.Tseng ex S.K.Chen & Y.X.Feng 武功山冬青
Ilex wugonshanensis C.J.Tseng=Ilex wugonshanensis
Ilex wuiana T.R.Dudley 征镒冬青
Ilex xiaojinensis Y.Q.Wang & P.Y.Chen 小金冬青
Ilex xizangensis Y.R.Li 西藏冬青
Ilex xylosmaefolia C.Y.Wu ex Y.R.Li=Ilex longzhouensis
Ilex yangchunensis C.J.Tseng 阳春冬青
Ilex yuiana S.Y.Hu 独龙冬青
Ilex yunnanensis Franch.云南冬青
Ilex yunnanensis var. *brevipedunculata* S.Y.Hu=Ilex yunnanensis
Ilex yunnanensis var. *eciliata* S.Y.Hu=Ilex yunnanensis
Ilex yunnanensis var. gentilis Loes. ex Diels 高贵云南冬青
Ilex yunnanensis var. parvifolia (Hay.) S.Y.Hu 小叶云南冬青
Ilex yunnanensis var. paucidentata S.Y.Hu 硬叶云南冬青
Ilex yunnanensis var. yunnaensis=Ilex yunnanensis
Ilex zhejiangensis C.J.Tseng ex S.K.Chen & Y.X.Feng 浙江枸骨
Ilex zhejiangensis C.J.Tseng=Ilex zhejiangensis
Iljinia Korov **戈壁藜属**(藜科)
Iljinia Iljina regelii (Bge.) Korov.戈壁藜
Illecebrum monsoniae L.f. =Trichurus monsoniae
Illecebrum sessile L.=Alternanthera sessilis
Illicium L.**八角属**(木兰科)
Illicium angustisepalum A.C.Smith 大屿八角
Illicium anisatum L.(Hay.in J.Coll.Tokyo 1980)=Illicium tashiroi
Illicium anisatum L.日本莽草
Illicium anisatum var. *leucanthum* Hay.=Illicium philippinense
Illicium arborescens Hay.台湾八角
Illicium arborescens var. *oblongum* Hay.=Illicium philippinense
Illicium brevistylum A.C.Smith 短柱八角
Illicium burmanicum Wils.(Merr.in Brittonia 1941,p.p.)=Illicium wardii
Illicium burmanicum Wils.中国八角
Illicium cambodianum Hance (Groff in Lingnaam Agr.Rev.1923)=Illicium oligandrum
Illicium cambodianum Hance (Merr.in Brittonia 1941)=Illicium merrillianum
Illicium cavaleriei Lévl.=Illicium majus
Illicium daibuense Yamamoto=Illicium philippinense
Illicium difengpi B.N.Chang et al.地枫皮
Illicium dunnianum Tutch.红花八角
Illicium fargesii Finet & Gagn.=Illicium simonsii
Illicium griffithii HK.f. & Thoms. ex Walp.=Illicium griffithi
Illicium griffithii HK.f. & Thoms.(Finet & Gagn.in Bull.Bot.France 1905)=Illicium lanceolatum
Illicium griffithii HK.f. & Thoms.(Tanaka & Odashima in J.Soc.Trop. Agr.Taihoku 1938)=Illicium ternstroemioide
Illicium griffithii HK.f. & Thoms.西藏八角
Illicium griffithii Hookf. & Thoms.(Dunn & Tutch.in Kew Bull.Misc.Inf. Add.1912)=Illicium leiophyllum
Illicium griffthii var. *yunnanense* Franch.=Illicium simonsii
Illicium grittithii HK.f. & Thoms.(Rehd.in J.Arn.Arb.1936)=Illicium majus
Illicium henryi Deils (Rehd. & Wils.in J.Arn.Arb.1927)=Illicium lanceolatum
Illicium henryi Diels (Merr.in Lingnan Sci.J.1934)=Illicium tsangii
Illicium henryi Diels 红茴香
Illicium henryi var. *multistamineum* A.C.Smith=Illicium henryi
Illicium henryi var. *typicum* A.C.Smith=Illicium henryi
Illicium henryi var. yunnanensis A.C.Sm.白五味子
Illicium jiadifengpi B.N.Chang(福建志 1985)=Illicium minwanense
Illicium jiadifengpi B.N.Chang 假地枫皮
Illicium jiadifengpi var. baishanense B.N.Chang & S.Hu 百山祖八角
Illicium jiadifengpi var. jiadifengpi=Illicium jiadifengpi
Illicium jiadifengpi var. szechuanense (Cheng) Law & B.N.Chang 四川八角
Illicium lanceolatum A.C.Smith 红毒茴
Illicium leiophyllum A.C.Smith 平滑叶八角
Illicium leucanthun Hay.=Illicium philippinense
Illicium macranthum A.C.Smith(分类学报 1977)=Illicium jiadifengpi
Illicium macranthum A.C.Smith 大花八角
Illicium maius HK.f. & Thoms.=Illicium majus
Illicium majus HK.f. & Thoms.(A.C.Sm.in Sargentia 1947,p.p.)=Illicium jiadifengpi
Illicium majus HK.f. & Thoms.大八角
Illicium merrillianum A.C.Smith 滇西八角
Illicium micranthum Dunn (Lévl. in Fl.Kouy-Tchéou 1914)=Illicium dunnianum
Illicium micranthum Dunn (Merr.in Univ.Calif. Publ.Bot.1926)=Illicium petelotii
Illicium micranthum Dunn 小花八角
Illicium minwanense B.N.Chang & S.D.Zhang 闽皖八角
Illicium modestum A.C.Smith 滇南八角
Illicium oligandrum Merr. & Chun 少药八角
Illicium oliganthum Merr. & Chun ex Merr.=Illicium oligandrum
Illicium pachyphyllum A.C.Smith 短梗八角
Illicium petelotii A.C.Smith 少果八角
Illicium philippinense Merr.白花八角
Illicium randaiense Hay.=Illicium tashiroi
Illicium religiosum S. & Z.(Forbes & Hemsl.in J.L.Soc.Bot.1886)= Illicium verum
Illicium sanki Perr.=Illicium verum
Illicium silvestrii Pavolini=Illicium henryi
Illicium simonsii Maxim.野八角
*Illicium sp.*Groff. =Illicium ternstroemioides
Illicium spathulatum Y.C.Wu=Illicium majus
Illicium szechuanense (Sphalm.Szechuanensis) Cheng=Illicium jiadifengpi var. szechuanense
Illicium tashiroi Maxim.峦大八角
Illicium ternstroemioides A.C.Smith 厚皮香八角
Illicium tsaii A.C.Smith 文山八角
Illicium tsangii A.C.Smith 粤中八角
Illicium verum HK.f.八角茴香
Illicium wangii Hu=Illicium micranthum
Illicium wardii A.C.Smith 贡山八角
Illicium yunanense Franch. ex Finet & Gagn.=Illicium simonsii
Illigera Bl.**青藤属**(莲叶桐科)
Illigera appendiculata Bl.(C.B.Clarke) King=Illigera trifoliata
Illigera appendiculata Bl.(King in J.Asiat.Soc.Beng.1897,p.p.)=Illigera parviflora
Illigera appendiculata Bl.(Kurz.in For.Fl.Burma 1877)=Illigera trifoliata
Illigera appendiculata Bl.(Vidal in Cat.Pl.Prov.Manila 1830)=Illigera luzonensis
Illigera brevistaminata Y.R.Li 短蕊青藤
Illigera celebica Miq.宽药青藤
Illigera cordata Dunn=Illigera cordata var. mollissima
Illigera cordata Dunn 心叶青藤
Illigera cordata var. cordata=Illigera cordata
Illigera cordata var. mollissima (W.W.Sm.) Kubitzki 多毛青藤
Illigera corysadenia Meissn.=Illigera trifoliata
Illigera cucullata Merr.=Illigera trifoliata subsp. cucullata
Illigera dubia Spanoghe (F.-Vitl.in Nov.App.1880)=Illigera luzonensis
Illigera dunniana Lévl.=Illigera rhodantha var. dunniana
Illigera fordii Gagn.=Illigera rhodantha var. dunniana

Illigera glabra Y.R.Li 无毛青藤
Illigera glandulosa Gagn.=Illigera rhodantha var. dunniana
Illigera grandiflora W.W.Sm. & J.F.Jeff.大花青藤
Illigera grandiflora var. grandiflora=Illigera grandiflora
Illigera grandiflora var. microcarpa C.Y.Wu 小果青藤
Illigera grandiflora var. pubescens Y.R.Li 柔毛青藤
Illigera henryi W.W.Sm.蒙自青藤
Illigera khasiana C.B.Clarke 披针叶青藤
Illigera kurzii C.B.Clarke=Illigera trifoliata
Illigera lucida Teysm. & Binn.(Hend.in Gard.Bull.1926)=Illigera parviflora
Illigera luzonensis (Presl) Merr.台湾青藤
Illigera meyeniana Kunth ex Walp.=Illigera luzonensis
Illigera mollissima W.W.Sm.=Illigera cordata var. mollissima
Illigera nervosa Merr.显脉青藤
Illigera orbiculata C.Y.Wu 圆叶青藤
Illigera ovatifolia Quisumb. & Merr.=Illigera celebica
Illigera parviflora Dunn 小花青藤
Illigera petelotii Merr.=Illigera rhodantha
Illigera platyandra Dunn=Illigera celebica
Illigera pseudoparviflora Y.R.Li 尾叶青藤
Illigera pubescens Merr.=Illigera luzonensis
Illigera rhodantha Hance (Dunn in J.L.Soc.Bot.1908,p.p.)=Illigera rhodantha var. dunniana
Illigera rhodantha Hance 红花青藤
Illigera rhodantha var. angustifoliolata Y.R.Li 狭叶青藤
Illigera rhodantha var. *dunniana* (Lévl.) Kubitzki (p.p.)=Illigera rhodantha var. orbiculata
Illigera rhodantha var. dunniana (Lévl.) Kubitzki 锈毛青藤
Illigera rhodantha var. orbiculata Y.R.Li 圆翅青藤
Illigera ternata (Blanco) Dunn=Illigera luzonensis
Illigera trifoliata (C.B.Clarke) Dunn=Illigera trifoliata
Illigera trifoliata (Griff.) Dunn 三叶青藤
Illigera trifoliata subsp. cucullata (Merr.) Kubitzki 兜状青藤
Illigera trifoliata subsp. trifoliata=Illigera trifoliata
Illigera villosa f. *subglabra* Kubitzki=Illigera grandiflora
Illigera yaoshanensis Hao=Illigera celebica
Illipe butyracea (Roxb.) Engl.=Diploknema butyracea
Illipe tonkinensis Pierre ex Lec.=Madhuca pasquieri
Ilocania Merr.=**Diplocyclos**
Ilocania pedata Merr.=Diplocyclos palmatus
Ilysanthes Rafin.=**Lindernia**
Ilysanthes antipoda (L.) Merr.=Lindernia antipoda
Ilysanthes ciliata (Colsm.) O.Ktze.(广州志 1956)=Lindernia ruellioides
Ilysanthes hyssopioides (L.) Benth.=Lindernia hyssopioides
Ilysanthes ruellioides (Colsm.) Ktze.=Lindernia ruellioides
Ilysanthes serrata (Roxb.) Urban=Lindernia ciliata
Ilysanthes tenuifolia (Colsm.) Urban=Lindernia tenuifolia
Impatiens L.**凤仙花属**(凤仙花科)
Impatiens abbatis HK.f.神父凤仙花
Impatiens acaulis Arn.无茎凤仙花
Impatiens acuminata Benth.渐尖凤仙花
Impatiens alpicola Y.L.Chen & Y.Q.Lu 太子凤仙花
Impatiens amabilis HK.f.迷人凤仙花
Impatiens amphorata Edgew.酒瓶凤仙花
Impatiens amplexicaulis Edgew.抱茎凤仙花
Impatiens angustiflora HK.f.狭花凤仙花
Impatiens anhuiensis Y.L.Chen 安徽凤仙花
Impatiens apalophylla HK.f.大叶凤仙花
Impatiens appendiculata Arn.有附属体凤仙花
Impatiens apsotis HK.f.川西凤仙花
Impatiens aquatilis HK.f.水凤仙花
Impatiens arctosepala HK.f. 紧萼凤仙花
Impatiens arguta HK.f. & Thoms.锐齿凤仙花
Impatiens arguta var. *bulleyana* HK.f.=Impatiens arguta
Impatiens arnottii Thwaites 阿氏凤仙花
Impatiens atherosepala HK.f.芒萼凤仙花
Impatiens aureliana HK.f.缅甸凤仙花
Impatiens auriculata Wight 耳状凤仙花
Impatiens bachii Lévl.马红凤仙花
Impatiens bahanensis Hand.-Mazz.白汉洛凤仙花
Impatiens balansae HK.f.大苞凤仙花
Impatiens ballardi Bedd.巴拉德凤仙花(新)
Impatiens balsamina L.凤仙花
Impatiens barbata Comber 髯毛凤仙花
Impatiens beddomei HK.f.白氏凤仙花
Impatiens begonifolia S.Akiyama & H.Ohba 秋海棠叶凤仙花
Impatiens bella HK.f. & Thoms.美凤仙花
Impatiens bellula HK.f.美丽凤仙花
Impatiens bicornuta Wall.双角凤仙花
Impatiens blepharosepala Pritz. ex Diels (浙江志 1993)=Impatiens neglecta
Impatiens blepharosepala Pritz. ex Diels 睫毛萼凤仙花
Impatiens blinii Lévl.东川凤仙花
Impatiens bodinieri HK.f. 包氏凤仙花
Impatiens brachycentra Kar. & Kir.短距凤仙花
Impatiens bracteata Coleb.睫苞凤仙花
Impatiens brevipes HK.f.短柄凤仙花
Impatiens campanulata Wight 钟形凤仙花
Impatiens capillipes HK.f. & Thoms.柄毛凤仙花(新)
Impatiens cathcartii HK.f.卡氏凤仙花
Impatiens centiflora Lévl.=Impatiens radiata
Impatiens ceratophora Comber 具角凤仙花
Impatiens chekiangensis Y.L.Chen 浙江凤仙花
Impatiens chimiliensis Comber 高黎贡山凤仙花
Impatiens chinensis L.华凤仙
Impatiens chishuiensis Y.X.Xiong 赤水凤仙花
Impatiens chiulungensis Y.L.Chen 九龙凤仙花
Impatiens chlorosepala Hand.-Mazz.绿萼凤仙花
Impatiens chloroxantha Y.L.Chen 淡黄绿凤仙花
Impatiens chungtienensis Y.L.Chen 中甸凤仙花
Impatiens clavicuspis HK.f. ex W.W.Sm.棒尾凤仙花
Impatiens clavicuspis var. brevicuspis Hand.-Mazz.短尖棒尾凤仙花
Impatiens clavicuspis var. clavicuspis=Impatiens clavicuspis
Impatiens claviger HK.f.棒凤仙花
Impatiens columnaris HK.f.柱花凤仙花
Impatiens commellinoides Hand.-Mazz.鸭跖草状凤仙花
Impatiens compta HK.f.顶喙凤仙花
Impatiens conchibracteata Y.L.Chen & Y.Q.Lu 贝苞凤仙花
Impatiens corchorifolia Franch.黄麻叶凤仙花
Impatiens cordata Wight 心形凤仙花
Impatiens cornigera Arn.有角凤仙花
Impatiens cornucopia Franch.叶底花凤仙花
Impatiens cosmia HK.f.=Impatiens chinensis
Impatiens crassicaudex HK.f.粗茎凤仙花
Impatiens crassiloba HK.f.厚裂凤仙花
Impatiens crenata Bedd.圆齿凤仙花
Impatiens crenulata HK.f.细圆齿凤仙花
Impatiens cristata Wall.西藏凤仙花
Impatiens cuonaensis Y.L.Chen 错那凤仙花
Impatiens cyanantha HK.f.蓝花凤仙花
Impatiens cyathiflora HK.f.金凤花
Impatiens cyclosepala HK.f.环萼凤仙花
Impatiens cymbifera HK.f.舟状凤仙花
Impatiens dalxellii Hkf. & Thoms.戴氏凤仙花
Impatiens dasysperma Wight 厚籽凤仙花
Impatiens davidii Franch.牯岭凤仙花
Impatiens delavayi Franch.耳叶凤仙花
Impatiens delavayi var. *subecal-carata* Hand.-Mazz.=Impatiens subecalcarata
Impatiens denisonii Bedd.丹尼森凤仙花
Impatiens depauperata HK.f.贫乏凤仙花
Impatiens desmantha HK.f.束花凤仙花
Impatiens devolii Huang 棣慕华凤仙花
Impatiens diaphana HK.f.透明凤仙花
Impatiens dicentra Franch. ex HK.f.齿萼凤仙花
Impatiens dichroa HK.f.二色凤仙花
Impatiens dichrocarpa Lévl.色果凤仙花?
Impatiens dimorphophylla Franch.异型叶凤仙花

Impatiens discolor Wall.异色凤仙花
Impatiens distracta HK.f. 散生凤仙花
Impatiens divaricata Franch.叉开凤仙花
Impatiens diversifolia Wall.异叶凤仙花
Impatiens dolichoceras Pritz. ex Diels 长距凤仙花
Impatiens drepanophora HK.f.镰萼凤仙花
Impatiens duclouxii HK.f.滇南凤仙花
Impatiens edgeworthii HK.f.埃氏凤仙花
Impatiens elegans Bedd.优雅凤仙花
Impatiens elongata Arn.伸长凤仙花
Impatiens epilobioides Y.L.Chen 柳叶菜状凤仙花
Impatiens eramosa Tutch. ex Chun 英德凤仙花?
Impatiens ernstii HK.f.川滇凤仙花
Impatiens exiguiflora HK.f.鄂西凤仙花
Impatiens exilipes HK.f.红花凤仙
Impatiens extensifolia HK.f.展叶凤仙花
Impatiens faberi HK.f.华丽凤仙花
Impatiens falcifer HK.f.镰瓣凤仙花
Impatiens fanjingshanica Y.L.Chen 梵净山凤仙花
Impatiens fargesii HK.f.川鄂凤仙花
Impatiens fenghwaiana Y.L.Chen 封怀凤仙花
Impatiens fimbriata HK.=Impatiens bracteata
Impatiens fissicornis Maxim.裂距凤仙花
Impatiens flaccida Arn.萎软凤仙花
Impatiens flavida HK.f. & Thoms.黄凤仙花
Impatiens forrestii HK.f. ex W.W.Sm.滇西凤仙花
Impatiens fragicolor Marq. & Airy-Shaw 草莓凤仙花
Impatiens fruticosa DC.灌木状凤仙花
Impatiens furcillata Hemsl.东北凤仙花
Impatiens gagei HK.f.=Impatiens arguta
Impatiens gagnepainii HK.f. ex Lévl.=Impatiens aquatilis
Impatiens ganpiuana HK.f.平坝凤仙花
Impatiens gardneriana Wight 贾氏凤仙花
Impatiens gasterocheila HK.f.腹唇凤仙花
Impatiens gigantea Edgew.=Impatiens sulcata
Impatiens glandulifera Arn.有腺凤仙花
Impatiens glauca HK.f. & Thoms 粉绿凤仙花
Impatiens gongshanensis Y.L.Chen 贡山凤仙花
Impatiens goughii Wight 古氏凤仙花
Impatiens gracilipes HK.f.细梗凤仙花
Impatiens grandis Heyne 大凤仙花
Impatiens griffithii HK.f. & Thoms.格氏凤仙花
Impatiens guizhouensis Y.L.Chen 贵州凤仙花
Impatiens hainanensis Y.L.Chen 海南凤仙花
Impatiens hancockii C.H.Wright 滇东南凤仙花
Impatiens henanensis Y.L.Chen 中州凤仙花
Impatiens hengduanensis Y.L.Chen 横断山凤仙花
Impatiens henryi Pritz. ex Diels 心萼凤仙花
Impatiens heterosepala S.Y.Wang 异萼凤仙花
Impatiens holocentra Hand.-Mazz.同距凤仙花
Impatiens holstii Engl.=Impatiens wallerana
Impatiens hongkongensis C.Grey-Wilson 海港凤仙花
Impatiens hookeriana Arn.虎克凤仙花
Impatiens hookeriana Lévl.=Impatiens lemeei
Impatiens hunanensis Y.L.Chen 湖南凤仙花
Impatiens imbecilla HK.f. 纤袅凤仙花
Impatiens inconspicua Benth.不显著凤仙花
Impatiens infirma HK.f.脆弱凤仙花
Impatiens insignis DC.明显凤仙花
Impatiens japonica Franch. & Sav.=Impatiens textori
Impatiens jerdoniae Wight 弱氏凤仙花
Impatiens jinggangensis Y.L.Chen 井冈山凤仙花
Impatiens jiulongshanica Y.L.Xu & Y.L.Chen 九龙山凤仙花
Impatiens jurpioides Shimizu=Impatiens duclouxii
Impatiens kleinii W. & A.克林凤仙花
Impatiens labordei HK.f.高坡凤仙花
Impatiens lacinulifera Y.L.Chen 撕裂萼凤仙花
Impatiens lasiophyton HK.f.毛凤仙花
Impatiens latebracteata HK.f.阔苞凤仙花
Impatiens lateristachys Y.L.Chen & Y.Q.Lu 侧穗凤仙花
Impatiens latiflora L.宽花凤仙花
Impatiens latifolia L.宽叶凤仙花
Impatiens lawii HK.f. & Thoms.劳氏凤仙花
Impatiens laxiflora Edgew.=Impatiens racemosa
Impatiens laxiflora Edgew.疏花凤仙花
Impatiens lecomtei HK.f.滇西北凤仙花
Impatiens lemeei Lévl.荞麦地凤仙花
Impatiens lepida HK.f.具鳞凤仙花
Impatiens leptocaulon HK.f.细柄凤仙花
Impatiens leptoceras DC.细角凤仙花
Impatiens leptopoda Arn.细脚凤仙花
Impatiens leschenaultii Wall.莱氏凤仙花
Impatiens leucantha Thw.白花凤仙花
Impatiens leveillei HK.f.羊坪凤仙花
Impatiens ligulata Bedd.有舌凤仙花
Impatiens lilacina HK.f.丁香色凤仙花
Impatiens linearis Arn.线形凤仙花
Impatiens lingzhiensis Y.L.Chen 林芝凤仙花
Impatiens linocentra Hand.-Mazz. 秦岭凤仙花
Impatiens longialata Pritz. ex Diels 长翼凤仙花
Impatiens longicornuta Y.L.Chen 长角凤仙花
Impatiens longipes HK.f. & Thoms.长梗凤仙花
Impatiens loulanensis HK.f.路南凤仙花
Impatiens lucida Heyne 光泽凤仙花
Impatiens lucorum HK.f.林生凤仙花
Impatiens macrovexilla Y.L.Chen 大旗瓣凤仙花
Impatiens maculata Wighit 斑点凤仙花
Impatiens mairei Lévl.岔河凤仙花?
Impatiens margaritifera HK.f.无距凤仙花
Impatiens margaritifera var. humilis Y.L.Chen 矮小无距凤仙花
Impatiens margaritifera var. margaritifera=Impatiens margaritifera
Impatiens margaritifera var. purpurascens Y.L.Chen 紫花无距凤仙花
Impatiens martinii HK.f.齿苞凤仙花
Impatiens medogensis Y.L.Chen 墨脱凤仙花
Impatiens membranifolia Franch.膜叶凤仙花
Impatiens mengtzeana HK.f.蒙自凤仙花
Impatiens menslowiana Arn.门氏凤仙花
Impatiens meyana HK.f.梅氏凤仙花
Impatiens micranthemum Edgew.=Impatiens laxiflora
Impatiens microcentra Hand.-Mazz.小距凤仙花
Impatiens microsciadia HK.f.=Impatiens racemosa
Impatiens microstachys HK.f. 小穗凤仙花
Impatiens minimisepala HK.f.微萼凤仙花
Impatiens modesta Wight 适度凤仙花
Impatiens monticola HK.f.山地凤仙花
Impatiens morsei HK.f.龙州凤仙花
Impatiens muliensis Y.L.Chen 木里凤仙花
Impatiens munronii Wight 蒙氏凤仙花
Impatiens mussoti HK.f.慕索凤仙花
Impatiens musyana HK.f.越南凤仙花
Impatiens mysorensis Roth.卖索尔凤仙花
Impatiens napoensis Y.L.Chen 那坡凤仙花
Impatiens nasuta HK.f.大鼻凤仙花
Impatiens neglecta Y.L.Xu & Y.L.Chen 浙皖凤仙花
Impatiens nobilis HK.f.高贵凤仙花
Impatiens nolitangere L.水金凤
Impatiens notolophora Maxim.西固凤仙花
Impatiens nubigena W.W.Sm.高山凤仙花
Impatiens nyimana Marq. & Airy-Shaw 米林凤仙花
Impatiens obesa HK.f.丰满凤仙花
Impatiens odontopetala Maxim.齿瓣凤仙花
Impatiens odontophylla HK.f.齿叶凤仙花
Impatiens oligoneura HK.f.少脉凤仙花
Impatiens omeiana HK.f.峨眉凤仙花
Impatiens oppositifolia L.对叶凤仙花

Impatiens orchioides Bedd.兰状凤仙花
Impatiens oxyanthera HK.f.红雉凤仙花
Impatiens paludosa HK.f.沼泽凤仙花
Impatiens paradoxa C.S.Chu & H.W.Yang 奇形凤仙花
Impatiens parishii HK.f.巴利式凤仙花
Impatiens parviflora DC.小花凤仙花
Impatiens parviflora var. *typica* Trautv.=Impatiens parviflora
Impatiens parvifolia Bedd.小叶凤仙花
Impatiens pendula Heyne 悬垂凤仙花
Impatiens phoenicea Bedd.紫红凤仙花
Impatiens pinetorum HK.f. ex W.W.Sm.松林凤仙花
Impatiens pinfanensis HK.f.块节凤仙花
Impatiens platyceras Maxim.宽距凤仙花
Impatiens platychlaena HK.f.紫萼凤仙花
Impatiens platysepala Y.L.Chen 阔萼凤仙花
Impatiens plebeja Hemsl.=Impatiens tubulosa
Impatiens poculifer HK.f.罗平凤仙花
Impatiens polyceras HK.f. ex W.W.Sm.多角凤仙花
Impatiens polyneura K.M.Liu 多脉凤仙花
Impatiens porrecta Wall.外伸凤仙花
Impatiens potaninii Maxim.陇南凤仙花
Impatiens praetermisa HK.f.=Impatiens scabrida
Impatiens principis HK.f.澜沧凤仙花
Impatiens pritzelii HK.f.湖北凤仙花
Impatiens pritzelii var. *hupehensis* HK.f.=Impatiens pritzelii
Impatiens procumbens Franch.平卧凤仙花
Impatiens pseudo-kingii Hand.-Mazz.直距凤仙花
Impatiens pterosepala HK.f.翼萼凤仙花
Impatiens puberula DC.柔毛凤仙花
Impatiens pudica HK.f.羞怯凤仙花
Impatiens pulcherima Dalz.极美凤仙花(新)
Impatiens pulchra HK.f. & Thoms.好看凤仙花
Impatiens puncrata Franch. ex HK.f.=Impatiens stenosepala
Impatiens purpurea Hand.-Mazz.紫花凤仙花
Impatiens racemosa DC.总状凤仙花
Impatiens racemosa var. ecalcarata HK.f.无距总状凤仙花
Impatiens racemosa var. racemosa=Impatiens racemosa
Impatiens racemosa Wall.=Impatiens radiata
Impatiens racemulosa Wall.小总序凤仙花
Impatiens radiata HK.f.辐射凤仙花
Impatiens radicans Benth.生根凤仙花
Impatiens rectangula Hand.-Mazz.直角凤仙花
Impatiens rectirostrata Y.L.Chen & Y.Q.Lu 直喙凤仙花
Impatiens recurvicornis Maxim.弯距凤仙花
Impatiens repens Moon 匍茎凤仙花(新)
Impatiens reptans HK.f.匍匐凤仙花
Impatiens reticulata Wall.网脉凤仙花
Impatiens rhombifolia Y.Q.Lu & Y.L.Chen 菱叶凤仙花
Impatiens rivalis Wight 溪岸凤仙花
Impatiens robusta HK.f.粗壮凤仙花
Impatiens rolylei Walp.罗氏凤仙花
Impatiens rostellata Franch.短喙凤仙花
Impatiens rubro-striata HK.f.红纹凤仙花
Impatiens ruiliensis S.Akiyama & H.Ohba 瑞丽凤仙花
Impatiens salicifolia HK.f. & Thoms.柳叶凤仙花
Impatiens scabrida DC.糙毛凤仙花
Impatiens scabriuscula Heyne 粗糙凤仙花
Impatiens scapiflora Heyne 葶花凤仙花
Impatiens scutisepala HK.f.盾萼凤仙花
Impatiens serrata Benth. ex HK.f. & Thoms.藏南凤仙花
Impatiens serrulata HK.f.=Impatiens serrata
Impatiens setosa HK.f. & Thoms 刚毛凤仙花
Impatiens siculifer HK.f.黄金凤
Impatiens siculifer var. mitis Lingesh. & Borza 雅致黄金凤
Impatiens siculifer var. porphyrea HK.f.紫花黄金凤
Impatiens siculifer var. siculifer=Impatiens siculifer
Impatiens sigmoidea HK.f.斯格玛凤仙花
Impatiens silvestrii Pamp.建始凤仙花?
Impatiens soulieana HK.f.康定凤仙花
Impatiens spathulata Y.X.Xiong 匙叶凤仙花
Impatiens spirifer HK.f.螺旋凤仙花?
Impatiens stenantha HK.f.窄花凤仙花
Impatiens stenosepala Pritz. ex Diels 窄萼凤仙花
Impatiens stenosepala var. parviflora Pritz. ex Diels 小花窄萼凤仙花
Impatiens stenosepala var. stenosepala=Impatiens stenosepala
Impatiens stocksii HK.f. & Thoms.斯托克凤仙花
Impatiens subcordata Arn.亚心形凤仙花
Impatiens subecalcarata (Hand.-Mazz.) Y.L.Chen 近无距凤仙花
Impatiens suichangensis Y.L.Xu & Y.L.Chen 遂昌凤仙花
Impatiens sulcata Wall.槽茎凤仙花
Impatiens sultanii HK.f.=Impatiens wallerana
Impatiens sutchuanensis Franch. ex HK.f.四川凤仙花
Impatiens taishunensis Y.L.Chen & Y.L.Xu 泰顺凤仙花
Impatiens taliensis Lingesh & Borza 大理凤仙花
Impatiens tangachee Bedd.唐加祺凤仙花
Impatiens taronensis Hand.-Mazz.独龙凤仙花
Impatiens tayemonii Hay.关雾凤仙花
Impatiens tenella Heyne 柔弱凤仙花
Impatiens tenerrima Y.L.Chen 柔茎凤仙花
Impatiens tenuibracteata Y.L.Chen 膜苞凤仙花
Impatiens textori Miq.野凤仙花
Impatiens thiochroa Hand.-Mazz.硫色凤仙花
Impatiens thomsonii HK.f.藏西凤仙花
Impatiens tienchuanensis Y.L.Chen 天全凤仙花
Impatiens tienmushanica Y.L.Chen 天目山凤仙花
Impatiens tienmushanica var. longicalcarata Y.L.Xu & Y.L.Chen 长距天目山凤仙花
Impatiens tienmushanica var. tienmushanica=Impatiens tienmushanica
Impatiens tomentella HK.f.微绒毛凤仙花
Impatiens tomentosa Heyne 茸毛凤仙花
Impatiens tongbiguanensis S.Akiyama & H.Ohba 铜壁关凤仙花
Impatiens tongchouenensis Lévl.=Impatiens aquatilis
Impatiens tortisepala HK.f.扭萼凤仙花
Impatiens torulosa HK.f.念珠凤仙花
Impatiens toxophora HK.f.东俄洛凤仙花
Impatiens trichopoda HK.f.毛柄凤仙花
Impatiens trichosepala Y.L.Chen 毛萼凤仙花
Impatiens tricornis Lindl.=Impatiens cristata
Impatiens triflora L.=Hydrocera triflora
Impatiens trigonosepala HK.f.三角萼凤仙花
Impatiens trilobata Coleb.三裂凤仙花
Impatiens tripetala Roxb.三瓣凤仙花
Impatiens tropaeolifolia Griff.旱金莲叶凤仙花
Impatiens truncata Thwaites 截形凤仙花
Impatiens tsangshanensis Y.L.Chen 苍山凤仙花
Impatiens tuberculata HK.f. & Thoms.瘤果凤仙花
Impatiens tubulosa Hemsl.管茎凤仙花
Impatiens tubulosa f. *omeiana* Pritz. ex Diels=Impatiens omeiana
Impatiens tubulosa var. *multiflora* Pritz. ex Diels=Impatiens pritzelii
Impatiens uliginosa Franch.滇水金凤
Impatiens unbellata Heyne 伞形凤仙花
Impatiens uncinata Wight 有钩凤仙花
Impatiens undulata Y.L.Chen & Y.Q.Lu 波缘凤仙花
Impatiens uniflora Hay.单花凤仙花
Impatiens urticifolia Wall.荨麻叶凤仙花
Impatiens usambarensis Grey-Wils.赞比亚凤仙花
Impatiens valbrayana Lévl.=Impatiens desmantha
Impatiens vaniotiana Lévl.巧家凤仙花?
Impatiens verticillata Wight 轮生凤仙花
Impatiens violaeflora HK.f.(分类学报 1978)=Impatiens aurelina
Impatiens viridiflora Wight 绿花凤仙花
Impatiens viscida Wight 黏质凤仙花
Impatiens viscosa Bedd.黏凤仙花
Impatiens vittata Franch.条纹凤仙花
Impatiens waldheimiana HK.f.瓦氏凤仙花
Impatiens walkeri HK.沃克凤仙花

Impatiens wallerana HK.f.苏丹凤仙花
Impatiens weihsiensis Y.L.Chen 维西凤仙花
Impatiens wightiana Bedd.威特凤仙花
Impatiens wilsonii HK.f. 白花凤仙花
Impatiens wilsonii HK.f.白花凤仙花
Impatiens wuyuanensis Y.L.Chen 婺源凤仙花
Impatiens xanthina Comber 金黄凤仙花
Impatiens xanthina var. pusilla Y.L.Chen 细小金黄凤仙花
Impatiens xanthina var. xanthina=Impatiens xanthina
Impatiens xanthocephala W.W.Sm.黄头凤仙花
Impatiens yingjiangensis S.Akiyama & H.Ohba 盈江凤仙花
Impatiens yunnanensis Franch.云南凤仙花
Imperata Cyrillo **白茅属**(禾本科)
Imperata arundinacea Cyr.=Imperata cylindrica
Imperata arundinacea var. *europaea* Anderss.=Imperata cylindrica
Imperata arundinacea var. *genuina* subvar. *europaea* (Anderss.) Hack.=Imperata cylindrica
Imperata arundinacea var. *koenigii* (Retzl.) Benth.=Imperata koenigii
Imperata arundinacea var. *latifolia* HK.f.=Imperata latifolia
Imperata cylindrica (L.) Beauv.白茅
Imperata cylindrica subsp. cylindrica=Imperata cylindrica
Imperata cylindrica subsp. *koenigii* (Retz.) Tzvel.=Imperata koenigii
Imperata cylindrica var. *genuina* (Hack.) A.Camus=Imperata cylindrica
Imperata cylindrica var. *koenigii* (Retz.) Pilger=Imperata koenigii
Imperata cylindrica var. *latifolia* (HK.f.) C.E.Hubb.=Imperata latifolia
Imperata cylindrica var. *major* (Nees) C.E.Hubb.=Imperata koenigii
Imperata cylindrica var. *major* subvar. *koenigii* (Retz.) Benth. ex Dur. & Schinz.=Imperata koenigii
Imperata exaltata Brongn.高升白茅
Imperata flavida Keng ex L.Liu 黄穗茅
Imperata koenigii (Retz.) Beauv.白茅根
Imperata koenigii var. *major* Nees.=Imperata koenigii
Imperata latifolia (HK.f.) L.Liu 宽叶白茅
Imperata sacchariflora Maxim.=Triarrhena sacchariflora
Imperata spontanea (L.) Beauv.=Saccharum spontaneum
Imperata subgen. *Triarrhena* Maxim.=**Triarrhena**
Incarvillea Juss.**角蒿属**(紫葳科)
Incarvillea altissima Forr.高波罗花
Incarvillea arguta (Royle) Royle 两头毛
Incarvillea arguta var. arguta=Incarvillea arguta
Incarvillea arguta var. *daochengensis* Q.S.Zhao=Incarvillea arguta
Incarvillea arguta var. longipedicellata Q.S.Zhao 长梗两头毛
Incarvillea beresowskii Batalin 四川波罗花
Incarvillea bonvaloti Bur. & Franch.=Incarvillea compacta
Incarvillea compacta Maxim.密生波罗花
Incarvillea compacta var. *brevipes* (Sprague) Wehrh.=Incarvillea mairei
Incarvillea compacta var. *grandiflora* Wehrh.=Incarvillea mairei var. grandiflora
Incarvillea delavaryi Bur. & Franch.红波罗花
Incarvillea diffusa Royle=Incarvillea arguta
Incarvillea dissectifoliola Q.S.Zhao 裂叶波罗花
Incarvillea forrestii Fletch.单叶波罗花
Incarvillea grandiflora Bur. & Franch.=Incarvillea mairei var. grandiflora
Incarvillea grandiflora var. *brevipes* Sprague=Incarvillea mairei
Incarvillea longiracemosa Sprague=Incarvillea beresowskii
Incarvillea lutea Bur. & Franch.黄波罗花
Incarvillea lutea subsp. *longiracemosa* (Sprague) Grierson=Incarvillea beresowskii
Incarvillea mairei (Lévl.) Grierson=Incarvillea mairei var. multifoliolata
Incarvillea mairei (Lévl.) Grierson 鸡肉参
Incarvillea mairei var. grandiflora (Wehrh.) Grierson 大花鸡肉参
Incarvillea mairei var. *mairei* f. *multifoliolata* C.Y.Wu & W.C.Yin=Incarvillea mairei var. multifoliolata
Incarvillea mairei var. mairei=Incarvillea mairei
Incarvillea mairei var. multifoliolata (C.Y.Wu & W.C.Yin) C.Y.Wu & W.C.Yin 多小叶鸡肉参
Incarvillea oblongifolia Roxb.=Chirita oblongifolia
Incarvillea potaninii Batalin 聚叶角蒿
Incarvillea principis Bur. & Franch.=Incarvillea lutea
Incarvillea racemosa q.s.zhao=Incarvillea mairei
Incarvillea sinensis Lam.角蒿
Incarvillea sinensis subsp. *variabilis* (Batal.) Griserson=Incarvillea sinensis
Incarvillea sinensis subsp. *variabilis* f. *przewalskii* Griserson=Incarvillea sinensis var. przewalskii
Incarvillea sinensis subsp. *variabilis* f. *variabilis* Grierson=Incarvillea sinensis
Incarvillea sinensis var. przewalskii (Batal.) C.Y.Wu & W.C.Yin 黄花角蒿
Incarvillea sinensis var. sinensis=Incarvillea sinensis
Incarvillea tomentosa (Thunb.) Sprengl.=Paulownia tomentosa
Incarvillea variabilis Batal.=Incarvillea sinensis
Incarvillea variabilis var. *przewalskii* Batal.=Incarvillea sinensis var. przewalskii
Incarvillea wilsonii Sprague=Incarvillea beresowskii
Incarvillea younghushandii Sprague 藏波罗花
Indigofera L.**木蓝属**(豆科)
Indigofera acutipetala Y.Y.Fang & C.Z.Zheng 尖瓣木蓝
Indigofera amblyantha Craib 多花木蓝
Indigofera anil L.=Indigofera suffruticosa
Indigofera argutidens Craib 尖齿木蓝
Indigofera atropurpurea Buch.-Ham. ex Horem.深紫木蓝
Indigofera atropurpurea Buch.-Ham. ex Roxb.=Indigofera atropurpurea
Indigofera balfouriana Craib 丽江木蓝
Indigofera benthamiana Hance=Indigofera zollingeriana
Indigofera bodinieri Lévl.=Indigofera stachyodes
Indigofera bracteata Grah. ex Baker 苞叶木蓝
Indigofera bungeana Walp.(Forb. & Hemsl.in J.L.Soc.Bot.1886,p.p.)=Indigofera pseudotinctoria
Indigofera bungeana Walp.河北木蓝
Indigofera byobiensis Hosokawa 屏东木蓝
Indigofera calcicola Craib.灰岩木蓝
Indigofera canocalyx Gagn.毛萼木蓝
Indigofera capitata Grah.=Crotalaria medicaginea
Indigofera carlesii Craib.苏木蓝
Indigofera cassoides Rottl. ex DC.椭圆叶木蓝
Indigofera caudata Dunn 尾叶木蓝
Indigofera cavaleriei Lévl.=Indigofera atropurpurea
Indigofera chaetodonta Franch.刺齿木蓝
Indigofera chalara Craib=Indigofera decora var. chalara
Indigofera changensis Craib=Indigofera squalida
Indigofera chenii Chien 南京木蓝
Indigofera chuniana Metc.疏花木蓝
Indigofera cinerascens Franch.灰色木蓝
Indigofera cooperi Craib=Indigofera decora var. cooperii
Indigofera craibiana Lévl.=Indigofera reticulata
Indigofera cylindracea Grah. ex Baker 筒果木蓝?
Indigofera daochengensis Y.Y.Fang & C.Z.Zheng 稻城木蓝
Indigofera decora Lindl.庭藤
Indigofera decora var. chalara (Craib) Y.Y.Fang & C.Z.Zheng 光山木蓝
Indigofera decora var. cooperii (Craib) Y.Y.Fang & C.Z.Zheng 宁波木蓝
Indigofera decora var. decora=Indigofera decora
Indigofera decora var. ichangensis (Craib.) Y.Y.Fang & C.Z.Zheng 宜昌木蓝
Indigofera delavayi Franch.滇木蓝
Indigofera densifructa Y.Y.Fang & C.Z.Zheng 密果木蓝
Indigofera dichroa Craib 川西木蓝
Indigofera dielsiana Craib=Indigofera balfouriana
Indigofera dolichochaeta Craib 长齿木蓝
Indigofera dousa var. *stachyodes* (Lindl.) Lévl.=Indigofera stachyodes
Indigofera dousa var. *tomentosa* (Grah.) Baker=Indigofera stachyodes
Indigofera duclouxii Craib=Indigofera pampaniniana
Indigofera dumetorum Craib 黄叶木蓝
Indigofera echinata Willd.=Indigofera nummularifolia
Indigofera elliptica Roxb.=Indigofera cassoides
Indigofera emarginata Y.Y.Fang & C.Z.Zheng 凹叶木蓝
Indigofera enneaphylla L.=Indigofera linnaei
Indigofera esquirolii Lévl.黔南木蓝
Indigofera faberii Craib=Indigofera decora var. ichangensis
Indigofera formosana Matsum 台湾木蓝?
Indigofera forrestii Craib 苍山木蓝
Indigofera fortunei Craib 华东木蓝
Indigofera galegoides DC.假大青蓝

Indigofera geradiana var. *heterantha* (Wall. ex Brand.) Baker=Indigofera heterantha
Indigofera gikongensis Y.Y.Fang & C.Z.Cheng 鸡公木蓝
Indigofera glabra Chien=Indigofera neoglabra
Indigofera gracilima Tsai & Yü=Indigofera chaetodonta
Indigofera hainanensis Tsai & Yü 海南木蓝
Indigofera hancockii Craib 绢毛木蓝
Indigofera hawellii Craib & W.W.Sm.豪氏木蓝
Indigofera hebepetala Benth. ex Baker 毛瓣木蓝
Indigofera hebepetala f. *glabra* (Ali) Ohashi=Indigofera hebepetala var. glabra
Indigofera hebepetala var. glabra Ali 光叶毛瓣木蓝
Indigofera hebepetala var. hebepetala=Indigofera hebepetala
Indigofera hendecaphylla Jacq.=Indigofera spicata
Indigofera henryi Crauib 长梗木蓝
Indigofera henryi var. *silvarum* Craib=Indigofera henryi
Indigofera heterantha Wall. ex Brand.异花木蓝
Indigofera hirsuta L.硬毛木蓝
Indigofera hosieii Craib 陕甘木蓝
Indigofera howellii Craib & W.W.Sm.长序木蓝
Indigofera ichangensis Craib=Indigofera decora var. ichangensis
Indigofera incarnata f. alba (Sarg.) Rehd.白花庭藤
Indigofera indica Lam.=Indigofera tinctoria
Indigofera jikongensis Y.Y.Fang & C.Z.Zheng 鸡公木蓝
Indigofera jingdongensis Y.Y.Fang & C.Z.Zheng 景东木蓝
Indigofera kirilowii Maxim. ex Palibin 花木蓝
Indigofera kirilowii var. *alba* Q.Z.Han=Indigofera kirilowii
Indigofera laotica Gagn.(Hosokawa in Trans.Nat.Hist.Soc.Formos. 1942)=Indigofera chuniana
Indigofera lenticellata Craib 岷谷木蓝
Indigofera leptosepala Diels=Indigofera argutidens
Indigofera leptostachya DC.=Indigofera cassoides
Indigofera linifolia (L.f.) Retz.单叶木蓝
Indigofera linnaei Ali 九叶木蓝
Indigofera litoralis Chun & T.Chen 滨海木蓝
Indigofera longipedunculata Y.Y.Fang & C.Z.Zheng 长总梗木蓝
Indigofera macrostachya Bge.=Indigofera kirilowii
Indigofera mairei Lévl.=Sophora velutina
Indigofera mairei Pamp.=Indigofera monbeigii
Indigofera mairei var. *proterantha* Pamp.=Indigofera pampaniniana
Indigofera mansuensis Hay.=Indigofera galegoides
Indigofera mekongensis Jess.湄公木蓝
Indigofera melilotoides Hance=Astragalus melilotoides
Indigofera mengtzeana Craib 蒙自木蓝
Indigofera micrantha Bge.=Indigofera bungeana
Indigofera mollis Franch.=Indigofera dolichochaeta
Indigofera monbeigii Craib 西南木蓝
Indigofera muliensis Y.Y.Fang & C.Z.Zheng 木里木蓝
Indigofera myosurus Craib 华西木蓝
Indigofera neoglabra Hu 光叶木蓝
Indigofera nigrescens Kurz ex King & Prain 黑叶木蓝
Indigofera nummularifolia (L.) Livera ex Alston 刺荚木蓝
Indigofera oenotheroides (Lévl.) Lauener=Indigofera squalida
Indigofera pampaniniana Craib 昆明木蓝
Indigofera parkesii Craib 浙江木蓝
Indigofera parkesii var. parkesii=Indigofera parkesii
Indigofera parkesii var. polyphylla Y.Y.Fang & C.Z.Zheng 多叶浙江木蓝
Indigofera pendula Franch.垂序木蓝
Indigofera pendula f. *umbrosa* Craib=Indigofera pendula var. umbrosa
Indigofera pendula var. *angustifolia* Y.Y.Fang & C.Z.Zheng=Indigofera pendula var. umbrosa
Indigofera pendula var. macrophylla Y.Y.Fang & C.Z.Zheng 大叶垂序木蓝
Indigofera pendula var. pendula=Indigofera pendula
Indigofera pendula var. polyphylla Y.Y.Fang & C.Z.Zheng 多叶垂序木蓝
Indigofera pendula var. pubescens Y.Y.Fang & C.Z.Zheng 毛垂序木蓝
Indigofera pendula var. umbrosa (Craib) Y.Y.Fang & C.Z.Zheng 狭叶垂序木蓝
Indigofera penduloides Y.Y.Fang & C.Zheng 拟垂序木蓝
Indigofera polygaloides Gagn.=Indigofera squalida
Indigofera potaninii Craib 甘肃木蓝
Indigofera prostrata (L.) Domin=Indigofera linnaei
Indigofera proterantha (Pamp.) Gagn.=Indigofera pampaniniana
Indigofera pseudotinctoria Matsum.(Chung in Mem.Sci.Soc.China 1924, p.p.)=Indigofera bungeana
Indigofera pseudotinctoria Matsum.马棘
Indigofera pulchella Roxb.(Baker in Fl.Brit.Ind.1876)=Indigofera cassoides
Indigofera ramulosissima Hosokawa 多枝木蓝
Indigofera reticulata Franch.网叶木蓝
Indigofera rigioclada Craib 硬叶木蓝
Indigofera rotundifolia Lour.=Dunbaria rotundifolia
Indigofera scabrida Dunn 腺毛木蓝
Indigofera sensitiva Franch.敏感木蓝
Indigofera sericophylla Franch.丝毛木蓝?
Indigofera silvestrii Pamp.席氏木蓝
Indigofera simaoensis Y.Y.Fang & C.Z.Zheng 思茅木蓝
Indigofera smithiana Peter-Stib.=Indigofera scabrida
Indigofera souliei Craib 康定木蓝
Indigofera spicata Forst.穗序木蓝
Indigofera squalida Prain 远志木蓝
Indigofera stachyoides Lindl.茸毛木蓝
Indigofera sticta Craib 矮木蓝
Indigofera subnuda Craib=Indigofera fortunei
Indigofera subsecunda Gagn.侧花木蓝
Indigofera subunda Craib 裸叶木蓝
Indigofera subverticellata Gagn.轮花木蓝
Indigofera suffruticosa Mill.野青树
Indigofera sumatrana Gaertn.=Indigofera tinctoria
Indigofera sylvestrii Pamp.刺序木蓝
Indigofera szechuensis Craib 四川木蓝
Indigofera tengyuehensis Tsai & Yü 腾冲木蓝
Indigofera teysmanii Miq.=Indigofera zollingeriana
Indigofera tinctoria L.(Forb. & Hemsl.in J.L.Soc.Bot.1886,p.p.)= Indigofera pseudotinctoria
Indigofera tinctoria L.木蓝
Indigofera tomentosa Grah.=Indigofera stachyodes
Indigofera trifoliata L.三叶木蓝
Indigofera tsiangiana Metc.=Indigofera linnaei
Indigofera uncinata Roxb.=Indigofera galegoides
Indigofera vanioti Lévl.(p.p.)=Indigofera szechuensis
Indigofera venulosa Champ. ex Benth.脉叶木蓝
Indigofera violacea Roxb.=Indigofera cassoides
Indigofera wilsonii Craib 大花木蓝
Indigofera zollingeriana Miq.尖叶木蓝
Indocalamus Nakai **箬竹属**(禾本科)
Indocalamus actinotrichus (Merr. & Chun) McClure=Ampelocalamus actinotrichus
Indocalamus andropogonoides Hand.-Mazz.=Yushania andropogonoides
Indocalamus auriculatus (H.R.Zhao & Y.L.Yang) Y.L.Yang 具耳箬竹
Indocalamus barbatus McClure 髯毛箬竹
Indocalamus bashanensis (C.D.Chu & C.S.Chao) H.R.Zhao & Y.L.Yang 巴山箬竹
Indocalamus basihirsutus McClure=Yushania basihirsuta
Indocalamus confusa McClure=Yushania confusa
Indocalamus decorus Q.H.Dai 美丽箬竹
Indocalamus dumetosus (Rendle) Keng f.=Bashania fargesii
Indocalamus emeiensis C.D.Chu & C.S.Chao 峨眉箬竹
Indocalamus fargesii (E.G.Camus) Nakai=Bashania fargesii
Indocalamus guangdongensis H.R.Zhao & Y.L.Yang 广东箬竹
Indocalamus guangdongensis var. guangdongensis=Indocalamus guangdongensis
Indocalamus guangdongensis var. mollis H.R.Zhao & Y.L.Yang 柔毛箬竹
Indocalamus herklotsii McClure 粽巴箬竹
Indocalamus hirsutissimus Z.P.Wang & P.X.Zhang 多毛箬竹
Indocalamus hirsutissimus var. glabrifolius Z.P.Wang & N.X.Ma 光叶箬竹
Indocalamus hirsutissimus var. hirsutissimus=Indocalamus hirsutissimus
Indocalamus hirtivaginatus H.R.Zhao & Y.L.Yang 毛鞘箬竹
Indocalamus hispidus H.R.Zhao & Y.L.Yang 硬毛箬竹
Indocalamus hispidus var. *auriculatus* H.T.Zhao & Y.L.Yang=

Indocalamus auriculatus
Indocalamus hunanensis B.M.Yang 湖南箬竹
Indocalamus lacunosus Wen=Indocalamus latifolius
Indocalamus latifolius (Keng) McClure 阔叶箬竹
Indocalamus longiauritus Hand.-Mazz.箬叶竹
Indocalamus longiauritus var. hengshanensi H.R.Zhao & Y.L.Yang 衡山箬竹
Indocalamus longiauritus var. longiauritus=Indocalamus longiauritus
Indocalamus longiauritus var. semifalcatus H.T.Zhao & Y.L.Yang 半耳箬竹
Indocalamus longiauritus. var. yiyangensis H.R.Zhao & Y.L.Yang 益阳箬竹
Indocalamus mairei (Hack.) McClure=Fargesia mairei
Indocalamus megalothyrsus (Hand.-Mazz.) C.S.Chao & C.D.Chu=Yushania megalothyrsa
Indocalamus migoi (Nakai) Keng f.=Indocalamus latifolius
Indocalamus nanunicus McClure=Pseudosasa nanunica
Indocalamus niitakayamensis (Hay.) Ohki=Yushania niitakayamensis
Indocalamus nubigenus (Keng f.) T.P.Yi=Indocalamus wilsonii
Indocalamus oiwakensis (Hay.) Nakai=Yushania niitakayamensis
Indocalamus pedalis (Keng) Keng f.矮箬竹
Indocalamus pseudosinicus McClure 锦帐竹
Indocalamus pseudosinicus var. densinervillus H.R.Zhao & Y.L.Yang 密脉箬竹
Indocalamus pseudosinicus var. pseudosinicus=Indocalamus pseudosinicus
Indocalamus quadratus H.R.Zhao & Y.L.Yang 方脉箬竹
Indocalamus scariosus McClure=Bashania fargesii
Indocalamus shimenensis B.M.Yang=Indocalamus wilsonii
Indocalamus sinicus (Hance) Nakai 水银竹
Indocalamus solidus C.D.Chu & C.S.Chao=Monocladus saxatilis var. solidus
Indocalamus tessellatus (Munro) Keng f.箬竹
Indocalamus tongchunensis K.F.Huang & Z.L.Dai 同春箬竹
Indocalamus varius (Keng) Keng f 善变箬竹
Indocalamus victorialis Keng f.胜利箬竹
Indocalamus wilsonii (Rendle) C.S.Chao & C.D.Chu 鄂西箬竹
Indocalamus wuxiensis Yi 巫溪箬竹
Indofevillea Chatt.**藏瓜属**(葫芦科)
Indofevillea khasiana Chatt.藏瓜
Indopolysolenia Bennet=**Leptomischus**
Indopolysolenia burmanica Deb & Rout=Leptomischus primuloides
Indosasa McClure **大节竹属**(禾本科)
Indosasa acutiligulata Z.P.Wang & G.H.Ye=Indosasa shibataeoides
Indosasa albo-hispidula Q.H.Dai & Cf.Huang=Indosasa glabrata var. albo-hispidula
Indosasa angustata McClure 甜大节竹
Indosasa chienouensis Wen=Acidosasa chienouensis
Indosasa crassiflora McClure 大节竹
Indosasa gibbosa (McClure) McClure=Indosasa crassiflora
Indosasa gigantea (Wen) Wen 橄榄竹
Indosasa glabrata C.D.Chu & C.S.Chao 算盘竹
Indosasa glabrata var. albo-hispidula (Q.H.Dai & C.F.Huang) C.S.Chao & C.D.Chu 毛算盘竹
Indosasa glabrata var. glabrata=Indosasa glabrata
Indosasa hispida McClure 浦竹仔
Indosasa ingens Hsueh & Yi 粗穗大节竹
Indosasa levigata Z.P.Wang & G.H.Ye=Indosasa shibataeoides
Indosasa lingchuanensis C.D.Chu & C.S.Chao 灵川大节竹?
Indosasa lipoensis C.D.Chu & K.M.Lan 荔波大节竹
Indosasa longiligula Wen=Acidosasa longiligula
Indosasa longispicata W.Y.Hsiung & C.S.Chao 棚竹
Indosasa parvifolia C.S.Chao & Q.H.Dai 小叶大节竹
Indosasa patens C.D.Chu & C.S.Chao 横枝竹
Indosasa purpurea Hsueh & Yi=Acidosasa hirtiflora
Indosasa shibataeoides McClure 摆竹
Indosasa sinica C.D.Chu & C.S.Chao 中华大节竹
Indosasa spogiosa C.S.Chao & B.M.Yang 江华大节竹
Indosasa tinctilimba McClure=Indosasa shibataeoides
Indosasa triangulata Hsueh & Yi 五爪竹?
Inga Mill.**音加属**(豆科)
Inga affinis DC.音加
Inga clypearia Jack=Pithecellobium clypearia
Inga lucidior Steud.=Albizia lucidior
Inga pterocarpa DC.=Peltophorum pterocarpum
Inga timoriana A.DC.=Parkia timoriana
Intsia Thouars **印茄属**(豆科)
Intsia bijuga (Lolbr.) Ktze.印茄
Inula L.**旋覆花属**(菊科)
Inula acaulis Schott. & Kotschy ex Tchihat 无茎旋覆花
Inula ammophila Bge.=Inula salsoloides
Inula appaendiculata Wall.=Pentanema indicum
Inula asperrima Edgew.=Inula nervosa
Inula auriculata Wall.=Pentanema indicum
Inula britanica L.(Pamp.in Nouv.Giorn.Bot.Ital.1911)=Inula japonica
Inula britanica L.欧亚旋覆花
Inula britanica subsp. *lineariifolia* Kitam.=Inula lineariifolia
Inula britanica var. *japonica* (Thunb.) Franch. & Sav.=Inula japonica
Inula britanica var. *lineariifolia* Rgl.=Inula lineariifolia
Inula britanica var. *maximoviczii* Rgl.=Inula lineariifolia
Inula britanica var. *tymiensis* Kudô =Inula britanica
Inula britanica α. *vulgaris* Franch. & Sav.=Inula japonica
Inula caespica Bl.(新拉汉英 1996)=Inula caspica
Inula cappa (Buch.-Ham.) DC.羊耳菊
Inula caspica Bl.里海旋覆花
Inula caspica Ledeb.=Inula caspica
Inula chrysantha Diels=Pulicaria chrysantha
Inula conyza DC.白酒草旋覆花
Inula crithomoides L.冠状旋覆花(新)
Inula cuspidata C.B.Clarke 凸尖羊耳菊?
Inula cuspidata var. *saligna* Franch.=Aster albescens var. salignus
Inula dalzellii Hand.-Mazz.=Pentanema cernuum
Inula dysenterica L.=Pulicaria dysenterica
Inula ensifolia L.细叶旋覆花
Inula eriophora DC.=Inula cappa
Inula esquirolii Lévl.=Inula nervosa
Inula eupatorioides DC.泽兰羊耳菊
Inula exiccata Lévl.=Laggera alata
Inula falconeri HK.f.西藏旋覆花
Inula forrestii Anth.拟羊耳菊
Inula glabra Gilib.=Inula salicina
Inula gnaphaloides Vent.=Pulicaria gnaphaloides
Inula grandiflora Willd.大花旋覆花
Inula grandis Schrenk ex Fish. & Meyu.大叶土木香?
Inula helenium L.土木香
Inula helianthus-aquatica C.Y.Wu & Ling 水朝阳旋覆花
Inula helianthus-aquatica subsp. *hupehensis* Ling=Inula hupehensis
Inula hookeri C.B.Clarke 锈毛旋覆花
Inula hupehensis (Ling) Ling 湖北旋覆花
Inula indica L.=Pentanema indicum
Inula indica var. *hypoleuca* Hand.-Mazz.=Pentanema indicum var. hypoleucum
Inula japonica Thunb.旋覆花
Inula lanuginosa Chang=Synotis cappa
Inula lineariifolia Turcz.线叶旋覆花
Inula macrophylla Kar. & Kir.=Inula grandis
Inula nervosa Wall.显脉旋覆花
Inula nitida Edgew.=Inula nervosa
Inula oblonga Wall. ex DC.=Inula cappa
Inula obtusifolia Kern.钝叶旋覆花?
Inula oculuschristi var. C.B.Clarke=Inula obtusifolia
Inula polycephala Klatt=Inula cuspidata
Inula prostrata Gilib.=Pulicaria prostrata
Inula pseudocappa DC.=Inula cappa
Inula pterocaula Franch.翼茎羊耳菊
Inula pulicaria L.=Pulicaria prostrata
Inula racemosa HK.f.总状土木香
Inula repanda Turcz.=Inula japonica
Inula rhizocephala Schrenk 羊眼花
Inula rhizocephaloides C.B.Clarke 拟羊眼花
Inula royleana C.B.Clarke=Inula racemosa
Inula rubricaulis (DC.) Benth. & HK.f.赤茎羊耳菊

Inula salicina L.柳叶旋覆花
Inula salicina subsp. *asiatica* (Kitam.) Kita.=Inula salicina
Inula salicina var. *asiatica* Kitam.(p.p.)=Inula salicina
Inula salsoloides (Turcz.) Ostenf.蓼子朴
Inula schugnanica Winkl.=Inula salsoloides
Inula sect. 4. *Pentanema* Boiss.=**Pentanema**
Inula sect. *Vicoa* Hoffm.=**Pentanema**
Inula sericophylla Franch.绢叶旋覆花
Inula serrata Bur. & Franch.=Inula helianthus-aquatica
Inula serrata Gilib.=Inula britanica
Inula squarrosa L.(Pavol.in Nouv.Giorn.Bot.Ital.1898)=Inula lineariifolia
Inula thomsonii C.B.Clarke=Inula obtusifolia
Inula tymiensis Kudô =Inula britanica
Inula venosa (Sphalm.) Hand.-Mazz.=Inula nervosa
Inula vernoniiformis Lévl.=Synotis nagensium
Inula vernoniiformis Lévl.多脉旋覆花(新)?
Inula verrucosa Klatt.=Inula nervosa
Inula verrucosa Klatt 疣状旋覆花(新)?
Inula vestita wall.=Pentanema vestitum
Inula wardii Anth.=Pulicaria chrysantha
Inula wissmanniana Hand.-Mazz.滇南羊耳菊
Inula yunnanensis Anth.=Anisopappus chinensis
Inula yunnanensis Franch.=Inula helianthus-aquatica
Inulaster hotschyi Sch.-Bip. ex Hochst.=Pentanema indicum
Involucraria Ser.=**Trichosanthes**
Involucraria cordata Roem.=Trichosanthes cordata
Involucraria lepiniana Naud.=Trichosanthes lepiniana
Involucraria wallichiana Ser.=Trichosanthes wallichiana
Iodes Bl.**微花藤属**(茶茱萸科)
Iodes balansae Gagn.大果微花藤
Iodes cirrhosa Turcz.微花藤
Iodes crassinervia Hu=Mappianthus iodoides
Iodes ovalis Hassk.=Iodes cirrhosa
Iodes ovalis Merr. ex Groff.=Iodes vitiginea
Iodes ovalis var. *vitiginea* (Hance) Gagn.=Iodes vitiginea
Iodes seguini (Lévl.) Rehd.(Sleum.in Bl.1969)=Iodes balansae
Iodes seguini (Lévl.) Rehd.瘤枝微花藤
Iodes vitiginea (Hance) Hemsl.小果微花藤
Iodes vitiginea var. *levitestis* Hand.-Mazz.=Iodes seguini
Ione Lindl.=**Sunipia**
Ione andersonii King & Pantl.=Sunipia andersonii
Ione andersonii var. *flavescens* (Rolfe) T.Tang & F.T.Wang=Sunipia andersonii
Ione bicolor (Lindl.) Lindl.=Sunipia bicolor
Ione bifurcatoflorens Fukuyama=Sunipia andersonii
Ione candida Lindl.(Seidenf. & Smitin.in Orch.Tailand Prelimin.List. 1961)=Sunipia soidaoensis
Ione candida Lindl.=Sunipia candida
Ione intermedia King & Pantl.=Sunipia intermedia
Ione rimannii (Rcbh.f.) Seidenf.=Sunipia rimannii
Ione salweenensis Phillim. & W.W.Sm.=Sunipia rimannii
Ione sasakii Hay.=Sunipia andersonii
Ione scariosa (Lindl.) King & Pantl.=Sunipia scariosa
Ione soidaoensis Seidenf.=Sunipia soidaoensis
Ione thailandica Seidenf. & Smitin.=Sunipia thailandica
Ionidium Vent.=**Hybanthus**
Ionidium enneaspermum (L.) Bent.=Hybanthus enneaspermus
Ionidium suffruticosum (L.) Ging.=Hybanthus enneaspermus
Ionopsis HBK **南美堇兰属**(兰科)
Ionopsis utricularioides (Sw.) Lindl.南美堇兰
Iozoste chinensis Bl.=Litsea rotundifolia var. oblongifolia
Iozoste chinensis var. *rotundifolia* Bl.=Litsea rotundifolia
Iozoste hirtipes Migo var. *lanuginosa* Migo=Litsea coreana var. sinensis
Iozoste hirtipes Migo=Litsea coreana var. sinensis
Iozoste lancifolia(S. & Z.) Bl.=Litsea coreana
Iozoste rotundifolia Nees=Litsea rotundifolia
Iozoste rotundifolia var. *oblongifolia* Nees=Litsea rotundifolia var. oblongifolia
Iphigenia Kunth **山慈菇属**(百合科)
Iphigenia indica Kunth 山慈菇
Iphiona radiata Benth.=Inula salsoloides
Ipomoea L.(Benth. & HK.f.in Gen.Pl.1876,p.p.)=**Calonyction**
Ipomoea L.**番薯属**(旋花科)
Ipomoea acetosellifolia (Desr.) Choisy=Merremia hederacea
Ipomoea acetosifolia (Wahl.) Roem. & Schult.=Ipomoea imperati
Ipomoea aculeata (L.) Ktz.=Ipomoea alba
Ipomoea aculeata var. *bona-nox* (L.) Ktz.=Ipomoea alba
Ipomoea aculeata var. mollissima (Zoll.) H.Hall ex V.Oost.夜花薯藤
Ipomoea acuminata (Wahl.) Roem. & Schult.=Ipomoea indica
Ipomoea alba L.月光花
Ipomoea amoena Bl.=Ipomoea indica
Ipomoea anceps (L.) Roem. & Schult.=Operculina turpethum
Ipomoea aquatica Forsk.蕹菜
Ipomoea arborescens Don 树状牵牛
Ipomoea atropurpurea (Wall.) Choisy=Argyreia pierreana
Ipomoea batatas (L.) Lam.番薯
Ipomoea batatas var. *edulis* Makino=Ipomoea batatas
Ipomoea batatas var. *lobata* Gagn. & Courch.=Ipomoea batatas
Ipomoea biflora (L.) Pers.毛牵牛
Ipomoea biloba Forsk.=Ipomoea pescaprae
Ipomoea blancoi Choisy=Ipomoea triloba
Ipomoea boisiana Gagn.=Merremia boisiana
Ipomoea boisiana var. *fulvopilosa* Gagn.=Merremia boisiana var. fulvopilosa
Ipomoea boisiana var. *rufopilosa* Gagn.=Merremia boisiana var. fulvopilosa
Ipomoea bonanox L.=Ipomoea alba
Ipomoea bonanox var. *purpurscens* Ker-Gawl.=Ipomoea turbinata
Ipomoea brasiliensis (L.) G.Mey.=Ipomoea pes-caprae
Ipomoea brasiliensis (L.) Sweet.=Ipomoea pes-caprae
Ipomoea cairica (L.) Sweet (Hand.-Mazz.in Symb.Sin.1936)=Ipomoea cairica var. gracillima
Ipomoea cairica (L.) Sweet 五爪金龙
Ipomoea cairica var. cairica=Ipomoea cairica
Ipomoea cairica var. gracillima (Coll. & Hemsl.) C.Y.Wu 纤细五爪金龙
Ipomoea caloxantha Diels (云南区系报告 1965)=Merremia cordata
Ipomoea calycina (Roxb.) Benth. ex C.B.Clarke=Ipomoea biflora
Ipomoea campamnulata L.(C.B.Clarke in Fl.Brit.Ind.1883,p.p.)=Ipomoea soluta
Ipomoea campanulata L.=Stictocardia tiliaefolia
Ipomoea capitata (Vahl) Roem. & Schult.= Argyreia capitiformis
Ipomoea capitellata Choisy=Ipomoea pestigridis
Ipomoea carnea subsp. fistulosa (Mart. ex Choisy) D.F.Austin 树千牛
Ipomoea carnosa R.Br.=Ipomoea imperati
Ipomoea cataractae Endl.=Ipomoea indica
Ipomoea cathartica Poir.=Ipomoea indica
Ipomoea chanetii Lévl.=Ipomoea purpurea
Ipomoea chryseides Ker-Gawl.=Merremia hederacea
Ipomoea coccinea L.=Quamoclit coccinea
Ipomoea congesta R.Br.=Ipomoea indica
Ipomoea crassicaulis (Benth.) Robins.=Ipomoea carnea subsp. fistulosa
Ipomoea cymosa (Desr.) Roem.=Merremia umbellata
Ipomoea cynanchifolia (Wall.) C.B.Clarke=Ipomoea eriocarpa
Ipomoea dentata (Vahl) Roem. & Schult.=Merremia hederacea
Ipomoea denticulata (Desr.) Choisy=Ipomoea littoralis
Ipomoea digitata L.(植物志 64-1,1979)= Ipomoea mauritiana
Ipomoea dissecta (Jacq.) Pers.=Merremia dissecta
Ipomoea edulis Maknio=Ipomoea batatas
Ipomoea eriocarpa R.Br.毛果薯
Ipomoea fastigiata Sweet=Ipomoea batatas
Ipomoea fimbriosepala Choisy 齿萼薯
Ipomoea fistulosa Mart. ex Choisy=Ipomoea carnea subsp. fistulosa
Ipomoea gemella (Burm.f.) Roth=Merremia gemella
Ipomoea glaberrima Bojer ex Bouton=Ipomoea violacea
Ipomoea gracilis R.Br.(植物志 64-1,1979)=Ipomoea littoralis
Ipomoea grandiflora Hall.f.=Ipomoea vilacea
Ipomoea hardwickii Hemsl. ex Forb. & Hemsl.=Ipomoea biflora
Ipomoea hederacea Jacq.(广州志 1956,中草药 1959)=Ipomoea nil
Ipomoea henryi Craib=Argyreia henryi
Ipomoea hepaticaefolia L.=Ipomoea pestigridis
Ipomoea heterophylla Ortega (R.Br.Pfodr.Fl.Nov.Holl.1810)=Ipomoea polymorpha
Ipomoea hirtifolia R.C.Fang & S.H.Huang 粗毛薯藤
Ipomoea hispida (Vahl) Roem. & Schult.=Ipomoea eriocarpa
Ipomoea hispida Zucc.=Ipomoea purpurea
Ipomoea horsefieldiana Bl.=Ipomoea eriocarpa
Ipomoea hungaiensis Lingelsh. & Borza=Merremia hungaiensis
Ipomoea hungaiensis var. *linifolia* C.C.Huang ex C.Y.Wu & H.W.Li=

Merremia hungaiensis var. linifolia
Ipomoea imperati (Vahl) Griseb.假厚藤
Ipomoea indica (J.Burm.) Merr.变色牵牛
Ipomoea insuavis Bl.=Ipomoea obscura
Ipomoea insularis (Choisy) Steud.=Ipomoea indica
Ipomoea kadsura Choisy=Piper kadsura
Ipomoea kingii Diels=Merremia hungaiensis
Ipomoea kiuninsularis Masamune=Ipomoea indica
Ipomoea learii Paxton=Ipomoea indica
Ipomoea linifolia Bl.=Merremia hirta
Ipomoea littoralis (L.) Bl.南沙薯藤
Ipomoea littoralis (L.) Boiss.=Ipomoea imperati
Ipomoea longiflora R.Br.=Ipomoea violacea
Ipomoea longipedunculata C.Y.Wu=Merremia longipedunculata
Ipomoea luteola R.Br.=Ipomoea obscura
Ipomoea macrantha Roem. & Schult.=Ipomoea violacea
Ipomoea marginata (Desr.) Verd.毛茎薯
Ipomoea maritima (Desr.) R.Br.=Ipomoea pes-caprae
Ipomoea mauritiana Jacq.七爪龙
Ipomoea maxima (L.f.) Sweet(植物志 64-1,1979)= Ipomoea marginata
Ipomoea mollisima (Zoll.) H.Hal=Ipomoea aculeata var. mollissima
Ipomoea mollisima var. glabrior (Miq.) Boerlage=Ipomoea aculeata var. mollissima
Ipomoea muricata (L.) Jcaq.=Ipomoea turbinata
Ipomoea mutabilis Ker-Gawl.=Ipomoea indica
Ipomoea nil (L.) Roth 牵牛
Ipomoea nil var. *setosa* (Bl.) Boerl.=Ipomoea nil
Ipomoea obscura (L.) Ker-Gawl.小心叶薯
Ipomoea osyrensis Roth=Argyreia osyrensis
Ipomoea palmata Forsk.=Ipomoea cairica
Ipomoea palmata var. *gracillima* Coll. & Hemsl.=Ipomoea cairica var. gracillima
Ipomoea paniculata Burm.f.=Jacquemontia paniculata
Ipomoea paniculatus (L.) R.Br.= Ipomoea mauritiana
Ipomoea pavonii Choisy=Ipomoea setosa
Ipomoea pentadactylis Choisy=Merremia quinata
Ipomoea pescaprae (L.) Sweet 厚藤
Ipomoea pes-caprae subsp. *brasiliensis* (L.) V.Oost.=Ipomoea pes-caprae
Ipomoea pes-caprae var. *emarginata* H.Hall.=Ipomoea pes-caprae
Ipomoea pestigridis L.虎掌藤
Ipomoea philippinensis Choisy=Merremia hirta
Ipomoea pileata Roxb.帽苞薯藤
Ipomoea pileatus Beauv.(Hance in Hourn.Bot.Brit. & For.1873)=Ipomoea pileata
Ipomoea plebeia R.Br.=Ipomoea biflora
Ipomoea polyangha Miq.=Merremia gemella
Ipomoea polymorpha Roem. & Schult.羽叶薯
Ipomoea pumila Spanog.=Ipomoea polynorpha
Ipomoea purpurea (L.) Roth 圆叶牵牛
Ipomoea quamoclit L.=Quamoclit pennata
Ipomoea quinata R.Br.=Merremia quinata
Ipomoea racemosa Roth= Ipomoea sumatana
Ipomoea reniformis (Roxb.) Choisy=Merremia emarginata
Ipomoea repens Roth=Ipomoea aquatica
Ipomoea reptans Poir.=Ipomoea aquatica
Ipomoea rotundisepala Hay.=Ipomoea sumatana
Ipomoea sagittaefolia Burm.f.= Ipomoea marginata
Ipomoea scabra Forssk.=Ipomoea nil
Ipomoea sect. *Calonyction* (Choisy) Griseb.=**Calonyction**
Ipomoea sect. *Leiocalyx* subsect. *Calonyction* Hall.f.=**Calonyction**
Ipomoea sect. *Pharbitis* subsect. *Chorisanthae* Hall.f.=**Ipomoea**
Ipomoea sepiaria Koen. ex Roxb.= Ipomoea marginata
Ipomoea sessiliflora Roth=Ipomoea eriocarpa
Ipomoea setifera var. *fimbriosepala* (Choisy) Fosberg.=Ipomoea fimbriosepala
Ipomoea setosa Bl.=Ipomoea nil
Ipomoea setosa K.Gawl.刺毛月光花
Ipomoea setosa var. *pavonii* (choisy) House=Ipomoea setosa
Ipomoea sibirica (L.) Pers.=Merremia sibirica
Ipomoea sinensis (Desr.) Choisy=Ipomoea biflora
Ipomoea sinuata Ortega=Merremia dissecta
Ipomoea soluta Kerr.大花千斤藤
Ipomoea soluta var. alba C.Y.Wu 白大花千斤藤
Ipomoea soluta var. soluta=Ipomoea soluta
Ipomoea speciosa (L.f.) Pers.=Argyreia nervosa
Ipomoea sphaerocephala (Roxb.) D.Don=Argyreia pierreana
Ipomoea splendens (Roxb.) Sims=Argyreia splendens
Ipomoea staphylina Roem. & Schult. (植物志 64-1,1979)= Ipomoea sumatana
Ipomoea staphylina Roem. & Schult.(Groff,Ding & Groff.in Linganan Agr.Rev.1924)=Merremia boisiana
Ipomoea staphylina var. *malayana* Prain=Ipomoea sumatana
Ipomoea stenantha Dunn=Ipomoea fimbriosepala
Ipomoea stipulacea Jacq.=Ipomoea cairica
Ipomoea stolonifera (Cirillo) J.F.Gmelin=Ipomoea imperati
Ipomoea subdentata Miq.=Ipomoea aquatica
Ipomoea subgen. *Calonyction* C.B.Clarke=**Calonyction**
Ipomoea subgen. *Pharbitis* (Choisy) Hall.f.(p.p.)=**Ipomoea**
Ipomoea subtriflora Zoll. & Moritz.=Merremia hederacea
Ipomoea subtrilobans Miq.=Ipomoea marginata
Ipomoea sumatana (Miq.) V.Oosts.海南薯
Ipomoea tashiroi Matsumura=Ipomoea polymorpha
Ipomoea tiliifolia (Desr.) Roem. & Schult.=Stictocardia tiliifolia
Ipomoea timorensis Bl.=Ipomoea biflora
Ipomoea tomentosa Yamamoto=Argyreia formosana
Ipomoea trichocalyx Steud.=Ipomoea nil
Ipomoea tridentata (L.) Roth=Xenostegia tridentata
Ipomoea triloba L.三裂叶薯
Ipomoea triloba Thunb.=Ipomoea nil
Ipomoea tuba (Schlech.) G.Don=Ipomoea violacea
Ipomoea tuberculata (Desr.) Roem. & Schult.=Ipomoea cairica
Ipomoea turbinata Lagasca 丁香茄
Ipomoea turpethum (L.) R.Br.=Operculina turpethum
Ipomoea turpethum var. *anceps* (L.) Miq.=Operculina turpethum
Ipomoea vaniotiana Lévl.=Ipomoea nil
Ipomoea verrucosa Bl.= Ipomoea marginata
Ipomoea versicolor Meissn.=Mina lobata
Ipomoea violacea L.管花薯
Ipomoea vitifolia (Burm.f.) Bl.=Merremia vitifolia
Ipomoea vitifolia var. *angularis* (N.L.Burm.) Choisy=Merremia vitifolia
Ipomoea wallichii Steud.=Lepistemon binectariferum
Ipomoea wangii C.Y.Wu 大萼山土瓜
Ipomoea wilsonii Gagn.=Merremia hungaiensis
Ipomoea yomae Kurz.=Ipomoea aculeata var. mollissima
Ipomoea yunnanensis Courch. & Gagn.=Merremia yunnanensis
Ipomoea yunnanensis var. *glabrescens* C.Y.Wu=Merremia yunnanensis var. glabrescens
Ipomoea yunnanensis var. *pallescens* C.Y.Wu=Merremia yunnanensis var. pallescens
Ipomoea yunnanensis var. *uniflora* C.Y.Wu=Merremia yunnanensis
Ipsea Lindl.**黄水仙兰属**(兰科)
Ipsea speciosa Lindl.黄水仙兰
Iresine P.Br.**血苋属**(苋科)
Iresine herbstii HK.f.血苋
Iresine sect. *Philoxerus* Endl.=**Philoxerus**
Iriartea Ruiz & Pav.**依力棕属**(棕榈科)
Iridaceae 鸢尾科
Iridorchis Bl.=**Cymbidium**
Iridorchis Thou.=**Oberonia**
Iridorchis anthropophora (Lindl.) Ktze.=Oberonia amthropophora
Iridorchis ensiformis (J.E.Sm.) Ktze.=Oberonia ensiformis
Iridorchis falconeri (HK.f.) Ktze.=Oberonia falconeri
Iridorchis gigantea (Wall. ex Lindl.) Bl.=Cymbidium iridioides
Iridorchis iridifolia (Roxb. ex Lindl.) Ktze.=Oberonia iridifolia
Iridorchis jenkinsiana (Griff. ex Lindl.) Ktze.=Oberonia jenkinsiana
Iridorchis myosurus (Forst.f.) Ktze.=Oberonia myosurus
Iridorchis obcordata (Lindl.) Ktze.=Oberonia obcordata
Iridorchis pachyrachis (Rchb.f. ex HK.f.) Ktze.=Oberonia pachyrachis
Iridorchis rufilabris (Lindl.) Ktze.=Oberonia rufilabris
Iriha O Ktze.=**Fimbristylis**
Irina tomentosa Bl.=Pometia tomentosa
Iris L.**鸢尾属**(鸢尾科)
Iris acutiloba Mejer.尖裂鸢尾
Iris aitchisonii Baker 艾奇鸢尾
Iris alata Poir.宽翼柄鸢尾
Iris alberti Rgl.干热鸢尾
Iris albicans Lange 变白鸢尾

Iris albispiritus Small.幻影鸢尾
Iris amoena DC.悦花鸢尾
Iris anguifuga Y.T.Zhao 单苞鸢尾
Iris aphylla L.无叶鸢尾
Iris arenaria Waldst.=Iris flavissima
Iris atrofusca Baker 深红鸢尾(新)
Iris atropurpurea Baker 红紫鸢尾
Iris aurea Leindl.金黄鸢尾
Iris bakeriana Foster 贝克鸢尾
Iris barbatula Noltie & K.Y.Guan 小髯鸢尾
Iris barnumae Foster & Baker 巴奈鸢尾
Iris biglumis Wahl.=Iris lactea
Iris biliotti Forst.比莱昂特鸢尾
Iris bismarckiana Damm.比其马克鸢尾
Iris bloudowii Ledeb.中亚鸢尾
Iris boissieri Henr.博依斯鸢尾
Iris bosniaca Beck.波斯尼鸢尾
Iris bracteata Wats.苞鸢尾
Iris brevituba (Maxim.) Vved.=Iris ruthenica
Iris bucharica M.Foster.布南鸢尾
Iris bulleyana Dykes 西南鸢尾
Iris bulleyana f. alba Y.T.Zhao 白花西南鸢尾
Iris bungei Maxim.大苞鸢尾
Iris cathayensis Migo 华夏鸢尾
Iris caucasica Hoffm.高加索鸢尾
Iris cavalariei Lévl.=Iris speculatrix
Iris cengialtii Ambrosi 浅棕苞鸢尾
Iris chamerieris Bert.佳美鸢尾
Iris chinensis Bge.=Iris tectorum
Iris chinensis Curt.=Iris japonica
Iris chrysographes Dykes 金脉鸢尾
Iris chrysophylla Howell.黄叶鸢尾
Iris clarkei Baker 西藏鸢尾
Iris coerulea B.Fedt.角边叶鸢尾
Iris collettii HK.f.高原鸢尾
Iris collettii var. aculis Noltie 大理鸢尾
Iris collettii var. collettii=Iris collettii
Iris confusa Sealy 扁竹兰
Iris corygei Lynch.科赖鸢尾
Iris cristata Soland.饰冠鸢尾
Iris cristata var. alba Dykes.白饰冠鸢尾
Iris crocea Jacq.鲜黄鸢尾
Iris cuniculiformis Noltie & K.Y.Guan 大锐果鸢尾
Iris curvifolia Y.T.Zhao 弯叶鸢尾
Iris cypriana Baker. & Foster 塞浦路斯鸢尾
Iris dahurica Herb. ex Klatt=Iris flavissima
Iris daliensis X.D.Dong & Y.T.Zhao=Iris collettii var. aculis
Iris danfordiae Boiss.丹佛鸢尾
Iris darwasica Rgl.达瓦斯鸢尾
Iris decora Wall.尼泊尔鸢尾
Iris delavayi Mich.长葶鸢尾
Iris demawendica Born.厄尔布耳鸢尾
Iris demetrii Achw. & Mirz.弟氏鸢尾
Iris desertorum Ker-Gawl.=Iris halophila
Iris dichotoma Pall.野鸢尾
Iris dolichosiphon Noltie 长管鸢尾
Iris dolichosiphon subsp. dolichosiphon=Iris dolichosiphon
Iris dolichosiphon subsp. orientalis Noltie 东方鸢尾
Iris douglasiana Herb.道格拉斯鸢尾
Iris drepanophylla Ait. & Baker 镰叶鸢尾
Iris duclouxii Lévl.=Iris collettii
Iris ensata Thunb.(Maxim.in Bull.Acad.Sci.St.Petersb.1880)=Iris lactea
Iris ensata Thunb.玉蝉花
Iris ensata var. *chinensis* Maxim.=Iris lactea
Iris ensata var. hortensis Makino & Nemoto 花菖蒲
Iris ensata var. *spontaenea* (Makino) Nakai=Iris ensata
Iris ewbankiana Foster 尤斑克鸢尾
Iris extremorientalis Koidz.=Iris sanguinea
Iris falcifolia Bge.里海鸢尾
Iris farreri Dykes 多斑鸢尾
Iris filifolia Boiss.丝叶鸢尾
Iris fimbriata Vant.=Iris japonica
Iris flavescens DC.变黄鸢尾
Iris flavissima Pall.黄金鸢尾
Iris flavissima var. *bloudowii* (Ledeb.) Baker=Iris bloudowii
Iris flavissima var. *jmbrosa* Bge.=Iris bloudowii
Iris flavissima α. *umbrosa* Bge.=Iris bloudowii
Iris flavissima β. *bloudowii* Baker=Iris bloudowii
Iris florentina Ker.香根鸢尾
Iris foetidissima L.红籽鸢尾
Iris foliosa Mack.多叶鸢尾
Iris formosana Ohwi 台湾鸢尾
Iris forrestii Dykers 云南鸢尾
Iris fosteriana Ait.福斯特鸢尾
Iris fulva Ker.暗黄鸢尾
Iris gatesii Foster 马丁鸢尾
Iris germanica L.德国鸢尾
Iris gigantea Carr.大花鸢尾(新)
Iris goniocarpa Baker 锐果鸢尾
Iris goniocarpa var. *grossa* Y.T.Zhao=Iris cuniculiformis
Iris goniocarpa var. *tenella* Y.T.Zhao=Iris goniocarpa
Iris gracilipes Pamp.=Iris henryi
Iris gracilis Maxim.=Iris goniocarpa
Iris graminea L.香茎鸢尾
Iris grantiduffii Baker 夏眠鸢尾
Iris griffithii Baker 格格菲恩鸢尾
Iris grijsi Maxim.=Iris speculatrix
Iris gueldenstaedtiana Lepech.=Iris halophila
Iris guldenstaedtiana Lepech.=Iris halophila
Iris halophila Pall.喜盐鸢尾
Iris halophila var. halophila=Iris halophila
Iris halophila var. sogdiana (Bge.) Grubov.蓝花喜盐鸢尾
Iris hartwegii Baker 哈特韦奇鸢尾
Iris henryi Baker 长柄鸢尾
Iris hexagona Walt.六角果鸢尾
Iris hexagona var. savannarum R.Foster 疏原鸢尾
Iris himalaica Dykes=Iris clarkei
Iris histrio Reichb.伊斯鸢尾
Iris histrio var. atropurpurea Messes 深色伊斯鸢尾
Iris histrioides Foster 拟伊斯鸢尾
Iris hoogiana Dykes.霍奇鸢尾
Iris hookeriana Foster 胡克鸢尾
Iris humilis Georgi=Iris flavissima
Iris iberica Hoffm.意百里鸢尾
Iris illiensis P.Pol.=Iris lactea
Iris imbricata Lindl.叠叶鸢尾
Iris innominata L.F.Henders.无名鸢尾
Iris japonica Thunb.蝴蝶花
Iris japonica f. japonica=Iris japonica
Iris japonica f. pallescens P.L.Chiu & Y.T.Zhao 白蝴蝶花
Iris junonia Schott & Kotschy 西里西亚鸢尾
Iris kaempferi Sieb. ex Lem.(p.p.)=Iris ensata
Iris kaempferi Sieb. ex Lem.(p.p.)=Iris ensata var. hortensis
Iris kaempferi var. *spontanea* Makino=Iris ensata
Iris kaempferi α *spontaenea* Makino=Iris ensata
Iris kaempferi β. *hortensis* (Maxim.) Makino=Iris ensata var. hortensis
Iris kamaonensis Wall.=Iris kemaonensis
Iris kashmiriana Baker 克什米尔鸢尾
Iris kemaonensis D.Don 库门鸢尾
Iris kerneriana Ascher, Sin. et Baker 凯纳鸢尾
Iris kingiana Foster=Iris kemaonensis
Iris kobayashii Kitag.矮鸢尾
Iris kochii Kerner 柯氏鸢尾
Iris kolpakowskiana Rgl.番红鸢尾
Iris koreana Kitag.=Iris minutoaurea
Iris korolkowi Rgl.科罗鸢尾
Iris kumaonensis Dykes = Iris kemaonensis
Iris lactea Pall.白花马蔺
Iris lactea var. chinensis (Fisch.) Koidz.马蔺

Iris lactea var. chrysantha Y.T.Zhao 黄花马蔺
Iris lactea var. grandiflora Y.T.Zhao 大花马蔺
Iris lactea var. lactea=Iris lactea
Iris lacustris Nutt.湖沼鸢尾
Iris laevigata Fisch.燕子花
Iris laevigata var. *kaempferi* Maxim.=Iris ensata
Iris latistyla Y.T.Zhao 宽柱鸢尾
Iris leavigata Fisch.(O.Fedtsch.in Kneucker's Allgemeine Botanishe Zeitschrift 1906)=Iris maackii
Iris leptophylla Lingelsheim 薄叶鸢尾
Iris linifolia Juno 亚麻叶鸢尾
Iris loczyi Kanitz 天山鸢尾
Iris longipetala Herb.长瓣鸢尾
Iris longispatha Fisch.=Iris lactea
Iris lorletii Barb.美花鸢尾
Iris lurida Soland.褐黄鸢尾
Iris maackii Maxim.乌苏里鸢尾
Iris maculata Baker 奥切鸢尾
Iris mandshurica Maxim.长白鸢尾
Iris meda Stapf.梅丹鸢尾
Iris mellita Janka 米丽达鸢尾
Iris milesii Baker ex M.Foster 红花鸢尾
Iris milesii Dykes=Iris wattii
Iris minuta Franch.=Iris minutoaurea
Iris minutoaurea Makino 小黄花鸢尾
Iris misopotamica Pogon 大鸢尾
Iris missouriensis Nutt.密苏里鸢尾
Iris monnieri DC.莱蒙纳鸢尾
Iris montana Nutt.山地鸢尾
Iris musulmanica Fomine 木苏鸢尾
Iris narcissiflora Diels 水仙花鸢尾
Iris neglecta Horn.未名鸢尾
Iris nepalensis D.Don=Iris decora
Iris nertschinskia Lodd.=Iris sanguinea
Iris ochroleuca L.淡黄鸢尾
Iris ochroleuca var. gigantea Hort.大黄鸢尾
Iris odaesanensis Y.N.Lee 朝鲜鸢尾
Iris orchioides Carr.鸢尾兰
Iris orientalis Mill.(Thunb.in Trans.L.Soc.1794)=Iris sanguinea
Iris palestina Boiss.巴基斯坦鸢尾
Iris pallasii var. *chinensis* Fisch.=Iris lactea
Iris pallida Lamarck 香根鸢尾
Iris pandurata Maxim.=Iris tigridia
Iris paradoxa Steven.奇怪鸢尾
Iris persica L.波斯鸢尾
Iris phragmitetorum Hand.-Mazz.=Iris laevigata
Iris polysticta Diels=Iris farreri
Iris potaninii Maxim.卷鞘鸢尾
Iris potaninii var. ionantha Y.T.Zhao 蓝花卷鞘鸢尾
Iris potaninii var. potaninii=Iris potaninii
Iris prismatica L.三棱鸢尾
Iris proantha Diels 小鸢尾
Iris proantha var. proantha=Iris proantha
Iris proantha var. valida (Chien) Y.T.Zhao 粗壮小鸢尾
Iris psammocola Y.T.Zhao 沙生鸢尾
Iris pseudacorus L.黄菖蒲
Iris pseudacorus Rgl.=Iris maackii
Iris pseudacorus var. gigantea Hort.大黄菖蒲
Iris pseudacorus var. *mandshurica* Hort.=Iris maackii
Iris pseudopumila Tineo 假佳美鸢尾
Iris pseudorossii Chien=Iris proantha
Iris pseudorossii var. *valida* Chien=Iris proantha var. valida
Iris pumila L.矮鸢尾
Iris purdyi Eastw.珀蒂鸢尾
Iris qinghainica Y.T.Zhao 青海鸢尾
Iris reichenbachii Heuff.雷切鸢尾
Iris reticulata Bieb.网脉鸢尾
Iris rosenbachiana Rgl.罗森鸢尾
Iris rossii Baker (Steward in Man.Vasc.Pl.Low Yangtze China 1958)=Iris proantha
Iris rossii Baker 长尾鸢尾
Iris rosthornii Diels=Iris tectorum
Iris ruthenica Ker-Gawl.(Dykes in Gen.Iris 1913,p.p.)=Iris uniflora
Iris ruthenica Ker-Gawl.紫苞鸢尾
Iris ruthenica f. leucantha Y.T.Zhao 白花紫苞鸢尾
Iris ruthenica var. *brevituba* Maxim.=Iris ruthenica
Iris ruthenica var. leucantha Y.T.Zhao 白花紫苞鸢尾
Iris ruthenica var. *nana* Maxim.=Iris ruthenica
Iris ruthenica var. *ruthenica*=Iris ruthenica
Iris ruthenica var. *uniflora* Baker.=Iris uniflora
Iris sambucina L.异味鸢尾
Iris sanguinea Donn ex Horn.溪荪
Iris sanguinea f. albiflora Makino 白花溪荪
Iris sanguinea f. sanguinea =Iris sanguinea
Iris sanguinea var. sanguinea=Iris sanguinea
Iris sanguinea var. *typica* Makino=Iris sanguinea
Iris sanguinea var. yixingensis Y.T.Zhao 宜兴溪荪
Iris sari Schott ex Baer 沙河鸢尾
Iris scariosa Willd. ex Link.膜苞鸢尾
Iris setosa Pall. ex Link.山鸢尾
Iris setosa var. canadensis M.Foster 加拿大山鸢尾
Iris shrevei Small.希氏鸢尾
Iris sibirica L.西伯利亚鸢尾
Iris sibirica var. flexuosa Murray 皱瓣鸢尾
Iris sibirica var. *orientalis* Baker=Iris sanguinea
Iris sibirica var. *sanguinea* Ker-Gawl.=Iris sanguinea
Iris sichuanensis Y.T.Zhao 四川鸢尾
Iris sikkimensis Dykes 锡金鸢尾
Iris sindjarensis Boiss.大翼瓣鸢尾
Iris sintenisii Janka 长颈鸢尾
Iris sisyrinchium L.庭菖蒲鸢尾
Iris sofarana Foster 黎巴嫩鸢尾
Iris sogdiana Bge.=Iris halophila var. sogdiana
Iris songarica Schrenk 准噶尔鸢尾
Iris songarica var. *gracilis* Maxim.=Iris farreri
Iris speculatrix Hance 小花鸢尾
Iris spuria L.拟鸢尾
Iris spuria subsp. *halophila* (Pall.) B.Mathew. & Wend.=Iris halophila
Iris spuria var. *halophila* (Pall.) Sims.=Iris halophila
Iris spuria var. *halophila* (Pall.) Dykes=Iris halophila
Iris spuria var. notha Bieb.若达鸢尾
Iris squalens L.劣质鸢尾
Iris stocksii Boiss.斯托克斯鸢尾
Iris stolonifera Maxim.匍茎鸢尾
Iris subbiflora Brot.抱茎鸢尾
Iris subdichotoma Y.T.Zhao 中甸鸢尾
Iris susiana L.灰丧鸢尾
Iris tectorum f.alba Makino 白花鸢尾
Iris tectorum Maxim.鸢尾
Iris tectorum var. *alba* Dykes=Iris tectorum f.alba
Iris tenax Dougl.美丛鸢尾
Iris tenuifolia Pall.(Dykes in Gen.Iris 1913)=Iris loczyi
Iris tenuifolia Pall.细叶鸢尾
Iris tenuifolia var. *thianschanica* Maxim.=Iris loczyi
Iris tenuis Wats.细弱鸢尾
Iris tenūissima Dykes 极纤细鸢尾
Iris thianshanica (Maxim.) Vved.=Iris loczyi
Iris thoroldi Baker ex Hemsl.=Iris potaninii
Iris tigridia Bge.(Dykes in Gen.Iris 1913,p.p.)=Iris tigridia
Iris tigridia Bge.粗根鸢尾
Iris tigridia var. fortis Y.T.Zhao 大粗根鸢尾
Iris tigridia var. tigridia=Iris tigridia
Iris tingitana Bois. & Reut.丹吉尔鸢尾
Iris tripetala Walt.三瓣鸢尾
Iris trojana Ker. ex Stapf 特洛伊鸢尾
Iris tubergeniana Foster 图氏鸢尾
Iris typhifolia Kitag.北陵鸢尾
Iris unguicularis Foir.香爪鸢尾
Iris uniflora Pall. ex Link 单花鸢尾
Iris uniflora var. caricina Kitag.窄叶单花鸢尾

Iris variegata L.黄褐鸢尾
Iris vartani Foster 范塔鸢尾
Iris ventricosa Pall.囊花鸢尾
Iris verna L.春花鸢尾
Iris versicolor L.变色鸢尾
Iris violacea Klatt.堇色鸢尾
Iris virescens Delarb.绿色鸢尾
Iris virginica L.维基尼鸢尾
Iris warleyensis Foster 沃雷鸢尾
Iris wattii Baker (Dykes in Gard.Chron.1915,p.p.)=Iris confusa
Iris wattii Baker 扇形鸢尾
Iris willmottiana Foster 威尔莫特鸢尾
Iris wilsonii C.H.Wright 黄花鸢尾
Iris winkleri Rgl.温克勒鸢尾
Iris xiphioides Ehrh.英吉利鸢尾
Iris xiphium L.西班牙鸢尾
Iris yunnanensis Lévl.=Iris decora
Isachne R.Br.**柳叶箬属**(禾本科)
Isachne albens Trin.白花柳叶箬
Isachne albens var. albens=Isachne albens
Isachne albens var. glandulifera Keng f.腺斑柳叶箬
Isachne albens var. *hirsuta* HK.f.=Isachne hirsuta
Isachne arisanensis Hay.=Isachne albens
Isachne australis R.Br.=Isachne globosa
Isachne beneckei Hack.小花柳叶箬
Isachne beneckei var. *depauperata* Hack. ex Merr.=Isachne depauperata
Isachne chinensis Merr.=Isachne truncata
Isachne ciliatiflora Keng ex Keng f.纤毛柳叶箬
Isachne debilis Rendle 荏弱柳叶箬
Isachne depauperata (Hack.) Merr.瘦瘠柳叶箬
Isachne dispar Trin.二型柳叶箬
Isachne elatiuscula Ohwi=Isachne albens
Isachne geniculata Griff.=Isachne miliacea
Isachne globosa (Thunb.) Kuntze (分类学报 1965,p.p.,禾本科图说 1959) =Isachne miliacea
Isachne globosa (Thunb.) Kuntze 柳叶箬
Isachne globosa var. *brevispicula* Ohwi=Isachne globosa
Isachne globosa var. compacta W.Z.Fang ex S.L.Chen 紧穗柳叶箬
Isachne globosa var. *effusa* (Trin. ex HK.f.) Senarata=Isachne globosa
Isachne globosa var. globosa=Isachne globosa
Isachnc guangxiensis W.Z.Fang 广西柳叶箬
Isachne hainanensis Keng f.海南柳叶箬
Isachne heterantha Hay.=Isachne dispar
Isachne hirsuta (HK.f.) Keng f.=Isachne hirsuta var. angusta
Isachne hirsuta (HK.f.) Keng f.刺毛柳叶箬
Isachne hirsuta var. angusta W.Z.Fang 窄花柳叶箬
Isachne hirsuta var. hirsuta=Isachne hirsuta
Isachne hirsuta var. yongxiouensis W.Z.Fang 永修柳叶箬
Isachne hoi Keng f.浙江柳叶箬
Isachne kunthiana (Wight & Arn.) Miq.(台湾志,1978)=Isachne repens
Isachne kunthiana Keng f.=Isachne guangxiensis
Isachne kunthiana var. *nudiglumis* (Hack.) T.Koyzma=Isachne repens
Isachne lutaria Santos=Isachne dispar
Isachne miliacea Roth (Hand.-Mazz. in Symb.Sin.1936)=Isachne nipponensis
Isachne miliacea Roth ex Roem. & Schult.类黍柳叶箬
Isachne monticola Büse (Hack.in J.Fac.Sci.Univ.Tokyo 1930)=Isachne debilis
Isachne myosotis Nees (Honda in J.Fac.Sci.Univ.Tokyo 1930)=Isachne nipponensis
Isachne myosotis var. *minor* Honda=Isachne nipponensis
Isachne nipponensis Ohwi 日本柳叶箬
Isachne nipponensis var. kiangsiensis Keng f.江西柳叶箬
Isachne nipponensis var. *minor* (Honda) Nemoto=Isachne nipponensis
Isachne nipponensis var. nipponensis=Isachne nipponensis
Isachne nodibarbata (Hochst. ex Steud.) Henr.=Isachne dispar
Isachne pauciflora var. *depauperta* (Hack.) P.Jansen.=Isachne depauperata
Isachne polygonoides (Lam.) Doell (禾本科图说 1959)=Isachne dispar
Isachne polygonoides (Lam.) Doell 类蓼柳叶箬
Isachne ponapensis Hosokawa=Isachne globosa
Isachne pulchella Roth (Benth.in Fl.Hongk.1861)=Isachne dispar
Isachne pulchella Roth=Sphaerocaryum malaccense
Isachne repens Keng 匍匐柳叶箬
Isachne stricta Elmer=Isachne albens
Isachne tenuis Keng ex Keng f.细弱柳叶箬
Isachne truncata A.Camus 平颖柳叶箬
Isachne truncata var. cordata A.Camus 心叶柳箬
Isachne truncata var. crispa Keng f.皱叶柳叶箬
Isachne truncata var. maxima Keng f.硕大柳叶箬
Isachne truncata var. truncata=Isachne truncata
Isanthera Nees=**Rhynchotechum**
Isanthera discolor Maxim.=Rhynchotechum discolor
Isanthera discolor var. *incisa* Ohwi=Rhynchotechum discolor var. incisum
Isatis L.**菘蓝属**(十字花科)
Isatis brevips (Bge.) Jafri=Pachypterygium brevipes
Isatis costata C.A.Mey.三肋菘蓝
Isatis costata f. *lasiocarpa* (Ledeb.) N.Busch=Isatis tinctoria var. praecox
Isatis costata var. *lasiocarpa* (Ledeb.) N.Busch.=Isatis costata
Isatis costata var. *leiocarpa* Ledeb.=Isatis costata
Isatis emarginata N.Busch=Isatis violascens
Isatis indigotica Fortune=Isatis tinctoria
Isatis lasiocarpa Ledeb.=Isatis tinctoria var. praecox
Isatis minima Bge.小果菘蓝
Isatis multicaulis (Kar. & Kir.) Jafri=Pachypterygium multicaule
Isatis oblongata DC.长圆果菘蓝
Isatis oblongata var. *yezoensis* Y.L.Chang=Isatis oblongata
Isatis praecox Kit.=Isatis tinctoria var. praecox
Isatis tinctoria L.欧洲菘蓝
Isatis tinctoria subsp. *oblongata* (DC.) N.busch=Isatis oblongata
Isatis tinctoria var. *indigotica* (Fortune) T.Y.Cheo & K.C.Kuan=Isatis tinctoria
Isatis tinctoria var. praecox (Kit.) Koch.毛果菘蓝
Isatis tinctoria var. tinctoria=Isatis tinctoria
Isatis tinctoria var. *yezoensis* (Ohwi) Ohwi=Isatis tinctoria
Isatis violascens Bge.宽翅菘蓝
Isatis yezoensis Ohwi=Isatis tinctoria
Ischaemum L.**鸭嘴草属**(禾本科)
Ischaemum akonense Honda 屏东鸭嘴草
Ischaemum angustifolium (Trin.) Hack.=Eulaliopsis binata
Ischaemum antephoroides (Steud.) Miq.毛鸭嘴草
Ischaemum antephoroides var. *eriostachyum* (Hack.) Honda=Ischaemum antephoroides
Ischaemum aristatum L.(禾本科图说 1959)=Ischaemum barbatum
Ischaemum aristatum L.有芒鸭嘴草
Ischaemum aristatum subsp. *barbatum* var. *meyenianum* (Nees) Hack.= Ischaemum barbatum
Ischaemum aristatum subsp. imberbe (Retz.) Hack.光穗鸭嘴草.
Ischaemum aristatum var. aristatum=Ischaemum aristatum
Ischaemum aristatum var. glaucum (Honda) T.Koyama 鸭嘴草
Ischaemum aristatum var. *lanuginosum* A.Camus=Ischaemum barbatum
Ischaemum aristatum var. meyenianum (Nees) A.Camus 毛穗鸭嘴草
Ischaemum aureum (HK. & Arn.) Hack 黄金鸭嘴草
Ischaemum barbatum Retz.粗毛鸭嘴草
Ischaemum barbatum var. *hainanense* Keng & Zhao=Ischaemum barbatum
Ischaemum barbatum var. *scabridulum* Keng & Zhao=Ischaemum barbatum
Ischaemum bartatum var. *gibbum* (Trin.) Ohwi=Ischaemum barbatum
Ischaemum ciliare Retz.=Ischaemum indicum
Ischaemum ciliare var. *genuinum* subvar. 4.*villosum* (Nees) Hack.= Ischaemum indicum
Ischaemum crassipes (Steud.) Tihell.(禾本科图说 1959,台湾志 1978)= Ischaemum aristatum var. glaucum
Ischaemum crassipes var. *formosanum* (Hack.) Nakai=Ischaemum aristatum
Ischaemum crassipes var. *glaucum* Honda=Ischaemum aristatum var. glaucum
Ischaemum crassipes var. *hainanense* Keng=Ischaemum aristatum
Ischaemum crassipes var. *pilipes* Zhao=Ischaemum aristatum var. glaucum
Ischaemum crinitum (Thunb.) Trin.=Pogonatherum crinitum
Ischaemum cylindricum Keng & Zhao=Ischaemum goebelii

Ischaemum eriostachyum Hack.=Ischaemum antephoroides
Ischaemum goebelii Hack.圆柱鸭嘴草
Ischaemum guangxiense Zhao=Ischaemum aristatum
Ischaemum hondae Mats.=Ischaemum aristatum
Ischaemum indicum (Houtt.) Merr.细毛鸭嘴草
Ischaemum indicum var. *breviaristatum* Zhao=Ischaemum indicum
Ischaemum indicum var. *guandongense* Zhao=Ischaemum indicum
Ischaemum involutum Forst.=Thuarea involuta
Ischaemum lanuginosum var. *enodulosum* Keng & Zhao=Ischaemum barbatum
Ischaemum lanuginosum var. *erianthum* Keng & Zhao=Ischaemum barbatum
Ischaemum laxum R.Br.=Sehima nervosa
Ischaemum melicoides (Koen.) Ness.印缅肠须草
Ischaemum melicoides Koen.=Ischaemum melicoides
Ischaemum minus Presl.小鸭嘴草
Ischaemum multicum L.(Hack. ex Mastum.in Bot.Mag.Tokyo 1897)=Zoysia macrostachya
Ischaemum muticum L.无芒鸭嘴草
Ischaemum nodulosum var. *glabriflorum* Keng & Zhao=Ischaemum barbatum
Ischaemum ophiuroides Munro=Eremochloa ophiuroides
Ischaemum paleaceum Trin.=Apocopis paleacea
Ischaemum rugosum Salisb.田间鸭嘴草
Ischaemum rugosum var. *humidum* Keng & Zhao=Ischaemum barbatum
Ischaemum rugosum var. *segetum* (Trin.) Hack.=Ischaemum rugosum
Ischaemum segetum Trin.=Ischaemum rugosum
Ischaemum setaceum Honda 小黄金鸭嘴草
Ischaemum sieboldii var. *formosanum* Hack.=Ischaemum aristatum
Ischaemum sinense Keng & Zhao=Ischaemum barbatum
Ischaemum tientaiense Keng & Zhao=Ischaemum barbatum
Ischaemum yunnanense Keng & Zhao=Ischaemum goebelii
Ischaemum zeylanicum Hack. ex Trin.=Eremochloa zeylanica
Ischnochloa HK.f.**旱莠竹属**(禾本科)
Ischnochloa monostachya L.Liu 单穗旱莠竹
Ischnogyne Schltr.**瘦房兰属**(兰科)
Ischnogyne mandarinorum (Kraenzl.) Schltr.瘦房兰
Ischurochloa floribunda Büse ex Miq.=Bambusa multiplex cv. Fernleaf
Ischurochloa spinosa (Roxb.) Büse=Bambusa arundinacea
Ischurochloa stenostachya (Hack.) Nakai=Bambusa blumeana
Ismelia Cass.=**Chrysanthemum**
Isodon (Schrad. ex Benth.) Spach. **香茶菜属**(唇形科)
Isodon adenanthus (Diels) Kudô 腺花香茶菜
Isodon adenolomus (Hand.-Mazz.) H.Hara 腺叶香茶菜
Isodon albopilosus (C.Y.Wu & H.W.Li) H.Hara 白柔毛香茶菜
Isodon alborubrus (C.Y.Wu) H.Hara=Isodon sculponeatus
Isodon amethystoides (Benth.) H.Hara 香茶菜
Isodon angsutifolius (Dunn) Kudô 狭叶香茶菜
Isodon angsutifolius var. angustifolius=Isodon angsutifolius
Isodon angustifolius var. glabrescens (C.Y.Wu & H.W.Li) H.W.Li 无毛狭叶香茶菜
Isodon barbeyanus (Lévl.) H.W.Li 线齿香茶菜
Isodon bifidocalyx (Dunn) H.Hara=Isodon macrocalyx
Isodon brevicalcaratus (C.Y.Wu & H.W.Li) H.Hara 短距香茶菜
Isodon brevifolius (Hand.-Mazz.) H.W.Li 短叶香茶菜
Isodon bulleyanus (Diels) Kudô 苍山香茶菜
Isodon calcicolus (Hand.-Mazz.) H.Hara 灰岩香茶菜
Isodon calcicolus var. subcalvus (Hand.-Mazz.) H.W.Li 近无灰岩香茶菜
Isodon cavaleriei (Lévl.) Kudô =Isodon coetsa var. cavaleriei
Isodon coetsa (Buch.-Ham. ex D.Don) Kudô 细锥香茶菜
Isodon coetsa var. cavaleriei (Lévl.) H.W.Li 多毛细锥香菜(新)
Isodon coetsa var. coetsa=Isodon coetsa
Isodon daitonensis (Hay.) Kudô =Isodon amethystoides
Isodon dawoensis (Hand.-Mazz.) H.Hara 道浮香茶菜
Isodon discolor (Dunn) Kudô =Isodon parvifolia
Isodon enanderianus (Hand.-Mazz.) H.W.Li 紫毛香茶菜
Isodon eriocalyx (Dunn) Kudô 毛萼香茶菜
Isodon excisoides (Sun ex C.H.Hu) H.Hara 拟缺香茶菜
Isodon excisus (Maxim.) Kudô 尾叶香茶菜
Isodon excisus var. *racemosus* (Hemsl.) Kudô =Isodon racemosa
Isodon flabelliformis (C.Y.Wu) H.Hara 扇脉香茶菜
Isodon flavidus (Hand.-Mazz.) H.Hara 淡黄香茶菜
Isodon flexicaulis (C.Y.Wu & H.W.Li) H.Hara 柔茎香茶菜
Isodon forrestii (Diels) Kudô 紫萼香茶菜
Isodon forrestii var. *megathyrsus* (Diels) Kudô =Isodon megathyrsa
Isodon gesneroides (J.Sinc.) H.Hara 苣苔香茶菜
Isodon gibbosus (C.Y.Wu & H.W.Li) H.Hara 囊花香茶菜
Isodon glaucocalyx (Maxim.) Kudô =Isodon japonica var. glaucocalyx
Isodon glaucocalyx var. *japonicus* (Burm.f.) Kudô =Isodon japonica
Isodon glutinosus (C.Y.Wu & H.W.Li) H.Hara 胶粘香茶菜
Isodon grandifolius (Hand.-Mazz.) H.Hara 大叶香茶菜
Isodon grandifolius var. atuntzeensis (C.Y.Wu) H.W.Li 德钦香茶菜(新)
Isodon grandifolius var. grandifolius=Isodon grandifolius
Isodon grosseserratus (Dunn) Kudô 粗齿香茶菜
Isodon henryi (Hemsl.) Kudô 鄂西香茶菜
Isodon henryi var. *dichromophyllus* (Diels) Kudô =Isodon rubescens
Isodon hirtellus (Hand.-Mazz.) H.Hara 细毛香茶菜
Isodon hispidus (Benth.) Murata 刚毛香茶菜
Isodon inflexus (Thunb.) Kudô 内折香茶菜
Isodon interruptus (C.Y.Wu & H.W.Li) H.Hara 间断香茶菜
Isodon irroratus (Forr. ex Diels) Kudô 露珠香茶菜
Isodon japonicus (N.Burm.) H.Hara 毛叶香茶菜
Isodon japonicus var. glaucocalyx (Maxim.) H.W.Li 蓝萼香茶菜(新)
Isodon japonicus var. japonicus=Isodon japonicus
Isodon kangtingensis (C.Y.Wu & H.W.Li) H.Hara=Isodon flabelliformis
Isodon koroënsis Kudô =Isodon amethystoides
Isodon kunmingensis (C.Y.Wu & H.W.Li) H.Hara=Isodon interruptus
Isodon lasiocarpus (Hay.) Kudô =Isodon serra
Isodon latiflorus (C.Y.Wu & H.W.Li) H.Hara=Isodon scrophulariodes
Isodon latifolius (C.Y.Wu & H.W.Li) H.Hara 宽叶香茶菜
Isodon leucophyllus (Dunn) Kudô 白叶香茶菜
Isodon liangshanicus (C.Y.Wu & H.W.Li) H.Hara 凉山香茶菜
Isodon lihsienensis (C.Y.Wu & H.W.Li) H.Hara 理县香茶菜
Isodon longitubus (Miq.) Kudô 长管香茶菜
Isodon lophanthoides (Buch.-Ham. ex D.Don) H.Hara 线纹香茶菜
Isodon lophanthoides var. gerardianus (Benth.) H.Hara 石疙蔺
Isodon lophanthoides var. graciliflorus (Benth.) H.Hara 细花香茶菜(新)
Isodon lophanthoides var. lophanthoides=Isodon lophanthoides
Isodon lophanthoides var. micranthus (C.Y.Wu) H.W.Li 小花香茶菜(新)
Isodon loxothyrsus (Hand.-Mazz.) H.Hara 弯锥香茶菜
Isodon lungshengensis (C.Y.Wu & H.W.Li) H.Hara 龙胜香茶菜
Isodon macrocalyx (Dunn) Kudô 大萼香茶菜
Isodon macrophyllus (Migo) H.Hara 岐伞香茶菜
Isodon maranthus var. *prainianus* (Lévl.) Kudô =Siphocranion macranthum
Isodon medilungensis (C.Y.Wu & H.W.Li) H.Hara 麦地龙香茶菜
Isodon megathyrsus (Diels) H.W.Li 大锥香茶菜
Isodon megathyrsus var. megathyrsus=Isodon megathyrsus
Isodon megathyrsus var. strigosissimus (C.Y.Wu & H.W.Li) H.W.Li 多毛大锥香茶菜(新)
Isodon melissiformis (C.Y.Wu) H.Hara=Isodon melissoides
Isodon melissoides (Benth.) H.Hara 苞叶香茶菜
Isodon mucronatus (C.Y.Wu & H.W.Li) H.Hara 突尖香茶菜
Isodon muliensis (W.Sm.) Kudô 木里香茶菜
Isodon nervosus (Hemsl.) Kudô 显脉香茶菜
Isodon nigropunctata Murata=Isodon hispidus
Isodon oresbius (W.Sm.) Kudô 山地香茶菜
Isodon pantadenius (Hand.-Mazz.) H.W.Li 全腺香茶菜
Isodon parvifolius (Batal.) H.Hara 小叶香茶菜
Isodon pharicus (Prain) Murata 川藏香茶菜
Isodon phyllopodus (Diels) Kudô 柄叶香茶菜
Isodon phyllostachys (Diels) Kudô =Isodon phyllostachys
Isodon plectranthoides Schrad. ex Benth.=Isodon rugosus
Isodon pleiophyllus (Diels) Kudô 多叶香茶菜
Isodon pleiophyllus var. pleiophyllus=Isodon pleiophyllus
Isodon racemosus (Hemsl.) H.W.Li 总序香茶菜
Isodon ricinispermus (Pamp.) Kudô =Isodon rubescens
Isodon rosthornii (Diels) Kudô 瘦花香茶菜
Isodon rubescens (Hemsl.) H.Hara 碎米桠
Isodon rugosiformis (Hand.-Mazz.) H.Hara 类皱叶香茶菜

Isodon rugosus (Wall. ex Benth.) Codd 皱叶香茶菜
Isodon rugosus (Wall.) Murata=Isodon rugosus
Isodon scoparius (C.Y.Wu & H.W.Li) H.Hara 帚状香茶菜
Isodon scrophulariodes (Wall. ex Benth.) Murata 宽花香茶菜
Isodon sculponeatus (Vant.) Kudô 黄花香茶菜
Isodon secundiflorus (C.Y.Wu) H.Hara 侧花香茶菜
Isodon serra (Maxim.) Kudô 溪黄草
Isodon setschwanensis (Hand.-Mazz.) H.Hara 四川香茶菜
Isodon silvaticus (C.Y.Wu & H.W.Li) H.W.Li 林生香茶菜
Isodon smithianus (Hand.-Mazz.) H.Hara 马尔康香茶菜
Isodon stracheyi (Benth. ex HK.f.) Kudô =Isodon walkeri
Isodon striatus (Benth.) Kudô (p.p.)=Isodon lophanthoides var. gerardiana
Isodon striatus (Benth.) Kudô =Isodon lophanthoides
Isodon tenuifolius (W.Sm.) Kudô 细叶香茶菜
Isodon ternifolius (D.Don) Kudô 牛尾草
Isodon walkeri (Arn.) H.Hara 长叶香茶菜
Isodon wardii (Marq. & Airy-Shaw) H.Hara 西藏香茶菜
Isodon websteri (Hemsl.) Kudô 辽宁香茶菜
Isodon weisiensis (C.Y.Wu) H.Hara 维西香茶菜
Isodon wikstroemioides (Hand.-Mazz.) H.Hara 荛花香茶菜
Isodon xerophilus (C.Y.Wu & H.W.Li) H.Hara 旱生香茶菜
Isodon yuennanensis (Hand.-Mazz.) H.Hara 不育红
Isoëtaceae 水韭科
Isoëtes L.**水韭属**(水韭科)
Isoëtes butleris Engl.柏氏水韭
Isoëtes duriaei Bory 杜氏水韭
Isoëtes eatonii Dodge 艾氏水韭
Isoëtes engelmannii A.Br.恩氏水韭
Isoëtes flaccida Shuttl 柔饮水韭
Isoëtes foveolata Eaton 蜂窝水韭
Isoëtes japonica A.Br.日本水韭
Isoëtes lacustris L.水韭
Isoëtes macrospora Durieu 大果水韭
Isoëtes melanopoda Gay & Durieu 黑柄水韭
Isoëtes melanospora Engelm.黑孢水韭
Isoëtes riparia Engelm. ex A.Br.岸生水韭
Isoëtes tuckermannii A.Br.图氏水韭
Isoglossa Oersted.**叉序草属**(爵床科)
Isoglossa collina (T.Anders.) B.Hansen 叉序草
Isoglossa glabra (Hand.-Mazz.) B.Hansen 光叉序草
Isolepis barbata (Rottb.) R.Br.=Bulbostylis barbata
Isolepis densa (Wall.) Schult.=Bulbostylis densa
Isolepis supina Benth.=Scirpus supinus var. lateriflorus
Isolepis supinua R.Br.=Scirpus supinus
Isolepis tenuissima D.Don=Bulbostylis densa
Isolepis trifida Nees=Bulbostylis densa
Isolepis verrucifera Maxim.=Fimbristylis verrucifera
Isolobus kerii A.DC.=Lobelia chinensis
Isolobus radicans A.DC.=Lobelia chinensis
Isolobus roxburghianus A.DC.=Lobelia chinensis
Isometrum Craib **金盏苣苔属**(苦苣苔科)
Isometrum crenatum K.Y.Pan 圆齿金盏苣苔
Isometrum eximium Chun & W.T.Wang & K.Y.Pan 多裂金盏苣苔
Isometrum fargesii (Franch.) Burtt 城口金盏苣苔
Isometrum farreri Craib 金盏苣苔
Isometrum giraldii (Diels) Burtt 毛蕊金盏苣苔
Isometrum glandulosum (Batalin) Craib 短檐金盏苣苔
Isometrum lancifolium (Franch.) K.Y.Pan 紫花金盏苣苔
Isometrum lancifolium var. lancifolium=Isometrum lancifolium
Isometrum lancifolium var. mucronatum K.Y.Pan 汶川金盏苣苔
Isometrum lancifolium var. tsingchenshanicum W.T.Wang & K.Y.Pan 狭叶金盏苣苔
Isometrum leucanthum (Diels) Burtt 白花金盏苣苔
Isometrum lungshengense (W.T.Wang) W.T.Wang & K.Y.Pan 龙胜金盏苣苔
Isometrum nanchuanicum K.Y.Pan 南川金盏苣苔
Isometrum pinnatilobatum K.Y.Pan 裂叶金盏苣苔
Isometrum primuliflorum (Batalin) Burtt 羽裂金盏苣苔
Isometrum sichuanicum K.Y.Pan 四川金盏苣苔
Isometrum villosum K.Y.Pan 柔毛金盏苣苔
Isonandra Wight=**Palaquium**
Isopogon R.Br.**球果木属**(山龙眼科)
Isopogon anemonifolius J.Knight.银莲花叶球果木
Isopogon anethifolius J.Kinight.莳萝叶球果木
Isopogon roseus Lindl.玫瑰球果木
Isopogon sphaerocephalus Lindl.圆头球果木
Isopyrum L.**扁果草属**(毛茛科)
Isopyrum acuriculatum Franch.=Dichocarpum franchetii
Isopyrum adiantifolium HK.f. & Thoms.(Finet & Gagn. in Bull.Soc.Bot. Fr.1904)=Dichocarpum sutchuenense
Isopyrum adiantifolium var. *arisanensis* Hay.=Dichocarpum arisanense
Isopyrum adoxoides DC.=Semiaquilegia adoxoides
Isopyrum anemonoides Kar. & Kir.扁果草
Isopyrum arisanensis (Hay.) Ohwi=Dichocarpum arisanense
Isopyrum auriculatum Franch.=Dichocarpum auriculatum
Isopyrum boissiaei (Lévl & Vant.) Ulbr.=Urophysa henryi
Isopyrum caespitosum Boiss. & Hohen.=Paraquilegia caespitosa
Isopyrum cavaleriei Lévl. & Vant.=Asteropyrum cavaleriei
Isopyrum dalzielii Drumm. & Hutch.=Dichocarpum dalzielii
Isopyrum delavayi Franch.=Dichocarpum auriculatum
Isopyrum fargesii Franch.=Dichocarpum fargesii
Isopyrum flaccidum Ulbr.=Dichocarpum dalzielii
Isopyrum franchetii Finet & Gagn.=Dichocarpum franchetii
Isopyrum fumarioides L.=Leptopyrum fumarioides
Isopyrum grandiflorum Fisch.=Paraquilegia anemonoides
Isopyrum grandiflorum var. *microphyllum* (Ropyle) Finet & Gagn.= Paraquilegia microphylla
Isopyrum henryi Oliv.=Urophysa henryi
Isopyrum leveilleanum Nakai=Semiaquilegia adoxoides
Isopyrum limprichtii Ulbr.=Dichocarpum auriculatum
Isopyrum manshuricum Kom.东北扁果草
Isopyrum microphyllum Royle=Paraquilegia microphylla
Isopyrum multipeltatum Pamp.=Thalictrum ichangense
Isopyrum peltatum Franch.=Asteropyrum peltatum
Isopyrum pteridifolium Hand.-Mazz.=Dichocarpum dalzielii
Isopyrum raddeanum (Rgl.) Maxim.=Enemion raddeanum
Isopyrum sutchuenense Franch.=Dichocarpum sutchuenense
Isopyrum thalictroides L.唐松草状扁果草
Isopyrum trichophyllum Lévl.=Thalictrum foeniclaceum
Isopyrum tuberosum Lévl.=Semiaquilegia adoxoides
Isopyrum uniflorum Aitch. & Hemsl.=Isopyrum anemonoides
Isopyrum vaginatum Maxim.=Souliea vaginata
Isopyrum yamatsutanum Ohwi=Isopyrum manshuricum
Isotrema Rafin.=**Aristolochia**
Isotrema chrysops Stapf=Aristolochia kaempferi f. heterophylla
Isotrema heterophylla (Hemsl.) Stapf=Aristolochia kaempferi f. heterophylla
Isotrema lasiop Stapf. =Aristolochia kaempferi f. heterophylla
Isotrema transsecta Chatterjee=Aristolochia transsecta
Itea L.**鼠刺属**(虎耳草科)
Itea amoena Chun 秀丽鼠刺
Itea arisanensis sensu Yamam.(p.p.)=Itea oblonga
Itea arisanensis Hay.=Itea parviflora
Itea arisanensis var. *longifolia* Yamamoto=Itea parviflora
Itea arisanensis var. *parvifolia* Yamamoto=Itea parviflora
Itea bodinieri Lévl.=Itea yunnanensis
Itea chinensis HK. & Arn.(Hemsl.in Trans.Asiat.Soc.Jap.1896)=Itea oldhamii
Itea chinensis HK. & Arn.鼠刺
Itea chinensis var. *arisanensis* (Hay.) Masamune ex Kudô & Masamune= Itea parviflora
Itea chinensis var. *coriacea* (Y.C.Wu) Z.P.Jien=Itea omeiensis
Itea chinensis var. *indochiensis* (Merr.) Lecompte=Itea indochinensis
Itea chinensis var. *oblonga* (Hand.-Mazz.) Y.C.Wu=Itea oblonga
Itea chinensis var. *pubinervia* H.T.Chang=Itea indochinensis var. pubinervia
Itea chinensis var. *subserrata* Maxim.=Itea oldhamii
Itea chingiana S.Y.Jin=Itea kwangsiensis
Itea coriacea Y.C.Wu 厚叶鼠刺
Itea esquirolii H.Lévl.=Itea yunnanensis
Itea formosana Li=Itea oldhamii
Itea forrestii Y.C.Wu=Itea yunnanensis
Itea glutinosa Hand.-Mazz.腺鼠刺

Itea homalioidea H.T.Chang=Itea indochinensis
Itea ilicifolia Oliv.(W.W.Sm.in Not.Royal.Bot.Gard.Edinb.1929-30)= Itea yunnanensis
Itea ilicifolia Oliv.冬青叶鼠刺
Itea indochinensis Merr.毛鼠刺
Itea indochinensis var. indochinensis=Itea indochinensis
Itea indochinensis var. pubinervia (Chang) C.Y.Wu 毛脉鼠刺
Itea kiukiangensis C.C.Huang & S.C.Huang 俅江鼠刺
Itea kwangsiensis H.T.Chang 子农鼠刺
Itea kwangsinensis H.T.Chang=Itea omeiensis
Itea lanceolata Merr.=Itea amoena
Itea longibracteata Hu=Itea omeiensis
Itea luzonensis Elmer=Itea macrophylla
Itea macrophylla Wall. ex Roxb.大叶鼠刺
Itea maesifolia Elmer=Itea macrophylla
Itea memgtzeana Engl.=Itea yunnanensis
Itea oblonga Hand.-Mazz.=Itea omeiensis
Itea oldhamii Schneid.台湾鼠刺
Itea omeiensis C.K.Schneid.峨眉鼠刺
Itea omeiensis Schneid.=Itea oblonga
Itea parviflora sensu Yamamoto=Itea parviflora
Itea parviflora Hemsl.小花鼠刺
Itea parviflora var. *arisanensis* (Hay.) Li=Itea parviflora
Itea parviflora var. *latifolia* Li=Itea parviflora
Itea puberula Craib=Itea macrophylla
Itea quizhouensis H.T.Chang=Itea indochinensis
Itea riparia Coll. & Hemsl.河岸鼠刺
Itea riparia var. *acuminata* Hu=Itea amoena
Itea stenophylla Chang=Itea oblonga
Itea thorelii Gagn.=Itea riparia
Itea virginica L.北美鼠刺
Itea yangchunensis Jin 阳春鼠刺
Itea yunnanensis Franch.滇鼠刺
Itoa Hemsl.**栀子皮属**(大风子科)
Itoa orientalis Hemsl.栀子皮
Itoa orientalis var. glabrescens C.Y.Wu ex G.S.Fan 光叶栀子皮
Itoa orientalis var. *hebaclados* S.S.Lai=Itoa orientalis var. glabrescens
Itoa orientalis var. orientalis=Itoa orientalis
Ixeridium (A.Gray) Tzvel.**小苦荬属**(菊科)
Ixeridium aculeolatum Shih 刺株小苦荬
Ixeridium biparum Shih 并齿小苦荬
Ixeridium chinense (Thunb.) Tzvel.苦菜
Ixeridium dentatum (Thunb.) Tzvel.小苦荬
Ixeridium elegans (Franch.) Shih 精细小苦荬
Ixeridium gracile (DC.) Shih 细叶小苦荬
Ixeridium gramineum (Fisch.) Tzvel.窄叶小苦荬
Ixeridium graminifolium (Ledeb.) Tzvel.丝叶小苦荬
Ixeridium laevigatum (Bl.) Shih 褐冠小苦荬
Ixeridium sagittaroides (C.B.Clarke) Shih 戟叶小苦荬
Ixeridium sonchifolium (Maxim.) Shih 抱茎小苦荬
Ixeridium strigosum (Lévl. & Vant.) Tzvel.光滑小苦荬
Ixeridium yunnanense Shih 云南小苦荬
Ixeris (sect.?) *Chorisis* (DC.) A.Gray=**Chorisis**
Ixeris (sect.?) *Ixeridium* A.Gray=**Ixeridium**
Ixeris Cass.**苦荬菜属**(菊科)
Ixeris chelidonifolia (Makino) Stebbins=Paraixeris chelidonifolia
Ixeris chinensis (Thunb.) Nakai (高等图鉴 1975)=Ixeridium gramineum
Ixeris chinensis (Thunb.) Nakai=Ixeridium chinense
Ixeris chinensis subsp. *strigosa* (Lévl. & Vant.) Kitam.=Ixeridium strigosum
Ixeris chinensis subsp. *versicolor* (Fisch. ex Lin) Kitam.=Ixeridium gramineum
Ixeris chinensis subsp. *versicolor* var. *collina* Kitag.=Ixeridium strigosum
Ixeris chinensis subsp. *versicolor* var. *intermedia* Kitag.=Ixeridium gramineum
Ixeris chinensis var. *graminifolia* (Ledeb.) H.C.Fu=Ixeridium graminifolium
Ixeris chinensis var. *saxatilis* (Kitam.) Kitagm.=Ixeridium chinense
Ixeris chinensis var. *strigosa* (Lévl. & Vant.) Ohwi=Ixeridium strigosum
Ixeris debilis (Thunb.) A.Gray=Ixeris japonica
Ixeris debilis subsp. *litoralis* (Kitam.) Kitam.=Ixeris japonica
Ixeris dentata (Thunb) Nakai (高等图鉴 1975)=Ixeridium gramineum
Ixeris dentata (Thunb) Nakai=Ixeridium dentatum
Ixeris denticulata (Houtt) Stebbins=Paraixeris denticulata
Ixeris denticulata (Houtt.) Stebbins (高等图鉴 1975)=Ixeridium sonchifolium
Ixeris denticulata subsp. *elegans* (Franch.) Stebbins=Ixeridium elegans
Ixeris denticulata subsp. *longiflora* Stebbins=Paraixeris denticulata
Ixeris denticulata subsp. pubescens Stebbins 柔毛黄瓜菜(新)?
Ixeris denticulata subsp. *ramosissima* (Benth.) Stebbgins=Paraixeris denticulata
Ixeris denticulata subsp. *sonchifolia* (Maxim.) Stebbins(p.p.)=Ixeridium sonchifolium
Ixeris denticulata subsp. *sonchifolia* (Maxim.) Stebbins(p.p.)=Paraixeris serotina
Ixeris dissecta (Makino) Shih 深裂苦荬菜
Ixeris gracilis (DC.) Stebbins=Ixeridium gracile
Ixeris graminea (Fisch.) Nakai=Ixeridium gramineum
Ixeris graminifolia (Ledeb.) Kitag.=Ixeridium graminifolium
Ixeris humifusa (Dunn) Stebbins=Paraixeris humifusa
Ixeris japonica (Burm.f.) Nakai 剪刀股
Ixeris japonica f. *dissecta* Nakai=Ixeris japonica
Ixeris japonica f. *integra* (O.Ktze.) Nakai=Ixeris japonica
Ixeris japonica f. *sinuata* Franch. & Sv.=Ixeris japonica
Ixeris japonica subsp. *litoralis* Kitam.=Ixeris japonica
Ixeris japonica subsp. *salsuginosa* (Kitag.) Kitag.=Ixeris japonica
Ixeris japonica var. *salsuginoisa* Kitag.=Ixeris japonica
Ixeris koshunensis (Hay.) Stebbins=Crepidiastrum lanceolatum
Ixeris laevigata (Bl.) Sch.-Bip. ex Maxim.=Ixeridium laevigatum
Ixeris laevigata (Bl.) Yamamoto=Ixeridium laevigatum
Ixeris laevigata var. *oldhami* (Makino) Kitam.=Ixeridium laevigatum
Ixeris lanceolata (Houtt.) Stebbins=Crepidiastrum lanceolatum
Ixeris matsumurae (Makino) Nakai=Ixeris polycephala
Ixeris oldhami (Maxim.) Kitam.=Ixeridium laevigatum
Ixeris polycephala Cass 苦荬菜
Ixeris polycephala f. *dissecta* (Makino) Ohwi=Ixeris dissecta
Ixeris polycephala var. *dissecta* (Makino) Nakai=Ixeris dissecta
Ixeris quercus (Lévl. & Vant.) Stebbins=Crepidiastrum lanceolatum f. pinnatilobum
Ixeris repens (L.) A.Gray=Chorisis repens
Ixeris sagittaroides (C.B.Clarke) Stebbins=Ixeridium sagittaroides
Ixeris scaposa Freny=Ixeridium gramineum
Ixeris sect. *Chorisis* (DC.) Kitam.=**Chorisis**
Ixeris sect. *Ixeridium* (A.Gray) Kitam.=**Ixeridium**
Ixeris serotina (Maxim.) Kitag.=Paraixeris serotina
Ixeris sonchifolia (Bge.) Hance=Ixeridium sonchifolium
Ixeris sonchifolia var. *serotina* (Maxim.) Kitag.=Paraixeris serotina
Ixeris stebbinsiana Hand.-Mazz.=Paraixeris humifusa
Ixeris stolonifera A.Gray 圆叶苦荬菜
Ixeris subgen. *Crepidiastrum* (Nakai) Stebbins=**Crepidiastrum**
Ixeris subgen. *Paraixeris* (Nakai) Stebbins=**Paraixeris**
Ixeris thunbergii A.Gray.=Ixeridium dentatum
Ixeris transnokoensis (Sasaki) Kitam.=Ixeridium laevigatum
Ixeris versicolor (Fisch. ex Link) DC.=Ixeridium gramineum
Ixia L.**鸟胶花属**(鸢尾科)
Ixia chinensis L.=Belamcanda chinensis
Ixia crocata Thunb.=Tritonia crocata
Ixia maculata L.黄鸟胶花
Ixia scariosa Thunb.粉鸟胶花
Ixia viridiflora Lam.绿鸟胶花
Ixiolirion (Fisch.) Herb.**鸢尾蒜属**(石蒜科)
Ixiolirion ixiolirioides (Rgl.) Dandy=Ixiolirion tataricum var. ixiolirioides
Ixiolirion kolpakowskianum Rgl.=Ixiolirion tataricum var. ixiolirioides
Ixiolirion songaricum P.Yan 准噶尔鸢尾蒜
Ixiolirion tataricum (Pall.) Herb.鸢尾蒜
Ixiolirion tataricum var. ixiolirioides (Rgl.) X.H.Qian 假管鸢尾蒜
Ixiolirion tataricum var. tataricum=Ixiolirion tataricum
Ixonanthes Jack **粘木属**(古柯科)
Ixonanthes chinensis Champ.粘木
Ixonanthes cochinchinensis Pierre 云南粘木
Ixophorus verticillatus Nash=Setaria verticillata
Ixora L.**龙船花属**(茜草科)
Ixora amplexicaulis C.Y.Wu ex Ko 抱茎龙船花
Ixora auricularis How ex Ko 耳叶龙船花

Ixora cavaleriei Lévl.=Ixora henryi
Ixora cephalophora Merr.团花龙船花
Ixora chinensis Lam.(台湾树木志 1963)=Ixora philippinensis
Ixora chinensis Lam.龙船花
Ixora coccinea L.红仙丹草
Ixora crocata Lindl.=Ixora chinensis
Ixora effusa Chun & How ex Ko 散花龙船花
Ixora finlaysoniana Wall. ex G.Don 薄叶龙船花
Ixora foonchowii Ko 宽昭龙船花
Ixora fulgens Roxb.亮叶龙船花
Ixora graciliflora Hay.=Ixora philippinensis
Ixora gracilis Ko 纤花龙船花
Ixora hainanensis Merr.海南龙船花
Ixora hayatai Kanehira=Ixora philippinensis
Ixora henryi Lévl.白花龙船花
Ixora insignis Chun & How ex Ko 长序龙船花
Ixora nienkui Merr. & Chun 泡叶龙船花
Ixora paraopaca Ko 版纳龙船花
Ixora pavettaefolia Craib=Duperrea pavettaefolia
Ixora philippinensis Merr.小仙龙船花
Ixora pygmaea Merr. & Metc.=Ixora hainanensis
Ixora spectabilis Wall.美仙丹花
Ixora stricata var. *incarnata* Benth.=Ixora chinensis
Ixora stricta Roxb.=Ixora chinensis
Ixora subsessilis Wall. ex G.Don 囊果龙船花
Ixora tibetana Bremek.西藏龙船花
Ixora tomentosa Roxb.=Pavetta tomentosa
Ixora tsangii Merr. ex Li 上思龙船花
Ixora yunnanensis Hutch.云南龙船花

J

Jacaranda Juss.**蓝花楹属**(紫葳科)
Jacaranda acutifolia Humb. & Bonpl.(广州志 1956 ,海南志 1974)= Jacaranda mimosifolia
Jacaranda cuspidifolia Mart.尖叶蓝花楹
Jacaranda mimosifolia D.Don 蓝花楹
Jacaranda ovalifolia R.Br.=Jacaranda mimosifolia
Jacea Juss.=**Centaurea**
Jacea segetum (Hill.) Lam.=Centaurea cyanus
Jacobinia carnea (Lindl.) Nichols.= Cyrtanthera carnea
Jacquemontia Choisy **小牵牛属**(旋花科)
Jacquemontia paniculata (Burm.f.) Hall.f.小牵牛
Jacquemontia paniculata var. lanceolata S.H.Huang 披针叶小牵牛
Jacquemontia paniculata var. paniculata=Jacquemontia paniculata
Jacquemontia parviflora (Wahl.) Roberty=Jacquemontia paniculata
Jacquemontia violacea Choisy=Jacquemontia paniculata
Jaeschkea Kurz.**口药花属**(龙胆科)
Jaeschkea canaliculata (Royle ex G.Don) Knobl.宽萼口药花
Jaeschkea gentianoides Kurz.克什米尔口药花
Jaeschkea latisepala C.B.Clarke=Jaeschkea canaliculata
Jaeschkea microsperma C.B.Clarke 小籽口药花
Jaffa 贾发(芸香科脐橙类)
Jambolifera chinensis Spreng.=Syzygium cumini
Jambolifera pedunculata L.(Lour.in Fl.Cochinch.1790 & 1793)= Syzygium cumini
Jambolifera pedunculata L.=Acronychia pedunculata
Jambosa bracteata Miq.=Syzygium seylanicum
Jambosa domestica Bl.=Syzygium malaccense
Jambosa lineata DC.=Syzygium lineatum
Jambosa pulchella Miq.=Syzygium oblatum
Jambosa samarangensis DC.=Syzygium samarangense
Jambosa vulgaris DC.=Syzygium jambos
Jancaea Boiss.**杨卡苣苔属**(苦苣苔科)
Jancaea heldreichii Boiss.海氏杨卡苣苔
Japanobotrychium arisanense Masamune 台湾阴地蕨(新)?
Japonasarum Nakai=**Asarum**
Japonasarum caulescens (Maxim.) Nakai=Asarum caulescens
Jasminanthes Bl.**黑鳗藤属**(萝藦科)
Jasminanthes chunii (Tsiang) W.D.Stev. & P.T.Li 假木藤
Jasminanthes mucronata (Blanco) W.D.Stev. & P.T.Li=Jasminanthes pilosa
Jasminanthes pilosa (Kerr.) W.D.Stev. & P.T.Li 黑鳗藤
Jasminanthes saxatilis (Tsiang & P.T.Li) W.D.Stev. & P.T.Li 云南黑鳗藤
Jasminonerium edule (Forssk.) Ktz.=Carissa edulis
Jasminum L.**素馨属**(木犀科)
Jasminum affine Royle=Jasminum officinale
Jasminum albicalyx Kobuski 白萼素馨
Jasminum amplexicaule Buch.-Ham. ex G.Don (Rehd.in J.Arn.Arb. 1934)=Jasminum nervosum
Jasminum amplexicaule Buch.-Ham. ex G.Don=Jasminum elongatum
Jasminum amplexicaule var. *elegans* (Hemsl.) Kobuski=Jasminum nervosum
Jasminum anastomosans Wall.=Jasminum nervosum
Jasminum angulare Bge.=Jasminum nudiflorum
Jasminum angustifolium Ker=Jasminum laurifolium
Jasminum angustifolium var. β. *laurifolium* Ker=Jasminum laurifolium
Jasminum anisophyllum Kobuski=Jasminum wengeri
Jasminum argyi Lévl.=Jasminum floridum
Jasminum attenuatum Roxb.大叶素馨
Jasminum banlanense P.Y.Bai=Jasminum attenuatum
Jasminum beesianum Forr. & Diels 红素馨
Jasminum beesianum var. *ulotrichum* Hand.-Mazz.=Jasminum beesianum
Jasminum blinii Lévl.=Jasminum polyanthum
Jasminum bodinieri Lévl.=Jasminum sinense
Jasminum brevidentatum L.C.Chia=Jasminum urophyllum
Jasminum brevidentatum var. *ferrugineum* Chia=Jasminum urophyllum
Jasminum cathayense Chun ex Chia 华南素馨
Jasminum cinnamomifolium Kibuski 樟叶素馨
Jasminum cinnamomifolium var. *axillare* Kobuski=Jasminum nervosum
Jasminum coarctatum Roxb.=Jasminum tonkinense Gagn.
Jasminum coarctatum var. *caudatifolium* P.Y.Bai=Jasminum tonkinense
Jasminum coarctatum var. coarctatum=Jasminum coarctatum
Jasminum coffeinum Hand.-Mazz.咖啡素馨
Jasminum cordatulum (Merr. & Chun ex L.C.Chia) L.C.Chia=Jasminum pierreanum
Jasminum craibianum Kerr.毛萼素馨
Jasminum delafieldii Lévl.=Jasminum polyanthum
Jasminum delavayi Franch. ex iels=Jasminum beesianum
Jasminum discolor Franch.=Jasminum lanceolarium
Jasminum dispermum Wall.双子素馨
Jasminum diversifolium Kobuski=Jasminum subhumile
Jasminum diversifolium var. *glabricymosum* (W.W.Sm.) Kobuski= Jasminum subhumile
Jasminum diversifolium var. *subhumile* (W.W.Sm.) Kobuski=Jasminum subhumile
Jasminum diversifolium var. *tomentosum* Chia=Jasminum subhumile
Jasminum duclouxii (Lévl.) Rehd.丛林素馨
Jasminum dumicolum W.W.Sm.(p.p.)=Jasminum dispermum
Jasminum dumicolum W.W.Sm.(p.p.)=Jasminum duclouxii
Jasminum dunnianum Lévl.=Jasminum lanceolarium
Jasminum elegans (Hemsl.) Yamamoto=Jasminum nervosum
Jasminum elongatum (Bergius) Willd.扭肚藤
Jasminum esquirolii Lévl.=Jasminum elongatum
Jasminum flexile Vahl 盈江素馨
Jasminum floridum Bge.探春花
Jasminum floridum subsp. floridum=Jasminum floridum
Jasminum floridum var. *spinescens* Diels=Jasminum floridum
Jasminum forrestianum Kobuski=Jasminum dispermum
Jasminum fuchsiaefolium Gagn.倒吊钟叶素馨
Jasminum gardeniiflorum Chia=Jasminum lang
Jasminum giraldii Diels=Jasminum floridum
Jasminum grandifloum L.素馨花
Jasminum guangxiense Miao 广西素馨
Jasminum hemsleyi Yamamoto=Jasminum nervosum
Jasminum heterophyllum Roxb.=Jasminum subhumile
Jasminum heterophyllum var. *glabricumosum* W.W.Sm.=Jasminum subhumile
Jasminum heterophyllum var. *subhumile* (W.W.Sm.) Kobuski=Jasminum subhumile
Jasminum hirsutum (L.) Willd.=Jasminum multiflorum
Jasminum hongshuihoense Jien 绒毛素馨
Jasminum humile L.(Kobuski in J.Arn.Arb.1932,p.p.)=Jasminum humile var. microphyllum
Jasminum humile L.矮探春
Jasminum humile f. humile=Jasminum humile
Jasminum humile f. kansuense (Kobuski) Miao 甘肃矮探春

Jasminum humile f. *microphyllum* Chia=Jasminum humile var. microphyllum
Jasminum humile var. *glabrum* (DC.) Kobuski=Jasminum humile f. wallichianum
Jasminum humile var. humile f. pubigerum (D.Don) Grohmann 密叶矮探春
Jasminum humile var. humile f. wallichianum (Lind.) P.S.Green 羽叶矮探春
Jasminum humile var. humile=Jasminum humile
Jasminum humile var. *kansuense* Kobuski=Jasminum floridum
Jasminum humile var. microphyllum (Chia) P.S.Green 小叶矮探春
Jasminum humile var. *microphyllum* f. *kansuense* (Kobuski) B.M.Miao=Jasminum floridum
Jasminum humile var. *pubigerum* (D.Don) Kitamura=Jasminum humile f. pubigerum
Jasminum humile var. *siderophyllum* (Lévl.) Kobuski=Jasminum humile
Jasminum inornatum Hemsl.=Jasminum microcalyx
Jasminum lanceolarium f. *unifoliolatum* Hand.-Mazz.=Jasminum lanceolarium
Jasminum lanceolarium Roxb.滇香藤
Jasminum lanceolarium var. *puberulum* Hemsl.=Jasminum lanceolarium
Jasminum lang Gagn.栀花素馨
Jasminum latifolium Buch.-Ham.=Jasminum dispermum
Jasminum laurifolium Roxb.岭南茉莉
Jasminum laurifolium var. brachylobum Kurz 桂叶素馨
Jasminum laurifolium var. *villosum* Lévl.=Jasminum nervosum
Jasminum ligustroides L.C.Chia=Jasminum elongatum
Jasminum longitubum Chia 长管素馨
Jasminum mairei Lévl.=Jasminum humile
Jasminum mairei var. *siderophyllum* Lévl.=Jasminum humile
Jasminum mesnyi Hance 野迎春
Jasminum microcalyx Hance 小萼素馨
Jasminum multiflorum (Burm.f.) Andr (Kobuski in J.Arn.Arb.1932)=Jasminum elongatum
Jasminum multiflorum (Burm.f.) Andr.毛茉莉
Jasminum nervosum Lour.青藤仔
Jasminum nervosum var. *elegans* (Hemsl.) Chia=Jasminum nervosum
Jasminum nervosum var. *villosum* (Lévl.) Chia=Jasminum nervosum
Jasminum nintooides Rehd.银花素馨
Jasminum nudiflorum Lindl.迎春花
Jasminum nudiflorum var. nudiflorum=Jasminum nudiflorum
Jasminum nudiflorum var. pulvinatum (W.W.Sm.) Kobuski 垫状迎春
Jasminum oblongum N.L.Burm.=Gymnanthera oblonga
Jasminum odoratissimum L.浓香探春
Jasminum officimale f. *grandiflroum* (L.) Kobuski=Jasminum grandiflroum
Jasminum officinale L.素方花
Jasminum officinale f. *affine* Nichoson=Jasminum officinale
Jasminum officinale f. officinale=Jasminum officinale
Jasminum officinale var. *affine* (Royle ex Lind.) Kpp.=Jasminum officinale
Jasminum officinale var. *grandiflorum* (L.) Stokes=Jasminum grandiflroum
Jasminum officinale var. piliferum P.Y.Bai 具毛素方花
Jasminum officinale var. tibeticum C.Y.Wu ex P.Y.Bai 西藏素方花
Jasminum pachyphyllum Hemsl.=Jasminum lanceolarium
Jasminum paniculatum Roxb.=Jasminum lanceolarium
Jasminum pentaneurum Hand.-Mazz.厚叶素馨
Jasminum pierreanum Gagn.心叶素馨
Jasminum pilosicalyx Kobuski=Jasminum craibianum
Jasminum pinfaense Gagn.=Jasminum prainii
Jasminum polyanthum Frnch.多花素馨
Jasminum prainii Lévl.披针叶素馨
Jasminum primulinum Hemsl.=Jasminum mesnyi
Jasminum pubescens (Retz.) Willd.=Jasminum multiflorum
Jasminum pubigerum D.Don=Jasminum humile f. pubigerum
Jasminum pubigerum β. *glabrum* DC.=Jasminum humile f. wallichianum
Jasminum pulvinatum W.W.Sm.=Jasminum nudiflorum var. pulvinatum
Jasminum quinquinerve Lambert ex D.Don=Jasminum dispermum
Jasminum rehderianum Kobuski 白皮素馨
Jasminum reticulatum Wall.=Jasminum coarctatum
Jasminum robustifolium Kobuski=Jasminum attenuatum
Jasminum rufohirtum Gagn.云南素馨
Jasminum sambac (L.) Ait.茉莉花
Jasminum schneideri Lévl.=Jasminum duclouxii
Jasminum seguinii Lévl.亮叶素馨
Jasminum seguinii var. *cordatulum* Merr. & Chun ex Chia=Jasminum pierreanum
Jasminum seguinii var. *latilobum* Hand.-Mazz.=Jasminum seguinii
Jasminum sempervirense Kerr.=Jasminum subglandulosum
Jasminum shimadai Hay.=Jasminum lanceolarium
Jasminum sieboldianum Bl.=Jasminum nudiflorum
Jasminum sinense Hemsl.华素馨
Jasminum sinense var. *septentrionale* Hand.-Mazz.=Jasminum sinense
Jasminum ×stephanense Lemoine 淡红素馨
Jasminum subglandulosum Kurz 腺叶素馨
Jasminum subhumile W.W.Sm.滇素馨
Jasminum subhumile var. *glabricymosum* (W.W.Sm.) P.Y.Bai=Jasminum subhumile
Jasminum subtriplinerve Bl.(Dunn & Tutcher in Kew Bull.Misc.Inf.Add.Ser. 1912)=Jasminum pentaneurum
Jasminum subtriplinerve Bl.(Matsumura in Bot.Mag.Tokyo 1898)=Jasminum nervosum
Jasminum subulatum Lindl.=Jasminum floridum
Jasminum taiwanianum Masamune=Jasminum urophyllum
Jasminum taliense W.W.Sm.=Jasminum seguinii
Jasminum tomentosum S.Y.Bao ex P.Y.Bai=Jasminum hongshuihoense
Jasminum tonkinense Gagn.密花素馨
Jasminum trinerve Vahl(Hance in J.Bot.1878)=Jasminum pentaneurum
Jasminum trineuron Kobuski=Jasminum nervosum
Jasminum tsinglingense Lingelsh.=Jasminum floridum
Jasminum undulatum Ker-Gawl.=Jasminum elongatum
Jasminum undulatum var. *elegans* Hemsl.=Jasminum nervosum
Jasminum urophyllum Hemsl.川素馨
Jasminum urophyllum var. *henryi* Rehd.=Jasminum urophyllum
Jasminum urophyllum var. *wilsonii* Rehd.=Jasminum urophyllum
Jasminum valbrayi Lévl.=Jasminum beesianum
Jasminum violascens Lingelsh.=Jasminum beesianum
Jasminum volubilis var. *pubescens* Pamp.=Jasminum lanceolarium
Jasminum wallichianum Lindl.=Jasminum humile f. wallichianum
Jasminum wangii Kobuski=Jasminum subglandulosum
Jasminum wardii Adams.=Jasminum beesianum
Jasminum wengeri C.E.C.Fisch.异叶素馨
Jasminum yingjiangense P.Y.Bai=Jasminum flexile
Jasminum yuanjiangense P.Y.Bai 元江素馨
Jasminum yunnanense Jien ex P.Y.Bai=Jasminum rufohirtum
Jatropha L.**麻疯树属**(大戟科)
Jatropha curcas L.麻疯树
Jatropha gossypiifolia L.棉叶珊瑚花
Jatropha integerrima Jacq.变叶珊瑚花
Jatropha manihot L.=Manihot esculenta
Jatropha moluccana L.=Aleurites moluccana
Jatropha montana Willd.=Baliospermum montanum
Jatropha multifida L.珊蝴花
Jatropha podagrica HK.佛肚树
Jeffersonia B.S.Barton **鲜新黄连属**(小檗科)
Jeffersonia diphylla Pers.二叶鲜新黄连
Jeffersonia dubia Benth. & HK.f. & Baker & Moore=Plagiorhegma dubia
Jeffersonia manchuriensis Hance=Plagiorhegma dubia
Jensoa Rafin.=**Cymbidium**
Jensoa ensata (Thunb.) Rafin.=Cymbidium ensifolium
Jerdonia Wight **哲东苣苔属**(苦苣苔科)
Jimensia Rafin.=**Bletilla**
Jimensia formosana (Hay.) Garay & Schultes=Bletilla formosana
Jimensia kotoensis (Hay.) Garay & Schultes=Bletilla formosana
Jimensia morrisonensis (Hay.) Garay & Schultes=Bletilla formosana
Jimensia ochracea (Schltr.) Garay & Schultes=Bletilla ochracea
Jimensia sinensis (Rolfe) Garay & Schltes=Bletilla sinensis
Jimensia striata (Thunb. ex A.Murray) Garay & Schultes=Bletilla striata
Jimensia szetchuanica (Schltr.) Garay & Schultes=Bletilla formosana
Jimensia yunnanensis (Schltr.) Garay & Schultes=Bletilla formosana
Jocaste purpurea (Wall.) Kunth=Maianthemum purpureum
Jocaste purpurea β. *albiflora* Kunth=Maianthemum purpureum
Johannesteijsmannia H.E.Moore **约翰棕属**(棕榈科)
Johrenia villosa Benth.=Phlojodicarpus villosus

Joppa 乔伯(芸香科脐橙类)
Jubaea HNK **密棕属**(棕榈科)
Jubaea chilensis (Molina) Baillon 智利密棕
Juglandaceae 胡桃科
Juglandicarya integrifoliolata (Kuang) Hu=Annamocarya sinensis
Juglans L.**胡桃属**(胡桃科)
Juglans australis Griseb.阿根廷黑核桃
Juglans boliviana (DC.) Dode.玻利维亚核桃
Juglans californica Wats.加州核桃
Juglans cathayensis Dode=Juglans mandshurica
Juglans cathayensis var. *cathayensis*=Juglans mandshurica
Juglans cathayensis var. formosana (Hay.) A.M.Lu & R.H.Chang 华东野核桃?
Juglans cinerea L.灰核桃
Juglans collapsa Dode=Juglans mandshurica
Juglans columbiensis Dode.哥伦比亚核桃
Juglans draconis Dode=Juglans mandshurica
Juglans duclouxiana Dode=Juglans regia
Juglans fallax Dode=Juglans regia
Juglans formosana Hay.=Juglans mandshurica
Juglans hindsii (Jeps.) Jeps.印度黑核桃
Juglans honorei Dode.厄瓜多尔核桃
Juglans hopeiensis Hu 麻核桃
Juglans illinoinensis Wangenh.=Carya illinoensis
Juglans indochinensis A.Chev.=Annamocarya sinensis
Juglans insularis Griseb.古巴核桃
Juglans kamaonia (A.DC.) Dode=Juglans regia
Juglans major (Torr.) Heller 大核桃
Juglans mandshurica Maxim.(Skan in J.L.Soc.Bot.1899,p.p.)=Juglans mandshurica
Juglans mandshurica Maxim.胡桃楸
Juglans mollis Engelm.危地马拉核桃
Juglans nigra L.黑核桃
Juglans olivaeformis Mich.=Carya illinoinensis
Juglans orientis Dode=Juglans regia
Juglans pecan Marsh.=Carya illinoensis
Juglans regia L.胡桃
Juglans regia var. *sinensis* C.DC.=Juglans regia
Juglans rupestris Engelm.岩核桃
Juglans sieboldiana Maxim.(Pritz.in Bot.Jahrb.1900)=Juglans mandshurica
Juglans sigillata Dode 泡核桃
Juglans sinensis (C.DC.) Dode=Juglans regia
Juglans stenocarpa Maxim.=Juglans mandshurica
Juncaceae 灯心草科
Juncago palustris Moench=Triglochin palustre
Juncellus (Griseb.) C.B.Clarke **水莎草属**(莎草科)
Juncellus inundatus (Roxb.) C.B.Clarke=Juncellus serotinus var. inundatus
Juncellus limosus (Maxim.) C.B.Clarke 沼生水莎草
Juncellus nipponicus (Franch. & Savat.) C.B.Clarke=Cyperus nipponicus
Juncellus pannonicus (Jacq.) C.B.Clarke 花穗水莎草
Juncellus pygmaeus C.B.Clarke=Cyperus pygmaeus
Juncellus serotinus (Rottb.) C.B.Clarke 水莎草
Juncellus serotinus f. depauperatus (Kükenth.) L.K.Dai 少花水莎草
Juncellus serotinus f. serotinus=Juncellus serotinus
Juncellus serotinus var. inundatus (Roxb.) L.K.Dai 广东水莎草
Juncoides Seguier=**Luzula**
Juncoides plumosum (E.Mey.) Kuntze=Luzula plumosa
Juncus L.**灯心草属**(灯心草科)
Juncus alatus Franch. & Savat.翅茎灯心草
Juncus aletaiensis K.F.Wu 阿勒泰灯心草
Juncus allioides Franch.葱状灯心草
Juncus alpinus Vill.高山灯心草
Juncus amplifolius A.Camus 走茎灯心草
Juncus amplifolius var. amplifolius=Juncus amplifolius
Juncus amplifolius var. *pumilus* A.Camus=Juncus nepalicus
Juncus amuricus (Maxim.) V.I.Krecz. & Gontsch.圆果灯心草
Juncus articulatus L.小花灯心草
Juncus atratus Krock.黑头灯心草
Juncus auritus K.F.Wu 长耳灯心草
Juncus balticus Willd.波罗的海灯心草
Juncus benghalensis Kunth 孟加拉灯心草
Juncus biluoshanensis K.F.Wu=Juncus spumosus
Juncus brachystigma G.Sam.短柱灯心草
Juncus brachytepalus Traut. ex V.I.Krecz. & Gonts.=Juncus inflexus
Juncus bracteatus Buchen.显苞灯心草
Juncus brevicaudatus (Engelm.) Fern.短尾灯心草
Juncus bufonius L.小灯心草
Juncus bulbosus L.鳞茎灯心草
Juncus bulbosus var. *nigricans* Regel=Juncus heptapotamicus
Juncus bulbosus var. *salsuginosus* Regel=Juncus heptapotamicus
Juncus campestris L.=Luzula campestris
Juncus campestris var. *multiflorus* Ehrh.=Luzula multiflora
Juncus canadensis J.Gay.加拿大灯心草
Juncus castaneus Smith 栗花灯心草
Juncus cephalostigma G.Sam.头柱灯心草
Juncus cephalostigma var. cephalostigma=Juncus cephalostigma
Juncus cephalostigma var. dingjieensis K.F.Wu 定结灯心草
Juncus chrysocarpus Buchen.丝节灯心草
Juncus clarkei Buchen.印度灯心草
Juncus clarkei var. clarkei=Juncus clarkei
Juncus clarkei var. marginatus A.Camus 膜边灯心草
Juncus compressus Jacq.(植物志 13-1,1997)=Juncus gracilimus
Juncus compressus var. *gracillimus* Buchen.=Juncus gracilimus
Juncus concinnus D.Don (高等图鉴 1976)=Juncus allioides
Juncus concinnus D.Don 雅灯心草
Juncus concinnus var. concinnus=Juncus concinnus
Juncus concinnus var. *gracilicaulis* (A.Camus) R.C.Srivst.=Juncus gracilicaulis
Juncus concinnus var. monocephalus G.Sam.单头雅灯心草
Juncus concolor G.Sam.同色灯心草
Juncus cooperis Engelm.库波灯心草
Juncus crassistylus A.Camus 粗柱灯心草
Juncus diastrophanthus Buchen.星花灯心草
Juncus dongchuanensis K.F.Wu 东川灯心草
Juncus effusus L.灯心草
Juncus elegans G.Sam.=Juncus concinnus
Juncus elegans Royle ex D.Don=Juncus concinnus
Juncus elegans Samuels.=Juncus concinnus
Juncus exploratorum Walker=Juncus himalensis
Juncus filiformis L.丝状灯心草
Juncus gerardi var. *salsuginosus* Buchen.=Juncus heptapotamicus
Juncus gerardis Lisel.盐地灯心草
Juncus giganteus G.Sam.巨灯心草
Juncus glaucus Ehrh.=Juncus inflexus
Juncus glaucus var. leptocarpus Buchen.?纤细灯心草(新)
Juncus glomeratus K.F.Wu=Juncus lanpinguensis
Juncus gracilicaulis A.Camus 细茎灯心草
Juncus gracillimus (Buch.) V.K.Krecz. & Gonts.扁茎灯心草
Juncus grisebachii Buchen.节叶灯心草
Juncus heptapotamicus V.Krecz. & Gontsch.七河灯心草
Juncus heptapotamicus var. heptapotamicus=Juncus heptapotamicus
Juncus heptapotamicus var. yiningensis K.F.Wu 伊宁灯心草
Juncus himalensis Klotzsch 喜马灯心草
Juncus himalensis var. *genuinus* Buchen.=Juncus himalensis
Juncus himalensis var. *schlagintweitii* Buchen.=Juncus himalensis
Juncus inflexus L.片髓灯心草
Juncus inflexus subsp. austroocci-dentalis K.F.Wu 西南灯心草
Juncus inflexus subsp. *brachytepalus* (Trautv. ex V.I.Krecz. & Gonts.) Novikov= Juncus inflexus
Juncus inflexus subsp. inflexus=Juncus inflexus
Juncus interior Wieg.内地灯心草
Juncus jeholensis Satake=Juncus turczaninowii var. jeholensis
Juncus kangdingensis K.F.Wu 康定灯心草
Juncus kangpuensis K.F.Wu 康普灯心草
Juncus kingii Rendle 金灯心草
Juncus krameri Franch. & Savat.短喙灯心草
Juncus lampocarpus Ehrh. ex Hoffm.=Juncus articulatus
Juncus lampocarpus var. *senescens* Buchen.=Juncus articulatus
Juncus lampocarpus var. *turczaninowii* Buchen.=Juncus turczaninowii

Juncus lanpinguensis Novikov 密花灯心草
Juncus leptocladus Hay.=Juncus tenuis
Juncus leptospermus Buchen.细子灯心草
Juncus leschenaultii J.Gay ex Laharpe=Juncus prismatocarpus
Juncus lescuris Cooper 太平洋灯心草
Juncus leucanthus Royle ex D.Don 甘川灯心草
Juncus leucomelas Royle (Fl.Brit.Ind.1894,p.p.)=Juncus thomsonii
Juncus leucomelas Royle ex D.Don 长苞灯心草
Juncus libanoticus Thiéb.玛纳斯灯心草
Juncus longibracteatus A.M.Lu & Z.Y.Zhang=Juncus kingii
Juncus longiflorus (A.Camus) Nolt.德钦灯心草
Juncus longistamineus A.Camus 长蕊灯心草
Juncus luzuliformis Franch.分枝灯心草
Juncus luzuliformis var. *modestus* Buchen.=Juncus luzuliformis
Juncus luzuliformis var. *potaninii* Buchen.=Juncus potaninii
Juncus macer Gray.=Juncus tenuis
Juncus macer S.F.Gray=Juncus tenuis
Juncus manasiensis K.F.Wu=Juncus libanoticus
Juncus maximowiczii Buchen.(Hay.in J.Coll.Sci.Univ.Tokyo 1908)=Juncus triflorus
Juncus maximowiczii Buchen.长白灯心草
Juncus meiguensis K.F.Wu 美姑灯心草
Juncus membranaceus Roule (Fl.Brit.Ind.1894,p.p.)=Juncus benghalensis
Juncus membranaceus Royle ex D.Don 膜耳灯心草
Juncus milashanensis A.M.Lu & Z.Y.Zhang 米拉山灯心草
Juncus militaris Bigel.士兵灯心草
Juncus minimus Buchen.矮灯心草
Juncus miyiensis K.F.Wu 米易灯心草
Juncus modestus Buch.=Juncus luzuliformis
Juncus modicus N.E.Brown (Hay.in J.Coll.Sci.Univ.Tokyo 1911)=Juncus triflorus
Juncus modicus N.E.Brown 多花灯心草
Juncus multiflorus Retz.=Luzula multiflora
Juncus nepalicus Miyamoto & H.Ohba 矮茎灯心草
Juncus nigroviolaceus K.F.Wu 黑紫灯心草
Juncus nikkoensis Satake=Juncus papillosus
Juncus nodosus L.有节灯心草
Juncus ochraceus Buchen.羽序灯心草
Juncus ohwianus Kao 台湾灯心草
Juncus pallescens Wahl.=Luzula pallescens
Juncus papillosus Franch. & Savat.乳头灯心草
Juncus parviflorus Ehrh.=Luzula parviflora
Juncus patens E.Bey. & Buchen.开展灯心草
Juncus pauciflorus R.Br.=Juncus setchuensis
Juncus perparvus K.F.Wu 单花灯心草
Juncus perpusillus G.Sam.短茎灯心草
Juncus phaeocarpus A.M.Lu & Z.Y.Zhang=Juncus grisebachii
Juncus plumosus Wall. ex E.Mey.=Luzula plumosa
Juncus potaninii Buchen.单枝灯心草
Juncus prismatocarpus R.Br.笄石菖
Juncus prismatocarpus subsp. prismatocarpus=Juncus prismatocarpus
Juncus prismatocarpus subsp. teretifolius K.F.Wu 圆柱叶灯心草
Juncus prismatocarpus var. *leschenaultii* (Gay.) Buchen.=Juncus prismatocarpus
Juncus prismatocarpus var. *leschenaultii* subvar. *pluritubulosus* Buchen.=Juncus prismatocarpus
Juncus prismatocarpus var. *leschenaultii* subvar. *unitubulosus* Buchen.=Juncus wallichianus
Juncus przewalskii Buchen.长柱灯心草
Juncus przewalskii var. discolor G.Sam.苍白灯心草
Juncus przewalskii var. przewalskii=Juncus przewalskii
Juncus pseudocastaneus (Ling.) Samuels.=Juncus sikkimensis
Juncus pseudokrameri Satake=Juncus wallichianus
Juncus ranarius Song. & Perr.簇花灯心草
Juncus repens Michx.匍匐灯心草
Juncus roemerianus Scheele.针茅灯心草
Juncus schlagintweitii Buchen.=Juncus himalensis
Juncus setaceus Rostk.刚毛灯心草
Juncus setchuensis Buchen.野灯心草
Juncus setchuensis var. effusoides Buchen 假灯心草
Juncus setchuensis var. setchuensis=Juncus setchuensis
Juncus sikkimensis HK.f.锡金灯心草
Juncus sikkimensis var. *helvolus* K.F.Wu=Juncus longiflorus
Juncus sikkimensis var. *longiflorus* A.Camus=Juncus longiflorus
Juncus sikkimensis var. *pseudocastaneus* Lingelsh.=Juncus sikkimensis
Juncus sikkimensis var. sikkimensis=Juncus sikkimensis
Juncus sphacelatus Decne.枯灯心草
Juncus sphaerocephalus K.F.Wu=Juncus yanshanuensis
Juncus sphenostemon Buchen.=Juncus benghalensis
Juncus spicatus L.=Luzula spicata
Juncus spumosus Noltie 碧罗灯心草
Juncus subglobosus K.F.Wu=Juncus amuricus
Juncus subpilosus Gilib.=Luzula campestris
Juncus takasagomontanus Satake=Juncus triflorus
Juncus tanguticus G.Sam.陕甘灯心草
Juncus taonanensis Satake & Kitag.洮南灯心草
Juncus tenuis Willd.坚被灯心草
Juncus thomsonii Buchen.展苞灯心草
Juncus thomsonii var. *fulvus* K.F.Wu=Juncus thomsonii
Juncus thomsonii var. thomsonii=Juncus thomsonii
Juncus tibeticus Egor.西藏灯心草
Juncus torreyi Cov.托里灯心草
Juncus triceps Rostk.=Juncus castaneus
Juncus triflorus Ohwi 三花灯心草
Juncus triglumis L.贴苞灯心草
Juncus turczaninowii (Buchen.) V.Krecz.尖被灯心草
Juncus turczaninowii var. jeholensis (Satake) K.F.Wu 热河灯心草
Juncus turczaninowii var. turczaninowii=Juncus turczaninowii
Juncus unifolius A.M.Lu & Z.Y.Zhang 单叶灯心草
Juncus wallichianus Laharpe 针灯心草
Juncus xiphioides E.Mey.剑苞灯心草
Juncus yanshanuensis Novikov 球头灯心草
Juncus yunnanensis A.Camus 云南灯心草
Juniperus L.=**Sabina**
Juniperus L.**刺柏属**(柏科)
Juniperus aquatica Roxb.=Glyptostrobus pensilis
Juniperus arenaria (Wils.) Florin=Juniperus sabina
Juniperus ashei Buchlhols.阿希刺柏
Juniperus baimashanensis Y.F.Yu & L.K.Fu 德钦柏
Juniperus barbadensis L.巴巴多斯圆柏
Juniperus bermudiana L.百慕大圆柏
Juniperus brevifolia Ant.短叶桧
Juniperus californica Carr.加州圆柏
Juniperus cedrus Webb. & Benth.加那利刺柏
Juniperus centrasiatica Kom.昆仑方枝柏
Juniperus chekiangensis Nakai=Juniperus formosana
Juniperus chengii L.K.Fu & Y.F.Yu 万钧柏
Juniperus chinensis L. (Florin in Acta Hort.Gothoburg.1927)=Juniperus conallium
Juniperus chinensis L.圆柏
Juniperus chinensis cv. Aurea 金叶桧
Juniperus chinensis cv. Aureoglobosa 金球桧
Juniperus chinensis cv. Globosa 球柏
Juniperus chinensis cv. Kaizuca Procumbens 匍地龙柏
Juniperus chinensis cv. Kaizuca 龙柏
Juniperus chinensis cv. *Pendula*=Juniperus chinensis f. pendula
Juniperus chinensis cv. *Pfitzeriana*=Juniperus chinensis cv. Pfitzeriana
Juniperus chinensis cv. Pfitzeriana 鹿角桧
Juniperus chinensis cv. Pyramidalis 塔柏
Juniperus chinensis cv. *Sargentii*=Juniperus chinensis var. sargentii
Juniperus chinensis f. *aurea* (Young) Cheng & W.T.Wang=Juniperus chinensis cv. Aurea
Juniperus chinensis f. *aureo-globosa* (Nash.- Rehd.=Juniperus chinensis cv. Aureoglobosa
Juniperus chinensis f. *globosa* (Hornibr.) Rehd.=Juniperus chinensis cv. Globosa
Juniperus chinensis f. *pendula* (Franch.) Beissn.=Juniperus chinensis f. pendula
Juniperus chinensis f. pendula (Franch.) Cheng & W.T.Wang 垂枝圆柏
Juniperus chinensis f. *pfitzeriana* (Spaeth) Rehd.=Juniperus chinensis cv. Pfitzeriana
Juniperus chinensis f. *pyramidalis* (Carr.) Beissn.=Juniperus chinensis cv.

Pyramidalis

Juniperus chinensis var. *arenaria* Wils. ex Rehd. & Wils.=Juniperus sabina

Juniperus chinensis var. *aurea* Young=Juniperus chinensis cv. Aurea

Juniperus chinensis var. *aureo-globosa* Nash.=Juniperus chinensis cv. Aureoglobosa

Juniperus chinensis var. *gaussenii* (W.C.Cheng) Silba=Juniperus gaussenii

Juniperus chinensis var. *globsa* Hornibr.=Juniperus chinensis cv. Globosa

Juniperus chinensis var. *kaizuca* Hort.=Juniperus chinensis cv. Kaizuca

Juniperus chinensis var. *kaizuca* f. *procumbens* Chen=Juniperus chinensis cv. Kaizuca Procumbens

Juniperus chinensis var. *pendula* Franch.=Juniperus chinensis f. pendula

Juniperus chinensis var. *pfitzeriana* Spaeth=Juniperus chinensis cv. Pfitzeriana

Juniperus chinensis var. *procumbens* Endl.=Juniperus procumbens

Juniperus chinensis var. *procumbens* Sieb. ex Endl.=Juniperus procumbens

Juniperus chinensis var. *pyramidalis* Carr.=Juniperus chinensis cv. Pyramidalis

Juniperus chinensis var. sargentii A.Henry 偃柏

Juniperus chinensis var. tsukusiensis (Masamune) Masamune 清水圆柏

Juniperus communis L.(Franch.in J.de Bot.1899)=Juniperus formosana

Juniperus communis L.欧洲刺柏

Juniperus communis var. depressa f. aureaspicata 黄梢欧洲刺柏

Juniperus communis var. erecta Pursh 直立欧洲刺柏

Juniperus communis var. hibernica Gord.爱尔兰刺柏

Juniperus communis var. hibernica f. glauca 兰粉爱尔兰刺柏

Juniperus communis var. hibernica f. nana 矮爱尔兰刺柏

Juniperus communis var. jackii Rehd.杰克欧洲刺柏

Juniperus communis var. megistocarpa Fern. & St.John 大果欧洲刺柏

Juniperus communis var. *montana* Ait.=Juniperus sibirica

Juniperus communis var. *nana* (Willd.) Baumg.=Juniperus sibirica

Juniperus communis var. nipponica 日本刺柏

Juniperus communis var. *saxatilis* Pall.=Juniperus sibirica

Juniperus communis var. suecia 瑞典刺柏

Juniperus communis var. suecia f. ashfordii 阿奇福瑞典刺柏

Juniperus communis var. suecia f. aurea 黄瑞典刺柏

Juniperus communis var. suecia f. compressa 密叶瑞典刺柏

Juniperus communis var. suecia f. cracovia 光瑞典刺柏

Juniperus communis var. suecia f. dayi 德斯瑞典刺柏

Juniperus communis var. suecia f. echiniformis 刺猬瑞典刺柏

Juniperus communis var. suecia f. graui 灰瑞典刺柏

Juniperus communis var. suecia f. hemisphaerica 球形瑞典刺柏

Juniperus communis var. suecia f. nana 矮瑞典刺柏

Juniperus communis var. suecia f. oblongopendula 阔垂枝瑞典刺柏

Juniperus communis var. suecia f. pendula 垂枝瑞典刺柏

Juniperus communis var. suecia f. prostrataaurea 黄匍匐瑞典刺柏

Juniperus communis var. suecia f. prostrata 匍匐瑞典刺柏

Juniperus conferta Parl.岸刺柏

Juniperus convallium Rehd. & Wils.密枝圆柏

Juniperus convallium var. microsperma (W.C.Cheng & L.K.Fu) Silba 小子圆柏

Juniperus coxii A.B.Jacks.=Juniperus recurva var. coxii

Juniperus davurica Pall.兴安圆柏

Juniperus deppeana Steud.墨西哥刺柏

Juniperus distans Florin (Rehd. & Wils.in J.Arn.Arb.1928)=Juniperus przewlskii

Juniperus distans Florin=Juniperus tibetica

Juniperus drupacea labill.叙利亚刺柏

Juniperus excelsa Bieb.乔桧

Juniperus excelsa cv. Stricta 直立乔桧

Juniperus excelsa cv. Variegata 洒金乔桧

Juniperus fargesii (Rehd. & Wils.) Kom.=Juniperus squamata var. fargesii

Juniperus formosana Hay.刺柏

Juniperus formosana f. *tenella* Hand.-Mazz.=Juniperus formosana

Juniperus formosana var. *concolor* Hay.=Juniperus formosana

Juniperus fortunei Hort. ex Carr.=Juniperus chinensis

Juniperus franchetiana Lévl.=Juniperus squamata

Juniperus gaussenii W.C.Cheng 昆明柏

Juniperus glaucescens Florin=Juniperus komarovii

Juniperus glucescens Florin (Rehd. & Wils.in J.Arn.Arb.1928)=Juniperus przewlskii

Juniperus horizontalis Moench 平铺圆柏

Juniperus indica Bert.滇藏方枝柏

Juniperus jarkendensis Kom.=Juniperus semiglobosa

Juniperus kansuensis Kom.=Juniperus squamata var. fargesii

Juniperus komarovii Florin 塔枝圆柏

Juniperus lemeeana Lévl. & Blin.=Juniperus squamata var. fargesii

Juniperus macrocarpa Sibth.大果刺柏

Juniperus mairei Lemée & Lévl.=Juniperus formosana

Juniperus mekongensis Kom.=Juniperus convallium

Juniperus monosperma (Engelm.) Sarg.樱核圆柏

Juniperus morrisonicola Hay.=Juniperus squamata

Juniperus nana Willd.=Juniperus sibirica

Juniperus occidentalis HK.北美西部圆柏

Juniperus officinalis Garcke=Juniperus sabina

Juniperus osteosperma (Torr.) Little 犹他刺柏

Juniperus oxycedrus L.尖刺柏(新)

Juniperus phoenicea L.腓尼基桧

Juniperus pinchotii Sudw.红果刺柏

Juniperus pingii Cheng (Florin in Acta Hort.Berg.1948)=Juniperus komarovii

Juniperus pingii W.C.Cheng ex Ferré 垂枝香柏

Juniperus pingii var. wilsonii (Rehd.) Silba 香柏

Juniperus pingii var. carinata Y.F.Yu & L.K.Fu 直叶香柏

Juniperus potanini Kom.=Juniperus tibetica

Juniperus procera Hochst.非洲圆柏

Juniperus procumbens (Sieb. ex Endl.) Miq.铺地柏

Juniperus przewalskii Kom.祁连圆柏

Juniperus pseudosabina Fisch. & C.A.Mey.新疆方枝柏

Juniperus pseudosabina Fisch. & Mey.(Kom.in Acta Hort.Peterop1920)=Juniperus przewlskii

Juniperus pseudosabina Fisch. & Mey.(Parl.in DC.Prodr.1868)=Juniperus indica

Juniperus pseudosabina Fisch. & Mey.(Walker in Contr.U.S.Nat.Mus.1941)=Juniperus tibetica

Juniperus pseudosabina var. turkestanica (Kom.) Silba 喀什方枝柏

Juniperus ramulosa Florin=Juniperus convallium

Juniperus recurva Buch.-Ham. ex D.Don 垂枝柏

Juniperus recurva Buch.-Hamilt.(Wils.in J.Arn.Arb.1926)=Juniperus recurva var. coxii

Juniperus recurva Buch.-Hamilt.=Juniperus squamata

Juniperus recurva Buch.-Hamlt.(Franch.in Nouv.Arch.Mus.Hist.Nat.Paris 1884)=Juniperus pingii var. wilsonii

Juniperus recurva var. coxii (A.B.Jacks.) Melv.小果垂枝柏

Juniperus recurva var. *squamata* (Buch.-Hamilt.) Parl.=Juniperus squamata

Juniperus recurva var. *typica* Patschke=Juniperus recurva

Juniperus rigida S. & Z.(Franch.in J.de Bot.1899)=Juniperus formosana

Juniperus rigida S. & Z.杜松

Juniperus sabina L.叉子圆柏

Juniperus sabina var. erectopatens (W.C.Cheng & L.K.Fu) Y.F.Yu & L.K.Fu 松潘圆柏

Juniperus sabina var. *jarkendensis* (Kom.) Silba=Juniperus semiglobosa

Juniperus sabina var. *monosperma* C.Y.Yang=Juniperus sabina

Juniperus sabina var. sabina=Juniperus sabina

Juniperus sabina var. yulinensis (T.C.Chang & C.G.Chen) Y.F.Yui & L.K.Fu 榆林圆柏

Juniperus saltuaria Rehd. & Wils. 方枝柏

Juniperus sargentii (Henry) Takeda ex Koidz.=Juniperus chinensis var. sargentii

Juniperus scopulorum Sarg.落矶山圆柏

Juniperus sect. *Oxycedus* Spach=**Juniperus**

Juniperus sect. *Sabina* Spach=**Sabina**

Juniperus semiglobosa Rgl.昆仑圆柏

Juniperus sibirica Burgsd.西伯利亚刺柏

Juniperus silicicola (Small.) Bailey 南方刺柏

Juniperus sinensis Hort. ex Carr.=Juniperus chinensis

Juniperus squamata Buch.-Ham. ex D.Don 高山柏

Juniperus squamata cv. Meyeri 粉柏

Juniperus squamata cv. Wilsonii=Juniperus pingii var. wilsonii

Juniperus squamata f. *wilsonii* Rehd.=Juniperus pingii var. wilsonii

Juniperus squamata var. fargesii Rehd. & Wils.长叶高山柏
Juniperus squamata var. *meyeri* Rehd.=Juniperus squamata cv. Meyeri
Juniperus squamata var. *morrisonicola* (Hay.) H.L.Li & H.Keng=Juniperus squamata
Juniperus squamata var. parviflora Y.f.Yu & L.K.Fu 小叶高山柏
Juniperus squamata var. *wilsonii* Rehd.=Juniperus pingii var. wilsonii
Juniperus sqyanata var. *nirrusibucika* (Hay.) Li & Keng=Juniperus squamata
Juniperus taxifolia HK. & Arn.(Parl.in DC.Prodr.1868)=Juniperus formosana
Juniperus thunbergii HK. & Arn.=Juniperus chinensis
Juniperus tibetica Kom.(Rehd. & Wils.in J.Arn.Arb.1928=Juniperus przewlskii
Juniperus tibetica Kom.大果圆柏
Juniperus tsukusiensis Masamune=Juniperus chinensis var. tsukusiensis
Juniperus turkestanica Kom.(树木分类学 1937)=Juniperus pseudosabina
Juniperus turkestanica Kom.=Juniperus pseudosabina var. turkestanica
Juniperus utilis Koidz.=Juniperus rigida
Juniperus utilis var. *modesta* Nakai=Juniperus rigida
Juniperus virginiana L.北美圆柏
Juniperus wallichiana HK.f. & Thoms. ex Brandis=Juniperus indica
Juniperus wallichiana HK.f. & Thoms. ex Parl.=Sabina wallichian
Juniperus wallichiana var. *meinocarpa* Hand.-Mazz.(Florin in Acta Hort. Berg.1948)=Juniperus saltuaria
Juniperus wallichiana var. *meinocarpa* Hand.-Mazz.=Juniperus indica
Juniperus zaidamensis Kom.=Juniperus tibetica
Juniperus zaidamensis f. *squarrosa* Kom.=Juniperus przewlskii
Junopsis decora (Wall.) W.Schulze=Iris decora
Juppia borneensis Merr.=Zanonia indica
Jurinea Cass.**苓菊属**(菊科)
Jurinea adenocarpa Schrenk 腺果苓菊
Jurinea algida Iljin 矮小苓菊
Jurinea ambiqua DC.=Jurinea multiflora
Jurinea argentata Shih & S.Y.Jin=Pilostemon filifolia
Jurinea berardioidea (Franch.) Diels=Dolomiaea berardioides
Jurinea chaetocarpa Ledeb.刺果苓菊
Jurinea chaetocarpa subsp. *dshungarica* Rubtz.=Jurinea dshungarica
Jurinea chaetocarpa var. *typica* Herder=Jurinea chaetocarpa
Jurinea cooperi Anth.=Diplazoptilon cooperi
Jurinea crispo-undulata Chang=Dolomiaea crispo-undulata
Jurinea dshungarica (Rubtz.) Iljin 天山苓菊
Jurinea edulis (Franch.) Franch.=Dolomiaea edulis
Jurinea edulis f. *caulescens* (Franch.) Franch.=Dolomiaea edulis
Jurinea edulis var. *berardioidea* (Franch.) Franch.=Dolomiaea berardioides
Jurinea filifolia C.Winkl.=Pilostemon filifolia
Jurinea flaccida Shih 软叶苓菊
Jurinea forrestii Diels=Dolomiaea forrestii
Jurinea georgii Anth.=Dolomiaea georgii
Jurinea horrida Rupr.=Schmalhausenia nidulans
Jurinea karateginii O. & B.Fedtsch.=Pilostemon karateginii
Jurinea kaschgarica Iljin 南疆苓菊
Jurinea korolkowi Rgl. & Schmalh.=Oligochaeta minima
Jurinea lanipes Rupr. ex Osten-Sacken & Rupr.绒毛苓菊
Jurinea linearifolia DC.=Jurinea multiflora
Jurinea lipskyi Iljin 苓菊
Jurinea mirabilis Anth.=Dolomiaea souliei var. mirabilis
Jurinea mongolica Maxim.蒙疆苓菊
Jurinea muliensis Hand.-Mazz.=Dolomiaea souliei var. mirabilis
Jurinea multiflora (L.) B.Fedtsch.多花苓菊
Jurinea pamirica Shih 帕米尔苓菊
Jurinea paulseni O.Hoffm. ex Pauls.=Serratula procumbens
Jurinea picridifolia Hand.-Mazz.=Diplazoptilon picridifolium
Jurinea pilostemonoides Iljin 羽冠苓菊
Jurinea platylepis Hand.-Mazz.=Dolomiaea platylepis
Jurinea salwinensis Hand.-Mazz.=Dolomiaea salwinensis
Jurinea scapiformis Shih 长葶苓菊
Jurinea sect. *Subacaulis* Benth. & HK.f.=**Dolomiaea**
Jurinea siudunensis (C.Winkl.) Korsh.绥定苓菊
Jurinea souliei Franch.=Dolomiaea souliei
Jurinea tenuis Bge.=Syreitschikovia tenuifolia
Jurinea trachyloma Hand.-Mazz.=Dolomiaea souliei var. mirabilis
Jurinea wardii Hand.-Mazz.=Dolomiaea wardii
Jussiaea L.=**Ludwigia**
Jussiaea adscendens L.=Ludwigia adscendens
Jussiaea angustifolia Lam.=Ludwigia octovalvis
Jussiaea caryophylla Lam.=Ludwigia perennis
Jussiaea erecta L.(Ridley in J.Bot.Lond.1921)=Ludwigia octovalvis
Jussiaea hyssopifolia G.Don=Ludwigia hyssopifolia
Jussiaea linifolia Vahl=Ludwigia hyssopifolia
Jussiaea micrantha Kunze=Ludwigia hyssopifolia
Jussiaea octonervia Lam.=Ludwigia octovalvis
Jussiaea octovalvis (Jkacq.) Swartz=Ludwigia octovalvis
Jussiaea octovalvis f. *sessiliflora* Mich.=Ludwigia octovalvis
Jussiaea octovalvis subsp. *sessiliflora* (Mich.) Raven=Ludwigia octovalvis
Jussiaea perennis (L.) Brenan=Ludwigia perennis
Jussiaea prostrata (Roxb.) Lévl.(Hand.-Mazz.in Symb.Sin.1933)=Ludwigia epilobioides
Jussiaea prostrata (Roxb.) Lévl.=Ludwigia prostrata
Jussiaea pubescens L.=Ludwigia octovalvis
Jussiaea repens L.(Forbes & Hemsl.in China Fl.1887,p.p.)=Ludwigia peploides subsp. stipulacea
Jussiaea repens L.(安徽志 1988,浙江志 1993,p.p.)=Ludwigia ×taiwanensis
Jussiaea repens L.=Ludwigia adscendens
Jussiaea suffruticosa L.=Ludwigia octovalvis
Jussiaea villosa Lam.=Ludwigia octovalvis
Justicia acutangula H.S.Lo & D.Fang= Mananthes acutangula
Justicia adhatoda L.= Adhatoda vasica
Justicia albovelata W.W.Sm.= Calophanoides albovelata
Justicia alboviridis R.Ben.= Calophanoides alboviridis
Justicia amblyosepala D.Fang & H.S.Lo= Mananthes amblyosepala
Justicia austroguangxiensis f. *albinervia* D.Fang & H.S.Lo= Mananthes austroguangxinensis f. albinervia
Justicia austroguangxiensis H.S.Lo & D.Fang= Mananthes austroguangxinensis
Justicia austrosinensis H.S.Lo= Mananthes austrosinensis
Justicia baphica Spreng.=Peristrophe baphica
Justicia bicalyculata Vahl= Peristrophe bicalyculata
Justicia bivalvis L.(E.Hossain in Not.roy.Bot.Gard.Edinb.1980)=Peristrophe baphica
Justicia brandgesana Wassh. & L.B.Smith= Calliaspidia guttata
Justicia buxifolia H.S.Lo & D.Fang= Calophanoides buxifolia
Justicia calcarata Wall.= Rhinacanthus calcaratus
Justicia canescens Lam.= Nelsonia canescens
Justicia cardiophylla D.Fang & H.S.Lo= Mananthes cardiophylla
Justicia championi T.Anders.= Calophanoides chinensis
Justicia chinensis (Benth.) Druce= Calophanoides chinensis
Justicia chinensis L.= Dicliptera chinensis
Justicia ciliata (Hamamoto) C.F.Hsieh & T.C.Huang= Rostellularia procumbens var. ciliata
Justicia collina T.Anders.= Isoglossa collina
Justicia crinita Thunb.= Peristrophe japonica
Justicia curviflorus Wall.= Phlogacanthus curviflorus
Justicia damingensis (H.S.Lo) H.S.Lo= Mananthes damingensis
Justicia diffusa var. *prostrata* Roxb. ex C.B.Clarke= Rostellularia diffusa var. hedyotidifolia
Justicia diffusa Willd.= Rostellularia diffusa
Justicia ferruginea H.S.Lo & D.Fang= Mananthes ferruginea
Justicia gangetica L.= Asystasia gangetica
Justicia gendarussa Burm.f.= Gendarussa vulgaris
Justicia gendarussa L.f. = Gendarussa vulgaris
Justicia hayatai (Yamamoto) S.S.Ying= Rostellularia procumbens var. ciliata
Justicia hayatai Yamamoto= Rostellularia procumbens var. ciliata
Justicia hayatai var. *ciliata* Yamamoto= Rostellularia procumbens var. ciliata
Justicia hayatai var. *decumbens* Yamamoto= Rostellularia procumbens var. hirsuta
Justicia kampotensis R.Ben.= Mananthes kampotensis
Justicia khasiana C.B.Clarke= Rostellularia khasiana
Justicia kouytchensis (Lévl.) E.Hossain= Calophanoides kouytchensis
Justicia kwangsiensis (H.S.Lo) H.S.Lo= Calophanoides kwangsiensis
Justicia lancea Thunb.= Hygrophila salicifolia
Justicia lanceolata Roxb.= Peristrophe lanceolaria
Justicia latiflora Hemsl.= Mananthes latiflora
Justicia latifolium Vahl= Pseuderanthemum latifolium
Justicia laxiflora Bl.= Andrographis laxiflora

Justicia leptostachya Hemsl.= Mananthes leptostachya
Justicia lianshanica (H.S.Lo) H.S.Lo= Mananthes lianshanica
Justicia linearifolia (Bremek.) H.S.Lo= Rostellularia linearifolia subsp. liankwangensis
Justicia linearifolia subsp. *liankwangensis* H.S.Lo= Rostellularia linearifolia subsp. liankwangensis
Justicia loberi C.B.Clarke= Calophanoides loheri
Justicia microdonta W.W.Sm.= Mananthes microdonta
Justicia multinodis R.Ben.= Calophanoides multinodis
Justicia nasuta L.= Rhinacanthus nasutus
Justicia nervosa Vahl= Eranthemum pulchellum
Justicia nutans Burm.f.= Clinacanthus nutans
Justicia orbiculata Wall.= Rostellularia rotundifolia
Justicia palatifera Wall. ex Nees= Pseuderanthemum latifolium
Justicia panduriformis R.Ben.= Mananthes panduriformis
Justicia paniculata Burm.f.= Andrographis paniculata
Justicia patentiflora Hemsl.= Mananthes patentiflora
Justicia pectinata L.= Rungia pectinata
Justicia polysperma Roxb.= Hygrophila polysperma
Justicia procumbens L.= Rostellularia diffusa
Justicia procumbens L.= Rostellularia procumbens
Justicia procumbens var. *hayatai* (Yamamoto) Ohwi= Rostellularia procumbens var. ciliata
Justicia procumbens var. *hirsuta* Yamamoto= Rostellularia procumbens var. hirsuta
Justicia procumbens var. *latispica* C.B.Clarke= Rostellularia khasiana var. latispica
Justicia procumbens var. *linearifolia* Yamamoto= Rostellularia procumbens var. linearifolia
Justicia procumbens var. *simplex* (D.Don) Yamazaki= Rostellularia rotundifolia
Justicia pseudospicata H.S.Lo & D.Fang= Mananthes pseudospicata
Justicia purpurea L.= Hypoestes purpurea
Justicia quadrifaria (Nees) T.Anders.= Calophanoides quadrifaria
Justicia roxburghiana Roem. & Schult.= Peristrophe baphica
Justicia sanguinolenta Vahl= Gymnostachyum sanguinolentum
Justicia siccanea W.W.Sm.= Calophanoides siccanea
Justicia simplex D.Don= Rostellularia rotundifolia
Justicia stolonifera (C.B.Clarke) B.Hansen= Rungia stolonifera
Justicia tinctoria Roxb.= Peristrophe baphica
Justicia vagabunda R.Ben.= Rhaphidospora vagabunda
Justicia vasculosa T.Anders.= Mananthes vasculosa
Justicia ventricosa Wall. ex Sims.= Gendarussa ventricosa
Justicia vitellina Roxb.= Phlogacanthus vitellinus
Justicia wardii W.W.Sm.= Calophanoides wardii
Justicia xantholeuca W.W.Sm.= Calophanoides xantholeuca
Justicia xerobatica W.W.Sm.= Calophanoides xerobatica
Justicia xerophila W.W.Sm.= Calophanoides xerophila
Justicia xylopoda W.W.Sm.= Calophanoides xylopoda
Justicia yunnanensis W.W.Sm.= Calophanoides yunnanensis

K

Kadsura Kaempf. ex Juss.**南五味子属**(木兰科)
Kadsura ananosma Kerr 中泰南五味子
Kadsura cavaleriei Lévl.=Kadsura coccinea
Kadsura chinensis Hance (峨眉图志 1944)=Kadsura coccinea var. sichuanensis
Kadsura chinensis Hance ex Benth.=Kadsura coccinea
Kadsura chinensis Turcz.=Schisandra chinensis
Kadsura coccinea (Lem.) A.C.Smith 黑老虎
Kadsura coccinea var. coccinea=Kadsura coccinea
Kadsura coccinea var. sichuanensis Law 四川黑老虎
Kadsura grandiflora Wall.=Schisandra grandiflora
Kadsura hainanensis Merr.=Kadsura coccinea
Kadsura heteroclita (Roxb.) Craib 异形南五味子
Kadsura induta A.C.Smith 毛南五味子
Kadsura interior A.C.Smith 鸡血藤
Kadsura japonica (L.) Dunal 日本南五味子
Kadsura longipedunculata Finet & Gagn.南五味子
Kadsura matsudai Hay.=Kadsura japonica
Kadsura oblongifolia Merr.冷饭藤
Kadsura peltigera Rehd. & Wils.=Kadsura longipedunculata
Kadsura polysperma Yang 多子南五味子
Kadsura propinqua Wall.=Schisandra propinqua
Kadsura renchangiana S.F. Lan 仁昌南五味子
Kaempferia K.Schum. & Auctorum=**Boesenbergia**
Kaempferia L.**山柰属**(姜科)
Kaempferia candida Wall.白花山柰
Kaempferia coenobialis (Hance) C.H.Wrigh=Caulokaempferia coenobialis
Kaempferia elegans (Wall.) Bak.紫花山柰
Kaempferia fallax Lingelsh. & Borza=Boesenbergia longiflora
Kaempferia fongyuensis Gagn.=Caulokaempferia yunnanensis
Kaempferia galanga L 山柰
Kaempferia galanga var. galanga=Kaempferia galanga
Kaempferia galanga var. latifolia Dunn 大叶山柰
Kaempferia hainanensis Hay.=Stahlianthus involucratus
Kaempferia involucrata King ex Bak.=Stahlianthus involucratus
Kaempferia marginata Carey ex Rosc.苦山柰
Kaempferia pandurata Roxb.=Boesenbergia rotunda
Kaempferia rotunda L.海南三七
Kaempferia simaoensis Y.Y.Qian 思茅山柰
Kaempferia yunnanensis Gagn.=Pyrgophyllum yunnanensis
Kailosocarpus Hu=**Camellia**
Kailosocarpus camellioides Hu=Camellia yunnanensis
Kalanchoe Adanson **伽蓝菜属**(景天科)
Kalanchoe blossfeldiana V.Poelln.长寿花
Kalanchoe ceratophylla Hawrth 伽蓝菜
Kalanchoe daigremotiana Hamet. & Perre 大叶落地生根
Kalanchoe fedtschenkoi cv. Rosy Daun 玉吊钟
Kalanchoe flammea Stapf 红花伽蓝菜
Kalanchoe garambiensis Kudô 台南伽蓝菜
Kalanchoe gracilis Hance=Kalanchoe eratophylla
Kalanchoe integra (Medk.) Ktz.匙叶伽蓝菜
Kalanchoe laciniata (L.) DC.(植物志 34-1,1984)= Kalanchoe ceratophylla
Kalanchoe macrosepala Hance=Kalanchoe eratophylla
Kalanchoe marmorta Bak.花叶川莲
Kalanchoe pinnata (L.f.) Pers.=Bryophyllum pinnatum
Kalanchoe spathulata DC.=Kalanchoe integra
Kalanchoe takeoi Hay.=Kalanchoe eratophylla
Kalanchoe tashiroi Yamamoto 台东伽蓝菜
Kalanchoe tomentosa Bak.月兔耳
Kalanchoe tubifolia (Harcey) Hamet 棒叶落地生根
Kalanchoe verticillata Elliet 肉吊莲
Kalanchoe yunnanensis Gagn.=Kalanchoe integra
Kalidium Moq.**盐爪爪属**(藜科)
Kalidium arabicum var. *cuspidatum* Ung.-Sternb=Kalidium cuspidatum
Kalidium cuspicum (L.) Ung.-Sternb.里海盐爪爪
Kalidium cuspidatum (Ung-Sternb.) Grub 尖叶盐爪爪
Kalidium cuspidatum var. cuspidatum=Kalidium cuspidatum
Kalidium cuspidatum var. sinicum A.J.Li 黄毛头
Kalidium foliatum (Pall.) Moq.盐爪爪
Kalidium foliatum var. *longifolium* Fenzl=Kalidium foliatum
Kalidium gracie Fenzl 细枝盐爪爪
Kalidium schrenkianum Bge. ex Ung.-Sternb.圆叶盐爪爪
Kalimeris Cass.(p.p.)=**Asterothamnus**
Kalimeris Cass.**马兰属**(菊科)
Kalimeris angustifolia (Chang) S.Y.Hu=Gymnaster angustifolius
Kalimeris incisa (Fisch.) DC.裂叶马兰
Kalimeris indica (L.) Schutz.马兰
Kalimeris indica var. indica=Kalimeris indica
Kalimeris indica var. polymorpha (Vant.) Kitam.多型马兰(新)
Kalimeris indica var. stenolepis (Hand.-Mazz.) Kitam.狭苞马兰(新)
Kalimeris indica var. stenophylla Kitam.狭叶马兰(新)
Kalimeris indica α. collina Hance?山丘马兰(新)
Kalimeris indica β. rivularis Hance?溪边马兰(新)
Kalimeris integrifolia Turcz. ex DC.全叶马兰
Kalimeris lautureana (Debx.) Kitam.山马兰
Kalimeris longipetiolata (Chang) Ling 长柄马兰
Kalimeris mangtaoensis (Kitag.) Kitam.=Kalimeris lautureana
Kalimeris mongolica (Franch.) Kitam.蒙古马兰
Kalimeris platycephala Cass.=Kalimeris incisa
Kalimeris procera (Hemsl.) S.Y.Hu=Aster prorerus
Kalimeris shimadai (Kitam.) Kitam.毡毛马兰

Kalimeris smithiana (Hand.-Mazz.) S.Y.Hu=Aster smithianus
Kalmia L.**山月桂属**(杜鹃花科)
Kalmia angustifolia L.狭叶山月桂
Kalmia cuneata Michx 白花山月桂
Kalmia hirsuta Walt.粗毛山月桂
Kalmia latifolia L.宽叶山月桂
Kalmia microphylla (HK.) A.Heller 小叶山月桂
Kalmia paliifolia Wangenh.沼泽山月桂
Kalomymus (Beck.) Prkh.=**Euonymus**
Kalonymus macroptera (Rupr.) Prokh.=Euonymus macropterus
Kalonymus maximowiczianus Prokh.=Euonymus maximowiczianus
Kalopanax Miq.**刺楸属**(五加科)
Kalopanax divaricatum (S. & Z.) Miq.=Acanthopanax divaricatus
Kalopanax pictum Nakai=Kalopanax septemlobus
Kalopanax pictum var. *typicum* Nakai=Kalopanax septemlobus
Kalopanax pictus var. *magnificus* (Zabel) Nakai=Kalopanax septemlobus var. magnificus
Kalopanax pictus var. *maximowiczi* Hara ex Li=Kalopanax septemlobus var. maximowiczi
Kalopanax ricinifolium Miq.=Kalopanax septemlobus
Kalopanax ricinifolium var. *chinensis* Nakai=Kalopanax septemlobus
Kalopanax ricinifolium var. *magnificum* Zabel=Kalopanax septemlobus var. magnificus
Kalopanax ricinifolium var. *maximowiczi* Nakai=Kalopanax septemlobus var. maximowiczi
Kalopanax ricinifolium var. *typicum* Nakai=Kalopanax septemlobus
Kalopanax septemlobus (Thunb.) Koidz.刺楸
Kalopanax septemlobus var. magnificus (Zabel) Hand.-Mazz.毛叶刺楸
Kalopanax septemlobus var. maximowiczi (V.Houtte) Hand.-Mazz.裂叶刺楸
Kalopanax septemlobus var. septemlobus=Kalopanax septemlobus
Kaluhaburunghos macrophyllus (HK.f.) Kuntze=Cleistanthus macarophyllus
Kaluhaburunghos pedicellatus (HK.f.) O.Ktze.=Cleistanthus pedicellatus
Kaluhaburunghos sumtranus (Miq.) O.Ktze.=Cleistanthus sumatranus
Kambola Raf.=**Sonneratia**
Kamiella Vass.=**Medicago**
Kamiella archidiucis-nicolai (Sirj.) Vass.=Medicago archidiucis-nicolai
Kandelia Wight & Arn.**秋茄树属**(红树科)
Kandelia candel (L.) Druce 秋茄树
Kandelia rheedii Wight & Arn.=Kandelia candel
Kara-angolam Adans.=**Alangium**
Karangolum Kuntze=**Alangium**
Karangolum barbatum (R.Br.) Kuntze=Alangium barbatum
Karangolum chinense (Lour.) Kuntze=Alangium chinense
Karangolum faberi (Oliv.) Kuntze=Alangium faberi
Karangolum platanifolium (S. & Z.) Kuntze=Alangium plantanifolium
Karelinia Less.**花花柴属**(菊科)
Karelinia caspia (Pall.) Less.花花柴
Karivia Arn.=**Zehneria**
Karivia javanica Miq.=Mukia javanica
Karivia umbellata (Klein ex Willd.) Arn.=Solena amplexicaulis
Kaschgaria Poljak.**喀什菊属**(菊科)
Kaschgaria brachanthemoides (C.Winkl.) Poljak.密枝喀什菊
Kaschgaria komarovii (Krasch. & N.Rubtz.) Poljak.喀什菊
Kaulfussia Bl.=**Christensenia**
Kaulfussia aesculifolia HK. & Bak.=Christensenia assamica
Kaulfussia assamica Griff.=Christensenia assamica
Kaulinia Nayar=**Microsorum**
Kaulinia dilatata Nayar & Kaur=Microsorium insigne
Kaulinia hancockii Nayar=Microsorium insigne
Kaulinia pteropus B.Nayar=Microsorium pteropus
Keenania HK.f.**溪楠属**(茜草科)
Keenania flava Lo 黄溪楠
Keenania tonkinensis Drake 溪楠
Kegilia aethiopica (Fenzl) Decne.=Kigelia africana
Kegilia pinnata DC.=Kigelia africana
Keiskea Miq.**香简草属**(唇形科)
Keiskea australis C.Y.Wu & H.W.Li 南方香简草
Keiskea elsholtzioides Merr.香薷状香简草
Keiskea elsholtzioides f. *purpurea* X.H.Guo=Keiskea elsholtzioides
Keiskea glandulosa C.Y.Wu 腺毛香简草
Keiskea japonica Miq.(Belval in Muis.Heude Notes Bot.Chin.1933)=Keiskea elsholtzioides
Keiskea japonica Miq.(Franch. & Sav.in Enum.Pl.Japon.1875)=Keiskea sinensis
Keiskea sinensis Diels 中华香简草
Keiskea szechuanensis C.Y.Wu 香简草
Kelloggia Torrey ex Benth.**钩毛果属**(茜草科)
Kelloggia chinensis Franch.云南钩毛草
Kemelia Raf.=**Camellia**
Kengia Packer=**Cleistogenes**
Kengia caespitosa (Keng) Packer=Cleistogenes caespitosa
Kengia chinensis (Maxim.) Packer=Cleistogenes chinensis
Kengia foliosa (Keng) Packer=Cleistogenes Kitag.i var. foliosa
Kengia gracilis (Keng) Packer=Cleistogenes gracilis
Kengia hackeli (Honda) Packer=Cleistogenes hackeli
Kengia hancei (Keng) Packer=Cleistogenes hancei
Kengia kitagawai (Honda) Packer=Cleistogenes kitagawai
Kengia longiflora (Keng) Packer=Cleistogenes longiflora
Kengia mucronata (Keng) Packer=Cleistogenes mucronata
Kengia mutica (Keng) Packer=Cleistogenes songorica
Kengia nakai (Keng) Packer=Cleistogenes hackeli var. nakai
Kengia polyphylla (Keng) Packer=Cleistogenes polyphylla
Kengia songorica (Roshev.) Packer=Cleistogenes songorica
Kengia striata (Honda) Packer=Cleistogenes kitagawai
Kentrophyllum Neck.=**Carthamus**
Kentrophyllum lanatum (L.) DC.=Carthamus lanatus
Kentrophyllum tauricum C.A.M.=Carthamus lanatus
Keria Spreng.=**Kerria**
Kerria DC.**棣棠花属**(蔷薇科)
Kerria japonica (L.) DC.棣棠花
Kerria japonica f. aureo-variegata Rehd.金边棣棠花
Kerria japonica f. picta (Sieb.) Rehd.银边棣棠花
Kerria japonica f. pleniflora (Witte) Rehd.重瓣棣棠花
Kerria tetrapetala Sieb.=Rhodotypos scandens
Keteleeria Carr.**油杉属**(松科)
Keteleeria calcarea W.C.Cheng & L.K.Fu=Keteleeria davidiana var. calcarea
Keteleeria chekiangensis Cheng & L.K.Fu=Keteleeria cyclolepis
Keteleeria chienpeii Flous=Keteleeria davidiana
Keteleeria chinepeii Flous (Flous in Bull.Soc.Hist.Nat.Toulouse,1936)=Keteleeria pubescens
Keteleeria cyclolepis Flous 江南油杉
Keteleeria davidiana (Bertr.) Heissn.铁坚油杉
Keteleeria davidiana Beiss.(中研丛刊 1931)=Keteleeria cyclolepis
Keteleeria davidiana Beiss.(中研丛刊 1931)=Keteleeria davidiana
Keteleeria davidiana Beissn.(Mastum & Hay.in J.Coll.Sci.Unv.Tokyo, 1906)=Keteleeria davidiana var. formosana
Keteleeria davidiana Beissn.(Pax in Repert.Sp.Nov.Beih.1922)=Keteleeria evelyniana
Keteleeria davidiana Beissn.(中研丛刊 1931)=Keteleeria davidiana var. calcarea
Keteleeria davidiana var. calcarea (W.C.Cheng & L.K.Fu) Silba 黄枝油杉
Keteleeria davidiana var. davidiana=Keteleeria davidiana
Keteleeria davidiana var. formosana (Hay.) Hay.台湾油杉
Keteleeria davidiana var. *pubescens* (W.C.Cheng & L.K.Fu) Silba=Keteleeria pubescens
Keteleeria davidiana var. *sacra* (David) Beissn. & Fitsch.=Keteleeria davidiana
Keteleeria delavayi Van Tiegh.=Keteleeria evelyniana
Keteleeria dopiana Flous=Keteleeria evelyniana
Keteleeria esquirolii Lévl.(Flous in Bull.Soc.Hist.Nat.Toulouse,1936)=Keteleeria cyclolepis
Keteleeria esquirolii Lévl.=Keteleeria davidiana
Keteleeria evelyniana Mast.云南油杉
Keteleeria evelyniana var. *hainanensis* (Chun & Tsiang) Silba=Keteleeria hainanensis
Keteleeria evelyniana var. *pendula* Hstieh.=Keteleeria evelyniana
Keteleeria fabri Mast.=Abies fabri
Keteleeria formosana Hay.=Keteleeria davidiana var. formosana
Keteleeria fortunei (Murr.) Carr.油杉
Keteleeria fortunei Carr.(科学论文集 1933)=Keteleeria cyclolepis
Keteleeria fortunei var. cyclolepis (Flous) Silba 江南油杉
Keteleeria fortunei var. oblonga (W.C.Cheng & L.K.Fu) L.K.Fu & Nan Li

矩鳞油杉
Keteleeria fortunei var. *xerophila* (Hsüeh & S.H.Hao) Silba=Keteleeria davidiana
Keteleeria hainanensis Chun & Tsiang 海南油杉
Keteleeria jezoensis (Lindl.) Flous=Keteleeria fortunei
Keteleeria oblonga W.C.Cheng & L.K.Fu=Keteleeria fortunei var. oblonga
Keteleeria pubescens Cheng & L.K.Fu 柔毛油杉
Keteleeria roulletii (Chev.) Flous 短果油杉
Keteleeria sacra Beissn.=Keteleeria davidiana
*Keteleeria sp.*Mast.=Keteleeria fortunei
Keteleeria xerophila Hsüeh=Keteleeria davidiana
Ketmia arborea Moench=Hibiscus syriacus
Ketmia glandulosa Moench.=Hibiscus cannabinus
Ketmia mutabilis (L.) Moench=Hibiscus mutabilis
Ketmia syriaca Scop.=Hibiscus syriacus
Ketmia syrorum Medicus=Hibiscus syriacus
Keyserlingia buxbaumii Bge. ex Boiss.=Sophora mollis
Keyserlingia hortensis (Boiss. & Buhse) Yakovl.=Sophora mollis
Khaya A.Juss.**非洲楝属**(楝科)
Khaya senegalensis (Desr.) A.Juss.非洲楝
Kibatalia G.Don **倒缨木属**(夹竹桃科)
Kibatalia anceps (Dunn. & R.Will.) Woods.=Kibatalia macrophylla
Kibatalia macrophylla (Perre ex Hua) Woods.倒缨木
Kibatalia macrophylla (Pierre) Woodson=Kibatalia macrophylla
Kickxia elastica Preuss=Funtumia elastica
Kigelia DC.**吊灯树属**(紫葳科)
Kigelia africana (Lam.) Benth.吊灯树
Kigelia pinnata DC.羽裂吊灯树(新)
Kingdonia Balf. f. & W.W.Sm.**独叶草属**(毛茛科)
Kingdonia uniflora Balf. f. & W.W.Sm.独叶草
Kingdonwardia C.Marq.=**Swertia**
Kingdonwardia codonopsidoides Marq.=Swertia racemosa
Kingdonwardia racemosa (Wall. ex Griseb.) T.N.Ho=Swertia racemosa
Kingidium P.F.Hunt **尖囊兰属**(兰科)
Kingidium braceanum (HK.f.) Seidenf.尖囊兰
Kingidium decumbens Griff.(高等图鉴 1976)=Kingidium deliciosum
Kingidium deliciosum (Rchb.f.) Sweet 大尖囊兰
Kingidium naviculare Z.H.Tsi ex Hashimoto=Kingidium braceanum
Kingidium stobarianum (Rchb.f.) Seidenf.=Phalaenopsis stobariana
Kingidium taeniale (Lindl.) P.F.Hunt 小尖囊兰
Kingiella Rolfe=**Kingidium**
Kingiella Rolfe **肯基拉兰属**(兰科)
Kingiella decumbens (Griff.) Rolfe 肯基拉兰
Kingiella decumbens Griff.(Rolfe in Orch.Rev.1917)=Kingidium deliciosum
Kingiella philippinensis (Ames) Rolfe 菲律宾肯基拉兰
Kingiella taenialis (Lindl.) Rolfe=Kingidium taeniale
Kinostemon Kudô **动蕊花属**(唇形科)
Kinostemon alborubrum (Hemsl.) C.Y.Wu & S.Chow 粉红动蕊花
Kinostemon bidentatum (Hemsl.) Kudô =Teucrium bidentatum
Kinostemon ningpoense (Hemsl.) Kudô =Teucrium pernyi
Kinostemon ornatum (Hemsl.) Kudô 动蕊花
Kinostemon ornatum f. falcatum C.Y.Wu & S.Chow 镰叶动蕊花(新)
Kinostemon ornatum f. ornatum=Kinostemon ornatum
Kinostemon ornatum f. subintegrifolium C.Y.Wu & S.Chow 全叶动蕊花(新)
Kinostemon pernyi (Franch.) Kudô(p.p.) =Kinostemon alborubrum
Kinostemon pernyi (Franch.) Kudô(p.p.) =Teucrium pernyi
Kinostemon pernyi var. *ningpoense* (Hemsl.) Kudô =Teucrium pernyi
Kinugasa Tatew. & Suto=**Paris**
Kirengeshoma Yatabe **黄山梅属**(虎耳草科)
Kirengeshoma palmata Yatabe 黄山梅
Kirganelia multiflora Baill.=Phyllanthus reticulatus
Kirganelia reticulata Baill.=Phyllanthus reticulatus
Kirganelia sinensis Baill.=Phyllanthus reticulatus
Kirganelia triandra Blanco=Glochidion triandrum
Kirilowia Bge.**绵藜属**(藜科)
Kirilowia eriantha Bge.绵藜
Kitigorchis erythrochrysea (Hand.-Mazz.) F.Maekawa=Oreorchis erythrochrysea
Klasea Cass.=**Serratula**
Klasea centauroides (L.) Cass.=Serratula centauroides
Klasea centauroides var. *albiflora* Y.B.Chang=Serratula centauroides
Klasea cupuliformis (Kitag.) Kitag.=Serratula cupuliformis
Klasea komarovii (Iljin) Kitag.=Serratula centauroides
Klasea mongolica (Kitag.) Kitag.=Serratula centauroides
Klasea ortholepis (Kitag.) Kitag.=Serratula polycephala
Klasea ortholepis Kitag.=Serratula polycephala
Klasea polycephala (Iljin) Kitag.=Serratula polycephala
Klasea polycephala f. *leucantha* (Kitag.) Kitag.=Serratula polycephala
Klasea yamatsutana (Kitag.) Kitag.=Serratula centauroides
Kleinhovia L.**鹧鸪麻属**(梧桐科)
Kleinhovia hospita L.鹧鸪麻
Kleinia japonica (Thunb.) Less.=Gynura japonica
Klugia Schlechtd.=**Rhynchoglossum**
Kmeria (Pierre) Dandy **单性木兰属**(木兰科)
Kmeria septentrionalis Dandy 单性木兰
Knema Lour.**红光树属**(肉豆蔻科)
Knema angustifolia (Roxb.) Warb.=Knema cinerea var. glauca
Knema cinerea var. *andamanica* (Poir.) J.Sincl.=Knema cinerea var. glauca
Knema cinerea var. glauca (Bl.) Y.H.Li 狭叶红光树
Knema conferta (Lam.) Warb.密花红光树
Knema crratisa (HK.f. & Thoms.) Warb.假广子
Knema furfuracea (HK.f. & Thoms.) Warb.红光树
Knema glauca var. *andamanica* Warb.=Knema cinerea var. glauca
Knema glauca var. *nicobarica* Warb.=Knema cinerea var. glauca
Knema globularia (Lam.) Warb.小叶红光树
Knema lenta Pierre ex Warb.=Knema cinerea var. glauca
Knema linifolia (Roxb.) Warb.大叶红光树
Knema linifolia var. *clarkeana* (King) Warb.=Knema linifolia
Knema missionis (Wall.) Warb.=Knema globularia
Knema petelotii Merr.=Knema globularia
Knema pierrei Warb.=Knema furfuracea
Knema siamensis Warb.=Knema crratisa
Knema sphaerula (HK.f.) Airy-Shaw=Knema globularia
Knema wangii Hu=Knema globularia
Knema yunnanensis Hu=Knema crratisa
Kniphofia Moench.**火把莲属**(百合科)
Kniphofia corallina Hort.珊瑚火杖
Kniphofia foliosa Hochst.多叶火把莲
Kniphofia macowanii Baker 剑叶火杖
Kniphofia rufa Baker 少花火炬花
Kniphofia tuckii Baker 丛生火炬花
Kniphofia uvaria HK.火把莲
Knorringia sibirica (Laxm.) Tzve (L.)=Polygonum sibiricum
Knorringia sibirica subsp. *thomsonii* (MeinS.) S.P.Hong=Polygonum sibiricum var. thomsonii
Knoxia L.**红芽大戟属**(茜草科)
Knoxia corymbosa Willd.(Thw.in Enum.Pl.Zeyl.1859)=Knoxia mollis
Knoxia corymbosa Willd.红芽大戟
Knoxia mollis Wight & Arn.贵州红芽大戟
Knoxia valerianoides Thorel ex Pitard 红大戟
Kobresia Willd.**嵩草属**(莎草科)
Kobresia angusta C.B.Clarke 细序嵩草
Kobresia bellardii (All.) Degland=Kobresia myosuroides
Kobresia bistaminata W.Z.Di & M.J.Zhong=Kobresia myosuroides
Kobresia bonatiana Kükenth.=Kobresia fragilis
Kobresia burangensis Y.C.Yang 普兰嵩草
Kobresia capillifolia (Decne.) C.B.Clarke 线叶嵩草
Kobresia capillifolia var. *condensata* Kükenth.=Kobresia tunicata
Kobresia capillifolia var. *tibetica* (Maxim.) Kukenth=Kobresia tibetica
Kobresia capilliformis Ivan.=Kobresia capillifolia
Kobresia caricina Willd.薹穗嵩草
Kobresia cercostachya (Franch.) C.B.Clarke (C.B.Clarke in J.L.Soc.Bot. 1903, p.p.)=Kobresia cuneata
Kobresia cercostachya (Franch.) C.B.Clarke 尾穗嵩草
Kobresia cercostachya var. capillacea P.C.Li 发秆嵩草
Kobresia cercostachya var. cercostachya=Kobresia cercostachya
Kobresia clarkeana (Kükenth.) Kükenth.杂穗嵩草
Kobresia cuneata Kükenth.截形嵩草
Kobresia curticeps (C.B.Clarke) Kükenth.短梗嵩草
Kobresia curticeps var. curticeps=Kobresia curticeps

Kobresia curticeps var. gyirongensis Y.C.Yang 吉隆嵩草
Kobresia curvata (Boott) Kükenth.弯叶嵩草
Kobresia daqinshanica X.Y.Mao 大青山嵩草
Kobresia deasyi C.B.Clarke 藏西嵩草
Kobresia duthiei C.B.Clarke 线形嵩草
Kobresia esanbeckii (Kunth) Wang & Tang ex P.C.Li 三脉嵩草
Kobresia falcata Wang & Tang ex P.C.Li 镰叶嵩草
Kobresia filicina (C.B.Clarke) C.B.Clarke 近蕨嵩草
Kobresia filicina var. filicina=Kobresia filicina
Kobresia filicina var. subfilicinoides P.C.Li 蕨状嵩草
Kobresia filifolia (Turcz.) C.B.Clarke 丝叶嵩草
Kobresia filifolia var. *macroprophylla* Y.C.Yang=Kobresia macroprophylla
Kobresia fissiglumis C.B.Clarke=Kobresia seticulmis
Kobresia fragilis C.B.Clarke 囊状嵩草
Kobresia glaucifolia Wang & Tang ex P.C.Li 粉绿嵩草
Kobresia gracilis Y.C.Yang=Kobresia yangii
Kobresia graminifolia C.B.Clark (西藏志 1987)=Kobresia cercostachya
Kobresia graminifolia C.B.Clarke 禾叶嵩草
Kobresia handel-mazzetii Ivan.=Kobresia tunicata
Kobresia harrysmithii Kuktnth.=Kobresia vidua
Kobresia helanshanica W.Z.Di & M.J.Zhong 贺兰山嵩草
Kobresia hookeri Böcklr.(西藏志 1987)=Kobresia seticulmis
Kobresia humilis (C.A.Mey. ex Trautv.) Serg.(分类学报 1976,p.p.,高等图鉴 1976, p.p.,西藏志 1987,内蒙志 1985)=Kobresia pusilla
Kobresia humilis (C.A.Mey. ex Trautv.) Sergiev 矮生嵩草
Kobresia inflata P.C.Li 膨囊嵩草
Kobresia kansuensis Kükenth.甘肃嵩草
Kobresia kukenthaliana Hand.-Mazz.宁远嵩草
Kobresia lacustris P.C.Li 湖滨嵩草
Kobresia laxa Nees 疏穗嵩草
Kobresia lepidochlamys Wang & Tant ex P.C.Li 鳞被嵩草
Kobresia littledalei C.B.Clarke 藏北嵩草
Kobresia loliacea Wang & Tang ex P.C.Li 黑麦嵩草
Kobresia lolonum Hand.-Mazz.?=Carex parva
Kobresia longearistita P.C.Li 长芒嵩草
Kobresia macrantha Böcklr.(西藏志 1987,p.p.)=Kobresia stolonifera
Kobresia macrantha Böcklr.大花嵩草
Kobresia macrantha var. macrantha=Kobresia macrantha
Kobresia macrantha var. nudicarpa (Y.C.Yang) P.C.Li 裸果嵩草
Kobresia macroprophylla (Y.C.Yang) P.C.Li 祁连嵩草
Kobresia maquensis Y.C.Yang 玛曲嵩草
Kobresia menyuanica Y.C.Yang 门源嵩草
Kobresia microglochin (Wahlenb.) Tang & Wang ex Y.C.Yang=Carex microglochin
Kobresia microstachya Ivan.=Kobresia pygmaea var. filiculmis
Kobresia minshanica Tang & Wang ex Y.C.Yang 岷山嵩草
Kobresia myosuroides (Villars) Fiori 嵩草
Kobresia nepalensis (Nees) Kükenth.尼泊尔嵩草
Kobresia nitens C.B.Clarkea 亮绿嵩草
Kobresia nudicarpa (Y.C.Yang) S.R.Zhang=Kobresia macrantha var. nudicarpa
Kobresia pamiroalaica Ivan.=Kobresia deasyi
Kobresia paniculata Meinsh.(Sergiev.in Fl.USSR.1935,p.p.)=Kobresia royleana
Kobresia paniculata Meinsh.=Kobresia stenocarpa
Kobresia parva (Nees) Tang & Wang ex Y.C.Yang=Carex parva
Kobresia persica Kükenth. & Bornm.波斯嵩草
Kobresia pinetorum Wang & Tang ex P.C.Li 松林嵩草
Kobresia prainii Kükenth.不丹嵩草
Kobresia prainii var. *elliptica* Y.C.Yang=Kobresia prainii
Kobresia pratii C.B.Clarke (Kükenth. in Pflanzenr.Hft.1909,p.p.)=Kobresia cuneata
Kobresia prattii C.B.Clarke=Kobresia vidua
Kobresia pusilla Ivan.高原嵩草
Kobresia pygmaea C.B.Clarke (Hand.-Mazz.in Symb.Sin.1936,p.p.)=Kobresia pygmaea var. filiculmis
Kobresia pygmaea C.B.Clarke 高山嵩草
Kobresia pygmaea var. filiculmis Kükenth.新都嵩草
Kobresia pygmaea var. pygmaea=Kobresia pygmaea
Kobresia robusta Maxim.粗壮嵩草
Kobresia robusta var. *sargentiana* (Hemsl.) Kükenth.=Kobresia robusta
Kobresia royleana (Nees) Böcklr 喜马拉雅嵩草
Kobresia royleana Böcklr.(Kükenth. in Pflanzenr.Heft.1909,p.p.)=Kobresia stenocarpa
Kobresia royleana var. *humilis* (C.A.Mey. ex Trautv.) Kükenth.(Kükenth. in Pflanzer.Heft1909,p.p.)=Kobresia persica
Kobresia royleana var. *humilis* (C.A.Mey. ex Truatv.) Kükenth.=Kobresia humilis
Kobresia royleana var. *kokanica* (Rgl.) Kükenth.(Hand.-Mazz.in Symb. Sin.1936)=Kobresia tunicata
Kobresia royleana var. *kokanica* (Rgl.) Kükenth.=Kobresia royleana
Kobresia royleana var. *paniculata* (Meinsh.) Kükenth.=Kobresia stenocarpa
Kobresia sargentiana Hemsl.=Kobresia robusta
Kobresia schenoides Steud.(西藏志 1987)=Kobresia tibetica
Kobresia schoenoides (C.A.Mey.) Steud.赤箭嵩草
Kobresia setchwanensis Hand.-Mazz.四川嵩草
Kobresia seticulmis Böcklr.(西藏志 1987,p.p.)=Kobresia duthiei
Kobresia seticulmis Böcklr.坚挺嵩草
Kobresia simpliciuscula (Wahlb.) Mackenzie (Ivan.in J.Bot.USSR.1939, p.p.)=Kobresia caricina
Kobresia squamaeformis Y.C.Yang 夏河嵩草
Kobresia stenocarpa (Kar. & Kir.) Steud.细果嵩草
Kobresia stenocarpa var. *royleana* (Nees) C.B.Clarke=Kobresia royleana
Kobresia stenocarpa var. *simplex* Y.C.Yang=Kobresia stenocarpa
Kobresia stiebritziana Hand.-Mazz.=Kobresia cercostachya
Kobresia stolonifera Y.C.Tang ex P.C.Li 匍茎嵩草
Kobresia tibetica Maxim.(Ivan in J.Bot.USSR1939,p.p.)=Kobresia littledalei
Kobresia tibetica Maxim.西藏嵩草
Kobresia trinervis (Nees) Böcklr.=Kobresia esanbeckii
Kobresia tunicata Hand.-Mazz.玉龙嵩草
Kobresia uncinoides (Boott) C.B.Clarke 钩状嵩草
Kobresia vidua (Boott ex C.B.Clarke) Kükenth.短轴嵩草
Kobresia williamsii T.Koyama 根茎嵩草
Kobresia yadongensis Y.C.Yang 亚东嵩草
Kobresia yangii S.R.Zhang 纤细嵩草
Kobresia yunnanensis Hand.-Mazz.=Kobresia fragilis
Kobresia yushuensis Y.C.Yang 玉树嵩草

Kochia Roth **地肤属**(藜科)

Kochia arenaria (Maerklin) Roth=Kochia laniflora
Kochia dasyphylla Fisch. & Mey.=Bassia dasyphylla
Kochia iranica Litv. ex Bornm 伊朗地肤
Kochia krylovii Litv.全翅地肤
Kochia laniflora (S.G.gme (L.) Borb.毛花地肤
Kochia melanoptera Bge.黑翅地肤
Kochia odontoptera Schrenk 尖翅地肤
Kochia odontoptera var. *altera* Schrenk=Kochia iranica
Kochia odontoptera var. *schrenkiana* Moq.=Kochia odontoptera
Kochia prostrata (L.) Schrad.木地肤
Kochia prostrata var. canescens Moq.灰毛木地肤
Kochia prostrata var. prostrata=Kochia prostrata
Kochia prostrata var. villosissima Bong. & Mey.密毛木地肤
Kochia schrenkiana (Moq.) Iljin=Kochia odontoptera
Kochia scoparia (L.) Schrad.地肤
Kochia scoparia var. *alata* Blom=Kochia scoparia
Kochia scoparia var. *albovillosa* Kitag.=Kochia scoparia var. sieversiana
Kochia scoparia var. culta Farwell 扫帚苗
Kochia scoparia var. scoparia=Kochia scoparia
Kochia scoparia var. sieversiana (Pall.) Ulbr. ex Aschers. & Graebn.碱地肤
Kochia sieversiana (Pall.) C.A.Mey.=Kochia scoparia var. sieversiana
Kochia suffruticulosa Lessing=Kochia prostrata
Kochia uirgata Koste=Kochia scoparia
Koeiea altimurana K.H.Reching.=Arabis fruticulosa

Koeleria Pers. **草属**(禾本科)

Koeleria asiatica Dom.匍茎落草
Koeleria cristata (L.) Pers.落草
Koeleria cristata var. cristata=Koeleria cristata
Koeleria cristata var. poaeformis (dom.) Tzvel.小花落草

Koeleria cristata var. pseudocristata (Dom.) P.C.Kuo & Z.L.Wu 大花落草
Koeleria delavignei Czern. ex Domin 德拉维落草
Koeleria enodis Keng=Koeleria litvinowii var. tafelii
Koeleria glauca (Schk.) DC.粉落草
Koeleria gracilis Pers.=Koeleria cristata
Koeleria hirsuta Gaudin 毛落草
Koeleria hosseana var. *tafelii* Dom.=Koeleria litvinowii var. tafelii
Koeleria komarovii Roshev.黑龙江猬草
Koeleria litvinowii Dom.芒落草
Koeleria litvinowii var. litvinowii=Koeleria litvinowii
Koeleria litvinowii var. tafelii (Dom.) P.C.Kuo & Z.L.Wu 矮落草
Koeleria macrantha (Ledeb.) Schult.大落草(新)
Koeleria phleoides Pers.一年生落草
Koeleria poaeformis Dom.=Koeleria cristata var. poaeformis
Koeleria pseudocristata Dom.=Koeleria cristata var. pseudocristata
Koeleria pyramidata (Lamk.) P.Beauv.尖塔形落草
Koeleria setacea (Pers.) DC.刚毛叶落草
Koeleria vallesiana (Honck.) Gaudin 瓦氏落草
Koellikeria Rgl.**柯里无苣苔属**(苦苣苔科)
Koellikeria erinoides Mansf.柯里无苣苔
Koelpinia Pall.**蝎尾菊属**(菊科)
Koelpinia linearis Pall.蝎尾菊
Koelreuteria Laxm.**栾树属**(无患子科)
Koelreuteria apiculata Rehd. & Wils.=Koelreuteria paniculata
Koelreuteria bipinnata Franch.复羽叶栾树
Koelreuteria bipinnata var. *apiculata* How & Ho(p.p.)=Koelreuteria paniculata
Koelreuteria bipinnata var. *apiculata* How & Ho(p.p.)=Koelreuteria bipinnata
Koelreuteria bipinnata var. integrifoliola (Merr.) T.Chen 全缘叶栾树
Koelreuteria bipinnata var. *puberula* Chun=Koelreuteria bipinnata
Koelreuteria chinensis (Murray) Hoffmgg.=Koelreuteria paniculata
Koelreuteria elegans subsp. formosana (Hay.) Meyer 台湾栾树
Koelreuteria formosana Hay.=Koelreuteria elegans subsp. formosana
Koelreuteria integrifoliola Merr.=Koelreuteria bipinnata var. integrifoliola
Koelreuteria minor Hemsl.=Boniodendron minus
Koelreuteria paniculata Laxm.栾树
Koelreuteria paniculata var. *apiculata* (Rehd. & Wils.) Rehd.=Koelreuteria paniculata
Koelzia K.H.Rech.=**Christolea**
Koelzia afghanica K.H.Reching.=Christolea crassifolia
Koempferia subgen. *Pyrgophyllum* Gagn.=**Pyrgophyllum**
Koenigia L.**冰岛蓼属**(蓼科)
Koenigia cyananda (Diels) Meisicek & Sojak=Polygonum cyanandrum
Koenigia delicatula (Meisn.) Hara=Polygonum delicatulum
Koenigia fertilis Maxim.=Polygonum fertile
Koenigia forrestii (Diels) Mesicek & Sojak=Polygonum forrestii
Koenigia islandica L.冰岛蓼
Koenigia nepalensis D.Don=Polygonum filicaule
Koenigia nummularifolia (Meisn.) Mesicek & Sojak=Polygonum nummularifolium
Koenigia pilosa Maxim.=Polygonum sparsipilosum
Kohleria Rgl.**树苣苔属**(苦苣苔科)
Kohleria amabilis Fristsch 可爱树苣苔
Kohleria bella C.V.Mort.美丽树苣苔
Kohleria bogotensis Fritsch.波哥大树苣苔
Kohleria eriantha Hanst.绵毛花树苣苔
Kohleria lanata Hem.绵毛树苣苔
Kohleria ocellata Fritsch 眼斑树苣苔
Kohleria spicata Oerst.穗树苣苔
Kohleria tubiflora Hanst.管花树苣苔
Koilodepas Hassk.**白茶树属**(大戟科)
Koilodepas banthanense Hassk.爪哇白茶树
Koilodepas hainanense (Merr.) Airy-Shaw 白茶树
Koilodepas longifolium HK.f.马来亚白茶树
Koilodepas wallichianum Benth.(Airy-Shaw in Kew Bull.1963,p.p.)=Koilodepas hainanense
Kokonoria stolonfiera Keng & Keng f.=Lagotis brachystachya
Kolkwitzia Graebn.**蝟实属**(忍冬科)
Kolkwitzia amabilis Graebn.蝟实
Kolkwitzia amabilis cv. Rosea 粉花猬实
Kolpakowskia ixiolirioides Rgl.=Ixiolirion tataricum var. ixiolirioides
Komana patula (Thunb. ex Murray) Y.Kimura ex Hodna=Hypericum patulum
Koniga R.Br.=**Lobularia**
Koniga maritima (Desv.) R.Br.=Lobularia maritima
Kopsia Bl.**蕊木属**(夹竹桃科)
Kopsia arborea Bl.蕊木
Kopsia fruticosa (K.Gawl.) DC.红花蕊木
Kopsia hainanensis Tsiang 海南蕊木
Kopsia lancibracteolata Merr.=Kopsia arborea
Kopsia officinalis Tsiang=Kopsia arborea
Kopsia vinciflora Bl.=Kopsia fruticosa
Korolkowia Rgl.=**Fritillaria**
Korthalsella Van Tiegh.**栗寄生属**(桑寄生科)
Korthalsella fasciculata (Van Tiegh.) Lecomte=Korthalsella japonica var. fasciculata
Korthalsella japonica (Thunb.) Engl.栗寄生
Korthalsella japonica var. fasciculata (Van Tiegh.) H.S.Kiu 狭茎栗寄生
Korthalsella japonica var. japonica=Korthalsella japonica
Korthalsella moniliformis (Wight & Arn.) Lecomte=Korthalsella japonica
Korthalsella opuntia (Thunb.) Merr.=Korthalsella japonica
Korthalsella opuntia var. *fasciculata* (Van Tiegh.) Danser=Korthalsella japonica var. fasciculata
Korthalsella remyana Van Tiegh.瓦胡岛栗寄生
Korthalsella taenioides (Comm.) Lecomte=Korthalsella japonica var. fasciculata
Korthalsia Bl.**蚁棕属**(棕榈科)
Korthalsia echinometra Becc.刺蚁棕
Korthalsia flagellaris Miq.鞭枝蚁棕
Korthalsia grandis Ridley 大蚁棕
Korthalsia paludosa Ftdo.沼泽蚁棕
Korthalsia rigida Bl.坚硬蚁棕
Korthalsia scaphigera Griff.舟状蚁棕
Korthalsia scortechinii Becc.斯考氏蚁棕
Korthalsia tenuissima Becc.极细蚁棕
Koyamacalia H.Robins. & Brettel=**Parasenecio**
Koyamacalia ambigua (Ling) H.Robins. & Brettel=Parasenecio ambiguus
Koyamacalia auriculata (DC.) H.Robins. & Brettel=Parasenecio auriculatus
Koyamacalia bulbiferoides (Hand.-Mazz.) H.Robins. & Brettel=Parasenecio bulbiferoides
Koyamacalia cyclota (Bur. & Franch.) H.Robins. & Brettel=Parasenecio cyclotus
Koyamacalia dasythyrsa (Hand.-Mazz.) H.Robins. & Brettel=Parasenecio dasythyrsus
Koyamacalia deltophylla (Maxim.) H.Robins. & Brettel=Parasenecio deltophyllus
Koyamacalia firma (Koma.) H.Ribins. & Brettel=Parasenecio firmus
Koyamacalia hastata (L.) R.Robins. & Brettel=Parasenecio hastatus
Koyamacalia hupehensis (Hand.-Mazz.) H.Robins. & Brettel=Parasenecio phyllolepis
Koyamacalia hwangshanica (Ling) H.Robins. & Brettel=Parasenecio hwangshanicus
Koyamacalia lapites (Franch.) H.Robins. & Brettel.=Parasenecio latipes
Koyamacalia leucanthema (Dunn) H.Robins. & Brettel=Parasenecio ainsliiflorus
Koyamacalia macrocephala H.Robins. & Brettel=Sinacalia macrocephala
Koyamacalia matsudai (Kitam.) H.Robins. & Brettel=Parasenecio matsudai
Koyamacalia nokoensis (Masam. & Suzuki) H.Robins. & Brettel=Parasenecio nokoensis
Koyamacalia otopteryx (Hand.-Mazz.) H.Robins. & Brettel=Parasenecio otopteryx
Koyamacalia palmatisecta (J.F.Jeffr.)=H.Robins. & Brettel=Parasenecio palmatisectus
Koyamacalia penninervis (Koyama) H.ribins. & Brettel=Senecio kumaonensis
Koyamacalia phyllolepis (Franch.) H.Robins. & Brettel=Parasenecio phyllolepis
Koyamacalia pilgeriana (Diels) H.Robins. & Brettel=Parasenecio pilgerianus
Koyamacalia profundorum (Dunn) H.Robins. & Brettel=Parasenecio profundorum
Koyamacalia quinqueloba (DC.) H.Robins. & Brettel=Parasenecio

quinquelobus
Koyamacalia roborowskii (Maxim.) H.Robins. & Brettel=Parasenecio roborowskii
Koyamacalia rockiana (Hand.-Mazz.) H.Robins. & Brettel=Parasenecio rockianus
Koyamacalia rufipilis (Franch.) H.Robins. & Brettel=Parasenecio rufipilis
Koyamacalia sinica (Ling) H.Robins. & Brettel=Parasenecio sinicus
Koyamacalia slouliei (Franch.) H.Robins. & Brettel=Parasenecio souliei
Kozola Rafin.=**Heloniopsis**
Krabiodendron kwangtungense S.Y.Hu=Craibiodendron scleranthum var. kwangtungense
Krascheninikovia Turcz. ex Fenzl=**Pseudostellaria**
Krascheninikovia ciliata Honda=Pseudostellaria japonica
Krascheninikovia davidii Franch.=Pseudostellaria davidii
Krascheninikovia davidii var. *stellarioides* Franch.=Pseudostellaria heterantha
Krascheninikovia eritrichioides Diels=Pseudostellaria heterantha
Krascheninikovia heterantha Maxim.=Pseudostellaria heterantha
Krascheninikovia heterophylla Miq.=Pseudostellaria heterophylla
Krascheninikovia himalaica (Franch.) Korsh.=Pseudostellaria himalaica
Krascheninikovia japonica KorsH.=Pseudostellaria japonica
Krascheninikovia maximowicziana Franch. & Sav.(东北检索表 1959)=Pseudostellaria davidii
Krascheninikovia maximowicziana var. *davidi* (Franch.) Maxim.=Pseudostellaria davidii
Krascheninikovia maximowiziana Franch. & Sav.=Pseudostellaria heterantha
Krascheninikovia rhaphanorrhiza (Hemsl.) KorsH.=Pseudostellaria heterophylla
Krascheninikovia rupestris Turcz.=Pseudostellaria rupestris
Krascheninikovia sylvatica Maxim.=Pseudostellaria sylvatica
Krascheninnikovia Gueldenst.=**Ceratoides**
Krascheninnikovia ceratoides Guedenst.=Ceratoides latens
Krascheninnikovia compacta (Losinsk.) Grubov=Ceratoides compacta
Krascheninnikovia compacta (Losinsk.) Grubov=Ceratoides latens
Krascheninnikovia ewersmanniana (Stschegl. ex Losinsk.) Grubov=Ceratoides ewersmanniana
Krascheninnikovia latens J.F. Gmel.=Ceratoides latens
Krasnovia M.Pop. ex Schisc **块茎芹属**(伞形科)
Krasnovia longiloba (Kar. & Kir.) M.Pop.块茎芹
Kraunhia floribunda Taub.(p.p.)=Wisteria floribunda
Krylovia Schischk.**岩菀属**(菊科)
Krylovia eremophila (Bge.) Schischk.沙生岩菀
Krylovia limoniifolia (Less.) Schischhk.岩菀
Kudoa yakushimensis (Makino) Masæm.=Gentiana yakushimensis
Kudoacanthus Hosok.**银脉爵床属**(爵床科)
Kudoacanthus albonervosa Hosok.银脉爵床
Kudrjaschevia Pojark.**库得拉草属**(唇形科)
Kudrjaschevia allotricha Pojark.异毛库得拉草
Kudrjaschevia jacubi (Lipsky) Pojark.亚客勃库得拉草
Kudrjaschevia korshinski (Lipsky) Pojark.克尔新斯库得拉草
Kudrjaschevia nadinae (Lipsky) Pojark.纳迪纳库得拉草
Kummerowia Schindl.**鸡眼草属**(豆科)
Kummerowia stipulacea (Maxim.) Makino 长萼鸡眼草
Kummerowia striata (Thunb.) Schindl.=Kummerowia stipulacea
Kummerowia striata (Thunb.) Schindl.鸡眼草
Kungia K.T.Fu **孔岩草属**(景天科)
Kungia aliciae (Raym.-Hamet) K.T.Fu 孔岩草
Kungia aliciae var. aliciae=Kungia aliciae
Kungia aliciae var. komarovii (Raym.-Hamet) K.T.Fu 对叶孔岩草
Kungia schoenlandii (Raym.-Hamet) K.T.Fu 弯毛孔岩草
Kungia schoenlandii var. *lepidotricha* K.T.Fu=Kungia schoenlandii var. stenostachya
Kungia schoenlandii var. schoenlandii=Kungia schoenlandii
Kungia schoenlandii var. stenostachya (Fröd.)K.T.Fu 狭穗孔岩草
Kuniwatsukia Pic.Ser. **拟鳞毛蕨属**(蹄盖蕨科)
Kuniwatsukia cuspidata (Bedd.) Pic.Ser.拟鳞毛蕨
Kuromatea glabra (Thunb.) Kudô =Lithocarpus glaber
Kurramia Omer & Qaiser=**Jaeschkea**
Kurrimia Wall.=**Bhesa**
Kurrimia macrophylla (Wall.) Wall.=Itea macrophylla
Kurrimia robusta (Roxb.) Kurz=Bhesa robusta
Kurrimia sinica H.T.Chang & S.Y.Liang=Bhesa robusta
Kydia Roxb.**翅果麻属**(锦葵科)
Kydia calycina Roxb.翅果麻
Kydia fraterna Roxb.=Kydia calycina
Kydia glabrescens Masters 光叶翅果麻
Kydia glabrescens var. glabrescens=Kydia glabrescens
Kydia glabrescens var. intermedia S.Y.Hu 毛叶翅果麻
Kydia jujubifolia Criff.枣叶翅果麻
Kydia roxburghiana Wight=Kydia calycina
Kyllinga Benth.=**Kyllinga**
Kyllinga Rottb.**水蜈蚣属**(莎草科)
Kyllinga brevifolia Diels=Kyllinga brevifolia var. leiolepis
Kyllinga brevifolia Nees=Kyllinga melanosperma
Kyllinga brevifolia Rottb.短叶水蜈蚣
Kyllinga brevifolia f. brevifolia=Kyllinga brevifolia
Kyllinga brevifolia f. pumila (Suringar) Tang & Wang 矮短叶水蜈蚣
Kyllinga brevifolia var. brevifolia =Kyllinga brevifolia
Kyllinga brevifolia var. *gracillima* (Miq.) Kukrenth.=Kyllinga brevifolia var. leiolepis
Kyllinga brevifolia var. *leiocarpa* Kitag.=Kyllinga brevifolia var. leiolepis
Kyllinga brevifolia var. leiolepis (Franch. & Savat.) Hara 无刺鳞水蜈蚣
Kyllinga brevifolia var. stellulata (Suringar) Tang & Wang 小星穗水蜈蚣
Kyllinga colorata (L.) Druce=Kyllinga brevifolia
Kyllinga cylindrica Nees 圆筒水蜈蚣
Kyllinga cyperina Retz.=Mariscus cyperinus
Kyllinga cyperoides Roxb.=Courtoisia cyperoides
Kyllinga gracilliima Miq.=Kyllinga brevifolia var. leiolepis
Kyllinga intermedia R.Br.=Kyllinga brevifolia var. stellulata
Kyllinga intermedia var. *oligostachya* C.B.Clarke=Kyllinga brevifolia
Kyllinga melanosperma Nees 黑籽水蜈蚣
Kyllinga metzii Hochst. ex Steud.=Kyllinga squamulata
Kyllinga moncephala var. *leiocarpa* Kitag.=Kyllinga brevifolia var. leiolepis
Kyllinga monocephala Kom.=Kyllinga brevifolia var. leiolepis
Kyllinga monocephala Nees=Kyllinga triceps
Kyllinga monocephala Rottb.单穗水蜈蚣
Kyllinga monocephala var. *leiolepis* Francyh. & Savat.=Kyllinga brevifolia var. leiolepis
Kyllinga nana HK. & Arn.=Kyllinga brevifolia
Kyllinga nana Nees=Kyllinga triceps
Kyllinga odorata var. *cylindrica* (Nees) Kükenth.=Kyllinga cylindrica
Kyllinga pumilio Steud.=Kyllinga brevifolia f. pumila
Kyllinga squamulata Thonn. ex Vahl 冠鳞水蜈蚣
Kyllinga squamulosa Kunth=Kyllinga squamulata
Kyllinga triceps Rottb.三头水蜈蚣

L

Labiatae(植物志 65—2,1977;66,1977)=**Lamiaceae**
Labiatae sp. Diels (Forr. 588)=Elsholtzia pilosa
Labiatae sp. Diels=Elsholtzia capituligera
Lablab Adans.**扁豆属**(豆科)
Lablab microcarpus DC.=Canavalia cathartica
Lablab niger Medic.=Lablab purpureus
Lablab purpureus (L.) Sweet 扁豆
Lablab vulgaris Savi=Lablab purpureus
Labraea uliginosa var. *alpina* Schur=Stellaria alsine var. alpina
Laburnum Fabr.**毒豆属**(豆科)
Laburnum anagyroides Medic.毒豆
Lacaena Lindl.**拉西纳兰**(兰科)
Lacaena bicolor Lindl.拉西纳兰
Lacaitaea Brand.=**Trichodesma**
Lacaitaea calycosa (Coll. & Hemsl.) Brand=Trichodesma calycosum
Lachenalia Jacq.**立金花属**(百合科)
Lachenalia aloides Pers.立金花
Lachenalia bachmannii Baker 红脊立金花
Lachenalia contaminata Ait.白筒立金花
Lachenalia glaucina Jacq.灰蓝立金花
Lachenalia liliflora Jacq.白花立金花
Lachenalia orchioides Ait.拟兰立金花
Lachenalia pendula Ait.红口立金花
Lachenalia pendula var. superba Hort.超红立金花
Lachenalia purpurea-caerulea Jacq.天蓝紫立金花
Lachenalia tricolor Thunb.三色立金花

Lachenalia tricolor var. nelsonii Baker 单色立金花
Lachnemilla Rybd.=**Alchemilla**
Lachnoloma Bge.**绵果荠属**(十字花科)
Lachnoloma lehmannii Bge.绵果荠
Lachnopodium Bl.=**Otanthera**
Lacostea auriculata Prantl=Vandenboschia auriculata
Lactaria coccinea Teijsm. & Binn=Ochrosia coccinea
Lactuca L.**莴苣属**(菊科)
Lactuca alliariaefolia Lévl. & Vant.=Pterocypsela raddeana
Lactuca alpina Benth. & HK.f.高山莴苣
Lactuca altaica Fisch. & Mey.阿尔泰莴苣
Lactuca amoena Hand.-Mazz.=Dubyaea amoena
Lactuca amurensis Rgl. & Maxim. ex Rgl.=Pterocypsela indica
Lactuca atropurpurea Franch.=Dubyaea atropurpurea
Lactuca auriculata DC.=Lactuca dissecta
Lactuca azurea (Ledeb.) Danguy=Cicerbita azurea
Lactuca beauverdiana Lévl.=Ixeridium gracile
Lactuca beesiana Diels=Chaetoseris beesiana
Lactuca biauriculata Lévl. & Vant.=Ixeris polycephala
Lactuca blinii Lévl.=Nabalus ochroleucus
Lactuca bonatii (Beauverd) Lévl.=Chaetoseris bonatii
Lactuca brachyrhyncha Hay.=Chorisis repens
Lactuca bracteata HK.f. & Thoms. ex C.B.Clarke=Mulgedium bracteatum
Lactuca brevirostris Champ=Pterocypsela indica
Lactuca brevirostris var. *foliislaciniatis* Hemsl.=Pterocypsela laciniata
Lactuca bungeana Nakai=Ixeridium sonchifolium
Lactuca canadensis L.加拿大莴苣
Lactuca cavaleriei Lévl.=Pterocypsela indica
Lactuca chelidonifolia Makino=Paraixeris chelidonifolia
Lactuca chinensis (Thunb) Makino (Chang in Contr.Biol.Sci.Soc.China 1934)=Ixeridium gramineum
Lactuca chinensis (Thunb.) Nakai=Ixeridium chinense
Lactuca chunkingensis Stebbins=Paraprenanthes prenanthoides
Lactuca crepidioides Vant.=Ixeridium gramineum
Lactuca deasyi S.Moore=Soroseris glomerata
Lactuca debilis (Thunb.) Benth. ex Maxim.=Ixeris japonica
Lactuca debislis var. *integra* O.Ktze.=Ixeris japonica
Lactuca dentata (Thunb.) Makino=Ixeridium dentatum
Lactuca dentata (Thunb.) Robins.=Ixeridium dentatum
Lactuca denticulata (Houtt.) Maxim.(p.p.)=Paraixeris denticulata
Lactuca denticulata f. *pinnatipartita* Makino=Paraixeris pinnatipartita
Lactuca denticulata var. *sonchifolia* (Bge.) Maxim.=Ixeridium sonchifolium
Lactuca denticulata β. *sonchifolia* (Maxim.) Maxim.(p.p.)=Paraixeris serotina
Lactuca disciformis (Mattf.) Stebbins=Syncalathium disciforme
Lactuca dissecta D.Don 裂叶莴苣
Lactuca diversifolia Vant.(高等图鉴 1975)=Paraprenanthes sylvicola
Lactuca diversifolia Vant.=Paraprenanthes sororia
Lactuca dolichophylla Kitam.长叶莴苣
Lactuca dubyaeae C.B.Clarke=Dubyaea bhotanica
Lactuca elata Hemsl.=Pterocypsela elata
Lactuca elegans Franch.=Ixeridium elegans
Lactuca erythrocarpa Vant.=Youngia erythrocarpa
Lactuca faberia Franch.=Faberia sinensis
Lactuca fischeriana DC.=Ixeridium gramineum
Lactuca flavissima Hay.=Ixeridium chinense
Lactuca formosana Maxim.=Pterocypsela formosana
Lactuca forrestii W.W.Sm.=Chaetoseris likiangensis
Lactuca funebris W.W.Sm.=Chaetoseris hastata
Lactuca glabra Chang=Faberia lanceifolia
Lactuca glabra DC.=Launaea acaulis
Lactuca glandulosissima Chang=Paraprenanthes glandulosissima
Lactuca gombalana Hand.-Mazz.=Dubyaea gombalana
Lactuca graciliflora Forbes & Hemsl.=Prenanthes tatarinowii
Lactuca graciliflora Wall. ex DC.(高等图鉴 1975)=Stenoseris taliensis
Lactuca graciliflora Wall. ex DC.=Stenoseris graciliflora
Lactuca graclis DC.=Ixeridium gracile
Lactuca grandiflora Franch.=Chaetoseris grandiflora
Lactuca hallaisaqnensis Lévl.=Ixeridium gramineum
Lactuca handeliana S.Y.Hu=Lactuca dolichophylla
Lactuca hastata Wall. ex DC.(p.p.)=Chaetoseris hastata
Lactuca hastata var. *glandulifera* Franch.=Chaetoseris cyanea
Lactuca hemsyleyi Franch.=Prenanthes faberi
Lactuca hirsuta Franch.=Chaetoseris hirsuta
Lactuca hoffmeisteri Klotzsch=Cephalorrhynchus saxatilis
Lactuca humifusa Dunn=Paraixeris humifusa
Lactuca indica L.(北研丛刊.1935)=Pterocypsela laciniata
Lactuca indica L.=Pterocypsela indica
Lactuca indica f. *indivisa* (Maxim.) Hara=Pterocypsela indica
Lactuca indica f. *runcinata* (Maxim.) Kitam.=Pterocypsela laciniata
Lactuca indica var. *dentata* (Kom.) Chu=Pterocypsela indica
Lactuca indica var. *foliis indivisis* (Hemsl.) Ling=Pterocypsela indica
Lactuca indica var. *foliis laciniatis* (Hemsl.) Ling=Pterocypsela laciniata
Lactuca kawaguchii Kitam.=Syncalathium kawaguchii
Lactuca kouyangensis Lévl.=Pterocypsela indica
Lactuca lacerrima Hay.=Ixeridium chinense
Lactuca lacerrima f. *flavissima* (Hay.) Kitam.=Ixeridium chinense
Lactuca laciniata (Houtt.) Makino=Pterocypsela laciniata
Lactuca laevigata (Bl.) DC.=Ixeridium laevigatum
Lactuca laevigata var. *saxatilis* (Edgew.) C.B.Clarke=Cephalorrhynchus saxatilis
Lactuca lanceolata (Houtt.) Makino=Crepidiastrum lanceolatum
Lactuca lanceolata var. *batakanensis* Kitam.=Crepidiastrum lanceolatum
Lactuca lessertiana Wall. ex C.B.Clarke=Mulgedium lessertianum
Lactuca lignea Vant.=Crepis lingea
Lactuca likiangensis Franch.=Chaetoseris likiangensis
Lactuca longifolia (Wall.) DC.=Lactuca dolichophylla
Lactuca macrantha C.B.Clarke=Chaetoseris macrantha
Lactuca macrorrhiza (Royle) HK.f.=Cephalorrhynchus macrorrhizus
Lactuca matsumurae Makino=Ixeris polycephala
Lactuca matsumurae var. *dissecta* Makino=Ixeris dissecta
Lactuca melanantha Franch.=Notoseris melananth
Lactuca monocephala Chang=Mulgedium monocephalum
Lactuca morii Hay.=Pterocypsela formosana
Lactuca multipes Lévl. & Vant.=Mulgedium tataricum
Lactuca nakaiana Lévl. & Vant.=Pterocypsela raddeana
Lactuca napifera Franch.=Crepis napifera
Lactuca nummularifolia Lévl. & Vant.=Ixeris stolonifera
Lactuca ochroleuca (Maxim.) Franch.=Nabalus ochroleucus
Lactuca oldhami Maxim.=Ixeridium laevigatum
Lactuca perennis L.蓝花莴苣
Lactuca polycephala (Cass.) Benth.=Ixeris polycephala
Lactuca polypodifolia Franch.=Paraprenanthes polypodifolia
Lactuca porphyrea (Marqd. & Shaw) Stebbins=Syncalathium porphyreum
Lactuca prattii Dunn=Chaetoseris roborowskii
Lactuca pseudosenecio Vant.=Youngia pseudosenecio
Lactuca pseudosonchus Lévl.=Chaetoseris grandiflora
Lactuca quercus Lévl. & Vant.=Crepidiastrum lanceolatum f. pinnatilobum
Lactuca raddeana Maxim.=Pterocypsela raddeana
Lactuca raddeana var. *compacta* Bar. & Skr.=Pterocypsela elata
Lactuca raddeana var. *elata* (Hemsl.) Kitam.=Pterocypsela elata
Lactuca repens (L.) Benth. ex Maxim.=Chorisis repens
Lactuca repens sensu Merr.=Launaea sarmentosa
Lactuca roborowskii Maxim.=Chaetoseris roborowskii
Lactuca rubrolutea Vant.=Ixeridium chinense
Lactuca sagittaroides C.B.Clarke=Ixeridium sagittaroides
Lactuca saligna L.(Ledeb.in Fl.Alt.1833)=Lactuca altaica
Lactuca saligna L.柳叶莴苣
Lactuca saligna var. *teniana* (Beauverd) Lévl.=Chaetoseris teniana
Lactuca sativa L.莴苣
Lactuca sativa var. angustata Irish ex Brem.莴荀
Lactuca sativa var. capitata DC.卷心莴苣
Lactuca sativa var. ramosa Hort.生菜
Lactuca saxatilis A.Baran.=Paraixeris saxatilis
Lactuca scandens Chang 红毛细莴苣(新)?
Lactuca scariola L.=Lactuca seriola
Lactuca scariola β. *sativa* Moris=Lactuca sativa
Lactuca sect. *Aggregatae* Franch.=**Syncalathium**
Lactuca sect. *Chorisma* (D.Don) Benth. & HK.f.=**Chorisis**
Lactuca sect. *Cicerbita* (Wallr.) Benth. & HK.f.=**Mulgedium**
Lactuca sect. *Cicerbita* Benth.(p.p.)=**Cephalorrhynchus**
Lactuca sect. *Cicerbita* Benth.(p.p.)=**Cicerbita**
Lactuca sect. *Faberia* (Hemsl.) Franch.=**Faberia**
Lactuca sect. *Ixeris* (Cass.) Benth. & HK.f.=**Ixeris**
Lactuca sect. *Lactucopsis* Kitam.=**Mulgedium**
Lactuca sect. *Mulgedium* (Cass.) C.B.Clarke (p.p.)=**Mulgedium**

Lactuca sect. *Oliganthae* Franch.=**Stenoseris**
Lactuca sect. *Phaenixopus* Benth.(p.p.)=**Scariola**
Lactuca sect. *Prenanthesiae* Franch.(p.p.)=**Notoseris**
Lactuca sect. *Pterachaenium* Kitam.=**Pterocypsela**
Lactuca sect. *Sororiae* Franch.=**Paraprenanthes**
Lactuca senecio Lévl. & Vant.(p.p.)=Paraixeris chelidonifolia
Lactuca senecio Lévl. & Vant.=Ixeridium sonchifolium
Lactuca seriola Torner 野莴苣
Lactuca sibirica (L.) Benth. ex Maxim.=Lagedium sibiricum
Lactuca sikkimemsis (HK.f.) Stebbins=Cicerbita sikkimensis
Lactuca sonchifolia (Bge.) Benth. & HK.f. ex Debeaux=Ixeridium sonchifolium
Lactuca sonchus Lévl. & Vant.=Pterocypsela sonchus
Lactuca sororia Miq.(高等图鉴 1975)=Paraprenanthes sylvicola
Lactuca sororia Miq.=Paraprenanthes sororia
Lactuca sororia f. *glabra* Ling=Paraprenanthes sororia
Lactuca sororia f. *typica* Ling=Paraprenanthes sororia
Lactuca sororia var. *glabra* Kitam.=Paraprenanthes sororia
Lactuca sororia var. glandulosa Kitam.=Paraprenanthes pilipes
Lactuca sororia var. *nudipes* (Migo) Kitam.=Paraprenanthes sororia
Lactuca sororia var. *pilipes* (Migo) Kitam.=Paraprenanthes pilipes
Lactuca sororia var. *pilipes* (Miq.) Chang & Tseng=Paraprenanthes pilipes
Lactuca souliei Franch.=Syncalathium souliei
Lactuca squarosa (Thunb.) Miq.=Pterocypsela indica
Lactuca squarosa f. *indivisa* Maxim.=Pterocypsela indica
Lactuca squarosa f. *runcinata* Maxim.=Pterocypsela laciniata
Lactuca squarosa var. *dentata* Kom.=Pterocypsela indica
Lactuca squarosa var. *integrifolia* Kom.=Pterocypsela indica
Lactuca squarosa var. *laciniata* (Houtt.) O.Ktze.=Pterocypsela laciniata
Lactuca squarosa var. *runcinato-pinnatifida* Kom.=Pterocypsela laciniata
Lactuca stenophylla Makino=Ixeridium laevigatum
Lactuca stolonifera (A.Gray) Benth. & Hk.f.=Ixeris stolonifera
Lactuca strigosa Lévl. & Vant.=Ixeridium strigosum
Lactuca subgen. *Mulgedium* (Cass.) Babcock et al.(p.p.)=**Mulgedium**
Lactuca subgen. *Pterachaenium* (Kitam.) Kirp.=**Pterocypsela**
Lactuca taiwaniana (Nakai) Makino & Nemoto=Crepidiastrum taiwanianum
Lactuca takasei Sasaki=Lapsana takasei
Lactuca taliensis Franch.=Stenoseris taliensis
Lactuca taquetii Lévl. & Vant.=Youngia japonica
Lactuca taraxacum Lévl. & Vant.=Youngia japonica
Lactuca tatarica (L.) C.A.Mey=Mulgedium tataricum
Lactuca tatarica var. *tibetica* HK.f.=Mulgedium tataricum var. tibeticum
Lactuca tatarinowii (Maxim.) Franch.=Prenanthes tatarinowii
Lactuca thibetica Franch.=Faberia thibetica
Lactuca thirionni Lévl.=Paraprenanthes sororia
Lactuca thunbergiana Maxim.(Forebs & Hemsl.in J.L.Soc.Bot.1888)=Ixeridium laevigatum
Lactuca thunbergii (A.Gray) Maxim.=Ixeridium dentatum
Lactuca transnokoensis Sasaki=Ixeridium laevigatum
Lactuca triangulata Maxim.=Pterocypsela triangulata
Lactuca triangulata var. *sachalinensis* Kitam.=Pterocypsela triangulata
Lactuca trifida Kitam.=Ixeris japonica
Lactuca triflora Hemsl.=Notoseris triflora
Lactuca tsarongensis W.W.Sm.=Dubyaea tsarongensis
Lactuca tsarongensis f. *chimiliensis* W.W.Sm.=Dubyaea tsarongensis
Lactuca umbrosa (Dunn=Mulgedium umbrosum
Lactuca undulata Ledeb.飘带果
Lactuca undulata var. *pinnatipartita* Trautv.=Lactuca undulata
Lactuca vaniotii Lévl.=Pterocypsela raddeana
Lactuca versicolor (Fisch. ex Link) Sch.-Bip.=Ixeridium gramineum
Lactuca virosa L.臭莴苣
Lactuca wallichiana Tuisl=Lactuca dolichophylla
Lactuca yunnanensis Franch.=Paraprenanthes yunnanensis
Laelia Lindl.**蕾丽兰属**(兰科)
Laelia albida Batem. ex Lindl.微白蕾丽兰
Laelia anceps Lindl.扁苹蕾丽兰
Laelia autumnalis Lindl.秋花蕾丽兰
Laelia cinnabarina Batem. ex Lindl.朱红蕾丽兰
Laelia crispa (Lindl.) Rchb.f.皱波蕾丽兰
Laelia flava Lindl.黄蕾丽兰
Laelia gloriosa (Rchb.f.) L.O.Wms.华美蕾丽兰(新)
Laelia grandis Lindl. & Paxt.大花蕾丽兰
Laelia harpophylla Rchb.f.镰状叶蕾丽兰
Laelia humboldtii (Rchb.f.) L.O.Wms.洪宝氏蕾丽兰
Laelia lobata (Lindl.) Veitch.裂唇蕾丽兰
Laelia perrinii (Lindl.) Batem.波氏蕾丽兰
Laelia pumila (HK.) Rchb.f.矮生蕾丽兰
Laelia purpurata Lindl. & Paxt.紫花蕾丽兰
Laelia rubescens Lindl.红花蕾丽兰
Laelia speciosa (HBK) Schltr.美花蕾丽兰
Laelia superbiens Lindl.华丽蕾丽兰
Laelia tenebrosa Rolfe 阴生蕾丽兰
Laelia tibicinis (Batem. ex Lindl.) L.O.Wms.管花蕾丽兰
Laelia undulata (Lindl.) L.O.Wms.波状蕾丽兰
Laelia xanthina Lindl.金黄蕾丽兰
Lafoensia Vand.**丽薇属**(千屈菜科)
Lafoensia vandelliana Cham. & Schlechtend.丽薇
Lagarosiphon alternifolia (Roxb.) Druce=Nechamandra alternifolia
Lagarosiphon roxburghii (Planch.) Benth.=Nechamandra alternifolia
Lagarosolen W.T.Wang **细筒苣苔属**(苦苣苔科)
Lagarosolen hispidus W.T.Wang 细筒苣苔
Lagarosolen integrifolius D.Fang & L.Zeng 全缘叶细筒苣苔
Lagedium Sojǎk.**山莴苣属**(菊科)
Lagedium sibiricum (L.) Sojǎk.山莴苣
Lagedium tataricum Sojǎk.=Mulgedium tataricum
Lagenaria Ser. **葫芦属**(葫芦科)
Lagenaria leucantha Rusby=Lagenaria siceraria
Lagenaria leucantha var. *clavata* Makino=Lagenaria siceraria var. hispida
Lagenaria leucantha var. *depressa* (Ser.) Makino=Lagenaria siceraria var. depressa
Lagenaria leucantha var. *hispida* (Thunb.) Nakai=Lagenaria siceraria var. hispida
Lagenaria leucantha var. *makinoi* Nakai=Lagenaria siceraria var. depressa
Lagenaria leucantha var. *microcarpa* (Naud.) Nakai=Lagenaria siceraria var. microcarpa
Lagenaria microcarpa Naud.=Lagenaria siceraria var. microcarpa
Lagenaria siceraria (Molina) Standl.葫芦
Lagenaria siceraria var. cougourda (Ser.) Hara 杓葫芦
Lagenaria siceraria var. depressa (Ser.) Hara 瓠瓜
Lagenaria siceraria var. hispida (Thunb.) Hara 瓠子
Lagenaria siceraria var. *makinoi* (Nakai) Hara=Lagenaria siceraria var. depressa
Lagenaria siceraria var. microcarpa (Naud.) Hara 小葫芦
Lagenaria siceraria var. siceraria=Lagenaria siceraria
Lagenaria siceraria var. turbinata (Ser.) Hara 瓠葫芦
Lagenaria vulgaris Ser.=Lagenaria siceraria
Lagenaria vulgaris subsp. *asiatica* Kobyakova=Lagenaria siceraria
Lagenaria vulgaris var. *hispida* (Thunb.) Nakai=Lagenaria siceraria var. hispida
Lagenaria vulgaris var. *microcarpa* Hort. ex Matsum. & Nakai=Lagenaria siceraria var. microcarpa
Lagenaria vulgaris γ. *depressa* Ser.=Lagenaria siceraria var. depressa
Lagenophora Cass.**瓶头草属**(菊科)
Lagenophora billardieri Cass.=Lagenophora stipitata
Lagenophora stipitata (Labill.) Druce 瓶头草
Lagerstroemia L.**紫薇属**(千屈菜科)
Lagerstroemia balansae Koehne 毛萼紫薇
Lagerstroemia caudata Chun & How ex S.Lee & L.Lau 尾叶紫薇
Lagerstroemia chekiangensis Cheng=Lagerstroemia limii
Lagerstroemia corniculata Gagn.=Lagerstroemia venusta
Lagerstroemia excelsa (Dode) Chun 川黔紫薇
Lagerstroemia floribunda Jack=Lagerstroemia siamica
Lagerstroemia flos-reginae Retz.=Lagerstroemia speciosa
Lagerstroemia fordii Oliv. & Koehne 广东紫薇
Lagerstroemia glabra (Koehne) Koehne 光紫薇
Lagerstroemia grandiflora Roxb.=Duabanga grandiflora
Lagerstroemia guilinensis S.Lee & L.Lau 桂林紫薇
Lagerstroemia indica L.紫薇
Lagerstroemia intermedia Koehne 云南紫薇
Lagerstroemia limii Merr.福建紫薇
Lagerstroemia micrantha Merr.小花紫薇
Lagerstroemia siamica Gagn.南洋紫薇

Lagerstroemia speciosa (L.) Pers.大花紫薇
Lagerstroemia stenopetala Chun 狭瓣紫薇
Lagerstroemia subcosatata var. *hirtella* Koehne=Lagerstroemia subcostata
Lagerstroemia subcostata Koehne 南紫薇
Lagerstroemia subcostata var. *glabra* Koehne=Lagerstroemia glabra
Lagerstroemia suprareticulata S.Lee & L.Lau 网脉紫薇
Lagerstroemia tomentosa Presl 绒毛紫薇
Lagerstroemia tomentosa var. *caudata* Koehne=Lagerstroemia tomentosa
Lagerstroemia unguiculosa Koehne=Lagerstroemia subcostata
Lagerstroemia venusta Wall. ex Clarke 西双紫薇
Lagerstroemia villosa Wall. ex Kurz 毛紫薇
Lagerstroemia yangii Chun=Lagerstroemia excelsa
Laggera Sch.-Bip.**六棱菊属**(菊科)
Laggera alata (D.Don) Sch.-Bip.六棱菊
Laggera alata var. *angustifolia* (Hay.) Yamamoto=Laggera alata
Laggera angustifolia Hay.=Laggera alata
Laggera flava Benth.=Blumeopsis flava
Laggera intermedia C.B.Clarke 假六棱菊
Laggera pterodonta (DC.) Benth.翼齿六棱菊
Laggera purpurascens Sch.-Bip. ex Hochst.=Laggera pterodonta
Lagnaria siceraria var. gourda (Ser.) Hara 苦葫芦
Lagochilopsis Knorr.=**Lagochilus**
Lagochilopsis hirtus (Fisch. & Mey.) Knorr.=Lagochilus hirtus
Lagochilopsis pungens (Schrenk) Knorr.=Lagochilus pungens
Lagochilus Bge.**兔唇花属**(唇形科)
Lagochilus affinis Rupr.=Lagochilus platyacanthus
Lagochilus altaicus C.Y.Wu & Hsuan=Lagochilus bungei
Lagochilus brachyacanthus C.Y.Wu & Hsuan=Lagochilus hirtus
Lagochilus bungei Benth.阿尔泰兔唇花
Lagochilus chingii C.Y.Wu & Hsuan=Lagochilus diacanthophyllus
Lagochilus diacanthophyllum (Pall.) Benth.(Bong & Mey.in Verz.Am. Saissasng-Nor Gesammelten Pfl.1841)=Lagochilus leiacanthus
Lagochilus diacanthophyllus (Pall.) Benth.二刺叶兔唇花
Lagochilus grandiflorus C.Y.Wu 大花兔唇花
Lagochilus hirtus Fisch. & Mey.硬毛兔唇花
Lagochilus ilicifolius Bge.冬青叶兔唇花
Lagochilus kaschgaricus Rupr.喀什兔唇花
Lagochilus lanatonodus C.Y.Wu & Hsuan 毛节兔唇花
Lagochilus leiacanthus Fisch. & Mey.光刺兔唇花
Lagochilus macrodontus Knorring 大齿兔唇花
Lagochilus obliquus C.Y.Wu & Hsuan=Lagochilus diacanthophyllus
Lagochilus platyacanthus Rupr.阔刺兔唇花
Lagochilus pungens Schrenk 锐刺兔唇花
Lagochilus xinjiangensis G.L.Liu 新疆兔唇花
Lagopsis Bge. ex Benth.**夏至草属**(唇形科)
Lagopsis eriostachys (Benth.) Ik-Gal. ex Knorr.毛穗夏至草
Lagopsis eriostachyum Benth.=Lagopsis eriostachys
Lagopsis flava Kar. & Kir.黄花夏至草
Lagopsis flavum (Karel. & Kirilow) Walp.=Lagopsis flava
Lagopsis marrubiastrum (Steph.) Ik.-Gal.真夏至草(新)
Lagopsis supina (Steph.) Ik-Gal. ex Knorr.夏至草
Lagoseris tenuifolia (Willd.) Rcbh.=Youngia tenuifolia
Lagoseris versicolor Fisch. ex Link=Ixeridium gramineum
Lagotis Gaertn.**兔耳草属**(玄参科)
Lagotis alutacea W.W.Sm.革叶兔耳草
Lagotis alutacea var. alutacea=Lagotis alutacea
Lagotis alutacea var. foliosa W.W.Sm.多革叶兔耳草
Lagotis alutacea var. rockii (Li) Tsoong 裂唇兔耳草(新)
Lagotis angustibracteata Tsoong & Yang 狭苞兔耳草
Lagotis brachystachya Maxim.短穗兔耳草
Lagotis brevituba Maxim.短管兔耳草
Lagotis clarkei HK.f.大萼兔耳草
Lagotis crassifolia Prain 厚叶兔耳草
Lagotis decumbens Rupr.倾卧兔耳草
Lagotis glauca Gaertn.(高等图鉴 1975)=Lagotis integrifolia
Lagotis glauca subsp. *australis* Maxim.=Lagotis decumbens
Lagotis glauca var. *pallasii* Trautv.=Lagotis integrifolia
Lagotis humilis Tsoong & Yang 矮兔耳草
Lagotis incisifolia Hand.-Mazz.=Lagotis pharica
Lagotis integra W.W.Sm.全缘兔耳草
Lagotis integrifolia (Willd.) Schischk.兔耳草
Lagotis kongboensis Yamaz.粗筒兔耳草
Lagotis lancilimba Li=Lagotis alutacea
Lagotis macrosiphon Tsoong & Yang 大筒兔耳草
Lagotis micrantha Hand.-Mazz.=Lagotis integra
Lagotis pallasii (Cham. & Schlecht.) Rupr.=Lagotis integrifolia
Lagotis pharica Prain 裂叶兔耳草
Lagotis praecox W.W.Sm.紫叶兔耳草
Lagotis ramalana Batal.圆穗兔耳草
Lagotis rockii Li=Lagotis alutacea var. rockii
Lagotis wardii W.W.Sm.箭药兔耳草
Lagotis yunnanensis W.W.Sm.云南兔耳草
Lagurostemon Cass.=**Saussurea**
Lagurus L.**兔尾草属**(禾本科)
Lagurus cylindricus L.=Imperata cylindrica
Lagurus ovatus L.兔尾草
Lallemantia Fisch. & Mey.**扁柄草属**(唇形科)
Lallemantia baldshuanica Gontsch.巴得栓扁柄草
Lallemantia canescens (L.) Fisch. & Mey.灰白扁柄草
Lallemantia iberica (Stev.) Fisch. & Mey.西班牙扁柄草
Lallemantia peltata (L.) Fisch. & Mey.盾状扁柄草
Lallemantia royleana (Benth.) Benth.扁柄草
Lamarckia Moench **拉马克草属**(禾本科)
Lamarckia aurea (L.) Moench.拉马克草
Lamatopodium lessingianum Fisch. & Mey.=Seseli eriocephalum
Lambertia Sm.**莱勃特属**(山龙眼科)
Lambertia ericifolia R.Br.欧石楠叶莱勃特
Lambertia formosa Sm.美丽莱勃特
Lambertia multiflora Lindl.多花莱勃特
Lamechites Mark.=**Ichnocarpus**
Lamiaceae 唇形科
Lamiophlomis Kudô **独一味属**(唇形科)
Lamiophlomis rotata (Benth.) Kudô 独一味
Lamiopsis Opiz=**Lamium**
Lamiopsis amplexicaulis (L.) Opiz.=Lamium amplexicaule
Lamium L.**野芝麻属**(唇形科)
Lamium album L.短柄野芝麻
Lamium album var. *barbatum* Franch. & Sav.=Lamium barbatum
Lamium amculatum L.(Maxim.in Mém.Acad.Sci.St.Pétersb.Sav.Étrang. 1859)=Lamium barbatum
Lamium amplexicaule L.宝盖草
Lamium amplexicaulis (L.) Opiz.=Lamium amplexicaule
Lamium barbatum S. & Z.野芝麻
Lamium barbatum var. barbatum=Lamium barbatum
Lamium barbatum var. *glabrescens* C.Y.Wu & Hsuan=Lamium barbatum
Lamium barbatum var. *hirsutum* C.Y.Wu & Hsuan=Lamium barbatum
Lamium barbatum var. *rigidum* C.Y.Wu & Hsuan=Lamium barbatum
Lamium chinense Benth.=Galeobdolon chinense
Lamium chinensis var. *parvifolia* Hemsl.=Galeobdolon tuberiferum
Lamium coronatum Vaniot=Paraphlomis javanica var. coronata
Lamium foliatum Dunn=Paraphlomis foliata
Lamium formosanum Nakai ex Hay.=Paraphlomis gracilis
Lamium garganicum L.(Thunb.in Fl.Jap.1784)=Lamium barbatum
Lamium gesnerioides Hay.=Paraphlomis javanica var. coronata
Lamium kelungense Hay.=Galeobdolon tuberiferum
Lamium kouyangense Vant.=Stachys kouyangensis
Lamium longipetiolata Hay.=Paraphlomis javanica
Lamium maculatum L.紫花野芝麻
Lamium maculatum var. *kansuense* C.Y.Wu & Hsuan=Lamium maculatum
Lamium maculatum var. maculatum=Lamium maculatum
Lamium petiolatum Royle ex Benth.=Lamium album
Lamium petiolatum Royle ex Bneth.(A.Gray Pl.Jap.1859)=Lamium barbatum
Lamium rhomboideum Benth.=Alajja rhomboidea
Lamium sect. *Galeobdolon* Benth.=**Galeobdolon**
Lamium subgen. *Galeobdolon* (Moench) Aschers. & Graebn.=**Galeobdolon**
Lamium tuberiferum (Makino) Ohwi=Galeobdolon tuberiferum
Lampranthus N.E.Br.**日中花属**(番杏科)

Lampranthus aureus (L.) N.E.Br.红冰花
Lampranthus spectabilis (Haw.) N.E.Br.=Mesembryanthemum spectabile
Lampranthus tenuifolius (L.) Schwant.龙须海棠
Lancea HK.f. & Thoms.**肉果草属**(玄参科)
Lancea hirsuta Bonati 粗毛肉果草
Lancea tibetica HK.f. & Thoms.肉果草
Landolphia Beauv.**胶藤属**(夹竹桃科)
Langodorffia indica Arn.=Balanophora indica
Languas Koen.=**Alpinia**
Languas agiokuensis (Hay.) Sasaki=Alpinia japonica
Languas allughas (Retz.) Burtt.=Alpinia nigra
Languas aquatica Koen.=Alpinia galanga
Languas blepharocalyx (K.Schum.) Hand.-Mazz.=Alpinia blepharocalyx
Languas blepharocalyx var. *glabrior* Hand.-Mazz.=Alpinia blepharocalyx var. glabrior
Languas calcarata (Rosc.) Merr.=Alpinia calcarata
Languas chinensis (Rosc.) Merr.=Alpinia oblongifolia
Languas chinensis Koen. =Alpinia nigra
Languas conchigera Burk.=Alpinia conchigera
Languas densespicata (Hay.) Sasaki=Alpinia shimadai
Languas dolichocephala (Hay.) Sasaki=Alpinia dolichocedphala
Languas flabellata (Ridley) Merr.=Alpinia flabellata
Languas formosana (K.Schum.) Sasaki=Alpinia formosana
Languas galanga (L.) Merr.=Alpinia galanga
Languas henryi (K.Schum.) Merr.=Alpinia hainanensis
Languas hokutensis (Hay.) Sasaki=Alpinia intermedia
Languas intermedia (Gagn.) Sasaki=Alpinia intermedia
Languas japonica (Thunb.) Sasaki=Alpinia japonica
Languas katsumadai (Hay.) Merr.=Alpinia hainanensis
Languas kawakamii (Hay.) Sasaki=Alpinia kawakamii
Languas kelungensis (Hay.) Sasaki=Alpinia intermedia
Languas koshunensis (Hay.) Sasaki=Alpinia formosana
Languas kusshakuensis (Hay.) Sasaki=Alpinia kusshakuensis
Languas maclurei (Merr.) Merr.=Alpinia maclurei
Languas mediomaculata (Hay.) Sasaki=Alpinia shimadae
Languas mesanthera (Hay.) Sasaki=Alpinia mesanthera
Languas oblongifolia (Hay.) Sasaki=Alpinia intermedia
Languas officinarum Farrw.=Alpinia officinarum
Languas oxyphylla (Miq.) Merr.=Alpinia oxyphylla
Languas pricei (Hay.) Sasaki=Alpinia pricei
Languas sasakii (Hay.) Sasaki=Alpinia pricei
Languas schumaniana (Hay.) Sasaki=Alpinia zerumbet
Languas shimadae (Hay.) Sasaki=Alpinia shimadae
Languas speciosa (Wendl.) Small.=Alpinia zerumbet
Languas suishanensis (Hay.) Sasaki=Alpinia oblongifolia
Languas tarokoensis Sasaki=Alpinia pricei
Languas uraiensis (Hay.) Sasaki=Alpinia uraiensis
Lannea A.Rich.**厚皮树属**(漆树科)
Lannea coromandelica (Houtt.) Merr.厚皮树
Lannea grandis (Dennst.) Engl.=Lannea coromandelica
Lannea wodier (Roxb.) Adel.=Lannea coromandelica
Lanshan Jingan 蓝山金柑
Lansium dubium Merr.=Reinwardtiodendron dubium
Lantana L.**马缨丹属**(马鞭草科)
Lantana aculeata L.(p.p.)=Lantana camara
Lantana camara L.马缨丹
Lantana montevidensis Briq.蔓马缨丹
Lapageria Ruiz & Pav.**智利钟花属**(百合科)
Lapageria rosea Ruiz & Pav.智利钟花
Lapageria rosea var. albiflora Hort.智利白钟花
Laperirousia Pourr.**短丝花属**(鸢尾科)
Laperirousia cruenta Baker 细筒短丝花
Laperirousia grandiflora Pourr.大花短丝花
Laperirousia juncea Pourr.疏穗短丝花
Laportea Gaudich.**艾麻属**(荨麻科)
Laportea annamica Gagn.=Dendrocnide stimulans
Laportea basirotunda C.Y.Wu=Dendrocnide basirotunda
Laportea batanensis C.B.Robinson=Dendrocnide meyeniana f. subglabra
Laportea bulbifera (S. & Z.) Wedd.珠芽艾麻
Laportea bulbifera subsp. bulbifera=Laportea bulbifera
Laportea bulbifera subsp. dielsii (Pamp.) C.J.Chen 珠芽艾麻
Laportea bulbifera subsp. latiuscula C.J.Chen 心叶艾麻
Laportea bulbifera subsp. rugosa C.J.Chen 皱艾麻
Laportea bulbifera var. *sinensis* Chien=Laportea bulbifera
Laportea chingiana Hand.-Mazz.=Dendrocnide urentissima
Laportea crenulata Gaudich.=Dendrocnide sinuata
Laportea cuspidata (Wedd.) Friis 艾麻
Laportea dielsii Pamop.=Laportea bulbifera subsp. dielsii
Laportea dielsii Pamp.(湖北志 1976)=Laportea bulbifera
Laportea dielsii Pamp.(湖北志 1976)=Laportea bulbifera
Laportea elevata C.J.Chen 棱果艾麻
Laportea forrestii Diels=Laportea cuspidata
Laportea fujianensis C.J.Chen 福建红小麻
Laportea gaudichaudiana Wedd.=Dendrocnide meyeniana
Laportea giraldiana Pritz. ex Diels=Laportea cuspidata
Laportea grossedentata C.H.Wright=Laportea cuspidata
Laportea hainanensis Merr. & Metc.=Dendrocnide stimulans
Laportea integrifolia C.Y.Wu=Dendrocnide sinuata
Laportea interrupta (L.) Chew (福建志 1982)=Laportea fujianensis
Laportea interrupta (L.) Chew 红小麻
Laportea kotoensis Hay.=Dendrocnide meyeniana f. subglabra
Laportea longispica Pamp.=Laportea cuspidata
Laportea macrostachya (Maxim.) Ohwi=Laportea cuspidata
Laportea medogensis C.J.Chen 墨脱艾麻
Laportea meyeniana (Walp.) Warb.=Dendrocnide meyeniana
Laportea mindanaensis Ward.=Dendrocnide meyeniana f. subglabra
Laportea oleracea Wedd.=Laportea bulbifera
Laportea pterostigma f. *subglabra* (Hay.) Li=Dendrocnide meyeniana f. subglabra
Laportea pterostigma var. *subglabra* (Hay.) T.S.Liu & W.D.Huang= Dendrocnide meyeniana f. subglabra
Laportea pterostigma Wedd.=Dendrocnide meyeniana
Laportea sinensis C.H.Wright=Laportea bulbifera
Laportea sinuata (Bl.) Miq.=Dendrocnide sinuata
Laportea stimulans (L.f.) Miq.=Dendrocnide stimulans
Laportea subglabra Hay.=Dendrocnide meyeniana f. subglabra
Laportea terminalis Wight (Diels in Bot.Jarb.195)=Laportea bulbifera subsp. dielsii
Laportea terminalis Wight=Laportea bulbifera
Laportea thorelii Gagn.=Dendrocnide stimulans
Laportea urentissima Gagn.=Dendrocnide urentissima
Laportea violacea Gagn.葡萄叶艾麻
Laportea vitifolia Hand.-Mazz.=Laportea violacea
Lappa Adans.=**Arctium**
Lappa major Gaertn.=Arctium lappa
Lappa tomentosa Lam.=Arctium tomentosum
Lappa vulgaris Hill.=Arctium lappa
Lappago Schreb.=**Tragus**
Lappago aliena Spreng=Pseudechinolaena polystachya
Lappago racemosa Honck.=Tragus racemosus
Lappago racemosa Honxk (Trin.in Enum.Pl.Chin.Bor.1833)=Tragus betteronianus
Lappula V.Walf **鹤虱属**(紫草科)
Lappula alatavica (Popov) Glosk.阿拉套鹤虱
Lappula anocarpa C.J.Wang 畸形果鹤虱
Lappula balchaschensis M.Pop. ex N.Pavl.密枝鹤虱
Lappula balchaschensis Nabiev=Lappula lasiocarpa
Lappula betpakdalensis Nabiev=Lappula lasiocarpa
Lappula brachycentra (Ledeb.) Gürke 短刺鹤虱
Lappula caespitosa C.J.Wang 密丛鹤虱
Lappula caspicum Fisch. & C.A.Mey.=Lappula semiglabra
Lappula consanguinea (Fisch. & Mey.) Gürke (高等图鉴 1974)=Lappula shanhsiensis
Lappula consanguinea (Fisch. & Mey.) Gürke 蓝刺鹤虱
Lappula consanguinea var. consanguinea=Lappula consanguinea
Lappula consanguinea var. cupuliformis C.J.Wang 杯刺鹤虱
Lappula deserticola C.J.Wang 沙生鹤虱
Lappula dflexa (Wahleb.) Gürke=Eritrichium deflexum
Lappula dielsii Brand=Hackelia brachytuba
Lappula duplicicarpa N.Pavl.两形鹤虱
Lappula duplicicarpa var. brevispinula C.J.Wang 小刺鹤虱
Lappula duplicicarpa var. densihispida C.J.Wang 密毛鹤虱
Lappula duplicicarpa var. duplicicarpa=Lappula duplicicarpa
Lappula echinata Gilib.=Lappula myosotis
Lappula echinata var. *consanguinea* (Fisch. & Mey.) Brand=Lappula consanguinea

Lappula echinata var. *euechinata* Brand=Lappula myosotis
Lappula echinata var. *heteracantha* (Ledeb.) O.Kuntze=Lappula heteracantha
Lappula ferganensis (Popov) Kamel. & G.L.Chu 费尔干鹤虱
Lappula gansuensis X.D.Wang & C.J.Wang=Lappula granulata
Lappula glochidiata (Wall.) Brand.=Hackelia uncinatum
Lappula granulata (Krylov) Popov 粒状鹤虱
Lappula heteracantha (Ledeb.) Gürke 异刺鹤虱
Lappula heteromorpha C.J.Wang 异形鹤虱
Lappula himalayensis C.J.Wang 喜马拉雅鹤虱
Lappula intermedia (Ledeb.) Popov 蒙古鹤虱
Lappula karelinii (Fisch. & C.A.Mey.) Kamel.光胖鹤虱
Lappula lasiocarpa (W.T.Wang) Kamel. & G.L.Chu 翅鹤虱
Lappula lipskyi Popov 短柱鹤虱
Lappula macra M.Pop. ex Pval.白花鹤虱
Lappula macrantha (Ledeb.) Gürke 大花鹤虱
Lappula marginata var. *granulata* Krylov=Lappula grtanulata
Lappula microcarpa N.Pavl.小果鹤虱
Lappula microcarpa var. *heterogenea* X.D.Wang & C.J.Wang=Lappula microcarpa
Lappula monocarpa C.J.Wang 单果鹤虱
Lappula myosotis Moench=Lappula myosotis
Lappula myosotis V.Wolf 鹤虱
Lappula occultata M.Pop.隐果鹤虱
Lappula omphaloides var. *balchaschensis* Popov= Lappula lasiocarpa
Lappula patula (Lehm.) Aschers. ex Gürke 卵果鹤虱
Lappula physacantha Golosk.囊刺鹤虱
Lappula platyacantha W.T.Wan ex C.J.Wang=Lappula grtanulata
Lappula platyptera C.J.Wang= Lappula ferganensis
Lappula pratensis C.J.Wang 草地鹤虱
Lappula ramulosa C.J.Wang & X.D.Wang 多枝鹤虱
Lappula redowskii (Hornem.) Greene 卵盘鹤虱
Lappula redowskii Brand(p.p.)=Lappula tenuis
Lappula redowskii var. *patula* (Lehm.) Nels. & Macbr.=Lappula patula
Lappula redowskii var. *patula* subvar. *semiglabra* (Ledeb.) Brand= Lappula semiglabra
Lappula ruppestris var. *alatavica* M.Pop.=Lappula alatavica
Lappula scleroptera C.J.Wang=Lappula alatavica
Lappula semiglabra (Ledeb.) Gürke 狭果鹤虱
Lappula semiglabra var. heterocaryoides M.Pop. ex C.J.Wang 异形狭果鹤虱
Lappula semiglabra var. semiglabra=Lappula semiglabra
Lappula sericata M.Pop.绢毛鹤虱
Lappula shanhsiensis Kitag.山西鹤虱
Lappula sinaica (DC.) Aschers.短萼鹤虱
Lappula sinaica var. *occultata* (M.Pop.) N.Pavl.=Lappula occultata
Lappula spinocarpos (Forssk.) Aschers.石果鹤虱
Lappula stricta (Ledeb.) Gürke 劲直鹤虱
Lappula stricta var. leiocarpa M.Pop.平滑果鹤虱
Lappula stricta var. stricta=Lappula stricta
Lappula tadshikorum M.Pop.短梗鹤虱
Lappula tenuis (Ledeb.) Gürke 细刺鹤虱
Lappula thymifolia Gürke=Eritrichium thymifolium
Lappula tianschanica M.Pop. & Zak.天山鹤虱
Lappula tianschanica var. altaica C.J.Wang 阿尔泰鹤虱
Lappula tianschanica var. gracilis C.J.Wang 细枝鹤虱
Lappula tianschanica var. tianschanica=Lappula tianschanica
Lappula transalaica (B.Fedts. ex Popov) Nabiev 隐柱鹤虱
Lappula xinjiangensis C.Y.Yang ex C.J.Wang=Lappula karelinii
Lappula § 4. *Homalocaryum* Gürke=**Eritrichium**
Lappula § 6. *Eritrichium* Post & O.Ktze.=**Eritrichium**

Lapsana L.**稻槎菜属**(菊科)

Lapsana apogonoides Maxim.稻槎菜
Lapsana communis L.欧洲稻槎菜
Lapsana humilis (Thunb.) Makino 矮小稻槎菜
Lapsana intermedia N.Biel 中间稻槎菜
Lapsana japonica Burm.f.=Ixeris japonica
Lapsana musashiensis Hayama=Lapsana humilis
Lapsana parviflora A.Gray=Lapsana humilis
Lapsana takasei (Sasaki) Kitam.台湾稻槎菜(新)?
Lapsana uncinata Stebbins 安徽稻槎菜(新)?
Larbraea uliginosa β. *alpina* Shur=Stellaria alsine var. alpina

Lardizabalaceae 木通科

Laricopsis Kent=**Pseudolarix**
Laricopsis kaempferi (Lindl.) Kent=Pseudolarix amabilis

Larix Mill.**落叶松属**(松科)

Larix altaica Senilis=Larix sibirica
Larix amabilis Nelson=Pseudolarix amabilis
Larix amurensis Beissn.=Larix gmelini
Larix cajanderii Mayr=Larix gmelini
Larix chinensis Beiss.=Larix potaninii var. chinensis
Larix dahurica Laws.=Larix gmelini
Larix dahurica f. *denticulata* Liou & Wang=Larix gmelini
Larix dahurica f. *glauca* Liou & Wang=Larix gmelini
Larix dahurica f. *macrocarpa* Liou & Wang=Larix gmelini
Larix dahurica f. *multilepis* Liou & Wang=Larix olgensis
Larix dahurica var. *cajanderii* (Mayr) Staf.=Larix gmelini
Larix dahurica var. *heilingensis* (Y.C.Yang & Y.L.Chou) Kitag.=Larix gmelinii
Larix dahurica var. *koreana* Nakai=Larix olgensis
Larix dahurica var. *principisrupprechtii* (Mayr) Rehd. & Wils.=Larix gmelinii var. principis-rupprechtii
Larix dahurica var. *principisrupprechtii* f. *viridis* Wils.=Larix olgensis var. viridis
Larix dahurica α. *typica* Regel=Larix gmelini
Larix decidua Mill.欧洲落叶松
Larix decidua subsp. *sibirica* (Ledeb.) Domin=Larix sibirica
Larix decidua var. *rossica* Henk. & Hochst.(p.p.)=Larix sibirica
Larix decidua var. *sibirica* (Ledeb.) Regel.=Larix sibirica
Larix europaea DC.=Larix decidua
Larix europaea var. *dahurica* (Laws.) Loud.=Larix gmelini
Larix europaea var. *rossica* Beissn.=Larix sibirica
Larix europaea var. *sibirica* (Fisch.) Loud.=Larix sibirica
Larix gmelinii Rupr.(北研丛刊 1934)=Larix olgensis
Larix gmelinii (Rupr.) Rupr.落叶松
Larix gmelinii f. *genhensis* (S.Y.Li & Andair) L.K.Fu & Nan Li=Larix gmelinii
Larix gmelinii f. *pendula* (D.S.Zhang & Y.M.Chen) L.K.Fu & Nan Li= Larix gmelinii var. principis-rupprechtii
Larix gmelinii var. genhensis S.Y.Li & Adair=Larix gmelinii
Larix gmelinii var. gmelinii =Larix gmelinii
Larix gmelinii var. *hsinganica* Yang & Y.L.Chou=Larix gmelini
Larix gmelinii var. *koreana* (Nakai) Uyeki=Larix olgensis
Larix gmelinii var. *olgensis* (Henry) Ostenf. & Syrach=Larix olgensis
Larix gmelinii var. principis-rupprechtii (Mayr) Pilger 华北落叶松
Larix gmelinii var. *principisrupprechtii* Rehd.(北研丛刊 1934)=Larix olgensis
Larix gmelinii var. *wulingschanensis* (Liou & Q.L.Wang) Kitag.=Larix gmelinii var. principis-rupprechtii
Larix griffithi HK.f.(Orr in Notes Bot.Gard.Edinb.1933)=Larix speciosa
Larix griffithiana Carr.=Larix griffithii
Larix griffithii HK.f.西藏红杉
Larix griffithii Mast.=Larix potaninii
Larix griffithii var. *mastersiana* (Rehd. & Wils.) Silba=Larix mastersiana
Larix griffithii var. *speciosa* (W.C.Cheng & Y.W.Law) Farjon.=Larix speciosa
Larix heilingensis Yang & Y.L.Chou=Larix gmelinii
Larix himalaica Cheng & L.K.Fu 喜马拉雅红杉
Larix intermedia Fisch. ex Schtschegl.=Larix sibirica
Larix japonica Hort. ex Endl.=Larix kaempferi
Larix kaempferi (Lamb.) Carr.日本落叶松
Larix komarovii Kolesn.=Larix gmelinii
Larix kongboensis R.R.Mill.贡布红杉
Larix koreana Nakai=Larix olgensis
Larix koreensis Rafn=Larix olgensis
Larix laricina K.Koch 美洲落叶松
Larix larix (L.) Karst.=Larix decidua
Larix leptolepis var. *louchanensis* Ferré & Augére=Larix kaempferi
Larix leptopis (S. & Z.) Gord.=Larix kaempferi
Larix lubarskii Suk.=Larix olgensis
Larix lyallii Parl.高山落叶松
Larix mastersiana Rehd. & Wils.(Florin in Acta Hort.Berg.1948)=Larix Larix potaninii
Larix mastersiana Rehd. & Wils.四川红杉

Larix middendorfii Kolesn.=Larix gmelinii
Larix occidentalis Nuttall.西方落叶松
Larix olgensis Henry 黄花落叶松
Larix olgensis f. *intermeldia* Takenouchi=Larix olgensis
Larix olgensis var. *changpaiensis* Yang & Y.L.Chou=Larix olgensis
Larix olgensis var. *changpaiensis* f. *intermedia* (Takenouchi) Yang & Nie =Larix olgensis
Larix olgensis var. *changpaiensis* f. *pubibasis* Yang & Nie=Larix olgensis
Larix olgensis var. *chanpaiensis* f. *viridis* (Wils.) Yang & Nie=Larix olgensis var. viridis
Larix olgensis var. *koreana* Nakai=Larix olgensis
Larix olgensis var. olgensis =Larix olgensis
Larix olgensis var. viridis (Wils.) Nakai 绿果黄花落叶松
Larix polonica Rachb.波兰落叶松
Larix potaninii Batalin (Wils.in J.Arn.Arb.1926)=Larix potaninii var. macrocarpa
Larix potaninii Batalin 红杉
Larix potaninii var. australis A.Henry ex Hand.-Mazz.大果红杉
Larix potaninii var. chinensis L.K.Fu & Nan Li 秦岭红杉
Larix potaninii var. *himalaica* (W.C.Cheng & L.K.Fu) Farjon & Silba= Larix himalaica
Larix potaninii var. *macrocarpa* Y.W.Law=Larix potaninii var. australis
Larix potaninii var. potaninii=Larix Larix potaninii
Larix principisrupprechtii Mayr.(Nakai in Florula Mt.Paitusan 1918)= Larix olgensis
Larix principisrupprechtii Mayr.=Larix gmelinii var. principis-rupprechtii
Larix principisrupprechtii var. *pendula* D.S.Zhang & Y.M.Chen=Larix gmelinii var. principis-rupprechtii
Larix russica (Endl.) Sabine ex Trautv.=Larix sibirica
Larix sibirica Ledeb.(Mast.in J.L.Soc.Bot.1881)=Larix olgensis
Larix sibirica Ledeb.新疆落叶松
Larix sibirica Sabine ex Lindl=Larix sibirica
Larix sibirica typica Szaf.=Larix sibirica
*Larix sp.*Franch.=Larix potaninii var. chinensis
Larix speciosa Cheng & Law 怒江红杉
Larix sukaczewii Dylis=Larix sibirica
Larix thibetica Franch.=Larix Larix potaninii
Larix wulingshanensis Liou & Wang=Larix gmelinii var. principis-rupprechtii
Laserpitium davuricum Jacq.=Cnidium dahuricum
Lasia Lour.**刺芋属**(天南星科)
Lasia aculeata Lour.=Lasia spinosa
Lasia heterophylla Schott=Lasia spinosa
Lasia roxburghii Griff.=Lasia spinosa
Lasia spinosa (L.) Thwait.刺芋
Lasiagrostis Link=**Achnatherum**
Lasiagrostis jacquemontii (Jaub. & Spach) Munro ex Boiss.= Achnatherum jacquemontii
Lasiagrostis subsessiliflora Rupr.=Stipa subsessiliflora
Lasianthera tetrandra Wall.=Gomphandra tetrandra
Lasianthus Jack **粗叶木属**(茜草科)
Lasianthus acuminatissimus Merr.(高等图鉴 1975)=Lasianthus japonicus var. satsumensis
Lasianthus appressihirtus Simizu 伏毛粗叶木
Lasianthus appressihirtus var. *maximus* Simizu ex Liu & Chao= Lasianthus appressihirtus
Lasianthus areolatus Dunn=Lasianthus japonicus
Lasianthus austrosinensis Lo 华南粗叶木
Lasianthus balansae (Drake) Pitard=Lasianthus micranthus
Lasianthus biermanni King ex HK.f.梗花粗叶木
Lasianthus biermanni subsp. biermanni=Lasianthus biermanni
Lasianthus biermanni subsp. crassipedunculatus C.Y.Wu & H.Zhu 粗梗粗叶木
Lasianthus bunzanensis Simizu 文山粗叶木
Lasianthus calycinus Dunn 黄果粗叶木
Lasianthus caudatifolius Merr.=Lasianthus japonicus
Lasianthus chevalieri Pitard(Li in J.Arn.Arb.1944)=Lasianthus longisepalus var. jianfengensis
Lasianthus chinensis (Champ.) Benth.粗叶木
Lasianthus chinensis Benth.(Henryi in List. Pl.Formos.1896)=Lasianthus obliquinervis
Lasianthus chinensis var. *odajimae* (Masam.) Kanehira=Lasianthus chinensis
Lasianthus chunii Lo 焕镛粗叶木
Lasianthus curtisii King & Gamble 广东粗叶木
Lasianthus cyanocarpus Jack.(Benth. in Fl.Hongk.1861)=Lasianthus hirsutus
Lasianthus dunniana Lévl.=Lasianthus hookeri var. dunniana
Lasianthus filipes Chun ex Lo 长梗粗叶木
Lasianthus fordii Hance 罗浮粗叶木
Lasianthus fordii var. fordii=Lasianthus fordii
Lasianthus fordii var. *pubescens* (Matsum.) Yamazaki=Lasianthus formosensis
Lasianthus fordii var. trichocladus Lo 毛枝粗叶木
Lasianthus formosensis Matsum.台湾粗叶木
Lasianthus formosensis var. *hirsuta* Matsum.=Lasianthus curtisii
Lasianthus formosensis var. *liukiuensis* Matsum. ex Sakaguchi= Lasianthus formosensis
Lasianthus formosensis var. *parvifolius* Hatusima=Lasianthus appressihirtus
Lasianthus hainanensis Merr.=Saprosma meriillii
Lasianthus hartii Franch.=Lasianthus japonicus
Lasianthus henryi Hutch.西南粗叶木
Lasianthus hiiranensis Hay.栖兰粗叶木
Lasianthus hirsutus (Roxb.) Merr.鸡屎树
Lasianthus hookeri C.B.Clarke ex HK.f.(Hutch. in Sargent ,Pl.Wils.1916) =Lasianthus hookeri var. dunniana
Lasianthus hookeri C.B.Clarke ex HK.f.虎克粗叶木
Lasianthus hookeri var. dunniana (Lévl.) H.Zhu 睫毛粗叶木
Lasianthus hookeri var. hookeri=Lasianthus hookeri
Lasianthus inconspicuous HK.f.(Hutch. in Sargent ,Pl.Wils.1916)= Lasianthus lucidus
Lasianthus inconspicuous var. *hirtus* Hutchi.=Lasianthus appressihirtus
Lasianthus japonicus f. *satsumensis* (Matsum.) Kitamura=Lasianthus japonicus var. satsumensis
Lasianthus japonicus Miq.日本粗叶木
Lasianthus japonicus subsp. *japonicus* var. *lancilimbus* (Merr.) C.Y.Wu & H.Zhu=Lasianthus japonicus var. lancilimbus
Lasianthus japonicus subsp. *japonicus* var. *latifolius* H.Zhu=Lasianthus japonicus var. latifolius
Lasianthus japonicus subsp. *longicaudus* (HK.f.) H.Zhu=Lasianthus longicaudus
Lasianthus japonicus var. japonicus=Lasianthus japonicus
Lasianthus japonicus var. lancilimbus (Merr.) Lo 榄绿粗叶木
Lasianthus japonicus var. latifolius (H.Zhu) Lo 宽叶日本粗叶木
Lasianthus japonicus var. satsumensis (Matsum) Makino 曲毛日本粗叶木
Lasianthus kerrii Craib 泰北粗叶木
Lasianthus koi Merr. & Chun (Metc. in J.Arn.Arb.1945)=Lasianthus sikkimensis
Lasianthus koi Merr. & Chun 黄毛粗叶木
Lasianthus kurzii HK.f.(分类学报 1994 ,p.p.)=Lasianthus kurzii var. howii
Lasianthus kurzii HK.f.库兹粗叶木
Lasianthus kurzii f. *fulvus* C.Y.Wu & H.Zhu=Lasianthus kurzii var. sylvicola
Lasianthus kurzii var. howii Lo 宽昭粗叶木
Lasianthus kurzii var. kurzii=Lasianthus kurzii
Lasianthus kurzii var. sylvicola Lo 林生粗叶木
Lasianthus kwangsiensis Merr. ex Li=Lasianthus formosensis
Lasianthus kwangtungensis Merr.=Lasianthus curtisii
Lasianthus labordei (Lévl.) Rehd.=Damnacanthus labordei
Lasianthus lancifolius HK.f.美脉粗叶木
Lasianthus lancilimbus Merr.=Lasianthus japonicus var. lancilimbus
Lasianthus lei Merr. & Metcalf ex Lo 琼崖粗叶木
Lasianthus linearisepalus c.Y.Wu & H.Zhu 线萼粗叶木
Lasianthus longicaudus HK.f 云广粗叶木
Lasianthus longisepalus Geddes (分类学报 1994)=Lasianthus longisepalus var. jianfengensis
Lasianthus longisepalus Geddes 长萼粗叶木
Lasianthus longisepalus var. jianfengensis Lo 尖峰粗叶木
Lasianthus longisepalus var. longisepalus=Lasianthus longisepalus
Lasianthus lucidus Bl.无苞粗叶木
Lasianthus micranthus HK.f.小花粗叶木
Lasianthus microphyllus Elmer 小叶粗叶木

Lasianthus microstachys Hay.=Lasianthus micranthus
Lasianthus nebulosa Simizu=Lasianthus japonicus
Lasianthus nigrocarpus Masamune=Lasianthus obliquinervis
Lasianthus obliquinervis Merr.斜脉粗叶木
Lasianthus obliquinervis var. *nigrocarpus* (Masamune) Hatusima=Lasianthus obliquinervis
Lasianthus obliquinervis var. simizui Liu & Chao 清水氏粗叶木?
Lasianthus obliquinervis var. taitoensis (Simizu) Liu & Chao 台中粗叶木?
Lasianthus octonervius Hand.-Mazz.=Lasianthus micranthus
Lasianthus parvifolius Hay.=Lasianthus microphyllus
Lasianthus plagiophyllus Hance=Lasianthus wallichii
Lasianthus rhinocerotis var. *pedunculatus* Pitard=Lasianthus koi
Lasianthus satsumensis Matsum.=Lasianthus japonicus var. satsumensis
Lasianthus sect. *Lithosanthes* Ridl.=**Litosanthes**
Lasianthus seikomontanus Yamamoto=Lasianthus micranthus
Lasianthus setosus Criab=Lasianthus wallichii var. setosus
Lasianthus sikkimensis HK.f.锡金粗叶木
Lasianthus taiheizanensis Masam. & Suzuki=Lasianthus japonicus
Lasianthus tashiroi Matsum.=Lasianthus fordii
Lasianthus tashiroi var. *pubescens* Matsum=Lasianthus formosensis
Lasianthus tentaculatus HK.f.大叶粗叶木
Lasianthus tenuicaudatus Merr.=Lasianthus formosensis
Lasianthus trichophlebus Hemsl.(海南志 1974)=Lasianthus obliquinervis
Lasianthus trichophlebus Hemsl.钟萼粗叶木
Lasianthus tsangii Merr. ex Li=Lasianthus sikkimensis
Lasianthus tubiferus HK.f.革叶粗叶木
Lasianthus verrucosus Lo 瘤果粗叶木
Lasianthus verticillatus (Lour.) Merr.(分类学报 1994)=Lasianthus obliquinervis
Lasianthus wallichii (Wight & Arn.) Wight 斜基粗叶木
Lasianthus wallichii subsp. *plagiophyllus* (Hance) C.Y.Wu & H.Zhu=Lasianthus wallichii
Lasianthus wallichii var. setosus (Craib) C.Y.Wu & H.Zhu 硬毛粗叶木
Lasianthus wallichii var. wallichii=Lasianthus wallichii
Lasiobema anguinum (Roxb.) Korth. ex Miq.=Bauhinia scandens
Lasiobema horsfieldii Miq.=Bauhinia scandens var. horsfieldii
Lasiobema scandens var. *horsfieldii* (Watt ex Prain) De Wit=Bauhinia scandens var. horsfieldii
Lasiocaryum Johnst.**毛果草属**(紫草科)
Lasiocaryum densiflorum (Duthie) Johnst.毛果草
Lasiocaryum munroi (Clarke) Johnst.小花毛果草
Lasiocaryum trichocarpum (Hand.-Mazz.) Johnst.云南毛果草
Lasiococca HK.f.**轮叶戟属**(大戟科)
Lasiococca comberi Haines (Airy-Shaw in Kew Bull.1963)=Lasiococca comberi var. pseudoverticillata
Lasiococca comberi Haines 印度轮叶戟
Lasiococca comberi var. comberi=Lasiococca comberi
Lasiococca comberi var. pseudoverticillata (Merr.) H.S.Kiu 轮叶戟
Lasiopus Cass.=**Gerbera**
Lasipana Rafin.=**Mallotus**
Lassonia heptapeta Buc,hoz=Magnolia denutata
Lassonia quinquepeta Buc'hoz=Magnolia liliflora
Lastrea Cop.(p.p.)=**Leptogramma**
Lastrea Cop.(p.p.)=**Thelypteris**
Lastrea sensu Cop.(p.p.)=**Parathelypteris**
Lastrea Bory **假鳞毛蕨属**(金星蕨科)
Lastrea alaxa Cop.=Metathelypteris laxa
Lastrea angulariloba Tagawa=Parathelypteris angulariloba
Lastrea angustifrons (HK.) Bedd.=Dryopteris angustifrons
Lastrea apiciflora Presl=Ctenitis apiciflora
Lastrea beddomei Bedd.=Parathelypteris beddomei
Lastrea boryana (Willd.) Moore=Dryoathyrium boryanum
Lastrea brunoniana Presl=Athyrium wallichianum
Lastrea calcarata var. *ciliata* Bedd.(p.p.)=Pseudocyclosorus falcilobus
Lastrea calcarata var. *sericea* Bedd.=Pseudocyclosorus ciliatus
Lastrea ciliata HK.=Pseudocyclosorus ciliatus
Lastrea cochleata (Buch.-Ham. ex D.Don) Moore=Dryopteris cochleata
Lastrea coniifolia Moore=Arachniodes coniifolia
Lastrea crenatum Bedd=Hypodematium crenatum
Lastrea cuspidata Bedd.=Kuniwatsukia cuspidata
Lastrea cystopteroides Cop.=Parathelypteris cystopteroides
Lastrea decurrens J.Sm.=Phegopteris decursive-pinnata
Lastrea decursive-pinnata J.Sm.=Phegopteris decursive-pinnata
Lastrea dissecta var. *ingens* Bedd.=Ctenitopsis ingens
Lastrea divisa Moore=Dryoathyrium boryanum
Lastrea dryopteris Bory=Gymnocarpium dryopteris
Lastrea eburnea J.Sm.=Athyrium drepanopterum
Lastrea edentula Moore=Dryoathyrium edentulum
Lastrea elongata Bedd. ex Clarke=Kuniwatsukia cuspidata
Lastrea elwesii (HK. & Bak.) Bedd.锡金假鳞毛蕨
Lastrea eriocarpa Presl=Hypodematium hirsutum
Lastrea erythrosora (Eaton) Moore=Dryopteris erythrosora
Lastrea falciloba Hk.=Pseudocyclosorus falcilobus
Lastrea farbankii Bedd.=Thelypteris squamulosa
Lastrea filixmas var. *assamensis* (Hope) Bedd.=Dryopteris assamensis
Lastrea filixmas var. *clarkei* Bedd.=Ctenitis clarkei
Lastrea filix-mas var. *lachoongensis* Bedd.=Dryopteris lachoongensis
Lastrea filixmas var. *nidus* Bedd.=Ctenitis nidus
Lastrea filixmas var. *patentissima* subvar. *apiciflora* Bedd.=Ctenitis apiciflora
Lastrea filixmas var. *patentissima* subvar. *clarkei* Bedd.=Ctenitis clarkei
Lastrea filixmas var. *patentissima* subvar. *nidus* Bedd.=Ctenitis nidus
Lastrea filixmas var. *serrato-dentata* Bedd.=Dryopteris serrato-dentata
Lastrea filixmas var. *subtriangularis* (Hope) Bedd.=Dryopteris subtriangularis
Lastrea flaccida Moore=Metathelypteris flaccida
Lastrea foeniculacea Bedd.=Lithostegia foeniculacea
Lastrea glanduligera Moore=Parathelypteris glanduligera
Lastrea glanduligera var. *hyalostegia* Ohwi=Parathelypteris angustifrons
Lastrea gracilescens Moore (Bedd.Ferns South.Ind.Pl.1863-65)=Parathelypteris beddomei
Lastrea gracilescens Moore=Metathelypteris gracilescens
Lastrea gracilescens var. *decipiens* Bedd.=Metathelypteris decipiens
Lastrea gracilescens var. *glanduligera* Bedd.=Parathelypteris glanduligera
Lastrea grammitoides Cop.=Parathelypteris grammitoides
Lastrea hattorii Tagawa=Metathelypteris hattorii
Lastrea himalayensis Cop.=Cyclogramma auriculata
Lastrea hirsutipes Bedd.=Parathelypteris hirsutipes
Lastrea hookeriana Presl=Cyrtomium hookerianum
Lastrea intermedia var. *blumei* Bedd.=Ctenitis rhodolepis
Lastrea japonica Cop.=Parathelypteris japonica
Lastrea japonica var. *musashiensis* Honda=Parathelypteris japonica var. musashiensis
Lastrea jessoensis Akasawa=Gymnocarpium jessoense
Lastrea laxa var. *dilatata* Honda=Metathelypteris hattorii
Lastrea leucolepis Presl=Macrothelypteris polypodioides
Lastrea malaccensis Presl=Cyclosorus opulentus
Lastrea melanopus Bedd.=Ctenitopsis sagenioides
Lastrea miqueliana Tagawa=Parathelypteris angustifrons
Lastrea nipponica Cop.=Parathelypteris nipponica
Lastrea oligophlebia Cop.=Macrothelypteris oligophlebia
Lastrea oligophlebia var. *subtripinnata* Ohwi=Macrothelypteris viridifrons
Lastrea omeiensis Cop.(p.p.)=Cyclogramma leveillei
Lastrea omeiensis Cop.(p.p.)=Cyclogramma omeiensis
Lastrea opaca HK.=Dryopteris varia
Lastrea oreopteris (Ehrh.) Bory 假鲜毛蕨
Lastrea ornata Cop.=Macrothelypteris ornata
Lastrea petelotii Tagawa=Parathelypteris petelotii
Lastrea phegopteris (L.) Bory=Phegopteris connectilis
Lastrea pulvinulifera Bedd.=Dryopteris pulvinulifera
Lastrea pulvinulifera var. *zeylanica* Bedd.=Dryopteris pulvinulifera
Lastrea pyrrhorachis Cop.=Pseudophegopteris pyrrhorachis
Lastrea quelpaertensis (Christ) Cop.亚洲假鳞毛蕨
Lastrea quelpaertensis var. *yakumontana* Tagawa=Lastrea quelpaertensis
Lastrea robertiana Newm.=Gymnocarpium robertianum
Lastrea robertiana var. *longula* (Christ)Ohwi=Gymnocarpium jessoense
Lastrea sagenioides Moore=Ctenitopsis sagenioides
Lastrea sericea Schott. ex Bedd.=Pseudocyclosorus ciliatus
Lastrea setosa Bedd.=Acystopteris tenuisecta
Lastrea sikkimensis (Bedd.) Bedd.=Dryopteris sikkimensis
Lastrea simulans Cop.=Cyclogramma auriculata
Lastrea singalanensis Bedd.=Metathelypteris singalanensis
Lastrea sparsa (Buch.-Ham. ex D.Don) Moore=Dryopteris sparsa
Lastrea sparsa var. *nitidula* Bedd.=Dryopteris yoroii
Lastrea splendens (HK.) Bedd.=Dryopteris splendens
Lastrea subochthodes Tagawa=Pseudocyclosorus subochthodes

Lastrea tenericaulis Moore=Macrothelypteris torresiana
Lastrea thelypteris var. *pubescens* Lawson=Thelypteris palustris var. pubescens
Lastrea thelypteris var. *squamulosa* C.Chr.=Thelypteris squamulosa
Lastrea thelyptiers (L.) Bory=Thelypteris palustris
Lastrea torresiana Moore=Macrothelypteris torresiana
Lastrea uliginosa var. *elegans* K.Iwats.=Macrothelypteris oligophlebia var. elegans
Lastrea uraiensis Cop.=Metathelypteris uraiensis
Lastrea varia (L.) Moore=Dryopteris varia
Lastrea viridifrons Tagawa=Macrothelypteris viridifrons
Lastrea wattii (Bedd.) Bedd.=Polystichum wattii
Lastrea xylodes Bedd.=Pseudocyclosorus typlodes
Lastrea xylodes Moore=Pseudocyclosorus typlodes
Lastreopsis Ching **节毛蕨属**(叉蕨科)
Lastreopsis parishii (HK.) Ching(Tagawa & K.Iwats.in Southeast Asia.St. 1967)=Hypodematium glanduloso-pilosum
Lastreopsis recedens Ching=Lastreopsis tenera
Lastreopsis simozawae Tagawa=Lastreopsis tenera
Lastreopsis subrecedens Ching 海南节毛蕨
Lastreopsis tenera (R.Br.) Tindale 台湾节毛蕨
Latania Comm.**拉坦棕属**(棕榈科)
Latania chinensis Jacq.=Livistona chinensis
Latania loddigesii Mart.蓝色拉坦棕
Latania verschaffeltii Lem.黄拉坦棕
Lathraea L.**齿鳞草属**(列当科)
Lathraea chinfushanica Hu & Tang=Lathraea japonica
Lathraea chinfushanica Hu & Tang 金佛山齿鳞草
Lathraea japonica Miq.齿鳞草
Lathraea japonica var. *miqueliana* (Franch. & Sav.) Ohwi=Lathraea japonica
Lathraea miqueliana Franch. & Sav.=Lathraea japonica
Lathraea nakaharai Makino=Lathraea japonica
Lathyrus L.**山黧豆属**(豆科)
Lathyrus alatus (Maxim.) Kom.=Lathyrus komarovii
Lathyrus aleuticus (Greene) Pobedimova=Lathyrus japonicus f. pubescens
Lathyrus altaicus Ledeb.=Lathyrus humilis
Lathyrus anhuiensis Y.J.Zhu & R.X.Meng 安徽山黧豆
Lathyrus aphaca L.叶轴香豌豆
Lathyrus caudatus Wei & Tsui 尾叶山黧豆
Lathyrus cicera L.对叶香豌豆
Lathyrus davidii Hance 大山黧豆
Lathyrus dielsianus Harms 中华山黧豆
Lathyrus gmelini (Fisch.) Fritsch.新疆山黧豆
Lathyrus humilis (Ser.) Spreng.矮山黧豆
Lathyrus japonicus Willd.海滨山黧豆
Lathyrus japonicus f. japonicus=Lathyrus japonicus
Lathyrus japonicus f. pubescens (Hartm.) Ohashi & Tateishi 毛海滨山黧豆
Lathyrus japonicus var. *aleuticus* (Greene) Fernald=Lathyrus japonicus f. pubescens
Lathyrus komarovii Ohwi 三脉山黧豆
Lathyrus krylovii Serg.狭叶山黧豆
Lathyrus laevigatus subsp. *krylovii* (Ser.) Hendrych=Lathyrus krylovii
Lathyrus latifolius L.宽叶山黧豆
Lathyrus maritimus Bigelow=Lathyrus japonicus
Lathyrus maritimus f. *aleucus* Greene ex White=Lathyrus japonicus f. pubescens
Lathyrus maritimus f. *pubescens* Saelin Kihlm. & Hjelt=Lathyrus japonicus f. pubescens
Lathyrus maritimus var. *velutinus* Fries=Lathyrus japonicus f. pubescens
Lathyrus montanus (L.) Bernh 山地香豌豆
Lathyrus niger Bernh 黑香豌豆
Lathyrus nissolia L.禾草香豌豆
Lathyrus odoratus L.香豌豆
Lathyrus palustris L.欧山黧豆
Lathyrus palustris f. *linearifolius* (Ser.) Bässler=Lathyrus palustris var. linearifolius
Lathyrus palustris subsp. exalatus f. exalatus＝Lathyrus palustris subsp. exalatus
Lathyrus palustris subsp. exalatus f. pubescens Tsui 微毛山黧豆
Lathyrus palustris subsp. exalatus Tsui 无翅山黧豆
Lathyrus palustris subsp. palustris =Lathyrus palustris
Lathyrus palustris subsp. pilosus (Cham.) Hulten 毛山黧豆
Lathyrus palustris var. *linearifolius* Ser.(Maxim.in Bull.Acad.Sci.St.-Petersb. 1873)=Lathyrus quinquenervius
Lathyrus palustris var. linearifolius Ser.线叶山黧豆
Lathyrus palustris var. *pilosus* (Cham.) Ledeb.=Lathyrus palustris subsp. pilosus
Lathyrus pilosus Cham.=Lathyrus palustris subsp. pilosus
Lathyrus pisiformis L.大托叶山黧豆
Lathyrus pratensis L.牧地山黧豆
Lathyrus quinquenervius (Miq.) Litv.山黧豆
Lathyrus sativus L.家山黧豆
Lathyrus splendens Kellogg 亮叶香豌豆
Lathyrus sylvestris L.林地香豌豆
Lathyrus tuberosus L.玫红山黧豆
Lathyrus vaniotii Lévl.东北山黧豆
Lathyrus vernus Bernh 春香豌豆
Lathyrus wilsonii Craib=Lathyrus dielsianus
Latouchea Franch.**匙叶草属**(龙胆科)
Latouchea fokiensis Franch.匙叶草
Lau chang=Citrus sinensis cv. Liu Cheng
Launaea Cass.**栓果菊属**(菊科)
Launaea acaulis (Roxb.) Babcock & Kerr.光茎栓果菊
Launaea fallax (Jaub. & Spach) O.Ktze.=Parammicrorhychus procumbens
Launaea glabra (Wight) Franch.=Launaea acaulis
Launaea glabra var. rufescens Franch.? 红毛栓果菊
Launaea nudicaulis (L.) HK.f.(Hand.-Mazz. in Notizbl. Bot.Gard.Berlin 1937)= Parammicrorhychus procumbens
Launaea pinnatifida Cass.=Launaea sarmentosa
Launaea procumbens (Roxb.) Ramaya & Rajagopal=Parammicrorhychus procumbens
Launaea sarmentosa (Willd.) Merr. & Chun 匍枝栓果菊
Lauraceae 樟科
Laurentia atropurpurea Steud.=Sanvitalia procumbens
Laurocerasus Tourn. ex Duh.**桂樱属**(蔷薇科)
Laurocerasus acuminata (Wall.) Roem.=Laurocerasus undulata
Laurocerasus andersonii (HK.f.) Yü & Lu 云南桂樱
Laurocerasus aquifolioides Chun ex Yü & Lu 冬青叶桂樱
Laurocerasus australis Yü & Lu 南方桂樱
Laurocerasus buergeriana Schneid.=Padus buergeriana
Laurocerasus dolichophylla Yü & Lu 长叶桂樱
Laurocerasus fordiana (Dunn) Yü & Lu 华南桂樱
Laurocerasus hypotricha (Rehd.) Yü & Lu 毛背桂樱
Laurocerasus jenkinsii (HK.f.) Yü & Lu 坚核桂樱
Laurocerasus maackii Schneid.=Padus maackii
Laurocerasus macrophylla (S. & Z.) Schneid.=Laurocerasus zippeliana
Laurocerasus marginata (Dunn) Yü & Lu 全缘桂樱
Laurocerasus menghaiensis Yü & Lu 勐海桂樱
Laurocerasus officinalis (L.) Roem.桂樱
Laurocerasus phaeosticta (Hance) Schneid.腺叶桂樱
Laurocerasus phaeosticta f. ciliospinosa Chun ex Yü & Lu 锐齿桂樱
Laurocerasus phaeosticta f. dentigera (Rehd.) Yü & Lu 粗齿桂樱
Laurocerasus phaeosticta f. lasioclada (Rehd.) Yü & Lu 微齿桂樱
Laurocerasus phaeosticta f. phaeosticta=Laurocerasus phaeosticta
Laurocerasus phaeosticta f. puberula Yü & Lui 毛枝桂樱
Laurocerasus phaeosticta f. pubipedunculata Yü & Lu 毛序桂樱
Laurocerasus spinulosa (S. & Z.) Schneid.刺叶桂樱
Laurocerasus undulata (D.Don) Roem.尖叶桂樱
Laurocerasus undulata f. elongata (Koehne) Yü & Lu 狭尖叶桂樱
Laurocerasus undulata f. microbotrys (Koehne) Yü & Lu 钝尖叶桂樱
Laurocerasus undulata f. pubigera Yü & Lu 毛序尖叶桂樱
Laurocerasus undulata f. undulata=Laurocerasus undulata
Laurocerasus zippeliana (Miq.) Yü & Lu 大叶桂樱
Laurocerasus zippeliana f. angustifolia Yü & Lu 狭叶桂樱
Laurocerasus zippeliana f. zippeliana=Laurocerasus zippeliana
Laurocerasus zippeliana var. crassistyla (Card.) Yü & Lu 短柱桂樱?
Lauromerrillia Allen=**Beilschmiedia**
Lauromerrillia appendiculata Allen=Beilschmiedia appendiculata

Laurus L.**月桂属**(樟科)
Laurus aggregata Sims=Lindera aggregata
Laurus bejolghota Buch.-Ham.=Cinnamomum bejolghota
Laurus burmannii C.G. & Th.Nees=Cinnamomum burmannii
Laurus cassia C.G. & Th.Nees=Cinnamomum cassia
Laurus cinnamomum Roxb.=Cinnamomum zeylanicum
Laurus cinnamomum var.=Cinnamomum cassia
Laurus comphora L.=Cinnamomum camphora
Laurus cubeba Lour.=Litsea cubeba
Laurus dulcis Roxb.=Cinnamomum burmannii
Laurus glandulifera Wall.=Cinnamomum glanduliferum
Laurus glauca Thunb.=Symplocos glauca
Laurus incrassata Jack=Dehaasia incrassata
Laurus lanceolaria Roxb.=Phoebe lanceolata
Laurus lanceolata Wall. ex Nees=Phoebe lanceolata
Laurus ligystrina Wall. ex Ness=Phoebe lanceolata
Laurus lucida Thunb.=Symplocos lucida
Laurus nacusua D.Don=Lindera nacusua
Laurus nobilis L.月桂
Laurus obtusifolia Roxb.=Cinnamomum bejolghota
Laurus obvata Hamilt. ex Nees=Actinodaphne obovata
Laurus pilosa Lour.=Actinodaphne pilosa
Laurus porecta Roxb.=Cinnamomum porrectum
Laurus porrecta Roxb.=Cinnamomum porrectum
Laurus recurvata Roxb.=Cinnamomum pauciflorum Nees
Laurus rotundifolia Wall.=Litsea rotundifolia
Laurus sericea Bl.=Neolitsea sericea
Laurus tamala Buch.-Ham.=Cinnamomum tamala
Laurus umbellata Thunb.=Raphiolepis umbellata
Laurus villosa Roxb.=Machilus villosa
Lavandula L.**薰衣草属**(唇形科)
Lavandula angustifolia Mill.薰衣草
Lavandula carnosa L.=Anisochilus carnosus
Lavandula latifolia Vill.宽叶薰衣草
Lavandula officinalis Cahix.药用薰衣草
Lavandula spica L.=Lavandula angustifolia
Lavandula vera DC.=Lavandula angustifolia
Lavatera L.**花葵属**(锦葵科)
Lavatera arborea L.花葵
Lavatera cashemiriana Cambess.新疆花葵
Lavatera trimestris L.三月花葵
Lavenia Sw.=**Adenostemma**
Lavenia parviflora Bl.=Adenostemma lavenia var. parviflorum
Lawiella Koidzumi=**Cladopus**
Lawiella chinensis Chao=Cladopus nymani
Lawiella fukienensis Chao=Cladopus nymani
Lawiella kiusiana Koidzumi=Cladopus nymani
Lawsonia L.**散沫花属**(千屈菜科)
Lawsonia alba Lamk.=Lawsonia inermis
Lawsonia falcata Lour.=Clausena excavata
Lawsonia inermis L.散沫花
Layia emarginata HK. & Arn.=Ormosia emarginata
Lecanium Presl.**陷苞蕨属**(膜蕨科)
Lecanium membranaceum (L.) Presl.陷苞蕨
Lecanopteris formosana Hay.=Prosaptia contigua
Lecanorchis Bl.**盂兰属**(兰科)
Lecanorchis cerina Fukuyama 宝岛盂兰
Lecanorchis cerina f. *albida* (T.P.Lin) S.S.Ying=Lecanorchis cerina
Lecanorchis cerina var. *albida* T.P.Lin=Lecanorchis cerina
Lecanorchis japonica Bl.盂兰
Lecanorchis japonica var. *thalassica* (T.P.Lin) S.S.Ying=Lecanorchis thalassica
Lecanorchis multiflora J.J.Sm.多花盂兰
Lecanorchis nigricans Honda 全唇盂兰
Lecanorchis ohwii Masamune=Lecanorchis cerina
Lecanorchis oligotricha Fukuyama=Lecanorchis nigricans
Lecanorchis purpurea Masamune=Lecanorchis nigricans
Lecanorchis taiwaniana S.S.Ying 台湾盂兰
Lecanorchis thalassica T.P.Lin 灰绿盂兰
Lecanthus Wedd.**假楼梯草属**(荨麻科)
Lecanthus obtusus (Royle) Hand.-Mazz.=Lecanthus peduncularis
Lecanthus peduncularis (Wall. ex Royle) Wedd.假楼梯草
Lecanthus petelotii (Gagn.) C.J.Chen 越南假楼梯草
Lecanthus petelotii var. corniculata C.J.Chen 角被假楼梯草
Lecanthus petelotii var. petelotii=Lecanthus petelotii
Lecanthus petelotii var. yunnanensis C.J.Chen 云南假楼梯草
Lecanthus pileoides Chien & C.J.Chen 冷水花假楼梯草
Lecanthus sasakii Hay.=Lecanthus peduncularis
Lecanthus wallichii Wedd.=Lecanthus peduncularis
Lecanthus wightii Wedd.=Lecanthus peduncularis
Lechea chinensis Lour.=Commelina diffusa
Lecythidaceae 玉蕊科
Ledebouriella seseloides Wolff (Kitag.Lineam.Fl.Mansh.1939)=Saposhnikovia divaricata
Ledum L.**杜香属**(杜鹃花科)
Ledum glandulosum Nutt.腺鳞杜香
Ledum groenlandicum Oed.加茶杜香
Ledum palustre L.杜香
Ledum palustre f. *decumbens* (Ait.) Y.L.Chou & S.L.Tung=Ledum palustre var. decumbens
Ledum palustre subsp. *decumbens* (Ait.) Hulten=Ledum palustre var. decumbens
Ledum palustre subsp. diversipilosum (Nakai) Hara 异叶杜香(新)?
Ledum palustre subsp. diversipilosum var. macrophyllum (Tolm.) Kitag. 大异叶杜香(新)?
Ledum palustre subsp. longifolium (Freyn) Kitag 长叶杜香(新)?
Ledum palustre var. *angustum* E.Busch.=Ledum palustre
Ledum palustre var. decumbens Ait.小叶杜香
Ledum palustre var. dilatatum Wahl.宽叶杜香
Ledum palustre var. palustre=Ledum palustre
Leea van Royen ex L.**火筒树属**(葡萄科)
Leea acuminata Wall. ex C.B.Clarke (Momiyama in Ohashi,Fl.East. Himal.1975)=Leea indica
Leea aequata L.圆腺火筒树
Leea amabilis Veitch.美丽火筒树
Leea amabilis var. splendens Lind.光叶火筒树
Leea aspera Wall. ex G.Don =Leea macrophylla
Leea aspera Wall. ex G.Don(Edgew.in Trans.Lin.Soc.1846)=Leea crispa
Leea bracteata C.B.Clarke=Leea compactiflora
Leea coccinea Planch.三裂叶火筒树
Leea compactiflora Kurz 密花火筒树
Leea crispa van Royne ex L.单羽火筒树
Leea dielsi Lévl.=Ampelopsis chaffanjoni
Leea edgeworthii Santapau=Leea crispa
Leea glabra C.L.Li 光叶火筒树
Leea guineensis G.Don(云南植物名录 1984)=Leea indica
Leea guineensis G.Don 台湾火筒树
Leea herbacea Buch.-Ham.=Leea crispa
Leea hispida Gagn.=Leea aequata
Leea indica (Baurm.f.) Merr.火筒树
Leea indica Merr.(Ridsdale inBl.a 1974,p.p.)=Leea longifolia
Leea longifolia Merr.窄叶火筒树
Leea macrophylla Roxb. ex Hornem.大叶火筒树
Leea manillensis Walp.=Leea guineensis
Leea mastersii C.B.Clarke=Leea setulifera
Leea mastersii var. *siamensis* Craib=Leea setulifera
Leea parallela Laws.(云南植物名录 1984)=Leea glabra
Leea philippinensis Merr.菲律宾火筒树
Leea robusta Roxb.(Lwas in f.Brit.Ind.1875,p.p.)=Leea compactiflora
Leea robusta Roxb.(Momiyama in Hara,Fl.East.Himal.1966)=Leea crispa
Leea robusta Roxb.=Leea macrophylla
Leea sambucina Willd.(Blanco Fl.Filip.1845)=Leea guineensis
Leea sambucina Willd.大火筒树
Leea setulifera C.B.Clarke 糙毛火筒树
Leea tenuifolia Craib=Leea setulifera
Leea theifera Lévl.=Ampelopsis cantoniensis
Leea trifoliata Laws.=Leea compactiflora
Leea umbraculifera C.B.Clarke=Leea indica
Leeaceae 火筒树科
Leersia Swartz **假稻属** (禾本科)
Leersia australis R.Br.=Leersia hexandra
Leersia hakelii Keng=Leersia sayanuka
Leersia hexandra Swartz 李氏禾
Leersia hexandra var. *japonica* (Makino) Keng f. (新拉汉英 1996)=

Leersia japonica
Leersia japonica (Makino) Honda 假稻
Leersia japonica Makino=Leersia japonica
Leersia oryzoidea var. *japonica* Hack. ex Mats.=Leersia sayanuka
Leersia oryzoides (L.) Swartz.蓉草
Leersia parviflora Desv.=Leersia hexandra
Leersia sayanuka Ohwi 秕壳草
Leersia sinensis Hao=Leersia japonica
Leersia virginica Wildenow 弗吉尼亚李氏禾
Legazpia Blanco **三翅萼属**(玄参科)
Legazpia polygonoides (Benth.) Yamaz.三翅萼
Leguminosae(植物志 39－42)=**Fabaceae**
Leibnitzia Caas.=**Gerbera**
Leibnitzia bonatiana (Beauverd) Kitam.=Gerbera bonatiana
Leibnitzia nepalense (Kunze) Kitam.=Gerbera kunzeana
Leibnitzia ruficoma (Franch.) Kitam.=Gerbera ruficoma
Leibnitzia serotina (Beauverd) Kitam.=Gerbera serotina
Leibnizia anandria (L.) Turcz.=Gerbera anandria
Leiopyxis sumatrana Miq.=Cleistanthus sumatranus
Leiospora (C.A.Meyer) Dvorák **光籽芥属**(十字花科)
Leiospora bellidifolia (Dang.) Botsch. & Pachom.雏菊叶光籽芥
Leiospora eriocalyx (Rgl. & Schm.) Dvorák 毛萼光籽芥
Leiospora exscapa (C.A.Mey.) Dvorák 无茎光籽芥
Leiospora pamirica (Botsch. & Vveden.) Botsch. & Pachom.帕米尔光籽芥
Leleba beisitiku Odashima=Bambusa pachinensis
Leleba beisitiku var. *hirsutissima* Odashima=Bambusa pachinensis var. hirsutissima
Leleba dolichoclada (Hay.) Odashima=Bambusa dolichoclada
Leleba dolichomerithalla (Hay.) Nakai (p.p.)=Bambusa albo-lineata
Leleba dolichomerithalla (Hay.) Nakai (p.p.)=Bambusa multiplex
Leleba edulis Odashima=Dendrocalamopsis edulis
Leleba elegans Koidz.=Bambusa multiplex cv. Fernleaf
Leleba floribunda (Büse) Nakai=Bambusa multiplex cv. Fernleaf
Leleba floribunda f. *albo-variegata* Nakai=Bambusa multiplex cv. Siverstripe
Leleba floribunda f. *viridistriata* Nakai=Bambusa multiplex cv. Stripestem Fernleaf
Leleba multiplex f. *alphonsokarri* (Satow) Nakai=Bambusa multiplex cv. Alphonse-Karr
Leleba oldhami (Munro) Nakai=Dendrocalamopsis oldhami
Leleba pachinensis (Hay.) Nakai=Bambusa pachinensis
Leleba pachinensis var. *hirsutissima* (Odashima) W.C.Lin=Bambusa pachinensis var. hirsutissima
Leleba shimadai (Hay.) Nakai=Bambusa multiplex var. shimadai
Leleba ventricosa (McClure) W.C.Lin=Bambusa ventricosa
Leleba vulgaris (Schread.) Nakai=Bambusa vulgaris
Leleba vulgaris var. *striata* (Gamble) Nakai=Bambusa vulgaris cv. Vittata
Lembotropis Griseb.=**Cytisus**
Lembotropis nigricans (L.) Griseb.=Cytisus nigricans
Lemma (Juss) Adans.=**Mrsilea**
Lemmaphyllum C.Presl **伏石蕨属**(水龙骨科)
Lemmaphyllum adnascens Ching=Lepidogrammitis adnascens
Lemmaphyllum carnosum (Wall.) C.Presl 肉质伏石蕨
Lemmaphyllum christenii Ching=Lepidogrammitis diversa
Lemmaphyllum diversum (Rosenst.) De Vol & C.M.Kuo=Lepidogrammitis diversa
Lemmaphyllum drymoglossoides (Baker) Ching=Lepidogrammitis drymoglossoides
Lemmaphyllum microphyllum C.Presl 伏石蕨
Lemmaphyllum microphyllum var. microphyllum=Lemmaphyllum microphyllum
Lemmaphyllum microphyllum var. obovatum (Harr.) C.Chr.倒卵伏石蕨
Lemmaphyllum sinense C.Chr.=Lepisorus sinensis
Lemna L.**浮萍属**(浮萍科)
Lemna arrhiza L.=Wolffia arrhiza
Lemna melanorrhiza Muell. & Kurz=Spirodela oligorrhiza
Lemna minor L.浮萍
Lemna oligorrhiza Kurz=Spirodela oligorrhiza
Lemna paucicostata Hegelm.=Lemna perpusilla
Lemna perpusilla Torr.稀脉浮萍
Lemna polyrrhiza L.=Spirodela polyrrhiza
Lemna trisulca L.品藻
Lemnaceae 浮萍科
Lemnopsis minor Zoll.=Halophila minor
Lens Mill.**兵豆属**(豆科)
Lens culinaris Medic.兵豆
Lens esculenta Moench=Lens culinaris
Lens phaseoloides L.=Entada phaseoloides
Lentibulariaceae 狸藻科
Leonotis Br.**荆芥叶草属**(唇形科)
Leonotis nepetaefolia Br.荆芥叶草
Leontice L.Gen.(p.p.)=**Gymnospermium**
Leontice L.**囊果草属**(小檗科)
Leontice altaica Pall.=Gymnospermium altaicum
Leontice incerta Pall.囊果草
Leontice kiangnanensis P.L.Chiu=Gymnospermium kiangnaense
Leontice leontopetaloides L.=Tacca leontopetaloids
Leontice microrrhyncha S.Moore=Gymnospermium microrrhynchum
Leontice robustum (Maxim.) Diels=Caulophyllum robustum
Leontice venosa S.Moore 小牡丹草
Leontice vesicaria Pall.=Leontice incerta
Leontodon bessarabicus Hornem.=Taraxacum bessarabicum
Leontodon dissectus Ledeb.=Taraxacum dissectum
Leontodon eriopodum D.Don=Taraxacum eriopodum
Leontodon lecanthum Ledeb.(p.p.)=Taraxacum leucanthum
Leontodon leucanthum Ledeb.(p.p.)=Taraxacum dealbatum
Leontodon parvulum Wall.=Taraxacum parvulum
Leontodon taraxacum L.=Taraxacum officinale
Leontodon umbellatus Schrank=Picris hieracioides
Leontopodium R.Br.**火绒草属**(菊科)
Leontopodium albo-griseum (dedekensii ×sinense) Hand.-Mazz.×白灰火绒草
Leontopodium alpinum Cass subsp. *campestre* var. 1 *cachemirianum* 2 *debile* Beauv.=Leontopodium ochroleucum
Leontopodium alpinum Cass.(C.B.Clarke in Comp.Ind.1876,p.p.)=Leontopodium jacotianum
Leontopodium alpinum Cass.(C.B.Clarke in Comp.Ind.1876,p.p.)=Leontopodium monocephalum
Leontopodium alpinum Cass.(C.B.Clarke in Comp.Ind.1876,p.p.)=Leontopodium himalayanum
Leontopodium alpinum Cass.(C.B.Clarke in Comp.Ind.1876,p.p.)=Leontopodium brachyactis
Leontopodium alpinum Cass.(C.B.Clarke in Comp.Ind.1876,p.p.)=Leontopodium nanum
Leontopodium alpinum Cass.(DC.in Prodr.1837,p.p.)=Leontopodium campestre
Leontopodium alpinum Cass.(DC.in Prodr.1837,p.p.)=Leontopodium ochroleucum
Leontopodium alpinum Cass.(Diels in Repert.Subsp.Nov.Beih.1922,p.p.)=Leontopodium sinense
Leontopodium alpinum Cass.(Hemsl.in J.L.Soc.Bot.1894,p.p.)=Leontopodium pusillum
Leontopodium alpinum Cass.(Maxim.in Bull.Soc.Nat.Mosc.1879)=Leontopodium longifolium
Leontopodium alpinum f. *sibiricum* Korsh.=Leontopodium conglobatum
Leontopodium alpinum subsp. *campestre* var. *altaicum* Beauv.(p.p.)=Leontopodium campestre
Leontopodium alpinum subsp. *campestre* var. *cachemirianum* Beauv.(p.p.)=Leontopodium ochroleucum
Leontopodium alpinum subsp. *campestre* var. *cachemiricum* Beauv.(p.p.)=Leontopodium brachyactis
Leontopodium alpinum subsp. *campestre* var. *cachemiricum* Beauv.(p.p.)=Leontopodium nanum
Leontopodium alpinum subsp. *campestre* var. *campestte* Beauv.=Leontopodium campestre
Leontopodium alpinum subsp. *campestre* var. *conglobatum* Beauv.=Leontopodium conglobatum
Leontopodium alpinum subsp. *campestre* var. *frigidum* Beauv.=Leontopodium pusillum
Leontopodium alpinum subsp. *campestre* var. *polyphyllum* Beauv.=Leontopodium brachyactis
Leontopodium alpinum subsp. *campestre* var. *robustum* Beauv.(p.p.)=Leontopodium ochroleucum
Leontopodium alpinum subsp. *sibiricum* var. *depauperatum* Beauv.=Leontopodium leontopodioides
Leontopodium alpinum subsp. *sibiricum* var. *monocephalum* Beauv.=

Leontopodium nanum
Leontopodium alpinum subsp. *subalpinum* var. *debile* Veauv.=Leontopodium ochroleucum
Leontopodium alpinum subsp. *subalpinum* var. *hedinianum* Beauv.=Leontopodium ochroleucum
Leontopodium alpinum subsp. *subalpinum* var. *pusillum* Beauv.=Leontopodium pusillum
Leontopodium alpinum subsp. *subalpinum* var. *subalpinum* Beauv.=Leontopodium ochroleucum
Leontopodium alpinum var. *campestre* f. *gracile* Beauv.=Leontopodium leontopodioides
Leontopodium alpinum var. *conglobatum* Beauv.=Leontopodium conglobatum
Leontopodium alpinum var. *debile* Beauv.=Leontopodium ochroleucum
Leontopodium alpinum var. *frigidum* Beauv.=Leontopodium pusillum
Leontopodium alpinum var. *hedinianum* Beauv.=Leontopodium ochroleucum
Leontopodium alpinum var. Hemsl.=Leontopodium pusillum
Leontopodium alpinum var. *himalayanum* Franch.=Leontopodium calocephalum
Leontopodium alpinum var. *nivale* Keissl.=Leontopodium nanum
Leontopodium alpinum var. *pusillum* Beauv.=Leontopodium pusillum
Leontopodium alpinum var. *stracheyi* HK.f.=Leontopodium stracheyi
Leontopodium alpinum var. *subalpinum* Ledeb.=Leontopodium ochroleucum
Leontopodium alpinum var. *subalpinum* f. *brchyactis* Beauv.=Leontopodium brachyactis
Leontopodium alpinumn var. *campestre* Beauv.(p.p.)=Leontopodium ochroleucum
Leontopodium alpnum var. *campestre* Ledeb.(p.p.)=Leontopodium campestre
Leontopodium anaphaloides Duthie ex Beauv.=Leontopodium stracheyi
Leontopodium andersonii C.B.Clarke 松毛火绒草
Leontopodium arbusculum Beauv.=Leontopodium sinense
Leontopodium artemisiifolium (Lévl.) Beauv.艾叶火绒草
Leontopodium artemisiifolium ×*subulatum* Hand.-Mazz.=Leontopodium rosmarinoides
Leontopodium aurantiacum Hand.-Mazz.黄毛火绒草
Leontopodium bonatii Beauv.=Leontopodium subulatum var. bonatii
Leontopodium brachyactis Gandog.(Hao in Engl.,Bot.Jahrb.1938)=Leontopodium pusillum
Leontopodium brachyactis Gandog.短星火绒草
Leontopodium caespitosum Beauv.=Leontopodium brachyactis
Leontopodium calocephalum (Franch.) Beauv.美头火绒草
Leontopodium calocephalum Beauv.(Diels in Not.Bot.Gard.Edinb.1912)=Leontopodium himalayanum
Leontopodium calocephalum var. calocephalum=Leontopodium calocephalum
Leontopodium calocephalum var. depauperatum Ling 疏苞美头火绒草(新)
Leontopodium calocephalum var. *typum* Hand.-Mazz.=Leontopodium calocephalum
Leontopodium calocephalum var. uliginosum Beauv.湿生美头火绒草(新)
Leontopodium campestre (Ledeb.) Hand.-Mazz.山野火绒草
Leontopodium cespitosum Diels=Leontopodium jacotianum var. cespitosum
Leontopodium chamaejasme Beauv.=Leontopodium jacotianum
Leontopodium chuii Hand.-Mazz.川甘火绒草
Leontopodium conglobatum (Turcz.) Hand.-Mazz.团球火绒草
Leontopodium dedekensii ×*nobile* Hand.-Mazz.=Leontopodium albo-griseum
Leontopodium dedekensii ×*sinense* Hand.-Mazz.=Leontopodium albo-griseum
Leontopodium dedekensii (Bur. & Franch.) Beauv.戟叶火绒草
Leontopodium dedekensii var. dedekensii=Leontopodium dedekensii
Leontopodium dedekensii var. microcalathinum Ling 小花戟叶火绒草(新)
Leontopodium delavayanum Hand.-Mazz.云岭火绒草
Leontopodium dubium Beauv.=Leontopodium jacotianum
Leontopodium evax Beauv.(p.p.)=Leontopodium pusillum
Leontopodium fangingense Ling 梵净火绒草
Leontopodium fedtschenkoanum Beauv.=Leontopodium campestre
Leontopodium fimbrilliferum Drumm.(p.p.)=Leontopodium monocephalum
Leontopodium fischerianum Beauv.=Leontopodium ochroleucum
Leontopodium foliosum (Franch.) Beauv.=Leontopodium dedekensii
Leontopodium forrestianum Hand.-Mazz.(北研丛刊 1934)=Leontopodium pusillum
Leontopodium forrestianum Hand.-Mazz.鼠麴火绒草
Leontopodium franchetii ×dedekensii Hand.-Mazz.坚杆×戟叶火绒草
Leontopodium franchetii Beauv.(Hao in Engl.Bot.Hahrb.1938)=Leontopodium haplophylloides
Leontopodium franchetii Beauv.坚杆火绒草
Leontopodium giraldii Diels 秦岭火绒草
Leontopodium gracile Hand.-Mazz.×纤细火绒草
Leontopodium haastioides (Hand.-Mazz.) Hand.-Mazz.密垫火绒草
Leontopodium haplophylloides ×*linearifolium* Hand.-Mazz.=Leontopodium gracile
Leontopodium haplophylloides ×*longifolium* Ling=Leontopodium gracile
Leontopodium haplophylloides Hand.-Mazz.香芸火绒草
Leontopodium hastatum Beauv.=Leontopodium dedekensii
Leontopodium himalayanum DC.(Klatt in N.Act.Leop-Car.Ak.Natf.1880, p.p.)=Leontopodium ochroleucum
Leontopodium himalayanum DC.(Klatt in Nov.Act.Leop.Car.Ak.Nat.1880, p.p.)=Leontopodium jacotianum
Leontopodium himalayanum DC.珠峰火绒草
Leontopodium himalayanum var. himalayanum=Leontopodium himalayanum
Leontopodium himalayanum var. pumillum Ling 矮小珠峰火绒草(新)
Leontopodium jacotianum Beauv.雅谷火绒草
Leontopodium jacotianum var. cespitosum (Diels) Hand.-Mazz.丛生雅谷火绒草(新)
Leontopodium jacotianum var. *gurhwalense* Beauv.=Leontopodium jacotianum
Leontopodium jacotianum var. *icmadophyllum* Hand.-Mazz.=Leontopodium jacotianum var. minum
Leontopodium jacotianum var. jacotianum=Leontopodium jacotianum
Leontopodium jacotianum var. minum (Beauv.) Hand.-Mazz.长茎雅谷火绒草
Leontopodium jacotianum var. paradoxum (Drumm.) Beauv.密生雅谷火绒草(新)
Leontopodium jacotianum var. α. *typicum* Beauv.=Leontopodium jacotianum
Leontopodium jamesonii (Beauv.) Hand.-Mazz.=Leontopodium nanum
Leontopodium jamesonii Beauv.=Leontopodium nanum
Leontopodium jamesonii var. *haastioides* Hand.-Mazz.=Leontopodium haastioides
Leontopodium japonicum Miq.薄雪火绒草
Leontopodium japonicum var. *hupehense* f. *glaberrimum* Beauv.=Leontopodium wilsonii
Leontopodium japonicum var. *hupehense* f. *hirsutum* Beauv.=Leontopodium japonicum
Leontopodium japonicum var. japonicum=Leontopodium japonicum
Leontopodium japonicum var. microcephalum Hand.-Mazz.小头薄雪火绒草(新)
Leontopodium japonicum var. *typicum* Beauv.=Leontopodium japonicum
Leontopodium japonicum var. *typus* Hand.-Mazz.=Leontopodium japonicum
Leontopodium japonicum var. xerogenes Hand.-Mazz.厚茸火绒草(新)
Leontopodium junpeianum Kitam.=Leontopodium conglobatum
Leontopodium kamtschaticum ×*stoechas* Hand.-Mazz.=Leontopodium longifolium ×stoechas
Leontopodium kamtschaticum Kom.(Hand.-Mazz.in Oesterr.Bot.Zeitschr. 1936)=Leontopodium longifolium
Leontopodium leontopodioides (Willd.) Beauv.火绒草
Leontopodium leontopodioides ×*linearifolium* Hand.-Mazz.=Leontopodium smithianum
Leontopodium leontopodioides var. *humile* Beauv.=Leontopodium leontopodioides
Leontopodium leontopodium Hand.-Mazz.=Leontopodium ochroleucum
Leontopodium linearifolium Hand.-Mazz.(p.p.)=Leontopodium longifolium
Leontopodium longifolium ×stoechas Ling 长叶×木茎火绒草
Leontopodium longifolium Ling 长叶火绒草
Leontopodium maireanum Beauv. ex Hand.-Mazz.=Leontopodium

artemisiifolium
Leontopodium margelanense Beauv. ex Hand.-Mazz.=Leontopodium brachyactis
Leontopodium melanolepis Ling 黑苞火绒草
Leontopodium micranthum Ling 小花火绒草
Leontopodium microcephalum (Hand.-Mazz.) Ling=Leontopodium japonicum var. microcephalum
Leontopodium microphyllum Hay.小叶火绒草
Leontopodium monocephalum Edgew.单头火绒草
Leontopodium monocephalum Klatt=Leontopodium nanum
Leontopodium muscoides Hand.-Mazz.藓状火绒草
Leontopodium nanum (HK.f. & Thoms.) Hand.-Mazz.矮火绒草
Leontopodium niveum ×sinense Hand.-Mazz.白雪×华火绒草
Leontopodium niveum Hand.-Mazz.白雪火绒草
Leontopodium nobile (Bur. & Franch.) Beauv.=Leontopodium sinense
Leontopodium ochroleucum Beauv.黄白火绒草
Leontopodium ochroleucum var. *campestre* Grub.=Leontopodium campestre
Leontopodium ochroleucum var. *conglobatum* Grub.=Leontopodium conglobatum
Leontopodium omeiense Ling 峨眉火绒草
Leontopodium palibinianum Beauv.(Hand.-Mazz.in Beih.Bot.Centralbl. 1928,p.p.)=Leontopodium conglobatum
Leontopodium paradoxum Drumm.(p.p.)=Leontopodium jacotianum var. paradoxum
Leontopodium paradoxum Drumm.(p.p.)=Leontopodium pusillum
Leontopodium pusillum (Beauv.) Hand.-Mazz.弱小火绒草
Leontopodium roseum Hand.-Mazz.红花火绒草
Leontopodium rosmarinoides Hand.-Mazz.迷迭香火绒草
Leontopodium scandvicense Lévl.=Gnaphalium involucratum var. ramosum
Leontopodium sibircum Cass.=Leontopodium leontopodioides
Leontopodium sibiricum Cass.(DC.in Prodr.1837,p.p.)=Leontopodium conglobatum
Leontopodium sibiricum Cass.(Kanitz.in Wiss.Erg.-R.Szechenyi Ostas 1898,p.p.)=Leontopodium smithianum
Leontopodium sibiricum Cass.(高等图鉴 1975)=Leontopodium haplophylloides
Leontopodium sibiricum var. *conglobatum* Turcz.=Leontopodium conglobatum
Leontopodium sinense Hemsl.华火绒草
Leontopodium sinense var. *stracheyi* (HK.f.) Beauv.=Leontopodium stracheyi
Leontopodium sinense var. *typicum* Beauv.=Leontopodium stracheyi
Leontopodium smithianum Hand.-Mazz.绢茸火绒草
Leontopodium souliei Beauv.银叶火绒草
Leontopodium stoechas ×artemisiifolium Hand.-Mazz.木茎×艾叶火绒草
Leontopodium stoechas ×dedekensii Hand.-Mazz.木茎×戟叶火绒草
Leontopodium stoechas Hand.-Mazz.木茎火绒草
Leontopodium stoechas f. *minor* Hand.-Mazz.=Leontopodium stoechas var. minor
Leontopodium stoechas var. minor (Hand.-Mazz.) Ling 小花木茎火绒草(新)
Leontopodium stoechas var. stoechas=Leontopodium stoechas
Leontopodium stoloniferum ×dedekensii Hand.-Mazz.匍枝×戟叶火绒草
Leontopodium stoloniferum Hand.-Mazz.匍枝火绒草
Leontopodium stracheyi (HK.f.) C.B.Clarke 毛香火绒草
Leontopodium stracheyi ×artemisiifolium Ling 毛香×艾叶火绒草
Leontopodium stracheyi ×fracnhetii Hand.-Mazz.毛香×坚杆火绒草
Leontopodium stracheyi ×subulatum Hand.-Mazz.毛香×钻叶火绒草
Leontopodium stracheyi var. *setchuenense* Beauv.=Leontopodium stracheyi
Leontopodium stracheyi var. stracheyi=Leontopodium stracheyi
Leontopodium stracheyi var. tenuicaule Beauv.细茎毛香火绒草(新)
Leontopodium subulatum (Franch.) Beauv.钻叶火绒草
Leontopodium subulatum Beavu.(Gagn.in Fl.Gén.Ind.-Chin.1924)= Leontopodium andersonii
Leontopodium subulatum var. bonatii (Beauv.) Hand.-Mazz.疏叶火绒草
Leontopodium subulatum var. subulatum=Leontopodium subulatum
Leontopodium subulatum var. *typus* Hand.-Mazz.=Leontopodium subulatum
Leontopodium villosum Hand.-Mazz.柔毛火绒草
Leontopodium wilsonii Beauv.川西火绒草
Leontopodium wilsonii var. *maius* Beauv.=Leontopodium wilsonii
Leontopodium wilsonii var. *minum* Beauv.=Leontopodium jacotianum var. minum
Leonurus L.**益母草属**(唇形科)
Leonurus artemisia (Lour.) S.Y.Hu=Leonurus japonicus
Leonurus artemisia var. albiflorus (Migo) S.Y.Hu 白花益母草(新)
Leonurus artemisia var. artemisia=Leonurus artemisia
Leonurus bungeanus Schisch.=Panzerina canescens
Leonurus canescens (Bge.) Benth.=Panzerina canescens
Leonurus cardiaca L.胃益母草
Leonurus chaituroides C.Y.Wu & H.W.Li 假鬃尾草
Leonurus deminutus V.Krecz. ex Kupr.兴安益母草
Leonurus farinosus Buch.-Ham. ex Mukerj.=Gomphostemma parviflorum
Leonurus glaucescens Bge.灰白益母草
Leonurus heterophyllus Sweet(Baranov.in J.Jap.Bot.1959)=Leonurus pseudomacranthus
Leonurus heterophyllus Sweet.=Leonurus japonicus
Leonurus heterophyllus f. *leucanthus* (Kitag.) Baranov & Skvorntz.= Leonurus pseudomacranthus f. leucanthus
Leonurus indicus Burm.f.=Leucas lavandulifolia
Leonurus japonicus Houtt.益母草
Leonurus javanicus Bl.=Paraphlomis javanica
Leonurus lanata (L.) Pers.=Panzerina lanata
Leonurus lanatus (L.) Spreng.(Hand.-Mazz.in Act.Hort.Göthob.1934)= Panzeria alaschanica
Leonurus macranthus Maxim.(Dunn in Notes Bot.Gard.Edinb.1915,p.p.)= Leonurus pseudomacranthus
Leonurus macranthus Maxim.大花益母草
Leonurus manshuricus Yabe=Leonurus sibiricus
Leonurus manshuricus f. *albiflorus* Nakai & Kitag.=Leonurus sibiricus f. albiflorus
Leonurus marrubiastrum L.=Chaiturus marrubiastrum
Leonurus panzeioides M.Pop.绵毛益母草
Leonurus pseudomacranthus Kitag.錾菜
Leonurus pseudopanzerioides Krestosk.拟绵毛益母草(新)
Leonurus pseudopanzerioides Krestosk.拟绵毛益母草(新)
Leonurus pseuidomacranthus f. leucanthus Kitag.白花錾菜(新)
Leonurus pseuidomacranthus f. pseudomacranthus=Leonurus pseudomacranthus
Leonurus sect. *Chaiturus* DC.=**Chaiturus**
Leonurus sect. *Mactantha* Matsum. & Kudô =Ser. Macranthi
Leonurus sect. *Panzeria* Pers.=**Panzeria**
Leonurus sibiricus L.细叶益母草
Leonurus sibiricus f. albiflorus (Nakai & Kitag.) C.Y.Wu & H.W.Li 白花细叶益母草(新)
Leonurus sibiricus f. sibiricus=Leonurus sibiricus
Leonurus sibiricus L.(Benth.in DC.Prodr.1848)=Leonurus japonicus
Leonurus sibiricus var. *albiflorus* Migo=Leonurus artemisia var. albiflorus
Leonurus sibiricus var. β. *grandiflora* Benth.(Hand.-Mazz.Symb.Sin.1936, p.p.)= Leonurus japonicus
Leonurus sibiricus var. β. *grandiflora* Benth.=Leonurus sibiricus
Leonurus supinus Steph. ex Willd.=Lagopsis supina
Leonurus tataricus L.(植物志 65-2,1977,东北检索表 1959)=Leonurus deminutus
Leonurus tataricus L.兴安益母草
Leonurus tuberiferus Makino=Galeobdolon tuberiferum
Leonurus turkestanicus V.Krecz. & Kupr.突厥益母草
Leonurus urticifolius C.Y.Wu & H.W.Li 荨麻叶益母草
Leonurus villosissimus C.Y.Wu & H.W.Li 柔毛益母草
Leonurus wutaishanicus C.Y.Wu & H.W.Li 五台山益母草
Lepadanthus Ridley=**Ornithoboea**
Lepechiniella M.Pop.**翅鹤虱属**(紫草科)
Lepechiniella balchaschensis Popov=Lappula lasiocarpa
Lepechiniella ferganensis Popov=Lappula ferganensis
Lepechiniella lasiocarpa W.T.Wang=Lappula lasiocarpa
Lepechiniella transalaica B.Fedtsch. ex Popov=Lappula transalaica
Lepeocercis mollicoma (Kunth) Nees=Dichanthium aristatum
Lepeoceris Ttrin.=**Dichanthium**
Lepianthes umbellatum (L.) Raf.=Piper umbellatum
Lepicaune Lepeyr.=**Crepis**
Lepicaune sibirica (L.) C.Koch.=Crepis sibirica
Lepidagathis Willd.**鳞花草属**(爵床科)

Lepidagathis cristata Willd.鸡冠鳞花草
Lepidagathis fasciculata (Retz.) Nees 齿叶鳞花草
Lepidagathis formosensis C.B.Clarke ex Hay.台湾鳞花草
Lepidagathis group *Apolepsis* Bl.= **Adenacanthus**
Lepidagathis hainanensis H.S.Lo 海南鳞花草
Lepidagathis hyalina Nees= Lepidagathis incurva
Lepidagathis inaequalis C.B.Clarke ex Elmer 卵叶鳞花草
Lepidagathis incurva Buch.-Ham. ex D.Don 鳞花草
Lepidagathis secunda (Blanco.) Nees 小琉球鳞花草
Lepidagathis stenophylla C.B.Clarke ex Hay.柳叶鳞花草
Lepidium L.**独行菜属**(十字花科)
Lepidium affine Ledeb.=Lepidium latifolium
Lepidium alashanicum S.L.Yang 阿拉善独行菜
Lepidium apetalum Willd.独行菜
Lepidium boissieri N.Busch=Cardaria draba subsp. chalepensis
Lepidium calycinum Steph.=Smelowskia calycina
Lepidium campestre (L.) R.Br.绿独行菜
Lepidium campestre f. *glabratum* (Lej. & Chourt.) Thell. =Lepidium campestre
Lepidium campestre var. *glabratum* Lej & Court.=Lepidium campestre
Lepidium capitatum HK.f. & Thoms.头花独行菜
Lepidium capitatum var. *chinense* (Franch.) Thell.=Lepidium cuneiforme
Lepidium cartilagineum (J.May.) Thell.碱独行菜
Lepidium cartilagineum subsp. *crassifolium* (Waldst. & Kitaib.) Thell.=Lepidium cartilagineum
Lepidium chalepense L.=Cardaria draba subsp. chalepensis
Lepidium chinense Frach.=Lepidium cuneiforme
Lepidium chitungense Jacot.=Lepidium apetalum
Lepidium cordatum Willd. ex Stev.(东北检索表 1959)=Lepidium campestre f. glabratum
Lepidium cordatum Willd. ex Stev.心叶独行菜
Lepidium crassifolium Wald. & Kit.=Lepidium cartilagineum
Lepidium cuneiforme C.Y.Wu 楔叶独行菜
Lepidium densiflorum Schrad.密花独行菜
Lepidium desertorum Schrenk=Stroganowia brachyota
Lepidium didymum L.=Coronopus didymus
Lepidium draba L.=Cardaria draba
Lepidium draba subsp. *chalepense* Thell.=Cardaria draba subsp. chalepensis
Lepidium draba subsp. *chalepense* var. *repens* (Schrenk) Thell.=Cardaria draba subsp. chalepensis
Lepidium draba var. *auriculatum* (Boiss.) N.Busch.=Cardaria draba subsp. chalepensis
Lepidium ferganense Korsh.全缘独行菜
Lepidium kabulicum K.H.Rech.=Lepidium cartilagineum
Lepidium kunlunshanicum G.L.Zhou & Z.X.An=Lepidium capitatum
Lepidium lacerum C.A.Mey.裂叶独行菜
Lepidium latifolium L.宽叶独行菜
Lepidium latifolium subsp. *affine* (Ledeb.) Kitag.=Lepidium latifolium
Lepidium latifolium subsp. *obtusum* (Basin.) Thell.=Lepidium obtusum
Lepidium latifolium subsp. *sibiricum* (Schweigg.) Thell.=Lepidium latifolium
Lepidium latifolium var. *affine* (Ledeb.) C.A.Mey.=Lepidium latifolium
Lepidium latifolium var. latifolium=Lepidium latifolium
Lepidium latifolium var. *mongolicum* Franch.=Lepidium latifolium
Lepidium loulanicum Z.X.An & G.L.Zhou=Lepidium obtusum
Lepidium neglectum Thell.=Lepidium densiflorum
Lepidium obtusum Basin.钝叶独行菜
Lepidium perfoliatum L.抱茎独行菜
Lepidium procumbens L.=Hyornungia procumbens
Lepidium propinquum Fisch. & C.A.Mey.=Cardaria draba subsp. chalepensis
Lepidium propinquum var. *auriculatum* Boiss.=Cardaria draba subsp. chalepensis
Lepidium repens (Schrenk) Boiss.=Cardaria draba subsp. chalepensis
Lepidium ruderale L.柱毛独行菜
Lepidium sativum L.家独行菜
Lepidium sect. *Cardaria* (Desv.) DC.=**Cardaria**
Lepidium sibiricum Pall.=Draba sibiricua
Lepidium sibiricum Schweig.(1812)=Lepidium latifolium
Lepidium sibiricum Schweigg.=Lepidium latifolium
Lepidium thlaspioides Pall.= Thlaspi cochleariforme
Lepidium virginicum L.(东北检索表 1959,东北草本志 1964)=Lepidium densiflorum
Lepidium virginicum L.北美独行菜
Lepidogrammitis Ching **骨牌蕨属**(水龙骨科)
Lepidogrammitis adnascens Ching 贴生骨牌蕨
Lepidogrammitis christensenii (Ching) Ching=Lepidogrammitis diversa
Lepidogrammitis diversa (Rosenst.) Ching 披针骨牌蕨
Lepidogrammitis drymoglossoides (Baker) Ching 抱树骨牌蕨(新)
Lepidogrammitis elongata Ching 长叶骨牌蕨
Lepidogrammitis intermdiia Ching 中间骨牌蕨
Lepidogrammitis kansuensis Ching 甘肃骨牌蕨
Lepidogrammitis pyriforme Ching=Lepidogrammitis pyriformis
Lepidogrammitis pyriformis Ching 梨叶骨牌蕨
Lepidogrammitis rostrata (Bedd.) Ching 骨牌蕨
Lepidogrammitis rostrata De Vol & C.M.Kuo=Lepidogrammitis diversa
Lepidogrammitis substrata Ching=Lepidogrammitis rostrata
Lepidolopsis scopulorum (Krasch.) Poljak.=Tanacetum scopulorum
Lepidomicrosorium Ching & Shing **鳞果星蕨属**(水龙骨科)
Lepidomicrosorium angustifolium Ching & Shing 狭叶鳞果星蕨
Lepidomicrosorium asarifolium Ching & Shing 细辛鳞果星蕨
Lepidomicrosorium brevipes Ching & Shing 短柄鳞果星蕨
Lepidomicrosorium buergerianum (Miq.) Ching & Shing 鳞果星蕨
Lepidomicrosorium caudifrons Ching & W.M.Chu 尾叶鳞果星蕨
Lepidomicrosorium crenatum Ching & Shing 圆齿鳞果星蕨
Lepidomicrosorium emeicola Ching & Shing=Lepidomicrosorium latibasis
Lepidomicrosorium emeiense Ching & Shing 峨眉鳞果星蕨
Lepidomicrosorium hederaceum (Christ) Ching 常春藤鳞果星蕨
Lepidomicrosorium hongchunpingense Ching & Shing= Lepidomicrosorium emeiense
Lepidomicrosorium hunanense Ching & Shing 湖南鳞果星蕨
Lepidomicrosorium lanceolatum Ching & P.S.Wang 披针鳞果星蕨
Lepidomicrosorium laojunense Ching & Shing 老君鳞果星蕨
Lepidomicrosorium latibasis Ching & Shing 阔基鳞果星蕨
Lepidomicrosorium lineare Ching & Shing 线叶鳞果星蕨
Lepidomicrosorium microsorioides (W.M.Chu) Ching & W.M.Chu 小果鳞果星蕨
Lepidomicrosorium nanchuanense Ching & Z.Y.Liu 南川鳞果星蕨
Lepidomicrosorium sichuanense Ching & Shing 四川鳞果星蕨
Lepidomicrosorium subhastatum (Baker)Z.F.Zhang & S.Y.Zhang= Lepidomicrosorium buergerianum
Lepidomicrosorium subsessile Ching & Shing 近无柄鳞果星蕨
Lepidomicrosorium sujiangense Ching & W.M.Chu 绥江鳞果星蕨
Lepidomicrosorium undulatum Ching & Shing=Lepidomicrosorium lineare
Lepidomicrosorium yiliangense Ching & Shing=Lepidomicrosorium latibasis
Lepidoneuron hirsutulum Fée=Nephrolepis hirsutula
Lepidonevron biserratum Fée=Nephrolepis biserrata
Lepidonevron hirsutulum Fée=Nephrolepis hirsutula
Lepidonevron rufescens Fée=Nephrolepis hirsutula
Lepidonevron trichomanoides Fée=Arthropteris palisotii
Lepidosperma Labill.**鳞籽莎属**(莎草科)
Lepidosperma chinense Nees 鳞籽莎
Lepidostemon Hassk.=**Lepistemon**
Lepidostemon HK.f. & Thoms.**鳞蕊芥属**(十字花科)
Lepidostemon everestianus Al-Shehbaz 珠峰鳞蕊芥
Lepidostemon pedunculosus HK.f. & Thoms.鳞蕊芥
Lepidostemon rosularis (K.C.Kuan & Z.X.An) Al-Shehbaz 莲座鳞蕊芥
Lepidotheca Nutt.=**Matricaria**
Lepidotis Palisot=**Lycopodium**
Lepidotis casuarinioides (Spring) Rothm.=Lycopodiastrum causarinoides
Lepidotis cernua (L.) P.Beauv.=Phlhinhaea cernua
Lepidotis cernua (L.) Roth.=Phlhinhaea cernua
Lepidotis repens Pal.=Lycopodiella caroliniana
Lepidotis sect. *Campylostachys* Roth.=**Palhinhaea**
Lepidotis sect. *Campylostachys* Rothm.=**Lycopodiastrum**
Lepidotis sect. *Inundata* (Bak. ex Pritz.) Roth.=**Lycopodiella**
Lepidozamia Rgl.**鳞苏铁属**(苏铁科)
Lepidozamia peroffskyana Rgl.鳞苏铁
Lepionurus Bl.**鳞尾木属**(山柚子科)

Lepionurus latisquamus Gagn.=Urobotrya latisquama
Lepionurus sylvestris Bl.鳞尾木
Lepironia L.C.Rich. **石龙刍属**(莎草科)
Lepironia compressa Böcklr.=Lepironia mucronata var. compressa
Lepironia mucronata L.C.Rich.光果石龙刍
Lepironia mucronata var. compressa (Böcklr.) E.-G.Camus 短穗石龙刍
Lepironia mucronata var. mucronata=Lepironia mucronata
Lepisanthes Bl.**鳞花木属**(无患子科)
Lepisanthes basicardia Radlk 心叶鳞花木
Lepisanthes browniana Hiern 大叶鳞花木
Lepisanthes hainanensis H.S.Lo 鳞花木
Lepisanthes rubiginosa (Roxb.) Leenh.=Erioglossum rubiginosum
Lepisanthes senegalensis (Poir.) Leenh.=Aphania rubra
Lepisanthes tetraphylla (Vahl) Radlk.四叶赤才
Lepisanthes unilocularis Leenh.=Otophora unilocularis
Lepisorus (J.Sm.) Ching **瓦韦属**(水龙骨科)
Lepisorus affinis Ching 海南瓦韦
Lepisorus albertii (Rgl.) Ching 天山瓦韦
Lepisorus angustifrons Tagawa=Lepisorus pseudoussuriensis
Lepisorus angustus Ching 狭叶瓦韦
Lepisorus asterolepis (Baker) Ching 黄瓦韦
Lepisorus bicolor Ching 二色瓦韦
Lepisorus bilouensis Ching & Y.X.Lin & W.T.Wang=Lepisorus pseudonudus
Lepisorus calcifer Ching & Z.Y.Liu=Lepisorus thunbergianus
Lepisorus cespitosus Y.X.Lin 丛生瓦韦
Lepisorus clathratus (C.B.Clarke) Ching 网眼瓦韦
Lepisorus clathratus sensu. De Vol & C.M.Kuo=Lepisorus papakensis
Lepisorus clathratus var. *papakense* Tagawa=Lepisorus papakensis
Lepisorus coaetaneus Ching & Y.X.Lin 金顶瓦韦
Lepisorus confluens W.M.Chu 汇生瓦韦
Lepisorus contortus (Christ) Ching 扭瓦韦
Lepisorus crassipes Ching & Y.X.Lin 粗柄瓦韦
Lepisorus distans (Makino) Ching 远叶瓦韦
Lepisorus eilophyllus (Diels) Ching 高山瓦韦
Lepisorus elegans Ching & W.M.Chu 片马瓦韦
Lepisorus excavatus var. *scolopendrium* (Ham.) Ching=Lepisorus scolopendrium
Lepisorus fortunii (T.Moore) C.M.Kuo=Microsorium fortunei
Lepisorus gyriongensis Ching & S.K.Wu 吉隆瓦韦
Lepisorus heterolepis (Rosenst.) Ching 异叶瓦韦
Lepisorus honanensis Ching & S.K.Wu 河南瓦韦
Lepisorus hsiawutaiensis Ching & S.K.Wu 小五台瓦韦
Lepisorus infraplanicostalis (Hay.) Ching=Lepisorus tosaensis
Lepisorus iridescens Ching & Y.X.Lin 彩虹瓦韦
Lepisorus jinfoshanensis Ching & Z.Y.Liu=Lepisorus contortus
Lepisorus kasuensis Ching & Y.X.Lin 甘肃瓦韦
Lepisorus kuchenensis (Y.C.Wu) Ching 瑶山瓦韦
Lepisorus lancifolius Ching 披针叶瓦韦
Lepisorus lewissi (Baker) Ching 庐山瓦韦
Lepisorus ligulatus Ching & S.K.Wu 舌叶瓦韦
Lepisorus likiangensis Ching & S.K.Wu 丽江瓦韦
Lepisorus lineariformis Ching & S.K.Wu 线叶瓦韦
Lepisorus longifolius Ching & C.H.Wang=Lepisorus longus
Lepisorus longipes Ching=Lepisorus asterolepis
Lepisorus longus Ching 长叶瓦韦
Lepisorus loriformis (Wall.) Ching 带叶瓦韦
Lepisorus loriformis var. *steniste* Ching=Lepisorus stenistus
Lepisorus luchunensis Y.X.Lin 绿春瓦韦
Lepisorus macrosphaerus (Baker) Ching 大瓦韦
Lepisorus macrosphaerus f. macrosphaerus=Lepisorus macrosphaerus
Lepisorus macrosphaerus f. maximus (Ching) Y.X.Lin 大叶瓦韦
Lepisorus macrosphaerus f. minimus (Ching) Y.X.Lin 小叶瓦韦
Lepisorus macrosphaerus var. *asterolepis* (Baker) Ching=Lepisorus asterolepis
Lepisorus macrosphaerus var. *maximus* Ching=Lepisorus macrosphaerus f. maximus
Lepisorus macrosphaerus var. *minimus* Ching=Lepisorus macrosphaerus f. minimus
Lepisorus maowenensis Ching & S.K.Wu 茂汶瓦韦
Lepisorus marginatus Ching 有边瓦韦
Lepisorus medogensis Ching & Y.X.Lin 墨脱瓦韦
Lepisorus megasorus (C.Chr.) Ching 宝岛瓦韦
Lepisorus monilisorus (Hay.) Tagawa=Lepisorus heterolepis
Lepisorus morrisonensis (Hay.) H.Ito 白边瓦韦
Lepisorus myrisorus Ching=Lepisorus thunbergianus
Lepisorus nachuanensis Ching & Z.Y.Liu=Lepisorus angustus
Lepisorus neolewisii Shing=Lepisorus eilophyllus
Lepisorus nepalensis K.Iwats.=Lepisorus clathratus
Lepisorus niger Ching=Lepisorus angustus
Lepisorus nylamensis Ching & S.K.Wu 聂拉木瓦韦
Lepisorus obscure-venulosus (Hay.) Ching 粤瓦韦
Lepisorus oligolepidus (Baker) Ching 鳞瓦韦
Lepisorus paleparaphysus Y.X.Lin 淡丝瓦韦
Lepisorus paohuashanensis Ching 百华山瓦韦
Lepisorus papakensis (Masamuse) Ching 台湾瓦韦
Lepisorus patungensis Ching & S.K.Wu 神农架瓦韦
Lepisorus petiolatus Y.X.Lin 长柄瓦韦
Lepisorus pseudoangustus Ching=Lepisorus angustus
Lepisorus pseudoclathratus Ching & S.K.Wu 假网眼瓦韦
Lepisorus pseudolewisii Shing=Lepisorus eilophyllus
Lepisorus pseudonudus Ching 长瓦韦
Lepisorus pseudoussuriensis Tagawa 拟乌苏里瓦韦
Lepisorus pumilus Ching & S.K.Wu=Lepisorus albertii
Lepisorus pygmaeus Ching & Z.Y.Liu=Lepisorus thunbergianus
Lepisorus scolopendrium (Ham. ex D.Don) Menhra 棕鳞瓦韦
Lepisorus shansiensis Ching & Y.X.Lin 山西瓦韦
Lepisorus shanyangensis Ching & Y.X.Lin=Lepisorus shansiensis
Lepisorus shensiensis Ching & S.K.Wu 陕西瓦韦
Lepisorus simulans Ching & Z.Y.Liu=Lepisorus thunbergianus
Lepisorus sinensis (Christ) Ching 中华瓦韦
Lepisorus sinuatus (Ching & S.K.Wu) Y.X.Lin 圆齿瓦韦
Lepisorus sordidus (C.Chr.) Ching 黑鳞瓦韦
Lepisorus soulieanus (Christ) Ching 川西瓦韦
Lepisorus stenistus (C.B.Clarke) Y.X.Lin 狭带瓦韦
Lepisorus subconfluens Ching 连珠瓦韦
Lepisorus sublinearis (Baker) Ching 滇瓦韦
Lepisorus suboligolepidus Ching 拟鳞瓦韦
Lepisorus subsessilis Ching & Y.X.Lin 短柄瓦韦
Lepisorus sunpanensis Ching & Y.X.Lin=Lepisorus shansiensis
Lepisorus thaipaiensis Ching & S.K.Wu 太白瓦韦
Lepisorus thunbergianus (Kaulf.) Ching 瓦韦
Lepisorus tibeticus Ching & S.K.Wu 西藏瓦韦
Lepisorus tosaensis (Makino) H.Ito 阔叶瓦韦
Lepisorus tricholepis Shing ex Y.X.Lin 软毛瓦韦
Lepisorus ussuriensis (Rgl. & Maack) Ching 乌苏里瓦韦
Lepisorus variabilis Ching & S.K.Wu 多变瓦韦
Lepisorus venosus Ching & S.K.Wu 显脉瓦韦
Lepisorus virencens Ching & S.K.Wu 绿色瓦韦
Lepisorus vittaroides Ching 线囊群瓦韦
Lepisorus xiphiopteris (Baker) W.M.Chu 云南瓦韦
Lepisorus yunnanensis Ching=Lepisorus xiphiopteris
Lepisorus zosterifolius Ching & Y.X.Lin=Lepisorus stenistus
Lepistemon Bl.**鳞蕊藤属**(旋花科)
Lepistemon binectariferum (Wall. ex Roxb.) O.Kuntze.鳞蕊藤
Lepistemon binectariferum var. binectariferum= Lepistemon binectariferum
Lepistemon binectariferum var. trichocarpum (Gagn.) V.Oost.毛果鳞蕊藤
Lepistemon decurrens Hand.-Mazz.=Merremia hirta
Lepistemon flavescens Bl.=Lepistemon binectariferum
Lepistemon glaber Hand.-Mazz.=Merremia hederacea
Lepistemon intermdius Hall.f.台湾鳞蕊藤(新)?
Lepistemon lobatum Pilger 裂叶鳞蕊藤
Lepistemon muricatum Spang.=Merremia hederacea
Lepistemon obscurum (Blanco) Merr.= Lepistemon binectariferum
Lepistemon trichocarpum Gagn.=Lepistemon binectariferum var. trichocarpum
Lepistemon wallichii Choisy=Lepistemon binectariferum
Lepta triphylla Lour.=Evodia lepta
Leptaleum DC.**丝叶芥属**(十字花科)

Leptaleum filifolium (Willd.) DC.丝叶芥
Leptaleum hamatum Hensl. & Lace=Leptaleum filifolium
Leptaleum longisiliquosum Freyn & Sint.=Leptaleum filifolium
Leptaleum pygmaeum DC.=Leptaleum filifolium
Leptandra Nutt.=**Veronicastrum**
Leptandra sibirica Nutt=Veronicastrum sibiricum
Leptandra tubiflora (Fisch. & Mey.) Airy-Shaw.=Veronicastrum tubiflorum
Leptasea bronchialis (L.) Kom.=Saxifraga bronchialis
Leptasea hirculus (L.) Small=Saxifraga hirculus
Leptaspis R.Br.**囊秀竹属**(禾本科)
Leptaspis formosana C.Hsu 囊秀竹
Leptatherum japonicum Franch. & Sav.=Microstegium japonicum
Leptatherum royleanum Nees=Microstegium nudum
Lepteranthus Neck.=**Centaurea**
Leptoboea Benth.**细蒴苣苔属**(苦苣苔科)
Leptoboea multiflora (Clarke) Clarke 细蒴苣苔
Leptocanna Chia & H.L.Fung **薄竹属**(禾本科)
Leptocanna Chia & H.L.Fung=**Schizostachyum**
Leptocanna chinensis (Rehdle) Chia & H.L.Fung=Schizostachyum chinense
Leptocanna chinensis (Rondle) Chia & H.L.Fung 华薄竹
Leptocarpus R.Br. (植物志 13-3,1990)=**Dapsilanthus**
Leptocarpus disjunctus Mast.=Dapsilanthus disjunctus
Leptocarpus sanaensis Masam.=Dapsilanthus disjunctus
Leptochilus ×*hemitomus* (hance) Noot.=Colysis hemitoma
Leptochilus Kaulf.(Noot.in Blumea 1997)=**Colysis**
Leptochilus Kaulf.**薄唇蕨属**(水龙骨科)
Leptochilus angustipinna Hay.=Bolbitis angustipinna
Leptochilus axillaris (Cav.) Kaulf.薄唇蕨
Leptochilus cantoniensis (Baker) Ching 心叶薄唇蕨
Leptochilus cordatus (Christ) Ching=Leptochilus cantoniensis
Leptochilus decurrens Bl.似薄唇蕨
Leptochilus dichotomophlebia Hay.=Leptochilus decurrens
Leptochilus digitatus (Baker) Noot.=Colysis digitata
Leptochilus ellipticus (Thunb.) Noot.=Colysis elliptica
Leptochilus hemionitideus (Wall. ex Mett.) Noot.=Colysis hemionitidea
Leptochilus hilocarpus Fee=Leptochilus decurrens
Leptochilus kanashiroi Hay.=Hemigramma decurrens
Leptochilus laciniatus Ching=Leptochilus decurrens
Leptochilus laciniatus var. *simplex* Ching=Leptochilus decurrens
Leptochilus lanceolatus Fee=Leptochilus decurrens
Leptochilus listeri (Baker) C.Chr.=Leptochilus decurrens
Leptochilus macrophyllus var. *fluviatilis* (Lauterb.) Noot.=Colysis pedunculata
Leptochilus macrophyllus var. *pedunculatus* (Hk. & Grev.) Noot.=Colysis pedunculata
Leptochilus macrophyllus var. *wrightii* (HK. & Baker) Noot.=Colysis wrightii
Leptochilus platyphyllus Copel.=Leptochilus axillaris
Leptochilus thwaitesianus Fee=Leptochilus decurrens
Leptochilus tricuspis (HK.) C.Chr.=Christiopteris tricuspis
Leptochilus zeylanicus C.Chr.=Quercifilix zeylanica
Leptochilus zeylanicus Fee=Leptochilus decurrens
Leptochloa Beauv.**千金子属**(禾本科)
Leptochloa arabica (Jacq.) Kunth=Denebra retroflexa
Leptochloa capillacea Beauv.=Leptochloa chinensis
Leptochloa chinensis (L.) Nees 千金子
Leptochloa fusca (L.) Kunth=Diplachne fusca
Leptochloa panicea (Retz.) Ohwi 虮子草
Leptochloa tenerrima (Hornem.) Roem. & Schult.=Leptochloa chinensis
Leptochloa virgata (L.) Beauv.细长千金子
Leptocionium acanthoides Rosenstock=Meringium acanthoides
Leptocionium affine v.d.b.=Meringium holochilum
Leptocionium barbatum v.d.B.=Hymenophyllum barbatum
Leptocionium denticulatum v.d.B.=Meringium denticulatum
Leptocionium holochilum v.d.B.=Meringium holochilum
Leptocodon HK.f. & Thoms.**细钟花属**(桔梗科)
Leptocodon gracilis (HK.f.) HK.f. & Thoms.细钟花
Leptocodon gracilis HK.f.(高等图鉴 1975 ,p.p.)=Leptocodon hirsutus
Leptocodon hirsutus Hong 毛细钟花
Leptocoma racemosa Less.=Rhynchospermum verticillatum
Leptodermis Wall.**野丁香属**(茜草科)

Leptodermis bechuanensis Lo 北川野丁香
Leptodermis brevisepala Lo 短萼野丁香
Leptodermis buxifolia Lo 黄杨叶野丁香
Leptodermis buxifolia f. buxifolia=Leptodermis buxifolia
Leptodermis buxifolia f. strigosa Lo 雅江野丁香
Leptodermis chaneti Lévl.=Leptodermis oblonga
Leptodermis dielsiana H.Winkl.丽江野丁香
Leptodermis diffusa Batalin 文水野丁香
Leptodermis forrestii Deils 高山野丁香
Leptodermis fusca H.Wihil.=Leptodermis pilosa
Leptodermis glauca Diels=Leptodermis potanini var. glauca
Leptodermis glomerata Hutch.聚花野丁香
Leptodermis gracilis C.E.C.Fischer 柔枝野丁香
Leptodermis gracilis var. gracilis=Leptodermis gracilis
Leptodermis gracilis var. longiflora Lo 长花野丁香
Leptodermis handeliana H.Winkl. ex Hand.-Mazz.川南野丁香
Leptodermis hirsutiflora Lo 拉萨野丁香
Leptodermis hirsutiflora var. ciliata Lo 光萼野丁香
Leptodermis hirsutiflora var. hirsutiflora=Leptodermis hirsutiflora
Leptodermis huashanica Lo 华山野丁香
Leptodermis kumaonensis Parker 吉隆野丁香
Leptodermis lanata Lo 绵毛野丁香
Leptodermis lanceolata Wall.光叶野丁香
Leptodermis limprichtii H.Winkl.天全野丁香(新)
Leptodermis mairei Lévl.=Leptodermis pilosa var. glabrescens
Leptodermis microphylla (H.Wihkl.) H.Winkl.=Leptodermis pilosa
Leptodermis nervosa Hutch.=Serissa serissoides
Leptodermis nigricans H.Wihkl. & Fedde=Leptodermis potanini
Leptodermis oblonga Bge.(Hance in J.Bot.1882)=Leptodermis ovata
Leptodermis oblonga Bge.薄皮木
Leptodermis oblonga var. *leptophylla* H.Winkl.=Leptodermis oblonga
Leptodermis ordosica H.C.Fu & E.W.Ma 内蒙野丁香
Leptodermis ovata H.Winkl.卵叶野丁香
Leptodermis parkeri Dunn 大叶野丁香
Leptodermis parvifolia Hutch.瓦山野丁香
Leptodermis pilosa Diels (Hutch. in Pl.Wils. 1916,p.p.)=Leptodermis tomentella
Leptodermis pilosa Diels 川滇野丁香
Leptodermis pilosa var. acanthoclada Lo 刺枝野丁香
Leptodermis pilosa var. glabrescens H.Winkl.光叶野丁香
Leptodermis pilosa var. *microphylla* H.Winkl.=Leptodermis pilosa
Leptodermis pilosa var. pilosa=Leptodermis pilosa
Leptodermis pilosa var. spicatiformis Lo 穗花野丁香
Leptodermis potanini Batalin 野丁香
Leptodermis potanini var. angustifolia Lo 狭叶野丁香
Leptodermis potanini var. glauca (Diels) H.Winkl.粉绿野丁香
Leptodermis potanini var. potanini=Leptodermis potanini
Leptodermis potanini var. *rufa* H.Winkl.=Leptodermis potanini var. tomentosa
Leptodermis potanini var. tomentosa H.Winkl.绒毛野丁香
Leptodermis potaninii var. *rufa* H.Winkl.=Leptodermis potanini var. tomentosa
Leptodermis pumila Lo 矮小野丁香
Leptodermis purdomii Hutch.甘肃野丁香
Leptodermis rehderiana H.Winkl.白毛野丁香
Leptodermis scabrida HK.f.糙叶野丁香
Leptodermis schneideri H.Winkl.纤枝野丁香
Leptodermis schneideri var. *hutchinsoni* H.Winkl.=Leptodermis schneideri
Leptodermis scissa H.Winkl.撕裂野丁香
Leptodermis tomentella H.Winkl. ex Lo 蒙自野丁香
Leptodermis tongtchouanensis Lévl.=Leptodermis potanini var. tomentosa
Leptodermis tubicalyx Lo 管萼野丁香
Leptodermis umbellata Batalin 伞花野丁香
Leptodermis velutiniflora Lo 毛花野丁香
Leptodermis velutiniflora var. tenera Lo 薄叶野丁香
Leptodermis velutiniflora var. velutiniflora=Leptodermis velutiniflora
Leptodermis vestita Hemsl.广东野丁香
Leptodermis virgata Edgew.帚状野丁香
Leptodermis wilsoni Hort. ex Diels 大果野丁香

Leptodermis xizangensis Lo 西藏野丁香
Leptodermis yui Lo 德浚野丁香
Leptogramma J.Sm.**茯蕨属**.(金星蕨科)
Leptogramma africana Ching=Leptogramma pozoi
Leptogramma aurita Bedd.=Pseudophegopteris aurita
Leptogramma aurita var. *levingei* Bedd.=Pseudophegopteris levingei
Leptogramma caudata Ching=Leptogramma tottoides
Leptogramma centro-chinensis Ching ex Y.X.Lin 华中茯蕨
Leptogramma decurrentialata (HK.) J.Sm.=Cornopteris decurrenti-alata
Leptogramma decursivepinnata J.Sm.=Phegopteris decursive-pinnata
Leptogramma himalaica Ching 喜马拉雅茯蕨
Leptogramma huishuiensis Ching ex Y.X.Lin 惠水茯蕨
Leptogramma intermedia Ching ex Y.X.Lin 中间茯蕨
Leptogramma izuensis H.Ito=Cyclogramma leveillei
Leptogramma jinfoshanensis Ching & Z.Y.Liu 金佛山茯蕨
Leptogramma levingei Bedd.=Pseudophegopteris levingei
Leptogramma mollissima (Kze.) Ching=Leptogramma pozoi
Leptogramma obtusatum (Bl.J.Sm.=Cornopteris opaca
Leptogramma omeiensis Tagawa=Cyclogramma omeiensis
Leptogramma opaca (Don) Bedd.=Cornopteris opaca
Leptogramma pilosa (Mart. & Galeot.) Underw.毛茯蕨
Leptogramma pinfaensis Ching=Leptogramma huishuiensis
Leptogramma pozoi (Lag.) Ching 毛叶茯蕨
Leptogramma pozoi subsp. *mollissima* (Kze.) Nakaike=Leptogramma pozoi
Leptogramma scallanii (Christ) Ching 峨眉茯蕨
Leptogramma sinica Ching ex Y.X.Lin 中华茯蕨
Leptogramma totta var. *tottoides* H.Ito=Leptogramma tottoides
Leptogramma tottoides H.Ito 小叶茯蕨
Leptogramma yahanensis Ching ex Y.X.Lin 雅安茯蕨
Leptogramma yunnanensis Ching=Leptogramma himalaica
Leptolepidium Hsing & S.K.Wu **薄鳞蕨属**(中国蕨科)
Leptolepidium caesium (Christ) Hsing & S.K.Wu 华西薄鳞蕨
Leptolepidium dalhousiae (HK.) Hsing & S.K.Wu 薄叶薄鳞蕨
Leptolepidium kuhnii (Milde) Hsing & S.K.Wu 华北薄鳞蕨
Leptolepidium kuhnii var. brandtii (Franch. & Sav.) Hsing & S.K.Wu 宽叶薄鳞蕨
Leptolepidium kuhnii var. kuhnii=Leptolepidium kuhnii
Leptolepidium subvillosum (HK.) Hsing & S.K.Wu 绒毛薄鳞蕨
Leptolepidium subvillosum var. diatatum (Brause) Hsing & S.K.Wu 大叶薄鳞蕨
Leptolepidium subvillosum var. subvillosum=Leptolepidium subvillosum
Leptolepidium subvillosum var. tibeticum Ching & S.K.Wu 西藏薄鳞蕨
Leptolepidium tenellum Ching & S.K.Wu 察隅薄鳞蕨
Leptoloma A.Chase **薄稃草属**(禾本科)
Leptoloma chinensis Liou 华薄稃草(新)
Leptoloma cognatum (Schult.) A.Chase 薄稃草
Leptoloma fujianensis L.Liou 福建薄稃草
Leptomischus Drake **报春茜属**(茜草科)
Leptomischus erianthus Lo 毛花报春茜
Leptomischus funingensis Lo 富宁报春茜
Leptomischus guangxiensis Lo 心叶报春茜
Leptomischus parviflorus Lo 小花报春茜
Leptomischus primuloides Drake 报春茜
Leptopteris Presl **薄膜蕨属**(紫萁科)
Leptopteris fraseri (HK. Etr Grev.) Presl 薄膜蕨
Leptopus Decne.**雀舌木属**(大戟科)
Leptopus attenuatus (Hand.-Mazz.) Pojark.=Leptopus esquirolii
Leptopus australis (Zoll. & Morr.) Pojark.薄叶雀舌木
Leptopus capillipes (Pax) Pojark.=Leptopus chinensis
Leptopus cardifolius Decne.雀舌木
Leptopus chinensis (Bge.) Pojark.雀儿舌头
Leptopus chinensis var. *chinensis*=Leptopus chinensis
Leptopus chinensis var. hirsutus (Hutch.) P.T.Li 粗毛雀舌木
Leptopus chinensis var. *pubescens* (Hutch.) C.Y.Wu=Leptopus chinensis
Leptopus chinensis var. *pubescens* (Hutch.) M-S=Leptopus chinensis
Leptopus chinensis var. *pubescens* (Hutch.) S.B.Ho=Leptopus chinensis
Leptopus clarkei (HK.f.) Pojark.缘腺雀舌木
Leptopus cordifolius Decne.(云南植物名录.1984)=Leptopus yunnanensis
Leptopus esquirolii (Lévl.) P.T.Li 尾叶雀舌木
Leptopus esquirolii var. esquirolii=Leptopus esquirolii
Leptopus esquirolii var. *microcalyx* (Hand.-Mazz.) C.Y.Wu=Leptopus esquirolii
Leptopus esquirolii var. villosus P.T.Li 长毛雀舌木
Leptopus hainanensis (Merr. & Chun) Pojark.海南雀舌木
Leptopus hirsutus (Hutch.) Pojark.=Leptopus chinensis var.hirsutus
Leptopus kwangsiensis Pojark.=Leptopus esquirolii
Leptopus lolonum (Hand.-Mazz.) Pojark.线叶雀舌木
Leptopus montanus (Hutch.) Pojark.=Leptopus chinensis
Leptopus nanus P.T.Li 小叶雀舌木
Leptopus pachyphyllus X.X.Chwn 厚叶雀舌木
Leptopus yunnanensis P.T.Li 云南雀舌木
Leptopyrum Reichb.**蓝堇草属**(毛茛科)
Leptopyrum fumarioides (L.) Reichb.蓝堇草
Leptorchis Thou.=**Liparis**
Leptorchis acuriculata (Bl. ex Miq.) Ktze.=Liparis auriculata
Leptorchis condylobulbon(Rchb.f.) Ktze.=Liparis condylobulbon
Leptorchis krameri (Franch. & Sav.) Ktze.=Liparis krameri
Leptorchis longipes (Lindl.) Ktze.=Liparis viridiflora
Leptorchis viridiflora (Bl.) Ktze.=Liparis viridiflora
Leptorhabdos Schrenk **方茎草属**(玄参科)
Leptorhabdos micrantha Schrenk.=Leptorhabdos parviflora
Leptorhabdos parviflora (Benth.) Benth.方茎草
Leptorumohra H.Ito **毛枝蕨属**(鳞毛蕨科)
Leptorumohra miqueliana (Maxim.) H.Ito 毛枝蕨
Leptorumohra quadripinnata (Hay.) H.Ito 四回毛枝蕨
Leptorumohra sino-miqueliana (Ching) Tagawa 无鳞毛枝蕨
Leptosiphonium F.v.Muell.**拟地皮消属**(爵床科)
Leptosiphonium venustum (Hance) E.Hossain 拟地皮消
Leptospartion grandiflorum Griff.=Duabanga grandiflora
Leptospermum Forst.**薄子木属**(桃金娘科)
Leptospermum laevigatum F.V.Muell.薄子木
Leptospermum pubescens Lam.毛叶薄子木
Leptospermum scoparium Forst.扫帚叶澳洲茶
Leptospermum scoparium var. chapmannii Dorrien Smith 大叶澳洲茶
Leptospermum scoparium var. grandiflorum HK.大花扫帚状叶澳洲茶
Leptospermum scoparium var. nichollsii Turrill.尼氏扫帚叶澳洲茶
Leptostachia Adans.= **Phryma**
Leptostachya Nees **纤穗爵床属**(爵床科)
Leptostachya caudatifolia H.S.Lo & D.Fang 尾叶纤穗爵床
Leptostachya wallichii Nees 纤穗爵床
Leptostegia Don=**Onychium**
Leptostegia lucida Don=Onychium japonicum var. lucidum
Lepturus R.Br.**细穗草属**(禾本科)
Lepturus incurvatus (L.) Trin.=Parapholis incurva
Lepturus repens (G.Forst.) R.Br.细穗草
Lepyrodiclis Fenzl **薄蒴草属**(石竹科)
Lepyrodiclis bolosteoides Fisch. & Mey.(新拉汉英 1996)= Lepyrodiclis holosteoides
Lepyrodiclis cerastioides Kar. & Kir.=Lepyrodiclis stellarioides
Lepyrodiclis debilis (HK.f.) Ohba=Arenaria debilis
Lepyrodiclis giraldii Diels=Arenaria giraldii
Lepyrodiclis glandulosa H.Ohba=Arenaria debilis
Lepyrodiclis holosteoides (C.A.Mey.) Fisch. & Mey.薄蒴草
Lepyrodiclis holsteoides var. *stellarioides* (Schrenk. ex Fisch. & C.A.Mey.) Kozhev.=Lepyrodiclis stellarioides
Lepyrodiclis quadridentata Maxim.=Arenaria quadridentata
Lepyrodiclis stellarioides Schrenk 繁缕薄蒴草
Lerchea L.**多轮草属**(茜草科)
Lerchea micrantha (Drake) Lo 多轮草
Lerchea sinica (Lo) Lo 华多轮草
Lerchenfeldia flaxuosa subsp. *flaxuosa* Turz.=Deschampsia flexuosa
Lespeddza subgen. *Microlespedeza* Maxim.=**Kummerowia**
Lespedeza Michx.**胡枝子属**(豆科)
Lespedeza angulicaulis Harms ex Schindl.=Campylotropis trigonoclada
Lespedeza anhweiensis Rick.=Lespedeza fordii
Lespedeza argentea (Schindl.) Lévl.=Campylotropis argentea
Lespedeza atrokermesina Forr. ex W.W.Sm.=Campylotropis delavayi
Lespedeza balfouriana Diels ex Schinl.=Campylotropis trigonoclada
Lespedeza bicolor Turcz.胡枝子
Lespedeza bicolor var. alba Bean?白花胡枝子

Lespedeza blinii Lévl.=Campylotropis polyantha
Lespedeza bodinieri (Schndl.) Lévl.=Campylotropis macrocarpa var. giraldii
Lespedeza bonatiana Pamp.=Campylotropis bonatiana
Lespedeza bonii (Schindl.) Gagn.=Campylotropis bonii
Lespedeza buergeri Miq.绿叶胡枝子
Lespedeza buergeri var. *praecox* Nakai=Lespedeza maximowizii
Lespedeza canescens Rick.=Lespedeza chinensis
Lespedeza capillipes Franch.=Campylotropis capillipes
Lespedeza caraganae Bge.长叶胡枝子
Lespedeza chekiangensis Rick.=Lespedeza viatorum
Lespedeza chinensis G.Don 中华胡枝子
Lespedeza ciliata Benth.=Campylotropis macrocarpa
Lespedeza cuneata (Dum.-Cours.) G.Don 截叶铁扫帚
Lespedeza cyrtobotrya Miq.短梗胡枝子
Lespedeza cystoides Nakai=Lespedeza juncea
Lespedeza cytisoides var. *inschanica* Nakai=Lespedeza inschanica
Lespedeza daurica (Laxm.) Schindl.兴安胡枝子
Lespedeza daurica Schindl.(Schischk. & Bob.in Kom.Fl.URSS 1948,p.p.) =Lespedeza potaninii
Lespedeza daurica f. *prostrata* (Wang & Fu) Kitag.=Lespedeza potaninii
Lespedeza daurica var. daurica=Lespedeza daurica
Lespedeza daurica var. shimadae (Masamune) Masamune & Hosokawa 大胡枝子
Lespedeza davidii Franch.大叶胡枝子
Lespedeza davurica var. *prostrata* Wang & Fu=Lespedeza potaninii
Lespedeza delavayi Franch.=Campylotropis delavayi
Lespedeza dichromocalyx (Sphalm.) Rehd.=Campylotropis polyantha var. leiocarpa
Lespedeza dichromoxylon Lévl.=Campylotropis polyantha var. leiocarpa
Lespedeza distincta Bailey=Campylotropis macrocarpa
Lespedeza diversifolia Hemsl.=Campylotropis diversifolia
Lespedeza dunnii Schindl.春花胡枝子
Lespedeza elliptica Benth.=Lespedeza formosa
Lespedeza eriiocarpa var. *chinensis* Pamp.=Campylotropis polyantha
Lespedeza eriocarpa var. *chinensis* subvar. *polyantha* (Franch.) Pamp.= Campylotropis polyantha
Lespedeza eriocarpa var. *chinensis* subvar. *polyantha* f. *leiocarpa* Pamp.= Campylotropis polyantha var. leiocarpa
Lespedeza eriocarpa var. *polyantha* Franch.=Campylotropis polyantha
Lespedeza fasciculiflora Franch.束花铁马鞭
Lespedeza floribunda Bge.多花胡枝子
Lespedeza floribunda var. *alopecuroides* Franch.=Lespedeza floribunda
Lespedeza floribunda var. *fasciculiflora* (Franch.) Schindl.=Lespedeza fasciculiflora
Lespedeza fordii Schindl.广东胡枝子
Lespedeza formosa (Vog.) Koehne 美丽胡枝子
Lespedeza formosensis Hosokawa=Lespedeza chinensis
Lespedeza forrestii Schindl.矮生胡枝子
Lespedeza friebana Schindl.=Lespedeza maximowizii
Lespedeza fulva (Schindl.) Lévl.=Campylotropis fulva
Lespedeza gerardiana Grah(Franch.Pl.Delav.1899)=Lespedeza daurica
Lespedeza giraldii Schindl.=Campylotropis macrocarpa var. giraldii
Lespedeza glauca Schindl.=Campylotropis macrocarpa var. giraldii
Lespedeza harmsii (Schindl.) Craib=Campylotropis harmsii
Lespedeza harmsii (Schindl.) Lévl.=Campylotropis harmsii
Lespedeza hedysaroides (Pall.) Kitag.=Lespedeza juncea
Lespedeza hedysaroides var. *inschanica* (Maxim.) Kitag.=Lespedeza inschanica
Lespedeza hedysaroides var. *subsericea* (Kom.) Kitag.=Lespedeza juncea
Lespedeza henryi Schindl.=Campylotropis henryi
Lespedeza hirtella Franch.=Campylotropis hirtella
Lespedeza hupehensis Ricker 湖北胡枝子?
Lespedeza ichangensis Schindl.=Campylotropis macrocarpa
Lespedeza inschanica (Maxim.) Schindl.阴山胡枝子
Lespedeza japonica Bailey 日本胡子枝
Lespedeza juncea (L.f.) Pers.尖叶铁扫帚
Lespedeza juncea f. *umbrosa* Kom.=Lespedeza juncea
Lespedeza juncea var. *inschanica* Maxim.=Lespedeza inschanica
Lespedeza juncea var. *subsericea* Kom.=Lespedeza juncea
Lespedeza lagopodioides Pers.=Uraria lagopodioides
Lespedeza lanceolata Dunn=Dendrolobium lanceolatum
Lespedeza latifolia Dunn=Campylotropis latifolia
Lespedeza luchuensis Hatusima=Lespedeza formosa
Lespedeza macrocarpa Bge.(Franch.Pl.David.1894)=Campylotropis macrocarpa var. giraldii
Lespedeza macrocarpa Bge.=Campylotropis macrocarpa
Lespedeza macrovirgata Kitag.=Lespedeza virgata var. macrovirgata
Lespedeza mairei Pamp.=Campylotropis hirtella
Lespedeza maximowizii Schneid.宽叶胡枝子
Lespedeza medicaginoides Bge.=Lespedeza daurica
Lespedeza metcalfi Rick.=Lespedeza dunnii
Lespedeza monnoyeri Lévl.=Lespedeza fasciculiflora
Lespedeza mucronata Rick.短叶胡枝子
Lespedeza muehleana Schindl.=Campylotropis macrocarpa
Lespedeza muehleana Schindl.=Campylotropis polyantha
Lespedeza neglecta (Schindl.) Lévl.=Campylotropis neglecta
Lespedeza pampaninii Lévl.=Lespedeza forrestii
Lespedeza paradoxa Rick.=Lespedeza fordii
Lespedeza parviflora Kurz=Campylotropis parviflora
Lespedeza patens Nakai 展枝胡枝子
Lespedeza pietorum Kurz(Lévl.Cat.Pl.Yunnan 1916)=Campylotropis pinetorum subsp. velutina
Lespedeza pilosa (Thunb.) S. & Z.铁马鞭
Lespedeza pinetorum Kurz=Campylotropis pinetorum
Lespedeza polyantha (Franch.) Lévl.=Campylotropis polyantha
Lespedeza polyantha (Franch.) Schindl.=Campylotropis polyantha
Lespedeza potaninii Vass.牛枝子
Lespedeza prainii Coll. & Hemsl.=Campylotropis praninii
Lespedeza pubescens Hay.柔毛胡枝子
Lespedeza rosthornii Schindl.=Campylotropis macrocarpa
Lespedeza sect. *Campylotropis* (Bge.) Benth.=**Campylotropis**
Lespedeza sericea (Thunb.) Miq.=Lespedeza cuneata
Lespedeza shinadae Masamune=Lespedeza daurica var. shimadae
Lespedeza sieboldi Miq.=Lespedeza formosa
Lespedeza stipulacea Maxim.=Kummerowia stipulacea
Lespedeza stollsae Bailey?鸡公山胡枝子(新)
Lespedeza striata HK. & Arn.=Kummerowia striata
Lespedeza striata var. *stipulacea* Debeaux=Kummerowia stipulacea
Lespedeza subgen. *Campylotropis* (Bge.) Maxim.=**Campylotropis**
Lespedeza subgen. *Oxyramphis* (Wall.) Baker=**Campylotropis**
Lespedeza thunbergii (DC.) Nakai=Lespedeza formosa
Lespedeza tomentosa (Thunb.) S. & Z.绒毛胡枝子
Lespedeza trichocarpum (Stephan) Pers.=Lespedeza daurica
Lespedeza trigonoclada Franch.=Campylotropis trigonoclada
Lespedeza variegata var. *cinerascens* Franch.=Lespedeza forrestii
Lespedeza veitchii Rick 细枝胡枝子?
Lespedeza velutina Dunn=Campylotropis pinetorum subsp. velutina
Lespedeza viatorum Champ. ex Benth.路生胡枝子
Lespedeza vilfordi Rick.南胡枝子
Lespedeza villosa Pers.=Lespedeza tomentosa
Lespedeza virgata (Thunb.) DC.细梗胡枝子
Lespedeza virgata var. macrovirgata (Kitag.) Kitag.大细梗胡枝子
Lespedeza virgata var. virgata=Lespedeza virgata
Lespedeza yunnanensis Franch.=Campylotropis yunnanensis
Lettsomia Roxb.(p.p.)=**Argyreia**
Lettsomia aggregata Roxb.=Argyreia osyrensis
Lettsomia aggregata var. *osyrensis* (Roth) C.B.Clarke=Argyreia osyrensis
Lettsomia atropurpurea (Wall.) C.B.Clarke=Argyreia pierreana
Lettsomia bella C.B.Clarke (Dunn in J.L.Soc.Bot.1911)=Argyreia osyrensis var. cinerea
Lettsomia capitata Miq.= Argyreia capitiformis
Lettsomia capitiformis (Poir.) Kerr.=Argyreia capitiformis
Lettsomia chalmersii Hance=Argyreia acuta
Lettsomia championii (Benth.) Benth. & HK.f.= Argyreia mollis
Lettsomia festiva (Wall.) Benth. & HK.f.=Argyreia acuta
Lettsomia henryi (Craib) Kerr=Argyreia henryi
Lettsomia hirsutissima C.B.Clarke (Dunn in J.L.Soc.Bot.1911,p.p.)= Argyreia capitiformis
Lettsomia mastersii Prain=Argyreia mastersii
Lettsomia maymyo W.W.Sm.=Argyreia maymyo
Lettsomia nervosa Roxb.=Argyreia nervosa
Lettsomia peguensis C.B.Clarke=Argyreia capitiformis
Lettsomia seguinii Lévl.=Argyreia seguinii
Lettsomia splendens Hornem.=Argyreia splendens
Lettsomia strigosa Roxb.= Argyreia capitiformis
Lettsomia sumatrana Miq.=Ipomoea sumatana

Leucadendron R.Br.**银树属**(山龙眼科)
Leucadendron adscendens R.Br.高耸银树
Leucadendron argenteum R.Br.银树
Leucadendron plumosum R.Br.羽状叶银树
Leucadendron stokoei E.P.Phillips.长披针叶银树
Leucadendron venosum R.Br.多脉银树
Leucaena Benth.**银合欢属**(豆科)
Leucaena glauca (Willd.) Benth.=Leucaena leucocephala
Leucaena leucocephala (Lam.) De Wit 银合欢
Leucantha iberica (Trev.) A. & D.Löve=Centaurea iberica
Leucanthemella Tzvel.**小滨菊属**(菊科)
Leucanthemella linearis (Matsum.) Tzvel.(高等图鉴 1975)=Dendranthema maximowiczii
Leucanthemella linearis (Matsum.) Tzvel.小滨菊
Leucanthemella serotina (L.) Tzvel.迟熟小滨菊
Leucanthemum Mill.**滨菊属**(菊科)
Leucanthemum ircutianum DC.=Leucanthemum vulgare
Leucanthemum leucanthemum (L.) Rydb.=Leucanthemum vulgare
Leucanthemum maximum (Ramood) DC.大滨菊
Leucanthemum sibiricum var. *latilobum* Maxim.=Dendranthema naktongense
Leucanthemum vulgare Lam.滨菊
Leucas R.Br.**绣球防风属**(唇形科)
Leucas angularis Benth.有棱绣球防风
Leucas aspera (Willd.) Link 蜂巢草
Leucas barbeyana Lévl.=Isodon barbeyanus
Leucas biflora Br.二花绣球防风
Leucas capitata Roth.=Leucas cephalotes
Leucas cephalotes (Roth.) Spreng.头序白绒草
Leucas chinensis (Retz.) R.Br.滨海白绒草
Leucas ciliata Benth.绣球防风
Leucas clarkei HK.f.克拉克绣球防风
Leucas collettii Prain (Kudô in Mem.Fac.Sci.Agr.Taihoku Univ.1929)=Leucas chinensis
Leucas diffusa Benth.披散绣球防风
Leucas eriostoma HK.f.毛蕊绣球防风(新)
Leucas flaccida Br.萎软绣球防风
Leucas helferi HK.f.赫氏绣球防风
Leucas helianthemifolia Desf.半日花叶绣球防风
Leucas hirta Spreng.硬毛绣球防风
Leucas hyssopifolia Benth.神香草叶绣球防风
Leucas javanica Benth.(Hemsl.in J.L.Soc.Bot.1890)=Leucas mollissima var. chinensis
Leucas laenceaefolia Desf.兰石草叶绣球防风
Leucas lamiifolia Desf.野芝麻叶绣球防风
Leucas lanata Benth.(Hance in J.Bot.Brit. & For.1878)=Leucas chinensis
Leucas lantata Benth.绵毛绣球防风
Leucas lavandulifolia Smith 线叶白绒草
Leucas linifolia (Roth) Spreng.=Leucas lavandulifolia
Leucas longifolia Benth.长叶绣球防风
Leucas marrubioides Desf.欧夏至草状绣球防风
Leucas martinicensis R.Br.卵叶白绒草
Leucas mollissima Wall.(Benth.in Fl.Hongk.1861)=Leucas mollissima var. chinensis
Leucas mollissima Wall.白绒草
Leucas mollissima var. chinensis Benth.引生草
Leucas mollissima var. mollissima=Leucas mollissima
Leucas mollissima var. scaberula HK.f.糙叶白绒草(新)
Leucas montana Spreng 山地绣球防风
Leucas nepetaefolia Benth.荆芥叶绣球防风
Leucas nutans Spreng.垂花绣球防风
Leucas ovata Benth.卵形绣球防风
Leucas pilosa Benth.疏柔毛绣球防风
Leucas procumbens Desf.平铺绣球防风
Leucas pubescens Benth.柔毛绣球防风
Leucas rosmarinifolia Benth.迷迭香叶绣球防风
Leucas stelligera Wall.具星绣球防风
Leucas stricta Benth.劲直绣球防风
Leucas suffruticosa Benth.灌木绣球防风
Leucas teres Benth.圆柱形绣球防风
Leucas urticaefolia Br.荨麻叶绣球防风
Leucas vestita Benth.毛绣球防风
Leucas wightiana Benth.威特绣球防风
Leucas zeylanica (L.) R.Br.绉面草
Leuchtenbergia HK.**光山属**(仙人掌科)
Leuchtenbergia principis HK.光山
Leucobotrys adpressa Van Tiegh=Helixanthera parasitica
Leucocasia gigantea Schott=Colocasia gigantea
Leucocrinum Nutt.**白星花属**(百合科)
Leucocrinum montanum Nutt.香白星花
Leucojum L.**雪片莲属**(石蒜科)
Leucojum aestivum L.夏雪片莲
Leucojum autumnale L.秋雪片莲
Leucojum capitulata Lour.=Curculigo capitulata
Leucojum roseum F.Martin 红雪片莲
Leucojum vernum L.雪片莲
Leucolaena siamensis Rolfe ex Downie=Didymoplexiella siamensis
Leucomanes album Presl=Pleuromanes pallidum
Leucomeris D.Don=**Gochnatia**
Leucomeris D.Don **白花菊木属**(新)(菊科)
Leucomeris decora Kurz.白花菊木
Leucomeris decora Kurz=Gochnatia decora
Leucophysalis heterophylla (Hemsl.) Averett=Physaliastrum heterophyllum
Leucopoa Griseb.**银穗草属**(禾本科)
Leucopoa albida (Turcz.) V.Krecz. & Bobr.银穗草
Leucopoa caucasica (Hack.) Krecz. & Bobr.中亚银穗草
Leucopoa deasyi (Rendle) L.Liu 藏银穗草
Leucopoa karatavica (Bge.) Krecz. & Bobr.高山银穗草
Leucopoa olgae (Rgl.) Krecz. & Bobr.西山银穗草
Leucopoa pseudosclerophylla (Kirv.) Bor 拟硬叶银穗草
Leucopoa sclerophylla (Boiss. & Bisch.) Krecz. & Bobr.硬叶银穗草
Leucopoa sibirica Griseb.=Leucopoa albida
Leucosceptrum Smith **米团花属**(唇形科)
Leucosceptrum bodinieri Lévl.=Rostrinucula sinensis
Leucosceptrum canum Smith 米团花
Leucosceptrum japonicum (Miq.) Kitam.=Comanthosphace japonica
Leucosceptrum ningpoense (Hemsl.) Kitam.=Comanthosphace ningpoensis
Leucosceptrum plectranthoideum (Lévl.) Marq.=Elsholtzia fruticosa
Leucosceptrum sinense Hemsl.=Rostrinucula sinensis
Leucospermum R.Br.**黎可斯帕属**(山龙眼科)
Leucospermum incisum F.P.Phillips.锐裂黎可斯帕
Leucospermum nutans R.Br.俯垂黎可斯帕
Leucospermum reflexum Buek ex Beissn.反折黎可斯帕
Leucostegia Presl **大膜盖蕨属**(骨碎补科)
Leucostegia assamica J.Sm.=Humata assamica
Leucostegia clarkei C.Chr.=Araiostegia hookeri
Leucostegia clarkei var. *faberiana* C.Chr.=Araiostegia faberiana
Leucostegia dareiformis Bedd.=Gymnogrammitis dareiformis
Leucostegia delavayi Ching=Araiostegia delavayi
Leucostegia faberiana Ching=Araiostegia faberiana
Leucostegia griffithiana J.Sm.=Humata griffithiana
Leucostegia hookeri Bedd.=Araiostegia hookeri
Leucostegia immersa (Wall. ex HK.) Presl 大膜盖蕨
Leucostegia membranulosa J.Sm.=Paradavallodes membranulosum
Leucostegia multidentata Bedd.=Paradavallodes multidentatum
Leucostegia nodosa Bedd.=Acrophorus stipellatus
Leucostegia parva C.Chr.=Araiostegia hookeri
Leucostegia parvipinnula Hay.=Araiostegia parvipinnula
Leucostegia perdurans C.Chr.=Araiostegia perdurans
Leucostegia pseudocystopteris Bedd.=Araiostegia pseudocystopteris
Leucostegia pulchra J.Sm.=Araiostegia pulchra
Leucostegia tenera Ching=Microlepia tenera
Leucostegia yaklaensis Bedd.=Pseudocystopteris atkinsonii
Leucostegia yunnanensis C.Chr.=Araiostegia yunnanensis
Leucosyke Zoll & Mor.**四脉麻属**(荨麻科)
Leucosyke capitellata Wedd.(台湾志 1916)=Leucosyke quadrinervia
Leucosyke quadrinervia C.B.Robinso 四脉麻
Leucothoë D.Don **木藜芦属**(杜鹃花科)

Leucothoë axillaris (Lam.) D.Don 腋序木藜芦
Leucothoë davisiae Torr. ex A.Gary.山地木藜芦
Leucothoë fontanesiana (Steud.) Sleum.垂枝木藜芦
Leucothoë grayana Maxim.侧花木藜芦
Leucothoë griffithiana C.B.Clark 尖基木藜芦
Leucothoë griffithiana var. *sessilifolia* C.Y.Wu & T.Z.Hsu=Leucothoë sessilifolia
Leucothoë keiskei Miq.筒花木藜芦
Leucothoë populifolia (Lam.) Dipp.杨叶木藜芦
Leucothoë racemosa (L.) A.Gray.甜钟花
Leucothoë recurva (Buckl.) A.Gray.红枝木藜芦
Leucothoë sessilifolia C.Y.Wu & T.Z.Hsu 短柄木藜芦
Leucothoë tonkinensis Dop 圆基木藜芦
Leuzea altaica Fisch. ex Schauer=Stemmacantha carthamoides
Leuzea carthomoides DC.=Stemmacantha carthamoides
Leuzea dahurica Bge.=Stemmacantha uniflora
Leveillea martini Vant.=Blumea martiniana
Leveillea procera (DC.) Vant.=Blumea repanda
Levisticum Hill. **欧当归属**(伞形科)
Levisticum levisticum Karst.=Levisticum officinale
Levisticum officinale Koch 欧当归
Leycesteria Wall.**鬼吹箫属**(忍冬科)
Leycesteria crocothyrsos Airy-Shaw 黄花鬼吹箫
Leycesteria formosa Wall.鬼吹箫
Leycesteria formosa var. *brachysepala* Airy-Shaw=Leycesteria formosa
Leycesteria formosa var. formosa=Leycesteria formosa
Leycesteria formosa var. *glandulosissima* Airy-Shaw=Leycesteria formosa var. stenosepala
Leycesteria formosa var. liogyne Hand.-Mazz.四川鬼吹箫(新)?
Leycesteria formosa var. stenosepala Rehd.狭萼鬼吹箫
Leycesteria gracilis (Kurz) Airy-Shaw 纤细鬼吹箫
Leycesteria limprichtii Wink.=Leycesteria formosa var. stenosepala
Leycesteria sinensis Hemsl.华鬼吹箫
Leycesteria stipulata (HK.f. & Thoms.) Fritsch 绵毛鬼吹箫
Leycesteria thibetica H.J.Wang 西藏鬼吹箫
Leymus Hochst.**赖草属**(禾本科)
Leymus angustus (Trin.) Pilger 窄颖赖草
Leymus arenarius (L.) Hochst.欧滨麦
Leymus chinensis (Trin.) Tzvel.羊草
Leymus giganteus (Wahl.) Pilger=Leymus racemosus
Leymus mollis (Trin.) Hara 滨麦
Leymus mollis var. coreensis (Hack.) Keng f.朝鲜滨麦(新)
Leymus multicaulis (Kar. & Kir) Tzvel.多枝赖草
Leymus ovatus (Trin.) Tzvel.宽穗赖草
Leymus paboanus (Claus) Pilger 毛穗赖草
Leymus racemosus (Lam.) Tzvel.大赖草
Leymus secalinus (Georgi) Tzvel.赖草
Leymus tianschanicus (Drob.) Tzvel.天山赖草
Liatris Schreb.**蛇鞭菊属**(菊科)
Liatris baicalensis Adams=Saussurea baicalensis
Liatris elegans Willd.华丽蛇鞭菊
Liatris latifolia D.Don=Ainsliaea latifolia
Liatris punctata HK.斑点蛇鞭菊
Liatris scariosa Willd.大蛇鞭菊
Liatris spicata Willd.蛇鞭菊
Libanotis Hill.**岩风属**(伞形科)
Libanotis acaulis Shan & Sheh 阔叶岩风
Libanotis amurensis Schischk.山香芹
Libanotis buchtormensis (Fisch.) DC.岩风
Libanotis cachroides DC.=Phlojodicarpus sibiricus
Libanotis condensata (L.) Crantz 密花岩风
Libanotis coreana (Wolff) Kitag.=Libanotis seseloides
Libanotis coreana f. *ugoensis* (Koidz.) Kitag.=Libanotis seseloides
Libanotis depressa Shan & Sheh 地岩风
Libanotis dolychostyla Schischk.=Pachypleurum mucronatum
Libanotis eriocarpa Schrenk 绵毛岩风
Libanotis iliensis (Lipsky) Korov.伊犁岩风
Libanotis incana (Steph.) O. & B.Fedtsch.碎叶岩风
Libanotis lancifolia K.T.Fu 条叶岩风
Libanotis lanzhouensis K.T.Fu ex Shan & Sheh 兰州岩风
Libanotis laticalycina Shan & Sheh 宽萼岩风
Libanotis montana var. *viriniana* Ledeb.=Libanotis amurensis
Libanotis schrenkiana C.A.Mey. ex Schischk.坚挺岩风
Libanotis seseloides (Fisch. & Mey.) Turcz.香芹
Libanotis sibirica (L.) C.A.Mey.亚州岩风
Libanotis spodotrichoma K.T.Fu 灰毛岩风
Libanotis subsimplex M.Pop.=Pachypleurum mucronatum
Libanotis ugoensis (Koidz.) Kitag.=(p.p.)=Libanotis seseloides
Libanotis villosa Turcz. ex Fisch. & Mey.=Phlojodicarpus villosus
Libanotis vulgaris DC.(Kom.in Fl.Mansh.1905,p.p.)=Libanotis amurensis
Libanotis vulgaris var. *condensata* DC.=Libanotis condensata
Libanotis wannienchum K.T.Fu 万年春
Liberbaileya Furtado **利伯白莱棕属**(棕榈科)
Liberbaileya gracilis (Buirret) Burret. & Potzal.利伯白莱棕
Libocedrus Endl.**香松属**(柏科)
Libocedrus bidwillii HK.f.比得维尔香松
Libocedrus chilensis Endl.智利香松
Libocedrus decurrens Torr.下延香松
Libocedrus formosana Florin=Calocedrus macrolepis var. formosana
Libocedrus macrolepis (Kurz) Benth.=Calocedrus macrolepis
Libocedrus macrolepis Benth.(Hay.in Bot.Mag.Tokyo 1908)=Calocedrus macrolepis var. formosana
Libocedrus macrolepis var. *formosana* (Florin) Kudô =Calocedrus macrolepis var. formosana
Libocedrus plumosa (D.Don) Sargent 羽状香松
*Libocedrus sp.*Mastum.=Calocedrus macrolepis var. formosana
Libocedrus subgen. *Heyderia* Pilger=**Calocedrus**
Licanthis Raf.=**Euphorbia**
Licuala Thunb.**轴榈属**(棕榈科)
Licuala acutifida Mart.尖裂轴榈
Licuala confusa Ftdo.紊乱轴榈
Licuala corneri Ftdo.考奈轴榈
Licuala dasyantha Burret 毛花轴榈
Licuala ferruginea Becc.锈花轴榈
Licuala fordiana Becc.穗花轴榈
Licuala glabra Griff.光轴榈
Licuala glabra var. selangorensis Becc.塞兰光轴榈
Licuala grandis Wendland 团扇棕
Licuala kemamaensis Ftdo.克马曼轴榈
Licuala kiahii Ftdo.贾氏轴榈
Licuala kingiana Becc.庆氏轴榈
Licuala kunstleri Becc.孔氏轴榈
Licuala lanuginosa Ridley 绵毛轴榈
Licuala longicalycata Ftdo.长萼轴榈
Licuala longipes Griff.长柄轴榈
Licuala malajana Becc.马拉甲轴榈
Licuala mirabilis Ftdo.奇异轴榈
Licuala modesta Becc.适度轴榈
Licuala moyseyi Ftdo.摩西轴榈
Licuala pahangensis Ftdo.巴杭轴榈
Licuala paludosa Griff.河岸轴榈
Licuala pilearia (Lour.) Bl.=Licuala spinosa
Licuala pusilla Becc.细小轴榈
Licuala ridleyana Becc.瑞得莱氏轴榈
Licuala scortechinii Becc.斯考氏轴榈
Licuala spinosa Thunb.刺轴榈
Licuala spinosa var. *cochinchinensis* Becc.=Licuala spinosa
Licuala tiomanensis Ftdo.条曼轴榈
Licuala triphylla Griff.三叶轴榈
Lietzia Rgl.**利策苣苔属**(苦苣苔科)
Ligia passerina (L.) Fasano=Thymelaea passerina
Lignariella Baehni **弯梗芥属**(十字花科)
Lignariella duthiei Naqshi=Aphragmus oxycarpus
Lignariella hobsonii (Pers.) Baehni 弯梗芥
Lignariella hobsonii subsp. *serpens* (W.W.Sm.) H.Hara=Lignariella serpens
Lignariella ohbana Al-Shehbaz & Arai 线果弯梗芥
Lignariella serpens (W.W.Sm.) Al-Shehbaz & al.蛇形弯梗芥

Ligularia Cass.**橐吾属**(菊科)
Ligularia achyrotricha (Diels) Ling(Hand.-Mazz.in Bot.Jahrb.1938,p.p.)=Ligularia purdomii
Ligularia achyrotricha (Diels) Ling 刚毛橐吾
Ligularia alatipes Hand.-Mazz.翅柄橐吾
Ligularia alpigena Pojark.帕米尔橐吾
Ligularia altaica DC.(北研丛刊 1934)=Ligularia narynensis
Ligularia altaica DC.阿勒泰橐吾
Ligularia amplexicaulis (Wall.) DC.(Hand.-Mazz.in Symb.Sin.1936)=Ligularia cymbulifera
Ligularia angustiligulata Chang=Ligularia lamarum
Ligularia anoleuca Hand.-Mazz.白序橐吾
Ligularia aphanoglossa Hand.-Mazz.=Ligularia franchetiana
Ligularia arnicoides DC. ex Royle=Cremanthodium arnicoides
Ligularia arnicoides var. *glabra* DC.=Cremanthodium oglongatum
Ligularia atkinsonii (C.B.Clarke) S.W.Liu 亚东橐吾
Ligularia atroviolacea (Franch.) Hand.-Mazz.黑紫橐吾
Ligularia biceps Kitam.无缨橐吾
Ligularia botryodes (C.Winkl.) Hand.-Mazz.总状橐吾
Ligularia brachyphylla Hand.-Mazz.(Hand.-Mazz.in Bot.Jahrb.1938, p.p.)=Ligularia caloxantha
Ligularia brachyphylla Hand.-Mazz.=Ligularia latihastata
Ligularia brassicoides Hand.-Mazz.芥形橐吾
Ligularia caloxantha (Diels) Hand.-Mazz.(p.p.)=Ligularia latihastata
Ligularia caloxantha (Diels) Hand.-Mazz.黄亮橐吾
Ligularia calthifolia Maxim.乌苏橐吾
Ligularia chalybea S.W.Liu 灰苞橐吾
Ligularia chekiangensis Kitam.浙江橐吾
Ligularia chimiliensis Chang 缅甸橐吾
Ligularia clivorum Maxim.(Hand.-Mazz.in Symb.Sin.1936)=Ligularia hodgsonii
Ligularia clivorum Maxim.=Ligularia dentata
Ligularia confertiflora Chang 密花橐吾
Ligularia crassa Hand.-Mazz.=Ligularia cymbulifera
Ligularia cremanthodioides Hand.-Mazz.垂头橐吾
Ligularia curvisquama Hand.-Mazz.弯苞橐吾
Ligularia cyathiceps Hand.-Mazz.浅苞橐吾
Ligularia cymbulifera (W.W.Sm.) Hand.-Mazz.舟叶橐吾
Ligularia cymosa (Hand.-Mazz.) S.W.Liu 聚伞橐吾
Ligularia deltoidea Nakai=Ligularia jaluensis
Ligularia dentata (A.Gray) Hara 齿叶橐吾
Ligularia dictyoneura (Franch.) Hand.-Mazz.网脉橐吾
Ligularia discoidea S.W.Liu 盘状橐吾
Ligularia dolichobotrys Diels 太白山橐吾
Ligularia duciformis (C.Winkl.) Hand.-Mazz.大黄橐吾
Ligularia dux (C.B.Clarke) Ling 紫花橐吾
Ligularia dux var. dux=Ligularia dux
Ligularia dux var. minima S.W.Liu 小紫花橐吾
Ligularia ebracteata Hand.-Mazz.=Ligularia longifolia
Ligularia euryphylla (C.Winkl.) Hand.-Mazz.广叶橐吾
Ligularia evaginata Chang=Ligularia hookeri
Ligularia fangiana Hand.-Mazz.植夫橐吾
Ligularia fargesii (Franch.) Diels 矢叶橐吾
Ligularia fischeri (Ledeb.) Turcz.蹄叶橐吾
Ligularia fischeri Turcz.(Kitam.in Mem.Coll.Sci.Tokyo Univ.1942,p.p.)=Ligularia sachalinensis
Ligularia fischeri f. *diabolica* Kitam.=Ligularia sachalinensis
Ligularia franchetiana (Lévl.) Hand.-Mazz.隐舌橐吾
Ligularia ghatsukupa Kitam.粗茎橐吾
Ligularia heterophylla Chang=Ligularia villosa
Ligularia heterophylla Rupr.异叶橐吾
Ligularia hodgsonii Hand.-Mazz.=Ligularia hodgsonii
Ligularia hodgsonii HK.鹿蹄橐吾
Ligularia hodgsonii var. *crenifera* (Franch.) Hand.-Mazz.=Ligularia hodgsonii
Ligularia hodgsonii var. *pulchella* (Pmap.) Hand.-Mazz.=Ligularia hodgsonii
Ligularia hodgsonii var. *sutchuenensis* (Franch.) Henryi=Ligularia hodgsonii
Ligularia hookeri (C.B.Clarke) Hand.-Mazz.细茎橐吾
Ligularia hopeiensis Nakai 河北橐吾
Ligularia ianthochaeta Chang 岷县橐吾
Ligularia intermedia Nakai 狭苞橐吾
Ligularia intermedia var. *oligantha* Nakai=Ligularia intermedia
Ligularia intermedia var. *venusta* Nakai=Ligularia intermedia
Ligularia jaluensis Kom.复序橐吾
Ligularia jaluensis var. *ruminifolia* Kom.=Ligularia jaluensis
Ligularia jamesii (Hemsl.) Kom.长白山橐吾
Ligularia japonica (Thunb.) Less.大头橐吾
Ligularia japonica var. *clivorum* (Maxim.) Makino=Ligularia dentata
Ligularia japonica var. japonica=Ligularia japonica
Ligularia japonica var. scaberrima (Hay.) Ling 糙叶大头橐吾
Ligularia kaempferi S. & Z.=Farfugium japonicum
Ligularia kanaitzensis (Franch.) Hand.-Mazz.千崖子橐吾
Ligularia kanaitzensis var. kanaitzensis=Ligularia kanaitzensis
Ligularia kanaitzensis var. *ruficeps* Hand.-Mazz.=Ligularia platyglossa
Ligularia kanaitzensis var. subnudicaulis (Hand.-Mazz.) S.W.Liu 菱苞橐吾
Ligularia kangtingensis S.W.Liu 康定橐吾
Ligularia kansuensis Hand.-Mazz.=Ligularia sagitta
Ligularia kojimae Kitam.台湾橐吾
Ligularia kongkalingensis Hand.-Mazz.贡嘎岭橐吾
Ligularia lamarum (Diels) Chang 沼生橐吾
Ligularia lankongensis (Franch.) Hand.-Mazz.洱源橐吾
Ligularia lankongensis var. *laxa* (Franch.) Hand.-Mazz.=Ligularia lankongensis
Ligularia lankongensis var. *minor* Lauener & Ferguson=Ligularia lankongensis
Ligularia lapathifolia (Franch.) Hand.-Mazz.牛蒡叶橐吾
Ligularia latihastata (W.W.Sm.) Hand.-Mazz.宽戟橐吾
Ligularia latipes S.W.Liu 阔柄橐吾
Ligularia ledebourii (Sch.-Bip.) Bergm.=Ligularia macrophylla
Ligularia leesicotal Kitam.=Ligularia rumicifolia
Ligularia leucocoma Nakai=Ligularia jaluensis
Ligularia leveillei (Vant.) Hand.-Mazz.(Hand.-Mazz.in Bot.Jahrb.1938, p.p.)=Ligularia nanchuanica
Ligularia leveillei (Vant.) Hand.-Mazz.贵州橐吾
Ligularia liatroides (C.Winkl.) Hand.-Mazz.缘毛橐吾
Ligularia lidjiangensis Hand.-Mazz.丽江橐吾
Ligularia limprichtii (Diels) Hand.-Mazz.川滇橐吾(新)?
Ligularia lingiana S.W.Liu 君范橐吾
Ligularia longifolia Hand.-Mazz.长叶橐吾
Ligularia longihastata Hand.-Mazz.长戟橐吾
Ligularia longipes Chang=Ligularia phyllocolea
Ligularia macrantha (C.B.Clarke) H.Koyama=Ligularia japonica
Ligularia macrodonta Ling 大齿橐吾
Ligularia macrophylla (Ledeb.) DC.(北研丛刊 1934)=Ligularia heterophylla
Ligularia macrophylla (Ledeb.) DC.大叶橐吾
Ligularia melanocephala (Franch.) Hand.-Mazz.黑苞橐吾
Ligularia melanothyrsa Hand.-Mazz.黑穗橐吾
Ligularia microcardia Hand.-Mazz.心叶橐吾
Ligularia microcephala (Hand.-Mazz.) Hand.-Mazz.小头橐吾
Ligularia mongolica (Turcz.) DC.全缘橐吾
Ligularia mongolica var. *taquetii* (Lévl. & Vant.) H.Koyama=Ligularia mongolica
Ligularia mosoyinensis (Franch.) Hand.-Mazz.=Ligularia kanaitzensis
Ligularia muliensis Hand.-Mazz.木里橐吾
Ligularia myriocephala Ling S.W.Liu 千花橐吾
Ligularia nana Decne.=Cremanthodium nanum
Ligularia nanchuanica S.W.Liu 南川橐吾
Ligularia narynensis (C.Winkl.) O. & B.Fedtsch.天山橐吾
Ligularia nelumbifolia (Bur. & Franch.) Hand.-Mazz.莲叶橐吾
Ligularia nigropilosa Kitam.=Ligularia retusa
Ligularia nokozanense Yamamoto=Farfugium japonicum
Ligularia nudicaulis Chang=Ligularia subspicata
Ligularia nyingchiensis S.W.Liu 林芝橐吾
Ligularia odontomanes Hand.-Mazz.马蹄叶橐吾
Ligularia oligantha (Miq.) Hand.-Mazz.=Ligularia stenocephala
Ligularia oligonema Hand.-Mazz.疏舌橐吾
Ligularia ovato-oblonga (Kitam.) Kitam.=Ligularia sagitta

Ligularia paradoxa Hand.-Mazz.奇形橐吾
Ligularia parvifolia Chang 小叶橐吾
Ligularia persica Boiss.(Pojark.in Not.Syst.Inst.Bot.Acad.URSS 1950,p.p.)=Ligularia heterophylla
Ligularia petelotii Merr.=Petasites tricholobus
Ligularia petiolaris Hand.-Mazz.裸柱橐吾
Ligularia phcenicochaeta S.W.Liu 紫缨橐吾
Ligularia phyllocolea Hand.-Mazz.叶状鞘橐吾
Ligularia phyllocolea var. *villosa* Hand.-Mazz.=Ligularia villosa
Ligularia plantaginifolia (Franch.) Mattf.=Ligularia virgaurea
Ligularia platyglossa (Franch.) Hand.-Mazz.宽舌橐吾
Ligularia platyphylla Hand.-Mazz.=Ligularia liatroides
Ligularia pleurocaulis (Franch.) Hand.-Mazz.侧茎橐吾
Ligularia polycephala Nakai=Ligularia wilsoniana
Ligularia potaninii (C.Winkl.) Ling 浅齿橐吾
Ligularia potaninii Pojark.=Ligularia virgaurea
Ligularia potaninii var. *yunnanensis* Pojark.=Ligularia platyglossa
Ligularia przewalskii (Maxim.) Diels 掌叶橐吾
Ligularia pterodonta Chang 宽翅橐吾
Ligularia pulchra Nakai=Ligularia jaluensis
Ligularia purdomii (Turrill) Chittenden 褐毛橐吾
Ligularia putjatae (C.Winkl.) Hand.-Mazz.=Ligularia mongolica
Ligularia pyrifolia S.W.Liu 梨叶橐吾
Ligularia racemosa DC.=Ligularia fischeri
Ligularia reniformis DC.=Cremanthodium reniforme
Ligularia retusa DC.黑毛橐吾
Ligularia robusta (Ledeb.) DC.(北研丛刊 1934)=Ligularia narynensis
Ligularia rockiana Hand.-Mazz.独舌橐吾
Ligularia ruficoma (Franch.) Hand.-Mazz.节毛橐吾
Ligularia rumicifolia (Drumm.) S.W.Liu 藏橐吾
Ligularia sachalinensis Nakai 黑龙江橐吾
Ligularia sagitta (Maxim.) Mattf.箭叶橐吾
Ligularia sarmentosa (L.f.) Haworth=Saxifraga stolonifera
Ligularia schischkinii Rubtz.=Ligularia narynensis
Ligularia schizopetala (W.W.Sm.) Hand.-Mazz.=Ligularia stenoglossa
Ligularia schmidtii (Maxim.) Makino 合苞橐吾
Ligularia semauensis Hand.-Mazz.=Ligularia longifolia
Ligularia sibirica (L.) Cass.橐吾
Ligularia sibirica f.=Ligularia thyrsoidea
Ligularia sibirica subsp. *imtermedia* Kitam.=Ligularia intermedia
Ligularia sibirica var. araneosa DC.毛苞橐吾
Ligularia sibirica var. *longibracteata* Kitam.=Ligularia fischeri
Ligularia sibirica var. *oligantha* Miq.=Ligularia stenocephala
Ligularia sibirica var. *polycephala* Diels=Ligularia wilsoniana
Ligularia sibirica var. *racemosa* (DC.) Kitam.=Ligularia fischeri
Ligularia sibirica var. sibirica=Ligularia sibirica
Ligularia sibirica var. *speciosa* DC.(Dress in Baileya 1962)=Ligularia sachalinensis
Ligularia sibirica var. *speciosa* DC.=Ligularia fischeri
Ligularia sibirica var. *stenoloba* (Sphalm.) Diels=Ligularia intermedia
Ligularia sinica Kitag.=Ligularia intermedia
Ligularia songarica (Fisch.) Ling 准噶尔橐吾
Ligularia speciosa Fisch. & Mey.(Kom.in Fl.Manch.1907,p.p.)=Ligularia sachalinensis
Ligularia speciosa Fisch. & Mey.=Ligularia fischeri
Ligularia speciosa var. *araneosa* DC.(Kom.in Fl.Manch.1907)=Ligularia sachalinensis
Ligularia stenocephala (Maxim.) Matsum. & Koidz.(北研丛刊 1937)= Ligularia intermedia
Ligularia stenocephala (Maxim.) Matsum. & Koidz.窄头橐吾
Ligularia stenocephala f. *longipedicellata* Ling=Ligularia stenocephala
Ligularia stenocephala f. *quinquebracteata* Yamamoto=Ligularia stenocephala
Ligularia stenocephala var. scabrida Koidz.糙叶窄头橐吾
Ligularia stenocephala var. stenocephala=Ligularia stenocephala
Ligularia stenoglossa (Franch.) Hand.-Mazz.裂舌橐吾
Ligularia subgen. *Ligularia* Pojark.=**Ligularia**
Ligularia subnudicaulis Hand.-Mazz.=Ligularia kanaitzensis var. subnudicaulis
Ligularia subspicata (Bur. & Franch.) Hand-Mazz.穗序橐吾
Ligularia tangutica (Maxim.) Mattfl=Sinacalia tangutica
Ligularia tangutorum Pojark.=Ligularia virgaurea
Ligularia taquetii (Lévl. & Vant.) Nakai=Ligularia mongolica
Ligularia taquetii Lévl. & Vant.=Ligularia mongolica
Ligularia tenuicaulis Chang 纤细橐吾
Ligularia tenuipes (Franch.) Diels.簇梗橐吾
Ligularia thomsonii (C.B.Clarke) Pojark.西域橐吾
Ligularia thyrsoidea (Ledeb.) DC.塔序橐吾
Ligularia tongkyukensis Hand.-Mazz.东久橐吾
Ligularia tongolensis (Franch.) Hand.-Mazz.东俄洛橐吾
Ligularia transversifolia Hand.-Mazz.横叶橐吾
Ligularia trinema Hand.-Mazz.=Ligularia stenoglossa
Ligularia tsangchanensis (Franch.) Hand.-Mazz.苍山橐吾
Ligularia tussilaginea (Burm.f.) Makino=Farfugium japonicum
Ligularia tussilaginea var. *formosana* Hay.=Farfugium japonicum
Ligularia veitchiana (Hemsl.) Greenm.离舌橐吾
Ligularia vellerea (Franch.) Hand.-Mazz.棉毛橐吾
Ligularia vellerea var. *gracilior* Hand.-Mazz.=Ligularia vellerea
Ligularia villifera (Franch.) Diels=Sinosenecio villiferus
Ligularia villosa (Hand.-Mazz.) S.W.Liu 长毛橐吾
Ligularia virgaurea (Maxim.) Mattf.黄帚橐吾
Ligularia virgaurea var. pilosa S.W.Liu 黄毛帚橐吾
Ligularia virgaurea var. virgaurea=Ligularia virgaurea
Ligularia wilsoniana (Hemsl.) Greenm.川鄂橐吾
Ligularia xanthotricha (Grün.) Ling 黄毛橐吾
Ligularia yesoensis (Franch.) Diels=Ligularia hodgsonii
Ligularia yesoensis var. *pulchella* Pamp.=Ligularia hodgsonii
Ligularia yunnanensis (Franch.) Chang 云南橐吾
Ligulariopsis Y.L.Chen **假橐吾属**(菊科)
Ligulariopsis shichuana Y.L.Chen 假橐吾
Ligusticopsis Leute=**Ligusticum**
Ligusticopsis acuminata (Franch.) Leute=Ligusticum acuminatum
Ligusticopsis angeliciffolia (Franch.) Leute=Ligusticum angelicifolium
Ligusticopsis brachyloba (Franch.) Leute=Ligusticum brachylobum
Ligusticopsis capillacea (Wolff) Leute=Ligusticum capillaceum
Ligusticopsis francheti (de Boiss) Leute=Ligusticum francheti
Ligusticopsis multivittata (Franch.) Leute=Ligusticum multivittatum
Ligusticopsis pteridophylla (Franch.) Leute=Ligusticum pteridophyllum
Ligusticopsis rechingerana Leute=Ligusticum rechingerana
Ligusticopsis scapiformis (Wolff) Leute=Ligusticum scapiforme
Ligusticopsis tenuisecta (de Boiss.) Leute=Ligusticum tenuisectum
Ligusticum L.**藁本属**(伞形科)
Ligusticum acuminatum Franch.尖叶藁本
Ligusticum acutilobum S. & Z.=Angelica acutiloba
Ligusticum ajanense (Regel) K.-Pol.黑水岩茴香
Ligusticum angelicifolium Franch.归叶藁本
Ligusticum angelicoides Wall.=Pleurospermum angelicoides
Ligusticum brachylobum Franch.短片藁本
Ligusticum calophlebicum Wolff 美脉藁本
Ligusticum capillaceum Wolff 细苞藁本
Ligusticum changii Hiroe=Ligusticum hispidum
Ligusticum chuanxiong Hort.川芎
Ligusticum daucoides (Franch.) Franch.羽苞藁本
Ligusticum daucoides var. *souliei* de Boliss.=Ligusticum oliverianum
Ligusticum delavayi Franch.丽江藁本
Ligusticum discolor Ledeb.异色藁本
Ligusticum elatum (Edgew.) C.B.Clarke 高升藁本
Ligusticum foeniculum Crantz=Foeniculum vulgare
Ligusticum francheti de Boiss 紫色藁本
Ligusticum gmelini Cham & Schlecht.=Conioselinum chinense
Ligusticum gyirongense Shan & H.T.Chang 吉隆藁本
Ligusticum hispidum (Franch.) Wolff 毛藁本
Ligusticum involucratum Franch.多苞藁本
Ligusticum jeholense (Nakai & Kitag.) Nakai & Kitag.辽藁本
Ligusticum kingdon-wardii Wolff 草甸藁本
Ligusticum levisticum L.=Levisticum officinale
Ligusticum littledalei Fedde ex Wolff 利特藁本
Ligusticum maireii Hiroe 白龙藁本
Ligusticum mucronatum (Schrenk) Leute=Pachypleurum mucronatum
Ligusticum multivittatum Franch.多管藁本
Ligusticum obtusiusculum Wall.=Physospermopsis obtusiuscula
Ligusticum oliverianum (de Boiss.) Shan 膜苞藁本
Ligusticum pseudomodestum Wolff=Ligusticum scapiforme

Ligusticum pteridophyllum Franch.蕨叶藁本
Ligusticum rechingerana (Leute) Shan & Pu 玉龙藁本
Ligusticum reptans (Diels) Wolff 匍匐藁本
Ligusticum scapiforme Wolff 抽葶藁本
Ligusticum scoticum L.苏格藁本
Ligusticum seseloides Fisch. & Mey. ex Turcz.=Libanotis seseloides
Ligusticum sikiangense Hiroe 川滇藁本
Ligusticum silvaticum Wolff=Ligusticum sinense
Ligusticum sinense Oliv.藁本
Ligusticum tachiroei (Franch. & Sav.) Horoe & Constance 岩茴香
Ligusticum tenuisectum de Boiss.细裂藁本
Ligusticum tenuissimum (Nakai) Kitag.细叶藁本
Ligusticum thomsonii C.B.Clarke 长茎藁本
Ligusticum thomsonii var. evolutior C.B.Clarke 开展藁本
Ligusticum wallichii Franch.(中药志 1959)=Ligusticum chuanxiong
Ligusticum waltonii Wolff=Cyclorhiza waltonii
Ligustrina amurensis Rupr.(Franch.in Nouv.Arch.Mus.Hist.Nat.Paris 1883)= Syringa reticulata subsp. pekinensis
Ligustrina amurensis Rupr.=Syringa reticulata subsp. amurensis
Ligustrina amurensis var. *mandshurica* Maxim.=Syringa reticulata subsp. amurensis
Ligustrina amurensis var. *pekinensis* (Rupr.) Maxim.=Syringa reticulata subsp. pekinensis
Ligustrina amurensis α. *mandshurica* Maxim.=Syringa reticulata subsp. amurensis
Ligustrina amurensis β. *pekinensis* (Rupr.) Maxim.=Syringa reticulata subsp. pekinensis
Ligustrina rotundifolia Decne.=Syringa reticulata subsp. amurensis
Ligustrum L.女贞属(木犀科)
Ligustrum acutissimum Koehne=Ligustrum leucanthum
Ligustrum acutissimum var. *glabrum* Z.Y.Zhang=Ligustrum leucanthum
Ligustrum amamianum Koidz.台湾女贞
Ligustrum amuranse Carr.=Ligustrum obtusifolium subsp. suave
Ligustrum angustum Miao 狭叶女贞
Ligustrum argyi Lévl.=Ligustrum quihou
Ligustrum bodinieri Lévl.=Ligustrum sinense var. myrianthum
Ligustrum brachystachyum Decne.=Ligustrum quihoui
Ligustrum calleryanum Decne.=Ligustrum sinense
Ligustrum chenaultii Hickel=Ligustrum compactum
Ligustrum ciliatum var. *microphyllum* Nakai=Ligustrum obtusifolium subsp. microphyllum
Ligustrum ciliatum γ. var. *heterophyllum* Bl.=Ligustrum ovalifolium
Ligustrum compactum (Wall. ex G.Don) HK.f. & Thoms. ex Brandis 长叶女贞
Ligustrum compactum f. *tubiflorum* Mansf.=Ligustrum compactum
Ligustrum compactum var. compactum=Ligustrum compactum
Ligustrum compactum var. *glabrum* (Mansf.) Hand.-Mazz.=Ligustrum gracile
Ligustrum compactum var. *latifolium* Cheng=Ligustrum lucidum
Ligustrum compactum var. velutinum P.A.Green 毛长叶女贞
Ligustrum confusum Decne.散生女贞
Ligustrum confusum var. confusum=Ligustrum confusum
Ligustrum confusum var. macrocarpum C.B.Clarke 大果女贞
Ligustrum coryanum W.W.Sm.=Ligustrum sinense var. coryanum
Ligustrum decidum Hemsl.=Ligustrum sinense
Ligustrum delavayanum Hariot 紫药女贞
Ligustrum delavayanum subsp. *morrisonense* (Kanehira & Sasaki) Miao = Ligustrum morrisonense
Ligustrum delavayanum var. *ionadrum* (Diels) Lévl.=Ligustrum delavayanum
Ligustrum esquirolii Lévl.=Ligustrum lucidum
Ligustrum expansum Rehd.扩展女贞
Ligustrum formosanum Rehd.=Ligustrum pricei
Ligustrum glabrum Hort. ex Nichoson Ligustrum pricei
Ligustrum gracile Rehd.细女贞
Ligustrum groffiae Merr.=Ligustrum sinense var. myrianthum
Ligustrum gyirongense P.Y.Bai=Ligustrum confusum
Ligustrum henryi Hemsl.丽叶女贞
Ligustrum henryi var. *longitubum* Hsu=Ligustrum longitubum
Ligustrum hookeri Decne.=Ligustrum lucidum
Ligustrum ibota Sieb.(Hemsl.in J.L.Soc.Bot.1889,p.p.)=Ligustrum leucanthum
Ligustrum ibota Sieb.(东北木本志 1955)=Ligustrum obtusifolium subsp. Suave
Ligustrum ibota f. *microphyllum* (Nakai) Nakai=Ligustrum obtusifolium subsp. microphyllum
Ligustrum ibota var. *amurense* (Carr.) Mansf.=Ligustrum obtusifolium subsp. suave
Ligustrum ibota var. *microphyllum* Nakai=Ligustrum obtusifolium subsp. microphyllum
Ligustrum ibota var. *obovatum* Bl.=Ligustrum ovalifolium
Ligustrum ibota var. *suave* Kitag.=Ligustrum obtusifolium subsp. suave
Ligustrum ibota var. *subcoriaceum* Koehne & Lingelsh.=Ligustrum leucanthum
Ligustrum ionandrum Diels=Ligustrum delavayanum
Ligustrum japonicum Spach(p.p.)=Ligustrum lucidum
Ligustrum japonicum Spach(p.p.)=Ligustrum pricei
Ligustrum japonicum Thunb.(Hance in J.L.Soc.Bot.1873)=Ligustrum lianum
Ligustrum japonicum Thunb.(Hemsl.in J.L.Soc.Bot.1889,p.p.)=Ligustrum amamianum
Ligustrum japonicum Thunb.(Rehd. in J.Arn.Arb.1934)=Ligustrum lucidum
Ligustrum japonicum Thunb.日本女贞
Ligustrum japonicum f. *pubescens* (Koidz.) Murata=Ligustrum pricei
Ligustrum japonicum var. *crassifolium* Hisauchi=Ligustrum amamianum
Ligustrum japonicum var. *iwaki* Hotta=Ligustrum amamianum
Ligustrum japonicum var. *ovalifolium* (Hassk.) Bl.=Ligustrum ovalifolium
Ligustrum japonicum var. *pricei* (Hay.) T.S.Liu & J.C.Liao=Ligustrum pricei
Ligustrum japonicum var. *pubescens* Koidz.(海南志 1974)=Ligustrum lianum
Ligustrum japonicum var. *pubescens* Koidz.=Ligustrum amanianum
Ligustrum japonicum var. *pubesecens* Koidz.(Kahenira in Formos.Trees 1936)=Ligustrum amamianum
Ligustrum japonicum var. *spathulatum* Nansf.=Ligustrum amamianum
Ligustrum japonicum var. *syaryotense* Masamune & Mori ex Mori= Ligustrum amamianum
Ligustrum kanehirae Mori=Ligustrum amamianum
Ligustrum kellerianum Visiani=Ligustrum pricei
Ligustrum kellermanni Van Houtte=Ligustrum pricei
Ligustrum leucanthum (S.Moor) P.S.Green 蜡子树
Ligustrum lianum Hsu 华女贞
Ligustrum longipedicellatum H.T.Chang=Ligustrum sinense var. luodianense
Ligustrum longitubum Hsu 长筒女贞
Ligustrum lucidum Ait.女贞
Ligustrum lucidum f. *latifolium* (W.C.Cheng) P.S.Hsu=Ligustrum lucidum
Ligustrum lucidum f. lucidum=Ligustrum lucidum
Ligustrum lucidum var. *esquirolii* (Lévl.) Lévl.=Ligustrum lucidum
Ligustrum lucidum var. *esquirolii* Lévl.=Ligustrum lucidum
Ligustrum mariei Lévl.=Syringa mairei
Ligustrum medium Franch. & Savat.=Ligustrum ovalifolium
Ligustrum micranthum var. *pubescens* Koidz.=Ligustrum pricei
Ligustrum microcarpum Kanehira & Sasaki=Ligustrum sinense
Ligustrum microcarpum var. *shakaroense* (Kanehira) Shimizu & Kao= Ligustrum sinense
Ligustrum molliculum Hance=Ligustrum leucanthum
Ligustrum morrisonense Kanehira & Sasaki 玉山女贞
Ligustrum myrianthum Diels=Ligustrum sinense var. myrianthum
Ligustrum nepalense β. *glabrum* HK.=Ligustrum lucidum
Ligustrum nokoense Masamune & Mori=Ligustrum sinense
Ligustrum obovatilimbum Miao 倒卵叶女贞
Ligustrum obtusifolium S. & Z.(东北木本志 1955,高等图鉴 1974)= Ligustrum obtusifolium subsp. suave
Ligustrum obtusifolium S. & Z.水蜡树
Ligustrum obtusifolium subsp. microphyllum (Nakai) P.S.Green 东亚女贞
Ligustrum obtusifolium subsp. suave (Kitag.) Kitag.辽东水蜡树
Ligustrum obtusifolium var. *suave* (Kigag.) Hara=Ligustrum obtusifolium subsp. suave
Ligustrum ovalifolium Hassk.卵叶女贞
Ligustrum ovalifolium f. *heterophyllum* (Bl.) Murata=Ligustrum ovalifolium
Ligustrum ovalifolium var. *heterophyllum* (Bl.) Nakai=Ligustrum ovalifolium

Ligustrum patulum Palibin=Syringa pubescens subsp. patula
Ligustrum pedunculare Rehd.阿里山女贞
Ligustrum phillyrea Lévl.=Osmanthus delavayi
Ligustrum prattii Koehne=Ligustrum delavayanum
Ligustrum pricei Hay.(Mansf.in Bot.Jahrb.Beibl.1924)=Ligustrum sinense
Ligustrum pricei Hay.总梗女贞
Ligustrum pubescens Wall.=Ligustrum rubustum
Ligustrum punctifolium M.C.Chang 斑叶女贞
Ligustrum purpurascens Y.C.Yang=Ligustrum rubustum subsp. chinense
Ligustrum quihoui Carr.(Merr. & Chun in Synyatsenia 1930,p.p.)=Ligustrum punctifolium
Ligustrum quihoui Carr.小叶女贞
Ligustrum quihoui var. *brachystachyum* (Decne.) Hand.-Mazz.=Ligustrum quihoui
Ligustrum quihoui var. *glabrum* Mansf.=Ligustrum gracile
Ligustrum quihoui var. *trichopodum* Y.C.Yang=Ligustrum quihoui
Ligustrum regosulum W.W.Sm.=Ligustrum sinense var. rugosulum
Ligustrum retusum Merr.(Li in Jour.Arn.Arb.1943,p.p.)=Ligustrum punctifolium
Ligustrum retusum Merr.凹叶女贞
Ligustrum robustum (Roxb.) Bl.粗壮女贞
Ligustrum robustum var. *chayuense* P.Y.Bai=Ligustrum sinense var. rugosulum
Ligustrum robustum var. *pubescens* (Wall.) Decne.=Ligustrum rubustum
Ligustrum rotundifolium var. *pubescens* (Koidz.) Hatusima (p.p.)=Ligustrum amamianum
Ligustrum rotundifolium var. *pubescens* (Koidz.) Hatusima (p.p.)=Ligustrum pricei
Ligustrum roxburghii Bl.=Ligustrum lucidum
Ligustrum rugosulum W.W.Sm.=Ligustrum sinense var. rugosulum
Ligustrum seisuiense Shimizu et Kao=Ligustrum pricei
Ligustrum sempervirens (Franch.) Lingelsh.裂果女贞
Ligustrum shakaroense Kanehira=Ligustrum sinense
Ligustrum sieboldii Hort. ex Nicholson=Ligustrum pricei
Ligustrum sinense latifolium robustum T.Moore=Ligustrum lucidum
Ligustrum sinense Lour.(Merr. & Chun in Sunyatsenia 1935)=Ligustrum lianum
Ligustrum sinense Lour.小蜡
Ligustrum sinense var. ? Diels=Ligustrum sinense
Ligustrum sinense var. concavum M.C.Chang 滇桂小蜡
Ligustrum sinense var. coryanum (W.W.Sm.) Hand.-Mazz.多毛小蜡
Ligustrum sinense var. dissimile S.J.Hao 异型小蜡
Ligustrum sinense var. luodianense M.C.Chang 罗甸小蜡
Ligustrum sinense var. myrianthum (Diels) Höfk.光萼小蜡
Ligustrum sinense var. nitidum Rehd.=Ligustrum sinense
Ligustrum sinense var. opienense Y.C.Yang 峨边小蜡
Ligustrum sinense var. rugosulum (W.W.Sm.) M.C.Chang 皱叶小蜡
Ligustrum sinense var. sinense sinense=Ligustrum sinense
Ligustrum sinense var. *stauntonii* (DC.) Rehd.=Ligustrum sinense
Ligustrum sp. Henry=Ligustrum pricei
Ligustrum stauntoni DC.=Ligustrum sinense
Ligustrum stauntonii DC.=Ligustrum sinense
Ligustrum strongylophyllum Hemsl.宜昌女贞
Ligustrum suave (Kitag.) Kitag.=Ligustrum obtusifolium subsp. suave
Ligustrum subsessile S.Y.Hu=Ligustrum leucanthum
Ligustrum suspensum Thunb.=Forsythia suspensa
Ligustrum syringaoflorum Hort. ex Nicholson=Ligustrum pricei
Ligustrum taquetii Lévl.=Ligustrum lucidum
Ligustrum tenuipes M.C.Chang 细梗女贞
Ligustrum thea Lévl. & Dunn=Wendlandia salicifolia
Ligustrum thibeticum Decne.=Ligustrum rubustum subsp. chinense
Ligustrum tsoongi Merr.=Olea dioica
Ligustrum vaniotii Lévl.=Fraxinus griffithii
Ligustrum vulgare L.欧洲女贞
Ligustrum xingrenense D.J.Liu 兴仁女贞
Ligustrum yunguiense Miao 云贵女贞
Ligustrum yunnanense L.Henryi=Ligustrum compactum var. velutinum
Lilac vulgaris Lamarck=Syringa vulgaris
Liliaceae 百合科
Lilium L.百合属(百合科)
Lilium aduncum Elwes=Lilium brownii var. viridulum
Lilium amabile Palib.秀丽百合
Lilium amabile var. luteum Hort.黄花朝鲜百合
Lilium amoenum Wil. ex Sealy 玫红百合
Lilium anhuiense D.C.Zhang & J.Z.Shao 安徽百合
Lilium apertum Franch.=Nomocharis aperta
Lilium apertum var. *thibeticum* Franch.=Nomocharis saluenensis
Lilium auratum Lindl.天香百合
Lilium auratum var. florepleno J.H.Mc.重瓣天香百合
Lilium auratum var. pictum Wall.艳红天香百合
Lilium auratum var. platyphyllum Baker 阔叶天香百合
Lilium auratum var. rubrum Carr.红脊天香百合
Lilium auratum var. tricolor Baker 三色天香百合
Lilium auratum var. virginale Duch.洁白天香百合
Lilium australe Stapf=Lilium brownii
Lilium avenaceum Fisch. ex Rgl.=Lilium medeoloides
Lilium bakerianum Coll. & Hemsl.滇百合
Lilium bakerianum subsp. *sempervivoideum* (Lévl.) McKean.=Lilium sempervivoideum
Lilium bakerianum var. aureum Grove & Cotton 金黄花滇百合
Lilium bakerianum var. bakerianum=Lilium bakerianum
Lilium bakerianum var. delavayi (Franch.) Wilson 黄绿花滇百合
Lilium bakerianum var. rubrum Stearn 紫红花滇百合
Lilium bakerianum var. yunnanense (Franch.) Sealy ex Woodc. & Stearn 无斑滇百合
Lilium biondii Barni=Lilium davidii
Lilium bolanderi S.Watson 嵌环百合
Lilium bonatii Lévl.=Fritillaria cirrhosa
Lilium brevistylum (S.Y.Liang) S.Y.Liang 短柱百合
Lilium brownii F.E.Brown ex Miellez 野百合
Lilium brownii var. *australe* (Stapf) Stearn=Lilium brownii
Lilium brownii var. brownii=Lilium brownii
Lilium brownii var. *colchensteri* (Van Houtte) Wilson ex Elwes=Lilium brownii var. viridulum
Lilium brownii var. *ferum* Stapf ex Elwes=Lilium brownii var. viridulum
Lilium brownii var. *leucanthum* Baker=Lilium leucanthum
Lilium brownii var. *odorum* (Pnach.) Baker=Lilium brownii var. viridulum
Lilium brownii var. *platyphyllum* Bakre=Lilium brownii var. viridulum
Lilium brownii var. viridulum Baker 百合
Lilium bulbiferum L.珠芽百合
Lilium bulbiferum var. chaixii (Maw) Stoker 查氏珠芽百合
Lilium bulbiferum var. croceum (Chaix) Persoon 橙花珠芽百合
Lilium bulbiferum var. giganteum N.Terrac.大珠芽百合
Lilium bulbiferum var. typicum Ducommun 橙红珠芽百合
Lilium buschianum Lodd.=Lilium concolor var. pulchellum
Lilium callosum S. & Z.条叶百合
Lilium callosum var. flaviflorum Makino 硫球条叶百合
Lilium callosum var. *stenophyllum* Baker=Lilium callosum
Lilium canadense L.加拿大百合
Lilium canadense var. coccineum Pursh 红花加拿大百合
Lilium canadense var. editorum Pernald 标准加拿大百合
Lilium canadense var. flavorubrum hort. T.Moore 橙花加拿大百合
Lilium canadense var. flavum Pursh 黄花加拿大百合
Lilium canadense var. immaculatum Jenkinson 无点加拿大百合
Lilium candidum L.白花百合
Lilium candidum var. aureomarginatum hort. Elwes 金边叶白花百合
Lilium candidum var. cernuum Weston 窄瓣白花百合
Lilium candidum var. plenum Weston 覆蕊白花百合
Lilium candidum var. salonikae Stoker 早花白花百合
Lilium carniolicum Bernhardi & Koch 红花巴尔干百合
Lilium carniolicum var. albanicum (Griseb.) Baker 阿尔巴利亚百合
Lilium carniolicum var. carniolicum Baker 巴尔干百合
Lilium carniolicum var. jankae (A.Kerner) Wehrh.贾克百合
Lilium catesbaei Walter 垂生花百合(新)
Lilium cathayanum Wilson=Cardiocrinum cathayanum
Lilium cavaleriei Lévl. & Vant.=Lilium davidii
Lilium centifolium Stapf=Lilium leucanthum var. centifolium
Lilium cernuum Kom.垂花百合
Lilium cernuum var. *atropurpureum* Nakai=Lilium cernuum
Lilium cernuum var. candidum Nakai 白垂花百合
Lilium chalcedonicum L.加尔西顿百合
Lilium chalcedonicum var. maculatum hort. Constable 具点百合
Lilium changbaishanicum J.J.Chien=Lilium cernuum

Lilium columbianum hort. Amer ex G.C.哥伦比亚百合
Lilium concolor Salisb.渥丹
Lilium concolor var. *buschianum* (Lodd) Baker=Lilium concolor var. pulchellum
Lilium concolor var. concolor=Lilium concolor
Lilium concolor var. coridion (Sieb. & De Vriese) Baker 黄花渥丹
Lilium concolor var. megalanthum Wang & Tang 大花百合
Lilium concolor var. pulchellum (Fisch.) Rgl.有斑百合
Lilium concolor var. *sinicum* (Lindl. & Paxt.) HK.f.=Lilium concolor
Lilium concolor var. stictum Stearn 黑点渥丹
Lilium concolor var. *uniflorum* Spae=Lilium concolor
Lilium cupreum Lévl.=Lilium fargesii
Lilium dauricum Ker-Gawl.毛百合
Lilium davidii Duchartre 川百合
Lilium davidii var. unicolor (Hoog) Cotton 单色百合(新)?
Lilium davidii var. willmottiae (Wils.) Raffill 威氏百合
Lilium davodoo var. willmottiae (Wils.) Raff.兰州百合
Lilium delavayi Franch.=Lilium bakerianum var. delavayi
Lilium distichum Nakai 东北百合
Lilium duchartrei Franch.宝兴百合
Lilium euxanthum (W.W.Sm. & W.E.Evans) Sealy=Lilium nanum var. flavidum
Lilium fargesii Franch.绿花百合
Lilium farreri Turrill=Lilium duchartrei
Lilium fauriei Lévl. & Vant.=Lilium amabile
Lilium feddei Lévl.=Lilium taliense
Lilium formosanum Wallace 台湾百合
Lilium formosanum var. formosanum=Lilium formosanum
Lilium formosanum var. microphyllum T.S.Liu & S.S.Ying 小叶百合
Lilium formosanum var. *pricei* Staker=Lilium formosanum
Lilium formosum Franch.=Lilium sargentiae
Lilium forrestii W.W.Sm.=Lilium duchartrei
Lilium franchetianum Lévl.=Lilium hnerici
Lilium giganteum Wall.=Cardiocrinum giganteum
Lilium giganteum var. *yunnanense* Leichtlin ex Elwes=Cardiocrinum giganteum var. yunnanense
Lilium graminifolium Lévl. & Vant.=Lilium cernuum
Lilium grayi S.Watson 格雷百合
Lilium habaense F.T.Wang & Tang 哈巴百合
Lilium hansonii Leicht. ex D.T.Moore 竹叶百合
Lilium heldreichii Freyn 海氏百合
Lilium henricii Franch.墨江百合
Lilium henricii var. henricii=Lilium henricii
Lilium henricii var. maculatum (W.E.Evans) Woodc. & Stearn 斑块百合
Lilium henryi Baker 湖北百合
Lilium henryi var. citrinum hort. Wallace 浅花湖北百合
Lilium ×hollandicum Bergman 宽叶伞花百合
Lilium huidongense J.M.Xu 会东百合
Lilium humboldtii Roezl & Leichtlin ex Ducharte 汉博百合
Lilium humboldtii var. bloomerianum Purdy 矮汉博百合
Lilium humboldtii var. ocellatum (Keggogg) Elwes 眼斑汉博百合
Lilium hyacinthinum Wilson=Notholirion bulbuliferum
Lilium ×imperiale Wilson 壮丽百合
Lilium inyoense Eastwood 圣百合
Lilium iridollae M.G.Henry 彩虹百合
Lilium japonicum Thunb. ex Hout.日本百合
Lilium japonicum var. album (Wallace) Wilson 白花日本百合
Lilium jinfushanense L.J.Peng & B.N.Wang 金佛山百合
Lilium kanahirai Hay.=Lilium speciosum var. gloriosoides
Lilium kelleyanum Lemmon 凯百合
Lilium kesselringianum Miscenko 凯塞利百合
Lilium konishii Hay.=Lilium speciosum var. gloriosoides
Lilium lancifolium Thunb.=Lilium tigrinum
Lilium lankongense Franch.匍茎百合
Lilium ledebourii (Baker) Boiss.莱氏百合
Lilium leichtlinii HK.f.柠檬色百合
Lilium leichtlinii var. leichtlinii=Lilium leichtlinii
Lilium leichtlinii var. maximowiczii (Rgl.) Baker 大花卷丹
Lilium leucanthum (Baker) Baker 宜昌百合
Lilium leucanthum var. centifolium (Stapf) Stearn 紫脊百合
Lilium leucanthum var. *leiostylum* Stapf. ex Elwes=Lilium leucanthum
Lilium leucanthum var. leucanthum=Lilium leucanthum
Lilium leucanthum var. *primarium* Stapf.=Lilium leucanthum
Lilium leucanthum var. *sargentiae* (Wils.) Stapf.=Lilium sargenmtiae
Lilium lijiangense L.J.Peng 丽江百合
Lilium linceorum Lévl. & Vant.=Lilium bakerianum var. rubrum
Lilium longiflorum Thunb.麝香百合
Lilium longiflorum var. eximium (Court.) Baker 百慕大百合
Lilium longiflorum var. *formosanum* Baker=Lilium formosanum
Lilium longiflorum var. *purpureoviolaceum* Lévl.=Lilium brownii var. viridulum
Lilium longiflorum var. scabrum Masamune 糙茎百合
Lilium lophophorum (Bur. & Franch.) Franch.尖被百合
Lilium lophophorum f. *latifolium* Sealy=Lilium lophophorum
Lilium lophophorum f. *wardii* (I.B.Alf.) Sealy=Lilium lophophorum
Lilium lophophorum subsp. *linearifolium* Sealy=Lilium lophophorum var. linearifolium
Lilium lophophorum subsp. *typicam* f. *latifolium* Sealy=Lilium lophophorum
Lilium lophophorum subsp. *typicum* f. *wardii* (Balf.f.) Sealy=Lilium lophophorum
Lilium lophophorum var. linearifolium (Sealy) Liang 线叶百合
Lilium lophophorum var. lophophorum=Lilium lophophorum
Lilium mackliniae Sealy 曼尼浦耳百合
Lilium macrophyllum (D.Don) Voss=Notholirion macrophyllum
Lilium ×maculatum Thunb.董氏百合
Lilium maculatum subsp. *dauricum* (K.Gawl.) H.Hara=Lilium dauricum
Lilium mairei Lévl.=Lilium concolor
Lilium majoense Lévl.=Lilium primulinum var. ochraceum
Lilium mandshuricum Gand.=Lilium callosum
Lilium maritinum Kellogg 滨海百合
Lilium martagon L.欧洲百合
Lilium martagon subsp. *pilosiusculum* (Freyn) E.Pritz.=Lilium martagon var. pilosiusculum
Lilium martagon var. albiflorum Vukot.白花欧洲百合
Lilium martagon var. album Weston 索花欧洲百合
Lilium martagon var. alternifolium (Wilczek) Woodcock & Coutts 散叶欧洲百合
Lilium martagon var. flavidum Bormuller 黄花欧洲百合
Lilium martagon var. hirsutum Weston 毛叶欧洲百合
Lilium martagon var. martagon=Lilium martagon
Lilium martagon var. pilosiusculum Freyn 新疆百合
Lilium matangense J.M.Xu 马塘百合
Lilium maximowiczii Rgl.=Lilium leichtlinii var. maximowiczii
Lilium medeoloides A.Gray 浙江百合
Lilium medeoloides var. *ovovata* Franch. & Sav.=Lilium hansonii
Lilium medogense S.Yun 墨脱百合
Lilium megalanthum (F.T.Wangb & Tang) Q.S.Sum=Lilium concolor var. megalanthum
Lilium michauxii Poiret 卡罗来纳百合
Lilium michiganense Farwell 密执安百合
Lilium miquelianum Makino=Lilium tsingtauense
Lilium mirabile Franch.=Cardiocrinum giganteum var. yunnanense
Lilium monadelphum Marschall 高加索百合
Lilium myriophyllum Franch.=Lilium sulphureum
Lilium myriophyllum Wilson=Lilium regale
Lilium nanum Klotz. & Garcke 小百合
Lilium nanum f. *flavidum* (Rendl.) H.Hara=Lilium nanum var. flavidum
Lilium nanum var. *brevistylum* S.Y.Liang=Lilium brevistylum
Lilium nanum var. flavidum (Rendle) Sealy 黄花小百合
Lilium nanum var. nanum=Lilium nanum
Lilium neilgherrense Wghit 尼尔基里百合
Lilium nepalense D.Don 紫斑百合
Lilium nepalense var. *burmanicum* W.W.Sm.=Lilium primulinum var. burmanicum
Lilium nepalense var. concolor Cotton 同色尼泊尔百合
Lilium nepalense var. nepalense=Lilium nepalense
Lilium nepalense var. *ochraceum* (Franch.) S.Y.Liang=Lilium primulinum var. ochraceum
Lilium nevadense Eastwood 依斯伍德百合
Lilium ninae Vrishcz.=Lilium lankongense
Lilium ningnanense J.M.Xu=Lilium lijiangense

Lilium nobilissimum (Makino) Makino 香华丽百合
Lilium occidentale Purdy 希望百合
Lilium ochraceum Franch.=Lilium primulinum var. ochraceum
Lilium ochraceum var. *burmanicum* (W.W.Sm.) Cott.=Lilium primulinum var. burmanicum
Lilium odorum Planch.=Lilium brownii var. viridulum
Lilium omeiense Z.Y.Zhu=Lilium sargenmtiae
Lilium oxypetalum (Royle) Baker=Nomocharis aperta
Lilium palibinianum Y.Yabe=Lilium cernuum
Lilium papilliferum Franch.乳头百合
Lilium paradoxum Stearn 藏百合
Lilium pardalinum Kellogg 豹斑百合
Lilium pardalinum var. angustiflolium Kellogg 窄叶豹斑百合
Lilium ×parkmanni T.Moore 帕克曼百合
Lilium parryi S.Watson 帕里百合
Lilium parvum Kellogg 内华达岭脊百合
Lilium pensylvanicum Ker-Gawl.=Lilium dauricum
Lilium philadelphicum L.费城百合
Lilium philadelphicum var. andinum (Nutt.) Ker-Gawl.宽叶费城百合
Lilium philippinense Baker 菲律宾百合
Lilium philippinense var. *formosanum* (Wallace) Wils.=Lilium formosanum
Lilium pilosiusculum (Freyn) Miscz.=Lilium martagon var. pilosiusculum
Lilium pinifolium L.J.Peng 松叶百合
Lilium poilanei Gagn.波氏百合
Lilium polyphyllum D.Don 多叶百合
Lilium pomponium L.绒球百合
Lilium ponticum K.Koch 黑海百合
Lilium potaninii Vrishcz=Lilium pumilum
Lilium primulinum Baker 报春百合
Lilium primulinum var. burmanicum (W.W.Sm.) Stearn 紫喉百合
Lilium primulinum var. ochraceum (Franch.) Stearn 川滇百合
Lilium primulinum var. primulinum =Lilium primulinum
Lilium pseudodahuricum M.Fedoss. & S.Fedoss.=Lilium dauricum
Lilium pseudotigrinum Carr.=Lilium leichtlinii var. maximowiczii
Lilium pulchellum Fisch.=Lilium concolor var. pulchellum
Lilium pumilum DC.细叶百合
Lilium pumilum var. *potaninii* (Vrischz) Y.Z.Zhao=Lilium pumilum
Lilium pyi Lévl.毕氏百合
Lilium pyrenaicum Gouan 比利牛斯百合
Lilium pyrenaicum var. rubrum hort. Marshall 红花比利牛斯百合
Lilium regale Wilson 岷江百合
Lilium rosthornii Diels 南川百合
Lilium rubellum Baker 红点百合
Lilium rubellum var. album hort.Wallace ex Woodcock 韦达百合
Lilium rubescens S.Watson 变红百合
Lilium sacatum S.Y.Liang 囊被百合
Lilium saluenense (I.B.Balf.) S.Y.Liang=Nomocharis saluenensis
Lilium sargentiae Wil.通江百合
Lilium sect.*Cardiocrinum* Endl.=**Cardiocrinum**
Lilium sempervivoideum Lévl.蒜头百合
Lilium sempervivoideum subsp. *amoenum* (Wils. ex Sealy) S.Y.Liang=Lilium amoenum
Lilium sempervivoideum subsp. *pinifolium* (L.J.Peng) S.Y.Liang=Lilium pinifolium
Lilium sinensium Gand.=Lilium pumilum
Lilium sinicum Lindl. & Paxton=Lilium concolor
Lilium souliei (Franch.) Sealy 紫花百合
Lilium speciosum Thunb.美丽百合
Lilium speciosum var. albumnovum Wilson 白花美丽百合
Lilium speciosum var. gloriosoides Baker 药百合
Lilium speciosum var. roseum Masters ex Baker 玫瑰色美丽百合
Lilium speciosum var. rubrum Masters ex Baker 洋红美丽百合
Lilium speciosum var. speciosum=Lilium speciosum
Lilium stewartianum Balf.f & W.W.Sm.单花百合
Lilium sulphureum Baker 淡黄花百合
Lilium superbum L.沼泽百合
Lilium sutchuenense Franch.=Lilium davidii
Lilium talanense Hay.=Lilium callosum
Lilium taliense Franch.大理百合
Lilium taquetii Lévl. & Vant.=Lilium callosum
Lilium tenii Lévl.=Lilium primulinum var. ochraceum
Lilium tenuifolium Fisch.=Lilium pumilum
Lilium tenuifolium var. *stenophyllum* (Baker) Elwes=Lilium callosum
Lilium ×testaceum Lindl.茶色百合
Lilium thayerae Wilson=Lilium davidii
Lilium tianschanicum N.A.Ivan. ex Grubov 天山百合
Lilium tigrinum K.Gawl.卷丹
Lilium tigrinum var. diploid 日本卷丹
Lilium tigrinum var. flaviflorum (Makino) Stearn 黄花卷丹
Lilium tigrinum var. flore pleno Rgl.重瓣卷丹
Lilium tigrinum var. foliis variegatis hort.花叶卷丹
Lilium tigrinum var. foutunei hort. Standish ex G.C.朝鲜卷丹
Lilium tigrinum var. splendens Leichtl. ex Van Houtt 火红卷丹
Lilium tsingtauense Gilg 青岛百合
Lilium wardii Stapf ex Stearn 卓巴百合
Lilium washingtonianum Kellogge 华盛顿百合
Lilium washingtonianum var. minor Prudy 小华盛顿百合
Lilium washingtonianum var. purpurascens Stearn 变红华盛顿百合
Lilium wenshanense L.J.Pang & F.X.Li 文山百合
Lilium willmottiae Wils.=Lilium davodoo var. willmottiae
Lilium wilsonii Leichtlin ex G.C.威尔逊百合
Lilium xanthellum Wang & Tang 乡城百合
Lilium xanthellum var. luteum Liang 黄花百合
Lilium xanthellum var. xanthellum=Lilium xanthellum
Lilium yunnanense Franch.=Lilium bakerianum var. yunnanense
Limacia cuspidata HK.f. & Thoms.=Hypserpa nitida
Limacia sagittata Oliv.=Tinospora sagittata
Limaciopsis valida (Diels) Lo=Pachygone valida
Limatodes labrosa Rchb.f.=Calanthe labrosa
Limatodes mishmensis Lindl. & Paxt.=Phaius mishmensis
Limbarda Adans.=**Inula**
Limbarda japonica Rafin.=Inula japonica
Limlia Masamune & Toniga=**Castanopsis**
Limlia uraiana (Hay.) Masamune & Tomiya=Castanopsis uraiana
Limnanthemum Gmel.=**Nymphoides**
Limnanthemum aurantiacum Dalz. ex HK.=Nymphoides aurantiacum
Limnanthemum aurantiacum Dalzell=Nymphoidesauranthiaca
Limnanthemum coreanum Lévl.=Nymphoides coreanum
Limnanthemum cristatum Griseb.=Nymphoides cristatum
Limnanthemum esquirolii Lévl.=Nymphoides indica
Limnanthemum hydrophyllum Griseb.=Nymphoides hydrophyllum
Limnanthemum indicum Griseb.=Nymphoides indica
Limnanthemum nymphoides Hoffm. & Link=Nymphoides peltatum
Limnanthemum peltatum Gmel.=Nymphoides peltatum
Limnocharis Humb & Bonpl.**黄花蔺属**(花蔺科)
Limnocharis emarginata Humb & Bonpl.=Limnocharis flava
Limnocharis flava (L.) Buch.黄花蔺
Limnochloa spiralis (Rottb.) Nees=Heleocharis spiralis
Limnophila R.Br.**石龙尾属**(玄参科)
Limnophila aromatica (Lam.) Merr.紫苏草
Limnophila aromatica Merr.(海南志 1974,p.p.)=Limnophila repens
Limnophila balsamea Benth.香膏石龙尾
Limnophila borealis y.z.zhao & Ma f.北方石龙恬
Limnophila cana Griff.灰色石龙尾
Limnophila chevalieri Bonati=Limnophila chinensis
Limnophila chevalieri Vanot?贵州紫苏草
Limnophila chinensis (Osb.) Merr.中华石龙尾
Limnophila chinensis subsp. *aromatica* (Lam.) T.Yamamzaki=Limnophila aromatica
Limnophila conferta Benth.密集石龙尾
Limnophila connata (Buch.-Ham. ex D.Don) Hand.-Mazz.抱茎石龙尾
Limnophila connata (Buch.-Ham.) Pennell=Limnophila connata
Limnophila diffusa Benth.铺散石龙尾
Limnophila erecta Benth.直立石龙尾
Limnophila gratioloides R.Br.=Limnophila indica
Limnophila gratissima Bl.=Limnophila aromatica
Limnophila griffithii HK.f.格氏石龙尾
Limnophila helferi HK.f.河氏石龙尾
Limnophila heterophylla (Roxb.) Benth.异叶石龙尾
Limnophila hirsuta (Heyne ex Benth.) Benth.=Limnophila chinensis

Limnophila hypericifolia (Benth.) Benth.=Limnophila connata
Limnophila indica (L.) Druce 有梗石龙尾
Limnophila laxa Benth.疏散石龙尾
Limnophila micrantha Benth.小花石龙尾
Limnophila polyantha Kurz.多花石龙尾
Limnophila polystachya Benth.多穗石龙尾
Limnophila pulcherrima HK.f.美丽石龙尾
Limnophila punctata Bl.=Limnophila aromatica
Limnophila punctata var. *subracemosa* Benth.=Limnophila aromatica
Limnophila pygmaea HK.f.矮石龙尾
Limnophila racemosa Benth.总花石龙尾
Limnophila repens (Benth.) Benth.匍匐石龙尾
Limnophila roxburghii G.Don (Hk.f.in Fl.Brit.Ind.1884)=Limnophila rugosa
Limnophila roxburghii G.Don 罗氏石龙尾
Limnophila rugosa (Roth) Merr.大叶石龙尾
Limnophila sessiliflora (Wahl.) Bl.石龙尾
Limnophila taoyuanensis Yang & Yen=Limnophila sessiliflora
Limnophila tilaeoides HK.f.梯拉状石龙尾
Limnorchis hologlottis (Maxim.) Nevski=Platanthera hologlottis
Limodorum aphyllum (F.W.Schmidt) Sw.=Epipogium aphyllum
Limodorum aphyllum Roxb.=Dendrobium aphyllum
Limodorum bicolor Roxb.=Eulophia herbacea
Limodorum densiflorum Lam.=Geodorum densiflorum
Limodorum ensatum Thunb.=Cymbidium ensifolium
Limodorum flavum Bl.=Phaius flavus
Limodorum pulchrum Thou.=Eulophia pulchra
Limodorum recurvum Roxb.=Geodorum recurvum
Limodorum roseum D.Don=Epipogium roseum
Limodorum striatum Thunb. ex A.Murray=Bletilla striata
Limodorum striatum Thunb.=Bletilla striata
Limodorum tankervilleae Banks ex L'Herit.=Phaius tankervilleae
Limodorum tankervilleae Dryander=Phaius tankervilleae
Limodorum thunbergii Ktze.=Epipactis thunbergii
Limodorum veratrifolium (Boiss.) Ktze.=Epipactis consimilis
Limodorum veratrifolium Willem.=Calanthe triplicata
Limonia arborea Roxb.=Glycosmis pentaphylla
Limonia aurantifolia Christm.=Citrus aurantifolia
Limonia citrifolia Salisb.(Willd.in Enum.Pl.Hort.Berol.1809)=Glycosmis parviflora
Limonia laureola DC.=Skimmia laureola
Limonia monophylla Lour.=Atalantia buxifolia
Limonia parviflora Sims=Glycosmis parviflora
Limonia pentaphylla Retz.=Glycosmis pentaphylla
Limonia scandens Roxb.=Luvunga scandens
Limonium Mill.**补血草属**(白花丹科)
Limonium amblyolobum Ik.-Gal.=Limonium kaschgaricum
Limonium arbusculum (Maxim.) Kakino=Limonium wrightii
Limonium arbusculum var. *luteum* Hara=Limonium wrightii var. luteum
Limonium aureum (L.) Hill.(兰州志 1946)=Limonium potaninii
Limonium aureum (L.) Hill.黄花补血草
Limonium aureum var. aureum=Limonium aureum
Limonium aureum var. *dielsianum* (Wangerin) Peng=Limonium dielsianum
Limonium bellidifolium (Gousan) Dumort.雏菊叶补血草
Limonium bicolor (Bge.) Kuntze 二色补血草
Limonium binervosum (G.E.Sm.) Salmon 二脉补血草
Limonium bonduellii (Lestib.) O.Kuntze 阿尔及利亚补血草
Limonium brassicifolium (Webb & Benth.) O.Kuntze 芸香叶补血草
Limonium caesium (Girald) O.Kuntze 蓝灰补血草
Limonium callianthum (Peng) Kamelin 美花补血草
Limonium callicomum (C.A.Mey.) Ktze.=Goniolimon callicomum
Limonium carolinianum (Walt.) Britt.卡罗里那补血草
Limonium chrsocephalum (Regel) Lincz.=Limonium chrysocomum
Limonium chrysocomum (Kar. & Kir.) Ktze.簇枝补血草
Limonium chrysocomum var. *chrysocephalum* (Rgl.) Peng=Limonium chrysocomum
Limonium chrysocomum var. chrysocomum=Limonium chrysocomum
Limonium chrysocomum var. *pubescens* Lincz.=Limonium chrysocomum
Limonium chrysocomum var. *sedoides* (Rgl.) Peng=Limonium chrysocomum
Limonium chrysocomum var. semenovii (Herd.) Kamelin 大簇补血草
Limonium congestum (Ledeb.) Kuntze 密花补血草
Limonium coralloides (Taursch) Lincz.珊瑚补血草
Limonium cosyrense (guss.) O.Kuntze 考司林补血草
Limonium delicatulum (Girard) O.Kuntze 美味补血草
Limonium desipiens (Ledeb.) Ktze.=Limonium coralloides
Limonium dichroanthum (Rupr.) Ikonnkov-Galitzky ex Lincz.淡花补血草
Limonium dielsianum (Wangerin) Kamelin 巴隆补血草
Limonium dregeanum (K.Presl) O.Kuntze 德来奇补血草
Limonium drepanostachyum Ik.-Gal.弯穗补血草
Limonium drepanostachyum subsp. *callianthum* Peng=Limonium callianthum
Limonium drepanostachyum subsp. *drepanostachyum*=Limonium drepanostachyum
Limonium erythrorrhizum Ikonnikov-Galitzky ex Lincz.=Limonium aureum
Limonium eximium (Schrenk) Ktze.=Goniolimon eximium
Limonium flexuosum (L.) Ktze.曲枝补血草
Limonium francheti (Debx.) Ktze.(东北检索表 1959)=Limonium sinense
Limonium franchetii (Debx.) Ktze.烟台补血草
Limonium gmelinii (Willd.) Ktze.(Plar.in Fl.N.E.Chin.)=Limonium flexuosum
Limonium gmelinii (Willd.) Ktze.大叶补血草
Limonium gougetianum (Girad) O.Kuntze 各格补血草
Limonium hoeltzeri (Regel) Ik.-gal.=Limonium kaschgaricum
Limonium insigne (Coss.) O.Kuntze 特异补血草
Limonium kaschgaricum (Rupr.) Ik.-Gal.喀什补血草
Limonium kaufmannianum (Regel) Ktze.=Ikonnikovia kaufmanniana
Limonium lacostei (Danguy) Kamelin 灰杆补血草
Limonium latifolium (Sm.) O.Kuntze 阔叶补血草
Limonium leptolobum (Regel) Ktze.精河补血草
Limonium lessingianum Lincz.=Limonium suffruticosum
Limonium macrophyllum (Brouss.) O.Kuntze 大补血草(新)
Limonium minutum (L.) O.Kuntze 小补血草
Limonium mouretii (Pit.) Maire 莫莱特补血草
Limonium myrianthum (Schrenk) Ktze.繁枝补血草
Limonium ochranthum (Kar. & Kir.) Ktze.=Goniolimon speciosum
Limonium otolepis (Schrenk) Ktze.耳叶补血草
Limonium peregrinum (Bergius) R.A.Dyer 外来补血草
Limonium perezii (Stapf) F.T.Hubb.彼尔兹补血草
Limonium potaninii Ikonnikov-Galitzky 星毛补血草
Limonium preauxii (Webb.) O.Kuntze 帕来克斯补血草
Limonium puberulum (Webb) O.lKuntze 柔毛补血草
Limonium pycnanthum (K.Koch.) Kuntze=Limonium gmelinii
Limonium ramosissimum (Poir.) Maire 分枝补血草
Limonium rezniczenkoanum Lincz.新疆补血草
Limonium roborowskii Ikonnkov-Gailtzky=Limonium lacostei
Limonium schrenkiana Fisch. & C.A.Mey.=Limonium chrysocomum
Limonium sedoides (Regel) Ktze.=Limonium chrysocomum
Limonium sedoides Rgl.=Limonium chrysocomum
Limonium semenowii (Herd.) Ktze.=Limonium chrysocomum subsp. semenowii
Limonium semenowii var. *chrysocephalum* (Rgl.) Grub.=Limonium chrysocomum
Limonium semenowii var. *sedoides* (Rgl.) Grub.=Limonium chrysocomum
Limonium sieberi (Boiss.) O.Kuntze 西比补血草
Limonium sinense (Girard) Ktze.补血草
Limonium sinuatum (L.) Mill.波状补血草
Limonium spathulatum (Desf.) O.Kuntze 匙形补血草
Limonium speciosum (L.) Ktze.=Goniolimon speciosum
Limonium spicatum O.Kuntze 穗序补血草
Limonium subviolaceum Q.Z.Han & S.D.Zhao=Limonium frachetii
Limonium suffruticosum (L.) Ktze.木本补血草
Limonium superbum Hubb. ex L.H.Bailey 伉越补血草
Limonium suworowi O.Kuntze 索罗补血草
Limonium tataricum Mill.鞑靼补血草
Limonium tataricum var. album Hort.折花补血草
Limonium tataricum var. angustifolium Hubb.细叶补血草
Limonium tataricum var. nanum Hubb.矮生鞑靼补血草
Limonium tenellum (Turcz.) Ktze.细枝补血草

Limonium tetragonum (Thunb.) Bullk 日本补血草
Limonium thouinii (Viv.) O.Kuntze 索思补血草
Limonium transwallianum (Pugsl.) Pugsl.远华丽补血草
Limonium trichogonum Blake 毛补血草
Limonium virgatum (Willd.) O.Kuntze 细绿补血草
Limonium vulgare Mill.欧洲补血草
Limonium wrightii (Hance) Ktze.海芙蓉
Limonium wrightii var. luteum (Hara) Hara 黄花海芙蓉
Limonium wrightii var. *roseum* H.Hara=Limonium wrigthii
Limonium wrightii var. wrightii=Limonium wrightii
Limosella L.**水茫草属**(玄参科)
Limosella aquatica L.水茫草
Linaceae 亚麻科
Linaria Mill.**柳穿鱼属**(玄参科)
Linaria acutiloba Fisch. ex Rchb.=Linaria vulgaris subsp. acutiloba
Linaria bungei Kupr.紫花柳穿鱼
Linaria buriatia Turcz.多枝柳穿鱼
Linaria cabulica Benth.卡布尔柳穿鱼
Linaria genistifolia (L.) Mill.卵叶柳穿鱼
Linaria incana Wall.灰白毛柳穿鱼
Linaria incompleta Kupr.光籽柳穿鱼
Linaria japonica Miq.海滨柳穿鱼
Linaria kulabensis B.Fedtsch.帕米尔柳穿鱼
Linaria linaria (L.) Wettst.=Linaria vulgaris
Linaria longicalcarata Hong 长距柳穿鱼
Linaria minor Desf.小柳穿鱼
Linaria praecox Bge.=Linaria bungei
Linaria quadrifolia Hance=Linaria vulgaris
Linaria thibetica Franch.宽叶柳穿鱼
Linaria transiliensis Kupr.=Linaria bungei
Linaria vulgaris Mill.柳穿鱼
Linaria vulgaris subsp. acutiloba (Fisch. ex Rchb.) Hong 新疆柳穿鱼
Linaria vulgaris subsp. *chinensis* (Bge. ex Debeaux) D.Y.Hong=Linaria vulgaris
Linaria vulgaris subsp. sinensis (Debeaux) Hong 华柳穿鱼
Linaria vulgaris subsp. vulgaris=Linaria vulgaris
Linaria vulgaris var. *chinensis* Bge. ex Debeaux=Linaria vulgaris
Linaria vulgaris var. *latifolia* Kryl.=Linaria vulgaris subsp. acutiloba
Linaria vulgaris var. *sinensis* Debeaux=Linaria vulgaris
Linaria yunnanensis W.W.Sm.云南柳穿鱼
Lindelofia Lehm.**长柱琉璃草属**(紫草科)
Lindelofia benthami HK.f.=Lindelofia stylosa
Lindelofia stylosa Kar. & Kir.长柱琉璃草
Lindelofia stylosa subsp. pterocarpa (Rupr.) Kamelin 翅果长柱琉璃草
Lindelofia stylosa subsp. stylosa= Lindelofia stylosa
Lindenbergia Lehm.**钟萼草属**(玄参科)
Lindenbergia abyssinica Hochst.阿比西利亚钟萼草
Lindenbergia grandiflora Benth.大花钟萼草
Lindenbergia griffithii HK.f.?藏南钟萼草
Lindenbergia hookeri Clarke 虎克钟萼草
Lindenbergia macrostachya Benth.?阿里钟萼草
Lindenbergia melvillei S.Moore=Lindenbergia philippensis
Lindenbergia muraria (Roxb. ex D.Don) Brühl 野地钟萼草
Lindenbergia philippensis (Cham.) Benth.钟萼草
Lindenbergia philippensis var. *ramosissima* Bonati=Lindenbergia philippensis
Lindenbergia polyantha Royle ex Benth.多花钟萼草
Lindenbergia ruderalis (Wahl.) O.Ktze.(植物志 67-2,1979)=Lindenbergia muraria
Lindenbergia urticaefolia Lehm.=Lindenbergia muraria
Lindera Thunb.**山胡椒属**(樟科)
Lindera aggregata (Sims) Kosterm.乌药
Lindera aggregata var. aggregata=Lindera aggregata
Lindera aggregata var. playfairii (Hemsl.) H.P.Tsui 小叶乌药
Lindera akoensis Hay.台湾香叶树
Lindera alongensis Lec.=Lindera aggregata var. playfairii
Lindera angustifolia Cheng 狭叶山胡椒
Lindera assamica (Meissn) King (Lour.Ho in Laur.Chine & Indoch.1934) =Lindera metcalfiana var. dictyophylla
Lindera benzoin L.Blume 美国山胡椒
Lindera bifaria (Nees) Benth. ex HK.f.=Lindera nacusua
Lindera bifaria (Nees) Hosseus=Lindera nacusua
Lindera bodinieri Lévl.=Lindera communis
Lindera camphorata Lévl.=Sassafras tzumu
Lindera caudata (Nees) HK.f.香面叶
Lindera caudata Diels=Lindera pulcherrima var. hemsleyana
Lindera cavaleriei Lévl.=Nothaphoebe cavaleriei
Lindera cercidifolia Hemsl.=Lindera obtusiloba
Lindera chienii Cheng 江浙山胡椒
Lindera chunii Merr.鼎湖钓樟
Lindera communis Hemsl.香叶树
Lindera communis var. *grandifolia* Lec.=Lindera nacusua
Lindera dictyophylla Allen=Lindera metcalfiana var. dictyophylla
Lindera doniana Allen 贡山山胡椒?
Lindera duclouxii Lec.=Lindera nacusua
Lindera eberhardtii Lec.=Lindera aggregata
Lindera erythrocarpa Makino 红果山胡椒
Lindera flavinervia Allen 黄脉钓樟
Lindera floribunda (Allen) H.P.Tsui 绒毛钓樟
Lindera foveolata H.W.Li 蜂房叶山胡椒
Lindera fragrans Oliv.香叶子
Lindera fruticosa Hemsl.绿叶甘橿
Lindera fruticosa var. fruticosa=Lindera fruticosa
Lindera fruticosa var. pomiensis H.P.Tsui 波密钓樟
Lindera gambleana Allen (p.p.)=Lindera pulcherrima var. attenuata
Lindera gambleana Allen=Lindera pulcherrima var. hemsleyana
Lindera gambleana var. *floribunda* Allen(p.p.)=Lindera floribunda
Lindera gambleana var. *floribunda* Allen(p.p.)=Lindera thomsonii
Lindera gamblena Allen=Lindera thomsonii
Lindera glauca (S. &.Z.) Bl.山胡椒
Lindera glauca Bl.(Diels in Not.Bot.Gard.Edinb.1912)=Lindera kariensis
Lindera glauca var. *kawakamii* Hay.=Lindera glauca
Lindera glauca var. *nitidula* Lec.=Lindera communis
Lindera gracilipes H.W.Li 纤梗山胡椒
Lindera guangxiensis H.P.Tsui 广西钓樟
Lindera hemsleyana (Diels) Allen=Lindera pulcherrima var. hemsleyana
Lindera hemsleyana var. *velutina* (Forr.) Allen=Lindera thomsonii var. vernayana
Lindera heterophylla Meissn.=Lindera obtusiloba var. heterophylla
Lindera kariensis W.W.Sm.更里山胡椒
Lindera kariensis f. glabrescens H.W.Li 毛叶山胡椒
Lindera kariensis f. kariensis=Lindera kariensis
Lindera kwangtungensis (Liou) Allen 广东山胡椒
Lindera kwangtungensis f. *robusta* Allen=Lindera robusta
Lindera latifolia HK.f.团香果
Lindera laureola Coll. & Hemsl.(Chun in Contr.Biol.Lab.Sci.Soc.China 1925)=Lindera communis
Lindera limprichtii H.Winkl.卵叶钓樟
Lindera longipedunculata Allen 山柿子果
Lindera longshengensis S.Lee 龙胜钓樟
Lindera megaphylla Hemsl.黑壳楠
Lindera megaphylla f. megaphylla=Lindera megaphylla
Lindera megaphylla f. *touyunensis* (Lévl.) Rehd.=Lindera megaphylla f. trichoclada
Lindera megaphylla f. trichoclada (Rehd.) Cheng 毛黑壳楠
Lindera meissneri King (Liou Ho,Laur.Chne & Indoch.1934)=Lindera metcalfiana var. dictyophylla
Lindera meissneri King (Merr. & Chun in Sunyatsenia 1935,p.p.)=Lindera metcalfiana
Lindera meissneri King (Merr. & Chun in Sunyatsenia 1940,p.p.)=Lindera kwangtungensis
Lindera meissneri f. *kwangtungensis* Liou=Lindera kwangtungensis
Lindera metcalfiana Allen 滇粤山胡椒
Lindera metcalfiana var. dictyophylla (Allen) H.P.Tsui 网叶山胡椒
Lindera metcalfiana var. metcalfiana=Lindera metcalfiana
Lindera mollis Oliv.=Lindera obtusiloba
Lindera monghaiensis H.W.Li 勐海山胡椒
Lindera motuoensis H.P.Tsui 西藏山胡椒
Lindera nacusua (D.Don) Merr.绒毛山胡椒
Lindera nacusua var. monglunensis H.P.Tsui 勐仑山胡椒
Lindera nacusua var. *sutchuanensis* Yang=Lindera nacusua
Lindera neesiana (Nees) Kurz.绿色甘橿(新)

Lindera obovata Franch.=Litsea populifolia
Lindera obtusiloba Bl.三桠乌药
Lindera obtusiloba var. heterophylla (Meissn.) H.P.Tsui 滇藏钓樟
Lindera obtusiloba var. obtusiloba=Lindera obtusiloba
Lindera obtusiloba var. *praetermissa* (Griserson & Long) H.P.Tsui=Lindera obtusiloba
Lindera oldhami Hemsl.(Liou Ho in Lour.Chine & Indoch.1934)=Lindera megaphylla f. trichoclada
Lindera oldhami Hemsl.=Lindera megaphylla
Lindera paxiana H.winkl.=Lindera communis
Lindera pedunculata Diels=Litsea pedunculata
Lindera playfairii (Hemsl.) Allen=Lindera aggregata var. playfairii
Lindera poniensis Tsui 波密钓樟
Lindera populifolia Hemsl.=Litsea populifolia
Lindera praecox (S. & Z.) Bl.大果山胡椒
Lindera praetermissa Griserson & Long=Lindera obtusiloba
Lindera prattii Gamble 峨眉钓樟
Lindera pricei Hay.=Lindera megaphylla
Lindera puberula Franch.=Litsea moupinensis
Lindera pulcherrima (Wall.) Benth.西藏钓樟
Lindera pulcherrima var. attenuata Allen 香粉叶
Lindera pulcherrima var. *glauca* Lec.=Lindera thomsonii
Lindera pulcherrima var. hemsleyana (Diels) H.P.Tsui 川钓樟
Lindera pulcherrima var. pulcherrima=Lindera pulcherrima
Lindera pulchrrima (Nees) HK.f.=Lindera thomsonii
Lindera randaiensis Hay.=Sassafras randaiense
Lindera reflexa Hemsl.山橿
Lindera robusta (Allen) H.P.Tsui 海南山胡椒
Lindera rosthornii Diels=Lindera fragrans
Lindera rubronervia Gamble 红脉钓樟
Lindera setchuenensis Gamble 四川山胡椒
Lindera sp. Edinb.=Lindera nacusua
Lindera sterrophylla Allen=Lindera communis
Lindera stewardiana Allen(p.p.)=Lindera pulcherrima var. attenuata
Lindera stewardiana Allen(p.p.)=Lindera pulcherrima var. hemsleyana
Lindera strychnifolia (S. & Z.) F. -Vill.=Lindera aggregata
Lindera strychnifolia var. ? Hemsl.=Lindera pulcherrima var. hemsleyana
Lindera strychnifolia var. *hemsleyana* Diels=Lindera pulcherrima var. hemsleyana
Lindera strychnifolia var. *limprichtii* (H.Winkl.) Yang=Lindera limprichtii
Lindera strychnifolia var. *velutina* Forr.=Lindera thomsonii var. vernayana
Lindera subcaudata (Merr.) Merr.=Lindera pulcherrima var. attenuata
Lindera supracostata Lec.菱叶钓樟
Lindera supracostata var. *attenuata* Allen=Lindera supracostata
Lindera supracostata var. *chuaneensis* H.S.Kung=Lindera fragrans
Lindera thomsonii Allen 三股筋香
Lindera thomsonii var. thomsonii=Lindera thomsonii
Lindera thomsonii var. vernayana (Allen) H.P.Tsui 长尾钓樟
Lindera thunbergii Makino=Lindera erythrocarpa
Lindera tienchuanensis W.P.Fang & H.S.Kung 天全钓樟
Lindera tonkinensis Lec.(Allen in J.Arn.Arb.1941,p.p.)=Lindera tonkinensis var. subsessilis
Lindera tonkinensis Lec.假桂钓樟
Lindera tonkinensis var. subsessilis H.W.Li 无梗钓樟
Lindera tonkinensis var. tonkinensis=Lindera tonkinensis
Lindera tzumu Hemsl.=Sassafras tzumu
Lindera uernayana Allen=Lindera thomsonii var. vernayana
Lindera umbellata Bl.=Lindera erythrocarpa
Lindera umbellata var. *latifolai* Gamble=Lindera reflexa
Lindera urophylla (Rehd.) Allen=Lindera pulcherrima var. hemsleyana
Lindera villipes H.P.Tsui 毛柄钓樟
Lindera yunnanensis Lévl.=Lindera communis
Lindernia All.**母草属**(玄参科)
Lindernia anagallidea (Mich.) Pennell.=Lindernia dubia
Lindernia anagallis (Burm.f.) Pennell 长蒴母草
Lindernia angustifolia (Benth.) Wetts.=Lindernia micrantha
Lindernia antipoda (L.) Alston 泥花草
Lindernia brevipedunculata Migo 短梗母草
Lindernia ciliata (Colsm.) Pennell 刺齿泥花
Lindernia cordifolia (Colsm.) Merr.=Lindernia anagallis
Lindernia cruciformis Hay.=Lindernia viscosa
Lindernia crustacea (L.) F.Muell.母草
Lindernia cyrtotricha Tsoong & Ku 曲毛母草
Lindernia delicatula Tsoong & Ku 柔弱母草
Lindernia dictyophora Tsoong 网萼母草
Lindernia dubia (L.) Pennell 北美母草
Lindernia dubia var. *anagallidea* (Mich.) Cooper.=Lindernia dubia
Lindernia elata (Benth.) Westts.荨麻母草
Lindernia elata var. chinensis (Bonati) Hand.-Mazz.华母草(新)?
Lindernia erecta (Benth.) Bonati=Lindernia procumbens
Lindernia hirta (Cham. & Schlech.) Pennell=Lindernia pusilla
Lindernia hyssopioides (L.) Haines 尖果母草
Lindernia japonica Thunb.=Mazus pumilus
Lindernia jiuhuanica X.H.Guo & X.L.Liu 九华山母草
Lindernia kiangsiensis Tsoong 江西母草
Lindernia macrobotrys Tsoong 长序母草
Lindernia megaphylla Tsoong 大叶母草
Lindernia micrantha D.Don 狭叶母草
Lindernia mollis (Benth.) Wetts. 红骨草
Lindernia montana (Bl.) Koord.=Lindernia mollis
Lindernia nummularifolia (D.Don) Wettst.宽叶母草
Lindernia oblonga (Benth.) Merr.棱萼母草
Lindernia procumbens (Krock.) Philcox 陌上菜
Lindernia pusilla (Willd.) Boldingh 细茎母草
Lindernia pyxidaria L.(p.p.)=Lindernia procumbens
Lindernia ruellioides (Colsm.) Pennell 旱田草
Lindernia scutellariiformis Yamaz.黄岑母草
Lindernia sessilifolia (Benth.) Wettst.=Lindernia nummularifolia
Lindernia setulosa (Maxim.) Tuyama 刺毛母草
Lindernia stellarifolia Hay.=Lindernia pusilla
Lindernia stricta Tsoong & Ku 坚挺母草
Lindernia subcrenulata (Miq.) Merr.=Lindernia oblonga
Lindernia taishanensis F.Z.Li 泰山母草
Lindernia tenuifolia (Colsm.) Alston 细叶母草
Lindernia urticifolia (Hance) Bonati=Lindernia elata
Lindernia veronicifolia (Retz.) F.Muell.=Lindernia antipoda
Lindernia viscosa (Hornem.) Merr.粘毛母草
Lindernia yaoshanensis Tsoong 瑶山母草
Lindsaea Dry.**陵齿蕨属**(陵齿蕨科)
Lindsaea austrosinica Ching 华南陵齿蕨
Lindsaea boryana Brause=Lindsaea macraeana
Lindsaea changii C.Chr.狭叶陵齿蕨
Lindsaea chienii Ching 钱氏陵齿蕨
Lindsaea chienii var. *deltoidea* Tagawa=Lindsaea liankwangensis
Lindsaea chinensis Ching=Lindsaea chingii
Lindsaea chinensis Mett. ex Kuhn=Stenoloma chusanum
Lindsaea chingii C.Chr.碎叶陵齿蕨
Lindsaea commixta Tagawa 海岛陵齿蕨
Lindsaea concinna H.Ito=Lindsaea kusukusensis Hay.
Lindsaea concinna J.Sm.假陵齿蕨
Lindsaea concinna var. *kusukusensis* Tagawa=Lindsaea kusukusensis
Lindsaea conformis Ching 噬蚀陵齿蕨
Lindsaea conmixta Tagawa(新拉汉英 1996)＝Lindsaea commixta
Lindsaea crenulata Fée=Lindsaea lucida
Lindsaea cultrata (Willd.) Sw.(植物志 72,1988)=Lindsaea odorata
Lindsaea cultrata var. *japonica* Bak.=Lindsaea japonica
Lindsaea cultrata var. *minor* HK.=Lindsaea japonica
Lindsaea davallioides Bl.网脉陵齿蕨
Lindsaea decomposita Merr.=Lindsaea davallioides
Lindsaea dissectiformis Ching=Stenoloma eberhardtii
Lindsaea eberhardtii Kramer=Stenoloma eberhardtii
Lindsaea ecedens Ching 阔边鳞始蕨?
Lindsaea ensifolia Sw.=Schizoloma ensifolium
Lindsaea flabellulata Dry.=Lindsaea orbiculata
Lindsaea flabellulata var. *dryanderi* HK.=Lindsaea orbiculata
Lindsaea griffithiana HK.=Schizoloma ensifolium
Lindsaea hainanensis Ching 海南陵齿蕨
Lindsaea heterophylla Dry.=Schizoloma heterophyllum
Lindsaea intertexta Ching=Schizoloma intertextum
Lindsaea japonica (Bak.)Diels 日本陵齿蕨
Lindsaea kusukusensis Hay.方柄陵齿蕨
Lindsaea liankwangensis Ching 两广陵齿蕨

Lindsaea lobbiana HK.=Lindsaea lucida
Lindsaea longipetiolata Ching 长柄陵齿蕨
Lindsaea lucida Bl.亮叶陵齿蕨
Lindsaea macraeana (HK. & Arn.) Cop.攀援陵齿蕨
Lindsaea merrillii Cop.蔓生陵齿蕨
Lindsaea minima Ching=Lindsaea changii
Lindsaea neocultrata Ching & C.H.Wang 长片陵齿蕨
Lindsaea odorata Roxb.陵齿蕨
Lindsaea orbiculata (Lam.) Mett.团叶陵齿蕨
Lindsaea orbiculata H.Ito=Lindsaea recedens
Lindsaea orbiculata var. *deltoidea* Wu=Lindsaea liankwangensis
Lindsaea pentaphylla HK.=Schizoloma ensifolium
Lindsaea polymorpha Wall.=Lindsaea orbiculata
Lindsaea propria v.A.v.R.=Lindsaea lucida
Lindsaea recedens Ching 阔边陵齿蕨
Lindsaea repens Bedd.=Lindsaea macraeana
Lindsaea simulans Ching 假团叶陵齿蕨
Lindsaea taiwaniana Ching 台湾陵齿蕨
Lindsaea tenera var. *chienii* C.Chr & Tard.-Blot=Lindsaea chienii
Lindsaea variabilis HK. & Arn.=Schizoloma heterophyllum
Lindsaea yaeyamensis Tagawa=Lindsaea macraeana
Lindsaea yunnanensis Ching 云南陵齿蕨
Lindsaeaceae 陵齿蕨科
Lindsayoides Nakai=**Nephrolepis**
Lingnania affinis (Rendle) Keng f.=Neosinocalamus affinis
Lingnania cerosissima (McClure) McClure=Bambusa cerosissima
Lingnania chungii (McClure) McClure=Bambusa chungii
Lingnania chungii var. *petilla* Wen=Bambusa chungii
Lingnania distegia (Keng & Keng f.) Keng f.=Bambusa distegia
Lingnania farinosa (Keng & Keng f.) Keng f.=Dendrocalamus farinosus
Lingnania fimbriligulata McClure=Bambusa remotiflora
Lingnania funghomii McClure=Bambusa guangxiensis
Lingnania papillata Q.H.Dai=Bambusa papillata
Lingnania remotiflora (Kuntze) McClure=Bambusa remotiflora
Lingnania scandens McClure=Bambusa hainanensis
Lingnania surrecta Q.H.Dai=Bambusa surrecta
Lingnania tsiangii McClure=Dendrocalamus tsiangii
Lingnania wenchouensis Wen=Bambusa wenchouensis
Linnaea Gronov. ex L.**北极花属**(忍冬科)
Linnaea aschersoniana Graebn.=Abelia chinensis
Linnaea borealis L.北极花
Linnaea chinensis (R.Br.) A.Braun & Vatke=Abelia chinensis
Linnaea dielsii Graebn.=Abelia dielsii
Linnaea engleriana Graebn.=Abelia engleriana
Linnaea forrestii Diels=Abelia forrestii
Linnaea koehneana Graebn.=Abelia engleriana
Linnaea macrotera Graebn. & Buckw.=Abelia macrotera
Linnaea onkocarpa Graebn.=Abelia dielsii
Linnaea parvifolia (Hemsl.) Graebn.=Abelia parvifolia
Linnaea rupestris (Lindl.) A.Braun & Vatke=Abelia chinensis
Linnaea schumanni Graebn.=Abelia parvifolia
Linnaea sect. II. *Abelia* (R.Br.) A.Braun & Vatke (p.p.)=**Abelia**
Linnaea subgen. *Eulinnaea* Graebn.=**Linnaea**
Linnaea tereticalyx Graebn.=Abelia parvifolia
Linnaea umbellata Graebn. & Buchw.=Abelia umbellata
Linnaea zanderii Graebnj.=Abelia dielsii
Linociera Swartz.=**Chionanthus**
Linociera brachythyrsa Merr.=Chionanthus brachythyrsus
Linociera cambodiana Hance (1887)=Olea dioica
Linociera caudata Coll?云南李榄(新)
Linociera chinensis Fisch. ex Maxim.=Chionanthus retusus
Linociera cumingiana Vidal=Chionanthus ramiflorus
Linociera guangxiensis (B.M.Miao) B.M.Miao=Chionanthus guangxiensis
Linociera hainanensis Merr. & Chun=Chionanthus hainanensis
Linociera harmandii Gagn.(Merr. & Chun in Sunyatsenia 1940)=Olea neriifolia
Linociera henryi Li=Chionanthus henryanus
Linociera insignis C.B.Clarke=Chionanthus henryanus
Linociera leucoclada Merr. & Chun=Chionanthus brachythyrsus
Linociera longiflora H.L.Li=Chionanthus longiflorus
Linociera luzonica (Bl.) F.-Vill.=Chionanthus ramiflorus
Linociera macrophylla var. *attenuata* (Wall. ex G.Don) C.B.Clarke=Chionanthus ramiflorus
Linociera macrophylla Wall. ex G.Don=Chionanthus ramiflorus
Linociera menghaiensis H.T.Chang=Olea rosea
Linociera parvilimba Merr. & Chun=Olea parvilimba
Linociera ramiflora f. *caudatifolia* Chia=Chionanthus hainanensis
Linociera ramiflora f. *pubisepala* Chia=Chionanthus ramiflorus
Linociera ramiflora var. grandiflora (B.M.Miao) B.M.Miao=Chionanthus ramiflorus var. grandiflorus
Linociera ramiflora var. ramiflora=Chionanthus ramiflorus
Linospadix H.Wendl.**手杖棕属**(棕榈科)
Linospadix monostachya H.Wendl.手杖棕
Linosyris (Cass.) O.Hoffm.(p.p.)=**Linosyris**
Linosyris (Cass.) Rchb.f.=**Linosyris**
Linosyris Cass.**麻菀属**(菊科)
Linosyris punctata Rgl. & Schmalth.=Galatella regelii
Linosyris scoparia Kar. & Kir.=Galatella scoparia
Linosyris tatarica (Less) C.A.Meyer 新疆麻菀
Linosyris villosa (L.) DC.灰毛麻菀
Linosyris vulgaris Cass. ex Less.麻菀
Linum L.**亚麻属**(亚麻科)
Linum alpinum Jacq.高山亚麻
Linum altaicum Ledeb.阿尔泰亚麻
Linum amurense Alef.黑水亚麻
Linum angustifolium Huds.窄叶亚麻
Linum austriacum L.奥地利亚麻
Linum baicalense Juz.=Linum nutans
Linum campanulatum L.钟花亚麻
Linum catharticum L.泻亚麻
Linum corymbulosum Reichb.长萼亚麻
Linum flavum L.金黄亚麻
Linum flexuosum Hort.丛生亚麻
Linum gallicum L.法国亚麻
Linum grandiflorum Desf.大花亚麻
Linum heterosepalum Regel 异萼亚麻
Linum hirsutum L.毛亚麻
Linum humile Mill.=Linum usitatissimum
Linum lewisii Pursh 刘易斯亚麻
Linum maritimum L.海滨亚麻
Linum monogynum Forst.新西兰亚麻
Linum narbonense L.那旁亚麻
Linum nutans Maxim.垂果亚麻
Linum pallescens Bge.短柱亚麻
Linum perenne L.(Kitag.in Lineam.Fl.Mansh.1939)=Linum nutans
Linum perenne L.(东北检索表 1959)=Linum amurense
Linum perenne L 宿根亚麻
Linum sibiricum Bge.=Linum altaicum
Linum sibiricum DC.=Linum perenne
Linum stelleroides Planch.野亚麻
Linum tenuifolium L.细叶亚麻
Linum trigynum Roxb.=Reinwardtia indica
Linum usitatissimum L.亚麻
Liodendron H.Keng=**Drypetes**
Liodendron formosanum (Kanehira & Sasaki ex Shimada) H.Keng=Drypetes formosana
Liodendron matsumurae (Koidz.) H.Keng=Drypetes matsumurae
Liparis L.C.Rich. **羊耳蒜属**(兰科)
Liparis acuminata HK.f.渐尖羊耳蒜(新)?
Liparis amabilis Fukuyama 白花羊耳蒜
Liparis amplifolia Schltr.=Liparis regnieri
Liparis angkae Kerr=Liparis petiolata
Liparis angustifolia (Bl.) Lindl.=Liparis cespitosa
Liparis assamica King & Pantl.扁茎羊耳蒜
Liparis atropurpurea Lindl.暗紫羊耳蒜
Liparis auriculata Bl. ex Miq.玉簪羊耳蒜
Liparis aurita Ridl.(分类学报 1995)=Liparis delicatula
Liparis averyanoviana Szlch.=Liparis bootanensis var. angustissima
Liparis balansae Gagn.圆唇羊耳蒜
Liparis bambusaefolia Makino=Liparis nervosa
Liparis barbata Lindl.须唇羊耳蒜
Liparis bautingensis T.Tang & F.T.Wang 保亭羊耳蒜
Liparis bicallosa (D.Don) Schltr.=Liparis nervosa

Liparis bistriata Par. & Rchb.f.折唇羊耳蒜
Liparis bituberculata var. *formosana* (Rchb.f.) Ridl.=Liparis nervosa
Liparis bituberculata var. *khasiana* HK.f.=Liparis nervosa
Liparis bootanensis Griff.镰翅羊耳蒜
Liparis bootanensis var. angustissima S.C.Chen & K.Y.Lang 狭翅羊耳蒜
Liparis bootanensis var. bootanensis=Liparis bootanensis
Liparis bootanensis var. *uchiyamae* (Schltr.) S.S.Ying=Liparis bootanensis
Liparis caespitosa (Thou.) Lindl.=Liparis cespitosa
Liparis campylostalix Rchb.f.齿唇羊耳蒜
Liparis cathcartii HK.f.二褶羊耳蒜
Liparis cespitosa (Thou.) Lindl.丛生羊耳蒜
Liparis chapaensis Gagn.平卧羊耳蒜
Liparis chloroxantha Hance=Liparis stricklandiana
Liparis condylobulbon Rchb.f.细茎羊耳蒜
Liparis confusa J.J.Sm.=Liparis condylobulbon
Liparis cordifolia HK.f.心叶羊耳蒜
Liparis craibiana Kerr=Liparis regnieri
Liparis cucullata S.S.Chien=Liparis pauliana
Liparis dalatensis Guill.=Liparis regnieri
Liparis delicatula HK.f.小巧羊耳蒜
Liparis diodon Rchb.f.=Liparis rostrata
Liparis distans C.B.Clarke 大花羊耳蒜
Liparis dolichopoda Hay.=Liparis condylobulbon
Liparis dunnii Rofle 福建羊耳蒜
Liparis elata Lindl.高羊耳蒜
Liparis elegans Lindl.雅致羊耳蒜
Liparis elliptica Wight 扁球羊耳蒜
Liparis elongata Fukuyama=Liparis japonica
Liparis esquirolii Schltr.贵州羊耳蒜
Liparis fargesii Finet 小羊耳蒜
Liparis ferruginea Lindl.锈色羊耳蒜
Liparis fimbriata Kerr=Liparis barbata
Liparis fissilabris T.Tang & F.T.Wang 裂唇羊耳蒜
Liparis fissipetala Finet 裂瓣羊耳蒜
Liparis foliosa Lindl.多叶羊耳蒜
Liparis formosana Rchb.f.=Liparis nervosa
Liparis formosana f. *aureo-variegata* Nakajima=Liparis nervosa
Liparis gigantea C.L.Tso=Liparis nigra
Liparis giraldiana Kraenzl. ex Diels=Liparis japonica
Liparis glossula Rchb.f.方唇羊耳蒜
Liparis grossa Rchb.f.恒春羊耳蒜
Liparis hainanensis T.Tang & F.T.Wang=Liparis balansae
Liparis henryi Rolfe=Liparis nigra
Liparis hensoaensis Kudô 日月潭羊耳蒜
Liparis inaperta Finet 长苞羊耳蒜
Liparis japonica (Miq.) Maxim.羊耳蒜
Liparis kawakamii Hay.凹唇羊耳蒜
Liparis keitaoensis Hay.=Liparis cordifolia
Liparis khasiana (HK.f.) T.Tang & F.T.Wang=Liparis nervosa
Liparis krameri Franch.尾唇羊耳蒜
Liparis krameri var. *sasakii* (Hay.) Hashimoto=Liparis sasakii
Liparis krameri var. *viridis* Makino=Liparis krameri
Liparis krempfii Gagn.=Malaxis latifolia
Liparis kumokiri F.Maekawa 淡绿羊耳蒜(新)?
Liparis kwangtungensis Schltr.广东羊耳蒜
Liparis lancifolia HK.f.=Liparis bootanensis
Liparis latifolia (Bl.) Lindl.宽叶羊耳蒜
Liparis latilabris Rofle 阔唇羊耳蒜
Liparis laurisilvatica Fukuyama=Liparis cespitosa
Liparis lilifolia L.C.Rich.(Koma.in Act.Hort.Petrop.1901)=Liparis japonica
Liparis liliifolia (L.) L.C.Rich. ex Ldl.百合叶羊耳蒜
Liparis loeselii (L.) L.C.Rich.洛氏羊耳蒜
Liparis longipes Lindl.(Matsumura & Hay.in Enum.Pl.Formos.1906)=Liparis condylobulbon
Liparis longipes Lindl.=Liparis viridiflora
Liparis longiscapa (Rolfe ex Donwnie) Gagn.=Liparis odorata
Liparis luteola Lindl.黄花羊耳蒜
Liparis macrantha HK.f.=Liparis distans
Liparis macrantha Rolfe=Liparis nigra
Liparis macrantha var. *sootenzanensis* (Fukuyama) S.S.Ying=Liparis sootenzanensis
Liparis makinoana Schltr.(台湾志,1978)=Liparis sasakii
Liparis makinosana Schltr.紫红花羊耳蒜(新)?
Liparis malleiformis W.W.Sm.=Liparis stricklandiana
Liparis mannii Rchb.f.三裂羊耳蒜
Liparis nakaharai Hay.=Liparis distans
Liparis nepalensis Lindl.=Liparis petiolata
Liparis nervosa (Thunb. ex A.Murray) Lindl.见血青
Liparis nervosa var. *formosana* (Rchb.f.) Hiroe=Liparis nervosa
Liparis nigra Seidenf.紫花羊耳蒜
Liparis nigra var. *hensoaensis* (Kudô) S.S.Ying=Liparis hensoaensis
Liparis nigra var. *sootenzanensis* (Fukuyamna) T.S.Liu & H.J.Su=Liparis sootenzanensis
Liparis odorata (Willd.) Lindl.香花羊耳蒜
Liparis odorata var. *longiscapa* Rolfe ex Downie=Liparis odorata
Liparis olivacea Lindl.=Liparis odorata
Liparis oxyphylla Schltr.=Liparis distans
Liparis paradaxa var. *parishii* HK.f.=Liparis odorata
Liparis paradoxa (Lindl.) Rchb.f.=Liparis odorata
Liparis parishii (HK.f.) Hk.f.=Liparis odorata
Liparis parviflora (Bl.) Lindl.小花羊耳蒜
Liparis pauciflora Rolfe=Liparis japonica
Liparis pauliana Hand.-Mazz.长唇羊耳蒜
Liparis pendula Lindl.=Liparis viridiflora
Liparis perpusilla HK.f.极小羊耳蒜
Liparis petiolata (D.Don) P.F.Hunt & Summerh.柄叶羊耳蒜
Liparis platybulba Hay.=Liparis elliptica
Liparis platyglossa Schltr.阔舌羊耳蒜
Liparis platyrachis HK.f.小花羊耳蒜
Liparis pleistantha Schltr.=Liparis viridiflora
Liparis plicata Franch. & Sav.=Liparis bootanensis
Liparis plicata var. *kawakamii* (Hay.) S.S.Ying=Liparis kawakamii
Liparis pterostyloides Szlach.=Liparis bootanensis
Liparis pulchella HK.f.=Liparis petiolata
Liparis pusilla Ridl.=Liparis cespitosa
Liparis reflexa Lindl.反曲瓣羊耳蒜
Liparis regnieri Finet 翼蕊羊耳蒜
Liparis resupinata Ridl.蕊丝羊耳蒜
Liparis rizalensis Ames=Liparis grossa
Liparis rostrata Rchb.f.齿突羊耳蒜
Liparis ruybarretto S.Y.Hu & Barretto=Liparis bootanensis
Liparis saltucola Kerr=Liparis bistriata
Liparis sasakii Hay.阿里山羊耳蒜
Liparis seidenfadeniana Szlach.管花羊耳蒜?
Liparis sekiteiensis Kudô ex Masam.=Liparis cordifolia
Liparis shaoshunia S.S.Ying=Liparis nervosa
Liparis siamensis Rolfe ex Downie 滇南羊耳蒜
Liparis simeonis Schltr.=Liparis odorata
Liparis simondii Gagn.=Liparis viridiflora
Liparis somai Hay.台湾羊耳蒜
Liparis sootenzanensis Fukuyama 插天山羊耳蒜
Liparis spathulata Lindl.=Liparis viridiflora
Liparis stricklandiana Rchb.f.扇唇羊耳蒜
Liparis stricklandiana var. *lonigbracteata* S.C.Chen=Liparis stricklandiana
Liparis subplicata T.Tang & F.T.Wang=Liparis bootanensis
Liparis sutepensis Rolfe ex Downie=Liparis tschangii
Liparis taiwaniana Hay.=Liparis distans
Liparis tateishii Kudô =Liparis grossa
Liparis teniana Schltr.=Liparis odorata
Liparis tenii Schltr.=Liparis odorata
Liparis tonkinensis Gagn.=Liparis odorata
Liparis tschangii Schltr.折苞羊耳蒜
Liparis turfosa Gagn.=Malaxis latifolia
Liparis uchiyamae Schltr.=Liparis bootanensis
Liparis viridiflora (Bl.) Lindl.长茎羊耳蒜
Liparis wrayi HK.f.=Liparis barbata
Liparis yakusimensis Masam.=Liparis auriculata
Liparis yunnanensis Rolfe=Liparis distans
Lipocarpha R.Br.**湖瓜草属**(莎草科)
Lipocarpha argentea (Vahl) R.Br.=Lipocarpha senegalensis
Lipocarpha atropurpurea Böcklr.=Lipocarpha tenera

Lipocarpha chinensis (Osbeck) Tang & Wang 华湖瓜草
Lipocarpha microcephala (R.Br.) Kunth=Lipocarpha chinensis
Lipocarpha senegalensis (Lam.) Dandy 银穗湖瓜草
Lipocarpha tenera Böcklr.细秆湖瓜草
Lippia chinensis Lour.=Phyla nodiflora
Lippia nodiflora (L.) Rich.=Phyla nodiflora
Liquidambar L.**枫香树属**(金缕梅科)
Liquidambar acalycina Chang 缺萼枫香树
Liquidambar acerifolia Maxim.=Liquidambar formosana
Liquidambar altingiana Bl.=Altingia excelsa
Liquidambar chinensis Champ.=Altingia chinensis
Liquidambar edentata Merr.=Acer tutcheri
Liquidambar formosana Hance 枫香树
Liquidambar formosana var. monticola Rehd. & Wils.山枫香树
Liquidambar maximowiczii Miquel=Liquidambar formosana
Liquidambar orientalis Mill.苏合香
Liquidambar rosthornii Diels=Acer sinense
Liquidambar sp. Hemsl.=Liquidambar formosana
Liquidambar styraciflua L.胶皮枫香树
Liquidambar tawaniana Hance 台湾枫香树?
Liquidambar tonkinensis Cheval.=Liquidambar formosana
Liriodendron L.**鹅掌楸属**(木兰科)
Liriodendron chinense (Hemsl.) Sarg.鹅掌楸
Liriodendron coco Lour.=Magnolia coco
Liriodendron figo Lour.=Michelia figo
Liriodendron tulipifera L.北美鹅掌楸
Liriodendron tulipifera var. *chinense* Hemsl.=Liriodendron chinense
Liriodendron tulipifera var. *sinensis* Diels=Liriodendron chinense
Liriope Lour.**山麦冬属**(百合科)
Liriope angustissima Ohwi=Liriope graminifolia
Liriope cernua (Koidz.) Masamune=Liriope minor
Liriope crassiuscula Ohwi=Liriope graminifolia
Liriope graminifolia (L.) Baker 禾叶山麦冬
Liriope graminifolia Baker=Liriope spicata
Liriope graminifolia var. *densifolia* Maxim. ex Baker=Liriope muscari
Liriope graminifolia var. *minor* (Maxim.) Baker=Liriope minor
Liriope kansuensis (Batal.) C.H.Wright 甘肃山麦冬
Liriope longipedicellata Wang & Tang 长梗山麦冬
Liriope minor (Maxim.) Makino 矮小山麦冬
Liriope muscari (Dene.) L.H.Bail.短葶山麦冬
Liriope muscari var. *communis* (Maxim.) P.S.Hsu & L.C.Li=Liriope muscari
Liriope muscari var. exiliflora Bailey 疏花山麦冬
Liriope muscari var. variegata Bailey 花叶山麦冬
Liriope platyphylla F.T.Wang & Tang=Liriope muscari
Liriope platyphylla var. variegata Hort.金边山麦冬
Liriope spicata (Thunb.) Lour.山麦冬
Liriope spicata f. *koreana* (Palib.) H.Hara=Liriope spicata
Liriope spicata var. *densiflora* C.H.Wright=Liriope muscari
Liriope spicata var. *humilis* F.Z.Li=Liriope spicata
Liriope spicata var. *latifolia* Franch.=Liriope muscari
Liriope spicata var. *minor* (Maxim.) C.H.Wright=Liriope minor
Liriope spicata var. *prolifera* Y.T.Ma=Liriope spicata
Liriope yingdeensis R.H.Miao=Liriope muscari
Liriops crassuscula Ohwi=Liriope graminifolia
Lissochilus R.Br.=**Eulophia**
Lissochilus flavus (Lindl.) Schltr.=Eulophia flava
Listera R.Br.**对叶兰属**(兰科)
Listera australis Lindl.澳洲对叶兰
Listera bambusetorum Hand.-Mazz 高山对叶兰
Listera biflora Schltr 二花对叶兰
Listera brachybotryosa T.Tang & F.T.Wang=Listera pinetorum
Listera bungeana Yabe=Listera puberula
Listera deltoidea Fukuyama 三角对叶兰
Listera divaricata Panigrahi & Taylor 叉唇对叶兰
Listera grandiflora Rolfe 大花对叶兰
Listera grandiflora var. grandiflora=Listera grandiflora
Listera grandiflora var. megalochila S.C.Chen 巨唇对叶兰
Listera japonica Bl 日本对叶兰
Listera lindleyana (Dence.) King & Pantl.=Neottia listeroides
Listera longicaulis King & Pantl 毛脉对叶兰
Listera macrantha Fukuyama 长唇对叶兰
Listera maculata (T.Tang & F.T.Wang) K.Y.Lang=Listera puberula var. maculata
Listera major Nakai=Listera puberula
Listera morrisonicola Hay 浅裂对叶兰
Listera mucronata Panigrahi & J.J.Wood 短柱对叶兰
Listera nanchuanica S.C.Chen 南川对叶兰
Listera nankomontana Fukuyama 台湾对叶兰
Listera oblata S.C.Chen 圆唇对叶兰
Listera ovata (L.) R.Br.卵叶对叶兰
Listera pinetorum Lindl.(台兰科图鉴 1990)=Listera macrantha
Listera pinetorum Lindl.西藏对叶兰
Listera pseudonipponica Fukuyama 耳唇对叶兰
Listera puberula Maxim 对叶兰
Listera puberula var. maculata (T.Tang & F.T.Wang) S.C.Chen & Y.B.Luo 花叶对叶兰
Listera puberula var. puberula=Listera puberula
Listera reniformis D.Don=Habenaria reniformis
Listera savatieri Maxim. ex Kom.=Listera puberula
Listera savatieri var. *maculata* T.Tang & F.T.Wang=Listera puberula var. maculata
Listera shaoii S.S.Ying=Listera japonica
Listera smithii Schltr 小叶对叶兰
Listera suzukii Masam 无毛对叶兰
Listera taiwaniana S.S.Ying=Listera morrisonicola
Listera taizanensis Fukuyama 小花对叶兰
Listera tianschanica Grubov 天山对叶兰
Listera uraiensis S.S.Ying=Listera deltoidea
Listera wardii Rolfe=Listera grandiflora
Listera yatabei Makino=Listera puberula
Listera yüana T.Tang & F.T.Wang=Listera pinetorum
Listera yunnanensis S.C.Chen 云南对叶兰
Litchi Sonn.**荔枝属**(无患子科)
Litchi chinensis Sonn.荔枝
Litchi chinensis subsp. javensis Leenh.爪哇荔枝
Litchi litchi Britton=Litchi chinensis
Lithagrostis lacryma-jobi Gaertn.=Coix lacryma-jobi
Lithoarpusechinotholus (Hu) Chun & Huang (树木志 1982)=Lithocarpus echinophorus
Lithocarpus Bl.**柯属**(壳斗科)
Lithocarpus amoenus Chun & Huang 愉柯
Lithocarpus amygdalifolius (Skan) Hay.杏叶柯
Lithocarpus amygdalifolius var. *amygdalifolius*=Lithocarpus amygdalifolius
Lithocarpus amygdalifolius var. *praecipitiorum* Chun=Lithocarpus amygdalifolius
Lithocarpus anisobalanos Chun etHow=Lithocarpus cyrtocarpus
Lithocarpus annamensis (Hick. & A.Camus) A.Camus (分类学报 1976, 云南志 1979)=Lithocarpus mekongensis
Lithocarpus apricus Huang & Y.T.Chang 向阳柯
Lithocarpus arcuala (Spreng.) Huang & Y.T.Chang 小箱柯
Lithocarpus areca (Hick. & A.Camus) A.Camus 槟榔柯
Lithocarpus arisanensis (Hay.) Hay.=Lithocarpus hancei
Lithocarpus attenuatus (Skan) Rehd.尖叶柯
Lithocarpus bacgiangensis (Hickel & A.Camus) A.Camus 茸果柯
Lithocarpus balansae (Drake) A.Camus 猴面柯
Lithocarpus baviensis (Drake) A.Camus=Lithocarpus truncatus var. baviensis
Lithocarpus blaoensis A.Camus (p.p.)=Lithocarpus hancei
Lithocarpus bonnetii (Hick. & A.Camus) A.Camus 帽柯
Lithocarpus brachyacantha (Hay.) Koidz.=Castanopsis eyrei
Lithocarpus brachystachyus Chun 短穗柯
Lithocarpus brevicaudata var. *pinnativena* (Yamamoto) Suzuki ex Masamune=Lithocarpus brevicaudatus
Lithocarpus brevicaudatus (Skan) Hay.短尾柯
Lithocarpus brunneus Rehd.=Lithocarpus taitoensis
Lithocarpus calathiformis (Skan) A.Camus=Castanopsis calathiformis
Lithocarpus calolepis Y.C.Hsu & H.W.Jen 美苞柯
Lithocarpus calophyllus Chun 美叶柯
Lithocarpus cambodiensis A.Camus (Huang & Y.T.Chang in Guihaia 1988)=Lithocarpus farinulentus

Lithocarpus carolinae (Skan) Rehd.红心柯
Lithocarpus castanopsifolia (Hay.) Hay.=Lithocarpus lepidocarpus
Lithocarpus cathayanus (Seem.) Rehd.=Lithocarpus truncatus
Lithocarpus caudatilimbus (Merr.) A.Camus 尾叶柯
Lithocarpus cerebrinus (Hick. & A.Camus) A.Camus=Castanopsis cerebrina
Lithocarpus cheliensis (Hu) A.Camus=Lithocarpus fohaiensis
Lithocarpus chienchuanensis Hu(p.p.)=Lithocarpus truncatus
Lithocarpus chienchuanensis Hu(p.p.)=Lithocarpus variolosus
Lithocarpus chifui Chun & Tsiang 粤北柯
Lithocarpus chinensis (Abel) A.Camus=Castanopsis sclerophylla
Lithocarpus chiungchungensis Chun & Tam 琼中柯
Lithocarpus chrysocomus Chun & Tsiang 金毛柯
Lithocarpus chrysocomus var. *zhangpingensis* Q.F.Zheng=Lithocarpus chrysocomus
Lithocarpus cinereus Chun & Huang 炉灰柯
Lithocarpus cleistocarpus (Seem.) Rehd. & Wils.包果柯
Lithocarpus cleistocarpus var. cleistocarpus=Lithocarpus cleistocarpus
Lithocarpus cleistocarpus var. *fangiana* A.Camus=Lithocarpus cleistocarpus var. omeiensis
Lithocarpus cleistocarpus var. omeiensis Fang 峨眉包果柯
Lithocarpus collettii (King ex HK.f.) A.Camus 格林柯
Lithocarpus confinis Huang 窄叶柯
Lithocarpus corneum var. hemisphaericus (Drake) Hick. & A.Camus 大烟斗石栎
Lithocarpus corneus (Lour.) Rehd.烟斗柯
Lithocarpus corneus var. angustifolius Huang & Y.T.Chang 窄叶烟斗柯
Lithocarpus corneus var. corneus=Lithocarpus corneus
Lithocarpus corneus var. fructuosus Huang & Y.T.Chang 多果烟斗柯
Lithocarpus corneus var. hainanensis (Merr.) Huang & Y.T.Chang 海南烟斗柯
Lithocarpus corneus var. rhytidophyllus Huang & Y.T.Chang 皱叶烟斗柯
Lithocarpus corneus var. zonatus Huang & Y.T.Chang 环鳞烟斗柯
Lithocarpus craibianus Barn.白穗柯
Lithocarpus crassifolius A.Camus 硬叶柯
Lithocarpus cryptocarpus A.Camus 闭壳柯
Lithocarpus cucullatus Huang & Y.T.Chang 风兜柯
Lithocarpus cuneiformis A.Camus=Lithocarpus harlandii
Lithocarpus cuneiformis A.Camus=Lithocarpus harlandii
Lithocarpus cyrtocarpus (Drake) A.Camus 鱼蓝柯
Lithocarpus damiaoshanicus Huang & Y.T.Chang 大苗山柯
Lithocarpus dealbata subsp. *mannii* var. *yunnanensis* A.Camus=Lithocarpus talangensis
Lithocarpus dealbatus (HK.f. & Thoms. ex DC.) Rehd.白柯
Lithocarpus dealbatus subsp. *mannii* Y.C.Hsu & H.W.Jen=Lithocarpus thomsonii
Lithocarpus dealbatus var. *yunnanensis* A.Camus=Lithocarpus talangensis
Lithocarpus densiflorus Rehd.密花石栎
Lithocarpus dictyoneuron Chun=Lithocarpus rosthornii
Lithocarpus dodonaeifolius (Hay.) Hay.柳叶柯
Lithocarpus dulongensis H.Li & Y.C.Hsu=Lithocarpus pachyphyllus var. fruticosus
Lithocarpus dunnii Metc.=Cyclobalanopsis jenseniana
Lithocarpus echinocupula Hu ex A.Camus=Lithocarpus echinotholus
Lithocarpus echinophorus (Hick. & A.Camus) A.Camus 壶壳柯
Lithocarpus echinophorus var. bidoupensis A.Camus 金平柯
Lithocarpus echinophorus var. chapensis A.Camus 沙坝柯
Lithocarpus echinophorus var. echinophorus=Lithocarpus echinophorus
Lithocarpus echinotholus (Hu) Chun & Huang 刺壳柯
Lithocarpus elaeagnifolius (Seem.) Chun 胡颓子叶柯
Lithocarpus elatus (Hick. & A.Camus) A.Camus=Lithocarpus lycoperdon
Lithocarpus elegans (Bl.) Soepadmo (in Reinwardtia 1970,p.p.)=Lithocarpus fohaiensis
Lithocarpus elegens Y.C.Hsu & H.W.Jen=Lithocarpus grandifolius
Lithocarpus elizabethae (Tutch.) Rehd.厚斗柯
Lithocarpus ellipticus Metc.(p.p.)=Lithocarpus corneus
Lithocarpus ellipticus Metc.(p.p.)=Lithocarpus uvariifolius var. ellipticus
Lithocarpus ellipticus var. *glabrata*Metc.=Lithocarpus corneus
Lithocarpus elmerrillii Chun 万宁柯
Lithocarpus eremiticus Chun & Huang=Lithocarpus balansae
Lithocarpus eriobotryoides Huang & Y.T.Chang 枇杷叶柯
Lithocarpus eyrei (Champ.) Rehd.=Castanopsis eyrei
Lithocarpus fangii (Hu & Cheng) Huang & Y.T.Chang 川柯
Lithocarpus farinulentus (Hance) A.Camus 易武柯
Lithocarpus fenestratus (Roxb.) Rehd.泥柯
Lithocarpus fenestratus FloraYunnan=Lithocarpus trachycarpus
Lithocarpus fenestratus var. brachycarpus A.Camus 短穗泥柯
Lithocarpus fenestratus var. fenestratus=Lithocarpus fenestratus
Lithocarpus fenzelianus A.Camus 红柯
Lithocarpus fissa (Champ. ex Benth.) A.Camus=Castanopsis fissa
Lithocarpus fissa subsp. *tunkinensis* (Drake) A.Camus=Castanopsis fissa
Lithocarpus floccosus Huang & Y.T.Chang 卷毛柯
Lithocarpus fohaiensis (Hu) A.Camus 勐海柯
Lithocarpus fordianus (Hemsl.) Chun 密脉柯
Lithocarpus formosanus (Skan) Hay.台湾柯
Lithocarpus gagnepainianus A.Camus=Lithocarpus pseudoreinwardtii
Lithocarpus gaoligongensis Huang & Y.T.Chang 高黎贡柯
Lithocarpus garrettianus (Craib) A.Camus 望楼柯
Lithocarpus garrettianus (Criab) A.Camus (Huang & Y.T.Chang in Guihaia 1988)=Lithocarpus bonnetii
Lithocarpus gelinicus Huang & Y.T.Chang=Lithocarpus collettii
Lithocarpus glaber (Thunb.) Nakai 柯
Lithocarpus glabra var. *szechuanica* Fang=Lithocarpus fangii
Lithocarpus gracilipes sensu Huang & Y.T.Chang=Lithocarpus collettii
Lithocarpus grandicupula Hsu,Hoetdong=Lithocarpus truncatus
Lithocarpus grandifolius (D.Don) Biswas 耳叶柯
Lithocarpus gymnocarpus A.Camus 假鱼蓝柯
Lithocarpus haipinii Chun 耳柯
Lithocarpus hamata A.Camus=Lithocarpus echinotholus
Lithocarpus hancei (Benth.) Rehd.硬壳柯
Lithocarpus handelianus A.Camus 瘤果柯
Lithocarpus harlandii (Hance) Rehd.港柯
Lithocarpus harlandii Huang & Y.T.Chang=Lithocarpus calolepis
Lithocarpus harlandii var. *integrifolia* (Dunn) A.Camus=Lithocarpus harlandii
Lithocarpus hemisphaerica (Drake) Barn.=Lithocarpus corneus var. zonatus
Lithocarpus henryi (Seem.) Rehd. & Wils.(p.p.)=Lithocarpus brevicaudatus
Lithocarpus henryi (Seem.) Rehd. & Wils.灰柯
Lithocarpus himalaicus C.C.Huang & Y.T.Chang=Lithocarpus collettii
Lithocarpus hingdongensis Y.C.Hsu & H.J.Qian=Lithocarpus hancei
Lithocarpus houanglipinensis A.Camus=Lithoarpus hypoglaucus
Lithocarpus howii Chun 梨果柯
Lithocarpus hui A.Camus=Lithocarpus variolosus
Lithocarpus hypoglaucus (Hu) Huang 灰背叶柯
Lithocarpus hypophaea (Hay.) Hay.=Cyclobalanopsis hypophaea
Lithocarpus hypoviridis Hsu,Sun & Qian=Lithocarpus pachyphyllus var. fruticosus
Lithocarpus impressivenus (Hay.) Hay.=Lithocarpus brevicaudatus
Lithocarpus irwinii (Hance) Rehd.广南柯
Lithocarpus iteaphylloides Chun=Lithocarpus iteaphyllus
Lithocarpus iteaphyllus (Hance) Rehd.鼠刺叶柯
Lithocarpus ithyphyllus Chun ex H.T.Chang 挺叶柯
Lithocarpus iwuensis Huang & Y.T.Chang=Lithocarpus farinulentus
Lithocarpus jenkinsii (Benth.) Huang & Y.T.Chang 盈江柯
Lithocarpus jingdongensis Hsu & Qian=Lithocarpus hancei
Lithocarpus kawakamii (Hay.) Hay.齿叶柯
Lithocarpus kawakamii Hay.=Castanopsis kawakamii
Lithocarpus kawakamii var. *chiaratuangensis* Liao=Lithocarpus harlandii
Lithocarpus kiangsiensis Hu & Chen=Lithocarpus cleistocarpus
Lithocarpus kodaihoensis (Hay.) Hay.=Lithocarpus corneus
Lithocarpus konishii (Hay.) Hay.油叶柯
*Lithocarpus kontumensis*FloraYunnan=Lithocarpus tenuilimbus
Lithocarpus krempfii (Hick. & A.Camus) A.Camus=Lithocarpus lycoperdon
Lithocarpus kwangtungensis H.T.Chang=Lithocarpus uvariifolius var. ellipticus
Lithocarpus laetus Chun & Huang 屏边柯
Lithocarpus laoticus (Hick. & A.Camus) A.Camus 老挝柯
Lithocarpus leatus Chuin & Huang(新拉汉英 1996)=Lithocarpus laetus
Lithocarpus lepidocarpus (Hay.) Hay.鬼石柯

Lithocarpus lepidophyllus Huang & Y.T.Chang=Lithocarpus lycoperdon
Lithocarpus leucodermis Chun & Huang 白枝柯
Lithocarpus leucostachyus A.Camus (Hu in Bull.Fan.Mem.Inst.Biol.Bot. 1940, p.p.)=Lithocarpus craibianus
Lithocarpus leucostahyus A.Camus=Lithocarpus variolosus
Lithocarpus levis Chun & Huang 滑壳柯
Lithocarpus licentii A.Camus=Lithocarpus silvicolarum
Lithocarpus listeri (King) Grieson & Long 谊柯
Lithocarpus litseifolius (Hance) Chun 木姜叶柯
Lithocarpus litseifolius var. litseifolius=Lithocarpus litseifolius
Lithocarpus litseifolius var. pubescens Huang & Y.T.Chang 毛枝木姜叶柯
Lithocarpus longanoides Huang & Y.T.Chang 龙眼柯
Lithocarpus longicaudata (Hay.) Hay.=Castanopsis carlesii
Lithocarpus longipedicellatus (Hick. & A.Camus) A.Camus 柄果柯
Lithocarpus luchunensis Y.C.Hsu & H.W.Jen=Lithocarpus balansae
Lithocarpus lycoperdon (Skan) A.Camus 香菌柯
Lithocarpus macilentus Chun & Huang 粉叶柯
Lithocarpus magneinii (Hick. & A.Camus) A.Camus 黑家柯
Lithocarpus mairei (Schott.) Rehd.光叶柯
Lithocarpus mannii Huang & Y.T.Chang=Lithocarpus thomsonii
Lithocarpus matsudai Hay.=Lithocarpus hancei
Lithocarpus megalophyllus Rehd. & Wils.大叶柯
Lithocarpus megastachyus (Hick. & A.Camus) A.Camus 大穗石栎
Lithocarpus mekongensis (A.Camus) Huang & Y.T.Chang 茸果柯
Lithocarpus melanochromus Chun & Tsiang 黑柯
Lithocarpus mianningensis Hu 缅宁柯
Lithocarpus microsperma subsp. *mekongensis* A.Camus=Lithocarpus mekongensis
Lithocarpus microspermus A.Camus 小果柯
Lithocarpus mucronata (Hick. & A.Camus) A.Camus=Lithocarpus litseifolius
Lithocarpus mupinensis (Rehd. & Wils.) A.Camus=Lithocarpus hancei
Lithocarpus naiadarum (Hance) Chun 水仙柯
Lithocarpus nakai Hay.=Lithocarpus taitoensis
Lithocarpus nantoensis (Hay.) Hay.南投柯
Lithocarpus nariakii (Hay.) Sasaki=Lithocarpus silvicolarum
Lithocarpus neotsangii A.Camus=Lithocarpus haipinii
Lithocarpus nitidinux (Hu) Chun 光果柯
Lithocarpus oblanceolatus Huang & Y.T.Chang 峨眉柯
Lithocarpus obovatilimbus Chun 卵叶柯
Lithocarpus obscurus Huang & Y.T.Chang 墨脱柯
Lithocarpus oleaefolius A.Camus 榄叶柯
Lithocarpus omeiensis A.Camus=Lithocarpus hancei
Lithocarpus pachylepis A.Camus 厚鳞柯
Lithocarpus pachyphylloides Hsu.Sun & Qian=Lithocarpus crassifolius
Lithocarpus pachyphyllus (Kurz) Rehd.厚叶柯
Lithocarpus pachyphyllus var. fruticosus (Watt. ex (King) A.Camus 顺宁厚叶柯
Lithocarpus pachyphyllus var. pachyphyllus=Lithocarpus pachyphyllus
Lithocarpus paihengii Chun & Tsiang 大叶苦柯
Lithocarpus pakhaenis A.Camus 滇南柯
Lithocarpus paniculatus Hand.-Mazz.圆锥柯
Lithocarpus parkinsonii A.Camus=Lithocarpus jenkinsii
Lithocarpus pasania Huang & Y.T.Chang 石柯
Lithocarpus pbucurus Huang & Y.T.Chang(新拉汉英 1996)=Lithocarpus obscurus
Lithocarpus petelotii A.Camus 星毛柯
Lithocarpus phansipanensis A.Camus 桂南柯
Lithocarpus pleiocarpa A.Camus=Lithocarpus megalophyllus
Lithocarpus podocarpa Chun=Lithocarpus longipedicellatus
Lithocarpus polystachyus (Wall.) DC.(高等图鉴 1972,云南志 1979,贵州志 1982)=Lithocarpus litseifolius
Lithocarpus propinquus Huang & Y.T.Chang 三柄果柯
Lithocarpus pseudoreinwardtii A.Camus 单果柯
Lithocarpus pseudovestitus A.Camus 毛果柯
Lithocarpus pseudoxizangensis Z.K.Zhou & H.Sun 假西藏柯
Lithocarpus qinzhouicus Huang & Y.T.Chang 钦州柯
Lithocarpus quercifolius Huang & Y.T.Chang 栎叶柯
Lithocarpus randaiensis (Hay.) Hay.=Castanopsis uraiana
Lithocarpus rhabdostachyus subsp. dakhaensis A.Camus 毛枝柯
Lithocarpus rhombocarpa (Hay.) Hay.=Lithocarpus taitoensis
Lithocarpus rosthornii (Schott.) Barn.南川柯
Lithocarpus shinsuiensis Hay. & Kanehira 浸水营柯
Lithocarpus shipingensis Huang & Y.T.Chang=Lithocarpus talangensis
Lithocarpus shunningensis Hu=Lithocarpus xylocarpus
Lithocarpus silvicolarum (Hance) Chun 犁耙柯
Lithocarpus skanianus (Dunn) Rehd.滑皮柯
Lithocarpus sphaerocarpus (Hick. & A.Camus) A.Camus 球壳柯
Lithocarpus spicatus (Sm.) Rehd. & Wils.(高等图鉴 1972)=Lithocarpus megalophyllus
Lithocarpus spicatus (Sm.) Rehd. & Wils.=Lithocarpus grandifolius
Lithocarpus spicatus var. *brevipetiolata* (DC.) Rehd. & Wils.=Lithocarpus grandifolius
Lithocarpus spicatus var. *mupinensis* Rehd. & Wils.=Lithocarpus hancei
Lithocarpus spicatus var. *yunnanensis* Schott.=Lithoarpus hypoglaucus
Lithocarpus stipitata (Hay.) Koidz.=Castanopsis carlesii
Lithocarpus subreticulata (Hay.) Hay.=Lithocarpus hancei
Lithocarpus suishaensis Kanehira & Yamamoto=Lithocarpus taitoensis
Lithocarpus synbalanos (Hance) Chun=Lithocarpus litseifolius
Lithocarpus synbalanos Hance (Chun in J.Arn.Arb.1928,高等图鉴 1972) =Lithocarpus taitoensis
Lithocarpus synbalanos var. pubescens Hick. & A.Camus 毛枝合斗石栎
Lithocarpus tabularis Y.C.Hsu & H.W.Jen 平头柯
Lithocarpus taitoensis (Hay.) Hay.菱果柯
Lithocarpus talangensis Huang & Y.T.Chang 石屏柯
Lithocarpus tapintzensis A.Camus=Lithocarpus dealbatus
Lithocarpus tenuilimbus H.T.Chang 薄叶柯
Lithocarpus tephrocarpus (Drake) A.Camus 灰壳柯
Lithocarpus ternaticupula (Hay.) Hay.=Lithocarpus hancei
Lithocarpus ternaticupula var. *arisanensis* f. *matsudai* (Hay.) Liao= Lithocarpus hancei
Lithocarpus ternaticupula var. *shinsuiensis* (Hay. & Kanehra) Knehria= Lithocarpus shinsuiensis
Lithocarpus ternaticupula var. *subreticulata* (Hay.) Liao=Lithocarpus hancei
Lithocarpus thalassicus (Hance) Rehd.=Lithocarpus glaber
Lithocarpus thomsonii (Miq.) Rehd.潞西柯
Lithocarpus trachycarpa var. *jankangensis* A.Camus=Lithocarpus trachycarpus
Lithocarpus trachycarpus A.Camus 糙果柯
Lithocarpus trenulus Chun=Lithocarpus taitoensis
Lithocarpus triqueter (Hick. & A.Camus) A.Camus 棱果柯
Lithocarpus truncatus (King ex HK.f.) Rehd. & Wils.(云南志 1979)= Lithocarpus truncatus var. baviensis
Lithocarpus truncatus (King) Rehd. & Wils.截果柯
Lithocarpus truncatus var. baviensis (Drake) A.Camus 小截果柯
Lithocarpus truncatus var. truncatus=Lithocarpus truncatus
Lithocarpus tsangii A.Camus=Lithocarpus corneus
Lithocarpus tubulosus (Hick. & A.Camus) A.Camus 壶嘴柯
Lithocarpus uncinatus A.Camus=Lithocarpus cyrtocarpus
Lithocarpus uraiana (Hay.) Hay.=Castanopsis uraiana
Lithocarpus uvariifolius (Hance) Rehd.紫玉盘柯
Lithocarpus uvariifolius var. ellipticus (Metc.) Huang & Y.T.Chang 卵叶玉盘柯
Lithocarpus uvariifolius var. uvariifolius=Lithocarpus uvariifolius
Lithocarpus variolosa subsp. *shunningensis* A.Camus=Lithocarpus pachyphyllus var. fruticosus
Lithocarpus variolosus (Franch.) Chun 麻子壳柯
Lithocarpus vestitus (Hick. & A.Camus) A.Camus (高等图鉴 1972= Lithocarpus mekongensis
Lithocarpus viridis (Schott.) Rehd. & Wils.(p.p.)=Lithocarpus dealbatus
Lithocarpus viridis (Schott.) Rehd. & Wils.(p.p.)=Lithocarpus hancei
Lithocarpus viridis (Schott.) Rehd. & Wils.(p.p.)=Lithocarpus litseifolius
Lithocarpus wangiana A.Camus=Lithoarpus hypoglaucus
Lithocarpus woon-youngii Hu=Lithocarpus pachyphyllus
Lithocarpus xizangensis Huang & Y.T.Chang 西藏柯
Lithocarpus xylocarpus (Kurz) Markg.木果柯
Lithocarpus yongfuensis Q.F. Zheng 永福柯
Lithodora hancockianum (Oliv.) Hand.-Mazz.=Lithospermum hancockianum
Lithops N.E.Br.生石花属(番杏科)

Lithops aucampiae L.Bol.日轮生石花
Lithops bella N.E.Br.琥珀生石花
Lithops bromfieldii L.Bol.石榴生石花
Lithops chrysophala Nel.大理生石花?
Lithops comptonii L.Bol.太古生石花
Lithops divergens L.Bol.宝翠生石花
Lithops erniana Loesch & Tisch.英瑠生石花
Lithops fulleri N.E.Br.福来生石花
Lithops fulviceps (N.E.Br.) N.E.Br.征纹生石花
Lithops gracilidelineata Dtr.荒玉生石花
Lithops herrei L.Bol.澄青生石花
Lithops inornata Dtr.钟乳生石花
Lithops insularis L.Bol.鸣弦生石花
Lithops julii (Dinter & Schwant.) N.E.Br.寿丽生石花
Lithops karasmontana (Dinter & Schwant.) N.E.Br.花纹生石花
Lithops lateritia Dtr.天来生石花
Lithops lesliei (N.E.Br.) N.E.Br.紫勲生石花
Lithops marthae Loesch & Tisch.绚烂生石花
Lithops mennellii L.Bol.雀卵生石花
Lithops meyeri L.Bl.菊水生石花
Lithops optica (Marloth) N.E.Br.大内生石花
Lithops pseudotruncatella (A.Berger) N.E.Br.生石花
Lithops ruschiorum (Dinter & Schwant.) N.E.Br.瑠蝶生石花
Lithops salicola L.Bol.夫人生石花
Lithops schlechteri L.Bol.秀丽生石花
Lithops schwantesii Dinter 招福生石花
Lithops turbiniformis (Haw.) N.E.Br.露美生石花
Lithops umdausensis Dtr.圣寿生石花
Lithops vallismariae (Dinter & Schwant.) N.E.Br.碧赐生石花
Lithosanthes A.Rich.=**Litosanthes**
Lithospermum L.**紫草属**(紫草科)
Lithospermum arvense L.田紫草
Lithospermum chinense HK. & Arn.=Heliotropium strigosum
Lithospermum cornutum Ledeb.=Arnebia decumbens
Lithospermum davuricum Lehm.=Mertensia davurica
Lithospermum decumbens Vent.=Arnebia decumbens
Lithospermum erythrorhizon S. & Z.紫草
Lithospermum euchromon Royle=Arnebia euchroma
Lithospermum guttatum (Bge.) Jonst.=Arnebia guttata
Lithospermum hancockianum Oliv.石生紫草
Lithospermum mairei Lévl.=Lithospermum hancockianum
Lithospermum officinale L.小花紫草
Lithospermum officinale subsp. *erythrorhizon* (S. & Z.) Hand.-Mazz.= Lithospermum erythrorhizon
Lithospermum pallasii Ledeb.=Mertensia pallassi
Lithospermum retortum Pall.=Rochelia bungei
Lithospermum sibiricum Lehm.=Mertensia sibirica
Lithospermum szechenyi (Kanitz) Johnst.=Arnebia szechenyi
Lithospermum tschimganica Fedtsch.=Arnebia tschimganica
Lithospermum zollingeri DC.梓木草
Lithostegia Ching **石盖蕨属**(鳞毛蕨科)
Lithostegia foeniculacea (HK.) Ching 石盖蕨
Litobrochia aurita HK.=Histiopteris incisa
Litobrochia incisa Predsl=Histiopteris incisa
Litobrochia ludens Bedd.=Doryopteris ludens
Litobrochia marginata Presl=Pteris tripartita
Litobrochia smithii Moore=Doryopteris ludens
Litobrochia tripartita Presl=Pteris tripartita
Litobrochia wallichiana Fée=Pteris wallichiana
Litosanthes Bl.**石核木属**(茜草科)
Litosanthes biermanni King ex HK.f.) Deb & Gagn.=Lasianthus biermanni
Litosanthes biflora Bl.石核木
Litosanthes gracilis King & Gamble=Litosanthes biflora
Litosanthes micranthus (HK.f.) Deb & Gagn.=Lasianthus micranthus
Litsea Lam.**木姜子属**(樟科)
Litsea acutivena Hay.尖脉木姜子
Litsea akoensis Hay.屏东木姜子
Litsea amara Bl.=Litsea umbellata
Litsea atrata S.Lee 黑木姜子
Litsea aurata Hay.=Neolitsea aurata
Litsea auriculata Chien & Cheng 天目木姜子
Litsea balansae Lec.假辣子
Litsea baviensis Lec.大萼木姜子
Litsea baviensis var. *szemois* (Liou) Allen=Litsea pierrei var. szemois
Litsea baviensis var. *venulosa* Liou=Litsea yunnanensis
Litsea beilschmiediifolia H.W.Li 琼南叶木姜子
Litsea brevipetiolata Lec.=Litsea verticillata
Litsea brideliifolia Hay.=Litsea glutinosa var. brideliifolia
Litsea cavaleriei Lévl.=Lindera communis
Litsea chenii Liou=Litsea veitchiana
Litsea chinensis Bl.=Litsea rotundifolia var. oblongifolia
Litsea chingpiengensis Yang. & P.H.Huang 金平木姜子
Litsea chunii Cheng 高山木姜子
Litsea chunii var. chunii=Litsea chunii
Litsea chunii var. latifolia (Yang) H.S.Kung 大叶木姜子
Litsea chunii var. likiangensis Yang & P.H.Huang 丽江木姜子
Litsea chunii var. *longipedicellata* f. *latifolia* Yang=Litsea chunii var. latifolia
Litsea chunii var. *longipedicellata* Yang=Litsea chunii
Litsea confertifolia Hemsl.=Neolitsea confertifolia
Litsea consimilis (Nees) Nees=Neolitsea pallens
Litsea coreana Lévl.朝鲜木姜子
Litsea coreana var. coreana=Litsea coreana
Litsea coreana var. lanuginosa (Migo) Yang & P.H.Huang 毛豹皮樟
Litsea coreana var. sinensis (Allen) Yang & P.H.Huang 豹皮樟
Litsea cubeba (Lour.) Pers.山鸡椒
Litsea cubeba f. cubeba=Litsea cubeba
Litsea cubeba f. obtusifolia Yang & P.H.Huang 钝叶山鸡椒
Litsea cubeba var. cubeba=Litsea cubeba
Litsea cubeba var. formosana (Nakai) Yang & P.H.Huang 毛山鸡椒
Litsea cupularis Hemsl.=Actinodaphne cupularis
Litsea dilleniifolia P.Y.Pai & P.H.Huang 五桠果叶木姜子
Litsea dolichocarpa Hay.=Litsea acutivena
Litsea dunniana Lévl.出蕊木姜子?
Litsea elongata (Wall. ex Nees) Benth. & HK.f.黄丹木姜子
Litsea elongata var. elongata=Litsea elongata
Litsea elongata var. faberi (Hemsl.) Yang & P.H.Huang 石木姜子
Litsea elongata var. subverticillata (Yang) Yang & P.H.Huang 近轮叶木姜子
Litsea esquirolii (Lévl.) Allen=Litsea kobuskiana
Litsea esquirolii Lévl=Lindera communis
Litsea euosma W.W.Sm.清香木姜子
Litsea faberi Hemsl.=Litsea elongata var. faberi
Litsea faberi f. *dolichophylla* Yang=Litsea elongata var. faberi
Litsea faberi var. *ganchuensis* Liou=Litsea kobuskiana
Litsea forrestii Diels 长梗木姜子?
Litsea foveolata Yang & P.H.Huang 蜂窝木姜子
Litsea fruticosa (Hemsl.) Gamble=Lindera fruticosa
Litsea fruticosa (Hemsl.) Gamble=Neocinnamomum fargesii
Litsea garciae Vidal 兰屿木姜子
Litsea garrettii Gamble 滇南木姜子
Litsea garrettii var. *longistaminata* Liou=Litsea longistaminata
Litsea glauca Sieb.=Neolitsea sericea
Litsea globosa Yang & P.H.Huang 圆果木姜子
Litsea glutinosa (Lour.) C.B.Rob.潺槁木姜子
Litsea glutinosa var. brachyphylla (Hand.-Mazz.白色野槁树(新)
Litsea glutinosa var. brideliifolia (Hay.) Merr.白野槁树
Litsea glutinosa var. glutinosa=Litsea glutinosa
Litsea gongshanensis H.W.Li 贡山木姜子
Litsea gracilipes Hemsl.=Neolitsea wushanica
Litsea greenmaniana Allen 华南木姜子
Litsea greenmaniana var. angustifolia Yang & P.H.Huang 狭叶华南木姜子
Litsea greenmaniana var. greenmaniana=Litsea greenmaniana
Litsea hayatae Kanehira 台湾木姜子
Litsea hexantha Juss.=Litsea umbellata
Litsea honghoensis Liou 红河木姜子
Litsea hunnanensis Yang. & P.H.Huang 湖南木姜子
Litsea hupehana Hemsl.湖北木姜子
Litsea hupepana var. *longifolia* Lec.=Actinodaphne lecomtei

Litsea hypophaea Hay.=Litsea acutivena
Litsea ichangensis Gamble 宜昌木姜子
Litsea iteodaphne f. *chinensis* Allen=Litsea variabilis f. chinensis
Litsea kangdingensis H.S.Kung=Litsea pungens
Litsea kawakamii Hay.=Litsea garciae
Litsea khasyana Meissn.喀西木姜子
Litsea kobuskiana Allen 安顺木姜子
Litsea konishii Hay.=Neolitsea konishii
Litsea kostermansii C.E.Chang=Actinodaphne pedicellata
Litsea kotoensis Hay. ex Kanehira=Neolitsea kotoensis
Litsea krukovii Kosterm.=Actinodaphne pedicellata
Litsea kwangsinensis Yang & P.H.Huang 红楠刨
Litsea kwangtungensis H.T.Chang 广东木姜子
Litsea lancifolia(Roxb. ex Nees) Benth. & HK.f.剑叶木姜子
Litsea lancifolia(Roxb.) Benth. & HK.f. ex f. -Vill.(Hemsl.in J.L.Soc.Bot. 1891)=Litsea coreana
Litsea lancifoliavar. ellipsoidea Yang & P.H.Huang 椭圆果木姜子
Litsea lancifoliavar. lacifolia=Litsea lacifolia
Litsea lancifoliavar. pedicellata HK.f.有梗木姜子
Litsea lancilimba Merr.大果木姜子
Litsea laxiflora Jahrb.=Sassafras tzumu
Litsea lii C.E.Chang 大武山木姜子?
Litsea linii C.E.Chang 白鳞木姜子?
Litsea litseaefolia (Allen) Yang & P.H.Huang 海南木姜子
Litsea liyuyingi Liou 圆锥木姜子
Litsea longipetiolata Lec.=Litsea populifolia
Litsea longistaminata (Liou) Kosterm.长蕊木姜子
Litsea machiloides Yang & P.H.Huang 润楠叶木姜子?
Litsea maclurei Merr.=Litsea baviensis
Litsea magoliifolia Yang & P.H.Huang 玉兰叶木姜子
Litsea merrilliana Allen=Litsea pedunculata
Litsea microcarpa Yang=Litsea moupinensis
Litsea mishmiensis HK.f.米什米木姜子?
Litsea mollifolia Chun=Litsea mollis
Litsea mollis Hemsl.毛叶木姜子
Litsea monantha Yang & P.H.Huang 单花木姜子
Litsea monopetala (Roxb.) Pers.假柿木姜子
Litsea morrisonensis Hay.=Actinodaphne morrisonensis
Litsea moupinensis Lec.宝兴木姜子
Litsea moupinensis var. glabrescens H.S.Kung 峨眉木姜子
Litsea moupinensis var. moupinensis=Litsea moupinensis
Litsea moupinensis var. szechuanica (Allen) Yang & P.H.Huang 四川木姜子
Litsea multiumbellata Lec.=Litsea verticillata
Litsea multiumbellata f. *annamensis* Liou=Litsea verticillata
Litsea mushanensis Hay.=Actinodaphne mushanensis
Litsea nakai Hay.=Litsea acutivena
Litsea nantoensis Hay.=Actinodaphne nantoensis
Litsea obovata Hay.=Litsea hayatae
Litsea obovata Nees=Actinodaphne obovata
Litsea oligophlebia H.T.Chang 少脉木姜子
Litsea orientalis C.E.Chang=Litsea coreana
Litsea panamonja (Nees) HK.香花木姜子
Litsea pedicellata (Hay.) Hutusima=Actinodaphne pedicellata
Litsea pedunculata (Diels) Yang & P.H.Huang 红皮木姜子
Litsea pedunculata var. pedunculata=Litsea pedunculata
Litsea pedunculata var. pubescens Yang & P.H.Huang 毛红皮木姜子
Litsea pierrei Lec.越南木姜子
Litsea pierrei var. *lobata* (Lec.) Allen=Litsea vang var. lobata
Litsea pierrei var. pierrei=Litsea pierrei
Litsea pierrei var. szemois Liou 思茅木姜子
Litsea pittosporifolia Yang & P.H.Huang 海桐叶木姜子
Litsea playfairii Hemsl.=Lindera aggregata var. playfairii
Litsea polyantha Juss.=Litsea monopetala
Litsea polyantha f. *glabra* Liou=Litsea atrata
Litsea populifolia (Hemsl.) Gamble 杨叶木姜子
Litsea pseudoelongata Liou 竹叶木姜子
Litsea pulchella Meissn.=Neolitsea pulchella
Litsea pungens Hemsl.木姜子
Litsea rotundifolia Hemsl.圆叶豺皮樟
Litsea rotundifolia var. oblongifolia (Nees) Allen 豺皮樟
Litsea rotundifolia var. ovatifolia Yang & P.H.Huang 卵叶豺皮樟
Litsea rotundifolia var. rotundifolia=Litsea rotundifolia
Litsea rubescens Lec.红叶木姜子
Litsea rubescens f. *nanchuanensis* Yang=Litsea rubescens
Litsea rubescens var. rubescens=Litsea rubescens
Litsea rubescens var. yunnanensis Lec.滇木姜子
Litsea salicifolia f. *glabra* (Liou) Allen=Litsea atrata
Litsea sasakii Kamikoti 浸水营木姜子?
Litsea sebifera Pers.=Litsea glutinosa
Litsea sebifera var. *brachyphylla* Hand.-Mazz.=Litsea glutinosa var. brideliifolia
Litsea sect. 3.*Neolitsea* Benth.=**Neolitsea**
Litsea sericea (Nees) HK.f.绢毛木姜子
Litsea sericea var. *trichocarpa* Yang=Litsea veitchiana var. trichocarpa
Litsea shweliensis W.W.Sm.=Actinodaphne confertiflora
Litsea subcoriacea Yang & P.H.Huang 桂北木姜子
Litsea subcoriacea var. stenophylla Yang & P.H.Huang 狭叶桂北木姜子
Litsea subcoriacea var. subcoriacea=Litsea subcoriacea
Litsea suberosa Yang & P.H.Huang 栓皮木姜子
Litsea subverticillata Yang=Litsea elongata var. subvarticillata
Litsea szechuanica Allen(p.p.)=Litsea moupinensis var. szechuanica
Litsea szechuanica Allen(p.p.)=Litsea tsinlingensis
Litsea taronensis H.W.Li 独龙木姜子
Litsea tibetana Yang & P.H.Huang 西藏木姜子
Litsea touyunensis Lévl.=Lindera megaphylla f. trichoclada
Litsea tsinlingensis Yang & P.H.Huang 秦岭木姜子
Litsea umbellata (Lour.) Merr.伞花木姜子
Litsea umbrosa var. *consimilis* (Nees) HK.f.=Neolitsea pallens
Litsea undulatifolia Lévl.=Neolitsea undulatifolia
Litsea vang Lec.薄托木姜子
Litsea vang var. lobata Lec.沧源木姜子
Litsea vang var. vang=Litsea vang
Litsea variabilis Hemsl.黄椿木姜子
Litsea variabilis f. chinensis (Allen) Yang & P.H.Huang 华南刺木姜(新)
Litsea variabilis var. oblonga Lec.毛黄椿木姜子
Litsea variabilis var. *tonkinensis* Lec.=Litsea variabilis var. oblonga
Litsea variabilis var. variabilis=Litsea variabilis
Litsea veitchiana Gamble 钝叶木姜子
Litsea veitchiana var. trichocarpa (Yang H.S.Kun 毛果木姜子
Litsea veitchiana var. veitchiana=Litsea veitchiana
Litsea verticillata Hance 轮叶木姜子
Litsea verticillata f. *annamensis* (Liou) Allen=Litsea verticillata
Litsea verticillata var. *brevipes* Merr. & Metc.=Litsea verticillata
Litsea verticillata var. *brevipetiolata* (Lec.) Allen=Litsea verticillata
Litsea verticillifolia Yang & P.H.Huang 琼南木姜子
Litsea viridis Liou 千香柴
Litsea wenshanensis Hu=Litsea honghoensis
Litsea wilsonii Gamble 绒叶木姜子
Litsea wushanica Chun=Neolitsea wushanica
Litsea yaoshanensis Yang & P.H.Huang 瑶山木姜子
Litsea yunnanensis Yang & P.H.Huang 云南木姜子
Litsea zeylanica Nees=Neolitsea zeylanica
Litsea zeylanica var. *chinensis* Benth. & HK.f.=Neolitsea pulchella
Litsea zuccarinii Kosterm.=Litsea coreana
Littledalea Hemsl.**扇穗茅属**(禾本科)
Littledalea alaica (Korsh.) Petr. ex N.Vevski 帕米尔扇穗茅
Littledalea przevalskyi Tzvel.寡穗茅
Littledalea racemosa Keng 扇穗茅
Littledalea tibetica Hemsl.藏扇穗茅
Littledalea tibetica var. *paucispica* Keng=Littledalea przevalskyi
Litwinowia Woron.**脱喙荠属**(十字花科)
Litwinowia tatarica (Willd.) Woronow=Litwinowia tenuissima
Litwinowia tenuissima (Pall.) N.Busch 脱喙荠
Liustrum ibota f. *microphyllum* Nakai=Ligustrum obtusifolium subsp. microphyllum
Livistona R.Br.**蒲葵属**(棕榈科)
Livistona australis (R.Br.) Martius 澳洲蒲葵
Livistona chinensis (Jacq.) R.Br.蒲葵
Livistona decipiens Becc.迷惑蒲葵
Livistona fengkaiensis X.W.Wei & M.Y.Xiao=Livistona saribus
Livistona kingiana Becc.庆氏蒲葵

Livistona olivaeformis Mart.=Livistona chinensis
Livistona rotundifolia (Lamarck) Martius 圆叶蒲葵(新)
Livistona saribus (Lour.) Merr. ex A.Chev.大叶蒲葵
Livistona sinensis Griff.=Livistona chinensis
Livistona speciosa Kurz 美丽蒲葵
Livistona tahanensis Ridley 塔汗蒲葵
Lloydia Salisb.**洼瓣花属**(百合科)
Lloydia alpina Salisb.=Lloydia serotina
Lloydia delavayi Franch.黄洼瓣花
Lloydia filiformis Franch.=Lloydia yunnanensis
Lloydia flavonutans Hara 平滑洼瓣花
Lloydia forrestii Diels=Lloydia oxycarpa
Lloydia forrestii var. *psilostemon* Hand.-Mazz.=Lloydia oxycarpa
Lloydia himalensis Royle=Lloydia serotina
Lloydia ixiolirioides Baker 紫斑洼瓣花
Lloydia mairei Lévl.=Lloydia yunnanensis
Lloydia melanantha Lévl.=Iphigenia indica
Lloydia montana (Dammer) P.C.Kuo=Lloydia tibetica
Lloydia oxycarpa Franch.尖果洼瓣花
Lloydia serotina (L.) Archb.洼瓣花
Lloydia serotina f. *parva* Marq. & Shaw=Lloydia serotina var. parva
Lloydia serotina var. parva (Marq. & Shaw) Hara 小洼瓣花
Lloydia serotina var. serotina=Lloydia serotina
Lloydia serotina var. *unifolia* Franch.=Lloydia serotina
Lloydia szechenyiana Engl.=Gagea pauciflora
Lloydia tibetica Baker ex Oliv.西藏洼瓣花
Lloydia tibetica var. *lutescens* Franch.=Lloydia tibetica
Lloydia tibetica var. *purpurascens* Franch.=Lloydia ixiolirioides
Lloydia triflora (Ledeb.) Baker 三花洼瓣花
Lloydia yunnanensis Franch.云南洼瓣花
Lloydia yunnanensis S.Y.Liang=Lloydia yunnanensis
Lobaria cernua (L.) Haworth=Saxifraga cernua
Lobaria sibirica (L.) Haworth=Saxifraga sibirica
Lobelia L.**半边莲属**(桔梗科)
Lobelia affinis Wall.=Lobelia zeylanica
Lobelia affinis var. *lobbiana* C.B.Clarke=Lobelia zeylanica var. lobbiana
Lobelia alsinoides Lam.短柄半边莲
Lobelia alsinoides var. *cantonensis* E.Wimm.=Lobelia hancei
Lobelia barbata Warburg=Lobelia zeylanica
Lobelia begonifolia Wall.=Pratia nummularia
Lobelia caespitosa Bl.=Lobelia chinensis
Lobelia campanuloides Thunb.=Lobelia chinensis
Lobelia camtschatica Pall. ex Roem. & Schult.=Lobelia sessilifolia
Lobelia chinensis Hance=Lobelia hancei
Lobelia chinensis Lour.(Danguy in Fl.Gen.Indo-chin.1930)=Lobelia alsinoides
Lobelia chinensis Lour.半边莲
Lobelia chinensis var. *cantonensis* E.Wimm. ex Danguy=Lobelia hancei
Lobelia clavata E.Wimm.密毛山梗菜
Lobelia colorata Wall.狭叶山梗菜
Lobelia colorata var. baculus E.Wimm.思茅狭叶山梗菜
Lobelia colorata var. colorata=Lobelia colorata
Lobelia colorata var. dsolinhoensis E.Wimm.长萼狭叶山梗菜
Lobelia davidii Franch.江南山梗菜
Lobelia davidii var. dividii=Lobelia davidii
Lobelia davidii var. *dolichothyrsa* (Diels) E.Wimm.=Lobelia davidii
Lobelia davidii var. *glaberrima* E.Wimm.=Lobelia davidii
Lobelia davidii var. *handelii* (E.Wimm.) E.Wimm.=Lobelia pleotricha var. handelii
Lobelia davidii var. kwangsiensis (E.Wimm.) Lian 广西山梗菜
Lobelia davidii var. *pleotricha* (Diels) E.Wimm.=Lobelia pleotricha
Lobelia davidii var. sichuanensis Lian 四川山梗菜
Lobelia decurrens Roth=Lobelia heynenana
Lobelia dolichothyrsa Diels=Lobelia davidii
Lobelia doniana Skottsb.微齿山梗菜
Lobelia erectiuscula Hara 直立山梗菜
Lobelia erinus Thunb.=Lobelia chinensis
lobelia fossarum E.Wimm.=Lobelia taliensis
Lobelia gratioloides Roxb.=Lobelia alsinoides
Lobelia gulparae Ham. ex Wall.(p.p.)=Lobelia zeylanica var. lobbiana
Lobelia hainanensis E.Wimm.海南半边莲
Lobelia hancei Hara 假半边莲
Lobelia handelii E.Wimm.=Lobelia pleotricha var. handelii
Lobelia heynenana Roem. & Schult.翅茎半边莲
Lobelia hirta Wall.=Lobelia zeylanica
Lobelia horsfieldiana Miq.=Pratia nummularia
Lobelia hybrida C.Y.Wu=Lobelia taliensis
Lobelia iteophylla C.Y.Wu 柳叶山梗菜
Lobelia javanica Thunb.=Pratia nummularia
Lobelia kwangsiensis E.Wimm.=Lobelia davidii var. kwangsiensis
Lobelia lobbiana HK.f. & Thoms.=Lobelia zeylanica var. lobbiana
Lobelia melliana E.Wimm.线萼山梗菜
Lobelia micrantha HK.=Lobelia heynenana
Lobelia montana Reinw. ex Bl.=Pratia montana
Lobelia nummularia Lam.=Pratia nummularia
Lobelia obliqua Hamilt. ex D.Don=Pratia nummularia
Lobelia oligantha C.Y.Wu=Lobelia davidii
Lobelia omeiensis E.Wimm.=Pratia fangiana
Lobelia palustris Kerr=Lobelia colorata var. baculus
Lobelia pleotricha Diels 毛萼山梗菜
Lobelia pleotricha var. cacumiflora Lian 少花山梗菜
Lobelia pleotricha var. handelii (E.Wimm.) C.Y.Wu 毛瓣山梗菜
Lobelia pleotricha var. pleotricha=Lobelia pleotricha
Lobelia pumila N.L.Burm.=Mazus pumilus
Lobelia purpurascens Wall.=Lobelia colorata
Lobelia pyramidalis Wall.(D.Don in Prodr.Fl.Nepal.1825)=Lobelia doniana
Lobelia pyramidalis Wall.塔花山梗菜
Lobelia radicans Thunb.=Lobelia chinensis
Lobelia reinwardtiana (Presl) A.DC.=Lobelia zeylanica
Lobelia salicifolia Fisch.=Lobelia sessilifolia
Lobelia saligna Fisch.=Lobelia sessilifolia
Lobelia sequinii Levll. & Vant.西南山梗菜
Lobelia sequinii var. *arakana* E.Wimm.=Lobelia pyramidalis
Lobelia sequinii var. *doniana* (Skottsb.) E.Wimm.=Lobelia doniana
Lobelia sessilifolia Lamb.山梗菜
Lobelia stipularis Roth=Lobelia alsinoides
Lobelia subcuneata Miq.=Lobelia zeylanica
Lobelia subincisa Wall.=Lobelia heynenana
Lobelia succulenta Bl.=Lobelia zeylanica
Lobelia succulenta var. *lobbiana* E.Wimm.=Lobelia zeylanica var. lobbiana
Lobelia taliensis Diels 大理山梗菜
Lobelia terminalis C.B.Clarke 顶花半边莲
Lobelia thorelii E.wimm.=Lobelia terminalis
Lobelia trialata Ham. ex D.Don=Lobelia heynenana
Lobelia trialata var. *asiatica* Chiov=Lobelia heynenana
Lobelia triangullata Roxb.=Lobelia alsinoides
Lobelia trigona HK.f. & Thoms.(p.p.)=Lobelia heynenana
Lobelia trigona Hosseus (p.p.)=Lobelia terminalis
Lobelia trigona Roxb.=Lobelia alsinoides
Lobelia trigona Yamamoto=Lobelia hancei
Lobelia wallichiana HK.f. & Thoms.=Lobelia pyramidalis
Lobelia wallichii Steud.=Lobelia colorata
Lobelia zeylanica L. (Danguy in Fl.Gen.Indo-chin.1930)=Lobelia heynenana
Lobelia zeylanica L.卵叶半边莲
Lobelia zeylanica var. lobbiana (HK.f. & Thoms.) Lian 大花卵叶半边莲
Lobelia zeylanica var. zeylanica=Lobelia zeylanica
Lobivia Britt. & Rose **丽花球属**(仙人掌科)
Lobivia cinnabarina (HK.) Britt. & Rose 龟甲球
Lobivia haageana Backeb.黄牡丹球
Lobivia hermanniana Backeb.朱丽球
Lobivia jajiana Backeb.红笠球
Lobophyllum F.Muell.=**Coldenia**
Lobularia Desv.**香雪球属**(十字花科)
Lobularia maritima (L.) Desv.香雪球
Lochnera rosea Reichb.=Catharanthus roseus
Lochnera rosea var. *alba* Hubb.=Catharanthus roseus cv. Albus
Lochnera rosea var. *flava* Tsiang=Catharanthus roseus cv .Flavus
Lockhartia HK.**洛克兰属**(兰科)
Lockhartia acuta (Lindl.) Rchb.f.急尖洛克兰
Lockhartia amoena Endr. & HK.可爱洛克兰
Lockhartia elegans (Lodd.) HK.雅致洛克兰
Lockhartia micrantha Rchb.f.小花洛克兰

Lodhra crassifolia (Benth.) Miers=Symplocos crassifolia
Lodoicea Labill.**海椰子属**(棕榈科)
Lodoicea maldivica (Gmel.) Pers.海椰子
Loefingia indica Retz.=Polycarpon prostratum
Loeflingia indica Retz.=Polycarpon prostratum
Loentopodium aloysioderum Hort.=Leontopodium haplophylloides
Loentopodium evax var. β. *fimbrilliferum* (Drumm.) Beauv.=
Leontopodium monocephalum
Loentopodium jacotianum Beauv.(Mattf.in J.Arn.Arb.1933)=
Leontopodium jacotianum var. minum
Loentopodium jacotianum var. *typus* Hand.-Mazz.=Leontopodium
jacotianum
Loentopodium thomsonianum Beauv.=Leontopodium jacotianum
Loeseneriella A.C.Smith **翅子藤属**(翅子藤科)
Loeseneriella concinna A.C.Smith 程香仔树
Loeseneriella griseoramula S.Y.Pao 灰枝翅子藤
Loeseneriella lenticellata C.Y.Wu 皮孔翅子藤
Loeseneriella merrilliana A.C.Smith 翅子藤
Loeseneriella yunnanensis (Hu) A.C.Smith 云南翅子藤
Logania dentata (Elmer) Hay.=Hemiphragma hyterophyllum var.
dentatum
Loganiaceae 马钱科
Logfia Cass.=**Filago**
Logunia dentata (Elmer) Hay.=Hemiphragma heterophyllum var.
dentatum
Lolium L.**黑麦草属**(禾本科)
Lolium arvense With.田野黑麦草
Lolium multiflorum Lam.多花黑麦草
Lolium perenne L.黑麦草
Lolium persicum Boiss. & Hoh. ex Boiss.欧黑麦草
Lolium remotum Schrank 疏离黑麦草
Lolium rigidum Gaud.硬直黑麦草
Lolium temulentum L.毒麦
Lolium temulentum var. *arvense* Lilj.=Lolium arvense
Lomagramma J.Sm.**网藤蕨属**(藤蕨科)
Lomagramma grosseserrata Hoult.粗齿网藤蕨?
Lomagramma matthewii (Ching) Houtt.网藤蕨
Lomagramma sorbifolium Ching=Lomagramma matthewii
Lomagramma yunnanensis Ching 云南网藤蕨
Lomaphlebia J.Sm.=**Grammitis**
Lomaria Willd.=**Struthiopteris**
Lomaria adnata Bl.=Plagiogyria adnata
Lomaria adnata HK.=Plagiogyria distinctissima
Lomaria apodophylla Bak.=Struthiopteris hancockii
Lomaria decurrens Bak.=Plagiogyria stenoptera
Lomaria deflexa Baker=Plagiogyria assurgens
Lomaria eburnea Ching=Struthiopteris eburnea
Lomaria euphlebia Kze.=Plagiogyria euphlebia
Lomaria fraseri A.Cunn.=Diploblechnum fraseri
Lomaria fraseri var. *philippinensis* Christ=Diploblechnum fraseri
Lomaria glauca HK.=Plagiogyria glaucescens
Lomaria matthewii Christ=Plagiogyria tenuifolia
Lomaria niponica Kunze=Struthiopteris hancockii
Lomaria pycnophylla HK.=Plagiogyria communis
Lomaria scandens Willd.=Stenochlaena palustris
Lomaria speciosa Bl.=Photinopteris acuminata
Lomaria spectabilis Kze.=Lomariopsis spectabilis
Lomaria spodiaefolia Wall.=Lomariopsis cochinchinenis
Lomaria stenoptera Bak.=Plagiogyria stenoptera
Lomariopsidaceae 藤蕨科
Lomariopsis Fée **藤蕨属**(藤蕨科)
Lomariopsis chinensis Ching 中华藤蕨
Lomariopsis cochinchinenis Fée 藤蕨
Lomariopsis Drynaria Mett.=**Photinopteris**
Lomariopsis horsfieldii (J.Sm.) Mett.=Photinopteris acuminata
Lomariopsis leptocarpa Holtt.=Lomariopsis spectabilis
Lomariopsis palustris Kuhn=Stenochlaena palustris
Lomariopsis spectabilis (Kze.) Mett.美丽藤蕨
Lomariopsis yapurense Mart.粗脉藤蕨
Lomatia R.Br.**洛美塔属**(山龙眼科)
Lomatia fraxinifolia F.J.Muell.白蜡叶洛美塔
Lomatia hirsuta (Lam.) Diels 粗硬毛洛美塔
Lomatia ilicifolia R.Br.冬青叶洛美塔
Lomatia silaifolia R.Br.胡椒虎耳草叶洛美塔
Lomatogoniopsis T.N.Ho & S.W.Liu **辐花属**(龙胆科)
Lomatogoniopsis alpina T.N.Ho & S.W.Liu 辐花
Lomatogoniopsis galeiformis T.N.Ho & S.W.Liu 盔形辐花
Lomatogoniopsis ovatifolia T.N.Ho & S.W.Liu 卵叶辐花
Lomatogonium A.Br.**肋柱花属**(龙胆科)
Lomatogonium bellum (Hemsl.) H.Sm.美丽肋柱花
Lomatogonium brachyantherum (C.B.Clarke) Fern.短药肋柱花
Lomatogonium caeruleum (Royle) H.Sm. ex B.L.Burtt 喜马拉雅肋柱花
Lomatogonium carinthiacum (Wulf.) Reichb.肋柱花
Lomatogonium carinthiancum var. *crodifolium* (Franch.) H.Sm.=
Lomatogonium cordifolium
Lomatogonium chumbicum (Burk.) H.Sm.亚东肋柱花
Lomatogonium cordifolium (Franch.) H.W.Li ex T.N.Ho 心叶肋柱花
Lomatogonium cuneifolium H.Sm.=Lomatogonium oreocharis
Lomatogonium delioideum (Burk.) Marq.=Lomatogonium macranthum
Lomatogonium diffusum (Maxim.) Fern.=Lomatogonium thomsonii
Lomatogonium forrestii (Balf.f.) Fern.云南肋柱花
Lomatogonium forrestii var. bonatianum (Burk.) T.N.Ho 云贵肋柱花
Lomatogonium forrestii var. densiflorum S.W.Liu & T.N.Ho 密花肋柱花
Lomatogonium forrestii var. forrestii=Lomatogonium forrestii
Lomatogonium gamosepalum (Burk.) H.Sm.合萼肋柱花
Lomatogonium lijiangense T.N.Ho 丽江肋柱花
Lomatogonium lloydioides (Burk.) H.Sm. ex Chater 岗巴肋柱花
Lomatogonium longifolium H.Sm.长叶肋柱花
Lomatogonium macranthum (Diels & Gilg) Fern.大花肋柱花
Lomatogonium micranthum H.Sm.小花肋柱花
Lomatogonium oreocharis (Diels) Marq.圆叶肋柱花
Lomatogonium perenne T.N.Ho & S.W.Liu 宿根肋柱花
Lomatogonium rotatum (L.) Fries ex Nym.辐状肋柱花
Lomatogonium rotatum var. floribundum (Franch.) T.N.Ho 密序肋柱花
Lomatogonium rotatum var. rotatum=Lomatogonium rotatum
Lomatogonium saccatum H.Sm.=Lomatogonium forrestii
Lomatogonium sect. *Comastoma* (Wettst.) A. & D.Löve=**Comastoma**
Lomatogonium sikkimense (Burk.) H.Sm.锡金肋柱花
Lomatogonium stapfii (Burk.) H.Sm.垂花肋柱花
Lomatogonium tenellum (Rottb.) A & D.Löve=Comastoma tenellum
Lomatogonium thomsonii (C.B.Clarke) Fern.铺散肋柱花
Lomatogonium zhongdianense S.W.Liu & T.N.Ho 中甸肋柱花
Lomatolepis Cass.=**Launaea**
Londesia Fisch. & Mey.**绒藜属**(藜科)
Londesia eriantha Fisch. & Mey.绒藜
Lonicera L.**忍冬属**(忍冬科)
Lonicera acrophila Lévl.=Lonicera lanceolata
Lonicera acuminata Wall.淡红忍冬
Lonicera acuminata var. acuminata=Lonicera acuminata
Lonicera acuminata var. depilata Hsu & H.J.Wang 无毛淡红忍冬
Lonicera adenophora Franch.=Lonicera webbiana
Lonicera aemulans Rehd.=Lonicera szechuanica
Lonicera affinis mollissima Bl. ex Maxim.=Lonicera hypoglauca
Lonicera affinis var. *angustifolia* Hay.=Lonicera acuminata
Lonicera affinis var. *hypoglauca* (Miq.) Rehd.=Lonicera hypoglauca
Lonicera affinis var. *pubescens* Maxim.=Lonicera hypoglauca
Lonicera alberti Rgl.沼生忍冬
Lonicera alpigena L.(HK.f. & Thoms.in J.L.Soc.Bot.1858)=Lonicera
webbiana
Lonicera alpigena var. *phaeantha* Rehd.=Lonicera webbiana
Lonicera alpigena var. *webbiana* Nichols.=Lonicera webbiana
Lonicera alseuosmoides Graebn.=Lonicera acuminata
Lonicera altaica Pall.=Lonicera caerulea var. altaica
Lonicera altmannii Rgl. & Schmalh.截萼忍冬
Lonicera angustifolia Wall. ex DC.狭叶忍冬
Lonicera angustifolia var. *rhododactyla* W.W.Sm.=Lonicera myrtillus
Lonicera anisocalyx Rehd.异萼忍冬
Lonicera barbinervis Kom.=Lonicera nigra
Lonicera bournei Hemsl.西南忍冬
Lonicera brevisepala Hsu etH.J.Wang 短萼忍冬
Lonicera buchananii Lace 滇西忍冬
Lonicera buddletoides Hsu & S.C.Cheng 醉鱼草状忍冬

Lonicera buxifolia Lévl.(p.p.)=Lonicera ligustrina
Lonicera caerulea L.蓝果忍冬
Lonicera caerulea subsp. *edulis* (Turcz.) Hulten=Lonicera caerulea var. edulis
Lonicera caerulea var. altaica Pall.阿尔泰忍冬
Lonicera caerulea var. angustifolia Bge.窄叶蓝果忍冬
Lonicera caerulea var. caerulea=Lonicera caerulea
Lonicera caerulea var. edulis Turcz. ex Herd.蓝靛果
Lonicera calcarata Hemsl.长距忍冬
Lonicera calvescens (Chun & How) Hsu & H.J.Wang 海南忍冬
Lonicera canadensis Marsh.加拿大忍冬
Lonicera caprifolium L.轮花忍冬
Lonicera carnosifolia C.Y.Wu ex Hsu & H.J.Wang 肉叶忍冬
Lonicera cavaleriei Lévl.=Jasminum sinense
Lonicera chaetocarpa (Batal. ex Rehd.) Rehd.=Lonicera hispida
Lonicera chinensis Wats.=Lonicera japonica var. chinensis
Lonicera chlamydata W.W.Sm.=Lonicera saccata
Lonicera chlamydophora W.W.Sm.=Lonicera saccata
Lonicera chrysantha Turcz.金花忍冬
Lonicera chrysantha subsp. chrysantha=Lonicera chrysantha
Lonicera chrysantha subsp. koehneana (Redh.) Hsu & H.J.Wang 须蕊忍冬
Lonicera chrysantha var. *longipes* Maxim.=Lonicera chrysantha
Lonicera chrysantha var. *subtomentosa* Maxim.=Lonicera ruprechtiana
Lonicera ciliosissima C.Y.Wu ex Hsu & H.J.Wang 长睫毛忍冬
Lonicera cinerea Pojark.灰毛忍冬
Lonicera codonantha Rehd.钟花忍冬
Lonicera confusa (Sweet) DC.山银花
Lonicera crassifolia Batal.匍匐忍冬
Lonicera cyanocarpa Franch.微毛忍冬
Lonicera cyanocarpa var. prophyrantha Marq. & Shaw 藏东忍冬(新)?
Lonicera cylindriflora Hand.-Mazz.=Lonicera tangutica
Lonicera dasystyla Rehd.水忍冬
Lonicera davurica Pall. ex Sievers=Viburnum mongolicum
Lonicera decipiens HK.f. & Thoms.=Lonicera lanceolata
Lonicera deflexicalyx Batal.=Lonicera trichosantha var. xerocalyx
Lonicera deflexicalyx var. *xerocalyx* (Diels) Rehd.=Lonicera trichosantha var. xerocalyx
Lonicera delavayi Franch.=Lonicera similis
Lonicera dioica L.微花忍冬(新)
Lonicera edulis Turcz. ex Turcz.=Lonicera caerulea var. edulis
Lonicera elisae Franch.北京忍冬
Lonicera esquirolii Lévl.=Lonicera macrantha var. heterotricha
Lonicera fargesii Franch.粘毛忍冬
Lonicera farreri W.W.Sm.=Lonicera szechuanica
Lonicera fauriei Lévl. & Vant.=Lonicera japonica
Lonicera ferdinandii Franch.葱皮忍冬
Lonicera ferdinandii f. *beissneriana* Zabel=Lonicera ferdinandii
Lonicera ferdinandii f. *franchetii* Zabel=Lonicera ferdinandii
Lonicera ferdinandii f. *leycesterioides* Zabel=Lonicera ferdinandii
Lonicera ferdinandii f. *vesicaria* Zabel=Lonicera ferdinandii
Lonicera ferdinandii var. *induta* Redh.=Lonicera ferdinandii
Lonicera ferdinandii var. *leycesterioides* (Graebn.) Rehd.=Lonicera ferdinandii
Lonicera ferruginea Rehd.锈毛忍冬
Lonicera flavipes Rehd.=Lonicera tangutica
Lonicera fragilis Lévl.短柱忍冬
Lonicera fragrantissima Lindl. & Paxt.(Redh.in J.Arn.Arb.1927)=Lonicera fragrantissima subsp. standishii
Lonicera fragrantissima Lindl. & Paxt.郁香忍冬
Lonicera fragrantissima subsp. fragrantissima=Lonicera fragrantissima
Lonicera fragrantissima subsp. phyllocarpa (Maxim.) Hsu & H.J.Wang 樱桃忍冬
Lonicera fragrantissima subsp. standishii (Carr.) Hsu etH.J.Wang 苦糖果
Lonicera fuchsioides Hemsl.=Lonicera acuminata
Lonicera fulva Merr.=Lonicera ferruginea
Lonicera fulvotomentosa Hsu 黄褐毛忍冬
Lonicera giraldii Rehd.=Lonicera acuminata
Lonicera giraldii f. *nubium* Hand.-Mazz.=Lonicera nubium
Lonicera glandulifera Chien=Lonicera saccata
Lonicera glauca HK.f. & Thoms.=Lonicera semenovii
Lonicera glaucescens Rybd.粉绿忍冬
Lonicera gracilis Kurz=Leycesteria gracilis
Lonicera graebneri Rehd.短梗忍冬
Lonicera guillom Lévl. & Vant.=Lonicera macrantha
Lonicera gynochlamydea Hemsl.蕊被忍冬
Lonicera gynopogon Lévl.短小忍冬(新)?
Lonicera harmsii Graebn. ex Diels=Lonicera tragophylla
Lonicera hemsleyana (O.Ktze.) Rehd.倒卵叶忍冬
Lonicera henryi Hemsl.=Lonicera acuminata
Lonicera henryi var. *angustifolia* (Hay.) Ohwi=Lonicera acuminata
Lonicera henryi var. *setuligera* W.W.Sm.=Lonicera acuminata
Lonicera henryi var. *subcoriacea* Redh.=Lonicera acuminata
Lonicera henryi var. *transarisanensis* (Hay.) Yamamoto=Lonicera acuminata
Lonicera henryi var. *trichosepala* Rehd.=Lonicera tricosepala
Lonicera heteroloba Batal.=Lonicera webbiana
Lonicera heterophyla var. *karelini* (Bge. ex Kirillov) Rehd.=Lonicera heterophylla
Lonicera heterophylla Decne.异叶忍冬
Lonicera hildebrandiana Coll. & Hemsl.大果忍冬
Lonicera hirsutha Eat.毛忍冬
Lonicera hirtiflora Champ.=Lonicera macrantha
Lonicera hispida Pall. ex Roem. & Schult.刚毛忍冬
Lonicera hispida var. *chaetocarpa* Batal ex Redh.=Lonicera hispida
Lonicera hispida var. *typica* Rgl.=Lonicera hispida
Lonicera hopeiensis Chien=Lonicera serreata
Lonicera humilis Kar. & Kir.矮小忍冬
Lonicera hypoglauca Miq.红腺忍冬
Lonicera hypoglauca subsp. hypoglauca=Lonicera hypoglauca
Lonicera hypoglauca subsp. nudiflora Hsu & H.J.Wang 净花菰腺忍冬
Lonicera hypoleuca Decne.白背忍冬
Lonicera hypoleuca Nakai=Lonicera tatarinowii
Lonicera inconspicus Batal 杯萼忍冬
Lonicera infundibulum Franch.=Lonicera elisae
Lonicera inodora W.W.Sm.卵叶忍冬
Lonicera involucrata (Rich.) Banks.总苞忍冬
Lonicera japonica Thunb.忍冬
Lonicera japonica var. chinensis (Wats.) Bvak.红白忍冬
Lonicera japonica var. *japonica* f. *chinensis* (Wats.) Hara=Lonicera japonica var. chinensis
Lonicera japonica var. japonica=Lonicera japonica
Lonicera japonica var. *sempervillosa* Hay.=Lonicera japonica
Lonicera jilongensis Hsu & H.J.Wang 吉隆忍冬
Lonicera kachkarovii (Batal.) Rehd.=Lonicera retusa
Lonicera kansuensis (Batal. ex Rehd.) Pojark.甘肃忍冬
Lonicera karelinii Bge. ex Kirillov=Lonicera heterophylla
Lonicera kawakamii (Hay.) Masam.玉山忍冬
Lonicera koehneana Rehd.=Lonicera chrysantha subsp. koehneana
Lonicera kungeana Hao=Lonicera szechuanica
Lonicera lanceolata Wall.柳叶忍冬
Lonicera lanceolata var. glabra Chien ex Hsu & H.J.Wang 光枝柳叶忍冬
Lonicera lanceolata var. lanceolata=Lonicera lanceolata
Lonicera leptantha Rehd.=Lonicera tatarinowii
Lonicera leycesterioides Graebvn.=Lonicera ferdinandii
Lonicera ligustrina Wall. β.*yunnanensis* Franch.=Lonicera ligustrina subsp. yunnanensis
Lonicera ligustrina Wall.女贞忍冬
Lonicera ligustrina subsp. ligustrina=Lonicera ligustrina
Lonicera ligustrina subsp. yunnanensis (Franch.) Hsu & H.J.Wang 亮叶忍冬
Lonicera ligustrina α. *pileata* Franch.=Lonicera pileata
Lonicera limprichtii Pax. & K.Hoffm.=Lonicera retusa
Lonicera litangensis Batal.理塘忍冬
Lonicera longa Rehd.=Lonicera tangutica
Lonicera longiflora (Lindl.) DC.长花忍冬
Lonicera longituba H.T.Chang ex Hsu & H.J.Wang 卷瓣忍冬
Lonicera maacki (Rupr.) Maxim.=Lonicera maackii
Lonicera maacki var. *podocarpa* Franch. ex Rehd.=Lonicera maackii
Lonicera maacki var. *typica* Nakai=Lonicera maackii
Lonicera maackii (Rupr.) Maxim.金银忍冬
Lonicera maackii var. erubescens Rehd.红花金银忍冬
Lonicera maackii var. maackii=Lonicera maackii
Lonicera macrantha (D.Don) DC.=Lonicera macrantha

Lonicera macrantha (D.Don) Spreng.大花忍冬
Lonicera macrantha var. *biflora* Coll. & Hemsl.=Lonicera similis
Lonicera macrantha var. *calvescens* Chun & How=Lonicera calvescens
Lonicera macrantha var. heterotricha Hsu & H.J.Wang 异毛忍冬
Lonicera macrantha var. macrantha=Lonicera macrantha
Lonicera macranthoides Hand.-Mazz.灰毡毛忍冬
Lonicera mairei Lévl.=Lonicera yunnanensis
Lonicera maximowiczii (Rupr.) Rgl.紫花忍冬
Lonicera menelii Lévl.= Phlogacanthus pubinervius
Lonicera micrantha Truatv. ex Rgl.(p.p.)=Lonicera tatarica var. micrantha
Lonicera microphylla Willd. ex Roem. & Schult.小叶忍冬
Lonicera minuta Batal.矮生忍冬
Lonicera minutifolia Kitam.细叶忍冬
Lonicera missionis Lévl.(p.p.)=Lonicera ligustrina
Lonicera missionis Lévl.(p.p.)=Lonicera pileata
Lonicera mitis Rehd.=Lonicera cyanocarpa
Lonicera mitis var. *hobsonii* Rehd.=Lonicera cyanocarpa
Lonicera modesta Rehd.下江忍冬
Lonicera modesta var. lushanensis Rehd.庐山忍冬
Lonicera modesta var. modesta=Lonicera modesta
Lonicera monantha Nakai=Lonicera subhispida
Lonicera mongolica Pall.=Viburnum mongolicum
Lonicera montigena Rehd.=Lonicera hispida
Lonicera morrowii A.Gray 莫罗氏忍冬
Lonicera mucronata Rehd.短尖忍冬
Lonicera multiflora Champ.=Lonicera confusa
Lonicera mupinensis Rehd.=Lonicera webbiana var. mupinensis
Lonicera myrtillus HK.f. & Thoms.越桔叶忍冬
Lonicera myrtillus var. cyclophylla Rehd.圆叶忍冬
Lonicera myrtillus var. *depressa* Rehd.=Lonicera myrtillus
Lonicera myrtillus var. myrtillus=Lonicera myrtillus
Lonicera nervosa Maxim.红脉忍冬
Lonicera nigra L.黑果忍冬
Lonicera nigra var. *barbinervis* (Kom.) Nakai=Lonicera nigra
Lonicera nitida Wils.=Lonicera ligustrina subsp. yunnanensis
Lonicera nubium (Hand.-Mazz.) Hand.-Mazz.云雾忍冬
Lonicera oblata Hao ex Hsu & H.J.Wang 丁香叶忍冬
Lonicera oblongifolia (Goldie) HK.长圆叶忍冬
Lonicera obscura Hemsl.=Lonicera bournei
Lonicera oiwakensis Hay.瘤基忍冬
Lonicera oreodoxa H.Sm. ex Rehd.垫状忍冬
Lonicera oresbia W.W.Sm.=Lonicera szechuanica
Lonicera orientalis var. *kachkarovii* Batal.=Lonicera retusa
Lonicera orientalis var. *kansuensis* Batal. ex Rehd.=Lonicera kansuensis
Lonicera orientalis var. setchuanensis Franch.川东亚忍冬(新)?
Lonicera ovalis Batal.=Lonicera trichosantha
Lonicera pampaninii Lévl.短柄忍冬
Lonicera parasitica L.=Elytranthe parasitica
Lonicera parvifolia Hayne (HK.f.et Thoms.in J.L.Soc.Bot.1822)= Lonicera myrtillus
Lonicera pekinensis Rehd.=Lonicera elisae
Lonicera penduliflora Pax & K.Hoffm.=Lonicera saccata
Lonicera perulata Rehd.紫药忍冬(新)?
Lonicera phyllocarpa Maxim.=Lonicera fragrantissima subsp. phyllocarpa
Lonicera pileata Oliv.蕊帽忍冬
Lonicera pileata f. *yunnanensis* (Franch.) Rehd.=Lonicera ligustrina subsp. yunnanensis
Lonicera pileata var. linearis Rehd.条叶蕊帽忍冬
Lonicera pileata var. pileata=Lonicera pileata
Lonicera praecox (O.Ktze.) Rehd.=Lonicera elisae
Lonicera praeflorens Batal.早花忍冬
Lonicera prostrata Rehd.平卧忍冬
Lonicera proterantha Rehd.陕西忍冬(新)?
Lonicera pseudoproterantha Pamp.=Lonicera fragrantissima subsp. standishii
Lonicera rehderi Lévl.=Jasminum sinense
Lonicera retusa Franch.凹叶忍冬
Lonicera rhododendroides Graebn.=Lonicera crassifolia
Lonicera rhytidophylla Hand.-Mazz.皱叶忍冬
Lonicera rocheri Lévl.=Lonicera saccata
Lonicera rubropunctata Hay.=Lonicera hypoglauca
Lonicera rupicola HK.f. & Thoms.岩生忍冬
Lonicera rupicola var. rupicola=Lonicera rupicola
Lonicera rupicola var. syringantha (Maxim.) Zabel 红花岩生忍冬
Lonicera rupicola var. *thibetica* Zabel=Lonicera rupicola
Lonicera ruprechtiana Rgl.长白忍冬
Lonicera ruprechtiana var. calvescens Rehd.光枝长白忍冬
Lonicera ruprechtiana var. ruprechtiana=Lonicera ruprechtiana
Lonicera saccata Rehd.袋花忍冬
Lonicera saccata f. *wilsonii* Rehd.=Lonicera saccata
Lonicera saccata var. saccata=Lonicera saccata
Lonicera saccata var. tangiana (Chien) Hsu & H.J.Wang 毛果袋花忍冬
Lonicera sachalinensis Nakai (p.p.)=Lonicera maximowiczii
Lonicera schneideriana Rehd.短苞忍冬
Lonicera semenovii Rgl.藏西忍冬
Lonicera sempervirens L.贯月忍冬
Lonicera serpyllifolia Rehd.=Lonicera saccata
Lonicera serreana Hand.-Mazz.毛药忍冬
Lonicera setchuensis (Franch.) Rehd.=Lonicera orientalis var. setchuanensis
Lonicera setifera Franch.齿叶忍冬
Lonicera setifera var. *trullifera* Redh.=Lonicera setifera
Lonicera shensiensis (Rehd.) Rehd.=Lonicera tangutica
Lonicera shintenensis Hay.=Lonicera japonica
Lonicera similis Hemsl.细毡毛忍冬
Lonicera similis var. *delavayi* (Franch.) Rehd.=Lonicera similis
Lonicera similis var. omeiensis Hus & H.J.Wang 峨眉忍冬
Lonicera similis var. similis=Lonicera similis
Lonicera sinense var. *septentrionale* Hand.-Mazz.=Jasminum sinense
Lonicera spinosa Jacq. ex Walp.棘枝忍冬
Lonicera spinosa var. *alberti* (Rgl.) Rehd.=Lonicera alberti
Lonicera standishii Carr.=Lonicera fragrantissima subsp. standishii
Lonicera standishii f. *lancifolia* Rehd.=Lonicera fragrantissima subsp. standishii
Lonicera stenosiphon Franch.狭管忍冬(新)?
Lonicera stephanocarpa Franch.冠果忍冬
Lonicera stipulata HK.f. & Thoms.=Leycesteria stipulata
Lonicera subaequalis Rehd.川黔忍冬
Lonicera subdentata Rehd.=Lonicera setifera
Lonicera subhispida Nakai 单花忍冬
Lonicera sublabiata Hsu & H.J.Wang 唇花忍冬
Lonicera syringantha Maxim.=Lonicera rupicola var. syringantha
Lonicera syringantha var. minor Maxim.小岩生忍冬(新)?
Lonicera syringatha var. *wolfii* Rehd.=Lonicera rupicola var. syringantha
Lonicera szechuanica Batal.四川忍冬
Lonicera taipeiensis Hsu & H.J.Wang 太白忍冬
Lonicera tangiana Chien=Lonicera saccata var. tangiana
Lonicera tangutica Maxim.唐古特忍冬
Lonicera tangutica var. *glabra* Batal.=Lonicera tangutica
Lonicera tatarica L.新疆忍冬
Lonicera tatarica var. micrantha Trautv.小花忍冬
Lonicera tatarica var. *puberula* Rgl. & Winkl.=Lonicera tatarica var. micrantha
Lonicera tatarica var. tatarica=Lonicera tatarica
Lonicera tatarinowii Maxim.华北忍冬
Lonicera tatarinowii var. *leptantha* (Redh.) Nakai=Lonicera tatarinowii
Lonicera tatsiensis Franch.=Lonicera webbiana
Lonicera telfairii HK. & Arn.=Lonicera confusa
Lonicera thibetica Bur. & Franch.=Lonicera rupicola
Lonicera tomentella HK.f. & Thoms.毛冠忍冬
Lonicera tomentella var. tomentella=Lonicera tomentella
Lonicera tomentella var. tsarongensis W.W.Sm.察瓦龙忍冬
Lonicera tragophylla Hemsl.盘叶忍冬
Lonicera transarisanensis Hay.=Lonicera acuminata
Lonicera tricalysioides C.Y.Wu ex Hsu & H.J.Wang 赤水忍冬?
Lonicera trichogyne Rehd.毛果忍冬
Lonicera trichogyne var. aequila Hand-Mazz.山西忍冬(新)?
Lonicera trichopoda Franch.=Lonicera inconspicua
Lonicera trichopoda var. *shensiensis* Rehd.=Lonicera tangutica
Lonicera trichosantha Bur. & Franch.毛花忍冬
Lonicera trichosantha f. *acutiuscula* Rehd.=Lonicera trichosantha
Lonicera trichosantha f. *glabrata* Rehd.=Lonicera trichosantha

Lonicera trichosantha var. trichosantha=Lonicera trichosantha
Lonicera trichosantha var. xerocalyx (Diels) Hsu & H.J.Wang 长叶毛花忍冬
Lonicera tricosepala (Rehd.) Hsu 毛萼忍冬
Lonicera tubuliflora Rehd.管花忍冬
Lonicera vaccinium Lévl.=Wikstroemia vaccinium
Lonicera vegeta Rehd.=Lonicera fargesii
Lonicera vesicaria Kom.=Lonicera ferdinandii
Lonicera virgultorum W.W.Sm.绢柳林忍冬
Lonicera viridiflava Hand.-Mazz.=Lonicera cyanocarpa
Lonicera wardii W.W.Sm.=Lonicera lanceolata
Lonicera webbiana Wall. ex DC.华西忍冬
Lonicera webbiana var. mupinensis (Rehd.) Hsu & H.J.Wang 川西忍冬
Lonicera webbiana var. webbiana=Lonicera webbiana
Lonicera wightianum Wall.=Lonicera ligustrina
Lonicera wolfii Hao=Lonicera rupicola var. syringantha
Lonicera wulingensis Nakai=Lonicera szechuanica
Lonicera xerocalyx Diels=Lonicera trichosantha var. xerocalyx
Lonicera xylosteum β. *chrysantha* Rgl.=Lonicera chrysantha
Lonicera yunnanensis Franch.云南忍冬
Lontarus Adans.=**Borassus**
Lopezia Cav.**宝石冠属**(柳叶菜科)
Lopezia coronata Andr.宝石冠
Lopezia hirsuta Jacq.有毛宝石冠
Lophanthus Adans.**扭藿香属**(唇形科)
Lophanthus argyi Lévl.=Agastache rugosa
Lophanthus chinensis Benth.(Walp.in Nov.Act.Nat.Cur.1843)=Agastache rugosa
Lophanthus chinensis Benth.扭藿香
Lophanthus cypriani Pavol.=Elsholtzia cypriani
Lophanthus elegans (Lipscky) Levin 雅致扭藿香
Lophanthus formosanus Hay.=Agastache rugosa
Lophanthus krylovii Lipsky 阿尔泰扭藿香
Lophanthus lipskyanus Ik.-Gal.里氏扭藿香
Lophanthus rugosus Fisch. & Mey.=Agastache rugosa
Lophanthus schrenkii Levin 天山扭藿香
Lophanthus schttsohurowskianus (Rgl.) Lipsky 石氏扭藿香
Lophanthus sect. *Chaistandra* Benth.=**Agastache**
Lophanthus subnivalis Lipsky 雪地扭藿香
Lophanthus tibeticus C.Y.Wu & Y.C.Huang 西藏扭藿香
Lophatherum Brongn.**淡竹叶属**(禾本科)
Lophatherum gracile Brongn.淡竹叶
Lophatherum gracile var. *pilosulum* Hack.=Lophatherum gracile
Lophatherum sinense Rendle 中华淡竹叶
Lophiolepis Cass.=**Cirsium**
Lophiolepis dubia Cass.=Cirsium vulgare
Lopholoma Cass.=**Centaurea**
Lophopetalum Wight **冠瓣属**(卫矛科)
Lophopetalum duperreanum Pierre 迪佩里冠瓣
Lophopetalum wallichii Kurz.沃利赫冠瓣
Lophopetalum wallichii var. parvifolium Pietard 小叶沃利赫冠瓣
Lophopetalum wightianum Arn.怀特冠瓣
Lophopetalum wightianum var. macrocarpum Pierre 大果怀特冠瓣
Lophophora J.Coult.**乌羽玉属**(仙人掌科)
Lophophora williamisii (Lem.) J.Coult.乌羽玉
Lophotocarpus formosanus Hay.=Sagittaria guyanensis subsp. lappula
Lophotocarpus guyanensis (H.B.K.) Smith=Sagittaria guyanensis subsp. lappula
Lophtocarpus Durand=**Sagittaria**
Loranthaceae 桑寄生科
Loranthus Jacq.**桑寄生属**(桑寄生科)
Loranthus adpressus (Van Tiegh.) Lecomte=Helixanthera parasitica
Loranthus albidus Bl.=Elytranthe albida
Loranthus ampullaceus Roxb.=Macrosolen cochinchinensis
Loranthus balansae Lecomte=Taxillus balansae
Loranthus balfourianus Diels=Taxillus delavayi
Loranthus bibracteolatus Hance=Macrosolen bibracteolatus
Loranthus buddleioides Dest.=Scurrula buddleioides
Loranthus caloreas Diels=Taxillus caloreas
Loranthus caloreas var. *fargesii* Lecomte=Taxillus caloreas var. fargesii
Loranthus caloreas var. *oblongifolius* Lecomte=Taxillus kaempferi var. grandiflorus
Loranthus cavaleriei Lévl.=Taxillus limprichtii
Loranthus chinensis Benth.=Scurrula parasitica
Loranthus chinensis DC.=Taxillus chinensis
Loranthus chinensis var. *formosanus* Lecomte=Scurrula parasitica
Loranthus chingii Cheng=Scurrula chingii
Loranthus coccineus Jack=Helixanthera coccinea
Loranthus cochinchinensis Lour.=Macrosolen cochinchinensis
Loranthus delavayi (Van Tiegh.) Engl.=Taxillus delavayi
Loranthus delavayi Van Tiegh.椆树桑寄生
Loranthus diabuzanensis Yamamoto=Taxillus limprichtii
Loranthus duclouxii Lecomte=Taxillus sutchuenensis var. duclouxii
Loranthus elatus Edgew.=Scurrula elata
Loranthus esquirolii Lévl.=Tolypanthus esquirolii
Loranthus estipitatus Stapf=Taxillus chinensis
Loranthus estipitatus var. *longiflorus* Lecomte=Taxillus limprichtii var. longiflorus
Loranthus europaeus Jacq.(高等图鉴 1972)=Loranthus tanakae
Loranthus europaeus Jacq.欧亚桑寄生
Loranthus ferrugineus Jack=Scurrula ferruginea
Loranthus fordii Hance=Macrosolen cochinchinensis
Loranthus graciliflorus Wall. ex DC.=Scurrula parasitica var. graciliflora
Loranthus gracilifolius Schult.(海南志 1965)=Scurrula parasitica
Loranthus guizhouensis H.S.Kiu 南桑寄生
Loranthus kaempferi (DC.) Maxim.=Taxillus kaempferi
Loranthus kaoi (J.M.Chao) H.S.Ku 台中桑寄生
Loranthus koumensis Sasaki=Loranthus delavayi
Loranthus kwangtungnensis Merr.=Taxillus limprichtii
Loranthus lambertianus Schult.吉隆桑寄生
Loranthus levinei Merr.=Taxillus levinei
Loranthus ligustrinus Wall.(海南志 1965)=Helixanthera sampsoni
Loranthus limprichtii Gruning=Taxillus limprichtii
Loranthus liquidambaricolus Hay.=Taxillus limprichtii var. liquidambaricolus
Loranthus longispicatus var. *grandifolius* Lecomte=Helixanthera pierrei
Loranthus lonicerifolius Hay.=Taxillus nigrans
Loranthus lonicerioides L.=Elytranthe parasitica
Loranthus loniceroides Burm.=Elytranthe parasitica
Loranthus maclurei Merr.(Lauener in Not.Bot.Gard.Edinb.1982)=Tolypanthus esquirolii
Loranthus maclurei Merr.=Tolypanthus maclurei
Loranthus matsudai Hay.=Taxillus caloreas
Loranthus nigrans Hance=Taxillus nigrans
Loranthus niitakayamensis Yamaoto=Taxillus limprichtii
Loranthus notothixoides Hance=Scurrula notothixoides
Loranthus odoratus Wall.(Forb. & Hemsl.in J.L.Soc.Bot.1894)=Loranthus pseudoodoratus
Loranthus odoratus f. *hemsleyanus* Pritz=Loranthus delavayi
Loranthus owatarii Matsum. & Hay.=Loranthus delavayi
Loranthus parasiticus (L.) Merr.=Scurrula parasitica
Loranthus parasiticus Merr.(广州志 1956,海南志 1965,高等图鉴 1972)=Taxillus chinensis
Loranthus pentandrus L.=Dendrophthoë pentandra
Loranthus pentapetalus Roxb.=Helixanthera parasitica
Loranthus philippensis Cham & Schlecht.=Scurrula philippensis
Loranthus philippensis var. *macroanthera* Lecomte=Scurrula philippensis
Loranthus phoebe-formosanae Hay.=Scurrula phoebe-formosanae
Loranthus pseudochinensis Yamamoto=Taxillus pseudochinensis
Loranthus pseudoodoratus Lingelsh.华中桑寄生
Loranthus pulverulentus Wall.=Scurrula pulverulenta
Loranthus rhododendricolus Hay.=Taxillus nigrans
Loranthus ritozanensis Hay.=Taxillus limprichtii
Loranthus sampsoni Hance=Helixanthera sampsoni
Loranthus scoriarum W.W.Sm.=Helixanthera scoriarum
Loranthus scurrula L=Scurrula parasitica
Loranthus scurrula var. *buddleioides* (Desr.) Kurz=Scurrula buddleioides
Loranthus scurrula var. *graciliflorus* (Wall. ex DC.) Kurz=Scurrula parasitica var. graciliflora
Loranthus scurrula var. *scurrula* L.(HK.f.in Fl.Brit.Ind.1886)=Scurrula buddleioides
Loranthus sect. *Dendrophthoe* Engl.U.Krause=**Dendrophthoë**
Loranthus sect. *Macrosolen* Bl.=**Macrosolen**
Loranthus sect. *Microloranthus* Engl.=**Loranthus**
Loranthus sect. *Phoenicanthemum* Bl.=**Helixanthera**

Loranthus sect. *Tolypanthus* Bl.=**Tolypanthus**
Loranthus seraggodostemon Hay.=Taxillus sutchuenensis
Loranthus sootepensis Craib=Scurrula sootepensis
Loranthus sutchuenensis Lecomte=Taxillus sutchuenensis
Loranthus tanakae Franch. & Sav.北桑寄生
Loranthus terrestris HK.f.=Helixanthera terrestris
Loranthus theifer Hay.=Taxillus theifer
Loranthus thibetensis Lecomte=Taxillus thibetensis
Loranthus tienyensis Li=Taxillus balansae
Loranthus umbellifer Schult.=Taxillus umbelifer
Loranthus vestitus Wall.=Taxillus vestitus
Loranthus yadoriki Sieb. ex Maxim.(高等图鉴 1972)=Taxillus nigrans
Loranthus yadoriki var. *hupehanus* Lecomte=Taxillus sutchuenensis var. duclouxii
Lorentea atropurpurea Orteg.=Sanvitalia procumbens
Lorinseria Presl **二型狗脊蕨属**(乌毛蕨科)
Lorinseria areolata (L.) Presl 二型狗脊蕨
Lorinseria harlandii J.Sm.=Chieniopteris harlandii
Loropetalum R.Br.**檵木属**(金缕梅科)
Loropetalum chinense (R.Br.) Oliv.檵木
Loropetalum chinense var. rubrum Yieh 红花檵木
Loropetalum lanceum Hand.-Mazz.大果檵木
Loropetalum subcapitatum Chun ex Chang 大叶檵木
Loropetalum subcordatum Oliv.=Tetrathyrium subcordatum
Losiolytrum hispidum Steud.=Arthraxon hispidus
Lotononis (DC.) Eckl. & Zeyh **罗顿豆属**(豆科)
Lotononis bainesii Baker 罗顿豆
Lotus L.**百脉根属**(豆科)
Lotus alpinus (Ser.) Schleich. ex Ramond 高原百脉根
Lotus angustissimus L.(Ledeb.in Fl.Ross.1842)=Lotus praetermissus
Lotus angustissimus L.尖齿百脉根
Lotus australis Andr.兰屿百脉根
Lotus corniculatus L.百脉根
Lotus corniculatus subsp. *frondosus* Freyn=Lotus frondosus
Lotus corniculatus var. alpinus Ser. =Lotus alpinus
Lotus corniculatus var. japonicus Regel 光叶百脉根
Lotus corniculatus β. *tenuifolius* L.=Lotus tenuis
Lotus diffusus Sol. ex Smith=Lotus angustissimus
Lotus edulis Link.=Lotus tetragonolobus
Lotus frondosus (Freyn) Kupr.新疆百脉根
Lotus japonicus (Regel) K.Larsen=Lotus corniculatus var. japonicus
Lotus molissimus Gmelin ex Ledeb.=Lotus angustissimus
Lotus palaestinus Boiss.=Lotus tetragonolobus
Lotus praetermissus Kupr.短果百脉根
Lotus tenuifolius (L.) C.Presl=Lotus tenuis
Lotus tenuis Waldst. & Kit. ex Willd.细叶百脉根
Lotus tetragonolobus L.翅荚百脉根
Lou Kan=Citrus reticulata cv. Ponkan
Lourea Neck.=**Christia**
Lourea campanulata (Wall.) Benth.=Christia campanulata
Lourea constricta Schndl.=Christia constricta
Lourea obcordata (Poir.) Desv.=Christia obcordata
Lourea vespertilionis (L.f.) Desv.=Christia vespertilionis
Lourya Baill.=**Feliosanthes**
Lowea Lindl.=**Rosa**
Loxocalyx Hemsl.**斜萼草属**(唇形科)
Loxocalyx quinquenervius Hand.-Mazz.五脉斜萼草
Loxocalyx urticifolius Hemsl.(分类学报 1959,p.p.)=Loxocalyx urticifolius var. decemnervius
Loxocalyx urticifolius Hemsl.斜萼草
Loxocalyx urticifolius var. decemnervius C.Y.Wu & H.W.Li 十脉斜萼草(新)
Loxocalyx urticifolius var. urticifolius=Loxocalyx urticifolius
Loxocalyx vaniotiana Lévl.=Paraphlomis javanica var. coronata
Loxococcus H.Wendl. & Drude **歪果片棕属**(棕榈科)
Loxogrammaceae 剑蕨科
Loxogramme (Bl.) C.Presl **剑蕨属**(剑蕨科)
Loxogramme acroscopa C.Chr.顶生剑蕨
Loxogramme assimilis Ching 黑鳞剑蕨
Loxogramme avenia Presl.南洋剑蕨
Loxogramme biformis Tagawa=Loxogramme salicifolia
Loxogramme blumeana Presl 二氏剑蕨
Loxogramme chinenis Ching 中华剑蕨
Loxogramme conferta Cop.密叶剑蕨
Loxogramme confertifolia Tagawa=Loxogramme chinenis
Loxogramme cuspidata (Zenker) M.G.Price 西藏剑蕨
Loxogramme duclouxii Christ 褐柄剑蕨
Loxogramme elevata Ching=Loxogramme assimilis
Loxogramme ensiformis Ching=Loxogramme formosana
Loxogramme fauriei Copel.(Ogata in Ic.Fil.Jap.1936)=Loxogramme duclouxii
Loxogramme fauriei Copel.=Loxogramme salicifolia
Loxogramme formosana Nakai 台湾剑蕨
Loxogramme fukiensis Ching=Loxogramme chineni
Loxogramme grammitoides (Baker) C.Chr.匙叶剑蕨
Loxogramme grandis Ching & Z.Y.Liu=Loxogramme formosana
Loxogramme involuta (D.Don) C.Presl 内卷剑蕨
Loxogramme lanceolata Presl 披针剑蕨
Loxogramme lankokinensis (Rosenst.) C.Chr.老街剑蕨
Loxogramme makinoi (C.Chr.) C.Chr.=Loxogramme salicifolia
Loxogramme malayana Cop.马来剑蕨
Loxogramme microphylla C.Chr.=Loxogramme lankokinensis
Loxogramme minor (Baker) Makino=Loxogramme grammitoides
Loxogramme parallela Cop.并行叶剑蕨
Loxogramme porcata M.G.Price 拟内卷剑蕨
Loxogramme remotefrondigera Hay.=Loxogramme duclouxii
Loxogramme salicifolia (Makino) Makino 柳叶剑蕨
Loxogramme saziran Tagawa ex M.G.Price (西藏志 1983,p.p.)= Loxogramme cuspidata
Loxogramme saziran Tagawa=Loxogramme duclouxii
Loxogramme saziron Tagawa ex M.G.Price=Loxogramme duclouxii
Loxogramme scolopendrina (Bory) Presl 大叶剑蕨
Loxogramme spatulata Copel.=Loxogramme grammitoides
Loxogramme subecostata (HK.) C.Chr.无肋剑蕨
Loxogramme subensifrons Ching 云南剑蕨?
Loxogramme tibetica Ching & S.K.Wu=Loxogramme cuspidata
Loxogramme yakushimae (Christ) C.Chr.=Loxogramme grammitoides
Loxogramme yigongensis Ching & S.K.Wu=Loxogramme grammitoides
Loxostemon HK.f. & Thoms.=**Cardamine**
Loxostemon axillus Y.C.Lan & T.Y.Cheo=Cardamine simplex
Loxostemon delavayi Franch.=Cardamine franchetiana
Loxostemon granuliferum (Franch.) O.E.Schulz.=Cardamine granulifera
Loxostemon incanus R.C.Fang ex T.Y.Cheo & Y.C.Lan=Cardamine loxostemonoides
Loxostemon loxostemonoides (O.E.Schulz.) Y.C.Lan & T.Y.Cheo= Cardamine loxostemonoides
Loxostemon pulchellus HK.f. & Thoms.=Cardamine pulchella
Loxostemon purpurascens (O.E.Schulz.) R.C.Fang ex Y.C.Lan & T.Y.Cheo=Cardamine purpurascens
Loxostemon repens (Franch.) Hand.-Mazz.=Cardamine repens
Loxostemon smithii O.E.Schulz.=Cardamine franchetiana
Loxostemon smithii var. *glabrescens* O.E.Schulz.=Cardamine franchetiana
Loxostemon smithii var. smithii=Cardamine franchetiana
Loxostemon smithii var. *wenchuanensis* Y.C.Lan & T.Y.Cheo=Cardamine trifoliolata
Loxostemon stenolobus (Hemsl.) Y.C.Lan & T.Y.Cheo=Cardamine stenoloba
Loxostigma Clarke **紫花苣苔属**(苦苣苔科)
Loxostigma aureum Dunn=Didissandra macrosiphon
Loxostigma begoniifolium (Lévl.) Anthony=Didissandra begoniifolia
Loxostigma brevipetiolatum W.T.Wang & K.Y.Pan 短柄紫花苣苔
Loxostigma cavaleriei (Lévl. & Vant.) Burtt 滇黔紫花苣苔
Loxostigma fimbrisepalum K.Y.Pan 齿萼紫花苣苔
Loxostigma forrestii Anth.=Loxostigma mekongense
Loxostigma glabrifolium D.Fang & K.Y.Pan 光叶紫花苣苔
Loxostigma griffithii (Wight) Clarke 紫花苣苔
Loxostigma kurzii (Clarke) Burtt=Briggsia kurzii
Loxostigma makongense (Franch.) Burtt 澜沧紫花苣苔
Loxostigma musetorum H.W.Li 蕉林紫花苣苔
Loxostigma sesamoides Hand.-Mazz.= Staurogyne sesamoides
Loxotis obliqua (Wall.) Benth.=Rhynchoglossum obliquum
Loxsoma R.Br.**偏环蕨属**(偏环蕨科)
Loxsoma cunnighami R.Br.偏环蕨

Loxsomaceae 偏环蕨科
Luculia Sweet **滇丁香属**(茜草科)
Luculia gratissima (Wall.) Sweet (Lévl.in Fl.Kouy-Tchéou 1915)= Wendlandia ligustrina
Luculia gratissima (Wall.) Sweet 馥郁滇丁香
Luculia intermedia Hutch.=Luculia pinciana
Luculia intermedia var. *pubescens* W.C.Chen=Luculia pinciana var. pubescens
Luculia pinciana HK.滇丁香
Luculia pinciana var. pinciana=Luculia pinciana
Luculia pinciana var. pubescens (W.C.Chen) W.C.Chen 毛滇丁香
Luculia yunnanensis Hu 鸡冠滇丁香
Lucuma Molina **蛋黄果属**(山榄科)
Lucuma grandifolia (Wall.) Dubard=Pouteria grandifolia
Lucuma nervosa A.DC.蛋黄果
Ludisia A.Rich **血叶兰属**(兰科)
Ludisia discolor (Ker-Gawl.) A.Rich 血叶兰
Ludolfia glaucescens Willd.=Bambusa multiplex
Ludwigia ×taiwanensis C.I.Peng 台湾水龙
Ludwigia L.**丁香蓼属**(柳叶菜科)
Ludwigia adscendens (L.) Hara 水龙
Ludwigia adscendens var. *stipulacea* (Ohwi) Hara=Ludwigia peploides subsp. stipulacea
Ludwigia alternifolia L.互生叶丁香蓼
Ludwigia caryophylla (Lam.) Merr. & Metcalf=Ludwigia perennis
Ludwigia epilobioides Maxim.假柳叶菜
Ludwigia epilobioides subsp. greatrexii (Hara) Raven 毛盘黄花水丁香?
Ludwigia hyssopifolia (G.Don) Exell 草龙
Ludwigia jussiaeodes Deasr.(Stewart in Vasc.Pl.Low.Yangtze 1958)= Ludwigia perennis
Ludwigia micrantha (Kunze) Hara=Ludwigia hyssopifolia
Ludwigia octovalvis (Jacq.) Raven 毛草龙
Ludwigia octovalvis subsp. *sessiliflora* (Mich.) Raven=Ludwigia octovalvis
Ludwigia ovalis Miq.卵叶丁香蓼
Ludwigia palustris (Miq.) Lévl.=Ludwigia ovalis
Ludwigia parviflora Roxb.=Ludwigia perennis
Ludwigia peploides subsp. *stipulacea* (Ohwi) Raven=Ludwigia ×taiwanensis
Ludwigia peploides subsp. stipulacea (Ohwi) Raven 黄花水龙
Ludwigia perennis L.细花丁香蓼
Ludwigia prostrata Roxb.(Forbes & Hemsl. in Chin Fl.1887)=Ludwigia epilobioides
Ludwigia prostrata Roxb.丁香蓼
Ludwigia pubescens (L.) Hara=Ludwigia octovalvis
Lue Gim Gong 刘勤光(芸香科晚生橙类)
Luffa Mill.**丝瓜属**(葫芦科)
Luffa acutangula (L.) Roxb.广东丝瓜
Luffa acutangula var. *subangulata* (Miq.) Cogn.=Luffa acutangula
Luffa cordifolia Bl.=Thladiantha cordifolia
Luffa cylindrica (L.) Roem.丝瓜
Luffa subangulata Miq.=Luffa cylindrica
Luisia Gaud.**钗子股属**(兰科)
Luisia alpina (Lindl.) Lindl.=Vanda alpina
Luisia amesiana Rolfe 阿麦斯钗子股
Luisia anteniifera Bl.具觸角钗子股(新)
Luisia botanensis Fukuyama=Luisia teres
Luisia brachystachys (Lindl.) Bl.小花钗子股
Luisia cordata Fukuyama 圆叶钗子股
Luisia filiformis HK.f.长瓣钗子股
Luisia hancockii Rolfe 纤叶钗子股
Luisia longispica Z.H.Tsi 长穗钗子股
Luisia magniflora Z.H.Tsi & S.C.Chen 大花钗子股
Luisia megasepala Hay.=Luisia teres
Luisia morsei Rolfe 钗子股
Luisia ramosii Ames 宽瓣钗子股
Luisia teres (Thunb. ex A.Murray) Bl.叉唇钗子股
Luisia teretifolia Gaud.圆柱叶钗子股
Luisia trichorhiza (HK.) Bl.(S.Y.Hu in Quart.J.Taiwan Mus.1974)=Luisia filiformis
Luisia trichorhiza (HK.) Bl.短穗钗子股?
Luisia zeylanica Lindl.印缅金钗股
Luisia zollingeri Rchb.f.(中国野生兰花 1997)=Luisia brachystachys
Luisia zollingeri Rchb.f.长叶钗子股
Lumnitzera Willd.**榄李属**(使君子科)
Lumnitzera coccinea W. & A.=Lumnitzera racemosa
Lumnitzera fastigiata Spreng.=Salvia plebeia
Lumnitzera littorea (Jack) Voigt 红榄李
Lumnitzera racemosa Willd.榄李
Lumnitzera rubicunda Spreng.=Orthosiphon rubicundus
Lumnitzeria fastigiata (Roth) Spreng.=Salvia plebeia
Lunaria japonica Miq.=Eutrema wasabi
Lunathyrium ×allantodioides (Bedd.) Ching 大吉岭蛾眉蕨
Lunathyrium Koidz.**峨眉蕨属**(蹄盖蕨科)
Lunathyrium acrostichoides (Sw.) Ching=Lunathyrium pycnosorum
Lunathyrium acrostichoides (Sw.) Ching 峨眉蕨
Lunathyrium acrostichoides Ching(p.p.)=Lunathyrium vegetium
Lunathyrium acrostichoides Ching(秦岭志 1974,p.p.)=Lunathyrium giraldii
Lunathyrium acrostichoides Ching=Lunathyrium vegetium var. turgidum
Lunathyrium acutum Ching 尖片峨眉蕨
Lunathyrium acutum var. acutum=Lunathyrium acutum
Lunathyrium acutum var. bagaense (Ching & S.K.Wu)Z.R.Wang 巴嘎峨眉蕨
Lunathyrium acutum var. liubaense (Z.R.Wang) Z.R.Wang 六巴峨眉蕨
Lunathyrium allantodioides (Bedd.) Ching=Lunathyrium ×allantodioides
Lunathyrium auriculatum W.M.Chu & Z.R.Wang ex Z.R.Wang 大耳峨眉蕨
Lunathyrium auriculatum var. auriculatum=Lunathyrium auriculatum
Lunathyrium auriculatum var. zhongdianense Z.R.Wang 中甸峨眉蕨
Lunathyrium bagaense Ching & S.K.Wu=Lunathyrium acutum var. bagaense
Lunathyrium bomiense Ching & S.K.Wu=Lunathyrium acutum
Lunathyrium boryanum (Willd.) H.Ohba=Dryoathyrium boryanum
Lunathyrium brevipes Ching=Lunathyrium dolosum
Lunathyrium brevipinnum Ching & Shing ex Z.R.Wang 短羽峨眉蕨
Lunathyrium centrochinense Ching ex Shing=Lunathyrium shennongense
Lunathyrium changbeiense Ching & J.J.Chien=Lunathyrium pycnosorum
Lunathyrium chinense Ching=Lunathyrium dolosum
Lunathyrium chinense Ching=Lunathyrium dolosum var. chinense
Lunathyrium chingii Z.Y.Liu=Dryoathyrium erectum
Lunathyrium christensenii (Tard.-Blot) Ching=Athyrium Christensenii
Lunathyrium christensenii Tard.-Blot(分类学报 1964)=Athyriopsis dickasonii
Lunathyrium conilii (Franch. & Sav.) Kurata=Athyriopsis conilii
Lunathyrium conilii var. *oldhamii* (HK. & Bak.) Kurata=Athyriopsis conilii
Lunathyrium coreanum (Christ) Ching=Dryoathyrium coreanum
Lunathyrium dimorphophyllum (Koidz.) Kurata=Athyriopsis dimorphophylla
Lunathyrium dimorphophyllum var. *kiusianum* (Koidz.) Kurata= Athyriopsis kiusiana
Lunathyrium dolosum (Christ) Ching 昆明峨眉蕨
Lunathyrium dolosum var. chinense Z.R.Wang 中华峨眉蕨
Lunathyrium dolosum var. dolosum=Lunathyrium dolosum
Lunathyrium emeiense Z.R.Wang 棒孢峨眉蕨
Lunathyrium giraldii (Christ) Ching 陕西峨眉蕨
Lunathyrium henryi Kurata=Dryoathyrium henryi
Lunathyrium henryi senus Kurata=Dryoathyrium coreanum
Lunathyrium hirtirachis Ching ex Z.R.Wang 毛轴峨眉蕨
Lunathyrium incisoserratum Ching(p.p.)=Lunathyrium dolosum
Lunathyrium incisoserratum Ching(p.p.)=Lunathyrium wilsonii var. incisoserratum
Lunathyrium japonicum (Thunb.) Kurata=Athyriopsis japonica
Lunathyrium japonicum sensu Edie=Athyriopsis petersenii
Lunathyrium jiulungense Ching=Lunathyrium orientale var. jiulungense
Lunathyrium kanghsienense Ching & Y.P.Hsu 康县峨眉蕨?
Lunathyrium lasiopteris sensu Nakaike=Athyriopsis dimorphophylla
Lunathyrium lasiopteris var. *kiusianum* (Koidz.) Nakaike=Athyriopsis kiusiana
Lunathyrium latibasis Ching=Lunathyrium acutum
Lunathyrium latibasis Ching=Lunathyrium brevipinnum

Lunathyrium liangshanense Ching ex Z.R.Wang 凉山峨眉蕨
Lunathyrium liangshanense var. liangshanense=Lunathyrium liangshanense
Lunathyrium liangshanense var. sericeum Ching & Z.R.Wang 绢毛峨眉蕨
Lunathyrium ludingense Z.R.Wang & L.B.Zhang 泸定峨眉蕨
Lunathyrium maximum Ching=Lunathyrium wilsonii var. maximum
Lunathyrium mcdonellii Ching=Dryoathyrium mcdonellii
Lunathyrium medogense Ching & S.K.Wu 墨脱峨眉蕨
Lunathyrium medogense var. medogense=Lunathyrium medogense
Lunathyrium medogense var. weimingii Z.R.Wang 维明峨眉蕨
Lunathyrium nanchuanense Ching Z.Y.Liu 南川峨眉蕨?
Lunathyrium ningshenense Ching=Dryoathyrium coreanum
Lunathyrium okuboanum Sugimoto=Dryoathyrium okubosanum
Lunathyrium orientale Z.R.Wang & J.J.Chien ex J.J.Chien 东亚峨眉蕨
Lunathyrium orientale var. *huangshanense* Z.R.Wang=Lunathyrium orientale var. jiulungense
Lunathyrium orientale var. jiulungense (Ching)Z.R.Wang 九龙峨眉蕨
Lunathyrium orientale var. orientale=Lunathyrium orientale
Lunathyrium petersenii (Kze.) H.Ohba=Athyriopsis petersenii
Lunathyrium petersenii sensu Nakaike=Athyriopsis japonica var. oshimensis
Lunathyrium pseudoconilii Serizawa=Athyriopsis pseudoconilii
Lunathyrium pterorachis Kurata=Dryoathyrium pterorachis
Lunathyrium pubescens Ching=Lunathyrium dolosum
Lunathyrium pycnosorum (Christ) Koidz.东北峨眉蕨
Lunathyrium pycnosorum Koidz.=Lunathyrium orientale
Lunathyrium pycnosorum var. *acutum* J.J.Chien=Lunathyrium pycnosorum
Lunathyrium pycnosorum var. longidens Z.R.Wang 长齿峨眉蕨
Lunathyrium pycnosorum var. pycnosorum=Lunathyrium pycnosorum
Lunathyrium pycnosorum var. *vegetius* Kurata=Lunathyrium vegetium
Lunathyrium remontum Ching=Lunathyrium vegetium
Lunathyrium sect. *Athyriopsis* (Ching) H.Ohba=**Athyriopsis**
Lunathyrium sect. *Dryoathyrium* (Ching) H.Ohba=**Dryoathyrium**
Lunathyrium sect. *Lunathyrium* H.Ohba.=**Lunathyrium**
Lunathyrium shandongense J.X.Li & F.Z.Li=Lunathyrium pycnosorum
Lunathyrium shansiense Ching=Lunathyrium vegetium
Lunathyrium shennongense Ching,Boufford & Shing 华中峨眉蕨
Lunathyrium sichuanense Z.R.Wang 四川峨眉蕨
Lunathyrium sichuanense var. gongshanense Z.R.Wang 贡山峨眉蕨
Lunathyrium sichuanense var. jinfoshanense Z.R.Wang 金佛山峨眉蕨
Lunathyrium sichuanense var. sichuanense=Lunathyrium sichuanense
Lunathyrium sikkimense Ching 锡金峨眉蕨
Lunathyrium tibeticum Ching=Lunathyrium acutum
Lunathyrium truncatum Ching ex Z.R.Wang 截头峨眉蕨
Lunathyrium unifurcatum Kurata=Dryoathyrium unifurcatum
Lunathyrium unifurcatum var. *okuboanum* Kurat=Dryoathyrium okubosanum
Lunathyrium vegetium (Kitag.) Ching 河北峨眉蕨
Lunathyrium vegetium var. *liubaense* Z.R.Wang=Lunathyrium acutum var. liubaense
Lunathyrium vegetium var. miyunense Ching & Z.R.Wang 密云峨眉蕨
Lunathyrium vegetium var. turgidum Ching & Z.R.Wang 壳盖峨眉蕨
Lunathyrium vegetium var. vegetius=Lunathyrium vegetium
Lunathyrium vermiforme Ching,Boufford & Shing 湖北峨眉蕨
Lunathyrium viridifrons Kurata=Dryoathyrium viridifrons
Lunathyrium wilsonii (Christ) Ching 峨山峨眉蕨
Lunathyrium wilsonii var. habaense Ching & Z.R.Wang 哈巴峨眉蕨
Lunathyrium wilsonii var. incisoserratum Ching & Z.R.Wang 锐裂峨眉蕨
Lunathyrium wilsonii var. maximum Ching & Z.R.Wang 大峨眉蕨
Lunathyrium wilsonii var. muliense Z.R.Wang 木里峨眉蕨
Lunathyrium wilsonii var. wilsonii=Lunathyrium wilsonii
Lunathyrium zeylanicum (HK.)Edie=Diplazium tomitaroanum
Lupinaster albus Link=Trifolium lupinaster var. albiflorum
Lupinaster exmius (Steph.) Bobrov=Trifolium eximium
Lupinaster pentaphyllus Moench.=Trifolium lupinaster
Lupinaster purpurascens Fisch. ex DC.=Trifolium lupinaster
Lupinus L.**羽扇豆属**(豆科)
Lupinus albus L.白羽扇豆
Lupinus angustifolius L.狭叶羽扇豆
Lupinus chamissonis Eschsch 白叶羽扇豆
Lupinus cochinchinensis Lour.=Crotalaria retusa
Lupinus grandifolius Lindl. ex Agardh.=Lupinus polyphyllus
Lupinus hirsutus L.=Lupinus micranthus
Lupinus longifolius Abrams 长叶羽扇豆
Lupinus luteus L.黄羽扇豆
Lupinus micranthus Guss.羽扇豆
Lupinus noothatensis Dunn 野羽扇豆
Lupinus perenius L.宿根羽扇豆
Lupinus polyphyllus Lindl.多叶羽扇豆
Lupinus pubescens Benth.毛羽扇豆
Lupinus termis Forssk.=Lupinus albus
Lupinus tirfoliolatus Cav.=Cyamopsis tetragonoloba
Luvunga (Roxb.) Hach.-Ham. ex Wight & Arn.**三叶藤橘属**(芸香科)
Luvunga nitida Pierre=Luvunga scandens
Luvunga scandens (Roxb.) Buch.-Ham. ex Wight & Arn.三叶藤橘
Luzula DC.**地杨梅属**(灯心草科)
Luzula badia K.F.Wu 栗花地杨梅
Luzula bomiensis K.F.Wu 波密地杨梅
Luzula campestris (L.) DC.地杨梅
Luzula campestris subsp. *multiflora* (Ehrh.) Buch.=Luzula multiflora
Luzula campestris var. *frigida* Buchen.=Luzula multiflora subsp. frigida
Luzula campestris var. *multiflora* (Retz.) Celak.=Luzula multiflora
Luzula campestris var. *pallescens* Wahl.=Luzula pallescens
Luzula chinensis N.E.Brown=Luzula effusa var. chinensis
Luzula effusa Buchen.散序地杨梅
Luzula effusa var. chinensis (N.E.Brown) K.F.Wu 中国地杨梅
Luzula effusa var. effusa=Luzula effusa
Luzula formosana Ohwi=Luzula plumosa
Luzula frigida (Buchen.) G.Sam. ex Lindm.=Luzula multiflora subsp. frigida
Luzula inaequalis K.F.Wu 异被地杨梅
Luzula jilongensis K.F.Wu 西藏地杨梅
Luzula macrocarpa (Buchen.) Nakai=Luzula rufescens var. macrocarpa
Luzula multiflora (Retz.) Lej.多花地杨梅
Luzula multiflora subsp. frigida (Buchen.) V.Krecz.硬秆地杨梅
Luzula multiflora subsp. multiflora=Luzula multiflora
Luzula multiflora subsp. *occidentalis* V.Krecz.=Luzula multiflora
Luzula multiflora var. *tenuis* Satake=Luzula campestris
Luzula oligantha G.Sam.华北地杨梅
Luzula pallescens (Wahl.) Swartz 淡花地杨梅
Luzula pallescens var. castanescens K.F.Wu 安图地杨梅
Luzula pallescens var. pallescens=Luzula pallescens
Luzula parviflora (Ehrh.) Desv.小花地杨梅
Luzula pilosa var. *plumosa* (E.Mey.) Franch.=Luzula plumosa
Luzula plumosa E.Mey.羽毛地杨梅
Luzula rufescens Fisch. ex E.Mey.火红地杨梅
Luzula rufescens var. macrocarpa Buchen.大果地杨梅
Luzula rufescens var. rufescens=Luzula rufescens
Luzula sichuanensis K.F.Wu 四川地杨梅
Luzula spicata (L.) DC.穗花地杨梅
Luzula spicata DC.(Hay.in J.Coll.Sci.Univ.Tokyo 1908)=Luzula taiwaniana
Luzula subpilosa (Gilib.) V.I.Krecz.=Luzula campestris
Luzula taiwaniana Satake 台湾地杨梅
Luzula wahlenbergii Rupr.云间地杨梅
Lycaste Lindl.**薄叶兰属**(兰科)
Lycaste aromatica (Grah.) Lindl.芳香薄叶兰
Lycaste barringtoniae (J.E.Sm.) Lindl.巴氏薄叶兰
Lycaste campbellii C.Schweinf. & Johnst.卡姆氏薄叶兰
Lycaste candida Lindl. & Paxt.白花薄叶兰
Lycaste ciliata (Persl.) Veitch.缘毛薄叶兰
Lycaste costata (Lindl.) Lindl.中脉薄叶兰
Lycaste crinita Lindl.长毛薄叶兰
Lycaste cruenta Lindl.血红薄叶兰
Lycaste fulvescens HK.暗黄薄叶兰
Lycaste gigantea Lindl.大薄叶兰
Lycaste lanipes (R. & P.) Lindl.绵毛柄薄叶兰
Lycaste lasioglossa Rchb.f.毛舌薄叶兰
Lycaste macrobulbon (HK.) Lindl.大茎薄叶兰

Lycaste macrophylla (P. & E.) Lindl.大叶薄叶兰
Lycaste powellii Schltr.波氏薄叶兰
Lycaste tricolor (Kl.) Rchb.f.三色薄叶兰
Lycaste virginalis (Schneid.) Lind.洁白薄叶兰
Lychnis ×haageana Rgl.哈氏剪秋罗
Lychnis L.**剪秋罗属**(石竹科)
Lychnis adenantha (Franch.) Diels=Silene asclepiadea
Lychnis alaschanica Maxim.=Silene alaschanica
Lychnis alba Mill.=Silene latifolia subsp. alba
Lychnis alpina L.北极剪秋罗
Lychnis apetala L.(Bge.in Ledeb.Fl.Alt.1834)=Silene gonosperma
Lychnis apetala var. *pallida* Edgew. & HK.f.=Silene himalayensis
Lychnis apetala α. Turcz.=Silene gonosperma
Lychnis apetala β. Turcz.=Silene gonosperma
Lychnis atsaensis Marq.=Silene atsaensis
Lychnis bhutanica W.W.Sm.=Silene indica var. bhutanica
Lychnis brachypetala Horn.=Silene songarica
Lychnis bungeana (D.Don) Fisch. ex Lindl.=Lychnis senno
Lychnis cashmeriana Royle ex Benth.=Silene cashmeriana
Lychnis chalcedonica L.皱叶剪秋罗
Lychnis ciliata Wall.=Silene indica
Lychnis coelirosa Desr.欧洲剪秋罗
Lychnis cognata Maxim.浅裂剪秋罗
Lychnis coriacea Moench=Lychnis coronaria
Lychnis coronaria (L.) Desr.毛剪秋箩
Lychnis coronata Thunb.剪春罗
Lychnis davidii Franch.=Silene davidii
Lychnis delavayi (Franch.) Diels=Silene delavayi
Lychnis dioica L.红剪秋罗
Lychnis divaricata Reichb.=Silene latifolia
Lychnis flos-cuculis L.布谷鸟剪秋罗
Lychnis flos-jovis (L.) Desr.伞形剪秋罗
Lychnis fulgens Fisch.(Forbes & Hemsl.in J.L.Sco.Bot.1886)=Lychnis cognata
Lychnis fulgens Fisch.剪秋罗
Lychnis fulgens var. *cognata* Rgl.=Lychnis cognata
Lychnis fulgens var. *wilfordii* Rgl.=Lychnis wilfordii
Lychnis fulgens α. *typica* Rgl.=Lychnis fulgens
Lychnis fulgens δ. *wilfordii* Rgl.=Lychnis wilfordii
Lychnis glandulosa Maxim.=Silene yetii
Lychnis grandiflora Jacq.=Lychnis coronata
Lychnis himalayensis (Rohrb.) Edgew. & HK.f.=Silene himalayensis
Lychnis indica (Roxb. ex Otth) Benth.=Silene indica
Lychnis kialensis (Williams) Lévl.=Silene kialensis
Lychnis laciniata Lam.(Maxim.in Bull.Acad.Sci.St.Pétersb.1867)=Lychnis wilfordii
Lychnis laciniata var. *mandshurica* Maxim.=Lychnis wilfordi
Lychnis macrorhiza Royle ex Benth.=Silene himalayensis
Lychnis macrorhiza Royle ex Benth.=Silene nigrescens
Lychnis mongolica Maxim.=Silene songarica
Lychnis multicaulis Wall.=Silene nepalensis
Lychnis namlaensis Marq.=Silene namlaensis
Lychnis nigrescens Edgew.(Diels in Not.Bot.Gard.Edinb.1912)=Silene nigrescens subsp. latifolia
Lychnis nigrescens Edgew.=Silene nigrescens
Lychnis nigrescens var. *edinb* Staff. =Silene chodatii var. pygmaea
Lychnis nigresces Edgew.(Diels in Not.Bot.Gard.Edinb.1912)=Silene chodatii
Lychnis nutans Royle ex Benth.=Silene indica
Lychnis officinalis Scop.=Saponaria officinalis
Lychnis pratensis Rafin.=Silene latifolia subsp. alba
Lychnis pumila Royle ex Benth.=Silene gonosperma
Lychnis rubricalyx Marq.=Silene rubricalyx
Lychnis scopulorum (Franch.) Diels=Silene scopulorum
Lychnis senno S. & Z.剪红纱花
Lychnis sibirica L.=Silene linnaeana
Lychnis sordida Kar. & Kir.=Silene karekirii
Lychnis tristis Bge.=Silene bungei
Lychnis viscaria L.洋剪秋罗
Lychnis wardii Marq.=Silene wardii
Lychnis wilfordii (Rgl.) Maxim.丝瓣剪秋罗
Lychnis yunnaensis Baker f. =Silene linnaeana
Lycianthes (Dunal) Hassl.**红丝线属**(茄科)
Lycianthes biflora (Lour.) Bitter 红丝线
Lycianthes biflora subsp. *hupehensis* Bitter=Lycianthes hupehensis
Lycianthes biflora subsp. *lysimachioides* (Wall.) Deb.=Lycianthes lysimachioides
Lycianthes biflora subsp. *yunnanensis* Bitter=Lycianthes yunnanensis
Lycianthes biflora var. biflora=Lycianthes biflora
Lycianthes biflora var. subtusochracea Bitter 密毛红丝线
Lycianthes debilissima (Merr.) Chun=Lycianthes lysimachioides var. sinensis
Lycianthes hupehensis (Bitter) C.Y.Wu & S.C.Huang 鄂红丝线
Lycianthes laevis (Dunal) Bitt.缺齿红线
Lycianthes lysimachioides (Wall.) Bitter 单花红丝线
Lycianthes lysimachioides var. caulorrhiza (Dunal) Bitter 茎根红丝线
Lycianthes lysimachioides var. cordifolia C.Y.Wu & S.C.Huang 心叶单花红丝线
Lycianthes lysimachioides var. *formosasna* Bitt.=Lycianthes lysimachioides var. sinensis
Lycianthes lysimachioides var. lysimachioides=Lycianthes lysimachioides
Lycianthes lysimachioides var. purpuriflora C.Y.Wu & S.C.Huang 紫单花红丝线
Lycianthes lysimachioides var. rotundifolia C.Y.Wu & S.C.Huang 圆叶单花红丝线
Lycianthes lysimachioides var. sinensis Bitter 中华红丝线
Lycianthes macrodon (Wall.) Bitter 大齿红丝线
Lycianthes macrodon var. macrodon=Lycianthes macrodon
Lycianthes macrodon var. manipurensis Bitter 曼尼浦红丝线
Lycianthes macrodon var. mollitersetosa Bitter 软刚毛红丝线
Lycianthes macrodon var. sikkimensis Bitter 锡金红丝线
Lycianthes marlipoensis C.Y.Wu & S.C.Huang 麻栗坡红丝线
Lycianthes neesiana (Wall. ex Nees) D'arcy & Z.Y.Zhang 截萼红丝线
Lycianthes shunningensis C.Y.Wu & S.C.Huang 顺宁红丝线
Lycianthes solitaria C.Y.Wu & A.M.Lu 单果红丝线
Lycianthes subtruncata (Wall.) Bitter=Lycianthes neesiana
Lycianthes subtruncata var. *pacicarpa* C.Y.Wu & S.C.Huang=Lycianthes neesiana
Lycianthes subtruncata var. *remotidens* Bitt.=Lycianthes neesiana
Lycianthes yunnanensis (Bitter) C.Y.Wu & S.C.Huang 滇红丝线
Lycimnia suveolens Hance=Melodinus suaveolens
Lycium L.**枸杞属**(茄科)
Lycium barbarum L.宁夏枸杞
Lycium barbarum var. auranticarpum K.F.Ching 黄果枸杞
Lycium barbarum var. barbarum=Lycium barbarum
Lycium barbarum var. *chinense* Miller) Ait.=Lycium chinense
Lycium barbarum β. *chinense* Aiton=Lycium chinense
Lycium chinense Mill.枸杞
Lycium chinense var. chinense=Lycium chinense
Lycium chinense var. *ovatum* (Poir.) C.K.Schneid=Lycium chinense
Lycium chinense var. potaninii (Pojark.) A.M.Lu 北方枸杞
Lycium cylindricum Kuang & A.M.Lu 柱筒枸杞
Lycium dasystemum Pojark.新疆枸杞
Lycium dasystemum var. dasystemum=Lycium dsystemum
Lycium dasystemum var. *rubricaulium* A.M.Lu=Lycium dsystemum
Lycium europaeum L.欧洲枸杞
Lycium foetidum L.f.=Serissa japonica
Lycium grevilleanum Miers.格氏枸杞
Lycium halimifolium Mill.=Lycium barbarum
Lycium japonicum Thunb.=Serissa japonica
Lycium lanceolatum Veill.=Lycium barbarum
Lycium megistocarpum var. *ovatum* Dunal=Lycium chinense
Lycium ovatum Poir.=Lycium chinense
Lycium pallidum Miers.灰白枸杞
Lycium potaninii Pojark.=Lycium chinense var. potaninii
Lycium rhombifolium Dip.=Lycium chinense
Lycium richii Gray 瑞奇枸杞
Lycium ruthenicum Murr.黑果枸杞
Lycium sinense Grenier & Godron=Lycium chinense
Lycium trewianum Roem. & Schult.=Lycium chinense
Lycium truncatum C.Y.Wang 截萼枸杞
Lycium turbinatum Veill.=Lycium barbarum
Lycium turcomanicum Turcz. ex Boiss.(Wang Yun-zhang in Beiyan Chongkan 1934)=Lycium dsystemum

Lycium turcomanicum Turcz. ex Boiss.土库曼枸杞
Lycium vulgare Dunal=Lycium barbarum
Lycium yunnanense Kuang & A.M.Lu 云南枸杞
Lycoctonum barbatum (Pers.) Nakai=Aconitum barbatum
Lycoctonum kirinense (Nakai) Nakai=Aconitum kirinense
Lycoctonum kirinense var. *villipes* Nakai=Aconitum kirinense
Lycoctonum ochranthum (C.A.Mey.) Nakai=Aconitum barbatum var. puberulum
Lycoctonum shansiense Nakai=Aconitum sinomontanum
Lycoctonum sibiricum (Poir.) Nakai=Aconitum barbatum var. hispidum
Lycoctonum sinomontanum (Nakai) Nakai=Aconitum sinomontanum
Lycopersicon Mill.**番茄属**(茄科)
Lycopersicon esculentum Mill.番茄
Lycopersicon lycopersicum (L.) Karst.=Lycopersicon esculentum
Lycopodiaceae 石松科
Lycopodiastrum Holub **藤石松属**(石松科)
Lycopodiastrum causarinoides (Spring) Holub 藤石松
Lycopodiella Holub.**小石松属**(石松科)
Lycopodiella caroliniana (L.) Holub 卡罗利小石松
Lycopodiella cernua (L.) Pichi= Palhinhaea cernua
Lycopodiella hainanensis C.Y.Yang 海南石松
Lycopodiella hainanensis f. glabra H.S.Kung 光枝海南石松
Lycopodiella inundata (L.) Holub 小石松
Lycopodion Adanson.= **Lycopodium**
Lycopodium L.**石松属**(石松科)
Lycopodium acrostachyum HK. et Grev.= Phegmariurus carrnatus
Lycopodium adpressum (Chapm.) Lloyd & Underw.贴生石松
Lycopodium aloifolium Wall. ex Grev.= Phlegmariurus hamiltonii
Lycopodium alopecuroides L.狐尾石松
Lycopodium alpinum L.= Diphasiastrum alpinum
Lycopodium alpinum var. *transmorisonense* Hay.= Diphasiastrum veitchii
Lycopodium alticola Ching=Lycopodium zonatum
Lycopodium anceps Wallr.= Diphasiastrum complanatum var. anceps
Lycopodium annotinum L.蔓杉石松
Lycopodium annotinum f. *brevifolium* Baroni=Lycopodium zonatum
Lycopodium annotinum var. acicularis Christ 针叶石松
Lycopodium annotinum var. brevifolium Christ 短叶石松
Lycopodium aristatum Humb. et Bonpl.= Lycopodium clavatum
Lycopodium austrosinica Ching= Phlegmariurus petilatus
Lycopodium cancellatum Spring= Phlegmariurus cancellatus
Lycopodium carinatum Desv.= Phlegmariurus carinatus
Lycopodium carinatum var. *minus* Tagawa= Phlegmariurus carinatus
Lycopodium carolinianum L.= Lycopodiella caroliniana
Lycopodium casuarinoides Spring= Lycopodiastrum causarinoides
Lycopodium casuarinoides f. *elongatum* P.David.= Lycopodiastrum causarinoides
Lycopodium centrochinense Ching= Lycopodium japonicum
Lycopodium centrochinense Ching 中华石松
Lycopodium cernuum L.= Palhinhaea cernua
Lycopodium cernuum var. *sikkimense* (Müll) Clarke= Palhinhaea cernua var. sikkimensis
Lycopodium chapmani Underw.查氏石松
Lycopodium chinense Christ(高校科学学报 1965)=Huperzia emeiensis
Lycopodium chinense Christ= Huperzia chinensis
Lycopodium chinense Tagawa= Huperzia miyoshiana
Lycopodium chinensis var. *somai* Masam.= Huperzia somai
Lycopodium christensenii Christ & Hert.= Phlegmariurus fargesii
Lycopodium clavatum Clarke= Lycopodium japonicum
Lycopodium clavatum L. (东北草本志 1958)= Lycopodium clavatum var. asiaticum
Lycopodium clavatum L.(Clarke in Trens.L.Soc.II Bot.1880, 日本植物图鉴 1959,四川中药志 1960,高等图鉴 1972,江苏志 1977 蕨类图说 1957,河南志 1981)= Lycopodium japonicum
Lycopodium clavatum L.欧洲石松
Lycopodium clavatum var. *asiaticum* Ching= Lycopodium clavatum
Lycopodium clavatum var. *divaricatum* (Wall.) Rac.=Lycopodium japonicum
Lycopodium clavatum var. *niponicum* Nakai= Lycopodium japonicum
Lycopodium clavatum var. *robustius* Nakai= Lycopodium clavatum var. asiaticum
Lycopodium clavatum var. *wallichianum* Spring= Lycopodium japonicum
Lycopodium complanatum L. (Tagawa in Col.Illustr.Jap.Pterid.Ind.1959)= Diphasiastrum complanatum var. anceps
Lycopodium complanatum L.= Diphasiastrum complanatum
Lycopodium crispatum Ching= Huperzia crispata
Lycopodium cristensenianum Christ.= Phlegmariurus fargesii
Lycopodium cryptomerianum Maxim.= Phlegmariurus cryplomerianu
Lycopodium cunninghamioides Hay.= Phlegmariurus cunninghamioides
Lycopodium delavayi Christ & Hert.= Huperzia delavayi
Lycopodium dendroideum Michx.= Lycopodium obscurum
Lycopodium dendroideum f. *strictum* Milde= Lycopodium obscurum var. strictum
Lycopodium dichotomum Jacq.二叉石松
Lycopodium divaricatum Wall.= Lycopodium japonicum
Lycopodium emeiense Ching & H.S.Kung= Huperzia emeiensis
Lycopodium fargesii Hert.= Phlegmariurus fargesii
Lycopodium fauriei Rosenst.= Phlegmariurus fargesii
Lycopodium filiforme Ching= Phlegmariurus guangdongensis
Lycopodium flagellaria Bory.= Phegmariurus carrnatus
Lycopodium fokirnensis Ching= Lycopodiella inundata
Lycopodium fordii Baker= Phlegmariurus fordii
Lycopodium formosanum Hert. ex May.= Phlegmariurus salvinioides
Lycopodium forsteri Poiret.= Phlegmariurus squarrosus
Lycopodium fujiangensis Ching= Lycopodiella inundata
Lycopodium hamiltonii Spreng(蕨类图说 1957)= Phlegmariurus petilatus
Lycopodium hamiltonii Spreng.(Nakaike in N.Fl.Japo.Pterid.1982)= Phlegmariurus fordii
Lycopodium hamiltonii Spreng.= Phlegmariurus hamiltonii
Lycopodium hamiltonii var. *petiolatum* Clarke= Phlegmariurus petilatus
Lycopodium henryi Baker= Phlegmariurus henryi
Lycopodium herterianum Kümm.= Huperzia herteriana
Lycopodium interjectum Ching & H.S.Kung=Lycopodium japonicum
Lycopodium inundatum L.= Lycopodiella inundata
Lycopodium japonicum Thunb.石松
Lycopodium javanicum Sw.= Huperzia serrata
Lycopodium javanicum Thunb. ex Murray= Lycopodium japonicum
Lycopodium juniperistachyum (Hay.) Hert. ex Nessel= Phlegmariurus fordii
Lycopodium juniperistachyum Hay.= Phlegmariurus fordii
Lycopodium kangdingense Ching= Huperzia kangdingensis
Lycopodium laxum C.Presl.= Phegmariurus carrnatus
Lycopodium liangshanicum H.S.Kung= Huperzia liangshanica
Lycopodium lucidulum Michx.= Huperzia lucidula
Lycopodium mailtonii var. *petiolatum* Clarke= Phlegmariurus hamiltonii var. petiolatus
Lycopodium malacophyllum Hand.-Mazz.= Diphasiastrum veitchii
Lycopodium mamiltonii var. petiolatum Clarke= Phlegmariurus petilatus
Lycopodium mawlacophyllum Hand.-Mazz.= Diphasiastrum complanatum var. glaucum
Lycopodium mincheense Ching= Phlegmariurus mincheensis
Lycopodium miyoshiana Makino= Huperzia miyoshiana
Lycopodium miyoshianum var. *coreanum* Hay.= Huperzia miyoshiana var. coreana
Lycopodium nanchuanensis Ching & H.S.Kung= Huperzia nanchuanensis
Lycopodium neopungens H.S.Kung et L.B.Zhang 新锐石松
Lycopodium nudum L.=Psilotum nudum
Lycopodium obscurum L.玉柏
Lycopodium obscurum f. *strictum* (Milde) Nakai ex Hara(J.Z.Wang in J.Hebei Forst. 1990)= Lycopodium obscurum
Lycopodium obscurum f. strictum (Milde) Nakai ex Hara 笔直石松
Lycopodium obscurum var. *japonicum* Thunb.= Lycopodium obscurum
Lycopodium obscurum var. *strictum* (Milde) Nakai ex Hara= Lycopodium obscurum f. strictum
Lycopodium obtusifolium Hmilt. ex Don= Phlegmariurus hamiltonii
Lycopodium pendulum Roxb.= Phegmariurus carrnatus
Lycopodium petiolatum (Clarke) Christ= Phlegmariurus peliolatum
Lycopodium petiolatum (Clarke) Hert.= Phlegmariurus peliolatum
Lycopodium phlegmaria (L.) P.Beauv.= Phlegmariurus phlegmaria
Lycopodium phlegmaria L.= Phlegmariurus phlegmaria
Lycopodium poissonii Hert.= Phlegmariurus fordii
Lycopodium prostratum Harper 卧地石松
Lycopodium pseudoclavatum Ching=Lycopodium japonicum
Lycopodium pseudoclavatum var. *yunnanense* Ching=Lycopodium japonicum
Lycopodium pulcherrimum Wall.= Phlegmariurus pulcherrimus
Lycopodium pulchetrimum Wall.(Hay.in Ic.Pl.Forms.1914)= Phlegmariurus taiwanensis

Lycopodium pungens La Pylaie ex Iljin= Lycopodium neopungens
Lycopodium quasipolystrichoides Hay.= Huperzia quasipolytrichoides
Lycopodium reflexum (P.Beauv.) Sw.= Huperzia lucidula var. asiatica
Lycopodium remoganense Hay= Phlegmariurus squarrosus
Lycopodium repens Sw.= Lycopodiella caroliniana
Lycopodium sabinifolium Willd.杜松叶石松
Lycopodium salvinionides (Hert.) Tagawa= Phlegmariurus salvinioides
Lycopodium sect. *Cernuostachys* Hert.= **Lycopodiastrum**
Lycopodium sect. *Cernuostachys* Hert.= **Palhinhaea**
Lycopodium sect. *Inundatostachys* Hert.= **Lycopodiella**
Lycopodium sect. *Phlegmariurus* Hert.= **Phlegmariurus**
Lycopodium selago L.(东北草本志 1958)=Huperzia lucidula
Lycopodium selago L.= Huperzia selgao
Lycopodium selago var. *appressum* Desv.= Huperzia selago var. appressa
Lycopodium selago var. *chinense* Ohwi= Huperzia miyoshiana
Lycopodium selago var. *miyoshianum* Makino= Huperzia miyoshiana
Lycopodium serratum Thnb.= Huperzia serrata
Lycopodium serratum f. *intermedium* Nakai=Huperzia serrata f. intermedia
Lycopodium serratum var. *alpestre* Christ= Huperzia sutchueniana
Lycopodium serratum var. *intermidium* Nakai= Huperzia serrata
Lycopodium serratum var. *javanicum* (Sw.) Makino= Huperzia serrata
Lycopodium serratum var. *longipetiolatum* Spring= Huperzia serrata f. longipetiolata
Lycopodium serratum var. *myriophyllifolia* Hay.= Huperzia serrata
Lycopodium serratum var. *thunbergii* Makino= Huperzia serrata
Lycopodium serratum var. *thunmbergii* Longr.= Huperzia serrata
Lycopodium setaceum Hamilt.= Phlegmariurus pulcherrimus
Lycopodium sieboldii Miq.= Phlegmariurus sieboldii
Lycopodium sikkimense Hert.= Huperzia herteriana
Lycopodium sikkimense Müll.= Palhinhaea cernua f. sikkinensis
Lycopodium simulans Ching=Lycopodium japonicum
Lycopodium somai Hay.= Huperzia somai
Lycopodium pseudosquarrosum Pamp.= Phlegmariurus squarrosus
Lycopodium squarrosum Forst.= Phlegmariurus squarrosus
Lycopodium srratum f. *intermedium* Nakai= Huperzia serrata f. intermedia
Lycopodium strictum (Milde) Nakai ex Hara 笔直石松
Lycopodium subdistichum Makino= Phlegmariurus fordii
Lycopodium subgen. *Cernuostachys* Hert.= **Lycopodiastrum**
Lycopodium subgen. *Cernuostachys* Hert.= **Palhinhaea**
Lycopodium subgen. *Complanastachys* Hert.= **Diphasiastrum**
Lycopodium subgen. *Diphasium* Baker= **Diphasiastrum**
Lycopodium subgen. *Inundatostachys* Hert.= **Lycopodiella**
Lycopodium subgen. *Lepidotis* sect. *Phlegmaria* Baker= **Phlegmariurus**
Lycopodium subgen. *Rhopalostachys* sect. *Inundatum* Baker. ex Pritz.= **Lycopodiella**
Lycopodium subgen. *Urostachys* Pritzl= **Huperizia**
Lycopodium subinundatum Tagawa= Lycopodiella caroliniana
Lycopodium sutchuenianum Hert.= Huperzia sutchueniana
Lycopodium taiwanense Kuo= Phlegmariurus taiwanensis
Lycopodium taliense Ching 苍山石松
Lycopodium tenuifolium Hert.= Huperzia miyoshiana
Lycopodium tereticaule Hay.= Phlegmariurus fargesii
Lycopodium tibeticum Ching= Huperzia tibetica
Lycopodium trislachyum Pursh 三穗石松
Lycopodium veitchii Christ= Diphasiastrum veitchii
Lycopodium zonatum Ching 成层石松
Lycopsis L.=**Anchusa**
Lycopsis arvensis subsp. *orientalis* Ktze.= Anchusa ovata
Lycopsis caspica Lehm.=Nonea caspica
Lycopsis orientalis L.= Anchusa ovata
Lycopsis picta Lehm.=Nonea caspica
Lycopus L.**地笋属**(唇形科)
Lycopus angustus Makino=Lycopus lucidus var. maackianus
Lycopus cavaleriei Lévl.小叶地笋
Lycopus coreanus Lévl.=Lycopus cavaleriei
Lycopus coreanus var. *cavaleriei* (Lévl.) C.Y.Wu & H.W.Li=Lycopus cavaleriei
Lycopus coreanus var. *coreanus*=Lycopus cavaleriei
Lycopus coreanus var. *ramosissimus* Nakai (Kudô in Mem.Fac.Sci.Agr. Taihoku Univ.1929,p.p.)=Lycopus cavaleriei
Lycopus dianthera Buch.-Ham.=Mosla dianthera
Lycopus europacus var. *sinensis* Lévl.=Lycopus cavaleriei
Lycopus europaeus L.(Dunn in Notes Bot.Gard.Edinb.1915)=Lycopus cavaleriei
Lycopus europaeus L.欧地笋
Lycopus europaeus var. europaeus=Lycopus europaeus
Lycopus europaeus var. exaltatus (Lf.) HK.f.深裂欧地笋(新)
Lycopus europaeus var. *sinensis* Lévl.=Lycopus cavaleriei
Lycopus exaltatus L.f.=Lycopus europaeus var. exaltatus
Lycopus formosanus Sasaki=Lycopus lucidus var. hirtus
Lycopus japonicus Matsum. & Kudô =Lycopus cavaleriei
Lycopus lucidus Turcz.地笋
Lycopus lucidus var. *formosanus* Hay.=Lycopus lucidus var. hirtus
Lycopus lucidus var. *genuinus* Hay.=Lycopus lucidus var. hirtus
Lycopus lucidus var. hirtus Rgl.地瓜儿苗
Lycopus lucidus var. lucidus=Lycopus lucidus
Lycopus lucidus var. maackianus Maxim. ex Herd.异叶地笋(新)
Lycopus lucidus var. *typicus* Korsh.=Lycopus lucidus
Lycopus lucidus var. α. *genuinus* Herd.=Lycopus lucidus
Lycopus maackianus (Maxim.) Makino (Kudô in Mem.Fac.Sci.Agr. Taihoku Univ.1929,p.p.)=Lycopus lucidus var. hirtus
Lycopus maackianus (Maxim.) Makino=Lycopus lucidus var. maackianus
Lycopus maackianus var. *ramosissimus* Makino=Lycopus cavaleriei
Lycopus maackinus Kom.(Makino in Bot.Mag.Tokyo 1897)=Lycopus cavaleriei
Lycopus parviflorus Maxim.小花地笋
Lycopus pinnatifidus Pall.=Lycopus europaeus var. exaltatus
Lycopus ramosissimus (Makino) Makino=Lycopus cavaleriei
Lycopus sinuatus Rgl.=Lycopus lucidus var. maackianus
Lycopus virginicus L.(Herd.in Bull.Soc.Nat.Moscou 1885)=Lycopus parviflorus
Lycopus virginicus var. *parviflorus* (Maxim.) Makino=Lycopus parviflorus
Lycoris Herb.**石蒜属**(石蒜科)
Lycoris albiflora Koidz.乳白石蒜
Lycoris anhuiensis Y.Hsu & Q.J.Fang 安徽石蒜
Lycoris aurea (L'Her.) Herb.忽地笑
Lycoris caldwellii Traub 短蕊石蒜
Lycoris chinensis Traub 中国石蒜
Lycoris guangxiensis Y.Hsu & Q.J.Fang 广西石蒜
Lycoris houdyshelii Traub 江苏石蒜
Lycoris incarnata Comes ex C.Sprenger 香石蒜
Lycoris longituba var. flava Y.Hsu & X.L.Huang 黄长筒石蒜
Lycoris longituba var. longituba=Lycoris longituba
Lycoris longituba Y.Hsu & Q.J.Fan 长筒石蒜
Lycoris radiata (L'Her.) Herb.石蒜
Lycoris rosea Traub & Moldenke 玫瑰石蒜
Lycoris sanguinea Maxim.铁色箭
Lycoris shaanxiensis Y.Hsu & Z.B.Hu 陕西石蒜
Lycoris sprengeri Comes ex Baker (Grey in Hardy Bulbs 1938)=Lycoris incarnata
Lycoris sprengeri Comes ex Baker 换锦花
Lycoris squamigera Maxim.鹿葱
Lycoris straminea Lindl.稻草石蒜
Lygisma HK.f.**折冠藤属**(萝藦科)
Lygisma inflexum (Cost) Kerr.折冠藤
Lygodiaceae 海金沙科
Lygodium Sw.**海金沙属**(海金沙科)
Lygodium conforme C.Chr.海南海金沙
Lygodium digitatum Presl 掌叶海金沙
Lygodium dissectum Desv.=Lygodium microstachyum
Lygodium flexuosum (L.) Sw.曲轴海金沙
Lygodium japonicum (Thunb.) Sw.海金沙
Lygodium japonicum var. *microstachyum* Tard.-Blot. & C.Chr.=Lygodium microstachyum
Lygodium microphyllum R.Br.=Lygodium scandens
Lygodium microstachyum Desv.狭叶海金沙
Lygodium microstachyum var. *glabrescens* Nakai=Lygodium microstachyum
Lygodium palmatum Sw.掌羽海金沙
Lygodium pilosum Desv.=Lygodium flexuosum
Lygodium pinnatifidum HK. & Bak.=Lygodium salicifolium
Lygodium pinnatifidum Prantl=Lygodium polystachyum
Lygodium pinnatifidum Sw.=Lygodium flexuosum

Lygodium polystachyum Wall.羽裂海金沙
Lygodium pubescens Kaulf.=Lygodium microstachyum
Lygodium salicifolium Presl 柳叶海金沙
Lygodium scandens (L.) Sw.小叶海金沙
Lygodium serrulatum Bl.=Lygodium flexuosum
Lygodium subareolatum Christ 网脉海金沙
Lygodium yunnanense Ching 云南海金沙
Lyonia Nutt **珍珠花属**(杜鹃花科)
Lyonia annamensis (Dop) Merr.=Lyonia rubrovenia
Lyonia bracteata (W.W.Sm.) Chun=Vaccinium mandarinorum
Lyonia compta (W.W.Sm. & Jeffr.) Hand.-Mazz.秀丽珍珠花
Lyonia compta var. *stenantha* Hand.-Mazz.=Lyonia ovalifolia var. lanceolata
Lyonia doyonensis (Hand.-Mazz.) Hand.-Mazz.圆叶珍珠花
Lyonia ferruginea (Walt.) Nutt.锈色南烛
Lyonia formnosa (Wall.) Hand.-Mazz.=Pieris formosa
Lyonia fruticosa (Michx.) G.Torr. ex B.L.Robihns.灌木南烛
Lyonia huiana Fang=Pieris formosa
Lyonia ligustrina (L.) DC.女贞叶南烛
Lyonia macrocalyx (Anth.) Airy-Shaw 大萼珍珠花
Lyonia mariana (L.) D.Don 女神南烛
Lyonia ovalifolia (Wall.) Drude 珍珠花
Lyonia ovalifolia var. *doyonensis* (Hand.-Mazz.) Judd=Lyonia doyonensis
Lyonia ovalifolia var. elliptica (S. & Z.) Hand.-Mazz.小果珍珠花
Lyonia ovalifolia var. hebecarpa (Franch. ex Forb. & Hemsl.) Chun 毛果珍珠花
Lyonia ovalifolia var. lanceolata (Wall.) Hand.-Mazz.狭叶珍珠花
Lyonia ovalifolia var. ovalifolia=Lyonia ovalifolia
Lyonia ovalifolia var. *rubrovenia* (Merr.) Judd=Lyonia rubrovenia
Lyonia polita (W.W.Sm. & Jeffr.) Chun=Pieris japonica
Lyonia popowi (Palib.) Chun=Pieris japonica
Lyonia rubrovenia (Merr.) Chun 红脉珍珠花
Lyonia villosa (Wall. ex C.B.Clarke) Hand.-Mazz.毛叶珍珠花
Lyonia villosa var. pubescens (Franch.) Judd 毛脉珍珠花
Lyonia villosa var. sphaerantha (Hand.-Mazz.) Hand.-Mazz.光叶珍珠花
Lyonia villosa var. villosa=Lyonia villosa
Lyonsia R.Br.**里昂思属**(夹竹桃科)
Lysanthe Salisb.=**Grevillea**
Lysidice Hance **仪花属**(豆科)
Lysidice brevicalyx Wei 短萼仪花
Lysidice rhodostegia Hance (Hance in J.Bot.1873 & 1883)=Lysidice brevicalyx
Lysidice rhodostegia Hance 仪花
Lysiella nevskii Aver.=Platanthera minutiflora
Lysimachia L.**珍珠菜属**(报春花科)
Lysimachia albescens Franch.云南过路黄
Lysimachia alfredii Hance 广西过路黄
Lysimachia alfredii var. alfredii=Lysimachia alfredii
Lysimachia alfredii var. chrysosplenioides (Hand.-Mazz.) Chen & C.M.Hu 小广西过路黄
Lysimachia alpestris Champ. ex Benth.香港过路黄
Lysimachia alternifolia Wall.互生叶珍珠菜
Lysimachia ambigua C.Y.Wu=Lysimachia hemsleyi
Lysimachia ardisioides Masamune 假排草
Lysimachia argentata L.H.Bail.=Lysimachia pseudohenryi
Lysimachia argentea Bail.=Lysimachia pseudohenryi
Lysimachia asper Hand.-Mazz.短枝香草
Lysimachia auriculata Hemsl.耳叶珍珠菜
Lysimachia baoxingensis (Chen & C.M.Hu) C.M.Hu 宝兴过路黄
Lysimachia barystachys Bge.虎尾花
Lysimachia biflora C.Y.Wu 双花香草
Lysimachia bodinieri Petitm.=Lysimachia paridiformis
Lysimachia brachyandra Chen & C.M.Hu 短蕊香草
Lysimachia bracteata G.Forr.=Lysimachia hemsleyi
Lysimachia breviflora C.M.Hu 短花珍珠菜
Lysimachia brittenii R.Knuth 展枝过路黄
Lysimachia brunelloides Pax & Hoffm.=Lysimachia melampyroides var. brunelloides
Lysimachia candida Lindl.泽珍珠菜
Lysimachia candida subsp. *oppositifolia* R.Knuth=Lysimachia stenosepala
Lysimachia candida var. *depauperata* Merr.=Lysimachia candida
Lysimachia candida var. *microphylla* Franch.=Lysimachia parvifolia
Lysimachia capillipes Hemsl.细梗香草
Lysimachia capillipes var. capillipes=Lysimachia capillipes
Lysimachia capillipes var. cavaleriei (Lévl.) Hand.-Mazz.石山细梗香草
Lysimachia carinata Y.I.Fang & C.Z.Cheng 阳朔过路黄
Lysimachia cauliflora C.Y.Wu 茎花香草
Lysimachia ceistagalli Pamp.距萼过路黄
Lysimachia cephalantha R.Knuth(p.p.)=Lysimachia phyllocephala
Lysimachia cephalantha R.Knuth(p.p.)=Lysimachia remota
Lysimachia chapaensis Merr.近总序香草
Lysimachia chekiangensis C.Y.Wu 浙江过路黄
Lysimachia chenopodioides Watt ex HK.f.藜状珍珠菜
Lysimachia chikungensis Bail.长穗珍珠菜
Lysimachia christinae Hance 过路黄
Lysimachia christinae var. *pubescens* Franch.=Lysimachia christinae
Lysimachia christinae var. *typica* Franch.=Lysimachia christinae
Lysimachia christiniae var. *intermedia* Pamp.=Lysimachia christiniae
Lysimachia chrysosplenioides Hand.-Mazz.=Lysimachia alfredii var. chrysosplenioides
Lysimachia chungdienensis C.Y.Wu 中甸珍珠菜
Lysimachia circaeoides Hemsl.露珠珍珠菜
Lysimachia circaeoides var. *lyratifolia* Hand.-Mazz.=Lysimachia circaeoides
Lysimachia circaeoides var. *silvestrii* Pamp.=Lysimachia silvestrii
Lysimachia clethroides Duby 矮桃
Lysimachia confertifolia C.Y.Wu=Lysimachia petelotii
Lysimachia congestiflora Hemsl.临时救
Lysimachia congestiflora var. *atronervata* C.C.Wu=Lysimachia congestiflora
Lysimachia congestiflora var. congestiflora=Lysimachia congestiflora
Lysimachia congestiflora var. *kwangtungensis* Hand.-Mazz.=Lysimachia kwangtungensis
Lysimachia consobrina Hance=Lysimachia decurrens
Lysimachia cordifolia Hand.-Mazz.心叶香草
Lysimachia crassifolia C.Z.Gao & D.Fang 厚叶香草
Lysimachia crispidens (Hance) Hemsl.异花珍珠菜
Lysimachia crista-galli Pamp. ex Hand.-Mazz.距萼过路黄
Lysimachia davurica Ledeb.黄连花
Lysimachia debilis Wall.(Hand.-Mazz.in Not.Roy.Bot.Gard.Edinb.1928, p.p.)=Lysimachia siamensis
Lysimachia debilis Wall.南亚过路黄
Lysimachia decurrens Forst.f.延叶珍珠菜
Lysimachia decurrens var. *eulecurrens* R.Knuth=Lysimachia decurrens
Lysimachia decurrens var. *platypetala* R.Knuth=Lysimachia platypetala
Lysimachia decurrens var. *recurvata* Matsum.=Lysimachia decurrens
Lysimachia delavayi Franch.金江珍珠菜
Lysimachia deltoidea Wight 三角叶过路黄
Lysimachia deltoidea var. *brunelloides* (Pax & Hoffm.) Hand.-Mazz.= Lysimachia melampyroides var. brunelloides
Lysimachia deltoidea var. cinerascens Franch.小寸金黄
Lysimachia deltoidea var. deltoidea=Lysimachia deltoidea
Lysimachia deltoidea var. *glabra* Bonati=Lysimachia englerii var. glabra
Lysimachia deltoidea var. *typica* R.Knuth=Lysimachia remota
Lysimachia drymarifolia Franch.锈毛过路黄
Lysimachia drymarifolia var. *grandiflora* Bonati (p.p.)=Lysimachia drymarifolia
Lysimachia duclouxii Bonati=Lysimachia albescens
Lysimachia dushanensis Chen & C.M.Hu 独山香草
Lysimachia englerii R.Knuth 思茅香草
Lysimachia englerii var. englerii=Lysimachia englerii
Lysimachia englerii var. glabra (Bonati) Chen & C.M.Hu 小思茅香草
Lysimachia erosipetala Chen & C.M.Hu 尖瓣过路黄
Lysimachia esquirolii (Lévl.) Lauener=Lysimachia fooningensis
Lysimachia esquirolii Bonati (Hand.-Mazz.in Not.Roy.Bot.Gard.Edinb. 1928)=Lysimachia pseudohenryi
Lysimachia esquirolii Bonati 长柄过路黄
Lysimachia evalvis Wall.(云南区系报告 1965)=Lysimachia lancifolia
Lysimachia evalvis Wall.不裂果香草
Lysimachia excisa Hand.-Mazz.短柱珍珠菜
Lysimachia fargesii Franch.=Lysimachia christinae

Lysimachia filipes C.Z.Gao & D.Fang 纤柄香草
Lysimachia fistulosa Hand.-Mazz.管茎过路黄
Lysimachia fistulosa var. fistulosa=Lysimachia fistulosa
Lysimachia fistulosa var. wulingensis Chen & C.M.Hu 五岭管茎过路黄
Lysimachia foenum-graecum Hance 灵香草
Lysimachia fooningensis C.Y.Wu 富宁香草
Lysimachia fordiana Oliv.大叶过路黄
Lysimachia formosana Honda=Lysimachia remota
Lysimachia fortunei Maxim.星宿菜
Lysimachia fortunei var. *pubescens* Pamp.=Lysimachia fortunei
Lysimachia fragrans Hay.(Merr. & Chun in Sunyatsenia 1940)= Lysimachia navillei var. hainanensis
Lysimachia fragrans Hay.(Merr.in Synyatsenia 1934)=Lysimachia petelotii
Lysimachia fragrans Hay.=Lysimachia capillipes
Lysimachia franchetii R.Knuth=Lysimachia hemsleyi
Lysimachia fukienensis Hand.-Mazz.福建过路黄
Lysimachia garrettii Fletch. (云南区系报告 1965)=Lysimachia microcarpa
Lysimachia garrettii Fletch.=Lysimachia sikokiana
Lysimachia glanduliflora Hanelt 繸瓣珍珠菜
Lysimachia glandulosa R.Knuth=Lysimachia christinae
Lysimachia glaucina Franch.(Hand.-Mazz.in Not.Roy.Bot.Gard.Edinb. 1928,p.p.)=Lysimachia platypetala
Lysimachia glaucina Franch.灰叶珍珠菜
Lysimachia grammica Hance 金爪儿
Lysimachia grammica var. *major* Pamp.=Lysimachia grammica
Lysimachia grandiflora (Franch.) Hand.-Mazz.大花香草
Lysimachia gymnocephala Hand.-Mazz.=Lysimachia congestiflora
Lysimachia hemsleyana Maxim.点腺过路黄
Lysimachia hemsleyi Franch.叶苞过路黄
Lysimachia henryi Hemsl.宜昌过路黄
Lysimachia henryi var. guizhouensis C.M.Hu 江口过路黄
Lysimachia henryi var. henryi=Lysimachia henryi
Lysimachia hernyi Hemsl.(R.Knuth in Engl.Plfanzenr.1905,p.p.)= Lysimachia phyllocephala
Lysimachia heterobotrys Chen & C.M.Hu 邕宁香草
Lysimachia heterogenea Klatt 黑腺珍珠菜
Lysimachia hui Diels ex Hand.-Mazz.=Lysimachia congestiflora
Lysimachia hui Hand.-Mazz.(苏南植物手册 1959)=Lysimachia remota
Lysimachia huitsunae Chien 白花过路黄
Lysimachia humifusa R.Knuth=Lysimachia parvifolia
Lysimachia hupehensis Pamp.=Lysimachia crispidens
Lysimachia hypericoides Hemsl.巴山过路黄
Lysimachia inaperta C.M.Hu & F.N.Wei 长萼香草
Lysimachia inconspicua Miq.=Lysimachia candida
Lysimachia insignis Hemsl.三叶香草
Lysimachia insignis f. *flaviflora* Lock.=Lysimachia insignis
Lysimachia involucrata Hemsl.=Lysimachia rubiginosa
Lysimachia iteophylla C.Y.Wu=Lysimachia henryi
Lysimachia japonica Thunb.(Bonati in Fl.Gen.Indo-Ch.1930)=Lysimachia siamensis
Lysimachia japonica Thunb.(Forb. & Hemsl.in J.L.Soc.Bot.1889,p.p.)= Lysimachia remota
Lysimachia japonica Thunb.小茄
Lysimachia japonica var. *cephalantha* Franch.=Lysimachia congestiflora
Lysimachia javanica Bl.爪哇珍珠菜
Lysimachia jiangxiensis C.M.Hu 江西珍珠菜
Lysimachia jingdongensis Chen & C.M.Hu 景东香草
Lysimachia klattiana Hance 轮叶过路黄
Lysimachia klattiana var. *pseudoklattiana* Bonati=Lysimachia henryi
Lysimachia kwangtungensis (Hand.-Mazz.) C.M.Hu 广东临时救
Lysimachia lancifolia Craib (Hand.-Mazz.in Not.Roy.Bot.Gard.Edinb. 1928,p.p.)=Lysimachia microcarpa
Lysimachia lancifolia Craib.(Hand.-Mazz.in Not.Roy.Bot.Gard.Edinb. 1928,p.p.)=Lysimachia fooningensis
Lysimachia lancifolia Craib.(Hand.-Mazz.in Not.Roy.Bot.Gard.Edinb. 1928,p.p.)=Lysimachia millietii
Lysimachia lancifolia Craib 长叶香草
Lysimachia latronum Lévl. & Vant.=Lysimachia christinae
Lysimachia laxa Baudo 多枝香草
Lysimachia legendrei Bonati=Lysimachia christinae
Lysimachia leschenaultii Duby 莱氏珍珠菜
Lysimachia leveillei Petitm.=Lysimachia deltoidea var. cinerascens
Lysimachia lichiangensis Forest 丽江珍珠菜
Lysimachia lichiangensis var. lichiangensis=Lysimachia lichiangensis
Lysimachia lichiangensis var. *robusta* C.Y.Wu= Lysimachia lichiangensis
Lysimachia lichiangensis var. xerophila C.Y.Wu 干生珍珠菜
Lysimachia limprichtii Pax & Hoffm.=Lysimachia omeiensis
Lysimachia linearifolia Griff.线叶珍珠菜
Lysimachia lineariloba HK. & Arn.=Lysimachia mauritiana
Lysimachia linguiensis C.Z.Gao 临桂香草
Lysimachia liui Chien 红头索
Lysimachia lobelioides Wall.长蕊珍珠菜
Lysimachia longipes Hemsl.长梗过路黄
Lysimachia longipes f. *simplicicaulis* Chien=Lysimachia longipes
Lysimachia longisepala G.Forr.=Lysimachia hemsleyi
Lysimachia lychnoides Chen & C.M.Hu 假琴叶过路黄
Lysimachia mauritiana Lam.滨海珍珠菜
Lysimachia melampyroides R.Knuth 山萝过路黄
Lysimachia melampyroides var. amplexicaulis Chen & C.M.Hu 抱茎山萝过路黄
Lysimachia melampyroides var. brunelloides (Pax & Hoffm.) Chen & C.M.Hu 小山萝过路黄
Lysimachia melampyroides var. melampyroides=Lysimachia melampyroides
Lysimachia metogensis Chen & C.M.Hu 墨脱珍珠菜
Lysimachia microcarpa C.Y.Wu(云南区系报告 1965)=Lysimachia jingdongensis
Lysimachia microcarpa C.Y.Wu 小果香草
Lysimachia millietii (Lévl.) Hand.-Mazz.兴义香草
Lysimachia miltandra Franch.=Lysimachia stenosepala
Lysimachia miyiensis Y.I.Fang & C.Z.Cheng 米易过路黄
Lysimachia monnieri L.=Bacopa floribunda
Lysimachia moupinensis R.Knuth=Lysimachia omeiensis
Lysimachia nanchuanensis C.Y.Wu 南川过路黄
Lysimachia nanpingensis Chen & C.M.Hu 南平过路黄
Lysimachia navillei (Lévl.) Hand.-Mazz.木茎香草
Lysimachia navillei var. hainanensis Chen & C.M.Hu 海南木茎香草
Lysimachia navillei var. navillei=Lysimachia navillei
Lysimachia nebeliana Gilg.=Lysimachia mauritiana
Lysimachia nemorum var. *moupinensis* Franch.=Lysimachia omeiensis
Lysimachia nigrolineata Hemsl.=Lysimachia grammica
Lysimachia nigropunctata Masamune=Lysimachia congestiflora
Lysimachia nutantiflora Chen & C.M.Hu 垂花香草
Lysimachia obovata Ham.(云南区系报告 1965)=Lysimachia candida
Lysimachia obovata Her Ham.倒卵形珍珠菜
Lysimachia omeiensis Hemsl.峨眉过路黄
Lysimachia ophelioides Hemsl.琴叶过路黄
Lysimachia orbicularis Chen & C.M.Hu 圆瓣珍珠菜
Lysimachia otophora C.Y.Wu 耳柄过路黄
Lysimachia ovalifolia Pax & Hoffm.=Lysimachia hemsleyi
Lysimachia ovalifolia W.L.Sha=Lysimachia capillipes var. cavaleriei
Lysimachia paludicola Hemsl.=Lysimachia heterogenea
Lysimachia paridiformis Franch.落地梅
Lysimachia paridiformis var. *elliptica* Forb. & Hemsl.=Lysimachia paridiformis
Lysimachia paridiformis var. paridiformis=Lysimachia paridiformis
Lysimachia paridiformis var. stenophylla Franch.狭叶落地梅
Lysimachia parvifolia Franch.小叶珍珠菜
Lysimachia patungensis Hand.-Mazz.巴东过路黄
Lysimachia patungensis f. glabrifolia C.M.Hu 光叶巴东过路黄
Lysimachia patungensis f. patungensis=Lysimachia patungensis
Lysimachia pauciflora C.Y.Wu=Lysimachia taliensis
Lysimachia paxiana R.Knuth=Lysimachia auriculata
Lysimachia peduncularis Wall. ex Kurz.假过路黄
Lysimachia pentapetala Bge.狭叶珍珠菜
Lysimachia perfoliata Hand.-Mazz.贯叶过路黄
Lysimachia petelotii Merr.阔叶假排草
Lysimachia petitmenginii Bonati=Lysimachia hemsleyi
Lysimachia phyllocephala Hand.-Mazz.叶头过路黄
Lysimachia phyllocephala var. phyllocephala=Lysimachia phyllocephala

Lysimachia phyllocephala var. polycephala (Chien) Chen & C.M.Hu 短毛叶头过路黄
Lysimachia physaloides C.Y.Wu & C.Chen 金平香草
Lysimachia pittosporoides C.Y.Wu 海桐状香草
Lysimachia platypetala Franch.阔瓣珍珠菜
Lysimachia plicata Franch. ex R.Knuth=Lysimachia englerii var. glabra
Lysimachia polycephala Chien=Lysimachia phyllocephala var. polycephala
Lysimachia prolifera Klatt 多育星宿菜
Lysimachia pseudohenryi Pamp.疏头过路黄
Lysimachia pseudotrichopoda Hand.-Mazz.鄂西香草
Lysimachia pterantha Hemsl.翅萼过路黄
Lysimachia pterantha var. *baoxingensis* Chen & C.M.Hu=Lysimachia baoxingensis
Lysimachia pteranthoides Bonati 川西过路黄
Lysimachia pumila (Baudo) Franch.矮星宿菜
Lysimachia punctatilimba C.Y.Wu 点叶落地梅
Lysimachia pyramidalis Wall.尖塔珍珠菜
Lysimachia racemiflora Bonati 总花珍珠菜
Lysimachia ramosa Wall. ex Duby=Lysimachia laxa
Lysimachia ramosa Wall.(Merr. & Chun in Synyatsenia 1930)= Lysimachia petelotii
Lysimachia ramosa var. *grandiflora* Franch.=Lysimachia grandiflora
Lysimachia recurvata (Matsum) Masam.=Lysimachia decurrens
Lysimachia reflexiloba Hand.-Mazz.折瓣珍珠菜
Lysimachia remota Petitm.疏节过路黄
Lysimachia remota var. lushanensis Chen & C.M.Hu 庐山疏节过路黄
Lysimachia remota var. remota=Lysimachia remota
Lysimachia robusta Hand.-Mazz.粗壮珍珠菜
Lysimachia roseola Chen & C.M.Hu 粉红珍珠菜
Lysimachia rosthorniana Hand.-Mazz.=Lysimachia fukienensis
Lysimachia rubiginosa Hemsl.显苞过路黄
Lysimachia rubiginosa var. *glabra* Franch.=Lysimachia rubiginosa
Lysimachia rubinervis Chen & C.M.Hu 紫脉过路黄
Lysimachia rubroglandulosa C.Y.Wu=Lysimachia congestiflora
Lysimachia rupestris Chen & C.M.Hu 龙津过路黄
Lysimachia sarmentosa C.Y.Wu=Lysimachia trichopoda var. sarmentosa
Lysimachia saurautfolia S.S.Ying=Rhynchotechum formosanum
Lysimachia saxicola Chun & F.Chun 岩居香草
Lysimachia saxicola var. minor C.F.Liang ex Chen & C.M.Hu 小岩居香草
Lysimachia saxicola var. saxicola=Lysimachia saxicola
Lysimachia scapiflora C.M.Hu,Z.R.Xu & F.H.Chen 葶花香草
Lysimachia sciadantha C.Y.Wu 伞花落地梅
Lysimachia sciadophylla Chen & C.M.Hu 黔阳过路黄
Lysimachia shimianensis Chen & C.M.Hu 石棉过路黄
Lysimachia siamensis Bonati 泰国过路黄
Lysimachia sikokiana Miq.(Bentv.in Fl.Malesiana 1962,p.p.)=Lysimachia navillei var. hainanensis
Lysimachia sikokiana Miq.=Lysimachia ardisioides
Lysimachia sikokiana subsp. *petelotii* (Merr.) C.M.Hu=Lysimachia petelotii
Lysimachia sikokiana subsp. sikokiana=Lysimachia sikokiana
Lysimachia silvestrii (Pamp.) Hand.-Mazz.北延叶珍珠菜
Lysimachia similis W.L.Sha=Lysimachia petelotii
Lysimachia simulans Hemsl.=Lysimachia ardisioides
Lysimachia sinica Miq.=Lysimachia decurrens
Lysimachia smithiana Craib=Lysimachia congestiflora
Lysimachia solaniflora C.Y.Wu=Lysimachia petelotii
Lysimachia solanoides Hand.-Mazz.=Lysimachia navillei
Lysimachia stellarioides Hand.-Mazz.茂汶过路黄
Lysimachia stenosepala Hemsl.腺药珍珠菜
Lysimachia stenosepala var. flavescens Chen & C.M.Hu 云贵腺药珍珠菜
Lysimachia stenosepala var. stenosepala=Lysimachia stenosepala
Lysimachia stigmatosa Chen & C.M.Hu 大叶珍珠菜
Lysimachia stolonifera Migo=Lysimachia parvifolia
Lysimachia subracemosa C.Y.Wu=Lysimachia chapaensis
Lysimachia subverticillata C.Y.Wu 轮花香草
Lysimachia sutchuenensis Bonati=Lysimachia pseudohenryi
Lysimachia taiwaniana Suzuki ex Kao=Lysimachia congestiflora
Lysimachia taliensis Bonati 大理珍珠菜
Lysimachia taliensis var. *breviloba* C.Y.Wu=Lysimachia taliensis
Lysimachia tengyuehenis Hand.-Mazz.腾冲过路黄
Lysimachia thyrsiflora L.球尾花
Lysimachia tianyangensis D.Fang & C.Z.Gao 田阳香草
Lysimachia tienmushanensis Migo 天目珍珠菜
Lysimachia trichopoda Franch.蔓延香草
Lysimachia trichopoda var. sarmentosa (C.Y.Wu) Chen & C.M.Hu 长萼蔓延香草
Lysimachia trichopoda var. trichopoda=Lysimachia trichopoda
Lysimachia trientaloides Hemsl.=Lysimachia paridiformis var. stenophylla
Lysimachia tsaii C.M.Hu 波缘珍珠菜
Lysimachia tsarongensis Hand.-Mazz.藏珍珠菜
Lysimachia unguiculata Diels=Lysimachia pentapetala
Lysimachia violascens Franch.大花珍珠菜
Lysimachia violascens var. *robusta* (C.Y.Wu) C.M.Hu=Lysimachia lichiangensis
Lysimachia violascens var. violascens=Lysimachia violascens
Lysimachia violascens var. xerophila (C.Y.Wu) C.M.Hu 千生珍珠菜
Lysimachia vittiformis Chen & C.M.Hu 条叶香草
Lysimachia vulgaris L.毛黄连花
Lysimachia vulgaris subsp. *davurica* (Ledeb.) Tatew.=Lysimachia davurica
Lysimachia vulgaris var. *davurica* R.Knuth=Lysimachia davurica
Lysimachia wilsonii Hemsl.川香草
Lysimachia yindeensis Chen & C.M.Hu 英德过路黄
Lysimachia yunnanensis Franch.=Lysimachia albescens
Lysionotus D.Don **吊石苣苔属**(苦苣苔科)
Lysionotus aeschynanthoides W.T.Wang 桂黔吊石苣苔
Lysionotus angustisepalus W.T.Wang=Lysionotus levipes
Lysionotus apicidens (Hance) Yamazaki=Lysionotus pauciflorus
Lysionotus atropurpureus Hara 深紫吊石苣苔
Lysionotus brachycarpus Rehd.=Lysionotus heterophyllus
Lysionotus carnosus Hemsl.=Lysionotus pauciflorus
Lysionotus cavaleriei Lévl.=Lysionotus pauciflorus
Lysionotus chingii Chun & W.T.Wang 攀援吊石苣苔
Lysionotus denticulosus W.T.Wang 多齿吊石苣苔
Lysionotus forrestii W.W.Sm.滇西吊石苣苔
Lysionotus gamosepalus W.T.Wang 合萼吊石苣苔
Lysionotus gracilipes C.E.C.Fisch.=Lisionotus pubescens
Lysionotus gracilis W.W.Sm.纤细吊石苣苔
Lysionotus hainanensis Merr. & Chun 海南吊石苣苔
Lysionotus heterophyllus Franch.异叶吊石苣苔
Lysionotus heterophyllus var. heterophyllus=Lysionotus heterophyllus
Lysionotus heterophyllus var. lasianthus W.T.Wang 龙胜吊石苣苔
Lysionotus heterophyllus var. mollis W.T.Wang 毛叶吊石苣苔
Lysionotus himalayensis (Lévl.) W.T.Wang & Z.Y.Li=Lysionotus serratus
Lysionotus ikedae Hatusima=Lysionotus pauciflorus var. ikedae
Lysionotus involucratus Franch.圆苞吊石苣苔
Lysionotus kwangsiensis W.T.Wang 广西吊石苣苔
Lysionotus levipes (C.B.Clarke) B.L.Burtt 狭萼吊石苣苔
Lysionotus longipedunculatus (W.T.Wang) W.T.Wang 长梗吊石苣苔
Lysionotus longisepala H.W.Li=Hemiboeopsis longisepala
Lysionotus metuoensis W.T.Wang 墨脱吊石苣苔
Lysionotus microphyllus W.T.Wang 小叶吊石苣苔
Lysionotus microphyllus var. microphyllus=Lysionotus microphyllus
Lysionotus microphyllus var. oneiensis (W.T.Wang) W.T.Wang 峨眉吊石苣苔
Lysionotus mollifolius W.T.Wang=Anna mollifolia
Lysionotus montanus Kao & Devol.=Lysionotus pauciflorus
Lysionotus oblongifolius W.T.Wang 长圆吊石苣苔
Lysionotus omeiensis W.T.Wang=Lysionotus microphyllus var. omeiensis
Lysionotus ophiorrhizoides Hemsl.=Anna ophiorrhizoides
Lysionotus pauciflorus Maxim.吊石苣苔
Lysionotus pauciflorus var. ikedae (Hatusima) W.Tang 兰屿吊石苣苔
Lysionotus pauciflorus var. indutus Chun ex W.T.Wang 灰叶吊石苣苔
Lysionotus pauciflorus var. *lancifolius* W.T.Wang= Lysionotus pauciflorus
Lysionotus pauciflorus var. *lasianthus* W.T.Wang=Lysionotus heterophyllus var. lasianthus
Lysionotus pauciflorus var. latifolius W.T.Wang 宽叶吊石苣苔
Lysionotus pauciflorus var. *linearis* Rehd.=Lysionotus pauciflorus

Lysionotus pauciflorus var. pauciflorus=Lysionotus pauciflorus
Lysionotus petelotii Pellegr.细萼吊石苣苔
Lysionotus pterocaulis (C.Y.Wu ex W.T.Wang) H.W.Li=Lysionotus serratus var. pterocalus
Lysionotus pubescens C.B.Clarke 毛枝吊石苣苔
Lysionotus sangzhiensis W.T.Wang 桑植吊石苣苔
Lysionotus serratus D.Don 齿叶吊石苣苔
Lysionotus serratus var. pterocaulis C.Y.Wu ex W.T.Wang 翅茎吊石苣苔
Lysionotus serratus var. serratus=Lysionotus serratus
Lysionotus sessilifolius Hand.-Mazz.短柄吊石苣苔
Lysionotus sulphureus Hand.-Mazz.黄花吊石苣苔
Lysionotus ternifolia Wall.=Lysionotus serratus
Lysionotus wardii W.W.Sm.=Lysionotus pubescens
Lysionotus warleyensis Willmott=Lysionotus pauciflorus
Lysionotus willmottiae Hort.=Lysionotus pauciflorus
Lysionotus wilsonii Kränzl=Lysionotus pauciflorus
Lysionotus wilsonii Rehd.川西吊石苣苔
Lythraceae 千屈菜科
Lythrum L.**千屈菜属**(千屈菜科)
Lythrum anceps (Koehne) Mak.光千屈菜
Lythrum argyi Lévl.=Lythrum salicaria
Lythrum fruticosum L.=Woodfordia fruticosa
Lythrum intermedium Ledeb.中型千屈菜
Lythrum petiolatum L.=Cuphea petiolata
Lythrum salicaria L.千屈菜
Lythrum salicaria var. *anceps* Koehne=Lythrum anceps
Lythrum salicaria var. *glabrum* Ledeb.=Lythrum intermedium
Lythrum salicaria var. *intermedium* (Ledeb.) Koehne=Lythrum intermedium
Lythrum salicaria var. *mairei* Lévl.=Lythrum salicaria
Lythrum virgatum L.(Miq.in Prol.Fl.Japon.1866-67)=Lythrum anceps
Lythrum virgatum L.帚枝千屈菜

M

Maackia Rupr. & Maxim.**马鞍树属**(豆科)
Maackia amurensis Rupr. & Maxim.=Maackia amurensis
Maackia amurensis Rupr. & Maxim.朝鲜槐
Maackia amurensis var. buergeri (Maxim.) Schneid.毛叶怀槐?
Maackia australis (Dunn) Takeda 华南马鞍树
Maackia chekiangensis Chien 浙江马鞍树
Maackia chinensis Takeda=Maackia hupehensis
Maackia ellipticocarpa Merr.香港马鞍树
Maackia fauriei (Lévl.) Takeda=Maackia floribunda
Maackia floribunda (Miq.) Takeda 多花马鞍树
Maackia honanensis Bailey=Maackia tenuifolia
Maackia hupehensis Takeda 马鞍树
Maackia hwashanensis W.T.Wang 华山马鞍树
Maackia tashiroi (Yatabe) Makino(Sasaki in List.Pl.Form.1928)=Maackia floribunda
Maackia tenuifolia (Hemsl.) Hand.-Mazz.光叶马鞍树
Maba J.R. & G.Forst.=**Diospyro**
Maba J.R. & G.Forst.**象牙树属**(柿树科)
Maba buxifolia (Rottb.) A.L.Juss.=Diospyros ferrea
Maba buxifolia Pers.象牙树
Maba ferrea (Willd.) Aub.=Diospyros ferrea
Macadamia F. Muell.**澳洲坚果属**(山龙眼科)
Macadamia integrifolia Maiden & Betche 全缘叶澳洲坚果树
Macadamia ternifolia F. Muell.澳洲坚果
Macadamia tetraphylla Johnson 四叶澳洲坚果
Macaranga Thou.**血桐属**(大戟科)
Macaranga adenantha Gagn.盾叶木
Macaranga andamanica Kurz 安达曼血桐
Macaranga andersonii Craib=Macaranga kurzii
Macaranga auriculata (Merr.) Airy-Shaw 刺果血桐
Macaranga bracteata Merr.(Chun in Synyatsenia 1940)=Macaranga bracteata
Macaranga bracteata Merr.大苞血桐
Macaranga brandisii King ex HK.f.=Macaranga andamanica
Macaranga denticulata (Bl.) Muell.Arg.中平树
Macaranga echinocarpa Baker 软刺血桐
Macaranga esquirolii (Lévl.) Rehd.灰岩血桐
Macaranga glaberrima (Hassk.) Airy Shaw 光叶血桐
Macaranga gmelinifolia King ex HK.f.=Macaranga pustulata
Macaranga hemsleyana Pax & Hoffm.山中平树
Macaranga henricorum Hemsl.=Macaranga denticulata
Macaranga henryi (Pax & Hoffm.) Rehd.草鞋木
Macaranga indica Wight 印度血桐
Macaranga kurzii (Kuntze) Pax & Hoffm.尾叶血桐
Macaranga lowii King & HK.f.(Whitmore in Kew Bull.Add.1975)=Macaranga auriculata
Macaranga membranacea Kurz=Macaranga kurzii
Macaranga montana (Heyne) Pax & Hoffm.山地血桐
Macaranga poilanei Gagn.=Macaranga auriculata
Macaranga pustulata King & HK.f.泡腺血桐
Macaranga rosuliflora Croiz.轮苞血桐
Macaranga sampsonii Hance 鼎湖血桐
Macaranga sinensis (Baill.) Muell.Arg.台湾血桐
Macaranga tanarius (L.) Muell.Arg.血桐
Macaranga trigonostemonoides Croiz.卵苞血桐
Macfadyena A.DC.**猫爪藤属**(紫葳科)
Macfadyena dentata Burtt & Schum.=Macfadyena unguis-cati
Macfadyena unguuis-cati (L.) A.Gentry 猫爪藤
Machaerina Vahl **剑叶莎属**(莎草科)
Machaerina myriantha (Chun & How) Y.C.Tang 多花剑叶莎
Machilus Nees **润楠属**(樟科)
Machilus acuminatissima (Hay.) Kanehira=Cinnamomum philippinense
Machilus arisanensis (Hay.) Hay.=Machilus thunbergii
Machilus austroguizhouensis S.Lec. & F.N.Wei 黔南润楠?
Machilus bombycina King ex HK.f.黄心树
Machilus bonii Lec.枇杷叶润楠
Machilus bournei Hemsl.=Phoebe bournei
Machilus breviflora (Benth.) Hemsl.短序润楠
Machilus cathayensis Chun ex H.T.Chang=Machilus kwangtungensis
Machilus cavaleriei (Lévl.) Lévl.安顺润楠
Machilus chayuensis S.Lee 察隅润楠
Machilus chekiangensis S.Lee 浙江润楠
Machilus chienkweiensis S.Lee 黔桂润楠
Machilus chinensis (Champ. ex Benth.) Hemsl.华润楠
Machilus chrysotricha H.W.Li 黄毛润楠
Machilus chuanchienensis S.Lee 川黔润楠
Machilus cicatricosa S.Lee 刻节润楠
Machilus comphoratus Lévl.=Cinnamomum caudiferum
Machilus daozhensis Y.K.Li 道真润楠
Machilus decursinervis Chun 基脉润楠
Machilus dinganensis S.Lee & F.N.Wei 定安润楠
Machilus dominii Lévl.=Cinnamomum glanduliferum
Machilus dumicola (W.W.Sm.) H.W.Li 灌丛润楠
Machilus dunnianus Lévl.=Nothaphoebe cavaleriei
Machilus faberi Hemsl.=Phoebe faberi
Machilus fasciculata H.W.Li 簇序润楠
Machilus foonchewii S.Lee 琼桂润楠
Machilus formosana Hay. ex Matsum. & Hay.=Phoebe formosana
Machilus fukienensis H.T.Chang 闽润楠
Machilus gamblei King ex HK.f.蹄状黄心树(新)
Machilus glaucescens (Nees) H.W.Li 粉绿润楠(新)
Machilus gongshanensis H.W.Li 贡山润楠
Machilus gracillima Chun 柔弱润楠
Machilus grijsii Hance 黄绒润楠
Machilus hainanensis Merr.=Actinodaphne pilosa
Machilus henryi Hemsl.=Phoebe tavoyana
Machilus holadena Liou.全腺润楠?
Machilus ichangensis Rehd. & Wils.宜昌润楠
Machilus ichangensis var. ichangensis=Machilus ichangensis
Machilus ichangensis var. leiophylla Hand.-Mazz.滑叶润楠
Machilus ichangensis var. *synechothrix* Hand.-Mazz.=Machilus longipedicellata
Machilus konishii Hay.=Nothaphoebe konishii
Machilus kurzii King ex HK.f.秃枝润楠
Machilus kusanoi Hay.大叶楠
Machilus kwangtungensis Yang 广东润楠
Machilus kwangtungensis var. sanduensis Y.K.Li 三都润楠
Machilus kwashotensis Hay.=Machilus thunbergii

Machilus leptophylla Hand.-Mazz.薄叶润楠
Machilus levinei Merr.=Machilus phoenicis
Machilus liangkwangensis Chun=Machilus robusta
Machilus lichuanensis Cheng ex S.Lee 利川润楠
Machilus litseifolia S.Lee 木姜润楠
Machilus lohuienis S.Lee 乐会润楠
Machilus longipaniculata Hay.=Machilus zuihoeniss
Machilus longipedicellata Lec.长梗润楠
Machilus longipedicellata var. *synechothrix* (Hand.-Mazz.) Hand.-Mazz.= Machilus longipedicellata
Machilus longipes H.T.Chang 东莞润楠
Machilus longisepala Hay.=Machilus zuihoeniss
Machilus macrophylla Hemsl.=Phoebe chinensis
Machilus macrophylla var. *arisanensis* Hay.=Machilus thunbergii
Machilus mairei Lévl.=Nothaphoebe cavaleriei
Machilus mekongensis Diels=Cinnamomum glanduliferum
Machilus melanophylla H.W.Li 暗叶润楠
Machilus miaoshanensis F.N.Wei & C.Q.Lin 苗山润楠
Machilus micranthum Hay.=Cinnamomum micranthum
Machilus microcarpa Hemsl.小果润楠
Machilus microcarpa var. microcarpa=Machilus microcarpa
Machilus microcarpa var. omeiensis S.Lee 峨眉润楠
Machilus minkweiensis S.Lee 闽桂润楠
Machilus minutiloba S.Lee 雁荡润楠
Machilus monticola S.Lee 尖峰润楠
Machilus multinervia Liou 多脉润楠
Machilus nakao S.Lee 纳槁润楠
Machilus nanchuanensis N.Chao ex S.Lee 南川润楠
Machilus nanmu (Oliv.) Gamble (高等图鉴 1972)=Phoebe zhennan
Machilus nanmu (Oliv.) Hemsl.=Phoebe nanmu
Machilus nanshoensis Kanehira=Machilus thunbergii
Machilus neurantha Hemsl.=Phoebe neurantha
Machilus obovatifolia (Hay.) Kanehira & Sasaki 倒卵叶润楠
Machilus obscurinervia S.Lee 隐脉润楠
Machilus oculodracontis Chun 龙眼润楠
Machilus oreophila Hance 建润楠
Machilus ovatiloba S.Lee 糙枝润楠
Machilus parabreviflora H.T.Chang 赛短花润楠
Machilus pauhoi Kanehira 刨花润楠
Machilus philippinensis Merr.=Cinnamomum philippinense
Machilus phoenicis Dunn 凤凰润楠
Machilus pingii Cheng ex Yang 润楠
Machilus platycarpa Chun 扁果润楠
Machilus platyphylla Diels=Cinnamomum platyphyllum
Machilus polyneura H.T.Chang=Machilus kwangtungensis
Machilus pomifera (Kosterm.) S.Lee 梨润楠
Machilus pseudolongifolia Hay.=Machilus zuihoeniss
Machilus pyramidalis H.W.Li 塔序润楠
Machilus rehderi Allen 狭叶润楠
Machilus reticulata K.M.Lan 网脉润楠
Machilus robusta W.W.Sm.粗壮润楠
Machilus rufipes H.W.Li 红梗润楠
Machilus salicina Hance 柳叶润楠
Machilus salicina var. *galbra* Allen ex Tanaka & Odashima=Machilus salicina
Machilus salicoides S.Lee 华蓥润楠
Machilus sheareri Hemsl.=Phoebe sheareri
Machilus shiwandashanica H.T.Chang 十万大山润楠
Machilus shweliensis W.W.Sm.瑞丽润楠
Machilus sichourensis H.W.Li 西畴润楠
Machilus sichuanensis N.Chao ex S.Lee 四川润楠
Machilus suaveolens S.Lee 芳槁润楠
Machilus tavoyana Meissn.=Phoebe tavoyana
Machilus tenuipila H.W.Li 细毛润楠
Machilus thunbergii S. & Z.红楠
Machilus thunbergii var. *trochodendroides* Masamune=Machilus thunbergii
Machilus velutina Champ. ex Benth.绒毛润楠
Machilus verruculosa H.W.Li 疣枝润楠
Machilus villosa (Roxb.) HK.f.柔毛润楠
Machilus viridis Hand.-Mazz.绿叶润楠
Machilus wangchiana Chun 信宜润楠
Machilus wenshanensis H.W.Li 文山润楠
Machilus yunnanensis Lec.滇润楠
Machilus yunnanensis var. *duclouxii* Lec.=Machilus yunnanensis
Machilus yunnanensis var. tibetana S.Lee 西藏润楠
Machilus yunnanensis var. yunnanensis=Machilus yunnanensis
Machilus zuihoeniss Hay.香润楠
Macleaya R.Br.**博落回属**(罂粟科)
Macleaya cordata (Willd.) R.Br.博落回
Macleaya cordata var. *yedoensis* (Andre) Fedde=Macleaya cordata
Macleaya microcarpa (Maxim.) Fedde 小果博落回
Maclura Nutt.**橙桑属**(桑科)
Maclura amboinensis Bl.=Cudrania amboinensis
Maclura aurantiaca Nutt.=Maclura pomifera
Maclura cochinchinensis (Lour.) Corner=Cudrania cochinchinensis
Maclura cochinchinensis var. *pubescens* (Tréc.) Corner=Cudrania pubescens
Maclura fruticosa (Roxb.) Corner=Cudrania fruticosa
Maclura pomifera (Raf.) Schneid.橙桑
Maclura sect. *Cudrania* (Tréc.) Corner=**Cudrania**
Maclura tricuspidata Carr.=Cudrania tricuspidata
Maclurodendron oligophlebia (Merr.) Hartley=Acronychia oligophlebia
Macodes Bl.**拟线柱兰属**(兰科)
Macodes petola (Bl.) Lindl.金丝叶兰?
Macodes petola var. javanica (HK.f.) A.D.Hawks 爪哇金丝叶兰
Macodes tabiyahanensis (Hay.) S.S.Ying=Zeuxine tabiyahanensis
Macraea myrtifolia Wight=Phyllanthus myrtifolius
Macranthus cochinchinensis Lour.=Mucuna pruriens var. utilis
Macrocarpium (Spach) Nakai=**Cornus**
Macrocarpium chinense (Wanger.) Hutch.=Cornus chinensis
Macrocarpium chinense f. *jinyangense* W.K.Hu=Cornus chinensis
Macrocarpium chinense f. *longipedunculatum* Fang & W.K.Hu=Cornus chinensis
Macrocarpium microcarpum W.K.Hu=Cornus chinensis
Macrocarpium officinale (S. & Z.) Nakai=Cornus officinalis
Macrochlaena glaucocarpa Hand.-Mazz.=Nothosmyrnium japonicum
Macroclinidium Maxim.=**Pertya**
Macrogyne Link & Otto=**Aspidistra**
Macrogyne convallariefolia Link & Otto=Aspidistra lurida
Macropanax Miq.**大参属**(五加科)
Macropanax chienii Hoo 显脉大参
Macropanax concinnum Miq.=Macropanax undulatus
Macropanax decandrus Hoo 十蕊大参
Macropanax floribundum Miq.=Macropanax oreophilus
Macropanax glomerulatum Miq.=Brassaiopsis glomerulata
Macropanax oreophilus Miq.(Li in Sargentia 1942,p.p.)=Macropanax decandrus
Macropanax oreophilus Miq.大参
Macropanax parviflorus Hoo 小花大参
Macropanax rosthornii (Harms) C.Y.Wu ex Hoo 短梗大参
Macropanax undulatus (Wall.) Seem.波缘大参
Macropanax undulatus Seem.(Li in Sargentia 1942,p.p.)=Macropanax decandrus
Macropanax undulatus var. simplex Li 单序波缘大参
Macroplethus C.Prels=**Belvisia**
Macroplethus macronatus (Fee) Tagawa=Belvisia mucronata
Macropodium R.Br.**长柄芥属**(十字花科)
Macropodium nivale (Pall.) R.Br.长柄芥
Macroptilium (Benth.) Urban **大翼豆属**(豆科)
Macroptilium atropurpureum (DC.) Urban 紫花大翼豆
Macroptilium lathyroides (L.) Urban 大翼豆
Macrosolen (Bl.) Reichb.**鞘花属**(桑寄生科)
Macrosolen bibracteolatus (Hance) Danser 双花鞘花
Macrosolen cochinchinensis (Lour.) Van Tiegh 鞘花
Macrosolen robinsonii (Gamble) Danser 短序鞘花
Macrosolen suberosus (Lauterb.) Danser 勐腊鞘花
Macrosolen tricolor (Lacomte) Danser 三色鞘花
Macrostema Griff.=**Christrsenia**
Macrostigma Kunth=**Tupistra**
Macrothelypteris sensu Pic.(p.p.)=**Pseudophegopteris**

Macrothelypteris (H.Ito) Ching **针毛蕨属**(金星蕨科)
Macrothelypteris changshaensis Ching=Macrothelypteris oligophlebia var. changshaensis
Macrothelypteris contingens Ching 细裂针毛蕨
Macrothelypteris leucolepis Ching=Macrothelypteris polypodioides
Macrothelypteris oligophlebia (Bak.) Ching 针毛蕨
Macrothelypteris oligophlebia var. changshaensis (Ching) Shing 长沙针毛蕨
Macrothelypteris oligophlebia var. elegans (Koidz.) Ching 雅致针毛蕨
Macrothelypteris oligophlebia var. oligophlebia=Macrothelypteris oligophlebia
Macrothelypteris ornata (Bedd.) Ching 树形针毛蕨
Macrothelypteris polypodioides (HK.) Holtt.桫椤针毛蕨
Macrothelypteris pyrrhorachis Pic.=Pseudophegopteris pyrrhorachis
Macrothelypteris setigera (Bl.) Ching 刚鳞针毛蕨
Macrothelypteris torresiana (Gaud.) Ching 普通针毛蕨
Macrothelypteris torresiana var. *calvata* Holtt.=Macrothelypteris oligophlebia
Macrothelypteris uraiensis (Rosenst.) Löve. & Löve=Metathelypteris uraiensis
Macrothelypteris viridifrons (Tagawa) Ching 翠绿针毛蕨
Macrotomia endochroma HK.f. & Thoms. ex Henderson & Hume=Arnebia euchroma
Macrotomia euchroma (Royle) Paulsen=Arnebia euchroma
Macrotomia guttata (Bge.) Farr.=Arnebia guttata
Macrotomia tschimganica (B.Fedts.) Popov. ex Zakirrov=Arnebia tschimganica
Macrotropis emarginata Walp.=Ormosia emarginata
Macrotyloma (Wight & Arn.) VerDC.**硬皮豆属**(豆科)
Macrotyloma uniflorum (Lam.) Verdc.硬皮豆
Macroule Pierce=**Ormosia**
Macroule balansae (Drake) Yakovl.=Ormosia balansae
Macrozamia Miq.**叠鳞苏铁属**(苏铁科)
Macrozamia communis Johnson 澳洲苏铁
Macrozamia miquellii (F.J.Muell.) A.DC.米奇苏铁
Macrozamia moorei (Muell) A.DC.摩耳苏铁
Macrozamia secunda C.Moore 塞空达苏铁
Macrozamia spiralis (Salisb.) Miq.旋叶苏铁
Maddenia HK.f. & Thoms **臭樱属**(蔷薇科)
Maddenia himalaica HK.f. & Thoms.喜马拉雅臭樱
Maddenia hypoleuca Koehne 臭樱
Maddenia hypoxantha Koehne 四川臭樱
Maddenia incisoserrata Yü & Ku 锐齿臭樱
Maddenia pedicellata HK.f.=Cerasus cerasoides
Maddenia wilsonii Koehne 华西臭樱
Madhuca J.F.Gmel.**紫荆木属**(山榄科)
Madhuca butyracea (Roxb.) MacBrid.=Diploknema butyracea
Madhuca hainanensis Chun & How 海南紫荆木
Madhuca indica Gmel.长叶紫荆木
Madhuca pasquieri (Dubard) Lam.紫荆木
Madhuca subquincuncialis Lam. & Kerpel=Madhuca pasquieri
Maesa Forsk.**杜茎山属**(紫金牛科)
Maesa acuminatissima Merr.米珍果
Maesa ambigua C.Y.Wu & C.Chen 坚髓杜茎山
Maesa argentea (Wall.) A.DC.银叶杜茎山
Maesa argentea var. *kwangsiensis* Hand.-Mazz.=Maesa montana
Maesa aurea Lévl.=Symplocos cochinchinensis var. laurina
Maesa balansae Mez 顶花杜茎山
Maesa blinii Lévl.=Rhamnus hemsleyana
Maesa bodinieri Lévl. & Blin.=Symplocos cochinchinensis var. laurina
Maesa brevipaniculata (C.Y.Wu & C.Chen) Pipoly & C.Chen 短序杜茎山
Maesa castaneifolia Mez=Maesa montana
Maesa cavaleriei Lévl.=Maesa japonica
Maesa cavinervis C.Chen 凹脉杜茎山
Maesa chisia D.Don 灰叶杜茎山
Maesa confusa (C.M.Hu) Pip. & C.Chen 素纹杜茎山
Maesa consanguinea Merr.拟杜茎山
Maesa consanguinea var. *confiusa* C.M.Hu=Maesa confusa
Maesa coriacea Champ.=Maesa japonica
Maesa coriacea var. *gracilis* Benth.=Maesa japonica
Maesa densistriata C.Chen &.M.Hu 密叶杜茎山
Maesa depauperata Diels=Vaccinium laetum
Maesa doraena Bl. ex S. & Z.=Maesa japonica
Maesa dunniana Lévl.=Maesa japonica
Maesa elòngata Mez=Maesa montana
Maesa esquirolii Lévl.=Maesa japonica
Maesa formosana Mez=Maesa montana
Maesa henryi Hu=Maesa montana
Maesa hirsuta Chun=Maesa insignis
Maesa hupehensis Rehd.湖北杜茎山
Maesa indica (Roxb.) A.DC.(Benth. in Fl.Hongk.1861)=Maesa montana
Maesa indica (Roxb.) A.DC.包疮叶
Maesa indica (Roxb.) Wall.(静生汇报 1939)=Maesa acuminatissima
Maesa indica var. *retusa* Hand.-Mazz.=Maesa rugosa
Maesa insignis Chun (静生汇报 1939)=Maesa ambigua
Maesa insignis Chun 毛穗杜茎山
Maesa japonica (Thunb.) Moritzi 杜茎山
Maesa japonica f. *gracilis* Nakai=Maesa japonica
Maesa japonica var. *elongata* Mez.(p.p.)=Maesa hupehensis
Maesa japonica var. *elongata* Mez.(p.p.)=Maesa japonica
Maesa labordei Lévl.=Maesa japonica
Maesa laxiflora Pitard 疏花杜茎山
Maesa longilanceolata C.Chen 长叶杜茎山
Maesa macilenta Walker 细梗杜茎山
Maesa macilentoides C.Chen 薄叶杜茎山
Maesa manipurensis Mez 隐纹杜茎山
Maesa marionae Merr.毛脉杜茎山
Maesa martini Lévl.=Maesa montana
Maesa membranacea A.DC.腺叶杜茎山
Maesa mollis A.DC.(C.B.Clarke in Fl.Brit.Ind.1882)=Maesa permollis
Maesa mollissima Wall.(Kurz For.Fl.Brit.Burma 1877)=Maesa permollis
Maesa montana A.DC.(静生汇报 1939,p.p.)=Maesa chisia
Maesa montana A.DC.(静生汇报 1939,p.p.)=Maesa indica
Maesa montana A.DC.(静生汇报 1939,p.p.)=Maesa macilentoides
Maesa montana A.DC.(静生汇报 1939,p.p.)=Maesa manipurensis
Maesa montana A.DC.(静生汇报 1939,p.p.)=Maesa perlarius
Maesa montana A.DC.金珠柳
Maesa montana var. *elongata* A.DC.=Maesa montana
Maesa myrsinoides Lévl.=Ilex metabaptista var. myrsinoides
Maesa ovata A.DC.=Maesa ramentacea
Maesa parvifolia A.DC.小叶杜茎山
Maesa parvifolia var. *brevipaniculata* C.Y.Wu & C.Chen=Maesa brevipaniculata
Maesa parvifolia var. parvifolia=Maesa parvifolia
Maesa perlarius (Lour.) Merr.鲫鱼胆
Maesa permollis Kurz (静生汇报 1939,p.p.)=Maesa ambigua
Maesa permollis Kurz 毛杜茎山
Maesa prodigiosa C.Chen=Maesa chisia
Maesa ramentacea (Roxb.) A.DC.称杆树
Maesa randaiensis Hay.=Maesa japonica
Maesa reticulata C.Y.Wu 网脉杜茎山
Maesa retusa Hand.-Mazz.=Maesa rugosa
Maesa rugosa C.B.Clarke 皱叶杜茎山
Maesa rugosa var. *griffithii* C.B.Clarke=Maesa rugosa
Maesa salicifolia Walker 柳叶杜茎山
Maesa scandens Lévl.=Trachelospermum axillare
Maesa sinensis A.DC.(树木分类学 1937)=Maesa montana
Maesa sinensis A.DC.=Maesa perlarius
Maesa singuliflora Lévl.=Quercus phillyreoides
Maesa striata var. *opaca* Pitard.=Maesa acuminatissima
Maesa striatocarpa C.Chen 纹果杜茎山
Maesa subrotunda C.Y.Wu & C.Chen=Maesa membranacea
Maesa taiheizanensis Sasaki=Maesa japonica
Maesa taiheizensis Sasaki=Maesa japonica
Maesa tenera Mez (Walker in Philipp.J.Sci.1940,p.p.)=Maesa brevipaniculata
Maesa tenera Mez (静生汇报 1939)=Maesa montana
Maesa tenera Mez 软弱杜茎山
Maesa tonkinensis Mez=Maesa perlarius
Maesa wilsonii Rehd.=Maesa hupehensis
Magnolia L.**木兰属**(木兰科)
Magnolia albosericea Chun & C.Tsoong 绢毛木兰

Magnolia amoena Cheng 天目木兰
Magnolia aulacosperma Rehd. & Wils.=Magnolia biondii
Magnolia baillonii Pierre=Paramichelia baillonii
Magnolia balansae A.DC.=Michelia balansae
Magnolia biloba (Rehd. & Wils.) Cheng=Magnolia officinalis subsp. biloba
Magnolia biondii Pamp.望春花
Magnolia campbellii HK.f. & Thoms.滇藏木兰
Magnolia chamopionii Benth.香港木兰
Magnolia coco (Lour.) DC.夜香木兰
Magnolia compressa Maxim.=Michelia compressa
Magnolia conspicua Salisb.=Magnolia denutata
Magnolia conspicua var. *.emarginata* Finet & Gagn.=Magnolia sargentiana
Magnolia conspicua var. *fargesii* Finet & Gagn.=Magnolia biondii
Magnolia cylindrica Wils.黄山木兰
Magnolia dawsoniana Rehd. & Wils.光叶木兰
Magnolia delavayi Franch.山玉兰
Magnolia denudata var. *emarginata* Pamp.=Magnolia sargentiana
Magnolia denudata var. *fargesii* Pamp.=Magnolia biondii
Magnolia denudata var. *purpurascens* Rehd. & Wils=Magnolia sprengeri
Magnolia denutata Desr.玉兰
Magnolia diva Stapf=Magnolia sprengeri
Magnolia duclouxii (Finet & Gagn.) Huin Hu & Chun=Manglietia duclouxii
Magnolia elliptigemmata C.L.Guo & L.L.Huang 椭蕾玉兰
Magnolia elliptilimba Law & Gao=Magnolia zenii
Magnolia emarginata (Finet & Gagn.) Cheng=Magnolia sargentiana
Magnolia excelsa Wall.=Michelia doltsopa
Magnolia fargesii (Finet & Gagn.) Cheng=Magnolia biondii
Magnolia fistulosa (Finet & Gagn.) Dandy 空管木兰(新)
Magnolia fistulosa Dandy(分类学报 1963,p.p.)=Magnolia albosericea
Magnolia fordiana (Oliv.) Hu=Manglietia fordiana
Magnolia fuscata Andr.=Michelia figo
Magnolia globosa HK.f. & Thoms.毛叶玉兰
Magnolia globosa var. *sinensis* Rehd. & Wils.=Magnolia sinensis
Magnolia grandiflora L.荷花玉兰
Magnolia henryi Dunn 大叶玉兰
Magnolia heptapeta (Buc'hoz) Dandy=Magnolia denutata
Magnolia hypoleuca S. & Z.(Diels in Bot.Jahrb.1900)=Magnolia officinalis
Magnolia hypoleuca S. & Z.日本厚朴
Magnolia insignis Wall.=Manglietia insignis
Magnolia kachirachirai (Kanehira & Yamamoto) Dandy=Parakmeria kachirachirai
Magnolia kobus DC.=Magnolia praecocissima
Magnolia kwangtungensis Merr.(p.p.)=Manglietia monto
Magnolia liliflora Desr.紫玉兰
Magnolia liliflora var. *taliensis* (W.W.Sm.) Pamp.=Magnolia wilsonii
Magnolia liliifera var. *championii* Pamp.=Magnolia chamopionii
Magnolia lotungensis Chun & C.Tsoong=Parakmeria lotungensis
Magnolia martini Lévl.=Michelia martinii
Magnolia mollicomata W.W.Sm.=Magnolia campbellii
Magnolia multiflora M.C.Wang & C.L.Min 多花木兰
Magnolia nicholsoniana Rehd. & Wils.=Magnolia wilsonii
Magnolia nitida W.W.Sm.=Parakmeria nitida
Magnolia obovata Thunb.日本厚朴
Magnolia odoratissima Law & R.Z.Zhou 馨香本兰
Magnolia officinalis Rehd. & Wils.厚朴
Magnolia officinalis subsp. biloba (Rehd. & Wils.) Law 凹叶厚朴
Magnolia officinalis subsp. officinalis=Magnolia officinalis
Magnolia officinalis var. *biloba* Rehd. & Wils.=Magnolia officinalis subsp. biloba
Magnolia paenetalauma Dandy 长叶木兰
Magnolia parviflora var. *wilsonii* Finet & Gagn.=Magnolia wilsonii
Magnolia parviflora S. & Z.=Magnolia sieboldii
Magnolia pilocarpa Z.Z.Zhao & Z.W.Xie 罗田玉兰
Magnolia praecocissima Koidz.皱叶木兰
Magnolia pumila Andr.=Magnolia coco
Magnolia pumila var. *championii* Finet & Gagn.=Magnolia chamopionii
Magnolia quinquepeta (Buc'hoz) Dandy=Magnolia liliflora
Magnolia rostrata W.W.Sm.长喙厚朴
Magnolia sargentiana Rehd. & Wils.凹叶木兰
Magnolia sargentiana var. *robusta* Rehd. & Wils.=Magnolia sargentiana
Magnolia sieboldii K.Koch 天女木兰
Magnolia sieboldii subsp. *sinensis* (Rehd. & Wils) Spongb.=Magnolia sinensis
Magnolia sinensis (Rehd. & Wils.) Stapf 圆叶玉兰
Magnolia sinostellata P.L.Chiu & Z.H.Chen 新星木兰(新)?
Magnolia soulangeana Soul.-Bod.二乔木兰
Magnolia sprengeri Pamp.武当木兰
Magnolia sprengeri var. *diva* Stapf=Magnolia sprengeri
Magnolia stellata (S. & Z.) Maxim.=Magnolia tomentosa
Magnolia subgen. *Kmeria* Pierre=**Kmeria**
Magnolia taliensis W.W.Sm.=Magnolia wilsonii
Magnolia tenuicarpa Chang=Magnolia paenetalauma
Magnolia tomentosa Thunb.星花木兰
Magnolia tsarongensis W.W.Sm. & Forr.=Magnolia globosa
Magnolia wilsonii (Finet & Gagn.) Rehd.西康玉兰
Magnolia wilsonii f. *nicholsoniana* (Rehd. & Wils.) Rehd.=Magnolia wilsonii
Magnolia wilsonii f. *taliensis* (W.W.Sm.) Rehd.=Magnolia wilsonii
Magnolia yulan Desf. =Magnolia denutata
Magnolia zenii Cheng 宝华玉兰
Magnoliaceae 木兰科
Maharanga DC.**胀萼紫草属**(紫草科)
Maharanga bicolor (Wall. ex G.Don) DC.二色胀萼紫草
Maharanga dumetorum (I.M.Joh.) I.M.Joh.丛林胀萼紫草
Maharanga emodii (Wall.) DC.污花胀萼紫草
Maharanga lycopsioides (C.E.C.Fisch.)I.M.Joh.宽胀萼紫草
Maharanga microstoma (I.M.Joh) I.M.Joh 镇康胀萼紫草
Mahoberberis Schneid.**十大功劳小檗属**(小檗科)
Mahoberberis aquicandidula Krussm.弱小十大功劳小檗
Mahoberberis aquisargentii Krussm.强壮十大功劳小檗
Mahoberberis miethkeana Melander & Eade 米思克十大功劳小檗
Mahoberberis neubertii Schneid.纽伯特十大功劳小檗
Mahonia Nutall **十大功劳属**(小檗科)
Mahonia acanthifolia G.Don=Mahonia napaulensis
Mahonia aguifolia var. juglandifolia Jouin 胡桃叶冬青十大功劳
Mahonia ×aldenhamensis (Hort.) Abrendt 阿尔登哈姆十大功劳
Mahonia alexandri Schneid.=Mahonia oiwakensis
Mahonia amplectens Eastw.抱持十大功劳
Mahonia andrieuxii (HK. & Arn.) Fedde 安德里欧克斯十大功劳
Mahonia angusifolia (Hartw.) Fedde 狭叶十大功劳
Mahonia annamica Gagn.越南十大功劳
Mahonia aquifolium (Pursh.) Nutt.冬青叶十大功劳
Mahonia aquifolium var. lyallii Ahreandt 莱雅尔冬青叶十大功劳
Mahonia arguta Hutch.锐齿十大功劳
Mahonia aristulata Ahrendta 小芒十大功劳
Mahonia bealei (Fort.) Carr.阔叶十大功劳
Mahonia bealei var. *planifolia* (HK.f.) Ahrendt.=Mahonia bealei
Mahonia berberidifolia Dsiao & Y.S.Wang=Mahonia eurybracteata
Mahonia bijuga Hand.-Mazz.西昌十大功劳?
Mahonia bodinieri Gagn.小果十大功劳
Mahonia borealis Takeda 北方十大功劳?
Mahonia borealis var. *parryi* Ahrendt.=Mahonia duclouxiana
Mahonia bracteolata Takeda 鹤庆十大功劳
Mahonia bracteolata var. *zhongdianensis* S.Y.Bao=Mahonia bracteolata
Mahonia breviracema Y.S.Wang & Hsiao 短序十大功劳
Mahonia caelicolor S.Y.Bao=Mahonia oiwakensis
Mahonia caesia Schneid.=Mahonia bracteolata
Mahonia calamicaulis Spare & Fisch.芦茎十大功劳
Mahonia calamicaulis subsp. kingdon-wardiana (Ahrendt) Ying & Bouff. 察隅十大功劳
Mahonia californica (Jepson) Ahrendt 加利福利亚十大功劳
Mahonia cardiophylla Ying & Bouff.宜章十大功劳
Mahonia chiapensis Lundell 恰帕斯十大功劳
Mahonia chochoco (SchLindl.) Fedde 稍稭卡拉十大功劳
Mahonia conferta Takeda 密叶十大功劳
Mahonia confusa Sprague=Mahonia eurybracteata
Mahonia confusa var. *bournei* Ahrnedt.=Mahonia eurybracteata subsp. ganpinensis

Mahonia ×convoluta (Hort.) Ahrendt 卷叶十大功劳
Mahonia decipiens Schneid.鄂西十大功劳
Mahonia dictyota (Jeps.) Fedde 网脉十大功劳
Mahonia discolorifolia Ahrendt.=Mahonia oiwakensis
Mahonia dolichostylis Takeda=Mahonia duclouxiana
Mahonia duclouxiana Gagn.长柱十大功劳
Mahonia duclouxiana var. *hilaica* Ahrendt.=Mahonia duclouxiana
Mahonia ehrenbergii (Kuntze) Fedde 埃伦伯格十大功劳
Mahonia elegans (Lévl.) Rehd.=Mahonia bodinieri
Mahonia eurybracteata Fedde 宽苞十大功劳
Mahonia eurybracteata subsp. eurybracteata=Mahonia eurybracteata
Mahonia eurybracteata subsp. ganpinensis (Lévl.) Ying & Burff.安坪十大功劳
Mahonia eutriphylla Fedde 真三叶十大功劳
Mahonia fargesii Takeda=Mahonia sheridaniana
Mahonia feddei Ahrendt 费德十大功劳
Mahonia flavida Schneid.=Mahonia duclouxiana
Mahonia flavida f. *integrifolia* Hand.-Mazz.=Mahonia duclouxiana
Mahonia fordii Schneid.北江十大功劳
Mahonia fortunei (Lindl.) Fedde 十大功劳
Mahonia fortunei var. *szechuanica* Ahrendt.=Mahonia fortunei
Mahonia fremontii (Torr.) Fedde 弗里蒙特十大功劳
Mahonia ganpinensis (Lévl.) Fedde=Mahonia eurybracteata subsp. ganpinensis
Mahonia gracilipes (Oliv.) Fedde 细柄十大功劳
Mahonia gracilis (Hartw.) Fedde 纤细十大功劳
Mahonia griffithii Takeda=Mahonia napaulensis
Mahonia haematocarpa (Wooton) Fedde 红果十大功劳
Mahonia hainanensis H.L.Xia=Mahonia oiwakensis
Mahonia hancockiana Takeda 滇南十大功劳
Mahonia hartwegii (Benth.) Fedde 哈特韦格十大功劳
Mahonia ×herveyi (Hort.) Ahrendt 赫维十大功劳
Mahonia hicksii Ahrendt.希克斯十大功劳
Mahonia higginsiae (Munz) Ahrendt.希金斯十大功劳
Mahonia huiliensis Hand.-Mazz.=Mahonia sheridaniana
Mahonia hypoleuca Takeda 白背十大功劳?
Mahonia ilicina SchLindl.墨西哥冬青十大功劳
Mahonia imbricataYing & Bouff.遵义十大功劳
Mahonia incerta Fedde 不定十大功劳
Mahonia japonica (Thubn.) DC.台湾十大功劳
Mahonia japonica var. *bealei* (Fort.) Fedde=Mahonia bealei
Mahonia japonica var. *gracillima* Fedde=Mahonia japonica
Mahonia japonica var. *planifolia* (HK.f.) Lévl.=Mahonia bealei
Mahonia japonica var. *trifurca* (Loud.) Ahrendt.=Mahonia bodinieri
Mahonia jaunsarensis Ahrendt.江萨十大功劳
Mahonia johnstonii (Stadnl. & Steyerm.) Stadl. & Steyerm.约翰斯顿十大功劳
Mahonia klossii Baker f.克罗斯十大功劳
Mahonia lanceolata (Benth.) Fedde 披针叶十大功劳
Mahonia leptodonta Gagn.细齿十大功劳
Mahonia leschenaultii (Wall. ex Wight & Arn.)Takeda=Mahonia napaulensis
Mahonia leveilleana Schneid.=Mahonia bodinieri
Mahonia lomarifolia Takeda=Mahonia oiwakensis
Mahonia lomariifolia var. *estylis* C.Y.Wu=Mahonia oiwakensis
Mahonia longibracteata Takeda 长苞十大功劳
Mahonia longipes (Stadley) Standley 长柄十大功劳
Mahonia longlinensis Y.S.Wang & Hsiao=Mahonia napaulensis
Mahonia magnifica Ahrendt.大十大功劳
Mahonia mairei Takeda=Mahonia duclouxiana
Mahonia manipurensis Takeda=Mahonia napaulensis
Mahonia ×media Brickell 中间十大功劳
Mahonia miccia Buch.-Ham. ex D.Don=Mahonia napaulensis
Mahonia microphylla Ying & G.R.Long 小叶十大功劳
Mahonia monyulensis Ahrendt 门隅十大功劳
Mahonia moranensis (Hebenstr. & Ludw.) I.M. Johnsiton 莫兰十大功劳
Mahonia morrisonensis Takeda=Mahonia oiwakensis
Mahonia ×moseri (Hort.) Ahrendt 莫泽十大功劳
Mahonia muelleri I.M.Johnston 米勒十大功劳
Mahonia nana (Greene) Fedde 落基山矮十大功劳
Mahonia napaulensis DC.尼泊尔十大功劳
Mahonia napaulensis var. *leschenaultii* (Wall. ex Wight & Arn.) Fedde=Mahonia napaulensis
Mahonia nepalensis [baoaykebsus]DC.=Mahonia napaulensis
Mahonia nervosa (Prush) Nutt.略斯喀特十大功劳
Mahonia nevinii (A.Gray) Fedde 内文十大功劳
Mahonia nitensis Schneid.亮叶十大功劳
Mahonia oiwakensis Hay.阿里十大功劳
Mahonia pachakshirensis Ahrendt.=Mahonia polydonta
Mahonia pallida (Hartw.) Fedde 苍白十大功劳
Mahonia paniculata Oerst.圆锥十大功劳
Mahonia paucijuga C.Y.Wu ex S.Y.Bao 景东十大功劳
Mahonia paxii Fedde 帕克斯十大功劳
Mahonia philippinensis Takeda 菲律宾十大功劳
Mahonia pinifolia Lundell 松叶十大功劳
Mahonia pinifolia var. coahuilensis (Muller) Ahrendt 科阿韦拉松叶十大功劳
Mahonia pinnata (Lag.) Fedde 丛生十大功劳
Mahonia piperiana Abrams 皮帕十大功劳
Mahonia polydonta Fedde 峨眉十大功劳
Mahonia pomensis Ahrendt.=Mahonia napaulensis
Mahonia pumila (Greene) Fedde 矮十大功劳
Mahonia pycnophylla (Fedde) Takeda 阿萨姆密叶十大功劳
Mahonia quinquefolia (Standl.) Standl.五叶十大功劳
Mahonia repens (Lindl.) G.Don 匍匐十大功劳
Mahonia repens var. macrocarpa Joiun 大果匍匐十大功劳
Mahonia repens var. rotundifolia Fedde 圆叶匍匐十大功劳
Mahonia repens var. subcordata Rehd.近心叶匍匐十大功劳
Mahonia reticulinerivia C.Y.Wu ex S.Y.Bao=Mahonia retinervis
Mahonia retinervis Hsiao & Y.S.Wang 网脉十大功劳
Mahonia roxburghii (DC.) Takeda 罗克斯伯十大功劳
Mahonia salweenensis Ahrendt.=Mahonia napaulensis
Mahonia schiedeana (SchLindl.) Fedde 希德十大功劳
Mahonia schochii Schneid.=Mahonia nitensis
Mahonia setosa Gagn.刺齿十大功劳
Mahonia shenii W.Y.Chun 沈氏十大功劳
Mahonia sheridaniana Schneid.长阳十大功劳
Mahonia siamensis Takeda=Mahonia duclouxiana
Mahonia sikkimensis Takeda=Mahonia napaulensis
Mahonia simonsii Takeda 西蒙斯十大功劳
Mahonia sonnei Abrams 内华达十大功劳
Mahonia subimbricata W.Y.Chun & F.Chun 靖西十大功劳
Mahonia subintegrifolia Fedde 近全缘叶十大功劳
Mahonia subtriplinervis (Franch.) Fedde=Mahonia gracilipes
Mahonia sumatrensis Merr.苏门答腊十大功劳
Mahonia swaseyi (Buckl.) Fedde 斯瓦塞十大功劳
Mahonia taronensis Hand.-Mazz.独龙十大功劳
Mahonia tenuifolia (Lindl.) Loud. ex Steud.薄叶十大功劳
Mahonia tikushiensis Hay.=Mahonia japonica
Mahonia toluacensis J.J.Sm.托卢卡十大功劳
Mahonia trifoliolata (Moric) Fedde 三小叶十大功劳
Mahonia trifoliolata var. glauca I.M.Johnston 粉绿三小叶十大功劳
Mahonia ×undulata (Hort.) Ahrendt 波叶十大功劳
Mahonia veitchiorum (Hemsl. & Wils.) Schneid.=Mahonia polydonta
Mahonia veitchiorum var. *kingdonwardiana* Ahrendt.=Mahonia calamicaulis subsp. kingdon-wardiana
Mahonia volcania Stadl. & Steyerm.沃坎十大功劳
Mahonia wagneri (Jouin) Rehd.瓦格纳十大功劳
Mahonia zemanii Schneid.=Mahonia eurybracteata
Mahonia zimapana Fedde 齐马潘十大功劳

Maianthemum Web.**舞鹤草属**(百合科)

Maianthemum atropurpureum (Franch.) LaFrank.高大鹿药
Maianthemum bifolium (L.) f.W.Schmidt 舞鹤草
Maianthemum canadensis Desf.加拿大舞鹤草
Maianthemum dahuricum (Turcz. ex Fisch. & C.A.Mey.) LaFrank.兴安鹿药
Maianthemum dilatatum sensu Nel. & Macbr.=Maianthemum bifolium
Maianthemum dulongense H.Li=Maianthemum fusciduliflorum
Maianthemum formosanum (Hay.) LaFrank.台湾鹿药

Maianthemum forrestii (W.W.Sm.) LaFrank.抱茎鹿药
Maianthemum fusciduliflorum (Kawano) S.C.Chen & Kawano 褐花鹿药
Maianthemum fuscum (Wall.) LaFrank.西南鹿药
Maianthemum gongshanense (S.Y.Liang) H.Li 贡山鹿药
Maianthemum henryi (Baker) LaFrank.管花鹿药
Maianthemum henryi var. *szechuanicum* (F.T.Wang & Tang) H.Li=Maianthemum szechuanicum
Maianthemum japonicum (A.Gray) LaFrank.鹿药
Maianthemum lichiangense (W.W.Sm.) LaFrank.丽江鹿药
Maianthemum nanchuanense H.Li & J.L.Huang 南川鹿药
Maianthemum oleraceum (Baker) LaFrank.长柱鹿药
Maianthemum oleraceum var. *acuminatum* (F.T.Wang & Tang) Noltie=Maianthemum oleraceum
Maianthemum purpureum (Wall.) LaFrank.紫花鹿药
Maianthemum stenolobum (Franch.) S.C.Chen & Kawano 少叶鹿药
Maianthemum szechuanicum (F.T.Wang & Tang) H.Li 四川鹿药
Maianthemum tatsienense var. *stenolobum* (Franch.) H.Li=Maianthemum stenolobum
Maianthemum tatsiennese (Franch.) LaFrank.窄瓣鹿药
Maianthemum trifolium (L.) Sloboda 三瓣鹿药
Maianthemum tubiferum (Batal.) LaFrank.合瓣鹿药
Maianthemum wardii (W.W.Sm.) H.Li=Maianthemum atropurpureum
Mairania alpina (L.) Desv.=Arctous alpinus
Mairella Lévl.=**Mandragora**
Mairella yunnanensis Lévl.=Mandragora caulescens
Malabaila dasycarpa (Rgl. & Schmalh.) Schischk.=Semenovia dasycarpa
Malabathrum Burm.=**Cinnamomum**
Malachium Fries=**Myosoton**
Malachium aquaticum (L.) Fries=Myosoton aquaticum
Malachodendron Mitch.=**Stewartia**
Malaisia Bl.**牛筋藤属**(桑科)
Malaisia scandens (Lour.) Planch 牛筋藤
Malaisia tortuosa Bl.=Malaisia scandens
Malaisia tortuosa Blanco (Kurz For.in Fl.Brit.Bur.1877)=Broussonetia kurzii
Malania Chun & S.Lee ex S.Lee **蒜头果属**(铁青树科)
Malania oleifera Chun & S.Lee ex S.Lee 蒜头果
Malapoenna sieboldii O.Kuntze=Neolitsea sericea
Malaxis Soland. ex Sw.**沼兰属**(兰科)
Malaxis acuminata D.Don 浅裂沼兰
Malaxis allanii S.Y.Hu & Barretto=Malaxis acuminata
Malaxis angustifolia Bl.=Liparis cespitosa
Malaxis anthropophora (Lindl.) Rchb.f.=Oberonia amthropophora
Malaxis arisanensis (Hay.) S.Y.Hu=Malaxis monophyllos
Malaxis bahanensis (Hand.-Mazz.) T.Tang & F.T.Wang 云南沼兰
Malaxis bancanoides Ames 兰屿沼兰
Malaxis biaurita (Lindl.) Ktze.二耳沼兰
Malaxis biloba (Lindl.) Ames=Malaxis acuminata
Malaxis brevicaulis (Schltr.) S.Y.Hu=Malaxis biaurita
Malaxis calophylla (Rchb.f.) Ktze.美叶沼兰
Malaxis calophylla var. *brachycheila* (HK.f.) T.Tang & F.T.Wang=Malaxis calophylla
Malaxis caulescens (Lindl.) Rchb.f.=Oberonia caulescens
Malaxis cernua Willd.=Geodorum densiflorum
Malaxis cespitosa Thou.=Liparis cespitosa
Malaxis commelinifolia (Zoll.) O.Ktze.鸭跖草叶沼兰
Malaxis concava Seidenf.凹唇沼兰
Malaxis copelandii Ames 圆钝沼兰
Malaxis cylindrostachya (Rchb.f.) O.Ktze.圆柱花序沼兰
Malaxis discolor (Lindl.) O.Ktze.二色沼兰
Malaxis ensiformis J.E.Sm.=Oberonia ensiformis
Malaxis finetii (Gagn.) T.Tang & F.T.Wang 二脊沼兰
Malaxis hainanensis T.Tang & F.T.Wang 海南沼兰
Malaxis insularis T.Tang & F.T.Wang 琼岛沼兰
Malaxis iridifolia (Roxb. ex Lindl.) Rchb.f.=Oberonia iridifolia
Malaxis japonica Maxim.=Oberonia japonica
Malaxis jenkinsiana (Griff. ex Lindl.) Rchb.f.=Oberonia jenkinsiana
Malaxis khasiana (HK.f.) Ktze.细茎沼兰
Malaxis kizanensis (Masam.) Hatsusima=Malaxis latifolia
Malaxis kizanensis (Masam.) S.S.Ying=Malaxis latifolia
Malaxis kizanensis (Masam.) S.Y.Hu=Malaxis latifolia
Malaxis latifolia Bl.=Liparis latifolia
Malaxis latifolia J.E.Smith 阔叶沼兰
Malaxis latifolia var. *nana* S.S.Ying=Malaxis latifolia
Malaxis liparidioides (Schltr.) T.Tang & F.T.Wang=Malaxis purpurea
Malaxis mackinnonii (Duthie) Ames 铺叶沼兰
Malaxis matsudai (Yamamaoto) S.Y.Hu=Malaxis matsudai
Malaxis matsudai (Yamamoto) Hatusima 鞍唇沼兰
Malaxis matsudai (Yamamoto) S.S.Ying=Malaxis matsudai
Malaxis metallica (Rchb.f.) O.Ktze.金光沼兰
Malaxis microtatantha (Schltr.) T.Tang & F.T.Wang 小沼兰
Malaxis miyakei (Schltr.) Nackejima=Malaxis bancanoides
Malaxis miyakei (Schltr.) S.S.Ying=Malaxis bancanoides
Malaxis miyakei (Schltr.) T.Tang & F.T.Wang=Malaxis bancanoides
Malaxis monophyllos (L.) Sw.沼兰
Malaxis muscifera var. *stelostachya* T.Tang & F.T.Wang=Malaxis monophyllos
Malaxis myosurus (Forst.f.) Par. & Rchb.f.=Oberonia myosurus
Malaxis nervosa (Thunb. ex A.Murray) Sw.=Liparis nervosa
Malaxis obcordata (Lindl.) Rchb.f.=Oberonia obcordata
Malaxis odorata Willd.=Liparis odorata
Malaxis orbicularis (W.W.Sm.et J.F.Jeffr.) T.Tang & F.T.Wang 齿唇沼兰
Malaxis ovalisepala (J.J.Sm.) Seidenf.卵萼沼兰
Malaxis parvissima S.Y.Hu=Malaxis latifolia
Malaxis pierrei (Finet) T.Tang & F.T.Wang=Malaxis acuminata
Malaxis purpurea (Lindl.) Ktze.深裂沼兰
Malaxis ramosii Ames 心唇沼兰
Malaxis roohutuensis (Fukuyama) S.S.Ying 紫背沼兰
Malaxis roohutuensis (Fukuyama) S.Y.Hu=Malaxis roohutuensis
Malaxis rufilabris (Lindl.) Rchb.f.=Oberonia rufilabris
Malaxis shuicae S.S.Ying=Malaxis latifolia
Malaxis siamensis (Rolfe ex Downie) Siedenf. & Smitin.=Malaxis acuminata
Malaxis spicata Sw.穗花沼兰
Malaxis sutepensis (Rolfe) Seidenf. & Smitin.=Malaxis biaurita
Malaxis szemaoensis T.Tang & F.T.Wang=Malaxis ovalisepala
Malaxis tairukouensis S.S.Ying=Malaxis microtatantha
Malaxis taiwaniana S.S.Ying=Malaxis monophyllos
Malaxis viridiflora Bl.=Liparis viridiflora
Malaxis yunnanensis (Schltr.=Malaxis monophyllos
Malaxis yunnanensis var. *nematophylla* T.Tang & F.T.Wang=Malaxis monophyllos
Malcolmia R.Br.**涩荠属**(十字花科)
Malcolmia africana (L.) R.Br.涩荠
Malcolmia africana var. africana=Malcolmia africana
Malcolmia africana var. *divaricata* Fisch.=Malcolmia africana
Malcolmia africana var. *korshinskyi* Vassl.=Malcolmia africana
Malcolmia africana var. *stenopetala* Bernh. ex Fishc. & C.A.Mey.=Malcolmia africana
Malcolmia africana var. *trichocarpa* (Boiss. & Buhse) Boiss.=Malcolmia africana
Malcolmia brevipes (Kar. & Kir.) Boiss.=Neotorularia brevipes
Malcolmia calycina Sennen=Malcolmia africana
Malcolmia contortuplicata var. *curvata* Freyn & Sint.=Malcolmia scorpioides
Malcolmia divaricata (Fisch.) Fisch.=Malcolmia africana
Malcolmia hispida Litw.刚毛涩荠
Malcolmia humilis Z.X.An=Malcolmia scorpioides
Malcolmia karelinii Lipsky 短梗涩芥
Malcolmia karelinii var. *lasiocarpa* Lipsky=Malcolmia karelinii
Malcolmia laxa (Lam.) DC.=Malcolmia africana
Malcolmia mongolica Maxim.=Neotorularia korolkowii
Malcolmia multisiliqua Vass.=Malcolmia scorpioides
Malcolmia perennans Maxim.=Neotorularia humilis
Malcolmia scorpioides (Bge.) Boiss.卷果涩荠
Malcolmia scorpioides var. *curvata* (Freyn & Sint.) Vass.=Malcolmia scorpioides
Malcolmia stenopetala (Bernh. ex Fisch. & C.A.Mey.) Bernh. ex Ledeb.=Malcolmia africana
Malcolmia stricta Camb.=Crucihimalaya stricta
Malcolmia taraxacifolia DC.=Malcolmia africana
Malcolmia torulosa (Desf.) Boiss.=Neotorularia torulosa
Malcolmia trichocarpa (Boiss. & Buhse) Botsch.=Malcolmia africana var. trichocarpa

Malleola J.J.Sm. & Schltr.**槌柱兰属**(兰科)
Malleola dentifera J.J.Sm.槌柱兰
Malleola penangiana (HK.f.) J.J.Sm. & Schltr.马里奥兰
Mallotus Lour.**野桐属**(大戟科)
Mallotus albus (Roxb. ex Jack) Muell.Arg.=Mallotus paniculatus
Mallotus albus sec.Muell.Arg.=Mallotus tetracoccus
Mallotus alternifolius Merr.=Mallotus oblongifolius
Mallotus anomalus Merr. & Chun 锈毛野桐
Mallotus apelta (Lour.) Muell.Arg.白背叶
Mallotus apelta Muell.Arg.(Croiz.in J.Arn.Arb.1938,p.p.)=Mallotus apelta var. kwangsiensis
Mallotus apelta Muell.Arg.(湖北志 1979,秦岭志 1981,江苏志 1982)=Mallotus paxii
Mallotus apelta var. apelta=Mallotus apelta
Mallotus apelta var. *chinensis* (Geisel.) Pax & Hoffm.=Mallotus paxii
Mallotus apelta var. kwangsiensis Metc.广西白背叶
Mallotus apelta var. *tenuifolius* (Pax) Pax & Hoffm.=Mallotus japonicus var. floccosus
Mallotus auriculatus Merr.=Macaranga auriculata
Mallotus barbatus (Wall.) Muell.Arg.毛桐
Mallotus barbatus var. barbatus=Mallotus barbatus
Mallotus barbatus var. congestus Metc.密序野桐
Mallotus barbatus var. croizatianus (Metc.) S.M.Hwang 两广野桐
Mallotus barbatus var. hubeiensis S.M.Hwang 湖北野桐
Mallotus barbatus var. pedicellaris Croiz.长梗野桐
Mallotus castanopsis Metc.=Mallotus paxii var. castanopsis
Mallotus cavaleriei Lévl.=Discocleidion rufescens
Mallotus chinensis Lour. ex Muell.Arg.=Mallotus paniculatus
Mallotus chrysocarpus Pamp.=Mallotus repandus var. chrysocarpus
Mallotus cochinchinensis Lour.=Mallotus paniculatus
Mallotus columnaris Warb.=Mallotus oblongifolius
Mallotus conspurcatus Croiz.桂野桐
Mallotus contubernalis Hance (湖北志 1979)=Mallotus repandus var. chrysocarpus
Mallotus contubernalis Hance=Mallotus repandus
Mallotus contubernalis var. *chrysocarpus* (Pamp.) Hand.-Mazz.=Mallotus repandus var. chrysocarpus
Mallotus croizatianus Metc.=Mallotus barbatus var. croizatianus
Mallotus decipiens Muell.Arg.短柄野桐
Mallotus dunnii Metc.南平野桐
Mallotus eberhardtii Gagn.=Mallotus esquirolii
Mallotus esquirolii Lévl.=Mallotus barbatus
Mallotus esquirolii Lévl.长叶野桐
Mallotus ferrugineus (Roxb.) Muell.Arg.=Mallotus tetracoccus
Mallotus formosanus Hay.=Mallotus paniculatus
Mallotus furetianus Muell.Arg.=Mallotus oblongifolius
Mallotus garrettii Airy-Shaw 粉叶野桐
Mallotus grossedentatus Merr. & Chun=Mallotus esquirolii
Mallotus hainanensis S.M.Hwang 海南野桐
Mallotus helferi Muell.Arg.=Mallotus oblongifolius
Mallotus henryi Pax & Hoffm.=Macaranga henryi
Mallotus hookerianus (Seem.) Muell.Arg.粗毛野桐
Mallotus illudens Croiz.=Mallotus repandus var. chrysocarpus
Mallotus japonicus (Thunb.) Muell.Arg.野梧桐
Mallotus japonicus Muell.Arg.(Hand.-Mazz.in Symb.Sin.1931,p.p.)=Mallotus japonicus var. oreophilus
Mallotus japonicus var. floccosus (Muell.Arg.) S.M.Hwang 野桐
Mallotus japonicus var. japonicus=Mallotus japonicus
Mallotus japonicus var. *ochraceo-albidus* (Muell.Arg.) S.M.Hwang=Mallotus japonicus var. oreophilus
Mallotus japonicus var. oreophilus (Muell.Arg.) S.M.Hwang 绒毛野桐
Mallotus kweichowensis Lauener & W.T.Wang=Mallotus millietii
Mallotus leveilleanus Fedde=Mallotus barbatus
Mallotus lianus Croiz.东南野桐
Mallotus lotingensis Metc.=Mallotus barbatus var. congestus
Mallotus luchenensis Metc.=Mallotus barbatus
Mallotus maclurei Merr.=Mallotus oblongifolius
Mallotus metcalfianus Croiz.褐毛野桐
Mallotus microcarpus Pax & Hoffm.小果野桐
Mallotus millietii Lévl.崖豆藤
Mallotus millietii var. *atricha* Croiz.=Mallotus millietii
Mallotus moluccanus sec.Muell.Arg.=Melanolepis multiglandulosa
Mallotus multiglandulosus (Reinw. ex Bl.) Hurusawa=Melanolepis multiglandulosa
Mallotus nepalensis Muell.Arg.=Mallotus japonicus var. floccosus
Mallotus nepalensis Muell.Arg.尼泊尔野桐?
Mallotus nepalensis var. *floccosus* Muell.Arg.(西藏志 1986)=Macaranga pustulata
Mallotus nepalensis var. *kwangtungensis* Croiz.=Mallotus japonicus var. oreophilus
Mallotus nepalensis var. *ochraceo-albidus* (Muell.Arg.) Pax & Hoffm.=Mallotus japonicus var. oreophilus
Mallotus nepalensis β. *floccosus* (Muell.Arg.) Pax & Hoffm.=Mallotus japonicus var. floccosus
Mallotus nero-cavaleriei Lévl.=Cladostachys frutescens
Mallotus oblongifolius (Miq.) Muell.Arg.山苦茶
Mallotus oblongifolius var. *helferi* (Muell.Arg.) Pax & Hoffm.=Mallotus oblongifolius
Mallotus odoratus Elm.=Mallotus oblongifolius
Mallotus oreophilus a. *ochraceo-albidus* Muell.Arg.=Mallotus japonicus var. oreophilus
Mallotus oreophilus Muell.Arg.=Mallotus japonicus var. oreophilus
Mallotus oreophilus subsp. latifolius Boufford & T.S.Ying 肾叶野桐?
Mallotus oreophilus β. *floccosus* Muell.Arg.=Mallotus japonicus var. floccosus
Mallotus pallidus (Airy-Shaw 樟叶野桐?
Mallotus paniculatus (Lam.) Muell.Arg.白楸
Mallotus paniculatus var. *formosanus* (Hay.) Hurasawa=Mallotus paniculatus
Mallotus paxii Pamp.红叶野桐
Mallotus paxii var. castanopsis (Metc.) S.M.Hwang 栗果野桐
Mallotus paxii var. paxii=Mallotus paxii
Mallotus philippensis (Lam.) Muell.Arg.粗糠柴
Mallotus philippensis Muell.Arg.(Pax & Hoffm.in Engl.Pflanzenr. 1914,p.p.)=Mallotus reticulatus
Mallotus philippensis var. menglianensis C.Y.wu ex S.M.Hwang 孟连野桐
Mallotus philippensis var. philippensis=Mallotus philippensis
Mallotus philippensis var. *reticulatus* (Dunn) Metc.=Mallotus reticulatus
Mallotus playfarii Hemsl.=Mallotus tiliifolius
Mallotus populifolius Hemsl.=Macaranga hemsleyana
Mallotus proterianus Muell.Arg.=Mallotus oblongifolius
Mallotus pseudoverticillatus Merr.=Lasiococca comberi var. pseudoverticillata
Mallotus puberulus HK.f.=Mallotus oblongifolius
Mallotus repandus (Willd.) Muell.Arg.石岩枫
Mallotus repandus Muell.Arg.(树木分类学 1937,高等图鉴 1972,湖北志 1979,秦岭志 1982,江苏志 1982)=Mallotus repandus var. chrysocarpus
Mallotus repandus var. chrysocarpus (Pamp.) S.M.Hwang 杠香藤
Mallotus repandus var. megaphyllus Croiz.大叶石岩枫
Mallotus repandus var. repandus=Mallotus repandus
Mallotus reticulatus Dunn 网脉野桐
Mallotus roxburghianus Muell.Arg.圆叶野桐
Mallotus roxburghianus var. *glabra* Dunn=Mallotus dunnii
Mallotus sect. *Melanolepis* Muell.Arg.=**Melanolepis**
Mallotus speciosus (Muell.Arg.) Pax & Hoffm.=Sumbaviopsis albicans
Mallotus stewardii Merr. ex Metc.=Mallotus paxii
Mallotus tenuifolius Pax=Mallotus japonicus var. floccosus
Mallotus tenuifolius var. *floccosus* (Muell.Arg.) Croiz.=Mallotus japonicus var. floccosus
Mallotus tenuifolius var. *subjaponicus* Croiz.=Mallotus japonicus var. floccosus
Mallotus tetracoccus (Roxb.) Kurz 四果野桐
Mallotus tiliifolius (Bl.) Muell.Arg.椴叶野桐
Mallotus tsiangii Merr. & Chun=Macaranga auriculata
Mallotus yifungensis Hu & Chen=Croton lachnocarpus
Mallotus yunnanensis Pax & Hoffm.(Merr. & Chun in Synyatsenia 1935,海南志 1965)=Mallotus hainanensis
Mallotus yunnanensis Pax & Hoffm.云南野桐
Malouetia asiatica S. & Z.=Trachelospermum asiaticum
Malpighia Plum. ex L.**金虎尾属**(金虎尾科)
Malpighia coccigera L.金虎尾
Malpighia coccigera var. *microphylla* Nied.=Malpighia coccigera
Malpighiaceae 金虎尾科

Maltaise 马尔台斯血橙(芸香科血橙类)
Malus Mill.**苹果属**(蔷薇科)
Malus asiatica Nakai 花红
Malus asiatica var. *argutiserrata* Hu etChen=Malus melliana
Malus baccata (L.) Borkh.山荆子
Malus baccata f. baccata=Malus baccata
Malus baccata f. gordjevii Skv.?圆锥果山荆子
Malus baccata f. gracilis Rehd.垂枝山荆子
Malus baccata f. pyriformis Skr.?梨形果山荆子
Malus baccata f. villosa Skv.?扁圆果山荆子
Malus baccata subsp. *toringo* Koidz.=Malus sieboldii
Malus baccata var. *himalaica* (Maxim.) Schneid.=Malus rockii
Malus baccata var. *himalaica* Maxim.(Schneid.Ill.Handb.Laubh.1906,p.p.)=Malus hupehensis
Malus baccata var. latifolia Skv.?阔叶山荆子
Malus baccata var. *mandshurica* (Maxim.) Schneid.=Malus manshurica
Malus baccata var. *sibirica* (Maxim.) Schneid.=Malus baccata
Malus baccata var. silvatica?椭圆叶山荆子
Malus centralasiatica Vass.=Malus transitoria var. centralasiatica
Malus communis Poir.=Malus pumila
Malus dasyphylla Borkh.=Malus pumila
Malus dasyphylla var. *domestica* Koidz.=Malus pumila
Malus docynioides Schneid.=Docynia indica
Malus domestica Borkh.=Malus pumila
Malus doumeri (Boiss.) Chev.台湾林檎
Malus dulcissima var. *asiatica* Koidz.=Malus asiatica
Malus dulcissima var. *rinki* Koidz.=Malus asiatica
Malus floribunda var. *parkmanni* Koidz.=Malus halliana
Malus formosana (Kaw. & Koidz.) Kaw. & Koidz.=Malus doumeri
Malus formosana Kaw. & Koidz.(Merr.in Lingnan.Agr.Rev.1927)=Malus melliana
Malus halliana Koehne 垂丝海棠
Malus honanensis Rehd.河南海棠
Malus hupehensis (Pamp.) Rehd.湖北海棠
Malus kaido Dipp.(Parde in Arb.Nat.Barres 1906)=Malus micromalus
Malus kansuensis (Batal.) Schneid.陇东海棠
Malus kansuensis f. calva Rehd.光海棠
Malus kansuensis f. kansuensis=Malus kansuensis
Malus komarovii (Sarg.) Rehd.山楂海棠
Malus laosenis (Card.) Chev.=Malus doumeri
Malus manshurica (Maxim.) Kom.毛山荆子
Malus melliana (Hand.-Mazz.) Rehd.尖嘴林檎
Malus microcarpa var. *kaido* Carr.=Malus micromalus
Malus microcarpa var. *spectabilis* Carr.=Malus spectabilis
Malus micromalus Makno 西府海棠
Malus ombrophila Hand.-Mazz.沧江海棠
Malus pallaisana Juzep.=Malus baccata
Malus prattii (Hemsl.) Schneid.西蜀海棠
Malus prattii Schneid.(W.W.Sm. in Not.Bot.Gard.Edinb.1924)=Malus ombrophila
Malus prunifolia (Eilld.) Borkh.楸子
Malus prunifolia var. *rinki* (Koidz.) Rehd.=Malus asiatica
Malus pumila Mill.苹果
Malus pumila var. *domestica* Schneid.=Malus pumila
Malus pumila var. *rinki* Koidz.=Malus asiatica
Malus rockii Rehd.丽江山荆子
Malus sibirica Borkh.=Malus baccata
Malus sieboldii (Regel) Rehd.三叶海棠
Malus sieboldii var. *koringo* c. *incisa* (Franch. & Savat.) Koidz.=Malus sieboldii
Malus sieversii (Ledeb.) Roem.新疆野苹果
Malus sikkimensis (Wenzig) Koehne 锡金海棠
Malus silvestris subsp. *mitis* Mansfeld.=Malus pumila
Malus spectabilis (Ait.) Borkh.海棠花
Malus spectabilis f. albiplena Schnelle?粉红海棠花(新)
Malus spectabilis var. *kaido* Sieb.=Malus micromalus
Malus spectabilis var. *micromalus* Koidz.=Malus micromalus
Malus spectabilis var. riversii (Kirchn.) Rehd.?白色海棠花(新)
Malus theifera Rehd.=Malus hupehensis
Malus toringo Carr.=Malus sieboldii
Malus toringo Sieb.=Malus sieboldii
Malus toringoides (Rehd.) Hughes 变叶海棠
Malus transitoria (Batal.) Schneid.花叶海棠
Malus transitoria var. centralasiatica (Vass.) Yü 长圆果花叶海棠
Malus transitoria var. *toringoides* Rehd.=Malus toringoides
Malus transitoria var. transitoria=Malus transitoria
Malus yunnanensis (Franch.) Schneid.滇池海棠
Malus yunnanensis Schneid.(Rehd.in Sarg.Pl.Wls.1915,p.p.)=Malus yunnanensis var. veitchii
Malus yunnanensis var. veitchii (Veitch) Rehd.红叶海棠
Malus yunnanensis var. yunnanensis=Malus yunnanensis
Malva L.**锦葵属**(锦葵科)
Malva americana L.=Malvastrum americanum
Malva chinensis Mill.=Malva verticillata var. chinensis
Malva coromandeliana L.=Malvastrum coromandelianum
Malva crispa L.冬葵
Malva lignescens Iljin=Malva rothundifolia
Malva mauritiana L.(Bge.in Mém.Acad.Sci.St.Pétersb.Sav.Etrang.1833)=Malva sinensis
Malva mauritiana var. *sinensis* (Cavan.) DC.=Malva sinensis
Malva neglecta Wallr.=Malva rothundifolia
Malva parviflora L.(Forbes & Hemsl.in J.L.Soc.Bot.1886)=Malva verticillata var. chinensis
Malva parviflora L.小花锦葵
Malva pulchella Bernh.=Malva verticillata
Malva rothundifolia L.圆叶锦葵
Malva silvestris L.(Gürcke & Diels in Bot.Jahrb.Eugler 1900)=Malva sinensis
Malva sinensis Cavan.锦葵
Malva spicata L.=Malvastrum americanum
Malva sylvestris L.欧锦葵
Malva sylvetris L.(Mast.in Fl.Brit.Ind.1874)=Malva sinensis
Malva sylvetris var. *mauritiana* L.Iliu in Bull.Peking Soc.Nat.Hist.1928)=Malva sinensis
Malva tricuspidata R.Br.=Malvastrum coromandelianum
Malva verticillata L.野葵
Malva verticillata var. chinensis (Mill.) S.Y.Hu 中华野葵
Malva verticillata var. verticillata=Malva verticillata
Malvaceae 锦葵科
Malvastrum A.Gray **赛葵属**(锦葵科)
Malvastrum americanum (L.) Torr.穗花赛葵
Malvastrum carpinifolium (L.f.) A.Gray=Malvastrum coromandelianum
Malvastrum coromandelianum (L.) Cürcke 赛葵
Malvastrum ruderale Hance ex Walp.=Malvastrum coromandelianum
Malvastrum spicatum (L.) A.Gray=Malvastrum americanum
Malvastrum tricuspi-datum (R.Br.) A.Gray=Malvastrum coromandelianum
Malvaviscus Dill. ex Adans.**悬铃花属**(锦葵科)
Malvaviscus arboreus Cav.悬铃花
Malvaviscus arboreus var. drummondii Schery 小悬铃花
Malvaviscus arboreus var. penduliflorus (DC.) Schery 垂花悬铃花
Malvaviscus coccineus Medicus=Hibiscus coccineus
Malvaviscus drummondii Gard.=Malvaviscus arboreus var. drummondii
Malvaviscus penduliflorus DC.=Malvaviscus arboreus var. penduliflorus
Malvaviscus populneus Gaertn.=Thespesia populnea
Mammea L.**黄果木属**(藤黄科)
Mammea asiatica L.=Barringtonia asiatica
Mammea maericana L.马米苹果
Mammea yunnanensis (Li) Kosterm.=Ochrocarpus yunnanensis
Mammillaria Haw.**乳突球属**(仙人掌科)
Mammillaria bocasana Poselg.棉花球
Mammillaria bombycina Quehl.丰明球
Mammillaria centricirrha Lem.金刚球
Mammillaria conpressa DC.白龙球
Mammillaria elongata DC.金筒球
Mammillaria geminispina Haw.白玉兔
Mammillaria gracilis Pfeiff.银毛球
Mammillaria hahniana Werderm.玉翁
Mammillaria multiceps Salm-dyck.绒毛球
Mammillaria parkinsonii C.A.Ehrenb.白王球
Mammillaria perbella Hildm.大福球
Mammillaria plumosa A.Web.白星
Mammillaria prolifera (Mill.) Haw.黄毛球

Mammillaria spinosissima var. pretiosa 白美人
Mammillaria zuccariniana Mart.鞭蓉球
Mananthes Bremek.**野靛棵属**(爵床科)
Mananthes acutangula (H.S.Lo & D.Fang) C.Y.Wu & C.C.Hu 棱茎野靛棵
Mananthes amblyosepala (D.Fang & H.S.Lo) C.Y.Wu & C.C.Hu 钝萼野靛棵
Mananthes austroguangxinensis (H.S.Lo & D.Fang) C.Y.Wu & C.C.Hu 桂南野靛棵
Mananthes austroguangxinensis f. *albinervia* (D.Fang & H.S.Lo) C.Y.Wu & C.C.Hu
Mananthes austroguangxinensis var. austroguangxinensis= Mananthes austroguangxinensis
Mananthes austrosinensis (H.S.Lo) C.Y.Wu & C.C.Hu 华南野靛棵
Mananthes cardiophylla (D.Fang & H.S.Lo) C.Y.Wu & C.C.Hu 心叶野靛棵
Mananthes damingensis H.S.Lo 大明野靛棵
Mananthes ferruginea (H.S.Lo & D.Fang) C.Y.Wu & C.C.Hu 锈北野靛棵
Mananthes kampotensis (R.Ben.) C.Y.Wu & C.C.Hu 那坡野靛棵
Mananthes latiflora (Hemsl.) C.Y.Wu & C.C.Hu 紫苞野靛棵
Mananthes leptostachya (Hemsl.) H.S.Lo 南岭野靛棵
Mananthes lianshanica H.S.Lo 广东野靛棵
Mananthes microdonta (W.W.Sm.) C.Y.Wu & C.C.Hu 小齿野靛棵
Mananthes panduriformis (R.Ben.) C.Y.Wu & C.C.Hu 琴叶野靛棵
Mananthes patentiflora (Hemsl.) Bremek.野靛棵
Mananthes pseudospicata (H.S.Lo & D.Fang) C.Y.Wu & C.C.Hu 黄花野靛棵
Mananthes vasculosa (Nees) Bremek.滇野靛棵
Mandevilla Lindl.**文藤属**(夹竹桃科)
Mandevilla ×amabilis Dress 可家曼德维拉
Mandevilla laxa (Ruiz & Pavon) Woods.文藤
Mandevilla suaveolens Lindl.=Mandevilla laxa
Mandragora L.**茄参属**(茄科)
Mandragora betacea Sendt.树番茄
Mandragora caulescens C.B.Clarke 茄参
Mandragora chinghaiensis Kuang & A.M.Lu=Mandragora caulescens
Mandragora shebbearei Fisch.=Przewalskia tangutica
Mandragora tibetica Grubov=Mandragora caulescens
Mangifera L.**杧果属**(漆树科)
Mangifera austroyunnanensis Hu=Mangifera indica
Mangifera camptosperma Pierre 弯子芒果
Mangifera indica L.杧果
Mangifera longipes Griff.长梗杧果
Mangifera persiciformis C.Y.Wu & T.L.Ming 天桃木
Mangifera pinnata L.f.=Spondias pinnata
Mangifera siamensis Warbg. ex Craib 泰国杧果
Mangifera sylvatica Roxb.林生杧果
Mangium caseolare rubrum Rumph.=Sonneratia caseolaris
Manglietia Bl.**木莲属**(木兰科)
Manglietia aromatica Dandy 香木莲
Manglietia chevalieri Dandy 睦南木莲
Manglietia chingii Dandy 桂南木莲
Manglietia crassipes Law 粗梗木莲
Manglietia duclouxii Finet & Gagn.川滇木莲
Manglietia fordiana Oliv.(Dandy in Lingnan Sci.J.1929,p.p.)=Manglietia hainanensis
Manglietia fordiana Oliv.木莲
Manglietia forrestii W.W.Sm. ex Dandy 滇桂木莲
Manglietia glauca Bl.灰木莲
Manglietia glaucifolia Law & Y.F.Wu 苍背木莲
Manglietia grandis Hu & Cheng 大果木莲
Manglietia hainanensis Dandy 海南木莲
Manglietia hebecarpa C.Y.Wu & Law 毛果木莲
Manglietia hookeri Cubitt. & Smith 中缅木莲
Manglietia insignis (Wall.) Bl.红花木莲
Manglietia kwangtungensis (Merr.) Dandy 山枇杷?
Manglietia megaphylla Hu & Cheng 大叶木莲
Manglietia microtricha Law 西藏木莲
Manglietia moto Dandy 毛桃木莲
Manglietia obovalifolia C.Y.Wu & Law 倒卵叶木莲
Manglietia pachyphylla Chang 厚叶木莲
Manglietia patungensis Hu 巴东木莲
Manglietia rufibarbata Dandy 锈毛木莲
Manglietia szechuanica Hu 四川木莲
Manglietia tenuipes Dandy=Manglietia chingii
Manglietia wangii Hu & Chun=Magnolia henryi
Manglietia yuyuanensis Law 乳源木莲
Manglietiastrum Law **华盖木属**(木兰科)
Manglietiastrum sinicum Law 华盖木
Mangostana garcinia Gaertn.=Garcinia mangostana
Manicaria Gaertn.**袖棕属**(棕榈科)
Manihot P.Mill.**木薯属**(大戟科)
Manihot esculenta Crantz 木薯
Manihot glaziovii Muell.Arg.木薯胶
Manihot utilissima Pohl=Manihot esculenta
Manilkara Adans.**铁钱子属**(山榄科)
Manilkara hexandra (Roxb.) Dubard 铁钱子
Manilkara zapota (L.) van Royen 人心果
Manisuris altissima (Poir.) Hitchc.=Hemarthria altissima
Manisuris exaltata (L.f.) Kuntze=Rottboellia exaltata
Manisuris granularis (L.) L.f.=Hackelochloa granularis
Manisuris porifera Hack.=Hackelochloa porifera
Manisuris protensa (Steud.) Hitchc.=Hemarthria protensa
Mannagettaea H.Sm.**豆列当属**(列当科)
Mannagettaea hummelii H.Sm.矮生豆列当
Mannagettaea ircutensis M.Pop.=Mannagettaea hummelii
Mannagettaea labiata H.Sm.豆列当
Manniella hongkongensis S.Y.Hu & Barretto=Pelexia obliqua
Manteia Raf.=**Rubus**
Manulea indiana Lour.=Adenosma indianum
Maoutia Wedd.**水丝麻属**(荨麻科)
Maoutia puya (HK.) Wedd.水丝麻
Maoutia setosa Wedd.兰屿水丝麻
Mapania Aubl.**擂鼓艻属**(莎草科)
Mapania dolichopoda Tang & Wang 长秆擂鼓艻
Mapania hainanensis Merr.=Hypolytrum hainanensis
Mapania longa Groff=Mapania dolichopoda
Mapania sinensis H.Uittien 华擂鼓艻
Mappa denticulata Bl.=Macaranga denticulata
Mappa fastuosa Lind.=Homalanthus fastuosus
Mappa sinensis Baill.=Macaranga sinensis
Mappa tanarius (L.) Bl.=Macaranga tanarius
Mappia obtusifolia Merr.=Nothapodytes obtusifolia
Mappia ovata Miers=Nothapodytes foetida
Mappia ovata var. *insularis* Matsum.=Nothapodytes foetida
Mappia pittosporoides Oliv.=Nothapodytes pittosporoides
Mappianthus Hand.-Mazz.**定心藤属**(茶茱萸科)
Mappianthus iodoides Hand.-Mazz.定心藤
Maranta L.**竹芋属**(竹芋科)
Maranta arundinacea L.竹芋
Maranta arundinacea var. arundinacea=Maranta arundinacea
Maranta arundinacea var. variegata Hor.斑叶竹芋
Maranta bicolor Ker 花叶竹芋
Maranta galanga L.=Alpinia galanga
Maranta leuconerua Morr.白脉竹芋
Maranta leuconeura var. kerchoveana Morr.克氏白脉竹芋
Maranta leuconeura var. massangenana Schum.马桑白脉竹芋
Maranta malaccensis Burm.=Alpinia malaccensis
Maranta ornata Lindl.=Calathea ornata
Maranta sylvatica Rosc. ex Smith=Maranta arundinacea
Maranta zebrina Sims=Calathea zebrina
Marantaceae 竹芋科
Marattia Sw.**合囊蕨属**(合囊蕨科)
Marattia alata Sw.翼合囊蕨(新)
Marattia pellucida Presl 合囊蕨
Marattiaceae 合囊蕨科
Margaritaria L.f.**蓝子木属**(大戟科)
Margaritaria indica (Dalz.) Airy-Shaw 蓝子木

Margaritaria nobilis L.珍子木
Margbensonia A.V.Bobrov & Melikyan=**Podocarpus**
Margbensonia chingiana (S.Y.Hu) A.V.Bov. & Melik.=Podocarpus macrophyllus var. chingii
Margbensonia forrestii (Craib & W.W.Sm.) A.V.Bov. & Melik.=Podocarpus forrestii
Margbensonia macrophylla (Thunb.) F.Mell.=Podocarpus macrophyllus
Margbensonia maki (S. & Z.) A.V.Bov. & Melik.=Podocarpus macrophyllus var. maki
Margbensonia neriifolia (D.Don) A.V.Bovrov & Melik.=Podocarpus neriifolius
Marginaria formosana (Baker) Nakai ex H.Ito=Polypodiodes formosana
Marginaria niponica (Mett.) Nakai ex H.ito=Polypodiodes niponica
Marginaria pseudoformosana Tagawa=Polypodiodes formosana
Marginaria raishanensis (Rosenst.) Nakai ex H.Ito=Polypodiodes formosana
Marginaria subauriculata (Bl.) Nakai ex H.Ito=Schellolepis subauriculata
Marginaria taiwaniana (Hay.) Nakai ex H.Ito=Polypodiastrum mengtzeense
Marginaria transpianensis (Yamamoto) H.Ito=Polypodiodes niponica
Mariana mariana (L.) Hill.=Silybum marianum
Marianthemum Schrank=**Campanula**
Marianthus Hueg.**马利花属**(海桐花科)
Marianthus erubescens Putterl.变红马利花
Marianthus ringens F.J.Muell.张口马利花
Mariscus Gaerntn.**砖子苗属**(莎草科)
Mariscus albescens Gaudich.=Mariscus javanicus
Mariscus aristatus (Rottb.) Tang & Wang 具芒砖子苗
Mariscus biglumis Gaertn.=Mariscus umbellatus var. subcompositus
Mariscus chinensis (Nees) Fernald.=Cladium chinense
Mariscus compactus (Retz.) Druce 密穗砖子苗
Mariscus compactus var. compactus=Mariscus compactus
Mariscus compactus var. macrostachys (Böcklr.) How 大密穗砖子苗
Mariscus cyperinus Vahl 莎草砖子苗
Mariscus cyperinus var. bengalensis C.B.Clarke 孟加拉砖子苗
Mariscus cyperoides (L.) Urb.=Mariscus umbellatus
Mariscus cyperoides Dietr.=Courtoisia cyperoides
Mariscus dilutus Nees=Mariscus compactus
Mariscus ferax C.B.Clarke=Torulinium ferax
Mariscus javanicus (Houtt.) Merr. & Metc.羽状穗砖子苗
Mariscus microcephalus Presl=Mariscus compactus
Mariscus paniceus HK. & Arn.=Mariscus cyperinus
Mariscus pennatus (Lam.) Domin=Mariscus javanicus
Mariscus philippensis C.B.Clarke=Mariscus cyperinus var. bengalensis
Mariscus philippensis Steud.=Mariscus umbellatus var. microstachys
Mariscus radians (Nees & Meyen) Tang & Wang 辐射砖子苗
Mariscus sieberianus Nees=Mariscus umbellatus
Mariscus sieberianus var. *evolutior* C.B.Clarke=Mariscus umbellatus var. evolutior
Mariscus sieberianus var. *subcompositus* C.B.Clarke=Mariscus umbellatus var. subcompositus
Mariscus subgen. *Torulinium* C.B.Clarke=**Torulinium**
Mariscus trialatus (Böcklr.) Tang & Wang 三翅秆砖子苗
Mariscus umbellatus Presl=Mariscus umbellatus var. microstachys
Mariscus umbellatus Vahl 砖子苗
Mariscus umbellatus var. *cyperinus* E.-G.Camus=Mariscus cyperinus
Mariscus umbellatus var. evolutior (C.B.Clarke) E.-G.Camus 展穗砖子苗
Mariscus umbellatus var. microstachys (Kükenth.) Tang & Wang 小穗砖子苗
Mariscus umbellatus var. *sieberianus* E.-G.Camus=Mariscus umbellatus
Mariscus umbellatus var. subcompositus (C.B.Clarke) Tang & Wang 复出穗砖子苗
Mariscus umbellatus var. umbellatus=Mariscus umbellatus
Markhamia Seem. ex Baill.**猫尾木属**(紫葳科)
Markhamia cauda-felina (Hance) Craib=Markhamia caudafelina
Markhamia stipulata (Wall.) Seem. ex K.Schum.西南猫尾木
Markhamia stipulata var. *caudafelina* (Hance) Sant.=Markhamia stipulata var. kerrii
Markhamia stipulata var. kerrii Sprag.长毛猫尾木
Markhamia stipulata var. stipulata=Markhamia stipulata
Markhamia stipulata var. *velutina* (Kurz) Sprague=Markhamia stipulata
Marlea Roxb.=**Alangium**
Marlea alpina (Clarke) Brandis=Alangium alpinum
Marlea barbata R.Br.=Alangium barbatum
Marlea begoniaefolia var. *alpina* Clarke=Alangium alpinum
Marlea begoniifolia Roxb.=Alangium chinense
Marlea bodinieri Lévl.=Alangium faberi
Marlea cavaleriei Lévl.=Gardneria multiflora
Marlea macrophylla S. & Z.=Alangium plantanifolium
Marlea platanifolia S. & Z.=Alangium plantanifolium
Marlea sikkimensis W.W.Sm.=Alangium alpinum
Marlea sinica Nakai=Alangium plantanifolium
Marlea tomentosa Hassk.=Alangium kurzii
Marmoritis Benth.**扭连钱属**(唇形科)
Marmoritis complanatum (Dunn) A.L.Bud.扭连钱
Marmoritis decolorans (Hemsl.) H.W.Li 褪色扭连钱
Marmoritis nivalis (Jacq. ex Benth.) Hedge.雪地扭连钱
Marmoritis pharicus (Prain) A.L.Bud.帕里扭连钱
Marmoritis rotundifolia Benth.圆叶扭连钱
Marniera Backbg.=**Epiphyllum**
Marquartia tomentosa Vogel=Millettia nitida var. hirsutissima
Marrubium L.**欧夏至草属**(唇形科)
Marrubium alternidens Rech.互齿欧夏至草
Marrubium eriostachyum Benth.=Lagopsis eriostachys
Marrubium flavum Walp.=Lagopsis flava
Marrubium goktschaicum N.Pop.哥萨克欧夏至草
Marrubium incisum Benth.=Lagopsis supina
Marrubium indicum (L.) Burm.=Epimeredi indica
Marrubium lanatum Benth.绵毛欧夏至草
Marrubium leonuroides Desr.益母草状欧夏至草
Marrubium nanum Knorr.矮欧夏至草
Marrubium parviflorum Fisch. & Mey.小花欧夏至草
Marrubium peregrinum L.外来欧夏至草
Marrubium persicum C.A.M.波斯欧夏至草
Marrubium plumosum C.A.M.羽状欧夏至草
Marrubium praecox Jaka.早生欧夏至草
Marrubium propinquum Fisch. & Mey 接近欧夏至草
Marrubium purpureum Bge.紫欧夏至草
Marrubium supinum (Willd.) Hu ex Pei=Lagopsis supina
Marrubium turkeviczii Knorr.突氏欧夏至草
Marrubium vulgare L.欧夏至草
Marrubium vulgare var. *lanatum* Benth.=Marrubium vulgare
Marsdenia R.Br.**牛奶菜属**(萝藦科)
Marsdenia acuta (Thunb.) Tanaka=Marsdenia tomentosa
Marsdenia alata Tsiang=Marsdenia hainanensis
Marsdenia balansae Cost.=Marsdenia schneideri
Marsdenia brachyloba M.G.Gilb. & P.T.Li 短裂牛奶菜
Marsdenia cambodiensis Cost.=Marsdenia lachnostoma
Marsdenia carnea Woods.=Marsdenia yunnanensis
Marsdenia cavaleriei (HLévl.) Hand.-Mazz.灵药牛奶菜
Marsdenia formosana Masamune 台湾牛奶菜
Marsdenia glabra Cost.光叶蓝叶藤
Marsdenia globifera Tsiang=Marsdenia tinctoria
Marsdenia glomerata Tsiang 团花牛奶菜
Marsdenia griffithii HK.f.大白药
Marsdenia hainanensis Tsiang 海南牛奶菜
Marsdenia hainanensis var. *alata* (Tsiang) Tsiang & P.T.Li=Marsdenia hainanensis
Marsdenia hainanensis var. hainanensis=Marsdenia hainanensis
Marsdenia incisa P.T.Li & Y.H.Li 裂冠牛奶菜
Marsdenia koi Tsiang 大叶牛奶菜
Marsdenia lachnostoma Benth.毛喉牛奶菜
Marsdenia lata Tsiang=Marsdenia hainanensis
Marsdenia longipes W.T.Wang ex Tsiang & P.T.Li 百灵草
Marsdenia medogensis P.T.Li 墨脱牛奶菜
Marsdenia officinalis Tsiang & P.T.Li 海枫屯
Marsdenia oreophila W.W.Sm.喙柱牛奶菜
Marsdenia pseudotinctoria Tsiang 假牛奶菜
Marsdenia pulchella Hand.-Mazz.美蓝叶藤
Marsdenia schneideri Tsiang 四川牛奶菜
Marsdenia sinensis Hemsl.牛奶菜
Marsdenia stenantha Hand.-Mazz.狭花牛奶菜
Marsdenia tenacissima (Roxb.) Wight & Arn.通光散

Marsdenia tenii M.G.Gilb. & P.T.Li 绒毛牛奶菜
Marsdenia tinctoria R.Br.蓝叶藤
Marsdenia tinctoria var. *brevis* Cost.=Marsdenia tinctoria
Marsdenia tinctoria var. tinctoria=Marsdenia tinctoria
Marsdenia tinctoria var. *tomentosa* Masumune ex Tsiang=Marsdenia tinctoria
Marsdenia tomentosa Morr. & Decne.假防已
Marsdenia tsaiana Tsiang=Marsdenia koi
Marsdenia urceolata Decne.=Dischidanthus urceolatus
Marsdenia xuanensensis Z.E.Zhao & Y.M.Wang=Marsdenia yunnanensis
Marsdenia yaungpienensis Tsiang & P.T.Li=Marsdenia sinensis
Marsdenia yuei M.G.Gilb. & P.T.Li 临沧牛奶菜
Marsdenia yunnanensis (Lévl.) Woods.漾濞牛奶菜
Marsilea L.**苹属**(苹科)
Marsilea aegyptica Willd.埃及苹
Marsilea crenata C.Presl 南国田字苹
Marsilea macropoda Engelm. ex A.Braun 金毛苹
Marsilea macropus HK.大柄苹
Marsilea mucronata A.Br.短尖苹
Marsilea natans L.=Salvinia natans
Marsilea quadrifolia L.苹
Marsilea tenuifolia Kuntze 细叶苹
Marsilea uninata A.Br.钩刺苹
Marsilea vestita HK. & Grev.毛叶苹
Marsileaceae 苹科
Martinella Lévl.=**Neomartinella**
Martinella violifolia H.Lévl.=Neomartinella yungshunensis
Martinella violifolia Lévl.=Neomartinella violifolia
Martinia Vant.=**Kalimeris**
Martinia polymorpha Vant.=Kalimeris indica var. polymorpha
Martynia L.**角胡麻属**(角胡麻科)
Martynia annua L.角胡麻
Martynia diandra Gloxin=Martynia annua
Martyniaceae 角胡麻科
Maruta cotula DC.=Anthemis cotula
Maruta foetida Cass.=Anthemis cotula
Masakia Nakai=**Euonymus**
Masakia japonica (Thunb.) Nakai=Euonymus japonicus
Mascarenhasia A.DC.**马斯克林属**(夹竹桃科)
Masdevallia R. & P.**细瓣兰属**(兰科)
Masdevallia amabilis Rchb.f.可爱细瓣兰
Masdevallia bella Rchb.f.美丽细瓣兰
Masdevallia caudata Lindl.尾状细瓣兰
Masdevallia coccinea Lindl.绯红细瓣兰
Masdevallia elephanticeps Rchb.f.象头细瓣兰
Masdevallia floribunda Lindl.多花细瓣兰
Masdevallia leontoglossa Rchb.f.狮舌细瓣兰
Masdevallia melanopus Rchb.f.黑柄细瓣兰
Masdevallia pachyantha Rchb.f.厚花细瓣兰
Masdevallia polysticta Rchb.f.多斑细瓣兰
Masdevallia racemosa Lindl.总状花细瓣兰
Masdevallia rosea Lindl.玫瑰红细瓣兰
Mastacanthus sinensis (Lour.) Endl.=Caryopteris incana
Mastichodendron wightianum (HK. & Arn.) Royne=Sinosideroxylon wightianum
Mastichodendron wightianum var. *coriaceifolium* (Lévl.) C.Y.Wu=Sinosideroxylon wightianum
Mastichodendron wightianum var. *tonkiense* (Li) C.Y.Wu=Sinosideroxylon wightianum
Mastixia Bl.**单室茱萸属**(山茱萸科)
Mastixia alternifolia Merr.=Mastixia pentandra subsp. cambodiana
Mastixia caudatilimba C.Y.Wu ex Soong 长尾单室茱萸
Mastixia chinensis Merr.=Mastixia pentandra subsp. chinensis
Mastixia pentandra Bl.五蕊单室茱萸
Mastixia pentandra subsp. cambodiana (Pierre) Matthew 单室茱萸
Mastixia pentandra subsp. chinensis (Merr.) Matthew 云南单室茱萸
Mastixia pentandra subsp. pentandra=Mastixia pentandra
Mastixia trichophylla Fang ex Soong 毛叶单室茱萸
Mastrucium Cass.=**Serratula**
Mastrucium pinnatifidum Cass.=Serratula coronata
Matricaria L.**母菊属**(菊科)
Matricaria ambigua (Ledeb.) Kryl.=Tripleurospermum ambiguum
Matricaria ambigua Ledeb.(Miyabe in Mem.Boston Soc.Nat.Hist.1890)=Tripleurospermum tetragonospermum
Matricaria cantonensis Lour.=Kalimeris indica
Matricaria chamomilla L.(北研丛刊 1934)=Tripleurospermum limosum
Matricaria chamomilla L.=Matricaria recutita
Matricaria coronaria (L.) Desr.=Chrysanthemum coronarium
Matricaria discoidea DC.=Matricaria matricarioides
Matricaria indica (L.) Dsr.=Dendranthema indicum
Matricaria inodora L.(Forbes & Hemsl.in J.L.Soc.Botl 1888)=Tripleurospermum limosum
Matricaria inodora L.=Tripleurospermum inodorum
Matricaria latifolia Gilib.=Pyrethrum parthenium
Matricaria ledebourii (Sch.-Bip.) Schischk.=Cancrinia discoidea
Matricaria leucanthemum (L.) Desr.=Leucanthemum vulgare
Matricaria limosa (Maxim.) Kudô =Tripleurospermum limosum
Matricaria mabigua Maxim. ex Kom.=Tripleurospermum tetragonospermum
Matricaria maritima L.海岸母菊
Matricaria maritima subsp. *limosa* (Maxim.) Kitam.=Tripleurospermum limosum
Matricaria matricarioides (Less.) Porber ex Britton 同花母菊
Matricaria parthenium L.=Pyrethrum parthenium
Matricaria perforata Merat 无味母菊
Matricaria recutita L.母菊
Matricaria segetum (L.) Schrank=Chrysanthemum segetum
Matsumurella Makino=**Galeobdolon**
Matsumurella tuberifera (Makino) Makino=Galeobdolon tuberiferum
Matsumuria Hemsl.=**Titanotrichum**
Matsumuria oldhami (Hemsl.) Hemsl.=Titanotrichum oldhamii
Matteuccia Todaro **荚果蕨属**(球子蕨科)
Matteuccia intermedia C.Chr.中华荚果蕨
Matteuccia japonica C.Chr.=Matteuccia orientalis
Matteuccia orientalis (HK.) Trev.东方荚果蕨
Matteuccia struthiopteris (L.) Todaro 荚果蕨
Matteuccia struthiopteris var. acutiloba Ching 尖裂荚果蕨
Matteuccia struthiopteris var. struthiopteris=Matteuccia struthiopteris
Matthiola R.Br.**紫罗兰属**(十字花科)
Matthiola annua Sweet 小花紫罗兰
Matthiola chorassnica Bge. ex Boiss.伊朗紫罗兰
Matthiola fischeri Ledeb.=Diptychocarpus strictus
Matthiola flavida var. *integrifolia* (Kom.) O.E.Schulz.=Matthiola chorassnica
Matthiola incana (L.) R.Br.紫罗兰
Matthiola integrifolia Kom.=Matthiola chorassnica
Matthiola nudicaulis (L.) Trautv.=Parrya nudicaulis
Matthiola odoratissima Br.香紫罗兰
Matthiola stoddarti Bge.新疆紫罗兰
Matthiola tenera K.H.Rech.=Matthiola chorassnica
Mattia himalayensis Klotzsch=Mattiastrum himalayense
Mattiastrum (Boiss.) Brand **盘果草属**(紫草科)
Mattiastrum himalayense (Klotzsch) Brand 盘果草
Mauritia L.f.**毛瑞榈属**(棕榈科)
Mauritia flexuosa L.f.毛瑞榈
Maurocenia arguta O.Ktze.=Turpinia arguta
Maurocenia cochinchinensis (Lour.) O.Ktze=Turpinia cochinchinensis
Maxburretia Furtado **马伯乐棕属**(棕榈科)
Maxburretia rupicola (Ridley) Ftdo.马伯乐棕
Maxillaria R. & P.**鳃兰属**(兰科)
Maxillaria alba (HK.) Lindl.白花鳃兰
Maxillaria camaridii Rchb.f.卡氏鳃兰
Maxillaria coccinea (Jacq.) L.O.Wms.绯红鳃兰
Maxillaria crassifolia (Lindl.) Rchb.f.厚叶鳃兰
Maxillaria fucata Rchb.f.有色鳃兰
Maxillaria goeringii Rchb.f.=Cymbidium goeringii
Maxillaria grandiflora (HBK) Lindl.大鳃兰(新)
Maxillaria longisepala Rolfe 长萼鳃兰
Maxillaria luteoalba Lindl.黄白鳃兰
Maxillaria picta HK.鳃兰
Maxillaria punctata Lodd.斑点鳃兰
Maxillaria ringens Rchb.f.张口鳃兰

Maxillaria rufescens Lindl.四棱茎鳃兰
Maxillaria sanderiana Rchb.f.大花鳃兰
Maxillaria setigera Lindl.刚毛鳃兰
Maxillaria tenuifolia Lindl.细叶鳃兰
Maximiliana Mart.**巴西棕榈属**(棕榈科)
Maximiliana maripa Drude 巴西棕榈
Maximowiczia chinensis Rupr. ex Maxim.=Schisandra chinensis
Maxonia C.Chr.**宿盖汝蕨属**(叉蕨科)
Mayodendron Kurz.**火烧花属**(紫葳科)
Mayodendron igneum (Kurz) Kurz 火烧花
Mays Tourn. ex Gaertn.=**Zea**
Maytenus Molina **美登木属**(卫矛科)
Maytenus arillatus C.Y.Cheng=Maytenus royleanus
Maytenus austroyunnanensis S.J.Pei & Y.H.Li 滇南美登木
Maytenus berberoides (W.W.Sm.) S.J.Pei & Y.H.Li 小檗美登木
Maytenus boaria Molina 智利美登木
Maytenus buchananii (Loes.) R.Wilcz.布昌南美登木
Maytenus confertiflorus J.Y.Luo & X.X.Chen 密花美登木
Maytenus diversicymosa S.J.Pei & Y.H.Li 异序美登木
Maytenus diversifolius (Maxim.) D.Hou 变叶美登木
Maytenus ermarginata (Willd.) D.Hou 台湾美登木
Maytenus esquirolii (Lévl.) C.Y.Cheng 贵州美登木
Maytenus flaccidissimus C.Y.Cheng & Y.Shen 柔垂美登木
Maytenus garanbiensis Chang 光叶美登木
Maytenus graciliramula S.J.Pei & Y.H.Li 细梗美登木
Maytenus graciliramulus S.J.Pei & Y.H.Li(p.p.)=Maytenus longlinensis
Maytenus graciliramulus S.J.Pei & Y.H.Li(p.p.)=Maytenus thyrsiflorus
Maytenus guangxiensis C.Y.Cheng & W.L.Sha 广西美登木
Maytenus hainanensis (Merr. & Chun) C.Y.Cheng=Maytenus hainanensis
Maytenus hainanensis (Merr. & Chun) C.Y.Cheng 海南美登木
Maytenus hookeri Loes.美登木
Maytenus hookeri var. hookeri=Maytenus hookeri
Maytenus hookeri var. longiradiata S.J.Pei & Y.H.Li 长梗美登木
Maytenus inflata S.J.Pei & Y.H.Li 胀果美登木
Maytenus jinyangensis C.Y.Cheng 金阳美登木
Maytenus longlinensis C.Y.Cheng & W.L.Sha 隆林美登木
Maytenus oliganthus C.Y.Cheng & W.L.Sha=Maytenus longlinensis
Maytenus orbiculatus C.Y.Wu 圆叶美登木
Maytenus pachycarpus S.J.Pei & Y.H.Li=Maytenus austroyunnanensis
Maytenus phyllanthoides Benth.叶下珠状美登木
Maytenus pseudoracemosus S.J.Pei & Y.H.Li=Maytenus thyrsiflorus
Maytenus royleanus (Wall.) Cufod 被子美登木
Maytenus rufus (Wall.) Cufod 淡红美登木
Maytenus serrata R.Wilcz.齿叶美登木
Maytenus shuangjiangensis S.J.Pei & Y.H.Li=Maytenus austroyunnanensis
Maytenus sinomontanus C.Y.Cheng=Maytenus jinyangensis
Maytenus thyrsiflorus S.J.Pei & Y.H.Li 长序美登木
Maytenus tiaoloshanensis (Chun & How) C.Y.Cheng 吊罗美登木
Maytenus trilocularis (Hay.) C.Y.Cheng=Maytenus ermarginata
Maytenus variabilis (Hemsl.) C.Y.Cheng 刺茶美登木
Maytenus variabilis f. *inermis* C.Y.Cheng & W.L.Sha=Maytenus variabilis
Mazus Lour.(Wall.in Cat.N.3915,p.p.)=**Ellisiophyllum**
Mazus Lour.**通泉草属**(玄参科)
Mazus alpinus Masam.高山通泉草(新)?
Mazus angusticalyx Tsoong=Mazus spicatus
Mazus bodinieri Bonati=Mazus spicatus
Mazus caducifer Hance 早落通泉草
Mazus cavaleriei Bonati 平坝通泉草?
Mazus celsioides Hand.-Mazz.琴叶通泉草
Mazus crassifolius Tsoong=Mazus omeiensis
Mazus delavayi Bonati=Mazus pumilus var. delavayi
Mazus dentatus Wall.有齿通泉草
Mazus fargesii Bonati=Mazus miquelii
Mazus fauriei Bonati 台湾通泉草
Mazus fukiensis Tsoong 福建通泉草
Mazus gracilis Hemsl.纤细通泉草
Mazus henryi Tsoong 长柄通泉草
Mazus henryi var. *elatior* P.C.Tsoong=Mazus henryi
Mazus henryi var. henryi=Mazus henryi
Mazus humilis Hand.-Mazz.低矮通泉草
Mazus japonicus (Thunb.) Ktz.=Mazus pumilus
Mazus japonicus Bonati=Mazus miquelii
Mazus japonicus var. delavayi (Bonati) Tsoong 多枝通泉草
Mazus japonicus var. japonicus=Mazus pumilus
Mazus japonicus var. macrocalyx (Bonati) Tsoong 大萼日本通泉草(新)
Mazus japonicus var. *tenuiracemus* Hay. ex Makino & Nemoto=Mazus fauriei
Mazus japonicus var. wangii (Li) Tsoong 匍茎通泉草
Mazus kweichowensis Tsoong & Yang 贵州通泉草
Mazus lanceifolius Hemsl.狭叶通泉草
Mazus lecomtei Bonati 莲座叶通泉草
Mazus lecomtei var. *ramosus* Bonati=Mazus lecomtei
Mazus longipes Bonati 长蔓通泉草
Mazus macrocalyx Bonati=Mazus pumilus var. macrocalyx
Mazus miquelii Makino 匍茎通泉草
Mazus miquelii var. *stolonifer* Nakai=Mazus miquelii
Mazus nerrifolius Li=Mazus omeiensis
Mazus oliganthus H.L.Li 稀花通泉草
Mazus omeiensis Li 岩白翠
Mazus pinnatus Wall.=Ellisiophyllum pinnatum
Mazus procumbens Hemsl.长匍通泉草
Mazus pulchellus Hemsl.美丽通泉草
Mazus pulchellus var. *primuliformis* Bonati=Mazus pulchelus
Mazus pumilus (N.L.Burm.) Stennis 通泉草
Mazus pumilus var. delavayi (Bonati) T.L.Chin ex D.Y.Hong 多枝通泉草
Mazus pumilus var. macrocalyx (Bonati) T.Yamazaki 大萼通泉草
Mazus pumilus var. pumilus=Mazus pumilus
Mazus pumilus var. wangii (H.L.Li) T.L.Chin ex D.Y.Hong 铺生通泉草
Mazus rockii Li 丽江通泉草
Mazus rugosus Lour.=Mazus pumilus
Mazus rugosus var. *stolonifer* Maxim.=Mazus miquelii
Mazus saltuarius Hand.-Mazz.林地通泉草
Mazus simada Masam.=Mazus stachydifolius
Mazus solanifolius Tsoong & Yang 茄叶通泉草
Mazus spicatus Vant.毛果通泉草
Mazus stachydifolius (Turcz.) Maxim.弹刀子菜
Mazus stolonifer Makino=Mazus miquelii
Mazus stolonifer var. *tabokuensis* Masam.=Mazus fauriei
Mazus surculosus D.Don 西藏通泉草
Mazus taibokuensis Masam.=Mazus fauriei
Mazus vandellioides Hance ex Hemsl.=Mazus pumilus
Mazus villosus Hemsl.=Mazus stachydifolius
Mazus wangii Li=Mazus pumilus var. wangi
Mazus wilsoni Bonati=Mazus fargesii
Mazus xiuningensis X.H.Gauo ex X.L.Liu 休宁通泉草
Mazzettia Iljin=**Dolomiaea**
Mazzettia salwinensis (Hand.-Mazz.) Iljin=Dolomiaea salwinensis
Meclatis orientalis (L.) Spach.=Clematis orientalis
Mecodium Presl **蕗蕨属**(膜蕨科)
Mecodium acrocarpum (Christ) Ching 顶果蕗蕨
Mecodium badium (HK. & Grev.) Cop.蕗蕨
Mecodium corrugatum (Christ) Cop.皱叶蕗蕨
Mecodium crispatoalatum (Hay.) Cop.波翅蕗蕨
Mecodium crispatum (Wall.) Cop.波纹蕗蕨
Mecodium exsertum (Wall.) Cop.毛蕗蕨
Mecodium fimbriatum (J.Sm.) Cop.丛叶蕗蕨
Mecodium hainanense Ching 海南蕗蕨
Mecodium javanicum (Spreng.) Cop.爪哇蕗蕨
Mecodium kansuense Ching & Hsu 甘肃蕗蕨?
Mecodium levingei (Clarke) Cop.鳞蕗蕨
Mecodium likiangense Ching & Chiu 丽江蕗蕨
Mecodium lineatum Ching & Chiu 线叶蕗蕨
Mecodium lofoushanense Ching & Chiu 罗浮蕗蕨
Mecodium longissimum Ching & Chiu 长叶蕗蕨
Mecodium lushanense Ching & Chiu 庐山蕗蕨
Mecodium microsorum (v.d.B.) Ching 小果蕗蕨
Mecodium osmundoides (v.d.B.) Ching 长柄蕗蕨
Mecodium ovalifolium Ching & Chiu 卵园蕗蕨

Mecodium paniculiflorum (Presl) Cop.扁苞蕗蕨
Mecodium polyanthos (Sw.) Cop.细叶蕗蕨
Mecodium propinquum Ching & Chiu 齿苞蕗蕨
Mecodium stenochladum Ching & Chiu 撕苞蕗蕨
Mecodium szechuanense Ching & Chiu 四川蕗蕨
Mecodium tenuifrons Ching 全苞蕗蕨
Mecodium wangii Ching & Chiu 王氏蕗蕨
Mecodium wendsienense Ching & Chiu 文县蕗蕨?
Mecodium wrightii (Vd.B.) Cop.莱氏蕗蕨
Meconopsis Vig.**绿绒蒿属**(罂粟科)
Meconopsis aculeata Royle 皮刺绿绒蒿
Meconopsis aculeata var. *typica* Prain=Meconopsis aculeata Royle
Meconopsis argemonantha Prain 白花绿绒蒿
Meconopsis barbiseta C.Y.Wu & H.Chuang 久治绿绒蒿
Meconopsis betonicifolia Franch.藿香叶绿绒蒿
Meconopsis brevistyla (Hort.) Kingdon-Ward=Meconopsis integrifolia
Meconopsis cawdoriana Kingdon-Ward=Meconopsis speciosa
Meconopsis chelidonifolia Bur & Franch.椭果绿绒蒿
Meconopsis compta Prain=Meconopsis lyrata
Meconopsis concinna Prain 优雅绿绒蒿
Meconopsis delavayi (Franch.) Franch. ex Prain 长果绿绒蒿
Meconopsis discigera Prain 毛盘绿绒蒿
Meconopsis eximia Prain=Meconopsis lacifolia
Meconopsis florindae Kingdon-Ward 西藏绿绒蒿
Meconopsis forrestii Prain 丽江绿绒蒿
Meconopsis georgei Tayl.黄花绿绒蒿
Meconopsis gracilipes Tayl.细梗绿绒蒿
Meconopsis grandis Prain 大花绿绒蒿
Meconopsis harleyana Taylor 园艺绿绒蒿
Meconopsis henrici Bur & Franch.川西绿绒蒿
Meconopsis henrici var. *psilonomma* (Farrer) Tayl.=Meconopsis henrici
Meconopsis horridula HK.f. & Thoms.(高等图鉴 1972)=Meconopsis racemosa
Meconopsis horridula HK.f. & Thoms.多刺绿绒蒿
Meconopsis horridula var. *racemosa* (Maxim.) Prain=Meconopsis racemosa
Meconopsis horridula var. *rudis* Prain=Meconopsis racemosa
Meconopsis horridula var. *spinulifera* L.H.Zhou=Meconopsis racemosa var. spinulifera
Meconopsis horridula var. *typica* Prain=Meconopsis horridula
Meconopsis impedita Prain 滇西绿绒蒿
Meconopsis integrifolia (Maxim.) Franch.全缘叶绿绒蒿
Meconopsis integrifolia var. integrifolia=Meconopsis integrifolia
Meconopsis integrifolia var. *souliei* Fedde=Meconopsis integrifolia
Meconopsis integrifolia var. uniflora C.Y.Wu & H.Chuang 轮叶绿绒蒿
Meconopsis lancifolia (Franch.) Franch. ex Prain 长叶绿绒蒿
Meconopsis lancifolia var. *concinna* (Prain) Tayl.=Meconopsis concinna
Meconopsis lancifolia var. *solitariifolia* Fedde=Meconopsis lacifolia
Meconopsis leonticifolia Hand.-Mazz.=Meconopsis venusta
Meconopsis lepida Prain=Meconopsis lacifolia
Meconopsis lyrata (Cummins & Prain) Fedde 琴叶绿绒蒿
Meconopsis napaulensis DC.尼泊尔绿绒蒿
Meconopsis nyingchiensis L.H.Zhou=Meconopsis simplicifolia
Meconopsis oliverana Franch. & Prain 柱果绿绒蒿
Meconopsis ouvrardiana Hand.-Mazz.=Meconopsis speciosa
Meconopsis paniculata (D.Don) Prain 锥花绿绒蒿
Meconopsis paniculata var. *elata* Prain=Meconopsis paniculata
Meconopsis pinnatifolia C.Y.Wu & H.Chuang 吉隆绿绒蒿
Meconopsis polygonoides (Prain) Prain=Meconopsis lyrata
Meconopsis prattii (Prain) Prain=Meconopsis racemosa
Meconopsis primulina Prain 报春绿绒蒿
Meconopsis pseudohorridula C.Y.Wu & H.Chuang 拟多刺绿绒蒿
Meconopsis pseudointegrigolia Prain=Meconopsis integrifolia
Meconopsis pseudovenusta Tayl.拟秀丽绿绒蒿
Meconopsis psilonomma Farrer=Meconopsis henrici
Meconopsis punicea Maxim.红花绿绒蒿
Meconopsis quintuplinervia Rgl.五脉绿绒蒿
Meconopsis quintuplinervia var. glabra P.H.Yang & M.C.Wang 光果五脉绿绒蒿
Meconopsis quintuplinervia var. quintuplinervia=Meconopsis quintuplinervia
Meconopsis racemosa Maxim.总状绿绒蒿
Meconopsis racemosa var. racemosa=Meconopsis racemosa
Meconopsis racemosa var. spinulifera (L.H.Zhou) Z.Y.Wu & H.Chuang 刺瓣绿绒蒿
Meconopsis robusta Hookf & Thoms.(Prain in JournAs.Soc.Bengal 1896, p.p.)= Meconopsis paniculata
Meconopsis rudis Prain=Meconopsis racemosa
Meconopsis simplicifolia (D.Don) Walp.(L.H.Zhou in Bull.Bot.Lab. North-east.Forest.Inst.1980)=Meconopsis quintuplinervia
Meconopsis simplicifolia (D.Don) Walp.单叶绿绒蒿
Meconopsis sinuata var. *prattii* Prain=Meconopsis racemosa
Meconopsis smithiana (Hand.-Mazz.) Tayl.贡山绿绒蒿
Meconopsis speciosa Prain 美丽绿绒蒿
Meconopsis superba King ex Prain 高茎绿绒蒿
Meconopsis torquata Prain 毛瓣绿绒蒿
Meconopsis venusta Prain(p.p.)=Meconopsis pseudovenusta
Meconopsis venusta Prain 秀丽绿绒蒿
Meconopsis violacea Kingdo-Ward 紫花绿绒蒿
Meconopsis wallichi HK.(p.p.)=Meconopsis napaulensis
Meconopsis wallichii HK.(p.p.)=Meconopsis paniculata
Meconopsis wumungensis K.M. Feng ex C.Y.Wu & H.Chuang 乌蒙绿绒蒿
Meconopsis zangnanensis L.H.Zhou 藏南绿绒蒿
Mecopus Benn.**长柄荚属**(豆科)
Mecopus midulans Benn.长柄荚
Mecorcerasus japonica Roem.=Cerasus japonica
Mecosorus Kaulf.(p.p.)=**Grammitis**
Medeoma nepalensis (D.Don) Benth.=Mosla dianthera
Medicago L.**苜蓿属**(豆科)
Medicago afghanica (Bord.) Vass.=Medicago sativa
Medicago apiculata Willd.=Medicago polymorpha
Medicago arabica (L.) Huds.褐斑苜蓿
Medicago arborea L.木本苜蓿
Medicago arborescens C.Presl=Medicago arborea
Medicago archiducis-nicolai Sirj.青海苜蓿
Medicago arcuata (C.A.Meyer) Trautv.=Trigonella arcuata
Medicago asiatica subsp. *sinensis* Sinsk.=Medicago sativa
Medicago beipinensis vass.=Medicago sativa
Medicago connivans var. *genuina* Trautv.=Trigonella cancellata
Medicago denticulata Willd.=Medicago polymorpha
Medicago denticulata var. *brevispina* Benth.=Medicago polymorpha var. brevispina
Medicago denticulata var. *vulgaris* Benth.=Medicago polymorpha var. vulgaris
Medicago edgeworthii Sirj. ex Hand.-Mazz.毛荚苜蓿
Medicago falcata L.野苜蓿
Medicago falcata subsp. *erecta* Kotov=Medicago falcata var. romanica
Medicago falcata var. falcata=Medicago falcata
Medicago falcata var. romanica (Brandza) Hayek 草原苜蓿
Medicago gordejevi Kom.=Trifolium gordejevi
Medicago hispida Gaertn.(p.p.)=Medicago polymorpha
Medicago hispida Gaertn.(p.p.)=Medicago polymorpha var. vulgaris
Medicago lappacea Desr.=Medicago polymorpha
Medicago lupulina L.天蓝苜蓿
Medicago maculata Sibth.=Medicago arabica
Medicago media Pers.=Medicago varia
Medicago minima (L.) Bartal.=Medicago minima
Medicago minima (L.) Grufb.小苜蓿
Medicago minima (L.) Lam.=Medicago minima
Medicago minima var. brevispina Benth.?短刺花苜蓿(新)
Medicago nigra Krocker=Medicago polymorpha
Medicago orbicularis Bart.蜗壳苜蓿
Medicago orthoceras (Kar. & Kir) Trautv.=Trigonella orthoceras
Medicago oxalioides Schur=Medicago arabica
Medicago platycarpos (L.) Trautv.阔荚苜蓿
Medicago polymorpha L.南苜蓿
Medicago polymorpha var. *arabica* L.=Medicago arabica
Medicago polymorpha var. brevispina (Benth.) Heyn 光果南苜蓿(新)
Medicago polymorpha var. *minima* L.=Medicago minima
Medicago polymorpha var. polymorpha=Medicago polymorpha
Medicago polymorpha var. vulgaris (Benth.) Shin 刺果南苜蓿(新)

Medicago praecox DC.早花苜蓿
Medicago pubescens (Edgew. ex Baker) Sirj.=Medicago edgeworthii
Medicago romanica Branchza=Medicago falcata var. romanica
Medicago ruthenica (L.) Trautv.花苜蓿
Medicago ruthenica var. chinensis Sirj.?华苜蓿(新)
Medicago ruthenica var. latifolia Freyn?宽叶花苜蓿(新)
Medicago ruthenica var. oblongifolia Freyn?椭叶花苜蓿(新)
Medicago ruthenica var. petraea β. cuneiloba Freyn?楔叶花苜蓿(新)
Medicago sativa ×*Medicago falcata* Rouy & Fouc.=Medicago varia
Medicago sativa L.紫苜蓿
Medicago sativa subsp.×*varia* (Martyn) Arcangeli=Medicago varia
Medicago savia subsp. *falcata* (L.) Arcangeli=Medicago falcata
Medicago schischkinii Sumn 新疆苜蓿?
Medicago sirjearwii Hand.-Mazz.=Medicago archiducis-nicolai
Medicago tianshanica Vass.=Medicago varia
Medicago tibetana (Alef.) Vass.=Medicago sativa
Medicago varia Martyn 杂交苜蓿
Medicago vassilczenkoi Worosh.辽西苜蓿?
Medicia Gardn. ex Champ.=**Gelsemium**
Medicia elegans Gardn. & Champ.=Gelsemium elegans
Medicusia Moench.=**Picris**
Medinilla Gaud.**酸脚杆属**(野牡丹科)
Medinilla arboricola How 附生美丁花
Medinilla assamica (C.B.Clarke) C.Chen 顶花酸脚杆
Medinilla caerulescens Guillaum.=Medinilla septentrionalis
Medinilla caerulescens var. nuda Craib=Medinilla septentrionalis
Medinilla erythrophylla (Wall.) Lindl.红叶酸脚杆
Medinilla fengii (S.Y.Hu) C.Y.Wu ex C.Chen 西畴酸脚杆
Medinilla formosana Hay.台湾酸脚杆
Medinilla fuligineo-glandulifera C.Chen 细点酸脚杆
Medinilla hainanensis Merr. & Chun 海南美丁花
Medinilla hayataiana H.Keng 糠秕酸脚杆
Medinilla himalayana HK.f. ex Triana 锥序酸脚杆
Medinilla kawakamii Hay.=Medinilla hayataiana
Medinilla lanceata (Nayer) C.Chen 酸脚杆
Medinilla luchuenensis C.Y.Wu & C.Chen 禄春酸脚杆
Medinilla nana S.Y.Hu 矮酸脚杆
Medinilla petelotii Merr.沙巴酸脚杆
Medinilla radicans Bl.(Merr.in Lingnan Sci.J.1930)=Medinilla arboricola
Medinilla radiciflora C.Y.Wu ex C.Chen=Medinilla lanceata
Medinilla rubicunda Bl.(C.B.Clarke in Fl.Brit.Ind.1879)=Medinilla erythrophylla
Medinilla rubicunda var. tibetica C.Chen 墨脱酸脚杆
Medinilla septentrionalis (W.W.Sm.) H.L.Li 北酸脚杆
Medinilla spirei Guillaum.=Medinilla assamica
Medinilla tsaii H.L.Li=Medinilla petelotii
Medinilla yunnanensis H.L.Li 滇酸脚杆
Medora divaricata Kunth=Maianthemum fuscum
Meehania Britt. ex Small & Vaill.**龙头草属**(唇形科)
Meehania fabertii (Hemsl.) C.Y.Wu 肉叶龙头草
Meehania fargesii (Lévl.) C.Y.Wu 华西龙头草
Meehania fargesii var. fargesii=Meehania fargesii
Meehania fargesii var. pedunculata (Hemsl.) C.Y.Wu 疏麻菜
Meehania fargesii var. pinetorum (Hand.-Mazz.) C.Y.Wu 松林华西龙头草(新)
Meehania fargesii var. radicans (Vaniot) C.Y.Wu 红紫苏
Meehania henryi (Hemsl.) Sun ex C.Y.Wu 龙头草
Meehania henryi var. henryi=Meehania henryi
Meehania henryi var. kaitcheensis (Lévl.) C.Y.Wu 长叶龙头草(新)
Meehania henryi var. stachydifolia (Lévl.) C.Y.Wu 圆基叶龙头草(新)
Meehania pinetorum (Hand.-Mazz.) Kudô =Meehania fargesii var. pinetorum
Meehania pinfaensis (Lévl.) Sun ex C.Y.Wu 狭叶龙头草
Meehania radicans (Vant.) A.L.Bud.=Meehania fargesii var. radicans
Meehania ruticaefolia var. *henryi* (Hemsl.) Kudô (p.p.)=Meehania fargesii var. radicans
Meehania ruticifolium var. *typica* f. *radicans* (Dunn) Hand.-Mazz.=Meehania fargesii var. radicans
Meehania urticaefola var. *henryi* (Hemsl.) Kudô (p.p.)=Meehania henryi var. kaitcheensis
Meehania urticaefolia (Miq.) Kom.=Meehania urticifolia
Meehania urticaefolia (Miq.) Makino(科学论文集 1932,p.p.)=Meehania henryi var. kaitcheensis
Meehania urticaefolia (Miq.) Makino(科学论文集 1932,p.p.)=Meehania henryi var. stachydifolia
Meehania urticaefolia var. *faberi* (Hemsl.) Kudô =Meehania faberi
Meehania urticaefolia var. *henryi* (Hemsl.) Kudô (p.p.)=Meehania fargesii
Meehania urticaefolia var. *henryi* (Hemsl.) Kudô (p.p.)=Meehania henryi
Meehania urticaefolia var. *pedunculata* Kudô (p.p.)=Meehania fargesii
Meehania urticaefolia var. *typica* Kudô =Meehania urticifolia
Meehania urticifolia (Miq.) Makino(Hand.-Mazz.in Act.Hort.Göthb. 1934) =Meehania fargesii
Meehania urticifolia (Miq.) Makino(科学论文集 1932,p.p.)=Meehania fargesii var. pinetorum
Meehania urticifolia (Miq.) Makino 荨麻叶龙头草
Meehania urticifolia var. *angustifolia* f. *racemosa* (Dunn) Hand.-Mazz.= Meehania fargesii var. pedunculata
Meehania urticifolia var. *pedunculata* (Hemsl.) Kudô (p.p.)=Meehania fargesii var. pinetorum
Meehania urticifolia var. *pinetorum* Hand.-Mazz.=Meehania fargesii var. pinetorum
Meehania urticifolia var. *typica* f. *normalis* (Dunn) Hand.-Mazz.= Meehania fargesii
Meehanica urticifolia var. *pedunculata* (Hemsl.) Kudô (p.p.)=Meehania fargesii var. pedunculata
Meehaniopsis Kudô =**Glechoma**
Meehaniopsis biondiana (Diels) Kudô (分类学报 1959,p.p.)=Glechoma biondiana var. glabrescens
Meehaniopsis biondiana (Diels) Kudô =Glechoma biondiana
Meesia serrata Gaertn.=Gomphia serrata
Megabotrya meliaefolia Hance ex Walp.=Evodia glabrifolia
Megacarpaea DC.**高河菜属**(十字花科)
Megacarpaea delavayi Franch.高河菜
Megacarpaea delavayi f. *angustisecta* O.E.Schulz=Megacarpaea delavayi
Megacarpaea delavayi f. *microphylla* O.E.Schulz=Megacarpaea delavayi
Megacarpaea delavayi f. *pallidiflora* O.E.Schulz=Megacarpaea delavayi
Megacarpaea delavayi var. delavayi=Megacarpaea delavayi
Megacarpaea delavayi var. *grandiflora* O.E.Schulz=Megacarpaea delavayi
Megacarpaea delavayi var. *minor* W.W.Sm.=Megacarpaea delavayi
Megacarpaea delavayi var. minor f. microphylla O.E.Schulz 小叶高河菜
Megacarpaea delavayi var. minor f. pallidiflora O.E.Schulz 浅紫花高河菜
Megacarpaea delavayi var. *pinnatifida* Danguy=Megacarpaea delavayi
Megacarpaea laciniata DC.=Megacarpaea megalocarpa
Megacarpaea megalocarpa (Fisch. ex DC.) Fedtsch.大果高河菜
Megacarpaea mugodzharica Goloskokov & Vassilczenko=Megacarpaea megalocarpa
Megacarpaea polyandra Benth. ex Madden 多蕊高河菜
Megacodon (Hemsl.) H.Sm.**大钟花属**(龙胆科)
Megacodon stylophorus (C.B.Clarke) H.Sm.大钟花
Megacodon venosus (Hemsl.) H.Sm.川东大钟花
Megadenia Maxim.**双果荠属**(十字花科)
Megadenia bardunovii Popov=Megadenia pygmaea
Megadenia pygmaea Maxim.双果荠
Megadenia speluncarum Vorobiev=Megadenia pygmaea
Megistostigma HK.f.**大柱藤属**(大戟科)
Megistostigma malaccense HK.f.大柱藤
Megistostigma yunnanense Croiz.云南大柱藤
Meibomia kurziana Kuntze=Phyllodium kurzianum
Meiogyne Miq.**鹿茸木属**(番荔枝科)
Meiogyne hainanensis (Merr.) Ban=Oncodostigma hainanense
Meiogyne kwangtungensis P.T.Li 鹿茸木
Meiogyne maclurei (Merr.) Sic(L.)=Oncodostigma hainanense
Meiogyne maclurei (Merr.) Sincl.=Fissistigma maclurei
Meistera Giseke=**Amomum**
Melaleuca L.**白千层属**(桃金娘科)
Melaleuca armillaris Smith 下垂白千层
Melaleuca decussata R.Br.丁香色白千层
Melaleuca ericifolia Smith 石南叶白千层
Melaleuca hypericifolia Smith 金丝桃叶白千层
Melaleuca lateritia Otto 砖红花白千层
Melaleuca leucadendron L.白千层

Melaleuca nesophila F.V.Muell.粉红花白千层
Melaleuca parviflora Lindl.细花白千层
Melaleuca preissiana Schauer=Melaleuca parviflora
Melaleuca wilsonii F.V.Muell.威氏白千层
Melampyrum L.**山罗花属**(玄参科)
Melampyrum chinense Dahl. ex Loes=Melampyrum klebelsbergianum
Melampyrum esquirolii (Lévl. & Vant.) Hand.-Mazz.(p.p.)=Melampyrum roseum
Melampyrum esquirolii (Lévl. & Vant.) Hand.-Mazz.(p.p.)=Melampyrum roseum var. obtusifolium
Melampyrum henryanum (Beauv.) Sóo(p.p.)=Melampyrum roseum obtusifolium
Melampyrum henryanum Sóo(p.p.)=Melampyrum klebelsbergianum
Melampyrum klebelsbergianum Sóo 滇川山罗花
Melampyrum laxum Miq.圆苞山罗花
Melampyrum laxum var. *henryanum* Beauv.=Melampyrum roseum var. obtusifolium
Melampyrum laxum var. *obtusifolium* (Bonati) Beauv.=Melampyrum roseum var.obtusifolium
Melampyrum obtusifolium Bonati=Melampyrum roseum var. obtusifolium
Melampyrum ovalifolium Nakai=Melampyrum roseum var. ovalifolium
Melampyrum pratense L.(Hemsl.in J.Bot.1876)=Melampyrum roseum
Melampyrum roseum Maxim.山罗花
Melampyrum roseum subsp. *hirsutum* (Beauv.) Soó=Melampyrum roseum
Melampyrum roseum subsp. *hirsutum* Sóo=Melampyrum roseum
Melampyrum roseum var. obtusifolium (Bonati) Hong 钝叶山罗花
Melampyrum roseum var. ovalifolium Nakai ex Beauv.卵叶山罗花
Melampyrum roseum var. roseum=Melampyrum roseum
Melampyrum roseum var. setaceum Maxim.狭叶山罗花
Melampyrum setaceum Nakai=Melampyrum roseum var. setaceum
Melandrium Roehl.=**Silene**
Melandrium adenanthum (Franch.) Hand.-Mazz.=Silene asclepiadea
Melandrium aespitosum Williams=Silene davidii
Melandrium alaschanicum (Maxim.) Y.Z.Zhao=Silene alaschanica
Melandrium album (Mill.) Garcke=Silene latifolia subsp. alba
Melandrium apertum Pax & Hoffm.=Silene himalayensis
Melandrium apetalum Fenzl (Williams in J.L.Soc.Bot.1909)=Silene himalayensis
Melandrium apetalum var. *himalayense* Rohr.=Silene himalayensis
Melandrium apetalum δ. *himalayense* Rohrb.=Silene himalayensis
Melandrium apricum (Turcz. ex Fisch. & Mey.) Rohrb.(东北检索表 1959)= Silene aprica
Melandrium apricum (Turcz. ex Fisch. & Mey.p.p.) Rohrb.=Silene aprica
Melandrium apricum (Turcz. ex Fisch. & Mey.p.p.) Rohrb.=Silene orientalimongolica
Melandrium apricum subsp. *oldhamianum* (Miq.) Kitag.=Silene aprica
Melandrium apricum var. *firmum* (S. & Z.) Rohr.=Silene firma
Melandrium apricum var. *firmum* f. *pubescens* Makino=Silene firma
Melandrium apricum var. *oldhamianum* (Miq.) Y.C.Chu=Silene aprica
Melandrium apricum β. *firmum* (S. & Z.) Rohrb.=Silene firma
Melandrium asclepiadeum (Franch.) Hand.-Mazz. ex Pax & Hoffm.= Silene asclepiadea
Melandrium asclepiadeum (Franch.) Hand.-Mazz.(西藏志 1983)=Silene indica var. bhutanica
Melandrium atrocastaneum (Diels) Hand.-Mazz.=Silene atrocastanea
Melandrium atsaense (Marq.) Pax & hoffm.=Silene atsaensis
Melandrium auritipetalum Y.Z.Zhao & P.Ma=Silene songarica
Melandrium baicalense Suk. ex tolm.=Silene songarica
Melandrium batangense (Limpr.) Pax & Hoffm.=Silene batangensis
Melandrium bilinguum (W.W.Sm.) Pax & Hoffm.=Silene bilingua
Melandrium boissieri Schischk.=Silene latifolia
Melandrium brachypetalum (Horn.) Fenzl (Hand.-Mazz.in Sumb.Sin. 1929,p.p.)= Silene huguettiae
Melandrium brachypetalum (Horn.) Fenzl=Silene songarica
Melandrium brachypetalum var. *tibetanum* Rohrb.=Silene nepalensis
Melandrium caespitosum F.N.Will.=Silene davidii
Melandrium capitatum Kom. ex Mori=Silene capitata
Melandrium cardiopetalum (Franch.) Hand.-Mazz.=Silene cardiopetala
Melandrium cashmerianum (Royle ex Benth.) Walp.=Silene cashmeriana
Melandrium chungtienense (W.W.Sm.) Pax & Hoffm.=Silene chungtienensis
Melandrium delavayi (Franch.) Hand.-Mazz.(西藏志 1983)=Silene indica
Melandrium delavayi (Franch.) Hand.-Mazz.=Silene delavayi
Melandrium dingriense Y.W.Tsui & P.Ke ex L.H.Zhou=Silene cashmeriana
Melandrium fimbriatum (Wall. ex Benth.) Walp.(西藏志 1983)=Silene multifurcata
Melandrium firmum (S. & Z.) Rohrb.=Silene firma
Melandrium firmum f. *pubescens* (Makino=Silene firma
Melandrium firmum var. *pubescens* (Makino) Y.Z.Zhao=Silene firma
Melandrium glabellum Ohwi=Silene morrisonmontana var. glabella
Melandrium glandulosum (Maxim.) Williams (Hand.-Mazz. in Symb.Sin. 1929)=Silene muliensis
Melandrium glandulosum (Maxim.) Williams=Silene yetii
Melandrium glandulosum var. *hexapetalum* Y.W.Tsui & L.H.Zhou=Silene nangqenensis
Melandrium glandulosum var. *longistylum* Y.W.Tsui & L.H.Zhou=Silene nangqenensis
Melandrium gomolangmaense Y.W.tsui & P.Ke ex L.H.Zhou=Silene himalayensis
Melandrium grandiflorum (Franch.) Y.W.Tsui=Silene grandiflora
Melandrium griffithii (Boiss.) Rohrb.=Silene suaveolens
Melandrium hailaricum Bar.=Silene linnaeana
Melandrium himalayense (Rohrb.) Y.Z.Zhao=Silene himalayensis
Melandrium indicum (Rox.b ex Otth) Walp.(西藏志 1983)=Silene indica var. bhutanica
Melandrium indicum (Roxb. ex Otth) Walp.=Silene indica
Melandrium integripetalum L.H.Zhou & C.Y.Wu=Silene zhoui
Melandrium irikutense Kitag.=Silene songarica
Melandrium kermesinum (W.W.Sm.) Hand.-Mazz.=Silene asclepiadea
Melandrium kialense Williams=Silene kialensis
Melandrium lankongense (Franch.) Hand.-Mazz.=Silene viscidula
Melandrium lhassanum Williams=Silene lhassana
Melandrium lichiangense (W.W.Sm.) Hand.-Mazz.=Silene lichiangensis
Melandrium longipes Hand.-Mazz.＝Silene melanantha
Melandrium macrorhiza (Royle ex Benth.) Walp.=Silene himalayensis
Melandrium macrorhizum Walp.(in sched.)=Silene nigrescens subsp. latifolia
Melandrium macrorihzum Walp.(Rohrb.in Linnaea 1869)=Silene nigrescens
Melandrium melananthum (Franch.) Hand.-Mazz.=Silene melanantha
Melandrium mongolicum (Maxim.) Grub.=Silene songarica
Melandrium morrisonmontanum Hay.=Silene morrisonmontana
Melandrium morrisonmontanum var. *glabellum* Ohwi=Silene morrisonmontana var. glabella
Melandrium muilticaule (Wall. ex Benth.) Walp.=Silene nepalensis
Melandrium multifurcatum (C.L.Tang) Kozhev.=Silene multifurcata
Melandrium namlaense (Marq.) Pax & Hoffm.=Silene namlaensis
Melandrium napuligerum (Franch.) Hand.-Mazz.(西藏志 1983,p.p.)= Silene batangensis
Melandrium napuligerum (Franch.) Hand.-Mazz.=Silene napuligera
Melandrium neocaespitosum Y.W.Tsui=Silene caespitella
Melandrium nigrescens (Edgew.) Williams=Silene nigrescens
Melandrium nigrescens Edgew.(Hand.-Mazz.in Symb.Sin.1929,p.p.)= Silene nigrescens subsp. latifolia
Melandrium noctiflorum (L.) Fries=Silene noctiflora
Melandrium nutans (Royle ex Benth.) Walp.(西藏志 1983)=Silene indica var. bhutanica
Melandrium nyalamense L.H.Zhou=Silene cashmeriana
Melandrium oblanceolatum (W.W.Sm.) Hand.-Mazz.=Silene oblanceolata
Melandrium odenanthum (Franch.) Hand.-Mazz.=Silene asclepiadea
Melandrium oldhamianum (Miq.) Rohrb.=Silene aprica
Melandrium orientalimongolicum (J.Kozhevn.) Y.Z.Zhao=Silene orientalimongolica
Melandrium platypetalum (Bur. & Franch.) Williams=Silene principis
Melandrium platyphyllum (Franch.) Hand.-Mazz.=Silene platyphylla
Melandrium praticolum (W.W.Sm.) Pax & Hoffm.=Silene platyphylla
Melandrium pumilum (Benth.) Walp.=Silene gonosperma
Melandrium puranense L.H.Zhou=Silene puranensis
Melandrium qomolangmaense Y.W.Tsui & P.Ke ex L.H.Zhou=Silene himalayensis
Melandrium quadrilobum (Turcz. ex Kar. & Kir.) Schischk.=Silene quadriloba
Melandrium rubicundum (Franch.) Hand.-Mazz.=Silene napuligera
Melandrium rubricalyx (Marq.) Pax & Hoffm.=Silene rubricalyx
Melandrium scopulorum (Franch.) Hand.-Mazz.=Silene scopulorum
Melandrium seoulense (Nakai) Naka i=Silene seoulensis
Melandrium sibiricum A.Br.=Silene linnaeana
Melandrium songaricum Fisch.=Silene songarica

Melandrium sordidum (Kar. & Kir.) Rohrb.=Silene karekirii
Melandrium souliei Willams=Silene himalayensis
Melandrium suaveolens (Turcz. ex Kar. & Kir.) Schischk.=Silene suaveolens
Melandrium tatarinowii (Rgl.) W.Y.Tsui=Silene tatarinowii
Melandrium transalpinum Hay.=Silene morrisonmontana
Melandrium triste (Bge.) Fenzl ex Ledeb.=Silene bungei
Melandrium verrucosoalatum Y.Z.Zhao & P.Ma=Silene karekirii
Melandrium vesiculiforme Hay.=Silene morrisonmontana
Melandrium viscidulum (Franch.) Williams (西藏志 1983)=Silene lhassana
Melandrium viscidulum (Franch.) Williams=Silene viscidula
Melandrium viscidulum var. *szechuanense* (Williams) Hand.-Mazz.= Silene asclepiadea
Melandrium viscosum f. *quadrilobum* Krylov=Silene quadriloba
Melandrium viscosum f. *suaveolens* Krylov=Silene suaveolens
Melandrium wardii (Marq.) Pax & Hoffm.=Silene wardii
Melandrium xainzaense L.H.Zhou=Silene caespitella
Melandrium zhongbaense L.H.Zhou=Silene zhongbaensis
Melandryum Reichb.=**Silene**
Melanobatus Greene=**Rubus**
Melanocarya Turcz.=**Euonymus**
Melanolepis Reichbf. & Zoll.**墨鳞属**(大戟科)
Melanolepis moluccanus Pax & Hoffm.=Melanolepis multiglandulosa
Melanolepis multiglandulosa (Reinw. ex Bl.) Reichbf. & Zoll.墨鳞
Melanosciadium de Boiss. **紫伞芹属**(伞形科)
Melanosciadium pimpinelloideum de Boiss.紫伞芹
Melanoseris lyrata Decne.=Mulgedium lessertianum
Melanoseris saxatilis Edgew.=Cephalorrhynchus saxatilis
Melanthesa Bl.=**Breynia**
Melanthesa chinensis Bl.=Breynia fruticosa
Melanthesopsis Benth. & HK.f.=**Breynia**
Melanthesopsis fruticosa (L.) Muell.Arg.=Breynia fruticosa
Melanthesopsis lucens (Poir.) Muell.Arg.=Breynia fruticosa
Melanthesopsis Muell.Arg.=**Breynia**
Melanthesopsis patens (Roxb.) Muell.Arg.=Breynia retusa
Melanthium cochinchinenwsis Lour.=Asparagus cochinchinensis
Melanthium sibiricum L.=Zigadenus sibiricus
Melasma P.J.Berg.=**Alectra**
Melasma avense (Benth.) Hand.-Mazz.=Alectra avensis
Melastoma L.**野牡丹属**(野牡丹科)
Melastoma affine D.Don 多花野牡丹
Melastoma barbatum Wall.=Diplectria barbata
Melastoma candidum D.Don 野牡丹
Melastoma candidum var. *nobotan* Makino(Suzuki in Masamune Short Fl.Formos. 1936)=Melastoma candidum
Melastoma cavaleriei Lévl.=Melastoma normale
Melastoma decemfidum Roxb.=Melastoma sanguineum
Melastoma dendrisetosum C.Chen 枝毛野牡丹
Melastoma dodecandrum Lour.地菍
Melastoma erythrophylla Wall.=Medinilla erythrophylla
Melastoma esquirolii Lévl.=Melastoma normale
Melastoma imbricatum Wall.大野牡丹
Melastoma intermedium Dunn 细叶野牡丹
Melastoma kudoi Sasaki=Melastoma intermedium
Melastoma macrocarpon D.Don (Benth.in Fl.Hongk.1861)=Melastoma candidum
Melastoma mairei Lévl.=Osbeckia mairei
Melastoma normale D.Don 展毛野牡丹
Melastoma penicillatum Naud.紫毛野牡丹
Melastoma polyanthum Bl.(H.L.Li in J.Arn.Arb.1944,p.p.)=Melastoma normale
Melastoma polyanthum Bl.=Melastoma affine
Melastoma repens Desr.=Melastoma dodecandrum
Melastoma sanguineum Sims 毛菍
Melastoma sanguineum var. latisepalum C.Chen 宽萼毛菍
Melastoma sanguineum var. sanguineum=Melastoma sanguineum
Melastoma septemnervium Lour.=Melastoma candidum
Melastoma suffruticosum Merr.=Melastoma intermedium
Melastoma vagans Roxb.=Oxyspora vagans
Melastomataceae 野牡丹科
Meldella mairei Hall & Lellinger=Pellaea mairei
Meldella smithii Hall & Lellinger=Pellaea smithii
meldella straminea Hall & Lellinger=Pellaea stramine
Melhania Forsk.**梅蓝属**(梧桐科)
Melhania abyssinica A.Rich 阿比西尼亚梅蓝
Melhania cannabina Wight 拟大麻梅蓝(新)
Melhania hamiltaniana Wall.梅蓝
Melhania incana Heyne 灰白毛梅蓝
Melhania tomentosa Stocks.茸毛梅蓝
Melia L.**楝属**(楝科)
Melia azedarach L.楝
Melia azedarach var. *subtripinnata* Miq.=Melia azedarach
Melia baccifera Roth.=Cipadessa baccifera
Melia chinensis Sieb. ex Miq.=Melia toosendan
Melia dubia Car.南岭楝树?
Melia dubia Cav.(分类学报 1955)=Melia azedarach
Melia japonica var. *sempterflorens* Makino=Melia azedarach
Melia toosendan S. & Z.川楝
Meliaceae 楝科
Melica L.**臭草属**(禾本科)
Melica altissima L.高臭草
Melica altissima f. *interrupta* (Rchb.) Papp=Melica altissima
Melica altissima var. *atropupurea* Papp=Melica altissima
Melica altissima var. *interrupta* Rchb.=Melica altissima
Melica altissima var. *transsilvanica* (Schur) Schur=Melica transsilvanica
Melica bromoides Boland. ex A.Gray 雀麦状臭草
Melica callosa (Turcz.) Ohwi=Schizachne callosa
Melica canescens (Rgl.) Lavr.毛鞘臭草
Melica ciliata L.丝毛穗臭草
Melica ciliata subsp. *taurica* (C.Kcoh) Tzvel=Melica taurica
Melica ciliata β. *transsilvanica* (Schur) Hack.=Melica transsilvanica
Melica ciliata γ. *taurica* (C.Koch) Griseb.=Melica taurica
Melica cupani Guss.=Melica persica
Melica cupani var. *canescens* Rgl.=Melica canescens
Melica cupani var. *vestita* Boiss.=Melica persica
Melica duthicana Hack. ex Papp.=Melica scaberrima
Melica effusa (L.) Salisb.=Milium effusum
Melica gmelinii Turcz. ex Trin.=Melica turczaninowiana
Melica gracilis Aitch. & Hemsl.=Melica secunda
Melica grandiflora (Hack.) Koidz.大花臭草
Melica jacquemontii subsp. *canescens* (Rgl.) Bor=Melica canescens
Melica komarovii Luczn.鞘翅臭草
Melica kozlovii Tzvel.柴达木臭草
Melica kumana Honda=Melica onoei
Melica latifolia Roxb.=Thysanolaena maxima
Melica longiligulata Z.L.Wu 长舌臭草
Melica magnolii Godron & Grenier 马氏臭草
Melica matsummurae Hack.=Melica onoei
Melica micrantha Boiss. & Hoben=Melica taurica
Melica munroi Boiss=Melica secunda
Melica nutans L.(东北检索表 1959,p.p.)=Melica komarovii
Melica nutans L.俯垂臭草
Melica nutans f. *pillata* Papp=Melica nutans
Melica nutans var. *grandiflora* (Koidz.) Hack.=Melica grandiflora
Melica nutans var. *grgyrolepis* Kom.=Melica grandiflora
Melica onoei Franch. & Sav.广序臭草
Melica onoei var. onoei=Melica onoei
Melica onoei var. pilosula Papp 毛叶臭草
Melica pannosa Boiss.=Melica persica
Melica pappiana Hempel 北臭草
Melica persica Kunth 伊朗臭草
Melica persica subsp. *canescens* (Rgl.) Davis=Melica canescens
Melica persica var. scabra Papp 紫堇臭草(新)
Melica persica var. vestida Boiss.黄紫臭草(新)
Melica pieta Koch 有色落草
Melica polyantha Keng=Melica przewalskyi
Melica przewalskyi Roshev.甘肃臭草
Melica radula Franch.细叶臭草
Melica scaberrima (Nees ex Steud.) HK.f.糙臭草
Melica scabrosa Trin.臭草
Melica scabrosa var. *limprichtii* Papp=Melica scabrosa
Melica scabrosa var. puberula Papp 毛臭草
Melica scabrosa var. *radula* (Franch.) Papp=Melica radula
Melica scabrosa var. scabrosa=Melica scabrosa

Melica schuetzeana Hempel 藏东臭草
Melica secunda Rgl.偏穗臭草
Melica secunda var. *interrupta* Hack.=Melica secunda
Melica sibirica Lam.=Melica altissima
Melica sinica Ohwi=Melica radula
Melica spinosa Munro ex Boiss.=Melica secunda
Melica subflava Z.L.Wu 黄穗臭草
Melica tangutorum Tzvel.青甘臭草
Melica taurica C.Koch 小穗臭草
Melica taylori Hempel 高山臭草
Melica tibetica Roshev.藏臭草
Melica transsilvanica Schur 德兰臭草
Melica turczaninowiana Howi 大臭草
Melica uniflora f. *glabra* Papp=Melica pappiana
Melica uniflora Retz.单花臭草
Melica vestita Boiss.=Melica persica
Melica virgata Turcz. ex Trin.抱草
Melica yajiangensis Z.L.Wu 雅江臭草
Melicope J.R. & G.Forst.**密茱萸属**(芸香科)
Melicope awandan (Hatusima) Ohwi & Hatusima=Melicope triphylla
Melicope confusa Liu=Evodia lunurankenda
Melicope patulinervia (Merr. & Chun) Huang 密茱萸
Melicope triphylla (Lam.) Merr.三叶密茱萸
Melilotoides archiducis-nicolai (Sirj.) Yakovl.=Medicago archiducis-nicolai
Melilotoides Heist. ex Fabr.=**Medicago**
Melilotoides platycarpos (L.) Sojak=Medicago platycarpos
Melilotoides pubescens (Edgew. ex Baker) Yakovl.=Medicago edgeworthii
Melilotoides ruthenica (L.) Sojak=Medicago ruthenica
Melilotoides tibetica (Vass.) Yakovl.=Medicago edgeworthii
Melilotus Miller **草木犀属**(豆科)
Melilotus alba Medic. ex Desr.白花草木犀
Melilotus altissima Thuill.黄香草木樨
Melilotus brachystachya Bge.=Melilotus dentata
Melilotus dentata (Waldst. & Kit.) Pers.细齿草木犀
Melilotus dentata subsp. dentata=Melilotus dentata
Melilotus dentata subsp. sibirica (O.E.Schulz) Suv 西伯利亚草木犀
Melilotus dentatus (Waldst. & Kit.) Pers.=Melilotus dentata subsp. sibirica
Melilotus dentatus ×*Melilotus suveolens* Ledeb.=Melilotus dentata subsp. sibirica
Melilotus emodi Grah.=Trigonella emodi
Melilotus graveolens Bge.=Melilotus officinalis
Melilotus indica (L.) All.印度草木犀
Melilotus officinalis (L.) Pall.草木犀
Melilotus officinalis f. *suaveolens* (Ldeb.) Ohashi & Tateishi=Melilotus officinalis
Melilotus parviflora Desf.=Melilotus indica
Melilotus suaveolens Ledeb.=Melilotus officinalis
Melinis Beauv.**糖蜜草属**(禾本科)
Melinis minutiflora Beauv.糖密草
Meliosma Bl.**泡花树属**(清风藤科)
Meliosma affinis Merr.=Meliosma thorelii
Meliosma alba (Schlech.)Walp.=Meliosma beaniana
Meliosma angustifolia Merr.(Chun in Sunyatsenia 1940,p.p.)=Meliosma rhoifolia var. barbulata
Meliosma angustifolia Merr.狭叶泡花树
Meliosma arnottiana Walp.南亚泡花树
Meliosma beaniana Rehd. & Wils 珂南树
Meliosma bifida Law 双裂泡花树
Meliosma buchananifolia Merr.=Meliosma thorelii
Meliosma callicarpaefolia Hay.紫珠叶泡花树
Meliosma cavaleriei Lévl.=Ampelopsis chaffanjoni
Meliosma costata Cufod.=Meliosma velutina
Meliosma crassifolia Hand.-Mazz.=Meliosma angustifolia
Meliosma cuneifolia Franch.泡花树
Meliosma cuneifolia var. glabriuscula Cufod.光叶泡花树
Meliosma depauperata Chun ex How=Meliosma longipes
Meliosma dilatata Diels=Meliosma parviflora
Meliosma dilleniifolia (Wall. ex Wight & Arn.)Walp 重齿泡花树
Meliosma dilleniifolia subsp. *cuneifolia* (Franch.) Beus.(p.p.)=Meliosma cuneifolia
Meliosma dilleniifolia subsp. *cuneifolia* var. *multinernia* Beus=Meliosma cuneifolia var. glabriuscula
Meliosma dilleniifolia subsp. *dilleniifolia* Beus.=Meliosma dilleniifolia
Meliosma dilleniifolia subsp. *flaxuosa* (Pampan.) Beus.=Meliosma flexuosa
Meliosma donnaiensis Gagn.(p.p.)=Meliosma paupera
Meliosma dumicola var. *serrata* Vidal=Meliosma dumicola
Meliosma dumicola W.W.Sm.灌丛泡花树
Meliosma fischeriana Rehd. & Wils.=Meliosma yunnanensis
Meliosma flexuosa Pamp.垂枝泡花树
Meliosma fordii Hemsl.香皮树
Meliosma fordii var. sinii (Diels) Law 辛氏泡花树
Meliosma forrestii W.W.Sm.=Meliosma thomsonii
Meliosma glandulosa Cufod.腺毛泡花树
Meliosma glomerulata Rehd. & Wils.=Meliosma rigida
Meliosma hainanensis How=Meliosma fordii
Meliosma heneryi subsp. *thorelii* (Lecomte) Beus.=Meliosma thorelii
Meliosma henryi subsp. *henryi* Beus.=Meliosma heyryi
Meliosma heyryi Diels 贵州泡花树
Meliosma kirhii Hemsl. & Wils.(Hand.-Mazz.in Symb.Sin.1933)=Meliosma rhoifolia var. barbulata
Meliosma kirkii Hemsl. & Wils.山青木
Meliosma laui Merr.华南泡花树
Meliosma laui var. megaphylla H.W.Li 大叶泡花树
Meliosma lepidota subsp. *dumicola* (W.W.Sm.) Beus.=Meliosma dumicola
Meliosma lepidota subsp. *longipes* (Merr.) Beus.=Meliosma longipes
Meliosma lepidota subsp. *squamulata* (Hance) Beus.=Meliosma squamulara
Meliosma longicalyx Lecomte=Meliosma veitchiorum
Meliosma longipes Merr.疏枝泡花树
Meliosma mairei Cufod.=Meliosma cuneifolia var. glabriuscula
Meliosma mannii Lace 泸水泡花树?
Meliosma myriantha S. & Z.(Diels in Engler Bot.Jahrb.1900,p.p.)=Meliosma cuneifolia
Meliosma myriantha S. & Z.(Diels in Engler Bot.Jahrb.1900,p.p.)=Meliosma flexuosa
Meliosma myriantha S. & Z.(分类学报 1955)=Meliosma myriantha var. discolor
Meliosma myriantha S. & Z.多花泡花树
Meliosma myriantha subsp. myriantha=Meliosma myriantha
Meliosma myriantha subsp. *pilosa* var. *pilosa* Beus.=Meliosma myriantha var. pilosa
Meliosma myriantha subsp. *pilosa* var. *stewardii* (Merr.) Beus.=Meliosma myriantha var. discolor
Meliosma myriantha var. discolor Dunn 异色泡花树
Meliosma myriantha var. pilosa (Lecomte) Law 柔毛泡花树
Meliosma obtusa Merr. & Chun=Meliosma fordii
Meliosma oldhamii Hemsl. & Wils.(Hand.-Mazz.in Symb.Sin.1933,p.p.)=Meliosma rhoifolia var. barbulata
Meliosma oldhamii Maxim.红柴枝
Meliosma oldhamii Miq.(Rehd.in J.Arn.Arb.1927)=Meliosma oldhamii var. glandulifera
Meliosma oldhamii var. glandulifera Cufod.有腺泡花树
Meliosma oldhamii var. *sinensis* (Nakai) Cufod.=Meliosma oldhamii
Meliosma pannosa Hand.-Mazz.(Cufod.in Oesterr.Bot.Zeit.1939,p.p.)=Meliosma laui
Meliosma pannosa Hand.-Mazz.=Meliosma rigida var. pannosa
Meliosma parviflora Lecomte 细花泡花树
Meliosma patens Hemsl.=Meliosma rigida
Meliosma paupera Hand.-Mazz.狭序泡花树
Meliosma paupera var. *repando-serrata* Merr.=Meliosma paupera
Meliosma pendens Rehd. & Wils.=Meliosma flexuosa
Meliosma pilosa Lecomte=Meliosma myriantha var. pilosa
Meliosma pinnata Roxb. ex Maxim.羽叶泡花树
Meliosma pinnata subsp. *angustifolia* (Merr.) Beus.(p.p.)=Meliosma angustifolia
Meliosma pinnata subsp. *arnottiana* (Walp.Beus.(p.p.)=Meliosma arnottiana
Meliosma pinnata subsp. *arnottiana* (Walp.Beus.(p.p.)=Meliosma glandulosa

Meliosma pinnata subsp. *arnottiana* (Walp.Beus.(p.p.)=Meliosma kirkii
Meliosma pinnata subsp. *arnottiana* var. *arnottiana* Beus.(p.p.)= Meliosma rhoifolia
Meliosma pinnata subsp. *arnottiana* var. *arnottiana* Beus.(p.p.)= Meliosma rhoifolia var. barbulata
Meliosma pinnata subsp. *arnottiana* var. *oldhamii* (Maxim.) Beus.(p.p.)= Meliosma oldhamii
Meliosma pinnata subsp. *arnottiana* var. *oldhamii* (Maxim.) Beus.(p.p.)=Meliosma oldhamii var. glandulifera
Meliosma pinnata subsp. *pinnata* Beus.(p.p.)=Meliosma pinnata
Meliosma platypoda Rehd. & Wils.=Meliosma cuneifolia
Meliosma pseudopaufera Cufod.=Meliosma fordii
Meliosma pseudopaupera var. *pubisepala* How=Meliosma fordii
Meliosma rhoifolia Maxim 漆叶泡花树
Meliosma rhoifolia subsp. *barbulata* Cuifod.=Meliosma rhoifolia var. barbulata
Meliosma rhoifolia var. barbulata (Cufod.) Law 腋毛泡花树
Meliosma rigida S. & Z.笔罗子
Meliosma rigida var. pannosa (Hand.-Mazz.) Law 毡毛泡花树
Meliosma rigida var. *patens* (Hemsl.) Cufod.=Meliosma rigida
Meliosma simplicifolia (Roxb.)Walp.单叶泡花树
Meliosma simplicifolia subsp. *fordii* (Hemsl.) Beus.(p.p.)=Meliosma velutina
Meliosma simplicifolia subsp. *fordii* (Hemsl.) Beus.(p.p.)=Meliosma fordii
Meliosma simplicifolia subsp. *fordii* (Hemsl.Beus.(p.p.)=Meliosma fordii var. sinii
Meliosma simplicifolia subsp. *fruticosa* (Bl.) Beus.=Meliosma callicarpaefolia
Meliosma simplicifolia subsp. *laui* (Merr.) Beus.=Meliosma laui
Meliosma simplicifolia subsp. *rigida* (S. & Z.) Beus.(p.p.)=Meliosma rigida
Meliosma simplicifolia subsp. *rigida* (S. & Z.) Beus.(p.p.)=Meliosma rigida var. pannosa
Meliosma simplicifolia subsp. *simplicifolia* Beus.(p.p.)=Meliosma simplicifolia
Meliosma simplicifolia subsp. *thomsonii* (King ex Brandis) Beus.= Meliosma thomsonii
Meliosma simplicifolia subsp. *yunnanensis* (Franch.) Beus.(p.p.)= Meliosma yunnanensis
Meliosma simplicifolia Walp.(Merr.in Lingnan Sci.J.1927)=Meliosma thorelii
Meliosma sinensis Nakai (Groff in Lingnan Sci.Bull.1930,p.p.)=Meliosma rhoifolia var. barbulata
Meliosma sinensis Nakai=Meliosma oldhamii
Meliosma sinii Diels=Meliosma fordii var. sinii
Meliosma squamulara Hance 樟叶泡花树
Meliosma stewardii Merr.=Meliosma myriantha var. discolor
Meliosma subverticilaris Rehd. & Wils.巫溪泡花树(新)?
Meliosma thomsonii King ex Brandis 西南泡花树
Meliosma thomsonii var. trichocarpa (Hand.-Mazz.) C.Y.Wu & S.K.Chen 毛果泡花树
Meliosma thorelii Lecomte 山様叶泡花树
Meliosma trichocarpa Hand.-Mazz.贞丰泡花树(新)?
Meliosma tsangtakii Merr.=Meliosma dumicola
Meliosma veitchiorum Hemsl. & Wils.(Chun in Sunyatsenia 1940,p.p.)= Meliosma rhoifolia var. barbulata
Meliosma veitchiorum Hemsl.(Chun in Sunyatsenia 1940,p.p.)=Meliosma glandulosa
Meliosma veitchiorum Hemsl.暖木
Meliosma velutina Rehd. & Wils 毛泡花树
Meliosma wallichii Planch. ex HK.f.=Meliosma arnottiana
Meliosma wallichii Planch.(Frob. & Hemsl.in J.Linn.Soc.,1886)= Meliosma oldhamii
Meliosma xichouensis H.W.Li 西畴泡花树?
Meliosma yunnanensis Franch.云南泡花树
Melissa L.**蜜蜂花属**(唇形科)
Melissa axillaris (Benth.) Bakh.f.蜜蜂花
Melissa cretica L.(Thunb.in Fl.Jap.1784)=Clinopodium gracile
Melissa cretica Lour.=Perilla frutescens
Melissa debilis (Bge.) Benth.=Calamintha debilis
Melissa flava Benth.黄蜜蜂花
Melissa hirsuta Bl.=Melissa axillaris
Melissa maxima Ard.=Perilla frutescens
Melissa nepalensis Benth.=Mosla dianthera
Melissa officinalis L.香蜂花
Melissa parviflora Benth.=Melissa axillaris
Melissa parviflora var. *purpurea* Hay.=Melissa axillaris
Melissa repens Benth.=Clinopodium repens
Melissa yunnanensis C.Y.Wu & Y.C.Huang 云南蜜蜂花
Melissitus Medic.(p.p.)=**Medicago**
Melissitus Medic.(p.p.)=**Trigonella**
Melissitus karkarensis (Semen. ex Vass.) Golosk.=Medicago platycarpos
Melissitus platycarpos (L.) Golosk.=Medicago platycarpos
Melissitus ruthenicus (L.) Latsch.=Medicago ruthenica
Melittis L.**欧洲蜜蜂花属**(唇形科)
Melittis melissophyllum L.欧洲蜜蜂花
Mella Vand.=**Bacopa**
Mella floribunda (R.Br.) Pennell=Bacopa floribunda
Melliodendron Hand.-Mazz.**陀螺果属**(安息香科)
Melliodendron jifungense Hu=Melliodendron xylocarpum
Melliodendron wangianum Hu=Melliodendron xylocarpum
Melliodendron xylocarpum Hand.-Mazz.陀螺果
Melocactus Lind & Otto.**花座球属**(仙人掌科)
Melocalamus Benth.**梨藤竹属**(禾本科)
Melocalamus arrectus Yi 澜沧梨藤竹
Melocalamus campactiflorus Benth.梨藤竹
Melocalamus elevatissimus Hsueh & Yi 西藏梨藤竹
Melocanna Trin.**梨竹属**(禾本科)
Melocanna baccifera (Roxb.) Kurz 梨竹
Melocanna bambuscoides Trin=Melocanna baccifera
Melocanna brachyclada Kurz=Schizostachyum brachycladum
Melocanna virgata Munro=Cephalostachyum virgatum
Melochia L.**马松子属**(梧桐科)
Melochia concatenata L.=Melochia corchorifolia
Melochia corchorifolia L.马松子
Melochia cordata Burm.f.=Sida cordata
Melochia velutina Beddome 毡毛马松子
Melodinus J.R. & G.Forst.**山橙属**(夹竹桃科)
Melodinus angustifolius Hay.台湾山橙
Melodinus axillaris W.T.Wang ex Tsiang & P.T.Li 腋花山橙
Melodinus bodinieri Lévl.=Trachelospermum bodinieri
Melodinus cavaleriei Lévl.=Trachelospermum asiaticum
Melodinus chaffajonii Lévl.=Trachelospermum axillare
Melodinus chinensis P.T.Li & Z.R.Xu 贵州山橙
Melodinus cochinchinensis (Lour.) Merr.思茅山橙
Melodinus duclouxii Lévl.=Jasminum duclouxii
Melodinus dunnii H. Lévl.=Trachelospermum dunnii
Melodinus edulis Lévl.=Melodinus fusiformis
Melodinus esquirolii Lévl.=Melodinus fusiformis
Melodinus flavus Lévl.=Melodinus fusiformis
Melodinus fluvus Lévl.(植物志 63,1977)=Melodinus fusiformis
Melodinus fusiformis Champ. ex Benth.尖山橙
Melodinus hemsleyanus Diels 川山橙
Melodinus henryi Craib= Melodinus cochinchinensis
Melodinus khasianus HK.f.景东山橙
Melodinus khasianus sensu Woodson=Melodinus hemsleyanus
Melodinus laetus Champ.=Melodinus suaveolens
Melodinus magnificus Tsiang 茶藤
Melodinus monogynus sensu Benth.=Melodinus suaveolens
Melodinus monogynus sensu Schneid.=Melodinus hemsleyanus
Melodinus morsei Tsiang 龙州山橙
Melodinus seguini Lévl.=Melodinus fusiformis
Melodinus seguini Schneid.(p.p.)=Melodinus morsei
Melodinus seguini Woodson=Melodinus hemsleyanus
Melodinus sp. Hemsl.=Melodinus hemsleyanus
Melodinus suaveolens Champ. ex Benth.山橙
Melodinus tenuicaudatus Tsiang & P.T.Li 薄叶山橙
Melodinus wrightioides Hand.-Mazz.=Melodinus fusiformis
Melodinus yunnanensis Tsiang & P.T.Li 雷打果
Melodorum sensu HK.f. & Thoms.=**Fissistigma**
Melodorum balansae A.DC.=Fissistigma balansae
Melodorum chloroneurum Hand.-Mazz.=Fissistigma chloroneurum
Melodorum glaucescens Hance=Fissistigma glaucescens
Melodorum latifolium (Dun.) HK.f. & Thoms.=Fissistigma latifolium

Melodorum lodhamii Hemsl.=Fissistigma oldhamii
Melodorum maclurei (Merr.) Ast=Fissistigma maclurei
Melodorum minuticalyx McGr. & W.W.Sm.=Fissistigma minuticalyx
Melodorum poilanei Ast=Fissistigma poilanei
Melodorum polyanthum HK.f. & Thoms.=Fissistigma polyanthum
Melodorum retusum Lévl.=Fissistigma retusum
Melodorum uonicum Dunn=Fissistigma uonicum
Melodorum wallichii HK.f. & Thoms.=Fissistigma wallichii
Melothria argyi Lévl.=Zehneria indica
Melothria bicirrhosa C.B.Clarke=Schizopepon bicirrhosus
Melothria bodinieri Lévl.=Zehneria maysorensis
Melothria delavayi Cogn.=Solena delavayi
Melothria formosana Hay.=Zehneria indica
Melothria heterophylla (Lour.) Cogn.=Solena amplexicaulis
Melothria indica Lour.=Zehneria indica
Melothria japonica (Thunb.) Maxim. ex Cogn.=Zehneria indica
Melothria javanica (Miq.) Cogn.=Mukia javanica
Melothria kelungensis (Hay.) Hay. ex Mak. & Nemoto=Zehneria mucronata
Melothria leucocarpa (Bl.) Cogn.=Zehneria indica
Melothria leucocarpa var. *rubella* Gagn.=Zehneria indica
Melothria liukiuensis Nakai=Zehneria mucronata
Melothria lucida (Naud.) Cogn.=Zehneria maysorensis
Melothria maderaspatana (L.) Cogn.=Mukia maderaspatana
Melothria mairei Lévl.=Thladiantha pustulata
Melothria marginata (Bl.) Cogn.=Zehneria marginata
Melothria maysorensis (Wight & Arn.) Chang=Zehneria maysorensis
Melothria mucronata (Bl.) Cogn.(Chakr in Rec.Bot.Surv.Ind.1959)=Zehneria maysorensis
Melothria mucronata (Bl.) Cogn.=Zehneria mucronata
Melothria odorata (HK.f. & Thoms. ex Benth.) HK.f. & Thoms. ex C.B. Clarke= Zehneria indica
Melothria perpusilla (Bl.) Cogn.(Gagn.in Fl.Gen.Indo-Chine 1921 ,p.p.)= Zehneria maysorensis
Melothria perpusilla var. *deltifrons* Ohwi=Zehneria maysorensis
Melothria perpusilla var. *subtruncata* Cogn.=Zehneria maysorensis
Melothria pustulata Lévl.=Thladiantha pustulata
Melothria sect. *Mukia* Cogn.=**Mukia**
Melothria sect. *Solena* Cogn.=**Solena**
Melothria touchamensis Lévl.=Luffa cylindrica
Melothria wallichii C.B.Clarke=Zehneria wallichii
Memecylon L.**谷木属**(野牡丹科)
Memecylon cyanocarpum C.Y.Wu ex C.Chen 蓝果谷木
Memecylon edule var. *scutellata* C.B.Clarke=Memecylon scutellatum
Memecylon floribundum Bl.多花谷木
Memecylon hainanense Merr. & Chun 海南谷木
Memecylon lanceolatum Blanco 狭叶谷木
Memecylon laurifolium Naud.=Memecylon floribundum
Memecylon ligustrifolium Champ.谷木
Memecylon ligustrifolium var. ligustrifolium=Memecylon ligustrifolium
Memecylon ligustrifolium var. monocarpum C.Chen 单果谷木
Memecylon luchuenense C.Chen 禄春谷木
Memecylon nigrescens HK. & Arn.黑叶谷木
Memecylon octocostatum Merr. & Chun 棱果谷木
Memecylon pauciflorum Bl.少花谷木
Memecylon polyanthum H.L.Li 滇谷木
Memecylon scutellatum (Lour.) HK. & Arn.细叶谷木
Memorialis uch.-Ham.=**Gonostegia**
Memorialis hirta (Bl.) Wedd.=Gonostegia hirta
Memorialis matsudai Yamamoto=Gonostegia matsudai
Memorialis neurocarpa Yamamoto=Gonostegia neurocarpa
Memorialis pentandra var. *akoensis* Yamamoto=Gonostegia pentandra var. akoensis
Memorialis pentandra var. *hypericifolia* (Bl.)) Wedd.=Gonostegia pentandra var. hypericifolia
Meniocus Desv.=**Alyssum**
Meniocus australasicus Turcz.=Alyssum linifolium
Meniocus linifolium (Steph. ex Willd.) DC.=Alyssum linifolium
Meniscium Schreb.**格网蕨属**(金星蕨科)
Meniscium cuspidatum Bl.=Pronephrium cuspidatum
Meniscium cuspidatum HK. & Bak.(p.p.)=Pronephrium lakhimpurense
Meniscium cuspidatum var. *longifrons* Clarke=Pronephrium lakhimpurense
Meniscium liukiuense Christ ex Matsum.=Pronephrium cuspidatum
Meniscium longifrons Wall.=Pronephrium lakhimpurense
Meniscium parishii Bedd.=Pronephrium parishii
Meniscium proliferum (Retz.) Sw.=Ampelopteris prolifera
Meniscium reticulatum (L.) Sw.格网蕨
Meniscium sect. *Ampelopteris* K.Iwats.=**Ampelopteris**
Meniscium serratum Cavan 有齿格网蕨
Meniscium simplex HK.=Pronephrium simplex
Meniscium triphyllum Sw.=Pronephrium triphyllum
Meniscium triphyllum var. *parishii* Bedd.=Pronephrium parishii
Meniscogyne Gagn.=**Lecanthus**
Meniscogyne petelotii Gagn.=Lecanthus petelotii
Menispermaceae 防已科
Menispermum L.**蝙蝠葛属**(防已科)
Menispermum acutum Thunb.=Sinomenium acutum
Menispermum crispum L.=Tinospora crispa
Menispermum dauricum DC.蝙蝠葛
Menispermum dauricum var. *pauciflorum* Franch.=Menispermum dauricum
Menispermum diversifolium var. *molle* Prantl (Gagn.in Bull.Soc.Bot. France 1908)=Sinomenium acutum
Menispermum glaucum Lam.=Pericampylus glaucus
Menispermum japonicum Thunb.=Stephania japonica
Menispermum malabaricum Lam.=Tinospora sinensis
Menispermum orbiculatus L.=Cocculus orbiculatus
Menispermum tomentosum (Colebr.) Roxb.=Tinospora sinensi
Menispermum trilobus Thunb.=Cocculus orbiculatus
Mentha L.**薄荷属**(唇形科)
Mentha arvensis L.(科学论文集 1932,广州志 1956)=Mentha canadensis
Mentha arvensis L.田野薄荷
Mentha arvensis f. *chinensis* Debeaux=Mentha canadensis
Mentha arvensis subsp. *haplocalyx* var. *sachalinensis* Briq.=Mentha sachalinensis
Mentha arvensis subsp. *haplochalyx* Briq.=Mentha canadensis
Mentha arvensis var. *canadensis* Maxim.=Mentha canadensis
Mentha arvensis var. *haplocalyx* Briq.=Mentha canadensis
Mentha arvensis var. *piperascens* Holm.=Mentha sachalinensis
Mentha asiatica Boriss.假薄荷
Mentha auricularis L.=Pogostemon auricularius
Mentha baicalensis Georgi=Elsholtzia ciliata
Mentha blanda DC.=Elsholtzia stachyodes
Mentha blanda Wall. ex HK.=Elsholtzia blanda
Mentha cablin Blanco=Pogostemon cablin
Mentha canadensis L.薄菏
Mentha citrata Ehrh.柠檬留兰香
Mentha crispata Schrad.皱叶留兰香
Mentha cristata Buch.-Ham. ex D.Don=Elsholtzia ciliata
Mentha dahurica Fisch.兴安薄荷
Mentha foetens Wall. ex Benth.=Elsholtzia stachyodes
Mentha foetida Burm.f.=Pogostemon auricularius
Mentha haplocalyx Briq.=Mentha canadensis
Mentha haplocalyx Briq.薄荷
Mentha haplocalyx f. *alba* X.L.Liu & X.H.Guo=Mentha canadensis
Mentha haplocalyx var. piperascens (Malinv.) C.Y.Wu & H.W.Li 家薄荷
Mentha haplocalyx var. *sachalinensis* Briq. ex Kudô =Mentha sachalinensis
Mentha incisa Wall. ex Benth.=Elsholtzia stachyodes
Mentha longifolia (L.) Huds.欧薄荷
Mentha longifolia aucat.(L.) Huds (Fl.As.Med.)=Mentha asiatica
Mentha ovata Cav.=Elsholtzia ciliata
Mentha paniculata Roxb.=Elsholtzia stachyodes
Mentha patrini (Lepech.) Garcke=Elsholtzia ciliata
Mentha patrini Lepech.=Elsholtzia ciliata
Mentha pedunculata Hu & Tsai=Mentha canadensis
Mentha perilloides Lam.=Perilla frutescens
Mentha piperita L.辣薄荷
Mentha ×piperita var. *citrata* (Ehrh.) Briq.=Mentha citrata
Mentha pulegium L.唇萼薄荷
Mentha quadrifolia D.Don=Dysophylla cruciata
Mentha reticulosa Hance=Perilla frutescens var. crispa
Mentha rotundifolia (L.) Kuds.圆叶薄荷
Mentha sachalinensis (Briq.) Kudô 东北薄荷
Mentha spicata L.留兰香
Mentha spicata var. *longifolia* L.=Mentha longifolia

Mentha spicata var. *viridis* L.=Mentha spicata
Mentha spicata α. *longifolia* L.=Mentha longifolia
Mentha spicata α. *viridis* L.=Mentha spicata
Mentha spicata γ. *rotundifolia* L.=Mentha rotundifolia
Mentha stellata Lour.=Dysophylla stellata
Mentha suaveolens Ehrh.圆叶薄荷
Mentha sylvestris auct. L.(Fl.As.Med.)=Mentha asiatica
Mentha sylvestris L.=Mentha longifolia
Mentha vagans Boriss.灰薄荷
Mentha verticillata Roxb.=Dysophylla stellata
Mentha viridis L.=Mentha spicata
Menyanthaceae 睡菜科
Menyanthes (Tourn.) L.**睡菜属**(睡菜科)
Menyanthes cristata Roxb.=Nymphoides cristatum
Menyanthes hydrophylla Lour.=Nymphoides hydrophyllum
Menyanthes indica L.=Nymphoides indica
Menyanthes nymphoides L.=Nymphoides peltatum
Menyanthes trifoliata L.睡菜
Menziesia Sm.**仿杜鹃属**(杜鹃花科)
Menziesia ciliicalyx (Miq.) Maxim.毛萼仿杜鹃
Menziesia coerulea Swartz=Phyllodoce caerulea
Menziesia ferruginea Sm.锈毛仿杜鹃
Menziesia pentandra Maxim.五蕊仿杜鹃
Menziesia pilosa (Michx.) Juss.疏毛仿杜鹃
Menziesia purpurea Maxim.紫红仿杜鹃
Meoschium meyenianum Nees=Ischaemum barbatum
Mephitidia Reinw. ex Bl.=**Lasianthus**
Mephitidia balansae Drake=Lasianthus micranthus
Mephitidia chinensis Champ.=Lasianthus chinensis
Mephitidia formosensis (Matsum.) Nakai=Lasianthus formosensis
Mephitidia formosensis var. *hirsuta* (Matsum.) Nakai=Lasianthus curtisii
Mephitidia japonica (Miq.) Nakai=Lasianthus japonicus
Mephitidia lucida (Bl.) DC.=Lasianthus lucidus
Mephitidia nigrocarpa (Masamune) Masamune=Lasianthus obliquinervis
Mephitidia odajimae Masam.=Lasianthus chinensis
Mephitidia taiheizanensis Matsum & Suzuki=Lasianthus japonicus
Mephitidia tashiroi (Matsum) Nakai=Lasianthus fordii
Mephitidia wallichii Wight & Arn.=Lasianthus wallichii
Merathrepta Rafin.=**Danthonia**
Meratia Lois.=**Chimonanthus**
Meratia fragrans Lois.=Chimonanthus praecox
Meratia nitens (Oliv.) Rehd. & Wils.=Chimonanthus nitens
Meratia praecox (L.) Rehd. & Wils.=Chimonanthus praecox
Meratia yunnanensis (Smith) Hu=Chimonanthus praecox
Mercurialis L.**山靛属**(大戟科)
Mercurialis acanthocarpa Lévl.=Speranskia cantonensis
Mercurialis indica Lour.=Claoxylon hainanense
Mercurialis leiocarpa S. & Z.山靛
Mercurialis leiocarpa var. *transmorrisonensis* (Hay.) H.Keng=Mercurialis leiocarpa
Mercurialis leiocarpa var. *trichocarpa* W.T.Wang=Mercurialis leiocarpa
Mercurialis transmorrisonensis Hay.=Mercurialis leiocarpa
Meriandra Benth.**中雄草属**(唇形科)
Meriandra bengalensis Benth.孟加拉中雄草
Meriandra strobilifera Benth.球穗中雄草
Meringium Presl **厚壁蕨属**(膜蕨科)
Meringium acanthoides (v.d.B) Cop.皱翅厚壁蕨
Meringium blandum (Rocib.) Cop.爪哇厚壁蕨
Meringium denticulatum (Sw.) Cop.厚壁蕨
Meringium holochilum (v.d.B.) Cop.南洋厚壁蕨
Meristatropis paucifoliolata (Hance) Krug.=Glycyrrhiza inflata
Merremia Dennst.**鱼黄草属**(旋花科)
Merremia boisiana (Gagn.) v.Ooststr.金钟藤
Merremia boisiana var. boisiana=Merremia boisiana
Merremia boisiana var. fulvopilosa (Gagn.) V.Oosts.黄毛金钟藤
Merremia boisiana var. *rufopilosa* (Gagn.) C.Y.Wu=Merremia boisiana var. fulvopilosa
Merremia caespitosa (Roxb.) H.Hall.=Merremia hirta
Merremia caloxantha (Diels) Staples & R.C.Fang 美花鱼黄草
Merremia chryseides (Ker-Gawl.) Hall.f.=Merremia hederacea
Merremia collina S.Y.Liu 丘陵鱼黄草
Merremia convolvulacea Dennst. ex H.Hall.=Merremia hederacea
Merremia cordata C.Y.Wu & R.C.Fang 心叶山土瓜
Merremia decurrens (Hand.-Mazz.) Kiu=Merremia hirta
Merremia dissecta (Jacq.) Hall.f.多裂鱼黄草
Merremia distillatoria (Blanco) Merr. (p.p.)=Merremia similis
Merremia emarginata (Burm.f.) Hall.f.肾叶山猪菜
Merremia gemella (Burm.f.) Hall.f.(广州志 1956)=Merremia hederacea
Merremia gemella (Burm.f.) Hall.f.金花鱼黄草
Merremia hainanensis Kiu 海南山猪菜
Merremia hastata (Desr.) Hall.f.=Xenostegia tridentata
Merremia hederacea (Burm.f.) Hall.f.篱栏网
Merremia hirta (L.) Merr.毛山猪菜
Merremia hungaiensis (Lingelsh. & Borza) R.C.Fang 山土瓜
Merremia hungaiensis var. hungaiensis=Merremia hungaiensis
Merremia hungaiensis var. linifolia (C.C.Huang ex C.Y.Wu & H.W.Li) R.C.Fang 线叶山土瓜
Merremia longipedunculata (C.Y.Wu) R.C.Fang 长梗山土瓜
Merremia quinata (R.Br.) v.Ooststr.指叶山猪菜
Merremia sect. *Halliera* O'Donn.=**Xenostegia**
Merremia sibirica (L.) Hall.f.北鱼黄草
Merremia sibirica var. jiuhuaensis B.A.Shen & X.L.Liu 九华北鱼黄草
Merremia sibirica var. macrosperma C.C.Huang ex C.Y.Wu ex H.W.Li 大籽鱼黄草
Merremia sibirica var. sibirica=Merremia sibirica
Merremia sibirica var. trichosperma C.C.Huang ex C.Y.Wu & H.W.Li 毛籽鱼黄草
Merremia sibirica var. vesiculosa C.Y.Wu 囊毛鱼黄草
Merremia similis Elmer 红花姬旋花
Merremia tridentata (L.) H.Hall.=Xenostegia tridentata
Merremia tridentata subsp. *angustifolia* (Jacq.) v.Ooststr.(云南区系报告 1965)=Xenostegia tridentata
Merremia tridentata subsp. *hastata* (H.Hall.) V.Oosts.=Xenostegia tridentata
Merremia tridentata subsp. tridentata=Xenostegia tridentata
Merremia turpethum (L.) Bojer=Operculina turpethum
Merremia umbellata (L.) Hall.f.(广州志 1956)=Merremia umbellata subsp. orientalis
Merremia umbellata (L.) Hall.f.伞花茉莉藤
Merremia umbellata subsp. orientalis (Hall.f.) v.Ooststr.山猪菜
Merremia umbellata subsp. umbellata=Merremia umbellata
Merremia umbellata var. *orientalis* Hall.f.=Merremia umbellata subsp. orientalis
Merremia verruculosa S.Y.Liu 疣萼鱼黄草
Merremia vitifolia (Burm.f.) Hall.f.掌叶鱼黄草
Merremia yunnanensis (Courch. & Gagn.) R.C.Fang 蓝花土瓜
Merremia yunnanensis var. glabrescens (C.Y.Wu) R.C.Fang 近无毛蓝花土瓜
Merremia yunnanensis var. pallescens (C.Y.Wu) R.C.Fang 红花土瓜
Merremia yunnanensis var. yunnanensis=Merremia yunnanensis
Merrillanthus Chun & Tsiang **驼峰藤属**(萝藦科)
Merrillanthus hainanensis Chun & Tsiang 驼峰藤
Merrilliopanax Li **常春木属**(五加科)
Merrilliopanax chinensis Li 常春木
Merrilliopanax listeri (King) Li 长梗常春木
Mertensia Roth **滨紫草属**(紫草科)
Mertensia davurica (Sims) G.Don 长筒滨紫草
Mertensia denticulare Ledeb.(Hand.-Mazz.in Öester.Bot.Zeits.1934)=Mertensia sibirica
Mertensia dichotoma Willd.=Dicranopteris dichotoma
Mertensia dshagastanica Rgl.蓝花滨紫草
Mertensia laevigata Willd.=Sticherus laevigatus
Mertensia linearis Fristsh=Dicranopteris linearis
Mertensia meyeriana J.F.Macb.短花滨紫草
Mertensia ochroleuca Ikonn.-Galitz=Mertensia davurica
Mertensia pallassi (Ledeb.) G.Don 薄叶滨紫草
Mertensia popovii Rubtz.=Mertensia meyeriana
Mertensia sibirica (L.) G.Don 大叶滨紫草
Mertensia tarbagataica B.Fedts.浅裂滨紫草
Mertensianthe dshagastanica (Rgl.) Popov=Mertensia dshagasitanica
Mesaulosperma vieillardii Sloot.=Itoa orientalis
Mesembryanthemum L.**日中花属**(番杏科)

Mesembryanthemum cordifolium L.f. 心叶日中花
Mesembryanthemum crystallinum L.冰叶日中花
Mesembryanthemum edule L.食用日中花
Mesembryanthemum spectabile Haw.美丽日中花
Mesembryanthemum uncatum Salm-Dyek 弯叶日中花
Mesocentron Cass.=**Centaurea**
Mesona Bl.**凉粉草属**(唇形科)
Mesona chinensis Benth.凉粉草
Mesona elegans Hay.=Mesona chinensis
Mesona parviflora (Benth.) Briq.(Hand.-Mazz.in Beih.Bot.Centralbl.1937) =Mesona chinensis
Mesona parviflora (Benth.) Briq.小花凉粉草
Mesona procumbens Hemsl.=Mesona chinensis
Mesona prunnelloides Hemsl.=Nosema cochinchinensis
Mesona wallichiana Benth.=Mesona parviflora
Mesopteris Ching **龙津蕨属**(金星蕨科)
Mesopteris tonkinensis (C.Chr.) Ching 龙津蕨
Mesosphaerum R.Br.=**Hyptis**
Mesosphaerum brevipes (Poit.) O.Ktze.=Hyptis brevipes
Mesosphaerum suaveolens (Poit.) O.Ktze.=Hyptis suaveolens
Mesostemma Vved.=**Stellaria**
Mesostemma martjanovii (Kryl.) Ikonn.=Stellaria martjanovii
Mespilus L.(p.p.)=**Amelanchier**
Mespilus L.(p.p.)=**Cotoneaster**
Mespilus L.(p.p.)=**Pyracantha**
Mespilus Scop.(p.p.)=**Crataegus**
Mespilus acuminata Lodd.=Cotoneaster acuminatus
Mespilus affinis D.Don=Cotoneaster affinis
Mespilus amelanchier L.=Amelanchier ovalis
Mespilus bengalensis Roxb.=Eriobotrya bengalensis
Mespilus cotoneaster L.(p.p.)=Cotoneaster integerrimus
Mespilus cotoneaster L.(p.p.)=Cotoneaster melanocarpus
Mespilus crenulata D.Don=Pyracantha crenulata
Mespilus japonica Thunb.=Eriobotrya japonica
Mespilus korolkowi Aschers. & Graebn.=Crataegus pinnatiffida var. major
Mespilus pinnatifida K.Koch=Crataegus pinnatiffida
Mespilus pinnatifida β. *songarica* Aschers. & Graebn.=Crataegus pinnatiffida
Mespilus sanguinea Spach=Crataegus sanguinea
Mespilus sieboldi Bl.=Raphiolepis umbellata
Mespilus sinensis Poir.=Raphiolepis indica
Messerschmidia L. ex Heben.=**Tournefortia**
Messerschmidia argentea (L.f.) I.M.Joh=Tournefortia argentea
Messerschmidia arguzia L.=Tournefortia sibirica
Messerschmidia sibirica (L.) L.=Tournefortia sibirica
Messerschmidia sibirica subsp. *angustior* (DC.) Kitag.=Tournefortia sibirica var. angustior
Messerschmidia sibirica var. *angustior* (DC.) W.T.Wang=Tournefortia sibirica var. angustior
Messerschmidia sibirica var. *latifolia* (DC.) Hara=Tournefortia sibirica
Messerschmidia sibirica var. *rosmarinifolia* (Turcz.) Popov=Tournefortia sibirica var. angustior
Mesua L.**铁力木属**(藤黄科)
Mesua ferrea L.铁力木
Mesua nagassarium (Burm.f.) Kosterm.=Mesua ferrea
Metabolus laevigatus DC.=Hedyotis philippensis
Metabolus lineatus Bartl.=Hedyotis costata
Metabriggsia W.T.Wang **单座苣苔属**(苦苣苔科)
Metabriggsia ovalifolia W.T.Wang 单座苣苔
Metabriggsia purpureotincta W.T.Wang 紫叶单座苣苔
Metadina Bakh.f.**黄棉木属**(茜草科)
Metadina trichotoma (Zoll. & Mor.) Bakh.f.黄棉木
Metaeritrichium W.T.Wang **颈果草属**(紫草科)
Metaeritrichium microuloides W.T.Wang 颈果草
Metanarthecium formosanum Hay.=Aletris glabra
Metanemone W.T.Wang **毛茛莲花属**(毛茛科)
Metanemone ranunculoides W.T.Wang 毛茛莲花
Metapetrocosmea W.T.Wang **盾叶苣苔属**(苦苣苔科)
Metapetrocosmea peltata (Merr. & Chun) W.T.Wang 盾叶苣苔
Metaplexis R.Br.**萝藦属**(萝藦科)
Metaplexis cavaleriei Lévl.=Marsdenia tenacissima
Metaplexis chinensis Bge.=Metaplexis japonica
Metaplexis chinensis Decne.=Metaplexis japonica
Metaplexis hemsleyana Oliv.华萝藦
Metaplexis japonica (Thunb.) Makino 萝藦
Metaplexis japonica var. *platyloba* Hand.-Mazz.=Metaplexis hemsleyana
Metaplexis rostellata Turcz.= Metaplexis hemsleyana
Metaplexis sinensis (Hemsl.) Hu=Metaplexis hemsleyana
Metaplexis stauntoni Roem. & Schult.=Metaplexis japonica
Metapolypodium Ching **篦齿蕨属**(水龙骨科)
Metapolypodium kingpingense Ching & W.M.Chu=Metapolypodium manmeiense
Metapolypodium manmeiense (Christ) Ching 篦齿蕨
Metasasa W.T.Li **异枝竹属**(禾本科)
Metasasa albo-farinosa W.T.Lin 白环异枝竹
Metasasa carinata W.T.Lin 异枝竹
Metasequoia Miki ex Hu & Cheng **水杉属**(杉科)
Metasequoia glyptostroboides Hu & Cheng 水杉
Metasequoia glyptostroboides var. *caespitosa* Y.H.Long & Y.Wu= Metasequoia glyptostroboides
Metastachydium Airy-Shaw **箭叶水苏属**(唇形科)
Metastachydium sagittatum (Rgl.) C.Y.Wu & H.W.Li 箭叶水苏
Metastachys Knorr.=**Metastachydium**
Metastachys sagittata (Rgl.) Knorr.=Metastachydium sagittatum
Metathelypteris (H.Ito) Ching **凸轴蕨属**(金星蕨科)
Metathelypteris adscendens (Ching) Ching 微毛凸轴蕨
Metathelypteris decipiens (Clarke) Ching 迷人凸轴蕨
Metathelypteris flaccida (Bl.) Ching 薄叶凸轴蕨
Metathelypteris glandulifera Ching ex Shing 有腺凸轴蕨
Metathelypteris gracilescens (Bl.) Ching 凸轴蕨
Metathelypteris hattorii (H.Ito) Ching 林下凸轴蕨
Metathelypteris hwangshanensis Ching=Metathelypteris petiolulata
Metathelypteris langsunensis Ching=Metathelypteris hattorii
Metathelypteris laxa (Franch. & Sav.) Ching 疏羽凸轴蕨
Metathelypteris petiolulata Ching ex Shing 有柄凸轴蕨
Metathelypteris shinganensis Ching=Metathelypteris hattorii
Metathelypteris singalanensis (Bak.) Ching 鲜绿凸轴蕨
Metathelypteris subadscendens Ching=Metathelypteris adscendens
Metathelypteris sublaxa Ching=Metathelypteris laxa
Metathelypteris tibetica Ching & S.K.Wu=Metathelypteris uraiensis var. tibetica
Metathelypteris uraiensis (Rosenst.) Ching 乌来凸轴蕨
Metathelypteris uraiensis var. tibetica Shing 西藏凸轴蕨
Metathelypteris uraiensis var. uraiensis=Metathelypteris uraiensis
Metathelypteris viridescens Ching=Metathelypteris gracilescens
Metathelypteris wuyishanensis Ching 武夷山凸轴蕨
Metroxylon Rottb. **西米椰子属**(棕榈科)
Metroxylon amicarum (Wendl.) Becc.西米椰子
Metroxylon rumphii Mart.西谷椰子
Metroxylon sagu Rottb.西米棕
Metroxylon viniferum Spreng.=Raphia vinifera
Meyenia erecta Benth.= Thunbergia cerecta
Meyera Schreb.=**Enydra**
Meyera fluctusns (Lour.) Spreng.=Enydra fluctuans
Meyna Roxb. ex Link **琼梅属**(茜草科)
Meyna hainanensis Merr.琼梅
Mezoneuron Desf.=**Caesalpinia**
Mezoneuron hypenocarpum Prain=Caesalpinia hymenocarpa
Mezoneuron sinense Hemsl. ex forbes & Hemsl.=Caesalpinia sinensis
Mezoneuron sinense var. *parvifolium* Hemsl.=Caesalpinia sinensis
Mezoneurum cucullatum (Roxb.) Wight & Arn.=Caesalpinia cucullata
Mezoneurum enneaphyllum (Roxb.) Wight & Arn. ex Benth.=Caesalpinia enneaphylla
Mezoneurum hypmenocarpum Wight & Arn.=Caesalpinia hymenocarpa
Mezzettiopsis Ridl.**蚁花属**(番荔枝科)
Mezzettiopsis creaghii Ridl.蚁花
Mi Tan Kan=Citrus reticulata cv. Ponkan
Michelia L.**含笑属**(木兰科)
Michelia alba DC.白兰
Michelia angustioblonga Law & Y.F.Wu 狭叶含笑
Michelia baillonii Finet & Gagn.=Paramichelia baillonii
Michelia balansae (A.DC.) Dandy=Michelia balansae var. appressipubescens
Michelia balansae (A.DC.) Dandy 苦梓含笑

Michelia balansae var. appressipubescens Law 细毛含笑
Michelia balansae var. balansae=Michelia balansae
Michelia baviensis Finet & Gagn.=Michelia balansae
Michelia bodinieri Finet & Gagn.=Michelia martinii
Michelia calcicola C.Y.Wu 灰岩含笑
Michelia caloptila Law & Y.F.Wu 美毛含笑
Michelia cathcartii HK.f. & Thoms.=Alcimandra cathcartii
Michelia cavaleriei Finet & Gagn.平伐含笑
Michelia champaca L.(树木分类学 1937)=Michelia alba
Michelia champaca L.黄兰
Michelia chapensis Dandy 乐昌含笑
Michelia chingii W.C.Cheng=Michelia maudiae
Michelia compressa (Maxim.) Sarg.台湾含笑
Michelia compressa var. *formosana* Kanehira=Michelia compressa
Michelia crassipes Law 紫花含笑
Michelia dandyi Hu=Michelia yunnanensis
Michelia doltsopa Buch.-Ham. ex DC.南亚含笑
Michelia elegans Law & Y.F.Wu 雅致含笑
Michelia excelsa (Wall.) Bl. ex Wight=Michelia doltsopa
Michelia figo (Lour.) Spreng.(Dandy in Sinensia 1933,p.p.)=Michelia skinneriana
Michelia figo (Lour.) Spreng.含笑花
Michelia flaviflora Law & Y.F.Wu 素黄含笑
Michelia floribunda Finet & Gagn.多花含笑
Michelia formosana (Kanehira) Masam. & Suzuki=Michelia compressa
Michelia foveolata Merr. ex Dandy 金叶含笑
Michelia foveolata var. cinerascens Law & Y.F.Wu 灰叶含笑
Michelia foveolata var. foveolata=Michelia foveolata
Michelia fujianensis Q.F. Zheng 福建含笑
Michelia fulgens Dandy 亮叶含笑
Michelia fuscata Bl. ex Wall.=Michelia figo
Michelia hedyosperma Law 香子含笑
Michelia iteophylla C.Y.Wu 鼠刺含笑
Michelia kachirachirai Kanehira & Yamamoto=Parakmeria kachirachirai
Michelia kisopa Buch.-Ham.西藏含笑
Michelia lacei W.W.Sm.壮丽含笑
Michelia laevifolia Law & Y.F.Wu 溜叶含笑
Michelia lanceolata Wils.=Michelia velutina
Michelia lanuginosa Wall.=Michelia velutina
Michelia longifolia Bl.(树木分类学 1937)=Michelia champaca
Michelia longipetiolata C.Y.Wu 长柄含笑
Michelia longistamina Law 长蕊含笑
Michelia longistyla Law & Y.F.Wu 长柱含笑
Michelia macclurei Dandy 醉香含笑
Michelia macclurei var. macclurei=Michelia macclurei
Michelia macclurei var. sublanea Dandy 展毛含笑
Michelia magnifica Hu=Michelia lacei
Michelia manipurensis Watt ex Brandis=Michelia doltsopa
Michelia martinii (Lévl.) Dandy=Michelia martinii
Michelia martinii (Lévl.) Lévl.黄心夜合
Michelia maudiae Dunn (Merr.in Lingnan Sci.J.1927)=Michelia mediocris
Michelia maudiae Dunn 深山含笑
Michelia mediocris Dandy 白花含笑
Michelia pachycarpa Law & R.Z.Zhou 厚果含笑
Michelia platypetala Hand.-Mazz.阔瓣含笑
Michelia polyneura C.Y.Wu 多脉含笑
Michelia shiluensis Chun & Y.F.Wu 石碌含笑
Michelia sinensis Hemsl. & Wils.=Michelia wilsonii
Michelia skinneriana Dunn 野含笑
Michelia sphaerantha C.Y.Wu 球花含笑
Michelia szechuanica Dandy 川含笑
Michelia taiwaniana Masam.(高等图鉴 1972)=Michelia compressa
Michelia tignifera Dandy=Michelia lacei
Michelia tsoi Dandy=Michelia chapensis
Michelia uniflora Dandy=Michelia lacei
Michelia velutina DC.绒叶含笑
Michelia wilsonii Finet & Gagn.峨眉含笑
Michelia xanthantha C.Y.Wu 黄花含笑
Michelia yunnanensis Franch. ex Finet & Gagn.云南含笑
Micheliopsis kachirachirai (Kanehira & Yamamoto) Keng=Parakmeria kachirachirai
Micholitzia N.E.Br.**房叶藤属**(萝藦科)
Micholitzia obcordata N.E.Br.房叶藤
Micranthes aestivalis (Fisch. & C.A.Mey) Small=Saxifraga nelsoniana
Micranthes atrata (Engl.) Losinsck.=Saxifraga atrata
Micranthes birostris (Engl. & Irmsch.) Losinsk.=Saxifraga davidii
Micranthes clavistaminea (Engl. & Irmsch.) Loisnsk.=Saxifraga clavistaminea
Micranthes davidii (Franch.) Losinsk.=Saxifraga davidii
Micranthes divaricata (Engl. & Irmsch.) Losinsk.=Saxifraga divaricata
Micranthes leptarrhenifolia (Engl. & Irmsch.) Loisnsk.=Saxifraga davidii
Micranthes lumpuensis (Engl.) Losinsk.=Saxifraga lumpuensis
Micranthes melanocentra (Franch.) Loisnsk.=Saxifraga melanocentra
Micranthes melsoniana (D.Don) Small=Saxifraga nelsoniana
Micranthes nelsoniana (D.)Don) Small.=Saxifraga nelsoniana
Micranthes pallida (Wall. ex Seringe) Loisnsk.=Saxifraga pallida
Micranthes pallidiformis (Engl.) Losinsk.=Saxifraga pallida
Micranthes parvula (Engl. & Irmsch.) Losinsk.=Saxifraga parvula
Micranthes pseudopallida (Engl. & Irmsch.) Losinsk.=Saxifraga melanocentra
Micranthus oppositifolius J.C.Vendl.= Phaulopsis oppositifolia
Micrargeria formosana (Hay.) Hay.=Melasma arvense
Micrechites baillonii Pierre=Ichnocarpus polyanthus
Micrechites Miq.=**Ichnocarpus**
Micrechites elliptica HK.=Ichnocarpus polyanthus
Micrechites elliptica var. *scortechinii* King & Gambl.=Ichnocarpus polyanthus
Micrechites ferruginea Pitarad.=Ichnocarpus polyanthus
Micrechites formicina Tsiang & P.T.Li=Anodendron formicinum
Micrechites jacquetii Pierre=Ichnocarpus jacquetii
Micrechites lachnocarpa Tsiang & pt.li=Ichnocarpus polyanthus
Micrechites malipoensis Tsiang & P.T.Li=Ichnocarpus malipoensis
Micrechites malipoensis var. *parvifolia* Tsiang & P.T.Li=Ichnocarpus polyanthus
Micrechites napeensis Quint.=Urceola napeensis
Micrechites polyantha (Bl.) Miq.=Ichnocarpus polyanthus
Micrechites radicans Mark.=Ichnocarpus polyanthus
Micrechites rehderiana Tsiang=Ichnocarpus polyanthus
Micrechites scortechinii (King & Gambl.) Ridl.=Ichnocarpus polyanthus
Micrechites sinensis Markgr.=Ichnocarpus frutescens
Microcalamus Gamble=**Neomicrocalamus**
Microcalamus prainii Gamble=Neomicrocalamus prainii
Microcarpaea R.Br.**小果草属**(玄参科)
Microcarpaea alterniflora Bl.=Microcarpaea minima
Microcarpaea minima (Koen.) Merr.小果草
Microcarpaea muscosa R.Br.=Microcarpaea minima
Microcaryum Johnst.**微果草属**(紫草科)
Microcaryum pygmaeum (Clarke) Johnst.微果草
Microcaryum trichocarpum Hand.-Mazz.=Lasiocaryum trichocarpum
Microchlaena Ching=**Kuniwatsukia**
Microchlaena cuspidata (Bedd.) Ching=Kuniwatsukia cuspidata
Microchlaena quinquelocularis Wight & Arn.=Eriolaena quinquelocularis
Microchlaena spectabilis Wall.=Eriolaena spectabilis
Microchlaena yunnanensis (Christ) Ching=Kuniwatsukia cuspidata
Microchloa R.Br.**小草属**(禾本科)
Microchloa elongata R.Br.=Microchloa indica var. kunthii
Microchloa indica (L.f.) Beauv.小草
Microchloa indica var. indica=Microchloa indica
Microchloa indica var. kunthii (Desv.) B.S.Sun & Z.H.Hu 长穗小草
Microchloa kunthii Desv.=Microchloa indica var. kunthii
Microchloa setacea R.Br.=Microchloa indica
Microcitrus Swigle **手指柚属**(芸香科)
Microcitrus australasica Swighle 手指柚
Microcoelum Burret & Potztal **韦德尔棕属**(棕榈科)
Microcoelum weddellianum (Wendland) H.E.Morre 韦德尔棕
Microcos L.**破布叶属**(椴树科)
Microcos chungii (Merr.) Chun 海南破布叶
Microcos paniculata L.破布叶
Microcos paniculata sensu Burret=Microcos stauntoniana
Microcos stauntoniana G.Don 毛破布叶
Microderis DC.=**Picris**
Microdesmis HK.f. ex HK.**小盘木属**(攀打科)

Microdesmis caseariifolia Planch.小盘木
Microdesmis caseariifolia f. *sinensis* Pax & Hoffm.=Microdesmis caseariifolia
Microdesmis philippinensis Elm.=Microdesmis caseariifolia
Microelus Wight=**Bischofia**
Microelus roeperianus Wight & Arn.=Bischofia javanica
Microglossa DC.**小舌菊属**(菊科)
Microglossa albescens (DC.) C.B.Clarke=Aster albescens
Microglossa cabulica (Lindl.) C.B.Clarke=Aster albescens
Microglossa griffithii C.B.Clarke=Aster albescens
Microglossa pyrifolia (Lam.) O.Ktze.小舌菊
Microglossa salicifolia Diels=Aster albescens
Microglossa volubilis DC.=Microglossa pyrifolia
Microgonium Presl **单叶假脉蕨属**(膜蕨科)
Microgonium beccarianum (Cesati) Cop 短柄单叶假脉蕨
Microgonium bimarginatum v.d.B 叉脉单叶假脉蕨
Microgonium motleyi H.Ito=Microgonium beccarianum
Microgonium omphalodes Vieillard 盾形单叶假脉蕨
Microgramma Presl **豆囊蕨属**(水龙骨科)
Microgramma heterophylla (L.) Wherry 异叶豆囊蕨
Microgramma persicariaefolia (Schrad.) Presl.豆囊蕨
Microgynoecium HK.f.**小果滨藜属**(藜科)
Microgynoecium tibeticum HK.f.小果滨藜
Microhamnus A.Gray(Maxim.in Mén.Acad.Sci.St.Petersb.1866)= **Rhamnella**
Microhamnus cavaleriei Lévl.=Rhamnella martinii
Microhamnus franguloides Maxim.=Rhamnella franguloides
Microhamnus mairei Lévl.=Berchemia yunnanensis
Microhamnus tangutii Lévl.=Rhamnella franguloides
Microlepia Presl **鳞盖蕨属**(碗蕨科)
Microlepia ampla Ching 浅杯鳞盖蕨
Microlepia angustipinna Ching 狭羽鳞盖蕨
Microlepia biflora Mett.=Stenoloma biflorum
Microlepia bipinnata Hay.二羽鳞盖蕨
Microlepia calvescens (Wall.) Presl 光叶鳞盖蕨
Microlepia caudifolia Ching 尾头鳞盖蕨
Microlepia caudiformis Ching 尾叶鳞盖蕨
Microlepia chinensis Mett.=Stenoloma chusanum
Microlepia chrysocarpa Ching 金果鳞盖蕨
Microlepia communis Ching 疏毛鳞盖蕨
Microlepia crassa Ching 革质鳞盖蕨
Microlepia crenata Ching 园齿鳞盖蕨
Microlepia crenato-serrata Ching 隆脉鳞盖蕨
Microlepia critica Ching 正鳞盖蕨
Microlepia firma Mett.长托鳞盖蕨
Microlepia flaccida J.Sm.=Microlepia speluncae
Microlepia formosana Ching 线羽鳞盖蕨
Microlepia ganlanbaensis Ching 阴脉鳞盖蕨
Microlepia gigantea Ching 乔大鳞盖蕨
Microlepia glabra Ching 光盖鳞盖蕨
Microlepia grandissima Hay.=Microlepia platyphylla
Microlepia hainanensis Ching 海南鳞盖蕨
Microlepia hancei Prantl 华南鳞盖蕨
Microlepia herbacea Ching & C.Chr.草叶鳞盖蕨
Microlepia hirsutissima Hay.=Microlepia bipinnata
Microlepia hispida C.Chr.刚毛鳞盖蕨
Microlepia hispidula v.A.v.R.=Microlepia villosa
Microlepia hookeriana (Wall.) Presl 虎克鳞盖蕨
Microlepia intermedia Ching 中型鳞盖蕨
Microlepia japonica Presl=Microlepia strigosa
Microlepia kansuensis Ching 甘肃鳞盖蕨?
Microlepia khasiyana (HK.) Presl 西南鳞盖蕨
Microlepia kurzii (Clarke)Bedd.毛阔叶鳞盖蕨
Microlepia leptophylla Ching=Dennstaedtia leptophylla
Microlepia lofoushanensis Ching 罗浮鳞盖蕨
Microlepia longipilosa Ching 长毛鳞盖蕨
Microlepia marginalis Bedd.=Microlepia marginata
Microlepia marginata (Houtt.) C.Chr.边缘鳞盖蕨
Microlepia marginata var. bipinnata Makino 二回羽状鳞盖蕨(新)
Microlepia marginata var. *calvescens* C.Chr.=Microlepia calvescens
Microlepia marginata var. villosa (Presl)Wu 毛叶鳞盖蕨(新)
Microlepia matthewii Christ 岭南鳞盖蕨
Microlepia modesta Ching 皖南鳞盖蕨
Microlepia mollifolia Tagawa=Microlepia speluncae
Microlepia neostrigosa Ching 新粗毛鳞盖蕨
Microlepia obtusiloba Hay.团羽鳞盖蕨
Microlepia omeiensis Ching 峨眉鳞盖蕨
Microlepia pallida Ching 淡稈鳞盖蕨
Microlepia parastrigosa Ching=Microlepia obtusiloba
Microlepia phanerophlebia C.Chr.=Microlepia hookeriana
Microlepia pilosella Moore=Dennstaedtia pilosella
Microlepia pilosissima Ching 多毛鳞盖蕨
Microlepia pilosula (Wall.) Presl 褐毛鳞盖蕨
Microlepia pingpienensis Ching 屏边鳞盖蕨
Microlepia pinnata var. *gracilis* Takeo Ito=Tapeinidium pinnatum
Microlepia platyphylla (Don) J.Sm.阔叶鳞盖蕨
Microlepia polypodioides Presl=Microlepia speluncae
Microlepia pseudostrigosa Tard.-Blot & C.Chr.=Microlepia hispida
Microlepia pseudostrigosa var. *tripinnata* Tard.-Blot & C.Chr.= Microlepia obtusiloba
Microlepia pteropus Bedd.=Araiostegia multidentata
Microlepia pteropus Bedd.=Paradavallodes multidentatum
Microlepia puberula Lacaita=Microlepia subspeluncae
Microlepia pyramidata Lacaita.=Microlepia villosa
Microlepia quadripinnata Hay.=Leptorumohra quadripinnata
Microlepia rhomboidea var. *trapeziformis* Prantl=Microlepia trapeziformis
Microlepia rhomboides (Wall.) Presl 斜方鳞盖蕨
Microlepia scabra J.Sm.=Microlepia marginata
Microlepia scyphoformis Ching & C.H.Wang 深杯鳞盖蕨
Microlepia sect. *Tapeinidium* Presl=**Tapeinidium**
Microlepia singpinensis Ching 新平鳞盖蕨
Microlepia sino-strigosa Ching 中华鳞盖蕨
Microlepia speluncae Wu,Wong & Pong=Microlepia hancei
Microlepia speluncae (L.) Moore 热带鳞盖蕨
Microlepia speluncae var. *hancei* C.Chr.=Microlepia hancei
Microlepia speluncae var. *hirta* Bedd.=Microlepia villosa
Microlepia speluncae var. *pubescens* Sledge=Microlepia villosa
Microlepia speluncae var. *pyramidata* Tard.=Blot & C.Chr.=Microlepia villosa
Microlepia straminea Ching 广西鳞盖蕨
Microlepia strigosa (Thunb.) Presl 粗毛鳞盖蕨
Microlepia strigosa Bedd.=Microlepia khasiyana
Microlepia strigosa Handl.-Mazz.=Microlepia sino-strigosa
Microlepia strigosa f. *pinnata* Wu=Microlepia pallida
Microlepia strigosa var. interamarginalis Tagawa 台岛鳞盖蕨(新)
Microlepia subpinnata Ching=Microlepia hainanensis
Microlepia subrhomboidea Ching 短毛鳞盖蕨
Microlepia subspeluncae Ching 滇西鳞盖蕨
Microlepia substrigosa Tagawa 亚粗毛鳞盖蕨
Microlepia subtrichosticha Ching 尖山鳞盖蕨
Microlepia szechuanica Ching 四川鳞盖蕨
Microlepia taiwaniana Tagawa 台湾鳞盖蕨?
Microlepia tenella Ching 膜叶鳞盖蕨
Microlepia tenera Christ 薄叶鳞盖蕨
Microlepia trapeziformis (Roxb.) Kuhn 针毛鳞盖蕨
Microlepia trapeziformis C.Chr.=Microlepia rhomboides
Microlepia trichocarpa Hay.毛果鳞盖蕨
Microlepia trichoclada Ching 亮毛鳞盖蕨
Microlepia trichosora Ching 毛囊鳞盖蕨
Microlepia tripinnata Ching 浓毛鳞盖蕨
Microlepia urophylla Moore=Microlepia calvescens
Microlepia villosa (Don) Ching 密毛鳞盖蕨
Microlepia villosa Presl=Microlepia marginata var. villosa
Microlepia wilfordii Moore=Dennstaedtia wilfordii
Microlepia yaoshanica Ching=Microlepia trapeziformis
Microlepia yunnanensis Ching 云南鳞盖蕨
Microlespedeza stipulacea Makino=Kummerowia stipulacea
Microlespedeza striata (Thunb.) Makino=Kummerowia striata
Microlonchus Cass.(Boiss.in Fl.Or.1875,p.p.)=**Oligochaeta**
Microlonchus albispinus Bge.=Schischkinia albispina

Microlonchus minimus Boiss.=Oligochaeta minima
Microlophus Cass.=**Centaurea**
Micromeles alnifolia (S. & Z.) Koehne=Sorbus alnifolia
Micromeles caloneura Stapf=Sorbus caloneura
Micromeles castaneaefolia Dcne.=Sorbus granulosa
Micromeles decaisneana var. *keissleri* Schneid.=Sorbus keissleri
Micromeles decaisneana Zabel (Schneid.in Bull.Herb.Boiss.1906)=Sorbus keissleri
Micromeles ferruginea Koehne=Sorbus ferruginea
Micromeles folgneri Schneid.=Sorbus folgneri
Micromeles granulosa Schneid.=Sorbus granulosa
Micromeles hemsleyi Schneid.=Sorbus hemsleyi
Micromeles keissleri Schneid.=Sorbus keissleri
Micromeles khasiana Dcne.(p.p.)=Sorbus granulosa
Micromeles rhamnoides Dcne.=Sorbus rhamnoides
Micromeles schwerinii Schneid.=Sorbus hemsleyi
Micromeles tiliifolia Koehne=Sorbus alnifolia
Micromelum Bl.**小芸木属**(芸香科)
Micromelum falcatum (Lour.) Tanaka 大管
Micromelum integerrimum (Buch.-Ham.) Roem.小芸木
Micromelum integerrimum var. integerrimum=Micromelum integerrimum
Micromelum integerrimum var. mollissimum Tanaka 毛叶小芸木
Micromeria Benth.**姜味草属**(唇形科)
Micromeria barosma (W.W.Sm.) Hand.-Mazz.小香薷
Micromeria biflora (Buch.-Ham. ex D.Don) Benth.姜味草
Micromeria capitellata Benth.小头状美味草
Micromeria euosma (W.W.Sm.) C.Y.Wu 清香姜味草
Micromeria formosana Marq.台湾姜味草
Micromeria ovata Beck. ex HK.f.=Micromeria biflora
Micromeria wardii (Marq. & Airy-Shaw 西藏姜味草
Micropeplis arachnoidea Bge.=Halogeton arachnoideus
Microphysa Schrenk **泡果茜草属**(茜草科)
Microphysa elongata (Schrenk) Pobed.泡果茜草
Microphysa galioides Schrenk=Microphysa elongata
Micropodium cardiophyllum Hance=Boniniella cardiophylla
Micropodium lanceum (Thunb.) J.Sm.=Diplazium subsinuatum
Micropolypodium Hay.**锯蕨属**(禾叶蕨科)
Micropolypodium cornigera (Baker)X.C.Zhang 叉毛锯蕨
Micropolypodium okuboi (Yatabe) Hay.锯蕨
Micropolypodium pseudotrichomanoides (Hay.) Hay.=Micropolypodium okuboi
Micropolypodium sikkimensis (Hieron.)X.C.Zhang 锡金锯蕨
Microptelea parvifolia Spach=Ulmus parvifolia
Micropteris Desv.=**Micropolypodium**
Microrhamnus bodinieri Lévl.=Nyssa sinensis
Microrhynchus fallax Jaub. & Spach=Parammicrorhychus procumbens
Microrhynchus glaber Wight=Launaea acaulis
Microrhynchus sarmentosus (Willd.) DC.=Launaea sarmentosa
Microsisymbrium O.E.Schulz **小蒜芥属**(十字花科)
Microsisymbrium angustifolium Jafri=Crucihimalaya wallichii
Microsisymbrium axillare (HK.f. & Thoms.) O.E.Schulz.=Crucihimalaya axillaris
Microsisymbrium axillare var. *brevipedicellatum* Jafri=Crucihimalaya axillaris
Microsisymbrium axillare var. *dasycarpum* O.E.Schulz.=Crucihimalaya axillaris
Microsisymbrium bracteosum Jafri=Crucihimalaya axillaris
Microsisymbrium duthiei O.E.Schulz.=Crucihimalaya lasiocarpa
Microsisymbrium griffithianum (Boiss.) O.E.Schulz.=Olimarabidopsis pumila
Microsisymbrium minutiflorum (HK.f. et Thoms.) O.E.Schulz=Ianhedgea minutiflora
Microsisymbrium minutiflorum var. *dasycarpum* O.E.Schulz.=Ianhedgea minutiflora
Microsisymbrium qingshuiheense Ma & Zong Y.Zhu=Neotorularia qingshuiheense
Microsisymbrium taxkorganicum Z.X.An=Sisymbriopsis mollipila
Microsisymbrium yechengicum Z.X.An=Sisymbriopsis yechengica
Microsorium Link **星蕨属**(水龙骨科)
Microsorium brachylepis (Baker) Nakaike=Microsorium superficiale
Microsorium brassi Copel.=Microsorium pteropus
Microsorium buergerianum (Miq.) Ching 攀援星蕨
Microsorium cuspidatum (D.Don) Tagawa=Phymatosorus cuspidatus
Microsorium dilatatum (Bedd.) Sledge=Microsorium insigne
Microsorium dilatatum f. *dilatatum* Ching,Ching & Wang=Microsorium insigne
Microsorium dilatatum f. *simplex* Ching,Ching & Wang=Microsorium insigne
Microsorium ensatum H.Ito=Neolepisorus ensatus
Microsorium excelsum Ching & S.K.Wu=Microsorium fortunei
Microsorium fortunei (T.Moore) Ching 江南星蕨
Microsorium hainanense Noot.=Phymatosorus hainanensis
Microsorium hancockii Ching=Microsorium insigne
Microsorium hancockii f. *hancockii* Ching=Microsorium insigne
Microsorium hancockii f. *simplex* Ching=Microsorium insigne
Microsorium hemionitideum Copel.=Colysis hemionitidea
Microsorium henryi (Christ) C.M.Kuo=Microsorium fortunei
Microsorium hymenodes Kunze) Ching 滇星蕨
Microsorium insigne (Bl.) Copel.羽裂星蕨
Microsorium lucidum (Roxb.) Copel.=Phymatosorus cuspidatus
Microsorium luzonicum Tagawa=Microsorium zippelii
Microsorium membranaceum (D.Don) Ching 膜叶星蕨
Microsorium membranifolium (R.Br.) Ching=Phymatosorus membranifolius
Microsorium nigresces (Bl.) Copel.=Phymatosorus membranifolius
Microsorium normale (D.Don) Ching(p.p.)=Tricholepidium maculosum
Microsorium normale (D.Don) Noot.(p.p.)=Tricholepidium angustifolium
Microsorium normale (D.Don) Noot.(p.p.)=Tricholepidium maculosum
Microsorium normale (D.Don) Noot.(p.p.)=Tricholepidium pteropodium
Microsorium normale (D.Don) Noot.(p.p.)=Tricholepidium tibeticum
Microsorium normale (D.Don) Noot.(p.p.)=Tricholepidium venosum
Microsorium normale Holttum=Tricholepidium maculosum var. subnormale
Microsorium ovalifolium Ching & S.K.Wu=Microsorium superficiale
Microsorium pteropus (Bl.) Copel.有翅星蕨
Microsorium pteropus f. *minor* (Bedd.) Ching=Microsorium pteropus
Microsorium pteropus var. *minor* C.Chr. & Tardieu=Microsorium pteropus
Microsorium punctatum (L.) Copel.星蕨
Microsorium reticulatum Ching ex L.Shi 网脉星蕨
Microsorium rubidum (Kunze) Copel.=Phymatosorus longissimus
Microsorium scolopendria (Burm.) Copel.=Phymatosorus scolopendria
Microsorium sect. *Dissidentes* Fee=**Microsorum**
Microsorium sect. *EuMicrosorium* Fee=**Microsorum**
Microsorium sect. *Eumicrosorium* subsect. *Hymenodia* Tu=**Microsorum**
Microsorium sect. *Eumicrosorium* subsect. *Subtriquetra* Tu=**Microsorum**
Microsorium steerei (Harr.) Ching 广叶星蕨
Microsorium subastatum (Baker) Ching=LepidoMicrosorium buergerianum
Microsorium superficiale (Bl.) Ching 表面星蕨
Microsorium takedae (Nakai) H.Ito=Microsorium fortunei
Microsorium takhtajanii V.N.Tu=Microsorium superficiale
Microsorium tibeticum Ching & S.K.Wu=Microsorium superficiale
Microsorium validum Ching=Microsorium punctatum
Microsorium zippelii (Bl.) Ching 显脉星蕨
Microsorium zosteriforme (Wall.) Ching=Microsorium pteropus
Microstegia ambigua (Sw.) Presl=Callipteris esculenta
Microstegia aspera (Bl.) Presl=Allantodia aspera
Microstegia esculenta (Retz.) Presl=Callipteris esculenta
Microstegium Nees **莠竹属**(禾本科)
Microstegium biaristatum (Steud.) Keng 二芒莠竹
Microstegium biforme Keng 二型莠竹
Microstegium ciliatum (Trin.) A.Camus 刚莠竹
Microstegium ciliatum var. *integrum* Ohwi=Microstegium ciliatum
Microstegium ciliatum var. wallichianum (Nees) Honda 光叶刚莠竹
Microstegium delicatulum (HK.f.) A.Camus 荏弱莠竹
Microstegium dilatatum Koidz.大穗莠竹
Microstegium diliatum var. *formosanum* (Hack.) Honda=Microstegium ciliatum
Microstegium fauriei (Hay.) Honda 法利莠竹
Microstegium formosanum (Hack.) A.Camus=Microstegium ciliatum
Microstegium geniculatum (Hay.) Honda 膝曲莠竹
Microstegium glaberrimum (Honda) Koidz.短轴莠竹
Microstegium gratum (Hack.) A.Camus=Microstegium vagans
Microstegium imberbe Nees ex Steud.=Microstegium nodosum
Microstegium integrum Ohwi=Microstegium ciliatum

Microstegium japonicum (Miq.) Koidz.日本莠竹
Microstegium monanthum (Nees ex Steud.) A.Camus 单花莠竹
Microstegium nodosum (Kom.) Tzvel.莠竹
Microstegium nudum (Trin.) A.Camus 竹叶茅
Microstegium nudum subsp. *japonicum* (Miq.) Tzvel.=Microstegium japonicum
Microstegium somai (Hay.) Ohwi 多芒莠竹
Microstegium vagans (Nees ex Steud.) A.Camus 蔓生莠竹
Microstegium vimineum (Trin.) A.Camus 柔枝莠竹
Microstegium vimineum subsp. *nodosum* (Kom.) Tzvel.=Microstegium nodosum
Microstegium vimineum var. *imberbe* (Nees) Honda=Microstegium nodosum
Microstegium willdenowianum Nees=Microstegium vimineum
Microstegium yunnanense R.J.Yang 云南莠竹
Microstigma Trautv.**小柱芥属**(十字花科)
Microstigma bracycarpum Botshc.短果小柱芥
Microstigma junatovii Gruobv.=Microstigma brachycarpum
Microstrobos Garden & Johnson **小果松属**(罗汉松科)
Microstrobos fitzgeraldii (F.Muell.) Garden & Johmson 弗吉拉小果松
Microstylis Nutt.=**Malaxis**
Microstylis arisanensis Hay.=Malaxis monophyllos
Microstylis bahanensis Hand.-Mazz.=Malaxis bahanensis
Microstylis biaurita Lindl.=Malaxis biaurita
Microstylis biloba Lindl.=Malaxis acuminata
Microstylis brevicaulis Schltr.=Malaxis biaurita
Microstylis calophylla Rchb.f.=Malaxis calophylla
Microstylis carnosula Rolfe ex Downie=Malaxis latifolia
Microstylis congesta (Lindl.) Rchb.f.=Malaxis latifolia
Microstylis cylindrostachya (Lindl.) Rchb.f.(Schltr.in Fedde Repert.Sp. Nov.Beih.1919)=Malaxis monophyllos
Microstylis finetii Gagn.=Malaxis finetii
Microstylis iriomotensis Masam.=Malaxis bancanoides
Microstylis japonica Miq.=Liparis japonica
Microstylis khasiana HK.f.=Malaxis khasiana
Microstylis kizanensis Masam.=Malaxis latifolia
Microstylis latifolia (J.E.Sm.) J.J.Sm.=Malaxis latifolia
Microstylis liparidioides Schltr.=Malaxis purpurea
Microstylis mackinnonii Duthie=Malaxis mackinnonii
Microstylis matsudai Yamamoto=Malaxis matsudai
Microstylis microtatantha Schltr.=Malaxis microtatantha
Microstylis minutiflora Rolfe ex Dunn=Malaxis microtatantha
Microstylis miyakei Schltr.=Malaxis bancanoides
Microstylis monophyllos (L.) Lindl.=Malaxis monophyllos
Microstylis orbicularis W.W.Sm. & J.F.Jeffr.=Malaxis orbicularis
Microstylis ovalisepala J.J.Sm.=Malaxis ovalisepala
Microstylis pierrei Finet=Malaxis acuminata
Microstylis purpurea Lindl.=Malaxis purpurea
Microstylis pusilla Rolfe=Malaxis microtatantha
Microstylis roohutuensis Fukuyana=Malaxis roohutuensis
Microstylis siamensis Rolfe ex Downie=Malaxis acuminata
Microstylis sutepensis Rolfe ex Downie=Malaxis biaurita
Microstylis tenebrosa Rolfe ex Downie=Malaxis orbicularis
Microstylis trigonocardia Schltr.=Malaxis acuminata
Microstylis wallichii Lindl.=Malaxis acuminata
Microstylis wallichii var. *brachycheila* HK.f.=Malaxis calophylla
Microstylis yunnanensis Schltr.=Malaxis monophyllos
Microtatorchis Schltr.**拟蜘蛛兰属**(兰科)
Microtatorchis compacta (Ames) Schltr.拟蜘蛛兰
Microtatorchis taiwaniana S.S.Ying=Microtatorchis compacta
Microthlaspi perfoliatum (L.) F.K.Mey.=Thlaspi perfoliatum
Microtinus odoratissimus (Ker-Gawl.) Oërst.=Viburnum odoratissimum
Microtis R.Br.**葱叶兰属**(兰科)
Microtis formosana Schltr.=Microtis unifolia
Microtis oblonga R.S.Rog.澳洲葱叶兰
Microtis parviflora R.Br.=Microtis unifolia
Microtis taiwanniana Schltr. =Microtis unifolia
Microtis unifolia (Forst.) Rchb.f.葱叶兰
Microtoena Prain **冠唇花属**(唇形科)
Microtoena affinis C.Y.Wu & Husan 相近冠唇花
Microtoena albescens C.Y.Wu & Hsuan 白花冠唇花
Microtoena cymosa Prain (Hemsl.in J.L.Soc.Bot.1890)=Microtoena insuavis
Microtoena cymosa Prain=Microtoena patchouli
Microtoena delavayi Prain (分类学报 1959,p.p.)=Microtoena delavayi var. amblyodon
Microtoena delavayi Prain 云南冠唇花
Microtoena delavayi var. amblyodon C.Y.Wu & Hsuan 钝齿云南冠唇花(新)
Microtoena delavayi var. delavayi=Microtoena delavayi
Microtoena delavayi var. grandiflora Prain 大花云南冠唇花(新)
Microtoena delavayi var. lutea C.Y.Wu & Hsuan 黄花云南冠唇花(新)
Microtoena delavayi var. *vera* Prain=Microtoena delavayi
Microtoena esquirolii Lévl.=Microtoena insuavis
Microtoena insuavis (Hance) Prain ex Dunn(p.p.)=Microtoena mollis
Microtoena insuavis (Hance) Prain ex Dunn(p.p.)=Microtoena patchouli
Microtoena insuavis (Hance) Prain 冠唇花
Microtoena longisepala C.Y.Wu 长萼冠唇花
Microtoena maireana Hand.-Mazz.石山冠唇花
Microtoena megacalyx C.Y.Wu 大萼冠唇花
Microtoena miyiensis C.Y.Wu & H.W.Li 米易冠唇花
Microtoena mollis Lévl.毛冠唇花
Microtoena moupinensis (Franch.) Prain (分类学报 1959,p.p.)= Microtoena stenocalyx
Microtoena moupinensis (Franch.) Prain (分类学报 1959,p.p.)= Microtoena vanchingshanensis
Microtoena moupinensis (Franch.) Prain 宝兴冠唇花
Microtoena muliensis C.Y.Wu ex Hsuan 木里冠唇花
Microtoena omeiensis C.Y.Wu & Hsuan 峨眉冠唇花
Microtoena patchouli (C.B.Clarke) C.Y.Wu & Hsuan 滇南冠唇花
Microtoena pauciflora C.Y.Wu 少花冠唇花
Microtoena prainiana Diels 南川冠唇花
Microtoena robusta Hemsl.粗壮冠唇花
Microtoena ruticifolia Hemsl.(新拉汉英 1996)= Microtoena urticifolia
Microtoena sp. Sun=Microtoena prainiana
Microtoena stenocalyx C.Y.Wu & Husan 狭萼冠唇花
Microtoena subspicata C.Y.Wu 近穗状冠唇花
Microtoena subspicata var. intermedia C.Y.Wu 中间冠唇花(新)
Microtoena subspicata var. subspicata=Microtoena subspicata
Microtoena tenuiflora C.Y.Wu=Microtoena delavayi
Microtoena urticifolia Hemsl.(分类学报 1959,p.p.)=Microtoena omeiensis
Microtoena urticifolia Hemsl.(分类学报 1959,p.p.)=Microtoena urticifolia var. brevipedunculata
Microtoena urticifolia Hemsl.麻叶冠唇花
Microtoena urticifolia var. brevipedunculata C.Y.Wu & Hsuan 短梗麻叶冠唇花(新)
Microtoena urticifolia var. urticifolia=Microtoena urticifolia
Microtoena vanchingshanensis C.Y.Wu & Hsuan 梵净山冠唇花
Microtrichomanes (Mett.) Cop.**细口团扇蕨属**(膜蕨科)
Microtropis Wall. ex Meisn **假卫矛属**(卫矛科)
Microtropis bilfora Merr. & Freem.双花假卫矛
Microtropis bivalvis (Jack.) Wall.丝梗假卫矛
Microtropis cathayensis Merr. & Freem.(p.p.)=Microtropis obliquinervia
Microtropis cathayensis Merr. & Freem.(p.p.)=Microtropis paucinervia
Microtropis caudata C.Y.Cheng & T.C.Kao 尖尾假卫矛
Microtropis confertiflora Merr. & Freem.(p.p.)=Microtropis obliquinervia
Microtropis confertiflora Merr. & Freem.=Microtropis gracilipes
Microtropis discolor Wall.异色假卫矛
Microtropis fallax Pitard 越南假卫矛
Microtropis fokienensis Dunn(Merr. & Freem.in Proc.Am.Acad.p.p. 1940)=Microtropis yunnanensis
Microtropis fokienensis Dunn 福建假卫矛
Microtropis fokienensis var. *longipedunculata* Cheng=Microtropis triflora
Microtropis gracilipes Merr. & Metc.密花假卫矛
Microtropis gracilipes var. *parvifolia* Merr. & Metc.=Microtropis gracilipes
Microtropis henyri Merr. & Freem.滇东假卫矛
Microtropis hexandra Merr. & Freem.六蕊假卫矛
Microtropis illicifolia (Hay.) Koidz.=Microtropis fokienensis
Microtropis illicifolia var. *yunnanensis* Hu=Microtropis yunnanensis
Microtropis japonica (Franch. & Sav.) Hall.f.日本假卫矛
Microtropis kotoensis (Hay.) Koidz.=Microtropis japonica

Microtropis latifolia Wight ex Laws (高等图鉴补编 1983,树木分类学 1953)=Microtropis obscurinervia
Microtropis latifolia Wight 厚叶假卫矛
Microtropis macrocarpa C.Y.Cheng & T.C.Kao=Microtropis macrophyllus
Microtropis macrophyllus Merr. & Freem.大叶假卫矛
Microtropis matsudai (Hay.) Koidz.=Microtropis fokienensis
Microtropis micrantha (Hay.) Koidz 小花假卫矛?
Microtropis obliquinervia Merr. & Freem.斜脉假卫矛
Microtropis obscurinervia Merr. & Freem.隐脉假卫矛
Microtropis oligantha Merr. & Freem.逢春假卫矛
Microtropis osmanthoides Hand.-Mazz.木樨假卫矛
Microtropis pallens Pierre 淡色假卫矛
Microtropis paucinervia Merr. & Chun ex Merr. & Freem.少脉假卫矛
Microtropis petelotii Merr. & Freem.广序假卫矛
Microtropis pyramidalis C.Y.Cheng & T.C.Kao 塔蕾假卫矛
Microtropis reticulata Dunn 网脉假卫矛
Microtropis sakaguchiana Kondz.坂口假卫矛
Microtropis semipaniculata C.Y.Cheng & T.C.Kao 复序假卫矛
Microtropis sessiliflora Merr. & Freem.=Microtropis discolor
Microtropis sphaerocarpa C.Y.Cheng & T.C.Kao 圆果假卫矛
Microtropis submembranacea Merr. & Freem.灵香假卫矛
Microtropis tetragona Merr. & Freem.方枝假卫矛
Microtropis thyrsiflora C.Y.Cheng & T.C.Kao 大序假卫矛
Microtropis triflora Merr. & Freem.三花假卫矛
Microtropis triflora var. szechuanensis C.Y.Cheng & T.C.Kao 阔叶三花假卫矛
Microtropis triflora var. triflora=Microtropis triflora
Microtropis yunnanensis (Hu) C.Y.Cheng & T.C.Kao 云南假卫矛
Microula Benth.**微孔草属**(紫草科)
Microula benthami Clarke=Microula tibetica
Microula bhutanica (Yamazaki) Hara 大孔微孔草
Microula blepharolepis (Maxim.) Johnst.尖叶微孔草
Microula bothriospermoides W.T.Wang=Microula younghusbandii
Microula ciliaris (Bur. & Franch.) Johnst.巴塘微孔草
Microula diffusa (Maxim.) Johnst.疏散微孔草
Microula efoveolata W.T.Wang 无孔微孔草
Microula floribunda W.T.Wang 多花微孔草
Microula forrestii (Diels) Johnst.丽江微孔草
Microula hirsuta Johnst.=Microula forrestii
Microula hispidissima W.T.Wang 密毛微孔草
Microula involucriformis W.T.Wang 总苞微孔草
Microula jilungensis W.T.Wang 吉隆微孔草
Microula leiocarpa W.T.Wang 光果微孔草
Microula longipes W.T.Wang 长梗微孔草
Microula longituba W.T.Wang 长筒微孔草
Microula muliensis W.T.Wang 木里微孔草
Microula myosotidea (Franch.) Johnst.鹤庆微孔草
Microula oblongifolia Hand.-Mazz.长圆微孔草
Microula oblongifolia var. glabrescens W.T.Wang 疏毛长圆微孔草
Microula oblongifolia var. oblongifolia=Microula oblongifolia
Microula ovalifolia (Bur. & Franch.) Johnst.卵叶微孔草
Microula ovalifolia var. ovalifolia=Microula ovalifolia
Microula ovalifolia var. pubiflora W.T.Wang 毛花卵叶微孔草
Microula polygonoides W.T.Wang 蓼状微孔草
Microula pseudotrichocarpa W.T.Wang 甘青微孔草
Microula pseudotrichocarpa var. grandiflora W.T.Wang 大花甘青微孔草
Microula pseudotrichocarpa var. pseudotrichocarpa=Microula pseudotrichocarpa
Microula pustulosa (Clarke) Duthie 小果微孔草
Microula pustulosa var. pustulosa=Microula pustulosa
Microula pustulosa var. setulosa W.T.Wang 刚毛小果微孔草
Microula rockii Johnst.柔毛微孔草
Microula sikkimensis (Clarke) Hemsl.微孔草
Microula spathulata W.T.Wang 匙叶微孔草
Microula stenophylla W.T.Wang 狭叶微孔草
Microula tangutica Maxim.宽苞微孔草
Microula tibetica Benth.西藏微孔草
Microula tibetica var. laevis W.T.Wang 光果西藏微孔草
Microula tibetica var. pratensis (Maxim.) W.T.Wang 小花西藏微孔草
Microula tibetica var. tibetica=Microula tibetica
Microula trichocarpa (Maxim.) Johnst.长叶微孔草
Microula trichocarpa var. lasiantha W.T.Wang 毛花长叶微孔草
Microula trichocarpa var. macrantha W.T.Wang 大花长叶微孔草
Microula trichocarpa var. trichocarpa=Microula trichocarpa
Microula turbinata W.T.Wang 长果微孔草
Microula younghusbandii Duthie 小微孔草
Miegia maritima (Aubl.) Willd.=Remirea maritima
Mikania Willd.**假泽兰属**(菊科)
Mikania cordata (Burm.f.) B.L.Robinson 假泽兰
Mikania cordata var. indica Kitam.印度米甘草
Mikania scandens Willd.(Forbes & Hemsl.in J.L.Soc.Bot.1888)=Mikania cordata
Mikania volubilis Willd.=Mikania cordata
Mildella henryi Hall & Lellinger=Pellaea nitidula
Mildella paupercula Hall & Lellinger=Pellaea paupercula
Milium Adans.=**Panicum**
Milium L.**粟草属**(禾本科)
Milium cimicinum L.=Alloteropsis cimicina
Milium colonum (L.) H.B.K.=Echinochloa colonum
Milium compressum Sw.=Axonopus compressus
Milium crusgalli (L.) *M*oench=Echinochloa crusgalli
Milium effusum L.粟草
Milium globosum Thunb.=Isachne globosa
Milium laterale Regel=Oryzopsis lateralis
Milium remosum Retz.=Eriochloa procera
Milium treutleri Kuntze (.p.p.)=Aulacolepis treutleri
Milium vernale Bieb.春粟草
Milium virgatum (L.) *L*unell=Panicum virgatum
Miliusa Lesch. ex DC.**野独活属**(番荔枝科)
Miliusa chunii W.T.Wang 野独活
Miliusa filipes Merr. & Chun=Miliusa chunii
Miliusa glochidioides Hand.-Mazz.=Orophea anceps
Miliusa sinensis Finet & Gagn.中华野独活
Miliusa tenuistipitata W.T.Wang 云南野独活
Millettia Wight & Arn.**崖豆藤属**(豆科)
Millettia argyraea T.Chen=Millettia dielsiana
Millettia blinii Lévl.=Millettia dielsiana
Millettia bodinieri Lévl.=Millettia sericosema
Millettia bonatiana Pamp.滇桂崖豆藤
Millettia cauliflora (Hemsl.) Gagn.=Fordia cauliflora
Millettia cavaleriei Lévl.=Campylotropis pinetorum subsp. velutina
Millettia championi Benth.绿花崖豆藤
Millettia champutongensis Hu=Millettia dielsiana
Millettia chenkangensis Hu=Millettia pulchra var. chinensis
Millettia chinensis Benth.=Wisteria sinensis
Millettia cinerea Benth.灰毛崖豆藤
Millettia cinerea var. *yunnanensis* Pamp.=Millettia dielsiana
Millettia cognata Hance=Millettia reticulata
Millettia congestiflora T.Chen 密花崖豆藤
Millettia cosperma Dunn 皱果崖豆藤
Millettia cubitti Dunn 红河崖豆
Millettia dielsiana Harms 香花崖豆藤
Millettia dielsiana var. dielsiana=Millettia dielsiana
Millettia dielsiana var. heterocarpa (Chun ex T.Chen) Z.Wei 异果崖豆藤
Millettia dielsiana var. solida T.Chen 雪峰崖豆藤
Millettia dorwardi Coll. & Hemsl.滇缅崖豆藤
Millettia duclouxii Pamp.=Millettia dielsiana
Millettia dunniana Lévl.=Millettia dielsiana
Millettia dunnii Merr.=Millettia pachycarpa
Millettia entadoides Z.Wei 榼藤子崖豆藤
Millettia erythrocalyx Gagn.红萼崖豆
Millettia esquirolii Lévl.=Sophora prazeri var. mairei
Millettia eurybotrya Drake 宽序崖豆藤
Millettia fooningensis Hu=Millettia pachycarpa
Millettia fordii Dunn 广东崖豆藤
Millettia fragrantissima Lévl.=Millettia dielsiana
Millettia gentiliana Lévl.黔滇崖豆藤
Millettia griffithi Dunn 孟连崖豆
Millettia harrowiana Diels=Derris harrowiana

Millettia heterocarpa Chun ex T.Chen=Millettia dielsiana var. heterocarpa
Millettia ichthyochtona Drake 闹鱼崖豆
Millettia kiangsinensis f. kiangsinensis=Millettia kiangsinensis
Millettia kiangsinensis f. purpurea Z.H.Cheng 紫花崖豆藤
Millettia kiangsinensis var. *purpurea* Z.H.Cheng (新拉汉英 1996)=
Millettia kiangsinensis f. purpurea
Millettia kiangsinensis Z.Wei 江西崖豆藤
Millettia kueichouensis Hu=Millettia nitida
Millettia lantsangensis Z.Wei 澜沧崖豆藤
Millettia lasiopetala (Hay.) Merr.=Millettia pachyloba
Millettia leptobotrya Dunn 思茅崖豆
Millettia longipedunculata Z.Wei 长梗崖豆藤
Millettia macrostachya Coll. & Hemsl.大穗崖豆
Millettia nitida Benth.亮叶崖豆藤
Millettia nitida var. hirsutissima Z.Wei 丰城崖豆藤
Millettia nitida var. minor Z.Wei 峨眉崖豆藤
Millettia nitida var. nitida=Millettia nitida
Millettia obovata Gagn.=Millettia pachyloba
Millettia obtusifoliolata Hu=Millettia dielsiana
Millettia oosperma Dunn 皱果崖豆藤
Millettia oraria Dunn 香港崖豆
Millettia pachycarpa Benth.厚果崖豆藤
Millettia pachyloba Drake 海南崖豆藤
Millettia pubinervis Kurz 薄叶崖豆
Millettia pulchra (Benth.) Kurz 印度崖豆
Millettia pulchra var. chinensis Dunn 华南小叶崖豆
Millettia pulchra var. laxior (Dunn) Z.Wei 疏叶崖豆
Millettia pulchra var. miicrophylla Dunn 台湾小叶崖豆
Millettia pulchra var. parvifolia Z.Wei 景东小叶崖豆
Millettia pulchra var. pulchra=Millettia pulchra
Millettia pulchra var. tomentosa Prain 绒叶印度崖豆
Millettia pulchra var. *typica* Dunn=Millettia pulchra
Millettia pulchra var. *typica* f. *laxior* Dunn=Millettia pulchra var. laxior
Millettia pulchra var. yunnanensis (Pamp.) Dunn 云南崖豆
Millettia reticulata Benth.网络崖豆藤
Millettia reticulata var. reticulata=Millettia reticulata
Millettia reticulata var. stenophylla Merr. & Chun 线叶崖豆藤
Millettia sapindiifolia T.Chen 无患子叶崖豆藤
Millettia scabricaulis Franch.=Derris scabricaulis
Millettia sericosema Hance 绣毛崖豆藤
Millettia shunningensis Hu=Millettia dorwardi
Millettia speciosa Champ.美丽崖豆藤
Millettia sphaerosperma Z.Wei 球子崖豆藤
Millettia taiwaniana Hay.=Millettia pachycarpa
Millettia tetraptera Kurz 四翅崖豆
Millettia thyrsiflora Benth.=Derris thyrsiflora
Millettia tsui Metc.喙果崖豆藤
Millettia unijuga Gagn.三叶崖豆藤
Millettia velutina Dunn 绒毛崖豆
Millettia yunnanense Pamp=Millettia pulchra var. yunnanensis
Millettia yunnanense var. *robusta* Pamp.=Millettia velutina
Millingtonia L.f.**老鸦烟筒花属**(紫葳科)
Millingtonia arnotiana Wight=Meliosma arnottiana
Millingtonia dilleniifolia Wall. ex Wight & Arn.=Meliosma dilleniifolia
Millingtonia hortensis L.f.老鸦烟筒花
Millingtonia pinnata Roxb.=Meliosma pinnata
Millingtonia simplicifolia Roxb.=Meliosma simplicifolia
Miltonia ×bluntii Rchb.f.布兰氏米尔顿兰
Miltonia Lindl.**米尔顿兰属**(兰科)
Miltonia anceps Lindl.扁平米尔顿兰
Miltonia candida Lindl.白米尔顿兰
Miltonia clowesii Lindl.克氏米尔顿兰
Miltonia cuneata Lindl.大花米尔顿兰
Miltonia enaresii Nichols.恩氏米尔顿兰
Miltonia flavescens Ldfl.淡黄米尔顿兰
Miltonia laevis (Lindl.) Rolfe 平滑米尔顿兰
Miltonia phalaenopsis Nichols.蝴蝶米尔顿兰
Miltonia reichenheimii (Lind. & Rchb.f.) Folfe 芮氏米尔顿兰
Miltonia spectabilis Lindl.美花米尔顿兰
Miltonia stenopglossa Schltr.狭舌米尔顿兰
Miltonia warscewiczii Rchb.f.瓦氏米尔顿兰
Milula Prain **穗花韭属**(百合科)
Milula spicata Prain 穗花韭
Mimosa L.**含羞草属**(豆科)
Mimosa arabica Lam.=Acacia nilotica
Mimosa biglobosa Jacq.(Roxb.in Fl.Ind.1832)=Parkia timoriana
Mimosa caesia L.=Acacia caesia
Mimosa catechu L.f.=Acacia catechu
Mimosa chinensis Osbeck=Albizia chinensis
Mimosa cinerea L.=Dichrostachys cinerea
Mimosa concinna Willd.=Acacia sinuata
Mimosa corniculata Lour.=Albizia corniculata
Mimosa cyclocarpa Jacq.=Enterolobium cyclocarpum
Mimosa duclis Roxb.=Pithecellobium dulce
Mimosa farnesiana L.=Acacia farnesiana
Mimosa fera Lour.=Gleditsia fera
Mimosa glauca L.(p.p.)=Acacia glauca
Mimosa glauca L.(p.p.)=Leucaena leucocephala
Mimosa glomerata Forsk.=Dichrostachys cinerea
Mimosa intsia L.(Roxb.in Fl.Ind.1932)=Acacia caesia
Mimosa invisa Mart. ex Colla 巴西含羞草
Mimosa invisa var. inermis Adelb.无刺含羞草
Mimosa invisa var. invisa=Mimosa invisa
Mimosa juliflora Swartz=Prosopis juliflora
Mimosa kalkora Roxb.=Albizia kalkora
Mimosa lebbeck L.=Albizia lebbeck
Mimosa leucocephala Lam.=Leucaena leucocephala
Mimosa lucida Roxb.=Albizia lucidior
Mimosa nilotica L.=Acacia nilotica
Mimosa odoratissima L.f.=Albizia odoratissima
Mimosa pennata L.=Acacia pennata
Mimosa plena L.=Neptunia plena
Mimosa procera Roxb.=Albizia procera
Mimosa pudica L.含羞草
Mimosa rugata Lam.=Acacia sinuata
Mimosa saman Jacq.=Samanea saman
Mimosa scandens L.=Entada phaseoloides
Mimosa senegal L.=Acacia senegal
Mimosa sepiaria Benth.光荚含羞草
Mimosa sinuata Lour.=Acacia sinuata
Mimosa villosa Swartz=Acacia glauca
Mimosa virgata L.=Desmanthus virgatus
Mimulicalyx Tsoong **虾子草属**(玄参科)
Mimulicalyx paludigenus Tsoong 沼生虾子草
Mimulicalyx rosulatus Tsoong 虾子草
Mimulus L.**沟酸浆属**(玄参科)
Mimulus assamicus Griff.=Mimulus tenellus var. nepalensis
Mimulus bodinieri Vant.匍生沟酸浆
Mimulus bracteosus Tsoong 小苞沟酸浆
Mimulus bracteosus f. bracteosa=Mimulus bracteosa
Mimulus bracteosus f. salicifolia Tsoong 柳叶沟酸浆
Mimulus formosanus Hay.=Mimulus tenellus var. nepalensis
Mimulus gracilis Br.纤弱沟酸浆
Mimulus luteus L.锦花沟酸浆
Mimulus nepalensis Benth.=Mimulus tenellus var. nepalensis
Mimulus nepalensis var. *maior* H.Wink.=Mimulus tenellus var. platyphyllus
Mimulus nepalensis var. *platyphyllus* Fr.=Mimulus tenellus var. platyphyllus
Mimulus nepalensis var. *procerus* Grant=Mimulus tenellus var. procerus
Mimulus orbicularis Benth.圆形沟酸浆
Mimulus szechuanensis Pai 四川沟酸浆
Mimulus szechuanensis var. *glandulosa* Pai=Mimulus szechuanensis
Mimulus tenellus Bge.沟酸浆
Mimulus tenellus subsp. *nepalensis* (Benth.) Hong=Mimulus tenellus var. nepalensis
Mimulus tenellus subsp. *nepalensis* var. *procerus* (Grant) Hong=Mimulus tenellus var. procerus
Mimulus tenellus var. *maior* (H.Winkl.) Hand.-Mazz.=Mimulus tenellus var. platyphyllus
Mimulus tenellus var. nepalensis (Benth.) Tsoong 尼泊尔沟酸浆
Mimulus tenellus var. platyphyllus (Fr.) Tsoong 南红藤

Mimulus tenellus var. procerus (Grant) Hand.-Mazz.高大沟酸浆
Mimulus tenellus var. tenellus=Mimulus tenellus
Mimulus tibeticus Tsoong & Yang 西藏沟酸浆
Mimulus violaceus Azaola ex Blanco=Torenia violacea
Mimusops hexandra Roxb.=Manilkara hexandra
Mina Llave & Lexar.=**Ipomoea**
Mina cordata Micheli=Mina lobata
Mina lobata Cerv.金鱼花
Minuartia L.**米努草属**(石竹科)
Minuartia arctica (Steven ex Seringe) Graeb.北极米努草
Minuartia biflora (L.) Schinz & Thell.二花米努草
Minuartia flaccida Mattf.(p.p.)=Minuartia kryloviana
Minuartia juniperina (L.) Aschers. & Graebn.桧叶高山漆姑草
Minuartia kashmirica (Edgew.) Mattf.克什米尔米努草
Minuartia kryloviana Schischk.新疆米努草
Minuartia laricifolia (L.) Sch. & Th.落叶松叶高山漆姑草
Minuartia laricina (L.) Mattf.石米努草
Minuartia laricina (L.) Nakai=Minuartia laricina
Minuartia leneata f. *kashmirica* (Edgew.) R.R.Stewart.=Minuartia kashmirica
Minuartia litwinowii Schischk.西北米努草
Minuartia macrocarpa (Pursh) Ostenf.大果米努草
Minuartia macrocarpa var. korean (Nakai) Hara 长白米努草
Minuartia macrocarpa var. macrocarpa=Minuartia macrocarpa
Minuartia recurva (All.) Sch. & Th.反曲高山漆姑草
Minuartia regeliana (Trautv.) Mattf.米努草
Minuartia verna (L.) Hiern 春米努草
Miquelia Arn. & Nees=**Garnotia**
Mirabilis L.**紫茉莉属**(紫茉莉科)
Mirabilis himalaica (Edgew.) Heim.=Oxybaphus himalaicus
Mirabilis himalaica Heim.(秦岭志 1974)=Oxybaphus himalaicus var. chinensis
Mirabilis himalaica var. *chinensis* Heim.=Oxybaphus himalaicus var. chinensis
Mirabilis jalapa L.紫茉莉
Miricacalia firma (Kom.) Nakai=Parasenecio firmus
Mirtana Pierre=**Arcangelisia**
Miscanthus Anderss.**芒属**(禾本科)
Miscanthus brevipilus Hand.-Mazz.=Diandranthus brevipilus
Miscanthus eulalioides Keng=Diandranthus eulalioides
Miscanthus flavidus Hodna 黄金芒
Miscanthus floridulus (Lab.) Warb. ex Schum. & Laut.五节芒
Miscanthus japonicus Anderss.=Miscanthus floridulus
Miscanthus jianxianensis L.Liu 金县芒
Miscanthus kanehirai Honda=Miscanthus flavidus
Miscanthus nepalensis (Trin.) Hack.=Diandranthus nepalensis
Miscanthus nudipes (Griseb.) Hack.=Diandranthus nudipes
Miscanthus nudipes subsp. *yannanensis* A.Camus=Diandranthus yunnanensis
Miscanthus purpurascens Anderss.紫芒
Miscanthus sacchariflorus (Maxim.) Benth.=Triarrhena sacchariflora
Miscanthus sacchariflorus var. *gonchaiensis* C.Z.Xie=Triarrhena lutarioriparia var. gongchai
Miscanthus sacchariflorus var. *gonchaiensis* f. *chuiyeqing* C.Z.Xie=Triarrhena lutarioriparia var. gongchai f. pendulifolia
Miscanthus sacchariflorus var. *gonchaiensis* f. *tiegangang* C.Z.Xie=Triarrhena lutarioriparia var. gongchai f. purpureorosa
Miscanthus sacchariflorus var. *gonchaiensis* f. *yanzhihong* C.Z.Xie(p.p.)=Triarrhena lutarioriparia var. gongchai f. coccinea
Miscanthus sacchariflorus var. *gonchaiensis* f. *yizhangqing* C.Z.Xie(p.p.)=Triarrhena lutarioriparia var. gongchai f. altissima
Miscanthus sacchariflorus var. *shachaiensis* C.Z.Xie=Triarrhena lutarioriparia var. shachai
Miscanthus sacchariflorus var. *shachaiensis* f. *qingsha* C.Z.Xie=Triarrhena lutarioriparia var. shachai f. qingsha
Miscanthus sacchariflorus var. *shachaiensis* f. *zisha* C.Z.Xie=Triarrhena lutarioriparia var. shachai f. zisha
Miscanthus sect. *Triarrhena* (Maxim.) Honda=**Triarrhena**
Miscanthus sinensis Anderss.芒
Miscanthus sinensis f. *purpurascens* (Anderss.) Nakai=Miscanthus purpurascens
Miscanthus sinensis subsp. *purpurascens* (Anderss.) Tzvel.=Miscanthus purpurascens
Miscanthus sinensis var. *purpurascens* (Anderss.) Matsum.=Miscanthus purpurascens
Miscanthus szechuanensis Keng=Diandranthus yunnanensis
Miscanthus taylorii Bor=Diandranthus taylorii
Miscanthus tinctorius (Sieb. ex Steud.) Hack.青茅
Miscanthus transmorrisonensis Hay.高山芒
Miscanthus yunnanensis (A.Camus) Keng=Diandranthus yunnanensis
Mischobulbum Schltr.**球柄兰属**(兰科)
Mischobulbum cordifolium (HK.f.) Schltr.心叶球柄兰
Mischobulbum emeiense K.Y.Lang=Tainia emeiensis
Mischobulbum macranthum (Hk.f.) Rolfe=Tainia macrantha
Mischocarpus Bl.**柄果木属**(无患子科)
Mischocarpus fuscescens Bl.=Mischocarpus pentapetalus
Mischocarpus fuscescens var. *bonii* Lecomte=Xerospermum bonii
Mischocarpus hainanensis H.S.Lo 海南柄果木
Mischocarpus oppositifolius (Lour.) Merr.(分类学报 1955,p.p.)=Mischocarpus sundaicus
Mischocarpus oppositifolius (Lour.) Merr.(分类学报 1955,p.p.)=Mischocarpus pentapetalus
Mischocarpus pentapetalus (Roxb.) Radlk.褐叶柄果木
Mischocarpus productus Li=Mischocarpus pentapetalus
Mischocarpus sundaicus Bl.柄果木
Missiessya velutina Wedd.=Debregeasia longifolia
Missiessya wallichiana Wedd.=Debregeasia wallichiana
Mitchella L.**蔓虎刺属**(茜草科)
Mitchella undulata S. & Z.蔓虎刺
Mitella Tourn. ex L.**唢呐草属**(虎耳草科)
Mitella formosana (Hay.) Masam.台湾唢呐草
Mitella japonica Miq.(Hay.in Bot.Mag.Tokyo 1906)=Mitella formosana
Mitella japonica var. *formosana* Hay.=Mitella formosana
Mitella nuda L.唢呐草
Mitina Adans.=**Carlina**
Mitostigma Bl.=**Amitostigma**
Mitostigma gracile Bl.=Amitostigma gracile
Mitracarpus Zucc. ex J.A.Schultes & J.H.Schultes **盖裂果属**(茜草科)
Mitracarpus scaber Zucc.=Mitracarpus villosus
Mitracarpus senegalensis DC.=Mitracarpus villosus
Mitracarpus verticillatus (Schumach. & Thonn.) Vatke=Mitracarpus villosus
Mitracarpus villosus (Sw.) DC.盖裂果
Mitragyna Korth.**帽蕊木属**(茜草科)
Mitragyna brunonis (Wall. ex G.Don) Craib=Mitragyna rotundifolia
Mitragyna rotundifolia (Roxb.) Kuntze 帽蕊木
Mitrasacme Labill.**尖帽草属**(马钱科)
Mitrasacme alsinoides R.Br.(C.B.Clarke in Fl.Brit.Ind.1883)=Mitrasacme indica
Mitrasacme alsinoides var. *indica* (Wight) Hara=Mitrasacme indica
Mitrasacme capillaris Wall.=Mitrasacme pygmaea
Mitrasacme chinensis Griseb.=Mitrasacme pygmaea
Mitrasacme gallifolia Masamune & Syozi=Mitrasacme pygmaea
Mitrasacme indica Wight 尖帽草
Mitrasacme lutea Lévl.=Mitrasacme pygmaea
Mitrasacme mairei Lévl.=Androsace erecta
Mitrasacme nudicaulis Bl.(Benth.in HK.J.Bot.Kew Misc.1853)=Mitrasacme pygmaea
Mitrasacme polymorpha R.Br.(广州志 1956)=Mitrasacme pygmaea
Mitrasacme polymorpha var. *grandiflora* Hemsl.=Mitrasacme pygmaea var. grandiflora
Mitrasacme pygmaea R.Br.水田白
Mitrasacme pygmaea var. confertifolia Tirel-Rouder 密叶水田白
Mitrasacme pygmaea var. grandiflora (Hemsl.) Leenhouts 大花水田白
Mitrasacme pygmaea var. *malaccensis* (Wight) Hara=Mitrasacme pygmaea
Mitrasacme pygmaea var. pygmaea=Mitrasacme pygmaea
Mitrasacme setosa Hance (Masamune & Syozi in Acta Phytotax.Geobot. 1950)= Mitrasacme indica
Mitrastemon Makino **帽蕊草属**(大花草科)
Mitrastemon cochinchinensis Nakai=Mitrastemon yamamotoi
Mitrastemon kanehirai Yamamoto=Mitrastemon yamamotoi var. kanehirai
Mitrastemon kawasasakii Hay.=Mitrastemon yamamotoi

Mitrastemon yamamotoi Makino 帽蕊草
Mitrastemon yamamotoi f. *kawasasakii* (Hay.) Makino=Mitrastemon yamamotoi
Mitrastemon yamamotoi var. kanehirai (Yamamoto) Makino 多鳞帽蕊草
Mitrastemon yamamotoi var. yamamotoi=Mitrastemon yamamotoi
Mitreola L. ex Schaeff=**Mitreola**
Mitreola L.**度量草属**(马钱科)
Mitreola bodinieri (Lévl.) Lévl.=Mitreola pedicellata
Mitreola darrisii (Lévl.) Lévl.=Mitreola pedicellata
Mitreola inconspicua Zoll. & Miq.=Mitreola petiolata
Mitreola oldenlandioides Wall. ex DC.=Mitreola petiolata
Mitreola oldenlandioides Wall. ex G.Don=Mitreola petiolata
Mitreola oldenlandioides Wall.=Mitreola petiolata
Mitreola paniculata Wall. ex G.Don=Mitreola petiolata
Mitreola paniculatum (Wall. ex G.Don) B.L.Robin.=Mitreola petiolata
Mitreola pedicellata Benth.大叶度量草
Mitreola petiolata (Gmel.) Torrey & Gray 度量草
Mitreola petiolatoides P.T.Li 小叶度量草
Mitreola reticulata Tirel.-Roudet 网子度量草
Mitrephora (Bl.) HK.f. & Thoms.**银钩花属**(番荔枝科)
Mitrephora leiocarpa W.T.Wang=Goniothalamus leiocarpus
Mitrephora maingayi HK.f. & Thoms.山蕉
Mitrephora thorelii Pierre 银钩花
Mitrephora wangii Hu 云南银钩花
Mitrosicyos Maxim.=**Actinostemma**
Mitrosicyos lobatus Maxim.=Actinostemma tenerum
Mitrosicyos paniculatus Maxim.=Bolbostemma paniculatum
Mitrosicyos racemosus Maxim.=Actinostemma tenerum
Mixandra Pierre=**Diploknema**
Mixandra butyracea (Roxb.) Pierre ex Dubard=Diploknema butyracea
Miyoshia Makino=**Petrosavia**
Miyoshia sakuraii Makino=Petrosavia sakurai
Miyoshia sinii (Krause) Nakai=Petrosavia sinii
Mmemecylon scutellatum HK. & Arn.=Memecylon ligustrifolium
Mnesithea Kunth **毛俭草属**(禾本科)
Mnesithea mollicoma (Hance) A.Camus 毛俭草
Mnesthea laevis (Retz.) Kunth 印度毛俭草
Mniopsis sect. *Griffithella* Tul=**Cladopus**
Moacurra gelonioides Roxb.=Dichapetalum gelonioides
Modecca bracteata Lam.=Trichosanthes tricuspidata
Modecca cardiophylla Mast.=Adenia cardiophylla
Modecca nicobarica Kurz.=Adenia penangiana
Moehringella linearifolia (Franch.) Neumayer=Arenaria pseudostellaria
Moehringella roseiflora (Spraque) Neumayer=Arenaria roseiflora
Moehringia L.**种阜草属**(石竹科)
Moehringia lateriflora (L.) Fenzl 种阜草
Moehringia linearifolia (Franch.) Williams=Arenaria pseudostellaria
Moehringia trinervia (L.) Clairv.三脉种阜草
Moehringia umbrosa (Bge.) Fenzl 新疆种阜草
Moenchia Roth(1788)=**Alyssum**
Moghania J.St.Hil.=**Fleningia**
Moghania bracteata (Roxb.) H.L.Li=Flemingia strobilifera
Moghania chappar (Ham. ex Benth.) Kuntze=Flemingia chappar
Moghania fluminalis (C.B.Clarke) H.L.Li=Flemingia fluminalis
Moghania fruticulosa (Wall. ex Benth.) Wang & Tang=Flemingia strobilifera
Moghania grahamiana (Wight & Arn.) Kuntze=Flemingia grahamiana
Moghania involucrata (Benth.) Kuntze=Flemingia involucrata
Moghania lineata (L.) Kuntze=Flemingia lineata
Moghania macrophylla (Willd.) Kuntze=Flemingia macrophylla
Moghania paniculata Wall. ex Benth.) Kuntze=Flemingia paniculata
Moghania philippinensis (Merr. & Rolfe) H.L.Li=Flemingia philippinensis
Moghania procumbens (Roxb.) Wang & Tang=Flemingia procumbens
Moghania prostrata Wang & Tang=Flemingia philippinensis
Moghania stricta (Roxb. ex Ait.) Kuntze=Flemingia stricta
Moghania strobilifera (L.) St.-Hil. ex Kuntze=Flemingia strobilifera
Moghania wallichii (Wight & Arn.) Kuntze=Flemingia wallichii
Mokofua japonica (Thunb) O.Kuntze=Ternstroemia japonica
Moldavica Adans.=**Dracocephalum**
Moldavica elata Moench.=Nepeta sibirica
Moldavica sibirica Moench. ex Steud.=Nepeta sibirica
Molineria Colla=**Curculigo**
Molineria capitulata (Lour.) Herb.=Curculigo capitulata
Molineria crassifolia Baker=Curculigo crassifolia
Molineria gracilis (Wall. ex Kurz) Kurz=Curculigo gracilis
Molineria recurvata (Aiton f.) Herb.=Curculigo capitulata
Molinia Schrank **麦氏草属**(禾本科)
Molinia fauriei Hack.=Diarrhena fauriei
Molinia hui Pilger 拟麦氏草
Molinia japonica Hack.日本麦氏草
Molinia maxima Hartm.=Glyceria maxima
Molinia olgae Rgl.=Leucopoa olgae
Molinia squarrosa Trin.=Cleistogenes squarrosa
Molinia varia Schrank 麦氏草
Moliniopsis hui (Pilger) Keng=Molinia hui
Moliniopsis japonica (Hack.) Hay.=Molinia japonica
Mollugo L.**粟米草属**(番杏科)
Mollugo cerviana (L.) Ser.线叶粟米草
Mollugo costata Y.T.Chang & C.F. Wei=Mollugo vertillata
Mollugo hirta Thunb.=Glinus lotoides
Mollugo lotoides (L.) Ktz.=Glinus lotoides
Mollugo nudicalis Lam.无茎粟米草
Mollugo oppositifolia L.=Glinus oppositifolius
Mollugo pentaphylla L.(秦岭志 1974)=Mollugo stricta
Mollugo pentaphylla L.(高等图鉴 1972,海南志 1964)=Mollugo stricta
Mollugo spergula L.=Glinus oppositifolius
Mollugo stricta L.粟米草
Mollugo vertillata L.种棱粟米草
Moluccella diacanthophyllum Pall.=Lagochilus diacanthophyllus
Moluccella mongholica Turcz. ex Ledeb.=Lagopsis eriostachys
Momordica L.**苦瓜属**(葫芦科)
Momordica calcarata Wall.=Thladiantha cordifolia
Momordica charantia L.苦瓜
Momordica chinensis Spreng.=Momordica charantia
Momordica cochinchinensis (Lour.) Spreng.木鳖子
Momordica cylindrica L.=Luffa cylindrica
Momordica dioica Roxb. ex Willd.云南木鳖
Momordica eberhardtii Gagn.=Momordica subangulata
Momordica elaterium L.=Ecballium elaterium
Momordica grosvenorii Swingle=Siraitia grosvenorii
Momordica indica L.=Momordica charantia
Momordica lanata Thunb.=Citrullus lanatus
Momordica laotica Gagn.=Momordica subangulata
Momordica macrophylla Gage=Momordica cochinchinensis
Momordica meloniflora Hand.-Mazz.=Momordica cochinchinensis
Momordica mixta Roxb.=Momordica cochinchinensis
Momordica pedata L.=Cyclanthera pedata
Momordica sinensis Spreng.=Momordica charantia
Momordica subangulata Bl.凹萼木鳖
Momordica tonkinensis Gagn.=Siraitia siamensis
Momordica umbellata (Klein ex Willd.) Roxb.=Solena amplexicaulis
Monachosoraceae 稀子蕨科
Monachosorella maximowiczii Hay.=Ptilopteris maximowiczii
Monachosorella nipponica Hay.=Monachosorum flagellare var. nipponicum
Monachosorum Kunze **稀子蕨属**(稀子蕨科)
Monachosorum davallioides Kunze 大叶稀子蕨
Monachosorum elegans Ching 倨山稀子蕨
Monachosorum flagalaris Hay.=Monachosorum flagellare
Monachosorum flagellare (Maxim.) Hay.尾叶稀子蕨
Monachosorum flagellare var. nipponicum (Makino)Tagawa 华中稀子蕨
Monachosorum flagellarea Tagawa=Monachosorum flagellare var. nipponicum
Monachosorum henryi Christ 稀子蕨
Monachosorum henryi var. *microphyllum* Christ=Monachosorum flagellare
Monachosorum kweichowense Ching=Monachosorum flagellare
Monachosorum maximowiczii Hay=Ptilopteris maximowiczii
Monachosorum nipponicum Makino=Monachosorum flagellare var. nipponicum
Monachosorum subdigatatum Hand.-Mazz.=Monachosorum henryi
Monachosorum subdigitatum C.Chr.=Monachosorum davallioides
Monachosorum subdigitatum var. *henryi* Tagawa=Monachosorum henryi
Monachyron Parl.=**Rhynchelytrum**
Monarda L.**美国薄荷属**(唇形科)

Monarda didyma L.美国薄荷
Monarda fistulosa L.拟美国薄荷
Mondo Adans.=**Ophiopogon**
Mondo bockianum (Diels) Farwell.=Ophiopogon bockianus
Mondo bodinieri (Lévl.) Farwell.=Ophiopogon bodinieri
Mondo cavaleriei (Lévl.) Farwell.=Aletris laxiflora
Mondo cernum Koidz.=Liriope minor
Mondo clavatum (C.H.Wright ex Oliv.) Farwell.=Ophiopogon clarkei
Mondo dracaenoides (Baker) Farwell=Ophiopogon dracaenoides
Mondo dracaenoides Fraw=Ophiopogon dracaenoides
Mondo dracaenoides var. *clarkei* (HK.f.) Farwell.=Ophiopogon clarkei
Mondo dracaenoides var. *reptans* (HK.f.) Farwell=Ophiopogon reptans
Mondo fauriei (Lévl. & Vant.) Farwll.=Liriope spicata
Mondo formosanum Ohwi=Ophiopogon bodinieri
Mondo graminifolium (L.) Koidz.=Liriope graminifolia
Mondo intermedium (D.Don) L.H.Bail.=Ophiopogon intermedius
Mondo japonicum (L.f.) Farwell.=Ophiopogon japonicus
Mondo japonicum var. *griffithii* (Baker) Farwell.=Ophiopogon intermedius
Mondo japonicum var. *intermedium* (D.Don) Farwell=Ophiopogon intermedius
Mondo japonicum var. *umbraticola* (Hance) Farwell.=Ophiopogon umbraticola
Mondo japonicum var. *wallichianum* (Kunth) Farwell=Ophiopogon intermedius
Mondo kansuense (Batal.) Farwel.=Liriope kansuensis
Mondo scabrum Ohwi=Ophiopogon intermedius
Mondo stolonifer (Lévl. & Vant.) Farwell.=Ophiopogon japonicus
Mondo tokyoense Nakai=Liriope minor
Mondo umbraticola (Hance) Ohwi=Ophiopogon umbraticola
Mondo wallichianum (Kunth) L.H.Bail.=Ophiopogon intermedius
Monenteles redolens DC.=Pterocaulon redolens
Monerma repens (G.Forst.) Beauv.=Lepturus repens
Moneses Salisb.**独丽花属**(鹿蹄草科)
Moneses grandiflora Salisb.=Moneses uniflora
Moneses rhombifolia (Hay.) H.Andr.=Moneses uniflora
Moneses uniflora (L.) A.Gray 独丽花
Monimopetalum Redh **永瓣藤属**(卫矛科)
Monimopetalum chinense Rehd.永瓣藤
Monocarpus foliosus Moench=Chenopodium foliosum
Monocelastrus Wang & Tang.=**Celastrus**
Monocelastrus monospermus (Roxb.) Wang & Tang=Celastrus monospermus
Monocelastrus virens Wang & Tang=Celastrus virens
Monocera Jack=**Elaeocarpus**
Monocera petiolata Jack=Elaeocarpus petiolatus
Monochasma Maxim.**鹿茸草属**(玄参科)
Monochasma monantha Hemsl.单花鹿茸草
Monochasma savatieri Franch.绵毛鹿茸草
Monochasma sheareri Maxim.鹿茸草
Monochilus affinis Lindl.=Zeuxine affinis
Monochilus goodyeroides (Lindl.) Lindl.=Zeuxine goodyeroides
Monochilus nervosus Lindl.=Zeuxine nervosa
Monochoria Presl **雨久花属**(雨久花科)
Monochoria dilatata Kunth=Monochoria hastata
Monochoria elata Ridel.高葶雨久花
Monochoria hastaefolia Presl=Monochoria hastata
Monochoria hastata (L.) Solms 箭叶雨久花
Monochoria hastifolia C.Presl=Monochoria hastata
Monochoria korsakowii Regel & Maack 雨久花
Monochoria linearis Miq.=Monochoria vaginalis
Monochoria ovata Kunth=Monochoria vaginalis
Monochoria plantaginea Kunth=Monochoria vaginalis
Monochoria sagittata Kunth=Monochoria hastata
Monochoria vaginalis (Burm.f.) Presl 鸭舌草
Monochoria vaginalis var. *korsakowii* (Regel & Maack) Solms=Monochoria korsakowii
Monochoria vaginalis var. *pauciflora* (Bl.) Merr.=Monochoria vaginalis
Monochoria vaginalis var. *plantaginea* (Roxb.) Solms=Monochoria vaginalis
Monochoria valida Wang & Nagamasu=Monochoria elata
Monocladus Chia et al.**单枝竹属**(禾本科)
Monocladus amplexicaulis Chia et al.芸香竹
Monocladus levigatus Chia et al.响子竹
Monocladus saxatilis Chia et al.单枝竹
Monocladus saxatilis var. saxatilis=Monocladus saxatilis
Monocladus saxatilis var. solidus (C.D.Chu & C.S.Chao) Chia 箭竿竹
Monogramma Commerson ex Schkuhr **一条线蕨属**(书带蕨科)
Monogramma gramicea (Poir.) Schkuhr 一条线蕨
Monogramma paradoxa (Fée) Bedd.连孢一条线蕨
Monogramma trichoidea J.Sm.=Vaginularia trichoidea
Monolophus Wall. ex Endl.=**Kaempferia**
Monolophus coenobialis Hance=Caulokaempferia coenobialis
Monolophus elegans Wall.=Kaempferia elegans
Monolophus yunnanensis (Gagn.) T.L.Wu=Caulokaempferia yunnanensis
Monomelangium Hay.**毛轴线盖蕨属**(蹄盖蕨科)
Monomelangium dinghushanicum Ching & S.H.Wu 鼎湖山毛轴线盖蕨
Monomelangium hancockii (Maxim.) Hay.=Monomelangium pullingeri
Monomelangium pullingeri (Bak.)Tagawa 毛轴线盖蕨
Monomelangium pullingeri var. daweishanicolum W.M.Chu & Z.R.He 大围山毛轴线盖蕨
Monomelangium pullingeri var. pullingeri=Monomelangium pullingeri
Monomelangium tingwooshanicum S.H.Wu 广东毛子蕨?
Monomeria Lindl.**短瓣兰属**(兰科)
Monomeria barbata Lindl.短瓣兰
Monomeria dichroma (Rolfe) Schltr.二色短瓣兰
Monomeria punctata (Lindl.) Schltr.斑点短斑兰
Monomeria rimannii (Rcbh.f.) Schltr.=Sunipia rimannii
Monopyle Benth. & HK.f.**单裂苣苔属**(苦苣苔科)
Monorchis Ehih.=**Herminium**
Monorchis angustifolia (Lindl.) Schwarz.=Herminium lanceum
Monotropa L.**水晶兰属**(鹿蹄草科)
Monotropa brittonii Small.勃莉脱水晶兰
Monotropa chinensis Koidz.=Monotropa hypopitys var. hirsuta
Monotropa humilis D.Don=Cheilotheca humilis
Monotropa hypophegea Wallr.=Monotropa hypopitys
Monotropa hypopitys L.(台湾志,1978)=Monotropa hypopitys var. hirsuta
Monotropa hypopitys L.松下兰
Monotropa hypopitys f. *atricha* (Domin) Kitag.=Monotropa hypopitys
Monotropa hypopitys var. *glaberrima* Hara=Monotropa hypopitys
Monotropa hypopitys var. *glabra* Roth=Monotropa hypopitys
Monotropa hypopitys var. *glabra* subvar. *atricha* Domin=Monotropa hypopitys
Monotropa hypopitys var. hirsuta Roth 毛花松下兰
Monotropa hypopitys var. hypopitys=Monotropa hypopitys
Monotropa hypopitys var. *lanuginosa* (Michx.) Pursh=Monotropa hypopitys var. hirsuta
Monotropa multiflora (Scop.) Fritsch.=Monotropa hypopitys
Monotropa Nutt.=**Monotropa**
*Monotropa taiwaniana*Ying=Monotropa hypopitys var. hirsuta
Monotropa uniflora L.水晶兰
Monotropa uniflora var. *pentapetala* Makino=Cheilotheca humilis
Monotropa uniflora var. *tripetala* Makino=Cheilotheca humilis
Monotropanthum H.Andr.=**Cheilotheca**
Monotropastrum H.Andr.=**Cheilotheca**
Monotropastrum ampullaceum (H.Andr.) H.Andr.=Cheilotheca macrocarpa
Monotropastrum ampullaceum H.Andr.=Cheilotheca macrocarpa
Monotropastrum arisanarum H.Andr.=Cheilotheca macrocarpa
Monotropastrum baranovii Y.L.Chang & Y.L.Chou=Cheilotheca humilis
Monotropastrum clarkei H.Andr.=Cheilotheca humilis
Monotropastrum globosum H.Andr. ex Hara=Cheilotheca humilis
Monotropastrum globosum var. *pentapetala* (Makino) Honda=Cheilotheca humilis
Monotropastrum globosum var. *tripetala* (Makino) Honda=Cheilotheca humilis
Monotropastrum humile (D.Don) Hara=Cheilotheca humilis
Monotropastrum humile var. *glaberrimum* Hara=Cheilotheca macrocarpa
Monotropastrum humile var. *tripetalum* (Makino) Hara=Cheilotheca humilis
Monotropastrum humilis var. *glaberrimum* (Hara) H.Keng & Hsieh=Cheilotheca macrocarpa
Monotropastrum lungchuanesne K.F.Wu=Cheilotheca macrocarpa
Monotropastrum macrocarpum H.Andr.=Cheilotheca macrocarpa
Monotropastrum pubescens K.F.Wu=Cheilotheca pubescens
Monotropastrum tschanbaischanicum var. *baranovii* (Chang & Chou)

Y.L.Chou=Cheilotheca humilis
Monotropastrum tschanbaischanicum Y.L.Chang=Cheilotheca humilis
Monotropastrum uniflora L.(Maxim.in Buill.Acad.Imp.Sci.St.-Petersb. 1872)= Cheilotheca humilis
Monoxora Wight=**Rhodamnia**
Monsonia L.**梦森尼亚属**(牻牛儿苗科)
Monsonia speciosa L.f.梦森尼亚
Monstera Adans.**龟背竹属**(天南星科)
Monstera acuminata C.Koch.尖叶龟背竹
Monstera decursiva Schott=Rhaphidophora decursiva
Monstera deliciosa Liebm.龟背竹
Monstera obliqua (Miq.) Walp.斜叶龟背竹
Monstera pertusa (L.) De Vriese 孔叶龟背竹
Moorcroftia Choisy=**Argyreia**
Moquinia eriosematoides Walp.=Inula cappa
Moraceae 桑科
Moraea Mill.**肖鸢尾属**(鸢尾科)
Moraea bicolor Spae 黄花肖鸢尾
Moraea edulis Ker-Gawl.香肖鸢尾
Moraea glaucopis Baker 粉柄肖鸢尾
Moraea iridioides L.肖鸢尾
Moraea iridioides var. prolongata Leicht.素白肖鸢尾
Moraea juncea L.灯心草肖鸢尾
Moraea pavonia Ker-Gawl.孔雀肖鸢尾
Moraea pavonia var. lutea Hort.光叶肖鸢尾
Moraea pavonia var. villosa Hort.柔毛肖鸢尾
Moraea polystachya Ker.多穗肖鸢尾
Moraea ramosa Ker-Gawl.多枝肖鸢尾
Moraea spathacea Thunb.焰苞肖鸢尾
Moraea tricuspis Ker.三尖瓣肖鸢尾
Morella Lour.=**Myrica**
Morella rubra Lour.=Myrica rubra
Morenia Ruiz & Pav.**魔力棕属**(棕榈科)
Moricandia sonchifolia HK.f.=Orychophragmus violaceus
Moricandia sonchifolia var. *homaeophylla* Hance=Orychophragmus violaceus
Morina L.**刺续断属**(川续断科)
Morina alba Hand.-Mazz.=Morina nepalensis var. alba
Morina betonicoides Benth.=Morina nepalensis
Morina bulleyana Forr. & Diels=Morina nepalensis var. delavayi
Morina chinensis (Bat. ex Diels) Pai=Morina chinensis
Morina chinensis (Bat.) Diels 圆萼刺参
Morina chlorantha Diels 绿花刺参
Morina chlorantha var. *subintegra* Pax & Hoffm.=Morina chlorantha
Morina delavayi Franch.=Morina nepalensis var. delavayi
Morina kokonorica Hao 青海刺参
Morina leucoblephara Hand.-Mazz.=Morina nepalensis var. alba
Morina nana Wall. ex DC.=Morina nepalensis
Morina nepalensis D.Don 刺续断
Morina nepalensis var. alba (Hand.-Mazz.) Y.C.Tang 白花刺参
Morina nepalensis var. delavayi (Franch.) C.H.Hsing 大花刺参
Morina nepalensis var. nepalensis=Morina nepalensis
Morina parviflora Kar. & Kir.(高等图鉴 1975)=Morina kokonorica
Morina parviflora Kar. & Kir.小花刺参
Morina parviflora var. *chinensis* Bat.Diels=Morina chinensis
Morinda L.**巴戟天属**(茜草科)
Morinda angustifolia Roxb.黄木巴戟
Morinda badia Y.Z.Ruan 栗色巴戟
Morinda bracteata Roxb.=Morinda citrifolia
Morinda brevipes S.Y.Hu 短柄鸡眼藤
Morinda brevipes var. brevipes=Morinda brevipes
Morinda brevipes var. stenophylla Chun & How 狭叶鸡眼藤
Morinda callicarppaefolia Y.Z.Ruan 紫珠叶巴戟
Morinda cinnamomifoliata Y.Z.Ruan 樟叶巴戟
Morinda citrifolia L.海滨木巴戟
Morinda citrina Y.Z.Ruang 金叶巴戟
Morinda citrina var. chlorina Y.Z.Ruan 白蕊巴戟
Morinda citrina var. citrina=Morinda citrina
Morinda cochinchinensis DC.大果巴戟
Morinda esquirolii Lévl.=Macaranga esquirolii
Morinda hainanensis Merr. & How 海南巴戟
Morinda howiana S.Y.Hu 糠藤
Morinda hupehensis Y.S.Hu 湖北巴戟
Morinda lacunosa King & Gamble 长序羊角藤
Morinda leiantha Kurz 顶花木巴戟
Morinda litseifolia Y.Z.Ruan 木姜叶巴戟
Morinda longissima Y.Z.Ruan 大花木巴戟
Morinda nanlingensis Y.Z.Ruan 南岭鸡眼藤
Morinda nanlingensis var. nanlingensis=Morinda nanlingensis
Morinda nanlingensis var. pauciflora Y.Z.Ruan 少花鸡眼藤
Morinda nanlingensis var. pilophora Y.Z.Ruan 毛背鸡眼藤
Morinda officinalis How 巴戟天
Morinda officinalis cv. Uniflora 密梗巴戟天
Morinda officinalis var. hirsuta How 毛巴戟天
Morinda officinalis var.officinalis=Morinda officinalis
Morinda parvifolia Bartl. ex DC.鸡眼藤
Morinda persicaefolia Buch.-Ham.短梗木巴戟
Morinda pubiofficinalis Y.Z.Ruan 细毛巴戟
Morinda rosiflora Y.Z.Ruan 红木巴戟
Morinda rugulosa Y.Z.Ruan 皱面鸡眼藤
Morinda scabrifolia Y.Z.Ruan 西南巴戟
Morinda shuanghuanensis C.Y.Chen & M.S.Huang 假巴戟
Morinda squarrosa Buich.-Ham.=Morinda angustifolia
Morinda tincotoria Roxb.要料鸡眼木
Morinda tinctoria Roxb.(Pitard in Lecomte ,Fl.Gén.Indo-Chine 1924)= Morinda leiantha
Morinda trichophylla Merr.=Morinda cochinchinensis
Morinda umbellata L.(海南志 1974,高等图鉴 1975)=Morinda umbellata subsp. obovata
Morinda umbellata L.印度羊角藤
Morinda umbellata subsp. obovata Y.Z.Ruan 羊角藤
Morinda umbellata subsp. umbellata=Morinda umbellata
Morinda undulata Y.Z.Ruan 波叶木巴戟
Morinda villosa HK.f.(Hemsl. in J.L.Soc.Bot.1888 ,p.p.)=Morinda cochinchinensis
Morinda villosa HK.f.须弥巴戟
Moringa Adans.**辣木属**(辣木科)
Moringa oleifera Lam.辣木
Moringa pterygosperma Gaertn.=Moringa oleifera
Moringaceae 辣木科
Mormodes Lindl.**旋柱兰属**(兰科)
Mormodes buccinator Lindl.布氏旋柱兰
Mormodes colossus Rchb.f.巨大旋柱兰
Mormodes hookeri Lem.虎氏旋柱兰
Mormodes igneum Lindl. & Paxt.火红旋柱兰
Mormodes maculatum (Kl.) L.O.Wms.斑点旋柱兰
Mormodes tigrinum B.-R.虎斑旋柱兰
Morocarpus belutinus Bl.=Debregeasia longifolia
Morocarpus ceylanicus (HK.f.) Ktz.=Debregeasia wallichiana
Morocarpus dichotoma (Bl.) Bl.=Debregeasia longifolia
Morocarpus leucophyllus (Wedd.) Ktz.=Debregeasia wallichiana
Morocarpus longifolius Bl.=Debregeasia longifolia
Morocarpus microcephalus Benth.=Oreocinide frutescens
Morocarpus salicifolius (D.Don) Bl.=Debregeasia saeneb
Morocarpus wallichianus (Wedd.) Bl.=Debregeasia wallichiana
Mortonia A.Gray **莫顿属**(卫矛科)
Mortonia effusa Turcz. (新拉汉英 1996)=Mortonia greggii
Mortonia greggii A.Gray 格雷格莫顿
Mortonia scabrella var. *utahensis* Coville ex A.Gray(新拉汉英 1996)= Mortonia utahensis
Mortonia sempervirens A.Gray 常绿莫顿
Mortonia utahensis (Coville) A.Nels.犹他莫顿
Morus L.**桑属**(桑科)
Morus acidosa Griff. =Morus australis
Morus alba L.桑
Morus alba cv. Tortusa 龙爪桑
Morus alba f. pendula Dipp.垂枝桑
Morus alba var. alba=Morus alba
Morus alba var. *atropurpurea* (Roxb.) Bur.=Morus alba
Morus alba var. *laevigata* Bur.=Morus macroura

Morus alba var. *mongolica* Bur.=Morus mongolica
Morus alba var. multicaulis (Perrott.) Loud.鲁桑
Morus alba var. *serrata* Bureau=Morus serrata
Morus atropurpurea Roxb.=Morus alba
Morus australis Poir.鸡桑
Morus australis var. australis=Morus australis
Morus australis var. hastifolia (Cao) Cao 戟叶桑
Morus australis var. incisa C.Y.Wu 细裂叶桑
Morus australis var. inusitata (Lévl.) C.Y.Wu 花叶鸡桑
Morus australis var. linearipartita Cao 鸡爪叶桑
Morus australis var. oblongifolia Cao 狭叶鸡桑
Morus australsis var. *trilobata* S.S.Chang=Morus trilobata
Morus barkamensis S.S.Chang=Morus mongolica var. barkamensis
Morus bombycis Koidz.=Morus australis
Morus cathayana Hemsl.华桑
Morus cathayana var. cathayana=Morus cathayana
Morus cathayana var. gongshanensis (Cao) Cao 贡山桑
Morus cathayana var. *japonica* Koidz.=Morus cathayana
Morus cavaleriei Lévl.=Morus australis
Morus chinlingensis C.L.Min=Morus cathayana
Morus deqinensis S.S.Chang=Morus mongolica var. barkamensis
Morus diabolica Koidz.拟恶魔桑(新)
Morus gongshanensis Cao=Morus cathayana var. gongshanensis
Morus gyirongensis S.S.Chang=Morus serrata
Morus hastifolia Cao=Morus australis var. hastifolia
Morus integrifolia Lévl. & Vant.=Cudrania tricuspidata
Morus inusitata Lévl.=Morus australis var. inusitata
Morus jinpingensis S.S.Chang=Morus wittiorum
Morus laevigata Wall.=Morus macroura
Morus liboensis S.S.Chang 荔波桑
Morus macroura Miq.奶桑
Morus macroura var. macroura=Morus macroura
Morus macroura var. mawu (Koidz.) C.Y.Wu & Cao 毛叶奶桑
Morus mairei Lévl.=Acalypha mairei
Morus mongolica (Bur.) Scheid.蒙桑
Morus mongolica var. barkamensis (S.S.Chang) C.Y.Wu & Cao 马尔康桑
Morus mongolica var. diabolica Koidz.山桑
Morus mongolica var. *hopeiensis* S.S.Chang & W.YU-pi=Morus mongolica
Morus mongolica var. longicaudata Cao 尾叶蒙桑
Morus mongolica var. mongolica=Morus mongolica
Morus mongolica var. totundifolia Wu Yu-bi 圆叶蒙桑
Morus mongolica var. yunnanensis (Koidz.) C.Y.Wu & Cao 云南桑
Morus multicaulis Perrott.=Morus alba var. multicaulis
Morus nigra L.黑桑
Morus nobilis Schneid.华丽桑
Morus notabilis Chneid.川桑
Morus pabularia Decne.=Morus serrata
Morus papyifera L.=Broussonetia papyifera
Morus ruba L.红桑
Morus serrata Roxb.吉隆桑
Morus tiliaefolia Makino=Morus cathayana
Morus trilobata (S.S.Chang) Cao 裂叶桑
Morus wittiorum Hand.-Mazz.长穗桑
Morus wittiorum var. *mawu* Koidz.=Morus macroura var. mawu
Morus yunnanensis Koidz.(分类学报 1984)=Morus notabilis
Morus yunnanensis Koidz.=Morus mongolica var. yunnanensis
Moschosma Reichb.=**Basilicum**
Moschosma polystachya (L.) Benth.=Basilicum polystachyon
Moschosma polystachyum (L.) Benth.(分类学报 1959,p.p.)=Elsholtzia blanda
Moschosma polystahyum (L.) Benth.=Basilicum polystachyon
Moseleya Hemsl.=**Ellisiophyllum**
Moseleya pinnata Hemsl.=Ellisiophyllum pinnatum
Mosla Buch.-Ham. ex Maxim.**石荠苧属**(唇形科)
Mosla cavaleriei Lévl.小花荠苧
Mosla chinensis Maxim.石香薷
Mosla dianthera (Buch.-Ham.) Maxim.小鱼仙草
Mosla exfoliata (C.Y.Wu) C.Y.Wu & H.W.Li 无叶荠苧
Mosla fordii Maxim.=Mosla chinensis
Mosla formosana Maxim.台湾荠苧
Mosla grosseserrata Maxim.荠苧
Mosla hangchowensis Matsuda 杭州石荠苧
Mosla hangchowensis var. cheteana (Sun ex C.H.Hu) C.Y.Wu & H.W.Li 建德石荠苧(新)
Mosla hangchowensis var. hangchowensis=Mosla hangchowensis
Mosla lanceolata (Benth.) Maxim.(Merr.in Lingnan Sci.J.1932)=Mosla dianthera
Mosla lanceolata (Benth.) Maxim.=Mosla scabra
Mosla longibracteata (C.Y.Wu) C.Y.Wu & H.W.Li 长苞荠苧
Mosla longispica (C.Y.Wu) C.Y.Wu & H.W.Li 长穗荠苧
Mosla lysimachiiflora Hay.=Mosla formosana
Mosla ocimoides Buch.-Ham. ex Benth.=Mosla dianthera
Mosla pauciflora (C.Y.Wu) C.Y.Wu & H.W.Li 少花荠苧
Mosla punctata (Thunb.) Maxim.=Mosla scabra
Mosla remotiflora Sum=Mosla dianthera
Mosla scabra (Thunb.) C.Y.Wu & H.W.Li 石荠苧
Mosla soochowensis Matsuda 苏州荠苧
Mountnorrisia fragrans (Wall.) Szyszyl.=Anneslea fragrans
Mouretia Pitard **牡丽草属**(茜草科)
Mouretia guangdongensis Lo 广东牡丽草
Mouretia tonkinensis Pitard.牡丽草
Mucuna Adanson **黧豆属**(豆科)
Mucuna atrocarpa Metc.=Mucuna pruriens var. utilis
Mucuna birdwoodiana Tutch.白花油麻藤
Mucuna bracteata DC. ex Kurz 黄毛黧豆
Mucuna calophylla W.W.Sm.美叶油麻藤
Mucuna capitata Wight & Arn.=Mucuna pruriens var. utilis
Mucuna castanea Merr.=Mucuna macrocarpa
Mucuna championii Benth.港油麻藤
Mucuna chienkweiensis G.Z.Li=Dysolobium grande
Mucuna cochinchinensis (Lour.) A.Chev.=Mucuna pruriens var. utilis
Mucuna collettii Lace=Mucuna macrocarpa
Mucuna corvina Gagn.=Mucuna terrens
Mucuna cyclocarpa Metc.闽油麻藤
Mucuna esquirolii Lévl.=Mucuna pruriens
Mucuna ferruginea Matsumura ex Ito & Matsumura=Mucuna macrocarpa
Mucuna gigantea (Willd.) DC.(Matsumura in Tent.Fl.Lutch.1899)=Mucuna macrocarpa
Mucuna gigantea (Willd.) DC.巨黧豆
Mucuna gigantea subsp. tashiroi Wilmot-Dear 高雄黧豆(新)?
Mucuna hainanensis Hay.海南黧豆
Mucuna interrupta Gagn.间序油麻藤
Mucuna iriotensis Ohwi=Mucuna membranacea
Mucuna japonica Nakai=Mucuna sempervirens
Mucuna lamellata Wilmot-Dear 褶皮黧豆
Mucuna macrobotrys Hance (Hand.-Mazz.in Symb.Sin 1933)=Mucuna cyclocarpa
Mucuna macrobotrys Hance 大球油麻藤
Mucuna macrocarpa Wall.大果油麻藤
Mucuna mairei Lévl.=Mucuna sempervirens
Mucuna martinii Lévl. & Vant.=Mucuna pruriens var. utilis
Mucuna membranacea Hay.兰屿血藤
Mucuna montana Diels=Cochlianthus montanus
Mucuna nigricans (Lour.) Stendu.(台湾树木志 1963,台湾志 1977)=Mucuna membranacea
Mucuna nigricans (Lour.) Steud.淡黑黧豆
Mucuna nigricans var. *hainanensis* Wilmot-Dear=Mucuna hainanensis
Mucuna nigricans var. hongkongensis Wilmot-Dear.香港油麻藤(新)?
Mucuna paohwashanica Tang & Wang=Mucuna lamellata
Mucuna pruriens (L.) DC.刺毛黧豆
Mucuna pruriens var. *pruriens*=Mucuna pruriens
Mucuna pruriens var. utilis (Wall. ex Wight) Baker ex Burck 黧豆
Mucuna prurita Wight=Mucuna pruriens
Mucuna sempervirens Hemsl.常春油麻藤
Mucuna suberosa Gagn.=Mucuna hainanensis
Mucuna subferruginea Hay.=Mucuna macrocarpa
Mucuna tashiroi Hay.=Mucuna gigantea
Mucuna terrens Lévl.贵州黧豆
Mucuna utilis Wall. ex wight=Mucuna pruriens var. utilis
Mucuna venulosa (Piper) Merr. & Metc.=Mucuna bracteata
Mucuna wangii Hu=Mucuna macrocarpa

Muhlenbergia Schreb.**乱子草属**(禾本科)
Muhlenbergia alpestris Trin.山鼠茅
Muhlenbergia arisanensis Hay.=Muhlenbergia hugelii
Muhlenbergia baicalensis Trin. ex Trucz.具加尔鼠茅
Muhlenbergia brasiliensis Steud.=Melinis minutiflora
Muhlenbergia curviaristata (Ohwi) Ohwi 弯芒乱子草
Muhlenbergia curviaristata var. *nipponica* Ohwi=Muhlenbergia curviaristata
Muhlenbergia erecta Schreb.=Brachyelytrum erectum
Muhlenbergia frondosa subsp. *ramosa* (Hack.) T.Koyama & Kawano=Muhlenbergia ramosa
Muhlenbergia geniculata Nees ex Steud.=Muhlenbergia hugelii
Muhlenbergia hakonensis (Hack.) Makino 箱根乱子草
Muhlenbergia himalayensis Hack. ex HK.f.喜马拉雅乱子草
Muhlenbergia hugelii Trin.乱子草
Muhlenbergia japonica Steud.日本乱子草
Muhlenbergia japonica var. *hakonensis* Hack.=Muhlenbergia hakonensis
Muhlenbergia japonica var. *ramosa* Hack.=Muhlenbergia ramosa
Muhlenbergia longistolon Ohwi=Muhlenbergia hugelii
Muhlenbergia mexicana Trin.墨西哥乱子草
Muhlenbergia ramosa (Hack.) Makino 多枝乱子草
Muhlenbergia ramosa var. *curviaristata* Ohwi=Muhlenbergia curviaristata
Muhlenbergia sylvestris Torr.林生乱子草
Muhlenbergia tenuiflora subsp. *curviaristata* (Ohwi) T.Koyama & Kawano= Muhlenbergia curviaristata
Muhlenbergia viridissima Nees ex Steud.=Muhlenbergia hugelii
Mukdenia Koidz.**槭叶草属**(虎耳草科)
Mukdenia rossii (Oliv.) Loidz.槭叶草
Mukia Arn.**帽儿瓜属**(葫芦科)
Mukia althaeoides (Ser.) M.J.Roem.=Mukia maderaspatana
Mukia althaeoides (Ser.) Nakai=Mukia maderaspatana
Mukia assamica Chakr.=Mukia javanica
Mukia assamica var. *scabra* Chakr.=Mukia javanica
Mukia javanica (Miq.) C.Jeff.爪哇帽儿瓜
Mukia maderaspatana (L.) M.J.Roem.帽儿瓜
Mukia scabrella (L.) Arn.=Mukia maderaspatana
Mulgedium Cass.**乳苣属**(菊科)
Mulgedium azureum DC.=Cicerbita azurea
Mulgedium bracteatum (HK.f. & Thoms. ex C.B.Clarke) Shih 苞叶乳苣
Mulgedium cyaneum (D.Don) DC.=Chaetoseris cyanea
Mulgedium kamtschaticum Ledeb.=Lagedium sibiricum
Mulgedium lessertianum (Wall. ex C.B.Clarke) DC.黑苞乳苣
Mulgedium macrorrhizum Royle=Cephalorrhynchus macrorrhizus
Mulgedium meridionale Shih=Paraprenanthes polypodifolia
Mulgedium monocephalum (Chang) Shih 单头乳苣
Mulgedium polypodifolium (Franch.) Shih=Paraprenanthes polypodifolia
Mulgedium robustum Wall. ex DC.=Chaetoseris cyanea
Mulgedium runcinatum Cass.(p.p.)=Lagedium sibiricum
Mulgedium runcinatum Cass.(p.p.)=Mulgedium tataricum
Mulgedium sagittatum Royle=Lactuca dolichophylla
Mulgedium sect. *Eumulgedium* DC.=**Cicerbita**
Mulgedium sect. *Lactucopsis* (Sch.-Bip.) Boiss.=**Mulgedium**
Mulgedium sibiricum Cass. ex Less.=Lagedium sibiricum
Mulgedium tataricum (L.) DC.乳苣
Mulgedium tataricum var. tibeticum (HK.f) Schmidt.西藏乳苣(新)?
Mulgedium tianschanicum Rgl. & Schwalh.=Cicerbita tianschanica
Mulgedium umbrosum (Dunn) Shih 伞房乳苣
Munchausia speciosa L.=Lagerstroemia speciosa
Mundulea pulchra Benth.=Millettia pulchra
Munronia Wight **地黄连属**(楝科)
Munronia delavayi Franch.云南地黄连
Munronia hainanensis How & T.Chen 海南地黄连
Munronia hainanensis var. hainanensis=Munronia hainanensis
Munronia hainanensis var. microphylla X.M.Chen 封开地黄连
Munronia henryi Harms 矮陀陀
Munronia heterotricha H.S.Lo 小芙蓉
Munronia hunanensis H.S.Lo 湖南地黄连
Munronia simplicifolia Merr.崖州地黄连
Munronia sinca Diels 地黄连
Munronia unifoliolata Oliv.单叶地黄连
Munronia unifoliolata var. trifoliolata C.Y.Wu ex How & T.Chen 贵州地黄连
Munronia unifoliolata var. unifoliolata=Munronia unifoliolata
Muntingia L.**文定果属**(杜英科)
Muntingia bartramia L.=Commersonia bartramis
Muntingia colabura L.文定果
Murdannia Royle **水竹叶属**(鸭跖草科)
Murdannia angustifolia (N.E.Brown) Hara=Murdannia loriformis
Murdannia bracteata (C.B.Clarke) J.K.Morton ex Hong 大苞水竹叶
Murdannia citrina D.Fang 橙花水竹叶
Murdannia divergens (C.B.Clarke) Brückn.紫背鹿衔草
Murdannia divergens var. *dilatata* Hand.-Mazz.=Murdannia divergens
Murdannia edulis (Stokes) Faden 葶花水竹叶
Murdannia elata (Vahl) Brückn=Murdannia japonica
Murdannia formosanum (N.E.Brown) K.S.Hsu=Murdannia edulis
Murdannia hookeri (C.B.Clarke) Brückn.根茎水竹叶
Murdannia japonica (Thunb.) Faden 宽叶水竹叶
Murdannia kainantensis (Masam.) Hong 狭叶水竹叶
Murdannia keisak (Hassk.) Hand.-Mazz.=Murdannia triquetra
Murdannia keisak (Hassk.) Hand.-Mazz.疣草
Murdannia loriformis (Hassk.) Rolla Rao & Kammathy 牛轭草
Murdannia loureirii (Hance) Rolla Rao & Kammathy=Murdannia spectabilis
Murdannia macrocarpa Hong 大果水竹叶
Murdannia malabarica (L.) Brückn=Murdannia nudiflora
Murdannia medica (Lour.) Hong 少叶水竹叶
Murdannia nudiflora (L.) Brenan 裸花水竹叶
Murdannia scapiflora (Roxb.) Royle=Murdannia edulis
Murdannia simplex (Vahl) Brenan 细竹篙草
Murdannia sinica (Ker-Gawl.) Brückn.=Murdannia simplex
Murdannia spectabilis (Kurz) Faden 腺毛水竹叶
Murdannia spirata (L.) Brückn.矮水竹叶
Murdannia stenothyrsa (Diels) Hand.-Mazz.树头花
Murdannia triquetra (Wall.) Bruückn.水竹叶
Murdannia undulata Hong 波缘水竹叶
Murdannia vaginata (L.) Brückn.细柄水竹叶
Murdannia yunnanensis Hong 云南水竹叶
Muricia Lour.=**Momordica**
Muricia cochinchinensis Lour.=Momordica cochinchinensis
Muricococcum Chun & How=**Cephalomappa**
Muricococcum sinense Chun & How=Cephalomappa sinensis
Murraya Koenig ex L.**九里香属**(芸香科)
Murraya alata Drake 翼叶九里香
Murraya alata var. *hainanensis* Swingle=Murraya alata
Murraya crenulata (Turcz.) Oliv.兰屿九里香
Murraya euchrestifolia Hay.豆叶九里香
Murraya exotica L.九里香
Murraya koenigii (L.) Spreng.调料九里香
Murraya kwangsiensis (Huang) Huang 广西九里香
Murraya kwangsiensis var. kwangsiensis=Murraya kwangsiensis
Murraya kwangsiensis var. macrophylla Huang 大叶九里香
Murraya microphylla (Merr. & Chun) Swingle 小叶九里香
Murraya omphalocarpa Hay.=Murraya paniculata
Murraya panicalata var. *exotica* (L.) Huang=Murraya exotica
Murraya paniculata (L.) Jack.(Swingle in Webb. & Batc.Citrus Indust. 1943)=Murraya exotica
Murraya paniculata (L.) Jack.千里香
Murraya paniculata var. *omphalocarpa* Tanaka=Murraya paniculata
Murraya tetramera Huang 四数九里香
Musa ×paradisiaca L.大蕉
Musa ×paradisiaca var. *formosana* Warb. ex Schum.=Musa formosana
Musa ×paradistaca subsp.*sapientum* (L.) O.Kitze.=Musa ×paradistaca
Musa L.**芭蕉属**(芭蕉科)
Musa acuminata Colla 小果野蕉
Musa balbisiana Colla 野蕉
Musa basjoo S & Z.芭蕉
Musa cavendishii Lamb.=Musa nana
Musa coccinea Andr.红蕉
Musa dechangensis J.L.Liu & M.G.Liu=Musa balbisiana
Musa formosana (Wall.) Hay.台湾芭蕉
Musa glauca Roxb.=Ensete glaucum

Musa insularimontana Hay 兰屿岛芭蕉
Musa itinerans Cheesm.阿宽蕉
Musa lasiocarpa Fr.=Musella lasiocarpa
Musa lushanensis J.L.Liu=Musa balbisiana
Musa luteola J.L.Liu=Musa balbisiana
Musa nana Lour.香蕉
Musa rubra Wall. ex Kurz 阿希蕉
Musa sanguinea HK.f.血红蕉
Musa sapientum L.粉芭蕉
Musa sect. *Musella* Franch.=**Musella**
Musa seminifera Lour.=Musa balbisiana
Musa sinensis Sagot ex Bak.=Musa nana
Musa textilis Nee 蕉麻
Musa uranoscopos Lour.=Musa coccinea
Musa wilsonii Tutch.树头芭蕉
Musaceae 芭蕉科
Muscari Mill.**葡萄风信子属**(百合科)
Muscari armeniacum Leicht.亚美尼亚蓝壶花
Muscari botryoides Mill.葡萄风信子
Muscari comosum Mill.丛毛葡萄风信子
Muscari racemosum (L.) Lam. & DC.总状葡萄风信子
Muscari spectabilis P.Ft.美丽蓝瓶花
Musella (Franch.) C.Y.Wu ex H.W.Li **地涌金莲属**(芭蕉科)
Musella lasiocarpa (Franch.) C.Y.Wu & H.W.Li 地涌金莲
Mussaenda L.**玉叶金花属**(茜草科)
Mussaenda albiflora Hay.=Mussaenda parviflora
Mussaenda anomala Li 异形玉叶金花
Mussaenda antiloga Chun & Ko 壮丽玉叶金花
Mussaenda bodinieri Lévl.=Mussaenda pubescens
Mussaenda breviloba S.Moore 短列玉叶金花
Mussaenda cavaleriei Lévl.=Emmenopterys henryi
Mussaenda chingii C.Y.Wu ex Hsue & H.Wu 仁昌玉叶金花
Mussaenda decipiensis H.Li 墨脱玉叶金花
Mussaenda dehiscens Craib=Schizomussaenda dehiscens
Mussaenda densiflora Li 密花玉叶金花
Mussaenda divaricata Hutch.展枝玉叶金花
Mussaenda divaricata var. divaricata=Mussaenda divaricata
Mussaenda divaricata var. mollis Hutch.柔毛玉叶金花
Mussaenda elliptica Hutch.椭圆玉叶金花
Mussaenda elongata Hutch.长玉叶金花
Mussaenda erosa Champ.楠藤
Mussaenda esquirolii Lévl.黐花
Mussaenda frondosa L.洋玉叶金花
Mussaenda hainanensis Merr.海南玉叶金花
Mussaenda henryi Hutch.南玉叶金花
Mussaenda hirsutula Miq.粗毛玉叶金花
Mussaenda hispida D.Don=Mussaenda macrophylla
Mussaenda hossei Craib 红毛玉叶金花
Mussaenda inflata Hsue & H.Wu 胀管玉叶金花
Mussaenda kotoensis Hay.=Mussaenda macrophylla
Mussaenda kuliangensis Metcalf=Tarenna mollissima
Mussaenda kwangsiensis Li 广西玉叶金花
Mussaenda kwangtungensis Li 广东玉叶金花
Mussaenda laxiflora Hutch.疏花玉叶金花
Mussaenda lotungensis Chun & Ko 乐东玉叶金花
Mussaenda luculia Buch.-Ham. ex D.Don=Luculia gratissima
Mussaenda macrophylla Wall.大叶玉叶金花
Mussaenda mairei Lévl.=Emmenopterys henryi
Mussaenda membranifolia Merr.膜叶玉叶金花
Mussaenda mollissima C.Y.Wu ex Hsue & H.Wu 多毛玉叶金花
Mussaenda multinervis C.Y.Wu ex Hsue & H.Wu 多脉玉叶金花
Mussaenda parryorum Fisch.=Mussaenda hainanensis
Mussaenda parviflora Miq.小玉叶金花
Mussaenda parviflora var. *formosana* Matsum.=Mussaenda parviflora
Mussaenda pavettaefolia Kurz=Duperrea pavettaefolia
Mussaenda pingpienensis C.Y.Wu ex Hsue & H.Wu 屏边玉叶金花
Mussaenda pubescens Ait.f.玉叶金花
Mussaenda pubescens f. clematidiflora Chun ex Hsue & H.Wu 灵山玉叶金花
Mussaenda pubescens f. pubescens=Mussaenda pubescens
Mussaenda rehderiana Hutch.=Mussaenda hossei
Mussaenda sessilifolia Hutch.无柄玉叶金花
Mussaenda simpliciloba Hand.-Mazz.单列玉叶金花
Mussaenda taihokuensis Masam.=Mussaenda parviflora
Mussaenda treutleria Stapf 贡山玉叶金花
Mussaenda wilsonii Hutch.=Mussaenda esquirolii
Mutisia L.f.**帚菊木属**(菊科)
Mutisia ilicifolia Cav.冬青叶帚菊木
Mutisia viciaefolia Cav.巢菜叶帚菊木
Myagrum cornutum (Lam.) L.=Pugionium cornutum
Myagrum paniculatum L.=Neslia paniculata
Myagrum sativum L.=Camelina sativa
Mycaranthes stricta (Lindl.) Lindl.=Eria stricta
Mycelis pseudosenecio Vant.=Youngia pseudosenecio
Mycelis sororia (Miq.) Nakai=Paraprenanthes sororia
Mycelis sororia var. *nudipes* Migo=Paraprenanthes sororia
Mycelis sororia var. *pilipes* Migo=Paraprenanthes pilipes
Mycetia Reinw.**腺萼木属**(茜草科)
Mycetia anisosepala How=Mycetia coriacea
Mycetia anlongensis Lo 安龙腺萼木
Mycetia anlongensis var. anlongensis=Mycetia anlongensis
Mycetia anlongensis var. multiciliata Lo 那坡腺萼木
Mycetia bracteata Hutch.长苞腺萼木
Mycetia brevipes How ex Lo 短柄腺萼木
Mycetia brevisepala Lo 短萼腺萼木
Mycetia congestiflora How 团花腺萼木
Mycetia coriacea (Dunn) Merr.革叶腺萼木
Mycetia glandulosa Craib 腺萼木
Mycetia gracilis Craib 纤梗腺萼木
Mycetia hainanensis Lo 海南腺萼木
Mycetia hirta Hutch.毛腺萼木
Mycetia longiflora How ex Lo 长花腺萼木
Mycetia longiflora f. howii Lo 候氏腺萼木
Mycetia longiflora f. longiflora=Mycetia longiflora
Mycetia longifolia (Wall.) Kuntze 长叶腺萼木
Mycetia macrocarpa How ex Lo 大果腺萼木
Mycetia macrostachya (HK.f.) O.Kuntze 大穗腺萼木
Mycetia nepalensis Hara 垂花腺萼木
Mycetia oligodonta Merr.=Mycetia sinensis
Mycetia sinensis (Hemsl.) Craib 华腺萼木
Mycetia sinensis f. angustisepala Lo 狭萼腺萼木
Mycetia sinensis f. sinensis=Mycetia sinensis
Mycetia sinensis f. trichophylla Lo 毛叶腺萼木
Mycetia yunnanica Lo 云南腺萼木
Myconia Neck. ex Sch.-Bip.=**Coleostephus**
Myconia chrysanthemum Sch.-Bip.=Coleostephus myconis
Mycostylis Raf.=**Sonneratia**
Myoda Lindl.=**Ludisia**
Myoporaceae 苦榄蓝科
Myoporum Banks & Soland. ex Forst.f.**苦槛蓝属**(苦槛蓝科)
Myoporum bontioides (S. & Z.) A.Gray 苦槛蓝
Myoporum chinense (A.DC.) A.Gray= Myoporum bontioides
Myosotis L.**勿忘草属**(紫草科)
Myosotis alpestris F.W.Shmidt.勿忘草
Myosotis alpestris subsp. *asiatica* Vest. ex Hult.=Myosotis alpestris
Myosotis bothriospermoides Kitag.承德勿忘草
Myosotis caespitosa Schultz 湿地勿忘草
Myosotis chinensis DC.=Trigonotis peduncularis
Myosotis davurica Pall. ex Roem. & Schult.=Amblynotus rupestris
Myosotis deflexa Wahlenb.=Eritrichium deflexum
Myosotis hookeri Clarke=Chionocharis hookeri
Myosotis imitata Serg.=Myosotis alpestris
Myosotis incana Turcz.=Eritrichium incanum
Myosotis krylovii Serg.细根勿忘草
Myosotis lappula L.=Lappula myosotis
Myosotis lingulata Lehm.=Myosotis caespitosa
Myosotis longifolia Decne.=Eritrichium canum
Myosotis microcarpa Wall.=Trigonotis microcarpa
Myosotis nankotaizanensis Sasaki=Trigonotis nankotaizanensis
Myosotis obovata Ledeb.=Amalocalyx rupestris

Myosotis pauciflora Ledeb.=Eritrichium pauciflorum
Myosotis peduncularis Trev.=Trigonotis peduncularis
Myosotis radicans Turcz.=Trigonotis radicans subsp. sericea
Myosotis redowskii Hornem.=Lappula redowskii
Myosotis rupestris Pall.=Eritrichium pauciflorum
Myosotis scorpioides subsp. *caespitosa* (Schultz) Hemann=Myosotis caespitosa
Myosotis silvatica Ehrh. ex Hoffm.(植物志 64-2,1990)= Myosotis alpestris
Myosotis suarveolens Walsdst. & Kitaibel=Myosotis alpestris
Myosotis sylvatica subsp. *alpestris* Koch.=Myosotis alpestris
Myosotis sparsiflora Mikan 稀花勿忘草
Myosotis uliginosa Schrad.=Myosotis caespitosa
Myosotis villosa Ledeb.=Eritrichium villosum
Myosoton Moench **鹅肠菜属**(石竹科)
Myosoton aquaticum (L.) Moench 鹅肠菜
Myrciaria Berg.**拟香桃木属**(桃金娘科)
Myrciaria cauliflora Berg.拟香桃木
Myriactis Less.**粘冠草属**(菊科)
Myriactis bipinnatisecta Kitam.=Myriactis longipedunculata var. bipinnatisecta
Myriactis candelabrum Lévl.=Adenostemma lavenia
Myriactis delevayi Gagn.羽裂粘冠草
Myriactis formosana Kitam.=Myriactis longipedunculata var. formosana
Myriactis javanica DC.=Myriactis wightii
Myriactis longipedunculata Hay.台湾粘冠草
Myriactis longipedunculata var. bipinnatisecta (Kitam.) Kitam.再裂粘冠草(新)
Myriactis longipedunculata var. formosana (Kitam.) Kitam.单头粘冠草(新)
Myriactis longipedunculata var. longipedunculata=Myriactis longipedunculata
Myriactis mekongensis Hand.-Mazz.云南狐狸草(新)?
Myriactis nepalensis Less.圆舌粘冠草
Myriactis wallichii Less.狐狸草
Myriactis wightii DC.粘冠草
Myrialepis HK.f.**多鳞棕属**(棕榈科)
Myrialepis scortechinii Becc.多鳞棕
Myrica L.**杨梅属**(杨梅科)
Myrica adenophora Hance 青杨梅
Myrica adenophora var. adenophora=Myrica adenophora
Myrica adenophora var. *kusanoi* Hay.=Myrica adenophora
Myrica californica Cham.加州杨梅
Myrica cavaleriei Lévl.=Quercus engleriana
Myrica cerifera L.蜡杨梅
Myrica darisii Lévl.=Antidesma venosum
Myrica esculenta Buch.-Ham.毛杨梅
Myrica esquirolii Lévl.=Podocarpus neriifolius
Myrica gale L.甜香杨梅
Myrica heterophylla Raf.异叶杨梅
Myrica mairei Lévl.=Vaccinium pubicalyx
Myrica nagi HK.f.=Myrica esculenta
Myrica nagi Thunb.(C.DC.in DC.Prodr. 1864)=Myrica rubra
Myrica nagi Thunb.=Podocarpus nagi
Myrica nana Cheval.云南杨梅
Myrica nana var. *luxurians* Cheval.=Myrica nana
Myrica pensylvanica Lois.宾州杨梅
Myrica rapaneoides Lévl.=Distylium dunnianum
Myrica rubra (Lour.) S. & Z.杨梅
Myrica rubra S. & Z.(Skan in J.L.Soc.Bot.1899,p.p.)=Myrica esculenta
Myrica rubra var. *acuminata* Nakai=Myrica rubra
Myrica sapida Wall.=Myrica esculenta
Myrica seguini Lévl.=Distylium dunnianum
Myricaceae 杨梅科
Myricaria Desv.**水柏枝属**(柽柳科)
Myricaria alopecuroides Schrenk=Myricaria bracteata
Myricaria bracteata Royle 宽苞水柏枝
Myricaria elegans Royle 秀丽水柏枝
Myricaria elegans var. elegans=Myricaria elegans
Myricaria elegans var. tsetangensis P.Y.Zhang & Y.J.Zhang 泽当水柏枝
Myricaria germanica (L.) Desv.(auct.Fl.Chin.plur.)=Myricaria paniculata
Myricaria germanica (L.) Desv.(Dyer in Fl.Brit.Ind.1874)=Myricaria bracteata
Myricaria germanica subsp. *alopecuroides* (Schnrek) Kitam.=Myricaria bracteata
Myricaria germanica var. *alopecuroides* (Schrenk) Maxim.=Myricaria bracteata
Myricaria germanica var. *bracteata* (Royle) Franch.=Myricaria bracteata
Myricaria germanica var. *laxiflora* Franch.=Myricaria laxiflora
Myricaria germanica var. *prostrata* (HK.f. & Thoms. ex Benth. & HK.f.) Dyer=Myricaria prostrata
Myricaria germanica var. *squamosa* (Desv.) Maxim.=Myricaria squamosa
Myricaria hedinii Paulsen=Myricaria prostrata
Myricaria laxa W.W.Sm.(高等图鉴 1972)=Myricaria squamosa
Myricaria laxa W.W.Sm.球花水柏枝?
Myricaria laxiflora (Franch.) P.Y.Zhang & Y.J.Zhang 疏花水柏枝
Myricaria paniculata P.Y.Zhang & Y.J.Zhang 三春水柏枝
Myricaria platyphylla Maxim.宽叶水柏枝
Myricaria prostrata HK.f. & Thoms. ex Benth.HK.f.匍匐水柏枝
Myricaria pulcherrima Batal.心叶水柏枝
Myricaria rosea W.W.Sm.卧生水柏枝
Myricaria squamosa Desv.具鳞水柏枝
Myricaria wardii Marquand 小花水柏枝
Myriogyne Less.=**Centipeda**
Myriogyne minuta Less.=Centipeda minima
Myrioneuron R.Br. ex Kurz.**密脉木属**(茜草科)
Myrioneuron effusum (Pitard) Li 大叶密脉木
Myrioneuron fabri Hemsl.密脉木
Myrioneuron nutans Wall. ex Kurz 垂花密脉木
Myrioneuron nutans var. *effusum* Pitard=Myrioneuron effusum
Myrioneuron oligoneuron Hand.-Mazz.=Myrioneuron
Myrioneuron tonkinensis Pitard 越南密脉木
Myrioneuron tonkinensis f. longipes Lo 长梗密脉木
Myrioneuron tonkinensis f. tonkinensis=Myrioneuron tonkinensis
Myriophyllum L.**狐尾藻属**(小二仙草科)
Myriophyllum ambigum Nutt.=Myriophyllum humile
Myriophyllum humile Morong 矮狐尾藻
Myriophyllum indicum Clarke=Myriophyllum tetrandrum
Myriophyllum limosum Hect. ex P.DC.=Myriophyllum verticillatum
Myriophyllum propinquum A.Cunn.乌苏里狐尾藻
Myriophyllum sibiricum Kom.=Myriophyllum spicatum var. muricatum
Myriophyllum spicatum L.穗状狐尾藻
Myriophyllum spicatum var. muricatum Maxim.瘤果狐尾藻
Myriophyllum spicatum var. spicatum=Myriophyllum spicatum
Myriophyllum tetrandrum Roxb.四蕊狐尾藻
Myriophyllum ussuriense (Rgl.) Maxim.=Myriophyllum propinquum
Myriophyllum verticillatum L.狐尾藻
Myriophyllum verticillatum var. *ussuriense* Rgl.=Myriophyllum propinquum
Myriopteron Griff.**翅果藤属**(萝藦科)
Myriopteron extensum (Wight) K.Schum.翅果藤
Myriopteron horsfieldii (Miq.) HK.=Myriopteron extensum
Myriopteron paniculatum Griff.=Myriopteron extensum
Myripnois Bge.**蚂蚱腿子属**(菊科)
Myripnois dioica Bge.蚂蚱腿子
Myripnois maximoviczii C.Winkl=Pertya sinensis
Myripnois uniflora Maxim.=Pertya uniflora
Myristica Gronov.**肉豆蔻属**(肉豆蔻科)
Myristica amygdalina Wall.=Horsfieldia glabra
Myristica angustifolia Roxb.=Knema cinerea var. glauca
Myristica cagayanensis Merr.台湾肉豆蔻
Myristica conferta King=Knema conferta
Myristica corticosa (Lour.) HK.f. & Thoms.=Knema globularia
Myristica discolor Merr.=Myristica simiarum
Myristica erratica HK.f. & Thoms.=Knema crratisa
Myristica fragrans Houtt.肉豆蔻
Myristica furfuracea HK.f. & Thoms.=Knema furfuracea
Myristica furfuracea var. *major* King=Knema furfuracea
Myristica glabra Bl.=Horsfieldia glabra
Myristica glaucescens HK.f.=Knema globularia
Myristica globularia Lam.=Knema globularia
Myristica heterophylla Hay.=Myristica cagayanensis
Myristica kingii HK.f.=Horsfieldia kingii

Myristica lanceolata Wall.=Knema globularia
Myristica laurifolia sensu Hay.=Myristica cagayanensis
Myristica linifolia Roxb.=Knema linifolia
Myristica longifolia var. *erratica* (Hookf. & Thoms.) HK.f. & Thoms.= Knema crratisa
Myristica longifolia Wall.=Knema linifolia
Myristica missionis Wall.=Knema globularia
Myristica philippensis Kanehira & Sasaki=Myristica cagayanensis
Myristica simiarum A.DC.菲律宾肉豆蔻
Myristica sphaerula HK.f.=Knema globularia
Myristica yunnanensis Y.H.Li 云南肉豆蔻
Myristicaceae 肉豆蔻科
Myrmechis Bl.**全唇兰属**(兰科)
Myrmechis chinensis Rolfe 全唇兰
Myrmechis drymoglossifolia Hay 阿里山全唇兰
Myrmechis gracilis Bl.(S.S.Ying in Mem.Coll.Agric.NaT.Taiwan.Unvi. 1989)= Myrmechis drymoglossifolia
Myrmechis gracilis var. *sasakii* (Yamamoto) S.S.Ying=Myrmechis drymoglossifolia
Myrmechis japonica (Rchb.f.) Rolfe 日本全唇兰
Myrmechis japonica Rolfe (台湾志,1978,p.p.)=Myrmechis drymoglossifolia
Myrmechis japonica var. *sasakii* (Yamamoto) S.S.Ying=Myrmechis drymoglossifolia
Myrmechis pumila (HK.f.) T.Tang & F.T.Wang 矮全唇兰
Myrmechis sasakii Yamamoto=Myrmechis drymoglossifolia
Myrmechis urceolata T.Tang & K.Y.Lang 宽瓣全唇兰
Myrobalanus Gaertn.=**Terminalia**
Myrobalanus bellirica Gaertn.=Terminalia bellirica
Myrobalanus myriocarpa Kuntze=Terminalia myriocarpa
Myroxylon L.f.**南美槐**属(豆科)
Myroxylon balsamum var. pereirae (Royle) Harms 秘鲁香胶树
Myroxylon leprosipes O.Ktze.=Bennettiodendron leprosipes
Myroxylon peruliferum L.南美槐,
Myrrhis andicola Kunth=Oreomyrrhis andicola
Myrrhis aristata Spreng.=Osmorhiza aristata
Myrrhis claytoni Michx.=Osmorhiza claytoni
Myrrhis sylvestris Spreng.=Anthriscus sylvestris
Myrrhodes sylvestris Kitze.=Anthriscus sylvestris
Myrsinaceae 紫金牛科
Myrsine L.**铁仔属**(紫金牛科)
Myrsine affinis A.DC.拟密花树
Myrsine africana L.铁仔
Myrsine africana var. *acuminata* C.Y.Wu & C.Chen=Myrsine africana
Myrsine africana var. africana=Myrsine africana
Myrsine africana var. *bifaria* Franch.=Myrsine africana
Myrsine africana var. *glandulosa* J.M.Zhang=Myrsine africana
Myrsine africana var. microphylla Derge 小叶铁仔
Myrsine africana var. *retusa* A.DC.=Myrsine africana
Myrsine africana β. *retusa* A.DC.=Myrsine africana
Myrsine bifaria Wall.=Myrsine africana
Myrsine bottensis A.DC.=Myrsine africana
Myrsine buxifolia Hance=Distylium buxifolium
Myrsine capitellata Wall.(Benth.in Fl.Hongk.1861,树木分类学 1937)= Myrsine seguinii
Myrsine cavaleriei Lévl.=Eurya groffii
Myrsine chevalieri Lévl.=Sarcococca hookeriana var. digyna
Myrsine cicatricosa (C.Y.Wu & C.Chen) Pip. & C.Chen 多痕密花树
Myrsine elliptica Walker 广西铁仔
Myrsine esquirolii Lévl.=Maesa japonica
Myrsine faberi (Mez.) Pip.平叶密花树
Myrsine feddei Lévl.=Ilex metabaptista var. myrsinoides
Myrsine kwangsiensis (E.Walk.) Pip. & C.Chen 广西密花树
Myrsine laeta A.DC.=Embelia laeta
Myrsine linearis (Lour.) Poiret 打铁树
Myrsine marginata Mez=Myrsine stolonifera
Myrsine microphylla Hay.=Myrsine africana
Myrsine neriifolia S. & Z.=Rapanea seguinii
Myrsine playfairii Hemsl.=Myrsine linearis
Myrsine potama D.Don=Myrsine africana
Myrsine seguinii Lévl.密花树
Myrsine semiserrata Wall.针齿铁仔
Myrsine semiserrata var. *brachypoda* Z.Y.Zhu=Myrsine semiserrata
Myrsine stolonifera (Koidz.) Walker 光叶铁仔
Myrsine thunbergii Tanaka=Myrsine seguinii
Myrsine undulata Wall.=Embelia undulata
Myrsine vaccinifolia Hay.=Myrsine africana
Myrsine verruculosa (C.Y.Wu & C.Chen) Pip. & C.Chen 瘤枝密花树
Myrtaceae 桃金娘科
Myrtillocactus Consle **龙神柱属**(仙人掌科)
Myrtillocactus geometrizans (Mart. ex Pfeiff.) Console 龙神柱
Myrtus L.**香桃木属**(桃金娘科)
Myrtus acuminatissima Bl.=Acmena acuminatissima
Myrtus androsaemoides L.(Lour.in Fl.Cochnch.1793)=Syzygium bullockii
Myrtus brasiliana L.=Eugenia uniflora
Myrtus bullata Banks & Sol.水泡状香桃木
Myrtus canescens Lour.=Rhodomyrtus tomentosa
Myrtus chinensis Lour.=Symplocos paniculata
Myrtus communis L.香桃木
Myrtus cumini L.=Syzygium cumini
Myrtus dumetora Poir.=Rhodamnia dumetorum
Myrtus jambos HBK.=Syzygium jambos
Myrtus laurina Retz.=Symplocos cochinchinensis var. laurina
Myrtus leucadendra L.=Melaleuca leucadendron
Myrtus lineata Bl.=Syzygium lineatum
Myrtus samarangensis Bl.=Syzygium samarangense
Myrtus sect. *Rhodomyrtus* DC.=**Rhodomyrtus**
Myrtus tomentosa Ait.=Rhodomyrtus tomentosa
Myrtus trinervia Lour.=Rhodamnia dumetorum
Myrtus zeylanica L.=Syzygium seylanicum
Mytilaria Lec.**壳菜果属**(金缕梅科)
Mytilaria laosensis Lec.壳菜果
Myuropteris C.Chr.=**Leptochilus**
Myuropteris cordata C.Chr.=Leptochilus cantoniensis
Myxopyrum Bl.**胶核木属**(木犀科)
Myxopyrum ellipticifolium H.T.Chang=Myxopyrum smilacifolium
Myxopyrum hainanense L.C.Chia=Myxopyrum pierrei
Myxopyrum pierrei Gagn.海南胶核木
Myxopyrum smilacifolium Bl.阔叶胶核木

N

Nabalus Cass.**耳菊属**(菊科)
Nabalus ochroleucus Maxim.耳菊
Nabalus repens (L.) Ledeb.=Chorisis repens
Nabalus tatarinowii (Maxim.) Nakai=Prenanthes tatarinowii
Nabalus tatarinowii var. *divisa* Nakai & Kitag.=Prenanthes macrophylla
Nacrochlaena Hand.-Mazz.=**Nothosmyrnium**
Nageia Gaert.**竹柏属**(罗汉松科)
Nageia blumei (Endl.) Gord.=Nageia wallichiana
Nageia fleuryi (Hickel) S.Laub.长叶竹柏
Nageia formosensis (Dumm.) C.N.Page=Nageia nagi
Nageia macrophylla var. *maki* (Endl.) Voss=Podocarpus nakaii
Nageia nagi (Thunb.) Ktz.竹柏
Nageia nagi var. *formosensis* (Dumm.) Silba=Nageia nagi
Nageia nankoensis (Hay.) R.R.Mill.=Nageia nagi
Nageia wallichiana (C.Presl) Ktz 肉托竹柏
Nageia wallichiana Kuntze=Nageia wallichiana
Najadaceae 茨藻科
Najas L.**茨藻属**(茨藻科)
Najas ancistrocarpa A.Br. ex Magnus 弯果茨藻
Najas browniana Rendle 高雄茨藻
Najas chinensis N.Z.Wang=Najas orientalis
Najas foveolata A.Br. ex Magnus 多孔茨藻
Najas gracillima (A.Br.) Magnus 纤细茨藻
Najas graminea Del.(东北检索表.1959)=Najas gracillima
Najas graminea Del.草茨藻
Najas graminea var. graminea=Najas graminea
Najas graminea var. recurvata J.B.He et al.弯果草茨藻
Najas indica (Willd.) Cham.(de Wilde in Steen.Fl.Males.1962,p.p.)=Najas foveolata
Najas indica (Willd.) Cham.(台湾志,1978,水生植物图说 1983)=Najas orientalis
Najas indica var. *gracillima* A.Br. ex Engelm.=Najas gracillima
Najas intromongolica Ma=Najas marina var. brachycarpa

Najas japonica Nakai=Najas gracillima
Najas major All.=Najas marina
Najas marina L.大茨藻
Najas marina var. brachycarpa Trautv.短果茨藻
Najas marina var. grossedentata Rendle 粗齿大茨藻
Najas marina var. *intermedia* (Gorski) A.Br.(武汉植物研究 1985)=Najas marina
Najas marina var. marina=Najas marina
Najas minor All.小茨藻
Najas moshanensis N.Z.Wang=Najas minor
Najas oguraensis Miki 澳古茨藻
Najas orientalis Triest & Uotila 东方茨藻
Najas poyangensis S.F.Guan & Q.Lang=Najas ancistrocarpa
Nama zeylanica L.=Hydrolea zeylanica
Nandina Thunb.**南天竹属**(小檗科)
Nandina domestica Thunb.南天竹
Nandina domestica var. *linearifolia* C.Y.Wu=Nandina domestica
Nannoglottis Maxim.**毛冠菊属**(菊科)
Nannoglottis carpesioides Maxim.毛冠菊
Nannoglottis gynura (C.Winkl.) Ling & Y.L.Chen 狭舌毛冠菊
Nannoglottis latisquama Ling & Y.L.Chen 宽苞毛冠菊
Nannorrhops Wendland **马加里棕属**(棕榈科)
Nannorrhops ritchiana (Griffith) Ait.马加里棕
Nanocnide Bl.**花点草属**(荨麻科)
Nanocnide closii Lévl. & Vaniot=Pilea japonica
Nanocnide closii Lévl. & Vant.=Acalypha brachystachya
Nanocnide dichotoma Chien=Nanocnide japonica
Nanocnide japonica Bl.(Gagn.in Fl.Gén.Indo-Chine 1929)=Nanocnide lobata
Nanocnide japonica Bl.花点草
Nanocnide lobata Wedd.毛花点草
Nanophyton Less **小蓬属**(藜科)
Nanophyton erinaceum (Pall.) Bge.小蓬
Naravelia DC.**锡兰莲属**(毛茛科)
Naravelia pilulifera Hance 两广锡兰莲
Naravelia pilulifera var. *yunnanensis* Y.Fei=Naravelia zeylanica
Naravelia zeylanica (L.) DC.锡兰莲
Narcissus L.**水仙属**(石蒜科)
Narcissus bulbocodium L.围裙水仙
Narcissus incomparabilis Mill.明星水仙
Narcissus jonquilla L.长寿花
Narcissus papyraceus Ker.-Gawl.小水仙
Narcissus poeticus L.红口水仙
Narcissus pseudonaricissus L.黄水仙
Narcissus tazetta L.多花水仙
Narcissus tazetta var. chinensis Roem.水仙
Narcissus triandrus L.西班牙水仙
Nardosmia Cass.=**Petasites**
Nardosmia japonica S. & Z.=Petasites japonicus
Nardosmia laevigata var. *subfaeminea* DC.=Petasites rubellus
Nardosmia saxatilis Turcz.=Petasites rubellus
Nardostachys DC.**甘松属**(败酱科)
Nardostachys chinensis Bat.甘松
Nardostachys jatamansi (D.Don) DC.匙叶甘松
Nardostacys grandiflora DC.=Nardostachys jatamansi
Nardus L.**干沼草属**(禾本科)
Nardus ciliaris L.=Eremochloa ciliaris
Nardus indica L.f.=Microchloa indica
Nardus stricta L.干沼草
Narenga Bor **河八王属**(禾本科)
Narenga fallax (Balansa) Bor 金猫尾
Narenga fallax var. aristata (Balansa) L.Liu 短芒金猫尾
Narenga fallax var. fallax=Narenga fallax
Narenga porphyrocoma (Hance) Bor 河八王
Naringi crenulata (Roxb.) Nicolson=Hesperethusa crenulata
Nasturtium P.Millex=**Nasturtium**
Nasturtium R.Br.=**Rorippa**
Nasturtium R.Br.**豆瓣菜属**(十字花科)
Nasturtium album (Pall.) Spreng.=Smelowskia alba
Nasturtium armoracia (L.) Fries=Armoracia rusticana
Nasturtium atrovirens (Horn.) DC.=Rorippa indica
Nasturtium barbareifolium Fisch.=Rorippa barbareaefolia
Nasturtium barbareifolium Franch.=Rorippa elata
Nasturtium benghalense DC.=Rorippa benghalensis
Nasturtium cantoniense Hance=Rorippa globosa
Nasturtium densiflorum Turcz.=Rorippa palustris
Nasturtium diffusum DC.=Rorippa indica
Nasturtium dubium (Pers.) Kuntze=Rorippa dubia
Nasturtium elatum O.Ktze.=Rorippa elata
Nasturtium globosum Turcz.=Rorippa globosa
Nasturtium henryi Oliv.=Yinshania henryi
Nasturtium heterophyllum Bl.=Rorippa dubia
Nasturtium hispidum f. *tetrapoma* N.Busch=Rorippa barbareaefolia
Nasturtium indicum (L.) DC.=Rorippa indica
Nasturtium indicum var. *apetalum* DC.=Rorippa dubia
Nasturtium indicum var. *benghalense* (DC.) HK.f. & T.Anders.=Rorippa benghalensis
Nasturtium indicum var. *javanum* Bl.=Rorippa dubia
Nasturtium kouytchense H.Lévl.=Yinshania henryi
Nasturtium microspermum DC.=Rorippa cantoniensis
Nasturtium microspermum var. *macilentum* Bge.=Rorippa cantoniensis
Nasturtium microspermum var. *vegetius* Bge.=Rorippa cantoniensis
Nasturtium montanum Wall.=Rorippa dubia
Nasturtium obliquum Zoll.=Cardamine flexuosa
Nasturtium officinale R.Br.豆瓣菜
Nasturtium palustre DC.=Rorippa islandica
Nasturtium palustre f. *longipes* Franch. =Rorippa palustris
Nasturtium palustre f. *stoloniferum* Franch.=Rorippa palustris
Nasturtium rivulorum Dunn=Yinshania rivulorum
Nasturtium sikokianum Franch. & Savat.=Rorippa cantoniensis
Nasturtium sikokianum var. *axillare* Hay.=Rorippa cantoniensis
Nasturtium sinapis (Burm.) O.E.Schulz=Rorippa indica
Nasturtium sinapis O.E.Schulz(p.p.)=Rorippa dubia
Nasturtium sublyratum (Miq.) Franch. & Savat.=Rorippa dubia
Nasturtium sylvestre R.Br.=Rorippa sylvestris
Nasturtium tenue Miq.=Eutrema tenue
Nasturtium tibeticum Maxim.=Dontostemon tibeticus
Nathaliella B.Fedtsch.**石玄参属**(玄参科)
Nathaliella alaica B.Fedtsch.石玄参
Natsiatopsis Kurz.**麻核藤属**(茶茱萸科)
Natsiatopsis thunbergiaefolia Kurz 麻核藤
Natsiatum Buch.-Ham. ex Arn.**薄核藤属**(茶茱萸科)
Natsiatum herpeticum Buch.-Ham. ex Arn.薄核藤
Natsiatum oppositifolium Planch.=Iodes cirrhosa
Natsiatum sinense Oliv.=Hosiea sinensis
Natsiatum tonkinensis Gagn.=Natsiatum herpeticum
Nauclea L.**乌檀属**(茜草科)
Nauclea brunonis Wall. ex G.Don=Mitragyna rotundifolia
Nauclea cadamba Roxb.=Neolamarckia cadamba
Nauclea cordifolia Roxb.=Haldina cordifolia
Nauclea formosana Matsum.=Uncaria hirsuta
Nauclea griffithii (HK.f.) Havil.=Neonauclea griffithii
Nauclea laevigata (Wall. ex G.Don) Walp.=Uncaria laevigata
Nauclea officinalis (Pierre ex Pitard) Merr. & Chun 乌檀
Nauclea racemosa S. & Z.=Sinoadina racemosa
Nauclea rhynchophylla Miq.=Uncaria rhynchophylla
Nauclea rotundifolia Roxb.=Mitragyna rotundifolia
Nauclea scandens Smith=Uncaria scandens
Nauclea sericea Wall. ex G.Don=Neonauclea sessilifolia
Nauclea sessilifolia Roxb.=Neonauclea sessilifolia
Nauclea sessilifructus (Roxb.) Dietr.=Uncaria sessilifructus
Nauclea setiloba Walp.=Uncaria lanosa f. setiloba
Nauclea sinensis Oliv.=Uncaria sinensis
Nauclea taiwaniana Hay.=Sinoadina racemosa
Nauclea tetrandra Roxb.=Cephalanthus tetrandrus
Nauclea transversa Hay.=Sinoadina racemosa
Nauclea trichotoma Zoll. & Mor.=Metadina trichotoma
Nauclea truncata Hay.=Neonauclea truncata
Naumburgia thrsiflora Reich.=Lysimachia thyrsiflora
Nautilocalyx Linden. ex Hanst **舟萼苣苔属**(苦苣苔科)
Nautilocalyx bullatus T.Sprague 水泡舟萼苣苔
Nautilocalyx forgetii T.Sprague 福尔盖舟萼苣苔
Nautilocalyx lynchii T.Sprague 隆克舟萼苣苔
Nautilocalyx melittifolius Wiehl.甜叶舟萼苣苔

Nautilocalyx picturatus Skog.画状舟萼苣苔
Nautilocalyx villosus T.Sprague 毛舟萼苣苔
Navicularia Radii=**Ichnanthus**
Nazia Adans.=**Tragus**
Nazia racemosa Kuntze=Tragus racemosus
Neanotis Lewis **新耳草属**(茜草科)
Neanotis boerhaavioides (Hance) Lewis 卷毛新耳草
Neanotis calycina (Wall. ex HK.f.) Lewis 紫花新耳草
Neanotis formosana (Hay.) Lewis 台湾新耳草
Neanotis hirsuta (L.f.) Lewis 薄叶新耳草
Neanotis hirsuta var. glabricalycina (Honda) Lewis 光萼新耳草
Neanotis hirsuta var. hirsuta=Neanotis hirsuta
Neanotis ingrata (Wall. ex HK.f.) Lewis 臭味新耳草
Neanotis ingrata f. ingrata=Neanotis ingrata
Neanotis ingrata f. parvifolia How ex Ko 小叶臭味新耳草
Neanotis kwangtungensis (Merr. & Metcalf) Lewis 广东新耳草
Neanotis thwaitesiana (Hance) Lewis 新耳草
Neanotis urophylla (Wall. ex Wight & Arn.) W.H.Lewis 尾叶假耳草
Neanotis wightiana (Wall. ex Wight & Arn.) Lewis 西南新耳草
Nechamandra Planch.**水生草属**(新) (水鳖科)
Nechamandra alternifolia (Roxb.) Thw.水生草(新)
Nechamandra roxburghii Planch.=Nechamandra alternifolia
Negundo mandshuricum (Maxim.) Budishchev=Acer mandshuricum
Negundo nikoense Miq.=Acer nikoense
Negundo nikoense sensu Nichols.=Acer nikoense
Neidzwedzkia B.Fedtsch.=**Incarvillea**
Neillia D.Don **绣线梅属**(蔷薇科)
Neillia affinis Hemsl.川康绣线梅
Neillia affinis var. affinis=Neillia affinis
Neillia affinis var. pauciflora (Rehd.) J.Vadal 少花川康绣线梅(新)
Neillia affinis var. polygyna Card. ex J.Vidal 多果绣线梅(新)
Neillia glandulocalyx Lévl.=Neillia sinensis
Neillia gracilis Franch.矮生绣线梅
Neillia hypomalaca Rehd.=Neillia ribescioides
Neillia longiracemosa Hemsl.=Neillia thibetica
Neillia longiracemosa var. *lobata* Rehd.=Neillia thibetica var. lobata
Neillia millsii Dunn=Neillia uekii
Neillia pauciflora Rehd.=Neillia affinis var. pauciflora
Neillia ribescioides Rehd.毛叶绣线梅
Neillia rubiflora D.Don 粉花绣线梅
Neillia sect. *Physocarpus* Benth. & HK.f.=**Physocarpus**
Neillia serratisepala Li 云南绣线梅
Neillia sinensis Oliv.中华绣线梅
Neillia sinensis f. *glanduligera* (Hemsl.) Rehd.=Neillia sinensis
Neillia sinensis var. caudata Rehd.尾尖叶中华绣线梅(新)
Neillia sinensis var. duclouxii (Card. ex J.Vadal) Yü 滇东中华绣线梅(新)
Neillia sinensis var. *glanduligera* Hemsl.=Neillia sinensis
Neillia sinensis var. *hypomalaca* (Rehd.) Hand.-Mazz.=Neillia ribescioides
Neillia sinensis var. *ribesioides* (Rehd.) Vadal=Neillia ribescioides
Neillia sinensis var. sinensis=Neillia sinensis
Neillia sparsiflora Rehd.疏花绣线梅
Neillia thibetica Bur. & Franch.西康绣线梅
Neillia thibetica var. *caudata* (Rehd.) J.Vadal=Neillia sinensis var. caudata
Neillia thibetica var. *duclouxii* Card. ex J.Vidal=Neillia sinensis var. duclouxii
Neillia thibetica var. lobata (Rehd.) Yü 裂叶西康绣线梅(新)
Neillia thyrsiflora D.Don (Franch.in Nouv.Arch.Mus.Hist.Nat.Paris 1886,p.p.)=Neillia affinis
Neillia thyrsiflora D.Don (Franch.in Nouv.Arch.Mus.Hist.Nat.Paris 1886,p.p.)=Neillia rubiflora
Neillia thyrsiflora D.Don 绣线梅
Neillia thyrsiflora var. thyrsiflora=Neillia thyrsiflora
Neillia thyrsiflora var. tunkinensis Vidal 毛果绣线梅(新)
Neillia tunkinensis Vidal=Neillia thyrsiflora var. tunkinensis
Neillia tunkinensis var. *bibractealata* Vidal=Neillia thyrsiflora var. tunkinensis
Neillia uekii Nakai 东北绣线梅
Neillia velutina Bur. & Franch.=Neillia thibetica
Neillia villosa W.W.Sm.=Neillia ribescioides
Neillia virgata Wall.=Neillia thyrsiflora
Nelitris Spreg.=**Decaspermum**
Nelsonia R.Br.**瘤子草属**(爵床科)
Nelsonia brunelloides (Lam.) O.Ktze.= Nelsonia canescens
Nelsonia campestris R.Br.= Nelsonia canescens
Nelsonia canescens (Lam.) Spreng.瘤子草
Nelumbium Juss.=**Nelumbo**
Nelumbium nuciferum Gaertn.=Nelumbo nucifera
Nelumbium speciosum Willd.=Nelumbo nucifera
Nelumbo Adans.**莲属**(莲科)
Nelumbo komarovii Grossh.=Nelumbo nucifera
Nelumbo lutea Pers.黄色莲
Nelumbo nucifera Gaertn.莲
Nelumbo nucifera var. *macrorhizomata* Nakai=Nelumbo nucifera
Nelumbonaceae 莲科
Nematanthus Schrad.**丝花苣苔属**(苦苣苔科)
Nematanthus fissus Skog.缝裂丝花苣苔
Nematanthus fluminensis Fritsch 流水丝花苣苔
Nematanthus fritschii Hoehin.福瑞奇丝花苣苔
Nematanthus gregarius D.L.Denh.群居丝花苣苔
Nematanthus longipes DC.长柄丝花苣苔
Nematanthus nervosus H.E.Moore 有脉丝花苣苔
Nematanthus perianthomegus H.E.Moore 周花丝花苣苔
Nematanthus strigullosus H.E.Moore 小伏毛丝花苣苔
Nematanthus wettsteinii H.E.Moore 威特斯坦丝花苣苔
Nematopteris Alderw.=**Scleroglossum**
Nemocharis radicans (Schkuhr.) Beurl.=Scirpus radicans
Nemodon Griff.=**Lepistemon**
Nemosenecio (Kitam.) B.Nord.**羽叶菊属**(菊科)
Nemosenecio concinus (Franch.) C.Jeffr. & Y.L.Chen 裸果羽叶菊
Nemosenecio formosanus (Kitam.) B.Nord.台湾刘寄奴
Nemosenecio incisifolius (J.F.Jeffr.) B.Nord.刻裂羽叶菊
Nemosenecio nikoensis (Miq.) B.Nord.日本刘寄奴
Nemosenecio solenoides (Dunn) B.Nord.茄状羽叶菊
Nemosenecio yunnanensis B.Nord.滇羽叶菊
Nenga H.Wendl. & Drude **能加棕属**(棕榈科)
Nenga macrocarpa Scort. ex Becc.大果能加棕
Nenga pumila (Mart.) wendl.矮能加棕
Nengella Becc.**小能加棕属**(棕榈科)
Neoalsomitra Hutch.**棒锤瓜属**(葫芦科)
Neoalsomitra clarigera (Wall.Hutch.藏棒锤瓜
Neoalsomitra integrifoliola (Cogn.) Hutch.棒锤瓜
Neoalsomitra pubigera (Prain) Hutch.毛果棒锤瓜
Neoalsomitra tonkinensis (Gagn.) Hutch.=Neoalsomitra integrifoliola
Neoathyrium Ching & Z.R.Wang **新蹄盖蕨属**(蹄盖蕨科)
Neoathyrium crenulatoserrulatum (Makino) Ching & Z.R.Wang 新蹄盖蕨
Neobambos Keng ex Keng f.=**Sinobambusa**
Neobambos dolicanthus (Keng) Keng ex Keng f.=Sinobambusa tootsik
Neocheiropteris Ching (p.p.)=**Neolepisorus**
Neocheiropteris Christ **扇蕨属**(水龙骨科)
Neocheiropteris ensata Ching(p.p)=Neolepisorus ensatus
Neocheiropteris ensata f. *monstrifera* Okuyama=Neolepisorus ensatus f. monstriferus
Neocheiropteris ensata f. *platyphylla* Tagawa=Neolepisorus ensatus f. platyphyllus
Neocheiropteris ningpoensis Bosman=Microsorium superficiale
Neocheiropteris normale Tagawa=Tricholepidium normale
Neocheiropteris palmatopedata (Baker) Christ 扇蕨
Neocheiropteris phyllomanes (Christ) Ching(p.p.)=Neolepisorus sinensis
Neocheiropteris phyllomanes Ching=Neolepisorus ovatus
Neocheiropteris subhastatum Tagawa=Lepidomicrosorium buergerianum
Neocheiropteris superficialis Bosman=Microsorium superficiale
Neocheiropteris waltoni Ching 戟形扇蕨
Neocheiropteris zipelii Bosman=Microsorium zippelii
Neocinnamomum Liou.**新樟属**(樟科)
Neocinnamomum caudatum (Nees) Merr.滇新樟
Neocinnamomum confertiflora (Meissn.) Kosterm.=Actinodaphne confertiflora
Neocinnamomum dalavayi (Lec.) Liou 新樟
Neocinnamomum delavayi var. *pauciflorum* Y.C.Yang=Neocinnamomum dalavayi

Neocinnamomum fargesii (Lec.) Kosterm.川鄂新樟
Neocinnamomum hainanianum Allen=Neocinnamomum lecomtei
Neocinnamomum lecomtei Liou 海南新樟
Neocinnamomum mekongense (Hand.-Mazz.) Kosterm.沧江新樟
Neocinnamomum parvifolium (Lec.) Liou=Neocinnamomum dalavayi
Neocinnamomum wilsonii Allen=Neocinnamomum fargesii
Neocinnamomum yunnanense Liou Ho=Neocinnamomum caudatum
Neodeutzia Small=**Deutzia**
Neodielsia Harms=**Astragalus**
Neofinetia H.H.Hu **风兰属**(兰科)
Neofinetia falcata (Thunb. ex A.Murray) H.H.Hu 风兰
Neofinetia richardsiana Christenson 短距风兰
Neogaya mucronata Schrnk=Pachypleurum mucronatum
Neogaya simplex var. *albomarginata* Schrenk=Pachypleurum alpinum
Neogaya urbis malorum M.Pop.=Pachypleurum mucronatum
Neogyna Rchb.f.**新型兰属**(兰科)
Neogyna gardneriana (Lindl.) Rchb.f.新型兰
Neogyna gardneriana var. *basiquinquelamellata* T.Tang & F.T.Wang=Neogyna gardneriana
Neogyna gardneriana var. *basitrilamellata* T.Tang & F.T.Wang=Neogyna gardneriana
Neohenrya Hemsl.=**Tylophora**
Neohenrya augustiniana Hemsl.=Tylophora augustiniana
Neohusnotia A.Camus **山鸡谷草属**(禾本科)
Neohusnotia tonkinensis (Balansa) A.Camus 山鸡谷草
Neohymenopogon S.S.R.Bennet **石丁香属**(茜草科)
Neohymenopogon oligocarpus (Li) S.S.R.Bennet 疏果石丁香
Neohymenopogon parasiticus (Wall.) S.S.R.Bennet 石丁香
Neolamarckia Bosser **团花属**(茜草科)
Neolamarckia cadamba (Roxb.) Bosser 团花
Neolepisorus Ching **盾蕨属**水龙骨科)
Neolepisorus deltoidea (Bak.) Ching 羽裂盾蕨
Neolepisorus dengii Ching & P.S.Wang 世纬盾蕨
Neolepisorus dengii f. dengii=Neolepisorus dengii
Neolepisorus dengii f. hastatus Ching & P.S.Wang 戟叶盾蕨
Neolepisorus emeiensis Ching & Shing 峨眉盾蕨
Neolepisorus emeiensis f. dissectus Ching & Shing 深裂盾蕨
Neolepisorus emeiensis f. emeiensis=Neolepisorus emeiensis
Neolepisorus ensatus (Thunb.) Ching 剑叶盾蕨
Neolepisorus ensatus f. ensatus=Neolepisorus ensatus
Neolepisorus ensatus f. monstriferus Tagawa 畸变剑叶盾蕨
Neolepisorus ensatus f. platyphyllus (Tagawa) Ching 宽剑叶盾蕨
Neolepisorus ensatus var. *platyphylla* Tagawa=Neolepisorus ensatus f. platyphyllus
Neolepisorus lancifolius Ching & Shing 梵净山盾蕨
Neolepisorus microsorioides W.M.Chu=LepidoMicrosorium microsorioides
Neolepisorus minor W.M.Chu 小盾蕨
Neolepisorus normale (D.Don) Ching=Tricholepidium normale
Neolepisorus ovatus (Bedd.) Ching(p.p.)=Neolepisorus sinensis
Neolepisorus ovatus (Bedd.) Ching 盾蕨
Neolepisorus ovatus f. deltoideus (Baker) Ching 三角叶盾蕨
Neolepisorus ovatus f. doryopteris (Christ) Ching 蟹爪盾蕨
Neolepisorus ovatus f. gracilis Ching & Shing 卵圆盾蕨
Neolepisorus ovatus f. monstrosus Ching & Shing 畸裂盾蕨
Neolepisorus ovatus f. ovatus=Neolepisorus ovatus
Neolepisorus phyllomanes (Christ) Ching(p.p.)=Neolepisorus sinensis
Neolepisorus phyllomanes f. *deltoideus* Ching=Neolepisorus ovatus f. deltoideus
Neolepisorus sinensis Ching 中华盾蕨
Neolepisorus tenuipes Ching & Shing 细足盾蕨
Neolepisorus truncatus Ching & P.S.Wang 截基盾蕨
Neolepisorus truncatus f. laciatus Ching & Shing 撕裂盾蕨
Neolepisorus truncatus f. truncatus=Neolepisorus truncatus
Neolepisorus tsaii Ching & Shing 希陶盾蕨
Neolitsea Merr.**新木姜子属**(樟科)
Neolitsea acuminatissima (Hay.) Kanehira & Sasaki 尖叶新木姜子
Neolitsea acuto-trinervia (Hay.) Kanehira & Sasaki 台湾新木姜子
Neolitsea alongensis Lec.下龙新木姜子
Neolitsea aurata (Hay.) Koidz.新木姜子
Neolitsea aurata f. *glabrescens* Liou Ho=Neolitsea aurata
Neolitsea aurata var. aurata=Neolitsea aurata
Neolitsea aurata var. chekiangensis (Nakai) Yang & P.H.Huang 浙江新木姜子
Neolitsea aurata var. glauca Yang 粉叶新木姜子
Neolitsea aurata var. paraciculata (Nakai) Yang & P.H.Huang 云和新木姜子
Neolitsea aurata var. undulatula Yang & P.H.Huang 浙闽新木姜子
Neolitsea brevipes H.W.Li 短梗新木姜子
Neolitsea buisanensis Yamamoto & Kamikoti 武威山新木姜子
Neolitsea cambodiana Lec.锈叶新木姜子
Neolitsea cambodiana var. cambodiana=Neolitsea cambodiana
Neolitsea cambodiana var. glabra Allen 香港新木姜子
Neolitsea chekiangensis Nakai=Neolitsea aurata var. chekiangensis
Neolitsea chinensis (Gamble) Chun=Neolitsea levinei
Neolitsea chrysotricha H.W.Li 金毛新木姜子
Neolitsea chui var. *brevipes* Yang=Neolitsea polycarpa
Neolitsea chuii Merr.鸭公树
Neolitsea confertifolia (Hemsl.) Merr.簇叶新木姜子
Neolitsea daibuensis Kamikoti 大武山新木姜子?
Neolitsea ellipsoidea Allen=Neolitsea ovatifolia
Neolitsea ellipsoidea Allen 香果新木姜子
Neolitsea ferruginea Merr.=Neolitsea cambodiana
Neolitsea glauca (Sieb.) Koidz.=Neolitsea sericea
Neolitsea gracilipes Liou=Neolitsea wushanica
Neolitsea hainanensis Yang & P.H.Huang 海南新木姜子
Neolitsea hiiranensis Liu & Liao 南仁山新木姜子?
Neolitsea homilantha Allen 团花新木姜子
Neolitsea hongkongensis (Chun) Allen=Neolitsea cambodiana var. glabra
Neolitsea howii Allen 保亭新木姜子
Neolitsea hsiangkweiensis Yang & P.H.Huang 湘桂新木姜子
Neolitsea impressa Yang 凹脉新木姜子
Neolitsea konishii (Hay.) Kanehira & Sasaki 五掌楠
Neolitsea kotoensis (Hay.) Kanehira & Sasaki 兰屿新木姜子
Neolitsea kwangsinensis Liou 广西新木姜子
Neolitsea kwangtungensis Chang=Neolitsea aurata
Neolitsea lanuginosa (Nees) Gamble (Liou Ho in Laur.Chine & Indioch. 1932 & 1934)=Neolitsea chrysotricha
Neolitsea lanuginosa (Nees) Gamble (分类学报 1957)=Neolitsea tomentosa
Neolitsea lanuginosa var. *chinensis* Gamble=Neolitsea levinei
Neolitsea levinei Merr.大叶新木姜子
Neolitsea longipedicellata Yang & P.H.Huang 长梗新木姜子
Neolitsea lunglingensis H.W.Li 龙陵新木姜子
Neolitsea menglaensis Yang & P.H.Huang 勐腊新木姜子
Neolitsea merriliana Allen (p.p.)=Neolitsea buisanensis
Neolitsea oblongifolia Merr. & Chun 长圆叶新木姜子
Neolitsea obtusifolia Merr.钝叶新木姜子
Neolitsea ovatifolia var. ovatifolia=Neolitsea ovatifolia
Neolitsea ovatifolia var. puberula Yang & P.H.Huang 毛柄新木姜子
Neolitsea ovatifolia Yang & P.H.Huang 卵叶新木姜子
Neolitsea pallens (D.Don) Momiyama & Hara 灰白新木姜子
Neolitsea paraciculata Nakai=Neolitsea aurata var. paraciculata
Neolitsea parvigemma (Hay.) Kanehira & Sasaki 小芽新木姜子
Neolitsea phanerophlebia Merr.显脉新木姜子
Neolitsea phanerophlebia f. *glabra* Liou (Merr. & Chun in Sunyatsenia 1935,p.p.)=Neolitsea hainanensis
Neolitsea phanerophlebia f. *glabra* Liou=Neolitsea ovatifolia
Neolitsea pingbienensis Yang & P.H.Huang 屏边新木姜子
Neolitsea pinninervis Yang & P.H.Huang 羽脉新木姜子
Neolitsea playfairii (Hemsl.) Chun=Lindera aggregata var. playfairii
Neolitsea polycarpa Liou 多果新木姜子
Neolitsea pulchella (Meissn.) Merr.美丽新木姜子
Neolitsea purpurascens Yamg 紫新木姜子
Neolitsea sericea (Bl.) Koidz.舟山新木姜子
Neolitsea sericea var. *aurata* (Hay.) Hatusima=Neolitsea aurata
Neolitsea shingningensis Yang & P.H.Huang 新宁新木姜子
Neolitsea sieboldii (O.Kuntze) Nakai=Neolitsea sericea
Neolitsea sp. Rehd.=Litsea dunniana
Neolitsea sp. Rehd.=Litsea kobuskiana

Neolitsea sp. Rehd.=Neolitsea undulatifolia
Neolitsea subcaudata Merr.=Lindera pulcherrima var. attenuata
Neolitsea subfoveolata Merr.=Neolitsea chuii
Neolitsea sutchuanensis Yang 四川新木姜子
Neolitsea sutchuanensis f. *longipedicellata* Yang=Neolitsea sutchuanensis
Neolitsea sutchuanensis var. gongshanensis H.W.Li 贡山新木姜子
Neolitsea sutchuanensis var. sutchuanensis=Neolitsea sutchuanensis
Neolitsea tomentosa H.W.Li 绒毛新木姜子
Neolitsea undulatifolia (Lévl.) Allen 波叶新木姜子
Neolitsea variabillima (Hay.) Kanehira & Sasaki 变叶新木姜子
Neolitsea velutina W.T.Wang 毛叶新木姜子
Neolitsea wushanica (Chun) Merr.巫山新木姜子
Neolitsea wushanica var. pubens Yang & P.H.Huang 紫云山新木姜子
Neolitsea wushanica var. wushanica=Neolitsea wushanica
Neolitsea zeylanica (Nees) Merr.南亚新木姜子
Neolitsea zeylanica var. *fangii* Liou=Neolitsea purpurascens
Neolitsea zeylanica var. *obovata* Liou=Neolitsea buisanensis
Neolourya L.Rodrig.=**Feliosanthes**
Neoluffa Chakr.=**Siraitia**
Neomarica Sprague **新泽仙属**(鸢尾科)
Neomarica caerulea Sprague 蓝泽仙
Neomarica gracilis Sprague 新泽仙花
Neomarica northiana Sprague 香泽仙花
Neomartinella Pilger **堇叶芥属**(十字花科)
Neomartinella grandiflora Al-Shehbaz 大花堇叶芥
Neomartinella guizhouensis S.Z.He & Y.C.Lan=Eutrema tenue
Neomartinella violifolia (Lévl.) Pilger 堇叶芥
Neomartinella yungshunensis (W.T.Wang) Al-Shehbaz 永顺堇叶芥
Neomicrocalamus Keng f.**新小竹属**(禾本科)
Neomicrocalamus microphyllus (Hsueh & Yi) Keng f. & Yi=Drepanostachyum microphyllum
Neomicrocalamus microphyllus Hsueh & Yi 西藏新小竹
Neomicrocalamus prainii (Gamble) Keng f.新小竹
Neomolinia fauriei (Hack.) Honda=Diarrhena manshurica
Neomolinia Honda=**Diarrhena**
Neomolinia mandshurica (Maxim.) Honda=Diarrhena manshurica
Neonauclea Merr.**新乌檀属**(茜草科)
Neonauclea griffithii (HK.f.) Merr.(云南植物名录 1984 ,p.p.)=Neonauclea tsaiana
Neonauclea griffithii (HK.f.) Merr.新乌檀
Neonauclea navillei (Lévl.) Merr.(How in Sunyatsenia 1946)=Neonauclea tsaiana
Neonauclea reticulata (Havil.) Merr.(Kanehira in Form.Trees 1936 ,华南农学报 1981)=Neonauclea truncata
Neonauclea sessilifolia (Roxb.) Merr.无柄新乌檀
Neonauclea truncata (Hay.) Yamamoto 台湾新乌檀
Neonauclea tsaiana S.Q.Zou 滇南新乌檀
Neoniphopsis Nakai=**Pyrrosia**
Neopallasia Poljak.**栉叶蒿属**(菊科)
Neopallasia pectinata (Pall.) Poljak.栉叶蒿
Neopallasia tibetica Y.R.Ling=Neopallasia pectinata
Neopallasia yunnanensis (Pamp.) Y.R.Ling=Neopallasia pectinata
Neopicrorhiza D.Y.Hong **胡黄莲属**(玄参科)
Neopicrorhiza scrophulariiflora (Pennell) D.Y.Hong 胡黄莲
Neoporteria Britt. & Tose **智利球属**(仙人掌科)
Neoporteria ebenacantha Backeb.秋仙玉
Neoporteria napina (Phil.) Backeb.豹头
Neoporteria nidus (Sohrens ex K.Schum.) Britt. & Rose.银翁玉
Neoporteria occulta (Phil.) Britt. & Rose 雷头玉
Neoporteria subgibbosa (Haw.) Britt. & Rose.逆龙玉
Neoregelia L.B.Sm.**彩叶凤梨属**(凤梨科)
Neoregelia carolinae (Ber.) L.B.Sm.彩叶凤梨
Neoregelia concentrica (Vell.) L.B.Sm.同心彩叶凤梨
Neoregelia cruenta (R.Grah.) L.B.sm.血红彩叶凤梨
Neoregelia eleutheropetala (Ule) L.B.Sm.离瓣彩叶凤梨
Neoregelia farionsa (Ule) L.B.Sm.白心彩叶凤梨
Neoregelia marmorata (Gak.) L.B.Sm.石纹彩叶凤梨
Neoregelia sarmentosa (Rgl.) L.B.Sm.蔓茎彩叶凤梨
Neoregelia spectabilis (T.Moore) L.B.Sm.艳美彩叶凤梨
Neoregelia zonata L.B.Sm.横缟彩叶凤梨
Neosinocalamus Keng f.**慈竹属**(禾本科)
Neosinocalamus affinis (Rendle) Keng f.慈竹
Neosinocalamus affinis cv. *Affinis*=Neosinocalamus affinis
Neosinocalamus affinis cv. Chrysotrichus 黄毛竹
Neosinocalamus affinis cv. Flavidorivens 大琴丝
Neosinocalamus affinis cv. Striatus 绿竿花慈竹
Neosinocalamus affinis cv. Viridiflavus 金慈竹
Neosinocalamus affinis f. *chrysotrichus* (Hsueh & Yi) Yi=Neosinocalamus affinis cv. Chrysotrichus
Neosinocalamus affinis f. *flavidorivens* (Hsueh & Yi) Yi=Neosinocalamus affinis cv. Flavidorivens
Neosinocalamus affinis f. *striatus* Yi=Neosinocalamus affinis cv. Striatus
Neosinocalamus affinis f. *viridiflavus* (Hsueh & Yi) Yi=Neosinocalamus affinis cv. Viridiflavus
Neosinocalamus beecheyanus (Munro) Keng f. & Wen=Dendrocalamopsis beecheyana
Neosinocalamus beecheyanus var. *pubescens* Keng f. & Wen=Dendrocalamopsis beecheyana var. pubescens
Neosinocalamus bicicatricatus (W.T.Lin) W.T.Lin=Dendrocalamopsis bicicatricata
Neosinocalamus farinosus (Keng & Keng f.) Keng f.=Dendrocalamus farinosus
Neosinocalamus grandis (Q.H.Dai & X.L.Tao) Wen=Dendrocalamopsis daii
Neosinocalamus recto-cuneatus W.T.Lin 孖竹
Neosinocalamus saxatilis (Hsueh & Yi) Keng f. & Yi=Drepanostachyum saxatile
Neosinocalamus stenocauritus (W.T.Lin) W.T.Lin=Dendrocalamopsis stenoaurita
Neotorularia Hedge & J.Léonard **念珠芥属**(十字花科)
Neotorularia brachycarpa (Vass.) Hedge & J.Léonard 短果念珠芥
Neotorularia bracteata (S.L.Yang) Z.X.An=Neotorularia brachycarpa
Neotorularia brevipes (Kar. & Kir.) Hedge & J.Léonard 短梗念珠芥
Neotorularia conferta R.F.Huang=Neotorularia brachycarpa
Neotorularia humilis (C.A.Mey.) Hedge & J.Léonard 蚓果芥
Neotorularia humilis f. *angustifolia* (Z.X.An) Z.X.An=Neotorularia humilis
Neotorularia humilis f. *glabrata* (Z.X.An) Z.X.An=Neotorularia humilis
Neotorularia humilis f. *grandiflora* (O.E.Schulz.) Z.X.An=Neotorularia humilis
Neotorularia humilis f. *hygrophila* (Fourn.) Z.X.An=Neotorularia humilis
Neotorularia korolkowii (Rgl. & Schmalh.) Hedge & J.Léonard 甘肃念珠芥
Neotorularia korolkowii var. *longicarpa* (Z.X.An) Z.X.An=Neotorularia korolkowii
Neotorularia maximowiczii (Botsch.) Botsch.=Neotorularia humilis
Neotorularia mollipila (Maxim.) Z.X.An=Sisymbriopsis mollipila
Neotorularia pamirica Z.X.An=Braya scharnhorstii
Neotorularia parvia (Z.X.an) Z.X.An=Neotorularia brachycarpa
Neotorularia piasezkii (Maxim.) Botsch.=Neotorularia humilis
Neotorularia qingshuiheense (Ma & Zong Y.Zhu) Al-Shehbaz & al.青水河念珠芥
Neotorularia rosulifolia (K.C.Kuan & Z.X.An) Z.X.An=Neotorularia korolkowii
Neotorularia sergievskiana (Polozh.) Czerep.=Dontostemon glandulosus
Neotorularia shuanghuica (K.C.Kuan & Z.X.An) Z.X.An=Sisymbriopsis shuanghuica
Neotorularia sulphurea (Korsh.) Ikonn.=Neotorularia korolkowii
Neotorularia tibetica (Z.X.An) Z.X.An=Neotorularia brachycarpa
Neotorularia torulosa (Desf.) Hedge & J.Léonard 念珠芥
Neotorularia torulosa var. *scorpiuroides* (Boiss.) Hedge & J.Léonard=Neotorularia torulosa
Neottia Guett **鸟巢兰属**(兰科)
Neottia acuminata Schltr 尖唇鸟巢兰
Neottia amoena M.v.BieD.=Spiranthes sinensis
Neottia asiatica Ohwi=Neottia acuminata
Neottia australis R.Br.=Spiranthes sinensis
Neottia brevilabris T.Tang & F.T.Wang 短唇鸟巢兰
Neottia.camtschatea (L.) Rchb.f.北方鸟巢兰
Neottia camtschatica Spreng.=Neottia camtschatea
Neottia dongrergoensis Schltr.=Neottia listeroides
Neottia gaudisartii Hand.-Mazz.=Holopogon gaudissartii

Neottia grandiflora Schltr.=Neottia megalochila
Neottia grandis Bl.=Goodyera grandis
Neottia kamtschatica Lindl.=Neottia camtschatea
Neottia kungii T.Tang & F.T.Wang=Holopogon smithianus
Neottia lindleyana Decne.=Neottia listeroides
Neottia listeroides Lindl.高山鸟巢兰
Neottia macrophylla D.Don=Herminium macrophyllum
Neottia megalochila S.C.Chen 大花鸟巢兰
Neottia micrantha Lindl.=Neottia acuminata
Neottia nidusavis (L.) Rich.鸟巢兰
Neottia nidusavis var. *manshurica* Kom.=Neottia papilligera
Neottia oblonga T.Tang & F.T.Wang=Neottia acuminata
Neottia papilligera Schltr 凹唇鸟巢兰
Neottia parviflora (King & Pantl.) Schltr.=Neottia acuminata
Neottia procera Ker-Gawl.=Goodyera procera
Neottia sinensis Pers.=Spiranthes sinensis
Neottia smithiana Schltr.=Holopogon smithianus
Neottia subsessilis Ohwi=Neottia acuminata
Neottia tenii Schltr 耳唇鸟巢兰
Neottia viridiflora Bl.=Goodyera viridiflora
Neottianthe Schltr **兜被兰属**(兰科)
Neottianthe angustifolia K.Y.Lang 二狭叶兜被兰
Neottianthe calcicola (W.W.Sm.) Schltr 密花兜被兰
Neottianthe camptoceras (Rolfe) Schltr 大花兜被兰
Neottianthe compacta Schltr 川西兜被兰
Neottianthe comptoceras var. *calcicola* (W.W.Sm.) Sóo=Neottianthe calcicola
Neottianthe cuculata f. *maculata* (Nakai & Kitag.) Nakai & Kitag.=Neottianthe cucullata
Neottianthe cucullata (L.) Schltr 二叶兜被兰
Neottianthe gymnadenioides (Hand.-Mazz.) K.Y.Lang & S.C.Chen 细距兜被兰
Neottianthe luteola K.Y.Lang & S.C.Chen 淡黄花兜被兰
Neottianthe mairei Schltr.=Neottianthe secundiflora
Neottianthe monophylla (Ames & Schltr.) Schltr 一叶兜被兰
Neottianthe oblonga K.Y.Lang 长圆叶兜被兰
Neottianthe ovata K.Y.Lang 卵叶兜被兰
Neottianthe pseudodiphylax (Kraenzl.) Schltr 兜被兰
Neottianthe pseudodiphylax var. *monophylla* (Ames & Schltr.) Sóo=Neottianthe monophylla
Neottianthe secundiflora (HK.f.) Schltr 侧花兜被兰
Neottopteris J.Sm.**巢蕨属**(铁角蕨科)
Neottopteris antiqua (Makino) Masamune 大鳞巢蕨
Neottopteris antrophyoides (Christ) Ching 狭翅巢蕨
Neottopteris antrophyoides var. antrophyoides=Neottopteris antrophyoides
Neottopteris antrophyoides var. cristata Ching & S.H.Wu 鸡冠巢蕨
Neottopteris grevillei (Wall.) J.Sm.狭鳞巢蕨
Neottopteris hainanensis Ching=Neottopteris phyllitidis
Neottopteris humbertii (Tard.-Blot) Tagawa 扁柄巢蕨
Neottopteris latibasis Ching 阔足巢蕨
Neottopteris latipes Ching ex S.H.Wu 阔翅巢蕨
Neottopteris longistipes Ching ex S.H.Wu 长柄巢蕨
Neottopteris musaefolia J.Sm.(Nakai in Bull.Nat.Sci.Mus.1949)=Neottopteris antiqua
Neottopteris nidus (L.) J.Sm.巢蕨
Neottopteris phyllitidis (D.Don) J.Sm.长叶巢蕨
Neottopteris rigida Fée=Neottopteris nidus
Neottopteris rigida var. *erubescens* Nakai=Neottopteris antiqua
Neottopteris salwinensis Ching 尖头巢蕨
Neottopteris simonisana J.Sm.(Nakai in Bull.Nat.Sci.Mus.1949)=Neottopteris antiqua
Neottopteris simonsiana (HK.) J.Sm.狭叶巢蕨
Neottopteris subantiqua Ching ex S.H.Wu 黑鳞巢蕨
Nepenthaceae 猪笼草科
Nepenthes L.**猪笼草属**(猪笼草科)
Nepenthes mirabilis (Lour.) Druce 猪笼草
Nepenthes mirabilis (Lour.) Merr.=Nepenthes mirabilis
Nepenthes phyllamphora Willd.=Nepenthes mirabilis
Nepeta L.**荆芥属**(唇形科)
Nepeta alaghezi Pojark.阿拉赫兹荆芥
Nepeta amoena Stapf 可爱荆芥
Nepeta angustifolia C.Y.Wu=Nepeta hemsleyana
Nepeta annua Pall.小裂叶荆芥
Nepeta atroviridis C.Y.Wu & Hsuan=Nepeta dentata
Nepeta badachschanica Kudr.巴达山荆芥
Nepeta biondiana var. biondiana=Glechoma biondiana
Nepeta biondiana var. glabrescens C.Y.Wu & C.Chen 见肿消
Nepeta bodinieri Vaniot=Nepeta cataria
Nepeta bombaiensis Dalx.孟买荆芥
Nepeta botryoidea Soland.=Nepeta annua
Nepeta botryoides Ait.总状花序荆芥
Nepeta bracteata Benth.有苞荆芥
Nepeta brevifolia C.A.M.短叶荆芥
Nepeta campestris Benth.田野荆芥
Nepeta cataria L.小荆芥
Nepeta ciliaris Benth.缘毛荆芥
Nepeta clarkei HK.f.克拉克荆芥
Nepeta coerulescens Maxim.蓝花荆芥
Nepeta complanata Dunn=Marmoritis complanatum
Nepeta connata Royle ex Benth.合生荆芥
Nepeta decolorans Hemsl.=Marmoritis decolorans
Nepeta densiflora Kar. & Kir.密花荆芥
Nepeta dentata C.Y.Wu & Hsuan 齿叶荆芥
Nepeta discolor Benth.异色荆芥
Nepeta distans Benth.远离荆芥
Nepeta elliptica Royle ex Benth.椭圆荆芥
Nepeta erecta Benth.直立荆芥
Nepeta eriostachya Benth.毛穗荆芥
Nepeta everardi S.Moore 浙荆芥
Nepeta everardii S.Moore (Franch.in Pl.David.1884)=Nepeta fordii
Nepeta fedtschenkoi Pojark.=Nepeta pungensis
Nepeta floccosa Benth.丛卷毛荆芥
Nepeta fordii Hemsl.心叶荆芥
Nepeta formosa Kudr.美叶荆芥(新)
Nepeta glechoma Benth.(Fl.Hongk.1861)=Glechoma longituba
Nepeta glechoma Benth.=Glechoma hederacea
Nepeta glechoma var. *grandiflora* Fries (Herd.in Act.Hort.Petrop.1887)=Glechoma grandis
Nepeta glechoma var. *grandis* A.Gray=Glechoma grandis
Nepeta glechoma var. *hirsuta* Debeaux=Glechoma longituba
Nepeta glechoma var. *sinensis* Miq.=Glechoma longituba
Nepeta glutinosa Benth.腺荆芥
Nepeta govaniana Benht.格万荆芥
Nepeta graciliflora Benth.纤细花荆芥(新)
Nepeta hajastana Grossh.哈加斯坦荆芥
Nepeta hemsleyana Oliv. ex Prain 藏荆芥
Nepeta incana Thunb. ex Houtt.=Caryopteris incana
Nepeta indica L.=Epimeredi indica
Nepeta ispahanica Boiss.意斯帕罕荆芥
Nepeta japonica Willd.=Caryopteris incana
Nepeta jomdaensis H.W.Li 江达荆芥
Nepeta knorringiana Pojark.克脑容荆芥
Nepeta kokamirica Regel 绢毛荆芥
Nepeta kokanica Regel 绒毛荆芥
Nepeta kopetdaghensis Pojark.克佩达赫荆芥
Nepeta kunlunshanica C.Y.Yang & B.Wang=Nepeta floccosa
Nepeta ladanolens Lipsky 拉达纳荆芥
Nepeta laevigata (D.Don) Hand.-Mazz.穗花荆芥
Nepeta lamiifolia Willd.野芝麻叶荆芥
Nepeta lamiopsis Benth. ex HK.f.假宝盖草
Nepeta lavandulacea L.f.(Dunn in Notes.Bot.Gard.Edinb.1915)=Nepeta tenuifolia
Nepeta lavandulacea L.f.=Nepeta multifida
Nepeta leucolaena Benth. ex HK.f.白绵毛荆芥
Nepeta leucophylla Benth.(Kanitz in Bericht Math.Naturw Ungarn 1884)=Nepeta cataria
Nepeta leucophylla Benth.白叶荆芥
Nepeta linearis Royle 线叶荆芥
Nepeta lipskyi Kudr.里波斯基荆芥
Nepeta longibracteata Benth.长苞荆芥

Nepeta longituba Pojark.长管荆芥
Nepeta macrantha Dunn (p.p.)=Nepeta prattii
Nepeta macrantha Fisch.=Nepeta sibirica
Nepeta manchuriensis S.Moore 黑龙江荆芥
Nepeta maussarifii Lipsky 毛萨瑞夫荆芥
Nepeta membranifolia C.Y.Wu 膜叶荆芥
Nepeta micrantha Bge.小花荆芥
Nepeta microcephala Pojark.小头荆芥
Nepeta mollis Benth.有毛荆芥
Nepeta multifida L.(Suppl.1781)=Nepeta annua
Nepeta multifida L.多裂叶荆芥
Nepeta nervosa var. lutea HK.f.黄花具脉荆芥
Nepeta nivalis Benth.=Marmoritis nivalis
Nepeta nuda L.直齿荆芥
Nepeta pamirensis Franch.帕米尔荆芥
Nepeta pannonica L.=Nepeta nuda
Nepeta parviflora M.B.微花荆芥(新)
Nepeta pharica Prain=Marmoritis pharicus
Nepeta podostachys Benth.柄穗荆芥
Nepeta prattii Lévl.康藏荆芥
Nepeta Psilonepetae (Benth.) Boliss.=**Lophanthus**
Nepeta pungens (Bge.) Benth.刺尖荆芥
Nepeta pusilla Benth.=Nepeta pungens
Nepeta raphanorhiza Benth.块根荆芥
Nepeta rotundifolia (Benth.) Benth.=Marmoritis rotundifolia
Nepeta ruderalis Hamilt.野生荆芥
Nepeta salviaefolia Royle ex Benth.鼠尾草叶荆芥
Nepeta sect. *Glachoma* Benth.=**Glechoma**
Nepeta sect. *Psilonepetae* Benth.=**Lophanthus**
Nepeta sect. *Schizonepeta* Benth=**Schizonepeta**
Nepeta sessilis C.Y.Wu & Hsuan 无柄荆芥
Nepeta sibirica L.(Bge.in Ledeb.,Fl.Alt.1830)=Nepeta ucranica
Nepeta sibirica L.大花荆芥
Nepeta sintenisii Bornm.新特尼斯荆芥
Nepeta souliei Lévl.狭叶荆芥
Nepeta spathulifera Benth.匙状荆芥
Nepeta spicata Benth.=Nepeta laevigata
Nepeta spicata var. *incana* Lévl.=Nepeta laevigata
Nepeta stewartiana Diels 多花荆芥
Nepeta subhastata Rgl.戟形荆芥
Nepeta sungpanensis C.Y.Wu 松潘荆芥
Nepeta sungpanensis var. angustidentata C.Y.Wu & Y.C.Huang 狭齿松潘荆芥(新)
Nepeta sungpanensis var. sungpanensis=Nepeta sungpanensis
Nepeta supina Stev.平卧荆芥
Nepeta tarbagataica C.Y.Yang & B.Wang=Nepeta densiflora
Nepeta tenuiflora Diels 细花荆芥
Nepeta tenuifolia Benth.荆芥
Nepeta thomsonii Benth. ex HK.f.=Nepeta coerulescens
Nepeta tibetica Benth.=Marmoritis rotundifolia
Nepeta transcaucasica Grossh.外高加索荆芥
Nepeta ucranica L.(M.B.in Fl.Taur.Cauc.1808)=Nepeta pannonica
Nepeta ucranica L.尖齿荆芥
Nepeta vakhanica Pojark.瓦克罕荆芥
Nepeta vaniotiana Lévl.=Nepeta tenuifolia
Nepeta veitchii Duthie 川西荆芥
Nepeta velutina Pojark.毡毛荆芥
Nepeta versicolor Trev.=Craniotome furcata
Nepeta virgata C.Y.Wu & Hsuan 帚枝荆芥
Nepeta wilsonii Duthie 圆齿荆芥
Nepeta yanthina Franch.淡紫荆芥
Nepeta zandaensis H.W.Li 札达荆芥
Nephelaphyllum Bl.**云叶兰属**(兰科)
Nephelaphyllum chinense Rolfe=Collabium chinense
Nephelaphyllum cristatum Rolfe=Nephelaphyllum tenuiflorum
Nephelaphyllum latilabre Ridl.开唇云叶兰
Nephelaphyllum pulchrum Bl.美丽云叶兰
Nephelaphyllum tenuiflorum Bl.云叶兰
Nephelium L.**韶子属**(无患子科)
Nephelium chryseum Bl.韶子
Nephelium lappaceum L.(Hu in Bull.Fan Mem.Inst.Biol.1938)=Nephelium chryseum
Nephelium lappaceum L.红毛丹
Nephelium lappaceum var. *topengii* (Merr.) How & Ho(p.p.)=Nephelium chryseum
Nephelium lappaceum var. *topengii* (Merr.) How & Ho(p.p.)=Nephelium topengii
Nephelium litchi Camb.=Litchi chinensis
Nephelium longana Camb.=Dimocarpus longan
Nephelium topengii (Merr.) H.S.Lo 海南韶子
Nephelochloa altaica (Trin.) Griseb.=Eremopoa altaica
Nephenthes gracilis Korth.(图鉴 1955)=Nepenthes mirabilis
Nephrodium Rich.=**Dryopteris**
Nephrodium abruptum (Bl.) J.Sm.=Cyclosorus truncatus
Nephrodium amboinense var. *evolutus* Clarke & Bak.=Cyclosorus evolutus
Nephrodium angustifrons (HK.) Bak.=Dryopteris angustifrons
Nephrodium apiciflorum HK.=Ctenitis apiciflora
Nephrodium apiciflorum var. *nidus* Clarke=Ctenitis nidus
Nephrodium appediculatum Presl=Cyclosorus appendiculatus
Nephrodium aridum J.Sm.=Cyclosorus aridus
Nephrodium assamense Hope=Dryopteris assamensis
Nephrodium atratum (Kunze) Hand.-Mazz.=Dryopteris atrata
Nephrodium auritum Hand.-Mazz.=Pseudophegopteris aurita
Nephrodium banksiifolium Presl=Osmunda banksiifolia
Nephrodium barbigerum T.Moore & HK.=Dryopteris barbigera
Nephrodium barometz Seet=Cibotium barometz
Nephrodium biserratum Presl=Nephrolepis biserrata
Nephrodium biserratum Presl=Nephrolepis biserrata
Nephrodium bissetianum Bak.=Dryopteris setosa
Nephrodium blanfordii C.Hope=Dryopteris blanfordii
Nephrodium boryanum (Willd.) Bak.=Dryoathyrium boryanum
Nephrodium braineoides Diels=Glaphyropteridopsis erubescens
Nephrodium brunonianum HK.=Athyrium wallichianum
Nephrodium calcaratum Bak.=Pseudocyclosorus falcilobus
Nephrodium calcaratum Dunn & Tutch.=Pseudocyclosorus ciliatus
Nephrodium calcaratum var. *ciliatum* Bak.=Pseudocyclosorus ciliatus
Nephrodium calcaratum var. *sericea* v.A.v.R.=Pseudocyclosorus ciliatus
Nephrodium canum Bak.=Pseudocyclosorus canus
Nephrodium chinense Bak.=Dryopteris chinensis
Nephrodium chrysocoma (Christ) Hand.-Mazz.=Dryopteris chrysocoma
Nephrodium cicutarium HK.(p.p.)=Tectaria coadunata
Nephrodium ciliatum Desv.(Clarke in Trans.L.Soc.Bot.1880)=Pseudocyclosorus ciliatus
Nephrodium clarkei Bak.=Ctenitis clarkei
Nephrodium clarkei Bak.=Ctenitis mariformis
Nephrodium clarkei var. *fibrillosa* (C.B.Clarke) Hand.-Mazz.=Dryopteris sinofibrillosa
Nephrodium clavivenum Yabe ex Matsum.=Pronephrium cuspidatum
Nephrodium cochleata Buch.-Ham. ex D.Don=Dryopteris cochleata
Nephrodium conioneuron Fée=Cyclosorus opulentus
Nephrodium costatum Bedd.=Pronephrium penangianum
Nephrodium crenatum Bak.=Hypodematium crenatum
Nephrodium crinipes HK.=Cyclosorus crinipes
Nephrodium cuspidatum Presl(Christ in Bull.Acad.Gégr.Bot.Mans.1906)=Pronephrium lakhimpurense
Nephrodium cyclodioides Bak.=Dryopteris bodinieri
Nephrodium decipiens HK.=Dryopteris decipiens
Nephrodium decurrens HK.=Tectaria decurrens
Nephrodium decurrenti-alatum (HK.) Diels=Cornopteris decurrenti-alata
Nephrodium decursive-pinnatum HK.=Phegopteris decursive-pinnata
Nephrodium delicatula Decne.=Nephrolepis delicatula
Nephrodium didymosorum Parish ex Bedd.=Cyclosorus parasiticus
Nephrodium diffractum Bak.=Acrorumohra diffracta
Nephrodium distans Viv.(Christ in Bull.Acad.Gerogr.Bot.Mans.1880)=Pseudophegopteris pyrrhorachis
Nephrodium divisum (Wall.) HK.=Dryoathyrium boryanum
Nephrodium dryopteris Michx.=Gymnocarpium dryopteris
Nephrodium eatoni Bak.(Dunn & Tutcher in Kew Bull.Misc.Inf.Add.Ser.1912)=Ctenitis confusa
Nephrodium eatoni Bak.=Ctenitis eatoni
Nephrodium eatoni var. *formosana* Harr.=Ctenitis eatoni
Nephrodium edentulum Bak.=Dryoathyrium edentulum
Nephrodium elwesii HK. & Bak.=Lastrea elwesii
Nephrodium enneaphyllum Bak.=Dryopteris enneaphylla

Nephrodium eriocarpum Dcne.=Hypodematium hirsutum
Nephrodium eriocarpum Don=Hypodematium hirsutum
Nephrodium erubescens Diels=Glaphyropteridopsis erubescens
Nephrodium erythrosorum (Eaton) HK.=Dryopteris erythrosora
Nephrodium erythrosorum var. *manshuricum* Kom.=Dryopteris monticola
Nephrodium evolutum Bedd.=Cyclosorus evolutus
Nephrodium expansum Presl=Dryopteris expansa
Nephrodium extensum (Bl.) Moore=Cyclosorus opulentus
Nephrodium extensum var. *microsorium* Clarke=Cyclosorus appendiculatus
Nephrodium faberi Baker=Cyrtomidictyum faberi
Nephrodium falcilobum HK.=Pseudocyclosorus falcilobus
Nephrodium falconeri HK.=Dryopteris barbigera
Nephrodium fauriei Christ=Athyrium fauriei
Nephrodium filixmas var. *cochleatum* (Buchj.-Ham. ex D.Don) HK.=Dryopteris cochleata
Nephrodium filixmas var. *fibrillosum* C.B.Clarke=Dryopteris sinofibrillosa
Nephrodium filixmas var. *khasina* C.B.Clarke=Dryopteris lepidopoda
Nephrodium filixmas var. *marginatum* C.B.Clarke=Dryopteris marginata
Nephrodium filixmas var. *nidus* Bak.=Ctenitis nidus
Nephrodium filixmas var. *panda* C.B.Clarke=Dryopteris panda
Nephrodium flaccidum HK.=Metathelypteris flaccida
Nephrodium fordii Bak.=Hypodematium fordii
Nephrodium fragrans var. *remotiusculum* Kom.=Dryopteris fragrans
Nephrodium fructuosum (Christ) Hand.-Mazz.=Dryopteris fructuosa
Nephrodium fuscipes Clarke=Ctenitopsis fuscipes
Nephrodium gaimardianum Gaud.=Humata pectinata
Nephrodium gamblei C.Hope=Dryopteris stenolepis
Nephrodium glaucostipes Bedd.=Cyclosorus heterocarpus
Nephrodium gongylodes Schott=Cyclosorus interruptus
Nephrodium gracilescens HK.(p.p.)=Parathelypteris hirsutipes
Nephrodium gracilescens HK.=Metathelypteris gracilescens
Nephrodium gracilescens HK.=Parathelypteris glanduligera
Nephrodium gracilescens var. *decipiens* Clarke=Metathelypteris decipiens
Nephrodium gracilescens var. *glanduligera* Bak.=Parathelypteris glanduligera
Nephrodium gracilescesn var. *hirsutipes* Clarke=Parathelypteris hirsutipes
Nephrodium griffithii Bak.=Tectaria griffithii
Nephrodium gymnogrammoides Diels=Gymnocarpium oyamense
Nephrodium gymnophyllum Bak.=Dryopteris gymnophylla
Nephrodium gymnosorum Makino= Dryopteris gymnosora
Nephrodium gymnosorum var. *indusiatum* Makino=Dryopteris indusiata
Nephrodium heterocarpum Moore=Cyclosorus heterocarpus
Nephrodium hirsutulum Presl=Nephrolepis hirsutula
Nephrodium hirsutum Don=Hypodematium hirsutum
Nephrodium ingens Atkinson ex Clarke=Ctenitopsis ingens
Nephrodium intermedium Bak.=Ctenitis rhodolepis
Nephrodium intermedium Presl(Dunn & Tutch.in Kew Bull.Misc.Infl. Add.Ser. 1912)=Ctenitis costulisora
Nephrodium isolatum Bak.=Anisocampium sheareri
Nephrodium jaculosum Hay.=Cyclosorus jaculosus
Nephrodium japonicum Bak.=Parathelypteris japonica
Nephrodium kingii Hope=Dryopteris acutodentata
Nephrodium krameri Diels=Gymnocarpium oyamense
Nephrodium lacerum (Thunb.) Bak.=Dryopteris lacera
Nephrodium lacerum var. *uniforme* Makino=Dryopteris uniformis
Nephrodium laetum Kom.=Dryopteris goeringiana
Nephrodium laevifrons Hay.=Cyclosorus truncatus
Nephrodium latipinnum HK. ex Bak.=Cyclosorus latipinnus
Nephrodium laxum Diels=Metathelypteris laxa
Nephrodium lepigerum Bak.=Ctenitis subglandulosa
Nephrodium leptophyllum C.H.Wright=Tectaria leptophylla
Nephrodium leucostipes Bak.=Ctenitis eatoni
Nephrodium lichiangensis Wright=Polystichum shensiense
Nephrodium macarthyi Bak.=Metathelypteris laxa
Nephrodium marginatum (C.B.Clarke) C.Hope=Dryopteris marginata
Nephrodium matsumurae Makino=Ctenitis maximowicziana
Nephrodium melanopus HK.=Ctenitopsis sagenioides
Nephrodium membranifolium var. *dimorpha* Clarke=Ctenitopsis fuscipes
Nephrodium membranifolium var. *typica* Clarke=Ctenitopsis fuscipes
Nephrodium microlepis Bak.=Dryopteris microlepis
Nephrodium microsorum (Clarke) Bedd.=Cyclosorus appendiculatus
Nephrodium molle HK. & Bak.=Cyclosorus dentatus
Nephrodium molle HK.=Cyclosorus parasiticus
Nephrodium molle Sw.(HK.in Five Months on the Yantze 1862,p.p.)=Cyclosorus acuminatus
Nephrodium molle var. *didymosorum* Bedd.=Cyclosorus parasiticus
Nephrodium molliusculum Bedd.=Cyclosorus appendiculatus
Nephrodium montanum var. *fauriei* Christ=Lastrea quelpaertensis
Nephrodium monticola Makino=Dryopteris monticola
Nephrodium moulmeinense Bedd.=Pronephrium nudatum
Nephrodium multicaudatum Clarke=Tectaria griffithii
Nephrodium multilineatum var. *assamicum* Bedd.=Cyclosorus subelatus
Nephrodium nidus Clarke=Ctenitis nidus
Nephrodium obliteratum R.Br.=Arthropteris palisotii
Nephrodium obscurum Moore=Cyclosorus aridus
Nephrodium obtusatum (Bl.) Diels=Cornopteris opaca
Nephrodium ochthodes HK.=Pseudocyclosorus typlodes
Nephrodium odoratum HK. & Bak.=Hypodematium hirsutum
Nephrodium oligophlebium Bak.=Macrothelypteris oligophlebia
Nephrodium omeiense Diels=Cyclogramma omeiensis
Nephrodium onustum HK. & Bak.(p.p.)=Hypodematium crenatum
Nephrodium opulenta Presl=Cyclosorus opulentus
Nephrodium ornatum Christ=Macrothelypteris ornata
Nephrodium otarium Bak.=Anisocampium cumingianum
Nephrodium papilio Hope=Cyclosorus papilio
Nephrodium parallelogrammum f. *patentissimum* (Wall. ex Kunze) C.Hope=Dryopteris wallichiana
Nephrodium parasiticum Desv.(Clarke in Trans.L.Soc.Bot.1880)=Cyclosorus dentatus
Nephrodium parasiticum Desv.=Cyclosorus parasiticus
Nephrodium parasiticum var. *multijugum* Clarke=Cyclosorus opulentus
Nephrodium pellucidum Diels=Cystopteris pellucida
Nephrodium pendulum Desv.=Nephrolepis auriculata
Nephrodium phegopteris (L.) Prantl=Phegopteris connectilis
Nephrodium philippinense Bak.=Cyclosorus productus
Nephrodium podophyllum HK.=Dryopteris podophylla
Nephrodium polymorphum Bak.=Tectaria polymorpha
Nephrodium polypodiforme Makino=Anisocampium sheareri
Nephrodium procurrens (Mett.) Bak.=Cyclosorus parasiticus
Nephrodium procurrens Bak.=Cyclosorus procurrens
Nephrodium prolixum Clarke=Pseudocyclosorus typlodes
Nephrodium prolixum var. *xylodes* Bak.=Pseudocyclosorus typlodes
Nephrodium propinquum R.Br.=Cyclosorus interruptus
Nephrodium pteroides (Retz.) J.Sm.(HK. & Bak.in Syn.Fil.1867)=Cyclosorus terminans
Nephrodium puberulum Bak.(Bak.in J.Bot.1875)=Metathelypteris laxa
Nephrodium pulvinuliferum (Bedd.) Ak.=Dryopteris pulvinulifera
Nephrodium punctatum Diels=Hypolepis punctata
Nephrodium punctatum HK. & Bak.=Cyclosorus opulentus
Nephrodium quinquefidum Bak.=Tectaria quinquefida
Nephrodium rampans Bak.(Christ in Bull.Herb.Boiss.1898)=Cyclosorus acuminatus
Nephrodium rampans Bak.=Pronephrium penangianum
Nephrodium repens Hope=Pseudocyclosorus canus
Nephrodium repentula Tutcher=Parathelypteris angulariloba
Nephrodium rheosorum (Bak.) Hand.-Mazz.=Dryopteris lepidorachis
Nephrodium rhodolepis Clarke=Ctenitis rhodolepis
Nephrodium rosthornii Diels=Dryopteris rosthornii
Nephrodium rufescens Schad.=Nephrolepis hirsutula
Nephrodium sagenioides Bak.=Ctenitopsis sagenioides
Nephrodium serrato-dentatum Hope=Dryopteris serrato-dentata
Nephrodium setigerum HK. & Bak.=Macrothelypteris torresiana
Nephrodium setigerum HK.=Macrothelypteris setigera
Nephrodium setigerum var. *calvatum* Bak.=Macrothelypteris oligophlebia
Nephrodium setulosum Bak.=Ctenitopsis setulosa
Nephrodium sheareri Bak.=Anisocampium sheareri
Nephrodium simonsii Bak.=Tectaria simonsii
Nephrodium simplex Diels=Pronephrium simplex
Nephrodium singalanense Bak.=Metathelypteris singalanensis
Nephrodium sophoroides (Thunb.) Desv.=Cyclosorus acuminatus
Nephrodium sparsum Buch.-Ham. ex D.Don=Dryopteris sparsa
Nephrodium sparsum var. *nitidulum* (Bedd.) C.B.Clarke=Dryopteris yoroii
Nephrodium sparsum var. *squamulosum* C.B.Clarke=Dryopteris pulvinulifera
Nephrodium spectabile HK.=Pteridrys australis
Nephrodium splendens HK.=Dryopteris splendens
Nephrodium splendens var. *angustifrons* HK.=Dryopteris angustifrons
Nephrodium squamulosum HK.f.=Thelypteris squamulosa
Nephrodium stenopteron Diels=Dryoathyrium stenopteron

Nephrodium subelatum Bak.=Cyclosorus subelatus
Nephrodium subpedatum Harr.=Tectaria subpedata
Nephrodium subtriangulare Hope=Dryopteris subtriangularis
Nephrodium subtriphyllum Bak.=Tectaria subtriphylla
Nephrodium tectum Bedd.=Cyclosorus procurrens
Nephrodium tenericaule HK.=Macrothelypteris ornata
Nephrodium tenericaule HK.=Macrothelypteris torresiana
Nephrodium tenerum R.Br.=Lastreopsis tenera
Nephrodium terminans (Asp.) J.Sm.=Cyclosorus terminans
Nephrodium thelypteris (L.) Strempel=Thelypteris palustris
Nephrodium thelypteris var. *squamulosum* HK.=Thelypteris squamulosa
Nephrodium thibeticum (Franch.) Bak.=Dryopteris thibetica
Nephrodium tokyoense Matsum. ex Makino=Dryopteris tokyoensis
Nephrodium triphyllum (Sw.) Diels=Pronephrium triphyllum
Nephrodium truncatum Presl=Cyclosorus truncatus
Nephrodium unifurcatum Bak.=Dryoathyrium unifurcatum
Nephrodium unitum (L.) R.Br.(Makino in Bot.Mag.Tokyo 1906)= Cyclosorus interruptus
Nephrodium unitum var. β.HK. & Bak.=Cyclosorus interruptus
Nephrodium variolosum HK. & Bak.=Tectaria variolosa
Nephrodium viridescens Bak.=Dryopteris sparsa
Nephrodium wakefieldii Bak.=Cyclosorus opulentus
Nephrodium xylodes Hand.-Mazz.(p.p.)=Pseudocyclosorus falcilobus
Nephrodium xylodes Hope=Pseudocyclosorus typlodes
Nephrodium yunnanense Bak.=Tectaria yunnanensis
Nephroia Lour.=**Cocculus**
Nephroia sarmentosa Lour.=Cocculus orbiculatus
Nephrolepidaceae 肾蕨科
Nephrolepis Schott **肾蕨属**(骨碎补科)
Nephrolepis acuta Presl=Nephrolepis biserrata
Nephrolepis auriculata (L.) Trimen 肾蕨
Nephrolepis barbata Cop.=Nephrolepis falcata
Nephrolepis biserrata (Sw.) Schott.长叶肾蕨
Nephrolepis biserrata var. auriculata Ching 耳叶肾蕨
Nephrolepis biserrata var. biserrata=Nephrolepis biserrata
Nephrolepis cordifolia (L.) Presl=Nephrolepis auriculata
Nephrolepis cordifolia Presl(蕨类图说 1957,海南志 1964)=Nephrolepis auriculata
Nephrolepis delicatula (Decne.) Pichi-Serm.薄叶肾蕨
Nephrolepis duffii Moore 园叶肾蕨
Nephrolepis exaltata (IL.) Schott.高大肾蕨
Nephrolepis falcata (Cav.) C.Chr.镰叶肾蕨
Nephrolepis hirsutula (Forst.) Presl 毛叶肾蕨
Nephrolepis marginalis Cop.=Microlepia hookeriana
Nephrolepis multiflora Jarret & Morton=Nephrolepis hirsutula
Nephrolepis obliterata J.Sm.=Arthropteris palisotii
Nephrolepis paucifrondesa d'Almerida=Nephrolepis delicatula
Nephrolepis pendula J.Sm.=Nephrolepis auriculata
Nephrolepis ramosa Moore=Arthropteris obliterata
Nephrolepis rufescens Wawra=Nephrolepis hirsutula
Nephrolepis trichomanoides J.Sm.=Arthropteris palisotii
Nephrolepis tuberosa Presl=Nephrolepis auriculata
Nephrosperma Balf.f.**肾籽棕属**(棕榈科)
Neptunia Lour.**假含羞草属**(豆科)
Neptunia lutea Benth.黄内波突尼亚
Neptunia plena (L.) Benth.假含羞草
Nerium L.**夹竹桃属**(夹竹桃科)
Nerium caudatum (L.) Lam.=Strophanthus caudatus
Nerium chinense Hunter=Strophanthus divaricatus
Nerium coccineum Roxb.=Wrightia coccinea
Nerium coronarium Jacq.=Tabernaemontana divaricata
Nerium divaricatum L.=Tabernaemontana divaricata
Nerium indicum Mill.=Nerium oleander
Nerium indicum cv. Paihua 白花夹竹桃
Nerium odorum Soland=Nerium oleander
Nerium oleander L.夹竹桃
Nerium oleander var. *indicum* Degener & Greenwell=Nerium oleander
Nerium tomentosum Roxb.=Wrightia tomentosa
Nertera Banks ex J.Gaertn.**薄柱草属**(茜草科)
Nertera dentata Elmer=Hemiphragma heterophyllum var. dentatum
Nertera depressa Baks & Soland. ex J.Gaertn.红果薄柱草
Nertera nigricarpa Hay.黑果薄柱草
Nertera sinensis Hemsl.薄柱草
Nertera taiwaniana Masamune=Nertera depressa
Nervilia Comm. ex Gaud.**芋兰属**(兰科)
Nervilia aragoana Gaud.广布芋兰
Nervilia cumberlegii Seidenf. & Smitin.流苏芋兰
Nervilia discolor (Bl.) Schltr.两色芋兰
Nervilia discolor var. *purpurea* (Hay.) S.S.Ying=Nervilia plicata var. purpurea
Nervilia fordii (Hance) Schltr.毛唇芋兰
Nervilia lanyuensis S.S.Ying 兰屿芋兰
Nervilia mackinnonii (Duthie) Schltr.七角叶芋兰
Nervilia nipponica Mak.日本芋兰
Nervilia plicata (Andr.) Schltr.(H.J.Su in Quart.J.Chin For.1988)=Nervilia plicata var. purpurea
Nervilia plicata (Andr.) Schltr.毛叶芋兰
Nervilia plicata var. plicata=Nervilia plicata
Nervilia plicata var. purpurea (Hay.) S.S.Ying 紫花芋兰
Nervilia punctata (Bl.) Schltr.斑点芋兰
Nervilia punctata var. *nipponica* (Makino) F.Maekawa (Pl.Orch.Taiwan 1987)=Nervilia taiwaniana
Nervilia purpurea (Hay.) Schltr.=Nervilia plicata var. purpurea
Nervilia taiwaniana S.S.Ying 台湾芋兰
Nervilia tibetensis Rolfe=Nervilia aragoana
Nervilia yaeyamensis Hay.=Nervilia aragoana
Neslia Desv.**珠果荠属**(十字花科)
Neslia paniculata (L.) Desv.珠果荠
Nesopteris Cop.**球杆毛蕨属**(膜蕨科)
Nesopteris grandis Cop.大球杆毛蕨
Nesopteris thysanostoma (Makino) Cop.球杆毛蕨
Nestronia Raf. =**Buckleya**
Neurocallis Fee **假盖卤蕨属**(凤尾蕨科)
Neurocallis praestantissima (Bory) Fee 假盖卤蕨
Neurocarpum cajanifolium Presl=Clitoria laurifolia
Neurodium sinensis Christ=Lepisorus sinensis
Neurogramme calomelanos Diels=Pityrogramme calomelanos
Neurogramme delavayi Diles=Gymnopteris delavayi
Neurogramme fraxinea Christ=Coniogramme fraxinea
Neurogramme vestita Diels=Gymnopteris vestita
Neuroloma Andr. ex DC.=**Parrya**
Neuroloma ajanense (N.Busch.) Botsch.=Parrya nudicaulis
Neuroloma arabidiflorum (DC.) DC.=Parrya nudicaulis
Neuroloma beketovii (Krass.) Botsch.=Parrya beketovii
Neuroloma exscapum (C.A.Mey.) Steud.=Leiospora exscapa
Neuroloma griffithii Botsch.=Parrya nudicaulis
Neuroloma lancifolium (Popov.) Botsch.=Parrya lancifolia
Neuroloma minjanense (K.H.Rech.) Botsch.=Parrya pinnatifida
Neuroloma nudicaule (L.) Andr. ex DC.=Parrya nudicaulis
Neuroloma pinnatifidum (Kar. & Kir.) Botsch.=Parrya pinnatifida
Neuroloma scapigerum (Adams.) DC.=Parrya nudicaulis
Neuroloma speciosum Steud.=Parrya nudicaulis
Neuroloma stenocarpum (Kar. & Kir.) Botsch.=Parrya pinnatifida
Neuronia Don=**Oleandra**
Neuronia asplenioides Don=Oleandra wallichii
Neuropeltis Wall.**盾苞藤属**(旋花科)
Neuropeltis indochinensis v.Ooststr. =Neuropeltis racemosa
Neuropeltis integripetala (Merr. & Chun) C.Y.Wu=Neuropeltis racemosa
Neuropeltis racemosa Wall.盾苞藤
Neuroplatyceros Fee=**Platycerium**
Neuroplatyceros subgen. *Scutigera* Fee=**Platycerium**
Neurosorus javanicus Trev.=Coniogramme fraxinea
Neustanthus Benth.=**Pueraria**
Neustanthus chinensis Benth.(Ohwi in Act.Phytotax.Geobot 1936)= Pueraria lobata var. thomsonii
Neustanthus chinensis Benth.=Pueraria lobata
Neustanthus peduncularis Grah. ex Benth.=Pueraria peduncularis
Neustanthus phaseoloides Benth.=Pueraria phaseoloides
Neuwiedia Bl.**三蕊兰属**(兰科)
Neuwiedia balansae Gagn.=Neuwiedia singapureana
Neuwiedia curtisii Rolfe=Neuwiedia singapureana
Neuwiedia singapureana (Bak.) Rolfe 三蕊兰
Neuwiedia veroatrifolia Bl.(高等图鉴 1976,海南志 1977)=Neuwiedia singapureana
Neuwiedia zollingeri var. *singapureana* (Bak.) E.F.de Vogel=Neuwiedia singapureana

Nevskiella gracillimus (Bge.) Krecz. & Vved.=Bromus gracillimus
Neyraudia HK.f.**类芦属**(禾本科)
Neyraudia arundinacea (L.) Henr.大类芦
Neyraudia fanjingshanensis L.Liu 梵净山类芦
Neyraudia madagascariensis (Kunth) HK.f.=Neyraudia arundinacea
Neyraudia madagascariensis var. *zollingeri* HK.f.=Neyraudia reynaudiana
Neyraudia montana Keng 山类芦
Neyraudia reynaudiana (Kunth) Keng 类芦
Nicandra Adans **假酸浆属**(茄科)
Nicandra anomala Link & Otto=Anisodus luridus
Nicandra physaloides (L.) Gaertn.假酸浆
Nicodemia madagascariensis (Lamk.) Park.=Buddleja madagascariensis
Nicolaia Horan.=**Etlingera**
Nicolaia elatior (Jack.) Horan.=Etlingera elatior
Nicolaia speciosa (Bl.) Horan.=Etlingera elatior
Nicolsonia styracifolia Desv.=Desmodium styracifolium
Nicotiana L.**烟草属**(茄科)
Nicotiana alata Lindk & Otto 花烟草
Nicotiana alata var. grandiflora Comes=Nicotiana alata
Nicotiana chinensis Fisch. ex Lehm.=Nicotiana tabacum
Nicotiana glauca Garham 光烟草
Nicotiana glauca var. *angustifolia* Comes=Nicotiana glauca
Nicotiana glauca var. *grandiflora* Comes=Nicotiana glauca
Nicotiana plumbaginifolia Viv.白花丹叶烟草
Nicotiana rugosa Mill.=Nicotiana rustica
Nicotiana rustica L.黄花烟草
Nicotiana tabacum L.烟草
Nidularium Lem.**巢凤梨属**(凤梨科)
Nidularium billbergioides (Schult.f.) L.B.Sm.松伞巢凤梨
Nidularium fulgens Lem.深紫巢凤梨
Nidularium innocentii Lem.巢凤梨
Nidularium rutilans E.Morr.鲜红花巢凤梨
Nierembergia Ruiz. & Pav.**赛亚麻属**(茄科)
Nierembergia frutescens Dur.赛亚麻
Nigella L.**黑种草属**(毛茛科)
Nigella arvensis L.田野黑种草
Nigella damascena L.黑种草
Nigella glandulifera Freyn & Sint.腺毛黑种草
Nigella orientalis L.东方黑种草
Nigella sativa L.黑香种草
Nigrina Thunb.=**Chloranthus**
Nigrina serrata Thunb.=Chloranthus serratus
Nigrina spicata Thunb.=Chloranthus spicatus
Nigritella L.C.Rich.**黑紫兰属**(兰科)
Nigritella angustifolia 狭叶黑紫兰
Nigritella nigra (L.) Rchb.f.黑紫兰
Nintooa confusa Sweet=Lonicera confusa
Nintooa japonica Sweet=Lonicera japonica
Nintooa longiflora Sweet=Lonicera longiflora
Nipa Thunb.=**Nypa**
Nipa fructicans Thunb.=Nypa fructicans
Niphaea Lindl.**雪白苣苔属**(苦苣苔科)
Niphaea oblonga Lindl.长椭圆雪白苣苔
Niphobolus Kaulf.=**Pyrrosia**
Niphobolus acrocarpus Gies.=Pyrrosia porosa
Niphobolus angustissimus (Baker) Gies.=Saxiglossum angustissimum
Niphobolus assimilis var. *mollifrons* Hand.-Mazz.=Pyrrosia assimilis
Niphobolus beddomeanus f. *fallax* Gies.=Pyrrosia costata
Niphobolus beddomeanus Gies.=Pyrrosia costata
Niphobolus bonii Christ ex Gies.=Pyrrosia bonii
Niphobolus carnosus Bl.=Pyrrosia adnascens
Niphobolus caudatus Kaulf.=Pyrrosia adnascens
Niphobolus chamissonianus C.Presl=Pyrrosia adnascens
Niphobolus costatus Wall. ex C.Presl=Pyrrosia costata
Niphobolus drakeana f. *alongata* Christ ex Diels=Pyrrosia drakeana
Niphobolus elongatus Bl.=Pyrrosia adnascens
Niphobolus fissus Bl.=Pyrrosia longifolia
Niphobolus fissus var. *stenophyllus* Bedd.=Pyrrosia stenophylla
Niphobolus giesenhageni Christ=Pyrrosia lanceolata
Niphobolus inaequalis Christ=Pyrrosia drakeana
Niphobolus inaequalis Christ=Pyrrosia sheareri
Niphobolus laevis J.Sm. ex Bedd.=Pyrrosia laevis
Niphobolus linearifolius HK.=Pyrrosia linearifolia
Niphobolus mannii Gies.=Pyrrosia mannii
Niphobolus martini Christ=Pyrrosia lingua
Niphobolus mollis Kunze (Ching in Bull.Chin.Bo.Soc.1935)=Pyrrosia porosa
Niphobolus nudus Gies.=Pyrrosia nuda
Niphobolus proposus C.Presl=Pyrrosia porosa
Niphobolus puberulus Bl.=Pyrrosia longifolia
Niphobolus spathulifer Bory=Pyrrosia adnascens
Niphobolus subvelutinus Christ=Pyrrosia mannii
Niphobolus tonkinensis Gies.=Pyrrosia tonkinensis
Niphobolus venosa Bl.=Pyrrosia stigmosa
Niphobolus vittarioides (Mett.) T.Moore=Pyrrosia lanceolata
Niphopsis J.Sm.=**Pyrrosia**
Niphopsis J.Sm.**肋胞石韦属**(水龙骨科)
Niphopsis angustata J.Sm.肋胞石韦
Nipponocalamus Nakai=**Pleioblastus**
Nipponocalamus pygmaeus (Miq.) Nakai=Sasa pygmaea
Niruri Adans.=**Phyllanthus**
Nistarika Nayar=**Leptochilus**
Nitraria L.**白刺属**(蒺藜科)
Nitraria pamirica Vassil.帕米尔白刺
Nitraria praevisa Bobr.毛瓣白刺
Nitraria retusa (Forsk.) Ascher.凹叶白刺
Nitraria roborowskii Kom.大白刺
Nitraria schoberi L.(Ledeb.in Fl.Alt.1830)=Nitraria sibirica
Nitraria schoberi L.(Maxim.in Fl.Tangut.1889)=Nitraria tangutorum
Nitraria schoberi var. *sibirica* DC.=Nitraria sibirica
Nitraria sibirica Pall.小果白刺
Nitraria sinensis Kitag.=Nitraria sibirica
Nitraria sphaerocarpa Maxim.泡泡刺
Nitraria tangutorum Bobr.白刺
Nivieria monococcum Ser.=Triticum monococcum
Noccaea cochleariformis (DC.) A.Löve & D.Löve=Thlaspi cochleariforme
Noccaea exauriculata (Kom.) Czerep.=Thlaspi cochleariforme
Nogra Merr.**土黄芪属**(豆科)
Nogra guangxiensis Wei 广西土黄芪
Nolina Michx.**诺林属**(百合科)
Nolina matapensis Wiggins 马太坪诺林
Nomocharis Franch.**豹子花属**(百合科)
Nomocharis aperta (Franch.) Wils.开瓣豹子花
Nomocharis basilissa Farrer ex W.E.Evans 美丽豹子花
Nomocharis biluoensis S.Y.Liang=Nomocharis meleagrina
Nomocharis euxcantha W.W.Sm. & W.E.Evans=Lilium nanum var. flavidum
Nomocharis farreri (W.E.Evans) Harr.滇西豹子花
Nomocharis forrestii I.B.Balf.=Nomocharis aperta
Nomocharis henrici (Franch.) Wilson=Lilium henricii
Nomocharis henrici f. *maculata* W.E.Evans=Lilium henricii var. maculatum
Nomocharis leucantha I.B.Balf.=Nomocharis pardanthina
Nomocharis lophophora (Bur. & Franch.) W.E.Evans=Lilium lophophorum
Nomocharis lophophora var. *wardii* (Balf.f.) W.W.Sm. & W.E.Evans=Lilium lophophorum
Nomocharis mairei Lévl.=Nomocharis pardanthina
Nomocharis mairei f. *candida* W.E.Evans=Nomocharis pardanthina
Nomocharis mairei f. *leucantha* (I.B.Balf.) W.E.Evans=Nomocharis pardanthina
Nomocharis meleagrina Franch.多斑豹子花
Nomocharis nana (Klotz. & Garcke) Wilson=Lilium nanum
Nomocharis pardanthina Franch.豹子花
Nomocharis pardanthina f. *punctulata* Sealy=Nomocharis pardanthina
Nomocharis pardanthina var. *farreri* W.E.Evans= Nomocharis farreri
Nomocharis pardanthina var. pardanthina=Nomocharis pardanthina
Nomocharis saluenensis I.B.Balf.云南豹子花
Nomocharis souliei (Franch.) W.W.Sm. & W.W.Evans=Lilium souliei
Nomocharis wardii Balf.f.=Lilium lophophorum
Nomochloa Beauv.=**Blysmus**
Nomochloa compressa (L.) Beetle=Blysmus compressus
Nonea Medic.**假狼紫草属**(紫草科)

Nonea caspica (Willd.) G.Don 假狼紫草
Nonnea picta Fisch. & Mey.=Nonea caspica
Nopalaea Salm-Dyck=**Opuntia**
Nopalea cochinellifera (L.) Salm-Dyck=Opuntia cochinellifera
Nopalxochia Britt. & Rose **令箭荷花属**(仙人掌科)
Nopalxochia ackermannii (Haw.) F.M.Knuth 令箭荷花
Nopalxochia phyllanthoides (DC.) Britt. & Rose 小朵令箭荷花
Norysca aurea (Lour.) Bl.=Hypericum monogynum
Norysca chinensis (L.) Spach=Hypericum monogynum
Norysca chinensis var. *salicifolia* (S. & Z.) Y.Kimura=Hypericum monogynum
Norysca hookeriana (Wight & Arn.) Wight=Hypericum hookerianum
Norysca hookeriana var. *leschenaultii* sensu Y.Kimura=Hypericum choisianum
Norysca kouytchensis (Lévl.) Y.Kimura=Hypericum kouytchense
Norysca longistyla (Oliv.) Y.Kimura=Hypericum longistylum
Norysca patula (Thunb. ex Murray) J.Voigt=Hypericum patulum
Norysca puntctata Bl.=Hypericum monogynum
Norysca salicifolia Bl.=Hypericum monogynum
Norysca urala (Buch.-Ham. ex D.Don) K.Koch=Hypericum uralum
Norysca urala var. *angustifolia* Y.Kimura=Hypericum uralum
Nosema Prain **龙船草属**(唇形科)
Nosema cochinchinensis (Lour.) Merr.龙船草
Nosema holocheilum (Hance) Kudô =Nosema cochinchinensis
Nosema prunelloides (Hemsl.) Clarke ex Prain=Nosema cochinchinensis
Nothaphoebe Bl.**赛楠属**(樟科)
Nothaphoebe baviensis Lec.=Caryodaphnopsis baviensis
Nothaphoebe cavaleriei (Lévl.) Yang 赛楠
Nothaphoebe duclouxii Lec.=Nothaphoebe cavaleriei
Nothaphoebe fargesii Liou.城口赛楠?
Nothaphoebe konishii (Hay.) Hay.台湾赛楠
Nothaphoebe omeiensis (Bamble) Chun=Nothaphoebe cavaleriei
Nothaphoebe petiolaris Meissn.=Alseodaphne petiolaris
Nothaphoebe pyriformis (Elmer) Merr.=Caryodaphnopsis tonkinensis
Nothaphoebe tonkinensis Lec.=Caryodaphnopsis tonkinensis
Nothaphoebe tonkinensis f. *brevipedicelata* Liou=Caryodaphnopsis henryi
Nothapodytes Bl.**假柴龙树属**(茶茱萸科)
Nothapodytes collina C.Y.Wu 厚叶假柴龙树
Nothapodytes dimorpha (Craib) Sleum.=Nothapodytes foetida
Nothapodytes dimorpha C.Y.Wu=Nothapodytes obscura
Nothapodytes dimorpha Howard(p.p.)=Nothapodytes tomentosa
Nothapodytes foetida (Wight) Sleum.臭味假柴龙树
Nothapodytes obscura C.Y.Wu 薄叶假柴龙树
Nothapodytes obtusifolia (Merr.) Howard 假柴龙树
Nothapodytes pittosporoides (Oliv.) Sleum.马比木
Nothapodytes tomentosa C.Y.Wu 毛假柴龙树
Nothodoritis Z.H.Tsi **象鼻兰属**(兰科)
Nothodoritis zhejiangensis Z.H.Tsi 象鼻兰
Notholaena R.Br.**隐囊蕨属**(中国蕨科)
Notholaena bonariensis C.Chr.锈色隐囊蕨
Notholaena bureaui Christ=Gymnopteris delavayi
Notholaena canariense Desv.=Gymnopteris marantae
Notholaena candida HK.白隐囊蕨
Notholaena chinensis Bak.中华隐囊蕨
Notholaena delavayi C.Chr.=Gymnopteris delavayi
Notholaena densa J.Sm.=Notholaena hirsuta
Notholaena hirsuta (Poir.) Desv.隐囊蕨
Notholaena hookeri D.C.Eaton 虎克隐囊蕨
Notholaena marantae Desv.=Gymnopteris marantae
Notholaena marantae var. *delavayi* Tagawa=Gymnopteris delavayi
Notholaena newberryi D.C.Eaton 牛氏隐囊蕨
Notholaena nudiuscula Desv.=Notholaena hirsuta
Notholaena parryi D.C.Eaton 帕氏隐囊蕨
Notholaena semiglabra Kze.=Cheilosoria tenuifolia
Notholaena sinuata (Lagas.) Kaulf.深波隐囊蕨
Notholaena standleyi Maxon 斯坦隐囊蕨
Notholaena sulcata Link=Notholaena hirsuta
Notholcus lanatus (L.) Nash ex Hitchc.=Holcus lanatus
Notholirion Wall. ex Boiss.**假百合属**(百合科)
Notholirion bulbuliferum (Lingelsh.) Stearn 假百合
Notholirion campanulatum Cotton & Stearn 钟花假百合
Notholirion hyacinthinum (Wilson) Stapf=Notholirion bulbuliferum
Notholirion macrophyllum (D.Don) Boiss.大叶假百合
Notholirion thomsonianum (Royle) Stapf 汤姆森假百合
Nothopanax Miq.**梁王茶属**(五加科)
Nothopanax bockii Harms ex Diels=Nothopanax davidii
Nothopanax cochleatus (Lam.) Miq.梁王茶
Nothopanax davidii (Franch.) Harms ex Diels 异叶梁王茶
Nothopanax delavayi (Franch.) Harms ex Diels 掌叶梁王茶
Nothopanax diversifolius Harms=Nothopanax davidii
Nothopanax latifolius Hand.-Mazz.=Nothopanax davidii
Nothopanax membranifolius W.W.Sm.=Merrilliopanax listeri
Nothopanax rosthornii Harms ex Diels=Macropanax rosthornii
Nothoperanema (Tagawa) Ching **肉刺蕨属**(鳞毛蕨科)
Nothoperanema diacalpioides Ching 棕鳞肉刺蕨
Nothoperanema giganteum Ching 大叶肉刺蕨
Nothoperanema hendersonii (Bedd.) Ching 有盖肉刺蕨
Nothoperanema shikokianum (Makino) Ching 无盖肉刺蕨
Nothoperanema squamisetum (HK.) Ching 肉刺蕨
Nothoscordum Kunth **假葱属**(百合科)
Nothoscordum maire Lévl.=Allium wallichii
Nothoscordum neriniflorum (Herb.) Benth. & HK.f.=Allium neriniflorum
Nothoscordum nerinifolium Benth. & HK.f.假葱
Nothoscordum striatum Kunth 条纹假葱
Nothoscrodum neriniflorum var. *albiflorum* Kitag.=Allium neriniflorum
Nothosmyrnium Miq.**白苞芹属**(伞形科)
Nothosmyrnium japonicum Miq.白苞芹
Nothosmyrnium japonicum var. japonicum=Nothosmyrnium japonicum
Nothosmyrnium japonicum var. sutchuensis de Boiss.川白苞芹
Nothosmyrnium xizangense Shan & T.S.Wang 西藏白苞芹
Nothosmyrnium xizangense var. simpliciorum Shan & T.S.Wang 少裂西藏白苞芹
Nothosmyrnium xizangense var. xizangense=Nothosmyrnium xizangense
Nothotaxus Florin=**Pseudotaxus**
Nothotaxus chienii (Cheng) Florin=Pseudotaxus chienii
Nothotsuga Hu=**Tsuga**
Nothotsuga longibracteata (Cheng) Hu=Tsuga longibracteata
Notocactus (K.Schim.) A.Berger **南国玉属**(仙人掌科)
Notocactus graessneri (K.Schum.) Berger 黄雪光
Notocactus haselbergii (F.A.Haage.jr.) A.Berger 雪光
Notocactus leninghausii (F.A.Haage.jr.) A.Berger 黄翁
Notocactus ottonis (Lehm.)A.Berger 青王球
Notocactus pampeanus (Speg.) Backeb.狮子王球
Notocactus scopa (K.Spreng.) A.Berger 小町
Notoceras quadricornis (Stephn.) DC.=Tetracme quadricornis
Notochaete Benth.**钩萼草属**(唇形科)
Notochaete hamosa Benth.(分类学报 1959,p.p.)=Notochaete longiaristata
Notochaete hamosa Benth.钩萼草
Notochaete longiaristata C.Y.Wu & H.W.Li 长刺钩萼草
Notodontia Pierre ex Pitard=**Lerchea**
Notodontia micrantha (Drake) Pierre ex Pitard=Lerchea micrantha
Notogramma Presl=**Coniogramme**
Notogramma japonica Presl=Coniogramme japonica
Notolepeum Newm.=**Ceterach**
Notolepeum ceterach Newm.=Ceterach officinarum
Notopterygium de Boiss. **羌活属**(伞形科)
Notopterygium forbesii de Boiss.宽叶羌活
Notopterygium forbesii var. oviforme (Shan) H.T.Chang 卵叶羌活
Notopterygium forrestii Wolff 澜沧羌活
Notopterygium franchetii de Boiss.=Notopterygium forbesii
Notopterygium insicum Ting ex H.T.Chang 羌活
Notopterygium oviforme Shan=Notopterygium forbesii var. oviforme
Notoseris Shih **紫菊属**(菊科)
Notoseris dolichophylla Shih 长叶紫菊
Notoseris formosana (Kitam.) Shih 台湾紫菊?
Notoseris glandulosa (Dunn) Shih=Prenanthes glandulosa
Notoseris gracilipes Shih 细梗紫菊
Notoseris guizhouensis Shih 全叶紫菊
Notoseris henryi (Dunn) Shih 多裂紫菊
Notoseris melanantha (Franch.) Shih 黑花紫菊
Notoseris nanchuanensis Shih 金佛山紫菊
Notoseris porphyrolepis Shih 南川紫菊

Notoseris psilolepis Shih 紫菊
Notoseris rhombiformis Shih 菱叶紫菊
Notoseris triflora (Hemsl.) Shih 三花紫菊
Notoseris wilsonii (Chnag) Shih 毛枝紫菊?
Notoseris yunnanensis Shih 云南紫菊
Notylia Lindl.**展唇兰属**(兰科)
Notylia barkeri Lindl.巴氏展唇兰
Notylia bicolor Lindl.两色展唇兰
Notylia punctata (Ker-Gawl.) Lindl.斑点展唇兰
Nouelia Franch.**栉菊木属**(菊科)
Nouelia insignis Franch.栉菊木
Nowodworskya fugax (Nees ex Steud.) Nevski=Polypogon fugax
Nuihonia sclerantha Dop=Craibiodendron scleranthum
Nuphar J.E.Smith **萍蓬草属**(睡莲科)
Nuphar advena Ait.f.外来萍蓬草
Nuphar bornetii Lévl. & Vant.贵州萍蓬草?
Nuphar luteum (L.) J.E.Smith 欧亚萍蓬草
Nuphar minimum J.E.Smith=Nuphar pumilum
Nuphar pumila subsp. pumila=Nuphar pumila
Nuphar pumila subsp. sinensis (Hand.-Mazz.) D.Padgett 中华萍蓬草
Nuphar pumilum (Hoffm.) DC.萍蓬草
Nuphar pumilum J.E.Smith=Nuphar pumilum
Nuphar sagittifolium Pursh.箭叶萍蓬草
Nuphar shimadae Hay.=Nuphar pumila
Nuphar shimadii Hay. & Shimada 台萍蓬草?
Nuphar sinensis Hand.-Mazz.(新拉汉英 1996)= Nuphar pumila subsp. sinensis
Nyctaginaceae 紫茉莉科
Nyctanthes L.**腋花属**(木犀科)
Nyctanthes arbor-tristis L.腋花
Nyctanthes elongata Bergius=Jasminum elongatum
Nyctanthes multiflora Burm.f.=Jasminum multiflorum
Nyctanthes pubescens Retz.=Jasminum multiflorum
Nyctanthes sambac L.=Jasminum sambac
Nyctanthes undulata L.=Jasminum sambac
Nycterisition lanceolatum Bl.=Chrysophyllum lanceolatum
Nyctocalos Teijsm. & Binn.**照夜白属**(紫葳科)
Nyctocalos brunfelsiiflora Teijsm. & Binn.照夜白
Nyctocalos pinnata van Steenis 羽叶照夜白
Nyctocalos shanica MaGregor & W.W.Sm.=Nyctocalos brunfelsiiflora
Nymphaea L.(Gen.Pl.1754,p.p.)=**Nelumbo**
Nymphaea L.**睡莲属**(睡莲科)
Nymphaea acutiloba DC.=Nymphaea tetragona
Nymphaea alba L.白睡莲
Nymphaea alba var. alba =Nymphaea alba
Nymphaea alba var. rubra Lönnr.红睡莲
Nymphaea caerulea Savigny.蓝睡莲
Nymphaea candida C.Presl 雪白睡莲
Nymphaea capensis Thunb.好望角睡莲
Nymphaea crassifolia (Hand.-Mazz.) Nakai=Nymphaea tetragona
Nymphaea esquirolii Lévl.?贵州睡莲(新)
Nymphaea lotus L.齿叶睡莲
Nymphaea lotus var. lotus=Nymphaea lotus
Nymphaea lotus var. pubescens (Willd.) HK.f. & Thoms.柔毛齿叶睡莲
Nymphaea lutea L.=Nuphar luteum
Nymphaea lutea var. *minima* Willd.=Nuphar pumila
Nymphaea lutea var. *pumila* (Timm) Bonn. & Layens=Nuphar pumila
Nymphaea lutea var. *pumila* Timm=Nuphar pumilum
Nymphaea mexicana Zucc.黄睡莲
Nymphaea nelumbo L.=Nelumbo nucifera
Nymphaea nouchali N.L.Burm.延药睡莲
Nymphaea noucheli Burm.f. =Nymphaea lotus var. pubescens
Nymphaea odorata Ait.香睡莲
Nymphaea pubescens Willd.=Nymphaea lotus var. pubescens
Nymphaea pumila (Timm) Hoffm.=Nuphar pumilum
Nymphaea rubra Roxb.红睡莲
Nymphaea stellata Willd.=Nymphaea nouchali
Nymphaea tetragona Georgi (Hay.in Icon.Fl.Formos.1913)=Nymphaea nouchali
Nymphaea tetragona Georgi 睡莲
Nymphaea tetragona var. *crassifolia* (Hand.-Mazz.) Chu=Nymphaea tetragona
Nymphaea tuberosa Paine.块茎睡莲
Nymphaeaceae 睡莲科
Nymphanthus chinensis Lour.=Glochidion puberum
Nymphanthus ruber Lour.=Phyllanthus ruber
Nymphoides Seguier **荇菜属**(睡菜科)
Nymphoides aurantiacum (Dalz. ex HK.) O.Ktze.水金莲花
Nymphoides coreanum (Lévl.) Hara 小荇菜
Nymphoides cristatum (Roxb.) O.Kuintze 水皮莲
Nymphoides humboldtiana O.Ktze.=Nymphoides indica
Nymphoides hydrophyllum (Lour.) O.Ktze.刺种荇菜
Nymphoides indica (L.) O.Ktze.金银莲花
Nymphoides peltatum (Gmel.) O.Ktze.荇菜
Nymphozanthus Richard=**Nuphar**
Nypa Steck **水椰属**(棕榈科)
Nypa fructicans Wurmb.水椰
Nyssa Gronov. ex L.**蓝果树属**(蓝果树科)
Nyssa aquatica L.水蓝果树
Nyssa arborea Koord.=Nyssa javanica
Nyssa bibida Craib=Nyssa javanica
Nyssa javanica (Bl.) Wanger 华南蓝果树
Nyssa leptophylla Fang & Chen 薄叶蓝果树
Nyssa ogeche Bartr.欧吉齐蓝果树
Nyssa sessiliflora HK.f. & Thoms.=Nyssa javanica
Nyssa shangszeensis Fang & Soong 上思蓝果树
Nyssa shweliensis (W.W.Sm.) Airy-Shaw 瑞丽蓝果树
Nyssa sinensis Oliv.(Bloemb.in Bull.Jard.Bot.Buitenz.1939,p.p.)=Nyssa shweliensis
Nyssa sinensis Oliv.蓝果树
Nyssa sinensis var. oblongifolia Fang & Soong 矩圆叶蓝果树
Nyssa sinensis var. sinensis=Nyssa sinensis
Nyssa sylvatica Marsh.多花蓝果树
Nyssa wenshanensis Fang & Soong 文山蓝果树
Nyssa wenshanensis var. longipedunculata Fang & Soong 长梗蓝果树
Nyssa wenshanensis var. wenshanensis=Nyssa wenshanensis
Nyssa yunnanensis W.C.Yin 云南蓝果树
Nyssaceae 蓝果树科

O

Oberonia Lindl.**鸢尾兰属**(兰科)
Oberonia acaulis Griff.显脉鸢尾兰
Oberonia acaulis var. acaulis=Oberonia acaulis
Oberonia acaulis var. luchunensis S.C.Chen 绿春鸢尾兰
Oberonia amthropophora Lindl.长裂鸢尾兰
Oberonia arisanensis Hay.阿里山鸢尾兰
Oberonia aurtro-yunnanensis S.C.Chen & Z.H.Tsi 滇南鸢尾兰
Oberonia bilobatolabela Hay=Oberonia caulescens
Oberonia cathayana W.Y.Chun & T.Tang & S.C.Chen 中华鸢尾兰
Oberonia caulescens Lindl.狭叶鸢尾兰
Oberonia cavaleriei Finet=Oberonia myosurus
Oberonia clarkei HK.f.=Oberonia jenkinsiana
Oberonia delicata Z.H.Tsi & S.C.Chen 无齿鸢尾兰
Oberonia ensiformis (J.E.Smith) Lindl.剑叶鸢尾兰
Oberonia falconeri HK.f.短耳鸢尾兰
Oberonia formasana Hay.=Oberonia japonica
Oberonia gammiei King & Pantl.齿瓣鸢尾兰
Oberonia gigantea Fukuyama 橙黄鸢尾兰
Oberonia insularis Hay.=Oberonia japonica
Oberonia integerrima Guill.全唇鸢尾兰
Oberonia iridifolia Roxb. ex Lindl.(海南志 1977)=Oberonia gammiei
Oberonia iridifolia Roxb. ex Lindl.鸢尾兰
Oberonia japonica (Maxim.) Makino 小叶鸢尾兰
Oberonia jenkinsiana Griff. ex Lindl.条裂鸢尾兰
Oberonia kusukuensis Hay.=Oberonia rosea
Oberonia kwangsiensis Seidenf.广西鸢尾兰
Oberonia latipetala L.O.Williams 阔瓣鸢尾兰
Oberonia longibracteata Lindl.长苞鸢尾兰
Oberonia longilabris King & pantl.=Oberonia caulescens
Oberonia lunata (Bl.) Lindl.半月形鸢尾兰
Oberonia makinoi Masam.=Oberonia japonica

Oberonia mannii HK.f.小花鸢尾兰
Oberonia menghaiensis S.C.Chen 勐海鸢尾兰
Oberonia menglaensis S.C.Chen & Z.H.Tsi 勐腊鸢尾兰
Oberonia myosurus (Forst.f.) Lindl.棒叶鸢尾兰
Oberonia myriantha Lindl.(Seidenf.in Dansk Bot.Ark.1968)=Oberonia acaulis
Oberonia obcordata Lindl.橘红鸢尾兰
Oberonia pachyrachis Rchb.f. ex HK.f.扁葶鸢尾兰
Oberonia pterorachis C.L.Tso=Oberonia caulescens
Oberonia pumila (Fukuyama ex Masam. & T.P.Lin) S.S.Ying=Hippeophyllum pumilum
Oberonia pyrulifera Lindl.裂唇鸢尾兰
Oberonia regnieri Finet=Oberonia gammiei
Oberonia rosea HK.f.玫瑰鸢尾兰
Oberonia rufilabris Lindl.红唇鸢尾兰
Oberonia siamensis Schltr.=Oberonia falconeri
Oberonia umbraticola Rolfe=Oberonia pachyrachis
Oberonia variabilis Kerr 密苞鸢尾兰
Oberonia yunnanensis Rolfe=Oberonia caulescens
Obione centralasiatica (Kljin) Kitag.=Atriplex centralasiatica
Obione fera Moq.=Atriplex fera
Obione graeca Moq.=Atriplex tatarica
Obione koenigii Moq.=Atriplex repens
Obione muricata Gaertn.=Atriplex sibirica
Obione nummularia Moq.=Atriplex repens
Obione sibirica Fisch.=Atriplex sibirica
Obione verrucifera Moq.=Atriplex verrucifera
Obregonia Fric.**帝冠属**(仙人掌科)
Obregonia denegrii Fric.帝冠
Obtusae Grunow **钝形亚属**(菱科)
Ochna L.**金莲木属**(金莲木科)
Ochna harmandii Lecomte=Ochna integerrima
Ochna integerrima (Lour.) Merr.金莲木
Ochna jabotapita L.斯里兰卡金莲木
Ochna mossambicensis Klotzsch 莫桑比克金莲木
Ochna serrulataWalp.细齿金莲木
Ochnaceae 金莲木科
Ochranthe Lindl.=**Turpinia**
Ochranthe arguta Lindl.=Turpinia arguta
Ochrocarpus Thou.**格脉树属**(藤黄科)
Ochrocarpus yunnanensis Li 格脉树
Ochroma Swartz **轻木属**(木棉科)
Ochroma bicolor Rowlee 爪比来斯轻木
Ochroma lagopus Swartz 轻木
Ochrosia Juss.**玫瑰树属**(夹竹桃科)
Ochrosia borbonica Gmelin 玫瑰树
Ochrosia coccinea (Teijsm. & Binn.) Miq.光萼玫瑰树
Ochrosia elliptica Labill.古城玫瑰树
Ochtocharis parviflora Cogn.=Blastus cogniauxii
Ocimum L.**罗勒属**(唇形科)
Ocimum acutum Thunb.=Perilla frutescens var. purpurascens
Ocimum adscendens Willd.上举罗勒
Ocimum africanum Lour.=Ocimum americanum
Ocimum americanum L.灰罗勒
Ocimum aristatum Bl.=Clerodendranthus spicatus
Ocimum aureoglandulosum Van.=Caryopteris aureoglandulosa
Ocimum basilicum L.(科学论文集 1932)=Ocimum basilicum var. pilosum
Ocimum basilicum L.罗勒
Ocimum basilicum var. basilicum=Ocimum basilicum
Ocimum basilicum var. *majus* Benth.=Ocimum basilicum
Ocimum basilicum var. pilosum (Willd.) Benth.疏柔毛罗勒
Ocimum canum Sims=Ocimum americanum
Ocimum capitatum Roth.=Acrocephalus indicus
Ocimum coetsa Spreng.=Isodon coetsa
Ocimum crispum Thunb.=Perilla frutescens var. crispa
Ocimum fastigiatum Roth=Salvia plebeia
Ocimum frutescens L.=Perilla frutescens
Ocimum gratissimum L.(Merr.in Lingnan Sci.Agr.1925)=Ocimum gratissimum var. suave
Ocimum gratissimum L.丁香罗勒
Ocimum gratissimum var. gratissimum=Ocimum gratissimum
Ocimum gratissimum var. suave (Willd.) HK.f.毛叶丁香罗勒
Ocimum inflexus Thunb.=Isodon inflexs
Ocimum pilosum Willd.=Ocimum basilicum var. pilosum
Ocimum polystachyon L.=Basilicum polystachyon
Ocimum punctatum Thunb.=Mosla scabra
Ocimum punctulatum J.F.Gmelin=Mosla scabra
Ocimum sanctum L.圣罗勒
Ocimum scabrum Thunb.=Mosla scabra
Ocimum scutellarioides L.=Coleus scutellarioides
Ocimum suave Willd.=Ocimum gratissimum var. suave
Ocimum tashiroi Hay.台湾罗勒
Ocimum tenuiflorum Burm.f.=Basilicum polystachyon
Ocimum ternifolium Spreng.=Isodon ternifolius
Ocimum virgatum Thunb.=Salvia plebeia
Ocotea lanceolata Ness=Phoebe lanceolata
Octarillum Lour.=**Elaeagnus**
Octarrhena caulescens (Ames) Ames=Phreatia caulescens
Octarrhena formosana (Rolfe) S.S.Ying=Phreatia formsoana
Octomeles Miq.**八数木属**(四数木科)
Octomeria convallarioides Wall. ex Lindl.=Eria spicata
Octomeria pubescens (HK.) Spreng.=Eria lasiopetala
Octomeria rosea (Lindl.) Spreng.=Eria rosea
Octomeria spicata D.Don=Eria spicata
Octotropis terminalis C.B.Clarke=Prismatomeris tetrantra
Ocymum capitatum Roth=Acrocephalus indicus
Ocymum scutellarioides L.=Coleus scutellarioides
Odina pinnata Rotte=Lannea coromandelica
Odina wodier Roxb.=Lannea coromandelica
Odontarrhena microphylla C.A.Mey.=Alyssum sibiricum
Odontarrhena obovata C.A.Mey.=Alyssum tortuosum
Odontites Ludwing **疗齿草属**(玄参科)
Odontites odontites (L.) Wettst.=Odontites serotina
Odontites serotina (Lam.) Dum.疗齿草
Odontites serotina (Lam.) Dumot.=Odontites vulgaris
Odontites vulgaris Moench.疗齿草
Odontochilus Bl.=**Anoectochilus**
Odontochilus abbreviatus (Lindl.) T.Tang & F.T.Wang=Anoectochilus abbreviatus
Odontochilus bisaccatus Hay.=Anoectochilus lanceolatus
Odontochilus brevistylus HK.f.=Anoectochilus brevistylus
Odontochilus candidus T.P.Lin & C.C.Hsu=Anoectochilus candidus
Odontochilus clarkei HK.f.=Anoectochilus Clarkei
Odontochilus crispus (Lindl.) HK.f.=Anoectochilus crispus
Odontochilus densiflorus (Mansf.) T.Tang & F.T.Wang ex Merr & Metc.=Anoectochilus lanceolatus
Odontochilus elwesii Clarke ex HK.f.=Anoectochilus elwesii
Odontochilus inabai Hay. ex T.P.Lin=Anoectochilus inabai
Odontochilus inabai Hay.=Anoectochilus inabai
Odontochilus inabai var. *candidus* (T.P.Lin & C.C.Hsu) S.S.Ying=Anoectochilus candidus
Odontochilus koshunensis (Hay.) S.S.Ying=Anoectochilus koshunensis
Odontochilus lanceolatus (Lindl.) Bl.=Anoectochilus lanceolatus
Odontochilus mulmeinensis (Par & Rchb.f.) T.Tang & F.T.Wang=Anoectochilus
Odontochilus multiflorus (Rofle ex Downie) T.Tang & F.T.Wang=Anoectochilus moulmeinensis
Odontochilus pumilus HK.f.=Myrmechis pumila
Odontochilus purpureus C.S.Leou=Anoectochilus elwesii
Odontochilus tortus King & Pantl.=Anoectochilus tortus
Odontochilus yunnanensis Rolfe=Anoectochilus lanceolatus
Odontoglossum HBK **齿瓣兰属**(兰科)
Odontoglossum brevifolium Lindl.短叶齿瓣兰
Odontoglossum cariniferum Rchb.f.龙骨齿瓣兰
Odontoglossum cervantesii Ladi & Lex.赛氏齿瓣兰
Odontoglossum cirrhosum Lindl.卷须齿瓣兰
Odontoglossum convallarioides (Schltr.) A. & C.铃兰齿瓣兰
Odontoglossum ×coradinei Rchb.f.哥拉氏齿瓣兰
Odontoglossum cordatum Lindl.心形齿瓣兰
Odontoglossum crispum Lindl.皱波齿瓣兰
Odontoglossum cristatum Lindl.鸡冠齿瓣兰
Odontoglossum egertoni Lindl.艾氏齿瓣兰
Odontoglossum grande Lindl.大齿瓣兰
Odontoglossum harryanum Rchb.f.哈氏齿瓣兰

Odontoglossum hastilabium Lindl.戟唇齿瓣兰
Odontoglossum ×humeanum Rchb.f.胡氏齿瓣兰
Odontoglossum insleayi (Bark.) Lindl.尹氏齿瓣兰
Odontoglossum lindleyanum Rchb.f.林德氏齿瓣兰
Odontoglossum luteopurpureum Lindl.黄紫齿瓣兰
Odontoglossum maculatum Lali. & Lex.斑点齿瓣兰
Odontoglossum nobile Rchb.f.高贵齿瓣兰
Odontoglossum odoratum Lindl.芳香齿瓣兰
Odontoglossum pardinum Lindl.豹斑齿瓣兰
Odontoglossum pendulum (Lali. & Lex.) Batem.垂花齿瓣兰
Odontoglossum pulchellum Baten. ex Lindl.美丽齿瓣兰
Odontoglossum ramosissimum Lindl.多枝齿瓣兰
Odontoglossum triumphans Rchb.f.胜利齿瓣兰
Odontolophus Cass.=**Centaurea**
Odontopteria scandens Bernh.=Lygodium scandens
Odontosoria biflora C.Chr.=Stenoloma biflorum
Odontosoria chinensis J.Sm.=Stenoloma chusanum
Odontosoria eberhardtii Christ=Stenoloma eberhardtii
Odontosoria tenuifolia J.Sm.=Stenoloma chusanum
Odontosoria tsoongii Ching=Stenoloma biflorum
Odontostemma glandulosa Benth.=Arenaria debilis
Odontostemma glandulosum Benth. ex G.Don=Arenaria debilis
Odostemon Rafin.=**Mahonia**
Odostima Rafin.=**Moneses**
Oenanthe L.**水芹属**(伞形科)
Oenanthe benghalensis Benth. & HK.短辐水芹
Oenanthe caudata Norm.=Oenanthe dielsii var. stenophylla
Oenanthe decumbens K.-Pol.=Oenanthe javanica
Oenanthe dielsii de Boiss.西南水芹
Oenanthe dielsii var. dielsii=Oenanthe dielsii
Oenanthe dielsii var. stenophylla de Boiss.细叶水芹
Oenanthe hookeri C.B.Clarke 高山水芹
Oenanthe javanica (Bl.) DC.水芹
Oenanthe javanica subsp. *linearis* (Wall. ex DC.) Murata=Oenanthe linearis
Oenanthe javanica subsp. *stolonifera* (Wall. ex DC.) Murata=Oenanthe javanica
Oenanthe linearis Wall. ex DC.线叶水芹
Oenanthe rivularis Dunn 蒙自水芹
Oenanthe rosthornii Diels 卵叶水芹
Oenanthe sinensis Dunn 中华水芹
Oenanthe stolonifera (Roxb.) DC.=Oenanthe javanica
Oenanthe thomsonii C.B.Clarke 多裂叶水芹
Oenocarpus Mart.**酒实棕属**(棕榈科)
Oenophlea Hedw.f.=**Berchemia**
Oenoplia Schult. ex Roem. & Schult.=**Berchemia**
Oenothera L.**月见草属**(柳叶菜科)
Oenothera berlandieri Walp.墨西哥月见草
Oenothera biennis L.月见草
Oenothera biennis var. *oakesiana* A.Gray=Oenothera oakesiana
Oenothera biennis var. *parviflora* (L.) Torrey & A.Gray=Oenothera parviflora
Oenothera bistorta Nutt.二回旋扭月见草
Oenothera cheiranthifolia K.Spreng.桂竹香叶月见草
Oenothera deltoides Torr. & Frêm.三角形月见草
Oenothera drummondii HK.海边月见草
Oenoptera erythrosepala (Borb.) Borb.=Oenothera glazioviana
Oenothera fruticosa L.灌木月见草
Oenothera glazioviana Mich.黄花月见草
Oenothera heterantha Nutt.异形花月见草
Oenothera laciniata HIll 裂叶月见草
Oenothera littoralis Schlect.=Oenothera drummondii
Oenothera macrocarpa Nutt.长果月见草
Oenothera muricata L.=Oenothera biennis
Oenothera oakesiana (A.Gray) Robbins ex Walson & Coulter 曲序月见草
Oenothera octovalvis Jacq.=Ludwigia octovalvis
Oenothera odorata Jacq.(高等图鉴 1972,秦岭志 1982,江苏志 1982,河北志 1988,安徽志 1988,贵州志 1989,福建志 1989,浙江志 1993,山东志 1997)=Oenothera stricta
Oenothera parviflora L.小花月见草
Oenothera perennis L.多年生月见草
Oenothera pilosella Raf.疏柔毛月见草
Oenothera rosea L'Her. ex Ait.粉花月见草
Oenothera speciosa Nutt.白月见草
Oenothera stricta Ledeb. & Link 待宵草
Oenothera tetraptera Cav.四翅月见草
Oenothera villosa Thunb.长毛月见草
Oetasis blechnoides O.Kze.=Taenitis blechnoides
Oetosis Neck. ex Greene=**Vittaria**
Oglifa Cass.=**Filago**
Ohbaea V.V.Byalt & I.V.Sok.**岷江景天属**(景天科)
Ohbaea balfourii (Raym.-Hamet) V.V.Byalt & I.V.Sok.岷江景天
Olacaceae 铁青树科
Olax L.**铁青树属**(铁青树科)
Olax acuminata Wall. ex Benth.尖叶铁青树
Olax austrosinensis Y.R.Ling 疏花铁青树
Olax imbricata Merr. & Chun=Olax austrosinensis
Olax imbricata Roxb.(Merr.in Lingnan Sci.J.1927)=Olax wightiana
Olax laxiflora Merr. ex Li=Olax austrosinensis
Olax wightiana Wall. ex Wight & Arn.铁青树
Olax zeylanica sensu Wall.=Olax wightiana
Oldenlandia L.=**Hedyotis**
Oldenlandia acutangula (Champ. ex Benth.) Kuntze=Hedyotis acutangula
Oldenlandia alata HK.f.=Hedyotis pterita
Oldenlandia ampliflora (Hance) Kuntze=Hedyotis ampliflora
Oldenlandia angustifolia Benth.=Hedyotis tenelliflora
Oldenlandia assimilis (Tutch.) Chun=Hedyotis assimilis
Oldenlandia auricularia (L.) F.-Muell.=Hedyotis auricularia
Oldenlandia biflora L.=Hedyotis biflora
Oldenlandia bodinieri (Lévl.) Chun=Hedyotis bodinieri
Oldenlandia boerhaavioides Hance=Neanotis boerhaavioides
Oldenlandia bracteosa (Hance) Kuntze=Hedyotis bracteosa
Oldenlandia capitellata (Wall. ex G.Don) Kuntze=Hedyotis capitellata
Oldenlandia capitellata var. *glabra* Pitard=Hedyotis capitellata
Oldenlandia capitellata var. *mollis* Pierre ex Pitard=Hedyotis capitellata var. mollis
Oldenlandia capitellata var. *mollissima* Pitard=Hedyotis capitellata var. mollissima
Oldenlandia capituligera (Hance) Kutnze=Hedyotis capituligera
Oldenlandia chereevensis Pierre ex Pitard=Hedyotis chereevensis
Oldenlandia chrysotricha (Palib.) Chun=Hedyotis chrysotricha
Oldenlandia congesta Kuntze=Hedyotis philippensis
Oldenlandia connata (HK.f.) Kuntze=Hedyotis coronaria
Oldenlandia consanguinea (Hance) Kuntze=Hedyotis consanguinea
Oldenlandia coronata (Wall. ex HK.f. & Jacks.) Williams=Hedyotis coronaria
Oldenlandia corymbosa L.=Hedyotis corymbosa
Oldenlandia crassifolia DC.=Hedyotis biflora
Oldenlandia crassifolia DC.=Hedyotis coreana
Oldenlandia cryptantha (Dunn) Chun=Hedyotis cryptantha
Oldenlandia diffusa (Willd.) Roxb.=Hedyotis diffusa
Oldenlandia effusa (Hance) Kuntze=Hedyotis effusa
Oldenlandia hainanensis Chun=Hedyotis hainanensis
Oldenlandia herbacea (L.) Roxb.=Hedyotis herbacea
Oldenlandia herbacea DC.=Hedyotis corymbosa
Oldenlandia herbacea var. *uniflora* Benth.=Hedyotis diffusa
Oldenlandia heterphylla Miq.=Pseudopyxis heterophylla
Oldenlandia heynii G.Don=Hedyotis herbacea
Oldenlandia hirsuta L.f.=Neanotis hirsuta
Oldenlandia hirsuta var. *glabricalycina* Honda=Neanotis hirsuta var. glabricalycina
Oldenlandia hispida Poir.=Hedyotis verticillata
Oldenlandia hurmanniana G.Don=Hedyotis corymbosa
Oldenlandia japonica Miq.=Neanotis hirsuta
Oldenlandia lancea (Thunb. ex Maxim.) Kuntze=Hedyotis consanguinea
Oldenlandia lineata (Roxb.) Kuntze=Hedyotis lineata
Oldenlandia loganioides (Benth.) Kuntze=Hedyotis loganioides
Oldenlandia longipetala (Merr.) Chun=Hedyotis longipetala
Oldenlandia macrostemon Kuntze=Hedyotis hedyotidea
Oldenlandia mairei (Lévl.) Sert.=Viburnum congestum
Oldenlandia matthewii (Dunn) Chun=Hedyotis matthewii
Oldenlandia mellii (Tuhch.) Chun=Hedyotis mellii
Oldenlandia nudicaulis Roth=Hedyotis ovatifolia
Oldenlandia ovata (Thunb.) Kuntze=Hedyotis ovata

Oldenlandia ovatifolia (Cav.) DC.=Hedyotis ovatifolia
Oldenlandia paniculata L.=Hedyotis biflora
Oldenlandia paniculata var. *parvifolia* A.Gray ex Maxim.=Hedyotis coreana
Oldenlandia paridifolia (Dunn) Chun=Hedyotis paridifolia
Oldenlandia parryi (Hance) Kuntze=Hedyotis tetrangularis
Oldenlandia pinifolia (Wall. ex G.Don) K.Schum.=Hedyotis pinifolia
Oldenlandia platystipula (Merr.) Chun=Hedyotis platystipula
Oldenlandia pterita (Bl.) Miq.=Hedyotis pterita
Oldenlandia pulcherrima (Dunn) Chun=Hedyotis pulcherrima
Oldenlandia quadrangularis Kuntze=Hedyotis tetrangularis
Oldenlandia repens L.=Dentella repens
Oldenlandia rubioides Miq.=Hedyotis capitellata
Oldenlandia scandens (Roxb.) Kuntze=Hedyotis scandens
Oldenlandia tenelliflora (Bl.) Kuntze=Hedyotis tenelliflora
Oldenlandia tenuipes (Hemsl.) Limtze=Hedyotis tenuipes
Oldenlandia trinervia Retz.=Hedyotis trinervia
Oldenlandia umbellata L.=Hedyotis umbellata
Oldenlandia uncinella (HK. & Arn.) Kuntze=Hedyotis uncinella
Oldenlandia vachellii (HK. & Arn.) Kuntze=Hedyotis vachellii
Oldenlandia verticillata L.=Hedyotis verticillata
Oldenlandia xanthochroa (Hance) Kuntze=Hedyotis xanthochroa
Oldenlandia yunnanensis (Lévl.) Chun=Viburnum foetidum var. rectangulatum
Olea L.**木犀榄属**(木犀科)
Olea africana Mill.=Olea europaea subsp. africana
Olea aquifolia S. & Z.(Dipp.Handb.Laubh.1889,p.p.)=Osmanthus ×fortunei
Olea aquifolium c. *ilicifolia* Dipp.=Osmanthus heterophyllus
Olea attenuata Wall. ex G.Don=Chionanthus ramiflorus
Olea brachiata (Lour.) Merr. ex G.W.Groff,Ding & E.H.Groff (Merr.in Lingnan Sci.J.1936)=Olea dioica
Olea brachiata (Lour.) Merr. ex G.W.Groff,Ding & E.H.Groff 滨木犀榄
Olea brevipes Chia=Olea tsoongii
Olea caudatilimba Chia 尾叶木犀榄
Olea chrysophylla Lam.=Olea europaea subsp. africana
Olea clavata G.Don=Ligustrum lucidum
Olea compactum Wall. ex G.Don=Ligustrum compactum
Olea cuspidata Wall. ex G.Don=Olea europaea subsp. cuspidata
Olea densiflora Li=Olea rosea
Olea dioica Roxb.(W.W.Sm.in Not.Bot.Gard.Edinb.1924)=Olea tsoongii
Olea dioica Roxb.异株木犀榄
Olea dioica var. dioica=Olea dioica
Olea dioica var. wightiana (Wall. ex G.Don) DC.球果木犀榄
Olea europaea L.木犀榄
Olea europaea subsp. africana (Mill.) P.S.Green 非洲木犀榄
Olea europaea subsp. cuspidata (Wall. ex G.Don) Ciferri 锈鳞木犀榄
Olea europaea subsp. europaea=Olea europaea
Olea ferruginea Hort. ex Steud.=Olea africana
Olea ferruginea Royle=Olea europaea subsp. cuspidata
Olea fragrans Thunb.=Osmanthus fragrans
Olea gamblei C.B.Clarke(植物志 61,1992)=Olea salicifolia
Olea glandulifera Desf.=Olea paniculata
Olea guangxiensis Miao 广西木犀榄
Olea hainanensis Li (分类学报 1954,p.p.)=Olea guangxiensis
Olea hainanensis Li 海南木犀榄
Olea ilicifolia Hassk.=Osmanthus heterophyllus
Olea japonicus Sieb.=Osmanthus ×fortunei
Olea laxiflora Li 疏花木犀榄
Olea longipetiolata Merr. ex Tanaka & Odashima=Osmanthus matsumuranus
Olea marginata Champ. ex Benth.=Osmanthus marginatus
Olea maritima Wall. ex g.Don=Olea brachiata
Olea neriifolia Li 狭叶木犀榄
Olea paniculata R.Br.朱叶木犀榄
Olea parvilimba (Merr. & Chun) Maio 小叶木犀榄
Olea robusta (Roxb.) Wall. ex G.Don=Ligustrum rubustum
Olea rosea Craib 红花木犀榄
Olea salicifolia Wall. ex G.Don 喜马木犀榄
Olea sinica Chun=Olea dioica
Olea tetragonoclada Chia 方枝木犀榄
Olea tsoongii (Merr.) P.S.Green 云南木犀榄
Olea wightiana Wall. ex G.Don=Olea dioica var. wightiana
Olea yuennanensis var. *xeromorpha* Hand.-Mazz.=Olea tsoongii
Olea yunnanensis Hand.-Mazz.=Olea tsoongii
Oleaceae 木犀科
Oleandra Cav.**条蕨属**(条蕨科)
Oleandra cantonensis Ching 广州条蕨
Oleandra chinensis Hance=Oleandra cumingii
Oleandra cumingii HK. & Bak.=Oleandra undulata
Oleandra cumingii J.Sm.(HK. & Bak.inSyn.Fil.1868)=Oleandra undulata
Oleandra cumingii J.Sm.华南条蕨
Oleandra cumingii var. *longipes* HK.=Oleandra undulata
Oleandra hainanensis Ching 海南条蕨
Oleandra intermedia Ching 圆基条蕨
Oleandra longipes Ching=Oleandra undulata
Oleandra musaefolia (Bl.) Presl 光叶条蕨
Oleandra pubescens Cop.=Oleandra undulata
Oleandra undulata (Willd.) Ching 波边条蕨
Oleandra wallichii (HK.) Presl 高山条蕨
Oleandra wallichii var. *lepidota* Christ=Oleandra wallichii
Oleandra whangii Ching=Oleandra musaefolia
Oleandra yunnanensis Ching 云南条蕨
Oleandraceae 条蕨科
Olfersia scandens Presl=Stenochlaena palustris
Olgaea Iljin **蝟菊属**(菊科)
Olgaea echinantha Ling=Olgaea tangutica
Olgaea hisaowutaishanensis (Chen) Ling=Olgaea lomonosowii
Olgaea hsiaowutaishanensis f. *humilis* Ling=Olgaea lomonosowii
Olgaea lanipes (C.Winkl.) Iljin 九眼菊
Olgaea leucophylla (Turcz.) Iljin 火煤草
Olgaea leucophylla var. *aggregata* Ling=Olgaea leucophylla
Olgaea leucophylla var. *albiflora* Y.B.Chang=Olgaea leucophylla
Olgaea leucophylla var. *juncunda* Iljin=Olgaea leucophylla
Olgaea lomonosowii (Trautv.) Iljin 蝟菊
Olgaea pectinata Iljin 新疆蝟菊
Olgaea roborowskyi Iljin 假九眼菊
Olgaea sinensis (S.Moore) Iljin=Olgaea lomonosowii
Olgaea tangutica Iljin 刺疙瘩
Olgaea thomsonii (HK.f.) Iljin 西藏蝟菊(新)?
Oligobotrya Baker=**Mainanthemum**
Oligobotrya henryi Baker=Maianthemum henryi
Oligobotrya henryi var. *violacea* C.H.Wright=Maianthemum henryi
Oligobotrya limprichtii Ling. ex H.Limpr.=Maianthemum henryi
Oligobotrya limprichtii Ling=Maianthemum henryi
Oligobotrya szechuanica F.T.Wang & Tang=Maianthemum szechuanicum
Oligobotrya szechuanica Wang & Tang=Maianthemum henryi var. szechuanicum
Oligochaeta C.Koch **寡毛菊属**(菊科)
Oligochaeta minima (Boiss.) Briq.寡毛菊
Oligolobos Gagn.=**Ottelia**
Oligolobos triflorus Gagn.=Ottelia acuminata
Oligomeris Cambess.**川犀草属**(木犀草科)
Oligomeris glaucescens Cambess.=Oligomeris linifolia
Oligomeris linifolia (Vah.) Macbride 川犀草
Oligosmilax Seem.=**Heterosmilax**
Oligosmilax gaudichaudiana Seem.=Heterosmilax gaudichaudiana
Oligosporus affinis Less.=Artemisia pubescens
Oligosporus bargusinensis (Spreng.) Poljak.=Artemisia bargusinensis
Oligosporus campestris (L.) Cass.=Artemisia campestris
Oligosporus changaicus (Krasch.) Poljak.=Artemisia dracunculus var. changaica
Oligosporus commutata (Bess.) Poljak.(p.p.)=Artemisia pubescens
Oligosporus demissus (Krasch.) Poljak.=Artemisia demissa
Oligosporus desertorum (Spreng.) Poljak.=Artemisia desertorum
Oligosporus dracunculus (L.) Poljak.=Artemisia dracunculus
Oligosporus duthreuil-de-rhinsi (Krasch.) Poljak.=Artemisia duthreuil-de-rhinsi
Oligosporus giraldii (Pamp.) Poljak.=Artemisia giraldii
Oligosporus halodendron (Turcz. ex Bess.) Poljak.=Artemisia halodendron
Oligosporus jacquemontiana (Bess.) Poljak.=Artemisia dubia var. subdigitata
Oligosporus japonicus (Thunb.) Poljak.=Artemisia japonica
Oligosporus kuschakewiczii (C.Winkl.) Poljak.=Artemisia kuschakewiczii
Oligosporus littoricola (Ktam.) Poljak.=Artemisia littoricola

Oligosporus macilentus (Maxim.) Poljak.=Artemisia macilenta
Oligosporus marschallinus Less.=Artemisia marschalliana
Oligosporus nanschanicus (Krasch.) Poljak.=Artemisia nanschanica
Oligosporus pamiricus (C.Winkl.) Poljak.=Artemisia dracunculus var. pamirica
Oligosporus parviflorus (Buch.-Ham. ex Roxb.) Poljak.=Artemisia parviflora
Oligosporus pycnorhizus (Ledeb.) Poljak.(p.p.)=Artemisia depauperata
Oligosporus saposhnikovii (Krasch. ex Poljak.) Poljak.=Artemisia saposhnikovii
Oligosporus scoparius (Waldst. & Kit.) Less.=Artemisia scoparia
Oligosporus songaricus (Schrenk) Poljak.=Artemisia songarica
Oligosporus sphaerocephalus (Krasch.) Poljak.=Artemisia sphaerocephala
Oligosporus wellbyi (Hemsl. & Pears.) Poljak.=Artemisia wellbyi
Oligosporus xanthochloa (Krasch.) Poljak.=Artemisia xanthochloa
Oligostachyum Z.P.Wang & G.H.Ye **少穗竹属**(禾本科)
Oligostachyum fujianense Z.P.Wang & G.H.Ye=Oligostachyum scabriflorum
Oligostachyum glabrescens (Wen) Keng f. & Z.P.Wang 屏南少穗竹
Oligostachyum gracilipes (McClure) G.H.Ye & Z.P.Wang 细柄少穗竹
Oligostachyum hupehense (J.L.Lu) Z.P.Wang & G.H.Ye 凤竹
Oligostachyum lanceolatum G.H.Ye & Z.P.Wang 云和少穗竹
Oligostachyum lubricum (Wen) Keng f.四季竹
Oligostachyum nuspiculum (McClure) Z.P.Wang & G.H.Ye 林仔竹
Oligostachyum oedogonatum (Z.P.Wang & G.H.Ye) Q.F.Zhang & K.F.Haung 肿节少穗竹
Oligostachyum paniculatum G.H.Ye & Z.P.Wang 圆锥少穗竹
Oligostachyum puberulum (Wen) G.H.Ye & Z.P.Wang 多毛少穗竹?
Oligostachyum pulchellum (Wen) G.H.Ye & Z.P.Wang 鼎湖少穗竹?
Oligostachyum scabriflorum (McClure) Z.P.Wang & G.H.Ye 糙花少穗竹
Oligostachyum scabriflorum var. breviligulatum Z.P.Wang & G.H.Ye 短舌少穗竹
Oligostachyum scabriflorum var. scabriflorum=Oligostachyum scabriflorum
Oligostachyum scopulum (McClure) Z.P.Wang & G.H.Ye 毛稃少穗竹
Oligostachyum shiuyingianum (Chia & But) G.H.Ye & Z.P.Wang 秀英竹
Oligostachyum spongiosum (C.D.Chu & C.S.Chao) G.H.Ye & Z.P.Wang 斗竹
Oligostachyum sulcatum Z.P.Wang & G.H.Ye 少穗竹
Olimarabidopsis Al-Shehbaz & al.**无苞芥属**(十字花科)
Olimarabidopsis cabulica (HK.f. & Thoms.) Al-Shehbaz & al.喀布尔无苞芥
Olimarabidopsis pumila (Steph.) Al-Shehbaz & al.无苞芥
Olus calappoides Rumph.=Cycas rumphii
Omalotheca Cass.=**Gnaphalium**
Omalotheca norvegica (Gunn.) Schultz=Gnaphalium norvegicum
Omalotheca supina (L.) Cass.=Gnaphalium supinum
Ombrocharis Hand.-Mazz.**喜雨草属**(唇形科)
Omphalodes §. *Eritrichium* A.Gray=**Eritrichium**
Ombrocharis dulcis Hand.-Mazz.喜雨草
Omeiocalamus Keng f.=**Bashania**
Omphalodes aquatica Brand=Trigonotis radicans subsp. sericea
Omphalodes aquatica var. *sinica* Brand=Trigonotis radicans subsp. sericea
Omphalodes blepharolepis Maxim.=Microula blepharolepis
Omphalodes bodinieri Lévl.=Mitreola pedicellata
Omphalodes cavaleriei Lévl.=Trigonotis cavaleriei
Omphalodes chekiangensis Migo=Sinojohnstonia chekiangensis
Omphalodes ciliaris (Bur. & Franch.) Brand=Microula ciliaris
Omphalodes cordata Hemsl.=Sinojohnstonia moupinensis
Omphalodes diffusa Maxim.=Microula diffusa
Omphalodes esquirolii Lévl.=Trigonotis cavaleriei
Omphalodes esquirolii Lévl.=Trigonotis cavaleriei
Omphalodes fiffusa Maxim.=Microula diffusa
Omphalodes formosana Masam.=Trigonotis nankotaizanensis
Omphalodes forrestii Diels=Microula forrestii
Omphalodes marirei Lévl.=Trigonotis mairiei
Omphalodes moupinensis Franch.=Sinojohnstonia moupinensis
Omphalodes sericea Maxim.=Trigonotis radicans subsp. sericea
Omphalodes sericea var. *koreana* Brand=Trigonotis radicans subsp. sericea
Omphalodes trichocarpa Maxim.=Microula trichocarpa
Omphalodes vonitii Lévl.=Trigonotis cavaleriei
Omphalogramma Franch.**独花报春属**(报春花科)
Omphalogramma brachysiphon W.W.Sm.钟状独花报春
Omphalogramma delavayi (Franch.) Franch.大理独花报春
Omphalogramma elegans Forr.丽花独花报春
Omphalogramma elwesiana (King ex Watt) Franch.光叶独花报春
Omphalogramma elwesianum var. *assaamicum* H.R.Fletch.=Omphalogramma elwesianum
Omphalogramma engleri (R.Knuth) Balf.f.=Omphalogramma vincaeflora
Omphalogramma farreri Balf.f.=Omphalogramma delavayi
Omphalogramma forrestii Balf.f.中甸独花报春
Omphalogramma franchetii (Pax) Harley=Omphalogramma souliei
Omphalogramma minus Hand.-Mazz.小独花报春
Omphalogramma rockii W.W.Sm.=Omphalogramma vincaeflora
Omphalogramma souliei Franch.(Ward in Gard.Chron.1927)=Omphalogramma elegans
Omphalogramma souliei Franch.长柱独花报春
Omphalogramma souliei var. *pubescens* H.R.Fletch.=Omphalogramma souliei
Omphalogramma tibeticum Fletch.西藏独花报春
Omphalogramma vincaeflora (Franch.) Franch.独花报春
Omphalogramma viola-grandis (Farrer & Purdom) Balf.f.=Omphalogramma vincaeflora
Omphalothrix Maxim.**脐草属**(玄参科)
Omphalothrix longipes Maxim.脐草
Omphalotrigonotis W.T.Wang **皿果草属**(紫草科)
Omphalotrigonotis cupulifera (Johnst.) W.T.Wang 皿果草
Omphalotrigonotis vaginata Y.Y.Fang 具鞘皿果草
Onagra Miller=**Oenothera**
Onagra biennis (L.) Scop.=Oenothera biennis
Onagra erythrosephala Borb.=Oenothera glazioviana
Onagra muricata (L.) Moench=Oenothera biennis
Onagraceae 柳叶菜科
Onchinus cochinchinensis Lour.=Melodinus cochinchinensis
Oncidium Sw.**瘤瓣兰属**(兰科)
Oncidium altissimum (Jacq.) Sw.极高瘤瓣兰
Oncidium ampliatum Lindl.大瘤瓣兰(新)
Oncidium aureum Lindl.黄花瘤瓣兰
Oncidium auriferum Rchb.f.金黄瘤瓣兰
Oncidium barbatum Lindl.髯毛瘤瓣兰
Oncidium baueri Lindl.包氏瘤瓣兰
Oncidium bicallosum Lindl.二硬体瘤瓣兰
Oncidium bifolium Sims.二叶瘤瓣兰
Oncidium cheirophorum Rchb.f.指状瘤瓣兰
Oncidium citrinum Lindl.柠檬黄瘤瓣兰
Oncidium concolor HK.同色瘤瓣兰
Oncidium crispum Lodd.皱波瘤瓣兰
Oncidium cristagalli Rchb.f.鸡冠瘤瓣兰
Oncidium cucullatum Lindl.兜状瘤瓣兰
Oncidium cucullatum var. phalaenopsis (Rchb.f.) Veithc 蝴蝶瘤瓣兰
Oncidium dasytyle Rchb.f.粗毛花柱瘤瓣兰
Oncidium divaricatum Lindl.春叉开瘤瓣兰
Oncidium ensatum Lindl.剑形瘤瓣兰
Oncidium falcipetalum Lindl.镰瓣瘤瓣兰
Oncidium incurvum Bark.内弯瘤瓣兰
Oncidium leucochilum Batem.白唇瘤瓣兰
Oncidium longifolium Lindl.长叶瘤瓣兰
Oncidium longipes Lindl.长柄瘤瓣兰
Oncidium luridum Lindl.褐黄瘤瓣兰
Oncidium macranthum Lindl.大花瘤瓣兰
Oncidium maculatum Lindl.斑点瘤瓣兰
Oncidium ornithorhorhynchum HBK 鸟喙瘤瓣兰
Oncidium panamense Schltr.巴拿马瘤瓣兰
Oncidium parviflorum L.O.Wms.小花瘤瓣兰
Oncidium phymatochilum Lindl.厚瘤突瘤瓣兰
Oncidium pulchellum HK.美丽瘤瓣兰
Oncidium pumilum Lindl.矮生瘤瓣兰
Oncidium pusillum (L.) Rchb.f.小瘤瓣兰

Oncidium serratum Lindl.锯齿瘤瓣兰
Oncidium splendidum A.Rich.华彩瘤瓣兰
Oncidium tigrinum Llave. & Lex.虎斑瘤瓣兰
Oncidium triquetrum R.Br.三棱瘤瓣兰
Oncidium variegatum (Sw.) Sw.杂色瘤瓣兰
Oncinus cochinchinensis Lour.=Melodinus cochinchinensis
Oncoba Forssk.**鼻烟盒树属**(大风子科)
Oncoba spinosa Forssk.鼻烟盒树
Oncodostigma Diels **蕉木属**(番荔枝科)
Oncodostigma hainanense (Merr.) Tsiang & P.T.Li 蕉木
Oncosperma Bl.**钩子棕属**(棕榈科)
Oncosperma horridum (Griff.) Scheff.有刺钩子棕
Oncosperma tigillarium (Jack.) Ridley 尼邦钩子棕
Oncus esculentus Lour.=Dioscorea esculenta
Onobrychis Mill.**驴食草属**(豆科)
Onobrychis cristagalli Lam.匍匐驴食豆
Onobrychis pulchella Schrenk 美丽红豆草
Onobrychis taneitica Spreng.顿河红豆草
Onobrychis viciifolia Scop.驴食草
Onoclea L.**球子蕨属**(球子蕨科)
Onoclea asiatica Ching & Chiu=Onoclea sensibilis
Onoclea germanica Willd.=Matteuccia struthiopteris
Onoclea interrupta Ching & Chiu=Onoclea sensibilis
Onoclea orientalis HK.=Matteuccia orientalis
Onoclea scandens Sw.=Stenochlaena palustris
Onoclea sensibilis L.球子蕨
Onoclea sensibilis var. *interrupta* Maxim.=Onoclea sensibilis
Onoclea struthiopteris Hoffm.=Matteuccia struthiopteris
Onocleaceae 球子蕨科
Onocleopsis F.Ball.**假球子蕨属**(叉蕨科)
Onocleopsis hintonii F.Ball.假球子蕨
Ononis L.**芒柄花属**(豆科)
Ononis antiquorum L.伊犁芒柄花
Ononis arvensis L.芒柄花
Ononis campestris Koch. & Zir.红芒柄花
Ononis hircina Jacq.=Ononis arvensis
Ononis natrix L.黄芒柄花
Ononis reclinata L.小芒柄花
Ononis repens L.匍匐芒柄花
Ononis sect. *Lotononis* DC.=**Lotononis**
Ononis spinosa L.=Ononis campestris
Ononis spinosa subsp. *antiquorum* (L.) Briq.=Ononis antiquorum
Ononis spinosa var. *antiquorum* (L.) Archang=Ononis antiquorum
Ononis spinosa α. *mitis* L.=Ononis arvensis
Onopordum L.**大翅蓟属**(菊科)
Onopordum acanthium L.大翅蓟
Onopordum bracteatum Boiss. & Heldr.卷苞大鳍蓟
Onopordum detioides Ait.=Synurus deltoides
Onopordum leptolepis DC.羽冠大翅蓟
Onopordum sibthorpianum Boiss. & Heldr.土耳其大鳍蓟
Onopordum tauricum Willd.克里木大鳍蓟
Onosma L.**滇紫草属**(紫草科)
Onosma adenopus Johnst.腺花滇紫草
Onosma album W.W.Sm. & Jeffr.白花滇紫草
Onosma apiculatum Riedl.细尖滇紫草
Onosma bicolor Wall. ex G.Don=Maharanga bicolor
Onosma caspica Willd.=Nonea caspica
Onosma cingulatum W.W.Sm.昭通滇紫草
Onosma confertum W.W.Sm.密花滇紫草
Onosma decastichum Y.L.Liu 易门滇紫草
Onosma dumetorum I.M.Joh.=Maharanga dumetorum
Onosma echioides L.昭苏滇紫草
Onosma emodi Wall.=Maharanga emodii
Onosma exsertum Hemsl.露蕊滇紫草
Onosma farreri I.M.Joh 小花滇紫草
Onosma fistulosum Johnst.管状滇紫草
Onosma forrestii W.W.Sm.=Onosma confertum
Onosma glomeratum Y.L.Liu 团花滇紫草
Onosma gmelinii Ledeb.黄花滇紫草
Onosma hookeri Clarke 细花滇紫草
Onosma hookeri subsp. *wardii* Stapf=Onosma hookeri
Onosma hookeri var. hirsutum Y.L.Liu 毛柱滇紫草
Onosma hookeri var. hookeri=Onosma hookeri
Onosma hookeri var. *intermedium* (Stapf) Johnst.=Onosma hookeri
Onosma hookeri var. longiflorum Duthie ex Stapf 长花滇紫草
Onosma hookeri var. *wardii* W.W.Sm.=Onosma wardii
Onosma irritans Popov ex Pavolov 过敏滇紫草
Onosma lijiangense Y.L.Liu 丽江滇紫草
Onosma limitaneum Johnst.边界滇紫草(新)
Onosma liui Kamel. & T.N.Popova 壤塘滇紫草
Onosma longiflorum Duthie=Onosma hookeri var. longiflorum
Onosma luquanense Y.L.Liu 禄劝滇紫草
Onosma lycopsioides C.E.C.Fisch.=Maharanga lycopsioides
Onosma maaikangense W.T.Wang ex Y.L.Liu 马尔康滇紫草
Onosma mertensioides Johnst.川西滇紫草
Onosma micranthos Pall.=Heliotropium micranthum
Onosma microstoma I.M.Joh.=Maharanga microstoma
Onosma multiramosum Hand.-Mazz.多枝滇紫草
Onosma multiramosum var. *mekongense* I.M.Joh=Onosma multiramosum
Onosma nangqiensne Y.L.Liu 囊谦滇紫草
Onosma oblongifolium W.W.Sm.=Onosma paniclatum
Onosma paniculatum Buir. & Franch.滇紫草
Onosma paniculatum var. *hisrutistylum* Lingelsh & Borza=Onosma paniculatum
Onosma potanini M.Pop.=Onosma sinicum
Onosma saxatile (Pall.) Lehm.=Stenosolenium saxatiles
Onosma setosa Ledeb.刚毛滇紫草
Onosma setosa subsp. setosa= Onosma setosa
Onosma setosa subsp. transrhymnense (Klokov ex Popov.) Kamel.黄刚毛滇紫草
Onosma simplicissimum L.单茎滇紫草
Onosma sinicum Diels 小叶滇紫草
Onosma sinicum var. *farreri* (I.M.Joh) W.T.Wang & Y.L.Liu=Onosma farreri
Onosma sinicum var. sinicum=Onosma sinicum
Onosma strigosum Y.L.Liu=Onosma liui
Onosma transrhymnense Klokov ex Popov=Onosma setosa subsp. transrhymnense
Onosma tsayuense Y.L.Liu 察隅滇紫草
Onosma tsiangii Johnst.=Onosma cingulatum
Onosma waddellii Duthie 丛茎滇紫草
Onosma waddellii var. *brachylinum* I.M.Joh=Onosma waddellii
Onosma waltonii Duthie 西藏滇紫草
Onosma wardii (W.W.Sm.) Johnst.德钦滇紫草
Onosma yajiangense W.T.Wang ex Y.L.Liu 雅江滇紫草
Onosma zayüense Y.L.Liu 察隅滇紫草
Onotrophe ass.=**Cirsium**
Onychium Kaulf.**金粉蕨属**(中国蕨科)
Onychium angustifrons Ching 狭叶金粉蕨
Onychium auratum Kaulf=Onychium siliculosum
Onychium aureum Kümmerle=Onychium siliculosum
Onychium chinense Fée=Onychium japonicum
Onychium chrysocarpus C.Chr.=Onychium siliculosum
Onychium contiguum Hope 黑足金粉蕨
Onychium flavescens Bl.=Polystachya concreta
Onychium ipii Ching=Onychium moupinense var. ipii
Onychium japonicum (Thunb.) Kze.野雉尾金粉蕨
Onychium japonicum Bedd.=Onychium contiguum
Onychium japonicum Kze.(HK. & Bak.in Syn.Fil.1867,p.p.)=Onychium japonicum var. lucidum
Onychium japonicum var. *delavayi* Christ=Onychium tenuifrons
Onychium japonicum var. *intermedia* Clarke=Onychium contiguum
Onychium japonicum var. japonicum =Onychium japonicum
Onychium japonicum var. lucidum (Don) Christ.栗柄金粉蕨
Onychium japonicum var. *lucidum* Kümmerle=Onychium contiguum
Onychium japonicum var. *multisecta* Clarke=Onychium contiguum
Onychium japonicum var. *parvisorum* R.Bonaparte=Onychium plumosum
Onychium lucidum (Don) Spreng.=Onychium japonicum var. lucidum
Onychium moupinense Ching 木坪金粉蕨
Onychium moupinense var. ipii (Ching) Shing.湖北金粉蕨
Onychium moupinense var. moupinense=Onychium moupinense

Onychium plumosum Ching 繁羽金粉蕨
Onychium siliculosum (Desv.) C.Chr.金粉蕨
Onychium siliculosum var. *chrysocarpum* Tard.-Blot & C.Chr.=Onychium siliculosum
Onychium tenue Christ=Onychium siliculosum
Onychium tenuifrons Ching 蚀盖金粉蕨
Onychium tibeticum Ching & S.K.Wu 西藏金粉蕨
Onychium viviparum (Cav.) Kümmerle=Onychium siliculosum
Onycium cryptogrammoides Christ=Onychium contiguum
Opa Lour.=**Raphiolepis**
Opa japonica Seemann=Raphiolepis umbellata
Opa odorata Lour.=Syzygium odoratum
Operculina S.Manso **盒果藤属**(旋花科)
Operculina dissecta (Jacq.) House=Merremia dissecta
Operculina turpethum (L.) S.Manso 盒果藤
Operculina turpethum var. *heterophylla* H.Hall.=Operculina turpethum
Ophelia aD.Don ex G.Don=**Swertia**
Ophelia angustifolia D.Don=Swertia angustifolia
Ophelia bimaculata S. & Z.=Swertia bimaculata
Ophelia chinensis Bge. ex Griseb.=Swertia diluta
Ophelia ciliata D.Don ex G.Don=Swertia ciliata
Ophelia cordata D.Don=Swertia cordata
Ophelia diluta (Turcz.) Ledeb.=Swertia diluta
Ophelia macrosperma C.B.Clarke=Swertia macrosperma
Ophelia nervosa Griseb.=Swertia nervosa
Ophelia pulchella D.Don=Swertia angustifolia var. pulchella
Ophelia purpurascens D.Don=Swertia ciliata
Ophelia purpurascens var. *ciliata* D.Don=Swertia ciliata
Ophelia racemosa Griseb.=Swertia racemosa
Ophelia tetrapetala (Pall.) Grossh.=Swertia tetrapetala
Ophelia wilfordii Kerner=Swertia tetrapetala
Ophiala zeylanica Desv.=Helminthostachys zeylanica
Ophioderma Endl.**带状瓶尔小草属**(瓶尔小草科)
Ophioderma pendula Presl 带状瓶尔小草
Ophioglossaceae 瓶尔小草科
Ophioglossum L.**瓶尔小草属**(瓶尔小草科)
Ophioglossum angustatum Maxon=Ophioglossum thermale
Ophioglossum austroasiaticum Nishda 南亚瓶尔小草
Ophioglossum cordifolium Roxb.=Ophioglossum reticulatum
Ophioglossum crotalophoroides Walter 球茎瓶尔小草
Ophioglossum engelmanii Prantl 钙生瓶尔小草
Ophioglossum flexuosum L.=Lygodium flexuosum
Ophioglossum japonicum Prantl=Ophioglossum thermale
Ophioglossum japonicum Thunb.=Lygodium japonicum
Ophioglossum litorale Makino=Ophioglossum thermale
Ophioglossum lusitanicum L.矮瓶尔小草
Ophioglossum nipponicum Miyabe & Kudô =Ophioglossum vulgatum
Ophioglossum nipponicum Nakai=Ophioglossum thermale
Ophioglossum nudicaule Bedd.=Ophioglossum parvifolium
Ophioglossum nudicaule Christ=Ophioglossum thermale
Ophioglossum palmatum L.掌叶瓶尔小草
Ophioglossum parvifolium Grev. & HK.小叶瓶尔小草
Ophioglossum pedunculosum Desv.尖头瓶尔小草
Ophioglossum pedunculosum Dunn & Tutch.=Ophioglossum reticulatum
Ophioglossum pendulum L.=Ophioderma pendula
Ophioglossum pendulum f. *ramosa* Nakasi=Ophioderma pendula
Ophioglossum petiolatum HK.钝头瓶尔小草
Ophioglossum reticulatum L.心脏叶瓶尔小草
Ophioglossum savatieri Nakai=Ophioglossum thermale
Ophioglossum scandens L.=Lygodium scandens
Ophioglossum tenerum (Claus.) Mett.柔弱瓶尔小草
Ophioglossum thermale Kom.狭叶瓶尔小草
Ophioglossum vulgatum L.(Pluri.Plant.Japonicae & Chinae)=Ophioglossum thermale
Ophioglossum vulgatum L.瓶尔小草
Ophioglossum vulgatum var. *thermale* C.Chr=Ophioglossum thermale
Ophioglossum zeylanicum Houtt.=Quercifilix zeylanica
Ophiopogon Ker-Gawl.**沿阶草属**(百合科)
Ophiopogon aciformis F.T.Wang & Tang ex H.Li & Y.P.Yang=Ophiopogon intermedius
Ophiopogon albimarginatus D.Fang 白边沿阶草
Ophiopogon amblyphyllus Wang & Dai 钝叶沿阶草
Ophiopogon angustifoliatus (F.T.Wang & Tang) S.C.Chen 短药沿阶草
Ophiopogon argyi Lévl.=Ophiopogon japonicus
Ophiopogon bockianus Diels 连药沿阶草
Ophiopogon bockianus var. *angustifoliatus* F.T.Wang & Tang=Ophiopogon angustifoliatus
Ophiopogon bockianus var. bockianus=Ophiopogon bockianus
Ophiopogon bodinieri Lévl.沿阶草
Ophiopogon bodinieri var. bodinieri=Ophiopogon bodinieri
Ophiopogon bodinieri var. *pygmaeus* F.T.Wang & L.K.Dai=Ophiopogon bodinieri
Ophiopogon cavaleriei Lévl.=Aletris laxiflora
Ophiopogon chingii Wang & Tang 长茎沿阶草
Ophiopogon chingii var. *chingii*=Ophiopogon chingii
Ophiopogon chingii var. *glaucifolius* F.T.Wang & L.K.Dai=Ophiopogon chingii
Ophiopogon clarkei HK.f.长丝沿阶草
Ophiopogon clavatus C.H.Wright 棒叶沿阶草
Ophiopogon compressus Y.Wang & C.C.Huang=Ophiopogon intermedius
Ophiopogon corifolius Wang & Dai 厚叶沿阶草
Ophiopogon dielsianus Hand.-Mazz.=Ophiopogon sylvicola
Ophiopogon dracaenoides (Baker) HK.f.褐鞘沿阶草
Ophiopogon fauriei Lévl. & Vant.=Liriope spicata
Ophiopogon filiformis Lévl.=Ophiopogon bodinieri
Ophiopogon filipes D.Fang 丝梗沿阶草
Ophiopogon fooningensis Wang & Dai 富宁沿阶草
Ophiopogon formosanus Ohwi=Ophiopogon bodinieri
Ophiopogon grandis W.W.Sm.大沿阶草
Ophiopogon griffithii (Baker) HK.f.=Ophiopogon intermedius
Ophiopogon hainanensis Masamune=Ophiopogon platyphyllus
Ophiopogon heterandrus Wang & Dai 异药沿阶草
Ophiopogon hongjiangensis Y.Y.Qian 红疆沿阶草
Ophiopogon intermedius D.Don 间型沿阶草
Ophiopogon jaburan Lodd.阔叶沿阶草
Ophiopogon jaburan var. variegata Hort.花叶沿阶草
Ophiopogon japonicus (L.f.) Ker-Gawl.麦冬
Ophiopogon japonicus var. *intermedius* Maxim.=Ophiopogon intermedius
Ophiopogon japonicus var. *umbraticola* C.H.Wright=Ophiopogon umbraticola
Ophiopogon japonicus var. variegata Hort.花叶绣墩草
Ophiopogon jiangchengensis Y.Y.Qian 江城沿阶草
Ophiopogon kansuensis Batal.=Liriope kansuensis
Ophiopogon lancangensis H.Li & Y.P.Yang=Ophiopogon tienensis
Ophiopogon latifolius Rodrig.大叶沿阶草
Ophiopogon lofouensis Lévl. =Ophiopogon bodinieri
Ophiopogon longibracteatus H.Li & Y.P.Yang=Ophiopogon intermedius
Ophiopogon longipedicellatus Y.Wang & C.C.Huang=Ophiopogon intermedius
Ophiopogon lushuiensis S.C.Chen 泸水沿阶草
Ophiopogon mairei Lévl.西南沿阶草
Ophiopogon marmoratus Pierre ex Rodrig.丽叶沿阶草
Ophiopogon megalanthus Wang & Dai 大花沿阶草
Ophiopogon menglianensis H.W.Li 勐连沿阶草
Ophiopogon motouensis S.C.Chen 墨托沿阶草
Ophiopogon multiflorus Y.Wan 隆安沿阶草
Ophiopogon muscari Decne=Liriope muscari
Ophiopogon paniculatus Z.Y.Zhu 锥序沿阶草
Ophiopogon peliosanthoides Wang & Tang 长药沿阶草
Ophiopogon pingbienensis Wang & Dai 屏边沿阶草
Ophiopogon platyphyllus Merr. & Chun 宽叶沿阶草
Ophiopogon pseudotonkinensis D.Fang 拟多花沿阶草
Ophiopogon reptans HK.f.蔓茎沿阶草
Ophiopogon reversus Huang 广东沿阶草
Ophiopogon revolutus Wang & Dai 卷瓣沿阶草
Ophiopogon sarmentosus Wang & Dai 匍茎沿阶草
Ophiopogon scaber Ohwi=Ophiopogon intermedius
Ophiopogon sinensis Y.Wang & C.C.Huang 中华沿阶草
Ophiopogon sparsiflorus Wang & Dai 疏花沿阶草
Ophiopogon spicatus Ker-Gawl.(HK.f.in Curtis's Bot.Mag.1862)=Liriope muscari
Ophiopogon spicatus Ker-Gawl.=Liriope spicata
Ophiopogon spicatus Lodd.=Liriope graminifolia

Ophiopogon spicatus var. *communis* Maxim.=Liriope muscari
Ophiopogon spicatus var. *koreanus* Palib.=Liriope spicata
Ophiopogon spicatus var. *minor* Maxim.=Liriope minor
Ophiopogon stenophyllus (Merr.) Rodrig.狭叶沿阶草
Ophiopogon stolonifer Lévl. & Vant.=Ophiopogon japonicus
Ophiopogon sylvicola Wang & Tang 林生沿阶草
Ophiopogon szechuanensis Wang & Tang 四川沿阶草
Ophiopogon tienensis Wang & Tang 云南沿阶草
Ophiopogon tonkinensis Rodrig.多花沿阶草
Ophiopogon tsaii Wang & Tang 簇叶沿阶草
Ophiopogon umbraticola Hance 阴生沿阶草
Ophiopogon wallichianus (Kunth) HK.f.=Ophiopogon intermedius
Ophiopogon xiaokuai Z.Y.Zhu=Ophiopogon intermedius
Ophiopogon xylorrhizus Wang & Dai 木根沿阶草
Ophiopogon yunnanensis S.C.Chen 滇西沿阶草
Ophiopogon zingiberaceus Wang & Dai 姜状沿阶草
Ophiorrhiza L.**蛇根草属**(茜草科)
Ophiorrhiza acutiloba Hay.=Ophiorrhiza japonica
Ophiorrhiza alata Craib 有翅蛇根草
Ophiorrhiza alatiflora Lo 延翅蛇根草
Ophiorrhiza alatiflora var. alatiflora=Ophiorrhiza alatiflora
Ophiorrhiza alatiflora var. trichoneura Lo 毛脉蛇根草
Ophiorrhiza aureolina Lo 金黄蛇根草
Ophiorrhiza aureolina f. aureolina=Ophiorrhiza aureolina
Ophiorrhiza aureolina f. qiongyaensis Lo 琼崖蛇根草
Ophiorrhiza austroyunnanensis Lo 滇南蛇根草
Ophiorrhiza bodinieri Lévl.=Ophiorrhiza cantoniensis
Ophiorrhiza brevidentata Lo 短齿蛇根草
Ophiorrhiza calcarata HK.f.察隅蛇根草?
Ophiorrhiza cana Lo 灰叶蛇根草
Ophiorrhiza cantoniensis Hance 广州蛇根草
Ophiorrhiza carnosicaulis Lo 肉茎蛇根草
Ophiorrhiza cavaleriei Lévl.=Ophiorrhiza japonica
Ophiorrhiza chinensis Lo 中华蛇根草
Ophiorrhiza chinensis f. chinensis=Ophiorrhiza chinensis
Ophiorrhiza chinensis f. emeiensis Lo 峨眉蛇根草
Ophiorrhiza chingii Lo 秦氏蛇根草
Ophiorrhiza cordata W.L.Sha 心叶蛇根草
Ophiorrhiza crassifolia Lo 厚叶蛇根草
Ophiorrhiza darrisii Lévl.=Mitreola pedicellata
Ophiorrhiza densa Lo 密脉蛇根草
Ophiorrhiza dimorphantha Hay.=Ophiorrhiza japonica
Ophiorrhiza dimorphantha f. *brevistigma* Hay.=Ophiorrhiza japonica
Ophiorrhiza dimorphantha f. *longistigma* Hay=Ophiorrhiza japonica
Ophiorrhiza dulongensis Lo 独龙蛇根草
Ophiorrhiza ensiformis Lo 剑齿蛇根草
Ophiorrhiza eryei Champ.=Ophiorrhiza japonica
Ophiorrhiza esquirolii Lévl.=Jasminum prainii
Ophiorrhiza exigua (Li) Lo=Ophiorrhiza mitchelloides
Ophiorrhiza fangdingii Lo 方鼎蛇根草
Ophiorrhiza fasciculata D.Don 簇花蛇根草
Ophiorrhiza filibracteolata Lo 大桥蛇根草
Ophiorrhiza gracilis Kurz 纤弱蛇根草
Ophiorrhiza grandibracteolata How ex Lo 大苞蛇根草
Ophiorrhiza hainanensis Tseng 海南蛇根草
Ophiorrhiza harrisiana var. *rugosa* (Wall.) HK.f.=Ophiorrhiza rugosa
Ophiorrhiza hayatana Ohwi (H.Migo in Bull.Shanhai Sci.Inst.1944)=Ophiorrhiza aureolina f. qiongyaensis
Ophiorrhiza hayatana Ohwi 瘤果蛇根草
Ophiorrhiza hispida HK.f.尖叶蛇根草
Ophiorrhiza hispidula Wall. ex G.Don 版纳蛇根草
Ophiorrhiza howii Lo 宽昭蛇根草
Ophiorrhiza humilis Tseng 溪畔蛇根草
Ophiorrhiza hunanica Lo 湖南蛇根草
Ophiorrhiza inflata Maxim.=Ophiorrhiza pumila
<u>Ophiorrhiza iurida HK.f.紫绿蛇根草</u>
Ophiorrhiza japonica Bl.日本蛇根草
Ophiorrhiza japonica var. *acutiloba* (Hay.) Ohwi=Ophiorrhiza japonica
Ophiorrhiza japonica var. *leiocarpa* Hand.-Mazz.=Ophiorrhiza cantoniensis
Ophiorrhiza japonica var. *minor* Krause=Ophiorrhiza japonica
<u>Ophiorrhiza kingiana Watt 金蛇草</u>
Ophiorrhiza kotoensis Hatusima=Ophiorrhiza liukiuensis
Ophiorrhiza kuroiwai Makin=Ophiorrhiza liukiuensis
Ophiorrhiza kwangsiensis Merr. ex Li 广西蛇根草
Ophiorrhiza labordei Lévl.=Ophiorrhiza japonica
Ophiorrhiza laevifolia Lo 平滑蛇根草
Ophiorrhiza lanceolata Forsk.=Pentas lanceolata
Ophiorrhiza laoshanica Lo 老山蛇根草
Ophiorrhiza liangkwangensis Lo 两广蛇根草
Ophiorrhiza lignosa Merr.木茎蛇根草
Ophiorrhiza liukiuensis Hay.小花蛇根草
Ophiorrhiza longicornis Lo 长角蛇根草
Ophiorrhiza longiflora How ex Lo=Ophiorrhiza howii
Ophiorrhiza longipes Lo 长梗蛇根草
Ophiorrhiza longzhouensis Lo 龙州蛇根草
Ophiorrhiza luchunensis Lo 绿春蛇根草
Ophiorrhiza lurida HK.f.黄褐蛇根草
Ophiorrhiza macrantha Lo 大花蛇根草
Ophiorrhiza macrodonta Lo 大齿蛇根草
Ophiorrhiza marchandii Lévl.=Mitreola pedicellata
Ophiorrhiza medogensis H.Li 长萼蛇根草
Ophiorrhiza micrantha Drake=Lerchea micrantha
Ophiorrhiza mitchelloides (Massam.) Lo 东南蛇根草
Ophiorrhiza mitreola L.=Mitreola petiolata
Ophiorrhiza monticola Hay.=Ophiorrhiza japonica
Ophiorrhiza monticola f. *brevistygma* Hay.=Ophiorrhiza japonica
Ophiorrhiza monticola f. *longistigma* Hay.=Ophiorrhiza japonica
<u>Ophiorrhiza mungos L.蛇根草</u>
Ophiorrhiza mycetiifolia Lo 腺木叶蛇根草
Ophiorrhiza nana Edgew.=Clarkella nana
Ophiorrhiza nandanica Lo 南丹蛇根草
Ophiorrhiza napoensis Lo 那坡蛇根草
Ophiorrhiza nigricans Lo 变黑蛇根草
Ophiorrhiza nutans C.B.Clarke 垂花蛇根草
Ophiorrhiza ochroleuca HK.f.黄花蛇根草
Ophiorrhiza oppositiflora HK.f.对生蛇根草
Ophiorrhiza paniculiformis Lo 圆锥蛇根草
Ophiorrhiza parviflora Hay.=Ophiorrhiza liukiuensis
Ophiorrhiza pauciflora HK.f.少花蛇根草
Ophiorrhiza pellucida Lévl.=Clarkella nana
Ophiorrhiza petrophila Lo 法斗蛇根草
Ophiorrhiza pingbienensis Lo 屏边蛇根草
Ophiorrhiza prostrata D.Don=Ophiorrhiza rugosa
Ophiorrhiza prostrata var. *rugosa* (Wall.) Kar & Panigrahi=Ophiorrhiza rugosa
Ophiorrhiza pumila Champ. ex Benth.(海南志 1974)=Ophiorrhiza aureolina f. qiongyaensis
Ophiorrhiza pumila Champ. ex Benth.短小蛇根草
Ophiorrhiza pumila var. *inflata* (Maxim.) Masam.=Ophiorrhiza pumila
Ophiorrhiza purpurascens Lo 紫脉蛇根草
Ophiorrhiza purpureonervis Lo 苍梧蛇根草
Ophiorrhiza rarior Lo 毛果蛇根草
Ophiorrhiza repandicalyx Lo 大叶蛇根草
Ophiorrhiza rhodoneura Lo 红脉蛇根草
Ophiorrhiza rosea HK.f.美丽蛇根草
Ophiorrhiza rufipilis Lo 红毛蛇根草
Ophiorrhiza rufopunctata Lo 红腺蛇根草
Ophiorrhiza rugosa Wall.匍地蛇根草
Ophiorrhiza salicifolia Lo 柳叶蛇根草
Ophiorrhiza seguini Lévl.=Ophiorrhiza cantoniensis
Ophiorrhiza sichuanensis Lo 四川蛇根草
Ophiorrhiza stenophylla Hay.=Ophiorrhiza hayatana
Ophiorrhiza subrubescens Drake 变红蛇根草
Ophiorrhiza succirubra King ex HK.f.高原蛇根草
Ophiorrhiza umbricola W.W.Sm.阴地蛇根草
Ophiorrhiza violaceo-flammea Lévl.=Ophiorrhiza cantoniensis
Ophiorrhiza wallichii HK.f.大果蛇根草
Ophiorrhiza wenshanensis Lo 文山蛇根草
Ophiorrhiza wui Lo 吴氏蛇根草

Ophiorrhiza yintakensis Masam.=Ophiorrhiza cantoniensis
Ophiorrhiziphyllon Kurz **蛇根叶属**(爵床科)
Ophiorrhiziphyllon hypoleucum R.Ben.= Staurogyne hypoleuca
Ophiorrhiziphyllon macrobotryum Kurz.蛇根叶
Ophiospermum Lour.=**Aquilaria**
Ophiospermum sinense Lour.=Aquilaria sinensis
Ophioxylon chinense Hance=Rauvolfia verticillata
Ophioxylon majus Hassk.=Rauvolfia serpentina
Ophioxylon serpentinum L.=Rauvolfia serpentina
Ophiuros Gaertn.f.**蛇尾草属**(禾本科)
Ophiuros cochinchinensis Merr.=Heteropholis cochinchinensis
Ophiuros corymbosus Gaertn.f.=Ophiuros exaltatus
Ophiuros exaltatus (L.) Kuntze 蛇尾草
Ophiuros shimadanus Ohwi & Odashima=Heteropholis cochinchinensis var. chenii
Ophiurus R.Br.=**Ophiuros**
Ophorrhiza mitreola L.=Mitreola petiolata
Ophrestia H.M.L.Forbes **拟大豆属**(豆科)
Ophrestia pinnata (Merr) H.M.L.Forbes 羽叶拟大豆
Ophrys L.**眉兰属**(兰科)
Ophrys apifera Huds.蜜蜂眉兰
Ophrys arachnites (Leop.) Hoffm.晚花蜘蛛眉兰
Ophrys aranifera Huds.蜘蛛眉兰
Ophrys camtschatea L.=Neottia camtschatea
Ophrys corallorhiza L.=Corallorhiza trifida
Ophrys lancea Thubn ex Sw.=Herminium lanceum
Ophrys lutea (Tod.) Cav.黄花眉兰
Ophrys monophyllos L.=Malaxis monophyllos
Ophrys monorchis L.=Herminium monorchis
Ophrys muscifera Huds.蝇眉兰
Ophrys nervosa Thunb. ex A.Murray=Liparis nervosa
Ophrys unifolia Forst.=Microtis unifolia
Opilia Roxb.**山柚子属**(山柚子科)
Opilia amentacea Roxb.山柚子
Opiliaceae 山柚子科
Opisthopappus Shih **太行菊属**(菊科)
Opisthopappus longilobus Shih 长裂太行菊
Opisthopappus taihangensis (Ling) Shih 太行菊
Opithandra Burtt **后蕊苣苔属**(苦苣苔科)
Opithandra acaulis (Merr.) Burtt 小花后蕊苣苔
Opithandra burttii W.T.Wang 龙南后蕊苣苔
Opithandra cinerea W.T.Wang 灰叶后蕊苣苔
Opithandra dalzielii (W.W.Sm.) Burtt 汕头后蕊苣苔
Opithandra dinghushanensis W.T.Wang 鼎湖后蕊苣苔
Opithandra fargesii (Franch.) Burtt 皱叶后蕊苣苔
Opithandra lungshengensis W.T.Wang=Isometrum lungshengense
Opithandra obtusidentata W.T.Wang 钝齿后蕊苣苔
Opithandra pumila (W.T.Wang) W.T.Wang 裂檐苣苔
Opithandra sinohenryi (Chun) Burtt 毡毛后蕊苣苔
Opithandra sp. Burtt=Opithandra burttii
Oplismenus Beauv.**求米草属**(禾本科)
Oplismenus africanus Beauv.非洲求米草
Oplismenus burmanni var. *intermedium* Honda=Oplismenus compositus var. intermedius
Oplismenus compositus (L.) Beauv.(禾本科图说 1959)=Oplismenus compositus var. intermedius
Oplismenus compositus (L.) Beauv.竹叶草
Oplismenus compositus var. *angustifolius* Chia=Oplismenus patens var. angustifolius
Oplismenus compositus var. compositus=Oplismenus compositus
Oplismenus compositus var. formosanus (Honda) S.L.Chen & Y.X.Jin 台湾竹叶草
Oplismenus compositus var. intermedius (Honda) Ohwi 中间型竹叶草
Oplismenus compositus var. owatarii (Honda) Ohwi 大叶竹叶草
Oplismenus compositus var. *patens* (Honda) Ohwi=Oplismenus patens
Oplismenus compositus var. submuticus S.L.Chen & Y.X.Jin 无芒竹叶草
Oplismenus cruspavonis H.B.K.=Echinochloa cruspavonis
Oplismenus formosanus Honda=Oplismenus compositus var. formosanus
Oplismenus frumentaceus Kunth=Echinochloa frumentacea
Oplismenus fujianensis S.L.Chen & Y.X.Jin 福建竹叶草
Oplismenus hispidulus (Retz.) Kinth=Echinochloa hispidula
Oplismenus imbecillis var. *morrisonensis* Honda=Oplismenus undulatifolius var. imbecillis
Oplismenus japonicus (Steud.) Honda=Oplismenus undulatifolius var. japonicus
Oplismenus loliaceus Beauv.(Hack.in Bull.Herb.Boiss 1899)=Oplismenus undulatifolius var. japonicus
Oplismenus mcrophyllus Honda=Oplismenus undulatifolius var. microphyllus
Oplismenus owatarii Honda=Oplismenus compositus var. owatarii
Oplismenus patens Honda 疏穗竹叶草
Oplismenus patens var. angustifolius (Chia) S.L.Chen & Y.X.Jin 狭叶竹叶草
Oplismenus patens var. patens=Oplismenus patens
Oplismenus patens var. yunnanensis S.L.Chen & Y.X.Jin 云南竹叶草
Oplismenus tsushinensis Honda=Oplismenus undulatifolius var. japonicus
Oplismenus undulatifolius (Arduino) Beauv.求米草
Oplismenus undulatifolius var. binatus S.L.Chen & Y.X.Jin 双穗求米草
Oplismenus undulatifolius var. glabrus S.L.Chen & Y.X.Jin 光叶求米草
Oplismenus undulatifolius var. imbecillis (R.Br.) Hack.狭叶求米草
Oplismenus undulatifolius var. japonicus (Steud.) Koidz.日本求米草
Oplismenus undulatifolius var. microphyllus (Honda) Ohwi 小叶求米草
Oplismenus undulatifolius var. undulatifolius=Oplismenus undulatifolius
Oplismenus zelayensis H.B.K.=Echinochloa crusgalli var. zelayensis
Oplopanax Miq.**刺参属**(五加科)
Oplopanax elatus Nakai 刺参
Oplopanax horridus (Smith) Miq.美洲刺参
Opulaster Medic.=**Physocarpus**
Opulaster amurensis (Maxim.) Kuntze=Physocarpus amurensis
Opuntia Mill.**仙人掌属**(仙人掌科)
Opuntia chinensis (Roxb.) K.Koch=Opuntia ficus-indica
Opuntia cochinellifera (L.) Mill.胭脂掌
Opuntia decumana (Willd.) Haw.=Opuntia ficus-indica
Opuntia dillenii (Ker-Gawl.) Haw.=Opuntia stricta var. dillenii
Opuntia ficus-indica (L.) Mill.梨果仙人掌
Opuntia ficus-indica var. *decumana* (Willd.) Speg.=Opuntia ficus-indica
Opuntia ficus-indica var. *gymnocarpa* (Web.) Speg.=Opuntia ficus-indica
Opuntia ficus-indica var. *saboten* Makino=Opuntia ficus-indica
Opuntia imbriacata (Haw.) DC.锁链掌
Opuntia leucotricha DC.棉花掌
Opuntia lindheimeri Engelm.黄针仙人掌
Opuntia maxima Mill.橙黄仙人掌
Opuntia megacantha Salm.-Dyck=Opuntia ficus-indica
Opuntia microdasys (Lehm.) Pfeiff.黄毛掌
Opuntia microdasys var. albispina Fobe 白毛掌
Opuntia microdasys var. rufida (Engelm.) K.Schum.褐毛掌
Opuntia monacantha (Willd.) Haw.单刺仙人掌
Opuntia stricta (Haw.) Haw.缩刺仙人掌
Opuntia stricta var. dillenii (Ker-Gawl.) Benson 仙人掌
Opuntia stricta var. stricta=Opuntia stricta
Opuntia vulgaris Mill.(Brit. & Rose in Cactaceae 1919,p.p.)=Opuntia monacantha
Orania Zippel.**奥兰棕属**(棕榈科)
Orania sylvicola (Griff.) Moore 森林奥兰棕
Orbignya Endl.**奥比尼亚棕属**(棕榈科)
Orbignya barbosiana Burret 马拉苏奥比尼亚棕
Orbignya cohune Standl.考胡棕
Orchidaceae 兰科
Orchidantha N.E.Brown **兰花蕉属**(芭蕉科)
Orchidantha chinensis T.L.Wu 兰花蕉
Orchidantha chinensis var. chinensis=Orchidantha chinensis
Orchidantha chinensis var. longisepala (D.Fang) T.L.Wu 长萼兰花蕉
Orchidantha insularis T.L.Wu 海南兰花蕉
Orchidantha longisepala D.Fang=Orchidantha chinensis var. longisepala
Orchiodes schlechtendaliana (Rchb.f.) Ktze.=Goodyera schlechtendaliana
Orchiodes secundiflora (Lindl.) Ktze.=Goodyera schlechtendaliana
Orchis L.**红门兰属**(兰科)
Orchis aceratorchis Sóo=Orchis tschiliensis
Orchis alpestre (Fukuyama) S.S.Ying=Amitostigma alpestre
Orchis aphylla F.W.Schmidt=Epipogium aphyllum
Orchis basifoliata (Finet) Schltr.=Amitostigma basifoliatum
Orchis beesiana W.W.Sm.=Orchis chusua

Orchis bracteata Muhl ex Willd.=Coeloglossum viride
Orchis brevicalcarata (Finet) Schltr 短距红门兰
Orchis chingshuishania S.S.Ying 清水红门兰
Orchis chrysea (W.W.Sm.) Schltr 黄花红门兰
Orchis chusua D.Don (T.Tang,F.T.Wang & K.Y.Lang=Orchis sichuanica
Orchis chusua D.Don 广布红门兰
Orchis chusua var. *delavayi* (Schltr.) Sóo=Orchis chusua
Orchis chusua var. *nana* King & Pantl.=Orchis chusua
Orchis chusua var. *pulchella* (Hand.-Mazz.) T.Tang F.T.Wang=Orchis chusua
Orchis chusus D.Don(新拉汉英 1996)=Orchis chusua
Orchis commelinifolia Roxb.=Habenaria commelinifolia
Orchis conopsea L.=Gymnadenia conopsea
Orchis constricta L.O.Wiliams=Neottianthe camptoceras
Orchis crenulata Schltr 齿缘红门兰
Orchis cruenta Muell 紫点红门兰
Orchis cucullata L.=Neottianthe cucullata
Orchis cyclochila (Franch. & Sav.) Maxim.卵唇红门兰
Orchis cylindrostachya (Lindl.) Kraenzl.=Gymnadenia orchidis
Orchis delavayi Schltr.=Orchis chusua
Orchis dentata Sw.=Habenaria dentata
Orchis diantha Schltr 二叶红门兰
Orchis doyonensis Hand.-Mazz.=Platanthera roseotincta
Orchis exilis Ames & Schltr 细茎红门兰
Orchis faberi (Rolfe) Sóo=Amitostigma faberi
Orchis falcata Thunb. ex A.Murray=Neofinetia falcata
Orchis flava L.=Tulotis fuscescens
Orchis formosensis S.S.Ying=Amitostigma gracile
Orchis forrestii (Schltr.) Sóo=Amitostigma monanthum var. forrestii
Orchis fuchsii Druce 紫斑红门兰
Orchis fuscescens L.=Tulotis fuscescens
Orchis geniculata Finet=Orchis monophylla
Orchis giraldiana Kraenzl ex Diels=Orchis chusua
Orchis gracilis (Bl.) Sóo=Amitostigma gracile
Orchis gracilis var. *chinensis* (Rolfe) Sóo=Amitostigma gracile
Orchis hatagirea D.Don=Orchis latifolia
Orchis hui T.Tang & F.T.Wang=Orchis limprichtii
Orchis incarnata L.肉色红门兰
Orchis japonica Thunb. ex A.Myrray=Platanthera japonica
Orchis japonica Thunb.=Platanthera japonica
Orchis kiraishiensis Hay 奇莱红门兰
Orchis kiraishiensis f. *leucantha* Masam.=Orchis kunihikoana
Orchis kiraishiensis var. *leucantha* Masam.=Orchis kunihikoana
Orchis kuanshanensis S.S.Ying 关山红门兰
Orchis kunihikoana Masam 白花红门兰
Orchis latifolia L.宽叶红门兰
Orchis latifolia γ. *cruenta* Lindl.=Orchis cruenta
Orchis laxiflora Lam.疏点红门兰
Orchis limprichtii Schltr 华西红门兰
Orchis maculata L.斑点红门兰
Orchis mairei Lévl.=Orchis chusua
Orchis militaris L.四裂红门兰
Orchis monophylla (Coll & Hems(L.) Rolfe 毛轴红门兰
Orchis nana (King & Pantl.) Schltr.=Orchis chusua
Orchis nanhutashanensis S.S.Ying 南湖红门兰
Orchis nivalis (Schltr.) Sóo=Amitostigma monanthum
Orchis ochroleuca Rchb.=Platanthera chlorantha
Orchis omeishanica T.Tang & F.T.Wang & K.Y.Lang 峨眉红门兰
Orchis pallens L.苍白红门兰
Orchis palustris Jacq.沼泽红门兰
Orchis parceflora (Fient) Hand.-Mazz.=Amitostigma parceflorum
Orchis parcifloroides Hand.-Mazz.=Orchis chusua
Orchis pauciflora Fisch ex Lindl.=Orchis chusua
Orchis paxiana Schltr.=Orchis roborovskii
Orchis pectinata J.E.Smith=Habenaria pectinata
Orchis physoceras (Schltr.) Sóo=Amitostigma physoceras
Orchis pugeensis K.Y.Lang 普格红门兰
Orchis pulchella Hand.-Mazz.=Orchis chusua
Orchis purpurea Huds.紫红门兰
Orchis radiata Thunb.=Pecteilis radiata
Orchis roborovskii Maxim 北方红门兰
Orchis rotundifolia Baks ex Pursh 北红门兰(新)
Orchis salina Turcz. ex Lindl.=Orchis latifolia
Orchis sichuanica K.Y.Lang 四川红门兰
Orchis sooii S.S.Ying=Amitostigma gracile
Orchis spathulata (Lindl.) Rchb.f. ex Benth.=Orchis diantha
Orchis spathulata var. *fóliosa* Finet=Orchis diantha
Orchis spathulata var. *wilsonii* Schltr.=Orchis diantha
Orchis stracheyi HK.f.=Orchis roborovskii
Orchis strateumatica L.=Zeuxine strateumatica
Orchis susannae L.=Pecteilis susannae
Orchis szechenyiana Rchb.f. ex Kanitz.=Orchis roborovskii
Orchis taitung S.S.Ying=Orchis kunihikoana
Orchis taitungensis S.S.Ying 台东红门兰
Orchis taitungensis var. albo-florens S.S.Ying 白花台东红门兰
Orchis taitungensis var. taitungensis=Orchis taitungensis
Orchis taiwanensis Fukuyama 台湾红门兰
Orchis takasago-montana Masam 高山红门兰
Orchis taoloii (S.S.Ying) T.P.Lin=Orchis kunihikoana
Orchis tenii Schltr.=Orchis chusua
Orchis tetraloba (Finet) Schltr.=Amitostigma tetralobum
Orchis tetraloba var. *yunnanense* Sóo=Amitostigma tetralobum
Orchis tibetica (Schltr.) Sóo=Amitostigma tibeticum
Orchis tipuloides L.f.=Platanthera tipuloides
Orchis tomingai (Hay.) S.S.Ying=Amitostigma tomingai
Orchis triplicata Willem.=Calanthe triplicata
Orchis tschiliensis (Schltr.) Sóo 河北红门兰
Orchis umbrosa Kar & Kir 阴生红门兰
Orchis unifoliata Schltr.=Orchis chusua
Orchis viridiflora Rottl ex Sw.=Habenaria viridiflora
Orchis wardii W.W.Sm 斑唇红门兰
Orchis yunkiana (Fukuyama) S.S.Ying=Amitostigma gracile
Orcya Vell.=**Acanthospermum**
Oreas Cham. ex Schl.=**Aphragmus**
Oreobatus Rydb.=**Rubus**
Oreoblastus Suslova=**Desideria**
Oreoblastus flabellatus (Rgl.) Suslova=Desideria flabellata
Oreoblastus himalayensis (Camb.) Suslova=Desideria himalayensis
Oreoblastus linearis (N.Busch.) Suslova=Desideria linearis
Oreoblastus parkeri (O.E.Schulz.) Suslova=Desideria linearis
Oreoblastus proliferus (Maxim.) Suslova=Desideria prolifera
Oreoblastus stewartii (T.Anders.) Suslova=Desideria stewartii
Oreocalamus Keng=**Chimonobamasa**
Oreocalamus armatus (Gamble) Wen=Chimonobambusa armata
Oreocalamus communis (Hsueh & Yi) Keng f.=Qiongzhuea communis
Oreocalamus luzhiensis (Hsueh & Yi) Keng f.=Qiongzhuea luzhiensis
Oreocalamus opienensis (Hsueh & Yi) Keng f.=Qiongzhuea opienensis
Oreocalamus puberulus (Hsueh & Yi) Keng f.=Qiongzhuea puberula
Oreocalamus rigidulus (Hsueh & Yi) Keng f.=Qiongzhuea rigidula
Oreocalamus szechuanensis (Rendle) Keng=Chimonobambusa szechuanensis
Oreocalamus utilis Keng=Chimonobambusa utilis
Oreocallis R.Br.**美山属**(山龙眼科)
Oreocallis pinnata (Maiden & Betche) Sleum.羽状美山
Oreocereus Ricc.**刺翁柱属**(仙人掌科)
Oreocereus celsianus var. bruennowii K.Schum.武烈柱
Oreocereus hendriksenianus Backeb.圣云锦
Oreocereus trollii (Kupper) Borg.白云锦
Oreocharis Benth.**马铃苣苔属**(苦苣苔科)
Oreocharis amabilis Dunn(1908,云南标本)马铃苣苔
Oreocharis amabilis Dunn(1908,福建标本)=Oreocharis maximowiczii
Oreocharis argyreia Chun ex K.Y.Pan 紫花马铃苣苔
Oreocharis argyreia var. angustifolia K.Y.Pan 窄叶马铃苣苔
Oreocharis argyreia var. argyreia=Oreocharis argyreia
Oreocharis aurantiaca Franch.橙黄马铃苣苔
Oreocharis aurea Dunn 黄马铃苣苔
Oreocharis aurea var. aurea =Oreocharis aurea
Oreocharis aurea var. cordato-ovata (C.Y.Wu ex H.W.Li) K.Y.Pan 卵心叶马铃苣苔
Oreocharis auricula (S.MOre) Clarke 长瓣马铃苣苔
Oreocharis auricula var. auricula=Oreocharis auricula
Oreocharis auricula var. denticulata K.Y.Pan 细齿马铃苣苔
Oreocharis benthamii Clarke 大叶石上莲
Oreocharis benthamii var. benthamii=Oreocharis benthamii

Oreocharis benthamii var. reticulata Dunn 石上莲
Oreocharis bodinieri Lévl.毛药马铃苣苔
Oreocharis cavaleriei Lévl.贵州马铃苣苔
Oreocharis cinnamomea Anthony 肉色马铃苣苔
Oreocharis cordato-ovata C.Y.Wu ex H.W.Li=Oreocharis aurea var. cordato-ovata
Oreocharis cordatula (Craib) Pellegr.心叶马铃苣苔
Oreocharis dasyantha Chun 毛花马铃苣苔
Oreocharis dasyantha var. dasyantha=Oreocharis dasyantha
Oreocharis dasyantha var. ferruginosa K.Y.Pan 锈毛马铃苣苔
Oreocharis delavayi Franch.洱源马铃苣苔
Oreocharis elliptica J.Anthony=Oreocharis delavayi
Oreocharis elliptica var. *eliptica*=Oreocharis delavayi
Oreocharis elliptica var. *parvifolia* W.T.Wang & K.Y.Pan ex K.Y.Pan= Oreocharis delavayi
Oreocharis esquirolii Lévl.=Oreocharis auricula
Oreocharis esquirolii Lévl.=Thamnocharis esquirolii
Oreocharis filipes Hance=Paraboea filipes
Oreocharis flavida Merr.黄花马铃苣苔
Oreocharis fokienensis Franch.=Oreocharis maximowiczii
Oreocharis forrestii (Deils) Skan 丽江马铃苣苔
Oreocharis georgei Anth.剑川马铃苣苔
Oreocharis henryana Oliv.(Farrer in J.Roy.Hort.Soc.London 1916)= Isometrum farreri
Oreocharis henryana Oliv.川滇马铃苣苔
Oreocharis heterandra D.Fang & D.H.Qin 异蕊马铃苣苔
Oreocharis leiophylla W.T.Wang=Bournea leiophylla
Oreocharis leveilleana Fedde=Oreocharis auricula
Oreocharis magnidens Chun ex K.Y.Pan 大齿马铃苣苔
Oreocharis mairei Lévl.=Tremacron mairei
Oreocharis maximowiczii Clarke 大花石上莲
Oreocharis micrantha Lévl.=Didymocarpus stenanthos
Oreocharis minor (Craib) Pellegr.小马铃苣苔
Oreocharis nemoralis Chun 湖南马铃苣苔
Oreocharis notochlaena (Lévl. & Vant.) Lévl.=Ancylostemon notochlaenus
Oreocharis obliqua C.Y.Wu ex H.W.Li 斜叶马铃苣苔
Oreocharis rhytidophylla C.Y.Wu ex H.W.Li 网叶马铃苣苔?
Oreocharis rotundifolia K.Y.Pan 圆叶马铃苣苔
Oreocharis sericea Lévl.=Oreocharis auricula
Oreocharis squamigera Lévl.=Oreocharis henryana
Oreocharis tonkinensis Kranenzl.=Boeica porosa
Oreocharis tubicella Franch.管花马铃苣苔
Oreocharis tubiflora K.Y.Pan 筒花马铃苣苔
Oreocharis xiangguiensis W.T.Wang & K.Y.Pan 湘桂马铃苣苔
Oreocnide Miq.**紫麻属**(荨麻科)
Oreocnide acuminata (Roxb.) Kurz.=Oreocnide integrifolia
Oreocnide boniana (Gagn.) Hand.-Mazz.膜叶紫麻
Oreocnide frutescens (Thunb.) Miq.(西藏志 1983)=Oreocnide frutescens subsp. occidentalis
Oreocnide frutescens (Thunb.) Miq.紫麻
Oreocnide frutescens subsp. frutescens=Oreocinide frutescens
Oreocnide frutescens subsp. insignis C.J.Chen 细梗紫麻
Oreocnide frutescens subsp. occidentalis C.J.Chen 滇藏紫麻
Oreocnide fruticosa (Gauidich.) Hand.-Mazz.=Oreocinide frutescens
Oreocnide integrifolia (Gaudich.) Miq.全缘叶紫麻
Oreocnide integrifolia subsp. integrifolia=Oreocnide integrifolia
Oreocnide integrifolia subsp. subglabra C.J.Chen 少毛紫麻
Oreocnide kwangsiensis Hand.-Mazz.广西紫麻
Oreocnide obovata (C.H.Wright) Merr.倒卵叶紫麻
Oreocnide obovata (C.H.Wright) Merr.海南紫麻
Oreocnide obovata var. mucronata C.J.Chen 凸尖紫麻
Oreocnide obovata var. obovata=Oreocnide obovata
Oreocnide obovata var. paradoxa (Gagn.) C.J.Chen 凹尖紫麻
Oreocnide pedunculata (Shirai) Masamune 长梗紫麻
Oreocnide rubescens (Bl.) Miq.红紫麻
Oreocnide rubescens Bl.(海南志 1965)=Oreocnide integrifolia subsp. subglabra
Oreocnide scabra (Bl.) Miq.=Oreocnide rubescens
Oreocnide serrulata C.J.Chen 细齿紫麻
Oreocnide sylvatica (Bl.) Miq.=Oreocnide rubescens
Oreocnide sylvatica Miq.(Merr.in Lingnan.Sci.J.1927)=Oreocnide integrifolia subsp. subglabra
Oreocnide tonkinensis (Gagn.) Merr. & Chun(p.p.)=Oreocnide obovata
Oreocnide tonkinensis (Gagn.) Merr. & Chun 宽叶紫麻
Oreocnide tonkinensis var. discolor Gagn.灰背叶紫麻
Oreocnide tonkinensis var. tonkinensis=Oreocnide tonkinensis
Oreocnide tremula Hand.-Mazz.=Archiboehmeria atrata
Oreodoxa Kunth=**Roystonea**
Oreodoxa oleracea (Jacq.) Mart.=Roystonea oleracea
Oreodoxa regia Kunth=Roystonea regia
Oreogenia I.M.Joh=**Lasiocaryum**
Oreogenia munroi (C.B.Clarke) I.M.Joh.=Lasiocaryum munroi
Oreogenia munroi (Clarke) Johnst.=Lasiocaryum munroi
Oreogenia trichocarpum (Hand.-Mazz.) Brand=Lasiocaryum trichocarpum
Oreoloma Botsch.**爪花芥属**(十字花科)
Oreoloma eglandulosum Botsch.少腺爪花芥
Oreoloma matthioloides (Franch.) Botsch.紫爪花芥
Oreoloma sulfureum Botsch.=Oreoloma violaceum
Oreoloma violaceum Botsch.爪花芥
Oreomyrrhis Engl.**山茉莉芹属**(伞形科)
Oreomyrrhis andicola (Kunth) HK.f.安第斯山茉莉芹
Oreomyrrhis gracilis Masamune=Oreomyrrhis involurata
Oreomyrrhis involucrata var. *gracilis* Masamune=Oreomyrrhis involurata
Oreomyrrhis involucrata var. *pubescens* Masamune=Oreomyrrhis involurata
Oreomyrrhis involurata Hay.山茉莉芹
Oreomyrrhis taiwaniana Masamune 台湾山茉莉芹
Oreopanax chinensis Dunn=Schefflera chinensis
Oreopanax formosana Hay.=Sinopanax formosanus
Oreopteris Holub=**Lastrea**
Oreopteris elwesii Holtt=Lastrea elwesii
Oreopteris quelpaertensis Holub=Lastrea quelpaertensis
Oreorchis Lindl.**山兰属**(兰科)
Oreorchis angustata L.O.Williams ex N.Pearce & Cribb 西南山兰
Oreorchis bilamellata Fukuyama 大霸山兰
Oreorchis erythrochrysea Hand.-Mazz.短梗山兰
Oreorchis fargesii Finet 长叶山兰
Oreorchis fargesii var. *subcapitata* Hay.=Oreorchis fargesii
Oreorchis foliosa (Lindl.) Lind.(高等图鉴 1976,西藏志 1987)=Oreorchis erythrochrysea
Oreorchis foliosa var. *indica* (Lindl.) N.Pearce & Cribb=Oreorchis indica
Oreorchis gracilis Franch. & Sav.=Oreorchis patens
Oreorchis gracilis var. *gracillima* Hay.=Oreorchis patens
Oreorchis gracillima (Hay.) Schltr.=Oreorchis patens
Oreorchis indica (Lindl.) HK.f.囊唇山兰
Oreorchis intermedia S.S.Chien=Oreorchis fargesii
Oreorchis lancifolia A.Gray=Oreorchis patens
Oreorchis micrantha Lindl.狭叶山兰
Oreorchis nana Schltr.硬叶山兰
Oreorchis nepalensis N.Pearce & Cribb 大花山兰
Oreorchis ohwii Fukuyama=Oreorchis fargesii
Oreorchis oligantha Schltr.=Oreorchis nana
Oreorchis parvula Schltr.矮山兰
Oreorchis patens (Lindl.) Lindl.山兰
Oreorchis patens var. *confluens* Hand.-Mazz.=Oreorchis patens
Oreorchis patens var. *gracilis* (Franch. & Sav.) Makino ex Schltr.= Oreorchis patens
Oreorchis patens var. *gracillima* (Hay.) S.S.Ying=Oreorchis patens
Oreorchis rockii Schweinfurth=Oreorchis nana
Oreorchis setchuanica Ames & Schltr.=Oreorchis patens
Oreorchis subcapitata (Hay.) Schltr.=Oreorchis fargesii
Oreorchis unguiculata Finet=Cremastra unguiculata
Oreorchis wilsonii Rolfe ex Adamson=Oreorchis patens
Oreorchis yunnanensis Schltr.=Oreorchis patens
Oreoseris DC.=**Gerber**
Oreoseris nivea DC.=Gerbera nivea
Oreosolen HK.f.**藏玄参属**(玄参科)
Oreosolen alaicus (B.Fedtsch.) Pavlov=Nathaliella alaica
Oreosolen unguiculatus Hemsl.=Oreosolen wattii
Oreosolen wattii HK.f.藏玄参
Oresitrophe Bge.**独根草属**(虎耳草科)

Oresitrophe rupifraga Bge.独根草
Oresitrophe rupifraga var. *glabrescens* W.T.Wang=Oresitrophe rupifraga
Orias Dode=Lagerstroemia
Orias excelsa Dode=Lagerstroemia excelsa
Origanum L.**牛至属**(唇形科)
Origanum creticum Lour.=Origanum vulgare
Origanum heracleoticum L.(Lour.in Fl.Cochinch.1790)=Origanum vulgare
Origanum normale D.Don=Origanum vulgare
Origanum vulgare L.牛至
Origanum vulgare var. *formosanum* Hay.=Origanum vulgare
Origanum vulgare var. *virens* DC.(Franch.in Nouv.Arch.Mus.Paris 1884)=Origanum vulgare
Orinus Hitchc.**固沙草属**(禾本科)
Orinus anomala Keng ex Keng f. & L.Liou 四川固沙草(新)
Orinus arenicola Hitchc.=Orinus thoroldii
Orinus kokonorica (Hao) Keng 青海固沙草
Orinus thoroldii (Stapf ex Hemsl.) Bor 固沙草
Orithyia D.Don=**Tulipa**
Orithyia dasystemon Rgl.=Tulipa dasystemon
Orithyia edulis Miq.=Tulipa edulis
Orithyia heterophylla Rgl.=Tulipa heterophylla
Orithyia nutans Trautv.=Tulipa uniflora
Orithyia uniflora (L.) D.Don=Tulipa uniflora
Oritrephes septentrionalis W.W.Sm.=Medinilla septentrionalis
Orixa Thunb.**臭常山属**(芸香科)
Orixa japonica Thunb.臭常山
Orixa racemosa Tan=Orixa japonica
Orixa subcoriacea Tan=Orixa japonica
Ormocarpum Beauv.**链荚木属**(豆科)
Ormocarpum cochinchinense (Lour.) Merr.链荚木
Ormocarpum semoides DC.=Ormocarpum cochinchinense
Ormosia Jacks.**红豆属**(豆科)
Ormosia acuminata Wall.=Ormosia fordiana
Ormosia apiculata L.Chen 喙顶红豆
Ormosia balansae Drake 长脐红豆
Ormosia cathayensis L.Chen=Ormosia semicastrata
Ormosia elliptica Q.W.Yao & R.H.Chang 厚荚红豆
Ormosia elliptilimba Merr. & Chun=Ormosia balansae
Ormosia emarginata (HK. & Arn.) Benth.凹叶红豆
Ormosia eugeniifolia Tsiang ex R.H.Chang 蒲桃红豆
Ormosia ferruginea R.H.Chang 锈枝红豆
Ormosia fordiana Oliv.肥荚红豆
Ormosia formosana Kahenira 台湾红豆
Ormosia glaberrima Y.C.Wu 光叶红豆
Ormosia hainanensis Gagn.=Ormosia pinnata
Ormosia hekouensis R.H.Chang 河口红豆
Ormosia henryi Hemsl. & Wils.=Ormosia henryi
Ormosia henryi Prain 花榈木
Ormosia henryi var. *nuda* How=Ormosia nuda
Ormosia hosiei Hemsl. & Wils.红豆树
Ormosia howii Merr. & Chun 缘毛红豆
Ormosia indurata L.Chen 韧荚红豆
Ormosia inflata Merr. & Chun ex L.Chen 胀荚红豆
Ormosia kwangsinensis L.Chen=Ormosia glaberrima
Ormosia longipes L.Chen 纤柄红豆
Ormosia merrilliana L.Chen 云开红豆
Ormosia microphylla Merr.小叶红豆
Ormosia microphylla var. microphylla=Ormosia microphylla
Ormosia microphylla var. tomentosa R.H.Chang 绒毛小叶红豆
Ormosia microsperma Baker (Chun in Sci.J.Coll.Sci.Sunyatsen Univ. 1930)= Ormosia yunnanensis
Ormosia mollis Dunn=Ormosia henryi
Ormosia nanningensis L.Chen 南宁红豆
Ormosia napoensis Z.Wei & R.H.Chang 那坡红豆
Ormosia nuda (How) R.H.Chang & Q.W.Yao 秃叶红豆
Ormosia obscurinervia Merr. & Chun ex Tanaka & Odashima=Ormosia simplicifolia
Ormosia olivacea L.Chen 榄绿红豆
Ormosia pachycarpa Champ. ex Benth.茸荚红豆
Ormosia pachycarpa var. pachycarpa=Ormosia pachycarpa
Ormosia pachycarpa var. tenuis Chun ex R.H.Chang 薄毛茸荚红豆
Ormosia pachyptera L.Chen 菱荚红豆
Ormosia pingbianensis W.C.Cheng & R.H.Chang 屏边红豆
Ormosia pinnata (Lour.) Merr.海南红豆
Ormosia polysperma L.Chen=Ormosia xylocarpa
Ormosia pubescens R.H.Chang 柔毛红豆
Ormosia purpureiflora L.Chen 紫花红豆
Ormosia saxatilis K.M.Lan 岩生红豆
Ormosia semicastrata Hance (树木分类学 1937,p.p.)=Ormosia pinnata
Ormosia semicastrata Hance 软荚红豆
Ormosia semicastrata f. litchifolia How 荔枝叶红豆
Ormosia semicastrata f. pallida How 苍叶红豆
Ormosia semicastrata f. semicastrata=Ormosia semicastrata
Ormosia sericeolucida L.Chen 亮毛红豆
Ormosia simplicifolia Merr. & Chun ex L.Chen 单叶红豆
Ormosia striata Dunn 槽纹红豆
Ormosia taiana C.Y.Chiao=Ormosia hosiei
Ormosia xylocarpa Chun ex L.Chen 木荚红豆
Ormosia yaanensis N.Chao=Ormosia nuda
Ormosia yunnanensis Prain.云南红豆
Ornithidium imbricatum Wall. ex HK.f.=Pholidota imbricata
Ornithoboea Parish ex Clarke **喜鹊苣苔属**(苦苣苔科)
Ornithoboea arachnoides (Diels) Craib 珠毛喜鹊苣苔
Ornithoboea clacicola C.Y.Wu ex H.W.Li 灰岩喜鹊苣苔
Ornithoboea darrisii (Lévl.) Craib=Ornithoboea feddei
Ornithoboea feddei (Lévl.) Burtt 贵州喜鹊苣苔
Ornithoboea forrestii Craib=Ornithoboea arachnoides
Ornithoboea henryi Craib 喜鹊苣苔
Ornithoboea lanata Craib=Ornithoboea arachnoides
Ornithoboea wildeana Craib 滇桂喜鹊苣苔
Ornithochilus (Lindl.) Wall. ex Benth.**羽唇兰属**(兰科)
Ornithochilus delavayi Finet=Ornithochilus difformis
Ornithochilus difformis (Lindl.) Schltr.羽唇兰
Ornithochilus eublepharon Hance=Ornithochilus difformis
Ornithochilus fuscus Lindl.=Ornithochilus difformis
Ornithochilus yingjiangensis Z.H.Tsi 盈江羽唇兰
Ornithogalum L.**虎眼万年青属**(百合科)
Ornithogalum arabicum L.无脊虎眼万年青
Ornithogalum bulbiferum Pall.=Gagea bulbifera
Ornithogalum caudatum Jacq.虎眼万年青
Ornithogalum filiforme Ledeb.=Gagea filiformis
Ornithogalum fragiferum Vill.=Gagea fragifera
Ornithogalum japnicum Thunb.=Barnardia fragifera
Ornithogalum luteum L.=Gagea nakaiana
Ornithogalum miniatum Jacq.黄花虎眼万年青
Ornithogalum pyramidale Hort.塔形海葱
Ornithogalum sinense Lour.=Barnardia japonica
Ornithogalum splendens L.红花虎眼万年青
Ornithogalum thyrsoides Jacq.白花虎眼万年青
Ornithogalum triflorum Ledeb.=Lloydia triflora
Ornithogalum umbellatum L.伞花虎眼万年青
Ornithogalum uniflorum L.=Tulipa uniflora
Ornithopus rubrum Lour.=Desmodium rubrum
Ornus floribunda G.Don=Fraxinus floribunda
Ornus xanthoxyloides G.Don=Fraxinus xanthoxyloides
Orobanchaceae 列当科
Orobanche L.**列当属**(列当科)
Orobanche acaulis Roxb.=Aeginetia acaulis
Orobanche aeginetia L.=Aeginetia indica
Orobanche aegyptiaca Pers.分枝列当
Orobanche alba Steph.白花列当
Orobanche alba var. *glabrata* (C.A.Mey.) G.Beck=Orobanche alba
Orobanche alba var. *wiedemanni* (Boiss.) G.Beck=Orobanche alba
Orobanche alsatica Kirschl.多色列当
Orobanche alsatica subsp. *libanotidis* (Rupr.) Tzvel.=Orobanche alsatica
Orobanche alsatica var. *libanotidis* (Rupr.) Beck.=Orobanche alsatica
Orobanche alsatica var. *yunnanensis* G.Beck=Orobanche yunnanensis
Orobanche ammophila C.A.Mey.=Orobanche coerulescens
Orobanche amoeana C.A.Mey 美丽列当
Orobanche amurensis (G.Beck) B.Beck ex Kom.=Orobanche pycnostachya var. amurensis

Orobanche bartlingii Griseb.=Orobanche alsatica
Orobanche bicolor C.A.Mey.=Orobanche cernua var. cumana
Orobanche bodinieri Lévl.=Orobanche coerulescens
Orobanche brassicae Novopokr.光药列当
Orobanche buhsei Reut. ex Boiss. & Buhse=Orobanche caryophyllacea
Orobanche caerulescens Steph.(新拉汉英 1996) =Orobanche coerulescens
Orobanche caesia Reichenb.毛列当
Orobanche camptolepis Boiss. & Reut.=Orobanche cernua
Orobanche canescens Bge.=Orobanche coerulescens
Orobanche caryophyllacea Smith 丝毛列当
Orobanche cernua Loefling(西藏志 1985 ,p.p.)=Orobanche clarkei
Orobanche cernua Loefling 弯管列当
Orobanche cernua subsp. *cumana* (Wallr.) Soó=Orobanche cernua var. cunana
Orobanche cernua var. cernua=Orobanche cernua
Orobanche cernua var. *cumana* (Wallr.) G.Beck=Orobanche cernua
Orobanche cernua var. cunana (Wallr.) Beck.欧亚列当
Orobanche cernua var. hansii (A.Kerner) G.Beck 直管列当
Orobanche cernua var. *latebracteata* f. *camptolepis* (Boiss. & Reut.) G.Beck=Orobanche cernua
Orobanche clarkei HK.f.西藏列当
Orobanche coelestis Boiss. & Reut.长齿列当
Orobanche coelestis f. *persia* G.Beck=Orobanche coelestis
Orobanche coerulescens Steph.列当
Orobanche coerulescens f. coerulescens=Orobanche coerulescens
Orobanche coerulescens f. *korshinskyi* (Novop.) Ma=Orobanche coerulescens
Orobanche coerulescens f. *ombrochares* (Hance) G.Beck=Orobanche ombrochares
Orobanche coerulescens f. *pekinensis* G.Beck=Orobanche coerulescens
Orobanche coerulescens f. *typica* G.Beck=Orobanche coerulescens
Orobanche coerulescens var. *albiflora* Ktz.=Orobanche coerulescens
Orobanche cumana Wallr.=Orobanche cernua var. cumana
Orobanche cyanescens H.Sm.=Orobanche sinensis var. cyanescens
Orobanche elatior Sutt.短唇列当
Orobanche eximia H.Sm.=Orobanche megalantha
Orobanche galii Duby=Orobanche caryophyllacea
Orobanche gigantea (G.Beck) Gontsch=Orobanche kotschyi
Orobanche glabra HK.=Boschniakia rossica
Orobanche glabrata C.A.Mey.=Orobanche alba
Orobanche hansii A.Kerner=Orobanche cernua var. hansii
Orobanche hederae Duby 常春藤列当
Orobanche heldreichii (Reut.) G.Beck=Orobanche coelestis
Orobanche indica Buch.-Ham. ex Roxb.=Orobanche aegyptiaca
Orobanche japonensis Makino=Orobanche coerulescens
Orobanche kelleri Novopokr.短齿列当
Orobanche korshinskyi Novopokr=Oreocharis coerulescens
Orobanche kotschyi Reut.缢筒列当
Orobanche kotschyi var. *gigantea* G.Beck=Orobanche kotschyi
Orobanche krylowii Beck.丝多毛列当
Orobanche lanuginosa (C.A.Mey.) Beck ex Kyrlov 毛列当
Orobanche libanotidis Rupr.=Orobanche alsatica
Orobanche mairei Lévl.=Orobanche coerulescens
Orobanche major L.=Orobanche caryophyllacea
Orobanche major f. *krylowi* (G.Beck) G.Beck=Orobanche krylowii
Orobanche maritima Pugsley 海滨列当
Orobanche megalantha H.Sm.大花列当
Orobanche minor Sm.小列当
Orobanche mongolica G.Beck 中华列当
Orobanche mupinensis Hu 宝兴列当
Orobanche mutelii subsp. *brassicae* Novopokr.=Orobanche brassicae
Orobanche nipponica Makino=Orobanche coerulescens
Orobanche ombrochares Hance 毛药列当
Orobanche pedunculata Roxb.=Aeginetia acaulis
Orobanche purpurea Jacq.紫列当
Orobanche pycnostachya Hance 黄花列当
Orobanche pycnostachya var. amurensis G.Beck 黑水列当
Orobanche pycnostachya var. *genuina* G.Beck=Orobanche pycnostachya
Orobanche pycnostachya var. pycnostachya=Orobanche pycnostachya
Orobanche pycnostachya var. *yunnanensis* G.Beck=Orobanche coerulescens
Orobanche quadrifida C.Koch=Orobanche caryophyllacea
Orobanche ramosa L.(HK.f.in Fl.Brit.Ind.1884)=Orobanche aegyptiaca
Orobanche rapumgenistae Thuill.大列当
Orobanche reticulata Wallr.网状列当
Orobanche rossica Cham. & Schl.=Boschniakia rossica
Orobanche sinensis H.Sm.(西藏志 1985 ,p.p.)=Orobanche solmsii
Orobanche sinensis H.Sm.(西藏志 1985 ,p.p.)=Orobanche yunnanensis
Orobanche sinensis H.Sm.四川列当
Orobanche sinensis var. cyanescens (H.Sm.) Z.Y.Zhang 蓝花列当
Orobanche sinensis var. sinensis=Orobanche sinensis
Orobanche solmsii Clarke 长苞列当
Orobanche sordida C.A.Mey 淡黄列当
Orobanche uralensis G.Beck.多齿列当
Orobanche vulgaris Poiret=Orobanche caryophyllacea
Orobanche wiedemanni Boiss.=Orobanche alba
Orobanche yunnanensis (G.Beck.) Hand.-Mazz.滇列当
Orobium Reich.=**Aphragmus**
Orobus alatus Maxim.=Lathyrus komarovii
Orobus gmelinii Fisch. ex DC.=Lathyrus gmelini
Orobus humilis Ser. =Lathyrus humilis
Orobus lathyroides L.=Vicia unijuga
Orobus ramuliflorus Maxim.=Vicia ramuliflora
Orobus venosus Willd. ex Lin=Vicia venosa
Orobus venosus var. *willdenowianus* Turcz.=Vicia venosa
Orontium japonicum Thunb.=Rohdea japonica
Orophea Bl.**澄广花属**(番荔枝科)
Orophea anceps Pierre 广西澄广花
Orophea hainanensis Merr.澄广花
Orophea hirsuta King 毛澄广花
Orophea palawanensis Elm.=Mezzettiopsis creaghii
Orophea polycarpa sensu Merr. & Chun=Mezzettiopsis creaghii
Orophea polycarpa var. *anceps* (Pierre) Ast=Orophea anceps
Orophea polycarpa var. *undulata* (Pierre) Ast=Orophea anceps
Orophea undulata Pierre=Orophea anceps
Orophea yunnanensis P.T.Li 云南澄广花
Orostachys (DC.) Fisch.**瓦松属**(景天科)
Orostachys alicae (Hamet) H.Ohba=Kungia aliciae
Orostachys aliciae (Raym.-Hamet) H.Ohba=Kungia aliciae
Orostachys cartilagineus A.Bor.狼爪瓦松
Orostachys chanetii (Lévl.) Berger 塔花瓦松
Orostachys erubescens (Maxim.) Ohwi=Orostachys spinosa
Orostachys fimbriata var. *grandiflora* E.Z.Li & X.D.Chen=Orostachys fimbriata
Orostachys fimbriata var. *shandongensis* F.Z.Li & X.D.Chen=Orostachys fimbriata
Orostachys fimbriatus (Turcz.) Berger 瓦松
Orostachys fimbriatus var. *grandiflora* E.Z.Li & X.D.Chen= Orostachysfimbriatus
Orostachys japonicus A.Berg.晚红瓦松
Orostachys jiuhuanensis X.H.Guo & X.L.Liu=Orostachys fimbriatus
Orostachys malacophylla subsp. lioutchenngoi H.Ohba 慎谔瓦松
Orostachys malacophylla subsp. malacophylla=Orostachys malacophylla
Orostachys malacophyllus (Pall.) Fisch.钝叶瓦松
Orostachys malacophyllus subsp. lioutchengoi H.Ohba 慎谔瓦松
Orostachys malacophyllus subsp. malacophyllus= Orostachys malacophyllus
Orostachys minutus (Kom.) Berger 小瓦松
Orostachys ramosissima (Maxim.) V.V.Byalt=Orostachys fimbriata
Orostachys schoenlandii (Raym.-Hamet) H.Ohba=Kungia schoenlandii
Orostachys spinosus (L.) C.A.Mey.黄花瓦松
Orostachys stenostachya (Fröd.) H.Ohba=Kungia schoenlandii var. stenostachya
Orostachys thyrsiflorus Fisch.小苞瓦松
Oroxylum Vent.**木蝴蝶属**(紫葳科)
Oroxylum indicum (L.) Kurz 木蝴蝶
Orthilia Rafin.**单侧花属**(鹿蹄草科)
Orthilia nummularia (Rupr.) Y.L.Chou=Orthilia obtusata
Orthilia obtusata (Turcz.) Hara 钝叶单侧花
Orthilia obtusata var. obtusata=Orthilia obtusata
Orthilia obtusata var. xizanensis Y.L.Chou 西藏单侧花
Orthilia parvifolia Rafin.=Orthilia secunda
Orthilia secunda (L.) House 单侧花

Orthilia secunda subsp.*obtusata* (Turcz.) Röcher=Orthilia obtusata
Orthilia secunda var. *obtusata* (Turcz.) House=Orthilia obtusata
Orthocarpus Nutt. (植物志 67-2,1990)=Triphysaria
Orthocarpus chinensis D.Y.Hong=Triphysaria chinensis
Orthocentron Cass.=**Cirsium**
Orthodon Benth. ex Oliv.=**Mosla**
Orthodon cavaleriei (Lévl.) Kudô =Mosla cavaleriei
Orthodon chinensis (Maxim.) Kudô =Mosla chinensis
Orthodon diantherus (Buch.-Ham.) Hand.-Mazz.=Mosla dianthera
Orthodon exfoliatus C.Y.Wu=Mosla exfoliata
Orthodon fordii (Maxim.) Hand.-Mazz.=Mosla chinensis
Orthodon formosanus (Maxim.) Kudô =Mosla formosana
Orthodon grosseserratum (Maxim.) Kudô =Mosla grosseserrata
Orthodon hangchowensis (Matsuda) C.Y.Wu=Mosla hangchowensis
Orthodon hangchowensis var. *cheteana* Sun ex C.H.Hu=Mosla hangchowensis var. cheteana
Orthodon laceolatus (Benth.) Kudô =Mosla scabra
Orthodon longibracteatus C.Y.Wu & Hsuan=Mosla longibracteata
Orthodon longispicus C.Y.Wu=Mosla longispica
Orthodon lysimachiiforus (Hay.) Masam.=Mosla formosana
Orthodon pauciflorus C.Y.Wu=Mosla pauciflora
Orthodon punctatum (Thunb.) Kudô =Mosla scabra
Orthodon punctatum var. *tetrantherus* Hand.-Mazz.=Mosla dianthera
Orthodon punctulatum (J.F.Gmelin) Ohwi=Mosla scabra
Orthodon scaber (Thunb.) Hand.-Mazz.=Mosla scabra
Orthodon soochowensis (Matsuda) C.Y.Wu=Mosla soochowensis
Orthopogon imbecillis R.Br.=Oplismenus undulatifolius var. imbecillis
Orthopogon undulatifolius Spreng=Oplismenus undulatifolius
Orthoraphium Nees **直芒草属**(禾本科)
Orthoraphium grandifolium (Keng) Keng ex P.C.Kuo 大叶直芒草
Orthoraphium grandifolium (Keng) Keng=Orthoraphium grandifolium
Orthoraphium roylei Nees 直芒草
Orthorrhiza Stapf.=**Diptychocarpus**
Orthorrihiza persica Stapf.=Diptychocarpus strictus
Orthosiphon Benth.**鸡脚参属**(唇形科)
Orthosiphon aristatus (Bl.) Miq.=Clerodendranthus spicatus
Orthosiphon bodinieri Vant.=Isodon lophanthoides
Orthosiphon comosus Wight 丛毛鸡脚参
Orthosiphon debilis Hemsl.=Heterolamium debile
Orthosiphon delavayi Lévl.=Kinostemon ornatum
Orthosiphon diffusus Benth.披散鸡脚参
Orthosiphon glabrescens Vant.=Isodon longitubus
Orthosiphon incurvus Benth.内弯鸡脚参
Orthosiphon lanceolatus Sun ex C.H.Hu=Orthosiphon rubicundus var. hainanensis
Orthosiphon mairei Lévl.=Orthosiphon wulfenioides
Orthosiphon marmoritis (Hance) Dunn 石生鸡脚参
Orthosiphon pallidus Royel 苍白鸡脚参
Orthosiphon pseudorubicundus Lingelsh. & Borza=Orthosiphon wulfenioides
Orthosiphon robustus HK.f.粗壮鸡脚参
Orthosiphon rubicundus (D.Don) Benth.(Dunn in Notes Bot.Gard.Edinb. 1913)=Orthosiphon wulfenioides
Orthosiphon rubicundus (D.Don) Benth.(Dunn in Notes Bot.Gard.Edinb. 1915,p.p.)=Orthosiphon rubicundus var. hainanensis
Orthosiphon rubicundus Benth.深红鸡脚参
Orthosiphon rubicundus var. hainanensis Sun ex C.Y.Wu 披针叶直管草
Orthosiphon rubicundus var. rubicundus=Orthosiphon rubicundus
Orthosiphon scapiger Benth.花茎鸡脚参
Orthosiphon sinensis Tutch.=Orthosiphon marmoritis
Orthosiphon spicatus (Thunb.) Back.,Bakh. & Steen.=Clerodendranthus spicatus
Orthosiphon spiralis Merr. ex Groff=Clerodendranthus spicatus
Orthosiphon stamineus Benth.=Clerodendranthus spicatus
Orthosiphon tomentosus Benth.绒毛鸡脚参
Orthosiphon wulfenioides (Diels) Hand.-Mazz.鸡脚参
Orthosiphon wulfenioides var. foliosus Stib.茎叶鸡脚参(新)
Orthosiphon wulfenioides var. wulfenioides=Orthosiphon wulfenioides
Orthtilia secunda var. *nummularia* (Rupr.) Hara=Orthilia obtusata
Ortmannia Opiz=**Geodorum**
Ortmannia cernua (Willd.) Opiz=Geodorum densiflorum
Orychophragmus Bge.**诸葛菜属**(十字花科)
Orychophragmus diffusus Z.M.Tan & J.M.Xu=Orychophragmus violaceus
Orychophragmus hupehensis (Pamp.) Z.M.Tan & X.L.Zhang=Orychophragmus violaceus
Orychophragmus limprichtianus (Pax) Al-Scheh. & G.Yan 心叶诸葛菜
Orychophragmus sonchifolius Bge.=Orychophragmus violaceus
Orychophragmus sonchifolius var. *hupehensis* Pamp.=Orychophragmus violaceus
Orychophragmus sonchifolius var. *intermedius* Pamp.=Orychophragmus violaceus
Orychophragmus sonchifolius var. *subintegrifolius* Pamp.=Orychophragmus violaceus
Orychophragmus taibaiensis Z.M.Tan & B.Z.Zhao=Orychophragmus violaceus
Orychophragmus violaceus (L.) O.E.Schulz 诸葛菜
Orychophragmus violaceus var. *homaeophyllus* (Hance) O.E.Schulz.=Orychophragmus violaceus
Orychophragmus violaceus var. *hupehensis* (Pamp.) O.E.Schulz=Orychophragmus violaceus
Orychophragmus violaceus var. *intermedius* (Pamp.) O.E.Schulz.=Orychophragmus violaceus
Orychophragmus violaceus var. *lasiocarpus* Migo=Orychophragmus violaceus
Orychophragmus violaceus var. *subintegrifolius* (Pamp.) O.E.Schlz.=Orychophragmus violaceus
Orychophragmus violaceus var. violaceus=Orychophragmus violaceus
Oryza L.**稻属**(禾本科)
Oryza fatua Koen. ex Trin.=Oryza rufipogon
Oryza fatua var. *longiaristata* Ridley=Oryza rufipogon
Oryza formosana Masam. & Suzuki=Oryza rufipogon
Oryza glaberrima Steud.光稃稻
Oryza granulata Nees & Arn. ex HK.f.疣粒稻
Oryza latifolia Desv.阔叶稻
Oryza meyeriana (禾本科图说 1959)=Oryza granulata
Oryza meyeriana subsp. granulata (Nees & Arn. ex Watt.) Tateoka 野稻
Oryza minuta Presl 小粒稻
Oryza officinalis Wall. ex Wall.药用稻
Oryza rufipogon Griff.野生稻
Oryza sativa L.稻
Oryza sativa f. *spontanea* Roshev.=Oryza rufipogon
Oryza sativa subsp. indica Kato 籼稻
Oryza sativa subsp. japonica Kato 粳稻
Oryza sativa var. glutinosa Mats.糯稻
Oryza sativa var. *latifolia* Doell=Oryza glaberrima
Oryza sativa var. *rufipogon* Watt=Oryza rufipogon
Oryzopsis Michx.**落芒草属**(禾本科)
Oryzopsis aequiglumis Duthiee 等颖落芒草
Oryzopsis aequiglumis var. aequiglumis=Oryzopsis aequiglumis
Oryzopsis aequiglumis var. ligulata P.C.Kuo & Z.L.Wu 长舌落芒草
Oryzopsis asperifolia Michx.糙叶落芒草
Oryzopsis chinensis Hitchc.中华落芒草
Oryzopsis gracilis (Mez) Pilger 小落芒草
Oryzopsis grandispicula P.C.Kuo & Z.L.Wu 大穗落芒草
Oryzopsis henryi (Rendle) Keng ex P.C.Kuo 湖北落芒草
Oryzopsis henryi (Rendle) Keng=Oryzopsis henryi
Oryzopsis henryi var. acuta L.Liou ex Z.L.Wu 尖颖落芒草
Oryzopsis henryi var. henryi=Oryzopsis henryi
Oryzopsis humilis Bor 矮落芒草
Oryzopsis hymenoides (Roem. & Schnult.) Richer & Piper 长毛落芒草
Oryzopsis kashmirensis Hack. ex HK.f.=Oryzopsis munroi
Oryzopsis lateralis (Regel) Stapf ex HK.f.细弱落芒草
Oryzopsis miliacea Benth. & HK.黍落芒草
Oryzopsis multiradiata (Hack.) Hand.-Mazz.=Oryzopsis aequiglumis
Oryzopsis munroi Stapf ex HK.f.落芒草
Oryzopsis obtusa Stapf 钝颖落芒草
Oryzopsis racemosa (Smith) Richer 黑籽落芒草
Oryzopsis songarica (Trin. & Rupr.) B.Fedtsch.新疆落芒草
Oryzopsis tibetica (Roshev.) P.C.Kuo 藏落芒草
Oryzopsis tibetica var. psilolepis P.C.Kuo & Z.L.Wu 光稃落芒草
Oryzopsis tibetica var. tibetica=Oryzopsis tibetica
Oryzopsis wendelboi Bor 少穗落芒草
Osbeckia L.**金锦香属**(野牡丹科)

Osbeckia angustifolia D.Don=Osbeckia chinensis var. angustifolia
Osbeckia asper Bl.(Matsum. & Hay.in Jour.Coll.Sci.Univ.Tokyo 1906)=Otanthera scaberrima
Osbeckia capitata Benth.(Hand.-Mazz.in Symb.Sin.1933)=Osbeckia chinensis var. angustifolia
Osbeckia capitata Benth.头序金锦香
Osbeckia chinensis L.(HK.in Curtis Bot.Mag.1843)=Osbeckia opipara
Osbeckia chinensis L.(Roxb.Fl.Ind.1824)=Osbeckia chinensis var. angustifolia
Osbeckia chinensis L.金锦香
Osbeckia chinensis var. angustifolia (D.Don) C.Y.Wu 宽叶金锦香
Osbeckia chinensis var. chinensis=Osbeckia chinensis
Osbeckia crinita Benth. ex C.B.Clarke (Forbes & Hemsl.in J.L.Soc.Bot. 1887)=Osbeckia opipara
Osbeckia crinita Benth. ex C.B.Clarke (H.L.Li in J.Arn.Arb.1944,p.p.)= Osbeckia mairei
Osbeckia crinita Benth. ex C.B.Clarke (Naud.in Ann.Sci.Nat.1850)= Osbeckia sikkimensis
Osbeckia crinita Benth.假朝天罐
Osbeckia crinita β. *yunnanensis* Cogn.=Osbeckia crinita
Osbeckia hainanensis Masam.海南金锦香
Osbeckia mairei Carib 三叶金锦香
Osbeckia melastomatoides Merr. & Chun=Phyllagathis melastomatoides
Osbeckia nepalensis HK.f.(C.B.Clarke in Fl.Brit.Ind.1879,p.p.)=Osbeckia nepalensis var. albiflora
Osbeckia nepalensis HK.f.蚂蚁花
Osbeckia nepalensis var. albiflora Lindl.白蚂蚁花
Osbeckia nepalensis var. nepalensis=Osbeckia nepalensis
Osbeckia opipara C.Y.Wu & C.Chen 朝天罐
Osbeckia paludosa Craib 湿生金锦香
Osbeckia pulchra Geddes 响铃金锦香
Osbeckia repens DC.=Melastoma dodecandrum
Osbeckia rhopalotricha C.Y.Wu ex C.Chen 棍毛金锦香
Osbeckia robusta Craib=Osbeckia crinita
Osbeckia rostrata D.Don (Guillaum in Lecte.Not.Syst.1913)=Osbeckia mairei
Osbeckia rostrata D.Don 秃金锦香
Osbeckia rostrata var. *longicollis* Triana (Sasaki in Trans.Nat.Hist. Soc. Formos. 1931)=Osbeckia opipara
Osbeckia rostrata var. *marginulata* C.B.Clarke (Guillaum.in Lecte.Not. Syst. 1913)=Osbeckia opipara
Osbeckia scaberrima Hay.=Otanthera scaberrima
Osbeckia sikkimensis Carib 星毛金锦香
Osbeckia stellata Ham. ex D.Don (C.B.Clarke in Fl.Brit.Ind.1879,p.p.)= Osbeckia opipara
Osbeckia stellata Ham. ex D.Don (Naud.in Ann.Soc.Nat.Ser. 3,1850)= Osbeckia crinita
Osbeckia stellata Ham. ex D.Don (云南志 1979)=Osbeckia sikkimensis
Osbeckia stellata var. *crinita* C.Hansen (p.p.)=Osbeckia crinita
Osbeckia stellata var. *crinita* C.Hansen (p.p.)=Osbeckia mairei
Osbeckia stellata var. *crinita* C.Hansen (p.p.)=Osbeckia opipara
Osbeckia stellata var. *crinita* C.Hansen (p.p.)=Osbeckia paludosa
Osbeckia stellata var. *crinita* C.Hansen (p.p.)=Osbeckia pulchra
Osbeckia stellata var. *crinita* C.Hansen (p.p.)=Osbeckia rostrata
Osbeckia stellata var. *crinita* C.Hansen (p.p.)=Osbeckia sikkimensis
Osbeckia yunnanensis Franch. ex Cogn.=Osbeckia crinita
Oscaria chinensis Lijia=Primula sinensis
Oscularis Schwant.**覆盆花属**(番杏科)
Oscularis caulescens (Mill.) Schwant.覆盆花
Oscularis deltoides (L.) Schwant.三角覆盆花
Oshimella Masamune & Suzuki=**Whytockia**
Oshimella formosana Masam.=Whytockia sasakii
Oshimella sasaskii (Hay.) Masam. & Suzuki=Whytockia sasakii
Osmanthus Lour.**木犀属**(木犀科)
Osmanthus acuminata Wall. ex G.Don=Osmanthus fragrans
Osmanthus acuminata var. *longifolia* DC.=Osmanthus fragrans
Osmanthus acuminatus (Wall. ex G.Don) Nakai=Osmanthus fragrans
Osmanthus angustifolius H.T.Chang=Osmanthus marginatus
Osmanthus apiculatus H.T.Chang=Osmanthus marginatus
Osmanthus aquifolium S. & Z.=Osmanthus heterophyllus
Osmanthus aquifolium var. *japonicus* (Sieb. ex Makino) Makino= Osmanthus ×fortunei
Osmanthus armatus Diels 红柄木犀
Osmanthus asiaticus Nakai=Osmanthus fragrans
Osmanthus attenuatus P.S.Green 狭叶木犀
Osmanthus bambusifolius H.T.Chang=Osmanthus yunnanensis
Osmanthus bibracteatus Hay.=Osmanthus heterophyllus var. bibracteatis
Osmanthus bracteatus Matsumura=Osmanthus marginatus
Osmanthus brevipetiolatus H.T.Chang=Osmanthus yunnanensis
Osmanthus caudatifolius P.Y.Bai & J.H.Pang
Osmanthus caudatifolius P.Y.Bai & J.H.Pang=Osmanthus henryi
Osmanthus caudatus H.T.Chang=Osmanthus marginatus
Osmanthus cooperi Hemsl.宁波木犀
Osmanthus corymbosus H.W.Li=Osmanthus marginatus
Osmanthus cylindricus H.T.Chang=Osmanthus marginatus
Osmanthus daibuensis Hay.=Osmanthus lanceolatus
Osmanthus delavayi Franch. 管花木犀
Osmanthus didymopetalus P.S.Green 双瓣木犀
Osmanthus enervius Masamune & Mori 无脉木犀
Osmanthus fordii Hemsl.石山桂花
Osmanthus forrestii Redh.=Osmanthus yunnanensis
Osmanthus forrestii var. *brevipedicellatus* Hand.-Mazz.=Osmanthus yunnanensis
Osmanthus ×fortunei Carr.齿叶木犀
Osmanthus fragrans (Thunb.) Lour.木犀
Osmanthus fragrans f. *latifolius* (Makino) Makino=Osmanthus fragrans
Osmanthus fragrans var. *acuminata* (Wall. ex G.Don) Bl.=Osmanthus fragrans
Osmanthus fragrans var. *latifolius* Makino=Osmanthus fragrans
Osmanthus fragrans var. *thunbergii* Makino=Osmanthus fragrans
Osmanthus gamostromus Hay.=Osmanthus lanceolatus
Osmanthus gracilinervis Chia ex R.L.Lu 细脉木犀
Osmanthus hainanensis P.S.Green 显脉木犀
Osmanthus henryi P.S.Green 蒙自桂花
Osmanthus heterophyllus (G.Don) P.S.Green 柊树
Osmanthus heterophyllus var. bibracteatis (Hay.) P.S.Green 异叶柊树
Osmanthus heterophyllus var. heterophyllus=Osmanthus heterophyllus
Osmanthus hupehensis H.T.Chang=Osmanthus urceolatus
Osmanthus ilicifolius (Hassk.) Mouillef 冬青叶桂花
Osmanthus ilicifolius (Hassk.) Standish=Osmanthus heterophyllus var. bibracteatus
Osmanthus ilicifolius f. *subangulatus* (Makino) Makino & Nemoto= Osmanthus heterophyllus
Osmanthus ilicifolius var. *bibracteatus* (Hay.) Mori=Osmanthus heterophyllus var. bibracteatis
Osmanthus ilicifolius var. *subangulatus* (Makino) Makino=Osmanthus heterophyllus
Osmanthus ilicifolius var. *undulatifolius* Makino=Osmanthus heterophyllus
Osmanthus integrifolius Hay.=Osmanthus heterophyllus
Osmanthus japonica Sieb. ex Hassk.=Osmanthus ×fortunei
Osmanthus lanceolatus Hay.锐叶木犀
Osmanthus latifolius (Makino) Koidz.=Osmanthus fragrans
Osmanthus liangshanensis H.T.Chang=Osmanthus yunnanensis
Osmanthus lipingensis D.J.Liu=Osmanthus attenuatus
Osmanthus longibracteatus H.T.Chang=Osmanthus fragrans
Osmanthus longicarpus H.T.Chang=Osmanthus marginatus
Osmanthus longipetiolatus H.T.Chang=Osmanthus matsumuranus
Osmanthus longispermus H.T.Chang=Osmanthus marginatus
Osmanthus longissimus H.T.Chang=Osmanthus marginatus var. logissimus
Osmanthus macrocarpus P.Y.Bai=Osmanthus fragrans
Osmanthus marginatus (Champ. ex Benth.) Hemsl.厚边木犀
Osmanthus marginatus var. *formosanus* Matsumura=Osmanthus matsumuranus
Osmanthus marginatus var. logissimus (H.T.Chang) R.L.Lu 长叶木犀
Osmanthus marginatus var. marginatus=Osmanthus marginatus
Osmanthus marginatus var. *nanchuanensis* H.T.Chang=Osmanthus marginatus
Osmanthus marginatus var. pachyphyllus (H.T.Chang) R.L.Lu 厚叶木犀
Osmanthus matsudai Hay.=Osmanthus marginatus
Osmanthus matsumuranus Hay.牛矢果
Osmanthus maximus H.T.Chang=Osmanthus matsumuranus
Osmanthus minor P.S.Green 小叶月桂
Osmanthus nanchuanensis H.T.Chang=Osmanthus marginatus
Osmanthus nudirhachis H.T.Chang=Osmanthus marginatus

Osmanthus obovatifolius Kanehira=Osmanthus matsumuranus
Osmanthus obtusifolius H.T.Chang=Osmanthus armatus
Osmanthus omeiensis Fang ex H.T.Chang=Osmanthus marginatus
Osmanthus ovalis Miq.=Osmanthus fragrans
Osmanthus pachyphyllus H.T.Chang=Osmanthus marginatus
Osmanthus pedunculatus Gagn.=Osmanthus matsumuranus
Osmanthus polyneurus P.Y.Bai=Olea caudatilimba
Osmanthus polyneurus P.Y.Bai=Olea caudatilimba
Osmanthus pubipedicellatus Chia ex H.T.Chang 毛柄木犀
Osmanthus rehderianus Hand.-Mazz.=Osmanthus yunnanensis
Osmanthus rehderianus var. *tenianus* Hand.-Mazz.=Osmanthus yunnanensis
Osmanthus reticulatus P.S.Green 网脉木犀
Osmanthus serrulatus Rehd.短丝木犀
Osmanthus sinensis (Hand.-Mazz.) Hand.-Mazz.=Osmanthus marginatus
Osmanthus sinensis Hort. ex Lavallee=Osmanthus fragrans
Osmanthus sp. Hay.=Osmanthus heterophyllus
Osmanthus sp. Hay.=Osmanthus lanceolatus
Osmanthus suavis King ex C.B.Clarke 香花木犀
Osmanthus subsp. "C" P.S.Green=Osmanthus pubipedicellatus
Osmanthus triandrus H.T.Chang=Osmanthus marginatus
Osmanthus urceolatus P.S.Green 坛花木犀
Osmanthus venosus Pampan.毛木犀
Osmanthus wilsonii Nakai=Osmanthus matsumuranus
Osmanthus yunnanensis (Franch.) P.S.Green 野桂花
Osmorhiza Rafin.**香根芹属**(伞形科)
Osmorhiza amurensis Fr.Schmidt ex Maxim.=Osmorhiza aristata
Osmorhiza aristata (Thunb.) Makino & Yabe 香根芹
Osmorhiza aristata var. laxa (Royle) Constance & Shan 疏叶香根芹
Osmorhiza aristata var. montana Makino=Osmorhiza aristata
Osmorhiza claytoni (Machx.) Clarke 北美香根芹
Osmorhiza claytoni Clarke(p.p.)=Osmorhiza aristata
Osmorhiza claytoni Clarke(p.p.)=Osmorhiza aristata var. laxa
Osmorhiza japonica S. & Z.=Osmorhiza aristata
Osmorhiza laxa Royle=Osmorhiza aristata var. laxa
Osmorhiza lonigstylis sensu A.Gray=Osmorhiza aristata
Osmorhiza montana Makino=Osmorhiza aristata
Osmoxylon kotoense Hay.=Boerlagiodendron pectinatum
Osmunda L.**紫萁属**(紫萁科)
Osmunda angustifolia Ching 狭叶紫萁
Osmunda banksiifolia (Presl) Kuhn.粗齿紫萁
Osmunda bipinnata HK.=Osmunda mildei
Osmunda bromeliaefolia Ogata=Osmunda angustifolia
Osmunda cinnamomea L.分株紫萁
Osmunda cinnamomea Ogata =Osmunda cinnamomea var. asiatica
Osmunda cinnamomea var. asiatica Fernald 远东绒紫萁
Osmunda cinnamomea var. fokiense Cop.福建绒紫萁
Osmunda claytoniana Fomin=Osmunda claytoniana var. Pilosa
Osmunda claytoniana L.绒紫萁
Osmunda claytoniana var. pilosa (Wall.) Ching 毛绒紫萁
Osmunda claytoniana var. *vestita* Milde=Osmunda claytoniana var. Pilosa
Osmunda japonica Houtt.=Osmunda lancea
Osmunda japonica Thunb.紫萁
Osmunda javanica Benth.=Osmunda vachellii
Osmunda javanica Bl.宽叶紫萁
Osmunda lancea Thunb.日本紫萁
Osmunda lunaria L.=Botrychium lunaria
Osmunda matricariae Schrank=Botrychium multifidum
Osmunda mildei C.Chr.粤紫萁
Osmunda multifida Gmel.=Botrychium multifidum
Osmunda pilosa Wall. ex Grev. & HK.=Osmunda claytoniana var. Pilosa
Osmunda presliana J.Sm.=Osmunda banksiifolia
Osmunda regalis L.欧紫萁
Osmunda struthiopteris L.=Matteuccia struthiopteris
Osmunda ternata Thunb.=Botrychium ternatum
Osmunda vachellii HK.华南紫萁
Osmunda virginiana L.=Botrychium virginianum
Osmunda zeylanica L.=Helminthostachys zeylanica
Osmundaceae 紫萁科
Osmundastrum biformis Makino=Osmunda japonica
Osmundastrum cinnamomeum Presl=Osmunda cinnamomea
Osmundastrum cinnamomeum var. *fokiense* Tagawa=Osmunda cinnamomea var. fokiense
Osmundastrum claytonianaum var. *vestitum* Tagawa=Osmunda claytoniana var. Pilosa
Osmundastrum claytonianum Tagawa=Osmunda claytoniana
Osmundastrum japonicum Presl=Osmunda japonica
Osmundastrum lanceum Presl=Osmunda lancea
Osmundastrum regalis Dunn & Tutch.=Osmunda japonica
Osmundastrum regalis var. *biformis* Benth.=Osmunda japonica
Osmundastrum regalis var. *japonica* Milde=Osmunda japonica
Osmundopteris Small=**Botrychium**
Osmundopteris lanuginosa Nishida=Botrychium lanuginosum
Osmundopteris stricta Nishida=Botrychium strictum
Osteomeles Lindl.**小石积属**(蔷薇科)
Osteomeles anthyllidifolia Lindl.(Franch.in Pl.Delav.1890)=Osteomeles schwerinae
Osteomeles anthyllidifolia Lindl.小石积
Osteomeles anthyllidifolia f. *subrotunda* (K.Koch) Koidz.=Osteomeles subrotunda
Osteomeles anthyllidifolia var. *subrotunda* Masum=Osteomeles subrotunda
Osteomeles chinensis Lingsh. & Borza=Osteomeles schwerinae
Osteomeles schwerinae Schneid.华西小石积
Osteomeles schwerinae var. microphylla Rehd. & Wils.小叶华西小石积(新)
Osteomeles schwerinae var. schwerinae=Osteomeles schwerinae
Osteomeles schwerinae γ. *multijuga* Koidz.=Osteomeles schwerinae var. microphylla
Osteomeles subrotunda K.Koch 圆叶小石积
Osteomeles subrotunda var. glabrata Yü 无毛圆叶小石积(新)
Osteomeles subrotunda var. subrotunda=Osteomeles subrotunda
Osterdamia Neck.=**Zoysia**
Osterdamia japonica (Steud.) Hitchc.=Zoysia japonica
Osterdamia macrostachya (Franch. & Sav.) Honda(p.p.)=Zoysia macrostachya
Osterdamia macrostachya (Franch. & Sav.) Honda(p.p.)=Zoysia sinica
Osterdamia matrella (L.) Kuntze=Zoysia matrella
Osterdamia sinica (Hance) Kuntze=Zoysia sinica
Osterdamia tenuifolia (Willd.) O.Kuntze=Zoysia tenuifolia
Osterdamia zoysia Honda=Zoysia matrella
Osterdamia zoysia var. *tenuifolia* (Willd.) Honda=Zoysia tenuifolia
Ostericum Hoffm.**山芹属**(伞形科)
Ostericum citriodorum (Hance) Yuan & Shan 隔山香
Ostericum filisectum Chu=Ostericum maximowiczii var. filisectum
Ostericum grosseserratum (Maxim.) Kitag.大齿山芹
Ostericum koreanum (Maxim.) Kitag.=Ostericum grosseserratum
Ostericum maximowiczii (Fr.Schmidt ex Maxim.) Kitag.全叶山芹
Ostericum maximowiczii f. *australis* (Kom.) Kitag.=Ostericum maximowiczii var. australe
Ostericum maximowiczii var. alpinum Yuan & Shan 高山叶山芹
Ostericum maximowiczii var. australe (Kom.) Kitag.大全叶山芹
Ostericum maximowiczii var. filisectum (Chu) Yuan & Shan 丝叶山芹
Ostericum maximowiczii var. maximowiczii=Ostericum maximowiczii
Ostericum miqueliana (Maxim.) Kitag.=Ostericum sieboldii
Ostericum praeteritum Kitag.=Ostericum sieboldii var. praeteritum
Ostericum praeteritum f. *piliferum* Kitag.=Ostericum sieboldii var. praeteritum
Ostericum pratense Hoffm.草山芹
Ostericum scaberulum (Franch.) Yuan & Shan 疏毛山芹
Ostericum sieboldi var. *hirsutum* Hiyama=Ostericum sieboldii f. hirsutum
Ostericum sieboldi var. *microphyllum* Y.C.Ma=Ostericum sieboldii
Ostericum sieboldii (Miq.) Nakai 山芹
Ostericum sieboldii f. hirsutum (Hiyama) Hara 毛叶山芹
Ostericum sieboldii var. praeteritum (Kitag.) Huang 狭叶山芹
Ostericum sieboldii var. sieboldii=Ostericum sieboldii
Ostericum viridiflorum (Turcz.) Kitag.绿花山芹
Ostinia cotoneaster Clairville=Cotoneaster integerrimus
Ostodes Bl.**叶轮木属**(大戟科)
Ostodes katharinae Pax 云南叶轮木
Ostodes kuangii Y.T.Chang 绒毛叶轮木
Ostodes paniculata Bl.叶轮木
Ostodes thyrsanthus Pax=Ostodes katharinae
Ostrya Scop.**铁木属**(桦木科)
Ostrya carpinifolia Franch.=Ostrya japonica

Ostrya italica subsp. *virginiana* (Mill.) H.Winkl.=Ostrya japonica
Ostrya japonica Sarg.铁木
Ostrya knowltonii Cov.亚利桑纳铁木
Ostrya liana Hu=Ostrya japonica
Ostrya mandshurica Budischtschew ex Trautv.=Carpinus cordata
Ostrya multinervis Rehd.多脉铁木
Ostrya ostrya var. *japonica* Schneid.=Ostrya japonica
Ostrya rehderiana Chun 天目铁木
Ostrya trichocarpa D.Fang & Y.S.Wang 毛果铁木
Ostrya virginiana Maxim.=Ostrya japonica
Ostrya virginica var. *japonica* Maxim. ex Sarg.=Ostrya japonica
Ostrya yunnanensis Hu ex P.C.Li 云南铁木
Ostryopsis Decne.**虎榛子属**(桦木科)
Ostryopsis cinerascens T.Hong & J.W.Li 毛叶虎榛
Ostryopsis davidiana Decne.虎榛子
Ostryopsis davidiana var. *cinerascens* Franch.=Ostryopsis nobilis
Ostryopsis mianningensis T.Hong 四川虎榛子?
Ostryopsis nobilis Balf.滇虎榛
Ostryopsis nobilis var. parvifolia Hu ex T.Hong & J.W.Li 小叶云南虎榛子?
Osyris L.**沙针属**(檀香科)
Osyris arborea Wall.=Osyris wightiana
Osyris arborea var. *rotundifolia* Tam=Osyris wightiana var. rotundifolia
Osyris arborea var. *stipitata* Lecomte=Osyris wightiana var. stipitata
Osyris japonica Thunb.=Helwingia japonica
Osyris rhamnoides Scop.=Hippophaë rhamnoides
Osyris rotundata Griff. =Dendrotrophe buxifolia
Osyris wightiana Wall. ex Wight 沙针
Osyris wightiana var. rotundifolia (Lecomte) Tam 豆瓣香树
Osyris wightiana var. stipitata (Lecomte) Tam 滇沙针
Osyris wightiana var. wightiana=Osyris wightiana
Otandra Salisb.=**Geodorum**
Otandra cernua (Willd.) Salisb.=Geodorum densiflorum
Otanthera Bl.**耳药花属**(野牡丹科)
Otanthera fordii Hance=Phyllagathis fordii
Otanthera scaberrima (Hay.) Ohwi 耳药花
Othera japonica Thunb.=Ilex integra
Otherodendron Makino=**Microtropis**
Otherodendron japonicum (Franch. & Sav.) Makino=Microtropis japonica
Otherodendron matsudai Hay.=Microtropis fokienensis
Othonna palustris L.=Tephroseris palustris
Othonna sibirica L.=Ligularia sibirica
Otillis Gaertn.=**Leea**
Otites Adans.=**Silene**
Otites borysthenica (Gruner) Klok.=Silene borysthenica
Otites borysthenica (Gruner) Klokov=Silene borysthenica
Otites parviflora (Ehrh.) Grossh.=Silene borysthenica
Otochilus Lindl.**耳唇兰属**(兰科)
Otochilus albus Lindl.白花耳唇兰
Otochilus albus var. *lancilabius* (Seidenf.) Pradhan=Otochilus lancilabius
Otochilus forrestii W.W.Sm.=Otochilus porrectus
Otochilus fragrans (Wall. ex Lindl.) Nichols.=Otochilus porrectus
Otochilus fuscus Lindl.狭叶耳唇兰
Otochilus lancifolia Griff.=Otochilus fuscus
Otochilus lancilabius Seidenf.宽叶耳唇兰
Otochilus latifolia Griff.=Otochilus porrectus
Otochilus porrectus Lindl.耳唇兰
Otopetalum Miq.=**Ichnocarpus**
Otophora Bl.**瓜耳木属**(无患子科)
Otophora unilocularis (Leenh.) H.S.Lo 瓜耳木
Otostegia Benth.**奥托蓁特草属**(唇科)
Otostegia limbata Benth.有檐奥托蓁特草
Otostemma Bl.=**Hoya**
Otostemma lacunosum Bl.=Hoya lacunosa
Ottelia Pers.**水车前属**(水鳖科)
Ottelia acminata var. lunanensis H.Li 路南海菜花
Ottelia acuminata (Gagn.) Dandy 海菜花
Ottelia acuminata var. acuminata=Ottelia acuminata
Ottelia acuminata var. crispa (Hand.-Mazz.) H.Li 波叶海菜花
Ottelia acuminata var. jingxiensis H.Q.Wang & X.Z.Sun 靖西海菜花
Ottelia alismoides (L.) Pers.龙舌草
Ottelia balansae (Gagn.) Dandy=Ottelia sinensis
Ottelia cavaleriei Dandy=Ottelia acuminata
Ottelia condorensis Gagn.=Ottelia alismoides
Ottelia cordata (Wall.) Dandy 水菜花
Ottelia demersa H.Li & C.S.You=Ottelia sinensis
Ottelia dioecia Yan=Ottelia alismoides
Ottelia emersa Zhao & Luo 出水水菜花
Ottelia esquirolii (Lévl & Vaniot) Dandy=Ottelia acuminata
Ottelia japonica Miq.=Ottelia alismoides
Ottelia polygonifolia (Gagn.) Dandy=Ottelia acuminata
Ottelia sinensis (Lévl.)& Vaniot) Lévl. ex Dandy 贵州水车前
Ottelia yunnanensis (Gagn.) Dandy=Ottelia acuminata
Ottochloa Dandy **露籽草属**(禾本科)
Ottochloa malabarica (L.) Dandy=Ottochloa nodosa var. micrantha
Ottochloa nodosa (Kunth) Dandy 露籽草
Ottochloa nodosa var. micrantha (Balansa) Keng f.小花露籽草
Ottochloa nodosa var. nodosa=Ottochloa nodosa
Ouratea lobopetala Gagn.=Gomphia serrata
Ouratea striata (V.Tiegh.) Lecomte=Gomphia striata
Ourisia Comm.(Wall. ex Benth.Scroph.Ind.1935)=**Ellisiophyllum**
Ourisia pinnata Wall. ex Benth.=Ellisiophyllum pinnatum
Ouropari enermis Yamamoto=Quisqualis indica var. villosa
Ourouparia Aubl.=**Uncaria**
Ourouparia hirsuta (Havil.) Yamamoto=Uncaria hirsuta
Ourouparia rhynchophylla (Miq.) Matsum.=Uncaria rhynchophylla
Ourouparia setiloba Sasaki=Uncaria hirsuta
Owataria Matsumura=**Suregada**
Owataria formosana Matusmura=Suregada aequorea
Oxalidaceae 酢浆草科
Oxalis L.**酢浆草属**(酢浆草科)
Oxalis acetosella L.=Oxalis acetosella subsp. leucolepis
Oxalis acetosella L.白花酢浆草
Oxalis acetosella subsp. acetosella=Oxalis acetosella
Oxalis acetosella subsp. *formosana* Terao=Oxalis acetosella subsp. griffithii
Oxalis acetosella subsp. griffithii (Edgew. & HK.f.) Hara 山酢浆草
Oxalis acetosella subsp. *japonica* (Franch. & Sav.) Hara (台湾志 1977)=Oxalis acetosella subsp. griffithii
Oxalis acetosella subsp. japonica Hara 三角酢浆草
Oxalis acetosella subsp. leucolepis (Diels) Huang & L.R.Xu 白鳞酢浆草
Oxalis apodisecias Turcz.=Biophytum petersianum
Oxalis bowiei Lindl.大花酢浆草
Oxalis chinensis Haw=Oxalis corniculata
Oxalis corniculata L.酢浆草
Oxalis corniculata var. corniculata=Oxalis corniculata
Oxalis corniculata var. stricta (L.) Huang & L.R.Xu 直酢浆草
Oxalis corymbosa DC.红花酢浆草
Oxalis deppei Sweet.好运草
Oxalis enneaphylla Cav.九叶酢浆草
Oxalis fontana Bge.=Oxalis corniculata
Oxalis griffithii Edgew. & HK.f.=Oxalis acetosella subsp. griffithii
Oxalis hupehensis R.Bknuth=Oxalis acetosella subsp. griffithii
Oxalis japonica Franch. & Sav.(Franch.in Pl.David.1869)=Oxalis acetosella subsp. griffithii
Oxalis japonica Franch. & Sav.=Oxalis acetosella subsp. japonica
Oxalis leucolepis Diels=Oxalis acetosella subsp. leucolepis
Oxalis martiana Zucc.=Oxalis corymbosa
Oxalis obtriangulata Maxim.=Oxalis acetosella subsp. japonica
Oxalis oregana Nutt.红酢浆草
Oxalis ortgiesii Rgl.乔木酢浆草
Oxalis pes-caprae L.黄花酢浆草
Oxalis repens Thunb.=Oxalis corniculata
Oxalis sensitiva L.=Biophytum sensitivum
Oxalis sessilis Buch.-Ham. ex Baill.=Biophytum petersianum
Oxalis stricta L.=Oxalis corniculata var. stricta
Oxalis vilacea 紫酢浆草
Oxybaphus L.Hér. ex Willd.**山紫茉莉属**(紫茉莉科)
Oxybaphus himalaicus Edgew.山紫茉莉
Oxybaphus himalaicus var. chinensis (Heim.) D.Q.Lu 中华山紫茉莉
Oxybaphus himalaicus var. himalaicus=Oxybaphus himalaicus
Oxycarpus Lour.=**Garcinia**
Oxycarpus gangetica Buch.-Ham.=Garcinia cowa

Oxyceros Lour.**鸡爪簕属**(茜草科)
Oxyceros bispinosus (Griff.) Tirveng.(云南植物研究 1990)=Oxyceros sinensis
Oxyceros evenosa (Hutch.) Yamazaki 无脉鸡爪簕
Oxyceros griffithii (HK.f.) W.C.Chen 琼滇鸡爪簕
Oxyceros rectispina (Merr.) Yamazaki 直刺鸡爪簕
Oxyceros sinensis Lour.鸡爪簕
Oxycoccoides japonica var. *sinica* Nakai=Vaccinium japonicum var. sinicum
Oxycoccus japonicus (Miq.) Makino=Vaccinium japonicum
Oxycoccus japonicus (Miq.) Nakai=Vaccinium japonicum
Oxycoccus japonicus var. *lasiostemon* (Hay.) Makino & Nemoto=Vaccinium japonicum var. lasiostemon
Oxycoccus microcarpus Turcz.=Vaccinium microcarpum
Oxycoccus oxycoccus MacMill.=Vaccinium oxycoccos
Oxycoccus palustris Pers.=Vaccinium oxycoccos
Oxycoccus palustris var. *pusillus* Dunal=Vaccinium microcarpum
Oxycoccus pusillus (Dunal) Nakai=Vaccinium microcarpum
Oxycoccus quadripetalus Gilib.=Vaccinium oxycoccos
Oxycoccus vulgaris Hill=Vaccinium oxycoccos
Oxygraphis Bge.**鸦跖花属**(毛茛科)
Oxygraphis chamnissonis (Schlecht.) Freyn.低生鸭跖花
Oxygraphis cymbalaria (Pursh) Prantl=Halerpestes cymbalaria
Oxygraphis delavayi Franch.脱萼鸦跖花
Oxygraphis delavayi var. *nyingchiensis* W.L.Zheng=Oxygraphis delavayi
Oxygraphis endicheri (Walp.) Bennet & Sumer 圆齿鸦跖花
Oxygraphis glacialis (Fisch.) Bge.鸦跖花
Oxygraphis involucrata Riedl=Ranunculus similis
Oxygraphis plantaginifolia (Murr.) Prantl=Halerpestes ruthenica
Oxygraphis polypetala HK.f. & Thoms.=Oxygraphis endicheri
Oxygraphis tenuifolia W.E.Evans 小鸦跖花
Oxygraphis vulgaris Freyn 伏尔加鸭跖花
Oxymitra (Bl.) HK.f. & Thoms.=**Richella**
Oxymitra gabriaciana Baill.=Goniothalamus gabriacianus
Oxyramphis Wall.=**Campylotropis**
Oxyria Hill **山蓼属**(蓼科)
Oxyria digyna (L.) Hill.山蓼
Oxyria elatior R.Br. ex Meisn.=Oxyria digyna
Oxyria mairei Lévl.=Oxyria sinensis
Oxyria reniformis HK.=Oxyria digyna
Oxyria sinensis Hemsl.中华山蓼
Oxyspora DC.**尖子木属**(野牡丹科)
Oxyspora balansae (Cogn.) Maxw.=Allomorphia balansae
Oxyspora balansae var. *setosa* (Criab.) Maxw.=Allomorphia setosa
Oxyspora cavaleriei Lévl.(p.p.)=Fordiophyton faberi
Oxyspora cavaleriei Lévl.(p.p.)=Phyllagathis cavaleriei
Oxyspora glabra H.L.Li=Oxyspora yunnanensis
Oxyspora howellii J.F.Jeff. & W.W.Sm.=Allomorphia howellii
Oxyspora montana (Diels) Maxw.=Cyphotheca montana
Oxyspora paniculata (D.Don) DC.尖子木
Oxyspora paniculata var. *vagans* (Roxb.) Maxw.=Oxyspora vagans
Oxyspora paniculata var. *yunnanensis* (H.L.Li) Maxw.=Oxyspora yunnanensis
Oxyspora pauciflora Benth.=Blastus pauciflorus
Oxyspora serrata Diels=Plagiopetalum serratum
Oxyspora spicata Maxw.=Styrophyton caudatum
Oxyspora vagans (Roxb.) Wall.(HK.in Curtis's Bot.Mag.1850)=Oxyspora paniculata
Oxyspora vagans (Roxb.) Wall.刚毛尖子木
Oxyspora yunnanensis H.L.Li 滇尖子木
Oxystelma R.Br.**尖槐藤属**(萝藦科)
Oxystelma esculentum (L.f.) F.A.Schult.尖槐藤
Oxystelma hooperianum Bl.=Raphistemma hooperianum
Oxystelma ovatum P.T.Li & S.Z.Huang=Telosma cordata
Oxystelma wallichii Wight=Oxystelma esculentum
Oxystophyllum Bl.=**Dendrobium**
Oxytenanthera Munro **滇竹属**(禾本科)
Oxytenanthera abyssinica (Rich.) Munro 埃塞俄比亚滇竹
Oxytenanthera albociliata Munro=Gigantochloa albociliata
Oxytenanthera aliena McClure 异滇竹
Oxytenanthera felix Keng=Gigantochloa felix
Oxytenanthera nigrociliata (Büse) Munro=Gigantochloa nigrociliata
Oxytenanthera parviflora Keng f.=Gigantochloa parviflora
Oxytropis DC.**棘豆属**(豆科)
Oxytropis aciphylla Ledeb.猫头刺
Oxytropis aciphylla var. aciphylla=Oxytropis aciphylla
Oxytropis aciphylla var. utriculata H.C.Fu 胀萼猫头刺
Oxytropis aequipetala Bge.=Oxytropis lehmanni
Oxytropis alpicola Turcz.高山生棘豆(新)
Oxytropis alpina Bge.高山棘豆
Oxytropis altaica (Pall.) Pers.阿尔泰棘豆
Oxytropis ambigua (Pall.) DC.似棘豆
Oxytropis amplullata (Pall.) Pers.瓶状棘豆
Oxytropis anertii Nakai ex Kitag.长白棘豆
Oxytropis anertii var. albiflora Zh.J.Zong ex X.R.He 白花长白棘豆
Oxytropis anertii var. anertii=Oxytropis anertii
Oxytropis angustifolia Ulbr.=Oxytropis bicolor
Oxytropis arenaria Jurtz.=Oxytropis hailarensis
Oxytropis argentata (Pall.) Pers.银棘豆
Oxytropis assiensis Vass.阿西棘豆
Oxytropis auriculata C.W.Chang 耳瓣棘豆
Oxytropis avis Saposhn.山雀棘豆
Oxytropis avisoides P.C.Li 鸟状棘豆
Oxytropis baxoiensis P.C.Li 八宿棘豆
Oxytropis beketovii Krassn.=Astragalus beketovi
Oxytropis bella B.Fedtsch.美丽棘豆
Oxytropis bicolor Bge.地角儿苗
Oxytropis bicolor var. bicolor=Oxytropis bicolor
Oxytropis bicolor var. luteola C.W.Chang 淡黄花鸡咀咀
Oxytropis biflora P.C.Li 二花棘豆
Oxytropis biloba Saposhn.二裂棘豆
Oxytropis bogdoschanica Jurtz.博格多山棘豆
Oxytropis brevipedunculata P.C.Li 短梗棘豆
Oxytropis cachemiriana Camb.喀什米尔棘豆(新)
Oxytropis caespitosula Gontsch. ex Vass & B.Fedtsch.小丛生棘豆
Oxytropis cana Bge.灰棘豆
Oxytropis chantengriensis Vass.托木尔峰棘豆
Oxytropis chiliophylla Royle ex Benth.臭棘豆
Oxytropis chinensis Bge.=Oxytropis coerulea
Oxytropis chinglingensis C.W.Chang 秦岭棘豆
Oxytropis chionobia Bge.雪地棘豆
Oxytropis chionophylla Schrenk 雪叶棘豆
Oxytropis chorgossica Vass.霍城棘豆
Oxytropis chrysotricha Franch.=Oxytropis ochrantha
Oxytropis ciliata Turcz.缘毛棘豆
Oxytropis cinerascens Bge.灰叶棘豆
Oxytropis coerulea (Pall.) DC.(高等图鉴 1972)=Oxytropis subfalcata
Oxytropis coerulea (Pall.) DC.蓝花棘豆
Oxytropis coerulea subsp. *subfalcata* (Hance) Cheng f. ex H.C.Fu=Oxytropis subfalcata
Oxytropis confusa Bge.混合棘豆
Oxytropis cuspidata Bge.尖喙棘豆
Oxytropis delexa (Pall.) DC.急弯棘豆
Oxytropis densa Benth. ex Bge.密丛棘豆
Oxytropis densifolia P.C.Li 密叶棘豆
Oxytropis dichroantha Schrenk 色花棘豆
Oxytropis diffusa Ledeb.=Oxytropis glabra
Oxytropis diversifolia Pet.-Stib.(内蒙志 1977)=Oxytropis neimonggolica
Oxytropis diversifolia Pet.-Stib.二型叶棘豆
Oxytropis drankeana Franch.=Oxytropis glabra var. drakeana
Oxytropis eriocarpa Bge.绵果棘豆
Oxytropis falcata Bge.镰荚棘豆
Oxytropis falcata var. falcata=Oxytropis falcata
Oxytropis falcata var. maquensis C.W.Chang 玛曲棘豆
Oxytropis fetissovii Bge.硬毛棘豆
Oxytropis filiformis DC.线棘豆
Oxytropis floribunda (Pall.) DC.多花棘豆
Oxytropis frigida Kar. & Kir.冷棘豆
Oxytropis fruticulosa 小灌木棘豆
Oxytropis ganningensis C.W.Chang 陇东棘豆
Oxytropis gêrzêensis P.C.Li 改则棘豆
Oxytropis giraldii Ulbr.华西棘豆

Oxytropis glabra (Lam.) DC.(内蒙志 1977,p.p.,豆科图说 1955,p.p.)= Oxytropis glabra var. drakeana
Oxytropis glabra (Lam.) DC.小花棘豆
Oxytropis glabra var. drakeana (Franch.) C.W.Chang 包头棘豆
Oxytropis glabra var. glabra=Oxytropis glabra
Oxytropis glabra var. tenuis Palib.细叶棘豆
Oxytropis glacialis Benth. ex Bge.冰川棘豆
Oxytropis glareosa Vass.砾石棘豆
Oxytropis globiflora Bge.球花棘豆
Oxytropis goloskokovii Bajt.=Oxytropis gorbunovii
Oxytropis gorbunovii Boriss.中亚棘豆(新)
Oxytropis gracillima Bge.=Oxytropis racemosa
Oxytropis gracillima f. *albiflora* (P.Y.Fu & Y.A.Chen) H.C.Fu=Oxytropis racemosa f. albiflora
Oxytropis grandiflora (Pall.) DC.大花棘豆
Oxytropis gueldenstaedtioides Ulbr.米口袋状棘豆
Oxytropis hailarensis Kitag.海拉尔棘豆
Oxytropis hailarensis f. hailarensis=Oxytropis hailarensis
Oxytropis hailarensis f. liocarpa (H.C.Fu) P.Y.Fu & Y.A.Chen 光果山棘豆
Oxytropis halleri Bge.紫色棘豆
Oxytropis hirsuta Bge.长硬毛棘豆
Oxytropis hirsutiuscula Freyn 短硬毛棘豆
Oxytropis hirta Bge.毛棘豆
Oxytropis hirta var. hirta=Oxytropis hirta
Oxytropis hirta var. wutuiensis C.W.Chang 武都棘豆
Oxytropis holanshanensis H.C.Fu 贺兰山棘豆
Oxytropis holdereri Ulbr.=Oxytropis falcata
Oxytropis hulunbailensis H.C.Fu & Cheng f. =Oxytropis hailarensis
Oxytropis hulunbailensis var. *liocarpa* H.C.Fu=Oxytropis hailarensis f. liocarpa
Oxytropis humifusa Bge.Kar. & Kir.(Bge.in Mem.Acad.Sci.St.Pétersb. 1874,p.p.)= Oxytropis immmersa
Oxytropis humifusa Kar. & Kir.铺地棘豆
Oxytropis humifusa var. *grandiflora* Bge.=Oxytropis melanotricha
Oxytropis humilis C.W.Chang 矮棘豆
Oxytropis hystrix Sohrenk 猬刺棘豆
Oxytropis imbricata Kom.密花棘豆
Oxytropis immmersa (Baker & Aitch.) Bge.和硕棘豆
Oxytropis ingrata Freyn=Oxytropis chiliophylla
Oxytropis inschanica H.C.Fu & Cheng f. 阴山棘豆
Oxytropis kanitzii Simps.=Oxytropis imbricata
Oxytropis kansuensis Bge.甘肃棘豆
Oxytropis ketmenica Saposhn.克特明棘豆
Oxytropis komarovii Vass.=Oxytropis hirta
Oxytropis koreana Nakai ex Kitag.=Oxytropis racemosa
Oxytropis krylovii Schipcz.克氏棘豆
Oxytropis ladyginii Kryl.拉德京棘豆
Oxytropis lanata (Pal.) DC.(Kitag.in J.Japo.Bot.1943)=Oxytropis hailarensis
Oxytropis lanata (Pall.) DC.绵毛棘豆
Oxytropis lanata var. *psilocarpa* Kitag.=Oxytropis hailarensis
Oxytropis lanuginosa Kom.多伦棘豆
Oxytropis lapponica (Wahlenb.) Gaud.=Oxytropis lapponica
Oxytropis lapponica (Wahlenb.) J.Gay 拉普兰棘豆
Oxytropis lapponica var. *humifusa* (Kar. & Kir.) Baker=Oxytropis humifusa
Oxytropis lapponica var. *jacquemontiana* Benth. ex Baker=Oxytropis humifusa
Oxytropis lapponnica Gaud.(Ulbr.in Bot.Jahrb.1905)=Oxytropis melanocalyx
Oxytropis latialata P.C.Li 宽翼棘豆
Oxytropis latibracteata Jurtz.宽苞棘豆
Oxytropis lehmanni Bge.等瓣棘豆
Oxytropis leptophylla (Pall.) DC.山泡泡
Oxytropis leptophylla var. leptophylla=Oxytropis leptophylla
Oxytropis leptophylla var. turbinata H.C.Fu 陀螺棘豆
Oxytropis leucocephala Ulbr.=Oxytropis kansuensis
Oxytropis leucocyana Bge.淡蓝棘豆
Oxytropis leucopodia Ledeb.=Oxytropis squamulosa
Oxytropis leucotricha Turcz.白毛棘豆
Oxytropis limprichtii Ulbr.=Oxytropis moellendorffii
Oxytropis linearibracteata P.C.Li 线苞棘豆
Oxytropis litvinovii Fedtsch.里氏棘豆
Oxytropis longialata P.C.Li 长翼棘豆
Oxytropis longibracteata Kar. & Kir.长苞棘豆
Oxytropis longipedunculata C.W.Chang 长梗棘豆
Oxytropis longirostra DC.长喙棘豆
Oxytropis macrobotrys Bge.长穗棘豆
Oxytropis macrocarpa Kar. & Kir.大果棘豆
Oxytropis mandshurica Bge.=Oxytropis coerulea
Oxytropis martijanovii Kryl.马氏棘豆
Oxytropis meinshausenii C.A.Meyer 萨拉套棘豆
Oxytropis melanocalyx Bge.黑萼棘豆
Oxytropis melanocalyx var. brevidentata C.W.Chang 短萼齿棘豆
Oxytropis melanocalyx var. melanocalyx=Oxytropis melanocalyx
Oxytropis melanotricha Bge.黑毛棘豆
Oxytropis merkensis Bge.米尔克棘豆
Oxytropis microphylla (Pall.) DC.小叶棘豆
Oxytropis microsphaera Bge.小球棘豆
Oxytropis moellendorffii Bge.窄膜棘豆
Oxytropis mollis Royle ex Benth.软毛棘豆
Oxytropis montala (L.) DC.山棘豆
Oxytropis montana DC.(Ulbr.in Bot.Jahrb.1905)=Oxytropis melanocalyx
Oxytropis multiceps Nutt.高头棘豆
Oxytropis multiramosa P.C.Li 昌都棘豆
Oxytropis muricata (Pall.) DC.糙荚棘豆
Oxytropis myriophylla (Pall.) DC.多叶棘豆
Oxytropis neimonggolica C.W.Chang & Y.Z.Zhao 内蒙古棘豆
Oxytropis ningxiaensis C.W.Chang 六盘山棘豆
Oxytropis nitens Turcz.伊尔库特棘豆
Oxytropis nutans Bge.垂花棘豆
Oxytropis ochrantha Turcz.黄毛棘豆
Oxytropis ochrantha f. diversicolor H.C.Fu & Y.C.Ma 异色黄穗棘豆
Oxytropis ochrantha var. allipilosa P.C.Li 毛白棘豆
Oxytropis ochrantha var. ochrantha=Oxytropis ochrantha
Oxytropis ochrocephala Bge.黄花棘豆
Oxytropis ochrocephala var. longibracteata P.C.Li 长苞黄花棘豆
Oxytropis ochrocephala var. ochrocephala=Oxytropis ochrocephala
Oxytropis ochroleuca Bge.淡黄棘豆
Oxytropis oxyphylla (Pall.) DC.(Kitag.in Fl.Mansh.1939)=Oxytropis hailarensis
Oxytropis oxyphylla (Pall.) DC.尖叶棘豆
Oxytropis pagobia Bge.=Oxytropis globiflora
Oxytropis pagobia var. *angustifolia* Vass.=Oxytropis globiflora
Oxytropis parasericopetala P.C.Li 长萼棘豆
Oxytropis paratragacanthoides Vass.=Oxytropis tragacanthoides
Oxytropis pauciflora Bge.少花棘豆
Oxytropis pellita Bge.地皮棘豆
Oxytropis penduliflora Gontsch.蓝垂花棘豆
Oxytropis physocarpa Ledeb.囊果棘豆
Oxytropis pilosa (L.) DC.疏毛棘豆
Oxytropis platonychia Bge.宽柄棘豆
Oxytropis platysema Schrenk 宽瓣棘豆
Oxytropis podoloba Kar. & Kir.长柄棘豆
Oxytropis polyadenia Freyn=Oxytropis chiliophylla
Oxytropis poncinsii Franch.帕米尔棘豆
Oxytropis proboscidea Bge.=Oxytropis glacialis
Oxytropis prostrata Pall.平卧棘豆
Oxytropis przewalskii Kom.哈密棘豆
Oxytropis psammocharis f. *albiflora* P.Y.Fu & Y.A.Chen=Oxytropis racemosa f. Albiflora
Oxytropis psammocharis Hance=Oxytropis racemosa
Oxytropis pseudofrigida Saposhn.阿拉套棘豆
Oxytropis pseudolanuginosa Jurtz.=Oxytropis lanuginosa
Oxytropis puberula Boriss.微柔毛棘豆
Oxytropis pulvinata Saposhn.=Oxytropis tianschanica
Oxytropis pusilla Bge.细小棘豆
Oxytropis qilianshanica C.W.Chang & C.L.Zhang 祁连山棘豆
Oxytropis racemosa Turcz.砂珍棘豆

Oxytropis racemosa f. albiflora (P.Y.Fu & Y.A.Chen) C.W.Chang 白花砂珍棘豆
Oxytropis racemosa f. racemosa=Oxytropis racemosa
Oxytropis ramosissima Kom.多枝棘豆
Oxytropis recognita Bge.斋桑棘豆
Oxytropis reniformis P.C.Li 肾瓣棘豆
Oxytropis rhynchophysa Schrenk 乌卢套棘豆
Oxytropis riparia Litv.河岸棘豆
Oxytropis rosea Bge.红花棘豆
Oxytropis rupifraga Bge.悬岩棘豆
Oxytropis sacciformis H.C.Fu 囊萼棘豆
Oxytropis salina Vass.盐生棘豆
Oxytropis saposhnicovii Kryl.萨氏棘豆
Oxytropis sarkandensis Vass.萨坎德棘豆
Oxytropis saurica Saposhn.萨乌尔棘豆
Oxytropis savellanica Bge. ex Boiss.伊朗棘豆
Oxytropis schensiensis Kom.=Oxytropis moellendorffii
Oxytropis schrenkii Trautv.塔城棘豆
Oxytropis semenovii Bge.谢米诺夫棘豆
Oxytropis sericopetala Prain & C.E.C.Fisch.毛瓣棘豆
Oxytropis severzovii Bge.赛氏棘豆
Oxytropis shensiana Ulbr.=Oxytropis trichophora
Oxytropis sichuanica C.W.Chang 四川棘豆
Oxytropis sinkiangensis Cheng f. ex C.W.Chang 新疆棘豆
Oxytropis sitaipaiensis T.P.Wang ex C.W.Chang 西太白棘豆
Oxytropis songorica (Pall.) DC.准噶尔棘豆
Oxytropis sordida (Willd.) Pers.污色棘豆
Oxytropis spinifer Vass.温泉棘豆
Oxytropis squamulosa DC.鳞萼棘豆
Oxytropis stipulosa Kom.=Oxytropis densa
Oxytropis stracheyana Bge.胀果棘豆
Oxytropis strobilacea Bge.(,豆科图说 1955)=Oxytropis latibracteata
Oxytropis strobilacea Bge.=Oxytropis latibracteata
Oxytropis subcapitata Gontsch.近头形棘豆
Oxytropis subfalcata Hance 紫花棘豆
Oxytropis subfalcata var. albiflora C.W.Chang 白花棘豆
Oxytropis subfalcata var. subfalcata =Oxytropis subfalcata
Oxytropis subpodoloba P.C.Li 短序棘豆
Oxytropis sulphurea (Fisch.) Ledeb.硫黄棘豆
Oxytropis sylinchanensis Franch.=Oxytropis moellendorffii
Oxytropis sylvatica (Pall.) DC.林生棘豆
Oxytropis talassica Gontsch.特拉斯棘豆
Oxytropis taochensis Kom.洮河棘豆
Oxytropis thionantha Ulbr.=Oxytropis kansuensis
Oxytropis thomsonii Benth. ex Bge.长喙棘豆
Oxytropis tianschanica Bge.天山棘豆
Oxytropis tibetica Bge.=Oxytropis chiliophylla
Oxytropis tragacanthoides Fisch.胶黄芪状棘豆
Oxytropis trichocalycina Bge.毛齿棘豆
Oxytropis trichophora Franch.毛状棘豆(新)
Oxytropis trichophysa Bge.毛泡棘豆
Oxytropis trichosphaera Freyn.毛序棘豆
Oxytropis triphyllae (Pall.) Pers. 三小叶棘豆
Oxytropis uralensis (L.) DC.(Ulbr.in Bot.Jahrb.1905)=Oxytropis latibracteata
Oxytropis uralensis (L.) DC.乌拉尔棘豆
Oxytropis uratensis Franch.=Oxytropis bicolor
Oxytropis wutaiensis Tatew. & Hurusawa 五台山棘豆
Oxytropis xinglongshanica C.W.Chang 兴隆山棘豆
Oxytropis yunnanensis Franch.云南棘豆
Ozodia Wight & Arn.=**Foeniculum**
Ozodia foeniculacea Wight & Arn.=Foeniculum vulgare

P

Pachira Aubl.**瓜栗属**(木棉科)
Pachira longifolia HK.=Pachira macrocarpa
Pachira macrocarpa (Cham. & Schlecht.) Walp.瓜栗
Pachistima Raf.**厚柱头木属**(卫矛科)
Pachistima canbyi A.Gray 坎拜厚柱头木
Pachistima myrsinites (Pursh) Raf.厚柱头木
Pachycentria Bl.**厚距花属**(野牡丹科)
Pachycentria fengii S.Y.Hu=Medinilla fengii
Pachycentria formosana Hay.厚距花
Pachychilus Bl.=**Pachystoma**
Pachychilus chinensis Bl.=Pachystoma pubescens
Pachygone Miers **粉绿藤属**(防已科)
Pachygone sinica Diels 粉绿藤
Pachygone valida Diels 肾子藤
Pachygone yunnanensis Lo 滇粉绿藤
Pachyphytum Link **厚叶草属**(景天科)
Pachyphytum oviferum J.Purpus 厚叶草
Pachypleurum Ledeb.**厚棱芹属**(伞形科)
Pachypleurum alpinum Ledeb.高山厚棱芹
Pachypleurum condensatum Korov.=Libanotis condensata
Pachypleurum lhasanum H.T.Chang & Shan 拉萨厚棱芹
Pachypleurum mucronatum (Schrenk) Schischk.短尖厚棱芹
Pachypleurum muliense Shan & Pu 木里厚棱芹
Pachypleurum nyalamense H.T.Chang & Shan 聂拉木厚棱芹
Pachypleurum xizangense H.T.Chang & Shan 西藏厚棱芹
Pachypodium Lindl **粗根属**(夹竹桃科)
Pachypteris Kirilov=**Pachypterygium**
Pachypteris densiflora (Bge.) Parsa=Pachypterygium multicaule
Pachypteris lamprocarpa (Bge.) Parsa=Pachypterygium multicaule
Pachypteris multicaulis Kar. & Kir.=Pachypterygium multicaule
Pachypteris persica (Boiss.) Parsa=Pachypterygium brevipes
Pachypterygium Bge.**厚壁荠属**(十字花科)
Pachypterygium brevipens var. *persicum* Boiss.=Pachypterygium brevipes
Pachypterygium brevipes Bge 短梗厚壁荠
Pachypterygium densiflorum Bge.=Pachypterygium multicaule
Pachypterygium echinatum Jarmol.=Pachypterygium multicaule
Pachypterygium heterotrichum Bge.=Pachypterygium brevipes
Pachypterygium lamprocarpum Bge.=Pachypterygium multicaule
Pachypterygium microcarpum Gilli=Pachypterygium multicaule
Pachypterygium multicaule (Kar. & Kir.) Bge.厚壁荠
Pachypterygium praemontanum Jarmolenko=Pachypterygium multicaule
Pachypterygium ramosum Jarmolenko=Pachypterygium multicaule
Pachyrhizanthe aphyllum (Ames & Schltr.) Nakai=Cymbidium macrorhizon
Pachyrhizanthe mecrorhizon(Lindl.) Nakai=Cymbidium macrorhizon
Pachyrhizus rich. ex DC.**豆薯属**(豆科)
Pachyrhizus angulatus Rich.=Pachyrhizus erosus
Pachyrhizus erosus (L.) Urb.豆薯
Pachyrhizus trilobus (Lour.) DC.=Pueraria lobata var. thomsonii
Pachysandra Michx.**板凳果属**(黄杨科)
Pachysandra axillaris Franch.板凳果
Pachysandra axillaris f. *kouytchensis* Lévl.=Pachysandra axillaris var. stylosa
Pachysandra axillaris var. axillaris=Pachysandra axillaris
Pachysandra axillaris var. glaberrima (Hand.-Mazz.) C.Y.Wu 光叶板凳果?
Pachysandra axillaris var. stylosa (Dunn) M.Cheng 多毛板凳果
Pachysandra axillaris var. *tricarpa* Hay.=Pachysandra axillaris
Pachysandra bodinieri Lévl.=Pachysandra axillaris var. stylosa
Pachysandra mairei Lévl.=Sarcococca hookeriana var. digyna
Pachysandra stylosa Dunn=Pachysandra axillaris var. stylosa
Pachysandra stylosa var. *glaberrima* Hand.-Mazz.=Pachysandra axillaris var. glaberrima
Pachysandra terminalis S. & Z.顶花板凳果
Pachystachys Nees **金苞花属**(爵床科)
Pachystachys lutea Nees 金苞花
Pachystoma Bl.**粉口兰属**(兰科)
Pachystoma brevilabium Schltr.=Pachystoma pubescens
Pachystoma chinense (Lindl.) Hay.=Pachystoma pubescens
Pachystoma chinense (Lindl.) Rchb.f.=Pachystoma pubescens
Pachystoma formosanum Schltr.=Pachystoma pubescens
Pachystoma pubescens Bl.粉口兰
Padbruggea filipes (Dunn) Craib=Whitfordiodendron filipes
Padus Mill.**稠李属**(蔷薇科)
Padus acrophylla Schneid.=Padus grayana
Padus asiatica Kom.=Padus racemosa var. asiatica
Padus brachypoda (Batal.) Schneid.=Padus obtusata

Padus brachypoda (Batal.) Schneid.短梗稠李
Padus brachypoda var. brachypoda=Padus brachypoda
Padus brachypoda var. microdonta (Koehne) Yü & Ku 细齿短梗稠李
Padus brunnescens Yü & Ku 褐毛稠李
Padus buergeriana (Miq.) Yü & Ku 橉木
Padus cornuta (Wall. ex Royle) Carr.光萼稠李
Padus cornuta var. *glabra* Fritsch ex Schneid.=Padus cornuta
Padus cornuta var. *typica* Schneid.=Padus cornuta
Padus grayana (Maxim.) Schneid.灰叶稠李
Padus integrifolia Yü & Ku 全缘叶稠李
Padus maackii (Rupr.) Kom.斑叶稠李
Padus maackii f. lanceolata Yü & Ku 披针形斑叶稠李
Padus maackii f. maackii=Padus maackii
Padus mahaleb Borkh.=Cerasus mahaleb
Padus maximowiczii (Rupr.) Sokolov=Cerasus maximowiczii
Padus napaulensis (Ser.) Schneid.粗梗稠李
Padus napaulensis var. *sericea* Schneid.=Padus wilsonii
Padus napaulensis var. *typica* Schneid.=Padus napaulensis
Padus obtusata (Koehne) Yü & Ku 细齿稠李
Padus perulata (Koehne) Yü & Ku 宿鳞稠李
Padus racemosa (Lam.) Gilib.稠李
Padus racemosa var. asiatica (Kom.) Yü & Ku 北亚稠李
Padus racemosa var. pubescens (Rgl. & Tiling) Schneid.毛叶稠李
Padus racemosa var. racemosa=Padus racemosa
Padus serrulata (Lindl.) Sokolov(p.p.)=Cerasus serrulata
Padus ssiori Schneid.秭归稠李(新)?
Padus stellipila (Koehne) Yü & Ku 星毛稠李
Padus velutina (Batal.) Schneid.毡毛稠李
Padus vulgaris Borkh.=Padus racemosa
Padus wilsonii Schneid.绢毛稠李
Paederia L.鸡矢藤属(茜草科)
Paederia bodinieri Lévl.(1914)=Gardneria multiflora
Paederia bodinieri Lévl.(1915)=Paederia yunnanensis
Paederia cavaleriei Lévl.(Merr.in Lingnan Sci.J.1929,p.p.)=Paederia pertomentosa
Paederia cavaleriei Lévl.耳叶鸡矢藤
Paederia chinensis Fedde=Paederia scandens
Paederia dunniana Lévl.=Paederia scandens
Paederia esquirolii Lévl.=Paederia scandens
Paederia foetida L.臭鸡矢藤
Paederia foetida Thunb.=Paederia scandens
Paederia kerrii Craib 南臭皮藤
Paederia lanuginosa Wall.绒毛鸡矢藤
Paederia laxiflora Merr. ex Li 疏花鸡矢藤
Paederia macrocarpa Wall.=Paederia lanuginosa
Paederia pertomentosa Merr. ex Li 白毛鸡矢藤
Paederia praetermissa C.Puff 奇异鸡矢藤
Paederia rehdiana Hand.-Mazz.=Paederia yunnanensis
Paederia scandens (Lour.) Merr.鸡矢藤
Paederia scandens var. scandens=Paederia scandens
Paederia scandens var. tomentosa (Bl.) Hand.-Mazz.毛鸡矢藤
Paederia spectatissima H.Li ex c.Puff 云桂鸡矢藤
Paederia stenobotrya Merr.狭序鸡矢藤
Paederia stenophylla Merr.狭叶鸡矢藤
Paederia tomentosa Bl.(Lévl.in Fl.Kouy-Tchévou 1915)=Paederia cavaleriei
Paederia tomentosa Bl.=Paederia scandens var. tomentosa
Paederia tomentosa var. *glabra* Kurz=Paederia scandens
Paederia tomentosa var. *mairei* Lévl.=Paederia scandens
Paederia tomentosa var. *purpureacaerulea* Lévl. & Vant.=Paederia yunnanensis
Paederia wallichii HK.f.(Rehd. in Hourn.Arn.Arb.1935)=Paederia yunnanensis
Paederia yunnanensis (Lévl.) Rehd.(p.p.)=Cynanchum anthonyanum
Paederia yunnanensis (Lévl.) Rehd.云南鸡矢藤
Paederota axillaris S. & Z.=Veronicastrum axillare
Paederota humilis Steph. ex Link=Veronica densiflora
Paederota minima Koen.=Microcarpaea minima
Paederota villosula Miq.=Veronicastrum villosulum
Paedicalyx Pierre ex Pitard=**Xanthophytum**
Paedicalyx attopevensis Pierre ex Pitard=Xanthophytum attopevense

Paeonia L.芍药属(芍药科)
Paeonia albiflora Pall.=Paeonia lactiflora
Paeonia albiflora var. *trichocarpa* Bge.=Paeonia lactiflora
Paeonia altaica K.M.Dai & T.H.Ying=Paeonia anomala
Paeonia anomala L.窄叶芍药
Paeonia anomala subsp. anomala=Paeonia anomala
Paeonia anomala subsp. veitchii (Lynch) D.Y.Hong & K.Y.Pan 川赤芍
Paeonia anomala var. *intermedia* (C.A.Mey.) O.Fedtsch. & B.Fedtsch.=Paeonia intermedia
Paeonia anomala var. *nudicarpa* Huth=Paeonia anomala
Paeonia beresowskii Kom.=Paeonia anomala subsp. veitchii
Paeonia bifurcata Schipcz.=Paeonia mairei
Paeonia caucasica N.Schipcz.高加索芍药
Paeonia chinensis Oken=Paeonia suffruticosa
Paeonia chinensis Vilm.=Paeonia lactiflora
Paeonia decomoosita Hand.-Mazz.=Paeonia suffruticosa
Paeonia decomposita Hand.-Mazz.四川牡丹
Paeonia decomposita subsp. decomposita=Paeonia decomposita
Paeonia decomposita subsp. rotundiloba D.Y.Hong 圆裂四川牡丹
Paeonia delavayi Franch.紫牡丹
Paeonia delavayi var. *alba* Bean.=Paeonia delavayi
Paeonia delavayi var. *angustiloba* Rehd. & Wils.=Paeonia delavayi
Paeonia delavayi var. *atropurpurea* Schipcz.=Paeonia delavayi
Paeonia delavayi var. *lutea* (Delav. ex Franch.) Finet & Gagn.=Paeonia delavayi
Paeonia delavayi var. *lutea* f. *superba* Lemoine=Paeonia delavayi
Paeonia emodii Wall.多花芍药
Paeonia emodii f. *glabrata* (HK.f. & Thoms.) H.Hara=Paeonia emodi
Paeonia emodii subsp. *sterniana* (H.R.Fletch) Hlada=Paeonia sterniana
Paeonia emodii var. *glabrata* HK.f. & Thoms.=Paeonia emodi
Paeonia franchetii Halda=Paeonia delavayi
Paeonia fruticosa Dum.-Cours.=Paeonia suffruticosa
Paeonia handel-mazzettii Halda=Paeonia delavayi
Paeonia hybrida Pall.=Paeonia intermedia
Paeonia intermedia C.A.Mey.块根芍药
Paeonia japonica (Makino) Miyabe & Takeda=Paeonia obovata
Paeonia jishanensis T.Gong & W.Z.Zhao=Paeonia jishanensis
Paeonia jishanensis T.Hong & W.Z.Zhao 矮牡丹
Paeonia lactiflora Pall.芍药
Paeonia lactiflora var. *trichocarpa* (Bge.) Stern.=Paeonia lactiflora
Paeonia lactiflora var. *villosa* M.S.Yan & K.Sun=Paeonia lactiflora
Paeonia ludlowii (Stern & Tayl.) D.Y.Hong 大花牡丹
Paeonia lutea Delavay ex Franch.=Paeonia delavayi
Paeonia lutea var. *ludlowii* Stern. & Tayl.=Paeonia ludlowii
Paeonia macrophylla Lomak.大叶芍药
Paeonia mairei Lévl.美丽芍药
Paeonia mairei f. *oxypetala* (Hand.-Mazz.) Fang=Paeonia mairei
Paeonia mlokosewitschi Lomak.恩洛科氏芍药
Paeonia moutan Sims=Paeonia suffruticosa
Paeonia moutan subsp. *atava* Brühl=Paeonia rockii
Paeonia moutan var. *papaveracea* (Adnr.) DC.=Paeonia suffruticosa
Paeonia obovata Maxim.草芍药
Paeonia obovata f. *oreogeton* (S.Moore) Kitag.=Paeonia obovata
Paeonia obovata subsp. *japonica* (Makino) Halda=Paeonia obovata
Paeonia obovata subsp. obovata=Paeonia obovata
Paeonia obovata subsp. willmottiae (Stapf.) D.Y.Hong & K.Y.Pan 毛叶草芍药
Paeonia obovata var. *glabra* Makino=Paeonia obovata
Paeonia obovata var. *japonica* Makino=Paeonia obovata
Paeonia obovata var. *willmottiae* (Stapf) Stern.=Paeonia obovata subsp. willmottiae
Paeonia oreogeton S.Moore=Paeonia obovata
Paeonia ostii T.Hong & J.X.Zhang 凤丹
Paeonia ostii var. *lishizhenii* B.A.Shen=Paeonia ostii
Paeonia oxypetala Hand.-Mazz.=Paeonia mairei
Paeonia papaveracea Andr.=Paeonia suffruticosa
Paeonia potaninii Kom.=Paeonia delavayi
Paeonia potaninii f. *alba* (Bean.) Stern.=Paeonia delavayi
Paeonia potaninii var. *trollioides* (Stapf ex Stern) Stern.=Paeonia delavayi
Paeonia qiui Y.L.Pei & D.Y.Hong 卵叶牡丹
Paeonia ridleyi Z.L.Dai & T.Hong=Paeonia qiui
Paeonia rockii (S.G.Haw & Lauen.) T.Hong & J.J.Li 紫斑牡丹
Paeonia rockii subsp. *linyanshanii* T.Hong & Osti=Paeonia rockii

Paeonia rockii subsp. rockii=Paeonia rockii
Paeonia rockii subsp. taibaishanica D.Y.Hong 太白牡丹
Paeonia sinensis Steud.(p.p.)=Paeonia lactiflora
Paeonia sinensis Steud.(p.p.)=Paeonia suffruticosa
Paeonia sinjiangensis K.Y.Pan=Paeonia anomala
Paeonia spontanea (T.Hong & W.Z.Zhao=Paeonia jishanensis
Paeonia sterniana Fletch.白花芍药
Paeonia suffruticosa Andr.牡丹
Paeonia suffruticosa subsp. *atava* (Brühl) S.G.Haw & Lauen.=Paeonia rockii
Paeonia suffruticosa subsp. *ostii* (T.Hong & J.X.Zhang) Halda=Paeonia ostii
Paeonia suffruticosa subsp. *rockii* S.G.Haw & lauen.=Paeonia rockii
Paeonia suffruticosa subsp. *spontanea* (Rehd.) S.G.Haw & Lauen.= Paeonia jishanensis
Paeonia suffruticosa subsp. suffruticosa=Paeonia suffruticosa
Paeonia suffruticosa subsp. yinpingmuda D.Y.Hong et al.银屏牡丹
Paeonia suffruticosa var. *jishanensis* (T.Gong & W.Z.Zhao) Halda= Paeonia jishanensis
Paeonia suffruticosa var. *papaveracea* (Adnr.) Kerner= Paeonia suffruticosa
Paeonia suffruticosa var. *purprea* Andr.=Paeonia suffruticosa
Paeonia suffruticosa var. *spontanea* Rehd.=Paeonia jishanensis
Paeonia szechuanica W.P.Fang=Paeonia decomposita
Paeonia tenuifolia L.细叶芍药
Paeonia tomentosa (Lomak.) N.Busch.茸毛芍药
Paeonia triternata Pall.回三出芍药
Paeonia trolioides Stapf ex Stern=Paeonia delavayi
Paeonia veitchii Lynch=Paeonia anomala subsp. veitchii
Paeonia veitchii subsp. *altaica* (K.M.Dai & T.H.Ying) Halda=Paeonia anomala
Paeonia veitchii var. *beresowskii* (Kom.) Schipcz.=Paeonia anomala subsp. veitchii
Paeonia veitchii var. *leiocarpa* W.T.Wang & S.H.Wang ex K.Y.Pan= Paeonia anomala subsp. veitchii
Paeonia veitchii var. *uniflora* K.Y.Pan=Paeonia anomala subsp. veitchii
Paeonia veitchii var. *woodwardii* (Stern & Cox) Stern=Paeonia anomala subsp. veitchii
Paeonia vernalis Mandl.春芍药
Paeonia willmotiae Stapf=Paeonia obovata subsp. willmottiae
Paeonia wittmanniana Lindl.(Fient & Gagn.in Bull.Soc.Bot.Fr.1904)= Paeonia obovata
Paeonia woodwardii Stapf ex Cox=Paeonia anomala subsp. veitchii
Paeonia yui Fang=Paeonia lactiflora
Paeonia yunnanensis Fang=Paeonia suffruticosa
Paeoniaceae 芍药科
Paesia St.Hilaire **曲轴蕨属**(蕨科)
Paesia taiwannensis Shieh 台湾曲轴蕨
Pagiantha Mark.=**Tabernaemontana**
Pagiantha corymbosa (Roxb. ex Wall.) Mark.=Tabernaemontana corymbosa
Pagiantha dichotoma (Roxb.) Markgr.=Rejoua dichotoma
Pagiantha macrocarpa (Jack) Markgr=Ervatamia macrocarpa
Pagiantha pandacaqui (Poir.) Markgr=Tabernaemontana pandacqui
Pahudia Miq.=**Afzelia**
Pahudia cochinchinensis Pierre=Afzelia xylocarpa
Pahudia xylocarpa Kurz=Afzelia xylocarpa
Pala scholaris Roberty=Alstonia scholaris
Palaquium Blanco **胶木属**(山榄科)
Palaquium ellipticum Engl.(Matsumura & Hay.in J.Coll.Sci.Univ.Tokyo 1906)=Palaquium formosanum
Palaquium formosanum Hay.台湾胶木
Palaquium gutta (HK.f.) Paillon 胶木
Palaquium hayata Lam.=Palaquium formosanum
Palaquium polyandrum Hay.=Palaquium formosanum
Palhinhaea A.Franco & Vascon.**灯笼草属**(石松科)
Palhinhaea cernua (L.) A.Franco & Vasc.垂穗石松
Palhinhaea cernua f. sikkimensis (Müller) H.S.Kung 毛枝垂穗石松
Palhinhaea cernua var. *sikkimensis* (Müll.) Ching= Palhnhaea cernua f. sikkimensis
Paliavana Vand.**帕拉瓦苣苔属**(苦苣苔科)
Paliurus Tourn. ex Mill.**马甲子属**(鼠李科)
Paliurus aubletia Schult.=Paliurus ramosissimus
Paliurus australis Gaertn.(Franch.in Nouv.Arch.Mus.Paris 1883)= Paliurus hemsleyanus
Paliurus australis var. *orientalis* Franch.=Paliurus orientalis
Paliurus hemsleyanus Rehd.铜钱树
Paliurus hirsutus Hemsl.硬毛马甲子
Paliurus mairei Lévl.=Ziziphus mauritiana
Paliurus orientalis (Franch.) Hemsl.(p.p.)=Paliurus hemsleyanus
Paliurus orientalis (Franch.) Hemsl.(Schneid.in Ill.Handb.Laubholzk 1909)= Paliurus hemsleyanus
Paliurus orientalis (Franch.) Hemsl.短柄铜钱树
Paliurus perforata Blanco=Harrisonia peforata
Paliurus ramosissimus (Lour.) Poir.马甲子
Paliurus sinicus Schneid.=Paliurus orientalis
Paliurus spinachhristi Mill.滨枣
Palma japonica Herm.=Cycas revoluta
Palmae(植物志 13-1)=**Arecaceae**
Palmijuncus Kuntze=**Calamus**
Paltonium Presl **假带蕨属**(水龙骨科)
Paltonium lanceolatum (L.) Presl.假带蕨
Paltonium sinense C.Chr.=Lepisorus sinensis
Paludana Giseke=**Amomum**
Palura chinensis Koidz.=Symplocos paniculata
Palura chinensis var. *pilosa* Nakai=Symplocos paniculata
Palura sinica Miers=Symplocos paniculata
Panax L.**人参属**(五加科)
Panax aculeatus Ait.=Acanthopanax trifoliatus
Panax armatus Wall.=Aralia armata
Panax bipinnatifidum Seem.=Panax pseudoginseng var. bipinnatifidus
Panax davidii Franch.=Nothopanax davidii
Panax delavayi Franch.=Nothopanax delavayi
Panax divaricatum S. & Z.=Acanthopanax divaricatus
Panax foLiolosum Wall.=Aralia foliolosa
Panax fragrans Roxb.=Heteropanax fragrans
Panax ginseng C.A.Mey.人参
Panax horridus Smith.=Oplopanax horridus
Panax japonicum C.A.Mey.=Panax pseudoginseng var. japonicus
Panax japonicum var. *angustifolium* (Burkill) Cheng & Chu=Panax pseudoginseng var. angustifolius
Panax japonicus var. *bipinnatifidus* (Seem.) C.Y.Wu & K.M.Feng=Panax pseudoginseng var. bipinnatifidus
Panax japonicus var. *major* (Burkill) C.Y.Wu & K.M.Feng(p.p.)=Panax pseudoginseng var. japonicus
Panax japonicus var. *major* (Burkill) C.Y.Wu & K.M.Feng(p.p.)=Panax pseudoginseng var. elegantior
Panax major (Burkill) Ting=Panax pseudoginseng var. japonicus
Panax notoginseng F.H.Chen ex C.Y.Wu & K.M.Feng=Panax pseudoginseng var. notoginseng
Panax palmata Roxb.=Euaraliopsis palmata
Panax pseudoginseng Wall.假人参
Panax pseudoginseng subsp. *himalaicus* Hara=Panax pseudoginseng var. japonicus
Panax pseudoginseng subsp. *japonicus* (C.A.Mey) Hara=Panax pseudoginseng var. japonicus
Panax pseudoginseng var. angustifolius (Burkill) Li 狭叶假人参
Panax pseudoginseng var. bipinnatifidus (Seem.) Li 羽叶三七
Panax pseudoginseng var. elegantior (Burkill) Hoo & Tseng 珠子参
Panax pseudoginseng var. japonicus (C.A.Mey.) Hoo & Tseng 竹节参
Panax pseudoginseng var. *major* (Burkill) Li=Panax pseudoginseng var. japonicus
Panax pseudoginseng var. notoginseng (Burkill) Hoo & Tseng 三七
Panax pseudoginseng var. *wangianus* (Sun) Hoo & Tseng=Panax pseudoginseng var. japonicus
Panax pseudoginseng Wall.(Li in Sargentia 1942,p.p.)=Panax pseudoginseng var. elegantior
Panax pseudoginseng Wall.(Li in Sargentia 1942,p.p.,药用志 1958)= Panax pseudoginseng var. japonicus
Panax pseudoginseng Wall.(Li in Sargentia 1942,p.p.高等图鉴 1972, p.p.)=Panax pseudoginseng var. notoginseng
Panax quinquefolia a. *coreensis* Sieb.=Panax ginseng
Panax quinquefolia b. *japonica* Sieb.=Panax pseudoginseng var. japonicus
Panax quinquefolium var. *ginseng* (C.A.Mey.) Rgl. & Maack ex Regel= Panax ginseng
Panax qunquefolius L.西洋参

Panax repens Maxim.=Panax pseudoginseng var. japonicus
Panax ricinifolium S. & Z.=Kalopanax septemlobus
Panax schinseng Nees (科学论文集 1927)=Panax pseudoginseng var. japonicus
Panax schinseng Nees var.(3) *nepalensis* Nees=Panax pseudoginseng
Panax schinseng Nees=Panax ginseng
Panax schinseng var.(2) *japonica* Nees=Panax pseudoginseng var. japonicus
Panax sessiliflorum Rupr. & Maxim.=Acanthopanax sessiliflora
Panax spinosus L.f.=Acanthopanax spinosus
Panax stipuleanatus H.T.Tsai & K.JM.Feng=Panax pseudoginseng var. bipinnatifidus
Panax subgen. *Acanthopanax* Decne. ex Planch.=**Acanthopanax**
Panax transitorius Hoo=Panax pseudoginseng var. japonicus
Panax wangianum Sun=Panax pseudoginseng var. japonicus
Panax zingibereensis C.Y.Wu & K.M.Feng 姜状三七
Pancovia delavayi Franch.=Sapindus delavayi
Pancratium L.**全能花属**(石蒜科)
Pancratium biflorum Roxb.全能花
Pancratium illyricum L.伊利里亚全能花
Pancratium littoralis Jcq.=Hymenocallis littoralis
Pancratium maritimus L.海滨全能花
Pandaceae 攀打科
Pandanaceae 露兜树科
Pandanus L.f.**露兜树属**(露兜树科)
Pandanus amaryllifolius Roxb.香露兜
Pandanus austrosinensis T.L.Wu 露兜草
Pandanus austrosinensis var. austrosinensis=Pandanus austrosinensis
Pandanus austrosinensis var. longifolius L.Y.Zhou & X.W.Zhong 长叶露兜草
Pandanus boninensis Warb.小笠原露兜树
Pandanus forceps Martelli 簕古子
Pandanus furcatus Roxb.分叉露兜
Pandanus gressittii B.C.Stone 小露兜
Pandanus odoratissimus L.f.(C.H.Wright in J.L.Soc.Bot.1903)=Pandanus tectorius
Pandanus odoratissimus L.f.浓香露兜
Pandanus odoratissimus var. *sinensis* (Arb.) Kanehira=Pandanus tectorius var. sinensis
Pandanus pygmaeus Thouars.矮露兜树
Pandanus sanderi Mast.桑得露兜树
Pandanus tectorius Sol.露兜树
Pandanus tectorius var. sinensis Warb.林投
Pandanus tectorius var. tectorius=Pandanus tectorius
Pandanus urophyllus Hance=Pandanus furcatus
Pandanus utilis Borg.扇叶露兜树
Pandanus veitchii Dall.威氏露兜树
Panderia Fisch. & Mey.**兜藜属**(藜科)
Panderia turkestanica Iljin 兜藜
Pandorea Spach.**粉花凌霄属**(紫葳科)
Pandorea jasminoides (L.) Schum.粉花凌霄
Paneovia tomentosa Kurz.=Sapindus tomentosus
Panicularia acutiflora (Torr.) Kuntze=Glyceria acutiflora subsp. japonica
Panicum L.**黍属**(禾本科)
Panicum abludens Roem. & Schult.=Digitaria abludens
Panicum accrescens Trin.=Cyrtococcum patens var. latifolium
Panicum acroanthum Steudn.=Panicum bisulcatum
Panicum acroanthum var. *brevipedicellatum* Hack.=Panicum bisulcatum
Panicum acuminatum Swartz=Dichanthelium acuminatum
Panicum acutigluma Steud.=Hymenachne acutigluma
Panicum adscendens H.B.K.=Digitaria ciliaris
Panicum albens (Trin.) Steud.=Isachne albens
Panicum alopecuroides L.=Pennisetum alopecuroides
Panicum ambiquum Trin.=Urochloa paspaloides
Panicum americamum L.=Pennisetum americarum
Panicum amoenum Balansa 可爱黍
Panicum angustum Trin.=Sacciolepis indica
Panicum aquaticum Poir.水生稷
Panicum arborescens L.=Panicum brevifolium
Panicum arcuatum R.Br.=Sacciolepis indica
Panicum arenarium Brot.=Panicum repens
Panicum assamicum HK.f.=Hymenachne assamicum
Panicum austroasiaticum Ohwi=Panicum walense
Panicum barbinoce Trin.=Brachiaria mutica
Panicum barbipedum Hay.刺髭稷
Panicum bengalensis Spreng=Arundinella bengalensis
Panicum bicorne Kunth=Digitaria bicornis
Panicum biforme Kunth=Digitaria bicornis
Panicum bisulcatum Thunb.糠稷
Panicum brachylachnum Steud.=Brachiaria ramosa
Panicum brevifolium L.短叶黍
Panicum brevifolium var. *hirtifolium* (Ridley) Jansen=Panicum brevifolium
Panicum bulbosum H.B.K.鳞茎稷
Panicum caesium Nees (Nees in J.Bot.Kew Misc.1850)=Panicum cambogiense
Panicum caffrorum Retz.=Sorghum caffrorum
Panicum cambogiense Balansa 大罗网草
Panicum canescens Roth. ex Roem & Schult.=Brachiaria ramosa
Panicum capillare L.毛线稷
Panicum carinatum J.S.Presl ex Presl=Cyrtococcum patens
Panicum caucasicum Trin.=Brachiaria eruciformis
Panicum cenchroides Rich.=Pennisetum setosum
Panicum chinense Trin.=Setaria italica
Panicum chloroticum Nees 绿稷
Panicum chondrachne Steud.=Setaria chondrachne
Panicum ciliare Retz.(Roxb.Fl.Ind.1820)=Digitaria bicornis
Panicum ciliare Retz.=Digitaria ciliaris
Panicum cimicinum (L.) Retz.=Alloteropsis cimicina
Panicum clandestinum L.隐稷
Panicum coccospermum Steud.=Brachiaria villosa
Panicum colonum L.=Echinochloa colonum
Panicum coloratum L.(F.Muell.Fragm.1874)=Panicum bisulcatum
Panicum coloratum Walt.=Panicum virgatum
Panicum conglomeratum L.=Sacciolepis indica
Panicum contractum Wight & Arn. ex Nees=Sacciolepis indica
Panicum controversum Steud.=Urochloa panicoides
Panicum convolutum Beauv. ex Spreng=Panicum repens
Panicum cordatum Büse (禾本科图说 1959)=Panicum notatum
Panicum crassiapiculatum Merr.=Acroceras munroanum
Panicum cristatellum Keng 冠黍
Panicum cruciabile A.Chase=Panicum cambogiense
Panicum cruciatum Nees ex Steud.=Digitaria cruciata
Panicum crusgalli L.=Echinochloa crusgalli
Panicum crusgalli proles *oryzicola* Vasing.=Echinochloa phyllopogon
Panicum crusgalli subsp. *colonum* Makino & Neunoto=Echinochloa colonum
Panicum crusgalli var. *brevisetum* Doel.=Echinochloa crusgalli var. breviseta
Panicum crusgalli var. *frumentacum* (Roxb.) Trin.=Echinochloa frumentacea
Panicum crusgalli var. *hispidulum* (Retz.) Hack.=Echinochloa hispidula
Panicum crusgalli var. *mite* Pursh=Echinochloa crusgalli var. mitis
Panicum crusgalli var. *submuticum* Hack.=Echinochloa crusgalli var. praticola
Panicum dactylon L.=Cynodon dactylon
Panicum decempedalis O.Kuntze=Arundinella decempedalis
Panicum decompasitum Rendle=Panicum paludosum
Panicum denudatum Kunth=Digitaria denudata
Panicum dichotomiflorum Michx.洋野黍
Panicum dichotomum var. *fasciculatum* Torr.=Dichanthelium acuminatum
Panicum dichotomum var. *lanuginosum* (Ell.) Wood=Dichanthelium acuminatum
Panicum dimidiatum L.=Stenotaphrum dimidiatum
Panicum elegans Wight & Arn. ex Steud.=Sphaerocaryum malaccense
Panicum erubescens Willd.=Pennisetum setosum
Panicum eruciforme J.E.Smith=Brachiaria eruciformis
Panicum excurrens Trin.=Setaria plicata
Panicum fibrosa Hack.=Digitaria fibrosa
Panicum flavidium Retz.=Paspalidium flavidium
Panicum flexuosum Retz.=Panicum psilopodium
Panicum floridum Royle=Paspalidium flavidium
Panicum forbesianum Nees ex Steud.=Setaria forbesiana
Panicum formosanum Makino & Nemota=Digitaria radicosa
Panicum frumentacea Roxb.=Echinochloa frumentacea
Panicum geminatum Forssk.(Honda in Bot.Mag.Tokyo 1923)=

Paspalidium punctatum
Panicum geminatum Forssk.=Paspalidium geminatum
Panicum geniculatum Lam.=Setaria geniculata
Panicum germanicum Miller=Setaria italica var. germanica
Panicum giganteum Scheels=Panicum virgatum
Panicum glaberrimum Steud.=Panicum virgatum
Panicum glandulosum Nees ex Trin.=Pseudechinolaena polystachya
Panicum glaucum "β." L.=Setaria viridis
Panicum glaucum L.(Benth.in Fl.Hongk.1861)=Setaria pallidifusca
Panicum glaucum L.(p.p.)=Setaria glauca
Panicum glaucum L.=Pennisetum americarum
Panicum gramulare Lam.=Paspalidium flavidium
Panicum grossarium L.(Thunb.Fl.Jap.1784)=Panicum bisulcatum
Panicum hayatae Makino & Nemoto=Digitaria mollicoma
Panicum hermaphroditum Steud.=Cyrtococcum oxyphyllum
Panicum heteranthum Link=Pseudechinolaena polystachya
Panicum heteranthum Nees & Meyen ex Nees=Digitaria heterantha
Panicum heteranthum var. *pachyrhachis* Hack.=Digitaria heterantha
Panicum hirtifolium Ridley=Panicum brevifolium
Panicum hispidula Retz.=Echinochloa hispidula
Panicum hostii Bieb.=Echinochloa oryzoides
Panicum huachucae Ashe=Dichanthelium acuminatum
Panicum huachucae var. *fasciculatum* (Torr.) Hubb.=Dichanthelium acuminatum
Panicum humile Thunb. ex Trin.(广州志 1956)=Panicum walense
Panicum imbecillie (R.Br.) Trin.=Oplismenus undulatifolius var. imbecillis
Panicum incomtum Trin.藤竹草
Panicum indicum L.=Sacciolepis indica
Panicum insulicola Steud.=Hymenachne insulicola
Panicum intermedium Hornem.(Roth in Nov.Pl.Sp.1821)=Setaria intermedia
Panicum interruptum Willd.=Sacciolepis interrupta
Panicum inumdatum Kunth=Sacciolepis interrupta
Panicum isachne Roth. ex Roem. & Schult.=Brachiaria eruciformis
Panicum ischaemoides Retz.=Panicum repens
Panicum ischaemum Schreb. ex Schw.=Digitaria ischaemum
Panicum italicum L.=Setaria italica
Panicum italicum var. *germanicum* (Mill.) Liel.=Setaria italica var. germanica
Panicum japonicus Steud.=Oplismenus undulatifolius var. japonicus
Panicum jumentorum Pers.=Panicum maximum
Panicum khasianum Munro ex HK.f.滇西黍
Panicum kunthii Steud.(Forb. ex Hemsl.in Biol.Centr.Amer.Bot.1885)=Panicum virgatum
Panicum lanuginosum Ell.=Dichanthelium acuminatum
Panicum latifolium var. *majus* HK.f.=Neohusnotia tonkinensis
Panicum lepidotum Steud.=Isachne globosa
Panicum linearifolium Scribner 小叶稷
Panicum longiflorum (Retz.) Gmel.=Digitaria longiflora
Panicum lutescens Weigel=Setaria glauca
Panicum malaccense Trin.=Sphaerocaryum malaccense
Panicum mandshuricum var. *pekinense* Maxim.=Arundinella anomala
Panicum matsumurae (Hack.) Hack.=Setaria chondrachne
Panicum maximum Jacq.大黍
Panicum maximum var. *hirsutissimum* (Steud.) Oliv.=Panicum maximum
Panicum melananthum L.(F.Muell .in Fragm.1874)=Panicum bisulcatum
Panicum melinis Trin.=Melinis minutiflora
Panicum microbachne Presl=Digitaria microbachne
Panicum microstachyum Lam.=Sacciolepis indica
Panicum miliaceum L.稷
Panicum miliaceum var. effusum Alef.散枝稷
Panicum miliaceum var. ruderale Kitagawa 野生稷
Panicum miliiforme J.S.Presl ex Presl=Brachiaria subquadripara var. miliiformis
Panicum minutiflorum (Beauv.) Raspail=Melinis minutiflora
Panicum montanum Roxb.=Panicum notatum
Panicum mucronatum Roth ex Roem.=Paspalidium punctatum
Panicum multinoda Lam.(Presl in Arel.Haenk.1948)=Ottochloa nodosa
Panicum munroanum Balansa=Acroceras munroanum
Panicum muricatum Retz.=Cyrtococcum patens var. schmidtii
Panicum muricatum Retz.=Isachne globosa
Panicum muticum Forsk.=Brachiaria mutica
Panicum myosuroides R.Br.=Sacciolepis myosuroides
Panicum myuros Lam=Sacciolepis indica
Panicum nemorosum Trin.=Pseudechinolaena polystachya
Panicum nervosum Lam.(Roxb.in Fl.Ind.1820)=Setaria palmifolia
Panicum neurodes Schult.=Setaria palmifolia
Panicum nilagiricum Steud.=Brachiaria semiundulata
Panicum nitens Schum (Pilipp.in Gov.Lab.Bur.Bull.1904)=Ichnanthus vicinus
Panicum nodibarbatum Hochst. ex Steud.=Isachne dispar
Panicum nodosa var. *micrranthum* Balansa=Ottochloa nodosa var. micrantha
Panicum nodosum Kunth=Ottochloa nodosa
Panicum notatum Retz.沁叶稷
Panicum obliquum Roth. ex Roem. & Schult.=Cyrtococcum patens
Panicum oryzicola Vasing.=Echinochloa phyllopogon
Panicum oryzoides Ard.=Echinochloa oryzoides
Panicum ovalifolium Poir.=Panicum brevifolium
Panicum oxyphyllum Hochst. ex Steud.=Cyrtococcum oxyphyllum
Panicum pachystachys Franch. & Sav.=Setaria viridis subsp. pachystachys
Panicum pallidefuscum Schumach.=Setaria pallidifusca
Panicum palmaefolia Koen.=Setaria palmifolia
Panicum palmifolium Willd. ex Poir.=Setaria palmifolia
Panicum paludosum Roxb.水生黍
Panicum panicoides (Beauv.) Hitchc.=Urochloa panicoides
Panicum parvulum Trin.=Digitaria longiflora
Panicum paspaloides Hay.花稷
Panicum patens L.=Cyrtococcum patens
Panicum pedicellare Hack.=Digitaria abludens
Panicum phalarioides Roem. & Schult.=Sacciolepis indica
Panicum phyllopogon Stapf=Echinochloa phyllopogon
Panicum pilipes Nees & Arn. ex Büse=Cyrtococcum oxyphyllum
Panicum plicatulum O.Kuntze=Paspalum plicatulum
Panicum plicatum Lam.(Benth.Hongk.1861,p.p.)=Setaria palmifolia
Panicum plicatum Lam.=Setaria plicata
Panicum polygamum Sw.=Panicum maximum
Panicum polystachyum (H.B.K.) K.Schum.=Pseudechinolaena polystachya
Panicum proliferum Lam.(HK.f.in Fl.Brit.Ind.1787)=Panicum paludosum
Panicum psilopodium Trin.细柄黍
Panicum psilopodium var. *coloratum* HK.f.=Panicum psilopodium
Panicum psilopodium var. epaleatum Keng 无稃细柄黍
Panicum psilopodium var. psilopodium=Panicum psilopodium
Panicum pumilum Poir.=Setaria glauca
Panicum punctatum Burm=Paspalidium punctatum
Panicum purpurascens Raddi ex Opiz=Brachiaria mutica
Panicum radicans Retz.=Cyrtococcum patens
Panicum radicosum Presl=Digitaria radicosa
Panicum ramosa L.=Brachiaria ramosa
Panicum repens L.铺地黍
Panicum reptans L.=Urochloa reptans
Panicum reticulatum Torr.(Thwaites in Trimen.J.Bot.Brit. & For.1885)=Panicum cambogiense
Panicum roxburghii Spreng=Panicum trypheron
Panicum rubiginosum Steud.=Setaria pallidifusca
Panicum sanguinale (L.) Lam.=Digitaria sanguinalis
Panicum sanguinale L.=Digitaria sanguinalis
Panicum sanguinale var. *biforme* (Willd.) Hack. ex Dur. & Schinz=Digitaria bicornis
Panicum sanguinale var. *microbachne* Hack.=Digitaria microbachne
Panicum sanguinale var. *timorense* (Kunth) Hack.=Digitaria radicosa
Panicum sarmentosum Roxb.(Merr.in Lingn.Sci.J.1927)=Panicum incomtum
Panicum sarmentosum Roxb.长匐茎黍
Panicum schmidtii Hack.=Cyrtococcum patens var. schmidtii
Panicum sect. *Setaria* Steud.=**Setaria**
Panicum semialatum R.Br.=Alloteropsis semialata
Panicum semialatum var. *ecklonianum* (Nees) Hack. ex Dur. & Schnz=Alloteropsis semialata var. eckloniana
Panicum semiundulatum Hochst.=Brachiaria semiundulata
Panicum simpliciusculum Wight & Arn. ex Steud.=Coelachne simpliciuscula
Panicum spinescens R.Br.=Pseudoraphis spinescens
Panicum spontaneum Lyssev 野生稷草
Panicum subgen. *Dichanthelium* Hitchc. & Prantl.=**Dichanthelium**
Panicum submontanum Hay.=Panicum incomtum
Panicum subquadriparum Trin.=Brachiaria subquadripara

Panicum suishaense Hay.=Panicum trypheron
Panicum supeuvacum C.B.Clarke=Brachiaria ramosa
Panicum syzigachne Stued.=Beckmannia syzigachne
Panicum ternatum Hochst. ex Steud.=Digitaria ternata
Panicum thwaitesii Hack.=Digitaria thwaitesii
Panicum timorense Kunth=Digitaria radicosa
Panicum tomentosum Roxb.=Setaria intermedia
Panicum tonkinense Balansa=Neohusnotia tonkinensis
Panicum trichoides Swartz 发枝稷
Panicum trypheron Schult.旱黍草
Panicum trypheron var. *suishaensis* (Hay.) Hsu=Panicum trypheron
Panicum tuberculiflorum Steud.=Eriochloa villosa
Panicum turritum Thunb.=Sacciolepis interrupta
Panicum uliginosum Roth.=Sacciolepis interrupta
Panicum uncinatum Raddi.=Pseudechinolaena polystachya
Panicum undulatifolius Arduino=Oplismenus undulatifolius
Panicum urochloa Desv.=Urochloa panicoides
Panicum verticillatum L.=Setaria verticillata
Panicum vescum Stewart=Panicum walense
Panicum vicinum F.M.Bail.=Ichnanthus vicinus
*Panicum villosa*Thunb.=Eriochloa villosa
Panicum villosum Lam.(HK.f.in Fl.Brit.Ind.1896,p.p.)=Brachiaria semiundulata
Panicum villosum Lam.=Brachiaria villosa
Panicum violaceum Klein ex Thiele=Isachne dispar
Panicum violascens (Link.) Kunth=Digitaria violascens
Panicum virgatum L.柳枝稷
Panicum viride L.=Setaria viridis
Panicum viride Steud.=Setaria viridis
Panicum viride var. *giganteum* Franch. & Sav.=Setaria viridis subsp. pycnocoma
Panicum viride var. *majus* Gaud.=Setaria viridis subsp. pycnocoma
Panicum walense Mez 南亚稷
Panicum warburgii Mez=Cyrtococcum patens
Panicum williamsii Hance=Arundinella anomala
Panicum zollingeri Steud.=Isachne albens
Panisea (Lindl.) Steud.**曲唇兰属**(兰科)
Panisea bia (Kerr) T.Tang & F.T.Wang(高等图鉴 1976,p.p.)=Panisea cavalerei
Panisea bia (Kerr) T.Tang & F.T.Wang=Panisea tricallosa
Panisea cavalerei Schltr.平卧曲唇兰
Panisea pantlingii (Pfitz.) Schltr.=Panisea tricallosa
Panisea tricallosa Rolfe 曲唇兰
Panisea uniflora (Lindl.) Lindl.单花曲唇兰
Panisea unifolia S.C.Chen=Panisea tricallosa
Panisea yunnanensis S.C.Chen & Z.H.Tsi 云南曲唇兰
Pantlingia Prain=**Stigmatodactylus**
Panzeria Moench **脓疮草属**(唇形科)
Panzeria alaschanica Kupr.(p.p.)=Panzeria alaschanica var. minor
Panzeria alaschanica Kupr.脓疮草
Panzeria alaschanica var. alaschanica=Panzeria alaschanica
Panzeria alaschanica var. minor C.Y.Wu & H.W.Li 小脓疮草
Panzeria kansuensis C.Y.Wu & H.W.Li 甘肃脓疮草
Panzeria parviflora C.Y.Wu & H.W.Li 小花脓疮草
Papaver L.**罂粟属**(罂粟科)
Papaver alpinum var. *croceum* Rgl.=Papaver nudicaule
Papaver anomalum Fedde=Papaver nudicaule var. aquilegioides
Papaver canescens A.Tolm.灰毛罂粟
Papaver chinense (Rgl.) Kitag.=Papaver nudicaule
Papaver croceum Ledeb.=Papaver nudicaule
Papaver croceum subsp. *chinense* (Rgl.) Rändel=Papaver nudicaule
Papaver nudicaule L.野罂粟
Papaver nudicaule f. seticarpum (P.Y.Fu) Chuang 毛果野罂粟
Papaver nudicaule subsp. *album* var. *psilocarpum* Fedde=Papaver nudicaule var. aquilegioides f. amurense
Papaver nudicaule subsp. *amurense* Busch=Papaver nudicaule var. aquilegioides f. amurense
Papaver nudicaule subsp. *amurense* var. *seticarpum* P.Y.Fu=Papaver nudicaule f. seticarpum
Papaver nudicaule subsp. *nudicaule* var. *glabricarpum* P.Y.Fu=Papaver nudicaule var. aquilegioides
Papaver nudicaule subsp. *rubro-aurantiacum* (Fisch.x DC.) Fedde=Papaver nudicaule
Papaver nudicaule subsp. *rubro-aurantiacum* var. *chinense* (Rgl.) Fedde=Papaver nudicaule
Papaver nudicaule subsp. *rubro-aurantiacum* var. *corydalifolium* Fedde=Papaver nudicaule
Papaver nudicaule subsp. *rubro-aurantiacum* var. *isopyroides* Fedde=Papaver nudicaule
Papaver nudicaule subsp. *rubro-aurantiacum* var. *miniatum* Fedde (内蒙志 1978)=Papaver nudicaule var. aquilegioides
Papaver nudicaule subsp. *rubro-aurantiacum* var. *subcoroydalifolium* Fedde=Papaver nudicaule
Papaver nudicaule var. aquilegioides Fedde 光果野罂粟
Papaver nudicaule var. aquilegioides f. amurense (Busch) H.Chuang 黑水罂粟
Papaver nudicaule var. nudicaule=Papaver nudicaule
Papaver nudicaule var. *saxatile* Kitag.=Papaver nudicaule
Papaver orientale L.鬼罂粟
Papaver paniculatum D.Don=Meconopsis napaulensis
Papaver paniculatum D.Don=Meconopsis paniculata
Papaver pavoninum Fisch. & Mey.黑环罂粟
Papaver pavoninum f. album X.J.Ge 白花黑环罂粟
Papaver pavoninum f. pavoninum=Papaver pavoninum
Papaver pseudocanescens M.Popov=Papaver canescens
Papaver pseudoradicatum Kitag.=Papaver radicatum var. pseudoradicatum
Papaver radicatum var. pseudoradicatum (Kitag) Kitag.长白山罂粟
Papaver rhoeas L.虞美人
Papaver simplicifolium D.Don=Meconopsis simplicifolia
Papaver somniferum L.罂粟
Papaver tenellum A.Tolm.=Papaver nudicaule
Papaver tianschanicum M.Popov=Papaver canescens
Papaveraceae 罂粟科
Papaya Tourn. ex L.=**Carica**
Papaya carica Gaertn.=Carica papaya
Papeda ichangensis Tseng=Citrus ichangensis
Papeda wilsonii (Tanaka) Tseng=Citrus grandis ×junos
Paphiopedilum Pfitz **兜兰属**(兰科)
Paphiopedilum amabile Hall.f.可爱兜兰
Paphiopedilum appletonianum (Gower) Rolfe 卷萼兜兰
Paphiopedilum argus (Rchb.f.) Pfitz.阿顾斯氏兜兰
Paphiopedilum armeniacum S.C.Chen & F.Y.Liu 杏黄兜兰
Paphiopedilum armeniacum var. *mark-fun* Fowlie=Paphiopedilum armeniacum
Paphiopedilum barbatum (Lindl.) Pfitz.髯毛兜兰
Paphiopedilum barbigerum T.Tang & F.T.Wang 小叶兜兰
Paphiopedilum bellatulum (Richb.f.) Stein 巨瓣兜兰
Paphiopedilum bullenianum (Rchb.f.) Pfitz.布林氏兜兰
Paphiopedilum callosum (Rchb.f.) Pfitz.褐疣瓣兜兰
Paphiopedilum chamberlainianum (O'Brien) Pfotz.卡姆氏兜兰
Paphiopedilum charlesworthii (Rolfe) Pftiz.卡里斯氏兜兰
Paphiopedilum chiwuanum T.Tang & F.T.Wang=Paphiopedilum hirsutissimum
Paphiopedilum ciliolare (Rchb.f.) Stein 缘毛兜兰
Paphiopedilum concolor (Bateman) Pfitz 同色兜兰
Paphiopedilum curtisii (Rchb.f.) Pfitz.库特斯兜兰
Paphiopedilum dayanum (Rchb.f.) Pfitz.达氏兜兰
Paphiopedilum dianthum T.Tang & F.T.Wang 长瓣兜兰
Paphiopedilum dollii E.Lueckel.=Paphiopedilum henryanum
Paphiopedilum emersonii Koopowitz & Cribb 白花兜兰
Paphiopedilum esquirolei Schltr.=Paphiopedilum hirsutissimum
Paphiopedilum fairrieanum (Lindl.) Pfitz.弯瓣兜兰
Paphiopedilum glanzeanum O.Gruss & F.Roeth=Paphiopedilum micranthum
Paphiopedilum glaucophyllum J.J.Sm.粉绿叶兜兰
Paphiopedilum godefroyae (Godef.) Stein (云南植物研究 1982)=Paphiopedilum bellatulum
Paphiopedilum godefroyae (Godefr.) Pfitz.紫点兜兰
Paphiopedilum ×grussianum S.H.Hu 紫带兜兰(新)?
Paphiopedilum hainanense Fowlie=Paphiopedilum appletonianum
Paphiopedilum haynaldianum (Rchb.f.) Pfitz.哈娜迪兜兰
Paphiopedilum henryanum Braem 亨利兜兰
Paphiopedilum henryanum var. christae Braem 无斑兜兰

Paphiopedilum henryanum var. henryanum=Paphiopedilum henryanum
Paphiopedilum hirsutissimum (Lindl. ex HK.) Stein 带叶兜兰
Paphiopedilum hirsutissimum var. *chiwuanum* (T.Tang & F.T.Wang) Cribb= Paphiopedilum hirsutissimum
Paphiopedilum hirsutissimum var. *esquirolei* (Schltr.) Karasawa & Saito= Paphiopedilum hirsutissimum
Paphiopedilum hookerae (Rchb.f.) Pfitz.虎克氏兜兰
Paphiopedilum insigne (Lindl.) Pfitz 波瓣兜兰
Paphiopedilum insigne var. *barbigerum* (T.Tang & F.T.Wang) Braem= Paphiopedilum barbigerum
Paphiopedilum jackii S.H.Hu=Paphiopedilum malipoense
Paphiopedilum javanicum (Reinw.) Pfitz.爪哇兜兰
Paphiopedilum lawrenceanum (Rchb.f.) Pfitz.劳伦斯兜兰
Paphiopedilum lowii (Lindl.) Pfitz.劳威氏兜兰
Paphiopedilum malipoense S.C.Chen & Z.H.Tsi 麻栗坡兜兰
Paphiopedilum malipoense var. *jackii* (S.H.Hu) Averyanov et al.= Paphiopedilum malipoense
Paphiopedilum maranthum var. *extendatum* Fowlie=Paphiopedilum micranthum
Paphiopedilum markianum Fowlie 虎斑兜兰
Paphiopedilum micranthum subsp. *eburneum* Fowlie=Paphiopedilum micranthum
Paphiopedilum micranthum T.Tang & F.T.Wang 硬叶兜兰
Paphiopedilum micranthum var. *alboflavum* Braen=Paphiopedilum micranthum
Paphiopedilum micranthum var. *eburneum* Fowlie=Paphiopedilum micranthum
Paphiopedilum miranthum var. *marginatum* Fowlie=Paphiopedilum micranthum
Paphiopedilum nigritum (Rcbh.f.) Pfitz.淡黑色兜兰
Paphiopedilum niveum (Rchb.) Pfitz.雪白兜兰
Paphiopedilum parishii (Rchb.f.) Stein 飘带兜兰
Paphiopedilum parishii var. *dianthum* (T.Tang & F.T.Wang) Karasawa & Saito=Paphiopedilum dianthum
Paphiopedilum philippinense (Rchb.f.) Pfitz.菲律宾兜兰
Paphiopedilum praestans (Rchb.f.) Pfitz.特殊兜兰
Paphiopedilum purpuratum (Lindl.) Stein 紫纹兜兰
Paphiopedilum rothschildianum (Rchb.f.) Pfitz.罗斯德氏兜兰
Paphiopedilum saccopetalum S.H.Hu=Paphiopedilum hirsutissimum
Paphiopedilum sinicum (Hance ex Rchb.f.) Stein=Paphiopedilum purpuratum
Paphiopedilum spicerianum (Rchb.f.) Pfitz.巨腹萼兜兰
Paphiopedilum stonii HK.f.) Pfitz.窄瓣兜兰
Paphiopedilum superbiens (Rchb.f.) Pfitz.华丽兜兰
Paphiopedilum tigrinum Koopowitz & Hasegawa=Paphiopedilum markianum
Paphiopedilum tonsum (Rchb.f.) Pfitz.光瓣兜兰
Paphiopedilum venustum (Sims) Pfitz 秀丽兜兰
Paphiopedilum victoriaemariae (HK.f.) Rolfe 维多利亚女王兜兰
Paphiopedilum villosum (Lindl.) Stein 紫毛兜兰
Paphiopedilum villosum var. annamens Hort.狭叶紫毛兜兰
Paphiopedilum villosum var. *annamense* Hort (云南植物研究 1982)= Paphiopedilum villosum
Paphiopedilum wardii Summerh 彩云兜兰
Papilionanthe Schltr.**凤蝶兰属**(兰科)
Papilionanthe biswasiana (Ghose & Mukerjee) Garay 白花凤蝶兰
Papilionanthe flavescens (Schltr.) Garay=Holcoglossum flavescens
Papilionanthe teres (Roxb.) Schltr.凤蝶兰
Papillaeia patustris Dulac.=Scheuchzeria palustris
Pappagrostis pappophorea (Hack.) Roshev.=Stephanachne pappophorea
Pappophorum borealis Griseb.=Enneapogon borealis
Pappophorum sect. *Enneapogon* (Desv. ex Beauv.) Trin.=**Enneapogon**
Parabaena Miers **连蕊藤属**(防已科)
Parabaena sagittata Miers 连蕊藤
Parabarium Pierre=**Urceola**
Parabarium burmanicum Lý=Urceola tournieri
Parabarium chunianum Tsiang=Urceola quintaretii
Parabarium hainanense Tsiang=Urceola quintaretii
Parabarium handelianum Tsiang=Urceola quintaretii
Parabarium huaitingii Chun & Tsiang=Urceola huaitingii
Parabarium linearicarpum (Pierre) Pichon=Urceola linaericarpa
Parabarium linocarpum Pierre=Urceola linaericarpa
Parabarium micranthum (Wall. ex G.Don) Pierre=Urceola micrantha
Parabarium multiflorum (King & Gambl.) Lý=Urceola micrantha
Parabarium napeense (Quint.) Pierre=Urceola napeensis
Parabarium quintaretii (Pierre) Pierre=Urceola quintaretii
Parabarium spireanum Pieere 中赛格多
Parabarium tournieri (Pierre) Pierre=Urceola tournieri
Parabarium untile (Hay. & Kawakami) Lý=Urceola micrantha
Parabarium untile var. *kerrii* Lý=Urceola micrantha
Parabeaumontia Pichon=**Vallaris**
Parabeaumontia indecora Pichon=Vallaris indecora
Parabenzoin Nakai=**Lindera**
Parabezoin praecox (S. & Z.) Nakai=Lindera praecox
Paraboea (Clarke) Ridley **蛛毛苣苔属**(苦苣苔科)
Paraboea barbatipes K.Y.Pan=Paraboea martinii
Paraboea changjiangensis F.W.Xing & Z.X.Li 昌江蛛毛苣苔
Paraboea clavisepala D.Fang & D.H.Qin 棒萼蛛毛苣苔
Paraboea crassifolia (Hemsl.) Burtt 厚叶蛛毛苣苔
Paraboea dictyoneura (Hance) Burtt 网脉蛛毛苣苔
Paraboea filipes (Hance) Burtt 丝梗蛛毛苣苔
Paraboea glutinosa (Hand.-Mazz.) K.Y.Pan 白花蛛毛苣苔
Paraboea hainanensis (Chun) Burtt 海南蛛毛苣苔
Paraboea martinii (Lévl.) Burtt 白花蛛毛苣苔
Paraboea neurophylla (Coll. & Hemsl.) Burtt 云南蛛毛苣苔
Paraboea nutans D.Fang & D.H.Qin 垂花蛛毛苣苔
Paraboea paramartinii Z.R.Xu & B.L.Burtt.思茅蛛毛苣苔
Paraboea peltifolia D.Fang & L.Zeng 钝叶蛛毛苣苔
Paraboea rufescens (Franch.) Burtt 锈色蛛毛苣苔
Paraboea rufescens var. rufescens=Paraboea rufescens
Paraboea rufescens var. umbellata (Drake) K.Y.Pan 伞花蛛毛苣苔
Paraboea sect. *Breviflores* Ridley=**Paraboea**
Paraboea sect. *Euparaboea* Ridley=**Paraboea**
Paraboea sinensis (Oliv.) Burtt 蛛毛苣苔
Paraboea sinensis f. *macra* (Stapf.) C.Y.Wu ex H.W.Li=Paraboea sinensis
Paraboea sinensis f. *macrophylla* (Stapf.) C.Y.Wu ex H.W.Li=Paraboea sinensis
Paraboea swinhoii (Hance) Burtt 锥序蛛毛苣苔
Paraboea thirionii (Lévl.) Burtt 小花蛛毛苣苔
Paraboea tomentosa Barnett=Paraboea rufescens
Paraboea tribracteata D.Fang & W.Y.Rao 三苞蛛毛苣苔
Paraboea umbellata (Drake) Burtt=Paraboea rufescens var. umbellata
Paraboea velutina (W.T.Wang & C.Z.Gao) Burtt 密叶蛛毛苣苔
Paracalanthe reflexa (Maxim.) Kudô =Calanthe reflexa
Paracalanthe reflexa var. *puberula* (Lindl.) Kudô =Calanthe puberula
Paracaryum brachytubum Diels=Hackelia brachytuba
Paracaryum glochidiatum Benth. & HK.f.=Hackelia uncinatum
Paracaryum himalayense (Klotzsch) Clarke=Mattiastrum himalayense
Paracaryum sect. 2. *Mattiastrum* Boiss.=**Mattiastrum**
Paracelastrus Miq.=**Microtropis**
Parachampionella Bremek.**兰嵌马蓝属**(爵床科)
Parachampionella flexicaulis (Hay.) C.F.Hsieh & T.C.Huang 曲茎兰嵌马蓝
Parachampionella rankanensis (Hay.) Bremek.兰嵌马蓝
Parachampionella tashiroi (Hay.) Bremek.琉球兰嵌马蓝
Paracleisthus Gagn.=**Cleistanthus**
Paracleisthus subgracilis Gagn.=Cleistanthus sumatranus
Paracleisthus tonkinensis (Jabl.) Gagn.=Cleistanthus tonkinensis
Paracolpodium (Tzvel.) Tzevl.**假拟沿沟草属**(禾本科)
Paracolpodium altaicum (Trin.) Tzvel.假拟沿沟草
Paracolpodium altaicum subsp. altaicum=Paracolpodium altaicum
Paracolpodium altaicum subsp. leucolepis (Nevski) Tzvel.高山假拟沿沟草
Paracolpodium leucolepis (Nevski) Tzvel.=Paracolpodium altaicum subsp. leucolepis
Paracolpodium tibeticum (Bor) E.Alexeev 藏假拟沿沟草
Paracyclea densiflora Yamamoto=Cyclea gracillima
Paracyclea gracillima (Diels) Yamamoto=Cyclea gracillima
Paracyclea insularis (Makino) Kudô & Yamamoto=Cyclea insularis
Paracyclea sutchuenensis (Gagn.) Yamamoto=Cyclea sutchuenensis
Paracyclea sutchuenensis var. *sessilis* (Y.C.Wu) Yamamoto=Cyclea sutchuenensis
Paracyclea wattii (Diels) Yamamoto=Cyclea wattii
Paracynoglossum M.Pop.=**Cynoglossum**

Paradavallodes Ching **假钻毛蕨属**(骨碎补科)
Paradavallodes chingae (Ching) Ching 秦氏假钻毛蕨
Paradavallodes kansuense Ching 甘肃假钻毛蕨
Paradavallodes membranulosum (Wall. ex HK.) Ching 膜叶假钻毛蕨
Paradavallodes multidentatum (HK. & Bak.) Ching 假钻毛蕨
Paradisea bulbulifera Lingelsh.=Notholirion bulbuliferum
Paradisea bulbuliferum Ling. ex H.Limpr=Notholirion bulbuliferum
Paradisea minor C.H.Wright=Diuranthera minor
Paradombeya Stapf **平当树属**(梧桐科)
Paradombeya burmarica Stapf 缅泰平当树
Paradombeya rehderiana Hu=Paradombeya sinensis
Paradombeya sinensis Dunn 平当树
Paradombeya szechuenica Hu=Paradombeya sinensis
Paraglycine Hermann=**Ophrestia**
Paraglycine pinnata (Merr.) Hermann=Ophrestia pinnata
Paragnathis Spreng.=**Diplomeris**
Paragramma (Bl.) Moore **拟瓦韦属**(水龙骨科)
Paragramma longifolia (Bl.) Moore 拟瓦韦
Paragutzlaffia H.P.Tsui **南一笼鸡属**(爵床科)
Paragutzlaffia henryi (Hemsl.) H.P.Tsui 南一笼鸡
Paragutzlaffia lyi (Lévl.) H.P.Tsui 异蕊一笼鸡
Paraisometrum W.T.Wang **弥勒苣苔属**(苦苣苔科)
Paraisometrum mileense W.T.Wang 弥勒苣苔
Paraixeris Nakai **黄瓜菜属**(菊科)
Paraixeris chelidonifolia (Makino) Nakai 少花黄瓜菜
Paraixeris denticulata (Houtt.) Nakai 黄瓜菜
Paraixeris denticulata f. pinnatipartita (Makino) Kitam.=Paraixeris pinnatipartita
Paraixeris humifusa (Dunn) Shih 心叶黄瓜菜
Paraixeris pinnatipartita (Makino) Tzvel.羽裂黄瓜菜
Paraixeris saxatilis (A.Baran.) Tzvel.岩黄瓜菜
Paraixeris serotina (Maxim.) Tzvel.尖裂黄瓜菜
Paraixeris sonchifolia (Maxim.) Tzvel.=Ixeridium sonchifolium
Parakmeria Hu & Cheng **拟单性木兰属**(木兰科)
Parakmeria kachirachirai (Kanehira & Yamamoto) Law 恒春拟单性木兰
Parakmeria lotungensis (Chun & C.Tsoong) Law 乐东拟单性木兰
Parakmeria nitida (W.W.Sm.) Law 光叶拟单性木兰
Parakmeria omeiensis Cheng 峨眉拟单性木兰
Parakmeria yunnanensis Hu 云南拟单性木兰
Paralamium Dunn **假野芝麻属**(唇形科)
Paralamium gracile Dunn 假野芝麻
Paralbizzia Kosterm.=**Cylindrokelupha**
Paralbizzia Kosterm.=**Zygia**
Paralbizzia robinsonii (Gagn.) Kosterm (Kosterm.in Bull.Org.Sci.Res. Indonesia 1954,p.p.)=Cylindrokelupha chevalieri
Paralbizzia robinsonii (Gagn.) Kosterm.(Kosterm.in Bull.Org.Sci.Res. Indonesia 1954,p.p.)=Cylindrokelupha kerrii
Paralbizzia robinsonii (Gagn.) Kosterm.(p.p.)=Cylindrokelupha robinsonii
Paralbizzia turgida (Merr.) Kosterm.=Cylindrokelupha turgida
Paraleptochilus Copel=**Leptochilus**
Paraleptochilus decurrens (Bl.) Copel.=Leptochilus decurrens
Paralinospadix Burret **海蓝肉穗棕属**(棕榈科)
Paramanglietia Hu & Cheng=**Manglietia**
Paramanglietia aromatica (Dandy) Hu & Cheng=Manglietia aromatica
Parameria Benth.**长节珠属**(夹竹桃科)
Parameria barbata (Bl.) K.Schum.=Parameria laevigata
Parameria esquirolii Lévl.=Sindechites henryi
Parameria laevigata (Kuss.) Moldenke 长节珠
Parameriopsis Pichon=**Parameria**
Paramichelia Hu **合果木属**(木兰科)
Paramichelia baillonii (Pierre) Hu 合果木
Paramignya Wight **单叶藤橘属**(芸香科)
Paramignya confertifolia Swingle 单叶藤橘
Paramignya rectispina Craib 直刺藤橘
Parammicrorhychus Kirp.**假小喙菊属**(菊科)
Parammicrorhychus procumbens (Roxb.) Kirp.假小喙菊
Paramomum S.Q.Tong=**Amomum**
Paramomum petaloideum S.Q.Tong=Amomum petaloideum
Parana paniculata Roxb.=Poranopsis paniculata
Paranephelium Miq.**假韶子属**(无患子科)
Paranephelium chinense Merr.=Amesiodendron chinense
Paranephelium hainanensis H.S.Lo 海南假韶子
Paranephelium hystrix W.W.Sm.云南假韶子
Parapentace Gagn.=**Excentrodendron**
Parapentace tokinensis (A.Chev.) Gagn.=Excentrodendron tonkinense
Parapentapanax Hutch.=**Pentapanax**
Parapentapanax racemosus (Seem.) Hutch.=Pentapanax racemosus
Parapentapanax subcordatus (Seem.) Hutch.=Pentapanax subcordatus
Paraphlomis Prain **假糙苏属**(唇形科)
Paraphlomis albida Hand.-Mazz.(分类学报 1959)=Paraphlomis albida var. brevidens
Paraphlomis albida Hand.-Mazz.白毛假糙苏
Paraphlomis albida var. albida=Paraphlomis albida
Paraphlomis albida var. brevidens Hand.-Mazz.短齿白毛假糙苏(新)
Paraphlomis albiflora (Hemsl.) Hand.-Mazz.(分类学报 1955,p.p.)= Paraphlomis albida var. brevidens
Paraphlomis albiflora (Hemsl.) Hand.-Mazz.白花假糙苏
Paraphlomis albiflora Hemsl.(科学论文集 1932)=Paraphlomis javanica var. coronata
Paraphlomis albiflora var. albiflora=Paraphlomis albiflora
Paraphlomis albiflora var. biflora (Sun) C.Y.Wu & H.W.Li 理阳参
Paraphlomis albotomentosa C.Y.Wu 绒毛假糙苏
Paraphlomis biflora Sun=Paraphlomis albiflora var. biflora
Paraphlomis brevidens Merr.(分类学报 1959)=Paraphlomis pagantha
Paraphlomis brevifolia C.Y.Wu & H.W.Li 短叶假糙苏
Paraphlomis foliata (Dunn) C.Y.Wu & H.W.Li 曲茎假糙苏
Paraphlomis gracilis Kudô (分类学报 1955,p.p.)=Paraphlomis intermedia
Paraphlomis gracilis Kudô (分类学报 1955,p.p.)=Paraphlomis kwangtungensis
Paraphlomis gracilis Kudô 纤细假糙苏
Paraphlomis gracilis var. gracilis=Paraphlomis gracilis
Paraphlomis gracilis var. lutienensis (Sun) C.Y.Wu 罗甸纤细假糙苏(新)
Paraphlomis hirsuta Hand.-Mazz.=Paraphlomis albiflora
Paraphlomis hirsutissima C.Y.Wu & H.W.Li 多硬毛假糙苏
Paraphlomis hispida C.Y.Wu 刚毛假糙苏
Paraphlomis intermedia C.Y.Wu & H.W.Li 中间假糙苏
Paraphlomis javanica (Bl.) Prain 假糙苏
Paraphlomis javanica var. angustifolia (C.Y.Wu) C.Y.Wu & H.W.Li 鬼灯笼树
Paraphlomis javanica var. coronata (Vaniot) C.Y.Wu & H.W.Li 玖檀花
Paraphlomis javanica var. henryi (Yamamoto) C.Y.Wu & H.W.Li 短齿假糙苏(新)
Paraphlomis javanica var. javanica=Paraphlomis javanica
Paraphlomis kwangtungensis C.Y.Wu & H.W.Li 八角花
Paraphlomis lanceolata Hand.-Mazz.长叶假糙苏
Paraphlomis lanceolata var. lanceolata=Paraphlomis lanceolata
Paraphlomis lanceolata var. sessilifolia Hand.-Mazz.无柄长叶假糙苏(新)
Paraphlomis lanceolata var. subrosea Hand.-Mazz.红花长叶假糙苏(新)
Paraphlomis lancidentata Sun (p.p.)=Paraphlomis pagantha
Paraphlomis lancidentata Sun (分类学报 1959)=Paraphlomis lanceolata
Paraphlomis lancidentata Sun 云和假糙苏
Paraphlomis lutienensis Sun=Paraphlomis gracilis var. lutienensis
Paraphlomis membranacea C.Y.Wu & H.W.Li 薄萼假糙苏
Paraphlomis pagantha Doan 奇异假糙苏
Paraphlomis parviflora C.Y.Wu & H.W.Li 小花假糙苏
Paraphlomis patentisetulosa C.Y.Wu ex H.W.Li 展毛假糙苏
Paraphlomis paucisetosa C.Y.Wu ex H.W.Li 少刺毛假糙苏
Paraphlomis reflexa C.Y.Wu & H.W.Li 折齿假糙苏
Paraphlomis rugosa (Benth.) Prain (分类学报 1959,p.p.)=Paraphlomis javanica var. henryi
Paraphlomis rugosa (Benth.) Prain=Paraphlomis javanica
Paraphlomis rugosa Plurium=Paraphlomis javanica var. coronata
Paraphlomis rugosa var. *angustifolia* C.Y.Wu=Paraphlomis javanica var. angustifolia
Paraphlomis rugosa var. *coronata* (Vaniot) C.Y.Wu=Paraphlomis javanica var. coronata
Paraphlomis rugosa var. *henryi* Yamamoto=Paraphlomis javanica var. henryi
Paraphlomis seticalyx C.Y.Wu ex H.W.Li 刺萼假糙苏

Paraphlomis setulosa C.Y.Wu & H.W.Li 小刺毛假糙苏
Paraphlomis subcoriacea C.Y.Wu & H.W.Li 近革叶假糙苏
Paraphlomis tomemtosocapitata Yamamoto 绒头假糙苏
Parapholis C.E.Hubb.**假牛鞭草属**(禾本科)
Parapholis filiformis (Roth) C.E.Hubb.线假牛鞭草
Parapholis incurva (L.) C.E.Hubb.假牛鞭草
Parapholis strigosa (Dumort.) C.E.Hubb.糙毛假牛鞭草
Paraprenanthes Chang ex Shih **假福王草属**(菊科)
Paraprenanthes auriculiformis Shih 圆耳假福王草
Paraprenanthes glandulosissima (Chang) Shih 密毛假福王草
Paraprenanthes gracilipes Shih 长柄假福王草
Paraprenanthes hastata Shih 三角叶假福王草
Paraprenanthes heptantha Shih & D.J.Liou 雷山假福王草
Paraprenanthes longiloba Ling & Shih 狭裂假福王草
Paraprenanthes luchunensis Shih 绿春假福王草
Paraprenanthes multiformis Shih 三裂假福王草
Paraprenanthes pilipes (Migo) Shih 节毛假福王草
Paraprenanthes polypodifolia (Franch.) Chang ex Shih 蕨叶假福王草
Paraprenanthes prenanthoides (Hemsl.) Shih 异叶假福王草
Paraprenanthes sagittiformis Shih 箭耳假福王草
Paraprenanthes sororia (Miq.) Shih 假福王草
Paraprenanthes sylvicola Shih 林生假福王草
Paraprenanthes thirionni (Lévl.) Shih=Paraprenanthes glandulosissima
Paraprenanthes thirionni (Lévl.) Shih=Paraprenanthes sororia
Paraprenanthes yunnanensis (Franch.) Shih 云南假福王草
Parapteroceras Veryanov **虾尾兰属**(兰科)
Parapteroceras elobe (Seidenf.) Averyanov 虾尾兰
Parapteropyrum A.J.Li **翅果蓼属**(蓼科)
Parapteropyrum tibeticum A.J.Li 翅果蓼
Parapyrenaria Chang **多瓣核果茶属**(山茶科)
Parapyrenaria hainanensis Chang=Parapyrenaria multisepala
Parapyrenaria multisepala (Merr. & Chun) Chang 多瓣核果茶
Paraquilegia Drumm. & Hutch.**拟耧斗菜属**(毛茛科)
Paraquilegia anemonoides (Willd.) Engl. ex Ulbr.乳突拟耧斗菜
Paraquilegia caespitosa (Boiss. & Hohen.) J.R.Dumm. & Hutch.密丛拟耧斗菜
Paraquilegia grandiflora (Fisch.) Drumm. & Hutch.=Paraquilegia anemonoides
Paraquilegia microphylla (Royle) Drumm. & Hutch.拟耧斗菜
Paraquilegia uniflora (Aitch. & Hemsl.) Drumm. & Hutch.=Isopyrum anemonoides
Pararuellia Bremek. & N.Bremek.**地皮消属** (爵床科)
Pararuellia alata H.P.Tsui 节翅地皮消
Pararuellia cavaleriei (Lévl.) E.Hossain 罗甸地皮消
Pararuellia delavayana (Baill.) E.Hossain= Pararuellia cavaleriei
Pararuellia delavayana (Baill.) E.Hossain 地皮消
Pararuellia drymophila (Diels) C.Y.Wu & H.S.Lo= Pararuellia delavayana
Pararuellia flagelliformis (Roxb.) Bremek 鞭穗地皮消
Pararuellia hainanensis C.Y.Wu & H.S.Lo 海南顾皮消
Parasenecio W.W.Sm. & J.Small **蟹甲草属**(菊科)
Parasenecio ainsliiflorus (Franch.) Y.L.Chen 兔儿风蟹甲草
Parasenecio ambiguus (Ling) Y.L.Chen 两似蟹甲草
Parasenecio ambiguus var. ambiguus=Parasenecio ambiguus
Parasenecio ambiguus var. wangianus (Ling) Y.L.Chen 作宾两似蟹甲草
Parasenecio auriculatus (DC.) H.Koyama 耳叶蟹甲草
Parasenecio begoniaefolius (Franch.) Y.L.Chen 秋海棠叶蟹甲草
Parasenecio bulbiferoides (Hand.-Mazz.) Y.L.Chen 珠芽蟹甲草
Parasenecio chenopodifolius (DC.) Y.L.Chen 藜叶蟹甲草
Parasenecio chola (W.W.Sm.) Y.L.Chen 藏南蟹甲草
Parasenecio cyclotus (Bur. & Franch.) Y.L.Chen 轮叶蟹甲草
Parasenecio dasythyrsus (Hand.-Mazz.) Y.L.Chen 山西蟹甲草
Parasenecio delphiniphyllus (Lévl.) Y.L.Chen 翠雀叶蟹甲草
Parasenecio deltophyllus (Maxim.) Y.L.Chen 三角叶蟹甲草
Parasenecio firmus (Kóm.) Y.L.Chen 大叶蟹甲草
Parasenecio forrestii W.W.Sm. & Small 蟹甲草
Parasenecio gansuensis Y.L.Chen 甘肃蟹甲草
Parasenecio hastatus (L.) H.Koyama 山尖子
Parasenecio hastatus var. glaber (Ledeb.) Y.L.Chen 无毛山尖子
Parasenecio hastatus var. hastatus=Parasenecio hastatus
Parasenecio hastiformis Y.L.Chen 戟状蟹甲草
Parasenecio hwangshanicus (Ling) Y.L.Chen 黄山蟹甲草
Parasenecio ianthophyllus (Franch.) Y.L.Chen 紫背蟹甲草
Parasenecio jiulongensis Y.L.Chen 九龙蟹甲草
Parasenecio kangxianensis (Z.Y.Zhang & Y.H.Gou) Y.L.Chen 康县蟹甲草
Parasenecio komarovianus (Pojark.) Y.L.Chen 星叶蟹甲草
Parasenecio koualapensis (Franch.) Y.L.Chen 瓜拉坡蟹甲草
Parasenecio lancifolius (Franch.) Y.L.Chen 披针叶蟹甲草
Parasenecio latipes (Franch.) Y.L.Chen 阔叶蟹甲草
Parasenecio leucocephalus (Franch.) Y.L.Chen 白头蟹甲草
Parasenecio lidjangensis (Hand.-Mazz.) Y.L.Chen 丽江蟹甲草
Parasenecio longispicus (Hand.-Mazz.) Y.L.Chen 长穗蟹甲草
Parasenecio maowenensis Y.L.Chen 茂汶蟹甲草
Parasenecio matsudai (Kitam.) Y.L.Chen 天目蟹甲草
Parasenecio morrisonensis Y.L.Chen 玉山蟹甲草
Parasenecio nokoensis (Masam. & Suzuki) Y.L.Chen 高熊蟹甲草
Parasenecio otopteryx (Hand.-Mazz.) Y.L.Chen 耳翼蟹甲草
Parasenecio palmatisectus (J.F.Jeffr.) Y.L.Chen 掌裂蟹甲草
Parasenecio palmatisectus var. moupinensis (Franch.) Y.L.Chen 腺毛掌裂蟹甲草
Parasenecio palmatisectus var. *moupinensis* f. *pilipes* Koyama=Parasenecio palmatisectu var.moupinensis
Parasenecio palmatisectus var. palmatisectus=Parasenecio palmatisectus
Parasenecio petasitoides (Lévl.) Y.L.Chen 蜂斗菜状蟹甲草
Parasenecio phyllolepis (Franch.) Y.L.Chen 苞鳞蟹甲草
Parasenecio pilgerianus (Diels) Y.L.Chen 太白山蟹甲草
Parasenecio praetermissus (Pojark.) Y.L.Chen 长白蟹甲草
Parasenecio profundorum (Dunn) Y.L.Chen 深山蟹甲草
Parasenecio quinquelobus (Wall. ex DC.) Y.L.Chen 五裂蟹甲草
Parasenecio quinquelobus var. quenquelobus=Parasenecio quinquelobus
Parasenecio quinquelobus var. sinuatus (Koyama) Y.L.Chen 深裂五裂蟹甲草
Parasenecio roborowskii (Maxim.) Y.L.Chen 蛛毛蟹甲草
Parasenecio rockianus (Hand.-Mazz.) Y.L.Chen 玉龙蟹甲草
Parasenecio rubescens (S.Moore) Y.L.Chen 矢镞叶蟹甲草
Parasenecio rufipilis (Franch.) Y.L.Chen 红毛蟹甲草
Parasenecio sinicus (Ling) Y.L.Chen 中华蟹甲草
Parasenecio souliei (Franch.) Y.L.Chen 川西蟹甲草
Parasenecio subglaber (Chang) Y.L.Chen 无毛蟹甲草
Parasenecio taliensis (Franch.) Y.L.Chen 大理蟹甲草
Parasenecio tenianus (Hand.-Mazz.) Y.L.Chen 盐丰蟹甲草
Parasenecio tongchuanensis Y.L.Chen=Parasenecio delphiniphyllus
Parasenecio tripteris (Hand.-Mazz.) Y.L.Chen 昆明蟹甲草
Parasenecio tsinlingensis (Hand.-Mazz.) Y.L.Chen 秦岭蟹甲草
Parasenecio wespertilo (Franch.) Y.L.Chen 川鄂蟹甲草
Parasenecio xinjiashanensis (Z.Y.Zhang & Y.H.Guo) Y.L.Chen 辛家山蟹甲草
Parashorea Kurz.**柳安属**(龙脑香科)
Parashorea chinensis var. *guangxiensis* Lin=Parashorea chinensis
Parashorea chinensis Wang Hsie 望天树
Parashorea stellata Kurz.柳安
Parasitipomoea aa Hay.=**Ipomoea**
Parasitipomoea formosana Hay.=Ipomoea indica
Parastyrax W.W.Sm.**茉莉果属**(安息香科)
Parastyrax lacei (W.W.Sm.) W.W.Sm.茉莉果
Parastyrax macrophyllus C.Y.Wu & K.M.Feng 大叶茉莉果
Parasyringa W.W.Sm.=**Ligustrum**
Parasyringa sempervirens W.W.Sm.=Ligustrum sempervirens
Parathelypteris (H.Ito) Ching **金星蕨属**(金星蕨科)
Parathelypteris angulariloba (Ching) Ching 钝角金星蕨
Parathelypteris angustifrons (Miq.) Ching 狭叶金星蕨
Parathelypteris beddomei (Bak.) Ching 长根金星蕨
Parathelypteris borealis (Hara) Shing 狭脚金星蕨
Parathelypteris caoshanensis Ching & Shing 草山金星蕨
Parathelypteris castanea (Tagawa) Ching 台湾金星蕨

Parathelypteris caudata Ching & Shing 尾羽金星蕨
Parathelypteris changbaishanensis Ching ex Shing 长白山金星蕨
Parathelypteris chinensis Ching ex Shing 中华金星蕨
Parathelypteris chinensis var. chinensis=Parathelypteris chinensis
Parathelypteris chinensis var. hirticarpa Ching ex Shing 毛果金星蕨
Parathelypteris chingii Shing & J.F.Cheng 秦氏金星蕨
Parathelypteris chingii var. chingii=Parathelypteris chingii
Parathelypteris chingii var. major (Ching) Shing 大羽金星蕨
Parathelypteris cystopteroides (Eaton) Ching 马蹄金星蕨
Parathelypteris glanduligera (Kze.) Ching 金星蕨
Parathelypteris glanduligera var. glanduligera=Parathelypteris glanduligera
Parathelypteris glanduligera var. puberula (Ching) Ching ex Shing 微毛金星蕨
Parathelypteris gracilis Ching=Parathelypteris hirsutipes
Parathelypteris grammitoides (Christ) Ching 矮小金星蕨
Parathelypteris hirsutipes (Clarke) Ching 毛脚金星蕨
Parathelypteris indo-chinensis (Christ) Ching 滇越金星蕨
Parathelypteris japonica (Bak.) Ching(台湾志 1975)=Parathelypteris castanea
Parathelypteris japonica (Bak.) Ching 光脚金星蕨
Parathelypteris japonica var. glabrata (Ching) Shing 光叶金星蕨
Parathelypteris japonica var. japonica=Parathelypteris japonica
Parathelypteris japonica var. musashiensis (Hiyama) Jiang 禾秆金星蕨
Parathelypteris japonica var. *viridescens* Jiang=Parathelypteris japonica var. musashiensis
Parathelypteris kingpingensis Ching=Parathelypteris caudata
Parathelypteris kwangtungensis Ching=Parathelypteris chingii var. major
Parathelypteris longipinna Ching=Parathelypteris caudata
Parathelypteris lushanensis Ching=Parathelypteris japonica var. musashiensis
Parathelypteris marlipoensis Ching=Parathelypteris caudata
Parathelypteris nigrescens Ching ex Shing 黑叶金星蕨
Parathelypteris nipponica (Franch. & Sav.) Ching 中日金星蕨
Parathelypteris nipponica var. *borealis* Nakaike=Parathelypteris borealis
Parathelypteris nudipes Ching=Parathelypteris chinensis
Parathelypteris pauciloba Ching ex Ching 阔片金星蕨
Parathelypteris petelotii (Ching) Ching 长毛金星蕨
Parathelypteris quinlingensis Ching ex Shing 秦岭金星蕨
Parathelypteris serrulata Y.L.Zhang et al.=Parathelypteris serrutula
Parathelypteris serrutula (Ching) Ching 有齿金星蕨
Parathelypteris simozawae Ching=Parathelypteris angulariloba
Parathelypteris subbipinnatifida Ching=Parathelypteris angulariloba
Parathelypteris subimmersa (Ching) Ching 海南金星蕨
Parathelypteris subnipponica Ching=Parathelypteris borealis
Parathelypteris taipaishanensis Ching=Parathelypteris borealis
Parathelypteris trichochlamys Ching ex Shing 毛盖金星蕨
Parathyrium Holtt.=**Dryoathyrium**
Parathyrium boryanum (Willd Holtt.=Dryoathyrium boryanum
Parathyrium mcdonellii Morton=Dryoathyrium mcdonellii
Parathyrium pterorachis Holtt.=Dryoathyrium pterorachis
Parathyrium unifurcatum Holtt.=Dryoathyrium unifurcatum
Parathyrium viridifrons Holtt.=Dryoathyrium viridifrons
Paratrophis caudata Merr.=Streblus macrophyllus
Paratropia contoniensis HK. & Arn.=Schefflera octophylla
Paratropia venulosa Wight & Arn.=Schefflera venulosa
Paravallaris Pierre ex Hua=**Kibatalia**
Paravallaris macrophylla Pierre ex Hua=Kibatalia macrophylla
Paravallaris yunnanensis Tsiang & P.T.Li=Kibatalia macrophylla
Pardanthopsis (Hance) Lenz.=**Iris**
Pardanthopsis dichotoma (Pall.) Lenz.=Iris dichotoma
Pardanthus Ker-Gawl.=**Belamcanda**
Pardanthus chinensis Ker-Gawl.=Belamcanda chinensis
Pardanthus dichotomus Ledeb.=Iris decora
Parechites bowringii Hance=Gymnanthera oblonga
Parepigynum Tsiang & P.T.Li **富宁藤属**(夹竹桃科)
Parepigynum funingense Tsaing & P.T.Li 富宁藤
Parestia elegans Presl=Davallia denticulata
Parietaria L.**墙草属**(荨麻科)
Parietaria cochinchinensis Lour.=Pouzolzia zeylanica var. microphylla
Parietaria coreana Nakai=Parietaria micrantha
Parietaria debilis Forst.f.(HK.f.in Fl.Brit.Ind.1888)=Parietaria micrantha
Parietaria debilis var. *micrantha* (Ledeb.) Wedd.=Parietaria micrantha
Parietaria indica L.=Pouzolzia zeylanica var. microphylla
Parietaria lusitanica subsp. *chersonensis* var. *micrantha* (Ldeb.) Chrtek=Parietaria micrantha
Parietaria micrantha Ledeb.墙草
Parietaria microphylla L.=Pilea microphylla
Parietaria zeylanica L.=Pouzolzia zeylanica
Parilium arbortristis Gaertn.=Nyctanthes arbor-tristis
Paris L.**重楼属**(百合科)
Paris aprica Lévl.=Paris polyphylla var. yunnanensis
Paris arisanensis Hay.=Paris polyphylla var. stenophylla
Paris atrata Lévl.=Paris polyphylla var. yunnanensis
Paris axialis H.Li 五指莲重楼
Paris axialis var. *rubra* H.H.Zhou et al.=Paris axialis
Paris bashanensis Wang & Tang 巴山重楼
Paris biondii Pamp.=Paris polyphylla
Paris birmanica (Takht.) H.Li & Noltie=Paris polyphylla var. yunnanensis
Paris bockiana Diels=Paris polyphylla var. stenophylla
Paris brachysepala Pamp.=Paris polyphylla var. chinensis
Paris brevipetala Y.K.Yang=Paris polyphylla var. chinensis
Paris cavaleriei Lévl. & Vant.=Paris polyphylla var. chinensis
Paris chinensis Franch.=Paris polyphylla var. yunnanensis
Paris christii Lévl.=Paris polyphylla var. yunnanensis
Paris cronquistii (Takht.) H.Li 凌云重楼
Paris cronquistii var. cronquistii=Paris cronquistii
Paris cronquistii var. xichouensis H.Li 西畴重楼
Paris dahurica Fisch. ex Turcz.=Paris verticillata
Paris daliensis H.Li & V.G.Souk.大理重楼
Paris debeauxii Lévl.=Paris polyphylla
Paris delavayi Franch.金钱重楼
Paris delavayi var. *ovalifolia* H.Li=Paris fargesii var. petiolata
Paris delavayi var. *petiolata* (Baker ex C.H.Wright) H.Li=Paris fargesii var. petiolata
Paris dulongensis H.Li & Kurita 独龙重楼
Paris dunniana Lévl.海南重楼
Paris fargesii Franch.球药隔重楼
Paris fargesii var. *brevipetalata* (T.C.Huang & K.C.Yang) T.C.Huang & K.C.Yang=Paris fargesii
Paris fargesii var. fargesii=Paris fargesii
Paris fargesii var. *latipetala* H.Li & V.G.Souk.=Paris fargesii
Paris fargesii var. petiolata (Baker ex C.H.Wright) Wang & Tang 具柄重楼
Paris fauchtiana Lévl.=Paris polyphylla var. chinensis
Paris formosana Hay.=Paris polyphylla var. chinensis
Paris forrestii (Takht.) H.Li 长柱重楼
Paris fracnhetiana Lévl.=Paris polyphylla var. yunnanensis
Paris gigas Lévl. & Vant.=Paris polyphylla var. yunnanensis
Paris hainanensis Merr.=Paris dunniana
Paris hamifer Lévl.=Paris polyphylla var. stenophylla
Paris henryi Diels=Paris delavayi
Paris hexaphylla Cham.=Paris verticillata
Paris hexaphylla f. *purpurea* Miyabe & Tatew.=Paris verticillata
Paris hexaphylla var. *manshurica* (Kom.) Vorosch.=Paris verticillata
Paris hookeri Lévl.=Paris fargesii
Paris kwangtungensis R.H.Miao=Paris polyphylla var. keangtungensis
Paris lancifolia Hay.=Paris polyphylla var. stenophylla
Paris longistigmata H.Li=Paris forrestii
Paris luquanensis H.Li 禄劝花叶重楼
Paris mairei Lévl.毛重楼
Paris manshurica Kom.=Paris verticillata
Paris marchandii Lévl.=Paris polyphylla var. alba
Paris marmorata Stearn 花叶重楼
Paris mercieri Lévl.=Paris polyphylla var. yunnanensis
Paris obovata Ledeb.=Paris verticillata
Paris petiolata Baker ex C.H.Wright =Paris fargesii var. petiolata
Paris petiolata var. *membranacea* C.H.Wright=Paris fargesii
Paris pinfaensis Lévl.=Paris polyphylla var. yunnanensis
Paris polyandra S.F.Wang 多蕊重楼
Paris polyphylla Sm.七叶一枝花
Paris polyphylla subsp. *fargesii* (Franch.) Hara=Paris fargesii
Paris polyphylla subsp. *marmorata* (Stearn) Hara=Paris marmorata
Paris polyphylla var. alba H.Li & R.J.Mitch.白花重楼

Paris polyphylla var. apetala Hand.-Mazz.缺瓣重楼
Paris polyphylla var. *appendiculata* H.Hara=Paris thibetica
Paris polyphylla var. *brachystemon* Franch.=Paris polyphylla var. stenophylla
Paris polyphylla var. chinensis (Franch.) Hara 华重楼
Paris polyphylla var. kwangtungensis (R.H.Miao) S.C.Cheng & S.Y.Liang 广东重楼
Paris polyphylla var. latifolia Wang & Chang 宽叶重楼
Paris polyphylla var. minor S.F.Wang 小重楼
Paris polyphylla var. nana H.Li 矮重楼
Paris polyphylla var. *platypetala* Franch.=Paris polyphylla var. yunnanensis
Paris polyphylla var. polyphylla=Paris polyphylla
Paris polyphylla var. *pseudothibetica* f. *macrosepala* H.Li=Paris plypolhylla var. pseudothibetica
Paris polyphylla var. pseudothibetica H.Li 长药重楼
Paris polyphylla var. *pubescens* Hand.-Mazz.=Paris mairei
Paris polyphylla var. stenophylla Franch.狭叶重楼
Paris polyphylla var. *thibetica* (Franch.) H.Hara=Paris thibetica
Paris polyphylla var. yunnanensis (Franch.) Hand.-Mazz.云南重楼
Paris polyphylla var. *yunnanensis* f. *velutina* H.Li & Noltie=Paris polyphylla var. yunnanensis
Paris pubescens (Hand.-Mazz.) F.T.Wang & Tang=Paris mairei
Paris quadrifolia L.四叶重楼
Paris quadrifolia var. *angustiovata* D.Z.Ma & H.L.Liu=Paris quadrifolia
Paris quadrifolia var. *dahurica* (Fisch.) Franch.=Paris verticillata
Paris quadrifolia var. *hexaphylla* (Cham.) Fedtsch.=Paris verticillata
Paris quadrifolia var. *obovata* (Ledeb.) Rgl. & Tiling=Paris verticillata
Paris quadrifolia var. *setchuanensis* Franch.=Paris bashanensis
Paris quadrifolia β. *obovata* (Ledeb.) Regel & Tiling=Paris verticillata
Paris rugosa H.Li & Kurita 皱叶重楼
Paris setchuenensis (Franch.) Barkel.=Paris bashanensis
Paris taitungensis S.S.Ying=Paris polyphylla
Paris thibetica Franch.长药隔重楼
Paris thibetica var. apetala Hand.-Mazz.无瓣重楼
Paris thibetica var. thibetica=Paris thibetica
Paris undulata H.Li & V.G.Souk.卷瓣重楼
Paris vaniotii Lévl.平伐重楼
Paris verticillata M.-Bieb.北重楼
Paris verticillata f. *purpurea* (Miyabe & Tatew.) Honda=Paris verticillata
Paris verticillata subsp. *manshurica* (Kom.) Kitag.=Paris verticillata
Paris verticillata var. *manshurica* (Kom.) Hara=Paris verticillata
Paris verticillata var. *obovata* (Ledeb.) Hara=Paris verticillata
Paris verticillata var. *setchuennensis* (Franch.) Hand.-Mazz.=Paris verticillata
Paris vietnamensis (Takht.) H.Li 南重楼
Paris violacea Lévl.=Paris mairei
Paris wenxianensis Z.X.Peng & R.N.Zhao 文县重楼
Paris yunnanensis Franch.=Paris polyphylla var. yunnanensis
Paritium elatum Don=Hibiscus elatus
Paritium gangeticum G.Don=Thespesia lampas
Paritium tiliaceus Wight & Arn.=Hibiscus tiliaceus
Paritium tiliaefolium (Salisp.) Nakai=Hibiscus tiliaceus
Parkeria HK.=**Ceratopteris**
Parkeria pteridoides HK.=Ceratopteris peridoides
Parkeriaceae 水蕨科
Parkia R.Br.**球花豆属**(豆科)
Parkia biglobosa (Jacq.) Benth.(Benth.in HK.Jorun.Bot.1842)=Parkia timoriana
Parkia filicoidea Welw. ex D.Oliv.蕨叶派克木
Parkia leiophylla Kurz 大叶球花豆
Parkia roxburghii G.Don=Parkia timoriana
Parkia timoriana (A.DC.) Merr.球花豆
Parkinsonia L.**扁轴木属**(豆科)
Parkinsonia aculeata L.扁轴木
Parmentiera DC.**桐花树属**(新) (紫葳科)
Parmentiera alata Mires=Crescentia alata
Parmentiera cerifera Seem 桐花树(新)
Parnassia L.**梅花草属**(虎耳草科)
Parnassia affinis HK.f. & Thoms(p.p.)=Parnassia pusilla
Parnassia affinis var. *aucta* Diels=Parnassia mysorensis var. aucta
Parnassia afinis HK.f. & Thoms(p.p.)=Parnassia mysorensis

Parnassia amoena Diels 南川梅花草
Parnassia angustipetala Ku 窄瓣梅花草
Parnassia aphylla Ku=Parnassia scaposa
Parnassia appendiculata A.Batal.=Parnassia brevistyla
Parnassia bifolia Nekrass.双叶梅花草
Parnassia brevistyla (Brieg.) Hand.-Mazz.短柱梅花草
Parnassia cacuminum Hand.-Mazz.高山梅花草
Parnassia cacuminum f. cacuminum=Parnassia cacuminum
Parnassia cacuminum f. *yushuensis* T.C.Ku=Parnassia cacuminum
Parnassia chengkouensis Ku 城口梅花草
Parnassia chinensis Franch.中国梅花草
Parnassia chinensis var. chinensis=Parnassia chinensis
Parnassia chinensis var. sechuanensis Jien 四川梅花草
Parnassia cooperi W.E.Evans 指裂梅花草
Parnassia cordata (Drude) Jien ex Ku 心叶梅花草
Parnassia crassifolia Franch.鸡心梅花草
Parnassia davidii Franch.大卫梅花草
Parnassia davidii var. arenicola Jien 喜沙梅花草
Parnassia davidii var. davidii=Parnassia davidii
Parnassia degeensis Ku 德格梅花草
Parnassia delavayi Franch.突隔梅花草
Parnassia delavayi var. *brevistyla* Brieg.=Parnassia brevistyla
Parnassia deqenensis Ku 德钦梅花草
Parnassia dilatata Hand.-Mazz.宽叶梅花草
Parnassia epunctulata J.T.Pan 无斑梅花草
Parnassia esquirolii Lévl.龙场梅花草
Parnassia faberi Oliv.峨眉梅花草
Parnassia faberi f. *abbreviata* Egnl.=Parnassia faberi
Parnassia faberi f. faberi=Parnassia faberi
Parnassia faberi f. *ramosa* Engl.=Parnassia faberi
Parnassia farreri W.E.Evans 长爪梅花草
Parnassia filchneri Ulbr.藏北梅花草
Parnassia foliosa HK.f. & Thoms.白耳菜
Parnassia gansuensis Ku 甘肃梅花草
Parnassia guilinensis G.Z.Li & S.C.Tang 桂林梅花草
Parnassia humilis Ku 矮小梅花草
Parnassia kangdingensis Ku 康定梅花草
Parnassia labiata Jien 宝兴梅花草
Parnassia lanceolata Ku 披针瓣梅花草
Parnassia lanceolata var. lanceolata=Parnassia lanceolata
Parnassia lanceolata var. oblongipetala Ku 长圆瓣梅花草
Parnassia laxmanni Pall.新疆梅花草
Parnassia laxmanni var. *viridiflora* (Batalin) Diels=Parnassia viridiflora
Parnassia laxmannii var. *viridiflora* (Batal.) Diels=Parnassia viridiflora
Parnassia leptophylla Hand.-Mazz.细裂梅花草
Parnassia lijiangensis Ku 丽江梅花草
Parnassia longipetala Hand.-Mazz.长瓣梅花草
Parnassia longipetala var. brevipetala Jien ex Ku 短瓣梅花草
Parnassia longipetala var. longipetala=Parnassia longipetala
Parnassia longipetaloides J.T.Pan (p.p.)=Parnassia yulongshanensis
Parnassia longipetaloides J.T.Pan 似长瓣梅花草
Parnassia longshengensis Ku 龙胜梅花草
Parnassia lutea Batal.黄花梅花草
Parnassia mairei Lévl.=Parnassia delavayi
Parnassia monochorifolai Franch.大叶梅花草
Parnassia mucronata S. & Z.=Parnassia palustris
Parnassia multiseta (Ledeb.) Fern.=Parnassia palustris var. multiseta
Parnassia mysorensis Heyne ex (Clarke in Fl.Brit.Ind.1878,p.p.)= Parnassia pusilla
Parnassia mysorensis Heyne ex Wight & Arn.(Hara in Kitamura Fauna & Fl.Nepal.Himal.1955)=Parnassia chinensis
Parnassia mysorensis Heyne ex Wight & Arn.凹瓣梅花草
Parnassia mysorensis var. aucta Diels 锐尖凹瓣梅花草
Parnassia mysorensis var. mysorensis=Parnassia mysorensis
Parnassia nana W.Griffth=Parnassia delavayi
Parnassia noemiae Franch.棒状梅花草
Parnassia nubicola Wall. ex Royle 云梅花草
Parnassia nubicola var. *cordata* Drude=Parnassia cordata
Parnassia nubicola var. nana Ku 矮云梅花草
Parnassia nubicola var. nubicola=Parnassia nubicola

Parnassia nummularia Maxim.=Parnassia foliosa
Parnassia obovata Hand.-Mazz.倒卵叶梅花草
Parnassia omeiensis Ku 金顶梅花草
Parnassia oreophila Hance 细叉梅花草
Parnassia ornata Wall.=Parnassia wightiana
Parnassia ovata Ledeb.(Clarke in Fl.Brit.Ind.1878,p.p.)=Parnassia pusilla
Parnassia palustris L.梅花草
Parnassia palustris f. *nana* T.C.Ku=Parnassia palustris
Parnassia palustris var. multiseta Ledeb.多枝梅花草
Parnassia palustris var. palustris f. nana Ku 少花梅花草
Parnassia palustris var. palustris=Parnassia palustris
Parnassia perciliata Diels 厚叶梅花草
Parnassia petimenginii Lévl.贵阳梅花草
Parnassia pusilla Wall. ex Arn.(Brieg.in Repert. Subsp. Nov.Beih.1922)= Parnassia chinensis
Parnassia pusilla Wall. ex Arn.类三脉梅花草
Parnassia qinghaiensis J.T.Pan 青海梅花草
Parnassia rhombipetala B.L.Chai 叙永梅花草
Parnassia rumicifolia Brieg.=Parnassia viridiflora
Parnassia scaposa Mattf.白花梅花草
Parnassia schmidtii Zenk.=Parnassia delavayi
Parnassia setchuenensis Frnachn.=Parnassia oreophila
Parnassia simaoensis Y.Y.Qian 思茅梅花草
Parnassia souliei Franch. ex Nekrass.=Parnassia brevistyla
Parnassia subacaulis Karl. & Kir.=Parnassia laxmanni
Parnassia submysorensis J.T.Pan 近凹瓣梅花草
Parnassia subscaposa C.Y.Wu ex Ku 倒卵瓣梅花草
Parnassia tenella HK.f. & Thoms.青铜钱
Parnassia tibetana Jien ex Ku 西藏梅花草
Parnassia trinervis Drude 三脉梅花草
Parnassia trinervis var. *viridiflora* (Batalin) Hand.-Mazz.=Parnassia viridiflora
Parnassia venusta Jien 娇媚梅花草
Parnassia viridiflora Batalin 绿花梅花草
Parnassia wightiana Wall. ex Wight & Arn.鸡肫梅花草
Parnassia wightiana var. *brachyloba* Franch.=Parnassia delavayi
Parnassia wightiana var. *flavida* Franch.=Parnassia delavayi
Parnassia wightiana var. *microblephare* Franch.=Parnassia delavayi
Parnassia wightiana var. *ornata* Drude=Parnassia wightiana
Parnassia xinganensis C.Z.Gao & G.Z.Li 兴安梅花草
Parnassia yanyuanensis Ku 盐源梅花草
Parnassia yiliangensis Ku 彝良梅花草
Parnassia yui Jien 俞氏梅花草
Parnassia yulongshanensis Ku 玉龙山梅花草
Parnassia yunnanensis Franch.云南梅花草
Parnassia yunnanensis var. *angustipetala* Jien=Parnassia angustipetala
Parnassia yunnanensis var. longistipitata Jien 长柄云南梅花草
Parnassia yunnanensis var. yunnanensis=Parnassia yunnanensis
Parniena Greene=**Rubus**
Parochetus Buch.-Ham. ex D.Don **紫雀花属**(豆科)
Parochetus communis Buch.-Ham. ex D.Don 紫雀花
Parochetus major Don=Parochetus communis
Parochetus oxalidifolia Royle=Parochetus communis
Parodia Speg.**锦绣玉属**(仙人掌科)
Parodia aureispina Backeb.锦绣玉
Parodia maassii (Heese) Backeb. & F.M.Knuth.魔神球
Parodia sanquiniflora Backeb.绯绣玉
Parophiorrhiza khasiana C.B.Clarke ex Benth.=Mitreola pedicellata
Parophiorrhiza khasiana C.B.Clarke ex HK.f.=Mitreola pedicellata
Paropyrum Ulbr.=**Isopyrum**
Paropyrum anemonoides (Kar. & Kir.) Ulbr.=Isopyrum anemonoides
Parria Steud.=**Parrya**
Parrya R.Br.**条果芥属**(十字花科)
Parrya ajanensis N.Busch.=Parrya nudicaulis
Parrya arabidiflora (DC.) Nich.=Parrya nudicaulis
Parrya beketovi Krassn.天山条果芥
Parrya bellidifolia Dang.=Leiospora bellidifolia
Parrya chitralensis Jafri=Parrya pinnatifida
Parrya chitralensis K.H.Rech.=Parrya pinnatifida
Parrya ciliaris Bur. & Franch.=Solms-Laubachia pulcherrima
Parrya eriocalyx Rgl. & Schm.=Leiospora eriocalyx
Parrya eurycarpa Maxim.=Solms-Laubachia eurycarpa
Parrya exscapa C.A.Mey.=Leiospora exscapa
Parrya finchiana Dunn=Solms-Laubachia pulcherrima
Parrya flabellata Rgl. & Herd.=Desideria flabellata
Parrya forrestii W.W.Sm.=Erysimum forrestii
Parrya fruticulosa Rgl. & Schmalh.灌丛条果芥
Parrya integrerrima G.Don=Parrya nudicaulis
Parrya lancifolia Popov.柳叶条果芥
Parrya lanuginosa HK.f. & Thoms.=Eurycarpus lanuginosus
Parrya linearifolia W.W.Sm.=Solms-Laubachia linearifolia
Parrya linnaeana Ledeb.=Parrya nudicaulis
Parrya macrocarpa R.Br.=Parrya nudicaulis
Parrya michaelis Vassil.=Parrya beketovii
Parrya minjanensis K.H.Rech.=Parrya pinnatifida
Parrya nudicaulis (L.) Rgl.裸茎条果芥
Parrya pamirica Botsch. & Vveden.=Leiospora pamirica
Parrya pinnatifida Kar. & Kir.羽裂条果芥
Parrya pinnatifida var. glabra N.Busch 无毛条果芥
Parrya pinnatifida var. hirsuta N.Busch 有毛条果芥
Parrya pinnatifida var. *kizylarti* Korsh.=Parrya pinnatifida
Parrya pinnatifida var. pinnatifida=Parrya pinnatifida
Parrya platycarpa HK.f. & Thoms.=Solms-Laubachia platycarpa
Parrya prolifera Maxim.=Christolea prolifera
Parrya pulvinata M.Popov 垫状条果芥
Parrya pumila Kurz=Desideria pumila
Parrya ramosissima Franch.=Christolea crassifolia
Parrya scapigera (Adams) G.Donm=Parrya nudicaulis
Parrya stenocarpa Kar. & Kir.=Parrya pinnatifida
Parrya subgen. *Leiospora* C.A.Mey.=**Leiospora**
Parrya subsiliquosa M.Popov 近长角条果芥
Parrya villosa Maxim.=Phaeonychium villosum
Parrya villosa var. *albiflora* O.E.Schulz.=Phaeonychium villosum
Parrya xerophyta W.W.Sm.=Solms-Laubachia xerophyta
Parryodes Jafri=**Arabis**
Parryoides axilliflora Jafri=Arabis axilliflora
Parryopsis villosa (Maxim.) Botsch.=Phaeonychium villosum
Parsonsia R.Br.**同心结属**(夹竹桃科)
Parsonsia alboflavescens (Denns.) Mabb.海南同心结
Parsonsia barbata Bl.=Parameria laevigata
Parsonsia goniostemon Hand.-Mazz.广西同心结
Parsonsia helicandra HK. & Arn.=Parsonia alboflavescens
Parsonsia howii Tsiang= Parsonsia alboflavescens
Parsonsia laevigata (Moon) Alston=Parsonsia alboflavescens
Parsonsia micropetala Standl.=Cuphea mircopetala
Parsonsia spiralis Wall. ex G.Don=Parsonsia alboflavescens
Parsonsis hookeriana Standl.=Cuphea hookeriana
Partenocissus thunbergii (S. & Z.) Nakai=Parthenocissus tricuspidata
Parthenium L.**银胶菊属**(菊科)
Parthenium argentatum A.Gray 灰白银胶菊
Parthenium hysterophorus L.银胶菊
Parthenium incanum H.B. & K.灰白毛银胶菊
Parthenium matricaria Gesn. ex Rupr.=Pyrethrum parthenium
Parthenocissus Planch.**地锦属**(葡萄科)
Parthenocissus austroorientalis Metcalf=Yua austroorientalis
Parthenocissus chinensis C.L.Li 小叶地锦
Parthenocissus cuspidifera var. pubifolia C.L.Li 毛脉地锦
Parthenocissus dalzielii Gagn.异叶地锦
Parthenocissus feddei (Lévl.) C.L.Li 长柄地锦
Parthenocissus feddei var. feddei=Parthenocissus feddei
Parthenocissus feddei var. pubescens C.L.Li 锈毛长柄地锦
Parthenocissus henryana (Hemsl.) Diels & Gilg.花叶地锦
Parthenocissus henryana Diels & Gilg(Gagn.in Sarg.Pl.Wils.1911,p.p.)= Parthenocissus laetevirens
Parthenocissus henryana var. *glaucescens* Diels & Golg.=Yua thomsoni var. glaucescens
Parthenocissus henryana var. henryana=Parthenocissus henryana
Parthenocissus henryana var. hirsuta Diels & Gilg 毛脉花叶地锦
Parthenocissus henryana var. *typica* Diels & Gilg=Parthenocissus henryana
Parthenocissus heterophylla (Bl.) Merr.(Rehd.in J.Arn.Arb.1934)= Parthenocissus feddei
Parthenocissus heterophylla (Bl.) Merr.(高等图鉴 1972,海南志 1974,河南志 1988,福建志 1988,分类学报 1979)=Parthenocissus dalzielii

Parthenocissus himalayana (Royle) Planch.=Parthenocissus semicordata
Parthenocissus himalayana Planch.(高等图鉴 1972,p.p.)=Parthenocissus semicordata var. rubifolia
Parthenocissus himalayana var. *rubifolia* (Lévl. & Vant.) Gagn.= Parthenocissus semicordata var. rubifolia
Parthenocissus himalayana var. *vestitus* Hand.-Mazz.=Parthenocissus semicordata
Parthenocissus inserta (Kern.) K.Fritsch.丛林爬山虎
Parthenocissus laetevirens Rehd.绿叶地锦
Parthenocissus multiflora Pamp.=Parthenocissus henryana
Parthenocissus quinquefolia (L.) Planch.五叶地锦
Parthenocissus rubifolia Lévl. & Vatn.=Parthenocissus semicordata var. rubifolia
Parthenocissus semicordata (Wall.) Planch.三叶地锦
Parthenocissus semicordata var. rubifolia (Lévl. & Vant.) C.L.Li 红三叶地锦
Parthenocissus semicordata var. semicordata=Parthenocissus semicordata
Parthenocissus sinensis Diels & Gilg=Vitis piasezkii
Parthenocissus suberosa Hand.-Mazz.栓翅地锦
Parthenocissus subferruginea Merr. & Chun=Cissus repanda var. subferruginea
Parthenocissus thomsoni (Laws.) Planch.(Gagn.in Sarg.Pl.Wils.1913, p.p.)= Yua thomsoni var. glaucescens
Parthenocissus thomsoni (Laws.) Planch.=Yua thomsoni
Parthenocissus tricuspidata (S. & Z.) Planch.地锦
Parthenocissus vitacea Hitch.葡萄叶爬山虎
Parthenocissus vitacea var. dubia Rehd.多毛爬山虎
Parthenocissus vitacea var. laciniata Rehd.小叶爬山虎
Parthenocissus vitacea var. macrophylla Rehd.大叶爬山虎
Parthenoxylon Bl.=**Cinnamomum**
Parthenoxylum porrectum (Roxb.) Bl.=Cinnamomum porrectum
Partnenocissus landuk (Hassk.) Gagn.=Parthenocissus dalzielii
Partnenocissus tricuspidata var. *ferruginea* WT.Wang=Parthenocissus suberosa
Parvatia Decne.=**Stauntonia**
Parvatia brunoniana (Wall.) Decne.=Stauntonia brunoniana
Parvatia brunoniana subsp. *elliptica* (Hemsl.) H.N.Qin=Stauntonia elliptica
Parvatia chinensis Franch.=Sinofranchetia chinensis
Parvatia decora Dunn=Stauntonia decora
Parvatia elliptica (Hemsl.) Gagn.=Stauntonia elliptica
Pasania Oerst.=**Lithocarpus**
Pasania amygdalifolia (Skan) Schott.=Lithocarpus amygdalifolius
Pasania areca Hick. & A.Camus=Lithocarpus areca
Pasania attenuata (Skan) Schott.=Lithocarpus attenuatus
Pasania bacgiangensis Hick. & A.Camus=Lithocarpus mekongensis
Pasania balansae (Drake) Kich. & A.Camus=Lithocarpus balansae
Pasania baviensis (Drake) Schott.=Lithocarpus truncatus var. baviensis
Pasania blaoensis (A.Camus) Hu=Lithocarpus hancei
Pasania bonnetii Hick. & A.Camus=Lithocarpus bonnetii
Pasania brevicaudata (Skan) Schott.=Lithocarpus brevicaudatus
Pasania brevicaudata var. *arisanensis* (Hay.) Ying=Lithocarpus hancei
Pasania brunnea (Rehd.) Chun=Lithocarpus taitoensis
Pasania calathiformis (Skan) Hick. & A.Camus=Castanopsis calathiformis
Pasania carolinae (Skan) Schott.=Lithocarpus carolinae
Pasania castanopsifolia (Hay.) Hay.=Lithocarpus lepidocarpus
Pasania cathayana (Seem.) Schott.=Lithocarpus truncatus
Pasania caudatilimba (Merr.) Chun=Lithocarpus caudatilimbus
*Pasania cerebrina*Hick. & A.Camus=Castanopsis cerebrina
Pasania cheliensis Hu=Lithocarpus fohaiensis
Pasania chiaratuangensis (Liao) Liao=Lithocarpus harlandii
Pasania chiwui Hu=Cyclobalanopsis augustinii
Pasania cleistocarpa (Seem.) Schott.=Lithocarpus cleistocarpus
Pasania confertifolia Hu=Lithocarpus hancei
Pasania cornea (Lour.) Oerst.=Lithocarpus corneus
Pasania cyrtocarpa (Drake) Schott.=Lithocarpus cyrtocarpus
Pasania dealbata (DC.) Oerst.=Lithocarpus dealbatus
Pasania dodonaeifolia Hay.=Lithocarpus dodonaeifolius
Pasania echinocupula Hu=Lithocarpus echinotholus
Pasania echinophora Hick. & A.Camus=Lithocarpus echinophorus
Pasania echinothola Hu=Lithocarpus echinotholus
Pasania elaeagnifolia (Seem.) Schott.=Lithocarpus elaeagnifolius
Pasania elata Hick. & A.Camus=Lithocarpus lycoperdon
Pasania elizabethae (Tutch.) Schott.=Lithocarpus elizabethae
Pasania eyrei (Champ.) Oerst.=Castanopsis eyrei
Pasania fangii Huet Cheng=Lithocarpus fangii
Pasania farinulenta (Hance) Hick. & A.Camus=Lithocarpus farinulentus
Pasania fenestrata (Roxb.) Oerst.=Lithocarpus fenestratus
Pasania fissa (Champ. exBent.) Oerst.=Castanopsis fissa
Pasania fissa var. *tunkinensis* (Drake) Hick. & A.Camus=Castanopsis fissa
Pasania fohaiensis Hu=Lithocarpus fohaiensis
Pasania formosana (Skan) Schott.=Lithocarpus formosanus
Pasania garrettiana (Craib) Hick. & A.Camus=Lithocarpus garrettianus
Pasania glabra (Thunb.) Oerst.=Lithocarpus glaber
Pasania hancei (Benth.) Schott.=Lithocarpus hancei
Pasania hancei var. *arisanensis* (Hay.) J.C.Liao=Lithocarpus hancei
Pasania hancei var. *ternaticupula* (Hay.) J.C.Liao=Lithocarpus hancei
Pasania harlandii (Hace) Oerst.=Lithocarpus harlandii
Pasania hemishphaerica (Drake) Hick. & A.Camus=Lithocarpus corneus var. zonatus
Pasania henryi (Seem.) Schott.=Lithocarpus henryi
Pasania hui (A.Camus) Hu=Lithocarpus variolosus
Pasania hypoglauca Hu(p.p.)=Lithocarpus truncatus
Pasania hypoglauca Hu=Lithoarpus hypoglaucus
Pasania hypophaea (Hay.) Li=Cyclobalanopsis hypophaea
Pasania impressineva (Hay.) Schott.=Lithocarpus brevicaudatus
Pasania irwinii (Hance) Oerst.=Lithocarpus irwinii
Pasania ischnostachya Hu=Castanopsis fargesii
Pasania iteaphylla (Hance) Schott.=Lithocarpus iteaphyllus
Pasania iteaphylla Hance (Schott.in Bot.Jahrb.1912,p.p.)=Lithocarpus confinis
Pasania kawakamii (Hay.) Schott.=Lithocarpus kawakamii
Pasania kawakamii var. *chiaratuangensis* Liao=Lithocarpus harlandii
Pasania kodaihoensis (Hay.) Li=Lithocarpus corneus
Pasania konishii (Hay.) Schott.=Lithocarpus konishii
Pasania krempfii Hick. & A.Camus=Lithocarpus lycoperdon
Pasania laotica Hick. & A.Camus=Lithocarpus laoticus
Pasania lepidocarpa (Hay.) Schott.=Lithocarpus lepidocarpus
Pasania leucostachya Hu=Lithocarpus variolosus
Pasania lithocarpaea Oerst.=Lithocarpus pasania
Pasania litseifolia (Hance) Schott.=Lithocarpus litseifolius
Pasania longicaudata (Hay.) Hay.=Castanopsis carlesii
Pasania longinux Hu=Lithocarpus areca
Pasania longipedicellata Hick. & A.Camus=Lithocarpus longipedicellatus
Pasania lycoperdon (Skan) Schott.=Lithocarpus lycoperdon
Pasania lysistachya Hu=Lithocarpus litseifolius
*Pasania magneinii*Hick. & A.Camus=Lithocarpus magneinii
Pasania mairei Schott.=Lithoarpus hypoglaucus
Pasania mairei Schott.=Lithocarpus mairei
Pasania microsperma (A.Camus) Hu=Lithocarpus microspermus
Pasania mucronata Hick. & A.Camus=Lithocarpus litseifolius
Pasania naiadarum (Hance) Schott.=Lithocarpus naiadarum
Pasania nakai (Hay.) Nakai=Lithocarpus taitoensis
Pasania nantoensis (Hay.) Schott.=Lithocarpus nantoensis
Pasania nitidunux Hu=Lithocarpus nitidinux
Pasania pachyphylla (Kurz) Schott.=Lithocarpus pachyphyllus
Pasania paniculata (Hand.-Mazz.) Chun=Lithocarpus paniculatus
Pasania randaiensis (Hay.) Schott.=Castanopsis uraiana
Pasania reinwardtii Hick. & A.Camus=Lithocarpus pseudoreinwardtii
Pasania rhododendrophylla Hu=Lithocarpus hancei
Pasania rhombocarpa (Hay.) Hay.=Lithocarpus taitoensis
Pasania rostornii Schott.=Lithocarpus rosthornii
Pasania shinsuiensis (Hay. & Kanehira) Nakai=Lithocarpus shinsuiensis
Pasania sieboldiana (Bl.) Nakai=Lithocarpus glaber
Pasania silvicolarum (Hance) Schott.=Lithocarpus silvicolarum
Pasania skaniana (Dunn) Schott.=Lithocarpus skanianus
Pasania sphaerocarpus Hick. & A.Camus=Lithocarpus sphaerocarpus
Pasania spicatga var. *brevipetiolata* (DC.) Hu=Lithocarpus grandifolius
Pasania subreticulata (Hay.) Hay.=Lithocarpus hancei
Pasania suishaensis (Kanehira & Yamamoto) Nakai=Lithocarpus taitoensis
Pasania synbalanos (Hance) Schott.=Lithocarpus litseifolius
Pasania taitoensis Schott.=Lithocarpus taitoensis
Pasania tephrocarpa (Drake) Hick. & A.Camus=Lithocarpus tephrocarpus
Pasania ternaticupula var. *arisanensis* (Hay.) Liao=Lithocarpus hancei
Pasania ternaticupula var. *matsudai* (Hay.) Liao=Lithocarpus hancei

Pasania ternaticupula var. *subreticulata* (Hay.) Liao=Lithocarpus hancei
Pasania thalassica (Hance) Oerst.=Lithocarpus glaber
Pasania thomsonii (Miq.) Hick. & A.Camus=Lithocarpus thomsonii
Pasania tienchuanensis Hu=Lithocarpus megalophyllus
Pasania tomentosinux Hu=Lithocarpus mekongensis
Pasania trachycarpa Hickel & A.Camus=Lithocarpus tracycarpus
Pasania triquetra Hick. & A.Camus=Lithocarpus triqueter
Pasania truncata (King) Schott.=Lithocarpus truncatus
Pasania tubulosa Hick. & A.Camus=Lithocarpus tubulosus
Pasania uriana Col L.=Castanopsis uraiana
Pasania uvariifolia (Hance) Schott.=Lithocarpus uvariifolius
Pasania variolosa (Franch.) Schott.=Lithocarpus variolosus
Pasania viridis Schott.(p.p.)=Lithocarpus dealbatus
Pasania viridis Schott.(p.p.)=Lithocarpus litseifolius
Pasania wenshanensis Hu=Lithocarpus litseifolius
Pasania wilsonii (Seem.) Schott.=Lithocarpus cleistocarpus
Pasania xylocarpa (Kurz) Hick. & A.Camus=Lithocarpus xylocarpus
Pasania yenshanensis Hu=Lithocarpus dealbatus
Pasania yui Hu=Lithocarpus trachycarpus
Pasania yungjenensis Hu=Lithoarpus hypoglaucus
Pasaniopsis Kudô =**Castanopsis**
Paspalidium Stapf **类雀稗属**(禾本科)
Paspalidium flavidium (Retz.) A.Camus 类雀稗
Paspalidium geminatum (Forssk.) Stapf 双生类雀稗
Paspalidium punctatum (Burm.f.) A.Camus 尖头类雀稗
Paspalum L.**雀稗属**(禾本科)
Paspalum akoense Hay.台岛雀稗?
Paspalum aquaticum Masam. & Syozi=Paspalidium punctatum
Paspalum aunulatum Fluegge=Eriochloa procera
Paspalum bicorne Lam.=Digitaria bicornis
Paspalum chinense Nees=Digitaria violascens
Paspalum ciliatifolium Trin.=Paspalum conjugatum
Paspalum commersonii Lam.(台湾志 1978,p.p.)=Paspalum formosanum
Paspalum commersonii Lam.南雀稗
Paspalum compressum (Sw.) Raspai=Axonopus compressus
Paspalum conjugatum Berg.两耳草
Paspalum delavayi Henr.云南雀稗
Paspalum dilatatum Poir.毛花雀稗
Paspalum distichum Rendle=Paspalum paspaloides
Paspalum distichum var. *vaginatum* (Sw.) Griseb.=Paspalum vaginatum
Paspalum effusum (L.) Rasp.=Milium effusum
Paspalum fimbriatum H.B.K.裂颖雀稗
Paspalum foliosum Kunth=Paspalum vaginatum
Paspalum formosanum Honda 台湾雀稗
Paspalum granulare Trin. ex Spreng=Digitaria abludens
Paspalum guadaloupense Steud.=Axonopus compressus
Paspalum heteranthum HK.f.=Digitaria heterantha
Paspalum hirsutum Poir.=Paspalum conjugatum
Paspalum jubatum Griseb.=Digitaria jubata
Paspalum kora Willd.=Paspalum scrobiculatum
Paspalum longifolium Roxb.长叶雀稗
Paspalum malacophyllum Trin.棱稃雀稗
Paspalum molle Presl=Digitaria mollicoma
Paspalum mollicomum Kunth=Digitaria mollicoma
Paspalum notatum Flügge 百喜草
Paspalum orbiculare Forst.圆果雀稗
Paspalum paspaloides (Michx.) Scribn.双穗雀稗
Paspalum pedicellare Trin. ex HK.f.=Digitaria abludens
Paspalum plicatulum Michx.皱稃雀稗
Paspalum plicatum Pers.=Paspalum plicatulum
Paspalum polyphyllum Nees 多叶雀稗
Paspalum rounkiserii Mez=Axonopus compressus
Paspalum royleanum Nees ex Thw.=Digitaria stricta
Paspalum sanguinale var. *cruciatum* HK.f.=Digitaria cruciata
Paspalum sanguinale var. *debile* HK.f.=Digitaria radicosa
Paspalum scrobiculatum L.鸭乸草
Paspalum scrobiculatum var. *commersonii* (Lam.) Stapf=Paspalum commersonii
Paspalum scrobiculatum var. *longifolium* (Roxb.) Domin.=Paspalum longifolium
Paspalum scrobiculatum var. *orbiculare* (Forst.) Hack.=Paspalum orbiculare
Paspalum scrobiculatum var. *thunbergii* (Kunth) Makino=Paspalum thunbergii
Paspalum ternatum HK.f.=Digitaria ternata
Paspalum thunbergii Kunth ex Steud.雀稗
Paspalum thunbergii var. *minor* Makino=Paspalum orbiculare
Paspalum urvillei Steud.丝毛雀稗
Paspalum vaginatum Sw.海雀稗
Paspalum virgatum L.粗秆雀稗
Passerina japonica S. & Z.=Wikstroemia trichotoma
Passerina racemosa Wikstr.=Stelleropsis altaica
Passerina vesiculosa Fisch. & C.A.Mey=Diarthron vesiculosum
Passiflora L.**西番莲属**(西番莲科)
Passiflora acuminata DC.=Passiflora laurifolia
Passiflora alata Ait.翅茎西番莲
Passiflora alato-caerulea Lindl.蓝翅西番莲
Passiflora altebilobata Hemsl.月叶西番莲
Passiflora antioquiensis Karst.长管西番莲
Passiflora assamica Chakravarty=Passiflora perpera
Passiflora burmanica Charkravarty=Passiflora jugorum
Passiflora celata G.Cusset=Passiflora wilsonii
Passiflora chinensis Hort. ex Mast.=Passiflora coerulea
Passiflora chinensis Sweet=Passiflora moluccana var. teysmanniana
Passiflora cochinchinensis Spreng.=Passiflora moluccana var. teysmanniana
Passiflora cochinchinensis subsp. *glaberrima* (Gagn.) G.Cusset=Passiflora moluccana var. glaberrima
Passiflora coerulea L.西番莲
Passiflora cupiformis Passif 杯叶西番莲
Passiflora eberhardtii Gagn.心叶西番莲
Passiflora edulis Sims 鸡蛋果
Passiflora foetida L.龙珠果
Passiflora franchetiana Hemsl.=Passiflora cupiformis
Passiflora gracilis Jacq. ex Link.细柱西番莲
Passiflora hainanensis Hance=Passiflora moluccana var. teysmanniana
Passiflora henryi Hemsl.圆叶西番莲
Passiflora hirsuta L.(Lodd.in Bot.Cab.1818)=Passiflora foetida
Passiflora hispida DC. ex Triana & Planch.=Passiflora foetida
Passiflora incarnata L.粉色西番莲
Passiflora jianfengensis S.M.Hwang & Q.Huang 尖峰西番莲
Passiflora jugorum W.W.Sm.山峰西番莲
Passiflora kwangsiensis Li=Passiflora cupiformis
Passiflora kwangtungensis Merr.广东西番莲
Passiflora laurifolia L.樟叶西番莲
Passiflora lignlaris Juss.甜果西番莲
Passiflora ligulifolia Mast.=Passiflora moluccana var. teysmanniana
Passiflora loureirii Pon=Passiflora coerulea
Passiflora manicata Pers.红花西番莲
Passiflora mollinissima Bailley 毛叶西番莲
Passiflora moluccana Reinw. ex Bl.马来蛇王藤
Passiflora moluccana var. glaberrima (Gagn.)Wilde 长叶蛇王藤
Passiflora moluccana var. moluccana=Passiflora moluccana
Passiflora moluccana var. teysmanniana (Miq.)Wilde 蛇王藤
Passiflora octandra Gagn.=Passiflora siamica
Passiflora octandra var. *glaberrima* Gagn.=Passiflora moluccana var. glaberrima
Passiflora papilio Li 蝴蝶藤
Passiflora pennagiana Wall.=Adenia penangiana
Passiflora perpera Mast.半边风
Passiflora quadrangularis L.大果西番莲
Passiflora racemosa Brot.总状花西番莲
Passiflora rhombiformis S.Y.Bao 菱叶西番莲
Passiflora seguinii Lévl. & Vant.=Passiflora cupiformis
Passiflora siamica Craib 长叶西番莲
Passiflora sp. Wu & W.T.Wang=Passiflora moluccana var. glaberrima
Passiflora spirei G.Cusset=Passiflora wilsonii
Passiflora tinifolia Juss.=Passiflora laurifolia
Passiflora trifasciata Lem.三裂西番莲
Passiflora violacea Vell.紫西番莲
Passiflora wangii Hu=Passiflora siamica
Passiflora wilsonii Hemsl.镰叶西番莲
Passiflora yunnanensis Franch.(p.p.)=Passiflora cupiformis
Passiflora yunnanensis Franch.(p.p.)=Passiflora wilsonii

Passifloraceae 西番莲科
Pastinaca L.**欧防风属**(伞形科)
Pastinaca dasycarpa Rgl. & Schmalh.=Semenovia dasycarpa
Pastinaca sativa L.欧防风
Patania appendiculata Bedd.=Dennstaedtia appendiculata
Patania elwesii Bedd.=Dennstaedtia elwesii
Patania scabra Bedd.=Dennstaedtia scabra
Patellocalamus W.T.Lin=**Dendrocalamus**
Patellocalamus patellaris (Gamble) W.T.Lin=Dendrocalamus patellaris
Patrinia Juss.**败酱属**(败酱科)
Patrinia angustifolia Hemsl.=Patrinia heterophylla subsp. angustifolia
Patrinia dielsii Graebn.=Patrinia villosa
Patrinia dielsii var. *erosa* Graebn.=Patrinia villosa
Patrinia dielsii var. *palustris* Pamp.=Patrinia villosa
Patrinia dielsii var. *shensiensis* Graebn.=Patrinia villosa
Patrinia formosana Kitam.=Patrinia monandra var. formosana
Patrinia glabrifolia Yamamoto & Sasaki 光叶败酱
Patrinia graveolens Hance=Patrinia villosa
Patrinia heterophylla Bge.墓头回
Patrinia heterophylla subsp. angustifolia (Hemsl.) H.J.Wang 窄叶败酱
Patrinia heterophylla subsp. heterophylla=Patrinia heterophylla
Patrinia hispida Bge.=Patrinia scabiosaefolia
Patrinia intermedia (Horn.) Roem. & Schult.中败酱
Patrinia monandra C.B.Clarke 少蕊败酱
Patrinia monandra var. formosana (Kitam.) H.J.Wang 台湾败酱
Patrinia monandra var. monandra=Patrinia monandra
Patrinia monandra var. *sinensis* Batal.=Patrinia monandra
Patrinia nudiuscula Fisch.=Patrinia intermedia
Patrinia ovata Bge.=Patrinia villosa
Patrinia parviflora S. & Z.=Patrinia scabiosaefolia
Patrinia punctiflora Hsu & H.J.Wang 斑花败酱
Patrinia punctiflora var. punctiflor=Patrinia punctiflora
Patrinia punctiflora var. robusta Hsu & H.J.Wang 大败酱
Patrinia rupestris (Pall.) Dufr.=Patrinia rupestris
Patrinia rupestris (Pall.) Juss.岩败酱
Patrinia rupestris Juss.=Patrinia intermedia
Patrinia rupestris subsp. rupestris=Patrinia rupestris
Patrinia rupestris subsp. scabra (Bge.) H.J.Wang 糙叶岩败酱
Patrinia scabiosaefolia Fisch. ex Link=Patrinia scabiosaefolia
Patrinia scabiosaefolia Fisch. ex Trev.败酱
Patrinia scabiosaefolia f. *glabra* Kom.=Patrinia scabiosaefolia
Patrinia scabiosaefolia f. *hispida* (Bge.) Kom.=Patrinia scabiosaefolia
Patrinia scabiosaefolia var. *hispida* (Bge.) Franch.=Patrinia scabiosaefolia
Patrinia scabiosaefolia var. *nantcianensis* Pamp.=Patrinia scabiosaefolia
Patrinia scabra Bge.=Patrinia rupestris subsp. scabra
Patrinia sibirica (L.) Juss.西伯利亚败酱
Patrinia sinensis (Lévl.) Koidz.=Patrinia villosa
Patrinia speciosa Hand.-Mazz.秀苞败酱
Patrinia srratulaefolia (Trev.) Fisch. ex DC.=Patrinia scabiosaefolia
Patrinia villosa (Thunb.) Juss.攀倒甑
Patrinia villosa Juss.(Matsum & Hay.in Enum.Pl.Formos.1906)=Patrinia monandra var. formosana
Patrinia villosa subsp. punctifolia H.J.Wang 斑叶败酱
Patrinia villosa subsp. villosa=Patrinia villosa
Patrinia villosa var. *ambigua* Pamp.=Patrinia villosa
Patrinia villosa var. *japonica* Lévl.=Patrinia villosa
Patrinia villosa var. *sinensis* Lévl.=Patrinia villosa
Pauldopia van Steenis **翅叶木属**(紫葳科)
Pauldopia ghorta (Buch.-Ham. ex G.Don) Van Steenis 翅叶木
Paullinia asiatica L.=Toddalia asiatica
Paullinia japonica Thunb.=Ampelopsis japonica
Paulownia S. & Z.**泡桐属**(玄参科)
Paulownia australis Gong Tong=Paulownia fargesii
Paulownia catalpifolia Gong Tong 楸叶泡桐
Paulownia duclouxii Dode=Paulownia fortunei
Paulownia elongata S.Y.Hu(p.p.)=Paulownia catalpifolia
Paulownia elongata S.Y.Hu 兰考泡桐
Paulownia fargesii Franch.川泡桐
Paulownia fortunei (Seem.) Hemsl.白花泡桐
Paulownia fortunei Hemsl.(北研丛刊 1934,p.p.)=Paulownia elongata
Paulownia fortunei Seem.(Hemsl.in J.L.Soc.Bot.1890,p.p.)=Paulownia catalpifolia
Paulownia fortunei var. *tsinlingensis* Pai=Paulownia tomentosa var. tisnlingensis
Paulownia glabrata Rehd.=Paulownia tomentosa var. tisnlingensis
Paulownia grandifolia Hort. ex Wettst.=Paulownia tomentosa
Paulownia imperalis var. *lanata* Dode=Paulownia tomentosa
Paulownia imperialis S. & Z.(Hance in J.Bot.1886)=Paulownia fortunei
Paulownia imperialis S. & Z.=Paulownia tomentosa
Paulownia imperialis var. *lanata* Dode=Paulownia tomentosa
Paulownia kawakamii Ito 台湾泡桐
Paulownia lilacina Sprang.=Paulownia tomentosa
Paulownia longifolia Hand.-Mazz.=Paulownia fortunei
Paulownia meridionalis Dode=Paulownia fortunei
Paulownia mikado Ito=Paulownia fortunei
Paulownia recurva Rehd.=Paulownia tomentosa
Paulownia rehderiana Hand.-Mazz.=Paulownia kawakamii
Paulownia shensiensis Pai=Paulownia tomentosa var. tisnlingensis
Paulownia taiwaniana Hu & Chang 台岛泡桐
Paulownia thyrsoidea Rehd.(p.p.)=Paulownia fargesii
Paulownia thyrsoidea Rehd.(p.p.)=Paulownia kawakamii
Paulownia thyrsoides Rehd.=Paulownia kawakamii
Paulownia tomentosa (Thunb.) Steud.毛泡桐
Paulownia tomentosa var. *japonica* Elwes=Paulownia tomentosa
Paulownia tomentosa var. *lanata* (Dode) Schneid.=Paulownia tomentosa
Paulownia tomentosa var. tisnlingensis (Pai) Gong Tong 光泡桐
Paulownia tomentosa var. tomentosa=Paulownia tomentosa
Paulownia viscosa Hand.-Mazz.=Paulownia kawakamii
Pautsauvia Juss.=**Alangium**
Pavetta L.**大沙叶属**(茜草科)
Pavetta arenosa Lour.大沙叶
Pavetta arenosa f. arenosa=Pavetta arenosa
Pavetta arenosa f. glabrituba Chun & How ex Ko 光萼大沙叶
Pavetta esqurollii Lévl.=Clerodendrum bungei
Pavetta fulgens Miq.=Ixora fulgens
Pavetta hongkongensis Bremek.香港大沙叶
Pavetta indica var. *polantha* HK.f.=Pavetta polyantha
Pavetta indica var. *polyatha* HK.f.(Hutch. in Pl.Wils. 1916, p.p.)=Pavetta scabrifolia
Pavetta indica var. *tomentosa* (Roxb. ex Smith) HK.f.=Pavetta tomentosa
Pavetta kroneana Miq.=Ixora chinensis
Pavetta polyantha R.Br. ex Bremek.多花大沙叶
Pavetta scabrifolia Bremek.糙叶大沙叶
Pavetta sinica Miq.=Pavetta arenosa
Pavetta swatouica Bremek.汕头大沙叶
Pavetta tomentosa Roxb. ex Smith 绒毛大沙叶
Pavieasia Pierre **檀栗属**(无患子科)
Pavieasia anamensis Piewrre (云南志 1977)=Pavieasia yunnanensis
Pavieasia kwangsiensis H.S.Lo 广西檀栗
Pavieasia yunnanensis H.S.Lo 云南檀栗
Pecteilis Rafin.**白蝶兰属**(兰科)
Pecteilis henryi Schltr 滇南白蝶兰
Pecteilis radiata (Thunb.) Rafin.狭叶白蝶兰
Pecteilis susannae (L.) Rafin.龙头兰
Pecteilis susannae subsp. *henryi* Sóo=Pecteilis henryi
Pedaliaceae 胡麻科
Pedicellaria Schrank=**Cleome**
Pedicularis L.**马先蒿属**(玄参科)
Pedicularis abrotanifolia M.Bieb.蒿叶马先蒿
Pedicularis abrotanifolia var. *altaica* Maxim.(p.p.)=Pedicularis abrotanifolia
Pedicularis achilleifolia Steph. ex Willd.蓍草叶马先蒿
Pedicularis aequibarbis Hand.-Mazz.=Pedicularis dunniana
Pedicularis alaschanica Maxim.阿拉善马先蒿
Pedicularis alaschanica subsp. alaschanica=Pedicularis alaschanica
Pedicularis alaschanica subsp. tibetica (Maxim.) Tsoong 西藏阿拉善马先蒿
Pedicularis alaschanica var. *tibetica* Maxim.=Pedicularis alaschanica subsp. tibetica
Pedicularis alaschanica var. *typica* Prain=Pedicularis alaschanica
Pedicularis aloënsis Hand.-Mazz.阿洛马先蒿
Pedicularis alopecuros Franch.狐尾马先蒿
Pedicularis alopecuros var. alopecuros=Pedicularis alopecuros

Pedicularis alopecuros var. lasiandra Tsoong 毛药狐尾马先蒿
Pedicularis altaica Steph.(Maxim.in Bull.Acad.St.Pétersb.1888)= Pedicularis mariae
Pedicularis altaica Steph.阿尔泰马先蒿
Pedicularis altifrontalis Tsoong 高额马先蒿
Pedicularis amoena Adams (Yabe in Tokyo Bot.Mag.1943)=Pedicularis verticillata
Pedicularis amoena Adams ex Stev.(p.p.)=Pedicularis anthemifolia
Pedicularis amoena var. *elatior* Rgl.=Pedicularis anthemifolia subsp. elatior
Pedicularis amplituba Li 丰管马先蒿
Pedicularis anas Maxim.鸭首马先蒿
Pedicularis anas var. anas=Pedicularis anas
Pedicularis anas var. tibetica Bonati 西藏鸭首马先蒿
Pedicularis anas var. *typica* Li=Pedicularis anas
Pedicularis anas var. xanthantha (Li) Tsoong 黄花鸭首马先蒿
Pedicularis angularis Tsoong 角盔马先蒿
Pedicularis angustiflora Limpr.(Bontai in Notes Bot.Gard.Edinb.1926)= Pedicularis orthocoryne
Pedicularis angustiflora Limpr.=Pedicularis oederi subsp. oederi var. angustiflora
Pedicularis angustilabris Li 狭唇马先蒿
Pedicularis angustiloba Tsoong 狭裂马先蒿
Pedicularis anomala P.C.Tsoong & H.P.Yang 奇异马先蒿
Pedicularis anthemifolia Fisch.春黄菊叶马先蒿
Pedicularis anthemifolia subsp. anthemifolia=Pedicularis anthemifolia
Pedicularis anthemifolia subsp. elatior (Rgl.) Tsoong 高升菊叶马先蒿(新)
Pedicularis aphyllocaulis Hand.-Mazz.=Pedicularis praeruptorum
Pedicularis aquilina Bonati 鹰嘴马先蒿
Pedicularis armata Maxim.(Mus.Bot.Berol. ex Rehd. & Kobuski in J.Arn.Arb.1933)=Pedicularis chinensis
Pedicularis armata Maxim.刺齿马先蒿
Pedicularis armata var. trimaculata X.F.Lu 三斑刺齿马先蒿
Pedicularis artselaeri Maxim.埃氏马先蒿
Pedicularis artselaeri var. artselaeri=Pedicularis artselaeri
Pedicularis artselaeri var. wutaiensis Hurus.五台埃氏马先蒿
Pedicularis aschistorhyncha Marq. & Shaw 全喙马先蒿
Pedicularis asplenifolia Floerke (Wall.in Numer.List.Ind.Mus.1828)= Pedicularis wallichi
Pedicularis atroviridis Tsoong 深绿马先蒿
Pedicularis atuntsiensis Bonati 阿墩子马先蒿
Pedicularis aurata (Bonati) Li 金黄马先蒿
Pedicularis axillaris Franch.腋花马先蒿
Pedicularis axillaris subsp. axillaris=Pedicularis axillaris
Pedicularis axillaris subsp. balfouriana (Bonati) Tsoong 巴氏腋花马先蒿
Pedicularis axillaris var. *balfouriana* (Bonati) Li=Pedicularis axillaris subsp. balfouriana
Pedicularis axillaris var. *typica* Li=Pedicularis axillaris
Pedicularis balfouriana Bonati=Pedicularis axillaris subsp. balfouriana
Pedicularis bambusetorum Hand.-Mazz.=Pedicularis aurata
Pedicularis batangensis Bur. & Franch.巴塘马先蒿
Pedicularis bella HK.f.美丽马先蒿
Pedicularis bella subsp. bella=Pedicularis bella
Pedicularis bella subsp. holophylla (Marq. & Shaw) Tsoong 全叶美丽马先蒿
Pedicularis bella subsp. holophylla var. cristifrons Tsoong 冠额马先蒿(新)
Pedicularis bella subsp. holophylla var. holophylla f. rosea (Marq. & Shaw) Tsoong 绯色马先蒿(新)
Pedicularis bella var. *holophylla* f. *rosea* Marq. & Shaw=Pedicularis bella subsp. holophylla var. holophylla f. rosea
Pedicularis bella var. *holophylla* Marq. & Shaw=Pedicularis bella subsp. holophylla
Pedicularis bella var. *typica* Li=Pedicularis bella
Pedicularis bicolor Diels 二色马先蒿
Pedicularis bidentata Maxim.二齿马先蒿
Pedicularis bietii Franch.皮氏马先蒿
Pedicularis binaria Maxim.双生马先蒿
Pedicularis biondiana Diels=Pedicularis rhinanthoides subsp. labellata
Pedicularis birostris Bur. & Franch.=Pedicularis cranolopha var. longicornuta
Pedicularis bomiensis H.P.Yang 波密马先蒿
Pedicularis bonatiana Li=Pedicularis verticillata subsp. tangutica
Pedicularis borodowskii Palib.=Pedicularis curvituba subsp. provoti
Pedicularis brachycrania Li 短盔马先蒿
Pedicularis brachyophylla Pennell=Pedicularis oederi subsp. brachyophylla
Pedicularis breviflora Rgl.短花马先蒿
Pedicularis brevifolia Don (HK.f.in Fl.Brit.Ind.1884)=Pedicularis confertiflora
Pedicularis brevilabris Franch.短唇马先蒿
Pedicularis brunoiana subsp. *typca* Pennell(p.p.)=Pedicularis gracilis subsp. macrocarpa
Pedicularis brunoniana Wall.=Pedicularis gracilis subsp. stricta
Pedicularis calosantha Li=Pedicularis verticillata
Pedicularis cephalantha Franch.头花马先蒿
Pedicularis cephalantha var. cephalantha=Pedicularis cephalantha
Pedicularis cephalantha var. szetchuanica Bonati 四川头花马先蒿
Pedicularis cephalantha var. *typica* Li=Pedicularis cephalantha
Pedicularis cernua Bonati 俯垂马先蒿
Pedicularis cernua subsp. cernua=Pedicularis cernua
Pedicularis cernua subsp. latifolia (Li) Tsoong 宽叶俯垂马先蒿
Pedicularis cernua var. *latifolia* H.L.Li=Pedicularis cernua subsp. latifolia
Pedicularis cernua var. *typica* Li=Pedicularis cernua
Pedicularis cheilanthifolia Schrenk (Marq.in J.L.Soc.Bot.1929)= Pedicularis plicata subsp. apiculata
Pedicularis cheilanthifolia Schrenk 碎米蕨叶马先蒿
Pedicularis cheilanthifolia subsp. cheilanthifolia var. cheilanthifolia= Pedicularis cheilanthifolia
Pedicularis cheilanthifolia subsp. cheilanthifolia var. isochila 等唇马先蒿(新)
Pedicularis cheilanthifolia subsp. svenhedinii (Pauls.) Tsoong 文氏马先蒿
Pedicularis cheilanthifolia var. *typica* Prain=Pedicularis cheilanthifolia
Pedicularis chengxiangensis Z.G.Ma & Z.Z.Ma 成县马先蒿
Pedicularis chenocephala Diels 鹅首马先蒿
Pedicularis chinensis f.erubescens Tsoong 浅红中国马先蒿(新)
Pedicularis chinensis Maxim.(Bonati in Bull.Soc.Bot.France 1907)= Pedicularis longiflora var. tubiformis
Pedicularis chinensis Maxim.(Mus.Bot.Berol. ex Rehd. & Kobuski in J. Arn.Arb.1933)=Pedicularis longiflora
Pedicularis chinensis Maxim.中国马先蒿
Pedicularis chingii Bonati 秦氏马先蒿
Pedicularis chumbica Prain 春丕马先蒿
Pedicularis cinerascens Franch.灰色马先蒿
Pedicularis clarkei HK.f.克氏马先蒿
Pedicularis colletti var. *nigra* Bonati=Pedicularis nigra
Pedicularis comptoniaefolia Franch.康泊东叶马先蒿
Pedicularis confertiflora Prain 聚花马先蒿
Pedicularis confertiflora subsp. confertiflora=Pedicularis confertiflora
Pedicularis confertiflora subsp. parvifolia (Hand.-Mazz.) Tsoong 小叶聚花马先蒿
Pedicularis confluens Tsoong 连齿马先蒿
Pedicularis conifera Maxim.结球马先蒿
Pedicularis connata Li 连叶马先蒿
Pedicularis coppeyi Bonati=Pedicularis przewalskii subsp. microphyton var. purpurea
Pedicularis corydaloides Hand.-Mazz.拟紫堇马先蒿
Pedicularis corymbifera H.P.Yang 伞房马先蒿
Pedicularis corymbosa Prain (Dunn in J.L.Soc.Bot.1911)=Pedicularis lunglingensis
Pedicularis cranolopha Maxim.(北研丛刊 1934,p.p.)=Pedicularis armata
Pedicularis cranolopha Maxim.凸额马先蒿
Pedicularis cranolopha var. cranolopha=Pedicularis cranolopha
Pedicularis cranolopha var. *garnieri* (Bonati) Bonati=Pedicularis cranolopha var. garnieri
Pedicularis cranolopha var. garnieri (Bonati) Tsoong 格氏凸额马先蒿
Pedicularis cranolopha var. *garnieri* Bonati=Pedicularis tricolor
Pedicularis cranolopha var. longicornuta Prain 长角马先蒿(新)
Pedicularis cranolopha var. *typia* Prain=Pedicularis cranolopha
Pedicularis craspedotricha Maxim.缘毛马先蒿

Pedicularis crassicaulis Vaniot ex Bonati=Pedicularis resupinata subsp. crassicaulis
Pedicularis crenata Maxim.波齿马先蒿
Pedicularis crenata subsp. crenata=Pedicularis crenata
Pedicularis crenata subsp. crenatiformis (Bonati) Tsoong 裂叶波齿马先蒿
Pedicularis crenata var. *crenatiformis* Bonati=Pedicularis crenata subsp. crenatiformis
Pedicularis crenata var. *typica* Li=Pedicularis crenata
Pedicularis crenularis Li 细波齿马先蒿
Pedicularis cristata Vitm.(Maxim.in Bul.Acad.St.Péersb.1888)=Pedicularis cristatella
Pedicularis cristatella Penn. & Li 具冠马先蒿
Pedicularis croizatiana Li 克洛氏马先蒿
Pedicularis cryptantha Marq. & Shaw 隐花马先蒿
Pedicularis cryptantha subsp. cryptantha=Pedicularis cryptantha
Pedicularis cryptantha subsp. erecta Tsoong 直立隐花马先蒿
Pedicularis cupuliformis Li=Pedicularis thamnophila subsp. cupuliformis
Pedicularis curvituba Maxim.(p.p.)=Pedicularis pseudocurvituba
Pedicularis curvituba Maxim.弯管马先蒿
Pedicularis curvituba subsp. curvituba=Pedicularis curvituba
Pedicularis curvituba subsp. provoti (Franch.) Tsoong 洛氏弯管马先蒿
Pedicularis cyathophylla Franch.(Limpr.in Repert.Sp.Nov.Beih. 1922,p.p.) =Pedicularis rex subsp. lipskyana
Pedicularis cyathophylla Franch.(Limpr.in Repert.Sp.Nov.Beih. 1922,p.p.) =Pedicularis lingelsheimiana
Pedicularis cyathophylla Franch.斗叶马先蒿
Pedicularis cyathophylloides Limpr.拟斗叶马先蒿
Pedicularis cyclorhyncha Li 环喙马先蒿
Pedicularis cymbalaria Bonati 舟形马先蒿
Pedicularis daltonii Prain 道氏马先蒿
Pedicularis daochengensis H.P.Yang 稻城马先蒿
Pedicularis dasystachys Schrenk 毛穗马先蒿
Pedicularis daucifolia Bonati 胡萝卜叶马先蒿
Pedicularis davidii Franch.大卫氏马先蒿
Pedicularis davidii var. davidii=Pedicularis davidii
Pedicularis davidii var. *flaccida* Diels ex Bonati=Pedicularis dissecta
Pedicularis davidii var. pentodon Tsoong 五齿大卫氏马先蒿
Pedicularis davidii var. platyodon Tsoong 宽齿大卫氏马先蒿
Pedicularis debilis Franch.弱小马先蒿
Pedicularis debilis subsp. debilis=Pedicularis debilis
Pedicularis debilis subsp. debillior Tsoong 极弱马先蒿
Pedicularis decora Franch.美观马先蒿
Pedicularis decorissima Diels 极丽马先蒿
Pedicularis delavayi Franch. ex Maxim.=Pedicularis siphonantha var. delavayi
Pedicularis deltoidea Franch.三角叶马先蒿
Pedicularis densispica Franch.密穗马先蒿
Pedicularis densispica subsp. densispica=Pedicularis densispica
Pedicularis densispica subsp. schneideri (Bonati) Tsoong 许氏密穗马先蒿
Pedicularis densispica subsp. viridescens Tsoong 绿盔密穗马先蒿
Pedicularis densispica var. *schneideri* Bonati=Pedicularis densispica subsp. schneideri
Pedicularis densispica var. *typia* Li=Pedicularis densispica
Pedicularis denudata HK.f.秃裸马先蒿
Pedicularis deqinensis H.P.Yang 德钦马先蒿
Pedicularis dichotoma Bonati 二歧马先蒿
Pedicularis dichotoma var. *wardiana* Bonati=Pedicularis dichotoma
Pedicularis dichrocephala Hand.-Mazz.重头马先蒿
Pedicularis dielsiana Bonati 第氏马先蒿
Pedicularis dielsiana Limpr.=Pedicularis tibetica
Pedicularis diffusa Prain (分类学报 1954,p.p.)=Pedicularis altifrontalis
Pedicularis diffusa Prain 铺散马先蒿
Pedicularis diffusa subsp. diffusa=Pedicularis diffusa
Pedicularis diffusa subsp. elatior Tsoong 高升铺散马先蒿
Pedicularis dissecta (Bonati) Pennell & Li 全裂马先蒿
Pedicularis dissectifolia Li 细裂叶马先蒿
Pedicularis dolichantha Bonati 修花马先蒿
Pedicularis dolichocymba Hand.-Mazz.长舟马先蒿
Pedicularis dolichoglossa Li 长舌马先蒿
Pedicularis dolichorrhiza Schrenk 长根马先蒿
Pedicularis dolichostachya Li 长穗马先蒿
Pedicularis duclouxii Bonati 杜氏马先蒿
Pedicularis dulongensis H.P.Yang 独龙马先蒿
Pedicularis dunniana Bonati 邓氏马先蒿
Pedicularis elata Willd.高升马先蒿
Pedicularis elegans Tenore (Franch.in Bull.Soc.Bot.France 1900)=Pedicularis pseudomelampyriflora
Pedicularis elliotii Tsoong 爱氏马先蒿
Pedicularis elwesii HK.f.哀氏马先蒿
Pedicularis elwesii subsp. elwesii=Pedicularis elwesii
Pedicularis elwesii subsp. major Tsoong 高大哀氏马先蒿
Pedicularis elwesii subsp. minor (H.L.Li) P.C.Tsoong 矮小哀氏马先蒿
Pedicularis elwesii subsp. minor Tsoong 矮小哀氏马先蒿
Pedicularis elwesii var. *major* Li=Pedicularis elwesii subsp. major
Pedicularis elwesii var. *typica* Li=Pedicularis elwesii
Pedicularis erecta Gilib.=Pedicularis palustris
Pedicularis euphrasioides Stev. ex Willd.=Pedicularis labradorica
Pedicularis euphrasioides var. *labradorica* (Houtt.) Willd. Labradorica Houtt.= Pedicularis labradorica
Pedicularis excelsa HK.f.卓越马先蒿
Pedicularis fargesii Franch.法氏马先蒿
Pedicularis fastigiata Franch.帚状马先蒿
Pedicularis fedtchenkoi Bonati=Pedicularis physocalyx
Pedicularis fengii Li 国楣马先蒿
Pedicularis fetissowii Rgl.费氏马先蒿
Pedicularis filicifolia Hemsl.羊齿叶马先蒿
Pedicularis filicula Franch.拟蕨马先蒿
Pedicularis filicula var. filicula=Pedicularis filicula
Pedicularis filicula var. saganaica Hand.-Mazz.木里拟蕨马先蒿
Pedicularis filiculiformis Tsoong 假拟蕨马先蒿
Pedicularis flaccida Prain (北研丛刊 1934)=Pedicularis lineata
Pedicularis flaccida Prain 软弱马先蒿
Pedicularis flava Pall.(Bge.in Fl.Alt.1830)=Pedicularis physocalyx
Pedicularis flava Pall.黄花马先蒿
Pedicularis flava var. *altaica* Bge.=Pedicularis physocalyx
Pedicularis flava var. *conica* Bge.=Pedicularis physocalyx
Pedicularis fletcheriana P.C.Tsoong=Pedicularis fletcheri
Pedicularis fletcherii Tsoong 阜莱氏马先蒿
Pedicularis flexuosa HK.f.曲茎马先蒿
Pedicularis floribunda Franch.(北研丛刊 1934)=Pedicularis giraldiana
Pedicularis floribunda Franch.多花马先蒿
Pedicularis forrestiana Bonati 福氏马先蒿
Pedicularis forrestiana subsp. flabellifera Tsoong 扇苞福氏马先蒿
Pedicularis forrestiana subsp. forrestiana=Pedicularis forrestiana
Pedicularis fragarioides Tsoong 草莓状马先蒿
Pedicularis franchetiana Maxim.(Franch.in Herb.Paris Saltem David)=Pedicularis mussotii var. lophocentra
Pedicularis franchetiana Maxim.佛氏马先蒿
Pedicularis furfuracea Wall.糠秕马先蒿
Pedicularis furfuracea var. *integrifolia* HK.f.=Pedicularis pantlingii
Pedicularis futtereri Diels ex Futterer=Pedicularis kansuensis
Pedicularis gagnepainiana Bonati 戛氏马先蒿
Pedicularis galeata Bonati 显盔马先蒿
Pedicularis galeobdolon Diels=Pedicularis resupinata subsp. galeobdolon
Pedicularis gampinensis Vant. ex Bonati 平坝马先蒿
Pedicularis garckeana Prain 戛克氏马先蒿
Pedicularis garnieri Bonati (Li in Proc.Acad.Nat.Sci.Philad.CI 1949)=Pedicularis tricolor
Pedicularis garnieri Bonati (分类学报 1954)=Pedicularis croizatiana
Pedicularis garnieri Bonati=Pedicularis cranolopha var. garnieri
Pedicularis geosiphon H.Sm. & Tsoong 地管马先蒿
Pedicularis giraldiana Diels 奇氏马先蒿
Pedicularis glabrecesns H.L.Li 退毛马先蒿
Pedicularis globifera HK.f.球花马先蒿
Pedicularis goiantha Bur. & Franch.=Pedicularis kansuensis
Pedicularis gongshanensis H.P.Yang 贡山马先蒿
Pedicularis gracilicaulis Li 细瘦马先蒿
Pedicularis gracilis Wall.(Maxim.in BullAcad.St.Pétersb.1888)=

Pedicularis gracilis subsp. sinensis
Pedicularis gracilis Wall.纤细马先蒿
Pedicularis gracilis subsp. gracilis=Pedicularis gracilis
Pedicularis gracilis subsp. macrocarpa Tsoong 大果纤细马先蒿
Pedicularis gracilis subsp. sinensis Tsoong 中国纤细马先蒿
Pedicularis gracilis subsp. stricta Tsoong 坚挺纤细马先蒿
Pedicularis gracilis var. *macrocarpa* Prain=Pedicularis gracilis subsp. macrocarpa
Pedicularis gracilis var. *sinensis* Li=Pedicularis gracilis subsp. sinensis
Pedicularis gracilis var. *typica* Prain (p.p.)=Pedicularis gracilis
Pedicularis gracilis var. *typica* Prain (p.p.)=Pedicularis gracilis subsp. stricta
Pedicularis gracilis var. *typica* f. *stricta* Prain=Pedicularis gracilis subsp. stricta
Pedicularis gracilituba Li 细管马先蒿
Pedicularis gracilituba subsp. gracilituba==Pedicularis gracilituba
Pedicularis gracilituba subsp. setosa Tsoong 刺毛细管马先蒿
Pedicularis gracilituba var. *setosa* Li=Pedicularis gracilituba subsp. setosa
Pedicularis gracilituba var. *typica* Li=Pedicularis gracilituba
Pedicularis grandiflora Fisch.野苏子马先蒿
Pedicularis gruina Franch.鹤首马先蒿
Pedicularis gruina subsp. gruina=Pedicularis gruina
Pedicularis gruina subsp. pilosa (Bonati) Tsoong 多毛鹤首马先蒿
Pedicularis gruina subsp. polyphylla (Franch.) Tsoong 多叶鹤首马先蒿
Pedicularis gruina var. *cinerascens* Franch. ex Li=Pedicularis gruina subsp. pilosa
Pedicularis gruina var. *laxiflora* Franch.=Pedicularis gruina
Pedicularis gruina var. *pilosa* Bonati=Pedicularis gruina subsp. pilosa
Pedicularis gruina var. *polyphylla* Li=Pedicularis gruina subsp. polyphylla
Pedicularis gruina var. *typica* Li=Pedicularis gruina
Pedicularis gyirongensis H.P.Yang 吉隆马先蒿
Pedicularis gyrorhyncha Franch.旋喙马先蒿
Pedicularis habachanensis Bonati 哈巴山马先蒿
Pedicularis habachanensis subsp. habachanensis=Pedicularis habachanensis
Pedicularis habachanensis subsp. multipinnata Tsoong 多羽片哈巴山马先蒿
Pedicularis handel-mazzettii Bonati=Pedicularis confertiflora
Pedicularis hemsleyana Prain 汉姆氏马先蒿
Pedicularis henryi Maxim.亨氏马先蒿
Pedicularis heterophylla Bonati=Pedicularis axillaris
Pedicularis heydei Prain (Maxim.in Herb.Liningrad.)=Pedicularis pheulpinii subsp. chilienensis
Pedicularis hirtella Franch.粗毛马先蒿
Pedicularis holocalyx Hand.-Mazz.全萼马先蒿
Pedicularis honanensis Tsoong 河南马先蒿
Pedicularis hulteniana Li=Pedicularis anthemifolia
Pedicularis humilis Bonati 矮马先蒿
Pedicularis humilis M.Bieb.=Pedicularis labradorica
Pedicularis ikomai Sasaki 生驹氏马先蒿
Pedicularis inaequilobata Tsoong 不等裂马先蒿
Pedicularis infirma Li 孱弱马先蒿
Pedicularis ingens Maxim.硕大马先蒿
Pedicularis insignis Bonati 显著马先蒿
Pedicularis integerrima Pennell & Li=Pedicularis integrifolia subsp. integerrima
Pedicularis integrifolia HK.f.(Forbes & Hemsl.in J.L.Soc.Bot.1890)= Pedicularis integrifolia subsp. integerrima
Pedicularis integrifolia HK.f.全叶马先蒿
Pedicularis integrifolia subsp. integerrima (Pennell & Li) Tsoong 全缘全叶马先蒿
Pedicularis integrifolia subsp. integrifolia=Pedicularis integrifolia
Pedicularis kangtingensis Tsoong 康定马先蒿
Pedicularis kansuensis Maxim.(Li in Proc.Acad.Nat.Sci.Philad.1948, p.p.)=Pedicularis verticillata subsp. tangutica
Pedicularis kansuensis Maxim.甘肃马先蒿
Pedicularis kansuensis subsp. kansuensis f. albiflora Li 白花甘肃马先蒿(新)
Pedicularis kansuensis subsp. kansuensis f. kansuensis=Pedicularis kansuensis
Pedicularis kansuensis subsp. kokonorica Tsoong 青海甘肃马先蒿
Pedicularis kansuensis subsp. villosa Tsoong 厚毛甘肃马先蒿
Pedicularis kansuensis subsp. yargongensis (Bonati) Tsoong 雅江甘肃马先蒿
Pedicularis kariensis Bonati 卡里马先蒿
Pedicularis karoi Freyn=Pedicularis palustris subsp. karoi
Pedicularis kawaguchii T.Yamazaki 喀瓦谷池马先蒿
Pedicularis kialensis Franch.甲拉马先蒿
Pedicularis kiangsiensis Tsoong & Cheng f. 江西马先蒿
Pedicularis kongboensis Tsoong 宫布马先蒿
Pedicularis kongboensis var. kongboensis=Pedicularis kongboensis
Pedicularis kongboensis var. obtusata Tsoong 钝裂宫布马先蒿
Pedicularis koueytchensis Bonati 滇东马先蒿
Pedicularis labellata Jacq.=Pedicularis rhinanthoides subsp. labellata
Pedicularis labordei Vaniot ex Bonati 拉氏马先蒿
Pedicularis labradorica var. *simplex* Hulten=Pedicularis labradorica
Pedicularis labradorica Wirsing 拉不拉多马先蒿
Pedicularis lacerata Bonati=Pedicularis axillaris
Pedicularis lachnoglossa HK.f.绒舌马先蒿
Pedicularis lachnoglossa var. *macrantha* Bonati=Pedicularis lachnoglossa
Pedicularis laeta Stev. ex Claus.=Pedicularis dasystachys
Pedicularis lamarum Limpr.=Pedicularis rex subsp. lipskyana
Pedicularis lamioides Hand.-Mazz.元宝草马先蒿
Pedicularis lanpingensis H.P.Yang 兰坪马先蒿
Pedicularis lasiantha Li=Pedicularis decora
Pedicularis lasiophrys Maxim.毛颏马先蒿
Pedicularis lasiophrys var. *typica* Li=Pedicularis lasiopyrys
Pedicularis lasiopyrys var. lasiopyrys=Pedicularis lasiopyrys
Pedicularis lasiopyrys var. sinica Maxim.毛被毛颏马先蒿
Pedicularis latirostris Tsoong 宽喙马先蒿
Pedicularis latituba Bonati 粗管马先蒿
Pedicularis laxiflora Franch.(p.p.)=Pedicularis masturtiifolia
Pedicularis laxiflora Franch.疏花马先蒿
Pedicularis laxiflora Tsoong=Pedicularis membranacea
Pedicularis laxispica Li 疏穗马先蒿
Pedicularis lecomtei Bonati 勒公氏马先蒿
Pedicularis legendrei Bonati 勒氏马先蒿
Pedicularis leptorhiza Rupr.=Pedicularis ludwigii
Pedicularis leptosiphon Li 纤管马先蒿
Pedicularis liana Pennell ex Li (p.p.)=Pedicularis debilis subsp. debillior
Pedicularis likiangensis Franch.(Li in Proc.Acad.Nat.Sci.Philad.1948, p.p.) =Pedicularis roylei subsp. roylei var. brevigaleata
Pedicularis likiangensis Franch.丽江马先蒿
Pedicularis likiangensis subsp. likiangensis=Pedicularis likiangensis
Pedicularis likiangensis subsp. pulchra Tsoong 美丽丽江马先蒿
Pedicularis limprichtiana Fedde=Pedicularis tibetica
Pedicularis limprichtiana Hand.-Mazz.林氏马先蒿
Pedicularis limprichtii Fedde=Pedicularis tibetica
Pedicularis lineata Franch.条纹马先蒿
Pedicularis lineata var. *dissecta* Bonati=Pedicularis likiangensis
Pedicularis lingelsheimiana Limpr.凌氏马先蒿
Pedicularis lipskyana Bonati=Pedicularis rex subsp. lipskyana
Pedicularis longicalyx H.P.Yang 长萼马先蒿
Pedicularis longicaulis Franch.长茎马先蒿
Pedicularis longiflora Rudolph(Bonati in Bull.Herb.Boiss.Sér.2.1907)= Pedicularis longiflora var. tubiformis
Pedicularis longiflora Rudolph(Hance in J.Bot.1878)=Pedicularis chinensis
Pedicularis longiflora Rudolph 长花马先蒿
Pedicularis longiflora subsp. *tubiformis* (Klotz.) Pennell=Pedicularis longiflora var. tubiformis
Pedicularis longiflora var. longiflora=Pedicularis longiflora
Pedicularis longiflora var. tubiformis (Klotz.) Tsoong 管状长花马先蒿
Pedicularis longiflora var. yingshanensis Z.Y.Chu & Y.Z.Zhao 阴山长花马先蒿
Pedicularis longipes Maxim.长梗马先蒿
Pedicularis longipetiolata Franch.长柄马先蒿
Pedicularis longistipitata Tsoong 长把马先蒿
Pedicularis lophocentra Hand.-Mazz.=Pedicularis mussotii var. lophocentra

Pedicularis lophotricha Li 盔须马先蒿
Pedicularis lopingensis Hand.-Mazz.=Pedicularis rex
Pedicularis lucifuga Bonati=Pedicularis macrosiphon
Pedicularis ludovici Limpr.=Pedicularis tibetica
Pedicularis ludwigii Rgl.小根马先蒿
Pedicularis lunglingensis Bonati 龙陵马先蒿
Pedicularis luteola Li=Pedicularis plicata subsp. luteola
Pedicularis lutescens Franch.浅黄马先蒿
Pedicularis lutescens subsp. brevifolia (Bonati) Tsoong 短叶浅黄马先蒿
Pedicularis lutescens subsp. longipetiolata (Li) Tsoong 长柄浅黄马先蒿
Pedicularis lutescens subsp. lutescens=Pedicularis lutescens
Pedicularis lutescens subsp. ramosa (Bonati) Tsoong 多枝浅黄马先蒿
Pedicularis lutescens subsp. tongtchuanensis (Bonati) Tsoong 东川浅黄马先蒿
Pedicularis lutescens var. *brevifolia* Bonati=Pedicularis lutescens subsp. brevifolia
Pedicularis lutescens var. *longipetiolata* Li=Pedicularis lutescens subsp. longipetiolata
Pedicularis lutescens var. *ramosa* Bonati=Pedicularis lutescens subsp. ramosa
Pedicularis lutescens var. *tongtchuanensis* Bonati=Pedicularis lutescens subsp. tongtchuanensis
Pedicularis lutescens var. *typica* Li=Pedicularis lutescens
Pedicularis lyrata Prain (Franch.in Bull.Soc.Bot.France 1900)=Pedicularis polyodonta
Pedicularis lyrata Prain 琴盔马先蒿
Pedicularis lyrata var. *cordifolia* Franch.=Pedicularis polyodonta
Pedicularis macilenta Franch.瘠瘦马先蒿
Pedicularis macrantha (Bonati) Lévl.=Pedicularis lachnoglossa
Pedicularis macrocalyx Bonati=Pedicularis dolichocymba
Pedicularis macrochila Vved.=Pedicularis anthemifolia subsp. elatior
Pedicularis macrorhyncha Li 长喙马先蒿
Pedicularis macrosiphon Bonati (北研丛刊 1934,p.p.)=Pedicularis omiiana
Pedicularis macrosiphon Franch.(Mus.Bot.Beron. ex Rehd. & Kobuski in J.Arn.Arb.1933)=Pedicularis muscicola
Pedicularis macrosiphon Franch.大管马先蒿
Pedicularis macrosiphon var. *tribuloides* (Bonati) Li=Pedicularis macrosiphon
Pedicularis magnini Bonati=Pedicularis densispica
Pedicularis mahoangensis Bonati=Pedicularis rex
Pedicularis mairei Bonati 梅氏马先蒿
Pedicularis mandshurica Maxim.鸡冠子花
Pedicularis margaritae Bonati=Pedicularis gruina subsp. pilosa
Pedicularis mariae Rgl.玛丽马先蒿
Pedicularis marrilliana Li 迈氏马先蒿
Pedicularis masturtiifolia Franch.蔊菜叶马先蒿
Pedicularis maxonii Bonati 马克逊马先蒿
Pedicularis mayana Hand.-Mazz.迈亚马先蒿
Pedicularis megalantha Don 硕花马先蒿
Pedicularis megalantha var. *typica* Prain=Pedicularis megalantha
Pedicularis megalochila Li 大唇马先蒿
Pedicularis megalochila var. ligulata Tsoong 舌状大唇马先蒿
Pedicularis megalochila var. megalochila f. megalochila=Pedicularis megalochila
Pedicularis megalochila var. megalochila f. rhodantha Tsoong 红花大唇马先蒿(新)
Pedicularis melampyriflora Franch.(Li in Proc.Acad.Nat.Sci.Philad.1948, p.p.)=Pedicularis pseudomelampyriflora
Pedicularis melampyriflora Franch.山萝花马先蒿
Pedicularis membranacea Li 膜叶马先蒿
Pedicularis menziesii Benth.=Pedicularis verticillata
Pedicularis metaszetschuanica Tsoong 后生四川马先蒿
Pedicularis meteororhyncha Li 翘喙马先蒿
Pedicularis micrantha Li 小花马先蒿
Pedicularis microcalyx HK.f.小萼马先蒿
Pedicularis microchila Franch.小唇马先蒿
Pedicularis microphyton Bur. & Franch.=Pedicularis przewalskii subsp. microphyton
Pedicularis microphyton var. *purpurea* Bonati=Pedicularis przewalskii subsp. microphyton var. purpurea
Pedicularis minima Tsoong & Cheng f.细小马先蒿
Pedicularis minutilabris Tsoong 微唇马先蒿
Pedicularis mollis Wall.柔毛马先蒿
Pedicularis monbeigiana Bonati 蒙氏马先蒿
Pedicularis moupinensis Franch.穆坪马先蒿
Pedicularis mudicaulis Bonati (p.p.)=Pedicularis remotiloba
Pedicularis muliensis Hand.-Mazz.=Pedicularis duclouxii
Pedicularis muscicola Maxim.藓生马先蒿
Pedicularis muscoides Li 藓状马先蒿
Pedicularis muscoides var. muscoides=Pedicularis muscoides
Pedicularis muscoides var. rosea Li 玫瑰藓状马先蒿
Pedicularis muscoides var. *typica* Li=Pedicularis muscoides
Pedicularis mussotii Franch.谬氏马先蒿
Pedicularis mussotii var. lophocentra (Hand.-Mazz.) Li 刺冠谬氏马先蒿
Pedicularis mussotii var. mussotii=Pedicularis mussotii
Pedicularis mussotii var. mutata Bonati 变形谬氏马先蒿
Pedicularis mussotii var. *typica* Li=Pedicularis mussotii
Pedicularis mychophila Marq. & Saw 菌生马先蒿
Pedicularis myriophylla Pall.万叶马先蒿
Pedicularis myriophylla var. myriophylla=Pedicularis myriophylla
Pedicularis myriophylla var. purpurea Bge.紫色万叶马先蒿
Pedicularis myriophylla var. *tatarinowii* (Maxim.) Hurus=Pedicularis tatarinowii
Pedicularis myriophylla var. *typica* Li=Pedicularis myriophylla
Pedicularis nanchuanensis Tsoong 南川马先蒿
Pedicularis nasturtiifolia Franch.焊菜叶马先蒿
Pedicularis neolatituba Tsoong 新粗管马先蒿
Pedicularis nigra Vaniot 黑马先蒿
Pedicularis nyalamensis H.P.Yang 聂拉木马先蒿
Pedicularis nyingchiensis H.P.Yang & Y.Tateishi 林芝马先蒿
Pedicularis obscura Bonati 暗味马先蒿
Pedicularis odontochila Diels 齿唇马先蒿
Pedicularis odontophora Prain 具齿马先蒿
Pedicularis oederi Wahl.(Marq. & Shaw in J.L.Soc.Bot.1929)=Pedicularis oederi subsp. oederi var. heteroglossa
Pedicularis oederi Vahl 欧氏马先蒿
Pedicularis oederi subsp. brachyophylla (Pennell) Tsoong 鳃叶马先蒿(新)
Pedicularis oederi subsp. multipinna (Li) Tsoong 多羽片欧氏马先蒿
Pedicularis oederi subsp. oederi var. angustiflora (Limpr.) Tsoong 狭花欧氏马先蒿(新)
Pedicularis oederi subsp. oederi var. heteroglossa Prain 异盔马先蒿(新)
Pedicularis oederi subsp. oederi var. oederi f. oederi=Pedicularis oederi
Pedicularis oederi subsp. oederi var. oederi f. rubra (Maxim.) Tsoong 红色欧氏马先蒿(新)
Pedicularis oederi subsp. oederi var. sinensis (Maxim.) Hurus.中国欧氏马先蒿(新)
Pedicularis oederi var. *bracteosa* Bonati=Pedicularis orthocoryne
Pedicularis oederi var. *heteroglossa* Prain=Pedicularis oederi subsp. oederi var. sinensis
Pedicularis oederi var. *multipinna* Li=Pedicularis oederi subsp. multipinna
Pedicularis oederi var. *rubra* (Maxim.) Limpr.=Pedicularis oederi subsp. oederi var. oederi f. rubra
Pedicularis oederi var. *typica* Prain=Pedicularis oederi
Pedicularis oligantha Franch.少花马先蒿
Pedicularis oliveriana Prain 奥氏马先蒿
Pedicularis oliveriana subsp. lasiantha Tsoong=Pedicularis oliveriana
Pedicularis omiiana Bonati (北研丛刊 1934)=Pedicularis vagans
Pedicularis omiiana Bonati 峨眉马先蒿
Pedicularis omiiana subsp. diffusa (Bonati) Tsoong 铺散峨眉马先蒿
Pedicularis omiiana subsp. omiiana=Pedicularis omiiana
Pedicularis omiiana var. *diffusa* Bonati=Pedicularis omiiana subsp. diffusa
Pedicularis omiiana var. *typica* Li=Pedicularis omiiana
Pedicularis orthocoryne Li 直盔马先蒿
Pedicularis oxycarpa Franch.(北研丛刊 1934,p.p.)=Pedicularis davidii
Pedicularis oxycarpa Franch.尖果马先蒿
Pedicularis paiana Li 白氏马先蒿
Pedicularis palustris L.(Fl.Sib.As.Med. & Part.Ross.Europ.Orient.)=Pedicularis palustris subsp. karoi

Pedicularis palustris L.沼生马先蒿
Pedicularis palustris subsp. karoi (Freyn) Tsoong 沼地马先蒿
Pedicularis palustris subsp. palustris=Pedicularis palustris
Pedicularis palustris var. *wlassowiana* auct.non Bge.=Pedicularis palustris subsp. karoi
Pedicularis pantlingii Prain 潘氏马先蒿
Pedicularis pantlingii subsp. brachycarpa Tsoong 短果马先蒿(新)
Pedicularis pantlingii subsp. chimiliensis (Bonati) Tsoong 缅甸潘氏马先蒿
Pedicularis pantlingii subsp. pantlingii=Pedicularis pantlingii
Pedicularis pantlingii var. *chimiliensis* Bonati=Pedicularis pantlingii subsp. chimiliensis
Pedicularis pantlingii var. *typica* Li=Pedicularis pantlingii
Pedicularis parvifolia Hand.-Mazz.=Pedicularis confertiflora subsp. parvifolia
Pedicularis paxiana Limpr.派氏马先蒿
Pedicularis pectinatiformis Bonati 拟篦齿马先蒿
Pedicularis pentagona Li 五角马先蒿
Pedicularis petelotii Tsoong 裴氏马先蒿
Pedicularis petimenginii Bonati 伯氏马先蒿
Pedicularis petitmenginii var. *dissecta* Bonati=Pedicularis dissecta
Pedicularis phaceliaefolia Franch.法且利亚叶马先蒿
Pedicularis pheulpinii Bonati (p.p.)=Pedicularis remotiloba
Pedicularis pheulpinii Bonati=Pedicularis maxonii
Pedicularis pheulpinii Bonati 费尔氏马先蒿
Pedicularis pheulpinii subsp. chilienensis Tsoong 祁连费尔氏马先蒿
Pedicularis pheulpinii subsp. pheulpinii=Pedicularis pheulpinii
Pedicularis physocalyx Bge.臌萼马先蒿
Pedicularis pilostachya Maxim.绵穗马先蒿
Pedicularis pinetorum Hand.-Mazz.松林马先蒿
Pedicularis plicata Maxim.皱褶马先蒿
Pedicularis plicata subsp. apiculata Tsoong 凸尖皱褶马先蒿
Pedicularis plicata subsp. luteola (Li) Tsoong 浅黄皱褶马先蒿
Pedicularis plicata subsp. plicata=Pedicularis plicata
Pedicularis plicata var. *apiculata* P.C.Tsoong=Pedicularis plicata subsp. apiculata
Pedicularis plicata var. *giraldiana* (Diels) Limpr.=Pedicularis giraldiana
Pedicularis plicata var. *typica* Li=Pedicularis plicata
Pedicularis polygaloides HK.f.远志状马先蒿
Pedicularis polyodonta Li 多齿马先蒿
Pedicularis polyphylla Franch. ex Maxim.=Pedicularis gruina subsp. polyphylla
Pedicularis polyphylla var. *pilosa* Bonati=Pedicularis gruina subsp. pilosa
Pedicularis polyphylloides Bontai=Pedicularis gruina subsp. pilosa
Pedicularis porphyrantha Li=Pedicularis stenocorys
Pedicularis potaninii Maxim.波氏马先蒿
Pedicularis praealta Bonati=Pedicularis smithiana
Pedicularis praeruptorum Bonati 悬岩马先蒿
Pedicularis prainiana Maxim.帕兰氏马先蒿
Pedicularis princeps Bur. & Franch.高超马先蒿
Pedicularis proboscidea Stev.鼻喙马先蒿
Pedicularis proboscidea Stevens (北研丛刊 1934)=Pedicularis angustilabris
Pedicularis provoti Franch.=Pedicularis curvituba subsp. provoti
Pedicularis przewalskii Maxim.普氏马先蒿
Pedicularis przewalskii subsp. australis (Li) Tsoong 南方普氏马先蒿
Pedicularis przewalskii subsp. hirsuta (Li) Tsoong 粗毛普氏马先蒿
Pedicularis przewalskii subsp. microphyton (Bur. & Franch.) Tsoong 矮小普氏马先蒿
Pedicularis przewalskii subsp. microphyton var. purpurea (Bonati) Tsoong 紫色普氏马先蒿(新)
Pedicularis przewalskii subsp. przewalskii var. cristata (Li) Tsoong 有冠普氏马先蒿
Pedicularis przewalskii subsp. przewalskii=Pedicularis przewalskii
Pedicularis przewalskii var. *australis* Li=Pedicularis przewalskii subsp. australis
Pedicularis przewalskii var. *cristata* Li=Pedicularis przewalskii subsp. przewalskii var. cristata
Pedicularis przewalskii var. *hirsuta* Li=Pedicularis przewalskii subsp. hirsuta
Pedicularis przewalskii var. *microphyton* Li=Pedicularis przewalskii subsp. microphyton
Pedicularis przewalskii var. *purprea* (Bonati) Li=Pedicularis przewalskii subsp. microphyton var. purpurea
Pedicularis przewalskii var. *typica* Li=Pedicularis przewalskii
Pedicularis pseudocephalantha Bonati 假头状马先蒿
Pedicularis pseudocurvituba Tsoong 假弯管马先蒿
Pedicularis pseudoingens Bonati 假硕大马先蒿
Pedicularis pseudokaroi Bonati=Pedicularis palustris subsp. karoi
Pedicularis pseudomelampyriflora Bonati 假山萝花马先蒿
Pedicularis pseudomuscicola Bonati 假藓生马先蒿
Pedicularis pseudosteiningeri Bonati 假司氏马先蒿
Pedicularis pseudostenocorys Bonati=Pedicularis stenocorys
Pedicularis pseudoversicolor Hand.-Mazz.假多色马先蒿
Pedicularis pteridifolia Bonati 蕨叶马先蒿
Pedicularis pubescens Pai=Pedicularis sceptrum-carolinum subsp. pubescens
Pedicularis pycnatha var. *semenovii* Prain (p.p.)=Pedicularis semenovii
Pedicularis pygmaea Maxim.儒侏马先蒿
Pedicularis quxiangensis H.P.Yang 曲乡马先蒿
Pedicularis ramalana Britt.=Pedicularis rhodotricha
Pedicularis ramosissima Bonati 多枝马先蒿
Pedicularis recurva Maxim.(p.p.)=Pedicularis angustilabris
Pedicularis recurva Maxim.(中国玄参科植物 1950)=Pedicularis kangtingensis
Pedicularis recurva Maxim.反曲马先蒿
Pedicularis refracta Maxim.=Pedicularis gampinensis
Pedicularis refracta var. *transmorrisonensis* Hurus=Pedicularis transmorrisonensis
Pedicularis remotiloba Hand.-Mazz.疏裂马先蒿
Pedicularis reptans Tsoong 爬行马先蒿
Pedicularis resupinata L.返顾马先蒿
Pedicularis resupinata subsp. crassicaulis (Vant. ex Bonati) P.C.Tsoong 粗茎返顾马先蒿
Pedicularis resupinata subsp. galeobdolon (Diels) Tsoong 鼬臭返顾马先蒿
Pedicularis resupinata subsp. lasiophylla Tsoong 毛叶返顾马先蒿
Pedicularis resupinata subsp. resupinata=Pedicularis resupinata
Pedicularis resupinata var. *crassicaulis* (Vant.) Bonati ex Limpr.=Pedicularis resupinata subsp. crassicaulis
Pedicularis resupinata var. *galeobdolon* Limpr.=Pedicularis resupinata subsp. galeobdolon
Pedicularis resupinata var. *typica* Li=Pedicularis resupinata
Pedicularis retingensis Tsoong 雷丁马先蒿
Pedicularis rex C.B.Clarke 大王马先蒿
Pedicularis rex subsp. lipskyana Tsoong 立氏大王马先蒿
Pedicularis rex subsp. parva (Bonati) Tsoong 矮小大王马先蒿
Pedicularis rex subsp. pseudocyathus (Vaniot ex Bonati) Tsoong 假斗大王马先蒿
Pedicularis rex subsp. rex var. rockii (Bonati) Li 洛氏马先蒿(新)
Pedicularis rex subsp. rex=Pedicularis rex
Pedicularis rex subsp. zyuensis H.P.Yang 察隅大王马先蒿
Pedicularis rex var. *lopingensis* Hand.-Mazz.=Pedicularis rex
Pedicularis rex var. *parva* Bonati=Pedicularis rex subsp. parva
Pedicularis rex var. *pseudocyathus* Vaniot ex Bonati=Pedicularis rex subsp. pseudocyathus
Pedicularis rex var. *purpurea* Bonati=Pedicularis rex subsp. lipskyana
Pedicularis rex var. *thamnophila* Hand.-Mazz.=Pedicularis thamnophila
Pedicularis rhinanthoides Schrenk (Bonati in Herb.Boiss.Sér.2,1907)=Pedicularis rhinanthoides subsp. labellata
Pedicularis rhinanthoides Schrenk 拟鼻花马先蒿
Pedicularis rhinanthoides subsp. *labellata* (Jacq.) P.C.Tsoong=Pedicularis rhinanthoides subsp. labellata
Pedicularis rhinanthoides subsp. labellata (Jacq.) Pennell 大唇拟鼻花马先蒿
Pedicularis rhinanthoides subsp. rhinanthoides=Pedicularis rhinanthoides
Pedicularis rhinanthoides var. *labellata* (Jacq.) Prain=Pedicularis rhinanthoides subsp. labellata
Pedicularis rhinanthoides var. *labellata* Prain=Pedicularis rhinanthoides subsp. labellata
Pedicularis rhinanthoides var. tibetica (Bonati) Tsoong 西藏拟鼻花马先蒿

Pedicularis rhinanthoides var. *tibetica* Bonati=Pedicularis rhinanthoides var. tibetica
Pedicularis rhinanthoides var. *typica* Prain=Pedicularis rhinanthoides
Pedicularis rhizomatosa Tsoong 根茎马先蒿
Pedicularis rhodotricha Maxim.红毛马先蒿
Pedicularis rhynchodonta Bur. & Franch.喙齿马先蒿
Pedicularis rhynchodonta f. *maxima* Bonati=Pedicularis rhynchodonta
Pedicularis rhynchodonta f. *typica* Li=Pedicularis rhynchodonta
Pedicularis rhynchotricha Tsoong 喙毛马先蒿
Pedicularis rigida Franch.坚挺马先蒿
Pedicularis rigidiformis Bonati 拟野挺马先蒿
Pedicularis rizhaoensis H.P.Yang 日照马先蒿
Pedicularis roborowskii Maxim.劳氏马先蒿
Pedicularis robusta HK.f.壮健马先蒿
Pedicularis rockii Bonati=Pedicularis rex subsp. rex var. rockii
Pedicularis rotundifolia C.E.Fisch.圆叶马先蒿
Pedicularis roylei Maxim.罗氏马先蒿
Pedicularis roylei subsp. megalantha Tsoong 大花罗氏马先蒿
Pedicularis roylei subsp. roylei var. brevigaleata Tsoong 短盔罗氏马先蒿(新)
Pedicularis roylei subsp. roylei var. roylei=Pedicularis roylei
Pedicularis roylei subsp. shawii (Tsoong) Tsoong 萧氏罗氏马先蒿
Pedicularis roylei var. *cinerascens* Marq. & Shaw ex Marq.=Pedicularis roylei subsp. shawii
Pedicularis rubens Steph.红色马先蒿
Pedicularis rudis Maxim.(北研丛刊 1934,p.p.)=Pedicularis decora
Pedicularis rudis Maxim.粗野马先蒿
Pedicularis ruoergaiensis H.P.Yang 若尔盖马先蒿
Pedicularis rupicola Franch.岩居马先蒿
Pedicularis rupicola subsp. rupicola f. flavescens Tsoong 黄花岩居马先蒿(新)
Pedicularis rupicola subsp. rupicola f. rupicola=Pedicularis rupicola
Pedicularis rupicola subsp. zambalensis (Bonati) Tsoong 川西岩居马先蒿
Pedicularis rupicola var. *typica* Li (p.p.)=Pedicularis rupicola
Pedicularis rupicola var. *typica* Li (p.p.)=Pedicularis rupicola subsp. rupicola f. flavescens
Pedicularis rupicola var. *zambalensis* Bonati=Pedicularis rupicola subsp. zambalensis
Pedicularis sabaensis Bonati=Pedicularis maxonii
Pedicularis salicifolia Bonati 柳叶马先蒿
Pedicularis salviaeflora Franch.丹参花马先蒿
Pedicularis salviaeflora var. leiocarpa H.P.Yang 滑果丹参马先蒿
Pedicularis sceptrum-carolinum f. *pubescens* (Bge.) Kitag.=Pedicularis sceptrum-carolinum subsp. pubescens
Pedicularis sceptrum-carolinum L.旌节马先蒿
Pedicularis sceptrum-carolinum subsp. pubescens Tsoong 有毛旌节马先蒿
Pedicularis sceptrum-carolinum subsp. sceptrum-carolinum=Pedicularis sceptrum-carolinum
Pedicularis sceptrum-carolinum var. *glabra* Bge.=Pedicularis sceptrum-carolinum
Pedicularis sceptrum-carolinum var. *pubescens* Bge.=Pedicularis sceptrum-carolinum subsp. pubescens
Pedicularis sceptrum-carolinum var. *typica* Li=Pedicularis sceptrum-carolinum
Pedicularis sceptrum-carolinum α. *glabra* Bge.=Pedicularis sceptrum-carolinum
Pedicularis sceptrum-carolinum β. *pubescens* Bge.=Pedicularis sceptrum-carolinum subsp. pubescens
Pedicularis schizorhyncha Prain 裂喙马先蒿
Pedicularis scolopax Maxim.鹬形马先蒿
Pedicularis semenovii Rgl.赛氏马先蒿
Pedicularis semitorta Maxim.半扭捲马先蒿
Pedicularis shansiensis Tsoong 山西马先蒿
Pedicularis shawii Tsoong=Pedicularis roylei subsp. shawii
Pedicularis sherriffii Tsoong 休氏马先蒿
Pedicularis sigmoides Franch.之形喙马先蒿
Pedicularis sikangensis Li=Pedicularis verticillata
Pedicularis sima Maxim.矽镁马先蒿
Pedicularis siphonantha Don (Franch.in Nouv.Arch.Mus.Hist.Nat.Paris Sér.2.1888)=Pedicularis siphonantha var. delavayi
Pedicularis siphonantha Don 管花马先蒿
Pedicularis siphonantha var. delavayi (Franch.) Tsoong 台氏管花马先蒿
Pedicularis siphonantha var. siphonantha=Pedicularis siphonantha
Pedicularis siphonantha var. *typica* Prain=Pedicularis siphonantha
Pedicularis smithiana Bonati 史氏马先蒿
Pedicularis songarica Schrenk 准噶尔马先蒿
Pedicularis sorbifolia Tsoong 花秋叶马先蒿
Pedicularis souliei Franch.苏氏马先蒿
Pedicularis sparsissima Tsoong=Pedicularis lineata
Pedicularis spedusteiningeri Bonati 假司氏马先蒿
Pedicularis sphaerantha Tsoong 团花马先蒿
Pedicularis spicata Pall.穗花马先蒿
Pedicularis spicata subsp. bracteata Tsoong 显苞穗花马先蒿
Pedicularis spicata subsp. spicata=Pedicularis spicata
Pedicularis spicata subsp. stenocarpa Tsoong 狭果穗花马先蒿
Pedicularis spicata var. *australis* Bonati=Pedicularis holocalyx
Pedicularis spicata var. *sesinowii* Bonati=Pedicularis spicata
Pedicularis stadlmanniana Bonati 施氏马先蒿
Pedicularis stapfii Bonati=Pedicularis labordei
Pedicularis steiningeri Bonati 司氏马先蒿
Pedicularis stenantha Franch.=Pedicularis oederi subsp. oederi var. angustiflora
Pedicularis stenocorys Franch.狭盔马先蒿
Pedicularis stenocorys subsp. melanotricha Tsoong 黑毛狭盔马先蒿
Pedicularis stenocorys subsp. stenocorys var. angustissima Tsoong 极狭马先蒿(新)
Pedicularis stenocorys subsp. stenocorys var. stenocorys=Pedicularis stenocorys
Pedicularis stenocorys var. *pseudostenocorys* (Bonati) Tsoong=Pedicularis stenocorys
Pedicularis stenotheca Tsoong 狭室马先蒿
Pedicularis stevenii Bge.=Pedicularis verticillata
Pedicularis stewardii Li 斯氏马先蒿
Pedicularis streptorhyncha Tsoong 扭喙马先蒿
Pedicularis striata Pall.红纹马先蒿
Pedicularis striata subsp. arachnoidea (Franch.) Tsoong 蛛丝红纹马先蒿
Pedicularis striata subsp. striata=Pedicularis striata
Pedicularis striata var. *arachnoidea* Franch.=Pedicularis striata subsp. arachnoidea
Pedicularis striata var. *poliocalyx* Diels=Pedicularis striata subsp. arachnoidea
Pedicularis striata var. *typica* Li=Pedicularis striata
Pedicularis stricta Wall.=Pedicularis gracilis subsp. stricta
Pedicularis strobilacea Franch.球状马先蒿
Pedicularis strobilacea var. *riparia* Bonati=Pedicularis pseudocephalantha
Pedicularis stylosa H.P.Yang 柱马先蒿
Pedicularis subacaulis Bonati (p.p.)=Pedicularis confertiflora subsp. parvifolia
Pedicularis subulatidens Tsoong 针齿马先蒿
Pedicularis superba Franch.华丽马先蒿
Pedicularis svenhedinii Pauls.=Pedicularis cheilanthifolia subsp. svenhedinii
Pedicularis szetschanica var. *longispica* Bonati ex Limpr.(Li in Proc.Acad.Nat.Sci.Philad.1948,p.p.)=Pedicularis verticillata subsp. tangutica
Pedicularis szetschuanica Maxim. (Bonati in Notes Bot.Gard.Edinb. 1912=Pedicularis rupicola
Pedicularis szetschuanica Maxim.(Bonati inNotes.Bot.Gard.Edinb. 1911)= Pedicularis lineata
Pedicularis szetschuanica Maxim.(Mus.Bot.Berol. ex Kobusky in J.Arn. Arb.1933,p.p.)=Pedicularis kansuensis
Pedicularis szetschuanica Maxim.(Mus.Bot.Berol. ex Rehd. & Kobusky in J.Arn.Arb.1933,p.p.)=Pedicularis verticillata subsp. tangutica
Pedicularis szetschuanica Maxim.(Mus.Bot.Berol. ex Rehd. & Kubusky in J.Arn.Arb.1933,p.p.)=Pedicularis verticillata
Pedicularis szetschuanica Maxim.(p.p.)=Pedicularis angularis
Pedicularis szetschuanica Maxim.(p.p.)=Pedicularis metaszetschuanica
Pedicularis szetschuanica Maxim.(中国玄参科植物 1950,p.p.)=Pedicularis altifrontalis
Pedicularis szetschuanica Maxim.四川马先蒿

Pedicularis szetschuanica subsp. anastomosans Tsoong 网脉四川马先蒿
Pedicularis szetschuanica subsp. *angustifolia* (Bonati) Tsoong=Pedicularis szetschuanica subsp. anastomosans
Pedicularis szetschuanica subsp. latifolia Tsoong 宽叶四川马先蒿
Pedicularis szetschuanica subsp. *ovatifolia* Tsoong=Pedicularis szetschuanica subsp. latifolia
Pedicularis szetschuanica subsp. szetschuanica.=Pedicularis szetschuanica
Pedicularis szetschuanica subsp. *typica* var. *angulata* Tsoong=Pedicularis angularis
Pedicularis szetschuanica subsp. *typica* var. *dentigera* Tsoong=Pedicularis metaszetschuanica
Pedicularis szetschuanica var. *angustifolia* Bonati=Pedicularis szetschuanica
Pedicularis szetschuanica var. *elata* Bonati=Pedicularis holocalyx
Pedicularis szetschuanica var. *longispica Bonati*=Pedicularis kansuensis
Pedicularis szetschuanica var. *longispica* Bonati=Pedicularis verticillata
Pedicularis szetschuanica var. *longispicata* Bonati ex H.Limpr.=Pedicularis kansuensis
Pedicularis szetschuanica var. *ovatifolia* Li=Pedicularis triangularidens
Pedicularis szetschuanica var. *typica* Li (p.p.)=Pedicularis angularis
Pedicularis szetschuanica var. *typica* Li (p.p.)=Pedicularis szetschuanica
Pedicularis tachanensis Bonati 大山马先蒿
Pedicularis tahaiensis Bonati 大海马先蒿
Pedicularis takpoensis Tsoong 塔布马先蒿
Pedicularis taliensis Bonati 大理马先蒿
Pedicularis tangutica Bonati=Pedicularis verticillata subsp. tangutica
Pedicularis tantalorhyncha Franch.颤喙马先蒿
Pedicularis tapaoensis Tsoong 大鲍马先蒿
Pedicularis tatarinowii Maxim.塔氏马先蒿
Pedicularis tatsienensis Bur. & Franch.打箭马先蒿
Pedicularis tayloriana Tsoong 泰氏马先蒿
Pedicularis tenacifolia Tsoong 宿叶马先蒿
Pedicularis tenera Li 细茎马先蒿
Pedicularis tenuicalyx Tsoong(p.p.)=Pedicularis violascens
Pedicularis tenuicaulis Prain 纤茎马先蒿
Pedicularis tenuisecta Franch.纤裂马先蒿
Pedicularis tenuituba Li 狭管马先蒿
Pedicularis ternata Maxim.三叶马先蒿
Pedicularis thamnophila (Hand.-Mazz.) Li 灌丛马先蒿
Pedicularis thamnophila subsp. cupuliformis (Li) Tsoong 杯状灌丛马先蒿
Pedicularis thamnophila subsp. thamnophila=Pedicularis thamnophila
Pedicularis tibetica Franch.西藏马先蒿
Pedicularis tomentosa Li 绒毛马先蒿
Pedicularis tongolensis Franch.东俄洛马先蒿
Pedicularis tongtchouanensis Bonati=Pedicularis nigra
Pedicularis torta Maxim.扭旋马先蒿
Pedicularis transmorrisonensis Hay.台湾马先蒿
Pedicularis triangularidens Tsoong 三角齿马先蒿
Pedicularis triangularidens subsp. chyrsosplenioides Tsoong 猫眼草三角齿马先蒿
Pedicularis triangularidens subsp. triangularidens var. angustiloba Tsoong 狭裂三角齿马先蒿(新)
Pedicularis triangularidens subsp. triangularidens var. triangularidens=Pedicularis triangularidens
Pedicularis tribuloides Bontai=Pedicularis macrosiphon
Pedicularis trichocymba Li 毛舟马先蒿
Pedicularis trichoglossa HK.f.(Franch.in Nov.Arch.Mus.Hist.Nat.Paris 1886)=Pedicularis rhodotricha
Pedicularis trichoglossa HK.f.毛盔马先蒿
Pedicularis trichomata Li 须毛马先蒿
Pedicularis tricolor Hand.-Mazz.三色马先蒿
Pedicularis tricolor var. aequiretusa Tsoong 等凹三色马先蒿
Pedicularis tricolor var. tricolor=Pedicularis tricolor
Pedicularis trigonophylla Hand.-Mazz.=Pedicularis maxonii
Pedicularis tristiformis Bonati=Pedicularis dolichocymba
Pedicularis tristis L.阴郁马先蒿
Pedicularis tristis var. *macrantha* Maxim.=Pedicularis paiana
Pedicularis truchetii Bonati=Pedicularis lutescens
Pedicularis tsaii Li 蔡氏马先蒿
Pedicularis tsangchanensis Franch.苍山马先蒿
Pedicularis tsarungensis Li 察郎马先蒿
Pedicularis tsekouensis Bonati 茨口马先蒿
Pedicularis tsiangii Li 蒋氏马先蒿
Pedicularis tubiformis Klotz.=Pedicularis longiflora var. tubiformis
Pedicularis uliginosa Bge.水泽马先蒿
Pedicularis umbelliformis Li (分类学报 1955)=Pedicularis tenacifolia
Pedicularis umbelliformis Li 繖花马先蒿
Pedicularis urceolata Tsoong 坛萼马先蒿
Pedicularis vagans Hemsl.蔓生马先蒿
Pedicularis variegata Li 变色马先蒿
Pedicularis venusta Schangan 秀丽马先蒿
Pedicularis venusta Schrang.(Limpr.in Repert.Sp.Nov.1924,p.p.)=Pedicularis rubens
Pedicularis verbenaefolia Franch.马鞭草叶马先蒿
Pedicularis veronicifolia Franch.地黄叶马先蒿
Pedicularis versicolor Wahlenb.(Maxim.in Bull.Acad.St.Pétersb.1877, p.p.)=Pedicularis oederi subsp. oederi var. sinensis
Pedicularis versicolor Wahlenb.=Pedicularis oederi
Pedicularis versicolor var. *europaea* Maxim.=Pedicularis oederi
Pedicularis versicolor var. *rubra* Maxim.=Pedicularis oederi subsp. oederi var. oederi f. rubra
Pedicularis versicolor var. *sinensis* Maxim.=Pedicularis oederi subsp. oederi var. sinensis
Pedicularis verticillata L.(Franch.in Nouv.Arch.Mus.Hist.Nat.Paris 1888)= Pedicularis szetschuanica
Pedicularis verticillata L.(Maxim.in Bull.Acad.St.Pétersb.1877,p.p.)=Pedicularis verticillata subsp. tangutica
Pedicularis verticillata L.Bge.in Ledeb.,Fl.Alt.1830)=Pedicularis anthemifolia
Pedicularis verticillata L.轮叶马先蒿
Pedicularis verticillata subsp. latisecta (Hulten) Tsoong 宽裂轮叶马先蒿
Pedicularis verticillata subsp. tangutica (Bonati) Tsoong 唐古特轮叶马先蒿
Pedicularis verticillata subsp. verticillata=Pedicularis verticillat
Pedicularis verticillata var. *chinensis* Maxim.=Pedicularis kansuensis
Pedicularis verticillata var. *latisecta* Hulten=Pedicularis verticillata subsp. latisecta
Pedicularis verticillata var. *typica* L.=Pedicularis verticillata
Pedicularis vialii Franch.维氏马先蒿
Pedicularis villosula Franch. ex Forbes & Hemsl.=Pedicularis confertiflora
Pedicularis villosula var. *parvifolia* Hand.-Mazz.=Pedicularis confertiflora subsp. parvifolia
Pedicularis villosula var. *typica* Li=Pedicularis confertiflora
Pedicularis violascens Schrenk (Maxim.in Bull.Acad.St.Pétersb.1888, p.p.)= Pedicularis kansuensis subsp. kokonorica
Pedicularis violascens Schrenk 堇色马先蒿
Pedicularis wallichii Bge.瓦氏马先蒿
Pedicularis wangii Li=Pedicularis duclouxii
Pedicularis wardii Bonati 华氏马先蒿
Pedicularis weixiensis H.P.Yang 维西马先蒿
Pedicularis wilsonii Bonati 魏氏马先蒿
Pedicularis xanthantha Li=Pedicularis anas var. xanthantha
Pedicularis xiangchengensis H.P.Yang 乡城马先蒿
Pedicularis yanyuanensis H.P.Yang 盐源马先蒿
Pedicularis yargongensis Bonati=Pedicularis kansuensis subsp. yargongensis
Pedicularis yargongensis var. *longibracteata* Bonati=Pedicularis kansuensis subsp. yargongensis
Pedicularis yui Li 季川马先蒿
Pedicularis yui var. ciliata Tsoong 缘毛季川马先蒿
Pedicularis yui var. yui=Pedicularis yui
Pedicularis yunnanensis Franch.云南马先蒿
Pedicularis zayuensis H.P.Yang 察隅马先蒿
Pedicularis zhongidanensis H.P.Yang 中甸马先蒿
Pedilanthus Neck. ex Poit.**红雀珊瑚属**(大戟科)
Pedilanthus tithymaloides (L.) Poit.红雀珊瑚
Pedinogyne Brand=**Trigonotis**
Pedinogyne tibetica (Clarke) Brand=Trigonotis tibetica
Pegaeophyton Hayek & Hand.-Mazz.**单花荠属**(十字花科)
Pegaeophyton angustiseptatum Al-Shehbaz & al.窄隔单花荠

Pegaeophyton bhutanicum H.Hara=Pyconplinthopsis bhutanica
Pegaeophyton garhwalense H.J.Chowd. & S.Singh.=Pegaeophyton minutum
Pegaeophyton minutum Hara 小单花荠
Pegaeophyton nepalense Al-Shehbaz & al.尼泊尔单花荠
Pegaeophyton scapiflorum (HK.f. & Thoms.) Marq. & Shaw 无茎荠
Pegaeophyton scapiflorum (HK.f. & Thoms.) O.E.Schulz=Pegaeophyton scapiflorum
Pegaeophyton scapiflorum subsp. robustum (O.E.Schulz.) Al-Shehbaz 粗壮单花荠
Pegaeophyton scapiflorum subsp. scapiflorum=Pegaeophyton scapiflorum
Pegaeophyton scapiflorum var. *pilosicalyx* R.L.Guo & T.Y.Cheo=Pegaeophyton scapiflorum
Pegaeophyton scapiflorum var. *robustum* (O.E.Schulz.) R.L.Guo & T.Y. Cheo =Pegaeophyton scapiflorum subsp. robustum
Pegaeophyton scapiflorum var. scapiflorum=Pegaeophyton scapiflorum
Pegaeophyton sinense Hayek & Hand.-Mazz.=Pegaeophyton scapiflorum
Pegaeophyton sinense var. *robustum* O.E.Schulz=Pegaeophyton scapiflorum subsp. robustum
Pegaeophyton sinensis var. *stenophyllum* O.E.Schulz=Pegaeophyton scapiflorum
Peganum L.**骆驼蓬属**(蒺藜科)
Peganum dauricum L.=Haplophyllum dauricum
Peganum harmala L.骆驼蓬
Peganum harmala var. *multisecta* Maxim.=Peganum multisectum
Peganum multisectum (Maxim.) Bobr.多裂骆驼蓬
Peganum nigellastrum Bge.骆驼蒿
Pegia Colebr.**藤漆属**(漆树科)
Pegia bijuga Hand.-Mazz.=Pegia sarmentosa
Pegia nitida Colobr.藤漆
Pegia sarmentosa (Lecte.) Hand.-Mazz.利黄藤
Pelargonium L'Hér **天竺葵属**(牻牛儿苗科)
Pelargonium abrotanifolium Jacq.南方木天竺葵
Pelargonium acerifolium Ait.槭叶天竺葵
Pelargonium capitatum Ait.头状天竺葵
Pelargonium crispum Ait.皱波天竺葵
Pelargonium denticulatum Jacq.细齿天竺葵
Pelargonium domesticum Bailey 家天竺葵
Pelargonium echinatum Curtis 有刺天竺葵
Pelargonium ×fragrans Willd.香天竺葵
Pelargonium gibbosum Ait.有结天竺葵
Pelargonium glutinosum Ait.胶质天竺葵
Pelargonium graveolens L'Hér 香叶天竺葵
Pelargonium grossularioides Ait.茶藨子天竺葵
Pelargonium hortorum Bailey 天竺葵
Pelargonium peltatum (L.) Ait.盾叶天竺葵
Pelargonium quercifolium Ait.栎叶天竺葵
Pelargonium radens H.E.Moore 毛茛天竺葵
Pelargonium radula (Cav.) L'Hér 菊叶天竺葵
Pelargonium scabrum Ait.粗糙天竺葵
Pelargonium tetragonum Ait.四角天竺葵
Pelargonium tomentosum Jacq.绒毛天竺葵
Pelargonium vitifolium Ait.葡萄叶天竺葵
Pelargonium zonale Ait.马蹄纹天竺葵
Pelatantheria Ridl.**钻柱兰属**(兰科)
Pelatantheria bicuspidata (Rolfe ex Downie) T.Tang & F.T.Wang 尾丝钻柱兰
Pelatantheria cristata (Ridl.) Ridl.鸡冠钻柱兰
Pelatantheria ctenoglossum Ridl.锯尾钻柱兰
Pelatantheria insectifera (Rchb.f.) Ridl.(高等图鉴 1976)=Pelatantheria rivesii
Pelatantheria rivesii (Guillaum.) T.Tang & F.T.Wang 钻柱兰
Pelecyphora C.A.Ehrenb.**斧突球属**(仙人掌科)
Pelecyphora asseliformis C.A.Ehrenb.精巧球
Pelexia Poit ex Lindl.**肥根兰属**(兰科)
Pelexia obliqua (J.J.Sm.) Garay 肥根兰
Peliosanthes Andr.**球子草属**(百合科)
Peliosanthes arisanensis Hay.=Peliosanthes macrostegia
Peliosanthes delavayi Franch.=Peliosanthes macrostegia
Peliosanthes kaoi Ohwi 台东球子草
Peliosanthes macrophylla Wall. ex Baker?大叶球子草
Peliosanthes macrostegia Hance 大盖球子草
Peliosanthes mairei Lévl.=Maianthemum atropurpureum
Peliosanthes minor Yamamoto=Peliosanthes teta
Peliosanthes ophiopogonoides Wang & Tang 长苞球子草
Peliosanthes sinica Wang & Tang 匍匐球子草
Peliosanthes stenophylla Merr.=Ophiopogon stenophyllus
Peliosanthes tashiroi Hay.=Peliosanthes macrostegia
Peliosanthes teta Andr.簇花球子草
Peliosanthes tonkinensis Wang & Tang=Peliosanthes teta
Peliosanthes yunnanensis Wang & Tang 云南球子草
Pellacalyx Korth.**山红树属**(红树科)
Pellacalyx axillaris Korth.腋花山红树
Pellacalyx yunnanensis Hu 山红树
Pellaea Link **旱蕨属**(中国蕨科)
Pellaea andromedaefolia Fee 梫叶旱蕨
Pellaea atropurpurea (L.) Link.暗紫旱蕨
Pellaea brachyptera (Moore) Bak.短叶旱蕨
Pellaea bridgesii HK.心羽旱蕨
Pellaea calomelanos Link 三角羽旱蕨
Pellaea cambodiensis Bak.=Cheilosoria beiangeri
Pellaea concolor Bak.=Doryopteris concolor
Pellaea connectens C.Chr.四川旱蕨
Pellaea contracta Fée=Doryopteris concolor
Pellaea fauriei Christ=Histiopteris incisa
Pellaea flexuosa Link.曲折旱蕨
Pellaea glabra Mett. ex Kuhn 光旱蕨
Pellaea gracilis HK.=Cryptogramma stelleri
Pellaea hastata Prantl=Pellaea calomelanos
Pellaea henryi Christ=Pellaea nitidula
Pellaea ludens Prantl=Doryopteris ludens
Pellaea mairei Brause 滇西旱蕨
Pellaea mucronata (Eaton) DC.短尖旱蕨
Pellaea nitidula (HK.) Bak.(蕨类图说 1957)=Pellaea mairei
Pellaea nitidula (HK.) Bak.旱蕨
Pellaea nudiuscula HK.=Notholaena hirsuta
Pellaea ornithopus HK.鸟足旱蕨
Pellaea patula (Bak.) Ching 宜昌旱蕨
Pellaea paupercula (Christ) Ching 凤尾旱蕨
Pellaea pulchella Fee 美丽旱蕨
Pellaea smithii C.Chr 西南旱蕨
Pellaea squamosa Hope & C.H.Wright=Aleuritopteris squamosa
Pellaea stelleri Bak.=Cryptogramma stelleri
Pellaea stramine Ching 禾秆旱蕨
Pellaea stramine var. tibetica Ching 西藏旱蕨
Pellaea tamburii HK.=Aleuritopteris tamburii
Pellaea ternifolia Link.三叶旱蕨
Pellaea trichophylla (Bak.) Ching 毛旱蕨
Pellaea truncata Good.截形旱蕨
Pellaea wrightiana HK.莱氏旱蕨
Pellaea yunnanesis Ching 云南旱蕨
Pellionia Gaudich.**赤车属**(荨麻科)
Pellionia acutidentata W.T.Wang 尖齿赤车
Pellionia arisanensis Hay.=Pellionia radicans
Pellionia bodinieri Lévl.=Elatostema oblongifolium
Pellionia brachyceras W.T.Wang 短角赤车
Pellionia brevifolia Benth.短叶赤车
Pellionia caulialata S.Y.Liou 翅茎赤车
Pellionia cephaloidea W.T.Wang 头序赤车
Pellionia chikushiensis Yamamoto=Pellionia radicans
Pellionia crispulihirtella W.T.Wang 硬毛赤车
Pellionia daveauana N.E.Brown=Pellionia repens
Pellionia esquirolii Lévl.=Elatostema parvum
Pellionia funingensis W.T.Wang 富宁赤车
Pellionia griffithiana Wedd.=Pellionia heteroloba
Pellionia grijsii Hance 华南赤车
Pellionia heteroloba Wedd.异被赤车
Pellionia heteroloba var. heteroloba=Pellionia heteroloba
Pellionia heteroloba var. minor W.T.Wang 小异被赤车

Pellionia heyneana Wedd.全缘赤车
Pellionia incisoserrata (H.Schröter) W.T.Wang 羽脉赤车
Pellionia keitaoensis Yamamoto=Pellionia heteroloba
Pellionia leiocarpa W.T.Wang 光果赤车
Pellionia longgangensis W.T.Wang=Pellionia paucidentata
Pellionia longipedunculata W.T.Wang 长梗赤车
Pellionia macrophylla W.T.Wang 大叶赤车
Pellionia mairei Lévl.=Elatostema monandrum
Pellionia minima Makino 小赤车
Pellionia myrtillus Lévl.=Elatostema myrtillus
Pellionia paucidentata (H.Schröter) Chien 滇南赤车
Pellionia paucidentata var. hainanica Chien 海南赤车
Pellionia paucidentata var. paucidentata=Pellionia paucidentata
Pellionia radicans (S. & Z.) Wedd.赤车
Pellionia radicans f. grandis Gagn.长茎赤车
Pellionia radicans f. radicans=Pellionia radicans
Pellionia radicans var. *grandis* (Gagn.) W.T.Wang=Pellionia radicans f. grandis
Pellionia repens (Lour.) Merr.吐烟花
Pellionia retrohispida W.T.Wang 曲毛赤车
Pellionia scabra Benth.蔓赤车
Pellionia scabra subvar. *pedunculata* Yamamoto=Pellionia scabra
Pellionia subundulata W.T.Wang 波缘赤车
Pellionia subundulata var. angustifolia W.T.Wang 狭叶赤车
Pellionia subundulata var. subundulata=Pellionia subundulata
Pellionia trichosantha Gagn.=Elatostema pycnodontum
Pellionia trilobulata Hay.=Elatostema obtusum var. trilobulatum
Pellionia tsoongii (Merr.) Merr.长柄赤车
Pellionia viridis C.H.Wright 绿赤车
Pellionia viridis var. basinaequalis W.T.Wang 斜基绿赤车
Pellionia viridis var. viridis=Pellionia viridis
Pellionia yunnanensis (H.Schröter) W.T.Wang 云南赤车
Peltanthera solanacea Roth=Vallaris solanacea
Peltoboykinia (Engl.) Hara **涧边草属**(虎耳草科)
Peltoboykinia tellimoides (Maxim.) Hara 涧边草
Peltophorum (Vogel) Benth.**盾柱木属**(豆科)
Peltophorum dasyrrhachis var. *tonkinensis* (Pierre) K. & S.S.Larsen= Peltophorum tonkinense
Peltophorum ferrugineum Benth.=Peltophorum pterocarpum
Peltophorum inerme (Roxb.) Naves=Peltophorum pterocarpum
Peltophorum pterocarpum (DC.) Baker ex K.Heyne 盾柱木
Peltophorum pterocarpum Baker ex K.Heyne (豆科图说 1955,高等图鉴 1972)=Peltophorum tonkinense
Peltophorum tonkinense (Pierre) Gagn.银珠
Pemphis Forst.**水芫花属**(千屈菜科)
Pemphis acidula J.R. & Forst.水芫花
Penicillaria Willd.=**Pennisetum**
Penicillaria typhoides Schlecht.=Pennisetum americarum
Pennilabium J.J.Sm.**巾唇兰属**(兰科)
Pennilabium proboscideum A.S.Rao & Joserph 巾唇兰
Pennisetum Rich.**狼尾草属**(禾本科)
Pennisetum alopecuroides (L.) Spreng 狼尾草
Pennisetum alopecuroides Spreng.(Desv. ex Hamilt.in Prodr.Pl.Ind. 1825)= Pennisetum setosum
Pennisetum alpecuroides f. *purpurascens* (Thunb.) Owhi=Pennisetum alopecuroides
Pennisetum alpecuroides f. *viridescens* (Miq.) Ohwi=Pennisetum alopecuroides
Pennisetum americarum (L.) Leeke 御谷
Pennisetum benthamii Steud.=Pennisetum purpureum
Pennisetum centrasiaticum Tzvel.白草
Pennisetum centrasiaticum var. centrasiaticum=Pennisetum centrasiaticum
Pennisetum centrasiaticum var. lanpingense S.L.Chen & Y.X.Jin 兰坪狼尾草
Pennisetum chandestinum Hochst.西非狼尾草
Pennisetum cladestinum Hochst. ex Chiov.铺地狼尾草
Pennisetum compressum R.Br.=Pennisetum alopecuroides
Pennisetum crusgalli (L.) Baumg.=Echinochloa crusgalli
Pennisetum dispeculatum Chia=Pennisetum alopecuroides
Pennisetum erythrochaetum Ohwi=Pennisetum alopecuroides
Pennisetum flaccidum Griseb. ex Roshev.=Pennisetum centrasiaticum
Pennisetum flaccidum Griseb.(禾本科图说 1959,秦岭志 1976,高等图鉴 1976)=Pennisetum centrasiaticum
Pennisetum flexispica K.Schum=Pennisetum purpureum
Pennisetum glaucum (L.) R.Br.=Pennisetum americarum
Pennisetum hainansense H.R.Zhao & A.T.Liu=Pennisetum purpureum
Pennisetum incomptum Nees 劣狼尾草
Pennisetum italicum (L.) *R*.Br.=Setaria italica
Pennisetum lanatum Klotz.西藏狼尾草
Pennisetum longissimum S.L.Chen & Y.X.Jin 长序狼尾草
Pennisetum longissimum var. intermedium S.L.Chen & Y.X.Jin 中型狼尾草
Pennisetum longissimum var. longissimum=Pennisetum longissimum
Pennisetum macrostachyum Benth.=Pennisetum purpureum
Pennisetum mongolicum Franch.=Pennisetum centrasiaticum
Pennisetum nepalense Spreng.(Griseb.in Goett.Nachr.1868)=Pennisetum lanatum
Pennisetum nitens (Anderss.) Hack.=Pennisetum purpureum
Pennisetum orientale L.C.Rich 东方狼尾草
Pennisetum purpurascens (Thunb.) Makino=Pennisetum alopecuroides
Pennisetum purpurascens H.B.K.=Pennisetum setosum
Pennisetum purpurascens f. *chinense* (Nees) Leek=Pennisetum alopecuroides
Pennisetum purpureum Schum.象草
Pennisetum qianningense S.L.Zhong 乾宁狼尾草
Pennisetum quanxinense H.R.Zhao & A.T.Liu=Pennisetum longissimum var. intermedium
Pennisetum setosum (Swartz) Rich.牧地狼尾草
Pennisetum shaanxiense S.L.Chen & Y.X.Jin 陕西狼尾草
Pennisetum sichuanense S.L.Chen & Y.X.Jin 四川狼尾草
Pennisetum sinense Mez=Pennisetum centrasiaticum
Pennisetum typhoideum L.=Pennisetum americarum
Pennisetum verticillatum (L.) R.Br. ex Roem & Schult.=Setaria verticillata
Pennisetum verticillatum R.Br.=Setaria verticillata
Pennisetum villosum R.Br. ex Fresen.长柔毛狼尾草
Pennisetum viride (L.) R.Br.=Setaria viridis
Penstemon Schmidel.**钓钟柳属**(玄参科)
Penstemon barbatus Nutt.草本象牙红
Penstemon cordifolius Benth.心叶钓钟柳
Penstemon corymbosus Benth.伞房钓钟柳
Penstemon heterophyllus Lindl.异叶钓钟柳
Penstemon lemmoni Gray.莱蒙钓钟柳
Penstemon menziesii HK.门氏钓钟柳
Penstemon scouleri Dougl.斯库勒钓钟柳
Pentace esquirolii Lévl.=Burretiodendron esquirolii
Pentace tonkinensis A.Chev.=Excentrodendron tonkinense
Pentaclethra Benth.**五桤木属**(豆科)
Pentacoelium S. & Z.= **Myoporum**
Pentacoelium bontioides S. & Z.= Myoporum bontioides
Pentadesma Sabine **猪油果属**(藤黄科)
Pentadesma butyracea Sabine 猪油果
Pentaloba Lour.=**Rinorea**
Pentaloba sessilis Lour.=Rinorea sessilis
Pentanema Cass.**苇谷草属**(菊科)
Pentanema cernuum (Dalz. & Gibs.) Ling 垂头苇谷草
Pentanema divaricatum Cass.两歧苇谷草
Pentanema indicum (L.) Ling 苇谷草
Pentanema indicum var. hypoleucum (Hand.-Mazz.) Ling 白背苇谷草(新)
Pentanema indicum var. indicum=Pentanema indicum
Pentanema rabiatum Boiss.=Pentanema vestitum
Pentanema vestitum (Wall.) Ling 毛苇谷草
Pentanura khasiana Kurz=Stelmacrypton khasianum
Pentapanax Seem.**五叶参属**(五加科)
Pentapanax castanopsisicola Hay.台湾五叶参
Pentapanax forrestii W.W.Sm.=Pentapanax leschenaultii var. forrestii
Pentapanax henryi Harms 锈毛五叶参
Pentapanax henryi var. fagnii Hoo 小果五叶参
Pentapanax henryi var. *larium* Hand.-Mazz.=Pentapanax henryi
Pentapanax henryi var. tomentosus Hoo 毛叶锈毛五叶参

Pentapanax henryi var. wangshanensis Cheng 黄山锈毛五叶参
Pentapanax lanceolatus Hoo 披针五叶参
Pentapanax larium Hand.-Mazz.=Pentapanax henryi
Pentapanax leschenaultii (Wight & Arn.) Seem.五叶参
Pentapanax leschenaultii var. forrestii (W.W.Sm.) Li 全缘五叶参
Pentapanax parasiticus (D.Don) Seem.寄生五叶参
Pentapanax parasiticus var. khasianus C.B.Clarke 毛梗寄生五叶参
Pentapanax racemosus Seem.总序五叶参
Pentapanax subcordatus (Wall.) Seem.心叶五叶参
Pentapanax truncicolus Hand.-Mazz.=Pentapanax leschenaultii var. forrestii
Pentapanax verticillatus Dunn 轮伞五叶参
Pentapanax yunnanensis Franch.云南五叶参
Pentaperygium interdictum Hand.-Mazz.=Agapetes interdicta
Pentaperygium interdictum var. *stenolobum* W.E.Evans=Agapetes interdicta var. stenoloba
Pentapetes L.**午时花属**(梧桐科)
Pentapetes phoenicea L.午时花
Pentaphragma Wall. ex G.Don **五膜草属**(桔梗科)
Pentaphragma corniculatum Chun & F.Chun=Pentaphragma spicatum
Pentaphragma sinense Hemsl. & Wils.(高等图鉴 1975 ,p.p.)=Pentaphragma spicatum
Pentaphragma sinense Hemsl. & Wils.五膜草
Pentaphragma spicatum Merr.直序五膜草
Pentaphylax Gaedn. & Champ.**五列木属**(五列木科)
Pentaphylax arborea Ridl.=Pentaphylax euryoides
Pentaphylax euryoides Gaedn. & Champ.五列木
Pentaphylax malayana Ridl.=Pentaphylax euryoides
Pentaphylax racemosa Merr. & Chun=Pentaphylax euryoides
Pentaphylax spicata Merr.=Pentaphylax euryoides
Pentaphyllacaceae 五列木科
Pentaphylloides Duhamei=**Potentilla**
Pentaphylloides fruticosa (L.) O.Schwarz.=Potentilla fruticosa
Pentaphyllon lupinaster Pers.=Trifolium lupinaster
Pentaptera Roxb.(p.p.)=**Terminalia**
Pentaptera saja Buch.-Ham.=Terminalia myriocarpa
Pentapterygium Klotzsch=**Agapetes**
Pentapterygium flavum HK.f.=Agapetes flava
Pentapterygium listeri Kign ex C.B.Clarke=Agapetes listeri
Pentapterygium rugosum (HK.f. & Thoms. ex HK.) HK.f.=Agapetes incurvata
Pentapterygium serpens (Wight) Kotzsch=Agapetes serpens
Pentapyxis stipulata (HK.f. & Thoms.) HK.f. ex C.B.Clarke=Leycesteria stipulata
Pentarhaphia Lindl **五针苣苔属**(苦苣苔科)
Pentarhizidium Hay.=**Matteuccia**
Pentarhizidium intermedium Hay.=Matteuccia intermedia
Pentarhizidium japonicum Hay.=Matteuccia orientalis
Pentarhizidium orientale Hay.=Matteuccia orientalis
Pentarhizidium orientalis var. *incisum* Tagawa=Matteuccia orientalis
Pentas Benth.**五星花属**(茜草科)
Pentas carnea Benth.=Pentas lanceolata
Pentas lanceolata (Forsk.) K.Schum.五星花
Pentasachme G.Don=**Pentasacme**
Pentasachme brachyantha Hand.-Mazz.Cynanchum stauntonii
Pentasachme caudatum sensu Merr.=Pentasacme caudatum
Pentasachme championii Benth.=Pentasacme caudatum
Pentasachme esquirolii Lévl.=Heterostemma esquirolii
Pentasachme glaucescens Decne.=Cynanchum glaucescens
Pentasachme stauntonii Decne.=Cynanchum stauntonii
Pentasacme Wall. ex Wight **石萝藦属**(萝藦科)
Pentasacme brachyantha Hand.-Mazz.Cynanchum stauntonii
Pentasacme caudatum Wall. ex Wight 石萝藦
Pentasacme championii Benth.=Pentasacme caudatum
Pentasacme stauntonii Decne.=Cynanchum stauntonii
Pentastelma Tsiang & P.T.Li **白水藤属**(萝藦科)
Pentastelma auritum Tsiang & P.T.Li 白水藤
Pentathymelaea Lecomte=**Daphne**
Pentathymelaea thibetensis Lecomte=Daphne holosericea var. thibetensis
Pentatropis officinalis Hemsl.=Cynanchum officinale
Penthea Lindl.**潘西亚兰属**(兰科)
Penthea filicornis (L.) Lindl.潘西亚兰
Penthorum Gronvo. ex L.**扯根菜属**(虎耳草科)
Penthorum chinense Pursh 扯根菜
Penthorum humile Rege & Maack=Penthorum chinense
Penthorum intermedium Turcz.=Penthorum chinense
Penthorum sedoides L.(Forb. & Hemsl.in J.L.Soc.Bot.1887)=Penthorum chinense
Penthorum sedoides subsp. *chinense* (Pursh) S.Y.Li & K.T.Adair=Penthorum chinense
Penthorum sedoides var. *chinense* (Pursh) Maxim.=Penthorum chinense
Peperomia Ruiz & Pavon **草胡椒属**(胡椒科)
Peperomia arabica var. *floribunda* Miq.=Peperomia blanda
Peperomia argyreia E.Moore 西瓜皮豆瓣绿
Peperomia argyroneura Hort.银线豆瓣绿
Peperomia blanda (Jacq.) Kunth.石蝉草
Peperomia blanda var. *floribunda* (Miq.) Hüber=Peperomia blanda
Peperomia cavaleriei C.DC.硬毛草胡椒
Peperomia dindygulensis Miq.=Peperomia blanda
Peperomia duclouxii A.DC.=Peperomia heyneana
Peperomia esqurolii Lévl.=Peperomia blanda
Peperomia fauriei A.DC.=Peperomia blanda
Peperomia formosana A.DC.=Peperomia blanda
Peperomia harmandii Merr.=Peperomia blanda
Peperomia heyneana Miq.蒙自草胡椒
Peperomia japonica Makino=Peperomia blanda
Peperomia kotoensis Yamamoto=Peperomia rubrivenosa
Peperomia laticaulis A.DC.=Peperomia blanda
Peperomia leptostachya HK. & Arn.=Peperomia blanda
Peperomia leptostachya f. *cambodiana* A.DC.=Peperomia blanda
Peperomia leptostachya var. *cambodiana* (A.DC.) Merr.=Peperomia blanda
Peperomia maculosa (L.) HK.斑叶豆瓣绿
Peperomia nakaharai Hay.山草椒
Peperomia obtusifolia A.Dietr.卵叶豆瓣绿
Peperomia pellucida (L.) Kunth 草胡椒
Peperomia reflexa (L.f.) A.Dietr.=Peperomia tetraphylla
Peperomia reflexa f. *sinensis* A.DC.=Peperomia tetraphylla
Peperomia reflexa var. *parvifolia* sensu Lévl.=Peperomia tetraphylla
Peperomia sandersi C.DC.善氏豆瓣绿(新)
Peperomia tetraphylla (G.Forst.) HK. & Arn.豆瓣绿
Peperomia tetraphylla var. *sinense* (A.DC.) P.S.Chen & P.C.Zhu=Peperomia tetraphylla
Peperomia tetraphylla var. tetraphylla=Peperomia tetraphylla
Peplis L.**荸艾属**(千屈菜科)
Peplis alternifolia Marsch.荸艾
Peplis indica Willd.=Rotala indica
Peracarpa HK.f. & Thoms.**袋果草属**(桔梗科)
Peracarpa carnosa (Wall.) HK.f. & Thoms.袋果草
Peracarpa carnosa var. *circaeoides* (Fr.Schmidt) Makino=Peracarpa carnosa
Peracarpa circaeoides (Fr.Schmidt) Feer=Peracarpa carnosa
Peracarpa luzonica Rolfe=Peracarpa carnosa
Peranema D.Don **柄盖蕨属**(球盖蕨科)
Peranema aspidioides Mett=Diacalpe aspidioides
Peranema cyatheoides sensu DeVol & C.M.Kuo=Peranema cyatheoides var. luzonicum
Peranema cyatheoides Don 柄盖蕨
Peranema cyatheoides var. cyatheoides=Peranema cyatheoides
Peranema cyatheoides var. luzonicum (Cop.) Ching & S.H.Wu 东亚柄盖蕨
Peranema formosanum Hay.=Peranema cyatheoides var. luzonicum
Peranema luzonicum Cop.=Peranema cyatheoides var. luzonicum
Peranemaceae 球盖蕨科
Perantha Craib=**Oreocharis**
Perantha aurantiaca (Franch.) Pelleg.=Oreocharis aurantiaca
Perantha cordatula Criab=Oreocharis cordatula
Perantha forrestii Craib=Oreocharis aurantiaca
Perantha minor Craib=Oreocharis minor
Percepier Moench.=**Alchemilla**
Perdicium tomentosum Thunb.=Gerbera anandria
Perdicium triflorum Buch.-Ham. ex D.Don=Ainsliaea latifolia
Pereskia Mill.**木麒麟属**(仙人掌科)
Pereskia aculeata Mill.木麒麟
Pereskia pereskia (L.) Karsten=Pereskia aculeata

Pergularia divaricata Lour.=Strophanthus divaricatus
Pergularia filipes Schltr.=Telosma procumbens
Pergularia japonica Thunb.=Metaplexis japonica
Pergularia minor Andr.=Telosma cordata
Pergularia odoratissima Sm.=Telosma cordata
Pergularia pallida Wight & Arn.=Telosma pallida
Pergularia procumbens Blanco=Telosma procumbens
Pergularia sinensis Lour.=Cryptolepis sinensis
Periandra caespitosa Camb.=Thylacospermum caespitosum
Periballanthus involucratus Franch. & Sav.=Polygonatum involucratum
Pericallis D.Don **爪叶菊属**(菊科)
Pericallis hybrida B.Nord.爪叶菊
Pericampylus Miers **细圆藤属**(防已科)
Pericampylus formosanus Diels=Pericampylus glaucus
Pericampylus glaucus (Lam.) Merr.细圆藤
Pericampylus incannus (Colebr.) HK.f. & Thoms.=Pericampylus glaucus
Pericampylus omeienensis Lien=Pericampylus glaucus
Pericampylus trinervatus Yamamoto=Pericampylus glaucus
Periclymenum sempervirens (L.) Mill.=Lonicera sempervirens
Perideridia neurophylla (maxim.) chuang & Constance=Pterygopleurum neurophyllum
Perilepta Bremek.**耳叶马蓝属**(爵床科)
Perilepta auriculata (Nees) Bremek.耳叶马蓝
Perilepta dyeriana (Mast.) Bremek.红背耳叶马蓝
Perilepta edgeworthiana (Nees) Bremek.墨江耳叶马蓝
Perilepta ferruginea (D.Fang & H.S.Lo) C.Y.Wu & C.C.Hu 锈背耳叶马蓝
Perilepta longgangensis (D.Fang & H.S.Lo) C.Y.Wu & C.C.Hu 荞岗耳叶马蓝
Perilepta longzhouensis (H.S.Lo & D.Fang) C.Y.Wu & C.C.Hu 龙州耳叶马蓝
Perilepta refracta (D.Fang ,Y.G.Wei & J.Murata) C.Y.Wu & C.C.Hu 折苞耳叶马蓝
Perilepta retusa (D.Fang) C.Y.Wu & C.C.Hu 凹苞耳叶马蓝
Perilepta siamensis (C.B.Clarke) Bremek.泰国耳叶马蓝
Perilla L.**紫苏属**(唇形科)
Perilla albiflora Odashima=Perilla frutescens var. purpurascens
Perilla arguta Benth.=Perilla frutescens var. crispa
Perilla avium Dunn=Perilla frutescens
Perilla cavaleriei Lévl.=Perilla frutescens var. purpurascens
Perilla crispa Tanaka=Perilla frutescens var. crispa
Perilla elata D.Don=Elsholtzia blanda
Perilla frutescens (L.) Britt.紫苏
Perilla frutescens var. *acuta* (Thunb.) Kudô=Perilla frutescens var. purpurascens
Perilla frutescens var. *arguta* (Benth.) Hand.-Mazz.=Perilla frutescens var. crispa
Perilla frutescens var. *auriculatodentata* C.Y.Wu & Hsuan ex H.W.Li=Elsholtzia hunnanensis
Perilla frutescens var. crispa (Thunb.) Hand.-Mazz.回回苏
Perilla frutescens var. *crispa* Deane ex Bailey=Perilla frutescens var. crispa
Perilla frutescens var. *crispa* f. *crispa* Makino=Perilla frutescens var. crispa
Perilla frutescens var. frutescens=Perilla frutescens
Perilla frutescens var. *nankinensis* Britt.=Perilla frutescens var. crispa
Perilla frutescens var. purpurascens (Hay.) H.W.Li 野生紫苏
Perilla frutescens var. *typica* Makino=Perilla frutescens
Perilla fruticosa D.Don=Elsholtzia fruticosa
Perilla heteromorpha Carr.=Perilla frutescens var. purpurascens
Perilla lanceolata Benth.=Mosla scabra
Perilla leptostachya D.Don=Elsholtzia stachyodes
Perilla macrostachys Benth.=Perilla frutescens
Perilla nankinensis Decne.=Perilla frutescens var. crispa
Perilla ocymoides L.(Matsum & Hay.,Enum.Pl.Formos.in J.Col.Sci.Univ. Tokyo 1909)=Perilla frutescens var. purpurascens
Perilla ocymoides L.=Perilla frutescens
Perilla ocymoides var. *crispa* Benth.=Perilla frutescens var. crispa
Perilla ocymoides var. *purpurascens* Hay.=Perilla frutescens var. purpurascens
Perilla polystachya D.Don=Elsholtzia ciliata
Perilla schimadae Kudô =Perilla frutescens var. purpurascens
Perilla urticaefolia Salisb.=Perilla frutescens
Periploca L.**杠柳属**(萝藦科)
Periploca alboflavescens Denns.=Parsonsia alboflavescens
Periploca arborea Denns.=Wrightia arborea
Periploca astacus Lévl.=Trachelospermum axillare
Periploca calophylla (Wight) Falc.青蛇藤
Periploca calophylla subsp. *floribunda* (Tsiang) Brow.=Periploca floribunda
Periploca calophylla subsp. *forrestii* (Schlech.) Brow.=Periploca forrestii
Periploca calophylla var. calophylla=Periploca calophylla
Periploca calophylla var. mucronata P.T.Li 凸尖叶青蛇藤
Periploca chinensis Spreng.=Cryptolepis sinensis
Periploca cochinchinensis Lour.=Calotropis gigantea
Periploca divaricata Spreng.=Strophanthus divaricatus
Periploca esculenta L.f.=Oxystelma esculentum
Periploca floribunda Tsiang 多花青蛇藤
Periploca forrestii Schltr.黑龙骨
Periploca khasiana Benth.=Stelmacrypton khasianum
Periploca sepium Bge.杠柳
Periploca sinensis Steud.=Cryptolepis sinensis
Periploca sylvestris Retz.=Gymnema sylvestre
Periploca sylvestris Willd.=Gymnema sylvestre
Periploca tsangii D.Fang & H.Z.Ling 大花杠柳
Peripterygium Hassk.**心翼果属**(茶茱萸科)
Peripterygium platycarpum (Gagn.) Sleum.大心翼果
Peripterygium quinquelobum Hassk.心翼果
Peristeria HK.**鸽兰属**(兰科)
Peristeria cerina Lindl.蜡色鸽兰
Peristeria elata HK.高鸽兰
Peristeria pendula HK.下垂鸽兰
Peristrophe Nees **观音草属**(爵床科)
Peristrophe baphica (Spreng) Bremek.观音草
Peristrophe bicalyculata (Retz.) Nees 双萼观音草
Peristrophe bivalvis (L.) Merr.= Peristrophe baphica
Peristrophe chinensis Nees= Peristrophe japonica
Peristrophe cummingiana Nees= Hypoestes cumingiana
Peristrophe fera C.B.Clarke 野山蓝
Peristrophe fera var. fera= Peristrophe fera
Peristrophe fera var. intermedia C.B.Clarke 大叶观音草
Peristrophe floribunda (Hemsl.) C.Y.Wu & H.S.Lo 海南山蓝
Peristrophe guanxiensis H.S.Lo & D.Fang 广西山蓝
Peristrophe jalappaefolia Nees ex C.B.Clarke= Peristrophe fera var. intermedia
Peristrophe japonica (Thunb.) Bremek.九头狮子草
Peristrophe lanceolaria (Roxb.) Nees 五指山蓝
Peristrophe montana Nees 岩观音草
Peristrophe purpurea (L.) Hochr.= Hypoestes purpurea
Peristrophe roxburghiana (Schult.) Bremek.= Peristrophe baphica
Peristrophe strigosa C.Y.Wu & H.S.Lo 糙叶山蓝
Peristrophe tianmuensis H.S.Lo 天目山蓝
Peristrophe tinctoria (Roxb.) Nees= Peristrophe baphica
Peristrophe yunnanensis W.W.Sm.滇观音草
Peristylus Bl.**阔蕊兰属**(兰科)
Peristylus affinis (D.Don) Seidenf 小花阔蕊兰
Peristylus bulleyi (Rolfe) K.Y.Lang 条叶阔蕊兰
Peristylus calcaratus (Rolfe) S.Y.Hu 长须阔蕊兰
Peristylus chloranthus Lindl.=Peristylus lacertiferus
Peristylus coeloceras Finet 凸孔阔蕊兰
Peristylus constrictus (Lindl.) Lindl.大花阔蕊兰
Peristylus densus (Lindl.) Santap 狭穗阔蕊兰
Peristylus ecalcaratus Finet (分类学报 1951)=Herminium latifolia
Peristylus ecalcaratus Finet=Herminium ecalcaratum
Peristylus elisabethae (Duthie) Gupta 西藏阔蕊兰
Peristylus fallax Lindl.盘腺阔蕊兰
Peristylus flagellifer (Makino) Ohwi 鞭须阔蕊兰
Peristylus flagellifer var. *acutifolius* (Hay.) Hatusima=Peristylus formosanus
Peristylus forceps Finet 一掌参
Peristylus formosanus (Schltr.) T.P.Lin 台湾阔蕊兰
Peristylus forrestii (Schltr.) K.Y.Lang 条唇阔蕊兰
Peristylus goodyeroides (D.Don) Lindl.阔蕊兰
Peristylus goodyeroides "floribus minoribus" Lindl.=Peristylus affinis

Peristylus goodyeroides var. *affinis* (King & Pantl.) Cooke=Peristylus affinis
Peristylus gracillimus f. *lankongensis* Finet=Peristylus bulleyi
Peristylus humidicolus K.Y.Lang & D.S.Deng 湿生阔蕊兰
Peristylus jinchuanicus K.Y.Lang 金川阔蕊兰
Peristylus lacertiferus (Lindl.) J.J.Sm 撕唇阔蕊兰
Peristylus lacertiferus var. *formosanus* (Makino & Hay.) S.S.Ying=Peristylus formosanus
Peristylus longiracemus (Fukuyama) K.Y.Lang 长穗阔蕊兰
Peristylus mannii (Rolfe) Makerjee 纤茎阔蕊兰
Peristylus monanthus Finet=Amitostigma monanthum
Peristylus monophyllus (Coll & Hems(L.) Kraenzl.=Orchis monophylla
Peristylus neotineoides (Ames & Schltr.) K.Y.Lang 川西阔蕊兰
Peristylus parishii Rchb.f.滇桂阔蕊兰
Peristylus sampsoni Hance=Peristylus affinis
Peristylus secundiflorus (HK.f.) Kraenzl.=Neottianthe secundiflora
Peristylus sphaerocentron T.Tang & F.T.Wang=Peristylus goodyeroides
Peristylus spiranthes (Schauer) S.Y.Hu=Peristylus lacertiferus
Peristylus spiranthes var. *taipoensis* S.Y.Hu & Barretto=Peristylus lacertiferus
Peristylus stenostachyus (Lindl. ex Benth.) Kraenzl.=Peristylus densus
Peristylus steudneri (Rchb.f.) Rolfe 斯氏阔蕊兰
Peristylus tangianus S.Y.Hu=Herminium latifolia
Peristylus tentaculatus (Lindl.) J.J.Sm 触须阔蕊兰
Peristylus tetralobus Finet=Amitostigma tetralobum
Peristylus tetralobus f. *basifoliatus* Finet=Amitostigma basifoliatum
Peristylus tetralobus f. *parceflorus* Finet=Amitostigma parceflorum
Peristylus tetralobus var. *typicus* Finet=Amitostigma tetralobum
Peristylus viridis (L.) Lindl.=Coeloglossum viride
Pernettya Gaud.-Beaup.**南鹃属**(杜鹃花科)
Pernettya macrostigma Colenso.大柱头白珠
Pernettya mucronata (L.f.) Gaud.-Beaup.锐尖南鹃
Pernettya nana Colenso.匍状南鹃
Pernettya prostrata (Cav.) Sleum.平卧南鹃
Pernettya pumila (L.f.) HK.矮小南鹃
Perotis Ait.**茅根属**(禾本科)
Perotis glabrata Steud.=Perotis hordeiformis
Perotis hordeiformis Nees ex HK. & Arn.麦穗茅根
Perotis indica (L.) Ktze.(禾本科图说 1959,海南志 1977,p.p.)=Perotis macrantha
Perotis indica (L.) Kuntze 茅根
Perotis latifolia Ait.=Perotis indica
Perotis macrantha Honda 大花茅根
Perotis polystachya Willd.=Pogonatherum paniceum
Perovskia Karel.**分药花属**(唇形科)
Perovskia abrotanoides Karel.分药花
Perovskia atriplicifolia Benth.滨藜叶分药花
Perovskia pamicrica C.Y.Yang & B.Wang=Perovskia atriplicifolia
Perowskia scrophulariaefolia Bge.(Ipavolini in Nouv.Giorn.Bot.Ital. 1908)=Nepeta fordii
Perrottetia H.B.K.**核子木属**(卫矛科)
Perrottetia arisanensis Hay.台湾核子木
Perrottetia macrocarpa C.Y.Cheng 大果核子木
Perrottetia quindiuensis H.B.K.金迪奥核子木
Perrottetia racemosa (Oliv.) Loes.核子木
Perrottetia racemosa var. *arisanensis* Hay.(新拉汉英 1996)= Perrottetia arisanensis Hay.
Perrottetia sympodialis Hu 合轴核子木
Persea Mill.**鳄梨属**(樟科)
Persea acuminatissima (Hay.) Kosterm.=Cinnamomum philippinense
Persea americana Mill.鳄梨
Persea arisanensis (Hay.) Kosterm.=Machilus thunbergii
Persea baviensis (Lec.) Kosterm.=Caryodaphnopsis baviensis
Persea bombycina (King ex HK.f.) Kosterm.=Machilus bombycina
Persea bonii (Lec.) Kosterm.=Machilus bonii
Persea bonii (Lec.) Kosterm.=Machilus dumicola
Persea bracteata (Lec.) Kosterm.=Machilus yunnanensis
Persea breviflora (Benth.) Pax=Machilus breviflora
Persea camphora Spreng.=Cinnamomum camphora
Persea cavaleriei (Lévl.) Kosterm.=Nothaphoebe cavaleriei
Persea chinensis (Champ. ex Benth.) Pax=Machilus chinensis
Persea decursinervis (Chun) Kosterm.=Machilus decursinervis
Persea dumicola (W.W.Sm.) Airy-Shaw=Machilus dumicola
Persea gracillima (Chun) Kosterm.=Machilus gracillima
Persea gratissima Gaertn.f.=Persea americana
Persea grijsii (Hance) Kosterm.=Machilus grijsii
Persea ichangensis (Rehd. & & Wils.) Kosterm.=Machilus ichangensis
Persea konishii (Hay.) Kosterm.=Nothaphoebe konishii
Persea kusanoi (Hay.) H.L.Li=Machilus kusanoi
Persea leptophylla (Hand.-Maaa.) Kosterm.=Machilus leptophylla
Persea liangkwangensis (Chun) Kosterm.=Machilus robusta
Persea longipecellata (Lec.) Kosterm.=Machilus longipedicellata
Persea microcarpa (Hemsl.) Kosterm.=Machilus microcarpa
Persea multinervia (Kiou) Kosterm.=Machilus multinervia
Persea nanmu Oliv.=Phoebe nanmu
Persea obovatifolia (Hay.) Kosterm.=Machilus obovatifolia
Persea oculodracontis (Chun) Kosterm.=Machilus oculodracontis
Persea oreophila (Hance) Kosterm.=Machilus oreophila
Persea pauhoi (Kan.) Kosterm.=Machilus pauhoi
Persea petiolaris (Meissn.) Debarman=Alseodaphne petiolaris
Persea philippinensis (Merr.) Elmer=Cinnamomum philippinense
Persea phoenicis (Dunn) Kosterm.=Machilus phoenicis
Persea pingii (Cheng ex Yang) Kosterm.=Machilus pingii
Persea platycarpa (Chun) Kosterm.=Machilus platycarpa
Persea pomifera Kosterm.=Machilus pomifera
Persea pseudolongifolia (Hay.) Kosterm.=Machilus zuihoeniss
Persea pyriformis Elmer=Caryodaphnopsis tonkinensis
Persea rehderi (Allen) Kosterm.=Machilus rehderi
Persea robusta (W.W.Sm.) Kosterm.=Machilus robusta
Persea salicina (Hance) Kosterm.=Machilus salicina
Persea shweliensis (W.W.Sm.) Kosterm.=Machilus shweliensis
Persea subgen. *Alseodaphne* (Nees) Benth.=**Alseodaphne**
Persea subgen. *Nothaphoebe* (Bl.) Benth.=**Nothaphoebe**
Persea thunbergii (S. & Z.) Kosterm.=Machilus thunbergii
Persea tonkinensis (Lec.) Kosterm.=Caryodaphnopsis tonkinensis
Persea velutina (Champ. ex Benth.) Kosterm.=Machilus velutina
Persea villosa (Roxb.) Kosterm.=Machilus villosa
Persea viridis (Hand.-Mazz.) Kosterm.=Machilus viridis
Persea wangchiana (Chun) Kosterm.=Machilus wangchiana
Persea yunnanensis (Lec.) Kosterm.=Machilus yunnanensis
Persea zuihoensis (Hay.) H.L.Li=Machilus zuihoeniss
Persica Mill.=**Amygdalus**
Persica davidiana Carr.=Amygdalus davidiana
Persica ferganensis (Kost. & Rjab.) Kov. & Kost.=Amygdalus ferganensis
Persica kansuensis (Rehd.) Kov. & Kost.=Amygdalus kansuensis
Persica mira (Koehne) Kov. & Kost.=Amygdalus mira
Persica platycarpa Decaisne=Amygdalus persica var. compressa
Persica potanini (Batal.) Kov. & Kost.=Amygdalus davidiana var. potanini
Persica simonii Decaisne=Prunus simonii
Persica tangutica Kov. & Kost.=Amygdalus tangutica
Persica vulgaris Mill.=Amygdalus persica
Persica vulgaris var. *compressa* Loud.=Amygdalus persica var. compressa
Persicaria aculis HK.f.=Polygonum hookeri
Persicaria amphibia S.F. Gray=Polygonum amphibium
Persicaria barbata (L.) Hara=Polygonum barbatum
Persicaria biconvexa (Hay.) Nemoto=Polygonum biconvexum
Persicaria bungeana (Turcz.) Nakai ex Mori=Polygonum bungeanum
Persicaria chinensis (L.) H.Gross=Polygonum chinense
Persicaria chinensis var. *ovalifolia* (Meisn.) Hara=Polygonum chinense var. ovalifolium
Persicaria chinensis var. *siamensis* Lévl.=Polygonum chinense
Persicaria dissitiflora (Hemsl.) H.Gross ex Mori=Polygonum dissitiflorum
Persicaria divaricata (L.) H.Gross=Polygonum divaricatum
Persicaria duclouxii (Lévl. & Vant.) H.Gross=Polygonum campanulatum var. fulvidum
Persicaria duclouxii var. *hypoleuca* Lévl.=Polygonum campanulatum var. fulvidum
Persicaria flaccida (Miesn.) Nakai ex Sasaki=Polygonum pubescens
Persicaria foliosa (H.Lindb.) Kitag.=Polygonum foliosum
Persicaria gentiliana Lévl.=Polygonum longisetum
Persicaria glacialis (Meisn.) Hara=Polygonum glaciale
Persicaria humilis (Meisn.) Hara=Polygonum humile
Persicaria hydropiper (L.) Spach=Polygonum hydropiper
Persicaria japonica (Meisn.) H.Gross ex Nakai=Polygonum japonicum

Persicaria jucunda (Meisn.) Migo=Polygonum jucundum
Persicaria lapathifolia (L.) S.F.Gray=Polygonum lapathifolium
Persicaria lapathifolia subsp. *lanata* (Roxb.) Sojak=Polygonum lapathifolium var. lanatum
Persicaria lapathifolia var. *lanata* (Roxb.) Hara=Polygonum lapathifolium var. lanatum
Persicaria maackiana (Rgl.) Nakai ex Mori=Polygonum maackianum
Persicaria makinoi Nakai=Polygonum viscoferum
Persicaria manshuricola Kitag.=Polygonum longisetum
Persicaria microcephala var. *wallichii* (Meisn.) Hara=Polygonum wallichii
Persicaria microcephalum (D.Don) H.Gross=Polygonum microcephalum
Persicaria muricata (Meisn.) Nemoto=Polygonum muricatum
Persicaria nepalensis (Meisn.) H.Gorss=Polygonum nepalense
Persicaria orientalis (L.) Spach=Polygonum orientale
Persicaria perfoliata (L.) H.Gross=Polygonum perfoliatum
Persicaria pinetorum (Hemsl.) H.Gross=Polygonum pinetorum
Persicaria polystachyum (Wall.) H.Gross=Polygonum polystachyum
Persicaria posumbu(Buch.-Ham. ex D.don) H.Gross=Polygonum posumbu
Persicaria praetermissum (HK.f.) Hara=Polygonum praetermissum
Persicaria pubescens (Bl.) Hara=Polygonum pubescens
Persicaria roseoviride var. *menshuricola* (Kitag) C.F. Fang=Polygonum longisetum
Persicaria roseoviridis Kitag.=Polygonum longisetum
Persicaria runcinata (Buch.-Ham. ex D.Don) H.Gross=Polygonum runcinatum
Persicaria schinzii J.Schuster=Polygonum hydropiper
Persicaria senticosa (Meisn.) H.Gross ex Nakai=Polygonum senticosum
Persicaria sibirica (Laxm.) H.Gross=Polygonum sibiricum
Persicaria sieboldii (Meisn.) Ohwi=Polygonum sieboldii
Persicaria sinica Migo=Polygonum thunbergii
Persicaria sphaerocephala (Wall. ex Meisn.) H.Gross=Polygonum microcephalum var. sphaerocephalum
Persicaria strigosa (R.Br.) Nakai=Polygonum strigosum
Persicaria sungareense Kitag.=Polygonum longisetum var. rotundatum
Persicaria taquetii (Lévl.) Koidz.=Polygonum taquetii
Persicaria tenella var. *kwangoeana* (Mak.) Hara=Polygonum tenellum var. micranthum
Persicaria thunbergii (S. & Z.) H.Gross=Polygonum thunbergii
Persicaria tinctorium (Ait.) Spach=Polygonum tinctorium
Persicaria trigonocarpa (Mak.) Nakai?三棱果蓼
Persicaria vaniotiana Lévl.=Polygonum lapathifolium
Persicaria viscofera (Mak.) H.Gross ex Nakai=Polygonum viscoferum
Persicaria viscosa (Buch.-Ham.) H.Gross ex Nakai=Polygonum viscosum
Persicaria vulgaris Webbv & Miq.=Polygonum persicaria
Persoonia Sm.**匹索尼亚属**(山龙眼科)
Persoonia toru A.Cunn.毛利披索尼亚
Pertocosmea peltata Merr. & Chun=Metapetrocosmea peltata
Pertusadina Ridsd.**槽裂木属**(茜草科)
Pertusadina hainanensi (How) Ridsd.海南槽裂木
Pertya Sch.-Bip.**帚菊属**(菊科)
Pertya angustifolia Y.C.Tseng 狭叶帚菊
Pertya berberidoides (Hand.-Mazz.) Y.C.Tseng 异叶帚菊
Pertya bodinieri Vant.昆明帚菊
Pertya bodinieri var. *berberidoides* Hand.-Mazz.=Pertya berberidoides
Pertya cordifolia Mattf.(Merr. & Metc.in Lignan Sci.J.1937)=Pertya desmocephala
Pertya cordifolia Mattf.(高等图鉴 1975)=Pertya henangensis
Pertya cordifolia Mattf.心叶帚菊
Pertya cordifolia var. *pubescens* Ling=Pertya pubescens
Pertya corymbosa Y.C.Tseng 疏花帚菊
Pertya desmocephala Diels 聚头帚菊
Pertya discolor Rehd.两色帚菊
Pertya discolor var. calvescens Ling 同色帚菊
Pertya discolor var. discolor=Pertya discolor
Pertya esquirolii Lévl.=Ainsliaea elegans
Pertya glabrescens Sch.-Bip.长花帚菊
Pertya glabrescens var. *viridis* Nakai=Pertya glabrescens
Pertya henanensis Y.C.Tseng 瓜叶帚菊
Pertya mattfeldii Bornm.阿富汗帚菊
Pertya monocephala W.W.Sm.单头帚菊
Pertya phylicoides J.F.Jeffr.针叶帚菊
Pertya pubescens Ling 腺叶帚菊
Pertya pungens Y.C.Tseng 尖苞帚菊
Pertya sacndens var. *schultziana* Franch.=Pertya glabrescens
Pertya scandens Sch.-Bip.(Maxim.in Bull.Acad.Imp.Sci.St.Petersb. 1871)= Pertya glabrescens
Pertya scandens var. *shimozawai* (Masam.) Kitam.=Pertya shimozawai
Pertya shimozawai Masam.台湾帚菊
Pertya sinensis Oliv.华帚菊
Pertya tsoongiana Ling 巫山帚菊
Pertya uniflora (Maxim.) Mattf.单花帚菊
Perularia Lindl.=**Tulotis**
Perularia fuscescens (L.) Lindl.=Tulotis fuscescens
Perularia shensiana (Kranez(L.) Schltr.=Tulotis ussuriensis
Perularia souliei (Kraenzl.) Schltr.=Tulotis fuscescens
Perularia ussuriensis (Maxim.) Schltr.=Tulotis ussuriensis
Perularia whangshanensis S.S.Chien=Platanthera tipuloides
Pervinca rosea (L.) Moench=Catharanthus roseus
Pestalozzia laxa (Wall.) Thw.=Gynostemma laxum
Pestalozzia pedata (Bl.) Zoll. & Mor.=Gynostemma pentaphyllum
Petasites Mill.**蜂斗菜属**(菊科)
Petasites albus A.Gray=Petasites japonicus
Petasites formosanus Kitam.台湾蜂斗菜
Petasites fragrans (Vill.) C.Presl.香蜂斗菜
Petasites himailacus Kitam.=Petasites tricholobus
Petasites hybrida (L.) Gaertn.欧蜂斗菜
Petasites japonicus (S. & Z.) Maxim.蜂斗菜
Petasites liukiuensis Kitam.=Petasites japonicus
Petasites mairei Lévl.=Petasites tricholobus
Petasites palmatus A.Gray(Kom.in Acta.Hort.Petrop.1907)=Petasites Tatewakianus
Petasites palmatus A.Gray=Petasites tatewakianus
Petasites petelotii (Merr.) Kitam.=Petasites tricholobus
Petasites rubellus (J.F.Gemel.) Toman 长白蜂斗菜
Petasites saxatilis (Turcz.) Kom.=Petasites rubellus
Petasites spurius Miq.=Petasites japonicus
Petasites tatewakianus Kitam.掌叶蜂斗菜
Petasites tricholobus Franch.(Hay.in J.Coll.Sci.Univ.Tokyo 1908)= Petasites formosanus
Petasites tricholobus Franch.毛裂蜂斗菜
Petasites vanioti Lévl.=Petasites tricholobus
Petasites versipilus Hand.-Mazz.盐源蜂斗菜
Petitmenginia Bonati **钟山草属**(玄参科)
Petitmenginia comosa Bonati 滇毛冠四蕊草
Petitmenginia matsumurae Yamaz.钟山草
Petrea L.**蓝花藤属**(马鞭草科)
Petrea volubilis L.蓝花藤
Petrocodon Hance **石山苣苔属**(苦苣苔科)
Petrocodon dealbatus Hance 石山苣苔
Petrocodon dealbatus var. dealbatus=Petrocodon dealbatus
Petrocodon dealbatus var. denticulatus (W.T.Wang) W.T.Wang 齿缘石山苣苔
Petrocodon denticulatus W.T.Wang=Petrocodon dealbatus var. denticulatus
Petrocodon longistylus Kraenzl=Petrocodon dealbatus
Petrocoptis A.Br.**岩剪秋罗属**(石竹科)
Petrocoptis lagascae Willk.岩剪秋罗
Petrocoptis pyrenaica (Berger) A.Br.南欧岩剪秋罗
Petrocosmea Oliv.**石蝴蝶属**(苦苣苔科)
Petrocosmea barbata Craib 髯毛石蝴蝶
Petrocosmea begoniifolia C.Y.Wu ex H.W.Li 秋海棠叶石蝴蝶
Petrocosmea cavaleriei Lévl.=Petrocosmea martinii
Petrocosmea cavaleriei Lévl.贵州石蝴蝶
Petrocosmea coerulea C.Y.Wu ex W.T.Wang 蓝石蝴蝶
Petrocosmea confluens W.T.Wang 汇药石蝴蝶
Petrocosmea duclouxii Craib 石蝴蝶
Petrocosmea flaccida Craib 萎软石蝴蝶
Petrocosmea forrestii Craib 大理石蝴蝶
Petrocosmea grandiflora Hemsl.大花石蝴蝶
Petrocosmea grandifolia W.T.Wang 大叶石蝴蝶
Petrocosmea henryi Craib=Petrocosmea minor
Petrocosmea iodioides Hemsl.蒙自石蝴蝶

Petrocosmea kerrii Craib 滇泰石蝴蝶
Petrocosmea kerrii var. crinita W.T.Wang 绵毛石蝴蝶
Petrocosmea kerrii var. kerrii=Petrocosmea kerrii
Petrocosmea latisepala W.T.Wang=Petrocosmea oblata var. latisepala
Petrocosmea longipedicellata W.T.Wang 长梗石蝴蝶
Petrocosmea mairei Lévl.东川石蝴蝶
Petrocosmea mairei var. intraglabra W.T.Wang 会东石蝴蝶
Petrocosmea mairei var. mairei=Petrocosmea mairei
Petrocosmea martinii (Lévl.) Lévl.滇黔石蝴蝶
Petrocosmea martinii var. leiandra W.T.Wang 光蕊石蝴蝶
Petrocosmea martinii var. martinii=Petrocosmea martinii
Petrocosmea menglianensis H.W.Li 孟连石蝴蝶
Petrocosmea minor Hemsl.小石蝴蝶
Petrocosmea nervosa Craib 显脉石蝴蝶
Petrocosmea oblata Craib(H.W.Li in Bull.Bot.Res.1983)=Petrocosmea oblata var. latisepala
Petrocosmea oblata Craib 扁圆石蝴蝶
Petrocosmea oblata var. latisepala (W.T.Wang) W.T.Wang 宽萼石蝴蝶
Petrocosmea oblata var. oblata=Petrocosmea oblata
Petrocosmea parryorum C.E.C.Fisch.(H.W.Li in Bull.Bot.Res.1983)= Petrocosmea coerulea
Petrocosmea parryorum C.E.Fisch.巴瑞石蝴蝶
Petrocosmea peltata Merr. & W.Y.Chun=Metapetrocosmea peltata
Petrocosmea qinlingensis W.T.Wang 秦岭石蝴蝶
Petrocosmea rosettifolia C.Y.Wu ex H.W.Li 莲座石蝴蝶
Petrocosmea sericea C.Y.Wu ex H.W.Li 丝毛石蝴蝶
Petrocosmea sichuanensis Chun ex W.T.Wang 四川石蝴蝶
Petrocosmea sinensis Oliv.(秦岭志 1983)=Petrocosmea qinlingensis
Petrocosmea sinensis Oliv.中华石蝴蝶
Petrocosmea wardii W.W.Sm.=Petrocosmea kerrii
Petrodoxa Anth.=**Beccarinda**
Petrodoxa argentea Anth.=Beccarinda argentea
Petromarula Nieuwland & Lunnell=**Lobelia**
Petrophila R.Br.**彼得费拉属**(山龙眼科)
Petrophila biloba R.Br.二列叶彼得费拉
Petrophila media R.Br.圆叶彼得费拉
Petrophila shuttleworthiana Meissn.梳状叶彼得费拉
Petrophiloides strobilacea var. *kawakamii* (Hay.) Kanehira=Platycarya strobilacea
Petrorhagia (Ser. ex DC.) Link **膜萼花属**(石竹科)
Petrorhagia alpina (Habl.) P.W.Ball & Heywood 直立膜萼花
Petrorhagia saxifraga (L.) Link 膜萼花
Petrosavia Becc.**无叶莲属**(百合科)
Petrosavia sakurai (Makino) Dandy 疏花无叶莲
Petrosavia sinii (Krause) Gagn.无叶莲
Petroselinum Hill **欧芹属**(伞形科)
Petroselinum crispum (Mill.) Hill.欧芹
Petroselinum hortense Hoffm.=Petroselinum crispum
Petroselinum hortense var. *crispum* Bailey=Petroselinum crispum
Petrosimonia Bge.**叉毛蓬属**(藜科)
Petrosimonia crassifolia var. *glaucenscens* Bge.=Petrosimonia glaucescens
Petrosimonia glaucescens (Bge.) Iljin 灰绿叉毛蓬
Petrosimonia litwinowii Korsh.平卧叉毛蓬?
Petrosimonia oppositifolia (Pall.) Litv.短苞叉毛蓬?
Petrosimonia sibirica (Pall.) Bge.叉毛蓬
Petrosimonia squarrosa (Schrenk) Bge.粗糙叉毛蓬
Petunia Juss.**碧冬茄属**(茄科)
Petunia axillaria (Lam.) Brillon 腋生碧冬茄
Petunia hybrida Vilm.碧冬茄
Petunia integrifolia (HK.) Schinz. & Thell.全缘叶碧冬茄
Petunia integrifolia ×*Petunia axillaris* (Lam.) Britton=Petunia hybrida
Petunia violacea var. *hybrida* HK.f.=Petunia hybrida
Peucedanum L.**前胡属**(伞形科)
Peucedanum acaule Shan & Sheh 会泽前胡
Peucedanum ampliatum K.T.Fu 天竺山前胡
Peucedanum angelicoides Wolff ex Kretschm.芷叶前胡
Peucedanum baicalense (Redow.) Koch 兴安前胡
Peucedanum bupleuriformie Wolff=Seseli mairei
Peucedanum bupleuroides Wolff=Seseli mairei
Peucedanum caespitosum Wolff 北京前胡
Peucedanum canescens Ledeb.=Ferula canescens
Peucedanum cartilaginomarginata Makino ex Nakagawa=Angelica cartilaginomarginata
Peucedanum cartilaginomarginata Makino ex Yabe=Angelica cartilaginomarginata
Peucedanum cavaleriei Wolff=Ligusticum brachylobum
Peucedanum condensatum (Ledeb.) K.-Pol.=Libanotis condensata
Peucedanum crucifolium (Kom.) de Boiss.=Angelica cartilaginomarginata var. matsumurae
Peucedanum decursivum (Miq.) Maxim.=Angelica decursiva
Peucedanum decursivum var. *albiflorum* Maxim.=Angelica decursiva f. albiflora
Peucedanum delavayi Franch.滇西前胡
Peucedanum deltoideum Makino ex Yabe=Peucedanum terebinthaceum var. deltoideum
Peucedanum dielsianum Fedde ex Wolff 竹节前胡
Peucedanum dissectum Ledeb.=Ferula dissecta
Peucedanum dissolutum (Diels) Wolff 南川前胡
Peucedanum diversifolium Wolff 林地前胡
Peucedanum elegans Kom.刺尖前胡
Peucedanum falcaria Turcz.镰叶前胡
Peucedanum feruloides Steud.=Ferula ferulaeoides
Peucedanum filicinum Wolff=Conioselinum chinense
Peucedanum formosanum Hay.台湾前胡
Peucedanum giraldii Diels=Tongoloa dunnii
Peucedanum gracile Ledeb.=Ferula gracilis
Peucedanum graveolens Benth. & HK.f.=Anethum graveolens
Peucedanum guangxiense Shan & Sheh 广西前胡
Peucedanum harry-smithii Fedde ex Wolff 华北前胡
Peucedanum harrysmithii var. grande (K.T.Fu) Shan & Sheh 广序北前胡
Peucedanum harrysmithii var. harrysmithii=Peucedanum harrysmithii
Peucedanum harrysmithii var. subglabrum (Shan & Sheh) Shan & Sheh 少毛北前胡
Peucedanum henryi Wolff 鄂西前胡
Peucedanum heterophyllum Franch.异叶前胡
Peucedanum hirsutiusculum var. *subglabrum* Shan & Sheh=Peucedanum harrysmithii var. subglabrum
Peucedanum japonicum Thunb.滨海前胡
Peucedanum karataviense Rgl. & Schmalh.=Ferula karataviensis
Peucedanum kingdon-wardii (Wolff) Korov.=Ferula kingdon-wardii
Peucedanum longshengense Shan & Sheh 南岭前胡
Peucedanum macilentum Franch.细裂前胡
Peucedanum malcolmii Hemsl. & Pearson=Heracleum millefolium
Peucedanum mashanense Shan & Sheh 马山前胡
Peucedanum medicum Dunn 华中前胡
Peucedanum medicum var. gracile Dunn ex Shan & Sheh 岩前胡
Peucedanum medicum var. medicum=Peucedanum medicum
Peucedanum melanotilingia (de Boiss.) de Boiss.=Angelica decursiva
Peucedanum miqueliana Wolff=Ostericum sieboldii
Peucedanum morisonii Bess.准噶尔前胡
Peucedanum morrisonicolum (Hay.) Hiroe=Angelica morrisonicola
Peucedanum nanum Shan & Sheh 矮前胡
Peucedanum nudiusculum K.-Pol.=Phlojodicarpus sibricus
Peucedanum officinale L.欧洲前胡
Peucedanum olivaceum Diels=Ferula olivacea
Peucedanum ovinum Boiss.=Ferula ovina
Peucedanum piliferum Hand.-Mazz.乳头前胡
Peucedanum polyphyllum Ledeb.=Peucedanum baicalense
Peucedanum porphyroscias (Miq.) Makino=Angelica decursiva
Peucedanum porphyroscias var. *albiflorum* (Maxim.) Makino=Angelica decursiva f. albiflora
Peucedanum praeruptorum Dunn 前胡
Peucedanum praeruptorum subsp. *hirsutiusculum* Y.C.Ma=Peucedanum harry-smithii
Peucedanum praeruptorum var. *grande* K.T.Fu=Peucedanum harry-smithii var. grande
Peucedanum pricei Simpson 蒙古前胡
Peucedanum pseudooreoselinum Rgl. & Schmalh(O. & B.Fedtsch.in Consp.Fl.Turk.1909,p.p.)=Ferula kirialovii
Peucedanum pubescens Hand.-Mazz.毛前胡
Peucedanum pulchrum Wolff=Peucedanum turgeniifolium

Peucedanum reptans Diels=Ligusticum reptans
Peucedanum rigidum Bge.=Ferula bungeana
Peucedanum rubricaule Shan & Sheh 红前胡
Peucedanum sect. *Anethum* Benth. & HK.f.=**Anethum**
Peucedanum sieboldii Miq.=Ostericum sieboldii
Peucedanum songoricum G.Don (Schischk.in Kom.Fl.URSS 1951)= Peucedanum morisonii
Peucedanum songpanense Shan & Pu 松潘前胡
Peucedanum stepposum Huang 草原前胡
Peucedanum taquetii Wolff=Ostericum grosseserratum
Peucedanum terebinthaceum (Fisch.) Fisch. ex Turcz.石防风
Peucedanum terebinthaceum subsp. *formosanum* Kitag.=Peucedanum formosanum
Peucedanum terebinthaceum var. deltoideum (Makino ex Yabe) Makino 宽叶石防风
Peucedanum terebinthaceum var. *paishanense* (Nakai) Huang= Peucedanum terebinthaceum
Peucedanum terebinthaceum var. terebinthaceum=Peucedanum terebinthaceum
Peucedanum torilifolium de Boiss.窃衣前胡
Peucedanum transiliense Herd.=Talassia transiliensis
Peucedanum transiliensis (Herd.) Korov.=Talassia transiliensis
Peucedanum trinioides Wolff=Peucedanum caespitosum
Peucedanum turgeniifolium Wolff 长前胡
Peucedanum veitchii de Boiss.华西前胡
Peucedanum violaceum Shan & Sheh 紫茎前胡
Peucedanum wallichianum DC.=Selinum candollei
Peucedanum wawrae (Wolff) Su 泰山前胡
Peucedanum wulongense Shan & Sheh 武隆前胡
Peucedanum yunnanense Wolff 云南前胡
Phaca frigida L.=Astragalus frigidus
Phaca hoffmeisteri Klotzsch=Astragalus hoffmeisteri
Phaca lapponica Wahlenb.=Oxytropis lapponica
Phaca membranacea Fisch.=Astragalus membranaceus
Phaca microphylla Pall.=Oxytropis microphylla
Phaca muricata Pall.=Oxytropis muricata
Phaca myriophylla Pall.=Oxytropis myriophylla
Phaca salsula Pall.=Sphaerophysa salsula
Phacellanthus S. & Z.**黄筒花属**(列当科)
Phacellanthus continentalis Kom.=Phacellanthus tubiflorus
Phacellanthus tubiflorus S. & Z.黄筒花
Phacellaria Benth.**重寄生属**(檀香科)
Phacellaria caulescens Collett. & Hemsl.粗序重寄生
Phacellaria compressa Benth.扁序重寄生
Phacellaria fargesii Lecomte 重寄生
Phacellaria ferruginea W.W.Sm.(Hand.-Mazz.in Symb.Sin.1929)= Viscum loranthi
Phacellaria ferruginea W.W.Sm.=Phacellaria compressa
Phacellaria rigidula Benth.硬序重寄生
Phacellaria tonkinensis Lecomte 长序重寄生
Phacellaria wattii HK.f.=Phacellaria compressa
Phacelurus Griseb.**束尾草属**(禾本科)
Phacelurus digitatus (Sibth. & Smith.) Griseb.希腊束尾草
Phacelurus latifolius (Stend.) Ohwi 束尾草
Phacelurus latifolius var. angustifolius (Debeaux.) Keng 狭叶束尾草
Phacelurus latifolius var. latifolius=Phacelurus latifolius
Phacelurus latifolius var. monostachyus Keng 单穗束尾草
Phacelurus latifolius var. trichophyllus (S.L.Zhong) B.S.Sun & Z.H.Hu 毛叶束尾草
Phacelurus trichophyllus S.L.Zhong=Phacelurus latifolius var. trichophyllus
Phaeanthus HK.f. & Thoms.**亮花木属**(番荔枝科)
Phaeanthus saccopetaloides W.T.Wang 囊瓣亮花木
Phaeanthus yunnanensis Hu=Desmos yunnanensis
Phaeneilema Brückn.=**Murdannia**
Phaenixopus Cass.=**Scariola**
Phaenopus DC.=**Scariola**
Phaenopus orientalis Boiss.=Scariola orientalis
Phaenosperma Munro ex Benth. & HK.f.**显子草属**(禾本科)
Phaenosperma globosa Munro ex Benth.显子草
Phaeocordylis areolata Griff. =Rhopalocnemis phaloides
Phaeomeria speciosa (Bl.) Koord.=Etlingera elatior
Phaeonychium O.E.Schulz **藏芥属**(十字花科)
Phaeonychium albiflorum (T.Anderson) Jafri 白花藏芥
Phaeonychium fengii Al-Shehbaz 冯氏藏芥
Phaeonychium jafrii Al-Shehbaz 木氏藏芥
Phaeonychium kashgaricum (Botsch.) Al-Shehbaz 喀什藏芥
Phaeonychium parryoides (Kurz ex HK.f. & T.Anders.) O.E.Schulz 藏芥
Phaeostigma Muld=**Ajania**
Phaeostigma quercibolium (W.W.Sm.) Muld.=Ajania quercifolia
Phaeostigma salicifolium (Mattf.) Muild.=Ajania salicifolia
Phaeostigma variibolium (Chang) Muld.=Ajania variifolia
Phaeostigma variibolium var. *ramosum* (Chang) Muld.=Ajania ramosa
Phagnalon Cass.**棉毛菊属**(菊科)
Phagnalon denticulatum C.B.Clarke=Phagnalon niveum
Phagnalon niveum Edgew.棉毛菊
Phaius Lour.**鹤顶兰属**(兰科)
Phaius actinomorphus (Fukuyama) T.P.Lin=Calanthe actinomorpha
Phaius albus Lindl.=Thunia alba
Phaius amboinensis (Zipp.) Bl.阿姆波鹤顶兰
Phaius calanthoides Ames=Cephalantheropsis calanthoides
Phaius columnaris C.Z.Tang & S.J.Cheng 仙笔鹤顶兰
Phaius flavus (Bl.) Lindl.黄花鹤顶兰
Phaius gracilis (Lindl.) S.S.Ying=Cephalantheropsis gracilis
Phaius gracilis Hay.=Phaius mishmensis
Phaius grandifolius Lour.=Phaius tankervilleae
Phaius grandifolius var. *superbus* van Houtte=Phaius tankervilleae
Phaius guizhouensis G.Z.Li=Phaius columnaris
Phaius hainanensis C.Z.Tang & S.J.Cheng 海南鹤顶兰
Phaius longicruris Z.H.Tsi 长茎鹤顶兰
Phaius longipes (HK.f.) Holttum=Cephalantheropsis gracilis
Phaius longipes var. *calanthoides* (Ames) T.P.Lin=Cephalantheropsis calanthoides
Phaius maculatus Lindl.=Phaius flavus
Phaius magniflorus Z.H.Tsi & S.C.Chen 大花鹤顶兰
Phaius marshalliana (Rchb.f.) N.E.Br.=Thunia alba
Phaius mishmensis (Lindl. & Paxt.) Rchb.f.紫花鹤顶兰
Phaius pauciflorus (Bl.) Bl.疏花鹤顶兰
Phaius sinensis Rolfe=Phaius tankervilleae
Phaius somai Hay.=Phaius flavus
Phaius steppicolus Hand.-Mazz.=Eulophia spectabilis
Phaius tankervilleae (Banks ex L'Herit.) Bl.鹤顶兰
Phaius tankervilleae var. *superbus* (van Houtte) S.Y.Hu=Phaius tankervilleae
Phaius tankervilliae f. *veronicae* S.Y.Hu & Barretto=Phaius flavus
Phaius undulatomarginata Hay.=Phaius flavus
Phaius wenshanensis F.Y.Liu 文山鹤顶兰
Phaius woodfordii (HK.) Merr.=Phaius flavus
Phalachroloma Cass.=**Erigeron**
Phalaenopsis Bl.**蝴蝶兰属**(兰科)
Phalaenopsis amabilis Bl.(Lindl.in Bot.Reg.1838)=Phalaenopsis aphrodite
Phalaenopsis amabilis var. *aphrodite* (Rchb.f.) Ames=Phalaenopsis aphrodite
Phalaenopsis aphrodite Rchb.f.蝴蝶兰
Phalaenopsis braceana (HK.f.) Christenson=Kingidium braceanum
Phalaenopsis chuxiongense f.Y.Liu=Phalaenopsis wilsonii
Phalaenopsis cornucervii (Breda) Bl. & Rchb.f.角距蝴蝶兰
Phalaenopsis deliciosa Rchb.f.=Kingidium deliciosum
Phalaenopsis equestris (Schauer) Rchb.f.小兰屿蝴蝶兰
Phalaenopsis formosana Miwa=Phalaenopsis aphrodite
Phalaenopsis fuscata Rchb.f.淡褐蝴蝶兰
Phalaenopsis hainanensis T.Tang & F.T.Wang 海南蝴蝶兰
Phalaenopsis hongkenensis f.Y.Liu=Kingidium braceanum
Phalaenopsis lowii Rchb.f.洛威氏蝴蝶兰
Phalaenopsis lueddemanniana Rchb.f.路易德氏蝴蝶兰
Phalaenopsis mannii Rchb.f.版纳蝴蝶兰
Phalaenopsis mariae Burb.玛利蝴蝶兰
Phalaenopsis minor F.Y.Liu=Phalaenopsis wilsonii
Phalaenopsis pulcherrima (Lindl.) J.J.Sm.=Doritis pulcherrima
Phalaenopsis riteiwanensis Masam.=Phalaenopsis equestris
Phalaenopsis schilleriana Rchb.f.希来氏蝴蝶兰
Phalaenopsis sect. *Deliciosae* Christ.=**Kingidium**
Phalaenopsis speciosa Rchb.f.美丽蝴蝶兰

Phalaenopsis stobariana Rchb.f.滇西蝴蝶兰
Phalaenopsis stumatrana Korth. & Rchb.f.斯图阿氏蝴蝶兰
Phalaenopsis sumartrana Korht. & Rchb.f.苏门答拉蝴蝶兰
Phalaenopsis taenialis (Lindl.) Christ. & U.C.Pradhan=Kingidium taeniale
Phalaenopsis violacea Teijsm. & Binn.堇花蝴蝶兰
Phalaenopsis wilsonii Rolfe 华西蝴蝶兰
Phalangium nepalensis Ldl.=Chlorophytum nepalense
Phalangium parviflorum Wight=Clorophytum laxum
Phalaris L.**虉草属**(禾本科)
Phalaris angusta Nees 狭虉草
Phalaris arundinacea L.虉草
Phalaris arundinacea var. arundinacea=Phalaris arundinacea
Phalaris arundinacea var. picta L.丝带草
Phalaris brachystachys Link.短穗枯草
Phalaris canariensis L.金丝雀枯草
Phalaris hispida Thunb.=Arthraxon hispidus
Phalaris minor Retz.小籽枯草
Phalaris oryzoides L.=Leersia oryzoides
Phalaris paradoxa L.奇异枯草
Phalaris zizanioides L.=Vetiveria zizanioides
Phalolepis Cass.=**Centaurea**
Phanera championii Benth.=Bauhinia championii
Phanera coccinea Lour. *coccinea*=Bauhinia coccinea
Phanera corymbosa Benth.=Bauhinia corymbosa
Phanera glauca Wall. ex Benth.=Bauhinia glauca
Phanera pyrrhoclada (Drake) De Wit.=Bauhinia pyrrhoclada
Phanera tenuiflora (Watt ex C.B.Clarke) De Wit.=Bauhinia glauca subsp. tenuiflora
Phanera variegata (L.) Benth.=Bauhinia variegata
Phanerophlebia Presl.**露脉蕨属**(新) (叉蕨科)
Phanerophlebia auriculata Underw.耳状显脉蕨
Phanerophlebia falcata Cop.=Cyrtomium falcatum
Phanerophlebia falcata var. *devexiscapulae* (Koidz.) Ohwi=Cyrtomium devexiscapulae
Phanerophlebia juglandifolia (H.B.Willd.) J.Sm.胡桃叶显脉蕨
Phanerophlebia nephrolepioides (Christ) Cop.=Cyrtomium nephrolepioides
Phanerophlebia nobilis (Schlecht. & Cham) Presl 显脉蕨
Phanerophlebia umbonata Underw.脐突显脉蕨
Phanerophlebiopsis Ching **黔蕨属**(鳞毛蕨科)
Phanerophlebiopsis blinii (Lévl.) Ching 粗齿黔蕨
Phanerophlebiopsis coadnata Ching 合生黔蕨
Phanerophlebiopsis duplicato-serrata Ching 重齿黔蕨
Phanerophlebiopsis falcata Ching 镰羽黔蕨
Phanerophlebiopsis hunanensis Ching 湖南黔蕨
Phanerophlebiopsis intermedia Ching 中间黔蕨
Phanerophlebiopsis kweichowensis Ching 大羽黔蕨
Phanerophlebiopsis neopodophylla (Ching) Ching & Y.T.Xie 长叶黔蕨
Phanerophlebiopsis tsiangiana Ching 黔蕨
Pharaceum incanum Lour.=Hedyotis corymbosa
Pharbitis Choisy=**Ipomoea**
Pharbitis acuminata (Wahl.) Choisu=Ipomoea indica
Pharbitis acuminata var. *congesta* (R.Br.) Choisy=Ipomoea indica
Pharbitis cathartica (Poir.) Choisy=Ipomoea indica
Pharbitis hederacea Frnch.=Ipomoea nil
Pharbitis hispida Choisy=Ipomoea purpurea
Pharbitis indica (J.Burm.) R.C.Fang=Ipomoea indica
Pharbitis insularis Choisy=Ipomoea indica
Pharbitis learii (Paxt.) Lindl.(云南区系报告 1965)=Ipomoea nil
Pharbitis nil (L.) Choisy=Ipomoea nil
Pharbitis purpurea (L.) Voigt.=Ipomoea purpurea
Pharbitis triloba (Thunb.) Miq.=Ipomoea nil
Pharnaceum depressum L.=Polycarpon prostratum
Pharnaceum suffruticosum Pall.=Flueggea suffruticosa
Pharnoceum cerviana L.=Mollugo cerviana
Pharus aristatus Retz.=Hygroryza aristata
Phaseolus L.**菜豆属**(豆科)
Phaseolus aconitifolius Jacq.=Vigna aconitifolius
Phaseolus angularis W.F.With=Vigna angularis
Phaseolus atropurpureus DC.=Macroptilium atropurpureum
Phaseolus aureus Roxb.=Vigna radiata
Phaseolus calcaratus Roxb.=Vigna umbellata
Phaseolus calcaratus var. *gracilis* Prain=Vigna gracilicaulis
Phaseolus coccineus L.荷包豆
Phaseolus cylindricus L.=Vigna unguiculata subsp. cylindrica
Phaseolus demissus Kitagawa 下垂菜豆
Phaseolus fuscus Wall.=Dunbaria fusca
Phaseolus gracilicaulis Ohwi=Vigna gracilicaulis
Phaseolus grandis Wall. ex Benth.=Dysolobium grande
Phaseolus heterophyllus Willd.(Hay.in Ic.Pl.Forms.1920)=Vigna minima f. dimorphophylla
Phaseolus lathyroides L.=Macroptilium lathyroides
Phaseolus lunatus L.棉豆
Phaseolus marinus Burm.=Vigna marina
Phaseolus max L.=Glycine max
Phaseolus minimus Roxb.=Vigna minima
Phaseolus minimus f. *heterophyllus* (Hay.) Hosokawa=Vigna minima f. dimorphophylla
Phaseolus minimus f. *linearis* Hosokawa=Vigna minima f. Linearis
Phaseolus minimus f. *rotundifolius* (Hay.) Hosokawa=Vigna minima
Phaseolus minimus f. *typicus* Hosokawa=Vigna minima
Phaseolus multiflorus Willd.=Phaseolus coccineus
Phaseolus pubescens Bl.=Vigna umbellata
Phaseolus radiatus L.=Vigna radiata
Phaseolus reflexo-pilosus (Hay.) Ohwi=Vigna reflexo-pilosa
Phaseolus riukiuensis Ohwi=Vigna riukiuensis
Phaseolus rotundifolius Hay.=Vigna minima
Phaseolus sect. *Dysolobium* Benth.=**Dysolobium**
Phaseolus sect. *Macroptilium* Benth.=**Macroptilium**
Phaseolus semierectus L.=Macroptilium lathyroides
Phaseolus trilobatus (L.) Schreb.=Vigna trilobata
Phaseolus trilobus Ait.=Vigna trilobata
Phaseolus vexillatus L.=Vigna vexillata
Phaseolus vulgaris L.菜豆
Phaulopsis Willd.**肾苞草属**(爵床科)
Phaulopsis dorsiflora (Retz.) Santapau= Phaulopsis oppositifolia
Phaulopsis imbricata (Forssk.) Sweet.= Phaulopsis oppositifolia
Phaulopsis oppositifolia (J.C.Wendl.) Lindau 肾苞草
Phaulopsis parviflora Willd.= Phaulopsis oppositifolia
Phedimus Raf.**费菜属**(景天科)
Phedimus aizoon (L.) 't Hart 费菜
Phedimus aizoon var. aizoon=Phedimus aizoon
Phedimus aizoon var. latifolius (Maxim.) H.Ohba & al.宽叶费菜
Phedimus aizoon var. scabrus (Maxim.) H.Ohba & & al.乳毛费菜
Phedimus aizoon var. yamatutae (Kitag.) H.Ohba & al.狭叶费菜
Phedimus floriferus (Praeg.) 't Hart 多花费菜
Phedimus hsinganicus (C.Y.Chu ex S.H.Fu & Y.H.Huang) H.Ohba & al. 兴安费菜
Phedimus hybridus (L.) 't Hart 杂交费菜
Phedimus kamtschaticus (Fisch.) 't Harg 堪察加费菜
Phedimus middendorffianus (Maxim.) 't Hart 吉林费菜
Phedimus odontophyllus (Fröd.) 't Hart 齿叶费菜
Phedimus selskianus (Rgl. & Maack) 't Hart 灰毛费菜
Phedimus stevenianus (Rouy. & E.G. Camus) 't Hart 史梯景天
Phegopteris sensu Tagawa (p.p.)=**Pseudophegopteris**
Phegopteris Fée **卵果蕨属**(金星蕨科)
Phegopteris auriculata J.Sm.=Cyclogramma auriculata
Phegopteris aurita J.Sm.=Pseudophegopteris aurita
Phegopteris austroussuriensis Kom.=Neoathyrium crenulatoserrulatum
Phegopteris calcarea Fée=Gymnocarpium robertianum
Phegopteris cheilanthoides (Bak.) v.A.v.R.=Macrothelypteris polypodioides
Phegopteris connectilis (Michx.) Watt 卵果蕨
Phegopteris crenulatoserrulata Makino=Neoathyrium crenulatoserrulatum
Phegopteris cuspidata (Bl.) Mett.=Pronephrium cuspidatum
Phegopteris davidii Bedd.=Pseudocystopteris davidii
Phegopteris decursive-pinnata (van Hall.) Fée 延羽卵果蕨
Phegopteris distans Mett.=Pseudophegopteris pyrrhorachis
Phegopteris distans var. *glabrata* Bedd.=Pseudophegopteris pyrrhorachis var. glabrata
Phegopteris elongata J.Sm.=Kuniwatsukia cuspidata
Phegopteris erubescens J.Sm.=Glaphyropteridopsis erubescens
Phegopteris eximia Mett.=Polystichum eximium

Phegopteris flagellare Makino=Monachosorum flagellare
Phegopteris grossa Christ=Dryopteris scottii
Phegopteris hexagonoptera (Michx.) Fee 六翼卵果蕨
Phegopteris incrassata Christ=Athyrium dissitifolium
Phegopteris krameri Makino=Gymnocarpium oyamense
Phegopteris levingei Tagawa=Pseudophegopteris levingei
Phegopteris lineata Mett. ex Salom.=Pronephrium penangianum
Phegopteris luxurians (Kunze) Mett.=Ampelopteris prolifera
Phegopteris maximowiczii Christ=Ptilopteris maximowiczii
Phegopteris moussetii v.A.v.R.=Pseudophegopteris rectangularis
Phegopteris multilineata Mett.(Luerss.in Fil.Graeff.1871)=Pronephrium nudatum
Phegopteris obtusatum (Bl.) Christ=Cornopteris opaca
Phegopteris opaca (Don) Mett.=Cornopteris opaca
Phegopteris oppositipinna v.A.v.R.=Pseudophegopteris rectangularis
Phegopteris ornatus Fée=Macrothelypteris ornata
Phegopteris oyamensis v.A.v.R.=Gymnocarpium oyamense
Phegopteris phegopteris (L.) Keys=Phegopteris connectilis
Phegopteris polypodioides Fée=Phegopteris connectilis
Phegopteris punctata Mett.=Hypolepis punctata
Phegopteris pyrhorachis Tagawa=Pseudophegopteris hirtirachis
Phegopteris pyrrhorachis Tagawa=Pseudophegopteris pyrrhorachis
Phegopteris sect. *Euphegopteris* H.Ito=**Phegopteris**
Phegopteris sect. *Lastrea* H.Ito (p.p.)=**Pseudophegopteris**
Phegopteris simplex (HK.) Mett.=Pronephrium simplex
Phegopteris sphaeropteroides Christ=Ctenitis sphaeropteroides
Phegopteris subaurita (Tagawa) Tagawa=Pseudophegopteris subaurita
Phegopteris subdigitata Bedd.=Monachosorum davallioides
Phegopteris tibetica Ching 西藏卵果蕨
Phegopteris triphylla (Sw.) Mett.=Pronephrium triphyllum
Phegopteris uvlgaris Mett.=Phegopteris connectilis
Phegopteris yunkweiensis Tagawa=Pseudophegopteris yunkweiensis
Phelipaea Desf.=**Orobanche**
Phelipaea aegyptiaca (Pers.) Walp.=Orobanche aegyptiaca
Phelipaea ambigua Bge.=Cistanche salsa
Phelipaea coelestis (Boiss. & Reut.) Reut.=Orobanche coelestis
Phelipaea heldreichii Reut.=Orobanche coelestis
Phelipaea indica (Buch.-Ham.) G.Don=Orobanche aegyptiaca
Phelipaea indica Spreng. ex Steud.=Aeginetia indica
Phelipaea lanuginosa C.A.Mey.=Orobanche lanuginosa
Phelipaea pallens Bge. ex Ledeb.=Orobanche uralensis
Phelipaea salsa C.A.Mey.=Cistanche salsa
Phelipaea sect. *Cistanche* Walp.=**Cistanche**
Phelipaea tubulosa Schenk=Cistanche tubulosa
Phelipanche Pomel.=**Orobanche**
Phelipanche aegyptiaca Perso.) Pomel.=Orobanche aegyptiaca
Phelipanche brassicae (Novop.) Soják.=Orobanche brassicae
Phelipanche caesia (Reich.) Sojaák.=Orobanche lanuginosa
Phelipanche coelesti Reut.=Orobanche coelestis
Phelipanche coelestis (Reut.) Joják.=Orobanche coelestis
Phelipanche kelleri (Novop.) Soják.=Orobanche kelleri
Phelipanche pallens (Bge.) Soják.=Orobanche uralensis
Phelipanche pallens Bge.=Orobanche uralensis
Phelipanche uralensis (Beck.) Czerep.=Orobanche uralensis
Phellandrium L.=**Oenanthe**
Phellandrium stoloniferum Roxb.=Oenanthe javanica
Phellodendron Rupr.**黄檗属**(芸香科)
Phellodendron amurense Rupr.黄檗
Phellodendron amurense var. *wilsonii* Chang=Phellodendron chinense var. glabriusculum
Phellodendron chinense Schneid.川黄檗
Phellodendron chinense var. chinense=Phellodendron chinense
Phellodendron chinense var. *falcatum* Huang=Phellodendron chinense var. glabriusculum
Phellodendron chinense var. glabriusculum Schneid.秃叶黄檗
Phellodendron chinense var. *omeiense* Huang=Phellodendron chinense var. glabriusculum
Phellodendron chinense var. *yunnanense* Huang=Phellodendron chinense var. glabriusculum
Phellodendron fargesii Dode=Phellodendron chinense
Phellodendron japonicum Maxim.(Kitag. in Lin.Fl.Mans.1939)=Phellodendron amurense
Phellodendron macrophyllum Dode=Evodia sutchuenensis
Phellodendron sinense Dode=Phellodendron chinense var. glabriusculum
Phellodendron wilsonii Hay.=Phellodendron chinense var. glabriusculum
Phellopterus Benth.=**Glehnia**
Phellopterus littoralis Benth.=Glehnia littoralis
Phemianthus sempervirens (L.) Rafin. ex Jacks.=Lonicera sempervirens
Philadelphus L.**山梅花属**(虎耳草科)
Philadelphus brachybotrys Koehne ex Vilm. & Bois 短序山梅花
Philadelphus brachybotrys var. brachybotrys=Philadelphus purpurascens
Philadelphus brachybotrys var. *laxiflorus* (Cheng) S.Y.HU=Philadelphus zhejiangensis
Philadelphus brachybotrys var. *purpurascens* Koehne=Philadelphus purpurascens
Philadelphus brachybotrys var. venustus (Koehne) S.Y.Hu 美丽山梅花
Philadelphus calvescens (Rehd.) S.M.Hwang 丽江山梅花
Philadelphus calvescens var. *compositus* S.M.Hwang=Philadelphus calvescens
Philadelphus caucasicus Koehne 高加索山梅花
Philadelphus caudatus S.M.Hwang 尾萼山梅花
Philadelphus chianshanensis Wng & Li 千山山梅花
Philadelphus coronarius cv Aureus 金叶欧洲山梅花
Philadelphus coronarius L.(Turcz.in Bull.Soc.Nat.Moscou 1873)=Philadelphus pekinensis
Philadelphus coronarius L.欧洲山梅花
Philadelphus coronarius var. *chinensis* Lévl.=Philadelphus sericanthus
Philadelphus coronarius var. *mandshuricus* Maxim.=Philadelphus schrenkii var. manshuricus
Philadelphus coronarius var. *pekinensis* Maxim.=Philadelphus pekinensis
Philadelphus coronarius var. *tenuifolius* Maxim.=Philadelphus tenuifolius
Philadelphus coronarius var. *tomentosus* HK.f. & Thoms.(Forb. & Hemsl. in J.L.Soc.Bot.1887)=Philadelphus incanus
Philadelphus coronarius var. *tomentosus* HK.f. & Thoms.=Philadelphus tomentosus
Philadelphus dasycalyx (Rehd.) S.Y.Hu 毛萼山梅花
Philadelphus delavayi L.Henry (Hutch.in Curtis's Bot.Mag.1910)=Philadelphus calvescens
Philadelphus delavayi L.Henry (Stapf in Curtis's Bot.Mag.1923)=Philadelphus delavayi var. melanocalyx
Philadelphus delavayi L.Henry 云南山梅花
Philadelphus delavayi f. *cruciflorus* S.Y.Hu=Philadelphus delavayi var. melanocalyx
Philadelphus delavayi f. *melanocalyx* (Lemoine) Rehd.=Philadelphus delavayi var. melanocalyx
Philadelphus delavayi var. *calvescens* Rehd.=Philadelphus calvescens
Philadelphus delavayi var. cruciflorus S.Y.Hu 十字山梅花
Philadelphus delavayi var. delavayi=Philadelphus delavayi
Philadelphus delavayi var. melanocalyx Lemoine ex L.Henry 黑萼山梅花
Philadelphus delavayi var. trichocladus Hand.-Mazz.毛枝山梅花
Philadelphus gordonianus Lindl.高氏山梅花
Philadelphus grandiflorus Willd.大花山梅花
Philadelphus henryi Koehne (S.Y.Hu in J.Arn.Arb.1955,p.p.)=Philadelphus sericanthus
Philadelphus henryi Koehne 滇南山梅花
Philadelphus henryi var. cinereus Hand.-Mazz.灰毛山梅花
Philadelphus henryi var. henryi=Philadelphus henryi
Philadelphus henryi var. *lissocalyx* Hand.-Mazz.=Philadelphus calvescens
Philadelphus hirsutus Nutt.硬毛山梅花
Philadelphus hupehensis (Koehne) S.Y.Hu(p.p.)=Philadelphus henryi var. cinereus
Philadelphus hupehensis (Koehne) S.Y.Hu(p.p.)=Philadelphus sericanthus
Philadelphus incanus Koehne (Rehd.in J.Arn.Arb.1924)=Philadelphus laxiflorus
Philadelphus incanus Koehne (Rehd.in Journ Arn.Arb.1924)=Philadelphus incanus var. mitsai
Philadelphus incanus Koehne=Philadelphus reevesianus
Philadelphus incanus Koehne 山梅花
Philadelphus incanus var. baileyi Rehd.短轴山梅花
Philadelphus incanus var. incanus=Philadelphus incanus
Philadelphus incanus var. mitsai (S.Y.Hu) S.M.Hwang 米柴山梅花
Philadelphus incanus var. *sargentianus* f. *hupehensis* Koehne(p.p.)=Philadelphus sericanthus
Philadelphus incanus var. *sargentianus* f. *kulingensis* Koehne(p.p.)=Philadelphus sericanthus var. kulingensis
Philadelphus inodoratus L.无香山梅花
Philadelphus kansuensis (Rehd.) S.Y.Hu 甘肃山梅花
Philadelphus kunmingensis S.M.Hwang 昆明山梅花

Philadelphus kunmingensis var. kunmingensis=Philadelphus kunmingensis
Philadelphus kunmingensis var. parvifolius S.M.Hwang 小叶山梅花
Philadelphus laxiflorus Rehd.疏花山梅花
Philadelphus lemoinei Lemoine 香雪山梅花
Philadelphus lemoinei cv. Enchantment 重瓣香雪山梅花
Philadelphus lewisii Pursh.路易斯山梅花
Philadelphus lushuiensis Ku & S.M.Hwang 泸水山梅花
Philadelphus magdalenae Koehne (Rehd.in J.Arn.Arb.1931)=Philadelphus sericanthus
Philadelphus magdalenae Koehne=Philadelphus subcanus var. magdalenae
Philadelphus mandshuricus (Maxim.) Nakai=Philadelphus schrenkii var. manshuricus
Philadelphus mexicanus Schecht.墨西哥山梅花
Philadelphus microphyllus A.Gray 小细叶山梅花(新)
Philadelphus millis var. *erythrocalyx* Lévl. ex Rehd.=Philadelphus henryi
Philadelphus mitsai S.Y.Hu=Philadelphus incanus var. mitsai
Philadelphus nepalensis Koehne (Lévl.in Cat.Pl.Yunnan 1917)=Philadelphus henryi
Philadelphus nepalensis Rehd.(Diels in Not.Bot.Gard.Edinb.1912)=Philadelphus calvescens
Philadelphus paniculatus Rehd.=Philadelphus subcanus
Philadelphus pekinensis Rupr.太平花
Philadelphus pekinensis f. *lanceolatus* S.Y.Hu=Philadelphus pekinensis
Philadelphus pekinensis var. *brachybotrys* Koehne=Philadelphus brachybotrys
Philadelphus pekinensis var. *dasycalyx* Rehd.=Philadelphus dasycalyx
Philadelphus pekinensis var. *kansuensis* Rehd.(p.p.)=Philadelphus brachybotrys var. szechuanensis
Philadelphus pekinensis var. *kansuensis* Rehd.(p.p.)=Philadelphus kansuensis
Philadelphus pekinensis var. lanceolatus S.Y.Hu 长叶太平花
Philadelphus pekinensis var. *laxiflorus* Cheng=Philadelphus zhejiangensis
Philadelphus pekinensis var. pekinensis=Philadelphus pekinensis
Philadelphus pubescens Lois.毛叶山梅花
Philadelphus purpurascens (Koehne) Rehd.紫萼山梅花
Philadelphus purpurascens Rehd.(高等图鉴 1972)=Philadelphus calvescens
Philadelphus purpurascens var. purpurascens=Philadelphus purpurascens
Philadelphus purpurascens var. szechuanensis (Fang) S.M.Hwang 四川山梅花
Philadelphus reevesianus S.Y.Hu 毛药山梅花
Philadelphus rosiflorus Hort.粉色山梅花
Philadelphus rubrcaulis Carr.=Philadelphus pekinensis
Philadelphus satsumanus Miq.萨摩山梅花
Philadelphus schrenkii Rupr.(Rehd.in Man.Cult.Trees et Shrubs.1927,p.p.)=Philadelphus schrenkii var. manshuricus
Philadelphus schrenkii Rupr.东北山梅花
Philadelphus schrenkii var. jackii Koehne 河北山梅花
Philadelphus schrenkii var. manshuricus (Maxim.) Kitag 毛盘山梅花
Philadelphus schrenkii var. schrenkii=Philadelphus schrenkii
Philadelphus sericanthus Koehne (树木分类学.1937)=Philadelphus sericanthus var. kulingensis
Philadelphus sericanthus Koehne 绢毛山梅花
Philadelphus sericanthus var. *bockii* Koeh.=Philadelphus sericanthus
Philadelphus sericanthus var. kulingensis (Koehne) Hand.-Mazz.牯岭山梅花
Philadelphus sericanthus var. *rehderianus* Koehne (Cheng in Contr.Biol. Lab.Sci.Sco.China Bot.1936=Philadelphus sericanthus var. kulingensis
Philadelphus sericanthus var. *rehderianus* Koehne=Philadelphus subcanus
Philadelphus sericanthus var. *rosthornii* Koenhen=Philadelphus sericanthus
Philadelphus sericanthus var. sericanthus =Philadelphus sericanthus
Philadelphus subcanus Koehne (Hers in J.N.China Branch Roy.As.Soc. 1923,p.p.)=Philadelphus laxiflorus
Philadelphus subcanus Koehne (Hers in J.N.China Branch Roy.As.Soc. 1923, p.p.)=Philadelphus incanus var. mitsai
Philadelphus subcanus Koehne 毛柱山梅花
Philadelphus subcanus var. dubius Koehne 密毛山梅花
Philadelphus subcanus var. magdalenae (Koehne) S.Y.Hu 城口山梅花
Philadelphus subcanus var. subcanus=Philadelphus subcanus
Philadelphus subcanus var. *wilsonii* (Koehne) Rehd.=Philadelphus subcanus
Philadelphus szechuanensis W.P.Fang=Philadelphus purpurascens var. szechuanensis
Philadelphus tenuifolius Rupr. ex Maxim.薄叶山梅花
Philadelphus tenuifolius var. latipetalus S.Y.Hu 宽瓣山梅花
Philadelphus tenuifolius var. tenuifolius=Philadelphus tenuifolius
Philadelphus tetragonus S.M.Hwang 四棱山梅花
Philadelphus tomentella var. *glabrescens* C.C.Yan=Pileostegia viburnoides var. glabrescens
Philadelphus tomentosus Wall.绒毛山梅花
Philadelphus tsianschanensis Wang & Li 千山山梅花
Philadelphus venustus Koehne=Philadelphus brachybotrys var. venustus
Philadelphus virginalis Rehd.雪白山梅花
Philadelphus virginalis cv. Dwarf Minnesota Snowflake 矮明尼苏达雪白山梅花
Philadelphus virginalis cv. Glacier 矮生雪白山梅花
Philadelphus virginalis cv. Minnesota Snowflake 明尼苏达雪白山梅花
Philadelphus virginalis cv. Natchez 单瓣雪白山梅花
Philadelphus virginalis cv. Virginal 重瓣雪白山梅花
Philadelphus wilsonii Koehne=Philadelphus subcanus
Philadelphus zhejiangensis (Cheng) S.M.Hwang 浙江山梅花
Philagonia fraxinifolia (D.Don) HK.=Evodia fraxinifolia
Phillyrea ramiflora Roxb. ex C.B.Clarke=Chionanthus ramiflorus
Philodendron Schott **喜林芋属**(天南星科)
Philodendron andreanum Devansaye 金叶喜林芋
Philodendron asperatum C.Koch 粗糙喜林芋
Philodendron bipinnatifidum Schott 羽叶喜林芋
Philodendron elegans Krause 深裂喜林芋
Philodendron erubescens C.Koch & Augustin 红苞喜林芋
Philodendron gloriosum Andre 心叶喜林芋
Philodendron ilsemannii Hort.爱丽喜林芋
Philodendron imbe Schott.喜林芋
Philodendron laciniatum (Vell.) Engl.趾叶喜林芋
Philodendron longilaminatum Schott.长叶喜林芋
Philodendron martianum Engl.战神喜林芋
Philodendron pinnatifiscum (Jacq.) Kth.羽中裂喜林芋
Philodendron sagittifolium Liebm.箭叶喜林芋
Philodendron scandens C.Koch. & Sello 攀援喜林芋
Philodendron selloum C.Koch.春羽
Philodendron simsii Kth.西美喜林芋
Philodendron sodiroi Hort.银叶喜林芋
Philodendron squamiferum Poepp.锦毛喜林芋
Philodendron tripartitum (Jacq.) Schott 三裂喜林芋
Philodendron verrucosum Matthieu 刺柄喜林芋
Philoxerus R.Br.**安旱苋属**(苋科)
Philoxerus wrightii HK.f.安旱苋
Philydraceae 田葱科
Philydrum Banks & Sol. ex Gaertn.**田葱属**(田葱科)
Philydrum cavalereiei Lévl.=Utricularia bifida
Philydrum lanuginosum Banks & Sol. ex Gaertn.田葱
Phinaea Benth.**飞尼牙苣苔属**(苦苣苔科)
Phinaea multiflora C.V.Mort.多花飞尼牙苣苔
Phlebocalymma calleryana Baill.=Gonocaryum calleryanum
Phlebochiton Wall.=**Pegia**
Phlebochiton extensum Wall.=Pegia nitida
Phlebochiton sarmentosum Lecte.=Pegia sarmentosa
Phlebochiton sinense Diels=Pegia sarmentosa
Phlebodium (B.Br.) J.Sm.**粗脉蕨属**(水龙骨科)
Phlebodium aureum (L.) J.Sm.粗脉蕨
Phlebophyllum apricum (Hance) Benth.= Gutzlaffia aprica
Phlebosporium Jungh.=**Campylotropis**
Phlegmariurus (Hert.) Holub **马尾杉属**(石杉科)
Phlegmariurus cancellatus (Spging) Ching 网络马尾杉
Phlegmariurus cancellatus var. *minor* Ching= Phlegmariurus cancellatus
Phlegmariurus carrnatus (Desv. ex Poiret) Ching 龙骨马尾杉
Phlegmariurus cryptomerianus (Maxim.) Ching 柳杉叶马尾杉
Phlegmariurus cunninghamioides (Hay.) Ching 杉形马尾杉

Phlegmariurus fargesii (Hert.) Ching 金丝马尾杉
Phlegmariurus fordii (Bak.) Ching(四川志 1988)= Phlegmariurus petilatus
Phlegmariurus fordii (Bak.) Ching 华南马尾杉
Phlegmariurus guangdongensis Ching 广东马尾杉
Phlegmariurus hamiltonii (Spreng.) Löve & Löve 喜马马尾杉
Phlegmariurus hamiltonii var. *petiolatus* (Clarke) Ching= Phlegmariurus petilatus
Phlegmariurus henryi (Baker) Ching 椭圆马尾杉
Phlegmariurus kwangtungensis Ching= Phlegmariurus guangdongensis
Phlegmariurus longyangensis C.Y.Ma= Phlegmariurus fordii
Phlegmariurus mincheenis var. *angustifolius* C.Y.Ma= Phlegmariurus mincheensis
Phlegmariurus mincheensis Ching 闽浙马尾杉
Phlegmariurus nylamensis(Ching et S.K.Wu) H.S.Kung et L.B.Zhang 聂拉木石杉
Phlegmariurus ovatifolius (Ching) W.M.Chu 卵叶石杉
Phlegmariurus petilatus (Clarke) H.S.Kun 有柄马尾杉
Phlegmariurus phlegmaria (L.) Holub 马尾杉
Phlegmariurus phlegmarius (L.) Sen et Sen= Phlegmariurus phlegmaria
Phlegmariurus pulcherrimus (Wall. ex HK. et Grev.) Löve et Love(安徽志 1985)=Phlegmariurus mincheensis
Phlegmariurus pulcherrimus (Wall. ex HK. et Grev.) Löve et Löve 美丽马尾杉
Phlegmariurus salvinioides (Hert.) Ching 卵叶马尾杉
Phlegmariurus shangsiensis C.Y.Yang 上思马尾杉
Phlegmariurus sieboldii (Miq.) Ching 鳞叶马尾杉
Phlegmariurus squarrosus (Forst.) Löve & Löve 粗糙马尾杉
Phlegmariurus taiwanensis Ching 台湾马尾杉
Phlegmariurus yandongensis Ching et C.F.Zhang= Phlegmariurus fordii
Phlegmariurus yunnanensis Ching=Huperzia yunnanense
Phleum L.**梯牧草属**(禾本科)
Phleum alpinum L.高山梯牧草
Phleum arenarium L.沙梯牧草
Phleum asperum Jacq.=Phleum paniculatum
Phleum bertolonii DC.伯氏梯牧草
Phleum cochinchinensis Lour.=Heteropholis cochinchinensis
Phleum indicum Houtt.=Ischaemum indicum
Phleum paniculatum Huds.鬼蜡烛
Phleum phleoides (L.) Karst.假梯牧草
Phleum pratense L.梯牧草
Phleum schoenoides L.=Crypsis schoenoides
Phlogacanthus Nees **火焰花属**(爵床科)
Phlogacanthus abbreviatus (Craib.) R.Ben.缩序火焰花
Phlogacanthus asperulus Nees= Phlogacanthus vitellinus
Phlogacanthus colaniae R.Ben.广西火焰花
Phlogacanthus curviflorus (Wall.) Nees 火焰花
Phlogacanthus paniculatus (T.Anders.) Imlay= Cystacanthus paniculatus
Phlogacanthus pubinervius T.Anders.毛脉火焰花
Phlogacanthus pyramidalis R.Ben.金塔火焰花
Phlogacanthus vitellinus (Roxb.) T.Anders.糙叶火焰花
Phlojodicarpus Turcz. ex Bess.**胀果芹属**(伞形科)
Phlojodicarpus sibiricus var. *villosus* (Turcz. ex Fisch. & Mey.) Chu= Phlojodicarpus villosus
Phlojodicarpus sibricus (Steph. ex Spreng.) K.-Pol.胀果芹
Phlojodicarpus villosus (Turcz. ex Fisch. & Mey.) Turcz. ex Ledeb.柔毛胀果芹
Phlomidopsis tuberosa Lindk=Phlomis tuberosa
Phlomis L.**糙苏属**(唇形科)
Phlomis agraria Bge.耕地糙苏
Phlomis albiflora Hemsl.=Paraphlomis albiflora
Phlomis alpina Pall.高山糙苏
Phlomis ambigua Hand.-Mazz.沧江糙苏
Phlomis aspera Willd.=Leucas aspera
Phlomis atropurpurea Dunn 深紫糙苏
Phlomis atropurpurea f. pallidior C.Y.Wu 浅色紫糙苏
Phlomis atropurpurea f. pilosa C.Y. Wu 疏毛紫糙苏
Phlomis betonicoides Diels 假秦艽
Phlomis betonicoides f. *alba* C.Y.Wu=Phlomis betonicoides
Phlomis betonicoides f. betonicoides=Phlomis betonicoides
Phlomis bracteosa Royle (Dunn in Notes Bot.Gard.Edinb.1913,p.p.)= Phlomis melanantha
Phlomis bracteosa Royle (Dunn in Notes.Bot.Gard.Edinb.1913,p.p.)= Phlomis setifera
Phlomis bracteosa Royle (Hand.-Mazz.in Symb.Sin.1936)=Phlomis likiangensis
Phlomis breviflora Benth.短花糙苏
Phlomis cashmeriana Royle 喀什米尔糙苏
Phlomis chinensis Retz.=Leucas chinensis
Phlomis chinghoensis C.Y.Wu 清河糙苏
Phlomis ciliata Heyne ex Wall.=Leucas ciliata
Phlomis congesta C.Y.Wu 乾精菜
Phlomis cuneata C.Y.Wu 楔叶糙苏
Phlomis dentosa Franch.Franch.(科学论文集 1932)=Phlomis umbrosa var. ovalifolia
Phlomis dentosa Franch.尖齿糙苏
Phlomis dentosa var. dentosa=Phlomis dentosa
Phlomis dentosa var. glabrescens Danguy 渐尖齿糙苏(新)
Phlomis fimbriata C.Y.Wu 裂唇糙苏
Phlomis forrestii Diels 苍山糙苏
Phlomis forrestii var. forrestii=Phlomis forrestii
Phlomis forrestii var. *taronensis* C.Y.Wu=Phlomis forrestii
Phlomis franchetiana Diels (Hand.-Mazz.in Symb.Sin.1936)=Phlomis tatsienensis
Phlomis franchetiana Diels 大理糙苏
Phlomis franchetiana var. *aristata* C.Y.Wu=Phlomis fracnhetiana
Phlomis franchetiana var. franchetiana=Phlomis franchetiana
Phlomis franchetiana var. *hirticalyx* Hand.-Mazz.=Phlomis tatsienensis var. hirticalyx
Phlomis franchetiana var. *leptophylla* C.Y.Wu=Phlomis fracnhetiana
Phlomis fruticosa L.橙花糙苏
Phlomis gracilis Hemsl.=Paraphlomis gracilis
Phlomis inaequalisepala C.Y.Wu 斜萼糙苏
Phlomis javanica (Bl.) Prain=Paraphlomis javanica
Phlomis jeholensis Nakai & Kitag.口外糙苏
Phlomis kansuensis C.Y.Wu 甘肃糙苏
Phlomis kawaguchii Murata=Phlomis younghushandii
Phlomis koraiensis Nakai 长白糙苏
Phlomis likiangensis C.Y.Wu 丽江糙苏
Phlomis linifolia Roth=Leucas lavandulifolia
Phlomis longicalyx C.Y.Wu 长萼糙苏
Phlomis macrophylla Wall.大糙苏(新)
Phlomis marrubioides Regel=Stachyopsis marrubioides
Phlomis maximowiczii Regel 大叶糙苏
Phlomis medicinalis Deils 萝卜秦艽
Phlomis megalantha Diels 大花糙苏
Phlomis megalantha var. megalantha=Phlomis megalantha
Phlomis megalantha var. pauciflora C.Y.Wu 少花糙苏(新)
Phlomis melanantha Diels 黑花糙苏
Phlomis melanantha var. *angustifolia* C.Y.Wu=Phlomis melanantha
Phlomis melanantha var. angusti-folia f. pallidior C.Y.Wu 白花糙苏(新)
Phlomis melanantha var. melanantha f. melanantha=Phlomis melanantha
Phlomis melanantha var. melanantha=Phlomis melanantha
Phlomis milingensis C.Y.Wu & H.W.Li 米林糙苏
Phlomis mongolica Turcz.(Courtois in Mem.Hist.Nat.Emp.Chin.1920)= Phlomis umbrosa var. ovalifolia
Phlomis mongolica Turcz.串铃草
Phlomis mongolica var. macarocephala C.Y.Wu 好宁沙尔华拉
Phlomis mongolica var. mongolica=Phlomis mongolica
Phlomis muliensis C.Y.Wu 木里糙苏
Phlomis oblongata Schrenk.=Stachyopsis oblongata
Phlomis oblongata var. *canescens* Rgl.=Stachyopsis marrubioides
Phlomis oblongata β. *canescens* Rgl.=Stachyopsis marrubioides
Phlomis oreophila Kar. & Kir.山地糙苏
Phlomis oreophila var. evillosa C.Y.Wu 无长毛山地糙苏(新)
Phlomis oreophila var. oreophila=Phlomis oreophila
Phlomis ornata C.Y.Wu 美观糙苏
Phlomis ornata var. minor C.Y.Wu 小花美观糙苏(新)
Phlomis ornata var. ornata=Phlomis ornata
Phlomis paohsingensis C.Y.Wu 宝兴糙苏
Phlomis pararotata Sun ex C.H.Hu 假轮状糙苏

Phlomis pedunculata Sun ex C.H.Hu 具梗糙苏
Phlomis pratensis Kar. & Kir.草原糙苏
Phlomis pygmaea C.Y.Wu 矮糙苏
Phlomis rotata Benth. ex HK.f.=Lamiophlomis rotata
Phlomis rugosa Benth.(Hemsl.in J.L.Soc.Bot.1890)=Paraphlomis javanica var. coronata
Phlomis rugosa Benth.=Paraphlomis javanica
Phlomis ruptilis C.Y.Wu 裂萼糙苏
Phlomis sagittata Rgl.=Metastachydium sagittatum
Phlomis setifera Bur. & Franch.(Kudô in Mem.Fac.Sci.Agr.Taihoku Univ.1929,p.p.)=Phlomis megalantha
Phlomis setifera Bur. & Franch.刺毛糙苏
Phlomis setigera Falcon.刚毛糙苏
Phlomis souliei Lévl.=Phlomis tatsienensis
Phlomis sp. Hand.-Mazz.=Phlomis ornata
Phlomis speciosa Hand.-Mazz.=Phlomis ornata
Phlomis spectabilis Falc.美丽糙苏
Phlomis stenocalyx Diels=Phlomis umbrosa var. stenocalyx
Phlomis stewartii HK.f.斯太沃特糙苏
Phlomis strigosa C.Y.Wu 粗毛糙苏
Phlomis szechuanensis C.Y.Wu 柴续断
Phlomis tatsienensis Bur. & Franch.康定糙苏
Phlomis tatsienensis var. hirticalyx (Hand.-Mazz.) C.Y.Wu 毛萼康定糙苏(新)
Phlomis tatsienensis var. tatsienensis=Phlomis tatsienensis
Phlomis tibetica Marquand & Airy-Shaw 西藏糙苏
Phlomis tibetica var. tibetica=Phlomis tibetica
Phlomis tibetica var. wardii Marquand & Airy-Shaw 毛盔西藏糙苏(新)
Phlomis tuberosa L.(Dunn in Notes.Bot.Gard.Edinb.1915,p.p.)=Phlomis betonicoides
Phlomis tuberosa L.(Hand.-Mazz.in Act.Hort.Göthob.1934,p.p.) = Phlomis medicinalis
Phlomis tuberosa L.(Kom.in Act.Hort.Petrop.1907)=Phlomis mongolica
Phlomis tuberosa L.块茎糙苏
Phlomis tuberosa Moench=Phlomis tuberosa
Phlomis umbrosa Turcz.(Dunn in Notes Bot.Gard.Ednb.1915,p.p.)= Phlomis umbrosa var. stenocalyx
Phlomis umbrosa Turcz.(Maxim.in Mém.Acad.Sci.St.Pétersb.Sab.Étrang. 1859)=Phlomis maximowiczii
Phlomis umbrosa Turcz.糙苏
Phlomis umbrosa var. australis Hemsl.山甘草
Phlomis umbrosa var. latibracteata Sun ex C.H.Hu 宽苞糙苏(新)
Phlomis umbrosa var. latibracteata f. villosa C.Y.Wu 长毛宽苞糙苏(新)
Phlomis umbrosa var. ovalifolia C.Y.Wu 卵叶糙苏(新)
Phlomis umbrosa var. stenocalyx (Diels) C.Y.Wu 狭萼糙苏(新)
Phlomis umbrosa var. *typica* Kudô (p.p.)=Phlomis umbrosa
Phlomis umbrosa var. *typica* Kudô (p.p.)=Phlomis umbrosa var. stenocalyx
Phlomis umbrosa var. umbrosa=Phlomis umbrosa
Phlomis uniceps C.Y.Wu 单头糙苏
Phlomis wangii Hu & Tsai=Phlomis medicinalis
Phlomis younghushandii Mukerj.块根糙苏
Phlomis zeylanica Jacq.=Leucas lavandulifolia
Phlomis zeylanica L.=Leucas zeylanica
Phlox L.**天蓝绣球属**(花荵科)
Phlox acuminata Pursh=Phlox paniculata
Phlox drummondii HK.小天蓝绣球
Phlox paniculata L.天蓝绣球
Phlox siebmanni Benth.=Phlox paniculata
Phlox subulata L.针叶天蓝绣球
Phlyarodoxa leucantha S.Moore=Ligustrum leucanthum
Phoberos chinensis Lour.=Scolopia chinensis
Phoberos cochinchinensis Lour.=Scolopia chinensis
Phoberos saeva Hance=Scolopia saeva
Phoebe Nees **楠属**(樟科)
Phoebe acuminata Merr.=Phoebe bournei
Phoebe amgustifolia Meissn.沼楠
Phoebe angustifolia var. *annamensis* Liou=Phoebe amgustifolia
Phoebe blepharopus Hand.-Mazz.=Phoebe bournei
Phoebe bournei (Hemsl.) Yang (Yang in J.West China Bord.Res.Soc.1945, p.p.)=Phoebe zhennan
Phoebe bournei (Hemsl.) Yang 闽楠
Phoebe brachythyrsa H.W.Li 短序楠
Phoebe calcarea S. Lee & F.N.Wei 石山楠
Phoebe chekiangensis C.B.Shang 浙江楠
Phoebe chinensis Chun 山楠
Phoebe crassipedicellata S.Lee & F.N.Wei 密梗楠
Phoebe cuneata Bl.(Lec.in Fl.Gén.Indoch.1914)=Phoebe tavoyana
Phoebe cuneata var. *poilanei* Liou=Phoebe tavoyana
Phoebe faberi (Hemsl.) Chun 竹叶楠
Phoebe formosana (Matsum. & Hay.) Hay.台楠
Phoebe forrestii W.W.Sm.长毛楠
Phoebe glaucifolia S.Lee & F.N.Wei 白背楠
Phoebe glaucophylla H.W.Li 粉叶楠
Phoebe hainanensis Merr.茶槁楠
Phoebe henryi (Hemsl.) Merr.=Phoebe tavoyana
Phoebe hui Cheng ex Yang 细叶楠
Phoebe hunanensis Hand.-Mazz.湘楠
Phoebe hungmaoensis S.Lee 红毛山楠
Phoebe kwangsinensis Liou 桂楠
Phoebe lanceolata (Wall. ex Nees) Nees 披针叶楠
Phoebe latifolia Champ.=Cinnamomum porrectum
Phoebe legendrei Lec.雅砻江楠
Phoebe lichuanensis S.Lee 利川楠
Phoebe macrocarpa C.Y.Wu 大果楠
Phoebe macrophylla (Bl.) Bl.(Gamble in Sarg.Pl.Wils.1914)=Phoebe chinensis
Phoebe megacalyx H.W.Li 大萼楠
Phoebe microphylla H.W.Li 小叶楠
Phoebe minutiflora H.W.Li 小花楠
Phoebe motuonan S.Lee & F.N.Wei 墨脱楠
Phoebe nanmu (Oliv.) Gamble (Gamble in Sarg.Pl.Wils.1916,p.p.)= Phoebe hui
Phoebe nanmu (Oliv.) Gamble 滇楠
Phoebe neurantha (Hemsl.) Gamble (Liou Ho,Laur.Chine & Indoch.1932 & 1934,p.p.)=Phoebe pandurata
Phoebe neurantha (Hemsl.) Gamble 白楠
Phoebe neurantha var. brevifolia H.W.Li 短叶楠
Phoebe neurantha var. cavaleriei Liou 兴义楠
Phoebe neurantha var. neurantha=Phoebe neurantha
Phoebe neurantha var. *omeiensis* Yang=Phoebe sheareri var. omeiensis
Phoebe neuranthoides S.Lee & F.N.Wei 光枝楠
Phoebe nigrifolia S.Lee &F.N.Wei 黑叶楠
Phoebe pandurata S.Lee & F.N.Wei 琴叶楠
Phoebe poilanei Kosterm.=Phoebe macrocarpa
Phoebe puwenensis Cheng 普文楠
Phoebe rufescens H.W.Li 红梗楠
Phoebe sheareri (Hemsl.) Gamble (Cheng in Contr.Biol.Lab.Sci.Soc. China 1934,p.p.)=Phoebe chekiangensis
Phoebe sheareri (Hemsl.) Gamble (Merr.in Lingnan Sci.J.1932)=Phoebe hungmaoensis
Phoebe sheareri (Hemsl.) Gamble 紫楠
Phoebe sheareri var. *formosana* (Matsum. & Hay.) Nakai=Phoebe formosana
Phoebe sheareri var. *longepaniculata* Liou=Phoebe puwenensis
Phoebe sheareri var. omeiensis (Yang) N.Chao 峨眉楠
Phoebe sheareri var. sheareri=Phoebe sheareri
Phoebe sheareri var. *stenophylla* Nakai=Phoebe formosana
Phoebe tavoyana (Meissn.) HK.f.乌心楠
Phoebe yaiensis S.Lee 崖楠
Phoebe yunnanensis H.W.Li 景东楠
Phoebe zhennan S.Lee & F.N.Wei 楠木
Phoenicophorium H.Wendl.**紫红棕属**(棕榈科)
Phoenicophorium borsigianum (K.Koch.) Wendl.紫红棕
Phoenix L.**刺葵属**(棕榈科)
Phoenix acaulis Roxb.无茎刺葵
Phoenix canariensis Chabaud 槟榔竹
Phoenix dactylifera L.海枣
Phoenix hanceana Naud 刺葵
Phoenix hanceana var. *formosana* Becc.=Phoenix hanceana
Phoenix humilis var. *hanceana* Haud.=Phoenix hanceana
Phoenix humilis var. *loureirii* Becc.=Phoenix roebelenii

Phoenix loureirii Kunth 软叶刺葵
Phoenix paludosa Roxb.沼泽刺葵
Phoenix reclinata Jacq.塞内加尔刺葵
Phoenix roebelenii O'Brien 江边刺葵
Phoenix sylvestris Roxb.林刺葵
Phoenixopus Rchb.=**Scariola**
Pholidocarpus Bl.**角鳞果棕属**(棕榈科)
Pholidocarpus macrocarpus Becc.大果角鳞果棕
Pholidota Lindl. ex HK.**石仙桃属**(兰科)
Pholidota articulata Lindl.节茎石仙桃
Pholidota articulata var. *grifithii* (HK.f.) King & Pantl.=Pholidota articulata
Pholidota articulata var. *obovata* (HK.f.) T.Tang & F.T.Wang=Pholidota articulata
Pholidota bracteata (D.Don) Seidenf.粗脉石仙桃
Pholidota cantonensis Rolfe 细叶石仙桃
Pholidota carnea (Bl.) Lindl.肉色石仙桃
Pholidota chinensis Lindl.石仙桃
Pholidota chinensis var. *cylindracea* T.Tang & F.T.Wang=Pholidota chinensis
Pholidota convallariae (Rchb.f.) HK.f.凹唇石仙桃
Pholidota grifithii HK.f.=Pholidota articulata
Pholidota henryi Kraenzl.=Pholidota imbricata
Pholidota imbricata HK.宿苞石仙桃
Pholidota imbricata var. *henryi* (Kraenzl.) T.Tang & F.T.Wang=Pholidota imbricata
Pholidota khasiana Rchb.f.=Pholidota articulata
Pholidota leveilleana Schltr.单叶石仙桃
Pholidota longipes S.C.Chen & Z.H.Tsi 长足石仙桃
Pholidota lugardii Rolfe=Pholidota articulata
Pholidota missionariorum Gagn.尖叶石仙桃
Pholidota obovata HK.f.=Pholidota articulata
Pholidota pallida Lindl.=Pholidota bracteata
Pholidota protracta HK.f.尾尖石仙桃
Pholidota roseans Schltr.贵州石仙桃
Pholidota rupestris Hand.-Mazz.岩生石仙桃
Pholidota suavaeolens Lindl.=Coelogyne suaveolens
Pholidota uraiensis Hay.=Pholidota cantonensis
Pholidota wenshanica S.C.Chen & Z.H.Tsi 文山石仙桃
Pholidota yunnanensis Rolfe 云南石仙桃
Pholidota yunnanensis Schltr.=Pholidota bracteata
Pholidota yunpeensis H.H.Hu=Pholidota bracteata
Pholiurus incurvus (L.) Schinz. & Thell.=Parapholis incurva
Phorolobus brunonianus Fée=Cryptogramma brunoniana
Phorolobus chinensis Desv.=Onychium japonicum
Phorolobus chinensis Desv.=Pteris ensiformis
Phorolobus siliculosum Desv.=Onychium siliculosum
Photinia Benth. & HK.f.(p.p.)=**Eriobotrya**
Photinia Lindl.**石楠属**(蔷薇科)
Photinia amphidoxa (Schneid.) Rehd. & Wils.=Stranvaesia amphidoxa
Photinia amphidoxa Rehd. & Wils.(Chun in Sunyatsenia 1934)=Photinia impressivena
Photinia amphidoxa var. *amphileia* Hand.-Mazz.=Stranvaesia amphidoxa var. amphileia
Photinia amphidoxa var. kwangsiensis Metcalf?广西红果树(新)
Photinia amphidoxa var. *stylosa* Card.=Stranvaesia amphidoxa
Photinia anlungensis Yü 安龙石楠
Photinia ardisiifolia Hay.=Photinia serrulata var. ardisiifolia
Photinia arguta Lindl.锐齿石楠
Photinia arguta var. arguta=Photinia arguta
Photinia arguta var. hookeri (Dcne.) Vidal 毛果锐齿石楠(新)
Photinia arguta var. salicifolia (Dcne.) Vidal 柳叶锐齿石楠(新)
Photinia beauverdiana Schneid.中华石楠
Photinia beauverdiana var. beauverdiana=Photinia beauverdiana
Photinia beauverdiana var. brevifolia Card.短叶中华石楠(新)
Photinia beauverdiana var. *lofauensis* Metcalf=Photinia schneideriana
Photinia beauverdiana var. notabilis (Schneid.) Rehd. & Wils.厚叶中华石楠(新)
Photinia beckii Schneid.椭圆叶石楠
Photinia benthamiana Hance 闽粤石楠
Photinia benthamiana var. benthamiana=Photinia benthamiana
Photinia benthamiana var. obovata Li 倒卵叶闽粤石楠(新)
Photinia benthamiana var. salicifolia Card.柳叶闽粤石楠(新)
Photinia berberidifolia Rehd. & Wils.小檗叶石楠
Photinia bergerae Schneid.湖北石楠
Photinia blinii (Lévl.) Rehd.短叶石楠
Photinia bodinieri Lévl.贵州石楠
Photinia bodinieri var. bodinieri=Photinia bodinieri
Photinia bodinieri var. longifolia Card.长叶贵州石楠(新)
Photinia brevipetiolata Card.?短柄石楠
Photinia busisanensis Hay.=Eriobotrya deflexa f. busisanensis.
Photinia calleryana (Dcne.) Card.=Photinia benthamiana
Photinia callosa Chun ex Kuan 厚齿石楠
Photinia cardotii Metcalf=Photinia villosa var. sinica
Photinia cavaleriei Lévl.(1907)=Photinia beauverdiana
Photinia cavaleriei Lévl.(Lévl.in Fedde,Repert. Subsp. Nov.1922)=Photinia crassifolia
Photinia chihsiniana Kuan 临桂石楠
Photinia chingiana Hand.-Mazz.宜山石楠
Photinia consimilis Hand.-Mazz.=Photinia prunifolia
Photinia crassifolia Lévl.厚叶石楠
Photinia crassifolia var. *denticulata* Card.=Photinia crassifolia
Photinia crenato-serrata Hance=Pyracantha fortuneana
Photinia daphniphylloides Hay.=Photinia serrulata var. daphniophylloides
Photinia davidiana Card.=Stranvaesia davidiana
Photinia davidsoniae Rehd. & Wils.椤木石楠
Photinia davidsoniae var. ambigua Card.?毛瓣椤木石楠(新)
Photinia davidsoniae var. pungens Card.?锐尖椤木石楠(新)
Photinia delexa Hemsl.=Eriobotrya deflexa
Photinia esquirolii (Lévl.) Rehd.黔南石楠?
Photinia euphlebia Merr. & Chun=Photinia impressivena
Photinia fautiei Card.=Photinia beauverdiana var. notabilis
Photinia flavidiflora W.W.Sm.=Photinia integrifolia var. flavidiflora
Photinia fokienensis (Franch.) Franch.福建石楠
Photinia fortuneana Maxim.=Pyracantha fortuneana
Photinia frachetiana Diels=Photinia glomerata
Photinia glabra (Thunb.) Maxim.光叶石楠
Photinia glabra var. *chinensis* Maxim.=Photinia serrulata
Photinia glabra var. *fokienensis* Franch.=Photinia fokienensis
Photinia glomerata Rehd. & Wils.球花石楠
Photinia glomerata var. *cuneata* Yü=Photinia glomerata
Photinia glomerata var. *micraophylla* Yü=Photinia glomerata
Photinia hirsuta Hand.-Mazz.褐毛石楠
Photinia hirsuta var. hirsuta=Photinia hirsuta
Photinia hirsuta var. lobulata Yü 裂叶褐毛石楠(新)
Photinia hookeri (Dcne.) Merr.=Photinia arguta var. hookeri
Photinia impressivena Hay.陷脉石楠
Photinia impressivena var. impressivena=Photinia impressivena
Photinia impressivena var. urceolocarpa (Vidal) Vaidal 毛序陷脉石楠(新)
Photinia integrifolia Lindl.全缘石楠
Photinia integrifolia var. flavidiflora (W.W.Sm.) Vidal 黄花全缘石楠(新)
Photinia integrifolia var. integrifolia=Photinia integrifolia
Photinia integrifolia var. notoniana (Wight & Arn.) Vidal 长柄全缘石楠(新)
Photinia integrifolia var. *yunnanensis* Yü=Photinia integrifolia
Photinia kudoi Masamune=Photinia beauverdiana var. notabilis
Photinia kwangsinensis Li 广西石楠
Photinia lancifolia Rehd. & Wils.=Photinia arguta var. salicifolia
Photinia lancilimbum var. *urceolocarpa* Vidal=Photinia impressivena var. urceolocarpa
Photinia lanuginosa Yü 绵毛石楠
Photinia lasiogyna (Franch.) Schneid.倒卵叶石楠
Photinia lasiopetala Hay.=Photinia serrulata var. lasiopetala
Photinia latouchei Franch.=Photinia fokienensis
Photinia lindleyana Wight & Arn.印度石楠
Photinia lochengensis Yü 罗城石楠
Photinia loriformis W.W.Sm.带叶石楠
Photinia lucida (Dcne.) Schneid.台湾石楠
Photinia mairei Lévl.=Photinia lasiogyna
Photinia melanostigma Hance=Photinia prunifolia
Photinia niitakayamensis Hay.=Stranvaesia davidiana var. salicifolia
Photinia notabilsi Schneid.=Photinia beauverdiana var. notabilis

Photinia notoniana Wight & Arn.=Photinia integrifolia var. notoniana
Photinia obliqua Stapf 斜脉石楠
Photinia parviflora Card.小花石楠
Photinia parvifolia (Pritz.) Schneid.=Photinia parvifolia var. kankoensis
Photinia parvifolia (Pritz.) Schneid.小叶石楠
Photinia parvifolia var. kankoensis (Hatusima) Yü 台湾小叶石楠(新)
Photinia parvifolia var. parvifolia=Photinia parvifolia
Photinia pilosicalyx Yü 毛果石楠
Photinia podocarpifolia Yü 罗汉松叶石楠
Photinia prionophylla (Franch.) Schneid.刺叶石楠
Photinia prionophylla var. nudifolia Hand.-Mazz.无毛刺叶石楠(新)
Photinia prionophylla var. prionophylla=Photinia prionophylla
Photinia prunifolia (HK. & Arn.) Lindl.桃叶石楠
Photinia prunifolia var. denticulata Yü 水花石楠
Photinia prunifolia var. prunifolia=Photinia prunifolia
Photinia raupingensis Kuan 饶平石楠
Photinia rosifoliolata Lévl.=Cotoneaster glaucophyllus
Photinia rubrolutea Lévl.=Malus sieboldii
Photinia salicifolia (Dcne.) Schneid.=Photinia arguta var. salicifolia
Photinia sambuciflora W.W.Sm.=Photinia integrifolia var. notoniana
Photinia schneideriana Rehd. & Wils.绒毛石楠
Photinia serrulata Lindl.(Lévl.Fl.Kouy-Tchéou 1915,p.p.)=Photinia bodinieri
Photinia serrulata Lindl.石楠
Photinia serrulata f. *ardisiifolia* (Hay.) Li=Photinia serrulata var. ardisiifolia
Photinia serrulata f. *daphniphylloides* (Hay.) Li=Photinia serrulata var. daphniphylloides
Photinia serrulata f. *lasiopetala* (Hay.) Shimizu=Photinia serrulata var. lasiopetala
Photinia serrulata var. *aculeata* Lawrence=Photinia serrulata
Photinia serrulata var. ardisiifolia (Hay.) Kuan 卵叶石楠(新)
Photinia serrulata var. *congestiflora* Card.=Photinia glomerata
Photinia serrulata var. daphniphylloides (Hay.) Kuan 宽叶石楠(新)
Photinia serrulata var. lasiopetala (Hay.) Kuan 毛瓣石楠
Photinia serrulata var. *prunifolia* HK. & Arn.=Photinia prunifolia
Photinia serrulata var. serrulata=Photinia serrulata
Photinia stenophylla Hand.-Mazz.窄叶石楠
Photinia subumbellata Rehd. & Wils.=Photinia parvifolia
Photinia subumbellata var. *villosa* Card.=Photinia villosa var. sinica
Photinia taiwanensis Hay.(p.p.)=Photinia lucida
Photinia tsaii Rehd.福贡石楠
Photinia tushanensis Yü 独山石楠
Photinia undulata var. *formosana* Card.=Stranvaesia davidiana var. salicifolia
Photinia variabilis Hemsl.(Matsum. & Hay.in J.Coll.Sci.Unvi.Tokyo 1906)= Photinia lucida
Photinia variabilis Hemsl.(p.p.)=Photinia villosa
Photinia villosa (Thunb.) DC.毛叶石楠
Photinia villosa var. *formosana* Hance=Photinia lucida
Photinia villosa var. *sinica* Rehd. & Wils.(Sasaki in Cat.Governm.Herb. Formos.1930)=Photinia beauverdiana var. notabilis
Photinia villosa var. sinica Rehd. & Wils.庐山石楠
Photinia villosa var. villosa=Photinia villosa
Photinopteris J.Sm.**顶育蕨属**(槲蕨科)
Photinopteris acuminata C.V.Morton 顶育蕨
Photinopteris horsfieldii J.Sm.=Photinopteris acuminata
Photinopteris humboldtii C.Presl=Photinopteris acuminata
Photinopteris rigida (Wall. ex HK.) Bedd.=Photinopteris acuminata
Photinopteris simplex J.Sm.=Photinopteris acuminata
Photinopteris speciosa (Bl.) C.Presl=Photinopteris acuminata
Photionopteris cumingii C.Presl=Photinopteris acuminata
Phragmipedium Rolfe **马褂兰属**(兰科)
Phragmipedium boissierianum (Rchb.f.) Rolfe 包氏马褂兰
Phragmipedium caudatum (Lindl.) Rolfe 尾尖马褂兰
Phragmipedium longifolium (Warsc. & Rchb.f.) Rolfe 长叶马褂兰
Phragmites Trin.**芦苇属**(禾本科)
Phragmites australis grex aestivales L.Liu 早熟苇群
Phragmites australis grex alpinae L.Liu 山原苇群
Phragmites australis grex australes L.Liu 芦苇群
Phragmites australis grex baipiwei L.Liu 白皮苇群
Phragmites australis grex bangonghuenses L.Liu 班公湖苇群
Phragmites australis grex bestengenes L.Liu 博湖苇群
Phragmites australis grex deserticolae L.Liu 沙漠苇群
Phragmites australis grex fenhuangwei L.Liu 凤凰苇群
Phragmites australis grex hexienses L.Liu 河西苇群
Phragmites australis grex neimongolenses L.Liu 内蒙苇群
Phragmites australis grex palustres L.Liu 沼泽苇群
Phragmites australis grex purpureae L.Liu 立紫苇群
Phragmites australis grex quingheienses L.Liu 青海苇群
Phragmites australis grex salsuginosae L.Liu 咸水苇群
Phragmites australis grex sheyangenses L.Liu 射阳苇群
Phragmites australis grex tianzhenenses L.Liu 天镇苇群
Phragmites australis Trin.芦苇
Phragmites australis var. australis=Phragmites australis
Phragmites communis Trin.=Phragmites australis
Phragmites communis var. berlandieri (Fournier) Fernald 伯氏芦苇
Phragmites hirsuta Kitagawa 毛芦苇
Phragmites japonica Steud.日本苇
Phragmites japonica var. japonica=Phragmites japonica
Phragmites japonica var. *prostrata* (Makino) L.Liu 爬苇
Phragmites jeholensis Honda 河北芦苇?
Phragmites karka (Retz.) Trin.卡开芦
Phragmites karka var. cincta HK.f.丝毛芦
Phragmites karka var. karka＝Phragmites karka
Phragmites prostratus Makino=Phragmites japonica var. prostrata
Phragmites zollingeri Steud.=Neyraudia reynaudiana
Phreatia Lindl.**馥兰属**(兰科)
Phreatia caulescens Ames 垂茎馥兰
Phreatia densiflora (Bl.) Lindl.密花馥兰
Phreatia elegans Lindl.(Rolfe in J.L.Sco.Bot.1903)=Phreatia formsoana
Phreatia evrardii Gagn.=Phreatia formsoana
Phreatia formsoana Rolfe 馥兰
Phreatia kotoensularis Fukuyama=Phreatia formsoana
Phreatia morii Hay.大馥兰
Phreatia secunda (Bl.) Lindl.偏馥兰
Phreatia taiwaniana Fukuyama 台湾馥兰
Phrlynium sinicum Miq.=Phrynium placentarium
Phryma L.**透骨草属**(透骨草科)
Phryma asiatica (Hara) Degener & I.Degener= Phryma leptostachya subsp. asiatica
Phryma asiatica (Hara) N.S.Prob.= Phryma leptostachya subsp. asiatica
Phryma esquirolii Lévl.= Phryma leptostachya subsp. asiatica
Phryma humilis Koidz.= Phryma leptostachya subsp. asiatica
Phryma leptostachya f. *melanostachya* (Kitag.) Kitag.= Phryma leptostachya subsp. asiatica
Phryma leptostachya L.(Nakai in Fl.Korea 1911)= Phryma leptostachya subsp. asiatica
Phryma leptostachya L.北美透骨草
Phryma leptostachya subsp. asiatica (Hara) Kitamura 透骨草
Phryma leptostachya subsp. leptostachya= Phryma leptostachya
Phryma leptostachya var. *asiatica* Hara= Phryma leptostachya subsp. asiatica
Phryma leptostachya var. *humilis* (Koidz.) Hara= Phryma leptostachya subsp. asiatica
Phryma leptostachya var. *melanostachya* Kitag.= Phryma leptostachya subsp. asiatica
Phryma leptostachya var. *nana* (Koidz.) Hara= Phryma leptostachya subsp. asiatica
Phryma leptostachya var. *oblongifolia* (Koidz.) Honda= Phryma leptostachya subsp. asiatica
Phryma nana Koidz.= Phryma leptostachya subsp. asiatica
Phryma oblongifolia Koidz.= Phryma leptostachya subsp. asiatica
Phrymaceae 透骨草科
Phrynium Willd.**柊叶属**(竹芋科)
Phrynium capitatum Willd.=Phrynium rheedei
Phrynium dispermum Gagn.=Phrynium oliganthum
Phrynium hainanense T.L.Wu & Senjen 海南柊叶
Phrynium oliganthum Merr.少花柊叶
Phrynium ovatum (L.) Druce=Phrynium rheedei
Phrynium parviflorum Roxb.=Phrynium placentarium
Phrynium placentarium (Lour.) Merr.尖苞柊叶

Phrynium rheedei Suresh & Nicols.柊叶
Phrynium sinicum Miq.=Phrynium placentarium
Phrynium tonkinense Gagn.云南柊叶
Phrynium variegatum N.E.Br.=Maranta arundinacea
Phtheirospermum Bge.**松蒿属**(玄参科)
Phtheirospermum auratum Bonati=Pedicularis aurata
Phtheirospermum chinense Bge.=Phtheirospermum japonicum
Phtheirospermum esquirolii Bonati ex Petitm.贵州松蒿(新)?
Phtheirospermum japonicum (Thunb.) Kanitz 松蒿
Phtheirospermum tenuisectum Bur. & Franch.细裂叶松蒿
Phuopsis (Griseb.) HK.f.**长柱草属**(茜草科)
Phuopsis Griseb.=**Phuopsis**
Phuopsis stylosa (Trin.) HK.f.长柱花
Phyla Lour.**过江藤属**(马鞭草科)
Phyla chinensis Lour.=Phyla nodiflora
Phyla nodiflora (L.) Greene 过江藤
Phylacium Benn.**苞护豆属**(豆科)
Phylacium majus Coll. & Hemsl.苞护豆
Phylanthodendron mirabile Hemsl.泰国珠子木
Phyllagathis Bl.**锦香草属**(野牡丹科)
Phyllagathis anisophylla Diels 毛柄锦香草
Phyllagathis asarifolia C.Chen 细辛锦香草
Phyllagathis calisaurea C.Chen 金盏锦香草
Phyllagathis cavaleriei (Lévl. & Vant.) Guillaum.锦香草
Phyllagathis cavaleriei var. cavaleriei=Phyllagathis cavaleriei
Phyllagathis cavaleriei var. tankahkeei (Merr.) C.Y.Wu ex C.Chen 短毛熊巴掌
Phyllagathis cavaleriei var. wilsoniana Guillaum.长柄熊巴掌
Phyllagathis chinensis Dunn.=Sarcopyramis nepalensis
Phyllagathis cymigera C.Chen 聚伞锦香草
Phyllagathis deltoda C.Chen 三角锦香草
Phyllagathis elattandra Diels 红敷地发
Phyllagathis erecta (S.Y.Hu) C.Y.Wu ex C.Chen 直立锦香草
Phyllagathis erythrotricha Merr. & Chun=Scorpiothyrsus erythrotrichus
Phyllagathis fordii (Hance) C.Chen 叶底红
Phyllagathis fordii var. fordii=Phyllagathis fordii
Phyllagathis fordii var. micrantha C.Chen 小花叶底红
Phyllagathis gracilis (Hand.-Mazz.) C.Chen 细梗锦香草
Phyllagathis hainanensis (Merr. & Chun) C.Chen 海南锦香草
Phyllagathis hispida (S.Y.Hu) C.Y.Wu ex C.Chen 刚毛锦香草
Phyllagathis hispidissima (C.Chen) C.Chen 密毛锦香草
Phyllagathis latisepala C.Chen 宽萼锦香草
Phyllagathis longearistata C.Chen 长芒锦香草
Phyllagathis longipes H.L.Li=Phyllagathis cavaleriei var. wilsoniana
Phyllagathis longiradiosa (C.Chen) C.Chen 大叶熊巴掌
Phyllagathis longiradiosa var. longiradiosa=Phyllagathis longiradiosa
Phyllagathis longiradiosa var. pulchella C.Chen 丽萼熊巴掌
Phyllagathis melastomatoides (Merr. & Chun) Ko 毛锦香草
Phyllagathis melastomatoides var. brevipes Ko 短柄毛锦香草
Phyllagathis melastomatoides var. melastomatoides=Phyllagathis melastomatoides
Phyllagathis nudipes C.Chen 秃柄锦香草
Phyllagathis oligotricha Merr. ex Merr. & Chun=Phyllagathis anisophylla
Phyllagathis ovalifolia H.L.Li 卵叶锦香草
Phyllagathis plagiopetala C.Chen 偏斜锦香草
Phyllagathis scorpiothyrsoides C.Chen 斑叶锦香草
Phyllagathis setotheca H.L.Li 刺蕊锦香草
Phyllagathis setotheca var. setotheca=Phyllagathis setotheca
Phyllagathis setotheca var. setotuba C.Chen 毛萼锦香草
Phyllagathis stenophylla H.L.Li 窄叶锦香草
Phyllagathis tankahkeei Merr.=Phyllagathis cavaleriei var. tankahkeei
Phyllagathis tenuicaulis C.Chen 柔茎锦香草
Phyllagathis ternata C.Chen 三瓣锦香草
Phyllagathis tetrandra Diels 四蕊锦香草
Phyllagathis velutina (Diels) C.Chen 腺毛锦香草
Phyllagathis wenshanensis S.Y.Hu 猫耳朵
Phyllagathis xanthosticta Merr. & Chun=Scorpiothyrsus xanthostictus
Phyllagathis xanthotricha Merr. & Chun=Scorpiothyrsus xanthotrichus
Phyllamphora Lour.=**Nepenthes**
Phyllamphora mirabilis Lour.=Nepenthes mirabilis
Phyllanthodendron Hemsl.**珠子木属**(大戟科)
Phyllanthodendron album Craib & Hutch.=Phyllanthodendron roseum
Phyllanthodendron anthopotamicum (Hand.-Mazz.) Croiz.珠子木
Phyllanthodendron breynioides P.T.Li 龙州珠子木
Phyllanthodendron caudatifolium P.T.Li 尾叶珠子木
Phyllanthodendron cavaleriei Lévl.=Phyllanthodendron dunnianum
Phyllanthodendron dunnianum Lévl.枝翅珠子木
Phyllanthodendron dunnianum var. *hypoglaucum* Lévl.=Phyllanthodendron dunnianum
Phyllanthodendron lativenium Croiz.宽脉珠子木
Phyllanthodendron moi (P.T.Li) P.T.Li 莽岗珠子木
Phyllanthodendron orbicularifolium P.T.Li 圆叶珠子木
Phyllanthodendron petraeum P.T.Li 岩生珠子木
Phyllanthodendron roseum Craib 玫花珠子木
Phyllanthodendron roseum var. *glabrum* Craib ex Hosseus=Phyllanthodendron roseum
Phyllanthodendron yunnanense Croiz 云南珠子木
Phyllanthus L.**叶下珠属**(大戟科)
Phyllanthus anceps Willd.(Benth.Fl.Hongk.1861,p.p.)=Phyllanthus ussuriensis
Phyllanthus anceps Willd.(Benth.Fl.Hongk.1861,p.p.)=Phyllanthus virgatus
Phyllanthus andersonii Muell.Arg.=Glochidion assamicum
Phyllanthus annamensis Beille 崖县叶下珠
Phyllanthus anthopotamicum Hand.-Mazz.=Phyllanthodendron anthopotamicum
Phyllanthus arborescens (Bl.) Muell.Arg.=Glochidion arborescens
Phyllanthus arenarius Beille 沙地叶下珠
Phyllanthus arenarius var. arenarius=Phyllanthus arenarius
Phyllanthus arenarius var. yunnanensis Chin 云南沙地叶下珠
Phyllanthus argyi Lévl.=Flueggea suffruticosa
Phyllanthus arnottianus (Muell.Arg.) Muell.Arg.=Glochidion hirsutum
Phyllanthus assamicus Muell.Arg.=Glochidion assamicum
Phyllanthus asteranthos Croiz.=Phyllanthus pulcher
Phyllanthus bacciformis L.=Sauropus bacciformis
Phyllanthus bicolor Muell.Arg.=Glochidion triandrum
Phyllanthus bodinieri (Lévl.) Rehd.贵州叶下珠
Phyllanthus cantoniensis Hornem.=Phyllanthus urinaria
Phyllanthus cantoniensis Schweigg.=Phyllanthus urinaria
Phyllanthus chekiangensis Croiz. & Metc.浙江叶下珠
Phyllanthus cinerascens HK.f. & Arn.=Phyllanthus cochinchinensis
Phyllanthus clarkei HK.f.滇藏叶下珠
Phyllanthus coccineus (Buch.-Ham.) Muell.Arg.=Glochidion coccineum
Phyllanthus cochinchinensis (Lour.) Spreng.越南叶下珠
Phyllanthus cochinchinensis Muell.Arg.=Phyllanthus cochinchinensis
Phyllanthus compressicaulis (Kurz ex Teijsm. & Binnend.) Muell.Arg.=Glochidion philippicum
Phyllanthus concinnus Ridl.=Phyllanthus gracilipes
Phyllanthus daltonii Muell.Arg.=Glochidion daltonii
Phyllanthus discofractus Croiz.=Phyllanthus gracilipes
Phyllanthus diversifolius Miq.=Glochidion rubrum
Phyllanthus dongfanensis P.T.Li 后生叶下珠
Phyllanthus dunnianus (Lévl.) Hand.-Mazz.=Phyllanthodendron dunnianum
Phyllanthus echinocarpus Chin=Phyllanthus forrestii
Phyllanthus emblica L.余甘子
Phyllanthus eriocarpus (Champ. ex Benth.) Muell.Arg.=Glochidion eriocarpum
Phyllanthus fagifolius (Miq.) Muell.Arg.=Glochidion sphaerogynum
Phyllanthus fanchenensis P.T.Li 尖叶下珠
Phyllanthus fasciculatus Muell.Arg.=Phyllanthus cochinchinensis
Phyllanthus fimbricalyx P.T.Li 穗萼叶下珠
Phyllanthus flex uosus (S. & Z.) Muell.Arg.落萼叶下珠
Phyllanthus fluggeiformis Muell.Arg.=Phyllanthus glaucus
Phyllanthus fluggeoides Muell.=Flueggea suffruticosa
Phyllanthus forrestii W.W.Sm.(p.p.)=Phyllanthus clarkei
Phyllanthus forrestii W.W.Sm.刺果叶下珠
Phyllanthus frachetianus Lévl.云贵叶下珠
Phyllanthus glabrocapsulus Metc.=Phyllanthus leptoclados
Phyllanthus glaucus Wall. ex Muell.Arg.青灰叶下珠
Phyllanthus goniocladus Merr. & Chun=Sauropus bacciformis

Phyllanthus gracilipes (Miq.) Muell.Arg.毛果叶下珠
Phyllanthus guandongensis P.T.Li 隐脉叶下珠
Phyllanthus hainanensis Merr.海南叶下珠
Phyllanthus hirsutus (Roxb.) Muell.Arg.=Glochidion hirsutum
Phyllanthus hongkongensis (Muell.Arg.) Muell.Arg.=Glochidion zeylanicum
Phyllanthus hookeri Muell.Arg.(分类学报 1981)=Phyllanthus tsarongensis
Phyllanthus hypoleucus (Miq.) Muell.Arg.=Glochidion lutescens
Phyllanthus indicus (Dalz.) Muell.Arg.=Margaritaria indica
*Phyllanthus indicus*f. *vestita* J.J.Bijdr.=Margaritaria indica
Phyllanthus japonicus (Baill.) Muell.Arg.=Phyllanthus flexuosus
Phyllanthus khasicus Muell.Arg.=Glochidion khasicum
Phyllanthus kiangsienis Croiz. & Metc.=Phyllanthus chekiangensis
Phyllanthus kurzianus Muell.Arg.=Glochidion philippicum
Phyllanthus lanceolarius (Roxb.) Muell.Arg.=Glochidion lanceolarium
Phyllanthus leiboensis Chin=Phyllanthus frachetianus
Phyllanthus leptoclados Benth.细枝叶下珠
Phyllanthus leptoclados Metc.=Phyllanthus chekiangensis
Phyllanthus leptoclados var. *pubescens* P.T.Li & D.Y.Liu=Phyllanthus chekiangensis
Phyllanthus leucopyrus (Willd.) Koenig ex Roxb.=Flueggea leucopyra
Phyllanthus lucens Poir.=Breynia fruticosa
Phyllanthus lutescens (Bl.) Muell.Arg.=Glochidion lutescens
Phyllanthus maderaspatensis L.麻德拉斯叶下珠
Phyllanthus mairei Lévl.=Phyllanthus emblica
Phyllanthus matsumurae Hay.=Phyllanthus ussuriensis
Phyllanthus microcarpus (Benth.) Muell.Arg.=Phyllanthus reticulatus
Phyllanthus moi P.T.Li=Phyllanthodendron moi
Phyllanthus multiflorus Poir.=Phyllanthus reticulatus
Phyllanthus multiflorus Willd.=Phyllanthus reticulatus
Phyllanthus myrtifolius (Wight) Muell.Arg.瘤腺叶下珠
Phyllanthus myrtifolius Moon=Phyllanthus myrtifolius
Phyllanthus nanellus P.T.Li 单花水油甘
Phyllanthus nepalensis Muell.Arg.=Glochidion velutinum
Phyllanthus niruri L.珠子草
Phyllanthus obovatus (S. & Z.) Muell.Arg.=Glochidion obovatum
Phyllanthus oligospermus Hay.少子叶下珠
Phyllanthus parvifolius Buch.-Ham. ex D.Don 水油甘
Phyllanthus patens Roxb.=Breynia retusa
Phyllanthus philippinensis (Benth.) Muell.Arg.=Glochidion philippicum
Phyllanthus pomaceus Moon=Breynia retusa
Phyllanthus puberus Muell.Arg.=Glochidion puberum
Phyllanthus puberus var. *fortunei* (Hance) Muell.Arg.=Glochidion puberum
Phyllanthus puberus var. *sinicus* (HK. & Arn.) Muell.=Glochidion puberum
Phyllanthus pulcher Well. ex Muell.Arg.云桂叶下珠
Phyllanthus quadrangularis Willd.=Sauropus quadrangularis
Phyllanthus quercinus Muell.Arg.=Glochidion philippicum
Phyllanthus ramiflorus (J.R. & G.Forst.) Muell.Arg.=Glochidion ramiflorum
Phyllanthus ramiflorus Pers.=Flueggea suffruticosa
Phyllanthus reticulatus Poir.小果叶下珠
Phyllanthus reticulatus var. glaber Muell.Arg.无毛小果叶下珠
Phyllanthus reticulatus var. reticulatus=Phyllanthus reticulatus
Phyllanthus retusus Dennst.=Breynia retusa
Phyllanthus rhamnoides Roxb.=Sauropus quadrangularis
Phyllanthus rhamnoides Willd.=Breynia vitis-idaea
Phyllanthus roeperianus Muell.Arg.=Phyllanthus cochinchinensis
Phyllanthus roeperianus var. *parvifolius* (Buch.-Ham. ex D.Don) Hand.-Mazz.= Phyllanthus parvifolius
Phyllanthus roseus (Craib & Hutch.) Beille=Phyllanthodendron roseum
Phyllanthus ruber (Lour.) Spreng.红叶下珠
Phyllanthus sect. *Cicca* subsect. *Margaritaria* (L.f.) Muell.Arg.= **Margaritaria**
Phyllanthus silheticus Muell.Arg.=Glochidion arborescens
Phyllanthus simplex Retz.=Phyllanthus virgatus
Phyllanthus simplex var. *chinensis* Muell.Arg.=Phyllanthus ussuriensis
Phyllanthus simplex var. *nussuriensis* (Rupr. & Maxim.) Muell.= Phyllanthus ussuriensis
Phyllanthus simplex var. *tonkinensis* Baille=Phyllanthus clarkei
Phyllanthus simplex var. *virgatus* (Forst.f.) Muell.Arg.=Phyllanthus virgatus
Phyllanthus sinensis Muell.Arg.=Phyllanthus reticulatus
Phyllanthus sinicus (Baill.) Muell.Arg.=Margaritaria indica
Phyllanthus sootepensis Craib 云泰叶下珠
Phyllanthus sphaerogynus Muell.Arg.=Glochidion sphaerogynum
Phyllanthus subpulchellus Croiz.=Phyllanthus sootepensis
Phyllanthus takaoensis Hay.=Phyllanthus reticulatus
Phyllanthus taxodiifolius Beille 落羽松叶下珠
Phyllanthus thomsonii Muell.Arg.=Glochidion thomsonii
Phyllanthus triandrus (Blanco) Muell.Arg.=Glochidion triandrum
Phyllanthus trinervius Wall.=Sauropus trinervius
Phyllanthus tsarongensis W.W.Sm.西南叶下珠
Phyllanthus tsiangii P.T.Li=Phyllanthus ruber
Phyllanthus turbinatus Sims=Breynia fruticosa
Phyllanthus urinaria L.叶下珠
Phyllanthus ussuriensis Rupr. & Maxim.蜜甘草
Phyllanthus velutinus Muell.Arg.=Glochidion velutinum
Phyllanthus villosus Poir.=Glochidion puberum
Phyllanthus virgatus Forst.f.黄珠子草
Phyllanthus virgatus var. *chinensis* (Muell.Arg.) Webster=Phyllanthus ussuriensis
Phyllanthus virosus Roxb. ex Willd.=Flueggea virosa
Phyllanthus wilfordii Croiz. & Metc.=Phyllanthus ussuriensis
Phyllanthus wrightii (Benth.) Muell.Arg.=Glochidion wrightii
Phyllanthus zeylanicus Muell.Arg.=Glochidion zeylanicum
Phyllaurea Lour.=**Codiaeum**
Phyllitis Hill **对开蕨属**(铁角蕨科)
Phyllitis cardiophylla Ching=Boniniella cardiophylla
Phyllitis delavayi C.Chr.=Sinephropteris delavayi
Phyllitis japonica Kom.=Phyllitis scolopendrium
Phyllitis rotundifolia Moench=Asplenium trichomanes
Phyllitis rutamuraria Moench=Asplenium ruta-muraria
Phyllitis scolopendrium (L.) Newm.对开蕨
Phyllitis sibiricu O.Ktze.=Camptosorus sibiricus
Phylloboea henryi Duthie ex Bedd.=Paraboea rufescens
Phylloboea sinensis Oliv.=Paraboea sinensis
Phyllocactus Link=**Epiphyllum**
Phyllocactus oxypetalus (DC.) Link=Epiphyllum oxypetalum
Phyllocereus Miq.=**Epiphyllum**
Phyllochlamys Bur.=**Streblus**
Phyllochlamys taxoides (Heyne) Koord.=Streblus taxoides
Phyllodes L.=**Phrynium**
Phyllodes placentarium Lour.=Phrynium placentarium
Phyllodesmis caloreas (Diels) Danser=Taxillus caloreas
Phyllodesmis delavayi Van Tiegh.=Taxillus delavayi
Phyllodesmis kaempferi (DC.) Van Tiegh.=Taxillus kaempferi
Phyllodium Desv.**排钱树属**(豆科)
Phyllodium elegans (Lour.) Desv.毛排钱树
Phyllodium grande (Kurz.) Schindl.=Phyllodium kurzianum
Phyllodium kurzianum (Kuntze) Ohashi 长柱排钱树
Phyllodium kurzii (Craib) Chun=Phyllodium kurzianum
Phyllodium longipes (Craib) Schindl.长叶排钱树
Phyllodium pulchellum (L.) Desv.排钱树
Phyllodoce Salisb.**松毛翠属**(杜鹃花科)
Phyllodoce aleutlca (K.Spreng.) A.Heller 阿留申松毛翠
Phyllodoce breweri (A.Gray) A.Heller 紫红松毛翠
Phyllodoce caerulea (L.) Bab.松毛翠
Phyllodoce deflexa Ching ex H.P.Yang 反折松毛翠
Phyllodoce empetriformis (Sm.) D.Don 岩高兰状松毛翠
Phyllodoce glanduliflora (HK.) Cov.腺花松毛翠
Phyllodoce niponica Mak.日本松毛翠
Phyllodoce taxifolia Salisb.=Phyllodoce caerulea
Phyllolobium chinense Fisch.=Astragalus complanatus
Phyllomphax Schltr.=**Brachycorythis**
Phyllomphax championii (Lindl.) Schltr.=Brachycorythis galeandra
Phyllomphax galeandra (Rchb.f.) Hand.-Mazz.=Brachycorythis galeandra
Phyllomphax henryi Schltr.=Brachycorythis henryi
Phyllomphax truncatolabellata (Hay.) Schltr.=Brachycorythis galeandra
Phyllophyton Kudô (植物志 65-2,1977)=**Marmoritis**
Phyllophyton complanatum (Dunn) Kudô=Marmoritis complanatum
Phyllophyton decolorans (Hemsl.) Kudô=Marmoritis decolorans
Phyllophyton nivale (Jacq. ex Benth.) C.Y.Wu=Marmoritis nivalis
Phyllophyton pharicum (Prain) Kudô=Marmoritis pharicus
Phyllophyton tibeticum (Jacq. ex Benth.) C.Y.Wu=Marmoritis rotundifolia

Phyllorchis helenae Ktze.=Bulbophyllum helenae
Phyllorchis stenobulbon(Par. & Rchb.f.) Ktze.=Bulbophyllum stenobulbon
Phyllospadix HK.**虾海藻属**(眼子菜科)
Phyllospadix iwatensis Makino 红纤维虾海藻
Phyllospadix japonica Makino 黑纤维虾海藻
Phyllospadix scouleri HK.虾海藻
Phyllostachys S. & Z.**刚竹属**(禾本科)
Phyllostachys acuta C.D.Chu & C.S.Chao 尖头青竹
Phyllostachys altiligulata G.G.Tang & Y.L.Hsu=Phyllostachys viridi-glaucescens
Phyllostachys angusta McClure 黄古竹
Phyllostachys arcana McClure 石绿竹
Phyllostachys arcana cv. *Arcana*=Phyllostachys arcana
Phyllostachys arcana cv. Luteosulcata 黄槽石绿竹
Phyllostachys arcana f. *luteosulcata* C.D.Chu & C.S.Chao=Phyllostachys arcana cv. Luteosulcata
Phyllostachys assamica Gamble ex Brandis=Phyllostachys mannii
Phyllostachys atrovaginata C.S.Chao 乌芽竹
Phyllostachys aurea Carr. ex A. & C.Riv.人面竹
Phyllostachys aureosulcata McClure 黄槽竹
Phyllostachys aureosulcata cv. Aureocaulis 黄竿京竹
Phyllostachys aureosulcata cv. Pekinensis 京竹
Phyllostachys aureosulcata cv. Spectabilis 金镶玉竹
Phyllostachys aureosulcata f. *alata* Wen=Phyllostachys aureosulcata cv. Pekinensis
Phyllostachys aureosulcata f. *aureocaulis* Z.P.Wang & N.X.Ma=Phyllostachys aureosulcata cv. Aureocaulis
Phyllostachys aureosulcata f. *pekinensis* (Lu) Wen=Phyllostachys aureosulcata cv. Pekinensis
Phyllostachys aureosulcata f. *pekinensis* J.L.Lu=Phyllostachys aureosulcata cv. Pekinensis
Phyllostachys aureosulcata f. *spectabilis* C.D.Chu & C.S.Chao=Phyllostachys aureosulcata cv. Spectabilis
Phyllostachys aurita J.L.Lu 毛环水竹
Phyllostachys bambusoides S. & Z.桂竹
Phyllostachys bambusoides cv. *Allgold* McClure=Phyllostachys sulphurea
Phyllostachys bambusoides cv. Castillon?砾竹(新)
Phyllostachys bambusoides cv. *Lacrimadeae*=Phyllostachys bambusoides f. lacrimadeae
Phyllostachys bambusoides cv. Slender Crookstem?纤细竹(新)
Phyllostachys bambusoides cv. White Crookestem?白桂竹(新)
Phyllostachys bambusoides f. bambusoides=Phyllostachys bambusoides
Phyllostachys bambusoides f. lacrimadeae Keng f. & Wen 斑竹
Phyllostachys bambusoides f. mixta Z.P.Wang 黄槽斑竹
Phyllostachys bambusoides f. shouzhu Yi 寿竹
Phyllostachys bambusoides f. *tamake* Makino ex Tsuboi (江苏志 1977,中国竹谱 1988)=Phyllostachys bambusoides f. lacrimadeae
Phyllostachys bambusoides f. *zitchiku* Makino (禾本科图说 1959)=Phyllostachys heteroclada f. solida
Phyllostachys bambusoides f. *zitchiku* Makino=Phyllostachys bambusoides
Phyllostachys bambusoides var. *aurea* (Carr. ex A. & C.Riv.) Makino=Phyllostachys aurea
Phyllostachys bambusoides var. castilloni (Latour-Mariliac) H.de Lehaie 黄金间碧玉竹
Phyllostachys bambusoides var. *castilloni-holochrysa* (Pfitz.) H.de Leh.=Phyllostachys sulphurea
Phyllostachys bambusoides var. castilloninversa H.de Lehaie 碧玉间黄金竹
Phyllostachys bambusoides var. mariliacea (Mitford) Makino 皱竹
Phyllostachys bambusoides var. *sulphurea* Makino ex Tsuboi=Phyllostachys sulphurea
Phyllostachys bawa E.G.Camus=Phyllostachys mannii
Phyllostachys bissetii McClure 蓉城竹
Phyllostachys castillomi var. *holochrysa* Pfitz.=Phyllostachys sulphurea
Phyllostachys cerata McClure=Phyllostachys heteroclada
Phyllostachys chlorina Wen=Phyllostachys sulphurea cv. Viridis
Phyllostachys circumpilis C.Y.Yao & S.Y.Chen 毛壳花哺鸡竹
Phyllostachys concava Z.H.Yu & Z.P.Wang=Phyllostachys rubicunda
Phyllostachys congesta McClure=Phyllostachys atrovaginata
Phyllostachys congesta Rendle=Phyllostachys heteroclada
Phyllostachys decora McClure=Phyllostachys mannii
Phyllostachys dubia Keng=Phyllostachys heteroclada
Phyllostachys dulcis McClure 白哺鸡竹
Phyllostachys edulis (Carr.) H.de Leh (树木分类学 1937)=Phyllostachys heterocycla cv. Pubescens
Phyllostachys edulis f. *huamozhu*(Wen) C.S.Chao & S.A.Renv.=Phyllostachys heterocycla cv. Tao Kiang
Phyllostachys edulis f. *luteosulcata* (Wen) C.S.Chao & S.A.Renv.=Phyllostachys heterocycla cv. Luteosulcata
Phyllostachys edulis f. *viridisulcata* (Wen) C.S.Chao & S.A.Renv.=Phyllostachys heterocycla cv. Viridisulcata
Phyllostachys edulis var. *heterocycla* (Carr.) H.de Leh.=Phyllostachys heterocycla
Phyllostachys edulis var. *heterocycla* (Carr.) Makino=Phyllostachys heterocycla
Phyllostachys elegans McClure 甜笋竹
Phyllostachys erecta Wen=Phyllostachys robustiramea
Phyllostachys faberi Rendle=Phyllostachys sulphurea cv. Viridis
Phyllostachys fauriei Hack.=Phyllostachys nigra var. henonis
Phyllostachys filifera McClure=Phyllostachys nigra
Phyllostachys fimbriligula Wen 角竹
Phyllostachys flexuosa (Carr.) A. & C.Riv.曲竿竹
Phyllostachys formosana Hay.=Phyllostachys aurea
Phyllostachys glabrata S.Y.Chen & C.Y.Yao 花哺鸡竹
Phyllostachys glauca McClure 粉绿竹
Phyllostachys glauca cv. Yunzhu 筠竹
Phyllostachys glauca f. *yunzhu* J.L.Lu=Phyllostachys glauca cv. Yunzhu
Phyllostachys glauca var. glauca=Phyllostachys glauca McClure
Phyllostachys glauca var. variabilis J.L.Lu 变竹
Phyllostachys guizhouensis C.S.Chao & J.Q.Zhang 贵州刚竹
Phyllostachys helva Wen=Phyllostachys mannii
Phyllostachys henonis Bean=Phyllostachys nigra var. henonis
Phyllostachys henryi Rendle=Phyllostachys nigra var. henonis
Phyllostachys heteroclada Oliv.水竹
Phyllostachys heteroclada f. *decurtata* (S.L.Chen) Wen=Phyllostachys heteroclada f. solida
Phyllostachys heteroclada f. heteroclada=Phyllostachys heteroclada
Phyllostachys heteroclada f. purpurata (McClure) Wen 黎子竹
Phyllostachys heteroclada f. solida (S.L.Chen) Z.P.Wang & Z.H.Yu 实心竹
Phyllostachys heterocycla (Carr.) Mitford 龟甲竹
Phyllostachys heterocycla cv. Gracilis 金丝毛竹
Phyllostachys heterocycla cv. *Heterocycla*=Phyllostachys heterocycla
Phyllostachys heterocycla cv. Luteosulcata 黄槽毛竹
Phyllostachys heterocycla cv. Obliquinoda 强竹
Phyllostachys heterocycla cv. Obtusangula 梅花毛竹
Phyllostachys heterocycla cv. Pubescens 毛竹
Phyllostachys heterocycla cv. Tao Kiang 花毛竹
Phyllostachys heterocycla cv. Tetrangulata 方竿毛竹
Phyllostachys heterocycla cv. Tubaeformis 圣音毛竹
Phyllostachys heterocycla cv. Ventricosa 佛肚毛竹
Phyllostachys heterocycla cv. Viridisulcata 绿槽毛竹
Phyllostachys heterocycla f. *huamozhu*(Wen) Wen=Phyllostachys heterocycla cv. Tao Kiang
Phyllostachys heterocycla f. *luteosulcata* (Wen) Wen=Phyllostachys heterocycla cv. Luteosulcata
Phyllostachys heterocycla f. *nabeshimana* (Muroi) Muroi=Phyllostachys heterocycla cv. Tao Kiang
Phyllostachys heterocycla f. *pubescnes* (H.de Leh.) D.McClink=Phyllostachys heterocycla cv. Pubescens
Phyllostachys heterocycla f. *viridisulcata* (Wen) Wen=Phyllostachys heterocycla cv. Viridisulcata
Phyllostachys heterocycla var. *pubescens* (Mazel) Ohwi=Phyllostachys heterocycla cv. Pubescens
Phyllostachys heterocycla var. *pubescens* f. *ventricosa* Z.P.Wang & N.X.Ma= Phyllostachys heterocycla cv. Ventricosa
Phyllostachys heterocycla var. *pubescnes* f. *obliguinoda* Z.P.Wang & N.X.Ma= Phyllostachys heterocycla cv. Obliquinoda
Phyllostachys hispida S.C.Li et al.=Phyllostachys varioauriculata
Phyllostachys incarnata Wen 红壳雷竹
Phyllostachys iridescens C.Y.Yao & S.Y.Chen 红哺鸡

Phyllostachys iridescens f. striata Wen?康岭红竹
Phyllostachys kumasasa (Zoll.) Munro=Shibataea kumasasa
Phyllostachys kwangsiensis W.Y.Hsiung et al.假毛竹
Phyllostachys lithophila Hay.轿杠竹?
Phyllostachys lofushanensis Z.P.Wang et al.大节刚竹
Phyllostachys makinoi Hay.台湾桂竹
Phyllostachys mannii Gamble 美竹
Phyllostachys marmorea (Mitf.) Aschers. & Graebn=Chimonobambusa marmorea
Phyllostachys maudiae Dunn 广东竹(新)?
Phyllostachys meyeri McClure 毛环竹
Phyllostachys meyeri f. *sphyaeroides* Wen=Phyllostachys sulphurea cv. Viridis
Phyllostachys mitis A. & C.Riv.=Phyllostachys sulphurea cv. Viridis
Phyllostachys mitis var. *sulphurea* (Carr.) H.de Leh.=Phyllostachys sulphurea
Phyllostachys montana Renedle=Phyllostachys nigra var. henonis
Phyllostachys nana Rendle=Phyllostachys nigra
Phyllostachys nevinii Hance=Phyllostachys nigra var. henonis
Phyllostachys nevinii var. *hupehensis* Rendle=Phyllostachys nigra var. henonis
Phyllostachys nidularia Munro 篌竹
Phyllostachys nidularia cv. *Smoothsheath* McClure=Phyllostachys nidularia f. glabrovagina
Phyllostachys nidularia f. farcata H.R.Zhao & A.T.Liu 实肚竹
Phyllostachys nidularia f. glabrovagina (McClure) Wen 光箨篌竹
Phyllostachys nidularia f. nidularia=Phyllostachys nidularia
Phyllostachys nidularia f. vexillaris Wen 磔竹
Phyllostachys nigella Wen 富阳乌哺鸡竹
Phyllostachys nigra (Lodd. ex Lindl.) Munro 紫竹
Phyllostachys nigra cv. *henon* McClure=Phyllostachys nigra var. henonis
Phyllostachys nigra f. *henonis* Muroi ex Sugimoto=Phyllostachys nigra var. henonis
Phyllostachys nigra var. henonis (Miftord) Stapf ex Rendle 淡竹
Phyllostachys nigra var. nigra=Phyllostachys nigra
Phyllostachys nigra var. *puberula* (Miq.) Filori=Phyllostachys nigra var. henonis
Phyllostachys nigripes Hay.=Phyllostachys nigra
Phyllostachys nuda McClure 灰竹
Phyllostachys nuda cv. Localis 紫蒲头灰竹
Phyllostachys nuda f. *localis* Z.P.Wang & Z.H.Yu=Phyllostachys nuda cv. Localis
Phyllostachys nuda f. *lucida* Wen=Phyllostachys nuda
Phyllostachys parvifolia C.D.Chu & H.Y.Chou 安吉金竹
Phyllostachys parvifolia f. *lignosa* Wen=Phyllostachys heteroclada f. solida
Phyllostachys pinyanensis Wen=Phyllostachys bambusoides
Phyllostachys platyglossa Z.P.Wang & Z.H.Yu 灰水竹
Phyllostachys praecox C.D.Chu & C.S.Chao 早竹
Phyllostachys praecox cv. Notata 黄条早竹
Phyllostachys praecox cv. Prevernalis 雷竹
Phyllostachys praecox f. *notata* S.Y.Chen & C.Y.Yao=Phyllostachys praecox cv. Notata
Phyllostachys praecox f. *prevernalis* S.Y.Chen & C.Y.Yao=Phyllostachys praecox cv. Prevernalis
Phyllostachys primotina Wen=Plyllostachys incarnata
Phyllostachys prominens W.Y.Xiong 高节竹
Phyllostachys propinqua McClure 早园竹
Phyllostachys propinqua f. laguginosa Wen 望江哺鸡
Phyllostachys puberula (Miq.) Munro=Phyllostachys nigra var. henonis
Phyllostachys puberula var. *nigra* (Lodd.) H.de Leh.=Phyllostachys nigra
Phyllostachys pubescens Mazel ex H.de Leh.=Phyllostachys heterocycla cv. Pubescens
Phyllostachys pubescens cv. Taokiang W.C.Lin=Phyllostachys heterocycla cv. Tao Kiang
Phyllostachys pubescens f. *gracilis* W.Y.Hsiung=Phyllostachys heterocycla cv. Gracilis
Phyllostachys pubescens f. *huamozhu* Wen=Phyllostachys heterocycla cv. Tao Kiang
Phyllostachys pubescens f. *lutea* Wen=Phyllostachys heterocycla cv. Pubescens
Phyllostachys pubescens f. *luteosulcata* Wen=Phyllostachys heterocycla cv. Luteosulcata
Phyllostachys pubescens f. *obtusangula* S.Y.Wang=Phyllostachys heterocycla cv. Obtusangula
Phyllostachys pubescens f. *tetrangulata* S.Y.Wang=Phyllostachys heterocycla cv. Tetrangulata
Phyllostachys pubescens f. *tubaeformis* S.Y.Wang=Phyllostachys heterocycla cv. Tubaeformis
Phyllostachys pubescens f. *viridisulata* Wen=Phyllostachys heterocycla cv. Viridisulcata
Phyllostachys pubescens var. *heterocycla* (Carr.) H.de Leh.=Phyllostachys heterocycla
Phyllostachys purpurata McClure=Phyllostachys heteroclada f. purpurata
Phyllostachys purpurata cv. *Solidstem* McClure=Phyllostachys heteroclada f. solida
Phyllostachys purpurata cv. *Straighstem* McClure=Phyllostachys heteroclada
Phyllostachys purpurata f. *decurtata* S.L.Chen=Phyllostachys heteroclada f. solida
Phyllostachys purpurata f. *solida* S.L.Chen=Phyllostachys heteroclada f. solida
Phyllostachys quadrangularis (Fenzi) Rendle=Chimonobambusa quadrangularis
Phyllostachys quilioi var. *castillonis-holochrysa* Regel & H.de Leh.=Phyllostachys sulphurea
Phyllostachys reticulata Y.Chen=Phyllostachys bambusoides
Phyllostachys reticulata var. *aurea* Makino=Phyllostachys aurea
Phyllostachys reticulata var. *holochrysa* (Pfitz.) Nakai=Phyllostachys sulphurea
Phyllostachys reticulata var. *sulphurea* (Carr.) Makino=Phyllostachys sulphurea
Phyllostachys retusa Wen=Phyllostachys rubicunda
Phyllostachys rigida X.Jiang & Q.Li=Phyllostachys aurita
Phyllostachys rivalis H.R.Zhao & A.T.Liu 河竹
Phyllostachys robustiramea S.Y.Chen & C.TY.Yao 芽竹
Phyllostachys rubicunda Wen 红后竹
Phyllostachys rubromarginata f. *castigata* Wen=Phyllostachys rubromarginata McClure
Phyllostachys rubromarginata McClure 红边竹
Phyllostachys rubromarginata Z.P.Wang et.al.=Phyllostachys aurita
Phyllostachys rutila Wen 衢县红壳竹
Phyllostachys shuchengensis S.C.Li & S.H.Wu=Phyllostachys rubromarginata McClure
Phyllostachys spectabilis C.D.Chu & C.S.Chao=Phyllostachys aureosulcata cv. Spectabilis
Phyllostachys stauntoni Munro=Phyllostachys nigra var. henonis
Phyllostachys stimulosa H.R.Zhao 漫竹
Phyllostachys stimulosa f. unifoliata Wen 水后竹
Phyllostachys sulphurea (Carr.) A. & C.Riv.金竹
Phyllostachys sulphurea cv. Houzeau 绿皮黄筋竹
Phyllostachys sulphurea cv. Robert Young 黄皮绿筋竹
Phyllostachys sulphurea cv. Viridis 刚竹
Phyllostachys sulphurea var. *viridis* f. *houzeauana* (C.D.Chu & C.S.Chao) C.S.Chao & S.A.Renv.=Phyllostachys sulphurea cv. Houzeau
Phyllostachys sulphurea var. *viridis* f. *robertii* C.S.Chao & S.A.Renv.= Phyllostachys sulphurea cv. Robert Young
Phyllostachys sulphurea var. *viridis* R.A.Young=Phyllostachys sulphurea cv. Viridis
Phyllostachys tianmuensis Z.P.Wang & N.X.Ma 天目早竹
Phyllostachys varioauriculata S.C.Li 乌竹
Phyllostachys veitchiana Rendle 硬头青竹
Phyllostachys verrucosa G.H.Ye & Z.P.Wang 长沙刚竹
Phyllostachys villosa Wen=Phyllostachys sulphurea cv. Viridis
Phyllostachys virella Wen 东阳青皮竹
Phyllostachys viridi-glaucescens (Carr.) A. & C.Riv.粉绿竹
Phyllostachys viridis (R.A.Young) McClure=Phyllostachys sulphurea cv. Viridis
Phyllostachys viridis cv. *Houzeau* McClure=Phyllostachys sulphurea cv. Houzeau
Phyllostachys viridis f. *aurata* Wen=Phyllostachys sulphurea cv. Robert Young
Phyllostachys viridis f. *houzeauana* C.D.Chu & C.S.Chao=Phyllostachys sulphurea cv. Houzeau
Phyllostachys viridis f. *laqueata* Wen=Phyllostachys meyeri
Phyllostachys viridis f. *youngii* C.D.Chu & C.S.Chao(p.p.)=Phyllostachys sulphurea

Phyllostachys viridis f. *youngii* C.D.Chu & C.S.Chao(p.p.)=Phyllostachys sulphurea cv. Robert Young
Phyllostachys virids cv. *Robert young* McClure=Phyllostachys sulphurea cv. Robert Young
Phyllostachys vivax McClure 乌哺鸡竹
Phyllostachys vivax cv. Aureocaulis 黄竿乌哺鸡竹
Phyllostachys vivax cv. Huanwenzhu 黄纹竹
Phyllostachys vivax f. *aureocaulis* N.X.Ma=Phyllostachys vivax cv. Aureocauli
Phyllostachys vivax f. *huanwenzhu* J.L.Lu=Phyllostachys vivax cv. Huanwenzhu
Phyllostachys yunhoensis S.Y.Chen & C.Y.Yao 云和哺鸡竹
Phyllyrea paniculata Roxb.=Ligustrum lucidum
Phyllyrea robusta Roxb.=Ligustrum rubustum
Phyloboea henryi Duthie ex Bedd.=Paraboea rufescens
Phymatodes C.Presl=**Phymatosorus**
Phymatodes albopes (C.Chr. & Ching) Ching=Phymatopteris albopes
Phymatodes chinensis Ching=Phymatopteris albopes
Phymatodes chrysotricha (C.Chr.) Ching=Phymatopteris chrysotricha
Phymatodes conmixta Ching=Phymatopteris conmixta
Phymatodes connexa Ching=Phymatopteris connexa
Phymatodes coromans C.Presl=Pseudodrynaria coronans
Phymatodes crenatopinnata (C.B.Clarek)=Ching=Phymatopteris crenatopinnata
Phymatodes cruciformis (Ching) Ching=Phymatopteris cruciformis
Phymatodes cuspidata (D.Don) J.Sm.=Phymatosorus cuspidatus
Phymatodes dactylina (Christ) Ching(p.p.)=Phymatopteris dactylina
Phymatodes digitata Ching=Phymatopteris digitata
Phymatodes Drynaria (Bory) C.Presl=**Drynaria**
Phymatodes ebenipes (HK.) Ching=Phymatopteris ebenipes
Phymatodes echinospora Tagawa=Phymatopteris echinospora
Phymatodes engleri (Luerss.) Ching=Phymatopteris tenuipes
Phymatodes engleri var. *coriacea* Tagawa=Phymatopteris tenuipes
Phymatodes erythrocarpa (Mett. ex Kuhn) Ching=Phymatopteris erythrocarpa
Phymatodes falcatophinnata (Hay.) Ching=Phymatopteris falcatopinnata
Phymatodes griffithiana (HK.) Ching=Phymatopteris griffithiana
Phymatodes griffithiana var. *majoensis* (C.Chr.) Ching=Phymatopteris majoensis
Phymatodes hainanensis Ching=Phymatopteris hainanensis
Phymatodes hastata (Thunb.) Ching=Phymatopteris hastata
Phymatodes intermedia Ching=Phymatopteris quasidivaricata
Phymatodes kwangtungensis Ching=Phymatopteris oxyloba
Phymatodes lancea Ching=Phymatosorus lanceus
Phymatodes longissima (Bl.) J.Sm.=Phymatosorus longissimus
Phymatodes lucida (Roxb.) Ching=Phymatosorus cuspidatus
Phymatodes malacodon (HK.) Ching=Phymatopteris malacodon
Phymatodes nigrescens (Bl.) J.Sm.=Phymatosorus membranifolius
Phymatodes nigrescens var. *variabilis* (Ching) C.Chr. & Tardieu.=Phymatosorus membranifolius
Phymatodes nigrovenia (Christ) Ching=Phymatopteris nigrovenia
Phymatodes okamotoi Tagawa=Phymatopteris rhynchophylla
Phymatodes oxyloba (Wal. ex Kunze) C.Presl ex Ching=Phymatopteris oxyloba
Phymatodes phymatodes (L.) Maxin=Phymatosorus scolopendria
Phymatodes propinqua (Wall. ex Mett.) C.Presl=Drynaria propinqua
Phymatodes quasidivaricata (Hay.) Ching=Phymatopteris quasidivaricata
Phymatodes quercifolia C.Presl=Drynaria quercifolia
Phymatodes rhynchophylla (HK.) Ching=Phymatopteris rhynchophylla
Phymatodes roseomarginata Ching=Phymatopteris roseomarginata
Phymatodes scolophendria (Burm.) Ching=Phymatosorus scolopendria
Phymatodes sect. *Euphymatodes* Ching=**Phymatosorus**
Phymatodes stewartii (Bedd.) Ching=Phymatopteris stewartii
Phymatodes stracheyi Ching=Phymatopteris stracheyi
Phymatodes taiwanensis Tagawa=Phymatopteris taiwanensis
Phymatodes takedae Nakai=Microsorium fortunei
Phymatodes tridactyla C.Presl=Microsorium pteropus
Phymatodes triloba (Houtt.) Ching=Phymatopteris triloba
Phymatodes triphylla (Jacq.) C.Chr. & Tardieu=Phymatopteris triloba
Phymatodes trisecta (Baker) Ching=Phymatopteris trisecta
Phymatodes trisecta var. *hirticarpa* Ching=Phymatopteris trisecta
Phymatodes variabilis Ching=Phymatosorus membranifolius
Phymatodes veitchii var. *glaucopsis* (Franch.) Ching=Phymatopteris glaucopsis
Phymatodes vulgaris C.Presl=Phymatosorus scolopendria
Phymatodes yakushimensis (Makino) Tagawa=Phymatopteris yakushimensis
Phymatopsis J.Sm.=**Phymatopteris**
Phymatopsis albopes (C.Chr. & Ching) Ching=Phymatopteris albopes
Phymatopsis cartilagineo-serrata Ching & S.K.Wu=Phymatopteris cartilagineo-serrata
Phymatopsis chenkouensis Ching=Phymatopteris hastata
Phymatopsis chrysotricha (C.Chr.) Ching=Phymatopteris chrysotricha
Phymatopsis conjuncta Ching=Phymatopteris conjuncta
Phymatopsis conmixta (Ching) Ching=Phymatopteris conmixta
Phymatopsis connexa (Ching) Ching=Phymatopteris connexa
Phymatopsis crenatopinnata (C.B.Clarke) Ching=Phymatopteris crenatopinnata
Phymatopsis cruciformis (Ching) Ching=Phymatopteris cruciformis
Phymatopsis cunea Ching=Phymatopteris hainanensis
Phymatopsis dactylina (Christ) Ching=Phymatopteris dactylina
Phymatopsis digitata (Ching) Ching=Phymatopteris digitata
Phymatopsis ebenipes (HK.) J.Sm.=Phymatopteris ebenipes
Phymatopsis ebenipes var. *subebenipes* (Ching) K.Iwats.=Phymatopteris subebenipes
Phymatopsis echinospora (Tagawa) H.Ito=Phymatopteris echinospora
Phymatopsis engleri (Luerss.) H.Ito=Phymatopteris tenuipes
Phymatopsis engleri var. *coriacea* (Tagawa) Ching=Phymatopteris tenuipes
Phymatopsis engleri var. *hypoleuca* (Hay.) H.Ito=Phymatopteris tenuipes
Phymatopsis erythrocarpa (Mett. ex Kuhn) Ching=Phymatopteris erythrocarpa
Phymatopsis falcatopinnata (Hay.) H.Ito=Phymatopteris falcatopinnata
Phymatopsis fukienensis Ching=Phymatopteris yakushimensis
Phymatopsis glaucopsis (Franch.) Ching=Phymatopteris glaucopsis
Phymatopsis griffithiana (HK.) J.Sm.=Phymatopteris griffithiana
Phymatopsis hainanensis (Ching) Ching=Phymatopteris hainanensis
Phymatopsis hastata (Thunb.) H.Ito=Phymatopteris hastata
Phymatopsis hastata f. *arenaria* (Baker) Ching=Phymatopteris hastata
Phymatopsis hastata f. *dolichopoda* (Diels) Ching=Phymatopteris hastata
Phymatopsis hastata f. *pygmaea* (Maxim.) H.Ito=Phymatopteris hastata
Phymatopsis hastata f. *simplex*(Christ) Ching=Phymatopteris hastata
Phymatopsis hirtella Ching=Phymatopteris hirtella
Phymatopsis hunyaensis Ching=Phymatopteris hastata
Phymatopsis integrerrima Ching=Phymatopteris griffithiana
Phymatopsis intermedia (Ching) Ching=Phymatopteris quasidivaricata
Phymatopsis kingpiengensis Ching=Phymatopteris kingpingensis
Phymatopsis kwangtungensis (Ching) Ching=Phymatopteris oxyloba
Phymatopsis laipoensis Ching=Phymatopteris nigrovenia
Phymatopsis likiangnensis Ching=Phymatopteris likiangensis
Phymatopsis majoensis (C.Chr.) Ching=Phymatopteris majoensis
Phymatopsis malacodon (HK.) Ching=Phymatopteris malacodon
Phymatopsis nigropaleacea Ching=Phymatopteris nigropaleacea
Phymatopsis nigrovenia (Christ) Ching=Phymatopteris nigrovenia
Phymatopsis oblongifolia S.K.Wu=Phymatopteris oblongifolia
Phymatopsis obtusa Ching=Phymatopteris obtusa
Phymatopsis omeiensis Ching=Phymatopteris omenensis
Phymatopsis oxyloba (Wall. ex Kunze) Ching=Phymatopteris oxyloba
Phymatopsis palmatifida Ching & Chiu=Phymatopteris digitata
Phymatopsis pellucidifolia (Hay.) H.Ito=Phymatopteris engleri
Phymatopsis pingpienensis Ching=Phymatopteris oxyloba
Phymatopsis quasidivaricata (Hay.) H.Ito=Phymatopteris quasidivaricata
Phymatopsis rhynchophylla (HK.) J.Sm.=Phymatopteris rhynchophylla
Phymatopsis roseomarginata (Ching) Ching=Phymatopteris roseomarginata
Phymatopsis rotunda Ching=Phymatopteris hastata
Phymatopsis shandonensis J.X.Li & C.Y.Wang=Phymatopteris hastata
Phymatopsis shensiensis (Christ) Ching=Phymatopteris shensiensis
Phymatopsis similis Ching=Phymatopteris hastata
Phymatopsis simplicifolia Ching=Phymatopteris hastata
Phymatopsis stearrtii var. *nigropaleacea* (Ching) X.Cheng=Phymatopteris nigropaleacea
Phymatopsis stewartii (Bedd.) Ching=Phymatopteris stewartii
Phymatopsis stracheyi (Ching) Ching=Phymatopteris stracheyi
Phymatopsis subebenipes Ching=Phymatopteris subebenipes
Phymatopsis suboxyloba Ching=Phymatopteris oxyloba
Phymatopsis taeniata (Sw.) Ching 假瘤蕨
Phymatopsis taeniata var. *palmata* Ching(分类学报 1964)=Phymatopteris falcatopinnata
Phymatopsis taiwanensis (Tagawa) Ching=Phymatopteris taiwanensis
Phymatopsis tarningensis Ching=Phymatopteris hastata

Phymatopsis tenuipes Ching=Phymatopteris tenuipes
Phymatopsis tibetana Ching & S.K.Wu=Phymatopteris tibetana
Phymatopsis trifida (D.Don) J.Sm.=Phymatopteris oxyloba
Phymatopsis triloba (Houtt.) Ching=Phymatopteris triloba
Phymatopsis trisecta (Baker) Ching=Phymatopteris trisecta
Phymatopsis wuyishanica Ching & Shing=Phymatopteris conjuncta
Phymatopsis yakushimensis (Makino) H.Ito=Phymatopteris yakushimensis
Phymatopteris Pic.Serm.**假瘤蕨属**(水龙骨科)
Phymatopteris albopes (C.Chr. & Ching) Pic.Serm.灰鳞假瘤蕨
Phymatopteris cartilagineo-serrata (Ching & S.K.Wu) S.G.Lu 芒刺假瘤蕨
Phymatopteris chenkouenis (Ching) Pic.Serm.=Phymatopteris hastata
Phymatopteris chenopus (Christ) S.G.Lu 鹅绒假瘤蕨
Phymatopteris chrysotricha (C.Chr.) Pic.Serm.白茎假瘤蕨
Phymatopteris conjuncta (Ching) Pic.Serm.交连假瘤蕨
Phymatopteris conmixta (Ching) Pic.Serm.钝羽假瘤蕨
Phymatopteris connexa (Ching) Pic.Serm.耿马假瘤蕨
Phymatopteris crenatopinnata (C.B.Clarke) Pic.Serm.紫柄假瘤蕨
Phymatopteris cruciformis (Ching) Pic.Serm.十字假瘤蕨
Phymatopteris cunea (Ching) Pic.Serm.=Phymatopteris hainanensis
Phymatopteris dactylina (Christ) Pic.Serm.指叶假瘤蕨
Phymatopteris daweishanensis S.G.Lu 大围山假瘤蕨
Phymatopteris digitata (Ching) Pic.Serm.掌叶假瘤蕨
Phymatopteris ebenipes (HK.) Pic.Serm.黑鳞假瘤蕨
Phymatopteris ebenipes var. ebenipes=Phymatopteris ebenipes
Phymatopteris ebenipes var. oakesii (C.B.Clarke) Satijia & Bir 毛轴黑鳞假瘤蕨
Phymatopteris echinospora (Tagawa) Pic.Serm.大叶玉山假瘤蕨
Phymatopteris engleri (Luerss.) Pic.Serm.恩氏假瘤蕨
Phymatopteris erythrocarpa (Mett. ex Kuhn) Pic.Serm.锡金假瘤蕨
Phymatopteris falcatopinnata (Hay.) S.G.Lu 镰羽假瘤蕨
Phymatopteris fukienensis (Ching) Pic.Ser.=Phymatopteris yakushimensis
Phymatopteris glaucopsis (Franch.) Pic.Serm.刺齿假瘤蕨
Phymatopteris griffithiana (HK.) Pic.Serm.大果假瘤蕨
Phymatopteris hainanensis (Ching) Pic.Serm.海南假瘤蕨
Phymatopteris hastata (Thunb.) Pic.Serm.金鸡脚假瘤蕨
Phymatopteris hirtella (Ching) Pic.Serm.昆明假瘤蕨
Phymatopteris hunyaensis (Ching) Pic.Sirm.=Phymatopteris hastata
Phymatopteris incisocrenata Ching ex W.M.Chu & S.G.Lui 圆齿假瘤蕨
Phymatopteris intermedia (Ching) Pic.Serm.=Phymatopteris quasidivaricata
Phymatopteris kingpingensis (Ching) Pic.Serm.金平假瘤蕨
Phymatopteris kwangtungensis (Ching) Pic.Serm.=Phymatopteris oxyloba
Phymatopteris laipoensis (Ching) Pic.Serm.=Phymatopteris nigrovenia
Phymatopteris likiangensis (Ching) Pic.Serm.丽江假瘤蕨
Phymatopteris majoensis (C.Chr.) Pic.Serm.宽底假瘤蕨
Phymatopteris malacodon (HK.) Pic.Serm.弯弓假瘤蕨
Phymatopteris nigropaleacea (Ching) S.G.Lu 乌鳞假瘤蕨
Phymatopteris nigrovenia (Christ) Pic.Serm.毛叶假瘤蕨
Phymatopteris oblongifolia (S.K.Wu) W.M.Chu & S.G.Lu 长圆假瘤蕨
Phymatopteris obtusa (Ching) Pic.Serm.圆顶假瘤蕨
Phymatopteris omenensis (Ching) Pic.Serm.峨眉假瘤蕨
Phymatopteris oxyloba (Wall. ex Kunze) Pic.Serm.尖裂假瘤蕨
Phymatopteris pellucidifolia (Hay.) Pic.Serm.透明叶假瘤蕨
Phymatopteris pianmaensis W.M.Chu 片马假瘤蕨
Phymatopteris pingpienensis Ching) Pic.Serm.=Phymatopteris oxyloba
Phymatopteris quasidivaricata (Hay.) Pic.Serm.展羽假瘤蕨
Phymatopteris rhynchophylla (HK.) Pic.Serm.喙叶假瘤蕨
Phymatopteris roseomarginata (Ching) Pic.Serm.紫边假瘤蕨
Phymatopteris rotunda (Ching) Pic.Serm.=Phymatopteris hastata
Phymatopteris shensiensis (Christ) Pic.Serm.陕西假瘤蕨
Phymatopteris simplicifolia (Ching) Pic.Serm.=Phymatopteris hastata
Phymatopteris stewartii (Bedd.) Pic.Serm.尾尖假瘤蕨
Phymatopteris stracheyi (Ching) Pic.Serm.斜下假瘤蕨
Phymatopteris subebenipes (Ching) Pic.Serm.苍山假瘤蕨
Phymatopteris suboxyloba (Ching) Pic.Serm.=Phymatopteris oxyloba
Phymatopteris taiwanensis (Tagawa) Pic.Serm.台湾假瘤蕨
Phymatopteris tenuipes (Ching Pic.Serm.细柄假瘤蕨
Phymatopteris tibetana (Ching & S.K.Wu) W.M.Chu 西藏假瘤蕨
Phymatopteris triloba (Houtt.) Pic.Serm.三指假瘤蕨
Phymatopteris trisecta (Baker) Pic.Serm.三出假瘤蕨
Phymatopteris wuliangshanensis W.M.Chu 无量山假瘤蕨
Phymatopteris yakushimensis (Makino) Pic.Serm.屋久假瘤蕨
Phymatosorus Pic.Serm.**瘤蕨属**(水龙骨科)
Phymatosorus cuspidatus (D.Don) Pic.Serm.光亮瘤蕨
Phymatosorus hainanensis (Noot.) S.G.Lu 阔鳞瘤蕨
Phymatosorus lanceus (Ching & C.H.Wang) S.G.Lu 矛叶瘤蕨
Phymatosorus longissimus (Bl.) Pic.Serm.多羽瘤蕨
Phymatosorus lucidus (Roxb.) Pic.Serm.=Phymatosorus cuspidatus
Phymatosorus membranifolius (R.Br.) S.G.Lu 显脉瘤蕨
Phymatosorus nigrescens (Bl.) Pic.Serm.=Phymatosorus membranifolius
Phymatosorus scolopendria (Burm.) Pic.Serm.瘤蕨
Phymatosorus suisha-stagnalis (Hay.) Pic.Serm.=Phymatosorus longissimus
Phymatosorus variabilis (Ching) Pic.Serm.=Phymatosorus membranifolius
Physaliastrum Makino **散血丹属**(茄科)
Physaliastrum chamaesarachoides (Makino) Makino 广西地海椒
Physaliastrum echinatum (Yatabe) Makino 日本散血丹
Physaliastrum heterophyllum (Hemsl.) Migo 江南散血丹
Physaliastrum japonicum (Franch. & Sav.) Honda 日本散血丹
Physaliastrum kweichouense Kuang & A.M.Lu 散血丹
Physaliastrum sinecum Kuang & A.M.Lu 华北散血丹
Physaliastrum sinense (Hemsl.) D'Arcy & Z.Y.Zhang 地海椒
Physaliastrum yuunanense Kuang & A.M.Lu 云南散血丹
Physalis L.**酸浆属**(茄科)
Physalis alkekengi L.酸浆
Physalis alkekengi var. alkekengi=Physalis alkekengi
Physalis alkekengi var. *angthoxantha* Lévl.=Physalis alkekengi
Physalis alkekengi var. francheti (Mast.) Makino 锦灯笼
Physalis alkekengi var. *glabripes* (Pojark.) Grub.=Physalis alkekengi var. francheti
Physalis alkekengi var. *orientalis* Pamp.=Physalis alkekengi
Physalis angulata L.苦蘵
Physalis angulata var. angulata=Physalis angulata
Physalis angulata var. *villosa* Bonati=Physalis minima
Physalis bodinieri Lévl.=Physalis angulata
Physalis cavaleriei Lévl.=Physalis philadelphica
Physalis chamaesarachoides Makino=Physaliastrum chamaesarachoides
Physalis ciliata S. & Z.=Physalis alkekengi
Physalis cordata Mill.棱萼酸浆
Physalis esquirolii Lévl. & Vant.=Physalis angulata
Physalis francheti Mast.=Physalis alkekengi var. francheti
Physalis francheti var. *bunyardii* Makino=Physalis alkekengi var. francheti
Physalis glabripes Pojark.=Physalis alkekengi var. francheti
Physalis kansuensis Pojark.=Physalis alkekengi
Physalis lagascae Roem. & Schlt.=Physalis minima
Physalis linii Y.C.Liu & C.H.Ou=Physaliastrum chamaesarachoides
Physalis minima L.(海南志 1974)=Physalis angulata
Physalis minima L.小酸浆
Physalis parviflora R.Br.=Physalis minima
Physalis peruviana L.灯笼果
Physalis philadelphica Lam.毛酸浆
Physalis praetermissa Pojark.=Physalis alkekengi var. francheti
Physalis pubescens L.(苏南植物手册 1959,高等图鉴 1974)=Physalis angulata
Physalis pubescens L.(植物志 67-1,1978)=Physalis philadelphica
Physalis pubescens L.毛酸浆
Physalis sinensis (Hemsl.) Averett=Archiphysalis sinensis
Physalis somnifera L.=Withania somnifera
Physalis stramonifera Wall.=Anisodus luridus
Physalis szechuensis Pojark.=Physalis alkekengi var. francheti
Physematium Kaulf.=**Protowoodsia**
Physematium aspidioides Kunze=Diacalpe aspidioides
Physematium elongatum Trev.=Cheilanthopsis elongata
Physematium manchuriense Nakai=Protowoodsia manchuriensis
Physkium natans Lour.=Vallisneria natans
Physocarpum Bercht. & J.Presl=**Thalictrum**

Physocarpus (Cambess.) Maxim.**风箱果属**(蔷薇科)
Physocarpus amurensis (Maxim.) Maxim.风箱果
Physochlaena Miers.=**Physochlaina**
Physochlaena dahurica Miers.=Physochlaina physaloides
Physochlaena physaloides (L.) Miers.=Physochlaina physaloides
Physochlaina G.Don **泡囊草属**(茄科)
Physochlaina capitata A.M.Lu 伊犁泡囊草
Physochlaina dahurica Miers.=Physochlaina physaloides
Physochlaina grandiflora HK.f.=Physochlaina praealta
Physochlaina infundibularis Kuang 漏斗泡囊草
Physochlaina macrocalyx Pascher 长萼泡囊草
Physochlaina macrophylla Bonati 大叶泡囊草
Physochlaina physaloides (L.) G.Don 泡囊草
Physochlaina physaloides Miers=Physochlaina physaloides
Physochlaina praealta (Decne.) Miers 西藏泡囊草
Physochlaina pseudophysaloides Pasch.=Physochlaina physaloides
Physochlaina urceolata Kuang & A.M.Lu=Physochlaina praealta
Physolepidion Schrenk.=**Cardaria**
Physolepidion repens Schenk.=Cardaria draba subsp. chalepensis
Physolepidium repens Schrenk=Cardaria draba subsp. chalepensis
Physolophium Turcz.=**Coelopleurum**
Physolophium saxatile (Turcz.) Turcz.=Coelopleurum saxatile
Physolychnis (Benth.) Rupr.=**Silene**
Physolychnis altaica Rupr.=Silene altaica
Physolychnis gonosperma Rupr.=Silene gonosperma
Physospermopsis Wolff **滇芎属**(伞形科)
Physospermopsis alepidioides (Wolff & Hand.-Mazz.) Shan 全叶滇芎
Physospermopsis cuneata Wolff 楔叶滇芎
Physospermopsis delavayi (Franch.) Wolff 滇芎
Physospermopsis forrestii (Diels) Norm.丽江滇芎
Physospermopsis kingdonwardii (Wolff) Norm.=Trachydium kingdonwardii
Physospermopsis muliensis Shan & S.L.Liou 木里滇芎
Physospermopsis obtusiuscula (C.B.Clarke) Norm.波棱滇芎
Physospermopsis rubrinervis (Franch.) Norm.紫脉滇芎
Physostigma Balf.**毒扁豆属**(豆科)
Physostigma venenosum Balf.毒扁豆
Physurus blumei Lindl.=Erythrodes blumei
Physurus chinensis Matsum & Hay.=Erythrodes blumei
Physurus chinensis Rolfe=Erythrodes blumei
Phytelephas Ruiz. & Pav.**象牙棕属**(棕榈科)
Phyteuma japonicum Miq.=Asyneuma japonicum
Phyteuma sect. *Potanthum* G.Don=**Asyneuma**
Phytolacca L.**商陆属**(商陆科)
Phytolacca acinosa Roxb.商陆
Phytolacca americana L 垂序商陆
Phytolacca clavipera W.W.Sm.=Phytolacca polyandra
Phytolacca decandra L.=Phytolacca americana
Phytolacca dioica L.阿根廷商陆
Phytolacca esculenta Van Houtte=Phytolacca acinosa
Phytolacca esquirolii Lévl.=Mallotus millietii
Phytolacca hunanensis Hand.-Mazz.=Phytolacca japonica
Phytolacca japonica Makino 日本商陆
Phytolacca pekiensis hance=Phytolacca acinosa
Phytolacca polyandra Batalin 多雄蕊商陆
Phytolacca zhejiangensis W.T.Fan=Phytolacca japonica
Phytolaccaceae 商陆科
Picea Dietr.**云杉属**(松科)
Picea abies (L.) Karst.欧洲云杉
Picea abies subsp. *obovata* (Ledeb.) Hult.=Picea obovata
Picea abies var. chlorocarpa (Purkyne) Th.Fries 绿果挪威云杉
Picea abies var. erythrocarpa (Purkyne) Rehd.紫果挪威云杉
Picea abies var. nigra (Loud.) Th.Fries 黑挪威云杉
Picea abies var. *obovata* (Ledeb.) Lindq.=Picea obovata
Picea ajanensis Fisch. ex Trautv. & Mey.=Picea jezoensis var. microsperma
Picea ajanensis Fisch.(Kom.in Acta Hort.Petrop.1901)=Picea jezoensis var. komarovii
Picea ajanensis Fisch.(Mast.in J.Bot.1903)=Picea brachytyla
Picea ajanensis Fisch.(Maxim.in Mém.Acad.Sci.St.Pétersb.1859)=Picea jezoensis var. microsperma
Picea alcochiana Carr.(Mast.in J.L.Soc.Bot.1906)=Picea likiangensis
Picea alcockiana var. *morindoides* Mott.=Picea spinulosa
Picea ascendens Patschke=Picea brachytyla
Picea asperata Mast.(Florin in Acta Hort. Berg.1948)=Picea aurantiaca
Picea asperata Mast.(河北图志 1934,北京志 1962)=Picea meyeri
Picea asperata Mast.云杉
Picea asperata var. asperata=Picea asperata
Picea asperata var. aurantiaca (Mast.) Boom 白皮云杉
Picea asperata var. heterolepis Rehd. & Wils.茂县云杉
Picea asperata var. *notabilis* Rehd. & Wils.(Florin in Acta Hort. Berg. 1948).)=Picea aurantiaca
Picea asperata var. *notabilis* Rehd. & Wils.=Picea asperata var. heterolepis
Picea asperata var. *ponderosa* Rehd. & Wils.(Florin in Acta Hort.Berg. 1948)= Picea aurantiaca
Picea asperata var. *ponderosa* Rehd. & Wils.=Picea asperata
Picea asperata var. *retroflexa* (Mast.) Cheng=Picea asperata
Picea aurantiaca Mast.(Florin in Acta Hort.Berg.1948)=Picea asperata
Picea aurantiaca Mast.=Picea asperata var. aurantiaca
Picea balfouriana Rehd. & Wils.=Picea likiangensis var. rubescens
Picea balfouriana f. *bicolor* S.Chen=Picea likiangensis var. rubescens
Picea balfouriana var. *hirtella* (Rehd. & Wils.) Cheng=Picea likiangensis var. hirtella
Picea bicolor (Maxim.) Mayr.二色云杉
Picea brachytyla (Franch.) Pritz.麦吊云杉
Picea brachytyla f. *latisquama* Stapf(p.p.)=Picea brachytyla
Picea brachytyla f. *latisquama* Stapf(p.p.)=Picea brachytyla var. complanata
Picea brachytyla f. *rhombisquama* Stapf(p.p.)=Picea brachytyla
Picea brachytyla f. *rhombisquama* Stapf(p.p.)=Picea brachytyla var. complanata
Picea brachytyla var. brachytyla=Picea brachytyla
Picea brachytyla var. complanata (Mast.) Cheng ex Rehd.油麦吊云杉
Picea brachytyla var. *pachyclada* (Patsch.) Silba=Picea brachytyla
Picea brachytyla var. *rhombisquamea* Stapf.=Picea brachytyla
Picea breweriana S.Watson 布鲁尔氏云杉
Picea brtachytyla Pritz.(Stapf, in Curtis's Bot.Mag.1922)=Picea brachytyla var. complanata
Picea complanata Mast.=Picea brachytyla var. complanata
Picea crassifolia Kom.青海云杉
Picea engelmannii (Parry) Engelm..恩格曼氏云杉
Picea excelsa Link=Picea abies
Picea excelsa var. *altaica* Tepl.=Picea obovata
Picea excelsa var. *obovata* (Ledeb.) Koch.=Picea obovata
Picea farreri C.N.Page & Rushf.缅甸云杉
Picea fortunei Murr.=Keteleeria fortunei
Picea gemmata Rehd. & Wils.=Picea asperata
Picea glauca (Moench.) Voss.北美白云杉
Picea glehnii (Fr.Schmidt.) Mast.库页云杉
Picea glehnii Mast.(Chun in Chinese Icon.Trees,1921)=Picea koraiensis
Picea glehnii Mast.(Matsum. & Hayata in J.Coll.Sci.Univ.Tokyo 1906)= Picea morrisonicola
Picea heterolepis Redh. & Wils.=Picea asperata var. heterolepis
Picea hirtella Rehd. & Wils.=Picea likiangensis var. hirtella
Picea holophylla (Maxim) Gord.=Abies holophylla
Picea intercedens Nakai=Picea koraiensis
Picea intercedens var. *glabra* Uyeki=Picea koraiensis
Picea jezoeensis Carr.(Kom.in Fl.URSS 1934)=Picea jezoensis var. microsperma
Picea jezoensis (S. & Z.) Carr.鱼鳞云杉
Picea jezoensis Carr.(树木分类学 1937,p.p.)=Picea jezoensis var. komarovii
Picea jezoensis var. *ajanensis* (Fisch. ex Carr.) W.C.Cheng & L.K.Fu= Picea jezoensis var. microsperma
Picea jezoensis var. jezoensis =Picea jezoensis
Picea jezoensis var. komarovii (V.Vassil.) Cheng & L.K.Fu 长白鱼鳞云杉
Picea jezoensis var. microsperma (Lindl.) W.C.Cheng & L.K.Fu 兴安鱼鳞云杉
Picea kamtchatkensis Lacassagne=Picea jezoensis var. microsperma
Picea khutrow Carr.=Picea smithiana
Picea komarovii V.Vassil.=Picea jezoensis var. komarovii
Picea koraiensis Nakai 红皮云杉
Picea koraiensis var. *intercedens* (Nakai) Y.L.Chou=Picea koraiensis
Picea koyamai Shiras (树木分类学 1957)=Picea koraiensis

Picea koyamai var. *koraiensis* (Nakai) Liou & Wang=Picea koraiensis
Picea likiangensis (Franch.) Pritz.丽江云杉
Picea likiangensis var. *balfouriana* (Rehd. & Wils.) Slavin=Picea likiangensis var. rubescens
Picea likiangensis var. hirtella (Rehd. & Wils.) Cheng ex Chen 黄果云杉
Picea likiangensis var. likiangensis=Picea likiangensis
Picea likiangensis var. *linzhiensis* f. *bicolro* Cheng & L.K.Fu=Picea brachytyla var. complanata
Picea likiangensis var. linzhiensis W.C.Cheng & L.K.Fu 林芝云杉
Picea likiangensis var. montigena (Mast.) Cheng ex Chen 康定云杉
Picea likiangensis var. *purpurea* (Mast.) Dallimore & Jackson=Picea purpurea
Picea likiangensis var. rubescens Rehd. & Wils.川西云杉
Picea manchurica Nakai=Picea koraiensis
Picea mariana B.S.P.黑云杉
Picea mastersii Mayr=Picea wilsonii
Picea maximowiczii Regel (Mast.in J.L.Soc.Bot.1902)=Picea wilsonii
Picea maximowiczii Rgl.马克西莫氏云杉
Picea mexicana Martinez 墨西哥云杉
Picea meyeri f. *pyramidalis* (H.W.Jen & C.G.Bail.) L.K.Fu & Nan Li=Picea meyeri
Picea meyeri Rehd. & Wils (Rehd. & Wils in Sarg.Pl.Wilson 1914,p.p.)=Picea asperata
Picea meyeri Rehd. & Wils.白扦
Picea meyeri var. *mongolica* H.Q.Wu=Picea meyeri
Picea meyeri var. *pyramidalis* H.W.Gen & C.G.Bai=Picea meyeri
Picea microsperma (Lindl.) Carr.=Picea jezoensis var. microsperma
Picea montigena Mast.(Wils.in J.Arn.Arb.1926)=Picea likiangensis
Picea montigena Mast.=Picea likiangensis var. montigena
Picea morinda (Loud.) Link=Picea smithiana
Picea morindoides Rehd.=Picea spinulosa
Picea morrisonicola Hay.台湾云杉
Picea neoveitchii Mast.(河北图志 1934,北京志 1961)=Picea wilsonii
Picea neoveitchii Mast.大果青扦
Picea notabilis (Rehd. & Wils.) Lacassagne=Picea asperata
Picea obovata Ledeb.(Rehd.in Man.Cult.Tree and Shrubs 1927)=Picea koraiensis
Picea obovata Ledeb.新疆云杉
Picea obovata var. *schrenkiana* (Fisch. & Mey.) Carr.=Picea schrenkiana
Picea obovata var. *schrenkiana* Carr.(Mast.in J.L.Sco.Bot.1881)=Picea meyeri
Picea obovata var. *schrenkiana* Carr.(Pritz.in Bot.Jahrb.1901)=Picea wilsonii
Picea omorika (Pancic) Purkyne 塞尔维亚云杉
Picea orientalis (L.) Link.东方云杉
Picea pachyclada Patschke=Picea brachytyla
Picea pichta (Lodd.) Loud.=Abies sibirica
Picea polita (S. & Z.) Carr. (植物志 7,978)= Picea torano
Picea polita Carr.(树木分类学 1957,p.p.)=Picea koraiensis
Picea ponderosa (Rehd. & Wils.) Lacassagne=Picea asperata
Picea pungens Engelm.锐尖北美云杉
Picea pungsanensis Uyeki=Picea koraiensis
Picea purpurea Mast.紫果云杉
Picea purpurea var. *balfouriana* (Rehd. & Wils.) Silba=Picea likiangensis var. rubescens
Picea purpurea var. *hirtella* (Rehd. & Wils.) Silba=Picea likiangensis var. hirtella
Picea retroflexa Mast.=Picea asperata
Picea rubens Sarg.红云杉
Picea sargentiana Rehd. & Wils.=Picea brachytyla
Picea schrenkiana Fisch & Mey.(Rehd. & Wils.in Sarg.Pl.Wilson 1914,p.p.)=Picea asperata
Picea schrenkiana Fisch. & Mey.(Palib.inActa Hort.Petrop.1895)=Picea wilsonii
Picea schrenkiana Fisch. & Mey.雪岭杉
Picea schrenkiana subsp. *tianschanica* (Rupr.) Bykov.=Picea schrenkiana
Picea schrenkiana var. *tianschanica* (Rupr.) W.C.Cheng & S.H.Fu=Picea schrenkiana
Picea sikangensis Cheng=Picea likiangensis var. balfouriana
Picea sitchensis (Bong.) Carr.北美云杉
Picea smithiana (Wall.) Boiss.长叶云杉
Picea spinulosa (Griff.) Henry 西藏云杉
Picea spinulosa var. *yatungensis* Silba=Picea spinulosa
Picea tianschanica Rupr.=Picea schrenkiana
Picea tonaiensis Nakai=Picea koraiensis
Picea torano (Sieb. ex K.Koch) Koehne 日本云杉
Picea vulgaris var. *altaica* Tepl.=Picea obovata
Picea watsoniana Mast.=Picea wilsonii
Picea webbiana (Wall.) Loud.=Abies spectabilis
Picea wilsonii Mast.青扦
Picea wilsonii var. *shanxiensis* Silba=Picea wilsonii
Picea wilsonii var. *watsoniana* (Mast.) Silba=Picea wilsonii
Picea yunnanensis Hort. ex Wils.=Picea likiangensis
Picrasma Bl.**苦树属**(苦木科)
Picrasma ailanthoides (Bge.) Planch.=Picrasma quassioides
Picrasma chinensis P.Y.Chen 中国苦树
Picrasma japonica A.Gray.=Picrasma quassioides
Picrasma javanica Bl.(云南志 1977,云南植物名录 1984)=Picrasma chinensis
Picrasma javanica Bl.爪哇苦树
Picrasma quassioides (D.Don) Benn.苦木
Picrasma quassioides var. glabrescens Pamp.光序苦树
Picrasma quassioides var. quassioides=Picrasma quassioides
Picreus Juss.=**Pycreus**
Picria Lour.**苦玄参属**(玄参科)
Picria felterrae Lour.苦玄参
Picris L.**毛连菜属**(菊科)
Picris aspera Gilib.=Picris hieracioides
Picris dahurica Fisch. ex Hornem.=Picris japonica
Picris divaricata Vant.滇苦菜
Picris echioides (L.) Gaertn.刺缘毛莲菜
Picris hieracioides L.(Hay.in Fl.Mont.Formos.1908)=Picris hieracioides subsp. morrisonensis
Picris hieracioides L.毛连菜
Picris hieracioides subsp. fuscipilosa Hand-Mazz.单毛毛连菜
Picris hieracioides subsp. hieracioides=Picris hieracioides
Picris hieracioides subsp. *japonica* (Thunb.) Hand.-Mazz.=Picris japonica
Picris hieracioides subsp. *japonica* (Thunb.) Krylov=Picris japonica
Picris hieracioides subsp. *japonica* var. *koreana* Kitam.=Picris japonica var. koreana
Picris hieracioides subsp. morrisonensis (Hay.) Kitam.羽状毛连菜(新)?
Picris hieracioides subsp. ohwiana Kitam.莲座毛连菜(新)?
Picris hieracioides subsp. *tsekouensis* Kitam.=Picris hieracioides
Picris hieracioides var. *japonica* Rgl.Er Herd.=Picris japonica
Picris japonica Thunb.日本毛连菜
Picris japonica var. koreana Kitam.绿苞毛连菜(新)?
Picris junnanensis V.Vassil.硬毛毛连菜(新)?
Picris mairei Lévl.=Picris japonica
Picris morrisonensis Hay.=Picris hieracioides subsp. morrisonensis
Picris ohwiana Kitam.=Picris hieracioides subsp. ohwiana
Picris similis V.Vassil.新疆毛连菜
Picrorhiza Royle(植物志 67-2,1979)=**Neopicrorhiza**
Picrorhiza kurrooa Benth.库洛胡黄连
Picrorhiza scrophulariiflora Pennell=Neopicrorhiza scrophulariiflora
Piddingtonia A.DC.=**Pratia**
Piddingtonia montana Miq.=Pratia montana
Piddingtonia nummularia A.DC.=Pratia nummularia
Piddingtonia patens Miq.=Pratia montana
Pierardia motleyana Muell.Arg.=Baccaurea motleyana
Pierardia sapida Roxb.=Baccaurea ramiflora
Pieris D.Don **马醉木属**(杜鹃花科)
Pieris annamensis Dop=Lyonia rubrovenia
Pieris bodinieri Lévl.=Pieris formosa
Pieris bracteata W.W.Sm.=Vaccinium mandarinorum
Pieris buxifolia Lévl.=Vaccinium triflorum
Pieris compta W.W.Sm. & Jeffr.=Lyonia compta
Pieris divaricata Lévl.=Vaccinium bracteatum
Pieris doyonensis Hand.-Mazz.=Lyonia doyonensis
Pieris duclouxii Lévl.=Vaccinium duclouxii
Pieris elliptica (S. & Z.) Nakai=Lyonia ovalifolia var. elliptica
Pieris esquirolii Lévl. & Vant.=Vaccinium laetum
Pieris esquirolii Lévl. & Vant.=Vaccinium mandarinorum
Pieris esquirolii var. *discolor* Lévl. & Vant.=Vaccinium mandarinorum
Pieris esquirolii var. *leucocalyx* Lévl.=Vaccinium pubicalyx var. leucocalyx
Pieris floribunda (Pursh ex Sims) Benth. & HK.多花马醉木

Pieris formosa (Wall.) D.Don 美丽马醉木
Pieris formosa f. *longiracemosa* Fang=Pieris formosa
Pieris formosa var. *forrestii* (Harrow) Airy-Shaw=Pieris formosa
Pieris formosana Komatsu=Lyonia ovalifolia var. elliptica
Pieris forrestii Harrow=Pieris formosa
Pieris gagnepainiana Lévl.=Vaccinium fragile
Pieris henryi Lévl.=Lyonia ovalifolia var. hebecarpa
Pieris japonica (Thunb.) D.Don ex G.Don 马醉木
Pieris japonica subsp. *formosa* (Wall.) Kitamura=Pieris formosa
Pieris kouyangensis Lévl.=Lyonia ovalifolia var. lanceolata
Pieris lanceolata (Wall.) D.Don=Lyonia ovalifolia var. lanceolata
Pieris longicornu Lévl. & Vant.=Vaccinium mandarinorum
Pieris macrocalyx Antha.=Lyonia macrocalyx
Pieris mairei Lévl.=Lyonia ovalifolia var. hebecarpa
Pieris mairei var. *parvifolia* Lévl.=Lyonia ovalifolia var. hebecarpa
Pieris martinii Lévl.=Vaccinium dunalianum var. urophyllum
Pieris nana (Maxim.) Mak.矮生马醉木
Pieris nitida Benth. & HK.f.亮叶马醉木
Pieris obliquinervis Merr. & Chun=Lyonia rubrovenia
Pieris oligodonta Lévl.=Maesa japonica
Pieris ovalifolia (Wal.) D.Don=Lyonia ovalifolia
Pieris ovalifolia var. *denticulata* Lévl.=Vaccinium bracteatum
Pieris ovalifolia var. *elliptica* (S. & Z.) Rehd. & Wils.=Lyonia ovalifolia var. elliptica
Pieris ovalifolia var. *hebecarpa* Franch. ex Forb. & Hemsl.=Lyonia ovalifolia var. hebecarpa
Pieris ovalifolia var. *lanceolata* (Wall.) C.B.Clarke=Lyonia ovalifolia var. lanceolata
Pieris ovalifolia var. *pubescens* Franch.=Lyonia villosa var. pubescens
Pieris ovalifolia var. *tomenttosa* Fang=Lyonia ovalifolia var. lanceolata
Pieris phillyreifolia (HK.) DC.长圆叶马醉木
Pieris pilosa Komatsu=Lyonia ovalifolia var. elliptica
Pieris polita W.W.Sm. & Jeffr.=Pieris japonica
Pieris popowi Palib.=Pieris japonica
Pieris repens Lévl.=Vaccinium fragile
Pieris rubrovenia Merr.=Lyonia rubrovenia
Pieris swinhoei Hemsl.长萼马醉木
Pieris taiwanensis Hay.=Pieris japonica
Pieris ulbrichii Lévl.=Lyonia ovalifolia var. lanceolata
Pieris villosa Wall. ex C.B.Clarke=Lyonia villosa
Pieris villosa var. *pubescens* (Franch.) Rehd. & Wils.=Lyonia villosa var. pubescens
Pierrea Hance=**Homalium**
Pigafettia Becc.**比加飞棕属**(棕榈科)
Pilea Lindl **冷水花属**(荨麻科)
Pilea alongensis Gagn.(Hand.-Mazz.in Öest.Bot.Zeitschr.1938)=Pilea boniana
Pilea amplistipulata C.J.Chen 大托叶冷水花
Pilea angulata (Bl.) Bl.(Hand.-Mazz.in Symb.Sin.1929)=Pilea notata
Pilea angulata (Bl.) Bl.圆瓣冷水花
Pilea angulata subsp. angulata=Pilea angulata
Pilea angulata subsp. latiuscula C.J.Chen 华中冷水花
Pilea angulata subsp. petiolaris (Z. & S.) C.J.Chen 长柄冷水花
Pilea anisophylla Wedd.(C.H.Wright in J.L.Soc.Bot.1899,p.p.)=Pilea longipedunculata
Pilea anisophylla Wedd.(C.H.Wright in J.L.Soc.Bot.1899,p.p.)=Pilea melastomoides
Pilea anisophylla Wedd.异叶冷水花
Pilea anisophylla var. *khasiana* HK.f.=Pilea khasiana
Pilea anisophylla var. *robusta* HK.f.=Pilea anisophylla
Pilea approximata C.B.Clarke 顶叶冷水花
Pilea approximata var. *approximata*=Pilea approximata
Pilea approximata var. inciso-serrata C.J.Chen 锐裂齿顶叶冷水花
Pilea aquarum Dunn 湿生冷水花
Pilea aquarum subsp. acutidentata C.J.Chen 锐齿湿生冷水花
Pilea aquarum subsp. aquarum=Pilea aquarum
Pilea aquarum subsp. brevicornuta (Hay.) C.J.Chen 短角湿生冷水花
Pilea auricularis C.J.Chen 耳基冷水花
Pilea bambusifolia C.J.Chen 竹叶冷水花
Pilea basicordata W.T.Wang ex C.J.Chen 基心叶冷水花
Pilea baviensis Gagn.=Pilea boniana
Pilea blinii Lévl.=Pilea plataniflora
Pilea boniana Gagn.五萼冷水花
Pilea bracteosa Wedd.(HK.f.in Fl.Brit.Ind.1888)=Pilea oxyodon
Pilea bracteosa Wedd.多苞冷水花
Pilea bracteosa var. *oxyodon* (Wedd.) Hara=Pilea oxyodon
Pilea bracteosa var. *striolata* Hand.-Mazz.=Pilea bracteosa
Pilea brevicornuta Hay.=Pilea aquarum subsp. brevicornuta
Pilea cadierei Gagn.花叶冷水花
Pilea cavaleriei Lévl.波缘冷水花
Pilea cavaleriei subsp. cavaleriei=Pilea cavaleriei
Pilea cavaleriei subsp. crenata C.J.Chen 圆齿石油菜
Pilea cavaleriei subsp. valida C.J.Chen 石油菜
Pilea chartacea C.J.Chen 纸质冷水花
Pilea cordifolia HK.f.(Hara in Ohashi,Fl.East.Himal.1975)=Pilea bracteosa
Pilea cordifolia HK.f.歪叶冷水花
Pilea cordistipulata C.J.Chen 心托冷水花
Pilea crassifolia Hance=Pilea sinocrassifolia
Pilea crassifolia Hand.-Mazz.=Pilea cavaleriei subsp. crenata
Pilea crateraforma Metc.=Pilea swinglei
Pilea cuneatifolia Yamamoto=Pilea aquarum subsp. brevicornuta
Pilea cuneatifolia Yamamoto=Pilea melastomoides
Pilea dielsiana Hand.-Mazz.=Pilea plataniflora
Pilea distachys Yamamoto=Pilea rotundinucula
Pilea dolichocarpa C.J.Chen 瘤果冷水花
Pilea elegantissima C.J.Chen 石林冷水花
Pilea elliptilimba C.J.Chen 椭圆冷水花
Pilea fasciata Franch.=Pilea sinofasciata
Pilea funkikensis Hay.奋起湖冷水花
Pilea gansuensis C.J.Chen 陇南冷水花
Pilea glaberrima (Bl.) Bl.点乳冷水花
Pilea goglado DC.=Pilea glaberrima
Pilea gracilis Hand.-Mazz.纤细冷水花
Pilea hamaoi Makino (秦岭志 1974)=Pilea pumila
Pilea hamaoi Makino (湖北志 1976)=Pilea pumila var. obtusifolia
Pilea hamaoi Makino=Pilea pumila var. hamaoi
Pilea henryana C.H.Wright=Pilea swinglei
Pilea hexagona C.J.Chen 六棱茎冷水花
Pilea hilliana Hand.-Mazz.翠茎冷水花
Pilea hookeriana Wedd.(Hand.-Mazz.in Symb.Sin.1929)=Pilea martinii
Pilea hookeriana Wedd.中印冷水花
Pilea howelliana Hand.-Mazz.泡果冷水花
Pilea howelliana var. denticulata C.J.Chen 细齿泡果冷水花
Pilea howelliana var. howelliana=Pilea howelliana
Pilea hugelii Bl.=Pilea wightii
Pilea insolens Wedd.盾基冷水花
Pilea japonica (Maxim.) Hand.-Mazz.山冷水花
Pilea kankaoensis Hay.=Pilea plataniflora
Pilea khasiana (HK.f.) C.J.Chen 具柄冷水花
Pilea langsonensis Gagn.=Pilea plataniflora
Pilea linearifolia C.J.Chen 条叶冷水花
Pilea lomatogramma Hand.-Mazz.(p.p.)=Pilea aquarum
Pilea lomatogramma Hand.-Mazz.隆脉冷水花
Pilea longicaulis Hand.-Mazz.长茎冷水花
Pilea longicaulis var. erosa C.J.Chen 啮蚀叶冷水花
Pilea longicaulis var. longicaulis=Pilea longicaulis
Pilea longipedunculata Chien & C.J.Chen 鱼眼果冷水花
Pilea macrocarpa C.J.Chen 大果冷水花
Pilea martinii (Lévl.) Hand.-Mazz.大叶冷水花
Pilea matsudai Yamamoto 细尾冷水花
Pilea media C.J.Chen 中间型冷水花
Pilea medogensis C.J.Chen 墨脱冷水花
Pilea melastomoides (Poir.) Wedd.长序冷水花
Pilea menghaiensis C.J.Chen 勐海冷水花
Pilea microcardia Hand.-Mazz.广西冷水花
Pilea microphylla (L.) Liebm.小叶冷水花
Pilea minor Yamamoto=Pilea aquarum subsp. brevicornuta
Pilea minute-pilosa Hay.=Pilea plataniflora
Pilea miyakei Yamamoto 台湾冷水花(新)?
Pilea mongolica Wedd.=Pilea pumila
Pilea monilifera Hand.-Mazz.(湖北志 1976,p.p.)=Lecanthus peduncularis
Pilea monilifera Hand.-Mazz.念珠冷水花

Pilea morseana Hand.-Mazz.=Pilea boniana
Pilea multicellularis C.J.Chen 患珠毛冷水花
Pilea muscosa Lindl.=Pilea microphylla
Pilea myriantha (Dunn) C.J.Chen 长穗冷水花
Pilea nanchuanensis C.J.Chen 南川冷水花
Pilea nokozanensis Yamamoto=Pilea angulata subsp. petiolaris
Pilea notata C.H.Wright (Gagn.Fl.Gén.Indo-Chine 1929)=Pilea pseudonotata
Pilea notata C.H.Wright 冷水花
Pilea obesa Wedd.=Pilea umbrosa var. obesa
Pilea obliqua HK.f.=Pilea bracteosa
Pilea ovatinucula Hay.=Pilea melastomoides
Pilea oxyodon Wedd.(C.H.Wright in J.L.Soc.Bot.1899)=Pilea lomatogramma
Pilea oxyodon Wedd.雅致冷水花
Pilea paniculigera C.J.Chen 滇东南冷水花
Pilea pauciflora C.J.Chen 少花冷水花
Pilea pellionioides C.J.Chen 赤车冷水花
Pilea peltata Hance 盾叶冷水花
Pilea peltata var. ovatifolia C.J.Chen 卵形盾叶冷水花
Pilea peltata var. peltata=Pilea peltata
Pilea penninervis C.J.Chen 钝齿冷水花
Pilea pentasepala Hand.-Mazz.=Pilea boniana
Pilea peperomioides Diels 镜面草
Pilea peploides (Gaudich.) HK. & Arn.(高等图鉴 1972,p.p.,湖北志 1976)=Pilea peploides var. major
Pilea peploides (Gaudich.) HK. & Arn.矮冷水花
Pilea peploides HK. & Arn.(p.p.)=Pilea cavaleriei
Pilea peploides HK. & Arn.(p.p.)=Pilea racemosa
Pilea peploides var. *cavaleriei* Lévl.=Pilea cavaleriei subsp. crenata
Pilea peploides var. *cavaleriei* Lévl.=Pilea sinocrassifolia
Pilea peploides var. major Wedd.齿叶矮冷水花
Pilea peploides var. *minutissima* Hsu=Pilea swinglei
Pilea peploides var. peploides=Pilea peploides
Pilea petelotii Gagn.=Pilea plataniflora
Pilea petiolaris (S. & Z.) Bl.(台湾志 1976,p.p.)=Pilea notata
Pilea petiolaris (S. & Z.) Bl.=Pilea angulata subsp. petiolaris
Pilea plataniflora C.H.Wright 石筋草
Pilea producta Bl.(Hand.-Mazz. in Symb.Sin.1929,p.p.=Pilea martinii
Pilea producta Bl.=Pilea umbrosa
Pilea producta Diels=Pilea sinofasciata
Pilea pseudonotata C.J.Chen 假冷水花
Pilea pseudopetiolaris Hatusima=Pilea notata
Pilea pterocaulis (Chien) C.J.Chen=Pilea subcoriacea
Pilea pumila (L.) A.Gray 透茎冷水花
Pilea pumila var. hamaoi (Makino) C.J.Chen 荫地冷水花
Pilea pumila var. obtusifolia C.J.Chen 钝尖冷水花
Pilea pumila var. pumila=Pilea pumila
Pilea purpurella C.J.Chen 紫背冷水花
Pilea racemiformis C.J.Chen 总状序冷水花
Pilea racemosa (Royle) Tuyama 亚高山冷水花
Pilea radicans (Swartz) Wedd.(Wight in Ic.Pl.Ind.Or.1853)=Pilea wightii
Pilea receptacularis C.J.Chen 序托冷水花
Pilea rostellata C.J.Chen 短喙冷水花
Pilea rotundinucula Hay.圆果冷水花
Pilea rubriflora C.H.Wright 红花冷水花
Pilea salwinensis (Hand.-Mazz.) C.J.Chen 怒江冷水花
Pilea scripta (Buch.-Ham. ex D.Don) Wedd.细齿冷水花
Pilea secunda Chien=Pilea anisophylla
Pilea semisessilis Hand.-Mazz.镰叶冷水花
Pilea sinocrassifolia C.J.Chen 厚叶冷水花
Pilea sinofasciata C.J.Chen 粗齿冷水花
Pilea smilacifolia var. *glaberrima* Wedd.(海南志 1965)=Pilea subedentata
Pilea smilacifolia Wedd.=Pilea glaberrima
Pilea somai Hay.细叶冷水花
*Pilea sp.*C.H.Wrigh=Pilea swinglei
Pilea spinulosa C.J.Chen 刺果冷水花
Pilea squamosa C.J.Chen 鳞片冷水花
Pilea squamosa var. sparsa C.J.Chen 少鳞冷水花
Pilea squamosa var. squamosa=Pilea squamosa
Pilea stipulosa (Miq.) Miq.=Pilea angulata
Pilea stipulosa Miq.(C.H.Wright in J.L.Soc.Bot.1899)=Pilea hilliana
Pilea strangulata Franch.=Pilea angulata subsp. petiolaris
Pilea subalpina Hand.-Mazz.=Pilea racemosa
Pilea subcoriacea (Hand.-Mazz.) C.J.Chen 翅茎冷水花
Pilea subedentata C.J.Chen 小齿冷水花
Pilea swinglei Merr.三角形冷水花
Pilea symmeria Wedd.(C.H.Weight in J.L.Soc.Bot.1899,p.p.)=Pilea martinii
Pilea symmeria Wedd.(C.H.Wright in J.L.Soc.Bot.1899,p.p.)=Pilea semisessilis
Pilea symmeria Wedd.(C.H.Wright in J.L.Soc.Bot.1899,p.p.)=Pilea sinofasciata
Pilea symmeria Wedd.(Hand.-Mazz.in Symb.Sin.1929,p.p.)=Pilea aquarum
Pilea symmeria Wedd.喙萼冷水花
Pilea symmeria var. *pterocaulis* Chien=Pilea subcoriacea
Pilea symmeria var. *salwinensis* Hand.-Mazz.=Pilea salwinensis
Pilea symmeria var. *subcoriacea* Hand.-Mazz.=Pilea subcoriacea
Pilea symmeria var. *subcoriacea*. f. stenobasis Hand.-Mazz.=Pilea verrucosa
Pilea taitoensis Hay.=Pilea plataniflora
Pilea ternifolia Wedd.羽脉冷水花
Pilea trinervia (Roxb.) Wight=Pilea melastomoides
Pilea trinervia Wight (Diels in Bot.Jahrb. 19)=Pilea subcoriacea
Pilea trinervia Wight (Hand.-Mazz.in Symb.Sin.1929,p.p.)=Pilea longipedunculata
Pilea trinervia Wight (Hand.-Mazz.in Symb.Sin.1929,p.p.)=Pilea subedentata
Pilea trinervia Wight (高等图鉴补编 1982,西藏志 1983)=Pilea scripta
Pilea tsiangiana Metc.海南冷水花
Pilea umbrosa Bl.荫生冷水花
Pilea umbrosa var. *obesa* Wedd.=Pilea medogensis
Pilea umbrosa var. obesa Wedd.少毛冷水花
Pilea umbrosa var. umbrosa=Pilea umbrosa
Pilea umbrosa Wedd.(Hand.-Mazz. in Symb.Sin.1929,p.p.)=Pilea martinii
Pilea umbrosa Wedd.=Pilea umbrosa
Pilea unciformis C.J.Chen 鹰嘴萼冷水花
Pilea velutinipes Hand.-Mazz.=Pilea aquarum
Pilea verrucosa Hand.-Mazz.疣果冷水花
Pilea verrucosa subsp. fujianensis C.J.Chen 闽北冷水花
Pilea verrucosa subsp. subtriplinervia C.J.Chen 离基脉冷水花
Pilea verrucosa subsp. verrucosa=Pilea verrucosa
Pilea villicaulis Hand.-Mazz.毛茎冷水花
Pilea villicaulis var. subglabra C.J.Chen 秃茎冷水花
Pilea villicaulis var. villicaulis=Pilea villicaulis
Pilea viridissima Makino=Pilea pumila
Pilea wattersii Hance (台湾志 1976)=Pilea miyakei
Pilea wattersii Hance 中华冷水花?
Pilea wightii var. *royle* HK.?=Pilea racemosa
Pilea wightii Wedd.(Dunn & Tutcher in Kew Bull.1912)=Pilea chartacea
Pilea wightii Wedd.(HK.f.in Fl.Brit.Ind.1888)=Pilea umbrosa var. obesa
Pilea wightii Wedd.生根冷水花
Pileostegia HK.f. & Thoms.**冠盖藤属**(虎耳草科)
Pileostegia obtusifolia Hu=Decumaria sinensis
Pileostegia tomentella Hand.-Mazz.星毛冠盖藤
Pileostegia tomentella var. *glabrescens* C.C.Yang=Pileostegia viburnoides var. glabrescens
Pileostegia urceolata Hay.=Pileostegia viburnoides
Pileostegia viburnoides HK.f. & Thoms.冠盖藤
Pileostegia viburnoides var. glabrescens (C.C.Yan) S.M.Hwang 柔毛冠盖藤
Pileostegia viburnoides var. *parviflora* Oliv. ex Maxim.=Pileostegia viburnoides
Pileostegia viburnoides var. viburnoides=Pileostegia viburnoides
Piles longicaulis var. flaviflora C.H.Chen 黄花冷水花
Piletocarpus Hassk.=**Dictyospermum**
Pilogyne Schrad.=**Zehneria**
Pilogyne lucida Naud.=Zehneria maysorensis
Piloselloides (Less.) C.Jeffr.=**Gerbera**
Piloselloides hirsuta (Forsk.) C.jeffr.=Gerbera piloselloides
Pilosia Tausch=**Picris**
Pilostemon Iljin **毛蕊菊属**(菊科)

Pilostemon filifolia (C.Winkl.) Iljin 毛蕊菊
Pilostemon karateginii (Lipsky) Iljn 短冠毛蕊菊(新)?
Pilostigma Cost.=**Lygisma**
Pilostigma inflexum Cost.=Lygisma inflexum
Pilularia L.**丝草属**(苹科)
Pilularia americana A.Br.美国丝带
Pilularia globulifera L.丝苹
Pimela alba Lour.=Canarium album
Pimela nigra Lour.=Canarium pimela
Pimela stricta Bl.=Canarium strictum
Pimenta Lindl.**众香树属**(桃金娘科)
Pimenta dioica Merr.众香树
Pimenta racemosa J.W.Moore 香叶多香树
Pimpinella L.**茴芹属**(伞形科)
Pimpinella achilleifola (Wall.) C.B.Clarke 蓍叶茴芹
Pimpinella acuminata (Edgew.) C.B.Clarke 尖叶茴芹
Pimpinella albescens Franch.=Eriocycla albescens
Pimpinella anisum L.茴芹
Pimpinella arguta Diels 锐叶茴芹
Pimpinella astilbifolia Hay.落新妇茴芹
Pimpinella atropurpurea C.Y.Wu ex Shan & Pu 深紫茴芹
Pimpinella bisinuata Wolff 重波茴芹
Pimpinella bracycarpa (Kom.) Nakai 短果茴芹
Pimpinella bracystyla Hand.-Mazz.短柱茴芹
Pimpinella calycina Maxim.具萼茴芹
Pimpinella calycina var. *brachycarpa* Kom.=Pimpinella bracycarpa
Pimpinella candolleana Wight & Arn.杏叶茴芹
Pimpinella capillifolia Rgl. & Schmalh.=Aphanopleura capillifolia
Pimpinella cartilaginomarginata (Makino) Wolff=Angelica cartilaginomarginata
Pimpinella caudata (Franch.) Wolff 尾尖茴芹
Pimpinella chungdienensis C.Y.Wu 中甸茴芹
Pimpinella cnidioides Pearson ex Wolff 蛇床茴芹
Pimpinella coriacea (Franch.) de Boiss.革叶茴芹
Pimpinella decursiva (Miq.) Wolff=Angelica decursiva
Pimpinella diversifolia DC.异叶茴芹
Pimpinella diversifolia var. angustipetala Shan & Pu 尖瓣异叶茴芹
Pimpinella diversifolia var. diversifolia=Pimpinella diversifolia
Pimpinella diversifolia var. *divisa* C.B.Clarke=Pimpinella diversifolia
Pimpinella diversifolia var. stolonifera Hand.-Mazz.走茎异叶茴芹
Pimpinella dunnii de Boiss.=Tongoloa dunii
Pimpinella fargesii de Boiss.城口茴芹
Pimpinella fargesii var. *alba* de Boiss.=Pimpinella fargesii
Pimpinella filicina (Franch.) Diels=Pternopetalum filicinum
Pimpinella filipedicellata S.L.Liou 细柄茴芹
Pimpinella flaccida C.B.Clarke (Diels in Notes.Bot.Gard.Edinb. 1912,p.p.)= Pimpinella rubescens
Pimpinella flaccida C.B.Clarke 细软茴芹
Pimpinella grisea Wolff 灰叶茴芹
Pimpinella group. *Spuriopimpinella* de Boiss.=**Pimpinella**
Pimpinella helosciadia de Boiss.沼生茴芹
Pimpinella henryi Diels 川鄂茴芹
Pimpinella hookeri C.B.Clarke=Acronema hookeri
Pimpinella hookeri var. *graminifolia* W.W.Sm.=Acronema graminifolium
Pimpinella komarovi (Kitag.) Shan & Pu 辽翼茴芹
Pimpinella koreana (Yabe) Nakai 朝鲜茴芹
Pimpinella leptophylla Pers.=Apium leptophyllum
Pimpinella liiana Hiroe 景东茴芹
Pimpinella loloenis de Boiss.=Tongoloa loloensis
Pimpinella monoica Dalz. & Gibs.(Shan in Sinensia 1940)=Pimpinella weishanensis
Pimpinella muscicolum Hand.-Mazz.=Acronema muscicolum
Pimpinella nakaiana Kitag.=Pimpinella bracystyla
Pimpinella niitakayamensis Hay.台湾茴芹
Pimpinella nikoensis var. *koreana* Yabe=Pimpinella koreana
Pimpinella pseudocandolleana Wolff=Pimpinella yunnanensis
Pimpinella puberula (DC.) de Boiss.微毛茴芹
Pimpinella purpurea (Franch.) de Boiss.紫瓣茴芹
Pimpinella radiatum W.W.Sm.=Acronema radiatum
Pimpinella refracta Wolff 下曲茴芹
Pimpinella renifolia Wolff 肾叶茴芹
Pimpinella rhomboidea Diels 菱叶茴芹
Pimpinella rhomboides var. tenulloba Shan & Pu 小菱叶茴芹
Pimpinella rockii Wolff 丽江茴芹
Pimpinella rosthornii Diels=Pternopetalum rosthornii
Pimpinella rubescens (Franch.) Wolff ex Hand.-Mazz.少花茴芹
Pimpinella saxifraga L.虎耳草茴芹
Pimpinella scaberula (Franch.) Wolff=Trachyspermum scaberulum
Pimpinella scaberula de Boiss.=Trachyspermum scaberulum
Pimpinella scaberula var. *ambrosiifolia* (Franch.) Wolff=Trachyspermum scaberulum var. ambrosiifolium
Pimpinella serra Franch. & Sav.锯边茴芹
Pimpinella silaifolia de Boiss.=Tongoloa silaifolia
Pimpinella silvatica Hand.-Mazz.木里茴芹
Pimpinella sinica Hance=Pimpinella diversifolia
Pimpinella smithii Wolff 直立茴芹
Pimpinella stricta Wolff=Pimpinella smithii
Pimpinella sutchuensis de Boiss.=Pimpinella henryi
Pimpinella taeniophylla de Boiss.=Tongoloa taeniophylla
Pimpinella tenera (Wall.) Benth. & HK.f. ex C.B.Clarke=Acronema tenerum
Pimpinella thellungiana var. *tenuisecta* Chu=Pimpinella cnidioides
Pimpinella thellungiana Wolff 羊红膻
Pimpinella tibetanica Wolff 藏茴芹
Pimpinella tonkinensis Cherm.瘤果茴芹
Pimpinella trichomanifolia (Franch.) Diels=Pternopetalum trichomanifolium
Pimpinella Untergatt.*Cryptotaeniopsis* (Franch.) Diels=**Pternopetalum**
Pimpinella valleculosa K.T.Fu 谷生茴芹
Pimpinella weishanensis Shan & Pu 巍山茴芹
Pimpinella xizangense Shan & Pu 西藏茴芹
Pimpinella yunnanensis (Franch.) Wolff 云南茴芹
Pinaceae 松科
Pinalia acervata (Lindl.) Ktze.=Eria acervata
Pinalia amica (Rchb.f.) Ktze.=Eria amica
Pinalia calamifolia (HK.f.) Ktze.=Eria pannea
Pinalia confusa (HK.f.) Ktze.=Eria amica
Pinalia fragrans (Rchb.f.) Ktze.=Eria javanica
Pinalia pannea (Lindl.) Ktze.=Eria pannea
Pinalia rosea (Lindl.) Ktze.=Eria rosea
Pinalia sinica (Lindl.) Ktze.=Eria sinica
Pinalia tomentosa (K.D.Koen.) Ktze.=Eria tomentosa
Pinanga Bl.**山槟榔属**(棕榈科)
Pinanga acaulis Ridley 无茎山槟榔
Pinanga adangensis Ridley 阿当山槟榔
Pinanga baviensis Becc.(Merr.in Lingnan Sci.J.1927)=Pinanga discolor
Pinanga baviensis Becc.(台湾树木志 1963 & 台湾志 1973)= Pinanga tashiroi
Pinanga baviensis Becc.山槟榔
Pinanga beccariana Furtado 白卡山槟榔
Pinanga canina Becc.犬山槟榔
Pinanga chinensis Becc.华山竹
Pinanga discolor Burret 变色山槟榔
Pinanga disticha (Roxb.) Bl. ex Wendl.两列山槟榔
Pinanga fruticans Ridley 灌木状山槟榔
Pinanga gracilis (Roxb.) Bl.纤细山槟榔
Pinanga hexasticha (Kurz) Scheff.六列山槟榔
Pinanga limosa Ridley 沼泽山槟榔
Pinanga macroclada Burret 长枝山槟榔
Pinanga malaiana (Mart.) Scheff.马来山槟榔
Pinanga paradoxa Scheff.奇怪山槟榔
Pinanga patula Bl.开展山槟榔
Pinanga patula β. *gracilis* Scheff.=Pinanga gracilis
Pinanga pectinata Becc 篦形山槟榔
Pinanga perakensis Becc.波拉克山槟榔
Pinanga polymorpha Becc.多型山槟榔
Pinanga scortechinii Becc.斯考氏山槟榔
Pinanga simplicifrons (Miq.) Becc.单叶山槟榔
Pinanga sinii Burret 燕尾山槟榔
Pinanga subintegra Ridley 近全缘山槟榔

Pinanga subruminata Becc.近嚼烂状山槟榔
Pinanga tashiroi Hay.兰屿山槟榔
Pinanga viridis Burret 绿色山槟榔
Pinanga wrayi Ftdo.沃瑞氏山槟榔
Pinellia Tenore **半夏属**(天南星科)
Pinellia browniana Dunn=Pinellia cordata
Pinellia cordata N.E.Brown 滴水珠
Pinellia integrifolia N.E.Brown 石蜘蛛
Pinellia pedatisecta Schott 虎掌
Pinellia peltata Pei 盾叶半夏
Pinellia ternata (Thunb.) Breit 半夏
Pinellia tuberifera Tenore=Pinellia ternata
Pinellia tuberifera var. *pedatisecta* (Schott) Engl.=Pinellia pedatisecta
Pinellia wawrae Engl.=Pinellia pedatisecta
Pinguicula L.**捕虫堇属**(狸藻科)
Pinguicula alpina L.高山捕虫堇
Pinguicula villosa L.北捕虫堇
Pinguicula vulgaris L.(高等图鉴 1975)=Pinguicula alpina
Pinus L.**松属**(松科)
Pinus abiea L.=Picea abies
Pinus abies f. *schrenkiana* (Fisch. & Mey.) Voss=Picea schrenkiana
Pinus albicaulis Engelm.美国白皮松
Pinus amamiana Koidz.奄美岛松
Pinus anhweiensis Cheng & Y.W.Law=Picea fenzeliana var. dabeshanensis
Pinus argyi Lamée & Lévl.=Pinus massoniana
Pinus argyi var. *longevaginans* Lévl.=Pinus massoniana
Pinus aristata Engelm.刺果松
Pinus arizonica Engelm.亚利桑那松
Pinus armandi Franch.(Matsuda in Bot.Mag.Tokyo 1914)=Pinus armandi var. mastersiana
Pinus armandi Franch.(中大专刊 1940)=Pinus fenzeliana
Pinus armandi Franch.华山松
Pinus armandi var. armandi=Pinus armandi
Pinus armandi var. mastersiana (Hay.) Hay.台湾果松
Pinus armandii var. *dabeshanensis* (W.C.Cheng & Y.W.Law) Silba=Pinus fenzeliana var. dabeshanensis
Pinus atlantica Endl.=Cedrus atlantica
Pinus attenuata Lemm.窄果松
Pinus australis Michx.f.=Pinus palustris
Pinus ayacahuite Ehrenb.墨西哥白松
Pinus balfouriana A.Murr.巴耳弗氏松
Pinus banksiana Lamb.北美短叶松
Pinus bhutanica Grier. et al.不丹松
Pinus bifida (S. & Z.) Ant.=Abies firma
Pinus brevispica Hay.=Pinus taiwanensis
Pinus brunoniana Wall.=Tsuga dumosa
Pinus brutia Tenore 土耳其松
Pinus bungeana S. & Z.白皮松
Pinus canaliculata Miq.=Pinus massoniana
Pinus canariensis C.Smith 加那利松
Pinus caribaea Morelet (Shaw in Gen.Pinus 1914,p.p.)=Pinus elliottii
Pinus caribaea Morelet 加勒比松
Pinus caribaea var. bahamensis (Griseb.) Barrett. & Golfari 巴哈马加勒比松
Pinus caribaea var. hondurensis (Senecl.) Barrett. & Golfari 洪都拉斯加勒比松
Pinus cavaleriei Lemée & Lévl.=Pinus massoniana
Pinus cembra L.(Shaw in Gen.Pinus 1914,p.p.)=Pinus pumila
Pinus cembra L.(Shaw in Gen.Pinus 1914,p.p.)=Pinus sibirica
Pinus cembra L.瑞士五针松
Pinus cembra var. *pumila* Pall.=Pinus pumila
Pinus cembra var. *pygmaea* Loud.=Pinus pumila
Pinus cembra var. *sibirica* (D.Tour) G.Don=Pinus sibirica
Pinus cembra var. *sibirica* Loud.=Pinus sibirica
Pinus cembroides Zucc.墨西哥果松
Pinus cembroides var. parryana Voss.墨西哥四针松(新)
Pinus chihuahuana Engelm.济华华松
Pinus chylla Lodd.=Picea wallichiana
Pinus clausa Sarg.沙松
Pinus contorta Loud.小干松
Pinus coulteri D.Don 大果松
Pinus crassicorticea Y.C.Zhong & K.X.Huang=Pinus massoniana
Pinus culminicola Andreson & Beaman 高寒松
Pinus dabeshanensis W.C.Cheng & Y.W.Law=Pinus fenzeliana var. dabeshanensis
Pinus dahurica Fisch. ex Turcz.=Larix gmelini
Pinus dammara Lamd.=Agathis dammara
Pinus densata Mast.高山松
Pinus densata var. *pygmaea* Hsüeh=Pinus yunnanensis var. pygmaea
Pinus densiflora Lamb.(Shaw in Sarg.Pl.Wilson 1911,p.p.)=Picea tabuliformis var. henryi
Pinus densiflora S. & Z.(Shaw in Sarg.Pl.Wilson.1911)=Pinus taiwanensis
Pinus densiflora S. & Z.赤松
Pinus densiflora cv. Globosa 球冠赤松
Pinus densiflora cv. Umbraculifera 千头赤松
Pinus densiflora f. *globosa* (Mayr) Beissn.=Pinus densiflora cv. Globosa
Pinus densiflora f. *liaotungensis* (Liou & Q.L.Wang) Kitag.=Pinus densiflora
Pinus densiflora f. *sylvestriformis* Taken.=Pinus sylvestris var. sylvestriformis
Pinus densiflora f. *sylvestriformis* Takenouchi=Pinus sylvestris var. sylvestriformis
Pinus densiflora f. *umbraculifera* (Mayr) Beissn.=Pinus densiflora cv. Umbraculifera
Pinus densiflora f. *ussuriensis* (Liou & Q.L.Wang) Kitag.=Pinusdensiflora var. ussuriensis
Pinus densiflora var. *brevifolia* Liou & Wang=Pinus densiflora
Pinus densiflora var. *funebris* (Kom.) Liou & Wang=Pinus densiflora
Pinus densiflora var. *liaotungensis* Liou & Wang=Pinus densiflora
Pinus densiflora var. *sylvestriformis* (Taken.) Q.L.Wang=Pinus sylvestris var. sylvestriformis
Pinus densiflora var. *tabulaeformis* (Carr.) Fort. ex Mast.=Pinus tabulaeformis
Pinus densiflora var. *umbraculifera* Mayr=Pinus densiflora cv. Umbraculifera
Pinus densiflora var. ussuriensis Liou & Q.L.Wang 兴凯赤松
Pinus densiflora var. zhangwuensis S.J.Zhang et al.彰武赤松
Pinus deodara Roxb.=Cedrus deodara
Pinus douglasiana Mast.道格拉斯松
Pinus dumosa D.Don=Tsuga dumosa
Pinus durangensis Mast.杜兰果松
Pinus echinata Mill.萌芽松
Pinus edulis Engelm.食松
Pinus elliottii Engelm.湿地松
Pinus elliottii Englem.(树木学 1961,p.p.)=Pinus caribaea
Pinus elliottii var. densa Little & Dorman 南湿地松
Pinus engelmannii Carr.恩氏松
Pinus excelsa Wall. ex D.Don=Picea wallichiana
Pinus excelsa Lam.=Picea abies
Pinus excelsa var. *chinensis* Patschke=Pinus armandi
Pinus fabri (Mast.) Voss=Abies fabri
Pinus fenzeliana Hand.-Mazz.海南五针松
Pinus fenzeliana var. dabeshanensis (W.C.Cheng & Y.W.Law) L.K.Fu & Nan 大别五针松
Pinus finlaysoniana Wall.(分类学报 1975)=Pinus latteri
Pinus firma (S. & Z.) Ant.=Abies firma
Pinus flexilis James 柔松
Pinus formosana Hay.=Pinus morrisonicola
Pinus fortunei (Murr.) Parl.=Keteleeria fortunei
Pinus funebris Kom.(东北经济志 1964)=Pinus sylvestris var. sylvestriformis
Pinus funebris Kom.=Pinus densiflora
Pinus gerardiana Wall.西藏白皮松
Pinus glabra Walt.光松
Pinus greggii Engelm.硬枝展松
Pinus griffithi Parl.=Larix griffithiana
Pinus griffithiana (Lindl. & Gord.) Voss=Larix griffithiana
Pinus griffithii M'Clell.=Pinus wallichiana
Pinus halepensis Mill.阿勒颇松
Pinus hartwegii Lindl.灰叶山松
Pinus heldreichii Christ 赫德赖克松

Pinus henryi Mast.=Pinus tabulaeformis var. henryi
Pinus heterophylla Sudworth & Plant. ex U.S.A (树木学 1961,p.p.)=Pinus caribaea
Pinus hingganensis H.J.Zhang=Pinus sibirica
Pinus holophylla (Maxim.) Parl.=Abies holophylla
Pinus hwangshanensis Hsia=Pinus taiwanensis
Pinus ikedai Yamamoto=Pinus latteri
Pinus insularis Endl.(Wils.in J.Arn.Arb.1926)=Pinus kesiya var. langbianensis
Pinus insularis Endl.(分类学报 1956)=Pinus yunnanensis
Pinus insularis Endl.岛松
Pinus insularis var. *khasyana* (Griff.) Shilb.=Pinus kesiya
Pinus insularis var. *langbianensis* (A.Chev.) Silba =Pinus kesiya
Pinus insularis var. *tenuifolia* (W.C.Cheng & Y.W.Law) Silba=Pinus yunnanensis var. tenuifolia
Pinus insularis var. *yunnanensisn* (Franch.) Silba=Pinus yunnanensis
Pinus jeffreyi A.Murr.约弗亚松
Pinus jezoensis f. *microsperma* (Mast.) Voss=Picea jezoensis var. microsperma
Pinus kaempferi Lamb.(Parl.in DC.Prodr.1868)=Pseudolarix amabilis
Pinus kaempferi Lamb.=Larix kaempferi
Pinus kesiya Royle ex Gordon 卡西松
Pinus kesiya var. *langbianensis* (A.Chev.) Gaussn. ex Bui=Pinus kesiya
Pinus khutrow Royle=Picea smithiana
Pinus komarovii Lévl.=Pinus armandi
Pinus koraiensis S. & Z.红松
Pinus koraiensis f. leptodermis Weng & Chi 细皮红松
Pinus koraiensis f. pachidermis Wang & Chi 粗皮红松
Pinus krempfii Lec.越南松
Pinus kwangtungensis Chun ex Tsiang 华南五针松
Pinus kwangtungensis var. kwangtungensis=Pinus kwangtungensis
Pinus kwangtungensis var. varifolia Nan Li & Y.C.Zhong 变叶华南五针松
Pinus lambertiana Dougl.糖松
Pinus lanceolata Lamb.=Cunninghamia lanceolata
Pinus langbianensis A.Chev.=Pinus kesiya
Pinus laricio var. *poiretiana* Ant.=Pinus nigra var. poiretiana
Pinus larix europaea Pall.=Larix sibirica
Pinus larix var. *russica* Endl.=Larix sibirica
Pinus larix var. γ. *sussica* Endl.=Larix sibirica
Pinus larix α. *sibirica* Munchh.=Larix sibirica
Pinus latteri Mason 南亚松
Pinus lawsonii Roezl 劳森松
Pinus ledebourii (Rupr.) Endl.=Larix sibirica
Pinus leiophylla Schlecht. & Cham.光叶松
Pinus leucodermis Ant.欧洲白皮松
Pinus leucosperma Maxim.=Pinus tabulaeformis
Pinus levis Leme & Lévl.=Pinus armandi
Pinus longifolia Salisb.(Roxb. ex Lamb.in Gen.Pinus 1803)=Picea roxburghii
Pinus longifolia Salisb.=Pinus palustris
Pinus luchuensis Mayr.(分类学报 1956,p.p.)=Pinus taiwanensis
Pinus luchuensis Mayr.硫球松
Pinus luchuensis subsp. *hwangshanensis* (W.Y.Hsia) D.Z.Li=Pinus taiwanensis
Pinus luchuensis subsp. *taiwanensis* (Hay.) D.Z.Li=Pinus taiwanensis
Pinus luchuensis var. *hwangshangensis* (Hsia) Wu=Pinus taiwanensis
Pinus lumholtzii Robis. & Fern.垂枝松
Pinus mandschurica Rupr.=Pinus koraiensis
Pinus mandshurica Rupr.(Murray in Pinet Brit.1866)=Pinus pumila
Pinus massoniana Lamb.(S. & Z.in Fl.Jap.Pl.1870)=Pinus thunbergii
Pinus massoniana Lamb.马尾松
Pinus massoniana var. hainanensis Cheng & L.K.Fu 雅加松
Pinus massoniana var. *henryi* (Mast.) Wu=Picea tabuliformis var. henryi
Pinus massoniana var. massoniana=Pinus massoniana
Pinus massoniana var. shaxianensis D.X.Zhou 沙黄松
Pinus massoniana var. *wulingensis* C.J.Qi & Q.Z.Lin=Pinus tabulaeformis var. henryi
Pinus mastersiana Hay.=Pinus armandi var. mastersiana
Pinus merkusiana Cooling & Gaussen=Pinus latteri
Pinus merkusii Jungh. & De Vriese (Mell in Lingnan Sci.J.1928)=Pinus latteri
Pinus merkusii subsp. *latteri* (Mason) D.Z.Li=Pinus latteri
Pinus merkusii var. *latteri* (Mason) Silba=Pinus latteri
Pinus merkusii var. *tonkinensis* (A.Chev.) A.Chev. ex Gaussen=Pinus latteri
Pinus michoacana Martinez 米却肯松
Pinus monophylla Torr. & Frem.单叶松
Pinus montezumae Lamb.山松
Pinus monticola Lamb.山白松
Pinus morrisonicola Hay.(,科学论文集 1930)=Pinus kwangtungensis
Pinus morrisonicola Hay.台湾五针松
Pinus mugo Turra 欧洲山松
Pinus mukdensis Uyeki ex Nakai=Pinus tabulaeformis var. miukdensis
Pinus muricata D.Don 粗糙松
Pinus nelsoni Shaw 连叶松
Pinus nepalensis De Chambray=Picea wallichiana
Pinus nepalensis J.Forb.(89)=Pinus massoniana
Pinus nephrolepis (Trautv.) Voss.=Abies nephrolepis
Pinus nigra Arn.(东北裸子植物 1958)=Pinus nigra var. poiretiana
Pinus nigra Arn.欧洲黑松
Pinus nigra var. austriaca Aschers. & Graebn.奥地利黑松
Pinus nigra var. maritima (Aiton) Melville 科西嘉黑松
Pinus nigra var. nigra=Pinus nigra
Pinus nigra var. poiretiana (Ant.) Schneid.南欧黑松
Pinus oaxacana Mirov 中美高地松
Pinus obovata β. *schrenkiana* (Ant.) Parl.=Picea schrenkiana
Pinus occidentalis Swartz 古巴松
Pinus oocarpa Schiede 卵果松
Pinus palustris Mill.长叶松
Pinus parviflora S. & Z.(Shaw in Gen.Pinus 1914)=Pinus morrisonicola
Pinus parviflora S. & Z.日本五针松
Pinus parviflora var. *fenzeliana* (Hand.-Mazz.) Wu(p.p.)=Pinus fenzeliana
Pinus parviflora var. *fenzeliana* (Hand.-Mazz.) Wu(p.p.)=Pinus kwangtungensis
Pinus parviflora var. *morrisonicola* (Hay.) Wu=Pinus morrisonicola
Pinus patula Schlecht. & Cham.展叶松
Pinus peuce Griseb.巴尔干松
Pinus pichta Lodd.=Abies sibirica
Pinus pinaster Ait.海岸松
Pinus pinea L.意大利松
Pinus ponderosa Dougl. ex Laws.西黄松
Pinus pringlei Shaw 曲枝松
Pinus prokoraiensis Y.T.Zhao et al.=Pinus koraiensis
Pinus promienus Mast.=Pinus densata
Pinus pseudostrobus Lindl.拟北美乔松
Pinus pumila (Pall.) Regel 偃松
Pinus pungens Lamb.刺针松
Pinus pygmaea Fisch. ex Spach=Pinus pumila
Pinus quadrifolia Parl.四针松
Pinus quinquefolia David=Pinus armandi
Pinus radiata D.Don 辐射松
Pinus resinosa Ait.美加红松
Pinus rigida Mill.刚松
Pinus rigida var. rigida=Pinus rigida
Pinus rigida var. *serotina* (Mich.) Loud. ex Hoop.=Pinus serotina
Pinus roxburghii Sarg.西藏红豆杉
Pinus sabiniana Dougl.沙滨松
Pinus sacra (Franch.) Voss=Keteleeria davidiana
Pinus schrenkiana (Fisch. & Mey.) Ant.=Picea schrenkiana
Pinus scipioniformis Mast.=Pinus armandi
Pinus scopifera Miq.=Pinus densiflora
Pinus serotina Mich.晚松
Pinus serotina Michx.=Picea serotina
Pinus sibirica (Ledeb.) Turcz.=Abies sibirica
Pinus sibirica (Loud.) Mayr 新疆五针松
Pinus sibirica var. *hingganensis* (H.J.Zhang) Silba=Pinus sibirica
Pinus sinensis D.Don(88)=Pinus massoniana
Pinus sinensis Lamb.(Shaw in Sarg.Pl.Wilson.1914,p.p.)=Pinus tabulaeformis
Pinus sinensis Lamb.(Shaw in Sarg.Pl.Wilson.1914,p.p.)=Pinus taiwanensis
Pinus sinensis Lamb.=Pinus massoniana
Pinus sinensis Mayr.=Pinus tabulaeformis

Pinus sinensis S. & Z.(Shaw in Sarg.Pl.Wilson. 1914,p.p.)=Picea tabuliformis var. henryi
Pinus sinensis var. *densata* (Mast.) Shaw=Pinus densata
Pinus sinensis var. *yunnanensis* (Franch.) Shaw=Pinus yunnanensis
Pinus smithiana Wall.=Picea smithiana
Pinus spectabilis D.Don=Abies spectabilis
Pinus squamata X.W.Li 巧家五针松
Pinus strobiformis Engelm.类球松
Pinus strobus L.北美乔松
Pinus subgen. *Sapinus* Endl.scet.*Pseudolarix* Pral.=**Pseudolarix**
Pinus sylvestris L.(Kom.in Acta Hort.Petrop.1901,p.p.)=Picea densiflora var. ussuriensis
Pinus sylvestris L.(Kom.in Acta Hort.Petrop.1901,p.p.)=Pinus sylvestris var. mongolica
Pinus sylvestris L.(东北裸子植物 1958)=Pinus sylvestris var. sylvestriformis
Pinus sylvestris L.欧洲赤松
Pinus sylvestris var. mongolica Litv.樟子松
Pinus sylvestris var. sylvestriformis (Takenouchi) Cheng & C.D.Chu 长白松
Pinus sylvestris var. sylvestris=Pinus sylvestris
Pinus tabulaeformis Carr.(Orr in Notes Bot.Gard.Edinb.1933)=Pinus densata
Pinus tabulaeformis Carr.(Rehd. & Wils.in J.Arn.Arb.1927)=Pinus taiwanensis
Pinus tabulaeformis Carr.(Wils.in J.Arn.Arb.1926)=Pinus yunnanensis
Pinus tabulaeformis Carr.油松
Pinus tabulaeformis f. *jeholensis* Liou & Wang=Pinus tabulaeformis
Pinus tabulaeformis f. *purpurea* Liou & Wang=Pinus tabulaeformis
Pinus tabulaeformis var. *bracteata* Takenouchi=Pinus tabulaeformis
Pinus tabulaeformis var. *densata* (Mast.) Rehd.=Pinus densata
Pinus tabulaeformis var. henryi (Mast.) C.T.Kuan 巴山松
Pinus tabulaeformis var. miukdensis Uyeki 黑皮油松
Pinus tabulaeformis var. mukdensis (Uyeki ex Nakai 黑皮油松
Pinus tabulaeformis var. *pygmaea* (Hsüeh) Silba=Pinus yunnanensis var. pygmaea
Pinus tabulaeformis var. tabulaeformis=Pinus tabulaeformis
Pinus tabulaeformis var. *tokunagai* (Nakai) Takenouchi=Pinus tabulaeformis
Pinus tabulaeformis var. umbrachulifera Liou & Wang 扫帚油松
Pinus tabulaeformis var. *yunnanensis* (Franch.) Dallimore=Pinus yunnanensis
Pinus taeda L.火炬松
Pinus taihangshanensis Hu & Yao=Pinus tabulaeformis
Pinus taiwanensis Hay.黄山松
Pinus taiwanensis var. *damingshanensis* W.C.Cheng & L.K.Fu=Pinus taiwanensis
Pinus taiwanensis var. taiwanensis=Pinus taiwanensis
Pinus takahasii Nakai (Nakai in Chôsen Sanrin-Kaihô 1939)=Pinus sylvestris var. mongolica
Pinus takahasii Nakai=Pinus densiflora var. ussuriensis
Pinus teocote Schl. & Cham.卷叶松
Pinus termifolia Benth.细叶松
Pinus thunbergii Parl.黑松
Pinus tokunagai Nakai=Pinus tabulaeformis
Pinus tonkinensis A.Chev.=Pinus latteri
Pinus torreyana Carr.陶松
Pinus tropicalis Morelet 热带松
Pinus ussuriensis (Liou & Wang) Cheng & Y W.Law=Picea densiflora var. ussuriensis
Pinus uyematsui Hay.=Pinus morrisonicola
Pinus virginiana Mill.矮松
Pinus wallichiana J.B.Jacks 乔松
Pinus wangii Hu & Cheng 毛枝五针松
Pinus wangii var. *kwangtungensis* (Chun) Cheng & Law=Pinus kwangtungensis
Pinus washoensis Mason & Stockwell 华树松
Pinus webbiana Wall. ex Lamb.=Abies spectabilis
Pinus wilsonii Shaw=Pinus densata
Pinus yamazutai Uyeki=Pinus sylvestris var. mongolica
Pinus yunnanensis Franch.云南松
Pinus yunnanensis var. *pygmaea* Hsüeh.=Pinus yunnanensis var. pygmaea
Pinus yunnanensis var. pygmaea 地盘松
Pinus yunnanensis var. tenuifolia Cheng & Law 细叶云南松
Pinus yunnanensis var. *tenuifolia* Cheng & Y.W.Law=Pinus yunnanensis var. tenuifolia
Pinus yunnanensis var. yunnanensis=Pinus yunnanensis
Piper L.(Sp.Pl. 1753,p.p.)=**Peperomia**
Piper L.(Sp.Pl.Ed. 1764,p.p.)=**Pothomorphe**
Piper L.胡椒属(胡椒科)
Piper albispicum A.DC.=Piper sarmentosum
Piper angustifolium Ruiz. & Pav.狭叶胡椒
Piper arborescens Roxb.兰屿胡椒
Piper arborescens var. *angustilimbum* Quis=Piper arborescens
Piper attenuatum Buch.-Ham.卵叶胡椒
Piper aurantiacum Wall. ex C.DC.=Piper wallichii
Piper aurantiacum var. *hupeense* C.DC.=Piper wallichii
Piper austrosinense Tseng 华南胡椒
Piper bambusaefolium Tseng 竹叶胡椒
Piper bavinum A.DC.=Piper thomsonii
Piper begoniaefolium (Bl.) Quis.=Zippelia begoniaefolia
Piper betle L.蒌叶
Piper betle var. *psilocarpum* C.DC.=Piper nudibaccatum
Piper blandum Jacq.=Peperomia blanda
Piper boehmeriifolium (Miq.) A.DC 苎叶蒟.
Piper boehmeriifolium var. boehmeriifolium=Piper boehmeriifolium
Piper boehmeriifolium var. glabricaule (A.DC.) M.G.Gilb. & N.H.Xia 光茎胡椒
Piper boehmeriifolium var. tonkinense C.DC.光轴苎叶蒟
Piper bonii C.DC.复毛胡椒
Piper bonii var. macrophyllum Tseng 大叶复毛胡椒
Piper brachystachyum Wall. ex HK.f.=Piper mullesua
Piper brevicaule A.DC.=Piper sarmentosum
Piper cathayanum M.G.Gilb. & N.H.Xia 华山蒌
Piper chaba Hunter=Piper retrofractum
Piper chaba Hunter=Piper retrofractum
Piper chaudocanum C.DC.勐海胡椒
Piper chinense Miq.中华胡椒
Piper cubeba L.荜澄茄
Piper curtipedunculum A.DC.=Piper pedicellatum
Piper damiaoshanense Tseng 大苗山胡椒
Piper dolichostachyum M.G.Gilb. & N.H.Xia 长穗胡椒
Piper emeiensis Y.C.Tseng=Piper wallichii
Piper flagelliforme Yamam.=Piper hainanense
Piper flaviflorum C.DC.黄花胡椒
Piper futokadsura Sieb.=Piper kadsura
Piper glabricaule A.DC.=Piper boehmeriifolium var. glabricaule
Piper guigual D.Don=Piper mullesua
Piper gymnostachyum A.DC.=Piper sarmentosum
Piper hainanense Hemsl.海南蒟
Piper hancei Maxim.山蒟
Piper henryci (Sphalm.henryi) C.DC.=Piper wallichii
Piper henryi sensu Metcalf=Piper wallichii
Piper hispidum Hay.=Piper kadsura
Piper hochiense Tseng 河池胡椒
Piper hongkongense A.DC.毛蒟
Piper ichangense C.DC.=Piper wallichii
Piper infossibaccatum A.Huang 嵌果胡椒
Piper infossum Y.C.Tseng 沉果胡椒
Piper infossum var. infossum=Piper infossum
Piper infossum var. nudum Y.C.Tseng 落叶沉果胡椒
Piper interruptum Opiz 疏果胡椒
Piper interruptum var. *multinervum* A.DC.=Piper interruptum
Piper jaborandii Vell.耶仆兰胡椒
Piper kadsura (Choisy) Ohwi 风藤
Piper kawakamii Hay.恒春胡椒
Piper kotoense Yamam.=Piper arborescens
Piper kwashoense Hay.绿岛胡椒
Piper laetispicum C.DC.大叶蒟
Piper lappacerum C.DC.=Zippelia begoniaefolia
Piper latispicum C.DC.=Piper laetispicum
Piper lingshuiense Tseng 陵水胡椒
Piper lolot A.DC.=Piper sarmentosum

Piper longum L.荜茇
Piper maclurei Merr.=Piper laetispicum
Piper macropodum C.DC.粗梗胡椒
Piper macropodum sensu Merr. & Chun (p.p.)=Piper laetispicum
Piper madidum Y.C.Tseng=Piper rhytidocarpum
Piper martinii A.DC.=Piper wallichii
Piper matthewii Dunn=Piper hancei
Piper mekongense A.DC.=Piper polysyphonum
Piper methysticum G.Forst.卡瓦胡椒
Piper mischocarpum Tseng 柄果胡椒
Piper mullesua D.Don 短蒟
Piper mutabile C.DC.变叶胡椒
Piper nepalense Miq.尼泊尔胡椒
Piper nigrum L.胡椒
Piper nigrum var. *macrostachyum* A.DC.=Piper rhytidocarpum
Piper nudibaccatum Tseng 裸果胡椒
Piper officinarum (Miq.) C.DC.=Piper retrofractum
Piper ornatum N.E.Br.观赏胡椒
Piper pedicellatum A.DC.角果胡椒
Piper pellucidum L.=Peperomia pellucida
Piper philippinum Miq.台东胡椒
Piper pierrei A.DC.=Piper sarmentosum
Piper pingbienense Tseng 屏边胡椒
Piper pleiocarpum Chang ex Tseng 线梗胡椒
Piper polysyphorum C.DC.樟叶胡椒
Piper ponesheense C.DC.肉轴胡椒
Piper postelsianum Maxim.=Pothomorphe subpeltata
Piper puberulilimbum C.DC.毛叶胡椒
Piper puberulum (Benth.) Maxim.=Piper hongkongense
Piper pubicatulum C.DC.岩椒(新)
Piper punctulivenum A.DC.=Piper thomsonii
Piper punctulivenum var. *parvifolium* A.DC.=Piper thomsonii
Piper reflexum L.f.=Peperomia tetraphylla
Piper retrofractum Vahl 假荜拨
Piper rhytidocarpum HK.f.皱果胡椒
Piper rubrum C.DC.红果胡椒
Piper saigonense A.DC.=Piper sarmentosum
Piper sarmentosum Roxb.假蒟
Piper semiimmersum C.DC.缘毛胡椒
Piper senporeiense Yamam.斜叶蒟
Piper sinense (Champ. ex Benth.) A.DC.=Piper cathayanum
Piper sintenense Hat.小叶爬崖香
Piper spirei A.DC.=Piper boehmeriifolium
Piper spirei var. *pilosius* A.DC.=Piper boehmeriifolium
Piper stipitiforme Chang ex Tseng 短柄胡椒
Piper subcordata Hay.=Piper kawakamii
Piper subglaucescens C.DC.=Piper kadsura
Piper submultinerve C.DC.多脉胡椒
Piper submultinerve var. nandanicum Tseng 狭叶多脉胡椒
Piper submultinerve var. submultinerve =Piper submultinerve
Piper subpeltatum Willd.=**Pothomorphe**
Piper subpeltatum Willd.=Pothomorphe subpeltata
Piper suipigua Buch.-Ham.滇西胡椒
Piper sylvaticum Roxb.长柄胡椒
Piper szemaoense C.DC.思茅胡椒
Piper taiwanense Lin & Lu 台湾胡椒
Piper terminaliflorum Y.C.Tseng=Piper boehmeriifolium
Piper tetraphyllum Forst.f.=Peperomia tetraphylla
Piper thomsonii (A.DC.) A.DC.球穗胡椒
Piper thomsonii var. microphyllum Tseng 小叶球穗胡椒
Piper thomsonii var. thomsonii=Piper thomsonii
Piper tricolor Tseng 三色胡椒
Piper tsangyuanense P.S.Chen & P.C.Zhu 粗穗胡椒
Piper umbellatum L.大胡椒
Piper wallichii (Miq.) Hand.-Mazz.石南藤
Piper wallichii var. *hupeense* (C.DC.) Hand.-Mazz.=Piper wallichii
Piper wangii M.G.Gilb. & N.H.Xia 景洪胡椒
Piper yinkiangense Tseng 盈江胡椒
Piper yui M.G.Gilb. & N.H.Xia 椭圆叶胡椒
Piper yunnanense Tseng 蒟子
Piper zippelia C.DC.=Zippelia begoniaefolia
Piperaceae 胡椒科
Pipseva Rafin.=**Chimaphila**
Piptadenia Benth.**落腺蕊属**(豆科)
Piptanthus D.Dopn ex Sweet **黄花木属**(豆科)
Piptanthus bicolor Craib=Piptanthus concolor
Piptanthus bombycinus Marq.=Piptanthus concolor
Piptanthus chinens Przewal.=Ammopiptanthus mongolicus
Piptanthus concolor Harrow ex Craib 黄花木
Piptanthus concolor subsp. *harrowii* Stapf=Piptanthus concolor
Piptanthus concolor subsp. *yunnanensis* Stapf=Piptanthus concolor
Piptanthus forrestii Craib=Piptanthus concolor
Piptanthus laburnifolius (D.Don) Stapf=Piptanthus nepalensis
Piptanthus leiocarpus Stapf =Piptanthus nepalensis f. Leiocarpus
Piptanthus leiocarpus f. *sericopetalus* P.C.Li=Piptanthus nepalensis f. Sericopetalus
Piptanthus mongolicus Maxim. ex Kom.=Ammopiptanthus mongolicus
Piptanthus nanus M.Pop.=Ammopiptanthus nanus
Piptanthus nepalensis (HK.) D.Don 尼泊尔黄花木
Piptanthus nepalensis D.Don (Turner in Brittonia 1980,p.p.,西藏志 1985) =Piptanthus concolor
Piptanthus nepalensis f. leiocarpus (Stapf) S.Q.Wei 光果黄花木
Piptanthus nepalensis f. nepalensis=Piptanthus nepalensis
Piptanthus nepalensis f. sericopetalus (P.C.Li) S.Q.Wei 毛瓣黄花木
Piptanthus tomentosus Franch.绒叶黄花木
Piptatherum aequiglumis (HK.f.) Roshev.=Oryzopsis aequiglumis
Piptatherum Beauv.=**Oryzopsis**
Piptatherum gracile Mez=Oryzopsis gracilis
Piptatherum laterale Munro ex Aitch.=Oryzopsis lateralis
Piptatherum munroi (Stapf) Mez=Oryzopsis munroi
Piptatherum parviflorum Roshev.=Oryzopsis chinensis
Piptatherum sinense Mez=Oryzopsis aequiglumis
Piptatherum songaricum (Trin & Rupr.) Roshev.=Oryzopsis songarica
Piptatherum tibeticum Roshev.=Oryzopsis tibetica
Piptoceras Cass.=**Centaurea**
Piptopogon macrospermus C.A.Ma ex Turcz.=Scorzonera albicaulis
Pipturus Wedd.**落尾木属**(荨麻科)
Pipturus arborescens (Link.) C.B.Clarke 落尾木
Pipturus asper Wedd.=Pipturus arborescens
Pipturus fauriei Yamamoto=Pipturus arborescens
Pirus astateria Card.=Sorbus astateria
Pirus aucuparia var. *randaiensis* Hay.=Sorbus randaiensis
Pirus cavaleriei Lévl.=Stranvaesia davidiana
Pirus coronata Card.=Sorbus coronata
Pirus delavayi Franch.=Docynia delavayi
Pirus doumeri Boiss.=Malus doumeri
Pirus feddei Lévl.=Stranvaesia amphidoxa
Pirus foliolosa var. *subglabra* Card.=Sorbus poteriifolia
Pirus formosana Kwa. & Koidz.=Malus doumeri
Pirus glabrescens Card.=Sorbus oligodonta
Pirus halliana Voss=Malus halliana
Pirus hupehensis Pamp.=Malus hupehensis
Pirus hypoglauca Card.=Sorbus rehderiana
Pirus koehneana Card.=Sorbus koehneana
Pirus koehnei Schneid.(Lévl.in Repert. subsp. Nov.1912 & Fl.Kouy-Tchéou 1915)=Sorbus hemsleyi
Pirus laosensis Card.=Malus doumeri
Pirus melliana Hand.-Mazz.=Malus melliana
Pirus mesogea Card.=Sorbus hupehensis
Pirus monbeigii Card.=Sorbus monbeigii
Pirus obsoletidentata Card.=Sorbus obsoletidentata
Pirus oligodonta Card.=Sorbus oligodonta
Pirus rehderiana Card.=Sorbus rehderiana
Pirus rufioflia Lévl.=Docynia indica
Pirus subcrataegifolia Lévl.=Malus sieboldii
Pirus taqueti Lévl.=Amelanchier asiatica
Pirus thibetica Card.=Sorbus thibetica
Pirus trilocularis Hay.=Sorbus randaiensis
Pirus vainior Lévl.=Amelanchier asiatica
Pirus wilsoniana Card.=Sorbus wilsoniana
Pisonia L.**腺果藤属**(紫茉莉科)
Pisonia aculeata L.腺果藤
Pisonia alba Span.=Ceodes grandis
Pisonia buxifolia Rottb.=Diospyros ferrea

Pisonia excelsa Bl.=Ceodes umbellifera
Pisonia grandis R.Br.=Ceodes grandis
Pisonia umbellifera (J. & G.Forst.) Seem.=Ceodes umbellifera
Pistacia L.**黄连木属**(漆树科)
Pistacia chinensis Bge.黄连木
Pistacia chinensis f. *latifoliolata* Loesen.=Pistacia chinensis
Pistacia coccinea Collett & Hemsl.=Pistacia weinmannifolia
Pistacia formosana Matsumura=Pistacia chinensis
Pistacia lentiscus L.粘胶乳香树
Pistacia philippinensis Merr. & Rolfe=Pistacia chinensis
Pistacia vera L.阿月浑子
Pistacia weinmannifolia J.Poisson ex Franch.清香木
Pistia L.**大薸属**(天南星科)
Pistia crispata Bl.=Pistia stratiotes
Pistia minor Bl.=Pistia stratiotes
Pistia stratiotes L. a. *cuneata* Engl.=Pistia stratiotes
Pistia stratiotes L.大薸
Pistolochia Bernh.=**Corydalis**
Pistolochia buschii (Nakai) Sojak=Corydalis buschii
Pistolochia decumbens (Thunb.) Holub=Corydalis decumbens
Pistolochia glaucescens (Rgl.) Sojak=Corydalis glaucescens
Pistolochia kiautschouensis (Poelln.) Holub=Corydalis kiautschouensis
Pistolochia ledebouriana (Kar & Kir.) Sojak=Corydalis ledebouriana
Pistolochia pauciflora (Steph.) Sojak=Corydalis pauciflora
Pistolochia repens (Mandl & Muehldorf) Sojak=Corydalis repens
Pistolochia schanginii (Pall.) Sojak=Corydalis schanginii
Pistolochia sewerzovii (Rgl.) Sojak=Corydalis sewerzovi
Pisum L.**豌豆属**(豆科)
Pisum arvense L.饲料豌豆
Pisum maritimum L.=Lathyrus japonicus
Pisum pubescens β. *pubesccesn* Hartm.=Lathyrus japonicus f. pubescens
Pisum sativum L.豌豆
Pitcairnia L'Her **翠凤草属**(凤梨科)
Pitcairnia andreana Lind.安氏翠凤草
Pitcairnia muscosa Mart.巴西翠凤草
Pithecellobium Mart.**猴耳环属**(豆科)
Pithecellobium angulatum Benth.(Merr.in Lingnan Sci.J.1927)=Pithecellobium utile
Pithecellobium angulatum Benth.=Pithecellobium clypearia
Pithecellobium attopeuense Pierre=Albizia attopeuensis
Pithecellobium balansae Oliv.=Cylindrokelupha balansae
Pithecellobium clypearia (Jack) Benth.猴耳环
Pithecellobium clypearia var. *acuminatum* Gagn.=Pithecellobium clypearia
Pithecellobium dulce (Roxb.) Benth.牛蹄豆
Pithecellobium flexicaule J.Coult.弯茎猴耳环
Pithecellobium guadalupense Chapm.瓜岛围涎树
Pithecellobium kerrii Gagn.=Cylindrokelupha kerrii
Pithecellobium lucidum Benth.亮叶猴耳环
Pithecellobium robinsonii Gagn.=Cylindrokelupha robinsonii
Pithecellobium saman (Jacq.) Benth.=Samanea saman
Pithecellobium turgida Merr.=Cylindrokelupha turgida
Pithecellobium unguiscati Benth.猫爪猴耳环
Pithecellobium utile Chun & How 薄叶猴耳环
Pittosporaceae 海桐花科
Pittosporopsis Craib **假海桐属**(茶茱萸科)
Pittosporopsis kerrii Craib 假海桐
Pittosporum Banks **海桐花属**(海桐花科)
Pittosporum adaphniphylloides Hu & Wang 大叶海桐
Pittosporum baileyanum Gowda=Pittosporum balansae var. angustifolium
Pittosporum balansae DC.聚花海桐
Pittosporum balansae var. angustifolium Gagn.窄叶聚花海桐
Pittosporum brevicalyx (Oliv.) Gagn.短萼海桐
Pittosporum brevicalyx var. *brevistamineum* Gagn.=Pittosporum brevicalyx
Pittosporum cavaleriei Lévl.=Pittosporum glabratum var. neriifolium
Pittosporum confertum Merr. & Chun=Pittosporum balansae
Pittosporum crispulum Gagn.皱叶海桐
Pittosporum crispulum sensu Gowda (p.p.)=Pittosporum oligophlebium
Pittosporum crispulum sensu Gowda (Tsai 55741)=Pittosporum kunmingense
Pittosporum daphniphylloides Hay.牛耳枫叶海桐
Pittosporum daphniphylloides sensu Rehd. & Wils.=Pittosporum adaphniphylloides
Pittosporum densinervatum Chang & Yan 密脉海桐
Pittosporum elevaticostatum Chang & Yan 突肋海桐
Pittosporum eugenioides A.Cunn.番樱桃状海桐
Pittosporum ferrugineum sensu Merr.=Pittosporum balansae
Pittosporum floribundum sensu Hand.-Mazz.=Pittosporum brevicalyx
Pittosporum formosanum Hay.=Pittosporum pentandrum var. hainanense
Pittosporum formosanum var. *hainanense* Gagn.=Pittosporum pentandrum var. hainanense
Pittosporum fortunei Turcz.=Pittosporum glabratum
Pittosporum fulvipilosum Chang & Yan 褐毛海桐
Pittosporum glabratum Lindl.光叶海桐
Pittosporum glabratum sensu Rehd.=Pittosporum trigonocarpum
Pittosporum glabratum sensu Wils.=Pittosporum illicioidea
Pittosporum glabratum var. *angustifolium* Pritz.=Pittosporum podocarpum
Pittosporum glabratum var. *chinense* Pamp.(p.p.)=Pittosporum omeiense
Pittosporum glabratum var. *chinense* Pamp.(p.p.)=Pittosporum podocarpum
Pittosporum glabratum var. *ciliicalyx* Franch.=Pittosporum podocarpum
Pittosporum glabratum var. neriifolium Rehd. & Wils.狭叶海桐
Pittosporum henryi Gowda 小柄果海桐
Pittosporum heterophyllum Franch.异叶海桐
Pittosporum heterophyllum var. ledoides Hand.-Maz.带叶海桐
Pittosporum illicioidea Makino 海金子
Pittosporum illicioidea var. stenophyllum P.L.Chiu 狭叶海金子
Pittosporum johnstonianum Gowda 滇西海桐
Pittosporum kerrii Craib 羊脆木
Pittosporum kobuskianum Gowda=Pittosporum illicioidea
Pittosporum kunmingense Chang & Yan 昆明海桐
Pittosporum kwangsiense Chang & Yan 广西海桐
Pittosporum kweichowense Gowda 贵州海桐
Pittosporum leptosepalum Gowda 薄萼海桐
Pittosporum lignilobum Hu & Wang.=Pittosporum crispulum
Pittosporum littorale Merr.海岸海桐
Pittosporum littorale sensu H.L.Li=Pittosporum viburnifolium
Pittosporum makinoi Nakai=Pittosporum tobira var. calvescens
Pittosporum moluccanum sensu Bakker & Van Steenis=Pittosporum viburnifolium
Pittosporum napaulense (DC.) Rehd. & Wils.滇藏海桐
Pittosporum neelgherrense var. *laxiflora* Franch.=Pittosporum brevicalyx
Pittosporum oligocarpum Gowda (p.p.)=Pittosporum parvicapsulare
Pittosporum oligocarpum Hay.=Pittosporum illicioidea
Pittosporum oligophlebium Chang & Yan 贫脉海桐
Pittosporum omeiense Chang & Yan 峨眉海桐
Pittosporum ovoideum Gowda=Pittosporum pauciflorum
Pittosporum ovoideum Gowda 卵果海桐
Pittosporum paniculiferum Chang & Yan 圆锥海桐
Pittosporum parvicapsulare Chang & Yan 小果海桐
Pittosporum parvilimbum Chang & Yan 小叶海桐
Pittosporum pauciflorum HK. & Arn.少花海桐
Pittosporum pauciflorum var. *brevicalyx* Oliv.=Pittosporum brevicalyx
Pittosporum pauciflorum var. oblongum Chang & Yan 长果海桐
Pittosporum pentandrum var. hainanense (Gagn.) Li 台琼海桐
Pittosporum perglabratum Chang & Yan 全秃海桐
Pittosporum perryanum Gowda 缝线海桐
Pittosporum perryanum var. linearifolium Chang & Yan 狭叶缝线海桐
Pittosporum phillyraeoides DC.狭叶海桐
Pittosporum planilobum Chang & Yan 扁片海桐
Pittosporum podocarpum Gagn.柄果海桐
Pittosporum podocarpum var. angustatum Gowda 线叶柄果海桐
Pittosporum pulchrum Gagn.秀丽海桐
Pittosporum rehderianum Gowda 厚圆果海桐
Pittosporum reticosum sensu Bakker & Steenis=Pittosporum kerrii
Pittosporum rhombifolium A.Cunn. ex HK.菱叶海桐
Pittosporum sahnianum Gowda=Pittosporum illicioidea
Pittosporum saxicola Rehd. & Wils.石生海桐
Pittosporum subulisepalum Hu & Wang 尖萼海桐
Pittosporum tenuifolium Gaertn.细叶海桐

Pittosporum tenuivalvatum Chang & Yan 薄片海桐
Pittosporum tetraspermum sensu Gowda=Pittosporum tonkinense
Pittosporum tobira (Thunb.) Ait.海桐
Pittosporum tobira var. calvescens Ohwi 秃序海桐
Pittosporum tobira var. *fukienense* Gowda=Pittosporum tobira var. calvescens
Pittosporum tonkinense Gagn.四子海桐
Pittosporum trigonocarpum Lévl.棱果海桐
Pittosporum trigonocarpum sensu Gowda=Pittosporum xylocarpum
Pittosporum truncatum Pritz.崖花子
Pittosporum truncatum var. *tsaii* Gowda=Pittosporum heterophyllum
Pittosporum tubiflorum Chang & Yan 管花海桐
Pittosporum undulatifolium Chang & Yan 波叶海桐
Pittosporum undulatum sensu Gowda (Tsiang7440)=Pittosporum undulatifolium
Pittosporum undulatum Venten.波状海桐
Pittosporum viburnifolium Hay.荚蒾叶海桐
Pittosporum viridiflorum Sims.绿花海桐
Pittosporum xylocarpum Hu & Wang 木果海桐
Pittosporum yunnanense Franch.=Osmanthus yunnanensis
Pituranthus albescens (Franch.) de Boiss.=Eriocycla albescens
Pituranthus nuda (Lindl.) Benth.=Eriocycla nuda
Pituranthus pelliotii de Boiss.=Eriocycla pelliotii
Pituranthus provostii de Boiss.=Eriocycla albescens
Pituranthus subgen. *Eriocycla* (Lindl.) C.B.Clarke=**Eriocycla**
Pityrogramma Link **粉叶蕨属**(裸子蕨科)
Pityrogramma calomelanos (L.) Link 粉叶蕨
Pityrogramma triangularis (Kaulf.) Maxon 三角叶粉叶蕨
Pityrosperma acerinum S. & Z.=Cimicifuga japonica
Placus oxyodonta (DC.) O.Ktze.=Blumea oxyodonta
Placus procera O.Ktze.=Blumea repanda
Plaesiantha HK.f.=**Pellacalyx**
Plagiobasis Schrenk **斜果菊属**(菊科)
Plagiobasis centauroides Schrenk 斜果菊
Plagiobasis dschungaricus Iljin=Plagiobasis centauroides
Plagiobasis sogdiana Bge.=Russowia sogdiana
Plagiogyria Mett.**瘤足蕨属**(瘤足蕨科)
Plagiogyria adnata Bedd.=Plagiogyria distinctissima
Plagiogyria adnata Luers.=Plagiogyria japonica
Plagiogyria adnata Wu,Wong & Pong=Plagiogyria liankwangensis
Plagiogyria adnata (Bl.)Bedd.瘤足蕨
Plagiogyria adnata f. *reducta* C.Chr.=Plagiogyria distinctissima
Plagiogyria adnata var. *angustata* Rosenst.=Plagiogyria dunnii
Plagiogyria adnata var. *condensata* Christ=Plagiogyria distinctissima
Plagiogyria adnata var. *distans* Rosenst.=Plagiogyria japonica
Plagiogyria angustipinna Ching 狭叶瘤足蕨
Plagiogyria argutissima Christ 贵州瘤足蕨
Plagiogyria assurgens Crist 峨眉瘤足蕨
Plagiogyria assurgens var. concolor Ching 同色峨眉瘤足蕨
Plagiogyria attenuata Ching 桃叶瘤足蕨
Plagiogyria caudifolia Ching 缙云瘤足蕨
Plagiogyria chinensis Ching 武夷瘤足蕨
Plagiogyria coerulescens Ching 景东瘤足蕨
Plagiogyria communis Ching 滇西瘤足蕨
Plagiogyria decrescens Ching 短叶瘤足蕨
Plagiogyria distinctissima Ching 镰叶瘤足蕨
Plagiogyria dunnii Cop.倒叶瘤足蕨
Plagiogyria euphlebia HK.=Plagiogyria japonica
Plagiogyria euphlebia Mett.华中瘤足蕨
Plagiogyria euphlebia var. triquetra (Wall.) Ching 东南瘤足蕨
Plagiogyria euphlebia Wu,Wong & Christ=Plagiogyria grandis
Plagiogyria falcata Nakai=Plagiogyria dunnii
Plagiogyria formosana Nakai 台湾瘤足蕨
Plagiogyria gigantea Ching 大叶瘤足蕨
Plagiogyria glauca Bedd.=Plagiogyria glaucescens
Plagiogyria glauca var. *philippinensis* Matsu. & Hay.=Plagiogyria formosana
Plagiogyria glauca var. *virescens* C.Chr.=Plagiogyria virescens
Plagiogyria glaucescens Ching 灰背瘤足蕨
Plagiogyria glaucescens var. arguta Ching 齿叶灰背瘤足蕨
Plagiogyria grandis Cop.尾叶瘤足蕨
Plagiogyria hainanensis Ching 海南瘤足蕨
Plagiogyria hayatana Makino=Plagiogyria dunnii
Plagiogyria henryi Christ=Plagiogyria stenoptera
Plagiogyria integripinna Ching 全叶瘤足蕨
Plagiogyria intermedia C.Chr.=Plagiogyria liankwangensis
Plagiogyria intermedia Cop.=Plagiogyria japonica
Plagiogyria japonica Nakai 华东瘤足蕨
Plagiogyria lanuginosa Ching 绒毛瘤足蕨
Plagiogyria liankwangensis Ching 两广瘤足蕨
Plagiogyria lineata Ching 披针瘤足蕨
Plagiogyria matsumuraeana Hay.=Plagiogyria stenoptera
Plagiogyria matsumuraeana Wu,Wong & Pong=Plagiogyria dunnii
Plagiogyria maxima C.Chr.大瘤足蕨
Plagiogyria media Ching 粉背瘤足蕨
Plagiogyria petelotii Cop.=Plagiogyria stenoptera
Plagiogyria pycnophylla Clarke=Plagiogyria communis
Plagiogyria rankamensis Hay.=Plagiogyria adnata
Plagiogyria simulans Ching 尖齿瘤足蕨
Plagiogyria stenoptera (Hance) Diels 耳形瘤足蕨
Plagiogyria stenoptera var. major Ching 贵州耳形扁足蕨
Plagiogyria subadnata Ching 岭南瘤足蕨
Plagiogyria taliensis Ching 大理瘤足蕨
Plagiogyria tenuifolia Cop.华南瘤足蕨
Plagiogyria virescens (C.Chr.) Ching 怒江瘤足蕨
Plagiogyria yunnanensis Ching 小瘤足蕨
Plagiogyriaceae 瘤足蕨科
Plagioly filiforme Nees=Tripogon filiformis
Plagiopetalum Redh.**偏瓣花属**(野牡丹科)
Plagiopetalum blinii (Lévl.) C.Y.Wu ex c.chne=Plagiopetalum esquirolii
Plagiopetalum esquirolii (Lévl.) Rehd.(高等图鉴 1972,p.p.,云南志 1979, p.p.)=Plagiopetalum serratum
Plagiopetalum esquirolii (Lévl.) Rehd.偏瓣花
Plagiopetalum esquirolii var. esquirolii=Plagiopetalum esquirolii
Plagiopetalum esquirolii var. quadrangulum (Rehd.) C.Chen 四棱偏瓣花
Plagiopetalum esquirolii var. septemnervium C.Chen 七脉偏瓣花
Plagiopetalum hainanense (Merr. & Chun) Merr. ex H.L.Li=Phyllagathis hainanensis
Plagiopetalum henryi (Kranzl.) S.Y.Hu=Plagiopetalum esquirolii
Plagiopetalum quadrangulum Rehd.=Plagiopetalum esquirolii var. quadrangulum
Plagiopetalum serratum (Diels) Diels (p.p.)=Plagiopetalum esquirolii
Plagiopetalum serratum (Diels) Diels 光叶偏瓣花
Plagiopetalum serratum Diels=Plagiopetalum esquirolii var. quadrangulum
Plagiopteron Griff.**斜翼属**(椴树科)
Plagiopteron chinensis X.X.Chen 华斜翼
Plagiorhegma Maxim.**鲜黄连属**(小檗科)
Plagiorhegma dubia Maxim.鲜黄连
Plagiospermum Oliv.=**Prinsepia**
Plagiospermum sinense Oliv.=Prinsepia sinensis
Plagiostachys Ridl.**偏穗姜属**(姜科)
Plagiostachys austrosinensis T.L.Wu & Senjen 偏穗姜
Plagiotaxis velutina Wall.=Chukrasia tabularis var. velutina
Plananthus inundatus Pal.= Lycopodiella inundata
Plananthus reflexus P.Eauv.= Huperzia lucidula var. asiatica
Plananthus reflexus Rothm.= Huperzia lucidula var. asiatica
Plananthus squarrosa Pal.= Phlegmariurus squarrosus
Plananthus squarrosus (Forst.) P.Beauv.= Phlegmariurus squarrosus
Planchonella Pierre **山榄属**(山榄科)
Planchonella annamensis Pierre ex Dubard=Pouteria annamensis
Planchonella aurata Pierre ex Dubard=Eberhardtia aurata
Planchonella clemensii (Lecomte) P.Royen 狭叶山榄
Planchonella grandifolia (Wall.) Pierre=Pouteria grandifolia
Planchonella kerrii Fletch.=Pouteria grandifolia
Planchonella obovata (R.Br.) Pierre 山榄
Planchonella pedunculata (Hemsl.) Lam. & Kerpel=Sinosideroxylon pedunculatum
Planchonella rostrata (Merr.) Lam.=Xantolis boniana var. rostrata
Planchonella stenosepala (Hu) Hu=Xantolis stenosepala
Planchonella yunnanensis C.Y.Wu=Sinosideroxylon yunnanense
Planera acuminata Lindl.=Zelkova serrata
Planera davidii Hance=Hemiptelea davidii

Planera japonica Miq.(Hemsl.in J.Bot.1876)=Zelkova sinica
Planera japonica Miq.=Zelkova serrata
Planera parvifolia Swe & .=Ulmus parvifolia
Plantaginaceae 车前科
Plantago L.车前属(车前科)
Plantago arachnoidea Schrenk 蛛毛车前
Plantago arachnoidea var. *lorata* J.Z.Liu= Plantago arachnoidea
Plantago arborescens Poir.乔木状车前
Plantago arenaria Waldst. & Kit.对叶车前
Plantago aristata Michx.芒区车前
Plantago aristata var. *minuta* T.K.Zheng & X.S.Wan= Plantago aristata
Plantago asiatica L.车前
Plantago asiatica f. *folioscopa* (T.Ito) Honda= Plantago asiatica
Plantago asiatica f. *paniculata* (Makino) Hara= Plantago asiatica
Plantago asiatica f. *rosea* Makino ex Nakai= Plantago asiatica
Plantago asiatica subsp. asiatica= Plantago asiatica
Plantago asiatica subsp. densiflora (J.Z.Liu) Z.Y.Li 长果车前
Plantago asiatica subsp. erosa (Wall.) Z.Y.Li 疏花车前
Plantago asiatica var. *brevior* Pilger= Plantago asiatica
Plantago asiatica var. *densiuscula* Pilger= Plantago asiatica
Plantago asiatica var. *laxa* Pilger= Plantago asiatica
Plantago asiatica var. *lobulata* Pilger= Plantago asiatica
Plantago bungei Steud.= Plantago tenuiflora
Plantago camtschatica Link.海滨车前
Plantago cavaleriei Lévl.尖萼车前
Plantago centralis Pilger= Plantago asiatica subsp. erosa
Plantago cynops L.赛诺普车前
Plantago densiflora J.Z.Liu= Plantago asiatica subsp. densiflora
Plantago depressa Willd.平车前
Plantago depressa f. *glaberrima* Kom.= Plantago depressa
Plantago depressa f. *minor* Kom.= Plantago depressa
Plantago depressa subsp. *camtschatica* (Link) Pilger= Plantago camtschatica
Plantago depressa subsp. depressa= Plantago depressa
Plantago depressa subsp. turczaninowii (Ganj.) N.N.Tsvelev 毛平车前
Plantago depressa var. *eudepressa* Ganj.= Plantago depressa
Plantago depressa var. *magnibracteata* T.Tanaka & T.K.Zheng= Plantago depressa
Plantago depressa var. *montana* Kitag.= Plantago depressa subsp. turczaninowii
Plantago depressa var. *turczaninowii* Ganj.= Plantago depressa subsp. turczaninowii
Plantago eocoronopus Pilger= Plantago maritima subsp. ciliata
Plantago erosa Wall.= Plantago asiatica subsp. erosa
Plantago filiformis Decne.= Plantago aristata
Plantago formosana Tateishi & Masamune= Plantago asiatica
Plantago gentianoides Sibth. & Smith 龙胆状车前
Plantago gentianoides subsp. gentianoides= Plantago gentianoides
Plantago gentianoides subsp. griffithii (Decne.) Rech.f.革叶车前
Plantago gentianoides var. *eugentianoides* Pilger= Plantago gentianoides
Plantago gentianoides var. *laxa* Pilger= Plantago gentianoides
Plantago gentianoides var. *tatarica* (Decne.) Pilger= Plantago gentianoides
Plantago gigas Levl.=Plantago major
Plantago gigas var. *cavaleriei* (Lévl.) Lévl.= Plantago cavaleriei
Plantago gnaphalioides var. *aristata* (Michx.) HK.= Plantago aristata
Plantago griffithii Decne.= Plantago gentianoides
Plantago griffithii var. *alpina* Bornm.= Plantago gentianoides
Plantago griffithii var. *pamirica* Fedtsch.= Plantago gentianoides
Plantago himalaica Pilger(西藏志 1985,中国车前研究 1993)= Plantago gentianoides
Plantago hostifolia Nakai & Kitag.= Plantago asiatica
Plantago huadianica S.H.Li & Y.Yang= Plantago depressa
Plantago indica L.= Plantago arenaria
Plantago intermedia Gilib.= Plantago major
Plantago jepohlensis Koidz.= Plantago major
Plantago komarovii Pavl.翅柄车前
Plantago lagocephala Bge.毛瓣车前
Plantago lanceolata L.长叶车前
Planego lessingii Fisch. & Mey.= Plantago minuta
Plantago macronipponica Yamamoto= Plantago major
Plantago major L.大车前
Plantago major subsp. *intermedia* (Gilib.) Lange= Plantago major
Plantago major subsp. *pleiosperma* Pilger= Plantago major
Plantago major var. *asiatica* (L.) Decne.= Plantago asiatica
Plantago major var. *asiatica* f. *paniculata* Makino= Plantago asiatica
Plantago major var. *folioscopa* T.Ito= Plantago asiatica
Plantago major var. *gigas* (Lévl.) Lévl.= Plantago major
Plantago major var. *jepohlensis* (Koidz.) S.H.Li= Plantago major
Plantago major var. *kimure* Yamamoto= Plantago major
Plantago major var. *paludosa* Geguinot= Plantago major
Plantago major var. *pauciflora* (Gilib.) Geguinot= Plantago major
Plantago major var. *salina* Wirtgen= Plantago major
Plantago major var. *sawadai* Yamamoto= Plantago major
Plantago major var. *sinuata* (Lam.) Decne.= Plantago major
Plantago maritima L.沿海车前
Plantago maritima subsp. ciliata Printz.盐生车前
Plantago maritima subsp. maritima= Plantago maritima
Plantago maritima subsp. *salsa* (Pall.) Rech.f.= Plantago maritima subsp. ciliata
Plantago maritima var. *communis* Will.= Plantago maritima
Plantago maritima var. *salsa* (Pall.) Pilger= Plantago maritima subsp. ciliata
Plantago maxima Juss ex Jacq.巨车前
Plantago media L.北车前
Plantago media var. *urvilleana* Rapin= Plantago media
Plantago minuta Pall.小车前
Plantago minuta subsp. *lessingii* (Fisch. & Mey.) N.N.Tsvelev= Plantago minuta
Plantago mongolica Decne.= Plantago minuta
Plantago patagonica var. *aristata* (Michx.) A.Gray= Plantago aristata
Plantago perssonii Pilger 苣叶车前
Plantago polysperma Kar. & Kir.多籽车前
Plantago psyllium L.= Plantago arenaria
Plantago purshii var. *aristata* (Michx) Jones= Plantago aristata
Plantago pusilla Bge.= Plantago tenuiflora
Plantago salsa Pall.= Plantago maritima subsp. ciliata
Plantago sawadai (Yamamoto) Yamamoto= Plantago major
Plantago scabra Moench= Plantago arenaria
Plantago schneideri Pilger= Plantago cavaleriei
Plantago schneideri var. *delicatior* Pilger= Plantago cavaleriei
Plantago sibirica Poir.= Plantago depressa
Plantago sinuata Lam.= Plantago major
Plantago steppsoa Kupr.= Plantago media
Plantago tatarica Decne.= Plantago gentianoides
Plantago tenuiflora Waldst. & Kit.小花车前
Plantago tenuiflora f. *pilosa* Pilger= Plantago tenuiflora
Plantago tenuiflora f. *pilosa* subf. *nana* Pilger= Plantago tenuiflora
Plantago tibetica HK.f. & Thoms.= Plantago depressa
Plantago villifera Franch.= Plantago camtschatica
Plantago villifera Kitag.= Plantago major
Plantago virginica L.北美车前
Plaso Adans.=**Butea**
Plaso monosperma Kuntze=Butea monosperma
Platanaceae 悬铃木科
Platanthera L.C.Rich **舌唇兰属**(兰科)
Platanthera altigena Schltr.=Platanthera roseotincta
Platanthera angustata Lindl.(Garay & Sweet in Orch.South.Ryukyu Isl.1978)=Platanthera mandarinorum subsp. pachyglossa
Platanthera angustifolia (Lindl.) Rchb.f.=Herminium lanceum
Platanthera bakeriana (King & Pantl.) Kraenzl 滇藏舌唇兰
Platanthera bifolia (L.) L.双叶舌唇兰
Platanthera bifolia acut.non L.C.Rich.=Platanthera metabifolia
Platanthera borealis (Cham.) Rchb.f.北美舌唇兰
Platanthera brevicalcarata Hay 短距舌唇兰
Platanthera championii Lindl.=Brachycorythis galeandra
Platanthera chiloglossa (T.Tang & F.T.Wang) K.Y.Lang 察瓦龙舌唇兰
Platanthera chingshuishania S.S.Ying 清水山舌唇兰
Platanthera chlorantha Cust ex Rchb 二叶舌唇兰
Platanthera ciliaris (L.) Lindl.缘毛舌唇兰
Platanthera clavigera Lindl.藏南舌唇兰
Platanthera contigua T.Tang & F.T.Wang=Diphylax contigua
Platanthera cornu-bovis Nevski 东北舌唇兰
Platanthera curvata K.Y.Lang=Platanthera platantheroides
Platanthera damingshanica K.Y.Lang & H.S.Gou 大明山舌唇兰
Platanthera deflexilabella K.Y.Lang 反唇舌唇兰

Platanthera delavayi Schltr.=Platanthera mandarinorum
Platanthera densa (Lindl.) Sóo=Platanthera clavigera
Platanthera dentata (Sw.) Lindl.=Habenaria dentata
Platanthera devolii (T.P.Lin & T.W.Hu) T.P.Lin & K.Inoue=Tulotis devolii
Platanthera dielsiana Sóo=Brachycorythis henryi
Platanthera elachyantha T.Tang & F.T.Wang=Platanthera exelliana
Platanthera elegans Lindl.雅致舌唇兰
Platanthera exelliana Sóo 高原舌唇兰
Platanthera fallax (Lindl.) Schltr.=Peristylus fallax
Platanthera fimbriata (Dryand.) Lindl.流苏舌唇兰
Platanthera finetiana Schltr.对耳舌唇兰
Platanthera flava (L.) Lindl.=Tulotis fuscescens
Platanthera freynii Kraenzl (Clav in Pl.Chin.Bor.-Orien.1959)=Platanthera chlorantha
Platanthera fuscescens (L.) Kraenzl.=Tulotis fuscescens
Platanthera galeandra Rchb.f.=Brachycorythis galeandra
Platanthera glossophora (W.W.Sm.) Schltr.=Platanthera hologlottis
Platanthera handel-mazzettii K.Inoue 贡山舌唇兰
Platanthera henryi (Rolfe) Kraenzl.=Platanthera minor
Platanthera henryi (Rolfe) Rolfe=Platanthera minor
Platanthera herbiola (R.Br.) Lindl.=Tulotis fuscescens
Platanthera herbiola var. *japonica* Finet=Tulotis ussuriensis
Platanthera herminioides T.Tang & F.T.Wang 高黎舌唇兰
Platanthera hologlottis Maxim 密花舌唇兰
Platanthera hologlottis var. *glossophora* (W.W.Sm.) K.Inoue=Platanthera hologlottis
Platanthera iantha Wight (Rolfe in J.L.Soc.Bbt.1903)=Brachycorythis henryi
Platanthera integra (Nutt.) A.Gray 全缘舌唇兰
Platanthera interrupta Maxim.=Platanthera minor
Platanthera iriomotensis Masam.=Platanthera stenoglossa
Platanthera japonica (Thunb. ex A.Murray) Lindl.舌唇兰
Platanthera juncea (King & Pantl.) Kraenzl 小巧舌唇兰
Platanthera kwangsiensis K.Y.Lang 广西舌唇兰
Platanthera lalashaniana S.S.Ying 拉拉山舌唇兰
Platanthera lancilabris Schltr 披针唇舌唇兰
Platanthera latilabris Lindl.白鹤参
Platanthera leptocaulon (HK.f.) Sóo 条叶舌唇兰
Platanthera leptocaulon(HK.f.) T.Tang & F.T.Wang=Platanthera leptocaulon
Platanthera leucophaea (Nutt.) Lindl.棕黄舌唇兰
Platanthera likiangensis T.Tang & F.T.Wang 丽江舌唇兰
Platanthera longibracteata Hay.=Platanthera sachalinensis
Platanthera longicalcarata Hay.=Tulotis devolii
Platanthera longicalcarata Hay 长距舌唇兰
Platanthera longicalcarata var. *devolii* (T.P.Lin & T.W.Hu) S.S.Ying=Tulotis devolii
Platanthera longiglandula K.Y.Lang 长粘舌唇兰
Platanthera mandarinorum Rchb.f.尾瓣舌唇兰
Platanthera mandarinorum subsp. *formosana* T.P.Lin & K.Inoue=Platanthera mandarinorum
Platanthera mandarinorum subsp. mandarinorum=Platanthera mandarinorum
Platanthera mandarinorum subsp. *maximowicziana* var. *cornubovis* (Nevski) K.Inoue=Platanthera cornu-bovis
Platanthera mandarinorum subsp. *pachyglossa* (Hay.) T.P.Lin & K.Inoue= Platanthera mandarinorum
Platanthera mandarinorum subsp. pachyglossa T.P.Lin & K.Inoue 厚唇舌唇兰
Platanthera mandarinorum subsp. pformosana T.P.Lin & K.Inoue 台湾尾瓣舌唇兰
Platanthera mandarinorum subsp. *winkeriana* (Schltr.) Sóo=Platanthera mandarinorum
Platanthera mandarinorum var. *cornu-bovis* (Nevski) Kitag.=Platanthera cornu-bovis
Platanthera mandarinorum var. *delavayi* (Schltr.) Sóo=Platanthera mandarinorum
Platanthera mandarinorum var. *formosana* (T.P.Lin & K.Inoue) S.S.Ying =Platanthera mandarinorum subsp. formosana
Platanthera mandarinorum var. *neglecta* (Schltr.) F.Maekawa=Platanthera mandarinorum
Platanthera mandarinorum var. *ophryodes* Finet=Platanthera mandarinorum
Platanthera mannii (Rchb.f.) Schltr.=Peristylus mannii
Platanthera manubriata Kraenzl ex Diels=Platanthera japonica
Platanthera metabifolia F.Maekawa 细距舌唇兰
Platanthera minax Schltr ex Limpr.=Platanthera mandarinorum
Platanthera minor (Miq.) Rchb.f.小舌唇兰
Platanthera minutiflora Schltr (Hand.-Mazzin in Symb.Sin.1936)=Platanthera handel-mazzettii
Platanthera minutiflora Schltr 小花舌唇兰
Platanthera montana (Banch.) Schltr.山地舌唇兰
Platanthera nankotaizanensis (Masam.) Masam.=Coeloglossum viride
Platanthera neglecta Schltr.=Platanthera mandarinorum
Platanthera nivea (Nutt.) Lindl.雪白舌唇兰
Platanthera obcordata Lindl.(Matsum & Hay.in J.Coll.Sci.Univ.Tokyo 1906)= Brachycorythis galeandra
Platanthera omeiensis (Rolfe) Schltr.=Platanthera japonica
Platanthera opsimantha T.Tang & F.T.Wang=Diphylax uniformis
Platanthera orchidis Lindl.=Gymnadenia orchidis
Platanthera oreophila (W.W.Sm.) Schltr 齿瓣舌唇兰
Platanthera pachyglossa Hay.=Platanthera mandarinorum
Platanthera pachyglossa Hay.=Platanthera mandarinorum subsp. pachyglossa
Platanthera peichiatieniana S.S.Ying 北插天山舌唇兰
Platanthera platantheroides (T.Tang & F.T.Wang) K.Y.Lang 弓背舌唇兰
Platanthera praeustipetala Kraenzl.=Peristylus bulleyi
Platanthera pricei Hay.=Peristylus calcaratus
Platanthera pugionifera (W.W.Sm.) Schltr.=Tulotis fuscescens
Platanthera radiata (Thunb.) Lindl.=Pecteilis radiata
Platanthera roseotincta (W.W.Sm.) T.Tang & F.T.Wang 棒距舌唇兰
Platanthera sachalinensis Fr.Schmidt 高山舌唇兰
Platanthera sect. *Galeandriformes* Kraenzl.(p.p.)=**Brachycorythis**
Platanthera sect. *Tulotis* Luer=**Tulotis**
Platanthera setchuanica Kraenzl.=Platanthera japonica
Platanthera sigeyosii Masam.=Platanthera minor
Platanthera sikimensis (HK.f.) Kraenzl 长瓣舌唇兰
Platanthera silaënsis Hand.-Mazz.=Platanthera leptocaulon
Platanthera sinica T.Tang & F.T.Wang 滇西舌唇兰
Platanthera souliei Kraenzl.=Tulotis fuscescens
Platanthera stenantha (HK.f.) Sóo 条瓣舌唇兰
Platanthera stenoglossa Hay 狭瓣舌唇兰
Platanthera stenophylla T.Tang & F.T.Wang 独龙江舌唇兰
Platanthera stenosepala Schltr.=Platanthera stenoglossa
Platanthera stenostachya Lindl. ex Benth.=Peristylus densus
Platanthera stricta Lindl.劲直舌唇兰
Platanthera subulifera (W.W.Sm.) Schltr.=Platanthera chlorantha
Platanthera susannae (L.) Lindl.=Pecteilis susannae
Platanthera taiwaniana S.S.Ying 台湾舌唇兰
Platanthera tipuloides (L.f.) Lindl.筒距舌唇兰
Platanthera tipuloides var. *ussuriensis* Rgl & Maack.=Tulotis ussuriensis
Platanthera transnokoensis Ohwi & Fukuyama=Platanthera sachalinensis
Platanthera truncato-labellata Hay.=Brachycorythis galeandra
Platanthera uniformis T.Tang & F.T.Wang=Diphylax uniformis
Platanthera ussuriensis (Rgl & Maack) Maxim.=Tulotis ussuriensis
Platanthera viridis (L.) Lindl.=Coeloglossum viride
Platanthera winkeriana Schltr.=Platanthera mandarinorum
Platanthera yangmeiensis T.P.Lin 阴生舌唇兰
Platanus L.**悬铃木属**(悬铃木科)
Platanus ×acerifolia (Ait.) Willd.二球悬铃木
Platanus occidentalis L.一球悬铃木
Platanus orientalis ×*occidentalis* (Ait.) Wiild.=Platanus ×acerifolia
Platanus orientalis L.三球悬铃木
Platanus orientalis var. *acerifolia* Ait.=Platanus ×acerifolia
Platanus racemosa Nutt.加州悬铃木
Platea Bl.**肖榄属**(茶茱萸科)
Platea hainanensis Howard=Platea latifolia
Platea latifolia Bl.阔叶肖榄
Platea lobbiana Miers.=Gonocaryum lobbianum
Platea parviflora Dahl=Platea latifolia
Platea parvifolia Merr. & Chun 东方肖榄
Platycarya S. & Z.**化香树属**(胡桃科)
Platycarya kwangtungensis Chun=Platycarya strobilacea
Platycarya longipes Wu=Platycarya strobilacea

Platycarya simplicifolia G.R.Long=Platycarya strobilacea
Platycarya simplicifolia var. *ternata* G.R.Long=Platycarya strobilacea
Platycarya sinensis Mottet=Platycarya strobilacea
Platycarya strobilacea S. & Z.化香树
Platycarya strobilacea var. *kawakamii* Hay.=Platycarya strobilacea
Platyceriaceae 鹿角蕨科
Platycerium Desv.**鹿角蕨属**(鹿角蕨科)
Platycerium alcicorne Wallemet 角状鹿角蕨(新)
Platycerium angolense Welw 安哥拉鹿角蕨
Platycerium bifurcatum (Cav.) C.Chr.二歧鹿角蕨
Platycerium sect. *Euplatycerium* Diels=**Platycerium**
Platycerium subgen. *Platyceria* T.Moore=**Platycerium**
Platycerium subgen. *Scutigera* T.Moore=**Platycerium**
Platycerium wallichii HK.鹿角蕨
Platychaeta Boiss.=**Pulicaria**
Platycladus Spach **侧柏属**(柏科)
Platycladus dolabrata (L.f.) Spach=Thujopsis dolabrata
Platycladus orientalis (L.) Franco 侧柏
Platycladus orientalis cv. Aurea Nana 矮生金黄侧柏
Platycladus orientalis cv. Aurea 金黄侧柏
Platycladus orientalis cv. Bakeri 巴克侧柏
Platycladus orientalis cv. Berckmanii 贝克曼侧柏
Platycladus orientalis cv. Beverleyensis 金塔柏
Platycladus orientalis cv. Blue Cone 圆锥侧柏
Platycladus orientalis cv. Bonita 圆球侧柏
Platycladus orientalis cv. Semperaurescens 金黄球柏
Platycladus orientalis cv. Siboldii 千头柏
Platycladus orientalis cv. Zhaiguancebai 窄冠侧柏
Platycladus stricta Spach=Platycladus orientalis
Platyclinis Benth.=**Dendrochilum**
Platyclinis formosana Schltr.=Dendrochilum uncatum
Platycodon A.DC.**桔梗属**(桔梗科)
Platycodon autumnalis Decaisne=Platycodon grandiflorus
Platycodon chinensis Lindl. & Paxton=Platycodon grandiflorus
Platycodon expansus (Rud.) Fed 北桔梗(新)?
Platycodon glaucus Nakai=Platycodon grandiflorus
Platycodon grandiflorus (Jacq.) A.DC.桔梗
Platycodon grandiflorus var. *glaucus* S. & Z.=Platycodon grandiflorus
Platycodon homallanthinus A.DC.=Platycodon expansus
Platycraspedum O.E.Schulz **宽框荠属**(十字花科)
Platycraspedum tibeticum O.E.Schulz 宽框荠
Platycraspedum wuchengyii Al-Schhbaz & al.吴氏宽框荠
Platycrater S. & Z.**蛛网萼属**(虎耳草科)
Platycrater arguta S. & Z.蛛网萼
Platycrater arguta var. *typica* Schneid.=Platycrater arguta
Platycrater serrata (Thunb.) Ser. (Makino in Bot.Mnag.Tokyo 1912)=Platycrater arguta
Platyelasma calycocarpum (Diels) Kitag.=Elsholtzia densa var. calyocarpa
Platyelasma densum (Benth.) Kitag.=Elsholtzia densa
Platyelasma eriostachyum (Benth.) Kitag.=Elsholtzia eriostachya
Platyelasma eriostachyum var. *pusillum* (Benth.) Kitag.=Elsholtzia eriostachya
Platyelasma manshurica Kitag.=Elsholtzia densa
Platygyria sinuata Ching & S.K.Wu=Lepisorus sinuatus
Platygyria waltonii (Ching) Ching & S.K.Wu=Neocheiropteris waltoni
Platyloma geraniifolium Lowe=Doryopteris concolor
Platylophus Cass.=**Centaurea**
Platyosprion (Maxim.) Maxim.=**Cladrastis**
Platyosprion platycarpum Maxim.=Cladrastis platycarpa
Platypetalum R.Br.=**Braya**
Platypetalum roseum Trucz.=Braya rosea
Platyrhaphe japonica Miq.=Pimpinella diversifolia
Platyrhodon Houst=**Rosa**
Platystemma Wall.**堇叶苣苔属**(苦苣苔科)
Platystemma violoides Wall.堇叶苣苔
Platystigma myristiceum R.Br.=Platea latifolia
Platytaenia dascycarpa (Rgl. & Schmalh.) Korov.=Semenovia dasycarpa
Platytaenia komarovii (Manshen.) Schisch.=Semenovia dasycarpa
Platytaenia olgae (Rgl. & Schmalh.) Korov.=Tetrataenium olgae
Platytaenia pimpinelloides Neveski=Semenovia pimpinelloides
Platytaenia rubizovii Schischk.=Semenovia rubtzovii
Pleconax Adans.=**Silene**
Plecostigma pauciflorum Turcz. ex Trautv.=Gagea pauciflora
Plectocomia Mart. ex Bl.**钩叶藤属**(棕榈科)
Plectocomia assamica Griff.大钩叶藤
Plectocomia griffithii Becc.格瑞氏钩叶藤
Plectocomia himalayana Griff.高地钩叶藤
Plectocomia kerrana Becc.(Burret in Notizbl.Bot.Gart.Berlin 1937)=Plectocomia microstachys
Plectocomia kerrana Becc.钩叶藤
Plectocomia microstachys Burret 小钩叶藤
Plectocomia montana HK.f. & Thoms.=Plectocomia himalayana
Plectocomiopsis Becc.**拟钩叶藤属**(棕榈科)
Plectocomiopsis corneri Ftdo.考奈拟钩叶藤
Plectocomiopsis dubius Becc.可疑拟钩叶藤
Plectocomiopsis geminiflorus (Griff.) Becc.二花拟钩叶藤
Plectocomiopsis wrayi Becc.沃瑞氏拟钩叶藤
Plectogyne Link.=**Aspidistra**
Plectogyne variegata Link=Aspidistra elatior
Plectopteris gracilis Fee=Calymmodon gracilis
Plectranthus L'Herit.Sect. *Cornigera* f.Muell.=**Ceratanthus**
Plectranthus adenanthus Diels=Isodon adenanthus
Plectranthus adenoloma Hand.-Mazz.=Isodon adenolomus
Plectranthus amethysotoides Benth.=Isodon amethystoides
Plectranthus angustifolius Dunn=Isodon angustifolius
Plectranthus angustifolius Dunn=Isodon nervosus
Plectranthus barbatus Andr.=Coleus forskohlii
Plectranthus bifidocalyx Dunn=Isodon macrocalyx
Plectranthus brandisii Prain=Isodon walkeri
Plectranthus brevifolius Hand.-Mazz.=Isodon brevifolius
Plectranthus bulleyanus Diels=Isodon bulleyanus
Plectranthus calcaratus Hemsl.=Ceratanthus calcaratus
Plectranthus calcicolus Hand.-Mazz.=Isodon calcicolus
Plectranthus calcicolus var. *subcalvus* Hand.-Mazz.=Isodon calcicolus var. subcalva
Plectranthus cardiophyllus Hemsl.=Heterolamium debile var. cardiophyllum
Plectranthus carnosifolius Hemsl.=Coleus carnosifolius
Plectranthus carnosus Smith=Anisochilus carnosus
Plectranthus cavaleriei Lévl.=Isodon coetsa var. cavaleriei
Plectranthus chenmui Sun ex C.H.Hu=Isodon phyllopodus
Plectranthus chienii Sun ex C.H.Hu=Isodon hispidus
Plectranthus coetsa Buch.-Ham. ex D.Don=Isodon coetsa
Plectranthus coetsa var. *cavaleriei* (Lévl.) McKean=Isodon coetsa var. cavaleriei
Plectranthus coloratus D.Don=Geniosporum coloratum
Plectranthus daitonensis Hay.=Isodon amethystoides
Plectranthus dawoensis Hand.-Mazz.=Isodon dawoensis
Plectranthus dichromophyllus Diels=Isodon rubescens
Plectranthus discolor Dunn=Isodon parvifolius
Plectranthus drogotschiensis Hand.-Mazz.=Isodon barbeyanus
Plectranthus drosocarpus Hand.-Mazz.=Isodon macrocalyx
Plectranthus dubius Spreng.=Anisochilus carnosus
Plectranthus dubius Vahl ex Benth.=Isodon amethystoides
Plectranthus enanderianus Hand.-Mazz.=Isodon enanderianus
Plectranthus eriocalyx Dunn=Isodon eriocalyx
Plectranthus esquirolii Lévl.=Isodon longitubus
Plectranthus excisoides Sun ex C.H.Hu=Isodon excisoides
Plectranthus excisus Maxim.(Dunn in Notes Bot.Gard.Edinb.1915,p.p.)=Isodon racemosus
Plectranthus excisus Maxim.(Hand.-Mazz.in Act.Hort.Göthob 1934)=Isodon henryi
Plectranthus excisus Maxim.(Hemsl.in J.L.Soc.Bot.1890,p.p.)=Isodon excisoides
Plectranthus excisus Maxim.(科学论文集 1932)=Isodon macrophyllus
Plectranthus excisus Maxim.=Isodon excisus
Plectranthus excisus var. *racemosus* (Hemsl.) Dunn=Isodon racemosus
Plectranthus fangii Sun=Isodon longitubus
Plectranthus flavidus Hand.-Mazz.=Isodon flavidus
Plectranthus forrestii Diels=Isodon forrestii
Plectranthus forskohlii Willd.=Coleus forskohlii
Plectranthus gerardianus Benth.=Isodon longitubus var. gerardiana
Plectranthus gerardianus var. *graciliflorus* (Benth.) HK.f.=Isodon longitubus var. graciliflora
Plectranthus gesneroides J.Sincl.=Isodon gesneroides

Plectranthus glaucocalyx Maxim.=Isodon japonicus var. glaucocalyx
Plectranthus glaucocalyx var. *japonica* (Burm.f.) Maxim.=Isodon japonicus
Plectranthus graciliflorus Benth.=Isodon longitubus var. graciliflora
Plectranthus grandifolius Hand.-Mazz.=Isodon grandidolius
Plectranthus grosseserratus Dunn=Isodon grosseserratus
Plectranthus hanceiformis Lévl.=Teucrium bidentatum
Plectranthus henryi Hemsl.=Isodon henryi
Plectranthus hispidus Benth.=Isodon hispidus
Plectranthus hosseusii Muschl.=Isodon ternifolius
Plectranthus hurtellus Hand.-Mazz.=Isodon hirtellus
Plectranthus inconspicuus Miq.=Isodon inflexus
Plectranthus inflexus (Thunb.) Vahl ex Benth.=Isodon inflexus
Plectranthus inflexus (Thunb.) Vahl(Hand.-Mazz.in Act.Hort.Göthob. 1934,p.p.)=Isodon rubescens
Plectranthus inflexus var. *macrophyllus* Maxim.=Isodon inflexus
Plectranthus irroratus Forrest ex Diels (Dunn in Notes Bot.Gard.Edinb. 1913,p.p.)=Isodon forrestii
Plectranthus irroratus Forrest ex Diels=Isodon irroratus
Plectranthus japonicus (Burm.f.) Koidz.=Isodon japonicus
Plectranthus japonicus var. *glaucocalyx* (Maxim.) Koidz.=Isodon japonicus var. glaucocalyx
Plectranthus labordei (Vant.) Diels (p.p.)=Elsholtzia rugulosa
Plectranthus lasiocarpus Hay.=Isodon serra
Plectranthus leptobotrys Diels=Isodon coetsa
Plectranthus leucanthus Diels=Isodon phyllopodus
Plectranthus leucophyllus Dunn=Isodon leucophyllus
Plectranthus longitubus Miq.=Isodon longitubus
Plectranthus loxothyrsus Hand.-Mazz.=Isodon loxothyrsus
Plectranthus macranthus HK.f.=Siphocranion macranthum
Plectranthus macreei Benth.=Isodon coetsa var. cavaleriei
Plectranthus macrocalyx Dunn=Isodon macrocalyx
Plectranthus mairei Lévl.(p.p.)=Isodon coetsa var. cavaleriei
Plectranthus mairei Lévl.(p.p.)=Siphocranion macranthum
Plectranthus marmoritis Hance=Orthosiphon marmoritis
Plectranthus megathyrsus Diels=Isodon megathyrsus
Plectranthus melissoides Benth.=Isodon melissoides
Plectranthus menthoides Benth.=Isodon coetsa
Plectranthus moslifolius Lévl.(Diels in Notes Bot.Gard.Edinb.1912)= Isodon eriocalyx
Plectranthus moslifolius Lévl.=Isodon nervosus
Plectranthus muliensis W.W.Sm.=Isodon muliensis
Plectranthus nankinensis Spreng.=Perilla frutescens var. crispa
Plectranthus nervosus Hemsl.(p.p.)=Isodon nervosus
Plectranthus nervosus Hemsl.(p.p.)=Isodon serra
Plectranthus nudipes Hemsl.=Siphocranion nudipes
Plectranthus oreophilus Diels=Skapanthus oreophilus
Plectranthus oreophilus var. *elongatus* Hand.-Mazz.=Skapanthus oreophilus var. elongatus
Plectranthus oresbius W.W.Sm.=Isodon oresbius
Plectranthus pachythyrsus Hand.-Mazz.=Isodon leucophyllus
Plectranthus pantadenius Hand.-Mazz.=Isodon pantadenius
Plectranthus parvifloius (Batal.) Pei=Isodon parvifolius
Plectranthus parviflorus Br.=Basilicum polystachyon
Plectranthus patchouli C.B.Clarke ex HK.f.=Microtoena patchouli
Plectranthus pekinensis Maxim.=Isodon amethystoides
Plectranthus phyllopodus Diels=Isodon phyllopodus
Plectranthus phyllostahcys Diels=Isodon phyllostachys
Plectranthus pleiophyllus Diels (Hand.-Mazz.in Symb.Sin.1936)=Isodon pleiophyllus var. dolichodens
Plectranthus pleiophyllus Diels=Isodon pleiophyllus
Plectranthus polystachys Sun ex C.H.Hu=Isodon coetsa
Plectranthus polystachyus (L.) Reichenb.=Basilicum polystachyon
Plectranthus prainianus (Lévl.) Dunn=Siphocranion macranthum
Plectranthus provicarii Lévl.=Isodon bulleyanus
Plectranthus racemosus Hemsl.=Isodon racemosus
Plectranthus ricinispermus Pamp.(Dunn in Notes Bot.Gard.Edinb.1913, p.p.)=Isodon henryi
Plectranthus ricinispermus Pamp.=Isodon rubescens
Plectranthus rosthorni Diels (Hand.-Mazz.in Act.Hort.Göthob.1939)= Isodon flabelliformis
Plectranthus rosthornii Diels=Isodon rosthornii
Plectranthus rubescens Hemsl.=Isodon rubescens
Plectranthus rubicundus D.Don=Orthosiphon rubicundus
Plectranthus rugosiformis Hand.-Mazz.=Isodon rugosiformis
Plectranthus rugosus Wall. ex Benth.=Isodon rugosus
Plectranthus rugosus Wall.(Hand.-Mazz.Symb.Sin.1936)=Isodon loxothyrsus
Plectranthus rugosus Wall.(W.W.Sm.in Notes Bot.Gard.Edinb.1930)= Isodon grandidolius
Plectranthus salicarius Hand.-Mazz.=Isodon nervosus
Plectranthus scrophularioides Wall. ex Benth.=Isodon scrophulariodes
Plectranthus sculponeatus Vant.=Isodon sculponeatus
Plectranthus scutellarioides (L.) R.Br.=Coleus scutellarioides
Plectranthus sect. *Isodon* Schrad ex Benth.=**Isodon**
Plectranthus serra Maxim.=Isodon serra
Plectranthus setschwanensis Hand.-Mazz.=Isodon setschwanensis
Plectranthus sinensis Miq.=Isodon amethystoides
Plectranthus smithianus Hand.-Mazz.=Isodon smithianus
Plectranthus sp. Griff.=Salvia plectranthoides
Plectranthus sp. Hand.-Mazz.=Isodon calcicolus var. subcalvus
Plectranthus stocksii HK.f.=Isodon longitubus
Plectranthus stracheyi Benth. ex HK.f.=Isodon walkeri
Plectranthus stracheyi Benth.(Hand.-Mazz.in Act.Hort.Göthob.1934)= Isodon nervosus
Plectranthus striatus Benth.(Doan in Lecte.,Fl.Gén.Indo Chine 1936,p.p.) =Isodon longitubus var. graciliflora
Plectranthus striatus Benth.(Dunn in Notes Bot.Gard.Edinb.1915,p.p.)= Isodon longitubus var. gerardiana
Plectranthus striatus Benth.=Isodon longitubus
Plectranthus striatus var. *gerardianus* (Benth.) Hand.-Mazz.=Isodon longitubus var. gerardiana
Plectranthus striatus var. *graciliflorus* (Benth.) Hand.-Mazz.=Isodon longitubus var. graciliflora
Plectranthus strobiliferus Roxb.=Anisochilus carnosus
Plectranthus subgen. *Isodon* (Schrad. ex Benth.) Benth.=**Rabdosia**
Plectranthus subsp. aff. *rugoso* W.W.Sm.=Isodon loxothyrsus
Plectranthus tatei Hemsl.=Isodon longitubus var. gerardiana
Plectranthus tenuifolius W.W.Sm.=Isodon tenuifolius
Plectranthus ternifolius D.Don=Isodon ternifolius
Plectranthus thiothyrsus Hand.-Mazz.=Isodon leucophyllus
Plectranthus umbrosus Hand.-Mazz.=Isodon setschwanensis
Plectranthus veronicifolius Hance=Isodon walkeri
Plectranthus volkensianus Muschl.=Isodon lophanthoides
Plectranthus walkeri Arn.=Isodon walkeri
Plectranthus wardii Marq. & Airy-Shaw=Isodon wardii
Plectranthus websteri Hemsl.=Isodon websteri
Plectranthus wikstroemioides Hand.-Mazz.=Isodon wikstoremioides
Plectranthus wui Sun ex C.H.Hu=Isodon adenanthus
Plectranthus yuennanensis Hand.-Mazz.=Isodon yuennanensis
Plectratnhus rugosus Wall.=Isodon rugosus
Plectronia chinensis Lour.=Acanthopanax trifoliatus
Plectronia levinei Merr.=Fagerlindia scandens
Pleiarina N.Chao & G.T.Gong=**Salix**
Pleiarina balansaei (Seem.) N.Chao & G.T.Gon=Salix balansae
Pleiarina boseensis (N.Chao) N.Chao & G.T.Gong=Salix boseensis
Pleiarina cavaleriei (Lévl.) N.Chao & G.T.Gong=Salix cavaleriei
Pleiarina dictyoneura (Seem.) N.Chao & G.T.Gong=Salix rosthornii
Pleiarina dunnii (C.K.Schneid.) N.Chao & G.T.Gong=Salix dunnii
Pleiarina glandulosa (Seem.) N.Chao & G.T.Gong=Salix chaenomeloides
Pleiarina humaensis (Y.L.Chou & R.C.Chou) N.Chao & G.T.Gong=Salix humaensis
Pleiarina kusanoi (Hay.) N.Chao & G.T.Gong=Salix kusanoi
Pleiarina mesnyi (Hance) N.Chao & G.T.Gong=Salix mesnyi
Pleiarina paraplesia (C.K.Schneid) N.Chao & G.T.Gong=Salix paraplesia
Pleiarina pendtandra (L.) N.Chao & G.T.Gong=Salix pentandra
Pleiarina songarica (Anders.) N.Chao & G.T.Gong=Salix songarica
Pleiarina tetrasperma (Roxb.) N.Chao & G.T.Gong=Salix tetrasperma
Pleiarina warburgii (Seem.) N.Chao & G.T.Gong=Salix warburgii
Pleioblastus Nakai **大明竹属**(禾本科)
Pleioblastus actinotrichus (Merr. & Chun) Keng f.=Ampelocalamus actinotrichus
Pleioblastus altiligulatus S.L.Chen & S.Y.Chen 高舌苦竹
Pleioblastus amarus (Keng) Keng f.苦竹
Pleioblastus amarus var. amarus=Pleioblastus amarus
Pleioblastus amarus var. hangzhouensis S.L.Chen & S.Y.Chen 杭州苦竹
Pleioblastus amarus var. pendulifolius S.Y.Chen 垂枝苦竹
Pleioblastus amarus var. subglabratus S.Y.Chen 光箨苦竹
Pleioblastus amarus var. tubatus Wen 胖苦竹
Pleioblastus chino (Franch. & Savat.) Makino 青苦竹
Pleioblastus chino var. chino=Pleioblastus chino

Pleioblastus chino var. hisauchii Makino 狭叶青苦竹
Pleioblastus communis (Makino) Nakai 山川竹
Pleioblastus distichus (Mitf.) Nakai=Sasa pygmaea var. disticha
Pleioblastus dolichanthus (Keng) Keng f.=Sinobambusa tootsik
Pleioblastus fortunei (Van Houtte) Nakai=Sasa fortunei
Pleioblastus globinodus C.H.Hu 球节苦竹
Pleioblastus gramineus (Bean) Nakai 大明竹
Pleioblastus hindsii (Munro) Nakai=Pseudosasa hindsii
Pleioblastus hsienchuensis Wen 仙居苦竹
Pleioblastus hupehensis J.L.Lu=Oligostachyum hupehense
Pleioblastus incarnatus S.L.Chen & G.Y.Sheng 绿苦竹
Pleioblastus intermedius S.Y.Chen 华丝竹
Pleioblastus juxianensis Wen et al.衢县苦竹
Pleioblastus kunishii (Hay.) Ohki & Nemoto=Gelidocalamus kunishii
Pleioblastus kwangsiensis W.Y.Hsiung & C.S.Chao=Pleioblastus maculatus
Pleioblastus linearis (Hack.) Nakai 琉球矢竹
Pleioblastus longifimbriatus S.Y.Chen 硬头苦竹
Pleioblastus maculatus (McClure) C.D.Chu & C.S.Chao 斑苦竹
Pleioblastus maculosoides Wen 丽水苦竹
Pleioblastus maximowiczii Nakai=Pleioblastus chino
Pleioblastus naibunensis (Hay.) Nakai=Drepanostachyum naibunense
Pleioblastus niitakeayhamensis (Hay.) Ohki=Yushania niitakayamensis
Pleioblastus oedogonatus Z.P.Wang & G.H.Ye=Oligostachyum oedogonatum
Pleioblastus oiwakensis (Hay.) Ohki=Yushania niitakayamensis
Pleioblastus oleosus Wen 油苦竹
Pleioblastus pendus (Keng) Keng f.=Pseudosasa hindsii
Pleioblastus pygmaeus (Miq.) Nakai=Sasa pygmaea
Pleioblastus pygmaeus var. *distichus* (Mitf.) Nakai=Sasa pygmaea var. disticha
Pleioblastus rugatus Wen & S.Y.Chen 皱苦竹
Pleioblastus sanmingensis S.L.Chen & G.Y.Sheng 三明苦竹
Pleioblastus simonii (Carr.) Nakai 川竹
Pleioblastus solidus S.Y.Chen 实心苦竹
Pleioblastus usawai (Haya.) Ohki=Pseudosasa usawai
Pleioblastus variegatus (Sieb.) Makino=Sasa fortunei
Pleioblastus varius (Keng) Keng f.=Pleioblastus amarus
Pleioblastus wuyishanensis Q.F.Zheng & K.F.Huang 武夷山苦竹
Pleioblastus yixingensis S.L.Chen & S.Y.Chen 宜兴苦竹
Pleione D.Don **独蒜兰属**(兰科)
Pleione alba H.Li & G.H.Feng=Pleione forrestii
Pleione albiflora Cribb & C.Z.Tang 白花独蒜兰
Pleione amoena Schltr.=Pleione bulbocodioides
Pleione amoena Schltr.=Pleione pleionoides
Pleione aurita Cribb & Pfennig=Pleione chunii
Pleione birmanica (Rcbh.f.) B.S.Williams=Pleione praecox
Pleione bulbocodioides (Franch.) Rolfe (浙江志 1993,福建志 1995)=Pleione formosana
Pleione bulbocodioides (Franch.) Rolfe 独蒜兰
Pleione bulbocodioides var. *nivea* (Fukuyama) S.S.Ying=Pleione formosana
Pleione chinensis Ktze.=Coelogyne fimbriata
Pleione chiwuana T.Tang & F.T.Wang=Pleione yunnanensis
Pleione chunii C.L.Tso 陈氏独蒜兰
Pleione communis Gagn.=Pleione bulbocodioides
Pleione communis var. *subobtusum* Gagn.=Pleione bulbocodioides
Pleione ×confusa Cribb & C.Z.Tang 芳香独蒜兰
Pleione corymbosa (Lindl.) Ktze.=Coelogyne corymbosa
Pleione delavayi (Rolfe) Rolfe=Pleione bulbocodioides
Pleione diphylla Lindl.=Pleione maculata
Pleione fargesii Gagn.=Pleione bulbocodioides
Pleione fimbriata (Lindl.) Ktze.=Coelogyne fimbriata
Pleione formosana Hay.台湾独蒜兰
Pleione formosana f. *nivea* Fukuyama=Pleione formosana
Pleione formosana var. *nivea* (Fukuyama) Masam.=Pleione formosana
Pleione forrestii Schltr.(P.F.Hunt in Curtis's Bot.Mg.1967)=Pleione ×confusa
Pleione forrestii Schltr.黄花独蒜兰
Pleione grandiflora (Rolfe) Rolfe 大花独蒜兰
Pleione henryi (Rolfe) Schltr.=Pleione bulbocodioides
Pleione hookeriana (Lindl.) B.S.Williams 毛唇独蒜兰
Pleione hookeriana var. *brachyglossa* (Rchb.f.) Rolfe=Pleione hookeriana
Pleione hui Schltr.=Pleione formosana
Pleione humilis (Sm.) D.Don 矮生独蒜兰
Pleione kohlsii Braem 春花独蒜兰
Pleione ×lagenaria Lindl.酒瓶独蒜兰?
Pleione laotica Kerr=Pleione hookeriana
Pleione limprichtii Schltr.四川独蒜兰
Pleione maculata (Lindl.) Lindl.秋花独蒜兰
Pleione maculata var. *arthuriana* (Rchb.f.) Rolfe ex Kraenzl.=Pleione maculata
Pleione maculata var. *virginea* Rchb.f.=Pleione maculata
Pleione mandarinorum (Kraenzl.) Kranezl.=Ischnogyne mandarinorum
Pleione pinkepankii Braem & H.Mohr.=Pleione grandiflora
Pleione pleionoides (Kraenzl. ex Diels) Braem & H.Mohr 美丽独蒜兰
Pleione praecox (J.E.Sm.) D.Don 疣鞘独蒜兰
Pleione praecox var. *birmanica* (Rchb.f.) Grant=Pleione praecox
Pleione praecox var. *wallichiana* (Lindl.) E.W.Cooper=Pleione praecox
Pleione pricei Rolfe=Pleione formosana
Pleione reichenbachiana T.Moore 芮氏独蒜兰
Pleione rhombilabia Hand.-Mazz.=Pleione bulbocodioides
Pleione saxicola T.Tang & F.T.Wang ex S.C.Chen 岩生独蒜兰
Pleione scopulorum W.W.Sm.二叶独蒜兰
Pleione smithii Schltr.=Pleione bulbocodioides
Pleione speciosa Ames & Schltr.=Pleione pleionoides
Pleione wallichiana (Lindl.) Lindl.=Pleione praecox
Pleione yunnanensis (Rolfe) Rolfe (Rolfe in Curtis's Bot.Mag.1967)=Pleione bulbocodioides
Pleione yunnanensis (Rolfe) Rolfe 云南独蒜兰
Pleiosepalum gombalanum Hand.-Mazz.=Aruncus gombalanus
Pleiospilos N.E.Br.**对叶花属**(番杏科)
Pleiospilos bolusii (HK.f.) N.E.Br.对叶花
Plenasium banksiifolium Presl=Osmunda banksiifolia
Plenasium claytonianum Presl=Osmunda claytoniana
Plenasium javanicum Presl=Osmunda javanica
Pleocnemia Presl **黄腺羽蕨属**(叉蕨科)
Pleocnemia cumingiana Presl 台湾黄腺羽蕨?
Pleocnemia devexa v.A.v.R.=Ctenitopsis devexa
Pleocnemia hamata Ching & C.H.Wang 钩形黄腺羽蕨
Pleocnemia kwangsiensis Ching & C.H.Wang 广西黄腺羽蕨
Pleocnemia membranacea Bedd.=Ctenitopsis devexa
Pleocnemia winitii Holtt.黄腺羽蕨
Pleomele Salisb.=**Dracaena**
Pleomele angustifolia (Roxb.) N.E.Br.=Dracaena angstifolia
Pleomele cambodiana (Gagn.) Merr. & Chun=Dracaena cambodiana
Pleomele cochinchinensis (Lour.) Merr. ex Gagn.=Dracaena cochinchinensis
Pleopeltis HK.=**Lepisorus**
Pleopeltis capitellata (Wall. ex Mett.) Bedd.=Arthromeris wallichiana
Pleopeltis coronans Alderw.=Pseudodrynaria coronans
Pleopeltis crenatopinnata (C.B.Clarke) Bedd.=Phymatopteris crenatopinnata
Pleopeltis ebenipes (HK.) Bedd.=Phymatopteris ebenipes
Pleopeltis elogata Kze.=Lepisorus thunbergianus
Pleopeltis feei Alderw.=Leptochilus decurrens
Pleopeltis fluviatilis Alderw.=Colysis pedunculata
Pleopeltis glaucopsis (Franch.) Bedd.=Phymatopteris glaucopsis
Pleopeltis griffithiana (HK.) T.Moore=Phymatopteris griffithiana
Pleopeltis hastata (Thunb.) T.Moore=Phymatopteris hastata
Pleopeltis hemionitidea T.Moore=Colysis hemionitidea
Pleopeltis himalayensis (HK.) Bedd.=Arthromeris himalayensis
Pleopeltis incrvata (Bl.) T.Moore=Phymatopteris triloba
Pleopeltis insignis Bedd.=Microsorium insigne
Pleopeltis juglandifolia (D.Don) T.Moore=Arthromeris wallichiana
Pleopeltis juglandifolia var. *tenuicauda* (HK.) Bedd.=Arthromeris tenuicauda
Pleopeltis lehmanni (Mett.) Bedd.=Arthromeris lehmanni
Pleopeltis longissima (Bl.) T.Moore(p.p.)=Phymatosorus longissimus
Pleopeltis longissima (Bl.) T.Moore(p.p.)=Phymatosorus membranifolius
Pleopeltis luzonica Alderw.=Microsorium zippelii
Pleopeltis malacodon (HK.) Bedd.=Phymatopteris malacodon
Pleopeltis membranacea (D.Don) T.Moore=Microsorium membranaceum
Pleopeltis nigrescens (Bl.) Carr.=Phymatosorus membranifolius
Pleopeltis normalis (D.Don) T.Moore=Tricholepidium normale

Pleopeltis nuda HK.=Lepisorus thunbergianus
Pleopeltis ovata Bedd.=Neolepisorus ovatus
Pleopeltis ovata sensu Bedd.=Neolepisorus ensatus
Pleopeltis oxyloba (Wall. ex Kunze) Bedd.=Phymatopteris oxyloba
Pleopeltis parshii Bedd.=Drynaria parishii
Pleopeltis pedunculata Alderw.=Colysis pedunculata
Pleopeltis phymatodes (L.) T.Moore=Phymatosorus scolopendria
Pleopeltis pteropus T.Moore=Microsorium pteropus
Pleopeltis pteropus var. *minor* Bedd.=Microsorium pteropus
Pleopeltis pteropus-minor Bedd.=Microsorium pteropus
Pleopeltis punctata Bedd.=Microsorium punctatum
Pleopeltis rhynchophylla (HK.) T.Moore=Phymatopteris rhynchophylla
Pleopeltis rostrata Bedd.=Lepidogrammitis rostrata
Pleopeltis sect. *Arthromeris* T.Moore=**Arthromeris**
Pleopeltis sect. *Lepisorus* J.Sm.=**Lepisorus**
Pleopeltis soulieanum Christ=Lepisorus soulieanus
Pleopeltis stewartii Bedd.=Phymatopteris stewartii
Pleopeltis subnormale Alderw.=Tricholepidium maculosum var. subnormale
Pleopeltis superficialis Bedd.=Microsorium superficiale
Pleopeltis thunbergianus Kaulf.=Lepisorus thunbergianus
Pleopeltis tridactyla T.Moore=Microsorium pteropus
Pleopeltis trifida (D.Don) Bedd.=Phymatopteris oxyloba
Pleopeltis ussuriensis Rgl. & Maack=Lepisorus ussuriensis
Pleopeltis valida Alderw.=Microsorium punctatum
Pleopeltis wardii (C.B.Clarke) Bedd.=Arthromeris wardii
Pleopeltis zippelii T.Moore=Microsorium zippelii
Pleopeltis zosteriformis Bedd.=Microsorium pteropus
Pleucnemia leuzeana Presl(蕨类图说 1957)=Pleocnemia winitii
Pleuridium oxylobum (Wall. ex Kunze) J.Sm.=Phymatopteris oxyloba
Pleurofossa Nakai=**Monogramma**
Pleurogramma paradoxa Fée=Monogramma paradoxa
Pleurogramme pusilla Christ=Scleroglossum pusillum
Pleurogyne Eschsch. ex Cham. & Schlecht.=**Lomatogonium**
Pleurogyne bodinieri Lévl.=Lomatogonium forrestii var. bonatianum
Pleurogyne brachyanthera C.B.Clarke=Lomatogonium brachyantherum
Pleurogyne carinata Edgew.=Lomatogonium carinthiacum
Pleurogyne carinthiaca Griseb.=Lomatogonium carinthiacum
Pleurogyne carinthiaca var. *cordifolia* Franch.=Lomatogonium cordifolium
Pleurogyne diffusa Maxim.=Lomatogonium thomsonii
Pleurogyne forrestii Balf.f.=Lomatogonium forrestii
Pleurogyne macrantha Diels et Gilg=Lomatogonium macranthum
Pleurogyne mairei Lévl.=Swertia patens
Pleurogyne mairei var. *rubro-punctata* Lévl.=Swertia patens
Pleurogyne oreocharis Diels=Lomatogonium oreocharis
Pleurogyne patens Lévl.=Lomatogonium forrestii var. bonatianum
Pleurogyne rotata Griseb.(Franch.in Bull.Soc.Bot.Frnce 1899)=Lomatogonium forrestii var. bonatianum
Pleurogyne rotata Griseb.=Lomatogonium rotatum
Pleurogyne rotata var. *bella* (Hemsl.) Franch.(K.S.Hao in Bot.Jahrb.1938, p.p.)= Lomatogonium macranthum
Pleurogyne rotata var. *bella* Franch.(p.p.)=Lomatogonium bellum
Pleurogyne rotata var. *bella* Franch.(p.p.)=Lomatogonium forrestii var. bonatianum
Pleurogyne rotata var. *floribunda* Franch.(p.p.)=Lomatogonium forrestii var. bonatianum
Pleurogyne rotata var. *floribunda* Franch.(p.p.)=Lomatogonium rotatum var. floribundum
Pleurogyne thomsonii C.B.Clarke=Lomatogonium thomsonii
Pleurogyne vaniotii Lévl.=Swertia patens
Pleurogynella Ikonnkov=**Lomatogonium**
Pleurogynella brachyanthera (C.B.Clarke) Ikonn.=Lomatogonium brachyantherum
Pleurogynella thomsonii (C.B.Clarke) Ikonn.=Lomatogonium thomsonii
Pleuromanes Presl **毛叶蕨属**(膜蕨科)
Pleuromanes pallidum (Bl.) Presl 毛叶蕨
Pleuroplitis centrasiatica Griseb.=Arthraxon hispidus var. centrasiaticus
Pleuroplitis lancifolia Regel=Arthraxon lancifolius
Pleuroplitis langsdorffii Trin=Arthraxon hispidus
Pleuroplitis langsdorffii var. *centrasiatica* Regel=Arthraxon hispidus var. centrasiaticus
Pleuroplitis microphylla Regel=Arthraxon microphyllus
Pleuropteropyrum ajanense (Rgl. & Til.) Nakai=Polygonum ajanense
Pleuropteropyrum alpinum (All.) Kitag.=Polygonum alpinum
Pleuropteropyrum angustifolium (Pall.) Kitag.=Polygonum angustifolium
Pleuropteropyrum divaricatum (L.) Nakai=Polygonum divaricatum
Pleuropteropyrum jeholense Kitag.=Polygonum alpinum
Pleuropteropyrum laxmanni (Lepech.) Kitag.=Polygonum ocreatum
Pleuropteropyrum platyphyllum (Li & Chang) Kitag.=Polygonum platyphyllum
Pleuropteropyrum sibiricum (Laxm) Kitag.=Polygonum sibiricum
Pleuropterus ciliinervis Nakai=Fallopia multiflora var. cillinerve
Pleuropterus cordatus Turcz.=Fallopia multiflora
Pleuropterus cuspidatus (S. & Z.) H.Gross=Reynoutria japonica
Pleurosoriopsidaceae 睫毛蕨科
Pleurosoriopsis Fomin **睫毛蕨属**(睫毛蕨科)
Pleurosoriopsis makinoi (Maxim. ex Makino) Formin 睫毛蕨
Pleurospermum Hoffm.**棱子芹属**(伞形科)
Pleurospermum affine Wolff=Pleurospermum hookeri var. thomsonii
Pleurospermum albimarginatum Wolff 东俄洛棱子芹(新)?
Pleurospermum album C.B.Clarke ex Wolff 亚东棱子芹(新)?
Pleurospermum amabile Craib ex W.W.Sm.美丽棱子芹
Pleurospermum angelicoides (Wall.) Benth. ex C.B.Clarke 归叶棱子芹
Pleurospermum aromaticum W.W.Sm.芳香棱子芹
Pleurospermum astrantioideum (de Boiss.) K.T.Fu & Y.C.Ho 雅江棱子芹
Pleurospermum atropurpureum K.T.Fu & Y.C.Ho 紫色棱子芹
Pleurospermum austriacum (L.) Hoffm.欧洲棱子芹
Pleurospermum calcareum Wolff 灰质棱子芹(新)?
Pleurospermum camtschaticum Hoffm.棱子芹
Pleurospermum cnidiifoium Wolff=Pleurospermum crassicaule
Pleurospermum crassicaule Wolff 粗茎棱子芹
Pleurospermum cristatum de Boiss.鸡冠棱子芹
Pleurospermum davidii Franch.宝兴棱子芹
Pleurospermum decurrens Franch.翼叶棱子芹
Pleurospermum delavayi (Franch.) Hiroe=Physospermopsis delavayi
Pleurospermum delvavayi (Franch.) Hiroe=Physospermopsis cuneata
Pleurospermum dielsianum Fedde ex Wolff(p.p.)=Pleurospermum linearilobum
Pleurospermum dielsianum Fedde ex Wolff(p.p.)=Pleurospermum szechenyi
Pleurospermum dochenense W.W.Sm.=Pleurospermum hookeri var. thomsonii
Pleurospermum foetens Franch.丽江棱子芹
Pleurospermum frachetianum Hemsl.松潘棱子芹
Pleurospermum giraldii Diels 太白棱子芹
Pleurospermum govanianum Benth. ex C.B.Clarke (de Boiss.in Bull.Soc. Bot.France 1906)=Pleurospermum govanianum var. bicolor
Pleurospermum govanianum var. bicolor Wolff 二色棱子芹
Pleurospermum hedinii Diels 垫状棱子芹
Pleurospermum heracleifolium Franch. ex de Boiss.芷叶棱子芹
Pleurospermum heterosciadium Wolff 异伞棱子芹
Pleurospermum hookeri var. thomsonii C.B.Clarke 西藏棱子芹
Pleurospermum kansuense Wolff=Pleurospermum pulszkyi
Pleurospermum lecomtianum Wolff=Pleurospermum crassicaule
Pleurospermum likiangense Wolff 云丽棱子芹(新)?
Pleurospermum limprichtii Wolff=Pleurospermum giraldii
Pleurospermum lindleyanum (Lipsky) B.Fedtsch.天山棱子芹
Pleurospermum linearilobum W.W.Sm.线裂棱子芹
Pleurospermum longicaule Wolff=Ligusticum thomsonii
Pleurospermum macrochlaenum K.T.Fu & Y.C.Ho 大苞棱子芹
Pleurospermum markgrafianum Wolff=Pleurospermum hookeri var. thomsonii
Pleurospermum meoides Diels=Pleurospermum giraldii
Pleurospermum nanum (Rupr.) Benth. & HK. ex Drude=Pleurospermum lindleyanum
Pleurospermum nanum Franch.矮棱子芹
Pleurospermum nubigenum Wolff 皱果棱子芹
Pleurospermum pilgerianum Fedde ex Wolff=Pleurospermum frachetianum
Pleurospermum pilosum C.B.Clarke ex Wolff 疏毛棱子芹
Pleurospermum prattii Wolff 康定棱子芹
Pleurospermum pseudoinvolucratum Wolff=Pleurospermum hookeri var. thomsonii
Pleurospermum pseudoyunnanense Wolff=Pleurospermum yunnanense
Pleurospermum pulszkii Kanitz(Norm.in J.Bot.1938)=Pleurospermum

astrantioideum
Pleurospermum pulszkyi Kanitz 青藏棱子芹
Pleurospermum rivulorum (Diels) K.T.Fu & Y.C.Ho 心叶棱子芹
Pleurospermum rockii Fedde ex Wolff=Pleurospermum frachetianum
Pleurospermum rupestre (M.Po.) K.T.Fu & Y.C.Ho 岩生棱子芹
Pleurospermum simplex (Rupr.) Benth. & HK.f. ex Drude 单茎棱子芹
Pleurospermum souliaei Wolff 川康棱子芹(新)?
Pleurospermum szechenyi Kanitz 青海棱子芹
Pleurospermum tanacetifolium Wolff=Pleurospermum crassicaule
Pleurospermum thalictrifolium Wolff=Pleurospermum crassicaule
Pleurospermum tibetanicum Wolff=Pleurospermum hookeri var. thomsonii
Pleurospermum tsekuense Shan 泽库棱子芹
Pleurospermum uralense Hoffm.(东北草本志 1977)=Pleurospermum camtschaticum
Pleurospermum wrightianum de Boiss.瘤果棱子芹
Pleurospermum yunnanense Franch.云南棱子芹
Pleurostylia Wight & Arn.**盾柱属**(卫矛科)
Pleurostylia cochinchinensis Pierre=Pleurostylia opposita
Pleurostylia heynei Wight & Arn.=Pleurostylia opposita
Pleurostylia opposita (Wall.) Alston 盾柱
Pleurostylia opposita (Wall.) Merr. & Metc.=Pleurostylia opposita
Pleurostylia wightii Wight & Arn.=Pleurostylia opposita
Pleurothallis R.Br.**肋枝兰属**(兰科)
Pleurothallis amesiana L.O.wms.阿米斯肋枝兰
Pleurothallis barbeiana Rchb.f.巴比氏肋枝兰
Pleurothallis blaisdellii S.Wats.布未氏肋枝兰
Pleurothallis brighamii S.Wats.布瑞氏肋枝兰
Pleurothallis ciliaris (Lindl.) L.O.Wms.缘毛肋枝兰
Pleurothallis compacta (Ames) A. & S.密花肋枝兰
Pleurothallis corniculata (Sw.) Lindl.具角肋枝兰
Pleurothallis elegans (HBK) Lindl.雅致肋枝兰
Pleurothallis grobyi Batem.格若氏肋枝兰
Pleurothallis hawkesii E.A.Flichkinger 哈克斯肋枝兰
Pleurothallis hirsuta ames 硬毛肋枝兰
Pleurothallis inflata Rolfe 垂花肋枝兰
Pleurothallis insignis Rolfe 美花肋枝兰
Pleurothallis johnsoni Ames 约翰森肋枝兰
Pleurothallis ophiocephala Lindl.蛇头肋枝兰
Pleurothallis ospinae R.E.Schultes 欧斯潘肋枝兰
Pleurothallis prolifera 肋枝兰
Pleurothallis rubens Lindl.红花肋枝兰
Pleurothallis ruscifolia (Jacq.) R.Br.假叶树叶肋枝兰
Pleurothallis stenostachya Rchb.f.柔穗花序肋枝兰
Pluchea O.Hoffm.(p.p.)=**Karelinia**
Pluchea Cass.**阔苞菊属**(菊科)
Pluchea balsamifer (L.) Less.=Blumea balsamifera
Pluchea bulleyana J.F.Jeffr.=Anaphalis bulleyana
Pluchea camphorata DC.樟脑味阔苞菊
Pluchea caspia O.Hoffm. ex Paulsen=Karelinia caspia
Pluchea eupatorioides Kurz 长叶阔苞菊
Pluchea hirsuta Less.=Blumea clarkei
Pluchea indica (L.) Less.阔苞菊
Pluchea pteropoda Hemsl.光梗阔苞菊
Pluchea rubicunda Schneid.=Vernonia bockiana
Plumbagella Spach **鸡娃草属**(白花丹科)
Plumbagella micrantha (Ledeb.) Spach 鸡娃草
Plumbaginaceae 白花丹科
Plumbago L.**白花丹属**(白花丹科)
Plumbago alba Hort. ex Pasq.=Plumbago auriculata f. alba
Plumbago auriculata Lam.蓝花丹
Plumbago auriculata f. alba (Pasq.) Peng 雪花丹
Plumbago auriculata f. auriculata=Plumbago auriculata
Plumbago capensis Thunb.=Plumbago auriculata
Plumbago capensis var. *alba* Hort. ex Carr.=Plumbago auriculata f. alba
Plumbago coccinea Salisb.=Plumbago indica
Plumbago esquirolii Lévl.贵州白花丹?
Plumbago esquivolii Lévl.=Anisadenia pubescens
Plumbago europaea L.欧洲白花丹
Plumbago indica L.紫花丹
Plumbago larpentae Lindl.=Ceratostigma plumbaginoides
Plumbago micrantha Ledeb.=Plumbagella micrantha
Plumbago rosea L.=Plumbago indica
Plumbago rosea var. *coccinea* (Lour.) HK.=Plumbago indica
Plumbago scandens L.攀援匹索尼亚
Plumbago spinosa Hao=Plumbagella micrantha
Plumbago viscosa Blanco=Plumbago zeylanica
Plumbago zeylanica L.白花丹
Plumbago zeylanica var. oxypetala Boiss.尖瓣白花丹
Plumbago zeylanica var. *zeylanica*=Plumbago zeylanica
Plumeria L.**鸡蛋花属**(夹竹桃科)
Plumeria acuminata Ait.=Plumeria rubra
Plumeria acutifolia Poir.=Plumeria rubra
Plumeria obtusa L.钝叶鸡蛋花
Plumeria rubra L.红鸡蛋花
Plumeria rubra cv.Acutifolia 鸡蛋花
Plumeria rubra f. *acutifolia* Woddsd.=Plumeria rubra cv. Acutifolia
Plumeria rubra var. *acutifolia* (Poir.) Bailey=Plumeria rubra cv. Acutifolia
Plumeriopsis Rusb. & Woods.=**Thevetia**
Pneumatopteris Holtt.(p.p.)=**Pseudocyclosorus**
Pneumatopteris Nakai (p.p.)=**Cyclosorus**
Pneumatopteris truncata Holtt.=Cyclosorus truncatus
Pneumonanthe depressa D.Don=Gentiana depressa
Pneumonanthe ornata Wall. ex G.Don=Gentiana ornata
Poa L.**早熟禾属**(禾本科)
Poa abbreviata R.Br.短缩早熟禾
Poa acmocalyx Keng ex L.Liu 尖颖早熟禾
Poa acroleuca Steud.白顶早熟禾
Poa acuminata Ovcz.=Poa fragilis
Poa afghanica Bor 阿富汗早熟禾
Poa airoides Koel.=Catabrosa aquatica
Poa aitchisonii Boiss.艾松早熟禾
Poa alberti Rgl.阿拉套早熟禾
Poa albida Turcz. ex Trin.=Leucopoa albida
Poa almasovii Golub.阿玛早熟禾
Poa alpigena (Fr.) Lindm.高原早熟禾
Poa alpina L.高山早熟禾
Poa alpina α. *badensis* Koch.=Poa badensis
Poa alpina δ. *pumila* Rchb.=Poa pumila
Poa alta Hitch.高株早熟禾
Poa altaica Trin.阿尔泰早熟禾
Poa amabilis L.=Eragrostis tenella
Poa amoena Bor=Poa pseudamoena
Poa ampla Merr.巨早熟禾
Poa angustata R.Br.=Puccinellia angustata
Poa angustifolia L.细叶早熟禾
Poa angustiglumis Roshev.狭颖早熟禾
Poa annua L.早熟禾
Poa annua subsp. *exilis* Tomm.=Poa infirma
Poa annua var. annua=Poa annua
Poa annua var. *nepalensis* Griseb.=Poa nepalensis
Poa annua var. reptans Hausskn.爬地早熟禾
Poa annua var. *sikkimensis* Stapf=Poa sikkimensis
Poa annua var. *supina* (Schrad.) Lin=Poa supina
Poa aquatica L.=Glyceria maxima
Poa araratica Trautv.阿洼早熟禾
Poa arctica R.Br.极地早熟禾
Poa arctica subsp. *caespitans* Nannf.=Poa tolmatchewii
Poa argunensis Roshev.额尔古纳早熟禾
Poa arjinsanensis D.F.Cui 阿尔金山早熟禾
Poa arnoldii Meld.阿诺早熟禾
Poa asperifolia Bor 糙叶早熟禾
Poa atrovens Desf.=Eragrostis atrovirens
Poa attenuata Trin.渐尖早熟禾
Poa attenuata Boiss.=Poa araratica
Poa attenuata subsp. *argunensis* (Roshev.) Tzvel.=Poa argunensis
Poa attenuata subsp. *attenuata* Tzvel.=Poa dahurica
Poa attenuata var. stepposa Kryl.= Poa stepposa
Poa attenuata α. *dahurica* (Trin.) Griseb.=Poa dahurica
Poa bactriana Roshev.荒漠早熟禾
Poa bactriana subsp. *glabriflora* (Roshev. ex Ovcz.) Tzvel.=Poa

glabriflora
Poa bactriana subsp. *zaprjagajevii* (Ovcz.) Tzvel.=Poa zaprjagajevii
Poa badensis Haenke ex Willd.巴顿早熟禾
Poa barguzinensis M.Pop.=Poa paucispicula
Poa bedeliensis Lotw.彼得早熟禾(新)
Poa binodis Keng 双节早熟
Poa bomiensis C.Ling 波密早熟禾
Poa borealitibetica C.Ling 藏北早熟禾
Poa botryoides Trin.葡系早熟禾
Poa bracteosa Kom.膜苞早熟禾
Poa breviligula (Keng) L.Liu 短舌早熟禾
Poa bryophila Trin.苔地每系
Poa bucharica Roshev 布查早熟禾
Poa bulbosa L.鳞茎早熟禾
Poa bulbosa subsp. *nevskii* (Roshev. ex Ovcz.) Tzvel.=Poa nevskii
Poa bulbosa subsp. *vivipara* Koel.=Poa bulbosa var. vivipara
Poa bulbosa var. bulbosa=Poa bulbosa
Poa bulbosa var. vivipara Koel.胎生鳞茎早熟禾
Poa burmanica Bor 缅甸早熟禾
Poa caesia Smith=Poa glauca
Poa calliopsis Litw. ex Ovcz.花丽早熟禾
Poa cenisia Sag.=Poa granitica
Poa chaixii Vill.扁鞘早熟禾
Poa chalarantha Keng 疏花早熟禾
Poa chilensis Trin.智利早熟禾
Poa chinensis L.=Leptochloa chinensis
Poa cilianensis All.=Eragrostis cilianensis
Poa ciliata Roxb.=Eragrostis ciliata
Poa ciliatiflora Roshev.毛花早熟禾
Poa compressa L.加拿大早熟禾
Poa convoluta Horn.=Puccinellia convoluta
Poa cristata (L.) L.=Koeleria cristata
Poa crymophilla Keng ex L.Ling 冷地早熟禾
Poa curvula Schrad.=Eragrostis curvula
Poa cylindrica Roxb.=Eragrostis cylindrica
Poa cynosuroides Retz.=Desmostachya bipinnata
Poa dahurica Trin.达呼里早熟禾
Poa debilior Hitchc.细早熟禾
Poa declinata Keng ex L.Liu 垂枝早熟禾
Poa densa Troitzky 密序早熟禾
Poa densissima Roshev. ex Ovcz.小密早熟禾
Poa digena Meld.第吉那早熟禾
Poa distans Jacq.=Puccinellia distans
Poa distans L.=Puccinellia distans
Poa diversifolia (Boiss. & Bal.) Hack. ex Boiss.异叶止熟禾
Poa dolichachyra Keng 长稃早熟禾
Poa dschungarica Roshev.准噶尔早熟禾
Poa dshilgensis Roshev.季茛早熟禾
Poa eduardii Golub.=Poa platyantha
Poa elanata Keng ex L.Liu 光盘早熟禾
Poa eleanorae Bor 易乐早熟禾
Poa eminens C.Presl.类早熟禾
Poa eragrostioides L.Liu 画眉草状早熟禾
Poa eragrostis L.=Eragrostis minor
Poa faberi Rendle 法氏早熟禾
Poa falconeri HK.f.福克纳早熟禾
Poa fascinata Keng ex L.Liu 蛊早熟禾
Poa fedtschenkoi Roshev.费氏早熟禾
Poa ferruginea Thunb.=Eragrostis ferruginea
Poa festucaeformis Host.=Puccinellia festuciformis
Poa festucoides N.R.Cui=Poa parafestuca
Poa flaccidula Boiss. & Reut.柔弱早熟禾
Poa flavida Keng ex L.Liu 黄色早熟禾
Poa flavidula Kom.=Poa shumushuensis
Poa flexuosa Wahl.=Poa granitica
Poa florida N.R.Cui 多花早熟禾
Poa formosae Ohwi 台湾早熟禾
Poa fragilis Ovcz. & Czuk.脆早熟禾
Poa gamblei Bor 甘波早熟禾
Poa gammieana HK.f.茛密早熟禾
Poa glabriflora Roshev. ex Ovcz.光滑早熟禾
Poa glauca Vahl.灰早熟禾
Poa glauca subsp. *litwinowiana* (Ovcz.) Tzvel.=Poa litwinowiana
Poa glauca subsp. *reverdattoi* (Roshev.) Tzvel.=Poa reverdattoi
Poa glumaris Trin.=Poa eminens
Poa gorbunovii Ovcz.=Puccinellia subspicata
Poa gracilior Keng ex L.Liu 茌弱早熟禾
Poa gracillima Rendle=Poa szechuensis
Poa grandis Hand.-Mazz.阔叶早熟禾
Poa grandispica Keng ex L.Liu 大穗早熟禾
Poa granitica Braun-Blanq.岩地早熟禾
Poa hayachinensis Koidz.哈亚早熟禾
Poa hengshanica Keng ex L.Liu 恒山早熟禾
Poa himalayana Nees ex Steud.喜马拉雅早熟禾
Poa hirta Thunb.=Arundinella hirta
Poa hirtiglumis HK.f.颖毛早熟禾
Poa hisauchii Honda 久内早熟禾
Poa hissarica Roshev.希萨尔早熟禾
Poa humilis (Bieb.) C.Koch=Catabrosella humilis
Poa hybrida Gaud.杂早熟禾
Poa ianthina Keng ex H.L.Yang 堇色早熟禾
Poa imperialis Bor 茁壮早熟禾
Poa incerta Keng ex L.Liu 疑早熟禾
Poa indattenuata Keng ex L.Liu 印度早熟禾
Poa infirma H.B.K.低矮早熟禾
Poa insiginis Litw. ex Roshev.显稃早熟禾
Poa ircutica Roshev.伊尔库早熟禾
Poa irrigata Lindm.湿地早熟禾
Poa japonica Thunb.=Eragrostis japonica
Poa jaunsarensis Bor 江萨早熟禾
Poa kanboensis Ohwi 坎博早熟禾
Poa karatavica Bge.=Leucopoa karatavica
Poa karateginensis Roshev.卡拉蒂早熟禾
Poa kelungensis Ohwi 基隆早熟禾
Poa khasiana Stapf 喀斯早熟禾
Poa koelzii Bor (Tzvel. In Pl.Asiae.Centr.1968,新疆志 1996)=Poa rangkulensis
Poa koelzii Bor 高寒早熟禾
Poa kolymensis Tzvel.科利早熟禾
Poa komarovii Roshev.柯氏早熟禾
Poa korshunensis Golosk.柯顺早熟禾
Poa krylovii Reverd.克瑞早熟禾
Poa ladakhensis Hartm.=Puccinellia ladakhensis
Poa lahulensis Bor 拉哈尔早熟禾
Poa lanata Kom.=Poa platyantha
Poa lanata Kom.=Poa trivialiformis
Poa lanata Scribn. & Merr.绵毛早熟禾
Poa langtangensis Meld.朗坦早熟禾
Poa laudanensis Roshev.劳丹早熟禾
Poa laxa Haenke 稀穗早熟禾
Poa laxa var. *tristis* Griseb.=Poa tristis
Poa lepta Keng ex L.Liu 柔软早熟禾
Poa leptocoma subs. paucispicula (Scribn. & Merr.) Tzvel.=Poa paucispicula
Poa levipes (Keng) L.Liu 光轴早熟禾
Poa lhasaensis Bor 拉萨早熟禾
Poa ligulata Boiss.尖舌早熟禾
Poa limbata Link.花边莓系
Poa lipskyi Roshev.疏穗早熟禾
Poa lipskyi subsp. *dschungarica* (Roshev.) Tzvel.=Poa dschungarica
Poa lithophila Keng 石生早熟禾
Poa lithuanica Gorski=Glyceria lithuanica
Poa litwinowiana Ovcz.中亚早熟禾
Poa longifolia Trin.长叶早熟禾
Poa longifolia subsp. *meyeri* (Trin. ex Roshev.) Tzvel.=Poa meyeri
Poa longiglumis Keng ex L.Liu 长颖早熟禾
Poa ludens Stew.毛稃早熟禾
Poa macroantera D.F.Cui 大药早熟禾
Poa macrocalyx Trautv. & Mey.大萼早熟禾

Poa macrocalyx var. sachalinensis Koidz.= Poa sachalinensis
Poa macrocalyx β. *tianschanica* Rgl.=Poa tianschanica
Poa macrolepis Keng ex C.Ling 大颖早熟禾
Poa maerkangica L.Liu 马尔康早熟禾
Poa mairei Hack.东川早熟禾
Poa major D.F.Cui 大序早熟禾
Poa malabarica L.(p.p.)=Diplachne fusca
Poa malabarica L.=Ottochloa nodosa var. micrantha
Poa malaca Keng 纤弱早熟禾
Poa malacantha Kom.软稃早熟禾
Poa mariesii Rendle 马利斯莓系
Poa masenderana Freyn & Sint. 玛森早熟禾
Poa media Schur.中间早熟禾
Poa megalothyrsa Keng ex Tzvel.大锥早熟禾
Poa megastachya Koel.=Eragrostis cilianensis
Poa membranigluma D.F.Cui 膜颖早熟禾
Poa meyeri Trin. ex Roshev.玫珥早熟禾
Poa micrandra Keng 小药早熟禾
Poa mongolica (Rendle) Keng 蒙古早熟禾
Poa nankoensis Ohwi 南湖大山早熟禾
Poa neglecta Steud.忽莓
Poa nemorali-formis Roshev.=Poa urssulensis
Poa nemoralis L.林地早熟禾
Poa nemoralis subsp. *korshunensis* (Golosk.) Tzvel.=Poa korshunensis
Poa nemoralis subsp. parca N.R.Cui 疏穗林地早熟禾
Poa nemoralis var. coaictata Gand.紧缩早熟禾(新)
Poa nemoralis var. firmula Gaul.长穗早熟禾(新)
Poa nemoralis var. macrophylla Keng 大叶早熟禾
Poa nemoralis var. *mongolica* Rendle=Poa mongolica
Poa nemoralis var. rigidula Mart. & Koch.糙鞘早熟禾(新)
Poa nemoralis var. stenophylla Keng 窄叶早熟禾
Poa nemoralis var. tenella Rchb.细弱早熟禾
Poa nemoralis var. uniflora Mart. & Koch.单花早熟禾(新)
Poa nemoralis var. wutaiensis Keng 五台早熟禾
Poa nepalensis Wall. ex Duthie 尼泊尔早熟禾
Poa nephelophila Bor 那菲早熟禾
Poa nervosa (HK.) Vesey 显脉早熟禾
Poa nevskii Roshev. ex Ovcz.尼氏早熟禾
Poa nigropurpurea C.Ling 紫黑早熟禾
Poa nimuana C.Ling 尼木早熟禾
Poa nipponica Koidz.日本早熟禾
Poa nitidespiculata Bor 闪穗早熟禾
Poa nivicola Kom.=Poa shumushuensis
Poa nivicola Roshev.=Poa paucispicula
Poa nubigena Keng ex L.Liu 云生早熟禾
Poa nubigena var. levipes Keng 光轴云生早熟禾(新)
Poa nudiflora Hack.=Puccinellia nudiflora
Poa ochotensis Trin.乌库早熟禾
Poa oligophylla Keng 贫叶早熟禾
Poa omeiensis Rendle=Poa szechuensis
Poa orinosa Keng ex L.Liu 山地早熟禾
Poa orinosa var. longifolia Keng 长叶早熟禾
Poa pachyantha Keng 密花早熟禾
Poa pagophila Bor 曲枝早熟禾
Poa palustris L.泽地早熟禾
Poa pamirica Roshev. ex Ovcz.帕米尔早熟禾
Poa panicea Retz.=Leptochloa panicea
Poa parafestuca L.Liu 羊茅状早熟禾
Poa parvissima Kuo ex D.F.Cui 小早熟禾
Poa patens Keng 开展早熟禾
Poa paucifolia Keng 少叶早熟禾
Poa paucispicula Halt.=Poa shumushuensis
Poa paucispicula Scrhbn. & Merr.寡穗早熟禾
Poa penicillata Kom.=Poa platyantha
Poa perennis Keng ex L.Liu 宿生早熟禾
Poa persica Trin.=Eremopoa persica
Poa persica var. *oxyglumis* Boiss.=Eremopoa oxyglumis
Poa petraea Trin. ex Kom.= Poa lanata
Poa phariana Bor 帕里早熟禾
Poa phryganodes Trin.=Puccinellia phryganodes
Poa pilipes Keng 毛轴早熟禾
Poa pilosa L.=Eragrostis pilosa
Poa platyantha Kom.阔花早熟禾
Poa platyglumis (L.Liu) L.Liu 宽颖早熟禾
Poa plurifolia Keng 多叶早熟禾
Poa plurinodis Keng 多节早熟禾
Poa polycolea Stapf 多鞘早熟禾
Poa polyneuron Bor 多脉早熟禾
Poa poophagorum Bor 波伐早熟禾
Poa pratensis L.草地早熟禾
Poa pratensis subsp. *alpigena* (Bulytt) Hitt.=Poa alpigena
Poa pratensis subsp. *angustifolia* (L.) Gaud.=Poa pratensis var. anceps
Poa pratensis subsp. *angustiglumis* (Roshev.) N.N.Tzevl.=Poa angustiglumis
Poa pratensis subsp. *irrigata* (Lindm.) Lindb.f.=Poa irrigata
Poa pratensis subsp. *sabulosa* (Roshev.) Tzvel.=Poa sabulosa
Poa pratensis var. *alpigena* Bulytt=Poa alpigena
Poa pratensis var. anceps Gaud. ex Griseb.扁杆早熟禾
Poa pratensis var. *angustifolia* (L.) Smith=Poa pratensis var. anceps
Poa pratensis var. maritima Litw.滨海早熟禾
Poa pratensis var. *sabulosa* (Turcz.) Roshev.=Poa sabulosa
Poa procera Roxb.高莓系
Poa prolixior Rendle 细长早熟禾
Poa pruinosa Korotki 粉绿早熟禾
Poa pseudamoena Bor 拟早熟禾
Poa pseudonemoralis Skvorts.=Poa skvortzovii
Poa pseudopalustris Keng ex L.Liu 假泽早熟禾
Poa pseudopratensis HK.f.= Poa ludens
Poa psilolepis Keng ex L.Liu 光稃早熟禾
Poa pubicalyx Keng ex L.Liu 毛颖早熟禾
Poa pumila Host.矮早熟禾
Poa pumila β. *flavida* Porc.=Poa pumila
Poa pungens M.Bieb.=Aeluropus pungens
Poa quadripedalis Ehrh. ex Koel.=Poa remota
Poa radula Fr. & Sav.铡根早熟禾
Poa raduliformis Probat.糙早熟禾
Poa rangkulensis Ovcz. ex Czuk.雪地早熟禾
Poa relaxa Ovcz.新疆早熟禾
Poa remota Fors.疏序日熟禾
Poa reverdattoi Roshev.瑞沃达早熟禾
Poa rhadina Bor 等颖早熟禾
Poa rhomboidea Roshev.圆穗早熟禾
Poa roemeri Bor 诺米早熟禾
Poa rossbergiana Hao 罗氏早熟禾
Poa sabulosa (Roshev.) Turcz. ex Roshev.砾沙早熟禾
Poa sachalinensis (Koidz.) Honda 萨哈林早熟禾
Poa saltuensis Fernald & Wiegand 林地早熟禾
Poa scabriculmis N.R.Cui 糙茎早熟禾
Poa schischkinii Tzvel.希斯肯早熟禾
Poa schoenites Keng 蔺状早熟禾
Poa serotina var. *botryoides* Trin. ex Griseb.=Poa botryoides
Poa setulosa Bor 尖早熟禾
Poa shansiensis Hitchc.山西早熟禾
Poa shinanoana Ohwi 深山早熟禾
Poa shumushuensis Ohwi 苏姆早熟禾
Poa sibirica Roshev.西伯利亚早熟禾
Poa sibirica subsp. *uralensis* Tzvel.=Poa insiginis
Poa sibirica var. *insignis* (Litw. ex Roshev.) Serg.=Poa insiginis
Poa sichotensis Probat.西可早熟禾
Poa sikkimensis (Stapf) Bor 锡金早熟禾
Poa silvatica Vill.=Poa chaixii
Poa sinaica Steud.西奈早熟禾
Poa sinattenuata Keng ex L.Liu 中华早熟禾
Poa sinattenuata var. *breviligula* Keng=Poa breviligula
Poa sinattenuata var. vivipara (Rendle) Keng 胎生早熟禾
Poa sinoglauca Ohwi 华灰早熟禾
Poa skvortzovii Probat.斯哥佐早熟禾
Poa smirnowii Roshev.史米诺早熟禾

Poa sphondylodes Trin.硬质早熟禾
Poa sphondylodes var. *kelungensis* (Ohwi) Ohwi=Poa kelungensis
Poa sphondyloides var. strictula (Steud.) Koidz.直立莓系
Poa spiciformis D.F.Cui 密穗早熟禾
Poa spontanea Bor 自生早熟禾
Poa stapfiana Bor 斯塔夫早熟禾
Poa stenachyra Keng 窄颖早熟禾
Poa stepposa (Kryl.) Roshev.低山早熟禾
Poa stereophylla Keng ex L.Liu 硬叶早熟禾
Poa sterilis M.Bieb.贫育早熟禾
Poa sterilis var. *versicolor* Griseb.=Poa versicolor
Poa stewartiana Bor 史蒂瓦早熟禾
Poa subaphylla Honda 缺叶莓系
Poa subfastigiata Trin.散穗早熟禾
Poa sudetica Haenke=Poa chaixii
Poa sudetica var. *ramota* Fries=Poa remota
Poa sudetica γ. *hybrida* Griseb.=Poa hybrida
Poa supina Schrad.仰卧早熟禾
Poa sylvicola Guss.欧早熟禾
Poa szechuensis Rendle(禾本科图说 1959)=Poa debilior
Poa szechuensis Rendle 四川早熟禾
Poa taimyrensis Roshev.=Poa paucispicula
Poa taiwanicola Ohwi 宜兰早熟禾
Poa takasagomontana Ohwi 高砂早熟禾
Poa takeshimana Honda 朝鲜早熟禾
Poa tangii Hitchc.唐氏早熟禾
Poa tenella L.=Eragrostis tenella
Poa tenuicula Ohwi 细秆早熟禾
Poa tetrantha Keng ex L.Liu 四花早熟禾
Poa tianschanica (Rgl.) Hack. ex Fedtsch.天山早熟禾
Poa tibetica Munro ex Stapf 西藏早熟禾
Poa tibetica var. *aristulata* Stapf=Poa tibetica
Poa tibeticola Bor 藏南早熟禾
Poa timoleontis Heldr. ex Boiss.厚鞘早熟禾
Poa tolmatchewii Roshev.托玛早熟禾
Poa transhaicalica Roshev.外贝加早熟禾
Poa trenula Stapf=Poa stapfiana
Poa trichophylla Heldr. & Sart. ex Boiss.三叶早熟禾
Poa triglumis Keng f.三颖早熟禾
Poa trinii Scribn. & Mezz.=Poa eminens
Poa tristis Trin. ex Rgl.暗穗早熟禾
Poa trivalis var. *sylvicola* Roshev.=Poa sylvicola
Poa trivialiformis Kom.匍茎早熟禾
Poa trivialis L.普通早熟禾
Poa trivialis L.普通早熟禾
Poa tunicata Keng ex C.Ling 套鞘早熟禾
Poa turfosa Litw.泥炭莓系
Poa unioloides Retz.=Eragrostis unioloides
Poa urjanchaica Roshev.蒙莓系
Poa ursina Velen.=Poa media
Poa urssulensis Trin.乌苏里早熟禾
Poa vaginans Keng 长鞘早熟禾
Poa varia Keng ex L.Liu 多变早熟禾
Poa vedenskyi Drob.维登早熟禾
Poa versicolor Boss.变色早熟禾
Poa versicolor subsp. *araratica* (Trautv.) Tzvel.=Poa araratica
Poa versicolor subsp. *relaxa* (Ovcz.) Tzvel.=Poa relaxa
Poa versicolor subsp. *stepposa* (Kryl.) Tzvel.=Poa stepposa
Poa virgata Poir.(Roth in Nov.Pl.Sp.1821)=Leptochloa panicea
Poa viridula Palib.绿早熟禾
Poa vrangelica Tzvel.弗兰格早熟禾
Poa wardiana Bor 瓦迪早熟禾
Poa yakiangensis L.Liu 雅江早熟禾
Poa zaprjagajevii Ovcz.塔吉早熟禾
Poa zhongbaensis C.Ling 仲巴早熟禾
Poa zhongdianensis L.Liu 中甸早熟禾
Poaceae 禾本科
Poacynum Baill.=**Apocynum**
Poacynum hendersonii (HK.) Woods.=Apocynum pictum
Poacynum pictum (Schrenk.) Baill.=Apocynum pictum
Pocockia Ser.(p.p.) =**Medicago**
Pocockia Ser.(p.p.)=**Trigonella**
Pocockia cachemiriana (Camb.) Boiss.=Trigonella cachemiriana
Pocockia ruthenica (L.) Boiss.=Medicago ruthenica
Podalyria nana (M.Pop.) M.Pop.=Ammopiptanthus nanus
Podanthum Boiss.=**Asyneuma**
Podocarpaceae 罗汉松科
Podocarpium (Benth.) Yang & Huang **长柄山蚂蝗属**(豆科)
Podocarpium duclouxii (Pamp.) Yang & Huang 云南长柄山蚂蝗
Podocarpium laxum (DC.) Yang & Huang 疏花长柄山蚂蝗
Podocarpium laxum var. laterale (Schindl.) Yang & Huang 侧序长柄山蚂蝗
Podocarpium laxum var. laxum=Podocarpium laxum
Podocarpium leptopum (A.Gray ex Benth.) Yang & Huang 细长柄山蚂蝗
Podocarpium oldhamii (Oliv.) Yang & Huang 羽叶长柄山蚂蝗
Podocarpium podocarpum (DC.) Yang & Huang 长柄山蚂蝗
Podocarpium podocarpum var. fallax (Schindl.) Yang & Huang 宽卵叶长柄山蚂蝗
Podocarpium podocarpum var. oxyphyllum (DC.) Yang & Huang 尖叶长柄山蚂蝗
Podocarpium podocarpum var. podocarpum=Podocarpium podocarpum
Podocarpium podocarpum var. szechuenense (Craib) Yang & Huang 四川长柄山蚂蝗
Podocarpium repandum (Vahl) Yang & Huang 浅波叶长柄山蚂蝗
Podocarpus L'Hér. ex Persoon **罗汉松属**(罗汉松科)
Podocarpus alpinus HK.f.塔斯马尼亚罗汉松
Podocarpus andinus Pospp.智利罗汉松
Podocarpus annamiensis N.E.Gray 海南罗汉松
Podocarpus argotaenia Hance (Henry in Trans.Asiat.Soc.Jap.1896)=Amentotaxus formosana
Podocarpus argotaenia Hance=Amentotaxus argotaenia
Podocarpus blumei Endl.=Nageia wallichiana
Podocarpus bracteata Bl.=Podocarpus neriifolius
Podocarpus brevifolius (Stapf) Foxw.(植物志 7,978)= Podocarpus wangii
Podocarpus chinensis Wall. ex J.Forb.=Podocarpus macrophyllus var. maki
Podocarpus chinensis Sweet=Podocarpus nakaii
Podocarpus chinensis var. *maki* (Sieb.) Hao=Podocarpus nakaii
Podocarpus chingianus S.Y.Hu=Podocarpus macrophyllus var. chingii
Podocarpus costalis Presl 兰屿罗汉松
Podocarpus dacrydioides Rich.泪柏
Podocarpus discolor Bl.=Podocarpus neriifolius
Podocarpus elatus R.Br. ex Endl.澳大利亚罗汉松
Podocarpus elongatus (Ait.) L'Her. ex Pers.好望角罗汉松
Podocarpus falcatus R.Br.镰叶罗汉松
Podocarpus fleuryi Hickel=Nageia fleuryi
Podocarpus formosensis Dummer 窄叶竹柏
Podocarpus forrestii Craib & W.W.Sm.大理罗汉松
Podocarpus gracilior Pilg.东非罗汉松
Podocarpus henkelii 长叶罗汉松
Podocarpus imbricatus Bl.鸡毛松
Podocarpus insignis Hemsl.=Amentotaxus argotaenia
Podocarpus japonicus J.Nelson=Nageia nagi
Podocarpus japonicus Sieb. ex Endl.=Podocarpus macrophyllus var. maki
Podocarpus javanicus Merr.=Podocarpus imbricatus
Podocarpus kawaii Hay.=Podocarpus imbricatus
Podocarpus koshunensis (Kanehira) Kanehira=Nageia nagi
Podocarpus latifolius (Thunb.) R.Br.非洲罗汉松
Podocarpus latifolius R.Br.(Wall.in Pl.Asiat.Rar.1830)=Nageia wallichiana
Podocarpus leptostachya Bl.=Podocarpus neriifolius
Podocarpus macrophyllus (Thunb.) D.Don 罗汉松
Podocarpus macrophyllus D.Don (Chun in Actra.Phytotox.Sin.963)= Podocarpus annamiensis
Podocarpus macrophyllus D.Don (Dielsin in Notes Bot.Gar.Edinb.1912)= Podocarpus forrestii
Podocarpus macrophyllus D.Don (Matsum. & Hay. in Enum.Pl.Formos. 1906)=Podocarpus nakaii
Podocarpus macrophyllus f. *angustifolius* (Bl.) Pilg.=Podocarpus macrophyllus var. angustifolius

Podocarpus macrophyllus f. *grandifolius* Pilger (台湾志,1964)=Podocarpus neriifolius
Podocarpus macrophyllus subsp. *maki* Pilger=Podocarpus nakaii
Podocarpus macrophyllus var. angustifolius Bl.狭叶罗汉松
Podocarpus macrophyllus var. chingii N.E.Gray 柱冠罗汉松
Podocarpus macrophyllus var. macrophyllus=Podocarpus macrophyllus
Podocarpus macrophyllus var. *nakaii* (Hay.) H.L.Li & H.Keng=Podocarpus nakaii
Podocarpus macrophyllus var. pilramulus Z.X.Chen & Z.Q.Li 毛枝罗汉松
Podocarpus macropphylla var. *acuminatissima* Pritz.=Podocarpus neriifolius
Podocarpus nageia R.Br. ex Mirb.=Podocarpus nagi
Podocarpus nagi (Thunb.) Pilger=Podocarpus nagi
Podocarpus nagi (Thunb.) Zoll & Mor. ex Zoll 竹柏
Podocarpus nagi Makino=Podocarpus nagi
Podocarpus nagi var. *koshunensis* Kanehira=Nageia nagi
Podocarpus nakaii Hay.台湾罗汉松
Podocarpus nankoensis Hay.=Nageia nagi
Podocarpus neglecta Bl.=Podocarpus neriifolius
Podocarpus neriifolius D.Don (台湾志,1964)=Podocarpus annamiensis
Podocarpus neriifolius D.Don 百日青
Podocarpus neriifolius var. *brevifolius* Stapf= Podocarpus wangii
Podocarpus nivalis HK.f.高山罗汉松
Podocarpus nubigenus Lindl.云雾罗汉松
Podocarpus philippinensis Foxw.菲律宾罗汉松
Podocarpus polystachyus R.Br.(Sasaki in Trans.Nat.Hist.Soc.Formos. 1936)=Podocarpus costalis
Podocarpus polystachyus R.Br.多穗罗汉松
Podocarpus salignus D.Don 柳叶罗汉松
Podocarpus sect. *Dacrycarpus* Endl.=**Dacrycarpus**
Podocarpus spicatus R.Br.穗花罗汉松
Podocarpus spinulosus (Sm.) R.Br. ex Mirb.微刺罗汉松
Podocarpus sutchuanensis Franch.=Keteleeria davidiana
Podocarpus totara D.Don ex Lamb.新西兰罗汉松
Podocarpus wallichianus C.Presl=Nageia wallichiana
Podocarpus wallichianus Presl (Merr.in Lingnan Sci.J.1934)=Nageia fleuryi
Podocarpus wangii C.C.Chang 小叶罗汉松
Podochilus Bl.**柄唇兰属**(兰科)
Podochilus chinensis Schltr.=Podochilus khasianus
Podochilus cornuta (Bl.) Schltr.=Appendicula cornuta
Podochilus formosana (Hay.) S.S.Ying=Appendicula formosana
Podochilus khasianus HK.f.柄唇兰
Podochilus kotoensis (Hay.) S.S.Ying=Appendicula formosana
Podochilus microphyllus Lindl.小叶柄唇兰
Podochilus muricatus (Teijsm. & Binn.) Schltr.密叶柄唇兰
Podochilus taiwanianus S.S.Ying=Appendicula formosana
Podoon Baill.=**Dobinea**
Podoon delavayi Baill.=Dobinea delavayi
Podophyllum L.**足叶草属**(小檗科)
Podophyllum aurantiocaule Hand.-Mazz.=Dysosma aurantiocaulis
Podophyllum chengii Chien=Dysosma pleiantha
Podophyllum delavayi Franch.=Dysosma veitchii
Podophyllum difforme Hemsl. & Wils.=Dysosma difformis
Podophyllum emodi var. *chinensis* Sprague=Sinopodophyllum hexandrum
Podophyllum emodii Wall. ex HK.f. & Thoms.=Sinopodophyllum hexandrum
Podophyllum hexandrum Royle=Sinopodophyllum hexandrum
Podophyllum hispidum Hao=Dysosma pleiantha
Podophyllum mairei Gagn.=Dysosma aurantiocaulis
Podophyllum majorense Gagn.=Dysosma majorensis
Podophyllum ontzoi Hay.=Dysosma pleiantha
Podophyllum peltatum L.足叶草
Podophyllum pleianthum Hance=Dysosma pleiantha
Podophyllum sikkimensis R.Chatt. & Muk.=Sinopodophyllum hexandrum
Podophyllum tonkinense Gagn.=Dysosma difformis
Podophyllum triangulare Hand.-Mazz.=Dysosma difformis
Podophyllum veitchii Hemsl. & Wils.=Dysosma veitchii
Podophyllum versipelle Hance=Dysosma versipellis
Podospermum laciniatum var. *songaricum* Kar. & Kir.=Scorzonera songarica
Podostemaceae 川苔草科
Podostemon griffithii Wall. ex Griff. =Hydrobryum griffithii
Podranea Sprague **菲洲凌霄属**(紫葳科)
Podranea ricasoliana (Ranf.) Sprague 非洲凌霄
Poecilotriche Dulac.=**Saussurea**
Pogonatherum Beauv.**金发草属**(禾本科)
Pogonatherum biaristatum S.L.Chen & G.Y.Sheng 二芒金发草
Pogonatherum contortum Brongn.=Pseudopogonatherum contortum
Pogonatherum crinitum (Thunb.) Kunth 金丝草
Pogonatherum paniceum (Lam.) Hack.金发草
Pogonatherum polystachyum (Willd.) Roem. & Schult.=Pogonatherum paniceum
Pogonatherum saccharoideum Beauv.=Pogonatherum paniceum
Pogonatherum saccharoideum var. crinitum (Thunb.) F.N.Williams=Pogonatherum crinitum
Pogonatherum saccharoideum var. *genuinum* Hack.=Pogonatherum paniceum
Pogonatherum saccharoideum var. *monandrum* (Roxb.) Hack.=Pogonatherum crinitum
Pogonatum crinitum (Thunb.) Steud.=Pogonatherum crinitum
Pogonia Juss.**朱兰属**(兰科)
Pogonia fordii Hance=Nervilia fordii
Pogonia japonica Rchb.f.朱兰
Pogonia japonica var. *minor* Makino=Pogonia minor
Pogonia kungii T.Tang & F.T.Wang=Pogonia japonica
Pogonia lanceolata Kraenzl.=Cremastra appendiculata
Pogonia mackinnonii Duthie=Nervilia mackinnonii
Pogonia minor (Makino) Makino 小朱兰
Pogonia nervilia Bl.=Nervilia aragoana
Pogonia ophioglossoides (L.) Ker-Gawl.(Rolfe in J.L.Soc.Bot.1903)=Pogonia japonica
Pogonia ophioglossoides (L.) Ker-Gawl 美洲朱兰
Pogonia parvula Schltr.=Pogonia japonica
Pogonia pleionoides Kraenzl. ex diels=Pleione pleionoides
Pogonia pulchella HK.f.=Nervilia plicata
Pogonia purpurea Hay.=Nervilia plicata var. purpurea
Pogonia similis Bl.=Pogonia japonica
Pogonia yunnanensis Finet 云南朱兰
Pogonopsis J.Presl=**Pogonatherum**
Pogonotrophe pubigera Wall.=Ficus pubigera
Pogostemon Desf.**刺蕊草属**(唇形科)
Pogostemon amarantoides Benth.苋状刺蕊草
Pogostemon atropurpureus Benth.暗紫刺蕊草
Pogostemon auricularius (L.) Hassk.水珍珠菜
Pogostemon benthaminanus O.Ktze.=Dysophylla stellata
Pogostemon brachystachys Benth.短穗花序刺蕊草(新)
Pogostemon brevicorollus Sun 短冠刺蕊草
Pogostemon cablin (Blanco) Benth.广藿香
Pogostemon championii Prain 短穗刺蕊草
Pogostemon chinensis C.Y.Wu & Y.C.Huang 长苞刺蕊草
Pogostemon cruciatum (Benth.) O.Ktze.=Dysophylla cruciata
Pogostemon cypriani (Pavol.) Pamp.=Elsholtzia cypriani
Pogostemon dielsianus Dunn 狭叶刺蕊草
Pogostemon elsholtzioides Benth.香薷状刺蕊草
Pogostemon esquirolii (Lévl.) C.Y.Wu & Y.C.Huang 膜叶刺蕊草
Pogostemon esquirolii var. esquirolii=Pogostemon esquirolii
Pogostemon esquirolii var. tsingpingensis C.Y.Wu & Y.C.Huang 金平刺蕊草(新)
Pogostemon falcatus (C.Y.Wu) C.Y.Wu & H.W.Li 镰叶水珍珠菜
Pogostemon formosanus Oliv.台湾刺蕊草
Pogostemon fraternus Miq.=Pogostemon menthoides
Pogostemon fraternus var. *nigresces* (Dunn) Kudô =Pogostemon nigrescens
Pogostemon gardneri HK.f.加尔得纳刺蕊草
Pogostemon glaber Benth.(Merr.in Lingnan Agr.Rev.1925)=Pogostemon esquirolii
Pogostemon glaber Benth.刺蕊草
Pogostemon griffithii Prain 长柱刺蕊草
Pogostemon griffithii var. griffithii=Pogostemon griffithii
Pogostemon griffithii var. latifolius C.Y.Wu & Y.C.Huang 宽叶刺蕊草(新)
Pogostemon hirsutus Benth.硬毛刺蕊草

Pogostemon hispidocalyx C.Y.Wu & Y.C.Huang 刚毛萼刺蕊草
Pogostemon ianthinus (Maxim. ex Kanitz) Lévl.(p.p.)=Elsholtzia densa
Pogostemon ianthinus (Vant.) Lévl.=Elsholtzia eriostachya
Pogostemon japonicus Benth. & HK.f.=Comanthosphace japonica
Pogostemon javanicus Backer ex Adelb.=Pogostemon cablin
Pogostemon menthoides Bl.小刺蕊草
Pogostemon mollis Benth.毛刺蕊草
Pogostemon nigrescens Dunn 黑刺蕊草
Pogostemon pachoulys Pellet.=Pogostemon cablin
Pogostemon pactchouly var. *suavis* HK.f.=Pogostemon cablin
Pogostemon paludosus Benth.沼泽刺蕊草
Pogostemon paniculatus Benth.圆锥花序刺蕊草
Pogostemon parviflorus Benth.=Pogostemon championii
Pogostemon plectranthoides Desf.香茶菜状刺蕊草
Pogostemon purpurascens Dalz.紫刺蕊草
Pogostemon reflexus Benth.反折刺蕊草
Pogostemon rotundatus Benth.圆刺蕊草
Pogostemon rupestris Benth.岩石刺蕊草
Pogostemon septentrionalis C.Y.Wu & Y.C.Huang 北刺蕊草
Pogostemon speciosus Benth.美丽刺蕊草
Pogostemon strigosus Benth.粗伏毛刺蕊草
Pogostemon tuberculosus Benth.小瘤刺蕊草
Pogostemon verticillatus Miq.=Dysophylla stellata
Pogostemon vestitus Benth.被毛刺蕊草
Pogostemon villosus Benth.长柔毛刺蕊草
Pogostemon wightii Benth.威特刺蕊草
Pogostemon xanthiiphyllus C.Y.Wu & Y.C.Huang 苍耳叶刺蕊草
Poikilospermum Zippel ex Miq.**锥头麻属**(荨麻科)
Poikilospermum lanceolatum (Trec.) Merr.毛叶锥头麻
Poikilospermum sinense (C.H.Wright) Merr.=Poikilospermum suaveolens
Poikilospermum suaveolens (Bl.) Merr.锥头麻
Poikilospermum tonkinense (Drake) Merr.(C.Y.Wu in Wild Flow.Yunnan 1986)=Poikilospermum lanceolatum
Poikilospermum tonkinense (Drake) Merr.=Poikilospermum suaveolens
Poilania Gagn.=**Epaltes**
Poilania laggeroides Gagn.=Epaltes divaricata
Poinciana pulcherrima L.=Caesalpinia pulcherrima
Poinciana regia Boj. ex HK.=Delonix regia
Poinciana roxburghii G.Don=Peltophorum pterocarpum
Poinsettia Grah.=**Euphorbia**
Poinsettia cyathophora (Murr.) Klotzsch & Garcke=Euphorbia cyathophora
Poinsettia dentata (Michx.) Klotzsch & Garke=Euphorbia dentata
Poinsettia heterophylla (L.) Klotzsch & Garcke=Euphorbia heterophylla
Poinsettia pulcherrima (Willd. ex Klotzsch) Grah.=Euphorbia pulcherrima
Polanisia DC.=**Cleome**
Polanisia icosandra f. *deglabrata* Back.=Cleome viscosa var. deglabrata
Polanisia viscosa (L.) DC.=Cleome viscosa
Polanisia viscosa var. *deglabrata* Back.=Cleome viscosa var. deglabrata
Polemoniaceae 花荵科
Polemonium L.**花荵属**(花荵科)
Polemonium acutiflorum Willd. ex Roem. & Schult.=Polemonium caeruleum var. acutiflorum
Polemonium caeruleum L.花荵
Polemonium caeruleum subsp. *villosum* (Rudlph ex Georgi) Bradn= Polemonium caeruleum var. acutiflorum
Polemonium caeruleum var. acutiflorum (Willd. ex Roem. & Schult.) Ledeb.尖裂花荵
Polemonium caeruleum var. caeruleum=Polemonium caeruleum
Polemonium caeruleum var. *chinense* Brand=Polemonium chinense
Polemonium caeruleum var. *himalayanum* Baker (Hand.-Mazz.in Symb. Sin. 1936)=Polemonium caeruleum
Polemonium chinense (Brand) Brand 中华花荵
Polemonium chinense var. hirticaulum G.H.Liu & Y.C.Ma 毛茎花荵
Polemonium coeruleum L.(植物志 64-1,1979)= Polemonium caeruleum
Polemonium laxiflorum (Regel) Kitamura=Polemonium caeruleum
Polemonium liniflorum V.Vass.=Polemonium chinense
Polemonium obscurum Blanco=Lepistemon binectariferum var. trichocarpum
Polemonium racemosum (Regel) Kitamura (p.p.)=Polemonium caeruleum
Polemonium sumushanense G.H.Liu & &.C.Ma 苏木山花荵
Polemonium villosum Rud. ex Georgi.=Polemonium caeruleum var. acutiflorum
Polemonium villosum var. *glabrum* S.D.Zhao=Polemonium caeruleum var. acutiflorum
Polia Lour.=**Polycarpaea**
Polianthes L.**晚香玉属**(石蒜科)
Polianthes tuberosa L.晚香玉
Poliothyrsis Oliv.**山拐枣属**(大风子科)
Poliothyrsis sinensis Oliv.山拐枣
Poliothyrsis sinensis var. sinensis=Poliothyrsis sinensis
Poliothyrsis sinensis var. subglabra S.S.Lai 南方山拐枣
Pollia aclisia Hassk.=Pollia hasskarlii Rolla
Pollia bambusifolia (Lévl.) Lévl.=Rhopalephora scaberrima
Pollia cavaleriei (Lévl. & Vant.) Lévl.=Murdannia hookeri
Pollia dielsii Lévl.=Spatholirion longifolium
Pollia elegans Hassk.=Pollia secundiflora
Pollia hasskarlii Rolla Rao 大杜若
Pollia indica Thur.=Pollia secundiflora
Pollia japonica Thunb.杜若
Pollia japonica var. *minor* Hay. ex Masamune=Pollia miranda
Pollia japonica var. *miranda* (Lévl.) Kitamura=Pollia miranda
Pollia macrobracteata D.Y.Hong 大苞杜若
Pollia minor Honda=Pollia miranda
Pollia miranda (Lév(L.) Hara 川杜若
Pollia omeiensis Hong=Pollia miranda
Pollia pumila Hall.f.(Merr.in Lingnan Sci.J.1934)=Dictyospermum conspicuum
Pollia secundiflora (Bl.) Bakh.f.长花枝杜若
Pollia secundiflora Bl.(分类学报 1974,海南志 1977)=Pollia siamensis
Pollia siamensis (Craib) Faden 长柄杜若
Pollia sorzogonensis (E.Mey.) Endl.=Pollia secundiflora
Pollia subumbellata C.B.Clarke 伞花杜若
Pollia Thunb.**杜若属**(鸭跖草科)
Pollia thyrsiflora (Bl.) Endl. ex Hassk.密花杜若
Pollia umbellata Lévl.=Pollia secundiflora
Pollia zollingeri C.B.Clarke=Pollia miranda
Pollichia amplexicaulis Willd.=Lamium amplexicaule
Pollichia Schrank=**Lamium**
Pollinia argentea (Brongn.) Trin.=Eulalia trispicata
Pollinia articulata subsp. *fragilis* var. *setifolia* Hack.= Pseudopogonatherum setifolium
Pollinia articulata Trin.=Pseudopogonatherum contortum
Pollinia brevifolium (Sw.) Spreng.=Schizachyrium brevifolium
Pollinia ciliata Trin.=Microstegium ciliatum
Pollinia collina Balansa=Pseudopogonatherum contortum
Pollinia cumingii Nees=Eulalia leschenaultiana
Pollinia cumingii var. *genuina* Hack.=Eulalia leschenaultiana
Pollinia delicatulum HK.f.=Microstegium delicatulum
Pollinia fauriei Hay.=Microstegium fauriei
Pollinia formosana (Hack.) Hay.=Microstegium ciliatum
Pollinia geniculatum Hay.=Microstegium geniculatum
Pollinia glaberrima Honda=Microstegium glaberrimum
Pollinia grata Hack.=Microstegium vagans
Pollinia imberbis Nees ex Steud.(Roshev.in Kom.Fl.URSS 1934)= Microstegium nodosum
Pollinia japonica Miq.=Microstegium japonicum
Pollinia mollis (Griseb.) Hack.=Eulalia mollis
Pollinia monandra (Roxb.) Spreng.=Pogonatherum crinitum
Pollinia monantha Nees ex Steud.=Microstegium monanthum
Pollinia monantha var. *formosana* Hack.=Microstegium ciliatum
Pollinia nuda Trin.=Microstegium nudum
Pollinia pallens Hack.=Eulalia pallens
Pollinia phaeothris Hack.=Eulalia phaeothrix
Pollinia polystachya (Willd.) Spreng.=Pogonatherum paniceum
Pollinia praemorsa Nees ex Steud.=Polytrias amaura
Pollinia quadrinervis Hack.=Eulalia quadrinervis
Pollinia quadrinervis var. *wightii* HK.f.=Eulalia wightii
Pollinia sect. *Eulalia* Benth. & HK.f.=**Eulalia**
Pollinia setifolia Nees=Pseudopogonatherum contortum
Pollinia setifolia Nees=Pseudopogonatherum setifolium
Pollinia speciosa (Debeaux) Hack.=Eulalia speciosa
Pollinia subgen. *Eulalia* Hack.(p.p.)=**Eulalia**
Pollinia vagans Nees ex Steud.=Microstegium vagans
Pollinia velutina Rendle=Eulalia speciosa

Pollinia villosa Munro=Eulalia quadrinervis
Pollinia villosa var. *chefuensis* Franch.=Eulalia quadrinervis
Pollinia willdenowiana (Nees) Benth.=Microstegium vimineum
Pollinidium Stapf ex Haines=**Eulaliopsis**
Pollinidium angustifolium (Trin.) Haines=Eulaliopsis binata
Pollinidium binatum (Retz.) Hubb.=Eulaliopsis binata
Polliniopsis somai Hay.=Microstegium somai
Polyalthia Bl.**暗罗属**(番荔枝科)
Polyalthia cerasoides (Roxb.) Benth. & HK.f. & Bedd.细基丸
Polyalthia cheliensis Hu 景洪暗罗
Polyalthia chinensis S.K.Wu & P.T.Li 西藏暗罗
Polyalthia consanguinea Merr.沙煲暗罗
Polyalthia crassipetala Merr.=Polyalthia cerasoides
Polyalthia florulenta C.Y.Wu ex P.T.Li 小花暗罗
Polyalthia lancilimba C.Y.Wu ex P.T.Li 剑叶暗罗
Polyalthia laui Merr.海南暗罗
Polyalthia litseifolia C.Y.Wu ex P.T.Li 木姜叶暗罗
Polyalthia nemoralis A.DC.陵水暗罗
Polyalthia oligogyna Merr. & Chun=Polyalthia nemoralis
Polyalthia petelotii Merr.云桂暗罗
Polyalthia pingpienensis P.T.Li 多脉暗罗
Polyalthia plagioneura Diels 斜脉暗罗
Polyalthia rumphii (Bl.)ex Hensch.) Merr.香花暗罗
Polyalthia sasakii Yamamoto=Goniothalamus amuyon
Polyalthia sect. *Goniothalamus* Bl.=**Goniothalamus**
Polyalthia sect. *Oxymitra* Bl.=**Richella**
Polyalthia simiarum (Ham. ex HK.f. & Thoms.) Benth. ex HK.f. & Thoms.腺叶暗罗
Polyalthia suberosa (Roxb.) Thw.暗罗
Polyalthia verrucipes C.Y.Wu ex P.T.Li 疣叶暗罗
Polyalthia viridis Craib 毛脉暗罗
Polyanthes L.Hort.=**Polianthes**
Polybotrya appendiculata J.Sm.=Egenolfia appendiculata
Polybotrya duplicato-serrata Hay.=Egenolfia rhizophylla
Polybotrya marginata Bl.=Egenolfia appendiculata
Polybotrya rhizhophylla Presl=Egenolfia rhizophylla
Polybotrya sinensis C.Chr.=Egenolfia sinensis
Polycampium C.Presl=**Pyrrosia**
Polycarpa Linden ex Carr.=**Idesia**
Polycarpa maximowiczii Linden ex Carr.=Idesia polycarpa
Polycarpaea Lam.**白鼓钉属**(石竹科)
Polycarpaea corymbosa (L.) Lam.白鼓钉
Polycarpaea gaudichaudii Gagn.大花白鼓钉
Polycarpon Loefl. ex L.**多荚草属**(石竹科)
Polycarpon indicum (Retz.) Merr.=Polycarpon prostratum
Polycarpon loeflingiae Benth. & HK.f.=Polycarpon prostratum
Polycarpon prostratum (Forssk.) Aschers. & Schweinw. ex Aschers.多荚草
<u>Polycarpon tetraphyllum L.四叶多荚草</u>
Polychilos sect. *Kingidium* (P.F.Hunt) P.S.Shim=**Kingidium**
Polychroa repens Lour.=Pellionia repens
Polychroa scabra (Benth.) Hu=Pellionia scabra
Polychroa tsoongii Merr.=Pellionia tsoongii
Polycnemum erinaceum Pall.=Nanophyton erinaceum
Polycnemum glaucum Pall.=Petrosimonia glaucescens
Polycnemum sibiricum Pall.=Petrosimonia sibirica
Polycoelium A.DC.= **Myoporum**
Polycoelium bontioides (S. & Z.) A.DC.= Myoporum bontioides
Polycoelium chinense A.DC.= Myoporum bontioides
Polycycliska Ridl.=**Lerchea**
Polygala L.**远志属**(远志科)
Polygala arcuata Hay.台湾远志
Polygala arillata Buch.-Ham. ex D.Don (Benn.in Fl.R.Brit.Ind.1872)= Polygala tricholopha
Polygala arillata Buch.-Ham. ex D.Don 荷包山桂花
Polygala arillata f. *kachinensis* Mukerjee=Polygala globulifera var. longiracemosa
Polygala arillata var. arillata=Polygala arillata
Polygala arillata var. ovata Gagn.卵叶荷包山桂花
Polygala arvensis Willd.小花远志
Polygala aurata Gagn.=Polygala linarifolia
Polygala aurata var. *macrostachya* Gagn.=Polygala linarifolia
Polygala aureocauda Dunn=Polygala falalx
Polygala barbellata S.K.Chen 髯毛远志
Polygala bawanglingensis Xing & Z.X.Li 坝王远志
Polygala brachystachya Bl.=Polygala linarifolia
Polygala brachystachya DC.=Polygala arvensis
Polygala buchanani Buch.-Ham. ex D.Don=Polygala persicariifolia
Polygala cardiocarpa Kurz(Hand.-Mazz.Symb.Sin 1933)=Polygala isocarpa
Polygala caudata Rehd. & Wils.尾叶远志
<u>Polygala chamaebuxus L.革叶远志</u>
<u>Polygala chamaebuxus var. grandiflora Gaud.紫花革叶远志</u>
Polygala chinensis L.(Benn.in Fl.Bri.Ind.1872,p.p.)=Polygala arvensis
Polygala chinensis L.=Polygala glomerata
Polygala chinensis f. *arvensis* (Willd.) Chodat=Polygala arvensis
Polygala chinensis var. *brachystachya* (Bl.) Benn.=Polygala linarifolia
Polygala chinensis var. *linarifolia* (Willd.) Chodat=Polygala linarifolia
Polygala comgesta Rehd. & Wils.=Polygala tricornis
Polygala comosa var. *altaica* Chodat=Polygala hybrida
Polygala comsesperma Chodat=Polygala caudata
Polygala crassiuscula Hay.=Polygala arcuata
Polygala crotalarioides Buch.-Ham. ex DC.西南远志
<u>Polygala dalmaisiana Bailey 达耳马氏远志</u>
Polygala densiflora Bl.=Polygala glomerata
Polygala didyma C.Y.Wu 肾果远志
Polygala discolor Buch.-Ham. ex D.Don=Polygala longifolia
Polygala dunniana Lévl.(Merr. & Chun in Suyatsenia 1935)=Polygala hainanensis
Polygala dunniana Lévl.贵州远志
Polygala elegans Wall.雅致远志
Polygala elegans Willd.(Benth.in Fl.Hongk.1861,p.p.)=Polygala hongkongensis
Polygala falalx Hemsl.黄花倒水莲
Polygala floribunda Dunn=Polygala tricornis
Polygala forbesii Chodat=Polygala falalx
Polygala furcata Royle 肾果小扁豆
Polygala glaucescens Wall.=Polygala furcata
Polygala globulifera Dunn 球冠远志
Polygala globulifera var. globulifera=Polygala globulifera
Polygala globulifera var. *kachinensis* (Mukerjee) R.N.Ran. ex R.N.ban et al.= Polygala globulifera var. longiracemosa
Polygala globulifera var. longiracemosa S.K.Chen 长序球冠远志
Polygala glomerata Lour.华南远志
Polygala glomerata var. glomerata=Polygala glomerata
Polygala glomerata var. pygmaea C.Y.Wu & S.K.Chen 矮华南远志
Polygala glomerata var. villosa C.Y.Wu & S.K.Chen 长毛华南远志
Polygala hainanensis Chun & How 海南远志
Polygala hainanensis var. hainanensis=Polygala hainanensis
Polygala hainanensis var. strigosa Chun & How 粗毛海南远志
Polygala hasskarlii Merr. & Chun=Polygala tricholopha
Polygala hongkongensis Hemsl.香港远志
Polygala hongkongensis var. hongkongensis=Polygala hongkongensis
Polygala hongkongensis var. stenophylla (Hay.) Migo 狭叶香港远志
Polygala hybrida DC.新疆远志
Polygala insularis Chun & How ex C.Y.Wu & S.K.Chen 海岛远志
Polygala isocarpa Chodat 心果小扁豆
Polygala japoncia var. *angustifolia* Koidz.=Polygala japonica
Polygala japonica Houtt.瓜子金
Polygala khasiana Hassk.卡西远志
Polygala kinii Courtois=Polygala arvensis
Polygala koi Merr.曲江远志
Polygala lacei Craib 思茅远志
Polygala lancilimba Merr.=Polygala tricornis
Polygala latouchei Franch.大叶金牛
Polygala leptalea DC.=Polygala longifolia
Polygala lhunzêensis C.Y.Wu & S.K.Chen 隆子远志
Polygala lijiangensis C.Y.Wu & S.K.Chen 丽江远志
Polygala linarifolia Willd.金花远志
Polygala longifolia Poir.长叶远志
Polygala loureirii Gard. & Champ.=Polygala hongkongensis
Polygala luzoniensis Merr.=Polygala japonica
Polygala mariesii Hemsl. ex forbes & Hemsl.=Polygala wattersii

Polygala monopetala Camb.单瓣远志
Polygala myrsinites Royle=Polygala elegans
Polygala myrtifolia L.香樱桃叶远志
Polygala myrtifolia var. grandiflora HK.美丽樱桃叶远志
Polygala nimborum Dunn=Polygala latouchei
Polygala oligophylla DC.=Polygala longifolia
Polygala oligosperma C.Y.Wu 少籽远志
Polygala paniculata L.圆锥花远志
Polygala paucifolia Willd.穗叶远志
Polygala persicariifolia DC.蓼叶远志
Polygala polyfolia Presl=Polygala arvensis
Polygala pyramidalis Lévl.=Polygala longifolia
Polygala resinosa S.K.Chen 斑果远志
Polygala saxicola Dunn 岩生远志
Polygala senega L.美远志
Polygala septemnervia Merr.=Polygala persicariifolia
Polygala shimadai Masan.=Polygala arvensis
Polygala sibirica L.(Benn.in Fl.Brit.Ind.1872,p.p.)=Polygala elegans
Polygala sibirica L.(Benn.in Fl.Brit.Ind.1872,p.p.)=Polygala khasiana
Polygala sibirica L.(Benn.in Fl.Brit.Ind.1872,p.p.)=Polygala monopetala
Polygala sibirica L.卵叶远志
Polygala sibirica var. *angustifolia* Ledeb.=Polygala tenuifolia
Polygala sibirica var. *elegans* (Wall. ex royle) Hara=Polygala elegans
Polygala sibirica var. *japonica* (Houtt.) Ito ex Ito & Matsum.=Polygala japonica
Polygala sibirica var. megalopha Franch.苦远志
Polygala sibirica var. *monopetala* (Camb.) Chodat=Polygala monopetala
Polygala sibirica var. sibirica=Polygala sibirica
Polygala sibirica var. *tenuifolia* (Willd.) Backer & Moore=Polygala tenuifolia
Polygala sibirica β. Lour.=Polygala hongkongensis
Polygala stenophylla Hay.=Polygala hongkongensis var. stenophylla
Polygala subopposita S.K.Chen 合叶草
Polygala subspinosa Wats.刺远志
Polygala taquetii Lévl.=Polygala japonica
Polygala tatarinowii Regel 小扁豆
Polygala telephioides Willd.=Polygala arvensis
Polygala tenuifolia Willd.远志
Polygala tricholopha Chodat 红花远志
Polygala tricornis Gagn.密花远志
Polygala tricornis var. *crinita* Gagn.=Polygala tricornis
Polygala tricornis var. *latifolia* Gagn.=Polygala tricornis
Polygala tricornis var. obcordata C.Y.Wu & S.K.Chen 小叶密花远志
Polygala tricornis var. tricornis=Polygala tricornis
Polygala triphylla Buch.-Ham. ex D.Don (Royle in Ill.Bot.Himal.1839)=Polygala tatarinowii
Polygala triphylla Burm.f.(Buch.-Ham. ex D.Don in Prodr.Fl.Nep.1825)=Polygala furcata
Polygala umbonata Craib 凹籽远志
Polygala vulgaris L.(Thunb.Fl.Jap.1784)=Polygala japonica
Polygala wallichiana Wight=Polygala persicariifolia
Polygala wattersii Hance=Polygala caudata
Polygala wattersii Hance 长毛籽远志
Polygala wistatiifolia Chodat=Polygala arillata
Polygala yunnanensis Chodat=Polygala tricornis
Polygalaceae 远志科
Polygonaceae 蓼科
Polygonastrum Moench.=**Mainanthemum**
Polygonatum Mill.**黄精属**(百合科)
Polygonatum acuminatifolium Kom.五叶黄精
Polygonatum adnatum S.Y.Liang 贴梗黄精
Polygonatum agglutinatum Hua=Polygonatum kingianum
Polygonatum altelobatum Hay.短筒黄精
Polygonatum alternicirrhosum Hand.-Mazz.互卷黄精
Polygonatum alternicirrhosum var. *piliferum* P.Y.Li=Polygonatum hirtellum
Polygonatum anhuiense D.C.Zhang & J.Z.Shao=Polygonatum zanlanscianense
Polygonatum anomalum Hua=Polygonatum punctatum
Polygonatum arisanense Hay.阿里黄精
Polygonatum bodinieri Lévl.=Disporopsis pernyi
Polygonatum brachynema Hand.-Mazz.=Polygonatum cyrtonenma
Polygonatum bulbosum Lévl.=Polygonatum cirrhifolium
Polygonatum cathcartii Baker 棒丝黄精
Polygonatum cavaleriei Lévl.=Polygonatum kingianum
Polygonatum chinense Kunth=Polygonatum sibiricum
Polygonatum cirrhifoliodes D.M.Liu & W.Z.Zeng=Polygonatum cirrhifolium
Polygonatum cirrhifolium (Wall.) Royle 卷叶黄精
Polygonatum curvistylum Hua 垂叶黄精
Polygonatum cyrtonema Hua 多花黄精
Polygonatum darrisii Lévl.=Polygonatum kingianum
Polygonatum delavayi Hua=Polygonatum prattii
Polygonatum desoulayi Kom.长苞黄精
Polygonatum ensifolium Lévl.=Disporopsis pernyi
Polygonatum ensifolium var. *didymocarpum* Lévl.=Disporopsis pernyi
Polygonatum ericoideum Lévl.=Polygonatum kingianum
Polygonatum erythrocarpum Hua=Polygonatum verticillatum
Polygonatum esquirolii Lévl.=Polygonatum kingianum
Polygonatum fargesii Hua=Polygonatum cirrhifolium
Polygonatum filipes Merr.长梗黄精
Polygonatum formosanum (Hay.) Masamune & Shimada=Polygonatum arisanense
Polygonatum franchetii Hua 距花黄精
Polygonatum fuscum Hua=Polygonatum cirrhifolium
Polygonatum gentilianum Lévl.=Polygonatum prattii
Polygonatum giganteum Lévl.=Polygonatum cyrtonenma
Polygonatum ginfushanicum (F.T.Wang & Tang) F.T.Wang & Tang=Heteropolygonatum ginfushanicum
Polygonatum gracile P.Y.Li 细根茎黄精
Polygonatum griffithii Baker 三脉黄精
Polygonatum henryi Diels=Polygonatum cyrtonenma
Polygonatum hirtellum Hand.-Mazz.粗毛黄精
Polygonatum hondoense Nakai ex Koidz.=Polygonatum odoratum
Polygonatum hookeri Baker 独花黄精
Polygonatum huanum Lévl.=Polygonatum kingianum
Polygonatum humile Fisch. ex Maxim.小玉竹
Polygonatum humillimum Nakai=Polygonatum humile
Polygonatum inflatum Kom.毛筒玉竹
Polygonatum inflatum var. *rotundifolium* Hatusim.=Polygonatum inflatum
Polygonatum involucratum (Franch. & Sav.) Maxim.二苞黄精
Polygonatum japonicum C.Morren & Decne.=Polygonatum odoratum
Polygonatum kalapanum Hand.-Mazz.=Polygonatum stewartianum
Polygonatum kansuense Maxim.=Polygonatum verticillatum
Polygonatum kingianum Coll. & Hemsl.滇黄精
Polygonatum kingianum var. *cavaleriei* (Lévl.) C.Hrffr. & McEwan=Polygonatum kingianum
Polygonatum kingianum var. *ericoideum* (Lévl.) C.Jeffr. & McEwan=Polygonatum kingianum
Polygonatum kingianum var. *grandifolium* D.M.Liu & W.Z.Zeng=Polygonatum kingianum
Polygonatum kingianum var. *uncinatum* (Diels) C.Jeffr. & MeEwan=Polygonatum kingianum
Polygonatum kungii Wang & Tang=Polygonatum zanlanscianense
Polygonatum langyaense D.C.Zhang & J.Z.Shao=Polygonatum odoratum
Polygonatum lanuginosum Wang & Tang 白芨黄精
Polygonatum laoticum Gagn.=Disporopsis longifolia
Polygonatum lebrunii Lévl.=Polygonatum cirrhifolium
Polygonatum leiboense S.C.Chen & D.Q.Liu 雷波黄精
Polygonatum leveilleanum Fedde=Polygonatum nodosum
Polygonatum longipedunculatum S.Y.Liang 长柄黄精
Polygonatum longistylum Y.Wang & C.Z.Gao 百色黄精
Polygonatum macropodium Turcz 热河黄精
Polygonatum mairei Lévl.(1912)=Polygonatum nodosum
Polygonatum marmoratum Lévl.(1909)=Polygonatum punctatum
Polygonatum martini Lévl.=Polygonatum cyrtonenma
Polygonatum maximowiczii F.Schmdt.=Polygonatum odoratum
Polygonatum megaphyllum P.Y.Li 大苞黄精
Polygonatum mengtzense Wang & Tang=Polygonatum punctatum
Polygonatum multiflorum sensu All.=Polygonatum cyrtonenma
Polygonatum minutiflorum Lévl.=Polygonatum verticillatum
Polygonatum multiflorum var. *longifolium* Merr.=Polygonatum cyrtonenma
Polygonatum nodosum Hua 节根黄精
Polygonatum odoratum (Mill.) Druce 玉竹

Polygonatum odoratum f. *ovalifolium* C.Y.Chu et al.=Polygonatum odoratum
Polygonatum odoratum var. pluriflorum (Miq.) Ohwi 多花玉竹
Polygonatum officinale All.=Polygonatum odoratum
Polygonatum officinale var. *formosanum* Hay.=Polygonatum arisanense
Polygonatum officinale var. *humile* (Fisch. ex Maxim.) Baker=Polygonatum humile
Polygonatum officinale var. *papillosum* Franch.=Polygonatum odoratum
Polygonatum omeiense Z.Y.Zhu 峨眉黄精
Polygonatum oppositifolium (Wall.) Royle 对叶黄精
Polygonatum parcefolium Wang & Tang=Polygonatum punctatum
Polygonatum pendulum Z.G.Liu & X.H.Hu=Heteropolygonatum pendulum
Polygonatum planifilum Kitag. & H.Takahashi=Polygonatum odoratum
Polygonatum platyphyllum Franch.=Polygonatum involucratum
Polygonatum prattii Baker 康定玉竹
Polygonatum pumilum Hua=Polygonatum hookeri
Polygonatum punctatum Royle ex Kunth 点花黄精
Polygonatum quelpaertense Ohwi=Polygonatum odoratum
Polygonatum quinquefolium Kitag.=Polygonatum acuminatifolium
Polygonatum racemosum Wang & Tang=Polygonaum alternicirrhosum
Polygonatum roseum (Ledeb.) Kunth 新疆黄精
Polygonatum sibiricum Delar. ex Redoute 黄精
Polygonatum simiziui Kitag.=Polygonatum odoratum
Polygonatum sinomairei Wang & Tang=Polygonatum punctatum
Polygonatum souliei Hua=Polygonatum cirrhifolium
Polygonatum stenophyllum Maxim.狭叶黄精
Polygonatum stewartianum Diels 西南黄精
Polygonatum strumulosum D.M.Liu & W.Z.Zeng=Polygonatum cirrhifolium
Polygonatum tessellatum Wang & Tang 格脉黄精
Polygonatum thunbergii C.Morr. & Decne.=Polygonatum odoratum
Polygonatum tonkinense Gagn.=Disporopsis longifolia
Polygonatum trinerve Hua=Polygonatum cirrhifolium
Polygonatum umbellatum Baker=Polygonatum macropodium
Polygonatum uncinatum Diels=Polygonatum kingianum
Polygonatum vertichillatum var. *stenophyllum* (Maxim.) Baker=Polygonatum stenophyllum
Polygonatum verticillatum (L.) All.轮叶黄精
Polygonatum virens Nakai=Polygonatum inflatum
Polygonatum vulgare Desf.=Polygonatum odoratum
Polygonatum wardii F.T.Wang & Tang 西藏黄精
Polygonatum yunnanense Lévl.=Polygonatum nodosum
Polygonatum zanlanscianense Pamp.湖北黄精
Polygonum L.蓼属(蓼科)
Polygonum acaule HK.f.=Polygonum hookeri
Polygonum acerosum Ledeb. ex Meisn.松叶蓼
Polygonum acetosum Bieb.灰绿蓼
Polygonum adenopodum Sam.=Polygonum chinense
Polygonum affine D.Don (Wall.Cat.1829)=Polygonum macrophyllum
Polygonum affine D.Don 密穗蓼
Polygonum ajanense (Rgl. & Til.) Grig.阿扬蓼
Polygonum alatum Buch.-Ham. ex D.Don=Polygonum nepalense
Polygonum alopecuroides Turcz. ex Besser 狐尾蓼
Polygonum alopecuroides f. *pilosum* Fang=Polygonum alopecuroides
Polygonum alpinum All.高山蓼
Polygonum alpinum var. *sinicum* Damm. ex Diels=Polygonum campanulatum
Polygonum amphibium L.两栖蓼
Polygonum amphibium var. *terrestre* Leyss.=Polygonum amphibium
Polygonum amphibium var. *vestitum* Hemsl.=Polygonum amphibium
Polygonum amplexicaule D.Don 抱茎蓼
Polygonum amplexicaule var. amplexicaule=Polygonum amplexicaule
Polygonum amplexicaule var. sinense Forb. & Hemsl. ex Stew.中华抱茎蓼
Polygonum amplexicaule var. *sinense* Forb. & Hemsl.=Polygonum amplexicaule var. sinense
Polygonum amplexicaule var. speciosum (Meissn.) HK.f.华美蓼
Polygonum angustifolium Pall.(Stew.in Contr.Gray Herb.193,p.p.)=Polygonum alpinum
Polygonum angustifolium Pall.狭叶蓼
Polygonum angustifolium var. *songaricum* (Schrenk) Stew.=Polygonum songaricum
Polygonum arenastrum Boreau 伏地蓼
Polygonum argenteum Skv.=Polygonum aviculare var. fusco-ochreatum
Polygonum argyrocoleum Steud. ex Kunze 帚蓼
Polygonum arifolium L.(Thunb.in Fl.Jap.1784)=Polygonum thunbergii
Polygonum assamicum Meisn.阿萨姆蓼
Polygonum attenuatum V.Petr. ex Kom.=Polygonum ellipticum
Polygonum aubertii L.Henry=Fallopia aubertii
Polygonum auriculatum Mak.=Polygonum praetermissum
Polygonum aviculare L 萹蓄
Polygonum aviculare var. aviculare=Polygonum aviculare
Polygonum aviculare var. fusco-ochreatum (Kom.) A.J.Li 褐鞘蓼
Polygonum aviculare var. *minutiflourm* Franch.=Polygonum plebeium
Polygonum aviculare var. *vegetum* Ledeb.=Polygonum aviculare
Polygonum babingtonii Hance=Polygonum senticosum
Polygonum barbatum L.毛蓼
Polygonum barbatum var. *gracile* (Danser) Stew.=Polygonum longisetum var. rotundatum
Polygonum biconvexum Hay.双凸戟叶蓼
Polygonum birmanicum Gage=Polygonum praetermissum
Polygonum bistorta L.(Stew.in Contr.Gray Herb.193,p.p.)=Polygonum sinomontanum
Polygonum bistorta L.(Stew.in Contr.Gray Herb.193,p.p.)=Polygonum paleaceum
Polygonum bistorta L.拳参
Polygonum blumei Meisn. ex Miq.=Polygonum longisetum
Polygonum bodinieri Lévl. & Vant.=Polygonum strigosum
Polygonum bonatii Lévl.=Fagopyrum gracilipes
Polygonum brachiatum Poir.=Polygonum chinense
Polygonum bucharicum Grig.=Polygonum coriarium
Polygonum bungeanum Turcz.柳叶刺蓼
Polygonum caespitosum Bl.=Polygonum posumbu
Polygonum caespitosum var. *longisetum* (De Br.) Stew.=Polygonum longisetum
Polygonum calcatum Lindm.=Polygonum arenastrum
Polygonum calstachyum Diels 长梗蓼
Polygonum campanulatum HK.f.钟花蓼
Polygonum campanulatum var. campanulatum=Polygonum campanulatum
Polygonum campanulatum var. fulvidum HK.f.绒毛钟花蓼
Polygonum campanulatum var. *lichiangense* (W.W.Sm.) Stew.=Polygonum lichiangense
Polygonum campanulatum var. membranifolium HK.f.腊叶神血草
Polygonum capitatum Buch.-Ham. ex D.Don 头花蓼
Polygonum cathayanum A.J.Li 华蓼
Polygonum caudatum Sam.=Fagopyrum caudatum
Polygonum cavaleriei Lévl=Polygonum hastato-sagittatum
Polygonum chanetii Lévl.=Polygonum bungeanum
Polygonum changii Kitag.=Polygonum plebeium
Polygonum chinense L.火碳母
Polygonum chinense f. *hispidum* (HK.f.) Sam.=Polygonum chinense var. hispidum
Polygonum chinense var. brachiatum (Poir.) Meisn.分枝火炭母
Polygonum chinense var. chinense=Polygonum chinense
Polygonum chinense var. hispidum HK.f.硬毛火碳母
Polygonum chinense var. *malaicum* (Danser) Stew.=Polygonum chinense var. ovalifolium
Polygonum chinense var. ovalifolium Meisn.宽叶火碳母
Polygonum chinense var. paradoxum (Lévl.) A.J.Li 窄叶火碳母
Polygonum chinense var. scabrum Meisn.糙叶火炭母
Polygonum ciliinerve (Nakai) Ohwi=Fallopia multiflora var. cillinerve
Polygonum cognatum Meisn.岩蓼
Polygonum confusum Meisn.(Forb. & Hemsl.in J.L.Soc.Bot.1891,p.p.)=Polygonum paleaceum
Polygonum conspicuum (Nakai) Nakai=Polygonum japonicum var. conspicuum
Polygonum constans Cumm.=Polygonum suffultum
Polygonum convolvulus L.=Fallopia convolvulus
Polygonum coriaceum Sam.革叶蓼
Polygonum coriarium Grig.白花蓼
Polygonum criopolitanum Hance 蓼子草
Polygonum cuspidatum S. & Z.=Reynoutria japonica

Polygonum cyanandrum Diels 蓝药蓼
Polygonum cymosum Trev.=Fagopyrum dibotrys
Polygonum cynanchoides Hemsl.=Fallopia cynanchoides
Polygonum cynanchoides var. *glabriusculium* A.J.Li=Fallopia cynanchoides var. glabriuscula
Polygonum darrisii Lévl.大箭叶蓼
Polygonum delicatulum Meisn.小叶蓼
Polygonum dentato-alatum F. Schm.=Fallopia dentato-alata
Polygonum denticulatum Huang=Fallopia denticulata
Polygonum dibotrys D.Don=Pagoynum dibotrys
Polygonum dichotomum Bl.二岐蓼
Polygonum dielsii Lévl.=Polygonum chinense var. paradoxum
Polygonum dissitiflorum Hemsl.稀花蓼
Polygonum divaricatum L.叉分蓼
Polygonum divaricatum var. *limosum* Kom.=Polygonum limosum
Polygonum dolichopodum Ohwi=Polygonum persicaria
Polygonum donianum Spreng.=Polygonum affine
Polygonum duclouxii Lévl. ex Vant.=Polygonum campanulatum var. fulvidum
Polygonum duclouxii var. *hypoleuca* Lévl.=Polygonum campanulatum var. fulvidum
Polygonum dumetorum L.=Fallopia dumetorum
Polygonum ellipticum Willd. ex Spreng.椭圆叶蓼
Polygonum emarginatum Roth=Fagopyrum esculentum
Polygonum emodi Meisn.匐枝蓼
Polygonum emodi var. dependens Diels 宽叶匐枝蓼
Polygonum emodi var. emodi=Polygonum emodi
Polygonum engerianum H.Gross=Polygonum paronychioides
Polygonum esquirooii Lévl.=Polygonum molle var. rude
Polygonum excurrens Stew.=Polygonum viscoferum
Polygonum fagopyrum L.=Fagopyrum esculentum
Polygonum fauriei Lévl. & Vant.=Polygonum dissitiflorum
Polygonum fertile (Maxim.) A.J.Li 青藏蓼
Polygonum filicaule Wall. ex Meisn.细茎蓼
Polygonum filiforme Thunb.=Antenoron filiforme
Polygonum flaccidum Meisn.=Polygonum pubescens
Polygonum flaccidum var. hispidum HK.f.硬毛垂蓼
Polygonum foliosum H.Lindb 多叶蓼
Polygonum foliosum var. foliosum=Polygonum foliosum
Polygonum foliosum var. paludicola (Mak.) Kitam.宽基多叶蓼
Polygonum forrestii Diels 大铜钱叶蓼
Polygonum forrestii var. *pumilio* Lingelsh.=Polygonum nummularifolium
Polygonum frondosum Meisn.=Polygonum molle var. frondosum
Polygonum frutescens L.=Atraphaxis frutescens
Polygonum fusco-ochreatum Kom.=Polygonum aviculare var. fusco-ochreatum
Polygonum fusco-ochreatum f. *stans* (Kitag.) C.F. Fang=Polygonum aviculare var. fusco-ochreatum
Polygonum gilesii Hemsl.=Fagopyrum gilesii
Polygonum glabrum Willd.光蓼
Polygonum glaciale (Meisn.) HK.f.冰川蓼
Polygonum glaciale var. glaciale=Polygonum glaciale
Polygonum glaciale var. przewalskii (Skvorts. & Borod.) A.J.Li 洼点蓼
Polygonum glanduliferum Nakai=Polygonum dissitiflorum
Polygonum glareosum Schischk.=Polygonum schischkinii
Polygonum gloriosum Lévl.=Polygonum pinetorum
Polygonum gracilipes Hemsl.=Fagopyrum gracilipes
Polygonum gracilipes var. *odontopterum* (H.Gross) Sam.=Fagopyrum gracilipes
Polygonum gracilius (Ledeb.) Kolk.=Polygonumpatulum
Polygonum griffithii HK.f.=Polygonum calstachyum
Polygonum grossii Lévl.=Fagopyrum leptopodum var. grossii
Polygonum hangchouense Matsuda=Polygonum jucundum
Polygonum hastato-sagittatum Mak.长箭叶蓼
Polygonum hastatosagittatum var. *latifolium* Mak.=Polygonum muricatum
Polygonum hastatotrilobum var. *lenticulare* Danser=Polygonum biconvexum
Polygonum heterophyllum Lindm.=Polygonum aviculare
Polygonum himalayense H.Gross=Polygonum paronychioides
Polygonum hispidum (HK.f.) Sam.=Polygonum chinense var. hispidum
Polygonum honanense Kung 河南蓼
Polygonum hookeri Meisn.硬毛蓼
Polygonum huananense A.J.Li 华南蓼
Polygonum hubertii Lingelsh.=Polygonum sparsipilosum var. hubertii
Polygonum humifusum f. *yamatutae* (Kitag.) C.F.Fang=Polygonum humifusum Merk ex C.Koch 普通蓼
Polygonum humifusum Pall. ex Ledeb.=Polygonum humifusum
Polygonum humifusum var. *mandshurica* Skv.=Polygonum plebeium
Polygonum humile Miesm.矮蓼
Polygonum hydropiper L.水蓼
Polygonum hydropiper var. *flaccidum* (Meisn.) Stew.=Polygonum pubescens
Polygonum hydropiper var. *hispidum* (HK.f.) Stew.=Polygonum hydropiper
Polygonum hydropiper var. *longistachyum* Chang & Li=Polygonum hydropiper
Polygonum hypoleucum Ohwi=Fallopia multiflora
Polygonum interruptum Bge.=Polygonum longisetum
Polygonum intramongolicum A.J.Li 圆叶蓼
Polygonum islandicum (L.) HK.f.=Koenigia islandica
Polygonum japonicum Meisn.蚕茧草
Polygonum japonicum var. conspicuum Nakai 显花蓼
Polygonum japonicum var. japonicum=Polygonum japonicum
Polygonum jucundum Meisn.(Diels in Not.Bot.Gard.Edinb.1912)= Polygonum chinense var. paradoxum
Polygonum jucundum Meisn.愉悦蓼
Polygonum kawagoeanum Mak.=Polygonum tenellum var. micranthum
Polygonum kemensinum K.Ward.=Polygonum calstachyum
Polygonum kinashii Lévl. & Vant.=Polygonum longisetum
Polygonum kirinense Chang & Li=Polygonum muricatum
Polygonum korshinskianum Mak.=Polygonum hastato-sagittatum
Polygonum kotoshoense Ohwi=Polygonum barbatum
Polygonum kukenthalii Lévl.=Polygonum viscosum
Polygonum labordei Lévl.Vant.=Fagopyrum dibotrys
Polygonum lagigerum R.Br.(Meisn.in Monogr.Polyg.1926,p.p.)= Polygonum lapathifolium var. lanatum
Polygonum lanatum Roxb.=Polygonum lapathifolium var. lanatum
Polygonum lanigerum R.Br.水红花子
Polygonum lapathifolium L.酸模叶蓼
Polygonum lapathifolium var. lanatum (Roxb.) Stew.密毛酸模叶蓼
Polygonum lapathifolium var. lapathifolium=Polygonum lapathifolium
Polygonum lapathifolium var. salicifolium Sihbth.绵毛酸模叶蓼
Polygonum lapathifolium var. *xanthophyllum* Kung=Polygonum lapathifolium
Polygonum lapidosum Kitag.=Polygonum bistorta
Polygonum laxmanni Lepech.=Polygonum ocreatum
Polygonum leptopodum Diels (Stew.in Contr.Gray Herb.193)=Fagopyrum leptopodum var. grossii
Polygonum leptopodum var. *grossii* (Lévl.) Sam.=Fagopyrum leptopodum var. grossii
Polygonum letopodum Diels=Fagopyrum leptopodum
Polygonum lichiangense W.W.Sm.丽江蓼
Polygonum limicola Sam.污泥蓼
Polygonum limosum Kom.谷地蓼
Polygonum limprichtii Lingelsh.=Polygonum suffultum
Polygonum limrichtii Lingelsh.=Polygonum suffultum
Polygonum lineare Sam.=Fagopyrum lineare
Polygonum longiseta (De Br.) Kitag.=Polygonum longisetum
Polygonum longisetum De Br.长鬃蓼
Polygonum longisetum var. longisetum=Polygonum longisetum
Polygonum longisetum var. rotundatum A.J.Li 圆基长鬃蓼
Polygonum maackianum Rgl.长戟叶蓼
Polygonum macranthum Meisn.=Polygonum japonicum
Polygonum macrophyllum D.Don 圆穗蓼
Polygonum macrophyllum f. *tomentosum* Kitam.=Polygonum macrophyllum
Polygonum macrophyllum var. macrophyllum=Polygonum macrophyllum
Polygonum macrophyllum var. stenophyllum (Meisn.) A.J.Li 狭叶圆穗蓼
Polygonum mairei Lévl.=Fagopyrum urophyllum
Polygonum malaicum Danser 傣酸秆
Polygonum mandshuricum Skv.=Polygonum humifusum
Polygonum manshuriense V.Petr. ex Kom.耳叶蓼
Polygonum marretii Lévl.=Polygonum suffultum
Polygonum martini Lévl. & Vant.=Polygonum japonicum
Polygonum martini Lévl. & Vant.=Polygonum longisetum

Polygonum meeboldii W.W.Sm.=Polygonum palmatum
Polygonum melaicum Danser=Polygonum chinense var. ovalifolium
Polygonum micranthum Meisn.=Polygonum tenellum var. micranthum
Polygonum microcephalum D.Don 小头蓼
Polygonum microcephalum var. microcephalum=Polygonum microcephalum
Polygonum microcephalum var. sphaerocephalum (Wall. ex Meisn.) Murata 腺梗小头蓼
Polygonum milletii (Lévl.) Lévl.大海蓼
Polygonum minus Huds.(海南志 1964,湖北志 1976)=Polygonum tenellum var. micranthum
Polygonum minus Huds.小蓼?
Polygonum minus subsp. *micranthum* (Meisn.) Dan.=Polygonum tenellum var. micranthum
Polygonum minutulum Mak.=Polygonum taquetii
Polygonum minutum Hay.=Polygonum filicaule
Polygonum modosum var. *incanum* Ledeb.=Polygonum lapathifolium var. salicifolium
Polygonum molle D.Don 绢毛蓼
Polygonum molle var. frondosum (Meisn.) A.J.Li 光叶蓼
Polygonum molle var. molle=Polygonum molle
Polygonum molle var. rude (Meisn.) A.J.Li 倒毛蓼
Polygonum molliiforme Boiss.丝茎蓼
Polygonum monspeliense Thieb. ex Pers.=Polygonum aviculare
Polygonum morrisonense Hay.=Polygonum runcinatum
Polygonum multiflorum Thunb.=Fallopia multiflora
Polygonum multiflorum var. *angulatum* S.Y.Liu=Fallopia multiflora
Polygonum multiflorum var. *ciliinerve* (Nakai) Stew.=Fallopia multiflora var. cillinerve
Polygonum multiflorum var. *hypoleucum* (Ohwi) Liu et al.=Fallopia multiflora
Polygonum muricatum Meisn.小蓼花
Polygonum myosurus Franch.=Polygonum japonicum
Polygonum myriophyllum H.Gross=Polygonum cognatum
Polygonum neofiliforme Nakai=Antenoron filiforme var. neofiliforme
Polygonum nepalense Meisn.尼泊尔蓼
Polygonum ninutum Hay.=Polygonum filicaule
Polygonum nipponense Mak.=Polygonum muricatum
Polygonum nitens (Fisch. & Mey.) V.Petr. ex Kom.=Polygonum ellipticum
Polygonum nodosum Pers.=Polygonum lapathifolium
Polygonum nummularifolium Meisn.铜钱叶蓼
Polygonum ochotense V.Petr. ex Kom.倒根蓼
Polygonum odontopterum (H.Gross) Kung=Fagopyrum gracilipes
Polygonum oliganthum Diels=Polygonum muricatum
Polygonum opacum Sam.=Polygonum persicaria var. opacum
Polygonum oreatum L.白山蓼
Polygonum orientale L.红蓼
Polygonum orientale var. *pilosum* (Roxb.) Meisn.=Polygonum orientale
Polygonum pacificum V.Petr. ex Kom.太平洋蓼
Polygonum paleaceum Wall. ex HK.f.草血竭
Polygonum paleaceum var. paleaceum=Polygonum paleaceum
Polygonum paleaceum var. pubifolium Sam.毛叶草血竭
Polygonum palmatum Dunn 掌叶蓼
Polygonum paludosum (Kom.) Kom.=Polygonum sieboldii
Polygonum pamiricum Korsh.=Polygonum sibiricum var. thomsonii
Polygonum panduriforme Lévl. & Vant.=Polygonum runcinatum
Polygonum paniculatum Bl.=Polygonum molle
Polygonum paniculatum var. *frondosum* (Meisn.) Stew.=Polygonum molle var. frondosum
Polygonum paniculatum var. *rude* (Meisn.) Stew.=Polygonum molle var. rude
Polygonum paradoxum Lévl.=Polygonum chinense var. paradoxum
Polygonum paralimicola A.J.Li 湿地蓼
Polygonum paronychioides C.A.Mey ex Hohen.线叶蓼
Polygonum parviflorum Chang & Li=Polygonum plebeium
Polygonum patulum Bieb.展枝蓼
Polygonum pauciflora Maxim.=Fallopia dumetorum var. pauciflora
Polygonum pedunculare Wall. ex Meisn.=Polygonum dichotomum
Polygonum perfoliatum L.杠板归
Polygonum perforatum γ. *glaciale* Meisn.=Polygonum glaciale
Polygonum pergracile Hemsl.=Polygonum suffultum var. pergracile
Polygonum periginatoris Pauls.=Polygonum tortuosum
Polygonum perpusillum HK.f.极小珠芽蓼?
Polygonum persicaria L.春蓼
Polygonum persicaria f. *humile* Li & Chang=Polygonum persicaria
Polygonum persicaria f. *latifolium* Li & Chang=Polygonum persicaria
Polygonum persicaria var. opacum (Sam.) A.J.Li 暗果春蓼
Polygonum persicaria var. persicaria=Polygonum persicaria
Polygonum pilosum (Maxim.) Forb. & Hemsl.=Polygonum sparsipilosum
Polygonum pilosum Roxb.=Polygonum orientale
Polygonum pinetorum Hemsl.松林蓼
Polygonum planum Skv.=Polygonum arenastrum
Polygonum platyphyllum Li & Chang 宽叶蓼
Polygonum plebeium R.Br.习见蓼
Polygonum polycnemoides Jaub. & Spach 针叶蓼
Polygonum polymorphum var. *ajanense* Rgl. & Til.=Polygonum ajanense
Polygonum polyneuron Franch. & Sav.=Polygonum arenastrum
Polygonum polystachyum Wall. ex Meisn.多穗蓼
Polygonum polystachyum var. longifolia HK.f.长叶多穗蓼
Polygonum polystachyum var. polystachyum =Polygonum polystachyum
Polygonum polystachyum var. pubescens Meisn.柔毛假虎仗
Polygonum popovii Borod.库车蓼
Polygonum posumbu Buch.-Ham. ex D.Don 丛枝蓼
Polygonum praetermissum HK.f.疏蓼
Polygonum propinquum Ledeb.=Polygonum arenastrum
Polygonum prostratum Skv.=Polygonum arenastrum
Polygonum przewalskii Skvort & Borod.=Polygonum glaciale var. przewalskii
Polygonum pseudopalmatum Hoo=Polygonum palmatum
Polygonum pubescens Bl.伏毛蓼
Polygonum pulchrum Bl.丽蓼
Polygonum punctatum Buch.-Ham. ex D.Don=Polygonum nepalense
Polygonum purpureonervosum A.J.Li 紫脉蓼
Polygonum pyramidale Lévl.=Polygonum lapathifolium
Polygonum rigidum Skv.尖果蓼
Polygonum roseoviride (Kitag.) Li & Chang=Polygonum longisetum
Polygonum roseoviride var. *menshuricola* (Kitag.) C.F.Fang=Polygonum longisetum
Polygonum rude Meisn.=Polygonum molle var. rude
Polygonum rude var. sikkimense HK.f.酸藤
Polygonum runcinatum Buch.-Ham. ex D.Don 羽叶蓼
Polygonum runcinatum var. *exauriculatum* Lingelsh.=Polygonum runcinatum var. sinense
Polygonum runcinatum var. runcinatum=Polygonum runcinatum
Polygonum runcinatum var. sinense Hemsl.赤胫散
Polygonum rupestre Kar. & Kir.=Polygonum cognatum
Polygonum sagittatum L.(Forb. & Hemsl.i8n J.L.Soc.Bot.1891)=Polygonum sieboldii
Polygonum sagittatum var. *paludosum* Kom.=Polygonum sieboldii
Polygonum sagittatum var. *sieboldii* (Meisn.) Maxim. ex Kom.=Polygonum sieboldii
Polygonum sagittatum var. *ussurense* Rgl.=Polygonum hastato-sagittatum
Polygonum sagittifolium Lévl. & Vant.=Polygonum darrisii
Polygonum salinum Bar. & Skv.=Polygonumpatulum
Polygonum scabrum Moench=Polygonum lapathifolium
Polygonum scandens L.=Anredera scandens
Polygonum scandens var. *dentato-alatum* (F. Schm.) Maxim. ex Franch. & Sav.= Fallopia dentato-alata
Polygonum schischkinii Ivan. ex Borod.新疆蓼
Polygonum sect. *Tiniaria* Meisn.=**Fallopia**
Polygonum senticosum (Meisn.) Franch. & Sav.刺蓼
Polygonum senticosum var. *sagittifolium* (Lévl. & Vant.) Park= Polygonum darrisii
Polygonum sibiricum Laxm.西伯利亚蓼
Polygonum sibiricum var. sibiricum=Polygonum sibiricum
Polygonum sibiricum var. thomsonii Meisn. ex Stew.细叶西伯利亚蓼
Polygonum sieboldii Meisn.箭叶蓼
Polygonum sieboldii var. *pratense* Chang & Li=Polygonum sieboldii
Polygonum sinense J.F. Gmel.=Polygonum chinense
Polygonum sinicum (Migo) Fang & Zheng=Polygonum thunbergii
Polygonum sinomontanum Sam.翅柄蓼
Polygonum songaricum Schrenk 准噶尔蓼
Polygonum sparsipilosum A.J.Li 柔毛蓼
Polygonum sparsipilosum var. hubertii (Lingelsh.) A.J.Li 腺点柔毛蓼

Polygonum sparsipilosum var. sparsipilosum=Polygonum sparsipilosum
Polygonum speciosum Meisn.=Polygonum amplexicaule
Polygonum sphaerocephalum Wall. ex Meisn.=Polygonum microcephalum var. sphaerocephalum
Polygonum sphaerostachyum Meisn.(HK.f.in Bot.Mag.1885)=Polygonum milletii
Polygonum sphaerostachyum Meisn.=Polygonum macrophyllum
Polygonum stans (Kitag.) Kitag.=Polygonum aviculare var. fusco-ochreatum
Polygonum statice Lévl.=Fagopyrum statice
Polygonum stellato-tomentosum W.W.Sm. & Ramas.=Polygonum thunbergii
Polygonum stenphyllum Meisn.=Polygonum macrophyllum var. stenophyllum
Polygonum stoloniferum F. Schm.=Polygonum thunbergii
Polygonum strigosum R.Br.(东北草本志 1959)=Polygonum muricatum
Polygonum strigosum R.Br.糙毛蓼
Polygonum strigosum var. *muricatum* (Meisn.) Stew.=Polygonum muricatum
Polygonum strigosum var. *pedunculare* (Wall. ex Meisn.) Stew.= Polygonum dichotomum
Polygonum strindbergii Schust.平卧蓼
Polygonum subscaposum Diels 大理蓼
Polygonum suffultoides A.J.Li 珠芽支柱蓼
Polygonum suffultum Maxim.支柱蓼
Polygonum suffultum var. pergracile (Hemsl.) Sam.细穗支柱蓼
Polygonum suffultum var. suffultum=Polygonum suffultum
Polygonum sungareense f. *rubiflorum* Li & Chang=Polygonum longisetum var. rotundatum
Polygonum taipaishanense Kung=Polygonum milletii
Polygonum taliense Lingelsh.=Polygonum subscaposum
Polygonum taquetii Lévl.细叶蓼
Polygonum tataricum L.=Fagopyrum tataricum
<u>Polygonum tenellum Bl.小蓼</u>
Polygonum tenellum var. micranthum (Meisn.) C.Y.Wu 柔茎蓼
Polygonum tenuifolium Kung=Polygonum viviparum var. angustum
Polygonum tetragonum Bl.=Polygonum dichotomum
Polygonum thunbergii S. & Z.戟叶蓼
Polygonum thunbergii f. *bicovexum* (Hay.) Liu et al.=Polygonum biconvexum
Polygonum thunbergii var. *maackianum* (Rgl.) Maxim. ex Franch. & Sav.= Polygonum maackianum
Polygonum thunbergii var. *spicatum* Lévl.=Polygonum muricatum
Polygonum tibeticum Hemsl.西藏蓼
Polygonum tinctorium Ait.蓼蓝
Polygonum tomentosum Schrank=Polygonum lapathifolium
Polygonum tomentosum Willd.=Polygonum pulchrum
Polygonum tortuosum (A.Los.) Loev(L.)=Polygonum intramongolicum
Polygonum tortuosum D.Don 叉枝蓼
Polygonum tristachyum Lévl.=Fagopyrum dibotrys
Polygonum tsangschanicum Lingelsh. & Borza=Polygonum molle var. rude
Polygonum typhoniifolium Hance=Polygonum senticosum
Polygonum umbrosum Sam.荫地蓼
Polygonum undulatum Murr.=Polygonum alpinum
Polygonum urophyllum Bur. & Franch.=Fagopyrum urophyllum
Polygonum ussuriense (Rgl.) Nakai=Polygonum hastato-sagittatum
Polygonum vaccinifolium Wall. ex Meisn.乌饭树叶蓼
Polygonum vaniotianum (Lévl.) Lévl.=Polygonum lapathifolium
Polygonum virginianum L.(北部植物图志 1936)=Antenoron filiforme
Polygonum virginianum var. *filiforme* (Thunb.) Nakai=Antenoron filiforme
Polygonum viscoferum Mak.粘蓼
Polygonum viscoferum var. *robustum* Mak.=Polygonum viscoferum
Polygonum viscosum Buch.-Ham. ex D.Don 香蓼
Polygonum viviparum L.珠芽蓼
Polygonum viviparum var. angustum A.J.Li 细叶珠芽蓼
Polygonum viviparum var. *tenuifolium* (Kung) Y.L.Liu=Polygonum viviparum var. angustum
Polygonum viviparum var. viviparum=Polygonum viviparum
Polygonum wallichii Meisn.球序蓼
Polygonum yamatutae Kitag.=Polygonum humifusum
Polygonum yokusaianum Mak.=Polygonum posumbu
Polygonum yunnanense (H.Gross) Lévl.=Polygonum paleaceum
Polygonum yunnanense Lévl.=Reynoutria japonica
Polygonum zigzag Lévl. & Vant.=Polygonum emodi var. dependens
Polyosma Bl.**多香木属**(虎耳草科)
Polyosma cambodiana Gagn.多香木
Polyosma integrifolia sensu Merr.=Polyosma cambodiana
<u>Polyosma intergrifolium Bl.全缘多香木</u>
Polypara Lour.=**Houttuynia**
Polypara cochinchinensis Lour.=Houttuynia cordata
Polypara cordata Ktz.=Houttuynia cordata
Polyplethia kainantensis Yamamoto=Balanophora kainantensis
Polyplethia polyaandra (Griff.) Van Tiegh.=Balanophora polyandra
Polyplethia spicata (Hay.) Nakai=Balanophora spicata
Polypodiaceae 水龙骨科
Polypodiastrum Ching **拟水龙骨属**(水龙骨科)
Polypodiastrum argutum (Wall. ex HK.) Ching 尖齿拟水龙骨
Polypodiastrum argutum var. angustum Ching 狭羽拟水龙骨
Polypodiastrum argutum var. argutum=Polypodiastrum argutum
Polypodiastrum dielseanum (C.Chr.) Ching 川拟水龙骨
Polypodiastrum mengtzeense (Christ) Ching 蒙自拟水龙骨
Polypodiastrum molle (Bedd.) Ching=Schellolepis subauriculata
<u>Polypodiastrum prainii (Bedd.) Ching 勃氏拟水龙骨</u>
Polypodiastrum taiwanianum (Hay.) Ching=Polypodiastrum mengtzeense
Polypodiodes Ching **水龙骨属**(水龙骨科)
Polypodiodes amoena (Wall. ex Mett.) Ching 友水龙骨
Polypodiodes amoena var. amoena=Polypodiodes amoena
Polypodiodes amoena var. duclouxi (Christ) Ching 红杆水龙骨
Polypodiodes amoena var. pilosa (C.B.Clarke) Ching 柔毛水龙骨
Polypodiodes atkinsonii (C.Chr.) Ching=Polypodiodes hendersonii
Polypodiodes bourretii (C.Chr. & Tardieu) W.M.Chu 滇越水龙骨
Polypodiodes chinensis (Christ) S.G.Lu 中华水龙骨
Polypodiodes formosana (Baker) Ching 台湾水龙骨
Polypodiodes hendersonii (Bedd.) S.G.Lu 喜马拉雅水龙骨
Polypodiodes lachnopus (Wall. ex HK.) Ching 濑水龙骨
Polypodiodes microrhizoma (C.B.Clarke) Ching 栗柄水龙骨
Polypodiodes niponica (Mett.) Ching 日本水龙骨
Polypodiodes niponica var. *wattii* (Bedd.) W.M.Chu & S.G.Lu= Polypodiodes wattii
Polypodiodes pseudoamoena (Ching) Ching=Polypodiodes chinensis
Polypodiodes pseudolachnopus S.G.Lu 假毛柄水龙骨
Polypodiodes subamoena (C.B.Clarke) Ching 假友水龙骨
Polypodiodes transpianensis (Yamamoto) Saiki=Polypodiodes niponica
Polypodiodes wattii (Bedd.) Ching 光茎水龙骨
Polypodium L.(p.p.)=**Drynaria**
Polypodium Sw.=**Pyrrosia**
Polypodium L.**多足蕨属**(水龙骨科)
Polypodium acroscopum Christ=Loxogramme acroscopa
Polypodium acrostihoides Forst.=Pyrrosia longifolia
Polypodium aculeatum L.=Polystichum aculeatum
Polypodium acuminatum Houtt.=Cyclosorus acuminatus
Polypodium adnascens Sw.=Pyrrosia adnascens
Polypodium adspersum (Bl.) Bedd.=Grammitis adspersa
Polypodium albertii Rgl.=Lepisorus albertii
Polypodium albidoglaucum C.Chr.=Phymatopteris malacodon
Polypodium albopes C.Chr. & Ching=Phymatopteris albopes
Polypodium amoenum Wall.=Polypodiodes amoena
Polypodium amoenum var. *chinense* (Christ) Ching=Polypodiodes chinensis
Polypodium amoenum var. *duclouxi* (Christ) Ching=Polypodiodes amoena var. duclouxi
Polypodium amoenum var. *latedetoideum* Christ=Polypodiodes amoena
Polypodium amoenum var. *pilosum* C.B.Clarke=Polypodiodes amoena var. pilosa
Polypodium amoenum var. *pilosum* Rosenst.=Polypodiodes amoena var. pilosa
Polypodium ampelideum Christ=Colysis digitata
Polypodium anceps C.Chr.=Microsorium insigne
Polypodium angustissimum Baker=Saxiglossum angustissimum
Polypodium annamense Christ=Colysis digitata
Polypodium apicidens Bak.=Athyrium dissitifolium
Polypodium arenarium Baker=Phymatopteris hastata
Polypodium argutum Wall. ex HK.(Y.C.Wu in Sunyatsenia 1932)= Polypodiastrum mengtzeense

Polypodium argutum Wall.=Polypodiastrum argutum
Polypodium argutum f. *khasianum* C.B.Clarke=Polypodiastrum mengtzeense
Polypodium argutum var. *mengtzeense* (Christ) Christ=Polypodiastrum mengtzeense
Polypodium arisanense Hay.=Polypodiodes amoena
Polypodium aspersum Baker=Polypodiastrum mengtzeense
Polypodium aspidistrifrons Hay.=Microsorium steerei
Polypodium assimile Baker=Pyrrosia assimilis
Polypodium astrolepis Baker=Lepisorus asterolepis
Polypodium atkinsonii C.Chr.(台湾志 1975)=Polypodiodes microrhizoma
Polypodium atkinsonii C.Chr.=Polypodiodes hendersonii
Polypodium aureum D.Don=Polypodiodes amoena
Polypodium auriculata Wall. ex HK.=Cyclogramma auriculata
Polypodium auriculatum L.=Nephrolepis auriculata
Polypodium auritum Lowe=Pseudophegopteris aurita
Polypodium austrosinicum C.Chr.=Microsorium fortunei
Polypodium austrosinicum Christ=Phymatopteris malacodon
Polypodium barometz L.=Cibotium barometz
Polypodium baronii Christ=Drynaria sinica
Polypodium beddomei Baker=Schellolepis subauriculata
Polypodium bicuspe Bl.=Cheiropleuria bicuspis
Polypodium biforme Lour.=Drynaria roosii
Polypodium bodinieri Christ=Polypodiodes niponica
Polypodium boisii Christ=Colysis elliptica
Polypodium bonatianum Brause=Polypodiodes amoena
Polypodium bonii Christ=Colysis pedunculata
Polypodium bourretii C.Chr. & Tardieu=Polypodiodes bourretii
Polypodium brachylepis Baker=Microsorium superficiale
Polypodium braineoides Bak.=Glaphyropteridopsis erubescens
Polypodium brunneum Wall.=Pseudophegopteris pyrrhorachis
Polypodium buergerianum Miq.=Lepidomicrosorium buergerianum
Polypodium burgerianum var. *ningpoense* Takeda=Microsorium superficiale
Polypodium cadieri Christ=Colysis digitata
Polypodium calcareum J.Sm.=Gymnocarpium robertianum
Polypodium calvatum Baker=Pyrrosia calvata
Polypodium cantoniense C.Chr.=Leptochilus cantoniensis
Polypodium capitellatum Wall. ex Mett.=Arthromeris wallichiana
Polypodium carthusianum Vill.=Dryopteris carthusiana
Polypodium cavalieri Rosenst.=Colysis hemitoma
Polypodium cheilanthoides Bak.=Macrothelypteris polypodioides
Polypodium chenopus Christ=Phymatopteris chenopus
Polypodium chinense Mett.=Microsorium fortunei
Polypodium chrysotrichum C.Chr.=Phymatopteris chrysotricha
Polypodium clathratum C.B.Clarke=Lepisorus clathratus
Polypodium clathratus Ching=Lepisorus albertii
Polypodium clathratus var. *lobatum* Takeda=Neocheiropteris waltoni
Polypodium conjugatum Baker=Pseudodrynaria coronans
Polypodium conjugatum Kaulf.=Dipteris conjugata
Polypodium connatum Christ=Phymatopteris crenatopinnata
Polypodium connectilis Michx.=Phegopteris connectilis
Polypodium contiguum (G.Forst.) J.Sm.=Prosaptia contigua
Polypodium contortum Christ(p.p.)=Lepisorus eilophyllus
Polypodium contortum Christ=Lepisorus contortus
Polypodium convalutum Baker=Ctenopteris subfalcata
Polypodium cordifolium L.=Nephrolepis auriculata
Polypodium cornigerum Baker=Micropolypodium cornigera
Polypodium coronans Wall.=Pseudodrynaria coronans
Polypodium costatum Wall.=Pronephrium penangianum
Polypodium crenatopinnatum C.B.Clarke=Phymatopteris crenatopinnata
Polypodium crenatum Forssk.=Hypodematium crenatum
Polypodium crinitum Bak.=Polystichum manmeiense
Polypodium cruciforme Ching=Phymatopteris cruciformis
Polypodium curtisii Baker=Ctenopteris curtisii
Polypodium cuspidatum D.Don=Phymatosorus cuspidatus
Polypodium dactylinum Christ=Phymatopteris dactylina
Polypodium dareaeformioides Ching=Gymnogrammitis dareiformis
Polypodium dareiforme HK.=Gymnogrammitis dareiformis
Polypodium dareiforme HK.=Gymnogrammitis dareiformis
Polypodium dareiformioides Ching=Gymnogrammitis dareiformis
Polypodium davallioides Mett.=Monachosorum davallioides
Polypodium davidii Baker=Pyrrosia davidii
Polypodium davidii Franch.=Pseudocystopteris davidii
Polypodium decorum Brack.(Bedd.in Handb.Ferns Brit.India 1883)=Ctenopteris moultonii
Polypodium decrescens Christ=Ctenopteris curtisii
Polypodium decrescens var. *blechnifrons* Hay.=Ctenopteris curtisii
Polypodium decursive-pinnatum van Hall=Phegopteris decursive-pinnata
Polypodium deltoideum Baker=Neolepisorus ovatus f. deltoideus
Polypodium dentatum Forssk.=Cyclosorus dentatus
Polypodium dentigerum Wall.(p.p.)=Athyrium dentigerum
Polypodium dentigerum Wall.(p.p.)=Pseudocystopteris davidii
Polypodium deorsipinnatum Copel.=Polypodiodes microrhizoma
Polypodium dichotomum Thunb.=Dicranopteris dichotoma
Polypodium dielseanum C.Chr.=Polypodiastrum dielseanum
Polypodium digitatum (Baker) C.Chr.=Colysis digitata
Polypodium dilatatum Wall.=Microsorium insigne
Polypodium dissecta Forst.=Ctenitopsis dissecta
Polypodium dissimilialatum Bonap.=Colysis elliptica var. flexiloba
Polypodium dissitifolium Bak.=Athyrium dissitifolium
Polypodium distans Kaulf.(Don in Prod.Fl.Nepal 1825)= Pseudophegopteris pyrrhorachis
Polypodium distans var. *adnatum* Clarke=Pseudophegopteris pyrrhorachis
Polypodium distans var. *glabratum* Clarke=Pseudophegopteris pyrrhorachis var. glabrata
Polypodium distans var. *miror* Clarke=Pseudophegopteris rectangularis
Polypodium divaricatum Hay.=Phymatopteris quasidivaricata
Polypodium diversum Rosenst.=Lepidogrammitis diversa
Polypodium dolichopodum Diels=Phymatopteris hastata
Polypodium dorsipilum Christ=Grammitis dorsipila
Polypodium drakeanum Franch.=Pyrrosia drakeana
Polypodium drepanopterum Kze.=Athyrium drepanopterum
Polypodium drymoglossoides Baker=Lepidogrammitis drymoglossoides
Polypodium drymoglossoides Christ=Phymatopteris rhynchophylla
Polypodium dryopteris L.=Gymnocarpium dryopteris
Polypodium dryopteris var. *calcareum* Gray=Gymnocarpium robertianum
Polypodium dryopteris var. *disjunctum* Rupr.=Gymnocarpium jessoense
Polypodium dryopteris var. *glandulosum* Neilet=Gymnocarpium robertianum
Polypodium dryopteris var. *robertianum* HK. & Bak.=Gymnocarpium robertianum
Polypodium Dryostachyum (J.Sm.) Christ=**Aglaomorpha**
Polypodium dubium (Poir.) Kuhn=Pyrrosia lanceolata
Polypodium duclouxi Christ=Polypodiodes amoena var. duclouxi
Polypodium ebenipes var. *oakesii* C.B.Clarke=Phymatopteris ebenipes var. oakesii
Polypodium echinosphorum C.Chr.=Phymatopteris hainanensis
Polypodium eilophyllus Diels=Lepisorus eilophyllus
Polypodium ellipticum Thunb.=Colysis elliptica
Polypodium ellipticum f. *brevis* Y.C.Wu et al.=Colysis elliptica
Polypodium ellipticum var. *furcans* Ching=Colysis elliptica
Polypodium ellipticum var. *pothifolium* Makino=Colysis elliptica var. pothifolia
Polypodium ellipticum var. *simplicifrons* Christ=Colysis ×shintenensis
Polypodium ellipticum var. *typica* Makaino & Matsuda=Colysis elliptica
Polypodium elongatum Wall.=Kuniwatsukia cuspidata
Polypodium engleri Luerss.=Phymatopteris tenuipes
Polypodium engleri var. *hypoleucum* Hay.=Phymatopteris tenuipes
Polypodium engleri var. *yakushimense* Makino=Phymatopteris yakushimensis
Polypodium ensatum Thunb.=Neolepisorus ensatus
Polypodium erubescens Wall. ex HK.=Glaphyropteridopsis erubescens
Polypodium erythrocarpum Mett. ex Kuhn=Phymatopteris erythrocarpa
Polypodium euryphyllum C.Chr.=Microsorium insigne
Polypodium excavatum var. *bicolor* Takeda=Lepisorus bicolor
Polypodium excavatum var. *loriforme* C.Chr.=Lepisorus loriformis
Polypodium falcatum L.f.=Cyrtomium falcatum
Polypodium faurianum (Christ) Nakai=Colysis elliptica
Polypodium fauriei (Copl.) Makino & Nemoto(p.p.)=Loxogramme salicifolia
Polypodium fieldingianum Kunze ex Mett.=Polypodiodes microrhizoma
Polypodium filix-femina L.=Athyrium filix-femina
Polypodium filix-mas L.=Dryopteris filix-mas
Polypodium flacattopinnatum Hay.=Phymatopteris falcatopinnata
Polypodium flagellare Maxim.=Monachosorum flagellare
Polypodium flavescens Ching=Colysis elliptica var. pothifolia
Polypodium flexilobum Christ=Colysis elliptica var. flexiloba
Polypodium flexilobum var. *undulato-crenatum* (C.Chr.) Ching=Colysis elliptica var. flexiloba
Polypodium flocculosum D.Don=Pyrrosia flocculosa
Polypodium fluviatile Lauterb.=Colysis pedunculata

Polypodium foliolosum Wall.=Pseudocystopteris atkinsonii
Polypodium formosanum Baker=Polypodiodes formosana
Polypodium fortunei Kunze ex Mett.=Drynaria roosii
Polypodium fragile L.=Cystopteris fragilis
Polypodium fragrans L.=Dryopteris fragrans
Polypodium glaucistipes Wall.=Drynaria rigidula
Polypodium glaucopsis Franch.=Phymatopteris glaucopsis
Polypodium glaucum Thunb.=Diplopterygium glaucum
Polypodium gracillimus Copel.=Calymmodon asiaticus
Polypodium grammitoides (Baker) Diels=Loxogramme grammitoides
Polypodium griffithianum HK.=Phymatopteris griffithiana
Polypodium gymnogrammoides Bak.=Gymnocarpium oyamense
Polypodium hainanense C.Chr.=Hemigramma decurrens
Polypodium hancockii Baker=Microsorium insigne
Polypodium haozanense Hay.=Lepisorus tosaensis
Polypodium hastatum Hemsl.=Neocheiropteris waltoni
Polypodium hastatum Thunb.=Phymatopteris hastata
Polypodium hastatum f. *pygmaeum* Maxim.=Phymatopteris hastata
Polypodium hastatum var. *dolichopodum* (Diels) C.Chr.=Phymatopteris hastata
Polypodium hastatum var. *engleri* (Luerss.) Christ=Phymatopteris tenuipes
Polypodium hastatum var. *oxylobum* (Wall. ex Kunze) C.B.Clarke=Phymatopteris oxyloba
Polypodium hastatum var. *simplex* Christ=Phymatopteris hastata
Polypodium hayatai Masamune=Ctenopteris subfalcata
Polypodium hederaceum Christ=Lepidomicrosorium hederaceum
Polypodium hemionitideum Mett.=Colysis hemionitidea
Polypodium hemitoma Hance=Colysis hemitoma
Polypodium hendersonii Atkinson ex Baker=Polypodiodes hendersonii
Polypodium henryi C.Chr.=Colysis henryi
Polypodium henryi Christ=Microsorium fortunei
Polypodium heteractis Mett. ex Kuhn=Pyrrosia heteractis
Polypodium heterocarpum var. *zippelii* Baker=Microsorium zippelii
Polypodium himalayense HK.(Christ in Bull.Acad.Geogr.Bot.1902)=Arthromeris lungtauensis
Polypodium himalayense HK.=Arthromeris himalayensis
Polypodium hirsutulum Forst.=Nephrolepis hirsutula
Polypodium hirsutulum Forst.=Nephrolepis hirsutula
Polypodium hirtellum Bl.(Merr. in Lingnan Sci.J.1927)=Grammitis dorsipila
Polypodium hypochrysum Hay.=Lepisorus megasorus
Polypodium ilvense Sw.=Woodsia ilvensis
Polypodium incurvatum Bl.=Phymatopteris triloba
Polypodium infraplanicostale Hay.=Lepisorus tosaensis
Polypodium insignis Bl.=Microsorium insigne
Polypodium interamarginale Christ=Lepisorus macrosphaerus
Polypodium intromissum Christ=Grammitis intromissa
Polypodium invoolutum Baker=Lepisorus eilophyllus
Polypodium jagorianum Mett. ex Kuhn=Grammitis jagoriana
Polypodium juglandifolium D.Don=Arthromeris wallichiana
Polypodium kawakamii Hay.=Lepisorus megasorus
Polypodium khasyanum HK.=Prosaptia khasyana
Polypodium koi C.Chr.=Phymatopteris digitata
Polypodium krameri Franch. & Sav.=Gymnocarpium oyamense
Polypodium krameri var. *incisum* Franch. & Sav.=Gymnocarpium oyamense
Polypodium kuchenensis Y.C.Wu=Lepisorus kuchenensis
Polypodium kulhaitense Atkinson ex Clarke=Athyrium dissitifolium var. kulhaitense
Polypodium kwangtungense (Ching) Ching=Phymatopteris oxyloba
Polypodium lacerum Thunb.=Dryopteris lacera
Polypodium lachnopum Wall. ex HK.(Ching in Fil.Sin.1934)=Polypodiodes pseudolachnopus
Polypodium lachnopum Wall.=Polypodiodes lachnopus
Polypodium lachnopum var. *xerophyticum* Mehra=Polypodiodes lachnopus
Polypodium lankokiense Rosenst.=Loxogramme lankokinensis
Polypodium late-repens Trotter ex Hope=Pseudophegopteris pyrrhorachis
Polypodium latilobum Ching=Colysis elliptica var. flexiloba
Polypodium lehmanni Mett.=Arthromeris lehmanni
Polypodium lehmanni var. *mairei* (Brause) C.Chr.=Arthromeris mairei
Polypodium leptophylla L.=Anogramma leptophylla
Polypodium leptophyllum Bak.=Pseudocystopteris atkinsonii
Polypodium leuconeuron Diels=Polypodiastrum dielseanum
Polypodium leveillei (Christ) C.Chr.=Colysis leveillei
Polypodium leveillei f. *angusta* C.Chr.=Colysis leveillei
Polypodium leveillei var. *major* C.Chr.=Colysis leveillei
Polypodium lewisii Baker=Lepisorus lewissi
Polypodium lewisii Christ=Lepisorus eilophyllus
Polypodium lineare Burm.=Dicranopteris linearis
Polypodium lineare C.Chr.=Lepisorus albertii
Polypodium lineare Christ=Lepisorus eilophyllus
Polypodium lineare Thunb.=Lepisorus thunbergianus
Polypodium lineare var. *caudatum* Makino=Lepisorus tosaensis
Polypodium lineare var. *contortum* Christ=Lepisorus contortus
Polypodium lineare var. *heterolepis* Rosenst.=Lepisorus heterolepis
Polypodium lineare var. *loriforme* Takeda=Lepisorus loriformis
Polypodium lineare var. *monilisorum* Hay.=Lepisorus heterolepis
Polypodium lineare var. *oligolepidum* Christ=Lepisorus oligolepidus
Polypodium lineare var. *steniste* Bedd.=Lepisorus stenistus
Polypodium lineare var. *steniste* C.B.Clarke=Lepisorus stenistus
Polypodium lineatum (Wall.) Colber. ex HK.=Pronephrium penangianum
Polypodium liukiuense Christ=Polypodiodes formosana
Polypodium lonchitis L.=Polysthichum lonchitis
Polypodium longifrons Wall. ex HK. & Grex.=Tricholepidium normale
Polypodium longipes Ching=Phymatopteris oxyloba
Polypodium longisorum (Baker) C.Chr.=Colysis elliptica var. pentaphylla
Polypodium longissimum Bl.=Phymatosorus longissimus
Polypodium longkyense Rosenst.=Polypodiodes niponica
Polypodium loriforme Wall.=Lepisorus loriformis
Polypodium loriformis var. *heterolepis* C.Chr.=Lepisorus heterolepis
Polypodium loxogramme var. *minor* Baker ex Matsum.=Loxogramme grammitoides
Polypodium lucidum Roxb.=Phymatosorus cuspidatus
Polypodium lungtauense (Ching) Ching=Arthromeris lungtauensis
Polypodium luxurians Kunze=Ampelopteris prolifera
Polypodium luzonicum Copel.=Microsorium zippelii
Polypodium macropodium Baker=Pyrrosia longifolia
Polypodium macrosphaerum Baker=Lepisorus macrosphaerus
Polypodium macrosphaerum var. *asterolepis* C.Chr.=Lepisorus asterolepis
Polypodium maculosum Christ=Tricholepidium maculosum
Polypodium mairei Brause=Arthromeris mairei
Polypodium majoense C.Chr.=Phymatopteris majoensis
Polypodium makinoi C.Chr.(Y.C.Wu et al. in Bull.Dept.Biol.Coll.Sci.Sun Yatsen Univ.1932)=Loxogramme chinenis
Polypodium makinoi C.Chr.=Loxogramme salicifolia
Polypodium malacodon HK.(Baker in J.Bot.1889)=Phymatopteris stracheyi
Polypodium malacodon HK.=Phymatopteris malacodon
Polypodium malaicum Alderw.=Grammitis adspersa
Polypodium manmeiense Christ=Metapolypodium manmeiense
Polypodium marginale Thunb.=Microlepia marginata
Polypodium marginatum Houtt.=Microlepia marginata
Polypodium maximowiczii *Bak.*=Ptilopteris maximowiczii
Polypodium mediosorum Ching=Colysis elliptica var. pentaphylla
Polypodium megacuspe Bak.=Pronephrium megacuspe
Polypodium megasorus C.Chr.=Lepisorus megasorus
Polypodium membranaceum D.Don=Microsorium membranaceum
Polypodium membranaceum var. *grandifolium* Alderw.=Microsorium membranaceum
Polypodium membranifolium R.Br.=Phymatosorus membranifolius
Polypodium mengtzeense Christ=Polypodiastrum mengtzeense
Polypodium merrittii Copel.=Ctenopteris merrittii
Polypodium meyii Christ=Polypodiastrum dielseanum
Polypodium microrhizoma C.B.Clarke exBaker=Polypodiodes microrhizoma
Polypodium microrhizoma var. *xerophyticum* Mehra=Polypodiodes microrhizoma
Polypodium microstegium HK.=Pseudophegopteris microstegia
Polypodium mollicomum Nees & Bl.=Ctenopteris mollicoma
Polypodium mollissimum Christ=Pyrrosia porosa var. mollissima
Polypodium molliusculum Wall.=Cyclosorus molliusculus
Polypodium montanum Lam.=Cystopteris montana
Polypodium morii Hay.=Lepisorus tosaensis
Polypodium morisanum C.Chr.=Phymatopteris quasidivaricata
Polypodium morrisonense Hay.=Lepisorus morrisonensis
Polypodium morsei Ching=Colysis elliptica
Polypodium moultoni Copel.=Ctenopteris moultonii
Polypodium multilineatum Wall. ex HK.=Pronephrium nudatum
Polypodium neoellipticum Koidz.=Colysis elliptica
Polypodium neurodioides C.Chr.=Lepisorus sinensis

Polypodium nigrescens Bl.=Phymatosorus membranifolius
Polypodium nigrovenium (Christ) Ching=Phymatopteris nigrovenia
Polypodium ningpoense Baker=Microsorium superficiale
Polypodium niponicum Mett.=Polypodiodes niponica
Polypodium niponicum var. *laevipes* Franch. ex Christ=Polypodiodes wattii
Polypodium niponicum var. *wattii* Bedd.=Polypodiodes wattii
Polypodium normale D.Don=Tricholepidium normale
Polypodium normale var. *polysorum* Baker=Microsorium fortunei
Polypodium nudatum Roxb.=Pronephrium nudatum
Polypodium obliquatum Bl.=Prosaptia obliquata
Polypodium obscure-venulosus Hay.=Lepisorus obscure-venulosus
Polypodium okuboi Yatabe=Micropolypodium okuboi
Polypodium oldhami Bak.=Ctenitis subglandulosa
Polypodium oligolepidium Christ=Lepisorus bicolor
Polypodium oligolepidum Baker=Lepisorus oligolepidus
Polypodium oligolepis Baker=Neolepisorus ensatus
Polypodium omeiense Bak.=Cyclogramma omeiensis
Polypodium ornatum Wall. ex Bedd.=Macrothelypteris ornata
Polypodium ovatum Wall. ex Hk. & Grev.=Neolepisorus ovatus
Polypodium oxylobum Wall. ex Kunze=Phymatopteris oxyloba
Polypodium oxyphyllum Wall.=Athyrium drepanopterum
Polypodium oyamense Bak.=Gymnocarpium oyamense
Polypodium pachydermum Baker=Pyrrosia adnascens
Polypodium palmatopedatum Baker=Neocheiropteris palmatopedata
Polypodium palustre Burm.=Stenochlaena palustris
Polypodium palustre Salisb.=Thelypteris palustris
Polypodium papakense Masamuse=Lepisorus papakensis
Polypodium parasiticum L.=Cyclosorus parasiticus
Polypodium parasiticum Matthew=Grammitis dorsipila
Polypodium patens Sw.=Cyclosorus parasiticus
Polypodium pedunculatum (HK. & Grev.) Mett.=Colysis pedunculata
Polypodium pellucidifolium Hay.=Phymatopteris engleri
Polypodium penangianum HK.=Pronephrium penangianum
Polypodium pentaphyllum Baker=Colysis elliptica var. pentaphylla
Polypodium persicifolium Desv.=Schellolepis persicifolia
Polypodium pertusum Roxb. ex HK.=Pyrrosia adnascens
Polypodium petiolosum Christ=Pyrrosia petiolosa
Polypodium phegoteris L.=Phegopteris connectilis
Polypodium phyllomanes Christ(p.p.)=Neolepisorus dengii
Polypodium phyllomanes Christ(p.p.)=Neolepisorus sinensis
Polypodium phyllomanes var. *doryopteris* Christ=Neolepisorus ovatus f. doryopteris
Polypodium phymatodes L.=Phymatosorus scolopendria
Polypodium pinnatum Hay.=Arthromeris lehmanni
Polypodium playfairii Baker=Microsorium steerei
Polypodium podobasis Christ=Phymatopteris trisecta
Polypodium podopterum Christ=Colysis digitata
Polypodium polydactylon Hance=Pyrrosia polydactyla
<u>Polypodium polypodioides (L) Watt.多足蕨</u>
Polypodium princeps Mett.=Pyrrosia princeps
Polypodium propinquum Wall.=Drynaria propinqua
Polypodium pseudoamoena var. *pilosum* Ching=Polypodiodes chinensis
Polypodium pseudoamoenum Ching=Polypodiodes chinensis
Polypodium pseudodimidiatum Christ=Metapolypodium manmeiense
Polypodium pseudoserratum Christ=Phymatopteris crenatopinnata
Polypodium pseudotrichomanoides Hay.=Micropolypodium okuboi
Polypodium pterioides Lam.=Thelypteris palustris
Polypodium pteropus Bl.=Microsorium pteropus
Polypodium pteropus var. *minor* Bedd.=Microsorium pteropus
Polypodium punctatum Sw.=Microsorium punctatum
Polypodium punctatum Thunb.=Hypolepis punctata
Polypodium pyriformis Ching=Lepidogrammitis pyriformis
Polypodium pyrrhorachis Kze.=Pseudophegopteris pyrrhorachis
Polypodium quasidivaricatum Hay.=Phymatopteris quasidivaricata
Polypodium quercifolium L.(HK.in Blakiston,Five Months on the Yangtze 1862)=Drynaria roosii
Polypodium quercifolium L.=Drynaria quercifolia
Polypodium quqsipinnatum Hay.=Arthromeris lehmanni
Polypodium raishanense Rosenst.=Polypodiodes formosana
Polypodium rectangulare Zoll.=Pseudophegopteris rectangulari
Polypodium remotefrondigera Hay.=Loxogramme duclouxii
Polypodium rheosorum Bak.=Dryopteris lepidorachis
Polypodium rhynchophyllum HK.=Phymatopteris rhynchophylla
Polypodium rivale Mett. ex Baker=Drynaria mollis
Polypodium robertiana Hoffm.=Gymnocarpium robertianum
Polypodium rubidum Kunze=Phymatosorus longissimus
Polypodium sampsonii Bak.=Pronephrium megacuspe
Polypodium scalare Christ=Metapolypodium manmeiense
Polypodium scolopendria Burm.=Phymatosorus scolopendria
Polypodium scolopendrium (Bory) C.Chr.(Y.C.Wu et al.in Bull.Dept.Biol. Coll.Sci.Sun Yatsen Univ.1932)=Loxogramme salicifolia
Polypodium scolopendrium Ham.=Lepisorus scolopendrium
Polypodium scottii Bedd.=Dryopteris scottii
Polypodium sect. *Phegopteris* Presl(p.p.)=**Phegopteris**
Polypodium secundum Wall.=Cyclosorus interruptus
Polypodium selliguea Mett.=Colysis pedunculata
Polypodium senanense Maxim.=Phymatopteris shensiensis
Polypodium sessilifolium HK.=Grammitis adspersa
Polypodium setosum Thunb.=Dryopteris setosa
Polypodium sheareri Baker=Pyrrosia sheareri
Polypodium shensiense Christ=Phymatopteris shensiensis
Polypodium shensiense var. *filipes* Christ=Phymatopteris shensiensis
Polypodium shensiense var. *nigrovenium* Christ=Phymatopteris nigrovenia
Polypodium shintenense Hay.=Colysis ×shintenensis
Polypodium sikkimense Hieron.=Micropolypodium sikkimensis
Polypodium silvestrii Christ=Polypodiodes niponica
Polypodium simplex (HK.) Lowe=Pronephrium simplex
Polypodium simulans Baker=Metapolypodium manmeiense
Polypodium sinicum Christ=Ctenopteris subfalcata
Polypodium sophoroides Thunb.=Cyclosorus acuminatus
Polypodium sordidum C.Chr.=Lepisorus sordidus
Polypodium sp. C.Chr.=Colysis hemitoma
Polypodium sp. C.Chr.=Colysis pedunculata
Polypodium sp. Y.C.Wu=Phymatopteris albopes
Polypodium speciosum (Bl.) Christ=Photinopteris acuminata
Polypodium speciosum Bl.=Drynaria rigidula
Polypodium speluncae L.=Microlepia speluncae
Polypodium sphaeropteroides Bak.=Ctenitis sphaeropteroides
Polypodium spissum Bory ex Willd.=Pyrrosia lanceolata
Polypodium steerei Harr.=Microsorium steerei
Polypodium stenolepis Bak.=Dryopteris stenolepis
Polypodium stenopteron Bak.=Dryoathyrium stenopteron
Polypodium stewartii C.B.Calarke (in Trans.L.Soc.Bot.1880)= Phymatopteris stracheyi
Polypodium stigmosum Sw.=Pyrrosia stigmosa
Polypodium stigmosum Swartz (Baker in HK. & Baker, Syn.Fil.1867)= Pyrrosia costata
Polypodium stracheyi (Ching) C.Chr.=Phymatopteris stracheyi
Polypodium subamoenum C.B.Clarke=Polypodiodes subamoena
Polypodium subamoenum Christ=Polypodiodes chinensis
Polypodium subamoenum var. *chinense* Christ=Polypodiodes chinensis
Polypodium subauriculatum Bl.=Schellolepis subauriculata
Polypodium subevenosum Baker=Grammitis adspersa
Polypodium subfalcatum Bl.=Ctenopteris subfalcata
Polypodium subfalcatum var. *sinicum* (Christ) C.Chr.=Ctenopteris subfalcata
Polypodium subfurfuraceum HK.=Pyrrosia subfurfuracea
Polypodium subgen. *Drynaria* Bory=**Drynaria**
Polypodium subimmersum Baker=Lepisorus loriformis
Polypodium sublineare Baker=Lepisorus sublinearis
Polypodium subnormale C.Chr.=Tricholepidium maculosum var. subnormale
Polypodium substatum Baker=Lepidomicrosorium buergerianum
Polypodium substratum C.Chr.=Lepidogrammitis rostrata
Polypodium subtriphyllum HK. & Arn.=Tectaria subtriphylla
Polypodium subtripinnatum Clarke=Dryoathyrium boryanum
Polypodium subvilosa Moore=Cyclogramma auriculata
Polypodium succulentum C.Chr.(p.p.)=Loxogramme assimilis
Polypodium succulentum C.Chr.(p.p.)=Loxogramme duclouxii
Polypodium suishashagnale Hay.=Phymatosorus longissimus
Polypodium superficiale Bl.=Microsorium superficiale
Polypodium superficiale var. *anguinum* Christ=Microsorium superficiale
Polypodium tachiroanum Luerss.=Cyrtomium hookerianum
Polypodium taiwanense Christ=Pyrrosia lingua
Polypodium taiwanianum Hay.=Polypodiastrum mengtzeense
Polypodium taliense Christ=Polypodiodes microrhizoma
Polypodium tatsienense Franch. & Bureau.=Arthromeris tatsienensis
Polypodium tenericaule Wall. ex HK.=Macrothelypteris torresiana
Polypodium tenuicauda HK.=Arthromeris tenuicauda
Polypodium tenuisectum Bl.=Ctenopteris tenuisecta

Polypodium tenuissimum Copel.(Hay. in Ic.Pl.Formosa 1914)=Ctenopteris subfalcata
Polypodium thelypteris (L.) F.G.Weiss=Thelypteris palustris
Polypodium tonkinense Baker=Microsorium steerei
Polypodium tosaense Makino=Lepisorus tosaensis
Polypodium tottum Thunb.(Willd.in Sp.Pl.1810)=Leptogramma pozoi
Polypodium trabeculatum Copel.=Lepisorus oligolepidus
Polypodium transparens C.Presl ex Ettingsh.=Microsorium membranaceum
Polypodium transpianense Yamamoto=Polypodiodes niponica
Polypodium trichodes J.Sm.=Macrothelypteris torresiana
Polypodium trichomanoides Bedd.=Micropolypodium sikkimensis
Polypodium trichophyllum Baker=Ctenopteris subfalcata
Polypodium tricuspe Sw.=Pyrrosia hastata
Polypodium tridactylum Wall. ex HK. & Grev.=Microsorium pteropus
Polypodium trifidum Christ=Phymatopteris stracheyi
Polypodium trifidum D.Don=Phymatopteris oxyloba
Polypodium trilobum Houtt.=Phymatopteris triloba
Polypodium trinidadensis Jenm.=Kuniwatsukia cuspidata
Polypodium triphyllum Jacq.=Phymatopteris triloba
Polypodium trisectum Baker=Phymatopteris trisecta
Polypodium truncatum Poir.=Cyclosorus truncatus
Polypodium undulatum Willd.=Oleandra undulata
Polypodium undum Christ=Microsorium pteropus
Polypodium unitum L.=Cyclosorus interruptus
Polypodium unitum Thunb.=Cyclosorus acuminatus
Polypodium urceolare Hay.=Prosaptia khasyana
Polypodium urceolare var. *intermedia* Ching=Prosaptia khasyana
Polypodium urophyllum Wall.=Pronephrium penangianum
Polypodium urophyllum var. *khasianum* Clarke=Pronephrium lakhimpurense
Polypodium urophyllum var. *uniseriale* HK.=Pronephrium gymnopteridifrons
Polypodium ussuriense Rgl.=Lepisorus ussuriensis
Polypodium valdealatum Christ=Polypodiodes amoena
Polypodium validum Copel.=Microsorium punctatum
Polypodium varium L.=Dryopteris varia
Polypodium veitchii var. *glaucopsis* (Franch.) C.Chr.=Phymatopteris glaucopsis
Polypodium venustum Wall. ex C.B.Clarke=Arthromeris himalayensis
Polypodium venustum var. *niphoboloides* C.B.Clarke=Arthromeris himalayensis var. niphoboloides
Polypodium virginianum L.东北多足蕨
Polypodium vittarioides Mett.=Pyrrosia lanceolata
Polypodium vulgare L.欧亚多足蕨
Polypodium wallichianum Spreng.=Arthromeris wallichiana
Polypodium wallichianum var. *tenuicaudum* (HK.) HK.=Arthromeris tenuicauda
Polypodium wallichii R.Br.=Dipteris wallichii
Polypodium wangii Ching=Polypodiodes bourretii
Polypodium wardii C.B.Clarke=Arthromeris wardii
Polypodium wattii (Bedd.) Tagawa=Polypodiodes wattii
Polypodium whitfordi Copel.=Phymatopteris rhynchophylla
Polypodium wilsonii Christ=Polypodiastrum dielseanum
Polypodium wrightii Mett.=Colysis wrightii
Polypodium wrightii var. *lobatum* Rosenst.=Colysis ×shintenensis
Polypodium wui C.Chr.=Colysis pedunculata
Polypodium xiphiopteris Baker=Lepisorus xiphiopteris
Polypodium yakushimae Christ=Loxogramme grammitoides
Polypodium yakushimense (Makino) Makino & Nemoto=Phymatopteris yakushimensis
Polypodium yunnanense Franch.=Polypodiodes amoena
Polypodium zippelii Bl.=Microsorium zippelii
Polypodium zosteriforme Wall.=Microsorium pteropus
Polypogon Desf.**棒头草属**(禾本科)
Polypogon demissus Steud.=Polypogon fugax
Polypogon elongatus H.B.K.长棒头草
Polypogon fugax Ness ex Steud.棒头草
Polypogon higegaweri Steud.=Polypogon fugax
Polypogon litoralis (with.) Smith=Polypogon fugax
Polypogon litoralis var. *hagegaweri* (Steud.) HK.f.=Polypogon fugax
Polypogon lutosus (Poir) Hitchc.=Polypogon fugax
Polypogon maritimus Willd.裂颖棒头草
Polypogon monspeliensis (L.) Desf.长芒棒头草
Polypogon viridis (Gouan) Breistr.绿棒头草
Polyscias J.R. & G.Forst.**南洋参属**（五加科）
Polyscias balfouriana Bailey 圆叶南洋参
Polyscias filicifolia (Ridley) Bailey 线叶南洋参
Polyscias fruticosa (L.) Harms 南洋参
Polyscias fruticosa var. plumata Bailey 羽叶南洋参
Polyscias guilfoylei var. laciniata Bailey 银边南洋参
Polysolenia HK.f.=**Leptomischus**
Polyspora Sweet=**Gordonia**
Polyspora axillaris Sweet=Gordonia axillaris
Polyspora balansae (Pitard) Hu=Gordonia hainanensis
Polystachia HK.(新拉汉英 1996)=**Polystachya**
Polystachya HK.**多穗兰属**(兰科)
Polystachya adansoniae Rchb.f.阿丹松多穗兰
Polystachya concreta (Jacq.) Garay & Sweet 多穗兰
Polystachya cucullata (Afzel) Dur. & Schinz 兜状多穗兰
Polystachya flavescens (Bl.) J.J.Sm.=Polystachya concreta
Polystachya hislopii Rolfe 黑氏多穗兰
Polystachya lawrenceana Krzl.劳伦斯多穗兰
Polystachya luteola (Sw.) HK.淡黄多穗兰
Polystachya ottoniana Rchb.f.奥托多穗兰
Polystachya puberula Lindl.短柔毛多穗兰
Polystachya pubescens (Lindl.) Rchb.f.柔毛多穗兰
Polystachya purpurea var. *lutescens* Gagn.=Polystachya concreta
Polystachya purpurea Wight=Polystachya concreta
Polystichopsis Holtt.=**Arachniodes**
Polystichopsis amabilis Tagawa=Arachniodes rhomboidea
Polystichopsis aristata Tagawa=Arachniodes exilis
Polystichopsis cavalerii Tagawa(p.p.)=Arachniodes cavalerii
Polystichopsis cavalerii Tagawa(p.p.)=Arachniodes pseudocavalerii
Polystichopsis cavalerii Tagawa(p.p.)=Arachniodes sphaerosora
Polystichopsis chinensis Holtt.=Arachniodes chinensis
Polystichopsis miqueliana Tagawa=Leptorumohra miqueliana
Polystichopsis nipponica Tagawa=Arachniodes nipponica
Polystichopsis pseudoaristata Tagawa=Arachniodes pseudoaristata
Polystichopsis simplicior (Makino) Tagawa=Arachniodes simplicior
Polystichopsis simplicior var. *major* Tagawa=Arachniodes australis
Polystichopsis sinomiqueliana Tagawa=Leptorumohra sino-miqueliana
Polystichum J.Sm.=**Cyrtomidictyum**
Polystichum Roth **耳蕨属**(鳞毛蕨科)
Polystichum acanthophyllum (Franch.) Christ (Hope in J.Bomb.Nat.Hist. Soc.1902)=Polystichum mehrae
Polystichum acanthophyllum (Franch.) Christ (Hu & Ching in Ic.Fil.Sin. 1930)=Polystichum stimulans
Polystichum acanthophyllum (Franch.) Christ(p.p.)=Polystichum cyclolobum
Polystichum acanthophyllum (Franch.) Christ 刺叶耳蕨
Polystichum acanthophyllum var. *indicum* Christ (西藏志 1983)= Polystichum stimulans
Polystichum acanthophyllum var. *indicum* Christ=Polystichum mehrae
Polystichum acrostichoides (Michx.) Schott.圣诞耳蕨
Polystichum aculeatum (L.) Roth 欧洲耳蕨
Polystichum aculeatum (Sw.) Bedd.=Polystichum squarrosum
Polystichum aculeatum L.=Polystichum aculeatum
Polystichum aculeatum var. *acanthophyllum* (Franch. Bedd.=Polystichum acanthophyllum
Polystichum aculeatum var. *coraiense* Christ=Polystichum ovato-paleaceum
Polystichum aculeatum var. *fargesii* Christ=Polystichum piceo-paleaceum
Polystichum aculeatum var. *formosanum* Kodama=Polystichum tacticopterum
Polystichum aculeatum var. *japonicum* (Franch. & Sav.) Diels= Polystichum polyblepharum
Polystichum aculeatum var. *makinoi* Tagawa=Polystichum makinoi
Polystichum aculeatum var. *nigropaleaceum* Christ=Polystichum discretum
Polystichum aculeatum var. *ovato-paleaceum* Kodama=Polystichum ovato-paleaceum
Polystichum aculeatum var. *pinfaense* Rosenst.=Polystichum makinoi
Polystichum aculeatum var. *retrosopaleaceum* Kodama=Polystichum retroso-paleaceum
Polystichum aculeatum var. *semifertile* (Clarke) Bedd.=Polystichum semifertile
Polystichum aculeatum var. *setosum* Wall. ex Bedd.=Polystichum

longipaleatum
Polystichum aculeatum var. *setulosa* Rosenst.=Polystichum longipaleatum
Polystichum aculeatum var. *tonkinense* Christ=Polystichum tonkinense
Polystichum acutidens Christ 尖齿耳蕨
Polystichum acutipinnulum Ching & Shing 尖头耳蕨
Polystichum adiantiforme Wu,Wong & Pong=Arachniodes pseudocavalerii
Polystichum adungense Ching & Fraser-Jenkings ex H.S.Kung & L.B. Zhang 阿当耳蕨
Polystichum adungense Fraser-Jenkins & Ching ex W.M.Chu & S.G.Lu= Polystichum adungense
Polystichum alcicorne (Bake.) Diels 角状耳蕨
Polystichum alcicorne Bak.=Polystichum alcicorne
Polystichum altum Ching ex L.B.Zhang & H.S.Kung 高大耳蕨
Polystichum amabile var. *chinensis* Rosenst.=Arachniodes chinensis
Polystichum amabile var. *controversum* C.Chr. ed Wu,Wong & Pong= Arachniodes amoena
Polystichum apicisterile Ching & S.K.Wu=Polystichum squarrosum
Polystichum arisanicum Rosernst.=Arachniodes globiosora
Polystichum aristatum var. *simplicius* Makino=Arachniodes simplicior
Polystichum articulatipilosum H.G.Zhou & Hua Li 节毛耳蕨
Polystichum assurgens Ching & S.K.Wu=Polystichum neolobatum
Polystichum assurgentipinnum W.M.Chu & B.Y.Zhang 上斜刀羽耳蕨
Polystichum atkinsonii Bedd.小狭叶芽胞耳蕨
Polystichum atrovirissimum Hay.=Polystichum nepalense
Polystichum attenuatum Tagawa & Iwatsuki 长羽芽胞耳蕨
Polystichum attenuatum var. attenuatum=Polystichum attenuatum
Polystichum attenuatum var. subattenuatum Ching & W.M.Chu 长叶芽耳蕨
Polystichum atunzeense Ching=Polystichum sinense
Polystichum auriculatum (L.) Presl(Ogata in Ic.Fil.Jap.1929)= Polystichum formosanum
Polystichum auriculatum (L.) Presl(西藏志 1983)=Polystichum acutidens
Polystichum auriculatum var. *lentum* (Don) Bedd.=Polystichum lentum
Polystichum auriculatum var. *stenophyllum* Bak.=Polystichum hecatopteron
Polystichum auriculatum var. *subbipinnatu* (HK.) Bedd.=Polystichum lentum
Polystichum auriculum Ching 滇东南耳蕨
Polystichum austrotibeticum Ching & S.K.Wu=Polystichum sinense
Polystichum bakerianum (Atkins ex Bak.) Diels 薄叶耳蕨
Polystichum balansae Christ=Cyrtomium balansae
Polystichum baoxingense Ching & H.S.Kung 宝兴耳蕨
Polystichum basipinnatum Diels=Cyrtomidictyum basipinnatum
Polystichum biaristatum (Bl.) Moore 二尖耳蕨
Polystichum bicolor Ching & S.K.Wu=Polystichum piceo-paleaceum
Polystichum bifidum Ching 钳形耳蕨
Polystichum bigemmatum Ching ex L.L.Xiang 双胞耳蕨
Polystichum bissectianum (Bak.) Nakai=Dryopteris setosa
Polystichum bissectum C.Chr.川渝耳蕨
Polystichum bissetianum var. *sacrosanctum* (Koidz.) Nakai=Dryopteris sacrosancta
Polystichum bomiense Ching & S.K.Wu 波密耳蕨
Polystichum bonatianum Brause=Dryopteris panda
Polystichum brachypterum (Kuntze) Ching 喜马拉雅耳蕨
Polystichum braunii (Spenn.) Fee 布朗耳蕨
Polystichum brunneum Ching & S.K.Wu=Polystichum pseudocastaneum
Polystichum caespitosum (Wall. ex Mett.) Bedd.=Polystichum obliquum
Polystichum capillipes (Bak.) Diels 基芽耳蕨
Polystichum carvifolium (Bak.) Christ=Polystichum omeiense
Polystichum carvifolium (Bak.) Diels=Polystichum omeiense
Polystichum caryotideum (Wall.) Diels=Cyrtomium caryotideum
Polystichum caryotideum var. *clivicolum* Makino=Cyrtomium yamamotoi var. intermedium
Polystichum castaneum (Clarke) Nayar & Kaur 栗鳞耳蕨
Polystichum chingae Ching 滇耳蕨
Polystichum christii Ching 拟角状耳蕨
Polystichum chunii Ching 陈氏耳蕨
Polystichum conaense Ching & S.K.Wu=Polystichum stenophyllum var.conaense
Polystichum consimile Ching 涪陵耳蕨
Polystichum constantissimum Hay.=Dryopteris formosana
Polystichum costularisorum Ching ex W.M.Chu & Z.R.He 轴果耳蕨
Polystichum craspedocarpium Ching & W.M.Chu=Polystichum dielsii
Polystichum craspedosorum (Maxim.) Diels 鞭叶耳蕨
Polystichum craspedosorum var. giraldii Christ ex Baroni & Chrits 太白耳蕨(新)?
Polystichum crassinervium Ching ex W.M.Chu & Z.R.He 粗脉耳蕨
Polystichum cringerum (C.Chr.) Ching 毛发耳蕨
Polystichum crinitum Bak.=Polystichum cringerum
Polystichum culeatum var. *variiforme* Hay.=Polystichum eximium
Polystichum cuneatiforme W.M.Chu & Z.R.He 楔基耳蕨
Polystichum cunneatum Ching ex P.S.Wang=Polystichum cuneatiforme
Polystichum cyclolobum C.Chr.圆片耳蕨
Polystichum daguanense Ching ex L.L.Xiang 大关耳蕨
Polystichum daguanense var. daguanense=Polystichum daguanense
Polystichum daguanense var. huashanicolum W.M.Chu & Z.R.He 花山耳蕨
Polystichum decorum Ching & S.K.Wu=Polystichum sinense
Polystichum deflexum Ching ex W.M.Chu 反折耳蕨
Polystichum delavayi Christ 洱源耳蕨
Polystichum deltodon (Bak.) Diels(p.p.)=Polystichum deltodon var. cultripinnum
Polystichum deltodon (Bak.) Diels 对生耳蕨
Polystichum deltodon var. *acutidens* (Christ) C.Chr.=Polystichum acutidens
Polystichum deltodon var. *cultratum* Christ=Polystichum subacutidens
Polystichum deltodon var. cultripinnum W.M.Chu & Z.R.He 刀羽耳蕨
Polystichum deltodon var. deltodon=Polystichum deltodon
Polystichum deltodon var. henryi Christ 钝齿耳蕨
Polystichum deltodon var. *henryi* subvar. *majus* Christ=Polystichum deltodon var. henryi
Polystichum deltodon var. *marginale* (Christ) C.Chr.=Polystichum dielsii
Polystichum deltodon var. *pseudodeltodon* (Tagawa) Tagawa= Polystichum deltodon
Polystichum deltodon var. *submarginale* (Bak.) C.Chr.=Polystichum submarginale
Polystichum deversum Christ=Polystichum stenophyllum
Polystichum devexiscapulae Koidz.=Cyrtomium devexiscapulae
Polystichum dielsii Christ 圆顶耳蕨
Polystichum diffundens H.S.Kung & L.B.Zhang 铺散耳蕨
Polystichum diplazioides Christ=Dryopteris decipiens var. diplazioides
Polystichum discretum (Don) Diels (C.Chr.in Acta. Hort.Gothob.1924)= Polystichum longipaleatum
Polystichum discretum (Don) Diels=Polystichum discretum
Polystichum discretum (Don) J.Sm.分离耳蕨
Polystichum disjunctum Ching ex W.M.Chu & Z.R.He 疏羽耳蕨
Polystichum doianum Tagawa=Polystichum piceo-paleaceum
Polystichum duthiei (Hope) Beed 杜氏耳蕨
Polystichum elegantissimum Ching=Polystichum ichangense
Polystichum elevatovenusum Ching ex W.M.Chu & Z.R.He 凸脉耳蕨
Polystichum ellipticum Ching & S.K.Wu=Polystichum sinense
Polystichum erianceum Ching & S.K.Wu=Polystichum prescottianum
Polystichum erosum Ching & Shing 蚀盖耳蕨
Polystichum exauriforme H.S.Kung & L.B.Zhang 缺耳耳蕨
Polystichum excellens Ching 尖顶耳蕨
Polystichum excelsius Ching & Z.Y.Liu 杰出耳蕨
Polystichum eximium (Mett. ex Kuhn) C.Chr.灰绿耳蕨
Polystichum eximium var. *minus* Tagawa=Polystichum eximium
Polystichum faberi Christ=Polystichum omeiense
Polystichum falcatilobum Ching ex W.M.Chu & Z.R.He 长镰耳蕨
Polystichum falcatipinnum Hay.=Polystichum manmeiense
Polystichum falcatum Diels(Wu et al. in Bull.Dept.Biol.Sunyatsen Univers.1932)= Cyrtomium balansae
Polystichum falcatum Diels=Cyrtomium falcatum
Polystichum falcatum f. *acuminatum* Diels=Cyrtomium yamamotoi
Polystichum falcatum f. *intermedium* Diels=Cyrtomium yamamotoi var. intermedium
Polystichum falcatum f. *macropterum* Diels=Cyrtomium macrophyllum
Polystichum falcatum var. *fortunei* Matsum.=Cyrtomium fortunei
Polystichum falcatum var. *macrophyllum* Makino ex Matsum.= Cyrtomium macrophyllum
Polystichum falcatum var. *polyterum* Diels=Cyrtomium fortunei f. polypterum

Polystichum falcilobum Ching=Polystichum tsus-simense
Polystichum fengjieense Ching=Polystichum langchungense
Polystichum fibrillosum Ching=Polystichum eximium
Polystichum fimbriatum Christ 瓦鳞耳蕨
Polystichum flagellare C.Chr.=Monachosorum flagellare
Polystichum foeniculaceum J.Sm.=Lithostegia foeniculacea
Polystichum formosanum Rosenst.台湾耳蕨
Polystichum fortunei (J.Sm.) Nakai=Cyrtomium fortunei
Polystichum franchetii Christ=Polystichum atkinsonii
Polystichum frigidicola H.S.Kung L.B.Zhang 寒生耳蕨
Polystichum fugongense Ching & W.M.Chu ex H.S.Kung & L.B.Zhang 福贡耳蕨
Polystichum fukuyamae Tagawa=Polystichum sinense
Polystichum garhwalicum Nair & K.Nag.=Polystichum brachypterum
Polystichum gemmiferum Tagawa=Polystichum eximium
Polystichum gladiipinnum Tagawa=Polystichum xiphophyllum
Polystichum glingense Ching & Y.X.Ling=Polystichum punctiferum
Polystichum globiosorum Hay.=Arachniodes globiosora
Polystichum gongboense Ching & S.K.Wu 工布耳蕨
Polystichum gracilipes C.Chr.=Polystichum atkinsonii
Polystichum gracilipes var. *gemmiferum* Tagawa=Polystichum atkinsonii
Polystichum grandifrons C.Chr.大叶耳蕨
Polystichum grossidentatum Ching=Polystichum subdeltodon
Polystichum guangxiense W.M.Chu & H.G.Zhou 广西耳蕨
Polystichum gyirongense Ching=Polystichum yunnanense
Polystichum gymnocarpium Ching ex W.M.Chu & Z.R.He 无盖耳蕨
Polystichum gymnocarpium Ching(福建志 1982)=Polystichum gymnocarpium
Polystichum habaense Ching & H.S.Kung 哈巴耳蕨
Polystichum hancockii (Hance) Diels 小戟叶耳蕨
Polystichum hecatopteron Diels 芒齿耳蕨
Polystichum hecatopterum var. *marginale* Christ=Polystichum dielsii
Polystichum henryi Christ=Arachniodes henryi
Polystichum herbaceum Ching & Z.Y.Liu 草叶耳蕨
Polystichum heteropaleaceum Nair &Nag.=Polystichum tacticopterum
Polystichum hirsutulum Bernh.=Nephrolepis hirsutula
Polystichum hirsutulum Forst.=Nephrolepis hirsutula
Polystichum hololepis Hay.=Dryopteris varia
Polystichum hololepis var. *hikonense* H.Ito=Dryopteris pacifica
Polystichum horridipinnum Hay.=Polystichum acanthophyllum
Polystichum houchangense Ching ex P.S.Wang 猴场耳蕨
Polystichum huae H.S.Kung & L.B.Zhang 川西耳蕨
Polystichum hunanense Ching=Polystichum leveillei
Polystichum ichangense Christ 宜昌耳蕨
Polystichum ilicifolium (Don) Moore(p.p.)=Polystichum acanthophyllum
Polystichum ilicifolium (Don) Moore(p.p.)=Polystichum stimulans
Polystichum ilicifolium var. *delavayi* Christ=Polystichum delavayi
Polystichum inaense (Tagawa) Tagawa 小耳蕨
Polystichum incisopinnulum H.S.Kung & L.B.Zhang 深裂耳蕨
Polystichum indicum Khullar et Gupta=Polystichum discretum
Polystichum indochinense Tardieu & C.Chr.=Polystichum eximium
Polystichum integrilimbum Ching & H.S.Kung 贡山耳蕨
Polystichum integrilobum (Ching ex Y.T.Hsien & N.Li) W.M.Chu 钝裂耳蕨
Polystichum integrilobum Ching ex W.M.Chu=Polystichum integrilobum
Polystichum integripinnulum Ching=Polystichum squarrosum
Polystichum integripinnum Hay.=Cyrtomium hookerianum
Polystichum iriomontense Tagawa=Polystichum formosanum
Polystichum jinfoshanense Ching & Z.Y.Liu 金佛山耳蕨
Polystichum jiulaodongense W.M.Chu & Z.R.He 九老洞耳蕨
Polystichum jizhushanense Ching=Polystichum yunnanense
Polystichum kangdingense H.S.Kung & L.B.Zhang 康定耳蕨
Polystichum kathmanduense Nakaike=Polystichum discretum
Polystichum kiusiuense Tagawa=Polystichum grandifrons
Polystichum kodemae Tagawa=Polystichum tacticopterum
Polystichum kwangtungense Ching 广东耳蕨
Polystichum lacerum Christ=Polystichum erosum
Polystichum lachenense (HK.) Bedd.拉钦耳蕨
Polystichum lanceolatum (Bak.) Diels 亮叶耳蕨
Polystichum langchungense Ching ex H.S.Kung 浪穹耳蕨
Polystichum latilepis Ching & H.S.Kung 宽鳞耳蕨
Polystichum leivingei Nair=Polystichum stimulans
Polystichum lemmonii Underw 雷蒙耳蕨
Polystichum lentum (Don) Moore 柔软耳蕨
Polystichum lentum var. *gelida* Rosenst.=Polystichum prionolepis
Polystichum lepidocaulon J.Sm.=Cyrtomidictyum lepidocaulon
Polystichum leptopteron Hay.=Polystichum hancockii
Polystichum leveillei C.Chr.武陵山耳蕨
Polystichum lhasaense Ching=Polystichum sinense
Polystichum lichiangense (Wright) Ching ex H.S.Kung=Polystichum shensiense
Polystichum liui Ching 正宇耳蕨
Polystichum lobatopinnulum Ching,Boufford. & Shing=Polystichum acutipinnulum
Polystichum lobatum (Hudson) Presl=Polystichum aculeatum
Polystichum lobatum Hudson=Polystichum aculeatum
Polystichum lobatum var. *chinense* Christ=Polystichum neolobatum
Polystichum lobatum var. *discretum* (Don) Diels=Polystichum discretum
Polystichum lonchitis (L.) Roth 矛状耳蕨
Polystichum lonchitis L.=Polystichum lonchitis
Polystichum longiaristatum Ching,Boufford & Shing 长芒耳蕨
Polystichum longipaleatum Christ 长鳞耳蕨
Polystichum longipinnulum Nair 长羽耳蕨
Polystichum longispinosum Ching ex L.B.Zhang & H.S.Kung 长刺耳蕨
Polystichum longissimum Ching & Z.Y.Liu 长叶耳蕨
Polystichum longistipes Hay.=Polystichum hancockii
Polystichum macrophyllum Tagawa=Cyrtomium macrophyllum
Polystichum makinoi (Tagawa) Tagawa 黑鳞耳蕨
Polystichum makinoi var. *chuanzangense* Ching & S.K.Wu(p.p.)=Polystichum longiaristatum
Polystichum makinoi var. *chuanzangense* Ching & S.K.Wu(p.p.)=Polystichum piceo-paleaceum
Polystichum manmeiense (Christ) Nakaike 镰叶耳蕨
Polystichum mannii Hope ex Fraser-Jenkins=Polystichum attenuatum
Polystichum martinii Christ 黔中耳蕨
Polystichum maximowiczii Diels=Ptilopteris maximowiczii
Polystichum mayebarae Tagawa 前原耳蕨
Polystichum mediocre Ching=Polystichum mollissimum
Polystichum mehrae Fraser-Jenkins & Khullar 印西耳蕨
Polystichum mehrae f. latifundus H.s.Kung & L.B.Zhang 阔基耳蕨
Polystichum mehrae f. mehrae =Polystichum mehrae
Polystichum meiguense Ching & H.S.Kung 美姑耳蕨
Polystichum melanostipes Ching & H.S.Kung 乌柄耳蕨
Polystichum michelii Christ=Polystichum capillipes
Polystichum microchlamys (Christ) Matsum.(横断山植物 1993)=Polystichum rufopaleaceum
Polystichum minusculum Christ=Polystichum capillipes
Polystichum miyagimense Kodama=Cyrtomium balansae
Polystichum molliculum Christ=Polystichum capillipes
Polystichum mollissimum Ching 毛叶耳蕨
Polystichum mollissimum var. laciniatum H.S.Kung & L.B.Zhang 条裂耳蕨
Polystichum mollissimum var. mollissimum=Polystichum mollissimum
Polystichum monotis (Christ) C.Chr.=Polystichum xiphophyllum
Polystichum morii Hay.玉山耳蕨
Polystichum moupinense (Franch.) Bedd.穆坪耳蕨
Polystichum mucrolifolium (Bl.) Presl (横断山植物 1993)=Polystichum semifertile
Polystichum munitum (Kaulf.) Presl.黔耳蕨(新)？
Polystichum muscicola Ching ex W.M.Chu & Z.R.He 伴藓耳蕨
Polystichum nakenense Ching 革质耳蕨(新)
Polystichum nanum Christ=Polystichum lanceolatum
Polystichum nayongense P.S.Wang & X.Y.Wang 纳雍耳蕨
Polystichum neolobatum Nakai 革叶耳蕨
Polystichum nepalense (Spreng.) C.Chr.(西藏志 1983,p.p.)=Polystichum manmeiense
Polystichum nepalense (Spreng.) C.Chr.尼泊尔耳蕨
Polystichum nepalense f. *subbipinnatum* Ching=Polystichum manmeiense
Polystichum nepalense var. *subbipinnatum* C.Chr.=Polystichum manmeiense
Polystichum nephrolepioides Christ=Cyrtomium nephrolepioides
Polystichum nigro-paleaceum (Christ) Diels(C.Chr. in Ind.Fil.1906)=Polystichum piceo-paleaceum
Polystichum nigropaleaceum (Christ) Diels=Polystichum discretum

Polystichum nigrospinosum Ching=Arachniodes nigrospinosa
Polystichum nigrum Ching & H.S.Kung 黛鳞耳蕨
Polystichum niitakayamense Hay.=Polystichum stenophyllum
Polystichum ningshenense Ching & Hsu 宁陕耳蕨
Polystichum nipponicum Rosenst.=Arachniodes nipponica
Polystichum nudisorum Ching 裸果耳蕨
Polystichum nyalamense Ching=Polystichum semifertile
Polystichum obliqum (Don) Moore 斜羽耳蕨
Polystichum oblongum Ching ex W.M.Chu & Z.R.He 镇康耳蕨
Polystichum obtusipinnum Ching & H.S.Kung=Polystichum shensiense
Polystichum obtuso-auriculatum Hay.=Polystichum formosanum
Polystichum oligocarpum Ching ex H.S.Kung & L.B.Zhang 疏果耳蕨
Polystichum omeiense C.Chr.峨眉耳蕨
Polystichum omeiense Christ=Polystichum bissectum
Polystichum oreodoxa Ching ex H.S.Kung & L.B.Zhang 假半育耳蕨
Polystichum orientali-tibeticum Ching 藏东耳蕨
Polystichum otophorum (Franch.) Bedd.高山耳蕨
Polystichum otophorum (Franch.) Diels=Polystichum otophorum
Polystichum ovatopaleaceum (Kodama) Kurata 卵鳞耳蕨
Polystichum ovatopaleaceum var. *coraiense* (Christ) Kurata=Polystichum ovatopaleaceum
Polystichum pachyphyllum Rosenst.=Cyrtomium pachyphyllum
Polystichum pacificum Nakai=Dryopteris pacifica
Polystichum paradeltodon L.L.Xiang 新对生耳蕨
Polystichum paradoxum Ching & Y.P.Hsu=Polystichum submite
Polystichum parahancockii Ching=Polystichum hancockii
Polystichum paramoupinense Ching 拟穆坪耳蕨
Polystichum parasinense C.Y.Yang=Polystichum sinense
Polystichum parvifoliolatum W.M.Chu 小羽耳蕨
Polystichum parvipinnulum Tagawa 尖叶耳蕨
Polystichum parvulum Christ=Polystichum lanceolatum
Polystichum phegopteris (L.) Roth=Phegopteris connectilis
Polystichum pianmaense W.M.Chu 片马耳蕨
Polystichum piceo-paleaceum Tagawa 乌鳞耳蕨
Polystichum pinfaense Christ=Polystichum dielsii
Polystichum platychlamys Ching=Polystichum rigens
Polystichum polyblepharum (Roem. ex Kunze) Presl 棕鳞耳蕨
Polystichum praelongatum Christ=Polystichum xipholyllum
Polystichum praelongatum Christ=Polystichum xiphophyllum
Polystichum prescottianum (Wall. ex Mett.) Moore 芒刺耳蕨
Polystichum prescottianum var. *bakerianum* (Clarke) Bedd.=Polystichum bakerianum
Polystichum prescottianum var. *castaneum* (Clarke) Bedd.=Polystichum castaneum
Polystichum prescottianum var. *moupottianum* (Franch.) C.Chr.=Polystichum moupinense
Polystichum prescottianum var. *shensiense*(Christ.) C.Chr=Polystichum shensiense
Polystichum prescottianum var. *sinense* Christ (C.Chr.in Act. Hort.Gothob. 1924)=Polystichum submite
Polystichum prionolepis Hay.锯鳞耳蕨
Polystichum pseudoacutidens Ching ex W.M.Chu & Z.R.He 文笔峰耳蕨
Polystichum pseudoaristata Tagawa=Arachniodes pseudoaristata
Polystichum pseudocastaneum Ching & S.K.Wu 拟栗鳞耳蕨
Polystichum pseudodeltodon Ching & Z.Y.Liu=Polystichum ichangense
Polystichum pseudodeltodon Tagawa=Polystichum deltodon
Polystichum pseudomakinoi Tagawa (浙江志 1993)=Polystichum acutipinnulum
Polystichum pseudomakinoi Tagawa 假黑鳞耳蕨
Polystichum pseudomaximowiczii Hay.=Polystichum hecatopteron
Polystichum pseudomaximowiczii Tagawa (Ogata in Ic.Fil.Jap.1936)=Polystichum stenophyllum
Polystichum pseudorhomboideum H.S.Kung & L.B.Zhang 菱羽耳蕨
Polystichum pseudosetosum Ching & Z.Y.Liu 假线鳞耳蕨
Polystichum pseudostenophyllum Tagawa=Polystichum stenophyllum
Polystichum pseudoxiphophyllum Ching ex H.S.Kung 洪雅耳蕨
Polystichum punctiferum C.Chr.中缅耳蕨
Polystichum pycnopterum (Christ) Ching ex W.M.Chu & Z.R.He 密果耳蕨
Polystichum qamdoense Ching & S.K.Wu=Polystichum shensiense
Polystichum qamdoense Ching & S.K.Wu 昌都耳蕨
Polystichum qamdoense var. *elongtum* Ching & S.K.Wu=Polystichum qamdoense
Polystichum rarum Ching & S.K.Wu=Polystichum gongboense
Polystichum rectipinnum Hay.=Polystichum prionolepis
Polystichum retrosopaleaceum (Kodama) Tagawa 倒鳞耳蕨
Polystichum retrosopaleaceum var. *coraiense* (Christ) Tagawa=Polystichum ovatopaleaceum
Polystichum retrosopaleaceum var. *ovatopaleaceum* (Kodama) Tagawa=Polystichum ovatopaleaceum
Polystichum rhombiforme Ching & S.K.Wu 斜方刺叶耳蕨
Polystichum rhomboideum Ching=Polystichum pseudorhomboideum
Polystichum rigens Tagawa 阔鳞耳蕨
Polystichum robustum Ching ex L.B.Zhang & H.S.Kung 粗壮耳蕨
Polystichum rotundilobum Ching 圆形耳蕨(新)
Polystichum rufobarbatum Schott=Polystichum squarrosum
Polystichum rufobartatum Schott (横断山植物 1993)=Polystichum brachypterum
Polystichum rufopaleaceum Ching ex H.S.Kung & L.B.Zhang 红鳞耳蕨
Polystichum rupicola Ching ex W.M.Chu 岩生耳蕨
Polystichum sacrosanctum (Koidz.) Koidz.=Dryopteris sacrosancta
Polystichum salwinense Ching & H.S.Kung 怒江耳蕨
Polystichum saxicola Ching ex H.S.Kung & L.B.Zhang 石生耳蕨
Polystichum scopulinum (Eaton) Maxon 帚状耳蕨
Polystichum semifertile (Clarke) Ching 半育耳蕨
Polystichum setiferum (Forsk.) Moore ex Woynar 多鳞耳蕨
Polystichum setiferum var. *crenatum* Nair=Polystichum discretum
Polystichum setiferum var. *fargesii* (Christ) C.Chr.=Polystichum piceo-paleaceum
Polystichum setiferum var. *nigropaleaceum* (Christ) Sledge (Sledge in Bull.Brit.Mus.Nat.Hist.Bot.1973)=Polystichum piceo-paleaceum
Polystichum setillosum Ching 刚毛耳蕨
Polystichum setosum (Wall.) Schott=Polystichum longipaleatum
Polystichum shandongense J.X.Li & YWei 山东耳蕨
Polystichum shennongense Ching=Polystichum braunii
Polystichum shensiense Christ 陕西耳蕨
Polystichum shimurae Kurata ex Serizawa 边果耳蕨
Polystichum sikkimense Bedd.=Dryopteris sikkimensis
Polystichum simplicipinnum Hay.单羽耳蕨
Polystichum simplicius (Makino) Tagawa=Arachniodes simplicior
Polystichum simplicius var. *majus* Tagawa=Arachniodes australis
Polystichum sinense Ching 中华耳蕨
Polystichum sinense var. lobatum H.S.Kung & L.B.Zhang 裂叶耳蕨
Polystichum sinense var. sinense =Polystichum sinense
Polystichum sinjiangense Ching ex C.Y.Yang=Polystichum lachenense
Polystichum sino-tsus-simense Ching & Z.Y.Liu 中华对马耳蕨
Polystichum soongae H.S.Kung & L.B.Zhang=Polystichum huae
Polystichum sozanense Ching ex H.S.Kung & L.B.Zhang 草山耳蕨
Polystichum squarrosum (Don) Fee (Y.S.Wu,K.K.Wng & S.M.Pong in Bull.Dep.Biol.Coll.Sci.Sunyatsen Unvi.1931)=Polystichum grandifrons
Polystichum squarrosum (Don) Fee 密鳞耳蕨
Polystichum squarrosum var. *chinense* (Christ) C.Chr.=Polystichum neolobatum
Polystichum squrrosum (Don) Fee (高等图鉴 1972)=Polystichum brachypterum
Polystichum stenophyllum Christ 狭叶芽胞耳蕨
Polystichum stenophyllum var. *abbreviatum* Tagawa=Polystichum stenophyllum
Polystichum stenophyllum var. conaense (Ching & S.K.Wu) W.M.Chu & Z.R.He 错那耳蕨
Polystichum stenophyllum var. stenophyllum=Polystichum stenophyllum
Polystichum stimulans (Kuze ex Mett.) Bedd.猫儿刺耳蕨
Polystichum stimulans Presl=Polystichum stimulans
Polystichum stimulans var. *delavayi* (Christ) H.S.Kung=Polystichum delavayi
Polystichum subacutidens Ching ex L.L.Xiang 多羽耳蕨
Polystichum subapiciflorum Hay.=Polystichum biaristatum
Polystichum subattenuatum Ching & W.M.Chu=Polystichum attenuatum var. subattenuatum
Polystichum subauriculatum Tagawa=Polystichum acutidens
Polystichum subdeltodon Ching 粗齿耳蕨
Polystichum subfimbriatum W.M.Chu & Z.R.He 拟流苏耳蕨
Polystichum submarginale (Bak.) Ching ex L.L.Xiang=Polystichum

submarginale
Polystichum submarginale (Bak.) Ching ex P.S.Wang 近边耳蕨
Polystichum submite (Christ) Diels 秦岭耳蕨
Polystichum subobliquum Tagawa=Polystichum obliquum
Polystichum subulatum Ching ex L.B.Zhang 钻鳞耳蕨
Polystichum tacticopterum (Kunze) Moore 南亚耳蕨
Polystichum taizhongense H.S.Kung 台中耳蕨
Polystichum tangmaiense H.S.Kung 通麦耳蕨
Polystichum thelypteris (L.) Roth=Thelypteris palustris
Polystichum thomsonii (HK.f.) Bedd.尾叶耳蕨
Polystichum tiaoloshanense Ching=Polystichum eximium
Polystichum tibeticum Ching 西藏耳蕨
Polystichum tonkinense (Christ) W.M.Chu & Z.R.He 中越耳蕨
Polystichum torresianum Gaud.=Macrothelypteris torresiana
Polystichum tosaense (Makino) Makino=Polystichum deltodon
Polystichum transmorrisonense Hay.=Ctenitis transmorrisonensis
Polystichum tripteron (Kunze)Presl 戟叶耳蕨
Polystichum tripteron (Kunze) Presl (Wu,Wang & Pong in Polypod.Yaosh. 1932)=Polystichum hancockii
Polystichum tsingkanshanense Ching 井冈山耳蕨?
Polystichum tsuchuense Ching=Polystichum duthiei
Polystichum tsussimense (HK.) Christ=Polystichum tsus-simense
Polystichum tsussimense (HK.) Diels=Polystichum tsus-simense
Polystichum tsussimense (HK.) J.Sm.对马耳蕨
Polystichum tsussimense var. *mayebarae* (Tagawa) Kurata=Polystichum mayebarae
Polystichum tsussimense var. *pallescens* Franch.=Polystichum tsussimense
Polystichum tsussimense var. parvipinnulum W.M.Chu 小羽对马耳蕨
Polystichum tsussimense var. tsus-simense=Polystichum tsussimense
Polystichum tumbazense Ching=Polystichum qamdoense
Polystichum variiforme (Hay.) Tagawa=Polystichum eximium
Polystichum varium (L.) Presl=Dryopteris varia
Polystichum varium var. *eurylepidotum* Rosenst.=Dryopteris formosana
Polystichum virescens Ching & S.K.Wu=Polystichum punctiferum
Polystichum wallichianum Presl=Polystichum discretum
Polystichum wattii (Bedd.) C.Chr.细裂耳蕨
Polystichum wattii sensu Tard.-Blot. & C.Chr.=Polystichum christii
Polystichum wilsoni Christ=Polystichum sinense
Polystichum woodsioides Christ=Polystichum moupinense
Polystichum wulingshanense S.F.Wu=Polystichum leveillei
Polystichum wuyishanensis Ching & Shing=Polystichum acutipinnulum
Polystichum xichouense Ching & W.M.Chu=Polystichum tonkinense
Polystichum xinjiangense Ching ex C.Y.Yang=Polystichum lachenense
Polystichum xiphophyllum (Baker) Diels 剑叶耳蕨
Polystichum xiphophyllum f. *bipinnata* Ching=Polystichum pseudoxiphophyllum
Polystichum yadongense Ching & S.K.Wu 亚东耳蕨
Polystichum yigongense Ching & S.K.Wu=Polystichum neolobatum
Polystichum yuanum Chjing 倒叶耳蕨
Polystichum yunnanense Christ 云南耳蕨
Polystichum yunnanense var. *fargesii* (Christ) C.Chr.=Polystichum piceopaleaceum
Polystichum zayuense W.M.Chu & Z.R.He 察隅耳蕨
Polysticum fimbriatum Presl=Athyrium fimbriatum
Polytoca R.Br.**多裔草属**(禾本科)
Polytoca bracteata R.Br.=Polytoca digitata
Polytoca digitata (L.f.) Druce 多裔草
Polytoca heteroclita (Roxb.) Koord.=Polytoca digitata
Polytoca massii (Bal.) Schenck.葫芦草
Polytrias Hack.**单序草属**(禾本科)
Polytrias amaura (Büse) Kuntze 单序草
Polytrias amaura var. amaura=Polytrias amaura
Polytrias amaura var. nana (Keng & S.L.Chen) S.L.Chen 短毛单序草
Polytrias diversiflora (Steud.) Nash=Polytrias amaura
Polytrias praemorsa (Nees) Hack.=Polytrias amaura
Polytrias praemorsa Hack.三穗草
Polyura geminata HK.f.(分类学报 1957)=Lerchea micrantha
Pomaderris Labill.**安匝木属**(鼠李科)
Pomaderris andromedifolia A.Cunn.显脉安匝木
Pomaderris angustifolia (Benth.) Wakefield 窄叶安匝木
Pomaderris apetala Labill.无瓣安匝木
Pomaderris aspera Sieb. ex DC.皱叶安匝木
Pomaderris betulina HK.桦叶安匝木
Pomaderris brunnea Wakefield.褐毛安匝木
Pomaderris cotoneaster Wakefield 栒子安匝木
Pomaderris discolor (Vent.) Desf.灰毛安匝木
Pomaderris elliptica Labill.椭圆叶安匝木
Pomaderris eriocephala N.A.Wakefield 黄毛安匝木
Pomaderris ferruginea Sieb. ex Fenzl.大花安匝木
Pomaderris lanigera (Andr.) Sims.毛序安匝木
Pomaderris ledifolia A.Cunn.隐脉安匝木
Pomaderris ligustrina Sieb. ex DC.披针叶安匝木
Pomaderris multiflora Sieb. ex Fenzl.多花安匝木
Pomaderris phylicaefolia Lodd. ex Link.灌木状安匝木
Pomaderris prunifolia Fenzl.锈毛安匝木
Pomaderris rugosa Cheesem.锈脉安匝木
Pomaderris sericea Wakefield 金毛安匝木
Pomaderris sieberana Wakefield 单毛安匝木
Pomaderris vellea Wakefield 密花安匝木
Pomaderris velutina Willis 绒毛安匝木
Pomasterion japonicum Miq.=Actinostemma tenerum
Pomasterium Miq.=**Actinostemma**
Pomatocalpa Breda **鹿角兰属**(兰科)
Pomatocalpa acuminatum (Rolfe) Schltr.台湾鹿角兰
Pomatocalpa brachybotryum (Hay.) Hay.=Pomatocalpa acuminatum
Pomatocalpa luchuense (Rolfe) T.Tang & F.T.Wang=Staurochilus luchuensis
Pomatocalpa spicatum Breda 鹿角兰
Pomatocalpa vitellinum (Rchb.f.) Ames 蛋黄色鹿角兰
Pomatocalpa wendlandorum (Rchb.f.) J.J.Sm.=Pomatocalpa spicatum
Pomatosace Maxim.**羽叶点地梅属**(报春花科)
Pomatosace filicula Maxim.羽叶点地梅
Pometia J.R. & G.Forst.**番龙眼属**(无患子科)
Pometia pinnata J.R. & G.Forst 番龙眼
Pometia pinnata f. *pinnata* Jacobs=Pometia pinnata
Pometia pinnata f. *tomentosa* (Bl.) Jacobs=Pometia tomentosa
Pometia tomentosa (Bl.) Teysm. & Binn.绒毛番龙眼
Pommereschea Wittm.**直唇姜属**(姜科)
Pommereschea lackneri Wittm.直唇姜
Pommereschea spectabilis (King & Prain) K.Schum.短柄直唇姜
Poncirus Raf.**枳属**(芸香科)
Poncirus polyandra S.Q.Ding et al.富民枳
Poncirus trifoliata (L.) Raf.枳
Poncirus trifoliata ×Citrus ichangensis 枳×宜昌橙
Ponerorchis Rchb.f.=**Orchis**
Ponerorchis brevicalcrata (Finet) Sóo=Orchis brevicalcarata
Ponerorchis chrysea (W.W.Sm.) Sóo=Orchis chrysea
Ponerorchis chusua (D.Don) Sóo=Orchis chusua
Ponerorchis chusua subsp. *nana* (King & Pantl.) Sóo=Orchis chusua
Ponerorchis chusua var. *delavayi* (Schltr.) Sóo=Orchis chusua
Ponerorchis chusua var. *giraldiana* (Kraenzl.) Sóo=Orchis chusua
Ponerorchis chusua var. *tenii* (Schltr.) Sóo=Orchis chusua
Ponerorchis chusua var. *unifoliata* (Schltr.) Sóo=Orchis chusua
Ponerorchis crenulata (Schltr.) Sóo=Orchis crenulata
Ponerorchis diantha (Schltr.) Sóo=Orchis diantha
Ponerorchis formosensis (S.S.Ying) S.S.Ying=Amitostigma gracile
Ponerorchis hui (T.Tang & F.T.Wang) Sóo=Orchis limprichtii
Ponerorchis hunihikoana (Masam & Fukuyama) Sóo=Orchis kunihikoana
Ponerorchis kiraishiensis (Hay.) Ohwi=Orchis kiraishiensis
Ponerorchis kiraishiensis Hay(T.P.Lin in NaT.Orch.Taiwan 1987)=Orchis nanhutashanensis
Ponerorchis kiraishiensis var. *leucantha* (Masam.) A.T.Hsihe=Orchis kunihikoana
Ponerorchis limprichtii (Schltr.) Sóo=Orchis limprichtii
Ponerorchis monophylla (Coll & Hems(L.) Sóo=Orchis monophylla
Ponerorchis nana (King & Pantl.) Sóo=Orchis chusua
Ponerorchis nanhutashanensis S.S.Ying=Orchis nanhutashanensis
Ponerorchis pauciflora (Lindl.) Ohwi=Orchis chusua
Ponerorchis pulchella (Hand.-Mazz.) Sóo=Orchis chusua
Ponerorchis taitungensis (S.S.Ying) S.S.Ying=Orchis taitungensis
Ponerorchis taitungensis var. *alboflorens* (S.S.Ying) S.S.Ying=Orchis taitungensis var. alboflorens

Ponerorchis taiwanensis (Fukuyama) Ohwi=Orchis taiwanensis
Ponerorchis takasago-montana (Masam.) Ohwi=Orchis takasago-montana
Ponerorchis taoloii (S.S.Ying) T.P.Lin=Orchis kunihikoana
Pongamia Vent.**水黄皮属**(豆科)
Pongamia elliptica Wall.=Derris elliptica
Pongamia glabra Vent.=Pongamia pinnata
Pongamia pinnata (L.) Pierre 水黄皮
Pongatium Juss.=**Sphenoclea**
Pongatium indicum Lam.=Sphenoclea zeylanica
Pongatium spongiosum Blanco=Sphenoclea zeylanica
Pongelion glandulosum Pierre=Ailanthus altissima
Pontederia L. **梭鱼草属**(雨久花科)
Pontederia cordata L.梭鱼草
Pontederia crassipes Mart.=Eichhornia crassipes
Pontederia dilatata Buch.-Ham.=Monochoria hastata
Pontederia dubia Bl.=Hydrocharis dubia
Pontederia hastata L.=Monochoria hastata
Pontederia ovata HK. & Arn.=Monochoria vaginalis
Pontederia ovata L.=Phrynium rheedei
Pontederia pauciflora Bl.=Monochoria vaginalis
Pontederia plantaginea Roxb.=Monochoria vaginalis
Pontederia sagittata Roxb.=Monochoria hastata
Pontederia vaginalis Burm.f.=Monochoria vaginalis
Pontederiaceae 雨久花科
Popowia Endl.**嘉陵花属**(番荔枝科)
Popowia pisocarpa (Bl.) Endl.嘉陵花
Populus L.**杨属**(杨柳科)
Populus acuminata Rybd.披针叶杨
Populus adenopoda Maxim.响叶杨
Populus adenopoda f. adenopoda=Populus adenopoda
Populus adenopoda f. *cuneata* C.Wang & S.L.Tung=Populus adenopoda
Populus adenopoda f. *microcarpa* C.Wang & S.L.Tung=Populus adenopoda
Populus adenopoda var. adenopoda=Populus adenopoda
Populus adenopoda var. platyphylla C.Wang & Tung 大叶响叶杨
Populus afghanica (Ait. & Hemsl.) Schneid.阿富汗杨
Populus afghanica var. afghanica=Populus afghanica
Populus afghanica var. tadishistanica (Kom.) C.Wang & Ch.Y.Yang 喀什阿富汗杨
Populus alachanica Kom.阿拉善杨
Populus alba L.银白杨
Populus alba f. *pyramidalis* (Bge.) Dipp.=Populus alba var. pyramidalis
Populus alba var. alba=Populus alba
Populus alba var. bachofenii (Wierzb.) Wesm.光皮银白杨
Populus alba var. *blumeana* (Lauche) Otto=Populus alba var. pyramidalis
Populus alba var. *canescens* Ait.=Populus canescens
Populus alba var. pyramidalis Bge.新疆杨
Populus alba α. *canescens* Ait.=Populus canesces
Populus amurensis Kom.黑龙江杨
Populus angustifolia James 狭叶杨
Populus ariana Dode=Populus euphratica
Populus bachofenii Wierzb. ex Banat=Populus alba var. bachofenii
Populus baloamifera L.脂杨
Populus balsamifera L.(Pall.in Fl.Ross.1784)=Populus suaveolens
Populus balsamifera var. *candicans* (Ait.) A.Gray=Populus candicans
Populus balsamifera var. *laurifolia* Wesm.=Populus laurifolia
Populus balsamifera var. *simonii* Wesm.=Populus simonii
Populus balsamifera var. *suaveolens* Loudon(p.p.)=Populus maximowiczii
Populus balsamifera var. *suaveolens* Loudon(p.p.)=Populus suaveolens
Populus balsamifera var. *subcordata* Hylander=Populus candicans
Populus balsamifera μ. *simon* μ Wesm.=Populus simonii
Populus ×beijingensis W.Y.Hsu 北京杨
Populus ×berolinensis Dipp.中东杨
Populus bolleana Lauche=Populus alba var. pyramidalis
Populus bonati Lévl.=Populus rotundifolia var. bonati
Populus cana T.Y.Sun=Populus hsinganica var. tricorachis
Populus canadensis f. *eugenei* Simon-Louis ex Schelle=Populus ×canadensis cv. Eugenei
Populus canadensis var. *eugenei* (Schelle) Rehd.=Populus ×canadensis cv. Eugenei
Populus ×canadensis Moench.加杨
Populus ×canadensis cv. Eugenei 尤金杨
Populus ×canadensis cv. Gelrica 格尔里杨
Populus ×canadensis cv. I-214 意大利 214 杨
Populus ×canadensis cv. Leipzig 来比锡杨
Populus ×canadensis cv. Marilandica 马里兰杨
Populus ×canadensis cv. Polska 15A 波兰 15 号杨
Populus ×canadensis cv. Regenerata 新生杨
Populus ×canadensis cv. Robusta 健杨
Populus ×canadensis cv. Sacrau79 沙兰杨
Populus ×canadensis cv. Serotina 晚花杨
Populus candicans Ait.欧洲大叶杨
Populus canesces (Ait.) Smith 银灰杨
Populus cathayana Poljak.=Populus talassica
Populus cathayana Rehd.青杨
Populus cathayana f. *latifolia* C.Wang & C.Y.Wu=Populus cathayana var. latifolia
Populus cathayana var. cathayana=Populus cathayana
Populus cathayana var. latifolia (C.Wang & C.Y.Wu) C.Wang & Tung 宽叶青杨
Populus cathayana var. pedicellata C.Wang & Tung 长果柄青杨
Populus cathayana var. *schneideri* Rehd.=Populus schneideri
Populus charbinensis C.Wang & Skv.哈青杨
Populus charbinensis var. charbinensis=Populus charbinensis
Populus charbinensis var. pachydermis C.Wang & Tung 厚皮哈青杨
Populus ciliata Wall.缘毛杨
Populus ciliata var. aurea Marq. & Shaw 金色缘毛杨
Populus ciliata var. ciliata=Populus ciliata
Populus ciliata var. gyirongensis C.Wang & Tung 吉隆缘毛杨
Populus ciliata var. weixi C.Wang & Tung 维西缘毛杨
Populus davidiana Dode 山杨
Populus davidiana f. davidiana=Populus davidiana
Populus davidiana f. laticuneata Nakai 楔叶山杨
Populus davidiana f. *ovata* C.Wang & S.L.Tung=Populus davidiana
Populus davidiana f. *pendula* (Skv.) C.Wang & Tung=Populus davidiana
Populus davidiana var. davidiana=Populus davidiana
Populus davidiana var. *pendula* Skv.=Nageia davidiana
Populus davidiana var. tomentella (Schneid) Nakai 茸毛山杨
Populus deltoides Marsh.三角杨
Populus densa Kom.=Populus talassica
Populus diversifolia Schrenk.=Populus euphratica
Populus duclouxiana Dode=Populus rotundifolia var. duclouxiana
Populus euphratica Oliv.胡杨
Populus euramericana (Dode) Guinier=Populus ×canadensis
Populus ×euramericana cv. *Gelrica*=Populus ×canadensis cv. Gelrica
Populus ×euramericana cv. *I-214*=Populus ×canadensis cv. I-214
Populus ×euramericana cv. *Leipzig*=Populus ×canadensis cv. Leipzig
Populus ×euramericana cv. *Polska 15A*=Populus ×canadensis cv. Polska 15A
Populus euramericana cv. *Sacrau 79*=Populus ×canadensis cv. Sacrau
Populus fastigiata Poret=Populus nigra var. italica
Populus ×gansuensis C.Wang & H.L.Yang 二白杨
Populus girinensis Skv.东北杨
Populus girinensis var. girinensis=Populus girinensis
Populus girinensis var. ivaschkevitchii Skv.楔叶东北杨
Populus glabrata Dode=Populus tomentosa
Populus glauca Haines 灰背杨
Populus grandidentata Michx.大齿杨
Populus haoana Cheng & C.Wang 德钦杨
Populus haoana var. *haoana*=Populus haoana
Populus haoana var. macrocarpa C.Wang & Tung 大果德钦杨
Populus haoana var. megaphylla C.Wang & Tung 大叶德钦杨
Populus haoana var. microcarpa C.Wang & Tung 小果德钦杨
Populus hopeiensis Hu & Chow 河北杨
Populus hsinganica C.Wang & Skv.兴安杨
Populus iliensis Drob.伊犁杨
Populus intramongolica T.Y.Sun & E.W.Ma 内蒙杨
Populus italica Moench.=Populus nigra var. italica
Populus ×jrtyschensis Ch.Y.Yang 额河杨
Populus kangdingensis C.Wang & Tung 康定杨

Populus keerqinensis T.Y.Sun 科尔沁杨
Populus koreana Rehd.香杨
Populus lancifolia N.Chao 瘦叶杨
Populus lasiocarpa Oliv.大叶杨
Populus lasiocarpa var. longiamenta P.Y.Mao & P.X.He 长序大叶杨
Populus laurifolia Ledeb.(河北图志 1934,树木分类学 1937,p.p.)=Populus pseudosimonii
Populus laurifolia Ledeb.苦杨
Populus laurifolia γ. *simonii* Rgl.=Populus simonii
Populus liaotungensis C.Wang & Skv.=Populus simonii var. liaotungensis
Populus litwinowiana Dode=Populus euphratica
Populus macranthela Lévl. & Vant.=Populus rotundifolia var. duclouxiana
Populus mainlingensis C.Wang & Tung 米林杨
Populus manshurica Nakai 热河杨
Populus marilandica Bosc. ex Poiret=Populus ×canadensis cv. Marilandica
Populus maximowiczii Henry 辽杨
Populus maximowiczii var. *barbinervis* Nakai=Populus ussuriensis
Populus minhoensis S.F.Yang & H.F.Wu 民和杨
Populus nakaii Skv.玉泉杨
Populus nigra L.黑杨
Populus nigra subsp. *nigra* cv. *italica* Bugala=Populus nigra var. italica
Populus nigra var. *afghanica* Ait. & Hemsl.=Populus afghanica
Populus nigra var. *italica* (Moench.) Koehne ×*Populus cathayana* Rehd.=Populus ×beijingensis
Populus nigra var. italica (Moench.) Koehne 钻天杨
Populus nigra var. nigra=Populus nigra
Populus nigra var. *pyramidalis* (Bork.) Spach.=Populus nigra var. italica
Populus nigra var. *sinensis* Carr.=Populus nigra var. italica
Populus nigra var. thevestina (Dode) Bean.箭杆杨
Populus nigra δ. *pyramidalis* (Bork.) Spach=Populus nigra var. italica
Populus ningshanica C.Wang & Tung 汉白杨
Populus pamirica Kom.帕米杨
Populus pekinensis Henry=Populus tomentosa
Populus pilosa Rehd.柔毛杨
Populus pilosa var. leiocarpa C.Wang & Tung 光果柔毛杨
Populus pilosa var. pilosa=Populus pilosa
Populus platyphylla T.Y.Sun 阔叶杨
Populus platyphylla var. *flaviflora* T.Y.Sun=Populus platyphylla
Populus platyphylla var. *glauca* T.Y.Sun=Populus platyphylla
Populus pruinosa Schrenk 灰胡杨
Populus przewalskii Maxim.青甘杨
Populus pseudoglauca C.Wang & P.Y.Fu 长序杨
Populus pseudoglauca var. *yatungensis* (C.Wang & P.Y.Fu) N.Chao=Populus yatungensis
Populus pseudomaximowiczii C.Wang & Tung 梧桐杨
Populus pseudomaximowiczii f. glabrata C.Wang & Tung 光果梧桐杨
Populus pseudomaximowiczii f. pseudomaximowiczii=Populus pseudomaximowiczii
Populus pseudosimonii Kigat.小青杨
Populus pseudosimonii var. patula T.Y.Sun 展枝小青杨
Populus pseudosimonii var. pseudosimonii =Populus pseudosimonii
Populus ×pseudotomentosa C.Wang & Tung 响毛杨
Populus purdomii Rehd.冬瓜杨
Populus purdomii var. purdomii=Populus purdomii
Populus purdomii var. rockii (Rehd.) C.F.Fang & H.L.Yang 光皮冬瓜杨
Populus pyramidalis Borkh.=Populus nigra var. italica
Populus pyramidalis Rozier=Populus nigra var. italica
Populus pyramidalis Salisb.=Populus nigra var. italica
Populus qamdoensis C.Wang & Tung 昌都杨
Populus qiongdaoensis T.Hong & P.Luo 琼岛杨
Populus regenerata Henry ex Schneid.=Populus ×canadensis cv. Regenerata
Populus robusta Schneid.=Populus canadensis cv. Robusta
Populus rotundifolia Griff.圆叶杨
Populus rotundifolia var. bonati (Lévl.) C.Wang & Tung 滇南山杨
Populus rotundifolia var. duclouxiana (Dode) Gomb.清溪杨
Populus rotundifolia var. rotundifolia=Populus rotundifolia
Populus schneideri (Redh.) N.Chao 西南杨
Populus schneideri var. *tibetica* (C.K.Schneid) N.Chao=Populus szechuanica var. tibetica
Populus serotina Hartig.=Populus ×canadensis cv. Serotina
Populus shanxiensis C.Wang & Tung 青毛杨
Populus silvestrii Pamp.=Populus adenopoda
Populus simonii ×*P. nigra* L.=Populus ×xiaohei
Populus simonii Carr.小叶杨
Populus simonii f. *fastigiata* C.K.Schneid=Populus simonii
Populus simonii f. *liaotungensis* (Cang & Skv.) Kitag.=Populus simonii var. liaotungensis
Populus simonii f. *pendula* C.K.Schneid=Populus simonii
Populus simonii f. *przewalskii* (Maxim.) Rehd.=Populus przewalskii
Populus simonii f. rhombifolia (Kitag.) C.Wang & Thung 菱叶小叶杨
Populus simonii f. *robusta* C.Wang & S.L.Tung=Populus simonii
Populus simonii f. simonii=Populus simonii
Populus simonii var. *breviamenta* T.Y.Sun=Populus simonii var. liaotungensis
Populus simonii var. *griseoalba* T.Y.Sun=Populus przewalskii
Populus simonii var. latifolia C.Wang & Tung 宽叶小叶杨
Populus simonii var. liaotungensis (C.Wang & Skv.) C.Wang & Tung 辽东小叶杨
Populus simonii var. *manshurica* (Nakai) Kitag.=Populus manshurica
Populus simonii var. *ovata* T.Y.Sun=Populus przewalskii
Populus simonii var. *rhombifolia* Kitag.=Populus simonii f. rhombifolia
Populus simonii var. rotundifolia S.C.Lu ex C.Wang & Tung 圆叶小叶杨
Populus simonii var. simonii =Populus simonii
Populus simonii var. tsinlingensis C.Wang & C.Y.Wu 秦岭小叶杨
Populus suaveolens Fisch.(Schneid.in Sarg.Pl.Wils. 1916,p.p.)=Populus simonii
Populus suaveolens Fisch.甜杨
Populus suaveolens isch.(Kitag. in Neo-Lineam.Fl.Mansh. 1979)=Populus hsinganica
Populus suaveolens Maxim.=Populus maximowiczii
Populus suaveolens var. *przewalskii* (Maxim.) Schneid.=Populus przewalskii
Populus szechuanica Schneid.川杨
Populus szechuanica var. *rockii* Rehd.=Populus purdomii var. rockii
Populus szechuanica var. tibetica Schneid.藏川杨
Populus tadishistanica Kom.=Populus afghanica var. tadishistanica
Populus talassica Kom.密叶杨
Populus thevestina Dode=Populus nigra var. thevestina
Populus tomentosa Carr.毛白杨
Populus tomentosa var. fastigiata Y.H.Wang 抱头毛白杨
Populus tomentosa var. tomentosa=Populus tomentosa
Populus tomentosa var. truncata Y.C.Fu & C.H.Wang 截叶毛白杨
Populus tremula L.欧洲山杨
Populus tremula Liou et al.=Populus davidiana
Populus tremula var. *adenopoda* (Maxim.) Burkill=Populus adenopoda
Populus tremula var. *davidiana* (Dode) Schneid=Populus davidiana
Populus tremula var. *davidiana* f. *tomentella* Schneid.=Populus davidiana var. tomentella
Populus trinervis C.Wang & Tung 三脉青杨
Populus trinervis var. shimianica C.Wang & N.Chao 石棉杨
Populus trinervis var. trinervis =Populus trinervis
Populus usbekistanica subsp. *tadishistanica* (Kom.) Bge.=Populus afghanica var. tadishistanica
Populus usbekistanica subsp. *usbekistanica* cv. *Afghanica* W.Bugala=Populus afghanica
Populus ussuriensis Kom.大青杨
Populus violascens Dode 堇柄杨
Populus wenxianica Z.C.Feng & J.L.Guo ex G.Zhu 文县杨
Populus wilsonii C.K.Schneid 椅杨
Populus wilsonii f. *brevipetiolata* C.Wang & S.L.Tung=Populus wilsonii
Populus wilsonii f. *pedicellata* C.Wang & S.L.Tung=Populus wilsonii
Populus wilsonii f. wilsonii=Populus wilsonii
Populus wuana C.Wang & Tung 长叶杨
Populus wuliangensis S.B.Liang & X.W.Li 五莲杨
Populus wutanica Mayr.=Populus davidiana
Populus xiangchengensis C.Wang & Tung 乡城杨
Populus ×xiaohei T.S.Hwang & Liang 小黑杨
Populus ×xiaozhuanica W.Y.Hsu & Liang 小钻杨
Populus yatungensis (C.Wang & P.Y.Fu) C.Wang & Tung 亚东杨
Populus yatungensis var. crenata C.Wang & Tung 圆齿亚东杨

Populus yatungensis var. *trichorachis* C.Wang & Tung=Populus schneideri
Populus yatungensis var. yatungensis=Populus yatungensis
Populus yüana C.Wang & Tung 五瓣杨
Populus yunnanensis Dode 滇杨
Populus yunnanensis var. microphylla C.Wang & Tung 小叶滇杨
Populus yunnanensis var. pedicellata C.Wang & Tung 长果柄滇杨
Populus yunnanensis var. *yatungensis* C.Wang & P.Y.Fu=Populus yatungensis
Populus yunnanensis var. yunnanensis=Populus yunnanensis
Porana aa Burm.f.(植物志 64-1,1979)=**Dinetus**
Porana brevisepala C.Y.Wu & S.H.Huang=Dineetus dinetoides
Porana confertifolia C.Y.Wu=Tridynamia sinensis var. delavayi
Porana decora W.W.Sm.=Dinetus decorus
Porana delavayi Gagn.=Tridynamia sinensis var. delavayi
Porana dinetoides C.K.Schneid. =Dinetus dinetoides
Porana dinetoides var. *dinetoides*=Dinetus dinetoides
Porana dinetoides var. *mienningensis* S.H. Huang=Dinetus dinetoides
Porana discifera C.K.Schneid=Poranospsis discifera
Porana duclouxii Gagn. & Courch. =Dinetus duclouxii
Porana duclouxii var. *duclouxii*=Dinetus duclouxii
Porana duclouxii var. *lasia* (C.K.Schneid.) Hand.-Mazz. =Dinetus duclouxii
Porana esquirolii Lévl.=Tridynamia sinensis
Porana gagnepainiana Lévl.=Dinetus racemosus
Porana grandiflora Wall.=Dinetus grandiflorus
Porana henryi Verdc.=Poranosis sinensis
Porana lobata C.Y.Wu=Porana duclouxii
Porana lutingensis Lingelsh.=Dinetus duclouxii
Porana mairei Gagn. =Dinetus decorus
Porana mairei var. *holosericea* C.Y.Wu=Dinetus decorus
Porana mairei var. *mairei*=Dinetus decorus
Porana megalantha Merr. =Tridynamia megalanatha
Porana megathyrsa C.Y.Wu=Tridynamia megalanatha
Porana microsepala Hand.-Mazz.=Dinetus decorusi
Porana paniculata Roxb.(Schneid.in Sarg.Pl.Wils.1916,p.p.)=Poranopsis sinensis
Porana paniculata Roxb.=Poranopsis paniculata
Porana racemosa Roxb. =Dinetus racemosus
Porana racemosa var. *racemosa*=Dinetus racemosus
Porana racemosa var. *sericocarpa* C.Y.Wu=Dinetus racemosus
Porana racemosa var. *tomentella* C.Y.Wu=Dinetus racemosus
Porana racemosa var. *violacea* C.Y.Wu=Dinetus racemosus
Porana sinensis Hemsl. =Tridynamia sinensis
Porana sinensis var. *delavayi* (Gagn. & Courch.) Rehd. =Tridynamia sinensis var. delavayi
Porana sinensis var. *sinensis*=Tridynamia sinensis
Porana speciosa Benth. & HK.f.=Tridynamia megalantha
Porana spectabilis Kurz=Tridynamia megalantha
Porana spectabilis var. *megalantha* (Merr.) How=Tridynamia megalantha
Porana spectabilis var. *spectabilis*=Tridynamia megalantha
Porana triserialis Schneid.=Dinetus duclouxii
Porana triserialis var. *lasia* Schneid.=Dinetus duclouxii
Porana truncata Kurz.=Dinetus truncatus
Porandra Hong **孔药花属**(鸭跖草科)
Porandra microphylla Y.Wan 小叶孔药花
Porandra ramosa Hong 孔药花
Porandra scandens Hong 攀援孔药花
Poranopsis Roberty **白花叶属**(旋花科)
Poranopsis discifera (C.K.Schneid) Stales 搭棚藤
Poranopsis paniculata (Roxb.) Roberty 圆锥白花叶
Poranopsis sinensis (Hand.-Mazz.) Staples 白花叶
Porolabium T.Tang & F.T.Wang **孔唇兰属**(兰科)
Porolabium biporosum (Maxim.) T.Tang & F.T.Wang 孔唇兰
Porpax Lindl.**盾柄兰属**(兰科)
Porpax ustulata (Par. & Rchb.f.) Rolfe 盾柄兰
Porphyra C.Ag.**紫菜属**(马鞭草科)
Porphyra crispata Kjellm.绉紫菜
Porphyra dentata Kjellm.长紫菜
Porphyra dichotoma Lour.=Callicarpa dichotoma
Porphyra guangdongensis Tseng & T.J.Chang 广东紫菜?
Porphyra haitanensis T.J.Chang & B.F.Zheng 坛紫菜
Porphyra katadai Miura 半叶紫菜
Porphyra laciniata (Light) Ag.裂缘紫菜
Porphyra marginata Tseng & T.J.Chang 边紫菜
Porphyra okamurai Ueda 冈村紫菜
Porphyra seriata Kjellm.列紫菜
Porphyra suborbiculata Kjellm.圆紫菜
Porphyra tenera Kjellm.甘紫菜
Porphyra umbilicalis (L.) Kütz.脐形紫菜
Porphyra vietnamensis Tanaka & Ho 越南紫菜
Porphyra yezoensis Ueda 条斑紫菜
Porphyroscias decursiva Miq.=Angelica decursiva
Porphyroscias decursiva f. *albiflora* (Maxim.) Nakai=Angelica decursiva f. albiflora
Porphyroscias megaphylla de Boiss.=Angelica megaphylla
Porterandia Ridl.**绢冠茜属**(茜草科)
Porterandia sericantha (W.C.Chen) W.C.Chen 绢冠茜
Portulaca L.**马齿苋属**(马齿苋科)
Portulaca formosana (Hay.) Hay.=Portulaca quadrifida
Portulaca grandiflora HK.大花马齿苋
Portulaca hainanensis Chun & How=Portulaca psammotropha
Portulaca insularis Hosokawa 小琉球马齿苋
Portulaca oleracea L.马齿苋
Portulaca pachyrrhiza Gagn.(Merr. & Chun in Suynyatsenia 1935)=Portulaca psammotropha
Portulaca paniculata Jacq.=Talinum paniculatum
Portulaca patens L.=Talinum paniculatum
Portulaca pilosa L.毛马齿苋
Portulaca portulacastrum L.=Sesuvium portulacastrum
Portulaca psammotropha Hance 沙生马齿苋
Portulaca quadrifida L.四瓣马齿苋
Portulaca quadrifida var. *formosana* Hay.=Portulaca quadrifida
Portulacaceae 马齿苋科
Portulacaria Jacq.**马齿苋树属**(马齿苋科)
Portulacaria afra (L.) Jacq.马齿苋树
Posidonia König.**波喜荡属**(眼子菜科)
Posidonia australis HK.f.波喜荡
Posidonia caulini König.茎生波喜荡
Posidonia oceanica (L.) Del.=Posidonia caulini
Posoqueria Aubl.(Roxb.in Fl.Ind.1824)=**Fagerlindia**
Potameia kwangsinensis Kosterm.=Syndiclis kwangsinensis
Potamogeton L.**眼子菜属**(眼子菜科)
Potamogeton acutifolius Link.单果眼子菜
Potamogeton amblyophyllus C.A.Mey.钝叶菹草
Potamogeton applantus Y.D.Chen=Potamogeton filiformis var. applanatus
Potamogeton berchtoldii Fieber (Sasaki in List.Pl.Form.1928)=Potamogeton pusilus
Potamogeton bracteatus Y.D.Chen=Potamogeton pectinatus
Potamogeton chongyongensis W.X.Wang 崇阳眼子菜
Potamogeton crispus L.菹草
Potamogeton crispus var. *serrulatus* Reich.(Miyabe & Kudô in J.Fac.Agr. 1931)=Potamogeton crispus
Potamogeton cristatus Rgl & Maack 鸡冠眼子菜
Potamogeton distinctus A.Benn.眼子菜
Potamogeton erhaiensis Y.D.Chen=Potamogeton pectinatus
Potamogeton filiformis Pers.丝叶眼子菜
Potamogeton filiformis var. applanatus (Y.D.Chen) Q.Y.Li 扁茎眼子菜
Potamogeton filiformis var. filiformis=Potamogeton filiformis
Potamogeton fontigenus Y.H.Guo et al.泉生眼子菜
Potamogeton franchetii A.Benn & Baag.=Potamogeton distinctus
Potamogeton gaudichaudii Cham & Schl.=Potamogeton malaianus
Potamogeton gramineus L.禾叶眼子菜
Potamogeton heterophyllus Schreb.(Kuzm & Skv.in Philip.J.Sci.1941, p.p.)= Potamogeton gramineus
Potamogeton heterophyllus Schreb.异叶眼子菜
Potamogeton hubeiensis Y.X.Wang 湖北眼子菜
Potamogeton interruptus Kit.=Potamogeton pectinatus var. interruptus
Potamogeton intortifolius J.D.He et al.扭叶眼子菜
Potamogeton intramongolicus Ma=Potamogeton pectinatus var. interruptus
Potamogeton japonicus Franch. & Sav.=Potamogeton malaianus
Potamogeton leptanthus Y.D.Chedn 柔花眼子菜
Potamogeton limosellifolius Maxim.(A.Benn.in J.L.Soc.Bot.1903)=

Potamogeton octandrus var. miduhikimo
Potamogeton lucens L.光叶眼子菜
Potamogeton maackianus A.Benn.微齿眼子菜
Potamogeton malaianus Miq.竹叶眼子菜
Potamogeton miduhikimo (Makino=Potamogeton octandrus var. miduhikimo
Potamogeton minatus Y.D.Chen=Potamogeton pectinatus
Potamogeton mucronatus Presl=Potamogeton malaianus
Potamogeton nanus Y.D.Chen 矮眼子菜
Potamogeton natans L.(北京志 1975,秦岭志 1976,高等图鉴 1976)= Potamogeton distinctus
Potamogeton natans L.浮叶眼子菜
Potamogeton nodosus Poir.小节眼子菜
Potamogeton obtusifolius Mert & Koch 钝叶眼子菜
Potamogeton octandrum Poir.南方眼子菜
Potamogeton octandrus var. miduhikimo (Makino) Hara 钝脊眼子菜
Potamogeton oxyphyllus Miq.尖叶眼子菜
Potamogeton pamiricus Baag.帕米尔眼子菜
Potamogeton panormitanus Biv.-Bern.=Potamogeton pusilus
Potamogeton pectinatus L.篦齿眼子菜
Potamogeton pectinatus var. diffusus Hagström 铺散眼子菜
Potamogeton pectinatus var. interruptus (Kit.) Asch.内蒙眼子菜
Potamogeton pectinatus var. pectinatus =Potamogeton pectinatus
Potamogeton perfoliatus L.穿叶眼子菜
Potamogeton perfoliatus var. *mandshuriensis* A.Benn.(水生植物图谱 1983)= Potamogeton perfoliatus
Potamogeton polygonifolius Pour.(秦岭志 1976)=Potamogeton distinctus
Potamogeton polygonifolius Pour.蓼叶眼子菜
Potamogeton praelongus Wulf.白茎眼子菜
Potamogeton pusillus L.(秦岭志 1976)=Potamogeton oxyphyllus
Potamogeton pusilus L.小眼子菜
Potamogeton recurvatus Hagström 长鞘菹草
Potamogeton rufescens Schrad.=Potamogeton heterophyllus
Potamogeton serrulatus Rgl & Maack.=Potamogeton maackianus
Potamogeton sinicus Migo=Potamogeton lucens
Potamogeton tepperi Benn.(东北检索表 1959)=Potamogeton distinctus
Potamogeton vaseyi Robb.(东北检索表 1959)=Potamogeton octandrus var. miduhikimo
Potamogeton zosterifolius Schum.(Ma in Acta Bot.Bor.-Occ.Sin.1983)= Potamogeton acutifolius
Potamogetonaceae 眼子菜科
Potaninia Maxim.**绵刺属**(蔷薇科)
Potaninia mongolica Maxim.绵刺
Potentilla L.**委陵菜属**(蔷薇科)
Potentilla acaulis L.星毛委陵菜
Potentilla acervata Sojak.=Potentilla tanacetifolia
Potentilla adnata Wall. ex Lehom.=Acomastylis elata var. humilis
Potentilla adpressa var. *pumila* HK.f.=Sibbaldia adpressa
Potentilla adpressa var. *sericea* Card.=Sibbaldia sericea
Potentilla aegopodiifolia Lévl.=Potentilla cryptotaeniae
Potentilla aemulans Juzep=Potentilla ancistrifolia
Potentilla agrimonioides M.Bieb.(Bge.in Ledeb.Fl.Alt.1830)=Potentilla strigosa
Potentilla albifolia Wall. ex HK.f.=Sibbaldia micropetala
Potentilla altaica Bge.=Potentilla virgata var. pinnatifida
Potentilla ambigua Camb.=Potentilla cuneata
Potentilla amurensis Maxim.=Potentilla supina var. ternata
Potentilla ancistrifolia Bge.皱叶委陵菜
Potentilla ancistrifolia var. ancistrifolia=Potentilla ancistrifolia
Potentilla ancistrifolia var. dickinsii (Franch. & Sav.) Koidz.薄叶委陵菜
Potentilla ancistrifolia var. tomentosa Liou & Y.Y.Li 白毛皱叶委陵菜
Potentilla anemonefolia Lehm.=Potentilla kleiniana
Potentilla angustiloba Yü & Li 窄裂委陵菜
Potentilla anseriana var. *viridis* Koch=Potentilla anserina var. nuda
Potentilla anserina L.蕨麻
Potentilla anserina f. *incisa* Wolf=Potentilla anserina
Potentilla anserina var. anserina=Potentilla anserina
Potentilla anserina var. nuda Gaud.无毛蕨麻
Potentilla anserina var. orientalis Card.?东方蕨麻
Potentilla anserina var. sericea Hayne 灰叶蕨麻
Potentilla approximata Bge.=Potentilla conferta
Potentilla arbuscula D.Don=Potentilla fruticosa var. arbuscula
Potentilla arbuscula var. *albicans* Rehd. & Wils.=Potentilla fruticosa var. albicans
Potentilla arbuscula var. *bulleyana* Balf.f. ex H.R.Fletch.=Potentilla fruticosa var. albicans
Potentilla arbuscula var. *pumila* (HK.f.) Hand.-Mazz.=Potentilla fruticosa var. pumila
Potentilla arbuscula var. *rigida* (Wall.) Hand.-Mazz.(p.p.)=Potentilla fruticosa var. arbuscula
Potentilla arbuscula var. *veitchii* (Wils.) T.N.Liou=Potentilla glabra var. mandshurica
Potentilla argentea L.银背委陵菜
Potentilla argyrophylla Wall.银光委陵菜
Potentilla argyrophylla var. argyrophylla=Potentilla argyrophylla
Potentilla argyrophylla var. atrosanguinea HK.f.紫花银光委陵菜
Potentilla argyrophylla var. *genuina* HK.f.=Potentilla argyrophylla
Potentilla articulata Franch.关节委陵菜
Potentilla articulata var. articulata=Potentilla articulata
Potentilla articulata var. latipetiolata (E.C.Fischer) Yü & Li 宽柄关节委陵菜
Potentilla asiatica (Wolf) Juzep.=Potentilla chrysantha
Potentilla asperrima Turcz.(东北检索表 1959)=Potentilla fragarioides
Potentilla asperrima Turcz.刚毛委陵菜
Potentilla atrosanguinea Lodd.=Potentilla argyrophylla var. atrosanguinea
Potentilla beauvaisii Card.=Potentilla griffithii var. velutina
Potentilla betonicifolia Poir.白萼委陵菜
Potentilla biflora Willd. ex Schlecht.双花委陵菜
Potentilla biflora var. *armerioides* (HK.f.) Hand.-Mazz.=Potentilla articulata
Potentilla biflora var. biflora=Potentilla biflora
Potentilla biflora var. lahulensis Wolf 五叶双花委陵菜
Potentilla bifurca L.二裂委陵菜
Potentilla bifurca var. bifurca =Potentilla bifurca
Potentilla bifurca var. *canescens* Bong. & Mey.=Potentilla imbricata
Potentilla bifurca var. *glabrata* Lehm.=Potentilla bifurca var. major
Potentilla bifurca var. humilior Rupr & Osten-Sacken 矮生二裂委陵菜
Potentilla bifurca var. major Ledeb.长叶二裂委陵菜
Potentilla bifurca var. *moocroftii* Wolf=Potentilla bifurca var. humilior
Potentilla bifurca var. *typica* Wolf=Potentilla bifurca
Potentilla bifurca var. *unijuga* Wolf=Sibbaldia adpressa
Potentilla bodinieri Lévl.=Potentilla kleiniana
Potentilla brachystemon Hand.-Mazz.=Sibbaldia perpusilloides
Potentilla caespitosa Lehm.=Potentilla saundersiana var. caespitosa
Potentilla canescens Bess.=Potentilla inclinata
Potentilla cardotiana Hand.-Mazz.=Potentilla peduncularis
Potentilla cariandrifolia D.Don (新拉汉英 1996)=Potentilla coriandrifolia
Potentilla cariandrifolia var. *dumosa* Franch. (新拉汉英 1996)= Potentilla coriandrifolia var. dumosa
Potentilla centigrana Maxim.蛇莓委陵菜
Potentilla chinensis Ser.委陵菜
Potentilla chinensis subsp. *trigonodonta* Hand.-Mazz.=Potentilla chinensis
Potentilla chinensis var. chinensis =Potentilla chinensis
Potentilla chinensis var. lineariloba Franch. & Sav.细裂委陵菜
Potentilla chinensis var. oligodonta Hand.-Mazz.疏齿委陵菜?
Potentilla chinensis var. *xerogens* Hand.-Mazz.=Potentilla chinensis
Potentilla chrysantha Trev.黄花委陵菜
Potentilla chrysantha var. *asiatica* Wolf=Potentilla chrysantha
Potentilla cinerea var. *trifoliata* Koch (Ledeb.in Fl.Ross.1844,p.p.)= Potentilla acaulis
Potentilla comarum Nestl.=Comarum palustre
Potentilla compsophylla Hand.-Mazz.=Potentilla potaninii var. compsophylla
Potentilla concolor Rolfe=Potentilla macrosepala
Potentilla concolor Zimm.=Potentilla anserina var. sericea
Potentilla conferta Bge.(Hand.-Mazz.in Acta Hort.Gothob.1939,p.p.)= Potentilla strigosa
Potentilla conferta Bge.大萼委陵菜
Potentilla conferta var. conferta=Potentilla conferta
Potentilla conferta var. trijuga Yü & Li 矮生大萼委陵菜
Potentilla coriandrifolia D.Don 荽叶委陵菜
Potentilla coriandrifolia var. coriandrifolia=Potentilla coriandrifolia

Potentilla coriandrifolia var. dumosa Franch.丛生荽叶委陵菜
Potentilla coutigrana Maxim.蛇莓委陵菜
Potentilla crebridens Juzep=Potentilla nivea var. elongata
Potentilla crenulataYü & Li 圆齿委陵菜
Potentilla cryptotaeniae Maxim.狼牙委陵菜
Potentilla cryptotaeniae var. cryptotaeniae=Potentilla cryptotaeniae
Potentilla cryptotaeniae var. *genuina* Kitag.=Potentilla cryptotaeniae
Potentilla cryptotaeniae var. *obovata* Wolf=Potentilla cryptotaeniae
Potentilla cryptotaeniae var. radicans Yü & Li 匍行狼牙委陵菜
Potentilla cuneata Wall. ex Lehm.楔叶委陵菜
Potentilla dasyphylla Bge.=Potentilla sericea
Potentilla davaurica var. *veitchii* Jesson=Potentilla glabra var. veitchii
Potentilla davidii Franch.=Potentilla eriocarpa
Potentilla davurica var. *mandshurica* Wolf=Potentilla glabra var. mandshurica
Potentilla dealbata Bge.=Potentilla virgata
Potentilla delavayi Franch.滇西委陵菜
Potentilla desertorum Bge.荒漠委陵菜
Potentilla dickinsii Franch. & Sav.=Potentilla ancistrifolia var. dickinsii
Potentilla discolor Bge.翻白草
Potentilla discolor var. *formosana* Franch.=Potentilla discolor
Potentilla dolichopogon Lévl.=Potentilla cuneata
Potentilla dumosa (Franch.) Hand.-Mazz.=Potentilla coriandrifolia var. dumosa
Potentilla dumosa var. *stromatodes* (Melch.) H.R.Fletch. (p.p.)=Sibbaldia pulvinata
Potentilla eriocarpa Wall. ex Lehm.毛果委陵菜
Potentilla eriocarpa var. *cathayana* Schneid.=Potentilla eriocarpa
Potentilla eriocarpa var. *dissecta* Marq. & Shaw=Potentilla eriocarpa var. tsarongensis
Potentilla eriocarpa var. eriocarpa=Potentilla eriocarpa
Potentilla eriocarpa var. tsarongensis W.E.Evans 裂叶毛果委陵菜
Potentilla eriocarpoides J.Krause=Potentilla eriocarpa var. tsarongensis
Potentilla eriocarpoides var. *glabrescens* J.Krause=Potentilla eriocarpa
Potentilla euxantha W.E.Evans=Potentilla hypargyrea
Potentilla evestita Wolf 脱绒委陵菜
Potentilla exaltata Bge.=Potentilla chinensis
Potentilla fallens Card.川滇委陵菜
Potentilla fauriei Lévl.=Potentilla supina
Potentilla filipendula Willd. ex Schlecht.=Potentilla tanacetifolia
Potentilla flagellaris Willd. ex Schlecht.匍枝委陵菜
Potentilla formosana Hance=Potentilla discolor
Potentilla forrestii W.W.Sm.=Potentilla saundersiana var. jacquemontii
Potentilla forrestii var. *subpinnata* Hand.=Potentilla saundersiana var. subpinnata
Potentilla fragarioides L.莓叶委陵菜
Potentilla fragarioides var. *major* Maxim.=Potentilla fragarioides
Potentilla fragarioides var. *sprengeliana* (Lehm.) Maxim.=Potentilla fragarioides
Potentilla fragarioides var. *stononifera* f. *trifoliola* Takeda=Potentilla freyniana var. sinica
Potentilla fragarioides var. *ternata* Maxim.=Potentilla freyniana
Potentilla fragarioides var. *typica* Maxim.=Potentilla fragarioides
Potentilla fragiformis var. *gelida* Trautv.=Potentilla gelida
Potentilla fregniana Bornm.(新拉汉英 1996)=Potentilla freyniana
Potentilla freyniana Bornm.三叶委陵菜
Potentilla freyniana var. freyniana=Potentilla freyniana
Potentilla freyniana var. *grandiflora* Wolf=Potentilla yokusaiana
Potentilla freyniana var. sinica Migo 中华三叶委陵菜
Potentilla fruticosa (L.) Rydb.=Potentilla fruticosa
Potentilla fruticosa L.(Wolf in Bibl.Bot.1908)=Potentilla fruticosa var. arbuscula
Potentilla fruticosa L.金露梅
Potentilla fruticosa f. *wardii* Rehd.=Potentilla parvifolia
Potentilla fruticosa var. albicans Rehd. & Wils.白毛金露梅
Potentilla fruticosa var. arbuscula (D.Don) Maxim.伏毛金露梅
Potentilla fruticosa var. *armerioides* HK.f.=Potentilla articulata
Potentilla fruticosa var. *dahurica* f. *ternata* Card.=Potentilla glabra
Potentilla fruticosa var. fruticosa=Potentilla fruticosa
Potentilla fruticosa var. *grandiflora* Marq.=Potentilla parvifolia
Potentilla fruticosa var. *mandshurica* Maxim.=Potentilla glabra var. mandshurica
Potentilla fruticosa var. *mongolica* Maxim.=Potentilla glabra
Potentilla fruticosa var. *parvifolia* Wolf=Potentilla parvifolia
Potentilla fruticosa var. pumila HK.f.垫状金露梅
Potentilla fruticosa var. *purdomii* Rehd.=Potentilla parvifolia
Potentilla fruticosa var. *subalbicnas* Hand.-Mazz.=Potentilla glabra var. mandshurica
Potentilla fruticosa var. *tanguitica* Wolf=Potentilla glabra
Potentilla fruticosa var. *veitchii* Bean,Tress & Shrubs.=Potentilla glabra var. veitchii
Potentilla fruticosa var. *vilmoriniana* Kom.=Potentilla fruticosa var. albicans
Potentilla fruticosa β. *dahurica* Ser.=Potentilla glabra
Potentilla fulgens Wall. ex Lehm.(Diels in Not.Roy.Bot.Gard.Edinb.1912, p.p.)= Potentilla peduncularis
Potentilla fulgens Wall. ex Lehm.(Diels in Not.Roy.Bot.Gard.Edinb.1912, p.p.)=Potentilla tatsienluensis
Potentilla fulgens Wall. ex HK.西南委陵菜
Potentilla fulgens var. acutiserrata (Yü & Li) Yü & Li 锐齿西南委陵菜
Potentilla fulgens var. fulgens=Potentilla fulgens
Potentilla fulgens var. *macrophylla* Card.=Potentilla fulgens
Potentilla gelida C.A.Mey.耐寒委陵菜
Potentilla gelida var. gelida=Potentilla gelida
Potentilla gelida var. *genuina* Wolf=Potentilla gelida
Potentilla gelida var. sericea Yü & Li 绢毛耐寒委陵菜
Potentilla gelida var. turczaninowiana (Stschegl.) Wolf 四川委陵菜(新)?
Potentilla glabra Lodd.银露梅
Potentilla glabra var. glabra=Potentilla glabra
Potentilla glabra var. longipetala Yü & Li 长瓣银露梅
Potentilla glabra var. mandshurica (Maxim.) Hand.-Mazz.白毛银露梅
Potentilla glabra var. *rhodocalyx* H.R.Fletch.=Potentilla glabra
Potentilla glabra var. veitchii (Wils.) Hand.-Mazz.伏毛银露梅
Potentilla glabrata Willd. ex Schlecht.=Potentilla glabra
Potentilla gombalana Hand.-Mazz.川边委陵菜
Potentilla gracillima Yü & Li 纤细委陵菜
Potentilla gradiflora L.(Bge.in Ldeb.Fl.Alt.1830)=Potentilla gelida
Potentilla granulosa Yü & Li 腺粒委陵菜
Potentilla griffithii HK.f.柔毛委陵菜
Potentilla griffithii var. griffithii=Potentilla griffithii
Potentilla griffithii var. *pumila* (Franch.) Hand.-Mazz.=Potentilla saundersiana
Potentilla griffithii var. velutina Card.长柔毛委陵菜
Potentilla hemsleyana Wolf=Potentilla reptans var. sericophylla
Potentilla hololeuca Boiss.(Franch.in Pl.Delav.1890)=Potentilla griffithii var. velutina
Potentilla hololeuca Boiss.全白委陵菜
Potentilla hypargyrea Hand.-Mazz.白背委陵菜
Potentilla hypargyrea var. hypargyrea=Potentilla hypargyrea
Potentilla hypargyrea var. subpinnata Yü & Li 假羽白背委陵菜
Potentilla imbricata Kar. & Kir.覆瓦委陵菜
Potentilla inclinata Vill.薄毛委陵菜
Potentilla indica (Andr.) Wolf=Duchesnea indica
Potentilla indica Anders.(Diels in Not.Roy.Bot.Gard.Edinb.1912)= Potentilla reptans var. sericophylla
Potentilla indica var. *wallichii* (Franch. & Sav.) Wolf=Duchesnea chrysantha
Potentilla inglisii Royle=Potentilla biflora
Potentilla inquinans Turcz.=Potentilla rupestris
Potentilla interrupta Yü & Li 间断委陵菜
Potentilla kleiniana Wight & Arn.(Diels in Not.Roy.Bot.Gard.Edinb. 1912)= Potentilla griffithii
Potentilla kleiniana Wight & Arn.蛇含委陵菜
Potentilla lancinata Card.条裂委陵菜
Potentilla lancinata var. *minor* H.R.Fletch.=Potentilla lancinata
Potentilla latipetiolata E.C.Fischer=Potentilla articulata var. latipetiolata
Potentilla leschenaultiana Ser.(Franch.in Pl.Delav.1890)=Potentilla griffithii
Potentilla leschenaultiana var. *concolor* Card.=Potentilla griffithii var. velutina
Potentilla leschenaultiana var. *concolor* Franch.(Diels in Not.Roy.Bot. Gard. Edinb.1912)=Potentilla fragarioides
Potentilla leschenaultiana var. *pumila* Franch.(p.p.)=Potentilla griffithii
Potentilla leschenaultiana var. *pumila* Franch.(p.p.)=Potentilla saundersiana
Potentilla leschenaultiana var. *reticulata* Franch.=Potentilla griffithii

Potentilla lespedeza Lévl.=Potentilla fruticosa var. arbuscula
Potentilla leuconota D.Don 银叶委陵菜
Potentilla leuconota var. brachyphyllaria Card.脱毛银叶委陵菜
Potentilla leuconota var. *corymbosa* Card.=Potentilla peduncularis
Potentilla leuconota var. leuconota=Potentilla leuconota
Potentilla leuconota var. *morrisonicola* Hay.=Potentilla leuconota
Potentilla leuconota var. *tugitakensis* (Masamune) Li=Potentilla tugitakensis
Potentilla leucophylla Pall.=Potentilla betonicifolia
Potentilla limprichtii J.Krause 下江委陵菜
Potentilla lindenbergii Lehm.=Sibbaldia adpressa
Potentilla longifolia Willd. ex Schlecht.腺毛委陵菜
Potentilla longipetiolata Lévl.=Potentilla centigrana
Potentilla luteopilosa Yü & Li 黄毛委陵菜
Potentilla macrosepala Card.大花委陵菜
Potentilla mairei Lévl.=Sibbaldia micropetala
Potentilla martini Lévl.=Potentilla fulgens
Potentilla meifolia Wall.=Potentilla coriandrifolia
Potentilla micropetala D.Don=Sibbaldia micropetala
Potentilla microphylla D.Don 小叶委陵菜
Potentilla microphylla var. achilleifolia HK.f.细裂小叶委陵菜
Potentilla microphylla var. caespitosa Yü & Li 丛生小叶委陵菜
Potentilla microphylla var. *glabriuscula* HK.f.(Hand.-Mazz.in Symb. Sin.1933)=Sibbaldia glabriuscula
Potentilla microphylla var. glabriuscula Wall.无毛小叶委陵菜
Potentilla microphylla var. microphylla=Potentilla microphylla
Potentilla microphylla var. multijuga Yü & Li 多对小叶委陵菜
Potentilla millefolium Lévl.=Potentilla stenophylla
Potentilla moocroftii Wall.=Potentilla bifurca var. humilior
Potentilla moupinensis Franch.=Fragaria moupinensis
Potentilla multicaulis Bge.多茎委陵菜
Potentilla multiceps Yü & Li 多头委陵菜
Potentilla multifida a. *minor* b. *verticillaris* Ledeb.=Potentilla verticillaris
Potentilla multifida a. *minor* Ledeb.=Potentilla multifida var. nubigena
Potentilla multifida L.多裂委陵菜
Potentilla multifida f. *subpalmata* (Krylov) Kitag.=Potentilla multifida var. ornithopoda
Potentilla multifida var. *angustifolia* Lehm.=Potentilla multifida
Potentilla multifida var. *hypoleuca* (Turcz.) Wolf=Potentilla multifida
Potentilla multifida var. multifida=Potentilla multifida
Potentilla multifida var. nubigena Wolf 矮生多裂委陵菜
Potentilla multifida var. ornithopoda Wolf 掌叶多裂委陵菜
Potentilla multifida var. *saundersiana* HK.f.=Potentilla saundersiana
Potentilla multifida var. *sericea* Bar. & Skv. ex Liou=Potentilla multifida
Potentilla multifida var. *subpalmata* Krylov=Potentilla multifida var. ornithopoda
Potentilla nemoralis Bge.(p.p.)=Potentilla flagellaris
Potentilla nervosa Juzep.显脉委陵菜
Potentilla nivea L.雪白委陵菜
Potentilla nivea var. *angustifolia* Ledeb.=Potentilla betonicifolia
Potentilla nivea var. *camtschatica* Cham. & Schlecht.=Potentilla nivea
Potentilla nivea var. *elongata* Wolf=Potentilla nervosa
Potentilla nivea var. elongata Wolf 多齿雪白委陵菜
Potentilla nivea var. *macrantha* Ledeb.=Potentilla nivea var. elongata
Potentilla nivea var. nivea=Potentilla nivea
Potentilla nivea var. *pinnatifida* Lehm.=Potentilla virgata var. pinnatifida
Potentilla nudicaulis Willd. ex Schlecht.=Potentilla tanacetifolia
Potentilla nudicaulis Willd.大委陵菜?
Potentilla okuboi Kitag.=Potentilla rupestris
Potentilla orientalis Juzep.=Potentilla bifurca var. major
Potentilla ornithopoda Tausch=Potentilla multifida var. ornithopoda
Potentilla palczowskii Juzep=Potentilla fragarioides
Potentilla palustre (L.) Scop.=Comarum palustre
Potentilla pamiroalaica Juzep.高原委陵菜
Potentilla paradoxa Nutt. ex Torr. & Gray=Potentilla supina
Potentilla parviflora Willd.(Hand.-Mazz.in Symb.Sin.1933)=Sibbaldia cuneata
Potentilla parvifolia Fisch.ap.Lehm.小叶金露梅
Potentilla parvifolia var. hypoleuca Hand.-Mazz.白毛小叶金露梅
Potentilla parvifolia var. parvifolia=Potentilla parvifolia
Potentilla peduncularis D.Don (H.R.Fletch. in Not.Roy.Bot.Gard.Edinb. 1915,p.p.)= Potentilla taliensis
Potentilla peduncularis D.Don 总梗委陵菜
Potentilla peduncularis var. abbreviata Yü & Li 高山总梗委陵菜
Potentilla peduncularis var. elongata Yü & Li 疏叶总梗委陵菜
Potentilla peduncularis var. glabriuscula Yü & Li 脱毛总梗委陵菜
Potentilla peduncularis var. *obscura* HK.f.(Diels in Not.Roy.Bot.Gard. Edinb.1912)=Potentilla fallens
Potentilla peduncularis var. peduncularis=Potentilla peduncularis
Potentilla peduncularis var. *stenophylla* Franch.=Potentilla stenophylla
Potentilla pendula Yü & Li 垂花委陵菜
Potentilla pennsylvanica var. *strigosa* Lehm.=Potentilla strigosa
Potentilla pensylvanica L.(Forbes & Hemsl.in J.L.Soc.Bot.1887)= Potentilla multicaulis
Potentilla pensylvanica var. *conferta* Ledeb.=Potentilla conferta
Potentilla perpusilloides W.W.Sm.=Sibbaldia perpusilloides
Potentilla peterae Hand.-Mazz.=Potentilla sischanensis var. peterae
Potentilla plumosa Yü & Li 羽毛委陵菜
Potentilla plurijuga Hand.-Mazz.=Potentilla multifida
Potentilla polyphylla Wall.多叶委陵菜
Potentilla polyschista Boiss.=Potentilla sericea var. polyschista
Potentilla potaninii var. compsophylla (Hand.-Mazz.) Yü & Li 裂叶华西委陵菜
Potentilla potaninii var. potaninii=Potentilla potaninii
Potentilla potaninii var. *subdigitata* Wolf=Potentilla saundersiana
Potentilla potaninii Wolf(p.p.)=Potentilla griffithii
Potentilla potaninii Wolf 华西委陵菜
Potentilla poterioides var. minor Card.圆瓣委陵菜(新)?
Potentilla poterioides Willd. ex Schlecht.(Franch.Pl.Delav.1890)= Potentilla limprichtii
Potentilla purdomii N.E.Br.=Coluria longifolia
Potentilla purpurea Royle (Franch.in Delav.1890)=Sibbaldia purpurea var. macropetala
Potentilla recta L.直立委陵菜
Potentilla rehderiana Hand.-Mazz.=Potentilla parvifolia
Potentilla reptans L.匍匐委陵菜
Potentilla reptans var. *angustiloba* Ser.=Potentilla flagellaris
Potentilla reptans var. *incisa* Franch.=Potentilla reptans var. sericophylla
Potentilla reptans var. reptans=Potentilla reptans
Potentilla reptans var. sericophylla Franch.绢毛匍匐委陵菜
Potentilla rhytidocarpa Card.=Potentilla lancinata
Potentilla rigida Wall. ex Lehm.(p.p.)=Potentilla fruticosa
Potentilla rigida Wall. ex Lehm.(p.p.)=Potentilla fruticosa var. arbuscula
Potentilla rockiana Melch.=Potentilla fallens
Potentilla rosulifera Lévl.=Potentilla centigrana
Potentilla rugulosa Kitag.=Potentilla ancistrifolia
Potentilla rupestris L.石生委陵菜
Potentilla salesoviana Steph.=Comarum salesovianum
Potentilla salesovii Steph. ex Willd.=Comarum salesovianum
Potentilla saundersiana Royle (Hand.-Mazz.in Acta Hort.Gothob.1939, p.p.)= Potentilla potaninii
Potentilla saundersiana Royle 钉柱委陵菜
Potentilla saundersiana var. caespitosa (Lehm.) Wolf 丛生钉柱委陵菜
Potentilla saundersiana var. jacquemontii Franch.裂萼钉柱委陵菜
Potentilla saundersiana var. *potaninii* (Wolf) Hand.-Mazz.=Potentilla potaninii
Potentilla saundersiana var. saundersiana=Potentilla saundersiana
Potentilla saundersiana var. subpinnata Hand.-Mazz.羽叶钉柱委陵菜
Potentilla sect. *Comarum* Ser.(p.p.)=**Comarum**
Potentilla sect. *Eupotentilla* Focke (p.p.)=**Comarum**
Potentilla sect. *Fragariastrum* Ser.(p.p.)=**Comarum**
Potentilla sect. *Gymnocarpae* grex *Tormentillae* Wolf(p.p.)=**Duchesnea**
Potentilla semiglabra Juzep.=Potentilla bifurca var. major
Potentilla sericea L.(东北检索表 1959)=Potentilla multicaulis
Potentilla sericea L.绢毛委陵菜
Potentilla sericea var. *dasyphylla* Ledeb.=Potentilla sericea
Potentilla sericea var. *multicaulis* Lehm.=Potentilla multicaulis
Potentilla sericea var. polyschista Lehm.变叶绢毛委陵菜
Potentilla sericea var. sericea=Potentilla sericea
Potentilla shweliensis H.R.Fletch.=Potentilla peduncularis
Potentilla sibbaldai Haller f.(HK.f.in Brit.Ind.1878)=Sibbaldia cuneata
Potentilla sibbaldia Haller=Sibbaldia procumbens
Potentilla sibbaldia Lehm.=Sibbaldia procumbens
Potentilla sibirica var. *genuina* Wolf=Potentilla strigosa
Potentilla sibirica var. *longipila* Wolf=Potentilla conferta
Potentilla siemersiana Lehm.=Potentilla fulgens

Potentilla siemersiana var. *acutiserrata* Yü & Li=Potentilla fulgens var. acutiserrata
Potentilla sikiimensis Wolf (Prain in J.As.Soc.Bengal 1904)=Sibbaldia melinotricha
Potentilla sikkimensis Wolf=Potentilla griffithii
Potentilla simulatrix Wolf.等齿委陵菜
Potentilla simulatrix var. grossidens Kitag.?重齿委陵菜(新)
Potentilla sinonivea Hulten=Potentilla saundersiana var. caespitosa
Potentilla sischanensis Bge.西山委陵菜
Potentilla sischanensis var. peterae (Hand.-Mazz.) Yü & Li 齿裂西山委陵菜
Potentilla sischanensis var. sischanensis =Potentilla sischanensis
Potentilla smithiana Hand.-Mazz.齿萼委陵菜
Potentilla soongarica Bge.(Wolf in Bibl.Bot.1908,p.p.)=Potentilla multicaulis
Potentilla soongarica var. *chinensis* Bge.=Potentilla sischanensis
Potentilla splendens Wall. ex D.Don=Potentilla fulgens
Potentilla sprengeliana Lehm.=Potentilla fragarioides
Potentilla stenophylla (Franch.) Diels 狭叶委陵菜
Potentilla stenophylla var. *compacta* J.Krause=Potentilla tatsienluensis
Potentilla stenophylla var. *emergens* Card.=Potentilla tatsienluensis
Potentilla stenophylla var. *exaltata* Card.=Potentilla tatsienluensis
Potentilla strigosa Pall. ex Pursh.茸毛委陵菜
Potentilla strigosa var. *conferta* (Bge.) Kitag.(p.p.)=Potentilla conferta
Potentilla strigosa var. *conferta* Kitag.=Potentilla tanacetifolia
Potentilla stromatodes Melch.(p.p.)=Sibbaldia pulvinata
Potentilla subacaulis L.=Potentilla acaulis
Potentilla subdigitata Yü & Li 混叶委陵菜
Potentilla supina L.朝天委陵菜
Potentilla supina var. *campestris* Card.=Potentilla supina var. ternata
Potentilla supina var. *egibbosa* f. *ternata* (Peterm.) Wolf=Potentilla supina var. ternata
Potentilla supina var. *egibbosa* Wolf=Potentilla supina
Potentilla supina var. *paradoxa* (Nutt.) Wolf=Potentilla supina
Potentilla supina var. supina=Potentilla supina
Potentilla supina var. ternata Peterm.三裂朝天委陵菜
Potentilla sutchuenica Card.=Potentilla freyniana
Potentilla taliensis W.W.Sm.大理委陵菜
Potentilla tanacetifolia Willd. ex Schlecht.菊叶委陵菜
Potentilla tanacetifolia var. *decumbens* (Kryl.) Wolf=Potentilla tanacetifolia
Potentilla tanacetifolia var. *erecta* (Kryl.) Wolf=Potentilla tanacetifolia
Potentilla taronensis Wu ex Yü & Li 大果委陵菜
Potentilla tatsienluensis Wolf 康定委陵菜
Potentilla ternata Koch (Freyn in Oesterr.Bot.Zeitschr.1902)=Potentilla freyniana
Potentilla tetrandra Bge.=Sibbaldia tetrandra
Potentilla thibetica Card.=Potentilla saundersiana
Potentilla tranzschelii Juzep=Potentilla ancistrifolia
Potentilla tugitakensis Masamune 台湾委陵菜
Potentilla turfosa Hand.-Mazz.簇生委陵菜
Potentilla veitchii Hand.-Mazz.=Potentilla glabra
Potentilla veitchii Wils.=Potentilla glabra var. veitchii
Potentilla verticillaris Steph. ex Willd.轮叶委陵菜
Potentilla verticillaris var. *acutipetala* Lehm.=Potentilla verticillaris
Potentilla verticillaris var. *condensata* Wolf=Potentilla verticillaris
Potentilla virgata Lehm.密枝委陵菜
Potentilla virgata var. pinnatifida (Lehm.) Yü & Li 羽裂密枝委陵菜
Potentilla virgata var. virgata=Potentilla virgata
Potentilla viscosa Donn ex Lehm.=Potentilla longifolia
Potentilla viscosa var. *macrophylla* Kom.=Potentilla longifolia
Potentilla xizangensis Yü & Li 西藏委陵菜
Potentilla yokusaiana Makino 曲枝委陵菜
Poterium L.(Benth. & HK.f.in Gen.Pl.1856,p.p.)=**Sanguisorba**
Poterium diandrum HK.f.=Sanguisorba diandra
Poterium filiforme HK.f.=Sanguisorba filiformis
Poterium officinale A.Gray=Sanguisorba officinalis
Poterium tenuifolium Franch. & Sav.=Sanguisorba tenuifolia
Pothoidium Schott **假石柑属**(天南星科)
Pothoidium lobbianum Schott 假石柑
Pothomorphe Miq. =**Piper**
Pothomorphe umbellatum (L.) Miq.=Piper umbellatum
Pothos L.**石柑属**(天南星科)
Pothos angustifolius Presl 藤桔
Pothos aurea Lindl. & Andre=Epipremnum aureum
Pothos balansae Engl.龙州石柑
Pothos cathcartii Schott 紫苞石柑
Pothos chinensis (Raf.) Merr.石柑子
Pothos chinensis var. chinensis=Pothos chinensis
Pothos chinensis var. lotienensis C.Y.Wu & H.Li 长柄石柑
Pothos decursiva Roxb.)=Rhaphidophora decursiva
Pothos kerrii Buchet ex Gagn.长梗石柑
Pothos loureiri HK. & Arn.=Pothos repens
Pothos malaianus Miq.=Anadendrum montanum
Pothos peepla Roxb.=Rhaphidophora peepla
Pothos pilulifer Buchert ex Gagn.地柑
Pothos pinnata L.=Epipremnum pinatum
Pothos repens (Lour.) Druce 百足藤
Pothos scandens L.螳螂跌打
Pothos scandens sensu Lindl.=Pothos chinensis
Pothos seemannii Schott=Pothos chinensis
Pothos warburgii Engl.台湾石柑
Pothos yunnanensis Engl.=Pothos chinensis
Pottsia HK. & Arn.**帘子藤属**(夹竹桃科)
Pottsia cantonennsis HK. & Beech.=Pottsia laxiflora
Pottsia grandiflora Markgr.大花帘子藤
Pottsia hookeriana Wight=Pottsia laxiflora
Pottsia laxiflora (Bl.) O.Ktze.帘子藤
Pottsia laxiflora var. *pubescens* (Tsiang) P.T.Li=Pottsia laxiflora
Pottsia ovata DC.=Pottsia laxiflora
Pottsia pubescens Tsiang=Pottsia laxiflora
Poupartia axillaris King & Prain=Choerospondias axillaris
Poupartia chinensis Merr.=Spondias lakonensis
Poupartia fordii Hemsl.=Choerospondias axillaris
Poupartia pinnata (L.f.) Blanco=Spondias pinnata
Pourthiaea Dcne.=**Photinia**
Pourthiaea arguta Dcne.=Photinia arguta
Pourthiaea arguta var. *hookeri* HK.f.=Photinia arguta var. hookeri
Pourthiaea arguta var. *wallichii* HK.f.=Photinia arguta
Pourthiaea beauverdiana (Schneid.) Hatusima=Photinia beauverdiana
Pourthiaea beauverdiana (Schneid.) Migo=Photinia beauverdiana
Pourthiaea beauverdiana var. *notabilis* (Schneid.) Hatusima=Photinia beauverdiana var. notabilis
Pourthiaea benthamiana Nakai (p.p.)=Photinia beauverdiana var. notabilis
Pourthiaea benthamiana Nakai (p.p.)=Photinia lucida
Pourthiaea calleryana Dcne.=Photinia benthamiana
Pourthiaea chingshuiensis Shimizu=Photinia parvifolia var. kankoensis
Pourthiaea formosana (Hance) Koidz.=Photinia lucida
Pourthiaea hookeri Dcne.=Photinia arguta var. hookeri
Pourthiaea kankoensis Hatusima=Photinia parvifolia var. kankoensis
Pourthiaea laevis var. *parvifolia* (Pritz.) Migo=Photinia parvifolia
Pourthiaea lucida Dcne.=Photinia lucida
Pourthiaea parvifolia Pritz.=Photinia parvifolia
Pourthiaea salicifolia Dcne.=Photinia arguta var. salicifolia
Pourthiaea villosa Dcne.=Photinia villosa
Pourthiaea villosa var. *sinica* (Rehd. & Wils.) Migo=Photinia villosa var. sinica
Pouteria Aublet **桃榄属**(山榄科)
Pouteria annamensis (Pierre) Baehni 桃榄
Pouteria aurata (Pierre ex Dubard) Baehni=Eberhardtia aurata
Pouteria clemensii (Lec.) Baehni=Planchonella clemensii
Pouteria eluviicola Baehni=Xantolis boniana var. rostrata
Pouteria grandifolia (Wall.) Baehni 龙果
Pouteria hainanensis (Merr.) Baehni=Pouteria annamensis
Pouteria kerrii (Fletch.) Baehni=Pouteria grandifolia
Pouteria obovata (R.Br.) Baehni=Planchonella obovata
Pouteria pedunculata Baehni=Sinosideroxylon pedunculatum
Pouzolzia Gaudich.**雾水葛属**(荨麻科)
Pouzolzia angustifolia Wight 狭叶雾水葛
Pouzolzia argenteonitida W.T.Wang 银叶雾水葛
Pouzolzia calophylla W.T.Wang 美叶雾水葛
Pouzolzia elegans Wedd.(C.H.Wright in J.L.Sob.Bot.1899,p.p.)=Pouzolzia elegans var. delavayi
Pouzolzia elegans Wedd.雅致雾水葛

Pouzolzia elegans var. delavayi (Gagn.) W.T.Wang 菱叶雾水葛
Pouzolzia elegans var. elegans=Pouzolzia elegans
Pouzolzia elegans var. *formosana* Li=Pouzolzia elegans
Pouzolzia elegantula W.W.Sm.(西藏志 1983)=Pouzolzia elegans var. delavayi
Pouzolzia elegantula W.W.Sm.=Pouzolzia elegans
Pouzolzia hirta (Bl.) Hassk.=Gonostegia hirta
Pouzolzia hypericifolia Bl.=Gonostegia pentandra var. hypericifolia
Pouzolzia indica (L.) Gaudich.=Pouzolzia zeylanica var. microphylla
Pouzolzia indica var. *alienata* (L.) Wedd.=Pouzolzia zeylanica
Pouzolzia indica var. *alienata* subvar. *microphylla* Wedd.=Pouzolzia zeylanica var. microphylla
Pouzolzia indica var. *angustifolia* (Wight) Wedd.=Pouzolzia angustifolia
Pouzolzia niveotomentosa W.T.Wang 雪毡雾水葛
Pouzolzia ovalis Miq.=Pouzolzia sanguinea
Pouzolzia ovalis var. *fulgens* Wedd.=Pouzolzia argenteonitida
Pouzolzia pentandra (Roxb.) Wedd.狭叶糯米团
Pouzolzia sanguinea (Bl.) Merr.红雾水葛
Pouzolzia sanguinea var. *fulgens* (Wedd.) Hara=Pouzolzia argenteonitida
Pouzolzia sanguinea var. nepalensis (Wedd.) Hara 尼泊尔雾水葛
Pouzolzia sanguinea var. sanguinea=Pouzolzia sanguinea
Pouzolzia spinosobracteata W.T.Wang 刺苞雾水葛
Pouzolzia viminea (Wall.) Wedd.=Pouzolzia sanguinea
Pouzolzia zeylanica (L.) Benn.(海南志 1976)=Pouzolzia zeylanica var. microphylla
Pouzolzia zeylanica (L.) Benn.雾水葛
Pouzolzia zeylanica var. microphylla (Wedd.) W.T.Wang 多枝雾水葛
Pouzolzia zeylanica var. zeylanica=Pouzolzia zeylanica
Pragmotessera Pierre=**Euonymus**
Pragmotessera ilicifolia Pierre=Glyptopetalum ilicifolium
Pragmotropa Pierre=**Euonymus**
Pratia Gaudich.**铜锤玉带属**(桔梗科)
Pratia begonifolia Lindl.=Pratia nummularia
Pratia brevisepala Lian 短萼紫锤草
Pratia fangiana E.Wimm.峨眉紫锤草
Pratia montana (Reinw. ex Bl.) Hassk.山紫锤草
Pratia nummularia (Lam.) A.Br. & Aschers.铜锤玉带草
Pratia ovata Elmer=Lobelia zeylanica
Pratia radicans G.Don=Lobelia chinensis
Pratia reflexa Lian 西藏紫锤草
Pratia thunbergii G.Don=Lobelia chinensis
Pratia torricellensis K.Sch. & Laut.=Lobelia zeylanica
Pratia wollastonii S.Moore 广西铜锤草
Pratia zeylanica Hassk.=Pratia nummularia
Praticola Ehrh.=**Thalictrum**
Premna L.**豆腐柴属**(马鞭草科)
Premna acuminatissima Merr.(1924)=Premna chevalieri
Premna acuminatissima Merr.(1928)=Premna octonervia
Premna acutata W.W.Sm.尖齿豆腐柴
Premna angustifolia H.T.Chang=Callicarpa hungtaii
Premna bodinieri Lévl.=Premna puberula var. bodinieri
Premna bracteata Wall.苞序豆腐柴
Premna cavaleriei Lévl.黄药
Premna chevalieri P.Dop 尖叶豆腐柴
Premna confinis P'er & S.L.Chen ex C.Y.Wu 滇桂豆腐柴
Premna corymbosa A.Meeuse (p.p.)=Premna serratifolia
Premna corymbosa Rott. & Willd.=Premna serratifolia
Premna cotonervia Merr. & Metc.八脉臭黄荆
Premna crassa Hand.-Mazz.石山豆腐柴
Premna crassa var. crassa=Premna crassa
Premna crassa var. yui Moldenke 风庆豆腐柴
Premna dopii P'ei=Premna tapintzeana
Premna esquirolii Lévl.=Viburnum congestum
Premna flavescens Buch.-Ham.淡黄豆腐柴
Premna fohaiensis P'ei & S.L.Chen ex C.Y.Wu 勐海豆腐柴
Premna fordii Dunn & Tutch.长序臭黄荆
Premna fordii var. fordii=Premna fordii
Premna fordii var. glabra S.L.Chen 无毛臭黄荆
Premna formosana Maxim.=Premna microphylla
Premna fortunati P.Dop=Premna fulva
Premna fulva Craib.黄毛豆腐柴
Premna fulva Merr.=Premna crassa
Premna glandulosa Hand.-Mazz.腺叶豆腐柴
Premna glandulosa P'ei=Premna henryana
Premna hainanensis Chun & How 海南臭黄荆
Premna henryana (Hand.-Mazz.) C.Y.Wu 蒙自豆腐柴
Premna herbacea Roxb.千解草
Premna humilis Merr.=Premna herbacea
Premna integrifolia L.(P'ei in Mem.Sci.Soc.China 1932}=Premna flavescens
Premna integrifolia L.=Premna serratifolia
Premna integrifolia P.Dop(p.p.)=Premna crassa
Premna integrifolia P'ei=Premna latifolia
Premna integrifolia sensu Forbes & Hemsl.=Premna serratifolia
Premna integrifolia var. *obtusifolia* P'ei=Premna serratifolia
Premna interrupta Wall.(P'ei in Mem.Sic.Soc.China 1932,p.p.)=Premna racemosa
Premna interrupta Wall.间序豆腐柴
Premna japonica Miq.=Premna microphylla
Premna laevigata C.Y.Wu 平滑豆腐柴
Premna latifolia Roxb.(P'ei in Mem Sci.Soc.China 1932)=Premna tapintzeana
Premna latifolia Roxb.大叶豆腐柴
Premna latifolia var. atifolia=Premna latifolia
Premna latifolia var. cuneata C.B.Clarke 楔叶豆腐柴
Premna latifolia var. *viburnoides* (Kourz) C.B.Clarke=Premna latifolia var. cuneata
Premna lingustroides Hemsl.臭黄荆
Premna longipila P'ei=Premna fulva
Premna maclurei Merr.弯毛臭黄荆
Premna martini Lévl.=Premna puberula
Premna mekongensis W.W.Sm.(Stapf in Notes.Bot.Gard.Edinb.1929-30)=Premna velutina
Premna mekongensis W.W.Sm.澜沧豆腐柴
Premna mekongensis var. meiophylla W.Sm.小叶澜沧豆腐柴
Premna mekongensis var. mekongensis=Premna mekongensis
Premna microphylla Hemsl.(p.p.)=Premna puberula
Premna microphylla Turcz.豆腐柴
Premna microphylla var. *glabra* Nakai=Premna microphylla
Premna nana Coll. & Hemsl.=Premna herbacea
Premna obovata Merr.=Premna herbacea
Premna octonervia Merr. & Metc.八脉臭黄荆
Premna odorata Blanco 毛鱼臭目
Premna oligantha C.Y.Wu 少花豆腐柴
Premna paisehensis P'ei & S.L.Chen 百色豆腐柴
Premna parvilimba P'ei 小叶豆腐柴
Premna peii Chun ex H.T.Chang=Callicarpa peichieniana
Premna pilosa P'ei=Premna subcapitata
Premna puberula Hand.-Mazz.(p.p.)=Premna puberula var. bodinieri
Premna puberula Pamp.狐臭柴
Premna puberula var. bodinieri (Lévl.) C.Y.Wu & S.Y.Pao 毛狐臭柴
Premna puberula var. puberula=Premna puberula
Premna puerensis Y.Y.Qian 普洱豆腐柴
Premna punicea C.Y.Wu 玫花豆腐柴
Premna pygmaea Wall.=Premna herbacea
Premna pyramidata Wall.塔序豆腐紫
Premna racemosa Wall.总序豆腐柴
Premna rotundifolia P'ei=Premna tenii
Premna rubroglandulosa C.Y.Wu 红腺豆腐柴
Premna scandens Roxb.藤豆腐柴
Premna scoriarum W.W.Sm.腾冲豆腐柴
Premna serratifolia Tinn.伞序臭黄荆
Premna stenantha Merr.=Premna fordii
Premna steppicola Hand.-Mazz.草坡豆腐柴
Premna steppicola var. *henryana* Hand.-Mazz.=Premna henryana
Premna straminicaulis C.Y.Wu 草黄枝豆腐柴
Premna subcapitata Rehd.近头状豆腐柴
Premna subcordata Nakai=Premna puberula
Premna subscandens Merr.攀援臭黄荆
Premna sunyiensis P'ei 塘虱角
Premna szemaoensis P'ei 思茅豆腐柴
Premna tapintzeana P.Dop 大坪子豆腐柴
Premna tenii P'ei 圆叶豆腐柴

Premna urticifolia Rehd.麻叶豆腐柴
Premna valbrayi Lévl.=Viburnum foetidum var. ceanothoides
Premna velutina C.Y.Wu 黄绒豆腐柴
Premna vestita Schauer=Premna odorata
Premna viburnoides Kurz=Premna latifolia var. cuneata
Premna yunnanensis P.Dop=Premna tapintzeana
Premna yunnanensis W.W.Sm.云南豆腐柴
Prenanthes L.**福王草属**(菊科)
Prenanthes acaulis Roxb.=Launaea acaulis
Prenanthes alba L.白福王草
Prenanthes angustiloba Shih 细裂福王草
Prenanthes aspera Schrad. ex Willd.=Chondrilla aspera
Prenanthes bilinii (Lévl.) Kitag.=Nabalus ochroleucus
Prenanthes brunoniana Wall. ex DC.(西藏志 1985,p.p.)=Stenoseris graciliflora
Prenanthes brunoniana Wall. ex DC.(西藏志 1985,p.p.)=Stenoseris tenuis
Prenanthes cavaleriei (Lévl.) Stebbins ex Lauener=Faberia cavalerie
Prenanthes chaffanjoni Lévl.=Crepis napifera
Prenanthes chinensis Thunb.(p.p.)=Ixeridium chinense
Prenanthes debilis Thunb.=Ixeris japonica
Prenanthes dentata Thunb.=Ixeridium dentatum
Prenanthes denticulata Houtt.=Paraixeris denticulata
Prenanthes diversifolia (Vant.) Chang=Paraprenanthes sororia
Prenanthes diversifolia Ledeb. ex Spreng.=Youngia diversifolia
Prenanthes faberi Hemsl.狭锥福王草
Prenanthes fastigiata Bl.=Youngia japonica
Prenanthes formosana Kitam.=Notoseris formosana
Prenanthes glandulosa Dunn 腺毛福王草(新)?
Prenanthes glomerata Decne. ex Jacq.=Soroseris glomerata
Prenanthes graciliflora Wall.=Stenoseris graciliflora
Prenanthes graminea Fisch.=Ixeridium gramineum
Prenanthes graminifolia Vant. & Lévl.(Lévl.in Fl.Kouy-Tcheou 1914)=Senecio wightii
Prenanthes hastata Thunb.=Paraixeris denticulata
Prenanthes henryi Dunn (高等图鉴 1975)=Notoseris gracilipes
Prenanthes henryi Dunn=Notoseris henryi
Prenanthes hieracifolia Lévl.=Pterocypsela elata
Prenanthes humilis Thunb.=Lapsana humilis
Prenanthes integra Thunb.=Crepidiastrum lanceolatum
Prenanthes japonica L.=Youngia japonica
Prenanthes laciniata Houtt.=Pterocypsela laciniata
Prenanthes laevigata Bl.=Ixeridium laevigatum
Prenanthes lanceolata Houtt.=Crepidiastrum lanceolatum
Prenanthes leptantha Shih 细花福王草
Prenanthes lyrata Thunb.=Youngia pseudosenecio
Prenanthes macilentas Vant. & Lévl.钝叶福王草(新)?
Prenanthes macrophylla Franch 多裂福王草
Prenanthes maximowiczii Kirp.=Nabalus ochroleucus
Prenanthes multiflora Thunb.=Youngia japonica
Prenanthes ochroleuca (Maxim.) Hemsl.=Nabalus ochroleucus
Prenanthes polymorpha α. *pygmaea* a. *integrifolia* Ledeb.=Crepis nana
Prenanthes polymorpha α. *pygmaea* b. *lyrata* Ledeb.=Crepis nana
Prenanthes polymorpha β. *flaccida* Ledeb.=Crepis nana
Prenanthes polymorpha υ. *flexuosa* Ledeb.=Crepis flxuosa
Prenanthes procumbens Roxb.=Parammicrorhychus procumbens
Prenanthes purpurea L.紫花盘果菊
Prenanthes pygmaea Ledeb.=Crepis nana
Prenanthes pyramidalis Shih=Prenanthes tatarinowii
Prenanthes quinqueloba Wall. ex DC.=Parasenecio quinquelobus
Prenanthes racemiformis Shih=Prenanthes tatarinowii
Prenanthes repens L.=Chorisis repens
Prenanthes sarmentosa Willd.=Launaea sarmentosa
Prenanthes scandens HK.f. & Thoms. ex C.B.Clarke 藤本福王草
Prenanthes sect. *Nabalus* (Cass.) Kitam.=**Nabalus**
Prenanthes sikkimensis HK.f.=Cicerbita sikkimensis
Prenanthes sinensis (Hemsl.) Stebbins ex Babcock=Faberia sinensis
Prenanthes sonchifolia Bge.=Ixeridium sonchifolium
Prenanthes sonchifolia Willd.(Bge. in Enum.Pl.Chin.Bor.1833)=Ixeridium sonchifolium
Prenanthes spathulata Turcz. ex Herd.=Youngia stenoma
Prenanthes squarosa Thhnb.=Pterocypsela indica
Prenanthes stricata Bl.=Youngia japonica
Prenanthes subgen. *Nabalus* (Cass.) Babcock=**Nabalus**
Prenanthes tatarinowii Maxim.福王草
Prenanthes tatarinowii subsp. *macrantha* Stebbins ex Walker=Prenanthes macrophylla
Prenanthes tatarinowii var. *divisa* (Nakai & Kitag.) Kitag.=Prenanthes macrophylla
Prenanthes triflora (Hemsl.) Chang=Notoseris triflora
Prenanthes violaefolia Decne.(西藏志 1985)=Paraprenanthes sororia
Prenanthes vitifolia Diels 三叶福王草?
Prenanthes wilsonii Chang=Notoseris wilsonii
Prenanthes yakoensis J.F.Jeffr. ex Diels 云南福王草
Prestoea HK.f.**不列思多棕属**(棕榈科)
Prestonia R.Br.**五角木属**(夹竹桃科)
Prestonia quinquangularis K.Spreng.五角木
Pridania Gagn.=**Pycnarrhena**
Pridania petelotii Gagn.=Pycnarrhena poilanei
Pridania poilanei Gagn.=Pycnarrhena poilanei
Primula L.**报春花属**(报春花科)
Primula adenantha Balf.f. & Cooper=Primula bellidifolia
Primula advena W.W.Sm.折瓣雪山报春
Primula advena var. advena=Primula advena
Primula advena var. *argentata* W.W.Sm.=Primula advena
Primula advena var. *concolor* W.W.Sm.=Primula advena
Primula advena var. euprepes (W.W.Sm.) Chen & C.M.Hu 紫折瓣报春
Primula aemula I.B.Balf. & Forr.粗葶报春
Primula aequipila Craib=Primula ovalifolia
Primula aerinantha Balf.f. & Purdom 裂瓣穗花报春
Primula agleniana Balf.f. & Forr.乳黄雪山报春
Primula agleniana var. *alba* Forr.=Primula agleniana
Primula agleniana var. *atrocrocea* Ward=Primula agleniana
Primula *alchemiifloides* (Franch.) Derg.=Androsace alchemilloides
Primula algida Adam 寒地报春
Primula aliciae Taylor ex W.W.Sm.西藏缺裂报春
Primula alpicola (W.W.Sm.) Stapf 杂色钟报春
Primula alpicola subsp. *luna* Stapf=Primula alpicola
Primula alpicola subsp. *violacea* Stapf=Primula alpicola
Primula alpicola var. *alba* W.W.Sm.=Primula alpicola
Primula alsophila Balf.f. & Farrer 蔓茎报春
Primula alta Balf.f. & Forr.=Primula denticulata subsp. sinodenticulata
Primula amabilis Balf.f. & Forr.=Primula diantha
Primula ambita Balf.f.圆迦报春
Primula amethystina Franch.紫晶报春
Primula amethystina subsp. amethystina=Primula amethystina
Primula amethystina subsp. argutidens (Franch.) W.W.Sm. & Fletch.尖齿紫晶报春
Primula amethystina subsp. brevifolia (Forr.) W.W.Sm. & Forr.短叶紫晶报春
Primula androsacea Pax=Primula forbesii
Primula angustidens (Franch.) Pax (p.p.)=Primula stenodonta
Primula angustidens Pax (p.p.)=Primula wilsonii
Primula anisodora Balf.f. & Forr.茴香灯台报春
Primula annulata Balf.f & Ward 单花小报春
Primula apoclita Balf.f. & Forr.=Primula pinnatifida
Primula argutidens Franch.=Primula amethystina subsp. argutidens
Primula aromatica Franch.(W.W.Sm. & Fletch. in Trans.Roy.Soc.Edinb. 1946,p.p.)=Primula runcinata
Primula aromatica W.W.Sm. & Forr.香花报春
Primula articulata var. *sublineris* W.W.Sm.=Primula bracteata
Primula articulata W.W.Sm.=Primula bracteata
Primula asarifolia Fletch.细辛叶报春
Primula asperulata Balakr.=Primula blinii
Primula atricapilla Balf.f. & Cooper=Primula bellidifolia
Primula atrodentata subsp. *orestora* (Craib & Cooper) W.W.Sm. & Forr.=Primula atrodentata
Primula atrodentata W.W.Sm.白心球花报春
Primula atrotubata W.W.Sm. & Forr.=Primula malvacea
Primula atroviolacea Jacquem. ex Duby=Primula macrophylla
Primula atuntzuensis Balf.f. & Forr.=Primula minor
Primula aurantiaca subsp. aurantiaca=Primula prenantha
Primula aurantiaca subsp. morsheandiana (Ward) Chen & C.M.Hu 朗贡灯台报春
Primula aurantiaca W.W.Sm. & Forr.橙红灯台报春
Primula auriculata var. *polyphylla* Franch.=Primula pseudodenticulata
Primula baileyana Ward 圆叶报春

Primula balfourii Lévl.=Primula spicata
Primula baokongensis Chen & C.M.Hu=Primula neurocalyx
Primula barbatula W.W.Sm.紫球毛小报春
Primula barbeyana Petitm.=Primula forbesii
Primula barbicalyx Wright 毛萼鄂报春
Primula barnardoana W.W.Sm. & Ward=Primula elongata var. barnardoana
Primula barybotrys Hand.-Mazz.=Primula malvacea
Primula bathangensis Petimg 巴塘报春
Primula bathangensis Petitm.(Chen in Bull.Fan.Me.Inst.Biol.Bot.1939, p.p.)= Primula saturata
Primula beesiana Forr.霞红灯台报春
Primula begoniiformis Petitm.=Primula obconica subsp. begoniiformis
Primula bella Franch.山丽报春
Primula bella subsp. *bonatiana* (Petitm.) W.W.Sm. & Forr.=Primula bella
Primula bella subsp. *cyclostegia* (Hand.-Mazz.) W.W.Sm.=Primula bella
Primula bella subsp. *moschophora* (I.B.Balf. & Forr.) W.W.Sm. & Forr.= Primula moschophora
Primula bella subsp. *nanobella* (Balf.f. & Forr.) W.W.Sm. & Forr.=Primula bella
Primula bellidifolia King ex HK.f.菊叶穗花报春
Primula bhutanica Fletch.=Primula whitei
Primula biondiana Petitm.=Primula stenocalyx
Primula biserrata Forr.=Primula serratifolia
Primula blattariformis Franch.地黄叶报春
Primula blattariformis subsp. *tenana* (Bonati ex Balf.f.) W.W.Sm. & Forr.= Primula blattariformis
Primula blattariformis var. *ducloxii* Bonati=Primula blattariformis
Primula blinii Lévl.糙毛报春
Primula bomiensis Chen & C.M.Hu 波密脆蒴报春
Primula bonatiana Petitm.=Primula bella
Primula bonatii Knuth=Primula obconica
Primula boothii Craib=Primula bracteosa
Primula boreio-calliantha Balf.f. & Forr.木里报春
Primula brachystoma W.W.Sm.(Chen in Bull.Fan Me.Inst.Biol.Bot. 1939)= Primula prenantha
Primula bracteata Franch.小苞报春
Primula bracteosa Craib 叶苞脆蒴报春
Primula brevicula Balf.f. & Forr.=Primula diantha
Primula brevifolia Forr.=Primula amethystina subsp. brevifolia
Primula breviscapa Franch.短葶报春
Primula bryuophila Balf.f & Farrer=Primula calliantha subsp. bryophila
Primula bullata Franch.(高等图鉴 1973)=Primula forrestii
Primula bullata Franch.皱叶报春
Primula bullata var. *rufa* (Balf.f.) W.W.Sm. & Fletch.=Primula forrestii
Primula bulleyana Forr.桔红灯台报春
Primula burmanica Balf.f. & Ward=Primula beesiana
Primula buryana Balf.f.珠峰垂花报春
Primula calcicola Balf.f. & Forr.=Primula yunnanensis
Primula calciphila Hutch.=Primula rupestris
Primula caldaria W.W.Sm. & Forr.匍枝粉报春
Primula caldaria var. *nana* W.W.Sm. & Forr.=Primula caldaria
Primula calderiana Balf.f. & Cooper 暗紫脆蒴报春
Primula calderiana f. *alba* (W.W.Sm.) Hara=Primula calderiana
Primula calderiana subsp. *strumosa* (Balf.f. & Cooper) A.J.Richards= Primula strumosa
Primula calderiana var. *alba* (W.W.Sm.) W.W.Sm. & Fletch.=Primula calderiana
Primula calliantha Franch.美花报春
Primula calliantha subsp. bryophila (Balf.f. & Farrer) W.W.Sm. & Forr.黛粉美花报春
Primula calliantha subsp. callianth=Primula calliantha
Primula calliantha subsp. *kiuchiangensis* (Balf.f.etForr.) W.W.Sm. & Forr. =Primula diantha
Primula calliantha subsp. mishmiensis (Ward) C.M.Hu 黄美花报春
Primula calliantha var. *albiflos* W.W.Sm. & Forr.=Primula calliantha subsp. bryophila
Primula calthifolia W.W.Sm.驴蹄草叶报春
Primula cana Balf.f. & Cave=Primula caveana
Primula candicans W.W.Sm.亮白小报春
Primula candidissima W.W.Sm. & Forr.=Primula sinuata
Primula capitata HK.头序报春
Primula capitata subsp. capitata=Primula capitata
Primula capitata subsp. *craibeana* (Balf.f. & W.W.Sm.) W.W.Sm. & Forr. = Primula capitata subsp. lacteocapitata
Primula capitata subsp. *crispata* (Balf.f. & W.W.Sm.) W.W.Sm. & Forr.= Primula capitata
Primula capitata subsp. lacteocapitata (Balf.f. & W.W.Sm.) W.W.Sm. & Forr.黄粉头序报春
Primula capitata subsp. *mooreana* (Balf.f. & W.W.Sm.) W.W.Sm. & Forr.= Primula capitata
Primula capitata subsp. sphaerocephala (Balf.f. & Forr.) W.W.Sm. & Forr. 无粉头序报春
Primula cardiophylla I.B.Balf. & W.W.Sm.=Primula rotundifolia
Primula carnosula Balf.f. & Forr.=Primula gemmifera var. amoena
Primula cavaleriei Petitim.黔西报春
Primula caveana W.W.Sm.短蒴圆叶报春
Primula cawdoriana Ward 条裂垂状报春
Primula celsiaeformis Balf.f.(Chen in Bull.Fan Mem.Inst.Biol.Bot.1939, p.p.)=Primula blattariformis
Primula celsiaeformis Balf.f.(Chen in Bull.Fan.Mem.Inst.Biol.Bot.1939, p.p.)=Primula runcinata
Primula celsiaeformis Franch.显脉报春
Primula cephalantha Balf.f.=Primula pinnatifida
Primula cerina Fletch.蜡黄报春
Primula cernua Franch.垂花穗花报春
Primula chamaedoron W.W.Sm.单花脆蒴报春
Primula chamaethauma var. *chiukiangensis* Chen=Primula chamaethauma
Primula chamaethauma W.W.Sm.异葶脆蒴报春
Primula chapaensis Gagn.马关报春
Primula chartacea Franch.革叶报春
Primula cheniana Fang=Primula epilosa
Primula chienii Fang 青城报春
Primula chionantha I.B.Balf. & Forr.紫花雪山报春
Primula chionata W.W.Sm.裂叶脆蒴报春
Primula chionata var. chionata=Primula chionata
Primula chionata var. violacea W.W.Sm.蓝花裂叶脆蒴报春
Primula chionogenes Fletch.粗齿脆蒴报春
Primula chlorodryas W.W.Sm.=Primula dryadifolia subsp. chlorodryas
Primula chrysochlora Balf.f. & Ward 腾冲灯台报春
Primula chrysopa Balf.f . & Forr.=Primula gemmifera var. amoena
Primula chrysophylla Balf.f. & Forr.=Primula dryadifolia
Primula chumbiensis W.W.Sm.厚叶钟报春
Primula chungensis Balf.f. & Ward 中甸灯台报春
Primula cicutariifolia Pax 毛茛叶报春
Primula cinerascens Franch.灰绿报春
Primula cinerascens subsp. *sinomollis* (Balf.f. & Forr.) W.W.Sm. & Forr.= Primula sinomollis
Primula cinerascens subsp. *sylvicola* (Hutch.) W.W.Sm. & Forr.=Primula sinomollis
Primula cinerascens subsp. *violodora* (Dunn) W.W.Sm. & Forr.=Primula cinerascens
Primula citrina Balf.f. & Purdom=Primula flava
Primula clarkei Watt.克拉克报春
Primula clutterbuckii Ward 短茎粉报春
Primula cockburniana Hemsl.鹅黄灯台报春
Primula coerulea Forr.蓝花大叶报春
Primula cognata Duthie=Primula stenocalyx
Primula comata Fletch.镇康报春
Primula compsantha Balf.f. & Forr.=Primula pulchella
Primula concholoba Stapf & Sealy 短筒穗花报春
Primula concinna Watt 雅洁粉报春
Primula congestifolia Forr.=Primula dryadifolia
Primula conica Balf.f. & Forr.=Primula deflexa
Primula consocia W.W.Sm.=Primula littledalei
Primula conspersa Balf.f. & Purdom 散布报春
Primula cordata Valf.f. ex W.W.Sm. & Forr.=Primula rotundifolia
Primula cordifolia Pax=Primula rotundifolia
Primula cortusoides var. *lichiangensis* Forr.=Primula polyneura
Primula coryana Balf.f. & Forr. ex W.W.Sm.=Primula boreio-calliantha
Primula craibeana Balf.f. & W.W.Sm.=Primula capitata subsp. lacteocapitata
Primula crassa Hand.-Mazz.=Primula ovalifolia

Primula crispa Balf.f. & W.W.Sm.=Primula glomerata
Primula crispata Balf.f. & W.W.Sm.=Primula capitata
Primula crocifolia Pax & Hoffm.番红报春
Primula cunninghamii King & Craib 小脆蒴报春
Primula cyanantha Balf.f. & Forr.=Primula watsonii
Primula cyancephala Balf.f.=Primula denticulata subsp. sinodenticulata
Primula cyclaminifolia Franch. ex Petitm.=Primula partschiana
Primula cycliophylla Balf.f. & Forrest.=Primula dryadifolia
Primula cyclostegia Hand.-Mazz.=Primula bella
Primula cylindriflora Hand.-Mazz.=Primula faberi
Primula davidii Franch.大叶宝兴报春
Primula debilis Bonati=Primula pellucida
Primula declinis Balf.f & Forr.=Primula szechuanica
Primula decurva Balf.f. & Forr.=Primula szechuanica
Primula deflexa Duthie 穗花报春
Primula delavayi Franch.=Omphalogramma delavayi
Primula deleiensis Ward=Primula firmipes
Primula delicata Forr.=Primula spicata
Primula delicata Petitm.=Primula malacoides
Primula delicatula Dunn=Primula spicata
Primula densa Balf.f.小叶鄂报春
Primula denticulata Smith 球花报春
Primula denticulata subsp. *alta* (Balf.f. & Forr.) W.W.Sm. & Fletch.= Primula denticulata subsp. sinodenticulata
Primula denticulata subsp. *cyancephala* (Balf.f.) W.W.Sm. & Forr.= Primula denticulata subsp. sinodenticulata
Primula denticulata subsp. denticulata=Primula denticulata
Primula denticulata subsp. *erythrocarpa* (Craib) W.W.Sm. & Forr.= Primula erythrocarpa
Primula denticulata subsp. sinodenticulata (Balf.f. & Forr.) W.W.Sm. & Forr.滇北球花报春
Primula denticulata subsp. *stolonifera* (Balf.f.) W.W.Sm. & Forr.=Primula pseudodenticulata
Primula diantha Bur. & Franch.双花报春
Primula dickieana Watt 展瓣紫晶报春
Primula dickieana var. *chlorops* W.W.Sm. & Forr.=Primula dickieana
Primula dickieana var. *gouldii* Fletch.=Primula kingii
Primula dickieana var. *pantlingii* (King) W.W.Sm. & Forr.=Primula dickieana
Primula dielsii Petitm.=Primula tongolensis
Primula dissecta (Franch.) Derg.=Androsace dissecta
Primula divaricata Chen & C.M.Hu 叉梗报春
Primula doshongensis W.W.Sm.=Primula glabra subsp. genestieriana
Primula dryadifolia Franch.石岩报春
Primula dryadifolia subsp. chlorodryas (W.W.Sm.) Chen & C.M.Hu 黄花岩报春
Primula dryadifolia subsp. *chrysophylla* (Forr.) W.W.Sm.=Primula dryadifolia
Primula dryadifolia subsp. *congestifolia* (Forr.) W.W.Sm. & Forr.= Primula dryadifolia
Primula dryadifolia subsp. *cycliophylla* (Forr.) W.W.Sm. & Forr.=Primula dryadifolia
Primula dryadifolia subsp. dryadifolia=Primula dryadifolia
Primula dryadifolia subsp. jonardunii (W.W.Sm.) Chen & C.M.Hu 翅柄岩报春
Primula drymophila Craib=Primula sonchifolia
Primula dubernardiana Forr.=Primula bracteata
Primula duclouxii Ptitm.曲柄报春
Primula dumicola W.W.Sm. & Forr.灌丛报春
Primula eburnea Balf.f. & Cooper 乳白垂花报春
Primula efarinosa Pax 无粉报春
Primula effusa W.W.Sm. & Forr.散花报春
Primula elizabethae Ludlow 卵叶雪山报春
Primula elliptica Royle 椭圆形报春
Primula elongata Watt 黄齿雪山报春
Primula elongata var. barnardoana (W.W.Sm. & Ward) C.M.Hu 黄花圆叶报春
Primula elongata var. elongata=Primula elongata
Primula elwesiana King ex Watt=Omphalogramma elwesiana
Primula engleri R.Knuth=Omphalogramma vincaeflora
Primula epilithica Chen & C.M.Hu 石面报春
Primula epilosa Craib (川大学报 1956)=Primula tardiflora
Primula epilosa Craib 二郎山报春
Primula erodioides Schltr.=Primula cicutariifolia
Primula erosa (Wall. ex Duby) Rgl.(HK.f.in Bot.Mag.1887)=Primula glomerata
Primula erosa Wall.啮蚀状报春
Primula erratica W.W.Sm.(川大学报 1956)=Primula gemmifera
Primula erratica W.W.Sm.甘南报春
Primula erythrocarpa Craib 黄心球花报春
Primula esquirolii Petitm.贵州卵叶报春
Primula eucyclia W.W.Sm. & Forr.=Primula vaginata subsp. eucyclia
Primula euosma Craib 绿眼报春
Primula euosma var. *puralba* W.W.Sm.=Primula taliensis
Primula exscapa Chen & C.M.Hu 无葶脆蒴报春
Primula faberi Oliv.峨眉报春
Primula fagosa Balf.f. & Craib 城口报春
Primula falcifolia Ward 镰叶雪山报春
Primula falcifolia var. falcifolia=Primula falcifolia
Primula falcifolia var. farinifera C.M.Hu 波密镰叶报春
Primula fangii Chen & C.M.Hu 金川粉报春
Primula fangingensis Chen & C.M.Hu 梵净报春
Primula fargesii Franch.=Primula nutantiflora
Primula farinosa L.粉报春
Primula farinosa subsp. *fistulosa* (Turkev.) W.W.Sm. & Forr.=Primula fistulosa
Primula farinosa subsp. *xanthophylla* (Trautv. & Mey.) Kitag.=Primula farinosa
Primula farinosa var. *concinna* (Watt) Pax=Primula concinna
Primula farinosa var. denuadata Koch 裸报春
Primula farinosa var. farinosa=Primula farinosa
Primula farinosa var. *xanthophylla* Trautv. & Mey.=Primula farinosa
Primula farreriana Balf.f.大通报春
Primula fasciculata Balf.f. & Ward 束花粉报春
Primula fernaldiana W.W.Sm.雅东粉报春
Primula filchnereae Knuth 陕西羽叶报春
Primula filipes Watt.线柄樱草
Primula firmipes Balf.f. & Forr.葶立钟报春
Primula firmipes subsp. *flexilipes* (Balf.f. & Forr.) W.W.Sm. & Forr.= Primula firmipes
Primula fistulosa Turkev 箭报春
Primula flabellifera W.W.Sm.扇叶垂花报春
Primula flaccida Balakr.垂花报春
Primula flava Maxim.黄花粉叶报春
Primula flavicans Hand.-Mazz.=Primula ambita
Primula flexilipes Balf.f. & Forr.=Primula firmipes
Primula florida Balf.f. & Forr.=Primula blinii
Primula florindae Ward 巨伞钟报春
Primula forbesii Franch.小报春
Primula forbesii subsp. *androsacea* (Pax) W.W.Sm. & Forr.=Primula forbesii
Primula forbesii subsp. *delicata* (petitm.) W.W.Sm. & Forr.=Primula malacoides
Primula forbesii subsp. *duclouxii* (Petitm.) W.W.Sm. & Forr.=Primula duclouxii
Primula forbesii subsp. *hypoleuca* (Hand.-Mazz.) W.W.Sm. & Forr.= Primula hypoleuca
Primula forbesii var. *brevipes* Bonati=Primula duclouxi
Primula forrestii Balf.f.灰岩皱叶报春
Primula fragilis Balf.f. & Ward.=Primula yunnanensis
Primula franchetii Pax=Omphalogramma souliei
Primula gagnepainiana Hand.-Mazz.=Primula szechuanica
Primula gagnepainii Petitm.=Primula heucherifolia
Primula gambeliana Watt 长蒴圆叶报春
Primula gemmifera Batal.苞芽粉报春
Primula gemmifera var. amoena Chen 厚叶苞芽报春
Primula gemmifera var. gemmifera=Primula gemmifera
Primula gemmifera var. *licentii* (W.W.Sm. & Forr.) W.W.Sm. & Fletch.= Primula conspersa
Primula gemmifera var. *monantha* (W.W.Sm. & Forr.) W.W.Sm. & Fletch. = Primula gemmifera var. amoena
Primula gemmifera var. *rupestris* (Pax & Hoffm.) W.W.Sm. & Fletch.= Primula gemmifera var. amoena
Primula gemmifera var. *zambalensis* (Petitm.) W.W.Sm. & Fletch.=

Primula gemmifera var. amoena
Primula genestieriana Hand.-Mazz.=Primula glabra subsp. genestieriana
Primula gentianoides W.W.Sm. & Ward=Primula tongolensis
Primula geraldinae W.W.Sm.=Primula rhodochroa var. geraldinae
Primula geraniifolia HK.f.滇藏掌叶报春
Primula gigantea Jacq.=Primula farinosa var. denuadata
Primula giraldiana Pax 太白山紫穗报春
Primula glabra Klatt 光叶粉报春
Primula glabra subsp. genestieriana (Hand.-Mazz.) C.M.Hu 纤葶粉报春
Primula glabra subsp. glabra=Primula glabra
Primula glacialis Franch.=Primula diantha
Primula glomerata Pax 立花头序报春
Primula glycyosma Petitm.=Primula wilsonii
Primula gracilenta Dunn (Chen in Bull.Fan.Mem.Inst.Biol.Bot.1939, p.p.)=Primula pinnatifida
Primula gracilenta Dunn (Chen in Bull.Fan.Mem.Inst.Biol.Bot.1939, p.p.)=Primula watsonii
Primula gracilenta Dunn 长瓣穗花报春
Primula gracilipes Craib 纤柄脆蒴报春
Primula graminifolia Pax & Hoffm.禾叶报春
Primula gratissima Forr.=Primula sonchifolia
Primula griffithii (Watt) Pax 高葶脆蒴报春
Primula handeliana W.W.Sm. & Forr.陕西报春
Primula harroviana Balf.f. & Cooper=Primula eburnea
Primula helodoxa Blaf.f.泽地灯台报春
Primula helodoxa subsp. *chrysochlora* (Balf.f. & Ward) W.W.Sm. & Forr. =Primula chrysochlora
Primula helvenacea Balf.f. & Ward=Primula minor
Primula henrici Bur. & Franch.=Primula bracteata
Primula henryi (Hemsl.) Pax 滇南报春
Primula heucherifolia Franch.宝兴掌叶报春
Primula heucherifolia subsp. *humicola* (Balf.f. & Forr.) W.W.Sm. & Forr.= Primula geraniifolia
Primula heydei Watt=Primula minutissima
Primula hilaris W.W.Sm.大花脆蒴报春
Primula hoffmanniana W.W.Sm.川北脆蒴报春
Primula hoii Fang 单伞长柄报春
Primula homogama Chen & C.M.Hu 峨眉缺裂报春
Primula hookeri Watt 春花脆蒴报春
Primula hookeri var. hookeri=Primula hookeri
Primula hookeri var. violacea (W.W.Sm.) C.M.Hu 蓝春花报春
Primula hopeana Balf.f. & Cooper (W.W.Sm.in Not.Roy.Bot.Gard.Edinb. 1937)=Primula ioessa
Primula hsiungiana Fang=Primula walshii
Primula huana W.W.Sm.=Primula chapaensis
Primula huashanensis Chen & C.M.Hu 华山报春
Primula humicola Balf.f. & Forr.=Primula geraniifolia
Primula humilis Pax & Hoffm.矮葶缺裂报春
Primula hupehensis Craib=Primula odontocalyx
Primula hyacinthina W.W.Sm.(p.p.)=Primula bellidifolia
Primula hylobia W.W.Sm.亮叶报春
Primula hylophilla Balf.f. & Farrer=Primula odontocalyx
Primula hymenophylla Balf.f. & Forr.=Primula polyneura
Primula hypoleuca Hand.-Mazz.白背小报春
Primula incisa Franch.=Primula blinii
Primula incisa subsp. *pectinata* (Balf.f. & Forr.) W.W.Sm. & Forr.= Primula blinii
Primula indobella Balf.f. & W.W.Sm.=Primula tenuiloba
Primula inflata subsp. *macrocalyx* (Bge.) O.Schwarz=Primula veris subsp. macrocalyx
Primula ingens W.W.Sm. & Forr.=Primula chionantha
Primula inopinata Fletch.迷离报春
Primula interjacens Chen 景东报春
Primula interjacens var. epilosa C.M.Hu 光叶景东报春
Primula interjacens var. interjacens=Primula interjacens
Primula intermedia Sims.(W.W.Sm. & Fletch. in Trans.Roy.Soc.Edinb. 1943)= Primula longiscapa
Primula invalis var. *moorcroftiana* (Wall. ex Klatt) Pax=Primula macrophylla var. moorcroftiana
Primula involucrata Wall. & Duby 花苞报春
Primula involucrata subsp. involucrata=Primula involucrata
Primula involucrata subsp. yargongensis (Petitm.) W.W.Sm. & Forr.雅江报春
Primula ioessa W.W.Sm.缺叶钟报春
Primula ionantha Pax & Hoffm.=Primula russeola
Primula jaffreyana King 藏南粉报春
Primula japonica f. *robusta* Hemsl.=Primula pulverulenta
Primula japonica var. *angustidens* Franch.=Primula stenodonta
Primula jesoana Miq.(高等图鉴 1974)=Primula loeseneri
Primula jesoana Miq.鸭绿报春
Primula jonardunii W.W.Sm.=Primula dryadifolia subsp. jonardunii
Primula jucunda W.W.Sm.山南脆蒴报春
Primula jucunda var. *ponticula* W.W.Sm.=Primula jucunda
Primula junior Balf.f. & Forr.=Primula calliantha subsp. bryophila
Primula kanseana Pax & Hoffm.=Primula stenocalyx
Primula kialensis Franch.等梗报春
Primula kialensis subsp. brevituba C.M.Hu 短筒等梗报春
Primula kialensis subsp. kialensis=Primula kialensis
Primula kichanensis Franch. ex Petitm.=Primula yunnanensis
Primula kingii Watt 高葶紫晶报春
Primula kiuchiangensis Balf.f. & Forr.=Primula diantha
Primula klattii Balakr.单朵垂花报春
Primula klaveriana Forr.云南卵叶报春
Primula knuthiana Pax 阔萼粉报春
Primula knuthiana var. *brevipes* Pax=Primula knuthiana
Primula knuthiana var. *major* Pax=Primula knuthiana
Primula kongboensis Ward 工布报春
Primula kwangtungensis W.W.Sm.广东报春
Primula kweichouensis W.W.Sm.贵州报春
Primula kweichouensis var. kweichouensis=Primula kweichouensis
Primula kweichouensis var. venulosa Chen & C.M.Hu 多脉贵州报春
Primula lacerata W.W.Sm.縫瓣脆蒴报春
Primula laciniata Pax & Hoffm.条裂叶报春
Primula lacteocapitata Balf.f. & W.W.Sm.=Primula capitata subsp. lacteocapitata
Primula lactucoides Chen & C.M.Hu 囊谦报春
Primula laeta W.W.Sm.=Primula calderiana
Primula lanata Pax & Hoffm.=Primula heucherifolia
Primula lancifolia Pax & Hoffm.=Primula russeola
Primula langkongensis Forr.=Primula malvacea
Primula latisecta W.W.Sm.宽裂掌叶报春
Primula laxiuscula W.W.Sm.疏序球花报春
Primula lecomtei Petitm.=Primula faberi
Primula legendrei Bonati=Primula souliei
Primula leimonophila Balf.f.=Primula virginis
Primula lepta Balf.f. & Forr.=Primula pinnatifida
Primula leptophylla Craib 薄叶长柄报春
Primula leptopoda Bur. & Franch.=Primula stenocalyx
Primula leucantha I.B.Balf. & Forr.=Primula beesiana
Primula leucochnoa Hand.-Mazz.=Primula melanops
Primula leucops W.W.Sm. & Ward=Primula diantha
Primula leucops var. *anopa* Hand.-Mazz.=Primula diantha
Primula levicalyx C.M.Hu & Z.R.Xu 光萼报春
Primula lhasaensis Balf.f. & W.W.Sm.=Primula jaffreyana
Primula licentii W.W.Sm. & Forr.=Primula conspersa
Primula lichiangensis (Forr.) Forr.=Primula polyneura
Primula lichiangensis var. *halopa* Balf.f. & Forr.=Primula polyneura
Primula limbata Balf.f. & Forr.(W.W.Sm & Fletch. in Trans.Roy.Soc. Edinb. 1942,p.p.)=Primula optata
Primula limbata Balf.f. & Forr.匙叶雪山报春
Primula limnoica Craib=Primula denticulata subsp. sinodenticulata
Primula limprichtii Pax & Hoffm.=Primula ovalifolia
Primula listeri King (Forr.in Not.Roy.Bot.Gard.Edinb.1908)=Primula sinolisteri
Primula listeri King ex HK.f.(Forbes & Hemsl.in J.L.Soc.Bot.1889)= Primula obconica subsp. begoniiformis
Primula listeri King 里斯特报春
Primula listeri var. *glabrescens* Franch.(p.p.)=Primula obconica subsp. begoniiformis
Primula listeri var. *rotundifolia* Franch.=Primula obconica subsp. begoniiformis
Primula lithophila Chen & C.M.Hu 习水报春
Primula littledalei Balf.f. & Watt 白粉圆叶报春
Primula littoniana Forr.=Primula vialii

Primula littoniana var. *robusta* Forr.=Primula vialii
Primula loeseneri Kitag.肾叶报春
Primula longipetiolata Pax & Hoffm.长柄雪山报春
Primula longipinnatifida Chen=Primula blinii
Primula longiscapa Ledeb.长葶报春
Primula longituba Forr.=Primula membranifolia
Primula lungchiensis Fang 龙池报春
Primula macrocalyx Bge.=Primula veris subsp. macrocalyx
Primula macrophylla D.Don 大叶报春
Primula macrophylla var. atra W.W.Sm. & Fletch.黄粉大叶报春
Primula macrophylla var. *macrocarpa* (Watt) W.W.Sm. & Fletch.= Primula megalocarpa
Primula macrophylla var. macrophylla=Primula macrophylla
Primula macrophylla var. moorcroftiana (Wall. ex Klatt) W.W.Sm. & Fletch.长苞大叶报春
Primula macrophylla var. *ninguida* (W.W.Sm.) W.W.Sm. & Fletch.= Primula ninguida
Primula macropoda Craib=Primula ovalifolia
Primula maikhaensis Balf.f. & Forr 怒江报春
Primula mairei Lévl.=Primula pinnatifida
Primula malacoides Franch.报春花
Primula malacoides subsp. *pseudomalacoides* (Stewart) W.W.Sm. & Forr. = Primula malacoides
Primula mallophylla Balf.f.川东灯台报春
Primula malvacea Franch.(W.W.Sm. & Fletch. in Trans.Bot.Soc.Edinb. 1944, p.p.)=Primula neurocalyx
Primula malvacea Franch.葵叶报春
Primula malvacea subsp. *rosthornii* (Diels) W.W.Sm. & Forr.=Primula neurocalyx
Primula malvacea var. *alba* Forr.=Primula malvacea
Primula malvacea var. *intermedia* W.W.Sm. & Forr.=Primula malvacea
Primula mandarina Hoffm.=Primula sinensis
Primula maximowiczii Regel 胭脂花
Primula maximowiczii var. *brevifola* Pax=Primula maximowiczii
Primula maximowiczii var. *dielsiana* Pax=Primula maximowiczii
Primula maximowiczii var. *euprepes* W.W.Sm.=Primula advena var. euprepes
Primula maximowiczii var. flaviflorida D.C.Lu 黄胭脂花
Primula maximowiczii var. maximowiczii=Primula maximowiczii
Primula megalocarpa Hara 大果报春
Primula meiotera (W.W.Sm. & Fletch.) C.M.Hu 深齿小报春
Primula melanantha (Franch.) C.M.Hu 深紫报春
Primula melanodonta W.W.Sm.芒齿灯台报春
Primula melanops W.W.Sm. & Ward 粉葶报春
Primula membranifolia Franch.薄叶粉报春
Primula menziesiana Balf.f. & W.W.Sm.=Primula bellidifolia
Primula merrilliana Schltr.安徽羽叶报春
Primula microdonta Franch. ex Petitm.=Primula sikkimensis
Primula microdonta var. *alpicola* f. *micromeres* W.W.Sm. & Ward= Primula sikkimensis
Primula microdonta var. *alpicola* W.W.Sm.=Primula alpicola
Primula microloma Hand.-Mazz.=Primula prenantha
Primula micropetala Balf.f. & Cooper=Primula bellidifolia
Primula microstachys Balf.f. & Forr.=Primula blattariformis
Primula minor Balf.f. & Ward 雪山小报春
Primula minutiflora G.Forr.=Androsace umbellata
Primula minutissima Jacquem. ex Duby 高峰小报春
Primula mishmiensis Ward=Primula calliantha subsp. mishmiensis
Primula miyabeana Ito & Kawakami 玉山灯台报春
Primula modesta Bisset & Moore (高等图鉴 1974)=Primula farinosa
Primula mollis Nutt. ex HK.灰毛报春
Primula mollis subsp. *seclusa* (Balf.f. & Forr.) W.W.Sm. & Forr.=Primula mollis
Primula monantha W.W.Sm. & Forr.=Primula gemmifera var. amoena
Primula monbeigii Balf.f.=Primula bracteata
Primula monticola (Hand.-Mazz.) Chen & C.M.Hu 中甸海水仙
Primula moorcroftiana Wall.=Primula macrophylla var. moorcroftiana
Primula mooreana Balf.f. & W.W.Sm.=Primula capitata
Primula morsheadiana Ward=Primula aurantiaca subsp. morsheandiana
Primula moschophora Balf.f. & Forr 麝香美报春
Primula moupinensis Franch.宝兴报春
Primula moupinensis subsp. barkamensis C.M.Hu 马尔康报春
Primula moupinensis subsp. moupinensis=Primula moupinensis
Primula moystrophylla I.B.Balf. & Forr.=Primula dryadifolia
Primula mulans Delavay ex Franch.=Primula flaccida
Primula muliensis Hand.-Mazz.=Primula boreio-calliantha
Primula multicaulis Petitm.=Primula forbesii
Primula munroi Lindl.=Primula involucrata
Primula mupinensis Pax=Primula moupinensis
Primula muscarioides Hemsl.麝草报春
Primula muscarioides subsp. *conica* (Balf.f. & Forr.) W.W.Sm. & Forr.= Primula deflexa
Primula muscoides HK.f. ex Watt 苔状小报春
Primula muscoides var. *tenuiloba* Watt=Primula tenuiloba
Primula mystrophylla Balf.f. & Forr.=Primula dryadifolia
Primula nanobella Balf.f. & Forr.=Primula bella
Primula nasturtiifolia Chen & C.M.Hu=Primula runcinata
Primula nemoralis Balf.f.=Primula sinuata
Primula neurocalyx Franch.保康报春
Primula neurocalyx subsp. *riparia* (Balf.f. & Farrer) W.W.Sm. & Forr.= Primula cinerascens
Primula ninguida W.W.Sm.林芝报春
Primula nivalis Pall.(Forbes & Hemsl.in Jurn.L.Soc.Bot.1889)=Primula sinopurpurea
Primula nivalis Pall.雪山报春
Primula nivalis var. *colorata* Regel=Primula nivalis var. farinosa
Primula nivalis var. farinosa Schrenk 准噶尔报春
Primula nivalis var. *longifolia* Regel=Primula nivalis var. farinosa
Primula nivalis var. *macrocarpa* (Watt) Pax=Primula megalocarpa
Primula nivalis var. *macrophylla* (D.Don) Pax=Primula macrophylla
Primula nivalis var. *melanantha* Franch.=Primula melanantha
Primula nivalis var. *moorcroftiana* (Wall. ex Klatt) Pax=Primula macrophylla var. moorcroftiana
Primula nivalis var. nivalis=Primula nivalis
Primula nivalis var. *purpurea* Franch.=Primula sinopurpurea
Primula nivalis var. *sinensis* Pax=Primula sinopurpurea
Primula nivalis var. *turkestanica* Gaage & Schmidt=Primula nivalis var. farinosa
Primula nivalis var. *turkestanica* Regel=Primula nivalis var. farinosa
Primula nomaniana Ward=Primula vaginata subsp. normaniana
Primula nutans Delavayi ex Franch.=Primula flaccida
Primula nutans Georgi (Chen in Bul.Fan Mem.Inst.Bil.Bot.1939,p.p.)= Primula violacea
Primula nutans Georgi 天山报春
Primula nutantiflora Hemsl.(川大学报 1956)=Primula homogama
Primula nutantiflora Hemsl.俯垂粉报春
Primula obconica Hance 鄂报春
Primula obconica subsp. *barbicalyx* (Wright) W.W.Sm. & Forr.=Primula barbicalyx
Primula obconica subsp. begoniiformis (Petitm.) W.W.Sm. & Forr.海棠叶报春
Primula obconica subsp. *densa* (Balf.f.) W.W.Sm. & Forr.=Primula densa
Primula obconica subsp. nigroglandulosa (W.W.Sm. & Fletch.) C.M.Hu 黑腺鄂报春
Primula obconica subsp. obconica=Primula obconica
Primula obconica subsp. parva (Balf.f.) W.W.Sm. & Forr.小型报春
Primula obconica subsp. *parva* W.W.Sm. & Forr.(Chen in Bull.Fan Mem.Inst.Biol.Bot.1939)=Primula obconica subsp. begoniiformis
Primula obconica subsp. *petitmengini* (Bonati) W.W.Sm. & Forr.=Primula obconica
Primula obconica subsp. *sinolisteri* (Balf.f.) W.W.Sm. & Forr.=Primula sinolisteri
Primula obconica subsp. *vilmoriniana* (Petitm.) W.W.Sm. & Forr.= Primula vilmoriniana
Primula obconica subsp. werringtonensis (Forr.) W.W.Sm. & Forr.波叶鄂报春
Primula obconica var. *glabrescens* Franch.(p.p.)=Primula obconica
Primula obconica var. *glabrescens* Franch.(p.p.)=Primula sinolisteri
Primula obconica var. *hispida* Franch.=Primula obconica
Primula obconica var. *nigroglandulosa* W.W.Sm. & Fletch.=Primula obconica subsp. nigroglandulosa
Primula obconica var. *rotundifolia* Franch.=Primula obconica subsp. begoniiformis
Primula obconica var. *werrigtonensis* (Forr.) W.W.Sm. & Fletch.=Primula obconica
Primula oblanceolata Balf.f.=Primula wilsonii

Primula obliqua W.W.Sm.斜花雪山报春
Primula obovata (Hemsl.) Pax=Primula rugosa
Primula obsessa W.W.Sm.肥满报春
Primula obtusifolia Royle (HK.f.in Bot.Mag.1887)=Primula calderiana
Primula obtusifolia Royle 钝叶缨子草
Primula obtusifolia var. *griffithii* Watt=Primula griffithii
Primula occlusa W.W.Sm.扇叶小报春
Primula ochracea Pax & Hoffm.=Primula orbicularis
Primula oculata Duthie=Primula heucherifolia
Primula odontica W.W.Sm.粗齿紫晶报春
Primula odontocalyx (Franch.) Pax 齿萼报春
Primula odontophylla Wall.=Primula rotundifolia
Primula officinalis var. *macrocalyx* (Bge.) C.Kch=Primula veris subsp. macrocalyx
Primula operculata R.Knuth=Primula cockburniana
Primula optata Farrer 心愿报春
Primula orbicularis Hemsl.圆瓣黄花报春
Primula oreina Balf.f. & Cooper=Primula dryadifolia subsp. jonardunii
Primula oreocharis Hance=Primula maximowiczii
Primula oreodoxa Franch.迎阳报春
Primula oresbia Balf.f.=Primula blinii
Primula orestora Craib & Cooper=Primula atrodentata
Primula ovalifolia Franch.卵叶报春
Primula ovalifolia subsp. ovalifolia=Primula ovalifolia
Primula ovalifolia subsp. *tardiflora* C.M.Hu=Primula tardiflora
Primula oxygraphidifolia W.W.Sm. & Ward 雅跖花叶报春
Primula palmata Hand.-Mazz.掌叶报春
Primula pantlingii King=Primula dickieana
Primula partschiana Pax 心叶报春
Primula parva Balf.f.(W.W.Sm.in Sunyatsenia 1937)=Primula obconica
Primula parva Balf.f.=Primula obconica subsp. parva
Primula parvula Pax & Hoffm.=Primula souliei
Primula patens Turcz.=Primula sieboldii
Primula patens var. *genuina* Skvortzow=Primula sieboldii
Primula patens var. *manshurica* Skvortzow=Primula sieboldii
Primula pauliana W.W.Sm. & Forr.总序报春
Primula pauliana var. huliensis Chen & C.M.Hu 会理总序报春
Primula pauliana var. pauliana=Primula pauliana
Primula paxiana Kuntz.(Gilg in Bot.Jahrb.1904)=Primula loeseneri
Primula pectinata Balf.f. & Forr.=Primula blinii
Primula pellucida Franch.钻齿报春
Primula penduliflora Franch. ex Petitm.=Primula flaccida
Primula petiolaris Wall.有柄报春
Primula petiolaris var. *nana* HK.f.(p.p.)=Primula gracilipes
Primula petiolaris var. *odontocalyx* Franch.=Primula odontocalyx
Primula petiolaris var. *scapigera* HK.f.(p.p.)=Primula scapigera
Primula petiolaris var. *setschuanica* Pax & Hoffm.=Primula hoffmanniana
Primula petitmengini Bonati=Primula obconica
Primula petraea Blaf.f. & Forr.=Primula minor
Primula petrocallis Chen & C.M.Hu 饰岩报春
Primula petrocallis var. glabrata C.M.Hu 无毛饰岩报春
Primula petrocallis var. petrocallis=Primula petrocallis
Primula petrocharis Pax ex Hoffm.=Primula walshii
Primula petrophyes I.B.Balf.=Primula virginis
Primula philoresia Balf.f.=Primula dryadifolia
Primula pinnatifida Franch.(川大学报 1956)=Primula blinii
Primula pinnatifida Franch.羽叶穗花报春
Primula pinnatifida subsp. *apoclita* (Balf.f. & Forr.) W.W.Sm. & Forr.= Primula pinnatifida
Primula pinnatifida subsp. *cephalantha* (Balf.) W.W.Sm. & Forr.=Primula pinnatifida
Primula pintchouanensis Petitm.=Primula bathangensis
Primula pirolaefolia Lévl.=Primula veitchiana
Primula planiflora Hand.-Mazz.=Primula poissonii
Primula plebeia Balf.f.=Primula sinuata
Primula poculiformis HK.f.=Primula obconica
Primula poissonii Franch.(Hand.-Mazz.in Symb.Sin 1936)=Primula wilsonii
Primula poissonii Franch.海仙花
Primula poissonii subsp. *anguistidens* (Franch.) Pax ex W.W.Sm. & Forr.= Primula stenodonta
Primula poissonii subsp. *wilsonii* (Dunn) W.W.Sm. & Forr.=Primula wilsonii
Primula polia Craib=Primula ovalifolia
Primula polyneura Franch.多脉报春
Primula polyneura subsp. *hymenophylla* (Balf.f. & Forr.) W.W.Sm. & Forr.= Primula polyneura
Primula polyneura subsp. *lichiangensis* (Forr.) W.W.Sm. & Forr.=Primula polyneura
Primula polyneura subsp. *sataniensis* (Balf.f. & Farrer) W.W.Sm. & Forr.= Primula polyneura
Primula polyneura subsp. *sikuensis* (Balf.f. & Farrer) W.W.Sm. & Forr.= Primula polyneura
Primula polyneura subsp. *veitchii* (Duthie) W.W.Sm. & Forr.=Primula polyneura
Primula polyphylla (Franch.) Petitm.=Primula pseudodenticulata
Primula polyphylla Franch.无粉海仙花
Primula polyphylla var. *monticola* Hand.-Mazz.(p.p.)=Primula monticola
Primula praeflorens Chen & C.M.Hu 早花脆蒴报春
Primula praenitens Ker.-Gawl.=Primula sinensis
Primula praetermissa W.W.Sm.匙叶小报春
Primula praticola Craib=Primula taliensis
Primula prattii Hemsl.雅砻黄报春
Primula prenantha Balf.f. & W.W.Sm.小花灯台报春
Primula prenantha subsp. morsheadiana (Kingd.-Ward.) Chen & C.M.Hu 朗贡灯台报春
Primula prenantha subsp. prenantha=Primula prenantha
Primula prevernalis Chen & C.M.Hu 云龙报春
Primula primulina (Spreng.) Hara 球毛小报春
Primula primulina Spreng.=Primula primulina
Primula primuloides D.Don=Primula primulina
Primula prionotes Balf.f. & Watt=Primula waltonii
Primula proba Balf.f. & Forr.=Primula calliantha subsp. bryophila
Primula prolifera Wall.多育报春
Primula propinqua Balf.f. & Forr.=Primula boreio-calliantha
Primula pseudobracteata Petitm.=Primula bracteata
Primula pseudocapitata Ward=Primula capitata subsp. sphaerocephala
Primula pseudodenticulata Pax 滇海水仙花
Primula pseudodenticulata subsp. *polyphylla* (Franch.) W.W.Sm. & Forr.= Primula pseudodenticulata
Primula pseudodenticulata var. *monticola* Hand.-Mazz.(p.p.)=Primula monticola
Primula pseudodenticulata var. *monticola* Hand.-Mazz.(p.p.)=Primula pseudodenticulata
Primula pseudoglabra Hand.-Mazz.松潘报春
Primula pseudomalacoides Steart=Primula malacoides
Primula pseudosikkimensis Forr.=Primula sikkimensis
Primula pudibunda W.W.Sm.=Primula sikkimensis
Primula pulchella Franch.丽花报春
Primula pulchelloides Ward=Primula pulchella
Primula pulchra Watt 美丽缨草
Primula pulverulenta Duthie 粉被灯台报春
Primula pulvinata Bla.f. & War.=Primula bracteata
Primula pumilio Maxim.柔小粉报春
Primula purdomii Craib (秦岭志 1983)=Primula woodwardii
Primula purdomii Craib 紫罗兰报春
Primula purprea Royle=Primula macrophylla
Primula pusilla Wall.=Primula primulina
Primula pusilla var. *flabellata* W.W.Sm.=Primula primulina
Primula pycnoloba Bur. & Franch.密裂报春
Primula pygmaeorum Balf.f. & W.W.Sm.=Primula pumilio
Primula qinghaiensis Chen & C.M.Hu 青海报春
Primula racemosa Bonati=Primula bathangensis
Primula racemosa Lévl.=Primula celsiaeformis
Primula ragotiana Lévl.=Primula sinuata
Primula ranunculoides Chen=Primula cicutariifolia
Primula ranunculoides var. *minor* Chen=Primula cicutariifolia
Primula redolens Balf.f. & Ward=Primula forrestii
Primula reflexa Petitm.嫩黄报春
Primula refracta Hand.-Mazz.=Primula duclouxii
Primula reginella Balf.f.=Primula fasciculata
Primula reptans HK.f.匍匐报春
Primula reticulata Wall.网叶钟报春
Primula rhodochroa W.W.Sm.密丛小报春

Primula rhodochroa var. geraldinae (W.W.Sm.) Chen & C.M.Hu 洛拉小报春
Primula rhodochroa var. *meiotera* W.W.Sm. & Fletch.=Primula meiotera
Primula rhodochroa var. rhodochroa=Primula rhodochroa
Primula riae Pax & Hoffm.=Primula amethystina subsp. argutidens
Primula rigida Balf.f. & Forr.=Primula diantha
Primula rimicola W.W.Sm.岩生小报春
Primula riparia Balf.f. & Farrer=Primula cinerascens
Primula rockii W.W.Sm.纤柄皱叶报春
Primula rosea Royle 玫瑰色报春
Primula rosthornii Diels=Primula neurocalyx
Primula rotundifolia Wall.大圆叶报春
Primula roxburghii Balakr.=Primula rotundifolia
Primula roylei Balf.f. & W.W.Sm.=Primula calderiana
Primula roylei subsp. *calderiana* (Balf.f. & Cooper) W.W.Sm. & Forr.=Primula calderiana
Primula roylei var. *alba* W.W.Sm.=Primula calderiana
Primula rubicunda Fletch.深红小报春
Primula rubifolia C.M.Hu 莓叶报春
Primula rufa Balf.f.=Primula forrestii
Primula rugosa Balakr.倒卵叶报春
Primula runcinata C.M.Hu 芥叶报春
Primula rupestris I.B.Bafl. & Farrer 巴蜀报春
Primula rupestris Pax & Hoffm.=Primula gemmifera var. amoena
Primula rupicola Balf.f. & Forr.黄粉缺裂报春
Primula rupicola var. *albicolor* W.W.Sm. & Fletch.=Primula rupicola
Primula russeola Balf.f. & Forr.(Chen in Bull.Fan Me.Inst.Bil.Bot.1939)=Primula sinopurpurea
Primula russeola Balf.f. ex Hutch.黑萼报春
Primula sacialis Chen & C.M.Hu 群居粉报春
Primula sandemaniana W.W.Sm.粉萼垂花报春
Primula sapphirina HK.f. & Thoms.小垂花报春
Primula sataniensis Balf.f. & farrer=Primula polyneura
Primula saturata W.W.Sm. & Fletch.黄葵叶报春
Primula saxatilis Kom.(Pax in Engl.Pflanzenr.1905,p.p.)=Primula sieboldii
Primula saxatilis Kom.岩生报春
Primula saxatilis var. *pubescens* Pax & Hoffm.=Primula polyneura
Primula scapigera (HK.f.) Craib 葶花脆蒴报春
Primula scopulorum Balf.f. & Farrer 米仓山报春
Primula seclusa Balf.f. & Forr.=Primula mollis
Primula secundiflora Franch.偏花报春
Primula semperflorens Loisel ex Steud.=Primula sinensis
Primula septeloba Franch.七指报春
Primula septeloba var. minor Ward 小七指报春
Primula septeloba var. septeloba=Primula septeloba
Primula septemloba Franch.(峨眉图志 1942)=Primula heucherifolia
Primula serratifolia Franch.齿叶灯台报春
Primula sertulosa Kickx=Primula sinensis
Primula sertulum Franch.小伞报春
Primula sherriffae W.W.Sm.长管垂花报春
Primula shihmienensis Fang=Primula pulverulenta
Primula shwelicalliantha Balf.f & Forr.=Primula calliantha subsp. bryophila
Primula sibirica Jacq.=Primula nutans
Primula sieboldii E.Morren 樱草
Primula sieboldii f. *patens* (Turcz.) Kitag.=Primula sieboldii
Primula sikangensis Chen=Primula amethystina subsp. brevifolia
Primula sikkimensis HK.钟花报春
Primula sikkimensis subsp. *pseudosikkimensis* (Forr.) W.W.Sm. & Forr.=Primula sikkimensis
Primula sikkimensis subsp. *pudibunda* (W.W.Sm.) W.W.Sm. & Forr.=Primula sikkimensis
Primula sikkimensis subsp. *subpinnatifida* W.W.Sm.=Primula ioessa
Primula sikkimensis var. *hookeri* Stapf=Primula sikkimensis
Primula sikkimensis var. *lorifolia* W.W.Sm.=Primula sikkimensis
Primula sikkimensis var. *microdonta* Stapf=Primula waltonii
Primula sikkimensis var. *pudibunda* (W.W.Sm.) W.W.Sm. & Fletch.=Primula sikkimensis
Primula sikkimensis var. *subpinnatifida* W.W.Sm.=Primula ioessa
Primula sikuensis Balf.f. & Farrer=Primula polyneura
Primula silaensis Petitm.贡山紫晶报春
Primula silenantha Pax & Hoffm.=Primula tangutica
Primula sinensis Sabine ex Lindl.藏报春
Primula sinodenticulata Balf.f. & Forr.=Primula denticulata subsp. sinodenticulata
Primula sinolisteri Balf.f.铁梗报春
Primula sinolisteri var. aspera W.W.Sm. & Fletch.糙叶铁梗报春
Primula sinolisteri var. sinolisteri=Primula sinolisteri
Primula sinomollis Balf.f. & Forr.华柔毛报春
Primula sinomollis var. *alba* I.B.Balf. & Forr.=Primula sinomollis
Primula sinonivalis Balf.f. & Forr.=Primula limbata
Primula sinoplantaginea Balf.f.车前叶报春
Primula sinoplataginea subsp. *graminifolia* (Pax & Hoffm.) W.W.Sm. & Forr.=Primula graminifolia
Primula sinoplataginea var. *graminifolia* (Pax & Hoffm.) W.W.Sm. & Fletch.=Primula graminifolia
Primula sinopurprea Balf.f.(川大学报 1956)=Primula longipetiolata
Primula sinopurpurea Balf.f. ex Hutch.=Primula chionantha
Primula sinuata Franch.波缘报春
Primula smithiana Craib 亚东灯台报春
Primula soldanelloides Watt 低温花状报春
Primula sonchifolia Franch.苣叶报春
Primula sonchifolia subsp. emeiensis C.M.Hu 峨眉苣叶报春
Primula sonchifolia subsp. sonchifolia=Primula sonchifolia
Primula sonchifolia var. *atrocoerulea* Forr.=Primula sonchifolia
Primula soongii Chen & C.M.Hu 滋圃报春
Primula souliei Franch.缺裂报春
Primula souliei subsp. *florida* (Balf.f. & Forr.) W.W.Sm. & Forr.=Primula blinii
Primula souliei subsp. *humilis* (Pax & Hoffm.) W.W.Sm. & Forr.=Primula humilis
Primula souliei subsp. *legendrei* (Bonati) W.W.Sm. & Forr.=Primula souliei
Primula *souliei* subsp. *oresbia* (Balf.f.) W.W.Sm. & Forr.=Primula blinii
Primula speluncicola Petitm.=Primula pellucida
Primula sphaerocephala Balf.f. & Forr.=Primula capitata subsp. sphaerocephala
Primula spicata Franch.穗状垂花报春
Primula stenocalyx Maixm (川大学报 1956,p.p.)=Primula gemmifera var. amoena
Primula stenocalyx Maxim.(川大学报 1956,p.p.)=Primula kialensis
Primula stenocalyx Maxim.狭萼报春
Primula stenocalyx var. *luteofarinosa* W.W.Sm.=Primula stenocalyx
Primula stenodonta Balf.f. ex W.W.Sm. & Fletch.凉山灯台报春
Primula stephanocalyx Hand.-Mazz.=Primula bathangensis
Primula stirtoniana Watt 斯提氏报春
Primula stolonifera Balf.f.=Primula pseudodenticulata
Primula stragulata Balf.f. & Forr.=Primula bella
Primula strumosa Balf.f. & Cooper 金黄脆蒴报春
Primula strumosa subsp. strumosa=Primula strumosa
Primula strumosa subsp. tenuipes C.M.Hu 矩圆金黄报春
Primula stuartii var. *macrocarpa* Watt=Primula megalocarpa
Primula stuartii var. *moorcroftiana* (Wall. ex Klatt) Watt=Primula macrophylla var. moorcroftiana
Primula stuartii var. *purpurea* (Royle) Watt=Primula macrophylla
Primula stuartii Wall.斯氏报春
Primula subgen. *Omphalogramma* Franch.=**Omphalogramma**
Primula subtropica Hand.-Mazz.=Primula vilmoriniana
Primula subularia W.W.Sm.线叶小报春
Primula sulphurea Pax & Hoffm.=Primula prattii
Primula sulphurea var. *rosea* Pax & Hoffm.=Primula pulchella
Primula sylvicola Hutch.=Primula sinomollis
Primula szechuanica Pax 四川报春
Primula taliensis Forr.大理报春
Primula taliensis subsp. procera C.M.Hu 金粉大理报春
Primula taliensis subsp. taliensis=Primula taliensis
Primula tangutica Duthie 甘青报春
Primula tangutica var. flavescens Chen & C.M.Hu 黄甘青报春
Primula tangutica var. *serrata* W.W.Sm. & H.R.Fletch.=Primula tangutica
Primula tangutica var. tangutica=Primula tangutica
Primula tanneri King 心叶脆蒴报春
Primula tanneri subsp. *tsariensis* (W.W.Sm.) A.J.Richards=Primula tsariensis

Primula tanupoda Balf.f. & W.W.Sm.=Primula tibetica
Primula tapeina Balf.f. & Forr.=Primula bracteata
Primula taraxacoides Balf.f.=Primula sonchifolia
Primula tardiflora (C.M.Hu) C.M.Hu 晚花报春
Primula tayloriana Fletch.淡粉报春
Primula tenana Bonati ex Balf.f.=Primula blattariformis
Primula tenella King ex HK.f.匍茎小报春
Primula tenuiloba (Watt) Pax 细裂小报春
Primula tenuipes Chen & C.M.Hu 纤柄报春
Primula tenuissima Pax=Primula odontocalyx
Primula tibetica Watt 西藏报春
Primula tongolensis Franch.东俄洛报春
Primula tribola Balf.f. & Forr.=Primula calliantha subsp. bryophila
Primula tridentifera Chen & C.M.Hu 三齿卵叶报春
Primula triloba Balf.f. & Forr.三裂叶报春
Primula tsariensis W.W.Sm.察日脆蒴报春
Primula tsariensis var. porrecta W.W.Sm.大察日报春
Primula tsariensis var. tsariensis=Primula tsariensis
Primula tsarongensis Balf.f. & Forr.=Primula muscarioides
Primula tsiangiae Fang (p.p.)=Primula szechuanica
Primula tsiangiae Fang=Primula longipetiolata
Primula tsiangii W.W.Sm.绒毛报春
Primula tsongpenii Fletch.丛毛岩报春
Primula turkestanica (Regel) E.A.White=Primula nivalis var. farinosa
Primula tyoseniana Nakai ex Kitag.=Primula loeseneri
Primula tzetsouensis Petitm.心叶黄花报春
Primula ulophylla Hand.-Mazz.=Primula bracteata
Primula umbellata (Lour.) Bentv.=Androsace umbellata
Primula umbrella Forr.=Primula yunnanensis
Primula uniflora Klatt=Primula klattii
Primula urticifolia Maxim.荨麻叶报春
Primula vaginata Watt 鞘柄掌叶报春
Primula vaginata subsp. eucyclia (W.W.Sm. & Forr.) Chen & C.M.Hu 圆叶鞘柄报春
Primula vaginata subsp. normaniana (Ward) Chen & C.M.Hu 短梗鞘柄报春
Primula vaginata subsp. vaginata=Primula vaginata
Primula valentiniana Hand.-Mazz.暗红紫晶报春
Primula veitchiana Petitm.川西縫瓣报春
Primula veitchii Duthie=Primula polyneura
Primula veris L.黄花九轮草
Primula veris subsp. macrocalyx (Bge.) Ludi 硕萼报春
Primula veris subsp. veris=Primula veris
Primula vernicosa Ward=Primula hookeri
Primula vernicosa var. *violacea* W.W.Sm.=Primula hookeri var. violacea
Primula vialii Delavay ex Franch.高穗花报春
Primula vialii Delavayi ex Franch.(高等图鉴 1974)=Primula
Primula vilmoriniana Petitm.毛叶鄂报春
Primula vincaeflora Franch.=Omphalogramma vincaeflora
Primula vinosa Stapf=Primula waltonii
Primula violacea W.W.Sm. & Ward 紫穗报春
Primula violagrandis Farrer & Purdom ex Balf.f.=Omphalogramma vincaeflora
Primula violaris W.W.Sm. & Fletch.堇菜报春
Primula violodora Dunn=Primula cinerascens
Primula virginis Lévl.乌蒙紫晶报春
Primula vittata Bur. & Franch.=Primula secundiflora
Primula waddellii Balf.f. & W.W.Sm.窄筒小报春
Primula walshii Craib 腺毛小报春
Primula waltonii Watt ex Balf.f.紫钟报春
Primula waltonii subsp. *prionotes* (Balf.f. & Watt) W.W.Sm. & Forr. (p.p.)= Primula waltonii
Primula wangii Chen & C.M.Hu 广南报春
Primula wardii Balf.f.=Primula involucrata subsp. yargongensis
Primula watsonii Dunn 靛蓝穗花报春
Primula watsonii subsp. *cyanantha* (Balf.f. & Forr.) W.W.Sm. & Forr.= Primula watsonii
Primula wenshanensis Chen & C.M.Hu 滇南脆蒴报春
Primula werringtonensis Forr.=Primula obconica subsp. werringonensis
Primula whitei W.W.Sm.鹃林脆蒴报春
Primula willmottiae Petitm.=Primula forbesii
Primula wilsonii Dunn 香海仙报春
Primula wollastonii Balf.f.钟状垂花报春
Primula woodwardii Balf.f.岷山报春
Primula woonyoungiana Fang 焕镛报春
Primula yargongensis Petitm.=Primula involucrata subsp. yargongensis
Primula yargongensis var. *liensis* Fang=Primula involucrata subsp. yargongensis
Primula youngeriana W.W.Sm.展萼雪山报春
Primula younghusbandiana Balf.f.=Primula caveana
Primula yüana Chen=Primula tzetsouensis
Primula yunnanensis Franch.(Chen in Bull.Fan Mem.Inst.Biol.Bot.1939, p.p.)=Primula rupicola
Primula yunnanensis Franch.云南报春
Primula yunnanensis subsp. *fragilis* (Balf.f. & Ward) W.W.Sm. & Forr.= Primula yunnanensis
Primula zambalensis Petitm.=Primula gemmifera var. amoena
Primulaceae 报春花科
Primulidium sinense Spach=Primula sinensis
Primulina Hance **报春苣苔属**(苦苣苔科)
Primulina sinensis HK.f.=Primulina tabacum
Primulina tabacum Hance 报春苣苔
Prinos asprellus HK. & Arn.=Ilex asprella
Prinos godajam Colebr. ex Wall.=Ilex godajam
Prinos integra HK. & Arn.=Ilex integra
Prinsepia Royle **扁核木属**(蔷薇科)
Prinsepia chinensis Oliv. ex Kom.=Prinsepia sinensis
Prinsepia scandens Hay.台湾扁核木
Prinsepia sinensis (Oliv.) Oliv. ex Bean 东北扁核木
Prinsepia uniflora Batal.蕤核
Prinsepia uniflora Farrer=Prinsepia uniflora var. serrata
Prinsepia uniflora var. serrata Rehd.齿叶扁核木
Prinsepia uniflora var. uniflora=Prinsepia uniflora
Prinsepia utilis Royle (Hay.in J.Coll.Sci.Univ.Tokyo 1911)=Prinsepia scandens
Prinsepia utilis Royle 扁核木
Prionostachys Hassk.=**Murdannia**
Prioptropis Wight & Arn.**黄雀儿属**(豆科)
Prioptropis cytisoides (Roxb. ex DC.) Wight & Arn.黄雀儿
Prismatomeris Thw.**南山花属**(茜草科)
Prismatomeris brevipes Hutch.=Damnacanthus henryi
Prismatomeris connata Y.Z.Ruan 南山花
Prismatomeris connata subsp. connata=Prismatomeris connata
Prismatomeris connata subsp. hainanensis Y.Z.Ruan 海南三角瓣花
Prismatomeris henryi (Lévl.) Rehd.=Damnacanthus henryi
Prismatomeris labordei (Lévl.) Merr. ex Rehd.=Damnacanthus labordei
Prismatomeris linearis Hutch.=Damnacanthus henryi
Prismatomeris multiflora Ridl.=Prismatomeris tetrantra subsp. multiflora
Prismatomeris tetrandra (Roxb.) K.Schun (海南志 1974,p.p.)= Prismatomeris connata subsp. hainanensis
Prismatomeris tetrandra (Roxb.) K.Schun.(Merr. in Lingnan Sci.J.1927)= Prismatomeris connata
Prismatomeris tetrantra (Roxb.) K.Schum.四蕊三角瓣花
Prismatomeris tetrantra subsp. multiflora (Ridl.) Y.Z.Ruan 多花三角瓣花
Prismatomeris tetrantra subsp. tetrandra=Prismatomeris tetrantra
Pristiglottis bisaccatus (Hay.) Nackejima=Anoectochilus lanceolatus
Pristiglottis humilis (Fukuyama) Fukuyama=Vexillabium yakushimense
Pristiglottis integra Fukuyama=Vaxillabium yakushimense
Pristiglottis yakushimensis (Yamamoto) Masam.=Vexillabium yakushimense
Pristimera Miers **扁蒴藤属**(翅子藤科)
Pristimera arborea (Roxb.) A.C.Sm.二籽扁蒴藤
Pristimera cambodiana (Pierre) A.C.Sm.风车果
Pristimera indica (Willd.) A.C.Sm.扁蒴藤
Pristimera setulosa A.C.Sm.毛扁蒴藤
Pritchardia Weem. & H.Wendl. **卜力查得棕属**(棕榈科)
Pritchardia filamentosa H.Wendl.=Washingtonia filifera
Pritchardia filifera Lindl. ex André=Washingtonia filifera
Pritzelago Kuntze=**Hornungia**
Proboscidea Schnidel.**长角胡麻属**(角胡麻科)
Proboscidea louisana Woonton & Standley 长角胡麻
Procris Comm. ex Juss.**藤麻属**(荨麻科)
Procris acuminata Poir.=Elatostema acuminatum

Procris crenata C.B.Clark 一支林
Procris cyrtandraefolia Zoll.=Elatostema cyrtandrifolium
Procris diversifolia Wall.=Elatostema monandrum
Procris elegans Wall.=Elatostema monandrum
Procris ficoidea Wall.=Elatostema ficoides
Procris heyneana Wall.=Pellionia heyneana
Procris hypoleuca Steud.=Debregeasia saeneb
Procris integrifolia D.Don=Elatostema integrifolium
Procris laevigata Bl.(高等图鉴 1972,福建志 1982,台湾志 1976)=Procris wightiana
Procris monandra D.Don=Elatostema monandrum
Procris obtusa Royle=Lecanthus peduncularis
Procris parva Bl.=Elatostema parvum
Procris peduncularis Wall.=Lecanthus peduncularis
Procris racemosa Royle=Pilea racemosa
Procris radicans S. & Z.=Pellionia radicans
Procris rupestris Buch.-Ham.=Elatostema rupestre
Procris sesquifolia Renw. ex Bl.=Elatostema integrifolium
Procris wightiana Wall 藤麻
Pronaya Huegel.**扑罗内属**(海桐花科)
Pronephrium Presl **新月蕨属**(金星蕨科)
Pronephrium aspera (Presl) Shieh & Tsai=Pronephrium gymnopteridifrons
Pronephrium cuspidatum (Bl.) Holtt.顶芽新月蕨
Pronephrium gracilis Ching & Y.X.Lin 小叶新月蕨
Pronephrium gymnopteridifrons (Hay.) Holtt.新月蕨
Pronephrium hekouensis Ching & Y.X.Lin 河口新月蕨
Pronephrium hirsutum Ching & Y.X.Lin 针毛新月蕨
Pronephrium insularis (K.Iwats.) Holtt.岛生新月蕨
Pronephrium lakhimpurense (Rosenst.) Holtt.红色新月蕨
Pronephrium lakhimpurensis (Rosenst.) Holtt.(西藏志 1983)=Pronephrium medogensis
Pronephrium longipetiolatum (K.Iwats.) Holtt.长柄新月蕨
Pronephrium macrophyllum Ching & Y.X.Lin 硕羽新月蕨
Pronephrium medogensis Y.X.Lin 墨脱新月蕨
Pronephrium megacuspe (Bak.) Holtt.微红新月蕨
Pronephrium nudatum (Roxb.) Holtt.大羽新月蕨
Pronephrium parishii (Bedd.) Holtt.羽叶新月蕨
Pronephrium penangianum (HK.) Holtt.披针新月蕨
Pronephrium sampsoni (Bak.) Ching ex Shing=Pronephrium megacuspe
Pronephrium setosum Y.X.Lin 刚毛新月蕨
Pronephrium simplex (HK.) Holtt.单叶新月蕨
Pronephrium triphyllum (Sw.) Holtt.三羽新月蕨
Pronephrium triphyllum var. *parishii* (Bedd.) Kuo=Pronephrium parishii
Pronephrium yunguiensis Ching & Y.X.Lin 云贵新月蕨
Prosaptia C.Presl **穴子蕨属**(禾叶蕨科)
Prosaptia contigua (G.Forst.) C.Presl 缘生穴子蕨
Prosaptia intermedia (Ching) Tagawa=Prosaptia khasyana
Prosaptia khasyana (HK.) C.Chr. & Tardieu 穴子蕨
Prosaptia obliquata (Bl.) Mett.琼崖穴子蕨
Prosaptia urceolaris (Hay.) Copel.=Prosaptia khasyana
Prosartema stellaris Gagn.(Hu et al.in Bull.Fan.Mem.Inst.Biol.1938)=Trigonostemon thyrsoideus
Prosartes ovalis (Ohwi) M.N.Tamura=Streptopus ovalis
Prosastes viridescens (Maxim.) Rgl.=Disporum viridescens
Prosopis L.**牧豆树属**(豆科)
Prosopis cineraria (L.) Druce 牧豆树
Prosopis glandulosa Torr.腺牧豆树
Prosopis juliflora (Swartz) DC.牧豆树
Prosopis laevigata M.C.Johnst.平滑牧豆树
Prosopis pubescens Benth.柔毛牧豆树
Prosorus Dalz.=**Margaritaria**
Prosorus indicus Dalz.=Margaritaria indica
Protangiopteris somai Hay.=Archangiopteris somai
Protaniopteris tamdaoensis Hay.=Archangiopteris tonkinensis
Protea L.**帕洛梯属**(山龙眼科)
Protea angolensis Welw.安哥拉帕洛梯
Protea compacta R.Br.红宝石帕洛梯
Protea cynaroides L.巨大帕洛梯
Protea gaguedi J.F.Gmel.格哥特帕洛梯
Protea grandiceps Teatt.桃叶帕洛梯
Protea longiflora Lam.长花帕洛梯
Protea mellifera Thunb.蜜味帕洛梯
Protea neriifolia R.Br.夹竹桃叶帕洛梯
Protea obtusifolia buek.钝叶帕洛梯
Protea petiolaris (Engl. ex Hiern.) Bak.柄生帕洛梯
Protea pulchella Andr.美丽帕洛梯
Protea scolymocephala Reichard.绿苞帕洛梯
Protea susannae E.P.Phillips.萨珊娜帕洛梯
Proteaceae 山龙眼科
Proteinophallus vivieri HK.f.=Amorphophallus rivieri
Protium Burm.f.**马蹄果属**(橄榄科)
Protium serratum (Wall. ex Colebr.) Engl.马蹄果
Protium yunnanense (Hu) Kalkm.滇马蹄果
Protolirion Ridl.=**Petrosavia**
Protolirion miyoshia-sakuraii (Makino) Makino=Petrosavia sakurai
Protolirion sakauraii (Makino) Dandy=Petrosavia sakuraii
Protolirion sinii Krause=Petrosavia sinii
Protomarattia tonkinensis Hay.=Archangiopteris tonkinensis
Protosavia miyoshia-sakuraii (Makino) Makino=Petrosavia sakurai
Protowoodsia Ching **膀胱蕨属**(岩蕨科)
Protowoodsia manchuriensis (HK.) Ching 膀胱蕨
Prunella L.**夏枯草属**(唇形科)
Prunella asiatica Nakai (药用图鉴 1945,滇南本草 1959)=Prunella vulgaris
Prunella asiatica Nakai 山菠菜
Prunella asiatica var. *albiflora* (Koidz.) Nakai=Prunella asiatica
Prunella asiatica var. asiatica=Prunella asiatica
Prunella grandiflora (L.) Jacq.大花夏枯草
Prunella grandiflora (L.) Moench.=Prunella grandiflora
Prunella hispida Benth.硬毛夏枯草
Prunella indica Burm.f.=Acrocephalus indicus
Prunella japonica Makino=Prunella vulgaris
Prunella laciniata L.条裂夏柘草
Prunella lanceolata Barton=Prunella vulgaris var. lanceolata
Prunella pennsylvanica var. *lanceolata* W.P.C.Barton=Prunella vulgaris var. lanceolata
Prunella stolonifera Lévl. & Giraudias=Prunella hispida
Prunella vulgaris L.(Thunb.in Fl.Jap.1784)=Prunella asiatica
Prunella vulgaris L.夏枯草
Prunella vulgaris var. *albiflora* Koidz.=Premna asiatica
Prunella vulgaris var. *elongata* Benth.=Prunella vulgaris var. lanceolata
Prunella vulgaris var. *elongata* Makino=Prunella vulgaris
Prunella vulgaris var. *grandiflora* L.=Prunella grandiflora
Prunella vulgaris var. *hispida* (Benth.) Benth.=Prunella hispida
Prunella vulgaris var. *japonica* Kudô =Prunella vulgaris
Prunella vulgaris var. lanceolata (Barton) fernald 狭夏枯草(新)
Prunella vulgaris var. *leucantha* Schr.=Prunella vulgaris
Prunella vulgaris var. *vulgaris* Benth.=Prunella vulgaris
Prunella vulgaris var. vulgaris=Prunella vulgaris
Prunella vulgaris β. *grandiflora* L.=Prunella grandiflora
Prunophora Neck.(p.p.)=**Prunus**
Prunophora Necker (p.p.)=**Armeniaca**
Prunsu setulosa Batal.=Cerasus setulosa
Prunus L.(p.p.)=**Armeniaca**
Prunus Mill.=**Prunus**
Prunus Seringe=**Prunus**
Prunus L.**李属**(蔷薇科)
Prunus acuminata (Wall.) Dietr.=Laurocerasus undulata
Prunus acuminata f. *elongata* Koehne=Laurocerasus undulata f. elongata
Prunus acuminata f. *microbotrys* Koehne=Laurocerasus undulata f. microbotrys
Prunus amygdalus Batsch=Amygdalus communis
Prunus amygdalus var. *amara* (DC.) Focke=Amygdalus communis var. amara
Prunus amygdalus var. *fragilis* (Borkh.) Focke=Amygdalus communis var. fragilis
Prunus amygdalus var. *sativa* (Ludwin) Focke=Amygdalus communis var. dulcis
Prunus amygdalus β. *dulcis* (DC.) Koehne=Amygdalus communis var. dulcis
Prunus ansu Kom.=Armeniaca vulgaris var. ansu
Prunus armeniaca L.=Armeniaca vulgaris
Prunus armeniaca var. *ansu* Maxim.=Armeniaca vulgaris var. ansu

Prunus armeniaca var. *dasycarpa* K.Koch.=Armeniaca dasycarpa
Prunus armeniaca var. *holosericea* Batal.=Armeniaca holosericea
Prunus armeniaca var. *mandshurica* Maxim.=Armeniaca mandshurica
Prunus armeniaca var. *sibirica* (L.) K.Koch=Armeniaca sibirica
Prunus armeniaca var. *toypica* Maxim.=Armeniaca vulgaris
Prunus aspera Thunb.=Aphananthe aspera
Prunus avium L.(Franch.in Pl.Delav.1890)=Cerasus conradinae
Prunus avium L.=Cerasus avium
Prunus balansae Koehne=Laurocerasus fordiana
Prunus balfourii Card.=Laurocerasus spinulosa
Prunus batalinii (Schneid.) Koehne=Cerasus tomentosa
Prunus bicolor Koehne?双色稠李(新)
Prunus botan André=Prunus salicina
Prunus brachypoda Batal=Padus brachypoda
Prunus brachypoda var. eglandulosa Cheng 无腺橉木
Prunus brachypoda var. *microdonta* Koehne=Padus brachypoda var. microdonta
Prunus brachypoda var. *pseudossiori* Koehne=Padus brachypoda
Prunus buergeriana Miquel=Padus buergeriana
Prunus buergeriana var. *nudiuscula* Koehne=Padus buergeriana
Prunus campanulata Maxim.=Cerasus campanulata
Prunus carcharis Koehne 南川樱桃(新)?
Prunus carmesina Hara=Cerasus cerasoides var. rubea
Prunus caudata Franch.(Koidz.in J.Coll.Sci.Univ.Tokyo 1913)=Cerasus pogonostyla
Prunus caudata Franch.=Cerasus caudata
Prunus caudata var. *globosa* (Koehne) Metcalf=Cerasus pogonostyla
Prunus caudata var. *obovata* (Koehne) Metcalf=Cerasus pogonostyla var. obovata
Prunus cerasifera Ehrh.樱桃李
Prunus cerasifera f. atropurpurea (Jacq.) Rehd.紫叶李
Prunus cerasifera subsp. *myrobalana* Schneid.=Prunus cerasifera
Prunus cerasoides D.Don=Cerasus cerasoides
Prunus cerasoides var. *campanulata* Koidz.=Cerasus campanulata
Prunus cerasoides var. *rubea* C.Ingram=Cerasus cerasoides var. rubea
Prunus cerasoides var. *tibetica* Scheid.(p.p.)=Cerasus cerasoides
Prunus cerasus L.(p.p.)=Cerasus vulgaris
Prunus cerasus var. *avium* L.=Cerasus avium
Prunus cerasus var. *typica* Schneid.=Cerasus vulgaris
Prunus chamaecerasus Jacq.=Cerasus fruticosa
Prunus cinerascens Franch.=Cerasus tomentosa
Prunus clarofolia Schneid.=Cerasus clarofolia
Prunus communis Frisch=Amygdalus communis
Prunus communis Hudson (Maxim.in Ball.Acad.Sci.St.Petersb.1833)=Prunus salicina
Prunus communis Hudson=Prunus domestica
Prunus communis f. *amara* Schneid.=Amygdalus communis var. amara
Prunus communis f. *dulcis* Schneid.=Amygdalus communis var. dulcis
Prunus communis β. *fragilis* Arcan.=Amygdalus communis var. fragilis
Prunus communis β. *sativa* Ascherson & Graebner=Amygdalus communis var. dulcis
Prunus conadenia Koehne=Cerasus conadenia
Prunus conradinae Koehne=Cerasus conradinae
Prunus cornuta (Wall. ex Royle) Steud.=Padus cornuta
Prunus cornuta var. *integrifolia* Yü=Padus integrifolia
Prunus crataegifolius Hand.-Mazz.=Cerasus crataegifolius
Prunus cyclamina Koehne=Cerasus cyclamina
Prunus cyclamina var. *biflora* Koehne=Cerasus cyclamina var. biflora
Prunus dasycarpa Ehrh.=Armeniaca dasycarpa
Prunus davidiana (Carr.) Franch.=Amygdalus davidiana
Prunus davidiana var. *potanini* (Batal.) Rehd.=Amygdalus davidiana var. potanini
Prunus dehiscens Koehne=Amygdalus tangutica
Prunus dictyoneura Diels=Cerasus dictyoneura
Prunus dielsiana Schneid.=Cerasus dielsiana
Prunus dielsiana var. *abbreviana* Card.=Cerasus dielsiana var. abbreviata
Prunus dielsiana var. *conferta* Koehne=Cerasus dielsiana
Prunus dielsiana var. *laxa* Koehne=Cerasus dielsiana
Prunus discadenia Koehne=Cerasus szechuanica
Prunus domestica I. *spinosa* (L.) Kuntze=Prunus spinosa
Prunus domestica L.(Bge.in Mém.Div.Sav.Acad.Sci.Pétersb.1835)=Prunus salicina
Prunus domestica L.(p.p.)=Prunus insititia
Prunus domestica L.欧洲李
Prunus domestica subsp. *oeconomica* Schneid.=Prunus domestica
Prunus domestica γ. *insititia* Foiri & Paoletti=Prunus insititia
Prunus domestica γ. *myrobalana* Seringe=Prunus cerasifera
Prunus domestica δ. *damascena* Seringe=Prunus domestica
Prunus domestica ε. *myrobalanus* L.=Prunus cerasifera
Prunus duclouxii Koehne=Cerasus duclouxii
Prunus fordiana Dunn=Laurocerasus fordiana
Prunus fordiana var. *balansae* (Koehne) Vidal=Laurocerasus fordiana
Prunus formosana Matsum.=Cerasus pogonostyla
Prunus fruticosa Pall.=Cerasus fruticosa
Prunus glabra (Pamp.) Koehne=Cerasus glabra
Prunus glandulosa Thunb.=Cerasus glandulosa
Prunus glandulosa var. *salicifolia* (Kom.) Koehne=Cerasus humilis
Prunus grayana Maxim.=Padus grayana
Prunus grisea (Bl. ex Muell.) Kalkm.?台湾臀果木(新)
Prunus henryi (Schneid.) Koehne=Cerasus henryi
Prunus herincquiana Koehne (p.p.)=Cerasus subhirtella
Prunus hirtipes var. *glabra* Pamp.=Cerasus glabra
Prunus humilis Bge.=Cerasus humilis
Prunus humilis var. *villosula* Bge.=Cerasus dictyoneura
Prunus hypotricha Rehd.=Laurocerasus hypotricha
Prunus ichangana Schneid.=Prunus salicina
Prunus immanishi Kitam.=Cerasus rufa var. trichantha
Prunus insititia L.乌荆子李
Prunus involucrata Koehne=Cerasus pseudocerasus
Prunus jacquemontii (Edgew.) HK.f.?西藏樱桃(新)
Prunus japonica Thunb.=Cerasus japonica
Prunus japonica var. *nakaii* (Lévl.) Rehd.=Cerasus japonica var. nakaii
Prunus japonica var. *salicifolia* Kom.=Cerasus humilis
Prunus japonica var. *typica* Matsum.(p.p.)=Cerasus japonica
Prunus jenkinsii HK.f.=Laurocerasus jenkinsii
Prunus kanehirai Hay. ex Hisauchi=Laurocerasus zippeliana
Prunus kansuensis Rehd.=Amygdalus kansuensis
Prunus lannesiana Wils.=Cerasus serrulata var. lannesiana
Prunus latidentata Koehne=Cerasus trichostoma
Prunus latidentata var. *trichostoma* Schneid.=Cerasus trichostoma
Prunus lauroerasus L.=Laurocerasus officinalis
Prunus laxiflora Kiehne 兴山樱桃(新)?
Prunus limbata Card.=Laurocerasus spinulosa
Prunus litiginosa Schneid 湖北樱桃(新)?
Prunus litiginosa var. *abbreviata* Koehne=Prunus litiginosa
Prunus lobulata Koehne=Cerasus trichostoma
Prunus maackii Rupr.=Padus maackii
Prunus macradenia Koehne=Cerasus conadenia
Prunus macrophylla S. & Z.=Laurocerasus zippeliana
Prunus macrophylla var. *crassistyla* Card.=Laurocerasus zippeliana var. crassistyla
Prunus macrophylla var. *puberifolia* Koehne=Laurocerasus hypotricha
Prunus mahaleb L.=Cerasus mahaleb
Prunus mairei Lévl.=Symplocos paniculata
Prunus majestica Koehne 蒙自山樱桃(新)?
Prunus majestica Koehne=Cerasus cerasoides
Prunus majestica var. *majestica* (Koehne) Ingram=Cerasus cerasoides
Prunus mandshurica (Maxim.Koehne=Armeniaca mandshurica
Prunus mandshurica var. *glabra* Nakai=Armeniaca mandshurica var. glabra
Prunus marginata Dunn=Laurocerasus marginata
Prunus masu Hort ex Koehne=Prunus salicina
Prunus maximowiczii Rupr.=Cerasus maximowiczii
Prunus microbotrys Koehne=Laurocerasus undulata f. microbotrys
Prunus microlepis Koehne=Cerasus subhirtella
Prunus mira Koehne=Amygdalus mira
Prunus mongolica Maxim.=Amygdalus mongolica
Prunus mugus Hand.-Mazz.=Cerasus mugus
Prunus multipunctata Card.=Laurocerasus fordiana
Prunus mume S. & Z.=Armeniaca mume
Prunus mume var. *cernua* Franch.=Armeniaca mume var. cernua
Prunus mume var. *pallescens* Franch.=Armeniaca mume var. pallescens
Prunus mume α. *typica* Maxim.=Armeniaca mume
Prunus nakaii Lévl.=Cerasus japonica var. nakaii
Prunus nana (L.) Stokes=Amygdalus nana
Prunus napaulensis (Ser.) Steud.=Padus napaulensis
Prunus napaulensis var. *sericea* Batal.=Padus wilsonii
Prunus neglecta Koehne=Cerasus henryi
Prunus nigra Desf.=Armeniaca dasycarpa
Prunus obtusata Koehne=Padus obtusata

Prunus odontocalyx Lévl.=Cerasus serrula

Prunus ohwii Kanehira & Hatusima=Padus obtusata

Prunus oxycarpa (Hance) Maxim.=Laurocerasus zippeliana

Prunus padus L.(Brandis in For.Fl.Br.Ind.1874)=Padus cornuta

Prunus padus L.=Padus racemosa

Prunus padus var. *japonica* Miquel=Padus grayana

Prunus padus var. *pubescens* f. *purdomii* Koehne=Padus racemosa var. pubescens

Prunus padus var. *pubescens* Rgl. & Tiling=Padus racemosa var. pubescens

Prunus paniculata Thunb.(Ker in Bot.Reg.1824)=Cerasus pseudocerasus

Prunus paniculata Thunb.=Symplocos paniculata

Prunus paracerasus Koehne=Cerasus yedoensis

Prunus patentipila Hand.-Mazz.=Cerasus patentipila

Prunus pauciflora Bge.=Cerasus pseudocerasus

Prunus pedunculata (Pall.) Maxim.=Amygdalus pedunculata

Prunus persica (L.) Batsch=Amygdalus persica

Prunus persica (L.) Stokes=Amygdalus persica

Prunus persica f. *aganopersica* (Reich.) Voss=Amygdalus persica var. aganopersica

Prunus persica f. *conmpressa* (Loud.) Rehd.=Amygdalus persica var. compressa

Prunus persica f. *scleropersica* (Reich.) Voss=Amygdalus persica var. scleropersica

Prunus persica subsp. *ferganensis* Kost. & Rjab.=Amygdalus ferganensis

Prunus persica var. *davidiana* Maxim.=Amygdalus davidiana

Prunus persica var. *nucipersica* f. *scleronucipersica* (Schübler & Martens) Rehd.= Amygdalus persica var. Scleronucipersica

Prunus persica var. *platycarpa* (Decaisne) Bailey=Amygdalus persica var. compressa

Prunus persica var. *potanini* Batal.=Amygdalus davidiana var. potanini

Prunus persica γ. *nectarina* Maxim.(p.p.)=Prunus simonii

Prunus perulata Koehne=Padus perulata

Prunus phaeositicta var. *dimorphophylla* Vidal=Laurocerasus fordiana

Prunus phaeosticata f. *ciliospinosa* Chun=Laurocerasus phaeosticta f. ciliospinosa

Prunus phaeosticta (Hance) Maxim.=Laurocerasus phaeosticta

Prunus phaeosticta f. *dentigera* Rehd.=Laurocerasus phaeosticta f. dentigera

Prunus phaeosticta f. *lasioclada* Rehd.=Laurocerasus phaeosticta f. lasioclada

Prunus phaeosticta var. *ancylocarpa* Vidal=Laurocerasus fordiana

Prunus phaeosticta var. *promecocarpa* Card.=Laurocerasus fordiana

Prunus pilosa (Turcz.) Maxim.=Amygdalus pedunculata

Prunus pilosiuscula (Schneid.) Koehne=Cerasus clarofolia

Prunus pilosiuscula var. *barbata* Koehne=Prunus litiginosa

Prunus pilosiuscula var. *medica* Koehne=Cerasus clarofolia

Prunus pilosiuscula var. *subvestita* Koehne=Cerasus clarofolia

Prunus pleiocerasus Koehne=Cerasus pleiocerasus

Prunus pleucroptera Koehne=Cerasus trichostoma

Prunus pogonostyla Maxim.=Cerasus pogonostyla

Prunus pogonostyla var. *globosa* Koehne=Cerasus pogonostyla

Prunus pogonostyla var. *obovata* Koehne=Cerasus pogonostyla var. obovata

Prunus polytricha Koehne=Cerasus polytricha

Prunus porsica var. *nucipersica* f. *aganonucipersica* (Schübler & Martens) Rehd.=Amygdalus persica var. aganonucipersica

Prunus prostrata var. *concolor* Lipsky(p.p.)=Cerasus tianshanica

Prunus pseudocerasus sensu Hemsl.(p.p.)=Cerasus serrulata

Prunus pseudocerasus Lindl.=Cerasus pseudocerasus

Prunus pseudocerasus var. *jamasakura* subvar. *pubescens* Makino=Cerasus serrulata var. pubescens

Prunus pubigera Koehne (Kanekira & Hatusima in Trans Nat.Hist.Soc. Form.1939)=Padus obtusata

Prunus pubigera Koehne=Padus obtusata

Prunus pubigera var. *longifolia* Card.=Padus obtusata

Prunus pubigera var. *obovata* Koehne=Padus obtusata

Prunus pubigera var. *prattii* Koehne=Padus obtusata

Prunus puddum Miq.=Cerasus campanulata

Prunus puddum Roxb. ex Brandis=Cerasus cerasoides

Prunus puddum var. *tibetica* Batal.=Cerasus serrula

Prunus punctata HK.f.=Laurocerasus phaeosticta

Prunus pusilliflora Card.=Cerasus pusilliflora

Prunus pygeoides Koehne=Laurocerasus andersonii

Prunus racemosa Lam.=Padus racemosa

Prunus rehderiana Koehne=Prunus litiginosa

Prunus rufa (Wall.) HK.f.(p.p.)=Cerasus rufa

Prunus rufa Steud.=Cerasus rufa

Prunus rufa var. *trichantha* (Koehne) Hara=Cerasus rufa var. trichantha

Prunus rufomicans Koehne=Padus wilsonii

Prunus salicina Lindl.李

Prunus salicina var. *mandshurica* (Skv.) Skv. & Bar.=Prunus ussuriensis

Prunus salicina var. pubipes (Koehne) Bailey 毛梗李

Prunus salicina var. *salicina*=Prunus salicina

Prunus sativa subsp. I. *domestica* Rouy & Camus=Prunus domestica

Prunus schneideriana Koehne=Cerasus schneideriana

Prunus scopulorum Koehne=Cerasus scopulorum

Prunus sect. *Amygdalus* (L.) Benth. & HK.f.=**Amygdalus**

Prunus sect. *Cerasus* Persoon=**Cerasus**

Prunus sect. *Laurocerasus* (Tourn. ex Duh.) Benth. & HK.f.= **Laurocerasus**

Prunus sect. *Laurocerasus* Benth. & HK.f.(p.p.)=**Padus**

Prunus sect. *Nothocerasus* Miq.(.p.p.)=**Laurocerasu**

Prunus sect. *Prunophora* fiori & Paolettii=**Prunus**

Prunus sect. *Prunus* Benth. & HK.f.=**Prunus**

Prunus semiarmillata Koehne=Laurocerasus andersonii

Prunus sericea (Batal.) Koehne=Padus wilsonii

Prunus sericea var. *brevifolia* Koehne=Padus wilsonii

Prunus sericea var. *leiobotrys* Koehne=Padus wilsonii

Prunus serrula Franch.=Cerasus serrula

Prunus serrula var. *tibetica* Koehne=Cerasus serrula

Prunus serrulata Lindl.=Cerasus serrulata

Prunus serrulata var. *lanesiana* (Carr.) Makino=Cerasus serrulata var. lannesiana

Prunus serrulata var. *lannesiana* (Carr.) Rehd.=Cerasus serrulata var. lannesiana

Prunus serrulata var. *pubescens* (Makino) Wils.=Cerasus serrulata var. pubescens

Prunus serrulata var. *spontanea* Wils.=Cerasus serrulata

Prunus sibirica L.=Armeniaca sibirica

Prunus sibirica var. *pubescens* (Kost.) Nakai=Armeniaca sibirica var. pubescens

Prunus simonii Carr.杏李

Prunus spinosa L.黑刺李

Prunus spinosa var. *typica* Schneid.=Prunus spinosa

Prunus spinulosa S. & Z.=Laurocerasus spinulosa

Prunus spinulosa var. *pubiflora* Koehne=Laurocerasus spinulosa

Prunus ssiori F.Schmidt.=Padus ssiori

Prunus ssiori Schmidt.(Pritz in engler,Bot.Jahrb.1905)=Padus brachypoda

Prunus stellipila Koehne=Padus stellipila

Prunus stipulacea Maxim.=Cerasus stipulacea

Prunus subgen. *Amygdalus* (L.) Focke=**Amygdalus**

Prunus subgen. *Armeniaca* (Mill.) Nakai=**Armeniaca**

Prunus subgen. *Cerasus* Focke=**Cerasus**

Prunus subgen. *Laurocerasus* (Tourn. ex Duh.) Rehd.=**Laurocerasus**

Prunus subgen. *Laurocerasus* sect. *Mesopygeum* (Koehne) Kalkm.= **Pygeum**

Prunus subgen. *Padus* (Moench) Focke (p.p.)=**Padus**

Prunus subgen. *Padus* sect. *Gymnopadus* subsect. *Laurocerasus* (Tourn. ex Duh.) Koehne=**Laurocerasus**

Prunus subgen. *Prunophora* (Neck.) Focke=**Prunus**

Prunus subgen. *Prunophora* (Necker) Focke (p.p.)=**Armeniaca**

Prunus subgen. *Prunophora* sect. *Armeniaca* (Mill.) Koch=**Armeniaca**

Prunus subhirtella Miquel=Cerasus subhirtella

Prunus subhirtella var. *ascendens* Wils.=Cerasus subhirtella

Prunus subhirtella var. *pendula* Tanaka=Cerasus subhirtella var. pendula

Prunus sundaica Miq.=Laurocerasus spinulosa

Prunus szechuanica Batal.=Cerasus szechuanica

Prunus taiwaniana Hay.=Cerasus subhirtella var. pendula

Prunus tangutica (Batal.) Koehne=Amygdalus tangutica

Prunus tatsienensis Batal.=Cerasus tatsienensis

Prunus tatsienensis var. *pilosiuscula* Schneid.=Cerasus clarofolia

Prunus tatsienensis var. *stenadenia* Koehne=Cerasus pleiocerasus

Prunus tenella Batsch=Amygdalus nana

Prunus tenuiflora Koehne (p.p.)=Cerasus serrulata

Prunus tenuiflora Koehne (p.p.)=Cerasus serrulata var. pubescens

Prunus tiliaefolia Salisb.=Armeniaca vulgaris

Prunus tomentosa Thunb.=Cerasus tomentosa

Prunus tomentosa var. *batalinii* Schneid.=Cerasus tomentosa

Prunus tomentosa var. *brevifolia* Koehne=Cerasus tomentosa

Prunus tomentosa var. *endotricha* Koehne=Cerasus tomentosa

Prunus tomentosa var. *heteromera* Koehne=Cerasus tomentosa
Prunus tomentosa var. *kashkarovii* Koehne=Cerasus tomentosa
Prunus tomentosa var. *souliei* Koehne=Cerasus tomentosa
Prunus tomentosa var. *trichocarpa* (Bge.) Koehne=Cerasus tomentosa
Prunus tomentosa var. *tsuluensis* Koehne=Cerasus tomentosa
Prunus trichantha Koehne=Cerasus rufa var. trichantha
Prunus trichocarpa Bge.=Cerasus tomentosa
Prunus trichostoma Koehne=Cerasus trichostoma
Prunus triflora Roxb.=Prunus salicina
Prunus triflora var. *mandshurica* Skv.=Prunus ussuriensis
Prunus triflora var. *pubipes* Koehne=Prunus salicina var. pubipes
Prunus triloba Lindl.=Amygdalus triloba
Prunus ulmifolia Franch.=Amygdalus triloba
Prunus undulata Buch.-Ham.=Laurocerasus undulata
Prunus undulata f. *venosa* Koehne=Padus buergeriana
Prunus ussuriensis Kov. & Kost.东北李
Prunus vaniotii Lévl.=Padus obtusata
Prunus vaniotii var. *obovata* (Koehne) Rehd.=Padus obtusata
Prunus vaniotii var. *potanini* (Koehne) Rehd.=Padus obtusata
Prunus variabilis Koehne=Prunus litiginosa
Prunus veitchii Koehne=Cerasus serrulata var. pubescens
Prunus velutina Batal.=Padus velutina
Prunus venosa Koehne=Padus buergeriana
Prunus venusta Koehne=Cerasus clarofolia
Prunus wallichii Steud.=Laurocerasus undulata
Prunus wallichii var. *crenulata* Metc.=Laurocerasus undulata f. microbotrys
Prunus wilsonii (Diels) Koehne=Padus wilsonii
Prunus wilsonii var. *leiobotrys* Koehne=Padus wilsonii
Prunus xerocarpa Hemsl.=Laurocerasus phaeosticta
Prunus yedoensis Matsum.=Cerasus yedoensis
Prunus yedoensis var. *nudiflora* Koehne=Cerasus yedoensis
Prunus yunnanensis Franch.=Cerasus yunnanensis
Prunus yunnanensis var. *henryi* Schneid.(p.p.)=Cerasus henryi
Prunus yunnanensis var. *polybotrys* Koehne=Cerasus yunnanensis var. polybotrys
Prunus zippeliana Miq.=Laurocerasus zippeliana
Prunus zippeliana var. *crassistyla* (Card.) Vidal=Laurocerasus zippeliana var. crassistyla
Prunus-Cerasus Weston=**Cerasus**
Przewalskia Maxim.**马尿泡属**(茄科)
Przewalskia roborowskii Przewals.=Przewalskia tangutica
Przewalskia shebbearei (C.Fisch.) Grubov=Przewalskia tangutica
Przewalskia tangutica Maxim.马尿泡
Psammochloa Hitchc.**沙鞭属**(禾本科)
Psammochloa mongolica Hitchc.=Psammochloa villosa
Psammochloa villosa (Trin.) Bor 沙鞭
Psammophila Fourr.=**Gypsophila**
Psammophila muralis (L.) Fourr.=Gypsophila muralis
Psammophiliella Ikonn.=**Gypsophila**
Psammophiliella muralis (L.) Ikonn.=Gypsophila muralis
Psammosilene W.C.Wu & C.Y.Wu **金铁锁属**(石竹科)
Psammosilene tunicoids W.C.Wu & C.Y.Wu 金铁锁
Psathyrostachys Nevski **新麦草属**(禾本科)
Psathyrostachys huashanica Keng ex P.C.Kuo 华山新麦草
Psathyrostachys juncea (Fisch) Nevski 新麦草
Psathyrostachys kronenburgii (Hack.) Nevski 单花新麦草
Psathyrostachys lanuginosa (Trin.) Nevski 毛穗新麦草
Psathyrostachys perennis Keng=Psathyrostachys juncea
Psedera Necker=**Parthenocissus**
Psedera henryana (Hemsl.) Schneid.=Parthenocissus henryana
Psedera himalayana (Royle) Schneid.=Parthenocissus semicordata
Psedera thomsoni (Laws.) Stuntz=Yua thomsoni
Psedera thunbergii (S. & Z.) Nakai=Parthenocissus tricuspidata
Psedera tricuspidata Rehd.=Parthenocissus tricuspidata
Psephellus Cass.=**Centaurea**
Pseudaechmanhera Bremek.**假尖蕊属**(爵床科)
Pseudaechmanhera glutinosa (Nees) Bremek.粘毛假尖蕊
Pseudalangium F.Muell.=**Alangium**
Pseudalepyrum Dandy=**Centrolepis**
Pseudanthistiria (Hack.) HK.f.**假铁秆草属**(禾本科)
Pseudanthistiria emeiica S.L.Chen & T.D.Zhuang 峨眉假铁秆草
Pseudanthistiria heteroclita (Roxb.) HK.f.假铁秆草
Pseudarthria capitata Hassk.=Desmodium styracifolium
Pseudathyrium crenulatoserrulatum Nakai=Neoathyrium crenulatoserrulatum
Pseudechinolaena Stapf **钩毛草属**(禾本科)
Pseudechinolaena polystachya (H.B.K.) Stapf 钩毛草
Pseudelephantopus Rohr.**假地胆草属**(菊科)
Pseudelephantopus spicatus (Juss. ex Aublet) Gleason 假地胆草
Pseuderanthemum Radlk.**山壳骨属**(爵床科)
Pseuderanthemum bicolor (Shrank.) Radlk.双色钩粉草(新)?
Pseuderanthemum couderci R.Ben.狭叶钩粉草
Pseuderanthemum graciliflorum (Nees) Ridley 云南山壳骨
Pseuderanthemum haikangense C.Y.Wu & H.S.Lo 海康钩粉草
Pseuderanthemum latifolium (Vahl) B.Hansen 山壳骨
Pseuderanthemum malaccense (C.B.Clarke) Lindau= Pseuderanthemum graciliflorum
Pseuderanthemum palatiferus (Wall.) Radlk. ex Lindau= Pseuderanthemum latifolium
Pseuderanthemum polyanthum (C.B.Clarke) Merr.多花山壳骨
Pseuderanthemum shweliense (W.W.Sm.) C.Y.Wu & C.C.Hu 瑞丽山壳骨
Pseuderanthemum sinuatum (Vahl) Radlk.深波状钩粉草
Pseuderanthemum tapingense (W.W.Sm.) C.Y.Wu & H.S.Lo 太平山壳骨
Pseuderanthemum teysmanni Ridl.红河山壳骨
Pseuderanthemum teysmnnioides (C.B.Clarke) Merr.(云南植物名录1984) = Pseuderanthemum teysmanni
Pseudixus Hay.=**Korthalsella**
Pseudixus japonicus (Thunb.) Hay.=Korthalsella japonica
Pseudoarabidopsis Al-Shehbaz & al.**假蚋耳芥属**(十字花科)
Pseudoarabidopsis toxophylla (M.Bieb.) Al-Shehbaz. & al.假鼠耳芥
Pseudobartsia Hong **五齿草属**(玄参科)
Pseudobartsia yunnanensis Hong 五齿草
Pseudobastardia crispa (L.) Hassler=Abutilon crispum
Pseudobraya kizylarti Korsh.=Draba oreades
Pseudocarex Miquel.=**Carex**
Pseudocerastium C.Y.Wu,X.H.Guo & X.P.Zhang **假卷耳属**(石竹科)
Pseudocerastium stellarioides X.H.Guo & P.Zhang 假卷耳
Pseudochaenomeles Carr.=**Chaenomeles**
Pseudochirita W.T.Wang **异裂苣苔属**(苦苣苔科)
Pseudochirita guangxiensis (S.Z.Huang) W.T.Wang 异裂苣苔
Pseudoclausia Popov **假香芥属**(十字花科)
Pseudoclausia turkestanica (Lipsky) A.N.Vass.突厥假香芥
Pseudocyclosorus Ching **假毛蕨属**(金星蕨科)
Pseudocyclosorus angustipinnus Ching ex Y.X.Lin 狭羽假毛蕨
Pseudocyclosorus canus (Bak.) Holtt. & Grimes 长根假毛蕨
Pseudocyclosorus caudipinnus (Ching) Ching 尾羽假毛蕨
Pseudocyclosorus cavaleriei (Lévl.) Y.X.Lin 青岩假毛蕨
Pseudocyclosorus ciliatus (Benth.) Ching 溪边假毛蕨
Pseudocyclosorus damingshanensis Ching & Y.X.Lin 大明山假毛蕨
Pseudocyclosorus dehuaensis Y.X.Lin 德化假毛蕨
Pseudocyclosorus drymophilus Ching=Pseudocyclosorus esquirolii
Pseudocyclosorus ducholuxii (Christ) Ching 苍山假毛蕨
Pseudocyclosorus dulongjiangensis W.M.Chu 独龙江假毛蕨
Pseudocyclosorus emeiensis Ching ex Y.X.Lin 峨眉假毛蕨
Pseudocyclosorus esquirolii (Christ.) Ching 西南假毛蕨
Pseudocyclosorus esquirolii Holtt.(p.p.)=Pseudocyclosorus cavaleriei
Pseudocyclosorus esquirolii Holtt.(p.p.)=Pseudocyclosorus ducholuxii
Pseudocyclosorus esquirolii Holtt.(p.p.)=Pseudocyclosorus subochthodes
Pseudocyclosorus falcilobus (HK.) Ching 镰片假毛蕨
Pseudocyclosorus fugongensis Y.X.Lin 福贡假毛蕨
Pseudocyclosorus furcato-venulosus Y.X.Lin 叉脉假毛蕨
Pseudocyclosorus gongshanensis Y.X.Lin 贡山假毛蕨
Pseudocyclosorus guangxiensis Y.X.Lin 广西假毛蕨
Pseudocyclosorus guanxianensis Ching ex Y.X.Lin 灌县假毛蕨
Pseudocyclosorus jijiangensis Ching ex Y.X.Lin 綦江假毛蕨
Pseudocyclosorus latilobus (Ching) Ching 阔片假毛蕨
Pseudocyclosorus linearis Ching & Shing ex Y.X.Lin 线羽假毛蕨
Pseudocyclosorus lushanensis Ching ex Y.X.Lin 庐山假毛蕨
Pseudocyclosorus lushuiensis Y.X.Lin 泸水假毛蕨
Pseudocyclosorus medogensis Ching & S.K.Wu=Pseudocyclosorus canus
Pseudocyclosorus obliquus Ching ex Y.X.Lin 斜展假毛蕨
Pseudocyclosorus paraochthodes Ching ex Shing ex J.F.Cheng 武宁假毛

蕨
Pseudocyclosorus pectinatus Ching 篦齿假毛蕨
Pseudocyclosorus pseudofalcilobus W.M.Chu 似镰羽假毛蕨
Pseudocyclosorus pseudorepens Ching ex Y.X.Lin ex Shing 毛脉假毛蕨
Pseudocyclosorus qingchengensis Y.X.Lin 青城假毛蕨
Pseudocyclosorus repens (Hope) Ching=Pseudocyclosorus canus
Pseudocyclosorus shuangbaiensis Ching ex Y.X.Lin 双柏假毛蕨
Pseudocyclosorus stramineus Ching ex Y.X.Lin 禾秆假毛蕨
Pseudocyclosorus subfalcilobus Ching 光脉假毛蕨
Pseudocyclosorus submarginalis Ching ex Y.X.Lin 边囊假毛蕨
Pseudocyclosorus subochthodes (Ching) Ching 普通假毛蕨
Pseudocyclosorus subxylodes Ching=Pseudocyclosorus typlodes
Pseudocyclosorus torrentis Ching ex Y.X.Lin 急梳假毛蕨
Pseudocyclosorus tsoi Ching 景烈假毛蕨
Pseudocyclosorus tuberculiferus (C.Chr.) Ching 瘤羽假毛蕨
Pseudocyclosorus typlodes (Kze.) Holtt.假毛蕨
Pseudocyclosorus xinpingensis Ching ex Y.X.Lin 新平假毛蕨
Pseudocyclosorus zayüensis Ching & S.K.Wu 察隅假毛蕨
Pseudocydonia Schneid.=**Chaenomeles**
Pseudocydonia sinensis (Thouin) Schneid.=Chaenomeles sinensis
Pseudocystopteris Ching **假冷蕨属**(蹄盖蕨科)
Pseudocystopteris andersonii (Clarke) Ching=Pseudocystopteris atkinsonii
Pseudocystopteris atkinsonii (Bedd.) Ching 大叶假冷蕨
Pseudocystopteris atuntzeensis Ching 阿墩子假冷蕨
Pseudocystopteris davidii (Franch.)Z.R.Wang 大卫假冷蕨
Pseudocystopteris decipiens Ching & S.K.Wu=Pseudocystopteris subtriangularis
Pseudocystopteris lanpingensis Ching=Pseudocystopteris schizochlamys
Pseudocystopteris laterepens Ching=Pseudocystopteris schizochlamys
Pseudocystopteris longipes (Christ) Ching=Pseudocystopteris subtriangularis
Pseudocystopteris purpurascens Ching & S.K.Wu=Pseudocystopteris subtriangularis
Pseudocystopteris reflexipinnula Ching & S.K.Wu=Pseudocystopteris subtriangularis
Pseudocystopteris remota Ching=Pseudocystopteris subtriangularis
Pseudocystopteris repens Ching 长根假冷蕨
Pseudocystopteris schizochlamys Ching 睫毛假冷蕨
Pseudocystopteris sinica Ching=Pseudocystopteris schizochlamys
Pseudocystopteris sparsa Ching & S.K.Wu=Pseudocystopteris subtriangularis
Pseudocystopteris spinulosa (Maxim.) Ching 假冷蕨
Pseudocystopteris spinulosa var. *taipaishanensis* Ching=Pseudocystopteris subtriangularis
Pseudocystopteris subtriangularis (HK.) Ching,三角叶假冷蕨
Pseudocystopteris tibetica Ching=Pseudocystopteris subtriangularis
Pseudodissochaeta Nayar=**Medinilla**
Pseudodissochaeta assamica (C.B.Clarke) Nayar=Medinilla assamica
Pseudodissochaeta lanceata Nayar=Medinilla lanceata
Pseudodissochaeta septentrionalis (W.W.Sm.) Nayar=Medinilla septentrionalis
Pseudodissochaeta subsessilis (Craib) Nayar=Medinilla assamica
Pseudodrynaria C.Chr.) C.Chr.**崖姜蕨属**(槲蕨科)
Pseudodrynaria coronans (Wall. ex Mett.) Ching 崖姜蕨
Pseudoehretia umbellulata (Wall.) Turcz.=Ilex umbellulata
Pseudoelephantopus Rohr.=**Pseudelephantopus**
Pseudoeurya Yamamoto=**Eurya**
Pseudoeurya crenatifolia (Hamamoto) Kubsuki=Eurya crenatifolia
Pseudofortunella madurensis (Lour.) Tseng=Calamondin
Pseudogardneria angustifolia (Wall.) Racib.=Gardneria angustifolia
Pseudogardneria multiflora (Makino) Pamp.=Gardneria multiflora
Pseudogardneria nutans (S. & Z.) Racib.=Gardneria angustifolia
Pseudolarix Gord.**金钱松属**(松科)
Pseudolarix amabilis (Nelson) Rehd.金钱松
Pseudolarix fortunei Mayr=Pseudolarix amabilis
Pseudolarix kaempferi (Lindl.) Gord.=Pseudolarix amabilis
Pseudolarix pourteti Ferré=Pseudolarix amabilis
Pseudolitsea Yang=**Litsea**
Pseudolitsea tsaii Yang=Litsea pedunculata
Pseudolophanthus Levin=**Phyllophyton**
Pseudolophanthus complanatus (Dunn) Levin=Marmoritis complanatum
Pseudolophanthus decolorans (Hemsl.) Levin=Marmoritis decolorans
Pseudolophanthus nivalis (Jacq.) Levin=Marmoritis nivalis
Pseudolophanthus pharicus (Prain) Kupr.=Marmoritis pharicus
Pseudolophanthus tibeticus (Jacq.) Kupr.=Marmoritis rotundifolia
Pseudolycopodium Holub.**拟小石松属**(石松科)
Pseudolycopodium carolinianum (L.) Holub.长罗列拟小石松
Pseudolysimachion (W.D.J.Koch) Opiz **穗花属**(玄参科)
Pseudolysimachion alatavicum (Popov) Holub 阿拉套穗花
Pseudolysimachion dauricum (Stev.) Holub 大穗花
Pseudolysimachion galactites (Hance) Holub=Pseudolysimachion linariifolium subsp. dihatatum
Pseudolysimachion incanum (L.) Holub 白兔儿尾苗
Pseudolysimachion kiusianum (Furumi) T.Yamazaki 长毛穗花
Pseudolysimachion laetum (Karelin & Kirilow) Holub= Pseudolysimachion pinnatum
Pseudolysimachion linariifolium (Pall. ex Link) Holub 细叶穗花
Pseudolysimachion linariifolium subsp. dihatatum (Nakai & Kitag.) D.Y.Hong 水蔓菁
Pseudolysimachion linariifolium subsp. linariifolium=Pseudolysimachion linariifolium
Pseudolysimachion longifolium (L.) Opiz 兔儿尾苗
Pseudolysimachion pinnatum (L.) Holub 羽叶穗花
Pseudolysimachion rotundum (Nakai) T.Yamazaki 无柄穗花
Pseudolysimachion rotundum subsp. coreanum (Nakai) D.Y.Hong 朝鲜穗花
Pseudolysimachion rotundum subsp. subintegrum (Nakai) D.Y.Hong 东北穗花
Pseudolysimachion spicatum (L.) Opiz.穗花
Pseudolysimachion spurium (L.) Rausch.轮叶穗花
Pseudonephelium Radlk.=**Dimocarpus**
Pseudonephelium confine How & Ho=Dimocarpus confinis
Pseudophegopteris Ching **紫柄蕨属**(金星蕨科)
Pseudophegopteris aurita (HK.) Ching 耳状紫柄蕨
Pseudophegopteris brevipes Ching 短柄紫柄蕨
Pseudophegopteris hirtirachis (C.Chr.) Holtt.密毛紫柄蕨
Pseudophegopteris levingei (Clarke) Ching 星毛紫柄蕨
Pseudophegopteris microstegia (HK.) Ching 禾秆紫柄蕨
Pseudophegopteris oppositipinna Ching=Pseudophegopteris rectangularis
Pseudophegopteris padulosa Ching(台湾志 2ed.1994) =Pseudophegopteris pyrrhorachis
Pseudophegopteris pallida Ching=Pseudophegopteris microstegia
Pseudophegopteris pyrrhorachis (Kunze) Ching 紫柄蕨
Pseudophegopteris pyrrhorachis var. glabrata (Clarke) Holtt.光叶紫柄蕨
Pseudophegopteris pyrrhorachis var. *hirtirachis* Ching= Pseudophegopteris hirtirachis
Pseudophegopteris pyrrhorachis var. pyrrhorachis=Pseudophegopteris pyrrhorachis
Pseudophegopteris rectangularis (Zoll.) Holtt.对生紫柄蕨
Pseudophegopteris subaurita (Tagawa) Ching 光囊紫柄蕨
Pseudophegopteris tibetana Ching & S.K.Wu 西藏紫柄蕨
Pseudophegopteris yigongensis Ching 易贡紫柄蕨
Pseudophegopteris yunkweiensis (Ching) Ching 云贵紫柄蕨
Pseudophegopteris zayuensis Ching & S.K.Wu 察隅紫柄蕨
Pseudopinanga Burret=**Pinanga**
Pseudopinanga tashiroi (Hay.) Burret=Pinanga tashiroi
Pseudopogonatherum A.Camus.**假金发草属**(禾本科)
Pseudopogonatherum capilliphyllum S.L.Chen 假金发草
Pseudopogonatherum collinum (Balansa) A.Camus=Pseudopogonatherum contortum
Pseudopogonatherum contortum (Brongn.) A.Camus 笔草
Pseudopogonatherum contortum var. contortum=Pseudopogonatherum contortum
Pseudopogonatherum contortum var. *linearifolium* (Keng) Keng f.= Pseudopogonatherum contortum var. linearifolium
Pseudopogonatherum contortum var. linearifolium S.L.Chen 线叶笔草
Pseudopogonatherum contortum var. sinense (Keng ex S.L.Chen) Keng et 中华笔草
Pseudopogonatherum filifolium S.L.Chen=Pseudopogonatherum capilliphyllum
Pseudopogonatherum koretrostachys (Trin.) Henr.=Pseudopogonatherum contortum

Pseudopogonatherum quadrinerve (Hack.) Ohwi=Eulalia quadrinervis
Pseudopogonatherum setifolium (Nees) A.Camus 刺叶假金发草
Pseudopogonatherum speciosum (Debeaux) Ohwi=Eulalia speciosa
Pseudopyxis Miq.**假盖果草属**(茜草科)
Pseudopyxis heterophylla (Miq.) Maxim.异叶假盖果草
Pseudoraphis Griff.**伪针茅属**(禾本科)
Pseudoraphis burnoniana (Wall. & Griff.) Griff.(禾本科图说 1959)=Pseudoraphis spinescens
Pseudoraphis depaurperata (Nees) Keng=Pseudoraphis spinescens var. depauperata
Pseudoraphis longipaleacea Chia 长稃伪针茅
Pseudoraphis spinescens (R.Br.) Vickery 伪针茅
Pseudoraphis spinescens var. depauperata (Nees) Bor 瘦脊伪针茅
Pseudoraphis spinescens var. spinescens=Pseudoraphis spinescens
Pseudoraphis squarrosa (L.f.) A.Chase=Pseudoraphis spinescens
Pseudoraphis squarrosa var. *depauperata* (Nees) Senartna=Pseudoraphis spinescens var. depauperata
Pseudosasa Makino ex Nakai **矢竹属**(禾本科)
Pseudosasa acutivagina Wen & S.C.Chen 尖箨茶竿竹
Pseudosasa aeria Wen 空心苦
Pseudosasa amabilis (McClure) Keng f.茶竿竹
Pseudosasa amabilis var. amabilis=Pseudosasa amabilis
Pseudosasa amabilis var. convexa Z.P.Wang & G.H.Ye 福建茶竿竹
Pseudosasa amabilis var. farinosa C.S.Chao ex S.L.Chen & G.Y.Sheng 厚粉茶竿竹
Pseudosasa amabilis var. tenuis S.L.Chen & G.Y.Sheng 薄箨茶竿竹
Pseudosasa cantori (Munro) Keng f.托竹
Pseudosasa flexuosa (Hance) Keng f.曲轴青篱竹
Pseudosasa gracilis S.L.Chen & G.Y.Sheng 纤细茶竿竹
Pseudosasa guanxianensis Yi 笔竿竹
Pseudosasa hindsii (Munro) C.D.Chu & C.S.Chao 篲竹
Pseudosasa hirta S.L.Chen & G.Y.Sheng 庐山茶竿竹
Pseudosasa japonica (S. & Z.) Makino 矢竹
Pseudosasa japonica var. *usawai* (Hay.) Muroi=Pseudosasa usawai
Pseudosasa longiligula Wen 广竹
Pseudosasa longiligulata (McClure) Koidz=Sasa longiligulata
Pseudosasa longivaginata H.R.Zhao & Y.L.Yang 长鞘茶竿竹
Pseudosasa maculifera J.L.Lu 鸡公山茶竿竹
Pseudosasa maculifera var. hirsuta S.L.Chen & G.Y.Sheng 毛箨茶竿竹
Pseudosasa maculifera var. maculifera=Pseudosasa maculifera
Pseudosasa magilaminaria B.M.Yang 江永茶竿竹
Pseudosasa naibunensis (Hay.) Makino & Nemoto=Drepanostachyum naibunense
Pseudosasa nanunica (McClure) Z.P.Wang & G.H.Ye 长舌茶竿竹
Pseudosasa nanunica var. angustifolia S.L.Chen & G.Y.Sheng 狭叶长舌茶竿竹
Pseudosasa nanunica var. nanunica=Pseudosasa nanunica
Pseudosasa notata Z.P.Wang & G.H.Ye 斑箨茶竿竹
Pseudosasa oiwakensis (Hay.) Makino & Nemoto=Yushania niitakayamensis
Pseudosasa orthotropa S.L.Chen & Wen 面竿竹
Pseudosasa pallidiflora (McClure) S.L.Chen & G.Y.Sheng 少花茶竿竹
Pseudosasa pubiflora (Keng) Keng f.毛花青篱竹
Pseudosasa subsolida S.L.Chen & G.Y.Sheng 近实心茶竿竹
Pseudosasa taiwanensis Masamune & Mori=Gelidocalamus kunishii
Pseudosasa truncatula S.L.Chen & G.Y.Sheng 截平茶竿竹
Pseudosasa usawai (Hay.) Makino & Nemoto 矢竹仔
Pseudosasa viridula S.L.Chen & G.Y.Sheng 笔竹
Pseudosasa wuyiensis S.L.Chen & G.Y.Sheng 武夷山茶竿竹
Pseudosasa yuelushanensis B.M.Yang 岳麓山茶竿竹
Pseudosassafras Lec.=**Sassafras**
Pseudosassafras laxiflora (Hemsl.) Nakai=Sassafras tzumu
Pseudosassafras laxiflora var. *randaiensis* (Hay.) Nakai=Sassafras randaiense
Pseudosassafras tzumu (Hemsl.) Lec.=Sassafras tzumu
Pseudosedum (Boiss.) Berger **合景天属**(景天科)
Pseudosedum affine (Schrenk) Berger 白花合景天
Pseudosedum lievenii (Ledeb.) Berger 合景天
Pseudosmilax Hay.=**Heterosmilax**
Pseudosmilax hogoensis Hay.=Heterosmilax seisuiensis
Pseudosmilax seisuiensis Hay.=Heterosmilax seisuiensis
Pseudostachyum Munro **泡竹属**(禾本科)
Pseudostachyum polymorphum Munro 泡竹
Pseudostellaria Pax **孩儿参属**(石竹科)
Pseudostellaria cashmiriana Schaeftlein=Pseudostellaria himalaica
Pseudostellaria dalaolingensis Z.E.Zhou & J.Q.Wu=Pseudostellaria himalaica
Pseudostellaria davidii (Franch.) Pax 蔓孩儿参
Pseudostellaria eritrichoides (Diels) Ohwi=Pseudostellaria heterantha
Pseudostellaria helanshanensis W.Z.Di & Y.Ren 贺兰山孩儿参
Pseudostellaria heterantha (Maxim.) Pax 异花孩儿参
Pseudostellaria heterantha var. *himalaica* (Franch.) Ohwi=Pseudostellaria himalaica
Pseudostellaria heterantha var. *himalaica* Ohwi=Pseudostellaria himalaica
Pseudostellaria heterantha var. *tibetica* (Ohwi) Kozh.=Pseudostellaria tibetica
Pseudostellaria heterophylla (Miq.) Pax 孩儿参
Pseudostellaria himalaica (Franch.) Pax 须弥孩儿参
Pseudostellaria japonica (KorsH.) Pax 毛脉孩儿参
Pseudostellaria maximowicziana (Franch. & Sav.) Pax =Pseudostellaria heterantha
Pseudostellaria rhaphanorrhiza (Hemsl.) Pax=Pseudostellaria heterophylla
Pseudostellaria rupestris (Turcz.) Pax 石生孩儿参
Pseudostellaria sylvatica (Maxim.) Pax 细叶孩儿参
Pseudostellaria terminalis W.Z.Di & Y.Ren=Pseudostellaria rupestris
Pseudostellaria tibetica Ohwi 西藏孩儿参
Pseudostenosiphonium Lindau= **Gutzlaffia**
Pseudostreblus Bur.=**Streblus**
Pseudostreblus indicus Bur.=Streblus indicus
Pseudotaxus Cheng **白豆杉属**(红豆杉科)
Pseudotaxus chienii (Cheng) Cheng 白豆杉
Pseudotaxus liana Silba=Pseudotaxus chienii
Pseudotrophis laxiflora Warb.=Streblus ilicifolius
Pseudotsuga Carr.**黄杉属**(松科)
Pseudotsuga argyrophylla (Chun & Kuang) Greguss=Cathaya argyrophylla
Pseudotsuga brevifolia Cheng & L.K.Fu 短叶黄杉
Pseudotsuga davidiana Bertr.=Keteleeria davidiana
Pseudotsuga douglasii (Lindl.) Carr.=Pseudotsuga menziensii
Pseudotsuga douglasii macrocarpa Engl.=Pseudotsuga macrocarpa
Pseudotsuga forrestii Craib 澜沧黄杉
Pseudotsuga gausseni Plous=Pseudotsuga sinensis
Pseudotsuga japonica (Shiras.) Beiss.日本黄杉
Pseudotsuga japonica Beissn.(Mastum & Hay.in Jorn.Coll.Sci.Univ. Tokyo, 1906) =Pseudotsuga sinensis var. wilsoniana
Pseudotsuga jezoensis (Carr.) Bertr.=Keteleeria fortunei
Pseudotsuga macrocarpa (Torrey) Mayr 大果黄杉
Pseudotsuga menziensii (Mirbel) Franco 花旗松
Pseudotsuga menziesii var. glauca (Boiss.) Franco 蓝色花旗松
Pseudotsuga salvadori Flous=Pseudotsuga sinensis var. wilsoniana
Pseudotsuga shaanxiensis Z.Z.Qu & K.Y.Wang=Pseudotsuga sinensis
Pseudotsuga sinensis Dode (Wils.in Jorn.Arn.Arb.,1926)=Pseudotsuga sinensis
Pseudotsuga sinensis Dode 黄杉
Pseudotsuga sinensis var. *brevifolia* (W.C.Cheng & L.K.Fu) Farjon & Silba=Pseudotsuga brevifolia
Pseudotsuga sinensis var. *forrestii* (Craib) Silba=Pseudotsuga forrestii
Pseudotsuga sinensis var. *gaussenii* (Flous) Silba=Pseudotsuga sinensis
Pseudotsuga sinensis var. wilsoniana (Hay.) L.K.Fu & Nan Li 台湾黄杉
Pseudotsuga taxifolia (Poiret) Britton ex Sudworth=Pseudotsuga menziensii
Pseudotsuga wilsoniana Hay.(Wils.in J.Arn.Arb.1926)=Pseudotsuga forrestii
Pseudotsuga wilsoniana Hay.=Pseudotsuga sinensis var. wilsoniana
Pseudotsuga xichangensis C.T.Kuan & L.J.Zhou=Pseudotsuga sinensis
Pseuduvaria Miq.**金钩花属**(番荔枝科)
Pseuduvaria indochinensis Merr.金钩花
Pseva Rafin.=**Chimaphila**
Psidium L.**番石榴属**(桃金娘科)
Psidium cattleianum Sabine=Psidium littorale

Psidium guajava L.番石榴
Psidium littorale Raddi 草莓番石榴
Psidium pomiferum L.=Psidium guajava
Psidium pyriferum L.=Psidium guajava
Psidium variabile Berg.=Psidium littorale
Psidopodium Necker=**Dryopteris**
Psilonema alyssoides (L.) Heid.=Alyssum alyssoides
Psilonema calycinum (L.) C.A.Mey.=Alyssum alyssoides
Psilonema dasycarpum (Steph. ex Willd.) C.A.Mey.=Alyssum dasycarpum
Psilonema minimum Schur.=Alyssum desertorum
Psilopeganum Hemsl.**裸芸香属**(芸香科)
Psilopeganum sinense Hemsl.裸芸香
Psilostachys Steud.=**Dimeria**
Psilostachys filiformis Dalz. & Gibs.=Dimeria ornithopoda
Psilotaceae 松叶蕨科
Psilotrichum Bl.**林地苋属**(苋科)
Psilotrichum ferrugneum (Roxb.) Moq.林地苋
Psilotrichum trichotomum Bl.=Psilotrichum ferrugneum
Psilotum Sw.**松叶蕨属**(松叶蕨科)
Psilotum nudum (L.) Griseb.松叶蕨
Psilotum triquetrum Sw.=Psilotum nudum
Psilurus Trin.**内屈草属**(禾本科)
Psilurus incurvus (Gouan) Schinz & Thell.内屈草
Psophocarpus Neck. ex DC.**四棱豆属**(豆科)
Psophocarpus tetragonolobus (L.) DC.四棱豆
Psoralea L.**补骨脂属**(豆科)
Psoralea corylifolia L.补骨脂
Psoralea tetragonoloba L.=Cyamopsis tetragonoloba
Psychotria L.**九节属**(茜草科)
Psychotria asiatica Wall.=Psychotria calocarpa
Psychotria calocarpa Kurz(西藏志 1985)=Psychotria erratica
Psychotria calocarpa Kurz 美果九节
Psychotria cephalophora Merr.兰屿九节木
Psychotria densa W.C.Chen 密脉九节
Psychotria elliptica Ker-Gawl.=Psychotria rubra
Psychotria erratica HK.f.西藏九节
Psychotria esquirolii Lévl.=Psychotria rubra
Psychotria fluviatilis Chun ex W.C.Chen 溪边九节
Psychotria hainanensis Li 海南九节
Psychotria henryi Lévl.(Merr. in Lingnan Sci.J.1927)=Psychotria hainanensis
Psychotria henryi Lévl.滇南九节
Psychotria herbacea Jacq.=Geophila herbacea
Psychotria homalosperma A.Gray(Matsum. in Bot.Mag.Tokyo 1901)=Psychotria manillensis
Psychotria ixoroides Bartl. ex DC.(Merr. in Lingnan Sci.J.1927)=Psychotria serpens
Psychotria kotoensis Hay.=Psychotria cephalophora
Psychotria kwangsiensis Li=Psychotria yunnanensis
Psychotria liukiuensis Hatusaima=Psychotria manillensis
Psychotria manillensis Bartl. ex DC.琉球九节
Psychotria membranifolia Bartl. ex DC.膜叶九节(新)?
Psychotria morindoides Hutch.聚果九节
Psychotria pilifera Hutch.毛九节
Psychotria praimii Lévl.驳骨九节
Psychotria reevesii var. *pilosa* Pitard=Psychotria rubra var. pilosa
Psychotria reevesii Wall.=Psychotria rubra
Psychotria rubra (Lour.) Poir.九节
Psychotria rubra var. pilosa (Pitard) W.C.Chen 毛叶九节
Psychotria rubra var. rubra =Psychotria rubra
Psychotria scandens HK. & Arn.=Psychotria serpens
Psychotria serpens L.蔓九节
Psychotria siamica (Criab) Hutch.=Psychotria praimii
Psychotria straminea Hutch.黄脉九节
Psychotria symplocifolia Kurz 山矾叶九节
Psychotria tutcheri Dunn 假九节
Psychotria yunnanensis Hutch.云南九节
Psychrobatia Greene=**Rubus**
Psychrogeton Boiss.**寒蓬属**(菊科)
Psychrogeton andryaloides var. *poncinsii* (Franch.) Griers.=Psychrogeton poncinsii
Psychrogeton cabulicus Boiss.喀布尔寒蓬
Psychrogeton nigromontanus (Boiss. & Buhse) Griers.黑山寒蓬
Psychrogeton poncinsii (Franch.) Ling & Y.L.Chen 藏寒蓬
Psydrax dicoccos Gaertn.=Canthium dicoccum
Psygmium C.Presl=**Aglaomorpha**
Psylliostachys (Jaub. & Spach.) Nevski.**裸穗花属**(白花丹科)
Psylliostachys spicata (Willd.) Nevski 裸穗花
Psylliostachys suworowii (Rgl.) Roshk.索鲁裸穗花
Psyllium Juss= **Plantago**
Psyllium arenarium (Waldst. & Kit.) Mirbel= Plantago arenaria
Psyllium indicum (L.) DuMont= Plantago arenaria
Ptarmica acuminata Ledeb.=Achillea acuminata
Ptarmica alpina DC.(Ledeb.in Fl.Ross.1845)=Achillea ledebouri
Ptarmica impatiens DC.=Achillea impatiens
Ptarmica mongolica (Fisch. ex Spreng.) DC.=Achillea alpina
Ptarmica ptarmicoides (Maxim.) Worosch.=Achillea ptaermicoides
Ptarmica sibirica Ledeb.=Achillea alpina
Ptelea L.**榆橘属**(芸香科)
Ptelea trifoliata L.榆橘
Ptelea viscosa L.=Dodonaea angustifolia
Pteracanthus (Nees) Bremek.**马蓝属**(爵床科)
Pteracanthus aenobarbus (W.W.Sm.) C.Y.Wu & C.C.Hu 铜毛马蓝
Pteracanthus alatiramosus (H.S.Lo & D.Fang) C.Y.Wu & C.C.Hu 翅枝马蓝
Pteracanthus alatus (Nees) Bremek.翅柄马蓝
Pteracanthus botryanthus (D.Fang & H.S.Lo) C.Y.Wu & C.C.Hu 串花马蓝
Pteracanthus calycinus (Nees) Bremek.风序马蓝
Pteracanthus claviculatus (C.B.Clarke ex W.W.Sm.) C.Y.Wu 棒果马蓝
Pteracanthus cognatus (R.Ben.) C.Y.Wu & C.C.Hu 奇瓣马蓝
Pteracanthus congesta (Terao) C.Y.Wu & C.C.Hu 密序马蓝
Pteracanthus cyphanthus (Diels) C.Y.Wu. & C.C.Hu 弯花马蓝
Pteracanthus dryadum (C.B.Clarke ex R.Ben.) C.Y.Wu& C.C.Hu 林马蓝
Pteracanthus duclouxii (C.B.Clarke ex R.Ben.) C.Y.Wu & C.C.Hu 高原马蓝
Pteracanthus extensus (Nees) Bremek.展翅马蓝
Pteracanthus flexus (R.Ben.) C.Y.Wu & C.C.Hu 城口马蓝
Pteracanthus forrestii (Diels) C.Y.Wu 腺毛马蓝
Pteracanthus gongshanensis H.P.Tsui 贡山马蓝
Pteracanthus grandissimus (H.P.Tsui) C.Y.Wu & C.C.Hu 大叶马蓝
Pteracanthus guangxiensis (S.Z.Huang) C.Y.Wu & C.C.Hu 广西马蓝
Pteracanthus hygrophiloides (C.B.Clarke ex W.W.Sm.) H.W.Li 假水蓑衣
Pteracanthus inflatus (T.Anders.) Bremek.锡金马蓝
Pteracanthus lamius (C.B.Clarke ex W.W.Sm.) C.Y.Wu & C.C.Hu 野芝麻马蓝
Pteracanthus leucotrichus (R.Ben.) C.Y.Wu & C.C.Hu 白毛马蓝
Pteracanthus mekongensis (W.W.Sm.) C.Y.Wu & C.C.Hu 澜沧马蓝
Pteracanthus nemorosus (R.Ben.) C.Y.Wu & C.C.Hu 森林马蓝
Pteracanthus oresbius (W.W.Sm.) C.Y.Wu & C.C.Hu 山马蓝
Pteracanthus panduratus (Hand.-Mazz.) C.Y.Wu & C.C.Hu 琴叶马蓝
Pteracanthus pinnatifidus (C.Z.Zheng) C.Y.Wu & C.C.Hu 羽裂马蓝
Pteracanthus rotundifolius (D.Don) Bremek.圆叶马蓝
Pteracanthus tibeticus (J.R.I.Wood) C.Y.Wu & C.C.Hu 西藏马蓝
Pteracanthus urophyllus (Nees) Bremek.尾叶马蓝
Pteracanthus urticifolius (O.Ktz.) Bremek.荨麻叶马蓝
Pteracanthus versicolor (Diels) H.W.Li 变色马蓝
Pteracanthus versicolor (Diels) Hand.-Mazz. ex C.Y.Wu= Pteracanthus versicolor
Pteracanthus yunnanensis (Diels) C.Y.Wu & C.C.Hu 云南马蓝
Pteretis japonica Ching=Matteuccia orientalis
Pteretis orientalis Ching=Matteuccia orientalis
Pteridaceae 凤尾蕨科
Pteridella belangeri Mett.=Cheilosoria beiangeri
Pteridiaceae 蕨科
Pteridium Scopoli **蕨属**(蕨科)
Pteridium aquilinum (L.) Kuhn 欧洲蕨
Pteridium aquilinum f. *glabrum* Tard.-Blot & C.Chr.=Pteridium aquilinum var. latiusculum

Pteridium aquilinum Kuhn (Grubov in Pl.Asiae Centr.1963)=Pteridium aquilinum var. latiusculum
Pteridium aquilinum subsp. *latiusculum* (Desv.) Shieh=Pteridium aquilinum var. latiusculum
Pteridium aquilinum subsp.*wightianum* (Wall.) Shieh=Pteridium revolutum
Pteridium aquilinum var. aquilinum=Pteridium aquilinum
Pteridium aquilinum var. *japonicum* Nakai=Pteridium aquilinum var. latiusculum
Pteridium aquilinum var. latiusculum (Desv.) Underw.蕨
Pteridium aquilinum var. *osmundoides* Christ ex Lévl.=Pteridium revolutum
Pteridium aquilinum var. *wightianum* Jr.=Pteridium revolutum
Pteridium capense var. *densa* Nakai=Pteridium revolutum
Pteridium caudatum (L.) Maxon 尾羽蕨
Pteridium esculentum (Forst.) Cokayne 食蕨
Pteridium excelsum (Bl.) Ching 蕨菜
Pteridium falcatum Ching ex Ching & S.H.Wu 镰羽蕨
Pteridium japonicum Tard.-Blot & C.Chr.=Pteridium aquilinum var. latiusculum
Pteridium latiusculum Hieron. ex Fries=Pteridium aquilinum var. latiusculum
Pteridium lineare Ching ex Ching & S.H.Wu 长羽蕨
Pteridium revolutum (Bl.) Nakai 毛轴蕨
Pteridium revolutum var. muricatulum Ching & S.H.Wu 糙轴蕨
Pteridium revolutum var. revolutum=Pteridium revolutum
Pteridium yunnannense Ching & S.H.Wu 云南蕨
Pteridrys C.Chr. & Ching **牙蕨属**(叉蕨科)
Pteridrys australis Ching 毛轴牙蕨
Pteridrys cnemidaria (Christ) C.Chr. & Ching 薄叶牙蕨
Pteridrys lofouensis (Christ) C.Chr. & Ching 云贵牙蕨
Pteridrys nigra Ching & C.H.Wang 黑叶牙蕨
Pterilema Reinw.=**Engelhardtia**
Pterilema aceriflorum Rein.=Engelhardtia aceriflora
Pterinodes orientale O.Ktze.=Matteuccia orientalis
Pteris L.(p.p.)=**Pteridium**
Pteris Raf.=**Matteuccia**
Pteris L.**凤尾蕨属**(凤尾蕨科)
Pteris actiniopteroides Christ 猪鬣凤尾蕨
Pteris amoena Bl.红秆凤尾蕨
Pteris angustipinna Tagawa 细叶凤尾蕨?
Pteris angustipinnula Ching & S.H.Wu.线裂凤尾蕨
Pteris aquilina L.=Pteridium aquilinum
Pteris argentea Gmel.=Aleuritopteris argentea
Pteris arisanensis Tagawa 阿里山凤尾蕨?
Pteris aspericaulis Wall. ex Hieron.紫轴凤尾蕨
Pteris aspericaulis var. aspericaulis=Pteris aspericaulis
Pteris aspericaulis var. cuspigera Ching ex Ching & S.H.Wu 高原凤尾蕨
Pteris aspericaulis var. subindivisa (Clarke) Ching 高山凤尾蕨
Pteris aspericaulis var. tricolor Moore apud Lowe 三色凤尾蕨
Pteris asperula sensu Christ=Pteris oshimensis
Pteris aurata Mett.=Onychium siliculosum
Pteris aurita Bl.=Histiopteris incisa
Pteris austrosinica (Ching) Ching 华南凤尾蕨
Pteris baksaensis Ching 白沙凤尾蕨
Pteris belangeri Bory=Cheilosoria beiangeri
Pteris bella Tagawa 长柄凤尾蕨?
Pteris biaurita Wu,Wong & Pong=Pteris maclurei
Pteris biaurita C.Chr.=Pteris fauriei Hieron
Pteris biaurita L.狭眼凤尾蕨
Pteris biaurita var. *intermittens* C.Chr.=Pteris linearis
Pteris bifurcata Ching=Pteris fauriei var. chinensis
Pteris blechnoides Willd.=Taenitis blechnoides
Pteris brevisora Bak.=Pteris longipes
Pteris cadieri Christ 条纹凤尾蕨
Pteris cadieri var. hainanensis (Ching) S.H.Wu.海南凤尾蕨
Pteris calomelanos Sw.=Pellaea calomelanos
Pteris carieri Christ (新拉汉英 1996) Pteris cadieri
Pteris cheilantoides Hay.=Doryopteris concolor
Pteris chrysocarpa HK. & Grev.=Onychium siliculosum
Pteris chrysosperma HK. & Grev.=Onychium siliculosum
Pteris concolor Langsd. & Fisch.=Doryopteris concolor
Pteris confertinervia Ching ex Ching & S.H.Wu 密脉凤尾蕨
Pteris crassiuscula Ching & C.H.Wang 厚叶凤尾蕨
Pteris crenata Sw.=Pteris ensiformis
Pteris cretica L.(C.Chr.in Ind.Fil.1906,p.p.)=Pteris cretica var. nervosa
Pteris cretica L.(Pluri.in Fl.Indiae Orient & Sinae)=Pteris cretica var. laeta
Pteris cretica L.欧洲凤尾蕨
Pteris cretica var. *cartilagidens* Christ=Pteris cretica var. laeta
Pteris cretica var. cretica=Pteris cretica
Pteris cretica var. *heteromorpha* Bedd.=Pteris heteromorpha
Pteris cretica var. laeta (Wall. ex Ettingsh.) C.Chr. & Tard-Blot 粗糙凤尾蕨
Pteris cretica var. *melanocaulis* Bak.=Pteris actiniopteroides
Pteris cretica var. nervosa (Thunb.) Ching & S.H.Wu 凤尾蕨
Pteris cretica var. *rosthornii* Diels=Pteris cretica var. laeta
Pteris cretica var. *stenophylla* HK. & Bak.=Pteris stenophylla
Pteris cryptogrammoides Ching ex Ching & S.H.Wu 珠叶凤尾蕨
Pteris dactylima HK.指叶凤尾蕨
Pteris decrescens Christ 多羽凤尾蕨
Pteris decrescens var. decrescens=Pteris decrescens
Pteris decrescens var. parviloba (Christ) C.Chr & Tard-Blot 大明凤尾蕨
Pteris decurrentipinnula Bonap.=Pteris formosana
Pteris deltodon Bak.岩凤尾蕨
Pteris densa Wall.=Pteridium revolutum
Pteris digitata Wall.=Pteris stenophylla
Pteris dimorpha Cop.=Pteris cadieri
Pteris dispar Kze.刺齿半边旗
Pteris dispar f. inaequilatera Rosenst.?梳齿状半边旗(新)
Pteris dispar f. subaequilatera Rosenst.?篦齿状半边旗(新)
Pteris dissitifolia Bak.疏羽半边旗
Pteris ensiformis arvictoriae var. victoriae Bak.白羽凤尾蕨
Pteris ensiformis Burm 剑叶凤尾蕨
Pteris ensiformis var. ensiformis=Pteris ensiformis
Pteris ensiformis var. furcans Ching ex Ching & S.H.Wu 叉羽凤尾蕨
Pteris ensiformis var. merrilli (C.Chr.) S.H.Wu 少羽凤尾蕨
Pteris esculenta Forst.=Pteridium esculentum
Pteris esquirolii Christ 阔叶凤尾蕨
Pteris esquirolii var. muricatula (Ching) Ching & S.H.Wu.刺柄凤尾蕨
Pteris excelsa Gaud.溪边凤尾蕨
Pteris excelsa var. excelsa=Pteris excelsa
Pteris excelsa var. inaequalis (Bak.) S.H.Wu 变异凤尾蕨
Pteris excelsa var. *simplicior* (Tagawa) Shhieh=Pteris excelsa var. inaequalis
Pteris fauriei sensu Ching=Pteris fauriei var. chinensis
Pteris fauriei Hieron 傅氏凤尾蕨
Pteris fauriei var. chinensis Ching & S.H.Wu 白越凤尾蕨
Pteris fauriei var. fauriei=Pteris fauriei
Pteris finotii Christ 疏裂凤尾蕨
Pteris finotii var. *obtusa* Tagawa=Pteris finotii
Pteris flavicaulis Hay.=Pteris biaurita
Pteris formosana Bak.美丽凤尾蕨
Pteris gallinopes Ching ex Ching & S.H.Wu 鸡爪凤尾蕨
Pteris geraniifolia raddi=Doryopteris concolor
Pteris gracillis Michx.=Cryptogramma stelleri
Pteris graminifolia Roxb.=Vittaria elongata
Pteris grevilleana Wu,Wang & Pong=Pteris cadieri var. hainanensis
Pteris grevilleana Wall. ex Agardh 林下凤尾蕨
Pteris grevilleana var. *diffusa* Wu,Wong & Pong=Pteris cadieri
Pteris grevilleana var. ornata v.A.v.R.Handb.白斑凤尾蕨
Pteris guangdongensis Ching ex Ching & S.H.Wu 广东凤尾蕨
Pteris guizhouensis Ching ex Ching & S.H.Wu 贵州凤尾蕨
Pteris hainanensis Ching=Pteris cadieri var. hainanensis
Pteris hastata Thunb.=Pellaea calomelanos
Pteris hekouensis Ching ex Ching & S.H.Wu 毛叶凤尾蕨
Pteris henryi Christ 狭叶凤尾蕨
Pteris henryi Tard.-Blot & C.Chr.=Pteris actiniopteroides
Pteris heteromorpha Fée 长尾凤尾蕨
Pteris hirsuta Poir.=Notholaena hirsuta
Pteris hirsutissima Ching ex Ching & S.H.Wu 微毛凤尾蕨
Pteris hui Ching 胡氏凤尾蕨
Pteris inaequalis Bak.=Pteris excelsa var. inaequalis

Pteris inaequalis var. *aequata* (Miq.)Tagawa=Pteris excelsa
Pteris inaequalis var. *simplicior* Tagawa=Pteris excelsa var. inaequalis
Pteris incisa Thunb.=Histiopteris incisa
Pteris indochinensis Christ=Pteris insignis
Pteris insignisMett. ex Kuhn 全缘凤尾蕨
Pteris interrupta Willd.=Cyclosorus interruptus
Pteris japonica Ching=Matteucia orientalis
Pteris japonica Mett.=Onychium japonicum
Pteris kidoi Kurata 城户凤尾蕨
Pteris kiuschiuensis Hieron.平羽凤尾蕨
Pteris kiuschiuensis var. centro-chinensis Ching & S.H.Wu 华中凤尾蕨
Pteris kiuschiuensis var. kiuschiuensis=Pteris kiuschiuensis
Pteris kleiniana Christ=Pteris excelsa
Pteris laeta Wall.=Pteris cretica var. laeta
Pteris lanuginosa Spreng.=Pteridium aquilinum var. latiusculum
Pteris latiuscula Desv.=Pteridium aquilinum var. latiusculum
Pteris leptophylla Sw.薄羽凤尾蕨(新)
Pteris linearis Poir.线羽凤尾蕨
Pteris linearis var. *fauriri* C.Chr. & Tard.-Blot=Pteris fauriei
Pteris longifola L.(HK. & Bak.Syn.Fil.1864,广州志,1956)=Pteris vittata
Pteris longifolia L.长叶凤尾蕨
Pteris longipes Don 三轴凤尾蕨
Pteris longipinna Hay.长叶凤尾蕨
Pteris longipinnula Christ=Pteris fauriei
Pteris longipinnula Franch. & Sav.=Pteris excelsa
Pteris longipinnula sensu Merr.=Pteris fauriei var. chinensis
Pteris longipnula Wall. ex Agardh 翠绿凤尾蕨
Pteris ludens Wall.=Doryopteris ludens
Pteris lunulara Retz.=Adiantum philippense
Pteris maclurei Ching 两广凤尾蕨
Pteris maclurioides var. maclurioides=Pteris macluriordes
Pteris maclurioides var. tonkinensis Ching & S.H.Wu 中越凤尾蕨
Pteris macluriordes Ching ex Ching & S.H.Wu 岭南凤尾蕨
Pteris majestica Ching ex Ching & S.H.Wu 硕大凤尾蕨
Pteris malipoensis Ching ex Ching & S.H.Wu 大羽半边旗
Pteris marginata Bory=Pteris tripartita
Pteris menglaensis Ching ex Ching & S.H.Wu 勐腊凤尾蕨
Pteris merrilli C.Chr. ex Ching=Pteris ensiformis var. merrilli
Pteris monghaiensis Ching ex Ching & S.H.Wu 勐海凤尾蕨
Pteris morii Masamune 琼南凤尾蕨
Pteris morisonicola Hay.=Pteris wallichiana
Pteris multifida Poir.井栏边草
Pteris multifida Roxb.=Doryopteris ludens
Pteris muricatula Ching=Pteris esquirolii var. muricatula
Pteris nakasimae Tagawa=Pteris maclurei
Pteris nana Christ=Pteris deltodon
Pteris nana var. *quinquefoliata* Cop.=Pteris quinquefoliata
Pteris nemoralis Willd.=Pteris linearis
Pteris nervosa Thunb.=Pteris cretica var. nervosa
Pteris nipponica Shieh 日本凤尾蕨
Pteris nitidula Wall.=Pellaea nitidula
Pteris nudiuscula β. R.Br.=Notholaena hirsuta
Pteris obtusiloba Ching & S.H.Wu 江西凤尾蕨
Pteris occidentali-sinica Ching ex Ching & S.H.Wu 华西凤尾蕨
Pteris olivacea Ching ex Ching & S.H.Wu 长羽凤尾蕨
Pteris omeiensis Ching(p.p.)=Pteris oshimensis
Pteris omeiensis Ching(p.p.)=Pteris oshimensis var. paraemeiensis
Pteris orientalis Ching=Matteucia orientalis
Pteris oshimensis Hieron 斜羽凤尾蕨
Pteris oshimensis var. oshimensis=Pteris oshimensis
Pteris oshimensis var. paraemeiensis Ching ex Ching & S.H.Wu 尾头凤尾蕨
Pteris paupercula Christ=Pellaea paupercula
Pteris pellucens Agardh=Pteris longipes
Pteris pellucida Presl(Bedd.in Ferns S.Ind.1863)=Pteris venusta
Pteris pellucida var. *stenophylla* Clarke=Pteris stenophylla
Pteris pentaphylla Willd.Sp.=Pteris cretica var. nervosa
Pteris piloselloides L.=Drymoglossum piloselloides
Pteris platysora Bak.=Pteris insignis
Pteris plumbea Wu Wong & Pong=Pteris cretica var. laeta
Pteris plumbea Christ 栗柄凤尾蕨
Pteris plumbea var. *sintenensis* Masamune=Pteris plumbea
Pteris podophylla Sw.具柄凤尾蕨(新)
Pteris puberula Ching 柔毛凤尾蕨
Pteris quadriaurita Franch. & Sav.=Pteris fauriei
Pteris quadriaurita HK.=Pteris fauriei
Pteris quadriaurita var. *digitata* Bak.=Pteris grevilleana
Pteris quadriaurita var. *subindivisa* Bedd.=Pteris aspericaulis var. subindivisa
Pteris quinquefoliata (Cop.) Ching 五叶凤尾蕨
Pteris recurvata var. *wightiana* Wall.=Pteridium revolutum
Pteris revoluta Bl.=Pteridium revolutum
Pteris roseo-lilacina Hieron.=Pteris aspericaulis
Pteris scabristripes Tagawa?红柄凤尾蕨
Pteris scandens Mett.=Stenochlaena palustris
Pteris sect. *Histiopteris* Agardh=**Histiopteris**
Pteris semipinnata sensu DeVol.=Pteris dispar
Pteris semipinnata var. *aequata* Miq.=Pteris excelsa
Pteris semipinnata var. *dispar* HK. & Bak.=Pteris dispar
Pteris semipinnata var. *dissitifolia* (Bak.) C.Chr. & Tard.-Blot=Pteris dissitifolia
Pteris serrulata L.f.=Pteris multifida
Pteris serrulata var. *intermedia* Christ=Pteris cretica var. nervosa
Pteris serrulata var. *obtusata* Christ=Pteris ensiformis
Pteris setuloso-costulata Hay.有刺凤尾蕨
Pteris siliculosum Desv.=Onychium siliculosum
Pteris sinensis Ching=Pteris excelsa var. inaequalis
Pteris sinuata Thunb.=Matteuccia struthiopteris
Pteris splendida Ching ex Ching & S.H.Wu 隆林凤尾蕨
Pteris splendida var. longlinensis Ching ex Ching & S.H.Wu 细羽凤尾蕨
Pteris splendida var. splendida =Pteris splendida
Pteris stelleri Gmel.=Cryptogramma stelleri
Pteris stenophylla Wall. ex HK. & Grev.狭羽凤尾蕨
Pteris striata Poir.=Pteris ensiformis
Pteris subindivisa Clarke=Pteris aspericaulis var. subindivisa
Pteris subsimplex Ching ex Ching & S.H.Wu 单叶凤尾蕨
Pteris taiwanensis Ching ex Ching & S.H.Wu 台湾凤尾蕨
Pteris takeoi Hay.=Pteris formosana Bak.美丽凤尾蕨
Pteris thalictroides Sw.=Ceratopteris thalictroides
Pteris tokioi Msamune=Pteris amoena
Pteris tomentella Hand.-Mazz.=Pteris wallichiana var. yunnanensis
Pteris tricolor Linden=Pteris aspericaulis var. tricolor
Pteris trifoliata Christ=Pteris deltodon
Pteris tripartita Sw.三叉凤尾蕨
Pteris umbraculifera Mett.=Pteris longipnula
Pteris undulatipinna Ching ex Ching & S.H.Wu 波叶凤尾蕨
Pteris vartans Wall.=Cheilosoria beiangeri
Pteris venusta Kze.爪哇凤尾蕨
Pteris villosa Fée=Pteridium revolutum
Pteris viridissima Ching ex Ching & S.H.Wu 绿轴凤尾蕨
Pteris vittata L.蜈蚣草
Pteris vittata f. cristata Ching ex Ching & S.H.Wu 鸡冠凤尾蕨
Pteris vittata f. vittata=Pteris vittata
Pteris wallichiana Agardh(蕨类图说 1957)=Pteris austrosinica
Pteris wallichiana Agardh 西南凤尾蕨
Pteris wallichiana C.Chr.(p.p.)=Pteris wallichiana var. yunnanensi
Pteris wallichiana var. *austrosinica* Ching=Pteris austrosinica
Pteris wallichiana var. obtusa S.H.Wu exChing & S.H.Wu.圆头凤尾蕨
Pteris wallichiana var. wallichiana=Pteris wallichiana
Pteris wallichiana var. yunnanensis (Christ) Ching S.H.Wu.云南凤尾蕨
Pteris wangiana Ching 栗轴凤尾蕨
Pteris wightiana Wall.=Pteridium revolutum
Pteris yunnanensis Christ=Pteris wallichiana var. yunnanensis
Pteris zollingeri Mett. ex Miq.=Pteris longipes
Pternandra Jack **翼药花属**(野牡丹科)
Pternandra caerulescens Jack 翼药花
Pternopetalum Franch.**囊瓣芹属**(伞形科)
Pternopetalum botrychioides (Dunn) Hand.-Mazz.散血芹
Pternopetalum botrychioides var. botrychioides=Pternopetalum botrychioides
Pternopetalum botrychioides var. latipinnulatum Shan 宽叶散血芹
Pternopetalum brevium (Shan & Pu) K.T.Fu=Pternopetalum longicaule var. humile
Pternopetalum caespitosum Shan 丛枝囊瓣芹

Pternopetalum cardiocarpum (Franch.) Hand.-Mazz.心果囊瓣芹
Pternopetalum cartilagineum C.Y.Wu 骨缘囊瓣芹
Pternopetalum confusum Norm.=Pternopetalum leptophyllum
Pternopetalum davidii Franch.囊瓣芹
Pternopetalum delavayi (Franch.) Hand.-Mazz.澜沧囊瓣芹
Pternopetalum delicatulum (Wolff) Hand.-Mazz.嫩弱囊瓣芹
Pternopetalum filicinum (Franch.) Hand.-Mazz.羊齿囊瓣芹
Pternopetalum gracillimum (Wolff) Hand.-Mazz.纤细囊瓣芹
Pternopetalum heterophyllum Hand.-Mazz.异叶囊瓣芹
Pternopetalum kiangsiense (Wolff) Hand.-Mazz.江西囊瓣芹
Pternopetalum leptophyllum (Dunn) Hand.-Mazz.薄叶囊瓣芹
Pternopetalum longicaule Shan 长茎囊瓣芹
Pternopetalum longicaule var. humile Shan & Pu 矮茎囊瓣芹
Pternopetalum longicaule var. longicaule=Pternopetalum longicaule
Pternopetalum molle (Franch.) Hand.-Mazz.洱源囊瓣芹
Pternopetalum molle var. crenulatum Shan & Pu 圆齿囊瓣芹
Pternopetalum molle var. dissectum Shan & Pu 裂叶囊瓣芹
Pternopetalum molle var. molle=Pternopetalum molle
Pternopetalum nudicaule (de Boiss.) Hand.-Mazz.裸茎囊瓣芹
Pternopetalum nudicaule var. esetosum Hand.-Mazz.光滑囊瓣芹
Pternopetalum nudicaule var. nudicaule=Pternopetalum nudicaule
Pternopetalum rosthornii (Diels) Hand.-Mazz.川鄂囊瓣芹
Pternopetalum subalpinum Hand.-Mazz.高山囊瓣芹
Pternopetalum tanakae (Franch. & Sav.) Hand.-Mazz.东亚囊瓣芹
Pternopetalum trichomanifolium (Franch.) Hand.-Mazz.膜蕨囊瓣芹
Pternopetalum trifoliatum Shan & Pu 鹧鸪山囊瓣芹
Pternopetalum viride (Norm.) Hand.-Mazz.=Pternopetalum leptophyllum
Pternopetalum vulgare (Dunn) Hand.-Mazz.五匹青
Pternopetalum vulgare var. acuminatum C.Y.Wu 尖叶五匹青
Pternopetalum vulgare var. foliosum Shan & Pu 多叶五匹青
Pternopetalum vulgare var. strigosum Shan & Pu 毛叶五匹青
Pternopetalum vulgare var. vulgare=Pternopetalum vulgare
Pternopetalum wangianum Hand.-Mazz.天全囊瓣芹
Pternopetalum wolffianum (Fedde) Hand.-Mazz.滇西囊瓣芹
Pternopetalum yiliangense Shan & Pu 宜良囊瓣芹
Pterocarpus Jacq.**紫檀属**(豆科)
Pterocarpus indicus Willd.紫檀
Pterocarpus marsupium Rxob.花榈木
Pterocarpus santalinus L.f.紫檀香
Pterocarpus vidalianus Rolfe 菲律宾紫檀
Pterocarya Kunth **枫杨属**(胡桃科)
Pterocarya baronii (Kozlov) Liou
Pterocarya chinensis Lavallee=Pterocarya stenoptera
Pterocarya delavayi Franch.=Pterocarya macroptera var. delavayi
Pterocarya esquirolii Lévl.=Pterocarya stenoptera
Pterocarya forrestii W.W.Sm.=Pterocarya macroptera var. delavayi
Pterocarya hupehensis Skan 湖北枫杨
Pterocarya insignis Rehd. & Wils.=Pterocarya macroptera var. insignis
Pterocarya japonica Dipp.=Pterocarya stenoptera
Pterocarya japonica Lavallee=Pterocarya stenoptera
Pterocarya laevigata Lavallee=Pterocarya stenoptera
Pterocarya macroptera Batal.甘肃枫杨
Pterocarya macroptera var. delavayi (Franch.) W.E.Manning 云南枫杨
Pterocarya macroptera var. insignis (Redh. & Wils.) W.E.Manning 华西枫杨
Pterocarya macroptera var. macroptera =Pterocarya macroptera
Pterocarya micropaliurus Tsoong=Cyclocarya paliurus
Pterocarya paliurus Batal.(Franch.in J.de Bot.1898,p.p.)=Pterocarya macroptera var. insignis
Pterocarya paliurus Batal.=Cyclocarya paliurus
Pterocarya pterocarpa (Michx.) Kunth 高加索枫杨
Pterocarya rhoifolia S. & Z.(Pritz. in Engler,Bot.Jahrb.1901)=Pterocarya macroptera var. insignis
Pterocarya rhoifolia S. & Z.水胡桃
Pterocarya sect. *Cycloptera* Franch.=**Cyclocarya**
Pterocarya sorbifolia S. & Z.=Pterocarya rhoifolia
Pterocarya sprengeri Pamp.=Pterocarya hupehensis
Pterocarya stenoptera D.DC.枫杨
Pterocarya stenoptera var. *brevialata* Pamp.=Pterocarya stenoptera
Pterocarya stenoptera var. *kouitchensis* Franch.=Pterocarya stenoptera
Pterocarya stenoptera var. *sinensis* (chinensis) Graebn.=Pterocarya stenoptera
Pterocarya stenoptera var. *tonkinensis* Franch.=Pterocarya tonkinensis
Pterocarya stenoptera var. *typica* Franch.=Pterocarya stenoptera
Pterocarya tonkinensis (Franch.) Dode 越南枫杨
Pterocaulon Ell.**翼茎草属**(菊科)
Pterocaulon cylindrostachyum C.B.Clarke=Pterocaulon redolens
Pterocaulon redolens (Forst.f.) F.-Vill.翼茎草
Pteroceltis Maxim.**青檀属**(榆科)
Pteroceltis tatarinowii Maxim.青檀
Pteroceltis tatarinowii var. *pubescens* Hand.-Mazz.=Pteroceltis tatarinowii
Pterocephalus Vaill. ex Adans.**翼首花属**(川续断科)
Pterocephalus batangensis Pax ex Hoffm.=Pterocephalus hookeri
Pterocephalus bretschneideri (Bat.) Pritz.裂叶翼首花
Pterocephalus hookeri (C.B.Clarke) Höck 翼首草
Pteroceras Hassk.**长足兰属**(兰科)
Pteroceras appendiculatum (Bl.) Holttum 长脚兰
Pteroceras asperatus (Schltr.) P.F.Hunt 毛葶长足兰
Pteroceras elobe Seidenf.=Parapteroceras elobe
Pteroceras leopardinum (Par. & Rchb.f.) Seidenf.长足兰
Pteroceras loratus (Rolfe ex Downie) Siedenf.=Staurochilus loratus
Pterochaeta Boiss.=**Pulicaria**
Pterococcus aphyllus Pall.=Calligonum aphyllum
Pterococcus leucocladus Schrenk=Calligonum leucocladum
Pterocyclus Klotzsch=**Pleurospermum**
Pterocyclus angelicoides Klotzsch=Pleurospermum angelicoides
Pterocyclus rivulorum (Diels) Wolff=Pleurospermum rivulorum
Pterocypsela Shih **翅果菊属**(菊科)
Pterocypsela elata (Hemsl.) Shih 高大翅果菊
Pterocypsela formosana (Maxim.) Shih 台湾翅果菊
Pterocypsela indica (L.) Shih 翅果菊
Pterocypsela laciniata (Houtt.) Shih 多裂翅果菊
Pterocypsela raddeana (Maxim.) Shih 毛脉翅果菊
Pterocypsela sonchus (Lévl. & Vant.) Shih 细喙翅果菊
Pterocypsela triangulata (Maxim.) Shih 翼柄翅果菊
Pterolobium R.Br. ex Wight & Arn.**老虎刺属**(豆科)
Pterolobium indicum Hance=Pterolobium punctatum
Pterolobium indicum var. *macropterum* Baker=Pterolobium macropterum
Pterolobium macropterum Kurz 大翅老虎刺
Pterolobium micranthum Gagn.(海南志 1965)=Pterolobium macropterum
Pterolobium punctatum Hemsl.老虎刺
Pterolobium rosthornii Harms=Pterolobium punctatum
Pterolobium sinense Vidal=Pterolobium macropterum
Pterolobium subvestitum Hance=Caesalpinia millettii
Pteroloma Desv. ex Benth.=**Tadehagi**
Pteroloma pseudotriquetrum (DC.) Schindl.=Tadehagi pseudotriquetrum
Pteroloma triquetrum (L.) Desv. ex Benth.=Tadehagi triquetrum
Pteroloma triquetrum subsp. *pseudotriquetrum* (DC.) Ohashi=Tadehagi pseudotriquetrum
Pteronema Pierre=**Spondias**
Pteropsis Desv.=**Drymoglossum**
Pteroptychia Bremek.**假蓝属** (爵床科)
Pteroptychia dalziellii (W.W.Sm.) H.S.Lo 曲枝假蓝
Pterospermum Schreber **翅子树属**(梧桐科)
Pterospermum acerifolium Benth.=Pterospermum heterophyllum
Pterospermum acerifolium Willd.翅子树
Pterospermum diversifolium Bl.(树木分类学 1937)=Pterospermum acerifolium
Pterospermum diversifolium Bl.异叶翅子树
Pterospermum formosanum Matsum.=Pterospe rmum niveum
Pterospermum glabrescens W. & A.光翅子树
Pterospermum heterophyllum Hance 翻白叶树
Pterospermum heyneanum Wall 海纳翅子树
Pterospermum jackianum Wall.札克翅子树
Pterospermum kingtungense C.Y.Wu ex Hsue 景东翅子树
Pterospermum lanceaefolium Roxb.窄叶半枫荷
Pterospermum levinei Merr.=Pterospermum heterophyllum
Pterospermum menglunense Hsue 勐仑翅子树
Pterospermum niveum Vidal 台湾翅子树
Pterospermum obtusifolium Wight 钝叶翅子树

Pterospermum proteus Burkill 变叶翅子树
Pterospermum reticulatum W. & A.网脉翅子树
Pterospermum rubiginosum Heyne 褐赤翅子树
Pterospermum semisagittatum Ham.半箭形翅子树
Pterospermum suberifolium Lam.栓叶翅子树
Pterospermum truncatolobatum Gagn.截裂翅子树
Pterospermum yunnanense Hsue 云南翅子树
Pterospora Nutt.**翅孢属**(鹿蹄草科)
Pterospora andromedea Nutt.大鸟巢翅孢
Pterostigma capitatum Benth.=Adenosma indianum
Pterostigma grandiflorum Benth.=Adenosma glutinosum
Pterostylis R.Br.**翅柱兰属**(兰科)
Pterostylis banksii R.Br.斑克翅柱兰
Pterostylis baptistii Fitzg.巴波翅柱兰
Pterostylis curta R.Br.短翅柱兰
Pterostylis longifolia 长叶翅柱兰
Pterostylis nutans R.Br.垂花翅柱兰
Pterostylis trullifolia 翅柱兰
Pterostyrax S. & Z.**白辛树属**(安息香科)
Pterostyrax cavaleriei Guill.=Pterostyrax psilophyllus
Pterostyrax corymbosus S. & Z.小叶白辛树
Pterostyrax henryi Dummer=Sinojackia henryi
Pterostyrax hispidus S. & Z.(云南区系报告 1965)=Pterostyrax psilophyllus
Pterostyrax leveillei (Fedde ex Lévl.) Chun=Pterostyrax psilophyllus
Pterostyrax psilophyllus Diels ex Perk.白辛树
Pterostyrax psilophyllus var. *leveillei* (Fedde) Hara=Pterostyrax psilophyllus
Pteroxygonum Damm. & Diels **翼蓼属**(蓼科)
Pteroxygonum giraldii Damm. & Diels 翼蓼
Pterygiella Oliv.**翅茎草属**(玄参科)
Pterygiella bartschioides Hand.-Mazz.齿叶翅茎草
Pterygiella cylindrica Tsoong 圆茎翅茎草
Pterygiella duclouxii Franch.杜氏翅茎
Pterygiella nigrescens Oliv.翅茎草
Pterygiella suffruticosa D.Y.Hong 川滇翅茎草
Pterygocalyx Maxim.**翼萼蔓属**(龙胆科)
Pterygocalyx volubilis Maxim.翼萼蔓
Pterygopleurum Kitag.**翅棱芹属**(伞形科)
Pterygopleurum neurophyllum (Maxim.) Kitag.脉叶翅棱芹
Pterygostachyum Nees ex Steud.=**Dimeria**
Pterygota Schott & Endl.**翅苹婆属**(梧桐科)
Pterygota alata (Roxb.) R.Brown 翅苹婆
Ptilagrostis Griseb.**细柄茅属**(禾本科)
Ptilagrostis concinna (HK.f.) Roshev.太白细柄茅
Ptilagrostis dichotoma Keng=Ptilagrostis dichotoma
Ptilagrostis dichotoma Keng 双叉细柄茅
Ptilagrostis dichotoma var. dichotoma=*Ptilagrostis dichotoma*
Ptilagrostis dichotoma var. roshevistiana Tzvel.小花细柄茅
Ptilagrostis junatovii Grub.窄穗细柄茅
Ptilagrostis mongholica (Turcz. ex Trin.) Griseb.细柄茅
Ptilagrostis mongholica var. barbellata Roschev.小髭细柄茅
Ptilagrostis pelliotii (Danguy) Grub.中亚细柄茅
Ptilagrostis purpurea (Griseb.) Roshev.=Stipa purpurea
Ptilagrostis subsessiliflora (Rupr.) Roschev.短柄细柄茅
Ptilocnema bracteatum D.Don=Pholidota bracteata
Ptilopteris Hance **岩穴蕨属**(稀子蕨科)
Ptilopteris flagellare Makino=Monachosorum flagellare
Ptilopteris hancockii Hance=Polystichum hancockii
Ptilopteris maximowiczii Hance 岩穴蕨
Ptilopteris triptera (Kunze) Hay.=Polystichum tripteron
Ptilotrichum C.A.Mey.=**Alyssum**
Ptilotrichum canescens (DC.) C.A.Mey.=Alyssum canescens
Ptilotrichum canescens subsp. *tenuifolium* (Staphan ex Willd.) Hanelt & Davam.=Alyssum tenuifolium
Ptilotrichum elongatum (DC.) C.A.Mey.=Alyssum tenuifolium
Ptilotrichum tenuifolium (Stephan ex Willd.) C.A.Mey.=Alyssum tenuifolium
Ptilotrichum wageri Jafri.=Draba winterbottomii
Ptilotricum C.A.Mey.**燥原荠属**(十字花科)
Ptilotricum canescens (DC.) C.A.Mey.燥原荠
Ptilotricum cretaceum (Adams) Ledeb.=Ptilotricum canescens
Ptilotricum elongatum C.A.Mey.=Ptilotricum canescens
Ptilotricum wageri Jafri 西藏燥原荠
Ptychococcus Becc.**皱果片棕属**(棕榈科)
Ptychosperma labill.**皱子棕属**(棕榈科)
Ptychosperma elegans Bl.优雅皱子棕
Ptychosperma macarthurii (Wendland) Nicholson 马卡氏皱子棕
Ptychosperma sanderianum Ridley 桑德皱子棕
Ptychotis puberula DC.=Pimpinella puberula
Puccinellia Parl.**碱茅属**(禾本科)
Puccinellia alascana Scribn. & Merr.=Puccinellia tenella
Puccinellia altaica Tzvel.阿尔泰碱茅
Puccinellia angustata (R.Br.) rand. & Relf.侧序碱茅
Puccinellia anisoclada Krecz.异枝碱茅
Puccinellia arjinshanensis D.F.Cui 阿尔金山碱茅
Puccinellia borealis Swall.北方碱茅
Puccinellia bulbosa (Grossh.) Grossh.鳞茎碱茅
Puccinellia capillaris (Lilj.) Jans.细穗碱茅
Puccinellia capillaris subsp. *pulvinata* (Fries) Tzvel.=Puccinellia pulvinata
Puccinellia chinampoensis Ohwi 朝鲜碱茅
Puccinellia choresmica Krecz.短生碱茅
Puccinellia convoluta (Horn.) Fourr.卷叶碱茅
Puccinellia coreensis (Hack.) Honda 高丽碱茅
Puccinellia coreensis var. *asperifolia* Kitag.=Puccinellia coreensis
Puccinellia degeensis L.Liu 德格碱茅
Puccinellia diffusa Krecz 展穗碱茅
Puccinellia distans (L.) Parl.碱茅
Puccinellia distans f. *robusta* Roshev.=Puccinellia anisoclada
Puccinellia distans subsp. *sevangensis* (Grossh.) Tzvel.=Puccinellia savengensis
Puccinellia distans var. *micrandra* Keng=Puccinellia micrandra
Puccinellia dolicholepis Krecz.毛稃碱茅
Puccinellia dolicholepis var. *paradosa* Serg.=Puccinellia altaica
Puccinellia festuciformis (Host.) Parl.羊茅状碱茅
Puccinellia festuciformis subsp. *convoluta* (Horn.) Hugh.=Puccinellia convoluta
Puccinellia festuciformis subsp. *intermedia* (Schur.) Hugh.=Puccinellia intermedia
Puccinellia florida D.F.Cui 玫花碱茅
Puccinellia geniculata Krecz.膝曲碱茅
Puccinellia gigantea (Grossh.) Grossh 大碱茅
Puccinellia gigantea subsp. *bulbosa* (Grossh.) Tzvel.=Puccinellia bulbosa
Puccinellia glauca (Rgl.) Krecz.灰绿碱茅
Puccinellia grossheimiana (Krecz.) Krecz.格海碱茅
Puccinellia gyirongensis L.Liu 吉隆碱茅
Puccinellia hackeliana Krecz.高山碱茅
Puccinellia hauptiana (Trin.) Krecz.鹤甫碱茅
Puccinellia himalaica Tzvel.喜马拉雅碱茅
Puccinellia humilis Litw. ex Krecz.矮碱茅
Puccinellia iliensis Krecz.伊犁碱茅
Puccinellia intermedia (Schur.) Janch.中间碱茅
Puccinellia jeholensis Kitagawa 热河碱茅
Puccinellia kackeliana subsp. *humilis* (Litw. ex Krecz.) Tzvel.=Puccinellia humilis
Puccinellia kamtschatica (Homb.) Krecz.堪察加碱茅
Puccinellia kamtschatica var. *asperula* Holmb.=Puccinellia kamtschatica
Puccinellia kamtshatica var. *sublaevis* Holmb.=Puccinellia kurilensis
Puccinellia kanashiroi Ohwi 金城碱茅
Puccinellia kashmiriana Bor 克什米尔碱茅
Puccinellia kengiana Ohwi=Sclerochloa kengiana
Puccinellia kobayaschii Ohwi=Puccinellia hauptiana
Puccinellia koeieana (Grossh.) Grossh.科氏碱茅
Puccinellia kulundensis Serg.=Puccinellia manchuriensis
Puccinellia kunlunica Tzvel.昆仑碱茅
Puccinellia kurilensis Honda 千岛碱茅
Puccinellia ladakhensis (Hartm.) Dick.拉达克碱茅
Puccinellia ladyginii (Ivan.) Tzvel.布达尔碱茅
Puccinellia laeviuscula Krecz.=Puccinellia tenella

Puccinellia leiolepis L.Liu 光稃碱茅
Puccinellia letroflexa var. *pulvinata* Holmb. ex Lindem.=Puccinellia pulvinata
Puccinellia limosa (Schur.) Holmb.沼泞碱茅
Puccinellia macranthera Krecz.大药碱茅
Puccinellia manchuriensis Ohwi 柔枝碱茅
Puccinellia maritima (Hudson) Parl.海滨碱茅
Puccinellia micrandra (Keng) Keng & S.L.Chen 微药碱茅
Puccinellia micrandra (Keng) Keng 小药碱茅
Puccinellia minuta Bor 侏碱茅
Puccinellia multiflora L.Liu 多花碱茅
Puccinellia nipponica Ohwi 日本碱茅
Puccinellia nudiflora (Hack.) Tzvel.裸花碱茅
Puccinellia palustris subsp. *jeholensis* (Kitag.) Norl.=Puccinellia jeholensis
Puccinellia pamirica Krecz.帕米尔碱茅
Puccinellia pauciramea (Hack.) Krecz.少枝碱茅
Puccinellia phryganodes (Trib.) Scribn. & Merr.佛利碱茅
Puccinellia phryganodes subsp. *geniculata* (Krecz.) Tzvel.=Puccinellia geniculata
Puccinellia platyglumis L.Liu=Poa platyglumis
Puccinellia poaeoides Keng 莓系碱茅
Puccinellia poecilantha (C.Koch) Krecz.斑稃碱茅
Puccinellia przewalskii Tzvel.勃氏碱茅
Puccinellia pulvinata (Fr.) Krecz.腋枕碱茅
Puccinellia pumila (Vas.) Hitchc.=Puccinellia kurilensis
Puccinellia roborovskyi Tzvel.疏穗碱茅
Puccinellia roshevistsiana (Schichk.) Krecz. ex Tzvel 西域碱茅
Puccinellia rupestris (With.) Fernald & Weath.英国碱茅
Puccinellia saclinaria (Sim.) Holmb.=Puccinellia intermedia
Puccinellia savengensis Grossh.塞文碱茅
Puccinellia schischkinii Tzvel.斯碱茅
Puccinellia sclerodes Krecz 硬碱茅
Puccinellia shuanghuensis L.Liu 双湖碱茅
Puccinellia sibirica Holmb.西伯利亚碱茅
Puccinellia staphfiana R.R.Stew.藏北碱茅
Puccinellia stricta Keng=Sclerochloa kengiana
Puccinellia strictura L.Liu 坚碱茅
Puccinellia subspicata Krecz.穗序碱茅
Puccinellia tenella (Lange) Holmb. ex Pors.细雅碱茅
Puccinellia tenella subsp. *tenella* Tzvel.=Puccinellia tenella
Puccinellia tenuiflora (Griseb.) Scribn. & Merr.星星草
Puccinellia tenuiflora subsp. *tianshanica* Tzvel.=Puccinellia tianshanica
Puccinellia tenuissima Litv. ex Krecz.纤细碱茅
Puccinellia thomsonii (Stapf) R.R.Stew 长穗碱茅.
Puccinellia tianshanica (Tzvel.) S.S.Ikonni 天山碱茅
Pueraria DC.**葛属**(豆科)
Pueraria alopecuroides Craib 密花葛
Pueraria anabaptis Kurz=Shuteria hirsuta
Pueraria argyi Lévl. & Vant.=Pueraria lobata
Pueraria bicalcarata Gagn.=Pueraria edulis
Pueraria bodinieri Lévl. & Vant.=Pueraria lobata
Pueraria brachycarpa Kurz=Pueraria stricta
Pueraria calycina Franch.黄毛萼葛
Pueraria chinensis Benth.(Ohwi in Act.Phytotax.Geobot 1936)=Pueraria lobata var. thomsonii
Pueraria coerulea Lévl. & Vant.=Pueraria lobata
Pueraria collettii Prain=Pueraria stricta
Pueraria edulis Pamp.食用葛
Pueraria forrestii Evans=Pueraria calycina
Pueraria hirsuta Kurz=Pueraria stricta
Pueraria koten Lévl. & Vant.=Pueraria lobata
Pueraria lobata (Willd.) Ohwi 葛
Pueraria lobata var. *chinensis* Benth.(Ohwi in Bull.Tokyo Sci.Mus. 1947)= Pueraria lobata var. thomsonii
Pueraria lobata var. lobata=Pueraria lobata
Pueraria lobata var. montana (Lour.) van der Maesn 葛麻姆
Pueraria lobata var. thomsonii (Benth.van der Maesen 粉葛
Pueraria longicarpa Nguyen=Pueraria stricta
Pueraria montana (Lour.) Merr.=Pueraria lobata var. montana
Pueraria omeiensis Wang & Tang=Pueraria lobata var. montana
Pueraria peduncularis (Grah. ex Benth.) Benth.苦葛
Pueraria peduncularis var. *violacea* Franch.=Pueraria peduncularis
Pueraria phaseoloides (Roxb.) Benth.三裂叶野葛
Pueraria pseudohirsuta Tang & Wang=Pueraria lobata
Pueraria seguini Lévl.=Cajanus grandiflorus
Pueraria siamica Craib=Pueraria stricta
Pueraria stricta Kurz 小花野葛
Pueraria thomsoni Benth.=Pueraria lobata var. thomsonii
Pueraria thunbergiana (S. & Z.) Benth.=Pueraria lobata
Pueraria thunbergiana var. *formosana* Hosokawa=Pueraria lobata var. montana
Pueraria tonkinensis Gagn.=Pueraria lobata var. montana
Pueraria triloba (Houtt.) Makino=Pueraria lobata
Pueraria wallichii DC.须弥葛
Pueraria yunnanensis Franch.=Pueraria peduncularis
Pugionium Gaertn.**沙芥属**(十字花科)
Pugionium calcaratum Kom.=Pugionium dolabratum
Pugionium cornutum (L.) Gaertn.沙芥
Pugionium cristatum Kom.=Pugionium dolabratum
Pugionium cristatum Kom.鸡冠沙芥
Pugionium dolabratum Maxim.斧翅沙芥
Pugionium dolabratum var. dolabratum=Pugionium dolabratum
Pugionium dolabratum var. latipterum S.L.Yang 宽翅沙芥
Pugionium dolabratum var. *platypterum* H.L.Yang=Pugionium dolabratum
Pulegium vulgare Mill.=Mentha pulegium
Pulicaria Gaertn.**蚤草属**(菊科)
Pulicaria chrysantha (Diels) Ling 金仙草
Pulicaria dysenterica (L.) Gaertn.止痢蚤草
Pulicaria gnaphaloides (Vent.) Boiss.鼠麴蚤草
Pulicaria insignis Drumm. ex Dunn 臭蚤草
Pulicaria kouyangensis Vant.=Synotis nagensium
Pulicaria prostrata (Gilib.) Ascher 蚤草
Pulicaria salviifolia Bge.鼠尾蚤草
Pulicaria undulata Meyer=Pulicaria prostrata
Pulicaria vulgaris Gaertn.=Pulicaria prostrata
Puliculum Stapf ex Haines=**Pseudopogonatherum**
Puliculum articulatum (Trin.) Stapf ex Haines=Pseudopogonatherum contortum
Pulmonaria L.**肺草属**(紫草科)
Pulmonaria dahurica Sims=Mertensia davurica
Pulmonaria davurica Sims=Mertensia davurica
Pulmonaria mollissima Kern.肺草
Pulmonaria sibirica L.=Mertensia sibirica
Pulsatilla Adans.**白头翁属**(毛茛科)
Pulsatilla albana var. *campanella* Fisch. ex Rgl. & Tiling=Pulsatilla campanella
Pulsatilla ambigua (Turcz. ex Hayek) Juzepcz.=Pulsatilla patens subsp. flavescens
Pulsatilla ambigua var. ambigua=Pulsatilla patens subsp. flavescens
Pulsatilla ambigua var. barbata J.G.Liu 拟蒙古白头翁
Pulsatilla aurea (N.Busch) Juz.金黄色白头翁
Pulsatilla campanella Fisch.钟萼白头翁
Pulsatilla cernua (Thunb.) Bercht. & Opiz.朝鲜白头翁
Pulsatilla cernua var. *koreana* (Yabe ex Nakai) Y.N.Lee=Pulsatilla cernua
Pulsatilla chinensis (Bge.) Rgl.白头翁
Pulsatilla chinensis var. kissii (Mandl) S.H.Li & Y.H.Huang 金县白头翁
Pulsatilla dahurica (Fisch.) Spreng.兴安白头翁
Pulsatilla flavescens (Zucc.) Juzepcz.=Pulsatilla patens subsp. flavescens
Pulsatilla glaucifolia (Franch.) Huth=Anemoclema glaucifolium
Pulsatilla halleri (All.) Willd.哈理氏白头翁
Pulsatilla kissii Mahdl=Pulsatilla chinensis var. kissii
Pulsatilla koreana Nakai ex Mori=Pulsatilla cernua
Pulsatilla kostyczewii (Korsh.) Juz.紫蕊白头翁
Pulsatilla millefolius (Hemsl. & Wils.) Ulbr.西南白头翁
Pulsatilla multifida (Pritz.) Juz.=Pulsatilla patnes subsp. multifida
Pulsatilla patens (L.) Mill.肾叶白头翁
Pulsatilla patens subsp. flavescens (Zucc.) Zämels 发黄白头翁
Pulsatilla patens subsp. multifida (Pritz.) Zämels 掌叶白头翁
Pulsatilla patens subsp. patens=Pulsatilla patens
Pulsatilla patens var. *multifida* (Pritz.) S.H.Li & Y.H.Huang=Pulsatilla

patens subsp. multifida
Pulsatilla sukaczevii Kuz.黄花白头翁
Pulsatilla tenuiloba (Turcz. ex Hayek) Juzepcz.细裂白头翁
Pulsatilla turczaninovii Kryl. & Serg.细叶白头翁
Pulsatilla turczaninovii f. *albiflora* Y.Z.Zhao=Pulsatilla turczaninovii
Pulsatilla violacea Rupr.紫蓝色白头翁
Punica L.**石榴属**(石榴科)
Punica granatum L.石榴
Punica granatum cv. Albescens DC.白石榴
Punica granatum cv. Flavescens Sweet 黄石榴
Punica granatum cv. Legrellei Vanhoutte 玛瑙石榴
Punica granatum cv. Multiplex Sweet 垂瓣白石榴
Punica granatum cv. Nana Pers.月季石榴
Punica granatum var. pleniflora Hay.重瓣红石榴
Punicaceae 石榴科
Purshia humilis Raf.=Myriophyllum humile
Putranjiva Wall.=**Drypetes**
Putranjiva formosana Kanehira & Sasaki ex Shimada=Drypetes formosana
Putranjiva matsumurae Koidz.=Drypetes matsumurae
Putranjiva roxburghii Wall.=Drypetes roxburghii
Puya Mol.**普亚凤梨属**(凤梨科)
Puya alpestris (Poepp.) C.Gay.高山普亚凤梨
Puya raimondii Harms.芮普亚凤梨
Pycnanthemum decurrens Blanco=Hyptis rhoboides
Pycnanthemum elongatum Blanco=Hyptis spicigera
Pycnarrhena Miers ex HK.f. & Thoms.**密花藤属**(防已科)
Pycnarrhena fasciculata (Miers) Diels=Pycnarrhena lucida
Pycnarrhena lucida (Teijism. & Binn.) Miq.密花藤
Pycnarrhena macrocarpa Diels=Eleutharrhena macrocarpa
Pycnarrhena poilanei (Gagn.) Forman 硬骨藤
Pycnoplinthopsis Jafri **假簇芥属**(十字花科)
Pycnoplinthopsis bhutanica Jafri 假簇芥
Pycnoplinthopsis minor Jafri=Pycnoplinthopsis bhutanica
Pycnoplinthus O.E.Schulz **簇芥属**(十字花科)
Pycnoplinthus uniflorus (HK.f. & Thoms.) O.E.Schulz 簇芥
Pycnospora R.Br. ex Wight & Arn.**密子豆属**(豆科)
Pycnospora lutescens (Poir.) Schindl.密子豆
Pycnospora nervosa Wight & Arn.=Pycnospora lutescens
Pycnostelma Bge. ex Decne.=**Cynanchum**
Pycnostelma chinense Bge. ex Decne.=Cynanchum paniculatum
Pycnostelma lateriflorum Hemsl.=Cynanchum mongolicum
Pycnostelma leucanthum Kitag.=Cynanchum paniculatum
Pycnostelma paniculatum K.Schum.=Cynanchum paniculatum
Pycreus P.Beauv.**扁莎属**(莎草科)
Pycreus chekiangensis Tang & Wang 浙江扁莎
Pycreus delavayi C.B.Clarke 黑鳞扁莎
Pycreus globosus (All.) Reichb.球穗扁莎
Pycreus globosus var. globosus=Pycreus globosus
Pycreus globosus var. minimvs (Kükenth.) Tang & Wang 矮球穗扁莎
Pycreus globosus var. nilagiricus (Hochst.) C.B.Clarke 小球穗扁莎
Pycreus globosus var. strictus (Roxb.) C.B.Clarke 直球穗扁莎
Pycreus latespicatus (Böcklr.) C.B.Clarke 宽穗扁莎
Pycreus lijiangensis L.K.Dai 丽江扁莎
Pycreus limosus (Maxim.) B.Schischhk.=Juncellus limosus
Pycreus polystachyus (Rottb.) P.Beauv.多枝扁莎
Pycreus polystachyus var. brevispiculatus How 短穗多枝扁莎
Pycreus polystachyus var. polystachyus=Pycreus polystachyus
Pycreus pseudolatespicatus L.K.Dai 拟宽穗扁莎
Pycreus pumilus (L.) Domin 矮扁莎
Pycreus sanguinolentus (Vahl) Nees 红鳞扁莎
Pycreus sanguinolentus f. humilis (Miq.) L.K.Dai 矮红鳞扁莎
Pycreus sanguinolentus f. melanocephalus (Miq.) L.K.Dai 黑扁莎
Pycreus sanguinolentus f. rubro-marginatus (Schrenk) L.K.Dai 红边扁莎
Pycreus sanguinolentus f. sanguinolentus=Pycreus sanguinolentus
Pycreus substellatus E.-G.Camus=Pycreus sulcinux
Pycreus sulcinux (C.B.Clarke) C.B.Clarke 槽果扁莎
Pycreus unioloides (R.Br.) Urb.禾状扁莎
Pygeum Gaertn.**臀果木属**(蔷薇科)
Pygeum andersonii HK.f.=Laurocerasus andersonii
Pygeum caudatum Merr.=Pygeum lancilimbum
Pygeum henryi Dunn 云南臀果木
Pygeum lancilimbum Merr.滇臀果木(新)?
Pygeum laxiflorum Merr. ex Li 疏花臀果木
Pygeum macrocarpum Yü & Lu 大果臀果木
Pygeum montanum HK.f.喜马拉雅臀果木(新)?
Pygeum oblongum Yü & Lu 长圆臀果木
Pygeum oxycarpum Hance=Laurocerasus zippeliana
Pygeum phaeosticta Hance=Laurocerasus phaeosticta
Pygeum tokangpengii Merr.=Pygeum topengii
Pygeum topengii Merr.臀果木
Pygeum wilsonii Koehne 西南臀果木
Pygmaeopremna Merr.=**Premna**
Pygmaeopremna herbacea (Roxb.) Mold.=Premna herbacea
Pygmaeopremna humilis Merr.=Premna herbacea
Pygmaeopremna nana (Coll. & Hemsl.) Moldenke=Premna herbacea
Pyracantha Roem.**火棘属**(蔷薇科)
Pyracantha angustifolia (Franch.) Schneid.窄叶火棘
Pyracantha atalantioides (Hance) Stapf 全缘火棘
Pyracantha chinensis Roem.=Pyracantha crenulata
Pyracantha coccinea Roem.欧洲火棘
Pyracantha crenato-serrata (Hance) Rehd.=Pyracantha fortuneana
Pyracantha crenulata (D.Don) Roem.细圆齿火棘
Pyracantha crenulata Roem.(Schneid.in Ill.Handb.Laubh.1906,p.p.)=Pyracantha fortuneana
Pyracantha crenulata var. crenulata=Pyracantha crenulata
Pyracantha crenulata var. kansuensis Rehd.甘肃细圆齿火棘
Pyracantha crenulata var. rogersiana A.B.Jackson 细锯齿火棘?
Pyracantha densiflora Yü 密花火棘
Pyracantha discolor Rehd.=Pyracantha atalantioides
Pyracantha fortuneana (Maxim.) Li 火棘
Pyracantha gibbsii A.B.Jackso (Rehd.in J.Arn.Arb.1924)=Pyracantha fortuneana
Pyracantha gibbsii A.B.Jackson=Pyracantha atalantioides
Pyracantha inermis Vidal 澜沧火棘
Pyracantha koidzumii (Hay.) Rehd.台湾火棘
Pyracantha koidzumii var. *taitoensis* Masamune=Pyracantha koidzumii
Pyracantha loureiri (Kostel.) Merr.=Pyracantha atalantioides
Pyracantha mekongensis Yü=Pyracantha inermis
Pyracantha rogersiana (A.B.Jackson) Hort.=Pyracantha crenulata var. rogersiana
Pyracantha yunnanensis Chitt.=Pyracantha fortuneana
Pyrenacantha HK. ex Wight **刺核藤属**(茶茱萸科)
Pyrenacantha volubilis Wight 刺核藤
Pyrenaria Bl.**核果茶属**(山茶科)
Pyrenaria brevisepala Chang 短萼核果茶
Pyrenaria camellioides Hu=Camellia yunnanensis
Pyrenaria championii (Nakai) Keng=Tutcheria championi
Pyrenaria cheliensis Hu 景洪核果茶
Pyrenaria garretiana Craib 短叶核果茶
Pyrenaria greeniae Keng=Tutcheria greeniae
Pyrenaria hirta Keng=Tutcheria hirta
Pyrenaria kwangsiensis Chang=Tutcheria kwangsiensis
Pyrenaria menglaensis Tao 勐腊核果茶
Pyrenaria microcarpa Keng=Tutcheria microcarpa
Pyrenaria multisepala (Merr. & Chun) Keng=Parapyrenaria multisepala
Pyrenaria olbongicarpa Chang 长核果茶
Pyrenaria ovalifolia Keng=Tutcheria ovalifolia
Pyrenaria shinkoensis Keng=Tutcheria shinkoensis
Pyrenaria symplocifolia Keng=Tutcheria symplocifolia
Pyrenaria tibetana Chang 西藏核果茶
Pyrenaria yunnanensis Hu 云南核果茶
Pyrenocarpa Chang & Miau **多核果属**(桃金娘科)
Pyrenocarpa hainanenesis (Merr.) Chang & Miau 多核果
Pyrenocarpa teretis Chang & Miau 圆枝多核果
Pyrethrum Zinn.**匹菊属**(菊科)
Pyrethrum abrotanifolium Bge. ex Ledeb.丝叶匹菊
Pyrethrum achilleifolium var. *discoideum* Kar. & Kir.=Tanacetum barclayanum
Pyrethrum alatavicum (Herd.) O & B.Fedtsch.新疆匹菊
Pyrethrum ambiguum Ledeb.=Tripleurospermum ambiguum

Pyrethrum arrasanicum (C.Winkl.) O. & B.Fedtsch.光滑匹菊
Pyrethrum atkinsonii (C.B.Clarke) Ling & Shih 藏匹菊
Pyrethrum cinerariifolium Trev.除虫菊
Pyrethrum coccineum (Willd.) Worosch.红花除虫菊
Pyrethrum corymbiforme Tzvel.匹菊
Pyrethrum crassipes Stschgel.=Tanacetum crassipes
Pyrethrum discoideum Ledeb.=Cancrinia discoidea
Pyrethrum djilgense (Franch.) Tzvel.裂齿匹菊(新)?
Pyrethrum frutescens (L.) Willd.=Argyranthemum frutescens
Pyrethrum indicum (L.) Cass.=Dendranthema indicum
Pyrethrum karelinii Krasch.=Pyrethrum richterioides
Pyrethrum kasakhstanicum Kasch.=Tanacetum santolina
Pyrethrum kaschgharicum Frasch.托毛匹菊
Pyrethrum keryolovianum Krasch.黑苞匹菊
Pyrethrum lavandulifolium Fisch. ex Trautv.=Dendranthema lavandulifolium
Pyrethrum leucanthemum (L.) Franch.=Leucanthemum vulgare
Pyrethrum millefoliatum Willd.(Ledeb.in Fl.Alt.1833)=Tanacetum tanacetoides
Pyrethrum myconnis (L.) Moench.=Coleostephus myconis
Pyrethrum pallasianum (Fisch. ex Bess.) Maxim.=Ajania pallasiana
Pyrethrum parthenifolium Willd.伞房匹菊
Pyrethrum parthenium (L.) Sm.短舌匹菊
Pyrethrum petrareum Shih 岩匹菊
Pyrethrum pulchrum Ledeb.美丽匹菊
Pyrethrum pyrethroides (Kar. & Kir.) B.Fedtsch. ex Krasch.灰叶匹菊
Pyrethrum richterioides (C.Winkl.) Krassn.单头匹菊
Pyrethrum roseum Adam.(MB.in Fl.Taur.-Cauo 1808)=Pyrethrum coccineum
Pyrethrum roseum var. *adami* Trautv.=Pyrethrum coccineum
Pyrethrum saxatile Kar. & Kir.=Tanacetum karelinii
Pyrethrum scopulorum Krasch.=Tanacetum scopulorum
Pyrethrum Sect. *Dendranthema* DC.=**Dendranthema**
Pyrethrum segetum (L.) Moech=Chrysanthemum segetum
Pyrethrum sinense (Sabine) DC.=Dendranthema morifolium
Pyrethrum sinense a.*sinense* Maxim.=Dendranthema chanetii
Pyrethrum tanacetoides DC.=Tanacetum tanacetoides
Pyrethrum tatsienense (Bur. & Franch.) Ling ex Shih 川西小黄菊
Pyrethrum tatsienense var. tanacetopsis (W.W.Sm.) Ling & Shih 无舌小黄菊(新)
Pyrethrum tatsienense var. tatsienense=Pyrethrum tatsienense
Pyrethrum transilense var. *subvilosum* Rgl. & Schmalh.=Pyrethrum transiliense
Pyrethrum transiliense (Herd.) Rgl. & Schmalh.白花匹菊
Pyrethrum turlanicum Pavl.=Tanacetum barclayanum
Pyrethrum uvlgare (L.) Boiss.=Tanacetum vulgare
Pyrethrum zawadskii (Herb.) Nym.=Dendranthema zawadskii
Pyrgophyllum (Gagn.) T.L.Wu & Z.Y.Chen **苞叶姜属**(姜科)
Pyrgophyllum yunnanense (Gagn.) T.L.Wu & Z.Y.Chen 苞叶姜
Pyrola Alef.=**Orthilia**
Pyrola L.(p.p.)=**Chimaphila**
Pyrola L.(p.p.)=**Moneses**
Pyrola L.(p.p.)=**Orthilia**
Pyrola L.**鹿蹄草属**(鹿蹄草科)
Pyrola alba H.Andr.=Pyrola decorata var. alba
Pyrola alba var. *viridiflora* H.Andr.=Pyrola decorata var. alba
Pyrola alboreticulata Hay.花叶鹿蹄草
Pyrola americana D. *dahurica* H.Andr.=Pyrola dahurica
Pyrola andresii Krisa=Pyrola calliantha var. tibetana
Pyrola asarifolia Michx.细叶鹿蹄草
Pyrola asarifolia var. *japonica* (Klenze) Mig.=Pyrola japonica
Pyrola atropurpurea Franch.紫背鹿蹄草
Pyrola calliantha H.Andr.鹿蹄草
Pyrola calliantha var. calliantha=Pyrola calliantha
Pyrola calliantha var. tibetana (H.Andr.) Y.L.Chou 西藏鹿蹄草
Pyrola chlorantha Sw.绿花鹿蹄草
Pyrola corbieri Lévl.贵阳鹿蹄草
Pyrola dahurica (H.Andr.) Kom.兴安鹿蹄草
Pyrola decorata H.Andr.(Masamune in Trans.Nat.Hist.Formos.1938,excl. Syn.)=Pyrola alboreticulata
Pyrola decorata H.Andr.普通鹿蹄草
Pyrola decorata var. alba (H.Andr.) Y.L.Chou & R.C.Zhou 白花鹿蹄草
Pyrola decorata var. decorata=Pyrola decorata
Pyrola elegantula H.Andr.长叶鹿蹄草
Pyrola elegantula var. elegantula=Pyrola elegantula
Pyrola elegantula var. jiangxiensis Y.L.Chou & R.C.Zhou 江西长叶鹿蹄草
Pyrola elliptica Nutt.亮叶鹿蹄草
Pyrola elliptica var. *morrisonensis* Hay.=Pyrola morrisonensis
Pyrola forrestiana H.Andr.大理鹿蹄草
Pyrola gracilis H.Andr.=Pyrola atropurpurea
Pyrola grandiflora Radius.大花鹿蹄草
Pyrola handeliana H.Andr.=Pyrola decorata
Pyrola hopeiensis Nakai=Pyrola calliantha
Pyrola incarnata Fisch. ex DC.红花鹿蹄草
Pyrola incarnata subsp. *dahurica* (H.Andr.) Krisa=Pyrola dahurica
Pyrola incarnata var. *japonica* (Klenze) Koidz.=Pyrola japonica
Pyrola japonica Klenze (Yumatuta in List.Manch.Pl.1930)=Pyrola dahurica
Pyrola japonica Sieb.=Pyrola japonica
Pyrola japonica Klenze ex Alef.日本鹿蹄草
Pyrola japonica f. *subaphylla* (Maxim.)Ohwi=Pyrola subaphylla
Pyrola japonica var. *subaphylla* (Maxim.) H.Andr.=Pyrola subaphylla
Pyrola japonica var. *subaphylla* (Maxim.) Hara=Pyrola subaphylla
Pyrola macrocalyx Ohwi 长萼鹿蹄草
Pyrola markonica Y.L.Chou & R.C.Zhou 马尔康鹿蹄草
Pyrola mattfeldiana H.Andr.贵州鹿蹄草
Pyrola media Sw.小叶鹿蹄草
Pyrola minor L.(Hara in J.Jap.Bot.1970)=Pyrola sororia
Pyrola minor L.短柱鹿蹄草
Pyrola monophylla Y.L.Chou & R.C.Zhou 单叶鹿蹄草
Pyrola morrisonensis (Hay.) Hay.台湾鹿蹄草
Pyrola nummularia Rupr. ex Kom.=Orthilia obtusata
Pyrola obtusata (Turcz.) Pavlov=Orthilia obtusata
Pyrola obtusata Turcz. ex Kom.=Orthilia obtusata
Pyrola oreodoxa H.Andr.=Pyrola decorata
Pyrola picta Sm.彩色鹿蹄草
Pyrola renifolia Maxim.肾叶鹿蹄草
Pyrola rockii Krisa=Pyrola calliantha
Pyrola rotundifolia 2. *americana* B. *japonica* (Sieb.) H.Andr.=Pyrola japonica
Pyrola rotundifolia albiflora α. *albiflora* Maxim.=Pyrola japonica
Pyrola rotundifolia B. *chinensis* H.Andr.=Pyrola calliantha
Pyrola rotundifolia L.(Hay.in Jour.Coll.Sci.Univ.Tokyo 1908)=Pyrola morrisonensis
Pyrola rotundifolia L.(东北检索表 1959,p.p.)=Pyrola dahurica
Pyrola rotundifolia L.(东北检索表 1959,p.p.)=Pyrola macrocalyx
Pyrola rotundifolia L.(北研丛刊 1934,p.p.)=Pyrola calliantha
Pyrola rotundifolia L.圆叶鹿蹄草
Pyrola rotundifolia subsp. *chinensis* H.Andr.=Pyrola calliantha
Pyrola rotundifolia subsp. *chinensis* var. *communre* H.Andr.=Pyrola calliantha
Pyrola rotundifolia subsp. *chinensis* var. *laurifolia* H.Andr.=Pyrola calliantha
Pyrola rotundifolia subsp. *chinensis* var. *sphaeroides* H.Andr.=Pyrola calliantha
Pyrola rotundifolia subsp. *dahurica* (H.Andr.) H.Andr.=Pyrola dahurica
Pyrola rotundifolia subsp. *incarnata* (Fisch.) Krylov=Pyrola incarnata
Pyrola rotundifolia subsp. *tibetana* H.Andr.=Pyrola calliantha var. tibetana
Pyrola rotundifolia var. *grandiflora* DC.(Miura in List.Pl.Manch.And Mongol 1925)=Pyrola rotundifolia
Pyrola rotundifolia var. *incarnata* (Fisch.) DC.=Pyrola incarnata
Pyrola rotundifolia var. *incarnata* f. *subaphylla* (Maxim.) Makino=Pyrola subaphylla
Pyrola rotundifolia var. *purpurea* Bge.=Pyrola incarnata
Pyrola rugosa H.Andr.皱叶鹿蹄草
Pyrola secuda var. *vulgaris* Turcz.=Orthilia secunda
Pyrola secunda L.=Orthilia secunda
Pyrola secunda subsp. *obtusata* (Turcz.) Hulten.=Orthilia obtusata
Pyrola secunda var. *nummularia* Rupr.=Orthilia obtusata
Pyrola secunda var. *obtussata* Turcz.=Orthilia obtusata
Pyrola secunda var. *pumila* Chamisso (p.p.)=Orthilia obtusata
Pyrola shanxiensis Y.L.Chou & R.C.Zhou 山西鹿蹄草
Pyrola sikkimensis Krisa=Pyrola sororia

*Pyrola soldanellifolia*H.Andr.=Pyrola renifolia
Pyrola solunica S.D.Zhao=Pyrola chlorantha
Pyrola sororia H.Andr.珍珠鹿蹄草
Pyrola subaphylla Maxim.鳞叶鹿蹄草
Pyrola szechuanica H.Andr.四川鹿蹄草
Pyrola tibetana H.Andr.=Pyrola calliantha var. tibetana
Pyrola tschanbaischanica Y.L.Chou etY.L.Chang 长白鹿蹄草
Pyrola umbellata L.=Chimaphila umbellata
Pyrola uniflora L.=Moneses uniflora
Pyrola virens Schweig.=Pyrola chlorantha
Pyrola virescens N.Busch=Pyrola chlorantha
Pyrola xinjiangensis Y.L.Chou & R.C.Zhou 新疆鹿蹄草
Pyrolaceae 鹿蹄草科
Pyrostegia Presl **炮仗藤属**(紫葳科)
Pyrostegia ignea (Vell.) Presl=Pyrostegia venusta
Pyrostegia venusta (Ker-Gawl.) Miers 炮仗藤
Pyrrhanthus littoreus Jack=Lumnitzera littorea
Pyrrosia Mirbel **石韦属**(水龙骨科)
Pyrrosia acrostichoides (Forst.) Ching=Pyrrosia longifolia
Pyrrosia adnascens (Sw.) Ching 贴生石韦
Pyrrosia adnascens f. adnascens=Pyrrosia adnascens
Pyrrosia adnascens f. calcicola Shing 钙生石韦
Pyrrosia albicans (Bl.) Ching 变白石韦
Pyrrosia anchuanensis Ching=Pyrrosia sheareri
Pyrrosia angustissima (Gies ex Diels) C.M.Kuo=Saxiglossum angustissimum
Pyrrosia assimilis (Baker) Ching 相近石韦
Pyrrosia assimilis var. *longissima* Ching=Pyrrosia assimilis
Pyrrosia beddomeana (Gies.) Ching=Pyrrosia costata
Pyrrosia bicolor (Kaulf.) Ching 二色石韦
Pyrrosia blepharolepis (C.Chr.) Ching 隧鳞石韦
Pyrrosia bonii (Christ ex Gies.) Ching 波氏石韦
Pyrrosia boothii (HK.) Ching 布施石韦
Pyrrosia calcicola Ching=Pyrrosia adnascens f. calcicola
Pyrrosia calvata (Baker) Ching 光石韦
Pyrrosia caudata (Kaulf.) Ching=Pyrrosia adnascens
Pyrrosia caudifrons Ching 尾叶石韦
Pyrrosia ceylanica (Gies.) Sledge 锡兰石韦
Pyrrosia christii (Gies) Ching 克氏石韦
Pyrrosia coccideisquamata Gill.=Pyrrosia longifolia
Pyrrosia confluensis (R.Br.) Ching 汇囊石韦
Pyrrosia cornuta (Copel.) Tagawa=Pyrrosia lanceolata
Pyrrosia costata (C.Presl) Tagawa & K.Iwats.下延石韦
Pyrrosia davidii (Baker) Ching 华北石韦
Pyrrosia dimorpha (Copel.) Parris=Pyrrosia adnascens
Pyrrosia drakeana (Franch.) Ching 毡毛石韦
Pyrrosia eberhardtii (Christ) Ching 琼崖石韦
Pyrrosia ensata Ching & Shing 剑叶石韦
Pyrrosia fengiana Ching 冯氏石韦
Pyrrosia flocculosa (D.Don) Ching 卷毛石韦
Pyrrosia floocigera (Bl.) Ching 棉毛石韦
Pyrrosia fuohaiensis Ching & Shing 佛海石韦
Pyrrosia gralla (Gies.) Ching 西南石韦
Pyrrosia grandissima (Hay.) Ching=Pyrrosia sheareri
Pyrrosia hastata (Thunb. ex Houtt.) Ching 戟叶石韦
Pyrrosia heteractis (Mett. ex Kuhn) Ching 纸质石韦
Pyrrosia heteractis var. *minor* Ching=Pyrrosia heteractis
Pyrrosia intermedia Shing=Pyrrosia pseudodrakeana
Pyrrosia laevis (J.Sm. ex Bedd.) Ching 平滑石韦
Pyrrosia lanceolata (L.) Farw.(Hovenk.in Monogr.Pyrrosia 1986,p.p.)=Pyrrosia adnascens
Pyrrosia lanceolata (L.) Farwell(p.p.)=Pyrrosia nuda
Pyrrosia lanceolata (L.) Farwell 披针叶石韦
Pyrrosia latifolia Ching & S.K.Wu=Pyrrosia fengiana
Pyrrosia linearifolia (HK.) Ching 线叶石韦
Pyrrosia linearifolia f. *cristata* Akasawa=Pyrrosia linearifolia
Pyrrosia linearifolia monstr. *cristata* (Akasawa) Nakaike=Pyrrosia linearifolia
Pyrrosia linearifolia var. *heterolepis* Tagawa=Pyrrosia linearifolia
Pyrrosia linearis Ching & S.K.Wu=Pyrrosia stenophylla
Pyrrosia lingua (Thunb.) Farw.(p.p.)=Pyrrosia caudifrons
Pyrrosia lingua (Thunb.) Farwell 石韦
Pyrrosia lingua var. *heteractis* (Mett. ex Kuhn) Hovenkl.(p.p.).=Pyrrosia eberhardtii
Pyrrosia lingua var. *heteractis* (Mett. ex Kuhn) Hovenkl.(p.p.)=Pyrrosia heteractis
Pyrrosia longifolia (Burm.f.) Morton 南洋石韦
Pyrrosia macropoda (Baker) Ching=Pyrrosia longifolia
Pyrrosia madagascariensis (C.Chr.) Schelpe 马尔加什石韦
Pyrrosia mannii (Gies.) Ching 蔓氏石韦
Pyrrosia martini (Chist) Ching=Pyrrosia lingua
Pyrrosia matsudai (Hay.) Tagawa=Pyrrosia gralla
Pyrrosia medogensis Ching & S.K.Wu=Pyrrosia lingua
Pyrrosia mollis (Kunze) Ching=Pyrrosia gralla
Pyrrosia mollis f. *alciacornu*(Christ) Ching=Pyrrosia porosa
Pyrrosia mollis var. *mollissina* (Christ) Ching=Pyrrosia porosa var. mollissima
Pyrrosia nanchuanensis Ching 南川石韦?
Pyrrosia nuda (Gies.) Ching 裸叶石韦
Pyrrosia nudicaulis Ching 裸茎石韦
Pyrrosia nummulariifolia (Sw.) Ching 钱币石韦
Pyrrosia nummulariifolia var. *rufa* (Alderw.) Ching=Pyrrosia nummulariifolia
Pyrrosia oblanceolata (C.Chr.) Tard.-Blot 倒披针石韦
Pyrrosia oblonga Ching 长圆石韦
Pyrrosia obovata (Bl.) Ching=Pyrrosia nummulariifolia
Pyrrosia pachyderma (Baker) Ching=Pyrrosia adnascens
Pyrrosia pannosa (Mett.) Ching 毡状石韦
Pyrrosia pekinensis (C.Chr.) Ching=Pyrrosia davidii
Pyrrosia penangiana (HK.) Holtt.槟榔屿石韦
Pyrrosia petiolosa (Christ) Ching 有柄石韦
Pyrrosia philippinensis Cop.菲律宾石韦
Pyrrosia polydactyla (Hance) Ching 槭叶石韦
Pyrrosia porosa (C.Presl) Hovenk.柔软石韦
Pyrrosia porosa Hovenk.(p.p.)=Pyrrosia gralla
Pyrrosia porosa var. mollissima (Ching) Shing 平绒石韦
Pyrrosia porosa var. *porosa* Hovenk.(p.p.)=Pyrrosia davidii
Pyrrosia porosa var. *porosa* Hovenk.(p.p.)=Pyrrosia nudicaulis
Pyrrosia porosa var. *porosa* Hovenk.(p.p.)=Pyrrosia porosa var. mollissima
Pyrrosia porosa var. porosa=Pyrrosia porosa
Pyrrosia porosa var. *stenophylla* (Bedd.) Hovenk.=Pyrrosia stenophylla
Pyrrosia porosa var. *tonkinensis* (Gies.) Hovenk.=Pyrrosia tonkinensis
Pyrrosia princeps (Mett.) Morton 显脉石韦
Pyrrosia pseudocalvata Ching=Pyrrosia calvata
Pyrrosia pseudodrakeana Shing 拟毡毛石韦
Pyrrosia pseudopolydactylis Serizawa=Pyrrosia polydactyla
Pyrrosia scolopendrina Ching 匍匐石韦
Pyrrosia sheareri (Baker) Ching 庐山石韦
Pyrrosia shennongensis Shing 神农石韦
Pyrrosia similis Ching 相似石韦
Pyrrosia sphaerosticha (Mett.) Ching 球毛石韦
Pyrrosia splendens (Presl.) Ching 华丽石韦
Pyrrosia stellata (Copel.) Parris=Pyrrosia adnascens
Pyrrosia stenophylla (Bedd.) Ching 狭叶石韦
Pyrrosia stigmosa (Sw.) Ching 柱状石韦
Pyrrosia subfurfuracea (HK.) Ching 绒毛石韦
Pyrrosia subfurfuracea (HK.) Hovenk.(p.p.)=Pyrrosia calvata
Pyrrosia subfurfuracea Hovenk.(p.p.)=Pyrrosia bonii
Pyrrosia subfurfuracea Hovenk.(p.p.)=Pyrrosia subtruncata
Pyrrosia subtruncata Ching 截基石韦
Pyrrosia subvelutina (Christ) Ching=Pyrrosia mannii
Pyrrosia tibetica Ching=Pyrrosia stenophylla
Pyrrosia tibetica var. *angustata* Ching=Pyrrosia stenophylla
Pyrrosia tonkinensis (Gies.) Ching 中越石韦
Pyrrosia transmorissonensis (Hay.) Ching=Pyrrosia gralla
Pyrrosia tricholepis (Carr.) Ching 毛鳞石韦
Pyrrosia tricuspe (Sw.) Tagawa=Pyrrosia hastata
Pyrrothrix Bremek.**红毛蓝属**(爵床科)
Pyrrothrix heterochroa (Hand.-Mazz.) C.Y.Wu & C.C.Hu 异色红毛蓝
Pyrrothrix hossei (C.B.Clarke) C.Y.Wu & C.C.Hu 泰北红毛蓝
Pyrrothrix rufohirta (C.B.Clarke) C.Y.Wu & C.C.Hu 红毛蓝

Pyrularia Michx.**檀梨属**(檀香科)
Pyrularia bullata Tam 泡叶檀梨
Pyrularia edulis (Wall.) A.DC.檀梨
Pyrularia inermis Chien 四川檀梨
Pyrularia pubera Michx.北美檀梨
Pyrularia sinensis Wu 华檀梨
Pyrularia zeylanica A.DC.=Scleropyrum wallichianum
Pyrus Benth. & HK.f.(p.p.)=**Pyracantha**
Pyrus Benth. & HK.f.(p.p.)=**Sorbus**
Pyrus L.(p.p.)=**Cydonia**
Pyrus L.(p.p.)=**Malus**
Pyrus L.**梨属**(蔷薇科)
Pyrus alnifolia Lindl.(Franch. & Savat.in Enum.Pl.Jap.1878)=Sorbus alnifolia
Pyrus armeniacaefolia Yü 杏叶梨
Pyrus aucuparia L.(Hemsl.in J.L.Soc.Bot.1887)=Sorbus pohuashannensis
Pyrus aucuparia L.(Pritz.in Engl.Bot.Jahrb.1900,p.p.)=Sorbus tapashana
Pyrus baccata L.(Hemsl.in J.L.Soc.Bot.1886,p.p.)=Malus hupehensis
Pyrus baccata L.=Malus baccata
Pyrus baccata var. *himalaica* Maxim.=Malus rockii
Pyrus baccata β. *mandshurica* Maxim.=Malus manshurica
Pyrus betulaefolia Bge.杜梨
Pyrus bretschneideri Rehd.白梨
Pyrus c. *Sorbus* S.F.Gray=**Sorbus**
Pyrus calleryana Dcne.豆梨
Pyrus calleryana f. tomentella Rehd.毛豆梨(新)
Pyrus calleryana var. calleryana=Pyrus calleryana
Pyrus calleryana var. integrifolia Yü 全缘叶豆梨(新)
Pyrus calleryana var. koehnei (Schneid.) Yü 楔叶豆梨
Pyrus calleryana var. lanceolata Rehd.柳叶豆梨(新)
Pyrus caloneura Bean=Sorbus caloneura
Pyrus candidissima Chev.=Sorbus granulosa
Pyrus cathayensis Hemsl.(p.p.)=Chaenomeles sinensis
Pyrus chinensis Sprengel=Chaenomeles sinensis
Pyrus communis L.(Bge.in Mém.Div.Sav.Acad.Sci.St.Petersb.1873,p.p.)=Pyrus ussuriensis
Pyrus communis L.(树木分类学 1937,苏南植物手册 1959)=Pyrus communis var. sativa
Pyrus communis L.西洋梨
Pyrus communis var. communis=Pyrus communis
Pyrus communis var. sativa (DC.) DC.洋梨
Pyrus crenata Lindl.=Sorbus cuspidata
Pyrus cydonia L.=Cydonia oblonga
Pyrus discolor Maxim.=Sorbus discolor
Pyrus esquirolii Lévl.=Malus sieboldii
Pyrus ferruginea HK.f.=Sorbus ferruginea
Pyrus folgneri Bean=Sorbus folgneri
Pyrus glomerulata Bean=Sorbus glomerulata
Pyrus gramulosa Bertol.=Sorbus granulosa
Pyrus harrowiana Balf.f. & W.W.Sm.=Sorbus harrowiana
Pyrus hepehensis Bean=Sorbus hupehensis
Pyrus hopeiensis Yü 河北梨
Pyrus indica Wall.=Docynia indica
Pyrus insignis HK.f.=Sorbus insignis
Pyrus japonica Thunb.=Chaenomeles japonica
Pyrus kansuensis Batal.=Malus kansuensis
Pyrus karensium Kurz=Sorbus granulosa
Pyrus kawakamii Hay.台湾梨?
Pyrus keissleri Lévl.=Sorbus keissleri
Pyrus koehnei Schneid.=Pyrus calleryana var. koehnei
Pyrus kolupana Schneid.?陕西木梨(新)
Pyrus lindleyi Rehd.岭南梨?
Pyrus malus Ait.=Malus prunifolia
Pyrus malus L.=Malus pumila
Pyrus malus var. *pumila* Henry=Malus pumila
Pyrus matsumurae Card.=Malus asiatica
Pyrus maulei Masters=Chaenomeles japonica
Pyrus megalocarpa Bean=Sorbus megalocarpa
Pyrus meliosmifolia Bean=Sorbus meliosmifolia
Pyrus micromalus Bailey=Malus micromalus
Pyrus miyabei Sarg.=Sorbus alnifolia
Pyrus montana Poiteau & Turpin=Pyrus pyrifolia
Pyrus nepalensis Hort. ex Dcne.=Pyrus pashia
Pyrus nussia Buch.-Ham. ex D.Don=Stranvaesia nussia
Pyrus ovoidea Rehd.卵果梨(新)?
Pyrus pashia Buch.-Ham. ex D.Don 川梨
Pyrus pashia var. grandiflora Card.大花川梨(新)
Pyrus pashia var. kumaoni Stapf 光梨
Pyrus pashia var. obtusata Card.钝叶川梨(新)
Pyrus pashia var. pashia=Pyrus pashia
Pyrus pekiennsis Card.=Sorbus discolor
Pyrus phaeocarpa Rehd.褐梨
Pyrus pohuashanensis Hance=Sorbus pohuashannensis
Pyrus prattii Hemsl.=Malus prattii
Pyrus prunifolia Willd.=Malus prunifolia
Pyrus pseudopashia Yü 滇梨
Pyrus pyrifolia (Burm.f.) Nakai 沙梨
Pyrus rhamnoides (Dcne.) HK.f.=Sorbus rhamnoides
Pyrus ringo Wenzig=Malus asiatica
Pyrus sargentiana Bean=Sorbus sargentiana
Pyrus sativa DC.(p.p.)=Pyrus communis var. sativa
Pyrus scabrifolia Franch.=Crataegus scabrifolia
Pyrus scalaris Bean=Sorbus scalaris
Pyrus sect. *Malus* DC.=**Malus**
Pyrus sect. *Pyrophorum* DC.=**Pyrus**
Pyrus serotina Rehd.(Hedrick in Pers New York 1921,p.p.)=Pyrus bretschneideri
Pyrus serotina Rehd.=Pyrus pyrifolia
Pyrus serrulata Rehd.麻梨
Pyrus sieboldii Regel=Malus sieboldii
Pyrus sieversii Ledeb.=Malus sieversii
Pyrus simonii Carr.=Pyrus ussuriensis
Pyrus sinensis Poir.(Dcne.Jard.Fruit.1871-72)=Pyrus ussuriensis
Pyrus sinensis Poir.(Lindl.in Trans Hort.Soc.London 1826)=Pyrus lindleyi
Pyrus sinensis Poir.(Nakai in Fl.Sylv.Kor.1916)=Pyrus pyrifolia
Pyrus sinensis Poir.=Chaenomeles sinensis
Pyrus sinensis α. *silvestris* Makino=Pyrus ussuriensis
Pyrus sinensis α. *ussuriensis* Makino=Pyrus ussuriensis
Pyrus sinkiangensis Yü 新疆梨
Pyrus spectabilis Ait.(Hemsl.in J.L.Soc.Bot.1886,p.p.)=Malus hupehensis
Pyrus spectabilis Ait.(Tanaka in Useful Pl.Jap.1895)=Malus halliana
Pyrus spectabilis Ait.=Malus spectabilis
Pyrus thomsonii Kign ex HK.f.=Sorbus thomsonii
Pyrus tianschanica Franch.=Sorbus tianschanica
Pyrus toringoides Osborn=Malus toringoides
Pyrus transiotoria var. *toringoides* Bailey=Malus toringoides
Pyrus transitoria Batal=Malus transitoria
Pyrus ussuriensis Maxim.秋子梨
Pyrus ussuriensis var. *ovidea* (Rehd.) Rehd.=Pyrus ovoidea
Pyrus variolosa Wall.=Pyrus pashia
Pyrus veitchii Hort.=Malus yunnanensis var. veitchii
Pyrus vestita Wall.=Sorbus cuspidata
Pyrus vestita var. *khasiana* HK.(Franch.Pl.Dalav.1889)=Sorbus coronata
Pyrus wallichii HK.f.=Sorbus wallichii (HK.f.) Yü 尼泊尔花楸
Pyrus wilsoniana Schneid.(W.W.Sm.in Not.Bot.Gard.Edinb.1924)=Sorbus oligodonta
Pyrus xerophila Yü 木梨
Pyrus yunnanensis Franch.=Malus yunnanensis
Pyrus yunnanensis var. *veitchii* Osborn=Malus yunnanensis var. veitchii
Pyrus-cydonia Weston=**Cydonia**
Pyschotria laui Merr. & Metc.=Cephaelis laui
Pythagorea Lour.=**Homalium**
*Pythonium sp.*Griff.=Arisaema concinum

Q

Qiongzhuea Hsueh & Yi **筇竹属**(禾本科)
Qiongzhuea communis Hsueh & Yi 平竹
Qiongzhuea inermedia Hsueh & D.Z.Li 细竿筇竹
Qiongzhuea luzhiensis Hsueh & Yi 光竹
Qiongzhuea marcophylla Hsueh & Yi 大叶筇竹
Qiongzhuea marcophylla f. leiboensis Hsueh & D.Z.Li 雷波大叶筇竹
Qiongzhuea marcophylla f. marcophylla=Qiongzhuea marcophylla
Qiongzhuea opienensis Hsueh & Yi 三月竹
Qiongzhuea puberula Hsueh & Yi 柔毛筇竹
Qiongzhuea rigidula Hsueh & Yi 实竹子
Qiongzhuea tumidinoda Hsueh & Yi 筇竹
Quadriala lanceolata S. & Z.=Buckleya lanceolata

Quadripterygium Tardieu=**Euonymus**
Quamoclit Mill.**茑萝属**(旋花科)
Quamoclit coccinea (L.) Moench 橙红茑萝
Quamoclit grandiflora G.Don 大花茑萝
Quamoclit lobata (Cerv.) House=Mina lobata
Quamoclit lobata House 裂叶茑萝
Quamoclit mina G.Don=Mina lobata
Quamoclit pennata (Desr.) Boj.茑萝松
Quamoclit sloteri House 葵叶茑萝
Quamoclit vulgaris Choisy=Quamoclit pennata
Quercifilix Cop.**地耳蕨属**(叉蕨科)
Quercifilix zeylanica (Houtt.) Cop.地耳蕨
Quercus L.**栎属**(壳斗科)
Quercus acrodonta Seem.岩栎
Quercus acutidentata Koidz.=Quercus aliena var. acuteserrata
Quercus acutidentata var. *latifolia*Liou=Quercus aliena var. acuteserrata
Quercus acutissima Carr.麻栎
Quercus acutissima subsp. *chenii* (Nakai) A.Camus=Quercus chenii
Quercus acutissima subsp. *euacutissima* A.Camus=Quercus acutissima
Quercus acutissima var. acutissima=Quercus acutissima
Quercus acutissima var. *brevipetiolata* Hoo=Quercus chenii
Quercus acutissima var. *chenii* (Nakai) Menits.=Quercus chenii
Quercus acutissima var. *depressinucata* H.W.Jen & R.Q.Gao=Quercus acutissima
Quercus acutissuma var. *septertrionalis* Liou=Quercus acutissima
Quercus albicaulis Chun & Ko=Cyclobalanopsis albicaulis
Quercus albus L.欧洲橡树
Quercus aliena Bl.槲栎
Quercus aliena var. acuteserrata Maxim. ex Wenz.锐齿槲栎
Quercus aliena var. aliena=Quercus aliena
Quercus aliena var. *alticupuliformis* H.W.Jenet L.M.Wang=Quercus aliena var. pekingensis
Quercus aliena var. *griffithii* Schott.=Quercus griffithii
Quercus aliena var. *jeholensis* Liouet S.X.Li=Quercus aliena var. pekingensis
Quercus aliena var. *pekingensis* f. *jeholensis* (Liou & S.X.Li) H.W.Jen & L.M.Wang=Quercus aliena var. pekingensis
Quercus aliena var. pekingensis Schott.北京槲栎
Quercus aliena var. *urticaefolia* Skan=Quercus yunnanensis
Quercus amygdalifolia Skan=Lithocarpus amygdalifolius
Quercus annulata Smith=Cyclobalanopsis annulata
Quercus apucidentata Franch. ex Nakai=Cyclobalanopsis sessilifolia
Quercus aquifolioides Rehd. & Wils.川滇高山栎
Quercus arcuala D.Don=Lithocarpus arcuala
Quercus argyi Lévl.=Castanopsis chinensis
Quercus argyrotricha A.Camus=Cyclobalanopsis argyrotricha
Quercus arisanensis Hay.=Lithocarpus hancei
Quercus asakii Kanehira=Cyclobalanopsis glauca
Quercus attenuata Skan=Lithocarpus attenuatus
Quercus augustinii Skan=Cyclobalanopsis augustinii
Quercus augustinii var. *angustifolia* A.Camus=Cyclobalanopsis augustinii
Quercus augustinii var. *rockiana* A.Camus=Cyclobalanopsis augustinii
Quercus aurtro-glauca Y.T.Chang=Cyclobalanopsis austroglauca
Quercus austrocochinchinensis Hick.=Cyclobalanopsis austrocochinchinensis
Quercus austroglauca (Y.T.Chang ex Y.C.Hsu & H.W.Jen) Y.T.Chang=Cyclobalanopsis austropglauca
Quercus balansae Drake=Lithocarpus balansae
Quercus balla Chun & Tsian=Cyclobalanopsis bella
Quercus bambusaefolia Hance=Cyclobalanopsis neglecta
Quercus baronii Skan 橿子栎
Quercus baronii f. *capillata* Kozlv.=Quercus baronii
Quercus baronii var. *capillata* (Kozlov) Liou=Quercus baronii
Quercus baronii var. *pendula* S.Y.Wang & C.L.Chang=Quercus baronii
Quercus basellata Chun=Cyclobalanopsis phanera
Quercus baviensis Drake=Lithocarpus truncatus var. baviensis
Quercus bawanglingensis Huang,Li & Xing 坝王栎
Quercus bella Chun & Tsiang=Cyclobalanopsis bella
Quercus blakei Skan=Cyclobalanopsis blakei
Quercus blakei var. *parvifolia* Merr.=Cyclobalanopsis blakei
Quercus borealis Michx.f.红栎
Quercus brevicaudata Skan=Lithocarpus brevicaudatus
Quercus breviradiata (Cheng) Huang=Cyclobalanopsis breviradiata
Quercus brunnea Lévl.=Castanopsis hystrix
Quercus bullata Seem.=Quercus spinosa
Quercus bungeana Forbes=Quercus variabilis
Quercus calathiformis Skan=Castanopsis calathiformis
Quercus camusae Trel. ex Hick.A.Camus=Cyclobanopsis camusae
Quercus carlesii Hemsl.=Castanopsis carlesii
Quercus carolinae Skan=Lithocarpus carolinae
Quercus castanopsifolia Hay.=Lithocarpus lepidocarpus
Quercus castanopsis Lévl.=Castanopsis eyrei
Quercus cathayana Seem.=Lithocarpus truncatus
Quercus caudatilimba Merr.=Lithocarpus caudatilimbus
Quercus cavaleriei Lévl. & Vant.=Castanopsis eyrei
Quercus cepifera Lévl.=Castanopsis eyrei
Quercus championii Benth.=Cyclobalanopsis championii
Quercus chapensis Hick. & A.Camus=Cyclobalanopsis chapensis
Quercus chenii Nakai 小叶栎
Quercus chenii var. *linanensis* M.C.Liu & X.L.Shen=Quercus chenii
Quercus chevalieri Hick. & A.Camus=Cyclobalanopsis chevalieri
Quercus chinensis Abe L.=Castanopsis sclerophylla
Quercus chinensis Bge.=Quercus variabilis
Quercus chingii Metc.=Cyclobalanopsis sessilifrolia
Quercus chingsiensis Y.T.Chang=Cyclobalanopsis chingsiensis
Quercus chingsiensis Y.T.Chang=Cyclobalanopsis thorelii
Quercus chrysocalyx Hick. & A.Camus=Cyclobalanopsis chrysocalyx
Quercus chungii F.P.Metc.=Cyclobalanopsis chungii
Quercus chungii Metc.=Cyclobalanopsis chungii
Quercus ciliaris Huang & Y.T.Chang=Cyclobalanopsis gracilis
Quercus cleistocarpa Seem.=Lithocarpus cleistocarpus
Quercus cocciferoides Hand.-Mazz.铁橡栎
Quercus cocciferoides var. cocciferoides=Quercus cocciferoides
Quercus cocciferoides var. *taliensis* (A.Camus) Y.C.Hsu & H.W.Jen=Quercus cocciferoides
Quercus conduplicans Chun=Cyclobalanopsis pachyloma
Quercus cornea Lour.=Lithocarpus corneus
Quercus cornea var. *konishii* Hay.=Lithocarpus konishii
Quercus crispula Bl.=Quercus mongolica
Quercus crispula var. *manshurica* Koidz.=Quercus mongolica
Quercus cryptoneuron Lévl.=Castanopsis fargesii
Quercus cuspidata (Thunb.) Schott.(Henry in List.Pl.Form.1896)=Castanopsis carlesii
Quercus cuspidata var. *sinensis* A.DC.=Castanopsis sclerophylla
Quercus cyrtocarpua Drake=Lithocarpus cyrtocarpus
Quercus dalicatula Chun & Tsiang=Cyclobalanopsis delicatula
Quercus damingshanensis (S.Lee) Huang=Cyclobalanopsis damingshanensis
Quercus dealbata HK.f. & Thoms. ex DC.=Lithocarpus dealbatus
Quercus delavayi Franch.=Cyclobalanopsis delavayi
Quercus delicatula Chun & Tsiang=Cyclobalanopsis delicatula
Quercus dentaoides Liou=Quercus yunnanensis
Quercus dentata Thunb.槲树
Quercus dentata subsp. *stewardii* (Rehd.) A.Camus=Quercus tewardii
Quercus dentata subsp. *yunnanensis* (Franch.) Menits.=Quercus yunnanensis
Quercus dentata var. *oxyloba* Franch.=Quercus yunnanensis
*Quercus dentata*subsp. *eudentata* A.Camus=Quercus dentata
Quercus dentatoides Liou=Quercus yunnanensis
Quercus dinghuensis Huang=Cyclobalanopsis dinghuensis
Quercus disciformis Chun & Tsiang=Cyclobalanopsis disciformis
Quercus dispar Chun & Tsiang=Cyclobalanopsis kerrii
Quercus djiringensis A.Camus=Cyclobalanopsis xanthotricha
Quercus dodonaeifolia Hay.=Lithocarpus dodonaeifolius
Quercus doichangensis A.Camus=Formanodendron doichangensis
Quercus dolicholepis A.Camus 匙叶栎
Quercus dolicholepis var. dolicholepis=Quercus dolicholepis
Quercus dolicholepis var. *elliptica* (Y.C.Hsu & H.W.Jeng) Y.C.Hsu & H.W. Jen=Quercus dolicholepis
Quercus dolichostyla A.Camus=Quercus engleriana
Quercus dunniana Lévl.=Sageretia rugosa
Quercus edithae Skan=Cyclobalanopsis edithae
Quercus elaeagnifolia Seem.=Lithocarpus elaeagnifolius
Quercus elevaticostata (Zheng) Huang=Cyclobalanopsis elevaticostata
*Quercus elizabethae*Tutch.=Lithocarpus elizabethae
Quercus emiserratoides (Y.C.Hsu & H.W.Jen) Huang & Y.T.Chang=Cyclobalanopsis semiserratoides
Quercus engleriana Seem.巴东栎

*Quercus essilifolia*Bl.=Cyclobalanopsis sessilifolia
Quercus eyrei Champ. ex Benth.(Hance in J.Bot.1884)=Lithocarpus attenuatus
Quercus eyrei Champ. ex Benth.=Castanopsis eyrei
Quercus fabri Hance 白栎
Quercus ×fangshanensis Liou 房山栎
Quercus fargesii Franch.=Cyclobalanopsis oxyodon
Quercus farinulenta Hance=Lithocarpus farinulentus
Quercus ×fenchengensis H.W.Jen & L.M.Wang 凤城栎
Quercus fenestrata Roxb.=Lithocarpus fenestratus
Quercus fenzeliana (A.Camus) Merr.=Lithocarpus fenzelianus
Quercus ferox Roxb.=Castanopsis ferox
Quercus fimbriata Chun & Huang 长苞高山栎
Quercus fissa Champ. ex Benth.=Castanopsis fissa
Quercus fleuryi Hick. & A.Camus=Cyclobalanopsis fleuryi
Quercus fokiensis Nakai=Quercus phillyraeoides
Quercus fooningensis Hu & Cheng=Quercus phillyraeoides
Quercus fordiana Hemsl.=Lithocarpus fordianus
Quercus formosana Skan=Lithocarpus formosanus
Quercus fragifera Franch.=Lithocarpus cleistocarpus
Quercus franchetiana Lévl.=Castanopsis tibetana
Quercus franchetii Skan 锥连栎
Quercus fuhsingensis Y.T.Chang=Cyclobalanopsis xanthotricha
Quercus fulviseriacea (Y.C.Hsu & D.M.Wang) Z.K.Zhou=Cyclobalanopsis lungmaiensis
Quercus gambleana A.Camus=Cyclobalanopsis gambleana
Quercus garrettiana (Carib=Lithocarpus garrettianus
Quercus geminata Hickel & A.Camus=Cyclobalanopsis camusiae
Quercus gilliana Rehd. & Wils.=Quercus spinosa
Quercus gilva Bl.=Cyclobalanopsis gilva
Quercus glabra Thunb.=Lithocarpus glaber
Quercus glandulifera Bl.=Quercus serrata
Quercus glandulifera var. *brevipetiolata* (A.DC.) Nakai=Quercus serrata
Quercus glandulifera var. *stellatopilosa* W.H.Zhang=Quercus serrata
Quercus glandulifera var. *tomentosa* B.C.Dinget T.B.Chao=Quercus serrata
Quercus glauca Thunb.=Cyclobalanopsis glauca
Quercus glauca f. *gracilis* Rehd. & Wils.=Cyclobalanopsis gracilis
Quercus glauca subsp. *annulata* (Smith) A.Camus=Cyclobalanopsis annulata
Quercus glauca subsp. *euglauca* A.Camus=Cyclobalanopsis glauca
Quercus glauca var. *annulata* (Smith) A.Camus=Cyclobalanopsis annulata
Quercus glauca var. *gracilis* f. *subintegrifolia* Ling=Cyclobalanopsis myrsinaefolia
Quercus glauca var. *hyparyrea* Seem.=Cyclobalanopsis multinervis
Quercus glauca var. *kuyuensis* Liao=Cyclobalanopsis glauca
Quercus glaucoides (Schott.) Koidz.=Cyclobalanopsis glaucoides
Quercus gracilenta Chun=Cyclobalanopsis pachyloma
Quercus gracilis (Rehd. & Wils.) Wuzi=Cyclobalanopsis gracilis
Quercus grandifolia D.Don=Lithocarpus grandifolius
Quercus griffithii HK.f.大叶栎
Quercus griffithii var. *urticaefolia* Franch.=Quercus yunnanensis
Quercus grosseserrata Bl.=Quercus mongolica
Quercus guajavifolia Lévl.帽斗栎
Quercus hainanensis Merr.=Lithocarpus corneus var. hainanensis
Quercus hainanica Huang & Y.T.Chang=Cyclobalanopsis litoralis
Quercus hancei Benth.=Lithocarpus hancei
Quercus handeliana A.Camus=Quercus acrodonta
Quercus harlandii Hance=Lithocarpus harlandii
Quercus harlandii var. *integrifolia* Dunn=Lithocarpus harlandii
Quercus helferiana A.DC.=Cyclobalanopsis helferiana
Quercus hemisphaerica Drake=Lithocarpus corneus var. zonatus
Quercus hennongii Huang & Fu=Cyclobalanopsis shennongii
Quercus henryi Seem=Lithocarpus henryi
Quercus ×hopeiensis Liou 河北栎
Quercus hingjenensis Y.T.Chang=Cyclobalanopsis disciformis
Quercus hirsutula Bl.=Quercus aliena
Quercus hsiensuii Chun & Ko=Cyclobalanopsis thorelii
Quercus hui Chun=Cyclobalanopsis hui
Quercus hunanensis Hand.-Mazz.=Cyclobalanopsis gilva
Quercus hypargyrea (Seem.) Huang & Y.T.Chang=Cyoclbalanopsis multinervis
Quercus hypophaea Hay.=Cyclobalanopsis hypophaea
Quercus ieboldiana Bl.=Lithocarpus glaber
Quercus ilex var. *acrodonta* (Seem.) Skan=Quercus acrodonta
Quercus ilex var. *phillyraeoides* Franch.(p.p.)=Quercus cocciferoides
Quercus ilex var. *phillyraeoides* Franch.(p.p.)=Quercus phillyraeoides
Quercus ilex var. *rufescens* Franch.=Quercus guajavifolia
Quercus ilex var. *spinosa* Franch.=Quercus spinosa
Quercus ilvicolarum Hance=Lithocarpus silvicolarum
Quercus indica (Roxb.) Drake=Castanopsis indica
Quercus inii Chun=Quercus setulosa
Quercus inpressivena Hay.=Lithocarpus brevicaudatus
Quercus insularis Chun & Tam=Cyclobalanopsis phanera
Quercus irwinii Hace=Lithocarpus irwinii
Quercus iteaphylla Hance=Lithocarpus iteaphyllus
Quercus jenkinsii Benth.=Lithocarpus jenkinsii
Quercus jenseniana Hand.-Mazz.=Cyclobalanopsis jenseniana
Quercus jinpinensis (Y.C.Hsu & H.W.Jen) Huang=Cyclobalanopsis jinpingensis
Quercus junghuhnii Miq.(Hay.in J.Coll.Sci.Univ.Tokyo 198)=Castanopsis carlesii
Quercus kawakamii Hay.=Lithocarpus kawakamii
Quercus kerrii Craib=Cyclobalanopsis kerrii
Quercus kingiana Craib 澜沧栎
Quercus kirinensis Nakai=Quercus mongolica
Quercus kiukiangensis (Y.T.Chang) Y.T.Chang=Cyclobalanopsis kiukiangensis
Quercus kodaihoensis Hay.=Lithocarpus corneus
Quercus kongshanensis Y.C.Hsu & H.W.Jen=Quercus engleriana
Quercus konishii Hay.=Lithocarpus konishii
Quercus kontunensis A.Camus=Cyclobalanopsis saravanensis
Quercus kouangsiensis A.Camus=Cyclobalanopsis kouangsiensis
Quercus kozloviana Liou=Pterocarya baronii
Quercus lamelloides Huang=Cyclobalanopsis lamellosa
Quercus lamellosa Smith=Cyclobalanopsis lamellosa
Quercus lanata Smith 通麦栎
Quercus lanceolata Z.Z.Qu & W.H.Zhang=Quercus engleriana
Quercus lepidocarpa Hay.=Lithocarpus lepidocarpus
Quercus leucotrichophora A.Camus=Quercus lanata
Quercus liaotungensis Koidz.=Quercus mongonica
Quercus liboensis Z.K.Zhou=Cyclobalanopsis gracilis
Quercus lichuanensis Cheng=Quercus phillyraeoides
Quercus lineata var. *grandifolia* Skan=Cyclobalanopsis oxyodon
Quercus lineata var. *lobbii* HK.f. & Thoms. ex Wenzig=Cyclobalanopsis lobbii
Quercus lineata var. *oxyodon* (Miq.) Wenzig.=Cyclobalanopsis oxyodon
Quercus listeri King=Lithocarpus listeri
Quercus litseifolia Hance=Lithocarpus litseifolius
Quercus litseoides Dunn=Cyclobalanopsis litseoides
Quercus lobbii Etting.=Cyclobalanopsis lobbii
Quercus lodicosa E.F.Warb.西藏栎
Quercus longicaudata Hay.=Castanopsis carlesii
Quercus longinux Hay.=Cyclobalanopsis longinux
Quercus longipes Hu=Cyclobalanopsis glauca
Quercus longispica A.Camus 长穗高山栎
Quercus lunglingensis Hu=Quercus acutissima
Quercus lungmaiensis (Hu) Huang & Y.T.Chang=Cyclobalanopsis lungmaiensis
Quercus lycoperdon Skan=Lithocarpus lycoperdon
Quercus lyonifolia Cheng=Quercus engleriana
Quercus macrocarpus Michx.大果栎
Quercus mairei (Schott.) Lévl.=Lithocarpus mairei
Quercus malacotricha A.Camus=Quercus yunnanensis
Quercus mariakii Hay.=Lithocarpus silvicolarum
Quercus marlipoensis Hu & Cheng 麻栗坡栎
Quercus meihuashanensis (Zheng) Huang=Cyclobalanopsis obovatifolia
Quercus meihuashanensis Q.F.Zheng=Cyclobalanopsis obovatifolia
Quercus meridionalis Liou=Quercus aliena var. acuteserrata
Quercus meridionalis var. *chungnanensis* Liou=Quercus aliena var. acuteserrata
Quercus mongolica Fisch. ex Ledeb.蒙古栎
Quercus mongolica subsp. *crispula* (Bl.) Menits.=Quercus mongolica
Quercus mongolica var. *grosseserrta* (Bl.) Rehd. & Wils.=Quercus mongolica
Quercus mongolica var. *kirinensis* (Nakai) Kitag.=Quercus mongolica
Quercus mongolica var. *liaotungensis* (Koidz.) Nakai=Quercus mongolica
Quercus mongolica var. macrocarpa H.W.Jen & L.M.Wang 大果蒙古栎
Quercus mongolica var. *manschurica* (Koidz.) Nakai=Quercus mongolica

Quercus mongolica var. mongolica=Quercus mongolica
Quercus ×mongolico-dentata Nakai 柞槲栎
Quercus monimotricha Hand.-Mazz.矮高山栎
Quercus monnula Y.C.Hsu & H.W.Jen 长叶枹栎
Quercus morii Hay.=Cyclobalanopsis morii
Quercus motuoensis Huang=Cyclobalanopsis motuoensis
Quercus muliensis Hu=Quercus senescens var. muliensis
Quercus myricifolia Hu=Quercus phillyraeoides
Quercus myrsinaefolia Bl.=Cyclobalanopsis myrsinaefolia
Quercus naiadarum Hance=Lithocarpus naiadarum
Quercus nanchuanica C.C.Huang=Cyclobalanopsis gambleana
Quercus nantoensis Hay.=Lithocarpus nantoensis
Quercus nariakii Hay.=Lithocarpus silvicolarum
Quercus neglecta (Schott.) Koidz.=Cyclobalanopsis bambusifolia
Quercus nemoralis Chun=Cyclobalanopsis kouangsiensis
Quercus neriifolia Seem.=Lithocarpus naiadarum
Quercus ningangensis (Cheng & Y.C.Hsu) Huang=Cyclobalanopsis ningangensis
Quercus ningqiangensis Z.Z.Qu & W.H.Zhang=Quercus serrata
Quercus nubium Hand.-Mazz.=Cyclobalanopsis sessilifolia
Quercus obconicus Y.C.Hsu ex Z.K.Zhou=Cyclobalanopsis litoralis
Quercus obovata Bge.=Quercus dentata
Quercus obovatifolia Huang=Cyclobalanopsis obovatifolia
Quercus obscura Seem=Quercus engleriana
Quercus obtusifolia D.Don=Quercus semecarpifolia
Quercus oxyodon Miq.=Cyclobalanopsis oxyodon
Quercus oxyphylla (Wils.) Hand.-Mazz.尖叶栎
Quercus pachyloma Seem=Cyclobalanopsis pachyloma
Quercus pachyloma var. *mubianensis* (Y.C.Hsu & H.W.Jen) Huang=Cyclobalanopsis pachyloma
Quercus pachyphylla Kurz=Lithocarpus pachyphyllus
Quercus pachyphylla var. *fruticosa* Watt. ex King=Lithocarpus pachyphyllus var. fruticosus
Quercus palustris Muench.沼生栎
Quercus pannosa Hand.-Mazz =Quercus guajavifolia
Quercus paohangii Chun & Tsiang=Castanopsis uraiana
Quercus parvifolia Hand.-Mazz.=Quercus acrodonta
Quercus patelliformis Chun=Cyclobalanopsis patelliformis
Quercus paucidentata Franch.=Cyclobalanopsis sessillifolia
Quercus pentacycla Y.T.Chang=Cyclobalanopsis pentacycla
Quercus phanera Chun=Cyclobalanopsis phanera
Quercus phillyraeoides A.Gray 乌冈栎
Quercus phillyreoides subsp. *fokienensis* (Nakai) Menit.=Quercus phillyreoides
Quercus picata Sm.(Franch.in J.de Bot.1899)=Lithocarpus henryi
Quercus picata var. *collettii* HK.f.=Lithocarpus collettii
Quercus picata var. *collettii* Kig=Lithocarpus fohaiensis
Quercus picata var. *gracilipes* HK.f.=Lithocarpus himalaicus
Quercus picata δ. *brevipetiolata* A.DC.=Lithocarpus grandifolius
Quercus pileata Hu & Cheng=Quercus guyavaefolia
Quercus pinbianensis (Hsu & Jen) Huang & Y.T.Chang=Cyclobalanopsis pinbianensis
Quercus pinfaensis Lévl.=Castanopsis fargesii
Quercus poilanei Hick. & A.Camus=Cyclobalanopsis poilanei
Quercus polystachya Skan=Lithocarpus litseifolius
Quercus prainiana Lévl.=Cyclobalanopsis helferiana
Quercus pseudomyrsinaefolia Hay.=Cyclobalanopsis longinux
Quercus pseudosemecarpifolia A.Camus=Quercus rehderiana
Quercus pseudoserrata Liou=Quercus baronii
Quercus randaiensis Hay.=Castanopsis uraiana
Quercus rehderiana Hand.-Mazz.毛脉高山栎
Quercus reinwardtii Drake=Lithocarpus pseudoreinwardtii
Quercus repandifolia J.C.Liao=Cyclobalanopsis glauca
Quercus rex Hemsl.=Cyclobalanopsis rex
Quercus rhombocarpa Hay.=Lithocarpus taitoensis
Quercus robur L.夏栎
Quercus robur subsp. *eu-robur* A.Camus=Quercus robur
Quercus rubra L.红槲栎
Quercus rufescens HK.f. & Thunb.=Castanopsis wattii
Quercus saravanensis A.Camus=Cyclobalanopsis saravanensis
Quercus sasakii Kanehira=Cyclobalanopsis glauca
Quercus schottkyana Rehd. & Wils.=Cyclobalanopsis glaucoides
Quercus sclerophylla Lindl.=Castanopsis sclerophylla
Quercus semecarpifolia Smith 高山栎
Quercus semecarpifolia var. *glabra* Franch.=Quercus rehderiana
Quercus semecarpifolia var. *longispica* Hand.-Mazz.=Quercus rehderiana
Quercus semecarpifolia var. *rufescens* Schott.=Quercus monimotricha
Quercus semecarpifolia var. *spinosa* Schott.=Quercus spinosa
Quercus semiserrata Roxb.=Cyclobalanopsis semiserrata
Quercus semiserratoides (Y.C.Hsu & H.W.Jen) C.C.Huang & Y.T.Chang=Cyclobalanopsis semiserrata
Quercus senescens Hand.-Mazz.灰背栎
Quercus senescens var. enescens=Quercus senescens
Quercus senescens var. muliensis (Hu) Y.C.Hsu & H.W.Jen 木里栎
Quercus serrata S. & Z.=Quercus acutissima
Quercus serrata Thunb.枹栎
Quercus serrata var. *brevipetiolata* (A.DC.) Nakai=Quercus serrata
Quercus serrata var. brevipetiolata (A.DC.) Nakai 短柄枹栎
Quercus serrata var. serrata=Quercus serrata
Quercus serrata var. *tomentosa* (B.C.Ding & T.B.Chao) Y.C.Hsu & H.W.Jen=Quercus serrata
Quercus sessiliflora var. *mongolica* Franch.=Quercus mongolica
Quercus sessilifolia Bl.=Cyclobalanopsis sessilifolia
Quercus setulosa Hick. & A.Camus 富宁栎
Quercus shangxiensis Z.K.Zhou=Quercus engleriana
Quercus shennongii C.C.Huang & S.H.Fu=Cyclobalanopsis gracilis
Quercus shingjenensis Y.T.Chang=Cyclobalanopsis disciformis
Quercus sichourensis (Hu) Huang & Y.T.Chang=Cyclobalanopsis sichourensis
Quercus sieboldiana Bl.=Lithocarpus glaber
Quercus silvicolarum Hance=Lithocarpus silvicolarum
Quercus singuliflora A.Camus=Quercus phillyraeoides
Quercus sinii Chun=Quercus setulosa
Quercus skaniana Dunn=Lithocarpus skanianus
Quercus spathulata Seem.=Quercus dolicholepis
Quercus spathulata var. *elliptica* Y.C.Hsu & H.W.Jen=Quercus dolicholepis
Quercus spathulata var. *oxyphylla* Wils.=Quercus oxyphylla
Quercus spicata sensu Sm.=Lithocarpus grandifolius
Quercus spicata var. *collettii* King ex HK.f.=Lithocarpus collettii
Quercus spinosa David ex Franch.刺叶高山栎
Quercus spinosa var. *miyabei* Hay.=Quercus spinosa
Quercus spinosa var. *monimotricha* Hand.-Mazz.=Quercus monimotricha
Quercus squamata Roxb.(p.p.)=Lithocarpus arcuala
Quercus squamata Roxb.(p.p.)=Lithocarpus grandifolius
Quercus stenophylla var. *stenophylloides* (Hay.) A.Camus=Cyclobalanopsis stenophylloides
Quercus stenophylloides Hay.=Cyclobalanopsis stenophylloides
Quercus stewardiana A.Camus=Cyclobalanopsis stewardiana
Quercus stewardii Rehd.黄山栎
Quercus suber L.欧洲栓皮栎
Quercus subgen. *Cyclobalanopsis* (Oerst.) Schneid.=**Cyclobalanopsis**
Quercus subhinoides Chun & Ko=Cyclobalanopsis subhinoides
Quercus subreticulata Hay.=Lithocarpus hancei
Quercus sutchuenensis Franch.=Quercus engleriana
Quercus synbalanos Hance=Lithocarpus litseifolius
Quercus taichuensis Hay.=Cyclobalanopsis longinux
Quercus taitoensis Hay.=Lithocarpus taitoensis
Quercus taiyunensis Ling=Quercus spinosa
Quercus taliensis A.Camus=Quercus cocciferoides
Quercus tarokoensis Hay.太鲁阁栎
Quercus tatakaensis Tomiya=Quercus spinosa
Quercus tenuicupula (Y.C.Hsu & H.W.Jen) Huang=Cyclobalanopsis tenuicupula
Quercus tephrocarpa Drake=Lithocarpus tephrocarpus
Quercus tephrosia Chun & Ko=Cyclobalanopsis edithae
Quercus ternaticupula Hay.=Lithocarpus hancei
Quercus thalassica Hance=Lithocarpus glaber
Quercus thalassica var. *obtusiglans*Dunn=Lithocarpus glaber
Quercus thalassica var. *vestita* Franch.=Lithocarpus dealbatus
Quercus thomsonii Miq.=Lithocarpus thomsonii
Quercus thorelii Hick. & A.Camus=Cyclobalanopsis thorelii
Quercus tiaoloshanica Chun & Ko=Cyclobalanopsis tiaoloshanica
Quercus tipitata Hay. exKoidz.=Castanopsis carlesii
Quercus tomentosicupula Hay.=Cyclobalanopsis pachyloma
Quercus tomentosinervis (C.H.Hsu & H.W.Jen) Huang=Cyclobalanopsis tomentosinervis
Quercus tribuloides Sm.=Castanopsis tribuloides
Quercus trinervis Lévl.=Castanopsis eyrei

Quercus truncata King=Lithocarpus truncatus
Quercus tsinglingensis Liou ex Z.Z.Qu & W.H.Zhang=Quercus aliena var. acutiserrata
Quercus tsoi Chun=Cyclobalanopsis fleuryi
Quercus tungmaiensis Y.T.Chang 通麦栎(新)
Quercus tunkinensis Drake=Castanopsis fissa
Quercus turbinata Roxb.=Lithocarpus thomsonii
Quercus uraiana Hay.=Castanopsis uraiana
Quercus urticaefolia var. *brevipetiolata* A.DC.=Quercus serrata var. brevipetiolata
Quercus utchuanensis Franch.=Quercus engleriana
Quercus utilis Hu & Cheng 炭栎
Quercus uvariifolia Hance=Lithocarpus uvariifolius
Quercus vaniotii Lévl.=Cyclobalanopsis glauca
Quercus variabilis Bl.栓皮栎
Quercus variabilis var. *megaphylla* T.B.Chao=Quercus variabilis
Quercus variabilis var. *pyramidalis* T.B.Chao et al.=Quercus variabilis
Quercus variabilis var. variabilis=Quercus variabilis
Quercus variolosa Franch.=Lithocarpus variolosus
Quercus wangii Huet Cheng=Lithocarpus pachylepis
Quercus wilsonii Seem.=Lithocarpus cleistocarpus
Quercus wutaishanica Mayr.=Quercus mongolica
Quercus xanthotricha A.Camus=Cyclobalanopsis xanthotricha
Quercus xizangensis (Y.C.Hsu & H.W.Jen) Huang & Y.T.Chang= Cyclobalanopsis kiukiangensis
Quercus xylocarpus Kurz=Lithocarpus xylocarpus
Quercus yiwuensis Huang 易武栎
Quercus yonganensis L.Lin & Huang=Cyclobalanopsis yonganensis
Quercus yui Liou=Quercus yunnanensis
Quercus yunnanensis Franch.云南波罗栎
Queria trichotoma Thunb.=Wikstroemia trichotoma
Quiducia Gagn.=**Silvianthus**
Quiducia tonkinensis Gagn.=Silvianthus tonkinensis
Quinaria lansium Lour.=Clausena lansium
Quinaria tricuspidata Koehne=Parthenocissus tricuspidata
Quinquelocularia C.Koch=**Campanula**
Quintinia A.DC.**昆亭尼亚属**(虎耳草科)
Quintinia serrata A.Cunn.昆亭尼亚
Quisqualis L.**使君子属**(使君子科)
Quisqualis caudata Craib 小花使君子
Quisqualis grandiflora Miq.=Quisqualis indica
Quisqualis indica L.使君子
Quisqualis indica var. villosa C.B.Clarke 毛使君子
Quisqualis sinensis Lindl.=Quisqualis indica

R

Rabdosia (Bl.) Hassk.=**Isodon**
Rabdosia adenantha (Diels) H.Hara=Isodon adenanthus
Rabdosia adenoloma (Hand.-Mazz.) H.Hara=Isodon adenolomus
Rabdosia albopilosa C.Y.Wu & H.W.Li=Isodon albopilosus
Rabdosia alborubra C.Y.Wu=Isodon sculponeatus
Rabdosia amethystoides (Benth.) Hara=Isodon amethystoides
Rabdosia angustifolia (Dunn) H.Hara=Isodon angsutifolius
Rabdosia angustifolia var. *angustifolia*=Isodon angustifolius
Rabdosia angustifolia var. *glabrescens* C.Y.Wu & H.W.Li=Isodon angustifolius var. glabrescens
Rabdosia anisochila C.Y.Wu=Isodon coetsa
Rabdosia bifidocalyx (Dunn) H.Hara=Isodon macrocalyx
Rabdosia bifidocalyx (Dunn) Hara=Isodon macrocalyx
Rabdosia brachythyrsa C.Y.Wu & H.W.Li=Isodon muliensis
Rabdosia brevicalcarata C.Y.Wu etH.W.Li=Isodon brevicalcaratus
Rabdosia brevifolia (Hand.-Mazz.) Hara=Isodon brevifolius
Rabdosia bulleyana (Diels) H.Hara=Isodon bulleyanus
Rabdosia bulleyana var. *bulleyana*=Isodon bulleyanus
Rabdosia bulleyana var. *foliosa* C.Y.Wu=Isodon bulleyanus
Rabdosia calcicola (Hand.-Mazz.) Hara=Isodon calcicolus
Rabdosia calcicola var. *calcicola*=Isodon calcicolus
Rabdosia calcicola var. *subcalva* (Hand.-Mazz.) C.Y.Wu & H.W.Li= Isodon calcicolus var. subcalvus
Rabdosia chionantha C.Y.Wu=Isodon muliensis
Rabdosia coetsa (Buch.-Ham. ex D.Don) H.Hara=Isodon coetsa
Rabdosia coetsa var. *cavaleriei* (Lévl.) C.Y.Wu & H.W.Li=Isodon coetsa var. cavaleriei
Rabdosia coetsa var. *coetsa*=Isodon coetsa
Rabdosia coetsoides C.Y.Wu=Isodon coetsa
Rabdosia daitonensis (Hay.) Hara=Isodon amethystoides
Rabdosia dawoensis (Hand.-Mazz.) H.Hara=Isodon dawoensis
Rabdosia dichromophylla (Diels) Hara=Isodon rubescens
Rabdosia drogotschiensis (Hand.-Mazz.) H.Hara=Isodon barbeyanus
Rabdosia enanderiana (Hand.-Mazz.) Hara=Isodon enanderianus
Rabdosia eriocalyx (Dunn) Hara=Isodon eriocalyx
Rabdosia eriocalyx var. *eriocalyx*=Isodon eriocalyx
Rabdosia eriocalyx var. *laxiflora* C.Y.Wu & H.W.Li=Isodon eriocalyx
Rabdosia excisa (Maxim.) H.Hara=Isodon excisus
Rabdosia excisoides (Sun ex C.H.Hu) C.Y.Wu & H.W.Li=Isodon excisoides
Rabdosia fangii (Sun) Hara=Isodon lophanthoides
Rabdosia flabelliformis C.Y.Wu=Isodon flabelliformis
Rabdosia flavida (Hand.-Mazz.) Hara=Isodon flavidus
Rabdosia flexicaulis C.Y.Wu & H.W.Li=Isodon flexicaulis
Rabdosia forrestii (Diels) H.Hara=Isodon forrestii
Rabdosia forrestii var. *forrestii*=Isodon forrestii
Rabdosia forrestii var. *intermedia* C.Y.Wu & H.W.Li=Isodon forrestii
Rabdosia gesneroides (J.Sinc.) H.Hara=Isodon gesneroides
Rabdosia gibbosus C.Y.Wu & H.W.Li=Isodon gibbosus
Rabdosia glutinosa C.Y.Wu & H.W.Li=Isodon glutinosus
Rabdosia grandifolia (Hand.-Mazz.) H.Hara=Isodon grandifolius
Rabdosia grandifolia var. *atuntzeensis* C.Y.Wu=Isodon grandifolius var. atuntzeensis
Rabdosia grandifolia var. *grandifolia*=Isodon grandidolius
Rabdosia grosseserrata (Dunn) H.Hara=Isodon grosseserratus
Rabdosia henryi (Hemsl.) H.Hara=Isodon henryi
Rabdosia hirtella (Hand.-Mazz.) H.Hara=Isodon hirtellus
Rabdosia hispida (Benth.) H.Hara=Isodon hispidus
Rabdosia inflexa (Thunb) Hara=Isodon inflexus
Rabdosia interrupta C.Y.Wu & H.W.Li=Isodon interruptus
Rabdosia irrorata (Forr. ex Diels) H.Hara=Isodon irroratus
Rabdosia irrorata var. *crenata* C.Y.Wu=Isodon irroratus
Rabdosia irrorata var. *irrorata*=Isodon hispidus
Rabdosia irrorata var. *longipes* C.Y.Wu & H.W.Li=Isodon irroratus
Rabdosia irrorata var. *rungshiaensis* C.Y.Wu & H.W.Li=Isodon irroratus
Rabdosia japonica (Burm.f.) Hara=Isodon japonicus
Rabdosia japonica var. *glaucocalyx* (Maxim.) H.Hara=Isodon japonicus var. glaucocalyx
Rabdosia japonica var. *japonica*=Isodon japonicus
Rabdosia kangtingensis C.Y.Wu & H.W.Li=Isodon flabelliformis
Rabdosia koroensis (Kudô)=Isodon amethystoides
Rabdosia kunmingensis C.Y.Wu & H.W.Li
Rabdosia kunmingensis C.Y.Wu & H.W.Li=Isodon interruptus
Rabdosia lasiocarpa (Hay.) Hara=Isodon serra
Rabdosia latiflora C.Y.Wu & H.W.Li=Isodon scrophulariodes
Rabdosia latifolia C.Y.Wu & H.W.Li=Isodon latifolius
Rabdosia leucophylla (Dunn) H.Hara=Isodon leucophyllus
Rabdosia liangshanica C.Y.Wu & H.W.Li=Isodon liangshanica
Rabdosia lihsienensis C.Y.Wu & H.W.Li=Isodon lihsienensis
Rabdosia longituba (Miq.) H.Hara=Isodon longitubus
Rabdosia lophanthoides (Buch.-Ham. ex D.Don) H.Hara=Isodon lophanthoides
Rabdosia lophanthoides var. *gerardiana* (Benth.) H.Hara=Isodon lophanthoides var. gerardianus
Rabdosia lophanthoides var. *graciliflora* (Benth.) H.Hara=Isodon lophanthoides var. graciliflorus
Rabdosia lophanthoides var. *lophanthoides*=Isodon longitubus
Rabdosia lophanthoides var. *micrantha* C.Y.Wu=Isodon lophanthoides var. micranthus
Rabdosia loxothyrsa (Hand.-Mazz.) H.Hara=Isodon loxothyrsus
Rabdosia lungshengensis C.Y.Wu & H.W.Li=Isodon lungshengensis
Rabdosia macrantha (HK.f.) Hara=Siphocranion macranthum
Rabdosia macrocalyx (Dunn) H.Hara=Isodon macrocalyx
Rabdosia macrophylla (Migo) C.Y.Wu & H.W.Li=Isodon macrophyllus
Rabdosia medilungensis C.Y.Wu & H.W.Li=Isodon medilungensis
Rabdosia megathyrsa (Diels) H.Hara=Isodon megathyrsus
Rabdosia megathyrsa var. *megathyrsa*=Isodon megathyrsus
Rabdosia megathyrsa var. *strigosissima* C.Y.Wu & H.W.Li=Isodon megathyrsus var. strigosissimus
Rabdosia megathyrsoides H.W.Li=Isodon coetsa
Rabdosia melissiformis C.Y.Wu=Isodon melissoides
Rabdosia melissoides (Benth.) H.Hara=Isodon melissoides
Rabdosia mucronata C.Y.Wu & H.W.Li=Isodon mucronatus
Rabdosia muliensis (W.Sm.) H.Hara=Isodon muliensis
Rabdosia nervosa (Hemsl.) C.Y.Wu & H.W.Li=Isodon nervosus

Rabdosia oresbia (W.Sm.) H.Hara=Isodon oresbius
Rabdosia pachythyrsa (Hand.-Mazz.) H.Hara=Isodon leucophyllus
Rabdosia pachythyrsa (Hand.-Mazz.) Hara=Isodon leucophyllus
Rabdosia pantadenia (Mahd.-Mazz.) Hara=Isodon pantadenius
Rabdosia parvifolia (Batal.) H.Hara=Isodon parvifolius
Rabdosia phyllopoda (Diels) H.Hara=Isodon phyllopodus
Rabdosia phyllostachys (Diels) Kudô =Isodon phyllostachys
Rabdosia phyllostachys var. *leptophylla* C.Y.Wu=Isodon phyllostachys
Rabdosia phyllostachys var. *phyllostachys*=Isodon phyllostachys
Rabdosia pleiophylla (Diels) C.Y.Wu & H.W.Li=Isodon pleiophyllus
Rabdosia pleiophylla var. *dolichodens* C.Y.Wu & H.W.Li=Isodon pleiophyllus var. dolichodens
Rabdosia pleiophylla var. *pleiophylla*=Isodon pleiophyllus
Rabdosia pluriflora C.Y.Wu & H.W.Li=Isodon coetsa
Rabdosia polystachys (Sun ex C.H.Hu) C.Y.Wu & H.W.Li=Isodon coetsa
Rabdosia polystachys var. *phyllodioides* C.Y.Wu=Isodon coetsa
Rabdosia polystachys var. *polystachys*=Isodon coetsa
Rabdosia provicarii (Lévl.) H.Hara=Isodon bulleyanus
Rabdosia pseudoirrorata C.Y.Wu=Isodon pharicus
Rabdosia pseudoirrorata var. *centellaefolia* C.Y.Wu=Isodon pharicus
Rabdosia pseudoirrorata var. *pseudoirrorata*=Isodon pharicus
Rabdosia racemosa (Hemsl.) H.Hara=Isodon racemosus
Rabdosia ricinisperma (Pamp.) H.Hara=Isodon rubescens
Rabdosia rosthornii (Diels) H.Hara=Isodon rosthornii
Rabdosia rubescens (Hemsl.) H.Hara=Isodon rubescens
Rabdosia rugosa (Wall.) Hara=Isodon rugosus
Rabdosia rugosiformis (Hand.-Mazz.) H.Hara=Isodon rugosiformis
Rabdosia scoparia C.Y.Wu & H.W.Li=Isodon scoparius
Rabdosia scrophularioides (Wall. ex Benth.) H.Hara=Isodon scrophulariodes
Rabdosia sculponeata (Vant.) H.Hara=Isodon sculponeatus
Rabdosia secundiflora C.Y.Wu=Isodon secundiflorus
Rabdosia serra (Maxim.) Hara＝Isodon serra
Rabdosia setschwanensis (Hand.-Mazz.) H.Hara=Isodon setschwanensis
Rabdosia setschwanensis var. *setschwanensis*=Isodon setschwanensis
Rabdosia setschwanensis var. *yungshengensis* C.Y.Wu & H.W.Li=Isodon setschwanensis
Rabdosia shimizuana Murata=Isodon hispidus
Rabdosia silvatica C.Y.Wu & H.W.Li=Isodon silvaticus
*Rabdosia sinuolata*C.Y.Wu & H.W.Li=Isodon pharicus
Rabdosia smithiana (Hand.-Mazz.) H.Hara=Isodon smithianus
Rabdosia stenodonta C.Y.Wu & H.W.Li=Isodon angsutifolius
Rabdosia stenophylla (Migo) Hara=Isodon nervosus
Rabdosia stracheyi (Benth. ex HK.f.) H.Hara=Isodon walkeri
Rabdosia taiwanensis (Masamune) Hara=Isodon macrocalyx
Rabdosia taiwanensis (Masasmune) H.Hara=Isodon macrocalyx
Rabdosia taliensis C.Y.Wu=Isodon setschwanensis
Rabdosia tenuifolia (W.Sm.) H.Hara=Isodon tenuifolius
Rabdosia ternifolia (D.Don) Hara=Isodon ternifolius
Rabdosia thiothyrsa (Hand.-Mazz.) Hara=Isodon leucophyllus
Rabdosia thiotyrsa (Hand.-Mazz.) H.Hara=Isodon leucophyllus
Rabdosia wardii (Marq. & Airy-Shaw) H.Hara=Isodon wardii
Rabdosia websteri (Hemsl.) Hara=Isodon vebsteri
Rabdosia weisiensis C.Y.Wu=Isodon weisiensis
Rabdosia wikstroemioides (Hand.-Mazz.) H.Hara=Isodon wikstroemioides
Rabdosia xerophilla C.Y.Wu & H.W.Li=Isodon xerophilus
Rabdosia yuennanensis (Hand.-Mazz.) Hara=Isodon yunnanensis
Radermachera Zoll. & Mor.**菜豆树属**(紫葳科)
Radermachera alata Dop=Pauldopia ghorta
Radermachera bipinnata (Coll. & Hemsl.) Van Steenis ex Chatt.=Pauldopia ghorta
Radermachera frondosa Chun & How 美叶菜豆树
Radermachera glandulosa (Bl.) Miq.广西菜豆树
Radermachera hainanensis Merr.海南菜豆树
Radermachera ignea (Kurz) Van Steenis=Mayodendron igneum
Radermachera microcalyx C.Y.Wu & W.C.Yin 小萼菜豆树
Radermachera pentandra Hemsl.豇豆树
Radermachera sect. *Alatae* van Steenis=**Radermachera**
Radermachera sinica (Hance Hemsl.(Merr.in Lingnan Sci.J.1928)=Radermachera frondosa
Radermachera sinica (Hance) Hemsl.(Hand.-Mazz.Symb.Sin.1936)=Radermachera yunnanensis
Radermachera sinica (Hance) Hemsl.菜豆树
Radermachera tonkinensis Dop=Radermachera sinica
Radermachera yunnanensis C.Y.Wu & W.C.Yin 滇菜豆树
Radermachia incisa Thunb.=Artocarpus incisa
Radicula montana (Wall. ex HK.f. & Thoms.) Hu ex C.Pei=Rorippa indica
Rafflesiaceae 大花草科
Ragiopteris Prels=**Onoclea**
Rajania quinata Houtt.=Akebia quinata
Ramischia Opiz=**Orthilia**
Ramischia obtusata (Turcz.) Freyn=Orthilia obtusata
Ramischia secunda (L.) Garcke=Orthilia secunda
Ramischia secunda subsp. *obtusata* (Turcz.) H.Andr.=Orthilia obtusata
Ramischia secundiflora Opiz=Orthilia secunda
Ramischia secundiflora β. *obtusata* (Turcz.) Freyn=Orthilia obtusata
Ramonda Rich. ex Pers.**拉蒙苣苔属**(苦苣苔科)
Ramonda nathaliae Panc.那塔丽拉蒙苣苔
Ramonda serbica Panc.塞尔维亚拉蒙苣苔
Ramondia flexuosa Mirbel.=Lygodium flexuosum
Ramondia scandens Mirbel=Lygodium scandens
Ranalisma Stapf. **毛茛泽泻属**(泽泻科)
Ranalisma rostratum Stapf.长喙毛茛泽泻
Randia L.**山黄皮属**(茜草科)
Randia accedens Hance=Fagerlindia scandens
Randia acuminatissima Merr.=Aidia pycnatha
Randia acutidens Hemsl. & Wils.=Aidia cochinchinensis
Randia canthioides Champ. ex Benth.=Aidia canthioides
Randia caudatifolia Merr.=Aidia cochinchinensis
Randia cochinchinensis (Lour.) Merr.=Aidia cochinchinensis
Randia densiflora (Wall.) Benth.=Aidia cochinchinensis
Randia depauperata Drake=Fagerlindia depauperata
Randia dumetorum (Retz.) Lam.=Catunaregam spinosa
Randia evenosa Hutch.=Oxyceros evenosa
Randia forrestii Anth.=Oxyceros griffithii
Randia griffithii HK.f.=Oxyceros griffithii
Randia hainanensis Merr.=Oxyceros griffithii
Randia henryi E.Pritz.鄂西茜树
Randia leucocarpa Champ. ex Benth.=Alleizettella leucocarpa
Randia lichiangensis W.W.Sm.=Himalrandia lichiangensis
Randia merrilii Chun 柳叶山黄皮
Randia oppositifolia (Roxb.) Koord.=Aidia cochinchinensis
Randia oxyodonta Drake=Aidia oxyodonta
Randia pycmantha Drake=Aidia pycnatha
Randia rectispina Merr.=Oxyceros rectispina
Randia salicifolia Li=Aidia salicifolia
Randia sect. *Anisophylla* HK.f.=**Porterandia**
Randia sect. *Ceriscus* (Gaertn.) HK.f.=**Catunaregam**
Randia sect. *Eurandia* HK.f.=**Fagerlindia**
Randia sect. *Gynopachys* HK.f.=**Aidia**
Randia sect. *Oxyceros* DC.=**Oxyceros**
Randia sericantha W.C.Chen=Porterandia sericantha
Randia shweliensis Anth.=Aidia shweliensis
Randia sinensis (Lour.) Schult.=Oxyceros sinensis
Randia spinosa (Thunb.) Bl.=Catunaregam spinosa
Randia stricta Roxb.=Hyptianthera stricta
Randia suishaensis Hay.=Aidia cochinchinensis
Randia wallichi HK.f.=Tarennoidea wallichii
Randia yunnanensis Hutch.=Aidia yunnanensis
Ranevea L.H.Bailey **拉昵棕属**(棕榈科)
Rangium Juss.=**Forsythia**
Rangium mandshuricum (Uyeki) Uyeki & Kitag.=Forsythia mandschurica
Rangium ovatum (Nakai) Ohwi=Forsythia ovata
Rangium suspensum (Thunb.) Ohwi=Forsythia suspensa
Rangium viridissimum (Lindl.) Ohwi=Forsythia viridissima
Ranunculaceae 毛茛科
Ranunculus L.**毛茛属**(毛茛科)
Ranunculus abaensis W.T.Wang=Ranunculus indivisus var. abaensis
Ranunculus acris L.(Rgl.in TenT.Fl.Ussur.1861)=Ranunculus japonicus
Ranunculus acris subsp. *japonicus* (Thunb.) Hultén=Ranunculus japonicus
Ranunculus acris var. *japonicus* (Thunb.) Maxim.=Ranunculus japonicus
Ranunculus acris var. *monticola* (Kitag.) Tajmura=Ranunculus paishanensis
Ranunculus acris var. *propinquus* (C.A.Mey.) Maxim.=Ranunculus japonicus var. propinquus
Ranunculus acris var. *schizophyllus* H.Lévl.=Ranunculus japonicus

Ranunculus acris var. *stevenii* (Andr.) Rgl.=Ranunculus japonicus var. propinquus
Ranunculus adoxifolius Hand.-Mazz.五福花叶毛茛
Ranunculus affinis a. *typicus* Finet & Gagn.=Ranunculus hirtellus
Ranunculus affinis Ledeb.(p.p.)=Ranunculus pedatifidus
Ranunculus affinis lus. *leiocarpus* Maxim.=Ranunculus brotherusii
Ranunculus affinis R.Br.(Fl.Brit.Ind.1872,p.p.)=Ranunculus tanguticus
Ranunculus affinis var. *capillaceus* Franch.=Ranunculus nematolobus
Ranunculus affinis var. *filiformis* Finet & Gagn.=Ranunculus nematolobus
Ranunculus affinis var. *flabellatus* Franch.=Ranunculus felixii
Ranunculus affinis var. *indivisus* Maxim.=Ranunculus indivisus
Ranunculus affinis var. *stracheyanus* Maxim.=Ranunculus popovii var. stracheyanus
Ranunculus affinis var. *tanguticus* lus. *dasycarpus* Maxim.=Ranunculus tanguticus var. dasycarpus
Ranunculus affinis var. *tanguticus* lus. *leiocarpus* Maxim.=Ranunculus tanguticus
Ranunculus affinis var. *tanguticus* Maxim.=Ranunculus tanguticus
Ranunculus affinis var. *ternatus* Diels=Ranunculus hirtellus
Ranunculus affinis var. *ternatus* Franch.=Ranunculus tanguticus
Ranunculus affinis var. *tibeticus* Maxim.=Ranunculus nephelogenes
Ranunculus alaschanicus Y.Z.Zhao=Ranunculus membranaceus var. pubescens
Ranunculus albertii Rgl. & Schmalh.宽瓣毛茛
Ranunculus allemanni Br.-Bl.阿勒曼毛茛
Ranunculus altaicus Laxm.阿尔泰毛茛
Ranunculus altaicus var. *fraternus* (Schrenk) Trautv.=Ranunculus fraternus
Ranunculus altaicus var. *sulphureus* Finet & Gagn.=Ranunculus nematolobus
Ranunculus amieri Lévl.=Ranunculus yunnanensis
Ranunculus amurensis Kom.披针毛茛
Ranunculus anemonifolius DC.银莲花叶毛茛
Ranunculus angustisepalus W.T.Wang 狭萼毛茛
Ranunculus aquatilis L.(Hemsl. in J.L.Soc.Bot.1886)=Batrachium bungei
Ranunculus aquatilis var. *eradicatus* Laest.=Batrachium eradicatum
Ranunculus arcuans Chien=Ranunculus sieboldii
Ranunculus arvensis L.田野毛茛
Ranunculus auricomus subsp. *sibiricus* Korsh.=Ranunculus monophyllus
Ranunculus auricomus var. *sibiricus* Glehn.=Ranunculus monophyllus
Ranunculus auricomus β. *sibiricus* Glehn.=Ranunculus monophyllus
Ranunculus balangshanicus W.T.Wang 巴郎山毛茛
Ranunculus balikunensis J.G.Liu 巴里坤毛茛
Ranunculus banguoensis L.Liou 班戈毛茛
Ranunculus banguoensis var. banguoensis=Ranunculus banguoensis
Ranunculus banguoensis var. grandiflorus W.T.Wang 普兰毛茛
Ranunculus bonatianus Ulbr.=Ranunculus ficariifolius
Ranunculus borealis Trautv.北毛茛
Ranunculus brachyrhynchus Chien=Ranunculus cantoniensis
Ranunculus brotherusii Freyn.(Hand.-Mazz.in Act.Hort.Gothob.1939,高等图鉴 1972)=Ranunculus tanguticus
Ranunculus brotherusii Freyn 鸟足毛茛
Ranunculus brotherusii var. *dasycarpus* (Maxim.) Hand.-Mazz.=Ranunculus tanguticus var. dasycarpus
Ranunculus brotherusii var. *tanguticus* Tamura=Ranunculus tanguticus
Ranunculus bulbosus L.鳞茎状毛茛
Ranunculus bungei Steud.=Batrachium bungei
Ranunculus cangshanicus W.T.Wang 苍山毛茛
Ranunculus cantoniensis DC.禺毛茛
Ranunculus cantoniensis subsp. *tachiroei* (Franch. & Sav.) Kitamura=Ranunculus tachiroei
Ranunculus cantoniensis var. *sieboldii* (Miq.) Kitamura ex Hatusima=Ranunculus sieboldii
Ranunculus cassius Finet & Gagn.=Ranunculus laetus
Ranunculus changpingensis W.T.Wang 昌平毛茛
Ranunculus cheirophyllus Hay.掌叶毛茛
Ranunculus chinensis Bge.茴茴蒜
Ranunculus chinghoensis L.Liou 青河毛茛
Ranunculus chuanchingensis L.Liou 川青毛茛
Ranunculus circinatus Sibth.=Batrachium foeniculaceum
Ranunculus cuneifolius Maxim.楔叶毛茛
Ranunculus cuneifolius var. cuneifolius=Ranunculus cuneifolius
Ranunculus cuneifolius var. latisectus S.H.Li & Y.H.Huang 宽楔叶毛茛
Ranunculus cymbalaria Pursh.=Halerpestes cymbalaria
Ranunculus cymbalaria f. *multisecta* S.H.Li & Y.H.Huang=Halerpestes sarmentosa var. multisecta
Ranunculus cymbalaria subsp. *sarmentosus* Kitag.=Halerpestes sarmentosa
Ranunculus densiciliatus var. *glabrescens* W.LZheng=Ranunculus densiciliatus
Ranunculus densiciliatus var. *nyingchiensis* W.L.Zeng=Ranunculus densiciliatus
Ranunculus densiciliatus W.T.Wang 睫毛毛茛
Ranunculus dielsianus Ulbr.康定毛茛
Ranunculus dielsianus var. dielsianus=Ranunculus dielsianus
Ranunculus dielsianus var. leiogynus W.T.Wang 大通毛茛
Ranunculus dielsianus var. longipilosus W.T.Wang 长毛康定毛茛
Ranunculus dielsianus var. suprasericeus Hand.-Mazz.丽江毛茛
Ranunculus diffusus DC.铺散毛茛
Ranunculus diffusus f. *mollis* (Wall.) Diels=Ranunculus diffusus
Ranunculus diffusus f. *subpinnatus* Forb. & Hemsl.=Ranunculus cantoniensis
Ranunculus dingjiensis L.Liou 定结毛茛
Ranunculus distans Royle= Ranunculus distans
Ranunculus distans Wall. & Royle 黄毛茛
Ranunculus divaricatus Schrank=Batrachium divaricatum
Ranunculus dolosus Fisch. & Mey.假毛茛
Ranunculus dongrergensis Hand.-Mazz.圆裂毛茛
Ranunculus dongrergensis var. altifidus W.T.Wang 深圆裂毛茛
Ranunculus dongrergensis var. dongrergensis=Ranunculus dongrergensis
Ranunculus ducloxii Finet & Gagn.=Ranunculus ficariifolius
Ranunculus eradicatus (Laest.) F. Johans.=Batrachium eradicatum
Ranunculus extorris Hance=Ranunculus ternatus
Ranunculus falcatus L.=Ceratocephala falcata
Ranunculus felixii Lévl.扇叶毛茛
Ranunculus felixii var. felixii=Ranunculus felixii
Ranunculus felixii var. forrestii Hand.-Mazz.心基扇叶毛茛
Ranunculus ficariifolius Lévl. & Vant.西南毛茛
Ranunculus ficariifolius var. *crenatus* Lévl.=Ranunculus ficariifolius
Ranunculus ficariifolius var. *erythrosepalus* H.Lévl.=Ranunculus ficariifolius
Ranunculus ficariifolius var. *ovalifolius* Lévl.=Ranunculus ficariifolius
Ranunculus flaccidus HK.f. & Thoms.=Ranunculus ficariifolius
Ranunculus flaccidus Pers.=Batrachium trichophyllum
Ranunculus flaccidus var. *rionii* (Lagger) Hegi=Batrachium roinii
Ranunculus flagellifolius Nakai=Ranunculus reptans
Ranunculus flammula subsp. *reptans* Turcz.=Ranunculus reptans
Ranunculus flammula var. *reptans* Fleisch.=Ranunculus reptans
Ranunculus flavidus (Hand.-Mazz.) R.R.Stewart=Batrachium bungei var. flavidum
Ranunculus foeniculaceus Gilib.=Batrachium foeniculaceum
Ranunculus formosa-montanus Ohwi 蓬莱毛茛
Ranunculus formosanus Masamune=Ranunculus ternatus
Ranunculus franchetii De Boiss.深山毛茛
Ranunculus fraternus Schrenk 团叶毛茛
Ranunculus furcatifidus W.T.Wang 叉裂毛茛
Ranunculus gelidus Kar. & Kir.冷地毛茛
Ranunculus geranifolius Hay.=Ranunculus taiwanensis
Ranunculus glabricaulis (Hand.-Mazz.) L.Liou 甘藏毛茛
Ranunculus glabricaulis var. glabricaulis=Ranunculus glabricaulis
Ranunculus glabricaulis var. viridisepalus W.T.Wang 绿萼甘藏毛茛
Ranunculus glacialiformis Hand.-Mazz.宿萼毛茛
Ranunculus glacialis var. *gelidus* (Kar. & Kir.) Finet & Gagn.=Ranunculus gelidus
Ranunculus glareosus Hand.-Mazz.砾地毛茛
Ranunculus gmelini var. *radicans* Kryl.=Ranunculus radicans
Ranunculus gmelinii DC.小掌叶毛茛
Ranunculus gmelinii var. *radicans* (C.A.Mey) Krylov=Ranunculus radicans
Ranunculus grandifolius C.A.Mey.大叶毛茛
Ranunculus grandis Honda 大毛茛
Ranunculus grandis var. grands=Ranunculus grandis
Ranunculus grandis var. manshuricus H.Hara 帽儿山毛茛
Ranunculus hamiensis J.G.Liu 哈密毛茛

Ranunculus hejingensis W.T.Wang 和静毛茛
Ranunculus hetianensis L.Liou 和田毛茛
Ranunculus hirtellus Royle (Franch.Pl.Delav.1889)=Ranunculus dielsianus var. suprasericeus
Ranunculus hirtellus Royle 基隆毛茛
Ranunculus hirtellus var. *glabrescens* W.L.Zheng=Ranunculus hirtellus var. orientalis
Ranunculus hirtellus var. *glabricaulis* Hand.-Mazz.=Ranunculus glabricaulis
Ranunculus hirtellus var. hirtellus=Ranunculus hirtellus
Ranunculus hirtellus var. humilis W.T.Wang 小基隆毛茛
Ranunculus hirtellus var. orientalis W.T.Wang 三裂毛茛
Ranunculus hirtellus var. *sigylaicus* W.L.Zheng=Ranunculus hirtellus var. orientalis
Ranunculus holophyllus Hance=Ranunculus sceleratus
Ranunculus hsinganensis Kitag.=Ranunculus japonicus var. hsinganensis
Ranunculus humillimus W.T.Wang 低毛茛
Ranunculus hydrocharis f. *bungei* (Steud.) Hiern=Batrachium bungei
Ranunculus hydrophilus Bge.=Batrachium bungei
Ranunculus hyperboreus Rottb.(Franch.in Pl.Delav.1889)=Ranunculus pseudopygmaeus
Ranunculus hyperboreus Rottb.(Hand.-Mazz.in Symb.Sin.1931,p.p.)= Ranunculus pegaeus
Ranunculus hyperboreus var. *radicans* HK.f.=Ranunculus radicans
Ranunculus indivisus (Maxim.) Hand.-Mazz.圆叶毛茛
Ranunculus indivisus var. abaensis (W.T.Wang) W.T.Wang 阿坝毛茛
Ranunculus indivisus var. indivisus=Ranunculus indivisus
Ranunculus intramongolicus Y.Z.Zhao 内蒙古毛茛
Ranunculus involucratus Maxim.=Ranunculus similis
Ranunculus involucratus var. *minor* L.Liou=Ranunculus minor
Ranunculus japonicus Thunb.毛茛
Ranunculus japonicus f. *latissimus* (Kitag.) Kitag.=Ranunculus japonicus
Ranunculus japonicus var. hsinganensis (Kitag.) W.T.Wang 银叶毛茛
Ranunculus japonicus var. japonicus=Ranunculus japonicus
Ranunculus japonicus var. *latissimus* Kitag.=Ranunculus japonicus
Ranunculus japonicus var. *monticola* Kitag.=Ranunculus paishanensis
Ranunculus japonicus var. *pratensis* Kitag.=Ranunculus japonicus var. propinquus
Ranunculus japonicus var. propinquus (C.A.Mey.) W.T.Wang 伏毛毛茛
Ranunculus japonicus var. *smirnovii* (Ovcz.) L.Liou=Ranunculus smirnovii
Ranunculus japonicus var. ternatifolius L.Liao 三小叶毛茛
Ranunculus jilongensis L.Liou=Ranunculus hirtellus
Ranunculus jingyuanensis W.T.Wang 靖远毛茛
Ranunculus junipericola J.Ohwi 高山毛茛
Ranunculus junipericola Ohwi 桧林毛茛
Ranunculus kamchaticus DC.=Oxygraphis glacialis
Ranunculus kauffmanii Clerc=Batrachium kauffmanii
Ranunculus kawakamii Hay.=Ranunculus cheirophyllus
Ranunculus krylovii Ovcz.=Ranunculus monophyllus
Ranunculus kunlunshanicus J.G.Liu 昆仑毛茛
Ranunculus kunmingensis W.T.Wang 昆明毛茛
Ranunculus kunmingensis f. *leipoensis* (L.Liou) W.T.Wang=Ranunculus kunmingensis
Ranunculus kunmingensis var. hispidus W.T.Wang 展尾昆明毛茛
Ranunculus kunmingensis var. kunmingnensis=Ranunculus kunmingensis
Ranunculus labordei Lévl. & Vant.=Ranunculus japonicus
Ranunculus laetus Royle=Ranunculus distans
Ranunculus laetus var. *leipoensis* L.Liou=Ranunculus kunmingensis
Ranunculus laetus Wall.= Ranunculus distans
Ranunculus lancifolius Bert.=Halerpestes lancifolia
Ranunculus lanuginosus L.棉毛毛茛
Ranunculus leiocladus Hay.=Ranunculus ternatus
Ranunculus limprichtii Ulbr.纺锤毛茛
Ranunculus limprichtii var. flavus Hand.-Mazz.狭瓣纺锤毛茛
Ranunculus limprichtii var. limptichtii=Ranunculus limprichtii
Ranunculus lingua L.长叶毛茛
Ranunculus lobatus Jacq.浅裂毛茛
Ranunculus longicaulis C.A.Mey=Ranunculus nephelogenes var. longicaulis
Ranunculus longicaulis var. *geniculatus* (Hand.-Mazz.) L.Liou= Ranunculus nephelogenes var. geniculatus
Ranunculus longicaulis var. *nephelogenes* (Edgew.) L.Liou=Ranunculus nephelogenes
Ranunculus longipetalus Hand.-Mazz.=Ranunculus micronivalis
Ranunculus luoergaiensis L.Liou 若尔盖毛茛
Ranunculus mainlingensis W.T.Wang 米林毛茛
Ranunculus mairei H.Lévl.(1914)=Ranunculus ficariifolius
Ranunculus mairie H.Lévl.(1913)=Ranunculus yunnanensis
Ranunculus manshuricus S.H.Li=Ranunculus rigescens
Ranunculus matsudae Hay. ex Masamune 疏花毛茛
Ranunculus maximowiczii Pamp.=Ranunculus similis
Ranunculus melanogynus W.T.Wang 黑果毛茛
Ranunculus membranaceus Royle 棉毛茛
Ranunculus membranaceus var. floribundus W.T.Wang 多花柔毛茛
Ranunculus membranaceus var. membranacus=Ranunculus membranaceus
Ranunculus membranaceus var. pubescens (W.T.Wang) W.T.Wang 柔毛茛
Ranunculus menyuanensis W.T.Wang 门源毛茛
Ranunculus meyerianus Rupr.短喙毛茛
Ranunculus micronivalis Hand.-Mazz.窄瓣毛茛
Ranunculus micronivalis var. *platypetalus* Hand.-Mazz.=Ranunculus platypetalus
Ranunculus microphyllus Hand.-Mazz.=Ranunculus ficariifolius
Ranunculus minor (L.Liou) W.T.Wang 小苞毛茛
Ranunculus moellendorffii Hance=Anemone rivularis var. floreminore
Ranunculus mollendorffii Hance=Anemone rivularis var. flore-minore
Ranunculus monophyllus Ovcz.单叶毛茛
Ranunculus monophyllus f. *latisectus* Ovcz.=Ranunculus monophyllus
Ranunculus morii (Yamamoto) J.Ohwi 森氏毛茛
Ranunculus munroanus J.R.Drumm. ex Dunn 荏弱毛茛
Ranunculus munroanus J.R.Drumm. ex Dunn 藏西毛茛
Ranunculus munroanus var. *minor* Tamura=Ranunculus munroanus
Ranunculus muricatus L.刺果毛茛
Ranunculus muscigenus W.T.Wang 藓丛毛茛
Ranunculus nankotaizanus J.Ohwi 南湖毛茛
Ranunculus napellifolius DC.乌头叶毛茛
Ranunculus natans C.A.Mey.浮毛茛
Ranunculus nematolobus Hand.-Mazz.丝叶毛茛
Ranunculus nemorosus DC.荫蔽毛茛
Ranunculus nephelogenes Edgew.云生毛茛
Ranunculus nephelogenes var. geniculatus (Hand.-Mazz.) W.T.Wang 曲升毛茛
Ranunculus nephelogenes var. longicaulis (Trautv.) W.T.Wang 长茎毛茛
Ranunculus nephelogenes var. nephelogenes=Ranunculus nephelogenes
Ranunculus nephelogenes var. *pubescens* W.T.Wang=Ranunculus membranaceus var. pubescens
Ranunculus nivalis var. *tianschanicus* Rupr.=Ranunculus transiliensis
Ranunculus nyalamensis W.T.Wang 聂拉木毛茛
Ranunculus nyalamensis var. angustipetalus W.T.Wang 浪卡子毛茛
Ranunculus nyalamensis var. nyalamensis=Ranunculus nyalamensis
Ranunculus oreionannos Marq. & Ariy Shaw 花葶毛茛
Ranunculus oryzetorum Bge.=Ranunculus sceleratus
Ranunculus paishanensis Kitag.白山毛茛
Ranunculus paishanensis f. *oreodoxa* (Kitag.) Kitag.=Ranunculus paishanensis
Ranunculus paishanensis var. *oreodoxa* Kitag.=Ranunculus paishanensis
Ranunculus palifolius Dunn=Halerpestes lancifoli
Ranunculus pamiri Korsh.帕米尔毛茛
Ranunculus paucistamineus Tausch=Batrachium eradicatum
Ranunculus pectinatilobus W.T.Wang 栉裂毛茛
Ranunculus pedatifidus Sm.(东北草本志 1975)=Ranunculus rigescens
Ranunculus pedatifidus Sm.裂叶毛茛
Ranunculus pedicellatus Hand.-Mazz.长梗毛茛
Ranunculus pegaeus Hand.-Mazz.爬地毛茛
Ranunculus pekinensis (L.Liou) Luferov=Batrachium pekinense
Ranunculus pensylvanicus L.(HK.f.in Fl.Brit.Ind.1872)=Ranunculus chinensis
Ranunculus pensylvanicus L.f.(Franch.in Pl.Delav.1889)=Ranunculus trigonus
Ranunculus pensylvanicus var. *chinensis* Maxim.=Ranunculus chinensis
Ranunculus pensylvanicus var. *sieboldii* Ito=Ranunculus sieboldii
Ranunculus petrogeiton Ulbr.太白山毛茛

Ranunculus pimpinelloides D.Don=Callianthemum pimpinelloides
Ranunculus plantaginifolius Murr.=Halerpestes ruthenica
Ranunculus platypetalus (Hand.-Mazz.) Hand.-Mazz.大瓣毛茛
Ranunculus platypetalus var. macranthus W.T.Wang 硕花大瓣毛茛
Ranunculus platypetalus var. platypetalus=Ranunculus platypetalus
Ranunculus platyspermus Fisch.宽翅毛茛
Ranunculus podocarpus W.T.Wang 柄果毛茛
Ranunculus polii Franch. ex Forb. & Hemsl.上海毛茛
Ranunculus polii Franch. ex Hemsl.肉根毛茛
Ranunculus polyanthemos L.多花毛茛
Ranunculus polyanthemus L.(植物志 28,1980)=Ranunculus polyanthemos
Ranunculus polypetalus Royle=Oxygraphis endicheri
Ranunculus polyrhizus Steph.多根毛茛
Ranunculus polyrhizus var. *major* Maxim.=Ranunculus franchetii
Ranunculus polyrhzos Steph(Kom.in Act.Hort.Pétrop.193)=Ranunculus franchetii
Ranunculus popovii Ovcz.天山毛茛
Ranunculus popovii var. popovii=Ranunculus popovii
Ranunculus popovii var. stracheyanus (Maxim.) W.T.Wang 深齿毛茛
Ranunculus potaninii Kom.川滇毛茛
Ranunculus propinquus C.A.Mey.(Maxim.Prim.Fl.Amur.1859)= Ranunculus japonicus
Ranunculus propinquus C.A.Mey.=Ranunculus japonicus var. propinquus
Ranunculus pseudolaetus Tamura=Ranunculus distans
Ranunculus pseudolobatus L.Liou 大金毛茛
Ranunculus pseudoparviflorus Lévl.=Ranunculus meyerianus
Ranunculus pseudopygmaeus Hand.-Mazz.矮毛茛
Ranunculus pulchellus C.A.Mey.美丽毛茛
Ranunculus pulchellus var. *geniculatus* Hand.-Mazz.=Ranunculus nephelogenes var. geniculatus
Ranunculus pulchellus var. *longicaulis* Trautv.=Ranunculus nephelogenes var. longicaulis
Ranunculus pulchellus var. *membranaceus* (Royle) Mukerj.=Ranunculus membranaceus
Ranunculus pulchellus var. *potaninii* (Kom.) Hand.-Mazz.=Ranunculus potaninii
Ranunculus pulchellus var. *sericeus* HK.f. & Thoms.=Ranunculus membranaceus
Ranunculus pulchellus var. *stracheyanus* (Maxim.) Hand.-Mazz.= Ranunculus popovii var. stracheyanus
Ranunculus pulchellus var. *yinshanicus* &.Z.Zhao=Ranunculus yinshanicus
Ranunculus pygmaeus Wahlb.小毛茛
Ranunculus radicans C.A.Mey.沼地毛茛
Ranunculus regelianus Ovcz.扁果毛茛
Ranunculus repens L.匐枝毛茛
Ranunculus repens f. *polypetalus* S.H.Li=Ranunculus repens
Ranunculus repens var. *brevistylus* Maxim.=Ranunculus repens
Ranunculus repens var. *loponensis* H.Lévl.=Ranunculus ficariifolius
Ranunculus repens var. *major* Nakai=Ranunculus repens
Ranunculus reptans L.松叶毛茛
Ranunculus reptans var. *flagellifolius* (Nakai) Ohwi=Ranunculus reptans
Ranunculus rigescens Turcz. ex Ovcz.掌裂毛茛
Ranunculus rigescens var. *leiocarpus* Kitag.=Ranunculus rigescens
Ranunculus rionii Lagger=Batrachium roinii
Ranunculus rubrocalyx Rgl. ex Kom.红萼毛茛
Ranunculus rufosepalus Franch.棕萼毛茛
Ranunculus rufosepalus var. *parviflorus* Kom.=Ranunculus rubrocalyx
Ranunculus ruthenicus Jacq.=Halerpestes ruthenica
Ranunculus ruthenicus f. *multidentatus* S.H.Li & Y.H.Huang=Halerpestes ruthenica
Ranunculus salsuginosus Pall.=Halerpestes sarmentosa
Ranunculus sardous Crantz.欧毛茛
Ranunculus sardous var. *monanthos* Finet etGagn.=Ranunculus sieboldii
Ranunculus sarmentosus Adans=Halerpestes sarmentosa
Ranunculus sceleratus L.石龙芮
Ranunculus sceleratus var. *sinensis* H.Lévl.=Ranunculus sceleratus
Ranunculus sect. *Batrachium* DC.=**Batrachium**
Ranunculus sibiricus Adams=Ranunculus monophyllus
Ranunculus sieboldii Miq.扬子毛茛
Ranunculus sieboldii var. *arcuans* (S.S.Chien) H.Hara=Ranunculus sieboldii
Ranunculus silerifolius H.Lévl.钩柱毛茛
Ranunculus silerifolius var. dolichanthus L.Liao 长花毛茛
Ranunculus silerifolius var. silerifolius=Ranunculus silerifolius
Ranunculus similis Hemsl.苞毛茛
Ranunculus sinovaginatus W.T.Wang 褐鞘毛茛
Ranunculus smirnovii Ovcz.兴安毛茛
Ranunculus songoricus Schrenk 新疆毛茛
Ranunculus songoricus var. *lasiopetalus* Maxim.=Ranunculus songoricus
Ranunculus songoricus var. *partitus* Rupr.=Ranunculus trautvetterianus
Ranunculus stenorhynchus Franch.宝兴毛茛
Ranunculus stevenii Andr.=Ranunculus japonicus var. propinquus
Ranunculus subcorymbosus subsp. *grandis* (Honda) Tamura=Ranunculus grandis
Ranunculus subcorymbosus subsp. *grandis* var. *ovczimikovii* Tamura= Ranunculus grandis
Ranunculus subcorymbosus var. *grandis* (Honda) Kitag.=Ranunculus grandis
Ranunculus subcorymbosus var. *manshuricus* (H.Hara) Kitag.= Ranunculus grandis var. manshuricus
Ranunculus submarginatus Ovcz.棱边毛茛
Ranunculus subsimilis Printz.=Halerpestes cymbalaria
Ranunculus sulphureus var. *alberti* Maxim.=Ranunculus albertii
Ranunculus sulphureus var. *altaica* Trautv.=Ranunculus altaicus
Ranunculus suprasericeus (Hand.-Mazz.) L.Liou=Ranunculus dielsianus var. suprasericeus
Ranunculus tachiroei Franch. & Sav.长嘴毛茛
Ranunculus taisanensis Hay.鹿场毛茛
Ranunculus taisanensis var. *tripartitus* J.Ohwi=Ranunculus taisanensis
Ranunculus taiwanensis Hay.台湾毛茛
Ranunculus taizanensis Yamamoto=Ranunculus morii
Ranunculus tanguticus (Maxim.) Ovcz.高原毛茛
Ranunculus tanguticus var. *capillaceus* (Franch.) L.Liou=Ranunculus nematolobus
Ranunculus tanguticus var. dasycarpus (Maxim.) L.Liou 毛果毛茛
Ranunculus tanguticus var. dasycarpus (Maxim.) L.Liou 毛果高原毛茛
Ranunculus tanguticus var. tanguticus =Ranunculus tanguticus
Ranunculus ternatus Thunb.猫爪草
Ranunculus ternatus var. dissectissimus (Migo) Hand.-Mazz.细裂毛爪草
Ranunculus ternatus var. *hirsutus* H.Boiss.＝Ranunculus silerifolius
Ranunculus ternatus var. ternatus=Ranunculus ternatus
Ranunculus testiculatus M.Bieb.=Ceratocephala testiculata
Ranunculus tetrandrus W.T.Wang 四蕊毛茛
Ranunculus trachycarpus Fisch. & C.A.Mey.疣果毛茛
Ranunculus transiliensis M.Pop.截叶毛茛
Ranunculus trautvetterianus Rgl. ex Ovcz.毛托毛茛
Ranunculus triangularis W.T.Wang 三角叶毛茛
Ranunculus trichophyllus Chaix ex Vill.=Batrachium trichophyllum
Ranunculus trichophyllus subsp. rionii (Lagger) Soó=Batrachium roinii
Ranunculus trichophyllus var. *chanetii* Lévl.=Batrachium bungei
Ranunculus trichophyllus var. *terrestris* Gren. & Godr.=Batrachium eradicatum
Ranunculus tricuspis Maxim.=Halerpestes tricuspis
Ranunculus tricuspis var. *lancifolius* (Bert.) Hara=Halerpestes lancifolia
Ranunculus trigonus Hand.-Mazz.棱缘毛茛
Ranunculus trigonus var. strigosus W.T.Wang 伏毛棱喙毛茛
Ranunculus trigonus var. trigonus=Ranunculus trigonus
Ranunculus ussuriensis Kom.=Ranunculus franchetii
Ranunculus vaginatus Hand.-Mazz.=Ranunculus sinovaginatus
Ranunculus vaniotii H.Lévl.=Ranunculus ficariifolius
Ranunculus villosa DC.长柔毛毛茛
Ranunculus wangianus Q.E.Yang 文采毛茛
Ranunculus xinningensis W.T.Wang 新宁毛茛
Ranunculus yanshanensis W.T.Wang 砚山毛茛
Ranunculus yaoanus W.T.Wang 姚氏毛茛
Ranunculus yechengensis W.T.Wang 叶城毛茛
Ranunculus yinshanicus (Y.Z.Zhao) Y.Z.Zhao 阴山毛茛
Ranunculus yunnanensis Franch.云南毛茛
Ranunculus zhungdianensis W.T.Wang 中甸毛茛
Ranunculus zuccarinii Miq.=Ranunculus ternatus
Ranunculus zuccarinii var. *dissectissimus* Migo=Ranunculus ternatus var. dissectissimus

Rapanea affinis (A.DC.) Mez.=Myrsine affinis
Rapanea aurea Lévl.=Eurya aurea
Rapanea buxifolia (Hance) Mez. (p.p.)=Distylium buxifolium
Rapanea cicatricosa C.Y.Wu & C.Chen=Myrsine cicatricosa
Rapanea faberi Mez.=Myrsine faberi
Rapanea kwangsiensis E.Walk.=Myrsine kwangsiensis
Rapanea kwangsiensis var. *kwangsiensis*=Myrsine kwangsiensis
Rapanea kwangsiensis var. *lanceolata* C.Y.Wu & C.Chen=Myrsine kwangsiensis
Rapanea linearis (Lour.) S.Moore=Myrsine linearis
Rapanea linearis Moore (静生汇报 1939,p.p.)=Embelia laeta
Rapanea neriifolia Mez.=Myrsine seguinii
Rapanea neriifolia var. *yunnanensis* Walker=Myrsine seguinii
Rapanea playfairii (Hemsl.) Mez.(Masamune & Suzuki in Ann.Rep. Taihoku Bot.Gard.1933)=Myrsine seguinii
Rapanea playfairii Mez=Myrsine linearis
Rapanea stolonifera Nakai=Myrsine stolonifera
Rapanea verruculosa C.Y.Wu & C.Chen=Myrsine verruculosa
Rapanea walkeriana Hand.-Mazz.=Myrsine seguinii
Rapanea yunnanensis Mez=Myrsine seguinii
Raphanis Moench=**Armoracia**
Raphanus L.**萝卜属**(十字花科)
Raphanus acanthiformis J.M.Morel=Raphanus sativus
Raphanus acanthiformis var. *raphanistroides* (Makino) Hara=Raphanus sativus
Raphanus chanetii Lévl.=Orychophragmus violaceus
Raphanus chinensis (L.) Crant.=Brassica rapa var. chinensis
Raphanus chinensis Mill.=Raphanus sativus
Raphanus courtoisii Lévl.=Orychophragmus violaceus
Raphanus junceus (L.) Crantz=Brassica juncea
Raphanus laevigata M.Bieb.=Goldbachia laevigata
Raphanus macropodus H.Lévl.=Raphanus sativus
Raphanus macropodus var. *spontaneus* Nakai=Raphanus sativus
Raphanus monnetii H.Lévl.=Chorispora tenella
Raphanus niger Mill.=Raphanus sativus
Raphanus rapa (L.) Crantz.=Brassica rapa
Raphanus raphanistroides Nakai=Raphanus sativus
Raphanus raphanistrum L.野萝卜
Raphanus raphanistrum var. *sativus* (L.) Dimin=Raphanus sativus
Raphanus sativus L.萝卜
Raphanus sativus f. *raphanistroides* Makino=Raphanus sativus
Raphanus sativus var. longipinnatus L.H.Bailey 长羽裂萝卜
Raphanus sativus var. *macropodus* (H.Lévl.) Makino=Raphanus sativus
Raphanus sativus var. *macropodus* f. *raphanitroides* Makino=Raphanus sativus
Raphanus sativus var. *raphanistroides* (Makino) Makino=Raphanus sativus
Raphanus sativus var. sativus=Raphanus sativus
Raphanus sibiricus L.=Chorispora sibirica
Raphanus strictus Fisch. ex M.Bieb.=Diptychocarpus strictus
Raphanus taquetii H.Lévl.=Raphanus sativus
Raphanus tenellus Pall.=Chorispora tenella
Raphanus violaceus L.=Orychophragmus violaceus
Raphia Beauv.**酒椰属**(棕榈科)
Raphia vinifera Beauv.酒椰
Raphiocarpus Chun=**Didissandra**
Raphiocarpus sinicus Chun=Didissandra sinica
Raphiolepis Lindl.**石斑木属**(蔷薇科)
Raphiolepis cheniana Metcalf=Raphiolepis salicifolia
Raphiolepis ferruginea Metcalf 绣毛石斑木
Raphiolepis ferruginea var. ferruginea=Raphiolepis ferruginea
Raphiolepis ferruginea var. serrata Metcalf 齿叶石斑木(新)
Raphiolepis gracilis Nakai=Raphiolepis indica
Raphiolepis hainanensis Metcalf=Raphiolepis lanceolata
Raphiolepis hiiranensis Kanehira=Raphiolepis indica var. hiiranensis
Raphiolepis indica (L.) Lindl.石斑木
Raphiolepis indica var. *angustifolia* Card.=Raphiolepis lanceolata
Raphiolepis indica var. *grandifolia* Franch.=Raphiolepis major
Raphiolepis indica var. hiiranensis (Kanehira) Li 恒春石斑木(新)
Raphiolepis indica var. indica=Raphiolepis indica
Raphiolepis indica var. tashiroi Hay. ex Matsumura 毛序石斑木(新)
Raphiolepis integerrima HK. & Arn.全缘石斑木
Raphiolepis integerrima var. *mertensii* (S. & Z.) Makino ex Koidz.= Raphiolepis integerrima
Raphiolepis japonica S. & Z.=Raphiolepis umbellata
Raphiolepis japonica var. *integerrima* HK.f.(p.p.)=Raphiolepis umbellata
Raphiolepis kwangsinensis Hu=Raphiolepis salicifolia
Raphiolepis lanceolata Hu 细叶石斑木
Raphiolepis major Card.大叶石斑木
Raphiolepis mertensii S. & Z.=Raphiolepis integerrima
Raphiolepis parvibracteolata Merr.=Raphiolepis indica
Raphiolepis rubra (Lour.) Lindl.=Raphiolepis indica
Raphiolepis rugosa Nakai=Raphiolepis indica
Raphiolepis salicifolia Lindl.柳叶石斑木
Raphiolepis sinensis Roem.=Raphiolepis indica
Raphiolepis umbellata (Thunb.) Makino 厚叶石斑木
Raphiolepis umbellata f. *integerrima* Rehd.=Raphiolepis umbellata
Raphiolepis umbellata f. *ovata* (Briot) Schneid.=Raphiolepis umbellata
Raphiolepis umbellata var. *mertensii* (S. & Z.) Makino=Raphiolepis integerrima
Raphistemma Wall.**大花藤属**(萝藦科)
Raphistemma brevipedunculatum Y.Wan.=Raphistemma hooperianum
Raphistemma hooperianum (Bl.) Decne.广西舌花藤
Raphistemma pulchellum (Roxb.) Wall.大花藤
Rapinia Lour.=**Sphenoclea**
Rapinia herbacea Lour.=Sphenoclea zeylanica
Rapistrum A.Haller=**Neslia**
Rapunculus Fourr.=**Campanula**
Rapuntium Mill.=**Lobelia**
Rapuntium affine Presl=Lobelia zeylanica
Rapuntium caespitosum Presl=Lobelia chinensis
Rapuntium campanuloides Presl=Lobelia chinensis
Rapuntium chinense Presl=Lobelia chinensis
Rapuntium coloratum Presl=Lobelia colorata
Rapuntium kamtschaticum Presl=Lobelia sessilifolia
Rapuntium nummularium Presl=Pratia nummularia
Rapuntium pyramidale Presl=Lobelia pyramidalis
Rapuntium radicans Presl=Lobelia chinensis
Rapuntium reinwardtiamum Presl=Lobelia zeylanica
Rapuntium succulentum Presl=Lobelia zeylanica
Rapuntium wallichianum Presl=Lobelia pyramidalis
Rapuntium zeylanicum Presl=Lobelia zeylanica
Rataia himalaica (HK.f.) King & Pantl.=Ceratostylis himalaica
Rauvolfia L.**萝芙木属**(夹竹桃科)
Rauvolfia brevistyla Tsiang 矮青木
Rauvolfia cambodiana Pierre ex Pitard.=Rauvolfia verticillata
Rauvolfia canescens L.=Rauvolfia tetraphylla
Rauvolfia chinensis Hemsl.=Rauvolfia verticillata
Rauvolfia cubana A.DC.古巴萝芙木
Rauvolfia latifrons Tsiang=Rauvolfia verticillata
Rauvolfia perakensis King & Gamble=Rauvolfia verticillata
Rauvolfia perakensis King & Gamble 霹雳萝芙木
Rauvolfia serpentina (L.) Benth. ex Kurz 蛇根木
Rauvolfia sumatrana Jack 苏门答腊萝芙木
Rauvolfia superaxillaris P.T.Li & S.Z.Huang=Rauvolfia verticillata
Rauvolfia taiwanensis Tisang=Rauvolfia verticillata
Rauvolfia tetraphylla L.四叶萝芙木
Rauvolfia tiaolushanensis Tsiang 吊罗山萝芙木
Rauvolfia verticillata (Lour.) Baill.萝芙木
Rauvolfia verticillata var. *hainanensis* Tsiang=Rauvolfia verticillata
Rauvolfia verticillata var. *oblanceolata* Tsiang= Rauvolfia verticillata
Rauvolfia verticillata var. *officinalis* Tsiang=Rauvolfia verticillata
Rauvolfia verticillata var. verticillata=Rauvolfia verticillata
Rauvolfia vomitoria Afzel. ex Spreng.催吐萝芙木
Rauvolfia yunnanensis Tsiang=Rauvolfia verticillata
Ravenala Adans.**旅人蕉属**(芭蕉科)
Ravenala madagascariensis Adans.旅人蕉
Raxopitys cunninghamii J.Nelson=Cunninghamia lanceolata
Razoumofskya Hoffm.=**Arceuthobium**
Razoumofskya oxycedri (DC.) F. W.Schultz ex Nym.=Arceuthobium oxycedri
Razumovia cochinchinensis (Lour.) Merr.=Centranthera cochinchinensis
Razumovia cochinchinensis var. *lutea* H.Hara=Centranthera cochinchinensis var. lutea
Razumovia cochinchinensis var. *nepalensis* (D.Don) Merr.=Centranthera cochinchinensis var. nepalensis
Razumovia grandiflora (Benth.) Merr.=Centranthera grandiflora

Razumovia longiflora Merr.=Centrathera cochinchinensis
Razumovia tonkinensis (Bonati) Merr.=Centrathera trangquebarica
Razumovia tranquebarica Spreng.=Centranthera tranquebarica
Reaumuria L.**红砂属**(柽柳科)
Reaumuria alternifolia (Labill.) Britt.互叶红砂
Reaumuria alternifolia (Labill.) Grande=Reaumuria alternifolia
Reaumuria hypericoides Willd.=Reaumuria alternifolia
Reaumuria kaschgarica Rupr.五柱红砂
Reaumuria kaschgarica β. *nanschnica* Maxim.=Reaumuria kaschgarica
Reaumuria kaschgarica γ. *przewalskii* Maxim.=Reaumuria kaschgarica
Reaumuria songarica (Pall.) Maxim.红砂
Reaumuria trigyna Maxim.黄花红砂
Rebutia K.Schum.**子孙球属**(仙人掌科)
Rebutia chrysacantha Beckeb.锦宝球
Rebutia grandiflora Backeb.伟宝球
Rebutia minuscula K.Schum.子孙球
Rebutia senilis Backeb.翁宝球
Rebutia xanthocarpua Backeb.熏宝球
Reevesia Walp.=**Reevesia**
Reevesia Lindl.**梭罗树属**(梧桐科)
Reevesia botingensis Hsue 保亭梭罗
Reevesia cavaleriei Lévl.=Reevesia pubescens
Reevesia formosana Hay.=Reevesia formosana
Reevesia formosana Sprague 台湾梭罗
Reevesia glaucophylla Hsue 瑶山梭罗
Reevesia lancifolia Li 剑叶梭罗
Reevesia lofouensis Chun & Hsue 罗浮梭罗
Reevesia longipetiolataMerr. & Chun 长柄梭罗
Reevesia megaphylla Hu=Reevesia pubescens
Reevesia membranacea Hsue=Reevesia pubescens
Reevesia orbicularifolia Hsue 圆叶梭罗
Reevesia pubescens Mast.梭罗树
Reevesia pubescens var. kwangsiensis Hsue 广西梭罗树
Reevesia pubescens var. pubescens=Reevesia pubescens
Reevesia pubescens var. siamensis (Craib) Anthony 泰梭罗
Reevesia pycnantha Ling 密花梭罗
Reevesia rotundifolia Chun 粗齿梭罗
Reevesia rubronervia Hsue 红脉梭罗
Reevesia shangszeensis Hsue 上思梭罗
Reevesia siamensis Craib=Reevesia pubescens var. siamensis
Reevesia taiwanensis Chun & Hsue=Reevesia formosana
Reevesia thyrsoidea Lindl.(Lévl.in Fl.Kouy-Tcheou 1915)=Reevesia pubescens
Reevesia thyrsoidea Lindl.两广梭罗
Reevesia tomentosa Li 绒果梭罗
Reevesia wallichii Br.瓦立克梭罗
Rehderodendron Hu **木瓜红属**(安息香科)
Rehderodendron fengii Hu=Rehderodendron indochinense
Rehderodendron gongshanense Y.C.Tang 贡山木瓜红
Rehderodendron hui Chun=Rehderodendron kwangtungense
Rehderodendron indochinense Li 越南木瓜红
Rehderodendron kwangtungense Chun 广东木瓜红
Rehderodendron kweichowense Hu 贵州木瓜红
Rehderodendron macrocarpum Hu 木瓜红
Rehderodendron mapienense Hu=Rehderodendron macrocarpum
Rehderodendron praeteritum Steumer=Rehderodendron kweichowense
Rehderodendron tsiangii Hu & Cheng=Rehderodendron kweichowense
Rehderodendron yunnanensis Hu=Rehderodendron kweichowense
Rehmannia Libosch.**地黄属**(玄参科)
Rehmannia angulata (Oliv.) Hemsl.=Rehmannia piasezkii
Rehmannia chinensis Libosch. ex Fisch. & Mey.=Rehmannia glutinosa
Rehmannia chingii Li 天目地黄
Rehmannia elata N.E.Brown 高地黄
Rehmannia glutinosa (Gaertn.) Libosch.地黄
Rehmannia glutinosa f. *huechingensis* (Caho & Schih) Hsiao=Rehmannia glutinosa
Rehmannia glutinosa f. *purpurea* Matsuda=Rehmannia glutinosa
Rehmannia glutinosa var. *angulata* Oliv.=Rehmannia piasezkii
Rehmannia glutinosa var. *hemsleyana* Diels=Rehmannia glutinosa
Rehmannia glutinosa var. *huechingensis* Chao & Schih=Rehmannia glutinosa
Rehmannia glutinosa var. *piasezkii* Diels=Rehmannia piasezkii
Rehmannia glutinosa var. *typica* f. *purpurea* Matsuda=Rehmannia glutinosa
Rehmannia henryi N.E.Brown 湖北地黄
Rehmannia integra Li=Triaenophora integra
Rehmannia oldhami Hemsl.=Titanotrichum oldhamii
Rehmannia piasezkii Maxim.(Hemsl.in J.L.Soc.Bot.1890,p.p.)=Rehmannia henryi
Rehmannia piasezkii Maxim.裂叶地黄
Rehmannia rupestris Hemsl.=Triaenophora rupestris
Rehmannia solanifolia Tsoong & Chin 茄叶地黄
Reichardia Roth=**Pterolobium**
Reichardia decapetala Roth=Caesalpinia decapetala
Reidia gracilis (Hassk.) Miq.=Phyllanthus gracilipes
Reidia grcilipes Miq.=Phyllanthus gracilipes
Reineckea Kunth **吉祥草属**(百合科)
Reineckea carnea (Andr.) Kunth 吉祥草
Reineckea carnea var. *rubra* Lévl.=Reineckea carnea
Reineckea ovata Z.Y.Zhu=Reineckea carnea
Reineckea yunnanensis W.W.Sm.=Reineckea carnea
Reinhardtia Liebm.**来哈特棕属**(棕榈科)
Reinwardtia Dum.**石海椒属**(亚麻科)
Reinwardtia indica Dum.石海椒
Reinwardtia sinensis Hemsl.=Tirpitzia sinensis
Reinwardtia trigyna (Roxb.) Planch.=Reinwardtia indica
Reinwardtia trigyna (Roxb.) Planch.三蕊石海椒(新)
Reinwardtiodendron Koord.**雷楝属**(楝科)
Reinwardtiodendron celebicum Koord.西里伯斯雷楝
Reinwardtiodendron dubium (Merr.) X.M.Chen 雷楝
Rejoua Gaud.-Beaupré=**Tabernaemontana**
Rejoua Gaud.**假金桔属**(夹竹桃科)
Rejoua dichotoma (Roxb.) Gamble 假金桔
Remirea Aubl.**海滨莎属**(莎草科)
Remirea maritima Aubl.海滨莎
Remusatia Schott **岩芋属**(天南星科)
Remusatia bulbifera Hort. ex Vilmorins's=Remusatia vivipara
Remusatia formosana Hay.台湾岩芋
Remusatia garrettii Gagn.=Gonatanthus pumilus
Remusatia hookeriana Schtott 早花岩芋
Remusatia vivipara (Lodd.) Schott 岩芋
Renanthera Lour.**火焰兰属**(兰科)
Renanthera bilinguis Rchb.f.=Arachnis labrosa
Renanthera coccinea Lour.火焰兰
Renanthera elongata Lindl.长茎火焰兰
Renanthera imschootiana Rolfe 云南火焰兰
Renanthera matutina (Bl. Lindl.晨花火焰兰
Renanthera monachica Amers 冬花火焰兰
Renanthera pulchella Rolfe 美丽火焰兰
Renanthera storiei Rchb.f.斯托里火焰兰
Reptonia laurina Benth.=Sarcosperma laurinum
Reseda L.**木犀草属**(木犀草科)
Reseda alba L.白木犀草
Reseda linifolia Vahl=Oligomeris linifolia
Reseda lutea L.黄木犀草
Reseda odorata L.木犀草
Resedaceae 木犀草科
Resedella Webb. & Berthelot=**Oligomeris**
Restella Pobed.=**Wikstroemia**
Restionaceae 帚灯草科
Retinispora filicoides R.Smith=Chamaecyparis obtusa cv. Filicoides
Retinispora obtusa S. & Z.=Chamaecyparis obtusa
Retinispora pisifera S. & Z.=Chamaecyparis pisifera
Retinispora squarrosa Zucc.=Chamaecyparis pisifera cv. Squarrosa
Retinispora tetragona R.Smith=Chamaecyparis obtusa cv. Tetragona
Reutera acuminata Edegew.=Pimpinella acuminata
Reynoutria Houtt.**虎杖属**(蓼科)
Reynoutria campanulata (HK.f.) Moldenke=Polygonum campanulatum
Reynoutria henryi Nakai=Reynoutria japonica
Reynoutria japonica Houtt.虎杖
Reynoutria lichiangensis (W.W.Sm.) Moldenke=Polygonum lichiangense
Reynoutria polystachya (Wall.) Moldenke=Polygonum polystachyum

Rhabdia lycoides Mart.(Clarke in Fl.Brit.Ind.1883)=Rotula aquatica
Rhabdia viminea Wall. ex Dalz.=Rotula aquatic
Rhabdothamnopsis Hemsl.**长冠苣苔属**(苦苣苔科)
Rhabdothamnopsis chinensis (Franch.) Hand.-Mazz.=Rhabdothamnopsis sinensis
Rhabdothamnopsis chinensis var. *ochroleuca* (W.W.Sm.) Hand.-Mazz.=Rhabdothamnopsis sinensis
Rhabdothamnopsis sinensis Hemsl.长冠苣苔
Rhabdothamnopsis sinensis var. *ochroleuca* W.W.Sm.=Rhabdothamnopsis sinensis
Rhabdothamnus A.Cunn.**杆丛苣苔属**(苦苣苔科)
Rhabdotheca Cass.=**Launaea**
Rhachidosorus Ching **轴果蕨属**(蹄盖蕨科)
Rhachidosorus blotianus Ching(Y.L.Chang et al. in Spprae Pterid.Sin. 1976)= Rhachidosorus consimilis
Rhachidosorus blotianus Ching 脆叶轴果蕨
Rhachidosorus consimilis Ching 喜钙轴果蕨
Rhachidosorus mesosorus (Makino) Ching 轴果蕨
Rhachidosorus pulcher (Tagawa) Ching 台湾轴果蕨
Rhachidosorus truncatus Ching 云贵轴果蕨
Rhagadiolus koelpinia Willd.=Koelpinia linearis
Rhagadiolus papposus O.Ktze.=Garhadiolus papposus
Rhamnaceae 鼠李科
Rhamnella Miq.**猫乳属**(鼠李科)
Rhamnella caudata Merr. & Chun 尾叶猫乳
Rhamnella crenulata (Hand.-Mazz.) Yamazaki=Chaydaia rubrinervis
Rhamnella forrestii W.W.Sm.川滇猫乳
Rhamnella franguloides (Maxim.) Weberb.猫乳
Rhamnella gilgitica Mansf. & Melch.西藏猫乳
Rhamnella hainanensis Merr.=Chaydaia rubrinervis
Rhamnella japonica Miq.=Rhamnella franguloides
Rhamnella julianae Schneid.毛背猫乳
Rhamnella laui Chun=Rhamnus henryi
Rhamnella longifolia Tsai & Feng=Chaydaia rubrinervis
Rhamnella martinii (Lévl.) Schneid.多脉猫乳
Rhamnella obovalis Schneid.=Rhamnella franguloides
Rhamnella rubinervis (Lévl.) Rehd.=Chaydaia rubrinervis
Rhamnella sect. *Chaydaia* (Pitard) Yamazaki=**Chaydaia**
Rhamnella wilsonii Schneid.卵叶猫乳
Rhamnoides hippohae Moench=Hippophaë rhamnoides
Rhamnoneuron Gilg.**鼠皮树属**(瑞香科)
Rhamnoneuron balansae (Frake) Gilg 鼠皮树
Rhamnoneuron rubriflorum C.Y.Wu ex S.C.Huang=Rhamnoneuron balansae
Rhamnus L.**鼠李属**(鼠李科)
Rhamnus acuminatifolia Hay.=Rhamnus crenata
Rhamnus alaternus L.意大利鼠李
Rhamnus alaternus var. angustifolia (Mill.) Ait.窄叶意大利鼠李
Rhamnus alpina L.高山鼠李
Rhamnus arguta Maxim.锐齿鼠李
Rhamnus arguta var. arguta=Rhamnus arguta
Rhamnus arguta var. *betulifolia* Liou & Li=Rhamnus arguta
Rhamnus arguta var. *cuneafolia* Wang & Li=Rhamnus arguta
Rhamnus arguta var. *rotundifolia* Wang & Li=Rhamnus arguta
Rhamnus arguta var. velutina Hand.-Mazz.毛背锐齿鼠李
Rhamnus argyta var. *nakaharai* Hay.=Rhamnus nakaharai
Rhamnus aurea Heppl.云南鼠李(新)
Rhamnus betulaefolia Greene 桦叶鼠李
Rhamnus betulaefolia var. obovata Kearney & Peebles 倒卵叶鼠李
Rhamnus blinii (Lévl.) Rehd.=Rhamnus hemsleyana
Rhamnus blinii var. *sargentiana* (Schneid.) Rehd.=Rhamnus sargentiana
Rhamnus bodinieri Lévl.=Rhamnus bodinieri
Rhamnus bodinieri Lévl.陷脉鼠李
Rhamnus brachypoda C.Y.Wu ex Y.L.Chen 山绿柴
Rhamnus bungeana J.Vass.卵叶鼠李
Rhamnus californica Rsch.加州鼠李
Rhamnus californica var. crassifolia Jepson.多毛加州鼠李
Rhamnus californica var. occidentalis (Howell.) Jepson.黄叶加州鼠李
Rhamnus californica var. tomentella Brew. & Wats 短毛加州鼠李
Rhamnus californica var. ursina (Greene) Wolf..厄辛山加州鼠李
Rhamnus californica var. viridula Jepson.齿叶加州鼠李
Rhamnus cambodiana Pierre ex Pitard=Rhamnus crenata
Rhamnus caroliniana Walt.卡罗琳鼠李
Rhamnus cathartica L.药鼠李
Rhamnus cathartica β. *intermedia* Maxim.=Rhamnus ussuriensis
Rhamnus cathartica γ. *dahurica* Maxim.=Rhamnus ussuriensis
Rhamnus cavaleriei Lévl.(1911)=Rhamnus rosthornii
Rhamnus cavaleriei Lévl.=Rhamnus heterophylla
Rhamnus chekiangensis Cheng=Rhamnus rugulosa var. chekiangensis
Rhamnus chlorophora Decne.=Rhamnus globosa
Rhamnus coriaceifolia Lévl.=Sinosideroxylon wightianum
Rhamnus coriophylla Hand.-Mazz.革叶鼠李
Rhamnus coriophylla var. acutidens Y.L.Chen & P.K.Chou 锐齿革叶鼠李
Rhamnus coriophylla var. coriophylla=Rhamnus coriophylla
Rhamnus costata Miq.=Sageretia hamosa
Rhamnus crenata S. & Z.长叶冻绿
Rhamnus crenata var. *cambodiana* (Pierre ex Pitard) Tard.(p.p.)=Rhamnus henryi
Rhamnus crenata var. *cambodiana* (Pierre ex Pitard) Tard.(p.p.)=Rhamnus crenata
Rhamnus crenata var. crenata=Rhamnus crenata
Rhamnus crenata var. discolor Rehd.两色冻绿
Rhamnus crenata var. *oreigenes* (Hance) Tard.=Rhamnus crenata
Rhamnus crenatus S. & Z.(Pritz.in Engl.Bot.Jahrb.1900,p.p.)=Rhamnus utilis var. hypochrysa
Rhamnus crocea var. ilicifolia (Kell.) Greene 冬青叶鼠李
Rhamnus dahurica var. *liukiuensis* Wils.=Rhamnus liukiuensis
Rhamnus dahurica var. *nipponica* Makino(Nakai in Fl.Sylv.Kor.1920)=Rhamnus ussuriensis
Rhamnus davurica Pall.(Forb. & Hemsl.in J.L.Soc.Bot.1888,p.p.)=Rhamnus utilis
Rhamnus davurica Pall.(Laws in Fl.Brit.Ind.1875,p.p.)=Rhamnus virgata
Rhamnus davurica Pall.鼠李
Rhamnus davurica var. *hirsuta* Laws.=Rhamnus virgata var. hirsuta
Rhamnus diamantiaca Nakai 金刚鼠李
Rhamnus dumetorum Schneid.刺鼠李
Rhamnus dumetorum var. crenoserrata Rehd. & Wils.圆叶刺鼠李
Rhamnus dumetorum var. dumetorum=Rhamnus dumetorum
Rhamnus erythroxylon Pall.柳叶鼠李
Rhamnus esquirolii Lévl.(分类学报 1951)=Rhamnus esquirolii var. glabrata
Rhamnus esquirolii Lévl.贵州鼠李
Rhamnus esquirolii var. esquirolii=Rhamnus esquirolii
Rhamnus esquirolii var. glabrata Y.L.Chen & P.K.Chou 木子花
Rhamnus flavescens Y.L.Chen & P.K.Chou 淡黄鼠李
Rhamnus formosana Matsum.台湾鼠李
Rhamnus frangula L.欧鼠李
Rhamnus fulvo-tincta Metc.黄鼠李
Rhamnus gilgiana Heppl.川滇鼠李
Rhamnus glabra Nakai=Rhamnus schneideri
Rhamnus glabra var. *manshurica* Nakai=Rhamnus schneideri var. manshurica
Rhamnus globosa Bge.(Kom.in Fl.Mansh.1907,p.p.)=Rhamnus diamantiaca
Rhamnus globosa Bge.圆叶鼠李
Rhamnus globosa var. *ziziphifolia* Tang=Rhamnus parvaifolia
Rhamnus grandiflora C.Y.Wu ex Y.L.Chen 大花鼠李
Rhamnus hainanensis Merr. & Chun 海南鼠李
Rhamnus hamatidens Lévl.=Rhamnus lamprophylla
Rhamnus hemsleyana Schneid.亮叶鼠李
Rhamnus hemsleyana var. hemsleyana=Rhamnus hemsleyana
Rhamnus hemsleyana var. yunnanensis C.Y.Wu ex Y.L.Chen 高山亮叶鼠李
Rhamnus henryi Schneid.毛叶鼠李
Rhamnus heterophylla Oliv.异叶鼠李
Rhamnus heterophylla var. *oblongifolius* Pritz.=Rhamnus heterophylla
Rhamnus hirsuta Wight & Arn.=Rhamnus virgata var. hirsuta
Rhamnus hupehensis Schneid.湖北鼠李
Rhamnus hypochrysus Schneid.=Rhamnus utilis var. hypochrysa
Rhamnus inconspicua Grub.=Rhamnus leptophylla
Rhamnus iteinophylla Schneid.桃叶鼠李
Rhamnus japonica Maxim.日本鼠李
Rhamnus jujuba L.=Ziziphus mauritiana

Rhamnus koraiensis Schneid.朝鲜鼠李
Rhamnus kwangsiensis Y.L.Chen & P.K.Chou 广西鼠李
Rhamnus lamprophylla Schneid.钩齿鼠李
Rhamnus lanceolata Pursh 披针叶鼠李
Rhamnus lanceolata var. glabrata Gl.光披针叶鼠李
Rhamnus leptacantha Schneid.(Hand.-Mazz.in Symb.Sin.1933)=Rhamnus gilgiana
Rhamnus leptacantha Schneid.纤花鼠李
Rhamnus leptophylla Schneid.薄叶鼠李
Rhamnus leptophylla var. *milensis* Schneid.=Rhamnus virgata
Rhamnus leptophylla var. *scabrella* Rehd.=Rhamnus tangutica
Rhamnus leveilleana Fedde=Rhamnus rosthornii
Rhamnus lineata L.=Berchemia lineata
Rhamnus liukiuensis (Wils.) Koidz.琉球鼠李
Rhamnus longipes Merr. & Chun 长柄鼠李
Rhamnus mairei Schneid.=Rhamnella martinii
Rhamnus martinii Lévl.=Rhamnella martinii
Rhamnus maximovicziana J.Vass.黑桦树
Rhamnus maximovicziana var. maximovicziana=Rhamnus maximovicziana
Rhamnus maximovicziana var. oblongifolia Y.L.Chen & P.K.Chou 矩叶黑桦树
Rhamnus meyeri Schneid.山东鼠李(新)?
Rhamnus minuta Grub.矮小鼠李
Rhamnus myrtillus Lévl.=Myrsine africana
Rhamnus nakaharai (Hay.) Hay.台中鼠李
Rhamnus napalensis (Wall.) Laws.尼泊尔鼠李
Rhamnus nigricans Hand.-Mazz.黑背鼠李
Rhamnus obovatilimbus Merr. & Metc.=Rhamnus rugulosa
Rhamnus oenoplia L.=Ziziphus oenoplia
Rhamnus oreigenes Hance=Rhamnus crenata
Rhamnus owiakensis Hay.=Rhamnus parvaifolia
Rhamnus paniculiflorus Schneid.=Rhamnus napalensis
Rhamnus parvaifolia Bge.小叶鼠李
Rhamnus parvifolia Bge.(Kitag.in Lineam.Fl.Mansh.1939,p.p.)=Rhamnus diamantiaca
Rhamnus parvifolia Bge.(Kitag.in Lineam.Fl.Mansh.1939,p.p.)=Rhamnus koraiensis
Rhamnus parvifolia Bge.(Schneid.in Ill.Handb.Laubholzk.1909,p.p.)=Rhamnus bungeana
Rhamnus pasteuri Lévl.=Gardneria multiflora
Rhamnus persicus Boiss.(Laws in Fl.Brit.Ind.1875,p.p.)=Rhamnus prostrata
Rhamnus pianensis Kanehira=Rhamnus parvaifolia
Rhamnus polymorphus Turcz.=Rhamnus parvaifolia
Rhamnus potaninii J.Vass.=Rhamnus tangutica
Rhamnus procumbens Edgew.蔓生鼠李
Rhamnus prostrata Jacq.平卧鼠李
Rhamnus pseudofrangula Lévl.=Rhamnus crenata
Rhamnus pumila Turra.矮鼠李
Rhamnus purshiana DC.珀希鼠李
Rhamnus rhododendriphylla Y.L.Chen & P.K.Chou 杜鹃叶鼠李
Rhamnus rosthornii Pritz.小冻绿树
Rhamnus rugulosa Hemsl.皱叶鼠李
Rhamnus rugulosa var. chekiangensis (Cheng) Y.L.Chen & P.K.Chou 浙江鼠李
Rhamnus rugulosa var. glabrata Y.L.Chen & P.K.Chou 脱毛皱叶鼠李
Rhamnus rugulosa var. rugulosa=Rhamnus rugulosa
Rhamnus sanguinea Pers.=Rhamnus frangula
Rhamnus sargentiana Schneid.多脉鼠李
Rhamnus schneideri Lévl. & Vant.长梗鼠李
Rhamnus schneideri var. manshurica Nakai 东北鼠李
Rhamnus schneideri var. schneideri=Rhamnus schneideri
Rhamnus serphyllifolia Lévl.滇东鼠李(新)?
Rhamnus smithii Greene 史密斯鼠李
Rhamnus smithii var. fasciculata (Greene) C.B.Wolf.束状史密斯鼠李
Rhamnus songorica Gontsch.新疆鼠李
Rhamnus subapetala Merr.紫背鼠李
Rhamnus tangutica J.Vass.甘青鼠李
Rhamnus thea Osbeck=Sageretia thea
Rhamnus theezans L.=Sageretia thea
Rhamnus tibetica Y.L.Chen & P.K.Chou 藏鼠李(新)?
Rhamnus tinctoria Hemsl.=Rhamnus globosa
Rhamnus tonkinensis Pitard.(海南志 1974)=Rhamnus napalensis
Rhamnus tonkinensis Pitard.越南鼠李
Rhamnus tumetica Grub.=Rhamnus parvaifolia
Rhamnus tzekweiensis Y.L.Chen & P.K.Chou 鄂西鼠李
Rhamnus ussuriensis J.Vass.乌苏里鼠李
Rhamnus utilis Decne.冻绿
Rhamnus utilis f. *glaber* Rehd.=Rhamnus utilis
Rhamnus utilis var. hypochrysa (Schneid.) Rehd.毛冻绿
Rhamnus utilis var. szechuanensis Y.L.Chen & P.K.Chou 高山冻绿
Rhamnus utilis var. utilis=Rhamnus utilis
Rhamnus velutina Anth.毡毛鼠李
Rhamnus virgata Roxb.帚枝鼠李
Rhamnus virgata var. *aprica* Maxim.=Rhamnus maximovicziana
Rhamnus virgata var. hirsuta (Wight & Arn.) Y.L.Chen & P.K.Chou 糙毛帚枝鼠李
Rhamnus virgata var. *mongolica* Maxim.=Rhamnus maximovicziana
Rhamnus virgata var. *parvifolia* Maxim.=Rhamnus tangutica
Rhamnus virgata var. *sylvestris* Maxim.=Rhamnus diamantiaca
Rhamnus virgata var. *virgata*=Rhamnus virgata
Rhamnus vitisidaea Burm.f.=Breynia vitis-idaea
Rhamnus wilsonii Schneid.山鼠李
Rhamnus wilsonii var. pilosa Rehd.毛山鼠李
Rhamnus wilsonii var. wilsonii=Rhamnus wilsonii
Rhamnus wumingensis Y.L.Cheng & P.K.Chou 武鸣鼠李
Rhamnus xizangensis Y.L.Chen & P.K.Chou 西藏鼠李
Rhamnus yunnanensis Heppl.=Rhamnella martinii
Rhamophidia Lindl.=**Hetaeria**
Rhamophidia elongata (Lindl.) Lindl.=Hetaeria elongata
Rhamophidia elongata Lindl.=Hetaeria elongata
Rhamophidia japonica Rchb.f.=Myrmechis japonica
Rhamophidia rubens (Lindl.) Lindl.=Hetaeria rubens
Rhamphocarya Kuang=**Annamocarya**
Rhamphocarya integrifoliolata Kuang=Annamocarya sinensis
Rhaphidophora Hassk.**崖角藤属**(天南星科)
Rhaphidophora angustifolia Schott (N.E.Brown in J.L.Soc.Bot.1903)=Rhaphidophora hongkongensis
Rhaphidophora aurea (Linden & Andre) Birdsey=Epipremnum aureum
Rhaphidophora crassicaulis Engl. & Krause 粗茎崖角藤
Rhaphidophora decursiva (Roxb.) Schott 爬树龙
Rhaphidophora dunniana Lévl.=Amydrium sinense
Rhaphidophora hongkongensis Schott 狮子尾
Rhaphidophora hookeri Schott 毛过山龙
Rhaphidophora laichouensis Gagn.莱州崖角藤
Rhaphidophora lancifolia Schott 上树蜈蚣
Rhaphidophora luchunesis H.Li 绿春崖角藤
Rhaphidophora maclurei Merr.=Scindapsus maclurei
Rhaphidophora megaphilla H.Li 大叶崖角藤
Rhaphidophora peepla (Roxb.) Schott 大叶南苏
Rhaphidophora peepla Schott.(Benth.in Fl.Hongk.1961)=Rhaphidophora hongkongensis
Rhaphidophora pinnata Schott=Epipremnum pinatum
Rhaphidophora tonkinensis Engl. & Krause=Rhaphidophora hongkongensis
Rhaphidospora Nees **针子草属** (爵床科)
Rhaphidospora vagabunda (R.Ben.) C.Y.Wu ex Y.C.Tang 针子草
Rhaphis acicularis (Retz.) Desv.=Chrysopogon aciculatus
Rhaphis echinulata Nees ex Royle=Chrysopogon echinulatus
Rhaphis orientalis Desv.=Chrysopogon orientalis
Rhaphis trivalvis Lour.=Chrysopogon aciculatus
Rhapidophyllum Wendland & Drude **针棕属**(棕榈科)
Rhapidophyllum hystrix (Pursh) Wendland & Drude 针棕
Rhapis L.f. ex Ait.**棕竹属**(棕榈科)
Rhapis acaulis Willd.=Sabal minor
Rhapis excelsa (Thunb.) Henry ex Rehd.棕竹
Rhapis filiformis Burret 丝状棕竹
Rhapis flabelliformis L'Hérit. ex Ait.=Rhapis excelsa
Rhapis gracilis Burret 细棕竹
Rhapis grossefibrosa Gagn.=Guihaia grossefibrosa
Rhapis humilis Bl.矮棕竹

Rhapis multifida Burret 多裂棕竹
Rhapis robusta Burret 粗棕竹
Rhaponticum atriplicifolium (Trev.) DC.=Synurus deltoides
Rhaponticum carthamoides (Willd.) Iljin=Stemmacantha carthamoides
Rhaponticum dahuricum (Bge.) Turcz.=Stemmacantha uniflora
Rhaponticum monanthum (Georgi) Worosch.=Stemmacantha uniflora
Rhaponticum satzyperovii Soskov=Stemmacantha uniflora
Rhaponticum uniflorum (L.) DC.=Stemmacantha uniflora
Rhazya Decne.**瑞兹亚属**(夹竹桃科)
Rhazya orientalis A.DC.东方瑞兹亚
Rhchidosorus subfragilis Ching=Rhachidosorus truncatus
Rhektophyllum N.E.Br.**网纹芋属**(天南星科)
Rhektophyllum mirabile N.E.Br.网纹芋
Rheum L.**大黄属**(蓼科)
Rheum acuminatum HK.f. & Thoms. ex HK.心叶大黄
Rheum alexandrae Batal.苞叶大黄
Rheum altaicum A.Los.阿尔泰大黄
Rheum aplostachyum Kar. & Kir.=Rheum rhizostachyum
Rheum australe D.Don 藏边大黄
Rheum cacaliifolia Lévl.=Rheum kialense
Rheum caspicum Pall.=Rheum tataricum
Rheum compactum L.密序大黄
Rheum crispus L.牛舌大黄
Rheum cruentum Siev. ex Pall.=Rheum nanum
Rheum delavayi Franch.滇边大黄
Rheum dentatus L.齿果大黄
Rheum emodi Wall.(p.p.)=Rheum australe
Rheum emodi Wall.(p.p.)=Rheum webbianum
Rheum forrestii Deils 牛尾七
Rheum franzenbachii Münt.华北大黄
Rheum franzenbachii var. *mongolicum* Münt=Rheum franzenbachii
Rheum glabricaule Sam.光茎大黄
Rheum glabricaule f. brevilobatum Sam.短裂叶光茎大黄?
Rheum globulosum Gage 头序大黄
Rheum hastatus D.Don 戟叶大黄
Rheum hirsutum Maxim. ex Franch.=Polygonum hookeri
Rheum hotaoense C.Y.Cheng & Kao 河套大黄
Rheum inopinatum Prain 红脉大黄
Rheum kialense Franch.疏枝大黄
Rheum laciniatum Prain 条裂大黄
Rheum leucorrhizum Pall.=Rheum nanum
Rheum lhasaense A.J.Li & P.K.Hsiao 拉萨大黄
Rheum likiangense Sam.丽江大黄
Rheum maculatum C.Y.Cheng & Kao 斑茎大黄
Rheum maritimus L.海滨羊蹄
Rheum micranthum Sam.=Rheum kialense
Rheum moocroftianum Royle 卵果大黄
Rheum nanum Lingelsh=Polygonum hookeri
Rheum nanum Siev. ex Pall.矮大黄
Rheum nepalensis Spreng.土大黄
Rheum nobile HK.f. & Thoms.塔黄
Rheum nutans Pall.=Rheum compactum
Rheum obtusifolius L.钝叶大黄(新)
Rheum officinale Baill.药用大黄
Rheum ovatum C.Y.Cheng & Kao=Rheum likiangense
Rheum palamtum L.掌叶大黄
Rheum palmatum subsp. *dissectum* f. *rubiflora* Stapf. =Rheum tanguticum
Rheum potaninii A.Los.=Rheum palmatum
Rheum przewalskyi A.Los.歧穗大黄
Rheum pumilum Maxim.小大黄
Rheum racemiferum Maxim.总序大黄
Rheum remotiflorus Samuelss.疏花大黄(新)
Rheum reticulatum A.Los.网脉大黄
Rheum rhabarbarum L.(p.p.)=Rheum franzenbachii
Rheum rhabarbarum L.(p.p.)=Rheum undulatum
Rheum rhizostachyum Schrenk 枝穗大黄
Rheum rhomboideum A.Los.菱叶大黄
Rheum scaberrimum Lingelsh.(分类学报 1975)=Rheum przewalskyi
Rheum scaberrimum Lingelsh.=Rheum spiciforme
Rheum spiciforme Royhle (Sam.in Svensk Bot.Tidskr.1936,p.p.)=Rheum przewalskyi
Rheum spiciforme Royle (分类学报 1975,p.p.)=Rheum rhomboideum
Rheum spiciforme Royle 穗序大黄
Rheum strictum Franch.=Rheum delavayi
Rheum subacaule Sam.垂枝大黄
Rheum sublanceolatum C.Y.Cheng & Kao 窄叶大黄
Rheum tanguticum Maxim. ex Rgl.(Tschirch in Schweiz.Wochenschr. Chem.Pharm.1910)=Rheum palmatum
Rheum tanguticum Maxim. ex Rgl.唐古特大黄
Rheum tanguticum var. liupanshanense C.Y.Cheng & Kao 六盘山鸡爪大黄
Rheum tanguticum var. tanguticum=Rheum tanguticum
Rheum tataricum L.圆叶大黄
Rheum tibeticum Maxim. ex HK.f.西藏大黄
Rheum undalatum L.(北部植物图志 1936)=Rheum franzenbachii
Rheum undulatum L.波叶大黄
Rheum undulatum var. longifolium C.Y.Cheng & Kao 长叶波叶大黄
Rheum undulatum var. undulatum=Rheum undulatum
Rheum uninerve Maxim.单脉大黄
Rheum webbianum Royle 喜马拉雅大黄
Rheum wittrockii Lundstr.天山大黄
Rheum yunginigensis Samuelss. (新拉汉英 1996)= Rumex yunginigensis
Rheum yunnanense Sam.云南大黄
Rhinacanthus Nees **灵枝草属**(爵床科)
Rhinacanthus beesianus Diels 滇灵枝草
Rhinacanthus calcaratus (Wall.) Nees 滑液灵枝草
Rhinacanthus communis Nees= Rhinacanthus nasutus
Rhinacanthus nasutus (L.) Kurz 灵枝草
Rhinacanthus nasutus (L.) Lindau= Rhinacanthus nasutus
Rhinactina Less.=**Krylovia**
Rhinactina limoniifolia Less.=Krylovia limoniifolia
Rhinactina uniflora Bge. ex DC.=Krylovia eremophila
Rhinactinidia Novopokr.=**Krylovia**
Rhinanthus L.**鼻花属**(玄参科)
Rhinanthus glaber Lam.鼻花
Rhinanthus major (Sterneck) Fedtsch.=Rhinanthus glaber
Rhinanthus vernalis (N.W.Zing.) B.Schisch.=Rhinanthus glaber
Rhinathus songaricus (Stern.) Fedts.=Rhinanthus glaber
Rhinopetalum Fisch. ex Alexand.=**Fritillaria**
Rhinopetalum karelini Fisch.=Fritillaria karelinii
Rhinostegia Turcz.=**Thesium**
Rhipsalidopsis Britt. & Rose.**假昙花属**(仙人掌科)
Rhipsalidopsis rosea (Lagerh.) Britt. & Rose.假昙花
Rhipsalis Gaertn.**仙人棒属**(仙人掌科)
Rhipsalis baccifera (Soland ex Mill.) Stearn 唯丝苇
Rhipsalis crispata (Haw.) Pfeiff.窗之梅
Rhipsalis paradoxa Salm-Dyck.玉柳
Rhipsalis regnellii Lindb.丽人柳
Rhizomatopteris A.P.Khokhr.=**Cystopteris**
Rhizomatopteris montana A.P.Khokhr.=Cystopteris montana
Rhizomatopteris sudetica A.P.Khokhr.=Cystopteris sudetica
Rhizophora L.**红树属**(红树科)
Rhizophora apiculata Bl.红树
Rhizophora candel L.=Kandelia candel
Rhizophora candelaria DC.=Rhizophora apiculata
Rhizophora caryophylloides Burm.f.=Bruguiera cylindrica
Rhizophora caseolaris L. (p.p.).=Sonneratia caseolaris
Rhizophora conjugata L.(Hemsl.Fl.Brit.Ind.1878)=Rhizophora apiculata
Rhizophora corniculata L.=Aegiceras corniculatum
Rhizophora cylindrica L.=Bruguiera cylindrica
Rhizophora gymnorrhiza L.=Bruguiera gymnorrhiza
Rhizophora mangle L.美国红树
Rhizophora mucranata var. *stylosa* Schimp.=Rhizophora stylosa
Rhizophora mucronata Poir.(分类学报 1953,海南志 1965)=Rhizophora stylosa
Rhizophora mucronata Poir.红茄苳
Rhizophora stylosa Griff.红海兰
Rhizophora tagal Perr.=Ceriops tagal
Rhizophora tinoriensis DC.=Ceriops tagal
Rhizophoraceae 红树科
Rhizosperma Meyen=**Azolla**

Rhodamnia Jack **玫瑰木属**(桃金娘科)
Rhodamnia dumetorum (Poir.) Merr. & Perry 玫瑰木
Rhodamnia dumetorum var. dumetorum=Rhodamnia dumetorum
Rhodamnia dumetorum var. hainanensis Merr. & Perry 海南玫瑰木
Rhodamnia siamensis Craib=Rhodamnia dumetorum
Rhodamnia trinervia Bl.(Gagn.in Lecte.Fl.Gén.Indo-Chine 1921,p.p.)=Rhodamnia dumetorum
Rhodiola L.**红景天属**(景天科)
Rhodiola algida var. *tangutica* (Maxim.) S.H.Fu=Rhodiola tangutica
Rhodiola alsia (Fröd.) S.H.Fu 西川红景天
Rhodiola alsia subsp. kawaguchii H.Ohba 河口红景天
Rhodiola alterna S.H.Fu 互生红景天
Rhodiola angusta Nakai 长白红景天
Rhodiola aprontica (Fröd.) S.H.Fu=Rhodiola atuntsuensis
Rhodiola atropurpurea (Turcz.) Trautv. & Mey.(植物志 34-2,1984)=Rhodiola rosea
Rhodiola atsaensis (Fröd.) H.Ohba 亚查红景天?
Rhodiola atuntsuensis (Praeg.) S.H. Fu 德钦红景天
Rhodiola balfouri (Hamet) S.H.Fu=Ohbaea balfourii
Rhodiola bhutanica (Praeg.) S.H.Fu=Rhodiola bupleuroides
Rhodiola brevipetiolata (Fröd.) S.H.Fu=Rhodiola atuntsuensis
Rhodiola bupleuroides (Wall. ex HK.f. & Thoms.) S.H.Fu 柴胡红景天
Rhodiola calliantha (H.Ohba) H.Ohba 美花红景天
Rhodiola chrysanthemifolia (Lévl.) S.H.Fu 菊叶红景天
Rhodiola chrysanthemifolia subsp. *sacra* (Prain ex Hamet) H.Ohba=Rhodiola sacra
Rhodiola coccinea (Royle) A.Bor=Rhodiola quadrifida
Rhodiola coccinea (Royle) Borissova 圆丛红景天
Rhodiola coccinea subsp. coccinea=Rhodiola coccinea
Rhodiola coccinea subsp. scabrida (Franch.) H.Ohba 粗糙红景天
Rhodiola concinna (Praeg.) S.H.Fu=Rhodiola atuntsuensis
Rhodiola crassipes (Wall. ex HK.f. & Thoms.) A.Bor.=Rhodiola wallichiana
Rhodiola crassipes var. *cretinii* (Raym.-Hamet) H.Jacobs.=Rhodiola cretinii
Rhodiola crenulata (HK.f. & Thoms.) H.Ohba 大花红景天
Rhodiola cretinii (Hamet) H.Ohba 根出红景天
Rhodiola cretinii subsp. cretinii=Rhodiola cretinii
Rhodiola cretinii subsp. sino-alpina (Fröd.) H.Ohba 高山红景天
Rhodiola dielsiana (W.Limpr.) S.H.Fu=Rhodiola chrysanthemifolia
Rhodiola discolor (Franch.) S.H.Fu 异色红景天
Rhodiola dumulosa (Franch.) S.H.Fu 小丛红景天
Rhodiola durisii (Hamet) S.H.Fu=Rosularia alpestris
Rhodiola elongata (Ledeb.) Fisch. & Mey.(Nakai in Jour.Jap.Bot.1938)=Rhodiola sachalinensis
Rhodiola eurycarpa (Fröd.) S.H.Fu=Rhodiola macrocarpa
Rhodiola euryphylla (Fröd.) S.H.Fu=Rhodiola crenulata
Rhodiola fastigiata (HK.f. & Thoms.) S.H.Fu 长鞭红景天
Rhodiola fastigiata var. *gelida* (Schrenk) H.Hacob.=Rhodiola gelida
Rhodiola forrestii (Hamet) S.H.Fu 长圆红景天
Rhodiola gannanica K.T.Fu 甘南红景天
Rhodiola gelida Schrenk 长鳞红景天
Rhodiola handelii H.OHba 小株红景天?
Rhodiola henryi (Diels) S.H.Fu=Rhodiola yunnanensis
Rhodiola heterodonta (HK.f. & Thoms.) A.Bor.异齿红景天
Rhodiola himalensis (D.Don) S.H.Fu 喜马红景天
Rhodiola himalensis subsp. taohoensis (S.H.Fu) H.Ohba 洮河红景天
Rhodiola hobsonii (Prain ex Hamet) S.H.Fu 背药红景天
Rhodiola hookeri S.H.Fu=Rhodiola bupleuroides
Rhodiola humilis (HK.f. & Thoms.) S.H.Fu 矮生红景天
Rhodiola junggarica C.Y.Yang & N.R.Cui 准噶尔红景天
Rhodiola juparensis (Fröd.) S.H.Fu=Rhodiola coccinea
Rhodiola kansuensis (Fröd.) S.H.Fu 甘肃红景天?
Rhodiola karpelesae (Hamet) S.H.Fu=Rhodiola humilis
Rhodiola kaschgarica A.Bor.喀什红景天
Rhodiola kirilowii (Rgl.) Maxim.狭叶红景天
Rhodiola kirilowii var. kirilowii=Rhodiola kirilowii
Rhodiola kirilowii var. *latifolia* S.H.Fu=Rhodiola kirilowii
Rhodiola komarovii A.Bor.=Rhodiola angusta
Rhodiola liciae (Hamet) S.H.Fu 昆明红景天
Rhodiola likiangensis (Fröd.) S.H.Fu=Rhodiola coccinea subsp. scabrida
Rhodiola linearifolia Boirissova=Rhodiola kirilowii
Rhodiola litwinowii A.Bor.黄萼红景天
Rhodiola longicaulis (Praeg.) S.H.Fu=Rhodiola kirilowii
Rhodiola macrocarpa (Praeg.) S.H.Fu 大果红景天
Rhodiola macrolepis (Franch.) S.H.Fu=Rhodiola kirilowii
Rhodiola megalophylla (Fröd.) S.H.Fu=Rhodiola crenulata
Rhodiola nobilis (Franch.) S.H.Fu 优秀红景天
Rhodiola nobilis subsp. *atuntsuensis* (Praeg.) H.Ohba=Rhodiola atuntsuensis
Rhodiola ovatisepala (Hamet) S.H.Fu 卵萼红景天
Rhodiola ovatisepala var. chingii S.H.Fu 线萼红景天
Rhodiola ovatisepala var. ovatisepala=Rhodiola ovatisepala
Rhodiola pamiro-alica A.Bor.帕米红景天
Rhodiola papillocarpa (Fröd.) S.H.Fu=Rhodiola yunnanensis
Rhodiola petiolata (Fröd.) S.H.Fu=Rhodiola prainii
Rhodiola phariensis (H.Ohba) S.H.Fu=Rhodiola purpureoviridis subsp. phariensis
Rhodiola pinnatifida A.Bor.羽裂红景天
Rhodiola pleurogynanthua (Hand.-Mazz.) S.H.Fu=Rhodiola primuloides
Rhodiola prainii (Hamet) H.Ohba 四轮红景天
Rhodiola primuloides (Franch.) S.H.Fu 报春红景天
Rhodiola primuloides subsp. kongboensis H.Ohba 贡布红景天
Rhodiola primuloides subsp. primuloides=Rhodiola primuloides
Rhodiola purpureoviridis (Praeg.) S.H.Fu 紫绿红景天
Rhodiola purpureoviridis subsp. phariensis (H.Ohba) H.Ohba 帕里红景天
Rhodiola quadrifida (Pall.) Fisch. & Mey.四裂红景天
Rhodiola ramosa Nakai=Rhodiola angusta
Rhodiola recticaulis A.Bor.直茎红景天?
Rhodiola robusta (Praeg.) S.H.Fu=Rhodiola kirilowii
Rhodiola rosea L.红景天
Rhodiola rosea var. *elongata* (Ledeb.) H.Jacobs.=Rhodiola rosea
Rhodiola rosea var. microphylla (Fröd) S.H.Fu 小叶红景天
Rhodiola rosea var. rosea=Rhodiola rosea
Rhodiola rotundata (Hemsl.) S.H.Fu=Rhodiola crenulata
Rhodiola rotundifolia (Fröd.) S.H.Fu=Rhodiola yunnanensis
Rhodiola sachalinensis A.Bor.库页红景天
Rhodiola sacra (Prain ex Hamet) S.H.Fu 圣地红景天
Rhodiola sacra var. sacra=Rhodiola sacra
Rhodiola sacra var. tsuiana (S.H.Fu) S.H.Fu 长毛圣地红景天
Rhodiola sangpo-tibetana (Fröd.) S.H.Fu=Rhodiola smithii
Rhodiola scabrida (Franch.) S.H.Fu=Rhodiola coccinea subsp. scabrida
Rhodiola semenovii (Rgl. & Herd.) A.Bor.柱花红景天
Rhodiola serrata H.Ohba 齿叶红景天
Rhodiola sexifolia S.H.Fu 六叶红景天
Rhodiola sherriffii H.Ohba 小杯红景天?
Rhodiola sinica (Diels) Jacobsen=Rhodiola yunnanensis
Rhodiola sinoalpina (Fröd.) S.H.Fu=Rhodiola cretinii subsp. sinoalpina
Rhodiola sinuata (Royle ex Edgew) S.H.Fu 裂叶红景天
Rhodiola smithii (Hamet) S.H.Fu 异鳞红景天
Rhodiola staminea (Pauls.) S.H.Fu=Rhodiola alsia
Rhodiola stapfii (Hamet) S.H.Fu 托花红景天
Rhodiola stephanii (Cham.) Trautv. & Mey.兴安红景天
Rhodiola subopposita (Maxim.) Jacobsen 对叶红景天
Rhodiola tangutica (Maxim.) S.H.Fu 唐古红景天
Rhodiola taohoensis S.H.Fu=Rhodiola himalensis subsp. taohoensis
Rhodiola telephioides (Maxim.) S.H.Fu=Rhodiola rosea
Rhodiola tibetica (HK.f. & Thoms.) S.H.Fu 西藏红景天
Rhodiola tieghemii (Hamet) S.H.Fu 巴塘红景天
Rhodiola tsuiana S.H.Fu=Rhodiola sacra var. tsuiana
Rhodiola venusta (Praeg.) S.H.Fu=Rhodiola fastigiata
Rhodiola wallichiana (HK.) S.H.Fu 粗茎红景天
Rhodiola wallichiana var. cholaensis (Praeg.) S.H.Fu 大株粗茎红景天
Rhodiola wallichiana var. wallichiana=Rhodiola wallichiana
Rhodiola yunnanensis (Franch.) S.H.Fu 云南红景天
Rhododendron L.**杜鹃属**(杜鹃花科)
Rhododendron aberconwayi Cowan 蝶花杜鹃
Rhododendron aberrans Tagg & Forr.=Rhododendron traillianum
Rhododendron achroanthum Balf.f. & W.W.Sm.=Rhododendron rupicola
Rhododendron acraium Balf.f. & W.W.Sm.=Rhododendron primuliflorum
Rhododendron adenanthum M.Y.He 腺花杜鹃

Rhododendron adenogynum Diels 腺房杜鹃
Rhododendron adenophorum Balf.f. & W.W.Sm.=Rhododendron adenogynum
Rhododendron adenopodum Franch.弯尖杜鹃
Rhododendron adenostemonum Balf.f. & W.W.Sm.=Rhododendron irroratum subsp. pogonostylum
Rhododendron adenostylum Fang & M.Y.He 腺柱杜鹃花
Rhododendron adenosum Davidian 枯鲁杜鹃
Rhododendron adenpsum Davidian 木里杜鹃花
Rhododendron admirabile Balf.f. & Forr.=Rhododendron lukiangense
Rhododendron adoxum Balf.f & Forr.=Rhododendron vernicosum
Rhododendron adroserum Balf.f. & Forr.=Rhododendron lukiangense
Rhododendron aechmophyllum Balf.f. & Forr.=Rhododendron yunnanense
Rhododendron aemulorum Balf.f.=Rhododendron mallotum
Rhododendron aeruginosum HK.f.=Rhododendron campanulatum subsp. aeruginosum
Rhododendron afghanicum Ait. & Hemsl.阿富汗杜鹃花
Rhododendron aganniiphum Balf.f. & K.Ward.(Cullen & Chamb.in Not. Bot.Gard.Edinb.1978)=Rhododendron aganniphum var. schizopeplum
Rhododendron aganniphum Balf.f. & W.W.Sm.雪山杜鹃
Rhododendron aganniphum var. aganniphum=Rhododendron aganniphum
Rhododendron aganniphum var. flavorufum (Balf.f. & Forr.) Chamb. ex Cullen & Chamb.黄毛雪山杜鹃
Rhododendron aganniphum var. *glaucopeplum* (Balf.f. & Forr.) T.L.Ming =Rhododendron aganniphum
Rhododendron aganniphum var. schizopeplum (Balf.f. & Forr.) T.L.Ming 裂毛雪山杜鹃
Rhododendron agaopetum Balf.f. & Ward.腺梗杜鹃花
Rhododendron agapetum Balf.f. & K.Ward.=Rhododendron kyawi
Rhododendron agastum Balf.f. & W.W.Sm.迷人杜鹃
Rhododendron agastum var. agastum=Rhododendron agastum
Rhododendron agastum var. pennivenium (Balf.f. & Forr.) T.L.Ming 光柱迷人杜鹃
Rhododendron agetum Balf.f. & Forr.=Rhododendron neriiflorum var. agetum
Rhododendron agglutinatum Balf.f. & Forr.=Rhododendron phaeochrysum var. agglutinatum
Rhododendron aiolosalpinx Balf.f. & Forr.=Rhododendron stewartianum
Rhododendron aiolpeplum Balf.f. & Forr.=Rhododendron phaeochrysum var. levistratum
Rhododendron aischropeplum Balf.f. & Forr.=Rhododendron roxieanum
Rhododendron alabamense Rehd.阿拉巴马杜鹃花
Rhododendron albertsenianum Forr.亮红杜鹃
Rhododendron albicaule Lévl.=Rhododendron decorum
Rhododendron albiflorum HK.白花杜鹃花
Rhododendron albrechtii Maxim.极美杜鹃花
Rhododendron album Buch.-Ham.=Rhododendron arboreum var. roseum
Rhododendron alpicola Rehd. & Wils.=Rhododendron nivale subsp. boreale
Rhododendron alpicola var. *strictum* Rehd. & Wils.=Rhododendron nivale subsp. boreale
Rhododendron alutaceum Balf.f. & W.W.Sm.棕背杜鹃
Rhododendron alutaceum var. alutaceum=Rhododendron alutaceum
Rhododendron alutaceum var. iodes (Balf.f. & Forr.) Chamb.毛枝棕背杜鹃
Rhododendron alutaceum var. russotinctum (Balf.f. & Forr.) Chamb. ex Cullen & Chamb.腺房棕背杜鹃
Rhododendron alutaceum var. *russotinctum* (Balf.f. & Forr.) Chamb. ex Cullen & Chamb.(p.p.)=Rhododendron alutaceum var. iodes
Rhododendron amagianum Mak.阿马基山杜鹃花
Rhododendron amandum Cowan 细枝杜鹃
Rhododendron amaurophyllum Balf.f. & Forr.=Rhododendron saluenense
Rhododendron ambiguum Hemsl.问客杜鹃
Rhododendron amesiae Rehd. & Wils.紫花杜鹃
Rhododendron amoenum (Lindl.) Planch.可爱杜鹃花
Rhododendron amundsenianum Hand.-Mazz.暗叶杜鹃
Rhododendron anhweiense Wils.=Rhododendron maculiferum subsp. anhweiense
Rhododendron annae Franch.(Chamb.in Not Bot.Gard.Edinb.1982,p.p.)= Rhododendron annae subsp. laxiflorum
Rhododendron annae Franch.桃叶杜鹃
Rhododendron annae subsp. annae=Rhododendron annae
Rhododendron annae subsp. laxiflorum (Balf.f. & Forr.) T.L.Ming 滇西桃叶杜鹃
Rhododendron annamense Rehd.越南杜鹃花
Rhododendron anthopogon D.Don 髯花杜鹃
Rhododendron anthopogon subsp. *hypenanthum* (Balf.f.) Culle= Rhododendron hypenanthum
Rhododendron anthopogon var. *haemonium* (Balf.f. & Coop.) Cowan & David.= Rhododendron anthopogon
Rhododendron anthopogonoides Maxim.烈香杜鹃
Rhododendron anthosphaerum Diels 团花杜鹃
Rhododendron anthosphaerum subsp. *hylothreptum* (Balf.f. & W.W.Sm.) Tagg=Rhododendron anthosphaerum
Rhododendron aperantum Balf.f. & K.Ward 宿鳞杜鹃
Rhododendron apiculatum Rehd. & Wils.=Rhododendron concinnum
Rhododendron apodectrum Balf.f. & W.W.Sm.=Rhododendron dichroanthum subsp. apodectum
Rhododendron apricum Tam=Rhododendron rufulum
Rhododendron apricum var. *falcinellum* Tam=Rhododendron rufulum
Rhododendron araiophyllum Balf.f. & W.W.Sm.窄叶杜鹃
Rhododendron araiophyllum subsp. araiophyllum=Rhododendron araiophyllum
Rhododendron araiophyllum subsp. lapidosum (T.L.Ming) Fang f. 石生杜鹃
Rhododendron araliiforme Balf.f. & Forr.=Rhododendron vernicosum
Rhododendron arborescens (Pursh.) Torr.乔状杜鹃
Rhododendron arboreum Smith 树形杜鹃
Rhododendron arboreum subsp. *campbelliae* (HK.f.) Tagg= Rhododendron arboreum var. cinnammomeum
Rhododendron arboreum subsp. *cinnammomeum* (Lind.) Tagg= Rhododendron arboreum var. cinnammomeum
Rhododendron arboreum subsp. *delavayi* (Franch.) Chamb. ex Culle & Chamb.= Rhododendron delavayi
Rhododendron arboreum subsp. *delavayi* var. *peramoenum* (Balf.f. & Forr.) Chamb. ex Cullen & Chamb.=Rhododendron delavayi var. peramoenum
Rhododendron arboreum var. *album* Wall.=Rhododendron arboreum var. roseum
Rhododendron arboreum var. arboreum=Rhododendron arboreum
Rhododendron arboreum var. *cinnammomeum* (Wall. ex Lind.) W.K.Hu= Rhododendron arboreum var. cinnammomeum
Rhododendron arboreum var. cinnammomeum Wall. ex Lindl.棕色树形杜鹃
Rhododendron arboreum var. *roseum* (Lindl.) W.K.Hu=Rhododendron arboreum var. roseum
Rhododendron arboreum var. roseum Lindl.粉红树形杜鹃
Rhododendron argenteum HK.f.=Rhododendron grande
Rhododendron argipeplum Balf.f & Cooper=Rhododendron smithii
Rhododendron argyi Lévl.=Rhododendron mucronatum
Rhododendron argyrophyllum Franch.银叶杜鹃
Rhododendron argyrophyllum subsp. argyrophyllum=Rhododendron argyrophyllum
Rhododendron argyrophyllum subsp. *hypogluacum* (Hemsl.) Chamb. ex Culle & Chamb.=Rhododendron hypoglaucum
Rhododendron argyrophyllum subsp. nankingense (Cownan) Chamb. ex Cullen & Chamb.黔东银叶杜鹃
Rhododendron argyrophyllum subsp. omeiense (Rehd. & Wils.) Chamb. ex Cullen & Chamb.峨眉银叶杜鹃
Rhododendron argyrophyllum var. *cupulare* Rehd. & Wils.= Rhododendron argyrophyllum
Rhododendron argyrophyllum var. *hejiangense* Fang=Rhododendron insigne var. hejiangense
Rhododendron argyrophyllum var. *leiadrum* Hutch.=Rhododendron argyrophyllum subsp. nankingense
Rhododendron argyrophyllum var. *nankingense* Cowan=Rhododendron argyrophyllum subsp. nankingense
Rhododendron argyrophyllum var. *omeiense* Rehd. & Wils.= Rhododendron argyrophyllum subsp. omeiense
Rhododendron arizelum Balf.f. & Forr.夺目杜鹃
Rhododendron artosquameum Balf.f. & Forr.=Rhododendron oreotrephes
Rhododendron asmenistum Balf.f. & Forr.=Rhododendron sanguineum var. cloiophorum
Rhododendron asperulum Hutch. & K.Ward 瘤枝杜鹃

Rhododendron asteium Balf.f. & Forr.=Rhododendron eudoxum var. mesopolium
Rhododendron asterochnoum Diels 汶川星毛杜鹃
Rhododendron asterochnoum var. asterochnoum=Rhododendron asterochnoum
Rhododendron asterochnoum var. brevipedicellatum W.K.Hu 短梗星毛杜鹃
Rhododendron astrocalyx Balf.f. & Forr.=Rhododendron wardii
Rhododendron atentsiense Hand.-Mazz.=Rhododendron dendricola
Rhododendron atjehense Sleum.苏门答拉杜鹃花
Rhododendron atlanticum (Ashe) Rehd.海岸杜鹃花
Rhododendron atropuniceum H.P.Yang 暗紫杜鹃
Rhododendron atrovirens Franch.大关杜鹃
Rhododendron aucklandii HK.f.=Rhododendron griffithianum
Rhododendron aucubaefolium Hemsl.=Rhododendron stamineum
Rhododendron augustini var. album 白花毛肋杜鹃
Rhododendron augustini var. violascens 堇花毛肋杜鹃
Rhododendron augustinii Hemsl.毛肋杜鹃
Rhododendron augustinii f. *grandifolia* Franch.=Rhododendron augustinii subsp. chasmanthum
Rhododendron augustinii f. *subglabra* Franch.=Rhododendron augustinii subsp. chasmanthum
Rhododendron augustinii subsp. augustinii=Rhododendron augustinii
Rhododendron augustinii subsp. chasmanthum (Diels) Cullen 张口杜鹃
Rhododendron augustinii subsp. chasmanthum f. hardyi (David.) R.C.Fang 白花张口杜鹃
Rhododendron augustinii subsp. chasmanthum f. rubrum (Davidian) R.C.Fang 红花张口杜鹃
Rhododendron augustinii subsp. *hardyi* (David.) Cullen=Rhododendron augustinii subsp. chasmanthum f. hardyi
Rhododendron augustinii subsp. *rubrum* (David.) Cullen=Rhododendron augustinii subsp. chasmanthum f. rubrum
Rhododendron augustinii var. *chasmanthum* (Diels) David.= Rhododendron augustinii subsp. chasmanthum
Rhododendron augustinii var. *rubrum* David.=Rhododendron augustinii subsp. chasmanthum f. rubrum
Rhododendron augustinii var. *yui* Fang=Rhododendron augustinii
Rhododendron aureum Georgi (Franch.in J.De Bot.1895)=Rhododendron xanthostephanum
Rhododendron aureum Georgi 牛皮杜鹃
Rhododendron auriculatum Hemsl.耳叶杜鹃
Rhododendron auritum Tagg 折萼杜鹃
Rhododendron australe Balf.f. & Forr.=Rhododendron leptothrium
Rhododendron austrinum (Small.) Rehd.南方杜鹃花
Rhododendron axium Balf.f. & Forr.=Rhododendron selense
Rhododendron bachii Lévl.腺萼马银花
Rhododendron baileyi Balf.f.辐花杜鹃
Rhododendron bainbridgeanum Tagg & Forr.毛萼杜鹃
Rhododendron balangense Fang 巴郎杜鹃
Rhododendron balfourianum Deils.(云南志 1986,p.p.)=Rhododendron punctifolium
Rhododendron balfourianum Diels (Chamb in Not.Bot.Gard.Edinb.1982, p.p.)=Rhododendron balfourianum var. aganniphoides
Rhododendron balfourianum Diels (云南志 1986,p.p.)=Rhododendron zhongdianense
Rhododendron balfourianum Diels 粉钟杜鹃
Rhododendron balfourianum var. *agamiphoides* Tagg & Forr.= Rhododendron balfourianum var. aganniphoides
Rhododendron balfourianum var. aganniphoides Tagg & Forr.白毛粉钟杜鹃
Rhododendron balfourianum var. balfourianum=Rhododendron balfourianum
Rhododendron balsaminiflorum (Carriere) Nichols.香膏杜鹃花
Rhododendron bamaense Z.J.Zhao 班玛杜鹃
Rhododendron barbatum Wall. ex G.Don 硬刺杜鹃
Rhododendron barkamense Chamb.马尔康杜鹃
Rhododendron basilicum Balf.f. & W.W.Sm.(Chamb.in Not.Bot.Gard. Edinb.1982,p.p.)=Rhododendron rex subsp. gratum
Rhododendron basilicum Balf.f. & W.W.Sm.粗枝杜鹃
Rhododendron batangense Balf.f.=Rhododendron nivale subsp. boreale
Rhododendron bathyphyllum Balf.f. & Forr.多叶杜鹃
Rhododendron bauhiniiflorum G.Watt. ex Hutch.羊蹄甲花杜鹃
Rhododendron beanianum Cowan 刺枝杜鹃
Rhododendron beanianum var. *compactum* Cowan=Rhododendron piercei
Rhododendron beesianum Diels 宽钟杜鹃
Rhododendron beimaense Balf.f. & Forr.=Rhododendron erythrocalyx
Rhododendron bellum Fanb=Rhododendron simsii
Rhododendron bellum H.P.Yang 美鳞杜鹃
Rhododendron benthamianum Hemsl.=Rhododendron concinnum
Rhododendron bergii David.=Rhododendron augustinii subsp. chasmanthum f. rubrum
Rhododendron beyerinckianum Koord.拜氏杜鹃
Rhododendron bhotanicum C.B.Clarke=Rhododendron lindleyi
Rhododendron bicolor Tam=Rhododendron simsii
Rhododendron bicorniculatum Tam=Rhododendron mariae
Rhododendron bijiangense T.L.Ming 碧江杜鹃
Rhododendron bivelatum Balf.f.双被杜鹃
Rhododendron blandulum Balf.f. & W.W.Sm.=Rhododendron selense subsp. jucundum
Rhododendron blepharocalyx Franch.=Rhododendron intricatum
Rhododendron blinii Lévl.=Rhododendron lutescens
Rhododendron bodinieri Franch.=Rhododendron yunnanense
Rhododendron boninense Nakai 博宁杜鹃花
Rhododendron bonvalotii Bureau & Franch.折多杜鹃
Rhododendron boothii Nutt.黄花花杜鹃
Rhododendron brachyandrum Balf.f. & Forr.=Rhododendron eclecteum
Rhododendron brachyanthum Franch.短花杜鹃
Rhododendron brachyanthum subsp. brachyanthum=Rhododendron brachyanthum
Rhododendron brachyanthum subsp. hypolepidotum (Franch.) Cullen 绿柱杜鹃
Rhododendron brachyanthum var. *hypolepidotum* Franch.=Rhododendron brachyanthum subsp. hypolepidotum
Rhododendron brachycarpus D.Don ex G.Don 短果杜鹃花
Rhododendron brachypodum Fang & P.S.Liu 短梗杜鹃
Rhododendron brachysiphon Balf.f. ex Hutch.短管杜鹃花
Rhododendron bracteatum Rehd. & Wils.苞叶杜鹃
Rhododendron bretii Hemsl. & Wils.=Rhododendron longesquamatum
Rhododendron brevicaudatum R.C.Fang & S.S.Chang 短尾杜鹃
Rhododendron brevinerve Chun & Fang 短脉杜鹃
Rhododendron breviperulatum Hay.短鳞芽杜鹃
Rhododendron brevipetiolatum Fang f. 短柄杜鹃
Rhododendron brevistylum Franch.=Rhododendron heliolepis
Rhododendron breynii Planch.=Rhododendron indicum
Rhododendron brookeanum Low. ex Lindl.布鲁克杜鹃花
Rhododendron bruneifolium Balf.f. & Forr.=Rhododendron eudoxum var. bruneifolium
Rhododendron bullatum Franch.=Rhododendron edgeworthii
Rhododendron bulu Hutch.蜿蜒杜鹃
Rhododendron bureavii Franch.锈红毛杜鹃
Rhododendron bureaviodes Balf.f.=Rhododendron bureavii
Rhododendron burmanicum Hutch.缅甸杜鹃花
Rhododendron burrifolium Balf.f. & Forr.=Rhododendron diphrocalyx
Rhododendron butyricum K.Ward=Rhododendron chrysodoron
Rhododendron caeruleoglaucum Balf.f. & Forr.=Rhododendron campylogyum
Rhododendron caeruleum Lévl.=Rhododendron rigidum
Rhododendron caesium Hutch.蓝灰糙毛杜鹃
Rhododendron caespitulum Tam=Rhododendron myrsinifolium
Rhododendron calciphilum Hutch. & K.Ward=Rhododendron calostrotum var. calciphilum
Rhododendron calendulaceum (Mchx.) Torr.黄焰杜鹃花
Rhododendron californicum HK.西岸杜鹃花
Rhododendron calleryi Planch=Rhododendron simsii
Rhododendron callimorphum Balf.f. & W.W.Sm.卵叶杜鹃
Rhododendron callimorphum var. callimorphum=Rhododendron callimorphum
Rhododendron callimorphum var. myiagrum (Balf.f. & Forr.) Chamb. ex Cullen & Chamb.白花卵叶杜鹃
Rhododendron calophyllum Nutt.美叶杜鹃花
Rhododendron calophytum Franch.美容杜鹃
Rhododendron calophytum subsp. *jingfuense* Fang=Rhododendron calophytum var. jingfuense

Rhododendron calophytum var. calophytum=Rhododendron calophytum
Rhododendron calophytum var. jingfuense Fang & W.K.Hu 金佛山美容杜鹃
Rhododendron calophytum var. openshawianum (Rehd. & Wils.) Chamb. ex Cullen & Chamb.尖叶美容杜鹃
Rhododendron calophytum var. pauciflorum W.K.Hu 疏花美容杜鹃
Rhododendron calostrotum Balf.f. & K.Ward 美被杜鹃
Rhododendron calostrotum subsp. *heleticum* Cullen=Rhododendron keleticum
Rhododendron calostrotum subsp. *riparioides* Cullen=Rhododendron calostrotum var. riparioides
Rhododendron calostrotum subsp. *riparium* (K.Ward) Cullen (p.p.)= Rhododendron calostrotum
Rhododendron calostrotum var. calciphilum (Hutch. & K.Ward) David.小叶美被杜鹃
Rhododendron calostrotum var. calostrotum=Rhododendron calostrotum
Rhododendron calostrotum var. riparioides (Cullen) R.C.Fang 雪龙美被杜鹃
Rhododendron caloxanthum Balf.f & Farrer=Rhododendron campylocarpum subsp. caloxanthum
Rhododendron calvescens Balf.f. & Forr.变光杜鹃
Rhododendron calvescens var. calvescens=Rhododendron calvescens
Rhododendron calvescens var. duseimatum (Balf.f. & Forr.) Chamb. ex Cullen & Chamb.长梗变光杜鹃
Rhododendron camelliiflorum HK.f.茶花杜鹃
Rhododendron campanulatum D.Don 钟花杜鹃
Rhododendron campanulatum subsp. aeruginosum (HK.f.) Chamb. ex Cullen & Chamb.铜叶钟花杜鹃
Rhododendron campanulatum subsp. campanulatum=Rhododendron campanulatum
Rhododendron campanulatum var. *aeruginosum* (HK.f.) Cowan & Davidian= Rhododendron campanulatum subsp. aeruginosum
Rhododendron campanulatum var. *wallichii* HK.f.=Rhododendron wallichii
Rhododendron campbelliae HK.f.=Rhododendron arboreum var. cinnammomeum
Rhododendron campylocarpum HK.f.弯果杜鹃
Rhododendron campylocarpum subsp. caloxanthum (Balf.f. & Forr.) Chamb. ex Cullen & Chamb.美丽弯果杜鹃
Rhododendron campylocarpum subsp. campylocarpum=Rhododendron campylocarpum
Rhododendron campylocarpum subsp. *telopeum* (Balf.f. & Forr.) Chamb. ex Cullen ex Chamb.=Rhododendron campylocarpum subsp. caloxanthum
Rhododendron campylogynum var. *celsum* David.=Rhododendron campylogyum
Rhododendron campylogynum var. *charopoeum* (Balf.f. & Forr.) David.=Rhododendron campylogyum
Rhododendron campylogynum var. *myrtilloides* (Balf.f. & Ward) David.=Rhododendron campylogyum
Rhododendron campylogyum Franch.弯柱杜鹃
Rhododendron camtschaticum Pall.堪察加杜鹃花
Rhododendron canadense (L.) Torr.加拿大迎红杜鹃
Rhododendron canescens (Michx.) Sweet 灰白杜鹃花
Rhododendron cantabile Balf.f. & Hutch.=Rhododendron russatum
Rhododendron capitatum Maxim.(Franch.in Bull.Soc.Bot.France 1885)= Rhododendron fastigiatum
Rhododendron capitatum Maxim.头花杜鹃
Rhododendron cardiobasis Sleumer=Rhododendron orbiculare subsp. cardiobasis
Rhododendron cardoeoides Balf.f. & Forr.=Rhododendron oreotrephes
Rhododendron carneum Hutch.肉色杜鹃花
Rhododendron carolinianum Rehd.卡罗林纳杜鹃
Rhododendron caryophyllum Hay.=Rhododendron rubropilosum
Rhododendron castacosmum Balf.f. & Tagg 瓣萼杜鹃
Rhododendron catapastum Balf.f. & Forr.=Rhododendron rubiginosum
Rhododendron catawbiense Michx.酒红杜鹃
Rhododendron caucasicum Pall.高加索杜鹃花
Rhododendron cavaleriei Lévl.多花杜鹃
Rhododendron cavaleriei var. *chaffanjoni* Lévl.=Rhododendron stamineum
Rhododendron cephalanthoides Balf.f. & W.W.Sm.=Rhododendron primuliflorum var. cephalanthoides
Rhododendron cephalanthum Franch.毛喉杜鹃
Rhododendron cephalanthum subsp. *platyphyllum* (Franch. ex Balf.f. & W.W.Sm.) Cullen=Rhododendron platyphyllum
Rhododendron cephalanthum var. *platyphyllum* Franch. ex Diels= Rhododendron platyphyllum
Rhododendron ceraceum Balf.f. & W.W.Sm.=Rhododendron lukiangense
Rhododendron cerasiflorum K.Ward=Rhododendron campylogyum
Rhododendron cerasinum Tagg 樱花杜鹃
Rhododendron cerinum Balf.f. & Forr.=Rhododendron sulfureum
Rhododendron cerochitum Balf.f. & Forr.=Rhododendron tanastylum
Rhododendron chaetomallum Balf.f. & Forr.=Rhododendron haematodes subsp. chaetomallum
Rhododendron chaetomallum var. *glaucescens* Tagg & Forr.= Rhododendron haematodes subsp. chaetomallum
Rhododendron chaffanjonii Lévl.=Rhododendron stamineum
Rhododendron chalarocladum Balf.f & Forr.=Rhododendron selense
Rhododendron chamae Thoms.云雾杜鹃花
Rhododendron chamaethomsonii (Tagg & Forr.) Cowan & Davidian 云雾杜鹃
Rhododendron chamaethomsonii var. chamaedoron (Tagg & Forr.) Chamb. ex Cullen & Chamb.毛背云雾杜鹃
Rhododendron chamaethomsonii var. chamaethauma (Tagg) Cowan & Davidian 短萼云雾杜鹃
Rhododendron chamaethomsonii var. chamaethomsonii=Rhododendron chamaethomsonii
Rhododendron chamaetortum Balf.f. & K.Ward=Rhododendron cephalanthum
Rhododendron chamaezelum Balf.f. & Forrest.向地杜鹃花
Rhododendron chameunum Balf.f. & Forr.=Rhododendron saluenense var. prostratum
Rhododendron championae HK.刺毛杜鹃
Rhododendron championae var. championae=Rhododendron championae
Rhododendron championae var. ovatifolium Tam 山荷桃
Rhododendron champmanii A.Gray 康氏杜鹃花
Rhododendron changii (Fang) Fang 树枫杜鹃
Rhododendron chaoanense Tam. & T.C.Wu 潮安杜鹃花?
Rhododendron charianthum Hutch.=Rhododendron davidsonianum
Rhododendron charidotes Balf.f. & Farrer=Rhododendron saluenense var. prostratum
Rhododendron charitopes Balf.f. & Farrer 雅容杜鹃
Rhododendron charitopes subsp. charitopes=Rhododendron charitopes
Rhododendron charitopes subsp. tsangpoense (K.Ward) Cullen 藏布杜鹃
Rhododendron charitostreptum Balf.f. & K.Ward=Rhododendron brachyanthum subsp. hypolepidotum
Rhododendron charopoeum Balf.f. & Forr.=Rhododendron campylogyum
Rhododendron chartophyllum Franch.=Rhododendron yunnanense
Rhododendron chartophyllum f. *praecox* Diels=Rhododendron yunnanense
Rhododendron chasmanthoides Balf.f. & Forr.=Rhododendron augustinii subsp. chasmanthum
Rhododendron chasmanthum Diels=Rhododendron augustinii subsp. chasmanthum
Rhododendron chawchiense Balf.f. & Farrer=Rhododendron anthosphaerum
Rhododendron cheilanthum Balf.f. & Forr.=Rhododendron cuneatum
Rhododendron chengianum Fang=Rhododendron hemsleyanum var. chengianum
Rhododendron chengshienianum Fang=Rhododendron ambiguum
Rhododendron chienianum Fang=Rhododendron longipes var. chienianum
Rhododendron chihshinianum Chun & Fang 红滩杜鹃
Rhododendron chionanthum Tagg & Forr.高山白花杜鹃
Rhododendron chionophyllum Diels=Rhododendron argyrophyllum
Rhododendron chlanidotum Blaf.f. & Forr.=Rhododendron citriniflorum
Rhododendron chloranthum Balf.f. & Forr.=Rhododendron mekongense var. melinanthum
Rhododendron chlorops Cowan.绿心杜鹃花
Rhododendron chrisanthum Hutch.淑花杜鹃
Rhododendron chrysanthum Pall.=Rhododendron aureum
Rhododendron chryseum Balf.f. & K.Ward=Rhododendron rupicola var. chryseum
Rhododendron chrysocalyx Lévl. & Vant.(Fang in Contr.Biol.Lab.Sci.Soc.

China Bot.1939,p.p.)=Rhododendron meridionale
Rhododendron chrysocalyx Lévl. & Vant.金萼杜鹃
Rhododendron chrysocalyx var. chrysocalyx=Rhododendron chrysocalyx
Rhododendron chrysocalyx var. xiushanense (Fang) M.Y.He 秀山金萼杜鹃
Rhododendron chrysodoron Tagg ex Hutch.纯黄杜鹃
Rhododendron chrysolepis Hutch. & Ward.金鳞杜鹃花
Rhododendron chunii Fang 龙山杜鹃
Rhododendron chunnienii Chun & Fang 椿年杜鹃
Rhododendron ciliato-pedicellatum Hay.=Rhododendron henryi
Rhododendron ciliatum HK.f.睫毛杜鹃
Rhododendron ciliicalyx Franch.(Sleum.in Blumea Suppl.IV 1958,p.p.)=Rhododendron pachypodum
Rhododendron ciliicalyx Franch.睫毛萼杜鹃
Rhododendron ciliicalyx subsp. ciliicalyx=Rhododendron ciliicalyx
Rhododendron ciliicalyx subsp. lyi (Lévl.) R.C.Fang 长柱睫萼杜鹃
Rhododendron ciliipes Hutch.香花白杜鹃
Rhododendron cinereoserratum Tam=Rhododendron mariesii
Rhododendron cinereum Balf.f.=Rhododendron cuneatum
Rhododendron cinnabarinum HK.f.朱砂杜鹃
Rhododendron cinnabarinum subsp. *xanthocodon* (Hutch.) Cullen=Rhododendron xanthocodon
Rhododendron cinnabarinum var. cinnabarinum=Rhododendron cinnabarinum
Rhododendron cinnabarinum var. *pallidum* HK.=Rhododendron xanthocodon
Rhododendron cinnabarinum var. purpurellum Cowan 紫色朱砂杜鹃
Rhododendron cinnabarinum var. roylei (HK.f.) Hutch.深红朱砂杜鹃
Rhododendron cinnammomeum Wall. ex G.Don=Rhododendron arboreum var. cinnammomeum
Rhododendron circinnatum Cowan & K.Ward.卷毛杜鹃
Rhododendron citrinicflorum subsp. *aureolum* Cowan=Rhododendron citriniflorum var. horaeum
Rhododendron citriniflorum Balf.f. & Forr.橙黄杜鹃
Rhododendron citriniflorum subsp. *horaeum* Cowan=Rhododendron citriniflorum var. horaeum
Rhododendron citriniflorum var. citriniflorum=Rhododendron citriniflorum
Rhododendron citriniflorum var. horaeum (Balf.f. & Forr.) Chamb. ex Cullen & Chamb.美艳橙黄杜鹃
Rhododendron clementinae Forr.麻点杜鹃
Rhododendron clementinae subsp. aureodorsale Fang 金背杜鹃
Rhododendron clementinae subsp. clementinae=Rhododendron clementinae
Rhododendron clivicolum Balf.f. & W.W.Sm.=Rhododendron primuliflorum
Rhododendron cloiophorum Balf.f. & Forr.=Rhododendron sanguineum var. cloiophorum
Rhododendron cloiophorum subsp. *asmenistum* (Balf.f. & Forr.) Tagg=Rhododendron sanguineum var. cloiophorum
Rhododendron cloiophorum subsp. *leucopetalum* (Balf.f. & Forr.) Tagg=Rhododendron sanguineum var. cloiophorum
Rhododendron cloiophorum subsp. *mannophorum* (Balf.f. & Forr.) Tagg=Rhododendron sanguineum var. didymoides
Rhododendron cloiophorum subsp. *roseotinctum* (Balf.f. & Forr.) Tagg=Rhododendron sanguineum var. didymoides
Rhododendron coccinopeplum Balf.f. & Forr.=Rhododendron roxieanum var. cucullatum
Rhododendron codonananthum Balfe.f. & Forr.黄花脉杜鹃
Rhododendron codonanthum Balf.f. & Forr.腺蕊杜鹃
Rhododendron coelicum Balf.f. & Farrer 滇缅杜鹃
Rhododendron coeloneuron Diels 粗脉杜鹃
Rhododendron collettianum Aitch. & Hemsl.柯来特杜鹃(新)
Rhododendron colletum Balf.f. & Forr.=Rhododendron beesianum
Rhododendron comisteum Balf.f. & Forr.砾石杜鹃
Rhododendron commodum Balf.f. & Forr.=Rhododendron sulfureum
Rhododendron compactum Hutch.=Rhododendron polycladum
Rhododendron complexum Balf.f & W.W.Sm.锈红杜鹃
Rhododendron concatenans Hutch.=Rhododendron xanthocodon
Rhododendron concinnoides Hutch. & F.K.Ward.似秀雅杜鹃花
Rhododendron concinnum Hemsl.秀雅杜鹃
Rhododendron concinnum f. *laetevirens* Cowan=Rhododendron concinnum
Rhododendron concinnum var. *benthamianum* (Hemsl.) David.=Rhododendron concinnum
Rhododendron concinnum var. *pseudoyanthinum* (Balf.f. ex Hutch.) David.= Rhododendron concinnum
Rhododendron confertissimum Nakai=Rhododendron lapponicum
Rhododendron cookeanum Davidian=Rhododendron sikiangense
Rhododendron cordatum Lévl.=Rhododendron souliei
Rhododendron coriaceum Farnch.革叶杜鹃
Rhododendron coryanum Tagg & Forr.光蕊杜鹃
Rhododendron coryphaeum Balf.f. & Forr.=Rhododendron praestans
Rhododendron cosmetum Balf.f. & Forr.=Rhododendron saluenense var. prostratum
Rhododendron costulatum Franch.=Rhododendron lutescens
Rhododendron cowanianum Davidian 尼泊尔杜鹃花
Rhododendron crassimedium Tam 棒柱杜鹃
Rhododendron crassistylum M.Y.He 粗柱杜鹃
Rhododendron crassum Franch.=Rhododendron maddenii subsp. crassum
Rhododendron cremastum Balf.f. & Forr.=Rhododendron campylogyum
Rhododendron cremnastes Balf.f. & Farrer=Rhododendron lepidotum
Rhododendron cremnophilum Balf.f. & W.W.Sm.=Rhododendron primuliflorum
Rhododendron crenatum Lévl.=Rhododendron racemosum
Rhododendron cretaceum Tam 白枝杜鹃
Rhododendron crinigerum Franch.长粗毛杜鹃
Rhododendron crinigerum var. crinigerum=Rhododendron crinigerum
Rhododendron crinigerum var. euadenium Tagg & Forr.腺背长粗毛杜鹃
Rhododendron croceum Balf.f. & W.W.Sm.=Rhododendron wardii
Rhododendron cruentum Lévl.=Rhododendron bureavii
Rhododendron cubittii Hutch.丘比特杜鹃花
Rhododendron cucullatum Hand.-Mazz.=Rhododendron roxieanum var. cucullatum
Rhododendron cuffeanum Craib.库菲杜鹃花
Rhododendron cumberlandense E.Braun 昆伯兰杜鹃花
Rhododendron cuneatum W.W.Sm.楔叶杜鹃
Rhododendron cupressens Nitzelius=Rhododendron phaeochrysum
Rhododendron curvistylum K.Ward=Rhododendron charitopes subsp. tsangpoense
Rhododendron cyanocarpum (Franch.) W.W.Sm.蓝果杜鹃
Rhododendron cyanocarpum var. *eriphyllum* (Balf.f. & W.W.Sm.) Tagg=Rhododendron cyanocarpum
Rhododendron cyclium Balf.f. & Forr.=Rhododendron callimorphum
Rhododendron cymbomorphum Blaf.f. & Forr.=Rhododendron erythrocalyx
Rhododendron dabanshanense Fang & S.X.Wang=Rhododendron przewalskii
Rhododendron dahuricum L.兴安杜鹃
Rhododendron daiyunicum Tam=Rhododendron mariesii
Rhododendron dalhousiae HK.f.长药杜鹃
Rhododendron dalhousiae var. *rhabdotum* (Balf.f. & Coop.) Cullen=Rhododendron dalhousiae
Rhododendron damascenum Balf.f. & Forr.=Rhododendron campylogyum
Rhododendron danbaense L.C.Hu 丹巴杜鹃
Rhododendron danielsianum Planch.=Rhododendron indicum
Rhododendron daphniflorum Diels=Rhododendron rufescens
Rhododendron dasycladoides Hand.-Mazz.漏斗杜鹃
Rhododendron dasycladum Balf.f. & W.W.Sm.=Rhododendron selense subsp. dasycladum
Rhododendron dasypetalum Balf.f. & Forr.毛瓣杜鹃
Rhododendron davidii Franch.腺果杜鹃
Rhododendron davidsonianum Rehd. & Wils.凹叶杜鹃
Rhododendron dawuense H.P.Yan 道孚杜鹃
Rhododendron decipiens Lacaita 漂渺杜鹃花
Rhododendron declivatum Ching & H.P.Yang 陡生杜鹃
Rhododendron decorum Franch.大白杜鹃
Rhododendron decorum subsp. cordatum W.K.Hu 心基大白杜鹃
Rhododendron decorum subsp. decorum=Rhododendron decorum
Rhododendron decorum subsp. diaprepes (Balf.f. & W.W.Sm.) T.L.Ming 高尚大白杜鹃
Rhododendron decorum subsp. parvistigmaticum W.K.Hu 小头大白杜鹃
Rhododendron decumbens D.Don=Rhododendron indicum

Rhododendron degronianum Carriere 五裂杜鹃花
Rhododendron dekatanum Cowan 隆子杜鹃
Rhododendron delavayi Franch.马缨杜鹃
Rhododendron delavayi var. delavayi=Rhododendron delavayi
Rhododendron delavayi var. peramoenum (Balf.f. & Forr.) T.L.Ming 狭叶马缨花
Rhododendron delavayi var. pilostylum K.M.Feng 毛柱马缨花
Rhododendron deleiense Hutch. & K.Ward=Rhododendron tephropeplum
Rhododendron dendricola Hutch.(Cullen & Chamb.in Not.Bot.Gard. Edinb.1978,p.p.)=Rhododendron taronense
Rhododendron dendricola Hutch.附生杜鹃
Rhododendron dendritrichum Balf.f. & Forr.=Rhododendron uvarifolium
Rhododendron dendrocharis Franch.树生杜鹃
Rhododendron densifolium K.M.Feng 密叶杜鹃
Rhododendron dentampullum Chun & Tam.齿萼杜鹃花
Rhododendron denudatum Lévl.皱叶杜鹃
Rhododendron depile Balf.f. & Forr.=Rhododendron oreotrephes
Rhododendron desquamatum Balf.f. & Forr.=Rhododendron rubiginosum
Rhododendron detersile Franch.干净杜鹃
Rhododendron detonsum Balf.f. & Forr.落毛杜鹃
Rhododendron diacritum Balf.f. & W.W.Sm.=Rhododendron telmateium
Rhododendron diaprepes Balf.f. & W.W.Sm.=Rhododendron decorum subsp. diaprepes
Rhododendron dichroanthum Diels 两色杜鹃
Rhododendron dichroanthum subsp. apodectum (Balf.f. & W.W.Sm.) Cowan 可喜杜鹃
Rhododendron dichroanthum subsp. dichroanthum=Rhododendron dichroanthum
Rhododendron dichroanthum subsp. *herpesticum* (Balf.f. & K.Ward.) Cowan= Rhododendron dichroanthum subsp. scyphocalyx
Rhododendron dichroanthum subsp. scyphocalyx (Balf.f. & Forr.) Cowan 杯萼两色杜鹃
Rhododendron dichroanthum subsp. septentrionale Cowan 腺梗两色杜鹃
Rhododendron dichroanthum var. *apodectum* (Balf.f. & W.W.Sm.) T.L. Ming = Rhododendron dichroanthum subsp. apodectum
Rhododendron dichroanthum var. *scyphoclyx* (Balf.f. & Forr.) T.L.Ming= Rhododendron dichroanthum subsp. scyphocalyx
Rhododendron dichroanthum var. *septentrionale* (Cowan) T.L.Ming= Rhododendron dichroanthum subsp. septentrionale
Rhododendron dichropeplum Balf.f. & Forr.=Rhododendron phaeochrysum var. levistratum
Rhododendron dictyotum Balf.f. ex Tagg=Rhododendron traillianum var. dictyotum
Rhododendron didymum Balf.f. & Forr.=Rhododendron sanguineum var. didymum
Rhododendron dignabile Cowan 疏毛杜鹃
Rhododendron dimitrium Balf.f. & Forr.苍山杜鹃
Rhododendron diphrocalyx Balf.f.腾冲杜鹃
Rhododendron discolor Franch.(峨眉图志 1942)=Rhododendron decorum subsp. diaprepes
Rhododendron discolor Franch.喇叭杜鹃
Rhododendron dolerum Balf.f. & Forr.=Rhododendron selense subsp. dasycladum
Rhododendron doshongense Tagg=Rhododendron aganniphum var. schizopeplum
Rhododendron drumonium Balf.f. & W.W.Sm.=Rhododendron telmateium
Rhododendron dryophyllum Balf.f. & Forr.=Rhododendron phaeochrysum
Rhododendron ×duclouxii Lévl.粉红爆杖花
Rhododendron dumicola Tagg & Forr.灌丛杜鹃
Rhododendron dumulosum Balf.f. & Forr.=Rhododendron phaeochrysum var. agglutinatum
Rhododendron dunnii Wils.=Rhododendron henryi var. dunnii
Rhododendron duseimatum Balf.f. & Forr.=Rhododendron calvescens var. duseimatum
Rhododendron ebianense Fang f. 峨边杜鹃
Rhododendron eclecteum Balf.f. & Forr.杂色杜鹃
Rhododendron eclecteum var. bellatulum Balf.f. ex Tagg 长柄杂色杜鹃
Rhododendron eclecteum var. *brachyandrum* (Balf.f. & Forr.) Coean= Rhododendron eclecteum
Rhododendron eclecteum var. eclecteum=Rhododendron eclecteum
Rhododendron edegarianum Rehd. & Wils.埃氏杜鹃花
Rhododendron edgeworthii HK.f.泡泡叶杜鹃
Rhododendron elaeagnoides HK.f.=Rhododendron lepidotum
Rhododendron elegantulum Tagg & Forr.金江杜鹃
Rhododendron elliottii Watt. ex Brandis 印度红杜鹃花
Rhododendron ellipticum Maxim.西施花
Rhododendron emaculatum Balf.f. & Forr.=Rhododendron beesianum
Rhododendron emarginatum Hemsl. & Wils.缺顶杜鹃
Rhododendron emarginatum var. emarginatum=Rhododendron emarginatum
Rhododendron emarginatum var. eriocarpum K.M.Feng 毛果缺顶杜鹃
Rhododendron epapillatum Balf.f. & Cooper=Rhododendron papillatum
Rhododendron epipastum Balf.f. & Forr.=Rhododendron eudoxum var. mesopolium
Rhododendron erastum Balf.f. & Forr.匍匐杜鹃
Rhododendron eriandrum Lévl. ex Hutch.=Rhododendron rigidum
Rhododendron erileucum Balf.f. & Forr.=Rhododendron zaleucum
Rhododendron eriogynum Balf.f. & W.W.Sm.=Rhododendron facetum
Rhododendron eriphydum Balf.f. & Forr.=Rhododendron cyanocarpum
Rhododendron eritimum Balf.f. & W.W.Sm.=Rhododendron anthosphaerum
Rhododendron eritimum subsp. *chawchiense* (Balf.f. & Farr.) Tagg= Rhododendron anthosphaerum
Rhododendron eritimum subsp. *gymnogynum* (Balf.f. & Forr.) Tagg= Rhododendron anthosphaerum
Rhododendron eritimum subsp. *heptamerum* (Balf.f.) Tagg= Rhododendron anthosphaerum
Rhododendron eritimum subsp. *persicinum* (Hand.-Mazz.) Tagg= Rhododendron anthosphaerum
Rhododendron erosum Cowan 啮蚀杜鹃
Rhododendron erubescens Hutch.=Rhododendron oreodoxa var. fargesii
Rhododendron erythrocalyx Balf.f. & Forr.显萼杜鹃
Rhododendron erythrocalyx subsp. *beimaense* (Balf.f. & Forr.) Tagg= Rhododendron erythrocalyx
Rhododendron erythrocalyx subsp. *docimum* Balf.f. ex Tagg= Rhododendron erythrocalyx
Rhododendron erythrocalyx subsp. *eucallum* (Balf.f. & Forr.) Tagg= Rhododendron erythrocalyx
Rhododendron erythrocalyx subsp. *truncatulum* (Balf.f. & Forr.) Tagg= Rhododendron erythrocalyx
Rhododendron esetulosum Balf.f. & Forr.喙尖杜鹃
Rhododendron esquirolii Lévl.滇黔杜鹃花?
Rhododendron euanthum Balf.f. & W.W.Sm.=Rhododendron vernicosum
Rhododendron eucallum Balf.f. & Forr.=Rhododendron erythrocalyx
Rhododendron euchaites Balf.f. & Forr.=Rhododendron neriiflorum
Rhododendron euchroum Balf.f. & K.Ward 滇西杜鹃
Rhododendron eudoxum Balf.f. & Forr.华丽杜鹃
Rhododendron eudoxum subsp. *asteium* (Balf.f. & Forr.) Tagg= Rhododendron eudoxum var. mesopolium
Rhododendron eudoxum subsp. *bruneifolium* (Balf.f. & Forr.) Cowan= Rhododendron eudoxum var. bruneifolium
Rhododendron eudoxum subsp. *bruneifolium* (Balf.f. & Forr.) Tagg= Rhododendron eudoxum var. bruneifolium
Rhododendron eudoxum subsp. *epipastum* (Balf.f. & Forr.) Tagg= Rhododendron eudoxum var. mesopolium
Rhododendron eudoxum subsp. *glaphyrum* (Balf.f. & Forr.) Tagg= Rhododendron temenium var. dealbatum
Rhododendron eudoxum subsp. *mesopolium* (Balf.f. & Forr.) Tagg= Rhododendron eudoxum var. mesopolium
Rhododendron eudoxum subsp. *pothinum* (Balf.f. & Forr.) Tagg= Rhododendron temenium
Rhododendron eudoxum subsp. *temenium* (Balf.f. & Forr.) Tagg= Rhododendron temenium
Rhododendron eudoxum subsp. *trichomiscum* (Balf.f. & Forr.) Tagg= Rhododendron eudoxum
Rhododendron eudoxum var. bruneifolium (Balf.f. & Forr.) Chamb. ex Cullen & Chamb.褐叶华丽杜鹃
Rhododendron eudoxum var. eudoxum=Rhododendron eudoxum
Rhododendron eudoxum var. mesopolium (Balf.f. & Forr.) Cham. ex Cullen & Chamb.白毛华丽杜鹃
Rhododendron euonymifolium Lévl.=Rhododendron emarginatum
Rhododendron eurysiphon Tagg & Forr.宽筒杜鹃
Rhododendron exasperatum Tagg 粗糙叶杜鹃
Rhododendron excellens Hemsl. & Wils.大喇叭杜鹃

Rhododendron excelsum Cheval.高大杜鹃花
Rhododendron eximium Nutt.最优杜鹃花
Rhododendron exquisetum Huthc.=Rhododendron oreotrephes
Rhododendron exquisitum Hutch.(云南植物研究 1981)=Rhododendron sikiangense var. exquistum
Rhododendron faberii Hemsl.金顶杜鹃
Rhododendron faberii subsp. faberii=Rhododendron faberii
Rhododendron faberii subsp. prattii (Franch.) Chamb. ex Culle & Chamb.大叶金顶杜鹃
Rhododendron faberioides Bailf.f.=Rhododendron faberii
Rhododendron facetum Balf.f. & K.Ward 绵毛房杜鹃
Rhododendron faithae Chun 大云锦杜鹃
Rhododendron falcinellum Tam=Rhododendron rufulum
Rhododendron falconeri HK.f.大叶杜鹃花
Rhododendron fangchengense Tam 防城杜鹃
Rhododendron fargesii Franch.=Rhododendron oreodoxa var. fargesii
Rhododendron farinosum Lévl.钝头杜鹃
Rhododendron farrerae Tate 丁香杜鹃
Rhododendron farrerae var. *mediocre* Diels=Rhododendron mariesii
Rhododendron farrerae var. *typicum* Diels=Rhododendron farrerae
Rhododendron farrerae var. *weyrichii* Diels=Rhododendron mariesii
Rhododendron fastigiatum Franch.密枝杜鹃
Rhododendron faucium Chamb.猴斑杜鹃
Rhododendron fauriei Franch.福氏杜鹃花
Rhododendron ferrugineum L.高山玫瑰杜鹃花
Rhododendron fictolacteum Balf.f.=Rhododendron rex subsp. fictolacteum
Rhododendron fimbriatum Hutch.=Rhododendron hippophaeoides
Rhododendron fissotectum Balf.f. & Forr.=Rhododendron aganniphum var. schizopeplum
Rhododendron flavantherum Hutch. & K.Ward 黄药杜鹃
Rhododendron flavidum Franch.川西淡黄杜鹃(新)
Rhododendron flavidum var. flavidum=Rhododendron flavidum
Rhododendron flavidum var. psilostylum Rehd. & Wils.光柱淡黄杜鹃(新)
Rhododendron flavoflorum T.L.Ming 淡黄杜鹃
Rhododendron flavorufum Balf.f. & Forr.=Rhododendron aganniphum var. flavorufum
Rhododendron fletcherianum David.翅柄杜鹃
Rhododendron flinckii Davidian=Rhododendron lanatum
Rhododendron floccigerum Franch.绵毛杜鹃
Rhododendron floccigerum subsp. *appropinquans* (Tagg & Forr.) Chamb. ex Cullen & Chamb.=Rhododendron neriiflorum var. appropinquans
Rhododendron floccigerum var. *appropinquans* Tagg & Forr.= Rhododendron neriiflorum var. appropinquans
Rhododendron floribundum Franch.繁花杜鹃
Rhododendron florulentum Tam 龙岩杜鹃
Rhododendron flosculum Fang & G.Z.Li 子花杜鹃
Rhododendron flumineum Fang & M.Y.He 河边杜鹃
Rhododendron fokiensense Franch.=Rhododendron simiarum
Rhododendron fongkaiense C.N.Wu=Rhododendron kwangtungense
Rhododendron fordii Hemsl.=Rhododendron simiarum
Rhododendron formosanum Hemsl.台湾杜鹃
Rhododendron formosum Wallich 美丽杜鹃
Rhododendron forrestii Balf.f. & Diels 紫背杜鹃
Rhododendron forrestii subsp. forrestii=Rhododendron forrestii
Rhododendron forrestii subsp. papillatum Chamb. ex Cullen Chamb.乳突紫背杜鹃
Rhododendron forrestii var. *repens* (Balf.f. & Forr.) Cowan & Davidian= Rhododendron forrestii
Rhododendron fortunei Lindl.云锦杜鹃
Rhododendron fortunei subsp. *discolor* (Franch.) Chamb. ex Cullen & Chamb.= Rhododendron discolor
Rhododendron fortunei var. *houlstonii* Rehd. & Wils.=Rhododendron discolor
Rhododendron foumineum Fang & M.Y.He 河边杜鹃花
Rhododendron foveolatum Rehd. & Wils.=Rhododendron coriaceum
Rhododendron frachetianum Lévl.=Rhododendron decorum
Rhododendron fragariflorum K.Ward 草莓花杜鹃
Rhododendron fragrans sensu Franch.=Rhododendron trichostomum
Rhododendron fuchsiiflorum Lévl.=Rhododendron spinuliferum
Rhododendron fuchsiifolium Lévl.贵定杜鹃
Rhododendron fulgens HK.f.猩红杜鹃
Rhododendron fulvastrum Balf.f. & Forr.黄褐杜鹃花
Rhododendron fulvastrum subsp. *epipastrum* (Balf.f. & Forr.) Cowan= Rhododendron eudoxum var. mesopolium
Rhododendron fulvastrum subsp. *mesopolium* o(Balf.f. & Forr.) Cowan= Rhododendron eudoxum var. mesopolium
Rhododendron fulvastrum subsp. *trichomiscum* (Balf.f. & Forr.) Cowan= Rhododendron eudoxum
Rhododendron fulvastrum subsp. *trichophlebium* (Balf.f. & Forr.) Cowan = Rhododendron eudoxum
Rhododendron fulvoides Balf.f. & Forr.=Rhododendron fulvum
Rhododendron fulvum Balf.f. & W.W.Sm.镰果杜鹃
Rhododendron fumidum Balf.f. & W.W.Sm.=Rhododendron heliolepis var. fumidum
Rhododendron fuscipilum M.Y.He 棕毛杜鹃
Rhododendron fuyuanense Z.H.Yang 富源杜鹃
Rhododendron galactinum Balf.f. ex Tagg 乳黄叶杜鹃
Rhododendron gemmiferum Philip. & M.N.Philip.大芽杜鹃
Rhododendron genestierianum Forr.灰白杜鹃
Rhododendron giganteum Forr. ex Tagg=Rhododendron protistum var. giganteum
Rhododendron giganteum var. *seminudum* Tagg & Forr.=Rhododendron protistum
Rhododendron giraudiasii Lévl.=Rhododendron decorum
Rhododendron glanduliferum Franch.大果杜鹃
Rhododendron glandulostylum Fang & M.Y.He 腺柱杜鹃
Rhododendron glandulosum Standley ex Small.多腺杜鹃花
Rhododendron glaphyrum Balf.f. & Forr.=Rhododendron temenium var. dealbatum
Rhododendron glaucoaureum Balf.f. & Forr.=-Rhododendron campylogyum
Rhododendron glaucopeplum Balf.f. & Forr.=Rhododendron aganniphum
Rhododendron glaucophyllum Rehd.(西藏志 1986)=Rhododendron tubiforme
Rhododendron glaucophyllum var. *tubiforme* Cowan & David.= Rhododendron tubiforme
Rhododendron glischroides Tagg. & Forr.似粘毛杜鹃花
Rhododendron glischrum Balf.f. & W.W.Sm.粘毛杜鹃
Rhododendron glischrum subsp. glischrum=Rhododendron glischrum
Rhododendron glischrum subsp. rude (Tagg & Forr.) Chamb. ex Cullen & Chamb.红粘毛杜鹃
Rhododendron glischrum var. *adenosum* Cowan & Davidian= Rhododendron adenosum
Rhododendron globigerum Balf.f. & Forr.=Rhododendron alutaceum
Rhododendron gloeoblastum Balf.f. & Forr.=Rhododendron wardii
Rhododendron glomerulatum Hutch.=Rhododendron yungningense
Rhododendron gnaphalocarpum Hay.=Rhododendron mariesii
Rhododendron gologense C.J.Xu & Z.J.Zhao 果洛杜鹃
Rhododendron gonggashanense W.K.Hu 贡嘎山杜鹃
Rhododendron gongshanense T.L.Ming 贡山杜鹃
Rhododendron gracilipes Franch=Rhododendron hypoglaucum
Rhododendron grande Wight 巨魁杜鹃
Rhododendron gratiosum Tam=Rhododendron mariae
Rhododendron gratum T.L.Ming=Rhododendron rex subsp. gratum
Rhododendron griersonianum Balf.f. & Forr.朱红大杜鹃
Rhododendron griffithianum Wight 不丹杜鹃
Rhododendron griffithianum var. *aucklandii* (HK.f.) HK.f.= Rhododendron griffithianum
Rhododendron guangnanense R.C.Fang 广南杜鹃
Rhododendron guizhouense Fang f. 贵州杜鹃
Rhododendron gymnanthum Diels=Rhododendron lukiangense
Rhododendron gymnocarpum Balf.f. ex Tagg=Rhododendron microgynum
Rhododendron gymnogynum Balf.f. & Forr.=Rhododendron anthosphaerum
Rhododendron gymnomiscum Balf.f. & Ward=Rhododendron primuliflorum
Rhododendron habrotrichum Balf.f. & W.W.Sm.粗毛杜鹃
Rhododendron haemaleum Balf.f. & Forr.=Rhododendron sanguineum var. haemaleum
Rhododendron haematocheilum Craib.=Rhododendron oreodoxa

Rhododendron haematodes Franch.似血杜鹃
Rhododendron haematodes subsp. chaetomallum (Balf.f. & Forr.) Chamb. ex Cullen & Chamb.绢毛杜鹃
Rhododendron haematodes subsp. haematodes=Rhododendron haematodes
Rhododendron haematodes var. *calycinum* Franch.=Rhododendron haematodes
Rhododendron haematodes var. *hypoleucum* Franch.=Rhododendron haematodes
Rhododendron haemonium Balf.f. & Coop.=Rhododendron anthopogon
Rhododendron hainanense Merr.海南杜鹃
Rhododendron hanceanum Hemsl.疏叶杜鹃
Rhododendron hancockii Hemsl.滇南杜鹃
Rhododendron hangnoense Nakai=Rhododendron indicum
Rhododendron hangzhouense Fang & M.Y.He=Rhododendron bachii
Rhododendron haofui Chun & Fang 光枝杜鹃
Rhododendron hardingii Forr. ex Tagg=Rhododendron annae subsp. laxiflorum
Rhododendron hardyi David.=Rhododendron augustinii subsp. chasmanthum f. hardyi
Rhododendron harrovianum Hemsl.=Rhododendron polypeis
Rhododendron headfortianum Hutch.佛得角杜鹃花
Rhododendron hedythamnum Blaf.f. & Forr.=Rhododendron callimorphum
Rhododendron hedythamnum var. *eglandulosum* Hand.-Mazz.= Rhododendron callimorphum
Rhododendron heishuense Fang=Rhododendron tatsienense
Rhododendron hejiangense M.Y.He 合江杜鹃
Rhododendron heliolepis Franch.亮鳞杜鹃
Rhododendron heliolepis var. *brevistylum* (Franch.) Cullen= Rhododendron heliolepis
Rhododendron heliolepis var. fumidum (Balf.f. & W.W.Sm.) R.C.Fang 灰褐亮鳞杜鹃
Rhododendron heliolepis var. heliolepis=Rhododendron heliolepis
Rhododendron heliolepis var. oporinum (Balf.f. & K.Ward) Z.L.Chang ex R.C.Fang 毛冠亮鳞杜鹃
Rhododendron helvolum Balf.f. & Forr.=Rhododendron phaeochrysum var. levistratum
Rhododendron hemidartum Balf.f. ex Tagg=Rhododendron pocophorum var. hemidartum
Rhododendron hemitrichotum Balf.f. & Forr.粉背碎米花
Rhododendron hemsleyanum Wils.波叶杜鹃
Rhododendron hemsleyanum var. chengianum Fang ex Ching 无腺杜鹃
Rhododendron hemsleyanum var. hemsleyanum=Rhododendron hemsleyanum
Rhododendron henanense Fang 河南杜鹃
Rhododendron henanense subsp. henanense=Rhododendron henanense
Rhododendron henanense subsp. lingbaoense Fang 灵宝杜鹃
Rhododendron henryi Hance 弯蒴杜鹃
Rhododendron henryi var. dunnii (Wils.) M.Y.He 秃房杜鹃
Rhododendron henryi var. henryi=Rhododendron henryi
Rhododendron henryi var. *pubescens* K.M.Feng & A.L.chang= Rhododendron cavaleriei
Rhododendron hepaticum Tam=Rhododendron rufulum
Rhododendron heptamerum Balf.f.=Rhododendron anthosphaerum
Rhododendron herpesticum Balf.f. & K.Ward.=Rhododendron dichroanthum subsp. scyphocalyx
Rhododendron hesperium Balf.f. & Forr.=Rhododendron rigidum
Rhododendron heteroclitum H.P.Yang 异常杜鹃
Rhododendron hexamerum Hand.-Mazz.=Rhododendron vernicosum
Rhododendron hilleri Davidian 察瓦陇杜鹃花
Rhododendron himertum Balf.f. & Forr.=Rhododendron sanguineum var. himertum
Rhododendron himertum subsp. *nebrities* (Balf.f. & Forr.) Tagg= Rhododendron sanguineum var. himertum
Rhododendron himertum subsp. *poliopelum* (Balf.f. & Forr.) Tagg= Rhododendron sanguineum var. himertum
Rhododendron hippophaeoides Balf.f. & W.W.Sm.灰背杜鹃
Rhododendron hippophaeoides var. hippophaeoides=Rhododendron hippophaeoides
Rhododendron hippophaeoides var. occidentale Philip. & M.N.Philip.长柱灰背杜鹃
Rhododendron hirsuticostatum Hand.-Mazz.=Rhododendron augustinii subsp. chasmanthum
Rhododendron hirsutipetiolatum Z.L.Chang & R.C.Fang 凸脉杜鹃
Rhododendron hirsutum L.中欧毛杜鹃花
Rhododendron hirtipes Tagg 硬毛杜鹃
Rhododendron hodgsonii HK.f.多裂杜鹃
Rhododendron hongkongense Hutch.白马银花
Rhododendron hookeri Nutt.串珠杜鹃
Rhododendron horaeum Balf.f. & Forr.=Rhododendron citriniflorum var. horaeum
Rhododendron hormophorum Balf.f. & Forr.=Rhododendron yunnanense
Rhododendron houlstonii Hemsl. & Wils.=Rhododendron discolor
Rhododendron huadingense Ding & Fang 华顶杜鹃花
Rhododendron huguangense Tam 大鳞杜鹃
Rhododendron huianum Fang 凉山杜鹃
Rhododendron huidongense T.L.Ming 会东杜鹃
Rhododendron huiyangense Fang & M.Y.He=Rhododendron tingwuense
Rhododendron hukwangense Tam=Rhododendron huguangense
Rhododendron hunanense Chun & Tam 湖南杜鹃
Rhododendron hunnanense var. *mangshanicum* Tam=Rhododendron hunanense
Rhododendron hunnewellianum Rehd. & Wils.岷江杜鹃
Rhododendron hunnewellianum subsp. hunnewellianum=Rhododendron hunnewellianum
Rhododendron hunnewellianum subsp. rockii (Wils.) Chamb. ex Cullen & Chamb.黄毛岷江杜鹃
Rhododendron hutchinsonianum Fang=Rhododendron concinnum
Rhododendron hylaeum Balf.f. & Farrer 粉果杜鹃
Rhododendron hylothreptum Balf.f. & W.W.Sm.=Rhododendron anthosphaerum
Rhododendron hypenanthum Balf.f.毛花杜鹃
Rhododendron hyperythrum Hay.微笑杜鹃
Rhododendron hypoblematosum Tam 背绒杜鹃
Rhododendron hypoglaucum Hemsl.粉白杜鹃
Rhododendron hypolepidotum (Franch.) Balf.f. & Forr.=Rhododendron brachyanthum subsp. hypolepidotum
Rhododendron hypophaeum Balf.f. & Forr.=Rhododendron tatsienense
Rhododendron hypotrichotum Balf.f. & Forr.=Rhododendron oreotrephes
Rhododendron idoneum Balf.f. & W.W.Sm.=Rhododendron telmateium
Rhododendron igneum Cowan 肉红杜鹃
Rhododendron imberbe Hutch.无须杜鹃花
Rhododendron impeditum Balf.f. & .W.W.Sm.粉紫杜鹃
Rhododendron imperator Hutch. & Ward.帝王杜鹃花
Rhododendron inaequale Hutch.极香杜鹃花
Rhododendron indicum (L.) Sweet 皋月杜鹃
Rhododendron indicum Sweet (Hemsl.in J.L.Soc.Bot.1889)= Rhododendron simsii
Rhododendron indicum var. *formosanum* Hay.=Rhododendron simsii
Rhododendron indicum var. *ignescens* Sweet=Rhododendron simsii
Rhododendron indicum var. *pulchrum* G.Don=Rhododendron pulchrum
Rhododendron indicum var. *puniceum* Sweet=Rhododendron simsii
Rhododendron indicum var. *simsii* Maxim.=Rhododendron simsii
Rhododendron indicum var. *smithii* Sweet=Rhododendron pulchrum
Rhododendron inopinum Balf.f.短尖杜鹃
Rhododendron insculptum Hutch. & K.Ward?雕纹杜鹃
Rhododendron insigne Hemsl. & Wils.不凡杜鹃
Rhododendron insigne var. hejiangense (Fang) Fang f. 合江银叶杜鹃
Rhododendron insigne var. insigne =Rhododendron insigne
Rhododendron intortum Balf.f. & Forr.=Rhododendron phaeochrysum var. levistratum
Rhododendron intricatum Franch.隐蕊杜鹃
Rhododendron invictum Balf.f. & Farrer 绝伦杜鹃
Rhododendron ioanthum Balf.f.=Rhododendron siderophyllum
Rhododendron iodes Balf.f. & Forr.=Rhododendron alutaceum var. iodes
Rhododendron irroratum Franch.露珠杜鹃
Rhododendron irroratum subsp. irroratum=Rhododendron irroratum
Rhododendron irroratum subsp. pogonostylum (Balf.f. & W.W.Sm.) Chamb. ex Cullen & Chamb.红花露珠杜鹃
Rhododendron irroratum subsp. *pogonostylum* (Balf.f. & W.W.Sm.) Chamb. ex Cullen=Rhododendron agastum var. pennivenium
Rhododendron irroratum subsp. *pogonostylum* (Balf.f. & W.W.Sm.) Chamb.(云南志 1986,p.p.)=Rhododendron pingbianense

Rhododendron iteophyllum Hutch.柳叶杜鹃花
Rhododendron ixeunticum Balf.f. & W.W.Sm.=Rhododendron crinigerum
Rhododendron jahandiezii Lévl.=Rhododendron siderophyllum
Rhododendron jangtzowense Balf.f. & Forr.=Rhododendron dichroanthum subsp. apodectum
Rhododendron japonicum (A.Gray) Suring.日本杜鹃花
Rhododendron jasminiflorum HK.茉莉杜鹃花
Rhododendron jasminoides M.Y.He 素馨杜鹃
Rhododendron javanicum (Bl.) J.Benn.爪哇杜鹃花
Rhododendron jingganshanicum Tam 井岗山杜鹃
Rhododendron jinpingense Fang etM.Y.He 金平杜鹃
Rhododendron jinxiuense Fang & M.Y.He 金秀杜鹃
Rhododendron johnstoneanum Watt.鳞瓣杜鹃花
Rhododendron joniense Ching & H.P.Yang 卓尼杜鹃
Rhododendron jucundum Balf.f. & W.W.Sm.=Rhododendron selense subsp. jucundum
Rhododendron kaempferi Planch.堪氏杜鹃花
Rhododendron kailiense Fang & M.Y.He 凯里杜鹃
Rhododendron kanehirai Wils.台北杜鹃
Rhododendron kangdingense Z.J.Zhao=Rhododendron tatsienense
Rhododendron kasoense Hutch. & K.Ward 黄管杜鹃
Rhododendron kawakamii Hay.着生杜鹃
Rhododendron kawakamii var. flaviflorum Liu & Chuang 黄色着生杜鹃
Rhododendron kawakamii var. kawakamii=Rhododendron kawakamii
Rhododendron keiskei Miguel.伊东杜鹃花
Rhododendron keleticum Balf.f. & Forr.独龙杜鹃
Rhododendron kendrickii Nutt.多斑杜鹃
Rhododendron keysii Nutt.管花杜鹃
Rhododendron keysii var. *unicolor* Hutch. ex Stearn=Rhododendron keysii
Rhododendron kialense Franch.=Rhododendron przewalskii
Rhododendron kiangsiense Fang 江西杜鹃
Rhododendron kingdonii Merr.=Rhododendron calostrotum
Rhododendron kirkii Millais=Rhododendron discolor
Rhododendron kiusianum Makno 九洲山杜鹃花
Rhododendron klossii Ridl.=Rhododendron moulmainense
Rhododendron kongboense Hutch.工布杜鹃
Rhododendron kotschyi Simonk.纤枝矮杜鹃花
Rhododendron kouytchense Lévl.=Rhododendron chrysocalyx
Rhododendron kuluense Chamb. ex Cullen & Chamb.=Rhododendron adenosum
Rhododendron kwangfuense Chun & Fang=Rhododendron discolor
Rhododendron kwangsiense Hu ex Fang=Rhododendron kwangsiense
Rhododendron kwangsiense Hu ex Tam 广西杜鹃
Rhododendron kwangsiense Hu=Rhododendron kwangsiense
Rhododendron kwangsiense var. kwangsiense=Rhododendron kwangsiense
Rhododendron kwangsiense var. obovatifolium Tam 钝圆杜鹃
Rhododendron kwangsiense var. *salicinum* Tam=Rhododendron kwangsiense
Rhododendron kwangsiense var. *subfalcatum* Tam=Rhododendron kwangsiense
Rhododendron kwangtungense Merr. & Chun 广东杜鹃
Rhododendron kyawi Lace & W.W.Sm.星毛杜鹃
Rhododendron labolengense Ching & H.P.Yang 拉卜楞杜鹃
Rhododendron lacteum Franch.(Hemsl.in Curtis's Bot.Mag.1911)=Rhododendron rex subsp. fictolacteum
Rhododendron lacteum Franch.乳黄杜鹃
Rhododendron lacteum var. *macrophyllum* Franch.=Rhododendron rex subsp. fictolacteum
Rhododendron laetevirens Rehd.鲜绿杜鹃花
Rhododendron lampropeplum Balf.f. & Forr.=Rhododendron proteoides
Rhododendron lamprophyllum Hay.=Rhododendron ovatum
Rhododendron lanatoides Chamb.淡钟杜鹃
Rhododendron lanatum HK.f.黄钟杜鹃
Rhododendron lanatum var. *luciferum* Cowan=Rhododendron lanatum
Rhododendron lancifolium HK.f.=Rhododendron barbatum
Rhododendron lanigerum Tagg 林生杜鹃
Rhododendron laojunense T.L.Ming=Rhododendron laojunshanense
Rhododendron laojunshanense Fang f. 老君山杜鹃
Rhododendron lapidosum T.L.Ming=Rhododendron araiophyllum subsp. lapidosum
Rhododendron lapponicum (L.) Wahl.高山杜鹃
Rhododendron lasiopodum Hutch.=Rhododendron roseatum
Rhododendron lasiostylum Hay.毛花柱杜鹃
Rhododendron lateriflorum R.C.Fang & Z.L.Chang 侧花杜鹃
Rhododendron lateritium Planch=Rhododendron indicum
Rhododendron latoucheae Franch.鹿角杜鹃
Rhododendron laudandum Cowan 毛冠杜鹃
Rhododendron laudandum var. laudandum=Rhododendron laudandum
Rhododendron laudandum var. temoense K.Ward ex Cowan & David.疏毛冠杜鹃
Rhododendron laxiflorum Balf.f. & Forr.=Rhododendron annae subsp. laxiflorum
Rhododendron leclerei Lévl.=Rhododendron rubiginosum var. leclerei
Rhododendron ledifolium G.Don=Rhododendron mucronatum
Rhododendron ledoides Balf.f. & W.W.Sm.=Rhododendron trichostomum var. ledoides
Rhododendron leei Fang=Rhododendron faberii subsp. prattii
Rhododendron leiboense Z.J.Zhao 雷波杜鹃
Rhododendron leilungense Balf.f. & Forr.=Rhododendron tatsienense
Rhododendron leiopodum Hay.=Rhododendron ellipticum
Rhododendron leishanicum Fang & S.S.Chang ex Chamb.雷山杜鹃
Rhododendron lemeei Lévl.=Rhododendron lutescens
Rhododendron lepidanthum Balf.f. & W.W.Sm.=Rhododendron primuliflorum var. lepidanthum
Rhododendron lepidostylum Balf.f. & Forr.常绿糙毛杜鹃
Rhododendron lepidotum Wall. ex G.Don 鳞腺杜鹃
Rhododendron leptanthum Hay.=Rhododendron ellipticum
Rhododendron leptopeplum Balf.f. & Forr.腺绒杜鹃
Rhododendron leptosanthum Hay.=Rhododendron ellipticum
Rhododendron leptothrium Balf.f. & Forr.薄叶马银花
Rhododendron leucandrum Lévl.=Rhododendron siderophyllum
Rhododendron leucaspis Tagg 白背杜鹃
Rhododendron leucobotrys Ridl.=Rhododendron moulmainense
Rhododendron leucolasium Diels=Rhododendron hunnewellianum
Rhododendron leucopetalum Balf.f. & Forr.=Rhododendron sanguineum var. cloiophorum
Rhododendron levinei Merr.南岭杜鹃
Rhododendron levistratum Balf.f. & Forr.=Rhododendron phaeochrysum var. levistratum
Rhododendron liaoxiense S.L.Tung & Z.Lu 辽西杜鹃
Rhododendron liliiflorum Lévl.百合花杜鹃
Rhododendron limprichtii Diels=Rhododendron oreodoxa
Rhododendron lindleyi T.Moore 林氏杜鹃花
Rhododendron linearicalyx T.L.Ming 线裂杜鹃花
Rhododendron linearicupulare Tam 横县杜鹃
Rhododendron linearifolium S. & Z.线叶杜鹃花
Rhododendron linearilobum R.C.Fang & Z.L.Chang 线萼杜鹃
Rhododendron lingii Chun ex Ching=Rhododendron rhuyuenense
Rhododendron liratum Balf.f. & Forr.=Rhododendron dichroanthum subsp. apodectum
Rhododendron litangense Balf.f. & Hutch.=Rhododendron impeditum
Rhododendron litchiifolium T.C.Wu & Tam 荔叶杜鹃
Rhododendron lithophilum Balf.f. & K.Ward=Rhododendron trichocladum
Rhododendron litiense Balf.f. & Forr.=Rhododendron wardii
Rhododendron lochae F.Muell.罗氏杜鹃花
Rhododendron lochmium Balf.f.矮丛杜鹃花
Rhododendron longesquamatum Schneid.长鳞杜鹃
Rhododendron longicalyx Fang f. 长萼杜鹃
Rhododendron longifalcatum Tam 长尖杜鹃
Rhododendron longiflorum Nutt.=Rhododendron grande
Rhododendron longiperulatum Hay.长鳞芽杜鹃
Rhododendron longipes Rehd. & Wils.长柄杜鹃
Rhododendron longipes var. chienianum (Fang) Chamb. ex Cullen & Chamb.金山杜鹃
Rhododendron longipes var. longipes=Rhododendron longipes
Rhododendron longistylum Rehd. & Wils.长轴杜鹃
Rhododendron longistylum subsp. decumbens R.C.Fang 平卧长轴杜鹃
Rhododendron longistylum subsp. longistylum=Rhododendron longistylum

Rhododendron loniceraeflorum Tam 忍冬杜鹃
Rhododendron lophophorum Balf.f. & Forr.=Rhododendron phaeochrysum var. agglutinatum
Rhododendron lopsangianum Cowan=Rhododendron thomsonii subsp. lopsangianum
Rhododendron lowndesii Davidian 罗恩杜鹃花
Rhododendron lucidum Nutt.(Franch.in J.Bot.1895)=Rhododendron vernicosum
Rhododendron lucidum Nutt.=Rhododendron camelliiflorum
Rhododendron luciferum (Cowan) Cowan=Rhododendron lanatum
Rhododendron ludlowii Cowan 广口杜鹃
Rhododendron luhuoense H.P.Yang 炉霍杜鹃
Rhododendron lukiangense Franch.蜡叶杜鹃
Rhododendron lukiangense subsp. *admirabile* (Balf.f. & Forr.) Tagg= Rhododendron lukiangense
Rhododendron lukiangense subsp. *ceraceum* (Balf.f. & W.W.Sm.) Tagg= Rhododendron lukiangense
Rhododendron lukiangense subsp. *gymnanthum* (Diels) Tagg= Rhododendron lukiangense
Rhododendron lulangense L.C.Hu & Y.Tateishi 鲁浪杜鹃
Rhododendron lutescens Franch.黄花杜鹃
Rhododendron luteum Sweet 黄香杜鹃花
Rhododendron lyi Lévl.(Sleum.in Blumea Suppl.IV 1958,p.p.)= Rhododendron ciliicalyx
Rhododendron lyi Lévl.=Rhododendron ciliicalyx subsp. lyi
Rhododendron lysolepis Hutch.疏鳞杜鹃花
Rhododendron macabeanum Watt. ex Balf.f.麦卡杜鹃花
Rhododendron mackenzianum Forr.=Rhododendron stenaulum
Rhododendron maculiferum Franch.麻花杜鹃
Rhododendron maculiferum subsp. anhweiense (Wils.) Chamb. ex Cullen & Chamb.黄山杜鹃
Rhododendron maculiferum subsp. maculiferum=Rhododendron maculiferum
Rhododendron maddenii HK.f.马登杜鹃花
Rhododendron maddenii subsp. crassum (Franch.) Cullen 滇藏隐脉杜鹃(新)
Rhododendron maddenii subsp. maddenii=Rhododendron maddenii
Rhododendron magnificum K.Ward 强壮杜鹃
Rhododendron magniflorum W.K.Hu 贵州大花杜鹃
Rhododendron maguanense K.M.Feng 马关杜鹃
Rhododendron mainlingense S.H.Huang & R.C.Fang 米林杜鹃
Rhododendron mairei Lévl.=Rhododendron lacteum
Rhododendron makinoi Tagg.牧野杜鹃花
Rhododendron malayanum Jack.马来杜鹃花
Rhododendron malipoense M.Y.He 麻栗坡杜鹃
Rhododendron mallotum Balf.f. & K.Ward 羊毛杜鹃
Rhododendron mandarinorum Diels=Rhododendron discolor
Rhododendron manipurense Balf.f. & Watt.曼尼坡杜鹃花
Rhododendron manopeplum Balf.f. & Forr.=Rhododendron esetulosum
Rhododendron manophorum Balf.f. & Forr.=Rhododendron sanguineum var. didymoides
Rhododendron maoerense Fang & Q.Z.Li 猫儿山杜鹃
Rhododendron maowenense Ching & H.P.Yang 茂汶杜鹃
Rhododendron mariae Hance 岭南杜鹃
Rhododendron mariesii Hemsl. & Wils.满山红
Rhododendron martinianum Balf.f. & Forr.少花杜鹃
Rhododendron maximowiczianum Lévl.=Rhododendron irroratum
Rhododendron maximum L.极大杜鹃花
Rhododendron meddianum Forr.红萼杜鹃
Rhododendron meddianum var. atrokermesinum Tagg 腺房红萼杜鹃
Rhododendron meddianum var. meddianum=Rhododendron meddianum
Rhododendron medoense Fang & M.Y.He 墨脱马银花
Rhododendron megacalyx Balf.f. & K.Ward 大萼杜鹃
Rhododendron megalanthum Fang f. 大花杜鹃
Rhododendron megaphyllum Balf.f. & Forr.=Rhododendron basilicum
Rhododendron megeratum Balf.f. & Forr.招展杜鹃
Rhododendron mekongense Franch.弯月杜鹃
Rhododendron mekongense var. longipilosum (Cowan) Cullen 长毛弯月杜鹃
Rhododendron mekongense var. mekongense=Rhododendron mekongense
Rhododendron mekongense var. melinanthum (Balf.f. & K.Ward) Cullen 蜜花弯月杜鹃
Rhododendron mekongense var. rubrolineatum (Balf.f. & Forr.) Cullen 红线杜鹃
Rhododendron melinanthum Balf.f. & K.Ward=Rhododendron mekongense var. melinanthum
Rhododendron mengtszense Balf.f. & W.W.Sm.蒙自杜鹃
Rhododendron meridionale Tam 南边杜鹃
Rhododendron meridionale var. meridionale=Rhododendron meridionale
Rhododendron meridionale var. minor Tam 狭叶南边杜鹃
Rhododendron meridionale var. *setistylum* Tam=Rhododendron meridionale var. setistylum
Rhododendron meridionale var. setistylum Tam 糙柱杜鹃
Rhododendron meridionalis Tam=Rhododendron meridionale
Rhododendron meridionalis var. *minor* Tam=Rhododendron meridionale var. minor
Rhododendron mesopolium Balf.f. & Forr.=Rhododendron eudoxum var. mesopolium
Rhododendron metrium Baulf.f. & Forr.=Rhododendron selense
Rhododendron metternichii S. & Z.麦特杜鹃花
Rhododendron mianningense Z.J.Zhao 冕宁杜鹃
Rhododendron micranthum Turcz.照山白
Rhododendron microgynum Balf.f. & Forr.短蕊杜鹃
Rhododendron microleucum Hutch.照山白杜鹃花
Rhododendron micromeres Tagg 异鳞杜鹃
Rhododendron microphyton Franch.亮毛杜鹃
Rhododendron microphyton var. microphyton=Rhododendron microphyton
Rhododendron microphyton var. trichanthum A.L.Chang ex R.C.Fang 碧江亮毛杜鹃
Rhododendron mimetes Tagg & Forr.优异杜鹃
Rhododendron mimetes var. *simulans* Tagg & Forr.=Rhododendron simulans
Rhododendron miniatum Cowan 焰红杜鹃
Rhododendron minus Michaux 较小杜鹃花
Rhododendron minutiflorum Hu 小花杜鹃
Rhododendron minyaense Philip. & M.N.Philip.黄褐杜鹃
Rhododendron mirabile K.Ward=Rhododendron genestierianum
Rhododendron mishmiense Hutch. & K.Ward=Rhododendron boothii
Rhododendron missionarum Lévl.=Rhododendron ciliicalyx
Rhododendron mitriforme Tam 头巾马银花
Rhododendron mitriforme var. mitriforme=Rhododendron mitriforme
Rhododendron mitriforme var. setaceum Tam 腺刺马银花
Rhododendron miyiense W.K.Hu 米易杜鹃
Rhododendron molle (Bl.) G.Don 羊踯躅
Rhododendron mollianum Koorders=Rhododendron montroseanum
Rhododendron mollicomum Balf.f. & W.W.Sm.柔毛碎米花
Rhododendron mollicomum var. *rockii* Tagg=Rhododendron mollicomum
Rhododendron mollyanum Cowan & Davidian=Rhododendron montroseanum
Rhododendron mombeigii Rehd. & Wils.=Rhododendron uvarifolium
Rhododendron monanthum Balf.f. & W.W.Sm.一朵花杜鹃
Rhododendron monosematum Hutch.=Rhododendron strigillosum var. monosematum
Rhododendron montigenum T.L.Ming 山地杜鹃
Rhododendron montroseanum Davidian 墨脱杜鹃
Rhododendron moriakianum T.Suzuki 铃木氏杜鹃花
Rhododendron morii Hay.玉山杜鹃
Rhododendron motsouense Lévl.=Rhododendron racemosum
Rhododendron moulmainense HK.f.毛棉杜鹃花
Rhododendron moupinense Franch.宝兴杜鹃
Rhododendron mucronatum (Bl.) G.Don 白花杜鹃
Rhododendron mucronatum var. narcissiflorum E.H.Wils.重瓣白杜鹃花
Rhododendron mucronatum var. plenum 重瓣紫杜鹃花
Rhododendron mucronulatum Turcz.迎红杜鹃
Rhododendron muliense Balf.f. & Forr.=Rhododendron rupicola var. muliense
Rhododendron mussoti Franch.=Rhododendron wardii
Rhododendron myiagrum Balf.f. & Forr.=Rhododendron callimorphum var. myiagrum
Rhododendron myrsinifolium Ching ex Fang & M.Y.He 铁仔杜鹃

Rhododendron myrtilloides Balf.f. & K.Ward=Rhododendron campylogyum
Rhododendron naamkwanense Merr.南昆杜鹃
Rhododendron naamkwanense var. cryptonerve Tam 紫薇春
Rhododendron naamkwanense var. naamkwanense=Rhododendron naamkwanense
Rhododendron nakaharai Hay.那克哈杜鹃
Rhododendron nakotiltum Blalf.f. & Frorest 德钦杜鹃
Rhododendron nanfumontanum Hay.南湖杜鹃花
Rhododendron nanjianense K.M.Feng & Z.H.Yang 南涧杜鹃
Rhododendron nankingense (Cowan) Chamb.梵净山杜鹃花?
Rhododendron nankotaisanense Hay.=Rhododendron pseudochrysanthum
Rhododendron nanothamnum Balf.f. & Forr.=Rhododendron selense
Rhododendron nanpingense Tam 南平杜鹃
Rhododendron nanum Lévl.=Rhododendron fastigiatum
Rhododendron nebrities Balf.f. & Forr.=Rhododendron sanguineum var. himertum
Rhododendron nematocalyx Balf.f. & W.W.Sm.=Rhododendron moulmainense
Rhododendron nemorosum R.C.Fang 金平林生杜鹃
Rhododendron neriiflorum Franch.火红杜鹃
Rhododendron neriiflorum subsp. *agetum* (Balf.f. & Forr.) Tagg= Rhododendron neriiflorum var. agetum
Rhododendron neriiflorum subsp. *euchaites* (Balf.f. & Forr.) Tagg= Rhododendron neriiflorum
Rhododendron neriiflorum subsp. *phaedropum* (Balf.f. & Farrer) Tagg= Rhododendron neriiflorum var. appropinquans
Rhododendron neriiflorum subsp. *phoenicodum* (Balf.f. & Farrer) Tagg= Rhododendron neriiflorum
Rhododendron neriiflorum var. agetum (Balf.f.f & Forr.) T.L.Ming 网眼火红杜鹃
Rhododendron neriiflorum var. appropinquans (Tagg & Forr.) W.K.Hu 腺房火红杜鹃
Rhododendron neriiflorum var. neriiflorum=Rhododendron neriiflorum
Rhododendron neriiflorum var. *phaedropum* (Balf.f. & Farrer) T.L.Ming= Rhododendron neriiflorum var. appropinquans
Rhododendron nigroglandulosum Nitzelius 大炮山杜鹃
Rhododendron nigropunctatum Franch.=Rhododendron nivale subsp. boreale
Rhododendron ningyuenense Hand.-Mazz.=Rhododendron irroratum
Rhododendron niphargum Balf.f. & K.Ward.=Rhododendron uvarifolium
Rhododendron nipholobum Balf.f. & Farrer=Rhododendron stewartianum
Rhododendron nipponicum Matsumura 东瀛杜鹃花
Rhododendron nitens Hutch.=Rhododendron keleticum
Rhododendron nitidulum Rehd. & Wils.光亮杜鹃
Rhododendron nitidulum var. nitidulum=Rhododendron nitidulum
Rhododendron nitidulum var. *nubigenum* Rehd. & Wils.=Rhododendron nitidulum
Rhododendron nitidulum var. omeiense Philip. & M.N.Philip.光亮峨眉杜鹃
Rhododendron nivale HK.f.雪层杜鹃
Rhododendron nivale subsp. australe Philip. & M.N.Philip.南方雪层杜鹃
Rhododendron nivale subsp. boreale Philip. & M.N.Philip.北方雪层杜鹃
Rhododendron nivale subsp. nivale=Rhododendron nivale
Rhododendron niveum HK.f.西藏毛脉杜鹃
Rhododendron nobile Wall.(p.p.)=Rhododendron campanulatum
Rhododendron notatum Hutch.=Rhododendron dendricola
Rhododendron nudiflorum (L.) Torrey 裸花杜鹃
Rhododendron numorosum R.C.Fang 裸生杜鹃花
Rhododendron nuttallii Booth(Cullen & Chamb.in Not.Bot.Gard. Edinb. 1978,p.p.)=Rhododendron sinonuttallii
Rhododendron nuttallii Booth 木兰杜鹃
Rhododendron nuttallii var. stellatum Hutch.小花木兰杜鹃(新)?
Rhododendron nyingchiense R.C.Fang & S.H.Huang 林芝杜鹃
Rhododendron nymphaeoides W.K.Hu 睡莲叶杜鹃
Rhododendron oblancifolium Fang f.倒矛杜鹃
Rhododendron oblongum Griffith=Rhododendron griffithianum
Rhododendron obovatum HK.f.=Rhododendron lepidotum
Rhododendron obscurum Franch. ex Balf.f.=Rhododendron siderophyllum
Rhododendron obtusum (Lindl.) Planch.钝叶杜鹃
Rhododendron obtusum f. *honkirishima* Komatsu=Rhododendron obtusum
Rhododendron occidentale A.Gray 西方杜鹃花
Rhododendron ochraceum Rehd. & Wils.峨马杜鹃
Rhododendron ochraceum var. brevicarpum W.K.Hu 短果峨马杜鹃
Rhododendron ochraceum var. ochraceum=Rhododendron ochraceum
Rhododendron octandrum M.Y.He 八蕊杜鹃
Rhododendron odoriferum Hutch.=Rhododendron maddenii
Rhododendron officinale Salisb.=Rhododendron aureum
Rhododendron oldhamii Maxim.砖红杜鹃
Rhododendron oldhamii var. *glandulosum* Hay.=Rhododendron oldhamii
Rhododendron oleifolium Franch.=Rhododendron virgatum
Rhododendron oligocarpum Fang & X.S.Zhang 稀果杜鹃
Rhododendron ombrachares Balf.f. & K.Ward=Rhododendron tanastylum
Rhododendron openshawianum Rehd. & Wils.=Rhododendron calophytum var. openshawianum
Rhododendron oporinum Balf.f. & K.Ward=Rhododendron heliolepis var. oporinum
Rhododendron orbiculare Decne.团叶杜鹃
Rhododendron orbiculare subsp. cardiobasis (Sleumer) Chamb.心基杜鹃
Rhododendron orbiculare subsp. oblongum W.K.Hu 长圆杜鹃
Rhododendron orbiculare subsp. orbiculare=Rhododendron orbiculare
Rhododendron oreinum Balf.f.=Rhododendron nivale subsp. boreale
Rhododendron oreodoxa Franch.山光杜鹃
Rhododendron oreodoxa var. adenostylosum Fang & W.K.Hu 腺柱山光杜鹃
Rhododendron oreodoxa var. fargesii (Franch.) Chamb. ex Cullen & Chamb.粉红杜鹃
Rhododendron oreodoxa var. oreodoxa=Rhododendron oreodoxa
Rhododendron oreodoxa var. shensiense Chamb.陕西山光杜鹃
Rhododendron oreogenum L.C.Hu 藏东杜鹃
Rhododendron oreotrephes W.W.Sm.山育杜鹃
Rhododendron oresbium Balf.f. & K.Ward=Rhododendron nivale subsp. boreale
Rhododendron oresterum Balf.f. & Forr.=Rhododendron wardii
Rhododendron orthocladum Balf.f. & Forr.直枝杜鹃
Rhododendron orthocladum var. longistylum Philip. & M.N.Philip.长柱直枝杜鹃
Rhododendron orthocladum var. orthocladum=Rhododendron orthocladum
Rhododendron osmerum Balf.f. & Forr.=Rhododendron russatum
Rhododendron oulotrichum Balf.f. & Forr.=Rhododendron trichocladum
Rhododendron ovatum (Lindl.) Planch. ex Maxim.马银花
Rhododendron ovatum var. ovatum=Rhododendron ovatum
Rhododendron ovatum var. *prismatum* Tam.=Rhododendron ovatum
Rhododendron ovatum var. setuliferum M.Y.He 刚毛马银花
Rhododendron oxyphyllum Franch.=Rhododendron moulmainense
Rhododendron pachyphyllum Fang 厚叶杜鹃
Rhododendron pachypodum Balf.f. & W.W.Sm.云上杜鹃
Rhododendron pachysanthum Hay.台湾山地杜鹃
Rhododendron pachytrichum Franch.(Chabm.in Not.Bot.Gard.Edinb.1982, p.p.)=Rhododendron strigillosum var. monosematum
Rhododendron pachytrichum Franch.绒毛杜鹃
Rhododendron pachytrichum var. pachytrichum=Rhododendron pachytrichum
Rhododendron pachytrichum var. tenuistylum W.K.Hu 瘦柱绒毛杜鹃
Rhododendron pagophilum Balf.f. & K.Ward.=Rhododendron selense
Rhododendron pallescens Hutch.苍白杜鹃花
Rhododendron paludosum Hutch. & K.Ward=Rhododendron nivale
Rhododendron palustre Turcz.=Rhododendron lapponicum
Rhododendron pankimense Cowan & K.Ward=Rhododendron kendrickii
Rhododendron papillatum Balf.f. & Cooper 乳突杜鹃
Rhododendron papyrociliare Tam=Rhododendron mariae
Rhododendron paradoxum Balf.f.奇异杜鹃
Rhododendron parishii C.B.Clarke 毛淡绵杜鹃
Rhododendron parmulatum Cowan 盘萼杜鹃
Rhododendron parryae Hutch.帕瑞杜鹃花
Rhododendron parviflorum F.Schmidt=Rhododendron lapponicum
Rhododendron parvifolium Adams=Rhododendron lapponicum
Rhododendron patulum K.Ward=Rhododendron pemakoense
Rhododendron pectinatum Hutch.篦齿杜鹃花
Rhododendron pemakoense K.Ward 假单花杜鹃

Rhododendron pendulum HK.f.凸叶杜鹃
Rhododendron pennivenium Balf.f. & Forr.=Rhododendron agastum var. pennivenium
Rhododendron pentaphyllum Maxim.日本五叶杜鹃
Rhododendron peramabile Hutch.=Rhododendron intricatum
Rhododendron peramoenum Balf.f. & Forr.=Rhododendron delavayi var. peramoenum
Rhododendron peregrinum Tagg.外来杜鹃花
Rhododendron periclymenoides (Michx.) Shinn.似裸花杜鹃
Rhododendron persicinum Hand.-Mazz.=Rhododendron anthosphaerum
Rhododendron perulatum Balf.f. & Forr.=Rhododendron microgynum
Rhododendron petilum Tam=Rhododendron simsii
Rhododendron petrocharis Diels 饰石杜鹃
Rhododendron phaedropum Balf.f. & Farrer=Rhododendron neriiflorum var. appropinquans
Rhododendron phaeochlorum Balf.f. & Forr.=Rhododendron oreotrephes
Rhododendron phaeochrysum Balf.f. & W.W.Sm.栎叶杜鹃花
Rhododendron phaeochrysum var. agglutinatum (Balf.f. & Forr.) Chamb. ex Cullen & Chamb.凝毛杜鹃
Rhododendron phaeochrysum var. levistratum (Balf.f. & Forr.) Chamb. ex Cullen & Chamb.毡毛栎叶杜鹃
Rhododendron phaeochrysum var. phaeochrysum=Rhododendron phaeochrysum
Rhododendron phoeniceum f. *smithii* Wils.=Rhododendron pulchrum
Rhododendron phoenicodum Balf.f. & Farrer=Rhododendron neriiflorum
Rhododendron pholidotum Balf.f. & W.W.Sm.=Rhododendron heliolepis
Rhododendron piceum Tam=Rhododendron rufulum
Rhododendron piercei Davidian 察隅杜鹃
Rhododendron pilicalyx Hutch.=Rhododendron pachypodum
Rhododendron pilostylum W.K.Hu 金平毛柱杜鹃
Rhododendron pilovittatum Balf.f. & W.W.Sm.=Rhododendron delavayi
Rhododendron pinetorum Tam.松林杜鹃花
Rhododendron pingbianense Fang f. 屏边杜鹃
Rhododendron pingianum Fang 海绵杜鹃
Rhododendron pittosporaefoflium Hemsl.=Rhododendron stamineum
Rhododendron planetum Balf.f.阔口杜鹃花
Rhododendron platyphyllum Franch. ex Balf.f. & W.W.Sm.阔叶杜鹃
Rhododendron platypodum Diels 阔柄杜鹃
Rhododendron plebeium Balf.f. & W.W.Sm.=Rhododendron heliolepis
Rhododendron pleistanthum Balf.f. & Willd.=Rhododendron yunnanense
Rhododendron pocophorum Balf.f. & Tagg 杯萼杜鹃
Rhododendron pocophorum var. hemidartum (Tagg) Chamb. ex Cullen & Chamb.腺柄杯萼杜鹃
Rhododendron pocophorum var. pocophorum=Rhododendron pocophorum
Rhododendron poecilodermum Balf.f. & Forr.=Rhododendron roxieanum
Rhododendron pogonostylum Balf.f & W.W.Sm.=Rhododendron irroratum subsp. pogonostylum
Rhododendron polifolium Franch.=Rhododendron thymifolium
Rhododendron poliopeplum Balf.f. & Forr.=Rhododendron sanguineum var. himertum
Rhododendron polyandrum Hutch.多蕊杜鹃花
Rhododendron polycladum Franch.多枝杜鹃
Rhododendron polypeis Franch.多鳞杜鹃
Rhododendron polyraphidoideum Tam 千针叶杜鹃
Rhododendron polyraphidoideum var. montanum Tam 岭上杜鹃
Rhododendron polyraphidoideum var. polyraphidoideum=Rhododendron polyraphidoideum
Rhododendron polytrichum Fang 多毛杜鹃
Rhododendron pomense Cowan & David.波密杜鹃
Rhododendron ponticum L.长序杜鹃
Rhododendron ponticum L.本都山杜鹃花
Rhododendron populare Cowan 蜜腺杜鹃
Rhododendron porphyroblastum Balf.f. & Forr.(p.p.)=Rhododendron roxieanum var. cucullatum
Rhododendron porphyrophyllum Balf.f. & Forr.(p.p.)=Rhododendron erastum
Rhododendron porrosquameum Balf.f. & Forr.=Rhododendron heliolepis
Rhododendron potanini Batal.甘肃杜鹃
Rhododendron pothinum Balf.f. & Forr.=Rhododendron temenium
Rhododendron poukanense Maxim.布干山杜鹃花
Rhododendron poxophorum Balf.f. ex Tagg.雪毛杜鹃花
Rhododendron praestans Balf.f & W.W.Sm.优秀杜鹃
Rhododendron praeteritum Hutch.鄂西杜鹃
Rhododendron praeteritum var. hirsutum W.K.Hu 毛房杜鹃
Rhododendron praeteritum var. praeteritum=Rhododendron praeteritum
Rhododendron praevernum Hutch.早春杜鹃
Rhododendron prasinocalyx Balf.f. & Forr.=Rhododendron wardii
Rhododendron prattii Franch.=Rhododendron faberii subsp. prattii
Rhododendron preptum Balf.f. & Forr.复毛杜鹃
Rhododendron primuliflorum Bur. & Franch.樱草杜鹃
Rhododendron primuliflorum var. cephalanthoides (Balf.f. & W.W.Sm.) Cowan & David.微毛杜鹃
Rhododendron primuliflorum var. lepidanthum (Balf.f. & W.W.Sm.) Cowan & David.鳞花杜鹃
Rhododendron primuliflorum var. primuliflorum=Rhododendron primuliflorum
Rhododendron primulinum Hemsl.=Rhododendron flavidum
Rhododendron principis Bur. & Franch.(Chamb.in Not.Bot.Gard.Edinb. 1982,p.p.)=Rhododendron vellereum
Rhododendron principis Bur. & Franch.(青海树木志 1987)=Rhododendron vellereum
Rhododendron principis Bur. & Franch.藏南杜鹃
Rhododendron principis var. *vellereum* (Hutch. ex Tagg) T.L.Ming=Rhododendron vellereum
Rhododendron prinophyllum (Small.) Millaris 冬青叶杜鹃花
Rhododendron pritzelianum Diels=Rhododendron micranthum
Rhododendron probum Balf.f. & Forr.=Rhododendron selense
Rhododendron pronum Tagg & Forr.平卧杜鹃
Rhododendron prophantum Balf.f. & Forr.=Rhododendron kyawi
Rhododendron propinquum Tagg=Rhododendron rupicola
Rhododendron prostratum W.W.Sm.=Rhododendron saluenense var. prostratum
Rhododendron proteoides Balf.f. & Forr.矮生杜鹃
Rhododendron protistum Balf.f. & Forr.翘首杜鹃
Rhododendron protistum var. giganteum (Tagg) Chamb. ex Cullen & Chamb.大树杜鹃
Rhododendron protistum var. protistum=Rhododendron protistum
Rhododendron pruniflorum Hutch.桃花杜鹃
Rhododendron przewalskii Maxim.陇蜀杜鹃
Rhododendron przewalskii subsp. chrysophyllum Fang & S.X.Wang 金背陇蜀杜鹃
Rhododendron przewalskii subsp. huzhuense Fang & S.X.Wang 互助杜鹃
Rhododendron przewalskii subsp. przewalskii=Rhododendron przewalskii
Rhododendron przewalskii subsp. yuhuense Fang & S.X.Wang 玉树杜鹃花
Rhododendron pseudochrysanthum Hay.阿里山杜鹃
Rhododendron pseudociliicalyx Hutch.=Rhododendron ciliicalyx
Rhododendron pseudociliipes Cullen 褐叶杜鹃
Rhododendron pseudoyanthinum Balf.f. & ex Hutch.=Rhododendron concinnum
Rhododendron psilostylum (Rehd. & Wils.) Balf.f.=Rhododendron flavidum var. psilostylum
Rhododendron pubescens Balf.f. & Forr.柔毛杜鹃
Rhododendron pubicostatum T.L.Ming 毛脉杜鹃
Rhododendron pubigerum Balf.f. & Forr.=Rhododendron oreotrephes
Rhododendron pudorosum Cowan 羞怯杜鹃
Rhododendron pugeense L.C.Hu 普格杜鹃
Rhododendron pulchroides Chun & Fang 美艳杜鹃
Rhododendron pulchrum Sweet 锦锈杜鹃
Rhododendron pumilum HK.f.矮小杜鹃
Rhododendron punctifolium L.C.Hu 斑叶杜鹃
Rhododendron puniceum Roxb.=Rhododendron arboreum
Rhododendron puralbum Balf.f. & W.W.Sm.=Rhododendron wardii var. puralbum
Rhododendron purdomii Rehd. & Wils.太白杜鹃
Rhododendron pycnocladum Balf.f. & W.W.Sm.=Rhododendron telmateium
Rhododendron qianyangense M.Y.He 黔阳杜鹃
Rhododendron qinghaiense Ching & W.Y.Wang 青海杜鹃
Rhododendron quinquefolium Bisset & Moore 五叶杜鹃花
Rhododendron racemosum Franch.腋花杜鹃

Rhododendron radendum Fang 毛叶杜鹃
Rhododendron radicans Balf.f. & Forr.=Rhododendron keleticum
Rhododendron radinum Balf.f. & W.W.Sm.=Rhododendron trichostomum var. radinum
Rhododendron ramipilosum T.L.Ming 线裂杜鹃
Rhododendron ramosissimum Franch.=Rhododendron nivale subsp. boreale
Rhododendron ramsdenianum Cowan 阮氏杜鹃花
Rhododendron randaiense Hay.=Rhododendron rubropilosum
Rhododendron rarile Balf.f. & W.W.Sm.=Rhododendron decorum subsp. diaprepes
Rhododendron rarosquameum Balf.f.=Rhododendron rigidum
Rhododendron ravum Balf.f. & W.W.Sm.=Rhododendron cuneatum
Rhododendron recurvoides Tagg & Ward.下弯杜鹃花
Rhododendron recurvum Balf.f. & Forr.=Rhododendron roxieanum
Rhododendron recurvum var. *oreanastes* Balf.f. & Forr.=Rhododendron roxieanum var. oreonastes
Rhododendron redowkianum Maxim.叶状苞杜鹃
Rhododendron regale Balf.f. & K.Ward=Rhododendron basilicum
Rhododendron reginaldii Balf.f=Rhododendron oreodoxa
Rhododendron repens Balf.f. & Forr.=Rhododendron forrestii
Rhododendron repens var. *chamaedoron* Tagg & Forr.=Rhododendron chamaethomsonii var. chamaedoron
Rhododendron repens var. *chamaethauma* Tagg=Rhododendron chamaethomsonii var. chamaethauma
Rhododendron repens var. *chamaethomsonii* Tagg & Forr.=Rhododendron chamaethomsonii
Rhododendron reticulatum D.Don ex G.Don 网纹杜鹃花
Rhododendron retusum Benn.爪哇钝叶杜鹃花
Rhododendron rex Lévl.大王杜鹃
Rhododendron rex subsp. *arizelum* (Balf.f. & Forr.) Chamb. ex Cullen & Chamb.=Rhododendron arizelum
Rhododendron rex subsp. fictolacteum (Balf.f.) Chamb.Cullen & Chamb. 假乳黄杜鹃
Rhododendron rex subsp. gratum (T.L.Ming) Fang f.可爱杜鹃
Rhododendron rex subsp. rex=Rhododendron rex
Rhododendron rhabdotum Balf.f. & Coop.=Rhododendron dalhousiae
Rhododendron rhaibocarpum Balf.f. & W.W.Sm.=Rhododendron selense subsp. dasycladum
Rhododendron rhantum Balf.f. & W.W.Sm.=Rhododendron vernicosum
Rhododendron rhodanthum M.Y.He 淡红杜鹃
Rhododendron rhombifolium R.C.Fang 菱形叶杜鹃
Rhododendron rhuyuenense Chun ex Tam 乳源杜鹃
Rhododendron rigidum Franch.基毛杜鹃
Rhododendron ripaecola Tam=Rhododendron naamkwanense
Rhododendron riparium A.Wang & Tam=Rhododendron naamkwanense
Rhododendron riparium K.Ward=Rhododendron calostrotum
Rhododendron ririei Hemsl. & Wils.大钟杜鹃
Rhododendron rivulare Hand.-Mazz.(Chun in Sunyatesenia 1940)= Rhododendron kwangtungense
Rhododendron rivulare Hand.-Mazz.(K.Ward in Gard.Chron 1929)= Rhododendron calostrotum
Rhododendron rivulare Hand.-Mazz.溪畔杜鹃
Rhododendron rockii Wils.=Rhododendron hunnewellianum subsp. rockii
Rhododendron roseatum Hutch.红晕杜鹃
Rhododendron roseotinctum Balf.f. & Forr.=Rhododendron sanguineum var. didymoides
Rhododendron roseum (Loisel) Rehd.蔷薇杜鹃花
Rhododendron rosthornii Deils=Rhododendron micranthum
Rhododendron rothschildii Davidian 宽柄杜鹃
Rhododendron rotundifolium Davidian=Rhododendron orbiculare
Rhododendron roxieanum Forr.卷叶杜鹃
Rhododendron roxieanum Franch.(Chamb. ex Cullen & Chamb.in Not. Bot.Gard.Edinb.1978,p.p.)=Rhododendron roxieanum var. oreonastes
Rhododendron roxieanum var. cucullatum (Hand.-Mazz.) Chamb. ex Culle & Chamb.兜尖卷叶杜鹃
Rhododendron roxieanum var. *globigerum* (Balf.f. & Forr.) Chamb. ex Culle & Cahmb.=Rhododendron alutaceum
Rhododendron roxieanum var. oreonastes (Balf.f. & Forr.) T.L.Ming 线形卷叶杜鹃
Rhododendron roxieanum var. roxieanum=Rhododendron roxieanum
Rhododendron roxieoides Chamb.巫山杜鹃
Rhododendron roylei HK.f.=Rhododendron cinnabarinum var. roylei

Rhododendron rubiginosum Franch.红棕杜鹃
Rhododendron rubiginosum var. leclerei (Lévl.) R.C.Fang 洁净红棕杜鹃
Rhododendron rubiginosum var. ptilostylum R.C.Fang 毛柱红棕杜鹃
Rhododendron rubiginosum var. rubiginosum=Rhododendron rubiginosum
Rhododendron rubriflorum K.Ward=Rhododendron campylogyum
Rhododendron rubrolineatum Balf.f. & Forr.=Rhododendron mekongense var. rubrolineatum
Rhododendron rubropilosum Hay.台红毛杜鹃
Rhododendron rubropunctatum Hay.=Rhododendron hyperythrum
Rhododendron rubropunctatum Lévl. & Vant.=Rhododendron siderophyllum
Rhododendron rubropunctatum T.L.Ming=Rhododendron tanastylum var. lingzhiense
Rhododendron rude Tagg & Forr.=Rhododendron glischrum subsp. rude
Rhododendron rufescens Franch.红背杜鹃
Rhododendron rufescens Tam=Rhododendron rufulum
Rhododendron rufohirtum Hand.-Mazz.滇红毛杜鹃
Rhododendron rufosquamosum Hutch.=Rhododendron pachypodum
Rhododendron rufulum Tam 茶绒杜鹃
Rhododendron rufum Batal.黄毛杜鹃
Rhododendron rupicola W.W.Sm.多色杜鹃
Rhododendron rupicola var. chryseum (Balf.f. & K.Ward) Philip. & M.N.Philip.金黄杜鹃
Rhododendron rupicola var. muliense (Balf.f. & Forr.) Philip. & M.N.Philip.木里多色杜鹃
Rhododendron rupicola var. rupicola=Rhododendron rupicola
Rhododendron rupivalleculatum Tam 岩谷杜鹃
Rhododendron russatum Balf.f. & Forr.紫蓝杜鹃
Rhododendron russotinctum Balf.f. & Forr.=Rhododendron alutaceum var. russotinctum
Rhododendron salignum HK.f.=Rhododendron lepidotum
Rhododendron saluenense Franch.怒江杜鹃
Rhododendron saluenense subsp. *chameunum* (Balf.f. & Forr.) Cullen= Rhododendron saluenense var. prostratum
Rhododendron saluenense var. prostratum (W.W.Sm.) R.C.Fang 平卧怒江杜鹃
Rhododendron saluenense var. saluenense=Rhododendron saluenense
Rhododendron sanguineum Franch.血红杜鹃
Rhododendron sanguineum subsp. *aizoides* Cowan=Rhododendron sanguineum var. himertum
Rhododendron sanguineum subsp. *cloiophorum* (Balf.f. & Forr.) Cowan= Rhododendron sanguineum var. cloiophorum
Rhododendron sanguineum subsp. *consanguineum* Cowan= Rhododendron sanguineum var. didymoides
Rhododendron sanguineum subsp. *didymoides* (Tagg & Forr.) Cowan= Rhododendron sanguineum var. didymoides
Rhododendron sanguineum subsp. *didymum* (Balf.f. & Forr.) Cowan= Rhododendron sanguineum var. didymum
Rhododendron sanguineum subsp. *haemaleum* (Balf.f. & Forr.) Cowan= Rhododendron sanguineum var. haemaleum
Rhododendron sanguineum subsp. *himertum* (Balf.f. & Forr.) Cowan= Rhododendron sanguineum var. himertum
Rhododendron sanguineum subsp. *leucopetalum* (Balf.f. & Forr.) Cowan= Rhododendron sanguineum var. cloiophorum
Rhododendron sanguineum subsp. *measaeum* Balf.f. ex Cowan= Rhododendron sanguineum var. haemaleum
Rhododendron sanguineum subsp. *melleum* Cowan=Rhododendron sanguineum var. himertum
Rhododendron sanguineum subsp. *roseotinctum* (Balf.f. & Forr.) Cowan =Rhododendron sanguineum var. didymoides
Rhododendron sanguineum subsp. sanguinioides =Rhododendron sanguineum
Rhododendron sanguineum var. cloiophorum (Balf.f. & Forr.) Chamb. ex Cullen & Chamb.退色血红杜鹃
Rhododendron sanguineum var. didymoides Tagg & Forr.变色血红杜鹃
Rhododendron sanguineum var. didymum (Balf.f. & Forr.) T.L.Ming 黑色血红杜鹃
Rhododendron sanguineum var. haemaleum (Balf.f. & Forr.) Chamb. ex Cullen & Chamb.紫血杜鹃
Rhododendron sanguineum var. himertum (Balf.f. & Forr.) Chamb. ex Cullen & Chamb.蜜黄血红杜鹃
Rhododendron sanguineum var. sanguineum=Rhododendron sanguineum

Rhododendron sanidodeum Tam=Rhododendron bachii
Rhododendron sanidodeum Tam 桂东杜鹃花
Rhododendron sapnotrichum Balf.f. & W.W.Sm.红花杜鹃
Rhododendron sargentianum Rehd. & Wils.水仙杜鹃
Rhododendron sasakii Wils.=Rhododendron breviperulatum
Rhododendron saxatile B.Y.Ding & Y.Y.Fang 崖壁杜鹃
Rhododendron scabrifolium Franch.糙叶杜鹃
Rhododendron scabrifolium var. pauciflorum Franch.疏花糙叶杜鹃
Rhododendron scabrifolium var. scabrifolium=Rhododendron scabrifolium
Rhododendron scabrifolium var. *spiciferum* (Franch.) Cullen= Rhododendron spiciferum
Rhododendron scabrum G.Don 琉球杜鹃花
Rhododendron schistocalyx Balf.f. & Forr.裂萼杜鹃
Rhododendron schizopeplum Balf.f. & Forr.=Rhododendron aganniphum var. schizopeplum
Rhododendron schlippebachii Maxim.大字杜鹃
Rhododendron sciaphilum Balf.f. & K.Ward=Rhododendron edgeworthii
Rhododendron scintillans Balf.f. & W.W.Sm.=Rhododendron polycladum
Rhododendron scizopeplum(新拉汉英 1996) = Rhododendron schistocalyx
Rhododendron sclerocladum Balf.f. & Forr.=Rhododendron cuneatum
Rhododendron scopulorum Hutch.石蜂杜鹃
Rhododendron scotianum Hutch.=Rhododendron pachypodum
Rhododendron scyphocalyx Balf.f. & Forr.=Rhododendron dichroanthum subsp. scyphocalyx
Rhododendron searsiae Rehd. & Wils.绿点杜鹃
Rhododendron seguini Lévl.=Rhododendron yunnanense
Rhododendron seinghkuense K.Ward 黄花泡叶杜鹃
Rhododendron selense Franch.多变杜鹃
Rhododendron selense subsp. dasycladum (Balf.f. & W.W.Sm.) Chamb. ex Cullen & Chamb.毛枝多变杜鹃
Rhododendron selense subsp. *duseimatum* (Balf.f. & Forr.) Tagg= Rhododendron calvescens var. duseimatum
Rhododendron selense subsp. jucundum Balf.f. & W.W.Sm.) Chamb. ex Cullen & Chamb.粉背多变杜鹃
Rhododendron selense subsp. selense=Rhododendron selense
Rhododendron selense subsp. *setifferum* (Balf.f. & Forr.) Chamb. ex Cullen & Chamb.=Rhododendron setiferum
Rhododendron selense var. *dasycladum* (Baulf.f. & W.W.Sm.) T.L.Ming= Rhododendron selense subsp. dasycladum
Rhododendron selense var. *duseimatum* (Balf.f. & Forr.) Cowan & Davidian = Rhododendron calvescens var. duseimatum
Rhododendron selense var. *jucundum* (Balf.f. & W.W.Sm.) T.L.Ming= Rhododendron selense subsp. jucundum
Rhododendron selense var. *pagothilum* (Balf.f. & K.Ward) Cowna & Davidian= Rhododendron selense
Rhododendron selense var. *probum* (Balf.f. & Forr.) Cowan & Davidian= Rhododendron selense
Rhododendron semanteum Balf.f.=Rhododendron impeditum
Rhododendron semibarbatum Maxim.半硬刺杜鹃花
Rhododendron semilunatum Balf.f. & Forr.=Rhododendron mekongense var. melinanthum
Rhododendron semnoides Tagg & Forr.圆头杜鹃
Rhododendron semnum Balf.f. & Forr.=Rhododendron praestans
Rhododendron seniavinii Maxim.毛果杜鹃
Rhododendron seniavinii var. *crassifolium* Tam=Rhododendron seniavinii
Rhododendron serotinum Hutch.晚花杜鹃
Rhododendron serpens Balf.f. & Forr.=Rhododendron erastum
Rhododendron serpyllifolium Hay.=Rhododendron nakaharai
Rhododendron serrulatum (Small.) Millais 细齿杜鹃花
Rhododendron setiferum Balf.f. & Forr.刚刺杜鹃
Rhododendron setosum D.Don 刚毛杜鹃
Rhododendron shaanxiense Fang & Z.J.Zhao=Rhododendron yunnanense
Rhododendron shanii Fang 都支杜鹃
Rhododendron sheltonii Hemsl. & Wils.=Rhododendron vernicosum
Rhododendron shensiense R.C.Ching=Rhododendron oreodoxa var. shensiense
Rhododendron shepherdii Nutt.=Rhododendron kendrickii
Rhododendron sherriffii Cowan 红钟杜鹃
Rhododendron shimianense Fang & P.S.Liu 石棉杜鹃
Rhododendron shiwandashanense Tam=Rhododendron henryi
Rhododendron shojoense Hay.=Rhododendron mariesii
Rhododendron shweliense Balf.f. & Forr.瑞丽杜鹃
Rhododendron siamense Diels=Rhododendron moulmainense
Rhododendron sidereum Balf.f.银灰杜鹃
Rhododendron siderophylloides Hutch.=Rhododendron oreotrephes
Rhododendron siderophyllum Franch.锈叶杜鹃
Rhododendron sigillatum Balf.f. & Forr.=Rhododendron phaeochrysum var. levistratum
Rhododendron sikangense Fang (Chamb.in Not.Bot.Gard.Edinb.1982,p.p.) =Rhododendron sikiangense var. exquistum
Rhododendron sikayotaizaizanense Masamune 细叶杜鹃花
Rhododendron sikiangense Fang 川西杜鹃
Rhododendron sikiangense var. exquistum (T.L.Ming) T.L.Ming 优美杜鹃
Rhododendron sikiangense var. sikiangense=Rhododendron sikiangense
Rhododendron silvaticum Cowan=Rhododendron lanigerum
Rhododendron simiarum Hance (Chamb.in Not.Bot.Gard.Edinb.1982, p.p.)=Rhododendron simiarum var. versicolor
Rhododendron simiarum Hance 猴头杜鹃
Rhododendron simiarum subsp. *youngae* (Fang) Chamb. ex Cullen & Chamb. = Rhododendron adenopodum
Rhododendron simiarum var. simiarum=Rhododendron simiarum
Rhododendron simiarum var. versicolor (Chun & Fang) Fangf.变色杜鹃
Rhododendron simsii Planch.(Merr. & Chun in Sunyatsenia 1934)= Rhododendron hainanense
Rhododendron simsii Planch.杜鹃
Rhododendron simulans (Tagg & Forr.) Chamb.裂毛杜鹃
Rhododendron sinensis (Lodd.) Sweet=Rhododendron molle
Rhododendron sinofalconeri Balf.f.宽杯杜鹃
Rhododendron sinogrande Balf.f. & W.W.Sm.=Rhododendron sinogrande
Rhododendron sinogrande Balf.f. & W.W.Sm.凸尖杜鹃
Rhododendron sinolepidotum Balf.f.=Rhododendron lepidotum
Rhododendron sinomuttallii Balf.f. & Forr.(Fang in Contr.Biolb.Lab.Sci. Soc.China Bot.1939)=Rhododendron excellens
Rhododendron sinonuttallii Balf.f. & Forr.中国木兰杜鹃花
Rhododendron smirnowii Trautv.斯密尔杜鹃花
Rhododendron smithii Nutt. ex HK.f.毛枝杜鹃
Rhododendron sordidum Hutch.=Rhododendron pruniflorum
Rhododendron souliei Franch.白碗杜鹃
Rhododendron spadiceum Tam 蔗黄杜鹃
Rhododendron spanotricum Balf.f & W.W.Sm.光柱杜鹃花
Rhododendron sparsifolium Fang 川南杜鹃
Rhododendron speciosum (Willd.) Sweet 火黄杜鹃花
Rhododendron sperabile Balf.f. & Farrer 纯红杜鹃
Rhododendron sperabile var. sperabile=Rhododendron sperabile
Rhododendron sperabile var. weihsiense Tagg & Forr.维西纯红杜鹃
Rhododendron sperabiloides Tagg & Forr.糠秕杜鹃
Rhododendron sphaeoblastum Balf.f. & Forr.宽叶杜鹃
Rhododendron sphaeoblastum var. sphaeoblastum=Rhododendron sphaeoblastum
Rhododendron sphaeoblastum var. wumengense Feng 乌蒙宽叶杜鹃
Rhododendron sphaeranthum Balf.f. & W.W.Sm.=Rhododendron trichostomum
Rhododendron spiciferum Franch.碎米花
Rhododendron spiciferum var. album K.M.Feng ex R.C.Fang 白碎米花
Rhododendron spiciferum var. spiciferum=Rhododendron spiciferum
Rhododendron spilanthum Hutch.=Rhododendron thymifolium
Rhododendron spilotum Balf.f. & Farrer 染红杜鹃花
Rhododendron spinigerum Lévl.=Rhododendron chrysocalyx
Rhododendron spinuliferum Franch.(Hutch.in Stevenson Spec.Rhodod. 1930, p.p.)= Rhododendron × duclouxii
Rhododendron spinuliferum Franch.爆杖花
Rhododendron spinuliferum var. glabrescens K.M.Feng ex R.C.Fang 少毛爆杖花
Rhododendron spinuliferum var. spinuliferum=Rhododendron spinuliferum
Rhododendron spodopeplum Balf.f. & Farrer=Rhododendron tephropeplum
Rhododendron spooneri Hemsl. & Wils.=Rhododendron decorum
Rhododendron stamineum Franch.长蕊杜鹃
Rhododendron stamineum var. lasiocarpum R.C.Fang & C.H.Yang 毛果

长蕊杜鹃
Rhododendron stamineum var. stamineum=Rhododendron stamineum
Rhododendron stenaulum Balf.f. & W.W.Sm.长蒴杜鹃
Rhododendron stenoplastum Balf.f. & Forr.=Rhododendron rubiginosum
Rhododendron stereophyllum Balf.f. & W.W.Sm.=Rhododendron tatsienense
Rhododendron stewartianum Deils var. *tantulum* Cowan & Davidian= Rhododendron stewartianum
Rhododendron stewartianum Diels 多趣杜鹃
Rhododendron stewartianum var. *aiolosapinx* (Balf.f. & Farrer) Cowan & Davidian=Rhododendron stewartianum
Rhododendron stictophyllum Balf.f.=Rhododendron nivale subsp. boreale
Rhododendron strigillosum Franch.芒刺杜鹃
Rhododendron strigillosum var. monosematum (Hutch.) T.L.Ming 紫斑杜鹃
Rhododendron strigillosum var. strigillosum=Rhododendron strigillosum
Rhododendron subcerinum Tam 腊黄杜鹃
Rhododendron subenerve Tam 隐脉杜鹃
Rhododendron suberosum Balf.f. & Forr.=Rhododendron yunnanense
Rhododendron subespitatum Chun ex Tam=Rhododendron championae
Rhododendron subflumineum Tam 涧上杜鹃
Rhododendron sulfureum Franch.(Diels in Not.Bot.Gard.Edinb.1912)= Rhododendron monanthum
Rhododendron sulfureum Franch.硫磺杜鹃
Rhododendron supranubium Hutch.=Rhododendron pachypodum
Rhododendron surasianum Balf.f. & Craib 泰国杜鹃花
Rhododendron sutchuenense Franch.四川杜鹃
Rhododendron sycnanthum Balf.f. & W.W.Sm.=Rhododendron rigidum
Rhododendron syncollum Balf.f. & Forrrest=Rhododendron phaeochrysum var. agglutinatum
Rhododendron taggianum Hutch.白喇叭杜鹃
Rhododendron taibaiense Ching & H.P.Yang 太白山杜鹃
Rhododendron taipaoense T.C.Wu & Tam 大埔杜鹃
Rhododendron taishunense B.Y.Ding & Y.Y.Fang 泰顺杜鹃
Rhododendron taliense Franch.大理杜鹃
Rhododendron tanakai Hay.=Rhododendron ellipticum
Rhododendron tanastylum Balf.f. & Ward.光柱杜鹃
Rhododendron tanastylum var. lingzhiense Fang f. 红点杜鹃
Rhododendron tanastylum var. *pennivenium* (Balf.f. & Forr.) Cahb. ex Cullen & Chamb.=Rhododendron agastum var. pennivenium
Rhododendron tanastylum var. tanastylum=Rhododendron tanastylum
Rhododendron tapeinum Balf.f. & Farrer=Rhododendron megeratum
Rhododendron tapelouense Lévl.=Rhododendron tatsienense
Rhododendron tapetiforme Balf.f. & K.Ward 单色杜鹃
Rhododendron taronense Hutch.薄皮杜鹃
Rhododendron tashiroi Maxim.大武杜鹃
Rhododendron tatsienense Franch.(Cullen in Not.Bot.Gard.Edinb.1980, p.p.)=Rhododendron tatsienense var. nudatum
Rhododendron tatsienense Franch.硬叶杜鹃
Rhododendron tatsienense var. nudatum R.C.Fang 丽江硬叶杜鹃
Rhododendron tatsienense var. tatsienense=Rhododendron tatsienense
Rhododendron tawangense Sahni & Naithani=Rhododendron neriiflorum var. appropinquans
Rhododendron telmateium Balf.f. & W.W.Sm.草原杜鹃
Rhododendron telopeum Balf.f & Forr.=Rhododendron campylocarpum subsp. caloxanthum
Rhododendron temenium Balf.f. & Forr.滇藏杜鹃
Rhododendron temenium subsp. *albipetalum* Cowan=Rhododendron eudoxum
Rhododendron temenium subsp. *chrysanthemum* Cowan=Rhododendron temenium var. gilvum
Rhododendron temenium subsp. *dealbatum* Cowan=Rhododendron temenium var. dealbatum
Rhododendron temenium subsp. *gilvum* Cowan=Rhododendron temenium var. gilvum
Rhododendron temenium subsp. *pothinum* (Balf.f. & Forr.) Cowan= Rhododendron temenium
Rhododendron temenium subsp. *rhodanthum* Cowan=Rhododendron eudoxum
Rhododendron temenium var. dealbatum (Cowan) Chamb. ex Cullen & Chamb.粉红滇藏杜鹃
Rhododendron temenium var. gilvum (Cowan) Chamb. ex Cullen & Chamb.黄花滇藏杜鹃
Rhododendron temenium var. temenium=Rhododendron temenium
Rhododendron temnium subsp. *glaphyrum* (Balf.f. & Forr.) Cowan= Rhododendron temenium var. dealbatum
Rhododendron tenue Ching ex Fang M.Y.He 细瘦杜鹃
Rhododendron tenuifolium R.C.Fang & S.H.Huang 薄叶朱砂杜鹃
Rhododendron tenuilaminare Tam 薄片杜鹃
Rhododendron tephropeplum Balf.f. & Farrer 灰被杜鹃
Rhododendron thayerianum Rehd. & Wils.反边杜鹃
Rhododendron theiochroum Balf.f. & W.W.Sm.=Rhododendron sulfureum
Rhododendron theiophyllum Balf.f. & Forr.=Rhododendron phaeochrysum var. levistratum
Rhododendron thomsonii HK.f.半圆叶杜鹃
Rhododendron thomsonii subsp. lopsangianum (Cowan) Chamb.小半圆叶杜鹃
Rhododendron thomsonii subsp. thomsonii=Rhododendron thomsonii
Rhododendron thomsonii var. *cyanocarpum* Franch.=Rhododendron cyanocarpum
Rhododendron thomsonii var. *lopsagianum* (Cowan) T.L.Ming= Rhododendron thomsonii subsp. lopsangianum
Rhododendron thymifolium Maxim.千里香杜鹃
Rhododendron thyodocum Balf.f. & Coop.=Rhododendron baileyi Balf.f.
Rhododendron tianlinense Tam 田林马银花
Rhododendron timeteum Balf.f & Forr.=Rhododendron oreotrephes
Rhododendron tingwuense Tam 鼎湖杜鹃
Rhododendron torquatum Balf.f. & Farrer=Rhododendron dichroanthum subsp. scyphocalyx
Rhododendron torquatum L.C.Hu 曲枝杜鹃
Rhododendron tosaense Makino 土佐杜鹃花
Rhododendron traillianum Forr. & W.W.Sm.川滇杜鹃
Rhododendron traillianum var. dictyotum (Tagg) Chamb. ex Cullen & Chamb.棕背川滇杜鹃
Rhododendron traillianum var. traillianum=Rhododendron traillianum
Rhododendron transtylum Balf.f. & Ward.腊质杜鹃花
Rhododendron trichanthum Rehd.长毛杜鹃
Rhododendron trichocladum Franch.糙毛杜鹃
Rhododendron trichocladum var. *longipilosum* Cowan=Rhododendron mekongense var. longipilosum
Rhododendron trichogynum L.C.Hu 理县杜鹃
Rhododendron trichomiscum Balf.f. & Forr.=Rhododendron eudoxum
Rhododendron trichophlebium Balf.f. & Forr.=Rhododendron eudoxum
Rhododendron trichophorum Wils.粉紫杜鹃花
Rhododendron trichopodum Balf.f. & Forr.=Rhododendron oreotrephes
Rhododendron trichostomum Franch.毛嘴杜鹃
Rhododendron trichostomum var. ledoides (Balf.f. & W.W.Sm.) Cowan e David.筒花杜鹃
Rhododendron trichostomum var. radinum (Balf.f. & W.W.Sm.) Cowan & David.鳞斑毛嘴杜鹃
Rhododendron trichostomum var. trichostomum=Rhododendron trichostomum
Rhododendron triflorum Hk.f.三花杜鹃
Rhododendron triflorum subsp. multiflorum R.C.Fang 云南三花杜鹃
Rhododendron triflorum subsp. triflorum=Rhododendron triflorum
Rhododendron trilectorum Cowan 朗贡杜鹃
Rhododendron triplonaevium Balf.f. & Forr.=Rhododendron alutaceum var. russotinctum
Rhododendron tritifolium Balf.f. & Forr.=Rhododendron alutaceum var. russotinctum
Rhododendron truncatulum Balf.f. & Forr.=Rhododendron erythrocalyx
Rhododendron tsaii Fang 昭通杜鹃
Rhododendron tsangpoense K.Ward=Rhododendron charitopes subsp. tsangpoense
Rhododendron tsangpoense var. *curvistylum* (K.Ward) Cowan & David.= Rhododendron charitopes subsp. tsangpoense
Rhododendron tsangpoense var. *pruniflorum* (Hutch.) Cowan & David.= Rhododendron pruniflorum
Rhododendron tsariense Cowan 白钟杜鹃
Rhododendron tsarongense Balf.f. & Forr.=Rhododendron primuliflorum
Rhododendron tschonoskii Maxim.冲诺杜鹃花
Rhododendron tsoi Merr.两广杜鹃
Rhododendron tubiforme (Cowan & David.) David.苍白杜鹃

Rhododendron tubulosum Ching ex W.Y.Wang 长管杜鹃
Rhododendron tutcherae Hemsl. & Wils.香缅树杜鹃
Rhododendron tutcherae var. *gymnocarpum* A.L.Chang ex R.C.Fang=Rhododendron tutcherae
Rhododendron unciferum Tam 垂钩杜鹃
Rhododendron ungernii Trautv.耐寒杜鹃花
Rhododendron uniflorum Hutch. & K.Ward 单花杜鹃
Rhododendron urophyllum Fang 尾叶杜鹃
Rhododendron uvarifolium Diels 紫玉盘杜鹃
Rhododendron uvarifolium var. *griseum* Cowan=Rhododendron uvarifolium
Rhododendron vaccinioides HK.f.越桔杜鹃
Rhododendron valentinianum Forr. ex Hutch.毛柄杜鹃
Rhododendron valentinianum var. *changii* Fang=Rhododendron changii
Rhododendron valentinianum var. oblongilobatum R.C.Fang 滇南毛柄杜鹃
Rhododendron valentinianum var. valentinianum=Rhododendron valentinianum
Rhododendron vaseyi A.Gray 粉壳杜鹃花
Rhododendron veitchianum HK.f.(Sleum.in Blumea Suppl.Ⅳ 1958,p.p.)=Rhododendron taronense
Rhododendron vellereum Hutch. ex Tagg 白毛杜鹃
Rhododendron venator Tagg 毛柱杜鹃
Rhododendron vernicosum Franch.亮叶杜鹃
Rhododendron verruciferum W.K.Hu 疣梗杜鹃
Rhododendron verruclosum Rehd. & Wils.小疣杜鹃花
Rhododendron versicolor Chung & Fang=Rhododendron simiarum var. versicolor
Rhododendron vesiculiferum Tagg 泡毛杜鹃
Rhododendron vestitum Tagg & Forr.=Rhododendron setiferum
Rhododendron vetchianum HK.维琪杜鹃花
Rhododendron vialii Delavayi & Franch.红马银花
Rhododendron viburnifolium Fang=Rhododendron simsii
Rhododendron vicarium Balf.f.=Rhododendron nivale subsp. boreale
Rhododendron vicinum Balf.f. & Forr.=Rhododendron phaeochrysum var. levistratum
Rhododendron villosum Hemsl.长毛杜鹃花
Rhododendron villosum Roth (高等图鉴 1974)=Rhododendron trichanthum
Rhododendron vilmorinianum Balf.f.=Rhododendron augustinii
Rhododendron violaceum Rehd. & Wils.=Rhododendron nivale subsp. boreale
Rhododendron virescens Hutch.变绿杜鹃花
Rhododendron virgatum HK.f.柳条杜鹃
Rhododendron virgatum subsp. *oleifolium* (Franch.) Cullen=Rhododendron virgatum
Rhododendron virgatum var. *glabriflorum* K.M.Feng ex R.C.Fang=Rhododendron virgatum
Rhododendron viridescens Hutch.显绿杜鹃
Rhododendron viscidifolium Davidian 铜色杜鹃
Rhododendron viscidum C.Z.Guo & Z.H.Liu 粘质杜鹃
Rhododendron viscigemmatumTam 粘芽杜鹃
Rhododendron viscosum (L.) Torr.沼生杜鹃花
Rhododendron wallichii HK.f.簇毛杜鹃
Rhododendron walongense K.Ward 瓦弄杜鹃
Rhododendron wardii W.W.Sm.黄杯杜鹃
Rhododendron wardii var. puralbum (Balf.f. & W.W.Sm.) Chamb. ex Cullen & Chamb.钝白杜鹃
Rhododendron wardii var. wardii=Rhododendron wardii
Rhododendron wasonii Hemsl. & Wils.褐毛杜鹃
Rhododendron wasonii var. wasonii=Rhododendron wasonii
Rhododendron wasonii var. wenchuanense L.C.Hu 汶川褐毛杜鹃
Rhododendron watsonii Hemsl.无柄杜鹃
Rhododendron websterianum Rehd. & Wils.毛蕊杜鹃
Rhododendron websterianum var. websterianum=Rhododendron websterianum
Rhododendron websterianum var. yulongense Philip. & M.N.Philip.黄花毛蕊杜鹃
Rhododendron weldianum Rehd. & Wils.=Rhododendron rufum
Rhododendron wenshanensis K.M.Feng 文山杜鹃?
Rhododendron westlandii Hemsl.=Rhododendron moulmainense
Rhododendron weyrichi Maxim.朝鲜杜鹃花
Rhododendron wightii HK.f.宏钟杜鹃
Rhododendron williamsianum Rehd. & Wils.圆叶杜鹃
Rhododendron wilsonae Hemsl. & Wils.=Rhododendron latoucheae
Rhododendron wilsonae var. *ionanthum* Fang=Rhododendron latoucheae
Rhododendron wiltonii Hemsl. & Wils.皱皮杜鹃
Rhododendron windsorii Nutt.=Rhododendron arboreum
Rhododendron wolongense W.K.Hu 卧龙杜鹃
Rhododendron wongii Hemsl. & Wils.康南杜鹃
Rhododendron wuense Balf.f.=Rhododendron faberii
Rhododendron wumingense Fang 武鸣杜鹃
Rhododendron xantheneuron Lévl.=Rhododendron denudatum
Rhododendron xanthinum Balf.f. & W.W.Sm.=Rhododendron trichocladum
Rhododendron xanthocodon Hutch.黄铃杜鹃
Rhododendron xanthostephanum Merr.鲜黄杜鹃
Rhododendron xiaoxidongense W.K.Hu 小溪杜鹃
Rhododendron xichangense Z.J.Zhao 西昌杜鹃
Rhododendron xiguense Ching & H.P.Yang 西固杜鹃
Rhododendron xinganense G.Z.Li(p.p.)=Rhododendron mitriforme
Rhododendron xinganense G.Z.Li(p.p.)=Rhododendron mitriforme var. setaceum
Rhododendron xiushanense Fang=Rhododendron chrysocalyx var. xiushanense
Rhododendron xizangense Fang & W.K.Hu ex Q.Z.Yu=Rhododendron hirtipes
Rhododendron yakusimanum Nakai 雅库杜鹃花
Rhododendron yangmingshanense Tam 阳明山杜鹃
Rhododendron yanthinum Bur. & Franch.=Rhododendron concinnum
Rhododendron yanthinum var. *lepidanthum* Rehd. & Wils.=Rhododendron concinnum
Rhododendron yaoshanicum Fang & M.Y.He 瑶山杜鹃
Rhododendron yaragongense Balf.f.=Rhododendron nivale subsp. boreale
Rhododendron yedoense Maxim.东京杜鹃花
Rhododendron youngae Fang=Rhododendron adenopodum
Rhododendron yungchangense Cullen 少鳞杜鹃
Rhododendron yungningense Balf.f. ex Hutch.永宁杜鹃
Rhododendron yunnanense Franch.云南杜鹃
Rhododendron yushuense Z.J.Zhao 玉树杜鹃
Rhododendron zaleucum Balf.f. & W.W.Sm.白面杜鹃
Rhododendron zaleucum var. pubifolium R.C.Fang 毛叶白面杜鹃
Rhododendron zaleucum var. zaleucum=Rhododendron zaleucum
Rhododendron zeylanicum W.B.Booth ex Cowan 锡兰杜鹃花
Rhododendron zheguense Ching & H.P.Yang 鹧鸪杜鹃
Rhododendron zhekoense Y.D.Sun & Z.J.Zhao 泽库杜鹃
Rhododendron zhongdianense L.C.Hu 中甸杜鹃
Rhododendron ziyuanense Tam 资源杜鹃
Rhodoleia Champ.**红花荷属**(金缕梅科)
Rhodoleia championii HK.f.红花荷
Rhodoleia forrestii Chun ex Exell 绒毛红花荷
Rhodoleia henryi Tong 显脉红花荷
Rhodoleia macrocarpa Chang 大果红花荷
Rhodoleia parvipetala Tong 小花红花荷
Rhodoleia stenopetala Chang 窄瓣红花荷
Rhodomyrtus (DC.) Reich.**桃金娘属**(桃金娘科)
Rhodomyrtus tomentosa (Ait.) Hassk.桃金娘
Rhodophora Neck.=**Rosa**
Rhodopsis Reichb.=**Rosa**
Rhodora deflexa Griff.=Enkianthus deflexus
Rhodostegia roseum Decne.=Cynanchum purpureum
Rhodostegiella C.Y.Wu & D.Z.Li=**Cynanchum**
Rhodostegiella sibirica (L.) C.Y.Wu & D.Z.Li=Cynanchum thesioides
Rhodostegiella sibirica var. *australis* (Maxim.) C.Y.Wu & D.Z.Li=Cynanchum thesioides
Rhodotypos S. & Z.**鸡麻属**(蔷薇科)
Rhodotypos kerrioides S. & Z.=Rhodotypos scandens
Rhodotypos scandens (Thunb.) Makino 鸡麻
Rhodotypos tetrapetala (Sieb.) Makino=Rhodotypos scandens
Rhodotypus Endl.=**Rhodotypos**
Rhodusia arborea (L.) Vass.=Medicago arborea

Rhoeo Hance=**Tradescantia**
Rhoeo discolor (L'Hérit.) Hance=Tradescantia spathacea
Rhoeo spathacea (Swartz.) Stearn=Tradescantia spathacea
Rhoiptelea Diels & Hand.-Mazz.**马尾树属**(马尾树科)
Rhoiptelea chiliantha Diels 马尾树
Rhoipteleaceae 马尾树科
Rhomboda Lindl.=**Hetaeria**
Rhomboda abbreviata (Lindl.) Ormd.=Anoectochilus abbreviatus
Rhomboda moulmeinensis (Par. & Rchb.f.) Ormd.=Anoectochilus moulmeinensis
Rhopalephora Hassk.=**Dictyospermum**
Rhopalephora Hassk.**钩毛子草属**(鸭跖草科)
Rhopalephora scaberrima (Bl.) Faden=Rhopalephora scaberrima
Rhopalephora scaberrima (Bl.) Faden 钩毛子草
Rhopaloblaste Scheff.**杖花棕属**(新)(棕榈科)
Rhopalocnemis Jungh.**盾片蛇菰属**(蛇菰科)
Rhopalocnemis phaloides Jung.盾片蛇菰
Rhopalostylis Wendland & Drude **棒花棕属**(棕榈科)
Rhopalostylis baueri Wendland & Drude 鲍氏棒花棕
Rhopalostylis cheesemanii Beccari 齐思曼棒花棕
Rhopalostylis sapida Wendland & Drude 美味曼棒花棕
Rhus L.(p.p.)=**Terminthia**
Rhus L.(p.p.)=**Toxicodendron**
Rhus (Tourn.) L.emend.Moench **盐肤木属**(漆树科)
Rhus acuminata DC.=Toxicodendron acuminatum
Rhus ailanthoides Bge.=Picrasma quassioides
Rhus argyi Lévl.=Pistacia chinensis
Rhus aromatica Ait.香漆
Rhus aromatica var. flabelliformis Shinner 臭漆
Rhus blinii Lévl.=Cipadessa cinerascens
Rhus bodinieri Lévl.=Choerospondias axillaris
Rhus bofilii Lévl.=Meliosma oldhamii
Rhus cacodendron Ehrhn.=Ailanthus altissima
Rhus cavaleriei Lévl.=Eurycorymbus cavaleriei
Rhus chinensis Mill.盐肤木
Rhus chinensis var. chinensis=Rhus chinensis
Rhus chinensis var. roxburghii (DC.) Rehd.滨盐肤木
Rhus choriophylla Woot. & Standl.新常绿漆
Rhus copallina L.亮漆
Rhus copallina var. lanceolata Gray 燎原亮漆
Rhus cotinus L.=Cotinus coggygria
Rhus delavayi Franch.=Toxicodendron delavayi
Rhus delavayi var. *quinquejuga* Rehd. & & Wils.=Toxicodendron delavayi var. quinquejugum
Rhus echinocarpa Lévl.=Rhus punjabensis var. sinica
Rhus echinocarpa Lévl.=Toxicodendron trichocarpum
Rhus esquirolii Lévl.=Rhus punjabensis var. sinica
Rhus fraxinifolia D.Don=Evodia fraxinifolia
Rhus fulva Craib=Toxicodendron fulvum
Rhus glabra L.光叶漆
Rhus griffithii HK.f.=Toxicodendron griffithii
Rhus gummifera Lévl.=Pistacia chinensis
Rhus henryi Diels=Rhus potaninii
Rhus hookeri Sahni & Bahadur=Toxicodendron hookeri
Rhus hypoleuca Champ. ex Benth.白背麸杨
Rhus insignis HK.f.=Toxicodendron hookeri
Rhus intermedia Hay.=Toxicodendron radicans subsp. hispidum
Rhus javanica L.(Thunb.in Fl.Jap.1785)=Rhus chinensis
Rhus javanica L.=Brucea javanica
Rhus javanica var. *roxburghii* (DC.) Rehd. & Wils.=Rhus chinensis var. roxburghii
Rhus juglandifolia Wall.=Toxicodendron wallichii
Rhus mairei Lévl.=Rhus punjabensis var. sinica
Rhus microphylla Engelm.小叶漆
Rhus odina Buch.-Ham. ex Wall.=Lannea coromandelica
Rhus orientalis Schneid.(Rehd. & Wils.in Sarg.Pl.Wils.1914)= Toxicodendron radicans subsp. hispidum
Rhus osbeckii Decaisne ex Steud.=Rhus chinensis
Rhus paniculata Wall.=Terminthia paniculata
Rhus potaninii Maxim.青麸杨
Rhus punjabensis Stewart 旁遮普麸杨
Rhus punjabensis var. pilosa Engl.毛叶麸杨
Rhus punjabensis var. punjabensis=Rhus punjabensis
Rhus punjabensis var. sinica (Diels) Rehd. & Wils.红麸杨
Rhus radicans L.=Toxicodendron radicans
Rhus roxburghii Decaisne ex Steud.=Rhus chinensis var. roxburghii
Rhus saeneb Forssk=Debregeasia saeneb
Rhus semialata Murr.=Rhus chinensis
Rhus semialata Brandis=Rhus chinensis var. roxburghii
Rhus semialata f. *exalata* Franch.=Rhus chinensis var. roxburghii
Rhus semialata var. *osbeckii* DC.=Rhus chinensis
Rhus semialata var. *roxburghii* DC.=Rhus chinensis var. roxburghii
Rhus sempervirens Scheele 常绿毒漆藤(新)
Rhus sinica Diels=Rhus punjabensis var. sinica
Rhus sinica Koehne=Rhus potaninii
Rhus succedanea L.=Toxicodendron succedaneum
Rhus succedanea var. *acuminata* (DC.) HK.f.=Toxicodendron acuminatum
Rhus succedanea var. *himalaica* HK.f.=Toxicodendron vernicifluum
Rhus succedanea var. *japonica* Engl.=Toxicodendron succedaneum
Rhus succedanea var. *longipes* Franch.=Toxicodendron grandiflorum var. longipes
Rhus succedanea var. *silvestrii* Pamp.=Toxicodendron vernicifluum
Rhus sylvestris S. & Z.=Toxicodendron sylvestre
Rhus teniana Hand.-Mazz.滇麸杨
Rhus toxicodendron var. *hispida* Engl.=Toxicodendron radicans subsp. hispidum
Rhus trichocarpa Miq.=Toxicodendron trichocarpum
Rhus typhina Nutt.火炬树
Rhus typhina f. dissecta Rehd.多裂火炬树
Rhus typhina f. viridiflora Duhamel.绿花火炬树
Rhus typhina var. laciniata Wood.条裂叶火炬树
Rhus vernicifera DC.=Toxicodendron vernicifluum
Rhus vernicifera DC.=Toxicodendron wallichii
Rhus verniciflua Stokes=Toxicodendron vernicifluum
Rhus vernix L.=Toxicodendron vernicifluum
Rhus vetix L.毒漆
Rhus wallichii HK.f.=Toxicodendron wallichii
Rhus wilsonii Hemsl.川麸杨
Rhymatopteris hunyaensis (Ching) Pic.Serm.=Phymatopteris hastata
Rhynchanthus HK.f.**喙花姜属**(姜科)
Rhynchanthus beesianus W.W.Sm.喙花姜
Rhynchelytrum Nees **红毛草属**(禾本科)
Rhynchelytrum dregeanum Nees 藤红毛草
Rhynchelytrum repens (Willd.) Hubb.红毛草
Rhynchelytrum roseum (Nees) Stapf=Rhynchelytrum repens
Rhynchodia Benth.=**Chonemorpha**
Rhynchodia rhynchosperma (Wall.) K.Schum.=Chonemorpha verrucosa
Rhynchodia verrucosa (Bl.) Woods.=Chonemorpha verrucosa
Rhynchoglossum Bl.**尖舌苣苔属**(苦苣苔科)
Rhynchoglossum hologlossum Hay.=Rhynchoglossum obliquum
Rhynchoglossum obliquum (Wall.) A.DC.=Rhynchoglossum obliquum
Rhynchoglossum obliquum Bl.尖舌苣苔
Rhynchoglossum obliquum f. *albiflorum* Ktz.=Rhynchoglossum obliquum
Rhynchoglossum obliquum f. *coeruleum* Ktz.=Rhynchoglossum obliquum
Rhynchoglossum obliquum var. *hologlossum* (Hay.) W.T.Wang= Rhynchoglossum obliquum
Rhynchoglossum obliquum var. obliguum=Rhynchoglossum obliquum
Rhynchoglossum obliquum var. *parviflorum* Clarke=Rhynchoglossum obliquum
Rhynchoglossum omeiense W.T.Wang 峨眉尖舌苣苔
Rhynchoglossum sasakii Hay.=Whytockia sasakii
Rhynchoglossum zeylanicum HK.=Rhynchoglossum obliquum
Rhynchosia Lour.**鹿藿属**(豆科)
Rhynchosia acuminatifolia Makino 渐尖叶鹿藿
Rhynchosia acuminatissima Miq.密果鹿藿
Rhynchosia argyi Lévl.=Glycine soja
Rhynchosia chinensis H.T.Chang ex Y.T.Wei & S.Lee 中华鹿藿
Rhynchosia craibiana Rehd.紫脉花鹿藿
Rhynchosia dielsii Harms 菱叶鹿藿
Rhynchosia himalensis Benth. ex Baker (Franch.in Pl.Delav.1890)= Rhynchosia himalensis var. craibiana
Rhynchosia himalensis Benth. ex Baker 喜马拉雅鹿藿
Rhynchosia himalensis var. craibiana (Rehd.) Peter-Stibal 紫脉花鹿藿
Rhynchosia himalensis var. himalensis=Rhynchosia himalensis

Rhynchosia kunmingensis Y.T.Wei & S.Lee 昆明鹿藿
Rhynchosia lutea Dunn 黄花鹿藿
Rhynchosia minima (L.) DC.小鹿藿
Rhynchosia myriocarpa Quisumb. & Merr.=Rhynchosia acuminatissima
Rhynchosia raibiana Rehd.=Rhynchosia himalensis var. craibiana
Rhynchosia rothii Benth. ex Ait.绒叶鹿藿
Rhynchosia rufescens (Willd.) DC.淡红鹿藿
Rhynchosia sect. *Eriosema* DC.=**Eriosema**
Rhynchosia viscosa (Roth) DC.粘鹿藿
Rhynchosia volubilis Lour.鹿藿
Rhynchosia yunnanensis Franch.云南鹿藿
Rhynchospermum Reinw. ex Bl.**秋分草属**(菊科)
Rhynchospermum formosanum Yamamoto=Rhynchospermum verticillatum
Rhynchospermum jasminoies Lindl.=Trachelospermum jasminoides
Rhynchospermum verticillatum Reinw.秋分草
Rhynchospermum verticillatum var. *subsessilis* Oliv. ex Miq.= Rhynchospermum verticillatum
Rhynchospora Vahl **刺子莞属**(莎草科)
Rhynchospora alba (L.) Vahl 白鳞刺子莞
Rhynchospora aurea Vahl=Rhynchospora corymbosa
Rhynchospora brownii Roem. & Schult.白喙刺子莞
Rhynchospora chinensis Nees & Mey.华刺子莞
Rhynchospora corymbosa (L.) Britt.三俭草
Rhynchospora faberi C.B.Clarke 细叶刺子莞
Rhynchospora glauca C.B.Clarke=Rhynchospora brownii
Rhynchospora glauca var. *chinensis* C.B.Clarke=Rhynchospora chinensis
Rhynchospora laxa Benth.=Rhynchospora chinensis
Rhynchospora longisetigera Hay.=Rhynchospora chinensis
Rhynchospora nipponica Makino 日本刺子莞
Rhynchospora rubra (Lour.) Makino 刺子莞
Rhynchospora wallichiana Kunth.=Rhynchospora rubra
Rhynchostylis Bl.**钻喙兰属**(兰科)
Rhynchostylis coelestis Rchb.f.天蓝钻喙兰
Rhynchostylis gigantea (Lindl.) Ridl.海南钻喙兰
Rhynchostylis retusa (L.) Bl.钻喙兰
Rhynchostylis violacea (Lindl.) Rchb.f.堇喙兰
Rhynchotechum Bl.**线柱苣苔属**(苦苣苔科)
Rhynchotechum discolor (Maxim.) Burtt 异色线柱苣苔
Rhynchotechum discolor var. discolor=Rhynchotechum discolor
Rhynchotechum discolor var. incisum (Owhi) Walker 羽裂异色线柱苣苔
Rhynchotechum ellipticum (Wall. ex D.F.N.Dietr.) A.DC.= Rhynchotechum formosanum
Rhynchotechum ellipticum (Wall. ex D.F.N.Dietr.) A.DC.椭圆线柱苣苔
Rhynchotechum ellipticum var. *saurauifolium* (S.S.Ying) S.S.Ying= Rhynchotechum formosanum
Rhynchotechum formosanum Hatusima 冠萼线柱苣苔
Rhynchotechum latifolium HK.f. & Thoms. ex Clarke=Rhynchotechum ellipticum
Rhynchotechum longipes W.T.Wang 长梗线柱苣苔
Rhynchotechum obvatum (Griff.) Burtt=Rhynchotechum ellipticum
Rhynchotechum vestitum Wall. ex Clarke 毛线柱苣苔
Rhyssopterys Bl. ex A.Juss.**翅实藤属**(金虎尾科)
Rhyssopterys dealbata A.Juss.=Rhyssopterys timoriensis
Rhyssopterys timoriensis (DC.) Bl. ex A.Juss.翅实藤
Rhyticocos Becc.**皱果片棕果属**(棕榈科)
Rhytidandra A.Gray=**Alangium**
Rhytidophyllum Mart.**皱叶苣苔属**(苦苣苔科)
Rhytispermum arvense (L.) Lind=Lithospermum arvense
Ribes L.**茶藨子属**(虎耳草科)
Ribes aciculare Smith 阿尔泰茶藨子
Ribes acuminatum Wall.=Ribes takare
Ribes acuminatum var. *desmocarpum* (HK.f. & Thoms.) Jancz.=Ribes takare var. desmocarpum
Ribes acuminatum var. *maius* Jancz.=Ribes takare
Ribes albinervium Michaux=Ribes triste
Ribes alpestre Wall. ex Decne.长刺茶藨子
Ribes alpestre var. alpestre=Ribes alpestre
Ribes alpestre var. *commune* Jancz.=Ribes alpestre
Ribes alpestre var. eglandulosum L.T.Lu 无腺茶藨子
Ribes alpestre var. giganteum Jancz.大刺茶藨子
Ribes alpinum L.高山茶藨子
Ribes alpinum var. *mandshuricum* Maxim.=Ribes maximowiczianum
Ribes altissimum Turcz. ex Pojark.高茶藨子
Ribes ambiguum Maxim.四川蔓茶藨子
Ribes americanum Mill.美洲茶藨子
Ribes atropurpureum A.Mey.Ikar. & Kir.in Bull.Soc.Nat.Moscou 1842)= Ribes meyeri
Ribes aureum sensu Lindl.=Ribes odoratum
Ribes beatonii Hort.比通茶藨子
Ribes bethmontii Jancz.柏斯蒙茶藨子
Ribes billiardii Carr.=Ribes fasciculatum var. chinense
Ribes bracteosum Dougl.具苞茶藨子
Ribes burejense Fr.Schmidt 刺果茶藨子
Ribes burejense var. burejense=Ribes burejense
Ribes burejense var. villosum L.T.Lu 长毛茶藨子
Ribes californicum HK. & Arn.加州茶藨子
Ribes campanulatum Moench=Ribes americanum
Ribes carrierei Schneid.开锐茶藨子
Ribes cereum Dougl.蜡茶藨子
Ribes chifuense Hance=Ribes fasciculatum var. chinense
Ribes coeleste Jancz.=Ribes tenue
Ribes coloradense Cov.有色茶藨子
Ribes culverwellii Macfarl.库维勒茶藨子
Ribes cuneatum Kar. & Kir.=Ribes saxatile
Ribes curvatum Small.乔治亚茶藨子
Ribes cyathiforme Pojark.=Ribes nigrum
Ribes cynosbati L.牧场茶藨子
Ribes davidi β. *robustior* Franch.=Ribes davidii
Ribes davidii Franch.革叶茶藨子
Ribes davidii var. ciliatum L.T.Lu 睫毛茶藨子
Ribes davidii var. davidii=Ribes davidii
Ribes davidii var. lobatum L.T.Lu 浅裂茶藨子
Ribes densiflorum Liou=Ribes palczewskii
Ribes desmocarpum HK.f. & Thoms.=Ribes takare var. desmocarpum
Ribes diacantha Pall.(Rgl. & Herd.in Bull.Sco.Nat.Moscou 1866)=Ribes saxatile
Ribes diacanthum Pall.双刺茶藨子
Ribes dikuscha Fisch. ex Turcz.迪库氏茶藨子
Ribes distans Jancz.=Ribes maximowiczianum
Ribes divaricatum Dougl.极叉分茶藨子
Ribes echinellum (Cov.) Rehd.刺茶藨子
Ribes emodense Rehd.=Ribes himalense
Ribes emodense var. *urceolatum* (Jancz.) Rehd.=Ribes himalense
Ribes emodense var. *verruculosum* Rehd.=Ribes himalense var. verruculosum
Ribes fargesii Franch.花茶藨子
Ribes fasciculatum S. & Z.(Jancz.in Engl.Bot.Jahrb.1905)=Ribes fasciculatum var. chinense
Ribes fasciculatum S. & Z.簇花茶藨子
Ribes fasciculatum var. chinense Maxim.华蔓茶藨子
Ribes fasciculatum var. fasciculatum=Ribes fasciculatum
Ribes fasciculatum var. guizhouense L.T.Lu 贵州茶藨子
Ribes fasciculatum α. *japonicum* (Hort.) Jancz.=Ribes fasciculatum
Ribes floridum L'Hérit.=Ribes americanum
Ribes floridum var. *grandiflorum* Lud.=Ribes americanum
Ribes floridum var. *parviflorum* Lud.=Ribes americanum
Ribes fontenayense Jancz.泉水茶藨子
Ribes formosanum Hay.台湾茶藨子
Ribes fragrans Lodd.=Ribes odoratum
Ribes franchetii Jancz.鄂西茶藨子
Ribes fuscescens Jancz.褐毛茶藨子
Ribes fuyunense Ku & Konta 富蕴茶藨子
Ribes gayanum (Spach.) Steud.智利茶藨子
Ribes giraldii Jancz.陕西茶藨子
Ribes giraldii var. cuneatum Wang & Li 滨海茶藨子
Ribes giraldii var. giraldii=Ribes giraldii
Ribes giraldii var. polyanthum Kitag.旅顺茶藨子
Ribes glabricalycinum L.T.Lu 光萼茶藨子
Ribes glabrifolium L.T.Lu 光叶茶藨子
Ribes glaciale Wall.(p.p.)=Ribes himalense
Ribes glaciale Wall.=Ribes takare

Ribes glaciale Wall.冰川茶藨子
Ribes glaciale f. *hirsutum* Ku=Ribes luridum
Ribes glaciale var. *glandulosum* Jancz.=Ribes glaciale
Ribes glaciale var. *laciniatum* (HK.f. & Thoms.) Clarke=Ribes laciniatum
Ribes glandulosum Weber.具腺茶藨子
Ribes glutinosum Benth.血红茶藨子
Ribes gongshanense Ku=Ribes griffithii var. gongshanensis
Ribes gordonianum Lem.戈登氏茶藨子
Ribes gracillimum Hao=Ribes longiracemosum var. gracillimum
Ribes griffithii HK.f. & Thoms.曲萼茶藨子
Ribes griffithii var. gongshanensis (Ku) L.T.Lu 贡山茶藨子
Ribes griffithii var. griffithii=Ribes griffithii
Ribes grossularia L.(Wall.in Roxb.Fl.Ind.1824)=Ribes alpestre
Ribes grossularia L.=Ribes reclinatum
Ribes grossularia α. *vulgare* (Spach) Jancz.=Ribes reclinatum
Ribes grossularioides Hemsl.=Ribes burejense
Ribes guangxiense C.J.Gao=Ribes hunanense
Ribes haoii C.Y.Yang & Han=Ribes longiracemosum var. gracillimum
Ribes henryi Franch.华中茶藨子
Ribes heterotrichum Meyer 圆叶茶藨子
Ribes himalayense var. *decaisnei* Jancz.=Ribes himalense
Ribes himalayense var. *uvceolatum* Jance.=Ribes himalense
Ribes himalense Royle ex Decne.糖茶藨子
Ribes himalense var. glandulosum Jancz 疏腺茶藨子
Ribes himalense var. himalense=Ribes himalense
Ribes himalense var. pubicalycinum L.T.Lu & J.T.Pan 毛萼茶藨子
Ribes himalense var. trichophyllum Ku 异毛茶藨子
Ribes himalense var. verruculosum (Rehd.) L.T.Lu 瘤糖茶藨子
Ribes hirtellum Michx.毛茎茶藨子
Ribes horridum Rupr. ex Maxim.密刺茶藨子
Ribes houghtonianum Jancz.河通茶藨子
Ribes hudsonianum Rich.哈得孙茶藨子
Ribes humile Jancz.矮醋栗
Ribes hunanense C.Y.Yang & C.J.Qi 湖南茶藨子
Ribes inebrians Lindl.醉茶藨子
Ribes inerme Rybd.白茎茶藨子
Ribes innominatum Jancz.白叶茶藨子
Ribes intermedium Tausch=Ribes americanum
Ribes irriguum Dougl.有水茶藨子
Ribes japonicum Carr.=Ribes fasciculatum
Ribes jessoniae Stapf=Ribes maximowiczii
Ribes kansuense Hao=Ribes himalense var. verruculosum
Ribes kialanum Jancz.康边茶藨子
Ribes komarovii Pojark.长白茶藨子
Ribes komarovii var. cuneifolium Liou 楔叶长白茶藨子
Ribes komarovii var. komarovii=Ribes komarovii
Ribes laciniatum HK.f. & Thoms.裂叶茶藨子
Ribes lacustre (Pers.) Poir.湖沼茶藨子
Ribes lacustre var. *horridum* (Rupr. ex Maxim.) Jancz.=Ribes horridum
Ribes latifolium Jancz.阔叶茶藨子
Ribes laurifolium Jancz.桂叶茶藨子
Ribes laurifolium var. laurifolium=Ribes laurifolium
Ribes laurifolium var. yunnanense L.T.Lu 光果茶藨子
Ribes leptanthum Gray.喇叭茶藨子
Ribes leptostachyum Decne.=Ribes orientale
Ribes liouanum Kitag.=Ribes palczewskii
Ribes liouii C.Wang & C.Y.Yang=Ribes palczewskii
Ribes lobbii Gray.洛布氏茶藨子
Ribes longeracemosum var. wilsonii Jancz.小花茶藨子
Ribes longeracemosum var. *wilsonii* Jancz=Ribes longiracemosum
Ribes longiracemosum Franch.长序茶藨子
Ribes longiracemosum var. davidii Jancz.腺毛茶藨子
Ribes longiracemosum var. gracillimum L.T.Lu 纤细茶藨子
Ribes longiracemosum var. longiracemosum=Ribes longiracemosum
Ribes longiracemosum var. pilosum Ku 毛长串茶藨子
Ribes luridum HK.f. & Thoms.紫花茶藨子
Ribes macrocalyx Hance=Ribes burejense
Ribes mandshuricum (Maxim.) Kom.东北茶藨子
Ribes mandshuricum var. mandshuricum=Ribes mandshuricum
Ribes mandshuricum var. subglabrum Kom.光叶东北茶藨子
Ribes mandshuricum var. villosum Kom.内蒙茶藨子
Ribes maximowiczianum Kom.尖叶茶藨子
Ribes maximowiczianum var. *saxatile* Kom.=Ribes komarovii
Ribes maximowiczii Batalin 华西茶藨子
Ribes maximowiczii Kom.=Ribes maximowiczianum
Ribes maximowiczii var. *floribundum* Jesson=Ribes maximowiczii
Ribes melancholicum Sievers ex Pall.=Ribes triste
Ribes menziesii Pursh.孟席氏茶藨子
Ribes meyeri Maxim.天山茶藨子
Ribes meyeri Schneid.(p.p.)=Ribes himalense
Ribes meyeri var. meyeri=Ribes meyeri
Ribes meyeri var. pubescens L.T.Lu 北疆茶藨子
Ribes meyeri var. *tanguticum* Jancz.=Ribes meyeri
Ribes meyeri var. *turkestanicum* Jancz.=Ribes meyeri
Ribes missouriense Hort. ex Bean=Ribes americanum
Ribes moupinense Franch.宝兴茶藨子
Ribes moupinense f. *inciso-serratum* Ku=Ribes griffithii
Ribes moupinense var. *laxiflorum* Jancz.=Ribes moupinense
Ribes moupinense var. *lobatum* Jancz.=Ribes moupinense
Ribes moupinense var. moupinense=Ribes moupinense
Ribes moupinense var. muliense S.H.Yu & J.M.Xu 木里茶藨子
Ribes moupinense var. pubicarpum L.T.Lu 毛果茶藨子
Ribes moupinense var. tripartitum (Batal.) Jancz.三裂茶藨子
Ribes multiflorum Kit. ex Roem. & Schult.(Hemsl.in J.L.Scc.Bot.1887)= Ribes mandshuricum
Ribes multiflorum Kit. ex Roem. & Schult.多花茶藨子
Ribes multiflorum var. *mandshuricum* Maxim.=Ribes mandshuricum
Ribes nigrum L.黑茶藨子
Ribes nigrum var. *pauciflorum* (Turcz. ex Ledeb.) Jancz.=Ribes nigrum
Ribes nigrum var. *pennsylvanicum* Marsh.=Ribes americanum
Ribes nigrum α. *europaeum* Jancz.=Ribes nigrum
Ribes niveum Lindl.雪茶藨子
Ribes odoratum Wendl.香茶藨子
Ribes olidum Moench.=Ribes nigrum
Ribes orientale Desf.(Baehni in Candollea 1958)=Ribes takare var. desmocarpum
Ribes orientale Desf.(Jancz.in Mém.Soc.Phys.Hist.Nat.Genéve 1907,p.p.) =Ribes heterotrichum
Ribes orientale Desf.东方茶藨子
Ribes orientale var. *heterotrichum* (Meyer) Jancz.=Ribes heterotrichum
Ribes oxyacanthoides L.加拿大茶藨子
Ribes pachysandroidea Lévl.=Ribes laurifolium
Ribes pachysandroides Oliv.=Ribes davidii
Ribes palczewskii (Jancz.) Pojark.英吉利茶藨子
Ribes palmatum Desf.=Ribes odoratum
Ribes pauciflorum Turcz. ex Ledeb.=Ribes nigrum
Ribes petraeum Wulfen (Hemsl.in J.L.Scc.Bot.1887)=Ribes mandshuricum
Ribes petraeum var. *altissimum* (Turcz. ex Pojark.) Jancz.=Ribes altissimum
Ribes petraeum var. *atropurpureum* Jancz.(O.a. & B.A.Fedtsch.Consubsp. Fl.Turk.1909)=Ribes meyeri
Ribes petraeum var. *mongolica* Franch.=Ribes mandshuricum
Ribes petraeum α. *typicum* Matsum.=Ribes latifolium
Ribes petraeum β. *tomentosum* Maxim.=Ribes latifolium
Ribes pinetorum Greens.桔茶藨子
Ribes procumbens Pall.水葡萄茶藨子
Ribes propinquum Turcz.=Ribes triste
Ribes pseudofasciculatum Hao 青海茶藨子
Ribes pubescens (C.Hartm.) Hedl.毛茶藨子
Ribes pubescens Kom.=Ribes palczewskii
Ribes pulchellum Turcz.美丽茶藨子
Ribes pulchellum var. manshuriense Wang & Li 东北小叶茶藨子
Ribes pulchellum var. pulchellum=Ribes pulchellum
Ribes punctatum Lindl.=Ribes orientale
Ribes reclinatum L.欧洲茶藨子
Ribes recurvatum Michaux=Ribes americanum
Ribes repens Baranov=Ribes triste var. repens
Ribes roezlii Rgl.山岭茶藨子
Ribes rotundifolium Michx.圆叶茶藨子
Ribes rubrisepalum L.T.Lu 红萼茶藨子
Ribes rubrum L.(Clarke in Fl.Brit.Ind.1878,p.p.)=Ribes himalense

Ribes rubrum L.(p.p.)=Ribes pubescens
Ribes rubrum L.(Rgl. & Herd.in Bull.Soc.Nat.Moscou 1866)=Ribes meyeri
Ribes rubrum L.红茶藨子
Ribes rubrum Torrey & Gray=Ribes triste
Ribes rubrum var. *palczewckii* Jancz.=Ribes palczewskii
Ribes rubrum var. *pubescens* (Hedl.) Jancz.=Ribes pubescens
Ribes rubrum var. *pubescens* Swarz ex C.Harm.=Ribes pubescens
Ribes rubrum α. *scandicum* (Hedl.) Jancz.=Ribes rubrum
Ribes rubrum α. *sylvestre* DC. ex Berl.=Ribes rubrum
Ribes rubrum β. *propinquum* Turcz.=Ribes triste
Ribes sativum Syme.普通红茶藨子
Ribes saxatile Pall.石生茶藨子
Ribes scandicum Hedl.=Ribes rubrum
Ribes schlechtendalii Lange (p.p.)=Ribes pubescens
Ribes setchuense Jancz.四川茶藨子
Ribes setosum Lindl.红枝茶藨子
Ribes soulieanum Jancz.滇中茶藨子
Ribes speciosum Pursh.紫红茶藨子
Ribes spicatum Rob.=Ribes rubrum
Ribes spicatum subsp. *palczewskii* (Jancz.) Malayschev=Ribes palczewskii
Ribes spicatum subsp. *pubescens* (C.Hartm.) Hylander=Ribes pubescens
Ribes spicatum Vis.=Ribes multiflorum
Ribes stenocarpum Maxim.长果茶藨子
Ribes sylvestre Syme=Ribes rubrum
Ribes takare D.Don 渐尖茶藨子
Ribes takare f. *desmocarpum* (HK.f. & Thoms) Hara=Ribes takare var. desmocarpum
Ribes takare var. desmocarpum (HK.f. & Thoms.) L.T.Lu 束果茶藨子
Ribes takare var. takare=Ribes takare
Ribes tenue Jancz.细枝茶藨子
Ribes tenue var. incisum L.T.Lu 深裂茶藨子
Ribes tenue var. tenue=Ribes tenue
Ribes tenue var. *viridiflorum* Cheng=Ribes viridiflorum
Ribes tianquanense S.H.Yu & J.M.Xu 天全茶藨子
Ribes tricuspe Nakai=Ribes maximowiczianum
Ribes tripartitum Batalin=Ribes moupinense var. tripartitum
Ribes triste Pall.(Kar. & Kir.in Bull.Soc.Nat.Moscou 1842)=Ribes meyeri
Ribes triste Turcz.=Ribes altissimum
Ribes triste Pall.矮茶藨子
Ribes triste f. *repens* (Baranov) Y.L.Chou=Ribes triste var. repens
Ribes triste var. repens (Baranov) L.T.Lu 伏生茶藨子
Ribes triste var. triste=Ribes triste
Ribes uniflorum Ku=Ribes pseudofasciculatum
Ribes uvacrispa var. *reclinatum* (L.) Berl.=Ribes reclinatum
Ribes vilmorinii Jancz.小果茶藨子
Ribes vilmorinii var. rubrisepalum L.T.Lu 康定茶藨子
Ribes vilmorinii var. vilmorinii=Ribes vilmorinii
Ribes viridiflorum (Cheng) L.T.Lu & G.Yao 绿花茶藨子
Ribes viscosissimum Pursh.粘茶藨子
Ribes vitifolium Host=Ribes multiflorum
Ribes vulgare α. *sylvestre* Lam.=Ribes rubrum
Ribes wolfii Rothr.沃尔夫茶藨子
Ribes xizangense L.T.Lu 西藏茶藨子
Ribesiodes L.=**Embeli**
Ribesiodes floribundum O.Ktze.=Embelia floribunda
Ribesiodes gamblei O.Ktze=Embelia gamblei
Ribesiodes longifolium O.Ktze.=Embelia undulata
Ribesiodes oblongifolium O.Ktze.=Embelia vestita
Ribesiodes obovatum O.Ktze.=Embelia laeta
Ribesiodes parviflora O.Ktze.=Embelia parviflora
Ribesiodes ribes O.Ktze.=Embelia ribes
Ribesiodes sessiliflorum O.Ktze.=Embelia sessiliflora
Ribesiodes vestitum O.Ktze.=Embelia vestita
Ribesium Medic.=**Ribes**
Ribesium Medikus=**Ribes**
Richardia L.**墨苜蓿属**(茜草科)
Richardia albo-maculata HK.f.=Zantedeschia albo-maculata
Richardia brasiliensis Gomes (Z.X.Li & F.W.Xing in Guihaia 1989)=Richardia scabra
Richardia melamoleuca HK.f.=Zantedeschia melanoleuca
Richardia pilosa Riuz. & Ravon=Richardia scabra
Richardia rehmannii N.E.Brown ex Harrow=Zantedeschia rehmannii
Richardia scabra (L.) St.-Hil.=Richardia scabra
Richardia scabra L.墨苜蓿
Richardsonia Kunth=**Richardia**
Richella A.Gray **尖花藤属**(番荔枝科)
Richella hainanensis (Tsiang & P.T.Li) Tsiang & P.T.Li 尖花藤
Richeriella Pax & Hoffm.**龙胆木属**(大戟科)
Richeriella gracilis (Merr.) Pax & Hoffm.龙胆木
Richteria pyrethroides Kar. & Kir.=Pyrethrum pyrethroides
Richthofenia Hoss.=**Sapria**
Richthofenia siamensis Hoss.=Sapria himalayana
Ricinus L.**蓖麻属**(大戟科)
Ricinus apelta Lour.=Mallotus apelta
Ricinus communis L.蓖麻
Ricinus tanarius L.=Macaranga tanarius
Ricotia cantoniensis LouR.Br.=Rorippa cantoniensis
Rindera Pall.**翅果草属**(紫草科)
Rindera glochidiata Wall.=Hackelia uncinatum
Rindera laevigata Roem. & Schult.=Rindera tetraspis
Rindera tetraspis Pall.翅果草
Ringetiarus ringens (Schott) Nakai=Arisaema ringens
Rinorea Aubl.**三角车属**(堇菜科)
Rinorea bengalensis (Wall.) Gagn.=Rinorea bengalensis
Rinorea bengalensis (Wall.) O.Ktze.三角车
Rinorea erianthera C.Y.Wu & C.Ho 毛蕊三角车
Rinorea pierrei (H.de Boiss.) Melch.=Scyphellandra pierrei
Rinorea sessilis (Lour.) O.Ktze.短柄三角车
Rinorea wallichiana HK.f. & Thoms.) O.Ktze.=Rinorea bengalensis
Ripidium japonicus Trin.=Miscanthus sinensis
Risleya King & Pantl.**紫茎兰属**(兰科)
Risleya atropurpurea King & Pantl.紫茎兰
Rivea nervosa (Burm.f.) Hall.f.=Argyreia nervosa
Rivea obtecta (Wall.) Choisy= Argyreia mollis
Rivea tiliaefolia Choisy=Stictocardia tiliaefolia
Rivina L.**蕾芬属**(商陆科)
Rivina humilis L.蕾芬
Robergia Roxb.=**Pegia**
Robergia hirsuta Roxb.=Pegia nitida
Robertson 罗伯生脐橙(芸香科脐橙类)
Robinia L.**刺槐属**(豆科)
Robinia altagana var. *fruticosa* Pall.=Caragana fruticosa
Robinia candida Roxb.=Tephrosia candida
Robinia chamlagu L'Herit.=Caragana sinica
Robinia ferruginea Roxb.=Derris ferruginea
Robinia fertilis Ashe=Robinia hispida
Robinia frutex L.=Caragana frutex
Robinia gradiflora L.=Sesbania grandiflora
Robinia grandiflora She=Robinia hispida
Robinia halodendron Pall.=Halimodendron halodendron
Robinia hispida L.毛洋槐
Robinia jubata Pall.=Caragana jubata
Robinia longiloba Ashe=Robinia hispida
Robinia pallida Ashe=Robinia hispida
Robinia pseudoacacia L.刺槐
Robinia pseudoacacia var. pseudoacacia=Robinia pseudoacacia
Robinia pseudoacacia var. pyramidalis (Pepin) Schneid.塔形洋槐
Robinia pseudoacacia var. umbraculifera DC.伞形洋槐
Robinia pygmaea L.=Caragana pygmaea
Robinia pyramidalis Pepin=Robinia pseudoacacia var. pyramidalis
Robinia sinica Buc.'hoz=Caragana sinica
Robinia speciosa Ashe=Robinia hispida
Robinia spinosa L.=Caragana spinosa
Robinia tragacanthoides Pall.=Caragana tragacanthoides
Robiquetia Gaud.**寄树兰属**(兰科)
Robiquetia hamata Schltr.钩状寄树兰
Robiquetia mooreana (Rolfe) J.J.Sm.莫里寄树兰
Robiquetia spatulata (Bl.) J.J.Sm.大叶寄树兰
Robiquetia succisa (Lindl.) Seidenf.寄树兰
Roborowskia mira Batalin=Corydalis mira
Rochelia Reichb.**李果鹤虱属**(紫草科)
Rochelia bungei Traut.李果鹤虱
Rochelia cardiosepala Bge.心萼李果鹤虱

Rochelia disperma Hochr.=Rochelia bungei
Rochelia leiocarpa Ledeb.光果李果鹤虱
Rochelia macrocalyx Bge.=Rochelia rectipes
Rochelia peduncularis Boiss.总梗李果鹤虱
Rochelia rectipes Stocks 直柄李果鹤虱
Rochelia retorta (Pall.) Lipsky=Rochelia bungei
Rochelia stellulata Reichb.=Rochelia bungei
Rodgersia Gray **鬼灯檠属**(虎耳草科)
Rodgersia aesculifolia Batalin (西藏志 1985)=Rodgersia aesculifolia var. henricii
Rodgersia aesculifolia Batalin 七叶鬼灯檠
Rodgersia aesculifolia var. aesculifolia=Rodgersia aesculifolia
Rodgersia aesculifolia var. henricii (Franch.) C.Y.Wu 滇西鬼灯檠
Rodgersia henricii (Franch.) Franch.=Rodgersia aesculifolia var. henricii
Rodgersia japonica Gray ex Rgl.=Rodgersia podophylla
Rodgersia pinnata Franch.羽叶鬼灯檠
Rodgersia pinnata var. pinnata=Rodgersia pinnata
Rodgersia pinnata var. strigosa J.T.Pan 伏毛鬼灯檠
Rodgersia platyphylla Pax & Hoffm.=Rodgersia aesculifolia
Rodgersia podophylla Gray.(Franch.Pl.David.1888)=Rodgersia aesculifolia
Rodgersia podophylla Gray 鬼灯檠
Rodgersia sambucifolia Hemsl.西南鬼灯檠
Rodgersia sambucifolia var. estrigosa J.T.Pan 光腹鬼灯檠
Rodgersia sambucifolia var. sambucifolia=Rodgersia sambucifolia
Rodgersia tabularis Kom.=Astilboides tabularis
Rodriguezia R. & P.**凹萼兰属**(兰科)
Rodriguezia batemani P. & E.巴特曼凹萼兰
Rodriguezia candida (Lindl.) Rchb.f.白花凹萼兰
Rodriguezia decora (Lindl.) Rchb.f.美凹萼兰(新)
Rodriguezia granadensis (Lindl.) Rchb.f.哥伦比亚凹萼兰
Rodriguezia maculata (Lindl.) Rchb.f.斑点凹萼兰
Rodriguezia secunda 凹萼兰
Rodriguezia suaveolens 芬芳凹萼兰
Rodriguezia venusta (Lindl.) Rchb.f.美丽凹萼兰
Roegneria C.Koch.**鹅观草属**(禾本科)
Roegneria abolinii (Drob.) Nevski 异芒鹅观草
Roegneria alashanica Keng 阿拉善鹅观草
Roegneria alashanica var. alashanica=Roegneria alashanica
Roegneria alashanica var. jufinshanica C.P.Wang & H.L.Yang 九峰山鹅观草
Roegneria aliena Keng 涞源鹅观草
Roegneria altissima Keng 高株鹅观草
Roegneria amurensis (Drib.) Nevski 毛叶鹅观草
Roegneria angustiglumis (Nevski) Nevski 狭颖鹅观草
Roegneria anthosachnoides Keng 假花鳞草
Roegneria aristiglumis Keng & S.L.Chen 芒颖鹅观草
Roegneria aristiglumis var. aristiglumis=Roegneria aristiglumis
Roegneria aristiglumis var. hirsuta H.L.Yang 毛芒颖鹅观草
Roegneria aristiglumis var. leiantha H.L.Yang 光花芒颖鹅观草
Roegneria barbicalla Ohwi 毛盘鹅观草
Roegneria barbicalla var. barbicalla=Roegneria barbicalla
Roegneria barbicalla var. pubifolia Keng 毛叶毛盘草
Roegneria barbicalla var. pubinodis Keng 毛节毛盘草
Roegneria borealia (Turcz.) Nevski 北鹅观草
Roegneria breviglumis Keng 短颖鹅观草
Roegneria brevipes Keng 短柄鹅观草
Roegneria calcicola Keng 钙生鹅观草
Roegneria canina (L.) Nevski 犬草
Roegneria caucasica C.Koch.高加索鹅观草
Roegneria ciliaris (Trin.) Nevski 纤毛鹅观草
Roegneria ciliaris f. eriocaulis Kitag.毛节纤毛草
Roegneria ciliaris var. cliaris=Roegneria ciliaris
Roegneria ciliaris var. lasiophylla (Kitag.) Kitag.毛叶纤毛草
Roegneria ciliaris var. submutica (Honda) Keng 短芒纤毛草
Roegneria confusa (Roshev.) Nevski 紊草
Roegneria confusa var. breviaristata Keng 短芒紊草
Roegneria confusa var. confusa=Roegneria confusa
Roegneria curvata Nevski 曲穹穗草(新)
Roegneria czimganica (Drob.) Nevski 捷姆草
Roegneria dolichathera Keng 长芒鹅观草
Roegneria dolichathera var. *glabrifolia* Keng=Roegneria dolichathera
Roegneria dura (Keng) Keng 岷山鹅观草
Roegneria dura var. *variiglumis* Keng=Roegneria dura
Roegneria fibrosa (Schrenk) Nevski 须草
Roegneria foliosa Keng 多叶鹅观草
Roegneria formosana (Hodna) Ohwi 台湾鹅观草
Roegneria formosana var. formosana=Roegneria formosana
Roegneria formosana var. longearistata Keng 长芒台湾鹅观草
Roegneria formosana var. pubigera Keng 毛鞘台湾鹅观草
Roegneria geminata Keng 孪生鹅观草
Roegneria glaberrima Keng & S.L.Chen 光穗鹅观草
Roegneria glaucifolia Keng 马格草
Roegneria grandiglumis Keng 大颖草
Roegneria grandis Keng 大鹅观草
Roegneria hirsuta Keng 糙毛鹅观草
Roegneria hirsuta var. hirsuta=Roegneria hirsuta
Roegneria hirsuta var. leiophylla Keng & S.L.Chen 光叶糙毛草
Roegneria hirsuta var. variabilis Keng 善变鹅观草
Roegneria hirtiflora C.P.Wang & H.L.Yang 毛花鹅观草
Roegneria hondai Kitag.五龙山鹅观草
Roegneria hondai var. *fascinata* Keng=Roegneria hondai
Roegneria humilis Keng & S.L.Chen 短鹅观草
Roegneria hybrida Keng 杂交鹅观草
Roegneria intramongolica Sh.Chen & Gawua 内蒙古鹅观草
Roegneria jacquemontii (HK.f.) Ovcz. & Sidor 低株鹅观草
Roegneria japonensis (Honda) Keng 竖立鹅观草
Roegneria japonensis var. hackeliana (Honda) Keng 细叶鹅观草
Roegneria kamoji Ohwi 鹅观草
Roegneria kamoji var. kamoji=Roegneria kamoji
Roegneria kamoji var. macerrima Keng 细瘦鹅观草
Roegneria kokonorica Keng 青海鹅观草
Roegneria komarovii (Nevski) Nevski 偏穗鹅观草
Roegneria latiglumis (Scribn. & Smith) Nevski 宽颖草
Roegneria laxiflora Keng 疏花鹅观草
Roegneria leiantha Keng 光花鹅观草
Roegneria leiotropis Keng 光脊鹅观草
Roegneria leptoura Nevski 细尾鹅观草
Roegneria longiglumis Keng 长颖鹅观草
Roegneria mayebarana (Honda) Ohwi 东瀛鹅观草
Roegneria melanthera (Keng) Keng 黑药鹅观草
Roegneria melanthera var. melanthera=Roegneria melanthera
Roegneria melanthera var. tahopaica Keng 大河坝黑药草
Roegneria minor Keng 小株鹅观草
Roegneria multiculmis Kitag.多秆鹅观草
Roegneria multiculmis var. *pubiflora* Keng=Roegneria multiculmis
Roegneria mutica Keng 无芒鹅观草
Roegneria nakaii Kitag.吉林鹅观草
Roegneria nutans (Keng) Keng 垂穗鹅观草
Roegneria parvigluma Keng 小颖鹅观草
Roegneria pauciflora (Schwein.) Hylander 贫花鹅观草
Roegneria pendulina Nevski 缘毛鹅观草
Roegneria pendulina var. pendulina=Roegneria pendulina
Roegneria pendulina var. pubinodis Keng 毛节缘毛草
Roegneria platyphylla Keng 宽叶鹅观草
Roegneria puberula Keng 微毛鹅观草
Roegneria pubicaulis Keng 毛秆鹅观草
Roegneria pulanensis H.L.Yang 普兰鹅观草
Roegneria purpurascens Keng 紫穗鹅观草
Roegneria rigidula Keng 硬秆鹅观草
Roegneria rigidula var. *intermedia* Keng=Roegneria rigidula
Roegneria scabridula Ohwi 粗糙鹅观草
Roegneria schrenkiana (Fisch. & Mey.) Nevski 扭轴鹅观草
Roegneria serotina Keng 秋鹅观草
Roegneria sinica Keng 中华鹅观草
Roegneria sinica var. angustifolia C.P.Wang & H.L.Yang 狭叶鹅观草
Roegneria sinica var. media Keng 中间鹅观草

Roegneria sinica var. sinica=Roegneria sinica
Roegneria stenachyra Keng 窄颖鹅观草
Roegneria stricta Keng 肃草
Roegneria stricta f. major Keng 大肃草
Roegneria stricta f. stricta=Roegneria stricta
Roegneria sylvatica Keng & S.L.Chen 林地鹅观草
Roegneria thoroldiana (Oliv.) Keng 梭罗草
Roegneria thoroldiana var. laxiuscula (Melderis) H.L.Yang 疏穗梭罗草
Roegneria thoroldiana var. thoroldiana=Roegneria thoroldiana
Roegneria tianschanica (Drob.) Nevski 天山鹅观草
Roegneria tibetica (Melderis) H.L.Yang 西藏鹅观草
Roegneria tschimganica (Drob.) Nevski 高山鹅观草
Roegneria turczaninovii (Drib.) Nevski 直穗鹅观草
Roegneria turczaninovii var. macrathera Owhi 大芒鹅观草
Roegneria turczaninovii var. pohuashanensis Keng 百花山鹅观草
Roegneria turczaninovii var. tenuiseta Ohwi 细穗鹅观草
Roegneria turczaninovii var. turczaninovii=Roegneria turczaninovii
Roegneria ugamica (Drob.) Nevski 乌岗姆鹅观草
Roegneria varia Keng 多变鹅观草
Roegneria viridula Keng & S.L.Chen 绿穗鹅观草
Roemeria Medik.**疆罂粟属**(罂粟科)
Roemeria hydrida (L.) DC.紫花疆罂粟
Roemeria refracta (Stev.) DC.红花疆罂粟
Roettlera Wahl.=**Didymocarpus**
Roettlera anachoreta (Hance) Kuntze=Chirita anachoreta
Roettlera aurea Franch.=Ancylostemon aureus
Roettlera brevipes (Clarke) Kuntze=Chirita speciosa
Roettlera cortusifolia (Hance) K.Fritsch.=Didymocarpus cortusifolius
Roettlera demissa (Hance) Ktz.=Chirita demissa
Roettlera dimidiata (Wall. ex C.B.Clarke) Ktz.=Chirita anachoreta
Roettlera eburnea (Hance) Kuntze=Chirita eburnea
Roettlera fargesii Franch.=Opithandra fargesii
Roettlera forrestii Deils=Oreocharis forrestii
Roettlera hamosa (R.Br.) Ktz.=Chirita hamosa
Roettlera juliae (Hance) Kuntze=Chirita juliae
Roettlera kurzii (C.B.Clarke) Ktz.=Briggsia kurzii
Roettlera macrosiphon (Hance) Ktz.=Didissandra macrosiphon
Roettlera mekongensis Franch.=Loxostigma mekongense
Roettlera oblongifolia (Roxb.) Ktz.=Chirita oblongifolia
Roettlera obtusa (Clarke) Kuntze=Didymostigma obtusum
Roettlera sect. *Paraboea* (Clarke) Fritsch=**Paraboea**
Roettlera sinensis (Lindl.) Ktz.=Chirita sinensis
Roettlera speciosa (Kurz) Kuntze=Chirita speciosa
Roettlera subgen. *Chirita* (D.Don) Fritsch=**Chirita**
Roettlera tibetica Franch.=Chirita tibetica
Roettlera uniflora Franch.=Chirita dielsii
Roettlera urticifolia (Buch.-Ham. ex D.Don) Ktz.=Chirita urticifolia
Roettlera villosa (D.Don) Ktz.=Didymocarpus villosus
Roettlera yunnanensis Franch.=Didymocarpus yunnanensis
Roettlera yunnanensis f. *cleistogama* Diels=Didymocarpus yunnanensis
Rohdea Roth **万年青属**(百合科)
Rohdea esquirolii Lévl.=Rohdea japonica
Rohdea japonica (Thunb.) Roth 万年青
<u>Rohdea japonica var. marginata Hort.金缘万年青(新)</u>
Rohdea japonica var. variegata Hort.金边万年青
Rohdea japonica var. *watanabei* (Hay.) S.S.Ying=Campylandra chinensis
Rohdea sinensis Lévl.=Rohdea japonica
Rohdea tui Wang & Tang=Tupistra tui
Rohdea urotepala Hand.-Mazz.=Campylandra urotepala
Rohdea watanabei Hay.=Campylandra chinensis
Rompelia polymorpha (Maxim.) K.-Pol.=Angelica polymorpha
Rondeletia L.**郎德木属**(茜草科)
Rondeletia longifolia Wall.=Mycetia longifolia
Rondeletia odorata Jacq.郎德木
Rondeletia pendula Wall.=Wendlandia pendula
Rondeletia tinctoria Roxb.=Wendlandia tinctoria
Rongan Jingan 融安金柑
Rorippa Scop.**蔊菜属**(十字花科)
<u>Rorippa amphibium (L.) Bess.两栖蔊菜</u>
Rorippa armoracia (L.) A.S.Hitch.=Armoracia rusticana
Rorippa atrovirens (Horn.) Ohwi & H.Hara=Rorippa indica
Rorippa barbareaefolia (DC.) Kitag.山芥叶蔊菜
Rorippa benghalensis (DC.) H.Hara 孟加拉蔊菜
Rorippa cantoniensis (Lour.) Ohwi 广州蔊菜
Rorippa dubia (Pers.) Hara 无瓣蔊菜
Rorippa dubia var. *benghalensis* (DC.) Muker.=Rorippa benghalensis
Rorippa elata (HK.f. & Thoms.) Hand.-Mazz.高蔊菜
Rorippa globosa (Turcz.) Hayek 风花菜
Rorippa globosa (Turcz.) Thell.=Rorippa globosa
Rorippa globosa (Turcz.) Vass.=Rorippa globosa
Rorippa heterophylla (Bl.) R.O.Will.=Rorippa dubia
Rorippa hispida var. *barbareifolia* (DC.) Hultén=Rorippa barbareifolia
Rorippa indica (L.) Bailey=Rorippa indica
Rorippa indica (L.) Hiern 蔊菜
Rorippa indica subsp. *benghalensis* (DC.) Bennet=Rorippa benghalensis
Rorippa indica var. *apetala* (DC.) Hochreut.=Rorippa dubia
Rorippa indica var. *benghalensis* (DC.) Debeaux=Rorippa benghalensis
Rorippa islandica (Oed.) Borb.沼生蔊菜
Rorippa liaotungensis X.D.Cui & Y.L.Chang=Rorippa sylvestris
Rorippa microsperma (DC.) Hand.-Mazz.=Rorippa cantoniensis
Rorippa microsperma (DC.) Vass.=Rorippa cantoniensis
Rorippa montana (Wall.) Small=Rorippa dubia
Rorippa nasturtium-aquaticum (L.) Hayek=Nasturtium officinale
Rorippa palustris (Leyss.) Bess.=Rorippa islandica
Rorippa rusticana (G.Gaertn. & al.) Godron.=Armoracia rusticana
Rorippa sinapis (Burm.) Ohwi & Hara=Rorippa indica
Rorippa sinapis Ohwi & Hara (p.p.)=Rorippa dubia
Rorippa sublyrata (Franch. & Savat.) T.Y.Cheo=Rorippa indica
Rorippa sublyrata (Miq.) Hara (p.p.)=Rorippa dubia
Rorippa sylvestris (L.) Bess.欧亚蔊菜
Rorippa villosa R.F.Huang=Yinshania acutangula
Rosa L.**蔷薇属**(蔷薇科)
Rosa acicularis Lindl.刺蔷薇
Rosa acicularis var. *glandulosa* Liou=Rosa acicularis
Rosa acicularis var. *gmelini* C.A.Mey.=Rosa acicularis
Rosa acicularis var. *pubescens* Liou=Rosa acicularis
Rosa acicularis var. *setacea* Liou=Rosa acicularis
Rosa acicularis var. *taquetii* (Lévl.) Nakai=Rosa wichuraiana
Rosa acicularis var. *taquetii* Nakai (p.p.)=Rosa acicularis
Rosa ×alba L.白蔷薇
Rosa albertii Regel 腺齿蔷薇
Rosa alpina var. *macrophylla* Bouleng.=Rosa macrophylla
Rosa altaica Willd.=Rosa spinosissima var. altaica
Rosa amygdalifolia Ser.=Rosa laevigata
Rosa anemoniflora Fort. ex Lindl.银粉蔷薇
Rosa anemonoides (Rosa laevigata ×Rosa odorata) Rehd.=Rosa lucidissima
Rosa anioyensis Hance=Rosa cymosa
Rosa argyi Lévl.=Rosa laevigata
Rosa bankisae var. *albo-plena* Rehd.=Rosa banksiae
Rosa banksiae ×*Rosa laevigata*= Rosa fortuneana
Rosa banksiae Ait.(Crép.in Bull.Soc.Bot.Belg.1875)=Rosa banksiae var. normalis
Rosa banksiae Ait.(HK.f.in Curtis's Bot.Mag.1891)=Rosa banksiae f. lutescens
Rosa banksiae Ait.木香花
Rosa banksiae f. lutea (Lindl.) Rehd.黄木香花
Rosa banksiae f. *luteiflora* Lévl.=Rosa banksiae f. lutea
Rosa banksiae f. lutescens Voss.单瓣黄木香
Rosa banksiae var. banksiae=Rosa banksiae
Rosa banksiae var. *lutea* Lindl.=Rosa banksiae f. lutea
Rosa banksiae var. normalis Regel 单瓣木白香
Rosa banksiae β. *microcarpa* Regel=Rosa cymosa
Rosa banksiopsis Baker 拟木香
Rosa beggeriana Schrenk 弯刺蔷薇
Rosa beggeriana var. beggeriana=Rosa beggeriana
Rosa beggeriana var. liouii (Yü & Tsai) Yü & Ku 毛叶弯刺蔷薇
Rosa bella Rehd. & Wils.美蔷薇
Rosa bella f. *pallens* Rehd. & Wils.=Rosa bella
Rosa bella var. bella=Rosa bella
Rosa bella var. nuda Yü & Tsai 光叶美蔷薇
Rosa berberifolia Pall.小檗叶蔷薇
Rosa blinii Lévl.=Rosa multiflora var. carnea
Rosa bodinieri Lévl. & Vant.=Rosa cymosa
Rosa boisii Card.=Rosa lucidissima

Rosa bracteata Wendl.硕苞蔷薇
Rosa bracteata var. bracteata=Rosa bracteata
Rosa bracteata var. scabriacaulis Lindl.密刺硕苞蔷薇
Rosa brunonii Lindl.复伞房蔷薇
Rosa calva var. *cathayensis* Bouleng.=Rosa multiflora var. cathayensis
Rosa calyptopoda Card.短脚蔷薇
Rosa caudata Baker 尾萼蔷薇
Rosa caudata var. caudata=Rosa caudata
Rosa caudata var. maxima Yü & Ku 大花尾萼蔷薇
Rosa cavaleriei Lévl.=Rosa cymosa
Rosa centifolia L.百叶蔷薇
Rosa chaffanjoni Lévl. & Vant.=Rosa cymosa
Rosa charbonneaui Lévl.=Rosa longicuspis
Rosa chengkouensis Yü & Ku 城口蔷薇
Rosa chinensis Jacq.月季花
Rosa chinensis f. *spontanea* Rehd. & Wils.=Rosa chinensis var. spontanea
Rosa chinensis var. chinensis=Rosa chinensis
Rosa chinensis var. *pseudindica* Willmott=Rosa odorata var. pseudindica
Rosa chinensis var. semperflorens (Curtis) Koehne 紫月季花
Rosa chinensis var. spontanea (Rehd. & Wils.) Yü & Ku 单瓣月季花
Rosa clavigera Lévl.=Rosa brunonii
Rosa corymbulosa Rolfe 伞房蔷薇
Rosa cucumerina Tratt.=Rosa laevigata
Rosa cymosa Tratt.小果蔷薇
Rosa cymosa var. cymosa=Rosa cymosa
Rosa cymosa var. puberula Yü & Ku 毛叶山木香
Rosa damascena Mill.突厥蔷薇
Rosa davidii Crép.西北蔷薇
Rosa davidii var. davidii=Rosa davidii
Rosa davidii var. elongata Rehd. & Wils.长果西北蔷薇
Rosa davurica Pall.山刺玫
Rosa davurica var. davurica=Rosa davurica
Rosa davurica var. glabra Liou 光叶山刺玫
Rosa davurica var. setacea Liou 多刺山刺玫
Rosa dawoensis Pax & K.Hoffm.道孚蔷薇?
Rosa duclouxii Lévl.=Rosa odorata var. gigantea
Rosa duplicata Yü & Ku 重齿蔷薇
Rosa ecae Ait.(Mc.Farland in Fl. & Silva 1936)=Rosa primula
Rosa eglanteria L.(Graebner in Bot.Jabrb.1904)=Rosa xanthina f. normalis
Rosa eglanteria L.(L.in Amoen Acad.1760)=Rosa foetida
Rosa elegantula Rolfe=Rosa persetosa
Rosa ernestii Stapf ex Bean=Rosa rubus
Rosa esquirolii Lévl. & vant.=Rosa cymosa
Rosa fargesiana Bouleng.光梗蔷薇(新)?
Rosa farreri f. *persetosa* Stapf=Rosa farreri
Rosa fauriei Lévl.(p.p.)=Rosa acicularis
Rosa fauriei Lévl.(p.p.)=Rosa maximowicziana
Rosa fedtschenkoana Regel 腺果蔷薇
Rosa ferox Lawrance=Rosa rugosa
Rosa filipes Rehd. & Wils.腺梗蔷薇
Rosa floribunda Baker=Rosa helenae
Rosa floribunda Steven ex Besser (Baker in Gen.Ros.1914)=Rosa henryi
Rosa foetida Herrm.异味蔷薇
Rosa foetida f. foetida=Rosa foetida
Rosa foetida f. persiana (Lem.) Rehd.重瓣异味蔷薇
Rosa forrestiana Bouleng.滇边蔷薇
Rosa forrestii Focke=Rosa roxburghii var. normalis
Rosa fortuneana Lindl.大花白木香
Rosa fortunes double yellow Lindl.=Rosa odorata var. pseudindica
Rosa fukienensis Metc.?福建蔷薇
Rosa gallica L.法国蔷薇
Rosa gallica var. *centifolia* Regel=Rosa centifolia
Rosa gallica var. *damascena* Voss.=Rosa damascena
Rosa gebleriana Schrenk=Rosa laxa
Rosa gechouitangensis Lévl.=Rosa odorata
Rosa gentiliana Lévl. & Vant.(Rehd. & Wils.in Sarg.Pl.Wils.1915)=Rosa henryi
Rosa gentiliana Lévl. & Vant.=Rosa multiflora var. cathayensis
Rosa gigantea Coll. ex Crép.=Rosa odorata var. gigantea
Rosa gigantea f. *erubescens* Focke=Rosa odorata var. erubescens
Rosa giraldii Crép.陕西蔷薇
Rosa giraldii var. bidentata Yü & Ku 重齿陕西蔷薇
Rosa giraldii var. giraldii=Rosa giraldii
Rosa giraldii var. venulosa Rehd. & Wils.毛叶陕西蔷薇
Rosa glomerata Rehd. & Wils.绣球蔷薇
Rosa gmelini Bge.=Rosa acicularis
Rosa graciliflora Rehd. & Wils.(Cox in Pl.Itrod.Reg.Farrer 1930)=Rosa farreri
Rosa graciliflora Rehd. & Wils.细梗蔷薇
Rosa granulosa Keller=Rosa acicularis
Rosa helenae Rehd. & Wils.卵果蔷薇
Rosa hemsleyana Täckholm=Rosa setipoda
Rosa henryi Bouleng.软条七蔷薇
Rosa henryi var. *puberula* (Hand.-Mazz.) Metc.=Rosa rubus
Rosa hugonis Hemsl.黄蔷薇
Rosa hwangshanensis Hsu=Rosa sertata
Rosa indica fragrans Thory=Rosa odorata
Rosa indica L.(Lour.in Fl.Cochinch.1790)=Rosa chinensis
Rosa indica L.(p.p.)=Rosa cymosa
Rosa indica odorata Andr.=Rosa odorata
Rosa iochanensis Lévl.=Rosa sertata
Rosa jaluana Kom.?鸭绿蔷薇
Rosa kokanica Rgl. ex Juzep.腺叶蔷薇
Rosa koreana Kom.长白蔷薇
Rosa koreana var. glandulosa Yü & Ku 腺叶长白蔷薇
Rosa koreana var. koreana=Rosa koreana
Rosa korsakoviensis Lévl.=Rosa acicularis
Rosa kwangsinensis Li=Rosa multiflora var. cathayensis
Rosa kwangtungensis Yü & Tsai 广东蔷薇
Rosa kwangtungensis var. kwangtungensis=Rosa kwangtungensis
Rosa kwangtungensis var. mollis Metc.毛叶广东蔷薇
Rosa kwangtungensis var. plena Yü & Ku 重瓣广东蔷薇
Rosa kwichowensis Yü & Ku 贵州缫丝花
Rosa laevigata Michx.金樱子
Rosa laevigata f. laevigata=Rosa laevigata
Rosa laevigata f. semiplena Yü & Ku 重瓣金樱子
Rosa laevigata var. *kaiscianensis* Pamp.=Rosa laevigata
Rosa lasiosepala Metc.毛萼蔷薇
Rosa latibracteata Bouleng.=Rosa multibracteata
Rosa laxa Retz.疏花蔷薇
Rosa laxa var. laxa=Rosa laxa
Rosa laxa var. mollis Yü & Ku 毛叶疏花蔷薇
Rosa lebrunei Lévl.=Rosa multiflora var. carnea
Rosa lichiangensis Yü & Ku 丽江蔷薇
Rosa liouii Yü & Tsai=Rosa beggeriana var. liouii
Rosa longicuspis Bertol.长尖叶蔷薇
Rosa longicuspis var. longicuspis=Rosa longicuspis
Rosa longicuspis var. sinowilsonii (Hemsl.) Yü & Ku 多花长尖叶蔷薇
Rosa lucens Paul & Son=Rosa longicuspis
Rosa luciae Franch. & Roch. ex Grép.=Rosa wichuraiana
Rosa lucida Ehrh.(Lawrence in Roses 1799)=Rosa bracteata
Rosa lucidissima Lévl.亮叶月季
Rosa lucidissima f. setosa Card.=Rosa lucidissima
Rosa lutea Mill.=Rosa foetida
Rosa macartnea Dumont=Rosa bracteata
Rosa macrocarpa Watt.=Rosa odorata var. gigantea
Rosa macrophylla Lindl.(Crép.in Bull.Soc.Bot.Ital.1897)=Rosa setipoda
Rosa macrophylla Lindl.大叶蔷薇
Rosa macrophylla var. *crasseaculeana* Vilmorin=Rosa setipoda
Rosa macrophylla var. glandulifera Yü & Ku 腺果大叶蔷薇
Rosa macrophylla var. *hypoleuca* Lévl.=Rosa multiflora var. cathayensis
Rosa macrophylla var. macrophylla=Rosa macrophylla
Rosa mairei Lévl.毛叶蔷薇
Rosa maximowicziana Regel 伞花蔷薇
Rosa microcarpa Lindl.=Rosa cymosa
Rosa microphylla a. glabra Regel=Rosa roxburghii
Rosa microphylla Desfontaines (HK.in Curtis's Bot.Mag.1836)=Rosa roxburghii
Rosa morrisonensis Hay.玉山蔷薇
Rosa moschata Mill.(Brandis in For.Fl.Brit.Ind.1874)=Rosa brunonii
Rosa moschata var. *densa* Vilmorim=Rosa henryi
Rosa moschata var. *hupehensis* Pamp.=Rosa rubus
Rosa moschata var. *nepalensis* Lindl.=Rosa brunonii

Rosa moschata var. *yunnanensis* Crép.=Rosa longicuspis
Rosa moschata var. *yunnanensis* Focke=Rosa soulieana var. yunnanensis
Rosa moyesii Hemsl. & Wils.华西蔷薇
Rosa moyesii var. moyesii=Rosa moyesii
Rosa moyesii var. pubescens Yü & Tsai 毛叶华西蔷薇
Rosa multibracteata Hemsl. & Wils.多苞蔷薇
Rosa multiflora Thunb.野蔷薇
Rosa multiflora var. albo-plena Yü & Ku 白玉堂
Rosa multiflora var. *carnea* f. *platyphylla* Rehd. & Wils.=Rosa multiflora var. carnea
Rosa multiflora var. carnea Thory 七姊妹
Rosa multiflora var. cathayensis Rehd. & Wils.粉团蔷薇
Rosa multiflora var. *gentiliana* (Lévl. & Vant.) Yü & Tsai=Rosa multiflora var. cathayensis
Rosa multiflora var. multiflora=Rosa multiflora
Rosa multiflora var. *platyphylla* Thory=Rosa multiflora var. carnea
Rosa murielae Rehd. & Wils.西南蔷薇
Rosa nankinensis Lour.=Rosa chinensis
Rosa nanothamnus Bouleng.矮蔷薇?
Rosa nivea DC.=Rosa laevigata
Rosa odorata (Andr.) Sweet 香水月季
Rosa odorata f. *erubescens* (Focke) Rehd. & Wils.=Rosa odorata var. erubescens
Rosa odorata var. erubescens (Focke) Yü & Ku 粉红香水月季
Rosa odorata var. gigantea (Crép.) Rehd. & Wils.大花香水月季
Rosa odorata var. odorata=Rosa odorata
Rosa odorata var. pseudindica (Lindl.) Rehd.桔黄香水月季
Rosa odoratissima Sweet ex Lindl.=Rosa odorata
Rosa omeiensis Rolfe 峨眉蔷薇
Rosa omeiensis f. glandulosa Yü & Ku 腺叶峨眉蔷薇
Rosa omeiensis f. omeiensis=Rosa omeiensis
Rosa omeiensis f. paucijuga Yü & Ku 少对峨眉蔷薇
Rosa omeiensis f. pteracantha Rehd. & Wils.扁刺峨眉蔷薇
Rosa orbicularis Baker=Rosa multibracteata
Rosa oulengensis Lévl.=Rosa odorata
Rosa oxyacantha M.Bieb.尖刺蔷薇
Rosa parmentieri Lévl.=Rosa davidii var. elongata
Rosa paucispinosa Li=Rosa henryi
Rosa persetosa Rolfe 全针蔷薇
Rosa persica Michx. ex Juss.(高等图鉴 1972)=Rosa berberifolia
Rosa pimpinellifolia L.=Rosa spinosissima
Rosa pimpinellifolia var. *subalpina* Bge. ex M.Bieb.=Rosa oxyacantha
Rosa platyacantha Schrendk 宽刺蔷薇
Rosa platyacantha var. *kokanica* Rgl.(p.p.)=Rosa kokanica
Rosa platyacantha var. *variabilis* Regel=Rosa kokanica
Rosa praelucens Byhouwer 中甸刺玫
Rosa prattii Hemsl.铁杆蔷薇
Rosa pricei Hay.能高蔷薇?
Rosa primula Bouleng.樱草蔷薇
Rosa pseudindica Lindl.=Rosa odorata var. pseudindica
Rosa pseudobanksiae Yü & Ku 粉蕾木香
Rosa pubescens Baker=Rosa rugosa
Rosa pubescens Roxb.=Rosa brunonii
Rosa reducta Baker=Rosa multibracteata
Rosa rotundibracteata Card.=Rosa multibracteata
Rosa roxburghii Tratt.缫丝花
Rosa roxburghii f. normalis Rehd. & Wils.单瓣缫丝花
Rosa roxburghii f. roxburghii=Rosa roxburghii
Rosa rubus Lévl. & Vant.悬钩子蔷薇
Rosa rubus f. glandulifera Yü & Ku 腺叶悬钩子蔷薇
Rosa rubus f. rubus=Rosa rubus
Rosa rubus var. *yunnanensis* Lévl.=Rosa rubus
Rosa rugosa Thunb 玫瑰
Rosa rugosa f. alba (Ware) Rehd.白花单瓣玫瑰(新)
Rosa rugosa f. alboplena Rehd.白花重瓣玫瑰(新)
Rosa rugosa f. plena (Rgl.) Byhouwer 紫花重瓣玫瑰(新)
Rosa rugosa f. rosea Rehd. 粉红单瓣玫瑰(新)
Rosa sambucina Koidz.山蔷薇?
Rosa saturata Baker 大红蔷薇
Rosa saturata var. glandulosa Yü & Ku 腺叶大红蔷薇
Rosa saturata var. saturata=Rosa saturata
Rosa semperflorens Curtis=Rosa chinensis var. semperflorens
Rosa sempervirens β. *anemoniflora* Regel=Rosa anemoniflora
Rosa sericea Lindl.(Diels in Not.Roy.Bot.Gard.Edinb.1912)=Rosa omeiensis
Rosa sericea Lindl.绢毛蔷薇
Rosa sericea f. *aculeato-eglandulosa* Focke=Rosa omeiensis
Rosa sericea f. glabrescens Franch.光叶绢毛蔷薇
Rosa sericea f. glandulosa Yü & Ku 腺叶绢毛蔷薇
Rosa sericea f. *inermi-eglandulosa* Focke=Rosa omeiensis
Rosa sericea f. pteracantha Franch.宽刺绢毛蔷薇
Rosa sericea f. sericea=Rosa sericea
Rosa sericea var. *morrisonensis* (Hay.) Masamune=Rosa morrisonensis
Rosa sertata Rolfe 钝叶蔷薇
Rosa sertata var. multijuga Yü & Ku 多对钝叶蔷薇
Rosa sertata var. sertata=Rosa sertata
Rosa setipoda Hemsl. & Wils.刺梗蔷薇
Rosa sikangensis L.川西蔷薇
Rosa sinica L.(HK.in Curtis's Bot.Mag.1828)=Rosa laevigata
Rosa sinica L.=Rosa chinensis
Rosa sinica β. *braamiana* Regel=Rosa bracteata
Rosa sinowilsonii Hemsl.=Rosa longicuspis var. sinowilsonii
Rosa soongarica Bge.=Rosa laxa
Rosa sorbiflora Focke=Rosa cymosa
Rosa sorbus Lévl.=Rosa omeiensis
Rosa soulieana Crép.川滇蔷薇
Rosa soulieana var. microphylla Yü & Ku 小叶川滇蔷薇
Rosa soulieana var. soulieana=Rosa soulieana
Rosa soulieana var. sungpanensis Rehd.大叶川滇蔷薇
Rosa soulieana var. yunnanensis Schneid.毛叶川滇蔷薇
Rosa spinosissima L.密刺蔷薇
Rosa spinosissima var. altaica (Willd.) Rehd.大花密刺蔷薇
Rosa spinosissima var. spinosissima=Rosa spinosissima
Rosa sweginzowii Koehne 扁刺蔷薇
Rosa sweginzowii var. glandulosa Card.腺叶扁刺蔷薇
Rosa sweginzowii var. sweginzowii=Rosa sweginzowii
Rosa taiwanensis Nakai 小金樱?
Rosa taquetii Lévl.(p.p.)=Rosa acicularis
Rosa taquetii Lévl.(p.p.)=Rosa wichuraiana
Rosa taronensis Yü & Ku 求江蔷薇
Rosa tatsienlouensis Card 打箭炉蔷薇(新)?
Rosa ternata Poir.=Rosa laevigata
Rosa tetrapetala Royle=Rosa sericea
Rosa thea Savi=Rosa odorata
Rosa tibetica Yü & Ku 西藏蔷薇
Rosa tongchouanensis Lévl.=Rosa odorata
Rosa transmorrisonensis Hay.高山蔷薇
Rosa triphylla Roxb. ex Hemsl.=Rosa anemoniflora
Rosa triphylla Roxb. ex Lindl.=Rosa laevigata
Rosa tsinglingensis Pax. & Hoffm.秦岭蔷薇
Rosa uniflora Yü & Ku 单花合柱蔷薇
Rosa vanksiae var. *luteaplena* Rehd.=Rosa banksiae f. lutea
Rosa wallichii Tratt.=Rosa sericea
Rosa webbiana Wall. ex Royle 藏边蔷薇
Rosa weisinensis Yü & Ku 维西蔷薇
Rosa wichuraiana Crép.光叶蔷薇
Rosa willadenowii Spreng.=Rosa davurica
Rosa willmottiae Hemsl.小叶蔷薇
Rosa willmottiae var. glandulifera Yü & Ku 多腺小叶蔷薇
Rosa willmottiae var. willmottiae=Rosa willmottiae
Rosa willmottiana Lévl.=Rosa longicuspis
Rosa xalba L.白蔷薇
Rosa xanthina Lindl.(Crép.in Bull.Soc.Bot.Ital.1897)=Rosa hugonis
Rosa xanthina Lindl.(Franch.in Nouv.Arch.Mus.Hist.Nat.Paris 1883)=Rosa xanthina f. normalis
Rosa xanthina Lindl.黄刺玫
Rosa xanthina f. *normalis* Rehd. & Wils.=Rosa primula
Rosa xanthina f. normalis Rehd. & Wils.单瓣黄刺玫
Rosa xanthina f. *spontanea* Rehd.=Rosa xanthina f. normalis
Rosa xanthina f. xanthina=Rosa xanthina
Rosa xanthina var. *kokanica* Bouleng.=Rosa kokanica
Rosa xanthinoides Nakai=Rosa xanthina
Rosa xanthocarpa Watt.=Rosa odorata var. gigantea

Rosa yunnanensis (Crép.) Bouleng.=Rosa longicuspis
Rosaceae 蔷薇科
Roscheria H.Wendl.**黑毛棕属**(棕榈科)
Roscoea Smith **象牙参属**(姜科)
Roscoea alpina Royle 高山象牙参
Roscoea auriculata K.Schum.耳叶象牙参
Roscoea blanda K.Schum.=Roscoea debilis
Roscoea blanda var. *pumila* Hand.-Mazz.=Roscoea wardii
Roscoea blanda. var. *limprichtii* Loes.=Roscoea debilis var. limpirichtii
Roscoea brevibracteata Z.Y.Zhu=Roscoea schneideriana
Roscoea capitata Smith 头花象牙参
Roscoea capitata var. *purpurata* Gagn.=Roscoea cautleoides
Roscoea capitata var. *scillifolia* Gagn.=Roscoea scilifolia
Roscoea cautleoides Gagn.早花象牙参
Roscoea cautleoides var. pubescens (Z.Y.Zhu) T.L.Wu 毛早花象牙参
Roscoea cautleoides var. *purpurea* Stapf=Roscoea cautleoides
Roscoea chamaeleon Gagn.=Roscoea cautleoides
Roscoea debilis Gagn.长柄象牙参
Roscoea debilis var. debilis=Roscoea debilis
Roscoea debilis var. limpirichtii (Loes.) Cowley 白象牙参
Roscoea flava Merr.=Caulokaempferia coenobialis
Roscoea forrestii Cowley 大理象牙参
Roscoea gracilis Smith=Caytleya gracilis
Roscoea humeana Balf.f. & W.W.Sm.大花象牙参
Roscoea intermedia Gagn.=Roscoea alpina
Roscoea intermedia var. *anomala* Gagn.=Roscoea praecox
Roscoea intermedia var. *macorrhiza* Gagn.=Roscoea praecox
Roscoea intermedia var. *minuta* Gagn.=Roscoea tibetica
Roscoea intermedia var. *plurifolia* Loesen.=Roscoea tibetica
Roscoea kunmingensis S.Q.Tong 昆明象牙参
Roscoea kunmingensis var. elongatobractea S.Q.Tong 延苞象牙参
Roscoea kunmingensis var. kunmingnensis=Roscoea kunmingensis
Roscoea lutea Royle=Caytleya gracilis
Roscoea pentandra Roxb.=Sphenodesme pentandra
Roscoea praecox K.Schum.先花象牙参
Roscoea pubescens Z.Y.Zhu=Roscoea cautleioides var. pubescens
Roscoea purpurea Smith 象牙参
Roscoea purpurea var. *auriculata* (K.Schum.) H.Hara=Roscoea auriculata
Roscoea purpurea var. procea Wall.大象牙参
Roscoea purpurea var. purpurea=Roscoea purpurea
Roscoea schneideriana (Loes.) Cowley 无柄象牙参
Roscoea scillifolia (Gagn.) Cowley 绵枣象牙参
Roscoea sichuanensis R.H.Miao=Roscoea humeana
Roscoea sinopurpurea Stapf.=Roscoea cautleoides
Roscoea spicata Smith=Cautleya spicata
Roscoea tibetica Bat.藏象牙参
Roscoea tibetica var. *emarginata* S.Q.Tong=Roscoea tibetica
Roscoea toenmtosa Roxb.=Congea tomentosa
Roscoea wardii Cowley 苍白象牙参
Roscoea yunnanensis Loes.=Roscoea cautleoides
Roscoea yunnanensis var. *dielsiana* Loes.=Roscoea schneideriana
Roscoea yunnanensis var. *purpurata* (Gagn.) Loes.=Roscoea cautleoides
Roscoea yunnanensis var. *schneiderin* Loes.=Roscoea schneideriana
Roscoea yunnanensis var. *scillifolia* (Gagn.) Loes.=Roscoea scillifolia
Rosmarinus L.**迷迭香属**(唇形科)
Rosmarinus officinalis L.迷迭香
Rospidios vaccinioides A.DC.=Diospyros vaccinioides
Rostellaria mollissima Nees= Rostellularia rotundifolia
Rostellularia Reichenb.**爵床属**(爵床科)
Rostellularia diffusa (Willd.) Nees 小叶散爵床
Rostellularia diffusa var. diffusa= Rostellularia diffusa
Rostellularia diffusa var. hedyotidifolia (Nees) C.Y.Wu 耳叶散爵床
Rostellularia diffusa var. prostrata (Roxb. ex C.B.Clarke) H.S.Lo 平卧爵床(新)
Rostellularia hedyotidifolia Nees= Rostellularia diffusa var. hedyotidifolia
Rostellularia humilis H.S.Lo 矮爵床
Rostellularia khasiana (C.B.Clarke) C.Y.Wu 喀西爵床
Rostellularia khasiana var. khasiana= Rostellularia khasiana
Rostellularia khasiana var. latispica (C.B.Clarke) C.Y.Wu 宽穗爵床
Rostellularia linearifolia subsp. liankwangensis H.S.Lo 两广线叶爵床
Rostellularia mollissima Nees= Rostellularia khasiana var. latispica
Rostellularia procumbens (L.) Nees 爵床
Rostellularia procumbens L.(Nees in DC.Prodr.1847)= Rostellularia khasiana var. latispica
Rostellularia procumbens var. ciliata (Yamamoto) S.S.Ying 早田氏爵床
Rostellularia procumbens var. hirsuta (Yamamoto) S.S.Ying 密毛澎湖爵床
Rostellularia procumbens var. linearifolia (Yamamoto) S.S.Ying 狭叶爵床
Rostellularia procumbens var. procumbens= Rostellularia procumbens
Rostellularia rotundifolia Nees 椭苞爵床
Rostellularia trichochila Miq.= Rostellularia procumbens
Rostrinucula Kudô **钩子木属**(唇形科)
Rostrinucula dependens (Rehd.) Kudô 钩子木
Rostrinucula sinensis (Hemsl.) C.Y.Wu 长叶钩子木
Rosularia (DC.) Stapf **瓦莲属**(景天科)
Rosularia alpestris (Kar. & Kir.) A.Bor.长叶瓦莲
Rosularia platyphylla (Schrenk) Berger 卵叶瓦莲
Rosularia sect. *Sempervivella* (Stapf) Jansson=**Rosularia**
Rosularia sempervivum (Bieb.) Berg.长生瓦莲
Rosularia turkestanica (Rgl. & Winkl.) Berger 小花瓦莲
Rotala L.**节节菜属**(千屈菜科)
Rotala densiflora (Roth) Koehne 密花节节菜
Rotala densiflora subsp. *uliginosa* Koehne=Rotala densiflora
Rotala diversifolia Koehne 异叶节节菜
Rotala indica (Willd.) Koehne 节节菜
Rotala leptopetala (Bl.) Koehne=Rotala pentandra
Rotala mexicana Cham. & Schlechtend.轮叶节节菜
Rotala pentandra (Roxb.) Blatt. & Hallb.薄瓣节节菜
Rotala puwsilla Tulasne 苏州节节菜(新)?
Rotala rotundifolia (Buch.-Ham. ex Roxb.) Koehne 圆叶节节菜
Rotala roxburghiana Wight=Rotala densiflora
Rotala verticillaris L.(Hiern in Fl.Trop.Afr.1871)=Rotala mexicana
Rotang Adans.=**Calamus**
Rotanga Boehmer=**Calamus**
Rottboellia L.f.**筒轴茅属**(禾本科)
Rottboellia altissima Poir.=Hemarthria altissima
Rottboellia antephoroides Steud.=Ischaemum antephoroides
Rottboellia compressa L.f.=Hemarthria compressa
Rottboellia compressa var. *fasciculata* (Lamk.) Hack.=Hemarthria altissima
Rottboellia exaltata L.f.筒轴茅
Rottboellia fasciculata Lamk.=Hemarthria altissima
Rottboellia laevispica Keng 光穗筒轴茅
Rottboellia latifolia Steud.=Phacelurus latifolius
Rottboellia latifolia var. *angustifolia* Debeaux=Phacelurus latifolius var. angustifolius
Rottboellia longiflora HK.f.=Hemarthria longiflora
Rottboellia mollicoma Hance=Mnesithea mollicoma
Rottboellia protensa (Steud.) Hack.=Hemarthria protensa
Rottboellia repens G.Forst.=Lepturus repens
Rottboellia sanguinea Retz.=Schizachyrium sanguineum
Rottboellia striata Nees ex Steud.=Coelorachis striata
Rottboellia striata subsp. *genuina* var. *pubescens* Hack.=Coelorachis striata var. pubescens
Rottboellia thyrsoidea Hack.=Thyrsia zea
Rottboellia tonkinensis A.Camus=Hemarthria longiflora
Rottboellia zea Clarke=Thyrsia zea
Rottlera Roxb.=**Mallotus**
Rottlera acuminata A.Juss.=Mallotus tiliifolius
Rottlera alba Roxb. ex Jack=Mallotus paniculatus
Rottlera barbata Wall.=Mallotus barbatus
Rottlera cantoniensis Spregn.=Mallotus apelta
Rottlera chinensis A.Juss.=Mallotus apelta
Rottlera cordifolia Benth.=Mallotus repandus
Rottlera ferruginea Roxb.=Mallotus tetracoccus
Rottlera japonica Spreng.=Mallotus japonicus
Rottlera multiglandulosa (Reinw. ex Bl.) Bl.=Melanolepis multiglandulosa
Rottlera oblongifolia Miq.=Mallotus oblongifolius
Rottlera paniculata (Lam.) A.Juss.=Mallotus paniculatus
Rottlera peltata Roxb.=Mallotus roxburghianus
Rottlera scabrifolia A.Juss.=Mallotus repandus

Rottlera sinensis (Lindl.) Kuntze=Chirita sinensis
Rottlera tetracocca Roxb.=Mallotus tetracoccus
Rottlera tiliifolia Bl.=Mallotus tiliifolius
Rottlera tinctoria Roxb.=Mallotus philippensis
Rotula Lour.**轮冠木属**(紫草科)
Rotula aquatica Lour.轮冠木
Roucela Dum.=**Campanula**
Roupala Aubl.**洛佩拉属**(山龙眼科)
Roupala macrophylla Pohl 大叶洛佩拉
Roupellia grata Wall. ex HK. & Benth.=Strophanthus gratus
Rourea Aubl.**红叶藤属**(牛栓藤科)
Rourea caudata Planch.长尾红叶藤
Rourea microphylla (HK. & Arn.) Planch.小叶红叶藤
Rourea millettii Planchon=Rourea minor
Rourea minor (Gaerth.) Leenh.红叶藤
Rourea minor subsp. *microphylla* (HK. & Arn.) Vidal=Rourea microphylla
Rourea santaloides Wight & Arn.=Rourea minor
Roureopsis Planch.**朱果藤属**(牛栓藤科)
Roureopsis emarginata (Jack) Merr.朱果藤
Roureopsis javanica Planch.=Roureopsis emarginata
Roureopsis pubinervis Planch.=Roureopsis emarginata
Roureopsis rubicarpa Wu=Roureopsis emarginata
Rovea obtecta Choisy=Argyreia mollis
Rovea tiliifolia (Desrouss.) Choisy=Stictocardia tillifolia
Roxburghia Banks=**Stemona**
Roxburghia gloriosa Pers.=Stemona tuberosa
Roxburghia japonica Bl.=Stemona japonica
Roxburghia sessilifolia Miq.=Stemona sessilifolia
Roxburghia stemona Steud.=Stemona tuberosa
Roxburghia viridiflora Smith=Stemona tuberosa
Roxopitys cunninghamii Nelson=Cunninghamia lanceolata
Roydsia Roxb.=**Stixis**
Roydsia suaveolens Roxb.=Stixis suaveolens
Roylea Wall.**喜马拉雅唇形草属**(唇形科)?
Roylea elegans Wall.喜马拉雅唇形草?
Roystonea O.F.Cook **王棕属**(棕榈科)
Roystonea oleracea (Jacq.) O.F.Cook 菜王棕
Roystonea regia (Kunth) O.F.Cook 王棕
Rubacer Rydb.=**Rubus**
Rubia L.**茜草属**(茜草科)
Rubia akane Nakai=Rubia argyi
Rubia alata Roxb.金剑草
Rubia argyi (Lévl. & Vant.) Hara ex L.A.Lauener & D.K.Ferguson 东南茜草
Rubia chekiangensis Deb=Rubia argyi
Rubia chinensis Rgl. & Maack 中国茜草
Rubia chinensis var. chinensis=Rubia chinensis
Rubia chinensis var. *esquirolii* (Lévl.) Lévl.=Rubia schumanniana
Rubia chinensis var. glabrescens (Nakai) Kitag.无毛大砧草
Rubia chitralensis Ehrendorf.高原茜草
Rubia cordifolia L.(海南志 1974)=Rubia wallichiana
Rubia cordifolia L.茜草
Rubia cordifolia subsp. *pratensis* (Maxim.) Kitam.=Rubia cordifolia
Rubia cordifolia var. cordifolia =Rubia cordifolia
Rubia cordifolia var. herbacea Chun & How 肉质茜草
Rubia cordifolia var. *khasiana* Watt=Rubia manjith
Rubia cordifolia var. *longifolia* Hand.-Mazz.=Rubia alata
Rubia cordifolia var. *maillardii* (Lévl. & Vant.) Lévl.=Rubia schumanniana
Rubia cordifolia var. *manjista* f. *rubra* Kitam.=Rubia manjith
Rubia cordifolia var. *pratensis* Maxim.=Rubia cordifolia
Rubia cordifolia var. *rotundifolia* Franch.=Rubia cordifolia
Rubia cordifolia var. stenophylla Franch.四轮草
Rubia cordifolia var. *sylvatica* Maxim.=Rubia sylvatica
Rubia crassipes Coll. & Hemsl.厚柄茜草
Rubia deserticola Pojark.沙生茜草
Rubia dolichophylla Schrenk 长叶茜草
Rubia edgeworthii HK.f.川滇茜草
Rubia esquirolii Lévl.=Rubia schumanniana
Rubia falciformis Lo 镰叶茜草
Rubia filiformis How ex Lo 丝梗茜草
Rubia kaematantha Airy-Shaw 红花茜草
Rubia lanceolata hay.=Rubia alata
Rubia lancilimba How=Rubia edgeworthii
Rubia latipetala Lo 阔瓣茜草
Rubia leiocaulis Diels=Rubia schumanniana
Rubia linii Chao 圆茎茜草?
Rubia magna P.G.Xiao 峨眉茜草
Rubia maillardii Lévl. & Vant.=Rubia schumanniana
Rubia mandersii Coll. & Hemsl.黑花茜草
Rubia manjista Roxb.=Rubia manjith
Rubia manjith Roxb. ex Desv.=Rubia manjith
Rubia manjith Roxb. ex Flem.梵茜草
Rubia membranacea Deils 金线草
Rubia mitis Miq.=Rubia chinensis
Rubia mitis f. *glabrescens* Nakai=Rubia chinensis var. glabrescens
Rubia nephrophylla Deb=Rubia podantha
Rubia oncotricha Hand.-Mazz.钩毛茜草
Rubia ovatifolia Z.Y.Zhang 卵叶茜草
Rubia ovatifolia var. oligantha Lo 少花茜草
Rubia ovatifolia var. ovatifolia=Rubia ovatifolia
Rubia pallida Diels 浅色茜草
Rubia podantha Diels 柄花茜草
Rubia polyphlebia Lo 多脉茜草
Rubia pratensis (Maxim.) Nakai=Rubia cordifolia
Rubia pterygocaulis Lo 翅茎茜草
Rubia rezniczenkoana Litw.小叶茜草
Rubia salicifolia Lo 柳叶茜草
Rubia schugnanica B.Fedtsch. ex Pojark.四叶茜草
Rubia schumanniana Pritzel 大叶茜草
Rubia schumanniana var. *maillardii* (Lévl. & Vant.) Hand.-Mazz.=Rubia schumanniana
Rubia siamensis Craib 对叶茜草
Rubia sikkimensis Kurz.锡金茜草
Rubia sylvatica (Maxim.) Nakai 林生茜草
Rubia tenuis Lo 纤梗茜草
Rubia tibetica HK.f.西藏茜草
Rubia tinctorum L.染色茜草
Rubia trichocarpa Lo 毛果茜草
Rubia truppeliana Loes.山东茜草
Rubia ustulata Diels=Rubia yunnanensis
Rubia wallichiana Decne.多花茜草
Rubia yunnanensis Diels 紫参
Rubiaceae 茜草科
Rubiteucris Kudô **掌叶石蚕属**(唇形科)
Rubiteucris palmata (Benth.) Kudô 掌叶石蚕
Rubus L.**悬钩子属**(蔷薇科)
Rubus acaenocalyx Hara=Rubus alexeterius var. acaenocalyx
Rubus aculeatiflorus Hay.刺花悬钩子
Rubus aculeatiflorus var. aculeatiflorus=Rubus aculeatiflorus
Rubus aculeatiflorus var. taitoensis (Hay.) Liu & Yang 台东悬钩子
Rubus acuminatus Smith 尖叶悬钩子
Rubus acuminatus var. acuminatus=Rubus acuminatus
Rubus acuminatus var. puberulus Yü & Lu 柔毛尖叶悬钩子
Rubus adenanthus Finet & Franch.=Rubus swinhoei
Rubus adenochlamys (Focke) Focke=Rubus parvifolius var. adenochlamys
Rubus adenophorus Rolfe 腺毛莓
Rubus adenothyrsus Card.=Rubus lambertianus var. glandulosus
Rubus adenotrichopodus Hay.(p.p.)=Rubus swinhoei
Rubus adenotrichopodus Hay.(p.p.)=Rubus tephrodes
Rubus alceaefolius Poir.粗叶悬钩子
Rubus alceaefolius var. alceaefolius=Rubus alceaefolius
Rubus alceaefolius var. diversilobatus (Merr. & Chun) Yü & Lu 深裂粗叶悬钩子
Rubus alceaefolius var. *emigratus* sensu Koidz.=Rubus nagasawanus
Rubus alexeterius Focke 刺萼悬钩子
Rubus alexeterius var. acaenocalyx (Hara) Yü & Lu 腺毛刺萼悬钩子
Rubus alexeterius var. alexeterius=Rubus alexeterius
Rubus allophyllus Hemsl(p.p.).=Rubus pectinaris
Rubus allophyllus Hemsl.(p.p.)=Rubus fockeanus

Rubus alnifoliolatus Lévl.桤叶悬钩子
Rubus alnifoliolatus var. alnifoliolatus=Rubus alnifoliolatus
Rubus alnifoliolatus var. kotoensis (Hay.) Li 兰屿悬钩子
Rubus alpestris Bl.(HK.f.in Fl.Brit.Ind.1878,p.p.)=Rubus pentagonus
Rubus althaeoides Hance=Rubus corchorifolius
Rubus amabilis Focke 秀丽莓
Rubus amabilis var. aculeatissimus Yü & Lu 刺萼秀丽莓
Rubus amabilis var. amabilis=Rubus amabilis
Rubus amabilis var. microcarpus Yü & Lu 小果秀丽莓
Rubus ampelinus Focke=Rubus lambertianus var. glaber
Rubus amphidasys Focke ex Diels 周毛悬钩子
Rubus ampliflorus Lévl. & Vant.=Rubus tephrodes var. ampliflorus
Rubus andropogon Lévl.=Rubus multibracteatus
Rubus angustibracteatus Yü & Lu 狭苞悬钩子
Rubus aralioides Hance=Rubus innominatus var. aralioides
Rubus arbor Lévl. & Vant.=Rubus malifolius
Rubus arcticus L.北悬钩子
Rubus arcticus var. *fragarioides* (Bertol.) Focke=Rubus fragarioides
Rubus arcuatus Ktze.=Rubus treutleri
Rubus argyi Lévl.=Rubus hirsutus
Rubus arisanensis Hay.=Rubus corchorifolius
Rubus arisanensis var. *horishaensis* Hay.=Rubus corchorifolius
Rubus asper Wall. ex D.Don=Rubus sumatranus
Rubus asper subsp.? *myriadenus* subvar. *grandifoliolatus* (Lévl.) Focke=Rubus sumatranus
Rubus asper var. *myriadenus* subvar. *grandifoliolatus* (Lévl.) Focke=Rubus sumatranus
Rubus asper var. *pekanius* Ficke=Rubus sumatranus
Rubus assamensis Ficke 西南悬钩子
Rubus aurantiacus Focke 桔红悬钩子
Rubus aurantiacus var. aurantiacus =Rubus aurantiacus
Rubus aurantiacus var. obtusifolius Yü & Lu 钝叶桔红悬钩子
Rubus austrotibetanus Yü & Lu 藏南悬钩子
Rubus axilliflorens Card.=Rubus reflexus var. hui
Rubus bahanensis Hand.-Mazz.=Rubus assamensis
Rubus bambusarum Focke 竹叶鸡爪茶
Rubus betulinus D.Don=Rubus acuminatus
Rubus biflorus Buch.-Ham. ex Smith 粉枝莓
Rubus biflorus f. *glanduligera* Focke=Rubus biflorus·Buch.-Ham. ex var. andenophorus
Rubus biflorus var. andenophorus Franch.腺毛粉枝莓
Rubus biflorus var. biflorus=Rubus bifloru
Rubus biflorus var. pubescens Yü & Lu 柔毛粉枝莓
Rubus biflorus var. *quinqueflorus* Focke=Rubus biflorus
Rubus bodinieri Lévl. & Vant.=Rubus buergeri
Rubus bonatianus Focke 滇北悬钩子
Rubus bonatii Lévl.=Rubus niveus
Rubus boudieri Lévl.=Rubus niveus
Rubus brevipetalus Elmer=Rubus pirifolius
Rubus brevipetiolatus Yü & Lu 短柄悬钩子
Rubus buergeri Miq.寒莓
Rubus buergeri var. *pseudobuergeri* (Sasaki) Liu & Yang=Rubus buergeri
Rubus buergeri var. *viridifolius* Hand.-Mazz.=Rubus hunanensis
Rubus caesius L.欧洲木莓
Rubus caesius subsp. *leucosepalus* Focke=Rubus caesius
Rubus caesius subsp. *turkestanicus* Focke=Rubus caesius
Rubus caesius var. *turkesianicus* Regel=Rubus caesius
Rubus calycanthus Lévl.=Rubus pinnatisepalus
Rubus calycanthus var. *buergerifolia* Lévl.=Rubus pinnatisepalus
Rubus calycinoides Hay.玉山悬钩子
Rubus calycinoides var. calycinoides=Rubus calycinoides
Rubus calycinoides var. macrophyllus Li 大叶玉山悬钩子
Rubus calycinus Wall. ex D.Don 齿萼悬钩子
Rubus caudifolius Wuzhi 尾叶悬钩子
Rubus cavaleriei Lévl. & Vant.=Rubus setchuenensis
Rubus chaffanjoni Lévl. & Vant.=Rubus amphidasys
Rubus chamaemorus L.兴安悬钩子
Rubus chiliadenus Focke 长序莓
Rubus chinensis Franch.=Rubus stimulans
Rubus chingianus Hand.-Mazz.=Rubus dolichophyllus
Rubus chingii Hu=Rubus dolichophyllus
Rubus chingii Hu 掌叶复盆子
Rubus chroosepalus Focke 毛萼莓
Rubus chrysobotrys Hand.-Mazz.黄穗悬钩子
Rubus chrysobotrys var. chrysobotrys=Rubus chrysobotrys
Rubus chrysobotrys var. lobophyllus Hand.-Mazz.裂叶黄穗悬钩子
Rubus cinclidodictyus Car.网纹悬钩子
Rubus clemens Focke=Rubus setchuenensis
Rubus clinocephalus Focke=Rubus multibracteatus
Rubus clivicola Walker 矮生悬钩子
Rubus cochinchinensis Tratt.蛇泡筋
Rubus cockburnianus Hemsl.华中悬钩子
Rubus columellaris Tutcher 小柱悬钩子
Rubus columellaris var. columellaris=Rubus columellaris
Rubus columellaris var. *etropicus* (Hand.-Mazz.) Metc.=Rubus columellaris
Rubus columellaris var. villosus Yü & Lu 柔毛小柱悬钩子
Rubus conduplicatus Duthie ex Hay.=Rubus trianthus
Rubus corchorifolius L.f.(Matsum. & Hay.in J.Coll.Sci.Unvi.Tokyo 1906)=Rubus corchorifolius
Rubus corchorifolius L.f.山莓
Rubus corchorifolius subsp. *faberi* Focke=Rubus glabricarpus
Rubus corchorifolius var. *glaber* Matsumura=Rubus corchorifolius
Rubus corchorifolius var. *neillioides* Focke=Rubus glabricarpus
Rubus corchorifolius var. *oliveri* (Miq.) Focke=Rubus corchorifolius
Rubus coreanus Miq.插田泡
Rubus coreanus var. coreanus=Rubus coreanus
Rubus coreanus var. *kouytchenis* (Lévl.) Lévl.=Rubus coreanus
Rubus coreanus var. *nakaianus* Lévl.=Rubus coreanus
Rubus coreanus var. tomentosus Card.毛叶插田泡
Rubus coronarius Sims=Rubus rosaefolius var. coronarius
Rubus crassifolius Yü & Lu 厚叶悬钩子
Rubus crataegifolius Bge.牛叠肚
Rubus croceacanthus var. glaber Koidz.?腺毛悬钩子(新)
Rubus darrisii Lévl.=Rubus pinnatisepalus
Rubus delavayi Franch.三叶悬钩子
Rubus dielsianus Focke=Rubus xanthoneurus
Rubus distans D.Don=Rubus niveus
Rubus distentus Focke=Rubus poliophyllus
Rubus dolichocephalus Hay.长果悬钩子
Rubus dolichophyllus Hand.-Mazz.长叶悬钩子
Rubus dolichophyllus var. dolichophyllus=Rubus dolichophyllus
Rubus dolichophyllus var. pubescens Yü & Lu 毛梗长叶悬钩子
Rubus doyonensis Hand.-Mazz.白薷
Rubus duclouxii Lévl.=Rubus delavayi
Rubus dunnii Metc.闽粤悬钩子
Rubus dunnii var. dunnii=Rubus dunnii
Rubus dunnii var. glabrescens Yü & Lu 光叶闽粤悬钩子
Rubus echinoides Metc.猬莓
Rubus elegans Hay.=Rubus taiwanicolus
Rubus ellipticus Smith 椭圆悬钩子
Rubus ellipticus f. *obcordatus* Franch.=Rubus ellipticus var. obcordatus
Rubus ellipticus subsp. *fasciculatus* (Duthie) Focke=Rubus pinfaensis
Rubus ellipticus var. ellipticus=Rubus ellipticus
Rubus ellipticus var. *fasciculatus* Masamune ex Kudô & Masamune=Rubus pinfaensis
Rubus ellipticus var. obcordatus (Franch) Focke 栽秧泡
Rubus eous Focke=Rubus mesogaeus
Rubus erythrocarpus Yü & Lu 红果悬钩子
Rubus erythrocarpus var. erythrocarpus=Rubus erythrocarpus
Rubus erythrocarpus var. wexiensis Yu & Lui 腺萼红果悬钩子
Rubus esquirolii Lévl.=Rubus reflexus
Rubus etropicus (Hand.-Mazz.) Thuan=Rubus columellaris
Rubus eucalyptus Focke 桉叶悬钩子
Rubus eucalyptus var. etomentosus Yü & Lu 脱毛桉叶悬钩子
Rubus eucalyptus var. eucalyptus=Rubus eucalyptus
Rubus eucalyptus var. trullisatus (Focke) Yü & Lu 无腺桉叶悬钩子
Rubus eucalyptus var. yunnanensis Yü & Lu 云南桉叶悬钩子
Rubus eugenius Focke=Rubus ichangensis
Rubus euleucus Focke ex Hand.-Mazz.=Rubus mesogaeus
Rubus euphleobophyllus Hay.=Rubus piptopetalus
Rubus eustephanus Focke ex Diels 大红泡
Rubus eustephanus var. eustephanus=Rubus eustephanus

Rubus eustephanus var. glanduliger Yü & Lu 腺毛大红泡
Rubus evadens Focke=Rubus viburnifolius
Rubus faberi Focke 峨眉悬钩子
Rubus fargesii Franch.=Rubus henryi var. sozostylus
Rubus farinaceus Card.=Rubus tephrodes var. setosissimus
Rubus fasciculatus Duthie=Rubus pinfaensis
Rubus feddei Lévl. & Vant.黔桂悬钩子
Rubus fimbriferus Ficke=Rubus alceaefolius
Rubus fimbriferus var. *diversilobatus* Merr. & Chun=Rubus alceaefolius var. diversilobatus
Rubus flagelliflorus Focke ex Diels 攀枝莓
Rubus flagelliformis Hort.=Rubus flagelliflorus
Rubus floribundo-paniculatus Hay.=Rubus pirifolius
Rubus flosculosus Focke 弓茎悬钩子
Rubus flosculosus f. *laxiflorus* Focke=Rubus flosculosus
Rubus flosculosus f. *parvifolius* Focke=Rubus flosculosus
Rubus flosculosus var. etomentosus Yü & Lu 脱毛弓茎悬钩子
Rubus flosculosus var. flosculosus=Rubus flosculosus
Rubus flosculosus var. mairei Focke?白花弓茎悬钩子(新)
Rubus fockeanus Focke 凉山悬钩子
Rubus foliaceistipulatus Yü & Lu 托叶悬钩子
Rubus foliolosus D.Don=Rubus niveus
Rubus fordii Hance=Rubus hanceanus
Rubus formosanus Maxim. ex Focke=Rubus formosensis
Rubus formosensis Ktze.台湾悬钩子
Rubus formosensis sensu Matsum.=Rubus nagasawanus
Rubus forrestianus Hand.-Mazz.无腺柄悬钩子(新)?
Rubus fragarioides Bertol.莓叶悬钩子
Rubus fragarioides var. adenophorus Franch.腺毛莓叶悬钩子
Rubus fragarioides var. fragarioides=Rubus fragarioides
Rubus fragarioides var. pubescens Franch.柔毛莓叶悬钩子
Rubus franchetianus Lévl.=Rubus fragarioides var. adenophorus
Rubus fraxinifolius sensu Matsum. & Hay.=Rubus alnifoliolatus
Rubus fraxinifoliolus Hay.梣叶悬钩子
Rubus fraxinifolius var. *kotoensis* (Hay.) Koidz.=Rubus alnifoliolatus var. kotoenisis
Rubus fruticosus Lour.=Rubus cochinchinensis
Rubus fujianensis Yü & Lu 福建悬钩子
Rubus fuscifolius Yü & Lu 锈叶悬钩子
Rubus fusco-rubens Focke 黄毛悬钩子
Rubus gelatinosus Sasaki=Rubus morii
Rubus gentilianus Lévl. & Vant.=Rubus xanthoneurus
Rubus gigantiflorus Hara=Rubus wardii
Rubus gilvus Focke=Rubus reflexus var. hui
Rubus giraldianus Focke=Rubus cockburnianus
Rubus glaberrimus Champ.=Rubus leucanthus
Rubus glabricarpus Cheng 光果悬钩子
Rubus glandulosocalycinus Hay.腺萼悬钩子
Rubus glandulosopunctatus Hay.=Rubus rosaefolius
Rubus gongshanensis Yü & Lu 贡山悬钩子
Rubus gongshanensis var. gongshanensis=Rubus gongshanensis
Rubus gongshanensis var. qiujiangensis Yü & Lu 无刺贡山悬钩子
Rubus gracilis sensu Roxb.=Rubus hypargyrus var. niveus
Rubus gracilis var. *hypargyrus* (Edgew.) Focke=Rubus hypargyrus
Rubus grandipaniculatus Yü & Lu 大序悬钩子
Rubus grayanus Maxim.中南悬钩子
Rubus grayanus var. grayanus=Rubus grayanus
Rubus grayanus var. trilobatus Yü & Lu 三裂中南悬钩子
Rubus gressittii Metc.江西悬钩子
Rubus hainanensis Focke=Rubus alceaefolius
Rubus hanceanus Ktze.华南悬钩子
Rubus hastifolius Lévl. & Vant.戟叶悬钩子
Rubus hayatai Nemoto ex Makino & Nemoto=Rubus pungens var. oldhamii
Rubus hayatanus Koidz.=Rubus glandulosocalycinus
Rubus hederifolius (Card.) Thuan=Rubus lasiotrichos
Rubus henryi Hemsl. & Ktze.鸡爪茶
Rubus henryi var. *bambusarum* (Focke) Rehd.=Rubus bambusarum
Rubus henryi var. henryi=Rubus henryi
Rubus henryi var. sozostylus (Focke) Yü & Lu 大叶鸡爪茶
Rubus hexagynus sensu Merr.=Rubus pirifolius
Rubus hirsutopungens Hay.=Rubus pungens var. oldhamii
Rubus hirsutus Hay.=Rubus pungens var. oldhamii
Rubus hirsutus Thunb.蓬蘽
Rubus hirsutus var. *argyi* (Lévl.) Nakai=Rubus hirsutus
Rubus hirtiflorus Card.=Rubus hanceanus
Rubus hookeri Focke=Rubus wardii
Rubus howii Merr. & Chun 裂叶悬钩子
Rubus huangpingensis Yü & Lu 黄平悬钩子
Rubus hui Diels apud Hu=Rubus reflexus var. hui
Rubus hunanensis Hand.-Mazz.湖南悬钩子
Rubus hupehensis Oliv.=Rubus swinhoei
Rubus hypargyrus Edgew 纤细悬钩子
Rubus hypargyrus var. hypargyrus=Rubus hypargyrus
Rubus hypargyrus var. niveus Hara 密毛纤细悬钩子
Rubus hypopitys Focke 滇藏悬钩子
Rubus hypopitys var. hanmiensis Yü & Lu 汉密悬钩子
Rubus hypopitys var. hypopitys=Rubus hypopitys
Rubus ichangensis Hemsl. & Ktze.宜昌悬钩子
Rubus ichangensis var. *latifolius* Card.=Rubus ichangensis
Rubus idaeopsis Ficke 拟复盆子
Rubus idaeus L.复盆子
Rubus idaeus subsp. *melanolasius* f. *concolor* Kom.=Rubus komarovi
Rubus idaeus subsp. *melanolasius* var. *matsumuranus* (Lévl. & Vant.) Koidz.=Rubus sachalinensis
Rubus idaeus subsp. *sachalinensis* (Lévl.) Focke=Rubus sachalinensis
Rubus idaeus subsp. *vulgatus* Arrhen.=Rubus idaeus
Rubus idaeus var. *aculeatissimus* f. *concolor* (Kom.) Ohwi=Rubus komarovi
Rubus idaeus var. *aculeatissimus* Rgl. & Tiling=Rubus sachalinensis
Rubus idaeus var. borealisinensis Yü & Lu 华北复盆子
Rubus idaeus var. *concolor* Nakai=Rubus komarovi
Rubus idaeus var. glabratus Yü & Lu 无毛复盆子
Rubus idaeus var. idaeus=Rubus idaeus
Rubus idaeus var. *matsumuranus* (Lévl. & Vant.) Koidz.=Rubus sachalinensis
Rubus idaeus β. *exsucca* Franch. & Sav.=Rubus mesogaeus
Rubus idaeus β. *strigosus* Maxim.=Rubus sachalinensis
Rubus illudens Lévl.=Rubus mesogaeus
Rubus impressinervius Metc.陷脉悬钩子
Rubus incisus sensu Koidz.(p.p.)=Rubus trianthus
Rubus incisus subsp. *koehneanus* var. *formosanus* Masamune ex Kudô & Masamune=Rubus trianthus
Rubus incisus var. *conduplicatus* (Duthie ex Hay.) Koidz.=Rubus trianthus
Rubus indotibetanus Koidz.=Rubus sumatranus
Rubus innominatus S.Moore subsp. *plebejus* Focke=Rubus spinulosoides
Rubus innominatus S.Moore 白叶莓
Rubus innominatus var. aralioides (Hance) Yü & Lu 蜜腺白叶莓
Rubus innominatus var. innominatus=Rubus innominatus
Rubus innominatus var. kuntzeanus (Hemsl.) Bailey 无腺白叶莓
Rubus innominatus var. macrosepalus Metc.宽萼白叶莓
Rubus innominatus var. quinatus Bailey 五叶白叶莓
Rubus innoxius Focke ex Diels=Rubus irenaeus var. innoxius
Rubus inopertus (Diels) Focke 红花悬钩子
Rubus inopertus var. echinocalyx Carxd.刺萼红花悬钩子
Rubus inopertus var. inopertus=Rubus inopertus
Rubus involucratus Focke=Rubus corchorifolius
Rubus irenaeus Focke 灰毛泡
Rubus irenaeus var. innoxius (Focke ex Diels) Yü & Lu 尖裂灰毛泡
Rubus irenaeus var. irenaeus=Rubus irenaeus
Rubus irenaeus var. *orogenes* (Hand.-Mazz.) Metc.=Rubus reflexus var. orogenes
Rubus irritans Focke 紫色悬钩子
Rubus jambosoides Hance 蒲桃叶悬钩子
Rubus jamini Lévl. & Vant.=Rubus irenaeus
Rubus japonicus L.=Kerria japonica
Rubus jinfoshanensis Yü & Lu 金佛山悬钩子
Rubus kawakamii Hay.桑叶悬钩子
Rubus kerrifolius Lévl. & Vant.=Rubus corchorifolius
Rubus kinashii Lévl. & Vant.=Rubus mesogaeus
Rubus koehneanus var. *formosanus* Card.=Rubus trianthus
Rubus komarovi Nakai 绿叶悬钩子
Rubus kotoensis Hay.=Rubus alnifoliolatus var. kotoenisis

Rubus kulinganus Bailey 牯岭悬钩子
Rubus kuntzeanus Hemsl.=Rubus innominatus var. kuntzeanus
Rubus kuntzeanus var. *glandulosus* Card.=Rubus innominatus
Rubus kuntzeanus var. *xanthacantha* (Lévl.) Lévl.=Rubus innominatus
Rubus kwangsinensis Li 广西悬钩子
Rubus labber Lévl. & Vant.=Rubus pinnatisepalus
Rubus lachnocarpus Focke ex Diels=Rubus piluliferus
Rubus laciniatostipulatus Hay. ex Koidz.=Rubus pinnatisepalus
Rubus lambertianus Ser.(Matsum. & Hay.in J.Coll.Sci.Univ.Tokyo 1906)=Rubus xanthoneurus
Rubus lambertianus Ser.高粱泡
Rubus lambertianus subsp. *hakonensis* (Franch. & Sav.) Focke=Rubus lambertianus var. glaber
Rubus lambertianus subsp. *xanthoneurus* (Focke) Focke=Rubus xanthoneurus
Rubus lambertianus var. glaber Hemsl.光滑高粱泡
Rubus lambertianus var. glandulosus Card.腺毛高粱泡
Rubus lambertianus var. *hakonensis* (Franch. & Sav.) Rehd.=Rubus lambertianus var. glaber
Rubus lambertianus var. lambertianus=Rubus lambertianus
Rubus lambertianus var. *mekiongensis* Hand.-Mazz.=Rubus lambertianus var. glandulosus
Rubus lambertianus var. *minimiflorus* (Lévl.) Card.=Rubus lambertianus var. glandulosus
Rubus lambertianus var. paykouangensis (Lévl.) Hand.-Mazz.毛叶高粱泡
Rubus lambertianus var. *xanthoneurus* Focke (Cheng in Contr.Biol.Lab.Sci.Soc.China Bot.1936)=Rubus lambertianus
Rubus lasiocarpus Smith=Rubus niveus
Rubus lasiocarpus var. *micranthus* (D.Don) HK.f.=Rubus niveus
Rubus lasiostylus Focke 绵果悬钩子
Rubus lasiostylus var. dizygos Focke 五叶绵果悬钩子
Rubus lasiostylus var. hubeiensis Yü 鄂西绵果悬钩子
Rubus lasiostylus var. lasiostylus=Rubus lasiostylus
Rubus lasiostylus var. *villosus* Card.=Rubus eucalyptus var. trullisatus
Rubus lasiotrichos Focke 多毛悬钩子
Rubus latoauriculatus Metc.耳叶悬钩子
Rubus laxus Focke 疏松悬钩子
Rubus leucanthus sensu Makino=Rubus suzukianus
Rubus leucanthus Hance 白花悬钩子
Rubus leucanthus var. *etropicus* Hand.-Mazz.=Rubus columellaris
Rubus leucanthus var. *paradoxus* (Moore) Metc.=Rubus leucanthus
Rubus leucanthus var. *villosulus* Card.=Rubus leucanthus
Rubus lichuanensis Yü & Lu 黎川悬钩子
Rubus limprichtii Pax & Hoffm.=Rubus malifolius
Rubus linearifoliolus Hay.=Rubus tsangi var. linearifoliolus
Rubus lineatus Reinw.绢毛悬钩子
Rubus lineatus var. glabrescens Yü & Lu 光秃绢毛悬钩子
Rubus lineatus var. lineatus=Rubus lineatus
Rubus lishuiensis Yü & Lu 丽水悬钩子
Rubus lobatus Yü & Lu 五裂悬钩子
Rubus lobophyllus Shih ex Metc.角裂悬钩子
Rubus longistylus Lévl.=Rubus niveus
Rubus loropetalus Franch.=Rubus fockeanus
Rubus lucens Focke 光亮悬钩子
Rubus lüchunensis Yü & Lu 绿春悬钩子
Rubus lüchunensis var. coriaceus Yü & Lu 硬叶绿春悬钩子
Rubus lüchunensis var. lüchunensis=Rubus lüchunensis
Rubus lutescens Franch.黄色悬钩子
Rubus macilentus Camb.细瘦悬钩子
Rubus macilentus var. angulatus Delav.棱枝细瘦悬钩子
Rubus macilentus var. macilentus=Rubus macilentus
Rubus macrocarpus King ex Clarke=Rubus wardii
Rubus mairei Lévl.(p.p.)=Rubus niveus
Rubus mairei Lévl.(p.p.)=Rubus preptanthus var. mairei
Rubus major Focke=Rubus multibracteatus
Rubus malifolius Focke 棠叶悬钩子
Rubus malifolius var. longisepalus Yü & Lu 长萼棠叶悬钩子
Rubus malifolius var. malifolius=Rubus malifolius
Rubus malipoensis Yü & Lu 麻栗坡悬钩子
Rubus mallodes Focke=Rubus multibracteatus
Rubus mallotifolius Wu ex Yü & Lu 楸叶悬钩子
Rubus matsumuranus Lévl. & Vant.=Rubus sachalinensis
Rubus megalothyrsus Card.(p.p.)=Rubus tephrodes
Rubus megalothyrsus Card.=Rubus tephrodes var. ampliflorus
Rubus melanolasius var. *concolor* Kom.=Rubus komarovi
Rubus menglaensis Yü & Lu 勐腊悬钩子
Rubus mesogaeus Focke 喜阴悬钩子
Rubus mesogaeus f. *floribus roseis* Focke=Rubus mesogaeus
Rubus mesogaeus var. glabrescens Yü & Lu 脱毛喜阴悬钩子
Rubus mesogaeus var. mesogaeus=Rubus mesogaeus
Rubus mesogaeus var. oxycomus Focke 腺毛喜阴悬钩子
Rubus metoensis Yü & Lu 墨脱悬钩子
Rubus micranthus D.Don=Rubus niveus
Rubus microphyllus D.Don=Rubus niveus
Rubus minensis Pax. & Hoffm.=Rubus macilentus
Rubus mingetsensis Hay.=Rubus aculeatiflorus
Rubus minimiflorus Lévl.=Rubus lambertianus var. glandulosus
Rubus minusculus Lévl.=Rubus rosaefolius
Rubus modestus Ficke=Rubus pentagonus var. modestus
Rubus moluccanus sensu Matsum. & Hay.=Rubus pinnatisepalus
Rubus mongouilloni Lévl. & Vant.=Rubus alceaefolius
Rubus morii Hay.台悬钩子(新)?
Rubus mouyousensis Lévl.=Rubus chroosepalus
Rubus multibracteatus Lévl. & Vant.大乌泡
Rubus multibracteatus var. *demangei* Lévl.=Rubus alceaefolius
Rubus multibracteatus var. lobatisepalus Yü & Lu 裂萼大乌泡
Rubus multibracteatus var. multibracteatus=Rubus multibracteatus
Rubus multisetosus Yü & Lu 刺毛悬钩子
Rubus myriadenus Lévl. & Vant.=Rubus sumatranus
Rubus myriadenus var. *grandifoliolatus* Lévl.=Rubus sumatranus
Rubus mysosensis Heyne=Rubus niveus
Rubus nagasawanus Koidz.高砂悬钩子
Rubus nakaianus Lévl.=Rubus coreanus
Rubus nanopetalus Card.?矮小悬钩子(新)
Rubus nantoensis Hay.=Rubus formosensis
Rubus neillioides (Focke) Migo=Rubus glabricarpus
Rubus niveus Wall.=Rubus hypargyrus var. niveus
Rubus niveus subsp. *inopertus* Diels=Rubus inopertus
Rubus niveus Thunb.红泡刺藤
Rubus niveus var. *hypargyrus* (Edgew.) HK.f.=Rubus hypargyrus
Rubus niveus var. *niveus* (Wall.) HK.f.=Rubus hypargyrus var. niveus
Rubus nutans var. *fockeanus* (Kutz.) Ktze.=Rubus fockeanus
Rubus nyalamensis Yü & Lu 聂拉木悬钩子
Rubus obcordatus (Franch.) Thuan=Rubus ellipticus var. obcordatus
Rubus oblongus Yü & Lu 长圆悬钩子
Rubus occidentalis Lévl.=Rubus mesogaeus
Rubus occidentalis var. *exsuccus* (Franch. & Sav.) Makino=Rubus mesogaeus
Rubus occidentalis var. *japonicus* Miyabe=Rubus mesogaeus
Rubus ochlanthus Hance=Rubus lambertianus
Rubus officinalis Koidz.=Rubus chingii
Rubus oldhamii Miq.=Rubus pungens var. oldhamii
Rubus oliveri Miq.=Rubus corchorifolius
Rubus omeiensis Rolfe=Rubus setchuenensis
Rubus otophorus Franch.成凤山悬钩子?
Rubus ourosepalus Card.宝兴悬钩子
Rubus oxyphyllus Wall.=Rubus acuminatus
Rubus pacatus Focke=Rubus setchuenensis
Rubus pacificus Hance 太平莓
Rubus palmatus Hemlsl.(p.p.) Rubus chingii
Rubus panduratus Hand.-Mazz.琴叶悬钩子
Rubus panduratus var. etomentosus Hand.-Mazz.脱毛琴叶悬钩子
Rubus panduratus var. panduratus=Rubus panduratus
Rubus paniculatus Smith 圆锥悬钩子
Rubus paniculatus var. *brevifolia* Ktze.=Rubus tephrodes
Rubus paniculatus var. glabrescens Yü & Lu 脱毛圆锥悬钩子
Rubus paniculatus var. paniculatus=Rubus paniculatus
Rubus papyrus Lévl.=Rubus ichangensis
Rubus paradoxus Moore=Rubus leucanthus
Rubus parkeri Hance 乌泡子
Rubus parkeri var. *brevisetosus* Focke=Rubus parkeri
Rubus parkeri var. *longisetosus* Focke=Rubus parkeri
Rubus parvifolius L.(Franch.in Pl.Delav.1890)=Rubus subornatus
Rubus parvifolius L.茅莓
Rubus parvifolius var. adenochlamys (Focke) Migo 腺花茅莓

Rubus parvifolius var. parvifolius=Rubus parvifolius
Rubus parvifolius var. *subconcolor* (Card.) Makino & Nemoto=Rubus parvifolius
Rubus parvifolius var. toapiensis (Yamam.) Hosok 五叶茅莓
Rubus parvifolius var. *triphyllus* (Thunb.) Nakai=Rubus parvifolius
Rubus parvifraxinifolius Hay.小梣叶悬钩子?
Rubus parvipetalus Odashima=Rubus pirifolius
Rubus parvipungens Hay.=Rubus pungens var. oldhamii
Rubus parvirosaefolius Hay.=Rubus rosaefolius
Rubus paucidentatus Yü & Lu 少齿悬钩子
Rubus paucidentatus var. guangxiensis Yü & Lu 广西少齿悬钩子
Rubus paucidentatus var. paucidentatus=Rubus paucidentatus
Rubus paykouangensis Lévl.=Rubus lambertianus var. paykouangensis
Rubus pectinarioides Hara 匍匐悬钩子
Rubus pectinaris Focke 梳齿悬钩子
Rubus pectinellus Maxim.黄泡
Rubus pectinellus var. *trilobus* Koidz.=Rubus pectinellus
Rubus pedunculosus sensu D.Don=Rubus hypargyrus var. niveus
Rubus pedunculosus var. *hypargyrus* (Edgew.) Kitag.=Rubus hypargyrus
Rubus peltatus Maxim.盾叶莓
Rubus penduliflorus Wu ex Yü & Lu 河口悬钩子
Rubus pentagonus Wall. ex Focke 掌叶悬钩子
Rubus pentagonus var. eglandulosus Yü & Lu 无腺掌叶悬钩子
Rubus pentagonus var. longisepalus Yü & Lu 长萼掌叶悬钩子
Rubus pentagonus var. modestus (Focke) Yü 无刺掌叶悬钩子
Rubus pentagonus var. pentagonus=Rubus pentagonus
Rubus pentalobus Hay.=Rubus calycinoides var. macrophyllus
Rubus petaloideus Lévl.=Rubus chroosepalus
Rubus philippinensis Focke=Rubus pirifolius
Rubus phoenicolasius Maxim.多腺悬钩子
Rubus pileatus Focke 菰帽悬钩子
Rubus pileatus var. *cano-tomentosus* Focke=Rubus lasiostylus var. dizygos
Rubus piluliferus Focke 陕西悬钩子
Rubus pinfaensis Lévl.红毛悬钩子
Rubus pinnatisepalus Hemsl.羽萼悬钩子
Rubus pinnatisepalus var. glandulosus Yü & Lu 密腺羽萼悬钩子
Rubus pinnatisepalus var. pinnatisepalus=Rubus pinnatisepalus
Rubus pinnatus Don=Rubus niveus
Rubus piptopetalus Hay.薄瓣悬钩子
Rubus pirifolius Smith 梨叶悬钩子
Rubus pirifolius var. cordatus Yü & Lu 心状梨叶悬钩子
Rubus pirifolius var. permollis Merr.柔毛梨叶悬钩子
Rubus pirifolius var. pirifolius=Rubus pirifolius
Rubus pirifolius var. tomentosus Ktze.绒毛梨叶悬钩子
Rubus playfairianus Hemsl.五叶鸡爪茶
Rubus playfairii Hemsl.(p.p.)=Rubus cochinchinensis
Rubus playfairii Hemsl.(p.p.)=Rubus playfairianus
Rubus poliophyllus Ktze.毛叶悬钩子
Rubus polyanthus Li=Rubus nagasawanus
Rubus polyodontus Hand.-Mazz.多齿悬钩子
Rubus polytrichus Franch.=Rubus multisetosus
Rubus potentilloides W.E.Evans 委陵悬钩子
Rubus prandianus Hand.-Mazz.=Rubus hanceanus
Rubus preptanthus Focke 早花悬钩子
Rubus preptanthus var. mairei (Lévl.) Yü & Lu 狭叶早花悬钩子
Rubus preptanthus var. *preptanthus*=Rubus preptanthus
Rubus pseudobuergeri Sasaki=Rubus buergeri
Rubus pseudopileatus Card.假帽莓
Rubus pseudopileatus var. glabratus Yü & Lu 光梗假帽莓
Rubus pseudopileatus var. kangdingensis Yü & Lu 康定假帽莓
Rubus pseudopileatus var. pseudopileatus=Rubus pseudopileatus
Rubus pseudosaxathilis Lévl.=Rubus coreanus
Rubus pseudosaxatilis var. *kouytchensis* Lévl.=Rubus coreanus
Rubus psilophyllus Nevski=Rubus caesius
Rubus ptilocarpus Yü & Lu 毛果悬钩子
Rubus ptilocarpus var. degensis Yü & Lu 长萼毛果悬钩子
Rubus ptilocarpus var. ptilocarpus=Rubus ptilocarpus
Rubus pubifolius Yü & Lu 柔毛悬钩子
Rubus pubifolius var. glabrius-culus Yü & Lu 川西柔毛悬钩子
Rubus pubifolius var. pubifolius=Rubus pubifolius
Rubus pulcherrimus HK.=Rubus lineatus
Rubus pungens Camb.针刺悬钩子
Rubus pungens var. *indefensus* Focke=Rubus pungens var. oldhamii
Rubus pungens var. linearisepalus Yü & Lu 线萼针刺悬钩子
Rubus pungens var. oldhamii (Miq.) Maxim.香莓
Rubus pungens var. pungens=Rubus pungens
Rubus pungens var. ternatus Card.三叶针刺悬钩子
Rubus pungens var. villosus Card.柔毛针刺悬钩子
Rubus purpureus Bge. ex HK.f.=Rubus irritans
Rubus pycnanthus Focke=Rubus lambertianus
Rubus pyi Lévl.=Rubus niveus
Rubus quelpacrtensis Lévl.=Rubus coreanus
Rubus quinquefoliolatus Yü & Lu 五叶悬钩子
Rubus radicans Focke=Rubus fockeanus
Rubus randaiensis Hay.=Rubus formosensis
Rubus raopingensis var. obtusidentatus Yü & Lu 钝齿悬钩子
Rubus raopingensis var. raopingensis=Rubus raopingensis
Rubus raopingensis Yü & Lu 饶平悬钩子
Rubus rarissimus Hay.=Rubus mesogaeus
Rubus reflexus Ker 锈毛莓
Rubus reflexus var. hui (Diels apud.Hu) Metc.浅裂锈毛莓
Rubus reflexus var. lanceolobus Metc.深裂锈毛莓
Rubus reflexus var. macrophyllus Yü & Lu 大叶锈毛莓
Rubus reflexus var. orogenes Hand.-Mazz.长叶锈毛莓
Rubus reflexus var. reflexus=Rubus reflexus
Rubus refractus Lévl.曲萼悬钩子
Rubus reticulatus Wall. ex HK.f.网脉悬钩子
Rubus retusipetalus Hay.=Rubus trianthus
Rubus ritozanensis Sasaki 李栋山悬钩子?
Rubus rocheri Lévl.=Rubus refractus
Rubus rolfei Vidal 无刺悬钩子(新)?
Rubus rolfei var. *lanatus* Hay.=Rubus rolfei
Rubus rosaefolius Smith 空心泡
Rubus rosaefolius subsp. *coronarius* (Sims) Focke=Rubus rosaefolius var. coronarius
Rubus rosaefolius subsp. *sumatranus* (Miq.) Focke=Rubus sumatranus
Rubus rosaefolius var. coronarius (Sims) Focke 重瓣空心泡
Rubus rosaefolius var. *hirsutus* Hay.=Rubus pungens var. oldhamii
Rubus rosaefolius var. *linearifolius* (Hay.) Li=Rubus tsangi var. linearifoliolus
Rubus rosaefolius var. rosaefolius=Rubus rosaefolius
Rubus rosulans Ktze.=Rubus treutleri
Rubus rotundifolius Reinw. ex Miq.=Rubus pirifolius
Rubus rubribracteatus Metc.=Rubus formosensis
Rubus rubrisetulosus Card.红刺悬钩子
Rubus rubro-angustifolius Sasaki 能高悬钩子?
Rubus rufo-lanatus H.T.Chang=Rubus hastifolius
Rubus rufus Focke 棕红悬钩子
Rubus rufus var. *hederifolius* Card.=Rubus lasiotrichos
Rubus rufus var. longipedicellatus Yü & Lu 长梗棕红悬钩子
Rubus rufus var. palmatifidus Card.掌裂棕红悬钩子
Rubus rufus var. rufus=Rubus rufus
Rubus rugosissimus Hay.=Rubus formosensis
Rubus sachalinensis Lévl.库页悬钩子
Rubus sachalinensis var. *concolor* (Kom.) Lauener & Ferguson=Rubus komarovi
Rubus sagatus Focke=Rubus adenophorus
Rubus salwinensis Hand.-Mazz.怒江悬钩子
Rubus saxatilis L.石生悬钩子
Rubus schindleri Focke=Rubus tephrodes var. ampliflorus
Rubus sempervirens Yü & Lu 常绿悬钩子
Rubus sepalanthus Focke=Rubus assamensis
Rubus septemlobus Li 桂悬钩子(新)?
Rubus serratifolius Yü & Lu 锯叶悬钩子
Rubus serrulatus Wuzhi=Rubus serratifolius
Rubus setchuenensis Bureau & Franch.川莓
Rubus setchuenensis var. *omeiensis* (Rolfe) Hand.-Mazz.=Rubus setchuenensis
Rubus shihae Metc.桂滇悬钩子
Rubus shimadai Hay.=Rubus buergeri
Rubus shinkoensis Hay.=Rubus corchorifolius

Rubus sieboldii Bl.炮烙莓
Rubus sikkimensis HK.f.锡金悬钩子
Rubus simplex Focke 单茎悬钩子
Rubus singulifolius Focke=Rubus setchuenensis
Rubus sitiens Focke=Rubus xanthocarpus
Rubus somai Hay.=Rubus dolichocephalus
Rubus sorbifolius Maxim.=Rubus sumatranus
Rubus soulieanus Card.=Rubus stans var. soulieanus
Rubus sozostylus Focke=Rubus henryi var. sozostylus
Rubus sozostylus var. *fargesii* (Franch.) Card.=Rubus henryi var. sozostylus
Rubus sphaerocephalus Hay.=Rubus piptopetalus
Rubus spinulosoides Metc.刺毛白叶莓
Rubus stans Focke 直立悬钩子
Rubus stans var. soulieanus (Card.) Yü & Lu 多刺直立悬钩子
Rubus stans var. stans=Rubus stans
Rubus stephanandria Lévl.=Rubus hirsutus
Rubus stimulans Focke 华西悬钩子
Rubus stipulosus Yü & Lu 巨托悬钩子
Rubus strigosus Michz. ex Koidz.=Rubus sachalinensis
Rubus suavissimus S.Lee 甜茶
Rubus subcoreanus Yü & Lu 柱序悬钩子
Rubus subinopertus Yü & Lu 紫红悬钩子
Rubus subornatus Focke 美饰悬钩子
Rubus subornatus var. *fockei* Lévl.=Rubus subornatus
Rubus subornatus var. melanadenus Focke 黑腺美饰悬钩子
Rubus subornatus var. subornatus=Rubus subornatus
Rubus subtibetanus Hand.-Mazz.密刺悬钩子
Rubus subtibetanus var. glandulosus Yü & Lu 腺毛密刺悬钩子
Rubus subtibetanus var. subtibetanus=Rubus subtibetanus
Rubus subumbellatus Card.拟伞悬钩子(新)?
Rubus suishaensis Hay.=Rubus corchorifolius
Rubus sumatranus Miq.红腺悬钩子
Rubus suzukianus Liu & Yang 台北悬钩子
Rubus swinhoei Dunn & Tutcher=Rubus swinhoei
Rubus swinhoei Hance 木莓
Rubus swinhoei var. *hupehensis* (Oliv.) Metc.=Rubus swinhoei
Rubus tagalus sensu Forbes & Hemsl.=Rubus piptopetalus
Rubus taitoensis Hay.=Rubus aculeatiflorus var. taitoensis
Rubus taiwanianus Matsum.刺莓
Rubus taiwanicolus Koidz. & Ohwi 小叶悬钩子
Rubus talaikiaensis Lévl.=Rubus hirsutus
Rubus taronensis Wu ex Yü & Lu 独龙悬钩子
Rubus tephrodes Hance 灰白毛莓
Rubus tephrodes var. ampliflorus (Lévl. & Vant.) Hand.-Mazz.无腺灰白毛莓
Rubus tephrodes var. *eglandulosa* Cheng=Rubus tephrodes var. ampliflorus
Rubus tephrodes var. *schindleri* (Focke) Hand.-Mazz.=Rubus tephrodes var. ampliflorus
Rubus tephrodes var. setosissimus Hand.-Mazz.长腺灰白毛莓
Rubus tephrodes var. *setosissimus* senus Koidz.=Rubus nagasawanus
Rubus tephrodes var. tephrodes=Rubus tephrodes
Rubus testaceus Schneid.=Rubus stans
Rubus thibetanus Franch.西藏悬钩子
Rubus thunbergii S. & Z.=Rubus hirsutus
Rubus thunbergii var. *argyi* (Lévl.) Focke=Rubus hirsutus
Rubus thunbergii var. *glabellus* Focke=Rubus rosaefolius
Rubus thunbergii var. *talaikiensis* Focke=Rubus hirsutus
Rubus tibetanus Focke=Rubus xanthocarpus
Rubus tinifolius Wu ex Yü & Lu 截叶悬钩子
Rubus tipomensis Hosokawa=Rubus morii
Rubus tongchouanensis Lévl.=Rubus niveus
Rubus tonglooensis Ktze.=Rubus treutleri
Rubus treutleri HK.f.滇西北悬钩子
Rubus trianthus Focke 三花悬钩子
Rubus trichopetalus Hand.-Mazz.=Rubus macilentus
Rubus tricolor Focke 三色莓
Rubus tridactylus Focke=Rubus pentagonus
Rubus trijugus Focke 三对叶悬钩子
Rubus triphyllus Focke=Rubus spinulosoides
Rubus triphyllus Thunb.=Rubus parvifolius
Rubus triphyllus var. *adenochlamys* Focke=Rubus parvifolius var. adenochlamys
Rubus triphyllus var. *concolor* subvar. *subconcolor* Masamune ex Kudô & Masamune=Rubus parvifolius
Rubus triphyllus var. *subconcolor* Card.=Rubus parvifolius
Rubus triphyllus var. *toapiensis* Yamam.=Rubus parvifolius var. toapiensis
Rubus triphyllus β. *intermentius* Hance=Rubus spinulosoides
Rubus trullisatus Focke=Rubus eucalyptus var. trullisatus
Rubus tsangi Merr.光滑悬钩子
Rubus tsangi var. linearifoliolus (Hay.) Yü & Lu 无腺光滑悬钩子
Rubus tsangi var. tsangi=Rubus tsangi
Rubus tsangorum Hand.-Mazz.东南悬钩子
Rubus tsangsihsinensis Hao=Rubus parkeri
Rubus turkestanicus Pavlov=Rubus caesius
Rubus uncatus Wall.=Rubus macilentus
Rubus vanioti Lévl. & Vant.=Rubus corchorifolius
Rubus veitchii Rolfe=Rubus thibetanus
Rubus viburnifolius Focke 荚蒾叶悬钩子
Rubus vicarius Focke=Rubus subornatus var. melanadenus
Rubus villosus Thunb.=Rubus corchorifolius
Rubus wangii Metc.大苞悬钩子
Rubus wardii Merr.大花悬钩子
Rubus wawushanensis Yü & Lu 瓦屋山悬钩子
Rubus weinhoei var. hupehensis (Oliv.) Metc.?湖北木莓(新)
Rubus wrightii A.Gray=Rubus crataegifolius
Rubus wushanensis Yü & Lu 巫山悬钩子
Rubus xanthacantha Lévl.=Rubus innominatus
Rubus xanthocarpus Bureau & Franch.黄果悬钩子
Rubus xanthocarpus var. *tibetanus* (Focke) Card.=Rubus xanthocarpus
Rubus xanthoneurus Focke 黄脉莓
Rubus xanthoneurus var. brevipetiolatus Yü & Lu 短柄黄脉莓
Rubus xanthoneurus var. glandulosus Yü & Lu 腺毛黄脉莓
Rubus xanthoneurus var. xanthoneurus=Rubus xanthoneurus
Rubus xichouensis Yü & Lu 西畴悬钩子
Rubus yiwuanus Fang 奕武悬钩子
Rubus yui Walker=Rubus fragarioides var. adenophorus
Rubus yunnanicus Ktze.云南悬钩子
Rubus zhaogoshanensis Yü & Lu 草果悬钩子
Ruby 红玉血橙(芸香科血橙类)
Rudbeckia L.金光菊属(菊科)
Rudbeckia bicolor Nutt.二色金光菊
Rudbeckia fulgida Ait.全缘叶金光菊
Rudbeckia hirta L.黑心金光菊
Rudbeckia laciniata L.金光菊
Rudbeckia maxima Nutt.大金光菊
Rudbeckia serotina Nutt.=Rudbeckia hirta
Rudbeckia speciosa Wender.齿叶金光菊
Rudbeckia subtomentosa Pursh.香金光菊
Ruddia Yakovl.=**Ormosia**
Ruddia fordiana (Oliv.) Yakovl.=Ormosia fordiana
Rudua aurea (Roxb.) Maekawa=Vigna radiata
Ruellia L.(p.p.)= **Dipteracanthus**
Ruellia Plum ex L.芦莉草属(爵床科)
Ruellia alata Nees= Pteracanthus alatus
Ruellia amoena Nees 长叶芦莉草
Ruellia anagallis Burm.f.=Lindernia anagallis
Ruellia antipoda L.=Lindernia antipoda
Ruellia arcuta (=creunata) Lingalsh. & Borza= Pararuellia delavayana
Ruellia blechum L.= Blechum pyramidatum
Ruellia brittoniana Leonard.芦莉草
Ruellia cavaleriei Lévl.= Pararuellia cavaleriei
Ruellia chinensis Nees= Sericocalyx chinensis
Ruellia ciliosa Pursh 缘毛叶芦莉草
Ruellia coromandeliana Nees= Asystasia gangetica
Ruellia cumingiana Nees= Hemigraphis cumingiana
Ruellia delavayana Baill.= Pararuellia delavayana
Ruellia divaricata Wall.= Diflugossa divaricata
Ruellia dorsiflora Retz.= Phaulopsis oppositifolia
Ruellia drymophila (Diels) Hand.-Mazz.(Merr. & Chun in sunystenia 1940)= Pararuellia hainanensis
Ruellia drymophila (Diels) Hand.-Mazz.= Pararuellia delavayana
Ruellia erecta Burm.f.= Hygrophila erecta

Ruellia esquirolii Lévl.= Pararuellia delavayana
Ruellia fasciculata Retz.= Lepidagathis fasciculata
Ruellia fasciculata Vahl= Lepidagathis fasciculata
Ruellia flagelliformis Roxb.(C.B.Clarke inJ.L.Soc.Bot.1890)= Pararuellia alata
Ruellia glutinosa Nees= Pseudaechmanhera glutinosa
Ruellia gossypina Wall.= Aechmanthera gossypina
Ruellia graecizans Backer 广布芦莉草
Ruellia hirta D.Don= Pseudaechmanhera glutinosa
Ruellia humilis Nutt.矮芦莉草
Ruellia indigofera Griff.= Baphicacanthus cusia
Ruellia indigotica Fortune=Baphicacanthus cusia
Ruellia jacquemontiana Nees= Pseudaechmanhera glutinosa
Ruellia japonica Thunb.= Championella japonica
Ruellia lyi Lévl.= Paragutzlaffia lyi
Ruellia neesiana Wall.= Asystasiella neesiana
Ruellia primulifolia Nees= Hemigraphis primulifolia
Ruellia prostrata Poir.平卧芦莉草
Ruellia repens L.Mant.= Dipteracanthus repens
Ruellia repens var. *kouytchensis* Lévl.= Calophanoides kouytchensis
Ruellia reptans Forst.= Hemigraphis reptans
Ruellia rosea (Nees) Hemsl.红芦莉草
Ruellia salicifolia Vahl= Hygrophila salicifolia
Ruellia seclusa S.Moore= Leptosiphonium venustum
Ruellia sect. *Dipteracanthus* (Nees) C.B.Clarke= **Dipteracanthus**
Ruellia sect. *Leptosiphonium* (F.v.Muell.) Lindau= **Leptosiphonium**
Ruellia sect. *Schizothecium* Baill.= **Pararuellia**
Ruellia secunda Blanco= Lepidagathis secunda
Ruellia strepens L.石灰岩芦莉草
Ruellia tetrasperma Champ. ex Benth.= Championella tetrasperma
Ruellia tuberosa L.块茎芦莉草
Ruellia venusta Hance= Leptosiphonium venustum
Rumea hebecarpa Gardn.=Dovyalis hebecarpa
Rumex L.**酸模属**(蓼科)
Rumex acetosa L.酸模
Rumex acetosella L.小酸模
Rumex acetosella var. *vulgaris* Koch=Rumex acetosella
Rumex amurensis Fr.Schm. ex Maxim.黑龙江酸模
Rumex angulatus Rech.f. 紫茎酸模
Rumex aquaticus L.(北部植物图志 1936)=Rumex gmelinii
Rumex aquaticus L.水生酸模
Rumex aquaticus subsp. *lipschitzii* Rech.f. =Rumex popoviiac
Rumex cacaliifolia Lévl.=Rheum kialense
Rumex chalepensis Mill.网果酸模
Rumex chinensis Campd.=Rumex trisetifer
Rumex crispus L.(Forb. & Hemsl.in J.L.Soc.Bot.1891,p.p.)=Rumex japonicus
Rumex crispus L.皱叶酸模
Rumex crispus var. *japonicus* (Houtt.) Mak.=Rumex japonicus
Rumex dentatus L.齿果酸模
Rumex dentatus subsp. *halacsyi* (Rech.) Rech.f. =Rumex dentatus
Rumex dentatus subsp. *klotzschianus* (Meisn.) Rech.f. =Rumex dentatus
Rumex dictyocarpus Boiss. & Buhse=Rumex chalepensis
Rumex digynus L.=Oxyria digyna
Rumex dissectus Lévl.=Rumex hastatus
Rumex domesticus Hartm.=Rumex longifolius
Rumex domesticus var. *pseudonatronatus* Borb.=Rumex pseudonatronatus
Rumex esquirolii Lévl.=Rumex nepalensis
Rumex gmelinii Turcz. ex Ledeb.毛脉酸模
Rumex hadroocarpus Rech.f. =Rumex japonicus
Rumex halacsyi Rech.=Rumex dentatus
Rumex hastatus D.Don 戟叶酸模
Rumex japonicus Houtt.羊蹄
Rumex japonicus Meisn.=Rumex japonicus
Rumex klotzschianus Meisn.=Rumex dentatus
Rumex longifolius DC.长叶酸模
Rumex longisetus Bar. & Skv.=Rumex maritimus
Rumex maritimus L.(湖北志 1976,江苏志 1982)=Rumex trisetifer
Rumex maritimus L.刺酸模
Rumex maritimus subsp. *rossicus* (Murb.) Kryl.=Rumex maritimus
Rumex marschallianus Reichb.单瘤酸模
Rumex marschallianus var. brevidens Bong. & Mey.短齿单瘤酸模
Rumex marschallianus var. marschallianus=Rumex marschallianus
Rumex microcarpus Campd.小果酸模
Rumex nepalensis Spreng.尼泊尔酸模
Rumex nepalensis var. nepalensis=Rumex nepalensis
Rumex nepalensis var. remotiflorus (Sam.) A.J.Li 疏花酸模
Rumex obtusifolius L.钝叶酸模
Rumex obtusifolius subsp. *agrestis* (Fries) Danser=Rumex obtusifolius
Rumex obtusifolius var. *agrestis* Fries=Rumex obtusifolius
Rumex pamiricus Rech.f. =Rumex patientia
Rumex pamiricus Rech.f.(Байт.Илавлво Ф .Каэахст.1960)=Rumex popovii
Rumex patientia L.巴天酸模
Rumex patientia subsp. *interruptus* Rech.f. =Rumex patientia
Rumex patientia subsp. *pamiricus* Rech.f. =Rumex patientia
Rumex patientia subsp. *tibeticus* (Rech.f.) Rech.f. =Rumex patientia
Rumex patientia var. *callosus* F. Schm. ex Maxim.=Rumex patientia
Rumex popovii Pachom.中亚酸模
Rumex protractus Rech.f. =Rumex aquaticus
Rumex pseudonatronatus (Borb.) Borb. ex Murb.披针叶酸模
Rumex pseudonatronatus Borb. ex Rech.=Rumex pseudonatronatus
Rumex ramulosus Meisn.=Rumex nepalensis
Rumex rechingerianus A.Los.=Rumex patientia
Rumex regelii F.Schm.=Rumex japonicus
Rumex remotiflorus Sam.=Rumex nepalensis var. remotiflorus
Rumex rossicus Murb.=Rumex maritimus
Rumex similans Rech.f. =Rumex marschallianus var. brevidens
Rumex stenophyllus Ledeb.狭叶酸模
Rumex thyrsiflorus Fingerh.直根酸模
Rumex thyrsiflorus var. *mandshurica* Bar. & Skv.=Rumex thyrsiflorus
Rumex tianschanicus Los.天山酸模
Rumex trisetifer Stokes 长刺酸模
Rumex ucranicus Fisch.=Rumex urcanicus
Rumex urcanicus Fisch. ex Spreng.乌克兰酸模
Rumex ussuriensis A.Los.=Rumex stenophyllus
Rumex wallichianus Meisn.=Rumex microcarpus
Rumex wallichii Meisn.=Rumex microcarpus
Rumex yungningensis Sam.永宁酸模
Rumohra amabilis Ching=Arachniodes rhomboidea
Rumohra amoena Ching=Arachniodes amoena
Rumohra arisanica Ching=Arachniodes globiosora
Rumohra aristata Ching=Arachniodes exilis
Rumohra assamica Ching=Arachniodes assamica
Rumohra cavalerii Ching=Arachniodes pseudocavalerii
Rumohra chinensis Ching=Arachniodes chinensis
Rumohra diffracta (Bak.) Ching=Acrorumohra diffracta
Rumohra festina Ching=Arachniodes festina
Rumohra globiosora H.Ito=Arachniodes globiosora
Rumohra grossa Tard.-Blot & C.Chr.=Arachniodes grossa
Rumohra henryi Ching=Arachniodes henryi
Rumohra miqueliana (Maxim.) Ching=Leptorumohra miqueliana
Rumohra nigrospinosa Ching=Arachniodes nigrospinosa
Rumohra nipponica Ching=Arachniodes nipponica
Rumohra pseudoaristata H.Ito=Arachniodes pseudoaristata
Rumohra sect. *Acrorumohra* H.Ito=**Acrorumohra**
Rumohra sect. Dryopolysticha Ching=**Arachniodes**
Rumohra sect. *Leptorumohra* H.Ito=**Leptorumohra**
Rumohra simplicior (Mamkino) Ching=Arachniodes simplicior
Rumohra simplicior var. *major* H.Ito=Arachniodes australis
Rumohra simulans Ching=Arachniodes simulans
Rumohra sinomiqueliana Ching=Leptorumohra sino-miqueliana
Rumohra speciosa Ching=Arachniodes speciosa
Rumohra spectabilis Ching=Arachniodes spectabilis
Rumohra tonkinensis Ching=Arachniodes tonkinensis
Rumohra wallichii Ching=Arachniodes coniifolia
Rungia Nees **孩儿草属**(爵床科)
Rungia axilliflora H.S.Lo 腋花孩儿草
Rungia bisaccata D.Fang & H.S.Lo 囊花孩儿草
Rungia chinensis Benth.中华孩儿草
Rungia densiflora H.S.Lo 密花孩儿草
Rungia guangxiensis H.S.Lo & D.Fang 广西孩儿草
Rungia henryi C.B.Clarke 南鼠尾黄?
Rungia hirpex R.Benm.金沙鼠尾黄
Rungia longipes D.Fang & H.S.Lo 长柄孩儿草

Rungia mina H.S.Lo 矮孩儿草
Rungia napoensis D.Fang & H.S.Lo 那坡孩儿草
Rungia parviflora sensu Hemsl.= Rungia pectinata
Rungia parviflora sensu Masamune= Rungia taiwanensis
Rungia parviflora var. *pectinata* (L.)C.B.Clarke= Rungia pectinata
Rungia parviflora var. *pectinata* sensu Matsum. & Hay.= Rungia taiwanensis
Rungia pectinata (L.) Nees 孩儿草
Rungia pinpienensis H.S.Lo 屏边孩儿草
Rungia pungens D.Fang & H.S.Lo 尖苞孩儿草
Rungia robusta C.B.Clarke ex C.Y.Wu 粗壮鼠尾黄?
Rungia stolonifera C.B.Clarke 匍匐鼠尾黄
Rungia taiwanensis Yamazaki 台湾明萼草
Rungia yunnanensis H.S.Lo 云南孩儿草
Rupifraga sarmentosa (L.f.) Rafin.=Saxifraga stolonifera
Ruppia L.**川蔓藻属**(眼子菜科)
Ruppia maritima L.川蔓藻
Ruppia rostellata Koch.=Ruppia maritima
Ruprechtia Opiz=**Thalictrum**
Ruscus L.**假叶树属**(百合科)
Ruscus aculeata L.假叶树
Ruscus hypoglossum L.长叶假叶树
Russelia Jacq.**爆仗竹属**(玄参科)
Russelia equisetiformis Schlecht. & Cham.爆仗花
Russowia C.Winkl.**纹苞菊属**(菊科)
Russowia crupinoides C.Winkl.=Russowia sogdiana
Russowia sogdiana (Bge.) B.Fedtsch.纹苞菊
Ruta L.**芸香属**(芸香科)
Ruta acutifolia DC.=Haplophyllum perforatum
Ruta albiflora HK.=Boenninghausenia albiflora
Ruta dahurica (L.) DC.=Haplophyllum dauricum
Ruta graveolens L.芸香
Ruta perforata M.B.Beschr.=Haplophyllum perforatum
Rutaceae 芸香科
Ruyschiana Boehr. ex Mill.=**Dracocephalum**
Ruyschiana spicata Mill.=Dracocephalum ruyschiana
Ryssopterys Bl.**皱翅果属**(金虎尾科)
Ryssopterys dealbata Juss.皱翅果

S

Sabal Adans.**菜棕属**(棕榈科)
Sabal adansonii Guers.=Sabal minor
Sabal mininum Nutt.=Sabal minor
Sabal minor (Jacq.) Pers.矮菜棕
Sabal palmetto Lodd. ex Roem. & Schult.f.菜棕
Sabdariffa rubra Kostel.=Hibiscus sabdariffa
Sabia Coleber.**清风藤属**(清风藤科)
Sabia acuminata L.Chen=Sabia purpurea subsp. dumicola
Sabia angustifolia L.Chen 剑川清风藤(新)?
Sabia bicolor L.Chen=Sabia schumanniana subsp. pluriflora var. bicolor
Sabia brevipetiolata L.Chen=Sabia dielsii
Sabia bullockii Hance=Sabia japonica
Sabia calcicola C.Y.Wu 文山清风藤?
Sabia callosa L.Chen=Sabia yunnanensis
Sabia campanulata Wall. ex Roxd.钟花清风藤
Sabia campanulata subsp. metcalfana (L.Chen) Y.F.Wu 龙陵风购藤
Sabia campanulata subsp. ritchieae (Rehd. & Wils.) Y.F.Wu 鄂西清风藤
Sabia cavaleriei Lévl.=Orixa japonica
Sabia coriacea Rehd. & Wils.革叶清风藤
Sabia croizatiana L.Chen=Sabia yunnanensis
Sabia dielsii Lévl.平伐清风藤
Sabia discolor Dunn 灰背清风藤
Sabia dumicola W.W.Sm.=Sabia purpurea subsp. dumicola
Sabia dunnii Lévl.=Sabia swinhoei
Sabia emarginata Lecomte 凹萼清风藤
Sabia esquirolii Lévl.=Gardneria multiflora
Sabia fasciculata Lecomte ex Anon.=Sabia fasciculata
Sabia fasciculata Lecomte ex L.Chen 簇花清风藤
Sabia feddei Lévl.=Orixa japonica
Sabia gaultheriifolia Stapf ex L.Chen=Sabia campanulata subsp. ritchieae
Sabia glandulosa L.Chen 中甸清风藤(新)?
Sabia gracilis Hemsl.=Sabia swinhoei
Sabia harmandiana Pierre=Sabia parviflora
Sabia heterosepala L.Chen=Sabia emarginata
Sabia japonica Maxim.清风藤
Sabia japonica var. sinensis (Stapf) L.Chen 中华清风藤
Sabia japonica var. spinosa Lecomte=Sabia japonica
Sabia lanceolata Colebr.披针清风藤
Sabia latifolia Rehd. & Wils.=Sabia yunnanensis subsp. latifolia
Sabia latifolia var. omeiensis (Stapf. ex L.Chen) S.K.Chen 峨眉清风藤?
Sabia limoniacea Wall.柠檬清风藤
Sabia metcalfiana L.Chen=Sabia campanulata subsp. metcalfana
Sabia nervosa Chun ex Y.F.Wu 长脉清风藤
Sabia obovatifolia Law & Y.F.Wu=Sabia yunnanensis subsp. latifolia
Sabia olacifolia Stapf. & L.Chen=Sabia dielsii
Sabia omeiensis Stapf ex L.Chen=Sabia yunnanensis subsp. latifolia
Sabia pallida Stapf ex L.Cehn 蒙自清风藤(新)?
Sabia paniculata Edgew. ex HK.f. & Thoms.锥序清风藤
Sabia parviflora Wall. ex Roxb.小花清风藤
Sabia parviflora subsp. *parviflora* (Wall.) Van de Water=Sabia parviflora
Sabia parviflora var. *harmandiana* (Pierre) Lecomtein=Sabia parviflora
Sabia parviflora var. *nitidissima* Lévl.=Sabia parviflora
Sabia parvifolia L.Chen=Sabia purpurea subsp. dumicola
Sabia pentadenia L.Chen=Sabia yunnanensis
Sabia polyantha Hand.-Mazz.=Sabia parviflora
Sabia puberula Rehd. & Wils.兴山清风藤(新)?
Sabia pubescens L.Chen=Sabia yunnanensis
Sabia purpurea HK.f. & Thoms 紫花清风藤
Sabia purpurea subsp. dumicola (W.W.Sm.) Van de Water 灌丛清风藤
Sabia ritchieae Rehd. & Wils.=Sabia campanulata subsp. ritchieae
Sabia rockii L.Cehn 丽江清风藤(新)?
Sabia schumanniaan Diels (L.Chen in Sargent Pl.Wils.1943,p.p.)=Sabia schumanniana subsp. pluriflora
Sabia schumanniana Diels 四川清风藤
Sabia schumanniana subsp. pluriflora (Rehd. & Wils.) Y.F.Wu 多花清风藤
Sabia schumanniana subsp. pluriflora var. bicolor (L.Chen) Y.F.Wu 两色清风藤
Sabia schumanniana subsp. schumanniana =Sabia schumanniana
Sabia schumanniana var. *longipes* Rehd. & Wils.=Sabia schumanniana
Sabia schumanniana var. *pluriflora* Rhed. & Wils.=Sabia schumanniana subsp. pluriflora
Sabia shensiensis L.Chen=Sabia campanulata subsp. ritchieae
Sabia sinensis Stapf ex Anon=Sabia japonica var. sinensis
Sabia sp. Rehd. & Wils.=Sabia japonica
Sabia spinosa Staf ex Anon.=Sabia japonica
Sabia swinhoei Hemsl. ex Forb. & Hemsl.尖叶清风藤
Sabia swinhoei var. *hainanensis* L.Chen=Sabia swinhoei
Sabia transarisanensis Hay.阿里山清风藤
Sabia wangii L.Chen=Sabia dielsii
Sabia yuii L.Chen=Sabia yunnanensis
Sabia yunnanensis Franch.云南清风藤
Sabia yunnanensis subsp. latifolia (Rehd. & Wils.) Y.F.Wu 阔叶清风藤
Sabia yunnanensis var. *mairei* (Lévl) L.Chen=Sabia yunnanensis
Sabiaceae 清风藤科
Sabina Mill.**圆柏属**(柏科)
Sabina aquatica Ant.=Glyptostrobus pensilis
Sabina arenaria (Wils.) Cheng & W.T.Wang=Juniperus sabina
Sabina centrasiatica (Kom.) W.C.Cheng & L.K.Fu=Juniperus centrasiatica
Sabina centrasiatica Kom.(树木分类学 1961)=Juniperus tibetica
Sabina chinensis (L.) Ant.=Juniperus chinensis
Sabina chinensis cv. *Aurea*= Juniperus chinensis cv. Aurea
Sabina chinensis cv. *Aureoglobosa*=Juniperus chinensis cv. Aureoglobosa
Sabina chinensis cv. *Globosa*=Juniperus chinensis cv. Globosa
Sabina chinensis cv. *Kaizuca Procumbens*= Juniperus chinensis cv. Kaizuca Procumbens
Sabina chinensis cv. *Kaizuca*=Juniperus chinensis cv. Kaizuca
Sabina chinensis cv. *Pfitzeriana*=Juniperus chinensis cv. Pfitzeriana
Sabina chinensis f. *aurea* (Young) Beissn.=Juniperus chinensis cv. Aurea
Sabina chinensis f. *aureo-globosa* (Nash.) Cheng & W.T.Wang=Juniperus chinensis cv. Aureoglobosa
Sabina chinensis f. *globosa* (Hornibr) Cheng & W.T.Wang=Juniperus chinensis cv. Globosa

Sabina chinensis f. pendula (Franch.) Cheng & W.T.Wang 垂枝圆柏
Sabina chinensis f. *pyramidalis* (Carr.) Cheng & W.T.Wang=Juniperus chinensis cv. Pyramidalis
Sabina chinensis var. chinensis=Juniperus chinensis
Sabina chinensis var. *globosa* (Hornibr)Iwata & Kusaka=Juniperus chinensis cv. Globosa
Sabina chinensis var. *kaizuca* Cheng & W.T.Wang=Juniperus chinensis cv. Kaizuca
Sabina chinensis var. nana Hochst.矮生圆柏
Sabina chinensis var. *pfitzeriana* (Spaeth) Moldenke=Juniperus chinensis cv. Pfitzeriana
Sabina chinensis var. sargentii (Heney) Cheng & L.K.Fu 偃柏
Sabina convallium (Rehd. & Wils.) Cheng & W.T.Wang 密枝圆柏
Sabina convallium (Rehjd. & Wils.) W.C.Cheng & L.K.Fu=Juniperus convallium
Sabina convallium var. *convallium*=Juniperus conallium
Sabina convallium var. *microsperma* W.C.Cheng & L.K.Fu=Juniperus convallium var. microsperma
Sabina davurica (Pall.) Ant.=Juniperus davurica
Sabina fischeri Ant.=Juniperus pseudosabina
Sabina komarovii (Florin) W.C.Cheng & W.T.Wang=Juniperus komarovii
Sabina lemeeana (Lévl. & Blin.) Cheng & W.T.Wang=Juniperus squamata
Sabina lemeeana var. *meyeri* (Rehd.) Cheng & W.T.Wang=Juniperus squamata cv. Meyeri
Sabina mekongensis Kom.=Juniperus conallium
Sabina officinalis Garcke=Juniperus sabina
Sabina pingii (Cheng ex Ferre) Cheng et W.T.Wang=Juniperus pingii
Sabina pingii var. *pingii*=Juniperus pingii
Sabina pingii var. *wilsonii* (Rehd.) W.C.Cheng & L.K.Fu=Juniperus pingii var. wilsonii
Sabina potanini Kom.=Juniperus tibetica
Sabina procumbens (Sieb. ex Endl.) Iwata & Kusaka=Juniperus procumbens
Sabina przewalskii (Engl.) Iwata et Kusaka=Juniperus przewlskii
Sabina przewalskii f. *pendula* W.C.Cheng & L.K.Fu=Juniperus przewalskii
Sabina przewalskii f. *przewalskii*=Juniperus przewlskii
Sabina pseudosabina (Fisch. & C.A.Mey.) W.C.Cheng & W.T.Wang= Juniperus pseudosabina
Sabina pseudosabina var. *pseudosabina*=Juniperus pseudosabina
Sabina pseudosabina var. *turkestanica* (Kom.) C.Y.Yang=Juniperus pseudosabina var. turkestanica
Sabina recurva (Buch.-Ham. ex D.Don) Ant.=Juniperus recurva
Sabina recurva var. *coxii* (A.B.Jacks.) W.C.Cheng & L.K.Fu=Juniperus recurva var. coxii
Sabina recurva var. *recurva*=Juniperus recurva
Sabina saltuaria (Rehd. & Wils.) W.C.Cehng & W.T.Wang=Juniperus saltuaria
Sabina sargentii (A.Henryi) Miyabe & Tatew.=Juniperus chinensis var. sargentii
Sabina sargentii (Henry) Miyabe & Tatew.=Juniperus chinensis var. sargentii
Sabina sino-alpina Cheng & W.T.Wang=Juniperus pingii var. wilsonii
Sabina squamata (Buch.-Ham. ex D.Don) Ant.=Juniperus squamata
Sabina squamata cv. *Meyeri*=Juniperus squamata cv. Meyeri
Sabina squamata var. *fargesii* (Rehd. & Wils.) Cheng f. & L.K.Fu= Juniperus squamata
Sabina squamata var. *wilsonii* (Rehd.) Cheng & L.K.Fu=Juniperus pingii var. wilsonii
Sabina tibetica (Kom.) W.C.Cheng & L.K.Fu=Juniperus tibetica
Sabina turkestanica Kom.(树木学 1961)=Juniperus pseudosabina
Sabina turkestanica Kom.=Juniperus pseudosabina turkestanica
Sabina virginiana (L.) Ant.=Juniperus virginiana
Sabina vulgaris Ant.=Juniperus sabina
Sabina vulgaris var. *erectopatens* W.C.Cheng & L.K.Fu=Juniperus sabina var. erectopatens
Sabina vulgaris var. *jarkendensis* (Kom.) C.Y.Yang=Juniperus semiglobosa
Sabina vulgaris var. *vulgaris*=Juniperus sabina
Sabina vulgaris var. *yulinensis* T.C.Chang & C.G.Chen=Juniperus sabina var. yulinensis
Sabina wallichiana HK.f. et Thoms.) Kom.= Juniperus indica
Sabina wallichiana var. *meinocarpa* (Hand.-Mazz.) Cheng & L.K.Fu= Juniperus indica
Sabina zaidamensis Kom.=Juniperus przewlskii
Saccharum L.**甘蔗属**(禾本科)
Saccharum arundinaceum Retz.斑茅
Saccharum barberi Jesw.细秆甘蔗
Saccharum chinense Osbeck=Saccharum sinense
Saccharum cylindricus (L.) Lamk.=Imperata cylindrica
Saccharum fallax Balansa=Narenga fallax
Saccharum fallax var. *aristata* Balansa=Narenga fallax var. aristata
Saccharum floridulum Labill.=Miscanthus floridulus
Saccharum formosanum (Stapf) Ohwi=Erianthus formosanus
Saccharum hookeri (Hack.) Naray. ex Bor=Erianthus hookeri
Saccharum koenigii Retz.=Imperata koenigii
Saccharum laguroides Purr.=Imperata cylindrica
Saccharum longifolium Munro ex Benth.=Narenga fallax
Saccharum longisetosum (Anderss.) Naray. ex Bor.=Erianthus longisetosus
Saccharum narenga Wall.=Narenga porphyrocoma
Saccharum officinarum L.甘蔗
Saccharum paniceum Lam.=Pogonatherum paniceum
Saccharum porphyrocomum (Hance) Hack.=Narenga porphyrocoma
Saccharum ravennae (L.) Murr.=Erianthus ravennae
Saccharum repens Willd.=Rhynchelytrum repens
Saccharum rufipilum Steud.=Erianthus rufipilus
Saccharum sect. *Narenga* Ohwi=**Narenga**
Saccharum sinense Roxb.竹蔗
Saccharum spicatum L.=Perotis indica
Saccharum spontaneum L.甜根子草
Saccharum spontaneum var. juncifolium Hack.灯心叶甜根子草
Saccharum spontaneum var. roxburghii Honda 罗氏甜根子草
Saccharum spontaneum var. *sinense* (Roxb.) Anderss.=Saccharum sinense
Saccharum spontaneum var. spontaneum=Saccharum spontaneum
Sacciolepis Nash **囊颖草属**(禾本科)
Sacciolepis indica (L.) A.Chase 囊颖草
Sacciolepis indica var. *angusta* (Trin) Keng=Sacciolepis indica
Sacciolepis insulicola (Steud.) Ohwi=Hymenachne insulicola
Sacciolepis interrupta (Willd.) Stapf 间序囊颖草
Sacciolepis interrupta A.Chase=Sacciolepis interrupta
Sacciolepis myosuroides (R.Br.) A.Chase ex E.G.Camus & A.Camus 鼠尾囊颖草
Sacciolepis myosuroides var. myosuroides=Sacciolepis myosuroides
Sacciolepis myosuroides var. nana S.L.Chen & T.D.Zhuang 矮小囊颖草
Sacciolepis spicata (L.) Honda=Sacciolepis indica
Sacciolepis striata (L.) Nash 显脉囊颖草
Saccolabium Bl.**囊唇兰属**(兰科)
Saccolabium acutifolium Lindl.尖叶囊唇兰
Saccolabium bellinum Rchb.f.=Gastrochilus bellinus
Saccolabium caleolare (Buch.-Ham. ex J.E.Sm.) Lindl.=Gastrochilus calceolaris
Saccolabium densiflorum Lindl.=Robiquetia spatulata
Saccolabium distichum Lindl.(HK.f.in Ann.Roy.Bot.Gard.Calcutta 1895, p.p.) =Gastrochilus pseudodistichus
Saccolabium distichum Lindl.=Gastrochilus distichus
Saccolabium fargesii Kraenzl.=Gastrochilus fargesii
Saccolabium formosanum Hay.=Gastrochilus formosanus
Saccolabium fuscopunctatus Hay.=Gastrochilus fuscopunctatus
Saccolabium gemmatum Lindl.=Schoenorchis gemmata
Saccolabium giganteum Lindl.=Rhynchostylis gigantea
Saccolabium hainanense Rolfe=Schoenorchis gemmata
Saccolabium himalaicum Deb,Sengupta & Malick=Ascocentrum himalaicum
Saccolabium hoyopse Rolfe ex Downie=Gastrochilus pseudodistichus
Saccolabium intermedium Griff. ex Lindl.(海南志 1977)=Gastrochilus acinacifolius
Saccolabium intermedium Griff. ex Lindl.=Gastrochilus intermedius
Saccolabium japonicum Makino=Gastrochilus japonicus
Saccolabium kotoense (Yamamoto) Yamamoto=Tuberolabium kotoense
Saccolabium matsudai Makino & Nenoto=Gastrochilus matsudai
Saccolabium micranthum Lindl.=Smitinandia micrantha
Saccolabium monticolum Rolfe ex Downie=Gastrochilus yunnanensis
Saccolabium obliquum Lindl.(海南志 1977)=Gastrochilus hainanensis
Saccolabium obliquus Lindl.=Gastrochilus obliquus
Saccolabium ochraceum Lindl.=Acampe ochracea
Saccolabium papillosum Lindl.=Acampe papillosa

Saccolabium platycalcaratus Rolfe=Gastrochilus platycalcaratus
Saccolabium pseudodistichum King & Pantl.=Gastrochilus pseudodistichus
Saccolabium pumilum Hay.=Ascocentrum pumilum
Saccolabium quasipinifolium Hay.=Holcoglossum quasipinifolium
Saccolabium racemiferum Lindl.=Cleisostoma racemiferum
Saccolabium raraense (Fukuyama) S.Y.Hu=Gastrochilus raraensis
Saccolabium retrocallum Hay.=Haraella retrocalla
Saccolabium shaoyaoii S.S.Ying=Gastrochilus formosanus
Saccolabium somai Hay.=Gastrochilus japonicus
Saccolabium taiwanianum S.S.Ying=Gastrochilus japonicus
Saccolabium tixieri Guillaum.=Schoenorchis tixieri
Saccolabium tortifolium Jayaweera 旋叶囊唇兰
Saccolabium triflorum Guillaum.=Trichoglottis triflora
Saccolabium yunnanense (Schltr.) S.Y.Hu=Gastrochilus yunnanensis
Saccolabium yunpeense T.Tang & F.T.Wang=Holcoglossum flavescens
Saccoloma hookerianum Fée=Microlepia hookeriana
Saccopetalum Benn.**囊瓣木属**(番荔枝科)
Saccopetalum prolificum (Chun & How) Tsiang 囊瓣木
Sagenia apiifolia Christ=Tectaria coadunata
Sagenia coadunata J.Sm.=Tectaria coadunata
Sagenia esquirolii Christ=Tectaria quinquefida
Sagenia gigantea var. *minor* Bedd.=Ctenitopsis devexa
Sagenia griffithii Bedd.=Tectaria griffithii
Sagenia longicrure Christ=Tectaria simonsii
Sagenia melanocaula Christ=Tectaria simonsii
Sagenia pteropus Moore=Tectaria decurrens
Sagenia subpedata Nakai=Tectaria subpedata
Sagenia subtriphylla Bedd.=Tectaria subtriphylla
Sagenia variolata Moore=Tectaria variolosa
Sageretia Brongn.**雀梅藤属**(鼠李科)
Sageretia apiculata Schneid.=Sageretia gracilis
Sageretia bodinieri Lévl.=Rhamnus esquirolii
Sageretia brandrethiana Aitch.窄叶雀梅藤
Sageretia camellifolia Y.L.Chen & P.K.Chou 茶叶雀梅藤
Sageretia cavaleriei (Lévl.) Schneid.=Sageretia henry
Sageretia chanetii (Lévl.) Schneid.=Sageretia thea
Sageretia compacta Drumm. & Sprague=Sageretia gracilis
Sageretia ferruginea Oliv.=Sageretia rugosa
Sageretia gracilis Drumm. & Sprague 纤细雀梅藤
Sageretia hamosa (Wall.) Brongn.(forb. & Hemsl.in J.L.Soc.Bot.1886)= Sageretia randaiensis
Sageretia hamosa (Wall.) Brongn.(高等图鉴 1972,海南志 1974,p.p.)= Sageretia lucida
Sageretia hamosa (Wall.) Brongn.钩刺雀梅藤
Sageretia hamosa var. hamosa=Sageretia hamosa
Sageretia hamosa var. trichoclada C.Y.Wu ex Y.L.Chen 毛枝雀梅藤
Sageretia hayatae Kanehira=Sageretia thea
Sageretia henryi Drumm. & Sprague (Merr. & Chun in Sunyats.1940,p.p.)= Sageretia lucida
Sageretia henryi Drumm. & Sprague 梗花雀梅藤
Sageretia horrida Pax & K.Hoffm.凹叶雀梅藤
Sageretia laxiflora Hand.-Mazz.疏花雀梅藤
Sageretia lucida Merr.亮叶雀梅藤
Sageretia melliana Hand.-Mazz.刺藤子
Sageretia minutiflora (Michx.) Trel.小花雀梅藤
Sageretia omeiensis Schneid.峨眉雀梅藤
Sageretia paucicostata Maxim.少脉雀梅藤
Sageretia pauciflora Tsai 弯花雀梅藤
Sageretia perpusilla Schneid.=Sageretia pycnophylla
Sageretia pycnophylla Schneid.(树木分类学 1937)=Sageretia paucicostata
Sageretia pycnophylla Schneid.铁勒鞭棵棵
Sageretia randaiensis Hay.峦大雀梅藤
Sageretia rugosa Hance 皱叶雀梅藤
Sageretia subcaudata Schneid.尾叶雀梅藤
Sageretia taiwaniana Hosokawa ex Masam.=Sageretia thea
Sageretia thea (Osbeck) Johnst.雀梅藤
Sageretia thea var. cordiformis Y.L.Chen & P.K.Chou 心叶雀梅藤
Sageretia thea var. thea=Sageretia thea
Sageretia thea var. tomentosa (Schneid.) Y.L.Chen & P.K.Chou 毛叶雀梅藤
Sageretia theezans (L.) Brongn.=Sageretia thea
Sageretia theezans var. *tomentosa* Schneid.=Sageretia thea var. tomentosa
Sageretia tibetica Pax & K.Hoffm.=Sageretia paucicostata
Sageretia wrightii Wats.赖特雀梅藤
Sagina L.**漆姑草属**(石竹科)
Sagina crassicaulis var. *littorea* (Makino) Hara=Sagina maxima
Sagina echinosperma Hay.=Sagina japonica
Sagina japonica (SW.) Ohwi 漆姑草
Sagina karakorensis (Em. Schid) Kozhev.克拉克漆姑草(新)
Sagina linnaei C.Presl=Sagina saginoides
Sagina linnaei Presl (Forbes & Hemsl.in J.L.Soc.Bot.1886)=Sagina japonica
Sagina litoralis Hulten=Sagina maxima
Sagina maxima A.Gray(Kom.in Act.Hort.Petrop.1903)=Sagina japonica
Sagina maxima A.Gray 根叶漆姑草
Sagina maxima f. *littorea* Makino=Sagina maxima
Sagina maxima var. *littorea* (Makino) Hara=Sagina maxima
Sagina procumbens L.(Thunb.in Fl.Jap.1784)=Sagina japonica
Sagina procumbens L.仰卧漆姑草
Sagina saginoides (L.) Karsten 无毛漆姑草
Sagina sinensis Hance=Sagina japonica
Sagina subulata Presl.钻形漆姑草
Sagina taquetii Lévl.(Ohwi in Act.Phytotax.Geobot.1942,& Fl.Jap.1953)= Sagina maxima
Sagina taquetii Lévl.=Sagina japonica
Sagittaria L.**慈姑属**(泽泻科)
Sagittaria aginashi Mak.长叶泽泻
Sagittaria altigena Hand.-Mazz.高原慈姑
Sagittaria graminea Michx.禾状慈姑
Sagittaria gu-yanensis H.B.K.(水生植物图说 1983)=Sagittaria guyanensis subsp. lappula
Sagittaria guyanensis subsp. lappula (D.Don) Bojin 冠果草
Sagittaria lancifolia L.矛叶慈姑
Sagittaria lappula D.Don=Sagittaria guyanensis subsp. lappula
Sagittaria latifolia Willd.(秦岭志 1970,江苏志 1977,水生植物图说 1983) =Sagittaria trifolia
Sagittaria latifolia Willd.宽叶慈姑
Sagittaria lichuanensis J.K.Chen 利川慈姑
Sagittaria longiloba Engelm.长裂慈姑
Sagittaria longirostra (Mich.) Smith 长喙慈姑
Sagittaria montevidensis Cham. & Schlecht.大慈姑
Sagittaria natans Pall.浮叶慈姑
Sagittaria platyphylla (Engelm.) Smith 油叶慈姑
Sagittaria potamogetifolia Merr.小慈姑
Sagittaria pygmaea Miq.矮慈姑
Sagittaria sagittifolia L.(水生植物图说 1983,华东水生植物 1952)= Sagittaria trifolia var. sinensis
Sagittaria sagittifolia L.(高等图鉴 1976,水生植物图谱 1983,水生植物图说 1983)=Sagittaria trifolia
Sagittaria sagittifolia L.欧洲慈姑
Sagittaria sagittifolia f. *sinensis* (Sims) Makino=Sagittaria trifolia var. sinensis
Sagittaria sagittifolia var. *angustifolia* Sieb.=Sagittaria trifolia
Sagittaria sagittifolia var. *edulis* Sieb. ex Miq.=Sagittaria trifolia var. sinensis
Sagittaria sagittifolia var. *longiloba* Turcz.=Sagittaria trifolia var. trifolia f. longiloba
Sagittaria sinensis Sims=Sagittaria trifolia var. sinensis
Sagittaria subulata (L.) Buchenau 钻叶慈姑
Sagittaria tengtsungensis H.Li 腾冲慈姑
Sagittaria teres Wats.纤细慈姑
Sagittaria trifolia L.野慈姑
Sagittaria trifolia var. *angustifolia* (Sieb.) Kitag.=Sagittaria trifolia
Sagittaria trifolia var. *edulis* (Sieb. ex Miq.) Ohwi=Sagittaria trifolia var. sinensis
Sagittaria trifolia var. *retusa* J.K.Chen et al.=Sagittaria trifolia var. trifolia f. longiloba
Sagittaria trifolia var. sinensis (Sims) Makino 慈姑
Sagittaria trifolia var. trifolia f. longiloba (Turcz.) Makino 剪刀草
Sagittaria trifolia var. trifolia=Sagittaria trifolia
Sagittaria wuyiensis J.K.Chen et al.=Sagittaria lichuanensis

Saguerus Steck=**Arenga**
Saguerus pinnata Wurmb.=Arenga pinnata
Sagus Gaertn.=**Raphia**
Sagus gomutus Perr.=Arenga pinnata
Sagus vinifera Poir.=Raphia vinifera
Saintpaulia H.wendl **非洲紫罗兰属**(苦苣苔科).
Saintpaulia ionantha H.Wendl.非洲紫罗兰
Saintpierrea Germ.de St.Pierre=**Rosa**
Sakakia Nakai=**Cleyera**
Sakakia hayatai Masamune & Yamamoto=Cleyera japonica var. hayatai
Sakakia longicarpa Yamamoto=Cleyera longicarpa
Sakakia morii (Yamamoto) Yamamoto & Masamune=Cleyera japonica var. morii
Sakakia ochnacea (DC.) Nakai=Cleyera japonica
Salacca Reinw.**蛇皮果属**(棕榈科)
Salacca affinis Griff.近亲萨拉卡棕
Salacca conferta Griff.密集萨拉卡棕
Salacca edulis Reinw.=Salacca zalacca
Salacca flabellata Ftdo.扇形萨拉卡棕
Salacca glabrescens Griff.光滑萨拉卡棕
Salacca rumphii Wall.容佛萨拉卡棕
Salacca scortechinii Becc.斯考氏萨拉卡棕
Salacca secunda Griff.滇西蛇皮果
Salacca zalacca (Gaertn.) Voss ex Vilm.蛇皮果
Salacia L.**五层龙属**(翅子藤科)
Salacia amplifolia Merr. ex Chun & How 阔叶五层龙
Salacia aurantiaca C.Y.Wu 橙果五层龙
Salacia cochinchinensis Lour.柳叶五层龙
Salacia confertiflora Merr.密花五层龙
Salacia glaucifolia C.Y.Wu 粉叶五层龙
Salacia hainanensis Chun & How 海南五层龙
Salacia obovatilimba S.Y.Pao 河口五层龙
Salacia polysperma Hu 多籽五层龙
Salacia prinoides (Willd.) DC.五层龙
Salacia sessiliflora Hand.-Mazz.无柄五层龙
Salicaceae 杨柳科
Salicornia L.**盐角草属**(藜科)
Salicornia caspica L.=Kalidium cuspicum
Salicornia europaea L.盐角草
Salicornia foliata Pall.=Kalidium foliatum
Salicornia herbacea L.=Salicornia europaea
Salicornia pygmaea Pall.=Halopeplis pygmaea
Salicornia strobilacea Pall.=Halocnemum strobilaceum
Salisburia adiantifolia Smith=Ginkgo biloba
Salisburya biloba Hoffmagg.=Ginkgo biloba
Salix L.**柳属**(杨柳科)
Salix acuminatomicrophylla Hao=Salix ovatomicrophylla
Salix alatavica Kar. & Kir. ex Stschegl.阿拉套柳
Salix alba L.白柳
Salix alba var. *subintegra* (C.Wang & P.Y.Fu) N.Chao=Salix paraplesia var. subintegra
Salix alberti Rgl.二色柳
Salix alfredii Görz.秦岭柳
Salix alfredii var. fengxianica (N.Chao) G.Zhu 凤县柳
Salix allochroa Schneid.=Salix plocotricha
Salix amnematchinensis Hao=Salix oritrepha var. amnematchinensis
Salix amphibola Schneid.九鼎柳
Salix amygdalina L.=Salix triandra
Salix amygdalina var. *nipponica* (Franch. & Sav.) Schneid.=Salix nipponica
Salix amygdaloides Anderss.毛柳
Salix andropogon Lévl.=Salix variegata
Salix angiolepis Lévl. & Vant.=Salix rosthornii
Salix angustifolia Willd.(Hao in Fedde,Rep.Beih.1936) =Salix linearistipularis
Salix angustifolia Willd.=Salix wilhelmsiana
Salix anisandra Lévl. & Vant.=Salix rosthornii
Salix annulifera Marq. & Airy-Shaw 环纹矮柳
Salix annulifera var. annulifera=Salix annulifera
Salix annulifera var. dentata S.D.Zhao 齿苞矮柳
Salix annulifera var. glabra P.Y.Mao & W.Z.Li 五毛矮柳
Salix annulifera var. macriula Marq. & Airy-Shaw 匙叶矮柳
Salix anticecrenata Kimura 圆齿垫柳
Salix apetala Schneid.=Salix magnifica var. apetala
Salix araeostachya Schneid 纤序柳
Salix arbuscula L.(Kryl.in Fl.Sib.Occid.1930,p.p.)=Salix saposhnikovii
Salix arbuscula L.(Poljak.in Fl.Kazakhst.1960,p.p.)=Salix tianschanica
Salix arbutifolia Pall.=Chosenia arbutifolia
Salix arctica Pall.北极柳
Salix argyi Lévl.=Salix rosthornii
Salix argyracea E.Wolf 银柳
Salix argyracea f. *obovata* Girz=Salix argyracea
Salix argyrophegga Schneid.银光柳
Salix argyrotrichocarpa C.F.Fang 银毛果柳
Salix atopantha Schneid.奇花柳
Salix atopantha var. *glabra* Hao=Salix chienii
Salix atopantha var. pedicellata C.F.Fang & J.Q.Wang 长柄奇花柳
Salix aurita L.耳柳
Salix austrotibetica N.Chao 藏南柳
Salix babylonica L.垂柳
Salix babylonica f. *babylonica*=Salix babylonica
Salix babylonica f. tortuosa Y.L.Chou 曲枝垂柳
Salix babylonica f. *willosa* C.F.Fang=Salix babylonica
Salix babylonica var. glandulipilosa P.Y.Mao 腺毛垂柳
Salix babylonica var. *szechuanica* Göerz=Salix babylonica
Salix babylonica var. *tortusa* Y.L.Chou (新拉汉英 1996) =Salix babylonica f. tortuosa
Salix baileyi Schneid.百里柳
Salix balansaei Seem.中越柳
Salix balansaei var. hunanensis N.Chao 湘柳
Salix balansaei var. *szechuanica* Görz =Salix radinostachya
Salix balfouriana Schneid.白背柳
Salix bangongensis C.Wang & C.F.Fang 班公柳
Salix berberifolia Pall.刺叶柳
Salix bhutanensis Flod.=Salix karelinii
Salix bhutanensis Flod.不丹柳
Salix bhutanensis var. *lasiopes* (C.Wang & P.Y.Fu) N.Chao=Salix lasiopes
Salix bhutanensis var. *yadongensis* (N.Chao) N.Chao=Salix yadongensis
Salix bikouensis Y.L.Chou 碧口柳
Salix bikouensis var. bikouensis=Salix bikouensis
Salix bikouensis var. villosa Y.L.Chou 毛碧口柳
Salix biondiana Seemen 庙王柳
Salix bistyla Hand.-Mazz.双柱柳
Salix blakii Goerz.黄线柳
Salix bockii Seemen=Salix variegata
Salix bordensis Nakai=Salix microstachya var. bordensis
Salix boseensis N.Chao 桂柳
Salix brachista Schneid.(Hand.-Mazz.in Symb.Sin.1929)=Salix ovatomicrophylla
Salix brachista Schneid.小垫柳
Salix brachista var. brachista=Salix brachista
Salix brachista var. integra C.Wang 全缘小垫柳
Salix brachista var. *multiflora* C.Wang & P.Y.Fu=Salix serpyllum
Salix brachista var. pilifera N.Chao 毛果小垫柳
Salix brachypoda (Trautv. & Mey.) Kom.=Salix rosmarinifolia var. brachypoda
Salix bracteosa Turcz. ex Trautv.=Chosenia arbutifolia
Salix brayi Ledeb.=Salix berberifolia
Salix bulkingensis Ch.Y.Yang 布尔津柳
Salix burqinensis C.Y.Yang 布尔青柳
Salix caesia Vill.欧杞柳
Salix caloneura Schneid.=Salix radinostachya
Salix calyculata HK.f.长柄垫柳
Salix calyculata var. calyculata=Salix calyculata
Salix calyculata var. *glabrifolia* Hand.-Mazz.=Salix calyculata
Salix calyculata var. gongshanica C.Wang & C.F.Fang 贡山长柄垫柳
Salix camusii Lévl.=Salix etosia
Salix cantoniensis Hance=Salix babylonica
Salix capitata Y.L.Chou & Skv.圆头柳
Salix caprea L. (Kom.in Act.Hort.Petrop.1903)=Salix raddeana
Salix caprea L. (西藏志 1980)=Salix wallichiana
Salix caprea L.黄花柳

Salix caprea f. *elongata* (Nakai) Kitag.=Salix raddeana
Salix caprea f. *subglabra* (Y.L.Chang & Skv.) Kitag.=Salix raddeana var. subglabra
Salix caprea L. (Burkill in J.L.Soc.Bot.1899)=Salix sinica
Salix caprea var. *dentata* Hao=Salix sinica var. dentata
Salix caprea var. *sinica* Hao=Salix sinica
Salix capusii Franch.蓝叶柳
Salix carmanica Bornm.黄皮柳
Salix caspica Pall.(东北木本志 1955)=Salix gracilior
Salix caspica Pall.油柴柳
Salix caspica var. *michelsonii* (Görz) Poljak.=Salix michelsonii
Salix cathayana Diels 中华柳
Salix cavaleriei Lévl.云南柳
Salix cereifolia Görz =Salix dissa var. cereifolia
Salix chaenomeloides Kimura 腺柳
Salix chaenomeloides f. chaenomeloides=Salix chaenomeloides
Salix chaenomeloides f. obtusa (C.Wang & C.Y.Yu) C.F.Fang 钝叶腺柳
Salix chaenomeloides var. chaenomeloides=Salix chaenomeloides
Salix chaenomeloides var. glandulifolia (C.Wang & C.Y.Yu) C.F.Fang 腺叶腺柳
Salix changchowensis Metcalf.=Salix dunnii
Salix characta Schneid.密齿柳
Salix cheilophila Schneid 乌柳
Salix cheilophila var. acuminata C.Wang 宽叶乌柳
Salix cheilophila var. cheilophila=Salix cheilophila
Salix cheilophila var. *cyanolimnea* (Hance) C.Y.Yang=Salix cyanolimnea
Salix cheilophila var. microstachyoides (C.Wang & P.Y.Fu) C.Wang & C.F.Fang 大红柳
Salix chekiangensis Cheng 浙江柳
Salix chienii Cheng 银叶柳
Salix chienii var. pubigera N.Chao 常宁柳
Salix chikungensis Schneid.鸡公柳
Salix chinensis Burm.=Salix babylonica
Salix chingiana Hao 秦柳
Salix chumulamanica C.Wang & P.Y.Fu=Salix serpyllum
Salix chuniana Fang=Salix hylonoma
Salix cinerea L.(Kom.in Act.Hort.Petrop.1903)=Salix gracilistyla
Salix cinerea L.(Schneid.in Sarg.Pl.Wils.1916)=Salix raddeana
Salix cinerea L.灰柳
Salix clathrata Hand.-Mazz.栅枝垫柳
Salix clathrata var. *rockiana* Hand.-Mazz.=Salix clathrata
Salix coerulea E.Wolf=Salix capusii
Salix coggygria Hand.-Mazz.怒江矮柳
Salix contortiapiculata P.Y.Mao & W.Z.Li 扭尖柳
Salix crenata Hao 锯齿叶垫柳
Salix cupularis Rehd.杯腺柳
Salix cupularis var. acutifolia S.Q.Zhou 尖叶杯腺柳
Salix cupularis var. *lasiogyne* Rehd.=Salix oritrepha
Salix cyanolimnea Hance 光果乌柳
Salix daddeana Laksch. (新拉汉英 1996)=Salix raddeana
Salix daguanensis P.Y.Mao & P.X.He 大关柳
Salix dailingensis Y.L.Chou & C.Y.King=Salix viminalis
Salix daliensis C.F.Fang & S.D.Zhao 大理柳
Salix daliensis f. daliensis=Salix daliensis
Salix daliensis f. longispica C.F.Fang 长穗大理柳
Salix daltoniana Anderss.褐背柳
Salix daltoniana var. *franchetiana* Burkill=Salix ernesti
Salix dalungensis C.Wang & P.Y.Fu 节枝柳
Salix daphnoides Vill.(Hao in Repl.Beih.1936)=Salix kangensis var. leiocarpa
Salix daphnoides Vill.(Ledeb.in Fl.Ross.1850)=Salix rorida
Salix dasyclados Wimm.毛枝柳
Salix delavayana ×*myrtillacea* Görz =Salix spodiophylla
Salix delavayana Hand.-Mazz.腹毛柳
Salix delavayana f. glabra C.F.Fang 光苞腹毛柳
Salix delavayana var. delavayana=Salix delavayana
Salix delavayana var. *pilososuturalis* f. *glabra* C.F.Fang=Salix delavayana var. pilososuturalis
Salix delavayana var. pilososuturalis Y.L.Chou & C.F.Fang 毛缝腹毛柳
Salix densifoliata Seemen=Salix variegata
Salix denticulata Anderss.齿叶柳
Salix depressa Poljak.=Salix iliensis
Salix dibapha Schneid.异色柳
Salix dibapha var. biglandulosa C.F.Fang 二腺异色柳
Salix dibapha var. dibapha=Salix dibapha
Salix dictyoneura Seemen=Salix rosthornii
Salix discolor Muhl.褐色柳
Salix disperma Don=Salix tetrasperma
Salix dissa C.K.Schneid 异型柳
Salix dissa f. *angustifolia* C.F.Fang= Salix dissa
Salix dissa var. cereifolia (Görz) C.F.Fang 单腺型柳
Salix dissa var. dissa=Salix dissa
Salix divaricata Pall.叉枝柳
Salix divaricata var. divaricata=Salix divaricata
Salix divaricata var. metaformosa (Nakai) Kitag.长圆叶柳
Salix divaricata var. *orthostemma* (Nakai) Kitag.=Salix divaricata var. metaformosa
Salix divergentistyla C.F.Fang 叉柱柳
Salix dodecandra Lévl.=Salix rosthornii
Salix doii Hay.台湾柳
Salix dolia Schneid.=Salix rehderiana var. dolia
Salix dolia var. *lineariloba* N.Chao=Salix eriostachya var. lineariloba
Salix dolichostyla Seemen=Salix eriocarpa
Salix donggouxianica C.F.Fang 东沟柳
Salix driophila Schneid.林柳
Salix duclouxii Lévl.=Salix variegata
Salix duclouxii var. *kouytchensis* Lévl.=Salix kouytchensis
Salix dunnii Schneid 长梗柳
Salix dunnii var. dunnii=Salix dunnii
Salix dunnii var. tsoongii (Cheng) C.Y.Yu & S.D.Zhao 钟氏柳
Salix dyscrita Schneid.=Salix luctuosa
Salix elegans Wall.=Salix denticulata
Salix eriocarpa Franch. & Sav.长柱柳
Salix erioclada Lévl.绵毛柳
Salix eriophylla Anderss.=Salix psilostigma
Salix eriophylla Burkill=Salix daliensis
Salix eriostachya var. lineariloba (N.Chao) G.Zhu 线裂棉穗柳
Salix eriostroma Hay.=Salix doii
Salix ernesti ×opsimentha Görz 圆齿迟花柳
Salix ernestii C.K.Schneid 银背柳
Salix ernestii f. ernesti=Salix ernestii
Salix ernestii f. *glabrescens* Y.L.Chou & C.F.Fang=Salix ernestii
Salix ernestii var. *wangii* (Goerz.) N.Chao=Salix ernestii
Salix etosia Schneid.巴柳
Salix etosia f. etosia=Salix etosia
Salix etosia f. longipes N.Chao 长柄巴柳
Salix eucalyptoides Mey. ex Schneid.=Chosenia arbutifolia
Salix fargesii Burk.(Seemen in Engl.Bot.Jahrb.1900)=Salix fargesii var. kansuensis
Salix fargesii Burk.川鄂柳
Salix fargesii var. fargesii=Salix fargesii
Salix fargesii var. kansuensis (Hao) N.Chao 甘肃柳
Salix faxoniana Schneid.=Salix oreinoma
Salix faxonianoides C.Wang 藏匐柳
Salix faxonianoides var. faxonianoides=Salix faxonianoides
Salix faxonianoides var. vilosa S.D.Zhao 毛轴藏柳
Salix fedtschenkoi Görz 山羊柳
Salix fenghuangschanica Y.L.Chou & Skv.=Salix kangensis var. leiocarpa
Salix fengiana C.F.Fang & Ch.Y.Yang 贡山柳
Salix fengiana var. gymnocarpa P.Y.Mao & W.Z.Li 裸果贡山柳
Salix fengxianica N.Chao=Salix alfredii var. fengxianica
Salix filistyla C.Wang & P.Y.Fu=Salix bhutanensis
Salix flabellaris Anderss.扇叶垫柳
Salix flavicans (Anderss.) Hao=Salix rosmarinifolia var. brachypoda
Salix flavida Y.L.Chang=Salix gordejevii
Salix floccosa Burkill 丛毛矮柳
Salix floccosa var. *leiogyna* P.Y.Mao & W.Z.Li=Salix resectoides
Salix floderusii Nakai 崖柳
Salix floderusii f. *glabra* Nakai=Salix taraikensis
Salix floderusii f. *manshurica* Nakai=Salix floderusii
Salix forrestii Hao=Salix baalfouriana
Salix fragilis L.爆竹柳
Salix franchetiana (Burkill) Hand.-Mazz.=Salix ernesti

Salix fulvopubescens Hay.褐毛柳
Salix fulvopubescens var. *doii* (Hay.) K.C.Yang T.C.Huang=Salix doii
Salix fulvopubescens var. *tagawana* (Koidz.) K.C.Yang & T.C.Huang=Salix tagawana
Salix funebris Lévl.=Salix wallichiana
Salix furcata Anderss.=Salix lindleyana
Salix geminata Chang & Skv.=Salix hsinganica
Salix gilashanica C.Wang & P.Y.Fu 吉拉柳
Salix glandulosa Seemen=Salix chaenomeloides
Salix glandulosa f. *obtusa* C.Wang & C.Y.Yu=Salix chaenomeloides f. obtusa
Salix glandulosa var. *glandulifolia* C.Wang & C.Y.Yu=Salix chaenomeloides var. glandulifolia
Salix glandulosa var. *stenophylla* C.Wang & C.Y.Yu=Salix rosthornii
Salix glandulosa var. *warburgii* (Seemen) Koidz.=Salix warburgii
Salix glareorum P.Y.Mao & W.Z.Li 石流垫柳
Salix glauca L.灰蓝柳
Salix gmelini Pall.=Salix viminalis var. gmelin
Salix gordejevii Y.L.Chang 黄柳
Salix gracilior (Siuz.) Nakai 细枝柳
Salix gracilistyla Miq.细柱柳
Salix gracilistyla var. *acuminata* Skv.=Salix gracilistyla
Salix gracilistyla var. *latifolia* Skv.=Salix gracilistyla
Salix guebrianthiana Schneid.细序柳
Salix gyamdaensis C.F.Fang 江达柳
Salix gyirongensis S.D.Zhao & C.F.Fang 吉隆垫柳
Salix haoana Fang 四川红柳
Salix hastata L.(Anderss.in Sarg.Pl.Wils.1916)=Salix karelinii
Salix hastata L.(HK.f. in Fl.Brit.Ind.1890)=Salix karelinii
Salix hastata L.戟柳
Salix hastata Poljak.=Salix fedtschenkoi
Salix hastata var. *himalayensis* Anderss.=Salix karelinii
Salix heishuiensis N.Chao 黑水柳
Salix henryi Burkill=Salix heterochroma
Salix heterochroma Seemen 紫枝柳
Salix heterochroma var. *concolor* Goerz.=Salix heterochroma
Salix heterochroma var. glabra C.Y.Yu & C.F.Fang 无毛紫枝柳
Salix heterochroma var. heterochroma=Salix heterochroma
Salix heteromera Hand.-Mazz.异蕊柳
Salix heteromera var. *villosior* Hand.-Mazz.=Salix heteromera
Salix heterostemon Flod.=Salix resectoides
Salix himalayensis (Anders.) Flod.=Salix karelinii
Salix himalayensis var. *filistyla* (C.Wang & P.Y.Fu) C.F.Fang=Salix bhutanensis
Salix himalayensis var. himalayensis=Salix himalayensis
Salix hirticaulis Hand.-Mazz.毛枝垫柳
Salix hsinganica Y.L.Chang & Skv.兴安柳
Salix hsinhsuaniana Fang=Salix cathayana
Salix huiana Görz =Salix dissa
Salix huiana var. *tricholepis* Goerz.=Salix luctuosa
Salix humaensis Y.L.Chou & R.C.Chou 呼玛柳
Salix hupehenis Hao 湖北柳
Salix hylonoma C.K.Schneid 川柳
Salix hylonoma f. hylonoma=Salix hylonoma
Salix hylonoma f. *liocarpa* Goerz.=Salix hylonoma var. liocarpa
Salix hylonoma f. liocarpa Görz 无毛川柳
Salix hylonoma var. *isochroma* (Schneid.) Schneid.=Salix hylonoma
Salix hylonoma var. liocarpa (Goerz.) G.Zhu 光果川柳
Salix hypoleuca Seemen 小叶柳
Salix hypoleuca f. hypoleuca=Salix hypoleuca
Salix hypoleuca f. trichorachis C.F.Fang 毛轴小叶柳
Salix hypoleuca var. hypoleuca=Salix hypoleuca
Salix hypoleuca var. platyphylla Schneid.宽叶翻白柳
Salix ilectica Y.L.Chou=Salix hsinganica
Salix ilectica var. *integristyla* Y.L.Chou=Salix hsinganica
Salix iliensis Rgl.伊犁柳
Salix inamoena ×tetradenia Hand.-Mazz.=Salix inamoena var. glabra
Salix inamoena Hand.-Mazz.丑柳
Salix inamoena var. glabra C.F.Fang 无毛丑柳
Salix inamoena var. inamoena=Salix inamoena
Salix insignis Anderss.藏西柳
Salix integra Thunb.杞柳
Salix isochroma Schnied.=Salix hylonoma
Salix jeholensis Nakai=Salix matsudana
Salix jessoensis Hao=Salix koreensis var. shandongensis
Salix jinchuanica N.Chao 金川柳
Salix jingdongensis C.F.Fang 景东矮柳
Salix jishiensis C.F.Fang & J.Q.Wang 积石柳
Salix juparica × sibirica Görz.?青海沼柳
Salix juparica Görz 贵南柳
Salix juparica var. juparica=Salix juparica
Salix juparica var. tibetica (Görz.) C.F.Fang 光果贵南柳
Salix kamanica C.Wang & P.Y.Fu 卡马垫柳
Salix kangdingensis S.D.Zhao & C.F.Fang 康定垫柳
Salix kangensis Nakai 江界柳
Salix kangensis f. *leiocarpa* (Kitag.) Kitag.=Salix kangensis var. leiocarpa
Salix kangensis var. kangensis=Salix kangensis
Salix kangensis var. leiocarpa Kitag.光果江界柳
Salix kansuensis Hao=Salix fargesii var. kansuensis
Salix karelinii Turcz.(西藏志 1980)=Salix karelinii
Salix karelinii Turcz.枸子叶柳
Salix kirilowiana Stsch.天山筐柳
Salix kochiana Trautv.沙杞柳
Salix kongbanica C.Wang & P.Y.Fu 康巴柳
Salix koreensis Anderss.朝鲜柳
Salix koreensis var. brevistyla Y.L.Chou & Skv.短柱朝鲜柳
Salix koreensis var. koreensis=Salix koreensis
Salix koreensis var. pedunculata Y.L.Chou 长梗朝鲜柳
Salix koreensis var. shandongensis C.F.Fang 山东柳
Salix koriyanagi Kimura ex Görz 尖叶紫柳
Salix kouytchensis (Lévl.) Schneid.贵州柳
Salix kulashanensis C.Wang & P.Y.Fu=Salix gilashanica
Salix kungmuensis P.Y.Mao & W.Z.Li 孔目矮柳
Salix kusanoi (Hay.) Hay.=Salix kusanoi
Salix kusanoi (Hay.) Schneid.(p.p.)=Salix warburgii
Salix kusanoi (Hay.) Schneid.水社柳
Salix lamashanensis Hao 拉马山柳
Salix lanifera C.F.Fang & S.D.Zhao 白毛柳
Salix lasiopes C.Wang & P.Y.Fu 毛柄柳
Salix ×leucopithecia Kimura 棉花柳?
Salix levelilleana Schneid.井岗柳
Salix liangshuiensis Y.L.Chou & C.Y.King=Salix raddeana
Salix limprichtii Pax & Hoftm.黑皮柳
Salix lindleyana Wall.青藏垫柳
Salix linearifolia E.L.Wolf=Salix blakii
Salix linearistipularis (Franch.) Hao 筐柳
Salix liouana C.Wang & Ch.Y.Yang 黄龙柳
Salix livida Willd.(东北木本志 1955)=Salix taraikensis
Salix longiflora Wall. ex Anderss.长花柳
Salix longiflora Burkill=Salix cathayana
Salix longiflora var. albescens Burkill 小叶长花柳
Salix longiflora var. longiflora=Salix longiflora
Salix longiflora var. *psilolepis* Hand.-Mazz.=Salix tenella
Salix longissimipedicellaris N.Chao ex P.Y.Mao 苍山长梗柳
Salix longistamina C.Wang & P.Y.Fu(p.p.)=Salix longistamina var. glabra
Salix longistamina C.Wang & P.Y.Fu 长蕊柳
Salix longistamina var. glabra Y.L.Chou 无毛长蕊柳
Salix longistamina var. longistamina=Salix longistamina
Salix luctuosa Lévl.丝毛柳
Salix luctuosa var. *pubescens* C.Wang & P.Y.Fu=Salix rehderiana
Salix ludingensis T.Y.Ding & C.F.Fang 泸定垫柳
Salix maboulasensis Ying=Salix takasagoalpina
Salix macarolepis Turcz.=Chosenia arbutifolia
Salix macroblasta Schneid.灌西柳
Salix macrolepis Turcz.=Chosenia arbutifolia
Salix maerkangensis N.Chao 簇毛柳
Salix magnifica Hemsl.大叶柳
Salix magnifica var. apetala (Schneid.) Hao 倒卵叶大叶柳
Salix magnifica var. magnifica=Salix magnifica
Salix magnifica var. ulotricha (Schneid.) N.Chao 卷毛大叶柳
Salix mairei Lévl.=Salix wallichiana
Salix maizhokunggarensis N.Chao 墨竹柳

Salix matsudana Koidz.旱柳
Salix matsudana f. matsudana=Salix matsudana
Salix matsudana f. pendula Schneid.绦柳
Salix matsudana f. tortuosa (Vilm.) Rehd.龙爪柳
Salix matsudana f. umbraculifera Rehd.馒头柳
Salix matsudana var. anshanensis C.Wang & J.Z.Yan 旱快柳
Salix matsudana var. matsudana =Salix matsudana
Salix matsudana var. pseudomatsudana (Y.L.Chou & Skv.) Y.L.Chou 旱垂柳
Salix matsudana var. *tortuosa* Vilm.=Salix matsudana f. tortuosa
Salix maximowiczii Kom.大白柳
Salix medogensis Y.L.Chou 墨脱柳
Salix melea Schneid.=Salix rehderiana
Salix mesnyi Hance (Burkill ex Forbes & Hemsl. in J. L.Soc.Bot. 1899,p.p.)=Salix warburgii
Salix mesnyi Hance 粤柳
Salix metaformosa Nakai=Salix divaricata var. metaformosa
Salix metaglauca Ch.Y.Yang 绿叶柳
Salix micans Anderss.=Salix alba
Salix michelsonii Görz 米黄柳
Salix microphyta Franch.宝兴矮柳
Salix microstachya Turcz. ex Trautv.小穗柳
Salix microstachya Turcz.小穗柳
Salix microstachya var. bordensis (Nakai) C.F.Fang 小红柳
Salix microstachya var. bordensis (Nakai) C.F.Fang 小红柳
Salix microstachya var. micarostachya=Salix microstachya
Salix microstachya var. microstachya =Salix microstachya
Salix microstachyoides C.Wang & P.Y.Fu=Salix cheilophila var. microstachyoides
Salix mictotricha Schneid.兴山柳
Salix minjiangensis N.Chao 岷江柳
Salix minutiflora Turcz. ex E.Wolf=Salix caesia
Salix minutiflora var. *pubescnes* E.Wolf=Salix rosmarinifolia
Salix mixta Korsh.=Salix eriocarpa
Salix mongolica (Franch.) Siuz.=Salix linearistipularis
Salix mongolica f. *bicolor* Chang & Skv.=Salix linearistipularis
Salix mongolica f. *gracilior* Siuz.(p.p.)=Salix gracilior
Salix mongolica f. *gracilior* Siuz.(p.p.)=Salix linearistipularis
Salix mongolica f. *latifolia* Nas.=Salix linearistipularis
Salix mongolica f. *sericea* Chang & Skv.=Salix linearistipularis
Salix morii Hay.=Salix doii
Salix morrisonicola Kimura 玉山柳
Salix moupinensis Franch.宝兴柳
Salix moupinensis f. *elliptica* Görz =Salix moupinensis
Salix moupinensis f. *obovata* Görz =Salix moupinensis
Salix muliensis Görz 木里柳
Salix multinervis Franbch. & Sav.=Salix integra
Salix myricifolia Anders.=Salix caesia
Salix myrsinites L.(Nes.in Kom.Fl.URSS 1936,p.p.)=Salix rectijulis
Salix myrtillacea Anderss.坡柳
Salix myrtilloides L.越桔柳
Salix myrtilloides var. mandshurica Nakai 东北越桔柳
Salix myrtilloides var. myrtilloides=Salix myrtilloides
Salix nankingensis C.Wang & Tung 南京柳
Salix nelamunensis C.Wang & P.Y.Fu=Salix serpyllum
Salix neoamnematchinensis T.Y.Ding C.F.Fang 新山生柳
Salix neolapponum Ch.Y.Yang 绢柳
Salix neowilsonii Fang 新紫柳
Salix niedzwieckii Görz =Salix capusii
Salix nipponica (Franch. & Sav.) Seemen
Salix nipponica Franch. & Sav.=Salix nipponica
Salix nipponica Franch. & Sav.日本三蕊柳
Salix nipponica var. mengshanensis (S.B.Liang) G.Zhu 蒙山柳
Salix nipponica var. nipponica=Salix nipponica
Salix nujiangensis N.Chao 怒江柳
Salix nummularia Anders.多腺柳
Salix oblongifolia Liou=Salix divaricata var. metaformosa
Salix obscura Anderss.毛坡柳
Salix obscura var. *lanifera* (C.F.Fang & S.D.Zhao) N.Chao=Salix lanifera
Salix occidentalisinensis N.Chao 华西柳
Salix ochetophylla Görz 汶川柳
Salix okamotoana Kiidz.台矮柳
Salix oldhamiana Miq.(Henryi in Trans.Asiat.Soc.Jap.1896)=Salix warburgii
Salix omeiensis Schneid.峨眉柳
Salix opaca Anderss.=Salix sachalinensis
Salix opsimantha Schneid.迟花柳
Salix opsimantha var. opsimantha=Salix opsimantha
Salix opsimantha var. wawashanica (P.Y.Mao & P.X.He) G.Zhu 娃娃山柳
Salix oreinoma Schneid.迟花矮柳
Salix oreinoma var. *wawashanica* P.Y.Mao & P.X.He=Salix opsimantha var. wawashanica
Salix oreophila HK.f. 尖齿叶垫柳
Salix oreophila var. oreophila=Salix oreophila
Salix oreophila var. secta (Anderss.) Anderss.五齿叶垫柳
Salix oritrepha Schneid.山生柳
Salix oritrepha var. amnematchinensis (Hao) C.Wang & C.F.Fang 青山生柳
Salix oritrepha var. oritrepha=Salix oritrepha
Salix oritrepha var. *tibetica* f. *uniglandulosa* Groz ex Hao=Salix sclerophylla var. tibetica
Salix oritrepha var. *tibetica* Görz =Salix sclerophylla var. tibetica
Salix orthostemma Nakai=Salix divaricata var. metaformosa
Salix ovatomicrophylla Hao 卵小叶垫柳
Salix oxycarpa Anderss.=Salix pycnostachya var. oxycarpa
Salix pachyclada Lévl. & Vant.=Salix wallichiana var. pachyclada
Salix paraflabellaris S.D.Zhao 类扇叶垫柳
Salix paraheterochroma C.Wang & P.Y.Fu 藏紫枝柳
Salix paraphylicifolia Ch.Y.Yang 光叶柳
Salix paraplesia Schneid.康定柳
Salix paraplesia f. lanceolata C.Wang & C.Y.Yu 狭叶康定柳
Salix paraplesia f. paraplesia=Salix paraplesia
Salix paraplesia var. paraplesia=Salix paraplesia
Salix paraplesia var. pubescens C.Wang & C.F.Fang 毛枝康定柳
Salix paraplesia var. subintegra C.Wang & P.Y.Fu 左旋柳
Salix paratetradenia C.Wang & P.Y.Fu 类四腺柳
Salix paratetradenia var. paratetradenia=Salix paratetradenia
Salix paratetradenia var. yatungensis C.Wang & P.Y.Fu 亚东柳
Salix parvidenticulata C.F.Fang 小齿叶柳
Salix pella Schneid.黑枝柳
Salix pentandra L.五蕊柳
Salix pentandra var. intermedia Nakai 白背五蕊柳
Salix pentandra var. obovata C.Y.Yu 卵苞五蕊柳
Salix pentandra var. pentandra=Salix pentandra
Salix permollis C.Wang & C.Y.Yu 山毛柳
Salix phaidima Schneid.纤柳
Salix phanera Schneid 长叶柳
Salix phanera var. phanera=Salix phanera
Salix phanera var. weixiensis C.F.Fang 维西长叶柳
Salix phaneroides Görz =Salix phanera
Salix phylicifolia Buikill=Salix taishanensis var. hebeinica
Salix phylicifolia L.(Kyrl.in Fl.Bib.Occid.1930,p.p.)=Salix saposhnikovii
Salix pierotii Miq.白皮柳
Salix pilosomicrophylla C.Wang & P.Y.Fu 毛小叶垫柳
Salix pingliensis Y.L.Chou 平利柳
Salix piptotricha Hand.-Mazz.毛果垫柳
Salix plocotricha Schneid.曲毛柳
Salix polyadenia Hand.-Mazz.=Salix nummularia
Salix polyadenia var. *polyadenia* Hand.-Mazz.=Salix nummularia
Salix polyadenia var. *tschanbaischanica* (Y.L.Chou & Y.L.Chang) Y.L.Chou= Salix nummularia
Salix polyandra Lévl.=Salix cavaleriei
Salix polyclona Schneid.多枝柳
Salix pominica C.Wang & P.Y.Yu=Salix brachista
Salix praticola Hand.-Mazz.草地柳
Salix psammophila C.Wang & Ch.Y.Yang 北沙柳
Salix pseudoernesti Görz=Salix ernesti
Salix pseudolasiogyne Lévl.朝鲜垂柳
Salix pseudolasiogyne var. erythrantha C.F.Fang 红花朝鲜垂柳
Salix pseudolasiogyne var. pseudolasiogyne=Salix pseudolasiogyne
Salix pseudolinearis Nas.=Salix viminalis var. angustifolia
Salix pseudomatsudana Y.L.Chou & Skv.=Salix matsudana var.

pseudomatsudana
Salix pseudopentandra Flod.=Salix pentandra var. intermedia
Salix pseudopermollis C.Y.Yu & Ch.Y.Yang 小叶山毛柳
Salix pseudospissa Görz.大苞柳
Salix pseudotangii C.Wang & C.Y.Yu 山柳
Salix pseudowallichiana Görz 青皂柳
Salix pseudowolohoensis Hao 西柳
Salix psilostigma Anderss.(Burkill in J.L.Soc.Bot. 1899)=Salix daliensis
Salix psilostigma Anderss.(Schneid.in Sarg.Pl.Wils.1916)=Salix daliensis f. longispica
Salix psilostigma Anderss.裸柱头柳
Salix pubescnes (E.Wolf) Hao=Salix rosmarinifolia
Salix purpurea L.(树木分类学 1937,p.p.,高等图鉴 1972)=Salix linearistipularis
Salix purpurea L.(秦岭志 1974)=Salix sinopurpurea
Salix purpurea subsp. *amplexicaulis* var. *multinervis* Schneid.=Salix integra
Salix purpurea var. *amplexicaulis* Boish.(东北木本志 1955)=Salix integra
Salix purpurea var. *japonica* Nakai=Salix koriyanagi
Salix purpurea var. *longipetiolata* C.Y.Yu=Salix sinopurpurea
Salix purpurea var. *smithiana* Trautv.(Nakai in Fl.Sylv.Kor.1930)=Salix gracilior
Salix purpurea var. *stipularis* Franch.=Salix linearistipularis
Salix pycnostachya Anderss.密穗柳
Salix pycnostachya var. oxycarpa (Anderss.) Y.L.Chou & C.F.Fang 尖果密穗柳
Salix pycnostachya var. pycnostachya=Salix pycnostachya
Salix pyi Lévl.=Salix cavaleriei
Salix pyrina Hao=Salix tetrasperma
Salix pyrolaefolia Ledeb.鹿蹄柳
Salix pyrolaefolia var. *cordata* Trautv.=Salix pyrolaefolia
Salix pyrolaefolia var. *ovata* Trautv.=Salix pyrolaefolia
Salix pyrolaefolia var. *pubescens* Nas.=Salix pyrolaefolia
Salix qinghaiensis Y.L.Chou 青海柳
Salix qinghaiensis var. microphylla Y.L.Chou 小叶青海柳
Salix qinghaiensis var. qinghaiensis=Salix qinghaiensis
Salix raddeana Laksch.大黄柳
Salix raddeana var. *liangshuiensis* (Y.L.Chou & C.Y.King) Y.L.Chou=Salix raddeana
Salix raddeana var. raddeana=Salix raddeana
Salix raddeana var. subglabra Y.L.Chang & Skv.稀毛大黄柳
Salix radinostachya Schneid 长穗柳
Salix radinostachya var. pseudophanera C.F.Fang 绒毛长穗柳
Salix radinostachya var. radinostachya=Salix radinostachya
Salix radinostachya var. *szechuanica* (Goerz.) N.Chao=Salix radinostachya
Salix rectijulis Ledeb. ex Turcz.欧越桔柳
Salix rehderiana Schneid.川滇柳
Salix rehderiana var. *brevisericea* Schneid.=Salix rehderiana
Salix rehderiana var. dolia (Schneid.) N.Chao 灌柳
Salix rehderiana var. *lasiogyna* C.Wang & P.Y.Fu=Salix sericocarp
Salix rehderiana var. rehderiana=Salix rehderiana
Salix repens var. *brachypoda* Trautv. & Mey.=Salix rosmarinifolia var. brachypoda
Salix repens var. *flavicans* Anderss.=Salix rosmarinifolia var. brachypoda
Salix repens var. *rosmarinifolia* (L.) Wimm. & Grab.=Salix rosmarinifolia
Salix resecta Diels 截苞柳
Salix resectoides Hand.-Mazz.藏截苞矮柳
Salix rhododendrifolia C.Wang & P.Y.Fu 杜鹃叶柳
Salix rhododendroides C.Wang & C.Y.Yu=Salix wangiana
Salix rhoophila Schneid.房山柳
Salix rivulicola P.Y.Mao & W.Z.Li=Salix annulifera var. dentata
Salix rockii Görz 拉加柳
Salix rockii f. biglandulosa C.F.Fang 二腺拉加柳
Salix rockii f. rockii=Salix rockii
Salix rorida Laksch.粉枝柳
Salix rorida var. *oblanceolata* Y.L.Chou & Skv.=Salix rorida
Salix rorida var. *pendula* Skv.=Salix rorida
Salix rorida var. rorida=Salix rorida
Salix rorida var. roridaeformisY.L.Chang & Y.L.Chou 伪粉枝柳
Salix roridaeformis Nakai=Salix rorida var. roridaeformis
Salix rosmarinifolia L.细叶沼柳
Salix rosmarinifolia var. brachypoda (Truatv. & Mey.) Y.L.Chou 沼柳
Salix rosmarinifolia var. gannanensis C.F.Fang 甘肃沼柳
Salix rosmarinifolia var. rosmarinifolia=Salix rosmarinifolia
Salix rosmarinifolia var. tungbeiana Y.L.Chou & Skv.东北细叶沼柳
Salix rossica Nas.=Salix schwerinii
Salix rosthornii Seemen 南川柳
Salix rotundifolia Trautv.圆叶柳
Salix sachalinensis Fr.Schm.龙江柳
Salix sajanensis Nas.萨彦柳
Salix salwinensis Hand.-Mazz.对叶柳
Salix salwinensis var. longiamentifera C.F.Fang 长穗对叶柳
Salix salwinensis var. *radinostachya* Hand.-Mazz.=Salix salwinensis
Salix salwinensis var. salwinensis=Salix salwinensis
Salix saposnikovii A.Skv.灌木柳
Salix schneideriana Hao=Salix kouytchensis
Salix schugnanica Goertz.阿克苏柳
Salix schwerinii E.L.Wolf 蒿柳
Salix sclerophylla Anderss.硬叶柳
Salix sclerophylla var. obtusa (C.Wang & P.Y.Fu) C.F.Fang 宽苞金背柳
Salix sclerophylla var. sclerophylla=Salix slcerophylla
Salix sclerophylla var. tibetica (Goerz. ex Rehd. & Kobuski) C.F.Fang 小叶硬叶柳
Salix sclerophylloides Y.L.Chou 近硬叶柳
Salix scopulicola P.Y.Mao & W.Z.Li 岩壁垫柳
Salix sect. *Pentandrae* Dum.=**Chosenia**
Salix sect.*Dodocandrae* Hao=**Chosenia**
Salix secta Anderss.=Salix oreophila var. secta
Salix sericocarpa Anderss.绢果柳
Salix serpyllum Anderss.多花小垫柳
Salix serrulatifolia E.Wolf 锯齿柳
Salix serrulatifolia f. serrulatifolia=Salix serrulatifolia
Salix serrulatifolia f. subintegrifolia Ch.Y.Yang 疏锯齿柳
Salix shandanensis C.F.Fang 山丹柳
Salix shansiensis Hao=Salix linearistipularis
Salix shihtsuanensis C.Wang & C.Y.Yu 石泉柳
Salix shihtsuanensis var. glabrata C.F.Fang & J.Q.Wang 光果石泉柳
Salix shihtsuanensis var. globosa C.Y.Yu 球果石泉柳
Salix shihtsuanensis var. sessilis C.Y.Yu 无柄石泉柳
Salix shihtsuanensis var. shihtsuanensis=Salix shihtsuanensis
Salix sibirica Pall.=Salix rosmarinifolia
Salix sibirica var. *brachypoda* (Trautv. & Mey.) Nakai=Salix rosmarinifolia var. brachypoda
Salix sikkimensis Anderss.锡金柳
Salix sikkimensis Burkill=Salix delavayana
Salix sinica (Hao) C.Wang & C.F.Fang 中国黄花柳
Salix sinica var. dentata (Hao) C.Wang 齿叶黄花柳
Salix sinica var. sinica=Salix sinica
Salix sinica var. subsessilis (K.S.Hao ex C.F.Fang & A.K.Skv.) G.Zhu 无柄黄花柳
Salix sinopurpurea C.Wang & Ch.Y.Yang 红皮柳
Salix siuzevii Seemen 卷边柳
Salix skvortzovii Y.L.Chang & Y.L.Chou 司氏柳
Salix songarica Anderss.准噶尔柳
Salix souliei Seemen 黄花垫柳
Salix spathulifolia Seemen 匙叶柳
Salix spathulifolia f. *lobata* C.F.Fang & J.Q.Wang=Salix spathulifolia
Salix sphaeronymphe Görz 巴郎柳
Salix sphaeronymphoides Y.L.Chou 光果巴郎柳
Salix spissa Anderss.=Salix alatavica
Salix splendida Nakai=Chosenia arbutifolia
Salix spodiophylla Hand.-Mazz.灰叶柳
Salix spodiophylla f. angustifolia C.F.Fang 狭叶灰叶柳
Salix spodiophylla f. liocarpa Hao 无毛灰叶柳
Salix spodiophylla f. spodiophylla=Salix spodiophylla
Salix spodiophylla var. *obtusa* C.Wang & P.Y.Fu=Salix sclerophylla var. obtusa
Salix spodiophylla var. spodiophylla=Salix spodiophylla
Salix squarrosa Schneid.=Salix myrtillacea
Salix starkeana Willd.(Schneid.in Sarg.Pl.Wils.1916)=Salix taraikensis
Salix subfragilis Adnerss.=Salix nipponica

Salix subpycnostachya Burkill=Salix myrtillacea
Salix subpyroliformis Chang & Skv.=Salix pyrolaefolia
Salix suchowensis Cheng 簸箕柳
Salix suishaensis Hay.=Salix kusanoi
Salix sungkianica Y.L.Chou & Skv.松江柳
Salix tagawana Koidz.花莲柳
Salix taipaiensis C.Y.Yu 太白柳
Salix taishanensis C.Wang & C.F.Fang 太山柳
Salix taishanensis var. glabra C.F.Fang & W.D.Liu 光子房泰山柳
Salix taishanensis var. hebeinica C.F.Fang 河北柳
Salix taishanensis var. taishanensis=Salix taishanensis
Salix taiwanalpina Kimura 台高山柳
Salix taiwanalpina var. *morrisonicola* (Kimura) K.C.Yang & T.C.Huang=Salix morrisonicola
Salix taiwanalpina var. *takasagoalpina* (Kimura) Ying=Salix takasagoalpina
Salix takasagoalpina Koidz.台湾匐柳
Salix tangii Hao 周至柳
Salix tangii var. angustifolia C.Y.Yu 细叶周至柳
Salix tangii var. tangii=Salix tangii
Salix taoensis Görz 洮河柳
Salix taoensis var. leiocarpa T.Y.Ding & C.F.Fang 光果洮河柳
Salix taoensis var. pedicellata C.f.Fang & J.Q.Wang 柄果洮河柳
Salix taoensis var. taoensis=Salix taoensis
Salix taraikensis Kimura 谷柳
Salix taraikensis var. latifolia Kimura 宽叶谷柳
Salix taraikensis var. oblanceolata C.Wang & C.F.Fang 倒披针谷柳
Salix taraikensis var. taraikensis=Salix taraikensis
Salix tarbagataica Ch.Y.Yang 塔城柳
Salix tenella Schneid.光苞柳
Salix tenella var. tenella=Salix tenella
Salix tenella var. trichadenia Hand.-Mazz.基毛光苞柳
Salix tengchongensis C.F.Fang 腾冲柳
Salix tenuijulis Ledeb.细穗柳
Salix tenuijulis var. *alberti* (Rgl.) Poljak.=Salix tenuijulis
Salix tetradenia Hand.-Mazz.=Salix guebrianthiana
Salix tetrasperma Burkill ex Forb. & Hemsl.=Salix kusanoi
Salix tetrasperma Roxb.(Diels in Not.Bot.Gard.Edinb.1912)=Salix cavaleriei
Salix tetrasperma Roxb.四子柳
Salix tetrasperma var. *kusanoi* Hay.=Salix kusanoi
Salix thunbergiana Bl. ex Anerss.=Salix gracilistyla
Salix tianschanica Rgel.天山柳
Salix tibetica Görz.=Salix juparica var. tibetica
Salix transarisanensis Hay.=Salix fulvopubescens
Salix triandra L.三蕊柳
Salix triandra var. *mengshanensis* S.B.Liang=Salix nipponica var. mengshanensis
Salix triandra var. *nipponica* (Franch. & Sav.) Seem.=Salix nipponica
Salix triandra var. triandra=Salix triandra
Salix triandroides Fang 川三蕊柳
Salix trichocarpa C.F.Fang 毛果柳
Salix trichomicrophylla C.Wang & P.Y.Fu = Salix pilosomicrophylla
Salix tschanbaischanica Y.L.Chou & Y.L.Chang=Salix nummularia
Salix tsoongii Cheng=Salix dunnii var. tsoongii
Salix turanica Nas.吐兰柳
Salix turczaninowii Laksch.蔓柳
Salix ulotricha Schneid.=Salix magnifica var. ulotricha
Salix vaccinioides Hand.-Mazz.乌饭叶矮柳
Salix variegata Franch.秋华柳
Salix vestita Pursch.皱纹柳
Salix viminalis var. angustifolia Turcz.细叶蒿柳
Salix viminalis var. *gmelinii* Turcz.=Salix schwerinii
Salix viminalis var. viminalis=Salix viminalis
Salix viminalis α. *genuina* Turcz.(p.p.)=Salix sajanensis
Salix viminalis β. *splendens* var. *songarica* Anderss.=Salix turanica
Salix wallichiana Anderss.皂柳
Salix wallichiana f. longistyla C.F.Fang 长柱皂柳
Salix wallichiana f. wallichiana=Salix wallichiana
Salix wallichiana var. *grisea* Anders.=Salix wallichiana
Salix wallichiana var. pachyclada (Lévl. & Vant.) C.Wang & C.F.Fang 绒毛皂柳
Salix wallichiana var. wallichiana=Salix wallichiana
Salix wangiana Hao 眉柳
Salix wangiana var. tibetica C.Wang 红柄柳
Salix wangiana var. wangiana=Salix wangiana
Salix wangii Görz.=Salix ernesti
Salix warburgii Seemen 水柳
Salix weixiensis Y.L.Chou 维西柳
Salix wenchuanica Görz.=Salix argyrophegga
Salix westita Pursh 皱纹柳
Salix wilhelmsiana M.B.线叶柳
Salix wilhelmsiana var. latifolia Ch.Y.Yang 宽线叶柳
Salix wilhelmsiana var. leiocarpa Ch.Y.Yang 光果线叶柳
Salix wilhelmsiana var. wilhelmsiana=Salix wilhelmsiana
Salix wilsonii Seemen 紫柳
Salix wolohoensis Schneid.川南柳
Salix wuiana Hao=Salix alfredii
Salix wuxuhaiensis N.Chao 伍须柳
Salix xerophila Nas.=Salix floderusii
Salix xerophila f. *glabra* (Nakai) Kitag.=Salix taraikensis
Salix xerophila f. *ilectica* (Y.L.Chou) Y.L.Chou=Salix hsinganica
Salix xerophila f. *manshuirica* (Nakai) Kitag.=Salix floderusii
Salix xiaoguongshanica Y.L.Chou & N.Chao 小光山柳
Salix xizangensis Y.L.Chou 西藏柳
Salix yadongensis N.Chao 亚东毛柳
Salix yanbianica C.F.Fang & Ch.Y.Yang 白河柳
Salix yuhuangshanensis C.Wang & C.Y.Yu 玉皇柳
Salix yumenensis H.L.Yang 玉门柳
Salix yunnanensis Lévl.=Salix cavaleriei
Salix zangica N.Chao 藏柳
Salix zayulica C.Wang & C.F.Fang 察隅矮柳
Salix zhegushanica N.Chao 鹧鸪柳
Salix zhouquensis X.G.Sun 舟曲柳
Salmalia malabarica (DC.) Schott & Endl.=Bombax malabaricum
Salomonia Lour.**齿果草属**(远志科)
Salomonia aphylla Griff.=Salomonia elongata
Salomonia cantoniensis Lour.齿果草
Salomonia cantoniensis var. cantoniensis=Salomonia cantoniensis
Salomonia cantoniensis var. *edentula* (DC.) C.Y.Wu=Salomonia cantoniensis var. edentula
Salomonia cantoniensis var. edentula (DC.) Gagn.小果齿果草
Salomonia cavaleriei Lévl.=Salomonia oblongifolia
Salomonia ciliata (L.) DC.(海南志 1964,江苏志 1982)=Salomonia oblongifolia
Salomonia edentula DC.=Salomonia cantoniensis var. edentula
Salomonia elongata (Bl.) Kurz ex Koord.寄生鳞叶草
Salomonia elongata (Bl.) S.K.Chen=Salomonia elongata
Salomonia martinii Lévl.=Polygala tatarinowii
Salomonia oblongifolia DC.椭圆叶齿果草
Salomonia parasitica Griff.=Salomonia elongata
Salomonia seguinii Lévl.=Polygala furcata
Salomonia sessiliflora D.Don=Salomonia oblongifolia
Salomonia stricta S. & Z.=Salomonia oblongifolia
Salomonia tenella HK.f.=Salomonia elongata
Salsola L.**猪毛菜属**(藜科)
Salsola abrotanoides Bge.蒿叶猪毛菜
Salsola affinis C.A.Mey.紫翅猪毛菜
Salsola aperta Pauls.露果猪毛菜
Salsola apsserina Bge.珍珠猪毛菜
Salsola aptera Hand.-Mazz.=Halogeton arachnoideus
Salsola arbuscula Pall.木本猪毛菜
Salsola arbusculiformis Drob.白枝猪毛菜
Salsola arenaria Maerklin=Kochia laniflora
Salsola brachiata Pall.散枝猪毛菜
Salsola chinensis Gdgr.=Salsola collina
Salsola chinghaiensis A.J.Li.青海猪毛菜
Salsola collina Pall.猪毛菜
Salsola crassa M.Pop.粗枝猪毛菜
Salsola dasyantha Pall.=Kochia laniflora
Salsola dichracantha Kitag.=Salsola ruthenica
Salsola dschungarica Iljin 准噶尔猪毛菜

Salsola ferganica Drob.费尔干猪毛菜
Salsola foliosa (L.) Schrad.浆果猪毛菜
Salsola gemmascens subsp. *passerina* (Bge.) Botsch.=Salsola apsserina
Salsola glauca Bieb.=Aellenia glauca
Salsola gobicola Iljin=Salsola pellucida
Salsola heptapotamica Iljin 钝叶猪毛菜
Salsola hyssopifolia Pall.=Bassia hyssopifolia
Salsola ikonnikovii Iljin 蒙古猪毛菜
Salsola implicata Botsch.密枝猪毛菜
Salsola junatovii Botsch.天山猪毛菜
Salsola kali L.(北部植物图志 1935)=Salsola ruthenica
Salsola komarovii Iljin 无翅猪毛菜
Salsola korshinskyi Drob.褐翅猪毛菜
Salsola lanata Pall.短柱猪毛菜
Salsola laniflora S.G.Gmel.=Kochia laniflora
Salsola laricifolia Turcz. ex Litv.松叶猪毛菜
Salsola micranthera Botsch.小药猪毛菜
Salsola monoptera Bge.单翅猪毛菜
Salsola nepalensis Grub 尼泊尔猪毛菜
Salsola nitraria Pall.钠猪毛菜
Salsola oppositiflora Pall.=Girgensohnia oppositiflora
Salsola orientalis S.G.Gmel.东方猪毛菜
Salsola passerina Bge.珍珠猪毛菜
Salsola paulsenii Litv.长刺猪毛菜
Salsola pellucida Litv.薄翅猪毛菜
Salsola pestifer A.Neison (高等图鉴 1972)=Salsola ruthenica
Salsola physophora Schrad.=Suaeda physophora
Salsola praecox Litv.早熟猪毛菜
Salsola prostrata L.=Kochia prostrata
Salsola rigida Pall.=Salsola orientalis
Salsola roborowskii Iljin=Salsola affinis
Salsola rosacea L.蔷薇猪毛菜
Salsola ruthenica Iljin 刺沙蓬
Salsola ruthenica var. filifolia A.J.Li 细叶猪毛草
Salsola ruthenica var. ruthenica=Salsola ruthenica
Salsola sedoides Pall.=Bassia sedoides
Salsola sinkiangensis A.J.Li 新疆猪毛菜
Salsola soda L.(北部植物图志.1935)=Salsola komarovii
Salsola soda L.苏打猪毛菜
Salsola subcrassas M.Pop.粗株猪毛菜(新)
Salsola sukaczevii (Botsch.) A.J.Li.长柱猪毛菜
Salsola tamariscina Pall.柽柳叶猪毛菜
Salsola zaidamica Iljin 柴达木猪毛菜

Salvadoraceae 刺茉莉科

Salvia L.鼠尾草属(唇形科)

Salvia adiantifolia Stib.(植物志 66,1977)=Salvia adiantifolia E.Peter
Salvia adiantifolia Stib.铁线鼠尾草
Salvia adoxoides C.Y.Wu 五福花鼠尾草
Salvia aegyptiaca L.埃及鼠尾草
Salvia aerea Lévl.橙色鼠尾草
Salvia aethiopis Benth.非洲鼠尾草
Salvia aevea Lévl.=Salvia brevilabra
Salvia alatipetiolata Sun 翅柄鼠尾草
Salvia andiantifolia E.Peter 铁线鼠尾草
Salvia anhweiensis Migo=Salvia chienii
Salvia anomala Vant.=Salvia miltiorrhiza
Salvia appendiculata E.Peter 附片鼠尾草
Salvia arisanensis Hay.=Salvia hayatae
Salvia asperata Falc.粗糙鼠尾草
Salvia atropurpurea C.Y.Wu 暗紫鼠尾草
Salvia atrorubra C.Y.Wu 暗红鼠尾草
Salvia baimaensis S.W.Su & Z.A.Shen 白马鼠尾草
Salvia benecincta W.W.Sm.=Salvia kiaometiensis
Salvia betonicoides Lévl.=Salvia cavaleriei
Salvia bifidocalyx C.Y.Wu & Y.C.Huang 开萼鼠尾草
Salvia blinii Lévl.=Salvia brevilabra
Salvia bodinieri Vant.=Salvia yunnanensis
Salvia bowleyana Dunn 南丹参
Salvia bowleyana var. bowleyana=Salvia bowleyana
Salvia bowleyana var. subbipinnata C.Y.Wu 羽裂南丹参(新)
Salvia brachiata Roxb.=Salvia plebeia
Salvia brachyloma Stib.短冠鼠尾草
Salvia breviconnectivata Sun 短隔鼠尾草
Salvia brevilabra Franch.(Dunn in Notes Bot.Gard.Edinb.1915,p.p.)=
Salvia przewalskii var. mandarinorum
Salvia brevilabra Franch.短唇鼠尾草
Salvia bulleyana Diels (Stib.in Act.Hort.Göthob.1934,p.p.)=Salvia flava
Salvia bulleyana Diels (Stib.in Act.Hort.Göthob.1934,p.p.)=Salvia flava var. megalantha
Salvia bulleyana Diels 戟叶鼠尾草
Salvia calthaefolia Lévl.=Salvia mairei
Salvia campanulata Wall.(Dunn in Notes Bot.Gard.Edinb.1915,p.p.)=
Salvia hylocharis
Salvia campanulata Wall.钟萼鼠尾草
Salvia campanulata var. campanulata=Salvia campanulata
Salvia campanulata var. codonantha (Stib.) Stib.截萼鼠尾草(新)
Salvia campanulata var. fissa Stib.裂钟萼鼠尾草(新)
Salvia campanulata var. hirtella Stib.微硬毛鼠尾草(新)
Salvia castanea Diels 栗色鼠尾草
Salvia castanea f. castanea=Salvia castanea
Salvia castanea f. glabrescens Stib.光叶栗色鼠尾草(新)
Salvia castanea f. pubescens Stib.柔毛栗色鼠尾草(新)
Salvia castanea f. tomentosa Stib.绒毛栗色鼠尾草(新)
Salvia cavaleriei Lévl.贵州鼠尾草
Salvia cavaleriei var. cavaleriei=Salvia cavaleriei
Salvia cavaleriei var. erythrophylla (Hemsl.) Stib.紫背贵州鼠尾草(新)
Salvia cavaleriei var. simplicifolia Sitb.血盆草
Salvia charbonnelii Lévl.=Salvia miltiorrhiza var. charbonnelii
Salvia chienii Stib.黄山鼠尾草
Salvia chienii var. chienii=Salvia chienii
Salvia chienii var. wuyuania Sun 婺源鼠尾草(新)
Salvia chinensis Benth.华鼠尾草
Salvia chinensis f. *alatopinnata* Matsum. & Kudô =Salvia japonica
Salvia chingii C.Y.Wu=Salvia flava
Salvia chunganensis C.Y.Wu & Y.C.Huang 崇安鼠尾草
Salvia coccinea L.朱唇
Salvia codonantha Stib.=Salvia campanulata var. codonantha
Salvia cyclostegia Stib.圆苞鼠尾草
Salvia cyclostegia var. cyclostegia=Salvia cyclostegia
Salvia cyclostegia var. purpurascens C.Y.Wu 紫花圆苞鼠尾草(新)
Salvia cynica Dunn 犬形鼠尾草
Salvia dabieshanensis J.Q.He 大别山丹参
Salvia delavayi Lévl.=Salvia cavaleriei var. simplicifolia
Salvia deserta Schang 新疆鼠尾草
Salvia digitaloides Diels 毛地黄鼠尾草
Salvia digitaloides var. digitaloides=Salvia digitaloides
Salvia digitaloides var. glabrescens Stib.无毛鼠尾草(新)
Salvia dolichantha Stib.长花鼠尾草
Salvia dumetorum Andrz.灌丛鼠尾草
Salvia esquirolii Lévl.=Salvia yunnanensis
Salvia evansiana Hand.-Mazz.雪山鼠尾草
Salvia evansiana var. evansiana=Salvia evansiana
Salvia evansiana var. scaposa Stib.葶花鼠尾草(新)
Salvia fargesii Lévl.=Salvia maximowicziana
Salvia farinacea Benth.一串蓝
Salvia feddei Lévl.=Salvia przewalskii var. mandarinorum
Salvia filicifolia Merr.蕨叶鼠尾草
Salvia flava Forr.黄鼠狼花
Salvia flava var. flava=Salvia flava
Salvia flava var. megalantha Diels 大黄花鼠尾草(新)
Salvia formosana Hay.=Salvia nipponica var. formosana
Salvia forrestii Deils=Salvia hylocharis
Salvia fortunei Benth.=Salvia japonica
Salvia fragarioides C.Y.Wu 草莓状鼠尾草
Salvia glutinosa L.(Dunn in Notes Bot.Gard.Edinb.1915)=Salvia przewalskii
Salvia glutinosa L.胶质鼠尾草
Salvia grandifolia W.W.Sm.大叶鼠尾草
Salvia handelii Stib.木里鼠尾草

Salvia hayatae Makino ex Hay.阿里山鼠尾草
Salvia hayatae var. hayatae=Salvia hayatae
Salvia hayatae var. pinnata (Hay.) C.Y.Wu 羽叶阿里山鼠尾草(新)
Salvia heterochroa Stib.异色鼠尾草
Salvia hians Royle (Diels in Notes Bot.Gard.Edinb.1912,p.p.)=Salvia evansiana
Salvia hians Royle (Dunn in Notes Bot.Gard.Edinb.1915)=Salvia prattii
Salvia hians Royle (Hemsl.in J.L.Soc.Bot.1890,p.p.)=Salvia omeiana
Salvia hians Royle (Marq. & Shaw in J.L.Soc.Bot.1929,p.p.)=Salvia wardii
Salvia himmelbaurii Stib.瓦山鼠尾草
Salvia honania L.H.Bailey 河南鼠尾草
Salvia hupehensis Stib.湖北鼠尾草
Salvia hylocharis Deils 林华鼠尾草
Salvia hylocharis var. hylocharis=Salvia hylocharis
Salvia hylocharis var. *subsimplex* C.Y.Wu=Salvia hylocharis
Salvia japonica Thunb.(Dunn in Notes Bot.Gard.Edinb.1913,p.p.)=Salvia plectranthoides
Salvia japonica Thunb.鼠尾草
Salvia japonica f. *alatopinnata* (Matsumura & Kudô) Kudô=Salvia japonica
Salvia japonica f. *erythrophylla* (Hemsl.) Kudô =Salvia cavaleriei var. erythrophylla
Salvia japonica f. japonica=Salvia japonica
Salvia japonica f. languginosa (Franch.) Stib.绵毛鼠尾草
Salvia japonica var. *chinensis* (Benth.) E.Peter=Salvia chinensis
Salvia japonica var. *chinensis* (Benth.) Stib.=Salvia chinensis
Salvia japonica var. *erythrophylla* Hemsl.=Salvia cavaleriei var. erythrophylla
Salvia japonica var. *filicifolia* (Merr.) Metcalf & Stib.=Salvia filicifolia
Salvia japonica var. *fortunei* (Benth.) Kudô (p.p.)=Salvia japonica
Salvia japonica var. *fortunei* f. *pinnata* (Diels) Kudô =Salvia nanchuanensis
Salvia japonica var. *gracillima* Diels=Salvia plectranthoides
Salvia japonica var. *integrifolia* Franch. & Sav.=Salvia chinensis
Salvia japonica var. japonica=Salvia japonica
Salvia japonica var. *kaiscianensis* Pamp.=Salvia plectranthoides
Salvia japonica var. *lanuginosa* Franch.=Salvia japonica
Salvia japonica var. multifoliolata Stib.多小叶鼠尾草
Salvia japonica var. *parvifoliola* Hemsl.(Diels in Bot.Jahrb.1900)=Salvia nanchuanensis
Salvia japonica var. *parvifoliola* Hemsl.(p.p.)=Salvia nanchuanensis
Salvia japonica var. *parvifoliola* Hemsl.(p.p.)=Salvia plectranthoides
Salvia japonica var. *pinnata* Diels=Salvia nanchuanensis
Salvia japonica var. *prionitis* (Hance) Kudô =Salvia prionitis
Salvia japonica var. *ternata* Franch.=Salvia japonica
Salvia keitaoensis Hay.=Salvia hayatae var. pinnata
Salvia kiangsiensis C.Y.Wu 关公须
Salvia kiaometiensis Lévl.荞麦地鼠尾草
Salvia kiaometiensis f. kiaometiensis=Salvia kiaometiensis
Salvia kiaometiensis f. pubescens Stib.柔毛鼠尾草(新)
Salvia kiaometiensis f. tomentella Stib.绒毛鼠尾草(新)
Salvia labellifera Lévl.=Salvia przewalskii var. mandarinorum
Salvia lanata Roxb.绵毛鼠尾草
Salvia lankongensis C.Y.Wu 洱源鼠尾草
Salvia leclerei Lévl.=Salvia mairei
Salvia leveillana Fedde=Salvia kiaometiensis
Salvia lichiangensis W.W.Sm.=Salvia aerea
Salvia liguliloba Sun 舌瓣鼠尾草
Salvia mairei Lévl.=Salvia kiaometiensis
Salvia mairei Lévl.东川鼠尾草
Salvia mandarinorum Diels=Salvia przewalskii var. mandarinorum
Salvia marchandii Lévl.=Salvia cavalerie
Salvia marretii Lévl.=Salvia tricuspis
Salvia maximowicziana Hemsl.(Dunn in Notes Bot.Gard.Edinb.1915, p.p.)= Salvia himmelbaurii
Salvia maximowicziana Hemsl.(Dunn in Notes Not.Gard.Edinb.1915, p.p.)=Salvia omeiana
Salvia maximowicziana Hemsl.鄂西鼠尾草
Salvia maximowicziana var. floribunda Sieb.多花鄂西鼠尾草(新)
Salvia maximowicziana var. maximowicziana=Salvia maximowicziana
Salvia meiliensis S.W.Su 美丽鼠尾草
Salvia mekongensis Stib.湄公鼠尾草
Salvia miltiorrhiza Bge.丹参
Salvia miltiorrhiza f. *alba* C.Y.Wu & H.W.Li=Salvia miltiorrhiza
Salvia miltiorrhiza var. *australis* Stib.(1934)=Salvia bowleyana
Salvia miltiorrhiza var. *australis* Stib.(1939)=Salvia sinica
Salvia miltiorrhiza var. charbonnelii (Lévl.) C.Y.Wu 单叶丹参(新)
Salvia miltiorrhiza var. *hupehensis* E.Peter=Salvia paramiltiorrhiza
Salvia miltiorrhiza var. *hupehensis* Stib.=Salvia sinica
Salvia miltiorrhiza var. miltiorrhiza=Salvia miltiorrhiza
Salvia minutiflora Bge.=Salvia plebeia
Salvia moorcroftiana Wall.木尔克洛夫鼠尾草
Salvia nanchuanensis Sun 南川鼠尾草
Salvia nanchuanensis f. *intermedia* Sun=Salvia nanchuanensis
Salvia nanchuanensis f. nanchuanensis=Salvia nanchuanensis
Salvia nanchuanensis var. nanchuanensis=Salvia nanchuanensis
Salvia nanchuanensis var. pteridifolia Sun 蕨叶南川鼠尾草(新)
Salvia niponica Miq.(Matsum & Hay.in J.Coll.Sci.Unvi.Tokyo 1906)= Salvia nipponica var. formosana
Salvia nipponica Miq.琴柱草
Salvia nipponica var. formosana (Hay.) Kudô 台湾琴柱草
Salvia nipponica var. nipponica=Salvia nipponica
Salvia nubicola Wall. ex Sweet 云南丹参
Salvia officinalis L.撒尔维亚
Salvia omeiana Stib.峨眉鼠尾草
Salvia omeiana var. grandibracteata Stib.宽苞鼠尾草(新)
Salvia omeiana var. omeiana=Salvia omeiana
Salvia paohsingensis C.Y.Wu 宝兴鼠尾草
Salvia paramiltiorrhiza H.W.Li & X.L.Huang 拟丹参
Salvia paramiltiorrhiza f. *purpureorubra* H.W.Li=Salvia paramiltiorrhiza
Salvia pauciflora Stib.少花鼠尾草
Salvia piasezkii Maxim.秦岭鼠尾草
Salvia pinetorum Hand.-Mazz.=Salvia aerea
Salvia pinnata Pavol.=Salvia plectranthoides
Salvia plebeia R.Br.荔枝草
Salvia plebeia var. *latifolia* Stib.=Salvia plebeia
Salvia plectranthoides Griff.(Stib.in Act.Hort.Göthob.1935,p.p.)=Salvia nanchuanensis
Salvia plectranthoides Griff.长冠鼠尾草
Salvia pogonocalyx Hance=Salvia miltiorrhiza
Salvia pogonochila Diels 毛唇鼠尾草
Salvia potanini Kryl.洪桥鼠尾草
Salvia prattii Hemsl.康定鼠尾草
Salvia prattii var. *souliei* (Lévl.) Kudô =Salvia prattii
Salvia prionitis Hance 黄埔鼠尾
Salvia przewalskii Maxim.甘西鼠尾草
Salvia przewalskii var. glabrescens Stib.灵兰香
Salvia przewalskii var. mandarinorum (Diels) Stib.褐毛鼠尾草(新)
Salvia przewalskii var. przewalskii=Salvia przewalskii
Salvia przewalskii var. rubrobrunnea C.Y.Wu 红褐毛鼠尾草(新)
Salvia qimenensis S.W.Su & J.Q.He 祁门鼠尾草
Salvia roborowskii Maxim.粘毛鼠尾草
Salvia rockiana Stib.=Salvia evansiana var. scaposa
Salvia saxicola Wall.岩生鼠尾草
Salvia scapiformis Hance 地埂鼠尾草
Salvia scapiformis f. *keitaoensis* (Hay.) Kudô =Salvia hayatae var. pinnata
Salvia scapiformis var. *arisanensis* (Hay.) Kudô =Salvia hayatae
Salvia scapiformis var. carphocalyx Stib.钟萼地埂鼠尾草(新)
Salvia scapiformis var. hirsuta Stib.白补药
Salvia scapiformis var. *pinnata* Hay.=Salvia hayatae var. pinnata
Salvia scapiformis var. *pinnata* f. *gracilis* Hay.=Salvia hayatae
Salvia scapiformis var. *pinnata* f. *hirsuta* Hay.=Salvia hayatae
Salvia scapiformis var. scapiformis=Salvia scapiformis
Salvia schizocalyx Stib.裂萼鼠尾草
Salvia schizochila E.Peter 裂瓣鼠尾草
Salvia schizochila Stib.(植物志 66,1977)=Salvia schizochila E.Peter
Salvia sikkimensis Stib.锡金鼠尾草
Salvia sikkimensis var. chaenocalyx Stib.张萼鼠尾草(新)
Salvia sikkimensis var. sikkimensis=Salvia sikkimensis
Salvia sinica Migo 浙皖丹参
Salvia sinica f. *purpurea* H.W.Li=Salvia sinica
Salvia smithii Stib.橙香鼠尾草
Salvia sonchifolia C.Y.Wu 苣叶鼠尾草

Salvia sonomensis Greene 索诺门鼠尾草
Salvia souliei Duthie ex Veitch=Salvia brevilabra
Salvia souliei Lévl.=Salvia prattii
Salvia splendens Ker.-Gawl.一串红
Salvia sppendicultа Stib.(植物志 66,1977)=Salvia appendiculata E.Peter
Salvia sppendiculta Stib.附片鼠尾草
Salvia subpalmatinervis Stib.近掌脉鼠尾草
Salvia substolonifera Stib.佛光草
Salvia szechuanica Yamazaki=Salvia japonica var. multifoliolata
Salvia tashiroi Hay.=Salvia chinensis
Salvia tatsiensis Franch.=Salvia przewalskii
Salvia thibetica Lévl.=Salvia przewalskii var. mandarinorum
Salvia tricuspis Franch.黄鼠尾草
Salvia trijuga Diels 三叶鼠尾草
Salvia tsaiana Stib.=Salvia cavaleriei var. simplicifolia
Salvia tuberifera Lévl.=Salvia plectranthoides
Salvia umbratica Hance (Dunn in Notes Bot.Gard.Edinb.1915,p.p.)=Salvia tricuspis
Salvia umbratica Hance 荫生鼠尾草
Salvia vasta H.W.Li 野丹参
Salvia vasta var. fimbriata H.W.Li 齿唇丹参
Salvia vasta var. *vasta* f. *purpurea* H.W.Li=Salvia vasta
Salvia vasta var. vasta=Salvia vasta
Salvia wardii Stib.西藏鼠尾草
Salvia weihaiensis C.Y.Wu & H.W.Li 威海鼠尾草
Salvia yunnanensis C.H.Wright 云南鼠尾草
Salvinia Adans.**槐叶苹属**(槐叶苹科)
Salvinia auriculata Aublet 圆叶槐叶苹
Salvinia natans (L.) All.槐叶苹
Salviniaceae 槐叶苹科
Salweenia Baker f. **冬麻豆属**(豆科)
Salweenia wardii Baker f.冬麻豆
Samanea Merr.**雨树属**(豆科)
Samanea saman (Jacq.) Merr.雨树
Samara L.=**Embelia**
Samara floribunda Kurz=Embelia floribunda
Samara laeta L.=Embelia laeta
Samara laeta var. *papilligera* Nakai=Embelia laeta var. papilligera
Samara longifolia Benth.=Embelia undulata
Samara obovata Benth.=Embelia laeta
Samara parviflora Kurz=Embelia parviflora
Samara ribes Kurz=Embelia ribes
Samara sessiliflora Kurz=Embelia sessiliflora
Samara undulata Arn.=Embelia undulata
Samara vestila Kurz=Embelia vestita
Sambucus L.**接骨木属**(忍冬科)
Sambucus adnata Wall. ex DC.血满草
Sambucus buergeriana Bl.(东北木本志 1955)=Sambucus williamsii var. miquelii
Sambucus buergeriana f. *cordifoliata* Skv. & Wang-wei=Sambucus williamsii var. miquelii
Sambucus buergeriana var. *miquelii* Nakai=Sambucus williamsii var. miquelii
Sambucus callicarpa Greene 太平洋红果接骨木
Sambucus canadensis L.美洲接骨木
Sambucus chinensis Lindl.接骨草
Sambucus coreana (Nakai)Kom. & Aliss.朝鲜接骨木
Sambucus coreana Kom.(东北木本志 1955)=Sambucus williamsii
Sambucus foetidissima Nakai=Sambucus williamsii
Sambucus foetidissima f. *flava* Skv. & Wang-wei=Sambucus williamsii
Sambucus formosana Nakai=Sambucus chinensis
Sambucus gautschii Wettst.=Sambucus adnata
Sambucus glauca Nutt.蓝果接骨木
Sambucus hookeri Rehd.=Sambucus chinensis
Sambucus japonica Thunb.=Euscaphis japonica
Sambucus javanica Reinw. ex Bl.(Forb. & Hemsl.in J.L.Soc.Bot.1888)=Sambucus chinensis
Sambucus latipinna Nakai (东北木本志 1955)=Sambucus williamsii
Sambucus latipinna Nakai 宽叶接骨木
Sambucus latipinna var. *pendula* Skv.=Sambucus williamsii
Sambucus manshurica Kitag.=Sambucus williamsii
Sambucus melanocarpa Gray 黑果接骨木
Sambucus nigra L.西洋接骨木
Sambucus pubens Michx.柔毛接骨木
Sambucus racemosa L.(Franch.in Pl.David 1884)=Sambucus williamsii
Sambucus sachalinensis Pojark.萨哈林接骨木
Sambucus schweriniana Rehd.=Sambucus adnata
Sambucus sibirica Nakai 西伯利亚接骨木
Sambucus sieboldiana (Mig.) Schwer.蓝蒴朴
Sambucus sieboldiana Bl.(Graebn.in Bot.Jahrb.1901)=Sambucus williamsii
Sambucus sieboldiana var. *miquelii* (Nakai) Hara (内蒙志 1980)=Sambucus williamsii var. miquelii
Sambucus thunbergiana Bl. ex Miq.(Franch.in Pl.David.1884)=Sambucus chinensis
Sambucus tiliaefolia Wall.=Toricellia tiliifolia
Sambucus wightiana Wall.(Rehd.in Sarg.P.Wils.1912)=Sambucus adnata
Sambucus williamsii Hance 接骨木
Sambucus williamsii var. miquelii (Nakai) Y.C.Tang 毛接骨木
Sambucus williamsii var. williamsii=Sambucus williamsii
Samolus L.**水茴草属**(报春花科)
Samolus valerandii L.水茴草
Sanchezia Ruiz & Pavon.**黄脉爵床属**(爵床科)
Sanchezia nobilis HK.f.黄脉爵床
Sanchezia parvibracteata Sprag. & Hutch.小苞黄脉爵床
Sandoricum Cav.**山道楝属**(楝科)
Sandoricum indicum Cav.印度山道楝
Sanguinaria vaginatum (Sw.) Bub.=Paspalum vaginatum
Sanguisorba L.**地榆属**(蔷薇科)
Sanguisorba affinis C.A.Mey. ex Rgl. & Tiling=Sanguisorba tenuifolia
Sanguisorba alpina Bge.高山地榆
Sanguisorba applanata Yü & Li 宽蕊地榆
Sanguisorba applanata var. applanata=Sanguisorba applanata
Sanguisorba applanata var. villosa Yü & Li 柔毛宽蕊地榆
Sanguisorba betoloniana Liou & Li=Sanguisorba officinalis var. longifolia
Sanguisorba canadensis var. *sitchensis* Koidz.=Sanguisorba sitchensis
Sanguisorba carnea Fisch. ex Link=Sanguisorba officinalis var. carnea
Sanguisorba diandra Wall. ex Hoedb.疏花地榆
Sanguisorba dissita Yü & Li=Sanguisorba diandra
Sanguisorba filiformis (HK.f.) Hand.-Mazz.矮地榆
Sanguisorba formosana Hay.=Sanguisorba officinalis var. longifolia
Sanguisorba glandulosa Kom.=Sanguisorba officinalis var. glandulosa
Sanguisorba grandifolia (Maxim.) Makino(p.p.)=Sanguisorba officinalis var. longifila
Sanguisorba linostemon Hand.-Mazz.=Sanguisorba alpina
Sanguisorba longifolia Bert.=Sanguisorba officinalis var. longifolia
Sanguisorba longifolia var. *longifila* (Kitag.) Kitag.=Sanguisorba officinalis var. longifila
Sanguisorba montana Jord.=Sanguisorba officinalis
Sanguisorba obtusa var. *amoena* Jesson (Hand.-Mazz.in Osterr.Bot. Zeitschr.1938,p.p.)=Sanguisorba applanata
Sanguisorba obtusa var. *amoena* Jesson (Hand.-Mazz.in Osterr.Bot. Zeitschr.1938,p.p.)=Sanguisorba applanata var. villosa
Sanguisorba officinalis L.(Hand.-Mazz.in Symb.Sin 1933)=Sanguisorba officinalis var. longifolia
Sanguisorba officinalis L.地榆
Sanguisorba officinalis f. dulutiflora Kitag.?浅花地榆
Sanguisorba officinalis f. *microcephala* (Kitag.) Kitag.=Sanguisorba officinalis
Sanguisorba officinalis var. carnea (Fisch.) Rgl. ex Maxim.粉花地榆
Sanguisorba officinalis var. *cordifolia* Liou & Li=Sanguisorba officinalis
Sanguisorba officinalis var. glandulosa (Kom.) Worosch.腺地榆
Sanguisorba officinalis var. *longa* Kitag.=Sanguisorba officinalis
Sanguisorba officinalis var. longifila (Kitag.) Yü & Li 长蕊地榆
Sanguisorba officinalis var. longifolia (Bertol.) Yü & Li 长叶地榆
Sanguisorba officinalis var. *meridionalis* Liou & Li=Sanguisorba officinalis var. longifolia
Sanguisorba officinalis var. *microcephala* Kitag.=Sanguisorba officinalis
Sanguisorba officinalis var. *montana* (Jord.) Focke=Sanguisorba officinalis
Sanguisorba officinalis var. officinalis=Sanguisorba officinalis
Sanguisorba officinalis var. *polygama* (Nyl.) Serg.=Sanguisorba

officinalis
Sanguisorba parviflora (Maxim.) Takeda=Sanguisorba tenuifolia var. alba
Sanguisorba polygama Nyl.=Sanguisorba officinalis
Sanguisorba rectispicata Kitag.=Sanguisorba officinalis var. longifolia
Sanguisorba rectispicata var. *longifila* Kitag.=Sanguisorba officinalis var. longifila
Sanguisorba sitchensis C.A.Mey.大白地榆
Sanguisorba stipulata var. *latifolia* Hara=Sanguisorba sitchensis
Sanguisorba tenuifolia Fisch.细叶地榆
Sanguisorba tenuifolia Korsh.=Sanguisorba tenuifolia
Sanguisorba tenuifolia var. alba Trautv. & Mey.小白花地榆
Sanguisorba tenuifolia var. *parviflora* Maxim.=Sanguisorba tenuifolia var. alba
Sanguisorba tenuifolia var. *purpurea* Trautv. & Mey.=Sanguisorba tenuifolia
Sanguisorba tenuifolia var. tenuifolia=Sanguisorba tenuifolia
Sanicula L.**变豆菜属**(伞形科)
Sanicula astrantiifolia Wolff ex Kretsch.川滇变豆菜
Sanicula chinensis Bge.变豆菜
Sanicula coerulescens Franch.天蓝变豆菜
Sanicula costata Wolff=Sanicula orthacantha
Sanicula dielsiana Wolff=Sanicula coerulescens
Sanicula elata Hamilt.软雀花
Sanicula elongata K.T.Fu 长序变豆菜
Sanicula erythrophylla Bobrov=Sanicula coerulescens
Sanicula europaea sensu Hemsl. & Forbes=Sanicula chinensis
Sanicula europaea L.欧洲变豆菜
Sanicula europaea var. *chinensis* Diels=Sanicula chinensis
Sanicula europaea var. *elata* de Boiss.=Sanicula elata
Sanicula giraldii Wolff 首阳变豆菜
Sanicula giraldii var. giraldii =Sanicula giraldii
Sanicula giraldii var. ovicalycina Shan & S.L.Liou 卵萼变豆菜
Sanicula hacquetioides Franch.鳞果变豆菜
Sanicula henryi Wolff=Sanicula orthacantha
Sanicula hermaphrodita Hamilt. ex D.Don=Sanicula elata
Sanicula ichangensis Wolff=Sanicula lamelligera
Sanicula lamelligera Hance 薄片变豆菜
Sanicula montana Reinw. ex Bl.=Sanicula elata
Sanicula orthacantha S.Moore 直刺变豆菜
Sanicula orthacantha var. brevispina de Boiss.短刺变豆菜
Sanicula orthacantha var. *longispina* Wolff=Sanicula lamelligera
Sanicula orthacantha var. stollonifera Shan & S.L.Liou 走茎变豆菜
Sanicula petagnioides Hay.台湾变豆菜
Sanicula rubriflora Fr.Schmidt 红花变豆菜
Sanicula rugulosa Diels 皱叶变豆菜
Sanicula satsumana Maxim.=Sanicula lamelligera
Sanicula serrata Wolff 锯叶变豆菜
Sanicula stapfiana Wolff=Sanicula coerulescens
Sanicula subgiraldii Shan=Sanicula giraldii var. ovicalycina
Sanicula tienmuensis Shan & Constance 天目变豆菜
Sanicula tienmusis var. pauciflora Shan & Pu 疏花变豆菜
Sanicula tuberculata Maxim.瘤果变豆菜
Sanicula yunnanensis Franch.=Sanicula lamelligera
Saniculiphyllum C.Y.Wu & T.C.Ku **变豆叶草属**(虎耳草科)
Saniculiphyllum guangxiense C.Y.Wu & T.C.Ku 变豆叶草
Sanseviera carnea Andr.=Reineckea carnea
Sanseviera sessiliflora Ker-Gawl.=Reineckea carnea
Sansevieria Thunb.**虎尾兰属**(百合科)
Sansevieria canaliculata Carr.柱叶虎尾兰
Sansevieria carnea Andr.=Reineckea carnea
Sansevieria cylindrica Bojer 圆叶虎尾兰
Sansevieria grandis HK.f.大花虎尾兰
Sansevieria liberica Hort. ex Gerome 利比里亚虎尾兰
Sansevieria sessiliflora K.Gawl.=Reineckea carnea
Sansevieria thyrsiflora Thunb.伞花虎尾兰
Sansevieria trifasciata Prain 虎尾兰
Sansevieria trifasciata var. hanhnii Hort.短叶虎尾兰
Sansevieria trifasciata var. laurentii (De Wildem.) N.E.Brown 金边虎尾兰
Sansevieria trifasciata var. macrophylla Hort.大叶虎尾兰
Sansevieria zanzibarica 桑给巴尔虎尾兰
Sansevieria zeylanica Willd.锡兰虎尾兰
Sansovinia Scop.=**Leea**
Santalaceae 檀香科
Santalodes L. ex O.Ktze.=**Rourea**
Santaloides L.=**Rourea**
Santaloides caudatum O.Ktze.=Rourea caudata
Santaloides microphyllum Schellenb.=Rourea microphylla
Santaloides roxburghii O.Ktze.=Rourea minor
Santalum L.**檀香属**(檀香科)
Santalum album L.檀香
Santalum myrtifolium L.=Santalum album
Santalum papuanum Summerh.巴布亚檀香
Santalum sect. *Eusantalum* DC.=**Santalum**
Santiria Bl.**滇榄属**(橄榄科)?
Santiria yunnanensis Hu=Protium yunnanense
Sanvitalia Gault.**蛇目菊属**(菊科)
Sanvitalia procumbens Lam.蛇目菊
Sapindaceae Benth. & HK.f.=**Turpinia**
Sapindaceae 无患子科
Sapindopsis How & Ho=**Aphania**
Sapindopsis oligophylla (Merr. & Chun) How & Ho=Aphania oligophylla
Sapindus L.**无患子属**(无患子科)
Sapindus abruptus Lour.=Sapindus mukorossi
Sapindus chinensis Murray=Koelreuteria paniculata
Sapindus delavayi (Franch.) Radlk.川滇无患子
Sapindus mukorossi Gaertn.无患子
Sapindus oligophyllus Merr. & Chun=Aphania oligophylla
Sapindus rarak DC.毛瓣无患子
Sapindus rarak var. velutinus C.Y.Wu 石屏无患子
Sapindus ruber (Roxb.) Kurz=Aphania rubra
Sapindus rubiginosus Roxb.=Erioglossum rubiginosum
Sapindus tomentosus Kurz.(分类学报 1955)=Sapindus delavayi
Sapindus tomentosus Kurz 绒毛无患子
Sapiopsis Muell.Arg.=**Sapium**
Sapium P.Br.**乌桕属**(大戟科)
Sapium atrobadiomaculatum Metcalf 斑子乌桕
Sapium baccatum Roxb.浆果乌桕
Sapium chihsinianum S.K.Lee 桂林乌桕
Sapium discolor (Champ. ex Benth.) Muell.Arg.山乌桕
Sapium discolor var. *wenhsienensis* S.B.Ho=Sapium chihsinianum
Sapium eugeniaefolium Hamilt. ex HK.f.(Pax & Hoffm.in Engl.Pflanzenr 1912,p.p.)=Sapium discolor
Sapium insigne (Royle) Benth. ex HK.f.异序乌桕
Sapium japonicum (S. & Z.) Pax & Hoffm.白木乌桕
Sapium laui Croiz.=Sapium discolor
Sapium pleiocarpum C.Y.Tseng 多果乌桕
Sapium rotundifolium Hemsl.圆叶乌桕
Sapium rotundifolium var. *obcordatum* S.K.Lee=Sapium rotundifolium
Sapium sebiferum (L.) Roxb.乌桕
Saponaria L.**肥皂草属**(石竹科)
Saponaria caespitosa DC.丛生肥皂草
Saponaria calabrica Guss.喀拉布利亚肥皂草
Saponaria hispanica Miller=Vaccaria hispanica
Saponaria lutea L.黄肥皂草
Saponaria ocymoides L.岩生肥皂草
Saponaria officinalis L.肥皂草
Saponaria pungens Bge.=Acanthophyllum pungens
Saponaria segetalis Necker=Vaccaria hispanica
Saponaria vaccaria L.=Vaccaria hispanica
Saposhnikovia SchiscHK.**防风属**(伞形科)
Saposhnikovia divaricata (Turcz.) Schischk.防风
Sapotaceae 山榄科
Sapria Griff. **寄生花属**(大花草科)
Sapria himalayana Griff.寄生花
Saprosma Bl.**染木树属**(茜草科)
Saprosma crassipes Lo 厚梗染木树
Saprosma hainanense Merr.海南染木树
Saprosma henryi Hutch.云南染木树
Saprosma meriillii Lo 琼岛染木树
Saprosma ternatum HK.f.染木树

Saraca L.**无忧花属**(豆科)
Saraca chinensis Merr. & Chun=Saraca dives
Saraca dives Pierre 中国无忧花
Saraca griffithiana Prain 云南无忧花
Saraca indica L.(高等图鉴 1972)=Saraca dives
Saraca indica L.无忧花
Sarcandra Gardn.**草珊瑚属**(金粟兰科)
Sarcandra chloranthoides Gardn.=Sarcandra glabra
Sarcandra glabra (Thunb.) Nakai 草珊瑚
Sarcandra glabra subsp. brachystachys 海南草珊瑚
Sarcandra hainanensis (Pei) Swamy & I.W.Bail.=Sarcandra glabra subsp. brachystachys
Sarcanthus Lindl.=**Cleisostoma**
Sarcanthus bisuspidatus Rolfe ex Downie=Pelatantheria bicuspidata
Sarcanthus brevipes (HK.f.) J.J.Sm.=Cleisostoma striatum
Sarcanthus cerinus (Hance) Rolfe=Cleisostoma paniculatum
Sarcanthus elongatus Rolfe=Cleisostoma williamsonii
Sarcanthus filiformis Lindl.=Cleisostoma filiforme
Sarcanthus flagellaris Schltr.=Cleisostoma williamsonii
Sarcanthus flagelliformis Rolfe ex Downie=Cleisostoma fuerstenbergianum
Sarcanthus fordii (Hance) Rolfe=Cleisostoma rostratum
Sarcanthus formosanum (Hance) Rolfe=Cleisostoma paniculatum
Sarcanthus fuscomaculatus Hay.=Cleisostoma paniculatum
Sarcanthus henryi Schltr.=Robiquetia succisa
Sarcanthus hongkongensis Rolfe=Cleisostoma williamsonii
Sarcanthus ophioglossa Guillaum.=Cleisostoma birmanicum
Sarcanthus pallidus Lindl.=Cleisostoma racemiferum
Sarcanthus paniculatus (Ker-Gawl.) Lindl.=Cleisostoma paniculatum
Sarcanthus parishii HK.f.=Cleisostoma parishii
Sarcanthus racemiferum (Lindl.) Rchb.f.=Cleisostoma racemiferum
Sarcanthus rivesii Guillaum.=Pelatantheria rivesii
Sarcanthus rostratus Lindl.=Cleisostoma rostratum
Sarcanthus scolophendrifolius Makino=Cleisostoma scolopendrifolium
Sarcanthus smithianus Kerr=Sarcoglyphis smithianus
Sarcanthus succisus Lindl.=Robiquetia succisa
Sarcanthus taiwanianus Hay.=Sarcophyton taiwanianum
Sarcanthus teretifolius (Lindl.) Lindl.(S.Y.Hu in Quart.J.Taiwan Mus. 1975)= Cleisostoma simondii var. guangdongense
Sarcanthus teretifolius (Lindl.) Lindl.=Cleisostoma simondii
Sarcanthus unciferus Schltr.=Cleisostoma paniculatum
Sarcanthus uraiensis Hay.=Cleisostoma uraiense
Sarcanthus viridescens Fukuyama=Cleisostoma uraiense
Sarcanthus williamsonii Rchb.f.=Cleisostoma williamsonii
Sarcanthus yunnanensis Schltr.=Cleisostoma racemiferum
Sarcocaulon Sweet.**肉茎牻牛儿苗属**(牻牛儿苗科)
Sarcocephalus cadamba (Roxb.) Kurz=Neolamarckia cadamba
Sarcocephalus officinalis Pierre ex Pitard=Nauclea officinalis
Sarcochilus R.Br.**狭唇兰属**(兰科)
Sarcochilus aphyllus Makino=Taeniophyllum glandulosum
Sarcochilus asperatus Schltr.=Pteroceras asperatus
Sarcochilus australis (Lindl.) Rchb.f.澳洲狭唇兰
Sarcochilus difformis (Lindl.) T.Tang & F.T.Wang=Ornithochilus difformis
Sarcochilus falcatus R.Br.镰叶狭唇兰
Sarcochilus fitzgeraldii FVM 费氏狭唇兰
Sarcochilus formosanus Hay.=Thrixspermum formsanum
Sarcochilus hainanensis Rolfe=Thrixspermum centipeda
Sarcochilus hartmanni FVM 哈氏狭唇兰
Sarcochilus japonicus Miq.=Thrixspermum japonicum
Sarcochilus kusukusense Hay.=Thrixspermum merguense
Sarcochilus laurisilvaticus Fukuyama=Thrixspermum saruwatarii
Sarcochilus merguense HK.f.=Thrixspermum merguense
Sarcochilus olivacenus Lindl.绿花狭唇兰
Sarcochilus pallidus (Bl.) Rchb.f.白花狭唇兰
Sarcochilus parviflorus 小花狭唇兰
Sarcochilus saruwatarii Hay.=Thrixspermum saruwatarii
Sarcochilus segawai Masam.=Chiloschista segawai
Sarcochlamys Gaudich.**肉被麻属**(荨麻科)
Sarcochlamys pulcherrima Gaudich.肉被麻
Sarcococca Lindl.**野扇花属**(黄杨科)
Sarcococca balansae Gagn.=Sarcococca vagans
Sarcococca confertiflora Sealy 聚花野扇花?
Sarcococca coriacea Müll.-Arg.=Sarcococca wallichii
Sarcococca euphlebia Merr.=Sarcococca vagans
Sarcococca hookeriana Baill.羽脉野扇花
Sarcococca hookeriana var. digyna Franch.双蕊野扇花
Sarcococca hookeriana var. hookeriana=Sarcococca hookeriana
Sarcococca hookeriana var. *humilis* Rehd. & Wils.=Sarcococca hookeriana var. digyna
Sarcococca humilis Stapf=Sarcococca hookeriana var. digyna
Sarcococca longifolia M.Cheng & K.F.Wu 长叶野扇花
Sarcococca longipetiolata M.Cheng 长叶柄野扇花
Sarcococca orientalis C.Y.Wu 东方野扇花
Sarcococca pruniformis Lindl.(Hemsl.in J.L.Soc.Bot.1894,p.p.)= Sarcococca ruscifolia
Sarcococca pruniformis Lindl.(HK.f.Fl.Brit.Ind.1887,p.p.)=Sarcococca wallichii
Sarcococca pruniformis var. *angustifolia* Lindl.=Sarcococca saligna
Sarcococca pruniformis var. *hookeriana* HK.f.=Sarcococca hookeriana
Sarcococca ruscifolia Stapf 野扇花
Sarcococca ruscifolia var. *chinensis* (Franch.) Rehd. & Wils.= Sarcococca ruscifolia
Sarcococca salicifolia Baill.=Sarcococca saligna
Sarcococca saligna (D.Don) Müll.-Arg.柳叶野扇花
Sarcococca saligna var. *chinensis* Franch.=Sarcococca ruscifolia
Sarcococca vagans Stapf 海南野扇花
Sarcococca wallichii Stapf 云南野扇花
Sarcocordylis indica Wall. ex Steud.=Balanophora indica
Sarcodum Lour.**耀花豆属**(豆科)
Sarcodum scandens Lour.耀花豆
Sarcoglyphis Garay **大喙兰属**(兰科)
Sarcoglyphis magnirostris Z.H.Tsi 短帽大喙兰
Sarcoglyphis smithianus (Kerr) Seidenf.大喙兰
Sarcoglyphis yunnanensis Z.H.Tsi=Sarcoglyphis smithianus
Sarcolemma Griseb. ex Lorentz=**Sarcostemma**
Sarcophyton Garay **肉兰属**(兰科)
Sarcophyton taiwanianum (Hay.) Garay 肉兰
Sarcopodium Lindl.=**Epigeneium**
Sarcopodium amplum (Lindl.) Lindl.=Epigeneium amplum
Sarcopodium clemensiae (Gagn.) T.Tang & F.T.Wang=Epigeneium clemensiae
Sarcopodium fargesii (Finet) T.Tang & F.T.Wang=Epigeneium fargesii
Sarcopodium fuscescens (Griff.) Lindl.=Epigeneium fuscescens
Sarcopodium griffithii Lindl.=Bulbophyllum griffithii
Sarcopodium leopardinum (Wall.) Lindl.=Bulbophyllum leopardinum
Sarcopodium psittacoglossum (Rchb.f.) HK.=Bulbophyllum psittacoglossum
Sarcopodium rotundatum Lindl.=Epigeneium rotundatum
Sarcopodium striatum (Griff.) Lindl.=Bulbophyllum striatum
Sarcopyramis Wall.**肉穗草属**(野牡丹科)
Sarcopyramis bodinieri Lévl. & Vant.肉穗草
Sarcopyramis bodinieri var. bodinieri=Sarcopyramis bodinieri
Sarcopyramis bodinieri var. delicata (C.B.Robins.) C.Chen 东方肉穗草
Sarcopyramis crenata H.L.Li 圆齿肉穗草
Sarcopyramis delicata C.B.Robins.(高等图鉴 1972)=Sarcopyramis bodinieri
Sarcopyramis delicata C.B.Robins.=Sarcopyramis bodinieri var. delicata
Sarcopyramis dielsii Hu=Sarcopyramis nepalensis
Sarcopyramis grandiflora Griff.=Sarcopyramis nepalensis
Sarcopyramis lanceolata Wall.=Sarcopyramis nepalensis
Sarcopyramis nepalensis Wall.(Diels in Engl.Bot.Jahrb.1932)= Sarcopyramis bodinieri
Sarcopyramis nepalensis Wall.(H.L.Li in J.Arn.Arb.1944,p.p.)= Sarcopyramis nepalensis var. maculata
Sarcopyramis nepalensis Wall.(Hanse in Bot.Tidsskrift 1980,p.p.)= Sarcopyramis crenata
Sarcopyramis nepalensis Wall.(Hansen in Bot.Tidsskrift 1980,p.p.)= Sarcopyramis parvifolia
Sarcopyramis nepalensis Wall.(Hay.in J.Coll.Sci.Univ.Tokyo 1908)= Sarcopyramis bodinieri var. delicata
Sarcopyramis nepalensis Wall.楮头红
Sarcopyramis nepalensis var. *bodinieri* Lévl.=Sarcopyramis bodinieri
Sarcopyramis nepalensis var. maculata C.Y.Wu ex C.Chen 斑点楮头红
Sarcopyramis nepalensis var. nepalensis=Sarcopyramis nepalensis
Sarcopyramis parvifolia Merr. ex H.L.Li 小叶肉穗草

Sarcosperma HK.f.**肉实树属**(山榄科)
Sarcosperma arboreum HK.f.大肉实树
Sarcosperma cheliense Hu ex Lam. & van Royen=Sarcosperma griffithii
Sarcosperma griffithii HK.f.小叶肉实树
Sarcosperma kachinense (King & Prain) Exell.绒毛肉实树
Sarcosperma kachinense var. kachinense=Sarcosperma kachinense
Sarcosperma kachinense var. simondii (Gagn.) Lam. & van Royen 光序肉实树
Sarcosperma kachinensis Exell.(Aubr. in Fl.Camb.Laos & Vietn.1963, p.p.)= Sarcosperma kachinense var. simondii
Sarcosperma laurinum (Benth.) HK.f.肉实树
Sarcosperma pedunculata Hemsl.=Sinosideroxylon pedunculatum
Sarcosperma simondii Gagn.=Sarcosperma kachinense var. simondii
Sarcostemma R.Br.**肉珊瑚属**(萝藦科)
Sarcostemma acidum (Roxb.) Vioigt 肉珊瑚
Sarcostemma brevistigma Wight & Arn.=Sarcostemma acidum
Sarcostemma esulentum (L.f.) R.Holm.=Oxystelma esculentum
Sarcostyles Paa resl ex Ser.=**Hydrangea**
Sarcozygium Bge.**霸王属**(蒺藜科)
Sarcozygium kaschgaricum (Boriss.) Y.X.Liou 喀什霸王
Sarcozygium xanthoxylon Bge.霸王
Sargentodoxa Rehd. & Wils.**大血藤属**(木通科)
Sargentodoxa cuneata (Oliv.) Rehd. & Wils.大血藤
Sargentodoxa simplicifolia S.Z.Qu & C.L.Min=Sargentodoxa cuneata
Saribus Bl.=**Livistona**
Saribus chinensis Bl.=Livistona chinensis
Sarmienta Ruiz. & Pav.**萨民托苣苔属**(苦苣苔科)
Sarmienta scandens Pers.攀援萨民托苣苔
Sarothamnus Wimm. ex Koch=**Cytisus**
Sarothamnus scoparius (L.) Wimm. ex Koch=Cytisus scoparius
Sarothra L.=**Hypericum**
Sarothra graminea (G.Forster) Y.imura=Hypericum gramineum
Sarothra japonica (Thunb. ex Murray) Y.Kimura=Hypericum japonicum
Sarothra laxa (Bl.) Y.Kimura=Hypericum japonicum
Sarothra saginoides Y.Kimura=Hypericum gramineum
Saruma Oliv.**马蹄香属**(马兜铃科)
Saruma henryi Oliv.马蹄香
Sasa Makino & Shibata **赤竹属**(禾本科)
Sasa bashanensis C.D.Chu & C.S.Chao=Indocalamus bashanensis
Sasa disticha (Mitf.) E.G.Camus=Sasa pygmaea var. disticha
Sasa fortunei (Van Houtte) Fiori 菲白竹
Sasa guangxiensis C.D.Chu & C.S.Chao 广西赤竹
Sasa hainanensis C.D.Chu & C.S.Chao 海南赤竹?
Sasa hubeiensis (C.H.Hu) C.H.Hu 湖北华箬竹
Sasa japonica (S. & Z.) Makino=Pseudosasa japonica
Sasa longiligulata McClure 赤竹
Sasa niitakayamensis (Hay.) E.G.Camus=Yushania niitakayamensis
Sasa niitakayamensis var. *microcarpa* E.G.Camus=Yushania niitakayamensis
Sasa nubigena Keng f.=Indocalamus wilsonii
Sasa oblongula C.H.Hu 矩叶赤竹
Sasa pygmaea (Miq.) E.G.Camus 翠竹
Sasa pygmaea var. disticha (Mitf.) C.S.Chao & G.G.Tang 无毛翠竹
Sasa pygmaea var. pygmaea=Sasa pygmaea
Sasa qingyuanensis (C.H.Hu) C.H.Hu 庆元华箬竹
Sasa rubrovaginata C.H.Hu 红壳赤竹
Sasa sinica Keng 华箬竹
Sasa subglabra McClure 光箨竹?
Sasa tessellata (Munro) Makino & Shibata=Indocalamus tessellatus
Sasa tomentosa C.D.Chu & C.S.Chao 绒毛赤竹
Sasa variegata (Sieb. ex Miq.) E.G.Camus=Sasa fortunei
Sasa veitchii (Carr.) Rehd.山白竹
Sasamorpha Nakai=**Sasa**
Sasamorpha Nakai **华箬竹属**(禾本科)
Sasamorpha hubeiensis C.H.Hu=Sasa hubeiensis
Sasamorpha latifolia (Keng) Nakai ex Migo=Indocalamus latifolius
Sasamorpha migoi Nakai ex Migo=Indocalamus latifolius
Sasamorpha purpurescens var. borealis (Hack.) Nakai 地竹
Sasamorpha qingyuanensis C.H.Hu=Sasa qingyuanensis
Sasamorpha sinica (Keng) Koidz.=Sasa sinica
Sasamorpha sinica f. *glabra* C.H.Hu=Sasa sinica
Sasamorpha tessellata (Munro) Koidzs.=Indocalamus tessellatus
Sasanqua Nees ex Esenbeck=**Camellia**
Sassafras Trew **檫木属**(樟科)
Sassafras randaiense (Hay.) Rehd.台湾檫木
Sassafras tzumu (Hemsl.) Hemsl.檫木
Satureja L.**香草属**(唇形科)
Satureja annua (Schrenk) B.Fedtsch.=Calamintha debilis
Satureja barosma (W.W.Sm.) Kudô =Micromeria barosma
Satureja biflora Briq.=Micromeria biflora
Satureja caroliniana (Michx.) Briq.加州香草
Satureja chinensis (Benth.) Briq.(Kom.in Act.Hort.Pétrop.1907)= Clinopodium urticifolium
Satureja chinensis (O.Ktze.) Briq.(Diels in Fedde,Repert.Sp.Nov.Beih. 1922, p.p.)= Clinopodium megalanthum
Satureja chinensis Briq.=Clinopodium chinense
Satureja chinensis var. *discolor* (Diels) Kudô=Clinopodium discolor
Satureja chinensis var. *megalantha* (Diels) Kudô=Clinopodium megalanthum
Satureja chinensis var. *megalantha* Kudô =Clinopodium megalanthum
Satureja chinensis var. *parviflora* Kudô (p.p.)=Clinopodium polycephalum
Satureja chinensis var. *parviflora* Kudô (p.p.)=Clinopodium repens
Satureja chinensis var. *repens* (D.Don) Kudô =Clinopodium repens
Satureja confinis (Hance) Kudô =Clinopodium confine
Satureja debilis (Bge.) Briq.=Calamintha debilis
Satureja euosma (W.W.Sm.) Kudô =Micromeria euosma
Satureja gracilis (Benth.) Briq.=Clinopodium gracile
Satureja kudoi Hosokawa=Clinopodium repens
Satureja laxiflora (Hay.) Matsum. & Kudô =Clinopodium laxiflorum
Satureja montana L.冬香草
Satureja umbrosa var. *repens* (D.Don) Briq.=Clinopodium repens
Satureja ussurensis Kudô (p.p.)=Clinopodium gracile
Satyrium Sw.**鸟足兰属**(兰科)
Satyrium aceras Schltr.=Satyrium ciliatum
Satyrium bifolium A.Rich.二叶鸟足兰
Satyrium ciliatum Lindl.缘毛鸟足兰
Satyrium cristatum Sond.冠状唇鸟足兰
Satyrium epipogium L.=Epipogium aphyllum
Satyrium henryi Schltr.=Satyrium nepalense
Satyrium mairei Schltr.=Satyrium ciliatum
Satyrium microcephalum Kraenzl.=Satyrium yunnanense
Satyrium nepalense D.Don 鸟足兰
Satyrium nepalense subsp.*yunnanense* (Rolfe) Sóo=Satyrium yunnanense
Satyrium nepalense var. *ciliatum* (Lindl.) HK.f.=Satyrium ciliatum
Satyrium parviflorum Sw.小花鸟足兰
Satyrium pycnostachyum Schltr.=Satyrium yunnanense
Satyrium repens L.=Goodyera repens
Satyrium setchuenicum Kraenzl.=Satyrium ciliatum
Satyrium speciosum Rolfe 美花鸟足兰
Satyrium tenii Schltr.=Satyrium ciliatum
Satyrium tschangii Schltr.=Satyrium ciliatum
Satyrium viride L.=Coeloglossum viride
Satyrium yunnanense Rolfe 云南鸟足兰
Saurauia Willd.**水东哥属**(猕猴桃科)
Saurauia cerea Griff. ex Dyer 蜡质水东哥
Saurauia erythrocarpa C.F.Liang & Y.S.Wang 红果水东哥
Saurauia erythrocarpa var. erythrocarpa=Saurauia erythrocarpa
Saurauia erythrocarpa var. grosseserrata C.F.Liang & Y.S.Wang 粗齿水东哥
Saurauia griffithii Dyer 绵毛水东哥
Saurauia griffithii var. annamica Gagn.越南水东哥
Saurauia griffithii var. griffithii=Saurauia griffithii
Saurauia macrotricha Kurz ex Dyer 长毛水东哥
Saurauia miniata C.F.Liang & Y.S.Wang 硃毛水东哥
Saurauia napaulensis DC.尼泊尔水东哥
Saurauia napaulensis var. montana C.F.Liang & Y.S.Wang 山地水东哥
Saurauia napaulensis var. napaulensis=Saurauia napaulensis
Saurauia napaulensis var. omeiensis C.F.Liang & Y.S.Wang 峨眉水东哥
Saurauia oldhami Hemsl.=Saurauia tristyla var. oldhami
Saurauia paucinervis C.F.Liang & Y.S.Wang 少脉水东哥
Saurauia polyneura C.F.Liang & Y.S.Wang 多脉水东哥
Saurauia punduana Wall.大花水东哥

Saurauia rubricalyx C.F.Liang & Y.S.Wang 红萼水东哥
Saurauia thyrsiflora C.F.Liang & Y.S.Wang 聚锥水东哥
Saurauia tristyla DC.水东哥
Saurauia tristyla var. hekouensis C.F.Liang & Y.S.Wang 河口水东哥
Saurauia tristyla var. oldhami Fin. & Gagn.台湾水东哥
Saurauia tristyla var. tristyla=Sauraiua tristyla
Sauraiua vanioti Lévl.=Celastrus vaniotii
Sauraiua yunnanensis C.F.Liang & Y.S.Wang 云南水东哥
Saurauiaceae 毒花树科
Sauromatum Schott **斑龙芋属**(天南星科)
Sauromatum brevipes (HK.f.) N.E.Brown 短柄斑龙芋
Sauromatum guttatum (Wall.) Schott=Sauromatum venosum
Sauromatum guttatum var. *typicum* Edngl.=Sauromatum venosum
Sauromatum venosum (Aiton) Kunth.斑龙芋
Sauropus Bl.**守宫木属**(大戟科)
Sauropus albicans Bl.(Hutch.in Sarg.Fl.Wilson.1916)=Sauropus garrettii
Sauropus albicans Bl.=Sauropus androgynus
Sauropus androgynus (L.) Merr.(湖北志 1979)=Sauropus garrettii
Sauropus androgynus (L.) Merr.守宫木
Sauropus bacciformis (L.) Airy-Shaw 艾堇
Sauropus bonii Beille 茎花守宫木
Sauropus changianus S.Y.Hu=Sauropus spatulifolius
Sauropus chorisepalus Merr. & Chun=Sauropus garrettii
Sauropus compressus Muell.Arg.=Sauropus quadrangularis var. compressus
Sauropus delavayi Croiz.石山守宫木
Sauropus garrettii Craib 苍叶守宫木
Sauropus grandifolius Pax & Hoffm.(Beille in Lec.Fl.Gén.Indo-Chiné 1927, p.p.)=Sauropus garrettii
Sauropus grandifolius Pax & Hoffm.=Sauropus macranthus
Sauropus longipedicellatus Merr. & Chun=Sauropus macranthus
Sauropus macranthus Hassk.长梗守宫木
Sauropus macrophyllus HK.f.=Sauropus macranthus
Sauropus orbicularis Craib(Beille in Lec.Fl.Gén.Indo-chiné 1927)=Sauropus delavayi
Sauropus parviflorus Pax & Hoffm.=Sauropus androgynus
Sauropus pierrei (Beille) Croiz.盈江守宫木
Sauropus quadrangularis (Willd.) Muell.Arg.方枝守宫木
Sauropus quadrangularis var. compressus (Muell.Arg.) Airy-Shaw 扁枝守宫木
Sauropus quadrangularis var. quadrangularis=Sauropus quadrangularis
Sauropus repandus Muell.Arg.波萼守宫木
Sauropus reticulatus X.L.Mo ex P.T.Li 网脉守宫木
Sauropus rhammoides Bl.鼠李叶守宫木
Sauropus rostratus Miq.(广州志 1956)=Sauropus spatulifolius
Sauropus spatulifolius Beille 龙脷叶
Sauropus spectabilis Miq.=Sauropus macranthus
Sauropus sumatranus Miq.=Sauropus androgynus
Sauropus trinervius HK.f. & Thoms. ex Muell.Arg.三脉守宫木
Sauropus tsiangii P.T.Li 尾叶守宫木
Sauropus yanhuianus P.T.Li 多脉守宫木
Sauropus yunnanensis Pax & Hoffm.=Sauropus garrettii
Sauruaceae 三白草科
Sauruopsis Turcz.=**Saururus**
Saururopsis chinensis Turcz.=Saururus chinensis
Saururopsis cumingii C.DC.=Saururus chinensis
Saururus L.**三白草属**(三白草科)
Saururus cavaleriei Lévl.=Gymnotheca chinensis
Saururus cernuus Thunb.=Saururus chinensis
Saururus chinensis (Lour.) Baill.三白草
Saururus loureiri Decne.=Saururus chinensis
Saussurea DC.**风毛菊属**(菊科)
Saussurea abnormis Lipsch.普兰风毛菊
Saussurea acaulis Klatt=Saussurea thomsonii
Saussurea acromelaena Hand.-Mazz.肾叶风毛菊
Saussurea acrophila Deils (高等图鉴 1975)=Saussurea oligocephala
Saussurea acrophila Diels 破血丹
Saussurea acrophila var. *oligocephala* Ling=Saussurea oligocephala
Saussurea acropilina Deils=Saussurea populifolia
Saussurea acroura Cummins 川甘风毛菊
Saussurea acuminata Turcz. ex Fisch. & Mey.渐尖风毛菊
Saussurea aegirophylla Diels=Saussurea cordifolia
Saussurea affinis Spreng. ex DC.=Hemistepta lyrata
Saussurea alaschanica Maxim.阿拉善风毛菊
Saussurea alata DC.翼茎风毛菊
Saussurea alata δ. *runcinata* Herd=Saussurea runcinata
Saussurea alata ζ. *laciniata* Herd.=Saussurea laciniata
Saussurea alatipes Hemsl.翼柄风毛菊
Saussurea alatipes var. *huashanensis* (Ling) Ling=Saussurea huashanensis
Saussurea alberti Rgl. & Schmalh.新疆风毛菊
Saussurea alpicola Kitam.=Saussurea tomentosa
Saussurea alpina (L.) DC.高山风毛菊
Saussurea alpina var. *leucophylla* Hance=Saussurea chinensis
Saussurea amara (L.) DC.草地风毛菊
Saussurea amara f. *microcephala* Franch.=Saussurea amara
Saussurea amara var. *glomerata* (Poir.) Trautv.=Saussurea amara
Saussurea amara β. *glomerata* Trautv. ex Herd.=Saussurea amara
Saussurea amblyophylla C.Winkl.=Saussurea thomsonii
Saussurea amoena Kar. & Kir.=Saussurea elegans
Saussurea amurensis Turcz.龙江风毛菊
Saussurea amurensis subsp. *stenophylla* (Freyn) Kitam.=Saussurea amurensis
Saussurea andersonii C.B.Clarke 卵苞风毛菊
Saussurea andryaloides (DC.) Sch.-Bip.吉隆风毛菊
Saussurea anochaete Hand.-Mazz.=Saussurea katochaete
Saussurea apus Maxim.(Mattf.in J.Arn.Arb.1933)=Saussurea pumila
Saussurea apus Maxim.无梗风毛菊
Saussurea arenaria Maxim.沙生风毛菊
Saussurea aristata Lipsch.=Saussurea stenolepis
Saussurea aspera Hand.-Mazz.=Saussurea odontolepis
Saussurea aster Hemsl.云状雪兔子
Saussurea atriplicifolia Fisch. ex Herd.=Saussurea parviflora
Saussurea auriculata (DC.) Sch.-Bip.白背风毛菊
Saussurea auriculata Franch.=Saussurea neofranchetii
Saussurea auriculata Hemsl.=Saussurea macrota
Saussurea baicalensis (Adams) Robins.大头风毛菊
Saussurea baroniana Diels 棕脉风毛菊
Saussurea bella Ling 漂亮风毛菊
Saussurea bella Lipsch.=Saussurea pulchra
Saussurea blanda Schrenk 绿风毛菊
Saussurea bodinieri Lévl.=Saussurea pachyneura
Saussurea bomiensis Y.L.Chen & S.Y.Liang 波密风毛菊
Saussurea botschantzevii Lipsch.=Saussurea bella
Saussurea brachylepis Hand.-Mazz.短苞风毛菊
Saussurea bracteata Decne.膜苞雪莲
Saussurea broussonetifolia Chen=Saussurea baroniana
Saussurea brunneopilosa Hand.-Mazz.异色风毛菊
Saussurea bullata W.W.Sm.泡叶风毛菊
Saussurea bullockii Dunn 卢山风毛菊
Saussurea caeruleo-violacea Lévl.=Saussurea chetchozensis
Saussurea calobotrys Diels=Saussurea baicalensis
Saussurea cana Ledeb.灰白风毛菊
Saussurea cana β. *angustifolia* Ledeb.=Saussurea cana
Saussurea canescens C.Winkl.伊宁风毛菊
Saussurea carduiformis Franch.蓟状风毛菊
Saussurea carthamoides Buch.-Ham.=Hemistepta lyrata
Saussurea caudata Franch.尾叶风毛菊
Saussurea cauloptera Hand.-Mazz.翅茎风毛菊
Saussurea cavaleriei Lévl. & Vant.=Saussurea cordifolia
Saussurea centiloba Hand.-Mazz.百裂风毛菊
Saussurea ceterach Hand.-Mazz.康定风毛菊
Saussurea chapmannii C.E.C.Fisch.=Saussurea nepalensis
Saussurea chetchozensis Franch.大坪风毛菊
Saussurea chetchozensis var. chetchozensis=Saussurea chetchozensis
Saussurea chetchozensis var. glabrescens (Hand.-Mazz.) Lipsch.光叶风毛菊
Saussurea chinensis (Maxim.) Lipsch.中华风毛菊
Saussurea chingiana Hand.-Mazz.抱茎风毛菊
Saussurea chinnampoensis Lévl. & Vant.京风毛菊
Saussurea chionophora Hand.-Mazz.(北研丛刊 1935)=Saussurea medusa

Saussurea chionophora Hand.-Mazz.(北研丛刊 1935)=Saussurea welbyi
Saussurea chionophora Hand.-Mazz.显脉雪兔子
Saussurea chowana Chen 雾灵风毛菊
Saussurea chrysanthemumoides Chen=Saussurea compta
Saussurea ciliaris Franch.硬叶风毛菊
Saussurea ciliaris var. *major* Ling=Saussurea ciliaris
Saussurea cirsioides Hemsl.=Saussurea likiangensis
Saussurea cirsium Lévl.=Saussurea crispa
Saussurea clarkeana Lévl.=Saussurea subulata
Saussurea cochlearifolia Y.L.Chen & S.Y.Liang 匙叶风毛菊
Saussurea colpodes Y.L.Chen & S.Y.Liang 鞘基风毛菊
Saussurea columnaris Hand.-Mazz.柱茎风毛菊
Saussurea compta Franch.华美风毛菊
Saussurea conica C.B.Clarke 肿柄雪莲
Saussurea conyzoides Hemsl.假蓬叶风毛菊
Saussurea cordifolia Hemsl.心叶风毛菊
Saussurea cordifolia var. *ombrophilla* Hand.-Mazz.=Saussurea cordifolia
Saussurea coriacea Y.L.Chen & S.Y.Liang 革苞风毛菊
Saussurea coriolepis Hand.-Mazz.硬苞风毛菊
Saussurea corymbosa Chen=Saussurea paleata
Saussurea costus (Falc.) Lipsch.木香
Saussurea crassifolia DC.=Saussurea salsa
Saussurea crassifolia β. *papposa* (Turcz.) Ledeb.=Saussurea davurica
Saussurea crepidifolia Turcz.=Saussurea runcinata
Saussurea crispa Vant.小头风毛菊
Saussurea dainellii Pamp.=Saussurea medusa
Saussurea davidii Franch.=Saussurea pectinata
Saussurea davidii var. *macrocephala* Franch.=Saussurea pectinata
Saussurea davurica Adams 达乌里风毛菊
Saussurea dealbata Collet & Hemsl.=Saussurea peguensis
Saussurea decurens Hemsl.=Saussurea hemsleyi
Saussurea decurrens Hemsl.=Saussurea parviflora
Saussurea delavayi Franch.大理雪兔子
Saussurea delavayi f. delavayi=Saussurea delavayi
Saussurea delavayi f. hirsuta Anth.硬毛雪兔子
Saussurea deltoidea (DC.) C.B.Clarke=Saussurea deltoidea
Saussurea deltoidea (DC.) Schi.-Bip.三角叶风毛菊
Saussurea deltoidea var. *nivea* (DC.) HK.f.=Saussurea crispa
Saussurea deltoidea var. *peguensis* (C.B.Clarke) HK.f.=Saussurea peguensis
Saussurea deltoidea α. *deltoidea vera* C.B.Clarke=Saussurea deltoidea
Saussurea deltoidea β. *nivea* (DC.) C.B.Clarke=Saussurea crispa
Saussurea deltoidea γ. *polycephala* C.B.Clarke=Saussurea crispa
Saussurea deltoides (DC.) C.B.Clarke ex Hand.-Mazz.=Saussurea deltoidea
Saussurea denticulata Wall. ex C.B.Clarke=Saussurea fastuosa
Saussurea denticulata Ledeb.(Hand.-Mazz.in Oesterr.Bot.Zeischr.1936)=Saussurea chinensis
Saussurea denticulata Ledeb.=Saussurea amurensis
Saussurea denticulata var. *chinensis* Ling=Saussurea chinensis
Saussurea depsangensis Pamp.昆仑雪兔子
Saussurea dielsiana Koidz.狭头风毛菊
Saussurea dimorphaea Franch.东川风毛菊
Saussurea discolor var. *nana* Chen=Saussurea acromelaena
Saussurea discolor β. *eriolepis* Bge. ex Maxim.=Saussurea nivea
Saussurea dolichopoda Diels 长梗风毛菊
Saussurea dschungdienensis Hand.-Mazz.中甸风毛菊
Saussurea dumetorum Anth.=Saussurea uliginosa
Saussurea dutaillyana Franch.=Saussurea cordifolia
Saussurea dutaillyana var. *shensiensis* Pai=Saussurea sutchuenensis
Saussurea dzeurensis Franch.川西风毛菊
Saussurea edulis Franch.=Dolomiaea edulis
Saussurea edulis α. *caulescens* Franch.=Dolomiaea edulis
Saussurea edulis β. *berardioidea* Franch.=Dolomiaea berardioides
Saussurea elegans Ledeb.优雅风毛菊
Saussurea elegans var. *latifolia* Kar. & Kir.=Saussurea elegans
Saussurea elegans var. *nivea* Lipsch.=Saussurea elegans
Saussurea elliptica C.B.Clarke ex HK.f.=Saussurea ovata
Saussurea elongata var. *recurvata* Maxim.=Saussurea recurvata
Saussurea epilobioides Maxim.柳叶菜风毛菊
Saussurea epilobioides var. *cana* Hand.-Mazz.=Saussurea epilobioides
Saussurea eriocephala Franch.棉头风毛菊
Saussurea eriolepis Bge. ex DC.=Saussurea nivea
Saussurea eriolepis var. *huashanensis* Ling=Saussurea huashanensis
Saussurea eriolepis β. *paleata* (Maxim.) Herd.=Saussurea paleata
Saussurea eriolepis γ. *caudata* Herd.=Saussurea subtriangulata
Saussurea eriophylla β. *alpina* Nakai=Saussurea tomentosa
Saussurea eriostemon Wall.=Saussurea nepalensis
Saussurea erubescens Lipsch.红柄雪莲
Saussurea euodonta Diels 锐齿风毛菊
Saussurea falconeri HK.f.=Saussurea andryaloides
Saussurea fargesii Franch.川东风毛菊
Saussurea fastuosa (Decne.) Benth. & HK.f. ex Klatt=Saussurea fastuosa
Saussurea fastuosa (Decne.) Hand.-Mazz.=Saussurea fastuosa
Saussurea fastuosa (Decne.) Sch.-Bip.奇形风毛菊
Saussurea filifolia Rgl. & Schm.=Pilostemon filifolia
Saussurea firma (Kitag.) Kitam.=Saussurea ussuriensis var. firma
Saussurea fistulosa Anth.管茎雪兔子
Saussurea flaccida Ling 萎软风毛菊
Saussurea flavo-virens Y.L.Chen & S.Y.Liang 黄绿苞风毛菊
Saussurea flexuosa Franch.城口风毛菊
Saussurea flexuosa var. *penicillata* Franch.=Saussurea tsinlingensis
Saussurea formosana Hay.=Saussurea deltoidea
Saussurea forrestii Diels=Saussurea fastuosa
Saussurea frnachetiana Lévl.=Saussurea leucoma
Saussurea frondosa Hand.-Mazz.狭翼风毛菊
Saussurea fruticosa Kar. & Kir.=Saussurea cana
Saussurea georgei Anth.川滇雪兔子
Saussurea giraldii Deils=Saussurea likiangensis
Saussurea glabrata (DC.) Shih 无毛叶风毛菊
Saussurea glacialis Herd.冰川雪兔子
Saussurea glanduligera Sch.-Bip. ex HK.f.腺毛风毛菊
Saussurea glandulosa Kitam.腺点风毛菊
Saussurea globosa Chen 球花雪莲
Saussurea glomerata Poir.=Saussurea amara
Saussurea glomerata var. *chinensis* Chen=Saussurea amara
Saussurea glomerata var. *chinensis* f. *alata* Chen=Saussurea amara
Saussurea gnaphaloides (Royle) Ostenf(p.p.)=Saussurea gnaphaloides
Saussurea gnaphaloides (Royle) Sch.-Bip.鼠麴雪兔子
Saussurea gossipiphora Wall.棉青木香
Saussurea gossypina Wall=Saussurea gossypiphora
Saussurea gossypiphora D.Don (Diels in Notes Bot.Gard.Edinb.1912)=Saussurea laniceps
Saussurea gossypiphora D.Don (Franch.in J.De Bot.1888)=Saussurea leucoma
Saussurea gossypiphora D.Don 雪兔子
Saussurea gossypiphora var. conaensis S.W.Liu 错那雪兔子
Saussurea gossypiphora var. gossypiphora=Saussurea gossypiphora
Saussurea graciliformis Lipsch.纤细风毛菊
Saussurea graminea Dunn 禾叶风毛菊
Saussurea graminicola Chen=Saussurea wardii
Saussurea graminifolia Wall. ex DC.密毛风毛菊
Saussurea grammnea var. *ortholepis* Hand.-Mazz.=Saussurea graminea
Saussurea grandiceps S.W.Liu 硕首雪兔子
Saussurea grandifolia Maxim.大叶风毛菊
Saussurea grandifolia var. *asperifolia* Herd.=Saussurea grandifolia
Saussurea grandifolia var. *caudata* (Herd.) Kom.=Saussurea subtriangulata
Saussurea grandifolia var. *coarctata* Herd.=Saussurea grandifolia
Saussurea grandifolia var. *tenuior* Herd.=Saussurea grandifolia
Saussurea grosseserrata Franch.粗裂风毛菊
Saussurea grum-grshimailoi C.Winkl. ex Bretschneider=Saussurea sylvatica
Saussurea gyacaensis S.W.Liu 加查雪兔子
Saussurea hakoensis Franch. & Sv.=Saussurea maximowiczii
Saussurea handeliana Ling=Saussurea leptolepis
Saussurea haoi Ling ex Y.L.Chen & S.Y.Liang 青藏风毛菊
Saussurea hemsleyana Hand.-Mazz.=Saussurea macrota
Saussurea hemsleyi Lipsch.湖北风毛菊
Saussurea henryi Hemsl.巴东风毛菊
Saussurea hieracioides HK.f.长毛风毛菊
Saussurea hirsuta (Anth.) Hand.-Mazz.=Saussurea delavayi f. hirsuta
Saussurea hsiaowutaishanensis Chen=Saussurea sylvatica var. hsiaowutaishanensis

Saussurea huashanensis (Ling) X.Y.Wu 华山风毛菊
Saussurea hultenii Lipsch.雅龙江风毛菊
Saussurea humilis Ostenf.=Saussurea apus
Saussurea hwangshanensis Ling 黄山风毛菊
Saussurea hylophila Hand.-Mazz.=Saussurea strictga
Saussurea hyperiophora Hand.-Mazz.=Saussurea welbyi
Saussurea hypoleuca Spreng. ex DC.=Saussurea auriculata
Saussurea hypsipeta Diels 黑毛雪兔子
Saussurea incisa Chen 锐裂风毛菊
Saussurea inconspicua Hand.-Mazz.=Saussurea leptolepis
Saussurea integrifolia Hand.-Mazz.全缘风毛菊
Saussurea intermedia Turcz.=Saussurea japonica
Saussurea involucrata (Kar. & Kir.) Maxim.=Saussurea involucrata
Saussurea involucrata (Kar. & Kir.) Sch.-Bip.雪莲花
Saussurea iodoleuca Hand.-Mazz.滇川风毛菊
Saussurea iodostegia Hance 紫苞雪莲
Saussurea iodostegia var. ferruginipes Drumm. ex Hand.-Mazz.锈色雪莲
Saussurea iodostegia var. iodostegia=Saussurea iodostegia
Saussurea ionodasys Hand.-Mazz.=Saussurea pinetorum
Saussurea irregularis Y.L.Chen & S.Y.Liang 异裂风毛菊
Saussurea japonica (Thunb.) DC.(北研丛刊 1935)=Saussurea pulchella
Saussurea japonica (Thunb.) DC.风毛菊
Saussurea japonica f. *leucocephala* (Nakai & Kitag.) Nakai & Kitag.= Saussurea amara
Saussurea japonica var. *alata* (Chen) Nakai & Kitag.=Saussurea amara
Saussurea japonica var. *maritima* Kitag.=Saussurea japonica
Saussurea japonica β. *longicephala* Hay.=Saussurea japonica
Saussurea kansuensis Hand.-Mazz.甘肃风毛菊
Saussurea kanzanensis Kitam.台湾风毛菊
Saussurea karategini Lipsky=Pilostemon karateginii
Saussurea karelinii Stschegl.=Saussurea involucrata
Saussurea karlongensis Hand.-Mazz.=Saussurea epilobioides
Saussurea kaschgarica Rupr.喀什风毛菊
Saussurea katochaete Maxim.重齿风毛菊
Saussurea katochaetoides Hand.-Mazz.=Saussurea katochaete
Saussurea kingii C.E.Fisch.拉萨雪兔子
Saussurea kingii J.R.Drummond ex Hand.-Mazz.=Saussurea kingii
Saussurea kiraisanensis Masamune ex Kitam.=Saussurea kiraisiensis
Saussurea kiraisiensis Masamune 台岛风毛菊
Saussurea kitamurae S.Y.Hu=Saussurea macrota
Saussurea kokonorensis Ling=Saussurea subulisquama
Saussurea komarnitzkii Lipsch.腋头风毛菊
Saussurea konuroba Saposhn.=Saussurea blanda
Saussurea koslowii C.Winkl.=Saussurea apus
Saussurea kouytcheensis Lévl.=Saussurea deltoidea
Saussurea kungii Ling 洋县风毛菊
Saussurea kunthiana Wall. ex C.B.Clarke=Saussurea pachyneura
Saussurea kunthiana C.B.Clarke (Anonymus in Votes Roy.Bot.Gard. Edinb.1912)=Saussurea polypodioides
Saussurea kunthiana C.B.Clarke=Saussurea leontodontoides
Saussurea kunthiana var. *caulescens* Kitam.=Saussurea pachyneura
Saussurea kunthiana var. *filicifolia* HK.f.=Saussurea leontodontoides
Saussurea kwangtungensis Chen=Saussurea bullockii
Saussurea laciniata Ledeb.裂叶风毛菊
Saussurea laciniata var. *pygmaea* Lipsch.=Saussurea laciniata
Saussurea lacostei Danguy 高盐地风毛菊
Saussurea ladyginii Lipsch.拉氏风毛菊
Saussurea lamprocarpa Hemsl.=Saussurea deltoidea
Saussurea lampsanifolia Franch.鹤庆风毛菊
Saussurea lanata Y.L.Chen & S.Y.Liang 白毛风毛菊
Saussurea lanceifolia Hand.-Mazz.=Saussurea minuta
Saussurea lanicaulis Hand.-Mazz.=Saussurea graminea
Saussurea laniceps Hand.-Mazz.绵头雪兔子
Saussurea lanuginosa Vant.=Saussurea chetchozensis
Saussurea lanuginosa var. *glabrescens* Hand.-Mazz.=Saussurea chetchozensis var. glabrescens
Saussurea lappa (Decne.) C.B.Clarke=Saussurea costus
Saussurea lappa (Falc.) Sch.-Bip.=Saussurea costus
Saussurea larionowii C.Winkl.天山风毛菊
Saussurea lavrenkoana Lipsch.双齿风毛菊
Saussurea leclerei Lévl.利马风毛菊
Saussurea leiocarpa Hand.-Mazz.=Saussurea stoliczkae
Saussurea leontodon Dunn=Saussurea scabrida
Saussurea leontodontoides (DC.) Sch.-Bip.狮牙草状风毛菊
Saussurea leontodontoides var. *filicifolia* (HK.f.) Hand.-Mazz.=Saussurea leontodontoides
Saussurea leontodontoies (DC.) Hand.-Mazz.=Saussurea leontodontoides
Saussurea leontopodium Lévl. & Vant.=Saussurea peguensis
Saussurea leptolepis Hand.-Mazz.薄苞风毛菊
Saussurea leucoma Diels 羽裂雪兔子
Saussurea leucophylla Schrenk 白叶风毛菊
Saussurea leucota Hand.-Mazz.=Saussurea salicifolia
Saussurea levéillei Chen=Saussurea centiloba
Saussurea lhunzhubensis Y.L.Chen & S.Y.Liang 林周风毛菊
Saussurea licentiana Hand.-Mazz.川陕风毛菊
Saussurea likiangensis Franch.丽江风毛菊
Saussurea likiangensis var. *integrifolia* Hand.-Mazz.=Saussurea likiangensis
Saussurea likiangensis var. *siningensis* Hand.-Mazz.=Saussurea likiangensis
Saussurea limprichtii Diels 巴塘风毛菊
Saussurea linearis Champ. & Benth.=Saussurea japonica
Saussurea lingulata Franch.小舌风毛菊
Saussurea lioui Ling=Saussurea involucrata
Saussurea lomatolepis Lipsch.纹苞风毛菊
Saussurea longifolia Franch.长叶雪莲
Saussurea loriformis W.W.Sm.带叶风毛菊
Saussurea lyratifolia Y.L.Chen & S.Y.Liang 大头羽裂风毛菊
Saussurea macrota Franch.大耳叶风毛菊
Saussurea mairei Lévl.=Saussurea yunnanensis
Saussurea malitiosa Maxim.尖头风毛菊
Saussurea manshurica Kom.东北风毛菊
Saussurea manshurica var. *pinnatifida* Nakai=Saussurea manshurica
Saussurea matsumurae Nakai=Saussurea mongolica
Saussurea maximowiczii Herd.羽叶风毛菊
Saussurea maximowiczii f. *serrat*(Nakai) Kitam.=Saussurea maximowiczii
Saussurea maximowiczii var. *serrata* Nakai=Saussurea maximowiczii
Saussurea maximowiczii var. *triceps* (Lévl. & Vant.) Kitam.=Saussurea maximowiczii
Saussurea medusa Maxim.水母雪兔子
Saussurea melanotrica Hand.-Mazz.黑苞风毛菊
Saussurea merinoi Lévl.截叶风毛菊
Saussurea micradenia Hand.-Mazz.滇风毛菊
Saussurea microcephala C.A.Mey=Saussurea cana
Saussurea microcephala Diels=Saussurea dielsiana
Saussurea microcephala Franch.=Saussurea amara
Saussurea microcephala var. *aptera* Nakai & Kitag.=Saussurea amara
Saussurea microcephala var. *aptera* f. *leucocephala* Nakai & Kitag.= Saussurea amara
Saussurea microcephala var. *pteroclada* Nakai & Kitag.=Saussurea amara
Saussurea microdeltoidea Kitam.=Saussurea crispa
Saussurea minuta C.Winkl.小风毛菊
Saussurea modesta Hand.-Mazz.=Saussurea leptolepis
Saussurea mollis Franch.=Saussurea leclerei
Saussurea mongolica (Franch.) Franch.(Hand.-Mazz.in Act.Hort.Gottob. 1938,p.p.)=Saussurea sinuata
Saussurea mongolica (Franch.) Franch.蒙古风毛菊
Saussurea mongolica f. *shansiensis* (Chen) Ling=Saussurea mongolica
Saussurea mongolica var. *viridior* Hand.-Mazz.=Saussurea mongolica
Saussurea montana Anth.山地风毛菊
Saussurea morifolia Chen 桑叶风毛菊
Saussurea mucronulata Lipsch.小尖风毛菊
Saussurea muliensis Hand.-Mazz.木里雪莲
Saussurea multiflora (L.) DC.=Saussurea salicifolia
Saussurea mutabilis Diels 变叶风毛菊
Saussurea mutabilis var. *diplochaeta* Ling=Saussurea mutabilis
Saussurea namikawae Kitam.=Saussurea medusa
Saussurea neglecta Ludlow=Saussurea abnormis
Saussurea nematolepis Ling 钻状风毛菊
Saussurea neofranchetii Lipsch.耳叶风毛菊
Saussurea neoserrata Nakai 齿叶风毛菊
Saussurea nepalensis Spreng.尼泊尔风毛菊

Saussurea nidularis Hand.-Mazz.鸟巢状雪莲
Saussurea nigrescens Maxim.钝苞雪莲
Saussurea nigrescens var. *acutisquama* Ling=Saussurea polycolea var. acutisquama
Saussurea nimborum W.W.Sm.倒披针叶风毛菊
Saussurea nivea (DC.) Sch.-Bikp.=Saussurea crispa
Saussurea nivea Turcz.银背风毛菊
Saussurea nivea var. *huashanensis* (Ling) S.Y.Hu=Saussurea huashanensis
Saussurea nivea var. *nana* (Chen) Hand.-Mazz.=Saussurea acromelaena
Saussurea nobilis Franch.=Saussurea woodiana
Saussurea nyalamensis Y.L.Chen & S.Y.Liang 聂拉木风毛菊
Saussurea oblongifolia Chen 长圆叶风毛菊
Saussurea obvallata (DC.) Edgew.苞叶雪莲
Saussurea obvallata (DC.) Sch.-Bip.=Saussurea obvallata
Saussurea obvallata Wall.=Saussurea obvallata
Saussurea obvallata var. *gymnocephala* Ling=Saussurea erubescens
Saussurea obvallata var. *orientalis* Diels=Saussurea tangutica
Saussurea ochrochlaena Hand.-Mazz.褐黄色风毛菊
Saussurea odontolepis Sch.-Bip.齿苞风毛菊
Saussurea oligantha Franch.少花风毛菊
Saussurea oligantha var. *oligolepis* (Ling) X.Y.Wu=Saussurea oligantha
Saussurea oligantha var. *parvifolia* Ling=Saussurea oligantha
Saussurea oligocephala (Ling) Ling 少头风毛菊
Saussurea oligolepis Ling=Saussurea oligantha
Saussurea oppositicolor Lévl. & Vant.=Saussurea conyzoides
Saussurea otophylla Diels=Saussurea macrota
Saussurea otophylla var. *cinerea* Ling=Saussurea macrota
Saussurea ovata Benth.乌恰风毛菊
Saussurea ovatifolia Y.L.Chen & S.Y.Liang 卵叶风毛菊
Saussurea pachyneura Franch.东俄洛风毛菊
Saussurea paleacea Y.L.Chen & S.Y.Liang 糠秕风毛菊
Saussurea paleata Maxim.膜片风毛菊
Saussurea pallidiceps Hand.-Mazz.=Saussurea eriocephala
Saussurea pamirica C.Winkl.=Saussurea glacialis
Saussurea papposa Turcz.=Saussurea davurica
Saussurea parasclerolepis Baran. & Skv.=Saussurea recurvata
Saussurea parviflora (Poir.) DC.小花风毛菊
Saussurea parviflora var. *amurensis* (Herd.) S.Yhu=Saussurea neoserrata
Saussurea parviflora var. *atriplicifolia* (Fisch. ex Herd.) Hand.-Mazz.= Saussurea parviflora
Saussurea parviflora var. *atriplicifolia* (Fisch.) Hand.-Mazz.=Saussurea hemsleyi
Saussurea parviflora var. *cinerascens* Hand.-Mazz.=Saussurea parviflora
Saussurea parviflora var. *cuspidata* Hand.-Mazz.=Saussurea parviflora
Saussurea paucijuga Ling 深裂风毛菊
Saussurea paxiana Deils 红叶雪兔子
Saussurea pectinata Bge.篦苞风毛菊
Saussurea pectinata var. *macrocephala* (Franch.) Hand.-Mazz.=Saussurea pectinata
Saussurea pectinata α. *pekinensis* Maxim.=Saussurea pectinata
Saussurea pectinata β. *amurensis* Maxim.=Saussurea odontolepis
Saussurea peduncularis Franch.显梗风毛菊
Saussurea peduncularis var. *lobata* (Franch.) Lipsch.=Saussurea peduncularis
Saussurea peduncularis α. *lobata* Franch.=Saussurea peduncularis
Saussurea peduncularis β. *diversifolia* Franch.=Saussurea peduncularis
Saussurea peguensis C.B.Clarke 叶头风毛菊
Saussurea peipingensis Chen=Saussurea chinnampoensis
Saussurea petrovii Lipsch.西北风毛菊
Saussurea petrovii var. *latifolia* H.C.Fu=Saussurea petrovii
Saussurea phaeantha Maxim 褐花雪莲
Saussurea phyllocephala Collet & Hemsl.=Saussurea peguensis
Saussurea pinetorum Hand.-Mazz.松林风毛菊
Saussurea pinnatidentata Lipsch.羽裂风毛菊
Saussurea platypoda Hand.-Mazz.川南风毛菊
Saussurea polycephala Hand.-Mazz.多头风毛菊
Saussurea polycolea Hand.-Mazz.多鞘雪莲
Saussurea polycolea var. acutisquama (Ling) Lipsch.尖苞雪莲
Saussurea polycolea var. polycolea=Saussurea polycolea
Saussurea polygonifolia Chen 蓼叶风毛菊
Saussurea polypodifolia β. *angustifolia* Turcz. ex Herd.=Saussurea runcinata
Saussurea polypodioides Anth.水龙骨风毛菊
Saussurea polystichoides HK.f.(Mattf.in J.Arn.Arb.1933)=Saussurea kansuensis
Saussurea poochlamys Hand.-Mazz.革叶风毛菊
Saussurea poophylla Diels=Saussurea graminea
Saussurea popovii Lipsch.寡头风毛菊
Saussurea populifolia Hemsl.杨叶风毛菊
Saussurea porphyroleuca Hand.-Mazz.紫白风毛菊
Saussurea pratensis Anth.草原雪莲
Saussurea przewalskii Maxim.弯齿风毛菊
Saussurea pseudobullockii Lipsch.洮河风毛菊
Saussurea pseudocolorata Danguy=Saussurea ovata
Saussurea pseudoleontodon Chen=Saussurea scabrida
Saussurea pseudomalitiosa Lipsch.类尖头风毛菊
Saussurea pteriodophylla Hand.-Mazz.延翅风毛菊
Saussurea pubescens Y.L.Chen & S.Y.Liang 毛果风毛菊
Saussurea pubifolia S.W.Liu 毛背雪莲
Saussurea pubifolia var. lhasaensis S.W.Liu 小苞雪莲
Saussurea pubifolia var. pubifolia=Saussurea pubifolia
Saussurea pulchella (Fisch.) Fisch.美花风毛菊
Saussurea pulchella ε. *japonica* (DC.) Herd.=Saussurea japonica
Saussurea pulchra Lipsch.美丽风毛菊
Saussurea pulvinata Maxim.垫风毛菊
Saussurea pumila C.Winkl.矮小风毛菊
Saussurea purpurascens Y.L.Chen & S.Y.Liang 紫苞风毛菊
Saussurea pycnocephala var. *sordida* (Kar.etKir.) Herd.=Saussurea sordida
Saussurea pygmaea Spreng.(北研丛刊 1935, p.p.)=Saussurea tibetica
Saussurea quercifolia W.W.Sm.(Hand.-Mazz.in Act.Hort.Gottob. 1938, p.p.)= Saussurea hypsipeta
Saussurea quercifolia W.W.Sm.槲叶雪兔子
Saussurea quercifolia var. *major* Anth.=Saussurea quercifolia
Saussurea radiata Franch.=Saussurea deltoidea
Saussurea recurvata (Maxim.) Lipsch.折苞风毛菊
Saussurea recurvata var. *angustata* H.C.Fu=Saussurea recurvata
Saussurea reniforme Ling=Saussurea acromelaena
Saussurea retroserrata Y.L.Chen & S.Y.Liang 倒齿风毛菊
Saussurea rhytidocarpa Hand.-Mazz.皱果风毛菊
Saussurea robusta Ledeb.强壮风毛菊
Saussurea rockii Anth.显鞘风毛菊
Saussurea rohmooana Marquan & Airy.-Shaw=Saussurea katochaete
Saussurea romuleifolia Franch.鸢尾叶风毛菊
Saussurea romuleifolia var. *ortholepis* Hand.-Mazz.=Saussurea graminea
Saussurea rosthornii Diels=Saussurea conyzoides
Saussurea rosthornii var. *oppositicolor* (Lévl. & Vant.) Chen ex Hand.-Mazz. = Saussurea conyzoides
Saussurea rosthornii var. *sessilifolia* Diels (Chen in Bull.Fan.Mem.Inst. Biol.Bot.1935)=Saussurea leclerei
Saussurea rosthornii var. *sessilifolia* Diels=Saussurea cauloptera
Saussurea rotundifolia Chen 圆叶风毛菊
Saussurea rufostrigillosa Ling=Saussurea sutchuenensis
Saussurea rufostrigillosa var. *macrocephala* Ling=Saussurea sutchuenensis
Saussurea rufotricha Ling=Saussurea baroniana
Saussurea runcinata DC.倒羽叶风毛菊
Saussurea runcinata var. *integrifolia* H.C.Fu & D.S.Wen=Saussurea runcinata
Saussurea runcinata var. *pinnatidentata* (Lisch.) H.C.Fu & D.C.Wen= Saussurea pinnatidentata
Saussurea runcinata β. *dentata* Ledeb.=Saussurea alata
Saussurea russowi C.Winkl.=Saussurea sordida
Saussurea sacra Edgew.=Saussurea simpsoniana
Saussurea salemanii C.Winkl.倒卵叶风毛菊
Saussurea salicifolia (L.) DC.(Hemsl.in J.L.Soc.Bot.1888, p.p.)= Saussurea chinensis
Saussurea salicifolia (L.) DC.柳叶风毛菊
Saussurea salicifolia var. *chinensis* Maxim.=Saussurea chinensis
Saussurea salicifolia var. *elegans* (Ledeb.) Trautv.=Saussurea elegans
Saussurea salicifolia var. *shensiensis* Ling=Saussurea chinensis
Saussurea saliginiformis Hand.-Mazz.=Saussurea dolichopoda
Saussurea saligna Franch.尾尖风毛菊

Saussurea salsa (Pall.) Spreng.(Ostenf.in Hedin,South.Tibet Bot. 1922, p.p.)= Saussurea davurica
Saussurea salsa (Pall.) Spreng.盐地风毛菊
Saussurea salsa β. *papposa* (Turcz.) Ledeb.=Saussurea davurica
Saussurea salwinensis Anthony 怒江风毛菊
Saussurea scabrida Franch.糙毛风毛菊
Saussurea schultzii HK.f.=Saussurea bracteata
Saussurea sclerolepis Nakai & Kitag.卷苞风毛菊
Saussurea sect. *Corymbosae Purpurea* C.B.Clarke (p.p.)=**Hemistepta**
Saussurea sect. *Elatae* HK.f.(p.p.)=**Hemistepta**
Saussurea semiamplexicaulis Lipsch.半抱茎风毛菊
Saussurea semifasciata Hand.-Mazz.锯叶风毛菊
Saussurea semilyrata Bureau & Franch.半琴叶风毛菊
Saussurea sericea Y.L.Chen & S.Y.Liang 绢毛风毛菊
Saussurea serrata c. *amurensis* Herd.=Saussurea neoserrata
Saussurea setifolia Klatt=Saussurea subulata
Saussurea sikangensis Chen=Saussurea pachyneura
Saussurea silvestri Pamp.=Saussurea conyzoides
Saussurea simpsoniana (Field. & Gardn.) Lipsch.小果雪兔子
Saussurea sinensis Sch.-Bip.=Saussurea japonica
Saussurea sinuata Kom.林风毛菊
Saussurea sinuata f. *japonica* Nakai=Saussurea sinuata
Saussurea sinuata var. *cordata* Chen=Saussurea hwangshanensis
Saussurea sinuata var. *shansiensis* Chen=Saussurea mongolica
Saussurea sinuatoides Nakai=Saussurea sinuata
Saussurea smithiana Hand.-Mazz.=Saussurea iodoleuca
Saussurea sobarocephala Diels 昂头风毛菊
Saussurea sordida Kar. & Kir.(Dunn in J.L.Soc.Bot.1911)=Saussurea globosa
Saussurea sordida Kar. & Kir.污花风毛菊
Saussurea sordida var. *oligocephala* C.Winkl.=Saussurea sordida
Saussurea sorocephala (Schrenk) HK.f. & Thoms. ex C.B.Clarke=Saussurea gnaphaloides
Saussurea sorocephala (Schrenk) Sch.-Bip=Saussurea gnaphaloides
Saussurea sorocephala (Schrenk) Schrenk=Saussurea gnaphaloides
Saussurea souliei Franch.披针叶风毛菊
Saussurea spathulifolia Franch.维西风毛菊
Saussurea splendida Kom.节毛风毛菊
Saussurea stella Maxim.星状雪兔子
Saussurea stenocephala Ling=Saussurea dielsiana
Saussurea stenolepis Nakai 窄苞风毛菊
Saussurea stenophylla Freyn=Saussurea amurensis
Saussurea stoetzneriana Diels=Saussurea semilyrata
Saussurea stoliczkae C.B.Clarke 川藏风毛菊
Saussurea stricta S.Y.Hu=Saussurea strictga
Saussurea stricta Spreng. ex DC.=Hemistepta lyrata
Saussurea strictga Franch.喜林风毛菊
Saussurea subcordata Chen=Saussurea strictga
Saussurea subtriangulata Kom.吉林风毛菊
Saussurea subulata C.B.Clarke (Diels in Notes Roy.Bot.Gard.Edinb. 1912)= Saussurea columnaris
Saussurea subulata C.B.Clarke=Saussurea wemerioides
Saussurea subulata C.B.Clarke 钻叶风毛菊
Saussurea subulisquama Hand.-Mazz.尖苞风毛菊
Saussurea sughoo C.B.Clarke (HK.f.in Fl.Brit.Ind.1881)=Saussurea nimborum
Saussurea sungpanensis Hand.-Mazz.=Saussurea leontodontoides
Saussurea superba Anth.=Saussurea hieracioides
Saussurea sutchuenensis Franch.四川风毛菊
Saussurea sylvatica Maxim.林生风毛菊
Saussurea sylvatica var. hsiaowutaishanensis (Chen) Lipsch.小五台山风毛菊
Saussurea sylvatica var. sylvatica=Saussurea sylvatica
Saussurea taipaiensis Ling=Saussurea globosa
Saussurea takhtadganii Lipsch.=Saussurea larionowii
Saussurea tanakae Franch. & Sav. ex Maxim.(Diels in Bot.Jahrb.1901)= Saussurea bullockii
Saussurea tanguensis J.R.Drumm.=Cavea tanguensis
Saussurea tangutica Maxim.唐古特雪莲
Saussurea taquetii Lévl. & Vant.=Saussurea japonica
Saussurea taquetii var. *paniculata* Lévl. & Vant.=Saussurea japonica
Saussurea taraxacifolia Wall. ex DC.蒲公英叶风毛菊
Saussurea tatsienensis Franch.打箭风毛菊
Saussurea tatsienensis var. *monocephala* Diels=Saussurea tatsienensis
Saussurea tenella Ling=Saussurea rotundifolia
Saussurea tenerifolia Kitag.长白山风毛菊
Saussurea tenuicaulis Ling=Saussurea amara
Saussurea tenuis Ledeb.=Saussurea elegans
Saussurea thibetica Franch.=Saussurea polycephala
Saussurea thomsonii C.B.Clarke 肉叶雪兔子
Saussurea thoroldii Hemsl.草甸雪兔子
Saussurea tibetica C.Winkl.西藏风毛菊
Saussurea tienmoshanensis Chen=Saussurea bullockii
Saussurea tomentosa Kom.高岭风毛菊
Saussurea triangulata subsp. *manshurica* (Kom.) Kitam.=Saussurea manshurica
Saussurea triangulata var. *pinnatifida* (Nakai) Kitam.=Saussurea manshurica
Saussurea triceps Lévl. & Vant.=Saussurea maximowiczii
Saussurea tridactyla Sch.-Bip. ex HK.f.三指雪兔子
Saussurea tridactyla var. maiduoganla S.W.Liu 丛株雪兔子
Saussurea tridactyla var. tridactyla=Saussurea tridactyla
Saussurea trullifolia W.W.Sm.=Saussurea medusa
Saussurea trullifolia var. *pinnatibracteata* Anth.=Saussurea medusa
Saussurea tsarongensis Anth.=Saussurea phaeantha
Saussurea tsinlingensis Hand.-Mazz.秦岭风毛菊
Saussurea tuoliensis G.M.Shen 托里风毛菊
Saussurea uliginosa Hand.-Mazz.湿地雪兔子
Saussurea uliginosa var. *vittifolia* (Anth.) Hand.-Mazz.=Saussurea uliginosa
Saussurea umbrosa Kom.湿地风毛菊
Saussurea undulata Hand.-Mazz.波缘风毛菊
Saussurea uniflora (DC.) Wall. ex Sch.-Bip 单花雪莲
Saussurea uniflora (Wall.) C.B.Clarke=Saussurea uniflora
Saussurea uniflora Wall.=Saussurea uniflora
Saussurea uniflora var. *conica* (C.B.Clarke) HK.f.=Saussurea conica
Saussurea uniflora var. *sinensis* Anth.(p.p.)=Saussurea longifolia
Saussurea uniflora var. *sinensis* Anth.(p.p.)=Saussurea uniflora
Saussurea ussuriensis Maxim.乌苏里风毛菊
Saussurea ussuriensis var. firma Kitag.硬叶乌苏里风毛菊
Saussurea ussuriensis var. *incisa* Maxim.=Saussurea ussuriensis
Saussurea ussuriensis var. *mongolica* Franch.=Saussurea mongolica
Saussurea ussuriensis var. *pinnatifida* Maxim.=Saussurea ussuriensis
Saussurea ussuriensis var. ussuriensis=Saussurea ussuriensis
Saussurea ussuriensis δ. *odontolepis* Herd.=Saussurea odontolepis
Saussurea vaniotii Lévl.=Saussurea centiloba
Saussurea varginata Dunn=Saussurea yunnanensis
Saussurea variiloba Ling 变裂风毛菊
Saussurea veitchiana Drumm. & Hutch.华中雪莲
Saussurea velutina W.W.Sm.(Hand.-Mazz.in Symb.Sin 1936)=Saussurea muliensis
Saussurea velutina W.W.Sm.毡毛雪莲
Saussurea venosa Kerr.=Saussurea peguensis
Saussurea vestita Franch.绒背风毛菊
Saussurea vestitiformis Hand.-Mazz.河谷风毛菊
Saussurea villosa Franch.=Saussurea hieracioides
Saussurea violacea Pamp.=Saussurea glacialis
Saussurea virgata Franch.帚状风毛菊
Saussurea viridibracteata Chen=Saussurea semilyrata
Saussurea vittifolia Anth.=Saussurea uliginosa
Saussurea wallichi Sch.-Bip.=Saussurea fastuosa
Saussurea wardii Anth.川滇风毛菊
Saussurea welbyi Hemsl.羌塘雪兔子
Saussurea wemerioides Sch.-Bip. ex HK.f.锥叶风毛菊
Saussurea wettsteiniana Hand.-Mazz.垂头雪莲
Saussurea wilsoniana Hand.-Mazz.=Saussurea dolichopoda
Saussurea woodiana Hemsl.牛耳风毛菊
Saussurea woodiana f. *caulescens* Lipsch.=Saussurea woodiana
Saussurea woodiana f. *subacaulis* Lipsch.=Saussurea woodiana
Saussurea xanthotrica Hand.-Mazz.=Saussurea melanotrica
Saussurea yatagaiana Mori=Saussurea glandulosa
Saussurea yunnanensis Franch.云南风毛菊
Saussurea yunnanensis var. *integrifolia* Franch.=Saussurea yunnanensis
Saussurea yunnanensis var. *runcinata* Franch.=Saussurea yunnanensis

Saussurea yunnanensis var. *sessilifolia* Anth.=Saussurea yunnanensis
Saussurea yushuensis S.W.Liu & T.N.Ho 玉树雪兔子(新)?
Saussuria Moench=**Schizonepeta**
Saviae sect. *Actephila* (Bl.) Baill.=**Actephila**
Saxafraga oreophila var. *dapaoshanensis* J.T.Pam=Saxifraga macrostigmatoides
Saxafraga rockii Marttf.=Saxifraga peplidifolia
Saxifraga Tourn. ex L.**虎耳草属**(虎耳草科)
Saxifraga aculeata I.B.Balf.=Saxifraga mengtzeana
Saxifraga aestivalis Fisch. & C.A.Mey.=Saxifraga nelsoniana
Saxifraga afghanica Aitch. & Hemsl.具梗虎耳草
Saxifraga aizoides var. *autumnalis* (L.) Engl. & Irmsch.=Saxifraga hirculus
Saxifraga aizoon Jacq.艾宗状虎耳草
Saxifraga altissima Kern.高虎耳草
Saxifraga anadena H.Smith=Saxifraga heterotricha var. anadena
Saxifraga andersonii Engl.短瓣虎耳草
Saxifraga angustata H.Sm.=Saxifraga microgyna
Saxifraga angustata H.Smith 狭叶虎耳草
Saxifraga aphylla Sternb.小叶虎耳草
Saxifraga aquatica Lapeyr.水生虎耳草
Saxifraga aristulata HK.f. & Thoms.小芒虎耳草
Saxifraga aristulata f. *longipila* (Engl. & Irmsch.) J.T.Pan & T.C.Ku= Saxifraga aristulata var. longipila
Saxifraga aristulata var. aristulata=Saxifraga aristulata
Saxifraga aristulata var. *earistulata* T.C.Ku=Saxifraga sublinearifolia
Saxifraga aristulata var. longipila (Engl. & Irmsch.) J.T.Pan 长毛虎耳草
Saxifraga aristulata var. *microcephala* Engl. & Irmsch.=Saxifraga aristulata
Saxifraga ascendens L.直立虎耳草
Saxifraga asiatica Hayek=Saxifraga oppositifolia
Saxifraga aspera L.糙虎耳草
Saxifraga atrata Engl.黑虎耳草
Saxifraga atrata var. *subcorymbosa* Engl.=Saxifraga melanocentra
Saxifraga atrosanguinea Anth.=Saxifraga pardanthina
Saxifraga atuntsinensis W.W.Sm.阿墩子虎耳草
Saxifraga aurantiaca Franch.橙黄虎耳草
Saxifraga aurantiaca f. *lanceolata* Ku=Saxifraga unguiculata
Saxifraga aurifraga Engl. & Irmsch.耳状虎耳草
Saxifraga aurifraga var. aurifraga=Saxifraga aurifraga
Saxifraga aurifraga var. conaensis J.T.Pan 错那虎耳草
Saxifraga autumnalis L.=Saxifraga hirculus
Saxifraga baimashanensis C.Y.Wu 白马山虎耳草
Saxifraga balfourii Engl. & Irmsch.马耳山虎耳草
Saxifraga balongshanensis Ku=Saxifraga pseudohirculus
Saxifraga bergenioides Marquand 紫花虎耳草
Saxifraga biflora All.二花虎耳草
Saxifraga biflora Ku=Saxifraga aurantiaca
Saxifraga birostris Engl. & Irmsch.=Saxifraga davidii
Saxifraga blinii Lévl.=Saxifraga clavistaminea
Saxifraga bonatiana Engl. & Irmsch.=Saxifraga candelabrum
Saxifraga brachyphylla Franch.短叶虎耳草
Saxifraga brachypoda D.Don 短柄虎耳草
Saxifraga brachypoda var. *eglandulosa* (H.Smith) S.Akiyama & al.=Saxifraga gouldii var. eglandulosa
Saxifraga brachypoda var. *fimbriata* (Ser.) Engl. & Irmsch.=Saxifraga wallichiana
Saxifraga brachypoda var. *gouldii* (C.E.C.Fisch.) S.Akiyama & al.= Saxifraga gouldii
Saxifraga brachypodoidea J.T.Pan 光花梗虎耳草
Saxifraga brevicaulis H.Sm.=Saxifraga sessiliflora
Saxifraga brevicaulis H.Smith 短茎虎耳草
Saxifraga bronchialis L.刺虎耳草
Saxifraga bronchialis subsp. *spinulosa* Hulteén=Saxifraga bronchialis
Saxifraga brunneopunctata H.Sm.=Saxifraga signatella
Saxifraga brunneopunctata H.Smith 褐斑虎耳草
Saxifraga brunoniana Wall. ex Sternb.=Saxifraga brunonis
Saxifraga brunoniana var. *majuscula* Engl. & Irmsch.=Saxifraga brunonis
Saxifraga brunoniana var. *majuscula* subvar. *exunguiculata* Engl. & Irmsch.= Saxifraga brunonis
Saxifraga brunoniana var. *majuscula* subvar. *unguiculata* Engl. & Irmsch.= Saxifraga brunonis
Saxifraga brunonis Wall. ex Ser. 喜马拉雅虎耳草
Saxifraga buceras H.Sm.=Saxifraga elliotii
Saxifraga bulbifera L.鳞茎虎耳草
Saxifraga bulleyana Engl. & Irmsch.小泡虎耳草
Saxifraga burseriana L.伯寒氏虎耳草
Saxifraga cacuminum H.Sm.顶峰虎耳草
Saxifraga caesia L.青灰虎耳草
Saxifraga calcicola Anth.=Saxifraga likiangensis
Saxifraga callosa Sm.硬虎耳草
Saxifraga canaliculata Boiss. & Reuter 沟茎虎耳草
Saxifraga candelabrum Franch.灯架虎耳草
Saxifraga candelabrum var. *patentiramea* Engl. & Irmsch.=Saxifraga candelabrum
Saxifraga cardiophylla Franch.心叶虎耳草
Saxifraga carnosula Mattf.肉质虎耳草
Saxifraga cartilaginea Willd.软骨虎耳草
Saxifraga caveana W.W.Sm.近岩梅虎耳草
Saxifraga caveana var. caveana=Saxifraga caveana
Saxifraga caveana var. lanceolata J.T.Pan 狭萼虎耳草
Saxifraga cernua L.零余虎耳草
Saxifraga cernua f. *bulbillosa* Engl. & Irmsch.=Saxifraga cernua
Saxifraga cernua f. *ramosa* Gmel.=Saxifraga cernua
Saxifraga cernua f. *simplicissima* Ledeb.=Saxifraga cernua
Saxifraga cernua var. bulbilosa Engl. & Irm.鳞茎点头虎耳草(新)
Saxifraga cernua α. *linnaeana* Ser.=Saxifraga cernua
Saxifraga chaffanjoni Lévl.=Saxifraga stolonifera
Saxifraga chinensis Lour.=Saxifraga stolonifera
Saxifraga chionophila Franch.雪地虎耳草
Saxifraga chrysantha Franch.=Saxifraga chrysanthoides
Saxifraga chrysanthoides Engl. & Irmsch.拟黄花虎耳草
Saxifraga chrysosplenifolia Boiss.金腰叶虎耳草
Saxifraga chumbiensis Engl. & Irmsch.春丕虎耳草
Saxifraga ciliatopetala (Engl. & Irmsch.) J.T.Pan 毛瓣虎耳草
Saxifraga ciliatopetala var. *ciliata* J.T.Pan=Saxifraga ciliatopetala
Saxifraga ciliatopetala var. ciliatopetala=Saxifraga ciliatopetala
Saxifraga cinerascens Engl. & Irmsch.灰虎耳草
Saxifraga cinerascens f. *major* Engl. & Irmsch.=Saxifraga cinerascens
Saxifraga clavistaminea Engl. & Irmsch.棒蕊虎耳草
Saxifraga clavistamineoides Ku=Saxifraga pallida
Saxifraga clivorum H.Sm.截叶虎耳草
Saxifraga coarctata W.W.Sm.矮虎耳草
Saxifraga cochlearis Rchb.蜗牛虎耳草
Saxifraga confertifolia Engl. & Irmsch.=Saxifraga aurantiaca
Saxifraga confertifolia var. *glabrifolia* Engl. & Irmsch.=Saxifraga unguiculata
Saxifraga congestiflora Engl. & Irmsch.密花虎耳草
Saxifraga conifera Cosson & Durieu 松柏虎耳草
Saxifraga consanguinea W.W.Sm.棒腺虎耳草
Saxifraga contraria H.Sm.对叶虎耳草
Saxifraga cordifolia Haw.=Bergenia crassifolia
Saxifraga cordigera HK.f. & Thoms.心虎耳草
Saxifraga cortusaefolia S. & Z.(Engl. & Irmsch.in Not.Bot.Gard.Edinb. 1912)= Saxifraga rufescens
Saxifraga cortusifolia S. & Z.(Franch.Fl.David.1888)=Saxifraga fortunei
Saxifraga cortusifolia var. *fortunei* (HK.f.) Maxm.=Saxifraga fortunei
Saxifraga cortusifolia γ. *fortunei* (HK.f.) Maxim.=Saxifraga fortunei
Saxifraga corymbosa HK.f. & Thoms.=Saxifraga hookeri
Saxifraga cotyledon L.少妇虎耳草
Saxifraga crassifolia L.=Bergenia crassifolia
Saxifraga crassifolia var. *elliptica* Ledeb.=Bergenia crassifolia
Saxifraga crassifolia var. *obovata* Seringe=Bergenia crassifolia
Saxifraga crassifolia var. β. Ait.=Bergenia crassifolia
Saxifraga crassifolia α. *obvata* Ser. ex DC.=Bergenia crassifolia
Saxifraga crassifolia γ. *pauciflora* Ser. ex DC.=Bergenia crassifolia
Saxifraga crassulifolia Engl.=Saxifraga atuntsinensis
Saxifraga crinalis Franch.=Saxifraga tsangchanensis
Saxifraga crustata Vest 萨尔斯堡虎耳草
Saxifraga culcitosa Mattf.枕状虎耳草
Saxifraga cuneifolia L.楔叶虎耳草
Saxifraga cuscutiformis Loddig.=Saxifraga stolonifera
Saxifraga cymbalaria L.常春藤叶虎耳草

Saxifraga cymiformis Ku=Saxifraga glaucophylla
Saxifraga daochengensis J.T.Pan 稻城虎耳草
Saxifraga davidii Franch.双喙虎耳草
Saxifraga decipiens Ehrh.假虎耳草
Saxifraga decora H.Smith 滇藏虎耳草
Saxifraga decussata Anth.十字虎耳草
Saxifraga delavayi Franch.=Bergenia purpurascens
Saxifraga densifoliata Engl. & Irmsch.密叶虎耳草
Saxifraga densifoliata var. densifoliata=Saxifraga densifoliata
Saxifraga densifoliata var. nedongensis J.T.Pan 乃东虎耳草
Saxifraga deqenensis C.Y.Wu 德钦虎耳草
Saxifraga dianxibeiensis J.T.Pan 滇西北虎耳草
Saxifraga diapensia H.Sm.岩梅虎耳草
Saxifraga diapensia var. *glabrisepala* J.T.Pan=Saxifraga elliptica
Saxifraga dielsiana Engl. & Irmsch.川西虎耳草
Saxifraga diffusicallosa C.Y.Wu 散痂虎耳草
Saxifraga divaricata Engl. & Irmsch.叉枝虎耳草
Saxifraga diversifolia Wall. ex Ser.(西藏志 1985)=Saxifraga erectisepala
Saxifraga diversifolia Wall. ex Ser.异叶虎耳草
Saxifraga diversifolia f. *alpina* Engl. & Irmsch.=Saxifraga dianxibeiensis
Saxifraga diversifolia f. *amplexifolia* Irmsch.=Saxifraga diversifolia
Saxifraga diversifolia f. amplexifolia Irmsch.抱茎虎耳草
Saxifraga diversifolia f. *angustibracteata* Engl. & Irmsch.=Saxifraga diversifolia var. angustibracteata
Saxifraga diversifolia f. *foliata* Engl. & Irmsch.=Saxifraga diversifolia
Saxifraga diversifolia f. *haematophylla* (Franch.) Engl. & Irmsch.=Saxifraga diversifolia
Saxifraga diversifolia f. *parviflora* (Franch.) Engl. & Irmsch.=Saxifraga diversifolia
Saxifraga diversifolia var. angustibracteata (Engl. & Irmsch.) J.T.Pan 狭苞异叶虎耳草
Saxifraga diversifolia var. *diversifolai* typica f.3. *parviflora* (Franch.) Engl. & Irmsch.(p.p.)=Saxifraga glaucophylla
Saxifraga diversifolia var. *diversifolia* f. *amplesxifolia* Irmsch.=Saxifraga diversifolia
Saxifraga diversifolia var. diversifolia=Saxifraga diversifolia
Saxifraga diversifolia var. *haematophylla* Franch.=Saxifraga diversifolia
Saxifraga diversifolia var. *lanceolata* Seringe=Saxifraga diversifolia
Saxifraga diversifolia var. *moorcroftiana* Serigne=Saxifraga moorcroftiana
Saxifraga diversifolia var. parnassifolia (don) Engl.梅花异叶虎耳草(新)
Saxifraga diversifolia var. *parnassiifolia* (D.Don) Serigne=Saxifraga parnassiifolia
Saxifraga diversifolia var. *parviflora* Franch.=Saxifraga diversifolia
Saxifraga diversifolia var. *soulieana* Engl. & Irmsch.=Saxifraga egregia
Saxifraga diversifolia β. *parnassifolia* Ser.=Saxifraga parnassifolia
Saxifraga diversifolia γ. *moorcrofitiana* Ser.=Saxifraga moorcroftiana
Saxifraga doyalana H.Sm.白瓣虎耳草
Saxifraga drabiformis Franch.葶苈虎耳草
Saxifraga draboides C.Y.Wu 中甸虎耳草
Saxifraga dshagalensis Engl.无爪虎耳草
Saxifraga dumetorum Balf.f.=Saxifraga stolonifera
Saxifraga dumetorum I.B.Balf.=Saxifraga stolonifera
Saxifraga dungbooi Engl. & Irmsch.邓波虎耳草
Saxifraga dunniana Lévl.=Saxifraga diversifolia
Saxifraga echinophora Lévl.=Saxifraga strigosa
Saxifraga eglandulosa Engl.长毛梗虎耳草
Saxifraga egregia Engl.优越虎耳草
Saxifraga egregia var. eciliata J.T.Pan 无睫毛虎耳草
Saxifraga egregia var. egregia=Saxifraga egregia
Saxifraga egregia var. xiaojinensis J.T.Pan 小金虎耳草
Saxifraga egregioides J.T.Pan 矮优越虎耳草
Saxifraga elatinoides Hand.-Mazz.沟繁缕虎耳草
Saxifraga elliotii H.Sm.索白拉虎耳草
Saxifraga elliptica Engl. & Irmsch.光萼虎耳草
Saxifraga engleriana H.Sm.藏南虎耳草
Saxifraga epiphylla Gornall & H.Ohba 卵心叶虎耳草
Saxifraga erectisepala J.T.Pan 直萼虎耳草
Saxifraga erinacea H.Sm.猬状虎耳草
Saxifraga erosa Pursh 蚀状虎耳草
Saxifraga eryuan J.T.Pan=Saxifraga peplidifolia
Saxifraga eschscholtzii Sternb.(分类学报 1978)=Saxifraga hemisphaerica
Saxifraga eschscholtzii Sternb.塞地虎耳草
Saxifraga evolvuloides Wall. ex Seringe=Saxifraga hispidula
Saxifraga ferdinandi-coburgi J.Kellerer & Sund.菲迪南氏虎耳草
Saxifraga filicaulis Wall. ex Ser.线茎虎耳草
Saxifraga filifolia Anth.=Saxifraga llonakhensis
Saxifraga fimbriata Wall. ex Ser.=Saxifraga wallichiana
Saxifraga fimbriatoides J.T.Pan=Saxifraga wallichiana
Saxifraga finitima W.W.Sm.区限虎耳草
Saxifraga flabellifolia Franch.=Saxifraga rufescens var. flabellifolia
Saxifraga flaccida J.T.Pan 柔弱虎耳草
Saxifraga flagellarioides Engl.=Saxifraga moucronulata
Saxifraga flagellaris Willd.鞭状虎耳草
Saxifraga flagellaris subsp. *euflagellaris* Engl. & Irmsch.=Saxifraga stenophylla
Saxifraga flagellaris subsp. *megistantha* Hand.-Mazz.=Saxifraga stenophylla
Saxifraga flagellaris subsp. *mucronulata* (Royle) Engl. & Irmsch.=Saxifraga mucronulata
Saxifraga flagellaris subsp. *sikkimensis* Hultén=Saxifraga mucronulatoides
Saxifraga flagellaris subsp. *stenophylla* (Royle) Hultén=Saxifraga stenophylla
Saxifraga flagellaris var. *mucronulata* (Royle) Clarke=Saxifraga mucronulata
Saxifraga flagellaris var. *stenosepala* Trautv.=Saxifraga stenophylla
Saxifraga flagellaris var. *stenosepala* f. *alta* Engl. & Irmsch.=Saxifraga stenophylla
Saxifraga flagellaris var. *stenosepala* f. *humilis* Engl. & Irmsch.=Saxifraga stenophylla
Saxifraga flagellaris var. *stenosepala* f. *pauciflora* Engl. & Irmsch.=Saxifraga stenophylla
Saxifraga flagellaris Wills. ex Sternb.(Clarke in Fl.Brit.Ind.1878,p.p.)=Saxifraga stenophylla
Saxifraga flagrans H.Sm.=Saxifraga tangutica
Saxifraga flagrans var. *platyphylla* H.Sm.=Saxifraga tangutica var. platyphylla
Saxifraga flexilis W.W.Sm.曲茎虎耳草
Saxifraga forrestii Engl. & Irmsch.玉龙虎耳草
Saxifraga fortunei HK.f.齿瓣虎耳草
Saxifraga fortunei var. fortunei=Saxifraga fortunei
Saxifraga fortunei var. koraiensis Nakai 镜叶虎耳草
Saxifraga fortunei var. *tricolor* Lemaire=Saxifraga stolonifera
Saxifraga gageana Engl. & Irmsch.=Saxifraga kingiana
Saxifraga gageana W.W.Sm.=Saxifraga melanocentra
Saxifraga gasterostens Lévl.=Saxifraga gemmipara
Saxifraga gatogombensis Engl.=Saxifraga unguiculata
Saxifraga gedangensis J.T.Pan 格当虎耳草
Saxifraga geifolia Balf.f.=Saxifraga mengtzeana
Saxifraga gemmigera Engl.芽虎耳草
Saxifraga gemmigera var. gemmigera=Saxifraga gemmigera
Saxifraga gemmigera var. gemmuligera (Engl.) J.T.Pan & Gornall 小芽虎耳草
Saxifraga gemmipara Farnch.芽生虎耳草
Saxifraga gemmuligera (Engl.) Engl.=Saxifraga gemmigera var. gemmuligera
Saxifraga georgei Anth.对生叶虎耳草
Saxifraga geranioides L.牻牛儿苗状虎耳草
Saxifraga geum L.肾叶虎耳草
Saxifraga giraldiana Engl.秦岭虎耳草
Saxifraga giraldiana var. *biondiana* Engl.=Saxifraga giraldiana
Saxifraga giraldiana var. *hupehensis* Engl.=Saxifraga giraldiana
Saxifraga glabricaulis H.Sm.光茎虎耳草
Saxifraga glacialis H.Sm.=Saxifraga glacialis
Saxifraga glacialis H.Sm.冰雪虎耳草
Saxifraga glacialis var. *rubra* J.Anth.=Saxifraga glacialis
Saxifraga glandulosa Wall.=Saxifraga brachypoda
Saxifraga glaucophylla Franch.灰叶虎耳草
Saxifraga globulifera Desf.球花虎耳草
Saxifraga gonggashanensis J.T.Pan 贡嘎山虎耳草
Saxifraga gongshanensis T.C.Ku 小刚毛虎耳草
Saxifraga gouldii C.E.C.fisch.=Saxifraga wardii

Saxifraga gouldii C.E.C.Fisch.顶腺虎耳草
Saxifraga gouldii var. *eglandulosa* H.Sm.=Saxifraga wardii
Saxifraga gouldii var. eglandulosa H.Smith 无顶腺虎耳草
Saxifraga gouldii var. gouldii=Saxifraga gouldii
Saxifraga granulata L.草地生耳草(新)
Saxifraga granulifera H.Sm.=Saxifraga cernua
Saxifraga granulifera H.Smith 珠芽虎耳草
Saxifraga grisebachii Deg. & Dösf.格里西氏虎耳草
Saxifraga gyacaensis J.T.Pan=Saxifraga sessiliflora
Saxifraga gyalana Marquand & Airy-Shaw 加拉虎耳草
Saxifraga haagi Suend.哈格氏虎耳草
Saxifraga haematochroa H.Sm.=Saxifraga bergenioides
Saxifraga haplophylloides Franch.六痂虎耳草
Saxifraga hastigera Lévl.=Saxifraga giraldiana
Saxifraga hecherifolia Griseb. & Schenk 矾根叶虎耳草
Saxifraga heleonastes H.Sm.沼地虎耳草
Saxifraga hemisphaerica HK.f. & Thoms.半球虎耳草
Saxifraga henryi Balf.f.=Saxifraga mengtzeana
Saxifraga heteroclada var. aurantia H.Sm.异枝虎耳草
Saxifraga heteroclada var. heteroclada =Saxifraga heteroclada
Saxifraga heterocladoides J.T.Pan 近异枝虎耳草
Saxifraga heterotricha Marquand & Airy-Shaw 异毛虎耳草
Saxifraga heterotricha var. anadena (H.Smith) J.T.Pan & Gornall 波密虎耳草
Saxifraga heterotricha var. heterotricha=Saxifraga heterotricha
Saxifraga himalaica N.P.Balak.=Saxifraga pallida
Saxifraga hirculoides Decne.唐古拉虎耳草
Saxifraga hirculoides Engl.=Saxifraga pseudohirculus
Saxifraga hirculoides f. *abbreviata* Engl.=Saxifraga pseudohirculus
Saxifraga hirculus L.山羊臭虎耳草
Saxifraga hirculus f. *intermedia* Engl. & Irmsch.=Saxifraga hirculus
Saxifraga hirculus f. *major* Engl. & Irmsch.(p.p.)=Saxifraga hirculus
Saxifraga hirculus f. *minor* Engl. & Irmsch.(p.p.)=Saxifraga hirculus var. alpina
Saxifraga hirculus f. *vestita* Engl.=Saxifraga sinomontana
Saxifraga hirculus subsp. *alpina* (Engl.) Podlech=Saxifraga hirculus var. alpina
Saxifraga hirculus subsp. *compacta* K.O.Hedb.=Saxifraga hirculus var. alpina
Saxifraga hirculus var. alpina Engl.高山虎耳草
Saxifraga hirculus var. *alpina* f. *ciliatopetala* Engl. & Irmsch.=Saxifraga ciliatopetala
Saxifraga hirculus var. *alpina* f. *elata* Engl. & Irmsch.=Saxifraga hirculus var. alpina
Saxifraga hirculus var. *alpina* f. *humilis* Engl. & Irmsch.=Saxifraga hirculus var. alpina
Saxifraga hirculus var. *hirculoides* (Dcene.) Clarle=Saxifraga hirculoides
Saxifraga hirculus var. hirculus=Saxifraga hirculus
Saxifraga hirculus var. *indica* Clarke=Saxifraga hirculus var. alpina
Saxifraga hirculus var. *indica* Clarke=Saxifraga sinomontana
Saxifraga hirculus var. *kansuensis* Kanitz=Saxifraga sinomontana
Saxifraga hirculus var. *major* (Engl. & Irmsch.) J.T.Pan=Saxifraga hirculus
Saxifraga hirculus var. *platypetala* Franch.=Saxifraga nigroglandulosa
Saxifraga hirculus var. *subdioica* Clarke=Saxifraga tangutica
Saxifraga hirculus var. *tafeliana* Engl. & Irmsch.=Saxifraga parva
Saxifraga hirculus var. *typica* Clarke=Saxifraga hirculus
Saxifraga hirculus var. *typica* f. *intermedia* Engl.Irmsch.=Saxifraga hirculus
Saxifraga hirculus var. *typica* f. *major* Engl. & Irmsch.=Saxifraga hirculus
Saxifraga hirsuta L.硬毛虎耳草(新)
Saxifraga hispidula D.Don 齿叶虎耳草
Saxifraga hispidula var. *dentata* Franch.=Saxifraga hispidula
Saxifraga hispidula var. *doniana* Engl.=Saxifraga hispidula
Saxifraga hookeri Engl. & Irmsch.近优越虎耳草
Saxifraga hookeri var. *aequifolia* Marquand & Airy-Shaw=Saxifraga hookeri
Saxifraga hookeri var. *glabrisepala* Engl. & Irmsch.=Saxifraga hookeri
Saxifraga hookeri var. *smithii* Engl. & Irmsch.=Saxifraga hookeri
Saxifraga hostii Tausch.霍斯特氏虎耳草
Saxifraga humilis Engl. & Irmsch.=Saxifraga coarctata
Saxifraga hypericoides Franch.金丝桃虎耳草
Saxifraga hypericoides f. *latifolia* (Engl. & Irmsch.) J.T.Pan ex T.C.Ku=Saxifraga peplidifolia
Saxifraga hypericoides f. *longipetala* Ku=Saxifraga hypericoides
Saxifraga hypericoides f. *longistyla* (Franch.) J.T.Pan ex T.C.Ku=Saxifraga hypericoides
Saxifraga hypericoides var. aurantiascens (Engl. & Irmsch.) J.T.Pan & Gornall 橙瓣虎耳草
Saxifraga hypericoides var. hypericoides=Saxifraga hypericoides
Saxifraga hypericoides var. *likiangensis* (Engl. & Irmsch.) J.T.Pan=Saxifraga peplidifolia
Saxifraga hypericoides var. *longistyla* (Franch. J.T.Pan=Saxifraga hypericoides
Saxifraga hypericoides var. rockii (Mattf.) J.T.Pan 贡嘎虎耳草
Saxifraga hypnoides L.藓状虎耳草
Saxifraga imbricata Royle=Saxifraga pulvinaria
Saxifraga imparilis Balf.f.大字虎耳草
Saxifraga implicans H.Sm.藏东虎耳草
Saxifraga implicans var. implicans=Saxifraga implicans
Saxifraga implicans var. *weixiensis* C.Y.Wu=Saxifraga implicans
Saxifraga insolens Irmsch.贡山虎耳草
Saxifraga iochanensis Lévl.=Saxifraga stolonifera
Saxifraga isophylla H.Smith 林芝虎耳草
Saxifraga jacquemontiana Decne.隐茎虎耳草
Saxifraga jacquemontiana var. *stella-aurea* (HK.f. & Thoms.) Clarek=Saxifraga stella-aurea
Saxifraga jainzhuglaensis J.T.Pan 金珠拉虎耳草
Saxifraga josephi Engl.太白虎耳草
Saxifraga juniperifolia Adams.柏叶虎耳草
Saxifraga kangdingensis T.C.Ku=Saxifraga culcitosa
Saxifraga kansuensis Mattf.=Saxifraga unguipetala
Saxifraga kingdonii C.Marq.金冬虎耳草
Saxifraga kingdonii Marquand=Saxifraga eglandulosa
Saxifraga kingiana Engl. & Irmsch.毛叶虎耳草
Saxifraga kongboensis H.Sm.九窝虎耳草
Saxifraga kuana Zhmylev=Saxifraga moorcroftiana
Saxifraga kwangsiensis Chun & F.C.How ex C.Z.Gao 龙胜虎耳草
Saxifraga laciniata Nakai & Takeda 长白虎耳草
Saxifraga lamarum H.Sm.=Saxifraga meeboldii
Saxifraga lancangensis Y.Y.Qiang=Saxifraga mengtzeana
Saxifraga latipetala Ku=Saxifraga montanella
Saxifraga latipetala var. *speciosa* (J.Anth.) T.C.Ku=Saxifraga montanella
Saxifraga lepidostolonosa H.Sm.异条叶虎耳草
Saxifraga leptarrhenifolia Engl. & Irmsch.=Saxifraga davidii
Saxifraga lhasana H.Sm.=Saxifraga umbellulata var. muricola
Saxifraga lhasana var. *decupitulata* H.Sm.=Saxifraga umbellulata var. muricola
Saxifraga ligulata Wall.=Bergenia pacumbis
Saxifraga ligulata Murr.=Saxifraga stolonifera
Saxifraga ligulata var. *densiflora* Seringe=Bergenia pacumbis
Saxifraga ligulata var. *minor* Wall. ex DC.=Bergenia pacumbis
Saxifraga ligulata α. *densiflora* Ser. ex DC.=Bergenia pacumbis
Saxifraga ligulata β. *minor* Wall. ex DC.=Bergenia pacumbis
Saxifraga likiangensis Franch.丽江虎耳草
Saxifraga limprichtii Engl. & Irmsch.=Saxifraga unguiculata var. limprichtii
Saxifraga linearifolia Engl. & Irmsch.条叶虎耳草
Saxifraga lingulata Bellardi 舌状虎耳草
Saxifraga litangensis Engl.理塘虎耳草
Saxifraga litangensis f. *minor* Engl.=Saxifraga litangensis
Saxifraga llonakhensis W.W.Sm.近加拉虎耳草
Saxifraga lolaensis H.Sm.=Saxifraga subsessiliflora
Saxifraga longifolia Lepeyr.长叶虎耳草
Saxifraga longipetala Ku=Saxifraga pseudohirculus
Saxifraga longistyla Franch.=Saxifraga hypericoides
Saxifraga longshengensis J.T.Pan=Saxifraga kwangsiensis
Saxifraga loripes Anth.=Saxifraga brunonis
Saxifraga loripes J.Anth.鞭枝虎耳草
Saxifraga ludlowii H.Sm.红瓣虎耳草
Saxifraga lumpuensis Engl.道孚虎耳草
Saxifraga lychnitis HK.f. & Thoms.燃灯虎耳草
Saxifraga lysimachioides Klotzch.B.Reise.=Saxifraga moorcroftiana
Saxifraga macrostigma Franch.=Saxifraga aristulata
Saxifraga macrostigma Franch.=Saxifraga peplidifolia

Saxifraga macrostigma f. *hastifolia* Engl. & Irmsch.=Saxifraga aristulata
Saxifraga macrostigma var. *aurantiascens* Engl. & Irmsch.=Saxifraga peplidifolia
Saxifraga macrostigma var. *cordifolia* W.W.Sm.=Saxifraga peplidifolia
Saxifraga macrostigma var. *georgeana* Engl. & Irmsch.=Saxifraga aristulata
Saxifraga macrostigma var. *georgeana* f. *longipila* Engl. & Irmsch.= Saxifraga aristulata var. longipila
Saxifraga macrostigma var. *gracillima* Engl. & Irmsch.=Saxifraga aristulata
Saxifraga macrostigma var. *hypericoides* (Franch.) Engl. & Irmsch.= Saxifraga hypericoides
Saxifraga macrostigma var. *hypericoides* Engl.=Saxifraga hypericoides
Saxifraga macrostigma var. *hypericoides* subvar. *longistyla* Engl. & Irmsch.=Saxifraga hypericoides
Saxifraga macrostigma var. *hypericoides* subvar. *macrantha* Engl. & Irmsch.= Saxifraga peplidifolia
Saxifraga macrostigma var. *typica* Engl. & Irmsch.=Saxifraga aristulata
Saxifraga macrostigmatoides Engl.假大柱头虎耳草
Saxifraga madida Mak.人字草
Saxifraga mairei Lévl.=Saxifraga filicaulis
Saxifraga manshuriensis (Engl.) Kom.腺毛虎耳草
Saxifraga marginata Sternb.角状边虎耳草
Saxifraga marginata var. rocheliana (Sternb.) Engl.洛氏角状边虎耳草
Saxifraga martini Lévl. & Vant.=Saxifraga imparilis
Saxifraga matta-florida H.Sm.=Saxifraga subsessiliflora
Saxifraga maximoviczi A.Los.=Saxifraga nigroglandulosa
Saxifraga maxionggouensis J.T.Pan 马熊沟虎耳草
Saxifraga media Gouan.中间虎耳草
Saxifraga medogensis J.T.Pan 墨脱虎耳草
Saxifraga meeboldii Engl. & Irmsch.(植物志 34-2,1992)= Saxifraga decora
Saxifraga megalantha Marquand=Saxifraga wardii
Saxifraga melanocentra Franch.黑蕊虎耳草
Saxifraga melanocentra f. *angustispathulata* Engl.=Saxifraga melanocentra
Saxifraga melanocentra f. *franchetiana* Engl. & Irmsch.=Saxifraga melanocentra
Saxifraga melanocentra f. *pluriflora* Engl. & Irmsch.=Saxifraga melanocentra
Saxifraga mengtzeana Engl. & Irmsch.蒙自虎耳草
Saxifraga mengtzeana var. *cordatifolia* Engl. & Irmsch.=Saxifraga mengtzeana
Saxifraga mengtzeana var. *peltifolia* Engl. & Irmsch.=Saxifraga mengtzeana
Saxifraga micrantha Edgew.=Saxifraga pallida
Saxifraga micrantha var. *micrantha* f. *corymbiflora* Engl. & Irmsch. =Saxifraga pallida
Saxifraga micrantha var. *micrantha* f. *foliosa* Engl. & Irmsch.= Saxifraga pallida
Saxifraga micrantha var. *micrantha* f. *minor* Engl. & Irmsch.= Saxifraga pallida
Saxifraga micrantha var. *monbeigii* Engl. & Irmsch.=Saxifraga pallida
Saxifraga micrantha var. *yunnanensis* Franch.=Saxifraga pallida
Saxifraga micranthoides Engl.=Saxifraga pallida
Saxifraga microgyna Engl. & Irmsch.小果虎耳草
Saxifraga microgyna f. *uniflora* T.C.Ku=Saxifraga microgyna
Saxifraga microgyna var. *ramosior* Engl. & Irmsch.=Saxifraga microgyna
Saxifraga milesii Baker=Bergenia stacheyi
Saxifraga minlingensis J.T.Pan=Saxifraga tigrina
Saxifraga minor Wall. ex DC.=Bergenia pacumbis
Saxifraga miralana H.Sm.白毛茎虎耳草
Saxifraga monantha H.Sm.四数花虎耳草
Saxifraga montana H.Smith=Saxifraga sinomontana
Saxifraga montana f. *densifolia* Ku=Saxifraga sinomontana
Saxifraga montana f. *humilis* H.Sm.=Saxifraga sinomontana
Saxifraga montana f. *oblongipetala* T.C.Ku=Saxifraga hirculus
Saxifraga montana var. *speciosa* Anth.=Saxifraga montanella
Saxifraga montana var. *splendens* H.Sm.=Saxifraga sinomontana
Saxifraga montana var. *subdioica* (C.B.Clarke) C.Marq.=Saxifraga tangutica
Saxifraga montanella H.Sm.类毛瓣虎耳草
Saxifraga montanella var. montanella=Saxifraga montanella
Saxifraga montanella var. retusa J.T.Pan 凹瓣虎耳草
Saxifraga moorcroftiana Wall. ex Sternb.聂拉木虎耳草
Saxifraga moschata Wulf.麝香虎耳草
Saxifraga mucronulata Royle 小短尖虎耳草
Saxifraga mucronulata subsp. *sikkimensis* (Hltén) Hara=Saxifraga mucronulatoides
Saxifraga mucronulatoides J.T.Pan 痂虎耳草
Saxifraga muliensis Hand.-Mazz.=Saxifraga consanguinea
Saxifraga mundula H.Sm.=Saxifraga likiangensis
Saxifraga muricola Marquand & Airy-Shaw=Saxifraga umbellulata var. muricola
Saxifraga muricola var. *brachypetala* Marquand & Airy-Shaw=Saxifraga umbellulata var. muricola
Saxifraga muricola var. *quinquenervis* Marquand & Airy-Shaw=Saxifraga umbellulata var. muricola
Saxifraga mutata L.粗根虎耳草
Saxifraga nakaoides J.T.Pan 平脉腺虎耳草
Saxifraga nambulana H.Sm.南布拉虎耳草
Saxifraga nana Engl.矮生虎耳草
Saxifraga nanella Engl. & Irmsch.光缘虎耳草
Saxifraga nanella var. glabrisepala J.T.Pan 秃萼虎耳草
Saxifraga nanella var. nanella=Saxifraga nanella
Saxifraga nanelloides C.Y.Wu 拟光缘虎耳草
Saxifraga nangqenica J.T.Pan 囊谦虎耳草
Saxifraga nangxianensis J.T.Pan 朗县虎耳草
Saxifraga nelsoniana D.Don 斑点虎耳草
Saxifraga nigroglandulifera Balakr.垂头虎耳草
Saxifraga nigroglandulosa Engl. & Irmsch.黑腺虎耳草
Saxifraga nivalis L.雪球虎耳草
Saxifraga nutans HK.f. & Thoms.=Saxifraga nigroglandulifera
Saxifraga nutans Adams=Saxifraga hirculus
Saxifraga nutans f. *swertioides* Engl.=Saxifraga nigroglandulifera
Saxifraga nyanangensis J.T.Pan=Saxifraga moorcroftiana
Saxifraga obovatipetala Ku=Saxifraga umbellulata var. pectinata
Saxifraga octandra H.Sm.=Saxifraga nana
Saxifraga oligantha Zhmylev=Saxifraga wallichiana
Saxifraga olligophylla Ku=Saxifraga aristulata var. longipila
Saxifraga omphalodifolia Hand.-Mazz.(西藏志 1985)=Saxifraga omphalodifolia
Saxifraga omphalodifolia Hand.-Mazz.无斑虎耳草
Saxifraga omphalodifolia var. *callosa* C.Y.Wu=Saxifraga omphalodifolia
Saxifraga omphalodifolia var. omphalodifolia=Saxifraga omphalodifolia
Saxifraga omphalodifolia var. *retusipetala* J.T.Pan= Saxifraga oppsitifolia
Saxifraga oppositifolia L.挪威虎耳草
Saxifraga oppositifolia subsp. *asiatica* (Hayek) Engl. & Irmsch.= Saxifraga oppositifolia
Saxifraga oregana Howell 俄勒冈虎耳草
Saxifraga oreophila Franch.刚毛虎耳草
Saxifraga oreophila var. *dapaoshanensis* J.T.Pan=Saxifraga macrostigmaloides
Saxifraga oreophila var. oreophila=Saxifraga oreophila
Saxifraga oresbia Anth.山生虎耳草
Saxifraga ovatipetala Ku=Saxifraga ciliatopetala
Saxifraga ovatocordata Hand.-Mazz.=Saxifraga mengtzeana
Saxifraga pacumbis Buch.-Ham.=Bergenia pacumbis
Saxifraga paiquensis J.T.Pan 派区虎耳草
Saxifraga pallida Wall. ex Ser.多叶虎耳草
Saxifraga pallida var. *monbeigii* Engl. & Irmsch.=Saxifraga pallida
Saxifraga pallida var. *monbeigii* Engl. & Irmsch.=Saxifraga pallida
Saxifraga pallida var. *typica* f. *bracteosa* Engl. & Irmsch.=Saxifraga pallida
Saxifraga pallida var. *typica* f. *corymbiflora* Engl. & Irmsch.=Saxifraga pallida
Saxifraga pallida var. *typica* f. *foliosa* Engl. & Irmsch.=Saxifraga pallida
Saxifraga pallida var. *typica* f. *geoides* Anth.=Saxifraga pallida
Saxifraga pallidiformis Engl.=Saxifraga pallida
Saxifraga palpebrata var. *elliptica* W.W.Sm.=Saxifraga glabricaulis
Saxifraga palpebrata var. *parceciliata* Engl. & Irmsch.=Saxifraga glabricaulis
Saxifraga paludusa Anth.=Saxifraga melanocentra
Saxifraga pardanthina Hand.-Mazz.豹纹虎耳草
Saxifraga parkaensis J.T.Pan 巴格虎耳草
Saxifraga parnassifolia D.Don 梅花草叶虎耳草

Saxifraga parnassifolia var. *obscuricallosa* J.T.Pan=Saxifraga parnassiifolia
Saxifraga parnassifolia var. parnassifolia=Saxifraga parnassifolia
Saxifraga parva Hemsl.小虎耳草
Saxifraga parvula Engl. & Irmsch.微虎耳草
Saxifraga pasumensis Marquand & Airy-Shaw=Saxifraga umbellulata var. pectinata
Saxifraga pasumensis f. *gracilis* Marquand & Airy-Shaw=Saxifraga umbellulata var. pectinata
Saxifraga pauciflora T.C.Ku=Saxifraga wallichiana
Saxifraga pedemontana All.皮埃蒙特虎耳草
Saxifraga pekinensis Maxim.=Saxifraga sibirica
Saxifraga pellucida C.Y.Wu 透明虎耳草
Saxifraga pennsylvanica L.滨洲虎耳草
Saxifraga peplidifolia Franch.耳源虎耳草
Saxifraga peplidifolia var. *angustipetala* Ku=Saxifraga hypericoides
Saxifraga peplidifolia var. *foliata* Franch.=Saxifraga peplidifolia
Saxifraga perarislulata Mattf.=Saxifraga hypericoides var. aurantiascens
Saxifraga pararistulata Mattf.川滇虎耳草
Saxifraga perpusilla HK.f. & Thoms.矮小虎耳草
Saxifraga petrophila Franch.=Saxifraga peplidifolia
Saxifraga petrophila var. *likiangensis* Engl. & Irmsch.=Saxifraga peplidifolia
Saxifraga phaenophylla Franch.=Saxifraga wallichiana
Saxifraga potentilliflora Lévl.=Saxifraga hispidula
Saxifraga pratensis Engl. & Irmsch.草地虎耳草
Saxifraga prattii Engl. & Irmsch.康定虎耳草
Saxifraga prattii var. *obtusata* Engl.(分类学报 1978)=Saxifraga nangqenica
Saxifraga prattii var. obtusata Engl.毛茎虎耳草
Saxifraga prattii var. prattii=Saxifraga prattii
Saxifraga prattii var. *trinervia* Engl.=Saxifraga dshagalensis
Saxifraga propagulifera H.Sm.=Saxifraga consanguinea
Saxifraga przewalskii Engl.青藏虎耳草
Saxifraga pseudohirculus Engl.狭瓣虎耳草
Saxifraga pseudohirculus var. *shensinensis* Engl. & Irmsch.=Saxifraga pseudohirculus
Saxifraga pseudohirculus var. *tenuiflora* H.Sm.=Saxifraga pseudohirculus
Saxifraga pseudopallida Engl. & Irmsch.=Saxifraga melanocentra
Saxifraga pseudopallida f. *bracteata* Engl. & Irmsch.=Saxifraga melanocentra
Saxifraga pseudopallida f. *foliosa* Engl. & Irmsch.=Saxifraga melanocentra
Saxifraga pseudopallida var. α. *typica* f. *bracteata* Engl.Irmsch.= Saxifraga melanocentra
Saxifraga pseudopallida var. β. *bellidifolia* Engl. & Irmsch.=Saxifraga melanocentra
Saxifraga pulchra Engl. & Irmsch.(西藏志 1985)=Saxifraga meeboldii
Saxifraga pulchra Engl. & Irmsch.美丽虎耳草
Saxifraga pulvinaria H.Sm.垫状虎耳草
Saxifraga pumila H.Sm.=Saxifraga stella-aurea
Saxifraga punctata L.(34-2,1992)= Saxifraga nelsoniana
Saxifraga punctata subsp. *nelsoniana* (D.Don) Nultén=Saxifraga nelsoniana
Saxifraga punctata var. *manschuriensis* Engl.=Saxifraga manshuriensis
Saxifraga punctata var. *nelsoniana* (D.Don) Engl.=Saxifraga nelsoniana
Saxifraga punctulata Engl.小斑虎耳草
Saxifraga punctulata var. minuta J.T.Pan 矮小斑虎耳草
Saxifraga punctulata var. punctulata=Saxifraga punctulata
Saxifraga punctulatoides J.T.Pan 拟小斑虎耳草
Saxifraga purpurascens HK.f. & Thoms.=Bergenia purpurascens
Saxifraga purpurascens var. *macrantha* Franch.=Bergenia purpurascens
Saxifraga qinghaiensis J.T.Pan=Saxifraga nana
Saxifraga quadricallosa Hand.-Mazz.=Saxifraga tsangchanensis
Saxifraga reflexa Ku=Saxifraga moorcroftiana
Saxifraga repanda Willd. ex Sternb.浅波状叶虎耳草
Saxifraga retusa Gouan 微凹虎耳草
Saxifraga riagdomensis T.C.Ku=Saxifraga kingdonii
Saxifraga rivularis L.溪虎耳草
Saxifraga rizhaoshaneneis J.T.Pan 日照山虎耳草
Saxifraga rockii Irmsch.=Saxifraga eglandulosa
Saxifraga rosacea Moench.蔷薇虎耳草
Saxifraga rossii Oliv.=Mukdenia rossii
Saxifraga rotundifolia L.圆叶虎耳草
Saxifraga rotundipetala J.T.Pan 圆瓣虎耳草
Saxifraga rufescens Balf.f.红毛虎耳草
Saxifraga rufescens var. flabellifolia C.Y.Wu & J.T.Pan 扇叶虎耳草
Saxifraga rufescens var. rufescens=Saxifraga rufescens
Saxifraga rufescens var. uninervata J.T.Pan 单脉虎耳草
Saxifraga rupestris Ku=Saxifraga gongshanensis
Saxifraga rupicola Franch.崖生虎耳草
Saxifraga rupinarum Anth.=Saxifraga flexilis
Saxifraga saginoides HK.f. & Thoms.漆姑虎耳草
Saxifraga sanguinea Franch.红虎耳草
Saxifraga sarmentosa L.=Saxifraga stolonifera
Saxifraga sarmentosa var. *cuscutiformis* (Lodd.) Seringe=Saxifraga stolonifera
Saxifraga sarmentosa var. *immaculata* Diels=Saxifraga stolonifera
Saxifraga sarmentosa var. *tricolor* (Lemaire) Maxim.=Saxifraga stolonifera
Saxifraga saxatilis H.Sm.=Saxifraga unguipetala
Saxifraga saxatilis H.Smith 灰岩虎耳草
Saxifraga saxicola H.Smith 岩生虎耳草
Saxifraga schneideri Engl.=Saxifraga chionophila
Saxifraga sediformis Engl. & Irmsch.景天虎耳草
Saxifraga selgenensis Hao=Saxifraga pseudohirculus
Saxifraga serpyllifolia var. *pallasiana* Hance=Saxifraga unguiculata
Saxifraga sessiliflora H.Sm.加查虎耳草
Saxifraga setulosa C.Y.Wu=Saxifraga gongshanensis
Saxifraga sheqilaensis J.T.Pan 舍季拉虎耳草
Saxifraga sibirica L.(Liou et al.Clav.Pl.Chin.Bor.-Orient.1959)=Saxifraga cernua
Saxifraga sibirica L.球茎虎耳草
Saxifraga sibirica var. *bockiana* Engl.=Saxifraga sibirica
Saxifraga sibirica var. *bulbillifera* H.Smith=Saxifraga granulifera
Saxifraga sibirica var. *eusibirica* Engl. & Irmsch.=Saxifraga sibirica
Saxifraga sibirica var. *pekinensis* (Maxim.) Engl. & Irmsch.=Saxifraga sibirica
Saxifraga sibirica var. *pycnoloba* Franch.=Saxifraga sibirica
Saxifraga sibirica var. *schindleri* Engl. & Irmsch.=Saxifraga sibirica
Saxifraga signata Engl. & Irmsch.西南虎耳草
Saxifraga signata var. *lancepitala* Hand.-Mazz.=Saxifraga signata
Saxifraga signatella Marquand 藏中虎耳草
Saxifraga sinensis Engl. & Irmsch.=Saxifraga rufescens
Saxifraga sinensis Lour.=Saxifraga stolonifera
Saxifraga sinensis var. *discolor* Engl. & Irmsch.=Saxifraga rufescens
Saxifraga sinomontana J.T.Pan & Gornall 山地虎耳草
Saxifraga sinomontana var. amabilis H.Smith 可观山地虎耳草
Saxifraga sinomontana var. sinomontana=Saxifraga sinomontana
Saxifraga smithiana Irmsch.剑川虎耳草
Saxifraga spathulifolia Ku=Saxifraga pseudohirculus
Saxifraga sphaeradena H.Sm.秃叶虎耳草
Saxifraga sphaeradena subsp. dhwojii H.Sm.隆痂虎耳草
Saxifraga sphaeradena subsp. sphaeradena=Saxifraga sphaeradena
Saxifraga spinulosa Adams=Saxifraga bronchialis
Saxifraga spinulosa Royle=Saxifraga mucronulata
Saxifraga stella-aurea HK.f. & Thoms.金星虎耳草
Saxifraga stella-aurea var. *ciliata* Marquand & Airy-Shaw=Saxifraga stella-aurea
Saxifraga stella-aurea var. *polyadena* H.Sm.=Saxifraga stella-aurea
Saxifraga stellariifolia Franch.繁缕虎耳草
Saxifraga stellaris L.星虎耳草
Saxifraga stenophylla Royle 大花虎耳草
Saxifraga stolonifera Meerb.=Saxifraga stolonifera
Saxifraga stolonifera Curt.虎耳草
Saxifraga stolonifera f. *cuscutiformis* (Lodd.) M.C.Tebbitt=Saxifraga stolonifera
Saxifraga stolonifera var. *immaculata* (Diels) Hand.-Mazz.=Saxifraga stolonifera
Saxifraga stracheyi HK.f. & Thoms.=Bergenia stacheyi
Saxifraga strigosa Wall. ex Ser.伏毛虎耳草
Saxifraga strigosa f. *ramosa* Engl. & Irmsch.=Saxifraga strigosa
Saxifraga strigosa f. *simpelx* Engl. & Irmsch.=Saxifraga strigosa
Saxifraga strigosa f. *subasexualis* Engl. & Irmshc.=Saxifraga strigosa
Saxifraga subaequifoliata Irmsch.近等叶虎耳草

Saxifraga subamplexicaulis Engl. & Irmsch.近抱茎虎耳草
Saxifraga subdioica (C.B.Clarke) Engl. ex W.W.Sm. & Cave=Saxifraga tangutica
Saxifraga sublinearifolia J.T.Pan 四川虎耳草
Saxifraga subomphalodifolia J.T.Pan 川西南虎耳草
Saxifraga subrhombifolia Irmsch.=Saxifraga pratensis
Saxifraga subsediformis J.T.Pan=Saxifraga lixianensis
Saxifraga subsessiliflora Engl. & Irmsch.单窝虎耳草
Saxifraga subspathulata Engl. & Irmsch.近匙叶虎耳草
Saxifraga subspathulata var. *kumaunensis* Engl. & Irmsch.=Saxifraga subspathulata
Saxifraga substrigosa J.T.Pan 疏叶虎耳草
Saxifraga substrigosa var. *gemmifera* J.T.Pan=Saxifraga substrigosa
Saxifraga substrigosa var. substrigosa=Saxifraga substrigosa
Saxifraga subternata H.Sm.对轮虎耳草
Saxifraga subtsangchanensis J.T.Pan 藏东南虎耳草
Saxifraga sulphurascens Hand.-Mazz.=Saxifraga melanocentra
Saxifraga swertiiflora Lévl.=Saxifraga brachyphylla
Saxifraga tabularis Hemsl.=Astilboides tabularis
Saxifraga takedana Nakai=Saxifraga laciniata
Saxifraga tangulaensis J.T.Pan=Saxifraga hirculoides
Saxifraga tangutica Engl.唐古特虎耳草
Saxifraga tangutica var. *minutiflora* Engl.=Saxifraga tangutica
Saxifraga tangutica var. platyphylla (H.Sm.) J.T.Pan 宽叶虎耳草
Saxifraga tangutica var. tangutica=Saxifraga tangutica
Saxifraga taraktophylla Marquand & Airy-Shaw 线叶虎耳草
Saxifraga tatsienluensis Engl.打箭炉虎耳草
Saxifraga taygetea Boiss. & Heldr.台日土斯虎耳草
Saxifraga taylorii H.Sm.=Saxifraga diffusicallosa
Saxifraga tellimoides Maxim.=Peltoboykinia tellimoides
Saxifraga tenella Wulf.纤细虎耳草
Saxifraga tentaculata C.E.C.Fisch.秃茎虎耳草
Saxifraga tibetica A.Los.西藏虎耳草
Saxifraga tigrina H.Sm.米林虎耳草
Saxifraga triaristulata Hand.-Mazz.=Saxifraga hypericoides var. aurantiascens
Saxifraga triaristulata Hand.-Mazz.三芒虎耳草
Saxifraga tridens (Ja ex Engl.) Engl. & Irms.三齿虎耳草
Saxifraga trifurcata Schrad.三叉虎耳草
Saxifraga trinervia Franch.=Saxifraga hypericoides var. aurantiascens
Saxifraga tsangchanensis Franch.苍山虎耳草
Saxifraga tsarongensis Anth.=Saxifraga stella-aurea
Saxifraga turfosa Engl. & Irmsch.=Saxifraga glaucophylla
Saxifraga umbellulata f. *pectinata* Marquand & Airy-Shaw=Saxifraga umbellulata var. pectinata
Saxifraga umbellulata HK.f. & Thoms.小伞虎耳草
Saxifraga umbellulata var. muricola (Marquand & Airy-Shaw) J.T.Pan 白小伞虎耳草
Saxifraga umbellulata var. pectinata (Marquand & Airy-Shaw) J.T.Pan 篦齿虎耳草
Saxifraga umbellulata var. umbellulata=Saxifraga umbellulata
Saxifraga umbrosa L.耐阴虎耳草
Saxifraga umbrosa var. primuloides 樱草状虎耳草
Saxifraga unguiculata Engl.爪瓣虎耳草
Saxifraga unguiculata f. *auctiflora* (Engl.) Engl. & Irmsch.=Saxifraga unguiculata
Saxifraga unguiculata subvar. *aurea* Engl.=Saxifraga unguiculata
Saxifraga unguiculata var. *auctiflora* Engl.=Saxifraga unguiculata
Saxifraga unguiculata var. *auctiflora* subvar. *aurea* Engl.=Saxifraga unguiculata
Saxifraga unguiculata var. *gemmuligera* Engl.=Saxifraga gemmigera var. gemmuligera
Saxifraga unguiculata var. limprichtii (Engl. & Irmsch.) J.T.Pan 五台虎耳草
Saxifraga unguiculata var. *subglabra* Engl.=Saxifraga unguiculata
Saxifraga unguiculata var. unguiculata=Saxifraga unguiculata
Saxifraga unguiculata α. *gemmuligera* Engl.=Saxifraga gemmigera var. gemmuligera
Saxifraga unguigulata β. *auctiflora* Engl.=Saxifraga unguiculata
Saxifraga unguigulata γ. *subglabra* Engl.=Saxifraga unguiculata
Saxifraga unguipetala Engl. & Irmsch.鄂西虎耳草
Saxifraga uninervia Anth.=Saxifraga carnosula
Saxifraga veitchiana Balf.f.=Saxifraga stolonifera
Saxifraga vilmoriniana Engl. & Irmsch.=Saxifraga unguiculata
Saxifraga vilmoriniana var. *yungningensis* Ha.d-Mazz.=Saxifraga flexilis
Saxifraga virginiensis Michx.弗吉尼亚虎耳草
Saxifraga wallichiana Sternb.流苏虎耳草
Saxifraga wangiana Zhmylev=Saxifraga aurantiaca
Saxifraga wardii W.W.Sm.腺瓣虎耳草
Saxifraga wardii var. glabripedicellata J.T.Pan 光梗虎耳草
Saxifraga wardii var. wardii=Saxifraga wardii
Saxifraga wenchuanensis T.C.Ku 汶川虎耳草
Saxifraga xiaojinensis Ku=Saxifraga nigroglandulifera
Saxifraga yaluzangbuensis J.T.Pan 雅鲁藏布虎耳草
Saxifraga yezhiensis C.Y.Wu 叶枝虎耳草
Saxifraga yuana Zhmylev=Saxifraga gongshanensis
Saxifraga yunlingensis C.Y.Wu=Saxifraga zayuensis
Saxifraga yushuensis J.T.Pan 玉树虎耳草
Saxifraga zangnanensis J.T.Pan=Saxifraga engleriana
Saxifraga zayuensis T.C.Ku 云岭虎耳草
Saxifraga zayuensis f. *angustipetala* T.C.Ku=Saxifraga zayuensis
Saxifraga zekoensis J.T.Pan 泽库虎耳草
Saxifraga zhejiangensis Z.Wei & Y.B.Chang=Saxifraga rufescens var. flabellifolia
Saxifraga zhidoensis J.T.Pan 治多虎耳草
Saxifraga zogangensis Ku=Saxifraga egregia
Saxifraga zogangensis var. *pilosa* Ku=Saxifraga egregia var. eciliata
Saxifragaceae 虎耳草科
Saxiglossum Ching **石蕨属**(水龙骨科)
Saxiglossum angustissimum (Gies.) Ching 石蕨
Saxiglossum sasakii (Hay.) Tagawa=Saxiglossum angustissimum
Saxiglossum taeniodes (C.Chr.) Ching=Saxiglossum angustissimum
Scabiosa L.**蓝盆花属**(川续断科)
Scabiosa alpestris Kar. & Kir.高山蓝盆花
Scabiosa atropurpurea L.紫盆花
Scabiosa austroaltaica Bobr.阿尔泰蓝盆花
Scabiosa austromongolica Hurusawa=Scabiosa comosa
Scabiosa bretschneideri Bat.=Pterocephalus bretschneideri
Scabiosa cochinchinensis Lour.=Elephantopus scaber
Scabiosa comosa Fisch. ex Roem. & Schult.窄叶蓝盆花
Scabiosa comosa Roem. & Schult.(Kitag.in Lineam.Fl.Mansh.1939 ,东北检索表 1959 ,北京志 1964)=Scabiosa tschiliensis
Scabiosa comosa var. comosa=Scabiosa comosa
Scabiosa comosa var. *japonica* (Miq.) Tatew.=Scabiosa japonica
Scabiosa comosa var. lachnophylla (Kitag.) Kiag.毛叶蓝盆花
Scabiosa fischeri DC.(兰州植物通志 1962)=Scabiosa tschiliensis
Scabiosa fischeri DC.=Scabiosa comosa
Scabiosa fischeri f. *breviseta* Hand.-Mazz.=Scabiosa tschiliensis
Scabiosa fischeri var. *japonica* (Miq.) Nakai=Scabiosa japonica
Scabiosa hairalensis Nakai=Scabiosa comosa
Scabiosa hookeri C.B.Clarke=Pterocephalus hookeri
Scabiosa hopeiensis Nakai=Scabiosa tschiliensis
Scabiosa isetensis L.(Kitag.(Lineam.Fl.Manch.1939 ,东北检索表 1959) = Scabiosa comosa
Scabiosa japonica Miq.日本蓝盆花
Scabiosa japonica subsp. *tschiliensis* Hurusawa=Scabiosa tschiliensis
Scabiosa japonica var. *acutiloba* Hara=Scabiosa tschiliensis
Scabiosa lacerifolia Hay.台湾蓝盆花
Scabiosa lachnophylla Kitag.=Scabiosa comosa var. lachnophylla
Scabiosa mansenensis Nakai=Scabiosa tschiliensis
Scabiosa ochroleuca L.黄盆花
Scabiosa olivieri Coult.小花蓝盆花
Scabiosa sect. *Pterocephalus* Benth. & HK.f.=**Pterocephalus**
Scabiosa superba Grün.=Scabiosa tschiliensis var. superba
Scabiosa superba f. *elatior* Grün.=Scabiosa tschiliensis
Scabiosa superba f. *nana* Grün.=Scabiosa tschiliensis var. superba
Scabiosa togashiana Hurusawa=Scabiosa tschiliensis var. superba
Scabiosa tschiliensis Grün.华北蓝盆花
Scabiosa tschiliensis var. *brevisecta* Hurusawa=Scabiosa tschiliensis
Scabiosa tschiliensis var. *japonica* (Miq.) Hurusawa=Scabiosa japonica
Scabiosa tschiliensis var. *longiseta* Hurusawa=Scabiosa tschiliensis
Scabiosa tschiliensis var. superba (Grün.) S.Y.He 大花蓝盆花
Scabiosa tschiliensis var. tschilensis=Scabiosa tschiliensis
Scabrita scabra L.=Nyctanthes arbor-tristis

Scabrita triflora L.=Nyctanthes arbor-tristis
Scaevola L.**草海桐属**(草海桐科)
Scaevola frutescens Krause.=Scaevola sericea
Scaevola frutescens var. *sericea* (Forst.) Merr.=Scaevola sericea
Scaevola hainanensis Hance 小草海桐
Scaevola koenigii Vahl=Scaevola sericea
Scaevola lobelia Murr.(p.p.)=Scaevola sericea
Scaevola sericea Vahl 草海桐
Scaligeria DC.**丝叶芹属**(伞形科)
Scaligeria microcarpa DC.小叶丝叶芹
Scaligeria setacea (Schrenk) Korov.丝叶芹
Scandix amurensis K.-Pol.=Osmorhiza aristata
Scariola F.W.Schmidt **雀苣属**(菊科)
Scariola orientalis (Boiss.) Soják 雀苣
Scepa Lindl.=**Aporusa**
Scepa chinensis Champ. ex Benth.=Aporusa dioica
Scepa villosa Lindl.=Aporusa villosa
Sceptridium Lyon=**Botrychium**
Sceptridium daucifolium (Wall.) HK. & Grev.) Lyon=Botrichium daucifolium
Sceptrocnide Maxim.=**Laportea**
Sceptrocnide macarostachya Maxim.=Laportea cuspidata
Sceura marina Forsk.=Avicennia marina
Schaffneria Tard.-Blot=**Sinephropteris**
Schaffneria delavayi Tard.-Blot=Sinephropteris delavayi
Schanginia linifolia C.A.Mey.=Suaeda linifolia
Schauera graveolens Hassk.=Hyptis suaveolens
Schauera suaeolens (L.) Hassk.=Hyptis suaveolens
Schedonorus benekeni Lange=Bromus benekenii
Scheelea Karst.**希乐棕属**(棕榈科)
Schefflera J.R. & G.Forst.**鹅掌柴属**(五加科)
Schefflera actinophylla (Ednl.) Harms.辐叶鹅掌柴
Schefflera angsutifoliolata C.N.Ho 狭叶鹅掌柴
Schefflera arboricola Hay.鹅掌柴
Schefflera bodinieri (Lévl.) Rehd.短序鹅掌柴
Schefflera cephalotes (C.B.Clarke) Harms.印度鹅掌柴
Schefflera chinensis (Dunn) Li 中华鹅掌柴
Schefflera chinpinensis Tseng & Hoo 金平鹅掌柴
Schefflera delavayi (Franch.) Harms ex Diels 穗序鹅掌柴
Schefflera delavayi var. *ochrascens* Hand.-Mazz.=Schefflera delavayi
Schefflera digitata J.R. & G.Forst.新西兰鹅掌柴
Schefflera discolor Merr.=Schefflera delavayi
Schefflera diversifoliolata Li 异叶鹅掌柴
Schefflera dumicola W.W.Sm.=Schefflera hoi
Schefflera elata (C.B.Clarke) Harms 高鹅掌柴
Schefflera elata Harms (Li in Sargentia 1942,p.p.)=Schefflera yui
Schefflera fengii Tseng & Hoo 文山鹅掌柴
Schefflera fukienensis Merr.福建鹅掌柴
Schefflera glomerulata Li 球序鹅掌柴
Schefflera hainanensis Merr. & Chun 海南鹅掌柴
Schefflera hoi (Dunn) Vig.红河鹅掌柴
Schefflera hoi f. acuta Tseng & Hoo 急尖叶红河鹅掌柴
Schefflera hoi var. hoi=Schefflera hoi
Schefflera hoi var. macrophylla Li 大叶红河鹅掌柴
Schefflera hypoleuca (Kurz) Harms 白背鹅掌柴
Schefflera hypoleucoides Harms 离柱鹅掌柴
Schefflera impressa (C.B.Clarke) Harms 凹脉鹅掌柴
Schefflera impressa Harms (科学社丛刊 1924)=Schefflera impressa var. glabrescens
Schefflera impressa var. *glabrescens* Tseng & Hoo(分类学报增版 1,1965, p.p.)= Schefflera impressa
Schefflera impressa var. glabrescens Tseng & Hoo 光叶凹脉鹅掌柴
Schefflera impressa var. impressa=Schefflera impressa
Schefflera insignis C.N.Ho 粉背鹅掌柴
Schefflera khasiana (C.B.Clarke) Vig.扁鹅掌柴
Schefflera kwangsiensis Merr. & Li 广西鹅掌柴
Schefflera macrophylla (Dunn) Vig.大叶鹅掌柴
Schefflera marlipoensis Tseng & Hoo 麻栗坡鹅掌柴
Schefflera megalobotrya Harms ex Diels=Schefflera delavayi
Schefflera metcalfiana Merr. & Li 多叶鹅掌柴
Schefflera microphylla Merr.吕宋鹅掌柴
Schefflera minutistellata Merr. ex Li 星毛鹅掌柴
Schefflera multinervia Li 多脉鹅掌柴
Schefflera octophylla (Lour.) Harms 鹅掌柴
Schefflera octophylla Hamrs.(Li in Sargentia 1942,p.p.)=Schefflera rubriflora
Schefflera parvifoliolata Tseng & Hoo 小叶鹅掌柴
Schefflera pentagyra Tseng & Hoo 五柱鹅掌柴
Schefflera pingpienensis Tseng & Hoo=Schefflera diversifoliolata
Schefflera polypyrena Tseng & Hoo 多核鹅掌柴
Schefflera producta (Dunn) Vig.(Li in Sargentia 1942,p.p.)=Brassaiopsis spinibracteata
Schefflera producta (Dunn) Vig.尾叶鹅掌柴
Schefflera racemosa (Wight) Harms 总序鹅掌柴
Schefflera racemosa Harms (Mats.Icon.Pl.Jap.1912)=Schefflera taiwaniana
Schefflera rubriflora Tseng & Hoo 红花鹅掌柴
Schefflera saveenensis W.W.Sm.=Schefflera hoi
Schefflera shweliensis W.W.Sm.瑞丽鹅掌柴
Schefflera singalangensis Ridl.新加兰鹅掌柴
Schefflera stenomera Hand.-Mazz.=Schefflera hoi
Schefflera taiwaniana (Nakai) Kianehira 台湾鹅掌柴
Schefflera tenuis Li 细序鹅掌柴
Schefflera thorelii Vig.=Brassaiopsis glomerulata
Schefflera venulosa (Wight & Arn.) Harms 密脉鹅掌柴
Schefflera wangii Li (p.p.)=Schefflera chinensis
Schefflera wangii Li (p.p.)=Schefflera pentagyra
Schefflera wardii Marq. & Shaw 西藏鹅掌柴
Schefflera yui Tseng & Hoo 粗芽鹅掌柴
Schefflera yunnanensis Li 云南鹅掌柴
Schellhammeria capitata Moench.=Carex bohemica
Schellolepis (J.Sm.) J.Sm.**棱脉蕨属**(水龙骨科)
Schellolepis arguta (Wall. ex HK.) J.Sm.=Polypodiastrum argutum
Schellolepis lachnopa (Wall. ex HK.) J.Sm.=Polypodiodes lachnopus
Schellolepis persicifolia (Eesv.) Pic.Serm.棱脉蕨
Schellolepis subauriculata (Bl.) J.Sm.穴果棱脉蕨
Schellolepis verrucosum (Wall.) Pich Ser.多疣棱脉蕨
Scheuchzeria L.**冰沼草属**(冰沼草科)
Scheuchzeria palustris L.冰沼草
Scheuchzeriaceae 冰沼草科
Schima Reinw.**木荷属**(山茶科)
Schima argentea Pritz. ex Diels 银木荷
Schima bambusifolia Hu 竹叶木荷
Schima brevipedicellata Chang 短梗木荷
Schima confertiflora Merr.=Schima superba
Schima crenata Korth.钝齿木荷
Schima dulungensis Chag & Ye 独龙木荷
Schima forrestii Airy-Shaw 大花木荷
Schima grandiperulata Chang 大苞木荷
Schima kankoensis Hay.=Schima superba
Schima khasiana Dyer 尖齿木荷
Schima khasiana var. khasiana=Schima khasiana
Schima khasiana var. sericans Hand.-Mazz.尖齿毛木荷
Schima kwangtungensis Chang 广东木荷
Schima macrosepala Chang 大萼木荷
Schima mairei Hochr.=Schima argentea
Schima multibracteata Chang 多苞木荷
Schima noronhae Reinw. ex Bl.南洋木荷
Schima noronhae sensu Matsum.=Schima superba
Schima paracrenata Chang 拟钝齿木荷
Schima parviflora Cheng & Chang ex Chang 小花木荷
Schima polyneura Chang 多脉木荷
Schima remotiserrata Chang 疏齿木荷
Schima sinensis (Hemsl.) Airy-Shaw 中华木荷
Schima stellatum Pierre=Craibiodendron stellatum
Schima superba Gardn. & Champ.木荷
Schima villosa Hu 毛木荷
Schima wallichii (DC.) Choisy 西南木荷
Schima xinyiensis Chang & Z.Y.Su ex Chang & Ren 信宜木荷
Schinus indicus Burm.=Rhus chinensis

Schinus limonia L.=Feronia limonia
Schisandra Michx.**五味子属**(木兰科)
Schisandra arisanensis Hay.阿里山五味子
Schisandra bicolor Cheng 二色五味子
Schisandra bicolor var. bicolor=chisandra bicolor
Schisandra bicolor var. tuberculata (Law) Law 瘤枝五味子
Schisandra chinensis (Turcz.) Baill.五味子
Schisandra chinensis Baill.(Diels in Bot.Jahrb.1900)=Schisandra sphenanthera
Schisandra chinensis var. *rubriflora* Franch.=Schisandra rubriflora
Schisandra chinensis var. *typica* Nakai=Schisandra chinensis
Schisandra coccinea Michx 美洲五味子
Schisandra elongata Baill.(Diels in Bot.Jahrb.1900)=Schisandra glaucescens
Schisandra elongata Baill.(Wils.in J.Arn.Arb.1926,p.p.)=Schisandra wilsoniana
Schisandra elongata var. *longissima* Dunn (p.p.)=Schisandra viridis
Schisandra elongata var. *longissima* Dunn.(p.p.)=Schisandra henry
Schisandra glaucescens Diels 金山五味子
Schisandra grandiflora (Wall.) HK.f. & Thoms.大花五味子
Schisandra grandiflora HK.f. & Thoms.(Finet & Gagn.in Bull.Soc. Bot.France 1905,p.p.)=Schisandra incarnata
Schisandra grandiflora HK.f. & Thoms.(Hand.-Mazz.in Symb.Sin. 1931,p.p.)=Schisandra sphaerandra f. pallida
Schisandra grandiflora var. *cathayensis* Schneid.(Wils.in J.Arb.Arn. 1926)= Schisandra sphaerandra f. pallida
Schisandra grandiflora var. *cathayensis* Schneid.=Schisandra rubriflora
Schisandra grandiflora var. rubriflora (Rehd. & Wils.) Schneid.大红花五味子(新)
Schisandra henryi Clarke 翼梗五味子
Schisandra henryi var. henryi=Schisandra henryi
Schisandra henryi var. *marginalis* A.C.Sm.=Schisandra henryi
Schisandra henryi var. yunnanensis A.C.Sm.滇五味子
Schisandra hypoglauca Lévl.=Schisandra henryi
Schisandra incarnata Stapf 兴山五味子
Schisandra lancifolia (Rehd. & Wils.) A.C.Sm.狭叶五味子
Schisandra micrantha A.C.Sm.小花五味子
Schisandra neglecta A.C.Sm.滇藏五味子
Schisandra nigra Maxim.内风消五味子
Schisandra plena A.C.Sm.重瓣五味子
Schisandra propinqua (Wall.) Baill.合蕊五味子
Schisandra propinqua Baill.(Hand.-Mazz.Symb.Sin.1931)=Schisandra neglecta
Schisandra propinqua Baill.(Rehd. & Wils.in Sargent.Pl.Wils.1913,p.p.)= Schisandra plena
Schisandra propinqua var. *intermedia* A.C.Sm.=Schisandra propinqua
Schisandra propinqua var. *lineraris* Finet & Gagn.=Schisandra propinqua var. sinensis
Schisandra propinqua var. propinqua =Schisandra propinqua
Schisandra propinqua var. sinensis Oliv.铁箍散
Schisandra pubescens Hemsl. & Wils.毛叶五味子
Schisandra pubescens var. pubescens=Schisandra pubescens
Schisandra pubescens var. pubinervis (Rehd. & Wils.) A.C.Sm.毛脉五味子
Schisandra repanda (S. & Z.) Radik.浅波叶五味子
Schisandra rubriflora (Franch.) Rehd. & Wils.红花五味子
Schisandra sphaerandra Stapf 球蕊五味子
Schisandra sphaerandra f. pallida A.C.Sm.白花球蕊五味子
Schisandra sphaerandra f. sphaerandra=Schisandra sphaerandra
Schisandra sphenanthea var. *pubinervis* Rehd. & Wils.=Schisandra pubescens var. pubinervis
Schisandra sphenanthera Rehd. & Wils.(Rehd. & Wils.in J.Arn.Arb. 1927)= Schisandra viridis
Schisandra sphenanthera Rehd. & Wils.(Wils.in J.Arn.Arb. 1926)= Schisandra lancifolia
Schisandra sphenanthera Rehd. & Wils.华中五味子
Schisandra sphenanthera var. *lancifolia* Rehd. & Wils.=Schisandra lancifolia
Schisandra tomentella A.C.Sm.柔毛五味子
Schisandra tuberculata Law=Schisandra bicolor var. tuberculata
Schisandra vestita Pax & K.Hoffm.=Schisandra pubescens
Schisandra viridis A.C.Sm.绿叶五味子
Schisandra wilsoniana A.C.Sm.鹤庆五味子
Schischkinia Iljin **白刺菊属**(菊科)
Schischkinia albispina (Bge.) Iljin 白刺菊
Schismatoglottis Zoll.**落檐属**(天南星科)
Schismatoglottis asperata Engl.粗糙落舌蕉
Schismatoglottis calyptrata (Roxb.) Zoll. & Moritzi 广西落檐
Schismatoglottis concinna Schott.优雅落舌蕉
Schismatoglottis hainanensis H.Li 落檐
Schismatoglottis longipes Miq.=Schismatoglottis calyptrata
Schismatoglottis novo-guineensis (Andre) N.E.Brown 巴布亚落檐
Schismatoglottis picta Schott.花叶落舌蕉
Schismatoglottis pulchera N.E.Br.美丽落舌蕉
Schismatoglottis riparia Schott=Schismatoglottis calyptrata
Schismus Beauv.**齿稃草属**(禾本科)
Schismus arabicus Nees 齿稃草
Schismus barbatus (L.) Thell.髯毛齿稃草
Schismus barbatus subsp. *arabicus* (Nees) Maire & Weill.=Schismus arabicus
Schismus marginatus HK.f.=Schismus arabicus
Schistocaryum cilare Bur. & Franch.=Microula cillaris
Schistocaryum ovalifolium Bur. & Franch.=Microula ovalifolia
Schistocaryum myosotideum Franch.=Microula myosotidea
Schistocodon Schauer.=**Toxaocarpus**
Schistocodon meyenii Schauer=Toxocarpus wightianus
Schistolobos W.T.Wang=**Opithandra**
Schistolobos pumilus W.T.Wang=Opithandra pumila
Schizachne Hack.**裂稃茅属**(禾本科)
Schizachne callosa (Turcz.) Ohwi 裂稃茅
Schizachne fauriei Hack.=Schizachne callosa
Schizachne purpurascens (non Sw.) Kitag.=Schizachne callosa
Schizachne purpurascens subsp. *callosa* (Turcz. ex Griseb.) T.Koyama & Kawano=Schizachne callosa
Schizachyrium Nees **裂稃草属**(禾本科)
Schizachyrium bootanense (HK.f.) A.Camus=Eremopogon delavayi
Schizachyrium brevifolium (Sw.) Nees ex Büse 裂稃草
Schizachyrium condensatum (HBK) Nees 密裂稃草
Schizachyrium delavayi (Hack.) Bor=Eremopogon delavayi
Schizachyrium microstachyum (Desv.) Ros.Arr. & Izag.小穗裂稃草
Schizachyrium obliquiberbe (Hack.) A.Camus 斜须裂稃草
Schizachyrium sanguineum (Retz.) Alston 红裂稃草
Schizaea Sm.**莎草蕨属**(莎草蕨科)
Schizaea biroi Richter 分枝莎草蕨
Schizaea dichotoma (L.) Sm.两歧莎草蕨
Schizaea digitata (L.) Sw.莎草蕨
Schizaea elegans (Vahl.) Sw.美丽莎草蕨
Schizaea kikuzatonis Ogata=Schizaea biroi
Schizaea pusilla Pursh.细小莎草蕨
Schizaea rupestris Br.石生莎草蕨
Schizaeaceae 莎草蕨科
Schizocapsa Hance **裂果薯属**(蒟蒻薯科)
Schizocapsa guangxiensis P.P.Ling & C.T.Ting 广西裂果薯
Schizocapsa itagakii Yamamoto=Tacca chantrieri
Schizocapsa plantaginea Hance 裂果薯
Schizoloma Gaud.**双唇蕨属**(陵齿蕨科)
Schizoloma davallioides Moore=Lindsaea davallioides
Schizoloma ensifolium (Sw.) J.Sm.双唇蕨
Schizoloma heterophyllum (Dry.) J.Sm.异叶双唇蕨
Schizoloma intertextum Ching 卵叶双唇蕨
Schizoloma orbiculatum Kuhn=Lindsaea orbiculata
Schizoloma pentaphyllum Fée=Schizoloma ensifolium
Schizomussaenda Li **裂果金花属**(茜草科)
Schizomussaenda dehiscens (Craib) Li 裂果金花
Schizonepeta Briq.(植物志 65-2,1977)=**Nepeta**
Schizonepeta annua (Pall.) Schischk.=Nepeta annua
Schizonepeta annua (Pall.) Schischk.=Nepeta annua Pall.
Schizonepeta botryoides (Soland.) Briq.=Nepeta annua
Schizonepeta multifida (L.) Briq.=Nepeta multifida
Schizonepeta tenuifolia (Benth.) Briq.=Nepeta tenuifolia
Schizopepon Maxim.**裂瓜属**(葫芦科)
Schizopepon bicirrhosus (C.B.Clarke) C.Jeff.新裂瓜

Schizopepon bomiensis A.M.Lu & Z.Y.Zhang 喙裂瓜
Schizopepon breyoniaefolius var. *paniculatus* Kom.=Schizopepon bryoniaefolius
Schizopepon bryoniaefolius Maxim.裂瓜
Schizopepon bryoniaefolius var. *japonicus* Cogn.=Schizopepon bryoniaefolius
Schizopepon dioicus Cogn.湖北裂瓜
Schizopepon dioicus var. dioicus=Schizopepon dioicus
Schizopepon dioicus var. trichogynus Hand.-Mazz.毛蕊裂瓜
Schizopepon dioicus var. wilsonii (Gagn.) A.M.Lu & Z.Y.Zhang 四川裂瓜
Schizopepon fargesii Gagn.=Bolbostemma paniculatum
Schizopepon longipes Gagn.长柄裂瓜
Schizopepon macranthus Hand.-Mazz.大花裂瓜
Schizopepon monoicus A.M.Lu & Z.Y.Zhang 峨眉裂瓜
Schizopepon wardii Chakr.=Schizopepon bicirrhosus
Schizopepon xizangensis A.M.Lu & Z.Y.Zhang 西藏裂瓜
Schizophragma S. & Z.**钻地风属**(虎耳草科)
Schizophragma amplum Chun=Schizophragma integrifolium
Schizophragma choufenianun Chun 临桂钻地风
Schizophragma corylifolium Chun 秦榛钻地风
Schizophragma crassum Hand.-Mazz.厚叶钻地风
Schizophragma crassum var. crassum=Schizophragma crassum
Schizophragma crassum var. hsitaoiana (Chun) Wei 维西钻地风
Schizophragma ellipsophyllum Wei 椭圆钻地风
Schizophragma fauriei Hay.圆叶钻地风
Schizophragma glaucescens (Rehd.) Chun (分类学报 1954,S.P.Ko 52881)=Schizophragma hypoglaucum
Schizophragma glaucescens (Rehd.) Chun=Schizophragma integrifolium var. glaucescens
Schizophragma glaucescens f. *minus* (Rehd.) Chun=Schizophragma integrifolium var. glaucescens
Schizophragma hsitaoiana Chun=Schizophragma crassum var. hsitaoiana
Schizophragma hydrangeoides var. *fauriei* (Hay.) Hay.=Schizophragma fauriei
Schizophragma hydrangeoides var. *integrifolium* Franch.=Schizophragma integrifolium
Schizophragma hypoglaucum Rehd.白背钻地风
Schizophragma integrifolia var. *fauriei* (Hay.) Hay.=Schizophragma fauriei
Schizophragma integrifolium Oliv.钻地风
Schizophragma integrifolium f. *denticutatum* (Rehd.) Chun= Schizophragma integrifolium
Schizophragma integrifolium var. *denticutataum* Rehd.=Schizophragma integrifolium
Schizophragma integrifolium var. glaucescens Rehd.粉绿钻地风
Schizophragma integrifolium var. integrifolium=Schizophragma integrifolium
Schizophragma integrifolium var. *minus* Rehd.=Schizophragma integrifolium var. glaucescens
Schizophragma integrifolium var. *molle* Rehd.=Schizophragma molle
Schizophragma macrosepalum Hu(p.p.)=Schizomussaenda dehiscens
Schizophragma macrosepalum Hu(p.p.)=Schizophragma integrifolium
Schizophragma mengalocarpum Chun 大果钻地风
Schizophragma molle (Rehd.) Chun 柔毛钻地风
Schizophragma molle var. *grandis* Chun=Schizophragma molle
Schizophragma molle var. *rubidum* N.Chao & C.C.Yang=Schizophragma molle
Schizophragma obtusifolium Hu=Decumaria sinensis
Schizophragma viburnoides Stapf=Pileostegia viburnoides
Schizospatha Furtado=**Calamus**
Schizostachyum Nees **箣竹属**(禾本科)
Schizostachyum blumei Nees 爪哇箟箣竹
Schizostachyum brachycladum (Kurz) Kurz 短枝黄金竹
Schizostachyum chinense Rehdle 薄竹
Schizostachyum diffusum (Blanco) Merr.莎簕竹
Schizostachyum dumetorum (Hance) Munro 苗竹仔
Schizostachyum funghomii McClure 沙罗单竹
Schizostachyum hainanensis Merr. ex McClure 山骨罗竹
Schizostachyum jaculans Holttum 岭南箟箣竹
Schizostachyum leviculme McClure=Pseudostachyum polymorphum
Schizostachyum lima Merr.(McClurein Lingnan Sci.J.1935)= Schizostachyum pseudolima
Schizostachyum pseudolima McClure 箟箣竹
Schizostachyum xinwuense Wen & J.Y.Chin 火筒竹
Schizostylis Backh. & Harvey.**切柱花属**(鸢尾科)
Schizostylis coccinea Backh. & Harvey.红旗花
Schizostylis pauciflora Klatt.细根红旗花
Schlagintweitella fumarioides Ulbr.=Thalictrum squamiferum
Schlagintweitella glareosa (Hand.-Mazz.) Ulbr.=Thalictrum squamiferum
Schlagintweitiella Ulbr.=**Thalictrum**
Schlagintweitiella fumarioides Ulbr.=Thalictrum squamiferum
Schlagintweitiella glareosa (Hand.-Mazz.) Ulbr.=Thalictrum squamiferum
Schleichera pentapetala Roxb.=Mischocarpus pentapetalus
Schlumbergera Lemarire **仙人指属**(仙人掌科)
Schlumbergera bridgesii (Lem.) Löfgr.仙人指
Schmalhausenia C.Winkl.**虎头蓟属**(菊科)
Schmalhausenia eriophora C.Winkl.=Schmalhausenia nidulans
Schmalhausenia nidulans (Rgl.) Petrak 虎头蓟
Schmidelia chartacea Kurz=Allophylus chartaceus
Schmidelia timorensis DC.=Allophylus timorensis
Schmidtia Tratt.=**Coleanthus**
Schmidtia subtilis Tratt.=Coleanthus subtilis
Schnabelia Hand.-Mazz.**四棱草属**(唇形科)
Schnabelia oligophylla Hand.-Mazz.四棱草
Schnabelia oligophylla var. oblongifolia C.Y.Wu & C.Chen 四轮筋骨草
Schnabelia oligophylla var. oligophylla=Schnabelia oligophylla
Schnabelia tetrodonta (Sun) C.Y.Wu & C.Chen 四齿四棱草
Schoberia acuminata C.A.Mey.=Suaeda acuminata
Schoberia corniculata C.A.Mey.=Suaeda corniculata
Schoberia dendroides C.A.Mey.=Suaeda dendroides
Schoberia glauca Bge.=Suaeda glauca
Schoberia heterophylla Kar. & Kir.=Suaeda heterophylla
Schoberia leiosperma C.A.Mey.=Suaeda altissima
Schoberia maritima C.A.Mey.=Suaeda prostrata
Schoberia microphylla C.A.Mey.=Suaeda microphylla
Schoberia obtusifolia Bge.=Suaeda crassifolia
Schoberia pterantha Kar. & Kir.=Suaeda pterantha
Schoberia stanntonii Moq.=Suaeda glauca
Schoenomorphus Threl ex Gagn.=**Tropidia**
Schoenomorphus capitatus Thorel ex Gagn.=Tropidia pedunculata
Schoenoplectus mucronatus Palla=Scirpus mucronatus
Schoenorchis Reinw.**匙唇兰属**(兰科)
Schoenorchis fragrans (Par. & Rchb.f.) Seidenf.(分类学报 1995)= Schoenorchis tixieri
Schoenorchis gemmata (Lindl.) J.J.Sm.匙唇兰
Schoenorchis hainanensis (Rolfe) Schltr.=Schoenorchis gemmata
Schoenorchis juncifolia Bl.灯心草叶匙唇兰
Schoenorchis micrantha Bl.小花匙唇兰
Schoenorchis paniculata Bl.(T.S.Liu & H.T.Su in Quart.J.Taiwan Mus. 1972)=Schoenorchis venoerbeghii
Schoenorchis paniculata var. *vanoverbeghii* (Ames) S.S.Ying= Schoenorchis venoerbeghii
Schoenorchis tixieri (Guillaum.) Siedenf.圆叶匙唇兰
Schoenorchis venoerbeghii Ames 台湾匙唇兰
Schoenoxiphium clarkeanum Kükenth.=Kobresia clarkeana
Schoenoxiphium kukenthaliana (Hand.-Mazz.) Ivan.=Kobresia kukenthaliana
Schoenoxiphium laxum (Nees) Ivan.=Kobresia laxa
Schoenus L.**赤箭莎属**(莎草科)
Schoenus aculeata L.=Crypsis aculeata
Schoenus albus L.=Rhynchospora alba
Schoenus calostachyus (R.Br.) Poir.长穗赤箭莎
Schoenus coloratus L.=Kyllinga brevifolia
Schoenus coloratus Lour.=Kyllinga monocephala
Schoenus compressus L.=Blysmus compressus
Schoenus falcatus R.Br.赤箭莎
Schoenus nudifructus C.Chen 无刚毛赤箭莎
Schoenus ruber Lour.=Rhynchospora rubra
Schoenus sinensis Hand.-Mazz.=Schoenus falcatus
Schoepfia Schreb.**青皮木属**(铁青树科)
Schoepfia acuminata Wall. ex DC.=Schoepfia fragrans
Schoepfia chinensis Gardn. & Champ.华南青皮木

Schoepfia fragrans Wall.香芙木
Schoepfia griffithiana Valet Crit.=Schoepfia fragrans
Schoepfia jasminodora S. & Z.(Sleum in Blemea 1980)=Schoepfia chinensis
Schoepfia jasminodora S. & Z 青皮木
Schoepfia jasminodroa var. jasminodroa=Schoepfia jasminodora
Schoepfia jasminodroa var. malipoensis Y.R.Lin 麻栗坡青皮木
Schoepfia mierisii Pierre=Schoepfia fragrans
Schoepfiopsis Miers=**Schoepfia**
Schoepfiopsis acuminata (Wall. ex DC.) Miers=Schoepfia fragrans
Schoepfiopsis chineisis (Gard. & Champ.) Miers=Schoepfia chinensis
Schoepfiopsis fragrans (Wall. ex DC.) Miers=Schoepfia fragrans
Schoepfiopsis jasminodora (S. & Z.) Miers=Schoepfia jasminodora
Schrenkia Fisch. & Meyer **双球芹属**(伞形科)
Schrenkia involucrata Rgl. & Schmalh 总苞双球芹
Schrenkia pungens Rgl. & Schmalh 锐利双球芹
Schrenkia vaginata (Ledeb.) Fisch. & Meyer 双球芹
Schstocaryum cilliare Bur. & Franch.=Microula ciliaris
Schubertia sempervirens (Lamb.) Spach=Sequoia sempervirens
Schultzia Spreng. **苞裂芹属**(伞形科)
Schultzia albiflora (Kar. & Kir.) M.Pop.白花苞裂芹
Schultzia crinita (Pall.) Spregn.长毛苞裂芹
Schumannia Kuntze **球根阿魏属**(伞形科)
Schumannia karelinii (Bge.) Korov.=Schumannia turcomanica
Schumannia turcomanica Kuntze 球根阿魏
Schumeria Iljin=**Serratula**
Schyzogyne Cass.=**Inula**
Sciadophyllum P.Br.=**Schefflera**
Sciadopityaceae 金松科
Sciadopitys S. & Z.**金松属**(金松科)
Sciadopitys verticillata (Thunb.) S. & Z.金松
Sciadostima Niedenzu=**Sonneratia**
Sciaphila Bl.**喜荫草属**(霉草科)
Sciaphila megastyla Fukuyama & Suzuki 大柱霉草
Sciaphila ramosa Fukuyama & Suzuki 多枝霉草
Sciaphila tenella Bl.喜荫草
Scilla L. (植物志 14,1980)=**Barmarida**
Scilla L.**绵枣儿属**(百合科)
Scilla alboviridis Hand.-Mazz. Barnardia japonica
Scilla amoena L.星花绵枣儿
Scilla bifolia L.二叶绵枣儿
Scilla bispatha Hand.-Mazz.=Barnardia japonica
Scilla borealijaponica M.Kikuchi=Barnardia japonica
Scilla chinensis Benth.=Barnardia japonica
Scilla chinensis var. *mounsei* Lévl.=Barnardia japonica
Scilla hispanica Mill.聚铃花
Scilla italica L.意大利绵枣儿
Scilla japponica Baker=Barnardia japonica
Scilla maritima L.海天蒜
Scilla noscripta Hoffmgg. & Link.英国蓝钟花
Scilla peruviana L.秘鲁绵枣儿
Scilla scilloides (Lindl.) Druce=Barnardia japonica
Scilla scilloides f. *albida* Y.N.Lee=Barnardia japonica
Scilla scilloides var. *alboviridis* (Hand.-Mazz.) F.T.Wang & Y.C.Tang=Barnardia japonica
Scilla scilloides var. *mounsei* (Lévl.) McKean=Barnardia japonica
Scilla scilloides var. *pulchella* (Kitag.) Kitag.=Barnardia japonica
Scilla sibirica Haw.西伯利亚绵枣儿
Scilla sinensis Merr.=Barnardia japonica
Scilla sinensis var. *pulchella* (Kitag.) Kitag.=Barnardia japonica
Scilla thunbergii Miyabe & Kudô=Barnardia japonica
Scilla thunbergii var. *pulchella* Kitag.=Barnardia japonica
Scilla tubergeniana Hoog 白花绵枣儿
Scilla verna Huds.春花绵枣儿
Scilla violacea Hutch.斑叶绵枣儿
Scindapsus Schott **藤芋属**(天南星科)
Scindapsus aureus (Lind. & Andre) Engl. & Krause=Epipremnum aureum
Scindapsus decursivus Schott=Rhaphidophora decursiva
Scindapsus maclurei (Merr.) Merr. & Metc.海南藤芋
Scindapsus megaphyllus Merr.=Scindapsus maclurei
Scindapsus montanus Kunth=Anadendrum montanum
Scindapsus peepla Schott=Rhaphidophora peepla
Scindapsus pictus Hassk.彩叶绿萝
Scindapsus pinnatus Schott=Epipremnum pinatum
Scindapsus sinensis Engl.=Amydrium sinense
Scirpus L.**藨草属**(莎草科)
Scirpus aestivalis Retz.=Fimbristylis aestivalis
Scirpus affinis Roth.=Scirpus strobilinus
Scirpus afflatus (Steud.) Benth.=Heleocharis pellucida
Scirpus angustifolius subsp. *latifolius* (Hoppe) T.Koyama=Eriophorum latifolium
Scirpus annuus All.(p.p.)=Fimbristylis dichotoma
Scirpus annuus All.(p.p.)=Fimbristylis dichotoma f. annua
Scirpus ardea T.Koyama=Eriophorum gracile
Scirpus argea var. *coreanus* (Palla) T.Koyama=Eriophorum gracile
Scirpus argyrolepis Meinsh.=Heleocharis argyrolepis
Scirpus asiaticus Beetle 茸球藨草
Scirpus atropurpurea Retz.=Heleocharis atropurpurea
Scirpus attenuatus Franch. & Savat.=Heleocharis attenuata
Scirpus barbata Rottb.=Bulbostylis barbata
Scirpus biconcavus Ohwi=Scirpus planiculmis
Scirpus bisumbellatus Forsk.=Fimbristylis bisumbellata
Scirpus capitatus Willd.=Heleocharis caribaea
Scirpus caribaeus Rottb.=Heleocharis caribaea
Scirpus caricis C.B.Clarke=Blysmus sinocompressus
Scirpus chen-mouii Tang & Wang 陈谋藨草
Scirpus chinensis Diels=Scirpus rosthornii
Scirpus chinensis Munro=Scirpus ternatanus
Scirpus chinensis Osbeck=Lipocarpha chinensis
Scirpus chinensis Raymond=Scirpus neochinensis
Scirpus chuanus Tang & Wang 曲氏藨草
Scirpus chunianus Tang & Wang 陈氏藨草
Scirpus ciliaris L.=Fuirena ciliaris
Scirpus clarkei Stapf.=Scirpus subcapitatus
Scirpus cognatus Hance=Scirpus triangulatus
Scirpus complanatus Retz.=Fimbristylis complanata
Scirpus compressus (L.) Pers.=Blysmus compressus
Scirpus compressus Kükenth.=Blysmus sinocompressus
Scirpus corymbosus L.=Rhynchospora corymbosa
Scirpus cymosus Lam.=Fimbristylis cymosa
Scirpus cyperimus (Vahl) Suringar.蒯草
Scirpus cyperoides L.=Mariscus umbellatus
Scirpus cyperus Kükenth.=Scirpus asiaticus
Scirpus densus Wall.=Bulbostylis densa
Scirpus dichotomus L.=Fimbristylis dichotoma
Scirpus diphyllus Retz.=Fimbristylis dichotoma
Scirpus distigmaticus (Kükenth.) Tang & Wang 双柱头藨草
Scirpus ehrenbergii Böcklr.剑苞藨草
Scirpus erectogracilis Hay.=Scirpus supinus var. lateriflorus
Scirpus erectus Diels=Scirpus juncoides
Scirpus erectus Poir.=Scirpus supinus var. lateriflorus
Scirpus eriophorum C.B.Clarke=Scirpus asiaticus
Scirpus fauriei (E.-G.Camus) T.Koyama=Eriophorum vaginatum
Scirpus ferrugineus L.=Fimbristylis ferruginea
Scirpus filipes C.B.Clarke 细辐射枝藨草
Scirpus filipes var. filipes=Scirpus filipes
Scirpus filipes var. paucispiculatus Tang & Wang 少穗细柄藨草
Scirpus fohaiensis Tang & Wang 佛海藨草
Scirpus fuirenoides Courtois=Scirpus karuizawensis
Scirpus fuirenoides var. *jaluanus* Kom.=Scirpus karuizawensis
Scirpus globulosus Retz.=Fimbristylis globulosa
Scirpus glomeratus L.=Kyllinga brevifolia
Scirpus grossus L.f.硕大藨草
Scirpus heleocharidioides Wang & Wang=Scirpus schansiensis
Scirpus heterochaetus Chase 细藨草
Scirpus hotarui Ohwi=Scirpus juncoides var. hotarui
Scirpus ×intermedius Tang & Wang 中间藨草
Scirpus japonicus Fernald=Eriophorum japonicum
Scirpus jingmenensis Tang & Wang 荆门藨草
Scirpus juncoides Roxb.萤蔺
Scirpus juncoides var. hotarui (Ohwi) Ohwi 细秆萤蔺
Scirpus juncoides var. juncoides=Scirpus juncoides
Scirpus kamtschaticus C.A.Mey.=Heleocharis kamtschatica
Scirpus karuizawensis Makino 华东藨草

Scirpus komarovii Roshev.吉林藨草
Scirpus lacustris Bge.=Scirpus validus
Scirpus lacustris var. *tabernaemontani* Pei & Shan (1952)=Scirpus validus
Scirpus lacustris var. *validus* (Vahl) Kukenth=Scirpus validus
Scirpus lateriflorus Gmel.=Scirpus supinus var. lateriflorus
Scirpus laxiflorus Thw.=Heleocharis ochrostachys
Scirpus lineatus subsp. *wichurai* var. *lushanensis* (Ohwi) T.Koyama=Scirpus asiaticus
Scirpus lineolatus Franch. & Savat.线状匍匐茎藨草
Scirpus lithosperma L.=Scleria lithosperma
Scirpus littoralis Schrad.钻苞藨草
Scirpus lushanensis Ohwi=Scirpus asiaticus
Scirpus ×mariqueter Tang & Wang 海三棱藨草
Scirpus maritimus Bge.=Scirpus planiculmis
Scirpus maritimus C.B.Clarke=Scirpus yagara
Scirpus maritimus var. *affinis* C.B.Clarke (Fl.Brit.Ind.1894)=Scirpus strobilinus
Scirpus maritimus var. *affinis* C.B.Clarke (J.L.Soc.Bot.1903)=Scirpus planiculmis
Scirpus maritimus var. *distigmaticus* Maxim.=Scirpus planiculmis
Scirpus mattfeldianus Kükenth.三棱秆藨草
Scirpus maximowiczii C.B.Clarke=Eriophorum japonicum
Scirpus michelianus L.=Cyperus michelianus
Scirpus miliaceus L.=Fimbristylis miliacea
Scirpus mitratus Franch. & Savat.=Heleocharis kamtschatica f. reducta
Scirpus morrisonensis Hay.=Scirpus subcapitatus var. morrisonensis
Scirpus mucronatus Diels=Scirpus triangulatus
Scirpus mucronatus L.北水毛花
Scirpus neochinensis Tang & Wang 新华藨草
Scirpus nutans Retz.=Fimbristylis nutans
Scirpus orientalis Ohwi=Scirpus sylvaticus var. maximowiczii
Scirpus oryzetorum (Steud.) Ohwi=Scirpus supinus var. lateriflorus
Scirpus ovatus Roth.=Heleocharis soloniensis
Scirpus paludosus A.Nelson 碱土藨草
Scirpus palustris Franch.=Heleocharis valleculosa f. setosa
Scirpus paniculato-corymbosus Kükenth.高山藨草
Scirpus petasatus Maxim.=Heleocharis wichurai
Scirpus planiculmis Fr.Schmidt 扁秆藨草
Scirpus plantagineus Hance=Heleocharis equisetina
Scirpus plantagineus Retz.=Heleocharis dulcis
Scirpus pollichi Gren. & Godr.=Scirpus triqueter
Scirpus polytrichoides Retz.=Fimbristylis polytrichoides
Scirpus puberula Poir.=Bulbostylis puberula
Scirpus pumilus Vahl 矮藨草
Scirpus pumilus subsp. *distigmaticus* Kukenth=Scirpus distigmaticus
Scirpus quinquangularis Vahl=Fimbristylis quinquangularis
Scirpus radicans Franch.=Scirpus sylvaticus var. maximowiczii
Scirpus radicans Schk.东北藨草
Scirpus rosthornii Diels 百球藨草
*Scirpus russeolum*var. *major* T.Koyama=Eriophorum russeolum var. majus
Scirpus sachalinensis Meinsh.=Heleocharis kamtschatica
Scirpus sasaki Hay.=Scirpus wallichii
Scirpus saximontanus Fernald 落基山藨草
Scirpus schansiensis (Hand.-Mazz.) Tang & Wang 太行山藨草
Scirpus schoenoides Retz.=Fimbristylis schoenoides
Scirpus schoofii Beetle 滇藨草
Scirpus senegalensis Lam.=Lipocarpha senegalensis
Scirpus sericeus Poir.=Fimbristylis sericea
Scirpus setaceus L.细秆藨草
Scirpus silvaticus var. *subradicans* Kükenth. ex Tang=Scirpus sylvaticus var. maximowiczii
Scirpus soloniensis Dubois=Heleocharis soloniensis
Scirpus spiralis Rottb.=Heleocharis spiralis
Scirpus squarrosus L.=Lipocarpha chinensis
Scirpus strobilinus Roxb.球穗藨草
Scirpus subcapitatus Thw.类头状花序藨草
Scirpus subcapitatus var. morrisonensis (Hay.) Ohwi 台湾藨草
Scirpus subcapitatus var. subcapitatus=Scirpus subcapitatus
Scirpus subulatus Vahl 羽状刚毛藨草
Scirpus supinus Hance=Scirpus supinus var. lateriflorus
Scirpus supinus L.仰卧秆藨草
Scirpus supinus var. densicorrugatus Tang & Wang 多皱纹果仰秆藨草
Scirpus supinus var. lateriflorus (Gmel.) T.Koyama 稻田仰卧秆藨草
Scirpus supinus var. supinus=Scirpus supinus
Scirpus sylvaticus L.林生藨草
Scirpus sylvaticus Maxim.=Scirpus sylvaticus var. maximowiczii
Scirpus sylvaticus var. maximowiczii Rgl.朔北林生藨草
Scirpus sylvaticus var. *radicans* (Schkuhr.) Willd.=Scirpus radicans
Scirpus sylvaticus var. sylvaticus =Scirpus sylvaticus
Scirpus tabernaemontani Maxim.=Scirpus validus
Scirpus ternatensis C.B.Clarke (p.p.)=Scirpus rosthornii
Scirpus ternatensis C.B.Clarke (p.p.)=Scirpus terntanus
Scirpus terntanus Rein. ex Miq.百穗藨草
Scirpus ×trapezoideus Koidz.五棱藨草
Scirpus trialatus Böcklr.=Mariscus trialatus
Scirpus triangulatus Roxb.水毛花
Scirpus triangulatus var. sanguineus Tang & Wang 红鳞水毛花
Scirpus triangulatus var. trialatus Tang & Wang 三翅水毛花
Scirpus triangulatus var. triangulatus=Scirpus triangulatus
Scirpus triangulatus var. tripteris Tang & Wang 台水毛花
Scirpus triqueter L.藨草
Scirpus trisetosus Tang & Wang 青岛藨草
Scirpus tuberosus Roxb.=Heleocharis dulcis
Scirpus uniglumis Link=Heleocharis uniglumis
Scirpus validus Vahl 水葱
Scirpus validus var. laeviglumis Tang & Wang 南水葱
Scirpus validus var. validus=Scirpus validus
Scirpus verruciferus (Maxim.) Meinsh.=Fimbristylis verrucifera
Scirpus wallichii Nees 猪毛草
Scirpus wichurai Kom.=Scirpus asiaticus
Scirpus wichurai var. *borealis* Ohwi=Scirpus asiaticus
Scirpus yagara Ohwi 荆三棱
Scirpus yokoscensis Franch. & Savat.=Heleocharis yokoscensis
Sclepias cordata N.L.Burm.=Telosma cordata
Sclerachne R.Br.**葫芦草属**(禾本科)
Sclerachne punctata R.Br.葫芦草
Scleria Berg.**珍珠茅属**(莎草科)
Scleria biflora C.B.Clarke=Scleria tessellata
Scleria biflora Roxb.二花珍珠茅
Scleria caricina (R.Br.) Benth.=Diplacrum caricinum
Scleria chinensis Kunth 华珍珠茅
Scleria ciliaris Nees=Scleria chinensis
Scleria doederleiniana Böcklr.=Scleria elata
Scleria elata Thw.高秆珍珠茅
Scleria elata var. elata=Scleria elata
Scleria elata var. latior C.B.Clarke 宽叶珍珠茅
Scleria fauriei Ohwi=Scleria sumatrensis
Scleria fenestrata Franch. & Savat.=Scleria biflora
Scleria fenestrata var. *pubigera* Ohwi=Scleria onoei var. pubigera
Scleria ferruginea Ohwi=Scleria tessellata
Scleria harlandii Hance 圆秆珍珠茅
Scleria herbecarpa Nees 毛果珍珠茅
Scleria herbecarpa var. herbecarpa=Scleria herbecarpa
Scleria herbecarpa var. pubescens (Steud.) C.B.Clarke 柔毛果珍珠茅
Scleria hookeriana Böcklr.黑鳞珍珠茅
Scleria kwangtungensis Chun & How=Scleria radula
Scleria laeviformis Tang & Wang 光果珍珠茅
Scleria laevis var. *scaberrima* Benth.=Scleria radula
Scleria levis Retz.微毛果珍珠茅
Scleria lithosperma (L.) Sw.石果珍珠茅
Scleria nankingensis Tang & Wang 南京珍珠茅
Scleria onoei Franch. & Savat.垂序珍珠茅
Scleria onoei Makino=Diplacrum caricinum
Scleria onoei var. onoei=Scleria onoei
Scleria onoei var. pubigera Ohwi 毛垂序珍珠茅
Scleria oryzoides Presl 稻形珍珠茅
Scleria parvula Steud.小型珍珠茅
Scleria pergracilis (Nees) Kunth 纤秆珍珠茅
Scleria psilorrhiza C.B.Clarke 细根茎珍珠茅
Scleria pubescens Steud.=Scleria herbecarpa var. pubescens
Scleria pubigera Makino=Scleria onoei var. pubigera
Scleria purpurascens Benth.=Scleria harlandii

Scleria radula Chun & How=Scleria laeviformis
Scleria radula Hance 香港珍珠茅
Scleria scrobiculata C.B.Clarke=Scleria elata var. latior
Scleria sumatrensis Retz.印度珍珠茅
Scleria terrestris How=Scleria elata var. latior
Scleria tessellata C.B.Clarke=Scleria biflora
Scleria tessellata Willd.网果珍珠茅
Sclerocaryopsis spinocarpos (Forssk.) Brand=Lappula spinocarpos
Sclerochloa Beauv.**硬草属**(禾本科)
Sclerochloa dura (L.) P.Beauv.硬茅
Sclerochloa kengiana (Ohwi) Tzvel.耿氏硬草
Sclerodactylon micrandrum Keng f. & L.Liou=Acrachne racemosa
Scleroglossum Alderw.**革舌蕨属**(禾叶蕨科)
Scleroglossum pusillum (Bl.) Alderw.革舌蕨
Scleromelum K.Schum. & Lauterbach=**Scleropyrum**
Scleromitrion coronarium Kurz=Hedyotis coronaria
Scleromitrion sinense Miq.=Borreria stricta
Scleropyrum Arn.**硬核属**(檀香科)
Scleropyrum mekongense Gagn.=Scleropyrum wallichianum var. mekongense
Scleropyrum wallichianum (Wight & Arn.) Arn 硬核
Scleropyrum wallichianum var. mekongense (Gagn.) Lecomte 无刺硬核
Scleropyrum wallichianum var. wallichianum=Scleropyrum wallichianum
Sclerostylis hindsii Champ. ex Benth.=Fortunella hindsii
Sclerostylis venosa Champ. ex Benth.=Fortunella venosa
Scolochloa Link.**水茅属**(禾本科)
Scolochloa festucacea (Willd.) Link.水茅
Scolochloa spiculosa Fr.Schmidt=Glyceria spiculosa
Scolopendrium Adanson=**Phyllitis**
Scolopendrium ceterach Symons=Ceterach officinarum
Scolopendrium delavayi Franch.=Sinephropteris delavayi
Scolopendrium dubium Don=Diplazium subsinuatum
Scolopendrium ruta-muraria Roth=Asplenium ruta-muraria
Scolopendrium septentroinale Reth=Asplenium septentrionale
Scolopendrium sibiricum HK.=Camptosorus sibiricus
Scolopendrium vulgare Sm.=Phyllitis scolopendrium
Scolopia Schreb.**箣柊属**(大风子科)
Scolopia buxifolia Gagn.黄杨叶箣柊
Scolopia chinensis (Lour.) Clos 箣柊
Scolopia cinnamomifolia Gagn.=Scolopia saeva
Scolopia crenata (Wight) Clos (Matsum. & Hay.in J.Coll.Sci.Unvi.Tokyo 1906) =Scolopia oldhamii
Scolopia crenata Clos=Scolopia chinensis
Scolopia hainanensis Selum=Scolopia buxifolia
Scolopia henryi Sleum.珍珠箣柊
Scolopia lucida Wall. ex Kurz.光亮箣柊?
Scolopia nana Gagn.=Scolopia buxifolia
Scolopia oldhamii Hance 鲁花树
Scolopia saeva (Hance) Hance 广东箣柊
Scolopia siamensis Warb.=Scolopia chinensis
Scoparia L.**野甘草属**(玄参科)
Scoparia dulcis L.野甘草
Scopolia Jacq.**赛莨菪属**(茄科)
Scopolia anomala (Link & Otto) Ariy-Shaw=Anisodus luridus
Scopolia carniolicoides C.Y.Wu & C.Chen=Anisodus carniolicoides
Scopolia carniolicoides var. *carniolicoides*=Anisodus carniolicoides
Scopolia carniolicoides var. *dentata* C.Y.Wu & C.Chen=Anisodus carniolicoides
Scopolia composita L.f.=Eriosolena composita
Scopolia japonica Maxim.东莨菪
Scopolia likiangensis C.Y.Wu & C.Chen 丽江莨菪
Scopolia lurida (Link) Dunal=Anisodus luridus
Scopolia mairei Lévl.=Anisodus mairei
Scopolia physaloides Dunal=Physochlaina physaloides
Scopolia praealta Dunal=Physochlaina praealta
Scopolia sinensis Hemsl.=Atropanthe sinensis
Scopolia stramonifolia Sem.=Anisodus luridus
Scopolia tangutica Maxim.=Anisodus tanguticus
Scoria Rafin.=**Carya**
Scorpiothyrsus H.L.Li **卷花丹属**(野牡丹科)
Scorpiothyrsus erythrotrichus (Merr. & Chun) H.L.Li 红毛卷花丹
Scorpiothyrsus glabrifolius H.L.Li 光叶卷花丹
Scorpiothyrsus oligotrichus H.L.Li 疏毛卷花丹
Scorpiothyrsus shangszeensis C.Chen 上思卷花丹
Scorpiothyrsus xanthostictus (Merr. & Chun) H.L.Li (分类学报 1963,海南志 1965,p.p.)=Phyllagathis scorpiothyrsoides
Scorpiothyrsus xanthostictus (Merr. & Chun) H.L.Li 卷花丹
Scorpiothyrsus xanthotrichus (Merr. & Chun) H.L.Li 黄毛卷花丹
Scorzonera L.**鸦葱属**(菊科)
Scorzonera acrolasia Bge.=Epilasia acrolasia
Scorzonera albicaulis Bge.华北鸦葱
Scorzonera albicaulis f. *flavescens* Nakai=Scorzonera albicaulis
Scorzonera albicaulis f. *rosea* Nakai=Scorzonera albicaulis
Scorzonera albicaulis var. *macrosperma* (Turcz.) Kitag.=Scorzonera albicaulis
Scorzonera ammophila Bge.=Epilasia acrolasia
Scorzonera angustifolia Thoms.=Scorzonera curvata
Scorzonera astrachiana DC.=Scorzonera pusilla
Scorzonera austriaca Willd.(Franch.in Nouv.Arch.Mus.Hist.Nat.Paris 1883) = Scorzonera sinensis
Scorzonera austriaca Willd.鸦葱
Scorzonera austriaca subsp. *sinensis* Lipsch. & Kirasch.=Scorzonera sinensis
Scorzonera austriaca var. *curvata* Popl.=Scorzonera curvata
Scorzonera austriaca var. *intermedia* Rgl.=Scorzonera subacaulis
Scorzonera austriaca var. *plantaginifolia* Kitag.=Scorzonera austriaca
Scorzonera austriaca var. *subacaulis* Rgl.=Scorzonera subacaulis
Scorzonera austriaca var. *typica* Trautv. ex Kom.=Scorzonera austriaca
Scorzonera capito Maxim.棉毛鸦葱
Scorzonera caricifolia Pall.=Scorzonera parviflora
Scorzonera cenopleura Bge.=Epilasia hemilasia
Scorzonera circumflexa Krasch. & Lipsch.皱波球根鸦葱
Scorzonera curvata (Popl.) Lipsch.丝叶鸦葱
Scorzonera divaricata Turcz.(高等图鉴 1985)=Hexinia polydichotoma
Scorzonera divaricata Turcz.拐轴鸦葱
Scorzonera divaricata var. divaricata=Scorzonera divaricata
Scorzonera divaricata var. *foliosa* Maxim.=Scorzonera pseudodivaricata
Scorzonera divaricata var. *intricatissima* Maxim.=Scorzonera divaricata
Scorzonera divaricata var. sublilacina Maxim.紫花拐轴鸦葱
Scorzonera divaricata var. *virgata* Maxim.=Scorzonera pseudodivaricata
Scorzonera ensifolia M.B.剑叶鸦葱
Scorzonera fengtienensis Nakai=Scorzonera mongolica
Scorzonera glabra Rupr.=Scorzonera austriaca
Scorzonera glabra var. *manshurica* (Nakai) Lineam=Scorzonera manshurica
Scorzonera halophila Fisch. & Mey.=Scorzonera parviflora
Scorzonera hemilasia Bge.=Epilasia hemilasia
Scorzonera humilis α. *linearifolia* DC.=Scorzonera curvata
Scorzonera humillis L.矮小鸦葱
Scorzonera ikonnikovii Lipsch. & Krasch. ex Lipsch.毛果鸦葱
Scorzonera iliensis Krasch.北疆鸦葱
Scorzonera inconspicua Lipsch. ex Pavl.皱叶鸦葱
Scorzonera intermedia Bge.=Epilasia hemilasia
Scorzonera luntaiensis Shih 轮台鸦葱
Scorzonera macrosperma Turcz.=Scorzonera albicaulis
Scorzonera macrosperma f. *angustifolia* Debeaux=Scorzonera albicaulis
Scorzonera manshurica Nakai (内蒙志 1982)=Scorzonera ikonnikovii
Scorzonera manshurica Nakai 东北鸦葱
Scorzonera marschalliana C.A.M.=Scorzonera pubescens
Scorzonera marschalliana var. *latifolia* Rupr.=Scorzonera inconspicua
Scorzonera marschalliana var. *oblongifolia* Trautv.=Scorzonera inconspicua
Scorzonera mongolica Maxim.蒙古鸦葱
Scorzonera mongolica var. *putjatae* C.Winkl.=Scorzonera mongolica
Scorzonera muriculata Chang (分类学报 1987)=Hexinia polydichotoma
Scorzonera muriculata Chang 叉枝鸦葱
Scorzonera nana Boiss. & Buhse=Epilasia hemilasia
Scorzonera pamirica Shih 帕米尔鸦葱
Scorzonera parviflora Jacq.光鸦葱
Scorzonera popovii Lipsch.=Scorzonera pusilla
Scorzonera pseudodivaricata Lipsch.帚状鸦葱
Scorzonera pubescens DC.基枝鸦葱
Scorzonera purpurea L.紫花鸦葱
Scorzonera pusilla Pall.细叶鸦葱

Scorzonera radiata Fisch.毛梗鸦葱
Scorzonera radiata var. *linearifolia* Lévl.=Scorzonera albicaulis
Scorzonera radiata var. *rebuensis* (Tatew. & Kitam. ex Kitam.) Nakai=Scorzonera radiata
Scorzonera rebuensis Tatew. & Kitam. ex Kitam.=Scorzonera radiata
Scorzonera rugulosa Chang 黑果鸦葱?
Scorzonera ruprechtiana Lipsch. & Kirasch.E Lipsch.=Scorzonera austriaca
Scorzonera sericeo-lanata (Bge.) Krasch. & Lipsch.(分类学报 1987)=Scorzonera circumflexa
Scorzonera sericeo-lanata (Bge.) Krasch. & Lipsch.灰枝鸦葱
Scorzonera sinensis Lipsch. & Krasch.桃叶鸦葱
Scorzonera sinensis f. *plantaginifolia* (Kitag.) Nakai=Scorzonera austriaca
Scorzonera songarica (Kar. & Kir.) Lipsch. & Vass.准噶尔鸦葱
Scorzonera subacaulis (Rgl.) Lipsch.小鸦葱
Scorzonera transiliensis M.Pop.(分类学报 1987)=Scorzonera albicaulis
Scorzonera transiliensis M.Pop.天山鸦葱
Scorzonera tuberosa var. *sericeo-lanata* Bge.=Scorzonera sericeo-lanata
Scotanthus Naud.=**Gymnopetalum**
Scrofella Maxim.**细穗玄参属**(玄参科)
Scrofella chinensis Maxim.细穗玄参
Scrophularia L.**玄参属**(玄参科)
Scrophularia aequilabris Tsoong 等唇玄参
Scrophularia alaschanica Batal.贺兰玄参
Scrophularia alata Gilib.=Scrophularia umbrosa
Scrophularia amugensis Fr.Schmiklt?岩玄参
Scrophularia buergeriana Miq.北玄参
Scrophularia buergeriana var. buergeriana=Scrophularia buergeriana
Scrophularia buergeriana var. tsinglingensis Tsoong 秦岭玄参
Scrophularia calycina Benth.萼状玄参
Scrophularia campanulata Li=Scrophularia delavayi
Scrophularia canescens var. *glabrata* Franch.=Scrophularia incisa
Scrophularia chasmophila W.W.Sm.岩隙玄参
Scrophularia chaspmophila subsp. xizangensis D.Y.Hong 西藏岩隙玄参
Scrophularia chinensis L.=Verbascum chinense
Scrophularia crenatosepala Li=Scrophularia diplodonta
Scrophularia cretacea var. *glabrata* (Franch.) Stief.=Scrophularia incisa
Scrophularia delavayi Franch.大花玄参
Scrophularia dentata Royle 齿叶玄参
Scrophularia diplodonta Franch.重齿玄参
Scrophularia diplodonta var. *tsanchanensis* Franch.=Scrophularia diplodonta
Scrophularia duclouxii Stief.=Scrophularia mandarinorum
Scrophularia duplicato-serrata Makino 日本重齿玄参
Scrophularia edgeworthii Benth.埃结玄参
Scrophularia elatior Benth.高玄参
Scrophularia fargesii Franch.长梗玄参
Scrophularia formosana Li 楔叶玄参
Scrophularia forrestii Diels=Scrophularia urticifolia
Scrophularia franchetiana Tsoong=Scrophularia fargesii
Scrophularia henryi Hemsl.鄂西玄参
Scrophularia henryi var. *glabrescens* Hemsl.=Scrophularia henryi
Scrophularia heucheriiflora Schrenk 新疆玄参
Scrophularia himalensis Royle 喜马拉雅玄参?
Scrophularia hypsophila Hand.-Mazz.高山玄参
Scrophularia incisa Weinm.砾玄参
Scrophularia iucida L.光泽玄参
Scrophularia kakudensis Franch.丹东玄参
Scrophularia kakudensis var. *latisepala* (Kitag.) Kitag.=Scrophularia kakudensis
Scrophularia kansuensis Batal.甘肃玄参
Scrophularia kiriloviana Schischk.羽裂玄参
Scrophularia latisepala Kitag.=Scrophularia kakudensis
Scrophularia lhasaensis D.Y.Hong 拉萨玄参
Scrophularia lijiangensis T.Yamazaki 丽江玄参
Scrophularia macrocarpa Tsoong 大果玄参
Scrophularia mandarinorum Franch.单齿玄参
Scrophularia mandshurica Maxim.?东北玄参
Scrophularia mapienensis Tsoong 马边玄参
Scrophularia maximowiczii Gorschk.腋花玄参?
Scrophularia microdonta Franch.=Scrophularia ningpoensis
Scrophularia modesta Kitag.山西玄参
Scrophularia moellendorffii Maxim.华北玄参
Scrophularia muliensis Li=Scrophularia delavayi
Scrophularia nana Li=Scrophularia chasmophila
Scrophularia nankinensis P.C.Tsoong 南京玄参
Scrophularia ningpoensis Hemsl.玄参
Scrophularia obtusa Edgew.钝形玄参
Scrophularia oldhami Oliv.=Scrophularia buergeriana
Scrophularia pauciflora Benth.轮花玄参
Scrophularia petitmenginii Bonati=Scrophularia elatior
Scrophularia polyantha Royle 多花玄参
Scrophularia przewalskii Batal.青海玄参
Scrophularia rockii Li=Scrophularia chasmophila
Scrophularia scabiosifolia Benth.蓝盆花叶玄参
Scrophularia scopolii Hoppe 斯克波玄参
Scrophularia silvestrii Bonati=Scrophularia ningpoensis
Scrophularia souliei Franch.小花玄参
Scrophularia spicata Franch.穗花玄参
Scrophularia stiefelhagenii Bonati=Scrophularia mandarinorum
Scrophularia stylosa Tsoong 长柱玄参
Scrophularia taihangshanensis C.S.Zhu et H.W.Yang 太行山玄参
Scrophularia umbrosa Dum.翅茎玄参
Scrophularia urticifolia Wall.荨麻叶玄参
Scrophularia variegata Bieb.变色玄参
Scrophularia wilsonii Bonati=Scrophularia fargesii
Scrophularia yoshimurae Yamazaki 台湾玄参
Scrophularia yunnanensis Franch.云南玄参
Scrophulariaceae 玄参科
Scurrula L.**梨果寄生属**(桑寄生科)
Scurrula buddleioides (Desr.) G.Don 滇藏梨果寄生
Scurrula chinensis var. *formosana* Hosok=Taxillus pseudochinensis
Scurrula chingii (Cheng) H.S.Kiu 卵叶梨果寄生
Scurrula chingii var. chingii=Scurrula chingii
Scurrula chingii var. yunnanensis H.S.Kiu 短柄梨果寄生
Scurrula elata (Edgew.) Danser 高山寄生
Scurrula ferruginea (Jack) Danser=Scurrula sootepensis
Scurrula ferruginea (Jack) Danser 锈毛梨果寄生
Scurrula gongshanensis H.S.Kiu 贡山梨果寄生
Scurrula gracilifolia (Schult.) Danser=Scurrula parasitica var. graciliflora
Scurrula levinei (Merr.) Danser=Taxillus levinei
Scurrula liquidambaricola (Hay.) Danser=Taxillus limprichtii var. liquidambaricolus
Scurrula lonicerifolia J.M.Chao=Scurrula phoebe-formosanae
Scurrula notothixoides (Hance) Danser 小叶梨果寄生
Scurrula parasitica L.(台湾志 1976,p.p.)=Taxillus pseudochinensis
Scurrula parasitica L.红花寄生
Scurrula parasitica var. graciliflora (Wall. ex DC.) H.S.Kiu 小红花寄生
Scurrula parasitica var. parasitica=Scurrula parasitica
Scurrula philippensis (Cham & Schlecht.) G.Don 梨果寄生
Scurrula phoebe-formosanae (Hay.) Danser 楠树梨果寄生
Scurrula pulverulenta (Wall.) D.Don 白花梨果寄生
Scurrula ritozanensis (Hay.) Danser (台湾志 1976,p.p.)= Taxillus theifer
Scurrula sootepensis (Craib) Danser 元江梨果寄生
Scurrula theifer (Hay.) Danser=Taxillus theifer
Scurrula umbellifer (Schult.) G.Don=Taxillus umbelifer
Scutellaria L.**黄芩属**(唇形科)
Scutellaria adenophylla Miq.=Scutellaria barbata
Scutellaria adsurgens M.Pop.直立黄芩
Scutellaria albertii Juzep.=Scutellaria sieversii
Scutellaria albida L.微白黄芩
Scutellaria altaica Fisch. ex Sweet 阿尔泰黄芩
Scutellaria altaicola C.Y.Wu & H.W.Li=Scutellaria altaica
Scutellaria altissima L.极高黄芩
Scutellaria amoena C.H.Wright(Adams.in J.Bot.1913)=Scutellaria rehderiana
Scutellaria amoena C.H.Wright 滇黄芩
Scutellaria amoena C.H.Wringt(p.p.)=Scutellaria hypericifolia
Scutellaria amoena var. amoena=Scutellaria amoena

Scutellaria amoena var. cinerea Hand.-Mazz.灰毛滇黄芩(新)
Scutellaria andrachnoides Vved.黑钩叶状黄芩
Scutellaria androssovii Juz.安得罗索夫黄芩
Scutellaria angulosa Benth.(Hemsl.in J.L.Soc.Bot.1890)=Scutellaria franchetiana
Scutellaria angulosa Benth.=Scutellaria scandens
Scutellaria angulosa var. *franchetiana* (Lévl.) Kudô =Scutellaria franchetiana
Scutellaria angustifolia (Regel) Kom.(p.p.)=Scutellaria regeliana var. ikonnikovii
Scutellaria angustifolia (Regel) Kom.=Scutellaria regeliana
Scutellaria anhweiensis C.Y.Wu 安徽黄芩
Scutellaria araxensis Grossh.亚美利亚黄芩
Scutellaria axilliflora Hand.-Mazz.腋花黄芩
Scutellaria axilliflora var. axilliflora=Scutellaria axilliflora
Scutellaria axilliflora var. medullifera (Sun ex C.H.Hu) C.Y.Wu & H.W.Li 大腋花黄芩(新)
Scutellaria baicalensis Georgi (Dunn in J.L.Soc.Bot.1911,p.p.)=Scutellaria amoena
Scutellaria baicalensis Georgi 黄芩
Scutellaria baldshuanica Nevski 巴得栓黄芩
Scutellaria bambusetorum C.Y.Wu 竹林黄芩
Scutellaria barbata D.Don 半枝莲
Scutellaria bucharica Juz.布加尔黄芩
Scutellaria calcarata C.Y.Wu & H.W.Li 囊距黄芩
Scutellaria caryopteroides Hand.-Mazz.莸状黄芩
Scutellaria caudifolia Sun ex C.H.Hu 尾叶黄芩
Scutellaria caudifolia var. caudifolia=Scutellaria caudifolia
Scutellaria caudifolia var. obliquifolia C.Y.Wu & S.Chow 野鸡黄
Scutellaria cavaleriei Lévl.Vaniot.=Scutellaria barbata
Scutellaria celtidifolia A.Hamilt.=Scutellaria scandens
Scutellaria chekiangensis C.Y.Wu 浙江黄芩
Scutellaria chenopodiifolia Juz.藜叶黄芩
Scutellaria chihshuiensis C.Y.Wu & H.W.Li 赤水黄芩
Scutellaria chimenensis C.Y.Wu 祁门黄芩
Scutellaria chungtienensis C.Y.Wu 中甸黄芩
Scutellaria coleifolia Lévl.=Scutellaria violacea var. sikkimensis
Scutellaria colpodea Nevski 鞘状黄芩
Scutellaria comosa Juz.丛毛黄芩
Scutellaria cristata M.Pop.鸡冠黄芩
Scutellaria cyrtopoda Miq.(Dunn in Notes Bot.Edinb.1915)=Scutellaria colefolia
Scutellaria daghestanica Grossh.达赫斯坦黄芩
Scutellaria darriensis Grossh.达连黄芩
Scutellaria delavayi Lévl.方枝黄芩
Scutellaria dentata Lévl.=Scutellaria pekinensis var. ussuriensis
Scutellaria dependens Maxim.纤弱黄芩
Scutellaria discolor Wall. ex Benth.(Hand.-Mazz.in Symb.Sin.1936)=Scutellaria discolor var. hirta
Scutellaria discolor Colebr.(Dunn in Notes Bot.Gard.Edinb.1915,p.p.)=Scutellaria colefolia
Scutellaria discolor Wall. ex Benth.异色黄芩
Scutellaria discolor var. discolor=Scutellaria discolor
Scutellaria discolor var. hirta Hand.-Mazz.地盆草
Scutellaria dubia Tal. & Schir.可疑黄芩
Scutellaria esquirolii Lévl. & Vant.=Melampyrum roseum var. obtusifolium
Scutellaria filicaulis Rgl.丝茎黄芩
Scutellaria flabellata Juz.扇形黄芩
Scutellaria formosana N.e.Brown (Hand.-Mazz. ex Hao in Engler,Bot. Jahrb.1938)=Scutellaria tsinyunensis
Scutellaria formosana N.E.Brown (Kudô in Mem.Fac.Sci.Agr.Taihoku Univ.1929,p.p.)=Scutellaria obtusifolia var. trinervata
Scutellaria formosana N.E.Brown 蓝花黄芩
Scutellaria formosana var. formosana=Scutellaria formosana
Scutellaria formosana var. pubescens C.Y.Wu & H.W.Li 多毛蓝花黄芩(新)
Scutellaria forrestii Diels 灰岩黄芩
Scutellaria forrestii var. forrestii=Scutellaria forrestii
Scutellaria forrestii var. *intermedia* C.Y.Wu & H.W.Li=Scutellaria forrestii
Scutellaria forrestii var. *muliensis* C.Y.Wu=Scutellaria forrestii
Scutellaria franchetiana Lévl.(Dunn in Notes Bot.Gard.Edinb.1915,p.p.)=Scutellaria axilliflora
Scutellaria franchetiana Lévl.岩藿香
Scutellaria galericulata L.(Diels in Fedde,Repert.Sp.Nov.1922,p.p.)=Scutellaria barbata
Scutellaria galericulata L.(Hance in J.L.Soc.Bot.1890)=Scutellaria scordifolia
Scutellaria galericulata L.盔状黄芩
Scutellaria galericulata var. *scordifolia* Rgl.=Scutellaria scordifolia
Scutellaria galericulata γ. *angustifolia* Regel=Scutellaria regeliana
Scutellaria galericulata δ. *scordifolai* Regel=Scutellaria scordifolia
Scutellaria glabrata Vved.脱毛黄芩
Scutellaria glandulosa HK.f.腺体黄芩
Scutellaria glecomoides Migo=Scutellaria tuberifera
Scutellaria grandiflora Sims.(Adams ex Bge.in Mém.Acad.Sci.St.Pétersb. Sav.Etrang.1833)=Scutellaria baicalensis
Scutellaria grandiflora Sims.大花黄芩
Scutellaria granulosa Juz.颗粒黄芩
Scutellaria grossa Wall.大黄芩
Scutellaria grossecrenata Merr. & Chun 粗齿黄芩
Scutellaria guilielmi A.Gray 连钱黄芩
Scutellaria hainanensis C.Y.Wu 海南黄芩
Scutellaria hastifolia L.戟叶黄芩
Scutellaria hebeclada W.W.Sm.=Scutellaria mairei
Scutellaria hederacea Kunth & Bouche (A.Gray in Perry's Jap. Exped. 1856)=Scutellaria guilielmi
Scutellaria hederacea Kunth & Bouche (科学论文集 1935)=Scutellaria tuberifera
Scutellaria helenae Alb.海伦黄芩
Scutellaria heterochroa Juz.色异黄芩(新)
Scutellaria heydei HK.f.海地黄芩
Scutellaria honanensis C.Y.Wu & H.W.Li 河南黄芩
Scutellaria huangshanensis X.W.Wang & Z.W.Xue=Scutellaria anhweiensis
Scutellaria hunanensis C.Y.Wu 湖南黄芩
Scutellaria hypericifolia Lévl.连翘叶黄芩
Scutellaria hypericifolia var. hypericifolia=Scutellaria hypericifolia
Scutellaria hypericifolia var. pilosa C.Y.Wu 多毛连翘叶黄芩(新)
Scutellaria hypopolia Juz.灰黄芩
Scutellaria ikonnikovii Juz.=Scutellaria regeliana var. ikonnikovii
Scutellaria immaculata Nevski 无斑点黄芩
Scutellaria incisa Sun ex C.H.Hu 裂叶黄芩
Scutellaria incurva Wall.内弯黄芩
Scutellaria indica L.(Hand.-Mazz.in Act.Hort.Göthob.1939)=Scutellaria indica var. parvifolia
Scutellaria indica L.(Hemsl.in J.L.Soc.Bot.1890,p.p.)=Scutellaria tayloriana
Scutellaria indica L.(Hemsl.in J.L.Soc.Bot.1890,p.p.)=Scutellaria pekinensis
Scutellaria indica L.(Kom.in Act.Hort.Petrop.1907,p.p.)=Scutellaria pekinensis var. ussuriensis
Scutellaria indica L.韩信草
Scutellaria indica f. indica=Scutellaria indica
Scutellaria indica f. *parvifolia* Matsum. & Kudô =Scutellaria indica var. parvifolia
Scutellaria indica f. ramosa C.Y.Wu & C.Chen 多枝韩信草(新)
Scutellaria indica f. *subacaulis* Sun ex C.H.Hu=Scutellaria indica var. subacaulis
Scutellaria indica var. *ambigua* Hand.-Mazz.=Scutellaria teniana
Scutellaria indica var. elliptica Sun ex C.H.Hu 长毛韩信草(新)
Scutellaria indica var. *indica* f. *ramosa* C.Y.Wu & C.Chen=Scutellaria indica
Scutellaria indica var. indica=Scutellaria indica
Scutellaria indica var. *japonica* (Morr. & Decne.) Franch. & Sav.(Herder in Act.Hort.Petrop.1887,p.p.)=Scutellaria pekinensis
Scutellaria indica var. *japonica* f. *humilis* Makino=Scutellaria laeteviolacea
Scutellaria indica var. *japonica* Miq.(Herder in Act.Hort.Petrop. 1887,p.p.) =Scutellaria pekinensis var. ussuriensis
Scutellaria indica var. *japonica*.f. *parvifolia* Makino=Scutellaria indica var. parvifolia

Scutellaria indica var. parvifolia (Makino) Makino 小叶韩信草(新)
Scutellaria indica var. *pekinensis* Franch.=Scutellaria pekinensis
Scutellaria indica var. subacaulis (Sun ex C.H.Hu) C.Y.Wu & C.Chen 金耳挖
Scutellaria indica var. *typica* Kudô=Scutellaria indica var. parvifolia
Scutellaria indica α. *typica* Kudô =Scutellaria indica var. parvifolia
Scutellaria indica β. *japonica* Franch. & Sav.(Kudô in Mem.Fac.Sci. Agr.Taihoku Univ.1929)=Scutellaria indica
Scutellaria inghokensis Metcalf 永泰黄芩
Scutellaria intermedia M.Pop.中间黄芩
Scutellaria irregularis Juzep.=Scutellaria supina
Scutellaria japonica Burm.f.=Isodon japonicus
Scutellaria japonica Morr. & Decne.(Maxim.in Mém.Acad.Sci.St.Pétersb. Sav.Étrang.1859)=Scutellaria pekinensis var. ussuriensis
Scutellaria japonica var. *purpureicaulis* Migo=Scutellaria pekinensis var. purpureicaulis
Scutellaria japonica var. *usssuriensis* f. *humilis* Matsum. & Kudô = Scutellaria indica var. subacaulis
Scutellaria japonica var. β. *ussuriensis* Regel=Scutellaria pekinensis var. ussuriensis
Scutellaria javanica Jungh.(Dunn in Notes Bot.Gard.Edinb.1913)= Scutellaria formosana
Scutellaria javanica Jungh.爪哇黄芩
Scutellaria juzepczukii gontsch.究采坡组克黄芩
Scutellaria kansuensis Hand.-Mazz.=Scutellaria rehderiana
Scutellaria karatavica Juz.喀拉塔夫黄芩
Scutellaria karkaralensis Juz.喀尔喀拉勒黄芩
Scutellaria khasiana Clarke 克哈锡黄芩
Scutellaria kingiana Prain 藏黄芩
Scutellaria komarovii Lévl. & Vaniot.=Scutellaria barbata
Scutellaria krasevii Kom. & Schischk.克拉赛夫黄芩
Scutellaria krylovii Juzep.=Scutellaria sieversii
Scutellaria kurssanovii Pavl.库萨纳夫黄芩
Scutellaria laeteviolacea Koidz.光紫黄芩
Scutellaria lanceolaria Miq.=Scutellaria baicalensis
Scutellaria lantienensis Hand.-Mazz.=Scutellaria guilielmi
Scutellaria laxa Dunn 散黄芩
Scutellaria leptosiphon Nevski 细管黄芩
Scutellaria leucodasys Miq.=Scutellaria indica
Scutellaria likiangensis Diels 丽江黄芩
Scutellaria linarioides C.Y.Wu 长叶并头草
Scutellaria linearis Benth.腺形黄芩
Scutellaria litwinowii Bornm. & Sint.里特级诺黄芩
Scutellaria lotienensis C.Y.Wu & S.Chow 罗甸黄芩
Scutellaria lupulina var. violacea Bge.=Scutellaria altaica
Scutellaria luteocoerulea Bornm.黄蓝黄芩
Scutellaria lutescens C.Y.Wu 淡黄黄芩
Scutellaria luzonica Rolfe (Forbes & Hemsl.in J.L.Soc.Bot.1890)= Scutellaria playfairi
Scutellaria luzonica Rolfe (Merr. & Chun in Sunyatsenia 1940)= Scutellaria luzonica var. lotungensis
Scutellaria luzonica Rolfe 吕宋黄芩
Scutellaria luzonica var. lotungensis C.Y.Wu & C.Chen 乐东黄芩(新)
Scutellaria luzonica var. luzonica=Scutellaria luzonica
Scutellaria macrantha Fisch.=Scutellaria baicalensis
Scutellaria macrodonta Hand.-Mazz.大齿黄芩
Scutellaria macrosiphon C.Y.Wu 长管黄芩
Scutellaria mairei Lévl.毛茎黄芩
Scutellaria medullifera Sun ex C.H.Hu=Scutellaria axilliflora var. medullifera
Scutellaria meehanioides C.Y.Wu 龙头黄芩
Scutellaria meehanioides var. meehanioides=Scutellaria meehanioides
Scutellaria meehanioides var. paucidentata C.Y.Wu & H.W.Li 少齿龙头黄芩(新)
Scutellaria megaphylla C.Y.Wu & H.W.Li 大叶黄芩
Scutellaria mesostegia Juz.中被黄芩
Scutellaria microdasys Juz.小刺黄芩
Scutellaria microflora Metc.=Scutellaria indica var. parvifolia
Scutellaria microviolacea C.Y.Wu 小紫黄芩
Scutellaria minor var. *indica* Benth.=Scutellaria barbata
Scutellaria minor β. *indica* Benth.=Scutellaria barbata
Scutellaria mollifolia C.Y.Wu & H.W.Li 毛叶黄芩
Scutellaria mongolica Sobolevsk.蒙古黄芩
Scutellaria moniliorrhiza Kom.念珠根茎黄芩
Scutellaria navicularis Juz.舟状黄芩
Scutellaria nigricans C.Y.Wu 变黑黄芩
Scutellaria nigrocardia C.Y.Wu & H.W.Li 黑心黄芩
Scutellaria nipponica Franch. & Sav.=Scutellaria dependens
Scutellaria novorossica Juz.新俄黄芩
Scutellaria obbreviata Hara=Scutellaria indica var. subacaulis
Scutellaria oblonga Benth.长圆黄芩
Scutellaria obtusifolia Hemsl.钝叶黄芩
Scutellaria obtusifolia var. obtunsifolia=Scutellaria obtusifolia
Scutellaria obtusifolia var. trinervata (Vaniot) C.Y.Wu & H.W.Li 三脉钝叶黄芩(新)
Scutellaria oldhami Miq.=Scutellaria dependens
Scutellaria oligodonta Juz.少齿黄芩
Scutellaria oligophlebia Merr. & Chun 少脉黄芩
Scutellaria omeiensis C.Y.Wu 峨眉黄芩
Scutellaria omeiensis var. omeiensis=Scutellaria omeiensis
Scutellaria omeiensis var. serratifolia C.Y.Wu & S.Chow 钝叶峨眉黄芩(新)
Scutellaria oreophila Grossh.山地黄芩
Scutellaria orientalis L.东方黄芩
Scutellaria orthocalyx Hand.-Mazz.直萼黄芩
Scutellaria orthotricha C.Y.Wu & H.W.Li 展毛黄芩
Scutellaria oxystegia Juz.尖附属物黄芩
Scutellaria pachyrrhiza Pax & Hoffm.=Scutellaria hypericifolia
Scutellaria pacifica Juz.太平洋黄芩
Scutellaria pallida L.苍白黄芩
Scutellaria pamirica Juz.帕米尔黄芩
Scutellaria parvifolia Koidz.=Scutellaria indica var. parvifolia
Scutellaria parvifolia var. *uvlgaris* Hara=Scutellaria indica var. parvifolia
Scutellaria pekinensis Maxim.京黄芩
Scutellaria pekinensis var. grandiflora C.Y.Wu & H.W.Li 大花京黄芩(新)
Scutellaria pekinensis var. pekinensis=Scutellaria pekinensis
Scutellaria pekinensis var. purpureicaulis (Migo) C.Y.Wu & H.W.Li 紫茎京黄芩(新)
Scutellaria pekinensis var. transitra (Makino) Hara ex Ohwi 短促京黄芩(新)
Scutellaria pekinensis var. ussuriensis (Regel) Hand.-Mazz.黄底芩
Scutellaria physocalyx Rgl. & Schmalh.囊萼黄芩
Scutellaria picta Juz.有色黄芩
Scutellaria pingbienensis C.Y.Wu & H.W.Li 屏边黄芩
Scutellaria planipes Nakai & Kitag.=Scutellaria pekinensis
Scutellaria playfairi Kudô 伏黄芩
Scutellaria playfairi var. *megalantha* S.Suzuki & Hosoki=Scutellaria playfairi
Scutellaria playfairi var. playfairi=Scutellaria playfairi
Scutellaria playfairi var. procumbens (Ohwi) C.Y.Wu & H.W.Li 少毛伏黄芩(新)
Scutellaria polyphylla Juz.多叶黄芩
Scutellaria pontica C.Kcoh 黑海黄芩
Scutellaria procumbens Ohwi=Scutellaria playfairi var. procumbens
Scutellaria procumbens var. *tomentosa* Ohwi=Scutellaria playfairi
Scutellaria prostrata Jacq.平卧黄芩
Scutellaria przewalskii Juz.深裂叶黄芩
Scutellaria pseudotenax C.Y.Wu 假韧黄芩
Scutellaria pseudotenax f. *brevipelta* C.Y.Wu ex C.Chen=Scutellaria pseudotenax
Scutellaria pseudotenax f. pseudotenax=Scutellaria pseudotenax
Scutellaria purpureocardia C.Y.Wu 紫心黄芩
Scutellaria purpureocoerulea Pax & Hoffm.=Scutellaria amoena
Scutellaria quadrilobulata Sun ex C.H.Hu 四裂花黄芩
Scutellaria quadrilobulata var. pilosa C.Y.Wu & S.Chow 硬毛黄芩(新)
Scutellaria quadrilobulata var. quadrilobulata=Scutellaria quadrilobulata
Scutellaria raddeana Juz.拉第黄芩
Scutellaria ramosissima M.Pop.多分枝黄芩
Scutellaria regeliana Nakai 狭叶黄芩
Scutellaria regeliana var. ikonnikovii (Juz.) C.Y.Wu & H.W.Li 香水水草

Scutellaria regeliana var. regeliana=Scutellaria regeliana
Scutellaria rehderiana Diels 甘肃黄芩
Scutellaria repens Ham.匍匐黄芩
Scutellaria reticulata C.Y.Wu & W.T.Wang 显脉黄芩
Scutellaria rhomboidalis Grossh.菱形黄芩
Scutellaria rivularis Wall.=Scutellaria barbata
Scutellaria salvia Lévl.=Scutellaria discolor
Scutellaria salvia Lévl.=Scutellaria disocolor
Scutellaria scandens D.Don 棱茎黄芩
Scutellaria schmidtii Kudô =Scutellaria strigillosa
Scutellaria sciaphila S.Moore 喜荫黄芩
Scutellaria scordifolia Fisch. ex Schrank 并头黄芩
Scutellaria scordifolia f. *glabrescens* Franch.=Scutellaria scordifolia
Scutellaria scordifolia f. *pubescens* Diels ex Rehd. & Kobuski=Scutellaria scordifolia var. villosissima
Scutellaria scordifolia var. ammophila (Kitag.) C.Y.Wu & W.T.Wang 喜沙黄芩(新)
Scutellaria scordifolia var. *hirta* Fr.Schmidt=Scutellaria strigillosa
Scutellaria scordifolia var. puberula Regel ex Kom.微柔毛黄芩(新)
Scutellaria scordifolia var. scordifolia=Scutellaria scordifolia
Scutellaria scordifolia var. *subglabra* Kom.=Scutellaria scordifolia
Scutellaria scordifolia var. *subglabra* f. *ammophila* Kitag.=Scutellaria scordifolia var. ammophila
Scutellaria scordifolia var. villosissima C.Y.Wu & W.T.Wang 多毛并头黄芩(新)
Scutellaria scordifolia var. wulingshanensis (Nakai & Kitag.) C.Y.Wu & W.T.Wang 雾灵山黄芩(新)
Scutellaria sessilifolia Hemsl.石蜈蚣草
Scutellaria sessilifolia f. *ramiflora* C.Y.Wu & S.Chow=Scutellaria sessilifolia
Scutellaria sessilifolia f. sessilifolia=Scutellaria sessilifolia
Scutellaria sessilifolia f. *terminalis* C.Y.Wu & S.Chow=Scutellaria sessilifolia
Scutellaria sessilifolia var. *delavayi* (Lévl.) Doan=Scutellaria delavayi
Scutellaria sevanensis Sosn.劲直黄芩
Scutellaria shansiensis C.Y.Wu & H.W.Li 山西黄芩
Scutellaria shikokiana Mak.日本黄芩
Scutellaria shwelliensis W.W.Sm.瑞丽黄芩
Scutellaria sichourensis C.Y.Wu & H.W.Li 西畴黄芩
Scutellaria sieversii Bge.宽苞黄芩
Scutellaria simplex Migo=Scutellaria laeteviolacea
Scutellaria soongorica Juzep.=Scutellaria sieversii
Scutellaria soongorica var. *grandiflora* C.Y.Wu & H.W.Li=Scutellaria sieversii
Scutellaria soongorica var. *soongorica* Juzep.=Scutellaria sieversii
Scutellaria sp. aff. *taylorianae* Hand.-Mazz.=Scutellaria teniana
Scutellaria sp. Dunn=Scutellaria obtusifolia var. trinervata
Scutellaria spectabilis Pax & Hoffm.白花黄芩
Scutellaria squarrosa Nevski 粗糙黄芩
Scutellaria stenosiphon Hemsl.狭管黄芩
Scutellaria stevenii Juz.斯太温黄芩
Scutellaria striatella Gontsch.条纹黄芩
Scutellaria strigillosa Hemsl.沙滩黄芩
Scutellaria subcaespitosa Pavl.珊广黄芩
Scutellaria subintegra C.Y.Wu & H.W.Li 两广黄芩
Scutellaria supina L.仰卧黄芩
Scutellaria taiwanensis C.Y.Wu 台湾黄芩
Scutellaria tapintzeensis C.Y.Wu etH.W.Li 大坪子黄芩
Scutellaria taquetii Lévl.Vaniot=Scutellaria strigillosa
Scutellaria tashiroi Hay.=Scutellaria indica
Scutellaria tatianae Juz.塔天黄芩
Scutellaria taurica Juz.西伯利亚黄芩
Scutellaria tayloriana Dunn (Hand.-Mazz.in Symb.Sin.1936)=Scutellaria teniana
Scutellaria tayloriana Dunn=Scutellaria discolor var. hirta
Scutellaria tayloriana Dunn 偏花黄芩
Scutellaria tayloriana var. *polytricha* Hand.-Mazz.=Scutellaria tayloriana
Scutellaria tenax W.W.Sm.韧黄芩
Scutellaria tenax var. patentipilosa (Hand.-Mazz.) C.Y.Wu 展毛韧黄芩(新)
Scutellaria tenax var. tenax=Scutellaria tenax
Scutellaria tenera C.Y.Wu & H.W.Li 柔弱黄芩
Scutellaria teniana Hand.-Mazz.大姚黄芩
Scutellaria tenuiflora C.Y.Wu 细花黄芩
Scutellaria tibetica C.Y.Wu & H.W.Li=Scutellaria kingiana
Scutellaria tienchüanensis C.Y.Wu & C.Chen 天全黄芩
Scutellaria titovii Juz.梯托黄芩
Scutellaria tournefortii Benth.土奈佛特黄芩
Scutellaria transiliensis Juzep.=Scutellaria sieversii
Scutellaria transitra Makino=Scutellaria pekinensis var. transitra
Scutellaria transitra var. *ussuriensis* (Regel) Hara=Scutellaria pekinensis var. ussuriensis
Scutellaria trinervata Vaniot=Scutellaria obtusifolia var. trinervata
Scutellaria tschimganica Juzep.=Scutellaria supina
Scutellaria tsinyunensis C.Y.Wu & S.Chow 缙云黄芩
Scutellaria tuberifera C.Y.Wu & C.Chen 假活血草
Scutellaria tuberosa Benth.(Vaniot in Bull.Acad.Géogr.Bot.1904)=Scutellaria amoena
Scutellaria tuminensis Nakai 图们黄芩
Scutellaria turgaica Juz.图尔盖黄芩
Scutellaria tuvensis Juz.图文黄芩
Scutellaria urticifolia C.Y.Wu & et H.W.Li=Scutellaria yangiensis
Scutellaria ussuriensis (Regel) Kudô =Scutellaria pekinensis var. ussuriensis
Scutellaria ussuriensis var. *transitra* (Makino) Nakai=Scutellaria pekinensis var. transitra
Scutellaria ussuriensis var. *typica* Nakai=Scutellaria pekinensis var. ussuriensis
Scutellaria ussuriensis var. *typica* f. *humilis* Kudô =Scutellaria laeteviolacea
Scutellaria vaniotiana Lévl. ex Dunn=Scutellaria obtusifolia var. trinervata
Scutellaria verna Bess.春天黄芩
Scutellaria veronicifolia Lévl.=Scutellaria tenax
Scutellaria veronicifolia var. *patentipilosa* Hand.-Mazz.=Scutellaria tenax var. patentipilosa
Scutellaria villosissima Gontsch.长柔毛黄芩
Scutellaria violacea Heyne ex Benth.(Hemsl.in J.L.Soc.Bot.1890)=Scutellaria indica
Scutellaria violacea Heyne 堇色黄芩
Scutellaria violacea var. sikkimensis HK.f.紫苏叶黄芩
Scutellaria viscidula Bge.粘毛黄芩
Scutellaria weishanensis C.Y.Wu & H.W.Li 巍山黄芩
Scutellaria wenshanensis C.Y.Wu & H.W.Li 文山黄芩
Scutellaria wongkei Dunn 南粤黄芩
Scutellaria woronowii Juz.沃罗诺黄芩
Scutellaria wulingshanensis Nakai & Kitag.=Scutellaria scordifolia var. wulingshanensis
Scutellaria yangiensis H.W.Li 荨麻叶黄芩
Scutellaria yingtakensis Sun 英德黄芩
Scutellaria yunnanensis Lévl.红茎黄芩
Scutellaria yunnanensis var. cuneata C.Y.Wu & W.T.Wang 楔叶红茎黄芩(新)
Scutellaria yunnanensis var. salicifolia Sun ex C.H.Hu 血沟丹
Scutellaria yunnanensis var. *subsessilifolia* Sun ex C.H.Hu=Scutellaria tsinyunensis
Scutellaria yunnanensis var. yunnanensis=Scutellaria yunnanensis
Scutia Comm. ex Brongn.**对刺藤属**(鼠李科)
Scutia circumscissa (L.f.) Radlk.印度对刺藤
Scutia eberhardtii Tard.对刺藤
Scutula Lour.=**Memecylon**
Scutula scutellata Lour.=Memecylon scutellatum
Scyphellandra Thw.**鳞隔堇属**(堇菜科)
Scyphellandra pierrei H.de Boiss.鳞隔堇
Scyphiphora Gaertn.f.**瓶花木属**(茜草科)
Scyphiphora hydrophyllacea Gaertn.f.瓶花木
Scypholepia hookeriana J.Sm.=Microlepia hookeriana
Scyphularia Fee **杯盖蕨属**(骨碎补科)
Scyphularia pentaphylla (Bl. Fee 杯盖蕨
Scytalia rubra Roxb.=Aphania rubra
Scytopteris C.Presl=**Pyrrosia**
Sczukinia Turcz.=**Swertia**

Sczukinia diluta Turcz.=Swertia diluta
Searsia F.A.Barkl.=**Terminthia**
Sebaea Soland. ex R.Br.**小黄管属**(龙胆科)
Sebaea khasiana C.B.Clarke=Sebaea microphylla
Sebaea microphylla (Edgew.) Knobl.小黄管
Sebaea ovata (Labill.) R.Br.卵叶小黄管
Sebastiania Spreng. **地杨桃属**(大戟科)
Sebastiania chamaelea (L.) Muell.Arg.地杨桃
Sebastiania chamaelea var. *asperococca* (F.V.Muell.) Pax & Hoffm.=Sebastiania chamaelea
Sebifera glutinosa Lour.=Litsea glutinosa
Secale L.**黑麦属**(禾本科)
Secale cereale L.黑麦
Secale cereale var. multicaule Metzg.多茎黑麦
Secale fragile Bieb.=Secale sylvestre
Secale montanum Guss.山黑麦
Secale orientale L.=Eremopyrum orientale
Secale sylvestre Host 野黑麦
Secamone R.Br.**鲫鱼藤属**(萝藦科)
Secamone bonii Cost.斑皮鲫鱼藤
Secamone elliptica R.Br.鲫鱼藤
Secamone elliptica subsp. *minutiflora* (Woods.) Klack.=Secamone minutiflora
Secamone esquirolii Schltr. ex Lévl.=Secamone sinica
Secamone ferruginea Pierre 锈毛鲫鱼藤
Secamone lanceolata Bl.= Secamone elliptica
Secamone likiangensis Tsiang 丽江鲫鱼藤
Secamone micrantha Decne.= Secamone elliptica
Secamone minutiflora (Woods.) Tsiang 催吐鲫鱼藤
Secamone sinica Hand.-Mazz.吊山桃
Secamone szechuanensis Tsiang & P.T.Li= Secamone minutiflora
Secamone villosa Bl.=Toxocarpus villosus
Secamone wightiana K.Schum.=Toxocarpus wightianus
Sechium P.browne **佛手瓜属**(葫芦科)
Sechium edule (Jacq.) Swartz 佛手瓜
Securidaca L.**蝉翼藤属**(远志科)
Securidaca inappendiculata Hassk.蝉翼藤
Securidaca tavoyana Wall.=Securidaca inappendiculata
Securidaca yaoshanensis Hao 瑶山蝉翼藤
Securinega acicularis Croiz.=Flueggea acicularis
Securinega fluggeoides (Muell.Arg.=Flueggea suffruticosa
Securinega leucopyra (Willd.) Muell.Arg.=Flueggea leucopyra
Securinega multiflora S.B.Liang=Flueggea virosa
Securinega obovata (Willd.) Muell.Arg.=Flueggea virosa
Securinega ramiflora (Ait.) Muell.Arg.=Flueggea suffruticosa
Securinega sect. *Fluggea* Mueel.Arg.=**Flueggea**
Securinega suffruticosa (Pall.) Rehd.=Flueggea suffruticosa
Securinega virosa (Roxb. ex Willd.) Baill.=Flueggea virosa
Sedirea Garay & Sweet **萼脊兰属**(兰科)
Sedirea japonica (Linden & Rchb.f.) Garay & Sweet 萼脊兰
Sedirea subparishii (Z.H.Tsi) Christenson 短茎萼脊兰
Sedum L.(p.p.)=**Hylotelephium**
Sedum L.**景天属**(景天科)
Sedum acre L.苔景天
Sedum actinocarpum Yamamoto 星果佛甲草?
Sedum affine (Schrenk) Hamet=Pseudosedum affine
Sedum aizoon L.=Phedimus aizoon
Sedum aizoon f. aizoon=Phedimus aizoon
Sedum aizoon f. *angustifolium* Franch.=Phedimus aizoon var. yamatutae
Sedum aizoon f. *glaberrimum* (Kitag) Kitag.=Phedimus aizoon
Sedum aizoon subsp. *kamtschaticum* (Fisch.) Fröd.=Phedimus kamtschaticus
Sedum aizoon subsp. *middendorffianum* (Maxim.) Fröd.=Phedimus middendorffianus
Sedum aizoon subsp. *selskianum* (Rgl. & Maack) Frod.=Phedimus selskianus
Sedum aizoon var. aizoon=Phedimus aizoon
Sedum aizoon var. *angustifolium* (Franch.) Chu=Sedum aizoon.f. angustifolium
Sedum aizoon var. *austromanshuricum* (Nakai & Kitag.) Kitag.=Phedimus aizoon var. latifolius
Sedum aizoon var. *floribundum* Nakai=Phedimus aizoon
Sedum aizoon var. *glabrifolium* (Kitag.) Kitag.=Phedimus aizoon
Sedum aizoon var. *latifolium* Maxim.=Phedimus aizoon var. latifolius
Sedum aizoon var. *scabrum* Maxim.=Phedimus aizoon var. scabrus
Sedum aizoon var. *yamatutai* Kitag.=Phedimus aizoon var. yunnatutae
Sedum albertii Rgl.=Pseudosedum affine
Sedum albiflorum (Maxim.) Maxim. ex Kom & Klob-Alis.=Hylotelephium pallescens
Sedum alboroseum Baker=Hylotelephium erythrostictum
Sedum album L.土三七
Sedum alfredii Hance 东南景天
Sedum alfredii var. *bulbiferum* (Makino) Fröd.=Sedum bulbiferum
Sedum alfredii var. *makinoi* (Maxim.) Fröd.=Sedum makinoi
Sedum algidum var. *tanguticum* Maxim.=Rhodiola tangutica
Sedum aliciae (Hamet) Hamet=Orostachys alicae
Sedum aliciae var. *komarovii* Hamet=Orostachys alicae
Sedum almae Fröd.=Hylotelephium tatarinowii var. integrifolium
Sedum alsium Fröd.=Rhodiola alsia
Sedum ambiguum Praeg.=Sinocrassula ambigua
Sedum amplibracteatum K.T.Fu=Sedum oligospermum
Sedum amplibracteatum var. amplibracteatum=Sedum oligospermum
Sedum amplibracteatum var. *emarginatum* (S.H.Fu) S.H.Fu=Sedum oligospermum
Sedum angustifolium Z.B.Hu & X.L.Huang=Sedum sarmentosum
Sedum angustipetalum Fröd.=Sedum dielsii
Sedum angustum Maxim.=Hylotelephium angustum
Sedum anhuiense S.H.Fu & X.W.Wang=Sedum lineare
Sedum anthoxanthum Fröd.=Sedum perrotii
Sedum aporonticum Fröd.=Rhodiola atuntsuensis
Sedum arisanense Yamamoto=Sedum erythrospermum?
Sedum atropurpureum Turcz.=Rhodiola rosea
Sedum atsaense Fröd.=Rhodiola atsaensis?
Sedum atuntsuense Praeg.=Rhodiola atuntsuensis
Sedum austromanshuricum Nakai & Kitag.=Phedimus aizoon var. latifolius
Sedum baileyi Praeg.对叶景天
Sedum balfourii Raym.-Hamet=Ohbaea balfourii
Sedum banlanense Limpr.f.=Ohbaea balfourii
Sedum barbeyi Hamet 离瓣景天
Sedum barnesianum Praeg.=Rhodiola humilis
Sedum beauverdii Hamet 短尖景天
Sedum bergeri Hamet 长丝景天
Sedum bhutanense Praeg.=Rhodiola bupleuroides
Sedum bhutanicum Praeg.=Rhodiola bupleuroides
Sedum blepharophyllum Fröd.繸叶景天
Sedum bodinieri Lévl. & Vant.=Sedum stellariifolium
Sedum bonnafousii Hamet=Hylotelephium bonnafousii
Sedum bonnieri Hamet 城口景天
Sedum brachyrhinchum Yamamoto=Sedum erythrospermum?
Sedum brachystylum Fröd.=Rhodiola coccinea subsp. scabrida
Sedum bracteatum Diels=Sedum oligospermum
Sedum bracteatum var. *emarginatum* S.H.Fu=Sedum oligospermum
Sedum brevipetiolatum Fröd.=Rhodiola atuntsuensis
Sedum bulbiferum Makino 珠芽景天
Sedum bupleuroides Wall.=Rhodiola bupleuroides
Sedum bupleuroides var. *discolor* (Franch.) Fröd.=Rhodiola discolor
Sedum bupleuroides var. *purpureoviride* (Praeg.) Fröd.=Rhodiola purpureoviridis
Sedum bupleuroides var. *rotundatum* (Hemsl.) Fröd.=Rhodiola crenulata
Sedum caerulans Lévl. & Vant.=Rhodiola kirilowii
Sedum callianthum H.Ohba=Rhodiola calliantha
Sedum cavaleriei Lévl.=Sinocrassula indica
Sedum cavaleriense Lévl.=Sinocrassula indica
Sedum celatum Fröd.隐匿景天
Sedum celatum f. *calcaratum* K.T.Fu=Sedum celatum
Sedum celiae Hamet 镰座景天
Sedum chanetii Lévl.=Orostachys chanetii
Sedum chauveaudii Hamet 轮叶景天
Sedum chauveaudii var. chauveaudii=Sedum chauveaudii
Sedum chauveaudii var. margaritae (Hamet) Fröd.互生叶景天
Sedum chingtungense K.T.Fu 景东景天
Sedum chrysanthemifolium Lévl.=Rhodiola chrysanthemifolia
Sedum chrysastrum Hance=Sedum japonicum
Sedum chuhsingense K.T.Fu 楚雄景天
Sedum chumbicum Prain ex Hamet=Rhodiola smithii

Sedum coccineum Royle=Rhodiola quadrifida
Sedum concarpum Fröd.合果景天
Sedum concarpum var. *hupehense* S.H.Fu=Sedum concarpum
Sedum concinnum Praeg.=Rhodiola atuntsuensis
Sedum cooperi Praeg.=Rhodiola bupleuroides
Sedum correptum Fröd.单花景天
Sedum costantinii Hamet 三裂距景天
Sedum crassipes Wall.=Rhodiola wallichiana
Sedum crassipes var. *cholaense* Praeg.=Rhodiola wallichiana var. cholaensis
Sedum crassipes var. *cretinii* (Hamet) Fröd.=Rhodiola cretinii
Sedum crassipes var. *stephanii* (Cham.) Fröd.=Rhodiola stephanii
Sedum crenulatum HK.f. & Thoms.=Rhodiola crenulata
Sedum cretinii Hamet=Rhodiola cretinii
Sedum cryptomeriodes Bartlet & Yamamoto 杉叶佛甲草
Sedum cryptomerioides Bartlet & Yamamoto=Sedum morrisonense
Sedum daigremontianum Hamet 啮瓣景天
Sedum daigremontianum var. daigremontianum=Sedum daigremontianum
Sedum daigremontianum var. macdrosepalum Fröd.大萼啮瓣景天
Sedum definitum H.Lévl.=Hylotelephium tatarinowii
Sedum definitum Lévl.的确景天?
Sedum didymocalyx Fröd.双萼景天
Sedum dielsianum Limpr.f.=Rhodiola chrysanthemifolia
Sedum dielsii Hamet 乳瓣景天
Sedum dimorphophyllum K.T.Fu & G.Y.Rao 二型叶景天
Sedum discolor Franch.=Rhodiola discolor
Sedum dolosum K.T.Fu=Sedum multicaule
Sedum dolosum K.T.Fu 惑景天
Sedum dongzhiense D.Q.Wang & Y.L.Shi 东至景天
Sedum doratocarpum Fröd.=Rhodiola fastigiata
Sedum Droseum var. *atropurpureum* (Turcz.) Praeg.=Rhodiola rosea
Sedum drymarioides Hance (Hance in Jour.Bot.1871)=Sedum stellariifolium
Sedum drymarioides Hance 大叶火焰草
Sedum drymarioides var. *genuinum* Hamet=Sedum drymarioides
Sedum drymarioides var. *stellariaefolium* (Franch.) Hamet=Sedum stellariifolium
Sedum dubium O.Pauls.=Rhodiola gelida
Sedum dugueyi Mamet 藓茎景天
Sedum dumulosum Franch.=Rhodiola dumulosa
Sedum dumulosum var. *rendleri* (Hamet) Fröd.=Rhodiola dumulosa
Sedum durisii Hamet=Rosularia alpestris
Sedum elatinoides Franch.细叶景天
Sedum ellacombianum Praeg.(高等图鉴 1972)=Phedimus aizoon var. latifolius
Sedum elongatum Ledeb.(Kitag.Lineam.Fl.Mansh.1939)=Rhodiola sachalinensis
Sedum elongatum Ledeb.=Rhodiola rosea
Sedum elongatum Wall.=Rhodiola bupleuroides
Sedum emarginatum Migo 凹叶景天
Sedum engleri Hamet 粗壮景天
Sedum engleri var. dentatum S.H.Fu 远齿粗壮景天
Sedum engleri var. engleri=Sedum engleri
Sedum engleri var. *forrestii* Hamet=Sedum engleri
Sedum erici-magnusii Fröd.大炮山景天
Sedum erici-magnusii subsp. chilianense K.T.Fu 祈连山景天
Sedum erici-magnusii subsp. erici-magnusii=Sedum erici-magnusii
Sedum erici-magnusii var. erici-magnusii=Sedum erici-magnusii
Sedum erici-magnusii var. *subalpinum* Fröd.=Sedum erici-magnusii
Sedum erubescens (Maxim.) Ohwi=Orostachys spinosa
Sedum erythrospermum Hay.红子佛甲草?
Sedum erythrostictum Miq.=Hylotelephium erythrostictum
Sedum esquirolii Lévl.=Sedum stellariifolium
Sedum eupatorioides (Kom.) Kom.=Hylotelephium pallescens
Sedum eurycarpa Fröd.=Rhodiola macrocarpa
Sedum euryphyllum Fröd.=Rhodiola crenulata
Sedum ewersii Ledeb.=Hylotelephium ewersii
Sedum fabaria var. *mongolica* Franch.=Hylotelephium mongolicum?
Sedum farreri W.W.Sm.=Rhodiola dumulosa
Sedum fastigiatum HK.f. & Thoms.=Rhodiola fastigiata
Sedum feddei Hamet 折多景天
Sedum fedtschenkoi Hamet 尖叶景天
Sedum fenzelii Fröd.=Rhodiola angusta
Sedum filipes Hemsl.(H.Ohba in Enum.Flower.Pl.Nepal 1979)=Sedum major
Sedum filipes Hemsl.小山飘风
Sedum filipes var. *major* Hemsl.=Sedum major
Sedum fimbriatum (Turcz.) Franch=Orostachys fimbriatus
Sedum fimbriatum var. *chanetii* (Lévl.) Fröd.=Orostachys chanetii
Sedum fimbriatum var. *genuinum* Fröd.=Orostachys fimbriatus
Sedum fimbriatum var. *ramosissimum* (Maxim.) Fröd.=Orostachys fimbriatus
Sedum fischeri Hamet 小景天
Sedum floriferum Praeg.=Phedimus floriferus
Sedum formosanum N.E.Br.=Sedum alfredii
Sedum formosanum N.E.Br.台湾佛甲草
Sedum forrestii Hamet 川滇景天
Sedum franchetii Grande 细叶山景天
Sedum fui Rowley 宽叶景天
Sedum fui var. fui=Sedum fui
Sedum fui var. longisepalum (K.T.Fu) S.H.Fu 长萼宽叶景天
Sedum gagei Hamet 锡金景天
Sedum gelidum (Schrenk.) Kar. & Kir.=Rhodiola gelida
Sedum giajai Hamet 柔毛景天
Sedum glaciale Franch.=Sedum sinoglaciale
Sedum glaebosum Fröd.道孚景天
Sedum gorisii Raym.-Hamet=Rhodiola bupleuroides
Sedum grammophyllum Fröd.禾叶景天
Sedum hakonense Makino 本州景天
Sedum hametianum Lévl.=Sedum stevenianum?
Sedum hangzhouense K.T.Fu & G.Y.Rao 杭州景天
Sedum heckelii Hamet 巴塘景天
Sedum hengduanense K.T.Fu 横断山景天
Sedum henrici-robertii Hamet 山岭景天
Sedum henryi Diels=Rhodiola yunnanensis
Sedum heterodontum HK.f. & Thoms.=Rhodiola heterodonta
Sedum himalense D.Don=Rhodiola himalensis
Sedum himalense subsp. *taohoense* (S.H.Fu) J.P.Kozh.=Rhodiola himalensis subsp. taohoensis
Sedum hobsonii Prain ex Hamet=Rhodiola hobsonii
Sedum horridum Praeg.=Rhodiola nobilis
Sedum hsinganicum C.Y.Chu ex S.H.Fu & Y.H.Huang=Phedimus hsinganicus
Sedum humile HK.f. & Thoms.=Rhodiola humilis
Sedum hybridum L.=Phedimus hybridus
Sedum incicum var. *longistylum* (Praeg.) Fröd.=Sinocrassula longistyla
Sedum indicum (Decne.) Hamet=Sinocrassula indica
Sedum indicum var. *ambiguum* (Praeg.) Hamet=Sinocrassula ambigua
Sedum indicum var. *densirosulatum* Praeg.=Sinocrassula densirosulata
Sedum indicum var. *forrestii* Hamet=Sinocrassula indica var. forrestii
Sedum indicum var. *genuinum* Hamet=Sinocrassula indica
Sedum indicum var. *luteo-rubrum* Praeg.=Sinocrassula indica var. luteorubra
Sedum indicum var. *obtusifolium* Fröd.=Sinocrassula indica var. obtusifolia
Sedum indicum var. *serratum* Hamet=Sinocrassula indica var. serrata
Sedum indicum var. *silvaticum* Fröd.=Sinocrassula indica
Sedum indicum var. *yunnanense* (Franch.) Hamet=Sinocrassula yunnanensis
Sedum japonicum Sieb. ex Miq.日本景天
Sedum japonicum f. *rugosum* Fröd.=Sedum wenchuanense
Sedum jinianum X.H.Guo=Sedum bulbiferum
Sedum jiulungshanense Y.C.Ho 九龙山景天
Sedum juparense Fröd.=Rhodiola coccinea
Sedum kamtschaticum Fisch. & C.A.Mey.=Phedimus kamtschaticus
Sedum karpelesae Hamet=Rhodiola humilis
Sedum kiangnanense D.Q.Wang & Z.F.Wu 江南景天
Sedum kirilowii Rgl.=Rhodiola kirilowii
Sedum kirilowii var. *altum* Fröd.=Rhodiola kirilowii
Sedum kirilowii var. *linifolium* Rgl. & Schmalh.=Rhodiola kirilowii
Sedum kirilowii var. *rubrum* Hort. ex Praeg.=Rhodiola kirilowii
Sedum komarovii (A.Bor.) Chu=Rhodiola angusta
Sedum kouyangense Lévl. & Vant.=Sedum sarmentosum
Sedum labordei Lévl. & Vatn.=Hylotelephium erythrostictum
Sedum latentibulbosum K.T.Fu & G.Y.Rao 潜茎景天
Sedum leblancae Hamet 钝叶景天

Sedum leblancae var. *dielsii* (Hamet) Fröd.=Sedum dielsii
Sedum leblancae var. *torquatum* Fröd.=Sedum tsiangii var. torquatum
Sedum leptophyllum Fröd.薄叶景天
Sedum leucocarpum Franch.白果景天
Sedum levii Raym.-Hamet=Rhodiola humilis
Sedum liciae Hamet=Rhodiola liciae
Sedum lievenii (Ledeb.) Hamet=Pseudosedum lievenii
Sedum likiangense Fröd.=Rhodiola coccinea subsp. scabrida
Sedum limuloides Praeg.=Orostachys fimbriatus
Sedum lineare Thunb.佛甲草
Sedum linearifolijm var. *forrestii* (Hamet) Hamet=Rhodiola chrysanthemifolia
Sedum linearifolium var. *balfouri* (Hamet) Hamet=Rhodiola chrysanthemifolia
Sedum linearifolium var. *dielsianum* (Limpr.f.) Hamet=Rhodiola chrysanthemifolia
Sedum linearifolium var. *ovatisepalum* Hamet=Rhodiola ovatisepala
Sedum linearifolium var. *sacrum* (Prain ex Hamet) Hamet=Rhodiola sacra
Sedum linearifolium var. *sinuatum* (Royle ex Edgew.) Hamet=Rhodiola sinuata
Sedum linearifolium var. *tieghemii* (Hamet) Hamet=Rhodiola tieghemii
Sedum longicaule Praeg.=Rhodiola kirilowii
Sedum longifuniculatum K.T.Fu 长珠景天
Sedum longistylum Praeg.=Sinocrassula longistyla
Sedum longyanense K.T.Fu 浪岩景天
Sedum luchuanicum K.T.Fu 禄劝景天
Sedum lungtsuanense S.H.Fu 龙泉景天
Sedum lutzii Hamet 康定景天
Sedum lutzii var. lutzii=Sedum lutzii
Sedum lutzii var. viridiflavum K.T.Fu 黄绿景天
Sedum macrocarpum Praeg.=Rhodiola macrocarpa
Sedum macrolepis Franch.=Rhodiola kirilowii
Sedum magniflorum K.T.Fu 大花景天
Sedum mairei Praeg.=Sedum somenii
Sedum major (Hemsl.) Migo 山飘风
Sedum makinoi Maxim.圆叶景天
Sedum makinoi var. *emarginatum* (Migo) S.H.Fu=Sedum emarginatum
Sedum malacophyllum (Pall.) Steud.=Orostachys malacophyllus
Sedum marganianum E.Walth.裴翠景天
Sedum margaritae Hamet=Sedum chauveaudii var. margaritae
Sedum martinii Lévl.=Sinocrassula indica
Sedum megalanthum Fröd.=Rhodiola crenulata
Sedum megalophyllum Fröd.=Rhodiola crenulata
Sedum mekongense Praeg.=Sedum multicaule
Sedum microsepalum Hay.小萼佛甲草?
Sedum middendorffianum Maxim.=Phedimus middendorffianus
Sedum middendorffianum var. *diffusum* Praeg.=Phedimus middendorffianus
Sedum mingjinianum S.H.Fu=Hylotelephium mingjinianum
Sedum mokoense Yamamoto 能高佛甲草
Sedum morotii Hamet 倒卵叶景天
Sedum morotii var. morotii=Sedum morotii
Sedum morotii var. pinoyi (Hamet) Fröd.小倒卵叶景天
Sedum morrisonense Hay.玉山佛甲草
Sedum mosoynense Franch.=Sedum obtusipetalum
Sedum mossii Hamet=Ohbaea balfourii
Sedum multicaule Wall.多茎景天
Sedum multicaule subsp. multicaule=Sedum multicaule
Sedum multicaule subsp. rugosum K.T.Fu 皱茎景天
Sedum muyaicum K.T.Fu 木雅景天
Sedum nanchuanense K.T.Fu & G.Y.Rao 金佛山景天
Sedum nobile Franch.=Rhodiola nobilis
Sedum nokoense Yamamoto 能高佛甲草?
Sedum nothodugueyi K.T.Fu 距萼景天
Sedum obtrullatum K.T.Fu 铲瓣景天
Sedum obtusipetalum Franch.钝瓣景天
Sedum obtusipetalum subsp. *danyanum* H.Ohba=Sedum obtusipetalum
Sedum obtuso-lineare Hay.=Sedum lineare
Sedum odontophyllum Fröd.=Phedimus odontophyllus
Sedum ohbae J.P.Kozh.=Rhodiola angusta
Sedum olgae Rgl. & Schmalh. ex Rgl.=Rosularia alpestris
Sedum oligocarpum Fröd.少果景天
Sedum oligospermum Maire 大苞景天
Sedum onychopetalum Fröd.爪瓣景天
Sedum oreades (Decne.) Hamet 山景天
Sedum orichalcum W.W.Sm.=Ohbaea balfourii
Sedum ovatisepalum (Hamet) H.Ohba=Rhodiola ovatisepala
Sedum pagetodes Fröd.寒地景天
Sedum pallescens Freyn=Hylotelephium pallescens
Sedum pamiroalaicum (Borissova) C.-A.Jans.=Rhodiola pamiroalaica
Sedum pampaninii Hamet 秦岭景天
Sedum paoshingense (S.H.Fu) H.Ohba=Sinocrassula indica var. luteorubra
Sedum paracelatum Fröd.敏感景天
Sedum parvisepalum Yamamoto=Sedum microsepalum?
Sedum parvisepalum Yamamoto 尖萼佛甲草
Sedum pekinense H.Lévl. & Vant.=Hylotelephium tatarinowii var. integrifolium
Sedum perrotii Hamet 甘肃景天
Sedum petiolata Fröd.=Rhodiola prainii
Sedum phariense H.Ohba=Rhodiola phariensis
Sedum phyllanthum Lévl. & Vant.叶花景天?
Sedum piloshanense Fröd.=Sedum oreades
Sedum pinnatifidum (Borissova) J.P.Kozh.=Rhodiola pinnatifida
Sedum pinoyi Hamet=Sedum morotii var. pinoyi
Sedum planifolium K.T.Fu 平叶景天
Sedum plathsepalum Franch.宽萼景天
Sedum platyphyllum S.H.Fu=Sedum fui
Sedum platyphyllum var. *longisepalum* K.T.Fu=Sedum fui var. longisepalum
Sedum platyphyllum var. *platyphyllum* K.T.Fu=Sedum fui
Sedum pleurogynanthum Hand.-Mazz.=Rhodiola primuloides
Sedum polytrichoides Hemsl.藓状景天
Sedum praegerianum W.W.Sm.=Rhodiola hobsonii
Sedum prainii Hamet=Rhodiola prainii
Sedum prasinopetalum Fröd.绿瓣景天
Sedum pratoalpinum Fröd.牧山景天
Sedum primuloides Franch.=Rhodiola primuloides
Sedum primuloides var. *pleurogynanthum* (Hand.-Mazz.) Fröd.=Rhodiola primuloides
Sedum progressum Diels=Rhodiola macrocarpa
Sedum przewalskii Maxim.高原景天
Sedum pseudoaizoon Debeaux=Phedimus aizoon
Sedum pseudospectabile Praeg.=Hylotelephium pseudospectabile
Sedum purdomii W.W.Sm.裂鳞景天
Sedum purpureoviride Praeg.=Rhodiola purpureoviridis
Sedum purpureum (L.) Schult.=Hylotelephium triphyllum
Sedum pyramidale Praeg.=Orostachys chanetii
Sedum quadrifidum Pall.=Rhodiola quadrifida
Sedum quadrifidum var. *coccineum* (Royle) HK.f. & Thoms.=Rhodiola quadrifida
Sedum quadrifidum var. *fastigiatum* (HK.f. & Thoms.) Fröd.=Rhodiola fastigiata
Sedum quadrifidum var. *himalense* (D.Don) Fröd.=Rhodiola himalensis
Sedum quadrifidum var. *tibeticum* (HK.f. & Thoms.) Fröd.=Rhodiola tibetica
Sedum quaternatum Praeg.=Sedum phyllanthum
Sedum ramentaceum K.T.Fu 糠秕景天
Sedum ramosissimum (Maxim.) Franch.=Orostachys fimbriatus
Sedum rariflroum N.E.Br.=Rhodiola dumulosa
Sedum raymondii Fröd.膨果景天
Sedum recticaule (Borissova) Wend.=Rhodiola recticaulis
Sedum rendleri Hamet=Rhodiola dumulosa
Sedum rhodiola DC.=Rhodiola rosea
Sedum rhodiola var. *atropurpureum* (Turcz.) Maxim.=Rhodiola rosea
Sedum rhodiola var. *linifolia* Hort. ex Rgl.=Rhodiola kirilowii
Sedum roborowskii Maxim.阔叶景天
Sedum robustum Praeg.=Rhodiola kirilowii
Sedum rosei Hamet 川西景天
Sedum rosei var. *brevistamineum* Fröd.=Sedum rosei
Sedum rosei var. magniflorum Fröd.大花川西景天
Sedum rosei var. rosei=Sedum rosei
Sedum roseum (L.) Scop.=Rhodiola rosea
Sedum roseum Stev.=Sedum stevenianum?
Sedum roseum var. *heterodontum* (HK.f. & Thoms.) Fedtsch. ex Fröd.=

Rhodiola heterodonta
Sedum roseum var. *microphyllum* Fröd.=Rhodiola rosea var. microphylla
Sedum roseum var. *sino-alpinum* Fröd.=Rhodiola cretinii subsp. sino-alpina
Sedum roseum var. *tschangbai-shcanicum* Bar.Skv. & Chu=Rhodiola angusta
Sedum rosthornianum Diels 南川景天
Sedum rotundatum Hemsl.=Rhodiola crenulata
Sedum rotundatum var. *oblongum* Marq. & Shaw=Rhodiola crenulata
Sedum sachalinense (A.Bor.) Vorosh.=Rhodiola sachalinensis
Sedum sacrum Prain ex Hamet=Rhodiola sacra
Sedum sagittipetalum Fröd.箭瓣景天
Sedum sangpotibetanum Fröd.=Rhodiola smithii
Sedum sarmentosum Bge.垂盆草
Sedum sarmentosum f. *major* Diels=Sedum sarmentosum
Sedum sasakii Hay.=Sedum uniflorum?
Sedum scabridum Franch.=Rhodiola coccinea subsp. scabrida
Sedum scallanii Diels=Sinocrassula indica
Sedum scallanii var. *majus* Pamp.=Sinocrassula indica
Sedum schlagintweitii Fröd.=Rosularia alpestris
Sedum schoenlandii Hamet=Kungia schoenlandii
Sedum schrenkii Fröd.=Pseudosedum affine
Sedum sect. *Asiatica* genuiana *Orthocarpa* group *Umbilicoides* Fröd.=**Rosularia**
Sedum sect. *Asiatica* genuina *Orthocarpia* group *Orostachys* (DC.) Fröd.=**Orostachys**
Sedum sect. *Giraldiana* Diels=**Sinocrassula**
Sedum sect. *Rhodiola* (L.) Scop.=**Rhodiola**
Sedum sect. *Telephium* S.F.Gray=**Hylotelephium**
Sedum sekiteiense Yamamoto 石碇佛甲草?
Sedum selskianum Rgl. & Maack=Phedimus selskianus
Sedum selskianum var. *glaberrimum* Kitag.=Phedimus aizoon
Sedum selskianum var. *glabrifolium* Kitag.=Phedimus aizoon
Sedum semenovii (Rgl. & Herd.) Masters=Rhodiola semenovii
Sedum semenovii var. *kansuensis* Fröd.=Rhodiola kansuensis?
Sedum semilunatum K.T.Fu 月座景天
Sedum serratum (H.Ohba) J.P.Kozh.=Rhodiola serrata
Sedum sheareri S.Moore=Sedum sarmentosum
Sedum sherriffii (H.Ohba) J.P.Kozh.=Rhodiola sherriffii
Sedum sieboldii Swee. ex HK.=Hylotelephium sieboldii
Sedum silvestrii Pamp.=Sedum elatinoides
Sedum sinicum Diels=Rhodiola yunnanensis
Sedum sinoglaciale K.T.Fu 冰川景天
Sedum sinuatum Royle=Rhodiola sinuata
Sedum smithii Hamet=Rhodiola smithii
Sedum somenii Hamet 邓川景天
Sedum spectabile Bor.=Hylotelephium spetabele
Sedum spectabile var. *angustifolium* Kitag.=Hylotelephium spetabele var. angustifolium
Sedum spinosum (L.) Thunb.=Orostachys spinosus
Sedum spinosum var. *thyrsiflorum* (Fisch.) Fröd.=Orostachys thyrsiflorus
Sedum stamineum O.Pauls.=Rhodiola alsia
Sedum stapfii Hamet=Rhodiola stapfii
Sedum stellariifolium Franch.繁缕叶景天
Sedum stenostachyum Fröd.=Kungia schoenlandii
Sedum stephanii Cham.=Rhodiola stephanii
Sedum stevenianum Rouy & Camus 史梯景天?
Sedum stimulosum K.T.Fu 刺毛景天
Sedum stracheyi HK.f. & Thoms.=Rhodiola tibetica
Sedum subcapitatum Hay.=Hylotelephium subcapitatum
Sedum subgaleatum K.T.Fu=Sedum susanneae
Sedum subgen. *Balfouria* H.Ohba=**Ohbaea**
Sedum subgen. *Rhodiola* (L.) H.Ohba=**Rhodiola**
Sedum suboppositum Maxim.=Rhodiola subopposita
Sedum suboppositum var. *telephioides* Maxim.=Rhodiola rosea
Sedum subtile Miq.细小景天?
Sedum susannae Hamet 方腺景天
Sedum susannae var. macrosepalum K.T.Fu 大萼方腺景天
Sedum susannae var. susannae=Sedum susannae
Sedum taiwanianum S.S.Ying=Sedum nokoense
Sedum talihsiense Fröd.=Rhodiola fastigiata
Sedum tatarinowii Maxim.=Hylotelephium tatarinowii
Sedum tatarinowii var. *integrifolium* Palib.=Hylotelephium tatarinowii var. integrifolium
Sedum techinense S.H.Fu=Sinocrassula techinensis
Sedum telephium f. *verticillatum* (L.) Fröd.=Hylotelephium verticillatum
Sedum telephium subsp. *alboroseum* (Baker) Fröd.(p.p.)=Hylotelephium erythrostictum
Sedum telephium subsp. *alboroseum* (Baker) Fröd.(p.p.)=Hylotelephium mingjinianum
Sedum telephium subsp. *angustum* (Maxim.) Fröd.=Hylotelephium angustum
Sedum telephium subsp. *purpureum* var. *orientale* Fröd.=Hylotelephium triphyllum
Sedum telephium subsp. *verticillatum* (L.) Fröd.=Hylotelephium verticillatum
Sedum telephium subsp. *viviparum* (Maxim.) Fröd.=Hylotelephium viviparum
Sedum telephium var. *albiflorum* Maxim.=Hylotelephium pallescens
Sedum telephium var. *eupatorioides* Kom.=Hylotelephium pallescens
Sedum telephium var. *kirinense* Kom.=Hylotelephium spetabele
Sedum telephium var. *pallescens* (Freyn) Kom.=Hylotelephium pallescens
Sedum telephium var. *purpureum* L.=Hylotelephium triphyllum
Sedum tenuifolium Franch.(Diels in Bot.Jahrb.1905)=Sedum pampaninii
Sedum tenuifolium Franch.=Sedum franchetii
Sedum tetractinum Fröd.四芒景天
Sedum tianmushanense Y.C.Ho & F.Chai 天目山景天
Sedum tibeticum HK.f. & Thoms.=Rhodiola tibetica
Sedum tibeticum var. *stracheyi* (HK.f. & Thoms.) Clarke=Rhodiola tibetica
Sedum tieghemii Hamet=Rhodiola tieghemii
Sedum tosaense Makino 土佐景天
Sedum tosaense subsp. *sinense* K.T.Fu & G.Y.Rao=Sedum tosaense
Sedum triactina Berger 三芒景天
Sedum triactina subsp. leptum Fröd.小三芒景天
Sedum triactina subsp. triactina=Sedum triactina
Sedum triangulosepalum T.S.Liu & N.J.Chung=Sedum microsepalum
Sedum trichospermum K.T.Fu 毛籽景天
Sedum trifidum var. *balfouri* Hamet=Rhodiola chrysanthemifolia
Sedum trifidum var. *forrestii* Hamet=Rhodiola chrysanthemifolia
Sedum triphyllum Praeg.=Sedum chauveaudii
Sedum trullipetalum HK.f. & Thoms.镘瓣景天
Sedum trullipetalum var. ciliatum Fröd.缘毛景天
Sedum trullipetalum var. *gagei* (Raym.-Hamet) H.Ohba=Sedum gagei
Sedum trullipetalum var. trullipetalum=Sedum trullipetalum
Sedum truncatistigmum T.S.Liu & N.J.Chung=Sedum microsepalum
Sedum tsiangii Fröd.安龙景天
Sedum tsiangii var. torquatum (Fröd.) K.T.Fu 珠节景天
Sedum tsiangii var. tsiangii=Sedum tsiangii
Sedum tsinghaicum K.T.Fu 青海景天
Sedum tsonanum K.T.Fu 错那景天
Sedum ulricae Fröd.甘南景天
Sedum umbilicoides Rgl.=Rosularia alpestris
Sedum uniflorum HK. & Arn.疏花佛甲草?
Sedum uniflorum subsp. *japonicum* (Sieb. ex Miq.) H.Ohba=Sedum japonicum
Sedum uniflorum subsp. *rugosum* (Fröd.) K.T.Fu=Sedum wenchuanense
Sedum uraiense Hay.=Sedum drymarioides
Sedum valerianoides Diels=Rhodiola yunnanensis
Sedum variicolor Praeg.=Sedum leucocarpum
Sedum venustum Praeg.=Rhodiola fastigiata
Sedum verticillatum (HK.f. & Thoms.) Hamet=Sedum triactina
Sedum verticillatum L.=Hylotelephium verticillatum
Sedum viscosum Praeg.=Sedum stellariifolium
Sedum viviparum Maxim.=Hylotelephium viviparum
Sedum wallichianum HK.=Rhodiola wallichiana
Sedum wallichianum var. *cretinii* (Hamet) Hara=Rhodiola cretinii
Sedum wangii S.H.Fu 德钦景天
Sedum wenchuanense S.H.Fu 汶川景天
Sedum wilsonii Fröd.兴山景天
Sedum woronowii Hamet 长萼景天
Sedum wuanum K.S.Hao=Sedum celatum
Sedum wuianum Hao(p.p.)=Sedum celatum
Sedum wulingense (Nakai) Kitag.=Rhodiola dumulosa
Sedum yantaiense Debeaux=Phedimus aizoon
Sedum yunnanense Franch.=Rhodiola yunnanensis
Sedum yunnanense var. *forrestii* Hamet=Rhodiola forrestii

Sedum yunnanense var. *henryi* (Diels) Hamet=Rhodiola yunnanensis
Sedum yunnanense var. *muliense* Fröd.=Rhodiola forrestii
Sedum yunnanense var. *oblanceolatum* Fröd.=Rhodiola forrestii
Sedum yunnanense var. *oxyphyllum* Fröd.=Rhodiola yunnanensis
Sedum yunnanense var. *papillocarpum* Fröd.=Rhodiola yunnanensis
Sedum yunnanense var. *rotundifolia* Fröd.=Rhodiola yunnanensis
Sedum yunnanense var. *strictum* Fröd.=Rhodiola forrestii
Sedum yunnanense var. *valerianoides* (Diels) Hamet=Rhodiola yunnanensis
Sedum yvesii Hamet 短蕊景天
Segnieria asiatica Lour.=Tetracera asiatica
Sehima Forssk.**沟颖草属**(禾本科)
Sehima nervosa (Rottl.) Stapf 沟颖草
Seidlia radicans (Schkuhr.) Opiz=Scirpus radicans
Selaginella Beavu.**卷柏属**(卷柏科)
Selaginella apoda (L.) Spring 草地卷柏
Selaginella apus (L.) Spring 无柄卷柏
Selaginella arenicola Underw.沙丘卷柏
Selaginella armata Bak.具刺卷柏
Selaginella biformis A.Br. 二形卷柏
Selaginella bodinereri Hieron. 大叶卷柏
Selaginella boninensis Bak.小笠卷柏
Selaginella borealis (Kaulf.) Rupr.呼玛卷柏
Selaginella braunii Bak.布朗卷柏
Selaginella brevicarpa Ching 短穗卷柏
Selaginella chrysocaulos (HK. & Grev.) Spring 匍茎卷柏
Selaginella ciliaris (Rtetz.) Spring 缘毛卷柏
Selaginella compta Hand.-Mazz.装饰卷柏
Selaginella davidii Franch.蔓生卷柏
Selaginella delicatula (Desv.) Alston 薄叶卷柏
Selaginella doederleinii Hieron.深绿卷柏
Selaginella effusa Alston 疏松卷柏
Selaginella helferi Warburg.铺地卷柏
Selaginella helvetica (L.) Link 小卷柏
Selaginella heterostachys Bak.异穗卷柏
Selaginella involvens (Sw.) Spring 兖州卷柏
Selaginella kansuensis Ching & Hsu 甘肃卷柏
Selaginella labordei Hieron.细叶卷柏
Selaginella lepidophylla (HK. & Grev.) Spring 鳞叶卷柏
Selaginella limbata Alston 具边卷柏
Selaginella longipila Hieron 长毛卷柏
Selaginella ludoviciana A.Br.海湾卷柏
Selaginella mairei Lévl.云贵卷柏
Selaginella mayeri Hieron 南洋卷柏
Selaginella moellendorffii Hieron.江南卷柏
Selaginella monospora Spring 单孢卷柏
Selaginella nipponica Franch. & Sav.伏地卷柏
Selaginella picta A.Br.黑顶卷柏
Selaginella pilifera A.Br.毛卷柏
Selaginella pulvinata (HK. & Grev.) Maxim.垫状卷柏
Selaginella remotifolia Spring 疏叶卷柏
Selaginella rolandi-principis Alston 海南卷柏
Selaginella rossii (Bak.) Warb.鹿角卷柏
Selaginella rupestris (L.) Spring 岩生卷柏
Selaginella sanguinolenta (L.) Spring 圆枝卷柏
Selaginella scabrifolia Ching & C.H.Wang 糙叶卷柏
Selaginella selaginoides (L.) Link 欧洲卷柏
Selaginella sibirica (Milde) Hieron 西伯利亚卷柏
Selaginella sinensis (Desv.) Spring 中华卷柏
Selaginella stauntoniana Spring 旱生卷柏
Selaginella superba Alston 粗茎卷柏
Selaginella tamariscina (Beauv.) Spring 卷柏
Selaginella tortipila A.Br.扭毛卷
Selaginella trachyphylla A.Br.粗叶卷柏
Selaginella uncinata (Desv.) Spring 翠云草
Selaginella vaginata Psring 鞘舌卷
Selaginella vardei Lévl.苍山卷柏
Selaginella willdenovii Bak.藤卷柏
Selaginellaceae 卷柏科
Selenipedilum parishii E.Andre=Paphiopedilum parishii
Selenipedium Rchb.f.**月兰属**(兰科)
Selenipedium isabelianum B.-R.深黄月兰
Selenipedium palmifolium (Lindl.) Rchb.f.棕叶月兰
Selenocera secundiflora Zipp. ex Span=Mitreola petiolata
Selenodesmium (Prantl) Cop.**长筒蕨属**(膜蕨科)
Selenodesmium cupressoides (Desv.) Cop.直长筒蕨
Selenodesmium obscurum (Bl.) Cop.线片长筒蕨
Selenodesmium recurvum Ching & Chiu 弯长筒蕨
Selenodesmium siamense (Christ) Ching & C.H.Wang 广西长筒蕨
Selenodesmium tereticaulum Cop.=Selenodesmium sianense
Selinum L.**亮蛇床属**(伞形科)
Selinum ammoides E.H.Krause=Ammi majus
Selinum baicalense Redow.=Peucedanum baicalense
Selinum candollei DC.细叶亮蛇床
Selinum coreanum de Boiss.=Angelica polymorpha
Selinum cortioides Norm.无茎亮蛇床
Selinum cryptotaenium de Boiss.亮蛇床
Selinum japonicum (Miq.) Franch. & Sav.=Cnidium japonicum
Selinum levisticum E.H.L.Krause=Levisticum officinale
Selinum melanotilingia de Boiss.=Angelica decursiva
Selinum monnieri L.=Cnidium monnieri
Selinum oliverianum de Boiss.=Ligusticum oliverianum
Selinum sylvestre L.欧洲亮蛇床
Selinum tenuifolium Wall. exC.B.Clarke=Selinum candollei
Selinum terebinthaceum Fisch. ex Trevir.=Peucedanum terebinthaceum
Selinum tilingia (Regel) Maxim.=Ligusticum ajanense
Selinum visnaga E.H.Krause=Ammi visnaga
Selinum wallichianum (DC.) Raizada & Saxena=Selinum candollei
Selliguea Bory **修蕨属**(水龙骨科)
Selliguea anceps Christ=Microsorium insigne
Selliguea coraiensis Christ=Colysis elliptica
Selliguea elliptica Bedd.=Colysis elliptica
Selliguea feei Bory 修蕨
Selliguea grammtioides (Baker) Christ=Loxogramme grammitoides
Selliguea hamiltoni C.Presl=Colysis pedunculata
Selliguea hemionitidea C.Presl=Colysis hemionitidea
Selliguea henryi Christ=Colysis henryi
Selliguea leveillei Christ=Colysis leveillei
Selliguea membraceae Bl.=Colysis pedunculata
Selliguea pedunculata C.Presl=Colysis pedunculata
Selliguea pentaphylla Baker=Colysis elliptica var. pentaphylla
Selliguea pothifolia J.Sm.=Colysis elliptica var. pothifolia
Selliguea sp. C.Chr.=Colysis hemitoma
Selliguea sp. C.Chr.=Colysis pedunculata
Selliguea wrightii Sm.=Colysis wrightii
Sellowia uliginosa Roth=Rotala densiflora
Sellulocalamus W.T.Lin=**Dendrocalamus**
Sellulocalamus bambusoides (Hsueh & D.Z.Li) W.T.Lin=Dendrocalamus bambusoides
Sellulocalamus tibeticus (Hsueh & Yi) W.T.Lin=Dendrocalamus tibeticus
Selnorition Raf.=**Rubus**
Semecarpus L.f.**肉托果属**(漆树科)
Semecarpus gigantifolia Vidal 大叶肉托果
Semecarpus microcarpa Wall.小果肉托果
Semecarpus reticulata Lectge.网脉肉托果
Semecarpus subracemosa Kurz.(Engl in DC.Monog.Phan.1883,p.p.)= Semecarpus microcarpa
Semecarpus vernicifera Hay. & Kawakai=Semecarpus gigantifolia
Semeiandra HK. & Arn.**半雄花属**(柳叶菜科)
Semeiandra grandiflora HK. & Arn.大花半雄花
Semeiocardium hamiltonii Hassk.=Polygala tatarinowii
Semenovia Rgl. & Herd.**大瓣芹属**(伞形科)
Semenovia dasycarpa (Rgl. & Schmalh.) Korov.毛果大瓣芹
Semenovia pimpinelloides (Nevski) Manden.密毛大瓣芹
Semenovia rubtzovii (Schishk.) Manden.光果大瓣芹
Semenovia transiliensis Rgl. & Herd.大瓣芹
Semia auriculata Roxb.=Cassia auriculata
Semiaquilegia Makino **天葵属**(毛茛科)
Semiaquilegia adoxoides (DC.) Makino 天葵
Semiaquilegia adoxoides var. *grandis* D.Q.Wang=Semiaquilegia

adoxoides
Semiaquilegia dauciformis D.Q.Wang=Semiaquilegia adoxoides
Semiaquilegia ecalcarata (Maxim.) Sprague & Hutch.=Aquilegia ecalcarata
Semiaquilegia ecalcarata f. *semicalcarata* Schipcz.=Aquilegia ecalcarata
Semiaquilegia henryi (Oliv.) Drumm.=Urophysa henryi
Semiaquilegia manshurica Kom.=Isopyrum manshuricum
Semiaquilegia rockii (Ulbr.) Hutch.=Urophysa rockii
Semiaquilegia simulatrix Drumm. & Hutch.=Aquilegia ecalcarata
Semiarundinaria Makino ex Nakai **业平竹属**(禾本科)
Semiarundinaria densiflora (Rendl) Wen=Brachystachyum densiflorum
Semiarundinaria densiflora f. *villosa* (S.L.Chen & C.Y.Yao)=Brachystachyum densiflorum var. villosum
Semiarundinaria farinosa McClure=Sinobambusa farinosa
Semiarundinaria fastuosa (Mitford) Makino 业平竹
Semiarundinaria gracilipes McClure=Oligostachyum gracilipes
Semiarundinaria henryi McClure=Sinobambusa henryi
Semiarundinaria lima McClure=Oligostachyum nuspiculum
Semiarundinaria lubrica Wen=Oligostachyum lubricum
Semiarundinaria nuspicula McClure=Oligostachyum nuspiculum
Semiarundinaria okuboi Makino=Sinobambusa tootsik
Semiarundinaria scabriflora McClure=Oligostachyum scabriflorum
Semiarundinaria scopula McClure=Oligostachyum scopulum
Semiarundinaria tenuifolia Koidz.=Sinobambusa tootsik var. tenuifolia
Semiarundinaria tootsik (Sieb.) Muroi=Sinobambusa tootsik
Semiarundinaria venusta McClure=Acidosasa venusta
Semiarundinaria yashadake (Makino) Makino 夜叉竹
Semiliquidambar Chang **半枫荷属**(金缕梅科)
Semiliquidambar cathayensis Chang 半枫荷
Semiliquidambar cathayensis var. fukienensis Chang 闽半枫荷
Semiliquidambar cathayensis var. parvifolia Chang 小叶半枫荷
Semiliquidambar caudata Chang 长尾半枫荷
Semiliquidambar caudata var. cuspidata Chang 尖叶半枫荷
Semiliquidambar chingii (Metc.) Chang 细柄半枫荷
Semiliquidambar coriaceae Chang=Semiliquidambar cathayensis
Semiliquidambar cuspidata Chang=Semiliquidambar caudata var. cuspidata
Semiphaius Gagn.=**Eulophia**
Semiphaius chevalieri Gagn.=Eulophia spectabilis
Semiphaius evrardii Gagn.=Eulophia yunnanensis
Semnostachya Bremek.**糯米香属**(爵床科)
Semnostachya longispicata (Hay.) C.F.Hsieh & T.C.Huang 长穗糯米香
Semnostachya menglaensis H.P.Tsui 糯米香
Sempervivella Stapf=**Rosularia**
Sempervivella acuminata (Decne.) Berger=Rosularia alpestris
Sempervivum L.**长生草属**(景天科)
Sempervivum acuminatum Decne.=Rosularia alpestris
Sempervivum arachnoideum L.蛛网长生草
Sempervivum grandiflorum Haw.大花长生草
Sempervivum tectorum L.长生草
Senacia napaulensis DC.=Pittosporum napaulense
Senebiera DC.=**Coronopus**
Senebiera didyma (L.) Pers.=Coronopus didymus
Senebiera integrifolia DC.=Coronopus integrifolius
Senebiera linoides DC.=Coronopus integrifolius
Senebiera pinnatifida DC.=Coronopus didymus
Senecillis altaica (DC.) Kitam.=Ligularia altaica
Senecillis atroviolacea (Franch.) Kitam.=Ligularia atroviolacea
Senecillis botryodes (C.Winkl.) Kitam.=Ligularia botryodes
Senecillis caloxantha (Diels) Kitam.=Ligularia caloxantha
Senecillis calthaefolia (Maxim.) Kitam.=Ligularia calthifolia
Senecillis cymbulifera (W.W.Sm.) Kitam.=Ligularia cymbulifera
Senecillis dentata (A.Gray) Kitam.=Ligularia dentata
Senecillis dictyoneura (Franch.) Kitam.=Ligularia dictyoneura
Senecillis dolichobotrys (Diels) Kitam.=Ligularia dolichobotrys
Senecillis duciformis (C.Winkl.) Kitam.=Ligularia duciformis
Senecillis euryphylla (C.Winkl.) Kitam.=Ligularia euryphylla
Senecillis fargesii (Franch.) Kitam.=Ligularia fargesii
Senecillis franchetiana (Lévl.) Kitam.=Ligularia franchetiana
Senecillis glauca Gaertn.(Ledeb.in Fl.Alt.1833)=Ligularia altaica
Senecillis hodgsonii (HK.) Kitam.=Ligularia hodgsonii
Senecillis intermedia (Nakai) Kitam.=Ligularia intermedia
Senecillis jamesii (Hemsl.) Kitam.=Ligularia jamesii
Senecillis kanaitzensis (Franch.) Kitam.=Ligularia kanaitzensis
Senecillis kojimae (Ktam.) Kitam.=Ligularia kojimae
Senecillis lankongensis (Franch.) Kitam.=Ligularia lankongensis
Senecillis lapathifolia (Franch.) Kitam.=Ligularia lapathifolia
Senecillis latihastata (W.W.Sm.) Kitam.=Ligularia latihastata
Senecillis leveillei (Vant.) Kitam.=Ligularia leveillei
Senecillis liatroides (C.Winkl.) Kitam=Ligularia liatroides
Senecillis limprichtii (Diels) Kitam.=Ligularia limprichtii
Senecillis macrophylla (Ledeb.) Kitam.=Ligularia macrophylla
Senecillis melanocephala (Franch.) Kitam.=Ligularia melanocephala
Senecillis mongolica (Turcz.) Kitam.=Ligularia mongolica
Senecillis nelumbifolia (Bur. & Franch.) Kitam.=Ligularia nelumbifolia
Senecillis nosoyinensis (Franch.) Kitam.=Ligularia kanaitzensis
Senecillis ovato-oblonga Kitam.=Ligularia sagitta
Senecillis phoenicochaeta (Franch.) Kitam.=Ligularia phcenicochaeta
Senecillis potaninii (C.Winkl.) Kitam.=Ligularia potaninii
Senecillis przewalskii (Maxim.) Kitam.=Ligularia przewalskii
Senecillis sagitta (Maxim.) Kitam.=Ligularia sagitta
Senecillis schizopetala (W.W.Sm.) Kitam.=Ligularia stenoglossa
Senecillis schmidtii Maxim.=Ligularia schmidtii
Senecillis songarica (Fisch.) Kitam.=Ligularia songarica
Senecillis stenoglossa (Franch.) Kitam.=Ligularia stenoglossa
Senecillis subspicata (Bur. & Franch.) Kitam.=Ligularia subspicata
Senecillis tangutica (Maxim.) Kitam.=Sinacalia tangutica
Senecillis tenuipes (Franch.) Kitam.=Ligularia tenuipes
Senecillis thyrsoidea (Ledeb.) Kitam.=Ligularia thyrsoidea
Senecillis tongolensis (Franch.) Kitam.=Ligularia tongolensis
Senecillis tsangchanensis (Franch.) Kitam.=Ligularia tsangchanensis
Senecillis veitchiana (Hemsl.) Kitam.=Ligularia veitchiana
Senecillis vellerea (Franch.) Kitam.=Ligularia vellerea
Senecillis virgaurea (Maxim.) Hand.-Mazz.=Ligularia virgaurea
Senecillis xanthotricha (Grün.) Kitam.=Ligularia xanthotricha
Senecio L.**千里光属**(菊科)
Senecio acerifolius C.Winkl.=Sinosenecio eusomus
Senecio achyrotrichus Diels=Ligularia achyrotricha
Senecio aconitifolius (Bge.) Turcz.=Syneilesis aconitifolia
Senecio aconitifolius Turcz.(北研丛刊 1936)=Syneilesis australis
Senecio acromaculus Ling=Senecio thianshanicus
Senecio acromaculus f. *elatus* Ling=Senecio thianshanicus
Senecio actinotus Hand.-Mazz.湖南千里光
Senecio actinotus f. *simplicifolius* Ling=Senecio actinotus
Senecio acuminatus Wall. ex DC.=Synotis acuminata
Senecio acuminatus f. *breviligulatus* Hand.-Mazz.=Synotis triligulata
Senecio acuminatus var. *latifolius* Chang=Synotis calocephala
Senecio acutipinnus Hand.-Mazz.尖羽千里光
Senecio ainsliaeflorus Franch.=Parasenecio ainsliiflorus
Senecio alatipes Chang=Synotis sciatrephes
Senecio alatus Wall. ex DC.=Synotis alata
Senecio alatus var. *oligocephala* Y.L.Chen & K.Y.Pan=Synotis alata
Senecio albopurpureus Kitam.白紫千里光
Senecio altaicus Sch.-Bip.=Ligularia altaica
Senecio ambraceus Turcz. ex DC.琥珀千里光
Senecio ambraceus var. *glaber* Kitam.=Senecio ambraceus
Senecio amurensis Schischk=Tephroseris kirilowii
Senecio angustifolius Hay.=Senecio morrisonensis var. dentatus
Senecio aquaricus Hiel 沼泽千里光
Senecio arachmanthus Franch.长舌千里光
Senecio arachnoideus (Reichenb.) Sieb. ex DC.蛛丝状千里光
Senecio araneosus DC.=Cissampelopsis volubilis
Senecio araneosus Koyama=Cissampelopsis corifolia
Senecio arcticus Rupr.=Tephroseris palustris
Senecio argunensis Trurcz.(Debeaux in Act.Soc.L.Bodeaux 1876)=Senecio ambraceus
Senecio argunensis Turcz.(Hand.-Mazz.in Symb.Sin.1936)=Senecio laetus
Senecio argunensis Turcz.额河千里光
Senecio argunensis f. *antugstifolius* Kom.=Senecio argunensis
Senecio argunensis f. *latifolius* Kom.=Senecio argunensis
Senecio argunensis var. *blinii* (Lévl.) Hand.-Mazz.=Senecio argunensis
Senecio armerifolius Franch.=Cremanthodium lineare
Senecio arnicoides Wall.=Cremanthodium arnicoides
Senecio arnicoides var. *frigida* HK.f.=Cremanthodium ellisii
Senecio articulatus (L.f.) Shultz-Bip.仙人笔
Senecio asiaticus Schischk. & Serg.=Tephroseris praticola
Senecio asperifolius Franch.糙叶千里光

Senecio atkinsonii C.B.Clarke=Ligularia atkinsonii
Senecio atrachylidifolius Ling=Synotis atractylidifolia
Senecio atrofuscus Griers.黑褐千里光
Senecio atroviolaceus (Frnch.=Ligularia atroviolacea
Senecio aurantiacus (Hoppe ex Willd.) Less.(北研丛刊 1935,S.Y.Hu in Quart. J.Taiwan Mus.1968)=Tephroseris rufa var. chaetocarpa
Senecio aurantiacus (Hoppe) Less.橙舌千里光
Senecio aurantiacus var. *leiocarpa* Boiss (Kitam.in Mem.Coll.Sc.Tokyo Univ.1942)=Tephroseris phaeantha
Senecio aurantiacus var. *spathulifolius* Miq.=Tephroseris kirilowii
Senecio aureus L.金色千里光
Senecio beauverdianus Lévl.=Senecio pseudomairiei
Senecio begoniaefolius Franch.=Parasenecio begoniaefolius
Senecio bicolor (Willd.) Tod.银毛千里光
Senecio biligulatus W.W.Sm.双舌千里光
Senecio birubonensis Kitam.=Tephroseris phaeantha
Senecio blattariifolius Franch.=Senecio nudicaulis
Senecio blinii Lévl.=Senecio argunensis
Senecio blumei DC.=Cissampelopsis volubilis
Senecio bodinieri var. *brevior* Vant.=Sinosenecio bodinieri
Senecio bodinieri var. *elatior* Vant.=Sinosenecio bodinieri
Senecio bodinieri var. *elatissimus* Hand.-Mazz.=Sinosenecio bodinieri
Senecio bodinieri var. *parcepilosa* Vant.=Sinosenecio palmatilobus
Senecio botryodes C.Winkl.=Ligularia botryodes
Senecio bracteolatus HK.f.=Senecio albopurpureus
Senecio buimalia Buch.-Ham. ex D.Don (Dunn in J.L.Soc.Bot.1911)=Cissampelopsis spelaeicola
Senecio buimalia Buch.-Ham. ex D.Don=Cissampelopsis buimalia
Senecio buimalia var. *bambusetorum* Hand.-Mazz.=Cissampelopsis erythrochaeta
Senecio bulbiferus Maxim.(北研丛刊 1936)=Parasenecio hwangshanicus
Senecio bulleyanus Diels=Synotis lucorum
Senecio bungei Franch.=Ligularia thomsonii
Senecio cacaliaefolius Sch.-Bip.=Ligularia sibirica
Senecio cacaliaefolius var. *atkinsoni* (C.B.Clarke) Franch.=Ligularia atkinsonii
Senecio cacaliaefolius var. *atkinsonii* Diels=Ligularia hookeri
Senecio cacaliaefolius var. *polycephalus* Franch.=Ligularia wilsoniana
Senecio cacaliaefolius var. *speciosus* (Schrad.) DC.(Diels in Not.Bot.Gard. Edinb. 1912)=Ligularia alatipes
Senecio cacaliaefolius var. *stenocephalus* Franch.(p.p.)=Ligularia stenocephala
Senecio cacaliaeformis f. *araneosa* DC.(Franch.in Bull.Soc.Bot.France 1892)=Ligularia anoleuca
Senecio calocephalus Chang=Synotis calocephala
Senecio caloxanthus Diels=Ligularia caloxantha
Senecio calthaefolius HK.f.=Ligularia hookeri
Senecio calthaefolius Maxim.=Ligularia calthifolia
Senecio campanulatus Franch.=Cremanthodium campanulatum
Senecio campestris (Retz.) DC.(Maxim.in Prim.Fl.Amur.1859)=Tephroseris kirilowii
Senecio campestris var. *glabratus* DC.=Tephroseris praticola
Senecio campestris var. *subdentatus* (Bge.) Maxim.(Franch. & Sav.in Enum. Pl.Jap.1875)=Tephroseris pierotii
Senecio camptodontus Franch.=Senecio wightii
Senecio camylodes DC.=Senecio scandens
Senecio cannabifolius Less.麻叶千里光
Senecio cannabifolius f. *pubinervis* Kitag.=Senecio cannabifolius
Senecio cannabifolius var. cannabifolius=Senecio cannabifolius
Senecio cannabifolius var. *davuricus* (Herd.) Kitag.=Senecio cannabifolius
Senecio cannabifolius var. integrifolius (Koidz.) Kitam.全叶千里光
Senecio capestris (Retz.) DC.(Forbes & Hemsl.in J.L.Soc.Bot.1888, p.p.) =Tephroseris pseudosonchus
Senecio capestris var. *tomentosus* Franch.=Tephroseris kirilowii
Senecio cappa Buch.-Ham. ex D.Don=Synotis cappa
Senecio caroli C.Winkl.=Sinacalia carolii
Senecio cavaleriei Lévl.=Synotis cavaleriei
Senecio chenopodifolius DC.(西藏志 1985)=Parasenecio chola
Senecio chienii Hand.-Mazz.=Sinosenecio chienii
Senecio chinensis (Spreng.) DC.=Senecio scandens
Senecio chola W.W.Sm.=Parasenecio chola
Senecio chrysanthemoides DC.=Senecio laetus
Senecio chrysanthemoides var. *eustegius* Hand.-Mazz.=Senecio laetus
Senecio chrysanthemoides var. *khasianus* (C.B.Clarke) HK.f.=Senecio laetus
Senecio chungtienensis C.Jeffr. & Y.L.Chen 中甸千里光
Senecio cichorifolius Lévl.=Synotis duclouxii
Senecio cineraria L.瓜叶菊
Senecio cinerifolius Lévl.瓜叶千里光
Senecio citriformis Rowley 黄花翡翠珠
Senecio clarkeanus Franch.=Cremanthodium nanum
Senecio clivorum Maxim.=Ligularia dentata
Senecio coferiferus Lévl.=Sinosenecio bodinieri
Senecio compactiflorus Chang=Senecio humbertii
Senecio concinus Franch.=Nemosenecio concinus
Senecio congestus (R.Br.) DC.密集千里光
Senecio coriaceisquamus Chang 革苞千里光
Senecio coronopifolius Desf.=Senecio desfontainei
Senecio coronopifolius var. *discoideus* Winkl. ex Danguy=Senecio dubitabilis
Senecio coronopifolius var. *subdentatus* (Ledeb.) Boiss.=Senecio subdentatus
Senecio cortusifolius Hand.-Mazz.=Sinosenecio cortusifolius
Senecio crassipes Lévl.Vant.=Gynura pseudochina
Senecio crataegifolius Hay.=Senecio scandens var. crataegifolius
Senecio crenatus DC.革苞千里光
Senecio cruentus (Masson ex L'Herit) DC.=Pericallis hybrida
Senecio curvisquamus (Hand.-Mazz.) Chang=Ligularia curvisquama
Senecio curvisquamus var. *robustus* Chang=Ligularia curvisquama
Senecio cyclaminifolius Franch.=Sinosenecio cyclamniifolius
Senecio cyclotus Bur. & Franch.=Parasenecio cyclotus
Senecio cymatocrepis Diels=Synotis alata
Senecio cymbulifer W.W.Sm.=Ligularia cymbulifera
Senecio dahuricus Sch.-Bip.(Forbes & Hemsl.in J.L.Soc.Bot.1888)=Parasenecio otopteryx
Senecio daochengensis Y.L.Chen 稻城千里光
Senecio davidii Frnch.=Sinacalia davidii
Senecio davuricus Fisch.(Schp.-Bip.in Flora 1845)=Parasenecio auriculatus
Senecio davuricus α. *ochoteensis* Maxim.(p.p.)=Parasenecio praetermissus
Senecio davuricus α. *ochotensis* Maxim.(p.p.)=Parasenecio auriculatus
Senecio decumbens Chang=Senecio coriaceisquamus
Senecio delavayi Franch.=Cremanthodium delavayi
Senecio delavayi Franch.=Senecio nigrocinctus
Senecio delphiniphyllus Lévl.(p.p.)=Parasenecio palmatisectus
Senecio delphiniphyllus Lévl.(p.p.)=Parasenecio tripteris
Senecio delphyniphyllus Lévl.(p.p.)=Parasenecio delphiniphyllus
Senecio deltophyllus Maxim.=Parasenecio deltophyllus
Senecio densiflorus Wall. ex DC.=Synotis cappa
Senecio densiflorus var. *fargesii* Hand.-Mazz.=Synotis nagensium
Senecio densiflorus var. *lobbi* HK.f.=Synotis cappa
Senecio densiflorus var. *mishmiensis* HK.f.=Synotis nagensium
Senecio densiserratus Chang 密齿千里光
Senecio densiserratus var. *glaber* Chang=Synotis atractylidifolia
Senecio desfontainei Druce 芥叶千里光
Senecio dianthus Franch.=Synotis erythropappa
Senecio dictyoneurus Franch.=Ligularia dictyoneura
Senecio didymanthus Dunn=Sinacalia davidii
Senecio dielsii Lévl.=Cremanthodium coriaceum
Senecio discoideus (Maxim.) Franch.=Cremanthodium discoideum
Senecio divaricatus L.=Gynura divaricata
Senecio diversifolius Wall. ex DC.=Senecio raphanifolius
Senecio diversipinnus Ling 异羽千里光
Senecio diversipinnus var. discoideus C.Jeffr. & Y.L.Chen 无舌千里光
Senecio diversipinnus var. diversipinnus=Senecio diversipinnus
Senecio dodrans C.Winkl.黑缘千里光
Senecio doronicum (L.) L.多榔千里光
Senecio doryotus Hand.-Mazz.=Sinosenecio eusomus
Senecio drukensis Marq. & Shaw 垂头千里光
Senecio drukensis var. *nodiflorus* (Chang) Hand.-Mazz.=Senecio nodiflorus
Senecio drummodii Babu & S.N.Biswas=Senecio thianshanicus
Senecio dryas Dunn=Sinosenecio dryas
Senecio dubitabilis C.Jeffr. & Y.L.Chen 北千里光
Senecio dubius Ledeb.=Senecio dubitabilis
Senecio duciformis C.Winkl.=Ligularia duciformis

Senecio duclouxii Dunn=Synotis duclouxii
Senecio dux C.B.Clarke=Ligularia dux
Senecio echaetus Y.L.Chen & K.Y.Pan 裸缨千里光
Senecio elegans L.绮丽千里光
Senecio eriopodus Cumm.=Sinosenecio eriopodus
Senecio erucifolius L.(Ledeb.in Fl.Alt.1830)=Senecio jacobaea
Senecio erythropappus Bur & Franch.=Synotis erythropappa
Senecio esquirolii Lévl.=Senecio nudicaulis
Senecio euosmus Hand.-Mazz.=Sinosenecio eusomus
Senecio euryphyllus C.Winkl.=Ligularia euryphylla
Senecio exul Hance 散生千里光
Senecio faberi Hemsl.(Hand.-Mazz.in Symb.Sin.1936,p.p.)=Senecio filiferus
Senecio faberi Hemsl.峨眉千里光
Senecio faberi var. *discoideus* Lauener & Ferguson=Senecio liangshanensis
Senecio fargesii Franch.=Ligularia fargesii
Senecio fauriae Dunn=Ligularia tsangchanensis
Senecio fauriei Lévl.(Lévl.in Repert.Subsp. Nov.1910,p.p.)=Tephroseris kirilowii
Senecio fauriei Lévl.=Tephroseris phaeantha
Senecio feddei Lévl.=Ligularia hookeri
Senecio fibrillosus Dunn=Ligularia subspicata
Senecio ficariifolius Lévl.Vant.=Ligularia hookeri
Senecio filiferus Franch.匍枝千里光
Senecio filiferus var. *dilatatus* Hand.-Mazz.=Senecio filiferus
Senecio flammeus Turcz. ex DC.=Tephroseris flammea
Senecio flammeus f. *limprichtii* Cuf.=Tephroseris flammea
Senecio flammeus f. *simplex* Ling=Tephroseris flammea
Senecio flammeus var. *glabrifolius* Cuf.=Tephroseris flammea
Senecio flammeus var. *rufus* (Hand.-Mazz.) Z.Y.Zhang & Y.H.Guo=Tephroseris rufa
Senecio fletcheri Hemsl.=Cremanthodium ellisii
Senecio flexicaulis Edgew.=Senecio scandens var. incisus
Senecio fluviatilis Wallr.宽叶千里光
Senecio formosanus Kitam.=Nemosenecio formosanus
Senecio frachetianus Lévl.=Ligularia franchetiana
Senecio fukienensis Ling ex C.Jeffr. & Y.L.Chen 闽千里光
Senecio fulgens (HK.f.) Nichols.翠叶菊
Senecio fulvipes Ling=Synotis fulvipes
Senecio ganpinensis Vant.=Senecio nemorensis
Senecio gentilianus Vant.=Senecio wightii
Senecio glabellus (Turcz.) DC.=Tephroseris praticola
Senecio glabellus DC.(S.Y.Hu in Quart.J.Taiwan Mus.1968)=Tephroseris pseudosonchus
Senecio glaucus subsp. *coronopifolius* (Maire) Alexander (p.p.)=Senecio desfontainei
Senecio globigerus Chang=Sinosenecio globigerus
Senecio glomeratus J.F.Jeff.=Synotis glomerata
Senecio glumaceus Dunn=Synotis erythropapp
Senecio goodianus Hand.-Mazz.=Sinosenecio hederifolius
Senecio goodianus var. *angulatifolius* Ling=Sinosenecio hederifolius
Senecio goringensis Hemsl.=Cremanthodium ellisii
Senecio graciliflorus DC.纤花千里光
Senecio graciliflorus var. *hookeri* C.B.Clarke=Senecio royleanus
Senecio graciliflorus var. *pleopterus* (Diels) Hand.-Mazz.=Senecio graciliflorus
Senecio gracillimus C.Winkl.=Tephroseris palustris
Senecio gyirongensis Y.L.Chen & K.Y.Pan=Senecio biligulatus
Senecio hainanensis Chang & Tseng=Sinosenecio hainanensis
Senecio halleri Dandy 单头千里光
Senecio handelianus B.Nord.=Synotis fulvipes
Senecio haworthii Schultz.-Bip.银锤掌
Senecio helianthus Franch.=Cremanthodium hilianthus
Senecio henrici Vant.=Senecio asperifolius
Senecio henryi Hemsl.=Sinacalia tangutica
Senecio hibernus Makino=Senecio scandens
Senecio hieracifolius L.=Erechtites hieracifolia
Senecio himalayensis Franch.=Cremanthodium pinnatifidum
Senecio hindsii Benth.=Senecio scandens
Senecio hoi Dunn=Cissampelopsis volubilis
Senecio homogyniphyllus Cumm.=Sinosenecio homogyniphyllus
Senecio homogyniphyllus var. *subumbellatus* Chang=Sinosenecio chienii
Senecio hugonis S.Moore=Synotis nagensium
Senecio hui Chang=Synotis hieraciifolia
Senecio humbertii Chang 弥勒千里光
Senecio hunanensis Hand.-Mazz.(北研丛刊 1937,S.Y.Hu in Quat.J. Taiwan 1968)=Sinosenecio hunanensis
Senecio hunnanensis Hand.-Mazz.=Synotis fulvipes
Senecio ianthophyllus Franch.=Parasenecio ianthophyllus
Senecio imaii Nakai=Tephroseris subdentata
Senecio incanus L.灰毛千里光
Senecio incisifolius J.F.Jeffr.=Nemosenecio incisifolius
Senecio incisifolius var. *gracilior* Ling=Nemosenecio incisifolius
Senecio integrifolius (L.) Clairv.(Cuf.in Repert.Beih.1933,p.p.)= Tephroseris kirilowii
Senecio integrifolius subsp. *atropurpureus* var. *robustus* (Herd.) Cuf.= Tephroseris turczaninowii
Senecio integrifolius subsp. *campestris* (Retz.) Briq. & Caill. (Cuf.in Repert.Subsp. Nov.Beih.1933,p.p.)=Tephroseris stolonifera
Senecio integrifolius subsp. *campestris* var. *flavus* (Rouy) Briq. & Cavill. (Cuf.in Repert.Beih.1933,p.p.)=Tephroseris kirilowii
Senecio integrifolius subsp. *campestris* var. *pratensis* (Jacq.) Neilr.(Cuf.in Repert.Beih.1933,p.p.)=Tephroseris kirilowii
Senecio integrifolius subsp. *campestris* var. *pratensis* f. *pseudopratensis* Cuf.(p.p.)=Tephroseris kirilowii
Senecio integrifolius subsp. *capitatus* (Wahlenb.) Cuf.(Hand.-Mazz.in Acta. Hort.Gothob.1938)=Tephroseris rufa var. chaetocarpa
Senecio integrifolius subsp. *capitatus* var. *alpinus* Cuf.(p.p.)=Tephroseris rufa var. chaetocarpa
Senecio integrifolius subsp. *capitatus* var. *aurantiacus* f. *gmelinii* Cuf.(p.p.) = Tephroseris rufa
Senecio integrifolius subsp. *capitatus* var. *aurantiacus* f. *pseudocampestris* (Retz.) Briq. & Cavill.=Tephroseris rufa
Senecio integrifolius subsp. *capitatus* var. *pratensis* f. *pseudopratensis* Cuf.(p.p.)=Tephroseris rufa
Senecio integrifolius subsp. *fauriei* Kitam.=Tephroseris phaeantha
Senecio integrifolius subsp. *fauriei* sensu Kitam.=Tephroseris kirilowii
Senecio integrifolius subsp. *kirilowii* (Turcz. ex DC.) Kitag.=Tephroseris kirilowii
Senecio integrifolius var. *spathulifolius* (Miq.) Hara=Tephroseris kirilowii
Senecio intermedia Hay.=Syneilesis intermedia
Senecio intermedius Wight=Senecio scandens
Senecio iochanense Lévl.=Ligularia wilsoniana
Senecio iochanensis Lévl.(p.p.)=Ligularia lankongensis
Senecio ionodasys Hand.-Mazz.=Synotis ionodasys
Senecio jacobaea L.新疆千里光
Senecio jacobaea var. *grandiflora* Turcz. ex DC.=Senecio argunensis
Senecio jacobaea var. *grandiflorus* Turcz. ex DC.(Korsch.in Act.Hort. Petrop.1892)= Senecio ambraceus
Senecio jacobsenii Rowley 悬垂千里光
Senecio jamesii Hemsl.=Ligularia jamesii
Senecio japonicus Less.=Farfugium japonicum
Senecio japonicus Sch.-Bip=Ligularia japonica
Senecio japonicus Thunb.=Gynura japonica
Senecio japonicus var. *integrifolius* Matsum.=Ligularia dentata
Senecio japonicus var. *scaberrimus* Hay.=Ligularia japonica var. scaberrima
Senecio jeffreyanus Diels=Ligularia kanaitzensis
Senecio kaempferi DC.=Farfugium japonicum
Senecio kanaitzensis Franch.=Ligularia kanaitzensis
Senecio kansuensis Franch.=Cremanthodium humile
Senecio kaschkarowii C.Winkl.(S.Y.Hu in Quart.J.Taiwan Mus.1968,p.p., 高等图鉴 1975)=Senecio diversipinnus
Senecio kaschkarowii C.Winkl.=Senecio faberi
Senecio kawaguchii Kitaml=Senecio thianshanicus
Senecio kawakamii Kitam.=Tephroseris phaeantha
Senecio kematogensis Vant.=Senecio nemorensis
Senecio keniodendron R.E.Friex & Th.Fries 肯尼亚千里光
Senecio khasianus Balakr.=Senecio obtusatus
Senecio kialensis Franch.=Cremanthodium potaninii
Senecio kirilowii Turcz. ex DC.=Tephroseris kirilowii
Senecio kongboensis Ludlow 工布千里光
Senecio koreanus Kom.=Sinosenecio koreanus
Senecio koualapensis Franch.=Parasenecio koualapensis
Senecio krascheninnikovii Schischk.细梗千里光
Senecio kumaonensis Duthie ex C.Jeffr. & Y.L.Chen 须弥千里光
Senecio labordei Vant.=Ligularia dentata

Senecio laetus Edgew.菊状千里光
Senecio lagotis W.W.Sm.=Ligularia virgaurea
Senecio lamarum Diels=Ligularia lamarum
Senecio lankongensis Franch.=Ligularia lankongensis
Senecio lankongensis var. *laxus* Franch.=Ligularia lankongensis
Senecio lapathifolius Franch.=Ligularia lapathifolia
Senecio latihastatus W.W.Sm.=Ligularia latihastata
Senecio latipes Franch.=Parasenecio latipes
Senecio latouchei J.F.Jeffr.(北研丛刊.1937,p.p.,高等图鉴 1975,安徽志 1991)=Sinosenecio jiuhuashanicus
Senecio latouchei J.F.Jeffr.=Sinosenecio latouchei
Senecio lebrunei Lévl.=Senecio asperifolius
Senecio lecleri Lévl.=Parasenecio koualapensis
Senecio ledebourii Sch.-Bip.(Pojark.in Bull.Soc.Bot.France 1892,p.p.)=Ligularia heterophylla
Senecio ledebourii Sch.-Bip.=Ligularia macrophylla
Senecio leucanthemus Dunn=Parasenecio ainsliiflorus
Senecio leucocephalus Franch.=Parasenecio leucocephalus
Senecio leucophyllus DC.白毛千里光
Senecio leveillei Vant.=Ligularia leveillei
Senecio lhasaensis Ling ex C.Jeffr. & Y.L.Chen 拉萨千里光
Senecio liangshanensis C.Jeffr. & Y.L.Chen 凉山千里光
Senecio liatroides C.Winkl.=Ligularia liatroides
Senecio ligularia HK.f.=Ligularia fischeri
Senecio ligularia var. *araneosa* (DC.) Lévl.=Ligularia sibirica var. araneosa
Senecio ligularia var. *atkinsonii* (C.B.Clarke) HK.f.=Ligularia atkinsonii
Senecio ligularia var. *polycephalus* Hemsl.=Ligularia wilsoniana
Senecio ligularioides C.Jeffr. & Y.L.Chen=Sinosenecio ligularioides
Senecio lijiangensis C.Jeffr. & Y.L.Chen 丽江千里光
Senecio limprichetii Diels=Ligularia limprichtii
Senecio lingianus C.Jeffr. & Y.L.Chen 君范千里光
Senecio litvinovii Schischk=Senecio cannabifolius var. integrifolius
Senecio lonchophyllus Hand.-Mazz.=Synotis hieraciifolia
Senecio longeligulatus Lévl.Vant.=Tephroseris flammea
Senecio lucorum Franch.=Synotis lucorum
Senecio luticola Dunn=Senecio asperifolius
Senecio macranthus C.B.Clarke=Ligularia japonica
Senecio macroglossus cv. Variegatum 金玉菊
Senecio mairiei Lévl.=Senecio graciliflorus
Senecio maisonii Lévl.=Ligularia nelumbifolia
Senecio manshuricus Kitam.=Senecio ambraceus
Senecio maritimus (L.) Koidz.=Senecio pseudo-arnica
Senecio martinii Vant.=Sinosenecio oldhamianus
Senecio maximowiczii C.Winkl.=Sinacalia carolii
Senecio maximowiczii Franch.=Cremanthodium ellisii
Senecio megalanthus Y.L.Chen 大花千里光
Senecio melanocephalus Franch.=Ligularia melanocephala
Senecio microdontus Bur. & Franch.=Ligularia sagitta
Senecio milleflorus Lévl.=Senecio liangshanensis
Senecio monanthus Hay.(Diels in Bob.Hahrb.1901)=Parasenecio roborowskii
Senecio monbeigii Lévl.=Ligularia tongolensis
Senecio mongolicus Sch.-Bip.=Ligularia mongolica
Senecio morrisonensis Hay.玉山千里光
Senecio morrisonensis var. dentatus Kitam.齿叶玉山千里光
Senecio morrisonensis var. morrisonensis=Senecio morrisonensis
Senecio mosoyinensis Franch(Diels in Not.bot.Gard.Edinb.1912)=Ligularia intermedia
Senecio mosoyinensis Franch.=Ligularia kanaitzensis
Senecio muliensis C.Jeffr. & Y.L.Chen 木里千里光
Senecio multibracteolatus C.Jeffr. & Y.L.Chen 多苞千里光
Senecio multilobus Chang 多裂千里光
Senecio myriocephalus Ling ex Y.L.Chen & K.Y.Pan=Senecio lingianus
Senecio nagensium C.B.Clarke=Synotis nagensium
Senecio nagensium var. *lobbi* (HK.f.) Craib=Synotis cappa
Senecio narynensis C.Winkl.=Ligularia narynensis
Senecio nelumbifolius Bur. & Franch.=Ligularia nelumbifolia
Senecio nemorensis L.林荫千里光
Senecio nemorensis var. *dentatus* (Kitam.) Koyama=Senecio morrisonensis var. dentatus
Senecio nemorensis var. *octoglossus* (DC.) Koch ex Ledeb.=Senecio nemorensis
Senecio nemorensis var. *subinteger* Hara=Senecio nemorensis
Senecio nemorensis var. *taiwanensis* (Hay.) Yamamoto=Senecio nemorensis
Senecio nemorensis var. *turczaninowii* (DC.) Kom.=Senecio nemorensis
Senecio neohelogetus Franch.=Cremanthodium thomsonii
Senecio nigrocinctus Franch.黑苞千里光
Senecio nikoensis var. *formosanus* Sasaki=Nemosenecio formosanus
Senecio nimborum Franch.=Ligularia hookeri
Senecio nobilis Franch.=Cremanthodium nobile
Senecio nodiflorus Chang 节花千里光
Senecio nudibasis Lévl. & Vant.=Gynura nepalensis
Senecio nudicaulis Buch.-Ham. ex D.Don 裸茎千里光
Senecio oblongatus (C.B.Clarke) Franch.=Cremanthodium oglongatum
Senecio obtusatus Wall. ex DC.钝叶千里光
Senecio octoglossus DC.=Senecio nemorensis
Senecio oldhamianus Maxim.=Sinosenecio oldhamianus
Senecio oreotrephas W.W.Sm.=Ligularia atroviolacea
Senecio orysertorum Deils (高等图鉴 1975)=Senecio exul
Senecio orysertorum Diels (Hand.-Mazz.in Symb.Sin.1936)=Senecio yungningensis
Senecio oryzertorum Diels 田野千里光
Senecio otophorus Maxim.=Senecio cannabifolius var. integrifolius
Senecio paberensis Franch.=Cremanthodium ellisii
Senecio pallens Wall. ex DC.=Senecio nudicaulis
Senecio palmatifidus Wittr. & Juel=Ligularia japonica
Senecio palmatilobus Kitam.=Sinosenecio palmatilobus
Senecio palmatisectus J.F.Jeffr.=Parasenecio palmatisectus
Senecio palmatisectus var. *pubeescens* J.F.Jeffr.=Parasenecio palmatisectus var. moupinensis
Senecio palmatus (Pall.) Ledeb.=Senecio cannabifolius
Senecio palmatus f. *davuricus* Herf.=Senecio cannabifolius
Senecio palmatus var. *integrifolius* Koidz.=Senecio cannabifolius var. integrifolius
Senecio paludorus L.沼生千里光
Senecio palustris (L.) HK.=Tephroseris palustris
Senecio palustris var. *congestus* (R.Br.) Kom.=Tephroseris palustris
Senecio paucifoliatus Chang=Sinosenecio subrosulatus
Senecio paucinervis Dunn=Synotis erythropappa
Senecio paucinervis var. *brachylepis* Marq. & Shaw=Synotis solidaginea
Senecio pectinatus Chang=Senecio acutipinnus
Senecio pedunculus Edgew.=Senecio krascheninnikovii
Senecio pendulus (Forssk.) Schultz.-Bip.泥鳅掌
Senecio pentanthus Merr.=Synotis triligulata
Senecio petasitoides Lévl.=Parasenecio petasitoides
Senecio phaeantha Nakai=Tephroseris phaeantha
Senecio phalacrocarpoides Chang=Sinosenecio phalacrocarpoides
Senecio phalacrocarpus Hance=Sinosenecio phalacrocarpus
Senecio phalacrocarpus var. *globigerus* Oliv.=Sinosenecio globigerus
Senecio phoenicochaetus Franch.=Ligularia phcenicochaeta
Senecio phyllolepis Franch.=Parasenecio phyllolepis
Senecio pierotii Miq.=Tephroseris pierotii
Senecio pierotii subsp. *taitoensis* (Hay.) Kitam.=Tephroseris taitoensis
Senecio pilgerianus Diels=Parasenecio pilgerianus
Senecio plantaginifolius Franch.=Ligularia virgaurea
Senecio platyglossus Franch.=Ligularia platyglossa
Senecio pleopterus Diels=Senecio graciliflorus
Senecio pleurocaulis Franch.=Ligularia pleurocaulis
Senecio potaninii C.Winkl.=Ligularia potaninii
Senecio pratensis DC.(Ledeb.in Fl.Ross.1844,p.p.)=Tephroseris praticola
Senecio pratensis var. *polycephalus* Rgl.=Tephroseris subdentata
Senecio praticolus Schischk. & Seg.=Tephroseris praticola
Senecio prattii Hemsl.=Cremanthodium prattii
Senecio primulaefolius Lévl.=Ligularia vellerea
Senecio principis Franch.=Cremanthodium principis
Senecio prionophyllus Franch.=Synotis nagensium
Senecio profundorum Dunn (p.p.)=Parasenecio phyllolepis
Senecio profundorum Dunn (p.p.)=Parasenecio profundorum
Senecio przewalskii Maxim.=Ligularia przewalskii
Senecio pseudoalatus Chang=Synotis pseudoalata
Senecio pseudo-arnica Less.多肉千里光
Senecio pseudomairiei Lévl.西南千里光
Senecio pseudosonchus Vant.(Kitam.in Mem.Coll.Sc.Tokyo Univ.1942, p.p.)=Tephroseris subdentata
Senecio pseudosonchus Vant.=Tephroseris pseudosonchus
Senecio pseudosonchus var. *borealis* (Cuf.) S.Y.Hu=Tephroseris

subdentata

Senecio pseudosonchus var. *polycephalus* (Rgl.) Kitam.=Tephroseris subdentata

Senecio pteridophyllus Franch.蕨叶千里光

Senecio pteropodus W.W.Sm.=Senecio nigrocinctus

Senecio purdomii Turrill=Ligularia purdomii

Senecio putjatae C.Winkl.=Ligularia mongolica

Senecio pyrropappus Franch.=Ligularia cymbulifera

Senecio quinquelobus (Wall. ex DC.) HK.f.=Parasenecio quinquelobus

Senecio quinquelobus var. *moupinensis* Franch.=Parasenecio palmatisectus var. moupinensis

Senecio radicans (L.f.) Schult.-Bip.菱角掌

Senecio ramsbottomii Hand.-Mazz.=Senecio biligulatus

Senecio raphanifolius Wall. ex DC.莱菔叶千里光

Senecio remipes W.W.Sm.=Ligularia tsangchanensis

Senecio renatus Frnch.=Cremanthodium decaisnei

Senecio reniformis Wall.=Cremanthodium reniforme

Senecio retusus Wall.=Ligularia retusa

Senecio roborowskii Maxim.=Parasenecio roborowskii

Senecio robustus var. *kareliniana* Trautv.=Ligularia narynensis

Senecio robustus var. *typica* Trautv.=Ligularia narynensis

Senecio rosulifer Lévl.(p.p.)=Senecio laetus

Senecio rosuliferus Chang=Tephroseris changii

Senecio rowleyanus Jacobsen 翡翠珠

Senecio royleanus DC.(S.Y.Hu in Quart.J.Taiwan Mus.1968)=Senecio cinerifolius

Senecio royleanus DC.珠峰千里光

Senecio rubescens S.Moore=Parasenecio rubescens

Senecio ruficomus Franch.=Ligularia ruficoma

Senecio rufipilis Franch.=Parasenecio rufipilis

Senecio rufus Hand.-Mazz.=Tephroseris rufa

Senecio rumicifolius Drumm.=Ligularia rumicifolia

Senecio sacco-flabellatus Lévl.=Ligularia hookeri

Senecio sagitta Maxim.=Ligularia sagitta

Senecio sagittatus Sch.-Bip.(Diels in Bot.Jahrb.1901)=Parasenecio lancifolius

Senecio sagittatus Sch.-Bkp.=Parasenecio hastatus

Senecio sagittatus var. *lancifolia* Franch.=Parasenecio lancifolius

Senecio sagittatus var. *pubescens* Maxim.=Parasenecio hastatus

Senecio saluenensis Diels=Synotis saluenensis

Senecio sarracenius L.(p.p.)=Senecio nemorensis

Senecio sarracenius var. *turczaninowii* (DC.) Nakai=Senecio nemorensis

Senecio saussureoides Hand.-Mazz.风毛菊状千里光

Senecio savatieri Franch.=Sinosenecio oldhamianus

Senecio saxatilis Wall. ex DC.=Senecio wightii

Senecio scabiosifolius Chang=Senecio diversipinnus

Senecio scandens Buch.-Ham. ex D.Don 千里光

Senecio scandens var. crataegifolius (Hay.) Kitam.山楂叶千里光

Senecio scandens var. incisus Franch.缺裂千里光

Senecio scandens var. scandens=Senecio scandens

Senecio scapiformis Y.L.Chen & K.Y.Pan=Senecio laetus

Senecio scaposus DC.筒叶菊

Senecio schimidtii (Maxim.Franch. & Sav.=Ligularia schmidtii

Senecio schizopetalus W.W.Sm.=Ligularia stenoglossa

Senecio sciatrephedioides Ling=Synotis cavaleriei

Senecio sciatrephes W.W.Sm.=Synotis sciatrephes

Senecio scytophyllus Diels=Cremanthodium coriaceum

Senecio sect. *Cacalia* Benth.(p.p.)=**Syneilesis**

Senecio sect. *Cissampelopsis* Benth.=**Cissampelopsis**

Senecio sect. *Cyclamifolia* Kitam.=**Sinosenecio**

Senecio sect. *Ligularia* Benth.(p.p.)=**Ligularia**

Senecio sect. *Nemosenecio* Kitam.=**Nemosenecio**

Senecio sect. *Synotis* Benth.(p.p.)=**Synotis**

Senecio sect. *Synotis* ser. *Scandentes* (C.B.Clarke) Koyama=**Cissampelopsis**

Senecio sect. *Tephroseris* (Reichenb.) Hall. & Wohlf.=**Tephroseris**

Senecio sect. *Tephroseris* DC.=**Tephroseris**

Senecio septilobus Chang=Sinosenecio septilobus

Senecio serpens Rowly 万宝

Senecio sessilifolius Sch.-Bip.=Cremanthodium nanum

Senecio setchuanensis Franch.=Synotis setchuanensis

Senecio sikkimensis Franch.=Ligularia hookeri

Senecio sinicus (Diels) Chang=Synotis sinica

Senecio solanifolius J.F.Jeffr.=Senecio scandens

Senecio solenoides Dunn=Nemosenecio solenoides

Senecio solidagineus Hand.-Mazz.=Synotis solidaginea

Senecio sonchifolius (L.) Moench.=Emilia sonchifolia

Senecio songaricus Fisch.(Franch.in Bull.Soc.Bot.France 1892,p.p.)=Ligularia thomsonii

Senecio songaricus Fisch.=Ligularia songarica

Senecio souliei Franch.=Parasenecio souliei

Senecio spathiphyllus Franch.匙叶千里光

Senecio spelaeicolus (Vant.) Gagn.=Cissampelopsis spelaeicola

Senecio spelaeicolus Vant.=Cissampelopsis spelaeicola

Senecio squalidus L.混型千里光

Senecio stapeliaeformis Phillips.铁锡杖

Senecio stauntonii DC.闽粤千里光

Senecio stenocephalus Maxim.=Ligularia stenocephala

Senecio stenoglossus Franch.=Ligularia stenoglossa

Senecio stipulatus Wall. ex DC.=Senecio scandens

Senecio stolonifer Cuf.=Tephroseris stolonifera

Senecio subdentatus (Bge.) Turcz.(Cuf.in Repert.Subsp.Nov.Beih.1933, p.p.)=Tephroseris pseudosonchus

Senecio subdentatus (Bge.) Turcz.=Tephroseris subdentata

Senecio subdentatus Ledeb.近全缘千里光

Senecio subdentatus var. *borealis* Cuf.=Tephroseris subdentata

Senecio subdentatus var. *glabellus* (Turcz. ex DC.) Cuf.=Tephroseris praticola

Senecio subdentatus var. *pierotii* (Miq.) Cuf.=Tephroseris pierotii

Senecio subdentatus var. *polycephalus* (Rgl.) Kitam.=Tephroseris subdentata

Senecio subdentatus var. *taitoensis* (Hay.) Cuf.=Tephroseris taitoensis

Senecio subgen. *Emilia* Hoffm.=**Emilia**

Senecio subgen. *Synotis* C.B.Clarke=**Synotis**

Senecio subgen. *Synotis* sect. *Scandentes* C.B.Clarke=**Cissampelopsis**

Senecio subrosulatus Hand.-Mazz.=Sinosenecio subrosulatus

Senecio subspicatus Bur. & Franch.=Ligularia subspicata

Senecio sungpanensis Hand.-Mazz.=Sinosenecio sungpanensis

Senecio sylvaticus L.林生千里光

Senecio taitoensis Hay.=Tephroseris taitoensis

Senecio taiwanensis Hay.=Senecio nemorensis

Senecio taliensis Franch.=Parasenecio taliensis

Senecio talongensis Franch.=Synotis erythropappa

Senecio tanacetoides Kunth & Bouche=Senecio royleanus

Senecio tanguticus Maxim.=Sinacalia tangutica

Senecio tashiroi Hay.=Tephroseris kirilowii

Senecio tatsienensis Franch.=Ligularia pleurocaulis

Senecio tenuipes Franch.=Ligularia tenuipes

Senecio tetranthus DC.=Synotis tetrantha

Senecio thianshanicus Rgl. & Schmalh.天山千里光

Senecio thomsonii C.B.Clarke=Ligularia thomsonii

Senecio tibeticus HK.f.(西藏志 1985)=Senecio albopurpureus

Senecio tibeticus HK.f.西藏千里光

Senecio tongolensis Franch.=Ligularia tongolensis

Senecio tongtchuanensis Lévl.=Ligularia lapathifolia

Senecio tozanensis Hay.=Senecio nemorensis

Senecio tricuspis Franch.三尖千里光

Senecio triligulatus Buch.-Ham. ex D.Don=Synotis triligulata

Senecio trinervius Chang=Sinosenecio trinervius

Senecio tsangchanensis Franch.=Ligularia tsangchanensis

Senecio tsoongianus Ling=Synotis cappa

Senecio tuberivagus W.W.Sm.=Sinacalia davidii

Senecio turczaninowii DC.=Tephroseris turczaninowii

Senecio turkestanicus C.Winkl.=Ligularia songarica

Senecio tussilagineus (Bur.f.) O.Ktze.=Farfugium japonicum

Senecio valeriaefolius Wolf.=Erechtites valerianaefolia

Senecio vaniotii Lévl.=Synotis vaniotii

Senecio veitchianus Hemsl.=Ligularia veitchiana

Senecio vellereus Franch.=Ligularia vellerea

Senecio velutinus Lévl. & Vant.=Blumea lacera

Senecio vespertilo Franch.=Parasenecio wespertilo

Senecio villiferus Franch.(高等图鉴 1975)=Sinosenecio subcoriaceus

Senecio villiferus Franch.=Sinosenecio villiferus

Senecio virgaureus Maxim.=Ligularia virgaurea

Senecio viridiflavus Hand.-Mazz.=Synotis erythropappa

Senecio viscosus L.粘毛千里光

Senecio vulgaris L.(Chen in Bull.Fan.Mem.Inst.Biol.Bot.1935)=Senecio dubitabilis

Senecio vulgaris L.欧洲千里光
Senecio vulgaris var. *dubius* Trautv.=Senecio dubitabilis
Senecio walkeri Arn. (S.Y.Hu in Quart.J.Taiwan Mus.1968,p.p.)= Cissampelopsis volubilis
Senecio walkeri Arn.(S.Y.Hu in Quart.J.Taiwan Mus.1968,p.p.)= Cissampelopsis spelaeicola
Senecio wallichii DC.=Synotis wallichii
Senecio wightii (DC. ex Wight) Benth. ex C.B.Clarke 岩生千里光
Senecio wilsonianus Hemsl.=Ligularia wilsoniana
Senecio winklerianus Hand.-Mazz.=Sinosenecio eusomus
Senecio xantholeucus Hand.-Mazz.=Synotis xantholeuca
Senecio yakoensis J.F.Jeffr. ex Diels=Synotis yakoensis
Senecio yalungensise Hand.-Mazz.=Cissampelopsis spelaeicola
Senecio yesoensis Franch.=Ligularia hodgsonii
Senecio yesoensis var. *creniferus* Franch.=Ligularia hodgsonii
Senecio yesoensis var. *sutchuenensis* Franch.=Ligularia hodgsonii
Senecio yungningensis Hand.-Mazz.永宁千里光
Senecio yunnanensis Franch.(p.p.)=Ligularia yunnanensis
Senecio yunnanensis Franch.(p.p.)=Senecio nudicaulis
Sequoia Endl.**北美红杉属**(杉科)
Sequoia gigantea (Lindl.) Decne.=Sequoiadendron giganteа
Sequoia gigantea Endl.=Sequoia sempervirens
Sequoia glyptostroboides (Hu & Cheng) Weide=Metasequoia glyptostroboides
Sequoia sempervirens (Lamb.) Endl.北美红杉
Sequoia wellingtonia Seem.=Sequoiadendron gigantea
Sequoiadendron Buchholz **巨杉属**(杉科)
Sequoiadendron gigantea (Lindl.) Buchholz 巨杉
Serapias L.**长药兰属**(兰科)
Serapias consimilis (D.Don) Eaton=Epipactis consimilis
Serapias cordigera (Pers.) L.长药兰
Serapias damasonium Miller=Cephalanthera damasonium
Serapias erecta Thunb. ex A.Murray=Cephalanthera erecta
Serapias falcata Thunb. ex A.Muray=Cephalanthera falcata
Serapias grandiflora var. *ensifolia* L.f.=Cephalanthera longifolia
Serapias helleborine L.=Epipactis helleborine
Serapias helleborine ζ. longifolia L.=Cephalanthera longifolia
Serapias longifolia Huds.=Cephalanthera longifolia
Serapias longipetala (Ten.) Poll.长瓣长药兰
Serapias palustris L.=Epipactis palustris
Serialbizzia Kosterm.=**Albizia**
Serialbizzia attopeuense (Pierre) Kosterm.=Albizia attopeuensis
Sericocalyx Bremek.**黄球花属**(爵床科)
Sericocalyx chinensis (Nees) Bremek.黄球花
Sericocalyx fluviatilis (C.B.Clarke ex W.W.Sm.) Bremek.溪畔黄球花
Seriphidium (Bess.) Poljak.**绢蒿属**(菊科)
Seriphidium amoenum (Poljak.) Poljak.小针裂叶绢蒿
Seriphidium aucheri (Boiss.) Ling & Y.R.Ling 光叶绢蒿
Seriphidium borotalense (Poljak.) Ling & Y.R.Ling 博洛塔绢蒿
Seriphidium brevifolium (Wall. ex DC.) Ling & Y.R.Ling 短叶绢蒿
Seriphidium cinum (Berg. ex Poljak.) Poljak.蛔蒿
Seriphidium compactum (Fisch. ex Bess.) Poljak.聚头绢蒿
Seriphidium fedtschenkoanum (Krasch.) Poljak.苍绿绢蒿
Seriphidium ferganense (Krasch. ex Poljak.) Poljak.费尔干绢蒿
Seriphidium finitum (Kitag.) Ling & Y.R.Ling 东北蛔蒿
Seriphidium gracilescens (Krasch. & Iljin) Poljak.纤细绢蒿
Seriphidium grenardii (Franch.) Y.R.Ling & C.J.Humph.高原绢蒿
Seriphidium heptapotamicum (Poljak.) Ling & Y.R.Ling 半荒漠绢蒿
Seriphidium issykkulense (Poljak.) Poljak.伊塞克绢蒿
Seriphidium junceum (Kar. & Kir.) Poljak.三裂叶绢蒿
Seriphidium junceum var. junceum=Seriphidium junceum
Seriphidium junceum var. macrosciadium (Poljak.) Ling & Y.R.Ling 大头三裂叶绢蒿
Seriphidium karatavicum (Krasch. & Abol. ex Poljak.) Ling & Y.R.Ling 卡拉套绢蒿
Seriphidium kaschgaricum (Krasch.) Poljak.新疆绢蒿
Seriphidium kaschgaricum var. dshungaricum (Filat.) Y.R.Ling 准噶尔绢蒿
Seriphidium kaschgaricum var. kaschgaricum=Seriphidium kaschgaricum
Seriphidium korovinii (Poljak.) Poljak.昆仑绢蒿
Seriphidium lehmannianum (Bge.) Poljak.球序绢蒿
Seriphidium maritimum (L.) Poljak 海滨绢蒿
Seriphidium minchünense Y.R.Ling 民勤绢蒿
Seriphidium monogolorum (Krasch.) Ling & Y.R.Ling 蒙青绢蒿
Seriphidium nitrosum (Web. ex Stechm.) Poljak.西北绢蒿
Seriphidium nitrosum var. gobicum (Krasch.) Y.R.Ling 戈壁绢蒿
Seriphidium nitrosum var. nitrosum=Seriphidium nitrosum
Seriphidium rhodanthum (Rupr.) Poljak.高山绢蒿
Seriphidium santolinum (Schrenk) Poljak.沙漠绢蒿
Seriphidium sawanense Y.R.Ling & C.J.Humph.沙湾绢蒿
Seriphidium schrnkanum (Ledeb.) Poljak.草原绢蒿
Seriphidium scopiforme (Ledeb.) Poljak.帚状绢蒿
Seriphidium semiaridum (Krasch. & Lavr.) Ling & Y.R.Ling 半凋萎绢蒿
Seriphidium sublessingianum (Kell.) Poljak.针裂叶绢蒿
Seriphidium terrae-albae (Krasch.) Poljak.白茎绢蒿
Seriphidium thomsonianum (C.B.Clarke) Ling & Y.R.Ling 西藏绢蒿
Seriphidium tianshanicum (Krasch. ex Poljak.) Y.R.Ling & C.J. Humphries 西天山绢蒿
Seriphidium transiliense (Poljak.) Poljak.伊犁绢蒿
Serissa Comm. ex A.L.Jussieu **白马骨属**(茜草科)
Serissa democritea Baill ex Franch.=Serissa serissoides
Serissa foetida (L.f.) Lam.=Serissa japonica
Serissa japonica (Thunb.) Thunb.六月雪
Serissa serissoides (DC.) Druce 白马骨
Sernoa HK.f.**锯齿棕属**(棕榈科)
Sernoa repens (Bartram) Small 锯齿棕
Serpicula verticillata L.f.=Hydrilla verticillata
Serratula L.(p.p.)=**Cirsium**
Serratula L.**麻花头属**(菊科)
Serratula alata S.G.Gmel.=Cirsium alatum
Serratula alatavica C.A.M.阿拉套麻花头
Serratula algida Iljin 全叶麻花头
Serratula alpina L.=Saussurea alpina
Serratula amara L.=Saussurea amara
Serratula ambiqua DC.=Jurinea multiflora
Serratula arvensis L.=Cirsium arvense
Serratula atriplicifolia (Trev.) Benth.=Synurus deltoides
Serratula atriplicifolia var. excelsa Makino=Synurus deltoides
Serratula atriplicifolia var. *incisolobata* (DC.) Miyabe & Miyake= Synurus deltoides
Serratula carduncula (Pall.) Schischk.分枝麻花头
Serratula carthamoides (Buch.-Ham.) O.Ktze.=Hemistepta lyrata
Serratula carthamoides Poir.(Buch.-Ham. ex Roxb.in Hort.Bengal.1814)= Hemistepta lyrata
Serratula carthamoides Poir.=Stemmacantha carthamoides
Serratula caspia Pall.=Karelinia caspia
Serratula centauroides L.麻花头
Serratula centauroides var. *macrocephala* Ledeb.=Serratula centauroides
Serratula centauroides var. *microcephala* Ledeb.(Franch.in Pl.David. 1883) = Serratula polycephala
Serratula chaetocarpa Ledeb.=Jurinea chaetocarpa
Serratula chanetii Lévl.碗苞麻花头
Serratula charbiensis Bar. & Skv.=Serratula cupuliformis
Serratula chinensis S.Moore 华麻花头
Serratula coronaria Pall.=Serratula coronata
Serratula coronata L.伪泥胡菜
Serratula crupina (L.) Vill.=Crupina vulgaris
Serratula cupuliformis Nakai & Kitag.钟苞麻花头
Serratula cynarifolia Poir.(p.p.)=Stemmacantha carthamoides
Serratula darrisii Lévl.=Vernonia spirei
Serratula davurica Adams ex Ledeb.=Saussurea davurica
Serratula deltoides (Ait.) Makino=Synurus deltoides
Serratula deltoides f. *collinus* Kitag.=Synurus deltoides
Serratula deltoides var. *inciso-lobatus* (DC.) Kitam.=Synurus deltoides
Serratula deltoides var. *palmatopinnatifida* Makino=Synurus deltoides
Serratula diabolica Kitam.=Olgaea lomonosowii
Serratula dissecta Ledeb.羽裂麻花头
Serratula dissecta Steph. ex Herd.=Saussurea runcinata
Serratula dissecta var. *asperula* Rgl. & Herd.=Serratula alatavica
Serratula dschungarica Iljin (北研丛刊 1935)=Serratula suffruticosa
Serratula dschungarica Iljin?准噶尔麻花头(新)
Serratula excelsus (Makino) Kitam.=Synurus deltoides

Serratula flexicaulis Rupr.=Serratula procumbens
Serratula forrestii Iljin 滇麻花头
Serratula gelberifolia Bar. & Skv.=Serratula marginata
Serratula glauca Ledeb.=Serratula marginata
Serratula gmelini Ledeb. ex DC.=Serratula marginata
Serratula hondae Geibot.=Synurus deltoides
Serratula hsingenensis Kitag.=Serratula centauroides
Serratula incana S.G.Gmel.=Cirsium incanum
Serratula japonica Thunb.=Saussurea japonica
Serratula komarovii Iljin (H.Ch.Fu in Fl.Intranong.1982)=Serratula chanetii
Serratula komarovii Iljin=Serratula centauroides
Serratula laxmanni Fisch. ex DC.=Serratula marginata
Serratula lyratifolia Schrenk 无茎麻花头
Serratula manshurica Kitag.=Serratula coronata
Serratula manshuriensis W.Wang=Serratula polycephala
Serratula marginata Tausch.薄叶麻花头
Serratula martinii Vant.=Serratula coronata
Serratula modesti Boriss.=Serratula lyratifolia
Serratula mongolica Kitag.=Serratula centauroides
Serratula muiltiflora L.=Jurinea multiflora
Serratula multicaulis Wall.=Hemistepta lyrata
Serratula multiflora L.=Saussurea salicifolia
Serratula nitida Fisch.=Serratula carduncula
Serratula nitida α. *typica* Trautv.=Serratula carduncula
Serratula nitida β. *glauca* (Ledeb.) Trautv.=Serratula marginata
Serratula palmatoinnatifidus (Makino) Kitam.=Synurus deltoides
Serratula palmatopinnatifidus var. *indivisa* Kitam.=Synurus deltoides
Serratula parviflora Poir.=Saussurea parviflora
Serratula picris (Pall. ex Willd.) MB.=Acroptilon repens
Serratula polycephala Iljin 多花麻花头
Serratula polycephala f. *leucantha* Kitag.=Serratula polycephala
Serratula polycephala var. *ortholepis* (Kitag.) Ling ex H.Ch.Fu= Serratula polycephala
Serratula potamini Iljin=Serratula chanetii
Serratula potanini Iljin (H.Ch.Fu in Fl.In.Tramong.1982)=Serratula centauroides
Serratula procumbens Rgl.歪斜麻花头
Serratula pulchella (Fisch.) Sims.=Saussurea pulchella
Serratula pungens (Franch. & Sav.) Kitam.=Synurus deltoides
Serratula pungens Franch. & Sav.=Synurus deltoides
Serratula pungens var. *gigantens* Kitam.=Synurus deltoides
Serratula radiata (Waldst.EtKr.) MB(Forbes & Hemsl.jin J.L.Soc.bBot. 1884)= Serratula centauroides
Serratula rugosa Iljin 新疆麻花头
Serratula salicifolia L.=Saussurea salicifolia
Serratula salicifolia Lepech.=Jurinea multiflora
Serratula salicina Pall.=Jurinea multiflora
Serratula salsa Pall.=Saussurea salsa
Serratula sect. *Oligochaeta* (G.Koch) DC.=**Oligochaeta**
Serratula setosa Willd.=Cirsium setosum
Serratula spinosa Gilib.=Cirsium arvense
Serratula stragulata Iljin 缢苞麻花头
Serratula suffruticosa Schrenk 木根麻花头
Serratula tenuifolia Bong.=Syreitschikovia tenuifolia
Serratula tianschanica Saposhn. & Nikit=Serratula lyratifolia
Serratula tincta Cass.=Jurinea multiflora
Serratula tinctoria L.(Sieb. & Miq. in Ann.Mus.Bot.Lugd.1866)= Hemistepta lyrata
Serratula tinctoria L.染色麻花头
Serratula trautvetteriana Rgl. & Schmalh.=Serratula alatavica
Serratula uniflora Spreng.=Stemmacantha uniflora
Serratula yamatsutana Kitag.=Serratula centauroides
Serratula yamatsutana var. *mongolica* (Kitag.) Kitag.=Serratula centauroides
Serruria Salisb.**色罗里阿属**(山龙眼科)
Serruria aemula R.Br.匹敌色罗里阿
Serruria florida J.Knight.佛罗里达色罗里阿
Sersalisia obovata R.Br.=Planchonella obovata
Sesamum L.**胡麻属**(胡麻科)
Sesamum indicum L.芝麻
Sesamum orientale L.=Sesamum indicum
Sesban Adans.=**Sesbania**
Sesban grandiflora (L.) Poir.=Sesbania grandiflora
Sesbania Scop.**田菁属**(豆科)
Sesbania aculeata (Willd.) Pers.=Sesbania bispinosa
Sesbania aculeata var. *cannabina* (Retz.) Baker=Sesbania cannabina
Sesbania aculeata var. *paludosa* (Roxb.) Baker=Sesbania javanica
Sesbania aegyptiaca Poir.=Sesbania sesban
Sesbania aegyptiaca var. *bicolor* Wight & Arn=Sesbania sesban var. bicolor
Sesbania aegyptiaca var. *concolor* Wight & Arn.=Sesbania sesban
Sesbania atropurpurea Taub.=Sesbania sesban var. bicolor
Sesbania bispinosa (Jacq.) W.F.Wight 刺田菁
Sesbania cannabina (Retz.) Poir.田菁
Sesbania cochinchinensis Kurz=Sesbania javanica
Sesbania grandiflora (L.) Pers.大花田菁
Sesbania grandiflora Miq.=Sesbania javanica
Sesbania javanica Miq.沼生田菁
Sesbania paludosa (Roxb.) G.King=Sesbania javanica
Sesbania paludosa (Roxb.) Prain=Sesbania javanica
Sesbania roxburghii Merr.=Sesbania javanica
Sesbania sesban (L.) Merr.印度田菁
Sesbania sesban var. bicolor (Wight & Arn.) F.W.Andrew 元江田菁
Sesbania sesban var. *concolor* (Wight & Arn.) Baquar=Sesbania sesban
Sesbania sesban var. sesban=Sesbania sesban
Seseli L.**西风芹属**(伞形科)
Seseli aemulans M.Pop.大果西风芹
Seseli buchtormense (Fisch.) Koch=Libanotis buchtormensis
Seseli coreanum Wolff=Libanotis seseloides
Seseli coronatum Ledeb.柱冠西风芹
Seseli delavayi Franch.多毛西风芹
Seseli eriocarpum (Schrenk) B.Fedtsch.=Libanotis eriocarpa
Seseli eriocephalum (Pall.) Schischk.毛序西风芹
Seseli fedtschenkoanum β. *iliense* Rgl. & Schmalh.=Libanotis iliensis
Seseli giraldii Diels=Libanotis buchtormensis
Seseli glabratum Willd. ex Schult.膜盘西风芹
Seseli iliense (Rgl. & Schmalh.) Lipsky=Libanotis iliensis
Seseli incanum (Staph.) B.Fedtsch.=Libanotis incana
Seseli inciso-dentatum K.T.Fu 锐齿西风芹
Seseli intramongolicum Y.C.Ma 内蒙西风芹
Seseli lessingianum Turcz.=Seseli eriocephalum
Seseli libanotis var. *daucifolia* (DC.) Franch. & Sav.=Libanotis seseloides
Seseli libanotis var. *sibiricum* DC.=Libanotis sibirica
Seseli lobanotis subsp. *sibiricum* (L.) Thell.=Libanotis sibirica
Seseli mairei Wolff 竹叶西风芹
Seseli mairei var. mairei=Seseli mairei
Seseli mairei var. simplicifolia C.Y.Wu ex Shan & Sheh 单叶西风芹
Seseli nortonii Fedde ex Wolff 西藏西风芹
Seseli pratense Crantz.=Silaus pratensis
Seseli provostii de Boiss.=Eriocycla albescens
Seseli purpureo-vaginatum Shan & Sheh 紫鞘西风芹
Seseli sandbergiae Fedde ex Wolff 山西西风芹
Seseli schansiensis Fedde ex Wolff=Seseli sandbergiae
Seseli schrenkianum (C.A.Mey ex Schischk.) Pimenov & Sdobn.= Libanotis schrenkiana
Seseli seseloides (Fisch. & Mey.) Hiroe=Libanotis seseloides
Seseli sessiliflorum Schrenk 无柄西风芹
Seseli sibiricum (L.) Benth. ex C.B.Clarke=Libanotis sibirica
Seseli squarrulosum Shan & Sheh 粗糙西风芹
Seseli subgen. 4. *Libanotis* Gren & Godr=**Libanotis**
Seseli tachiroei Franch. & Sav.=Ligusticum tachiroei
Seseli tenuifolium Ledeb.=Seseli glabratum
Seseli tschuiliense Pavl. ex Korov.楚伊犁西风芹
Seseli ugoense Koidz.=Libanotis seseloides
Seseli vaginatum Ledeb.=Phlojodicarpus sibricus
Seseli valentinae M.Pop.叉枝西风芹
Seseli wawrae Wolff=Peucedanum wawrae
Seseli yunnanense Franch.松叶西风芹
Seselopsis Schischk.**西归芹属**(伞形科)
Seselopsis tianshanicum Schischk.西归芹
Sesleria Scop.**天蓝草属**(禾本科)
Sesleria coerulea (L.) Ard.天蓝草
Sesleria dactyloides Nutt.=Buchloë dactyloides
Sesuvium L.**海马齿属**(番杏科)
Sesuvium portulacastrum (L.) L.海马齿

Setaria Beauv.**狗尾草属**(禾本科)
Setaria arenaria Kitag.断穗狗尾草
Setaria autumnalis Ohwi=Setaria faberii
Setaria brevispica Schum.=Setaria verticillata
Setaria chondrachne (Steud.) Honda 莩草
Setaria dubia Keng f. & Y.K.Ma=Setaria forbesiana
Setaria excurrens (Trin.) Miq.=Setaria plicata
Setaria excurrens var. *leviflora* Keng=Setaria palmifolia var. leviflora
Setaria faberii Herrm.(Merr. & Chun in Sunyatsennia 1940)=Setaria glauca
Setaria faberii Herrm.大狗尾草
Setaria forbesiana (Nees) HK.f.西南莩草
Setaria forbesiana var. breviseta S.L.Chen & G.Y.Sheng 短刺西南莩草
Setaria forbesiana var. forbesiana=Setaria forbesiana
Setaria geniculata (Lam.) Beauv.莠狗尾草
Setaria germanica (Mill.) Beauv.=Setaria italica var. germanica
Setaria gigantea (Franch. & Sav.) Makino=Setaria viridis subsp. pycnocoma
Setaria glauca (L.) Brauv.金色狗尾草
Setaria glauca var. dura (I.C.Chun)I.C.Chung 硬稃狗尾草
Setaria glauca var. glauca=Setaria glauca
Setaria glauca var. *longispica* (Honda) Makino & Nemoto=Setaria glauca
Setaria glauca var. *pallide-fusca* (Schumach.) T.Koyama (海南志 1977, p.p.)= Setaria geniculata
Setaria glauca var. *pallide-fusca* (Schumach.) T.Koyama=Setaria pallidifusca
Setaria guizhouensis S.L.Chen & G.Y.Sheng 贵州狗尾草
Setaria guizhouensis var. guizhouensis=Setaria guizhouensis
Setaria guizhouensis var. paleata S.L.Chen & G.Y.Sheng 具稃贵州狗尾草
Setaria intermedia Roem. & Schult.间序狗尾草
Setaria italica (L.) Beauv.粱
Setaria italica var. germanica (Mill.) Schred.粟
Setaria italica var. italica=Setaria italica
Setaria lutescens (Weig.) F.T.Hubb.=Setaria glauca
Setaria lutescens var. *dura* I.C.Chung=Setaria glauca var.Brauv. var. dura
Setaria matsumurae Hack. ex Matsumura=Setaria chondrachne
Setaria pachystachys (Franch. & Sav.) Franch. & Sav. ex Matsum.= Setaria viridis subsp. pachystachys
Setaria pallidifusca (Schumach.) Stapf & Hubb.褐毛狗尾草
Setaria palmifolia (Koen.) Stapf 棕叶狗尾草
Setaria palmifolia var. leviflora (Keng) S.L.Chen & G.Y.Sheng 光花狗尾草
Setaria palmifolia var. palmifolia=Setaria palmifolia
Setaria plicata (Lam.) T.Cooke 皱叶狗尾草
Setaria pumila (Poir.) Roem. & Schult.=Setaria glauca
Setaria pycnocoma (Stued.) Nenr. ex Nakai=Setaria viridis subsp. pycnocoma
Setaria rubiginosa (Steud.) Miq.=Setaria pallidifusca
Setaria stricta Kunth=Digitaria stricta
Setaria sulcata (Aubl.) Raddi 槽狗尾草
Setaria tomentosa (Roxb.) Kunth=Setaria intermedia
Setaria verticillata (L.) Beauv.倒刺狗尾草
Setaria verticilliformis Dumort.轮状狗尾草
Setaria viridis (L.) Beauv.狗尾草
Setaria viridis subsp. pachystachys (Franch. & Sav.) Masam. & Yang 厚穗狗尾草
Setaria viridis subsp. pycnocoma (Stud.) Tzvel.巨大狗尾草
Setaria viridis subsp. viridis=Setaria viridis
Setaria viridis var. *genuina* Honda=Setaria viridis
Setaria viridis var. *giganta* (Franch. & Sav.) Franch. & Sav. ex Matsum.= Setaria viridis subsp. pycnocoma
Setaria viridis var. *major* (Gaud.) A.Tray(Petermann in Fl.Lips.1838)= Setaria viridis subsp. pycnocoma
Setaria viridis var. *pachystachys* (Franch. & Sav.) Makino & Nemoto= Setaria viridis subsp. pachystachys
Setaria viridis var. *purpurascens* Maxim.=Setaria viridis
Setaria viridis var. *sinica* Ohwi=Setaria arenaria
Setaria viridis var. *weinmanni* (Roem. & Schult.) Borbas=Setaria viridis
Setaria yunnanenis Keng & K.D.Yu ex Keng f. & Y.K.Ma 云南狗尾草
Sethia kunthiana Wall.=Erythroxylum sinensis
Setiacis S.L.Chen & Y.S.Jin **刺毛头黍属**(禾本科)
Setiacis diffusa (Chia) S.L.Chen & Y.X.Jin 刺毛头黍
Seutera H.G.L.Reich.=**Cynanchum**
Seutera wilfordii Pobed.=Cynanchum wilforidii
Severinia buxifolia Tenore=Atalantia buxifolia
Severinia monophylla Tan=Atalantia buxifolia
Sheareria S.Moore **虾须草属**(菊科)
Sheareria nana S.Moore 虾须草
Sheareria polii Franch.=Sheareria nana
Shepherdia Nutt.**水牛果属**(胡颓子科)
Shepherdia argentea Nutt.银水牛果
Shepherdia canadensis Nutt.加拿大水牛果
Sherwoodia sinensis (Hemsl.) House=Shortia sinensis
Shibataea Makino ex Nakai **倭竹属**(禾本科)
Shibataea chiangshanensis Wen 江山倭竹
Shibataea chinensis Nakai 鹅毛竹
Shibataea chinensis cv. Aureo-striata 黄条纹鹅毛竹
Shibataea chinensis f. *aureo-striata* (Regel) C.H.Hu et al.=Shibataea chinensis cv. Aureo-striata
Shibataea chinensis var. chinensis=Shibataea chinensis
Shibataea chinensis var. gracilis C.H.Hu 细鹅毛竹
Shibataea fujianica C.D.Chu & H.Y.Zhou ex C.H.Hu et al.=Shibataea nanpingensis var. fujianica
Shibataea hispida McClure 芦花竹
Shibataea kumasasa (Zoll. ex Steud.) Makino 倭竹
Shibataea kumasasa f. *aureostriata* (Regel) S.Suzuki=Shibataea chinensis cv. Aureo-striata
Shibataea kumasasa var. *aureo-striata* (Regel) Makino=Shibataea chinensis cv. Aureo-striata
Shibataea lanceifolia C.H.Hu 狭叶倭竹
Shibataea lanceifolia cv. *Lanceifolia*=Shibataea lanceifolia
Shibataea lanceifolia cv. Smaragdina 翡翠倭竹
Shibataea lanceifolia f. *smaragdina* C.H.Hu=Shibataea lanceifolia cv. Smaragdina
Shibataea nanpingensis Q.F.Zheng & K.F.Huang 南平倭竹
Shibataea nanpingensis var. fujianica (C.D.Chu & H.Y.Zhou) C.H.Hu 福建倭竹
Shibataea nanpingensis var. nanpingensis=Shibataea nanpingensis
Shibataea pygmaea f. Maekawa 纤细倭竹(新)?
Shibataea ruscifolia (Sieb. ex Munro) Makino=Shibataea kumasasa
Shibataea strigosa Wen 倭雷竹
Shibateranthis stellata (Maxim.) Nakai=Eranthis stellata
Shiia Makino=**Castanopsis**
Shiia brachyacantha (Hay.) Kudô & Masamune=Castanopsis eyrei
Shiia carlesii (Hemsl.)- Kudô =Castanopsis carlesii
Shiia fissa (Cahmp. ex Benth.) Kudô=Castanopsis fissa
Shiia longicaudata (Hay.) Kudô & Masamune ex Msasamune= Castanopsis carlesii
Shiia randaiensis (Hay.) Koidz.=Castanopsis uraiana
Shiia uraiana (Hay.) Kanehira & Hatusimaex Kanehira=Castanopsis uraiana
Shorea Roxb.**婆罗双属**(龙脑香科)
Shorea acuminata Dyer 红娑罗双
Shorea assamica Dyer 云南娑罗双
Shorea belongeran Burck 加里曼丹娑罗双
Shorea chinensis Merr.=Hopea chinensis
Shorea cochinchinensis Pierre 印支娑罗双
Shorea curtisii Dyer 库氏娑罗双
Shorea laevifolia Endert 平滑叶娑罗双
Shorea leprosula Miq.浅红娑罗双
Shorea obtusa Wall.钝叶娑罗双
Shorea ovalis Bl.椭圆叶娑罗双
Shorea parvifolia Dyer 小叶娑罗双
Shorea pauciflora King 稀花娑罗双
Shorea polysperma Merr.多子娑罗双
Shorea sericiflora Fisch. & Hutch.丝花娑罗双
Shorea squamata Dyer 具鳞娑罗双
Shorea talura Roxb.印南娑罗双
Shortia Torr. & Gray **岩扇属**(岩梅科)
Shortia davidi Franch.=Berneuxia thibetica
Shortia exappendiculata Hay.台湾岩扇
Shortia ritoensis Hay.=Shortia exappendiculata

Shortia sinensis Hemsl.华岩扇
Shortia sinensis var. pubinervis C.Y.Wu 毛脉华岩扇
Shortia sinensis var. sinensis=Shortia sinensis
Shortia subcordata Hay.=Shortia exappendiculata
Shortia thibetica (Decne.) Franch.=Berneuxia thibetica
Shortia trans-alpina Hay.=Shortia exappendiculata
Shortiopsis exappendiculata Hay.=Shortia exappendiculata
Shueh-Kan=Citrus sinensis cv. Xue Cheng
Shutereia Choisy=**Hewittia**
Shutereia bicolor (Vahl) Choisy=Hewittia malabarica
Shutereia sublobata (L.f.) House=Hewittia malabarica
Shuteria Wight & Arn.**宿苞豆属**(豆科)
Shuteria anabaptis (Kurz) C.Y.Wu=Shuteria hirsuta
Shuteria glabrata Wight & Arn.=Shuteria involucrata var. glabrata
Shuteria hirsuta Baker 硬毛宿苞豆
Shuteria involucrata (Wall.) Wight & Arn.宿苞豆
Shuteria involucrata var. glabrata (Wight & Arn.) Ohashi 光宿苞豆
Shuteria involucrata var. involucrata=Shuteria involucrata
Shuteria involucrata var. villosa (Pamp.) Ohashi 毛宿苞豆
Shuteria pampaniniana Hand.-Mazz.=Shuteria involucrata var. villosa
Shuteria sinensis Hemsl.=Shuteria involucrata
Shuteria trisperma Miq.=Amphicarpaea edgeworthii
Shuteria vestita (Grah.) Wight & Arn.=Shuteria involucrata var. glabrata
Shuteria vestita var. *glabrata* (Wight & Arn.) Baker=Shuteria involucrata var. glabrata
Shuteria vestita var. *involucrata* (Wall.) Baker=Shuteria involucrata
Shuteria vestita var. *vilosa* Pamp.=Shuteria involucrata var. villosa
Sibbaldia L.(p.p.)=**Chamaerhodos**
Sibbaldia L.**山莓草属**(蔷薇科)
Sibbaldia adpressa Bge.伏毛山莓草
Sibbaldia altaica Laxm.=Chamaerhodos altaica
Sibbaldia aphanopetala Hand.-Mazz.=Sibbaldia procumbens var. aphanopetala
Sibbaldia cuneata Hornem. ex Ktze.楔叶山莓草
Sibbaldia erecta L.=Chamaerhodos erecta
Sibbaldia glabriuscula Yü & Li 光叶山莓草
Sibbaldia macropetala Muraj.=Sibbaldia purpurea var. macropetala
Sibbaldia macrophylla Turcz. ex Juzep.=Sibbaldia procumbens
Sibbaldia melinotricha Hand.-Mazz.黄毛山莓草
Sibbaldia micropetala (D.Don) Hand.-Mazz.白叶山莓草
Sibbaldia omeiensis Yü & Li 峨眉山莓草
Sibbaldia parviflora Willd.(Hand.-Mazz.in Acta Hort.Gothob.1939)=Sibbaldia procumbens var. aphanopetala
Sibbaldia pentaphylla J.Krause 五叶山莓草
Sibbaldia perpusilloides (W.W.Sm.) Hand.-Mazz.短蕊山莓草
Sibbaldia phanerophylebia Yü & Li 显脉山莓草
Sibbaldia procumbens L.(Hay.in Ic.Pl.Formos.1911)=Sibbaldia cuneata
Sibbaldia procumbens L.山莓草
Sibbaldia procumbens var. aphanopetala (Hand.-Mazz.) Yü & Li 隐瓣山莓草
Sibbaldia procumbens var. procumbens=Sibbaldia procumbens
Sibbaldia pulvinata Yü & Li 垫状山莓草
Sibbaldia purpurea Royle 紫花山莓草
Sibbaldia purpurea var. macropetala (Muraj.) Yü & Li 大瓣紫花山莓草
Sibbaldia purpurea var. purpurea=Sibbaldia purpurea
Sibbaldia sericea (Grub.) Sojak.绢毛山莓草
Sibbaldia sericea Grub.=Sibbaldia sericea
Sibbaldia sikiimensis Chatterjee=Sibbaldia melinotricha
Sibbaldia taiwanensis Li=Sibbaldia cuneata
Sibbaldia tenuis Hand.-Mazz.纤细山莓草
Sibbaldia tetrandra Bge.四蕊山莓草
Sibbaldianthe Juzep.=**Sibbaldia**
Sibbaldianthe adpressa (Bge.) Juzep.=Sibbaldia adpressa
Sibbaldianthe minutissima Kitam.=Sibbaldia adpressa
Sibiraea Maxim.**鲜卑花属**(蔷薇科)
Sibiraea altaiensis Schneid.=Sibiraea laevigata
Sibiraea angustata (Rehd.) Hand.-Mazz.窄叶鲜卑花
Sibiraea glaberrima Hao=Sibiraea laevigata
Sibiraea laevigata (L.) Maxim.鲜卑花
Sibiraea laevigata var. *angustata* Rehd.=Sibiraea angustata
Sibiraea tomentosa Diels 毛叶鲜卑花
Sibithorpia pinnata (Wall. ex Benth.) Benth.=Ellisiophyllum pinnatum
Sibthorpia L.(Benth.in Benth. & HK.f.Gen.Pl.2, 1876,p.p.)=**Ellisiophyllum**
Sibthorpia pinnata Benth.=Ellisiophyllum pinnatum
Sichuania M.G.Gilb. & P.T.Li **四川藤属**(萝藦科)
Sichuania alterniloba M.g.Gilb. & P.T.Li 四川藤
Sicyos edulis Jacq.=Sechium edule
Sicyos fauriei Lévl.=Momordica charantia
Sida L.**黄花稔属**(锦葵科)
Sida abutilon L.=Abutilon theophrasti
Sida acuta Burm.f.黄花稔
Sida acuta var. *intermedia* S.Y.Hu=Sida acuta
Sida alnifolia L.桤叶黄花稔
Sida alnifolia var. obovata (Wall.) S.Y.Hu 倒卵叶黄花稔
Sida alnifolia var. orbiculata S.Y.Hu 圆叶黄花稔
Sida carpinifolia L.f.(Mast.in Fl.Brit.Ind.1874)=Sida acuta
Sida carpinifolia L.f.=Malvastrum coromandelianum
Sida chinensis Retz.中华黄花稔
Sida cordata (Burm.f.) Borss.长梗黄花稔
Sida cordifolia L.心叶黄花稔
Sida cordifolioides Feng 湖南黄花稔
Sida corylifolia Wall.=Sida subcordata
Sida corynocarpa Wall.=Sida rhombifolia var. corynocarpa
Sida crispa L.=Abutilon crispum
Sida fallax (Walp.(Forbes & Hemsl.in J.L.Soc.Bot.1886)=Sida rhombifolia var. orbiculata
Sida fallax Walp.(Merr.in Lingn.Sci.J.1928)=Sida rhombifolia var. microphylla
Sida guineensis Schumach.=Abutilon indicum var. guineense
Sida herbacea Cavan.=Sida cordifolia
Sida hirta Lamk.=Abutilon hirtum
Sida hongkongensis Gandoger=Sida cordifolia
Sida humilis Cavan.=Sida cordata
Sida indica L.=Abutilon indicum
Sida javensis Cavan.爪哇黄花稔
Sida lanceolata Retz.=Sida acuta
Sida maysorensis Wight & Arn.粘毛黄花稔
Sida microphylla Cavan.=Sida rhombifolia var. microphylla
Sida mollis Orteg.(Pavolini in Nour.Giorn.Bot.Ital.1908)=Abutilon theophrasti
Sida multicaulis cavan.=Sida cordata
Sida obovata Wall.=Sida rhombifolia var. obovata
Sida orientalis Cavan.东方黄花稔
Sida periplocifolia L.=Wissadula periplocifolia
Sida picta Gill. ex HK.=Abutilon striatum
Sida populifolia Lamk.=Abutilon indicum
Sida retusa L.=Sida alnifolia
Sida rhombifolia L.(Benth.Fl.Hongk.1861)=Sida alnifolia
Sida rhombifolia L.(Hand.-Mazz.in Symb.Sin.1933)=Sida szechuensis
Sida rhombifolia L.白背黄花稔
Sida rhombifolia Roxb. ex Flem.=Sida orientalis
Sida rhombifolia subsp. *retusa* (L.) Borss.=Sida alnifolia
Sida rhombifolia var. corynocarpa (Wall.) S.Y.Hu 棒果黄花稔
Sida rhombifolia var. *microphylla* (Cavan.) Mast.=Sida rhombifolia var. microphylla
Sida rhombifolia var. microphylla (Cavan.) S.Y.Hu 小叶黄花稔
Sida rhombifolia var. obovata (Wall.) S.Y.Hu 倒卵叶黄花稔
Sida rhombifolia var. *obovata* Mast.(Hand.-Mazz.in Symb.Sin.1933)=Sida szechuensis
Sida rhombifolia var. *obvata* (Wall.) Mast.=Sida rhombifolia var. obovata
Sida rhombifolia var. orbiculata S.Y.Hu 圆叶黄花稔
Sida rhombifolia var. *retusa* (L.) Mast.=Sida alnifolia
Sida rhombifolia var. *retusa* Mast.(Franch.Pl.Delav.1889)=Sida chinensis
Sida rhombifolia var. rhombifolia=Sida rhombifolia
Sida rhombifolia var. *rhomboides* (Roxb.) Mast.=Sida orientalis
Sida rotundifolia Lam. ex Cavan.=Sida cordifolia
Sida scoparia Lour.=Sida acuta
Sida stauntoniana DC.=Sida acuta
Sida subcordata Span.榛叶黄花稔
Sida supina L'Hérit (Merr. & Chun in Sunyats.1940)=Sida cordata
Sida szechuensis Matsuda 拨毒散
Sida tiliaefolia Fisch.=Abutilon theophrasti
Sida urticaefolia Wight & Arn.=Sida maysorensis
Sida veronicaefolia Lam.=Sida cordata

Sida viscosa L.(Lour.in Fl.Cochinch.1790)=Sida maysorensis
Sida yunnanensis S.Y.Hu 云南黄花稔
Sideritis L.**毒马草属**(唇形科)
Sideritis balansae Boiss.紫花毒马草
Sideritis chlorostegia Juz.绿被毒马草
Sideritis ciliata Thunb.=Elsholtzia ciliata
Sideritis conferta Juz.密集毒马草
Sideritis euxina Juz.黑海毒马草
Sideritis imbrex Juz.空瓦毒马草
Sideritis montana L.毒马草
Sideroxylon annamense (Pierre) Lec.=Pouteria annamensis
Sideroxylon arboreum Buch.-Ham. ex Clarke=Sarcosperma arboreum
Sideroxylon bodinieri Lévl.=Handeliodendron bodinieri
Sideroxylon clemensii Lec.=Planchonella clemensii
Sideroxylon embeliaefolium Merr.=Xantolis longispinosa
Sideroxylon ferrugineum HK. & Arn.=Planchonella obovata
Sideroxylon gamblei C.B.Clarke=Platea latifolia
Sideroxylon grandifolium Wall.=Pouteria grandifolia
Sideroxylon hainanense Merr.=Pouteria annamensis
Sideroxylon longispinosa Merr.=Xantolis longispinosa
Sideroxylon rostrata Merr.=Xantolis boniana var. rostrata
Sideroxylon sect. *Sinosideroxylon* Engl.=**Sinosideroxylon**
Sideroxylon shweliensis W.W.Sm.=Xantolis shweliensis
Sideroxylon wightianum HK. & Arn.=Sinosideroxylon wightianum
Sideroxylon wightianum var. *balansae* Lec.=Sinosideroxylon wightianum
Sideroxylon wightianum var. *tonkinense* Li=Sinosideroxylon wightianum
Siegesbeckia L.**豨莶属**(菊科)
Siegesbeckia brachiata Roxb.=Siegesbeckia orientalis
Siegesbeckia formosana Kitam.=Siegesbeckia glabrescens
Siegesbeckia glabrescens Makino 毛梗豨莶
Siegesbeckia glabrescens var. *leucoclada* Nakai=Siegesbeckia glabrescens
Siegesbeckia gracilis DC.=Siegesbeckia orientalis
Siegesbeckia humilis Koidz.=Siegesbeckia orientalis
Siegesbeckia iberica Willd.=Siegesbeckia orientalis
Siegesbeckia micorcephala DC.=Siegesbeckia orientalis
Siegesbeckia orientalis L.豨莶
Siegesbeckia orientalis f. *angustifolia* Makino=Siegesbeckia orientalis
Siegesbeckia orientalis f. *glabrescens* Makino=Siegesbeckia glabrescens
Siegesbeckia orientalis f. *pubescens* Makino=Siegesbeckia pubescens
Siegesbeckia orientalis subsp. *glabrescens* (Makino) Kitam.=Siegesbeckia glabrescens
Siegesbeckia orientalis subsp. *pubescens* Kitam.=Siegesbeckia pubescens
Siegesbeckia orientalis var. *angustifolia* Makino=Siegesbeckia orientalis
Siegesbeckia orientalis var. *glabrescens* Makino=Siegesbeckia glabrescens
Siegesbeckia orientalis var. *pubescens* Makino=Siegesbeckia pubescens
Siegesbeckia pubescens Makino 腺梗豨莶
Siegesbeckia pubescens f. eglandulosa Ling & Hwang 无腺腺梗豨莶(新)
Siegesbeckia pubescens f. pubescens=Siegesbeckia pubescens
Sieversia elata Royle=Acomastylis elata
Sieversia elata var. *humile* Royle=Acomastylis elata var. humilis
Sigmatogyne Pfitz.=**Panisea**
Sigmatogyne bia Kerr=Panisea tricallosa
Sigmatogyne pantlingii Pfitz.=Panisea tricallosa
Sigmatogyne tricallosa (Rolfe) Pfitz.=Panisea tricallosa
Silaum silaus Schinz & Thell.=Silaus pratensis
Silaus Bernh.**亮叶芹属**(伞形科)
Silaus Mill.=**Silaus**
Silaus flavescens Bernh=Silaus pratensis
Silaus pratensis (Crantz.) Bess.草地亮叶芹
Silene L.**蝇子草属**(石竹科)
Silene acaulis L.=Silene davidii
Silene adenantha Franch.=Silene asclepiadea
Silene adenocalyx Williams (西藏志 1983)=Silene napuligera
Silene adenocalyx Williams 腺萼蝇子草
Silene alaschanica (Maxim.) Bocquet 贺兰山蝇子草
Silene alba (Mill.) E.H.L.Krause=Silene latifolia subsp. alba
Silene alba subsp. *divaricata* (Reichb.) Walters=Silene latifolia
Silene alexandrae B.A.Keller 斋桑蝇子草
Silene alpestris jacq.高山蝇子草
Silene altaica Pers.阿尔泰蝇子草
Silene altaica var. *grandiflora* C.A.Mey.=Silene alexandrae
Silene altaica var. *hystrix* Trautv.=Silene alexandrae
Silene altaica var. *typica* Trautv.=Silene altaica
Silene altaica β. *grandiflora* C.A.Mey.=Silene alexandrae
Silene anglica L.=Silene gallica
Silene aprica Turcz. ex Fisch. & Mey.(in sched.)=Silene kialensis
Silene aprica Turcz. ex Fisch. & Mey.女娄菜
Silene aprica var. *firma* (S. & Z.) F.N.Will.=Silene firma
Silene aprica var. *oldhamiana* (Miq.) C.Y.Wu=Silene aprica
Silene aprica α. *typica* Rohrb.=Silene aprica
Silene aprica β. *firma* (S. & Z.) Williams=Silene firma
Silene argyi Lévl.=Silene fortunei
Silene armeria L.高雪轮
Silene asclepiadea Franch.掌脉蝇子草
Silene asclepiadea var. asclepiadea=Silene asclepiadea
Silene asclepiadea var. *dumicola* (W.W.Sm.) C.L.Tang=Silene viscidula
Silene asclepiadea var. *glutinosa* Franch.=Silene asclepiadea
Silene asterias Griseb.巴纳特蝇子草
Silene atrocastanea Diels 栗色蝇子草
Silene atsaensis (Marq.) Bocquet 阿扎蝇子草
Silene baccifera (L.) Roth 狗筋蔓
Silene banksia (Meerb.) Mabb.=Lychnis coronata
Silene batangensis Limpr.巴塘蝇子草
Silene bhutanica (W.W.Sm.) Majumdar=Silene indica var. bhutanica
Silene bilingua W.W.Sm.双舌蝇子草
Silene bodinieri Lévl.=Silene viscidula
Silene borysthenica (Gruner) Walters 小花蝇子草
Silene bungeana (D.Don) H.Ohashi e& H.Nakai=Lychnis senno
Silene bungei Bocquet 暗色蝇子草
Silene caespitella Williams (西藏志 1983)=Silene moorcroftiana
Silene caespitella Williams 丛生蝇子草
Silene caespitosa Bur. & Franch.=Silene davidii
Silene californica Durand.加州雪轮
Silene capitata Kom.头序蝇子草
Silene cardiopetala Franch.心瓣蝇子草
Silene cardiopetala var. *deqenensis* C.Y.Wu ex C.L.Tang(p.p.)=Silene monbeigii
Silene cardiopetala var. *deqenensis* C.Y.Wu ex C.L.Tang(p.p.)=Silene rosiflora
Silene caroliniana Palt.加罗雪轮
Silene cashmeriana (Royle ex Benth.) Majumdar 克什米尔蝇子草
Silene chalcedonica (L.) E.H.L.Krause=Lychnis chalcedonica
Silene chodatii Bocquet 球萼蝇子草
Silene chodatii var. chodatii=Silene chodatii
Silene chodatii var. pygmaea Bocquet 矮球萼蝇子草
Silene chungtienensis W.W.Sm.中甸蝇子草
Silene cognata (Maxim.) H.Ohashi & H.Nakai=Lychnis cognata
Silene compacta Fisch.密花雪轮
Silene conoidea L.麦瓶草
Silene cryptantha Diels=Psammosilene tunicoids
Silene cucubalus Wibel=Silene vulgaris
Silene cupifromis C.L.Tang=Silene atrocastanea
Silene dasyphylla Turcz.=Silene jenisseensis
Silene davidii (Franch.) Oxhelm.垫状蝇子草
Silene dawoensis Limpr.道孚蝇子草
Silene delavayi Franch.西南蝇子草
Silene dumetosa C.L.Tang 灌丛蝇子草
Silene dumicola W.W.Sm.=Silene viscidula
Silene duthiei Majumdar=Silene songarica
Silene epilosa W.W.Sm.=Silene firma
Silene esquamata W.W.Sm.无鳞蝇子草
Silene esquirolii Lévl.=Swertia bimaculata
Silene firma S. & Z.坚硬女娄菜
Silene firma f. *pubescens* (Makino) Ohwi & Ohashi=Silene firma
Silene firma var. firma=Silene firma
Silene firma var. pubescens (Makino) S.Y.He 疏毛女娄菜
Silene firma var. *pubescens* Makino) S.Y.He=Silene firma
Silene fissipetala Turcz.=Silene fortunei
Silene flavovirens C.Y.Wu=Silene chungtienensis
Silene foliosa Maxim.石缝蝇子草
Silene foliosa var. foliosa=Silene foliosa
Silene foliosa var. *macrostyla* (Maxim.) Rohrb.=Silene macrostyla
Silene foliosa var. *mongolica* Maxim.=Silene foliosa
Silene foliosa α. *typica* Rohrb.=Silene foliosa

Silene foliosa β. *macrostyla* (Maxim.) Rohrb.=Silene macrostyla
Silene foliosa γ. *mongolica* (Maxim.) Williams=Silene foliosa
Silene fortunei Vis.鹤草
Silene fruticulosa (Pall.) Schischk. ex Krylov=Silene altaica
Silene fulgens (Spreng.) E.H.L.Krause=Lychnis fulgens
Silene gallica L.蝇子草
Silene gonosperma (Ruipr.) Bocquet 隐瓣蝇子草
Silene gonosperma subsp. *himalayensis* var. *himalayensis* Bocquet=Silene himalayensis
Silene gracilenta H.Chuang 纤细蝇子草
Silene gracilicaulis C.L.Tang 细蝇子草
Silene gracilicaulis var. gracilicaulis=Silene gracilicaulis
Silene gracilicaulis var. *longipedicellata* C.L.Tang=Silene gracilicaulis
Silene gracilicaulis var. *rubescens* (Franch.) C.L.Tang=Silene gracilicaulis
Silene graminifolia Otth 禾叶蝇子草
Silene graminifolia β. *parviflora* Fenzl=Silene jenisseensis
Silene graminioides C.Y.Wu & C.L.Tang(p.p.)=Silene chodatii var. pygmaea
Silene graminioides C.Y.Wu & C.L.Tang(p.p.)=Silene gracilenta
Silene grandiflora Franch.大花蝇子草
Silene griffithii Boiss.=Silene suaveolens
Silene gyirongensis L.H.Zhou=Silene moorcroftiana
Silene herbilegorum (Bocq.) Lidén & Oxehm.多裂腺毛蝇子草
Silene himalayensis (Rohrb.) Majumdar 喜马拉雅蝇子草
Silene holopetala Bge.全缘蝇子草
Silene huguettiae Bocquet 狭果蝇子草
Silene huguettiae var. huguettiae=Silene huguettiae
Silene huguettiae var. pilosa C.Y.Wu & H.Chuang 无腺狭果蝇子草
Silene hupehensis C.L.Tang 湖北蝇子草
Silene hupehensis var. hupehensis=Silene hupehensis
Silene hupehensis var. pubescens C.L.Tang 毛湖北蝇子草
Silene incisa C.L.Tang 齿瓣蝇子草
Silene incurvifolia Kar. & Kir.镰叶蝇子草
Silene indica Roxb. ex Otth 印度蝇子草
Silene indica Roxb.=Silene indica
Silene indica var. bhutanica (W.W.Sm.) Bocquet 不丹蝇子草
Silene indica var. indica =Silene indica
Silene inflata Smith=Silene vulgaris
Silene inflata var. *vulgaris* Turcz.=Silene vulgaris
Silene jenissea Poir.=Silene jenisseensis
Silene jenissea StepH. ex Bge.=Silene jenisseensis
Silene jenissea var. *parviflora* Trucz.=Silene jenisseensis
Silene jenissea var. *setifolia* Trucz.=Silene jenisseensis
Silene jenissea γ. *parviflora* Turcz.=Silene jenisseensis
Silene jenissea δ. setifolia turcz.=Silene jenisseensis
Silene jenisseensis Willd.(Попов.in Фл.Срд.СИБ.1957,p.p.)=Silene jenisseensis
Silene jenisseensis Willd.山蚂蚱草
Silene jenisseensis f. jenisseensis=Silene jenisseensis
Silene jenisseensis f. *parviflora* (Turcz.) Schischk.=Silene jenisseensis
Silene jenisseensis f. *setifolia* (Turcz.) Schischk.=Silene jenisseensis
Silene jenisseensis var. *oliganthella* (Nakai ex Kitag.) Y.C.Chu=Silene jenisseensis
Silene jenisseensis var. *vegetior* Popov=Silene jenisseensis
Silene jenisseensis var. *viscifera* Y.C.Chu=Silene graminifolia
Silene kantzeensis C.L.Tang=Silene davidii
Silene karaczukuri B.Fedtsch.喀拉蝇子草
Silene karekirii Bocquet 污色蝇子草
Silene kermesina W.W.Sm.=Silene asclepiadea
Silene khasiana Rohrb.卡西亚蝇子草
Silene kialensis (F.N.Will.) Lidén & Oxelm.甲拉蝇子草
Silene kiiruninsularis Masamune=Silene fortunei
Silene kiruninsularis Msamune=Silene fortunei
Silene komarovii Schischk.轮伞蝇子草
Silene koreana Kom.朝鲜蝇子草
Silene kumaensis Williams (西藏志 1983)=Silene adenocalyx
Silene kungessana B.Fedtsch.巩乃斯蝇子草
Silene lamarum C.Y.Wu 喇嘛蝇子草
Silene lankongensis Franch.=Silene viscidula
Silene latifolia Poir.叉枝蝇子草
Silene latifolia subsp. alba (Miller) Greuter & Burdet 白花蝇子草
Silene latifolia subsp. latifolia=Silene latifolia
Silene lhassana (Williams) Majumdar 拉萨蝇子草
Silene lichiangensis W.W.Sm.丽江蝇子草
Silene linearifolia Pamp.=Silene hupehensis
Silene lineariloba C.Y.Wu 线瓣蝇子草
Silene linnaeana Vorosch.林奈蝇子草
Silene longicornuta C.Y.Wu & C.L.Tang 长角蝇子草
Silene longipes (Hand.-Mazz.) C.Y.Wu=Silene melanantha
Silene longiuscula C.Y.Wu C.L.Tang=Silene dawoensis
Silene lutea Franch.=Silene asclepiadea
Silene macrostyla Maxim.长柱蝇子草
Silene madens Majumdar=Silene himalayensis
Silene maheshwarii Bocquet=Silene caespitella
Silene mairei Lévl.=Silene viscidula
Silene maritima With.海滨麦瓶草
Silene maximowicziana Kozhev.=Silene foliosa
Silene melanantha Franch.黑花蝇子草
Silene melandriformis Maxim.=Silene aprica
Silene monbeigii W.W.Sm.沧江蝇子草
Silene moorcroftiana Wall. ex Benth.冈底斯山蝇子草
Silene morii Hay.=Silene aprica
Silene morrisonmontana (Hay.) Ohwi & Ohashi 玉山蝇子草
Silene morrisonmontana var. glabella (Ohwi) Ohwi & Ohashi 秃玉山蝇子草
Silene morrisonmontana var. morrisonmontana=Silene morrisonmontana
Silene muliensis C.Y.Wu 木果蝇子草
Silene multifurcata C.L.Tang 花肱蝇子草
Silene mushaensis Hay.=Silene aprica
Silene namlaensis (Marq.) Bocquet 墨托蝇子草
Silene nana Kar. & Kir.矮蝇子草
Silene nangqenensis C.L.Tang 囊谦蝇子草
Silene napuligera Franch.纺锤蝇子草
Silene nepalensis Majumdar 尼泊尔蝇子草
Silene nepalensis var. *kialensis* (F.N.Will.) C.L.Tang ex C.Y.Wu=Silene kialensis
Silene nepalensis var. nepalensis=Silene nepalensis
Silene nigrescens (Edgew.) Majumdar (西藏志 1983)=Silene namlaensis
Silene nigrescens (Edgew.) Majumdar 变黑蝇子草
Silene nigrescens subsp. latifolia Bocquet 宽叶变黑蝇子草
Silene nigrescens subsp. nigrescens=Silene nigrescens
Silene ningxiaensis C.L.Tang 宁夏蝇子草
Silene noctiflora L.夜花蝇子草
Silene nyinchinensis L.H.Zhou=Silene lhassana
Silene oblanceolata W.W.Sm.(in Sched.1924)=Silene longicornuta
Silene oblanceolata W.W.Sm.倒披针叶蝇子草
Silene odoratissima Bge.香蝇子草
Silene oldhamiana Miq.=Silene aprica
Silene oliganthella Nakai ex Kitag.=Silene jenisseensis
Silene orientalimongolica J.Kozhevn.内蒙古女娄菜
Silene otites (L.) Wibel 黄雪轮
Silene otites Smith=Silene otites
Silene otites var. *borysthenica* Gruner=Silene borysthenica
Silene otites var. *wolgensis* (Horn.) Rohr.=Silene wolgensis
Silene otites γ. *borysthenica* Gruner=Silene borysthenica
Silene otites δ. *wolgensis* Rohrb.=Silene wolgensis
Silene otodonta Franch.耳齿蝇子草
Silene pachyrrhiza Franch.=Silene repens
Silene pamirensis Preobr.=Silene karaczukuri
Silene parviflora (Ehrh.) Pers.=Silene borysthenica
Silene paucifolia (Williams) Nakai=Silene jenisseensis
Silene pendula L.大蔓樱草
Silene persica subsp. *moorcroftiana* (Wall. ex Benth.) Chowd.=Silene moorcroftiana
Silene persica subsp. *moorcropftiana* (Wall. ex Benth.) Chowdhuri=Silene moorcroftiana
Silene phoenicodonta Franch.红齿蝇子草
Silene platypetala Bur. & Franch.=Silene principis
Silene platyphylla Franch.(Diels in Not.Bot.Gard.Edinb.1912)=Silene asclepiadea
Silene platyphylla Franch.宽叶蝇子草
Silene platyphylla f. *congesta* Franch.=Silene platyphylla

Silene platyphylla f. *involucrata* Franch.=Silene platyphylla
Silene platyphylla f. *paniculifera* Franch.=Silene platyphylla
Silene platyphylla var. platyphylla=Silene platyphylla
Silene platyphylla var. *praticola* (W.W.Sm.) C.Y.Wu=Silene platyphylla
Silene potaninii Maxim.=Silene tatarinowii
Silene pratensis (Rafin.) Gren. & Godron=Silene latifolia subsp. alba
Silene pratensis subsp. *divaricata* (Reich.) McNeill & C.Prant.=Silene latifolia
Silene pratensis subsp. pratensis=Silene latifolia subsp. alba
Silene praticola W.W.Sm.=Silene platyphylla
Silene principis Oxelm. & Ledén 宽瓣蝇子草
Silene pseudofortunei Y.W.Tsui & C.L.Tang 团伞蝇子草
Silene pseudootites Bess. ex Reich.=Silene otites
Silene pseudotenuis Schischk.昭苏蝇子草
Silene pseudotites Bess. ex Reichb.=Silene otites
Silene pterosperma Maxim.长梗蝇子草
Silene pubicalycina C.Y.Wu 毛萼蝇子草
Silene pubistyla L.H.Zhou=Silene graminifolia
Silene puranensis (L.H.Zhou) C.Y.Wu & H.Chuang 普兰蝇子草
Silene qiyunshanensis X.H.Guo & X.L.Liu 齐云山蝇子草
Silene quadriloba Turcz. ex Kar. & Kir.四裂蝇子草
Silene radians Kar. & Kir.=Silene odoratissima
Silene repens Patr.(Franch.in J.De Bot.189)=Silene repens
Silene repens Patr.蔓茎蝇子草
Silene repens var. *angustifolia* f. *sinensis* F.N.Will.=Silene repens
Silene repens var. *latifolia* Turcz.=Silene repens
Silene repens var. repens=Silene repens
Silene repens var. *sinensis* (F.N.Will.) C.L.Tang=Silene repens
Silene repens var. *vulgaris* Turcz.=Silene repens var. sinensis
Silene repens var. *xilingensis* Y.Z.Zhao=Silene repens var. sinensis
Silene repens α. *angusitifolia* f. *sinensis* Williams=Silene repens
Silene repens α. *typica* Rgl.=Silene repens
Silene repens α. *vulgaris* Turcz.=Silene repens
Silene repens β. *angustifolia* Turcz.=Silene repens
Silene rosiflora Ward 粉花蝇子草
Silene rubicunda Franch.=Silene napuligera
Silene rubicunda var. *revodata* Franch.=Silene napuligera
Silene rubricalyx (Marq.) Bocquet 红萼蝇子草
Silene salicifolia C.L.Tang 柳叶蝇子草
Silene salweenenesis W.W.Sm.=Silene rosiflora
Silene saponaria Fries=Saponaria officinalis
Silene saxifraga L.针叶雪轮
Silene schafta Gmel.夏弗塔雪轮
Silene scopulorum Franch.岩生蝇子草
Silene segetalis Neck.=Vaccaria hispanica
Silene seoulensis Nakai 汉城蝇子草
Silene seoulensis var. angustata C.L.Tang 狭叶汉城蝇子草
Silene seoulensis var. seoulensis=Silene seoulensis
Silene sericata C.L.Tang=Silene gracilicaulis
Silene sibirica (L.) Pers.=Silene linnaeana
Silene sinowatsonii W.W.Sm.=Silene rosiflora
Silene songarica (Fisch.,Mey. & Avé-Lall.) Bocquet 准噶尔蝇子草
Silene stellata Ait.星状蝇子草
Silene stewartiana Diels 大子蝇子草
Silene stylosa Bge.=Silene graminifolia
Silene suaveolens Turcz. ex Kar. & Kir.细裂蝇子草
Silene subcretacea F.N.Will.藏蝇子草
Silene sveae Lidén ex Oxelm.德钦蝇子草
Silene szechuanensis Williams=Silene asclepiadea
Silene taquetii H.Lévl.=Silene aprica
Silene tatarica var. *foliosa* (Maxim.) Rgl.=Silene foliosa
Silene tatarica var. *macrostyla* (Maxim.) Rgl.=Silene macrostyla
Silene tatarica β. *foliosa* (Maxim.) Rgl.=Silene foliosa
Silene tatarica ε. *macrostyla* (Maxim.) Rgl.=Silene macrostyla
Silene tatarinowii Rgl.石生蝇子草
Silene tatarinowii f. *albiflora* (Franch.) Kitag.=Silene tatarinowii
Silene tatarinowii var. *albiflora* Franch.=Silene tatarinowii
Silene tenuis Willd.(Bge.in Fl.Alt.Suppl.1836)=Silene graminifolia
Silene tenuis Willd.(Fl.Sin.Bor.-Otient.)=Silene jenisseensis
Silene tenuis Willd.(秦岭志 1974)=Silene pterosperma
Silene tenuis Willd.(高等图鉴补编 1982,西藏志 1983)=Silene gracilicaulis
Silene tenuis Willd.=Silene graminifolia
Silene tenuis f. *rubescens* Franch.=Silene gracilicaulis
Silene tenuis var. *denudata* Y.W.Tsui & L.H.Chou=Silene gracilicaulis
Silene tenuis var. *jenissea* Rohr.=Silene jenisseensis
Silene tenuis var. *pauciflora* F.N.Will.=Silene jenisseensis
Silene tenuis var. *rubescens* (Franch.) Diels=Silene gracilicaulis
Silene tenuis δ. *jeissea* Rohrb.=Silene jenisseensis
Silene tianschanica Schischk.天山蝇子草
Silene tibetica Lidén & Oxehm.西藏蝇子草
Silene trachyphylla Franch.糙叶蝇子草
Silene tubiformis C.L.Tang 剑门蝇子草
Silene tubulosa Oxehm. & Lidén 管花蝇子草
Silene undulata Ait.=Silene bungei
Silene vallesii L.瑞士麦瓶草
Silene venosa (Gilib.) Ascher.=Silene vulgaris
Silene virginica L.火红雪轮
Silene viridiflora L.绿花麦瓶草
Silene viscidula Franch.粘萼蝇子草
Silene viscidula Kom.=Silene komarovii
Silene viscosa f. *multifida* Krylov=Silene suaveolens
Silene viscosa var. *quadriloba* Trautv.=Silene quadriloba
Silene vulgaris (Moench) Garcke 白玉草
Silene wallichiana Klotzsch=Silene vulgaris
Silene waltonii F.N.Will.=Silene subcretacea
Silene wardii (Marq.) Bocquet 林芝蝇子草
Silene wilfordii (Rgl.) H.Ohashi & H.Nakai=Lychnis wilfordii
Silene wolgensis (Willd.) Bess. ex Spreng.伏尔加蝇子草
Silene yetii Bocquet (Hand.-Mazz. in Sumb.Sin.1929)=Silene muliensis
Silene yetii Bocquet 腺毛蝇子草
Silene yetii var. *herbilegorum* Bocq.=Silene herbilegorum
Silene yetii var. yetii=Silene yetii
Silene yunnanensis Franch.(西藏志 1983)=Silene trachyphylla
Silene yunnanensis Franch.云南蝇子草
Silene zangdongensis L.H.Zhou=Silene monbeigii
Silene zhongbaensis (L.H.Zhou) C.Y.Wu & C.L.Tang 仲巴蝇子草
Silene zhoui C.Y.Wu 耐国蝇子草
Siler divaricatum (Turcz.) Benth. & HK.f.=Saposhnikovia divaricata
Siliquamomum Baill.**长果姜属**(姜科)
Siliquamomum tonkinense Baill.长果姜
Silser Benth. & HK.=**Saposhnikovia**
Silvianthus HK.f.**蜘蛛花属**(茜草科)
Silvianthus bracteatus HK.f.(高等图鉴 1975)=Silvianthus tonkinensis
Silvianthus bracteatus HK.f.蜘蛛花
Silvianthus bracteatus subsp. *clerodendroides* (Airy-Shaw) H.W.Li=Silvianthus tonkinensis
Silvianthus clerodendroides Airy-Shaw=Silvianthus tonkinensis
Silvianthus tonkinensis (Gagn.) Ridsd.线萼蜘蛛花
Silybum Adans.**水飞蓟属**(菊科)
Silybum atriplicifolium (Trev.) Fisch.=Synurus deltoides
Silybum cernuum Gertn.=Alfredia cernua
Silybum maculatum (Scop.) Moench.=Silybum marianum
Silybum mariae (Crantz) S.f.Gray=Silybum marianum
Silybum marianum (L.) Gaertn.水飞蓟
Simaba quassioides D.Don=Picrasma quassioides
Simaroubaceae 苦木科
Simidetia humilis Raf.=Coleanthus subtilis
Simlera Bubani=**Leontopodium**
Sinacalia H.Robins. & Brettel **华蟹甲属**(菊科)
Sinacalia carolii (C.Winkl.) C.Jeffr. & Y.L.Chen 革叶华蟹甲
Sinacalia davidii (Franch.) Koyama 双花华蟹甲
Sinacalia henryi (Hemsl.) H.Robins. & Brettel=Sinacalia tangutica
Sinacalia macrocephala (H.Robins. & Brettle) C.Jeffr. & Y.L.Chen 大头华蟹甲
Sinacalia tangutica (Maxim.) B.Nord.华蟹甲
Sinadoxa C.Y.Wu,Z.L.Wu & R.F.Huang **华福花属**(五福花科)
Sinadoxa corydalifolia C.Y.Wu ,Z.L.Wu & R.F.Huang 华福花
Sinapis L.**白芥属**(十字花科)
Sinapis alba L.白芥
Sinapis arvensis L.野欧白芥
Sinapis arvensis L.新疆白芥
Sinapis cernua Thunb.=Brassica juncea

Sinapis chinensis var. *integrifolia* Stokes=Brassica juncea
Sinapis cuneifolia Roxb.=Brassica juncea
Sinapis integrifolia West=Brassica juncea
Sinapis japonica Thunb.=Brassica juncea
Sinapis juncea L.=Brassica juncea
Sinapis juncea var. *napiformis* Paill. & Bois.=Brassica juncea var. napiformis
Sinapis kaber DC.=Sinapis arvensis
Sinapis muralis (L.) R.Br.=Diplotazis muralis
Sinapis nigra L.=Brassica nigra
Sinapis patens Roxb.=Brassica juncea
Sinapis pekinensis Lour.=Brassica napus var. glabra
Sinapis ramosa Roxb.=Brassica juncea
Sinapis rugosa Roxb.=Brassica juncea
Sinarundinaria Nakai=**Fargesia**
Sinarundinaria acutissima (Keng) Keng f.=Fargesia melanostachus
Sinarundinaria andropgonoides (Hand.-Mazz.) Keng ex Keng f.=Yushania andropogonoides
Sinarundinaria basihirsuta (McClure) C.D.Chu & C.S.Chao=Yushania basihirsuta
Sinarundinaria brevipaniculata (Hand.-Mazz.) Keng ex Keng f.=Yushania brevipaniculata
Sinarundinaria brevipes (McClure) Keng ex Keng f.=Fargesia brevipes
Sinarundinaria chungii (Keng) Keng f.=Yushania brevipaniculata
Sinarundinaria cuspidata (Keng) Keng f.=Fargesia cuspidata
Sinarundinaria fangiana (A.Camus) Keng ex Keng f.=Bashania fangiana
Sinarundinaria ferax (Keng) Keng f.=Fargesia ferax
Sinarundinaria forrestii (Keng) Keng f.=Fargesia melanostachus
Sinarundinaria kunishii (Hay.) Kanehira & Hatusima=Gelidocalamus kunishii
Sinarundinaria longissima Yi=Yushania complanata
Sinarundinaria mairei (Hack.) Keng ex Keng f.=Fargesia mairei
Sinarundinaria melanostachys f.=Fargesia melanostachus
Sinarundinaria murielae (Gamble) Nakai=Fargesia murielae
Sinarundinaria niitakayamensis (Hay.) Keng f.=Yushania niitakayamensis
Sinarundinaria nitida (Mitf.) Nakai=Fargesia nitida
Sinarundinaria pauciflora (Keng) Keng f.=Fargesia pauciflora
Sinarundinaria vicina (Keng) Keng f.=Fargesia vicina
Sinarundinaria violascens (Keng) Keng f.=Yushania violascens
Sinarundinaria wilsonii (Fendle) Keng ex Keng f.=Indocalamus wilsonii
Sinarundinaria yunnanensis (Hsueh & Yi) Hsueh & D.Z.Li=Fargesia yunnanensis
Sindechites Oliv.**毛药藤属**(夹竹桃科)
Sindechites chinensis (Merr.) Markgr. & Tsiang 场藤
Sindechites esquirolii Woods.=Sindechites henryi
Sindechites henryi Oliv.毛药藤
Sindechites henryi var. *parvifolia* Tsiang=Sindechites henryi
Sindora Miq.**油楠属**(豆科)
Sindora cochinchinensis Baill.(Merr.in Lingnan Sci.J.1923)=Sindora glabra
Sindora glabra Merr. ex de Wit 油楠
Sindora tonkinensis A.Cheval. ex K. & S.S.Larsen 东京油楠
Sindora tonkinensis A.Cheval.=Sindora tonkinensis
Sinephropteris Mickel **水鳖蕨属**(铁角蕨科)
Sinephropteris delavayi (Franch.) Mickel 水鳖蕨
Sinia Diels **合柱金莲木属**(金莲木科)
Sinia rhodoleuca Diels 合柱金莲木
Sinningia Nees **大岩桐属**(苦苣苔科)
Sinningia cardinalis H.E.Moore 红花大岩桐
Sinningia leucotricha H.E.Moore 白毛大岩桐
Sinningia regina T.Sprague 女王大岩桐
Sinningia speciosa Hiern.紫蓝大岩桐
Sinoadina Ridsd.**鸡仔木属**(茜草科)
Sinoadina racemosa (S & Z.) Ridsd.鸡仔木
Sinoarundinaria pubescens f. *nabeshimana* Muroi=Phyllostachys heterocycla cv. Tao Kiang
Sinobacopa D.Y.Hong =**Bacopa**
Sinobacopa aquatica D.Y.Hong=Bacopa repens
Sinobambusa Makino ex Nakai **唐竹属**(禾本科)
Sinobambusa dushanensis (C.D.Chu & J.Q.Zhang) Wen 独山唐竹
Sinobambusa farinosa (McClure) Wen 白皮唐竹
Sinobambusa fimbriata Wen=Phyllostachys aurita
Sinobambusa gibbosa McClure=Indosasa crassiflora
Sinobambusa gigantea Wen=Indosasa gigantea
Sinobambusa glabrescens Wen=Oligostachyum glabrescens
Sinobambusa henryi (McClure) C.D.Chu & C.S.Chao 杠竹
Sinobambusa incana Wen 毛环唐竹
Sinobambusa intermedia McClure 晾衫竹
Sinobambusa kunishii (Hay.) Nakai=Gelidocalamus kunishii
Sinobambusa laeta McClure=Sinobambusa tootsik var. laeta
Sinobambusa maculata McClure=Pleioblastus maculatus
Sinobambusa nandanensis Wen 南丹唐竹
Sinobambusa nephroaurita C.D.Chu & C.S.Chao 肾耳唐竹
Sinobambusa parvifolia Wen & S.Y.Chen=Oligostachyum sulcatum
Sinobambusa puberula Wen=Oligostachyum puberulum
Sinobambusa pulchella Wen=Oligostachyum pulchellum
Sinobambusa rubroligula McClure 红舌唐竹
Sinobambusa scabrida Wen 糙耳唐竹
Sinobambusa seminuda Wen 胶南竹
Sinobambusa sichuanensis Yi 月月竹?
Sinobambusa striata Wen 花箨唐竹
Sinobambusa tootsik (Sieb.) Makino 唐竹
Sinobambusa tootsik var. dentata Wen 火管竹
Sinobambusa tootsik var. laeta (McClure) Wen 满山爆竹
Sinobambusa tootsik var. *maeshimana* Muroi ex Sugimoto=Sinobambusa tootsik var. tenuifolia
Sinobambusa tootsik var. tenuifolia (Koidz.) S.Suzuki 光叶唐竹
Sinobambusa tootsik var. tootsik=Sinobambusa tootsik
Sinobambusa urens Wen 尖头唐竹
Sinoboea Chun=**Ornithoboea**
Sinoboea microcarpa Chun=Ornithoboea feddei
Sinocalamus McClure (p.p.)=**Neosinocalamus**
Sinocalamus affinis (Rendle) McClure=Neosinocalamus affinis
Sinocalamus affinis f. *chrysotrichus* Hsueh & Yi=Neosinocalamus affinis cv. Chrysotrichus
Sinocalamus affinis f. *flavidorivens* Hsueh & Yi=Neosinocalamus affinis cv. Flavidorivens
Sinocalamus affinis f. *viridiflavus* Hsuedh & Yi=Neosinocalamus affinis cv. Viridiflavus
Sinocalamus beecheyanus (Munro) McClure=Dendrocalamopsis beecheyana
Sinocalamus beecheyanus var. *pubescens* Pf.Li=Dendrocalamopsis beecheyana var. pubescens
Sinocalamus bicicatricatus W.T.Lin=Dendrocalamopsis bicicatricata
Sinocalamus brandisii (Munro) Keng f.=Dendrocalamus brandisii
Sinocalamus calostachyus (Kurz) Keng f.=Dendrocalamus calostachyus
Sinocalamus distegius Keng & Keng f.=Bambusa distegia
Sinocalamus edulis (Odashima) Keng f.=Dendrocalamopsis edulis
Sinocalamus farinosus Keng & Keng f.=Dendrocalamus farinosus
Sinocalamus giganteus (Munro) A.Camus=Dendrocalamus giganteus
Sinocalamus giganteus (Wall.) Keng f.=Dendrocalamus giganteus
Sinocalamus latiflorus (Munro) McClure=Dendrocalamus latiflorus
Sinocalamus microphyllus Hsueh & Yi=Drepanostachyum microphyllum
Sinocalamus minor McClure=Dendrocalamus minor
Sinocalamus minor var. *amoenus* Q.H.Dai & C.F.Huang=Dendrocalamus minor var. amoenus
Sinocalamus oldhami (Munro) McClure=Dendrocalamopsis oldhami
Sinocalamus pubescens (P.F.Li) Keng f.=Dendrocalamopsis beecheyana var. pubescens
Sinocalamus saxatilis Hsueh. & Yi=Drepanostachyum saxatile
Sinocalamus stenocauritus W.T.Lin=Dendrocalamopsis stenoaurita
Sinocalamus variostriatus W.T.Lin=Dendrocalamopsis vario-striata
Sinocalycanathus Cheng & S.Y.Chang=**Calycanthus**
Sinocalycanthus chinensis (Cheng & S.Y.Chang) Cheng & S.Y.Chang =Calycanthus chinensis
Sinocarum Wolff ex Shan & Pu **小芹属**(伞形科)
Sinocarum bijiangense S.L.Liou 碧江小芹
Sinocarum coloratum (Diels) Wolff 紫茎小芹
Sinocarum cruciatum (Franch.) Wolff 钝瓣小芹
Sinocarum cruciatum var. cruciatum=Sinocarum cruciatum
Sinocarum cruciatum var. linearilobum (Franch.) Shan & Pu 尖瓣小芹
Sinocarum dolichopodum (Diels) Wolff 长柄小芹
Sinocarum filicinum Wolff 蕨叶小芹
Sinocarum pauciradiatum Shan & Pu 少辐小芹
Sinocarum schizopetalum (Franch.) Wolff 裂瓣小芹
Sinocarum vaginatum Wolff 阔鞘小芹

Sinochasea Keng **三蕊草属**(禾本科)
Sinochasea trigyna Keng 三蕊草
Sinocitrus chachiensis Tseng=Citrus reticulata cv. Chachiensis
Sinocitrus erythrosa (Tanaka) Tseng=Citrus reticulata cv. Erythrosa
Sinocitrus junos (Sieb. ex Tanaka) Tseng=Citrus junos
Sinocitrus kinokuni (Tanaka) Tseng=Citrus reticulata cv. Kinokuni
Sinocitrus nobilis (Lour.) Tseng=Citrus reticulata cv. Nobilis
Sinocitrus poonensis (Tanaka) Tseng=Citrus reticulata cv. Ponkan
Sinocitrus sp. Tseng=Citrus reticulata
Sinocitrus suavissima (Tanaka) Tseng=Citrus reticulata cv. Suavissima
Sinocitrus suhuiensis (Tanaka) Tseng=Citrus reticulata cv. Hanggan
Sinocitrus tangerina (Tanaka) Tseng=Citrus reticulata cv. Tangerina
Sinocitrus tankan (Hay.) Tseng=Citrus reticulata cv. Tankan
Sinocitrus unshiu (Marc.) Tseng=Citrus reticulata cv. Unshui
Sinocitrus verrucosa Tseng=Citrus reticulata cv. Manau Gan
Sinocrassula Berger **石莲属**(景天科)
Sinocrassula aliciae (Hamet) Berger=Orostachys alicae
Sinocrassula ambigua (Praeg.) Berger 长萼石莲
Sinocrassula densirosulata (Praeg.) Berger 密叶石莲
Sinocrassula indica (Decne.) Berger.石莲
Sinocrassula indica var. forrestii (Hamet) S.H.Fu 圆叶石莲
Sinocrassula indica var. indica=Sinocrassula indica
Sinocrassula indica var. luteorubra (Praeg.) S.H.Fu 黄花石莲
Sinocrassula indica var. obtusifolia (Fröd.) S.H.Fu 钝叶石莲
Sinocrassula indica var. serrata (Hamet) S.H.Fu 锯叶石莲
Sinocrassula indica var. viridiflora K.T.Fu 绿花石莲
Sinocrassula longistyla (Praeg.) S.H.Fu 长柱石莲
Sinocrassula luteorubra var. *forrestii* (Raym.-Hamet) H.Chang
Sinocrassula paoshingensis (S.H.Fu) H.Ohba & al.=Sinocrassula indica var. luteorubra
Sinocrassula schoenlnadii (Hamet) S.H.Fu=Kungia schoenlandii
Sinocrassula stenostachya (Fröd.) S.H.Fu=Kungia schoenlandii
Sinocrassula stenostachya var. *lepidotricha* K.T.Fu=Kungia schoenlandii
Sinocrassula stenostyahya var. *integrifolia* S.H.Fu=Kungia schoenlandii
Sinocrassula techinensis (S.H.Fu) S.H.Fu 德钦石莲
Sinocrassula yunnanensis (Franch.) Berger 云南石莲
Sinodielsia Wolff **滇芹属**(伞形科)
Sinodielsia yunnanensis Wolff 滇芹
Sinodolichos VerDC.**华扁豆属**(豆科)
Sinodolichos lagopus (Dunn) Verdc.华扁豆
Sinofranchetia (Diels) Hemsl.**串果藤属**(木通科)
Sinofranchetia chinensis (Franch.) Hemsl.串果藤
Sinojackia Hu **秤锤树属**(安息香科)
Sinojackia dolichocarpa C.J.Qi 长果秤锤树
Sinojackia henryi (Dummer) Merr.棱果秤锤树
Sinojackia rehderiana Hu 狭果秤锤树
Sinojackia sarcocarpa L.Q.Lou 肉果秤锤树
Sinojackia xylocarpa Hu 秤锤树
Sinojohnstonia Hu **车前紫草属**(紫草科)
Sinojohnstonia chekiangensis (Migo) W.T.Wang ex Z.Y.Zhang 浙赣车前紫草
Sinojohnstonia moupinensis (Franch.W.T.Wang ex Z.Y.Zhang 短蕊车前紫草
Sinojohnstonia plantaginea Hu 车前紫草
Sinolimprichtia Wolff **舟瓣芹属**(伞形科)
Sinolimprichtia alpina var. dissecta Shan & S.L.Liou 裂苞舟瓣芹
Sinolimprichtia alpina Wolff 舟瓣芹
Sinomalus honanensis Koidz.=Malus honanensis
Sinomalus toringoides Koidz.=Malus toringoides
Sinomalus transitoria Koidz.=Malus transitoria
Sinomenium Diels **风龙属**(防已科)
Sinomenium acutum (Thunb.) Rehd. & Wils.青藤
Sinomenium acutum var. *cinereum* (Diels) Rehd. & Wils.=Sinomenium acutum
Sinomenium diversifolium (Miq.) Diels=Sinomenium acutum
Sinomerrillia bracteata Hu=Neuropeltis racemosa
Sinopanax Li **华参属**(五加科)
Sinopanax formosanus (Hay.) Li 华参
Sinopimelodendron Tsiang=**Cleidiocarpon**
Sinopimelodendron kwangsiense Tsiang=Cleidiocarpon cavaleriei
Sinopodophyllum Ying **桃儿七属**(小檗科)
Sinopodophyllum emodi (Wall.) Ying=Sinopodophyllum hexandrum
Sinopodophyllum hexandrum (Royle) Ying 桃儿七
Sinopteridaceae 中国蕨科
Sinopteris C.Chr & Ching **中国蕨属**(中国蕨科)
Sinopteris albofusca (Bak.) Ching 小叶中国蕨
Sinopteris grevilleoides (Christ) C.Chr & Ching 中国蕨
Sinopteris hopeiensis C.Chr & Ching=Sinopteris albofusca
Sinopyrenaria Hu=**Pyrenaria**
Sinopyrenaria cheliensis Hu=Pyrenaria cheliensis
Sinopyrenaria garretiana (Craib) Hu=Pyrenaria garretiana
Sinopyrenaria yunnanensis Hu(新拉汉英 1996)=Pyrenaria yunnanensis
Sinopyrenaria yunnanensis Hu=Pyrenaria yunnanensis
Sinoradlkofera Meyer=**Boniodendron**
Sinoradlkofera minor (Hemsl.) Meyer=Boniodendron minus
Sinorchis S.C.Chen=**Aphyllorchis**
Sinorchis simplex (T.Tang & F.T.Wang) S.C.Chen=Aphyllorchis simplex
Sinosenecio B.Nord.**蒲儿根属**(菊科)
Sinosenecio bodinieri (Vant.) B.Nord.滇黔蒲儿根
Sinosenecio brevior B.Nord.=Sinosenecio bodinieri
Sinosenecio chienii (Hand.-Mazz.) B.Nord.雨农蒲儿根
Sinosenecio cortusifolius (Hand.-Mazz.) B.Nord.齿耳蒲儿根
Sinosenecio cyclamniifolius (Franch.) B.Nord.仙客来蒲儿根
Sinosenecio doryotus (Hand.-Mazz.) B.Nord.=Sinosenecio eusomus
Sinosenecio dryas (Dunn) C.Jeffr. & Y.L.Chen 川鄂蒲儿根
Sinosenecio elatior (Vant.) B.Nord.=Sinosenecio bodinieri
Sinosenecio eriopodus (Cumm.) C.Jeffr. & Y.L.Chen 毛柄蒲儿根
Sinosenecio eusomus (Hand.-Mazz.) B.Nord.耳柄蒲儿根
Sinosenecio fangianus Y.L.Chen 植夫蒲儿根
Sinosenecio fanjingshanicus C.Jeffr. & Y.L.Chen 梵净蒲儿根
Sinosenecio globigerus (Chang) B.Nord.匍枝蒲儿根
Sinosenecio globigerus var. adenophyllus C.Jeffr. & Y.L.Chen 腺苞蒲儿根
Sinosenecio globigerus var. globigerus=Sinosenecio globigerus
Sinosenecio guangxiensis C.Jeffr. & Y.L.Chen 广西蒲儿根
Sinosenecio guizhouensis C.Jeffr. & Y.L.Chen 黔蒲儿根
Sinosenecio hainanensis (Chang & & Tseng) C.Jeffr. & Y.L.Chen 海南蒲儿根
Sinosenecio hederifolius (Dunn) B.Nord.单头蒲儿根
Sinosenecio homogyniphyllus (Cumm.) B.Nord.肾叶蒲儿根
Sinosenecio hunanensis (Ling) B.Nord.湖南蒲儿根
Sinosenecio jiuhuashanicus C.Jeffr. & Y.L.Chen 九华蒲儿根
Sinosenecio koreanus (Kom.) B.Nord.朝鲜蒲儿根
Sinosenecio latouchei (J.F.Jeffr.) B.Nord.白背蒲儿根
Sinosenecio leiboensis C.Jeffr. & Y.L.Chen 雷波蒲儿根
Sinosenecio ligularioides (Hand.-Mazz.) B.Nord.橐吾状蒲儿根
Sinosenecio oldhamianus (Maxim.) B.Nord.蒲儿根
Sinosenecio palmatilobus (Kitam.) C.Jeffr. & Y.L.Chen 掌裂蒲儿根
Sinosenecio palmatisectus C.Jeffr. & Y.L.Chen 鄂西蒲儿根
Sinosenecio phalacrocarpoides (Chang) B.Nord.假光果蒲儿根
Sinosenecio phalacrocarpus (Hance) B.Nord.秃果蒲儿根
Sinosenecio plamatisectus C.Jeffrey & Y.L.Chen(新拉汉英 1996)=Sinosenecio palmatisectus
Sinosenecio rotundifolius Y.L.Chen 圆叶蒲儿根
Sinosenecio savatieri (Franch.) B.Nord.=Sinosenecio oldhamianus
Sinosenecio saxatilis Y.L.Chen 岩生蒲儿根
Sinosenecio septilobus (Chang) B.Nord.七裂蒲儿根
Sinosenecio subcoriaceus C.Jeffr. & Y.L.Chen 革叶蒲儿根
Sinosenecio subrosulatus (Hand.-Mazz.) B.Nord.莲座蒲儿根
Sinosenecio sungpanensis (Hand.-Mazz.) B.Nord.松潘蒲儿根
Sinosenecio trinervius (Chang) B.Nord.三脉蒲儿根
Sinosenecio villiferus (Franch.) B.Nord.紫毛蒲儿根
Sinosenecio winklerianus (Hand.-Mazz.) B.Nord.=Sinosenecio eusomus
Sinosenecio wuyiensis Y.L.Chen 武夷蒲儿根
Sinoseris Shih **若菊属**(菊科)
Sinoseris brunnoniana (Wall. ex DC.) Shih 若菊
Sinoseris graciliflora (Wall. ex DC.) Shih 细花若菊
Sinoseris leptantha Shih 景东若菊
Sinoseris stenocephala Shih 三花若菊
Sinoseris triflora Chang & Shih 栉齿若菊

Sinosideroxylon (Engl.) Aubr.**铁榄属**(山榄科)
Sinosideroxylon pedunculatum (Hemsl.) H.Chuang 铁榄
Sinosideroxylon pedunculatum var. pedunculatum=Sinosideroxylon pedunculatum
Sinosideroxylon pedunculatum var. pubifolium H.Chuang 毛叶铁榄
Sinosideroxylon wightianum (HK. & Arn.) Aubr.革叶铁榄
Sinosideroxylon yunnanense (C.Y.Wu) H.Chuang 滇铁榄
Sinosophiopsis Al-Shehbaz **华羽芥属**(十字花科)
Sinosophiopsis bartholomewii Al-Shehbaz 华羽芥
Sinosophiopsis heishuiensis (W.T.Wang) Al-Shehbaz 黑水华羽芥
Sinowilsonia Hemsl.**山白树属**(金缕梅科)
Sinowilsonia henryi Hemsl.山白树
Sinowilsonia henryi var. glabrescens Chang 秃山白树
Siphocranion Kudô **简冠花属**(唇形科)
Siphocranion macranthum (HK.f.) C.Y.Wu 筒冠花
Siphocranion macranthum var. macranthum=Siphocranion macranthum
Siphocranion macranthum var. *microphyllum* C.Y.Wu=Siphocranion macranthum
Siphocranion macranthum var. prainianum (Lévl.) C.Y.Wu & H.W.Li 长唇筒冠花(新)
Siphocranion nudipes (Hemsl.) Kudô 光柄筒冠花
Siphonanthus indica L.=Clerodendrum indicum
Siphonanthus trichotomum Nakai=Clerodendrum trichotomum
Siphonanthus trichotomum var. *fargesii* Nakai=Clerodendrum trichotomum
Siphonia brasiliensis Willd. ex A.Juss.=Hevea brasiliensis
Siphonosmanthus delavayi (Franch.) Stapf=Osmanthus delavayi
Siphonosmanthus suavis (King ex C.B.Clarke) Stapf=Osmanthus suavis
Siphonosmanthus venosus (Pamp.) Knoblauch=Osmanthus venosus
Siphonostegia Benth.**阴行草属**(玄参科)
Siphonostegia chinensis Benth.阴行草
Siphonostegia laeta S.Moore 腺毛阴行草
Siphonostegia sp. Nondescripta S.Moore=Monochasma savatieri
Sipthorpia evolvulacea L.f.=Dichondra repens
Siraitia Merr.**罗汉果属**(葫芦科)
Siraitia borneensis (Merr.) C.Jeff. ex Lu & Z.Y.Zhang 无鳞罗汉果
Siraitia borneensis var. borneensis=Siraitia borneensis
Siraitia borneensis var. lobophylla A.M.Lu & Z.Y.Zhang 裂叶罗汉果
Siraitia borneensis var. yunnaennsis A.M.Lu & Z.Y.Zhang 云南罗汉果
Siraitia grosvenorii (Swignle) C.Jeff. ex Lu & Z.Y.Zhang 罗汉果
Siraitia siamensis (Craib) C.Jeff. ex Zhong & D.Fang 翅子罗汉果
Siraitia taiwaniana (Hay.) C.Jeff. ex Lu & Z.Y.Zhang 台湾罗汉果
Siraitos Raf.=**Chionographis**
Siraitos chinensis (Krause) Wang & Tang=Chionographis chinensis
Sirium Schreb.=**Santalum**
Sison ammi L.(Jacq.in Hort.Vindob.1773)=Apium leptophyllum
Sison coniifolia Wall.=Vicatia coniifolia
Sison crinitum Pall.=Schultzia crinita
Sison tenerum Wall.=Acronema tenerum
Sisymbriopsis Botsch. & Tzvel.**假蒜芥属**(十字花科)
Sisymbriopsis mollipila (Maxim.) Botsch.绒毛假蒜芥
Sisymbriopsis pamirica (Y.C.Lan & Z.X.An) Al-Shehbaz 帕米尔假蒜芥
Sisymbriopsis shuanghuica (K.C.Kuan & Z.X.An) Al-Shehbaz & al.双湖假蒜芥
Sisymbriopsis yechengica (Z.X.An) Al-Shehbaz & al.叶城假蒜芥
Sisymbrium L.**大蒜芥属**(十字花科)
Sisymbrium album Pall.=Smelowskia alba
Sisymbrium alliaria (L.) Scop.=Alliaria petiolata
Sisymbrium alpinum var. *aeneum* (Bge.) Trautv.=Braya rosea
Sisymbrium alpinum var. *roseum* (Turcz.) Trautv.=Braya rosea
Sisymbrium altissimum L.大蒜芥
Sisymbrium amphibium var. *palustre* L.=Rorippa palustris
Sisymbrium asperum Pall.=Dontostemon pinnatifidus
Sisymbrium atrovirens Horn.=Rorippa indica
Sisymbrium axillare HK.f. & Thoms.=Crucihimalaya axillaris
Sisymbrium bhutanicum N.P.Balak.=Crucihimalaya lasiocarpa
Sisymbrium brassiciforme C.A.Mey.无毛大蒜芥
Sisymbrium brevipes Kar. & Kir.(p.p.)=Malcolmia karelinii
Sisymbrium brevipes Kar. & Kir.=Neotorularia brevipes
Sisymbrium cabulicum HK.f. & Thoms.=Olimarabidopsis cabulica
Sisymbrium dahuricum Turcz. ex Fourn.=Sisymbrium heteromallum
Sisymbrium deltoideum HK.f. & Thoms.=Eutrema deltoideum
Sisymbrium dubium Pers.=Rorippa dubia
Sisymbrium eglandulosum DC.=Dontostemon integrifolius
Sisymbrium ferganense Korsh.=Sisymbrium brassiciforme
Sisymbrium filifolium Willd.=Leptaleum filifolium
Sisymbrium foliosum HK.f. & Thoms.=Olimarabidopsis pumila
Sisymbrium fujanense L.K.Ling=Sisymbrium orientale
Sisymbrium glandulosum (Kar. & Kir.) Maxim.=Dontostemon glandulosus
Sisymbrium glandulosum var. *linearifolium* Maxim.=Dontostemon pinnatifidus subsp. linearifolius
Sisymbrium griffithianum Boiss.=Olimarabidopsis pumila
Sisymbrium halophila C.A.Mey.=Thellungiella halophila
Sisymbrium heteromallum C.A.Mey.垂果大蒜芥
Sisymbrium heteromallum f. *dahuricum* (Turcz.) Glehn=Sisymbrium heteromallum
Sisymbrium heteromallum f. *glabrum* Korsh.=Sisymbrium heteromallum
Sisymbrium heteromallum var. *dahuricum* (Turcz.) Glehn.=Sisymbrium heteromallum
Sisymbrium heteromallum var. heteromallum=Sisymbrium heteromallum
Sisymbrium heteromallum var. *sinense* O.E.Schulz.=Sisymbrium heteromallum
Sisymbrium himalaica HK.f. & Thoms.=Crucihimalaya himaklaica
Sisymbrium hirtulum Rgl. & Schmalh.=Olimarabidopsis pumila
Sisymbrium hookeri Fourn.=Eutrema himalaicum
Sisymbrium humilis C.A.Mey.=Torularia humilis
Sisymbrium humilis var. *hygrophilum* Fourn.=Neotorularia humilis
Sisymbrium humilis var. *piasezkii* (Maxim.) Maxim.=Neotorularia humilis
Sisymbrium humilis var. *piasezkii* Maxim.=Neotorularia humilis
Sisymbrium indicum L.=Rorippa indica
Sisymbrium integrifolium L.=Dontostemon integrifolius
Sisymbrium irio L.水蒜芥
Sisymbrium islandicum Oed.=Rorippa islandica
Sisymbrium junceum M.Bieb.=Sisymbrium polymorphum
Sisymbrium junceum var. *latifolium* Korsh.=Sisymbrium polymorphum
Sisymbrium junceum var. *soongaricum* Rege & Horder=Sisymbrium polymorphum
Sisymbrium kokanicum Rgl. & Schmalh.=Olimarabidopsis pumila
Sisymbrium korolkovi Rgl. & Schmalh.=Torularia korolkovi
Sisymbrium lasiocarpum HK.f. & Thoms.=Crucihimalaya lasiocarpa
Sisymbrium limosella (Bge.) Fourn.=Braya rosea
Sisymbrium loeselii L.新疆大蒜芥
Sisymbrium loeselii var. *brevicarpum* Z.X.An=Sisymbrium loeselii
Sisymbrium loeselii var. loeselii=Sisymbrium loeselii
Sisymbrium luteum (Maxim.) O.E.Schulz 全叶大蒜芥
Sisymbrium luteum var. luteum=Sisymbrium luteum
Sisymbrium luteum var. *yunnanense* (W.W.Sm.) O.E.Schulz.=Sisymbrium yunnanense
Sisymbrium maximowiczii J.Palib.=Berteroella maximowiczii
Sisymbrium minutiflorum HK.f. & T.Anders.=Ianhedgea minutiflora
Sisymbrium mollipila (Maxim.) Botsch.=Sisymbriopsis mollipila
Sisymbrium mollipilum Maxim.=Sisymbriopsis mollipila
Sisymbrium mollissimum C.A.Mey.=Crucihimalaya mollissima
Sisymbrium mollissimum f. *pamiricum* Korsh.=Crucihimalaya mollissima
Sisymbrium monachorum W.W.Sm.=Crucihimalaya lasiocarpa
Sisymbrium mongolicum Maxim.=Torularia korolkovi
Sisymbrium murale L.=Diplotaxis muralis
Sisymbrium nanum Bge.=Neotorularia humilis
Sisymbrium nasturtium-aquaticum L.=Nasturtium officinale
Sisymbrium nigrum (L.) Prantl.=Brassica nigra
Sisymbrium nudum (Bélang.) Boiss.=Drabopsis nuda
Sisymbrium officinale (L.) Scop.钻果大蒜芥
Sisymbrium officinale var. *leiocarpum* DC.=Sisymbrium officinale
Sisymbrium orientale L.东方大蒜芥
Sisymbrium palustre Leyss.=Rorippa islandica
Sisymbrium parvulum (Schrenk) Lipsky=Thellungiella parvula
Sisymbrium pectinatum DC.=Dontostemon pinnatifidus
Sisymbrium piasezkii Maxim.=Neotorularia humilis
Sisymbrium planisiliquum (Fisch. & Mey.) HK.f. & Thoms.=Conringia planisiliqua
Sisymbrium polymorphum (Murray) Roth.多型大蒜芥
Sisymbrium polymorphum var. *latifolium* (Korsh.) O.E.Schulz.=Sisymbrium polymorphum
Sisymbrium polymorphum var. polymorphum=Sisymbrium polymorphum
Sisymbrium polymorphum var. *soongaricum* (Rgl. & Herd.) O.E.Schulz.=

Sisymbrium polymorphum
Sisymbrium pumilum Steph.=Olimarabidopsis pumila
Sisymbrium pumilum var. *alpinum* Korsh.=Olimarabidopsis cabulica
Sisymbrium rigidum M.Bieb.=Neotorularia torulosa
Sisymbrium rupestre (Edgew.) HK.f. et Thoms.=Crucihimalaya himalaica
Sisymbrium salsugineum Pall.=Thellungiella salsuginea
Sisymbrium scorpiuroides Boiss.=Neotorularia torulosa
Sisymbrium sewerzowii Rgl.=Arabis auriculata
Sisymbrium sinapis Burm.=Rorippa indica
Sisymbrium sophia L.=Descurainia sophia
Sisymbrium sophioides Fisch.=Descurainia sophioides
Sisymbrium spectabile HK.f. & Thoms. ex Fourn.=Eutrema himalaicum
Sisymbrium strictum HK.f. & Thoms.=Crucihimalaya stricta
Sisymbrium sulphureum Korsh.=Neotorularia korolkowii
Sisymbrium sylvestre L.=Rorippa sylvestris
Sisymbrium thaliana J.Gay & Monnard=Arabidopsis thaliana
Sisymbrium thomsonii HK.f.=Crucihimalaya mollissima
Sisymbrium torulosa Desf.=Torularia torulosa
Sisymbrium torulosum Desf.=Neotorularia torulosa
Sisymbrium toxophylla C.A.Mey.=Arabidopsis toxophylla
Sisymbrium toxophyllum (M.Bieb.) C.A.Mey.=Pseudoarabidopsis toxophylla
Sisymbrium uniflroum (HK.f. & Thoms.) Fourn.=Pycnoplinthus uniflora
Sisymbrium wallichii HK.f. & Thoms.=Crucihimalaya wallichii
Sisymbrium yunnanense W.W.Sm.云南大蒜芥
Sisyrinchium L.**庭菖蒲属**(鸢尾科)
Sisyrinchium angustifolium Mill.窄叶庭菖蒲
Sisyrinchium bellum Wats.美丽蓝眼草
Sisyrinchium burmudiana L.百慕大庭菖蒲
Sisyrinchium californicum Dry.加州蓝眼草
Sisyrinchium douglasii Dietr.道格拉斯蓝眼草
Sisyrinchium iridifolium Kunth 鸢尾叶蓝眼草
Sisyrinchium montanum Greene 山蓝眼草
Sisyrinchium rosulatum Bichn.庭菖蒲
Sisyrinchium striatum Smith 智利豚鼻花
Sitodium altile (Banks & Solander) Parkins=Artocarpus incisa
Sitolobium glutinosum J.Sm.=Dennstaedtia appendiculata
Sium L.**泽芹属**(伞形科)
Sium angustifolium L.=Berula erecta
Sium cicutifolium Schrenk=Sium suave
Sium erectum Huds.=Berula erecta
Sium frigidum Hand.-Mazz.滇西泽芹
Sium javanicum Bl.=Oenanthe javanica
Sium latifolium L.欧泽芹
Sium matsumurae de Boiss.=Angelica cartilaginomarginata var. matsumurae
Sium medium Fisch. & Mey.中亚泽芹
Sium neurophyllum Hara=Pterygopleurum neurophyllum
Sium nipponicum Maxim.=Sium suave
Sium serra (Franch. & Sav.) Kitag.=Pimpinella serra
Sium suave Walt.泽芹
Sium visnaga Stokes=Ammi visnaga
Skapanthus C.Y.Wu & H.W.Li **子宫草属**(唇形科)
Skapanthus oreophilus (Diels.) C.Y.Wu & H.W.Li 子宫草
Skapanthus oreophilus f. albus C.Y.Wu 白花子宫草(新)
Skapanthus oreophilus f. oreophilus=Skapanthus oreophilus
Skapanthus oreophilus var. elongatus (Hand.-Mazz.) C.Y.Wu & H.W.Li 茎叶子宫草(新)
Skapanthus oreophilus var. oreophilus=Skapanthus oreophilus
Skimmia Thunb.**茵芋属**(芸香科)
Skimmia arborescens Anders.乔木茵芋
Skimmia arisanensis Hay.=Skimmia reevesiana
Skimmia distincte-venulosa Hay.=Skimmia reevesiana
Skimmia euphlebia Merr.=Skimmia arborescens
Skimmia fortunei Mast.=Skimmia reevesiana
Skimmia hainanensis Huang=Skimmia reevesiana
Skimmia japonica Thunb.(Pritz.in Bot.Jahrb.1900)=Skimmia reevesiana
Skimmia japonica var. *distincte-venulosa* C.E.Chang=Skimmia reevesiana
Skimmia kwangsiensis Huang=Skimmia arborescens
Skimmia laureola (DC.) S. & Z. ex Walp.月桂茵芋
Skimmia melanocarpa Rehd. & Wils.黑果茵芋
Skimmia multinervia Huang 多脉茵芋
Skimmia orthoclada Hay.=Skimmia reevesiana
Skimmia reevesiana Fort.茵芋
Skinneria Choisy=**Merremia**
Skinneria caespitosa (Roxb.) Choisy=Merremia hirta
Skoliostigma Loterb.=**Spondias**
Slackia Gfiff.=**Beccarinda**
Slackia fargesii Franch.=Decaisnea insignis
Slackia insignis Griif.=Decaisnea insignis
Slackia sinensis Chun=Beccarinda tonkinensis
Slackia tonkinensis Pellegr.=Beccarinda tonkinensis
Sladenia Kurz.**毒药树属**(猕猴桃科)
Sladenia celastrifolia Kurz 毒药树
Slateria Desv.=**Ophiopogon**
Slateria japonica Desv.=Ophiopogon japonicus
Sloanea L.**猴欢喜属**(杜英科)
Sloanea assamica (Benth.) Rehd. & Wils.长叶猴欢喜
Sloanea austrosinensis Hu ex Tang=Sloanea leptocarpa
Sloanea changii M.J.E.Coode 樟叶猴欢喜
Sloanea chengfengensis Hu=Sloanea hemsleyana
Sloanea chinensis Hu=Sloanea sinensis
Sloanea chingiana Hu 百色猴欢喜
Sloanea chingiana var. chingiana=Sloanea chingiana
Sloanea chingiana var. integrifolia (Chun & How) H.T.Chang 金叶猴欢喜
Sloanea cordifolia K.M.Feng ex H.T.Chang 心叶猴欢喜
Sloanea dasycarpa (Benth.) Hemsl.膜叶猴欢喜
Sloanea elegans Chun=Sloanea leptocarpa
Sloanea formosana Li=Sloanea dasycarpa
Sloanea forrestii W.W.Sm.=Sloanea sterculiacea
Sloanea hainanensis Merr. & Chun 海南猴欢喜
Sloanea hanceana Hemsl.=Sloanea hemsleyana
Sloanea hemsleyana (Ito) Rehd. & Wils.仿栗
Sloanea hemsleyana var. yunnanica Coode?云南仿栗(新)
Sloanea integrifolia Chun & How=Sloanea chingiana var. integrifolia
Sloanea kweichowensis Hu=Sloanea sinensis
Sloanea laurifolia Chang=Sloanea changii
Sloanea leptocarpa Diels 薄果猴欢喜
Sloanea lordifolia K.M.Feng ex H.T.Chang (新拉汉英 1996)= Sloanea cordifolia
Sloanea lorhidfolia K.M.Feng ex H. T.Chang (新拉汉英 1996)= Sloanea cordifolia
Sloanea mollis Gagn.(Merr. & Chun in Synuatsenia 1940)=Sloanea chingiana var. integrifolia
Sloanea mollis Gagn.滇越猴欢喜
Sloanea mollis var. *chinghsiensis* Chun & How=Sloanea mollis
Sloanea oligophlebia Chun & Ting=Sloanea sinensis
Sloanea oligophlebia Merr. & Chun ex Gagn.=Sloanea sinensis
Sloanea parvifolia Chun & How=Sloanea sinensis
Sloanea rotundifolia H.T.Chang 圆叶猴欢喜
Sloanea sigun K.Schum. & Chun(1940)=Sloanea sinensis
Sloanea sinensis (Hance) Hemsl.猴欢喜
*Sloanea sp.*Hu=Sloanea sinensis
Sloanea sterculiacea (Benth.) Rehd. & Wils.苹婆猴欢喜
Sloanea sterculiacea var. *assamica* (Benth.) Coode=Sloanea assamica
Sloanea tomentosa (Benth.) Rehd. & Wils.毛猴欢喜
Sloanea tsiangiana Hu=Sloanea leptocarpa
Sloanea tsinyunensis Chien=Sloanea leptocarpa
Smelowskia C.A.May.**芹叶荠属**(十字花科)
Smelowskia alba (Pall.) Rgl.灰白芹叶荠
Smelowskia alba B.Fedtsch.=Sophiopsis sisymbrioides
Smelowskia annua Rupr.=Sophiopsis annua
Smelowskia aspleniifolia Turcz.=Smelowskia bifurcata
Smelowskia bifurcata (Ledeb.) Botsch 高山芹叶荠
Smelowskia calycina (Steph.) C.A.Mey.芹叶荠
Smelowskia calycina var. *densiflora* O.E.Schulz=Smelowskia bifurcata
Smelowskia calycina var. *pectinata* (Bge.) B.Fedtsch.=Smelowskia calycina
Smelowskia cineraea C.A.Mey.=Smelowskia alba
Smelowskia integrifolia C.A.Mey.=Eutrema integrifolium
Smelowskia koelzii (K.H.Rech.) K.H.Rech.=Smelowskia calycina
Smelowskia pectinata (Bge.) Velichk.=Smelowskia calycina
Smelowskia sisymbrioides (Rgl. & Herd.) Lipsky ex Paulsen=Sophiopsis

sisymbrioides
Smelowskia tianschania Velichk.=Smelowskia calycina
Smelowskia tibetica (Thoms.) Lipsky=Hedinia tibetica
Smilacina Desf.=**Mainanthemum**
Smilacina albiflora Wall.=Maianthemum purpureum
Smilacina alpina Royle=Clintonia udensis
Smilacina atropurpurea (Franch.) F.T.Wang & Tang=Maianthemum atropurpureum
Smilacina bifolia Disf.=Maianthemum bifolium
Smilacina bootanensis Griff.=Maianthemum fuscum
Smilacina crassifolia Kawano=Maianthemum oleraceum
Smilacina dahurica Turcz. ex Fisch. & C.A.Mey.=Maianthemum dahuricum
Smilacina fargesii (Franch.) Diels=Maianthemum tubiferum
Smilacina finitima (W.W.Sm.) Wang & Tang=Maianthemum fuscum
Smilacina formosana Hay.=Maianthemum formosanum
Smilacina forrestii (W.W.Sm.) Hand.-Mazz.=Maianthemum forrestii
Smilacina fusca Wall.=Maianthemum fuscum
Smilacina fusca var. *pilosa* H.Hara=Maianthemum fuscum
Smilacina fusciduliflora Kawano=Maianthemum fusciduliflorum
Smilacina ginfushanica F.T.Wang & Tang=Heteropolygonatum ginfushanicum
Smilacina gongshanensis S.Y.Liang=Maianthemum gongshanense
Smilacina henryi (Baker) H.Hara=Maianthemum henryi
Smilacina henryi var. *szechuanica* (F.T.Wang & Tang) F.T.Wang & Tang=Maianthemum szechuanicum
Smilacina hirta Maxim.=Maianthemum japonicum
Smilacina japonica A.Gray=Maianthemum japonicum
Smilacina japonica var. *mandshurica* Maxim.=Maianthemum japonicum
Smilacina lichiangensis (W.W.Sm.) W.W.Sm.=Maianthemum lichiangense
Smilacina mientienensis Wang & Tang=Maianthemum oleraceum
Smilacina nanchunensis (H.Li & J.L.Huang) S.Y.Liang=Maianthemum nanchuanense
Smilacina nokomonticola Yamamoto=Maianthemum formosanum
Smilacina oleracea (Baker) HK.f. & Thoms.=Maianthemum oleraceum
Smilacina oleracea f. *acuminata* (F.T.Wang & Tang) H.Hara=Maianthemum oleraceum
Smilacina oleracea var. *acuminata* Wang & Tang=Maianthemum oleraceum
Smilacina oligophylla (Baker) HK.f. =Maianthemum purpureum
Smilacina pallida Royle=Maianthemum purpureum
Smilacina paniculata (Baker) F.T.Wang & Tang=Maianthemum tatsiennese
Smilacina paniculata var. *paniculata*=Maianthemum paniculatum
Smilacina paniculata var. *stenoloba* (Franch.) F.T.Wang & Tang=Maianthemum stenolobum
Smilacina prattii (Franch.) Wehrh.=Maianthemum atropurpureum
Smilacina purpurea Wall.=Maianthemum purpureum
Smilacina purpurea f. *oligophylla* (Baker) H.Hara=Maianthemum purpureum
Smilacina purpurea var. *albida* Wall.=Maianthemum purpureum
Smilacina robusta (Franch.) Wang & Tang=Maianthemum atropurpureum
Smilacina rossii (Baker) Maxim.=Maianthemum japonicum
Smilacina smithii Krause=Maianthemum atropurpureum
Smilacina souliei (Franch.) Wang & Tang=Maianthemum tubiferum
Smilacina stenoloba (Franch.) Diels=Maianthemum stenolobum
Smilacina szechuanica (F.T.Wang & Tang) H.Hara=Maianthemum szechuanicum
Smilacina tatsienensis (Franch.) Wang & Tang=Maianthemum tatsienense
Smilacina tatsienensis f. *stenoloba* (Franch.) H.Hara=Maianthemum stenolobum
Smilacina tatsienensis var. *paniculata* (Baker) Wang & Tang=Maianthemum tatsienense
Smilacina tatsienensis var. *stenoloba* (Franch.) D.M.Liu=Maianthemum stenolobum
Smilacina trifolia (L.) Desfon.=Maianthemum trifolium
Smilacina tubifera Batal.=Maianthemum tubiferum
Smilacina wardii (W.W.Sm.) Wang & Tang=Maianthemum atropurpureum
Smilacina yunnanensis (Franch.) Hand.-Mazz.=Maianthemum paniculatum
Smilacina zhongdianensis H.Li & Y.Chen=Maianthemum purpureum
Smilax L.**菝葜属**(百合科)
Smilax aberrans Gagn.弯梗菝葜
Smilax aberrans subsp. *retroflexa* (F.T.Wang & Tang) T.Koyama=Smilax retrolexa
Smilax aberrans var. alberrans=Smilax aberrans
Smilax aberrans var. *retroflexa* F.T.Wang & Tang=Smilax retrolexa
Smilax amaurophlebia Merr.=Smilax corbulaia var. woodii
Smilax arisanensis Hay.尖叶菝葜
Smilax aspera L.穗菝葜
Smilax aspericaulis Wall. ex A.DC.疣枝菝葜
Smilax astrosperma Wang & Tang 灰叶菝葜
Smilax austrosinensis Wang & Tang=Smilax lanceifolia var. elongata
Smilax austrozhejiangensis Q.Lin 浙南菝葜
Smilax balansaena H.Bon ex Gagn.=Smilax corbulaia var. woodii
Smilax banglaoensis R.H.Miao=Smilax corbularia
Smilax bapouensis H.Li 巴坡菝葜
Smilax basilata Wang & Tang 少花菝葜
Smilax bauhinioides Kunth 圆叶菝葜
Smilax bauhinioides T.Koyama=Smilax lunglingensis
Smilax biflora var. *trinervula* (Miq.) Hatusima ex T.Koyama=Smilax trinervula
Smilax biumbellata T.Koyama 西南菝葜
Smilax blinii Lévl.=Smilax glabra
Smilax bockii Warb.=Heterosmilax japonica
Smilax bodinieri Lévl. & Vatn.=Smilax glaucochina
Smilax bracteata Presl 圆锥菝葜
Smilax bracteata subsp.*verruculosa* (Merr.) T.Koyama=Smilax aspericaulis
Smilax bracteata var. *verruculosa* (Merr.) T.Koyama=Smilax aspericaulis
Smilax brevipes Warb.=Smilax scobinicaulis
Smilax calophylla var. *concolor* C.H.Wright=Smilax glabra
Smilax castaneiflora Lévl.=Smilax microphylla
Smilax cavaleriei Lévl. & Vant.=Smilax scobinicaulis
Smilax chapaensis Gagn.密疣菝葜
Smilax china L.菝葜
Smilax china f. *obltusa* Lévl.=Smilax china
Smilax china var. *brachypoda* Rehd.=Smilax davidiana
Smilax china var. *taiheiensis* (Hay.) T.Koyama=Smilax china
Smilax china var. *trinervula* (Miq.) Makino=Smilax trinervula
Smilax chingii Wang & Tang 柔毛菝葜
Smilax chingii var. *papillosifolia* J.M.Xu=Smilax chingii
Smilax cinerea Warb.=Smilax meganantha
Smilax cocculoides Warb.银叶菝葜
Smilax cocculoides var. *lanceolata* Norton=Smilax lanceifolia var. lanceolata
Smilax corbularia Kunth 筐条菝葜
Smilax corbularia var. corbulaia=Smilax corbularia
Smilax corbularia var. *hypoglauca* (Benth.) T.Koyama=Smilax hypoglauca
Smilax corbularia var. woodii (Merr.) T.Koyama 光叶菝葜
Smilax cyclophylla Warb.合蕊菝葜
Smilax darrisii Lévl.平滑菝葜
Smilax davidiana A.DC.小果菝葜
Smilax densibarbata Wang & Tang 密刺菝葜
Smilax discotis Warb.托柄菝葜
Smilax discotis subsp. *concolor* (J.B.Norton) T.Koyama=Smilax outanscianensis
Smilax discotis var. *concolor* Norton=Smilax outanscianensis
Smilax dunniana Lévl.=Smilax glabra
Smilax elegans Wall. ex Kunth 西藏菝葜
Smilax elegans subsp. *microphylla* (C.H.Wright) Noltie=Smilax microphylla
Smilax elegantissima Gagn.四棱菝葜
Smilax elegnas subsp. *subrecta* Noltie=Smilax longebracteolata
Smilax elngatoreticulata Hay.=Smilax elongatoumbellata
Smilax elongatoumbellata f. *elongatoreticulata* (Hay.) T.Koyama=Smilax elongatoumbellata
Smilax elongatoumbellata Hay.台湾菝葜
Smilax emeiensis J.M.Xu 峨眉菝葜
Smilax esquirolii Lévl.=Smilax trinervula
Smilax excelsa β. *ussuriensis* Regel=Smilax riparia
Smilax ferox Wall. ex Kunth 长托菝葜
Smilax flaccida C.H.Wright=Smilax riparia
Smilax fooningensis Wang & Tang 富宁菝葜
Smilax formosana (Hay.) Hay.=Smilax sieboldii

Smilax gagnepainii T.Koyama 四翅菝葜
Smilax gaudichaudiana Kunth=Heterosmilax gaudichaudiana
Smilax glabra Roxb.土茯苓
Smilax glabra var. concolor (C.H.Wright) Wang & Tang 同色菝葜
Smilax glabra var. *maculata* Bodinier ex Lévl.=Smilax glabra
Smilax glancophylla var. *randalensis* (Hay.) T.Koyama=Smilax pygmaea
Smilax glaucochina Warb.黑果菝葜
Smilax glaucophylla Klotz. (植物志 15,1978)=Smilax elegans
Smilax gracillima Hay.=Smilax hayatae
Smilax gracillima Lévl. & Vant.=Smilax microphylla
Smilax griffithii A.DC.墨托菝葜
Smilax griffithii var. *pallescens* (A.DC.) T.Koyama=Smilax griffithii
Smilax hayatae T.Koyama 菱叶菝葜
Smilax hemsleyana Craib 束丝菝葜
Smilax herbacea L.刺丝菝葜
Smilax herbacea var. *acuminata* C.H.Wright=Smilax riparia var. acuminata
Smilax herbacea var. *angusta* C.H.Wright=Smilax riparia
Smilax herbacea var. *daibuensis* Hay.=Smilax riparia
Smilax herbacea var. *foetida* Lévl.=Smilax riparia
Smilax herbacea var. *heterophylla* Lévl.=Smilax riparia
Smilax herbacea var. *intermedia* C.H.Wright=Smilax nipponica
Smilax herbacea var. *lancilimba* Merr.=Smilax riparia
Smilax herbacea var. *nipponica* (Miq.) Maxim.=Smilax nipponica
Smilax herbacea var. *oblonga* C.H.Wright=Smilax nipponica
Smilax herbacea var. *oldhami* (Miq.) Maxim.=Smilax sieboldii
Smilax herbacea var. *oldhamii* (Miq.) Hay.=Smilaxs sieboldii
Smilax herbacea var. *oldhamii* Miq.=Smilaxs sieboldii
Smilax herbacea var. *pubescens* C.H.Wright=Smilax riparia var. pubescens
Smilax higoensis var. *maximowiczii* (Koidz.) Kitag.=Smilax riparia
Smilax higoensis var. *ussuriensis* (Regel) Kitag.=Smilax riparia
Smilax hongkongensis Seem.=Heterosmilax gaudichaudiana
Smilax hookeri Kunth=Smilax glabra
Smilax horridiramula Hay.刺枝菝葜
Smilax hypoglauca Benth.粉背菝葜
Smilax impressinervia Wang & Tang=Smilax lanceifolia var. impressinervia
Smilax indica Vitm.(Norton in Pl.Wils.1916)=Smilax hemsleyana
Smilax japonica A.Gray=Smilax china
Smilax jiankunii H.Li 建昆菝葜
Smilax kwangsiensis Wang & Tang 缘毛菝葜
Smilax kwangsiensis var. kwangsiensis=Smilax kwangsiensis
Smilax kwangsiensis var. setulosa Wang & Tang 小刚毛菝葜
Smilax labordei Lévl. & Vant.=Smilax microphylla
Smilax laevis Wall. ex A.DC.=Smilax lanceifolia var. opaca
Smilax laevis var. *ophirensis* A.DC.=Smilax lanceifolia var. opaca
Smilax laevis var. *parkii* A.DC.=Smilax lanceifolia var. opaca
Smilax laevis var. *vanchingshanensis* Wang & Tang=Smilax vanchingshanensis
Smilax lanceifolia Roxb.马甲菝葜
Smilax lanceifolia subsp. *opaca* (A.DC.) T.Koyama=Smilax lanceifolia var. opaca
Smilax lanceifolia var. elongata (Warb.) Wang & Tang 折枝菝葜
Smilax lanceifolia var. impressinervia (Wang & Tang) T.Koyama 凹脉菝葜
Smilax lanceifolia var. lanceifolia=Smilax lanceifolia
Smilax lanceifolia var. lanceolata (Norton) T.Koyama 长叶菝葜
Smilax lanceifolia var. opaca A.DC.暗色菝葜
Smilax lanceifolia var. *reflexa* (Norton) T.Koyama=Smilax chapaensis
Smilax lebrunii Lévl.粗糙菝葜
Smilax leucocarpa Lévl. & Vant.=Smilax trinervula
Smilax leucophylla Bl.(T.Koyama in Quart.J.Taiwan Mus.1960,p.p.)=Smilax ocreata
Smilax liukiuensis Hay.=Smilax nervo-marginata var. liukiuensis
Smilax longebracteolata HK.f.长苞菝葜
Smilax longipedunculata Merr.=Smilax nipponica
Smilax loupouensis Lévl.=Smilax meganantha
Smilax luei T.Koyama 吕氏菝葜
Smilax lunglingensis Wang & Tang 马钱叶菝葜
Smilax lushuiensis S.C.Chen 泸水菝葜
Smilax luteocaulis Lévl.=Smilax menispermoidea
Smilax lyi Lévl.=Smilax bracteata
Smilax maclurei T.Koyama=Heterosmilax gaudichaudiana
Smilax macrocarpa Bl.=Smilax megacarpa
Smilax macrophylla Roxb.=Smilax ovalifolia
Smilax maculata Roxb.=Smilax aspera L.
Smilax mairei Lévl.无刺菝葜
Smilax malipoensis S.C.Chen 马里坡菝葜
Smilax maritinii Lévl. & Vant.=Smilax scobinicaulis
Smilax maximowiczii Koidz.=Smilax riparia
Smilax megacarpa A.DC.大果菝葜
Smilax megalantha var. *alata* Wang=Smilax megalanha
Smilax megalantha var. *asperata* Wang=Smilax lebrunii
Smilax megalantha var. *ferruginea* Wang=Smilax chingii
Smilax megalantha var. *maclurei* Merr.=Smilax chingii
Smilax meganantha C.H.Wright 大花菝葜
Smilax mengmaensis R.H.Miao=Smilax glabra
Smilax menispermoidea A.DC.防已叶菝葜
Smilax menispermoides var. *randaiensis* (Hay.) T.Koyama=Smilax pygmaea
Smilax micopoda var. *reflexa* Norton=Smilax chapaensis
Smilax micorpoda A.DC.=Smilax lanceifolia
Smilax microphylla C.H.Wright 小叶菝葜
Smilax microphylla var. *angustifolia* Warb.=Smilax microphylla
Smilax microphylla var. *elongata* T.Koyama=Smilax mairei
Smilax microphylla var. *elongata* Warb.=Smilax lanceifolia var. elongata
Smilax microphylla var. *nigrescens* Warb.=Smilax scobinicaulis
Smilax micropoda A.DC.=Smilax lanceifolia
Smilax micropoda var. *reflexa* J.B.Norton=Smilax chapaensis
Smilax munita S.C.Chen 劲直菝葜
Smilax myrtillus A.DC.乌饭叶菝葜
Smilax myrtillus var. *dulongensis* H.Li=Smilax myrtillus
Smilax myrtillus var. *rigida* Noltie=Smilax munita
Smilax nana Wang 矮菝葜
Smilax nantoensis T.Koyama 南投菝葜
Smilax nebelii Gilg=Smilax sieboldii
Smilax nervomarginata Hay.缘脉菝葜
Smilax nervo-marginata var. liukiuensis (Hay.) Wang & Tang 无疣菝葜
Smilax nervo-marginata var. nervo-marginata=Smilax nervo-marginata
Smilax nigrescens Wang & Tang ex P.Y.Li 黑叶菝葜
Smilax nipponica Miq.白背牛尾菜
Smilax oblonga (C.H.Wright) Norton ex Bailey=Smilax nipponica
Smilax ocreata A.DC.抱茎菝葜
Smilax ocreata Lévl. & Vant.=Smilax scobinicaulis
Smilax oldhami Miq.=Smilax sieboldii
Smilax oldhami var. *daibuensis* (Hay.) T.Koyama=Smilax riparia
Smilax oldhami var. *ussuriensis* (Regel) A.DC.=Smilax riparia
Smilax opaca (A.DC.) Norton=Smilax lanceifolia var. opaca
Smilax ornata C.Lem.丽花菝葜
Smilax outanscianensis Pamp.武当菝葜
Smilax ovalifolia Roxb.卵叶菝葜
Smilax ovatorotunda Hay.=Smilax riparia
Smilax ovatorotunda var. *ussuriensis* (Regel) Hara=Smilax riparia
Smilax oxyphylla T.Koyama=Smilax arisanensis
Smilax pachysandroides T.Koyama 川鄂菝葜
Smilax pallescens A.DC.=Smilax griffithii
Smilax parvifolia Wall. ex HK.f.=Smilax elengans
Smilax pekingensis A.DC.=Smilax stans
Smilax perfoliata Lour.穿鞘菝葜
Smilax perolifera Wall. ex Roxb.=Smilax perfoliata
Smilax perulata Lévl. & Vant.=Smilax ocreata
Smilax pinfaensis Lévl. & Vant.平伐菝葜
Smilax planipedunculata Hay.=Heterosmilax japonica
Smilax planipes Wang & Tang 扁柄菝葜
Smilax polycephala F.T.Wang & Tang=Smilax elegantissima
Smilax polycolea Warb.红果菝葜
Smilax polycolea var. *acuminata* Warb.=Smilax cocculoides
Smilax pottingeri Pain 纤柄菝葜
Smilax prolifera Wall. ex Roxb.=Smilax perfoliata
Smilax pteropus Miq.=Smilax china
Smilax pygmaea Merr.峦大菝葜
Smilax quadrata A.DC.方枝菝葜
Smilax randaiensis Hay.=Smilax pygmaea
Smilax retrolexa (F.T.Wang & Tang) S.C.Chen 苍白菝葜

Smilax rigida Wall. ex Kunth=Smilax munita
Smilax rigida subsp. *myrtillus* (A.DC.) T.Koyama=Smilax myrtillus
Smilax rigida var. *myrtillus* (A.DC.) T.Koyama=Smilax myrtillus
Smilax riparia A.DC.牛尾菜
Smilax riparia f. *ovatorotunda* (Hay.) T.Koyama=Smilax riparia
Smilax riparia var. acuminata (C.H.Wright) Wang & Tang 尖叶牛尾菜
Smilax riparia var. pubescens (C.H.Wright) Wang & Tang 毛牛尾菜
Smilax riparia var. riparia=Smilax riparia
Smilax riparia var. *ussuriensis* (Regel) Hara & T.Koyama=Smilax riparia
Smilax rotundifolia L.金钢藤(新)
Smilax rubiflora Rehd.=Smilax menispermoidea
Smilax scobinicaulis C.H.Wright 短梗菝葜
Smilax scobinicaulis var. *brevipes* (Warb.) Hand.-Mazz.=Smilax scobinicaulis
Smilax sebeana T.Koyama=Smilax china
Smilax sebeana var. *glaucochina* (Warb.) T.Koyama=Smilax glaucochina
Smilax sempervirens Wang=Smilax nervomarginata
Smilax setiramula Wang & Tang 密刚毛菝葜
Smilax siderophylla Hand.-Mazz.=Smilax lunglingensis
Smilax sieboldii Miq.华东菝葜
Smilax sieboldii f. *inermis* (Nakai) Hara=Smilax sieboldii
Smilax sieboldii var. *formosana* Hay.=Smilax sieboldii
Smilax sieboldii var. *inermis* Nakai=Smilax sieboldii
Smilax sieboldii var. *scobinicaulis* (C.H.Wright) T.Koyama=Smilax scobinicaulis
Smilax simadai Masamune=Smilax nipponica
Smilax stans Maxim.鞘柄菝葜
Smilax stans var. *verruculosifolia* J.M.Xu=Smilax trachypoda
Smilax stemonifolia Lévl. & Vant.=Heterosmilax japonica
Smilax stenopetala A.Gray=Smilax bracteata
Smilax synandra Gagn.筒被菝葜
Smilax taiheiensis Hay.=Smilax china
Smilax takaoensis Hay=Smilax riparia
Smilax tenuissima Hay.=Smilax stans
Smilax tequetii Lévl.=Smilax china
Smilax tetraptera Gagn.=Smilax gagnepainii
Smilax tortipetiolata Lévl. & Vant.=Smilax lanceifolia var. elongata
Smilax tortuosa Diels=Smilax megenantha
Smilax tortuosus Diels=Smilax ferox
Smilax trachyclada Hay.=Smilax aspericaulis
Smilax trachypoda Norton 糙柄菝葜
Smilax trigona Warb.=Smilax glabra
Smilax trinervula Miq.三脉菝葜
Smilax tsaii F.T.Wang & Tang=Heterosmilax japonica
Smilax tsaii Wang=Smilax aberrans
Smilax tsinchengshanensis Wang 青城菝葜
Smilax umbrosa J.M.Xu=Smilax pachysandroides
Smilax vaginata Decaisne=Smilax stans
Smilax vaginata var. *pekingensis* (A.DC.) T.Koyama=Smilax stans
Smilax vaginata var. *stans* (Maxim.) T.Koyama=Smilax stans
Smilax vanchingshanensis (Wang & Tang) Wang & Tang 梵净山菝葜
Smilax verruculosa Merr.=Smilax aspericaulis
Smilax woodii Merr.=Smilax corbulaia var. woodii
Smilax yunnanensis S.C.Chen 云南菝葜
Smilax zeylanica subsp.*hemsleyana* (Craib) T.Koyama=Smilax hemsleyana
Smithia Ait.**坡油甘属**(豆科)
Smithia blanda Wall.黄花合叶豆
Smithia bodinieri Lévl.=Smithia blanda
Smithia cavaleriei Lévl.=Smithia ciliata
Smithia ciliata Royle 缘毛合叶豆
Smithia conferta Smith 密节坡油甘
Smithia dichotoma Dalz. ex Baker=Smithia salsuginea
Smithia geminiflora Roth=Smithia conferta
Smithia geminiflora var. *coferta* Baker=Smithia conferta
Smithia nagasawai Hay.=Smithia ciliata
Smithia salsuginea Hance 盐碱土坡油甘
Smithia sensitiva Ait.坡油甘
Smithia yunnanensis Franch.=Smithia blanda
Smithiantha Kuntze **庙铃苣苔属**(苦苣苔科)
Smithiantha cinnabarina O.Kuntze 红庙铃苣苔
Smithiantha multiflora Fritsch 多花庙铃苣苔
Smithiantha zebrina O.Kuntze 条斑庙铃苣苔
Smithiella Dunn=**Pilea**
Smithiella myriantha Dunn=Pilea myriantha
Smithiodendron Hu=**Broussonetia**
Smithiodendron artocarpioideum Hu=Broussonetia papyifera
Smithorchis T.Tang & F.T.Wang **反唇兰属**(兰科)
Smithorchis calceoliformis (W.W.Sm.) T.Tang & F.T.Wang 反唇兰
Smitinandia Holttum **盖喉兰属**(兰科)
Smitinandia micrantha (Lindl.) Holttum 盖喉兰
Smythea Seeman **扁果藤属**(鼠李科)
Smythea nitida Merr.=Ventilago leiocarpa
Smythea nitida Merr.扁果藤
Sobralia R. & P.**折叶兰属**(兰科)
Sobralia decora Batem.美丽折叶兰
Sobralia dichotoma R. & P.二岐折叶兰
Sobralia fragrans Lindl.芳香折叶兰
Sobralia leucoxantha Rchb.f.乳白折叶兰
Sobralia macrantha Lindl.大花折叶兰
Sobralia macrophylla Rchb.f.大叶折叶兰
Sobralia rosea P. & E.红花折叶兰
Sobralia sessilis Lindl.无柄折叶兰
Sobralia viollacea Lind.堇色折叶兰
Sobralia xantholeuca Hort. ex Wms.黄白折叶兰
Socratea Karst.**苏格拉底棕属**(棕榈科)
Soja hispida Moench=Glycine max
Soja max (L.) Piper=Glycine max
Solanaceae 茄科
Solandra lobatus Murr.=Hibiscus lobatus
Solanum L.**茄属**(茄科)
Solanum aculeatissimum Jacq.喀西茄
Solanum aethiopicum L.红茄
Solanum alatum Moench=Solanum villosum
Solanum americanum Mill.少花龙葵
Solanum angustifolium Mill 狭叶茄
Solanum anodontum Lévl. & Vant.=Tubocapsicum anomalum
Solanum atriplicifolium Desp.=Solanum nigrum
Solanum aviculare Forst.澳洲茄
Solanum barbisetum Nees 刺苞茄
Solanum barbisetum var. *griffithii* Prain=Solanum griffithi
Solanum biflorum Lour.=Lycianthes biflora
Solanum biflorum var. *kotoensis* Y.C.Liu & C.H.Ou=Lycianthes biflora
Solanum bigeminatum Nees 二对茄
Solanum bodinieri Lévl.=Solanum capsicoides
Solanum borealisinense C.Y.Wu & S.C.Huang=Solanum kitagawae
Solanum calleryanum Dunal=Lycianthes biflora
Solanum capsicastrum Link. ex Schau=Solanum pseudocapsicum var. diflorum
Solanum capsicoides Allioni 牛茄子
Solanum cathayanum C.Y.Wu & S.C.Huang=Solanum lyratum
Solanum caulorrhizum Dunal=Lycianthes lysimachioides var. caulorrhiza
Solanum cavaleriei Lévl. & Vant.=Solanum aculeatissimum
Solanum chinense Dunal=Solanum violaceum
Solanum chousboe var. *merrillianum* (Liou) C.Y.Wu & S.C.Huang= Solanum merrillianum
Solanum chrysotrichum Schlecht.多裂水茄
Solanum ciliatum Lam.=Solanum capsicoides
Solanum coagulans Forsk.野茄
Solanum cornutum Lam.=Solanum angustifolium
Solanum crassipetalum Wall.厚瓣茄
Solanum cumingii Dunal.=Solanum undatum
Solanum debilissimum Merr.=Lycianthes lysimachioides var. caulorrhiza
Solanum decemdentatum Roxb.=Lycianthes biflora
Solanum decemfidum Nees=Lycianthes biflora
Solanum deflexicarpum C.Y.Wu & S.C.Huang 苦刺
Solanum denticulatum Bl.细齿茄
Solanum depilatum Bitt.(Kitag.in Rep.Inst.Sci.Research.1939)=Solanum boreali-sinense
Solanum depilatum Kitag.=Solanum kitagawae
Solanum diflorum Vell.=Solanum pseudocapsicum var. diflorum
Solanum diphyllum L.黄果龙葵
Solanum dulcamara L.(Hand.-Mazz.Symb.Sin.1936,p.p.)=Solanum pittosporifolium

Solanum dulcamara L.(Hemsl.in J.L.Soc.Bot.1890,p.p.)=Solanum lyratum
Solanum dulcamara L.欧白英
Solanum dulcamara var. *chinense* Dunal=Solanum lyratum
Solanum dulcamara var. *heterophyllum* Makino=Solanum japonense
Solanum dulcamara var. *lyratum* (Thunb.) S. & Z. ex Boati (p.p.)= Solanum lyratum
Solanum dulcamara var. *pubescens* Bl.=Solanum lyratum
Solanum dunnianum Lévl.=Solanum pseudocapsicum var. diflorum
Solanum erianthum D.Don 假烟叶树
Solanum esculentum Dunal=Solanum melongena
Solanum ferox L.(植物志 67-1,1978)=Solanum lasiocarpum
Solanum ganchouenense Lévl.=Solanum americanum
Solanum giganteum Jacq.大茄
Solanum gracilescens Nakai ex Makino(Nakai in Bot.Mag.Tokyo 1930)= Solanum japonense
Solanum gracilipes Decne.细柄茄
Solanum grandiflorum Ritz & Pavon.(Bitter in Fedde,Repert.Beih.1923)= Solanum wrightii
Solanum griffithi (Prain) C.Y.Wu & S.C.Huang 膜萼茄
Solanum hainanense Hance=Solanum procumbens
Solanum heudesii Lévl.=Solanum angustifolium
Solanum hidetaroi Masamune 台白英
Solanum immane Hance=Solanum lasiocarpum
Solanum incanum L.(Hemsl.in J.L.Soc.bot.1890)=Solanum coagulans
Solanum indicum L.(植物志 67-1,1978)=Solanum violaceum
Solanum indicum var. indicum= Solanum violaceum
Solanum indicum var. *recurvatum* C.Y.Wu & S.C.Huang=Solanum violaceum
Solanum integrifolium Poir.=Solanum aethiopicum
Solanum japonense Nakai 野海茄
Solanum jasminoides Paxt.素馨叶白英
Solanum kerrii Bonati=Solanum seaforthianum
Solanum khasianum C.B.Clarke=Solanum aculeatissimum
Solanum khasianum var. *chatterjeeanum* Sen Gupta=Solanum viarum
Solanum kitagawae Schönb.-Tem.光白英
Solanum laciniatum Ait.奥洲茄
Solanum laeve Dunal 光茄
Solanum lasiocarpum Dunal 毛茄
Solanum lasiocarpum var. *velutinum* Call. & Gaudich.=Solanum lasiocarpum
Solanum luzoniense Merr.吕宋茄
Solanum lycopersicum L.=Lycopersicon esculentum
Solanum lyratum Thunb.白英
Solanum lysimachioides Wall.=Lycianthes lysimachioides
Solanum macaonense Dunal 山茄
Solanum macranthum Dunal(E.A.Carriere in Rev.Hort.1867)=Solanum wrightii
Solanum macrodon Wall.=Lycianthes macrodon
Solanum macrodon var. *lysimachioides* (Wall.) C.B.Clarke=Lycianthes lysimachioides
Solanum macrodon var. *lysimachioides* C.B.Clarke=Lycianthes lysimachioide
Solanum mairei Lévl.=Solanum virginianum
Solanum mammosum L.乳茄
Solanum melongena L.茄
Solanum melongena var. *depressum* L.H.Bail.=Solanum melongena
Solanum melongena var. *esculentum* (Dunal) Nees=Solanum melongena
Solanum melongena var. *serpentinum* L.H.Bail.=Solanum melongena
Solanum merrillianum Liou 光枝木龙葵
Solanum miniatum Bernh.=Solanum villosum
Solanum morrisonense Hay.=Solanum hidetaroi
Solanum neesianum Wall. ex Nees=Lycianthes neesiana
Solanum nienkui Merr. & Chun 疏刺茄
Solanum nigrum L.龙葵
Solanum nigrum var. *atriplicifolium* G.Meyer=Solanum nigrum
Solanum nigrum var. *humile* (Benhardi ex Willd.) C.Y.Wu & S.C.Huang= Solanum villosum
Solanum nigrum var. nigrum=Solanum nigrum
Solanum nigrum var. *pauciflorum* Liou=Solanum americanum
Solanum nigrum var. *violaceum* Chen=Solanum photeinocarpum var. violaceum
Solanum nipponense Makino=Solanum japonense
Solanum nivalomontanum C.Y.Wu & S.C.Huang=Solanum violaceum
Solanum numile Bemh. ex Willd.=Solanum villosum
Solanum osbeckii Dunal=Lycianthes biflora
Solanum osbeckii var. *stauntonii* Dunal=Lycianthes biflora
Solanum photeinocarpum Nakamura & Odashima=Solanum americanum
Solanum photeinocarpum var. *photeinocarpum*=Solanum americanum
Solanum photeinocarpum var. violaceum (Chen) C.Y.Wu & S.C.Huang 紫少花龙葵
Solanum pittosporifolium Hemsl.海桐叶白英
Solanum pittosporifolium var. *pilosum* C.Y.Wu & S.C.Huang=Solanum pittosporifolium
Solanum pittosporifolium var. pittosporifolium=Solanum pittosporifolium
Solanum procumbens Lour.海南茄
Solanum pseudocapsicum L.(Hand.-Mazz.Symb.Shin 1936,p.p.)= Solanum pseudocapsicum var. diflorum
Solanum pseudocapsicum L.珊瑚樱
Solanum pseudocapsicum var. diflorum (Vell.) Bitter 珊瑚豆
Solanum pseudocapsicum var. pseudocapsicum=Solanum pseudocapsicum
Solanum pubescens Willd.柔毛茄
Solanum sanctum L.(Benth.in Fl.Hongk.1861)=Solanum coagulans
Solanum sarmentosum Nees 匍匐茄
Solanum seaforthianum Andr.南青杞
Solanum sect. *Lycianhtes* (Dunal) Wettst.=**Lycianthes**
Solanum sect. *Pachystemonum* subsect. *Lycianthes* Dunal (p.p.)= **Lycianthes**
Solanum septemlobum Bge.青杞
Solanum septemlobum var. indutum Hand.-Mazz.茄子蒿
Solanum septemlobum var. ovoido-carpum C.Y.Wu & S.C.Huang 卵果青杞
Solanum septemlobum var. septemlobum=Solanum septemlobum
Solanum septemlobum var. subinte-grifolium C.Y.Wu & S.C.Huang 单叶青杞
Solanum sisymbriifolium Lam.蒜芥茄
Solanum spirale Roxb.旋花茄
Solanum spirale var. *terasepalum* H.Chu=Solanum spirale
Solanum subtruncatum Wall.=Lycianthes neesiana
Solanum suffruticosum Schousb.=Solanum merrillianum
Solanum suffruticosum var. *merrilianum* (Liou) C.Y.Wu & S.C.Huang= Solanum merrillianum
Solanum suffruticosum var. *suffruticosum*=Solanum merrillanum
Solanum surattense Burm.f.=Solanum virginianum
Solanum torvum Hemsl.(p.p.)=Solanum macaonense
Solanum torvum Swartz 水茄
Solanum torvum var. *lasiostylum* Y.C.Liu & C.H.Ou=Solanum macaonense
Solanum torvum var. *pleiotomum* C.Y.Wu & S.C.Huang=Solanum chrysotrichum
Solanum torvum var. torvum=Solanum torvum
Solanum trilobatum L.三裂水茄
Solanum tuberosum L.阳芋
Solanum vagum Heyne 无定形茄
Solanum verbascifolium L.(植物志 67-1,1978)=Solanum erianthum
Solanum viarum Danal 毛果茄
Solanum villosum Mill.红果龙葵
Solanum violaceum Orteg.刺天茄
Solanum virginianum L.黄果茄
Solanum wrightii Benth.大花茄
Solanum xanthocarpum Schrad. & Wendl.=Solanum virginianum
Solena Lour.**茅瓜属**(葫芦科)
Solena amplexicaulis (Lam.) Gandhi 茅瓜
Solena delavayi (Cogn.) C.Y.Wu 滇藏茅瓜
Solena heterophylla Lour.=Solena amplexicaulis
Solenanthus Ledeb.**长蕊琉璃草属**(紫草科)
Solenanthus amplifolius Boiss.=Solenanthus circinnatus
Solenanthus circinnatus Ledeb.长蕊琉璃草
Solenanthus coronatus Rgl.= Solenanthus circinnatus
Solenanthus glochidiatus Maxim.弯齿盾果草
Solenanthus hupehensis R.R.Mill.湖北长蕊琉璃草
Solenanthus nigricans Schrenk ex Fisch. & Mey.=Lindelofia stylosa
Solenanthus nigricans var. *pterocarpus* Rupr.=Lindelfia stylosa subsp.

perocarpa
Solenanthus pteiolaris DC.=Solenanthus circinnatus
Solenanthus rumicifolius Boiss.=Solenanthus circinnatus
Solenopteris Wall.=**Antrophyum**
Solenopteris lanceolata Wall.=Antrophyum coriaceum
Solenostigma Endl.=**Celtis**
Solenostigma consimile Bl.=Celtis philippensis var. consimilis
Solenotinus erubescens (Wall.) Oërst.=Viburnum erubescens
Solenotinus nervosus Oërst.=Viburnum grandiflorum
Solidago L.**一枝黄花属**(菊科)
Solidago canadensis L.加拿大一枝黄花
Solidago cantonensis Lour.=Solidago decurrens
Solidago chinensis Osbeck=Wedelia chinensis
Solidago cuspidata Wall.=Inula cuspidata
Solidago dahurica Kitag.=Solidago virgaurea var. dahurica
Solidago decurrens Lour.一枝黄花
Solidago decurrens f. *padudosa* (Honda) Kitam.=Solidago decurrens
Solidago gigantea Ait.高大一枝黄花
Solidago heterotricha Wall.=Inula eupatorioides
Solidago japonica var. *paludosa* Honda=Solidago decurrens
Solidago nemoralis Ait.林生一枝黄花
Solidago odora Ait.香一枝黄花
Solidago pacifica Juz.钝苞一枝黄花
Solidago palmata Pall.=Senecio cannabifolius
Solidago pubescens Wall.=Solidago decurrens
Solidago rigida L.坚硬一枝黄花
Solidago rubricaulis Wall.=Inula rubricaulis
Solidago salicifolia Wall.=Aster albescens
Solidago sempervirens L.海滨一枝黄花
Solidago virgaurea L.(Hay.in J.Coll.Sci.Univ.Tokyo 1904)=Solidago decurrens
Solidago virgaurea L.毛果一枝黄花
Solidago virgaurea subsp. *leiocarpa* Hulten=Solidago decurrens
Solidago virgaurea var. *coreana* Nakai=Solidago pacifica
Solidago virgaurea var. dahurica Kitag.兴安一枝黄花
Solidago virgaurea var. *glabriuscula* C.B.Clarke=Solidago decurrens
Solidago virgaurea var. *leiocarpa* (Benth.) A.Gray=Solidago decurrens
Solidago virgaurea var. *paludosa* Honda=Solidago decurrens
Solidago virgaurea var. *pubescens* (Wall.) C.B.Clarke=Solidago decurrens
Solidago virgaurea var. virgaurea=Solidago virgaurea
Soliva Ruiz & Pavon.**裸柱菊属**(菊科)
Soliva anthemifolia (Juss.) R.Br.裸柱菊
Sollya Lindl.**蓝钟藤属**(海桐花科)
Sollya heterophylla Lindl.蓝钟藤
Solms-Laubachia Muschl.**丛菔属**(十字花科)
Solms-Laubachia carnosifolia Z.X.An=Braya scharnhorstii
Solms-Laubachia ciliaris (Bur. & Franch.) Botsch.=Solms-Laubachia pulcherrima
Solms-Laubachia dolichocarpa Y.C.Lan & T.Y.Cheo=Solms-Laubachia eurycarpa
Solms-Laubachia eurycarpa (Maxim.) Botsch.宽果丛菔
Solms-Laubachia eurycarpa var. *brevistipes* Y.C.Lan & T.Y.Cheo=Solms-Laubachia eurycarpa
Solms-Laubachia eurycarpa var. eurycarpa=Solms-Laubachia eurycarpa
Solms-Laubachia eurycarpa var. *lasiophylla* R.F.Huang=Solms-Laubachia eurycarpa
Solms-Laubachia floribunda Y.C.Lan & T.Y.Cheo 多花丛菔
Solms-Laubachia gamosepala Al-Shehbaz & G.Yang 合萼丛菔
Solms-Laubachia glabra Y.C.Lan & T.Y.Cheo=Pycnoplinthus uniflorus
Solms-Laubachia lanata Botsch.绵毛丛菔
Solms-Laubachia latifolia (O.E.Schulz) Y.C.Lan & T.Y.Cheo=Solms-Laubachia eurycarpa
Solms-Laubachia linearifolia (W.W.Sm.) O.E.Schulz 线叶丛菔
Solms-Laubachia linearifolia var. *leiocarpa* O.E.Schulz.=Solms-Laubachia linearifolia
Solms-Laubachia linearifolia var. linearifolia=Solms-Laubachia linearifolia
Solms-Laubachia minor Hand.-Mazz.细叶丛菔
Solms-Laubachia orbiculata Y.C.Lan & T.Y.Cheo=Solms-Laubachia platycarpa
Solms-Laubachia platycarpa (HK.f. & Thoms.) Botsch.总状丛菔
Solms-Laubachia pulcherrima f. *angustifolia* O.E.Schulz.=Solms-Laubachia pulcherrima
Solms-Laubachia pulcherrima f. *atrichophylla* Hand.-Mazz.=Solms-Laubachia pulcherrima
Solms-Laubachia pulcherrima Muschl.丛菔
Solms-Laubachia pulcherrima var. angustifolia O.E.Schulz 狭叶丛菔
Solms-Laubachia pulcherrima var. *latifolia* O.E.Schulz.=Solms-Laubachia eurycarpa
Solms-Laubachia pulcherrima var. pulcherrima=Solms-Laubachia pulcherrima
Solms-Laubachia pumila (Kurz) Dvorák=Desideria pumila
Solms-Laubachia retropilosa Botsch.倒毛丛菔
Solms-Laubachia xerophyta (W.W.Sm.) Comber 旱生丛菔
Solstitiaria Hill.=**Centaurea**
Sonchidium Pomel.=**Sonchus**
Sonchoseris Fourr.=**Sonchus**
Sonchus L.**苦苣菜属**(菊科)
Sonchus arvensis L.(Lévl.in Fl.Kouy-Tchéou 1914)=Sonchus brachyotus
Sonchus arvensis L.苣荬菜
Sonchus arvensis f. *glabrescens* (Guenth.,Grab.et Wimm.) Kirp.=Sonchus uliginosus
Sonchus arvensis subsp. *brachyotus* (DC.) Kitam.=Sonchus brachyotus
Sonchus arvensis var. *laevipes* Koch=Sonchus brachyotus
Sonchus arvensis var. *uliginosus* Trautv.=Sonchus uliginosus
Sonchus arvensis β. *glabrescens* Guenth.,Grab.et Wimm.=Sonchus uliginosus
Sonchus arvensis β. *laevipes* Boiss.=Sonchus uliginosus
Sonchus asper (L.) Hill.花叶滇苦菜
Sonchus asper Vill.=Sonchus asper
Sonchus azureus Ledeb.=Cicerbita azurea
Sonchus brachyotus DC.长裂苦苣菜
Sonchus caucasicus Beihl.=Crepis sibirica
Sonchus cavaleriei Lévl.=Sonchus brachyotus
Sonchus chinensis Fisch.=Sonchus brachyotus
Sonchus ciliatus Lam.=Sonchus oleraceus
Sonchus cyaneus D.Don=Chaetoseris cyanea
Sonchus fauriei Lévl.=Sonchus brachyotus
Sonchus flexuosus Ledeb.=Crepis sibirica
Sonchus hispidus Gilib.=Sonchus arvensis
Sonchus lakouensis S.Y.Hu=Parammicrorhychus procumbens
Sonchus lingianus Shih 南苦苣菜
Sonchus mairei Lévl.(p.p.)=Launaea sarmentosa
Sonchus mairei Lévl.(p.p.)=Sonchus oleraceus
Sonchus mairei Lévl.=Parammicrorhychus procumbens
Sonchus oleraceus L.苦苣菜
Sonchus oleraceus γ.L.=Sonchus asper
Sonchus oleraceus δ. L.=Sonchus asper
Sonchus palustris L.沼生苦苣菜
Sonchus picris Lévl. & Vant.=Sonchus arvensis
Sonchus shzucinianus Turcz. ex Herd.=Sonchus brachyotus
Sonchus sibiricus L.=Lagedium sibiricum
Sonchus spinosus Lam.=Sonchus asper
Sonchus taquetii Lévl.=Sonchus brachyotus
Sonchus tataricus L.=Mulgedium tataricum
Sonchus transcaspicus Nevski 全叶苦苣菜
Sonchus uliginosus M.B.短裂苦苣菜
Sonchus wallichianus DC.=Sonchus uliginosus
Sonchus wightianus DC.=Sonchus arvensis
Sonchus wightianus subsp. *wallichianus* (DC.) Boulos=Sonchus uliginosus
Sonerila Roxb.**蜂斗草属**(野牡丹科)
Sonerila alata Chun & How ex C.Chen 翅茎蜂斗草
Sonerila alata var. alata=Sonerila alata
Sonerila alata var. triangula C.Chen 短萼蜂斗草
Sonerila cantonensis Stapf (海南志 1965)=Sonerila cantonensis var. strigosa
Sonerila cantonensis Stapf 蜂斗草
Sonerila cantonensis var. cantonensis=Sonerila cantonensis
Sonerila cantonensis var. strigosa C.Chen 毛蜂斗草
Sonerila cavaleriei Lévl.=Oxyspora paniculata
Sonerila cheliensis H.L.Li 景洪蜂斗草
Sonerila epilobioides Stapf & King 柳叶菜蜂斗草
Sonerila esquirolii Lévl.=Plagiopetalum esquirolii
Sonerila fordii Oliv.=Fordiophyton fordii
Sonerila hainanensis Merr.海南桑叶草

Sonerila henryi Kränzl.=Plagiopetalum esquirolii
Sonerila laeta Stapf 小蜂斗草
Sonerila peperomiaefolia Oliv.=Stapfiophyton peperomiaefolium
Sonerila picta Korth(H.L.Li in J.Arn.Arb.1944,云南志 1979)=Sonerila laeta
Sonerila plagiocardia Diels 海棠叶蜂斗草
Sonerila primuloides C.Y.Wu ex C.Chen 报春蜂斗草
Sonerila rivularis Cogn.溪边蜂斗草
Sonerila shanlinensis C.Chen 上林蜂斗草
Sonerila tenera Royle 短药地胆
Sonerila yunnanensis Jeffrey 毛叶蜂斗草
Sonneratia L.f.**海桑属**(海桑科)
Sonneratia acida L.f.=Sonneratia caseolaris
Sonneratia alba J.Smith 杯萼海桑
Sonneratia caseolaris (L.) Engl.海桑
Sonneratia caseolaris L.(海南志 1964,p.p.)=Sonneratia alba
Sonneratia mossambicensis Klotz. ex Peters=Sonneratia alba
Sonneratiacedae 海桑科
Sooja nomame Sieb.=Cassia nomame
Sophia Adans.=**Descurainia**
Sophiopsis O.E.Schulz **羽裂叶荠属**(十字花科)
Sophiopsis annua (Rupr.) O.E.Schulz 中亚羽裂叶荠
Sophiopsis annua var. *fontinalis* O.E.Schulz=Sophiopsis annua
Sophiopsis sisymbrioides (Rgl. & Herd.) O.E.Schulz 羽裂叶荠
Sophora L.**槐属**(豆科)
Sophora acuminata Benth. ex Baker=Sophora benthamii
Sophora affinis Torrey & Gray 紫果槐
Sophora albescens (Rehd.) C.Y.Ma 白花槐
Sophora albescens Jaume=Sophora alopecuroides
Sophora albopetioluata Leqnard 多米尼加槐
Sophora alopecuroides L.苦豆子
Sophora alopecuroides subsp. *tomentosa* (Boiss.) Yakovl.=Sophora alopecuroides var. tomentosa
Sophora alopecuroides var. alopecuroides=Sophora alopecuroides
Sophora alopecuroides var. tomentosa (Boiss.) Bornm.毛苦豆子
Sophora alpina Pall.=Thermopsis alpina
Sophora ambigua Tsoong 贝哈利槐
Sophora angustifolia S. & Z.=Sophora flavescens
Sophora argentea Pall.=Ammodendron bifolium
Sophora arizonica S.Watson 亚利桑那槐
Sophora arizonica var. formosa (Kearn. & Peebl.) Tsoong 美丽槐
Sophora bakeri C.B.Clarke 印度槐
Sophora benthamii Steenis 尾叶槐
Sophora bifolia Pall.=Ammodendron bifolium
Sophora brachygyna C.Y.Ma 短蕊槐
Sophora cavaleriei Lévl.=Sophora velutina var. cavaleriei
Sophora ceylonica Trim.斯里兰卡槐
Sophora chathamica Cock.奥克兰槐
Sophora chinensis Hort. ex Zebel=Sophora japonica var. pubescens
Sophora chrysophylla var. glabrata Rock.无毛黄叶槐
Sophora davidii (Franch.) Skeels 白刺花
Sophora davidii var. chuansinensis C.Y.Ma 川西白刺花
Sophora davidii var. davidii =Sophora davidii
Sophora davidii var. liangshanensis C.Y.Ma 凉山白刺花
Sophora denudata Prain.(新拉汉英 1996)=Sophora dunnii
Sophora denudata Tory 裸槐
Sophora dispar Craib=Sophora dunnii
Sophora duclouxii Gagn.=Sophora prazeri var. mairei
Sophora dunnii Prain 柳叶槐
Sophora exigua Craib(Yakovl.in Nov.Syst.Pl.Vasc.1976,p.p.)=Sophora praetorulosa
Sophora exigua Craib.稀见槐
Sophora exigua var. lelatior Tsoong 缅甸稀见槐
Sophora fabacea Pall.=Thermopsis lupinoides
Sophora fernandeziana Skottsb.弗尔南德斯槐
Sophora fernandeziana f. glacilior Skottsb.硬毛槐
Sophora fernandeziana var. reedeana Skottsb.圆叶槐
Sophora flavescens Ait.苦参
Sophora flavescens f. *angustifolia* (S. & Z.) Yakovl.=Sophora flavescens
Sophora flavescens var. flavescens=Sophora flavescens
Sophora flavescens var. galegoides (Pall.) DC.红花苦参
Sophora flavescens var. kronei (Hance) C.Y.Ma 毛苦参
Sophora franchetiana Dunn 闽槐
Sophora fraseri Benth.澳大利亚槐
Sophora galegioides Debeaux=Sophora vestita
Sophora galegoides Pall.=Sophora flavescens var. galegoides
Sophora gibbosa O.Kuntze 驼风苦豆子
Sophora glauca Lesch. ex DC.=Sophora velutina
Sophora glauca var. *albescens* Rehd.=Sophora albescens
Sophora howinsula (Oliv.) Tsoong 腺鳞果槐
Sophora inhambanensis Klotz.南非槐
Sophora interrupta Bedd.间断槐
Sophora japonica L.槐
Sophora japonica f. japonica=Sophora japonica
Sophora japonica f. oligophylla Franch.五叶槐
Sophora japonica f. pendula Hort.龙爪槐
Sophora japonica var. japonica =Sophora japonica
Sophora japonica var. japonica f. hybrida Carr.?杂蟠槐
Sophora japonica var. praecox Schwer.旱生槐(新)?
Sophora japonica var. praecox f. columnalis Schwer.?柱花槐(新)
Sophora japonica var. pubescens (Tausch.) Bosse 毛叶槐
Sophora japonica var. *tomentosa* Hort.=Sophora japonica var. pubescens
Sophora japonica var. vestita Rehd.宜昌槐
Sophora japonica var. violacea Carr.堇花槐
Sophora japonica var. *violacea* Dipp.(p.p.)=Sophora japonica var. pubescens
Sophora jaubertii Spach. ex Jaub. & Spach.土耳其槐
Sophora koreensis Nakai 朝鲜狼牙刺
Sophora kronei Hance=Sophora flavescens var. kronei
Sophora lehmannii O.Kuntze 曲果苦豆子
Sophora longipes Mett.长柄槐
Sophora lupinoides L.=Thermopsis lupinoides
Sophora macrocarpa Smith 大果槐
Sophora mairei Lévl.=Sophora japonica
Sophora mairei Pamp.(高等图鉴 1972,豆科图说 1955)=Sophora wilsonii
Sophora mairei Pamp.=Sophora prazeri var. mairei
Sophora masafuerana Skottsb.智利槐
Sophora microcarpa C.Y.Ma 细果槐
Sophora microphylla Soland. ex Ait.小叶槐
Sophora mollis (Royle) Baker 翅果槐
Sophora mollis var. duthiei Prain.无翅果槐
Sophora mollis var. griffithii (Stock.) Tsoong 硬脊槐
Sophora mollis var. hydaspidis Baker 毛翅果槐
Sophora moorcroftiana (Benth.) Baker 砂生槐
Sophora moorcroftiana Kanitz=Sophora davidii
Sophora moorcroftiana subsp. *viciifolia* (Hance) Yakovl.=Sophora davidii
Sophora moorcroftiana var. *davidii* Franch.=Sophora davidii
Sophora nuttaliana Turner 丝毛槐
Sophora oblongata Tsoong 赫布里底槐
Sophora orientalis Pall.=Sophora alopecuroides
Sophora pachycarpa Schrenk ex C.A.Meyer 厚果槐
Sophora pallida Salisb.=Sophora alopecuroides
Sophora pendula Spach.=Sophora japonica L.f.pendula
Sophora platycarpa Maxim.=Cladrastis platycarpa
Sophora polyphylla Urb.古巴槐
Sophora praetorulosa Chun & T.Chen 疏节槐
Sophora prazeri Prain 锈毛槐
Sophora prazeri subsp. *mairei* (Pamp.) Yakovl.=Sophora prazeri var. mairei
Sophora prazeri var. burkei Tsoong 小叶绣毛槐
Sophora prazeri var. *mairei* (Pamp.) Tsoong & C.Y.Ma=Sophora wilsonii
Sophora prazeri var. mairei (Pamp.) Tsoong 西南槐
Sophora prazeri var. micrantha Tsoong 小花绣毛槐
Sophora prazeri var. prazeri=Sophora prazeri
Sophora prostrata J.Buch.新西兰槐
Sophora pubescnes Tausch.=Sophora japonica var. pubescens
Sophora purpusii T.S.Brand.紫花槐
Sophora rubriflora Tsoong 红花槐
Sophora secundiflora Lag. ex DC.偏花槐
Sophora secundiflora f. zanthosperma Rehd.黄子偏花槐

Sophora sinensis Forr.=Sophora japonica
Sophora sinensis Hort.=Sophora japonica var. pubescens
Sophora somalensis Chov.索马里兰槐
Sophora soongarica Schrek 准噶尔苦豆子
Sophora sp. Rehd.=Sophora prazeri var. mairei
Sophora stenophylla A.Gray 狭叶槐
Sophora subprostrata Chun & T.Chen=Sophora tonkinensis
Sophora tetraptera J.S.Mill.四翅槐
Sophora tomentosa Drak=Sophora tonkinensis
Sophora tomentosa Hort. ex Dipp.=Sophora japonica var. pubescens
Sophora tomentosa L.绒毛槐
Sophora tomentosa f. glabra Steenis 光叶绒毛槐
Sophora tomentosa var. bahamensis Tsoong 巴哈马绒毛槐
Sophora tomentosa var. occidentalis (L.) Brummit 紫花绒毛槐
Sophora tonkinensis Gagn.越南槐
Sophora tonkinensis var. polyphylla S.Z.Huang & Z.C.Zhou 多叶越南槐
Sophora tonkinensis var. purpurescens C.Y.Ma 紫花越南槐
Sophora tonkinensis var. tonkinensis=Sophora tonkinensis
Sophora toromiro Skottsb.倾卧槐
Sophora unifoliata (Rock.) Deg. & Sherff.单叶槐
Sophora velutina Lindl.短绒槐
Sophora velutina subsp. *cavaleriei* (Lévl.) Yakovl.=Sophora velutina var. cavaleriei
Sophora velutina var. *albescens* (Rehd.) Tsoong & C.Y.Ma=Sophora albescens
Sophora velutina var. cavaleriei (Lévl.) Brummitt & Gillett 光叶短绒槐
Sophora velutina var. dolichopoda C.Y.Ma 长颈槐
Sophora velutina var. multifoliolata C.Y.Ma 多叶槐
Sophora velutina var. scanedns C.Y.Ma 攀援槐
Sophora velutina var. velutina=Sophora velutina
Sophora vestita Nakai 曲阜槐?
Sophora viciifolia Hance=Sophora davidii
Sophora wighti Baker 长梗槐
Sophora wightii Baker (Dunn in J.L.Soc.Bot.1911)=Sophora prazeri
Sophora wilsonii Craib 瓦山槐
Sophora xanthantha C.Y.Ma 黄花槐
Sophora yunnanensis C.Y.Ma 云南槐
Sophorocapnos pallida (Thunb.) Turz.=Corydalis pallida
Sophronitis Lindl.**丑角兰属**(兰科)
Sophronitis cernua Lindl.垂头丑角兰
Sophronitis coccinea (Lindl.) Rchb.f.绯红丑角兰
Sopubia Buch.-Ham.**短冠草属**(玄参科)
Sopubia comosa (Bonati) T.Yamazaki=Petitmenginia comosa
Sopubia formosana Hay.=Melasma arvense
Sopubia lasiocarpa Tsoong 毛果短冠草
Sopubia stricta G.Don 坚挺短冠草?
Sopubia trifida Buch.-Ham.短冠草
Soranthus Ledeb.**簇花芹属**(伞形科)
Soranthus meyeri Ledeb.簇花芹
Sorbaria (Ser.) A.Br. ex Aschers.**珍珠梅属**(蔷薇科)
Sorbaria arborea Schneid.高丛珍珠梅
Sorbaria arborea var. arborea=Sorbaria arborea
Sorbaria arborea var. glabrata Rehd.光叶高丛珍珠梅(新)
Sorbaria arborea var. subtomentosa Rehd.毛叶高丛珍珠梅(新)
Sorbaria kirilowii (Regel) Maxim.华北珍珠梅
Sorbaria sorbifolia (L.) A.Br.珍珠梅
Sorbaria sorbifolia A.Br.(Limpricht in Fedde,Repert. subsp. Nov.Beih. 1922)= Sorbaria kirilowii
Sorbaria sorbifolia var. *kirilowii* Ito=Sorbaria kirilowii
Sorbaria sorbifolia var. sorbifolia=Sorbaria sorbifolia
Sorbaria sorbifolia var. stellipila Maxim.星毛华楸珍珠梅
Sorbaria sorbifolia var. *typica* Schneid.=Sorbaria sorbifolia
Sorbaria stellipila Schneid.=Sorbaria sorbifolia var. stellipila
Sorbus L.**花楸属**(蔷薇科)
Sorbus aestivalis Koehne=Sorbus prattii var. aestivalis
Sorbus alnifolia (S. & Z.) K.Koch 水榆花楸
Sorbus alnifolia var. alnifolia=Sorbus alnifolia
Sorbus alnifolia var. lobulata Rehd.裂叶水榆花楸(新)
Sorbus amabilis Cheng ex Yü 黄山花楸
Sorbus americana Marsh.美洲花楸
Sorbus amurensis Koehne=Sorbus pohuashannensis
Sorbus aperta Koehne=Sorbus hupehensis
Sorbus arguta Yü 锐齿花楸
Sorbus aria var. *mairei* Lévl.=Sorbus keissleri
Sorbus aronioides Rehd.毛背花楸
Sorbus astateria (Card.) Hand.-Mazz.多变花楸
Sorbus atrosanguinea Yü & Tsai=Sorbus thibetica
Sorbus aucuparia L.欧洲花楸
Sorbus caloneura (Stapf) Rehd.美脉花楸
Sorbus caloneura var. caloneura=Sorbus caloneura
Sorbus caloneura var. kwangtungensis Yü 广东美脉花楸(新)
Sorbus conradinae Koehne=Sorbus esserteauiana
Sorbus coronata (Card.) Yü & Tsai 冠萼花楸
Sorbus cuspidata (Spach) Hedl.白叶花楸
Sorbus decora (Sarg.) Schneid.美丽花楸
Sorbus discolor (Maxim.) Maxim.北京花楸
Sorbus dunnii Rehd.棕脉花楸
Sorbus epidendron Hand.-Mazz.附生花楸
Sorbus esserteauiana Koehne 麻叶花楸
Sorbus expansa Koehne=Sorbus wilsoniana
Sorbus ferruginea (Wenzig) Rehd.锈色花楸
Sorbus filipes Hand.-Mazz.纤细花楸
Sorbus folgneri (Schneid.) Rehd.石灰花楸
Sorbus foliolosa var. *pluripinnata* Schneid.=Sorbus scalaris
Sorbus glabrescens (Card.) Hand.-Mazz.=Sorbus oligodonta
Sorbus globosa Yü & Tsai 圆果花楸
Sorbus glomerulata Koehne 球穗花楸
Sorbus granulosa (Bertol.) Rehd.疣果花楸
Sorbus harrowiana (Balf.f. & W.W.Sm.) Rehd.巨叶花楸
Sorbus helenae Koehne 钝齿花楸
Sorbus helenae var. argutiserrata Yü 尖齿花楸(新)
Sorbus helenae var. helenae=Sorbus helenae
Sorbus hemsleyi (Schneid.) Rehd.江南花楸
Sorbus henryi Rehd.=Sorbus hemsleyi
Sorbus hoii Pang=Sorbus prattii
Sorbus hupehensis Schneid.湖北花楸
Sorbus hupehensis var. *aperta* (Koehne) Schneid.=Sorbus hupehensis
Sorbus hupehensis var. *obtusa* Schneid.=Sorbus oligodonta
Sorbus hypolauca (Card.) Hand.-Mazz.=Sorbus rehderiana
Sorbus insignis (HK.f.) Hedl.卷边花楸
Sorbus keissleri (Schneid.) Rehd.毛序花楸
Sorbus kiukiangensis Yü 俅江花楸
Sorbus kiukiangensis var. glabrescens Yü 无毛俅江花楸(新)
Sorbus kiukiangensis var. kiukiangensis=Sorbus kiukiangensis
Sorbus koehneana Schneid.陕甘花楸
Sorbus laxiflora Koehne=Sorbus hupehensis
Sorbus macrantha Merr.疏序花楸(新)?
Sorbus mairei Rehd. & Lévl.=Sorbus keissleri
Sorbus manshuriensis Kitag.=Sorbus pohuashannensis
Sorbus megalocarpa Rehd.大果花楸
Sorbus megalocarpa var. cuneata Rehd.圆大果花楸(新)
Sorbus megalocarpa var. megalocarpa=Sorbus megalocarpa
Sorbus meliosmifolia Rehd.泡吹叶花楸
Sorbus monbeigii (Card.) Yü 维西花楸
Sorbus multijuga Koehne 多对花楸
Sorbus munda Koehne=Sorbus prattii
Sorbus munda f. *subarachnoidea* Koehne=Sorbus prattii
Sorbus munda f. *tatsienensis* Koehne=Sorbus prattii
Sorbus nubium Hand.-Mazz.=Sorbus folgneri
Sorbus obsoletidentata (Card.) Yü 宾川花楸
Sorbus ochracea (Hand.-Mazz.) Vidal 褐毛花楸
Sorbus ochrocarpa Rehd.=Sorbus pallescens
Sorbus oligodonta (Card.) Hand.-Mazz.少齿花楸
Sorbus pallescens Rehd.灰叶花楸
Sorbus paniculata Yü & Tsai=Sorbus rhamnoides
Sorbus pekinensis Koehne=Sorbus discolor
Sorbus pluripinnata (Schneid.) Koehne=Sorbus scalaris
Sorbus pogonopetala Koehne=Sorbus prattii
Sorbus pohuashannensis (Hance) Hedl.花楸树
Sorbus poteriifolia Hand.-Mazz.=Sorbus filipes

Sorbus poteriifolia Hand.-Mazz.侏儒花楸
Sorbus prattii Koehne 西康花楸
Sorbus prattii var. aestivalis (Koehne) Yü 多对西康花楸
Sorbus prattii var. prattii=Sorbus prattii
Sorbus prattii var. *tatsienensis* Schneid.=Sorbus prattii
Sorbus pteridophylla Hand.-Mazz.蕨叶花楸
Sorbus pteridophylla var. pteridophylla=Sorbus pteridophylla
Sorbus pteridophylla var. tephroclada Hand.-Mazz.灰毛蕨叶花楸(新)
Sorbus pymaea Hutch.=Sorbus poteriifolia
Sorbus randaiensis (Hay.) Koidz.台湾花楸
Sorbus reducta Diels 铺地花楸
Sorbus rehderiana Koehne 西南花楸
Sorbus rehderiana var. cupreonitens Hand.-Mazz.绣毛西南花楸(新)
Sorbus rehderiana var. grosseserrata Koehne 巨齿西南花楸(新)
Sorbus rehderiana var. rehderiana=Sorbus rehderiana
Sorbus rhamnoides (Dcne.) Rehd.鼠李叶花楸
Sorbus rubiginosa Yü=Sorbus ochracea
Sorbus rufo-ferrugineus var. *trilocularis* (Hay.) Koidz.=Sorbus randaiensis
Sorbus rufopilosa Schneid.红毛花楸
Sorbus sargentiana Koehne 晚绣花楸
Sorbus scalaris Koehne 梯叶花楸
Sorbus setschwanensis (Schneid.) Koehne 四川花楸
Sorbus sikkimensis Wenz.=Sorbus granulosa
Sorbus sikkimensis δ. *ferruginea* Wenzig=Sorbus ferruginea
Sorbus sitchensis Roem.太平洋花楸
Sorbus tapashana Schneid.太白花楸
Sorbus thibetica (Card.) Hand.-Mazz.康藏花楸
Sorbus thomsonii (King) Rehd.滇缅花楸
Sorbus tianschanica Rupr.天山花楸
Sorbus tianschanica var. integrifoliata Yü 全缘叶天山花楸(新)
Sorbus tianschanica var. tianschanica=Sorbus tianschanica
Sorbus toringo K.Koch=Malus sieboldii
Sorbus unguiculata Koehne=Sorbus prattii
Sorbus valbrayi Lévl.=Sorbus koehneana
Sorbus vilmorini var. *setschwanensis* Schneid.=Sorbus setschwanensis
Sorbus vilmorini var. *typica* Schneid.=Sorbus vilmorinii
Sorbus vilmorinii Schneid.川滇花楸
Sorbus wallichii (HK.f.) Yü 尼泊尔花楸
Sorbus wardii Merr.=Sorbus thibetica
Sorbus wilsoniana Schneid.华西花楸
Sorbus xanthoneura Rehd.黄脉花楸
Sorbus zahlbruckneri Schneid.长果花楸
Sorghastrum Nash.**假高粱属**(禾本科)
Sorghastrum nutans Nash.黄假高粱
Sorghum ×almum Parodi 杂高粱
Sorghum Moench **高粱属**(禾本科)
Sorghum bicolor (L.) Moench 高粱
Sorghum bicolor var. bicolor=Sorghum bicolor
Sorghum bicolor var. subglobosus (Hack.) Snowden 球果高粱
Sorghum bracteata (Humb. & Bonpl. ex Willd.) Kuntze=Hyparrhenia bracteata
Sorghum caffrorum (Retz.) Beauv.卡佛尔高粱
Sorghum cernuum (Ard.) Host.弯头高粱
Sorghum diplandrum (Hack.) Kuntz=Hyparrhenia diplandra
Sorghum dochna (Forssk.) Snowden 甜高粱
Sorghum dochna var. dochna=Sorghum dochna
Sorghum dochna var. technicum (Koern.) Snowden 工艺高粱
Sorghum durra (Forssk.) Stapf 硬秆高粱
Sorghum filipendulum (Hochst.) Kuntze=Hyparrhenia filipendula
Sorghum halepense (L.) Pers.石茅
Sorghum japonicum Roshev.=Sorghum nervosum
Sorghum nervosum Bess. ex Schult.多脉高粱
Sorghum nervosum var. flexibile Snowden 散穗高粱
Sorghum nervosum var. nervosum=Sorghum nervosum
Sorghum nitidum (Vahl) Pers.光高粱
Sorghum nitidum f. *aristatum* Hubb.=Sorghum nitidum
Sorghum nitidum var. *fulvus* (R.Br.) Hand.-Mazz.=Sorghum nitidum
Sorghum propinquum (Kunth) Hitchc.拟高粱
Sorghum saccharatum (L.) Moench 甜糖高粱(新)
Sorghum sudanense (Piper) Stapf 苏丹草
Sorghum technicum (Koern.) Roshev.=Sorghum dochna var. technicum
Sorghum vulgare Pers.(p.p.)=Sorghum bicolor
Sorghum vulgare Pers.(p.p.)=Sorghum cernuum
Sorghum vulgare Pers.(p.p.)=Sorghum nervosum
Sorghum vulgare var. *durra* (Forssk.) Hubb. & Rehd.=Sorghum durra
Sorghum vulgare var. *saccharatum* Boerl.=Sorghum dochna
Sorghum vulgare var. *sudanense* (Pier) Hitchc.=Sorghum sudanense
Soria Adanson=**Euclidium**
Sorolepidium Christ emend. Ching **玉龙蕨属**(鳞毛蕨科)
Sorolepidium duthiei (Hope) Ching=Polystichum duthiei
Sorolepidium glaciale Christ 玉龙蕨
Sorolepidium integrilobum Ching ex Y.T.Hsieh=Polystichum integrilobum
Sorolepidium ovale Y.T.Hsien 卵羽玉龙蕨
Soroseris Stebbins **绢毛苣属**(菊科)
Soroseris bellidifolia (Hand.-Mazz.) Stebbins (p.p.)=Soroseris hirsuta
Soroseris bellidifolia (Hand.-Mazz.) Stebbins=Soroseris glomerata
Soroseris chrysocephala Shih=Syncalathium chrysocephalum
Soroseris deasyi (S.Moore) Stebbins=Soroseris glomerata
Soroseris depressa (HK.f. & Thoms.) Stebbins=Soroseris glomerata
Soroseris erysimoides (Hand.-Mazz.) Shih 空桶参
Soroseris gillii (S.Moore) Stebbins (西藏志 1985,p.p.)=Soroseris hookeriana
Soroseris gillii (S.Moore) Stebbins 金沙绢毛苣
Soroseris gillii subsp. *handelii* Stebbins=Soroseris hirsuta
Soroseris gillii subsp. *hirsuta* (Anth.) Stebbins=Soroseris hirsuta
Soroseris gillii subsp. *occidentalis* Stebbins=Soroseris hirsuta
Soroseris gillii subsp. *typica* Stebbins=Soroseris gillii
Soroseris gillii var. *bellidifolia* Hand.-Mazz.(p.p.)=Soroseris hirsuta
Soroseris glomerata (Decne.) Stebbins 绢毛苣
Soroseris hirsuta (Anth.) Shih 羽裂绢毛苣
Soroseris hookeriana (C.B.Clarke) Stebbins 皱叶绢毛苣
Soroseris hookeriana subsp. *erysimoides* (Hand.-Mazz.) Stebbins=Soroseris erysimoides
Soroseris hookeriana subsp. *typica* Stebbins=Soroseris hookeriana
Soroseris pumila Stebbins=Soroseris glomerata
Soroseris qinghaiensis Shih=Syncalathium qinghaiense
Soroseris rosularis (Diels) Stebbins=Soroseris glomerata
Soroseris teres Shih 柱序绢毛苣
Soroseris umbrella (Franch.) Stebbins=Stebbinsia umbrella
Sosnovskya Takht.=**Centaurea**
Souliea Franch.**黄三七属**(毛茛科)
Souliea vaginata (Maxim.) Franch.黄三七
Soyeria Monn.=**Crepis**
Soyeria chrysantha (Ledeb.) D.Dietr.=Crepis chrysantha
Soyeria sibirica (L.) Monn.=Crepis sibirica
Spachelodes Y.Kimura=**Hypericum**
Spaerostichum C.Presl=**Pyrrosia**
Spanioptilon Less.=**Cirsium**
Spanioptilon lineare Less.=Cirsium lineare
Sparaxis Ker.**魔杖花属**(鸢尾科)
Sparaxis bulbifera Ker.-Gawl.鳞茎魔杖花
Sparaxis grandiflora Ker.-Gawl.大魔杖花
Sparaxis tricolor Ker.三色魔杖花
Sparganiaceae 黑三棱科
Sparganium L.**黑三棱属**(黑三棱科)
Sparganium americanum Nutt.美国黑三棱
Sparganium androcladum (Engelm.) Morong.雄枝黑三棱
Sparganium angustifolium Michx.线叶黑三棱
Sparganium chlorocarpum Rybd.绿果黑三棱
Sparganium confertum Y.D.Chen 穗状黑三棱
Sparganium erectum L.直立黑三棱
Sparganium eurycarpum Engelm.巨大黑三棱
Sparganium fallax Graebn.曲轴黑三棱
Sparganium fluctuans (Morong) Robins.水黑三棱
Sparganium glomeratum Laest.短序黑三棱
Sparganium hyperboreum Laest. ex Beurl.无柱黑三棱
Sparganium limosum Y.D.Chen 沼生黑三棱
Sparganium minimum Wallr.短黑三棱
Sparganium multipeduncuclatum (Morong) Rybd.多梗黑三棱
Sparganium ramosum Huds.(华东水生植物 1959)=Sparganium

stoloniferum
Sparganium ramosum subsp. *stoloniferum* Graebn.=Sparganium stoloniferum
Sparganium simplex Huds.小黑三棱
Sparganium stenophyllum Maxim. ex Meinsh.狭叶黑三棱
Sparganium stoloniferum (Graebn.) Buch.-Ham. ex Juz.黑三棱
Sparganium stoloniferum Buch.-Ham.=Sparganium stoloniferum
Sparganium yunnanense Y.D.Chen 云南黑三棱
Spartina Schreb. ex J.F.Gmel.**米草属**(禾本科)
Spartina alterniflora Lois.互花米草?
Spartina anglica Hubb.大米草
Spartina maritima (Curt.) Fenard 海岸米草?
Spartina patens (Aiton) Mühlenberg 伸展网茅
Spartina pectinata Link.草原网茅
Spartium L.**鹰爪豆属**(豆科)
Spartium junceum L.鹰爪豆
Spartium junceum f. flore-pleno Collins 重瓣鹰爪豆
Spartium junceum f. ochroleuca Spreng.黄花鹰爪豆
Spartium junceum f. odoratissima Sweet 小花鹰爪豆
Spartium scoparium L.=Cytisus scoparius
Spathiphyllum Schott **苞叶芋属**(天南星科)
Spathiphyllum cannifolium (Dryand.) Schott 苞叶芋
Spathiphyllum floribundum (Lind. & Andre) N.E.Br.翼柄白鹤芋
Spathiphyllum hybridum N.E.Br.杂种苞叶芋
Spathiphyllum patinii (Hogg.) N.E.Br.披针叶白鹤芋
Spathiphyllum wallisii Rgl.矮小苞叶芋
Spathium chinense Lour.=Saururus chinensis
Spathodea Beauv.**火焰树**(紫葳科)
Spathodea campanulata Beauv.火焰树
Spathodea cauda-felina Hance=Markhamia caudafelina
Spathodea caudafelina Hance=Markhamia stilulata var. kerrii
Spathodea glandulosa Bl.=Radermachera glandulosa
Spathodea igneum Kurz=Mayodendron igneum
Spathodea nilotica Beauv.尼罗火焰树(新)
Spathodea stipulata Wall.=Markhamia stilulata
Spathodea velutina Kurz=Markhamia stilulata
Spathodithyros Hass.=**Commelina**
Spathoglottis Bl.**苞舌兰属**(兰科)
Spathoglottis aurea Lindl.黄苞舌兰
Spathoglottis chrysantha Ames 菲律宾黄苞舌兰
Spathoglottis fortunei Lindl.=Spathoglottis pubescens
Spathoglottis grandifolia Schltr.大叶苞舌兰
Spathoglottis ixioides (D.Don) Lindl.少花苞舌兰
Spathoglottis kimballiana Hort.肯氏苞舌兰
Spathoglottis plicata Bl.紫花苞舌兰
Spathoglottis pubescens Lindl.苞舌兰
Spathoglottis tomentosa Lindl.毛苞舌兰
Spatholirion Ridl.**竹叶吉祥草属**(鸭跖草科)
Spatholirion elegans (Cerf.) C.Y.Wu 矩叶吉祥草
Spatholirion longifolium (Gagn.) Dunn 竹叶吉祥草
Spatholirion longifolium Gagn.=Spatholirion longifolium
Spatholirion ornatum Ridl.泰国吉祥草
Spatholirion scandens Dunn=Spatholirion longifolium
Spatholobus Hassk.**密花豆属**(豆科)
Spatholobus biauritus Wei 双耳密花豆
Spatholobus discolor Wei 变色密花豆
Spatholobus gengmaensis Wei 耿马密花豆
Spatholobus harmandii Gagn.光叶密花豆
Spatholobus parviflorus Kuntze (Hu in J.Arn.Arb.1924)=Spatholobus suberectus
Spatholobus pulcher Dunn 美丽密花豆
Spatholobus roxburghii Benth.红花密花豆
Spatholobus roxburghii var. denudatus Baker 显脉密花豆
Spatholobus roxburghii var. roxburghii=Spatholobus roxburghii
Spatholobus sinensis Chun & T.Chen 红血藤
Spatholobus suberectus Dunn 密花豆
Spatholobus uniauritus Wei 单耳密花豆
Spatholobus varians Dunn 云南密花豆
Speirantha Baker **白穗花属**(百合科)
Speirantha convallarioides Baker=Speirantha gardenii
Speirantha gardenii (HK.) Baill.白穗花
Speirema HK.f. & Thoms.=**Pratia**
Speirema montanum HK.f. & Thoms.=Pratia montana
Spencera Stapf=**Spenceria**
Spenceria Trimen **马蹄黄属**(蔷薇科)
Spenceria parviflora Stapf=Spenceria ramalana
Spenceria ramalana Trimen 马蹄黄
Spenceria ramalana var. *parviflora* (Stapf) Kitam.=Spenceria ramalana
Speranskia Baill.**地构叶属**(大戟科)
Speranskia cantonensis (Hance) ax & Hoffm.广东地构叶
Speranskia henryi Oliv.=Speranskia cantonensis
Speranskia pekinensis Pax & Hoffm.=Speranskia tuberculata
Speranskia tuberculata (Bge.) Baill.地构叶
Speranskia yunnanensis S.M.Hwang 云南地构叶
Spergula L.**大爪草属**(石竹科)
Spergula arvensis L.大爪草
Spergula japonica SW.=Sagina japonica
Spergula laricina L.=Minuartia laricina
Spergula linnaei Presl=Sagina arvensis
Spergula maxima Welhe=Spergula arvensis
Spergula micrantha Bge.=Sagina saginoides
Spergula saginoides L.=Sagina saginoides
Spergula sativa Boenn.=Spergula arvensis
Spergula vulgaris Boenn.=Spergula arvensis
Spergularia (Pers.) J. & C.Presl **拟漆姑属**(石竹科)
Spergularia campestris (L.) Aschers.=Spergularia rubra
Spergularia diandra (Guss.) Heldr. & Sart.二蕊拟漆姑
Spergularia marginata (DC.) Kitt.=Spergularia media
Spergularia marina (L.) Griseb.拟漆姑
Spergularia media (L.) C.Presl 缘翅拟漆姑
Spergularia rubra (L.) J. & C.Presl 田野拟漆姑
Spergularia salina J.Presl & Presl=Spergularia marina
Spergularia sativa Boenn.牛漆姑草
Spermacoce articularis L.f.=Borreria articularis
Spermacoce costata Roxb.=Hedyotis costata
Spermacoce flexuosa Lour.=Borreria articularis
Spermacoce hedyotidea DC.=Hedyotis hedyotidea
Spermacoce hirta L.=Mitracarpus villosus
Spermacoce latifolia Aubl.=Borreria latifolia
Spermacoce philippensis Willd. ex Spreng.=Hedyotis philippensis
Spermacoce stricta L.f.=Borreria stricta
Spermacoce villosa Sw.=Mitracarpus villosus
Spermadictyon Roxb.**香叶木属**(茜草科)
Spermadictyon suaveolens Roxb.香叶木
Sphaeralcea americana (L.) Metz.=Malvastrum americanum
Sphaeranthoides A.Cunn. ex DC.=**Pterocaulon**
Sphaeranthus L.**戴星草属**(菊科)
Sphaeranthus africanus L.戴星草
Sphaeranthus africanus var. *suberiflorus* (Hay.) Yamamoto=Sphaeranthus africanus
Sphaeranthus cochinchinensis Lour.=Sphaeranthus africanus
Sphaeranthus hirtus Willd.(Oliv. & Hiern in Oliver Fl.Trop.Afr.1877)=Sphaeranthus senegalensis
Sphaeranthus hirtus Willd.=Sphaeranthus indicus
Sphaeranthus indicus L.(HK.f.in Fl.Brit.Ind.1881,p.p.)=Sphaeranthus senegalensis
Sphaeranthus indicus L.绒毛戴星草
Sphaeranthus lecomteanus O.Hoffm. & Muschler=Sphaeranthus senegalensis
Sphaeranthus microcephalus Willd.=Sphaeranthus africanus
Sphaeranthus mollis Roxb.=Sphaeranthus indicus
Sphaeranthus senegalensis DC.非洲戴星草
Sphaeranthus suberiflorus Hay.=Sphaeranthus africanus
Sphaeridiophorum linifolium (L.f.) Desv.=Indigofera linifolia
Sphaerocarya Wall.=**Pyrularia**
Sphaerocarya edulis Wall.=Pyrularia edulis
Sphaerocarya vestita Wall.=Pyrularia edulis
Sphaerocarya wallichiana Wight & Arn.=Scleropyrum wallichianum
Sphaerocaryum Nees ex HK.f.**稗荩属**(禾本科)
Sphaerocaryum elegans (Wight & Arn.) Nees ex Steud.=Sphaerocaryum malaccense
Sphaerocaryum malaccense (Trin.) Pilger 稗荩

Sphaerocaryum pulchella (Roth) A.Camus=Sphaerocaryum malaccense
Sphaerocephalus O.Ktze.=**Echinops**
Sphaerocephalus dahuricus (Fisch.) O.Ktze. ex Kom.=Echinops latifolius
Sphaerocionium badium Presl=Mecodium badium
Sphaerocionium macrocarpum Presl=Mecodium badium
Sphaerodiscus Nakai=**Euonymus**
Sphaeromariscus microcephalus E.-G.Camus=Mariscus compactus
Sphaeromorphaea DC.(p.p.)=**Centipeda**
Sphaeromorphaea australis (Less.) Kitam.=Epaltes australis
Sphaeromorphaea centipeda DC.=Centipeda minima
Sphaeromorphaea russeliana DC.=Epaltes australis
Sphaerophysa DC.**苦马豆属**(豆科)
Sphaerophysa salsula (Pall.) DC.苦马豆
Sphaeropteris Bernh.**白桫椤属**(桫椤科)
Sphaeropteris Wall.=**Peranema**
Sphaeropteris barbata Wall.=Peranema cyatheoides
Sphaeropteris hookerina Wall.=Diacalpe aspidioides var. hookeriana
Sphaeropteris lepifera (HK.) Tryon 笔筒树
Sphaeropteris medularis (Forst.) Bernh.白桫椤
Sphaerostephanos J.Sm.(p.p.)=**Cyclosorus**
Sphaerostephanos heterocarpus Holtt.=Cyclosorus heterocarpus
Sphaerostephanos hirtisorus (C.Chr.) Holtt.=Cyclosorus hirtisorus
Sphaerostephanos kotoensis Holtt.=Cyclosorus productus
Sphaerostephanos productus Holtt.=Cyclosorus productus
Sphaerostephanos puctatus Holtt.=Cyclosorus productus
Sphaerostephanos taiwanensis (C.Chr.) Holtt. ex Kuo=Cyclosorus taiwanensis
Sphaerotorrhiza (O.E.Schulz.) Khokh.=**Cardamine**
Sphaerotorrhiza trifida (Lam. ex Poir.) Khokh.=Cardamine trifida
Sphaerotylos C.J.Chen=**Sarcochlamys**
Sphaerotylos medogensis C.J.Chen=Sarcochlamys pulcherrima
Sphallerocarpus Bess. ex DC.**迷果芹属**(伞形科)
Sphallerocarpus cyminum Bess. ex DC.=Sphallerocarpus gracilis
Sphallerocarpus gracilis (Bess.) K.-Pol.迷果芹
Sphallerocarpus longilobus Kar. & Kir.=Kirasnovia longiloba
Sphenoclea Gaertn.**尖瓣花属**(桔梗科)
Sphenoclea pongatia A.DC.=Sphenoclea zeylanica
Sphenoclea zeylanica Gaertn.尖瓣花
Sphenodesme Jack **楔翅藤属**(马鞭草科)
Sphenodesme annamitica P.Dop=Sphenodesme mollis
Sphenodesme floribunda Chun & How 多花楔翅藤
Sphenodesme involucrata (Presl) B.L.Robinson 爪楔翅藤
Sphenodesme mollis Craib 毛楔翅藤
Sphenodesme pentandra (Roxb.) Jack.(高等图鉴 1974)=Sphenodesme pentandra var. vallichiana
Sphenodesme pentandra (Roxb.) Jack 楔翅藤
Sphenodesme pentandra P'ei (p.p.)=Sphenodesme mollis
Sphenodesme pentandra var. pentandra=Sphenodesme pentandra
Sphenodesme pentandra var. wallichiana (Shauner) Munir 山白藤
Sphenodesme unguiculatum Kurz.=Sphenodesme involucrata
Sphenodesme wallichiana Schauer=Sphenodesme pentandra var. wallichiana
Sphenomeris Maxon=**Stenoloma**
Sphenomeris chinensis Maxon=Stenoloma chusanum
Sphenomeris chusana Cop.=Stenoloma chusanum
Spheroidea Dulac=**Mrsilea**
Sphinctacanthus Benth.**小苞爵床属**(爵床科)
Sphneomeris chusana var. *tenuifolia* C.Chr.=Stenoloma chusanum
Sphondylium Mill.=**Heracleum**
Sphragidia Thw.=**Drypetes**
Spicanthopsis Nakai=**Blechnum**
Spicantopsis hancockii Masamune=Struthiopteris hancockii
Spicantopsis niponica Nakai=Struthiopteris hancockii
Spicantopsis niponica var. *hancockii* Nakai=Struthiopteris hancockii
Spilacron Cass.=**Centaurea**
Spilanthes Jacq.**金钮扣属**(菊科)
Spilanthes acmella L.(Murr.in Syst.Ed.3.1774)=Spilanthes paniculata
Spilanthes callimorpha A.H.Moore 美形金钮扣
Spilanthes oleracea L.千日菊
Spilanthes paniculata Wall. ex DC.金钮扣
Spilanthes tinctorius Lour.=Adenostemma lavenia
Spilanthus L.=**Spilanthes**
Spinacia L.**菠菜属**(藜科)
Spinacia divaricata Turcz. ex Moq.=Atriplex fera
Spinacia fera L.=Atriplex fera
Spinacia oleracea L.菠菜
Spinctacanthus Benth.**韧喉花属**(爵床科)
Spinctacanthus siamensis C.B.Clarke ex Hosseus 韧喉花
Spinifex L.**鬣刺属**(禾本科)
Spinifex littoreus (Burm.f.) Merr.老鼠艻
Spinifex quarrosus L.=Spinifex littoreus
Spinovitis davidii Roman.du Caill.=Vitis davidii
Spiradiclis Bl.**螺序草属**(茜草科)
Spiradiclis arunachanensis Deb & Rout=Spiradiclis caespitosa f. subimmersa
Spiradiclis baishaiensis X.X.Chen & W.L.Sha 百色螺序草
Spiradiclis bifida Wall. ex Kurz 大叶螺序草
Spiradiclis caespitosa Bl.螺序草
Spiradiclis caespitosa f. caespitosa=Spiradiclis caespitosa
Spiradiclis caespitosa f. cylindrica (Wall. ex HK.f.) Lo 尖叶螺序草
Spiradiclis caespitosa f. subimmersa Lo 柳叶螺序草
Spiradiclis coccinea Lo 红花螺序草
Spiradiclis cordata Lo & W.L.Sha 心叶螺序草
Spiradiclis corymbosa W.L.Sha & X.X.Chen 密花螺序草
Spiradiclis cylindrica Wall. ex HK.f.=Spiradiclis caespitosa f. cylindrica
Spiradiclis emeiensis Lo 峨眉螺序草
Spiradiclis emeiensis var. emeiensis=Spiradiclis emeiensis
Spiradiclis emeiensis var. yunnanensis Lo 河口螺序草
Spiradiclis ferruginea D.Fang & D.H.Qin 锈茎螺序草
Spiradiclis fusca Lo 两广螺序草
Spiradiclis guangdongensis Lo 广东螺序草
Spiradiclis hainanensis Lo 海南螺序草
Spiradiclis howii Lo 宽昭螺序草
Spiradiclis laxiflora W.L.Sha & X.X.Chen 疏花螺序草
Spiradiclis leptobotrya var. *longiflora* Merr.(华南植物研究 1983)=Spiradiclis corymbosa
Spiradiclis longibracteata S.Y.Liu & S.J.Wei 长苞螺序草
Spiradiclis longipedunculata W.L.Sha ex X.X.Chen 长梗螺序草
Spiradiclis longzhouensis Lo 龙州螺序草
Spiradiclis luochengensis Le & W.L.Sha 桂北螺序草
Spiradiclis malipoensis Lo 滇南螺序草
Spiradiclis micrantha (Drake) Lo=Lerchea micrantha
Spiradiclis microcarpa Lo 小果螺序草
Spiradiclis microphylla Lo 小叶螺序草
Spiradiclis oblanceolata W.L.Sha & X.X.Chen 长叶螺序草
Spiradiclis petrophila Lo 石生螺序草
Spiradiclis pseudocaespitosa Chun & How 假螺序草(新)
Spiradiclis purpureocaerulea Lo 紫花螺序草
Spiradiclis rubescens Lo 红叶螺序草
Spiradiclis scabrida D.Fang & D.H.Qin 粗边螺序草
Spiradiclis spathulata X.X.Chen & C.C.Huang 匙叶螺序草
Spiradiclis tomentosa D.Fang & D.H.Qin 粘毛螺序草
Spiradiclis umbelliflormis Lo 伞花螺序草
Spiradiclis villosa X.X.Chen & W.L.Sha 毛螺序草
Spiradiclis xizangensis Lo 西藏螺序草
Spiraea L.(p.p.)=**Aruncus**
Spiraea L.(p.p.)=**Physocarpus**
Spiraea L.(p.p.)=**Sorbaria**
Spiraea L.**绣线菊属**(蔷薇科)
Spiraea alpina Pall.高山绣线菊
Spiraea alpina var. *dahurica* Rupr.=Spiraea dahurica
Spiraea altaica Pall.=Sibiraea laevigata
Spiraea altaiensis Laxm.=Sibiraea laevigata
Spiraea amurensis Maxim.=Physocarpus amurensis
Spiraea angulata Fritsch. ex Schneid.=Spiraea fritschiana var. angulata
Spiraea angustiloba Turcz.=Filipendula angustiloba
Spiraea aquilegifolia Pall.楼斗菜叶绣线菊
Spiraea aquilegifolia var. *vanhouttei* Briot=Spiraea vanhouttei
Spiraea arborea Bean=Sorbaria arborea
Spiraea arborea var. *glabrata* Beam=Sorbaria arborea var. glabrata
Spiraea arcuata HK 拱枝绣线菊
Spiraea aruncus L.=Aruncus sylvester
Spiraea atemnophylla Lévl.=Spiraea veitchii

Spiraea barbata Wall.=Astilbe rivularis
Spiraea bella Sims 藏南绣线菊
Spiraea blumei G.Don 绣球绣线菊
Spiraea blumei var. blumei=Spiraea blumei
Spiraea blumei var. *hirsuta* Hemsl.=Spiraea hirsuta
Spiraea blumei var. latipetala Hemsl.宽瓣绣线菊(新)
Spiraea blumei var. microphylla Rehd.小叶绣线菊(新)
Spiraea blumei var. pubicarpa Cheng 毛果绣球绣线菊(新)
Spiraea blumei var. *rotundifolia* Hemsl.=Spiraea hirsuta var. rotundifolia
Spiraea bodinieri Lévl.=Spiraea japonica var. acuminata
Spiraea bodinieri var. *concolor* Lévl.=Spiraea japonica var. acuminata
Spiraea bracteata Raf.=Sibiraea laevigata
Spiraea calcicola W.W.Sm.石灰岩绣线菊
Spiraea callosa Thunb.(HK.f.in Fl.Brit.Ind.1878)=Spiraea robusta
Spiraea callosa Thunb.=Spiraea japonica
Spiraea callosa var. *robusta* HK.f. & Thoms.=Spiraea robusta
Spiraea callosa γ. *glabra* Regel=Spiraea japonica var. glabra
Spiraea canescens D.Don 楔叶绣线菊
Spiraea canescens var. canescens=Spiraea canescens
Spiraea canescens var. *glabra* HK.f. & Thoms.=Spiraea arcuata
Spiraea canescens var. *glaucophylla* Franch.=Spiraea myrtilloides
Spiraea canescens var. glaucophylla Franch.粉叶楔叶绣线菊
Spiraea canescens var. *myrtifolia* Zabel=Spiraea canescens var. glaucophylla
Spiraea canescens var. oblanceolata Rehd.窄楔叶绣线菊(新)
Spiraea canescens var. *sulfurea* Batal.(Diels in Engl.Bot.Jahrb.1900)=Spiraea sargentiana
Spiraea canescens var. *sulphurea* Batal.=Spiraea canescens var. glaucophylla
Spiraea cantoniensis Lour.麻叶绣线菊
Spiraea cantoniensis var. cantoniensis=Spiraea cantoniensis
Spiraea cantoniensis var. lanceata Zabal.?重瓣麻叶绣线菊(新)
Spiraea cantoniensis var. pilosa Yü 毛萼绣线菊(新)
Spiraea chamaedryfolia L.(Schneid.in Mém.Acad.Sci.St.Pétersb.1868)=Spiraea elegans
Spiraea chamaedryfolia L.石蚕叶绣线菊
Spiraea chamaedryfolia var. *flexuosa* Maxim.=Spiraea flexuosa
Spiraea chinensis Maxim.中华绣线菊
Spiraea chinensis var. chinensis=Spiraea chinensis
Spiraea chinensis var. grandiflora Yü 岩刷子
Spiraea compsophylla Hand.-Mazz.粉叶绣线菊
Spiraea confusa var. *sericea* Regel=Spiraea sericea
Spiraea crenata L.(Thunb.Fl.Jap.1784)=Spiraea thunbergii
Spiraea crenata var. *fol. ovatis* Thunb.=Spiraea prumifolia
Spiraea crenifolia γ. *mongolica* Maxim.=Spiraea mongolica
Spiraea cuneifolia Wall.=Spiraea canescens
Spiraea dahurica Maxim.窄叶绣线菊
Spiraea dasyantha Bge.(Hemsl.in J.L.Soc.Bot.1887)=Spiraea chinensis
Spiraea dasyantha Bge.毛花绣线菊
Spiraea digitata Willd.=Filipendula palmata
Spiraea digitata var. *intermedia* Glehn=Filipendula intermedia
Spiraea elegans Pojark.美丽绣线菊
Spiraea esquirolii Lévl.=Spiraea japonica var. Acuminata
Spiraea filipendula L.=Filipendula vulgaris
Spiraea flexuosa Fisch. ex Cambess.曲萼绣线菊
Spiraea flexuosa var. flexuosa=Spiraea flexuosa
Spiraea flexuosa var. pubescens Liou 柔毛曲萼绣线菊(新)
Spiraea formosana Hay.台湾绣线菊
Spiraea formosana var. brevistyla Hay.?短柱台湾绣线菊(新)
Spiraea fortunei Planchon=Spiraea japonica var. fortunei
Spiraea fritschiana Schneid.华北绣线菊
Spiraea fritschiana var. angulata (Schneid.) Rehd.大叶华北绣线菊
Spiraea fritschiana var. fritschiana=Spiraea fritschiana
Spiraea fritschiana var. *latifolia* Liou=Spiraea fritschiana var. angulata
Spiraea fritschiana var. pavrifolia Liou 小叶华北绣线菊
Spiraea fritschiana var. pilosula Rehd.毛叶长蕊绣线菊(新)
Spiraea fulvescens Rehd.=Spiraea martinii
Spiraea gemmata Zabel=Spiraea mongolica
Spiraea gracilis Maxim.?细弱绣线菊(新)
Spiraea grandiflora Sweet=Exochorda racemosa
Spiraea gruppe *Neillia* K.Koch=**Neillia**
Spiraea hailarensis Liou 海拉尔绣线菊
Spiraea henryi Hemsl.翠蓝绣线菊
Spiraea henryi var. henryi=Spiraea henryi
Spiraea henryi var. omeiensis Yü 峨眉翠蓝绣线菊(新)
Spiraea hirsuta (Hemsl.) Schneid.疏毛绣线菊
Spiraea hirsuta var. hirsuta=Spiraea hirsuta
Spiraea hirsuta var. rotundifolia (Hemsl.) Rehd.圆疏毛绣线菊(新)
Spiraea holorhodantha Lévl.=Rodgersia sambucifolia
Spiraea hypericifolia L.金丝桃叶绣线菊
Spiraea hypericifolia var. *thalictroides* Ledeb.=Spiraea aquilegifolia
Spiraea incisa Thunb.=Stephanandra incisa
Spiraea japonica L.f.(Desvaux in Mem.Soc.L.Paris 1822)=Kerria japonica
Spiraea japonica L.f.粉花绣线菊
Spiraea japonica subsp. *glabra* var. *fortunei* Koidz.=Spiraea japonica var. fortunei
Spiraea japonica var. acuminata Franch.狭叶绣线菊
Spiraea japonica var. acuta Yü 急尖叶粉花绣线菊(新)
Spiraea japonica var. *formosana* Masamune=Spiraea formosana
Spiraea japonica var. fortunei (Planchon) Rehdle 大绣线菊
Spiraea japonica var. glabra (Regel) Koidz.红绣线菊
Spiraea japonica var. incisa Yü 裂叶粉花绣线菊(新)
Spiraea japonica var. japonica=Spiraea japonica
Spiraea japonica var. *morrisonicola* (Hay.) Kitam.=Spiraea morrisonicola
Spiraea japonica var. ovalifolia Franch.卵叶绣线菊
Spiraea japonica var. *typica* Gilg (Schneid.Ill.Handb.Laodh.1905)=Spiraea japonica
Spiraea japonica var. *typica* f. *glabra* Schneid.=Spiraea japonica var. glabra
Spiraea kamtschatica var. *himalensis* Lindl.=Filipendula vestita
Spiraea kirilowii Regel=Sorbaria kirilowii
Spiraea kwangsinensis Yü 广西绣线菊
Spiraea laeta Rehd 华西绣线菊
Spiraea laeta var. laeta=Spiraea laeta
Spiraea laeta var. subpubescens Rehd.毛叶华西绣线菊(新)
Spiraea laeta var. tenuis Rehd.细叶华西绣线菊(新)
Spiraea laevigata L.=Sibiraea laevigata
Spiraea latioribus floribusque plenis Thunb.=Spiraea prumifolia
Spiraea laucheana Koehne=Spiraea pubescens
Spiraea lichiangensis W.W.Sm.丽江绣线菊
Spiraea longigemmis Maxim.长芽绣线菊
Spiraea mairei Lévl.?麦地绣线菊(新)
Spiraea martinii Lévl.毛枝绣线菊
Spiraea martinii var. martinii=Spiraea martinii
Spiraea martinii var. pubescens Yü 长梗毛枝绣线菊(新)
Spiraea martinii var. tomentosa Yü 绒毛枝绣线菊(新)
Spiraea maximowicziana Schneid.=Spiraea hirsuta var. rotundifolia
Spiraea media Schmidt 欧亚绣线菊
Spiraea media var. *sericea* (turcz.) Maxim.=Spiraea sericea
Spiraea microphylla Lévl.=Spiraea myrtilloides
Spiraea miyabei Koidz.长蕊绣线菊
Spiraea miyabei var. glabrata Rehd.无毛长蕊绣线菊(新)
Spiraea miyabei var. miyabei=Spiraea miyabei
Spiraea miyabei var. pilosula Rehd.毛叶长蕊绣线菊(新)
Spiraea miyabei var. tenuifolia Rehd.细叶长蕊绣线菊(新)
Spiraea mollifolia Rehd.毛叶绣线菊
Spiraea mongolica Maxim.蒙古绣线菊
Spiraea mongolica var. mongolica=Spiraea mongolica
Spiraea mongolica var. tomentulosaYü 毛枝蒙古绣线菊(新)
Spiraea morrisonicola Hay.新高山绣线菊
Spiraea myrtilloides Rehd.细枝绣线菊
Spiraea nervosa Franch. & Savat.=Spiraea dasyantha
Spiraea nishimurae Kitag.金州绣线菊
Spiraea obtusa Nakai=Spiraea blumei
Spiraea ouensanensis Lévl.=Spiraea pubescens
Spiraea ovalis Rehd.广椭绣线菊
Spiraea palmata Pall.=Filipendula palmata
Spiraea papillosa Rehd.乳突绣线菊
Spiraea papillosa var. papillosa=Spiraea papillosa
Spiraea papillosa var. yunnanensis Yü 云南乳突绣线菊(新)
Spiraea prattii Schneid.=Spiraea rosthornii
Spiraea prostrata Maxim.平卧绣线菊

Spiraea prunifolia S. & Z.李叶绣线菊
Spiraea prunifolia f. *simpliciflora* Nakai=Spiraea prunifolia var. simpliciflora
Spiraea prunifolia var. *plena* Schneid.=Spiraea prumifolia
Spiraea prunifolia var. prumifolia=Spiraea prumifolia
Spiraea prunifolia var. *pseudoprunifolia* (Hay.) Kitam.=Spiraea prunifolia var. pseudoprunifolia
Spiraea prunifolia var. pseudoprunifolia (Hay.) Li 多毛李叶绣线菊(新)
Spiraea prunifolia var. simpliciflora Nakai 单瓣李叶绣线菊(新)
Spiraea prunifolia var. *typica* Schneid.=Spiraea prunifolia var. simpliciflora
Spiraea pseudoprunifolia Hay. ex Nakai=Spiraea prunifolia var. pseudoprunifolia
Spiraea pubescens Turcz.(Lindl.in J.Roy.Hort.Soc.Lond.1847)=Spiraea chinensis
Spiraea pubescens Turcz.土庄绣线菊
Spiraea pubescens var. lasiocarpa Nakai 毛果土庄绣线菊(新)
Spiraea pubescens var. pubescens=Spiraea pubescens
Spiraea purpurea Hand.-Mazz.紫花绣线菊
Spiraea reevesiana Lindl.=Spiraea cantoniensis
Spiraea robusta (HK.f. & Thoms.) Hand.-Mazz.粗壮绣线菊?
Spiraea rosthornii Pritz.南川绣线菊
Spiraea rotundifolia Lindl.=Spiraea canescens
Spiraea rubiacea Wall.=Neillia rubiflora
Spiraea salicifolia L.绣线菊
Spiraea salicifolia var. grosseserrata Liou 巨齿绣线菊(新)
Spiraea salicifolia var. oligodonta Yü 贫齿绣线菊(新)
Spiraea salicifolia var. salicifolia=Spiraea salicifolia
Spiraea sargentiana Rehd.茂汶绣线菊
Spiraea schneideriana Rehd.川滇绣线菊
Spiraea schneideriana var. amphidoxa Rehd.无毛川滇绣线菊(新)
Spiraea schneideriana var. schneideriana=Spiraea schneideriana
Spiraea schochiana Rehd.滇中绣线菊
Spiraea secrt. *Sorbaria* Ser.=**Sorbaria**
Spiraea sect. *Aruncus* Ser.=**Aruncus**
Spiraea sect. *Physocarpus* Cambess.=**Physocarpus**
Spiraea sericea Turcz.绢毛绣线菊
Spiraea sicanea (W.W.Sm.) Rehd.干地绣线菊
Spiraea silvestris Nakai=Spiraea miyabei
Spiraea simpliciflora (Nakai) Nakai=Spiraea prunifolia var. simpliciflora
Spiraea sinobrahuica W.W.Sm.=Spiraea yunnanensis
Spiraea sinobrahuica var. *aridicola* W.W.Sm.=Spiraea yunnanensis
Spiraea sorbifolia L.(Bge.in Mém.Div.Sav.Acad.Sci.St.Pétersb.1833)=Sorbaria kirilowii
Spiraea sorbifolia L.=Sorbaria sorbifolia
Spiraea subgen. *Botryospira* Zabel(p.p.)=**Sibiraea**
Spiraea subgen. *Euspiraea* Schneid.=**Spiraea**
Spiraea sublobata Hand.-Mazz.线裂绣线菊
Spiraea tarokoensis Hay.大罗口绣线菊
Spiraea teniana Rehd.伏毛绣线菊
Spiraea thalictroides Pall.=Spiraea aquilegifolia
Spiraea thibetica Bur. & Franch.?西藏绣线菊
Spiraea thunbergii Sieb. ex Bl.珍珠绣线菊
Spiraea thyrsiflora K.Koch=Neillia thyrsiflora
Spiraea tianschanica Pojark?天山绣线菊
Spiraea tortuosa Rehd.=Spiraea yunnanensis var. tortuosa
Spiraea trichocarpa Nakai 毛果绣线菊
Spiraea triloba L.=Spiraea trilobata
Spiraea trilobata L.(Nakai in Fl.Sylv.Kor.1916)=Spiraea blumei
Spiraea trilobata L.三裂绣线菊
Spiraea trilobata var. pubescens Yü 毛叶三裂绣线菊(新)
Spiraea trilobata var. trilobata=Spiraea trilobata
Spiraea ulmaria L.=Filipendula ulmaria
Spiraea uratensis Franch.乌拉绣线菊
Spiraea ussuriensis Pojark.=Spiraea chamaedryfolia
Spiraea vanhouttei (Briot) Zabel 菱叶绣线菊
Spiraea veitchii Hemsl.鄂西绣线菊
Spiraea velutina Franch.(Schnedi.in Ill.Handb.Laubh.1905)=Spiraea robusta
Spiraea velutina Franch.绒毛绣线菊
Spiraea vestita Wall. ex HK.f.=Filipendula vestita
Spiraea virgata Franch.=Spiraea myrtilloides
Spiraea wilsonii Duthie 陕西绣线菊
Spiraea yatabei var. latifolia Nakai?宽叶绣线菊(新)
Spiraea yunnanensis Franch.云南绣线菊
Spiraea yunnanensis var. *siccanea* W.W.Sm.=Spiraea sicanea
Spiraea yunnanensis var. tortuosa (Rehd.) Rehd.曲枝云南绣线菊(新)
Spiraea yunnanensis var. yunnanensis=Spiraea yunnanensis
Spiranthera Bojer.=**Merremia**
Spiranthera turpethum (L.) Bojer.=Operculina turpethum
Spiranthes L.C.Rich **绶草属**(兰科)
Spiranthes aestivalis A.Rich.夏花绶草
Spiranthes amoena (M.v.Bieb.) Spreng.=Spiranthes sinensis
Spiranthes australis Lindl.=Spiranthes sinensis
Spiranthes australis var. *suishaensis* Hay.=Spiranthes sinensis
Spiranthes cernus (L.) L.C.Rich.蜡色绶草
Spiranthes cinnabarina (Lali. & Lex) Hemsl.朱红绶草
Spiranthes exigua Rolfe=Chamaegastrodia vaginata
Spiranthes gracilis (Bigel.) Beck.纤细绶草
Spiranthes lancea Backer (高等图鉴 1976)=Spiranthes sinensis
Spiranthes macrophylla (D.Don) Spreng.=Herminium macrophyllum
Spiranthes obliqua J.J.Sm.=Pelexia obliqua
Spiranthes orchioides (Sw.) A.Rich.红门兰样绶草
Spiranthes sinensis (Pers.) Ames 绶草
Spiranthes sinensis var. *amoena* (M.v.Bieb.) H.Hara=Spiranthes sinensis
Spiranthes speciosa (Jacq.) A.Rich.美花绶草
Spiranthes strateumatica (L.) Lindl.=Zeuxine strateumatica
Spiranthes suishaensis (Hay.) Hay.=Spiranthes sinensis
Spiranthes suishaensis Schltr.=Spiranthes sinensis
Spiranthes tortilis (Sw.) L.c.Rich.旋扭绶草
Spiranthes vernalis Engelm. & Gray 春花绶草
Spirodela Schleid.**紫萍属**(浮萍科)
Spirodela oligorrhiza (Kurz) Hegelm.少根紫萍
Spirodela polyrrhiza (L.) Schleid.紫萍
Spirorrhynchus Kar. & Kir.**螺喙荠属**(十字花科)
Spirorrhynchus bulleri (Burk.) O.E.Schulz.=Spirorrhynchus sabulosus
Spirorrhynchus sabulosus Kar. & Kir.螺喙荠
Spirospatha occulta (Lour.) Raf.=Homalomena occulta
Spitzelia Sch.-Bip.=**Picris**
Splitgerbera macrostachya Wight=Boehmeria macrophylla
Spodiopogon Trin **大油芒属**(禾本科)
Spodiopogon angustifolius Trin.=Eulaliopsis binata
Spodiopogon aureum HK. & Arn.=Ischaemum aureum
Spodiopogon baiyuensis L.Liu 白玉大油芒
Spodiopogon bamusoides Keng=Eccoilopus bambusoides
Spodiopogon cotulifer (Thunb.) Hack.=Eccoilopus cotulifer
Spodiopogon duclouxii A.Camus 滇大油芒
Spodiopogon formosanus Rendle=Eccoilopus formosanus
Spodiopogon grandiflorus L.Liu 长花大油芒
Spodiopogon ludingensis L.Liu 泸定大油芒
Spodiopogon paucistachyus L.Liu 寡穗大油芒
Spodiopogon ramosus Keng 分枝大油芒
Spodiopogon sagittifolius Rendle 箭叶大油芒
Spodiopogon sibiricus Trin.大油芒
Spodiopogon tainanensis Hay.台南大油芒
Spodiopogon tohoensis Hay.=Eccoilopus formosanus
Spodiopogon villosus L.Liu 绒毛大油芒
Spodiopogon villosus Nees=Ischaemum indicum
Spondias L.**槟榔青属**(漆树科)
Spondias acuminata Roxb.=Spondias pinnata
Spondias axillaris Roxb.=Choerospondias axillaris
Spondias axillaris var. *pubinervis* Rehd. & Wils.=Choerospondias axillaris var. pubinervis
Spondias chinensis (Merr.) Metc.=Spondias lakonensis
Spondias haplophylla Airy-Shaw & Forman 单叶槟榔青
Spondias lakonensis Pierre 岭南酸枣
Spondias lakonensis var. hirsuta C.Y.Wu & T.L.Ming 毛叶岭南酸枣
Spondias lakonensis var. lakonensis=Spondias lakonensis
Spondias lutea Engl.=Choerospondias axillaris
Spondias mangifera Willd.=Spondias pinnata
Spondias pinnata (L.f.) Kurz 槟榔青
Sponia Commers ex Lamk=**Trema**
Sponia amboinensis (Willd.) Decne.=Trema cannabina

Sponia amboinensis (Willd.) Decne.=Trema tomentosa
Sponia angustifolia Planch.=Trema angustifolia
Sponia argentea Planch.=Trema orientalis
Sponia orientalis (L.) Decne.=Trema orientalis
Sponia sampsonii Hance=Trema angustifolia
*Sponia timorensis*Kurz=Trema cannabina
Sponia tomentosa (Roxb.) Planch.=Trema tomentosa
Sponia velutina Planch.=Trema tomentosa
Sponia virgata Planch.=Trema cannabina
Sponia wightii Planch.=Trema orientalis
Sporobolus R.Br.**鼠尾粟属**(禾本科)
Sporobolus aenus (Trinius) Kunth 黄铜色鼠尾粟
Sporobolus arenarius (Gouan.) Duavl-Jouve 沙生鼠尾粟
Sporobolus ciliatus var. *japonicus* (Steud.) Hack.=Sporobolus piliferus
Sporobolus diander (Retz.) Beauv.双蕊鼠尾粟
Sporobolus elongatus R.Br.(广州志 1956,禾本科图说 1959,台湾志,1978) = Sporobolus fertilis
Sporobolus elongatus R.Br.钩耜草
Sporobolus elongatus var. *purpureo-suffusus* (Ohwi) Koyama=Sporobolus fertilis
Sporobolus fertilis (Steud.) W.D.Clayt.鼠尾粟
Sporobolus hancei Rendle 广州鼠尾粟
Sporobolus indicus (L.) R.Br.(Benth.in Fl.Hongk.1861)=Sporobolus fertilis
Sporobolus indicus (L.) R.Br.西印度鼠尾粟
Sporobolus indicus f. *spiciformis* Kouama=Sporobolus fertilis
Sporobolus indicus var. *pallidior* Kouam=Sporobolus fertilis
Sporobolus indicus var. *purpureo-suffusus* (Ohwi) Mag.=Sporobolus fertilis
Sporobolus japonicus (Steud.) Maxim. ex Rendle=Sporobolus piliferus
Sporobolus littoralis (Lam.) Kunth=Sporobolus virginicus
Sporobolus piliferus (Trin.) Kunth 毛鼠尾粟
Sporobolus poiretii (Roem. & Schult.) Hitchc.=Sporobolus fertilis
Sporobolus pulvinatus Swallen 具枕鼠尾粟
Sporobolus stachyanthus A.Rich.=Sporobolus piliferus
Sporobolus virginicus (L.) Kunth 盐地鼠尾粟
Sporoxeia W.W.Sm.**八蕊花属**(野牡丹科)
Sporoxeia clavicalcarata C.Chen 棒距八蕊花
Sporoxeia fengii S.Y.Hu=Sporoxeia latifolia var. fengii
Sporoxeia hirsuta (H.L.Li) C.Y.Wu ex C.Chen 毛蕊八蕊花
Sporoxeia latifolia (H.L.Li) C.Y.Wu & Y.C.Huang ex C.Chen (p.p.)= Sporoxeia latifolia var. fengii
Sporoxeja latifolia (H.L.Li) C.Y.Wu & Y.C.Huang ex C.Chen (p.p.)= Sporoxeia clavicalcarata
Sporoxeia latifolia (H.L.Li) C.Y.Wu & Y.C.Huang ex C.Chen 尖叶八蕊花
Sporoxeia latifolia var. fengii (S.Y.Hu) C.Chen 光萼八蕊花
Sporoxeia latifolia var. latifolia=Sporoxeia latifolia
Sporoxeia sciadophila W.W.Sm.八蕊花
Sportella Hance=**Pyracantha**
Sportella atalantioides Hance=Pyracantha atalantioides
Sprekelia Heist.**龙头花属**(石蒜科)
Sprekelia formosissima (L.) Herb.龙头花
Springia Heurck & M.Argov.=**Ichnocarpus**
Spuriopimpinella (de Boiss.) Kitag.=**Pimpinella**
Spuriopimpinella brachycarpa (Kom.) Kitag.=Pimpinella bracycarpa
Spuriopimpinella brachystyla (Hand.-Mazz.) Kitag.=Pimpinella bracystyla
Spuriopimpinella calycina (Maxim.) Kitag.=Pimpinella calycina
Spuriopimpinella komarovi Kitag.=Pimpinella komarovi
Spuriopimpinella koreana (Yabe) Kitag.=Pimpinella koreana
Stachygynandrum japonicum (Thunb. ex Murray) P.Beavu.=Lycopodium japonicum
Stachyopogon Klotz.=**Aletris**
Stachyopogon pauciflorus Klotz.=Aletris pauciflora
Stachyopogon spicata Klotz.=Aletris pauciflora var. khasiana
Stachyopsis M.Pop. & Vved.**假水苏属**(唇形科)
Stachyopsis lamiiflora (Rupr.) M.Pop. & Vved.心叶假水苏
Stachyopsis marrubioides (Regel) Ik.-Gal.多毛假水苏
Stachyopsis oblongata (Schrenk) M.Pop. & Vved.假水苏
Stachyopsis oblongata var. *canescens* (Regel) M.Pop. & Vved.= Stachyopsis marrubioides
Stachyphrynium K.Schum.**竹花柊叶属**(竹芋科)
Stachyphrynium sinense H.Li 穗花柊叶
Stachys L.**水苏属**(唇形科)
Stachys adulterina Hemsl.少毛甘露子
Stachys affinis Bge.=Stachys sieboldi
Stachys arecta L.H.Bailey(Hand.-Mazz.Symb.Sin 1936)=Stachys geobombycis
Stachys arrecta L.H.Bailey 蜗儿菜
Stachys artemisia Lour.=Leonurus japonicus
Stachys arvensis L.田野水苏
Stachys aspera Michx (Hance in J.Bot.Brit. & For.1880,p.p.)=Stachys japonica
Stachys aspera Michx.(Dunn & Tutch.in Kew Bull.Misc.Inf.Add.1912)= Stachys geobombycis
Stachys aspera var. *baicalensis* Maxim.=Stachys baicalensis
Stachys aspera var. *chinensis* (Bge. ex Benth.) Maxim.=Stachys chinensis
Stachys aspera var. *chinensis* (Bge.) Maxim.(p.p.)=Stachys baicalensis var. hispidula
Stachys aspera var. *chinensis* (Bge.)(Bge.) Maxim.(p.p.)=Stachys chinensis
Stachys aspera var. *chinensis* f. *glabrata* Nakai=Stachys japonica
Stachys aspera var. *japonica* (Miq.) Maxim.(p.p.)=Stachys japonica
Stachys aspera var. *japonica* (Miq.) Maxim.=Stachys japonica
Stachys baicalensis Fisch. ex Benth.(Franch. & Sav.in Enum.Pl.Jap. 1815)= Stachys japonica
Stachys baicalensis Fisch.毛水苏
Stachys baicalensis f. *intermedia* Kudô =Stachys baicalensis var. hispidula
Stachys baicalensis var. angustifolia Honda 狭叶毛水苏(新)
Stachys baicalensis var. baicalensis=Stachys baicalensis
Stachys baicalensis var. *chinensis* (Bge. ex Benth.) V,Kom.=Stachys chinensis
Stachys baicalensis var. *hispida* (L.) Nakai=Stachys baicalensis
Stachys baicalensis var. *hispida* (Ledeb.) Nakai=Stachys baicalensis
Stachys baicalensis var. hispidula (Rgl.) Nakai 小刚毛水苏(新)
Stachys baicalensis var. *japonica* V.Kom.=Stachys japonica
Stachys baicalensis var. γ. *chinensis* (Bge.) Kom.=Stachys chinensis
Stachys baicalensis var. δ. *japonica* Kom.=Stachys japonica
Stachys betonica Benth.=Betonica officinalis
Stachys cardiophylla Prain ex Dunn=Stachys kouyangensis
Stachys chanetii Lévl.=Stachys chinensis
Stachys chinensis Bge.华水苏
Stachys chinensis Hand.-Mazz.(p.p.)=Stachys kouyangensis var. franchetiana
Stachys cordifolia C.Koch(Prain in J.Asiat.Soc.Bengal 1890)=Stachys kouyangensis
Stachys floccosa Bent.丛卷毛水苏
Stachys floridana Schuttl. ex Benth.银苗
Stachys franchetiana Lévl.(Diels in Notes Bot.Gard.Edinb.1912)=Stachys kouyangensis
Stachys franchetiana Lévl.=Stachys kouyangensis var. franchetiana
Stachys geobombycis C.Y.Wu 地蚕
Stachys geobombycis var. alba C.Y.Wu & H.W.Li 白花地蚕(新)
Stachys geobombycis var. geobombycis=Stachys geobombycis
Stachys imaii Nakai=Stachys oblongifolia
Stachys japonica Miq.水苏
Stachys japonica f. *angustifolia* Miq.=Stachys baicalensis var. angustifolia
Stachys japonica f. *glabrata* Matsum. & Kudô ex Kudô =Stachys japonica
Stachys japonica f. *villosa* Kudô =Stachys baicalensis
Stachys kouyangensis (Vant.) Dunn (Merr.in Sunyatsenia 1934)=Stachys geobombycis
Stachys kouyangensis (Vant.) Dunn (p.p.)=Stachys kouyangensis var. franchetiana
Stachys kouyangensis (Vant.) Dunn 西南水苏
Stachys kouyangensis var. franchetiana (Lévl.) C.Y.Wu 黄狼鼠花
Stachys kouyangensis var. kouyangensis=Stachys kouyangensis
Stachys kouyangensis var. leptodon (Dunn) C.Y.Wu 细齿西南水苏(新)
Stachys kouyangensis var. tuberculata (Hand.-Mazz.) C.Y.Wu 具瘤西南水苏(新)
Stachys kouyangensis var. villosissima C.Y.Wu 柔毛西南水苏(新)
Stachys lamiiflora Rupr.=Stachyopsis lamiiflora
Stachys lanatra Jacq.绵水苏
Stachys leptodon Dunn=Stachys kouyangensis var. leptodon

Stachys leptopoda Hay.=Stachys oblongifolia var. leptopoda
Stachys mairei Lévl.=Isodon sculponeatus
Stachys martini Vant.=Stachys oblongifolia
Stachys melissaefolia Benth.多枝水苏
Stachys modica Hance=Stachys oblongifolia
Stachys oblongifolia Benth.针筒菜
Stachys oblongifolia f. *leptopoda* (Hay.) Kudô =Stachys oblongifolia var. leptopoda
Stachys oblongifolia var. leptopoda (Hay.) C.Y.Wu 细柄针筒菜(新)
Stachys oblongifolia var. oblongifolia=Stachys oblongifolia
Stachys officinalis (L.) Trev. ex Briq.=Betonica officinalis
Stachys palustris L.(Dunn in Notes Bot.Gard.Edinb.1915,p.p.)=Stachys japonica
Stachys palustris L.(Dunn in Notes Bot.Gard.Edinb.1915,p.p.)=Stachys sieboldi
Stachys palustris L.(Dunn in Notes Bot.Gard.Edinb.1915,p.p.)=Stachys kouyangensis
Stachys palustris var. *baicalensis* Turcz.=Stachys baicalensis
Stachys palustris var. *hispida* Ledeb.=Stachys baicalensis
Stachys palustris var. *imaii* (Nakai) Nakai=Stachys oblongifolia
Stachys palustris var. *imaii* Nakai=Stachys oblongifolia
Stachys palustris γ. *hispidula* Rgl.=Stachys baicalensis var. hispidula
Stachys palustris 沼生水苏
Stachys parviflora Benth.小花水苏
Stachys pseudophlomis C.Y.Wu 狭齿水苏
Stachys riederi var. *hispida* (Ledeb.) Hara=Stachys baicalensis
Stachys riederi var. *hispidula* (Rgl.) Hara=Stachys baicalensis var. hispidula
Stachys riederi var. *hispidula* f. *angustifolia* (Honda) Hara=Stachys baicalensis var. angustifolia
Stachys riederi var. *japonica* (Miq.) Hara=Stachys japonica
Stachys ringens Oettingen=Stachys baicalensis
Stachys scaberula Vatke 粗糙水苏
Stachys sect. II. *Betonica* Benth.=**Betonica**
Stachys sericea Wall.绢毛水苏
Stachys sieboldi Miq.甘露子
Stachys sieboldi var. glabrescens C.Y.Wu 近无毛甘露子(新)
Stachys sieboldi var. malacotricha Hand.-Mazz.软毛甘露子(新)
Stachys sieboldi var. sieboldi=Stachys sieboldi
Stachys sieboldi var. *tuberculata* Hand.-Mazz.=Stachys kouyangensis var. tuberculata
Stachys splendens Wall.(p.p.)=Stachys melissaefolia
Stachys steboldi Miq.(Hand.-Mazz.in Act.Hort.Göthob.1939,p.p.)= Stachys kouyangensis
Stachys strictiflora C.Y.Wu 直花水苏
Stachys strictiflora var. latidens C.Y.Wu & H.W.Li 宽齿直花水苏(新)
Stachys strictiflora var. strictiflora=Stachys strictiflora
Stachys subargentea Hay.=Stachys oblongifolia
Stachys sylvatica L.林地水苏
Stachys taliensis C.Y.Wu 大理水苏
Stachys tibetica Vatke 藏水苏?
Stachys tuberifera Naud.=Stachys sieboldi
Stachys xanthantha C.Y.Wu 黄花地钮菜
Stachys xanthantha var. *gracilis* C.Y.Wu & H.W.Li=Stachys xanthantha
Stachys xanthantha var. xanthantha=Stachys xanthantha
Stachytarpheta Vahl **假马鞭属**(马鞭草科)
Stachytarpheta angustifolia (Mill.) Vah 狭叶假马鞭
Stachytarpheta indica C.B.Clarke=Stachytarpheta jamaicensis
Stachytarpheta jamaicensis (L.) Vahyl 假马鞭
Stachyuraceae 旌节花科
Stachyurus S. & Z.**旌节花属**(旌节花科)
Stachyurus brachystachyus (C.Y.Wu & S.K.Chen) Y.C.Tang & Y.L.Cao= Stachyurus chinensis var. brachystachyus
Stachyurus callosus C.Y.Wu 椭圆叶旌节花
Stachyurus caudatilimbus C.Y.Wu & S.K.Chen=Stachyurus chinensis var. latus
Stachyurus chinensis Franch.中国旌节花
Stachyurus chinensis subsp. *brachystachyus* (C.Y.Wu & S.K.Chen) Y.C. Tang et al.=Stachyurus chinensis var. brachystachyus
Stachyurus chinensis subsp. *cuspidatus* (Li) Y.C.Tang et al.=Stachyurus chinensis var. cuspidatus
Stachyurus chinensis subsp. *latus* (Li) Y.C.Tang & Y.L.Cao=Stachyurus chinensis var. latus
Stachyurus chinensis var. brachystachyus C.Y.Wu & S.K.Chen 短穗旌节花
Stachyurus chinensis var. chinensis=Stachyurus chinensis
Stachyurus chinensis var. cuspidatus H.L.Li 聚尖叶旌节花
Stachyurus chinensis var. latus H.L.Li 宽叶旌节花
Stachyurus cordatulus Merr.滇缅旌节花
Stachyurus duclouxii Pitard ex Chung=Stachyurus chinensis
Stachyurus esquirolii Lévl.=Stachyurus yunnanensis
Stachyurus himalaicus HK.f. & Thoms. ex Benth.喜马山旌节花
Stachyurus himalaicus var. *alatipes* C.Y.Wu=Stachyurus himalaicus
Stachyurus himalaicus var. *dasyrachis* C.Y.Wu=Stachyurus himalaicus
Stachyurus himalaicus var. *microphyllus* C.Y.Wu=Stachyurus himalaicus
Stachyurus oblongifolius Wang & Tang 矩圆叶旌节花
Stachyurus obovatus (Rehd.) Cheng=Stachyurus obovatus
Stachyurus obovatus (Rehd.) H.L.Li=Stachyurus obovatus
Stachyurus obovatus (Rehd.) Hand.-Mazz.倒卵叶旌节花
Stachyurus praecox S. & Z.(Diels in Bot.Jahrb.1900)=Stachyurus chinensis
Stachyurus praecox S. & Z.早春旌节花
Stachyurus retusus Yang 凹叶旌节花
Stachyurus salicifolius Franch.柳叶旌节花
Stachyurus salicifolius subsp. *lancifolius* (C.Y.Wu) Y.C.Tang et al.= Stachyurus salicifolius var. lancifolius
Stachyurus salicifolius var. lancifolius C.Y.Wu ex S.K.Chen 披针叶旌节花
Stachyurus salicifolius var. salicifolius=Stachyurus salicifolius
Stachyurus sigeyeii Masamune=Stachyurus himalaicus
Stachyurus szechuanensis Fang 四川旌节花
Stachyurus yunnanensis Franch.云南旌节花
Stachyurus yunnanensis var. *obovata* Rehd.=Stachyurus obovatus
Stachyurus yunnanensis var. pedicellatus Rehd.具梗旌节花
Stachyurus yunnanensis var. yunnanensis=Stachyurus yunnanensis
Stahlianthus O.Ktze.**土田七属**(姜科)
Stahlianthus involucratus (King ex Bak.) Craib 土田七
Staintoniella Hara **无隔荠属**(十字花科)
Staintoniella verticillata (Jeffrey & W.W.Sm.) Hara 轮叶无隔荠
Stanhopea Frost ex HK.**老虎兰属**(兰科)
Stanhopea devoniensis Lindl.德文郡老虎兰
Stanhopea eburnea Lindl.象牙白老虎兰
Stanhopea ecornuta Lem.白花老虎兰
Stanhopea grandiflora (HBK) Rchb.f.大花老虎兰
Stanhopea graveolens Lindl.烈味老虎兰
Stanhopea hernandezii (Kth.) Schltr.亨氏老虎兰
Stanhopea insignis Frost 美花老虎兰
Stanhopea oculata (Lodd.) Lindl.眼状老虎兰
Stanhopea pulla Rchb.f.黑老虎兰
Stanhopea quadricornis Lindl.四角老虎兰
Stanhopea tigrina Batem.老虎兰
Stanhopea wardii Lodd. ex Lindl.瓦氏老虎兰
Stapelia L.**豹皮花属**(萝藦科)
Stapelia chinensis Lour.=Hoya carnosa
Stapelia gigantea N.E.Br.大豹皮花
Stapelia grandiflora Mass.大花犀角
Stapelia pulchella Mass.豹皮花
Stapelia variegata L.杂色豹皮花
Stapfiophyton H.L.Li **无距花属**(野牡丹科)
Stapfiophyton breviscapum C.Chen 短葶无距花
Stapfiophyton degeneratum C.Chen 败蕊无距花
Stapfiophyton elattandra (Diels) H.L.Li=Phyllagathis elattandra
Stapfiophyton erectum S.Y.Hu=Phyllagathis erecta
Stapfiophyton peperomiaefolium (Oliv.) H.L.Li 无距花
Stapfiophyton tetrandrum (Diels) H.L.Li=Phyllagathis tetrandra
Staphylea L.(Burm.f.Fl.Ind.1768)=**Leea**
Staphylea L.**省沽油属**(省沽油科)
Staphylea bumalda DC.省沽油
Staphylea colchica Steven.科尔切斯省沽油
Staphylea emodi Wall.印巴省沽油
Staphylea forrestii Balf.f.嵩明省沽油
Staphylea holocarpa Hemsl.膀胱果
Staphylea holocarpa var. holocarpa=Staphylea holocarpa

Staphylea holocarpa var. rosea Rehd. & Wils.玫红省沽油
Staphylea indica Burm.f.=Leea indica
Staphylea pinnata L.羽状叶省沽油
Staphylea shweliensis W.W.Sm.腺齿省沽油
Staphylea simplicifolea Gardn. & Champ.=Turpinia arguta
Staphylea trifolia L.三叶省沽油
Staphyleaceae 省沽油科
Statice L.(p.p.)=**Limonium**
Statice aphylla Poir.=Limonium coralloides
Statice arbuscula Maxim.=Limonium wrightii
Statice argentea Pall. ex Siev.=Goniolimon callicomum
Statice aurea L.(兰州志 1962)=Limonium potaninii
Statice aurea L.=Limonium aureum
Statice bicolor Bge.(苏南植物手册 1959)=Limonium sinense
Statice bicolor Bge.=Limonium bicolor
Statice bicolor var. *laxiflora* Bge.=Limonium bicolor
Statice bicolor β. *densiflora* Bge.=Limonium bicolor
Statice bungeana Boiss.=Limonium bicolor
Statice callicoma C.A.Mey.=Goniolimon callicomum
Statice chrysocephala Regel=Limonium chrysocomum
Statice chrysocoma Kar. & Kir.=Limonium chrysocomum
Statice congesta Ledeb.=Limonium congestum
Statice coralloides Tausch=Limonium coralloides
Statice desipiens Ledeb.=Limonium coralloides
Statice dichrocantha Rupr.=Limonium dichroanthum
Statice dielsiana Wangerin=Limonium dielsianum
Statice dschungarica Regel=Goniolimon dschungaricum
Statice eximia Schrenk=Goniolimon eximium
Statice eximia var. *turkestanica* Rgl.=Goniolimon exmium
Statice flexuosa L.=Limonium flexuosum
Statice florida Kitag.=Limonium bicolor
Statice fortunei Lindl.=Limonium sinense
Statice franchetii Debx.=Limonium franchetii
Statice glauca Willd. ex Schult.(Less.in Linnaea 1835)=Limonium suffruticosum
Statice gmelinii Willd.(J.Sato in Prelim.Rep.Fl.E.Wuchumuchin 1934)=Limonium flexuosum
Statice gmelinii Willd.=Limonium gmelinii
Statice gmelinii var. *scoparia* (Pall. ex Willd.) Schmalh.=Limonium gmelinii
Statice holtzeri Regel=Limonium kaschgaricum
Statice japonica S. & Z.(Kom.in Act.Hort.Petrop.1907)=Limonium sinense
Statice kaschgarica Rupr.=Limonium kaschgaricum
Statice kaufmanniana Regel=Ikonnikovia kaufmanniana
Statice lacostei Danguy=Limonium aureum
Statice latissima Kar. & Kir.=Limonium myrianthum
Statice leptoloba Regel=Limonium leptolobum
Statice leptoloba var. *subaphylla* Rgl.=Limonium leptolobum
Statice lycopodioides Girard=Acantholimon lycopodioides
Statice myriantha Schrenk=Limonium myrianthum
Statice ochrantha Kar. & Kir.=Goniolimon speciosum
Statice otolepis Schrenk=Limonium otolepis
Statice pycnantha K.Koch=Limonium gmelinii
Statice schrenkiana Fisch. & Mey.(E.H.Walker in Contr.U.S.Nat.Herb. 1941)= Limonium aureum
Statice schrenkiana Fisch. & Mey.=Limonium chrysocomum
Statice scoparia Pall. ex Willd.=Limonium gmelinii
Statice sect. *Tropidice* Griseb.=**Goniolimon**
Statice sedoides Regel=Limonium chrysocomum
Statice semenowii Herd.=Limonium chrysocomum subsp. semenowii
Statice sinensis Girard=Limonium sinense
Statice sinensium Gandoger=Limonium bicolor
Statice speciosa L.=Goniolimon speciosum
Statice speciosa var. *crispa* Regel=Goniolimon eximium
Statice speciosa var. *crispa* Rgl.=Goniolimon exmium
Statice speciosa var. *lanceolata* Regel=Goniolimon speciosum
Statice speciosa var. *stricta* Regel=Goniolimon speciosum var. strictum
Statice speciosa var. *stricta* Rgl.=Goniolimon speciosum var. strictum
Statice subaphylla Rgl.=Limonium leptolobum
Statice subgen. *Armeriastrum* Jaub. & Subsp.=**Acantholimon**
Statice suffruticosum L.=Limonium suffruticosum
Statice tchefouensis Gandoger=Limonium franchetii
Statice tenella Turcz.=Limonium tenellum
Statice varia Hance=Limonium bicolor
Statice wrightii Hance=Limonium wrightii
Statiotes acoroides L.f.=Enhalus acoroides
Statiotes alismoideds L.=Ottelia alismoides
Stauntonia DC.野木瓜属(木通科)
Stauntonia alata Merr.=Stauntonia decora
Stauntonia angustifolia Wall.(1830)=Holboellia var. angustifolia
Stauntonia brachyanthera Hand.-Mazz.黄蜡果
Stauntonia brachyanthera var. *minor* Diels ex Y.C.Wu=Stauntonia obovatifoliola subsp. urophylla
Stauntonia brachybotrya T.Chen=Stauntonia obovatifoliola subsp. urophylla
Stauntonia brevipes Hemsl.=Holboellia coriacea
Stauntonia brunoniana Wall. ex Hemsl.三叶野木瓜
Stauntonia cavalerieana Gagn.西南野木瓜
Stauntonia chinensis DC. (Benth. in J.Bot.Kew.Misc.1851)=Stauntonia obovata
Stauntonia chinensis DC. (H.N.Qin in Cathaya 1997)=Stauntonia chinensis
Stauntonia chinensis DC.野木瓜
Stauntonia conspicua R.H.Chang 显脉野木瓜
Stauntonia crassipes T.Chen=Stauntonia trinervia
Stauntonia decora (Dunn) C.Y.Wu 翅野木瓜
Stauntonia dielsiana C.Y.Wu(p.p.)=Stauntonia chinensis
Stauntonia dielsiana Y.C.Wu(p.p.)=Stauntonia brachyanthera
Stauntonia duclouxii Gagn.羊瓜藤
Stauntonia elliptica Hemsl.牛藤果
Stauntonia formosana Hay.=Stauntonia obovata
Stauntonia glauca Merr. & Metc.粉叶野木瓜
Stauntonia hainanensis T.Chen=Stauntonia chinensis
Stauntonia hebandra Hay.=Stauntonia obovata
Stauntonia hebandra var. *angustata* C.Y.Wu=Stauntonia obovata
Stauntonia hexaphylla Decne.牛藤
Stauntonia hexaphylla f. *cordata* Li=Stauntonia obovatifoliola
Stauntonia hexaphylla f. *cordata* Li=Stauntonia obovatifoliola
Stauntonia hexaphylla f. *urophylla* (Hand.-Mazz.) C.Y.Wu=Stauntonia obovatifoliola subsp. urophylla
Stauntonia hexaphylla var. *urophylla* Hand.-Mazz.=Stauntonia obovatifoliola subsp. urophylla
Stauntonia hwxaphylla f. *intermedia* Wu=Stauntonia obovatifoliola subsp. intermedia
Stauntonia keitaoensis Hay.=Stauntonia obovata
Stauntonia latifolia Wall.=Holboellia latifolia
Stauntonia leucantha Diels ex Y.C.Wu 钝药野木瓜
Stauntonia libera H.N.Qin 离丝野木瓜
Stauntonia longipes Hemsl.=Holboellia angustifolia
Stauntonia maculata Merr.斑叶野木瓜
Stauntonia obcordatilimba C.Y.Wu & S.H.Huang 倒心叶野木瓜
Stauntonia obovata Hemsl.倒卵叶野木瓜
Stauntonia obovatifoliola Hay.石月
Stauntonia obovatifoliola subsp. intermedia (C.Y.Wu) T.Chen 五指那藤
Stauntonia obovatifoliola subsp. obovatifoliola =Stauntonia obovatifoliola
Stauntonia obovatifoliola subsp. *urophylla* (Hand.-Mazz.) H.N.Qin(p.p.)= Stauntonia obovatifoliola subsp. intermedia
Stauntonia obovatifoliola subsp. urophylla (Hand.-Mazz.) H.N.Qin 尾叶那藤
Stauntonia obovatifoliola var. *pinninervis* Hay.=Stauntonia obovatifoliola
Stauntonia oligophylla Merr. & Chun 少叶野木瓜
Stauntonia parviflora Hemsl.=Holboellia parviflora
Stauntonia pseudomaculata C.Y.Wu & S.H.Huang 假斑叶野木瓜
Stauntonia purpurea Y.C.Liu & F.Y.Lu 紫花野木瓜
Stauntonia sinii Diels=Staumtonia decora
Stauntonia trifoliata Griff.=Stauntonia brunoniana
Stauntonia trinervia Merr.(H.N.Qin in Cathaya 1997,p.p.)=Stauntonia crassipes
Stauntonia trinervia Merr.三脉野木瓜
Stauntonia yaoshanensis F.N.Wei & S.L.Mo 瑶山野木瓜
Stauranthera Benth.十字苣苔属(苦苣苔科)
Stauranthera chiritaeflora Oliv.=Whytockia chiritiflora
Stauranthera tsiangiana Hand.-Mazz.=Whytockia tsiangiana
Stauranthera umbrosa (Griff.) Clarke 十字苣苔
Staurochilus Ridl. ex Pfitz.掌唇兰属(兰科)
Staurochilus dawsonianus (Rchb.f.) Schltr.掌唇兰

Staurochilus ionosma sensu Schltr.=Staurochilus luchuensis
Staurochilus loratus (Rolfe ex Downie) Seidenf.小掌唇兰
Staurochilus luchuensis (Rolfe) Fukuyama 豹纹掌唇兰
Stauroglottis equestris Schauer=Phalaenopsis equestris
Staurogyne Wall.**叉柱花属**(爵床科)
Staurogyne brachystachya R.Ben.短穗叉柱花
Staurogyne chapaensis R.Ben.弯花叉柱花
Staurogyne concinnula (Hance) O.Ktz.叉柱花
Staurogyne dolichocalyx E.Hossain= Staurogyne sesamoides
Staurogyne hainanensis C.Y.Wu & H.S.Lo 海南叉柱花
Staurogyne hypoleuca R.Ben.灰背叉柱花
Staurogyne longicuneata H.S.Lo 楔叶叉柱花
Staurogyne major R.Ben.(Merr. & Chun in sunyatsenia 1940)= Staurogyne sinica
Staurogyne paotingensis C.Y.Wu & H.S.Lo 保亭叉柱花
Staurogyne rivularis Merr.庾叉柱花
Staurogyne sesamoides (Hand.-Mazz.) B.L.Burtt 大花叉柱花
Staurogyne sichuanica H.S.Lo 金长莲
Staurogyne sinica C.Y.Wu & H.S.Lo 中华叉柱花
Staurogyne stenophylla Merr. & Chun 狭叶叉柱花
Staurogyne strigosa C.Y.Wu & H.S.Lo 琼海叉柱花
Staurogyne yunnanensis H.S.Lo 云南叉柱花
Stauropsis championii (Lindl.) T.Tang & F.T.Wang=Diploprora championii
Stauropsis chinensis Rolfe=Vandopsis gigantea
Stauropsis kusukusensis (Hay.) T.Tang & F.T.Wang=Diploprora championii
Stauropsis luchuensis Rolfe=Staurochilus luchuensis
Stauropsis polyantha W.W.Sm.=Vandopsis undulata
Stauropsis undulata (Lindl.) Benth. ex HK.f.=Vandopsis undulata
Staurospermum verticillatum Schumach. & Thonn.=Mitracarpus villosus
Stebbinsia Lipsch. 肉菊属(菊科)
Stebbinsia umbrella (Franch.) Lipsch.肉菊
Steenhammera sibirica Turcz.=Mertensia sibirica
Stegnogramma Holtt.(p.p.)=**Leptogramma**
Stegnogramma Holtt.=**Dictyocline**
Stegnogramma Bl.**溪边蕨属**(金星蕨科)
Stegnogramma asplenioides (J.Sm.) Ching=Stegnogramma cyrtomioides
Stegnogramma cyrtomioides (C.Chr.) Ching 贯众溪边蕨
Stegnogramma dictyoclinoides Ching 屏边溪边蕨
Stegnogramma diplazioides Ching ex Y.X.Lin 缙云溪边蕨
Stegnogramma griffithii var. *wilfordii* (HK.) K.Iwats.=Dictyocline wilfordii
Stegnogramma himalaica (Ching) K.Iwats.=Leptogramma himalaica
Stegnogramma jinfoshanensis Ching & Y.X.Lin 金佛山溪边蕨
Stegnogramma latipinna Ching & Y.X.Lin 阔羽溪边蕨
Stegnogramma petiolulata Ching=Stegnogramma latipinna
Stegnogramma pozoi (Lag.) K.Iwats.=Leptogramma pozoi
Stegnogramma scallanii (Christ) K.Itwats.=Leptogramma scallanii
Stegnogramma tottoides (H.Ito) K.Iwats.=Leptogramma tottoides
Stegnogramma xingwenensis Ching ex Y.X.Lin 兴文溪边蕨
Stegosia cochinchinensis Lour.=Rottboellia exaltata
Steinhauera gigantea (Lindl.) Kuntze ex Voss=Sequoiadendron gigantea
Stelis Sw.**微花兰属**(兰科)
Stelis bidentata Schltr.二齿微花兰
Stelis ciliaris Lindl.缘毛微花兰
Stelis endresii Rchb.f.尹氏微花兰
Stelis gracilis Ames 纤细微花兰
Stelis hirta J.E.Sm.=Bulbophyllum hirtum
Stelis hymenantha Schltr.膜花微花兰
Stelis micrantha (Sw.) Sw.小花微花兰
Stelis odoratissima J.E.Sm.=Bulbophyllum odoratissimum
Stelis purpurascens A.Rich.紫红微花兰
Stelis racemiflora 微花兰
Stelis rubens Schltr.红微花兰
Stellaria L.**繁缕属**(石竹科)
Stellaria alaschanica Y.Z.Zhao 贺兰山繁缕
Stellaria alsine Grimm 雀舌草
Stellaria alsine var. alpina (Schur) Hand.-Mazz.高山雀舌草
Stellaria alsine var. alsine=Stellaria alsine
Stellaria alsine var. *phaenopetala* Hand.-Mazz.=Stellaria ulignos
Stellaria alsine var. *undulata* (Thunb.) Ohwi=Stellaria alsine
Stellaria amblyosepala Schrenk 钝萼繁缕
Stellaria anhweiensis Migo (云南植物研究 1985)=Stellaria pallida
Stellaria apetala Ucria()=Stellaria pallida
Stellaria aquatica (L.) Scop.=Myosoton aquaticum
Stellaria arenaria Maxim.=Stellaria arenarioides
Stellaria arenarioides Shi L.Chen et al. 沙生繁缕
Stellaria arisanensis (Hay.) Hay.阿里山繁缕
Stellaria arisanensis var. *leptophylla* Hay.=Stellaria arisanensis
Stellaria biflora L.=Minuartia biflora
Stellaria bistyla Y.Z.Zhao 二柱繁缕
Stellaria bistylata W.ZH.Di & Y.Ren=Stellaria bistyla
Stellaria brachypetala Bge.短瓣繁缕
Stellaria bubbosa Wulfen (Edgew. & HK.f.in Fl.Brit.Ind.1874)= Pseudostellaria himalaica
Stellaria bungeana Fenzl (Maxim.in Mém.Acad.Sci.St.Pétersb.Sav.Etrang. 1859)=Stellaria bungeana var. stubendorfii
Stellaria bungeana Fenzl 长瓣繁缕
Stellaria bungeana var. bungeana=Stellaria bungeana
Stellaria bungeana var. stubendorfii (Rgl.) C.Y.Chu 林繁缕
Stellaria bungeana var. *stubendorfii* (Rgl.)Y.C.Chu(云南植物研究 1985)= Stellaria monosperma var. japonica
Stellaria capillipes (Franch.) C.Y.Wu=Stellaria petiolaris
Stellaria cerastoides L.=Cerastium cerastoides
Stellaria cherleriae (Fisch. ex Ser.) Williams (1907,p.p.)=Stellaria decumbens
Stellaria cherleriae (Fisch. ex Ser.) Williams (Fl.Neimenggu.1978)= Stellaria petraea
Stellaria cherleriae (Fisch. ex Ser.) Williams 兴安繁缕
Stellaria cherleriae var. *alpina* Schischk.=Stellaria petraea
Stellaria cherleriae var. *minor* (Edgew. & HK.f.) Majumdar=Stellaria decumbens
Stellaria cherleriae var. *polyantha* (Edgew. & HK.f.) R.R.Stewart= Stellaria decumbens var. polyantha
Stellaria cherleriae var. *typica* Williams=Stellaria petraea
Stellaria cherleriae var. *uniflora* Willams=Stellaria decumbens
Stellaria chinensis Rgl.中国繁缕
Stellaria congestiflora Hara 密花繁缕
Stellaria crassifolia Ehrh.叶苞繁缕
Stellaria crassifolia var. crassifolia=Stellaria crassifolia
Stellaria crassifolia var. linearis Fenzl 线形叶苞繁缕
Stellaria crispata Wall. ex D.Don (C.Y.Wu in J.W.China Bord.Res.Soc. 1946)= Brachystemma calycinum
Stellaria crispata Wall. ex D.Don=Stellaria monosperma
Stellaria crispata Wall.(湖北志 1976)=Stellaria monosperma var. japonica
Stellaria cuonaensis L.=Stellaria decumbens var. arenarioides
Stellaria davidii (Franch.) Hemsl.=Pseudostellaria davidii
Stellaria davidii var. *himalaica* Franch.=Pseudostellaria himalaica
Stellaria davidii var. *sessilifolia* Franch.=Pseudostellaria heterantha
Stellaria decumbens Edgew.偃卧繁缕
Stellaria decumbens var. arenarioides L.H.Zhou 错那繁缕
Stellaria decumbens var. decumbens=Stellaria decumbens
Stellaria decumbens var. *edgeworthii* Edgew. & HK.f.=Stellaria decumbens
Stellaria decumbens var. *minor* Edge. & HK.f.=Stellaria decumbens
Stellaria decumbens var. polyantha Edgew. & HK.f.多花偃卧繁缕
Stellaria decumbens var. pulvinata Edgew. & HK.f.垫状偃卧繁缕
Stellaria decumbesn var. *minor* Edgew. & HK.f.=Stellaria decumbens
Stellaria delavayi Franch.(云南植物研究 1985,p.p.)=Stellaria monosperma
Stellaria delavayi Franch.大叶繁缕
Stellaria depressa E.Schimd 矮陷繁缕
Stellaria dianthifoliaa Williams 石竹叶繁缕
Stellaria dichasioides Williams=Stellaria infracta
Stellaria dichotoma L.叉歧繁缕
Stellaria dichotoma f. *lanceolata* (Bge.) Kitag.=Stellaria dichotoma var. lanceolata
Stellaria dichotoma var. *cordifolia* Bge.=Stellaria dichotoma
Stellaria dichotoma var. dichotoma=Stellaria dichotoma
Stellaria dichotoma var. *heterophylla* Fenzl.=Stellaria dichotoma var. lanceolata
Stellaria dichotoma var. lanceolata Bge.银柴胡

Stellaria dichotoma var. *linearis* Fenzl (内蒙志 1978)=Stellaria amblyosepala
Stellaria dichotoma var. linearis Fenzl 线叶繁缕
Stellaria dichotoma var. *rigida* Bge.=Stellaria amblyosepala
Stellaria dichotoma var. *stephaniana* (Willd. ex Schl.) Rgl.=Stellaria dichotoma var. lanceolata
Stellaria dichotoma α. *cordifolia* Bge.=Stellaria dichotoma
Stellaria dichotoma β. *heterophylla* Fenzl=Stellaria dichotoma var. lanceolata
Stellaria dichotoma β. *stephaniana* (Willd. ex Schlecht.) Rgl.=Stellaria dichotoma var. lanceolata
Stellaria dichotoma ε. *rigida* Bge.=Stellaria amblyosepala
Stellaria diffusa Willd. ex Schlecht.=Stellaria longifolia
Stellaria diffusa f. *ciliolata* Kitag.=Stellaria longifolia
Stellaria diffusa var. *ciliolata* (Kitag.) Kitag.=Stellaria longifolia
Stellaria dilleniana Moench=Stellaria palustris
Stellaria discolor Turcz.翻白繁缕
Stellaria diversiflora var. *gymnandra* Franch.(p.p.)=Stellaria neglecta
Stellaria diversiflora var. *gymnandra* Franch.(p.p.)=Stellaria nemorum
Stellaria diversiflora var. *leptophylla* (Hay.) Mizushima=Stellaria arisanensis
Stellaria diversifolia (sic.) Maxim.(Forbes & Hemsl.in J.L.Soc.Bot. 1886)= Stellaria nemorum
Stellaria ebracteata Kom.无苞繁缕
Stellaria fenzeliana Klotsch.=Stellaria patens
Stellaria filicaulis Ohwi 细叶繁缕
Stellaria filicaulis f. *jaluana* (Nakai) Kitag.=Stellaria filicaulis
Stellaria florida Fisch.(Maxim.in Bull.Acad.Sci.St.Pétersb.1873)= Stellaria nipponica
Stellaria florida var. *angustifolia* Maxim.=Stellaria nipponica
Stellaria friesiana Ser.=Stellaria longifolia
Stellaria glandulifera Klotsch=Stellaria monosperma
Stellaria glauca With (Maxim.in Mém.Acad.Sci.St.Pétersb.Sav.Etrang. 1859)= Stellaria graminea
Stellaria glauca With(西藏志 1983)=Stellaria gyangtseensis
Stellaria glauca With.=Stellaria palustris
Stellaria graminea L.(西藏志 1983,p.p.)=Stellaria graminea var. chinensis
Stellaria graminea L.(西藏志 1983,p.p.)=Stellaria graminea var. viridescens
Stellaria graminea L 禾叶繁缕
Stellaria graminea var. *brachypetala* (Bge.) Rgl.=Stellaria brachypetala
Stellaria graminea var. chinensis Maxim.中华禾叶繁缕
Stellaria graminea var. graminea=Stellaria graminea
Stellaria graminea var. *lanceolata* Fenzl (西藏志 1983)=Stellaria graminea var. chinensis
Stellaria graminea var. *pilosula* Maxim.(西藏志 1985)=Stellaria patens
Stellaria graminea var. pilosula Maxim.毛禾叶繁缕
Stellaria graminea var. viridescens Maxim.常绿禾叶繁缕
Stellaria graminea δ. *brachypetala* Rgl.=Stellaria brachypetala
Stellaria gramineoides Y.Hazit=Stellaria graminea
Stellaria gyangtseensis Williams 江孜繁缕
Stellaria gyirongensis L.H.Zhou 吉隆繁缕
Stellaria gypsophiloides Fenzl.=Stellaria dichotoma var. lanceolata
Stellaria gypsophiloides Fenzl=Stellaria dichotoma var. lanceolata
Stellaria hamiltoniana Majumdar=Stellaria vestita
Stellaria hamiltoniana var. *vestita* (Kurz) Majumdar=Stellaria vestita
Stellaria hassiana Loes.=Stellaria chinensis
Stellaria henryi Williams 湖北繁缕
Stellaria heterophylla (Miq.) Hemsl.=Pseudostellaria heterophylla
Stellaria holostea L.复活节钟花
Stellaria hsinganensis Kitag.=Stellaria palustris
Stellaria imbricata Bge.覆瓦繁缕
Stellaria infracta Maxim.内弯繁缕
Stellaria infracta var. *ovatolanceolata* Mattf. =Stellaria infracta
Stellaria irrigua Bge.冻原繁缕
Stellaria jaluana Nakai=Stellaria filicaulis
Stellaria lanata HK.f. ex Edgew. & HK.f.绵毛繁缕
Stellaria lanipes C.Y.Wu & H.Chuang 绵柄繁缕
Stellaria laxa Merr.=Stellaria vestita
Stellaria longifolia Muehl. (Kom.in Act.Hort.Poetrop.1903)=Stellaria filicaulis
Stellaria longifolia Muehl. ex Willd.长叶繁缕
Stellaria longifolia f. *ciliolata* (Kitag.) Y.C.Chu=Stellaria longifolia
Stellaria longifolia var. *legitima* Rgl.=Stellaria longifolia
Stellaria longissima Wall.=Stellaria patens
Stellaria mainlingensis L.H.Zhou 米林繁缕
Stellaria martjanovii Krylvo 长裂繁缕
Stellaria maximowiczii Kozhev.=Stellaria decumbens var. pulvinata
Stellaria media (L.) Cyr.繁缕
Stellaria media (L.) Vill.=Stellaria media
Stellaria media f. *apetala* Rouy & Fouc.=Stellaria pallida
Stellaria media subsp. *media* var. *apetala* (Ucria) Gauden=Stellaria pallida
Stellaria media var. *decandra* Fenzl.=Stellaria neglecta
Stellaria media var. media=Stellaria media
Stellaria media var. micrantha (Hay.) T.SH.Liu & SH.SH.Ying 小花繁缕
Stellaria media var. *procera* Klatt & Richt.=Stellaria neglecta
Stellaria media α. *decandra* Fenzl=Stellaria neglecta
Stellaria micrantha Hay.=Stellaria media var. micrantha
Stellaria mollis Klotsch.=Stellaria patens
Stellaria monogyna D.Don＝Stellaria media
Stellaria monosperma (F.N.Will.) Kozhev.=Arenaria monosperma
Stellaria monosperma Buch.-Ham. ex D.Don (云南植物研究 1985)= tellaria monosperma var. paniculata
Stellaria monosperma Buch.-Ham.(Merr.in J.Arn.Arb.1938)=Stellaria monosperma var. japonica
Stellaria monosperma Buch-Ham. ex D.Don 独子繁缕
Stellaria monosperma var. japonica Maxim.皱叶繁缕
Stellaria monosperma var. *monosperma* f. *paniculata* Mizushima=tellaria monosperma var. paniculata
Stellaria monosperma var. *monosperma* f. *scabrifolia* Mizushima=tellaria monosperma var. paniculata
Stellaria monosperma var. monosperma=Stellaria monosperma
Stellaria monosperma var. paniclata Majumdar 锥花繁缕
Stellaria neglecta Weihe ex Bluff & Fingerh.鸡肠繁缕
Stellaria nemorum L.(Bge.in Ledeb.Fl.Alt.1830)=Stellaria bungeana
Stellaria nemorum L.(Forbes & Hemsl.in J.L.Soc.Bot.1886)=Stellaria bungeana var. stubendorfii
Stellaria nemorum L.腺毛繁缕
Stellaria nemorum var. *bracteata* Fenzl=Stellaria nemorum
Stellaria nemorum var. *stubendorfii* Rgl.=Stellaria bungeana var. stubendorfii
Stellaria nemorum var. *subebracteata* Fenzl.=Stellaria nemorum
Stellaria nemorum α. *subebracteata* Fenzl=Stellaria nemorum
Stellaria nemorum β. *bracteata* Fenzl=Stellaria nemorum
Stellaria nemorum β. *bungeana* Rgl.=Stellaria bungeana
Stellaria nemorum γ. *stubendorfii* Rgl.=Stellaria bungeana var. stubendorfii
Stellaria neopalustris Kitag.=Stellaria filicaulis
Stellaria neotomentosa Mizushima ex Ohba=Stellaria nepalensis
Stellaria nepalensis Majumdar & Vartak 尼泊尔繁缕
Stellaria nipponica Ohwi 多花繁缕
Stellaria nutans Williams=Stellaria infracta
Stellaria nyalamensis L.H.Zhou=Stellaria monosperma
Stellaria octandra Pobed.=Stellaria neglecta
Stellaria omeiensis C.Y.Wu & T.W.Tsui ex P.Ke 峨眉繁缕
Stellaria ovatifolia (Mizushima) Mizushima 卵叶繁缕
Stellaria oxycoccoides Kom.莓苔状繁缕
Stellaria pallida (Dumort.) Crépin 无瓣繁缕
Stellaria palustris Ehrh. ex Retz.沼生繁缕
Stellaria palustris var. *imbricata* Krylov=Stellaria imbricata
Stellaria paniculata Edgew.=Stellaria monosperma var. paniculata
Stellaria paniculigera Makino=Stellaria monosperma var. japonica
Stellaria parvi-umbellata Y.Z.Zhao 小伞花繁缕
Stellaria patens D.Don (西藏志 1985)=Stellaria lanata
Stellaria patens D.Don 白毛繁缕
Stellaria patentifolia Kitag.=Stellaria graminea
Stellaria petiolaris Hand-Mazz.细柄繁缕
Stellaria petraea Bge.(Edgew. & HK.f.in Fl.Brit.Ind.1874)=Stellaria decumbens
Stellaria petraea Bge.岩生繁缕
Stellaria petraea var. *alpina* Turcz.=Stellaria petraea
Stellaria petraea var. *fasciculata* Bge. ex Turcz.=Stellaria cherleriae
Stellaria petraea var. *imbricata* Fenzl=Stellaria petraea
Stellaria petraea var. *vegeta* Fenzl=Stellaria cherleriae
Stellaria petraea α. *vegeta* Fenzl=Stellaria cherleriae

Stellaria petraea β. *fasciculata* Bge. ex turcz.=Stellaria cherleriae
Stellaria petraea γ. *imbricata* Fenzl=Stellaria petraea
Stellaria pilosa Franch.=Stellaria pilosoides
Stellaria pilosa var. *capillipes* (Franch.) Hand.-Mazz.=Stellaria petiolaris
Stellaria pilosoides Shi L.Chen et al.长毛箐姑草
Stellaria potaninii Krylov=Stellaria amblyosepala
Stellaria pseudosaxatilis Hand.-Mazz.=Stellaria vestita
Stellaria pusilla E.Schmid 小繁缕
Stellaria radians L.繸瓣繁缕
Stellaria radians f. *fimbriata* (Ledeb.) Kitag.=Stellaria radians
Stellaria radians var. *ovatooblonga* Koidz.=Stellaria radians
Stellaria reticulivena Hay.网脉繁缕
Stellaria rhaphanorrhiza Hemsl.=Pseudostellaria heterophylla
Stellaria rigida α. *typica* Rgl.=Stellaria amblyosepala
Stellaria salicifolia Y.W.Tsui ex P.Ke 柳叶繁缕
Stellaria saxatilis Buch.-Ham. ex D.Don=Stellaria vestita
Stellaria saxatilis f. *petiolata* Mizushima=Stellaria vestita
Stellaria saxatilis var. *amplexicaulis* Hand.-Mazz.=Stellaria vestita var. amplexicaulis
Stellaria saxatilis var. *capillipes* Franch.=Stellaria petiolaris
Stellaria semivestita var. *brevipetala* L.H.Zhou=Stellaria congestiflora
Stellaria soongorica Roshev.准噶尔繁缕
Stellaria souliei Williams 康定繁缕
Stellaria stellatopilosa Hay.=Stellaria vestita
Stellaria stephaniana Willd. ex Schl.=Stellaria dichotoma var. lanceolata
Stellaria strongylosepala Hand-Mazz.圆萼繁缕
Stellaria subumbellata Edgew.(Hemsl.in Kew Bull.1896)=Stellaria umbellata
Stellaria subumbellata Edgew.亚伞花繁缕
Stellaria sylvatica (Maxim.) Rgl.=Pseudostellaria sylvatica
Stellaria tibetica Kurz 西藏繁缕
Stellaria uda Williams 湿地繁缕
Stellaria uda var. *pubescens* Y.W.Cui & L.H.Zhou=Stellaria alaschanica
Stellaria uliginosa Murr.=Stellaria alsine
Stellaria uliginosa var. *alpina* (Schur) Cürke=Stellaria alsine var. alpina
Stellaria uliginosa var. ulignnosa=Stellaria alsine
Stellaria uliginosa β. *undulata* (Thunb.) Fenzl=Stellaria alsine
Stellaria umbellata Turcz.(西藏志 1983)=Stellaria subumbellata
Stellaria umbellata Turcz.(植物研究 1985)=Stellaria parvi-umbellata
Stellaria umbellata Turcz.伞花繁缕
Stellaria undulata Thunb.(Rgl.) in Bull.Soc.Nat.Moscou 1862)=Stellaria chinensis
Stellaria undulata Thunb.=Stellaria alsine
Stellaria vestita Kurz 箐姑草
Stellaria vestita var. amplexicaulis (Hand.-Mazz.) C.Y.Wu 抱茎箐姑草
Stellaria vestita var. vestita=Stellaria vestita
Stellaria viridescens (Maxim.) Kozhev.=Stellaria graminea var. viridescens
Stellaria viridiflora Pax & Hoffm.=Stellaria cherleriae
Stellaria williamsiana Kozhev.=Arenaria monosperma
Stellaria winkleri (Briq.) Schischk.帕米尔繁缕
Stellaria wushanensis Williams 巫山繁缕
stellaria wushanensis var. *trientaloides* Hand.-Mazz.=Stellaria wushanensis
Stellaria wutaica Hand.-Mazz.=Stellaria umbellata
Stellaria yunnanensis Franch.(西藏志 1983)=Stellaria dianthifoliaa
Stellaria yunnanensis Franch.千针万线草
Stellaria yunnanensis f. *villosa* C.Y.Wu ex P.Ke=Stellaria dianthifoliaa
Stellaria yunnanensis f. villosa C.Y.Wu ex P.Ke 密柔毛繁缕
Stellaria yunnanensis f. yunnanensis=Stellaria yunnanensis
Stellaria zangnanensis L.H.Zhou 藏南繁缕
Stellera L.**狼毒属**(瑞香科)
Stellera altaica Thieb.=Stelleropsis altaica
Stellera annua Salisb.=Thymelaea passerina
Stellera bodinieri Lévl.=Stellera chamaejasme
Stellera chamaejasme L.(Hay.in J.Coll.Sci.Univ.Tokyo 1908)=Stellera formosana
Stellera chamaejasme L.狼毒
Stellera chamaejasme var. *angustifolia* Diels=Stellera chamaejasme
Stellera chinensis Lecomte=Daphne rosmarinifolia
Stellera circinata Lecomte (p.p.)=Wikstroemia dolichantha
Stellera circinata var. *divaricata* Lecomte (p.p.)=Wikstroemia dolichantha
Stellera diffusa Lecomte=Daphne rosmarinifolia
Stellera fargesii Lecomte=Wikstroemia fargesii
Stellera formosana Hay. ex Li 台湾狼毒
Stellera mairei Lecomte=Daphne esquirolii
Stellera passerina L.=Thymelaea passerina
Stellera tenuiflora (Bur. & Franch.) Lecomte=Daphne tenuiflora
Stellera tenuiflora var. *legendrei* Lecomte=Daphne tenuiflora var. legendrei
Stelleropsis Pobed.**假狼毒属**(瑞香科)
Stelleropsis altaica (Thieb.) Pobed.阿尔泰假狼毒
Stelleropsis tianschanica Pobed.天山假狼毒
Stelmacrypton H.Baill.**须药藤属**(萝藦科)
Stelmacrypton khasianum (Benth.) H.Baill.须药藤
Stelmatocrypton H.Baill.(科属词典 1982,植物志 63,1977,高等图鉴 1974,云南志 1983)=**Stelmacrypton**
Stelmatocrypton khasianum (Benth.) H.Baill.(科属词典 1982,植物志 63,1977,高等图鉴 1974,云南志 1983)=Stelmacrypton khasianum
Stelmocrypton H.Baill. (Flora 16,1995)=**Stelmacrypton**
Stelmocrypton khasianum (Benth.) H.Baill.(Flora 16,1995)=Stelmacrypton khasianum
Stemmacantha Cass.**漏芦属**(菊科)
Stemmacantha carthamoides (Willd.) Ditrich 鹿草
Stemmacantha uniflora (L.) Ditrich 漏芦
Stemodia grandiflora Buch.-Ham.=Lindenbergia grandiflora
Stemodia hirsuta Heyne ex Benth.=Limnophila chinensis
Stemodia hypericifolia Benth.=Limnophila connata
Stemodia muraria Roxb. ex D.Don=Lindenbergia muraria
Stemodia phhilippensis Chamisso & Schlech.=Lindenbergia philippensis
Stemodia repens Benth.=Limnophila repens
Stemodia ruderalis Vahl=Lindenbergia muraria
Stemodia sp. Griff.=Lindenbergia philippensis
Stemona Lour.**百部属**(百部科)
Stemona acuta C.H.Wright=Stemona tuberosa
Stemona argyi (Lévl. & Vaniot) Lévl.=Stemona japonica
Stemona erecta C.H.Wright=Stemona sessilifolia
Stemona filifolia Schltr.=Stemona mairei
Stemona gloriosoides Voigt=Stemona tuberosa
Stemona japonica (Bl.) Miq.百部
Stemona kerrii Craib 克氏百部
Stemona mairei (Lév(L.) Krause 云南百部
Stemona ovata Nakai=Stemona japonica
Stemona parviflora C.H.Wright 细花百部
Stemona saxorum Gagn.=Stemona kerrii
Stemona sessilifolia (Miq.) Miq.直立百部
Stemona shandongensis D.K.Zang 山东百部
Stemona stenophylla Diels=Stemona mairei
Stemona tuberosa Lour.大百部
Stemona vagula W.W.Sm.=Stemona mairei
Stemona wardii W.W.Sm.=Stemona mairei
Stemonaceae 百部科
Stemonurus chingianus Hand.-Mazz.=Gomphandra tetrandra
Stemonurus foetidus Wight=Nothapodytes foetida
Stemonurus hainanensis (Merr.) Hu=Gomphandra tetrandra
Stemonurus mollis (Merr.) Howard ex Dahl=Gomphandra mollis
Stemonurus yunnanensis Hu=Pittosporopsis kerrii
Stenactis Cass.=**Erigeron**
Stenactis annua Cass.=Erigeron annuus
Stenactis multiradiatus Lindl. ex DC.=Erigeron multiradiatus
Stenocarpus R.Br.**火轮树属**(山龙眼科)
Stenocarpus cunninghamii R.Br.杉木火轮树
Stenocarpus salignus R.Br.柳状火轮树
Stenocarpus sinuatus (A.Cunn.) Endl.深波火轮树
Stenochlaena J.Sm.**光叶藤蕨属**(光叶藤蕨科)
Stenochlaena abrupta v.A.v.R.=Lomariopsis cochinchinenis
Stenochlaena asiatica Ching & Chiu 亚洲光叶藤蕨
Stenochlaena cochinchinensis Und.=Lomariopsis cochinchinenis
Stenochlaena hainanensis Ching & Chiu 海南光叶藤蕨
Stenochlaena henryi Christ=Plagiogyria grandis
Stenochlaena palustris (Burm.) Bedd.光叶藤蕨
Stenochlaena scandens J.Sm.=Stenochlaena palustris
Stenochlaena spondiaefolia J.Sm.=Lomariopsis cochinchinenis
Stenochlaena tenuifolia (Desv.) Moore 狭叶藤蕨

Stenocoelium Ledeb.**狭腔芹属**(伞形科)
Stenocoelium athamantoides (M.B.) Ledeb.狭腔芹
Stenocoelium divaricatum Turcz.=Saposhnikovia divaricata
Stenocoelium trichocarpum Schrenk 毛果狭腔芹
Stenocoelium villosum (Turcz.) K.-Pol.=Phlojodicarpus villosus
Stenolobium brachycarpum Benth.=Calopogonium mucunoides
Stenolobium stans (L.) Seem. = Tecoma stans
Stenoloma Caa ass.=**Centaurea**
Stenoloma Fée **乌蕨属**(陵齿蕨科)
Stenoloma biflorum (Kaulf.) Ching 阔片乌蕨
Stenoloma chinensis Bedd.=Stenoloma chusanum
Stenoloma chusanum Ching 乌蕨
Stenoloma chusanum var. *littorale* H.Ito=Stenoloma biflorum
Stenoloma clavata (L.) Fee 光乌蕨
Stenoloma eberhardtii (Christ) Ching 线叶乌蕨
Stenoloma littorale Tagawa=Stenoloma biflorum
Stenoloma tenuifolium Fée=Stenoloma chusanum
Stenophragma glandulosum (Kar. & Kir.) B.Fetsch.=Dontostemon glandulosus
Stenophragma griffithianum (Boiss.) B.Fedtsch.=Olimarabidopsis pumila
Stenophragma halophilum (C.A.Mey.) B.Fedtsch.=Thellungiella halophila
Stenophragma mollipilum (Maxim.) B.Fedtsch.=Sisymbriopsis mollipila
Stenophragma mollissimum (C.A.Mey.) B.Fedtsch.=Crucihimalaya mollissima
Stenophragma nudum (Bélang.) B.Fedtsch.=Drabopsis nuda
Stenophragma parvulum (Schrenk) B.Fedtsch.=Thellungiella parvula
Stenophragma pumilum (Steph.) B.Fedtsch.=Olimarabidopsis pumila
Stenophragma salusgineum (Pall.) Prantl.=Thellungiella salsuginea
Stenophragma thalianum (L.) Celak.=Arabidopsis thaliana
Stenophragma toxophyllum (M.Bieb.) B.Fedtsch.=Pseudoarabidopsis toxophylla
Stenophyllus Raf. **Bulbostylis**
Stenosemia Presl **狭果蕨属**(叉蕨科)
Stenosemia aurita Presl 狭果蕨
Stenoseris Shih **细莴苣属**(菊科)
Stenoseris auriculiformis Shih 抱茎细莴苣
Stenoseris graciliflora (Wall. ex DC.) Shih 细莴苣
Stenoseris leptantha Shih 景东细莴苣
Stenoseris taliensis (Franch.) Shih 大理细莴苣
Stenoseris tenuis Shih 全叶细莴苣
Stenoseris triflora Chang & Shih 栉齿细莴苣
Stenosolenium Turcz.**紫筒草属**(紫草科)
Stenosolenium saxatiles (Pall.) Turcz.紫筒草
Stenotaphrum Trin.**钝叶草属**(禾本科)
Stenotaphrum dimidiatum (L.) Brongn.光钝叶草
Stenotaphrum glabrum Trin.=Stenotaphrum dimidiatum
Stenotaphrum helferi Munro ex HK.f.钝叶草
Stenotaphrum subulatum Trin.锥穗钝叶草
Stephanachne Keng **冠毛草属**(禾本科)
Stephanachne monandra (P.C.Kuo & S.L.Lu) P.C.Kuo & S.L.Lu 单蕊冠毛草
Stephanachne nigrescens Keng 黑穗茅
Stephanachne pappophorea (Hack.) Keng 冠毛草
Stephanachne pappophorea var. *monandra* P.C.Kuo & S.L.Lu=Stephanachne monandra
Stephanandra S. & Z.**小米空木属**(蔷薇科)
Stephanandra chinensis Hance 华空木
Stephanandra flexuosa S. & Z.=Stephanandra incisa
Stephanandra flxuosa var. chinensis Pamp.=Stephanandra chinensis
Stephanandra incisa (Thunb.) Zabel 小米空木
Stephania Lour.**千金藤属**(防已科)
Stephania brachyandra Diels 白线薯
Stephania brevipedunculata C.Y.Wu & D.D.Tao 短梗地不容
Stephania cepharantha Hay.金线吊乌龟
Stephania chingtungensis Lo 景东千金藤
Stephania delavayi Diels=Stephania epigaea
Stephania delavayi Diels 一文钱
Stephania dentifolia Lo & M.Yang 齿叶地不容
Stephania dicentrinifera Lo & M.Yang 荷包地不容
Stephania dielsiana Y.C.Wu 血散薯
Stephania disciflora Hand.-Mazz.=Stephania cepharantha
Stephania dolichopoda Diels 大叶地不容
Stephania ebracteata S.Y.Zhao & Lo 川南地不容
Stephania elegans HK.f. & Thoms.雅丽千金藤
Stephania epigaea Lo 地不容
Stephania excentrica Lo 江南地不容
Stephania forsteri (DC.) A.Gray 光千金藤
Stephania glabra (Roxb.) Miers 西藏地不容
Stephania gracilenta Miers 纤细千金藤
Stephania graciliflora Yamamoto=Stephania delavayi
Stephania hainanensis Lo & M.Yang 海南地不容
Stephania herbacea Gagn.草质千金藤
Stephania hernandifolia (Willd.) Walp.桐叶千金藤
Stephania hispidula (Yamamoto) Yamamoto=Stephania longa
Stephania intermedia Lo 河谷地不容
Stephania japonica (Thunb.) Miers 千金藤
Stephania japonica var. *discolor* (Bl.) Forman=Stephania hernandifolia
stephania japonica var. *hispidula* Yamamoto=Stephania longa
Stephania japonica var. *timoriensis* (DC.) Forman=Stephania forsteri
Stephania kuinanensis Lo M.Yang 桂南地不容
Stephania kwangsiensis Lo 广西地不容
Stephania lincangensis Lo 临沧地不容
Stephania longa Lour.粪箕笃
Stephania longipes Lo 长柄地不容
Stephania macrantha Lo & M.Yang 大花地不容
Stephania mashanica Lo & B.N.Chang 马山地不容
Stephania micrnatha Lo & M.Yang 小花地不容
Stephania miyiensis S.Y.Zhao & Lo 米易地不容
Stephania officinarum Lo & M.Yang 药用地不容
Stephania rotunda Lour.圆叶千金藤
Stephania sasakii Hay. ex Yamamoto 台湾千金藤
Stephania sinica Diels 汝兰
Stephania subpeltata Lo 西南千金藤
Stephania succifera Lo & M.Yang 小叶地不容
Stephania sutchuenensis Lo 四川千金藤
Stephania tetrandra S.Moore 粉防已
Stephania tetrandra var. *glabra* Maxim.=Stephania cepharantha
Stephania viridiflavens Lo & M.Yang 黄叶地不容
Stephania yunnanensis Lo 云南地不容
Stephania yunnanensis var. trichocalyx Lo & M.Yang 毛萼地不容
Stephania yunnanensis var. yunnanensis=Stephania yunnanensis
Stephanocoma atriplicifolia (Trev.) Turcz. ex Ledeb.=Synurus deltoides
Stephanotis Thou.(植物志 63,1977)=**Jasminanthes**
Stephanotis chinensis Champ. ex Benth.=Jasminanthes mucronata
Stephanotis chunii Tsiang =Jasminanthes chunii
Stephanotis mucronata (Blanco) Merr.=Jasminanthes mucronata
Stephanotis nana P.T.Li=Marsdenia stenantha
Stephanotis pilosa Kerr.=Jasminanthes pilosa
Stephanotis saxatilis Tsiang & P.T.Li=Jasminanthes saxatilis
Stephanotis sect. *Jasminanthes* (Bl.) Hemsl.=**Jasminanthes**
Stephanotis yunnanensis Lévl.=Marsdenia stenantha
Sterculia L.**苹婆属**(梧桐科)
Sterculia affinis Mast.近缘苹婆
Sterculia alata Roxb.=Pterygota alata
Sterculia armata Mast.有翅苹婆
Sterculia bicolor Mast.二色苹婆
Sterculia bodinieri Lévl.=Phyllanthus bodinieri
Sterculia brevipetiolata Tsai & Mao=Sterculia brevissima
Sterculia brevissima Hsue 短柄苹婆
Sterculia campanulata Wall.钟状苹婆
Sterculia ceramica R.Brown 台湾苹婆
Sterculia cinnamomifolia Tsai & Mao 樟叶苹婆
Sterculia coccinea Roxb.绯红苹婆
Sterculia colorata Roxb.=Erythropsis colorata
Sterculia ensifolia Mast.剑叶苹婆
Sterculia euosma W.W.Sm.粉苹婆
Sterculia foetida L.(Chun in Synyatsenia 1940)=Sterculia pexa
Sterculia foetida L.香苹婆
Sterculia fulgens Wall.光亮苹婆
Sterculia gengmaensis Hsue 绿花苹婆

Sterculia guttata Roxb.斑点苹婆
Sterculia hainanensis Merr. & Chun 海南苹婆
Sterculia hernyi Hemsl.蒙自苹婆
Sterculia hernyi var. cuneata Chun & Hsue 大围山苹婆
Sterculia hernyi var. hernyi=terculia hernyi
Sterculia hymenocalyx K.Schum.膜萼苹婆
Sterculia impressinervis Hsue 凹脉苹婆
Sterculia kingtungensis Hsue 大叶苹婆
Sterculia laevis Wall.平滑苹婆
Sterculia lanceaefolia Roxb.西蜀苹婆
Sterculia lanceolata Cav.假苹婆
Sterculia lantsangensis Hu=Sterculia villosa
Sterculia linguifolia Mast.舌状叶苹婆
Sterculia luzonica Warb.=Sterculia ceramica
Sterculia lychnophora Hance 胖大海
Sterculia macrophylla Vent.巨叶苹婆(新)
Sterculia maingayi Mast.马音加苹婆
Sterculia malvacea Lévl.=Eriolaena spectabilis
Sterculia megaphylla Tsai & Mao=Sterculia kingtungensis
Sterculia micrantha Chun & Hsue 小花苹婆
Sterculia nobilis Smith 苹婆
Sterculia oblonga Mast.西非黄苹婆
Sterculia ovalifolia Wall.=Sterculia lanceaefolia
Sterculia parviflora Roxb.小花苹婆
Sterculia pexa Pierre 家麻树
Sterculia pinbienensis Tsai & Mao 屏边苹婆
Sterculia platanifolia L.f.=Firmiana platanifolia
Sterculia platanifolia var. *major* W.W.Sm.=Firmiana major
Sterculia populifolia Roxb.杨叶苹婆
Sterculia principis Gagn.基苹婆
Sterculia pubescens Mast.毛苹婆
Sterculia pyriformis Bge.=Firmiana platanifolia
Sterculia rhinopetala K.Schum.象鼻黄苹婆
Sterculia roxburghii Wall.=Sterculia lanceaefolia
Sterculia rubiginosa Vent.褐赤苹婆
Sterculia scandens Hemsl.河口苹婆
Sterculia scaphigera Wall.舟状苹婆
Sterculia striatiflora Mast.条纹苹婆
Sterculia subnobilis Hsue 罗浮苹婆
Sterculia subracemosa Chun & Hsue 信宜苹婆
Sterculia thwaitesii Mast.特维特氏苹婆
Sterculia tokinensis A.DC.北越苹婆
Sterculia tubulata Mast.有管苹婆
Sterculia versicolor Wall.变色苹婆
Sterculia villosa Roxb.绒毛苹婆
Sterculia viridiflora Tsai & Mao=Sterculia gengmaensis
Sterculia yunnanensis Hu=Sterculia pexa
Sterculiaceae 梧桐科
Stereocarpus (Pierre) H.Hall.=**Camellia**
Stereosandra Bl.**肉药兰属**(兰科)
Stereosandra javanica Bl.肉药兰
Stereosandra koidzumiana Ohwi=Stereosandra javanica
Stereosandra liukiuensis Tuyama=Stereosandra javanica
Stereospermum Cham.**羽叶楸属**(紫葳科)
Stereospermum chelonoides L.(DC.Bibioth.in Universelle Gégéve 1838,p.p.)=Stereospermum colais
Stereospermum colais (Buch.-Ham. ex Dillwyn) Mabberley 羽叶楸
Stereospermum colais var. colais=Stereospermum colais
Stereospermum colais var. puberula (Dop) D.D.Tao
Stereospermum colais var. *puberula* (Dop) D.D.Tao=Stereospermum colais
Stereospermum ghorta (Buch.-Ham. ex G.Don) Clarke=Pauldopia ghorta
Stereospermum glandulosum Miq.=Radermachera glandulosa
Stereospermum neuranthum Kurz 毛叶羽叶楸
Stereospermum personatum (Hassk.) Chatt.=Stereospermum colais
Stereospermum personatum var. *puberula* Dop=Stereospermum colais var. puberula
Stereospermum sect.3. *Radermachera* Benth.=**Radermachera**
Stereospermum sinicum Hance=Radermachera sinica
Stereospermum strigillosum C.Y.Wu & W.C.Yin 伏毛萼羽叶楸
Stereospermum tetragonum DC.=Stereospermum colais
Sterigma DC.=**Sterigmostemum**
Sterigma sulphureum DC.(Maxim.in Enum.Pl.Mong.1899,p.p.)= Oreoloma matthioloides
Sterigmostemum M.Bieb.**棒果芥属**(十字花科)
Sterigmostemum caspicum (Lam.) Rupr.棒果芥
Sterigmostemum eglandulosum (Botsch.) H.L.Yang=Oreoloma eglandulosum
Sterigmostemum fuhaiense H.L.Yang=Oreoloma violaceum
Sterigmostemum grandiflorum K.C.Kuan=Oreoloma eglandulosum
Sterigmostemum incanum M.Bieb.灰毛棒果芥
Sterigmostemum matthioloides (Franch.) Botsch.=Oreoloma matthioloides
Sterigmostemum tomentosum (Willd.) M.Bieb.=Sterigmostemum caspicum
Sterigmostemum torulosum (M.Bieb.) Stapf=Sterigmostemum incanum
Sterigmostemum violaceum (Botsch.) H.L.Yang=Oreoloma violaceum
Steripha reniformia Gaerth.=Dichondra repens
Steris aquatica N.L.Burm.=Hydrolea zeylanica
Steris javanica L.=Hydrolea zeylanica
Steuartia Catesb. ex Mill.=**Stewartia**
Steudnera C.Koch **泉七属**(天南星科)
Steudnera colocasiaefolia C.Koch.泉七
Steudnera colocasiaefolia Engl.=Steudnera griffithii
Steudnera discolor Bull.异色岩芋
Steudnera griffithii Schott 全缘泉七
Steudnera henryana Engl.=Steudnera colocasiaefolia
Stevenia Adams & Fisch.**曙南芥属**(十字花科)
Stevenia cheiranthoides DC.曙南芥
Stewartia L.**紫茎属**(山茶科)
Stewartia acutisepala Chiu & Zhong=Stewartia gemmata
Stewartia brevicalyx Yan 短萼紫茎
Stewartia gemmata Chien & Cheng 天目紫茎
Stewartia glabra Yan 秃房紫茎
Stewartia longibracteata Chang=Pyrenaria yunnanensis
Stewartia longibracteata Chang 长苞紫茎
Stewartia mangshanica Ye=Stewartia rubiginosa
Stewartia micrantha (Chun) Sealy=Hartia micrantha
Stewartia nanlingensis Yan 南岭紫茎
Stewartia oblongifolia Hu ex Yan 长叶紫茎
Stewartia pteropetiolata Cheng=Hartia sinensis
Stewartia rostrata Spongb.=Stewartia sinensis var. rostrata
Stewartia rubiginosa Chang 红皮紫茎
Stewartia shensiensis Chang 陕西紫茎
Stewartia sinensis Rehd. & Wils.紫茎
Stewartia sinensis Spongb.=Stewartia gemmata
Stewartia sinensis var. rostrata (Spongb.) Chang 长喙紫茎
Stewartia sinensis var. sinensis=Stewartia sinensis
Stewartia sinii Sealy=Hartia sinii
Stewartia villosa Merr.=Hartia villosa
Stewartia yunnanensis Chang 云南紫茎
Sticherus Presl **假芒萁属**(里白科)
Sticherus laevigatus Presl 假芒萁
Stictocardia Hall.f.**腺叶藤属**(旋花科)
Stictocardia campanulata (L.) House=Stictocardia tiliaefolia
Stictocardia tiliaefolia (Desr.) Hall.f.腺叶藤
Stictocardia tiliifolia (Desr.) Hall.f.(Flora 16,1995)= Stictocardia tiliaefolia
Stictophyllum Edgew.=**Tricholepis**
Stigmarota Lour.=**Flacourtia**
Stigmarota africana Lour.=Flacourtia ramontchii
Stigmarota jangomas Lour.=Flacourtia jangomas
Stigmatodactylus Maxim. ex Makino **指柱兰属**(兰科)
Stigmatodactylus sikokianus Maxim. ex Makino 指柱兰
Stilago bunius L.=Antidesma bunius
Stilago diandra Roxb.=Antidesma acidum
Stilago lanceolaria Roxb.=Antidesma acidum
Stillingia baccata (Roxb.) Baill.=Sapium baccatum
Stillingia discolor Champ. ex Benth.=Sapium discolor
Stillingia japonica S. & Z.=Sapium japonicum
Stillingia sebifera Michx.=Sapium sebiferum
Stilpnolepis Krasch.**百花蒿属**(菊科)
Stilpnolepis centiflora (Maxim.) Krasch.百花蒿

Stimegas Raf.=**Paphiopedilum**
Stimpsonia Wright ex A.Gray **假婆婆纳属**(报春花科)
Stimpsonia chamaedryoides Wright ex A.Gray 假婆婆纳
Stimpsonia crispidens Hance=Lysimachia crispidens
Stipa L.**针茅属**(禾本科)
Stipa aliena Keng 异针茅
Stipa arabica subsp. *caspia* (C.Koch) Tzvel.=Stipa trugaica
Stipa avenoides Honda=Achnatherum sibiricum
Stipa baicalensis Roshev.狼针草
Stipa basiplumosa Munro ex HK.f.=Stipa subsessiliflora var. basiplumosa
Stipa breviflora Griseb.短花针茅
Stipa bromoides (L.) Dörfl.雀麦状针茅
Stipa bungeana Trin.长芒草
Stipa capillacea Keng 丝颖针茅
Stipa capillata L.针茅
Stipa caragana Trin. & Rupr.=Achnatherum caragana
Stipa caucasica Schmalh.镰芒针茅
Stipa charruana Arech.卡瑞针茅
Stipa chingii Hitchc.=Achnatherum chingii
Stipa concinna HK.f.=Ptilagrostis concinna
Stipa duthiei HK.f.=Achnatherum duthiei
Stipa extremiorientale Hara=Achnatherum extremiorientale
Stipa filiculmis Delile 丝秆针茅
Stipa gigantea Link 大针茅
Stipa glareosa P.Smorn.沙生针茅
Stipa gobica Roshev.=Stipa tianschanica var. gobica
Stipa grandifolium Keng=Orthoraphium grandifolium
Stipa grandis P.Smirn.大针茅
Stipa hyalina Nees 透明针茅
Stipa hymenoides Roem. & Schult.=Oryzopsis hymenoides
Stipa inebrians Hance=Achnatherum inebrians
Stipa jacquemontii Jaub. & Spach=Achnatherum jacquemontii
Stipa kirghisorum P.Smirn.长羽针茅
Stipa klemenzii Roshev.=Stipa tianschanica var. klemenzii
Stipa kokonorica Hao=Achnatherum splendens
Stipa krylovii Roshev.=Stipa sareptana var. krylovii
Stipa laxiflora Keng=Stipa penicillata
Stipa lessingiana Trin. & Rupr.细叶针茅
Stipa littorea Burm.f.=Spinifex littoreus
Stipa macroglossa P.Smirn.长舌针茅
Stipa megapotamia Spreng. ex Trin.河生针茅
Stipa melanosperma Presl.黑籽针茅
Stipa mongholica Turcz. ex Trin.=Ptilagrostis mongholica
Stipa mongolorum Tzvel.蒙古针茅
Stipa nakaii Honda=Achnatherum nakaii
Stipa neesiana Trin. & Rupr.尼氏针茅
Stipa orientalis Trin.东方针茅
Stipa pappiformis Keng=Trikeraia pappiformis
Stipa papposa Nees 毛针茅
Stipa pekinense Hance=Achnatherum pekinense
Stipa pelliotii Danguy=Ptilagrostis pelliotii
Stipa penicillata Hand-Mazz.疏花针茅
Stipa penicillata var. hirsuta P.C.Kuo & Y.H.Sun 毛疏花针茅
Stipa penicillata var. penicillata=Stipa penicillata
Stipa pennata L.欧洲针茅
Stipa pilgeriana Hao=Stipa purpurea
Stipa przewalskyi Roshev.甘青针茅
Stipa pubicalyx Ohwi=Achnatherum pubicalyx
Stipa pulcherrima C.Koch 美丽针茅
Stipa purpurascens Hitchc.=Stipa regeliana
Stipa purpurea Griseb.紫花针茅
Stipa purpurea var. arenosa Tzvel.大紫花针茅
Stipa purpurea var. purpurea=Stipa purpurea
Stipa regeliana Hack.狭穗针茅
Stipa roborowskyi Roshev.昆仑针茅
Stipa sareptana Becker 新疆针茅
Stipa sareptana var. krylovii (Rishev.) P.C.Kuo & Y.H.Sun 西北针茅
Stipa sareptana var. sareptana=Stipa sareptana
Stipa sibirica var. *effusa* Maxim.=Achnatherum extremiorientale
Stipa spinifex L.=Spinifex littoreus
Stipa splendens Trin=Achnatherum splendens
Stipa stenophylla (Lind.) Trautv.窄叶针茅
Stipa subsessiliflora (Rupr.) Roshev.座花针茅
Stipa subsessiliflora var. basiplumosa (Munro ex HK.f.) P.C.Kuo & Y.H. Sun 羽柱针茅
Stipa subsessiliflora var. subsessiliflora=Stipa subsessiliflora
Stipa tenuissima Trin.细茎针茅
Stipa tianschanica Roshev.天山针茅
Stipa tianschanica var. gobica (Rishev.) P.C.Kuo & Y.H.Sun 戈壁针茅
Stipa tianschanica var. klemenzii (Roshev.) Norl.石生针茅
Stipa tianschanica var. tianschanica=Stipa tianschanica
Stipa trichotoma Ness 分枝针茅
Stipa turgaica Roshev.图尔盖针茅
Stipa viridula Trin.绿针茅
Stipagrostis Ness=**Aristida**
Stipagrostis gradiglumis (Roshev.) Tzvel.=Aristida grandiglumis
Stipagrostis penna subsp. *pennata* Tzvel.=Aristida pennata
Stipellaria mollis Benth.=Alchornea mollis
Stipellaria tiliifolia Benth.=Alchornea tiliifolia
Stipellaria trewioides Benth.=Alchornea trewioides
Stixis Lour.**斑果藤属**(山柑科)
Stixis suaveolens (Roxb.) Pierre 斑果藤
Stizolobium P.Br.=**Mucuna**
Stizolobium capitatum (Sweet) O.Ktze.= Mucuna pruriens var. utilis
Stizolobium cochinchinensis (Lour.) Tang et Wang= Mucuna pruriens var. utilis
Stizolobium venulosum Piper=Mucuna bracteata
Stoechas citrina Güldenst.=Helichrysum arenarium
Strabonia DC.=**Pulicaria**
Strabonia gnaphaloides DC.=Pulicaria gnaphaloides
Stracheya Benth.**藏豆属**(豆科)
Stracheya tibetica Benth.藏豆
Stranvaesia Lindl.**红果树属**(蔷薇科)
Stranvaesia amphidoxa Schneid.毛萼红果树
Stranvaesia amphidoxa var. amphidoxa=Stranvaesia amphidoxa
Stranvaesia amphidoxa var. amphileia (Hand.-Mazz.) Yü 光萼红果树(新)
Stranvaesia argyi Lévl.=Photinia serrulata
Stranvaesia benthamiana (Hance) Merr.=Photinia benthamiana
Stranvaesia calleryana Dcne.=Photinia benthamiana
Stranvaesia davidiana Dcne.红果树
Stranvaesia davidiana var. davidiana=Stranvaesia davidiana
Stranvaesia davidiana var. salicifolia (Hutch.) Rehd.柳叶红果树(新)
Stranvaesia davidiana var. undulata (Dcne.) Rehd. & Wils.波叶红果树(新)
Stranvaesia glaucescens Lindl.=Stranvaesia nussia
Stranvaesia henryi Diels=Stranvaesia davidiana
Stranvaesia impressivena (Hay.) Masamune=Photinia impressivena
Stranvaesia niitakayamensis (Hay.) Hay.=Stranvaesia davidiana var. salicifolia
Stranvaesia nussia (Buch.-Ham.) Dcne.印缅红果树
Stranvaesia nussia var. *oblanceolata* Rehd. & Wils.=Stranvaesia oblanceolata
Stranvaesia oblanceolata (Rehd. & Wils.) Stapf 滇南红果树
Stranvaesia salicifolia Hutch.=Stranvaesia davidiana var. salicifolia
Stranvaesia undulata Dcne.=Stranvaesia davidiana var. undulata
Streblus Lour.**鹊肾树属**(桑科)
Streblus asper Lour.鹊肾树
Streblus ilicifolius (Vidal) Corner 刺桑
Streblus indicus (Bur.) Corner 假鹊肾树
Streblus macrophyllus Bl.双果桑
Streblus taxoides (Heyen) Kurz 叶被木
Streblus tonkinensis (Dub. & Eherh.) Corner 米扬噎
Streblus zeylanicus (Thw.) Kurz 尾叶刺桑
Strelitzia Aiton **鹤望兰属**(芭蕉科)
Strelitzia alba (L.f.) H.C.Skeels 扇芭蕉
Strelitzia augusta Thunb.=Strelitzia alba
Strelitzia nicolai Rgl. & Koern.大鹤望兰
Strelitzia reginae Aiton 鹤望兰
Streptanthera Sweet.**扭药花属**(鸢尾科)
Streptanthera cuprea Sweet 扭药花
Streptanthera cuprea var. nonpicta L.红扭药花
Streptocarpus ×hybridus Voss.杂种扭果苣苔

Streptocarpus Lindl.**扭果苣苔属**(苦苣苔科)
Streptocarpus chinensis Franch.=Rhabdothamnopsis sinensis
Streptocarpus clarkeanus (Hemsl.) Hill. & Burtt=Boea clarkeana
Streptocarpus roseus Michx.无柄叶扭果苣苔
Streptocaulon Wight & Arn.**马莲鞍属**(萝藦科)
Streptocaulon calophyllum Wight=Periploca calophylla
Streptocaulon chinensis G.Don=Cryptolepis sinensis
Streptocaulon cochinchinense (Lour.) G.Don=Calotropis gigantea
Streptocaulon divaricata G.Don=Strophanthus divaricatus
Streptocaulon extensum Wight=Myriopteron extensum
Streptocaulon extensum var. *paniculatum* Kurz=Myriopteron extensum
Streptocaulon griffithii HK.=Streptocaulon juventas
Streptocaulon horsfieldii Miq.=Myriopteron extensum
Streptocaulon juventas (Lour.) Merr.马莲鞍
Streptocaulon tomentosum Wight & Arn.=Streptocaulon juventas
Streptolirion Edgew.**竹叶子属**(鸭跖草科)
Streptolirion cordifolium (Griff.) Kuntze=Streptolirion volubile
Streptolirion duclouxii Lévl. & Vant.=Streptolirion volubile
Streptolirion elegans Cerf.=Spatholirion elegnas
Streptolirion lineare Fukuoka & N,Kurosaki=Streptolirion volubile
Streptolirion longifolium Gagn.=Spatholirion longifolium
Streptolirion mairei Lévl.=Streptolirion volubile
Streptolirion volubile Edgew.竹叶子
Streptolirion volubile subsp. khasianum (C.B.Clarke) Hong 红毛竹叶子
Streptolirion volubile subsp. *subalpinum* C.Y.Wu=Streptolirion volubile
Streptolirion volubile subsp. volubile=Streptolirion volubile
Streptolirion volubile var. *khasianum* C.B.Clarke=Streptolirion volubile subsp. khasianum
Streptopus Michx.**扭柄花属**(百合科)
Streptopus ajanensis var. *koreanus* Kom.=Streptopus koreanus
Streptopus amplexifolius C.H.Wright=Streptopus obtusatus
Streptopus chinensis (K.Gawl.) Smith=Disporum cantoniense
Streptopus geniculatus Wang & Tang=Streptopus obtusatus
Streptopus koreanus Ohwi 丝梗扭柄花
Streptopus mairei Lévl.=Streptopus parviflorus
Streptopus obtusatus Fassett 扭柄花
Streptopus ovalis (Ohwi) Wang & Y.C.Tang 卵叶扭柄花
Streptopus paniculatus Baker=Maianthemum tatsienense
Streptopus parviflorus Franch.小花扭柄花
Streptopus simplex D.Don 腋花扭柄花
Streptylis Raf.=**Murdannia**
Striga Lour.**独脚金属**(玄参科)
Striga angustifolia (D.Don) C.J.Sald.狭叶独脚金
Striga asiatica (L.) O.Ktze.独脚金
Striga asiatica var. asiatica=Striga asiatica
Striga asiatica var. *humilis* (Benth.) D.Y.Hong=Striga asiatica
Striga densiflora Benth 密花独脚金
Striga esquirolii Lévl.=Canscora diffusa
Striga euphrasioides Benth.大米草状独脚金
Striga hirsuta Benth.=Striga asiatica
Striga hirsuta var. *humilis* Benth.=Striga asiatica
Striga lutea Lour.=Striga asiatica
Striga masuria (Ham. ex Benth.) Benth.大独脚金
Striga orobanchoides Benth.列当状独脚金
Striga sulphurea Dalz. & Gibs.硫黄独脚金
Strigosella affricana var. *laxa* (Lam.) Botsch.=Malcolmia africana
Strigosella africana (L.) Botsch.=Malcolmia africana
Strigosella brevipes (Kar. & Kir.) Botsch.=Neotorularia brevipes
Strigosella hispida (Litw.) Botsch.=Malcolmia hispida
Strigosella scorpioides (Bge.) Botsch.=Malcolmia scorpioides
Strigosella stenopetala (Bernh. ex Fisch. & C.A.Mey.) Botsch.=Malcolmia africana
Strigosella trichocarpa (Boiss. & Buhse) Botsch.=Malcolmia africana var. trichocarpa
Strobilanthes Bl.**紫云菜属**(爵床科)
Strobilanthes acrocephalus T.Anders.= Tarphochlamys affinis
Strobilanthes aenobarbus W.W.Sm.= Pteracanthus aenobarbus
Strobilanthes affinis (Griff.) Y.C.Tang= Tarphochlamys affinis
Strobilanthes alatiramosa H.S.Lo & D.Fang= Pteracanthus alatiramosus
Strobilanthes anisandrus R.Ben.= Paragutzlaffia lyi
Strobilanthes apricus (Hance) T.Anders.= Gutzlaffia aprica
Strobilanthes apricus var. *glaber* Imlay= Gutzlaffia aprica var. glabra
Strobilanthes auriculatus Nees= Perilepta auriculata
Strobilanthes auriculatus var. *edgeworthianus* (Nees) C.B.Clarke= Perilepta edgeworthiana
Strobilanthes auriculatus var. *siamensis* C.B.Clarke= Perilepta siamensis
Strobilanthes austinii C.C.Blarke ex W.W.Sm.= Goldfussia austinii
Strobilanthes balansae Lindau= Baphicacanthus cusia
Strobilanthes blinii Levl.=Aechmanthera gossypina
Strobilanthes bodinieri Lévl.= Aechmanthera gossypina
Strobilanthes bonatianus Lévl.= Championella japonica
Strobilanthes botryantha D.Fang & H.S.Lo= Pteracanthus botryanthus
Strobilanthes capitatus T.Anders.= Goldfussia capitata
Strobilanthes cavaleriei Lévl.= Aechmanthera gossypina
Strobilanthes chaffanjoni Lévl.= Goldfussia pentstemonoides
Strobilanthes champiori T.Anders.= Baphicacanthus cusia
Strobilanthes claviculatus C.B.Clarke ex W.W.Sm.= Pteracanthus claviculatus
Strobilanthes cognata R.Ben.= Pteracanthus cognatus
Strobilanthes colorata (Nees) T.Anders.= Diflugossa colorata
Strobilanthes compacta D.Fang & H.S.Lo 密苞紫云菜
Strobilanthes congestus Terao= Pteracanthus congesta
Strobilanthes curviflorus C.B.Clarke= Pteracanthus cyphanthus
Strobilanthes cusia (Nees) O.Ktze.= Baphicacanthus cusia
Strobilanthes cyclus C.B.Clarke ex W.W.Sm.环毛紫云菜
Strobilanthes cyphanthus Diels= Pteracanthus cyphanthus
Strobilanthes dalziellii var. *inaequalis* R.Ben.= Pteroptychia dalziellii
Strobilanthes darrisii Lévl.= Tarphochlamys darrisii
Strobilanthes debilis Hemsl.= Championella tetrasperma
Strobilanthes densa R.Ben.密花紫云菜
Strobilanthes dielsiana W.W.Sm.= Gutzlaffia aprica
Strobilanthes dimorphotricha Hance= Goldfussia pentstemonoides
Strobilanthes divaricatus (Nees) T.Anders.(高等图鉴 1975)= Diflugossa divaricata
Strobilanthes dryadum R.Ben.= Pteracanthus dryadum
Strobilanthes duclouxii C.B.Clarke ex R.Ben.= Pteracanthus duclouxii
Strobilanthes dyeriana Mast.= Perilepta dyeriana
Strobilanthes edgerworthianus Nees= Perilepta edgeworthiana
Strobilanthes equitans Lévl.= Goldfussia equitans
Strobilanthes esquirolii Lévl.= Tetragoga esquirolii
Strobilanthes extensus Nees= Pteracanthus extensus
Strobilanthes fauriei R.Ben.= Championella fauriei
Strobilanthes feddei Lévl.= Goldfussia feddei
Strobilanthes ferruginea D.Fang & H.S.Lo= Perilepta ferruginea
Strobilanthes flaccidifolius Nees= Baphicacanthus cusia
Strobilanthes flexicaulis Hay.=Parachampionella flexicaulis
Strobilanthes flexus R.Ben.= Pteracanthus flexus
Strobilanthes formosana S.Moore= Goldfussia formosana
Strobilanthes forrestii Diels= Pteracanthus forrestii
Strobilanthes fulvihispida D.Fang & H.S.Lo= Championella fulvihispida
Strobilanthes gentiliana Lévl.=Sesamum indicum
Strobilanthes gigantodes Lindau= Tetraglochidium gigantodes
Strobilanthes glandibracteata D.Fang & H.S.Lo= Goldfussia glandibracteata
Strobilanthes glomerata (Wall.) T.Anders.= Goldfussia glomerata
Strobilanthes glutinosa Nees= Pseudaechmanhera glutinosa
Strobilanthes guangxiensis S.Z.Huang= Pteracanthus guangxiensis
Strobilanthes hancockii C.B.Clarke ex W.W.Sm.= Goldfussia austinii
Strobilanthes helicta T.Anders.= Pteracanthus calycinus
Strobilanthes henryi Hemsl.=Paragutzlaffia henryi
Strobilanthes heterochrous Hand.-Mazz.= Pyrrothrix heterochroa
Strobilanthes heteroclita D.Fang & H.S.Lo 异序紫云菜
Strobilanthes hossei C.B.Clarke= Pyrrothrix hossei
Strobilanthes hupehensis W.W.Sm.= Goldfussia pentstemonoides
Strobilanthes hygrophiloides C.B.Clarke ex W.W.Sm.= Pteracanthus hygrophiloides
Strobilanthes hygrophiloides var. *brachytrichus* Hand.-Mazz.= Pteracanthus hygrophiloides
Strobilanthes inflatus T.Anders.= Pteracanthus inflatus
Strobilanthes japonica (Thunb.) Miq.= Championella japonica
Strobilanthes jugorum R.Ben.= Tetraglochidium jugorum
Strobilanthes labordei Lévl.= Championella labordei
Strobilanthes lactucifolia Lévl.莴苣叶紫云菜
Strobilanthes lamium C.B.Clarke ex W.W.Sm.= Pteracanthus lamius
Strobilanthes larium Hand.-Mazz.闭花紫云菜
Strobilanthes latisepalus Hemsl.= Pteracanthus alatus
Strobilanthes laxiocalyx Hay.= Goldfussia pentstemonoides
Strobilanthes leucocephalus Craib= Goldfussia leucocephala

Strobilanthes leucotricha R.Ben.= Pteracanthus leucotrichus
Strobilanthes limprichtii Diels 雅安紫云菜
Strobilanthes lofouensis Lévl. = Echinacanthus lofouensis
Strobilanthes lofouensis Levl.=Echinacanthus lofuensis
Strobilanthes longespicatus Hay.= Semnostachya longispicata
Strobilanthes longgangensis D.Fang & H.S.Lo= Perilepta longgangensis
Strobilanthes longiflora R.Ben.= Championella longiflora
Strobilanthes longzhouensis H.S.Lo & D.Fang= Perilepta longzhouensis
Strobilanthes maclurei Merr.= Championella maclurei
Strobilanthes mahongensis Lévl.= Goldfussia austinii
Strobilanthes mairei Lévl.= Gutzlaffia aprica
Strobilanthes marchandii Lévl.= Goldfussia pentstemonoides
Strobilanthes martinii Lévl.镇宁紫云菜
Strobilanthes mekongensis W.W.Sm.= Pteracanthus mekongensis
Strobilanthes monadelpha Nees= Sympagis monadelpha
Strobilanthes moucronato-producta Lindau 尾苞紫云菜
Strobilanthes myriostachya D.Fang & H.S.Lo= Pteracanthus botryanthus
Strobilanthes myura R.Ben.鼠尾紫云菜
Strobilanthes nemorosus R.Ben.= Pteracanthus nemorosus
Strobilanthes ningmingensis D.Fang & H.S.Lo= Goldfussia ningmingensis
Strobilanthes oliganthus Miq.= Championella oligantha
Strobilanthes oresbius W.W.Sm.= Pteracanthus oresbius
Strobilanthes ovatibracteata H.S.Lo & D.Fang= Goldfussia ovatibracteata
Strobilanthes panduratus Hand.-Mazz.= Pteracanthus panduratus
Strobilanthes panpienkaiensis Lévl.= Pteracanthus forrestii
Strobilanthes pentstemonoides (Nees) T.Anders.= Goldfussia pentstemonoides
Strobilanthes peteloti R.Ben.沙真紫云菜
Strobilanthes petiolaris C.B.Clarke= Sympagis petiolaris
Strobilanthes pinetorum W.W.Sm.= Diflugossa pinetorum
Strobilanthes pinnatifidus C.Z.Zheng= Pteracanthus pinnatifidus
Strobilanthes polyneuros C.B.Clarke ex W.W.Sm.多脉紫云菜
Strobilanthes prionophyllus Hay.= Parachampionella flexicaulis
Strobilanthes psilostachys C.B.Clarke ex W.W.Sm.= Goldfussia psilostachys
Strobilanthes pteroclada R.Ben.= Hymenochlaena pteroclada
Strobilanthes radicans T.Anders ex Benth.= Championella tetrasperma
Strobilanthes rankanensis Hay.= Parachampionella rankanensis
Strobilanthes refracta D.Fang,Y.G.Wei & J.Murata= Perilepta refracta
Strobilanthes retusa D.Fang= Perilepta retusa
Strobilanthes ridleyi sensu Yamamoto= Semnostachya longispicata
Strobilanthes rotundifolius R.Ben.= Pteracanthus rotundifolius
Strobilanthes rufohirtus C.B.Clarke ex W.W.Sm.= Pyrrothrix rufohirta
Strobilanthes sarcorrhizus (C.Ling) C.Zz.Zheng= Championella sarcorrhiza
Strobilanthes scoriarum W.W.Sm.= Diflugossa scoriarum
Strobilanthes seguini Lévl.= Goldfussia seguini
Strobilanthes ser. *Pteracanthi* Nees= **Pteracanthus**
Strobilanthes shweliensis W.W.Sm.= Diflugossa scoriarum
Strobilanthes siamensis C.B.Clarke= Perilepta siamensis
Strobilanthes stolonifera R.Ben.匍枝紫云菜
Strobilanthes stramineus W.W.Sm.= Goldfussia straminea
Strobilanthes subgen. *Pteracanthus* Nees= **Pteracanthus**
Strobilanthes subgen. *Sympagis* Nees= **Sympagis**
Strobilanthes tashiroi Hay.= Parachampionella tashiroi
Strobilanthes tetraspermus (Champ. ex Benth.) Druce= Championella tetrasperma
Strobilanthes thirionni Lévl.= Tarphochlamys affinis
Strobilanthes tibetica J.R.I.Wood= Pteracanthus tibeticus
Strobilanthes torrentium R.Ben.急流紫云菜
Strobilanthes triflora Y.C.Tang= Pteracanthus alatus
Strobilanthes truncata D.Fang & H.S.Lo 截头紫云菜
Strobilanthes urophylla Nees= Pteracanthus urophyllus
Strobilanthes urticifolia O.Ktze.= Pteracanthus urticifolius
Strobilanthes versicolor Diels= Pteracanthus versicolor
Strobilanthes wallichii Nees= Pteracanthus alatus
Strobilanthes wallichii var. *microphylla* Nees= Pteracanthus alatus
Strobilanthes xanthantha Diels= Championella xanthantha
Strobilanthes yangzekiangensis Lévl.= Cystacanthus yangzekiangensis
Strobilanthes yunnanensis Diels= Pteracanthus yunnanensis
Strobilanthus lofouensis Lévl. = Echinacanthus lofouensis
Strobus koraiensis Moldenke=Pinus koraiensis
Stroganowia Kar. & Kir.**革叶荠属**(十字花科)
Stroganowia brachyota Kar. & Kir.革叶荠
Stroganowia desertorum (Schrenk) Botsch.=Stroganowia brachyota
Strophanthus DC.**羊角拗属**(夹竹桃科)
Strophanthus caudatus (Burm.f.) Kurz 卵萼羊角拗
Strophanthus chinensis G.Don=Strophanthus divaricatus
Strophanthus dichotomus DC.=Strophanthus caudatus
Strophanthus dichotomus var. *chinensis* K.Gawl.=Strophanthus divaricatus
Strophanthus dichotomus β. *chinensis* Ker=Strophanthus divaricatus
Strophanthus divaricatus (Lour.) HK. & Arn.羊角拗
Strophanthus divergens Grah.=Strophanthus divaricatus
Strophanthus gratus (HK.) Franch.=Strophanthus gratus
Strophanthus gratus (Wall. & HK. ex Benth.) Baill.旋花羊角拗
Strophanthus hispidus DC.箭毒羊角拗
Strophanthus sarmentosus DC.西非羊角拗
Strophanthus wallichii A.DC.云南羊角拗
Strophioblanchia Boerl.**宿萼木属**(大戟科)
Strophioblanchia fimbricalyx Boerl.宿萼木
Strophioblanchia fimbricalyx var. efimbriata Airy-Shaw 广西宿萼木
Strophioblanchia fimbricalyx var. fimbricalyx=Strophioblanchia fimbricalyx
Strophioblanchia glandulosa Pax 越南宿萼木
Strophioblanchia glandulosa var. cordifolia Airy-Shaw 心叶宿萼木
Strophioblanchia glandulosa var. glandulosa=Strophioblanchia glandulosa
Strophioblanchia glandulosa var. *tonkinensis* Gagn.=Strophioblanchia fimbricalyx
Strophiostoma sparsiflorum Turcz.=Myosotis sparsiflora
Struthiopteris Willd.=**Matteuccia**
Struthiopteris Scopoli **荚囊蕨属**(乌毛蕨科)
Struthiopteris cinnamomea Bernh.=Osmunda cinnamomea
Struthiopteris claytomiana Bernh.=Osmunda claytoniana
Struthiopteris eburnea (Christ) Ching 荚囊蕨
Struthiopteris filicastrum All.=Matteuccia struthiopteris
Struthiopteris germanica Willd.=Matteuccia struthiopteris
Struthiopteris hancockii (Hance) Tagawa 宽叶荚囊蕨
Struthiopteris nipponica Nakai=Struthiopteris hancockii
Struthiopteris orientalis HK.=Matteuccia orientalis
Struthiopteris orientalis var. *incisa* Christ=Matteuccia orientalis
Strychnos L.**马钱属**(马钱科)
Strychnos angustiflora Benth.牛眼马钱
Strychnos axillaris Colebr.腋花马钱
Strychnos balansae Hill.=Strychnos ignatii
Strychnos bourdillonii Branchdis=Strychnos wallichiana
Strychnos cathayensis Merr.华马钱
Strychnos cathayensis var. cathayensis=Strychnos cathayensis
Strychnos cathayensis var. spinata P.T.Li 刺马钱
Strychnos cheliensis Hu=Strychnos nitida
Strychnos cinnamomifolia Thw.=Strychnos wallichiana
Strychnos cinnamomifolia var. *wightii* Hill.=Strychnos wallichiana
Strychnos cirrhosa Stokes=Strychnos wallichiana
Strychnos colubrina L.=Strychnos wallichiana
Strychnos confertiflora Merr. & Chun=Strychnos ovata
Strychnos esquirolii Lévl.=Ziziphus pubinervis
Strychnos gauthierana Pierre ex Dop=Strychnos wallichiana
Strychnos hainanensis Merr. & Chun=Strychnos ignatii
Strychnos henryi Merr. & Yamamoto ex Yamamoto=Strychnos cathayensis
Strychnos ignatii Berg.吕宋果
Strychnos kerrii Hill.=Strychnos nitida
Strychnos lucida R.Br.腺叶马钱
Strychnos malaccensis Benth.(C.B.Clarke in Fl.Brit.Ind.1883)=Strychnos wallichiana
Strychnos nitida G.Don 毛柱马钱
Strychnos nuxblanda Hill.山马钱
Strychnos nuxblanda var. *hirsuta* Hill.==Strychnos nuxblanda
Strychnos nuxvomica L.马钱子
Strychnos nuxvomica var. *grandifolia* Dop=Strychnos nuxblanda
Strychnos nuxvomica var. *oligosperma* Dop=Strychnos nuxvomica
Strychnos ovalifolia Wall.=Strychnos ignatii
Strychnos ovata Hill.密花马钱
Strychnos paniculata Champ. ex Benth.=Strychnos umbellata
Strychnos pierriana Hill=Strychnos wallichiana
Strychnos rheedei C.B.Clarke=Strychnos wallichiana

Strychnos spireana Dop=Strychnos nuxvomica
Strychnos tubiflora Hill=Strychnos wallichiana
Strychnos umbellata (Lour.) Merr.伞花马钱
Strychnos usitata var. *cirrosa* Dop=Strychnos angustiflora
Strychnos wallichiana Steud. ex DC.长籽马钱
Strychnos wallichiana var. *intermiedia* Hill.=Strychnos nitida
Strychnos wallichiana var. *ovata* Hill.=Strychnos nitida
Strychnos yunnanensis S.Y.Pao=Strychnos nitida
Sturmia longipes (Lindl.) Rchb.f.=Liparis viridiflora
Sturmia nervosa (Thunb. ex A.Murray) Rchb.f.=Liparis nervosa
Stylidiaceae 花柱草科
Stylidium Lour.=**Alangium**
Stylidium Swartz ex Willd.**花柱草属**(花柱草科)
Stylidium chinense Lour.=Alangium chinense
Stylidium graminifolium Swartz. ex Willd.禾叶花柱草
Stylidium reduplicatum R.Br.镰合花柱草
Stylidium sinicum Hance=Stylidium uliginosum
Stylidium tenellum Swartz 狭叶花柱草
Stylidium uliginosum Swartz 花柱草
Stylis Poir.=**Alangium**
Stylis chinensis (Lour.) Poir.=Alangium chinense
Stylocoryna attenuata Voigt=Tarenna attenuata
Stylocoryna mollissima Walp.=Tarenna mollissima
Stylodiscus Benn.=**Bischofia**
Stylodiscus trifoliatus Benn.=Bischofia javanica
Stylophorum Nutt **金罂粟属**(罂粟科)
Stylophorum japonicum var. *dissectum* Franch. & Savat.=Hylomecon japonica var. dissecta
Stylophorum lactucoides (HK.f. & Thoms.) Prain=Dicranostigma lactucoides
Stylophorum lasiocarpum (Oliv.) Fedde 金罂粟
Stylophorum nepalense (DC.) Spring=Meconopsis paniculata
Stylophorum sutchuense (Franch.) Fedde 四川金罂粟
Stylosanthes Sw.**笔花豆属**(豆科)
Stylosanthes gracilis HBK 笔花豆
Stylosanthes guianensis (Aubl.) Sw.圭亚那笔花豆
Styphnolobium Schott=**Sophora**
Styphnolobium japonicum Schott=Sophora japonica
Styracaceae 安息香科
Styrax L.**安息香属**(安息香科)
Styrax agrestis (Lour.) G.Don 喙果安息香
Styrax americanum Lam.美洲安息香
Styrax americanum var. pulverulentum (Michx.) Perkens 绒毛美洲安息香
Styrax argentifolius Li 银叶安息香
Styrax argyi Lévl.=Styrax dasyanthus
Styrax bashanensis S.Z.Qu & K.Y.Wang 巴山安息香
Styrax benzion Dryander 安息香
Styrax benzoinoides Craib 滇南安息香
Styrax biaristatus W.W.Sm.=Huodendron biaristatum
Styrax bodinieri Lévl.=Styrax japonicus
Styrax bracteolata Guill.=Styrax roseus
Styrax californica Torr.加州安息香
Styrax caloneurus Perk.=Styrax suberifolius
Styrax calvescens Perk.灰叶安息香
Styrax cavaleriei Lévl.(1907)=Styrax grandiflorus
Styrax cavaleriei Lévl.(1911)=Pterostyrax psilophyllus
Styrax chinensis Hu & S.Y.Liang 中华安息香
Styrax chrysocarpus Li 黄果安息香
Styrax confusus Hemsl.赛山梅
Styrax confusus var. *confusus*=Styrax confusus
Styrax confusus var. microphyllus Perk.小叶赛山梅
Styrax confusus var. superbus (Chun) S.M.Hwang 华丽赛山梅
Styrax crotonoides Clarke 巴豆叶安息香
Styrax dasyanthus Perk.垂珠花
Styrax dasyanthus var. *cinerascens* Rehd.=Styrax calvescens
Styrax duclouxii Perk.=Styrax grandiflorus
Styrax esquirolii Lévl.=Deutzia esquirolii
Styrax faberi Perk.白花龙
Styrax faberi var. *acutiserratus* Perk.=Styrax faberi
Styrax faberi var. amplexifolia Chun & How ex S.M.Hwang 抱茎叶白花龙
Styrax faberi var. faberi=Styrax faberi
Styrax faberi var. formosanus (Matsumura) S.M.Hwang 苗栗白花龙
Styrax faberi var. *matsumuraei* (Perk.) S.M.Hwang=Styrax faberi var. formosanus
Styrax formosanus Matsum.台湾安息香
Styrax formosanus var. formosanus=Styrax formosanus
Styrax formosanus var. *hayataianus* (Perk.) Li=Styrax suberifolius var. hayataianus
Styrax formosanus var. hirtus S.M.Hwang 长柔毛安息香
Styrax formosanus var. *matsumuraei* (Perk.) Y.C.Liu=Styrax faberi var. formosanus
Styrax fukienensis W.W.Sm. & Jeff.=Styrax confusus
Styrax funkikensis Mori=Styrax formosanus
Styrax grandiflorus Griff.大花安息香
Styrax hainanensis How 厚叶安息香
Styrax hayataianus Perk.=Styrax suberifolius var. hayataianus
Styrax hemselyanus var. *griseus* Rehd.=Styrax hemsleyanus
Styrax hemsleyanus Diels 老鸹铃
Styrax henryi var. *microcalyx* Perk.=Styrax formosanus
Styrax hookeri var. *yunnanensis* Perk.=Styrax grandiflorus
Styrax huanus Rehd.墨泡
Styrax hypoglaucus Perk.=Styrax tonkinensis
Styrax iopilina Diels=Styrax faberi
Styrax japonicus S. & Z.(Van Steen in Fl.Malesiana 1949)=Styrax grandiflorus
Styrax japonicus S. & Z.野茉莉
Styrax japonicus var. calycothrix Gilg 毛萼野茉莉
Styrax japonicus var. japonicus=Styrax japonicus
Styrax japonicus var. *kotoensis* (Hay.) Masam. & Suzuki=Styrax grandiflorus
Styrax juncuda Diels=Styrax confusus
Styrax kotoensis Hay.=Styrax grandiflorus
Styrax lacei W.W.Sm.=Parastyrax lacei
Styrax langkongensis W.W.Sm.=Styrax limprichtii
Styrax leveillei Fedde ex Lévl.=Pterostyrax psilophyllus
Styrax limprichtii Lingelsh. & Borza 楚雄安息香
Styrax macranthus Perk.绿春安息香
Styrax macrocarpus Cheng 大果安息香
Styrax macrothyrsus Perk.=Styrax tonkinensis
Styrax matsumuraei Perk.=Styrax faberi var. formosanus
Styrax mollis Dunn=Styrax confusus
Styrax obassia S. & Z.玉铃花
Styrax odoratissimus Champ.(Forb. & Hemsl.in J.L.Soc.Bot.1889)=Styrax confusus
Styrax odoratissimus Champ.芬芳安息香
Styrax officinalis L.药用安息香
Styrax oligophlebius Merr. ex Li=Styrax suberifolius
Styrax pachyphylla Merr. & Chun=Styrax hainanensis
Styrax parviflorum Merr.=Huodendron biaristatum var. parviflorum
Styrax perkinsiae Rehd.瓦山安息香
Styrax philadelphoides Perik.=Styrax confusus
Styrax philadelphoides var. *superbus* Chun=Styrax confusus var. superbus
Styrax philippinensis Merr. & Quis.=Styrax grandiflorus
Styrax platanifolia Engelm.梧桐叶安息香
Styrax platanifolia var. stellata (Engelm.) Cory 毛梧桐叶安息香
Styrax polyspermus C.B.Clarke=Bruinsmia polysperma
Styrax prunifolius Perk.=Styrax odoratissimus
Styrax roseus Dunn 粉花安息香
Styrax rostratum Hosokawa=Styrax agrestis
Styrax rubifolius Guill.=Styrax dasyanthus
Styrax rugosus Kurz 皱叶安息香
Styrax rugosus var. *formosanus* Matsum.=Styrax faberi var. formosanus
Styrax serrulatus Roxb.(Forb. & Hemsl.in J.L.Soc.Bot.1889,p.p.)=Styrax confusus
Styrax serrulatus Roxb.(Forb. & Hemsl.in J.L.Soc.Bot.1889,p.p.)=Styrax calvescens
Styrax serrulatus Roxb.(Forb. & Hemsl.in J.L.Soc.Bot.1889,p.p.)=Styrax faberi
Styrax serrulatus Roxb.(HK.f.in Curtis's Bot.Mag.1872)=Styrax japonicus
Styrax serrulatus Roxb.(海南志 1974)=Styrax grandiflorus
Styrax serrulatus Roxb.齿叶安息香

Styrax serrulatus var. *vestitum* Hemsl.=Styrax confusus
Styrax shiraiana Mak.白井安息香
Styrax shweliensis W.W.Sm.=Styrax perkinsiae
Styrax subcrenatus Hand.-Mazz.=Styrax agrestis
Styrax suberifolius HK. & Arn.栓叶安息香
Styrax suberifolius var. *caloneurus* Perk.=Styrax suberifolius
Styrax suberifolius var. *fargesii* Perk.=Styrax suberifolius
Styrax suberifolius var. hayataianus (Perk.) Mori 台北安息香
Styrax suberifolius var. suberifolius=Styrax suberifolius
Styrax subniveus Merr. & Chun=Styrax tonkinensis
Styrax supaii Chun & F.Chun 裂叶安息香
Styrax suzukii Mori=Styrax formosanus
Styrax sweliensis Smith 瑞丽安息香
Styrax texana Cory 得州安息香
Styrax tibeticus Anthony=Huodendron tibeticum
Styrax tonkinensis (Pierre) Craib ex Hartw.越南安息香
Styrax touchanensis Lévl.=Styrax grandiflorus
Styrax veitchiorum Hemsl. & Wils.=Styrax odoratissimus
Styrax wilsonii Rehd.小叶安息香
Styrax wuyuanensis S.M.Hwang 婺源安息香
Styrax youngae Cory 杨氏安息香
Styrax zhejiangensis S.M.Hwang & L.L.Yu 浙江安息香
Styrophyton S.Y.Hu **长穗花属**(野牡丹科)
Styrophyton caudatum (Diels) S.Y.Hu 长穗花
Suaeda Forsk **碱蓬属**.(藜科)
Suaeda acuminata (C.A.Mey.) Moq.刺毛碱蓬
Suaeda altissima (L.) Pall.高碱蓬
Suaeda ampullacea Bge.=Borszczowia aralocaspica
Suaeda arcuata Bge.五蕊碱蓬
Suaeda asparagoides Makino=Suaeda glauca
Suaeda australis (R.Br.) Moq.南方碱蓬
Suaeda corniculata (C.A.Mey.) Bge.角果碱蓬
Suaeda corniculata var. corniculata=Suaeda corniculata
Suaeda corniculata var. *microcarpa* Fu & Wang-wei=Suaeda corniculata
Suaeda corniculata var. olufsenii (Pauls.) G.L.Chu 西藏角果碱蓬
Suaeda crassifolia Pall.镰叶碱蓬
Suaeda dendroides (C.A.Mey.) Moq.木碱蓬
Suaeda drepanophylla Litv.=Suaeda crassifolia
Suaeda glauca (Bge.) Bge.碱蓬
Suaeda heterophylla (Kar. & Kir.) Bge.盘果碱蓬
Suaeda heterophylla Bge.(Грубов.Консл.Фл.МНР 1955)=Suaeda prostrata
Suaeda heteroptera Kitag.=Suaeda salssa
Suaeda kossinskyi Iljin (Grubov in Pl.Asiae Centr.1966,p.p.)=Suaeda heterophylla
Suaeda kosssinskyi Iljin 肥叶碱蓬
Suaeda lavissima Kigag.?光碱蓬
Suaeda liaotungensis Kitag.?辽东碱蓬
Suaeda linifolia Pall.亚麻叶碱蓬
Suaeda lipskyi Litv.=Suaeda arcuata
Suaeda maritima Dum.(Bge.in Act.Hort.Petrop.1880)=Suaeda prostrata
Suaeda maritima var. *vulgaris* Moq.=Suaeda prostrata
Suaeda microphylla (C.A.Mey.) Pall.小叶碱蓬
Suaeda olufsenii Pauls (Grubov in Pl.Asiae Centr.1966,p.p.)=Suaeda stellatiflora
Suaeda olufsenii Pauls.=Suaeda corniculata var. olufsenii
Suaeda paradoxa Bge.奇异碱蓬
Suaeda physophora Pall.囊果碱蓬
Suaeda prostrata Pall.平卧碱蓬
Suaeda przewalskii Bge.阿拉善碱蓬
Suaeda pterantha (Kar. & Kir.) Bge.纵翅碱蓬
Suaeda pygmaea (Kar. & Kir.) Iljin=Suaeda pterantha
Suaeda rigida Kung & G.L.Chu 硬枝碱蓬
Suaeda roborowskii Iljin=Suaeda pterantha
Suaeda salssa (L.) Pall.盐地碱蓬
Suaeda sieversiana Pall.=Kochia scoparia var. sieversiana
Suaeda stellatiflora G.L.Chu 星花碱蓬
Suaeda turkestanica Litv.(Grubov in Pl.Asiae Centr.1966)=Suaeda rigida
Suaeda ussuriensis Iljin=Suaeda salssa
Suardia Schrank=**Melinis**
Suardia picta Schrank=Melinis minutiflora
Sugerokia Miq.=**Heloniopsis**
Sugerokia acutifolia (Hay.) Koidz.=Heloniopsis umbellata
Sugerokia arisanensis (Hay. ex Honda) Koidz.=Heloniopsis umbellata
Sugerokia umbellata (Baker) Koidz.=Heloniopsis umbellata
Sumbavia macrophylla Muell.Arg.=Sumbaviopsis albicans
Sumbaviopsis J.J.Smith **缅桐属**(大戟科)
Sumbaviopsis albicans (Bl.) J.J.Smith 缅桐
Sumbulus moschatus Reinsch=Ferula sumbul
Sunania Rafin.=**Antenoron**
Sunania filiformis (Thunb.) Rafin.=Antenoron filiforme
Sunipia Lindl.**大苞兰属**(兰科)
Sunipia andersonii (King & Pantl.) P.F.Hunt 黄花大苞兰
Sunipia bicolor Lindl.二色大苞兰
Sunipia candida (Lindl.) P.F.Hunt 白花大苞兰
Sunipia hainanensis Z.H.Tsi 海南大苞兰
Sunipia intermedia (King & Pantl.) P.F.Hunt 少花大苞兰
Sunipia racemosa (J.E.Sm.) T.Tang & F.T.Wang=Sunipia scariosa
Sunipia rimannii (Rchb.f.) Seidnenf.圆瓣大苞兰
Sunipia salweenensis (Phillim. & (W.W.Sm.) P.F.Hunt=Sunipia rimannii
Sunipia sasakii (Hay.) P.F.Hunt=Sunipia andersonii
Sunipia scariosa Lindl.大苞兰
Sunipia soidaoensis (Seidenf.) P.F.Hunt 苏瓣大苞兰
Sunipia thailandica Seidnenf.光花大苞兰
Sunwei-tin-cheng=Citrus sinensis cv. Xinhui Cheng
Suregada Roxb. ex Rottl.**白树属**(大戟科)
Suregada aequorea (Hance) Seem.台湾白树
Suregada glomerulata (Bl.) Baill.白树
Suriana L.(苦木科)
Suriana maritima L.海人树
Suzukia Kudô **台钱草属**(唇形科)
Suzukia luchuensis Kudô 齿唇台钱草
Suzukia shikikunensis Kudô 台钱草
Svida sanguinea (L.) Opiz.=Swida sanguinea
Swainsona salsula (Pall.) Taub.=Sphaerophysa salsula
Swatow orange=Citrus reticulata cv. Ponkan
Swertia L.**獐牙菜属**(龙胆科)
Swertia affinis C.B.Clarke=Swertia angustifolia var. pulchella
Swertia alata Hay.=Swertia arisanensis
Swertia alba T.N.Ho & S.W.Liu 白花獐牙菜
Swertia albo-violacea Lévl.=Swertia cincta
Swertia angustifolia Buch.-Ham. ex D.Don 狭叶獐牙菜
Swertia angustifolia var. angustifolia=Swertia angustifolia
Swertia angustifolia var. *hamiltoniana* Burk.=Swertia angustifolia
Swertia angustifolia var. pulchella (D.Don) Burk.美丽獐牙菜
Swertia anomala Nakai=Swertia tetrapetala
Swertia arisanensis Hay.阿里山獐牙菜
Swertia asarifolia Franch.细辛叶獐牙菜
Swertia asterocalyx T.N.Ho & S.W.Liu=Swertia cuneata
Swertia atroviolacea H.Sm.=Swertia asarifolia
Swertia bella Hemsl.=Lomatogonium bellum
Swertia biauriculata Lévl.=Swertia bimaculata
Swertia bifolia Batal.二叶獐牙菜
Swertia bifolia var. bifolia=Swertia bifolia
Swertia bifolia var. wardii (Marq.) T.N.Ho & S.W.Liu 少花二叶獐牙菜
Swertia bimaculata (S. & Z.) HK.f. & Thoms. ex C.B.Clarke 獐牙菜
Swertia bimaculata var. *macrocarpa* Nakai=Swertia bimaculata
Swertia binchuanensis T.N.Ho & S.W.Liu 宾川獐牙菜
Swertia bonatiana Burk.=Lomatogonium forrestii var. bonatianum
Swertia brachyanthera (C.B.Clarke) Knobl.=Lomatogonium brachyantherum
Swertia burkilliana W.W.Sm.=Veratrilla burkilliana
Swertia caerulea Royle=Lomatogonium caeruleum
Swertia calycina Franch.叶萼獐牙菜
Swertia calycina var. *major* Diels=Swertia calycina
Swertia carinthiaca Wulf.=Lomatogonium carinthiacum
Swertia carinthiaca var. *afghanica* Burk.=Lomatogonium brachyantherum
Swertia cavbaleriei Lévl.=Swertia nervosa
Swertia chinensis (Bge.) Franch.(Kom.in Fl.Mansh.1905,p.p.)=Swertia pseudochinensis
Swertia chinensis Franch. ex Hemsl.=Swertia diluta
Swertia chinensis Franch.=Lomatogonium forrestii var. bonatianum

Swertia chinensis f. *grandiflora* Franch.=Swertia pseudochinensis
Swertia chinensis f. *stenopetala* Franch.=Swertia diluta
Swertia chinensis f. *violacea* Makino=Swertia pseudochinensis
Swertia chinensis var. *tosaensis* Makino=Swertia diluta var. tosaensis
Swertia chumbica Burk.=Lomatogonium chumbicum
Swertia ciliata (D.Don ex G.Don) B.L.Burtt 普兰獐牙菜
Swertia cincta Burk.西南獐牙菜
Swertia clarkei Knobl.=Lomatogonium brachyantherum
Swertia conaensis T.N.Ho & S.W.Liu 错那獐牙菜
Swertia connata Schrenk 短筒獐牙菜
Swertia cordata (G.Don) Wall. ex C.B.Clarke 心叶獐牙菜
Swertia cordata Wall.=Swertia cordata
Swertia corniculata L.=Halenia corniculata
Swertia cuneata Wall. ex D.Don 楔叶獐牙菜
Swertia davidii Franch.川东獐牙菜
Swertia decora Franch.观赏獐牙菜
Swertia delavayi Franch.丽江獐牙菜
Swertia deltoides Burk.=Lomatogonium macranthum
Swertia dichotoma L.歧伞獐牙菜
Swertia dichotoma var. dichotoma=Swertia dichotoma
Swertia dichotoma var. punctata T.N.Ho & J.X.Yang 紫斑歧伞獐牙菜
Swertia dilatata C.B.Clarke=Swertia paniculata
Swertia diluta (Turcz.) Benth. & HK.f.北方獐牙菜
Swertia diluta var. diluta=Swertia diluta
Swertia diluta var. tosaensis (Makino) Hara 日本獐牙菜
Swertia dimorpha Batal=Swertia tetraptera
Swertia divaricata H.Sm.叉序獐牙菜
Swertia duclouxii Burk.=Swertia punicea
Swertia elata H.Sm.高獐牙菜
Swertia elongata T.N.Ho & S.W.Liu=Swertia kouitchensis
Swertia emeiensis Ma ex T.N.Ho & S.W.Liu 峨眉獐牙菜
Swertia endotrichoa h.smiht 直毛獐牙菜
Swertia erythrosticta Maxim.红直獐牙菜
Swertia erythrosticta var. epunctata T.N.Ho ex S.W.Liu 素色獐牙菜
Swertia erythrosticta var. erythrosticta=Swertia erythrosticta
Swertia esquirolii Lévl.=Swertia angustifolia var. pulchella
Swertia fasciculata T.N.Ho & S.W.Liu 簇花獐牙菜
Swertia forrestii H.Sm.紫萼獐牙菜
Swertia franchetiana H.Sm.抱茎獐牙菜
Swertia gamosepala Burk.=Lomatogonium gamosepalum
Swertia gentianoides Franch.=Gentianella gentianoides
Swertia graciliflora Gontsch.细花獐牙菜
Swertia gracilis Franch.=Swertia tenuis
Swertia gyacaensis T.N.Ho & S.W.Liu 加查獐牙菜
Swertia handeliana H.Sm.矮獐牙菜
Swertia heterantha Ling=Swertia bifolia
Swertia hickinii Burk.浙江獐牙菜
Swertia hispidicalyx Burk.毛萼獐牙菜
Swertia hispidicalyx f. *subglabra* Marq.=Swertia hispidicalyx var. minima
Swertia hispidicalyx var. hispidicalyx=Swertia hispidicalyx
Swertia hispidicalyx var. *major* Burk.=Swertia hispidicalyx var. minima
Swertia hispidicalyx var. minima Burk.小毛萼獐牙菜
Swertia hookeri C.B.Clarke 粗壮獐牙菜
Swertia hypericoides Diels=Swertia fasciculata
Swertia japonica Makino 日本当药
Swertia jiachanensis T.N.Ho & S.W.Liu 加查獐牙菜
Swertia kingii HK.f.黄花獐牙菜
Swertia kouitchensis Franch.贵州獐牙菜
Swertia kuroiwai var. *shintenensis* (Hay.) Satake=Swertia shintenensis
Swertia leducii Franch.青叶胆
Swertia lloydioides Burk.=Lomatogonium lloydioides
Swertia longipes Franch.=Swertia davidii
Swertia luquanensis S.W.Liu 禄劝獐牙菜
Swertia macrosperma (C.B.Clarke) C.B.Clarke 大籽獐牙菜
Swertia mairei Lévl.=Swertia bimaculata
Swertia manshurica (Kom.) Kitag.=Swertia perennis
Swertia marginata Schrenk (Franch.in Bull.Soc.Bot.France 1899,p.p.)= Swertia przewalskii
Swertia marginata Schrenk (Franch.in Bull.Soc.Bot.France 1899,p.p.)= Swertia souliei
Swertia marginata Schrenk.(青藏图志 1972)=Swertia wolfangiana
Swertia marginata Schrenk 膜边獐牙菜
Swertia matsudae Hay. ex Satake 细叶獐牙菜
Swertia mekongensis Balf.f. & Forr.=Veratrilla baillonii
Swertia membranifolia Franch.膜叶獐牙菜
Swertia mileensis T.N.Ho & S.W.Liu=Swertia leducii
Swertia multicaulis D.Don 多茎獐牙菜
Swertia multicaulis var. multicaulis=Swertia multicaulis
Swertia multicaulis var. umbellifera T.N.Ho & S.W.Liu 伞花獐牙菜
Swertia mussotii Franch.川西獐牙菜
Swertia mussotii var. flavescens T.N.Ho & S.W.Liu 黄花川西獐牙菜
Swertia mussotii var. mussotii=Swertia mussotii
Swertia nervosa (G.Don) Wall. ex C.B.Clarke 显脉獐牙菜
Swertia nervosa Wall.=Swertia nervosa
Swertia obtusa Ledeb.互叶獐牙菜
Swertia obtusa var. *qunheensis* T.N.Ho & S.W.Liu=Swertia connata
Swertia obtusipetala Grüning=Swertia wolfangiana
Swertia oculata Hemsl.鄂西獐牙菜
Swertia paniculata Wall.宽丝獐牙菜
Swertia patens Burk.斜茎獐牙菜
Swertia patula H.Sm.开展獐牙菜
Swertia pauciflora H.Sm.=Swertia tibetica
Swertia perennis B. *obtusa* Griseb.=Swertia obtusa
Swertia perennis L.宿根獐牙菜
Swertia perennis subsp. *obtusa* (Ledeb.) Hara=Swertia obtusa
Swertia perennis var. *manshurica* Kom.=Swertia perennis
Swertia petilata Royle ex D.Don 长柄獐牙菜
Swertia petiolata Royle ex D.Don (Franch.in Bull.Soc.Bot.France 1899)= Swertia souliei
Swertia phragmitiphylla T.N.Ho & S.W.Liu=Swertia wardii
Swertia phragmitiphylla var. *phragmitiphylla* T.N.Ho & S.W.Liu = Swertia wardii
Swertia phragmitiphylla var. rigida T.N.Ho & S.W.Liu 坚梗獐牙菜
Swertia pianmaensis T.N.Ho & S.W.Liu 片马獐牙菜
Swertia platyphylla Merrill=Swertia bimaculata
Swertia przewalskii Pissjauk.祁连獐牙菜
Swertia pseudochinensis f. *grandiflora* (Franch.) Hara=Swertia pseudochinensis
Swertia pseudochinensis Hara 瘤毛獐牙菜
Swertia pubescens Franch.毛獐牙菜
Swertia pulchella Buch.-Ham. ex Wall.=Swertia angustifolia var. pulchella
Swertia punicea Hemsl.紫红獐牙菜
Swertia punicea var. *lutescens* Franch. ex H.Sm.=Swertia punicea var. lutescens
Swertia punicea var. lutescens Franch. ex T.N.Ho 淡黄獐牙菜
Swertia punicea var. punicea=Swertia punicea
Swertia purpurascens Wall. ex C.B.Clarke=Swertia ciliata
Swertia purpurascens var. *violaceo-cincta* Franch.=Swertia cincta
Swertia pusilla Diels=Swertia tetraptera
Swertia racemosa (Griseb.) Wall. ex C.B.Clarke 藏獐牙菜
Swertia racemosa Wall.=Swertia racemosa
Swertia randaiensis Hay.=Swertia macrosperma
Swertia rosea Burk.=Swertia decora
Swertia rosularis T.N.Ho & S.W.Liu 莲座獐牙菜
Swertia rotata L.=Lomatogonium rotatum
Swertia rotundiglandula T.N.Ho & S.W.Liu 圆腺獐牙菜
Swertia scandens Lévl.=Swertia macrosperma
Swertia scapiformis T.N.Ho & S.W.Liu 花葶獐牙菜
Swertia sect. *Veratrilla* Baill.=**Veratrilla**
Swertia shintenensis Hay.新店獐牙菜
Swertia sikkimensis Burk.=Lomatogonium sikkimense
Swertia souliei Burk.康定獐牙菜
Swertia splendens H.Sm.光亮獐牙菜
Swertia stapfii Burk.=Lomatogonium stapfii
Swertia stricta Franch.=Swertia franchetiana
Swertia subgen. *Lomatogonium* (A.Br.) Satake=**Lomatogonium**
Swertia subspeciosa Burk.=Swertia bifolia
Swertia tenuis T.N.Ho & S.W.Liu 细瘦獐牙菜
Swertia tetragona C.B.Clarke (Forbves & Hemsl.in J.L.Soc.Bot.1890)= Swertia kouitchensis
Swertia tetrapetala Pall.狼叶獐牙菜
Swertia tetraptera Maxim.四数獐牙菜

Swertia tibetica Batal.大药獐牙菜
Swertia tosaensis Makino=Swertia diluta var. tosaensis
Swertia tozanensis Hay.搭山獐牙菜
Swertia vacillans Maxim.=Swertia angustifolia var. pulchella
Swertia veratroides Maxim. ex Kom.藜芦獐牙菜
Swertia verticillifolia T.N.Ho & S.W.Liu 轮叶獐牙菜
Swertia virescens H.Sm.绿花獐牙菜
Swertia wardii C.Marq.苇叶獐牙菜
Swertia wardii var. rigida T.N.Ho & S.W.Liu 硬杆獐牙菜
Swertia wardii var. wardii=Swertia wardii
Swertia wilfordii A.Kern.=Swertia tetrapetala
Swertia wolfangiana Grüning 华北獐牙菜
Swertia younghusbandii Burk.少花獐牙菜
Swertia yunnanensis Burk.云南獐牙菜
Swertia zayuensis T.N.Ho & S.W.Liu 察隅獐牙菜
Swida Opiz **梾木属**(山茱萸科)
Swida alba Opiz 红瑞木
Swida alpina (Fang & W.K.Hu) Fang & W.K.Hu 高山梾木
Swida alsophila (W.W.Sm.) Holub.凉生梾木
Swida austrosinensis (Fang & W.K.Hu) Fang & W.K.Hu 华南梾木
Swida bretschneideri (L.Henry) Sojak 沙梾
Swida bretschneideri var. bretschneideri=Swida bretschneideri
Swida bretschneideri var. crispa (Fang & W.K.Hu) Fang & W.K.Hu 卷毛沙梾
Swida bretschneideri var. gracilis (Wanger.) W.K.Hu 细梗沙梾
Swida controversa (Hemsl.) Hold.=Bothrocaryum controversum
Swida controversa (Hemsl.) Sojak=Bothrocaryum controversum
Swida coreana (Wanger.) Sojak 朝鲜梾木
Swida daijinensis (Fang & W.K.Hu) Fang & W.K.Hu 大金梾木
Swida fulvescens (Fang & W.K.Hu) Fang & W.K.Hu 黄褐毛梾木
Swida hemsleyi (Schneid. & Wanger.) Sojak 红椋子
Swida hemsleyi var. gracilipes (Fang & W.K.Hu) Fang & W.K.Hu 细梗红椋子
Swida hemsleyi var. hemsleyi=Swida hemsleyi
Swida hemsleyi var. longistyla (Fang & W.K.Hu) Fang & W.K.Hu 长花柱红椋子
Swida koehneana (Wanger.) Sojak 川陕梾木
Swida macrophylla (Wall.) Sojak 梾木
Swida macrophylla var. *longipedunculata* (Fang & W.K.Hu) Fang & W.K. Hu =Swida macrophylla
Swida monbeigii (Hemsl.) Sojak 曲瓣梾木
Swida monbeigii var. crassa (Fang & W.K.Hu) Fang & W.K.Hu 粗壮曲瓣梾木
Swida monbeigii var. monbeigii=Swida monbeigii
Swida monbeigii var. populifolia (Fang & W.K.Hu) Fang & W.K.Hu 杨叶曲瓣梾木
Swida monbeigii var. xanthotricha (Fang & W.K.Hu) Fang & W.K.Hu 黄毛曲瓣梾木
Swida oblonga (Wall.) Sojak.长圆叶梾木
Swida oblonga var. glabrescens (Fang & W.K.Hu) Fang & W.K.Hu 无毛长圆叶梾木
Swida oblonga var. griffithii (Clarke) W.K.Hu 毛叶梾木
Swida oblonga var. oblonga=Swida oblonga
Swida oligophlebia (Merr.) W.K.Hu 樟叶梾木
Swida papillosa (Fang & W.K.Hu) Fang & W.K.Hu 乳突梾木
Swida parviflora (Chien) Holub 小花梾木
Swida paucinervis (Hance) Sojak 小梾木
Swida poliophylla (Schneid. & Wanger.) Sojak 灰叶梾木
Swida poliophylla var. malifolia (Fang & W.K.Hu) Fang & W.K.Hu 海棠灰叶梾木
Swida poliophylla var. poliophylla=Swida poliophylla
Swida poliophylla var. praelonga (Fang & W.K.Hu) Fang & W.K.Hu 高大灰叶梾木
Swida polyantha (Fang & W.K.Hu) Fang & W.K.Hu 多花梾木
Swida sanguinea (L.) Opiz 欧洲红瑞木
Swida sanguinea Opz=Swida sanguinea
Swida scabrida (Franch.) Holub.宝兴梾木
Swida schindleri (Wanger.) Sojak 康定梾木
Swida schindleri var. lixianensis (Fang & W.K.Hu) Fang & W.K.Hu 理县梾木
Swida schindleri var. schindleri=Swida schindleri
Swida ulotrida (Schneid. & Wanger.) Sojak 卷毛梾木
Swida ulotrida var. ulotrida=Swida ulotrida
Swida ulotrida var.Leptophylla W.K.Hu 薄叶卷毛梾木
Swida walteri (Wanger.) Sojak 毛梾
Swida walteri var. *confertiflora* (Fang & W.K.Hu) Fang & W.K.Hu= Swida walteri
Swida walteri var. *insignis* (Fang & W.K.Hu) Fang & W.K.Hu=Swida walteri
Swida wilsoniana (Wanger.) Sojak 光皮梾木
Swietenia Jacq.**桃花心木属**(楝科)
Swietenia macrophylla King 大叶桃花心木
Swietenia mahagoni (L.) Jacq.桃花心木
Swietenia mahagoni "L."DC.=Swietenia mahagoni
Swietenia mahagoni Lam.=Swietenia mahagoni
Swietenia senegalensis Desr.=Khaya senegalensis
Swinglea Merr.**菲律宾木桔属**(芸香科)
Swinglea glutinosa (Blanco) Merr.菲律宾木桔
Syagrus Mart.**金山葵属**(棕榈科)
Syagrus romanzoffiana (Cham.) Glassm.金山葵
Sycopsis Oliv.**水丝梨属**(金缕梅科)
Sycopsis chungii Metc.=Distylium chungii
Sycopsis dunnii Hemsl.尖叶水丝梨
Sycopsis formosana Kanehira & Hatusima=Sycopsis sinensis
Sycopsis griffithiana Rehd. & Wils.=Eustigma lenticellatum
Sycopsis laurifolia Hemsl.樟叶水丝梨
Sycopsis oblanceolata Chang=Sycopsis tutcheri
Sycopsis pingpienensis Hu=Distylium pingpienense
Sycopsis salicifolia Li apud Walker 柳叶水丝梨
Sycopsis sinensis Oliv.水丝梨
Sycopsis sinensis var. *integrifolia* Diels=Sycopsis sinensis
Sycopsis triplinervia Chang 三脉水丝梨
Sycopsis tutcheri Hemsl.钝叶水丝梨
Sycopsis yunnanensis Chang 滇水丝梨
Sygerokia Miq.=**Helomiopsis**
Sykesia hongkongensis (seem.) O.Ktze.=Tsiangia hongkongensis
Syllisium buxifolium Meyen & Schauer=Syzygium buxifolium
Symingtonia Steenis=**Exbucklandia**
Symingtonia populnea (R.Br.) Steenis=Exbucklandia populnea
Symingtonia tonkinensis (Lec.) Steenis ex W.Vink=Exbucklandia tonkinensis
Sympagis Bremek.**合页草属**(爵床科)
Sympagis monadelpha (Nees) Bremek.合页草
Sympagis petiolaris (Nees) Bremek.具柄合页草
Sympegma Bge.**合头草属**(藜科)
Sympegma regelii Bge.合头草
Symphorema Roxb.**六苞藤属**(马鞭草科)
Symphorema involucratum Roxb.六苞藤
Symphorema jackianum Kurcz=Sphenodesme pentandra
Symphorema unguiculata Kurz=Sphenodesme involucrata
Symphoricarpos Rehd.**毛核木属**(忍冬科)
Symphoricarpos albus (L.) Blake 雪果
Symphoricarpos mollis Nutt.柔毛核木术
Symphoricarpos occidentalis HK.西方毛核木
Symphoricarpos orbiculatus Moench 小花毛核木
Symphoricarpos sinensis Rehd.毛核木
Symphyllia Baill.=**Epiprinus**
Symphyllia siletiana Baill.=Epiprinus siletianus
Symphyllia silhetiana Baill.=Epiprinus siletianus
Symphyllocarpus Maxim.**含苞草属**(菊科)
Symphyllocarpus exilis Maxim.含苞草
Symphyoglossum Turcz.=**Cynanchum**
Symphyoglossum hastatum Turcz.=Cynanchum bungei
Symphyosepalum gymnadenioides Hand.-Mazz.=Neottianthe gymnadenioides
Symphytum L.**聚合草属**(紫草科)
Symphytum officinale L.聚合草
Symplocaceae 山矾科
Symplocarpus Salisb.**臭菘属**(天南星科)
Symplocarpus foetidus (L.) Salisb.臭菘

Symplocos Jacq.**山矾属**(山矾科)
Symplocos acutangula Brand=Symplocos setchuensis
Symplocos adenophylla Wall.腺叶山矾
Symplocos adenopus Hance 腺柄山矾
Symplocos adenopus var. adenopus=Symplocos adenopus
Symplocos adenopus var. *vestita* Huang & Y.F.Wu =Symplocos adenopus
Symplocos adinandrifolia Hay.=Symplocos congesta
Symplocos aenea Hand.-Mazz.=Symplocos stellaris var. aenea
Symplocos alata Brand (Merr. & Chun in Synyatsenia 1940,p.p.)= Symplocos wikstroemiifolia
Symplocos alata Brand=Symplocos anomala
Symplocos alta Brand=Symplocos anomala
Symplocos anastomosans Chun ex Tanaka & Odashima=Symplocos adenophylla
Symplocos angustifolia Guill.=Symplocos cochinchinensis var. angustifolia
Symplocos anomala Brand 薄叶山矾
Symplocos anomala var. *fusonii* (Merr.) Hand.-Mazz. & Peter-Stibbal= Symplocos anomala
Symplocos anomala var. *nitida* Li=Symplocos anomala
Symplocos argentea Brand=Symplocos anomala
Symplocos argyi Lévl.=Symplocos setchuensis
Symplocos arisanensis Hay.=Symplocos lancifolia
Symplocos ascidiiformis Y.F.Wu=Symplocos viridissima
Symplocos atriolivacea Merr. & Chun ex Li 橄榄山矾
Symplocos aurea Lévl.=Symplocos lancifolia
Symplocos austrosinensis Hand.-Mazz.南国山矾
Symplocos balfourii Lévl.=Symplocos cochinchinensis var. laurina
Symplocos bodinieri Brand=Symplocos cochinchinensis var. laurina
Symplocos botryantha Franch.=Symplocos sumatia
Symplocos botryantha var. *stenophylla* Brand=Symplocos sumatia
Symplocos caerulea Lévl.=Symplocos sumatia
Symplocos caudata Wall.=Symplocos sumuntia
Symplocos caudata var. *macrantha* Hand.-Mazz.=Symplocos sumuntia
Symplocos caudata var. *macrocalyx* Hand.-Mazz.=Symplocos sumuntia
Symplocos cavaleriei Lévl.=Symplocos sumatia
Symplocos chinensis (Lour.) Druce=Symplocos paniculata
Symplocos chinensis var. *vestita* (Hemsl.) Hand.-Mazz.=Symplocos paniculata
Symplocos chunii Merr.=Symplocos poilanei
Symplocos cochinchinensis (Lour.) S.Moore 越南山矾
Symplocos cochinchinensis subsp. *laurina* var. *angustifolia* (Guill.) Noot (p.p.)= Symplocos cochinchinensis var. angustifolia
Symplocos cochinchinensis subsp. *laurina* var. *laurina* Noot.(p.p.)= Symplocos cochinchinensis var. laurina
Symplocos cochinchinensis subsp. *laurina* var. *laurina* Noot.(p.p.)= Symplocos wikstroemiifolia
Symplocos cochinchinensis subsp. *puberula* Huang & Y.F.Wu=Symplocos cochinchinensi
Symplocos cochinchinensis var. angustifolia (Guill.) Noot.狭叶山矾
Symplocos cochinchinensis var. cochinchinensis=Symplocos cochinchinensis
Symplocos cochinchinensis var. laurina (Retz.) Noot.黄牛奶树
Symplocos cochinchinensis var. philippinensis (Brand) Noot 兰屿山矾
Symplocos cochinchinensis var. puberula Huang & Y.F.Wu 微毛越南山矾
Symplocos cochinchnensis subsp. *laurina* var. *laurina* Noot.(p.p.)= Symplocos cochinchinensis var. laurina
Symplocos confusa Brand=Symplocos pendula var. hirtistylis
Symplocos confusa var. *lysiostemon* Hand.-Mazz.=Symplocos pendula var. hirtistylis
Symplocos congesta Benth.密花山矾
Symplocos cordatifolia Li=Symplocos fordii
Symplocos coronigera Lévl.=Symplocos lucida
Symplocos courtoisii Lévl.=Ilex chinensis
Symplocos crassifolia Benth.=Symplocos lucida
Symplocos crassilimba Merr.厚叶山矾
Symplocos crataegoides Hamilt. ex D.Don=Symplocos paniculata
Symplocos crenatifolia (Yamamoto) Makino=Symplocos nokoensis
Symplocos cuspidata Brand=Symplocos congesta
Symplocos decora Hance=Symplocos sumatia
Symplocos delavayi Brand=Symplocos dryophila
Symplocos dielsii Lévl.=Symplocos anomala
Symplocos discolor Brand=Symplocos lucida
Symplocos divaricativena Hay.=Symplocos cochinchinensis var. laurina
Symplocos doii Hay.=Symplocos anomala
Symplocos dolichostylosa Y.F.Wu=Symplocos sumatia
Symplocos dolichotricha Merr.长毛山矾
Symplocos dryophila Clarke 坚木山矾
Symplocos dung Eberh. & Dubard=Symplocos cochinchinensis var. laurina
Symplocos dunniana Lévl.=Symplocos stellaris
Symplocos eriobotryaefolia Hay.=Symplocos stellaris
Symplocos eriostroma Hay.=Symplocos modesta
Symplocos ernesti Dunn (Hand.-Mazz.Symb.Sin 1936,p.p.)=Symplocos lucida
Symplocos ernesti Dunn (Li in Journ Arn.Arb.1944,p.p.)=Symplocos crassifolia
Symplocos ernesti Dunn=Symplocos lucida
Symplocos esquirolii Lévl.=Symplocos anomala
Symplocos euryaefolia Msamune & Syozi=Symplocos euryoides
Symplocos euryoides Hand.-Mazz.柃叶山矾
Symplocos fasciculata var. *chinensis* Brand=Symplocos ramosissima
Symplocos fasciculiflora Merr.=Symplocos poilanei
Symplocos ferruginea Roxb.=Symplocos cochinchinensis
Symplocos ferruginea var. *philippinensis* Brand=Symplocos cochinchinensis var. philippinensis
Symplocos ferruginifolia Kanehira=Symplocos cochinchinensis
Symplocos fordii Hance (Merr. & Chun in Synyatsenia 1940,p.p.)= Symplocos ovatilobata
Symplocos fordii Hance 三裂山矾
Symplocos formosana Brand=Symplocos lancifolia
Symplocos forrestii W.W.Sm.=Symplocos dryophila
Symplocos fuboensis M.Y.Fang=Symplocos sumatia
Symplocos fukienensis Ling 福建山矾
Symplocos fulvipes (Clarke) Brand=Symplocos lancifolia
Symplocos fusonii Merr.=Symplocos anomala
Symplocos glamerata subsp. *glomerata* var. *adenopus* (Hance) Noot.= Symplocos adenopus
Symplocos glandulifera Brand 腺缘山矾
Symplocos glandulosopunctata Y.F.Wu=Symplocos sulcata
Symplocos glauca (Thunb.) Koidz.羊舌树
Symplocos glauca var. epapillata Noot.无乳突羊舌树
Symplocos glauca var. glauca =Symplocos glauca
Symplocos glomerata King ex Gamble 团花山矾
Symplocos glomerata subsp. *congesta* var. *congesta* Noot=Symplocos congesta
Symplocos glomerata subsp. *congesta* var. *poilanei* (Guill.) Noot.= Symplocos poilanei
Symplocos glomerata subsp. *glomerata* var. *adenopus* (Hance) Noot= Symplocos adenopus
Symplocos glomerata subsp. *glomerata* var. *glomerata* Noot.=Symplocos adenopus
Symplocos grandis Hand.-Mazz.=Symplocos glauca
Symplocos groffii Merr.毛山矾
Symplocos hainanensis Merr. & Chun 海南山矾
Symplocos hayatae Mori=Symplocos congesta
Symplocos heishanensis Hay.海桐山矾
Symplocos henryi Brad.=Symplocos lucida
Symplocos henschelii Benth. ex Clarke (Forb. & Hemsl.in J.L.Soc.Bot. 1889)= Symplocos pendula var. hirtistylis
Symplocos henschelii var. *hirtistylis* C.B.Clarke=Symplocos pendula var. hirtistylis
Symplocos hiraishiensis Hay.=Symplocos anomala
Symplocos hookeri Clarke 滇南山矾
Symplocos hookeri var. hookeri=Symplocos hookeri
Symplocos hookeri var. tomentosa Y.F.Wu 绒毛滇南山矾
Symplocos howii Merr. & Chun ex LI=Symplocos lucida
Symplocos hunanensis Hand.-Mazz.=Symplocos paniculata
Symplocos ilicifolia Hay.=Symplocos lucida
Symplocos indochinensis Li=Symplocos dolichotricha
Symplocos intermedia Brand=Symplocos racemosa
Symplocos intermidia var. *trichantha* Hand.-Mazz.=Symplocos racemosa
Symplocos iteophylla Miq.=Symplocos adenophylla
Symplocos javanica Kurz=Symplocos cochinchinensis
Symplocos kiratishiensis Hay.=Symplocos anomala
Symplocos konishii Hay.=Symplocos cochinchinensis var. laurina
Symplocos koshunensis Kanehira=Symplocos glauca

Symplocos kotoensis Hay.=Symplocos cochinchinensis var. philippinensis
Symplocos kudoi Mori=Symplocos congesta
Symplocos kwangsiensis Merr. ex Li=Symplocos lancifolia
Symplocos kwangtungensis H.L.Li=Symplocos dolichotricha
Symplocos lancifolia S. & Z.(Clarke in Fl.Brit.Ind.1882,p.p.)=Symplocos viridissima
Symplocos lancifolia S. & Z.光叶山矾
Symplocos lancifolia var. *fulvipes* Clarke=Symplocos lancifolia
Symplocos lancifolia var. *microcarpa* (Champ.) Hand.-Mazz.=Symplocos lancifolia
Symplocos lancilimba Merr.(Li in J.Arn.Arb.1944,p.p.)=Symplocos pseudobarberina
Symplocos lancilimba Merr.=Symplocos viridissima
Symplocos latouchei W.W.Sm. ex Hand.-Mazz.=Symplocos lancifolia
Symplocos laurina (Retz.) Wall.=Symplocos cochinchinensis var. laurina
Symplocos laurina var. *bodinieri* (Brand) Hand.-Mazz.=Symplocos cochinchinensis var. laurina
Symplocos laurina var. *laurina*=Symplocos cochinchinensis var. laurina
Symplocos leucophylla Brand=Symplocos sumatia
Symplocos limprichtii H.Winkler=Symplocos stellaris
Symplocos longipetiolata Rehd.=Symplocos dryophila
Symplocos lucida (Thunb.) S. & Z.光亮山矾
Symplocos lungtauensis Merr.=Symplocos groffii
Symplocos macarostachya var. *leducii* Brand=Symplocos racemosa
Symplocos maclurei Merr.=Symplocos adenophylla
Symplocos macrophylla subsp. *sulcata* var. *glandulifera* (Brand) Noot.=Symplocos glandulifera
Symplocos macrophylla subsp. *sulcata* var. *sulcate* Noot (p.p.)=Symplocos sulcata
Symplocos macrostachya Brand=Symplocos racemosa
Symplocos macrostahcya var. *leducii* Brand=Symplocos racemosa
Symplocos macrostroma Hay.=Symplocos sumuntia
Symplocos mairei Lévl.=Symplocos adenopus
Symplocos martini Lévl.?贵阳山矾(新)
Symplocos microcarpa Champ. ex Benth.=Symplocos lancifolia
Symplocos microtricha Hand.-Mazz.=Symplocos wikstroemiifolia
Symplocos modesta Brand 长梗山矾
Symplocos mollifolia Dunn=Symplocos lancifolia
Symplocos mollipila Li=Symplocos groffii
Symplocos morrisonicola Hay.=Symplocos anomala
Symplocos multipes Brand=Symplocos lucida
Symplocos myriadena Merr.=Symplocos adenopus
Symplocos myriantha Rehd.=Symplocos ramosissima
Symplocos myrtacea S. & Z.(Forb. & Hemsl.in J.L.Soc.Bot.1889,p.p.)=Symplocos lancifolia
Symplocos myrtacea S. & Z.(Matsum. & Hay.in J.Coll.Sci.Univ.Tokyo 1906, p.p.)=Symplocos modesta
Symplocos nakaii Hay.=Symplocos congesta
Symplocos neriifolia S. & Z.=Symplocos glauca
Symplocos nokoensis (Hay.) Kanehira 能高山矾
Symplocos oblanceolata Y.F.Wu=Symplocos glauca var. epapillata
Symplocos okinawensis Matsum.=Symplocos anomala
Symplocos oreades Guill.=Symplocos heishanensis
Symplocos orisanensis Hay.=Symplocos lancifolia
Symplocos ovalifolia Hand.-Mazz.=Symplocos lancifolia
Symplocos ovatibracteata Y.F.Wu=Symplocos sumatia
Symplocos ovatilobata Noot.单花山矾
Symplocos paniculata (Thunb.) Miq.白檀
Symplocos paniculata Wall.=Symplocos paniculata
Symplocos pauciflora wight (Hand.-Mazz. & Peter-Stibal.in Beih.Bot. Centralbl.1943)=Symplocos pendula
Symplocos paucinervia Noot.少脉山矾
Symplocos pendula Wight 吊钟山矾
Symplocos pendula var. hirtistylis (C.B.Clarke) Noot 南岭山矾
Symplocos pendula var. *hirtistylis* (Clarke) Noot.(p.p.)=Symplocos pendula var. hirtistylis
Symplocos pendula var. pendula=Symplocos pendula
Symplocos permicrophylla Merr. & Chun ex Li=Symplocos euryoides
Symplocos persistens Huang et Y.F.Wu= Symplocos sulcata
Symplocos phaeophylla Hay.=Symplocos congesta
Symplocos phyllocalyx C.B.Clarke=Symplocos lucida
Symplocos pilosa Rehd.柔毛山矾
Symplocos pinfaensis Lévl.平伐山矾(新)?
Symplocos pittosporifolia Hand.-Mazz.=Symplocos heishanensis
Symplocos poilanei Guill.丛花山矾
Symplocos potanini Gontsch.=Symplocos lucida
Symplocos prainii Lévl.=Symplocos adenopus
Symplocos propinqua Hance=Symplocos racemosa
Symplocos prunifolia S. & Z.=Symplocos sumuntia
Symplocos pseudobarberina Gontsch.铁山矾
Symplocos pseudolancifolia (Hatusima) Hand.-Mazz.=Symplocos lancifolia
Symplocos punctata Brand=Symplocos sumuntia
Symplocos punctomarginata A.Chev. ex Guill.=Symplocos adenophylla
Symplocos punctulata Masamune & Syozi=Symplocos pendula
Symplocos pyrifolia Wall. ex G.Don 梨叶山矾
Symplocos racemosa Roxb.珠仔山矾
Symplocos rachitricha Y.F.Wu=Symplocos sumatia
Symplocos ramosissima Wall. ex G.Don 多花山矾
Symplocos ramosissima var. *salwinensis* Hand.-Mazz.=Symplocos ramosissima
Symplocos risekiensis Hay.=Symplocos heishanensis
Symplocos sasakii Hay.=Symplocos sumuntia
Symplocos schaefferae Merr.=Symplocos cochinchinensis var. laurina
Symplocos seguinii Lévl.=Eriobotrya seguinii
Symplocos setchuensis Brand 四川山矾
Symplocos simaoensis Qian Yi-yong=Symplocos paniculata
Symplocos singuliflora Guill.(海南志 1974,高等图鉴 1974)=Symplocos ovatilobata
Symplocos sinica Ker.=Symplocos paniculata
Symplocos sinica var. *vestita* Hemsl.=Symplocos paniculata
Symplocos sinuata Brand=Symplocos lucida
Symplocos somai Hay.=Symplocos sumuntia
Symplocos sozanensis Hay.=Symplocos sumuntia
Symplocos spathulata Li=Symplocos poilanei
Symplocos spectabilis Brandz 绿春山矾
Symplocos spicata Roxb.=Symplocos cochinchinensis var. laurina
Symplocos stapfiana Lévl.=Symplocos ramosissima
Symplocos stapfiana var. *leiocalyx* Hand.-Mazz.=Symplocos ramosissima
Symplocos stellaris Brand (Merr. & Chun in Sunyatsenia 1940,p.p.)=Symplocos glauca
Symplocos stellaris Brand 老鼠矢
Symplocos stellaris var. aenea (Hand.-Mazz.) Noot.铜绿山矾
Symplocos stellaris var. stellaris=Symplocos stellaris
Symplocos stenophylla Merr. & Chun ex H.L.Li=Symplocos cochinchinensis var. angustifolia
Symplocos stenostachys Hay.=Symplocos cochinchinensis var. laurina
Symplocos stewardii Sleumer=Symplocos adenophylla
Symplocos stnuata Brand=Symplocos setchuensis
Symplocos subconnata Hand.-Mazz.=Symplocos sumatia
Symplocos suishariensis Hay.=Symplocos lancifolia
Symplocos sulcata Kurz.沟槽山矾
Symplocos sumuntia Buch.-Ham. ex D.Don 山矾
Symplocos swinhoeana Hance=Symplocos sumuntia
Symplocos taiheizanensis Mori=Symplocos lancifolia
Symplocos terminalis Brand=Symplocos cochinchinensis var. laurina
Symplocos tetragona Chen ex Y.F.Wu=Symplocos lucida
Symplocos tetramera Rehd.=Ilex tetramera
Symplocos theaefolia D.Don 茶叶山矾
Symplocos theifolia D.Don=Symplocos lucida
Symplocos theophrastaefolia S. & Z.=Symplocos cochinchinensis var. laurina
Symplocos trichoclada Hay.=Symplocos lancifolia
Symplocos trichoclada var. *koshunensis* Mori=Symplocos lancifolia
Symplocos ulotricha Ling 卷毛山矾
Symplocos urceolaris Hance.=Symplocos sumatia
Symplocos vinosodentata Lévl.=Symplocos cochinchinensis var. laurina
Symplocos viridissima Brand (Hand.-Mazz. & Peter-Stibal in Beih.Bot. Centralbl.1943,p.p.)=Symplocos ramosissima
Symplocos viridissima Brand.(Hand.-Mazz. & Peter-Stibal in Beih.Bot. Centralbl.1943,p.p.)=Symplocos atriolivacea
Symplocos viridissima Brand 绿枝山矾
Symplocos wenshanensis Huang & Y.F.Wu=Symplocos glomerata
Symplocos wikstroemiifolia Hay.微毛山矾
Symplocos wilsoni Brand=Symplocos lucida
Symplocos wilsoni Hemsl.=Symplocos stellaris
Symplocos wuliangshanensis Huang & Y.F.Wu=Symplocos stellaris var. aenea

Symplocos xanthoxantha Lévl.=Symplocos lucida
Symplocos xylopyrena C.Y.Wu ex Y.F.Wu 木核山矾
Symplocos yizhangensis Y.F.Wu=Symplocos glomerata
Symplocos yunnanensis Brand 滇灰木
Synaedrys amygdalifolia (Skan) Koidz.=Lithocarpus amygdalifolius
Synaedrys amygdalifolia f. *castanopsifolia* (Hay.) Kudô =Lithocarpus lepidocarpus
Synaedrys attenuata (Skan) Koidz.=Lithocarpus attenuatus
Synaedrys balansae (Drake) Koidz.=Lithocarpus balansae
Synaedrys baviensis (Drake) Koidz.=Lithocarpus truncatus var. baviensis
Synaedrys brachyacantha (Hay.) Koidz.=Castanopsis eyrei
Synaedrys brevicaudata (Skan) Koidz=Lithocarpus brevicaudatus
Synaedrys brevicaudata var. *pinnativena* Yamamoto=Lithocarpus brevicaudatus
Synaedrys calathiformis (Skan) Koidz.=Castanopsis calathiformis
Synaedrys carlesii (Hemsl.) Koidz.=Castanopsis carlesii
Synaedrys carolinae (Skan) Koidz.=Lithocarpus carolinae
Synaedrys cathayana (Seem.) Koidz.=Lithocarpus truncatus
Synaedrys cavaleriei (Lévl. & Vant.) Koidz.=Castanopsis eyrei
Synaedrys cleistocarpa (Seem.) Koidz.=Lithocarpus cleistocarpus
Synaedrys cleistocarpa (Seem.) Koidz.=Lithocarpus cleistocarpus
Synaedrys cyrtocarpa (Drake) Koidz.=Lithocarpus cyrtocarpus
Synaedrys dealbata (DC.) Koidz.=Lithocarpus dealbatus
Synaedrys delavayi (Franch.) Koidz.=Castanopsis delavayi
Synaedrys elaeagnifolia (Seem.) Koidz.=Lithocarpus elaeagnifolius
Synaedrys elizabethae (Tutch.) Kudô =Lithocarpus elizabethae
Synaedrys fenestrata (Roxb.) Koidz.=Lithocarpus fenestratus
Synaedrys fissa (Champ. ex Benth.) Koidz.=Castanopsis fissa
Synaedrys fordiana (Hemsl.) Koidz.=Lithocarpus fordianus
Synaedrys formosana (Skan) Doidz.=Lithocarpus formosanus
Synaedrys formosana f. *dodonaeifolia* (Hay.) Kudô =Lithocarpus dodonaeifolius
Synaedrys glabra (Thunb.) Koidz.=Lithocarpus glaber
Synaedrys hancei Benth.) Koidz.=Lithocarpus hancei
Synaedrys harlandii (Hance) Koidz.=Lithocarpus harlandii
Synaedrys hemisphaerica (Drake) Koidz.=Lithocarpus corneus var. zonatus
Synaedrys impressivena (Hay.) Masamune=Lithocarpus brevicaudatus
Synaedrys irwinii (Hance) Koidz.=Lithocarpus irwinii
Synaedrys iteaphylla (Hance) Koidz.=Lithocarpus iteaphyllus
Synaedrys iteaphylla (Hance) Koidz.=Lithocarpus iteaphyllus
Synaedrys kawakamii (Hay.) Koidz.=Lithocarpus kawakamii
Synaedrys koidaikoensis (Hay.) Kudô =Lithocarpus corneus
Synaedrys konishii (Hay.) Koidz.=Lithocarpus konishii
Synaedrys kuarunensis Tomiya=Lithocarpus hancei
Synaedrys lepidocarpa (Hay.) Koidz.=Lithocarpus lepidocarpus
Synaedrys litseifolia (Hance) Koidz.=Lithocarpus litseifolius
Synaedrys lycoperdon (Skan) Koidz.=Lithocarpus lycoperdon
Synaedrys mairei (Schott.) Koidz.=Lithocarpus mairei
Synaedrys matsudai (Hay.) Kudô =Lithocarpus hancei
Synaedrys naiadarum (Hance) Koidz.=Lithocarpus naiadarum
Synaedrys nakai (Hay.) Kudô =Lithocarpus taitoensis
Synaedrys nantoensis (Hay.) Koidz.=Lithocarpus nantoensis
Synaedrys nariakii (Hay.) Kudô =Lithocarpus silvicolarum
Synaedrys pachyphylla (Kurz) Koidz.=Lithocarpus pachyphyllus
Synaedrys rhombocarpa (Hay.) Kudô =Lithocarpus taitoensis
Synaedrys rhombocarpa f. *suishaensis* (Kanehira & Yamamoto) Kudô =Lithocarpus taitoensis
Synaedrys rosthornii (Schottl) Koidz.=Lithocarpus rosthornii
Synaedrys sclerophylla (Lindl.) Koidz.=Castanopsis sclerophylla
Synaedrys shinsuiensis (Hay. & Kanehira) Kudô =Lithocarpus shinsuiensis
Synaedrys silvicolarum (Hance) Koidz.=Lithocarpus silvicolarum
Synaedrys stephrocarpa (Drake) Koidz.=Lithocarpus tephrocarpus
Synaedrys taitoensis (Hay.) Koidz.=Lithocarpus taitoensis
Synaedrys tephrocarpa (Drake) Koidz.=Lithocarpus tephrocarpus
Synaedrys ternaticupula (Hay.) Koidz.=Lithocarpus hancei
Synaedrys thomsonii (Miq.) Koidz.=Lithocarpus thomsonii
Synaedrys tunkinensis (Drake) Koidz.=Castanopsis fissa
Synaedrys uraiana (Hay.) Koidz.=Castanopsis uraiana
Synaedrys uvariifolia (Hance) Koidz.=Lithocarpus uvariifolius
Synaedrys variolosa (Fracnh) Koirz.=Lithocarpus variolosus
Synaedrys viridis (Schott.) Koidz.=Lithocarpus litseifolius
Synaedrys wilsonii (Seem.) Koidz.=Lithocarpus cleistocarpus
Synaedrys xylocarpa (Kurz) Koidz.=Lithocarpus xylocarpus
Synaphlebium davallioides J.Sm.=Lindsaea davallioides
Syncalathium Lipsch.**合头菊属**(菊科)
Syncalathium chrysocephalum (Shih) Shih 黄花合头菊
Syncalathium disciforme (Mattf.) Ling 盘状合头菊
Syncalathium kawaguchii (Kitam.) Ling 合头菊
Syncalathium kawaguchii Kitam.(西藏志 1985,p.p.)=Syncalathium pilosum
Syncalathium orbiculaiforme Shih 圆叶合头菊
Syncalathium pilosum (Ling) Shih 柔毛合头菊
Syncalathium porphyreum (Marqd. & Shaw) Ling (分类学报 1993)=Syncalathium kawaguchii
Syncalathium porphyreum (Marqd. & Shaw) Ling 紫花合头菊?
Syncalathium qinghaiense (Shih) Shih 青海合头菊
Syncalathium roseum Ling 红花合头菊
Syncalathium souliei (Franch.) Ling 康滇合头菊
Syncalathium sukaczevii Lipsch.=Syncalathium kawaguchii
Syncalathium sukaczevii var. *pilosum* Ling=Syncalathium pilosum
Synchaeta Kirp.=**Gnaphalium**
Synchaeta norvegica (Gunn.) Kirp.=Gnaphalium norvegicum
Synchaeta sylvatica (L.) Kirp.=Gnaphalium sylvaticum
Syncodon Fourr.=**Campanula**
Syndiclis HK.f.**油果樟属**(樟科)
Syndiclis anlungensis H.W.Li 安龙油果樟
Syndiclis chinensis Allen 油果樟
Syndiclis fooningensis H.W.Li 富宁油果樟
Syndiclis furfuracea H.W.Li 鳞秕油果樟
Syndiclis kwangsinensis (Kosterm.) H.W.Li 广西油果樟
Syndiclis lotungensis S.Lee 乐东油果樟
Syndiclis marlipoensis H.W.Li 麻栗坡油果樟
Syndiclis pingbienensis H.W.Li 屏边油果樟
Syndiclis sichourensis H.W.Li 西畴油果樟
Synechanthus H.Wendl.**合生花棕属**(棕榈科)
Synedrella Gaertn.**金腰箭属**(菊科)
Synedrella nodiflora (L.) Gaertn.金腰箭
Syneilesis Maxim.**兔儿伞属**(菊科)
Syneilesis aconitifolia (Bge.) Maxim.兔儿伞
Syneilesis australis Ling 南方兔儿伞
Syneilesis hayatae Kitam.=Syneilesis intermedia
Syneilesis intermedia (Hay.) Kitam.台湾兔儿伞
Syneilesis subglabrata (Yamamoto & Sasaki) Kitam.高山兔儿伞
Syngonium Schott **合果芋属**(天南星科)
Syngonium auritum (L.) Schott 五指合果芋
Syngonium podophyllum Schott 合果芋
Syngonium podophyllum var. albolineatum (Hort.) Engl.白纹合果芋
Syngramma fraxinea Bedd.=Coniogramme fraxinea
Syngramma fraxinea Don (Clarke in Trans L.Soc.1800)=Coniogramme affinis
Syngramma vestita Moore=Gymnopteris vestita
Syngramme fraxinea Bedd.=Coniogramme intermedia
Synostemon F.v.Muell.=**Sauropus**
Synostemon bacciformis (L.) Webster=Sauropus bacciformis
Synotis (C.B.Clarke) C.Jeffr. & Y.L.Chen **合耳菊属**(菊科)
Synotis acuminata (Wall. ex DC.) C.Jeffr. & Y.L.Chen 尾尖合耳菊
Synotis ainshiaefolia C.Jeffr. & Y.L.Chen 宽翅合耳菊
Synotis alata (Wall. ex DC.) C.Jeffr. & Y.L.Chen 翅柄合耳菊
Synotis atractylidifolia (Ling) C.Jeffr. & Y.L.Chen 术叶合耳菊
Synotis auriculata C.Jeffr. & Y.L.Chen 耳叶合耳菊
Synotis austro-yunnanensis C.Jeffr. & Y.L.Chen 滇南合耳菊
Synotis birmanica C.Jeffr. & Y.L.Chen 缅甸合耳菊
Synotis brevipappa C.Jeffr. & Y.L.Chen 短缨合耳菊
Synotis calocephala C.Jeffr. & Y.L.Chen 美头合耳菊
Synotis cappa (Buch.-Ham. ex D.Don) C.Jeffr. & Y.L.Chen 密花合耳菊
Synotis cavaleriei (Lévl.) C.Jeffr. & Y.L.Chen 昆明合耳菊
Synotis changiana Y.L.Chen 肇骞合耳菊
Synotis chingiana C.Jeffr. & Y.L.Chen 子农合耳菊
Synotis cordifolia Y.L.Chen 心叶合耳菊
Synotis damiaoshanica C.Jeffr. & Y.L.Chen 大苗山合耳菊
Synotis duclouxii (Dunn) C.Jeffr. & Y.L.Chen 滇东合耳菊
Synotis erythropappa (Bur. & Franch.) C.Jeffr. & Y.L.Chen 红缨合耳菊
Synotis fulvipes (Ling) C.Jeffr. & Y.L.Chen 褐柄合耳菊

Synotis glomerata (F.J.Jeffr.) C.Jeffr. & Y.L.Chen 聚花合耳菊
Synotis guizhouensis C.Jeffr. & Y.L.Chen 黔合耳菊
Synotis hieraciifolia (Lévl.) C.Jeffr. & Y.L.Chen 矛叶合耳菊
Synotis ionodasys (Hand.-Mazz.) C.Jeffr. & Y.L.Chen 紫毛合耳菊
Synotis longipes C.Jeffr. & Y.L.Chen 长柄合耳菊
Synotis lucorum (Franch.) C.Jeffr. & Y.L.Chen 丽江合耳菊
Synotis muliensis Y.L.Chen 木里合耳菊
Synotis nagensium (C.B.Clarke) C.Jeffr. & Y.L.Chen 锯叶合耳菊
Synotis nayongensis C.Jeffr. & Y.L.Chen 纳拥合耳菊
Synotis otophylla Y.L.Chen 耳柄合耳菊
Synotis palamtisecta Y.L.Chen & D.L.Liu 掌裂合耳菊
Synotis pseudoalata (Chang) C.Jeffr. & Y.L.Chen 紫背合耳菊
Synotis reniformis Y.L.Chen 肾叶合耳菊
Synotis saluenensis (Diels) C.Jeffr. &Y.L.Chen 腺毛合耳菊
Synotis sciatrephes (W.W.Sm.) C.Jeffr. & Y.L.Chen 林荫合耳菊
Synotis setchuanensis (Franch.) C.Jeffr. & Y.L.Chen 四川合耳菊
Synotis sinica (Diels) C.Jeffr. & Y.L.Chen 华合耳菊
Synotis sinicus (Diels) Chang(Chang in Bull.Fan Mem.Inst.Biol.Bot.1936, p.p.)= Synotis guizhouensis
Synotis solidaginea (Hand.-Mazz.) C.Jeffr. & Y.L.Chen 川西合耳菊
Synotis tetrantha (DC.) C.Jeffr. & Y.L.Chen 四花合耳菊
Synotis triligulata (Buch.-Ham. ex D.Don) C.Jeffr. & Y.L.Chen 三舌合耳菊
Synotis vaniotii (Lévl.) C.Jeffr. & Y.L.Chen 羽裂合耳菊
Synotis wallichii (DC.) C.Jeffr. & Y.L.Chen 合耳菊
Synotis xantholeuca (Hand.-Mazz.) C.Jeffr. & Y.L.Chen 黄白合耳菊
Synotis yakoensis (J.F.Jeffr.) C.Jeffr. & Y.L.Chen 丫口合耳菊
Synotis yui C.Jeffr. & Y.L.Chen 蔓生合耳菊
Synsepalum (A.DC.) Baill.**神秘果属**(山榄科)
Synsepalum dulcificum Daniell 神秘果
Synstemon Botsch.**连蕊芥属**(十字花科)
Synstemon deserticola Y.Z.Zhao=Synstemon petrovii
Synstemon linearifolius Z.X.An=Dontostemon integrifolius
Synstemon lulianlianus Al-Shehbaz & al.陆氏连蕊芥
Synstemon petrovii Botsch.连蕊芥
Synstemon petrovii var. petrovii=Synstemon petrovii
Synstemon petrovii var. *pilosus* Botsch.=Synstemon petrovii
Synstemon petrovii var. *xinglongicus* Z.X.An=Synstemon petrovii
Synstemon siliquiosa var. pilosus Botsch.柔毛连蕊芥
Synstemon siliquiosa var. xinglonicus Z.X.An 兴隆连蕊芥
Synstemonanthus petrovii (Botsch.) Botsch.=Synstemon petrovii
Synstemonanthus petrovii var. *pilosus* (Botsch.) Botsch.=Synstemon petrovii
Syntherisma Walt.=**Digitaria**
Syntherisma chinensis (Nees) Hitchc.=Digitaria violascens
Syntherisma formosana (Rendle) Honda=Digitaria radicosa
Syntherisma hayatae Honda=Digitaria mollicoma
Syntherisma hayatae var. *magna* Honda=Digitaria mollicoma
Syntherisma henryi (Renlde) Newold=Digitaria henryi
Syntherisma longiflora Skeels=Digitaria longiflora
Syntherisma magna Honda=Digitaria mollicoma
Syntherisma microbachne (Presl) Hitchc.=Digitaria microbachne
Syntherisma royleana (Nees) Newbold=Digitaria stricta
Syntherisma sasakii Honda=Digitaria henryi
Syntherisma tenuispica Keng=Digitaria radicosa
Syntherisma ternata (Hochst.) Newbold=Digitaria ternata
Synurus Iljin **山牛蒡属**(菊科)
Synurus atriplicifolius (Trev.) Iljin=Synurus deltoides
Synurus deltoides (Ait.) Nakai 山牛蒡
Synurus diabolicus (Kitam) Kitam.=Olgaea lomonosowii
Synurus pungens var. *giganens* Kitam.=Synurus deltoides
Syreitschikovia Pavl.**疆菊属**(菊科)
Syreitschikovia tenuifolia (Bong.) Pavl.疆菊
Syrenia Andr. ex Besser=**Erysimum**
Syrenia macrocarpa Vass.大果棱果芥
Syrenia siliculosa (M.Bieb.) Andrz.=Erysimum siliculosum
Syringa L.**丁香属**(木犀科)
Syringa adamiana Balfour f. & W.W.Sm.=Syringa tomentella
Syringa affinis L.=Syringa oblata
Syringa affinis L.Henry(Schneid.in Bot.Jahrb.1905,p.p.)=Syringa oblata
Syringa affinis var. *giraldi* Schneid.=Syringa oblata
Syringa alborosea N.E.Brown=Syringa tomentella
Syringa amurensis a. *genuina* Maxim.=Syringa reticulata subsp. amurensis
Syringa amurensis Rupr.=Syringa reticulata subsp. amurensis
Syringa amurensis var. *mandshurica* (Maxim.) Korsh=Syringa reticulata subsp. amurensis
Syringa amurensis var. *pekiensis* (Rupr.) Maxim.=Syringa reticulata subsp. pekinensis
Syringa amurensis var. δ. *rotundifolia* (Decne.) Lingelsh.=Syringa reticulata subsp. amurensis
Syringa amurensis β. *pekinensis* (Rupr.) Maxim.=Syringa reticulata subsp. pekinensis
Syringa bretschneideri Lemoine=Syringa villosa
Syringa buxifolia Nakai=Syringa protolaciniata
Syringa caerulea Jonston=Syringa vulgaris
Syringa chinensis Schmidt ex Willd.(Bge.in Mem.Acad.Sci.St.Pétersb.Sav.Etrang.1835)=Syringa oblata
Syringa ×chinensis Schmidt 什锦丁香
Syringa ×chinensis f. alba (Krchn.) Shelle 白花什锦丁香
Syringa ×*chinensis* f. *chinensis*=Syringa ×chinensis
Syringa ×chinensis f. duplex (Lemoine) Shelle 重瓣什锦丁香
Syringa chinensis var. *alba* (Kirchn.) Rehd.=Syringa ×chinensis f. alba
Syringa chinensis var. *duplex* (Lemoine) Rehd.=Syringa ×chinensis f. duplex
Syringa chuanxiensis S.Z.Qa & X.L.Chen=Syringa mairei
Syringa dielsiana Schneid.=Syringa pubescens subsp. microphylla
Syringa dilatata Nakai=Syringa oblata subsp. dilatata
Syringa dilatata f. *alba* (W.Wang & Skvort.) S.D.Zhao=Syringa oblata subsp. dilatata
Syringa dilatata var. *alba* W.Wang & Skvort.=Syringa oblata subsp. dilatata
Syringa dilatata var. *longituba* W.Wang & Skvort.=Syringa oblata subsp. dilatata
Syringa dilatata var. *violacea* W.Wang & Skvort.=Syringa oblata subsp. dilatata
Syringa dubia Pers.=Syringa ×chinensis
Syringa emodi Wall. ex G.Don (Decne in Nouv.Arch.Mus.Hist.Nat.Paris 1879,p.p.)=Syringa villosa
Syringa emodi Wall. ex G.Don (Hemsl.in J.L.Soc.Bot.1889,p.p.)=Syringa komarowii
Syringa emodi Wall. ex G.Don (西藏志 1986)=Syringa tibetica
Syringa emodi var. *pilosissima* Schneid.=Syringa tomentella
Syringa emodi var. *rosea* Cornu=Syringa villosa
Syringa emodi-rosea Cornu=Syringa villosa
Syringa faurei var. *lactea* (Nakai) Nakai=Syringa pubescens subsp. patula
Syringa fauriei Lévl.(Nakai in Bot.Mag.Tokyo 1918)=Syringa pubescens subsp. patula
Syringa formosissima Nakai=Syringa wolfii
Syringa formosissima var. *hirsuta* (Schneid.) Nakai=Syringa wolfii
Syringa geraldiana Sargent=Syringa oblata
Syringa giraldiana Schneid.=Syringa pubescens subsp. microphylla
Syringa giraldii Lemoine=Syringa oblata
Syringa glabra (Schneid.) Lingelsh.=Syringa komarowii
Syringa hirsuta (Schneid.) Nakai=Syringa wolfii
Syringa hirsuta var. *formosissima* (Nakai) Nakai=Syringa wolfii
Syringa josikaea Jacq.f.匈牙利丁香
Syringa julianae Schneid.=Syringa pubescens subsp. julianae
Syringa kamibayashi Nakai=Syringa pubescens subsp. patula
Syringa koehneana Schneid.=Syringa pubescens subsp. patula
Syringa komarowii Schneid.西蜀丁香
Syringa komarowii subsp. *reflexa* (C.K.Schneid.) P.S.Green & M.C.Chang = Syringa komarowii
Syringa komarowii var. komarowii=Syringa komarowii
Syringa komarowii var. *sargentiana* Schneid.=Syringa komarowii
Syringa ×*laciniata* auct.non Mill.=Syringa protolaciniata
Syringa latifolia Salisb.=Syringa vulgaris
Syringa mairei (Lévl.) Rehd.皱叶丁香
Syringa media Hort.=Syringa ×chinensis
Syringa meyeri Schneid.蓝丁香
Syringa meyeri cv. *Palibin*=Syringa meyeri var. spontanea
Syringa meyeri var. meyeri=Syringa meyeri
Syringa meyeri var. spontanea M.C.Chang 小叶蓝丁香
Syringa meyeri var. *spontanea* f. *alba* (W.Wang,Fuh & Chao) M.C.Chang = Syringa meyeri var. spontanea

Syringa micrantha Nakai=Syringa pubescens subsp. patula
Syringa microphylla Diels (M.Noda in Fl.N.-E.Prov.China 1971)=Syringa meyeri var. spontanea
Syringa microphylla Diels=Syringa pubescens subsp. microphylla
Syringa microphylla f. *alba* (Wang,Fuh & Chao) Kitag.=Syringa meyeri var. spontanea
Syringa microphylla minor Dropmore=Syringa meyeri var. spontanea
Syringa microphylla var. *alba* Wang=Syringa meyeri var. spontanea
Syringa microphylla var. *flavoanthera* X.L.Chen=Syringa pubescens var. flavoanthera
Syringa microphylla var. *giraldiana* (Schneid.) S.Z.Qu & X.L.Chen= Syringa pubescens subsp. microphylla
Syringa microphylla var. *glabriuscula* Schneid.=Syringa pubescens subsp. microphylla
Syringa oblata cv. Luolanzi 罗蓝紫
Syringa oblata cv. Xiangxue 香雪
Syringa oblata cv. Ziyun 紫云
Syringa oblata Lindl.(Diels in Bot.Jahrb.1900,p.,p.)=Syringa oblata
Syringa oblata Lindl.紫丁香
Syringa oblata subsp. dilatata (Nakai) P.S.Green & M.C.Chang 朝阳丁香
Syringa oblata subsp. oblata=Syringa oblata
Syringa oblata var. *affinis* (L.Henryo) Lingelsh.=Syringa oblata
Syringa oblata var. *dilatata* (Nakai) Rehd.=Syringa oblata subsp. dilatata
Syringa oblata var. *giraldii* (Lemoine) Rehd.=Syringa oblata
Syringa oblata var. *hupehensis* Pamp.=Syringa oblata
Syringa oblata var. oblata=Syringa oblata
Syringa oblata var. *typica* Lingelsh.(p.p.)=Syringa oblata
Syringa oblata var. *typica* f. *alba* Lingelsh.=Syringa oblata
Syringa palibiniana Nakai=Syringa pubescens subsp. patula
Syringa palibiniana var. *kamibayashii* (Nakai) Nakai=Syringa pubescens subsp. patula
Syringa palibiniana var. *lactea* (Nakai) Nakai=Syringa pubescens subsp. patula
Syringa patula (Palibin) Nakai=Syringa pubescens subsp. patula
Syringa patulum Palib.=Syringa pubescens subsp. patula
Syringa pekinensis Rupr.=Syringa reticulata subsp. pekinensis
Syringa persica 3. *caerulea* Weston=Syringa ×persica
Syringa persica a. *integrifolia* Vahl=Syringa ×persica
Syringa persica L.=Syringa ×persica
Syringa ×persica L.花叶丁香
Syringa ×persica f. alba (Weston) Voss 白花花叶丁香
Syringa ×persica f. persica=Syringa ×persica
Syringa persica var. *alba* Weston=Syringa ×Persica f. alba
Syringa persica var. *typica* f. *alba* Lingelsh.=Syringa ×Persica f. alba
Syringa pinetorum W.W.Sm.松林丁香
Syringa pinnatifolia Hemsl.羽叶丁香
Syringa pinnatifolia var. *alashanensis* Ma & S.Q.Zhou=Syringa pinnatifolia
Syringa potanini Schneid.=Syringa pubescens subsp. microphylla
Syringa protolaciniata P.S.Green & M.C.Chang 华丁香
Syringa pubescens Turcz.(Lingelsh.in Engl.Pflanzer.1920,p.p.)=Syringa pubescens subsp. microphylla
Syringa pubescens Turcz.巧玲花
Syringa pubescens f. *hirsuta* (Skv. & Wang) Kitag.=Syringa pubescens subsp. patula
Syringa pubescens subsp. julianae (Schneid.) M.C.Chang & X.L.Chen 光萼巧玲花
Syringa pubescens subsp. microphylla (Diels) M.C.Chang & X.L.Chen 小叶巧玲花
Syringa pubescens subsp. patula (Palibin) M.C.Chang & X.L.Chen 关东巧玲花
Syringa pubescens subsp. pubescens=Syringa pubescens
Syringa pubescens var. flavoanthera (X.L.Chen) M.C.Chang 黄药小叶巧玲花
Syringa pubescens var. *hirsuta* Skv. & Wang=Syringa pubescens subsp. patula
Syringa pubescens var. *tibetica* Batalin=Syringa pubescens subsp. microphylla
Syringa pubescens var. *typica* f. *pilosa* Schneid.=Syringa pubescens
Syringa reflexa Schneid.=Syringa komarowii
Syringa rehderiana Schneid.=Syringa tomentella
Syringa reticulata subsp. amurensis (Rupr.) P.S.Green & M.C.Chang 暴马丁香
Syringa reticulata subsp. pekinensis (Rupr.) P.S.Green 北京丁香
Syringa reticulata var. *amurensis* (Rupr.) Pringl.=Syringa reticulata subsp. amurensis
Syringa reticulata var. *mandshurica* (Maxim.) Hara=Syringa reticulata subsp. amurensis
Syringa robusta Nakai=Syringa wolfii
Syringa robusta f. *glabra* Nakai=Syringa wolfii
Syringa robusta f. *subhirsuta* Nakai (p.p.)=Syringa villosa
Syringa robusta f. *subhirsuta* Nakai=Syringa wolfii
Syringa rothomagensis 2. *alba* Kirchn.=Syringa ×chinensis f. alba
Syringa rothomagensis Hor.=Syringa ×chinensis
Syringa rotundifolia Decne.=Syringa reticulata subsp. amurensis
Syringa rubusta var. *rupestris* Baranov & Skvort.=Syringa wolfii
Syringa rugulosa McKelvey=Syringa mairei
Syringa sargentiana Schneid.=Syringa komarowii
Syringa schneideri Lingelsh.=Syringa pubescens subsp. microphylla
Syringa sempervirens Franchj.=Ligustrum sempervirens
Syringa suspensa Thunb.=Forsythia suspensa
Syringa sweginzowii Koehne & Lingelsh.四川丁香
Syringa sweginzowii superba Lemonine=Syringa sweginzowii
Syringa tetanoloba Schneid.=Syringa sweginzowii
Syringa tibetica P.Y.Bai 藏南丁香
Syringa tigerstedtii H.Sm.=Syringa sweginzowii
Syringa tomentella Bureau & Franch.毛丁香
Syringa tomentella var. *rehderiana* (Schneid.) Rehd.=Syringa tomentella
Syringa trichophylla Tang=Syringa pubescens subsp. microphylla
Syringa tsinlingesana Schneid.=Syringa pubescens subsp. microphylla
Syringa varina duplex Lemoine=Syringa ×chinensis f. duplex
Syringa velutina Bureau & Franch.=Syringa tomentella
Syringa velutina Kom.=Syringa pubescens subsp. patula
Syringa venosa Nakai=Syringa pubescens subsp. patula
Syringa venosa var. *lactea* (Nakai) Nakai=Syringa pubescens subsp. patula
Syringa verrucosa Schneid.=Syringa pubescens subsp. julianae
Syringa villosa Wahl.红丁香
Syringa villosa Vahl(Decne.in Nouv.Arch.Mus.Hist.Nat.Paris 1879)= Syringa pubescens
Syringa villosa Vahl(Diels in Bot.Jahrb.1900)=Syringa pubescens subsp. microphylla
Syringa villosa Vahl(Kom.in Act.Hort.Petrop.1907,p.p.)=Syringa wolfii
Syringa villosa Vahl(树木分类学 1937,p.p.)=Syringa komarowii
Syringa villosa var. *giraldi* Spreng.=Syringa oblata
Syringa villosa var. *glabra* Schneid.=Syringa komarowii
Syringa villosa var. *hirsuta* Schneid.=Syringa wolfii
Syringa villosa var. *lactea* Nakai=Syringa pubescens subsp. patula
Syringa villosa var. *limprichtii* Lingelsh.=Syringa villosa
Syringa villosa var. *ovalifolia* DC.=Syringa pubescens
Syringa villosa var. *pubescens* Anomymous=Syringa pubescens
Syringa villosa var. *rosea* (Cornu) Schneid.=Syringa villosa
Syringa villosa var. *rosea* Cornu ex Rehd.=Syringa villosa
Syringa villosa var. *typica* Schneid.=Syringa villosa
Syringa villosa var. *typica* f. *glabra* Schneid.=Syringa komarowii
Syringa villosa var. *typica* f. *subhirsuta* Schneid.=Syringa villosa
Syringa vulgaris L. (Hemsl.in J.L.Soc.Bot.1889)=Syringa oblata
Syringa vulgaris Lamarck=Syringa vulgaris
Syringa vulgaris L.欧丁香
Syringa vulgaris cv. Chunge 春阁
Syringa vulgaris f. alba (Weston) Voss 白花欧丁香
Syringa vulgaris f. coerulea (Weston) Schelle 蓝花欧丁香
Syringa vulgaris f. plena (Oudin) Rehd.重瓣欧丁香
Syringa vulgaris f. purpurea (Seston) Hort. ex Schelle 紫花欧丁香
Syringa vulgaris f. vulgaris=Syringa vulgaris
Syringa vulgaris var. *alba* Weston=Syringa vulgaris f. alba
Syringa vulgaris var. *coerulea* Weston=Syringa vulgaris f. coerulea
Syringa vulgaris var. *oblata* Franch.=Syringa oblata
Syringa vulgaris var. *plena* Oudin=Syringa vulgaris f. plena
Syringa vulgaris var. *purpurea* Weston=Syringa vulgaris f. purpurea
Syringa wardii W.W.Sm.圆叶丁香
Syringa wilsonii Schneid.=Syringa tomentella
Syringa wolfii Schneid.辽东丁香
Syringa wolfii var. *hirsuta* (Schneid.) Hatusima=Syringa wolfii
Syringa wulingensis Skv. & Wang=Syringa pubescens
Syringa yunnanensis Franch.云南丁香
Syringa yunnanensis f. *pubicalyx* (Jien ex P.Y.Bai) M.C.Chang=Syringa

yunnanensis
Syringa yunnanensis f. yunnanensis=Syringa yunnanensis
Syringa yunnanensis var. *pubicalyx* Jien ex P.Y.Bai=Syringa yunnanensis
Syringodium Kütz.**针叶藻属**(眼子菜科)
Syringodium filiforme Kütz 丝状针叶藻
Syringodium isoetifolium (Asch.) Dandy 针叶藻
Sytphnolobium japonicum var. *pubescens* Hort.=Sophora japonica var. pubescens
Syzygium Gaertn.**蒲桃属**(桃金娘科)
Syzygium acutisepalum (Hay.) Mori 尖萼蒲桃
Syzygium angkolanum Miq.=Cleistocalyx operculatus
Syzygium angustinii Merr. & Perry 假乌墨
Syzygium araiocladum Merr. & Perry 线枝蒲桃
Syzygium aromaticum (L.) Merr. & Perry 丁子香
Syzygium austrosinense (Mnerr. & Perry) Chang & Miau 华南蒲桃
Syzygium austroyunnanense Chang & Miau 滇南蒲桃
Syzygium balsameum Wall.香胶蒲桃
Syzygium baviense (Gagn.) Merr. & Perry 短棒蒲桃
Syzygium boisianum (Gagn.) Merr. & Perry 无柄蒲桃
Syzygium brachyantherum Merr. & Perry 短药蒲桃
Syzygium brachythyrsum Merr. & Perry(p.p.)=Syzygium hainanense
Syzygium brachythyrsum Merr. & Perry 短序蒲桃
Syzygium bracteatum Korth.=Syzygium seylanicum
Syzygium bullockii (Hance) Merr. & Perry 黑嘴蒲桃
Syzygium buxifolioideum Chang & Miau 假赤楠
Syzygium buxifolium HK. & Arn.赤楠
Syzygium buxifolium var. *austrosinense* Merr. & Perry=Syzygium austrosinense
Syzygium cathayense Merr. & Perry 华夏蒲桃
Syzygium championii (Benth.) Merr. & Perry 子凌蒲桃
Syzygium chunianum Merr. & Perry 密脉蒲桃
Syzygium cinereum Wall.钝叶蒲桃
Syzygium claviflorum (Roxb.) Wall.(台湾树木志 1963)= Syzygium taiwanicum
Syzygium claviflorum (Roxb.) Wall.棒花蒲桃
Syzygium claviflorum var. *oblongifolium* (Hay.) Mori=Syzygium taiwanicum
Syzygium congestiflorum Chang & Miau 团花蒲桃
Syzygium cumini (L.) Skeels 乌墨
Syzygium cumini var. cumini=Syzygium cumini
Syzygium cumini var. tsoi (Merr. & Chun) Chang & Miau 长萼乌墨
Syzygium euonymifolium (Metcalf) Merr. & Perry 卫矛叶蒲桃
Syzygium euphlebium (Hay.) Mori 细脉蒲桃
Syzygium fluviatile (Hemsl.) Merr. & Perry 水竹蒲桃
Syzygium formosanum (Hay.) Mori 台湾蒲桃
Syzygium forrestii Merr. & Perry 滇边蒲桃
Syzygium fruticosum (Roxb.) DC.簇花蒲桃
Syzygium gracilentum Hu=Decaspermum gracilentum
Syzygium grijsii (Hance) Merr. & Perry 轮叶蒲桃
Syzygium guangxiense Chang & Miau 广西蒲桃
Syzygium hainanense Chang & Miau 海南蒲桃
Syzygium hancei Merr. & Perry 红鳞蒲桃
Syzygium handelii Merr. & Perry 贵州蒲桃
Syzygium howii Merr. & Perry 万宁蒲桃
Syzygium imitans Merr. & Perry 桂南蒲桃
Syzygium infra-rubiginosum Chang & Miau 褐背蒲桃
Syzygium jambolanum DC.=Syzygium cumini
Syzygium jambos (L.) Alston 蒲桃
Syzygium jambos var. jambos=Syzygium jambos
Syzygium jambos var. linearilimbum Chang & Miau 线叶蒲桃
Syzygium jienfunicum Chang & Miau 尖峰蒲桃
Syzygium kashotense (Hay.) Mori 圆顶蒲桃
Syzygium kusukusense (Hay.) Mori 恒春蒲桃
Syzygium kwangtungense Merr. & Perry 广东蒲桃
Syzygium laosense var. quocense (Gagn.) Chang & Miau 少花老挝蒲桃
Syzygium lasianthifolium Chang & Miau 粗叶蒲桃
Syzygium latilimbum Merr. & Perry 阔叶蒲桃
Syzygium leptanthum (Wight) Nied.纤花蒲桃
Syzygium levinei (Merr.) Merr. & Perry 山蒲桃
Syzygium lineatum (DC.) Merr. & Perry 长花蒲桃
Syzygium longiflorum Presl=Syzygium lineatum
Syzygium malaccense (L.) Merr. & Perry 马六甲蒲桃
Syzygium melanophyllum Chang & Miau 黑长叶蒲桃
Syzygium microphyllum Gamble (Masamune in Mem.Fac.Sci.Agr.Taihoku Univ.1934)=Syzygium buxifolium
Syzygium myrsinifolium (Hance) Merr. & Perry 竹叶蒲桃
Syzygium myrsinifolium var. grandiflorum Chang & Miau 大花竹叶蒲桃
Syzygium myrsinifolium var. myrsinifolium=Syzygium myrsinifolium
Syzygium myrtifolium Miq.=Syzygium seylanicum
Syzygium nervosum DC.=Cleistocalyx operculatus
Syzygium nienkui Merr. & Perry=Syzygium tetragonum
Syzygium nodosum Miq.=Cleistocalyx operculatus
Syzygium oblancilimbum Chang & Miau 倒披针叶蒲桃
Syzygium oblatum (Roxb.) Wall.高檐蒲桃
Syzygium odoratum (Lour.) DC.香蒲桃
Syzygium okudai Mori=Syzygium jambos
Syzygium operculatum Nied.=Cleistocalyx operculatus
Syzygium polypetaloideum Merr. & Perry 假多瓣蒲桃
Syzygium rehderianum Merr. & Perry 红枝蒲桃
Syzygium rockii Merr. & Perry 滇西蒲桃
Syzygium rysopodum Merr. & Perry 皱萼蒲桃
Syzygium salwinense Merr. & Perry 怒江蒲桃
Syzygium samarangense (Bl.) Merr. & Perry 洋蒲桃
Syzygium saxatile Chang & Miau 石生蒲桃
Syzygium seylanicum (L.) DC.锡兰蒲桃
Syzygium stenocladum Merr. & Perry 纤枝蒲桃
Syzygium sterrophyllum Merr. & Perry 硬叶蒲桃
Syzygium szechuanense Chang & Miau 四川蒲桃
Syzygium szemaoense Merr. & Perry 思茅蒲桃
Syzygium taiwanicum Chang & Miau 台湾棒花蒲桃
Syzygium tenuirhachis Chang & Miau 细轴蒲桃
Syzygium tephrodes (Hance) Merr. & Perry 方枝蒲桃
Syzygium tetragonum Wall.四角蒲桃
Syzygium thumra (Roxb.) Merr. & Perry 黑叶蒲桃
Syzygium tsoongi (Merr.) Merr. & Perry 狭叶蒲桃
Syzygium vestitum Merr. & Perry 毛脉蒲桃
Syzygium wenshanense Chang & Miqu 文山蒲桃
Syzygium xizangense Chang & Miau 西藏蒲桃
Syzygium yunnanense Merr. & Perry 云南蒲桃
Szechenyia Kanitz=**Gagea**
Szechenyia lloydioides Kanitz=Gagea pauciflora
Sze-Chi-Pao=Citrus maxima cv. Szechipaw
Szovitsia (Fisch. & Mey.) Drude=**Aphanopleura**

T

Tabebuia Gomes **黄钟木属**(新) (紫葳科)
Tabebuia chrysantha (Jacq.) Nichols.黄钟木
Tabebuia rosea (Bertol.) DC.掌叶黄钟木(新)
Tabernaemontana L.**狗牙花属**(夹竹桃科)
Tabernaemontana bovina Lour.药用狗牙花
Tabernaemontana bufalina Lour.尖蕾狗牙花
Tabernaemontana ceratocarpa (Kerr.) P.T.Li=Tabernaemontana bufalina
Tabernaemontana chengkiangensis (Tsiang) P.T.Li=Tabernaemontana bufalina
Tabernaemontana chinensis Merr.=Tabernaemontana corymbosa
Tabernaemontana continentalis (Tsiang) P.T.Li=Tabernaemontana corymbosa
Tabernaemontana continentalis var. *pubiflora* (Tsiang) P.T.Li= Tabernaemontana corymbosa
Tabernaemontana coronaria R.Br.=Tabernaemontana divaricata
Tabernaemontana coronaria β. *florefleno* Lindl.=Ervatamia divaricata cv. Gouyahua
Tabernaemontana corymbosa Roxb.伞房狗牙花
Tabernaemontana dichotoma Roxb.=Rejoua dichotoma
Tabernaemontana divaricata (L.) R.Br. ex Roem. & Schult.狗牙花
Tabernaemontana elliptica Thunb. & Murr.=Alstonia elliptica
Tabernaemontana flabelliformis (Tsiang) P.T.Li=Tabernaemontana divaricata
Tabernaemontana guangdongensis P.T.Li Tabernaemontana pandacaqui
Tabernaemontana hainanensis (Tsiang) P.T.Li=Tabernaemontana bufalina
Tabernaemontana jasminoides Tsiang= Tabernaemontana bufalina

Tabernaemontana kwangsiensis (Tsiang) P.T.Li=Tabernaemontana corymbosa
Tabernaemontana kweichowensis (Tsiang) P.T.Li=Tabernaemontana corymbosa
Tabernaemontana macrocarpa Jack=Ervatamia macrocarpa
Tabernaemontana mollis HK. & Arn.=Tabernaemontana pandacaqui
Tabernaemontana mucronata Merr.=Tabernaemontana pandacaqui
Tabernaemontana officinalis (Tsiang) P.T.Li=Tabernaemontana bovina
Tabernaemontana pandacaqui Lam.平脉狗牙花
Tabernaemontana pandacaqui Poir.=Tabernaemontana pandacaqui
Tabernaemontana polyantha (Bl.) Miq.=Ichnocarpus polyanthus
Tabernaemontana polyantha Bl.=Ichnocarpus polyanthus
Tabernaemontana subglobosa Merr.=Tabernaemontana pandacaqui
Tabernaemontana thailandensis P.T.Li=Tabernaemontana pandacaqui
Tabernaemontana tonkinensis Pierre ex Pit.=Tabernaemontana bovina
Tabernaemontana tsiangiana P.T.Li=Tabernaemontana corymbosa
Tabernaemontana verrucosa Bl.=Chonemorpha verrucosa
Tabernaemontana yunnanensis (Tsiang) P.T.Li=Tabernaemontana corymbosa
Tabernaemontana yunnanensis var. *heterosepala* (Tsiang) P.T.Li=Tabernaemontana corymbosa
Tacca J.R.Forster & J.G.A.Forster **蒟蒻薯属**(蒟蒻薯科)
Tacca chantrieri Andre 箭根薯
Tacca cristata Jack.=Tacca integrifolia
Tacca esquirolii (Lév(L.) Rehd.=Tacca chantrieri
Tacca gaogao Blanco=Tacca leontopetaloids
Tacca hawaiiensis H.Limpr.=Tacca leontopetaloides
Tacca hawaiiensis Limpr.=Tacca leontopetaloids
Tacca integrifolia Ker.Gawl.丝须蒟蒻薯
Tacca involucrata Schum. & Thenn.=Tacca leontopetaloids
Tacca laevis Roxb.=Tacca integrifolia
Tacca leontopetaloids (L.) Kuntze 蒟蒻薯
Tacca minor Ridl.=Tacca chantrieri
Tacca paxiana Limpr.=Tacca chantrieri
Tacca pinnatifida G.Forst.=Tacca leontopetaloids
Tacca plantaginea (Hance) Drenth=Schizocapsa pantaginea
Tacca subflabellata P.P.Ling & C.T.Ting 扇苞蒟蒻薯
Taccaceae 蒟蒻薯科
Tadehagi Ohashi **葫芦茶属**(豆科)
Tadehagi pseudotriquetrum (DC.) Yang & Huang 蔓茎葫芦茶
Tadehagi triquetrum (L.) Ohashi 葫芦茶
Tadehagi triquetrum subsp. *pseudotriquetrum* (DC.) Ohashi=Tadehagi pseudotriquetrum
Taeniophyllum Bl.**带叶兰属**(兰科)
Taeniophyllum aphyllum (Makino) Makino=Taeniophyllum glandulosum
Taeniophyllum breviscapum J.J.Sm.短花茎带叶兰
Taeniophyllum compactum Ames=Microtatorchis compacta
Taeniophyllum complanatum Fukuyama 扁带兰(新)?
Taeniophyllum crassipes Fukuyama 厚带兰(新)?
Taeniophyllum filiforme J.J.Sm.丝状带叶兰
Taeniophyllum glandulosum Bl.带叶兰
Taeniophyllum obtusum Bl.兜唇带叶兰
Taeniopsis J.Sm.=**Vittaria**
Taeniopsis amboinensis (Fée) Bedd.=Vittaria amboinensis
Taeniopteris HK.=**Vittaria**
Taenitidaceae 竹叶蕨科
Taenitis Willd.**竹叶蕨属**(竹叶蕨科)
Taenitis blechnoides (Willd.) Sw.竹叶蕨
Taenitis chinensis Desv.=Taenitis blechnoides
Taenitis miyoshiana Makino=Drymotaenium miyoshianum
Taenitis pteroides Chkuhr=Taenitis blechnoides
Taenitis pusilla Mett.=Scleroglossum pusillum
Taetsia Medik.=**Cordriline**
Taetsia ferrea (L.) Medik.=Cordriline fruticosa
Taetsia fruticosa (L.) Merr.=Cordriline fruticosa
Taetsia terminalis (L.) W.Wight ex Safford=Cordriline fruticosa
Tagetes L.**万寿菊属**(菊科)
Tagetes apetala Posado 无舌万寿菊
Tagetes erecta L.万寿菊
Tagetes lucida Cav.香叶万寿菊
Tagetes micrantha Cav.小万寿菊
Tagetes patula L.孔雀草
Taihangia Yü & Li **太行花属**(蔷薇科)
Taihangia rupestris Yü & Li 太行花
Taihangia rupestris var. ciliata Yü & Lu 绣毛太行花
Taihangia rupestris var. rupestris=Taihangia rupestris
Tainia Bl. **带唇兰属**(兰科)
Tainia angustifolia (Lindl.) Benth. & HK.f.狭叶带唇兰
Tainia barbata Lindl.=Eriodes barbata
Tainia bilamellata (Fukuyama) S.S.Ying=Oreorchis bilamellata
Tainia chapaense Gagn.=Collabium formosanum
Tainia cordifolium HK.f.=Mischobulbum cordifolium
Tainia dalavayi Gagn.=Collabium formosanum
Tainia dunnii Rolfe 带唇兰
Tainia elliptica Fukuyama=Tainia dunnii
Tainia emeiensis (K.Y.Lang) Z.H.Tsi 峨眉带唇兰
Tainia fauriei Schltr.=Mischobulbum cordifolium
Tainia flabellilobata C.L.Tso=Tainia dunnii
Tainia gokanzanensis Masamune 拟山兰(新)?
Tainia gracilis C.L.Tso=Tainia dunnii
Tainia hongkongensis Rolfe 香港带唇兰
Tainia hookeriana King & Pantl.绿花带唇兰
Tainia hualienia S.S.Ying 华丽带唇兰(新)?
Tainia latifolia (Lindl.) Rchb.f.阔叶带唇兰
Tainia latilingua HK.f.宽舌带唇兰
Tainia macrantha HK.f.大花带唇兰
Tainia minor HK.f.滇南带唇兰
Tainia ovifolia Z.H.Tsi & S.C.Chen 卵叶带唇兰
Tainia parvifolia C.L.Tso=Tainia dunnii
Tainia piyananensis Fukuyama=Tainia dunnii
Tainia quadriloba Summerh.=Tainia dunnii
Tainia ruybarrettoi (S.Y.Hu & Barretto) Z.H.Tsi 南方带唇兰
Tainia shimadai Hay.=Tainia dunnii
Tainia taiwaniana S.S.Ying=Tainia hookeriana
Tainia unguiculata Hay.=Acanthephippium striatum
Tainia viridifusca (HK.) Benth. & HK.f.高褶带唇兰
Tainiopsis Schltr.=**Eriodes**
Tainiopsis barbata (Lindl.) Schltr.=Eriodes barbata
Taitonia Yamamoto=**Gomphostemma**
Taitonia callicarpoides Yamamoto=Gomphostemma callicarpoides
Taiwania Hay.**台湾杉属**(杉科)
Taiwania cryptomerioides Hay.台湾杉
Taiwania cryptomerioides var. *flousiana* (Gaussen) Silba=Taiwania cryptomerioides
Taiwania flousiana Gaussen.=Taiwania cryptomerioides
Taiwania yunnanensis Koidz.=Taiwania cryptomerioides
Takaikazuchia Kitag.=**Olgaea**
Takasagoya Y.Kimura=**Hypericum**
Takasagoya acutisepala (Hay.) Y.Kimura=Hypericum geminiflorum
Takasagoya formosana (Maxim.) Y.Komura=Hypericum formosanum
Takasagoya geminiflora (Hesml.) Y.Kimura=Hypericum geminiflorum
Takasagoya subalata (Haya.) Y.Kimura=Hypericum subalatum
Takasagoya trinervia (Hemsl.) Y.Kimura=Hypericum geminiflorum
Takasaoya nakamurai Masamune=Hypericum nakamurai
Takeikadzuchia bonosowii (Trautv.) Kitag. & Kitam.=Olgaea lomonosowii
Takhtajaniella V.E.Avet.=**Alyssum**
Talassia Korov.**伊犁芹属**(伞形科)
Talassia transiliensis (Herd.) Korov.伊犁芹
Talauma Juss.**盖裂木属**(木兰科)
Talauma coco Merr.=Magnolia coco
Talauma gitingensis Elmer (Dandy in Lingnan Sci.Journ.1929)=Magnolia paenetalauma
Talauma hodgsoni HK.f. & Thoms.盖裂木
Talauma kerrii Craib=Magnolia henryi
Talauma pumila Bl.(p.p.)=Magnolia coco
Talinum Adans.**土人参属**(马齿苋科)
Talinum crassifolium Willd.(植物学大辞典 1918,药用志 1953,图鉴 1937,台湾志 1976)=Talinum paniculatum
Talinum paniculatum (Jacq.) Gaetrn.土人参
Talinum patens (L.) Willd.=Talinum paniculatum
Tamaricaceae 柽柳科
Tamaricaria Qaiser & Ali=**Myricaria**
Tamaricaria elegans (Royle) Qaiser & Ali=Myricaria elegans

Tamarindus L.**酸豆属**(豆科)
Tamarindus indica L.酸豆
Tamarix L.**柽柳属**(柽柳科)
Tamarix affinis Bge.=Tamarix gracilis
Tamarix androssowii Litw.白花柽柳
Tamarix angustifolia Ledeb.=Tamarix gracilis
Tamarix aphylla (L.) Karst.无叶柽柳
Tamarix arcenthoides Bge.密花柽柳
Tamarix articulata Vahl=Tamarix aphylla
Tamarix austromongolica Nakai 甘蒙柽柳
Tamarix chinensis Lour.柽柳
Tamarix cupressiformis Ledeb.=Tamarix gracilis
Tamarix elegans Spach=Tamarix chinensis
Tamarix elongata Ledeb.长穗柽柳
Tamarix gallica var. *chinensis* (Lour.) Ehrenb.=Tamarix chinensis
Tamarix gansuensis H.Z.Zhang 甘肃柽柳
Tamarix gracilis Willd.翠枝柽柳
Tamarix hispida Willd.刚毛柽柳
Tamarix hohenackeri Bge.多花柽柳
Tamarix jintaenia P.Y.Zhang & M.T.Liu 金穗柽柳
Tamarix juniperina Bge.=Tamarix chinensis
Tamarix karelinii Bge.盐地柽柳
Tamarix ladachensis Baum=Myricaria elegans
Tamarix laxa Willd.短穗柽柳
Tamarix laxa var. laxa=Tamarix laxa
Tamarix laxa var. polystachya (Ledeb.) Bge.伞花短穗柽柳
Tamarix leptostachys Bge.细穗柽柳
Tamarix mongolica Niedenzu 蒙古柽柳?
Tamarix orientalis Forsk.=Tamarix aphylla
Tamarix pallasii Desv.=Tamarix laxa
Tamarix paniculata Stev. ex DC.=Tamarix gracilis
Tamarix pentandra Pall.=Tamarix ramosissima
Tamarix polystachys Ledeb.=Tamarix laxa var. polystachya
Tamarix ramosissima Ledeb.多枝柽柳
Tamarix sachuensis P.Y.Zhang & M.T.Liu 莎车柽柳
Tamarix soongarica Pall.=Reaumuria songarica
Tamarix spiridonowii Fedtsch.=Tamarix gracilis
Tamarix taklamakanensis M.T.Liu 沙生柽柳
Tamarix tarimensis P.Y.Zhang & M.T.Liu 塔里木柽柳
Tamarix tenuissima Nakai 纤细柽柳?
Tanacetum L.**菊蒿属**(菊科)
Tanacetum achilloides (Turcz.) DC.=Ajania achilloides
Tanacetum adenanthum Diels=Ajania adenantha
Tanacetum aegytiacum Juss. ex Jacq.=Grangea maderaspatana
Tanacetum alashanense Ling=Hippolytia alashanensis
Tanacetum alatavicum Herd.=Pyrethrum alatavicum
Tanacetum arisanense Kitam.=Dendranthema arisanense
Tanacetum aureoglobosum W.W.Wm. & Farrer=Ajania fruticulosa
Tanacetum barclayanum DC.阿尔泰菊蒿
Tanacetum boreale Fisch. ex D.=Tanacetum vulgare
Tanacetum brachanthemoides (C.Winkl.) Krasch.=Kaschgaria brachanthemoides
Tanacetum bulbosum Hand.-Mazz.=Hippolytia delavayi
Tanacetum capitatum Torr. & Gray.岩生艾菊
Tanacetum chinense A.Gray ex Maxim.=Crossostephium chinense
Tanacetum cinerariifolium (Trev.) Sch.-Bip.=Pyrethrum cinerariifolium
Tanacetum crassipes (Stschgel.) Tzvel.密头菊蒿
Tanacetum crispum Steud.=Tanacetum vulgare
Tanacetum davidii Krasch.=Ajania parviflora
Tanacetum delavayi Franch. ex W.W.Sm.) Hand.-Mazz.=Hippolytia delavayi
Tanacetum elegantulum W.W.Sm.=Ajania elegantyla
Tanacetum facatolobatum Krasch.=Cancrinia maximowiczii
Tanacetum fruticulosum Ledeb.=Ajania fruticulosa
Tanacetum glariusculum W.W.Sm.=Dendranthema glabriusculum
Tanacetum gmelinii Sch.-Bip.(p.p.)=Dendranthema zawadskii
Tanacetum gossypinum C.B.Clarke=Hippolytia gossypina
Tanacetum herderi Rgl. & Schmalh.=Hippolytia herderi
Tanacetum indicum (L.) Sch.-Bip.=Dendranthema indicum
Tanacetum karelinii Tzvel.准葛尔菊蒿(新)?
Tanacetum kennedyi Dunn=Hippolytia kennedyi
Tanacetum khartense Dunn=Ajania khartensis
Tanacetum komarovii Krsch. & N.Rubtz.=Kaschgaria komarovii
Tanacetum ledebourii Sch.-Bip.=Cancrinia discoidea
Tanacetum leucanthemum (L.) Sch.-Bip.=Leucanthemum vulgare
Tanacetum leucophyllum Rgl.=Hippolytia herderi
Tanacetum lineare Kitam.=Leucanthemella linearis
Tanacetum mairei Lévl.=Ajania myriantha
Tanacetum meyerianum Sch.-Bip.=Tanacetum tanacetoides
Tanacetum morifolium (Ramat.) Kitam.=Dendranthema morifolium
Tanacetum mutellinum Hand.-Mazz.=Ajania khartensis
Tanacetum myrianthum Franch.=Ajania myriantha
Tanacetum myrianthum var. *wardii* Marq. & Shaw=Ajania myriantha
Tanacetum nubigenum (Wall.) DC.=Ajania nubigena
Tanacetum oresbium W.W.Sm.=Ajania myriantha
Tanacetum pallasianum (Fisch. ex Bess.) Trautv. & Mey.=Ajania pallasiana
Tanacetum pallasianum var. *brevilobum* Franch. ex Diels=Ajania breviloba
Tanacetum parthenifolium (Willd.) Sch.-Bip.=Pyrethrum parthenifolium
Tanacetum parthenium (L.) Sch.-Bip.=Pyrethrum parthenium
Tanacetum parviflorum (Grün.) Kung=Ajania parviflora
Tanacetum potaninii Krsch.=Ajania potaninii
Tanacetum potaninii var. *nanum* Kraxh.=Ajania potaninii
Tanacetum potaninii var. *suffruticosum* Krasch.=Ajania potaninii
Tanacetum pulchrum (Ledeb.) Sch.-Bip.=Pyrethrum pulchrum
Tanacetum purpurem Buch.-Ham.=Cyathocline purpurea
Tanacetum quercifolium W.W.Sm.=Ajania quercifolia
Tanacetum rockii Mattf. ex Reh. & Kobuski=Ajania potaninii
Tanacetum salicifolium Mattf.=Ajania salicifolia
Tanacetum santolina C.Winkl.散头菊蒿
Tanacetum scharnhorstii Rgl. & Schmalh.=Ajania scharnhorstii
Tanacetum scopulorum (Krasch.) Tzvel.岩菊蒿
Tanacetum senecionis (Jacq. ex Bess.) J.Gay=Hippolytia senecionis
Tanacetum sibiricum L.=Filifolium sibiricum
Tanacetum sinense (Sabine) Des Moul.=Dendranthema morifolium
Tanacetum tanacetoides (DC.) Tzvel.伞房菊蒿
Tanacetum tenuifolium Jacq.=Ajania tenuifolia
Tanacetum tibeticum HK.f. & Thoms.=Ajania tibetica
Tanacetum tomentosum DC.=Hippolytia tomentosa
Tanacetum transiliense Herd.=Pyrethrum transiliense
Tanacetum trifidum (Turcz.) DC.=Hippolytia trifida
Tanacetum trifidum DC.(Franch.in Nouv.Arch.Mus.Hist.Nat.Paris 1883)=Ajania parviflora
Tanacetum turlanicum (Pavl.) Tzvel.=Tanacetum barclayanum
Tanacetum umbellatum Gilib.=Tanacetum vulgare
Tanacetum vulgare L.菊蒿
Tanacetum vulgare var. *boreale* (Fisch. ex DC.) Trauvtv. & Mey.=Tanacetum vulgare
Tanacetum yunnanense J.F.Jeffr.=Hippolytia yunnanensis
Tanakaea Franch. & Savat.**峨屏草属**(虎耳草科)
Tanakaea omeiensis Nakai=Tanakaea radicans
Tanakaea omeiensis var. *nanchuanensis* W.T.Wang=Tanakaea radicans
Tanakaea radicans Franch. & Sav.峨屏草
Tanarius kurzii Kuntze=Macaranga kurzii
Tanarius pustulatus (King ex HK.f.) Kuntze=Macaranga pustulata
Tangtsinia S.C.Chen **金佛山兰属**(兰科)
Tangtsinia nanchuanica S.C.Chen 金佛山兰
Taonabo japonica (Thunb.) Szyszylowicz=Ternstroemia japonica
Tapanava chinensis Raf.=Pothos chinensis
Tapeinidium (Presl) C.Chr.**达边蕨属**(陵齿蕨科)
Tapeinidium pinnatum (Cav.) C.Chr.达边蕨
Taphrospermum C.A.Mey.**沟子荠属**(十字花科)
Taphrospermum altaicum C.A.Mey.沟子荠
Taphrospermum altaicum var. altaicum=Taphrospermum altaicum
Taphrospermum altaicum var. *macrocarpum* Z.X.An=Taphrospermum altaicum
Taphrospermum altaicum var. *magnicarpum* Z.X.An=Taphrospermum altaicum
Taphrospermum fontanum (Maxim.) Al-Shehbaz & G.Yang 泉沟子荠
Taphrospermum fontanum subsp. fontanum=Taphrospermum fontanum
Taphrospermum fontanum subsp. microspermum Al-Shehbaz & G.Yang 小籽泉沟子荠
Taphrospermum himalaicum (HK.f. & Thoms.) Al-Shehbaz & al.须弥沟子荠

Taphrospermum lowndesii (H.Hara) Al-Shehbaz 郎氏沟子荠
Taphrospermum tibeticum (O.E.Schulz.) Al-Shehbaz 西藏沟子荠
Taphrospermum tomentosum (Willd.) Marsch.=Sterigmostemum caspicum
Taphrospermum verticillatum (Jeffr. & W.W.Sm,) Al-Shehbaz 轮叶沟子荠
Tapiria HK.f.=**Pegia**
Tapiria hirsuta (Roxb.) HK.f.=Pegia nitida
Tapirira extensa (Wall.) HK.f. ex March.=Pegia nitida
Tapirira hirsula (Roxb.) H.H.Hu=Pegia nitida
Tapiscia Oliv.**瘿椒树属**(省沽油科)
Tapiscia lichunensis W.C.Cheng & C.D.Chu 利川瘿椒树
Tapiscia sinensis Oliv.瘿椒树
Tapiscia sinensis Rehd. & Wils.=Tapiscia yunnanensis
Tapiscia sinensis var. *concolor* Cheng=Tapiscia sinensis
Tapiscia sinensis var. macrocarpa T.Z.Hsu 大果瘿椒树
Tapiscia sinensis var. sinensis=Tapiscia sinensis
Tapiscia yunnanensis W.C.Cheng & C.D.Chu 云南瘿椒树
Tarachia austrochinensis H.Ito=Asplenium oldhami
Tarachia cuneatiformis H.Ito=Asplenium cuneatiforme
Tarachia falcatum Presl=Asplenium falcatum
Tarachia furcata Presl=Asplenium paemorsum
Tarachia laciniatum Presl=Asplenium laciniatum
Tarachia laserpitiifolium Tuyama=Asplenium neolaserpitiifolium
Tarachia ruta-muraria Presl=Asplenium ruta-muraria
Tarachia truncata Presl=Asplenium laciniatum
Tarachia wilfordii (Mett. ex Kuhn) H.Ito=Asplenium wilfordii
Tarachia yoshinagae H.Ito=Asplenium indicum var. yoshinagae
Taraktogenos Hassk.=**Hydnocarpus**
Taraktogenos annamensis Gagn.=Hydnocarpus annamensis
Taraktogenos hainanensis Merr.=Hydnocarpus hainanensis
Taraktogenos kurzii King=Hydnocarpus kurzii
Taraktogenos merrilliana (H.L.Li) C.Y.Cwu=Hydnocarpus annamensis
Taraxacum L.**蒲公英属**(菊科)
Taraxacum alatopetiolum D.T.Zhai & Z.X.An 翼柄蒲公英
Taraxacum albo-marginatum Kitam.=Taraxacum platypecidum
Taraxacum almaatense Schischk.=Taraxacum officinale
Taraxacum alpigenum Dshan.=Taraxacum boloskokovii
Taraxacum alpinum Heg. & Heer.(Hand.-Mazz.in Monogr.Tarax. 1907,p.p.)=Taraxacum glabrum
Taraxacum alpinum Heg. & Heer.(Hand.-Mazz.in Monogr.Tarax. 1907,p.p.)=Taraxacum pseudoalpinum
Taraxacum alpinum Heg. & Heer.(Hand.-Mazz.in Monogr.Tarax. 1907,p.p.)= Taraxacum altaicum
Taraxacum altaicum Schischk.阿尔泰蒲公英
Taraxacum antugnense Kitag.丹东蒲公英
Taraxacum apargiaeformie Dahlst.天全蒲公英
Taraxacum argute-denticulatum Nakai & Koidz.=Taraxacum mongolicum
Taraxacum asiaticum Dahlst.=Taraxacum asiaticum
Taraxacum asiaticum Dahlst.亚洲蒲公英
Taraxacum asiaticum f. *lonchophyllum* (Kitag.) Kitag.=Taraxacum asiaticum
Taraxacum asiaticum var. *lonchophyllum* Kitag.=Taraxacum asiaticum
Taraxacum atratum Hagl.(Schischk.in Fl.URSS 1964)=Taraxacum pseudoatratum
Taraxacum badachschanicum Schischk.=Taraxacum luridum
Taraxacum baicalense Schischk.=Taraxacum dissectum
Taraxacum bessarabicum (Hornem.) Hand.-Mazz.窄苞蒲公英
Taraxacum bhutanicum V.Soest=Taraxacum parvulum
Taraxacum bicolor DC.(p.p.)=Taraxacum leucanthum
Taraxacum bicolor DC.(V.Soest in Wentia 1963)=Taraxacum borealisinense
Taraxacum bicolor DC.(西藏志 1985)=Taraxacum parvulum
Taraxacum bicorne Dahlst.双角蒲公英
Taraxacum borealisinense Kitam.华蒲公英
Taraxacum brassicaefolium Kitag.芥叶蒲公英
Taraxacum brevicorniculatum V.Korol.=Taraxacum kok-saghyz
Taraxacum brevirostre Hand.-Mazz.短喙蒲公英
Taraxacum calanthodium Dahlst.大头蒲公英
Taraxacum canitiosum Dahlst.=Taraxacum calanthodium
Taraxacum centrasiaticum D.T.Zhai & Z.X.An 中亚蒲公英
Taraxacum ceratophorum DC.(Hand.-Mazz.in Monogr.Tarax.1907,p.p.)= Taraxacum bicorne
Taraxacum ceratophrum DC.粗糙蒲公英
Taraxacum chionophilum Dahlst.川西蒲公英
Taraxacum compactum Schischk.堆叶蒲公英
Taraxacum connectens Dahlst.=Taraxacum lugubre
Taraxacum coreanum Nakai 朝鲜蒲公英
Taraxacum cuspidatum Dahlst.(Dahlst in Act.Hort.Gothob.1926,p.,p.)= Taraxacum asiaticum
Taraxacum cuspidatum Dahlst=Taraxacum asiaticum
Taraxacum dasypodum V.Soest 丽江蒲公英
Taraxacum dealbatum Hand.-Mazz.粉绿蒲公英
Taraxacum disectum Ledeb.(Hand.-Mazz.in Monogr.Tarax.1907,p.p.)= Taraxacum leucanthum
Taraxacum dissectum (Ledeb.) Ledeb.多裂蒲公英
Taraxacum dissectum Ledeb.(Hand.-Mazz.in Monogr.Tarax.1907,p.p.)= Taraxacum parvulum
Taraxacum duplex Jacot.山东蒲公英(新)?
Taraxacum ecornutum S.Koval.无角蒲公英
Taraxacum eriopodum (D.Don) DC.毛柄蒲公英
Taraxacum erythropodium Kitag.=Taraxacum variegatum
Taraxacum erythrospermum Andrz.红果蒲公英
Taraxacum erythrospermum var. *bessarabicum* (Hornem.) DC.= Taraxacum bessarabicum
Taraxacum falcilobum Kitag.=Taraxacum asiaticum
Taraxacum formosanum Kitam.=Taraxacum mongolicum
Taraxacum forrestii V.Soest 网苞蒲公英
Taraxacum glabrum DC.光果蒲公英
Taraxacum glaucanthum DC.(Nakai in Bot.Mag.Tokyo 1936)=Taraxacum borealisinense
Taraxacum glaucophyllum V.Soest 苍叶蒲公英
Taraxacum goloskokovii Schischk.小叶蒲公英
Taraxacum grypodon Dahlst.反苞蒲公英
Taraxacum hangchouense Kkoidz.=Taraxacum mongolicum
Taraxacum heterolepis Nakai & Koidz. ex Kitag.异苞蒲公英
Taraxacum himalaicum V.Soest=Taraxacum parvulum
Taraxacum holophyllum Schischk.=Taraxacum monochlamydeum
Taraxacum hondae Nakai & Koidz.=Taraxacum mongolicum
Taraxacum huhhoticum P.Z.Xu & H.C.Fu=Taraxacum mongolicum
Taraxacum ikonnikovii Schischk.=Taraxacum luridum
Taraxacum indicum Hand.-Mazz.印度蒲公英
Taraxacum junpeianum Kitam.=Taraxacum ohwianum
Taraxacum kansuense Nakai ex Koidz.=Taraxacum mongolicum
Taraxacum kawaguchii Kitam.=Taraxacum parvulum
Taraxacum kok-saghyz Rodin 橡胶草
Taraxacum kozlovii Tzvel.褐果蒲公英(新)?
Taraxacum laevigatum (Willd.) DC.无毛蒲公英
Taraxacum lamprolepis Kitag.光苞蒲公英
Taraxacum lanigerum V.Soest.多毛蒲公英
Taraxacum leucanthum (Ledeb.) Ledeb.(p.p.)=Taraxacum dealbatum
Taraxacum leucanthum (Ledeb.) Ledeb.白花蒲公英
Taraxacum leucanthum Ledeb.(Schischk.in Fl.URSS 1964,p.p.)= Taraxacum asiaticum
Taraxacum liaotungense Kitam.=Taraxacum mongolicum
Taraxacum liaotungense f. *lobulatum* Kitag.=Taraxacum mongolicum
Taraxacum licentii V.Soest 山西蒲公英
Taraxacum lilacinum Krassn. ex Schischk.紫花蒲公英
Taraxacum lipskyi Schischk.小果蒲公英
Taraxacum longipyramidatum Schischk.长锥蒲公英
Taraxacum longirostre Schischk.=Taraxacum longipyramidatum
Taraxacum ludlowii V.Soest 林周蒲公英
Taraxacum lugubre Dahlst.川甘蒲公英
Taraxacum luridum Hagl.红角蒲公英
Taraxacum mandshuricum Nakai ex Koidz.=Taraxacum ohwianum
Taraxacum maurocarpum Dahlst.灰果蒲公英
Taraxacum minutilobum M.Pop. ex S.Koval.毛叶蒲公英
Taraxacum mitalii V.Soest 亚东蒲公英
Taraxacum mongolicum Hand.-Mazz.蒲公英
Taraxacum monochlamydeum Hand.-Mazz.荒漠蒲公英
Taraxacum monogolicum var. *formosanum* (Kitam.) Kitm.=Taraxacum mongolicum
Taraxacum multiscaposum Schischk.多葶蒲公英
Taraxacum multisectum Kitag.=Taraxacum heterolepis

Taraxacum nutans Dahlst.垂头蒲公英
Taraxacum oblanceofolium D.Z.Ma=Taraxacum borealisinense
Taraxacum obliquum Dahlst.(Hand.-Mazz.in Monogr.Tarax.1907,p.p.)= Taraxacum stenolobum
Taraxacum officinale F.H.Wigg.药用蒲公英
Taraxacum ohwianum Kitam.东北蒲公英
Taraxacum paludosum Schlecht(Hand.-Mazz.in Monogr.Tarax.1909)= Taraxacum borealisinense
Taraxacum palustre (Lyons) DC.沼生蒲公英
Taraxacum palustre DC.(Ledeb.in Fl.Ross.1846,p.p.)=Taraxacum bessarabicum
Taraxacum parvulum (Wall.) DC.小花蒲公英
Taraxacum pingue Schischk.尖角蒲公英
Taraxacum platypecidum Diels 白缘蒲公英
Taraxacum platypecidum var. angustibracteatum Ling 狭苞蒲公英
Taraxacum platypecidum var. platypecidum=Taraxacum platypecidum
Taraxacum potanini Tzvel.宽边蒲公英(新)?
Taraxacum przevalskii Tzvel.亮红蒲公英(新)?
Taraxacum pseudoalbidum f. lutescens Kitag.=Taraxacum coreanum
Taraxacum pseudoalpinum Schischk. ex Oraz.山地蒲公英
Taraxacum pseudoatratum Oraz.窄边蒲公英
Taraxacum pseudobalbidum Kitag.=Taraxacum coreanum
Taraxacum pseudobalbidum var. *lutescens* Kitag.=Taraxacum coreanum
Taraxacum pseudodissectum Nakai & Koidz.=Taraxacum mongolicum
Taraxacum pseudominutilobum S.Koval.葱岑蒲公英
Taraxacum pseudoroseum Schischk.绯红蒲公英
Taraxacum pseudostenoceras V.Soest 长角蒲公英
Taraxacum qirae D.T.Zhai & Z.X.An 策勒蒲公英
Taraxacum repandun Pavl.血果蒲公英
Taraxacum roborovskyi Tzvel.膜叶蒲公英(新)?
Taraxacum roseoflavescens Tzvel.刺果蒲公英(新)?
Taraxacum sherriffii V.Soest 拉萨蒲公英
Taraxacum sikkimense Hand.-Mazz.锡金蒲公英
Taraxacum sinense Poiret(Hdahlst.in Act.Hort.Gothob.1926)=Taraxacum borealisinense
Taraxacum sinicum Kitag.=Taraxacum borealisinense
Taraxacum sinomongolicum Kitag.=Taraxacum asiaticum
Taraxacum sinotianschanicum Tzvel.白冠蒲公英(新)?
Taraxacum spectabile Dahlst.宽叶沼生蒲公英
Taraxacum stanjukoviczii Schishk.和田蒲公英
Taraxacum staticifolium V.Soest=Taraxacum parvulum
Taraxacum stenoceras Dahlst.角苞蒲公英
Taraxacum stenolobum Stschegl.深裂蒲公英
Taraxacum stevenii var. *sinuatum* DC.(p.p.)=Taraxacum altaicum
Taraxacum subcoronatum Tzvel.黑柱蒲公英(新)?
Taraxacum suberiopodum V.Soest 滇北蒲公英
Taraxacum subglaciale Schischk.寒生蒲公英
Taraxacum sumneviczii Schischk.紫果蒲公英
Taraxacum tianschanicum Pavl.天山蒲公英
Taraxacum tibetanum Hand.-Mazz.藏蒲公英
Taraxacum urbanum Kitag.=Taraxacum antugnense
Taraxacum variegatum Kitag.斑叶蒲公英
Taraxacum vernale Schischk.=Taraxacum monochlamydeum
Taraxacum wattii J.D.HK.=Taraxacum eriopodum
Taraxacum wutaishanense Kitag.=Taraxacum parvulum
Taraxacum xinyuanicum D.T.Zhai & Z.X.An 新源蒲公英
Taraxacum yinshanicum Z.Xu & H.C.Fu=Taraxacum antugnense
Tarenna Gaertn.**乌口树属**(茜草科)
Tarenna acutisepala How ex W.C.Chen 尖萼乌口树
Tarenna attenuata (Voigt) Hutch.假桂乌口树
Tarenna attenuata var. *puberula* Chun & How=Tarenna lancilimba
Tarenna austrosinensis Chun & How ex W.C.Chen 华南乌口树
Tarenna depauperata Hutch.白皮乌口树
Tarenna gracilipes (Hay.) Ohwi 薄叶玉心花
Tarenna hayataiana Kanehira=Tarenna gracilipes
Tarenna incana Diels=Tarenna mollissima
Tarenna incerta Koord. & Valeton=Tarennoidea wallichii
Tarenna kotoensis (Hay.) Masam.=Tarenna zeylanica
Tarenna kwangxiensis Hand.-Mazz.=Pavetta hongkongensis
Tarenna lanceolata Chun & How ex W.C.Chen 广西乌口树
Tarenna lancifolia (Hay.) Kanehira & Sasaki=Tarenna gracilipes
Tarenna lancilimba W.C.Chen 披针叶乌口树
Tarenna laticorymbosa Chun & How ex W.C.Chen 宽序乌口树
Tarenna laui Merr.崖州乌口树
Tarenna mollissima (HK. & Arn.) Rob.白花苦灯笼
Tarenna pallida (Franch. ex Brandis) Hutch.=Tarennoidea wallichii
Tarenna polysperma Chun & How ex W.C.Chen 多籽乌口树
Tarenna pubinervis Hutch.(Merr.in Lingnan Sci.Jour.1936 ,p.p.)=Tarenna acutisepala
Tarenna pubinervis Hutch.滇南乌口树
Tarenna sinica W.C.Chen 长梗乌口树
Tarenna sylvestris Hutch.=Tarenna attenuata
Tarenna tsangii Merr.海南乌口树
Tarenna tsangii f. elliptica Chun & How 椭圆叶乌口树
Tarenna tsangii f. tsangii=Tarenna tsangii
Tarenna wangii Chun & How ex W.C.Chen 长叶乌口树
Tarenna yunnanensis How ex W.C.Chen 云南乌口树
Tarenna zeylanica Gaertn.锡兰玉心花
Tarennoidea Tirveng. & C.Sastre **岭罗麦属**(茜草科)
Tarennoidea wallichii (HK.f.) Tirveng. & C.Sastre 岭罗麦
Tarphochlamys Bremek.**肖笼鸡属**(爵床科)
Tarphochlamys affinis (Griff.) Bremek.肖笼鸡
Tarphochlamys darrisii (Lévl.) E.Hossain 贵州肖笼鸡
Tarrietia Bl.=**Heritiera**
Tarrietia parvifolia (Merr.) Merr & Chun=Heritiera parvifolia
Taschneria filicula Presl=Crepidomanes bipunctatum
Tashiroea Matsum. ex Ito & Matsum.=**Bredia**
Tashiroea okinawaensis Matsum.(Hay.in J.Coll.Sci.Univ.Tokyo 1911)= Pachycentria formosana
Tashiroea sinensis Diels=Bredia sinensis
Tatea herbacea (Roxb.) Junell=Premna herbacea
Tatea humilis (Merr.) Junell=Premna herbacea
Tauscheria Fisch. ex DC.**舟果荠属**(十字花科)
Tauscheria desertorum Ledeb.=Tauscheria lasiocarpa
Tauscheria gymnocarpa Fisch. ex DC.=Tauscheria lasiocarpa
Tauscheria lasiocarpa Fisch. ex DC.舟果荠
Tauscheria lasiocarpa var. *gymnocarpa* (Fisch. ex DC.) Boiss.= Tauscheria lasiocarpa
Tauscheria lasiocarpa var. lasiocarpa=Tauscheria lasiocarpa
Tauscheria oblonga Vass.=Tauscheria lasiocarpa
Tavaresia Welw.**丽钟角属**(萝藦科)
Tavaresia grandiflora (K.Schum.) A.Berger.丽钟角
Taxaceae 红豆杉科
Taxillus Van Tiegh.**钝果寄生属**(桑寄生科)
Taxillus balansae (Lecomte) Danser 栗毛钝果寄生
Taxillus balfourianus (Diels) Danser=Taxillus delavayi
Taxillus caloreas (Diels) Danser 松柏钝果寄生
Taxillus caloreas var. caloreas=Taxillus caloreas
Taxillus caloreas var. fargesii (Lecomte) H.S.Kiu 显脉钝果寄生
Taxillus cavaleriei (Lévl.) Danser=Taxillus limprichtii
Taxillus chinensis (DC.) Danser 广寄生
Taxillus delavayi (Van Tiegh.) Danser 柳叶钝果寄生
Taxillus duclouxii (Lecomte) Danser=Taxillus sutchuenensis var. duclouxii
Taxillus estipitatus (Stapf) Danser=Taxillus chinensis
Taxillus kaempferi (DC.) Danser 小叶钝果寄生
Taxillus kaempferi var. grandiflorus H.S.Kiu 黄杉钝果寄生
Taxillus kaempferi var. kaempferi=Taxillus kaempferi
Taxillus kwangtungensis (Merr.) Danser (Danser in Bull.Jard.Bot. Buitenzorg 1938)=Taxillus limprichtii var. liquidambaricolus
Taxillus kwangtungensis (Merr.) Danser=Taxillus limprichtii
Taxillus levinei (Merr.) H.S.Kiu 锈毛钝果寄生
Taxillus limprichtii (Gruning) H.S.Kiu 木兰钝果寄生
Taxillus limprichtii var. limprichtii=Taxillus limprichtii
Taxillus limprichtii var. liquidambaricolus (Hay.) H.S.Kiu 显脉木兰寄生
Taxillus limprichtii var. longiflorus (Lecomte) H.S.Kiu 亮叶木兰寄生
Taxillus liquidambaricolus (Hay.) Kosok.=Taxillus limprichtii var. liquidambaricolus
Taxillus nigrans (Hance) Danser 毛叶钝果寄生
Taxillus notothixoides (Hance) Danser=Scurrula notothixoides
Taxillus pseudochinensis (Yamamoto) Danser 高雄钝果寄生

Taxillus rutilus Danser=Taxillus levinei
Taxillus sericus Danser 龙陵钝果寄生
Taxillus sutchuenensis (Lecomte) Danser 四川寄生
Taxillus sutchuenensis var. duclouxii (Lecomte) H.S.Kiu 灰毛桑寄生
Taxillus sutchuenensis var. sutchuenensis=Taxillus sutchuenensis
Taxillus theifer (Hay.) H.S.Kiu 台湾钝果寄生
Taxillus thibetensis (Lecomte) Danser 滇藏钝果寄生
Taxillus tomentosus (Roth.) Van Tiegh 钝果寄生
Taxillus umbelifer (Schult.) Danser 伞花钝果寄生
Taxillus vestitus (Wall.) Danser 短梗钝果寄生
Taxodiaceae 杉科
Taxodium Rich.**落羽杉属**(杉科)
Taxodium ascendens Brong.=Taxodium distichum var. imbricatum
Taxodium ascendens cv. Nutans 垂枝池杉
Taxodium ascendens cv. Xianyechisha 线叶池杉
Taxodium ascendens cv. Yuyechisha 羽叶池杉
Taxodium ascendens cv. Zhuiyechisha 锥叶池杉
Taxodium ascendens f. *nutans* (Ait.) Rehd.=Taxodium ascendens cv. Nutans
Taxodium distichum (L.) Rich.落羽杉
Taxodium distichum var. distichum=Taxodium distichum
Taxodium distichum var. imbricatum (Nutt.) Croom 池杉
Taxodium distichum var. *meximcanum* Gaord.=Taxodium mucronatum
Taxodium distichum var. *mucronatum* (Tenore) Henry=Taxodium mucronatum
Taxodium distichum var. *nutans* Sweet=Taxodium distichum
Taxodium heterophyllum Brongn.=Glyptostrobus pensilis
Taxodium imbricatum (Nut.) R.M.Harp.=Taxodium distichum var. imbricatum
Taxodium japonicum (L.f.) Brongn.=Cryptomeria japonica
Taxodium japonicum var. *heterophyllum* Brongn.=Glyptostrobus pensilis
Taxodium mexicanum Carr.=Taxodium mucronatum
Taxodium mucronatum Tenore 墨西哥落羽杉
Taxodium nutans (Ait.) Sweet)=Taxodium distichum var. imbricatum
Taxodium sempervirens Lamb.=Sequoia sempervirens
Taxodium sinense Noisette ex Loudon=Taxodium ascendens cv. Nutans
Taxodium sinensis Florbes=Glyptostrobus pensilis
Taxotrophis Bl.=**Streblus**
Taxotrophis aquifolioides Ko=Streblus ilicifolius
Taxotrophis balansae Hutch.=Streblus macrophyllus
Taxotrophis caudata Hutch.=Streblus zeylanicus
Taxotrophis ilicifolius (Vidal) Corner (海南志 1965)=Streblus zeylanicus
Taxotrophis ilicifolius Vidal=Streblus ilicifolius
Taxotrophis longispina Merr. & Chun=Streblus ilicifolius
Taxotrophis macrophyllus Boerl.(Merr.in Jour.Arn.Arb.1926)=Streblus ilicifolius
Taxotrophis obtusa Elmer=Streblus ilicifolius
Taxotrophis triapiculata Gamble=Streblus ilicifolius
Taxotrophis zeylanica Thw.=Streblus zeylanicus
Taxus L.**红豆杉属**(红豆杉科)
Taxus abacata var. *sinensis* Henry=Taxus wallichiana var. chinensis
Taxus baccata L.(Franch.in Nouv.Arch.Mus.Hist.Nat.Paris 1884)=Taxus wallichiana var. chinensis
Taxus baccata L.欧洲红豆杉
Taxus baccata cv. Adpressa 灌丛欧洲红豆杉
Taxus baccata cv. Aurea 金黄欧洲红豆杉
Taxus baccata cv. Erecta 直立欧洲红豆杉
Taxus baccata cv. Repandens Aurea 金黄垂枝欧洲红豆杉
Taxus baccata cv. Repandens 垂枝欧洲红豆杉
Taxus baccata cv. Stricta Aurea 金黄爱尔兰红豆杉
Taxus baccata cv. Stricta Variegata 银斑爱尔兰红豆杉
Taxus baccata cv. Stricta 爱尔兰欧洲垂枝红豆杉
Taxus baccata subsp. *cuspidata* (S. & Z.) Pilger=Taxus cuspidata
Taxus baccata subsp. *cuspidata* var. *chinensis* Pilger=Taxus wallichiana var. chinensis
Taxus baccata subsp. *cuspidata* var. *latifolia* Pilger=Taxus cuspidata
Taxus baccata subsp. *wallichiana* (Zucc.) Pilger=Taxus wallichiana
Taxus baccata var. *cuspidata* Carr.=Taxus cuspidata
Taxus baccata var. *microcarpa* Trautv.=Taxus cuspidata
Taxus baccata var. *sinensis* A.Henry=Taxus wallichiana var. chinensis
Taxus brevifolia Nutt.短叶红豆杉
Taxus caespitosa Nakai=Taxus cuspidata
Taxus canadensis Marsh 加拿大红豆杉
Taxus chienii Cheng=Pseudotaxus chienii
Taxus chinensis (Pilg.) Rehd.=Taxus wallichiana var. chinensis
Taxus chinensis Zucc.(Wils.in J.Arn.Arb.1929)=Taxus wallichiana
Taxus chinensis Rehd.(Rehd. in J.Arn.Arb.1919,p.p.)=Taxus wallichiana var. mairei
Taxus chinensis Roxb.=Podocarpus macrophyllus
Taxus chinensis var. *chinensis*=Taxus wallichiana var. chinensis
Taxus chinensis var. *mairei* (Lemée & Lévl.) W.C.Cheng & L.K.Fu=Taxus wallichiana var. mairei
Taxus cuspidata S. & Z.(Chun in Chinese Econ.Trees 1921,p.p.)=Taxus wallichiana var. chinensis
Taxus cuspidata S. & Z.(Fl.Woody Taiwan.1917)=Taxus wallichiana var. mairei
Taxus cuspidata S. & Z.东北红豆杉
Taxus cuspidata cv. Capitata 塔紫杉
Taxus cuspidata cv. Densiformis 丛生紫杉
Taxus cuspidata cv. Nana 矮紫杉
Taxus cuspidata var. *chinensis* (Pilger) Schneid. ex Silva=Taxus wallichiana var. chinensis
Taxus cuspidata var. *latifolia* (Pilger) Nakai=Taxus cuspidata
Taxus cuspidata var. *microcarpa* (Trautv.) S.Y.Hu=Taxus cuspidata
Taxus floridana Chapm.佛罗里达红豆杉
Taxus fuana Nan Li & R.R.Mill 密叶红豆杉
Taxus macrophylla Thunb.=Podocarpus macrophyllus
Taxus mairei (Lemée & Lévl.) S.Y.Hu=Taxus wallichiana var. mairei
Taxus media Rehd.杂种紫杉
Taxus media cv. Brownii 密生杂种紫杉
Taxus media cv. Hartfieldii 塔形杂种紫杉
Taxus media cv. Hecksii 直立杂种紫杉
Taxus nucifera L.=.Torreya nucifera
Taxus speciosa Florin=Taxus wallichiana var. mairei
Taxus verticillata Thunb.=Sciadopitys verticillata
Taxus wallichiana Zucc.(台湾志,1964,p.p.)=Taxus wallichiana var. chinensis
Taxus wallichiana Zucc.(Yamamoto in J.Soc.Trop.Arg.Formos.1938)=Taxus wallichiana var. mairei
Taxus wallichiana Zucc.西藏红豆杉
Taxus wallichiana var. chinensis (Pilg.) Florin 红豆杉
Taxus wallichiana var. mairei (Lemée & Lévl.) L.K.Fu & Nan Li 南方红豆杉
Taxus wallichiana var. wallichiana=Taxus wallichiana
Taxus wallichiana var. *yunnanensis* (W.C.Cheng & L.K.Fu) C.T.Kuan=Taxus wallichiana
Taxus yunnanensis W.C.Cheng & L.K.Fu=Taxus wallichiana
Tecoma Juss.**黄钟花属**(紫葳科)
Tecoma bipinnata Coll. & Hemsl.=Pauldopia ghorta
Tecoma cavaleriei Lévl.=Staphylea holocarpa
Tecoma chinensis K.Koch=Campsis grandiflora
Tecoma grandiflora Loisel.=Campsis grandiflora
Tecoma mairei Lévl.(1915)=Incarvillea mairei
Tecoma mairei Lévl.(1916)=Incarvillea delavaryi
Tecoma radicans Juss. ex Spreng.=Campsis radicans
Tecoma stans HBK (紫葳科)
Tecomaria Spach. **硬骨凌霄属**(紫葳科)
Tecomaria capensis (Thunb.) Spach.硬骨凌霄
Tectaria Cav.**叉蕨属**(叉蕨科)
Tectaria austrosinensis C.Chr.=Ctenitopsis subsageniaca
Tectaria chinlienensis Ching & H.S.Kung=Tectaria yunnanensis
Tectaria christii Cop.=Tectaria coadunata
Tectaria coadunata (Wall. ex HK. & Grev.) C.Chr.大齿叉蕨
Tectaria consimilis Ching & C.H.Wang 棕柄叉蕨
Tectaria decurrenti-alata Ching & C.H.Wang 翅柄叉蕨
Tectaria decurrens (Presl) Cop.下延叉蕨
Tectaria devexa Cop.=Ctenitopsis devexa
Tectaria dubia (Bedd.) Ching 大叶叉蕨
Tectaria ebenina (C.Chr.) Ching 黑柄叉蕨
Tectaria falcata Cav.=Nephrolepis falcata
Tectaria fauriei Tagawa 芽胞叉蕨
Tectaria fengii Ching & C.H.Wang 阔羽叉蕨
Tectaria fuscipes C.Chr.=Ctenitopsis fuscipes
Tectaria gemmifera Ching & C.H.Wang=Tectaria fauriei

Tectaria griffithii (Bak.) C.Chr.鳞柄叉蕨
Tectaria grossedentata Ching & C.H.Wang 粗齿叉蕨
Tectaria hainanensis Ching & C.H.Wang 海南叉蕨
Tectaria hekouensis Ching & C.H.Wang 河口叉蕨
Tectaria heracleifolia (Willd.) Underw 三出三叉蕨
Tectaria ingens Holtt.=Ctenitopsis ingens
Tectaria jinpingensis Ching & C.H.Wang=Tectaria dubia
Tectaria kwarenkoensis (Hay.) C.Chr.花莲三叉蕨?
Tectaria kweichowensis Ching & C.H.Wang 贵州叉蕨
Tectaria laciniata Ching=Tectaria phaeocaulis
Tectaria leptophylla (C.H.Wright) Ching 剑叶叉蕨
Tectaria leuzeana C.Chr.=Ctenitopsis setulosa
Tectaria leuzeana Cop.(Ching in Sinensia 1931)=Pleocnemia winitii
Tectaria linloensis Ching & C.H.Wang=Tectaria simonsii
Tectaria longicrure C.Chr.=Tectaria simonsii
Tectaria macrodonta C.Chr.=Tectaria coadunata
Tectaria matthewi Ching=Ctenitopsis matthewi
Tectaria media Ching 中形叉蕨
Tectaria multicaudata Ching=Tectaria griffithii
Tectaria phaeocaulis (Ros.) C.Chr.条裂叉蕨
Tectaria polymorpha (Wall. ex HK.) Cop.多形叉蕨
Tectaria polymorpha var. polymorpha=Tectaria polymorpha
Tectaria polymorpha var. subcuneata Ching & C.H.Wang 狭基叉蕨
Tectaria quinquefida (Bak.) Ching 五裂叉蕨
Tectaria remotipinna Ching & C.H.Wang 疏羽叉蕨
Tectaria simaoensis Ching & C.H.Wang 思茅叉蕨
Tectaria simonsii (Bak.) Ching 燕尾叉蕨
Tectaria simulans Ching 中间叉蕨
Tectaria sinii Ching=Ctenitopsis sinii
*Tectaria sp.*Merr.=Ctenitopsis kusukusensis
Tectaria subpedata (Harr.) Ching 掌状叉蕨
Tectaria subtriphylla (HK. & Arn.) Cop.三叉蕨
Tectaria subtriphylla var. *ebenosa* Nemoto=Tectaria simonsii
Tectaria trifolia C.Chr.=Tectaria polymorpha
Tectaria variabilis Tard.-Blot & Ching 多变叉蕨
Tectaria variolosa (Wall. ex HK.) C.Chr.疣状叉蕨
Tectaria vasta Cop.(分类学报 1959)=Tectaria hainanensis
Tectaria viridifrons Ching=Tectaria remotipinna
Tectaria yunnanensis (Bak.) Ching 云南叉蕨
Tectona L.f.**柚木属**(马鞭草科)
Tectona grandis L.f.柚木
Telanthera bettzickiana Rgl.=Alternanthera bettzickana
Teleozoma thalictroides R.Br.=Ceratopteris thalictroides
Telephium J.Hill=**Hylotelephium**
Telopea R.Br.**泰洛帕属**(山龙眼科)
Telopea speciosissima (Sm.) R.Br.极美泰洛帕
Telopea truncata (Labill.) R.Br.截形泰洛帕
Telosma Coville **夜来香属**(萝藦科)
Telosma cathayensis Merr.=Telosma procumbens
Telosma cordata (Burm.f.) Merr.夜来香
Telosma minor Craib=Telosma cordata
Telosma odoratissima Coville=Telosma cordata
Telosma pallida (Roxb.) Graib 台湾夜来香
Telosma procumbens (Blanco) Merr.卧茎夜来香
Teloxys aristata Moq.=Chenopodium aristatum
Teloxys foetida Kitag.=Chenopodium foetidum
Tenacistachya L.Liu **坚轴草属**(禾本科)
Tenacistachya minor L.Liu 小坚轴草
Tenacistachya sichuanensis L.Liu 坚轴草
Tenagocharis Hochst.**假花蔺属**(花蔺科)
Tenagocharis Hchst.=**Butomopsis**
Tenagocharis latifolia (D.Don) Buch.=Butomopsis latifolia
Tenagocharis latifolia (D.Don) Buchenau 假花蔺(新)
Tengia Chun **世纬苣苔属**(苦苣苔科)
Tengia potiflora S.Z.He=Tengia scopulorum var. pofiflora
Tengia scopulorum Chun 世纬苣苔
Tengia scopulorum var. pofiflora (S.Z.He) W.T.Wang 壶花世纬苣苔
Tengia scopulorum var. scopulorum=Tengia scopulorum
Teonongia Stapf=**Streblus**
Teonongia tonkinensis (Dub. & Eberh.) Stapf=Streblus tonkinensis
Tephroseris (Reichenb.) Reichenb.**狗舌草属**(菊科)
Tephroseris adenolepis C.Jeffr. & Y.L.Chen 腺苞狗舌草
Tephroseris birubonensis (Kitam.) B.Nord.=Tephroseris phaeantha
Tephroseris changii B.Nord.莲座狗舌草
Tephroseris flammea (Turcz. ex DC.) Holub 红轮狗舌草
Tephroseris flammea subsp. *glabrifolia* (Cuf.) B.Nord.=Tephroseris flammea
Tephroseris flammea var. *chaerocarhe* (C.Jeffr. & Y.L.Chen) Y.M.Yuan=Tephroseris rufa var. chaetocarpa
Tephroseris integrifolia subsp. *kirilowii* (Turcz. ex DC.) B.Nord.=Tephroseris kirilowii
Tephroseris kirilowii (Turcz. ex DC.) Holub 狗舌草
Tephroseris palustris (L.) Four.湿生狗舌草
Tephroseris palustris subsp. *congesta* (R.Br.) Holub=Tephroseris palustris
Tephroseris paraticola (Schischk. & Serg.) Holub(新拉汉英 1996)=Tephroseris praticola
Tephroseris phaeantha (Nakai) C.Jeffr. & Y.L.Chen 长白狗舌草
Tephroseris pierotii (Miq.) Holub 江浙狗舌草
Tephroseris praticola (Schischk. & Serg.) Holub 草原狗舌草
Tephroseris pseudosonchus (Vant.) C.Jeffr. & Y.L.Chen 黔狗舌草
Tephroseris rufa (Hand.-Mazz.) B.Nord.橙舌狗舌草
Tephroseris rufa var. chaetocarpa C.Jeffr. & Y.L.Chen 毛果橙舌狗舌草
Tephroseris rufa var. rufa=Tephroseris rufa
Tephroseris stolonifera (Cuf.) Holub 匍枝狗舌草
Tephroseris subdentata (Bge.) Holub 尖齿狗舌草
Tephroseris taitoensis (Hay.) Holub 台东狗舌草
Tephroseris turczaninowii (DC.) Holub 天山狗舌草
Tephrosia Pers.**灰毛豆属**(豆科)
Tephrosia candida DC.白灰毛豆
Tephrosia coccinea Wall.红灰毛豆
Tephrosia coccinea var. coccinea=Tephrosia coccinea
Tephrosia coccinea var. stenophylla Hosokawa 狭叶红灰毛豆
Tephrosia confertiflora Benth.=Tephrosia luzonensis
Tephrosia dichotoma Desv.(西沙植物和植被 1977)=Tephrosia luzonensis
Tephrosia dichotoma Desv.=Tephrosia pumilla
Tephrosia filipes Benth.细梗灰毛豆
Tephrosia hookeriana var. *amoena* Prain=Tephrosia noctiflora
Tephrosia ionophlebia Hay.台湾灰毛豆
Tephrosia kerrii Drummond & Craib 银灰毛豆
Tephrosia luzonensis Vagel 西沙灰毛豆
Tephrosia noctiflora Boj. ex Baker 长序灰毛豆
Tephrosia obovata Merr.卵叶灰毛豆
Tephrosia procumbens (Buch.-Ham.) Benth.=Tephrosia pumilla
Tephrosia pulchra Colebr.=Millettia pulchra
Tephrosia pumilla (Lam.) Pers.矮灰毛豆
Tephrosia purpurea (L.) Pers.灰毛豆
Tephrosia purpurea var. glabra Hosokawa 秃净灰毛豆
Tephrosia purpurea var. maxima (L.) Baker 滇川毛豆(新)?
Tephrosia purpurea var. *pumila* (Lam.) Baker=Tephrosia pumilla
Tephrosia purpurea var. purpurea=Tephrosia purpurea
Tephrosia purpurea var. yunnanensis Z.Wei 云南灰毛豆
Tephrosia timoriensis DC.=Tephrosia pumilla
Tephrosia tinctoria var. *coccinea* Baker=Tephrosia coccinea
Tephrosia tutcheri Dunn=Millettia pulchra
Tephrosia vestita Vogel 黄灰毛豆
Tephrosia vogelii HK.f.西非灰毛豆
Teramnus P.Br.**软荚豆属**(豆科)
Teramnus angustifolius Merr.=Teramnus labialis
Teramnus labialis (L.f.) Spreng.软荚豆
Terminalia L.**诃子属**(使君子科)
Terminalia argyrophylla Pott. & Prain 银叶诃子
Terminalia bellirica (Gaertn.) Roxb.毗黎勒
Terminalia catappa L.榄仁树
Terminalia chebula Retz.诃子
Terminalia chebula var. chebula=Terminalia chebula
Terminalia chebula var. tomentella (Kurz) C.B.Clarke 绒毛诃子
Terminalia franchetii Gagn.滇榄仁
Terminalia franchetii var. franchetii=Terminalia franchetii
Terminalia franchetii var. glabra Exell 光叶滇榄仁
Terminalia franchetii var. membranifolia Chao 薄叶滇榄仁

Terminalia hainanensis Exell 海南榄仁
Terminalia intricata Hand.-Mazz.错枝榄仁
Terminalia kouytchensis Lévl.=Gouana javanica
Terminalia mairei Lévl.=Combretum wallichii
Terminalia myriocarpa Van Huerck & Muell.-Arg.千果榄仁
Terminalia myriocarpa var. hirsuta Craib 硬千果榄仁
Terminalia myriocarpa var. myriocarpa=Terminalia myriocarpa
Terminalia saja Steud.=Terminalia myriocarpa
Terminalia tomentella Kurz=Terminalia chebula var. tomentella
Terminalia triptera Franch.=Terminalia franchetii
Terminthia Bernh.**三叶漆属**(漆树科)
Terminthia paniculata (Wall. ex G.Don) C.Y.Wu & T.L.Ming 三叶漆
Terniopsis Chao **川藻属**(川苔草科)
Terniopsis sessilis Chao 川藻
Ternstroemia Mutix ex L.f.**厚皮香属**(山茶科)
Ternstroemia biangulipes H.T.Chang 角柄厚皮香
Ternstroemia conicocarpa L.K.Ling 锥果厚皮香
Ternstroemia dubia (Champ.) Choisy=Ternstroemia japonica
Ternstroemia fragrans (Champ.) Choisy=Ternstroemia japonica
Ternstroemia gymnanthera (Wight & Arn.) Beddome 厚皮香
Ternstroemia gymnanthera (Wight & Arn.) sprague(p.p.)=Ternstroemia japonica
Ternstroemia gymnanthera (Wight & Arn.) Sprague(p.p.)=Ternstroemia gymnanthera
Ternstroemia gymnanthera var. *wightii* (Choisy) Hand.-Mazz.(高等图鉴补编 1983,广西志 1991,贵州志 1988)=Ternstroemia gymnanthera
Ternstroemia hainanensis H.T.Chang 海南厚皮香
Ternstroemia insignis Y.C.Wu 大果厚皮香
Ternstroemia japonica Thunb.(木本植物名录 1924,p.p.,树木分类学 1957,p.p)=Ternstroemia gymnanthera
Ternstroemia japonica Thunb.=Cleyera japonica
Ternstroemia japonica Thunb.日本厚皮香
Ternstroemia japonica var. *wightii* Dyer=Ternstroemia gymnanthera
Ternstroemia khasyna Choisy=Illicium griffithii
Ternstroemia kwangtungensis Merr.厚叶厚皮香
Ternstroemia longipedicellata L.K.Ling 长梗厚皮香
Ternstroemia longipes Hu 长柄厚皮香
Ternstroemia lushia Hamilton ex D.Don=Cleyera japonica
Ternstroemia luteoflora L.K.Ling 尖萼厚皮香
Ternstroemia microphylla Merr.小叶厚皮香
Ternstroemia mokof (Ands.) Nakai=Ternstroemia japonica
Ternstroemia nidida Merr.亮叶厚皮香
Ternstroemia oblancilimba H.T.Chang=Ternstroemia microphylla
Ternstroemia pachyphylla Ling=Ternstroemia kwangtungensis
Ternstroemia parvifolia Hu=Ternstroemia gymnanthera
Ternstroemia pseudomicrophylla H.T.Chang=Ternstroemia gymnanthera
Ternstroemia pseudoverticillata Merr. & Chun=Ternstroemia microphylla
Ternstroemia sichuanensis L.K.Ling 四川厚皮香
Ternstroemia simaoensos L.K.Ling 思茅厚皮香
Ternstroemia subrotundifolia H.T.Chang=Ternstroemia kwangtungensis
Ternstroemia yunnanensis L.K.Ling 云南厚皮香
Tessaria redolens Less.=Pterocaulon redolens
Teta Roxb.=**Feliosanthes**
Tetracentraceae 水青树科
Tetracentron Oliv.**水青树属**(水青树科)
Tetracentron sinense Oliv.水青树
Tetracentron sinensis var. *himalense* H.Hara & Kanal=Tetracentron sinense
Tetracera L.**锡叶藤属**(五桠果科)
Tetracera asiatica (Lour.) Hooglnad 锡叶藤
Tetracera levinei Merr.=Tetracera asiatica
Tetracera sarmentosa Vahl=Tetracera scandens
Tetracera sarmentosa Wahl.(Fin& & Gagn.in Lect.Fl.Indo-Chine 1907)=Tetracera asiatica
Tetracera scandens (L.) Merr.毛果锡叶藤
Tetracera scandens sensu Merr.=Tetracera asiatica
Tetracme Bge.**四齿芥属**(十字花科)
Tetracme contorta Boiss.扭果四齿芥
Tetracme quadricornis (Steph.) Bge.四齿芥
Tetracme quadricornis var. *longicornis* Rgl.=Tetracme quadricornis
Tetracme recurvata Bge.弯角四齿芥
Tetracme recurvata var. *integrifolia* Gilli=Tetracme contorta
Tetracmidion Korsh.=**Tetracme**
Tetracronia cymosa Pierre=Glycosmis montana
Tetradenia Nees=**Neolitsea**
Tetradenia acuminatissima Hay.=Neolitsea acuminatissima
Tetradenia acuto-trinervia Hay.=Neolitsea acuto-trinervia
Tetradenia akoensis (Hay.) Nemoto ex Makino & Nemoto=Litsea akoensis
Tetradenia aurata Hay.=Neolitsea aurata
Tetradenia consimilis Ness=Neolitsea pallens
Tetradenia glauca (Sieb.) Matsum.=Neolitsea sericea
Tetradenia hayatae Nemoto=Neolitsea kotoensis
Tetradenia kawakamii (Hay.) Nemoto ex Makino & Nemoto=Litsea garciae
Tetradenia konishii (Hay.) Hay.=Neolitsea konishii
Tetradenia kotoensis Hay.=Neolitsea kotoensis
Tetradenia obovata (Hay.) Nemoto ex Makino & Nemoto=Litsea hayatae
Tetradenia parvigemma Hay.=Neolitsea parvigemma
Tetradenia variabillima Hay.=Neolitsea variabillima
Tetradenia zeylanica Nees=Neolitsea zeylanica
Tetradium austrosinense (Hand.-Mazz.) Hartley=Evodia austrosinensis
Tetradium calcicola (Chun ex Huang) Hartley=Evodia calcicola
Tetradium daniellii (Benn.) Hartley=Evodia daniellii
Tetradium fraxinifolium (HK.) Hartley=Evodia fraxinifolia
Tetradium glabrifolium (Champ. ex Benth.) Hartley=Evodia glabrifolia
Tetradium ruticarpum (Juss.) Hartley=Evodia rutaecarpa
Tetradium trichotoma Lour.=Evodia trichotoma
Tetradoxa C.Y.Wu **四福花属**(五福花科)
Tetradoxa omeiensis (Hara) C.Y.Wu 四福花
Tetraena Maxim.**四合木属**(蒺藜科)
Tetraena mongolica Maxim.四合木
Tetraglochidium Bremek.**长苞蓝属**(爵床科)
Tetraglochidium gigantodes (Lindau) C.Y.Wu & C.C.Hu 大苞蓝
Tetraglochidium jugorum (R.Ben.) Bremek.长苞蓝
Tetragoga Bremek.**四苞蓝属**(爵床科)
Tetragoga esquirolii (Lévl.) E.Hossain 四苞蓝
Tetragoga nagaensis Bremek.墨脱四苞蓝
Tetragonia L.**番杏属**(番杏科)
Tetragonia expansa Murr.=Tetragonia tetragonioides
Tetragonia tetragonioides (Pall.) Ktz.番杏
Tetragonocalamus Nakai (p.p.)=**Chimonobamasa**
Tetragonocalamus angulatus Nakai=Chimonobambusa quadrangularis
Tetragonocalamus quadrangularis Nakai=Chimonobambusa quadrangularis
Tetragonolobus Scop.**翅荚豌豆属**(豆科)
Tetragonolobus edulis Link.=Lotus tetragonolobus
Tetragonolobus purpureus Moench=Lotus tetragonolobus
Tetragonolobus purpureus Moench 翅荚豌豆
Tetragyne acuminata Miq.=Microdesmis caseariifolia
Tetramelaceae 四数木科
Tetrameles R.Br.**四数木属**(四数木科)
Tetrameles grahamiana Wight=Tetrameles nudiflora
Tetrameles nudiflora R.Br.四数木
Tetrameles rufinervis Miq.=Tetrameles nudiflora
Tetramixis Gagn.=**Spondias**
Tetramorphaea DC.=**Centaurea**
Tetranthera Jacq.=**Litsea**
Tetranthera amara Nees=Litsea umbellata
Tetranthera bifaria Wall.=Lindera nacusua
Tetranthera caudatum Wall.=Lindera caudata
Tetranthera ferruginea R.Br.=Litsea umbellata
Tetranthera lancifolia Roxb. ex Nees=Litsea lacifolia
Tetranthera monopetala Roxb.=Litsea monopetala
Tetranthera obovata Hamilt. ex Wall.=Actinodaphne obovata
Tetranthera pallens D.Don=Neolitsea pallens
Tetranthera panamonja Hamilt.=Litsea panamonja
Tetranthera panamonja Nees=Litsea panamonja
Tetranthera pulcherrima Wall.=Lindera pulcherrima
Tetranthera rotundifolia Wall. ex Nees=Litsea rotundifolia
Tetranthera sericea Nees=Litsea sericea
Tetrapanax K.Koch **通脱木属**(五加科)
Tetrapanax papyrifer (HK.) K.Koch 通脱木
Tetrapanax tibetanus Hoo 西藏通脱木

Tetrapeltis fragrans Wall. ex Lindl.=Otochilus porrectus
Tetrapilus Lour.=**Olea**
Tetrapilus brachiatus Lour.=Olea brachiata
Tetrapilus hainanensis (Li) L.Johnson=Olea hainanensis
Tetraplasia Rehd.=**Damnacanthus**
Tetraplasia angustifolia (Hay.) Koidz.=Damnacanthus angustifolius
Tetraplasia stenophylla Koidz.=Damnacanthus angustifolius
Tetrapoma barbaraefolium Turcz.=Rorippa barbareaefolia
Tetrapoma kruhsianum Fisch. & C.A.Mey.=Rorippa barbareifolia
Tetrapoma pyriforme Seem.=Rorippa barbareifolia
Tetrastigma (Miq.) Planch.**崖爬藤属**(葡萄科)
Tetrastigma alatum Li=Tetrastigma hemsleyanum
Tetrastigma apiculatum Gagn.草崖藤
Tetrastigma apiculatum var. apiculatum=Tetrastigma apiculatum
Tetrastigma apiculatum var. pubescens C.L.Li 柔毛草崖藤
Tetrastigma burmanicum Momiyama=Tetrastigma obtectum
Tetrastigma cambodianum Gagn.(分类学报 1979,高等图鉴补编 1983)=Tetrastigma jinghongense
Tetrastigma campylocarpum (Kurz.) Planch.多花崖爬藤
Tetrastigma caudatum Merr. & Chun 尾叶崖爬藤
Tetrastigma cauliflorum Merr.茎花崖爬藤
Tetrastigma ceratopetalum C.Y.Wu 角花崖爬藤
Tetrastigma chapaense Merr.(分类学报 1979)=Tetrastigma apiculatum
Tetrastigma crassipes Planch.(云南植物名录 1984)=Tetrastigma lincangense
Tetrastigma crassipes var. *strumarum* Planch.=Tetrastigma pachyphyllum
Tetrastigma cruciatum Craib & Gagn.十字崖爬藤
Tetrastigma delavayi Gagn.七小叶崖爬藤
Tetrastigma delavayi f. *majus* W.T.Wang=Tetrastigma delavayi
Tetrastigma erubescens Planch.红枝崖爬藤
Tetrastigma erubescens var. erubescens=Tetrastigma erubescens
Tetrastigma erubescens var. monophyllum Gagn.单叶红枝崖爬藤
Tetrastigma erubescens var. *monospermum* Gagn.=Tetrastigma erubescens
Tetrastigma formosanum (Hemsl.) Gagn.台湾崖爬藤
Tetrastigma funingense C.L.Li 富宁崖爬藤
Tetrastigma godefroyanum Planch.柄果崖爬藤
Tetrastigma hainanense Chun & How=Tetrastigma papillatum
Tetrastigma harmandii Planch.(Merr.in Lingn.Sci.J.1927)=Tetrastigma pseudocruciatum
Tetrastigma harmandii Planch.小尾崖爬藤
Tetrastigma hemsleyanum Diels & Gilg 三叶崖爬藤
Tetrastigma henryi Gagn.蒙自崖爬藤
Tetrastigma henryi var. henryi=Tetrastigma henryi
Tetrastigma henryi var. mollifolium W.T.Wang 柔毛崖爬藤
Tetrastigma hernyi Gagn.(Merr. & Chun in Sunyatsenia 1934)=Tetrastigma erubescens
Tetrastigma hypoglaucum Planch. ex Franch.(高等图鉴 1972,云南植物名录 1984,西藏志 1986)=Tetrastigma serrulatum
Tetrastigma hypoglaucum Planch. ex Franch.叉须崖爬藤
Tetrastigma hypoglaucum var. *puberulum* W.T.Wang=Tetrastigma serrulatum var. pubinervium
Tetrastigma jingdongensis C.L.Li 景东崖爬藤
Tetrastigma jinghongense C.L.Li 景洪崖爬藤
Tetrastigma jinxiuense C.L.Li 金秀崖爬藤
Tetrastigma kwangsiense C.L.Li 广西崖爬藤
Tetrastigma lanyuense Chang 兰屿崖爬藤
Tetrastigma lenticellatum C.Y.Wu ex W.T.Wang=Tetrastigma xishuangbannaense
Tetrastigma lenticellatum C.Y.Wu ex W.T.Wang 显孔崖爬藤
Tetrastigma lincangense C.L.Li 临沧崖爬藤
Tetrastigma lineare W.T.Wang 条叶崖爬藤
Tetrastigma longipedunculatum C.L.Li 长梗崖爬藤
Tetrastigma lunglingense C.Y.Wu ex W.T.Wang=Tetrastigma henryi
Tetrastigma macrocorymbum Gagn.伞花崖爬藤
Tetrastigma megalocarpum W.T.Wang=Tetrastigma jinghongense
Tetrastigma membranaceum C.Y.Wu ex W.T.Wang=Tetrastigma cauliflorum
Tetrastigma monophyllum (Gagn.) C.Y.Wu ex W.T.Wang(p.p.)=Tetrastigma erubescens var. monophyllum
Tetrastigma monophyllum (Gagn.) C.Y.Wu ex W.T.Wang(p.p.)=Tetrastigma subtetragonum
Tetrastigma napaulense (DC.) C.L.Li 细齿崖爬藤
Tetrastigma napaulense var. napaulense=Tetrastigma napaulense
Tetrastigma napaulense var. puberulum (W.T.Wang) C.L.Li 毛细齿崖爬藤
Tetrastigma obovatum (Laws.) Gagn.毛枝崖爬藤
Tetrastigma obovatum Gagn.(西藏志 1986)=Cayratia geniculata
Tetrastigma obtectum (Wall.) Planch.崖爬藤
Tetrastigma obtectum subsp. *dichotomum* W.T.Wang=Tetrastigma hypoglaucum
Tetrastigma obtectum var. glabrum (Lévl. & Vant.) Gagn.无毛崖爬藤
Tetrastigma obtectum var. obtectum=Tetrastigma obtectum
Tetrastigma obtectum var. pilosum Gagn.毛叶崖爬藤
Tetrastigma obtectum var. *potentilla* (Lévl. & Vant.) Gagn.=Tetrastigma obtectum var. pilosum
Tetrastigma obtectum var. *trichopcarpum* Gagn.=Tetrastigma obtectum var. pilosum
Tetrastigma oliviforme Planch.橄榄形崖爬藤
Tetrastigma pachyphyllum (Hemsl.) Chun 厚叶崖爬藤
Tetrastigma pachyphyllum Chun(分类学报 1958,p.p.)=Tetrastigma pseudocruciatum
Tetrastigma papillatum (Hance) C.Y.Wu 海南崖爬藤
Tetrastigma plancicaule (HK.) Gagn.扁担藤
Tetrastigma planicaule (HK.) Gagn.(西藏志 1986,p.p.)=Tetrastigma sichouense var. megalocarpum
Tetrastigma pseudocruciatum C.L.Li 过山崖爬藤
Tetrastigma pubinerve Merr. & Chun 毛脉崖爬藤
Tetrastigma retinervium Planch.(分类学报 1979,云南植物名录 1984)=Tetrastigma retinervium var. pubescens
Tetrastigma retinervium var. pubescens C.L.Li 柔毛网脉崖爬藤
Tetrastigma rumicispermum (Laws.) Planch.喜马拉雅崖爬藤
Tetrastigma rumicispermum var. lasiogynum (W.T.Wang) C.L.Li 锈毛喜马拉雅崖爬藤
Tetrastigma rumicispermum var. rumicispermum=Tetrastigma rumicispermum
Tetrastigma serrulatum (Roxb.) Planch.(高等图鉴补编 1983,云南植物名录 1984)=Tetrastigma napaulense
Tetrastigma serrulatum (Roxb.) Planch.=Tetrastigma napaulense
Tetrastigma serrulatum (Roxb.) Planch.狭叶崖爬藤
Tetrastigma serrulatum var. *lasiogynum* W.T.Wang=Tetrastigma rumicispermum var. lasiogynum
Tetrastigma serrulatum var. *puberulum* (W.T.Wang & Cao) C.L.Li=Tetrastigma serrulatum var. pubinervium
Tetrastigma serrulatum var. *puberulum* W.T.Wang=Tetrastigma napaulense var. puberulum
Tetrastigma serrulatum var. pubinervium C.L.Li 毛狭叶崖爬藤
Tetrastigma serrulatum var. serrulatum=Tetrastigma serrulatum
Tetrastigma sichouense C.L.Li 西畴崖爬藤
Tetrastigma sichouense var. megalocarpum C.L.Li 大果西畴崖爬藤
Tetrastigma sichouense var. sichouense=Tetrastigma sichouense
Tetrastigma sinodichotomum W.T.Wang=Tetrastigma hypoglaucum
Tetrastigma strumarum Gagn.=Tetrastigma pachyphyllum
Tetrastigma subtetragonum C.L.Li 红花崖爬藤
Tetrastigma tenue Craib=Tetrastigma henryi
Tetrastigma tonkinense Gagn.越南崖爬藤
Tetrastigma triphyllum (Gagn.) W.T.Wang 菱叶崖爬藤
Tetrastigma triphyllum var. hirtum (Gagn.) W.T.Wang 毛菱叶崖爬藤
Tetrastigma triphyllum var. triphyllum=Tetrastigma triphyllum
Tetrastigma tsaianum C.Y.Wu 蔡氏崖爬藤
Tetrastigma venulosum C.Y.Wu 马关崖爬藤
Tetrastigma voinierianum (Ball.) Pierre ex Gagn.(云南植物名录 1984)=Tetrastigma sichouense
Tetrastigma xishuangbannaense C.L.Li 西双版纳崖爬藤
Tetrastigma xizangense C.L.Li 西藏崖爬藤
Tetrastigma yiwuense C.L.Li 易武崖爬藤
Tetrastigma yunnanense Gagn.云南崖爬藤
Tetrastigma yunnanense var. mollisimum C.Y.Wu & W.T.Wang 贡山崖爬藤
Tetrastigma yunnanense var. *pubipes* W.T.Wang=Tetrastigma yunnanense
Tetrastigma yunnanense var. *triphyllum* Gagn.(Merr. & Chun in Synyatsenia 1935)= Tetrastigma papillatum

Tetrastigma yunnanense var. *triphyllum* f. *glabrum* Gagn.=Tetrastigma triphyllum
Tetrastigma yunnanense var. *triphyllum* f. *hirtum* Gagn.=Tetrastigma triphyllum var. hirtum
Tetrastigma yunnanense var. *triphyllum* Gagn.=Tetrastigma triphyllum
Tetrastigma yunnanense var. yunnanense=Tetrastigma yunnanense
Tetrataenium (DC.) Manden.**四带芹属**(伞形科)
Tetrataenium nepalense (D.Don) Manden.尼泊尔四带芹
Tetrataenium olgae (DC.) Manden.大叶四带芹
Tetrataenium rigens (Wall.) Manden.硬四带芹
Tetrathyrium Benth.**四药门花属**(金缕梅科)
Tetrathyrium subcordatum Oliv.四药门花
Teucrium L.**香科科属**(唇形科)
Teucrium alborubrum Hemsl.=Kinostemon alborubrum
Teucrium anlungense C.Y.Wu & S.Chow 安龙香科科
Teucrium bidentatum Hemsl.(Hand.-Mazz.Symb.Sin.1936,p.p.)=Teucrium pernyi
Teucrium bidentatum Hemsl.二齿香科科
Teucrium bidentatum var. *purpureum* Diels=Teucrium bidentatum
Teucrium botrys L.总状花序香科
Teucrium canum Fisch. & Mey.灰色香科
Teucrium chamaedrys L.石蚕香科
Teucrium esquirolii Lévl.=Isodon ternifolius
Teucrium excelsum Juz.高香科
Teucrium fischeri Juz.费石香科
Teucrium fortunei Benth.=Teucrium quadrifarium
Teucrium fulvoaureum Lévl.=Teucrium quadrifarium
Teucrium fulvum Hance=Teucrium quadrifarium
Teucrium hircanicum L.西尔加香科
Teucrium holocheilum W.E.Evans ex Kudô =Holocheila longipedunculata
Teucrium huoshanense S.W.Su & J.Q.He=Teucrium perynyi
Teucrium integrtifolium C.Y.Wu & S.Chow 全叶香科科
Teucrium jailae Juz.渣意尔香科
Teucrium japonicum Willd.(Dunn in Notes Bot.Gard.Edinb.1915,p.p.)= Teucrium viscidum var. nepetoides
Teucrium japonicum Willd.(Dunn in Notes Bot.Gard.Edinb.1915,p.p.)= Teucrium viscidum var. leiocalyx
Teucrium japonicum Willd.穗花香科科
Teucrium japonicum f. *lanatum* Sun ex C.H.Hu=Teucrium pilosum
Teucrium japonicum var. *continentalis* (Sic) Kitag.=Teucrium ussuriense
Teucrium japonicum var. japonicum=Teucrium japonicum
Teucrium japonicum var. microphyllum C.Y.Wu & S.Chow 假荆芥
Teucrium japonicum var. *pilosum* Pamp.(Hand.-Mazz.in Act.Hort.Göthob. 1934)= Teucrium ussuriense
Teucrium japonicum var. *pilosum* Pamp.=Teucrium pilosum
Teucrium japonicum var. tsungmingense C.Y.Wu & S.Chow 崇明穗花香科科(新)
Teucrium kouytchouense Lévl.=Teucrium quadrifarium
Teucrium krymense Juz.柔毛香科
Teucrium labiosum C.Y.Wu & S.Chow 大唇香科科
Teucrium laxum Don 稀疏香科
Teucrium macrostachyum Wall. ex Benth.=Leucosceptrum canum
Teucrium manghuaense Sun ex S.Chow 巍山香科科
Teucrium manghuaense var. angustum C.Y.Wu & S.Chow 狭苞巍山香科科(新)
Teucrium manghuaense var. manghuaense=Teucrium manghuaense
Teucrium massiliense L.(Lour.in Cochinch.1790)=Teucrium viscidum
Teucrium montanum L.山香科
Teucrium multinodum (Bordz.) Juz.多节香科
Teucrium nanum C.Y.Wu & S.Chow 矮生香科科
Teucrium nepetaefolia Benth.=Caryopteris nepetaefolia
Teucrium nepetoides Lévl.=Teucrium viscidum var. nepetoides
Teucrium ningpoense Hemsl.=Teucrium pernyi
Teucrium nuchense C.Koch 努陈香科
Teucrium omeiense Sun ex S.Chow 峨眉香科科
Teucrium omeiense var. cyanophyllum C.Y.Wu & S.Chow 蓝叶峨眉香科科(新)
Teucrium omeiense var. omeiense=Teucrium omeiense
Teucrium orientale L.东方香科
Teucrium ornatum Hemsl.=Kinostemon ornatum
Teucrium palmatum Benth. ex HK.f.=Rubiteucris palmata
Teucrium pannonicum Kern.山地香科
Teucrium parviflorum Schreb.小花香科
Teucrium pernyi Franch.庐山香科科
Teucrium philippinense Merr.=Teucrium viscidum
Teucrium pilosum (Pamp.) C.Y.Wu & S.Chow 长毛香科科
Teucrium pilosum var. macrophyllum Kom.大叶长毛香科科(新)
Teucrium pilosum var. pilosum=Teucrium pilosum
Teucrium polium L.狭叶香科
Teucrium praemontanum Klok.满山香科
Teucrium pulchrium Juz.美丽香科
Teucrium quadrifarium Buch.-Ham.铁轴草
Teucrium royleanum Wall.柔夷香科
Teucrium scordioides Schreb.沼泽香科科
Teucrium scordium L.蒜味香科科
Teucrium sect. *Holocheila* Kudô (p.p.)=**Holocheila**
Teucrium sect. *Leucosceptrum* Benth.=**Leucosceptrum**
Teucrium sect. *Pleurobotrys* Hemsl.=**Kinostemon**
Teucrium sibiricum L.=Nepeta ucranica
Teucrium simplex Vaniot.(Dunn in Notes Bot.Gard.Edinb.1915)= Teucrium nanum
Teucrium simplex Vaniot 香科科
Teucrium sp. Sun Xiong-cai=Teucrium anlungense
Teucrium stoloniferum Roxb.(Diels in Engler,Bot.Jahrb.1900,p.p.)= Teucrium viscidum var. nepetoides
Teucrium stoloniferum Roxb.=Teucrium viscidum
Teucrium stoloniferum α. *typicum* Maxim.=Teucrium viscidum
Teucrium syspirense C.Koch 灰香科
Teucrium taylori Boiss.泰勒香科
Teucrium tochauense Kudô =Heterolamium debile var. tochauense
Teucrium tomentosum Hene 绒毛香科
Teucrium tsinlingense C.Y.Wu & S.Chow 秦岭香科科
Teucrium tsinlingense var. porphyreum C.Y.Wu & S.Chow 紫萼秦岭香科科(新)
Teucrium tsinlingense var. tsinlingense=Teucrium tsinlingense
Teucrium ussuriense Kom.黑龙江香科科
Teucrium veronicoides Maxim.裂苞香科科
Teucrium virginicum L.(Thunb.in Fl.Jap.1784)=Teucrium japonicum
Teucrium viscidum Bl.血见愁
Teucrium viscidum var. leiocalyx C.Y.Wu & S.Chow 光萼血见愁(新)
Teucrium viscidum var. longibracteatum C.Y.Wu & S.Chow 长苞血见愁(新)
Teucrium viscidum var. macrostephanum C.Y.Wu & S.Chow 大唇血见愁(新)
Teucrium viscidum var. nepetoides (Lévl.) C.Y.Wu & S.Chow 微毛血见愁(新)
Teucrium viscidum var. viscidum=Teucrium viscidum
Teucrium wallichianum Benth.=Achyrospermum wallichianum
Teucrium wightii HK.f.威特香科
Textoria Miq.=**Dendropanax**
Textoria pellucidopunctata (Hay.) Kanehira & Sasaki=Dendropanax dentiger
Teyleria Backer **琼豆属**(豆科)
Teyleria koordersii (Backer) Backer 琼豆
Thacla natans (Pall.) Deyl & Sojak.=Caltha natans
Thalassia Bank & Solanderex König.**泰来藻属**(水鳖科)
Thalassia hemperichii (Ehrenb.) Asch.泰来藻
Thalia L.**塔里亚属**(竹芋科)
Thalia canniformis Forst.=Donax canniformis
Thalia dealbata Fraser.白粉塔里亚
Thalictrodes simplex (DC.) Kuntze=Cimicifuga simplex
Thalictrrum angustifolium L.窄叶唐松草
Thalictrum L.**唐松草属**(毛茛科)
Thalictrum acteaefolium S. & Z.(Chun in Sunyatsenia 1934)=Thalictrum minus var. hypoleucum
Thalictrum acutifolium (Hand.-Mazz.) Boivin 尖叶唐松草
Thalictrum affine Ledeb.=Thalictrum simplex var. affine
Thalictrum alpinum L.(Rehd. & Kobuski in J.Arn.Arb.1933)=Thalictrum alpinum var. elatum
Thalictrum alpinum L.高山唐松草
Thalictrum alpinum var. *acutilobum* H.Hara=Thalictrum alpinum var. elatum

Thalictrum alpinum var. alpinum=Thalictrum alpinum
Thalictrum alpinum var. *elatum* f. *puberulum* W.T.Wang & S.H.Wang=Thalictrum alpinum var. elatum
Thalictrum alpinum var. elatum Ulbr.直梗高山唐松草
Thalictrum alpinum var. *hebetum* B.Boivin=Thalictrum alpinum
Thalictrum alpinum var. microphyllum (Ropyle) Hand.-Mazz.柄果高山唐松草
Thalictrum alpinum var. *setulosinerve* (H.Hara) W.T.Wang=Thalictrum alpinum var. elatum
Thalictrum altissimum Thomas ex De Massas=Thalictrum flavum
Thalictrum amplissimum Lévl. & Vant.=Thalictrum minus var. hypoleucum
Thalictrum angustatum Weinm. ex Lecoy.=Thalictrum flavum
Thalictrum anonymum Wall. ex Lecoy.=Thalictrum flavum
Thalictrum aquilegifolium L.欧洲唐松草
Thalictrum aquilegifolium subsp. *asiaticum* (Nakai) Kitag.=Thalictrum aquilegifolium var. sibiricum
Thalictrum aquilegifolium var. *asiaticum* Nakai=Thalictrum aquilegifolium var. sibiricum
Thalictrum aquilegifolium var. *daisenense* (Nakai) Emura=Thalictrum aquilegifolium var. sibiricum
Thalictrum aquilegifolium var. sibiricum Rgl. & Tiling 唐松草
Thalictrum argyi Lévl.=Thalictrum javanicum
Thalictrum atriplex Finet & Gagn.狭序唐松草
Thalictrum baicalense Turcz.贝加尔唐松草
Thalictrum baicalense var. baicalense=Thalictrum baicalense
Thalictrum baicalense var. megalostigma Boivin 长柱贝加尔唐松草
Thalictrum bracteata Roxb.=Clematis cadmia
Thalictrum brevisericeum W.T.Wang & S.H.Wang 绢毛唐松草
Thalictrum capitatum Jordan=Thalictrum flavum
Thalictrum chaotungense W.T.Wang & S.H.Wang=Thalictrum glandulosissimum var. chaotungense
Thalictrum chayuense W.T.Wang 察隅唐松草
Thalictrum chelidonii DC.珠芽唐松草
Thalictrum chiaonis Boivin=Thalictrum acutifolium
Thalictrum cirrhosum Lévl.星毛唐松草
Thalictrum clavatum HK. =Thalictrum sparsiflorum
Thalictrum clavatum var. *acutifolium* Hand.-Mazz.=Thalictrum acutifolium
Thalictrum clavatum var. *cavaleriei* Lévl.=Thalictrum acutifolium
Thalictrum clavatum var. *filamentosum* (Maxim.) Finet & Gagn.=Thalictrum filamentosum
Thalictrum clematidifolium Franch.=Thalictrum robustum
Thalictrum contortum L.=Thalictrum aquilegifolium var. sibiricum
Thalictrum cultratum Wall.高原唐松草
Thalictrum cultratum var. *tsangense* Brühl=Thalictrum squamiferum
Thalictrum daisenense Nakai=Thalictrum aquilegifolium var. sibiricum
Thalictrum dalingo Buch.-Ham. ex DC.=Thalictrum foliolosum
Thalictrum decitenatum Boivin=Thalictrum cultratum
Thalictrum deciternatum Boivin=Thalictrum finetii
Thalictrum declinatum Boivin=Thalictrum acutifolium
Thalictrum delavayi Franch.偏翅唐松草
Thalictrum delavayi var. acuminatum Franch.渐尖偏翅唐松草
Thalictrum delavayi var. decorum Franch.宽萼偏翅唐松草
Thalictrum delavayi var. delavayi=Thalictrum delavayi
Thalictrum delavayi var. mucronatum (Finet & Gagn.) W.T.Wang & S.H.Wang 角药偏翅唐松草
Thalictrum delavayi var. *parviflorum* Franch.=Thalictrum delavayi
Thalictrum dichotomum Steud.=Thalictrum squarrosum
Thalictrum diffusiflorum Marq. & Shaw 堇花唐松草
Thalictrum dipterocarpum Franch.=Thalictrum delavayi
Thalictrum dipterocarpum var. *mucronatum* Finet & Gagn.=Thalictrum delavayi var. mucronatum
Thalictrum duclouxii Lévl.=Thalictrum delavayi
Thalictrum elegans Wall.小叶唐松草
Thalictrum englerianum Ulbr.=Thalictrum virgatum
Thalictrum esquirolii Lévl. & Vant.=Thalictrum alpinum var. elatum
Thalictrum faberi Ulbr.大叶唐松草
Thalictrum falcatum Pamp.=Thalictrum robustum
Thalictrum fargesii Franch.西南唐松草
Thalictrum fauriei Hay.=Thalictrum urbainii
Thalictrum filamentosum Maxim.花唐松草
Thalictrum finetii Boivin 滇川唐松草
Thalictrum flavum L.黄唐松草
Thalictrum foeniclaceum Bge.丝叶唐松草
Thalictrum foetidum L.腺毛唐松草
Thalictrum foetidum var. foetidum=Thalictrum foetidum
Thalictrum foetidum var. glabrescens Takeda 扁果唐松草
Thalictrum foetidum var. *glandulosissimum* Finet & Gagn.=Thalictrum glandulosissimum
Thalictrum foliolosum DC.多叶唐松草
Thalictrum fortunei S.Moore 华东唐松草
Thalictrum fusiforme W.T.Wang 纺锤唐松草
Thalictrum giraldii Ulbr.=Thalictrum baicalense
Thalictrum glandulosissimum (Finet & Gagn.) W.T.Wang & S.H.Wang 金丝马尾连
Thalictrum glandulosissimum var. chaotungense W.T.Wang & S.H.Wang 昭通马尾连
Thalictrum glandulosissimum var. glandulosissimum=Thalictrum glandulosissimum
Thalictrum glareosum Hand.-Mazz.=Thalictrum squamiferum
Thalictrum glyphocarpum Wight & Arn.=Thalictrum javanicum
Thalictrum grandidentatum W.T.Wang & S.H.Wang 巨齿唐松草
Thalictrum grandiflorum Maxim.大花唐松草
Thalictrum gueguenii Boivin=Thalictrum umbricola
Thalictrum hamatum Maxim.=Thalictrum uncatum
Thalictrum hayatanum Koidz.=Thalictrum urbainii
Thalictrum honanense W.T.Wang & S.H.Wang 河南唐松草
Thalictrum hypolecum S. & Z.=Thalictrum minus var. hypoleucum
Thalictrum ichangense Lecoy. ex Oliv.盾叶唐松草
Thalictrum isopyroides C.A.Mey.紫堇叶唐松草
Thalictrum javanicum Bl.爪哇唐松草
Thalictrum javanicum var. javanicum=Thalictrum javanicum
Thalictrum javanicum var. puberulum W.T.Wang 微毛爪哇唐松草
Thalictrum kemense Fries=Thalictrum minus var. kemense
Thalictrum kemense var. *stipellatum* C.A.Mey ex Maxim.=Thalictrum minus var. kemense
Thalictrum lancangense Y.Y.Qian 澜沧唐松草
Thalictrum laxum Ulbr.疏序唐松草
Thalictrum lecoyeri Franch.=Thalictrum javanicum
Thalictrum leuconotum Franch.白茎唐松草
Thalictrum leve (Franch.) W.T.Wang 鹤庆唐松草
Thalictrum macrophyllum Migo=Thalictrum faberi
Thalictrum macrorhynchum Franch.长喙唐松草
Thalictrum macrostigma Finet & Gagn.=Thalictrum leuconotum
Thalictrum macrostigma Lecoy.=Thalictrum virgatum
Thalictrum mairei Lévl.=Thalictrum leuconotum
Thalictrum megalostigma (B.Boivin) W.T.Wang=Thalictrum baicalense var. megalostigma
Thalictrum menthosma Stocks ex Lecoy.=Thalictrum reniforme
Thalictrum microgynum Lecoy. ex Oliv.小果唐松草
Thalictrum microphyllum Royle=Thalictrum alpinum var. microphyllum
Thalictrum minus L.亚欧唐松草
Thalictrum minus subsp. *kemense* (Fries) Cajand.=Thalictrum minus var. kemense
Thalictrum minus var. *amplissimum* (Lévl. & Vant.) Lévl.=Thalictrum minus var. hypoleucum
Thalictrum minus var. *elatum* Lecoy.=Thalictrum minus var. hypoleucum
Thalictrum minus var. hypoleucum (S. & Z.) Miq.东亚唐松草
Thalictrum minus var. kemense (Fries) Trel.长梗亚欧唐松草
Thalictrum minus var. *majus* Miq.=Thalictrum minus var. hypoleucum
Thalictrum minus var. minus=Thalictrum minus
Thalictrum minus var. *stipellatum* (C.A.Mey. ex Maxim.) Tamura=Thalictrum minus var. kemense
Thalictrum minus var. *thunbergii* (DC.) Vorosch.=Thalictrum minus var. hypoleucum
Thalictrum multipeltatum Pamp.=Thalictrum ichangense
Thalictrum myriophyllum Ohwi 密叶唐松草
Thalictrum neurocarpum Royle=Thalictrum reniforme
Thalictrum nudum Lévl. & Vant. ex Hand.-Mazz.=Thalictrum alpinum var. elatum
Thalictrum oligandrum Maxim.稀蕊唐松草
Thalictrum oligospermum Fisch. ex Sweet.=Thalictrum squarrosum
Thalictrum omeiense W.T.Wang & S.H.Wang 峨眉唐松草
Thalictrum osmundifolium Finet & Gagn.川鄂唐松草

Thalictrum pallidum (p.p.)Franch.=Thalictrum fargesii
Thalictrum pallidum Franch.(p.p.)=Thalictrum xingshanicum
Thalictrum petaloideum L.瓣蕊唐松草
Thalictrum petaloideum var. *latifoliolatum* Kitag.=Thalictrum petaloideum
Thalictrum petaloideum var. petaloideum=Thalictrum petaloideum
Thalictrum petaloideum var. supradecompositum (Nakai) Kitag.狭裂瓣蕊唐松草
Thalictrum philippinense C.B.Rob.菲律宾唐松草
Thalictrum przewalskii Maxim.长柄唐松草
Thalictrum purdomii J.J.Clarke(p.p.)=Thalictrum minus var. hypoleucum
Thalictrum purdomii J.J.Clarke(p.p.)=Thalictrum squarrosum
Thalictrum radiatum Royle=Thalictrum saniculiforme
Thalictrum ramosum Boivin 多枝唐松草
Thalictrum reniforme Wall.美丽唐松草
Thalictrum repens Schrader=Thalictrum squarrosum
Thalictrum reticulatum Franch.网脉唐松草
Thalictrum reticulatum var. hirtellum W.T.Wang & S.H.Wang 毛叶网脉唐松草
Thalictrum reticulatum var. reticulatum=Thalictrum reticulatum
Thalictrum richardsonii A.Gray=Thalictrum sparsiflorum
Thalictrum robustum Maxim.粗壮唐松草
Thalictrum rockii Boivin=Thalictrum przewalskii
Thalictrum rostellatum HK.f. & Thoms.小喙唐松草
Thalictrum rotundifolium DC.圆叶唐松草
Thalictrum rubellum S. & Z.=Thalictrum aquilegifolium var. sibiricum
Thalictrum rubescens Ohwi 淡红唐松草
Thalictrum rupestre Madden ex Leocy.=Thalictrum saniculiforme
Thalictrum rutifolium HK.f. & Thoms.芸香叶唐松草
Thalictrum samariferum Boivin=Thalictrum elegans
Thalictrum saniculaeforme DC.叉枝唐松草
Thalictrum scabrifolium Franch.糙叶唐松草
Thalictrum scabrifolium var. *leve* Franch.=Thalictrum leve
Thalictrum scaposum W.E.Evans=Thalictrum microgynum
Thalictrum sessile Hay.=Thalictrum javanicum
Thalictrum setulosinerve H.Hara=Thalictrum alpinum var. elatum
Thalictrum shensiense W.T.Wang & S.H.Wang 陕西唐松草
Thalictrum sibiricum Ledeb.=Thalictrum squarrosum
Thalictrum simaoense W.T.Wang & G.Zhu 思茅唐松草
Thalictrum simplex L.(四川中药志 1960)=Thalictrum simplex var. brevipes
Thalictrum simplex L.箭头唐松草
Thalictrum simplex var. affine (Ledeb.) Rgl.锐裂箭头唐松草
Thalictrum simplex var. brevipes Hara 短梗箭头唐松草
Thalictrum simplex var. glandulosum W.T.Wang 腺毛箭头唐松草
Thalictrum simplex var. simplex=Thalictrum simplex
Thalictrum sinomacrostigma W.T.Wang=Thalictrum leuconotum
Thalictrum siopyroides C.A.Mey.紫堇叶唐松草
Thalictrum smithii Boivin 鞭柱唐松草
Thalictrum sparsiflorum Turcz.散花唐松草
Thalictrum squamiferum Lecoy.石砾唐松草
Thalictrum squarrosum Steph.展枝唐松草
Thalictrum supradecompositum Nakai=Thalictrum petaloideum var. supradecompositum
Thalictrum tenii Lévl.=Thalictrum trichopus
Thalictrum tenue Franch.细唐松草
Thalictrum tenuisubulatum W.T.Wang 钻柱唐松草
Thalictrum thubergii var. *majus* (Miq.) Nakai=Thalictrum minus var. hypoleucum
Thalictrum thunbergii DC.=Thalictrum minus var. hypoleucum
Thalictrum tofieldioides Diels=Thalictrum alpinum var. elatum
Thalictrum trichopus Franch.毛发唐松草
Thalictrum trigynum Fisch. ex DC.=Thalictrum squarrosum
Thalictrum tripeltatum Maxim.=Thalictrum ichangense
Thalictrum triternatum Rupr.三出唐松草
Thalictrum tsawarungense W.T.Wang & S.H.Wang 察瓦龙唐松草
Thalictrum tuberiferum Maxim.深山唐松草
Thalictrum umbricola Ulbr.阴地唐松草
Thalictrum uncatum Maxim.钩柱唐松草
Thalictrum uncatum var. angustialatum W.T.Wang 狭翅钩柱唐松草
Thalictrum uncatum var. uncatum=Thalictrum uncatum
Thalictrum uncinulatum Franch.弯柱唐松草
Thalictrum unguiculatum Boivin=Thalictrum acutifolium
Thalictrum urbainii Hay.台湾唐松草
Thalictrum urbainii var. majus T.Schimizu 大花台湾唐松草
Thalictrum urbainii var. urbainii=Thalictrum urbainii
Thalictrum verticillatum Lévl.=Thalictrum virgatum
Thalictrum virgatum HK.f. & Thoms.帚枝唐松草
Thalictrum virgatum var. *stipitatum* Franch.=Thalictrum virgatum
Thalictrum viscosum C.Y.Wu 粘唐松草
Thalictrum wangii Boivin 丽江唐松草
Thalictrum wuyishanicum W.T.Wang & S.H.Wang 武夷唐松草
Thalictrum xingshanicum G.F.Tao 兴山唐松草
Thalictrum yui Boivin=Thalictrum cultratum
Thalictrum yunnanense W.T.Wang 云南唐松草
Thalictrum yunnanense var. austroyunnanense Y.Y.Qian 滇南唐松草
Thalictrum yunnanense var. yunnanense=Thalictrum yunnanense
Thamnocalamus Munro **筱竹属**(禾本科)
Thamnocalamus aristatus (Gamble) E.G.Camux 有芒筱竹
Thamnocalamus collaris Yi=Fargesia collaris
Thamnocalamus hindsii (munro) E.G.Camus=Pseudosasa hindsii
Thamnocalamus hindsii var. *graminea* E.G.Camux=Pleioblastus gramineus
Thamnocalamus prainii (Gamble) E.G.Camus=Neomicrocalamus prainii
Thamnocalamus spathaceus (Franch.) Soderstrom=Fargesia spathacea
Thamnocharis W.T.Wang **辐花苣苔属**(苦苣苔科)
Thamnocharis esquirolii (Lévl.) W.T.Wang 辐花苣苔
Thamnopteris Presl=**Neottopteris**
Thamnopteris antiqua Makino=Neottopteris antiqua
Thamnopteris nidus Presl=Neottopteris nidus
Thamnopteris phyllitidis Presl=Neottopteris phyllitidis
Thamnopteris simonsiana Moore=Neottopteris simonsiana
Thamunocalamus cuspidatus (Keng) Keng f.=Fargesia cuspidata
Thaumastochloa C.E.Hubb.**假蛇尾草属**(禾本科)
Thaumastochloa chenii Hsu=Heteropholis cochinchinensis var. chenii
Thaumastochloa cochinchinensis C.E.Hubb.=Heteropholis cochinchinensis
Thaumastochloa cochinchinensis f. *shimadana* Ohwi=Heteropholis cochinchinensis var. chenii
Thaumastochloa pubescens (Domin) Hubb.柔毛假蛇尾草
Thea asamica Masters=Camellia assamica
Thea assimilis (Champ.) Seem.=Camellia assimilis
Thea bachamaensis Gagn.=Camellia kissi
Thea biflora Hay.=Camellia oleifera
Thea bohea L.=Camellia sinensis
Thea bolovensis Gagn.=Camellia furfuracea
Thea brachystemon Gagn.=Camellia kissi
Thea brevistyla Hay.=Camellia brevistyla
Thea camellia Hoffm=Camellia japonica
Thea camellia var. *lucidissima* Lévl.=Camellia saluenensis
Thea caudata Wall.=Camellia caudata
Thea caudata var. *faberi* Kochs=Camellia elongata
Thea cavaleriana Lévl.=Camellia pitardii
Thea chinensis Sims=Camellia sinensis
Thea chinensis var. *asamica* (Mast.) Pierre=Camellia assamica
Thea cochinchinensis Lour.=Camellia sinensis
Thea cordifolia Metc.=Camellia cordifolia
Thea costei (Lévl.) Rehd.=Camellia costei
Thea crapnelliana (Tutch.) Rehd.=Camellia crappelliana
Thea cuspidata Kochs=Camellia cuspidata
Thea drupifera Carib=Camellia confusa
Thea edithae (Hance) O.Kuntze=Camellia edithae
Thea elongata Rehd.=Camellia elongata
Thea euryoides (Lindl.) Booth=Camellia euryoides
Thea fluviatilis (Hand.-Mazz.) Merr.=Camellia fluviatilis
Thea forrestii Diels=Camellia forrestii
Thea fraterna (Hance) O.Ktze.=Camellia fraterna
Thea fraterna O.Ktze.(Hand.-Mazz.in Symb.Sin.1931)=Camellia handelii
Thea furfracea Merr.=Camellia furfuracea
Thea fusiger Gagn.=Camellia tsaii
Thea gaudichaudii Gagn.=Camellia gaudichaudii
Thea gnaphalocarpa Hay. =Camellia brevistyla
Thea gracilis (Hemsl.) Hay.=Camellia caudata
Thea henryana (Coh.St.) Rehd.=Camellia henryana
Thea hongkongensis (Seem.) Pierre=Camellia hongkongensis

Thea hozanensis Hay.=Camellia japonica
Thea indochinensis (Merr.) Gagn.=Camellia indochinensis
Thea iniquicarfpa (Clarke) Kochs=Camellia kissi
Thea japonica (L.) Baill.=Camellia japonica
Thea japonica var. *hortensis* Makino=Camellia japonica
Thea japonica var. *spontanea* Makino=Camellia japonica
Thea mairei Lévl.=Camellia mairei
Thea maliflora (Lindl.) Seem.=Camellia maliflora
Thea microphylla Merr.=Camellia microphylla
Thea nokoensis (Hay.) Makino & Nemoto=Camellia nokoensis
Thea oleifera (Abel) Rehd. & Wils.=Camellia oleifera
Thea oleosa Lour.=Camellia sinensis
Thea parvifolia Hay.=Camellia transarisanensis
Thea paucipunctata Merr. & Chun=Camellia paucipunctata
Thea pitardii (Coh.St.) Rehd.=Camellia pitardii
Thea pitardii (Coh.St.) Rehd.=Camellia saluenensis
Thea podogyna Lévl.=Camellia oleifera
Thea polygama Hu=Camellia forrestii
Thea punctata Kochs=Camellia punctata
Thea reticulata (Lindl.) Kochs=Camellia reticulata
Thea reticulata var. *rosea* Makino=Camellia uraku
Thea rosaeflora (HK.) O.Ktze.=Camellia rosaeflora
Thea rosaeflora var. *glabra* Kochs=Camellia cuspidata
Thea rosaeflora var. *pilosa* Kochs=Camellia fraterna
Thea rosthorniana (Hand.-Mazz.) Hand.-Mazz.=Camellia rosthorniana
Thea salicifolia (Champ.) Seem.=Camellia salicifolia
Thea salicifolia var. *warburgii* Kochs=Camellia salicifolia
Thea sasanqua var. *kissi* (Wall.) Pierre=Camellia kissi
Thea shinkoensis Hay.=Tutcheria shinkoensis
Thea sinensis L.=Camellia sinensis
*Thea sp.*Wils.=Camellia tuberculata
Thea speciosa Pitard ex Diels=Camellia pitardii
Thea taliensis W.W.Sm.=Camellia taliensis
Thea tenuitlora Hay. =Camellia brevistyla
Thea theiformis (Hance) O.Ktze.=Camellia euryoides
Thea transarisanensis Hay.=Camellia transarisanensis
Thea transnokoensis (Hay.) Makino & Nemoto=Camellia transnokoensis
Thea trichoclada Rehd.=Camellia trichoclada
Thea tsaii (Hu) Gagn.=Camellia tsaii
Thea viridis L.=Camellia sinensis
Thea viridis var. *asamica* (Mast.) Choisy=Camellia assamica
Thea yunnanensis Pitard ex Diels=Camellia yunnanensis
Theaceae 山茶科
Theaphylla Raf.=**Camellia**
Thecagonum ovatifolium (Cav.) Babu=Hedyotis ovatifolia
Thela Lour.=**Plumbago**
Thela alba Lour.=Plumbago zeylanica
Thela coccinea Lour.=Plumbago indica
Thelaia Alef.=**Pyrola**
Thelaia chlorantha (Sw.) Alef.=Pyrola chlorantha
Thelaia media (Sw.) Alef.=Pyrola media
Thelaia rotundifolia (L.) Alef.=Pyrola rotundifolia
Thelasis Bl.**矮柱兰属**(兰科)
Thelasis carinata Bl.龙骨矮柱兰
Thelasis clausa Fukuyama=Thelasis pygmaea
Thelasis elongata Bl.=Thelasis pygmaea
Thelasis hongkongensis Rolfe=Thelasis pygmaea
Thelasis khasiana HK.f.滇南矮柱兰
Thelasis pygmaea (Griff.) Bl.矮柱兰
Thelasis pygmaea var. *khasiana* (HK.f.) Schltr.=Thelasis khasiana
Thelasis taiwaniana (Fukuyama) S.S.Ying=Phreatia taiwaniana
Thelasis triptera Rcbh.f.=Thelasis pygmaea
Theligonaceae 假繁缕科
Theligonum L.**假繁缕属**(假繁缕科)
Theligonum formosanum (Ohwi) Ohwi & Liu 台湾假繁缕
Theligonum japonicum Okubo & Makino 日本假繁缕
Theligonum macranthum Franch.假繁缕
Thellungiella O.E.Schulz **盐芥属**(十字花科)
Thellungiella halophila (C.A.Mey.) O.E.Schulz 小盐芥
Thellungiella parvula (Schrenk) Al-Shehbaz & O'Kane 条叶盐芥
Thellungiella salsuginea (Pall.) O.E.Schulz 盐芥
Thelocactus (K.Schum.) Britt. & Rose **瘤玉属**(仙人掌科)
Thelocactus bicolor (Galeotti) Britt. & Rose 大统领
Thelocactus lophothele (Salm-Duck) Britt. & Rose 狮子头
Thelocactus nidulans (Quehl) Britt. & Rose 鹤巢球
Thelymitra malintana Blanco=Habenaria malintana
Thelypteridaceae 金星蕨科
Thelypteris R. & A.(p.p.)=**Stegnogramma**
Thelypteris Schmidel **沼泽蕨属**(金星蕨科)
Thelypteris acuminata var. *kuliangensis* Kuo=Cyclosorus kuliangensis
Thelypteris acuminatum (Houtt.) Morton=Cyclosorus acuminatus
Thelypteris adscendens Ching=Metathelypteris adscendens
Thelypteris angulariloba Ching=Parathelypteris angulariloba
Thelypteris angulariloba var. *major* Ching=Parathelypteris chingii var. major
Thelypteris angustifrons Ching=Parathelypteris angustifrons
Thelypteris arida Morton=Cyclosorus aridus
Thelypteris assamica Rehd=Cyclosorus subelatus
Thelypteris auriculata K.Iwats.=Cyclogramma auriculata
Thelypteris aurita Ching=Pseudophegopteris aurita
Thelypteris beddomei Ching=Parathelypteris beddomei
Thelypteris brunnea Ching=Pseudophegopteris pyrrhorachis
Thelypteris brunnea var. *hirtirachis* Ching=Pseudophegopteris hirtirachis
Thelypteris brunnea var. *pallida* Ching=Pseudophegopteris microstegia
Thelypteris calvescens (Ching) Reed=Cyclosorus calvescens
Thelypteris castanea Ching=Parathelypteris castanea
Thelypteris caudipinna Ching=Pseudocyclosorus caudipinnus
Thelypteris chinensis Ching=Parathelypteris chinensis
Thelypteris chinii Ching=Cyclogramma chunii
Thelypteris ciliata Ching=Pseudocyclosorus ciliatus
Thelypteris crinipes (HK.) K.Iwats.=Cyclosorus crinipes
Thelypteris cystopteroides Ching=Parathelypteris cystopteroides
Thelypteris decipiens Ching=Metathelypteris decipiens
Thelypteris decorus Reed=Cyclosorus terminans
Thelypteris decursive-pinnata Ching=Phegopteris decursive-pinnata
Thelypteris dentata (Forssk.)E.St.John=Cyclosorus dentatus
Thelypteris dilatata H.Ito ex Honda=Metathelypteris hattorii
Thelypteris doclouxii Ching=Pseudocyclosorus ducholuxii
Thelypteris elwesii Ching=Lastrea elwesii
Thelypteris ensifer (Tagawa) K.Iwats.=Cyclosorus ensifer
Thelypteris erubescens Ching=Glaphyropteridopsis erubescens
Thelypteris esquirolii Ching=Pseudocyclosorus esquirolii
Thelypteris euphlebia (Ching) Reed=Cyclosorus euphlebius
Thelypteris evoluta Tagawa & K.Iwats.=Cyclosorus evolutus
Thelypteris extensa Morton=Cyclosorus opulentus
Thelypteris falciloba Ching=Pseudocyclosorus falcilobus
Thelypteris flaccida Ching=Metathelypteris flaccida
Thelypteris flexilis Ching=Cyclogramma flexilis
Thelypteris fukienensis Reed=Cyclosorus fukienensis
Thelypteris glanduligera var. *puberula* Ching=Parathelypteris glanduligera var. puberula
Thelypteris gongylodes Small=Cyclosorus interruptus
Thelypteris gracilescens Ching=Metathelypteris gracilescens
Thelypteris grammitoides Ching=Parathelypteris grammitoides
Thelypteris hattorii Tagawa=Metathelypteris hattorii
Thelypteris heterocarpa Morton=Cyclosorus heterocarpus
Thelypteris hirsutipes (Clarke) Ching(H.Ito in Bot.Mg.Tokyo 1938)= Parathelypteris angulariloba
Thelypteris hirsutipes Ching=Parathelypteris hirsutipes
Thelypteris hirtisora K.Iwats.=Cyclosorus hirtisorus
Thelypteris hokouensis Reed=Cyclosorus hokouensis
Thelypteris houi Reed=Cyclosorus houi
Thelypteris incerta Reed=Cyclosorus opulentus
Thelypteris indo-chinensis Ching=Parathelypteris indo-chinensis
Thelypteris insularis (K.Iwats.) K.Iwats.=Pronephrium insularis
Thelypteris interrupta (Willd.) K.Iwats.(Tagagwa & K.Iwats.in Southeast Asia St.1965)=Cyclosorus terminans
Thelypteris interrupta (Willd.) K.Iwats.=Cyclosorus interruptus
Thelypteris jaculosa Panig.=Cyclosorus jaculosus
Thelypteris japonica (Bak.) Ching(H.Ito in Nov.Fl.Jap.1939,p.p.)=Parathelypteris castanea
Thelypteris japonica Ching=Parathelypteris japonica
Thelypteris japonica var. *glabrata* Ching=Parathelypteris japonica var. glabrata
Thelypteris japonica var. *musashiensis* Hiyama=Parathelypteris japonica var. musashiensis
Thelypteris japonica var. *viridescens* (Makino) H.Ito=Parathelypteris japonica var. musashiensis
Thelypteris kotoensis K.Iwats.=Cyclosorus productus

Thelypteris lakhimpurensis (Rosenst.) K.Iwats.=Pronephrium lakhimpurense
Thelypteris latiloba Ching=Pseudocyclosorus latilobus
Thelypteris latipinna K.Iwats.=Cyclosorus latipinnus
Thelypteris laxa Ching=Metathelypteris laxa
Thelypteris leucadenia Reed=Cyclosorus productus
Thelypteris leucolepis Ching=Macrothelypteris polypodioides
Thelypteris levingei Ching=Pseudophegopteris levingei
Thelypteris liukiuensis (Christ) K.Iwats.=Pronephrium cuspidatum
Thelypteris longipetiolata (K.Iwats.) K.Iwats.=Pronephrium longipetiolatum
Thelypteris molliuscula K.Iwats.=Cyclosorus molliusculus
Thelypteris multilineata Morton.=Pronephrium nudatum
Thelypteris nemoralis Ching=Metathelypteris hattorii
Thelypteris neoauriculata Ching=Cyclogramma neoauriculata
Thelypteris nipponica Ching=Parathelypteris nipponica
Thelypteris nudata (Roxb.) Morton=Pronephrium nudatum
Thelypteris oligophlebia Ching=Macrothelypteris oligophlebia
Thelypteris oligophlebia var. *elegans* Ching=Macrothelypteris oligophlebia var. elegans
Thelypteris oligophlebia var. *lasiocarpa* H.Ito=Macrothelypteris torresiana
Thelypteris oligophlebia var. *subtripinnata* H.Ito=Macrothelypteris viridifrons
Thelypteris omeiensis Ching(p.p.)=Cyclogramma leveillei
Thelypteris omeiensis Ching(p.p.)=Cyclogramma omeiensis
Thelypteris omeigensis Reed=Cyclosorus omeigensis
Thelypteris oppositipinna Ching=Pseudophegopteris rectangularis
Thelypteris opulenta Fosb.=Cyclosorus opulentus
Thelypteris opulenta var. *hirsuta* Fosb.=Cyclosorus terminans
Thelypteris ornata Ching(台湾志 1994)=Macrothelypteris polypodioides
Thelypteris ornata Ching=Macrothelypteris ornata
Thelypteris padulosa K.Iwats.(p.p.)=Pseudophegopteris pyrrhorachis
Thelypteris palustris Schott=Thelypteris palustris var. pubescens
Thelypteris palustris (L.) Schott 沼泽蕨
Thelypteris palustris f. *glabrta* H.Ito=Thelypteris palustris
Thelypteris palustris f. *pubescens* H.Ito=Thelypteris palustris var. pubescens
Thelypteris palustris var. palustris=Thelypteris palustris
Thelypteris palustris var. pubescens(Lawson) Fernald 毛叶沼泽蕨
Thelypteris papilio (Hope) K.Iwats.=Cyclosorus papilio
Thelypteris parasitica (L.) Tard.-Blot=Cyclosorus parasiticus
Thelypteris penangiana (HK.) Reed=Pronephrium penangianum
Thelypteris petelotii Ching=Parathelypteris petelotii
Thelypteris phegopteris (L.) Sloss.=Phegopteris connectilis
Thelypteris pozoi (Lag.) Morton=Leptogramma pozoi
Thelypteris procurrens (Mett.) Reed=Cyclosorus parasiticus
Thelypteris productra Reed=Cyclosorus productus
Thelypteris speudohirsuta Reed=Cyclosorus productus
Thelypteris pustulosa (Cop.) Reed=Pronephrium gymnopteridifrons
Thelypteris pyrrhorachis Nayar & Kaut=Pseudophegopteris pyrrhorachis
Thelypteris quelpaertensis Ching=Lastrea quelpaertensis
Thelypteris rectangularis Nayar & Kaur=Pseudophegopteris rectangularis
Thelypteris remote-pinnata Alston=Gymnocarpium remotepinnatum
Thelypteris repens (Hope) Ching=Pseudocyclosorus canus
Thelypteris rufostraminea Ching=Glaphyropteridopsis rufostraminea
Thelypteris scaberula (Ching) Reed=Cyclosorus scaberulus
Thelypteris sect. *Macrothelypteris* H.Ito=**Macrothelypteris**
Thelypteris sect. *Metathelypteris* group.3 K.Iwats (p.p.)= **Macrothelypteris**
Thelypteris sect. *Metathelypteris* H.Ito=**Metathelypteris**
Thelypteris sect. *Parathelypteris* H.Ito=**Parathelypteris**
Thelypteris serrulata Ching=Parathelypteris serrutula
Thelypteris setigera Ching=Macrothelypteris setigera
Thelypteris simozawae Tagawa=Parathelypteris angulariloba
Thelypteris simplex (HK.) K.Iwats.(p.p.)=Pronephrium simplex
Thelypteris simulans Ching=Cyclogramma auriculata
Thelypteris singalanensis Ching=Metathelypteris singalanensis
Thelypteris squamulosa (Schlecht) Ching 鳞片沼泽蕨
Thelypteris subaurita Ching=Pseudophegopteris subaurita
Thelypteris subben.*Phegopteris* sect. *Lastrella* K.Iwats.= **Pseudophegopteris**
Thelypteris subelata K.Iwats.=Cyclosorus subelatus
Thelypteris subgen. *Cyclogramma* K.Iwats.=**Cyclogramma**
Thelypteris subgen. *Cyclosorus* K.Iwats.=**Cyclosorus**
Thelypteris subgen. *Euphegopteris* gorup.10,Ching=**Macrothelypteris**
Thelypteris subgen. *Euthelypteris* Ching(p.p.)=**Thelypteris**
Thelypteris subgen. *Euthelypteris* Ching=**arathelypteris**
Thelypteris subgen. *Euthelypteris* group 8 Ching=**Pseudocyclosorus**
Thelypteris subgen. *Euthelypteris* group.3.,9,10 Ching(p.p.)= **Metathelypteris**
Thelypteris subgen. *Lastea* sect. *Lastrea* Morton=**Lastrea**
Thelypteris subgen. *Lastrea* (HK.) Alston=**Lastrea**
Thelypteris subgen. *Meniscium* sect. *Ampelopteris* Reed=**Ampelopteris**
Thelypteris subgen. *Metathelypteris* A.R.Sm.=**Metathelypteris**
Thelypteris subgen. *Parathelypteris* R. & A.=**arathelypteris**
Thelypteris subgen. *Phegopteris* Ching group 6 Ching=**Cyclogramma**
Thelypteris subgen. *Phegopteris* Ching=**Glaphyropteridopsis**
Thelypteris subgen. *Phegopteris* Ching=**Phegopteris**
Thelypteris subgen. *Phegopteris* group 4.Ching(p.p.)= **seudophegopteris**
Thelypteris subgen. *Phegopteris* sect. *Phegopteris* K.Iwats.(p.p.)= **Phegopteris**
Thelypteris subgen. *Stegnogramma* Reed=**Stegnogramma**
Thelypteris subgen. *Thelypteris* R. & F.Treyon=**Thelypteris**
Thelypteris subgen. *Thelypteris* sect. *Thelypteris* K.Iwats.(p.p.)= **arathelypteris**
Thelypteris subimmersa Ching=Parathelypteris subimmersa
Thelypteris subochthodes Ching=Pseudocyclosorus subochthodes
Thelypteris subvilosa Ching=Cyclogramma auriculata
Thelypteris sulfurea Reed=Cyclosorus opulentus
Thelypteris taiwanensis (C.Chr.) K.Iwats.=Cyclosorus taiwanensis
Thelypteris terminans Tagawa & K.Iwats.=Cyclosorus terminans
Thelypteris thelypterioides sensu Holub=Thelypteris palustris
Thelypteris thelypteris Nieuwland=Thelypteris palustris
Thelypteris torresiana Alston=Macrothelypteris torresiana
Thelypteris torresiana sensu K.Iwats (p.p.)=Macrothelypteris oligophlebia var. elegans
Thelypteris torresiana var. *calvata* K.Iwats (p.p.).=Macrothelypteris oligophlebia
Thelypteris triphylla (Sw.) K.Iwats.=Pronephrium triphyllum
Thelypteris triphylla var. *parishii* (Bedd.) K.Iwats.=Pronephrium parishii
Thelypteris truncata K.Iwats.=Cyclosorus truncatus
Thelypteris tuberculifera Ching=Pseudocyclosorus tuberculiferus
Thelypteris uliginosa Ching=Macrothelypteris torresiana
Thelypteris uliginosa var. *calvata* K.Iwats.(p.p.)=Macrothelypteris oligophlebia var. elegans
Thelypteris uliginosa var. *calvata* K.Iwats.(p.p.)=Macrothelypteris oligophlebia
Thelypteris uraiensis Ching=Metathelypteris uraiensis
Thelypteris viridifrons Tagawa=Macrothelypteris viridifrons
Thelypteris wagneri Fosb. & Sachet(p.p.)=Cyclosorus terminans
Thelypteris wegberi Reed=Cyclosorus productus
Thelypteris xylodes Ching=Pseudocyclosorus typlodes
Thelypteris yunkweiensis Ching=Pseudophegopteris yunkweiensis
Themeda Forssk.**菅属**(禾本科)
Themeda anathera (Nees ex Steud.) Hack.瘤菅
Themeda anathera var. *glabrescens* (Anderss.) Hack.=Themeda anathera
Themeda anathera var. *hirsuta* (Anderss.) Hack.=Themeda anathera
Themeda arundinacea (Roxb.) A.Camus=Themeda arundinacea
Themeda arundinacea (Roxb.) Ridley 苇菅
Themeda caudata (Nees) A.Camus 苞子草
Themeda caudata (Nees) Dur. & Jack.=Themeda caudata
Themeda caudata (Nees) Honda=Themeda caudata
Themeda chinensis (A.Camus) S.L.Chen & T.D.Zhuang 中华菅
Themeda ciliata subsp. *chinensis* A.Camus=Themeda chinensis
Themeda echinata A.Camus ex Keng=Themeda chinensis
Themeda foliosa (H.B.K.) Balansa=Hyparrhenia bracteata
Themeda forsskalii HK.=Themeda triandra
Themeda gigantea (Cav.) Hack.高大菅(新)
Themeda gigantea subsp. *arundinacea* (Roxb.) Hack.=Themeda arundinacea
Themeda gigantea subsp. *caudata* (Nees) Hack.=Themeda caudata
Themeda gigantea subsp. *caudata* (Nees) Hack.=Themeda hookeri
Themeda gigantea subsp. *villosa* (Poir.) Hack.=Themeda villosa
Themeda gigantea subsp. *villosa* var. *villosa* Hack.=Themeda villosa
Themeda gigantea var. *caudatab* (Nees) Keng=Themeda caudata
Themeda gigantea var. *villosa* (Poir.) Keng=Themeda villosa
Themeda hookeri (Griseb.) A.Camus 西南菅草
Themeda imberbis (Retz.) Cooke=Themeda triandra
Themeda japonica (Willd.) Tanaka 黄背草

Themeda minor L.Liu 小菅草
Themeda triandra Forssk.阿拉伯黄背草
Themeda triandra var. *japonica* (Willd.) Makino=Themeda japonica
Themeda trichiata S.L.Chen & T.D.Zhuang 毛菅
Themeda unica S.L.Chen & T.D.Zhuang 浙皖菅
Themeda villosa (Poir.) A.Camus 菅
Themeda villosa (Poir.) Dur & Jacks.=Themeda villosa
Themeda yuanmounensis S.L.Chen & T.D.Zhuang 元谋菅
Themeda yunnanensis S.L.Chen & T.D.Zhuang 云南菅
Thenardia Kunth **特纳花属**(夹竹桃科)
Thenardia floribunda HBK 多花特纳花
Theobroma L.**可可属**(梧桐科)
Theobroma augusta L.=Ambroma augusta
Theobroma cacao L.可可
Theodorea Cass.=**Saussurea**
Theodorea auriculata Kuntze.=Saussurea auriculata
Theodorea baicalensis (Adams) Kuntze=Saussurea baicalensis
Theodorea chinnampoensis (Lévl. & Vant.) Soják.=Saussurea chinnampoensis
Theodorea costus O.Ktze.=Saussurea costus
Theodorea deltoides O.Ktze.=Saussurea deltoidea
Theodorea glomerata (Poir.) Soják.=Saussurea amara
Theodorea gnaphaloides (Schrenk) Kuntze=Saussurea gnaphaloides
Theodorea larionowii (C.Winkl.) Soják=Saussurea larionowii
Theodorea pulchella (Fisch.) Cass.=Saussurea pulchella
Theodorea taraxacifolia Kuntze=Saussurea nepalensis
Theopsis (Coh.St.) Nakai=**Camellia**
Theopsis chrysantha Hu=Camellia nitidissima
Theopsis elongata (Rehd. & Wils.) Nakai=Camellia elongata
Theopsis forrestii (Diels) Nakai=Camellia forrestii
Theopsis fraterna (Hance) Nakai=Camellia fraterna
Theopsis furfuracea (Merr.) Nakai=Camellia furfuracea
Theopsis longipedicellata Hu=Camellia lngipetiolata
Theopsis lunguaiensis Hu=Camellia brevistyla
Theopsis maliflora (Lindl.) Nakai=Camellia maliflora
Theopsis microphylla (Merr.) Nakai=Camellia microphylla
Theopsis nokoensis (Hay.) Nakai=Camellia nokoensis
Theopsis parvilimba (Merr. & Metc.) Nakai=Camellia parvilimba
Theopsis polygama (Hu) Nakai=Camellia forrestii
Theopsis transarisanensis (Hay.) Nakai=Camellia transarisanensis
Theopsis transnokoensis (Hay.) Nakai=Camellia transnokoensis
Theopsis trichoclada (Rehd.) Nakai=Camellia trichoclada
Thermopsis R.Br.**野决明属**(豆科)
Thermopsis alpestris Czefr.=Thermopsis alpina
Thermopsis alpina (Pall.) Ledeb.高山野决明
Thermopsis alpina var. *humilis* Czefr.=Thermopsis smithiana
Thermopsis alpina var. *yunnanensis* Franch.=Thermopsis alpina
Thermopsis atrata Czefr.=Thermopsis barbata
Thermopsis barbata Benth.紫花野决明
Thermopsis barbata f. *chrysanthus* P.C.Li=Thermopsis gyirongensis
Thermopsis chinensis Benth. ex S.Moore 霍州油菜
Thermopsis dahurica Czefr.=Thermopsis lanceolata
Thermopsis fabacea (Pall.) DC.=Thermopsis lupinoides
Thermopsis glabra Czefr.=Thermopsis lanceolata var. glabra
Thermopsis grubovii Czefr.=Thermopsis mongolica
Thermopsis gyirongensis S.Q.Wei 吉隆野决明
Thermopsis hirsutissima Czefr.=Thermopsis mongolica
Thermopsis inflata Camb.(豆科图说 1955)=Thermopsis smithiana
Thermopsis inflata Camb.轮生叶野决明
Thermopsis kaxgaica C.Y.Yang=Thermopsis turkestanica
Thermopsis kuenlunica Czefr.=Thermopsis przewalskii
Thermopsis laburnifolia D.Don=Piptanthus nepalensis
Thermopsis lanceolata R.Br.(豆科图说 1955,p.p.)=Thermopsis przewalskii
Thermopsis lanceolata R.Br.(豆科图说 1955,p.p.)=Thermopsis turkestanica
Thermopsis lanceolata R.Br.披针叶野决明
Thermopsis lanceolata subsp. *turkestanica* (Gand.) Guban=Thermopsis turkestanica
Thermopsis lanceolata var. glabra (Czefr) Yakovl.东方野决明
Thermopsis lanceolata var. lanceolata=Thermopsis lanceolata
Thermopsis laygyginii Czefr.=Thermopsis przewalskii
Thermopsis licentiana Pet.-Stib.=Thermopsis alpina
Thermopsis lupinoides (L.) Link=Thermopsis lanceolata
Thermopsis lupinoides (L.) Link 野决明
Thermopsis mongolica Czefr.蒙古野决明
Thermopsis orientalis Czefr.=Thermopsis lanceolata var. glabra
Thermopsis przewalskii Czefr.青海野决明
Thermopsis saurensis C.Y.Yang=Thermopsis mongolica
Thermopsis schischkinii Czefr.=Thermopsis mongolica
Thermopsis sibirica (Czefr.=Thermopsis lanceolata
Thermopsis smithiana Pet.-Stib.矮生野决明
Thermopsis tibetica Czefr.=Thermopsis przewalskii
Thermopsis turkestanica Gand.新疆野决明
Thermopsis yushuensis S.Q.Wei 玉树野决明
Theropogon Maxim.**夏须草属**(百合科)
Theropogon pallidus Maxim.夏须草
Therorhodion Small.**云间杜鹃属**(杜鹃花科)
Therorhodion redowskianum (Maxim.) Hutch.=Rhododendron redowkianum
Therorhodion redowskianum (Maxim.) Hutch.云间杜鹃
Thesium L.**百蕊草属**(檀香科)
Thesium arvense Harvatov.田野百蕊草
Thesium brevibracteatum Tam 短苞百蕊草
Thesium cathaicum Hendry.华北百蕊草
Thesium chinense Turcz.百蕊草
Thesium chinense var. chinense=Thesium chinense
Thesium chinense var. longipedunculatum C.Y.Chu 长梗百蕊草
Thesium classovianum Fisch. ex Trautr.=Thesium longifolium
Thesium decurrens Bl. ex A.DC.=Thesium chinense
Thesium emodi Hendry.藏南百蕊草
Thesium himalense Royle 露柱百蕊草
Thesium himalense var. 3? *pachyrhiza* HK.f.=Thesium longiflorum
Thesium jarmilae Hendry.大果百蕊草
Thesium longiflorum Hand.-Mazz.长花百蕊草
Thesium longifolium Turcz.长叶百蕊草
Thesium orgadophilum Tam 草地百蕊草
Thesium psilotoides Hance 白云百蕊草
Thesium ramosoides Hendry.滇西百蕊草
Thesium refractum C.A.Mey.急折百蕊草
Thesium rugulosum Bge. ex A.DC.=Thesium chinense
Thesium sputhulatum Bl.=Dendrotrophe umbellata
Thesium tongolicum Hendry.藏东百蕊草
Thespesia Soland. ex Corr.**桐棉属**(锦葵科)
Thespesia howii S.Y.Hu 长梗桐棉
Thespesia lampas (Cavan.) Dalz. & Gibs.白脚桐棉
Thespesia macrophylla Bl.(Dunn in J.L.Soc.Bot.1911)=Thespesia lampas
Thespesia populnea (L.) Soland. ex Corr.桐棉
Thespesia populnea Soland ex Correa (Merr.in Lingn.Sci.J.1928)=Thespesia howii
Thespis DC.**岐伞菊属**(菊科)
Thespis divaricata DC.岐伞菊
Thevetia L.**黄花夹竹桃属**(夹竹桃科)
Thevetia ahouai (L.) A.DC.阔叶竹桃
Thevetia linearis A.DC.=Thevetia peruviana
Thevetia nereifolia Juss. ex Steud.=Thevetia peruviana
Thevetia neriifolia Juss. ex A.DC.=Thevetia peruviana
Thevetia peruviana (Pers.) K.Schum.黄花夹竹桃
Thevetia peruviana cv. Aurantiaca 红酒杯花
Thevetia thevetia Millsp.=Thevetia peruviana
Thibaudia gaultheriifolia Griff.=Vaccinium gaultheriifolium
Thibaudia myrtifolia Griff.=Agapetes serpens
Thibaudia obovata (Wight) Griff.=Agapetes obovata
Thibaudia retusa Griff.=Vaccinium retusum
Thibaudia revoluta Griff.=Vaccinium dunalianum
Thibaudia serrata Wall.=Vaccinium vacciniaceum
Thisbe Falc.=**Herminium**
Thladiantha Bge.**赤瓟属**(葫芦科)
Thladiantha borneensis Merr.=Siraitia borneensis
Thladiantha calcarata (Wall.) C.B.Clarke=Thladiantha cordifolia
Thladiantha calcarata var. *tonkinensis* Cogn.=Thladiantha cordifolia var. tonkinensis
Thladiantha capitata Cogn.头花赤瓟
Thladiantha cinerascens C.Y.Wu ex A.M.Lu & Z.Y.Zhang 灰赤瓟

Thladiantha clentata Cogn.(新拉汉英 1996)=Thladiantha dentata
Thladiantha cordifolia (Bl.) Cogn.大苞赤瓟
Thladiantha cordifolia var. cordifolia =Thladiantha cordifolia
Thladiantha cordifolia var. tomentosa A.M.Lu & Z.Y.Zhang 茸毛赤瓟
Thladiantha cordifolia var. tonkinensis (Cogn.) A.M.Lu & Z.Y.Zhang 越南赤瓟
Thladiantha davidii Franch.川赤瓟
Thladiantha dentata Cogn.齿叶赤瓟
Thladiantha dictyocarpa Hand.-Mazz.=Thladiantha henryi
Thladiantha digitata Lévl.=Thladiantha hookeri var. heptadactyla
Thladiantha dimorphantha Hand.-Mazz.山西赤瓟
Thladiantha dubia Bge.赤瓟
Thladiantha formosana Hay.=Thladiantha nudiflora
Thladiantha glabra Cogn.=Thladiantha oliveri
Thladiantha globicarpa A.M.Lu & Z.Y.Zhang 球果赤瓟
Thladiantha grandisepala A.M.Lu & Z.Y.Zhang 大萼赤瓟
Thladiantha grosvenorii (Swingle) C.Jeff.=Siraitia grosvenorii
Thladiantha harmsii Cogn.=Thladiantha nudiflora
Thladiantha henryi Hemsl.皱果赤瓟
Thladiantha henryi var. henryi=Thladiantha henryi
Thladiantha henryi var. *subtomentosa* Hand.-Mazz.=Thladiantha lijiangensis
Thladiantha henryi var. verrucosa (Cogn.) A.M.Lu & Z.Y.Zhang 喙赤瓟
Thladiantha heptadactyla Cogn.=Thladiantha hookeri var. heptadactyla
Thladiantha hookeri C.B.Clarke 异叶赤瓟
Thladiantha hookeri var. heptadactyla (Cogn.) A.M.Lu & Z.Y.Zhang 七叶赤瓟
Thladiantha hookeri var. hookeri=Thladiantha hookeri
Thladiantha hookeri var. palmatifolia Chakr.三叶赤瓟
Thladiantha hookeri var. *palmatifolia* f. *quinquefoliata* Chakr.= Thladiantha hookeri var. pentadactyla
Thladiantha hookeri var. pentadactyla (Cogn.) A.M.Lu & Z.Y.Zhang 五叶赤瓟
Thladiantha indochinensis Merr.=Thladiantha nudiflora
Thladiantha legendrei Gagn.=Thladiantha davidii
Thladiantha lijiangensis A.M.Lu & Z.Y.Zhang 丽江赤瓟
Thladiantha lijiangensis var. latisepala A.M.Lu & Z.Y.Zhang 木里赤瓟
Thladiantha lijiangensis var. ljiangensis=Thladiantha lijiangensis
Thladiantha longifolia Cogn. ex Oliv.(高等图鉴 1975 ,p.p.)=Thladiantha punctata
Thladiantha longifolia Cogn. ex Oliv.长叶赤瓟
Thladiantha longisepala C.Y.Wu ex Lu & Z.Y.Zhang 长萼赤瓟
Thladiantha maculata Cogn.斑赤瓟
Thladiantha montana Cogn.山地赤瓟
Thladiantha nudiflora Hemsl. ex Forbes & Hemsl.南赤瓟
Thladiantha nudiflora var. bracteata A.M.Lu & Z.Y.Zhang 西周赤瓟
Thladiantha nudiflora var. nudiflora=Thladiantha nudiflora
Thladiantha oliveri Cogn. ex Mottet.(高等图鉴 1975)=Thladiantha dentata
Thladiantha oliveri Cogn. ex Mottet 鄂赤瓟
Thladiantha pentadactyla Cogn.=Thladiantha hookeri var. pentadactyla
Thladiantha punctata Hay.台湾赤瓟
Thladiantha pustulata (Lévl.) C.Jeff. ex Lu & Z.Y.Zhang 云南赤瓟
Thladiantha sessilifolia Hand.-Mazz.短柄赤瓟
Thladiantha sessilifolia var. longipes A.M.Lu & Z.Y.Zhang 沧源赤瓟
Thladiantha sessilifolia var. sessilifolia=Thladiantha sessilifolia
Thladiantha setispina A.M.Lu & Z.Y.Zhang 刚毛赤瓟
Thladiantha siamensis Craib=Siraitia siamensis
Thladiantha subgen. *Microlagenaria* C.Jeff.=**Siraitia**
Thladiantha taiwaniana Hay.=Siraitia taiwaniana
Thladiantha tonkinensis Gagn.=Thladiantha cordifolia
Thladiantha trifoliolata (Cogn.) Merr.=Thladiantha hookeri var. palmatifolia
Thladiantha verrucosa Cogn. ex Oliv.=Thladiantha henryi var. verrucosa
Thladiantha villosula Cogn.长毛赤瓟
Thladiantha villosula var. nigrita A.M.Lu & Z.Y.Zhang 黑子赤瓟
Thladiantha villosula var. villosula=Thladiantha villosula
Thladiantha yunnanensis Gagn.=Thladiantha pustulata
Thlaspi L.**菥蓂属**(十字花科)
Thlaspi alpestre L.(HK.f. & Thoms.in J.L.Soc.Bot.1861)= Thlaspi cochleariforme
Thlaspi andersonii (HK.f. & Thoms.) O.E.Schulz 西藏菥蓂
Thlaspi arvense L.菥蓂
Thlaspi arvense var. *sinuatum* Lévl.=Thlaspi arvense
Thlaspi bursa-pastoris L.=Capsella bursa-pastoris
Thlaspi campestre L.=Lepidium campestre
Thlaspi cartilagineum J.May.=Lepidium cartilagineum
Thlaspi cochleariforme DC.山菥蓂
Thlaspi exauriculatum Kom.=Thlaspi cochleariforme
Thlaspi ferganense N.Busch 新疆菥蓂
Thlaspi flagelliferum O.E.Schulz 四川菥蓂
Thlaspi perfoliatum L.全叶菥蓂
Thlaspi thlaspidioides (Pall.) Kitag.(植物志 33,1987)= Thlaspi cochleariforme
Thlaspi yunnanense Franch.云南菥蓂
Thlaspi yunnanense var. dentata Diels 齿叶菥蓂
Thlaspi yunnanense var. yunnanense=Thlaspi yunnanense
Thomson 汤姆生脐橙(芸香科脐橙类)
Thoracostachyum Kurz.**野长蒲属**(莎草科)
Thoracostachyum pandanophyllum (f.V.Muell.) Domin 露兜树叶野长蒲
Thorelia Gagn.=**Camchaya**
Thorelia montana Gagn.=Camchaya loloana
Thoreliella C.Y.Wu=**Camchaya**
Thoreliella montana (Gagn.) C.Y.Wu=Camchaya loloana
Thottea Rottb.**线果兜铃属**(马兜铃科)
Thottea hainanensis (Merr. & Chun) D.Hou 海南线果兜铃
Thrinax Sw.**屋顶棕属**(棕榈科)
Thrixgyne Keng=**Duthiea**
Thrixgyne dura Keng=Duthiea brachypodia
Thrixspermum Lour.**白点兰属**(兰科)
Thrixspermum acuminatissimum (Bl.) Rchb.f.尖叶白点兰
Thrixspermum album (Ridl.) Schltr.白花白点兰
Thrixspermum amplexicaule (Bl.) Rchb.f.抱茎白点兰
Thrixspermum annamense (Guillaum.) Garay 海台白点兰
Thrixspermum arachnites (Bl.) Rchb.f.蜘蛛白点兰
Thrixspermum auriferum (Lindl.) Rchb.f.=Thrixspermum centipeda
Thrixspermum austrosinense T.Tang & F.T.Wang=Thrixspermum annamense
Thrixspermum brevibracteatum J.J.Sm.短苞白点兰
Thrixspermum calceolus (Lindl.) Rchb.f.拖鞋白点兰
Thrixspermum carinatifolium (Ridl.) Schltr.龙骨叶白点兰
Thrixspermum centipeda Lour.白点兰
Thrixspermum crassifolium Ridl.厚叶白点兰
Thrixspermum devolium T.P.Lin & C.C.Hsu=Thrixspermum annamense
Thrixspermum eximium L.O.Wms.异色白点兰
Thrixspermum fantasticum L.O.Wms.金唇白点兰
Thrixspermum formsanum (Hah.) Schltr.台湾白点兰
Thrixspermum hainanense (Rolfe) Schltr.=Thrixspermum centipeda
Thrixspermum japonicum (Mikq.) Rchb.f.小叶白点兰
Thrixspermum kusukusense (Hay.) Schltr.=Thrixspermum merguense
Thrixspermum laurisilvaticum (Fukuyama) Garay=Thrixspermum saruwatarii
Thrixspermum laurisilvaticum (Fukuyama) S.S.Ying=Thrixspermum saruwatarii
Thrixspermum laurisilvaticum (Fukuyama) S.Y.Hu=Thrixspermum saruwatarii
Thrixspermum laurisilvaticum (Fukuyama) T.S.Liu & H.J.Su= Thrixspermum saruwatarii
Thrixspermum leopardium Par. & Rchb.f.=Pteroceras leopardinum
Thrixspermum merguense (HK.f.) Ktze.三毛白点兰
Thrixspermum neglectum Fukuyama (Masam.in J.GeoBot.1970)= Thrixspermum japonicum
Thrixspermum neglectum Fukuyama=Thrixspermum fantasticum
Thrixspermum pardale (Ridl.) Schltr.豹斑白点兰
Thrixspermum pendulicaule (Hay.) Schltr.垂枝白点兰
Thrixspermum pricei (Rolfe) Schltr.=Thrixspermum formsanum
Thrixspermum saruwatarii (Hay.) Schltr.长轴白点兰
Thrixspermum sasaoi (Masam.=Thrixspermum formsanum
Thrixspermum segawai Masam.=Chiloschista segawai
Thrixspermum subulatum Rchb.f.厚叶白点兰
Thrixspermum trichoglottis (HK.f.) Ktze.同色白点兰
Thrixspermum xanthanthum Tuyama=Thrixspermum saruwatarii

Thryallis L.**金英属**(金虎尾科)
Thryallis brasiliensis L.巴西金英
Thryallis glauca Kuntze=Thryallis gracilis
Thryallis gracilis Kuntze 金英
Thuarea Pers.**蒭雷草属**(禾本科)
Thuarea involuta (Forst.) R.Br. ex Roem. & Schult.蒭雷草
Thuarea sarmentosa Pers.=Thuarea involuta
Thuja L.**崖柏属**(柏科)
Thuja aphylla L.=Tamarix aphylla
Thuja beverleyensis Hort. ex Rehd.=Platycladus orientalis cv. Beverleyensis
Thuja chengii Gaussen=Platycladus orientalis
Thuja dolabrata L.f.=Thujopsis dolabrata
Thuja gigantea Nutt.=Thuja plicata
Thuja gigantea var. *japonica* (Maxim.) Franch. & Sav.=Thuja standishii
Thuja japonica Maxim.(Kom.in Acta Hort.Petrop.1901)=Thuja koraiensis
Thuja japonica Maxim.=Thuja standishii
Thuja koraiensis Nakai 朝鲜崖柏
Thuja lineata Poir.=Taxodium distichum var. imbricatum
Thuja macrolepis (Kurz) Voss=Calocedrus macrolepis
Thuja obtusa (S. & Z.) Mast.=Chamaecyparis obtusa
Thuja obtusa Moench=Thuja occidentalis
Thuja occidentalis L.北美香柏
Thuja occidentalis cv. Aurea 金黄北美香柏
Thuja occidentalis cv. Boothii 布什北美香柏
Thuja occidentalis cv. Columbia 白斑叶北美香柏
Thuja occidentalis cv. Compacta 密柱北美香柏
Thuja occidentalis cv. Conica 圆锥北美香柏
Thuja occidentalis cv. Douglasii Aurea 青铜色北美香柏
Thuja occidentalis cv. Douglasii Pyramidalis 密塔形北美香柏
Thuja occidentalis cv. Ellwangeriana 矮塔北美香柏
Thuja occidentalis cv. Ericoides 灌丛北美香柏
Thuja occidentalis cv. Globosa 球形北美香柏
Thuja occidentalis cv. Hoveyi 矮球形北美香柏
Thuja occidentalis cv. Lutea 鲜黄北美香柏
Thuja occidentalis cv. Master Lutea 鲜黄塔柏
Thuja occidentalis cv. Nigra 深绿北美香柏
Thuja occidentalis cv. Ohlendorfii 奥莉多菲北美香柏
Thuja occidentalis cv. Pumila 小北美香柏
Thuja occidentalis cv. Recurvar Nana 扭曲枝北美香柏
Thuja occidentalis cv. Robusta 绿塔北美香柏
Thuja occidentalis cv. Umbraculifera 伞形北美香柏
Thuja occidentalis cv. Woodward 阔球形北美香柏
Thuja orientalis L.=Platycladus orientalis
Thuja orientalis f. *beverleyensis* (Rehd.) Rehd.=Platycladus orientalis cv. Beverleyensis
Thuja orientalis f. *semperaurescens* (Gord.) Schneid.=Platycladus orientalis cv. Semperaurescens
Thuja orientalis f. *sieboldii* (Endl.) Rehd.=Platycladus orientalis cv. Siboldii
Thuja orientalis var. *argyi* Lévl. & Lemmeé=Platycladus orientalis
Thuja orientalis var. *beverleyensis* Rehd.=Platycladus orientalis cv. Beverleyensis
Thuja orientalis var. *nana* Schneid.=Platycladus orientalis cv. Siboldii
Thuja orientalis var. *semperaurescens* (Gord.) Nichols.=Platycladus orientalis cv. Semperaurescens
Thuja orientalis var. *sieboldii* (Endl.) Laws.=Platycladus orientalis cv. Siboldii
Thuja pensilis Staunt.=Glyptostrobus pensilis
Thuja pisifera (S. & Z.) Mast.=Chamaecyparis pisifera
Thuja plicata D.Don 北美乔柏
Thuja plicata cv. Aurea 金黄北美乔柏
Thuja plicata cv. Fastigiata 帚状北美乔柏
Thuja plicata cv. Striblingii 密柱形北美乔柏
Thuja procera Salisb.=Thuja occidentalis
Thuja sect. *Boita* Lamb.=**Platycladus**
Thuja standishii (Gord.) Carr.日本香柏
Thuja subgen. *Biota* (Endl.) Enngler=**Platycladus**
Thuja sutchuenensis Franch.崖柏
Thuja theophrasti C.Banhiu ex Niéuwl.=Thuja occidentalis
Thujopsis S. & Z.**罗汉柏属**(柏科)
Thujopsis dolabrata (L.f.) S. & Z.罗汉柏
Thujopsis dolabrata cv. Nana 矮生罗汉柏
Thujopsis dolabrata cv. Variegata 金尖罗汉柏
Thujopsis dolabrata var. *australis* Henry=Thujopsis dolabrata
Thujopsis standishii Gord.=Thuja standishii
Thunbergia Retz.**山牵牛属**(爵床科)
Thunbergia adenophora W.W.Sm.= Thunbergia lacei
Thunbergia alata Bojer ex Sims 翼叶山牵牛
Thunbergia bodinieri Lévl.= Thunbergia fragrans
Thunbergia chinensis Merr.= Thunbergia grandiflora
Thunbergia coccinea Wall.红花山牵牛
Thunbergia eberhardtii R.Ben.二色山牵牛
Thunbergia erecta (Benth.) T.Anders.直立山牵牛
Thunbergia fragrans Roxb.碗花草
Thunbergia fragrans subsp. fragrans= Thunbergia fragrans
Thunbergia fragrans subsp. hainanensis (C.Y.Wu & H.S.Lo) H.P.Tsui 海面山牛
Thunbergia fragrans subsp. lanceolata H.P.Tsui 滇南山牵牛
Thunbergia grandiflora (Rottl. ex Willd.) Roxb.山牵牛
Thunbergia grandiflora var. *laurifolia* (Lindl.) R.Ben.= Thunbergia laurifolia
Thunbergia hainanensis C.Y.Wu & H.S.Lo= Thunbergia fragrans subsp. hainanensis
Thunbergia harrisii HK.= Thunbergia laurifolia
Thunbergia lacei Gamble 长黄毛山牵牛
Thunbergia laurifolia Lindl.桂叶山牵牛
Thunbergia lutea T.Anders.羽脉山牵牛
Thunbergia salwenensis W.W.Sm.= Thunbergia lutea
Thunia Rchb.f.**笋兰属**(兰科)
Thunia alba (Lindl.) Rchb.f.笋兰
Thunia bensoniae Rchb.f.班氏笋兰
Thunia marshalliana Rchb.f.=Thunia alba
Thunia venosa Rolfe=Thunia alba
Thylacopteris Kunze **奶囊蕨属**(水龙骨科)
Thylacopteris papillosa (Bl.) Kze.奶囊蕨
Thylacospermum Fenzl **囊种草属**(石竹科)
Thylacospermum caespitosum (Camb.) Schischk.囊种草
Thylacospermum rupifragum (Kar. & Kir.) Schrenk=Thylacospermum caespitosum
Thylophora cordifolia (Link.,Klotz. &Otto) Benth. & HK.f. ex Ktz.=Belostemma cordifolium
Thylophora cordifolia Thw.=Belostemma cordifolium
Thylophora macrantha Hance=Dregea volubilis
Thymelaea Mill.**欧瑞香属**(瑞香科)
Thymelaea arvensis Lam.=Thymelaea passerina
Thymelaea passerina (L.) Cosson & Germ.欧瑞香
Thymelaeaceae 瑞香科
Thymus L.**百里香属**(唇形科)
Thymus altaicus Serg.=Hyssopus altaicus
Thymus amurensis Klok.黑龙江百里香
Thymus asiaticus Kitag.=Thymus quinquecostatus var. asiaticus
Thymus biflorus Buch.-Ham. ex D.Don=Micromeria biflora
Thymus cavaleriei Lévl.=Micromeria biflora
Thymus curtus Klok.短毛百里香
Thymus debilis Bge.=Calamintha debilis
Thymus disjunctus Klok.长齿百里香
Thymus inaequalis Klok.斜叶百里香
Thymus mandschuricus Ronn.短节百里香
Thymus marschallianus Willd.异株百里香
Thymus mongolicus Ronn.百里香
Thymus nervulosus Klok.显脉百里香
Thymus proximus Serg.拟百里香
Thymus przewalskii Kom. ex Klok.=Thymus quinquecostatus var. przewalskii
Thymus przewalskii Nakai=Thymus quinquecostatus var. przewalskii
Thymus quinquecostatus Cělak 地椒
Thymus quinquecostatus var. asiaticus (Kitag.) C.Y.Wu & Y.C.Huang 亚洲地椒(新)
Thymus quinquecostatus var. przewalskii (Kom.) Ronn.展毛地椒
Thymus quinquecostatus var. quinquecostatus=Thymus quinquecostatus
Thymus repens D.Don=Clinopodium repens

Thymus serpyllum var. *asiaticus* Kitag.=Thymus quinquecostatus var. asiaticus
Thymus serpyllum var. *mongolicus* Ronn.=Thymus mongolicus
Thymus serpyllum var. *przewalskii* Kom.=Thymus quinquecostatus var. przewalskii
Thymus virginicus L.(Blanco in Fl.Filip.1837)=Hyptis rhoboides
Thymus vulgaris L.麝香草
Thyrocarpus Hance **盾果草属**(紫草科)
Thyrocarpus glochidiatus Maxim.弯果盾果草
Thyrocarpus sampsonii Hance 盾果草
Thyrsia Stapf **锥茅属**(禾本科)
Thyrsia thyrsoidea (Hack.) A.Camus=Thyrsia zea
Thyrsia undulatifolia (Chiovenda) Robyns 波叶锥茅
Thyrsia zea (Clarke) Stapf 锥茅
Thyrsosma chinensis Rafin.=Viburnum odoratissimum
Thyrsostachys Gamble **泰竹属**(禾本科)
Thyrsostachys oliveri Gamble 大泰竹
Thyrsostachys siamensis (Kurz ex Munro) Gamble 泰竹
Thysanolaena Nees **粽叶芦属**(禾本科)
Thysanolaena agrostis Nees=Thysanolaena maxima
Thysanolaena latifolia (Roxb.) Honda=Thysanolaena maxima
Thysanolaena maxima (Roxb.A) Kuntze 粽叶芦
Thysanospermum Champ. ex Benth.=**Coptosapelta**
Thysanospermum diffusum Champ. ex Benth.=Coptosapelta diffusa
Thysanotus R.Br.**异蕊草属**(百合科)
Thysanotus chinensis Benth.异蕊草
Thysanotus chrysantherus F.Muell.=Thysanotus chinensis
Thysanus Lour.=**Cnestis**
Thysanus palala Lour.=Cnestis palala
Tiarella L.**黄水枝属**(虎耳草科)
Tiarella bodinieri Lévl.=Tiarella polyphylla
Tiarella cordifolia L.惦叶黄水枝
Tiarella polyphylla D.Don 黄水枝
Tiarella unifoliata HK.单叶黄水枝
Tibetia (Ali) H.P.Tsui **高山豆属**(豆科)
Tibetia coelestis (Diels) H.P.Tsui 蓝花高山豆
Tibetia himalaica (Baker) H.P.Tsui 高山豆
Tibetia tongolensis (Ulbr.) H.P.Tsui 黄花高山豆
Tibetia tongolensis var. *coelestis* (Diels) Tsui=Tibetia coelestis
Tibetia yadongensis H.P.Tsui 亚东高山豆
Tibetia yunnanensis (Franch.) H.P.Tsui 云南高山豆
Tienmuia Hu=**Phacellanthus**
Tienmuia triandra Hu=Phacellanthus tubiflorus
Tigridia Juss.**虎皮花属**(鸢尾科)
Tigridia pavonia (L.f.) Ker-Gawl.虎皮花
Tigridiopalma C.Chen **虎颜花属**(野牡丹科)
Tigridiopalma magnifica C.Chen 虎颜花
Tilcusta Rafin.=**Campylandra**
Tilia L.**椴树属**(椴树科)
Tilia americana L.美洲椴
Tilia americana f. ampelophylla V.Engl.裂叶美洲椴
Tilia americana f. dentata (Kirchn.) Rehd.齿叶美洲椴
Tilia americana f. fastigiata (Slavin) Rehd.塔形美洲椴
Tilia americana f. macrophylla (Bayer) V.Engl.大叶美洲椴
Tilia amurensis Rupr.紫椴
Tilia amurensis var. amurensis=Tilia amurensis
Tilia amurensis var. taquetii (Schneid.) Liou & Li 小叶紫椴
Tilia amurensis var. tricuspidata Liou & Li 裂叶紫椴
Tilia austroyunnanica Chang=Tilia mesembrinos
Tilia baroniana Diels.=Tilia chinensis
Tilia baroniana var. *investita* V.Egnl.=Tilia chinensis var. investita
Tilia begoniifolia Chun & Wong=Tilia endochrysea
Tilia breviradiata (Rehd.) Hu & Cheng 短毛椴
Tilia callidonta H.T.Chang 美齿椴
Tilia caroliniana Mill.卡罗林椴
Tilia chenmoui Cheng 长苞椴
Tilia chinensis Hu & Cheng=Tilia breviradiata
Tilia chinensis Maxim.华椴
Tilia chinensis Schneid.=Tilia tuan var. chinensis
Tilia chinensis var. chinensis=Tilia chinensis
Tilia chinensis var. investita (V.engl.) Rehd.秃华椴
Tilia cordata Mill.欧洲小叶椴
Tilia croizatii Chun & Wong=Tilia endochrysea
Tilia dasystyla Stev.毛柱椴
Tilia dictyoneura V.engl. ex Schneid.=Tilia paucicostata var. dictyoneura
Tilia endochrysea Hand.-Mazz.白毛椴
Tilia euchlora K.Koch.克里米亚椴
Tilia europaea L.欧洲椴
Tilia europaea f. peduta Rehd.垂枝欧洲椴
Tilia europaea var. pallida Reich.灰欧洲椴
Tilia eurosinica Croiz.=Tilia japonica
Tilia flaccida Host.美大椴
Tilia flavescens A.Br.美小椴
Tilia floridana Smalll 弗罗里达椴
Tilia henryana Szyszyl.毛糯米椴
Tilia henryana var. henryana=Tilia henryana
Tilia henryana var. subglabra V.Engl.糯米椴
Tilia heterophylla Vent.白毛椴
Tilia heterophylla var. michauxii Sarg.红枝白毛椴
Tilia hupehensis Cheng ex H.T.Chang 湖北毛椴
Tilia hypoglauca Rehd.=Tilia endochrysea
Tilia insularis Nakai 岛生椴
Tilia integerrima H.T.Chang 全缘椴
Tilia intonsa Wils. ex Rehd. & Wils.多毛椴
Tilia japonica Simonk.华东椴
Tilia juranyana Simonk.匈牙利椴
Tilia kinashii Lévl. & Vant.=Tilia miqueliana
Tilia kiusiana Mak. & Shiras.小花椴
Tilia koreana Nakai=Tilia amurensis var. taquetii
Tilia kueichouensis Hu 黔椴
Tilia kwangtungensis Chun & Wong=Tilia miqueliana
Tilia laetevirens Rehd. & Wils.亮绿叶椴
Tilia lepidota Rehd.鳞毛椴
Tilia leptocarya Rehd.=Tilia endochrysea
Tilia leptocarya var. *triloba* Rehd.=Tilia endochrysea
Tilia likiangensis H.T.Chang 丽江椴
Tilia mandshurica Rupr. & Maxim.辽椴
Tilia mandshurica var. mandshurica=Tilia mandshurica
Tilia mandshurica var. megaphylla (Nakai) Liou & Li 棱果辽椴
Tilia mandshurica var. ovalis (Nakai) Liou & Li 卵果辽椴
Tilia mandshurica var. tuberculata Liou & Li 瘤果辽椴
Tilia maximowicziana Shiras.马克西莫维奇椴
Tilia megaphylla Nakai=Tilia mandshurica var. megaphylla
Tilia membranacea H.T.Chang 膜叶椴
Tilia mesembrinos Merr.滇南椴
Tilia miqueliana Maxim.南京椴
Tilia miqueliana var. *chinensis* Szyszyl.=Tilia tuan var. chinensis
Tilia miqueliana var. *chinesis* Diels=Tilia paucicostata
Tilia mofungensis Chun & Wong 帽峰椴
Tilia moltkei Spaeth 莫特基椴
Tilia mongolica Maxim.蒙椴
Tilia monticola Sarg.山生椴
Tilia nanchuanensis H.T.Chang 南川椴
Tilia neglecta Spach.簇毛椴
Tilia nobilis Rehd. & Wils.大椴
Tilia oblongifolia Rehd.矩圆叶椴
Tilia obscura Hand.-Mazz.云山椴
Tilia oliveri Szyszyl.粉椴
Tilia oliveri var. cinerascens Rehd. & Wils.灰背椴
Tilia oliveri var. oliveri=Tilia oliveri
Tilia omeiensis Fang 峨眉椴
Tilia orbicularis Jouin.短柄椴
Tilia orocryptica Croiz.=Tilia breviradiata
Tilia ovalis Nakai=Tilia mandshurica var. ovalis
Tilia paucicostata Maxim.少脉椴
Tilia paucicostata var. dictyoneura (V.Engl.) H.T.Chang & R.H.Miau 红皮椴
Tilia paucicostata var. *firma* V.Engl.=Tilia paucicostata
Tilia paucicostata var. paucicostata=Tilia paucicostata

Tilia paucicostata var. *tenuis* V.Engl.=Tilia paucicostata
Tilia paucicostata var. yunnanensis Diels 少脉毛椴
Tilia pekingensis Rupr ex Maxim.=Tilia mandshurica
Tilia pendula V.Engl. ex Schneid.=Tilia oliveri
Tilia petiolaris DC.垂枝银毛椴
Tilia platyphyllos Scop.阔叶椴
Tilia platyphyllos f. fastigiata Rehd.塔形阔叶椴
Tilia platyphyllos var. aurea (Loud.) Kirchn.黄枝阔叶椴
Tilia platyphyllos var. laciniata (Loud.) K.Koch 深裂叶阔叶椴
Tilia platyphyllos var. rubra (West.) Rehd.红枝阔叶椴
Tilia platyphyllos var. vitifolia (Host.) Simonk.浅裂叶阔叶椴
Tilia populifolia H.T.Chang 杨叶椴
Tilia scalenophylla Ling=Tilia endochrysea
Tilia sp. Rehd. & Wils.=Tilia breviradiata
Tilia taquetii Schneid.=Tilia amurensis var. taquetii
Tilia tomentosa Moench.银毛椴
Tilia tristis Chun ex H.T.Chang 淡灰椴
Tilia tuan Szyszyl.椴树
Tilia tuan var. *breviradiaata* Rehd.=Tilia breviradiata
Tilia tuan var. *cavaleriei* V.Engl. & Lévl.=Tilia tuan
Tilia tuan var. *cavaleriei* f. *divaricata* V.Engl.=Tilia tuan
Tilia tuan var. chinensis Rehd. & Wils.毛芽椴
Tilia tuan var. *pruinosa* V.Engl.=Tilia tuan
Tilia tuan var. tuan=Tilia tuan
Tilia vitifolia Hu & Chen=Tilia endochrysea
Tilia yunnanensis Hu 云南椴
Tiliaceae 椴树科
Tilingia Rgl. & Tiling=**Ligusticum**
Tilingia ajanensis Regel=Ligusticum ajanense
Tilingia filisecta (Nakai & Kitag.) Nakai & Kitag.=Ligusticum tachiroei
Tilingia tachiroei (Franch. & Sav.) Kitag.=Ligusticum tachiroei
Tillaea L.**东爪草属**(景天科)
Tillaea alata Viviani 云南东爪草
Tillaea aquatica L.东爪草
Tillaea likiangensis H.Chuang 丽江东爪草
Tillaea mongolica (Franch.) S.H.Fu 承德东爪草
Tillaea muscosa L.丛生东爪草
Tillaea pentandra Royle ex Edgew.=Tillaea schimperi
Tillaea schimperi (C.A.Mey.) M.G.Gilb. & al.五蕊东爪草
Tillaea yunnanensis S.H.Fu=Tillaea alata
Tillandsia L.**铁兰属**(凤梨科)
Tillandsia fasciculata Sw.束花凤梨
Tillandsia lindeniana Rgl.长苞花凤梨
Tillandsia tricolor Cham. & SchLindl.三色花凤梨
Tillandsia usuneoides L.老人须
Timaeosia Klotz.=**Gypsophila**
Timaeosia cerastioides (D.Don) Klotzsch=Gypsophila cerastioides
Timonius DC.**海茜树属**(茜草科)
Timonius arboreus Elmer 海茜树
Timouria Roshev.**钝基草属**(禾本科)
Timouria mongolica (Hitchc.) Roshev.=Psammochloa villosa
Timouria saposhnikowii Roshev.钝基草
Timouria villosa (Trin.) Hand.-Mazz.=Psammochloa villosa
Tiniaria dumetora (L.) Opiz.=Fallopia dumetorum
Tiniaria scandens var. *dentato-alata* (F. Schm.) Nakai ex Mori=Fallopia dentato-alata
Tinomiscium Miers ex HK.f. & Thoms.**大叶藤属**(防已科)
Tinomiscium petiolare HK.f. & Thoms.大叶藤
Tinomiscium tonkinensis Gagn.=Tinomiscium petiolare
Tinospora Miers **青牛胆属**(防已科)
Tinospora capillipes Gagn.=Tinospora sagittata
Tinospora cordifolia Miers.心叶青牛胆
Tinospora craveniana S.Y.Hu=Tinospora sagittata var. craveniana
Tinospora crispa (L.) HK.f. & Thoms.波叶青牛胆
Tinospora dentata Diels 台湾青牛胆
Tinospora gibbericaulis Hand.-Mazz.=Tinospora crispa
Tinospora glabra (Burm.f.) Merr.(Forman in Kew Bull.1981,p.p.)=Tinospora hainanensis
Tinospora guangxiensis Lo 广西青牛胆
Tinospora hainanensis Lo & Z.X.Li 海南青牛胆
Tinospora imbricata S.Y.Hu=Tinospora sagittata
Tinospora intermedia S.Y.Hu=Tinospora sagittata var. craveniana
Tinospora malabarica (Lam.) HK.f. & Thoms.=Tinospora sinensis
Tinospora mastersii Diels=Tinospora crispa
Tinospora rumphii Boer (L.)=Tinospora crispa
Tinospora sagittata (Oliv.) Gagn.金果榄
Tinospora sagittata var. craveniana (S.Y.Hu) Lo 峨眉青牛胆
Tinospora sagittata var. sagittata=Tinospora sagittata
Tinospora sagittata var. yunnanensis (S.Y.Hu) Lo 云南青牛胆
Tinospora sinensis (Lour.) Merr.中华青牛胆
Tinospora szechuanensis S.Y.Hu=Tinospora sagittata
Tinospora thorelii Gagn.=Tinospora crispa
Tinospora tomentosa (Colebr.) HK.f. & Thoms.=Tinospora sinensis
Tinospora yunnanensis S.Y.Hu=Tinospora sagittata var. yunnanensis
Tinus Burm.=**Ardisia**
Tinus affinis O.Ktze.=Ardisia affinis
Tinus caudata O.Ktze.=Ardisia caudata
Tinus chinensis O.Ktze.=Ardisia chinensis
Tinus crispa O.Ktze.=Ardisia crispa
Tinus depressa O.Ktze.=Ardisia depressa
Tinus faberi O.Ktze.=Ardisia faberi
Tinus henryi O.Ktze.=Ardisia crispa
Tinus humilis (Wahl.) Kuntze=Ardisia humilis
Tinus japonica O.Ktze.=Ardisia japonica
Tinus mamillata O.Ktze.=Ardisia mamillata
Tinus primulifolia O.Ktze.=Ardisia primulaefolia
Tinus punctata O.Ktze.=Ardisia lindleyana
Tinus sieboldii O.Ktze.=Ardisia sieboldii
Tinus squamulosa O.Ktze.=Ardisia squamulosa
Tinus thyrsiflora (D.Don) Kuntze=Ardisia thyrsiflora
Tinus triflora O.Ktze.=Ardisia chinensis
Tinus virens O.Kttze.=Ardisia virens
Tipularia Nutt.**筒距兰属**(兰科)
Tipularia discolor (Pursh) Nutt.二色筒距兰
Tipularia japonica Matsum.日本花凤梨
Tipularia josephii Rchb.f. ex Lindl.短柄筒距兰
Tipularia odorata Fukuyama 台湾筒距兰
Tipularia szechuanica Schltr.筒距兰
Tirpitzia Hallier **青篱柴属**(亚麻科)
Tirpitzia candida Hand.-Mazz.=Tirpitzia sinensis
Tirpitzia ovoidea Chun & How ex Sha 米念芭
Tirpitzia sinensis (Hemsl.) Hallier 青篱柴
Tissa Adns.=**Spergularia**
Titanotrichum Soler.**台闽苣苔属**(苦苣苔科)
Titanotrichum oldhamii (Hemsl.) Soler.台闽苣苔
Tithonia Desf.**肿柄菊属**(菊科)
Tithonia diversifolia A.Gray 肿柄菊
Tithymalus Scop.=**Euphorbia**
Tithymalus himalayensis Klotzsch ex Klostzsch & Garcke=Euphorbia stracheyi
Tithymalus longifolium (D.Don) Hurusawa & Ya.Tnaka=Euphorbia donii
Tithymalus pekiensis (Rupr.) Hara=Euphorbia pekinensis
Tithymalus pekinensis subsp. *barbellatus* (Hurusawa) Hurusawa=Euphorbia pekinensis
Tithymalus pekinensis subsp. *lanceolatus* (T.N.Liou) Hurusawa=Euphorbia pekinensis
Tithymalus sikkimensis (Boiss.) Hurusawa & Ya.Tanaka=Euphorbia sikkimensis
Tithymalus tche-ngoi Sojak=Euphorbia pekinensis
Tittmannia obovata Bge.=Mazus pumilus
Tittmannia stachydifolia Turcz.=Mazus stachydifolius
Toddalia A.Juss.**飞龙掌血属**(芸香科)
Toddalia aculieata Person=Toddalia asiatica
Toddalia asiatica (L.) Lam.飞龙掌血
Toddalia tonkinensis Guill.=Toddalia asiatica
Todea Willd.**块茎蕨属**(紫萁科)
Todea barbara (L.) Moore 块茎蕨
Tofieldia Huds.**岩菖蒲属**(百合科)
Tofieldia brevistyla Franch.=Tofieldia divergens
Tofieldia coccinea Richards.长岩菖蒲
Tofieldia divergens Bur. & Franch.叉柱岩菖蒲
Tofieldia esquirolii Lévl.=Tofieldia divergens
Tofieldia fauriei Lévl. & Van.=Tofieldia coccinea
Tofieldia iridacea Franch.=Tofieldia thibetica

Tofieldia labordei Lévl. & Vant.=Tofieldia divergens
Tofieldia macilenta Franch.=Tofieldia thibetica
Tofieldia nutans Willd.=Tofieldia coccinea
Tofieldia setchuenensis Franch.=Tofieldia thibetica
Tofieldia tenella Hand.-Mazz.=Tofieldia divergens
Tofieldia thibetica Franch.岩菖蒲
Tofieldia yunnanensis Franch.=Tofieldia divergens
Toisusu cardiophylla var. *maximowiczii* (Kom.) Kimura.=Salix maximowiczii
Toisusu cardiophylla var. *maximowiczii* Kimura=Salix maximowiczii
Tolmiea Torr. & Gray **千母草属**(虎耳草科)
Tolmiea menziesii (Pursh) Torr. & Gray.千母草
Toluifera cochinchinensis Lour.=Glycosmis cochinchinensis
Tolypanthus (Bl.) Van Tiegh.=**Tolypanthus**
Tolypanthus (Bl.) Reichb.**大苞寄生属**(桑寄生科)
Tolypanthus esquirolii (Lévl.) Laoener 黔桂大苞寄生
Tolypanthus involucratus (Roxb.) Van Tiegh.印度大苞寄生
Tolypanthus maclurei (Merr.) Danser 大苞寄生
Tolypanthus maclurei Danser (Rehd.in J.Arn.Arb.1936)=Tolypanthus esquirolii
Tombea Brongn. & Gris.=**Sonneratia**
Tongoloa Wolff **东俄芹属**(伞形科)
Tongoloa dunii (de Boiss.) Wolff 宜昌东俄芹
Tongoloa elata Wolff 大东俄芹
Tongoloa gracilis Wolff 纤细东俄芹
Tongoloa loloensis (de Boiss.) Wolff 云南东俄芹
Tongoloa rubronervis S.L.Liou 红脉东俄芹
Tongoloa silaifolia (de Boiss.) Wolff 城口东俄芹
Tongoloa stewardii Wolff 牯岭东俄芹
Tongoloa taeniophylla (de Boiss.) Wolff 条叶东俄芹
Tongoloa tenuifolia Wolff 细叶东俄芹
Tongoloa zhongianensis S.L.Liou 中甸东俄芹
Tontelea prinoides Willd.=Salacia prinoides
Toona Roem.**香椿属**(楝科)
Toona australis Harms.大洋洲椿
Toona ciliata Roem.红椿
Toona ciliata var. ciliata=Toona ciliata
Toona ciliata var. henryi (C.DC.) C.Y.Wu 思茅红椿
Toona ciliata var. pubescens (Franch.) hand.-Mazz.毛红椿
Toona ciliata var. sublaxiflora (C.DC.) C.Y.Wu 疏花红椿
Toona ciliata var. yunnanensis (C.DC.) C.Y.Wu 滇红椿
Toona microcarpa (C.DC.) Harms 紫椿
Toona rubriflora Tseng 红花香椿
Toona sinensis (A.Juss.) Roem.香椿
Toona sinensis var. grandis Pamp.=Toona sinensis
Toona sinensis var. hupehana (C.DC.) P.Y.Chen 湖北香椿
Toona sinensis var. schensiana (C.DC.) X.M.Chen 陕西香椿
Toona sinensis var. sinensis=Toona sinensis
Toona sureni (Bl.) Roem.(Merr. & Chun in Sunyatsenia 1930,分类学报 1955,高等图鉴 1972,海南志 1974)=Toona ciliata
Toona sureni var. *pubescens* (Franch.) Chun ex How & T.Chen=Toona ciliata var. pubescens
Tordylium L.=**Torilis**
Tordylium anthriscus L.=Torilis japonica
Tordylium latifolium L.=Turgenia latifolia
Torenia L.**蝴蝶草属**(玄参科)
Torenia asiatica L.长叶蝴蝶草
Torenia benthamiana Hance (Dunn & Tutch.in Kew Bull.1912)=Torenia glabra
Torenia benthamiana Hance 毛叶蝴蝶草
Torenia bicolor Dalz.二色蝴蝶草
Torenia biflora Chin & Hong(新拉汉英 1996)=Torenia biniflora
Torenia biniflora Chin & Hong 二花蝴蝶草
Torenia ciliata Smith 缘毛蝴蝶草
Torenia concolor Lindl.单色蝴蝶草
Torenia concolor var. *formosana* Yamaz.=Torenia concolor
Torenia cordifolia Roxb.西南蝴蝶草
Torenia exappendiculata Regel=Torenia violacea
Torenia flava Buch.-Ham.黄花蝴蝶草
Torenia fordii HK.f.(Matsumura & Hay.Enum Pl.Formosan 1906)=Torenia flava
Torenia fordii HK.f.紫斑蝴蝶草
Torenia fournieri Linden.兰猪耳
Torenia glabra Osbeck.=Torenia asiatica
Torenia hirsuta Lam.(Dunn & Tutch.in Kew Bull.1912)=Torenia benthamiana
Torenia hirta Chamisso & Schlech.=Lindernia pusilla
Torenia hirtella HK.f.硬毛蝴蝶草
Torenia hokutensis Hay.=Torenia flava
Torenia mucronulata Benth.短尖蝴蝶草
Torenia nantoensis Hay.=Torenia benthamiana
Torenia oblonga (Benth.) Hance=Lindernia oblonga
Torenia parviflora Ham.(Hance in J.Bot.1878,广州志 1956)=Torenia flava
Torenia parviflora Ham.小花蝴蝶草
Torenia peduncularis Benth.=Torenia violacea
Torenia polygonoides Benth.=Legazpia polygonoides
Torenia radicans Vant.=Torenia concolor
Torenia rubens Benth. ex Maxim.(p.p.)=Torenia concolor
Torenia sect. *Tridens* Benth.=**Legazpia**
Torenia setulosa Maxim.=Lindernia setulosa
Torenia vagans Roxb.(Diels in Fl.Cent.China 1900)=Torenia glabra
Torenia vagans Roxb.散播蝴蝶草
Torenia violacea (Azaola) Pennell 紫萼蝴蝶草
Torenia violacea var. *chinensis* Yamaz.=Torenia violacea
Toricellia DC.**鞘柄木属**(山茱萸科)
Toricellia angulata Oliv.角叶鞘柄木
Toricellia angulata var. angulata=Toricellia angulata
Toricellia angulata var. intermedia (Harms) Hu 有齿鞘柄木
Toricellia intermedia Harms ex Diels=Toricellia angulata var. intermedia
Toricellia tiliifolia DC.鞘柄木
Toricelliaceae 鞘柄木科
Torilis Adans.**窃衣属**(伞形科)
Torilis anthriscus β. *japonica* de Boiss.=Torilis japonica
Torilis arvensis (Hus.) Link.田野窃衣
Torilis henryi Norm.=Torilis scabra
Torilis japonica (Houtt.) DC.小窃衣
Torilis nodosa (L.) Gaertn.有节窃衣
Torilis scabra (Thunb.) DC.窃衣
Torilis ucrainica Spreng.乌克兰窃衣
Torreya Arn.**榧树属**(红豆杉科)
Torreya californica Torr.加洲榧树
Torreya fargesii Franch.(Wils in J.Arn.Arb.1926)=Torreya fargesii var. yunnanensis
Torreya fargesii Franch.巴山榧树
Torreya fargesii var. yunnanensis (W.C.Cheng & L.K.Fu) N.Kang 云南榧
Torreya grandis Fort.(Rehd. & Wils.in Sarg.Pl.Wilson 1914)=Torreya fargesii
Torreya grandis Fort. ex Lindl.榧树
Torreya grandis cv. Merrillii 香榧
Torreya grandis f. *majus* Hu=Torreya grandis
Torreya grandis f. *nonapiculata* Hu=Torreya grandis
Torreya grandis var. *chingii* Hu=Torreya grandis
Torreya grandis var. *dielsii* Hu=Torreya grandis
Torreya grandis var. *fargesii* (Franch) Silba=Torreya fargesii
Torreya grandis var. grandis =Torreya grandis
Torreya grandis var. jiulongshanensis Z.Y.Li et al.九龙山榧树
Torreya grandis var. *merrillii* Hu=Torreya grandis
Torreya grandis var. *sargentii* Hu=Torreya grandis
Torreya grandis var. *yunnanensis* (W.C.Cheng & L.K.Fu) Silba=Torreya fargesii var. yunnanensis
Torreya jackii Chun 长叶榧树
Torreya nucifera (L.) S. & Z 日本榧树
Torreya nucifera var. *grandis* (Fort.) Pilger=Torreya grandis
Torreya taxifolia Arn.佛罗里达榧树
Torreya yunnanensis W.C.Cheng & L.K.Fu=Torreya fargesii var. yunnanensis
Torricellia DC.**梢柄木属**(梢柄木科)
Torricellia angulata Oliv.角叶梢柄木
Torricellia tiliifolia DC.梢柄木
Torricelliaceae 梢柄木科
Torularia (Cosson) O.E.Schulz.=**Neotorularia**

Torularia brachycarpa Vass.=Neotorularia brachycarpa
Torularia bracteata S.L.Yang=Neotorularia brachycarpa
Torularia brevipes (Kar. & Kir.) O.E.Schulz.=Neotorularia brevipes
Torularia brevipes var. *leiocarpa* O.E.Schulz.=Neotorularia brevipes
Torularia conferta R.F.Huang=Neotorularia brachycarpa
Torularia glandulosa (Kar. & Kir.) Vass.=Dontostemon glandulosus
Torularia humilis (C.A.Mey.) O.E.Schulz.=Neotorularia humilis
Torularia humilis f. *angustifolia* Z.X.An=Neotorularia humilis
Torularia humilis f. *glabrata* Z.X.An=Neotorularia humilis
Torularia humilis f. *grandiflora* O.E.Schulz.=Neotorularia humilis
Torularia humilis f. humilis=Torularia humilis
Torularia humilis f. *hygrophila* (Fourn.) O.E.Schulz.=Neotorularia humilis
Torularia humilis var. *maximowiczii* (Botsch.) H.L.Yang=Neotorularia humilis
Torularia humilis var. *piasezkii* (Maxim.) Jafri=Neotorularia humilis
Torularia humilis var. *venusta* O.E.Schulz=Torularia humilis var. grandiflora
Torularia korolkovi (Rgl. & Schmalh.) O.E.Schulz 甘新念珠芥
Torularia korolkovi var. korolkovi=Torularia korolkovi
Torularia korolkovi var. longicarpa Z.X.An 长果念珠芥
Torularia korolkovi var. *longistyla* Vass.=Torularia korolkovi
Torularia korolkowii (Rgl. & Schmalh.) O.E.Schulz.=Neotorularia korolkowii
Torularia korolkowii var. *longicarpa* Z.X.An=Neotorularia korolkowii
Torularia maximowiczii Botsch.=Neotorularia humilis
Torularia mollipila (Maxim.) O.E.Schulz.=Sisymbriopsis mollipila
Torularia parvia Z.X.An=Neotorularia brachycarpa
Torularia pectinata (DC.) Ovcz. & Jun.=Dontostemon pinnatifidus
Torularia piasezkii (Maxim.) Botsch.(p.p.)=Neotorularia humilis
Torularia piasezkii (Maxim.) Botsch.(p.p.)=Neotorularia humilis
Torularia piasezkii (Maxim.) Botsch.=NeoNeotorularia humilis
Torularia rosulifolia K.C.Kuan & Z.X.An=Neotorularia korolkowii
Torularia sergievskiana Polozh.=Dontostemon glandulosus
Torularia shuanghuica K.C.Kuan & Z.X.An=Sisymbriopsis shuanghuica
Torularia sulphurea (Korsh.) O.E.Schulz.=Neotorularia korolkowii
Torularia tibetica Z.X.An=Neotorularia brachycarpa
Torularia torulosa (Desf.) O.E.Schulz.=Neotorularia torulosa
Torularia torulosa var. *scorpiuroides* (Boiss.) O.E.Schulz.=Neotorularia torulosa
Torulinium Desv.**断节莎属**(莎草科)
Torulinium confertum Hamilt.=Torulinium ferax
Torulinium ferax (L.C.Rich.) Urb.断节莎
Tournefortia L.**紫丹属**(紫草科)
Tournefortia arborea Blanco=Tournefortia argentea
Tournefortia argentea L.f.银毛树
Tournefortia arguzia Roem. & Schult.=Tournefortia sibirica
Tournefortia arguzia var. *angustior* DC.=Tournefortia sibirica var. angustior
Tournefortia arguzia var. *latifolia* DC.=Tournefortia sibirica
Tournefortia boniana Gagn.=Tournefortia montana
Tournefortia brachyantha Merr. & Chun=Tournefortia montana
Tournefortia gaudichandii Gagn.=Tournefortia montana
Tournefortia micranthos DC.=Heliotropium micranthum
Tournefortia montana Lour.紫丹
Tournefortia ovata Wall.(Forb. & Hemsl.in J.L.Soc.Bot.1890)=Tournefortia montana
Tournefortia sampsonii Hance=Tournefortia montana
Tournefortia sarmentosa Lam.台湾紫丹
Tournefortia sibirica L.砂引草
Tournefortia sibirica var. angustior (DC.) G.L.Chu & M.G.Gibert 细叶砂引草
Tournefortia sibirica var. *grandiflora* H.Wink.=Tournefortia sibirica
Tournefortia sibirica var. *rosmarinifolia* Turcz.=Tournefortia sibirica var. angustior
Tournefortia sibirica var. sibirica=Tournefortia sibirica
Tournesol Adanson=**Chrozophora**
Tovara Adans.=**Antenoron**
Tovara filiformis (Thunb.) Nakai=Antenoron filiforme
Tovara filiformis var. *neofiliformis* (Nakai) Mak.=Antenoron filiforme var. neofiliforme
Tovara virginiana var. *filiformis* (Thunb.) Stew.=Antenoron filiforme
Tovara virginiana var. *kachina* Nieuw.=Antenoron filiforme var. kachinum
Tovaria Neck.=**Mainanthemum**
Tovaria atropurpurea Franch.=Maianthemum atropurpureum
Tovaria bodinieri Lévl. & Vant.=Disporum bodinieri
Tovaria dahurica Baker=Maianthemum dahuricum
Tovaria delavayi Franch.=Maianthemum paniculatum
Tovaria esquirolii Lévl.=Disporum trabeculatum
Tovaria fargesii Franch.=Maianthemum tubiferum
Tovaria finitima W.W.Sm.=Maianthemum fuscum
Tovaria foresstii W.W.Sm.=Maianthemum forrestii
Tovaria fusca Baker=Maianthemum fuscum
Tovaria japonica Baker=Maianthemum japonicum
Tovaria lichiangensis W.W.Sm.=Maianthemum lichiangense
Tovaria longistyla Lévl. & Vant.=Disporum longistylum
Tovaria miranda Lévl.=Pollia miranda
Tovaria oleracea Baker=Maianthemum oleraceum
Tovaria oligophylla Baker=Maianthemum purpureum
Tovaria pallida Baker=Maianthemum purpureum
Tovaria prattii Franch.=Maianthemum atropurpureum
Tovaria prattii var. *quadrifolia* Franch.=Maianthemum tubiferum
Tovaria prattii var. *robusta* Franch.=Maianthemum atropurpureum
Tovaria purpurea Baker=Maianthemum purpureum
Tovaria rossii Baker=Maianthemum japonicum
Tovaria souliei Franch.=Maianthemum tubiferum
Tovaria stenoloba Franch.=Maianthemum stenolobum
Tovaria tatsienensis Franch.=Maianthemum tatsienense
Tovaria trifolia Neck.=Maianthemum trifolium
Tovaria tubifera (Batal) C.H.Wright=Maianthemum tubiferum
Tovaria wardii W.W.Sm.=Maianthemum atropurpureum
Tovaria yunnanensis Franch.=Maianthemum tatsienense
Tovaria yunnanensis var. *rigida* Franch.=Maianthemum tatsienensis
Toxicodendron (Tourn.) Mill.**漆属**(漆树科)
Toxicodendron acuminatum (DC.) C.Y.Wu & T.L.Ming 尖叶漆
Toxicodendron altissima Mill.=Ailanthus altissima
Toxicodendron calcicolum C.Y.Wu 石山漆
Toxicodendron caudatum C.C.Huang ex T.L.Ming=Toxicodendron acuminatum
Toxicodendron delavayi (Franch.) F.A.Barkl.小漆树
Toxicodendron delavayi var. angustifolium C.Y.Wu 狭叶小漆树
Toxicodendron delavayi var. delavayi=Toxicodendron delavayi
Toxicodendron delavayi var. quinquejugum (Rehd. & Wils.) C.Y.Wu & T.L.Ming 多叶小漆树
Toxicodendron fulvum (Craib) C.Y.Wu & T.L.Ming 黄毛漆
Toxicodendron grandiflorum C.Y.Wu & T.L.Ming(p.p.)=Toxicodendron delavayi var. quinquejugum
Toxicodendron grandiflorum C.Y.Wu & T.L.Ming 大花漆
Toxicodendron grandiflorum var. grandiflorum=Toxicodendron grandiflorum
Toxicodendron grandiflorum var. longipes (Franch.) C.Y.Wu & T.L.Ming 长梗大花漆
Toxicodendron griffithii (HK.f.) O.Ktze.裂果漆
Toxicodendron griffithii var. barbatum C.Y.Wu & T.L.Ming 镇康裂果漆
Toxicodendron griffithii var. griffithii=Toxicodendron griffithii
Toxicodendron griffithii var. microcarpum C.Y.Wu & T.L.Ming 小果裂果漆
Toxicodendron hirtellum C.Y.Wu 硬毛漆
Toxicodendron hookeri (Sahni & Bahadur) C.Y.Wu & T.L.Ming 大叶漆
Toxicodendron hookeri var. hookeri=Toxicodendron hookeri
Toxicodendron hookeri var. microcarpum (C.C.Huang ex T.L.Ming) C.Y. Wu & T.L.Ming 小果大叶漆
Toxicodendron insigne (HK.f.) O.Ktze.=Toxicodendron hookeri
Toxicodendron insigne var. *microcarpum* C.C.Huang ex T.L.Ming=Toxicodendron hookeri var. microcarpum
Toxicodendron quercifolium (Michx.) Greene 栎叶毒漆藤
Toxicodendron radicans (L.) O.Ktze.毒漆藤
Toxicodendron radicans subsp. hispidum (Engl.) Gillis 刺果毒漆藤
Toxicodendron radicans subsp. radicans=Toxicodendron radicans
Toxicodendron radicans var. eximia (Greene) Berkley 得克萨斯毒漆藤
Toxicodendron radicans var. rydbergii 五叶毒漆藤
Toxicodendron radicans var. verrucosa Scheele 疣状毒漆藤
Toxicodendron succedaneum (L.) O.Ktze.野漆
Toxicodendron succedaneum var. *acuminatum* (HK.f.) C.Y.Wu & T.L. Ming (p.p.)=Toxicodendron succedaneum
Toxicodendron succedaneum var. *acuminatum* (HK.f.) C.Y.Wu & T.L.

Ming (p.p.)=Toxicodendron acuminatum
Toxicodendron succedaneum var. kiangsiense C.Y.Wu 江西野漆
Toxicodendron succedaneum var. microphyllum C.Y.Wu & T.L.Ming 小叶野漆
Toxicodendron succedaneum var. succedaneum=Toxicodendron succedaneum
Toxicodendron sylvestre (S. & Z.) O.Ktze.木蜡树
Toxicodendron trichocarpum (Miq.) O.Ktze.毛漆树
Toxicodendron vernicifera (DC.) F.A.Barkl.=Toxicodendron vernicifluum
Toxicodendron vernicifluum (Stokes) F.A.Barkl.漆
Toxicodendron wallichii (HK.f.) O.Ktze.绒毛漆
Toxicodendron wallichii var. microcarpum C.C.Huang ex T.L.Ming 小果绒毛漆
Toxicodendron wallichii var. wallichii=Toxicodendron wallichii
Toxicodendron yunnanense C.Y.Wu (p.p.)=Toxicodendron yunnanense var. longipaniculatum
Toxicodendron yunnanense C.Y.Wu 云南漆
Toxicodendron yunnanense var. longipaniculatum C.Y.Wu & T.L.Ming 长序云南漆
Toxicodendron yunnanense var. yunnanese=Toxicodendron yunnanense
Toxocarpus Wight & Arn.**弓果藤属**(萝藦科)
Toxocarpus aurantiacus C.Y.Wu ex Tsiang & P.T.Li 云南弓果藤
Toxocarpus fuscus Tsiang 锈毛弓果藤
Toxocarpus hainanensis Tsiang 海南弓果藤
Toxocarpus himalensis Falc. ex HK.f.西藏弓果藤
Toxocarpus laevigatus Tsiang 平滑弓果藤
Toxocarpus ovalifolius Tsiang=Toxaocarpus wightianus
Toxocarpus patens Tsiang 广花弓果藤
Toxocarpus paucinervius Tsiang 凌云弓果藤
Toxocarpus villosus (Bl.) Decne.毛弓果藤
Toxocarpus villosus var. brevistylis Cost.短柱弓果藤
Toxocarpus villosus var. thorelii Cost.小叶弓果藤
Toxocarpus villosus var. villosus=Toxocarpus villosus
Toxocarpus wangianus Tsiang 澜沧弓果藤
Toxocarpus wightianus HK. & Arn.弓果藤
Toxylon pomiferum Raf. =Maclura pomifera
Tracaulon maackianum (Rgl.) Greene=Polygonum maackianum
Tracaulon muricatum (Meisn.) Greene=Polygonum muricatum
Tracaulon perfoliatum (L.) Greene=Polygonum perfoliatum
Tracaulon praetermissum (HK.f.) Greene=Polygonum praetermissum
Tracaulon strigosum (R.Br.) Greene=Polygonum strigosum
Tracaulon thunbergii (S. & Z.) Greene=Polygonum thunbergii
Trachelospermum Lem.**络石属**(夹竹桃科)
Trachelospermum adnascens Hance=Trachelospermum jasminoides
Trachelospermum anceps Dunn & R.Wills.=Kibatalia macrophylla
Trachelospermum asiaticum (S. & Z.) Nakai 亚洲络石
Trachelospermum asiaticum var. *brevisepalum* (C.K.Schneid.) Tsiang=Trachelospermum asiaticum
Trachelospermum aurium Schneid.=Epigynum auritum
Trachelospermum axillare HK.f.紫花络石
Trachelospermum bodinieri (Lévl.) Woods. ex Rehd.贵州络石
Trachelospermum bodinieri Schneid.(Merr.in Lingnan Sci.J.1929)=Trachelospermum brevistylum
Trachelospermum bodinieri sensu Woods (p.p.)=Trachelospermum bodinieri
Trachelospermum bowrighii Hemsl.=Gymnanthera oblonga
Trachelospermum brevistylum Hand.-Mazz.短柱络石
Trachelospermum cathayanum C.K.Schneid.=Trachelospermum bodinieri
Trachelospermum cathayanum var. *cathayanum*=Trachelospermum bodinieri
Trachelospermum cathayanum var. *longipedicellatum* Lingelsh.=Trachelospermum bodinieri
Trachelospermum cathayanum var. *tetanocarpum* (C.K.Schneid.) Tsiang & P.T.Li= Trachelospermum bodinieri
Trachelospermum cavaleriei Lévl.=Cryptolepis buchananii
Trachelospermum crocostomum Stapf.(Woods.in Sunyatsenia 1936,p.p.)=Trachelospermum bodinieri
Trachelospermum cuneatum Tsiang=Trachelospermum brevistylum
Trachelospermum divaricatum var. *brevisepalum* C.K.Schneid.=Trachelospermum asiaticum
Trachelospermum dunnii (Lévl.) Lévl.锈毛络石
Trachelospermum eglandulatum D.Fang=Trachelospermum dunnii
Trachelospermum esquirolii Lévl.=Melodinus hemsleyanus
Trachelospermum foetidum (Matsumura & Nakai) Nakai=Trachelospermum asiaticum
Trachelospermum formosanum Y.C.Liu & C.H.Ou=Trachelospermum bodinieri
Trachelospermum gracilipes HK.f.=Trachelospermum asiaticum
Trachelospermum gracilipes var. *cavaleriei* (Lévl.) Schneid.(p.p.)=Trachelospermum asiaticum
Trachelospermum gracilipes var. *gracilipes*=Trachelospermum asiaticum
Trachelospermum gracilipes var. *hupehense* Tsiang & P.T.Li=Trachelospermum asiaticum
Trachelospermum jasminoides (Lind.) Lem.络石
Trachelospermum jasminoides cv. Variegatum 变色络石
Trachelospermum jasminoides subsp. *foetidum* Mats. & Nak.=Trachelospermum asiaticum
Trachelospermum jasminoides var. *heterophyllum* Tsiang=Trachelospermum jasminoides
Trachelospermum jasminoides var. jasminoides=Trachelospermum jasminoides
Trachelospermum jasminoides var. *variegatum* Miller=Trachelospermum jasminoides Cv. Variegeatum
Trachelospermum kuraruense Masamune?台岛络石(新)
Trachelospermum lanyuense C.E.Chang=Trachelospermum asiaticum
Trachelospermum longipedicellatum Woods.=Trachelospermum bodinieri
Trachelospermum navaillei Lévl.=Aganosma schlechteriana
Trachelospermum rubrinerve Lévl.=Trachelospermum dunnii
Trachelospermum siamense Craib=Trachelospermum asiaticum
Trachelospermum suaveolens Chun=Trachelospermum brevistylum
Trachelospermum tenax Tsiang=Trachelospermum dunnii
Trachelospermum tetanocarpum Schneid.=Trachelospermum bodinieri
Trachelospermum verrucosum (Bl.) Boerl.=Chonemorpha verrucosa
Trachelospermum wenchowense Tsiang=Trachelospermum bodinieri
Trachelospermum yunnanense Tsiang & P.T.Li=Trachelospermum bodinieri
Trachodes D.Don=**Sonchus**
Trachomitum Woodson=**Apocynum**
Trachomitum lancifolium (Russ.) Pobed.=Apocynum venetum
Trachomitum venetum (L.) Woodson=Apocynum venetum
Trachomitum venetum var. *ellipticifolium* (Beg. & Belang.) Woods.=Apocynum venetum
Trachomitum venetum var. *microphyllum* (Bég. & Bl.) Woodson=Apocynum venetum
Trachycarpus H.Wendl.**棕榈属**(棕榈科)
Trachycarpus argyratus S.K.Lee & F.N.Wei=Guihaia argyrata
Trachycarpus caespitosus Roster 丛簇棕榈
Trachycarpus dracocephalus Ching & Hsu=Trachycarpus nanus
Trachycarpus excelsus H.Wendl.=Trachycarpus fortunei
Trachycarpus fortunei (HK.) H.Wendl.棕榈
Trachycarpus fortunei var. surculosa Henry 吸枝棕榈
Trachycarpus khasiana H.Wendl.=Trachycarpus martianus
Trachycarpus martianus (Wall.) H.Wendl.山棕榈
Trachycarpus nanus Becc.龙棕
Trachycarpus takil Beccari 塔基棕榈
Trachycarpus wagnerianus Roster 瓦氏棕榈
Trachydium Lindl.**瘤果芹属**(伞形科)
Trachydium astrantioideum de Boiss.=Pleurospermum astrantioideum
Trachydium chloroleucum Diels=Pleurospermum hookeri var. thomsonii
Trachydium daucoides Franch.=Ligusticum daucoides
Trachydium delavayi Franch.=Chamaesium delavayi
Trachydium forrestii Diels=Physospermopsis forrestii
Trachydium fuscopurpureum Hand.-Mazz.=Pleurospermum heterosciadium
Trachydium hispidum Franch.=Ligusticum hispidum
Trachydium involucellatum Shan & Pu 裂苞瘤果芹
Trachydium kingdon-wardii Wolff 云南瘤果芹
Trachydium obtusiusculum C.B.Clarke=Physospermopsis obtusiuscula
Trachydium purpurascens Franch.=Pleurospermum nanum
Trachydium roylei Lindl.瘤果芹
Trachydium simplicifolium W.W.Sm.单叶瘤果芹
Trachydium spatuliferum W.W.Sm.=Chamaesium spatuliferum
Trachydium tianschanicum Korov 天山瘤果芹
Trachydium tibetanicum Wolff 西藏瘤果芹
Trachydium verrucosum Shan & Pu 密瘤瘤果芹
Trachydium viridiflorum Franch.=Chamaesium viridiflorum

Trachylobium Hayne=**Hymenaea**
Trachylobium verrucosum (Gaertn.) Oliv.=Hymenaea verrucosa
Trachypogon rufus Nees=Hyparrhenia rufa
Trachyspermum Link **糙果芹属**(伞形科)
Trachyspermum ammi (L.) Sprague 阿米糙果芹
Trachyspermum scaberulum (Franch.) Wolff ex Hand.-Mazz.糙果芹
Trachyspermum scaberulum var. ambrosiifolium (Franch.) Shan 豚草叶糙果芹
Trachyspermum scaberulum var. scaberulum=Trachyspermum scaberulum
Trachyspermum triradiatum Wolff 马尔康糙果芹
Tradescantia L.**紫万年青属**(鸭跖草科)
Tradescantia axillaris (L.) L.=Amischophacelus axillartis
Tradescantia bracteata Small.具苞紫露草
Tradescantia capitata Bl.=Belosynapsis ciliata
Tradescantia ciliata Bl.=Belosynapsis ciliata
Tradescantia cordifolia Griff.=Streptolirion volubile
Tradescantia discolor L'Héit.=Tradescantia spathacea
Tradescantia fluminensis Vell.白苞紫露草
Tradescantia geniculata Lour.=Cyanotis loureiriana
Tradescantia loureiriana Roem. & Schult.=Cyanotis loureiriana
Tradescantia malabarica L.=Murdannia nudiflora
Tradescantia occidentalis (Britt.) Smyth.西方紫露草
Tradescantia ohiensis Raf.奥西紫露草
Tradescantia rosea Vent.红紫露草
Tradescantia spathacea Swartz.紫万年青
Tradescantia subaspera Ker.粗糙紫露草
Tradescantia thyrsiflora Bl.=Pollia thyrsiflora
Tradescantia vaga Lour.=Cyanotis vaga
Tradescantia virginiana L.露水草
Tradescantia zebrina Bosse 吊竹梅
Tragia anisosepala Merr. & Chun=Cnesmone tonkinensis
Tragia chmnaelea L.=Sebastiania chamaelea
Tragia involucrata L.(Merr.in Lingnan Sci.J.1927)=Cnesmone tonkinensis
Tragia involucrata var. *intermedia* Muell.Arg.(Hand.-Mazz.in Symb. Sin. 1931)=Cnesmone mairei
Tragia involurata L.(Rehd.in J.Arn.Arb.1933)=Cnesmone maire
Tragia mairei (Lévl.) Rehd.=Cnesmone mairei
Tragia scandens L.=Tetracera scandens
Tragopogon L.**婆罗门参属**(菊科)
Tragopogon capitatus S.Nikit.头状婆罗门参
Tragopogon elongatus S.Nikit.长茎婆罗门参
Tragopogon gonocarpus S.Nikit.=Tragopogon marginifolius
Tragopogon gracilis D.Don 纤细婆罗门参
Tragopogon kasahstanicus S.Nikit.中亚婆罗门参
Tragopogon marginifolius Pavl.膜缘婆罗门参
Tragopogon orientalis L.黄花婆罗门参
Tragopogon porrifolius L.蒜叶婆罗门参
Tragopogon pratensis L.婆罗门参
Tragopogon pseudomajor S.Nikit.北疆婆罗门参
Tragopogon ruber S.G.Gmel.红花婆罗门参
Tragopogon sabulosus Krasch. & S.Nikit.沙婆罗门参
Tragopogon sibiricus Ganesch.西伯利亚婆罗门参
Tragopogon songoricus S.Nikit.准噶尔婆罗门参
Tragopogon subalpinus S.Nikit.高山婆罗门参
Tragopyrum laetevirens Ledeb.=Atraphaxis laetevirens
Tragopyrum lanceolatum Bieb.=Atraphaxis frutescens
Tragopyrum pungens Bieb.=Atraphaxis pungens
Tragus Hall.**锋芒草属**(禾本科)
Tragus betteronianus Schult.虱子草
Tragus mongolorum Ohwi=Tragus betteronianus
Tragus occidentalis Nees=Tragus betteronianus
Tragus racemosus (L.) All.锋芒草
Tragus tcheliensis Debeaux=Tragus betteronianus
Trailliaedoxa W.W.Sm. & Forr.**丁茜属**(茜草科)
Trailliaedoxa gracilis W.W.Sm. & Forr.丁茜
Trapa L.**菱属**(菱科)
Trapa acornis Nakano 无角菱
Trapa amurensis Flerov 黑水菱
Trapa amurensis var. *komarovi* Skvortzov=Trapa manshurica
Trapa arcuata S.H.Li & Y.L.Chang 弓角菱
Trapa bicornis L.f.=Trapa bicornis
Trapa bicornis Osbeck 乌菱
Trapa bicornis var. bicornis=Trapa bicornis
Trapa bicornis var. *bispinosa* (Roxb.) Nakano=Trapa bispinosa
Trapa bicornis var. cochinchinensis (Lour.) H.Gluck ex Steenis 越南菱
Trapa bicornis var. taiwanensis (Nakai) Z.T.Xiong 台湾菱
Trapa bispinosa Roxb.(Kitag. in Lineam.Fl.Mansh.1939)=Trapa japonica
Trapa bispinosa Roxb.菱
Trapa bispinosa var. culta Hu 水刺棱
Trapa bispinosa var. *incisa* Franch. & Sav.=Trapa incisa
Trapa bispinosa var. *linumai* Makino=Trapa bispinosa
Trapa chinensis Lour.=Trapa bicornis var. cochinchinensis
Trapa cochinchinensis Lour.=Trapa bicornis var. cochinchinensis
Trapa dimorphocarpa Diao=Trapa bicornis var. taiwanensis
Trapa incisa S. & Z.四角刻叶菱
Trapa incisa var. incisa=Trapa incisa
Trapa incisa var. quadricaudata Clück.野菱
Trapa japonica Flerow 丘角菱
Trapa komarovii V.Vassil.=Trapa pseudoincisa
Trapa komarovii var. sungariensis Bar. & Skv.松江格菱
Trapa komarovii var. tetracorna Bar. & Skv.四角格棱
Trapa korshinskyi V.Vassil.无冠菱
Trapa litwinowii V.Vassil 冠菱
Trapa litwinowii var. *chihunensis* S.F.Gaun & Q.Lang=Trapa macropoda var. bispinosa
Trapa macropoda Miki 四角大柄菱
Trapa macropoda var. bispinosa W.H.Wan 二角大柄菱
Trapa macropoda var. macropoda=Trapa macropoda
Trapa mammillifera Miki 四瘤菱
Trapa manshurica Flerow (东北草本志 1997)=Trapa macropoda
Trapa manshurica Flerow 东北菱
Trapa manshurica f. *komarovi* (Skvortzov) S.H.Li & Y.L.Chang=Trapa manshurica
Trapa manshurica var. *bispinosa* Flerow=Trapa macropoda var. bispinosa
Trapa maximowiczii Korsh (Van Steenins.in Fl.Males.1949)=Trapa incisa
Trapa maximowiczii Korsh.(Nakano in Bot.Mag.Tokyo 1964)=Trapa natans var. pumila
Trapa maximowiczii Korsh.细果野菱
Trapa maximowiczii var. *tonkinensis* Gag.=Trapa incisa
Trapa natans L.(C.B.Clarke in Fl.Brit.Ind.1879)=Trapa quadrispinosa
Trapa natans L.欧菱
Trapa natans var. *bispinosa* (Roxb.) Makino=Trapa bispinosa
Trapa natans var. *incisa* Makino(p.p.)=Trapa incisa
Trapa natans var. *incisa* Makino(p.p.)=Trapa natans var. pumila
Trapa natans var. pumila Nakano 四角矮菱
Trapa octotuberculata Miki 八角菱
Trapa potaninii V.Vassil=Trapa bicornis var. cochinchinensis
Trapa pseudoincisa Nakai 格菱
Trapa pseudoincisa var. aspinta Z.T.Xiong 无刺格菱
Trapa pseudoincisa var. complana Z.T.Xiong 扁角格菱
Trapa pseudoincisa var. nanchangensis W.H.Wan 南昌格菱
Trapa pseudoincisa var. pseudoincisa=Trapa pseudoincisa
Trapa quadrispinosa Roxb.四角菱
Trapa quadrispinosa var. quadrispinosa=Trapa quadrispinosa
Trapa quadrispinosa var. yongxinensis W.H.Wan 短四角菱
Trapa sibirica var. ussuriensis V.Vassil.锚菱
Trapa taiwanensis Nakai=Trapa bicornis var. taiwanensis
Trapa tranzschellii V.Vassil.川弖菱
Trapa tuberculifera V.Vassil.瘤角菱
Trapaceae 菱科
Trapella Oliv.**茶菱属**(胡麻科)
Trapella sinensis Oliv.茶菱
Trarchydium rubrinerve Franch.=Physospermopsis rubrinervis
Trema Lour.**山黄麻属**(榆科)
Trema amboinensis (Willd.) Bl.=Trema cannabina
Trema amboinensis (Willd.) Bl.=Trema tomentosa
Trema angustifolia (Planch.) Bl.狭叶山黄麻
Trema cannabina Lour.光叶山黄麻
Trema cannabina var. cannabina=Trema cannabina
Trema cannabina var. dielsiana (Hand.) C.J.Chen 山油麻

Trema dielsiana Hand.-Mazz.=Trema cannabina var. dielsiana
Trema dunniana Lévl.=Trema tomentosa
Trema lanceolata Merr.=Trema angustifolia
Trema levigata Hand.-Mazz.羽脉山黄麻
Trema nitida C.J.Chen 银毛叶山黄麻
Trema orientalis (L.) Bl.(Merr.in Sp.Blanc.1918,树木分类学 1937)=Trema tomentosa
Trema orientalis (L.) Bl.异色山黄麻
Trema orientalis Bl.(Hand.-Mazz.in Symb.Sin.1929,p.p.)=Trema nitida
Trema sampsonii (Hance) Merr. & Chun=Trema angustifolia
*Trema sp.*Schneid.=Trema cannabina var. dielsiana
Trema timorensis Bl.(Hemsl.in J.L.Soc.Bot.1896,p.p.)=Trema cannabina var. dielsiana
Trema timorensis Bl.=Trema cannabina
Trema tomentosa (Roxb.) Hara 山黄麻
Trema velutina (Planch.) Bl.=Trema tomentosa
Trema virgata (Roxb.) Bl.=Trema cannabina
Trema virgata Schneid.=Trema levigata
Tremacron Craib **短檐苣苔属**(苦苣苔科)
Tremacron aurantiacum K.Y.Pan 橙黄短檐苣苔
Tremacron begoniifolium H.W.Li 景东短檐苣苔
Tremacron forrestii Craib 短檐苣苔
Tremacron mairei Craib 东川短檐苣苔
Tremacron obliquifolium K.Y.Pan 狭叶短檐苣苔
Tremacron rubrum Hand.-Mazz.红短檐苣苔
Tremacron urceolatum K.Y.Pan 木里短檐苣苔
Tretocarya pratensis Maxim.=Microula tibetica var. pratensis
Tretocarya sikkimensis (Clarke) Oliv.=Microula sikkimensis
Tretocarya varillantii Danguy=Microula diffusa
Trevesia Vis.**刺通草属**(五加科)
Trevesia palmata (Roxb.) Vis.刺通草
Trevesia palmata var. costata Li 棱果刺通草
Trevesia palmata var. palmata=Trevesia palmata
Trewia L.**滑桃树属**(大戟科)
Trewia Willd.=**Mallotus**
Trewia nudiflora L.滑桃树
Trewia nudifolia Hance=Mallotus repandus
Triachyrum nilagiricum Steud.=Sporobolus piliferus
Triactina verticillata HK.f. & Thoms.=Sedum triactina
Triadenum Raf.**三腺金丝桃属**(藤黄科)
Triadenum asiaticum (Maxim.) Kom.=Triadenum japonicum
Triadenum breviflorum (Wall. ex Dyer) Y.Kimura 三腺金丝桃
Triadenum japonicum (Bl.) Makino 红花金丝桃
Triadenum virginianum Raf.北美三脉搏金丝桃
Triadica Lour.=**Sapium**
Triadica japonica Baill.=Sapium japonicum
Triadica sinensis Lour.=Sapium sebiferum
Triaenacanthus flexicaulis (Hay.) C.F.Hsieh & T.C.Huang=Parachampionella flexicaulis
Triaenophora Solereder **呆白菜属**(玄参科)
Triaenophora integra (Li) Ivanina 全缘叶呆白菜
Triaenophora rupestris (Hemsl.) Solereder 呆白菜
Trianthema L.**假海马齿属**(番杏科)
Trianthema monogyna L.=Trianthema portulacastrum
Trianthema portulacastrum L.假海马齿
Triarrhena Nakai **荻属**(禾本科)
Triarrhena lutarioriparia L.Liu i 南荻
Triarrhena lutarioriparia var. elevatinodis L.Liu 突节荻
Triarrhena lutarioriparia var. gongchai L.Liu 岗柴
Triarrhena lutarioriparia var. gongchai f. altissima L.Liu 一丈青
Triarrhena lutarioriparia var. *gongchai* f. *chuiyeqing* L.Liu=Triarrhena lutarioriparia var. gongchai f. pendulifolia
Triarrhena lutarioriparia var. gongchai f. coccinea L.Liu 胭脂红
Triarrhena lutarioriparia var. gongchai f. pendulifolia L.Liu 垂叶箐
Triarrhena lutarioriparia var. gongchai f. purpureorosa L.Liu 铁秆柴
Triarrhena lutarioriparia var. *gongchai* f. *tiegangang* L.Liu=Triarrhena lutarioriparia var. gongchai f. purpureorosa
Triarrhena lutarioriparia var. *gongchai* f. *yanzhihong* L.Liu(p.p.)=Triarrhena lutarioriparia var. gongchai f. coccinea
Triarrhena lutarioriparia var. *gongchai* f. *yizhangqing* L.Liu(p.p.=Triarrhena lutarioriparia var. gongchai f. altissima
Triarrhena lutarioriparia var. gracilior L.Liu & P.F.Chen 茅荻
Triarrhena lutarioriparia var. humilior L.Liu 细荻
Triarrhena lutarioriparia var. junshanensis L.Liu 君山荻
Triarrhena lutarioriparia var. lutarioriparia=Triarrhena lutarioriparia
Triarrhena lutarioriparia var. planiodis L.Liu 平节荻
Triarrhena lutarioriparia var. shachai L.Liu 刹柴
Triarrhena lutarioriparia var. shachai f. qingsha L.Liu 青刹
Triarrhena lutarioriparia var. shachai f. zisha L.Liu 紫刹
Triarrhena sacchariflora (Maxim.) Nakai 荻
Triathera bromoides Roth=Tripogon bromoides
Triavenopsis P.Candargy=**Duthiea**
Triavenopsis brachypodium P.Candargy=Duthiea brachypodia
Triblemma lancea (Thunb.) Ching=Diplazium subsinuatum
Triblemma zeylanica Shing=Diplazium tomitaroanum
Tribrachia reptans Lindl.=Bulbophyllum reptans
Tribulus L.**蒺藜属**(蒺藜科)
Tribulus cistoides L.大花蒺藜
Tribulus terrester L.蒺藜
Tricalysia A.Rich.**原狗骨柴属**(新)(茜草科)
Tricalysia dubia (Lindl.) Ohwi=Diplospora dubia
Tricalysia fruticosa (Hemsl.) K.Schum.=Diplospora fruticosa
Tricalysia lutea Hand.-Mazz.黄花狗骨柴
Tricalysia mollissima (Hutch.) Hu=Diplospora mollissima
Tricalysia sect. *Diplospora* (DC.) K.Schum.=**Diplospora**
Tricalysia viridiflora (DC.) Matsum.=Diplospora dubia
Tricalysia viridiflora var. *buisanensis* (Hay.) Yamamoto=Diplospora dubia
Tricalysia viridiflora var. *tanakai* (Hay.) Yamamoto=Diplospora dubia
Tricarpelema J.K.Morton **三瓣果属**(鸭跖草科)
Tricarpelema chinense Hong 三瓣果
Tricarpelema xizangense Hong 西藏三瓣果
Triceraia Willd. ex Roem. & Schult.=**Turpinia**
Tricercandra A.Gray=**Chloranthus**
Tricercandra fortuneri A.Gray=Chloranthus fortunei
Tricercandra japonica (Sieb.) Nakai=Chloranthus japonicus
Triceros cochinchinensis Lour.=Turpinia cochinchinensis
Trichantha HK.**毛花苣苔属**(苦苣苔科)
Trichesmis pruniflora Kurz=Cratoxylum formosum subsp. pruniflorum
Trichilia P.Br.**鹧鸪花属**(楝科)
Trichilia connaroides (Wight ex Arn.) Bentv.鹧鸪花
Trichilia connaroides var. connaroides=Trichilia connaroides
Trichilia connaroides var. microcarpa (Pierre) Bentv.小果鹧鸪花
Trichilia hirta L.毛鹧鸪花
Trichilia oerstediana C.DC.欧氏鹧鸪花
Trichilia sinensis Bentv.茸果鹧鸪花
Trichilia tripetala Blanco=Aphanamixis tripetala
Trichocereus (A.Berger) Riccob.**毛花柱属**(仙人掌科)
Trichocereus macrogonus (Salm-Dyck.) Riccob.钝角毛花柱
Trichocereus pachanii Britt. & Rose 毛花柱
Trichocyamos Yakovl.=**Ormosia**
Trichocyamos inflatum (Merr. & Chun) Yakovl.=Ormosia inflata
Trichocyamos merrilliana (L.Chen) Yakovl.=Ormosia merrilliana
Trichocyamos pachycarpum (Champ. ex Benth.) Yakovl.=Ormosia pachycarpa
Trichocyamos sericeolucidum (L.Chen) Yakovl.=Ormosia sericeolucida
Trichodesma R.Br.**毛束草属**(紫草科)
Trichodesma calcareum Craib=Trichodesma calycosum
Trichodesma calycosum Coll. & Hemsl.毛束草
Trichodesma calycosum var. calycosum=Trichodesma calycosum
Trichodesma calycosum var. formosanum (Matsumura) Johnst.台湾毛束草
Trichodesma formsoana Matsumura=Trichodesma calycosum var. formosanum
Trichodesma hemsleyanum Lévl.=Trichodesma calycosum
Trichodesma khasianum Clarke (台湾志 1950 & 1978)=Trichodesma calycosum var. formosanum
Trichodesma khasianum Clarke 喀西毛束草
Trichodesma sinicum Brand=Trichodesma calycosum
Trichodium Michx.=**Agrostis**
Trichoglottis Bl.**毛舌兰属**(兰科)
Trichoglottis dawsoniana (Rchb.f.) Rchb.f.=Staurochilus dawsonianus
Trichoglottis ionosma J.J.Sm.(Pl.Orch.Taiwan.1975)=Staurochilus

luchuensis
Trichoglottis ionosma var. *luchuensis* (Rolfe) S.S.Ying=Staurochilus luchuensis
Trichoglottis ionosmum Hay.=Staurochilus luchuensis
Trichoglottis luchuensis (Rolfe) Garay & Sweet=Staurochilus luchuensis
Trichoglottis rosea var. breviracema (Hay.) T.S.Liu & H.J.Su 短穗毛舌兰
Trichoglottis triflora (Guillaum.) Garay & Seidenf.毛舌兰
Tricholaena rosea Nees=Rhynchelytrum repens
Tricholaene chinensis (Retz.) Dom.=Eriachne pallescens
Tricholepidium Ching **毛鳞蕨属**(水龙骨科)
Tricholepidium angustifolium Ching 狭叶毛鳞蕨
Tricholepidium angustifolium var. angustifolium=Tricholepidium angustifolium
Tricholepidium angustifolium var. falcato-lineare Ching 镰状毛鳞蕨
Tricholepidium angustifolium var. lanceolatum (Ching & S.K.Wu) Y.X. Lin 披针毛鳞蕨
Tricholepidium intermedium Ching=Tricholepidium angustifolium
Tricholepidium lanceolatum Ching & S.K.Wu=Tricholepidium angustifolium var. lanceolatum
Tricholepidium maculosum (Christ) Ching 斑点毛鳞蕨
Tricholepidium maculosum var. maculosum=Tricholepidium maculosum
Tricholepidium maculosum var. subnormale (Alderw.) Ching 似毛鳞蕨
Tricholepidium mutense Ching & S.K.Wu=Tricholepidium normale
Tricholepidium normale (D.Don) Ching 毛鳞蕨
Tricholepidium pteropodium Ching 翅柄毛鳞蕨
Tricholepidium subnudum Ching & S.K.Wu=Tricholepidium venosum
Tricholepidium tibeticum Ching & S.K.Wu 西藏毛鳞蕨
Tricholepidium venosum Ching 显脉毛鳞蕨
Tricholepis DC.**针苞菊属**(菊科)
Tricholepis furcata DC.针苞菊
Tricholepis karensium Kurz ex C.B.Clarke 云南针苞菊(新)?
Tricholepis tibetica HK.f. & Thoms. ex C.B.Clarke 红花针苞菊
Trichomanes acutilobum Ching=Crepidomanes racemulosum
Trichomanes acutum Makino ex Christ=Crepidomanes insigne
Trichomanes album Bl.=Pleuromanes pallidum
Trichomanes anceps HK.=Vandenboschia maxima
Trichomanes anceps var. β.HK.=Nesopteris grandis
Trichomanes apiifolium Presl=Callistopteris apiifolia
Trichomanes auriculatum Bl.=Vandenboschia auriculata
Trichomanes beccarianum Cesati=Microgonium beccarianum
Trichomanes belangeri Bory=Vandenboschia auriculata
Trichomanes bimarginatum v.d.B.=Microgonium binarginatum
Trichomanes bipunctatum Ogata=Crepidomanes insigne
Trichomanes bipunctatum Poir.=Crepidomanes bipunctatum
Trichomanes bipunctatum var. *insigne* Bedd.=Crepidomanes insigne
Trichomanes bipunctatum var. *plicatum* Bedd.=Crepidomanes plicatum
Trichomanes birmanicum Bedd.=Vandenboschia birmanica
Trichomanes blepharistomum Cop.=Nesopteris thysanostoma
Trichomanes braunii v.d.B.=Pleuromanes pallidum
Trichomanes chinense L.=Stenoloma chusanum
Trichomanes cognatum Cesati=Microgonium beccarianum
Trichomanes concinum Mett.=Crepidopteris humilis
Trichomanes contiguum G.Forst.=Prosaptia contigua
Trichomanes corticola Bedd.=Gonocormus nitidulus
Trichomanes crenatum Gilib.=Asplenium trichomanes
Trichomanes cumingii C.Chr.=Abrodictyum cumingii
Trichomanes cupressifolium Hay.=Crepidomanes latifrons
Trichomanes cupressoides Desv.=Selenodesmium cupressoides
Trichomanes cystoseiroides Christ=Vandenboschia cystoseiroides
Trichomanes denticulatum Houtt.=Davallia denticulata
Trichomanes denticulatum Houtt.=Davallia denticulata
Trichomanes dimidiatum Presl=Vandenboschia auriculata
Trichomanes dissectum J.Sm.=Vandenboschia auriculata
Trichomanes elatum v.d.B.=Nesopteris grandis
Trichomanes elegans Poir.=Davallia denticulata
Trichomanes elegans Poir.=Davallia denticulata
Trichomanes eminens Presl=Callistopteris apiifolia
Trichomanes englerianum Brause=Selenodesmium obscurum
Trichomanes exaltatum Brackenridge=Callistopteris apiifolia
Trichomanes fargesii Christ=Vandenboschia fargesii
Trichomanes filicula Bory=Crepidomanes bipunctatum
Trichomanes filiculoides Christ=Crepidopteris humilis
Trichomanes formosanum Yabe=Crepidomanes latemarginale
Trichomanes glaucofuscum HK.=Pleuromanes pallidum
Trichomanes grande Cop.=Nesopteris grandis
Trichomanes hainanensis (Ching & Chiu) Ching(新拉汉英 1996)=Vandenboschia hainanensis
Trichomanes hirsutum Thunb.=Dennstaedtia pilosella
Trichomanes humile Forster=Crepidopteris humilis
Trichomanes inerme v.d.B.=Gonocormus nitidulus
Trichomanes insigne Bedd.=Crepidomanes insigne
Trichomanes intramarginale HK. & Grev.=Crepidomanes intramarginale
Trichomanes japonica Poir.=Dennstaedtia pilosella
Trichomanes japonicum Franch.=Vandenboschia orientalis
Trichomanes japonicum Thunb.=Onychium japonicum
Trichomanes javanicum Bl.=Cephalomanes javanicum
Trichomanes kurzii Bedd.=Crepidomanes latemarginale
Trichomanes latealatum Christ=Crepidomanes latealatum
Trichomanes latemarginale Eaton=Crepidomanes latemarginale
Trichomanes latifrons v.d.B.=Crepidomanes latifrons
Trichomanes latipinnum Cop.=Selenodesmium obscurum
Trichomanes lauterbachii Christ=Crepidopteris humilis
Trichomanes liukiuense Yabe=Vandenboschia birmanica
Trichomanes lofushanense (Ching) Ching(新拉汉英 1996)=Vandenboschia lofushanensis
Trichomanes luzonicum Presl=Crepidopteris humilis
Trichomanes makinoi C.Chr.=Crepidomanes insigne
Trichomanes matthewii Christ=Gonocormus matthewii
Trichomanes maximum Bl.=Vandenboschia maxima
Trichomanes millefolium Presl=Nesopteris grandis
Trichomanes minutissimum v.A.v.R.=Microgonium beccarianum
Trichomanes minutum Bl.=Gonocormus minutus
Trichomanes miyabei Yabe=Vandenboschia maxima
Trichomanes miyabei Yobe=Vandenboschia maxima
Trichomanes motleyi Yabe=Microgonium beccarianum
Trichomanes myrioplasium Kze.=Callistopteris apiifolia
Trichomanes nanum v.d.B.=Crepidomanes latemarginale
Trichomanes naseanum Christ=Vandenboschia naseana
Trichomanes neilgherrense Yabe=Microgonium binarginatum
Trichomanes nitidulum v.d.B.=Gonocormus nitidulus
Trichomanes obscurum Bl.=Selenodesmium obscurum
Trichomanes omphalodes C.Chr.=Microgonium omphalodes
Trichomanes orbiculatum Ching=Gonocormus minutus
Trichomanes orientale C.Chr.=Vandenboschia orientalis
Trichomanes pallidum Bl.=Pleuromanes pallidum
Trichomanes palmatum Presl=Gonocormus prolifer
Trichomanes palmifolium Hay.=Crepidomanes latemarginale
Trichomanes papillatum K.Müller=Selenodesmium obscurum
Trichomanes parvulum HK.=Gonocormus minutus
Trichomanes peltatum Bak.=Microgonium omphalodes
Trichomanes preslianum Nakai=Nesopteris grandis
Trichomanes proliferum Bl.=Gonocormus prolifer
Trichomanes punctatum Christ=Crepidomanes bipunctatum
Trichomanes racemulosum v.d.B.=Selenodesmium obscurum
Trichomanes radicans Sw.=Vandenboschia radicans
Trichomanes radicans var. *birmanicum* C.Chr.=Vandenboschia birmanica
Trichomanes rigidum Ogata=Selenodesmium obscurum
Trichomanes savaiense Lauterbach=Pleuromanes pallidum
Trichomanes saxatile Moore=Selenodesmium obscurum
Trichomanes setaceum v.d.B.=Selenodesmium cupressoides
Trichomanes siamense Christ=Selenodesmium sianense
Trichomanes smithii HK.=Abrodictyum cumingii
Trichomanes solidum Forst.=Davallia solida
Trichomanes strigosa Thunb.=Microlepia strigosa
Trichomanes sumatranum v.A.v.R.=Cephalomanes sumatranum
Trichomanes tenuifolium Burm.=Cheilosoria tenuifolia
Trichomanes tereticaulum Ching=Selenodesmium sianense
Trichomanes thysanostomum Makino=Nesopteris thysanostoma
Trichomanes tosae Christ=Crepidomanes insigne
Trichomanes viridans Mett.=Crepidomanes latemarginale
Trichomanes yandinense Bailey.=Microgonium binarginatum
Trichoneuron Ching **毛脉蕨属**(叉蕨科)
Trichoneuron microlepioides Ching 毛脉蕨
Trichophorum morrisonense (Hay.) Ohwi=Scirpus subcapitatus var. morrisonensis
Trichophorum schansiense Hand.-Mazz.=Scirpus schansiensis
Trichosanthes L.**栝楼属**(葫芦科)
Trichosanthes anguina L.蛇瓜
Trichosanthes ascendens C.Y.Cheng & Yueh=Trichosanthes

cucumeroides var. dicoelosperma
Trichosanthes baviensis Gagn.短序栝楼
Trichosanthes bracteata (Lam.) Viogt (分类学报 1974)=Trichosanthes rubriflos
Trichosanthes bracteata (Lam.) Voigt=Trichosanthes tricuspidata
Trichosanthes brevibracteata Kundu=Trichosanthes cucumerina
Trichosanthes cordata Roxb.心叶栝楼
Trichosanthes crenulata C.Y.Cheng & Yueh=Trichosanthes rosthornii
Trichosanthes crispisepala C.Y.Wu ex S.K.Chen 皱萼栝楼
Trichosanthes cucumerina L.瓜叶栝楼
Trichosanthes cucumerina var. *anguina* (L.) Haines=Trichosanthes anguina
Trichosanthes cucumeroides (Ser.) Maxim.王瓜
Trichosanthes cucumeroides var. cucumeroides=Trichosanthes cucumeroides
Trichosanthes cucumeroides var. dicoelosperma (C.B.Clarke) S.K.Chen 波叶栝楼
Trichosanthes cucumeroides var. hainanensis (Hay.) S.K.Chen 海南栝楼
Trichosanthes cucumeroides var. stenocarpa Honda 狭果师古草
Trichosanthes damiaoshanensis C.Y.Cheng & Yueh=Trichosanthes rosthornii var. multicirrata
Trichosanthes dicoelosperma C.B.Clarke=Trichosanthes cucumeroides var. dicoelosperma
Trichosanthes dunniana Lévl.糙点栝楼
Trichosanthes fissibracteata C.Y.Wu ex C.Y.Cheng & Yueh 裂苞栝楼
Trichosanthes grandibracteata Kurz=Trichosanthes wallichiana
Trichosanthes guizouensis C.Y.Cheng & Yueh=Trichosanthes rosthornii
Trichosanthes hainanensis Hay.=Trichosanthes cucumeroides var. hainanensis
Trichosanthes heteroclita Roxb.=Hodgsonia macrocarpa
Trichosanthes himalensis C.B.Clarke=Trichosanthes ovigera
Trichosanthes himalensis var. *indivisa* Chakr.=Trichosanthes ovigera
Trichosanthes homophylla Hay.芋叶栝楼
Trichosanthes hupehensis C.Y.Cheng & Yueh=Trichosanthes laceribractea
Trichosanthes hylonoma Hand.-Mazz.(分类学报 1974)=Trichosanthes hylonoma
Trichosanthes hylonoma Hand.-Mazz.湘桂栝楼
Trichosanthes integrifolia (Roxb.) Kurz=Gymnopetalum integrifolium
Trichosanthes japonica (Miq.) Kitam.(分类学报 1974)=Trichosanthes rosthornii
Trichosanthes japonica Rgl.日产栝楼(新)
Trichosanthes javanica Miq.=Thladiantha cordifolia
Trichosanthes jinggangshanica Yueh 井冈栝楼
Trichosanthes kerrii Craib 长果栝楼
Trichosanthes khasiana Kundu(分类学报 1974)=Trichosanthes truncata
Trichosanthes kirilowii Maxim.栝楼
Trichosanthes kirilowii var. japonica (Miq.) Kitam.日本栝楼
Trichosanthes koshunensis Hay.=Trichosanthes laceribractea
Trichosanthes laceribractea Hay.长萼栝楼
Trichosanthes leishanensis C.Y.Cheng & Yueh=Trichosanthes hylonoma
Trichosanthes lepiniana (Naud.) Cogn.马干铃栝楼
Trichosanthes macrocarpa Bl.=Hodgsonia macrocarpa
Trichosanthes majuscula (C.B.Clarke) Kundu=Trichosanthes dunniana
Trichosanthes matsudai Hay.=Trichosanthes cucumeroides var. stenocarpa
Trichosanthes microsiphon Kurz=Trichosanthes cordata
Trichosanthes multicirrata C.Y.Cheng & Yueh=Trichosanthes rosthornii var. multicirrata
Trichosanthes multiloba Miq.(C.B.Clarke in Fl.Brit.Ind.1879)=Trichosanthes wallichiana
Trichosanthes multiloba Miq.多裂栝楼
Trichosanthes multiloba var. *majuscula* C.B.Clarke=Trichosanthes dunniana
Trichosanthes mushaensis Hay.=Trichosanthes homophylla
Trichosanthes mushanensis Hay.(分类学报 1974)=Trichosanthes reticulinervis
Trichosanthes obtusiloba C.Y.Wu ex C.Y.Cheng & Yueh=Trichosanthes kirilowii
Trichosanthes ovata Cogn.卵叶栝楼
Trichosanthes ovigera Bl.(C.Jeff.in Cucurb.East.Asia 1980 ,p.p.)=Trichosanthes baviensis
Trichosanthes ovigera Bl.全缘栝楼
Trichosanthes ovigera var. *sikkimensis* Kundu=Trichosanthes ovigera
Trichosanthes pachyrrhackis Kundu=Trichosanthes cucumerina
Trichosanthes palmata Roxb.(Wall.List.No.6688F ,p.p.)=Trichosanthes cordata
Trichosanthes palmata Roxb.=Trichosanthes tricuspidata
Trichosanthes palmata var. *scotantus* C.B.Clarke=Trichosanthes wallichiana
Trichosanthes parviflora C.Y.Wu ex S.K.Chen 小花栝楼
Trichosanthes pedata Merr. & Chun 趾叶栝楼
Trichosanthes pedata var. *yunnanensis* C.Y.Cheng & Yueh=Trichosanthes pedata
Trichosanthes prazeri Kundu=Trichosanthes dunniana
Trichosanthes pubera Bl.=Trichosanthes tricuspidata
Trichosanthes punctata Hay.=Trichosanthes laceribractea
Trichosanthes quinquangulata A.Gray 五角栝楼
Trichosanthes quinquefolia C.Y.Wu ex C.Y.Cheng & Yueh 木基栝楼
Trichosanthes reticulinervis C.Y.Wu ex S.K.Chen 两广栝楼
Trichosanthes rosthornii Harms 双边栝楼
Trichosanthes rosthornii var. huangshanensis S.K.Chen 黄山栝楼
Trichosanthes rosthornii var. multicirrata (C.Y.Cheng & Yueh) S.K.Chen 多卷须栝楼
Trichosanthes rosthornii var. rosthornii=Trichosanthes rosthornii
Trichosanthes rosthornii var. scabrella (Yueh & D.F.Gao) S.K.Chen 糙籽栝楼
Trichosanthes rostrata Kitam.=Trichosanthes ovigera
Trichosanthes rubriflos Thorel ex Cayla (分类学报 1974)=Trichosanthes dunniana
Trichosanthes rubriflos Thorel ex Cayla 红花栝楼
Trichosanthes rubriflos f. *macrosperma* C.Y.Cheng & Yueh=Trichosanthes dunniana
Trichosanthes rugatisemina C.Y.Cheng & Yueh 皱籽栝楼
Trichosanthes scabra Lour.=Gymnopetalum integrifolium
Trichosanthes scabrella Yueh & D.F.Gao=Trichosanthes rosthornii var. scabrella
Trichosanthes schizostroma Hay.(p.p.)=Trichosanthes laceribractea
Trichosanthes sericeifolia C.Y.Cheng & Yueh 丝毛栝楼
Trichosanthes shikokiana Mak.=Trichosanthes laceribractea
Trichosanthes sinopunctata C.Y.Cheng & Yueh=Trichosanthes laceribractea
Trichosanthes smilacifolia C.Y.Wu ex C.H.Yueh & C.Y.Cheng 菝葜叶栝楼
Trichosanthes sp. nov. Ⅰ. C.Jeff.=Trichosanthes smilacifolia
Trichosanthes sp. nov. Ⅲ. C.Jeff.=Trichosanthes fissibracteata
Trichosanthes stylopodifera C.Y.Cheng & Yueh=Trichosanthes rosthornii
Trichosanthes subrosae C.Y.Cheng & Yueh 粉花栝楼
Trichosanthes tetragonosperma C.Y.Cheng & Yueh 方籽栝楼
Trichosanthes tomentosa Chakr.=Trichosanthes kerrii
Trichosanthes trichocarpa C.Y.Wu ex C.Y.Cheng & Hueh 杏籽栝楼
Trichosanthes tricuspidata Lour.(Keraudren in Fl.Cambodge Laos Viêtanm 1975,p.p.)=Trichosanthes quinquangulata
Trichosanthes tricuspidata Lour.三尖栝楼
Trichosanthes tridentata C.Y.Cheng & Yueh(p.p.)=Trichosanthes dunniana
Trichosanthes truncata C.B.Clarke 截叶栝楼
Trichosanthes uniflora Hao=Trichosanthes rosthornii
Trichosanthes villosa Bl.Keraudren in Fl.Cambodge Laos Viêtenam 1975,p.p.)=Trichosanthes kerrii
Trichosanthes villosa Bl.密毛栝楼
Trichosanthes wallichiana (Ser.) Wight 薄叶栝楼
Trichosma coronaria (Lindl.) Ktze.=Eria coronaria
Trichosma cylindropoda Griff.=Eria coronaria
Trichosma simondii Gagn.=Eria gagnepainii
Trichosma suavis Lindl.=Eria coronaria
Trichosporum D.Don=**Aeschynanthus**
Trichosporum macranthum Merr.=Aeschynanthus macranthus
Trichosporum moningeriae Merr.=Aeschynanthus moningeriae
Trichostigma A.rich.**毛柱属**(商陆科)
Trichostigma peruvianum (Moq.) H.Walt.秘鲁毛柱
Trichotosia caespitosa (Rolfe) Kraenzl.=Ceratostylis hainanensis
Trichotosia dasyphylla (Par. & Rchb.f.) Kraenzl.=Eria dasyphylla
Trichotosia microphylla Bl.=Eria microphylla
Trichotosia pulvinata (Lindl.) Kraenzl.=Eria pulvinata
Trichotosia rufinula (Rcbh.f.) Kraenzl.=Eria pulvinata

Trichurus C.C.Townsend **针叶苋属**(苋科)
Trichurus monsoniae (L.f.) C.C.Townsend 针叶苋
Tricyrtis Wall.**油点草属**(百合科)
Tricyrtis bakerii Koidz.=Tricyrtis latifolia
Tricyrtis formosana Baker 台湾油点草
Tricyrtis formosana f. *glandosa* Simizu=Tricyrtis formosana var. glandosa
Tricyrtis formosana var. formosana=Tricyrtis formosana
Tricyrtis formosana var. glandosa (Simizu) T.S.Liu & S.S.Ying 小型油点草
Tricyrtis formosana var. grandiflora S.S.Ying 大花油点草
Tricyrtis formosana var. *lasiocarpa* (Matsumura) Masamune=Tricyrtis lasiocarpa
Tricyrtis formosana var. *stolonifera* (Matsumura) Masamune=Tricyrtis stolonifera
Tricyrtis hirta HK.毛油点草
Tricyrtis lasiocarpa Matsumura 毛果油点草
Tricyrtis latifolia Maxim.宽叶油点草
Tricyrtis macropoda Miq.油点草
Tricyrtis macrotpoda Miq.(Baker in Bot.Mag.1881)=Tricyrtis pilosa
Tricyrtis maculata (D.Don) J.F.Macb.=Tricyrtis pilosa
Tricyrtis ovatifolia S.S.Ying 卵叶油点草
Tricyrtis pilosa Wall.黄花油点草
Tricyrtis puberula Nakai & Kitag.=Tricyrtis latifolia
Tricyrtis stolonifera Matsumura 紫花油点草
Tricyrtis suzukii Masamune 侧花油点草
Tricyrtis viridula Hir.绿花油点草
Tridax L.**羽芒菊属**(菊科)
Tridax procumbens L.羽芒菊
Tridax trilobata Hemsl.三裂羽芒菊
Tridesmis tomentosa Lour.=Croton crassifolius
Tridynamia Gang.**三翅藤属**(旋花科)
Tridynamia megalantha (Merr.) Staples 大花三翅藤
Tridynamia smiensis (Hemsl.) Tatpels 大果三翅藤
Tridynamia smiensis var. smiensis (Hemsl.) Tatpels=Porana sinensis
Tridynamia sinensis var. delavayi (Gagn. & Courchet) Staples 近无毛三翅藤
Trientalis L.**七瓣莲属**(报春花科)
Trientalis europaea L.七瓣莲
Trifidacanthus Merr.**三叉刺属**(豆科)
Trifidacanthus unifoliolatus Merr.三叉刺
Trifolium L.**车轴草属**(豆科)
Trifolium agrarium L.(p.p.)=Trifolium campestre
Trifolium agrarium L.(p.p.)=Trifolium strepens
Trifolium alexandrinum L.埃及车轴草
Trifolium caeruleum L.=Trigonella coerulea
Trifolium campestre Schreb.草原车轴草
Trifolium cytisoides Pall.=Lespedeza juncea
Trifolium dahuricum Laxm.=Lespedeza daurica
Trifolium dentatum Waldst. & Kit.=Melilotus dentata
Trifolium dubium Sibth.钝叶车轴草
Trifolium eximium Steph. ex DC.大花车轴草
Trifolium flexusum Jacq.=Trifolium medium
Trifolium fragiferum L.草莓车轴草
Trifolium gordejevi (Kom.) Z.Wei 延边车轴草
Trifolium guianense Aubl.=Stylosanthes guianensis
Trifolium hedysaroides Pall.=Lespedeza juncea
Trifolium hybridum L.杂种车轴草
Trifolium incarnatum L.绛车轴草
Trifolium indica L.=Melilotus indica
Trifolium lupinaster L.野火球
Trifolium lupinaster f. *albiflorum* (Ser.) P.Y.Fu & Y.A.Chen=Trifolium lupinaster var. albiflorum
Trifolium lupinaster subvar. *obtusifolium* Gib. & Belli=Trifolium pacificum
Trifolium lupinaster var. albiflorum Ser. 白花野火球
Trifolium lupinaster var. lupinaster=Trifolium lupinaster
Trifolium medium L.中间车轴草
Trifolium officinalis L.=Melilotus officinalis
Trifolium pacificum Bobrov 阔叶野火球(新)?
Trifolium pratense L.红车轴草
Trifolium procumbens L.(p.p.)=Trifolium campestre
Trifolium repens L.白车轴草
Trifolium strepens Crantz 黄车轴草
Triglochin L.**水麦冬属**(眼子菜科)
Triglochin maritimum L.海韭菜
Triglochin palustre L.水麦冬
Triglochin striata R. & P.条纹水麦冬
Trigonella L.**胡卢巴属**(豆科)
Trigonella arborea (L.) Vass.=Medicago arborea
Trigonella archiducis-nicolai (Sirj.) Vass.=Medicago archiducis-nicolai
Trigonella arcuata C.A.Meyer 弯果胡卢巴
Trigonella bactrina Vass.=Trigonella cachemiriana
Trigonella cachemiriana Camb.克什米尔胡卢巴
Trigonella caerulea (Desr. ex Lam.) Ser.(新拉汉英 1996)=Trigonella coerulea
Trigonella cancellata Desf.网脉胡卢巴
Trigonella cancellata var. *arcuata* (C.A.Meyer) Sirj.=Trigonella arcuata
Trigonella coerulea (L.) Ser. 蓝胡卢巴
Trigonella emodi Benth.(豆科图说 1955)=Medicago ruthenica
Trigonella emodi Benth.喜马拉雅胡卢巴
Trigonella emodi subsp. *fimbriata* (Royle ex Benth.) Ohashi=Trigonella fimbriata
Trigonella emodi var. *fimbriata* (Royle ex Benth.) Sirj.=Trigonella fimbriata
Trigonella emodi var. *himalaica* Sirj.=Trigonella emodi
Trigonella emodi var. *medicaginoides* Sirj.=Trigonella cachemiriana
Trigonella fimbriata Royle ex Benth.重齿胡卢巴
Trigonella foenum-graecum L.胡卢巴
Trigonella geminiflora Bge.=Trigonella monantha
Trigonella gordejevi (Kom.) Grossh.=Trifolium gordejevi
Trigonella grossheimii Vass.=Trigonella cachemiriana
Trigonella incisa var. *geminiflora* (Bge.) Boiss.=Trigonella monantha
Trigonella karkarensis Semen. ex Vass.=Medicago platycarpos
Trigonella korshinskii Grossh.=Medicago ruthenica
Trigonella monantha C.A.Meyer 单花胡卢巴
Trigonella orinthopodioides (L.) DC.鸟脚胡卢巴
Trigonella orthoceras Kar. & Kir.直果胡卢巴
Trigonella pamirica Boriss.帕米尔胡卢巴
Trigonella platycarpos L.=Medicago platycarpos
Trigonella pubescens Edgew. ex Baker=Medicago edgeworthii
Trigonella ruthenica L.=Medicago ruthenica
Trigonella schischkinii Vass.=Medicago ruthenica
Trigonella tenuis Fisch.(豆科图说 1955)=Trigonella cancellata
Trigonella tibetana (Alef.) Vass.=Trigonella foenum-graecum
Trigonella tibetica Vass.=Medicago edgeworthii
Trigonobalanus Forman (植物志 22,1998) =Formanodendron
Trigonobalanus doichangensis (A.Camus) Forman=Formanodendron doichangensis
Trigonobalanus excelsa Lozano 高大三棱栎
Trigonobalanus verticillata Forman 轮叶三棱栎
Trigonospara Holtt.=**Pseudocyclosorus**
Trigonospora ciliata (Benth.) Holtt.=Pseudocyclosorus ciliatus
Trigonostemon Bl.**三宝木属**(大戟科)
Trigonostemon chinensis Merr.(海南志 1965)=Trigonostemon chinensis f. Fungii
Trigonostemon chinensis Merr.三宝木
Trigonostemon chinensis f. chinensis=Trigonostemon chinensis
Trigonostemon chinensis f. fungii (Merr.) Y.T.Chang 冯钦三宝木
Trigonostemon filipes Y.T.Chang & X.L.Mo 丝梗三宝木
Trigonostemon fungii Merr.=Trigonostemon chinensis f. Fungii
Trigonostemon heterophyllus Merr.异叶三宝木
Trigonostemon howii Merr. & Chun 长序三宝木
Trigonostemon huangmosu Y.T.Chang 黄木树
Trigonostemon leucanthus Airy-Shaw 白花三宝木
Trigonostemon lii Y.T.Chang 孟仑三宝木
Trigonostemon lutescens Y.T.Chang & J.Y.Liang 黄花三宝木
Trigonostemon obliquus Wall. ex Muell. Arg.大叶轴花木
Trigonostemon serratus Bl.短柄三宝木
Trigonostemon thyrsoideus Stapf 长梗三宝木
Trigonostemon xyphophylloides (Croiz.) L.K.Dai & T.L.Wu 剑叶三宝木
Trigonotis Stev.**附地菜属**(紫草科)

Trigonotis amblyosepala Nakai & Kitag.=Trigonotis peduncularis var. amblyosepala
Trigonotis barkamensis C.J.Wang 金川附地菜
Trigonotis bodinieri (Lévl.) Lévl.=Mitreola pedicellata
Trigonotis bracteata C.J.Wang 全苞附地菜
Trigonotis brevipes Maxim.(Forb. & Hemsl.in J.L.Soc.Bot.1890)= Trigonotis cavaleriei
Trigonotis cavaleriei (Lévl.) Hand.-Mazz.西南附地菜
Trigonotis cavaleriei var. angustifolia C.J.Wang 窄叶附地菜
Trigonotis cavaleriei var. cavaleriei=Trigonotis cavaleriei
Trigonotis chengkouensis W.T.Wang 城口附地菜
Trigonotis chuxiongensis H.Chuang=Trigonotis heliotropifolia
Trigonotis cinereifolia C.J.Wang 灰叶附地菜
Trigonotis clavata Stev.=Trigonotis peduncularis
Trigonotis compressa Johnst.狭叶附地菜
Trigonotis contortipes Johnst.=Trigonotis delicatula
Trigonotis coreana Nakai= Trigonotis radicans subsp. sericea
Trigonotis corispermoides C.J.Wang 虫实附地菜
Trigonotis corispermoides var. corispermoides= Trigonotis corispermoides
Trigonotis corispermoides var. sessilis W.T.Wang 无柄虫实附地菜
Trigonotis cupulifera Johnst.=Omphalotrigonotis cupulifera
Trigonotis delicatula Hand.-Mazz.扭梗附地菜
Trigonotis elevato-venosa Hay.凸脉附地菜
Trigonotis faberi Hand.-Mazz.=Trigonotis cavaleriei
Trigonotis floribunda Johnst.多花附地菜
Trigonotis formosana Hay.台湾附地菜
Trigonotis funingensis H.Chuang 富宁附地菜
Trigonotis gamocalyx Hand.-Mazz.=Myosotis caespitosa
Trigonotis giraldii Brand 秦岭附地菜
Trigonotis gracilipes Johnst.(p.p.)=Trigonotis corispermoides
Trigonotis gracilipes Johnst.细梗附地菜
Trigonotis harrysmithii R.R.Mill.松潘附地菜
Trigonotis heliotropifolia Hand.-Mazz.毛花附地菜
Trigonotis laxa Johnst.南川附地菜
Trigonotis laxa var. hirsuta W.T.Wang ex C.J.Wang 硬毛附地菜
Trigonotis laxa var. laxa=Trigonotis laxa
Trigonotis laxa var. xichougensis (H.Chuang) C.J.Wang 西畴附地菜
Trigonotis leucantha W.T.Wang 白色附地菜(新)
Trigonotis leyeensis W.T.Wang 乐叶附地菜
Trigonotis longipes W.T.Wang 长梗附地菜
Trigonotis longiramosa W.T.Wang 长枝附地菜
Trigonotis macrophylla Vant.大叶附地菜
Trigonotis macrophylla var. macrophylla=Trigonotis macrophylla
Trigonotis macrophylla var. trichocarpa Hand.-Mazz.毛果附地菜
Trigonotis macrophylla var. verrucosa Johnst.瘤果附地菜
Trigonotis mairiei (Lévl.) Johnst.长梗附地菜
Trigonotis microcarpa (A.DC.) Benth.毛脉附地菜
Trigonotis mollis Hemsl.湖北附地菜
Trigonotis moupinense (Franch.) Johnst.=Sinojohnstonia moupinensis
Trigonotis muliensis W.T.Wang 木里附地菜
Trigonotis muriculata Johnst.=Trigonotis mairiei
Trigonotis myosotidea (Maxim.) Maxim.水甸附地菜
Trigonotis nakaii Hara=Trigonotis radicans subsp. sericea
Trigonotis nandanensis C.J.Wang 南丹附地菜
Trigonotis nankotaizanensis (Sasaki) Massm. & Ohwi 白花附地菜
Trigonotis omeiensis Matsuda 峨眉附地菜
Trigonotis orbicularifolia C.J.Wang 厚叶附地菜
Trigonotis peduncularis (Trev.) Benth. ex Baker & Moore 附地菜
Trigonotis peduncularis var. amblyosepala (Nakai & Kitag.) W.T.Wang 钝萼附地菜
Trigonotis peduncularis var. macrantha W.T.Wang 大花附地菜
Trigonotis peduncularis var. *microcarpa* (A.DC.) Brand=Trigonotis microcarpa
Trigonotis peduncularis var. peduncularis=Trigonotis peduncularis
Trigonotis peduncularis var. *vestita* Hemsl.(Flora 16)=Trigonotis vestita
Trigonotis pedunculata var. *macrophylla* (Vant.) Lévl.=Trigonotis macrophylla
Trigonotis pedunculata var. *vestita* Hemsl.(植物志 64-2)=Trigonotis vestita
Trigonotis petiolaris Maxim.祁连山附地菜
Trigonotis radicans subsp. sericea (Maxim.) Riedl.北附地菜
Trigonotis radicans var. *sericea* (Maxim.) Hara= Trigonotis radicans subsp. sericea subsp. sericea
Trigonotis rockii Johnst.高山附地菜
Trigonotis rotundata Johnst.圆叶附地菜
Trigonotis rotundifolia (Wall.) Benth.(Hand.-Mazz.Symb.Sin.1936)= Trigonotis rotundata
Trigonotis smithii W.T.Wang=Trigonotos harrysmthii
Trigonotis sericea (Maxim.) Johnst.=Trigonotis radicans subsp. sericea
Trigonotis sericea (Maxim.) Ohwi=Trigonotis radicans subsp. sericea
Trigonotis tenera Johnst.蒙山附地菜
Trigonotis tibetica (Clarke) Johnst.西藏附地菜
Trigonotis vestita (Hemsl.) Johnst.灰毛附地菜
Trigonotis xichougensis H.Chuang=Trigonotis laxa var. xichougensis
Trikeraia Bor **三角草属**(禾本科)
Trikeraia hookeri (Stapf) Bor 三角草
Trikeraia hookeri var. hookeri=Trikeraia hookeri
Trikeraia hookeri var. ramosa Bor 展穗三角草
Trikeraia pappiformis (Keng) P.C.Kuo & S.L.Lu 假毛冠草
Trilepis royleana Nees=Kobresia royleana
Trillidium govanianum (Wall. ex Royle) Kunth=Trillium govanianum
Trillium L.**延龄草属**(百合科)
Trillium cernuum L.下垂延龄草
Trillium chloropetalum Howell 加州延龄草
Trillium erectum L.褐花延龄草
Trillium govanianum Wall. ex Royle 西藏延龄草
Trillium grandiflorum Salisb.大花延龄草
Trillium kamtschaticum Pall. ex Pursh 吉林延龄草
Trillium luteum Harb.黄花延龄草
Trillium morii Hay.=Trillium tschonoskii
Trillium nervosum Ell.具脉延龄草
Trillium nivale Riddell.矮延龄草
Trillium ovatum Pursh.卵叶延龄草
Trillium recurvatum Beck.卷瓣延龄草
Trillium rivale Wats.溪岸延龄草
Trillium sessile L.无柄延龄草
Trillium taiwanense S.S.Ying 台湾延龄草
Trillium tschonoskii Maxim.延龄草
Trillium tschonoskii f. *morii* (Hay.) Yamamoto=Trillium tschonoskii
Trillium tschonoskii var. *himalaicum* H.Hara=Trillium tschonoskii
Trillium tschonoskii var. *morii* (Hay.) Masamune=Trillium tschonoskii
Trillium undulatum Willd.波叶延龄草
Trimorpha Cass.=**Erigeron**
Trimorpha acris Vierh.=Erigeron acer
Trimorpha angulosa Vierh.=Erigeron elongatus
Trimorpha armeriaefolia Vierh.=Erigeron lonchophyllus
Trimorpha polita Vierh.=Erigeron elongatus
Trimorpha vulgaris Cass.=Erigeron acer
Triodon L.C.Rich.=**Rhynchospora**
Trionum annuum Medicus=Hibiscus trionum
Triosteum L.**莛子藨属**(忍冬科)
Triosteum erythrocarpum H.Sm.=Triosteum himalayanum
Triosteum fargesii Franch.=Triosteum himalayanum
Triosteum himalayanum Wall.穿心莛子藨
Triosteum hirsutum Roxb.=Lasianthus hirsutus
Triosteum hirsutum Wall.(Hemsl.in J.L.Soc.Bot.1888)=Triosteum himalayanum
Triosteum intermedium Diels & Graebn.=Triosteum pinnatifidum
Triosteum pinnatifidum Maxim.莛子藨
Triosteum rosthornii Diels & Graebn.=Triosteum pinnatifidum
Triosteum sinuatum Maxim.腋花莛子藨
Triphasia trifoliata P.Wils.锦橘果
Triphysaria Fisch. & C.A.Mey.**直果草属**(玄参科)
Triphysaria chinensis (D.Y.Hong) D.Y.Hong 直果草
Tripinna tripinnata Lour.=Vitex tripinnata
Tripleurospermum Sch.-Bip.**三肋果属**(菊科)
Tripleurospermum ambiguum (Ledeb.) Franch. & Sav.褐苞三肋果
Tripleurospermum ambiguum Franch. & Sav.=Tripleurospermum tetragonospermum
Tripleurospermum homogamum G.X.Fu 无舌三肋果

Tripleurospermum inodorum (L.) Sch.-Bip.新疆三肋果
Tripleurospermum limosum (Maxim.) Pobed.三肋果
Tripleurospermum maritimum (L.) Koch.三肋果
Tripleurospermum pulchrum (Ledeb.) Rupr.=Pyrethrum pulchrum
Tripleurospermum tetragonospermum (F.Schmidt) Pobed.东北三肋果
Triplocentron Cass.=**Centaurea**
Triplopetalum E.J.Nyárády=**Alyssum**
Triplostegia Wall. ex DC.**双参属**(川续断科)
Triplostegia delavayi Franch. ex Diels=Triplostegia grandiflora
Triplostegia glandulifera Wall. ex DC.双参
Triplostegia grandiflora Gagn.大花双参
Triplostegia mairei Lévl.=Chrysosplenium macrophyllum
Triplostegia pinifolia Lévl.=Rhodiola fastigiata
Triplostegia repens Hemsl.=Triplostegia glandulifera
Tripodanthera Roem.=**Gymnopetalum**
Tripodanthera cochinchinensis (Lour.) Roem.=Gymnopetalum chinense
Tripogon Roem. & Schult.**草沙蚕属**(禾本科)
Tripogon abyssinicus Nees (HK.f.in Fl.Brit.Ind.1896)=Tripogon purpurascens
Tripogon bromoides Roem. & Schult.草沙蚕
Tripogon bromoides var. bromoides=Tripogon bromoides
Tripogon bromoides var. yunnanensis (Keng ex J.L.Yang) S.L.Chen & X. L.Yang 云南草沙蚕
Tripogon chinensis (Franch.) Hack.中华草沙蚕
Tripogon coreensis var. *longe-aristatus* (Nakai) Hack. ex Mori=Tripogon longe-aristatus
Tripogon festucoides Jaub. & Spach=Tripogon bromoides
Tripogon filiformis Nees ex Steud.线形草沙蚕
Tripogon humilis X.L.Yang 矮草沙蚕
Tripogon jacquemontii var. *submuticus* HK.f.=Tripogon purpurascens
Tripogon longe-aristatus (Nakai) Honda=Tripogon longe-aristatus
Tripogon longe-aristatus Nakai 长芒草沙蚕
Tripogon nanus Keng ex Keng f. & L.Liou 小草沙蚕
Tripogon purpurascens Duthie 玫瑰紫草沙蚕
Tripogon yunnanensis Keng ex J.L.Yang=Tripogon bromoides var. yunnanensis
Tripolium Nees **碱菀属**(菊科)
Tripolium vulgare Nees 碱菀
Tripsacum L.**磨擦草属**(禾本科)
Tripsacum dactyloides (L.) L.鸭足状磨擦草
Tripsacum laxum Nash 磨擦草
Tripterium Bercht. & Presl=**Thalictrum**
Tripterospermum Bl.**双蝴蝶属**(龙胆科)
Tripterospermum affine (Wall.) H.Sm.(海南志 1974)=Tripterospermum nienkui
Tripterospermum affine (Wall.) H.Sm.(高等图鉴 1974,p.p.)= Tripterospermum chinense
Tripterospermum affine (Wall.) H.Sm.(高等图鉴 1974,p.p.)= Tripterospermum cordatum
Tripterospermum alutaceifolium (Liu & Kuo) J.Murata 台北双蝴蝶
Tripterospermum angustatum (C.B.Clarke) Raiz.=Crawfurdia angustata
Tripterospermum australe J.Murata 南方双蝴蝶
Tripterospermum bulleyanum (Forr.) Raiz.=Crawfurdia campanulacea
Tripterospermum campanulacea (Wall. & Griff. ex C.B.Clarke) Raiz.= Crawfurdia campanulacea
Tripterospermum carlesii H.Sm.=Tripterospermum chinense
Tripterospermum caudatum (Marq.) H.Sm.=Tripterospermum filicaule
Tripterospermum chinense (Migo) H.Sm.双蝴蝶
Tripterospermum cordatum (C.Macq.) H.Smith 峨眉双蝴蝶
Tripterospermum coeruleum (Hand.-Mazz.) H.Sm.盐源双蝴蝶
Tripterospermum cordifolioides J.Murata 心叶双蝴蝶
Tripterospermum cordifolium (Yamamoto) Satake 高山肺形草
Tripterospermum discoideum (Marq.) H.Sm.湖北双蝴蝶
Tripterospermum filicaule (Hemsl.) H.Sm.细茎双蝴蝶
Tripterospermum hirticalyx C.Y.Wu ex C.J.Wu 毛萼双蝴蝶
Tripterospermum japonicum (S. & Z.) Maxim.日本双蝴蝶
Tripterospermum lanceolatum (Hay.) Hara ex Satake 玉山双蝴蝶
Tripterospermum luzonense (Vidal) J.Murata 高山双蝴蝶
Tripterospermum membranaceum (C.Macq.) H.Smith 膜叶双蝴蝶
Tripterospermum mircorphyllum H.Sm.小叶双蝴蝶
Tripterospermum nienkui (Marq.) C.J.Wu 香港双蝴蝶
Tripterospermum pallidum H.Sm.白花双蝴蝶
Tripterospermum pingbianense C.Y.Wu & C.J.Wu 屏边双蝴蝶
Tripterospermum puberulum (C.B.Clarke) Raiz.=Crawfurdia puberula
Tripterospermum speciosum (Wall.) Raiz.=Crawfurdia speciosa
Tripterospermum taiwanense (Masam.) Satake 台湾肺形草
Tripterospermum taiwanense var. *alpinum* Satake=Tripterospermum japonicum
Tripterospermum taiwanense var. *alutaceofolium* Liu & Kuo= Tripterospermum taiwanense
Tripterospermum traillianum (Forr.) Raiz.=Crawfurdia angustata
Tripterospermum trinerve Bl.三脉双蝴蝶
Tripterospermum volubile (D.Don) Hara 尼泊尔双蝴蝶
Tripterygium HK.f.**雷公藤属**(卫矛科)
Tripterygium bullockii Hance=Tripterygium wilfordii
Tripterygium forrestii A.C.Sm.=Tripterygium hypoglaucum
Tripterygium forrestii var. *execum* (Sprague & Takeda) C.H.Wang= Tripterygium hypoglaucum
Tripterygium hypoglaucum (Lévl.) Hutch 昆明雷公藤
Tripterygium regelii Sprague & Takeda 东北雷公藤
Tripterygium wilfordii HK.f.(Regel in Gartenfl 1869)=Tripterygium regelii
Tripterygium wilfordii HK.f.雷公藤
Tripterygium wilfordii var. *bullockii* (Hance) Matsuda=Tripterygium wilfordii
Tripterygium wilfordii var. *execùm* Sprague & Takeda=Tripterygium hypoglaucum
Trirostellum Z.P.Wang & Q.Z.Xie=**Gynostemma**
Trirostellum cardiosperma (Cogn. ex Oliv.) Z.P.Wang & Q.Z.Xie= Gynostemma cardiospermum
Trirostellum yizingense Z.P.Wang & Q.Z.Xie=Gynostemma yixingense
Trisepalum Clarke **唇萼苣苔属**(苦苣苔科)
Trisepalum birmanicum (Craib) Burtt 唇萼苣苔
Trisetum Pers.**三毛草属**(禾本科)
Trisetum alascanum Nash.=Trisetum spicatum var. alascanum
Trisetum altaicum (Steph.) Roshev.高山三毛草
Trisetum bifidum (Thunb.) Ohwi 三毛草
Trisetum clarkei (HK.f.) R.R.Stewart 长穗三毛草
Trisetum clarkei var. clarkei=Trisetum clarkei
Trisetum clarkei var. kangdingensis Z.L.Wu 康定三毛草
Trisetum flavescens var. *bifidum* Makino=Trisetum bifidum
Trisetum flavescens var. *macranthum* Hack.=Trisetum bifidum
Trisetum flavescens var. *papilosum* Hack.=Trisetum bifidum
Trisetum flavescens var. *sibiricum* (Rupr.) Ohwi=Trisetum sibiricum
Trisetum formosanum Honda=Trisetum spicatum var. alascanum
Trisetum henryi Rendle 湖北三毛草
Trisetum litvinowii (Dom.) Nevski=Koeleria litvinowii
Trisetum pauciflorum Keng ex P.C.Kuo 贫花三毛草
Trisetum pauciflorum Keng=Trisetum pauciflorum
Trisetum pilosum Roem. & Schult.=Avena eriantha
Trisetum pratense Pers.黄三毛草
Trisetum pubiflorum Hack.=Trisetum spicatum
Trisetum sbiricum var. *umbratile* Kitag.=Trisetum umbratile
Trisetum scitulum Bor 优雅三毛草
Trisetum sibiricum Rupr.西伯利亚三毛草
Trisetum spicatum (L.) Richt.穗三毛
Trisetum spicatum subsp. *alascanum* (Nash) Hult.=Trisetum spicatum var. alascanum
Trisetum spicatum subsp. *himalaicum* Hult.=Trisetum spicatum var. himalaicum
Trisetum spicatum subsp. *mongolicum* Hult.=Trisetum spicatum var. mongolicum
Trisetum spicatum var. alascanum Malte ex Louis-Marie 大花穗三毛
Trisetum spicatum var. *formosanum* (Honda) Ohwi=Trisetum spicatum var. alascanum
Trisetum spicatum var. himalaicum (Hult.) P.C.Kuo & Z.L.Wu 喜马拉雅穗三毛
Trisetum spicatum var. mongolicum (Hult.) P.C.Kuo & Z.L.Wu 蒙古穗三毛
Trisetum spicatum var. spicatum=Trisetum spicatum
Trisetum subspicatum (L.) Beauv.=Trisetum spicatum
Trisetum tibeticum P.C.Kuo & Z.L.Wu 西藏三毛草

Trisetum umbratile (Kitag.) Kitag.绿穗三毛草
Trisetum virescens Nees ex Steud.=Helictotrichon virescens
Trismeria Fee **金杆蕨属**(裸子蕨科)
Trismeria argentea Fee 金杆蕨
Trismeria trifoliate (L.) Diels 三叶金杆蕨
Tristania R.Br.**红胶木属**(桃金娘科)
Tristania conferta R.Br.红胶木
Tristegis Nees=**Melinis**
Tristegis glutinosa Nees=Melinis minutiflora
Tristellateia Thouars **三星果属**(金虎尾科)
Tristellateia australasiae A.Rich.三星果
Tristylium Turcz.=**Cleyera**
Tristylium ochanceum (DC.) Merr.=Cleyera japonica
Tristylium ochnaceum var. *morii* Sasaki=Cleyera japonica var. morii
Trithrinax Mart.**三扇棕属**(棕榈科)
Trithyrocarpus Hassk.=**Commelina**
Triticum L.**小麦属**(禾本科)
Triticum aestivum L.普通小麦
Triticum aestivum var. *monococcum* Bailey=Triticum monococcum
Triticum aestivum var. *polonicum* Bailey=Triticum turgidum var. polonicum
Triticum aethiopicum Jakubz.非洲小麦
Triticum caninum L.=Roegneria canina
Triticum carthlicum Nevski=Triticum turgidum var. carthlicum
Triticum cereale Salisb.=Secale cereale
Triticum chinense Trin. ex Bge.=Leymus chinensis
Triticum ciliare Trin.=Roegneria ciliaris
Triticum desertorum Fisch. ex Link=Agropyron desertorum
Triticum dicoccoides Koern.=Triticum turgidum var. dicoccoides
Triticum dicoccum var. *timopheevi* Zhuk.=Triticum timopheevi
Triticum durum Desf.=Triticum turgidum var. durum
Triticum elongatum Host=Elytrigia elongata
Triticum intermedium Host=Elytrigia intermedia
Triticum junceum L.=Elytrigiajuncea
Triticum monococcum L.一粒小麦
Triticum ovatum (L.) Rasp.=Aegilops ovata
Triticum ovatum β. *triaristatum* Schmalh.=Aegilops triaristata
Triticum pauciflorum Schwein.=Roegneria pauciflora
Triticum persicum Vav. ex Zhuk.=Triticum turgidum var. carthlicum
Triticum polonicum L.=Triticum turgidum var. polonicum
Triticum pyramidale Perc.=Triticum turgidum var. durum
Triticum repens L.=Elytrigia repens
Triticum sativum Lam.=Triticum aestivum
Triticum sativum var. *turgidum* (L.) Hack.=Triticum turgidum
Triticum schrenkianum Fisch. & Mey.=Roegneria schrenkiana
Triticum secalianum Georgi=Leymus secalinus
Triticum sect. *Eremopyrum* Ledeb.=**Eremopyrum**
Triticum sibiricum Willd.=Agropyron sibiricum
Triticum spelta L.斯佩尔特小麦
Triticum sphaerococcum Perc.球粒小麦
Triticum timopheevi Zhuk.提莫菲维小麦
Triticum trichophorum Link=Elytrigia trichophora
Triticum triunciale (L.) Rasp.=Aegilops triuncialis
Triticum turgidum L.圆锥小麦
Triticum turgidum var. carthlicum (Nevski) Yan ex P.C.Kuo 波斯小麦
Triticum turgidum var. dicoccoides (Koern.) Bowden 野生二粒小麦
Triticum turgidum var. durum (Desf.) Yan ex P.C.Kuo 硬粒小麦
Triticum turgidum var. polonicum (L.) Yan ex P.C.Kuo 波兰小麦
Triticum turgidum var. turgidum=Triticum turgidum
Triticum vavilovii (Thunb.) Jakubz.瓦氏小麦
Triticum ventricosum Ces.=Aegilops ventricosa
Triticum vulgare Vill.=Triticum aestivum
Triticum vulgare var. *bidens* Alef.=Triticum monococcum
Triticum vulgare var. *turgidum* Alef.=Triticum turgidum
Tritonia Ker-Gawl.**观音兰属**(鸢尾科)
Tritonia crocata (Thunb.) Ker-Gawl.观音兰
Tritonia crocata var. miniata Baker 红观音兰
Tritonia crocosmiflora Nichols.=Crocosmia crocosmiflora
Tritonia deusta Ker-Gawl.黑斑观音兰
Tritonia lancea (Thunb.) N.E.Brown 绵毛观音兰
Triumfetta L.**刺蒴麻属**(椴树科)
Triumfetta angulata Lam.=Triumfetta rhomboidea
Triumfetta annua L.单毛刺蒴麻
Triumfetta bartramia L.=Triumfetta rhomboidea
Triumfetta cana Bl.毛刺蒴麻
Triumfetta grandidens Hance 粗齿刺蒴麻
Triumfetta grandidens var. glabra R.H.Miau ex H.T.Chang 秃刺蒴麻
Triumfetta grandidens var. grandidens=Triumfetta grandidens
Triumfetta pilosa Roth.长勾刺蒴麻
Triumfetta pilosa sensu Benth.=Triumfetta cana
Triumfetta procumbens Forst.f.铺地刺蒴麻
Triumfetta pseudocana Sprag. & Craib=Triumfetta cana
Triumfetta rhomboidea Jacq.刺蒴麻
Triumfetta suffruticosa sensu Merr.=Triumfetta annua
Triumfetta tomentosa Bojer=Triumfetta cana
Triuridaceae 霉草科
Trochodendraceae 昆栏树科
Trochodendron S. & Z.**昆栏树属**(昆栏树科)
Trochodendron aralioides S. & Z.昆栏树
Trochostigma arguta S. & Z.=Actinidia arguta
Trogostolon Cop.**毛根蕨属**(骨碎补科)
Trogostolon yunnanensis Ching=Davallia cylindrica
Trollius L.**金莲花属**(毛茛科)
Trollius altaicus C.A.Mey.阿尔泰金莲花
Trollius anemonifolius (Brühl) Stapf=Trollius yunnanensis var. anemonifolius
Trollius asiaticus L.宽瓣金莲花
Trollius asiaticus var. *chinensis* Maxim.=Trollius chinensis
Trollius buddae Schipcz.川陕金莲花
Trollius bulddae Schipcz.(p.p.)=Trollius ranunculoides
Trollius chartosepalus N.Schipcz.纸萼金莲花
Trollius chinensis Bge.金莲花
Trollius chinensis subsp. *macropetalus* (Rgl.) Luferov=Trollius macropetalus
Trollius dschungaricus Rgl.准噶尔金莲花
Trollius europaeus L.欧洲金莲花
Trollius europaeus var. *songoricus* Rgl.=Trollius dschungaricus
Trollius farrei Stapf 矮金莲花
Trollius farrei var. major W.T.Wang 大叶矮金莲花
Trollius farreri Stapf(Hand.-Mazz.in Acta Hort.Gothob.1939,p.p.)=Trollius pumilus var. tanguticus
Trollius farreri var. farreri=Trollius farreri
Trollius japonicus Miq.长白金莲花
Trollius kansuensis (Brühl) Mukerj.=Trollius farreri
Trollius ledebouri Reichb.短瓣金莲花
Trollius ledebouri var. *macropetalus* Rgl.=Trollius macropetalus
Trollius lilacinus Bge.淡紫金莲花
Trollius macropetalus Fr.Schmidt 长瓣金莲花
Trollius micranthus Hand.-Mazz.小花金莲花
Trollius papavereus Schipc.=Trollius yunnanensis
Trollius patulus Salisb.开展金莲花
Trollius pumilus D.Don 小金莲花
Trollius pumilus subsp. *anemonifolius* Brühl=Trollius yunnanensis var. anemonifolius
Trollius pumilus subsp. *normalis* Brühl=Trollius pumilus
Trollius pumilus subsp. *normalis* var. *kansuensis* Brühl=Trollius farreri
Trollius pumilus subsp. *normalis* var. *kansuensis* Brühl=Trollius farrei
Trollius pumilus subsp. *normalis* var. *ranunculoides* Brühl=Trollius ranunculoides
Trollius pumilus subsp. *normalis* var. *yunnanensis* Brühl=Trollius yunnanensis
Trollius pumilus var. *alpinus* Ulbr.=Trollius pumilus var. tanguticus
Trollius pumilus var. foliosus (W.T.Wang) W.T.Wang 显叶金莲花
Trollius pumilus var. *lobatus* Schipcz.=Trollius farrei
Trollius pumilus var. *pumilus*=Trollius pumilus
Trollius pumilus var. *semifissus* Schipcz.=Trollius pumilus
Trollius pumilus var. tanguticus Brühl 青藏金莲花
Trollius pumilus var. tehkehensis (W.T.Wang) W.T.Wang 德格金莲花
Trollius pumilus var. *yunnanensis* Franch.=Trollius yunnanensis
Trollius ranunculoides Hemsl.毛茛状金莲花
Trollius sibiricus (Rgl. & Til.) N.Schipcz.西伯利亚金莲花
Trollius stenopetalus Stapf=Trollius buddae
Trollius taihasenzanensis Masamune 台湾金莲花

Trollius tanguticus (Brühl) W.T.Wang=Trollius pumilus var. tanguticus
Trollius tanguticus var. *foliosus* W.T.Wang=Trollius pumilus var. foliosus
Trollius tehkehensis W.T.Wang=Trollius pumilus var. tehkehensis
Trollius vaginarus Hand.-Mazz.鞘柄金莲花
Trollius yunnanensis (Franch.) Ulbr.云南金莲花
Trollius yunnanensis f. *eupetala* Stapf=Trollius yunnanensis var. eupetalus
Trollius yunnanensis f. *ubera* Stapf=Trollius yunnanensis
Trollius yunnanensis subsp. *anemoniflius* (Brühl) Dorosz.=Trollius yunnanensis var. anemonifolius
Trollius yunnanensis var. anemonifolius (Brühl) W.T.Wang 覆裂云南金莲花
Trollius yunnanensis var. eupetalus (Stapf) W.T.Wang 长瓣云南金莲花
Trollius yunnanensis var. peltatus W.T.Wang 盾叶云南金莲花
Trollius yunnanensis var. yunnanensis=Trollius yunnanensis
Tromorpha vulgaris Cass.=Erigeron acer
Tropaeolaceae 旱金莲科
Tropaeolum L.**旱金莲属**(旱金莲科)
Tropaeolum majus L.旱金莲
Trophis taxoides Heyne=Streblus taxoides
Tropidia Lindl.**竹茎兰属**(兰科)
Tropidia angulosa (Lindl.) Bl 阔叶竹茎兰
Tropidia angulosa var. *nipponica* (Masam.) S.S.Ying=Tropidia nipponica
Tropidia calcarata Ames=Tropidia angulosa
Tropidia curculigoides Lindl.短穗竹茎兰
Tropidia emeishanica K.Y.Lang 峨眉竹茎兰
Tropidia formosana Rolfe=Tropidia curculigoides
Tropidia grandis Hance=Geodorum densiflorum
Tropidia hongkongensis Rolfe=Tropidia curculigoides
Tropidia nipponica Masam 竹茎兰
Tropidia pedunculata Bl.具梗竹茎兰
Tropidia polystachya (Sw.) Ames.多穗竹茎兰
Tropidia somai Hay.=Tropidia angulosa
Truellum bicovexum (Hay.) Sojak=Polygonum biconvexum
Truellum darrisii (Lévl.) Sojak=Polygonum darrisii
Truellum dichotomum (Bl.) Sojak=Polygonum dichotomum
Truellum hastato-sagittatum (Mak.) Sojak=Polygonum hastato-sagittatum
Truellum japonicum Houtt.=Polygonum senticosum
Truellum maackianum (Rgl.) Sojak=Polygonum maackianum
Truellum muricatum (Meisn.) Sojak=Polygonum muricatum
Truellum perfoliatum (L.) Sojak=Polygonum perfoliatum
Truellum praetermissum (HK.f.) Sojak=Polygonum praetermissum
Truellum strigosum (R.Br.Sojak=Polygonum strigosum
Truellum thubergii (S. & Z.) Sojak=Polygonum thunbergii
Tsaiorchis T.Tang & F.T.Wang **长喙兰属**(兰科)
Tsaiorchis neottianthoides T.Tang & F.T.Wang 长喙兰
Tsiangia But ,Hsue & P.T.Li **蒋英木属**(茜草科)
Tsiangia hongkongensis (Seem.) But ,Hsue & P.T.Li 蒋英木
Tsoongia Merr.**假紫珠属**(马鞭草科)
Tsoongia axillariflora Merr.假紫珠
Tsoongia axillariflora var. *trifoliolata* H.L.Li=Tsoongia axillariflora
Tsoongiodendron Chun **观光木属**(木兰科)
Tsoongiodendron odorum Chun 观光木
Tsubuki Kaempf. ex Adans.=**Camellia**
Tsuga Carr.**铁杉属**(松科)
Tsuga argyrophylla (Chun & Kuang) D.Laub. & Silba=Cathaya argyrophylla
Tsuga brunoniana (Wall.) Carr.=Tsuga dumosa
Tsuga brunoniana var. *chinensis* (Franch.) Mast.=Tsuga chinensis
Tsuga calcarea Downie=Tsuga dumosa
Tsuga canadens Carr.加拿大铁杉
Tsuga caroliniana Engelm.加罗林铁杉
Tsuga chinensis (Franch.) E.Pritz.铁杉
Tsuga chinensis Pritz.(Rehd. & Wils.in J.Arn.Arb.1927)=Tsuga chinensis
Tsuga chinensis Pritz.(Wils.in Jorn.Arn.Arb.1926,p.p.)=Tsuga chinensis var. forrestii
Tsuga chinensis Pritz.(科学论文集 1933)=Tsuga chinensis var. formosana
Tsuga chinensis subsp. *patens* (Downie) E.Murr.=Tsuga chinensis var. patens
Tsuga chinensis subsp. *wardii* (Downie) E.Murr.=Tsuga dumosa
Tsuga chinensis var. chinensis=Tsuga chinensis (Franch.) Pritz.
Tsuga chinensis var. daibuensis S.S.Ying=Tsuga chinensis var. formosana
Tsuga chinensis var. formosana (Hay.) H.L.Li & H.Keng 台湾铁杉
Tsuga chinensis var. forrestii (Diwnie) Siba 丽江铁杉
Tsuga chinensis var. oblongisquamata W.C.Cheng & L.K.Fu=Tsuga oblongisquamata
Tsuga chinensis var. patens (Downie) L.K.Fu & Nan Li 长阳铁杉
Tsuga chinensis var. robusta Cheng & L.K.Fu 大果铁杉
Tsuga chinensis var. tchekiangensis (Flous) Cheng & L.K.Fu 南方铁杉
Tsuga crassifolia Flous 厚叶铁杉
Tsuga cuneiformis Cheng & L.K.Fu=Tsuga chinensis
Tsuga diversifolia (Maxim.) Mast.日本铁杉
Tsuga dumosa (D.Don) Eichler 云南铁杉
Tsuga dumosa var. *chinensis* (Franch.) Pritz.=Tsuga chinensis
Tsuga dumosa var. *chinensis* (Franch.) Pritz.=Tsuga dumosa
Tsuga dumosa var. *yunnanensis* (Franch.) Silba=Tsuga dumosa
Tsuga dura Downie=Tsuga dumosa
Tsuga formosana Hay.=Tsuga chinensis var. formosana
Tsuga forrestii Downie=Tsuga chinensis var. forrestii
Tsuga heterophylla (Raf.) Sarg.异叶铁杉
Tsuga intermedia Hand.-Mazz.=Tsuga dumosa
Tsuga jefferi Henry 哥伦比铁杉
Tsuga leptophylla Hand.-Mazz.=Tsuga dumosa
Tsuga longibracteata Cheng 长苞铁杉
Tsuga mairei Lemée & Lévl.=Taxus wallichiana var. mairei
Tsuga mertensiana (Bong.) Carr.西美山铁杉
Tsuga oblongisquamata (W.C.Cheng & L.K.Fu) L.K.Fu & Nan Li 矩鳞铁杉
Tsuga patens Downie=Tsuga chinensis var. patens
Tsuga sieboldii Carr.(Pritz.in Bot.Jahr.1901)=Tsuga chinensis
Tsuga tchekiangensis Flous=Tsuga chinensis
Tsuga wardii Downie=Tsuga dumosa
Tsuga yunnanensis (Franch.) E.Pritz.=Tsuga dumosa
Tsuga yunnanensis (Franch.) Pritz.=Tsuga dumosa
Tsuga yunnanensis Pritz.(Mast.in Gard.Chron.1906)=Tsuga chinensis
Tsugo-Keteleeria Campo-Duplan & Gaussen=**Tsuga**
Tsugo-Keteleeria longibracteata (Cheng) Campo-Duplan & Gaussen=Tsuga longibracteata
Tsugo-Picea Campo-Duplan & Gaussen=**Tsuga**
Tsugo-Piceo-Picea Campo-Duplan & Gaussen=**Tsuga**
Tsugo-Piceo-Tsuga Campo-Duplan & Gaussen=**Tsuga**
Tuberolabium Yamamoto **管唇兰属**(兰科)
Tuberolabium elobe (Seidenf.) Seidenf.=Parapteroceras elobe
Tuberolabium kotoense Yamamoto 管唇兰
Tubocapsicum (Wettst.) Makino **龙珠属**(茄科)
Tubocapsicum anomalum (Franch. & Sav.) Makino 龙珠
Tubocapsicum anomalum var. *obtusum* Makino=Tubocapsicum anomalum
Tubocapsicum obtusum (Makino) Kitamura=Tubocapsicum anomalum
Tugarinovia Iljin **革苞菊属**(菊科)
Tugarinovia mongolica Iljin 革苞菊
Tugarinovia mongolica var. mongolica=Tugarinovia mongolica
Tugarinovia mongolica var. ovatifolia Lin & Y.C.Ma 卵叶革苞菊(新)
Tulipa L.**郁金香属**(百合科)
Tulipa acuminata Vahl.土耳其郁金香
Tulipa altaica Pall. ex Spreng.阿尔泰郁金香
Tulipa aristata Rgl.=Tulipa kolpakovskiana
Tulipa australis Link.星花郁金香
Tulipa batalinii Rgl.巴塔林郁金香
Tulipa batalinii var. orangecharm Hort.橙花郁金香
Tulipa biflora Pall.柔毛郁金香
Tulipa biflora var. turkestanica Hort.多花郁金香
Tulipa bifloriformis Vved.二型花郁金香
Tulipa brachystemon Rgl.短丝郁金香
Tulipa buhseana Boiss.=Tulipa biflora
Tulipa celsiana DC.西尔斯郁金香
Tulipa chrysantha Boiss. ex Baker 黄郁金香
Tulipa clusiana DC.克鲁西郁金香
Tulipa clusiana var. chrysantha Sealy 印度郁金香
Tulipa dasystemon (Rgl.) Rgl.毛蕊郁金香
Tulipa didieri var. mauriana Baker 艳红郁金香
Tulipa edulis (Miq.) Baker 老鸦瓣
Tulipa edulis var. *latifolia* Makino=Tulipa erythronioides
Tulipa eichleri Rgl.爱克勒郁金香

Tulipa erythronioides Baker 二叶郁金香
Tulipa fosteriana Hoog.福斯特郁金香
Tulipa fosteriana var. alba Hort.白福斯特郁金香
Tulipa gesneriana L.郁金香
Tulipa graminifolia Baker ex Moore=Tulipa edulis
Tulipa greigii Rgl.格里克郁金香
Tulipa hageri Heldr.哈格郁金香
Tulipa heteropetala Ledeb.异瓣郁金香
Tulipa heterophylla (Rgl.) Baker 异叶郁金香
Tulipa iliensis Rgl.伊犁郁金香
Tulipa kaufmanniana Rgl.土耳其斯坦郁金香
Tulipa kolpakowskiana Rgl.迟花郁金香
Tulipa korolkovii Rgl.科罗可夫郁金香
Tulipa latifolia (Makino) Makino=Tulipa erythronioides
Tulipa lehmanniana Merckl.莱曼郁金香
Tulipa linifolia Rgl.线叶郁金香
Tulipa marjolettii Perre & Songeon 马乔郁金香
Tulipa nutans (Trautv.) B.Fedtsch.=Tulipa uniflora
Tulipa oculussolis St.Amans.红光郁金香
Tulipa orphanidea Boiss. ex Heldr.矮小郁金香
Tulipa ostrovskiana Rgl.奥氏郁金香
Tulipa patens Agardh. ex Schult.垂蕾郁金香
Tulipa praecox Ten.早生郁金香
Tulipa praestans Hoog.尖被郁金香
Tulipa praestans var. tubergenii Hort.多花尖被郁金香
Tulipa pulchella Fenzl.矮郁金香
Tulipa pulchella var. pallida Hort.矮白郁金香
Tulipa pulchella var. persian pearl Hort.波斯珍珠郁金香
Tulipa pulchella var. rosea Hort.矮粉郁金香
Tulipa pulchella var. violacea Hort.矮堇郁金香
Tulipa saxatilis Sieb. ex Spreng.克里特郁金香
Tulipa schrenkii Rgl.准噶尔郁金香
Tulipa sinkiangensis Z.M.Mao 新疆郁金香
Tulipa sprengeri Baker 窄小叶郁金香
Tulipa stellata HK.浅白黄郁金香
Tulipa suaveolens Roth.香花郁金香
Tulipa sylvestris L.钟花郁金香
Tulipa tarda Stapf.迟花郁金香
Tulipa tetraphylla Rgl.四叶郁金香
Tulipa tianschanica Rgl.天山郁金香
Tulipa uniflora (L.) Bess. ex Baker 单花郁金香
Tulipa viridiflora Hort.绿花郁金香
Tulipa whittallii (Dykes) Elwes ex Newton 惠托尔郁金香
Tulipa wilsoniana Hoog 威尔逊郁金香
Tulotis Rafin.**蜻蜓兰属**(兰科)
Tulotis asiatica H.Hara=Tulotis fuscescens
Tulotis devolii T.P.Lin & T.W.Hu 台湾蜻蜓兰
Tulotis fuscescens (L.) Czer 蜻蜓兰
Tulotis longicalcarata (Hay.) S.S.Ying=Platanthera longicalcarata
Tulotis longicalcarata (Hay.) T.S.Liu & H.J.Su=Platanthera longicalcarata
Tulotis shensiana (Kraenzl.) H.Hara=Tulotis ussuriensis
Tulotis souliei (Kraenzl.) H.Hara=Tulotis fuscescens
Tulotis taiwanensis S.S.Ying=Platanthera taiwaniana
Tulotis transnokoensis (Ohwi & Fukuyama) S.S.Ying=Platanthera sachalinensis
Tulotis ussruiensis var. *transnokoensis* (Owhi & Fukuyama) T.S.Liu & H.J.Su=Platanthera sachalinensis
Tulotis ussuriensis (Rgl & Maack.) H.Hara 小花蜻蜓兰
Tulotis whangshanensis (S.S.Chien) H.Hara=Platanthera tipuloides
Tumidinodus H.W.Li=**Anna**
Tumidinodus purpureoruber H.W.Li=Anna submontana
Tumion fargesii (Franch.) Skeels=Torreya fargesii
Tumion grandis Greene=Torreya grandis
Tunica (Hall.) Scop.**膜萼花属**(石竹科)
Tunica morrissii (Hance) Walp.=Dianthus caryophyllus
Tunica saxifraga (L.) Scop.=Petrorhagia saxifraga
Tunica saxifraga var. alba Hort.白花洋石竹
Tunica saxifraga var. florepleno Hort.重瓣洋石竹
Tunica saxifraga var. rosea Hort.红花洋石竹
Tunica stricta (Bge.) Fisch. & C.A.Mey.=Petrorhagia alpina
Tunica stricta (Bge.) Fisch. & Me.=Petrorhagia alpina
Tupelo Adans.=**Nyssa**
Tupidanthus HK.f. & Thoms.**多蕊木属**(五加科)
Tupidanthus calyptratus HK.f. & Thoms.多蕊木
Tupistra Ker-Gawl.**长柱开口箭属**(百合科)
Tupistra aurantiaca Wall. ex Baker=Campylandra aurantiaca
Tupistra cavaleriei Lévl.=Amischotolype hispida
Tupistra chinensis Vaker=Campylandra chinensis
Tupistra chlorantha Baill.=Campylandra chinensis
Tupistra delavayi Franch.=Campylandra delavayi
Tupistra ensifolia F.T.Wang & Tang=Campylandra ensifolia
Tupistra esquirolii Lévl. & Vant.=Curculigo capitulata
Tupistra fargesii Baill.=Campylandra chinensis
Tupistra fimbriata Hand.-Mazz.=Campylandra fimbriata
Tupistra fimbriata var. *breviloba* H.Li & J.L.Huang=Campylandra fimbriata
Tupistra fungilliformis Wang & Liang 伞柱开口箭
Tupistra grandistigma Wang & Liang 长柱开口箭
Tupistra heensis Y.Wan & X.H.Lu=Campylandra chinensis
Tupistra jinshanensis Z.L.Yang & X.G.Luo=Campylandra jinshanensis
Tupistra kwangtungensis S.S.Ying=Campylandra chinensis
Tupistra liangshanensis Z.Y.Zhu=Campylandra liangshanensis
Tupistra lichuanensis Y.K.Yang et al.=Campylandra lichuanensis
Tupistra longipedunculata F.T.Wang & S.Y.Liang=Campylandra longipedunculata
Tupistra longispica Y.Wan & X.H.Lu 长穗开口箭
Tupistra lorifolia Franch.=Campylandra chinensis
Tupistra pingbianensis J.L.Huang & X.Z.Liu 屏边开口箭
Tupistra singapureana Baker=Neuwiedia singapureana
Tupistra sparsiflora S.C.Chen & Y.T.Ma=Campylandra chinensis
Tupistra tonkinensis Baill.=Campylandra wattii
Tupistra tui (Wang & Tang) Wang & Liang=Campylandra tui
Tupistra urotepala (Hand.-Mazz.) F.T.Wang & Tang=Campylandra urotepala
Tupistra verruculosa Q.H.Chen=Campylandra verruculosa
Tupistra viridiflora Franch.=Campylandra chinensis
Tupistra watanabei Hay.=Campylandra chinensis
Tupistra wattii (C.B.Clarke) HK.f.=Campylandra wattii
Tupistra yunnanensis F.T.Wang & S.Y.Liang=Campylandra yunnanensis
Turanga euphratica (Oliv.) Kimura=Populus euphratica
Turanga pruinosa (Schrenk) Kimura=Populus pruinosa
Turczaninowia DC.**女菀属**(菊科)
Turczaninowia fastigiata (Fisch.) DC.女菀
Turgenia Hoffm **刺果芹属**(伞形科)
Turgenia latifolia (L.) Hoffm.刺果芹
Turibana Nakai=**Euonymus**
Turnera L.**时钟花**(时钟花科)
Turneraceae 时钟花科
Turpinia Vent.**山香圆属**(省沽油科)
Turpinia affinis Merr. & Perry 硬毛山香圆
Turpinia arguta sensu Kanehir=Turpinia formosana
Turpinia arguta (Lindl.) Seem.锐尖山香圆
Turpinia arguta var. arguta=Turpinia arguta
Turpinia arguta var. pubescens T.Z.Hsu 绒毛锐尖山香圆
Turpinia cochinchinensis (Lour.) Merr.越南山香圆
Turpinia formosana Nakai 台湾山香圆
Turpinia formosana sensu Masamune=Turpinia indochinensis
Turpinia glaberrima Merr.=Turpinia montana var. glaberrima
Turpinia glaberrima var. *stenophylla* Merr. & Perry=Turpinia montana var. stenophylla
Turpinia gracilis Nakai=Turpinia montana
Turpinia indochinensis Merr.疏脉山香圆
Turpinia lucida Nakai=Turpinia ovalifolia
Turpinia macrosperma C.C.Huang 大籽山香圆
Turpinia microcarpa Wight & Arn.=Turpinia cochinchinensis
Turpinia montana (Bl.) Kurz 山香圆
Turpinia montana var. glaberrima (Merr.) T.Z.Hsu 光山香圆
Turpinia montana var. montana=Turpinia montana
Turpinia montana var. stenophylla (Merr.e Perry) T.Z.Hsu 狭叶山香圆
Turpinia nepalensis sensu Fang =Turpinia affinis
Turpinia nepalensis Wall.=Turpinia cochinchinensis
Turpinia nepalensis Wall.=Turpinia pomifera

Turpinia ovalifolia Elmer 卵叶山香圆
Turpinia pachyphylla Merr.=Turpinia ovalifolia
Turpinia parva Koord. & Valet.=Turpinia montana
Turpinia pomifera sensu Matsum.=Turpinia ternata
Turpinia pomifera (Roxb.) DC.大果山香圆
Turpinia pomifera var. minor C.C.Huang 山麻风树
Turpinia pomifera var. pomifera=Turpinia pomifera
Turpinia robusta Craib 粗壮山香圆
Turpinia simplicifolia Merr.亮叶山香圆
Turpinia simplicifolia var. longipes C.Y.Wu 长柄亮叶山香圆
Turpinia simplicifolia var. simplicifolia=Turpinia simplicifolia
Turpinia subsessilifolia C.Y.Wu 心叶山香圆
Turpinia ternata Nakai 三叶山香圆
Turpinia unifoliata Merr. & Chuin=Turpinia simplicifolia
Turraea L.**杜楝属**(楝科)
Turraea pubescens Hellen 杜楝
Turraea virens L.绿杜楝
Turritis L.**旗杆芥属**(十字花科)
Turritis glabra L.旗杆芥
Turritis glabra var. *lilacina* O.E.Schulz.=Turritis glabra
Turritis hirsuta L.=Arabis hirsuta
Turritis pseudoturritis (Boiss. & Huldr.) Velen.=Turritis glabra
Turritis sagittata Bertol.=Arabis sagittata
Turukhania Vass.=**Medicago**
Turukhania karkarensis (Semen. ex Vass.) Vass.=Medicago platycarpos
Turukhania platycarpos (L.) Vass.=Medicago platycarpos
Tussilago L.**款冬属**(菊科)
Tussilago anandria L.=Gerbera anandria
Tussilago farfara L.款冬
Tussilago japonica f.=Farfugium japonicum
Tussilago petasites Thunb.=Petasites japonicus
Tussilago rubella J.F.Gmelin.=Petasites rubellus
Tussilago saxatilis Turcz. ex DC.=Petasites rubellus
Tutcheria Dunn **石笔木属**(山茶科)
Tutcheria acutiserrata Chang 尖齿石笔木
Tutcheria austrosinica Chang 华南石笔木
Tutcheria brachycarpa Chang 短果石笔木
Tutcheria championi Nakai 石笔木
Tutcheria greeniae Chun 长柄石笔木
Tutcheria hexalocularia Hu & Liang ex Chang 六瓣石笔木
Tutcheria hirta (Hand.-Mazz.) Li 粗毛石笔木
Tutcheria hirta var. cordatula Li 心叶石笔木
Tutcheria hirta var. hirta=Tutcheria hirta
Tutcheria kwangsiensis (Chang) Chang & Ye 广西石笔木
Tutcheria kweichowensis Chang & Y.K.Li 贵州石笔木
Tutcheria maculatoclada Y.K.Li=Tutcheria greeniae
Tutcheria microcarpa Dunn 小果石笔木
Tutcheria multisepala Merr. & Chun=Parapyrenaria multisepala
Tutcheria ovalifolia Li 卵叶石笔木
Tutcheria pingpienensis Chang 屏边石笔木
Tutcheria pubicostata Chang 毛肋石笔木
Tutcheria pubifolia Merr. ex Chang=Tutcheria hirta
Tutcheria rostrata Chang 尖喙石笔木
Tutcheria shinkoensis (Hay.) Nakai 圆果石笔木
Tutcheria sophiae (Hu) Chang 云南石笔木
Tutcheria spectabilis Dunn=Tutcheria championi
Tutcheria subsessiliflora Chang 无柄石笔木
Tutcheria symplocifolia Merr. & Metc.锥果石笔木
Tutcheria taiwanica Chang & Ren 台湾石笔木
Tutcheria tenuifolia Chang 薄叶石笔木
Tutcheria villosa Wu=Tutcheria hirta
Tutcheria wuiana Chang 长萼石笔木
Tylophora R.Br.**娃儿藤属**(萝藦科)
Tylophora anthopotamica (Hand.-Mazz.) Tsiang & Zhang 花溪娃儿藤
Tylophora arenicola Merr.老虎须
Tylophora argyi Schltr. & Lévl.(p.p.)=Cynanchum mooreanum
Tylophora argyi Schltr. ex Lévl.(p.p.)=Tylophora floribunda
Tylophora astephanoides Tsiang & P.T.Li 阔叶娃儿藤
Tylophora atrofolliculata F.P.Metc.=Tylophora ovata
Tylophora augustiniana (Hemsl.) Craib 宜昌娃儿藤
Tylophora balansae Cost.=Tylophora kerrii
Tylophora belostemma Benth.=Belostemma hirsutum
Tylophora brownii Hay.光叶娃儿藤
Tylophora carnosa Wall. ex Wight=Tylophora flexuosa
Tylophora chingtungensis Tsiang & P.T.Li 景东娃儿藤
Tylophora chungii Merr. ex Metc.=Tylophora floribunda
Tylophora cordifolia (Link,Klotz. & Otto) Benth. & HK.f. & Ktze.=Belostemma cordifolium
Tylophora cordifolia Thwaites=Belostemma cordifolium
Tylophora cycleoides Tsiang 轮环娃儿藤
Tylophora dielsii (HLévl.) Hu=Tylophora flexuosa
Tylophora flexuosa R.Br.小叶娃儿藤
Tylophora floribunda Miq.七层楼
Tylophora forrestii M.G.Gilb. & P.T.Li 大花娃儿藤
Tylophora glabra Costa 长梗娃儿藤
Tylophora gracilenta Tsiang & P.T.Li 天峨娃儿藤
Tylophora hainanensis Tsiang=Lygisma inflexum
Tylophora henryi Warb.紫花娃儿藤
Tylophora hirsuta (Wall.) Wight=Tylophora ovata
Tylophora hispida Decne.=Tylophora ovata
Tylophora hispida var. *browni* Hay.=Tylophora ovata
Tylophora hoyopsis Lévl.=Tylophora flexuosa
Tylophora hui Tsiang 建水娃儿藤
Tylophora insulana Tsiang & P.T.Li 台湾娃儿藤
Tylophora kerrii Craib 人参娃儿藤
Tylophora koi Merr.通天连
Tylophora lanyuensis Liu & Lu=Tylophora ovata
Tylophora leptantha Tsiang 广花娃儿藤
Tylophora leveilleana Shltr. ex Lévl.=Tylophora kerrii
Tylophora longifolia Wight 长叶娃儿藤
Tylophora longipedicellata Tsiang & P.T.Li=Tylophora glabra
Tylophora macrantha Hance=Dregea volubbilis
Tylophora membranacea Tsiang & P.T.Li 膜叶娃儿藤
Tylophora micrantha Decen.= Secamone elliptica
Tylophora minutiflora Woodson=Secamone munutiflora
Tylophora mollissima Wall. ex Wight=Tylophora ovata
Tylophora nana Schneid.汶川娃儿藤
Tylophora nana var. *guansuensis* L.C.Wang & X.G.Sun=Tylophora nana
Tylophora oligophylla (Tsiang) M.G.Gilb. ,W.D.Stev. & P.T.Li 滑藤
Tylophora oshimae Hay.少花娃儿藤
Tylophora ovata (Lindl.) HK. ex Steud.娃儿藤
Tylophora ovata var. *brownii* (Hay) Tsiang & P.T.Li= Tylophora brownii
Tylophora ovata var. ovata=Tylophora ovata
Tylophora panzhutenga Z.Y.Shu= Tylophora brownii
Tylophora picta Tsiang 紫叶娃儿藤
Tylophora pseudotenerrima Costaantin= Tylophora kerrii
Tylophora renchangii Tsiang 扒地蜈蚣
Tylophora rockii M.G.Gilb. & P.T.Li 山娃儿藤
Tylophora rotundifolia Buch.-Ham. ex Wight 圆叶娃儿藤
Tylophora secamonoides Tsiang 蛇胆草
Tylophora shikokiana Matsum. ex Nakai=Tylophora floribunda
Tylophora silvestrii (Pamp.) Tsiang & P.T.Li 湖北娃儿藤
Tylophora silvestris Tsiang 贵州娃儿藤
Tylophora sootepensis Craib=Tylophora augustiniana
Tylophora sublanceolata Miq.=Cynanchum sublanceolatum
Tylophora taiwanensis Hatusima=Tylophora koi
Tylophora tengii Tsiang 普定娃儿藤
Tylophora tenuis Bl.= Tylophora floribunda
Tylophora tenuissima (Roxb.) Wight & Arn.=Tylophora flexuosa
Tylophora tetrapetala (Dennste.) Suresh.=Tylophora flexuosa
Tylophora trichophylla Tsiang= Tylophora rotundifolia
Tylophora tsiangii (P.T.Li) M.G.Gilb. & P.T.Li 曲序娃儿藤
Tylophora tuberculata M.G.Gilb. & P.T.Li 个旧娃儿藤
Tylophora uncinata M.G.Gilb. & P.T.Li 钩毛娃儿藤
Tylophora yunnanensis Schltr.云南娃儿藤
Tylostylis discolor (Lindl.) HK.f.=Callostylis rigida
Tylostylis rigida (Bl.) Bl.=Callostylis rigida
Typha L.**香蒲属**(香蒲科)
Typha angustata Bory & Chaubard.长苞香蒲
Typha angustifolia L.(K.Koch in Linnea 1849)=Typha laxmannii
Typha angustifolia L.蒲黄

Typha davidiana (Kronf.) Hand.-Mazz.达香蒲
Typha davidiana Hand.-Mazz.(东北检索表 1959,内蒙志 1983)=Typha laxmannii
Typha elephantina Roxb.象蒲
Typha gracilis Jord.短序香蒲
Typha latifolia L.宽叶香蒲
Typha latifolia var. *orientalis* (Presl) Rohrb.=Typha orientalis
Typha laxmannii Lepech.无苞香蒲
Typha martini var. *davidiana* Kronf.=Typha davidiana
Typha minima Funk.小香蒲
Typha orientalis Presl 香蒲
Typha orientalis var. *brunnea* Skv.=Typha orientalis
Typha pallida Pob.球序香蒲
Typha przewalskii Skv.普香蒲
Typha shuttleworthii subsp. *orientalis* (Presl) Graebn.=Typha orientalis
Typhaceae 香蒲科
Typhoides arundinacea (L.) Moench=Phalaris arundinacea
Typhonium Schott **犁头尖属**(天南星科)
Typhonium albidinervum C.Z.Tang & H.Li 白脉犁头尖
Typhonium alpinum C.Y.Wu ex H.Li et al.高山犁头尖
Typhonium austrotibeticum H.Li 藏南犁头尖
Typhonium brevipes HK.f.=Sauromatum brevipes
Typhonium calcicolum C.Y.Wu ex H.Li et al.单籽犁头尖
Typhonium cuspidatum (Bl.) Decne.=Typhonium flagelliforme
Typhonium divaricatum (L.) Decne.犁头尖
Typhonium divaricatum γ. Engl.=Typhonium roxburgii
Typhonium divaricatum δ. Engl.=Typhonium roxburgii
Typhonium diversifolium var. *huegelianum* (Schott) Engl.=Typhonium diversifolium
Typhonium diversifolium Wall.高原犁头尖
Typhonium flagelliforme (Lodd.) Bl.鞭檐犁头尖
Typhonium giganteum Engl.(K.S.Hao in Engl.,Bot.Jahrb.1938)=Arisaema fargesii
Typhonium giganteum Engl.独角莲
Typhonium giganteum var. *giraldii* Baroni=Typhonium giganteum
Typhonium giraldii (Baroni) Engl.=Typhonium giganteum
Typhonium huegelianum Schott=Typhonium diversifolium
Typhonium kunmingense H.Li 昆明犁头尖
Typhonium omeiense H.Li 西南犁头尖
Typhonium orixense Schott=Typhonium trilobatum
Typhonium roxburgii Schott 金慈菇
Typhonium siamense Engl.=Typhonium trilobatum
Typhonium stoliczkae Engl.=Typhonium giganteum
Typhonium trifoliatum Wang & Lo ex H.Li et al.三叶犁头尖
Typhonium trilobatum (L.) Schott 马蹄犁头尖
Tytonia G.Don=**Hydrocera**
Tytonia nutans G.Don=Hydrocera

U

Ugena microphylla Cav.=Lygodium scandens
Ulex L.**荆豆属**(豆科)
Ulex europaeus L.荆豆
Ullucus Caldas.**块根落葵属**(落葵科)
Ullucus tuberosus Caldas.块根落葵
Ulmaceae 榆科
Ulmaria (Tourn.) Hill.=**Filipendula**
Ulmaria aruncus Hill=Aruncus sylvester
Ulmus L.**榆属**(榆科)
Ulmus alata Michx.翼枝行序榆
Ulmus americana L.美国榆
Ulmus amoena Cheng 喜悦榆
Ulmus androssowii var. androssowii =Ulmus androssowii
Ulmus androssowii var. subhirsuta (Schneid.) P.H.Huang 毛枝榆
Ulmus androssowii var. *virgata* (Planch.) Grudz.=Ulmus androssowii var. subhirsuta
Ulmus bergmanniana Schneid.兴山榆
Ulmus bergmanniana var. bergmanniana=Ulmus bergmanniana
Ulmus bergmanniana var. lasiophylla Schneid.蜀榆
Ulmus campestris var. *chinensis* Loudon=Ulmus parvifolia
Ulmus campestris var. *japonica* Rehd.=Ulmus davidiana var. japonica
Ulmus campestris var. *parvifolia* f. *pendula* Kirchner=Ulmus pumila cv. Pendula
Ulmus campestris δ. *pumila* Maxim.=Ulmus pumila
Ulmus carpinifolia Gled.欧洲光叶榆
Ulmus castaneifolia Hemsl.多脉榆
Ulmus cavaleriei Lévl.=Pteroceltis tatarinowii
Ulmus changii Cheng 杭州榆
Ulmus changii var. changii=Ulmus changii
Ulmus changii var. kunmingensis (Cheng) Cheng & L.K.Fu 昆明榆
Ulmus chenmoui Cheng 琅玡榆
Ulmus chinensis Pers.=Ulmus parvifolia
Ulmus chumlia Melv. & Heybr.=Ulmus androssowii var. subhirsuta
Ulmus coreana Nakai=Ulmus parvifolia
Ulmus crassifolia Nutt.厚叶榆
Ulmus davidiana Planch.黑榆
Ulmus davidiana var. davidiana=Ulmus davidiana
Ulmus davidiana var. japonica (Rehd.) Nakai 春榆
Ulmus davidiana var. *japonica* f. *suberosa* Nakai=Ulmus davidiana var. japonica
Ulmus davidiana var. *levigata* (Schneid.) Nakai=Ulmus davidiana var. japonica
Ulmus davidiana var. *mandshurica* Skv.=Ulmus davidiana
Ulmus davidiana var. *pubescens* Skv.=Ulmus davidiana
Ulmus densa Litw.圆冠榆
Ulmus elongata L.K.Fu & C.S.Ding 长序榆
Ulmus erythrocarpa Cheng=Ulmus szechuanica
Ulmus ferruginea Cheng=Ulmus castaneifolia
Ulmus fulva Michx.糙枝榆
Ulmus gaussenii Cheng 醉翁榆
Ulmus glabra Huds.光榆
Ulmus glaucescens Franch.旱榆
Ulmus glaucescens var. glaucescens=Ulmus glaucescens
Ulmus glaucescens var. lasiocarpa Rehd.毛果旱榆
Ulmus harbinensis S.Q.Nie & K.q.Huang 哈尔滨榆
Ulmus japonica (Rehd.) Sarg.=Ulmus davidiana var. japonica
Ulmus japonica Sieb.=Ulmus parvifolia
Ulmus japonica var. *levigata* Schneid.=Ulmus davidiana var. japonica
Ulmus keaki Sieb.=Zelkova serrata
Ulmus kunmingensis Cheng=Ulmus changii var. kunmingensis
Ulmus kunmingensis var. *qingchenshanensis* Yi=Ulmus changii
Ulmus laciniata (Trautv.) Mayr.裂叶榆
Ulmus laciniata f. *holophylla* Nakai=Ulmus laciniata
Ulmus laciniata var. nikkoensis Rehd.名古屋裂叶榆
Ulmus laevis Pall.欧洲白榆
Ulmus lamellosa Wang & S.L.Chang ex L.K.Fu 脱皮榆
Ulmus lanceaefolia Roxb.常绿榆
Ulmus lancifolia Roxb.=Ulmus lanceaefolia
Ulmus lasiophylla (Schneid.) Cheng=Ulmus bergmanniana var. lasiophylla
Ulmus macrocaphylla Nakai=Ulmus macrocarpa
Ulmus macrocarpa Cheng=Ulmus gaussenii
Ulmus macrocarpa Hance 大果榆
Ulmus macrocarpa var. glabra S.Q.Nie & K.Q.Huang 光秃大果榆
Ulmus macrocarpa var. macrocarpa=Ulmus macrocarpa
Ulmus macrocarpa var. *mandshurica* Skv.=Ulmus macrocarpa
Ulmus macrocarpa var. *mandshurica* f. *minor* Skv.=Ulmus macrocarpa
Ulmus macrocarpa var. *mongolica* Liou & Li=Ulmus macrocarpa
Ulmus macrocarpa var. *nana* Liou & Li=Ulmus macrocarpa
Ulmus major var. *heterophylla* Maxim. & Rupr.=Ulmus laciniata
Ulmus manshurica Nakai=Ulmus pumila
Ulmus mcarocarpa var. *suberosa* S kv.=Ulmus macrocarpa
Ulmus microcarpus L.K.Fu 小果榆
Ulmus microphylla Pers.=Ulmus pumila
Ulmus montana var. *laciniata* Trautv.=Ulmus laciniata
Ulmus multinervis Cheng=Ulmus castaneifolia
Ulmus parvifolia Jacq.榔榆
Ulmus parvifolia Merr.=Ulmus tonkinensis
Ulmus procera Salisb.英国榆
Ulmus propinqua Koidz.=Ulmus davidiana var. japonica
Ulmus prunifolia Cheng & L.K.Fu 李叶榆
Ulmus pseudopropinqua Wang & Li 假春榆
Ulmus pumila L.榆树
Ulmus pumila cv. Pendula 龙爪榆
Ulmus pumila cv. Tenue 垂枝榆

Ulmus pumila f. *pendula* (Kirchner) Rehd.=Ulmus pumila cv. Pendula
Ulmus pumila f. *tenue* S.Y.Wang=Ulmus pumila cv. Tenue
Ulmus pumila var. *genuina* Skv.=Ulmus pumila
Ulmus pumila var. *pendula* Hort. ex Rehd.=Ulmus pumila cv. Pendula
Ulmus pumila var. *pilosa* Rehd.=Ulmus androssowii var. subhirsuta
Ulmus rubrocarpa Cheng=Ulmus szechuanica
Ulmus serotina Sarg.秋榆
Ulmus shirasawana Daveau=Ulmus parvifolia
Ulmus sieboldii Daveau=Ulmus parvifolia
Ulmus sieboldii f. *shirasawana* Nakai=Ulmus parvifolia
Ulmus szechuanica Fang 红果榆
Ulmus thomasii Sarg.宽果长序榆
Ulmus tonkinensis Gagn.越南榆
Ulmus uyematsui Hay.(Hand.-Mazz.in Symb.Sin.1929)=Ulmus changii
Ulmus uyematsui Hay.阿里山榆
Ulmus virgata Wall. ex Planch.=Ulmus androssowii var. subhirsuta
Ulmus wilsoniana Schneid.=Ulmus davidiana var. japonica
Ulmus wilsoniana var. *psilophylla* Schneid.=Ulmus davidiana var. japonica
Ulmus wilsoniana var. *subhirsuta* Schneid.=Ulmus androssowii var. subhirsuta
Ulugbekia Zakyrov=**Arnebia**
Ulugbekia tschimganica (Fedtsch.) Zak.=Arnebia tschimganica
Umbelliferae(植物志 55-1,2,3)=**Apiaceae**
Umbilicus affinis Schrenk=Pseudosedum affine
Umbilicus alpestris Kar. & Kir.=Rosularia alpestris
Umbilicus erubescens Maxim.=Orostachys spinosa
Umbilicus fimbriatus (turcz.) Turcz.=Orostachys fimbriatus
Umbilicus leucanthus (Ledeb.) Ledeb.=Orostachys thyrsiflorus
Umbilicus linearifolius Franch.=Rhodiola semenovii
Umbilicus linifolius Osten-Sacke & Rupr.=Rhodiola semenovii
Umbilicus malacophyllus (Pall.) DC.=Orostachys malacophyllus
Umbilicus oreades Decne.=Sedum oreades
Umbilicus platyphylla Schrenk=Rosularia platyphylla
Umbilicus ramosissimus Maxim.=Orostachys fimbriatus
Umbilicus sect. *Orostachys* DC.=**Orostachys**
Umbilicus sect. *Pseudosedum* Boiss.=**Pseudosedum**
Umbilicus sect. Rosularia DC.(p.p.)=**Rosularia**
Umbilicus semenovii Rgl. & Herd.=Rhodiola semenovii
Umbilicus thyrsiflorus DC.=Orostachys thyrsiflorus
Umbilicus turkestanicus Rgl. & Winkl.=Rosularia turkestanica
Umbraculum Rumpf=**Aegiceras**
Umbraculum corniculatum O.Ktze.=Aegiceras corniculatum
Uncaria Schreb.**钩藤属**(茜草科)
Uncaria formosana (Matsum.) Hay.=Uncaria hirsuta
Uncaria gambier Roxb.儿茶钩藤
Uncaria hirsuta Havil.毛钩藤
Uncaria homomalla Miq.北越钩藤
Uncaria kawakamii Hay.=Uncaria hirsuta
Uncaria laevigata Wall. ex G.Don 平滑钩藤
Uncaria lancifolia Hutch.倒挂金钩
Uncaria lanosa f. setiloba (Benth.) Ridsd 恒春钩藤
Uncaria macrophylla Wall.大叶钩藤
Uncaria membranifolia How=Uncaria sinensis
Uncaria rhynchophylla (Miq.) Miq. ex Havil.钩藤
Uncaria rhynchophylla var. *koutong* Yamazaki=Uncaria rhynchophylla
Uncaria rhynchophylloides How 钩藤
Uncaria scandens (Smith.) Hutch.攀茎钩藤
Uncaria sessilifructus Roxb.白钩藤
Uncaria setiloba Benth.=Uncaria lanosa f. setiloba
Uncaria sinensis (Oliv.) Havil.华钩藤
Uncaria tonkinensis Havil.=Uncaria homomalla
Uncaria uraiensis Hay.=Uncaria hirsuta
Uncaria wangii How=Uncaria scandens
Uncaria yunnanensis K.C.Hsia 云南钩藤
Uncifera Lindl.**叉喙兰属**(兰科)
Uncifera acuminata Lindl.叉喙兰
Uncifera tenuicaulis (HK.f.) Holtt.细茎叉喙兰
Uncinia microglochin (Wahlenb.) Spreng.=Carex microglochin
Uncinia nepalensis Nees=Kobresia nepalensis
Uniola L.**牧场草属**(禾本科)
Uniola latifolia L.宽叶牧场草
Unona chinensis DC.=Desmos chinensis
Unona desmos var. *grandiolia* Finet & Gagn.=Desmos grandifolius
Unona discolor Vahl=Desmos chinensis
Unona dumosa Roxb.=Desmos dumosus
Unona grandiflora DC.=Uvaria grandiflora
Unona latifolia Dun.=Fissistigma latifolium
Unona sect. *Dasymaschalon* HK.f. & Thoms.=**Dasymaschalon**
Unona sect. *Unonaria* subsect. *Cananga* DC.=**Cananga**
Unona simiarum Baill. ex Pierre=Polyalthia simiarum
Urachne Trin.=**Oryzopsis**
Urachne lanata Trin. & Rupr.=Oryzopsis hymenoides
Urachne songarica Trin. & Rupr.=Oryzopsis songarica
Uraria Wall.=**Urariopsis**
Uraria Desv.**狸尾豆属**(豆科)
Uraria aequilobata Hosokawa=Uraria lagopodioides
Uraria campanulata Wall.=Christia campanulata
Uraria chinensi (Hemsl.) Franch.中华狸尾豆?
Uraria clarkei (Clarke) Gagn.野番豆
Uraria cordifolia Wall.=Urariopsis cordifolia
Uraria crinita (L.) Desv. ex DC.猫尾豆
Uraria crinita var. *macrostachya* Wall.=Uraria crinita
Uraria formosana Hay.=Christia campanulata
Uraria fujianensis Yang & Huang 福建狸尾豆
Uraria hamosa (Sweet) Wall. ex Wight & Arn.=Uraria rufescens
Uraria hamosa var. *formosana* Matsumura=Christia campanulata
Uraria hamosa var. *sinensis* Hemsl.=Uraria sinensis
Uraria lacei Craib 滇南狸尾豆
Uraria lagopodioides (L.) Desv. ex DC.狸尾豆
Uraria latisepala Hay.=Christia campanulata
Uraria leucantha Zipp. ex Span=Uraria picta
Uraria linearis Hassk.=Uraria picta
Uraria longibracteata Yang & Huang 长苞狸尾豆
Uraria macrostachya (Wall.) Schindl.=Uraria crinita
Uraria paniculata Hassk.(Clarke in J.L.Soc.Bot.1889)=Uraria clarkei
Uraria picta (Jacq.) Desv. ex DC.美花狸尾豆
Uraria retroflexa Drake=Desmodium styracifolium
Uraria rufescens (DC.) Schindl.钩柄狸尾豆
Uraria sinensis (Hemsl.) Franch.中华狸尾豆
Uraria sinensis Franch.(Merr. & Chun in Sunyatsenia 1940)=Uraria rufescens
Urariopsis Schindl.**算珠豆属**(豆科)
Urariopsis brevissima Yang & Huang 短序算珠豆
Urariopsis cordifolia (Wall.) Schindl.算珠豆
Uraspermum aristatum Kuntze=Osmorhiza aristata
Urceola Roxb.**水壶藤属**(夹竹桃科)
Urceola huaitingii (Chun & Tsiang) D.J.Middl.毛杜仲藤
Urceola linearicarpa (Pierre) D.J.Middl.线果水壶藤
Urceola micrantha (Wall. ex G.Don) D.J.Middl.杜仲藤
Urceola napeensis (Quint.) D.J.Middl.华南水壶藤
Urceola quintaretii (Pierre) D.J.Middl.华南杜仲藤
Urceola rosea (Hk. & Arn.) D.J.Middl.酸叶胶藤
Urceola tournieri (Pierre) D.J.Middl.云南水壶藤
Urceola xylinabariopsoides (Tsiang) D.J.Middl.乐东藤
Urechites Muell.Arg.**蛇尾蔓属**(夹竹桃科)
Urena L.**梵天花属**(锦葵科)
Urena chinensis Osbeck=Urena lobata var. chinensis
Urena diversifolia Schum.=Urena lobata
Urena lobata L.地桃花
Urena lobata subsp. *sinuata* (L.) Borss.=Urena procumbens
Urena lobata var. chinensis (Osbeck) S.Y.Hu 中华地桃花
Urena lobata var. henryi S.Y.Hu 湖北地桃花
Urena lobata var. lobata=Urena lobata
Urena lobata var. scabriuscula (DC.)Walp.粗叶地桃花
Urena lobata var. *tomentosa* (Bl.)Walp.=Urena lobata
Urena lobata var. yunnanensis S.Y.Hu 云南地桃花
Urena monopetala Lour.=Urena lobata
Urena polyflora Lour.=Triumfetta rhomboidea
Urena procumbens sensu Lour.=Triumfetta grandidens
Urena procumbens L.梵天花
Urena procumbens var. microphylla Feng 小叶梵天花
Urena procumbens var. procumbens=Urena procumbens
Urena repanda Roxb.波叶梵天花

Urena scabriuscum DC.=Urena lobata var. scabriuscula
Urena sinuata L.=Urena procumbens
Urena speciosa Wall.=Urena repanda
Urena tomentosa Bl.=Urena lobata
Urinaria Medic.=**Phyllanthus**
Urobotrya Stapf **尾球木属**(山柚子科)
Urobotrya latisquama (Gagn.) Hiepko 尾球木
Urochloa Beauv.**尾稃草属**(禾本科)
Urochloa cimicina (L.) Kunth=Alloteropsis cimicina
Urochloa cordata Keng ex S.L.Chen 心叶尾稃草
Urochloa jinshaicola B.S.Sun & Z.H.Hu=Urochloa panicoides
Urochloa longifolia B.S.Sun & Z.H.Hu 长叶尾稃草
Urochloa longifolia var. longifolia=Urochloa longifolia
Urochloa longifolia var. yuanmiuensis (B.S.Sun & Z.H.Hu) S.L.Chen & Y.X.Jin 元谋尾稃草
Urochloa mosambicensis (Hack.) Dandy 沙拉草
Urochloa panicoides Beauv.类黍尾稃草
Urochloa paspaloides J.S.Presl ex Presl 雀稗尾稃草
Urochloa reptans (L.) Stapf 尾稃草
Urochloa reptans var. glabra S.L.Chen & Y.X.Jin 光尾稃草
Urochloa reptans var. reptans=Urochloa reptans
Urochloa semialatus Desv.=Alloteropsis semialata
Urochloa yuanmiuensis B.S.Sun & Z.H.Hu=Urochloa longifolia var. yuanmiuensis
Urophyllum Jack ex Wall.**尖叶木属**(茜草科)
Urophyllum chinense Merr. & Chun 尖叶木
Urophyllum parviflorum How ex Lo 小花尖叶木
Urophyllum tsaianum How ex Lo 滇南尖叶木
Urophysa Ulbr.**尾囊草属**(毛茛科)
Urophysa henryi (Oliv.) Ulbr.尾囊草
Urophysa rockii Ulbr.距瓣尾囊草
Urostachys Hert.=**Huperzia**
Urostachys aloifolia (Wall. ex HK. et Grev.) Hert. ex Nessel= Phlegmariurus hamiltonii
Urostachys carinatus Hert. ex Nessel= Phlegmariurus carinatus
Urostachys chinensis Hert.= Huperzia chinensis
Urostachys christensenus (Hert.) Hert. ex Nessel= Phlegmariurus fargesii
Urostachys cryaptomeianus (Maxim.) Hert. ex Nessel= Phlegmariurus cryplomerianus
Urostachys cunninghamioides Hert. ex Nessel= Phlegmariurus cunninghamioides
Urostachys delavayi Hert.= Huperzia delavayi
Urostachys fargesii Hert. ex Nessel= Phlegmariurus fargesii
Urostachys fauriei (Rosenst.) Hert.= Phegmariurusfargesii
Urostachys fordii Hert. ex Nessel= Phlegmariurus fordii
Urostachys formosanus Hert. ex Nessel= Phlegmariurus salvinioides
Urostachys hamiltonii Hert. ex Sessel= Phlegmariurus hamiltonii
Urostachys hamiltonii var. *petiolatus* Hert. ex Nessel= Phlegmariurus hamiltonii var. petiolatus
Urostachys henryi (Bak.) Hert.= Phlegmariurus henryi
Urostachys herterianus Hert.= Huperzia herteriana
Urostachys juniperistachys (Hay.) Hert. ex Nessel=Phlegmariurus fordi
Urostachys lusidulus (Michx.)= Huperzia lucidula
Urostachys miyoshianus Hert.= Huperzia miyoshiana
Urostachys miyoshianus var. *corenus* Hert.= Huperzia miyoshiana var. coreana
Urostachys myrophyllifolius (Hay.) Holub.= Huperzia serrata
Urostachys phlegmaria Hert. ex Nessel= Phlegmariurus phlegmaria
Urostachys poissonii Hert. ex Nessel= Phlegmariurus fordii
Urostachys pulchetrimus (Hay.) Hert. ex Nessel= Phlegmariurus taiwanensis
Urostachys quasipolytrichoides Hert.= Huperzia quasipolytrichoides
Urostachys salvinioides Hert.= Phlegmariurus salvinioides
Urostachys selago Hert.= Huperzia selgao
Urostachys selago f. *reductus* Hert.= Huperzia selago f. reductum
Urostachys selago f. *reductus-angustinus* Hert.= Huperzia selago f. reductum-angustinum
Urostachys serratus Hert. ex Nessel= Huperzia serrata
Urostachys setaceus (Hmilt. ex Don) Hert. ex Nessel= Phlegmariurus pulcherrimus
Urostachys sieboldii Hert. ex Nessel= Phlegmariurus sieboldii
Urostachys sikkimensis Hert.= Huperzia herteriana
Urostachys squarrosus (Forst.) Hert.= Phlegmariurus squarrosus
Urostachys subdistichus (Makino) Hert. ex Nessel= Phlegmariurus fordii
Urostachys sutchieniansis Hert.= Huperzia sutchueniana
Urostachys tereticaulis Hert. ex Nessel= Phlegmariurus fargesii
Urostelma Bge.=**Metaplexis**
Urostelma chinensis Bge.=Metaplexis japonica
Urostigma annulatum (Bl.) Miq.=Ficus annulata
Urostigma benjamina Miq.=Ficus benjamina
Urostigma benjaminum var. *nudum* Miq.=Ficus benjamina var. nuda
Urostigma caulocarpum Miq.=Ficus aulocarpa
Urostigma concinnum Miq.=Ficus concinna
Urostigma cordifolium (Roxb.) Miq.=Ficus rumphii
Urostigma dasycarpum Miq.=Ficus drupacea var. pubescens
Urostigma elasticum Miq.=Ficus elastica
Urostigma flavescens (Bl.) Miq.=Ficus annulata
Urostigma glaberrimum (Bl.) Miq.=Ficus glaberrima
Urostigma infectorium Miq.=Ficus virens
Urostigma nervosum (Heyne) Miq.=Ficus nervosa
Urostigma obtusifolium (Roxb.) Miq.=Ficus curtipes
Urostigma parvifolium Miq.=Ficus concinna
Urostigma pisocarpum (Bl.) Miq.=Ficus pisocarpa
Urostigma religiosum (L.) Gasp.=Ficus religiosa
Urostigma rumphii Miq.=Ficus rumphii
Urostigma stipulosum Miq.=Ficus aulocarpa
Urostigma strictum Miq.=Ficus stricata
Urostigma superbum Miq.=Ficus superba
Urostigma trichocarpum (Bl.) Miq.=Ficus trichocarpa
Ursia Vass.=**Trifolium**
Ursia gordejevi (Kom.) Vass.=Trifolium gordejevi
Ursinia Gaertn.**熊菊属**(菊科)
Ursinia foeniculacea Poir.茴香叶熊菊
Urtica L.**荨麻属**(荨麻科)
Urtica acuminata Roxb.=Oreocnide integrifolia
Urtica alienata L.=Pouzolzia zeylanica
Urtica angulata Bl.=Pilea angulata
Urtica angustata Bl.=Debregeasia longifolia
Urtica angustifolia Fisch. ex Hornem.狭叶荨麻
Urtica anisophylla Wall.=Pilea anisophylla
Urtica appendiculata Wall=Oreocnide integrifolia
Urtica arborescens Lindl.=Pipturus arborescens
Urtica ardens Bl.=Dendrocnide sinuata
Urtica ardens Lind 喜马拉雅荨麻
Urtica atrichocaulis (Hand.-Mazz.) C.J.Chen 小果荨麻
Urtica bicolor Wall. ex Roxb.=Debregeasia saeneb
Urtica bulbifera S. & Z.=Laportea bulbifera
Urtica buraei Lévl.=Girardinia diversifolia
Urtica candicans Burm.f.=Callicarpa candicans
Urtica cannabina L.麻叶荨麻
Urtica cannabina f. *angustiloba* Chu=Urtica cannabia
Urtica capitata L.(L.Sp.Pl.1845)=Urtica thubergiana
Urtica condensata Steud.=Girardinia diversifolia
Urtica crenulata Roxb.=Dendrocnide sinuata
Urtica cyanescens Kim.=Urtica laetevirens subsp. cyanescens
Urtica dentata Hand.-Mazz.=Urtica laetevirens subsp. dentata
Urtica dentata var. atrichocaulis Hand.-Mazz.无刺茎荨麻
Urtica dioica L.(Thunb.in Fl.Jap.1784)=Urtica thubergiana
Urtica dioica L.(新疆检索表 1982)=Urtica dioica subsp. xingjianensis
Urtica dioica L.异株荨麻
Urtica dioica subsp. afghanica Chrtek 尾尖异株荨麻
Urtica dioica subsp. dioica=Urtica dioica
Urtica dioica subsp. gansuensis C.J.Chen 甘肃荨麻
Urtica dioica subsp. xingjianensis C.J.Chen 新疆异株荨麻
Urtica dioica var. *angustifolia* Fisch.(C.H.Wright in J.L.Soc.Bot.1899, p.p.)=Urtica laetevirens subsp. dentata
Urtica dioica var. *angustifolia* Ledeb.=Urtica angustifolia
Urtica dioica var. *angustifolia* Lévl.=Urtica atrichocaulis
Urtica dioica var. *atrichocaulis* Hand.-Mazz.=Urtica atrichocaulis
Urtica dioica var. *vulgaris* Wedd.=Urtica dioica
Urtica fissa E.Pritz.荨麻
Urtica fissa Pritz.(Diels in Not.Bot.Gard.Edinb.1912)=Urtica mairei
Urtica fissa Pritz.(Hand.-Mazz.in Symb.Sin.1929,p.p.)=Urtica thubergiana
Urtica foliosa Bl.=Urtica angustifolia
Urtica frutescens Thunb.=Oreocinide frutescens
Urtica gemina Lour.=Acalypha australis

Urtica glaberrima Bl.=Pilea glaberrima
Urtica hamiltoniana Wall.=Boehmeria hamiltoniana
Urtica heterophylla D.Don=Girardinia diversifolia
Urtica heterophylla Wahl.=Girardinia diversifolia
Urtica himalayensis Kunth & Bouche=Urtica ardens
Urtica hirta Bl.=Gonostegia hirta
Urtica hyperborea Jacq. ex Wedd.高原荨麻
Urtica interrupta L.=Laportea interrupta
Urtica japonica Thunb.=Fatoua villosa
Urtica kunlunshanica C.Y.Yang=Urtica hyperborea
Urtica laetevirens Maxim.(高等图鉴 1972,p.p.)=Urtica laetevirens subsp. cyanescens
Urtica laetevirens Maxim.宽叶荨麻
Urtica laetevirens subsp. cyanescens (Kom.) C.J.Chen 乌苏里荨麻
Urtica laetevirens subsp. dentata (Hand.-Mazz.) C.J.Chen 齿叶荨麻
Urtica lobatifolia S.S.Ying 裂叶荨麻?
Urtica longifolia Burm.f. =Debregeasia longifolia
Urtica macrorrhiza Hand.-Mazz.粗根荨麻
Urtica mairei Lévl.(Hand.-Mazz.in Symb.Sin.1929,p.p.)=Urtica fissa
Urtica mairei Lévl.(Hara in Ohashi,Fl.East.Himal.1975,p.p.)=Urtica membranifolia
Urtica mairei Lévl.(Hara in Ohashi,Fl.East.Himal.1975,p.p.)=Urtica zayuensis
Urtica mairei Lévl.滇藏荨麻
Urtica mairei var. mairei=Urtica mairei
Urtica mairei var. oblongifolia C.J.Chen 长圆叶荨麻
Urtica malabarica Wall.=Boehmeria malabarica
Urtica melastomoides Poir.=Pilea melastomoides
Urtica membranifolia C.J.Chen 膜叶荨麻
Urtica meyeniana Walp.=Dendrocnide meyeniana
Urtica microphylla Swart=Pilea microphylla
Urtica moluccana Bl.=Cypholophus moluccanus
Urtica nivea L.=Boehmeria nivea
Urtica obesa Wall.=Pilea umbrosa var. obesa
Urtica pachyrrhachis Hand.-Mazz.=Urtica laetevirens
Urtica palmata Forssk.=Girardinia diversifolia
Urtica parviflora Roxb.(Wedd.in DC.Prodr.1869,p.p.)=Urtica zayuensis
Urtica parviflora Roxb.=Urtica ardens
Urtica parviflora Wedd.=Urtica membranifolia
Urtica petiolaris S. & Z.=Pilea angulata subsp. petiolaris
Urtica pilosiuscula Bl.=Boehmeria pilosiuscula
Urtica pinfaensis Lévl. & Van.=Urtica fissa
Urtica platyphylla Wedd.(Kom. & Alis.in Key.Pl.Far East.Reg.URSS 1931)=Urtica laetevirens subsp. cyanescens
Urtica polystachya Wall.=Boehmeria polystachya
Urtica pulcherrima Roxb.=Sarcochlamys pulcherrima
Urtica pumila L.=Pilea pumila
Urtica puya Buch.-Ham. & Wall.=Maoutia puya
Urtica rubescens Bl.=Oreocnide rubescens
Urtica sanguinea Bl.=Pouzolzia sanguinea
Urtica scabra Bl.=Oreocnide rubescens
Urtica scabrella Roxb.=Boehmeria macrophylla var. scabrella
Urtica scripta Buch.-Ham. ex D.Don=Pilea scripta
Urtica sessiliflora Sw.(Blanco in Fl.Filip.1837)=Urtica thubergiana
Urtica silvatica Hand.-Mazz.=Urtica laetevirens
Urtica sinuata Bl.=Dendrocnide sinuata
Urtica sp. Maxim.=Girardinia suborbiculata
Urtica spicata Thunb.=Boehmeria spicata
Urtica squamigera Wall.=Chamabainia cuspidata
Urtica stimulans L.f. =Dendrocnide stimulans
Urtica stipulosa Miq.=Pilea angulata
Urtica sylvatica Bl.=Oreocnide rubescens
Urtica taiwaniana S.S.Ying 台湾荨麻?
Urtica thubergiana S. & Z.(C.H.Wright in J.L.Soc.Bot.1899,p.p.)=Urtica fissa
Urtica thubergiana S. & Z.(Diels in Not.Bot.Gard.Edinb.1912)=Urtica macrorrhiza
Urtica thubergiana S. & Z.咬人荨麻
Urtica thunbergiana S. & Z.(C.H.Wright in J.L.Soc.Bot.1899,p.p.)=Urtica mairei
Urtica thubergina S. & Z.(Diels in Bot.Hahrb.1900,p.p.)=Urtica laetevirens
Urtica tibetica W.T.Wang 西藏荨麻
Urtica triangularis Hand.-Mazz.三角叶荨麻
Urtica triangularis f. *pinnatifida* Hand.-Mazz.=Urtica triangularis subsp. pinnatifida
Urtica triangularis subsp. pinnatifida (Hand.-Mazz.) C.J.Chen 羽裂荨麻
Urtica triangularis subsp. triangularis=Urtica triangularis
Urtica triangularis subsp. trichocarpa C.J.Chen 毛果荨麻
Urtica trinervia Roxb.=Pilea melastomoides
Urtica umbrosa Wall.=Pilea umbrosa
Urtica urens L.欧荨麻
Urtica urophylla Wall=Oreocnide integrifolia
Urtica villosa Thunb.=Fatoua villosa
Urtica viminea Wall.=Pouzolzia sanguinea
Urtica virulenta Wall.=Urtica ardens
Urtica zayuensis C.J.Chen 察隅荨麻
Urticaeae 荨麻科
Urticastrum Heist. ex Fabr.=**Laportea**
Utricularia L.**狸藻属**(狸藻科)
Utricularia affinis Wight=Utricularia uliginosa
Utricularia affinis var. *griffithii*=Utricularia uliginosa
Utricularia aurea Lour.黄花狸藻
Utricularia australis R.Br.南方狸藻
Utricularia baouleensis A.Chev.海南挖耳草
Utricularia bifida L.(Wight in Ic.Pl.Ind.Or.Tab.1850)=Utricularia limosa
Utricularia bifida L.挖耳草
Utricularia biflora Hay.=Utricularia bifida
Utricularia biflora Roxb.=Utricularia exoleta
Utricularia brachiata Oliv.=Utricularia striatula
Utricularia bremii Heer=Utricularia minor
Utricularia caerulea L.(Benth.in Fl.Hongk.1861)=Utricularia uliginosa
Utricularia caerulea L.(Clarke in Fl.Brit.Ind.1884)=Utricularia graminifolia
Utricularia caerulea L.短梗挖耳草
Utricularia cavaleriei Lévl.=Utricularia bifida
Utricularia cavaleriei Stapf=Utricularia caerulea
Utricularia diantha Roxb. ex Roem. & Schult.=Utricularia exoleta
Utricularia exoleta R.Br.少花狸藻
Utricularia filicaulis Wall.=Utricularia caerulea
Utricularia flexuosa Benth.=Utricularia australis
Utricularia flexuosa Vehl=Utricularia aurea
Utricularia gibba L.(暨南理医学报 1982)=Utricularia exoleta
Utricularia gibba subsp. *exoleta* (R.Br.) P.Taylor=Utricularia exoleta
Utricularia glochidiata Wight=Utricularia striatula
Utricularia graminifolia Vahl 禾叶挖耳草
Utricularia griffithii Wight=Utricularia uliginosa
Utricularia harlandii Oliv. ex Benth.=Utricularia striatula
Utricularia intermedia Hayne 异枝狸藻
Utricularia japonica Makino=Utricularia australis
Utricularia limosa R.Br.长梗挖耳草
Utricularia macrophylla Msam. & Syozi=Utricularia uliginosa
Utricularia macrorrhiza Le Conte=Utricularia vulgaris
Utricularia minor L.细叶狸藻
Utricularia minor var. *multispinosa* Miki=Utricularia minor
Utricularia minutissima Vahl 斜果挖耳草
Utricularia multicaulis Oliv.=Utricularia striatula
Utricularia multispinosa (Miki) Miki=Utricularia minor
Utricularia neglecta Lehm.=Utricularia australis
Utricularia nepalensis Kitam.=Utricularia minor
Utricularia nipponica Makino=Utricularia minutissima
Utricularia obtusiloba Benj.=Utricularia caerulea
Utricularia orbiculata Wall.=Utricularia striatula
Utricularia pedicellata Wight=Utricularia graminifolia
Utricularia pilosa (Makino) Makino=Utricularia aurea
Utricularia punctata Wall. ex A.DC.盾鳞狸藻
Utricularia racemosa Wall.=Utricularia caerulea
Utricularia ramosa var. *filicaulis* (Wall. ex A.DC.) Clarke=Utricularia caerulea
Utricularia reticulata J.Smith(云南植物名录 1984)=Utricularia graminifolia
Utricularia salwinensis Hand.-Mazz.怒江挖耳草
Utricularia scandens Benj.缠绕挖耳草
Utricularia scandens Oliv.=Utricularia baouleensis
Utricularia scandens subsp. firmula (Oliv.) Z.Y.Li 尖萼挖耳草
Utricularia scandens subsp. scandens=Utricularia scandens
Utricularia scandens var. *firmula* (Oliv.) C.Y.Wu=Utricularia scandens

subsp. firmula
Utricularia scandens var. *firmula* (Oliv.) Subramanyan & Banerjee=Utricularia scandens subsp. firmula
Utricularia stellaris L.(西藏志 1985)=Utricularia intermedia
Utricularia striatula J.Smith 圆叶挖耳草
Utricularia taikankoensis Yamamoto=Utricularia striatula
Utricularia tenerrima Merr.=Utricularia baouleensis
Utricularia tenuicaulis Miki=Utricularia australis
Utricularia uliginoides Wight=Utricularia graminifolia
Utricularia uliginosa Vahl(云南植物名录 1984)=Utricularia graminifolia
Utricularia uliginosa Vahl 齿萼挖耳草
Utricularia verticillata Benj.=Utricularia limosa
Utricularia vulgaris L.狸藻
Utricularia vulgaris subsp. *macrorrhiza* (Le Conte) Clalusen=Utricularia vulgaris
Utricularia vulgaris var. *formosana* Kou=Utricularia australis
Utricularia vulgaris var. *pilosa* Makino=Utricularia aurea
Utricularia vulgaris var. *tenuicaulis* (Miki) Kou=Utricularia australis
Utricularia wallichiana Wight=Utricularia scandens
Utricularia wallichiana Bej.=Utricularia bifida
Utricularia wallichiana var. *firmula* Oliv.=Utricularia scandens subsp. firmula
Utricularia wallichii Wight=Utricularia scandens
Uvaria L.**紫玉盘属**(番荔枝科)
Uvaria amuyon Blanco=Goniothalamus amuyon
Uvaria badiiflora Hance=Uvaria microcarpa
Uvaria boniana Finet & Gagn.光叶紫玉盘
Uvaria calamistrata Hance 刺果紫玉盘
Uvaria cavaleriei Lévl.=Fissistigma cavaleriei
Uvaria cerasoides Roxb.=Polyalthia cerasoides
Uvaria dolichoclada Hay.=Uvaria macclurei
Uvaria esculenta Roxb. ex Rottl.=Artabotrys hexapetalus
Uvaria grandiflora Roxb.山椒子
Uvaria hamiltonii sensu C.Y.Wu & W.T.Wang=Uvaria kurzii
Uvaria hamiltonii var. *kurzii* King=Uvaria kurzii
Uvaria japonica L.=Kadsura japonica
Uvaria kurzii (King) P.T.Li 黄花紫玉盘
Uvaria kweichowensis P.T.Li 瘤果紫玉盘
Uvaria macclurei Diels 那大紫玉盘
Uvaria macrophylla var. *microcarpa* (Champ. ex Benth.) Finet & Gagn. = Uvaria microcarpa
Uvaria microcarpa Champ. ex Benth.紫玉盘
Uvaria microcarpa sensu Merr.=Uvaria macclurei
Uvaria oblanceolata W.T.Wang=Polyalthia petelotii
Uvaria obovatifolia Hay.=Uvaria microcarpa
Uvaria odorata Lamk.=Cananga odorata
Uvaria odoratissima Roxb.=Artabotrys hexapetalus
Uvaria platypetala Champ ex Benth.=Uvaria grandiflora
Uvaria polyantha Wall.=Fissistigma polyanthum
Uvaria purpurea Bl.=Uvaria grandiflora
Uvaria rhodantha Hance=Uvaria grandiflora
Uvaria rufa Bl.小花紫玉盘
Uvaria sect. *Mitrephora* Bl.=**Mitrephora**
Uvaria suberosa Roxb.=Polyalthia suberosa
Uvaria tonkinensis sensu Chun & How=Uvaria tonkinensis var. subglabra
Uvaria tonkinensis Finet & Gagn.扣匹
Uvaria tonkinensis var. subglabra Finet & Gagn.乌藤
Uvaria tonkinensis var. tonkinensis=Uvaria tonkinensis
Uvaria uncata Lour.=Artabotrys hexapetalus
Uvria heteroclita (Roxb.=Kadsura heteroclita
Uvularia L.**细种花属**(新)(百合科)
Uvularia chinensis Ker.-Gawl.=Disporum cantoniense
Uvularia cirrhosa Thunb.=Fritillaria thunbergii
Uvularia grandiflora Smith 大细钟花
Uvularia perfoliata L.穿叶细钟花
Uvularia sessilifolia L.无柄细钟花
Uvularia sessilis Thunb.=Disporum uniflorum
Uvularia viridescens Maxim.=Disporum viridescens

V

Vaccaria Medic.**麦蓝菜属**(石竹科)
Vaccaria hispanica (Miller) Rausch.麦蓝菜
Vaccaria pyramidata Medic.=Vaccaria hispanica
Vaccaria segetalis (Necker) Garcke=Vaccaria hispanica
Vacciniaceae 越桔科
Vaccinium L.**越桔属**(杜鹃花科)
Vaccinium albidens Lévl. & Vant.白花越桔
Vaccinium angustifolium Ait.狭叶越桔
Vaccinium anthonyi Merr.=Vaccinium fragile
Vaccinium arboreum L.臼莓
Vaccinium arbutoides C.B.Clarke 草莓树状越桔
Vaccinium arctostaphylos L.熊果越桔
Vaccinium ardisioides HK.f. ex C.B.Clarke 红梗越桔
Vaccinium ashei Rede 兔眼越桔
Vaccinium atrococcum (A.Gray) A.Heller.黑果高越桔
Vaccinium bancanum C.B.Clarke=Vaccinium exaristatum
Vaccinium brachyandrum C.Y.Wu & R.C.Fang 短蕊越桔
Vaccinium brachybotrys (Franch.) Hand.-Mazz.短序越桔
Vaccinium bracteatum Thunb.南烛
Vaccinium bracteatum var. bracteatum=Vaccinium bracteatum
Vaccinium bracteatum var. chinense (Lodd.) Chun ex Sleumer 小叶南烛
Vaccinium bracteatum var. *lanceolatum* Nakai=Vaccinium randaiense
Vaccinium bracteatum var. *longitubum* Hay.=Vaccinium bracteatum
Vaccinium bracteatum var. obovatum C.Y.Wu & R.C.Fang 倒卵叶南烛
Vaccinium bracteatum var. rubellum Hsu,J.X.Qiou,S.F.Huang & Y.Zhang 淡红南烛
Vaccinium bracteatum var. *wrightii* (Gray) Rehd. & Wils.=Vaccinium wrightii
Vaccinium brevipedicellatum C.Y.Wu ex Fang & Z.H.Pan 短梗越桔
Vaccinium bullatum (Dop) Sleumer (高等图鉴 1974,p.p.)=Vaccinium pseudobullatum
Vaccinium bullatum (Dop) Sleumer 泡泡叶越桔
Vaccinium bulleyanum (Diels) Sleumer 灯台越桔
Vaccinium buxifolium (Lévl. & Vant.) Lévll=Vaccinium triflorum
Vaccinium caesium Greene.鹿莓越桔
Vaccinium caespitosum Michx.矮越桔
Vaccinium camphorifolium Hand.-Mazz.=Vaccinium dunalianum var. urophyllum
Vaccinium candicans Michx.白亮越桔
Vaccinium carlesii Dunn (Sleumer in Bot.Jahrb.1941,p.p.)=Vaccinium fimbricalyx
Vaccinium carlesii Dunn 短尾越桔
Vaccinium caudatifolium Hay.=Vaccinium dunalianum var. caudatifolium
Vaccinium cavaleriei Lévl. & Van.=Schoepfia jasminodora
Vaccinium cavinerve C.Y.Wu 圆顶越桔
Vaccinium chaetothrix Sleumer 团叶越桔
Vaccinium chamaeboxus C.Y.Wu 矮越桔
Vaccinium chapaënse Merr.=Agapetes rubrobracteata
Vaccinium chengae Fang (高等图鉴 1974,p.p.)=Vaccinium chengae var. pilosum
Vaccinium chengae Fang 四川越桔
Vaccinium chengae var. chengae=Vaccinium chengae
Vaccinium chengae var. pilosum C.Y.Wu 毛萼珍珠树
Vaccinium chinense (Lodd.) Champ.=Vaccinium bracteatum var. chinense
Vaccinium chingii Sleumer=Vaccinium henryi var. chingii
Vaccinium chinii Merr. ex Sleumer 蓝果越桔
Vaccinium ciliatum Thunb.(Chung in Mem.Sci.Soc.China 1924)=Vaccinium oldhami
Vaccinium conchophyllum Rehd.贝叶越桔
Vaccinium corymbosum L.高大越桔
Vaccinium craspedotum Sleumer 长萼越桔
Vaccinium craspedotum var. brevipes C.Y.Wu 短梗长萼越桔
Vaccinium craspedotum var. craspedotum=Vaccinium craspedotum
Vaccinium crassifolium Andr.匍匐越桔
Vaccinium crassivenium Sleumer 网脉越桔
Vaccinium cuspidifolium C.Y.Wu & R.C.Fang 凸尖越桔
Vaccinium cylindraceum Sm.柱花越桔
Vaccinium delavayi Franch.苍山越桔
Vaccinium delavayi subsp. delavayi=Vaccinium delavayi
Vaccinium delavayi subsp. merrillianum (Hay.) R.C.Fang 台湾越桔
Vaccinium deliciosum Piper.美味越桔
Vaccinium dendrocharis Hand.-Mazz.树生越桔
Vaccinium diaphanoloma Hand.-Mazz.=Vaccinium gaultheriifolium
Vaccinium donianum Wight (Maxim.in Mél.Biol.1872)=Vaccinium

mandarinorum
Vaccinium donianum Wight(Sasaki in Cat.Govern.Herb.1930)=Vaccinium wrightii
Vaccinium donianum Anth.(p.p.)=Vaccinium duclouxii
Vaccinium donianum var. *austrosinense* Hand.-Mazz.=Vaccinium mandarinorum var. austrosinense
Vaccinium donianum var. *brachybotrys* Franch.=Vaccinium brachybotrys
Vaccinium donianum var. *hangchouense* Matsuda (Sasaki in Cat.Govern. Herb.1930)=Vaccinium wrightii
Vaccinium donianum var. *hangchouense* Matsuda=Vaccinium mandarinorum
Vaccinium donianum var. *laetum* (Diels) Rehd. & Wils.=Vaccinium laetum
Vaccinium dopii H.F.Copel.=Vaccinium dunalianum var. urophyllum
Vaccinium duclouxii (Lévl.) Hand.-Mazz.云南越桔
Vaccinium duclouxii var. duclouxii=Vaccinium duclouxii
Vaccinium duclouxii var. hirtellum C.Y.Wu 毛果云南越桔
Vaccinium duclouxii var. hirticaule C.Y.Wu 刚毛云南越桔
Vaccinium duclouxii var. pubipes C.Y.Wu 柔毛云南越桔
Vaccinium dunalianum Wight(Nakai in J.Jap.Bot.1936)=Vaccinium dunalianum var. caudatifolium
Vaccinium dunalianum Wight 樟叶越桔
Vaccinium dunalianum var. *calycinum* Dop=Vaccinium dunalianum var. urophyllum
Vaccinium dunalianum var. caudatifolium (Hay.) H.L.Li 长尾叶越桔
Vaccinium dunalianum var. dunalianum=Vaccinium dunalianum
Vaccinium dunalianum var. magaphyllum Sleumer 大樟叶越桔
Vaccinium dunalianum var. *megaphyllum* Sleumer (p.p.)=Vaccinium dunalianum var. urophyllum
Vaccinium dunalianum var. urophyllum Rehd. & Wils.尾叶越桔
Vaccinium dunnianum Sleumer 长穗越桔
Vaccinium elliottii Chapm.埃利越桔
Vaccinium emarginatum Hay.凹顶越桔
Vaccinium exaristatum Kurz 隐距越桔
Vaccinium exaristatum var. *pubescens* Kurz=Vaccinium exaristatum
Vaccinium fimbribracteatum C.Y.Wu 齿苞越桔
Vaccinium fimbricalyx Chun & Fang 流苏萼越桔
Vaccinium foetidissimum Lévl. & Vant.臭越桔
Vaccinium formosanum Hay.=Vaccinium wrightii var. formosanum
Vaccinium forrestii Diels=Vaccinium duclouxii
Vaccinium fragile Franch.乌鸦果
Vaccinium fragile var. *crinitum* Franch.=Vaccinium fragile
Vaccinium fragile var. fragile=Vaccinium fragile
Vaccinium fragile var. mekongense (W.W.Sm.) Sleumer 大叶乌鸦果
Vaccinium fragile var. *myrtifolium* Franch.=Vaccinium fragile
Vaccinium fuscatum Ait.暗棕越桔
Vaccinium gaultheriifolium (Griff.) HK.f. ex C.B.Clarke 软骨边越桔
Vaccinium gaultheriifolium var. gaultheriifolium=Vaccinium gaultheriifolium
Vaccinium gaultheriifolium var. glauco-rubrum C.Y.Wu 粉花软骨边越桔
Vaccinium glandulosissima C.Y.Wu ex Fang & Z.H.Pan=Agapetes inopinata
Vaccinium glauco-album HK.f. ex C.B.Clarke 粉白越桔
Vaccinium glaucophyllum C.Y.Wu & R.C.Fang 灰叶乌饭
Vaccinium griffithianum var. *glabratum* HK.f. & Thoms.(Hand.-Mazz.in Symb.Sin.1936)=Vaccinium bracteatum
Vaccinium guangdongense Fang & Z.H.Pan 广东乌饭
Vaccinium hainanense Sleumer 海南越桔
Vaccinium hanceockiae Merr.=Vaccinium randaiense
Vaccinium hangchouense (Matsuda) Komatsu=Vaccinium mandarinorum
Vaccinium harmandianum Dop 长冠越桔
Vaccinium henryi Hemsl.无梗越桔
Vaccinium henryi var. chingii (Sleumer) C.Y.Wu & R.C.Fang 有梗越桔
Vaccinium henryi var. henryi=Vaccinium henryi
Vaccinium hirsutum Buckl.多毛越桔
Vaccinium hirtum Thunb.红果越桔
Vaccinium impressinerve C.Y.Wu 凹脉越桔
Vaccinium iteophyllum Hance (Rehd. & Wils.in Sargent,Pl.Wils.1913, p.p)= Vaccinium exaristatum
Vaccinium iteophyllum Hance 黄背越桔
Vaccinium iteophyllum var. *fragrans* Rehd. & Wils.=Vaccinium iteophyllum
Vaccinium iteophyllum var. glandulosum C.Y.Wu & R.C.Fang 腺毛米饭花
Vaccinium iteophyllum var. *hispidum* Hand.-Mazz.=Vaccinium trichocladum
Vaccinium iteophyllum var. iteophyllum=Vaccinium iteophyllum
Vaccinium japonicum Miq.(树木分类学 1953)=Vaccinium japonicum var. sinicum
Vaccinium japonicum Miq.日本扁枝越桔
Vaccinium japonicum var. *ciliate* Matsumura (Hay.in J.Coll.Sci.Imp.Univ. Tokyo 1911)=Vaccinium japonicum var. lasiostemon
Vaccinium japonicum var. japonicum=Vaccinium japonicum
Vaccinium japonicum var. lasiostemon Hay.台湾扁枝越桔
Vaccinium japonicum var. sinicum (Nakai) Rehd.扁枝越桔
Vaccinium jesoense Miq.=Vaccinium vitis-idaea
Vaccinium kachinense Brandis 卡钦越桔
Vaccinium kingdon-wardii Sleumer 纸叶越桔
Vaccinium laetum Diels 西南越桔
Vaccinium laetum var. *undulatum* Y.C.Yang=Vaccinium laetum
Vaccinium lamprophyllum C.Y.Wu & R.C.Fang 亮叶越桔
Vaccinium lanigerum Sleumer 羽毛越桔
Vaccinium leucobotrys (Nutt.) Nicholson 白果越桔
Vaccinium lincangense Fang & Z.H.Pan 临沧乌饭
Vaccinium longicaudatum Chun ex Fang & Z.H.Pan 长尾乌饭
Vaccinium longitubulosum J.JH.Sm.=Vaccinium exaristatum
Vaccinium loquhoense Dop. & Y.Troch.-Marq.=Vaccinium dunalianum var. urophyllum
Vaccinium macrocarpon Ait.大果越桔
Vaccinium mairei Lévl.=Lyonia ovalifolia var. lanceolata
Vaccinium malaccense Wight=Vaccinium bracteatum
Vaccinium mandarinorum Diels 江南越桔
Vaccinium mandarinorum var. austrosinense (Hand.-Mazz.) Metc.具苞江南越桔
Vaccinium mandarinorum var. *laetum* (Diels) Metc.=Vaccinium laetum
Vaccinium mandarinorum var. mandarinorum=Vaccinium mandarinorum
Vaccinium mekongenwse W.W.Sm.=Vaccinium fragile var. mekongense
Vaccinium membranaceum L.薄叶越桔
Vaccinium merrillianum Hay.=Vaccinium delavayi subsp. merrillianum
Vaccinium merrillianum Hay.=Vaccinium delavayi subsp. merrillianum
Vaccinium microcarpum (Turcz. ex Rupr.) Schmalh.小果红莓苔子
Vaccinium miniatum (Griff.) Kurz.=Agapetes miniata
Vaccinium modestum W.W.Sm.大苞越桔
Vaccinium mortinia HK.f.莫丁越桔
Vaccinium moupinense Franch.宝兴越桔
Vaccinium myrtilloides Michx.天鹅绒叶越桔
Vaccinium myrtillus L.黑果越桔
Vaccinium nummularia HK.f. & Thoms. ex C.B.Clarke (W.E.Evans in Not. Royl.Bot.Gard.Edinb.1927)=Vaccinium chaetothrix
Vaccinium nummularia HK.f. & Thoms. ex C.B.Clarke 抱石越桔
Vaccinium nummularia var. nummularia=Vaccinium nummularia
Vaccinium nummularia var. oblongifolium R.C.Fang 长叶抱石越桔
Vaccinium obovatum Wight=Agapetes obovata
Vaccinium occidentalis A.Gray.西方越桔
Vaccinium oldhami Miq.腺齿越桔
Vaccinium omeiense Fang 峨眉越桔
Vaccinium oreotrephes W.W.Sm.=Vaccinium sikkimense
Vaccinium ovalifolium Sm.卵叶越桔
Vaccinium ovatum Pursh.加州越桔
Vaccinium oxycoccos L.红莓苔子
Vaccinium padifolium Sm.稠李叶越桔
Vaccinium pallidum Ait.灰果越桔
Vaccinium papillatum P.F.Stevens 粉果越桔
Vaccinium papulosum C.Y.Wu & R.C.Fang 瘤果越桔
Vaccinium parvibracteatum Hay.=Vaccinium mandarinorum
Vaccinium parvifolium Sm.小叶越桔
Vaccinium petelotii Dop=Vaccinium dunalianum var. urophyllum
Vaccinium petelotii Merr.大叶越桔
Vaccinium piliferum (HK.f.) Sleumer=Agapetes pilifera
Vaccinium podocarpoideum Fang & Z.H.Pan 罗汉松叶乌饭
Vaccinium praestans Lamb.堪察加越桔
Vaccinium pratense Tam ex C.Y.Wu & R.C.Fang 草地越桔

Vaccinium pseudobullatum Fang & Z.H.Pan 拟泡叶乌饭
Vaccinium pseudorobustum Sleumer 椭圆叶越桔
Vaccinium pseudospadiceum Dop 耳叶越桔
Vaccinium pseudotonkinense Sleumer 腺萼越桔
Vaccinium pubicalyx Franch.毛萼越桔
Vaccinium pubicalyx var. anomalum Anth.少毛毛萼越桔
Vaccinium pubicalyx var. leucocalyx (Lévl.) Rehd.多毛毛萼越桔
Vaccinium pubicalyx var. pubicalyx=Vaccinium pubicalyx
Vaccinium randaiense Hay.峦大越桔
Vaccinium retusum (Griff.) HK.f. ex C.B.Clarke 西藏越桔
Vaccinium rugosum HK.f. & Thoms. ex HK.=Agapetes incurvata
Vaccinium sangtavanense Dop & Y.Troch.-Marq.=Vaccinium dunalianum var. urophyllum
Vaccinium saxicola Chun ex Sleumer 石生越桔
Vaccinium scalarinervium C.Y.Wu & R.C.Fang=Vaccinium subdissitifolium
Vaccinium sciaphilum C.Y.Wu 林生越桔
Vaccinium scoparium Leib.松鸡越桔
Vaccinium scopulorum W.W.Sm.岩生越桔
Vaccinium serpens Wight=Agapetes serpens
Vaccinium serratum (Don) Wight(Biswas in Pl.Darj.Sikkim.Himal.1966)=Vaccinium vacciniaceum subsp. glabritubum
Vaccinium serratum (G.Don) Wight=Vaccinium vacciniaceum
Vaccinium serratum var. *leucobotrys* (Nutt.) C.B.Clarke=Vaccinium leucobotrys
Vaccinium serrulatum Fang & Z.H.Pan 细齿乌饭
Vaccinium setosum Anth.=Vaccinium fragile
Vaccinium setosum C.H.Wright=Vaccinium fragile
Vaccinium siccum Lévl. & Vant.=Vaccinium japonicum var. sinicum
Vaccinium sikkimense C.B.Clarke 荚蒾叶越桔
Vaccinium sinicum Sleumer 广西越桔
Vaccinium slaweenense W.W.Sm.=Vaccinium fragile var. mekongense
Vaccinium spicatum (Lour.) Poiret=Vaccinium bracteatum
Vaccinium spicigerum W.W.Sm.=Vaccinium pubicalyx
Vaccinium spiculatum C.Y.Wu & R.C.Fang 小尖叶越桔
Vaccinium sprengelii (G.Don) Eleumer (p.p.)=Vaccinium mandarinorum
Vaccinium sprengelii (G.Don) Sleumer (p.p.)=Vaccinium brachybotrys
Vaccinium sprengelii (G.Don) Sleumer (p.p.)=Vaccinium duclouxii
Vaccinium sprengelii (G.Don) Sleumer (p.p.)=Vaccinium duclouxii var. pubipes
Vaccinium sprengelii (G.Don) Sleumer (p.p.)=Vaccinium laetum
Vaccinium sprengelii Sleumer (p.p.)=Vaccinium exaristatum
Vaccinium sprengelii Sleumer (p.p.)=Vaccinium mandarinorum var. austrosinense
Vaccinium stamineum L.长蕊越桔
Vaccinium Stapfianum Sleum.黑斑草叶越桔
Vaccinium subdissitifolium P.F.Stevens 梯脉越桔
Vaccinium subfalcatum Merr. ex Sleumer 镰叶越桔
Vaccinium supracostatum Hand.-Mazz.凸脉越桔
Vaccinium taliense W.W.Sm.=Vaccinium fragile var. mekongense
Vaccinium trichocladum Merr. & Metc.刺毛越桔
Vaccinium trichocladum var. glabriracemosum C.Y.Wu 光序刺毛越桔
Vaccinium trichocladum var. trichocladum=Vaccinium trichocladum
Vaccinium triflorum Rehd.三花越桔
Vaccinium truncatocalyx Chun ex Fang & Z.H.Pan 平萼乌饭
Vaccinium uliginosum L.笃斯越桔
Vaccinium urceolatum Hemsl.红花越桔
Vaccinium urceolatum var. pubescens C.Y.Wu 毛序红花越桔
Vaccinium urceolatum var. urceolatum=Vaccinium urceolatum
Vaccinium vacciniaceum (Roxb.) Sleumer 小轮叶越桔
Vaccinium vacciniaceum subsp. glabritubum P.F.Stevens 秃冠小轮叶越桔
Vaccinium vacciniaceum subsp. vacciniaceum=Vaccinium vacciniaceum
Vaccinium vacciniaceum var. *hispidum* (C.B.Clarke) Sleumer (p.p.)=Vaccinium subdissitifolium
Vaccinium vacciniaceum var. *hispidum* C.B.Clarke (p.p.)=Vaccinium vacciniaceum
Vaccinium vacciniaceum var. *vacciniaceum* Sleumer (p.p.)=Vaccinium vacciniaceum subsp. glabritubum
Vaccinium vacillans Torr.糖甜越桔
Vaccinium venosum Wight 轮生叶越桔
Vaccinium venosum var. *hispidum* C.B.Clarke (W.E.Evans in Not.Roy.Bot.Gard.Edinb.1927)=Vaccinium leucobotrys
Vaccinium venosum var. *hispidum* C.B.Clarke=Vaccinium subdissitifolium
Vaccinium viburnoides Rehd.wt Wils.=Vaccinium sikkimense
Vaccinium virgatum Ait.细枝越桔
Vaccinium vitis-idaea L.越桔
Vaccinium vitisidaea var. *genuinum* Herder=Vaccinium vitis-idaea
Vaccinium vitis-idaea var. *merrillianum* (Hay.) S.S.Ying=Vaccinium delavayi subsp. merrillianum
Vaccinium wardii Adams.=Vaccinium fragile
Vaccinium wrightii Gray 海岛越桔
Vaccinium wrightii var. formosanum (Hay.) H.L.Li 长柄海岛越桔
Vaccinium wrightii var. wrightii=Vaccinium wrightii
Vaccinium yaoshanicum Sleumer 瑶山越桔
Vaccinium yaoshanicum var. megaphyllum C.Y.Wu & R.C.Fang 大叶瑶山越桔
Vaccinium yaoshanicum var. yaoshanicum=Vaccinium yaoshanicum
Vaccinium yersini Cheval.=Vaccinium dunalianum var. urophyllum
Vaccinium yunnanense Franch.=Gaultheria leucocarpa var. crenulata
Vaccinium yunnanense var. *franchetianum* Lévl.=Gaultheria leucocarpa var. crenulata
Vaccinius sikangense Y.C.Yang=Vaccinium moupinense
Vaginularia Fée (台湾志 1975,p.p.)=**Monogramma**
Vaginularia Fée **针叶蕨属**(书带蕨科)
Vaginularia paradoxa (Fée) Mett.=Monogramma paradoxa
Vaginularia trichoidea Fée 针叶蕨
Vagnera Adans.=**Mainanthemum**
Vagnera dahurica (Turcz. ex Fisch. & C.A.Mey.) Makino=Maianthemum dahuricum
Vagnera trifolia (L.) Morong=Maianthemum trifolium
Valencia 伏令夏橙(芸香科晚生橙类)
Valeriana L.**缬草属**(败酱科)
Valeriana acutiloba Rybd.尖叶缬草
Valeriana alternifolia Bge.=Valeriana officinalis
Valeriana amurensis Smir. ex Kom.黑水缬草
Valeriana amurensis f. *leiocarpa* Hara=Valeriana amurensis
Valeriana arizonica A.Gray 阿里桑那缬草
Valeriana barbulata Diels 髯毛缬草
Valeriana barbulata var. *gymnostoma* Hand.-Mazz.=Valeriana barbulata
Valeriana briquetiana Lévl.单叶缬草(新)?
Valeriana chinensis Kreyer ex Kom.=Valeriana officinalis
Valeriana chinensis L.=Commicarpus chinensis
Valeriana coreana Briq.=Valeriana officinalis
Valeriana daphniflora Hand.-Mazz.瑞香缬草
Valeriana delavayi Franch.=Valeriana daphniflora
Valeriana dubia Bge.=Valeriana officinalis
Valeriana excelsa Poir.莲座缬草
Valeriana faberi Graebn.=Valeriana flaccidissima
Valeriana fauriei Briq.=Valeriana officinalis
Valeriana fedtschenkoi Coincy 新疆缬草
Valeriana flaccidissima Maxim.柔垂缬草
Valeriana hardwickii Wall.长序缬草
Valeriana hardwickii var. *arnottiana* Wight=Valeriana hardwickii
Valeriana hardwickii var. *hoffmeisteri* Klotz.=Valeriana hardwickii
Valeriana hardwickii var. *leiocarpa* Miq.=Valeriana hardwickii
Valeriana harmsii Graebn.=Valeriana jatamensi
Valeriana helictes Graebn.=Valeriana hardwickii
Valeriana heterophylla Turcz.=Valeriana turczaninovii
Valeriana hiremalis Graebn.漏斗花缬草(新)?
Valeriana hirticalyx L.C.Chiu 毛果缬草
Valeriana infundibulum Franch.=Valeriana daphniflora
Valeriana jatamans var. *frondosa* Hand.-Mazz.=Valeriana jatamensi
Valeriana jatamansi Joens 蜘珠香
Valeriana jatamansi var. *glabra* Merr.=Valeriana jatamensi
Valeriana jatamansi var. *hygrobia* (Biq.) Hand.-Mazz.=Valeriana jatamensi
Valeriana kawakamii Hay.高山缬草
Valeriana lancifolia Hand.-Mazz.披针叶缬草(新)?
Valeriana leiocarpa Kitag.=Valeriana officinalis
Valeriana mairei Briq.=Valeriana jatamensi
Valeriana minutiflora Hand.-Mazz.小花缬草
Valeriana montana L.山缬草

Valeriana nipponica Nakai ex Kitag.=Valeriana officinalis
Valeriana nokozanensis Yamamoto=Valeriana flaccidissima
Valeriana officinalis L.缬草
Valeriana officinalis cv. Alba 白花缬草
Valeriana officinalis cv. Rubra 红花缬草
Valeriana officinalis var. *alternifolia* Ledeb.=Valeriana officinalis
Valeriana officinalis var. *angustifolia* Miq.=Valeriana officinalis
Valeriana officinalis var. *incisa* Nakai ex Mori=Valeriana amurensis
Valeriana officinalis var. latifolia Miq.宽叶缬草
Valeriana officinalis var. officinalis=Valeriana officinalis
Valeriana rosthornii Graebn.=Valeriana hardwickii
Valeriana rupestris Pall.=Patrinia rupestris
Valeriana ruthenica Willd.=Patrinia sibirica
Valeriana sibirica L.=Patrinia sibirica
Valeriana sisymbriifolia Wahl.芥叶缬草
Valeriana stenoptera Diels 窄裂缬草
Valeriana stenoptera var. cardaminea Hand.-Mazz.细花窄裂缬草
Valeriana stenoptera var. stenoptera=Valeriana stenoptera
Valeriana stolonifera Czern.=Valeriana officinalis
Valeriana stubendorfii Kreyer ex Kom.=Valeriana officinalis
Valeriana supina L.奥地利缬草
Valeriana tangutica Bat.小缬草
Valeriana tianschanica Kreyer ex Hand.-Mazz.=Valeriana officinalis
Valeriana trichostoma Hand.-Mazz.毛房缬草(新)?
Valeriana turczaninovii Grub.北疆缬草
Valeriana uliginosa Torr. & A.Gray 湿地缬草
Valeriana venusta L.C.Chiu 锈丽缬草
Valeriana villosa Thunb.=Patrinia villosa
Valeriana wallichii DC.=Valeriana jatamensi
Valeriana xiaheensis L.C.Chiu 夏河缬草
Valerianaceae 败酱科
Vallaris Burm.f.**纽子花属**(夹竹桃科)
Vallaris anceps (Dunn & Will.) C.E.C.Fisch.=Kibatalia macrophylla
Vallaris arborea C.E.C.Fisch.=Kibatalia macrophylla
Vallaris controversa Spreng.=Lepistemon binectariferum
Vallaris divaricata G.Don=Strophanthus divaricatus
Vallaris grandiflora Hemsl. & Wils.=Vallaris indecora
Vallaris heynei Spreng.=Vallaris solanacea
Vallaris indecora (Baill.) Tsiang & P.T.Li 大纽子花
Vallaris laxiflora Bl.=Pottsia laxiflora
Vallaris sinensis G.Don=Cryptolepis sinensis
Vallaris solanacea (Roth) O.Ktze.纽子花
Vallaris solanacea (Roth) K.Schum.=Vallaris solanacea
Vallesia Rui & Pav.**瓦来斯木属**(夹竹桃科)
Vallesia flexuosa Woodson 曲折瓦来斯木
Vallisneria L.**苦草属**(水鳖科)
Vallisneria alternifolia Roxb.=Nechamandra alternifolia
Vallisneria asiatica Miki=Vallisneria natans
Vallisneria denseserrulata (Makino) Makino 密刺苦草
Vallisneria gigantea Graebn.=Vallisneria natans
Vallisneria natans (Lour.) Hara 苦草
Vallisneria octandra Roxb.=Blyxa octandra
Vallisneria spinulosa Yan 刺苦草
Vallisneria spiralis L.(广州志 1956,高等图鉴 1976,华东水生植物 1952)=Vallisneria natans
Vallisneria spiralis var. *denseserrulata* Makino=Vallisneria denseserrulata
Vallisneria spiraloides Roxb.=Vallisneria natans
Valoradia Hochst.=**Ceratostigma**
Valoradia plumbaginoides (Bge.) Boiss.=Ceratostigma plumbaginoides
Vancouveria Morr. & Dec.**范库弗草属**(小檗科)
Vancouveria chrysantha Greene 黄范库弗草
Vancouveria chrysantha var. *parviflora* Jepson(新拉汉英 1996)=Vancouveria planipetala
Vancouveria hexandra (Hk.) Morr. & Dec.北范库弗草
Vancouveria hexandra var. *chrysantha* Greene(新拉汉英 1996)=Vancouveria chrysantha
Vancouveria parviflora Greene(新拉汉英 1996)= Vancouveria planipetala
Vancouveria planipetala Calloni 小花范库弗草
Vanda W.Jones ex R.Br.**万代兰属**(兰科)
Vanda alpina Lindl.垂头万代兰
Vanda amesiana Rchb.f.=Holcoglossum amesianum
Vanda bensoni Batem.宾森万带兰
Vanda bensonii Batem.(W.W.Sm.in Not.Bot.Gard.Edinb.1921)=Vanda brunnea
Vanda brunnea Rchcb.f.白柱万代兰
Vanda coerulea Griff. ex Lindl.大花万代兰
Vanda coerulescens Griff. ex Lindl.(Z.H.Tsi,S.C.Chen & K.Mori in Willd. Orch.Chin.1997)=Vanda brunnea
Vanda coerulescens Griff.小蓝万代兰
Vanda concolor Bl.琴唇万代兰
Vanda cristata Lindl.叉唇万代兰
Vanda denisoniana Ben. & Rchb.f.德尼森万带兰
Vanda denisoniana Benson & Rchb.f.(高等图鉴 1976)=Vanda brunnea
Vanda denisoniana var. *hebraica* Rchb.f.=Vanda brunnea
Vanda densiflora Lindl.=Rhynchostylis gigantea
Vanda esquirolei Schltr.=Vanda concolor
Vanda foetida J.J.Sm.臭叶万带兰
Vanda gigantea Lindl.=Vandopsis gigantea
Vanda hainanensis Rolfe=Rhynchostylis gigantea
Vanda henryi Schltr.=Vanda brunnea
Vanda hookeriana Rchb.f.虎克万带兰
Vanda insignis Bl.美丽万带兰
Vanda kimballiana Rchb.f.=Holcoglossum kimballianum
Vanda kwangtungensis S.J.Cheng & C.Z.Tang=Vanda concolor
Vanda lamellata Lindl.雅美万代兰
Vanda longifolia Lindl.=Acampe rigida
Vanda luzonica Loher ex Rofle 吕宋万带兰
Vanda multiflora Lindl.=Acampe rigida
Vanda parishii Rchb.f.=Hygrochilus parishii
Vanda parviflora Lindl.(S.Y.Hu in Quart.Jurn.Taiwan Mus.1975)=Vanda coerulescens
Vanda pumila HK.f.矮万代兰
Vanda rostrata Lodd.=Cleisostoma rostratum
Vanda roxburghii R.Br.(S.Y.Hu in Quart.Taiwan Mus.1975)=Vanda subconcolor
Vanda rupestris Hand.-Mazz.=Holcoglossum rupestre
Vanda sect. *Teratifoliae* Pfitz.=**Papilionanthe**
Vanda simondii Gagn.=Cleisostoma simondii
Vanda subconcolor T.Tang & F.T.Wang 纯色万代兰
Vanda subconcolor var. *disticha* T.Tang & F.T.Wang=Vanda subconcolor
Vanda subulifolia Rchb.f.=Holcoglossum subulifolium
Vanda sumatrana Schltr.苏门达腊万带兰
Vanda teres (Roxb.) Lindl.=Papilionanthe teres
Vanda teretifolia Lindl.=Cleisostoma simondii
Vanda tessellata (Roxb.) HK.方格纹万带兰
Vanda tricolor Lindl.三色万带兰
Vanda tricolor var. suavis (Lindl.) Veitch.长序三色万带兰
Vanda undulata Lindl.=Vandopsis undulata
Vanda yamiensis Masam. & Segawa=Vanda lamellata
Vandellia L.=**Lindernia**
Vandellia anagallis (Burm.f.) Yamaz.(p.p.)=Lindernia anagallis
Vandellia angustifolia Benth.=Lindernia micrantha
Vandellia bodinieri Lévl.=Lindernia crustacea
Vandellia brevipedunculata (Migo) Yamaz.=Lindernia brevipedunculata
Vandellia callitrichifolia Lévl.=Lindernia anagallis
Vandellia cavaleriei Lévl.=Lindernia setulosa
Vandellia chinensis Yamaz.=Lindernia nummularifolia
Vandellia ciliata (colsm) Yamaz.=Lindernia ciliata
Vandellia cordifolia (Colsm.) G.Don=Lindernia anagallis
Vandellia crustacea (L.) Benth.=Lindernia crustacea
Vandellia elata Benth.=Lindernia elata
Vandellia erecta Benth.(p.p.)=Lindernia procumbens
Vandellia hirta (Cham. & Schlech.) Yanaz.=Lindernia pusilla
Vandellia japonica Miq.=Mazus miquelii
Vandellia mollis Benth.=Lindernia mollis
Vandellia montana (Bl.) Benth.=Lindernia mollis
Vandellia nummularifolia D.Don=Lindernia nummularifolia
Vandellia oblonga Benth.=Lindernia oblonga
Vandellia obovata Walp.=Mazus pumilus
Vandellia pyxidaria (L.) Maxim.=Lindernia procumbens
Vandellia scutellariiformis (Yamaz.) Yamaz.=Lindernia scutellariiformis
Vandellia sessilifolia Benth.=Lindernia nummularifolia
Vandellia setulosa (Maxim.) Yaamz.=Lindernia setulosa
Vandellia stachydifolia Walp.=Mazus stachydifolius

Vandellia subcrenulata Miq.=Lindernia oblonga
Vandellia tenuifolia (Colsm.) Haines=Lindernia tenuifolia
Vandellia urticifolia Hance=Lindernia elata
Vandellia veronicifolia (Retz.) Haines=Lindernia antipoda
Vandellia viscosa (Hornem.) Merr.=Lindernia viscosa
Vandenboschia Cop.**瓶蕨属**(膜蕨科)
Vandenboschia assimilis Ching & Chiu 喇叭瓶蕨
Vandenboschia auriculata (Bl.) Cop.瓶蕨
Vandenboschia birmanica (Bedd.) Ching 管苞瓶蕨
Vandenboschia cystoseiroides (Chirst) Ching 墨兰瓶蕨
Vandenboschia fargesii (Christ) Ching 城口瓶蕨
Vandenboschia hainanensis Ching & Chiu 海南瓶蕨
Vandenboschia latifrons Cop.=Crepidomanes latifrons
Vandenboschia lofushanensis Ching 罗浮山瓶蕨
Vandenboschia maxima (Bl.) Cop.大叶瓶蕨
Vandenboschia naseana (Christ) Ching 漏斗瓶蕨
Vandenboschia orientalis (C.Chr.) Ching 华东瓶蕨
Vandenboschia radicans (Sw.) Cop.南海瓶蕨
Vandopsis Pfitz.**拟万代兰属**(兰科)
Vandopsis chinensis (Rolfe) Schltr.=Vandopsis gigantea
Vandopsis gigantea (Lindl.) Pfitz.拟万代兰
Vandopsis lissochiloides (Gaud.) Pfitz.菲律宾假万带兰
Vandopsis luchuensis (Rolfe) Schltr.=Staurochilus luchuensis
Vandopsis osmantha Fukuyama ex Msam.=Cleisostoma paniculatum
Vandopsis parishii (Rchb.f.) Schltr.=Hygrochilus parishii
Vandopsis undulata (Lindl.) J.J.Sm.白花拟万代兰
Vandopsis warocqueana (Rolfe) Schltr.瓦洛氏假万带兰
Vanieria Lour.=**Cudrania**
Vanieria bodinieri (Lévl.) Chun=Capparis cantoniensis
Vanieria cochinchinensis Lur.=Cudrania cochinchinensis
Vanieria cochinchinensis var. gerontogea (S. & Z.) Nakai?台湾构棘(新)
Vanieria fruticosa (Wight) Chun=Cudrania fruticosa
Vanieria tricuspidata (Car.) Hu=Cudrania tricuspidata
Vanieria triloba (Hance) Satake=Cudrania tricuspidata
Vanilla Plumier ex P.Miller **香荚兰属**(兰科)
Vanilla albida Bl.(H.J.Su in Quart.J.Chin.For.1988)=Vanilla somai
Vanilla annamica Gagn.香果兰
Vanilla aphylla (Roxb.) Bl.无叶香果兰
Vanilla barbellata Rchb.f.短毛香果兰
Vanilla dilloniana Correll.德隆氏香果兰
Vanilla griffithii Rchb.f.(台湾志,1978)=Vanilla somai
Vanilla griffithii var. *formosana* Ito=Vanilla somai
Vanilla grittithii var. *ronoensis* (Hay.) S.S.Ying=Vanilla somai
Vanilla humblotii Rchb.f.洪布氏香果兰
Vanilla phaeantha Rchb.f.褐花香果兰
Vanilla phalaenosis Rchb.f.蝴蝶香果兰
Vanilla planifolia Andrews 扁叶香果兰
Vanilla ronoensis Hay.=Vanilla somai
Vanilla siamensis Rolfe ex Downie 大香荚兰
Vanilla somai Hay.台湾香荚兰
Vaniotia Lévl.=**Petrocosmea**
Vaniotia martinii Lévl.=Petrocosmea martinii
Vareca Gaertn.=**Casearia**
Vargasia DC.=**Galinsoga**
Vatica L.**青梅属**(龙脑香科)
Vatica astrotricha Hance (海南志 1964,高等图鉴 1972)=Vatica mangachapoi
Vatica cordata Hu=Porana sinensis
Vatica fleuryana Tard.-Blot 拟版纳青梅(新)
Vatica guangxiensis X.L.Mo 广西青梅
Vatica mangachapoi Blanco 青梅
Vatica xishuangbannaensis G.D.Tao & J.H.Zhang 版纳青梅
Veitchia H.Wendl.**维契棕属**(棕榈科)
Veitchia merrillii (Becc.) Moore & Wendl.维契棕
Vella tenuissima Pall.=Litwinowia tenuissima
Veltheimia Gleditsch.**维西美属**(百合科)
Veltheimia viridifolia Jacq.维西美
Ventilago Gaertn.**翼核果属**(鼠李科)
Ventilago bracteata Heyne=Ventilago maderaspatana
Ventilago calyculata Tulasne 毛果翼核果
Ventilago calyculata var. calyculata=Ventilago calyculata
Ventilago calyculata var. trichoclada Y.L.Chen & P.K.Chou 毛枝翼核果
Ventilago cristata Pierre (Merr. & Chun in Sunyats.1935)=Ventilago inaequilateralis
Ventilago cristata Pierre 翼核果藤
Ventilago elegans Hemsl.台湾翼核果
Ventilago inaequilateralis Merr. & Chun 海南翼核果
Ventilago leiocarpa Benth.翼核果
Ventilago leiocarpa var. leiocarpa=Ventilago leiocarpa
Ventilago leiocarpa var. pubescens Y.L.Chen & P.K.Chou 毛叶翼核果
Ventilago maderaspatana Gaertn.(Roxb.Pl.Corom.1795)=Ventilago calyculata
Ventilago maderaspatana Gaertn.印度翼核果
Ventilago oblongifolia Bl.矩叶翼核果
Veratrilla (Baill.) Franch.**黄秦艽属**(龙胆科)
Veratrilla baillonii Franch.黄秦艽
Veratrilla burkilliana (W.W.Sm.) H.Sm.短叶黄秦艽
Veratrum L.**藜芦属**(百合科)
Veratrum album L.(C.H.Wright in Journ L.Soc.Bot.1903)=Veratrum grandiflorum
Veratrum album var. *dahuricum* Turcz.=Veratrum dahuricum
Veratrum album var. *grandiflorum* Maxim. ex Baker=Veratrum grandiflorum
Veratrum album var. *viride* (Ait.) Baker (C.H.Wright in J.L.Soc.Bot. 1903) = Veratrum oxysepalum
Veratrum atroviolaceum Loes.f.=Veratrum schindleri
Veratrum bohnhofii Loes.f.=Veratrum maackii
Veratrum bracteatum Batal.=Veratrum nigrum
Veratrum bracteatum var. *tibeticum* Loes.f.(p.p.)=Veratrum grandiflorum
Veratrum bracteatum var. *tibeticum* Lois.f.(p.p.)=Veratrum nigrum
Veratrum cavaleriei Loes.f.(p.p.)=Veratrum schindleri
Veratrum cavaleriei Loes.f.(p.p.)=Veratrum taliense
Veratrum dahuricum (Turcz.) Loes.f.兴安藜芦
Veratrum dolichopetalum Loes.f.=Veratrum oxysepalum
Veratrum formosanum Loes.台湾藜芦
Veratrum formosanum f. *albiflorum* (Masamune) Masamune=Veratrum formosanum
Veratrum formosanum var. *albiflorum* Masamune=Veratrum formosanum
Veratrum grandiflorum (Maxim.) Loes.f.毛叶藜芦
Veratrum japonicum (Baker) Loes.f.黑紫藜芦
Veratrum kudoi Masamune=Veratrum formosanum
Veratrum lobelianum Bernh.阿尔泰藜芦
Veratrum maackii Rgl.毛穗藜芦
Veratrum mairei Lévl.=Curculigo capitulata
Veratrum mandschuricum Loes.f.=Veratrum maackii
Veratrum maximowiczii Baker (C.H.Wright in J.L.Soc.Bot.1903,p.p.)= Veratrum oblongum
Veratrum maximowiczii Baker (C.H.Wright in J.L.Soc.Bot.1903,p.p.)= Veratrum schindleri
Veratrum maximowiczii Baker 闽浙藜芦
Veratrum maximowiczii var. *hupehense* Pamp.=Veratrum oblongum
Veratrum mengtzeanum Loes.f.蒙自藜芦
Veratrum micranthum Wang & Tang 小花藜芦
Veratrum nigrum L.藜芦
Veratrum nigrum subsp. *ussuriense* (Loes.) Vorosch.=Veratrum nigrum
Veratrum nigrum var. *japonicum* Baker=Veratrum japonicum
Veratrum nigrum var. *maackii* (Rgl.) Maxim.=Veratrum maackii
Veratrum nigrum var. *microcarpum* Loes.f. =Veratrum nigrum
Veratrum nigrum var. *ussuriense* Loes.f.=Veratrum nigrum
Veratrum oblongum Loes.f.(1926,p.p.)=Veratrum nigrum
Veratrum oblongum Loes.f.(1928)=Veratrum maackii
Veratrum oblongum Loes.f.长梗藜芦
Veratrum oxysepalum Turcz.尖被藜芦
Veratrum patulum Loes.f.=Veratrum oxysepalum
Veratrum puberulum Loes.f.=Veratrum grandiflorum
Veratrum schindleri Loes.f.牯岭藜芦
Veratrum stenophyllum Diels 狭叶藜芦
Veratrum stenophyllum var. stenophyllum=Veratrum stenophyllum
Veratrum stenophyllum var. taronense Wang & Tsi 滇北藜芦
Veratrum taliense Loes.f.大理藜芦
Veratrum ussuriense (Loies.f.) Nakai=Veratrum nigrum
Veratrum versicolor f. *brunneum* Nakai=Veratrum maackii

Veratrum viride Ait.美国白藜芦
Veratrum warburgii Loes.f.=Veratrum schindleri
Veratrum wilsonii C.H.Wright ex Loes.f.=Veratrum mengtzeanum
Veratrum yunnanense Loes.f.=Veratrum stenophyllum
Verbascum L.**毛蕊花属**(玄参科)
Verbascum blattaria L.毛瓣毛蕊花
Verbascum celsioides Benth.真正毛蕊花
Verbascum chaixii subsp. orientale Hayek 东方毛蕊花
Verbascum chinense (L.) Santap.琴叶毛蕊花
Verbascum coromandelianum (Vahl) Ktz.=Verbascum chinense
Verbascum orientale M.B.=Verbascum chaixii subsp. orientale
Verbascum phoeniceum L.紫毛蕊花
Verbascum sinense Lévl. & Giraud.=Verbascum chinense
Verbascum songoricum Schrenk 准噶尔毛蕊花
Verbascum thapsus L.毛蕊花
Verbena L.**马鞭草属**(马鞭草科)
Verbena bracteosa Michx.多苞马鞭草
Verbena hastata L.戟形马鞭草
Verbena hybrida Voss 美女樱
Verbena jamaicensis L.=Stachytarpheta jamaicensis
Verbena nodiflora L.=Phyla nodiflora
Verbena officinalis var. *ramosa* Lévl.=Verbena offinicalis
Verbena offinicalis L.马鞭草
Verbena supina L.仰卧马鞭草
Verbenaceae 马鞭草科
Verbesia chinensis L.=Anisopappus chinensis
Verbesina acmella L.=Blainvillea acmella
Verbesina biflora L.=Wedelia biflora
Verbesina calendulacea L.=Wedelia chinensis
Verbesina lavenia L.=Adenostemma lavenia
Verbesina nodiflora L.=Synedrella nodiflora
Verbesina prostrata HK. & Arn.=Wedelia prostrata
Verbesina prostrata L.=Eclipta prostrata
Verbvesina alba L.=Eclipta prostrata
Vernicia Lour.**油桐属**(大戟科)
Vernicia fordii (Hemsl.) Airy-Shaw 油桐
Vernicia montana Lour.木油桐
Vernonia Schreb.**斑鸠菊属**(菊科)
Vernonia alata Heyne ex DC.=Laggera alata
Vernonia altissima Nutt.高斑鸠菊
Vernonia ampla Vant.=Conyza leucantha
Vernonia andersonii Clarke (海南志 1974,高等图鉴 1975)=Vernonia cumingiana
Vernonia andersonii Henry=Vernonia gratiosa
Vernonia andersonii var. *albipappa* Hay.=Vernonia gratiosa
Vernonia anthelmintica (L.) Willd.驱虫斑鸠菊
Vernonia arbor Lévl.=Vernonia esculenta
Vernonia arborea Buch.-Ham.树斑鸠菊
Vernonia aspera (Roxb.) Buch.-Ham.糙叶斑鸠菊
Vernonia attenuata (Wall.) DC.狭长斑鸠菊
Vernonia baldwini Toor.鲍德温氏斑鸠菊
Vernonia blanda (Wall.) DC.喜斑鸠菊
Vernonia bockiana Diels 南川斑鸠菊
Vernonia bracteata Wall.(Forbes & Hemsl.in J.L.Soc.Bot.1888)=Vernonia nantcianensis
Vernonia bracteata var. *nantcianensis* Pamp.=Vernonia nantcianensis
Vernonia chinensis Less.=Vernonia patula
Vernonia chingiana Hand.-Mazz.广西斑鸠菊
Vernonia chunii Chang 少花斑鸠菊
Vernonia cinerea (L.) Less.夜香牛
Vernonia cinerea var. cinerea=Vernonia cinerea
Vernonia cinerea var. parviflora (Reinw.) DC.小花夜香牛
Vernonia clivorum Hance 岗斑鸠菊
Vernonia congesta Benth.=Inula cappa
Vernonia cumingiana Benth.毒根斑鸠菊
Vernonia cylindriceps C.B.Clarke (Merr.in Brittonia 1941)=Vernonia extensa
Vernonia divergens (DC.) Edgew.叉枝斑鸠菊
Vernonia eriosematoides Walp.=Inula cappa
Vernonia esculenta Hemsl.(高等图鉴 1975)=Vernonia bockiana
Vernonia esculenta Hemsl.斑鸠菊
Vernonia esquirolii Lévl.=Vernonia volkameriifolia
Vernonia esquirolii Vant.=Cissampelopsis volubilis
Vernonia exillis Miq.=Vernonia cinerea
Vernonia extensa (Wall.) DC.展枝斑鸠菊
Vernonia fargesii Franch.=Synotis nagensium
Vernonia forrestii Anth.滇西斑鸠菊
Vernonia fortunei Sch.-Bip.=Vernonia solanifolia
Vernonia gratiosa Hance 台湾斑鸠菊
Vernonia henryi Dunn 黄花斑鸠菊
Vernonia kawakamii Hay.=Vernonia maritima
Vernonia kingii C.B.Clarke=Vernonia clivorum
Vernonia kroneana Miq.=Vernonia cinerea
Vernonia laosensis Gandog.=Vernonia parishii
Vernonia levelillei Fedde ex Lévl.=Vernonia volkameriifolia
Vernonia loloana Dunn ex Kerr.=Camchaya loloana
Vernonia mairiei Lévl.=Synotis erythropappa
Vernonia maritima Hay.=Vernonia maritima
Vernonia maritima Merr.滨海斑鸠菊
Vernonia martinii Vant.=Vernonia saligna
Vernonia monosis sensu Franch.=Vernonia esculenta
Vernonia nantcianensis (Pamp.) Hand.-Mazz.南漳斑鸠菊
Vernonia obbreviata (Wall.) DC.=Vernonia cinerea
Vernonia papillosa Franch.=Vernonia esculenta
Vernonia parishii HK.f.滇缅斑鸠菊
Vernonia parviflora Reinw.=Vernonia cinerea var. parviflora
Vernonia patula (Dryand.) Merr.咸虾花
Vernonia rigiophylla DC.=Vernonia squarrosa
Vernonia roxburghii Less.=Vernonia aspera
Vernonia saligna (Wall.) DC.柳叶斑鸠菊
Vernonia saligna DC.(Dunn & Tutch.in Kew Bull.Inform.Misc.Add. 1912)= Vernonia clivorum
Vernonia scandens DC.(Gagn.in Lecomte Fl.Gén.Indo-chin.1924)= Vernonia blanda
Vernonia scandens Merr.=Vernonia cumingiana
Vernonia seguini Vant.=Vernonia saligna
Vernonia silhetensis var. *nantcianensis* (Pamp.) Hand.-Mazz.=Vernonia nantcianensis
Vernonia solanifolia Benth.茄叶斑鸠菊
Vernonia spirei Gandog.折苞斑鸠菊
Vernonia squarrosa (D.Don) Less.刺苞斑鸠菊
Vernonia squarrosa var. *orientalis* Kitam.=Vernonia squarrosa
Vernonia stibaliae Hand.-Mazz.=Vernonia spirei
Vernonia subarborea Vant.=Vernonia extensa
Vernonia sylvatica Dunn 林生斑鸠菊
Vernonia sylvatica sensu Merr. & Chun=Vernonia chunii
Vernonia teres sensu Merr.=Vernonia aspera
Vernonia teres Wall. ex DC.=Vernonia squarrosa
Vernonia vaniotii Lévl.=Vernonia arborea
Vernonia volkameriifolia (Wall.) DC.大叶斑鸠菊
Vernonia volkameriifolia var. *lanata* S.Y.Hu=Vernonia parishii
Veronica L.**婆婆纳属**(玄参科)
Veronica agrestis L.(苏南植物手册 1959)=Veronica didyma
Veronica agrestis L.耕地婆婆纳
Veronica alatavica Popov=Pseudolysimachion alatavicum
Veronica alpina subsp. pumila (Allioni) Dostál 短花柱婆婆纳
Veronica alpina var. *australis* Wahl.=Veronica alpina subsp. pumila
Veronica anagallis-aquatica L.(广州志 1956,苏南植物手册 1959)= Veronica undulata
Veronica anagallis-aquatica L.北水苦荬
Veronica anagallis-aquatica subsp. *oxycarpa* (Boiss.) Elenevsky= Veronica oxycarpa
Veronica anagallis-aquatica subsp. *undulata* (Wall. ex Jack.) Elenevsky= Veronica undulata
Veronica anagalloides Guss.长果水苦荬
Veronica angustifolia Fisch. ex Link=Pseudolysimachion llinariifolium
Veronica angustifolia var. *dilatata* Nakai & Kitag.=Pseudolysimachion linariifolium subsp. dihatatum
Veronica aquatica Bernh.(Li in Proc.Acad.Nat.Sci.Philad.1952)=Veronica undulata
Veronica arguteserrata Rgl. & Schmalh.尖齿婆婆纳
Veronica arotunda var. subintegra (Nakai) Yamazaki 东北婆婆纳?
Veronica arvensis L.直立婆婆纳
Veronica bartsiifolia Boiss. ex Freyn.=Veronica argustesceerrata

Veronica beccabunga L.(植物志 67-2,1979)=Veronica beccabunga var. muscosa
Veronica beccabunga subsp. muscosa (Korsh.) Elenevsky 有柄水苦荬
Veronica beccabunga var. *muscosa* Korsh.=Veronica beccabunga subsp. muscosa
Veronica biloba L.两裂婆婆纳
Veronica bornmuelleri Haussk.=Veronica argustesceerrata
Veronica campylopoda Boiss.弯果婆婆纳
Veronica cana Wall. ex Benth.(Li in Quart.Jorun.Taiwan Museum 1950)=Veronica taiwanica
Veronica cana Wall.(H.Watze in Symb.Sin.1936,p.p.)=Veronica henryi
Veronica cana Wall.灰毛婆婆纳
Veronica cana subsp. *henryi* (T.Yamazaki) Elenevsky=Veronica henryi
Veronica capitata Royle (HK.f.in Fl.Brit.Ind.1884,p.p.)=Veronica szechuanica subsp. sikkimensis
Veronica capitata Royle 头花柱婆婆纳
Veronica capitata var. *sikkimensis* HK.f.=Veronica szechuanica subsp. sikkimensis
Veronica cardiocarpa (Kar. & Kir.) Walp.心果婆婆纳
Veronica cephaloides Pennell=Veronica ciliata subsp. cephaloides
Veronica chamaedrys L.石蚕叶婆婆纳
Veronica chayueniss Hong 察隅婆婆纳
Veronica chingii Li=Veronica ciliata
Veronica chinoalpina Yamaz.河北婆婆纳
Veronica ciliata Fisch.长果婆婆纳
Veronica ciliata subsp. cephaloides (Pennell) Hong 矮小婆婆纳
Veronica ciliata subsp. ciliata=Veronica ciliata
Veronica ciliata subsp. zhongdianensis Hong 中甸长果婆婆纳
Veronica conferta Boiss.=Veronica pusilla
Veronica coreana Nakai=Pseudolysimachion rotundum subsp. coreanum
Veronica dahurica Stev.=Pseudolysimachion dauricum
Veronica deltigera Wall.长梗婆婆纳
Veronica densiflora Ledeb.密花婆婆纳
Veronica didyma Tenore 婆婆纳
Veronica didyma var. *lilacina* Yamaz.=Veronica polita
Veronica eriogyne H.Winkl 毛果婆婆纳
Veronica exortiva Kitag. (p.p.)=Pseudolysimachion longifolium
Veronica exortiva Kitag.=Pseudolysimachion longifolium
Veronica fargesii Franch.城口婆婆纳
Veronica ferganica Popov=Veronica rubrifolia
Veronica filipes Tsoong 丝梗婆婆纳
Veronica formosana Masam.=Veronicastrum formosanum
Veronica forrestii Diels 大理婆婆纳
Veronica fruticans Jacq.灌木婆婆纳
Veronica galactites Hance=Pseudolysimachion llinariifolium subsp. dilatatum
Veronica glaberrima Boiss. & Balan.=Veronica pusilla
Veronica glabrifolia Kitag.=Veronica kiusiana
Veronica grandis Fisch. ex Spreng.=Pseudolysimachion dauricum
Veronica hederaefolia L.常春藤叶婆婆纳
Veronica henryi Yamaz.华中婆婆纳
Veronica himalensis D.Don 大花婆婆纳
Veronica himalensis subsp. himalensis=Veronica himalensis
Veronica himalensis subsp. yunnanensis (Tsoong) D.Y.Hong 多腺大花婆婆纳
Veronica himalensis var. *yunnanensis* P.C.Tsoong=Veronica himalensis subsp. yunnanensis
Veronica humifusa Dicks.=Veronica serpyllifolia
Veronica incana L.=Pseudolysimachion incanum
Veronica javanica Bl.(Pennel,Monogr.Acad.Nat.Sci.Philad.1943,p.p.)=Veronica deltigera
Veronica javanica Bl.多枝婆婆纳
Veronica jeholensis Nakai=Pseudolysimachion llinariifolium subsp. dilatatum
Veronica karatavica Pavlov ex Nevski=Veronica argustesceerrata
Veronica kitamurae (Ohwi) Nemoto=Veronicastrum kitamurae
Veronica kiusiana Furumi 长毛婆婆纳
Veronica kojimae Ohwi=Veronica morrisonicola
Veronica komarovii Monj(p.p.)=Pseudolysimachion rotundum subsp. subintegrum
Veronica krylovii Schischk.=Veronica teucrium
Veronica laeta Kar. & Kir.=Pseudolysimachion pinnatum
Veronica lanosa Royle ex Benth.棉毛婆婆纳(新)
Veronica lanuginosa Benth.绵毛婆婆纳
Veronica lasiocarpa Pennell=Veronica alpina subsp. pumila
Veronica laxa Benth.(B.Watzl in Hand.-Mazz.Sumb.Sin.1936,p.p.)=Veronica rockii subsp. stenocarpa
Veronica laxa Benth.疏花婆婆纳
Veronica laxissima D.Y.Hong 极疏花婆婆纳
Veronica linariifolia Pall. ex Link=Pseudolysimachion linariifolium
Veronica linariifolia subsp. *linariifolia*=Pseudolysimachion linariifolium
Veronica linariifolia var. *dilatata* (Nakai & Kitag.) D.Y.Hong=Pseudolysimachion linariifolium subsp. dihatatum
Veronica linariifolia var. *dilatata* Nakai & Kitag.=Pseudolysimachion linariifolium subsp. dilatatum
Veronica linariifolia var. *jeholensis* (Nakai) Kitag.=Pseudolysimachion linariifolium subsp. dihatatum
Veronica longifolia L.=Pseudolysimachion longifolium
Veronica longifolia var. *exortiva* (Kitag.) Kitag.=Pseudolysimachion longifolium
Veronica longifolia var. *grandis* Regel=Pseudolysimachion dauricum
Veronica longipetiolata Hong 长柄婆婆纳
Veronica maritima L.=Pseudolysimachion longifolium
Veronica melissifolia Poir.(Pennell in Monogr.Acad.Nat.Sci.Philad.1943)=Veronica laxa
Veronica miqueliana var. *takedoi* Makino(Ohwi in Act.Phytotax.Geobto. 1935)= Veronica taiwanica
Veronica morrisonicola Hay.匍茎婆婆纳
Veronica morrisonicola f. *kojimae* (Ohwi) Yamaz.=Veronica morrisonicola
Veronica morrisonicola var. *kojimae* Ohwi=Veronica morrisonicola
Veronica morrisonicola var. *tsugitakaensis* (Masam.) Li=Veronica morrisonicola
Veronica murorum Maxim.=Veronica javanica
Veronica nana Pennell=Veronica ciliata subsp. cephaloides
Veronica nudicaulis Kar. & Kir.=Veronica pusilla
Veronica oligosperma Hay.少籽婆婆纳
Veronica oxycarpa Boiss.尖果水苦荬
Veronica paniculata L.(Benth.in DC.Prodr.1846)=Pseudolysimachion rotundum subsp. subintegrum
Veronica peregrina L.蚊母草
Veronica perpusilla Boiss. ex Benth.=Veronica pusilla
Veronica persica Poir.阿拉伯婆婆纳
Veronica pinnata L.=Pseudolysimachion pinnatum
Veronica piroliformis Franch.鹿蹄草婆婆纳
Veronica polita Fries 婆婆纳
Veronica porphyriana Pavl.=Pseudolysimachion spicatum
Veronica pseudolongifolia Printz=Pseudolysimachion longifolium
Veronica pumila Allini=Veronica alpina subsp. pumila
Veronica pusilla Kitsch. & Boiss.侏倭婆婆纳
Veronica riae H.Winkl.(Li in Proc.Acad.Nat.Sci.Philad.1952)=Veronica henryi
Veronica riae H.Winkl.膜叶婆婆纳
Veronica rockii Li 光果婆婆纳
Veronica rockii subsp. rockii=Veronica rockii
Veronica rockii subsp. stenocarpa (Li) Hong 尖果婆婆纳
Veronica rotunda Nakai=Pseudolysimachion rotundum
Veronica rotunda var. *coreana* (Nakai) T.Yamazaki=Pseudolysimachion rotundum subsp. coreanum
Veronica rotunda var. *rotunda* =Pseudolysimachion rotundum
Veronica rotunda var. *subintegra* (Nakai) T.Yamazaki=Pseudolysimachion rotundum subsp. subintegrum
Veronica rubrifolia Boiss.红叶婆婆纳
Veronica rupestris Ait. & Hemsl.=Veronica deltigera
Veronica salina Schur.(东北检索表 1959)=Veronica undulata
Veronica semiamplexicaulis D.Y.Hong=Veronica deltigera
Veronica serpyllifolia L.小婆婆纳
Veronica serpyllifolia subsp. *humifusa* (Dicks) Pennell=Veronica serpyllifolia
Veronica serpyllifolia var. *humifusa* (Dicks.) Wahl.=Veronica serpyllifolia
Veronica sibirica L.=Veronicastrum sibiricum
Veronica sibirica var. *glabra* Nakai=Veronicastrum sibiricum
Veronica spicata L.(Franch.Nouv.Arch.Mus.Hist.Nat.Paris 1833)=Pseudolysimachion llinariifolium subsp. dilatatum
Veronica spicata L.=Pseudolysimachion spicatum

Veronica spicata subsp. *porphyriana* (Pavlov) Elenvsky=Pseudolysimachion spicatum
Veronica spuria L.(Kom.in Fl.Mansh.1907)=Pseudolysimachion rotundum subsp. subintegrum
Veronica spuria L.(Kom.in Fl.Mansh.1907,p.p.)=Veronica kiusiana
Veronica spuria L.(苏南植物手册 1959)=Pseudolysimachion llinariifolium
Veronica spuria L.=Pseudolysimachion spurium
Veronica spuria var. *subintegra* Nakai=Pseudolysimachion rotundum subsp. subintegrum
Veronica stelleri var. longistyla Kitag.长白婆婆纳
Veronica stenocarpa Li=Veronica rockii subsp. stenocarpa
Veronica sutchuenensis Franch.川西婆婆纳
Veronica szechuanica Batal.四川婆婆纳
Veronica szechuanica subsp. sikkimensis (HK.f.) Hong 多毛四川婆婆纳
Veronica szechuanica subsp. szechuanica=Veronica szechuanica
Veronica taiwanica Yamaz.台湾婆婆纳
Veronica tenella All.=Veronica serpyllifolia
Veronica tenuissima Boriss.丝茎婆婆纳
Veronica tetraphylla M.Pop.=Veronica tenuissima
Veronica teucrium L.卷毛婆婆纳
Veronica thunbergii A.Gray=Veronica laxa
Veronica tibetica Hong 西藏婆婆纳
Veronica tournefortii C.C.Gmel.=Veronica persica
Veronica tsinglingensis Hong 陕川婆婆纳
Veronica tsugitakaensis Masam.=Veronica morrisonicola
Veronica tubiflora Fisch. & Mey.=Veronicastrum tubiflorum
Veronica umbelliformis Pennell=Veronica szechuanica subsp. sikkimensis
Veronica undulata Wall.水苦荬
Veronica vandellioides Maxim.唐古拉婆婆纳
Veronica verna L.裂叶婆婆纳
Veronica virginia L.(Wttst.in Pflanzenfam.1895,p.p.)=Veronicastrum sibiricum
Veronica xilinensis Y.Z.Zhao=Pseudolysimachion incanum
Veronica yunnanensis Hong 云南婆婆纳
Veronicastrum Heist. ex Farbic.**腹水草属**(玄参科)
Veronicastrum axillare (S. & Z.) Yamaz.爬岩红
Veronicastrum brunonianum (Benth.) Hong 美穗草
Veronicastrum brunonianum subsp. brunonianum =Veronicastrum brunonianum
Veronicastrum brunonianum subsp. sutchuenense (Franch.) D.Y.Hong 川鄂美穗草
Veronicastrum cauloperum (Hance) Yamaz.四方麻
Veronicastrum formosanum (Masam.) Yamaz.台湾腹水草
Veronicastrum kitamurae (Ohwi) Yamaz.直立腹水草
Veronicastrum latifolium (Hemsl.) Yamaz.宽叶腹水草
Veronicastrum longispicatum (Merr.) Yamaz.长穗腹水草
Veronicastrum lungtsuanense M.Cheng & Z.J.Feng=Veronicastrum villosulum var. parviflorum
Veronicastrum martini Lévl.=Veronicastrum caulopterum
Veronicastrum plukenetii (Yamaz.) Yamaz.=Veronicastrum stenostachyum subsp. plukenetii
Veronicastrum rhombifolium (Hand.-Mazz.) Tsoong 菱叶腹水草
Veronicastrum robustum (Diels) Hong 粗壮腹水草
Veronicastrum robustum subsp. grandifolium Chin & Hong 大叶腹水草
Veronicastrum robustum subsp. robustum=Veronicastrum robustum
Veronicastrum sibiricum (L.) Pennell 草本威灵仙
Veronicastrum simadai (Masamune) Yamazaki=Veronicastrum axillare
Veronicastrum stenostachyum (Hemsl.) Yamaz.腹水草
Veronicastrum stenostachyum subsp. nanchuanense Chin & Hong 南川腹水草
Veronicastrum stenostachyum subsp. plukenetii (Yamaz.) Hong 细穗腹水草
Veronicastrum stenostachyum subsp. stenostachyum=Veronicastrum stenostachyum
Veronicastrum tubiflorum (Fisch. & Mey.) Hara 管花腹水草
Veronicastrum villosulum (Miq.) Yamaz.毛叶腹水草
Veronicastrum villosulum var. glabrum Chin & Hong 铁钓竿
Veronicastrum villosulum var. hirsutum Chin & Hong 刚毛腹水草
Veronicastrum villosulum var. parviflorum Chin & Hong 两头连
Veronicastrum villosulum var. villosulum=Veronicastrum villosulum
Veronicastrum yamatsutae (Yamaz.) Yamaz.=Veronicastrum stenostachyum
Veronicastrum yunnanense (W.W.Sm.) Yamaz.云南腹水草
Verronia sinensis Lour.=Cordia dichotoma
Verschaffeltia H.Wendl.**外沙佛棕属**(棕榈科)
Verschaffeltia splendida Wendl.外沙佛棕
Verutina Cass.=**Centaurea**
Vetiveria Bory **香根草属**(禾本科)
Vetiveria odoratissima Bory=Vetiveria zizanioides
Vetiveria zizanioides (L.) Nash 香根草
Vexibia Rafin.=**Sophora**
Vexibia alopecuroides (L.) Yakovl.=Sophora alopecuroides
Vexibia alppecuroides var. *tomentosa* (Boiss.) Yakovl.=Sophora alopecuroides var. tomentosa
Vexibia pachycarpa (Schrenk) Yakovl.=Sophora pachycarpa
Vexillabium F.Maekawa **旗唇兰属**(兰科)
Vexillabium humilum (Fukuyama) S.S.Ying=Vexillabium yakushimense
Vexillabium integrum (Fukuyama) S.S.Ying=Vexillabium yakushimense
Vexillabium yakushimense (Yamamoto) F.Maekawa 旗唇兰
Viburnum L.**荚蒾属**(忍冬科)
Viburnum acerifolium L.槭叶荚蒾
Viburnum acuminatum Wall. ex DC.=Viburnum punctatum
Viburnum adenophorum W.W.Sm.=Viburnum hupehense
Viburnum ajugifolium Lévl.=Viburnum foetidum var. ceanothoides
Viburnum alnifolium Marsh.桤叶荚蒾
Viburnum amplifolium Rehd.广叶荚蒾
Viburnum arboricolum Hay.=Viburnum odoratissimum var. awabuki
Viburnum arcuatum Kom.=Viburnum burejaeticum
Viburnum atrocyaneum C.B.Clarke 蓝黑果荚蒾
Viburnum atrocyaneum subsp. atrocyaneum=Viburnum atrocyaneum
Viburnum atrocyaneum subsp. harryanum (Rehd.) Hsu 毛枝荚蒾
Viburnum atrocyaneum var. *puberulum* (Schneid.) Hsu=Viburnum atrocyaneum subsp. harryanum
Viburnum awabuki K.Koch=Viburnum odoratissimum var. awabuki
Viburnum betulifolium Batal.桦叶荚蒾
Viburnum betulifolium var. betulifolium=Viburnum betulifolium
Viburnum betulifolium var. flocculosum (Rehd.) Hsu 卷毛荚蒾
Viburnum bockii Graebn.=Viburnum utile
Viburnum bodinieri Lévl.=Viburnum setigerum
Viburnum botryoideum Lévl.=Viburnum erubescens var. prattii
Viburnum brachybotryum Hemsl.短序荚蒾
Viburnum brachybotryum var. *tengyuehense* W.W.Sm.=Viburnum tengyuehense
Viburnum brevipes Rehd.短柄荚蒾
Viburnum brevitubum (Hsu) Hsu 短筒荚蒾
Viburnum buddleifolium C.H.Wright 醉鱼草状荚蒾
Viburnum burejaeticum Rgl. & Herd.修枝荚蒾
Viburnum burejanum Herd.=Viburnum burejaeticum
Viburnum burmanicum (Rehd.) C.Y.Wu ex Hsu 滇缅荚蒾
Viburnum burmanicum var. burmanicum=Viburnum burmanicum
Viburnum burmanicum var. motoense Hsu 墨脱荚蒾
Viburnum calvum Rehd.=Viburnum atrocyaneum
Viburnum calvum var. *kwapiense* Hand.-Mazz.=Viburnum atrocyaneum subsp. harryanum
Viburnum calvum var. *puberulum* Schneid.=Viburnum atrocyaneum subsp. harryanum
Viburnum carlesii Hemsl.红蕾荚蒾
Viburnum carnosulum (W.W.Sm.) Hsu=Viburnum chingii var. carnosulum
Viburnum carnosulum var. *impressinervium* Hsu=Viburnum chingii var. impressinervium
Viburnum cassinoides L.决明状荚蒾
Viburnum cavaleriei Lévl.=Viburnum chinshanense
Viburnum ceanothoides C.H.Wright=Viburnum foetidum var. ceanothoides
Viburnum chaffanjoni Lévl.=Viburnum ternatum
Viburnum chingii Hsu 漾濞荚蒾
Viburnum chingii var. carnosulum (W.W.Sm.) Hsu 肉叶荚蒾
Viburnum chingii var. chingii=Viburnum chingii
Viburnum chingii var. impressinervium (Hsu) Hsu 凹脉肉叶荚蒾
Viburnum chingii var. *patentiserratum* Hsu=Viburnum chingii
Viburnum chingii var. tenuipes Hsu 细梗漾濞荚蒾
Viburnum chinshanense Graebn.金佛山荚蒾

Viburnum chunii Hsu 金腺荚蒾
Viburnum chunii var. chunii=Viburnum chunii
Viburnum chunii var. piliferum Hsu 毛枝金腺荚蒾
Viburnum cinnamomifolium Rehd.樟叶荚蒾
Viburnum colebrookeanum Wall. ex DC.(Merr.in Sunyatsenia 1934)= Viburnum lutescens
Viburnum congestum Rehd.密花荚蒾
Viburnum cordifolium Wall.=Viburnum nervosum
Viburnum cordifolium Wall. ex DC.(Hay.in Ic.Pl.Formos.1921)=Viburnum sympodiale
Viburnum cordifolium var. hypsophilum Hand.-Mazz.云南显脉荚蒾(新)?
Viburnum coriaceum Bl. ex D.Don (HK.f. & Thoms.in J.L.Soc.Bot. 1858, p.p.) = Viburnum cylindricum
Viburnum corymbiflorum Hsu & S.C.Hsu 伞房荚蒾
Viburnum corymbiflorum subsp. corymbiflorum=Viburnum corymbiflorum
Viburnum corymbiflorum subsp. malifolium Hsu 苹果叶荚蒾
Viburnum corymbiflorum var. *longipedunculatum* Hsu=Viburnum longipedunculatum
Viburnum cotinifolium D.Don 黄栌叶荚蒾
Viburnum crassifolium Rehd.=Viburnum cylindricum
Viburnum cylindricum Buch.-Ham. ex D.Don 水红木
Viburnum cylindricum var. *crassifolium* (Rehd.) Schneid.=Viburnum cylindricum
Viburnum dalzielii W.W.Sm.粤赣荚蒾
Viburnum dasyanthum Rehd.毛花荚蒾?
Viburnum davidii Franch.川西荚蒾
Viburnum davuricum Maxim.=Viburnum burejaeticum
Viburnum davuricum Pall.=Viburnum mongolicum
Viburnum dentatum L.齿叶荚蒾
Viburnum dielsii Graebn.=Viburnum schensianum
Viburnum dielsii Lévl.=Callicarpa rubella
Viburnum dilatatum Thunb.荚蒾
Viburnum dilatatum var. dilatatum=Viburnum dilatatum
Viburnum dilatatum var. fulvotomentosum (Hsu) Hsu 庐山荚蒾
Viburnum dilatatum var. *macrophyllum* Hsu=Viburnum dilatatum
Viburnum erosum Thunb.宜昌荚蒾
Viburnum erosum subsp. *ichangense* var. *taquetii* (Lévl.) Hsu=Viburnum erosum var. taquetii
Viburnum erosum var. erosum=Viburnum erosum
Viburnum erosum var. *formosanum* Hance=Viburnum formosanum
Viburnum erosum var. *hirsutum* Pamp.=Viburnum dilatatum
Viburnum erosum var. *punctataum* f. *taquetii* (Lévl.) Sugimoto=Viburnum erosum var. taquetii
Viburnum erosum var. taquetii (Lévl.) Rehd.裂叶宜昌荚蒾
Viburnum erubescens Wall.(Rehd.in Trees and Subrubs.1908)=Viburnum erubescens var. prattii
Viburnum erubescens Wall. ex DC.红荚蒾
Viburnum erubescens var. *brevitubum* Hsu=Viburnum brevitubum
Viburnum erubescens var. *burmanicum* Rehd.=Viburnum burmanicum
Viburnum erubescens var. *carnosulum* W.W.Sm.=Viburnum chingii var. carnosulum
Viburnum erubescens var. erubescens=Viburnum erubescens
Viburnum erubescens var. gracilipes Rehd.细梗红荚蒾
Viburnum erubescens var. *limitaneum* W.W.Sm.=Viburnum subalpinum var. limitaneum
Viburnum erubescens var. *neurophyllum* Hand.-Mazz.=Viburnum chingii
Viburnum erubescens var. parvum Hsu & S.C.Hsu 小红荚蒾
Viburnum erubescens var. prattii (Graebn.) Rehd.紫药红荚蒾
Viburnum fallax Graebn.(Hand.-Mazz.Symb.Sin.1936)=Viburnum chinshanense
Viburnum farreri W.T.Stearn 香荚蒾
Viburnum flavescens W.W.Sm.川滇荚蒾?
Viburnum foetidum Wall.(云南中草药 1971)=Viburnum foetidum var. ceanothoides
Viburnum foetidum Wall.臭荚蒾
Viburnum foetidum f. *integrifolium* (Hay.) Nakai=Viburnum integrifolium
Viburnum foetidum var. ceanothoides (C.H.Wright) Hand.-Mazz.珍珠荚蒾
Viburnum foetidum var. foetidum=Viburnum foetidum
Viburnum foetidum var. *integrifolium* (Hay.) Kaneh. & Hatus.=Viburnum integrifolium
Viburnum foetidum var. *malacotrichum* Hand.-Mazz.=Viburnum foetidum var. rectangulatum
Viburnum foetidum var. *penninervium* Hand.-Mazz.=Viburnum foetidum var. rectangulatum
Viburnum foetidum var. rectangulatum (Graebn.) Rehd.直角荚蒾
Viburnum foochowense W.W.Sm.=Viburnum luzonicum
Viburnum fordiae Hance 南方荚蒾
Viburnum formosanum Hay.=Viburnum formosanum
Viburnum formosanum Hay.台中荚蒾
Viburnum formosanum f. *morrisonense* (Hah.) Nakai=Viburnum morrisonense
Viburnum formosanum f. *mushanense* Nakai=Viburnum luzonicum
Viburnum formosanum subsp. formosanum var. formosanum=Viburnum formosanum
Viburnum formosanum subsp. formosanum var. pubigerum (Hsu) Hsu 毛枝台中荚蒾
Viburnum formosanum subsp. formosanum=Viburnum formosanum
Viburnum formosanum subsp. leiogynum Hsu 光萼荚蒾
Viburnum formosanum subsp. *leiogynum* var. *pubigerum* Hsu=Viburnum formosanum subsp. formosanum var. pubigerum
Viburnum fragrans Bge.=Viburnum farreri
Viburnum fulvotomentosum Hsu=Viburnum dilatatum var. fulvotomentosum
Viburnum furcatum Bl.(Hemsl.in J.L.Soc.Bot.1888)=Viburnum sympodiale
Viburnum furcatum Bl.(HK.f. & Thoms.in J.L.Soc.Bot.1858 ,p.p.)= Viburnum nervosum
Viburnum giraldii Graebn.=Viburnum schensianum
Viburnum glomeratum Maxim.聚花荚蒾
Viburnum glomeratum subsp. glomeratum=Viburnum glomeratum
Viburnum glomeratum subsp. magnificum (Hsu) Hsu 壮大荚蒾
Viburnum glomeratum subsp. rotundifolium (Hsu) Hsu 圆叶荚蒾
Viburnum glomeratum var. rockii Rehd.小叶聚花荚蒾(新)?
Viburnum grandiflorum Wall. ex DC.大花荚蒾
Viburnum hainanense Merr. & Chun 海南荚蒾
Viburnum hanceanum Maxim.蝶花荚蒾
Viburnum harryanum Rehd.=Viburnum atrocyaneum subsp. harryanum
Viburnum hengshanicum Tsiang & Hsu 衡山荚蒾
Viburnum henryi ×erubescens Rehd.=Viburnum brevitubum
Viburnum henryi Hemsl.巴东荚蒾
Viburnum hillieri W.T.Wang 常青荚蒾(新)?
Viburnum hirtulum Rehd.=Viburnum fordiae
Viburnum hupehense Rehd.湖北荚蒾?
Viburnum hupehense subsp. septentrionale Hsu 北方荚蒾?
Viburnum hypoleucum Rehd.=Viburnum chinshanense
Viburnum ichangense Rehd.=Viburnum erosum
Viburnum inopinatum Craib 厚绒荚蒾
Viburnum integrifolium Hay.全叶荚蒾
Viburnum involucratum Wall. ex DC.=Viburnum mullata
Viburnum kansuense Batal.甘肃荚蒾
Viburnum keteleeri Carr.=Viburnum macrocephalum f. keteleeri
Viburnum keteleeri macrocephalum Carr.=Viburnum macrocephalum
Viburnum komarovii Lévl. & Vant.=Photinia parvifolia
Viburnum koreanum Nakai 朝鲜荚蒾
Viburnum lancifolium Hsu 披针叶荚蒾
Viburnum lantana L.绵毛荚蒾
Viburnum laterale Rehd.侧花荚蒾
Viburnum leiocarpum Hsu 光果荚蒾
Viburnum leiocarpum var. leiocarpum=Viburnum leiocarpum
Viburnum leiocarpum var. punctatum Hsu 斑点光果荚蒾
Viburnum lentago L.细枝荚蒾
Viburnum lepidotulum Merr. & Chun=Viburnum punctatum var. lepidotulum
Viburnum lobophyllum Graebn.(苏南植物手册 1959)=Viburnum melanocarpum
Viburnum lobophyllum Graebn.阔叶荚蒾?
Viburnum lobophyllum var. silvestrii Pamp.腺叶荚蒾?
Viburnum lobophyullum var. *flocculosum* Rehd.=Viburnum betulifolium var. flocculosum
Viburnum longipedunculatum (Hsue) Hsu 长梗荚蒾
Viburnum longiradiatum Hsu & S.W.Fan 长伞梗荚蒾

Viburnum lutescens Bl.淡黄荚蒾
Viburnum luzonicum Rolfe 吕宋荚蒾
Viburnum luzonicum var. *formosanum* (Hance) Rehd.(Hand.-Mazz.Symb. Sin.1936)=Viburnum formosanum subsp. formosanum var. pubigerum
Viburnum luzonicum var. *formosanum* f. *mushanense* Kaneh. & Sasaki ex Sasaki=Viburnum luzonicum
Viburnum luzonicum var. *formosanum* f. *subglabrum* (Hay.) Kaneh. & Sasaki ex Sasaki=Viburnum formosanum
Viburnum luzonicum var. *foromsanum* (Hance) Rehd.=Viburnum formosanum
Viburnum macrocephalum Fort.(苏南植物手册 1959)=Viburnum macrocephalum f. keteleeri
Viburnum macrocephalum Fort.绣球荚蒾
Viburnum macrocephalum f. keteleeri (Carr.) Rehd.琼花
Viburnum macrocephalum f. *keteleeri* Nichols.=Viburnum macrocephalum f. keteleeri
Viburnum macrocephalum f. macrocephalum=Viburnum macrocephalum
Viburnum macrocephalum var. indutum Hand.-Mazz.多毛琼花(新)?
Viburnum macrocephalum α. *sterile* Dipp.=Viburnum macrocephalum
Viburnum mairei Lévl.=Viburnum congestum
Viburnum martini Lévl.=Viburnum sympodiale
Viburnum matsudai Hay.=Viburnum erosum
Viburnum melanocarpum Hsu 黑果荚蒾
Viburnum melanophyllum Hay.=Viburnum sympodiale
Viburnum meyer-waldeckii Loes.=Viburnum erosum var. taquetii
Viburnum mongolicum (Pall.) Rehd.蒙古荚蒾
Viburnum morrisonense Hay.=Viburnum formosanum
Viburnum morrisonense Hay.新高荚蒾?
Viburnum mullaha Buch.-Ham. ex D.Don (Chun in Sunyatsenia 1934)=Viburnum dalzielii
Viburnum mullata Buch.-Ham. ex D.Don 西域荚蒾
Viburnum mullata var. glabrescens (C.B.Clarke) Kitam.少花毛西域荚蒾
Viburnum mullata var. mullha=Viburnum mullata
Viburnum mushanense Hay.=Viburnum luzonicum
Viburnum nervosum D.Don (HK.f. & Thoms.in J.L.Soc.Bot.1858)=Viburnum grandiflorum
Viburnum nervosum D.Don 显脉荚蒾
Viburnum nervosum HK. & Arn.=Viburnum sempervirens
Viburnum oblongum Hsu=Viburnum tengyuehense
Viburnum oblongum var. *polyneurum* Hsu=Viburnum tengyuehense var. polyneurum
Viburnum oblongum var. *tengyuehense* (W.W.Sm.) Hsu=Viburnum tengyuehense
Viburnum odoratissimum Ker-Gawl.(上海植物名录 1959 ,苏南植物手册 1959)=Viburnum odoratissimum var. awabuki
Viburnum odoratissimum Ker-Gawl.珊瑚树
Viburnum odoratissimum var. *arboricolum* (Hay.) Yamamoto=Viburnum odoratissimum var. awabuki
Viburnum odoratissimum var. awabuki (K.Kcoh) Zabel ex Rumpl.日本珊瑚树
Viburnum odoratissimum var. *conspersum* W.W.Sm.=Viburnum odoratissimum
Viburnum odoratissimum var. odoratissimum=Viburnum odoratissimum
Viburnum odoratissimum var. sessiliflorum (Geddes) Fukuoka 云南珊瑚树
Viburnum oliganthum Batal.少花荚蒾
Viburnum omeiense Hsu 峨眉荚蒾
Viburnum opulus L.欧洲荚蒾
Viburnum opulus var. calvescens (Rehd.) Hara 鸡树条
Viburnum opulus var. calvescens f. calvescesn=Viburnum opulus var. calvescens
Viburnum opulus var. calvescens f. puberulum (Kom.) Sugimoto 毛叶鸡树条
Viburnum opulus var. opulus=Viburnum opulus
Viburnum opulus β. *sargentii* (Koehne) Takeda=Viburnum opulus var. calvescens
Viburnum ovatifolium Rehd.卵叶荚蒾?
Viburnum pallidum Franch.=Viburnum foetidum var. rectangulatum
Viburnum parvifolium Hay.小叶荚蒾
Viburnum parvifolium W.W.Sm.=Viburnum luzonicum
Viburnum parvilimbum Merr.=Viburnum foetidum var. rectangulatum
Viburnum pauciflorum Rafin (Kom.in Act.Hort.Petrop.1907)=Viburnum koreanum
Viburnum phlelotrichum S. & Z.(Hemsl.in J.L.Soc.Bot.1888 ,p.p.)=Viburnum setigerum
Viburnum pinfaense Lévl.(p.p.)=Viburnum foetidum var. rectangulatum
Viburnum pinfaense Lévl.=Viburnum sempervirens var. trichophorum
Viburnum plicatum Thunb.粉团
Viburnum plicatum f. *tomentosum* (Thunb.) Rehd.=Viburnum plicatum var. tomentosum
Viburnum plicatum var. plicatum=Viburnum plicatum
Viburnum plicatum var. tomentosum (Thunb.) Miq.蝴蝶戏珠花
Viburnum plicatum δ. *plenum* Miq.=Viburnum plicatum
Viburnum prattii Graebn.=Viburnum erubescens var. prattii
Viburnum propinquum Hemsl.球核荚蒾
Viburnum propinquum var. mairei W.W.Sm.狭叶球核荚蒾
Viburnum propinquum var. parvifolium Graebn.小叶球核荚蒾(新)?
Viburnum propinquum var. propinquum=Viburnum propinquum
Viburnum prunifolium L.樱叶荚蒾
Viburnum pubigerum Wight & Arn.=Viburnum erubescens
Viburnum pubinerve Bl. ex Miq.=Viburnum opulus var. calvescens
Viburnum pubinerve f. *calvescens* (Rehd.) Nakai=Viburnum opulus var. calvescens
Viburnum pubinerve f. *puberulum* (Kom.) Nakai=Viburnum opulus var. calvescens f. puberulum
Viburnum punctatum Buch.-Ham. ex D.Don 鳞斑荚蒾
Viburnum punctatum var. lepidotulum (Merr. & Chun) Hsu 大果鳞斑荚蒾
Viburnum punctatum var. punctatum=Viburnum punctatum
Viburnum pyramidatum Rehd.锥序荚蒾
Viburnum rafinesquianum Schulter 灰棕枝荚蒾
Viburnum recognitum Fern.平滑荚蒾
Viburnum rectangulare Graebn. ex Hay.=Viburnum foetidum var. rectangulatum
Viburnum rectangulatum Graebn.=Viburnum foetidum var. rectangulatum
Viburnum rhytidophyllum Hemsl.皱叶荚蒾
Viburnum rosthornii Graebn.=Viburnum chinshanense
Viburnum rosthornii var. *xerocarpa* Graebn.=Viburnum henryi
Viburnum sambucinum var. *tomentosum* Hal f.(高等图鉴 1975)=Viburnum inopinatum
Viburnum sargentii Kohtne=Viburnum opulus var. calvescens
Viburnum sargentii f. *calvesces* (Rehd.) Rehd.=Viburnum opulus var. calvescens
Viburnum sargentii f. *glabra* Kom.=Viburnum opulus var. calvescens
Viburnum sargentii f. *puberula* Kom.=Viburnum opulus var. calvescens f. puberulum
Viburnum sargentii var. *calvescens* Rehd.=Viburnum opulus var. calvescens
Viburnum sargentii var. *puberulum* (Kom.) Kitag.=Viburnum opulus var. calvescens f. puberulum
Viburnum schensianum Maxim.(分类学报 1966 ,p.p.)=Viburnum schensianum subsp. chekiangense
Viburnum schensianum Maxim.陕西荚蒾
Viburnum schensianum subsp. chekiangense Hsu & P.L.Chiu 浙江荚蒾
Viburnum schensianum subsp. schensianum=Viburnum schensianum
Viburnum schneiderianum Hand.-Mazz.=Viburnum atrocyaneum
Viburnum sempervirens K.Kcoh(Rehd.in Sarg.Trees and Shrubs.1908, p.p.)= Viburnum hainanense
Viburnum sempervirens K.Koch(Hemsl.in J.L.Soc.Bot.1888 ,p.p.)=Viburnum sempervirens var. trichophorum
Viburnum sempervirens K.Koch 常绿荚蒾
Viburnum sempervirens var. sempervirens=Viburnum sempervirens
Viburnum sempervirens var. *trichophorum* Hand.-Mazz.(Chun in Sunyatsenia 1940, p.p.)=Viburnum hainanense
Viburnum sempervirens var. trichophorum Hand.-Mazz.具毛常绿荚蒾
Viburnum sessiliflorum Geddes=Viburnum odoratissimum var. sessiliflorum
Viburnum setigerum Hance 茶荚蒾
Viburnum setigerum var. setigerum=Viburnum setigerum
Viburnum setigerum var. sulcatum Hsu 沟核茶荚蒾
Viburnum shweliense W.W.Sm.瑞丽荚蒾
Viburnum smithianum H.L.Lli=Viburnum luzonicum
Viburnum smithii Metc.=Viburnum luzonicum
Viburnum squamulosum Hsu 瑶山荚蒾
Viburnum stapfianum Lévl.=Viburnum oliganthum

Viburnum stellulatum Wall.=Viburnum mullata
Viburnum stellulatum var. *glabrescens* C.B.Clarke=Viburnum mullata var. glabrescens
Viburnum subalpinum Hand.-Mazz.亚高山荚蒾
Viburnum subalpinum var. limitaneum (W.W.Sm.) Hsu 边沿荚蒾
Viburnum subalpinum var. subalpinum=Viburnum subalpinum
Viburnum subglabrum Hay.=Viburnum formosanum
Viburnum sympodiale Graebn.(Hand.-Mazz.in Symb.Sin.1936 ,p.p.)= Viburnum nervosum
Viburnum sympodiale Graebn.合轴荚蒾
Viburnum taihasense Hay.=Viburnum morrisonense
Viburnum taitoense Hay.台东荚蒾
Viburnum taiwanianum Hay.=Viburnum urceolatum
Viburnum taquetii Lévl.=Viburnum erosum var. taquetii
Viburnum tengyuehense (W.W.Sm.) Hsu 腾越荚蒾
Viburnum tengyuehense var. polyneurum (Hsu) Hsu 多脉腾越荚蒾
Viburnum tengyuehense var. tengyuehense=Viburnum tengyuehense
Viburnum ternatum Rehd.三叶荚蒾
Viburnum thaiyongense W.W.Sm?汕头荚蒾(新)
Viburnum theiferum Rehd.=Viburnum setigerum
Viburnum tomentosum Thunb.(Hance in J.Bot.1870)=Viburnum hanceanum
Viburnum tomentosum Thunb.=Viburnum plicatum var. tomentosum
Viburnum tomentosum f. *plenum* Rehd.=Viburnum plicatum
Viburnum tomentosum β. *sterile* K.Koch=Viburnum plicatum
Viburnum tomentosum γ. *plicatum* Maxim.=Viburnum plicatum
Viburnum touchanense Lévl.=Viburnum foetidum var. rectangulatum
Viburnum trabeculosum C.Y.Wu ex Hsu 横脉荚蒾
Viburnum triplinerve Hand.-Mazz.三脉叶荚蒾
Viburnum tsangii Rehd.=Viburnum hainanense
Viburnum tubulosum Hsu=Viburnum taitoense
Viburnum urceolatum S. & Z.壶花荚蒾
Viburnum utile Hemsl.(北研丛刊 1931 ,p.p.)=Viburnum schensianum
Viburnum utile Hemsl.烟管荚蒾
Viburnum utile var. *elaeagnifolium* Rehd.=Viburnum chinshanense
Viburnum utile var. *minor* Pamp.=Viburnum utile
Viburnum veitchii C.H.Wright=Viburnum glomeratum
Viburnum veitchii subsp. *magnificum* Hsu=Viburnum glomeratum subsp. magnificum
Viburnum veitchii subsp. *rotundifolium* Hsu=Viburnum glomeratum subsp. rotundifolium
Viburnum venulosum Benth.=Viburnum sempervirens
Viburnum villosifolium Hay.=Viburnum erosum
Viburnum wightianum Wall.=Viburnum erubescens
Viburnum willeanum Graebn.=Viburnum betulifolium
Viburnum wilsonii Rehd.=Viburnum hupehense
Viburnum wilsonii var. *adenophorum* (W.W.Sm.) Hand.-Mazz.=Viburnum hupehense
Viburnum wrightii Miq.(Rehd.in J.Arn.Arb.1927)=Viburnum hengshanicum
Viburnum wrightii Miq.浙皖荚蒾
Viburnum yamadai Barlett & Yamamoto=Viburnum parvifolium
Viburnum yunnanense Rehd.云南荚蒾
Viburum macrophyllum Thunb.=Hydrangea macrophylla
Vicatia DC.**凹乳芹属**(伞形科)
Vicatia bipinnata Shan & Pu 少裂凹乳芹
Vicatia coniifolia (Wall.) DC.凹乳芹
Vicatia millefolia C.B.Clarke=Vicatia coniifolia
Vicatia thibetica de Boiss.西藏凹乳芹
Vicia L.**野豌豆属**(豆科)
Vicia abbreviata (Fu & Chen Xia 短序野豌豆
Vicia albiflora Xia 白野豌豆
Vicia amoena Fisch. ex DC.山野豌豆
Vicia amoena f. albiflora P.Y.Fu & Y.A.Chen 白花山野豌豆
Vicia amoena var. amoena=Vicia amoena
Vicia amoena var. *angusta* Freyn=Vicia amoena
Vicia amoena var. *macrophylla* Litw. ex B.Fedtsch.=Vicia amoena
Vicia amoena var. oblongifolia Regel 狭叶山野豌豆
Vicia amoena var. pubescens Turcz.柔毛野豌豆
Vicia amoena var. sericea Kitag.绢毛山野豌豆
Vicia amurensis Oett.黑龙江野豌豆
Vicia amurensis f. alba Ohasi & Tateishi 三河野豌豆
Vicia amurensis f. *sanheensis* Y.Q.Jiang & S.M.Fu=Vicia amurensis f. Alba
Vicia amurensis var. *pratensis* (Kom.) Hara=Vicia amurensis
Vicia amurensis var. *silvatica* (Kom.) Hara=Vicia amurensis
Vicia angustifolia L. ex Reichard 窄叶野豌豆
Vicia angustiunguiculata Xia 窄爪野豌豆
Vicia apoda (Maxim.) Xia 短序歪头菜
Vicia baicalensis (Turcz.) Fedtsch.老豆秧
Vicia bakeri Ali 察隅野豌豆
Vicia bifolia Nakai=Vicia unijuga
Vicia bifurcata Xia 苞叶野豌豆
Vicia bungei Ohwi 大花野豌豆
Vicia chinensis Franch.华野豌豆
Vicia chinensis var. angustifolia Xia 窄叶华野豌豆
Vicia chinensis var. longiracemosa Xia 长序华野豌豆
Vicia cianshanensis (P.Y.Fu & Y.A.Chen) Xia 千山野豌豆
Vicia costata Ledeb.新疆野豌豆
Vicia costata var. angusta Xia 窄叶新疆野豌豆
Vicia cracca L.广布野豌豆
Vicia cracca f. *canescens* Maxim.=Vicia cracca var. canescens
Vicia cracca subsp. *tenuifolia* (Roth) Gaudin=Vicia tenuifolia
Vicia cracca var. albiflora Trautv.白花广布野豌豆
Vicia cracca var. canescens Maxim. ex Franch. & Sav.灰野豌豆
Vicia cracca var. cracca=Vicia cracca
Vicia cracca var. *lilacina* (Ledeb.) Kryl.=Vicia lilacina
Vicia cracca var. *tenuifolia* Back.=Vicia tenuifolia
Vicia dasycarpa Ten.(B.Fedtsch.in Kom.Fl.USRR,1948)=Vicia varia
Vicia dasycarpa Ten.苕子
Vicia deflexa Nakai 弯折巢菜
Vicia dichroantha Diels 二色野豌豆
Vicia edentata Wang & Tang=Vicia kulingiana
Vicia edentata f. minima Lou 小叶无萼齿野豌豆
Vicia faba L.蚕豆
Vicia faurice var. *unijuga* Matsum.=Vicia unijuga
Vicia geminiflora Trautv.索伦野豌豆
Vicia gigantea Bge.大野豌豆
Vicia hirsuta (L.) S.F.Gray 小巢菜
Vicia japonica A.Gray.(Grub.in Consp.Fl.Mar.1955)=Vicia amurensis
Vicia japonica A.Gray 东方野豌豆
Vicia japonica var. *laxiracemis* Ohwi=Vicia japonica
Vicia japonica var. *pratensis* Kom.=Vicia amurensis
Vicia japonica var. *silvatica* Kom.=Vicia amurensis
Vicia kioshanica Bailey 确山野豌豆
Vicia kulingiana Bailey 牯岭野豌豆
Vicia latibracteolata K.T.Fu 宽苞野豌豆
Vicia latibracteolata var. *acerosa* K.T.Fu=Vicia latibracteolata
Vicia latiuniquiculata Xia 宽爪野豌豆
Vicia latiuniquiculata f. albiflora Xia 白花宽爪野豌豆
Vicia lilacina Ledeb.阿尔泰野豌豆
Vicia longicuspis Xia 长齿野豌豆
Vicia mairei Lévl.=Vicia dichroantha
Vicia megalotropis Ledeb.大龙骨野豌豆
Vicia megalotropis f. *stenophylla* Franch.=Vicia megalotropis
Vicia megalotropis var. *stenophylla* (Franch.) Wang & Tang=Vicia megalotropis
Vicia multicaulis Ledeb.多茎野豌豆
Vicia multijuga Xia 多叶野豌豆
Vicia nummularia Hand.-Mazz.西南野豌豆
Vicia ohwiana Hosokawa 头序歪头菜
Vicia pallida H.W.Kung=Vicia latibracteolata
Vicia pallida Turcz.(Baker in Fl.Brit.Ind.1876)=Vicia bakeri
Vicia pallida Turcz.=Vicia japonica
Vicia pallida var. *pratensis* (Kom.) Nakai=Vicia amurensis
Vicia pannonica Crantz.褐毛野豌豆
Vicia perelegans K.T.Fu 精致野豌豆
Vicia pilosa Xia 毛野豌豆
Vicia pilosa var. albiflora Xia 白花毛野豌豆
Vicia polyphylla Xia 众叶野豌豆(新)
Vicia pseudocracca Liou & Fu=Vicia amoena var. sericea
Vicia pseudorobus Fisch. ex C.A.Meyer 大叶野豌豆

Vicia pseudorobus f. albiflora (Nakai) P.Y.Fu & Y.A.Chen 白花大野豌豆
Vicia pseudorobus f. breviramea P.Y.Fu & Y.A.Chen 短序大野豌豆
Vicia pseudorobus f. pseudorobus=Vicia pseudorobus
Vicia pseudorobus var. *albiflora* Nakai=Vicia pseudorobus f. Albiflora
Vicia pseudorobus var. tanakae Makino 四叶大野豌豆
Vicia quinquenervia Miq.=Lathyrus quinquenervius
Vicia ramuliflora (Maxim.) Ohwi 北野豌豆
Vicia ramuliflora f. abbreviata P.Y.Fu & Y.A.Chen 辽野豌豆
Vicia ramuliflora f. *baicalensis* (Turcz.) P.Y.Fu & Y.A.Chen=Vicia ramuliflora
Vicia ramuliflora f. *chianshanensis* P.Y.Fu & Y.A.Chen=Vicia cianshanensis
Vicia ramuliflora f. ramuliflora=Vicia ramuliflora
Vicia sativa L.救荒野豌豆
Vicia sativa subsp. *nigra* (L.) Ehrh=Vicia angustifolia
Vicia sativa var. *angustifolia* Wahlb.=Vicia angustifolia
Vicia sativa var. *nigra* L.=Vicia angustifolia
Vicia sepium L.野豌豆
Vicia sinkiangensis H.W.Kung=Vicia costata
Vicia taipaica K.T.Fu 太白野豌豆
Vicia tenera var. *yunnanensis* Franch.=Vicia dichroantha
Vicia tenuifolia Roth 细叶野豌豆
Vicia tenuifolia f. albiflora Xia 白花细叶野豌豆
Vicia ternata Xia 三尖野豌豆
Vicia tetrantha H.W.Kung 四花野豌豆
Vicia tetrasperma (L.) Schreber 四籽野豌豆
Vicia tibetica C.A.C.Fisch.西藏野豌豆
Vicia tridentata Bge.=Vicia bungei
Vicia tridentifolia Xia 三齿野豌豆
Vicia unijuga A.Br.歪头菜
Vicia unijuga f. albiflora Kitag.白花歪头菜
Vicia unijuga var. *angustifolia* Nakai=Vicia unijuga
Vicia unijuga var. *apoda* Maxim.=Vicia ohwiana
Vicia unijuga var. *bracteata* Franch. & Savat=Vicia unijuga
Vicia unijuga var. *breviramea* Nakai=Vicia unijuga
Vicia unijuga var. *ohwiana* (Hosokawa) Nakai=Vicia ohwiana
Vicia unijuga var. trifoliolata Xia 三叶歪头菜
Vicia unijuga var. unijuga=Vicia unijuga
Vicia ussuriensis Oett.=Vicia amurensis
Vicia varia Host.欧洲苕子
Vicia venosa (Willd.) Maxim.柳叶野豌豆
Vicia venosa var. *willdenowiana* Maxim.=Vicia venosa
Vicia venosa var. *willdenowiana* Miura=Lathyrus vaniotii
Vicia villosa Roth 长柔毛野豌豆
Vicia villosa f. albiflora Xia 白花柔毛野豌豆
Vicia villosa subsp. *varia* (Host) Corb.=Vicia varia
Vicia wushanica Xia 武山野豌豆
Vicoa Cass.=**Pentanema**
Vicoa appendiculata (Wall.) DC.=Pentanema indicum
Vicoa auriculata Cass.(Dunn in J.L.Soc.Bot.1911)=Pentanema indicum var. hypoleucum
Vicoa auriculata Cass.=Pentanema indicum
Vicoa aurita DC.=Pentanema indicum
Vicoa cernua Dalx. & Gibs.=Pentanema cernuum
Vicoa indica (L.) DC.=Pentanema indicum
Vicoa vestita Benth.=Pentanema vestitum
Victoria Lindl.**王莲属**(睡莲科)
Victoria amazonica J.de C.Soweby 王莲
Victoria cruziana Orb.克鲁兹王莲
Viginerixia Pmel.=**Picris**
Vigna Savi **豇豆属**(豆科)
Vigna aconitifolius (Jacq.) Marechal 乌头叶豇豆
Vigna acuminata Hay.狭叶豇豆
Vigna angularis (Willd.) Ohwi & Ohashi 赤豆
Vigna angularis var. nipponensis (Ohwi) Ohwi & Ohashi 日本赤豆
Vigna calcarata (Roxb.) Kurz=Vigna umbellata
Vigna catjang (Burm.f.) Walp.=Vigna unguiculata subsp. cylindrica
Vigna cylindrica (L.) Skeels=Vigna unguiculata subsp. cylindrica
Vigna glabra Savi 光藊豆
Vigna gracilicaulis (Ohwi) Ohwi & Ohashi 细茎豇豆
Vigna lutea (Sw.) A.Gray=Vigna marina
Vigna luteola (Jacq.) Benth.长叶豇豆
Vigna marina (Burm.) Merr.滨豇豆
Vigna minima (Roxb.) Ohwi & Ohashi 贼小豆
Vigna minima f. dimorphophylla T.L.Wu 台湾小豇豆
Vigna minima f. *heterophylla* (Hay.) Ohwi & Ohashi=Vigna minima f. Dimorphophylla
Vigna minima f. linearis (Hosokawa) Huang & Ohashi 细叶小豇豆
Vigna minima f. minima=Vigna minima
Vigna mungo(L.) Hepper (Hepper in Fl.W.Trop.Afr.1958)=Vigna radiata
Vigna pilosa (Klein ex Willd.) Baker 毛豇豆
Vigna radiata (L.) Wilczek 绿豆
Vigna reflexo-pilosa Hay.卷毛豇豆
Vigna repens (L.) Kuntze=Vigna luteola
Vigna riukiuensis (Ohwi) Ohwi & Ohashi 琉球豇豆
Vigna sesquipedalis var. *sesquipedalis* (L.) Ohashi=Vigna unguiculata subsp. sesquipedalis
Vigna sinensis (L.) Hassk.=Vigna unguiculata
Vigna sinensis subsp. *cylindrica* (L.) Van. Eseltine=Vigna unguiculata subsp. cylindrica
Vigna sinensis subsp. *sesquipedalis* (L.) Van Eseltine=Vigna unguiculata subsp. sesquipedalis
Vigna sinensis subsp. *sinensis* Mansf.=Vigna unguiculata
Vigna sinensis var. *catjang*(Burm.f.) Chiov.=Vigna unguiculata subsp. cylindrica
Vigna sinensis var. *sesquipedalis* (L.) Aschers. & Schweinf.=Vigna unguiculata subsp. sesquipedalis
Vigna stipulata Hay.黑种豇豆
Vigna trilobata (L.) Verdc.三裂叶豇豆
Vigna umbellata (Thunb.) Ohwi & Ohashi 赤小豆
Vigna unguiculata (L.) Walp.豇豆
Vigna unguiculata subsp. *catjang*(Burm.f.) Chov.=Vigna unguiculata subsp. cylindrica
Vigna unguiculata subsp. cylindrica (L.) Verdc.短豇豆
Vigna unguiculata subsp. sesquipedalis (L.) Verdc.长豇豆
Vigna unguiculata subsp. unguiculata=Vigna unguiculata
Vigna unguiculata var. *catjang* (Burm.f.) Bertoni=Vigna unguiculata subsp. cylindrica
Vigna unguiculata var. *cylindricus* (L.) Ohashi=Vigna unguiculata subsp. cylindrica
Vigna unguiculata var. *unguicula* Ohashi=Vigna unguiculata
Vigna vexillata (L.) Rich.野豇豆
Vigna vexillata var. *puriflora* Franch.=Vigna vexillata
Vigna vexillata var. *yunnanensis* Franch.=Vigna vexillata
Vignea P.Beauv.=**Carex**
Vilfa Adans.=**Agrostis**
Vilfa diandra (Retz.) Trin.=Sporobolus diander
Vilfa piliferus Trin.=Sporobolus piliferus
Vilfa retzii Steud.=Sporobolus diander
Vilfa virginica (L.) Beauv.=Sporobolus virginicus
Villebrunea Gaudich.=**Oreocnide**
Villebrunea appendiculata Wedd.=Oreocnide integrifolia
Villebrunea boniana Gagn.=Oreocnide boniana
Villebrunea frutescens (Thunb.) Bl.p.p.=Oreocnide frutescens subsp. occidentalis
Villebrunea frutescens (Thunb.) Bl.p.p=Oreocinide frutescens
Villebrunea frutescens var. *hirsuta* Pamp.=Oreocinide frutescens
Villebrunea fruticosa (Gaudich.) Nakai=Oreocinide frutescens
Villebrunea fruticosa Nakai (Matsum. & Hay. in J.Coll.Sci.Univ.Tokyo 196)=Oreocnide pedunculata
Villebrunea intefrifolia Gaudich.(Gagn.in Fl.Gén.Indo-Chine 1929)= Oreocnide integrifolia subsp. subglabra
Villebrunea integrifolia Gaudich.=Oreocnide integrifolia
Villebrunea integrifolia var. *sylvatica* HK.f.=Oreocnide rubescens
Villebrunea microcephala (Benth.) Nakai=Oreocnide frutescens
Villebrunea paradoxa Gagn.=Oreocnide obovata var. paradoxa
Villebrunea pedunculata Shirai=Oreocnide pedunculata
Villebrunea petelotii Gagn.=Oreocnide obovata
Villebrunea rubescens (Bl.) Bl.=Oreocnide rubescens
Villebrunea scabra (Bl.) Wedd.=Oreocnide rubescens
Villebrunea sylvatica (Bl.) Bl.=Oreocnide rubescens
Villebrunea sylvatica var. *integrifolia* Wedd.=Oreocnide integrifolia subsp. subglabra
Villebrunea tonkinensis Gagn.=Oreocnide tonkinensis
Vinca L.**蔓长春花属**(夹竹桃科)

Vinca major L.蔓长春花
Vinca major cv. Variegata 花叶蔓长春花
Vinca major var. *variegata* Lud.=Vinca major
Vinca minor L.小蔓长春花
Vinca rosea L.=Catharanthus roseus
Vinca rosea var. *alba* Sweet ex Hubb.=Catharanthus roseus
Vinca speciosa Salisb.=Catharanthus roseus
Vincetoxicum Medicus=**Cynanchum**
Vincetoxicum Wolf.=**Cynanchum**
Vincetoxicum acuminatum Decne.= Cynanchum acuminatifolium
Vincetoxicum affine O.Kuntze=Cynanchum mooreanum
Vincetoxicum alatum O.Kuntze=Cynanchum alatum
Vincetoxicum album Asch.=Cynanchum vincetoxicum
Vincetoxicum amplexicaule S. & Z.=Cynanchum amplexicaule
Vincetoxicum amplexicaule var. *castaneum* Kitag.=Cynanchum amplexicaule
Vincetoxicum ascyrifolium Franch. & Sav.= Cynanchum acuminatifolium
Vincetoxicum atratum Morr. & Decne.=Cynanchum atratum
Vincetoxicum auriculatum O.Kuntze=Cynanchum auriculatum
Vincetoxicum balfourianum (Schlech.) C.Y.Wu & D.Z.Li=Cynanchum forrestii
Vincetoxicum biondioides (W.T.Wang) C.Y.Wu & D.Z.Li=Cynanchum biondioides
Vincetoxicum callialata O.Kuntze=Cynanchum callialatum
Vincetoxicum callialatum (Buch.-Ham. ex Wight) Ktz.=Cynanchum callialatum
Vincetoxicum canescens (Willd.) Decne. =Cynanchum canescens
Vincetoxicum chekiangense (M.Cheng) C.Y.Wu & D.Z.Li=Cynanchum chekiangense
Vincetoxicum chinense S.Moore=Cynanchum mooreanum
Vincetoxicum deltoideum O.Kuntze=Cynanchum otophyllum
Vincetoxicum flexuosum (R.Br.) Ktz.=Tylophora flexuosa
Vincetoxicum floribundum (Miq.) Franch. & Sav.=Tylophora floribunda
Vincetoxicum fordii O.Kuntze=Cynanchum fordii
Vincetoxicum formosanum O.Kuntze=Cynanchum formosanum
Vincetoxicum forrestii (Schlech.) C.Y.Wu & D.Z.Li=Cynanchum forrestii
Vincetoxicum forrestii var. *stenolobum* (Tsiang & Zhang) C.Y.Wu & D.Z.Li=Cynanchum forrestii
Vincetoxicum glaucescens (Decne.) C.Y.Wu & D.Z.Li=Cynanchum glaucescens
Vincetoxicum glaucum (Wall. ex Wight) K.H.Rehd.=Cynanchum canescens
Vincetoxicum gracilipes (Tsiang & Zhang) C.Y.Wu & D.Z.Li=Cynanchum taihangense
Vincetoxicum hancockianum (Maxim.) C.Y.Wu & D.Z.Li=Cynanchum mongolicum
Vincetoxicum hastatum O.Kuntze=Cynanchum bungei
Vincetoxicum heydei O.Kuntze=Cynanchum heydei
Vincetoxicum hirundinaria subsp. *glaucum* (Wall. ex Wight) Hara= Cynanchum canescens
Vincetoxicum hybanthera Ktz.=Belostemma cordifolium
Vincetoxicum hydrophilum (Tsiang &Zhang) C.Y.Wu & D.Z.Li=Cynanchum hydrophilum
Vincetoxicum inamoenum Maxim.=Cynanchum inamoenum
Vincetoxicum insulanum O.Kuntze=Cynanchum insulanum
Vincetoxicum lateriflorum (Hemsl.) Kitag.=Cynanchum mongolicum
Vincetoxicum limprichtii (Schlech.) C.Y.Wu & D.Z.Li=Cynanchum forrestii
Vincetoxicum linearifolium O.Kuntze=Cynanchum stauntonii
Vincetoxicum macrophyllum var. *nikoense* Maxim.=Cynanchum inamoenum
Vincetoxicum mandshuricum Hance=Cynanchum versicolor
Vincetoxicum mandshuricum Hance=Cynanchum versicolor
Vincetoxicum mongolicum Maxim.=Cynanchum mongolicum
Vincetoxicum mongolicum var. *kancockianum* Maxim.=Cynanchum mongolicum
Vincetoxicum mongolicum β. *hancockianum* Maxim.=Cynanchum mongolicum
Vincetoxicum muliense (Tsiang) C.Y.Wu & D.Z.Li=Cynanchum forrestii
Vincetoxicum multinerve Franch. & Sav.=Cynanchum atratum
Vincetoxicum officinale Moench.=Cynanchum vincetoxicum
Vincetoxicum paniculatum (Bge.) C.Y.Wu & D.Z.Li=Cynanchum paniculatum
Vincetoxicum pubescens O.Kuntze=Cynanchum chinense
Vincetoxicum purpureum O.Kuntze=Cynanchum purpureum
Vincetoxicum pycnostelma Kitag.=Cynanchum paniculatum
Vincetoxicum riparium (Tsiang & Zhang) C.Y.Wu & D.Z.Li=Cynanchum riparium
Vincetoxicum sibiricum Decne.=Cynanchum thesioides
Vincetoxicum sibiricum var. *australe* Maxim.=Cynanchum thesioides var. australe
Vincetoxicum sibiricum var. *boreale* Maxim.=Cynanchum thesioides
Vincetoxicum sibiricum var. *sibriicum*=Cynanchum thesioides
Vincetoxicum stauntonii (Decne.) C.Y.Wu & D.Z.Li=Cynanchum stauntonii
Vincetoxicum stenophyllum O.Kuntze=Cynanchum stenophyllum
Vincetoxicum steppicola (Hand.- Mazz.) C.Y.Wu & D.Z.Li=Cynanchum forrestii
Vincetoxicum sublanceolatum (Miq.) Maxim.=Cynanchum sublanceolatum
Vincetoxicum taihangense (Tsiang & Zhang) C.Y.Wu & D.Z.Li= Cynanchum taihangense
Vincetoxicum thesioides Freyn=Cynanchum thesioides
Vincetoxicum tsiangii (P.T.Li) P.T.Li=Tylophora tsiangii
Vincetoxicum versicolor Decne.=Cynanchum versicolo
Vincetoxicum verticillatum O.Kuntze=Cynanchum verticillatum
Vincetoxicum verticillatum var. *arenicola* (Tsiang & Zhang) C.Y.Wu & D.Z. Li=Cynanchum verticillatum
Vincetoxicum volubile Maxim.=Cynanchum volubile
Vincetoxicum wallichii O.Kuntze=Cynanchum wallichii
Vincetoxicum wilfordi Ranch. & Sav.=Cynanchum wilforidii
Vinchia DC.=**Alstonia**
Viola L.堇菜属(堇菜科)
Viola acuminata Ledeb.鸡腿堇菜
Viola acuminata subsp. *austroussuriensis* W.Beck.=Viola acuminata
Viola acuminata var. *austroussuriensis* (W.Beck.) Kitag.=Viola acuminata
Viola acuminata var. acuminata=Viola acuminata
Viola acuminata var. *brevistipulata* (W.Beck.) Kitag.=Viola acuminata
Viola acuminata var. *dentata* W.Beck.=Viola acuminata
Viola acuminata var. pilifera C.J.Wang 毛花鸡腿堇菜
Viola acutifolia (Kar. & Kir.) W.Beck.尖叶堇菜
Viola acutilabella Hay.=Viola nagasawai
Viola adenothrix Hay.岩生堇菜
Viola adenothrix var. *tsugitakaensis* (Masam.) Wang=Viola tsugitakaensis
Viola adunca Smith 钩堇
Viola alata Burgersd.=Viola hamiltoniana
Viola alata subsp. *alata* W.Beck.=Viola hamiltoniana
Viola alata subsp. *verecunda* (A.Gray) W.Beck.=Viola verecunda
Viola albida Palib. ×*Viola chaerophylloides* (Regel) W.Beck.=Viola ×takahashi
Viola albida Palib.朝鲜堇菜
Viola albida f. *takahashii* (Nakai) Kitag.=Viola ×takahashi
Viola albida var. *chaerophylloides* (Regel) f.Maek.(p.p.)=Viola chaerophylloides
Viola albida var. *chaerophylloides* f.Maek.=Viola ×takahashi
Viola albida var. *takahaskii* Nakai=Viola ×takahashi
Viola alisoviana Kiss.=Viola philippica
Viola alisoviana f. *candida* (Kitag.) Takenouchi=Viola philippica
Viola alisoviana f. *intermedia* (Kitag.) Takenouchi=Viola philippica
Viola altaica Ker-Gawl.阿尔泰堇菜
Viola altaica subsp. *typica* W.Beck.=Viola altaica
Viola altaica var. *typica* Kupff.=Viola altaica
Viola amurica W.Beck.额穆尔堇菜
Viola angustistipulata Chang 狭托叶堇菜
Viola arcuata Bl.=Viola hamiltoniana
Viola arcuata var. *verecunda* (A.Gray) Nakai=Viola verecunda
Viola arenaria DC.=Viola rupestris
Viola arisanensis W.Beck.=Viola formosana
Viola arvensis Murr.耕地堇菜
Viola austroussriensis (W.Beck.) Kom.=Viola acuminata
Viola baicalensis W.Beck.=Viola variegata
Viola bambusetorum Hand.-Mazz.盐源堇菜
Viola betonicifolia J.E.Smith 戟叶堇菜
Viola betonicifolia subsp. *nepalensis* (Ging.) W.Beck.=Viola betonicifolia
Viola biacuta W.Beck.=Viola yezoensis
Viola biflora sensu HK.f. & Thoms.(p.p.)=Viola wallichiana
Viola biflora L.双花堇菜
Viola biflora var. *acutifolia* H.de Boiss.=Viola szetschwanensis
Viola biflora var. *ciliicalyx* H.de Boiss.=Viola szetschwanensis
Viola biflora var. *hirsuta* W.Beck.=Viola biflora
Viola biflora var. *nudicaulis* W.Beck.=Viola biflora
Viola biflora var. *platyphylla* Franch.=Viola biflora
Viola biflora var. *typica* H.de Boiss.=Viola biflora
Viola biflora var. *valdepilosa* Hand.-Mazz.=Viola biflora

Viola biflora β. *acutifolia* Kar. & Kir.=Viola acutifolia
Viola biflora β. *sitchensis* Regel=Viola acutifolia
Viola blanda Willd.白花芳香堇菜
Viola boissieui Lévl.=Viola delavayi
Viola borealis Weinm.=Viola selkirkii
Viola brachycentra Hay.=Viola adenothrix
Viola brachyceras Turcz.兴安圆叶堇菜
Viola brachysepala Maxim.=Viola mirabilis
Viola bruneostipulosa Hand.-Mazz.=Viola grandisepala
Viola bulbosa Maxim.(高等图鉴 1972,秦岭志 1981)=Viola tuberifera
Viola bulbosa Maxim.鳞茎堇菜
Viola bulbosa subsp. *tuberifera* (Franch.) W.Beck.=Viola tuberifera
Viola bulbosa var. *brevipedicellata* S.Y.chen=Viola tuberifera
Viola bulbosa var. *francheti* H.de Boiss.=Viola tuberifera
Viola caespitosa D.Don=Viola betonicifolia
Viola calcarata L.距堇
Viola cameleo H.de Boiss.阔紫叶堇菜
Viola canadensis L.北美堇菜
Viola canescens Wall.灰堇菜
Viola canescens subsp. *lanuginosa* W.Beck.=Viola principis
Viola canina var. *acuminata* (Ledeb.) Regel=Viola acuminata
Viola canina var. *kamtschatica* Ging.=Viola sacchalinensis
Viola canina var. *rupestris* Rgl. & Herd.=Viola rupestris
Viola canina δ. *rupestris* Regel=Viola rupestris
Viola canina ε. *japonica* Ging.=Viola grypoceras
Viola chaerophylloides (Regel) W.Beck.南山堇菜
Viola chinensis G.Don (Kom.Fl.Mansh.1905)=Viola prionantha
Viola collina Bess.球果堇菜
Viola collina var. collina=Viola collina
Viola collina var. intramongolica C.J.Wang 光叶球果堇菜
Viola concordifolia C.J.Wang 心叶堇菜
Viola conferta (W.Beck.) Nakai=Viola orientalis
Viola confertifolia Chang 密叶堇菜
Viola confusa Champ. ex Benth.(p.p.)=Viola philippica
Viola confusa Champ. ex Benth.=Viola incospicua
Viola conilii Franch. & Sav.=Viola phalacrocarpa
Viola conspersa Reichb.数花堇菜(新)
Viola cordifolia W.Beck.=Viola concordifolia
Viola cornuta L.角堇
Viola cornuta cv. Alba 白角堇菜
Viola cornuta cv. Atropurpurea 紫角堇菜
Viola cornuta cv. Lutea Splendens 金黄角堇菜
Viola cucullata Ait 蓝花湿生堇菜
Viola cuspidifolia W.Beck.鄂西堇菜
Viola dactyloides Roem. & Schult.掌叶堇菜
Viola dactyloides var. *multipartita* W.Beck.=Viola dactyloides
Viola daiskei Kitag.凤凰堇菜
Viola davidii Franch.(p.p.)=Viola schneider
Viola davidii Franch.深圆齿堇菜
Viola davidii var. *paucicrenata* W.Beck.=Viola davidii
Viola delavayi Franch.灰叶堇菜
Viola delavayi var. *villosa* W.Beck.=Viola delavayi
Viola deltoidea Yatabe=Viola raddeana
Viola diamantiaca Nakai 大叶堇菜
Viola diamantiaca f. *glabrior* (Kitag.) Kitag.=Viola diamantiaca
Viola diamantiaca var. *glabrior* Kitag.=Viola diamantiaca
Viola diffusa Ging.七星莲
Viola diffusa subsp. *tenuis* W.Beck.=Viola diffusa
Viola diffusa var. brevibarbata C.J.Wang 短须毛七星莲
Viola diffusa var. *brevisepala* W.Beck.=Viola diffusa
Viola diffusa var. *glabella* H.de Boiss.=Viola diffusoides
Viola diffusa var. *tomentosa* W.Beck.=Viola diffusa
Viola diffusoides C.J.Wang 光蔓堇菜
Viola dissecta Ledeb.裂叶堇菜
Viola dissecta f. *pubescens* (Regel) Kitag.=Viola dissecta
Viola dissecta var. *albida* (Palib.) Nakai=Viola albida
Viola dissecta var. *angustisecta* W.Beck.=Viola dissecta
Viola dissecta var. *chaerophylloides* subvar. *albida* (Palib.) Makino=Viola albida
Viola dissecta var. *chaerophylloides* subvar. *multifida* Makino=Viola ×takahashi
Viola dissecta var. *chaerophyloloides* (Regel) Makino=Viola chaerophylloides
Viola dissecta var. *latisecta* W.Beck.=Viola dissecta
Viola dissecta var. *multifida* W.Beck.=Viola dissecta
Viola dissecta var. *pubescens* (Regel) Kitag.=Viola dissecta
Viola distans Wall.=Viola hamiltoniana
Viola dolichoceras C.J.Wang 长距堇菜
Viola douglasii Steud.道格拉斯堇菜
Viola eizanensis Makino 日本堇菜
Viola elatior Fires 高堇菜
Viola elegantula Schott 紫红堇菜
Viola enneasperma L.=Hybanthus enneaspermus
Viola epipsila Ledeb.溪堇菜
Viola epipsila subsp. *palustroides* W.Beck.=Viola epipsila
Viola epipsila subsp. *repens* (Turcz.) W.Beck.=Viola epipsila
Viola excisa Hance=Viola hamiltoniana
Viola faurieana W.Beck.长梗紫花堇菜
Viola fischeri Sweet=Viola gmeliniana
Viola fissifolia Kitag.总裂叶堇菜
Viola flettii Piper 弗雷特堇菜
Viola florariensis Correvon 四季堇菜
Viola formosana Hay.(台湾志 1977)=Viola formosana var. kawakamii
Viola formosana Hay.台湾堇菜
Viola formosana var. kawakamii (Hay.) Wang 长柄台湾堇菜
Viola formosana var. *tozanensis* (Hay.) Hsieh=Viola formosana
Viola forrestiana W.Beck.羽裂堇菜
Viola franchetii H.de Boiss.=Viola rossii
Viola funghuangensis P.Y.Fu & Y.C.Teng=Viola monbeigii
Viola fusiformis Sm.=Viola gmeliniana
Viola glabella Nutt.=Viola diffusoides
Viola gmeliniana Roem. & Schult.兴安堇菜
Viola gmeliniana var. *albiflora* W.Beck.=Viola gmeliniana
Viola gmeliniana α. *glabra* Ledeb.=Viola gmeliniana
Viola gmeliniana α. *hispida* Ledeb.=Viola gmeliniana
Viola gmeliniana β. *glabra* Rgl. & Herd.=Viola kunawarensis
Viola gmeliniana β. *scorpiurifolia* DC.=Viola gmeliniana
Viola gracilis Sibth. & Smith 细线堇菜
Viola grandisepala W.Beck.阔萼堇菜
Viola grayi Franch. & Sav.(Franch.Pl.David.1884,高等图鉴补编 1983)=Viola faurieana
Viola grypoceras A.Gray 紫花堇菜
Viola grypoceras var. *barbata* W.Beck.=Viola grypoceras
Viola hallii Gray 霍尔堇菜
Viola hamiltoniana D.Don 如意草
Viola hancockii W.Beck.西山堇菜
Viola hastata Michx.戟堇
Viola hederacea Labill.澳洲堇菜
Viola hediniana W.Beck.紫叶堇菜
Viola henryi H.de Boiss.(高等图鉴补编 1983)=Viola hediniana
Viola henryi H.de Boiss.巫山堇菜
Viola hernyi var. *cameleo*(H.de Boiss.) Chang=Viola cameleo
Viola himalayensis W.Beck.西马拉雅堇菜
Viola hirta L.(Turcz.in Fl.Baical-Dahur.1842-45)=Viola collina
Viola hirta L.硬毛堇菜
Viola hirta subsp. *brevifimbriata* W.Beck.=Viola hirta
Viola hirta subsp. *longiffimbriata* W.Beck.=Viola hirta
Viola hirta var. *collina* (Bess.) Regel=Viola collina
Viola hirta var. *glabella* Regel=Viola phalacrocarpa
Viola hirta α. *typica* Maxim.=Viola hirta
Viola hirtipedoides W.Beck.=Viola hirtipes
Viola hirtipes S.Moore 毛柄堇菜
Viola hookeri Thoms.=Viola sikkimensis
Viola hopheinensis J.W.Wang & T.G.Ma=Viola yezoensis var. hopeiensis
Viola hossei W.Beck.光叶堇菜
Viola hsinganensis Taken.=Viola mandshurica
Viola hunanensis Hand.-Mazz.湖南堇菜
Viola hypoleuca Hay.=Viola formosana var. kawakamii
Viola imberbis Ledeb.(p.p.)=Viola selkirkii
Viola impatiensis Lévl.=Viola delavayi
Viola incisa var. *acuminata* Franch. & Sav.=Viola savatieri
Viola inconspicua subsp. *dielsiana* W.Beck.=Viola incospicua
Viola incospicua Bl.长萼堇菜

Viola japonica Langsd.犁头草
Viola jettmari Hand.-Mazz.=Viola fissifolia
Viola kamtschatica Ging.=Viola selkirkii
Viola kamtschatica δ. *pekinensis* Regel=Viola pekinensis
Viola kanoi Sasaki=Viola biflora
Viola kawakamii Hay.=Viola formosana var. kawakamii
Viola kawakamii var. *stenopetala* Hay.=Viola formosana var. kawakamii
Viola kiangsiensis W.Beck.江西堇菜
Viola kiusiana Makino=Viola diffusa
Viola komarovii W.Beck.=Viola sacchalinensis
Viola krugiana W.Beck.=Viola grypoceras
Viola kunawarensis Royle 西藏堇菜
Viola kunawarensis var. *angustifolia* W.Beck.=Viola kunawarensis
Viola kwangtungensis Melch.=Viola mucronulifera
Viola laciniosa A.Gray=Viola acuminata
Viola lactiflora Nakai 白花堇菜
Viola lanceolata L.披针叶堇菜
Viola lasiostipes Nakai=Viola muehldorfii
Viola leveillei H.de Boiss.=Viola grypoceras
Viola lianhuashanensis C.J.Wang & K.Sun 莲花山堇菜
Viola limprichitiana W.Beck.=Viola lactiflora
Viola lobata Benth.长裂堇菜
Viola lucens W.Beck.亮毛堇菜
Viola macroceras Bge.大距堇菜
Viola magnifica C.J.Wang & X.D.Wang 犁头叶堇菜
Viola mainlingensis S.Y.Chen=Viola szetschwanensis
Viola mandshurica W.Beck.东北堇菜
Viola mandshurica f. albiflora P.Y.Fu & Y.C.Teng.白花东北堇菜
Viola mandshurica f. *ciliata* (Nakai) f. Maekawa=Viola mandshurica
Viola mandshurica f. *glabra* (Naka) Hiyama=Viola mandshurica
Viola mandshurica f. *macrantha* (Maxim.) Nakai ex Kitag.=Viola mandshurica
Viola mandshurica f. *mandshurica*=Viola mandshurica
Viola mandshurica var. *ciliata* Nakai=Viola mandshurica
Viola mandshurica var. *glabra* Nakai=Viola mandshurica
Viola matsudai Hay.=Viola formosana var. kawakamii
Viola matsumurae Makino=Viola rossii
Viola mauritii Tepl.茂丽堇菜
Viola micrantha prol. *brevistipulata* W.Beck.=Viola acuminata
Viola micrantha prol. *grandistipulata* lus *austroussuriensis* (W.Beck.) W.Beck.= Viola acuminata
Viola micrantha prol. *grandistipulata* W.Beck.=Viola acuminata
Viola micrantha Turcz.=Viola acuminata
Viola microdonta Chang 细齿堇菜
Viola mirabilis L.奇异堇菜
Viola mirabilis var. *brachyspala* Regel=Viola mirabilis
Viola mirabilis var. *glaberrima* W.Beck.=Viola mirabilis
Viola mirabilis var. *platysepala* Kitag.=Viola mirabilis
Viola mirabilis var. *subglabra* Ledeb.=Viola mirabilis
Viola mirabilis var. *subglabra* f. *latisepala* W.Beck.=Viola mirabilis
Viola mirabilis var. *subglabra* f. *strigosa* W.Beck.=Viola mirabilis
Viola mirabilis var. *vulgaris* Ldeb.=Viola mirabilis
Viola missouriensis Greene 密苏里堇菜
Viola miyabei Makino=Viola hirtipes
Viola monbeigii W.Beck.维西堇菜
Viola mongolica Franch.蒙古堇菜
Viola montana L.(p.p.)=Viola elatior
Viola montana α. *elatior* Regel=Viola elatior
Viola moupinensis Franch.萱
Viola moupinensis var. lijiangensis C.J.Wang 黄花萱
Viola moupinensis var. moupinensis=Viola moupinensis
Viola mucronulifera Hand.-Mazz.小尖堇菜
Viola muehldorfii Kiss.大黄花堇菜
Viola mutsuensis W.Beck.=Viola sacchalinensis
Viola nagasawai Makino & Hay.台北堇菜
Viola nagasawai var. *acutilabella* (Hay.) Nakai=Viola nagasawai
Viola nagasawai var. pricei (W.Beck.) Wang 锐叶台北堇菜
Viola napellifolia Nakai=Viola chaerophylloides
Viola nuda W.Beck.裸堇菜
Viola nudicaulis (W.Beck.) S.Y.Chen=Viola biflora
Viola nuttallii Pursh.纽托尔堇菜
Viola oblongosagittata f. *ishizakii* Yamam.=Viola mandshurica
Viola oblongosagittata Nakai=Viola betonicifolia
Viola oblongosagittata var. *violascens* Nakai=Viola betonicifolia
Viola ocellata Torr. & Gray 眼斑堇菜
Viola odorata L.香堇菜
Viola oligoceps Chang 分蘖堇菜
Viola orientalis (Maxim.) W.Beck.东方堇菜
Viola orientalis var. *conferta* W.Beck.=Viola orientalis
Viola palmata Pattrin ex Ging.=Viola dactyloides
Viola palustris L.湿生堇菜
Viola palustris var. *epipsila* (Ledeb.) Maxim.=Viola epipsila
Viola palustris var. *moupinensis* Franch.=Viola moupinensis
Viola papilionacea Pursh.蝶形花堇菜
Viola patrinii DC. ex Ging.(Diels,Fl.Centr.Chin.1901,p.p.)=Viola incospicua
Viola patrinii DC. ex Ging.(HK.f. & Thoms.in Fl.Brit.Ind.1875,p.p.)= Viola betonicifolia
Viola patrinii DC. ex Ging.(Matsuda in Bot.Mag.Tokyo 1912)=Viola lactiflora
Viola patrinii DC. ex Ging.白花地丁
Viola patrinii f. *glabrta* (Nakai) f.Maekawa=Viola patrinii
Viola patrinii f. *hispida* W.Beck.=Viola patrinii
Viola patrinii f. *prunellaefolia* (Nakai) f.Maekawa=Viola patrinii
Viola patrinii var. *acuminata* (Franch. & Sav.) Makino=Viola savatieri
Viola patrinii var. *caespitosa* Ridl.=Viola betonicifolia
Viola patrinii var. *macrantha* Maxim.=Viola mandshurica
Viola patrinii var. *napaulensis* Ging.=Viola betonicifolia
Viola patrinii var. *subsagitata* Maxim.=Viola patrinii
Viola patrinii β. *chinensis* Ging.(Franch.Pl.David.1884)=Viola prionantha
Viola pedata L.鸟爪堇菜
Viola pedata var. concolor Holm.大花鸟爪堇菜
Viola pedatifida Don 草原堇菜
Viola pedunculata Torr. & Gray 加州堇菜
Viola pekinensis (Regel) W.Beck.北京堇菜
Viola pendulicarpa W.Beck.悬果堇菜
Viola phalacrocarpa Maxim.茜堇菜
Viola phalacrocarpa var. *pallida* Yatabe=Viola hirtipes
Viola philippica Cav.紫花地丁
Viola philippica f. *candida* (Kitag.) Kitag.=Viola philippica
Viola philippica f. *intermedia* (Kitag.) Kitag.=Viola philippica
Viola philippica subsp. *malesica* W.Beck.=Viola philippica
Viola philippica subsp. *munda* W.Beck.=Viola philippica
Viola pilosa Bl.匍匐堇菜
Viola pinnata L.(p.p.)=Viola dissecta
Viola pinnata var. *chaerophylloides* Regel=Viola chaerophylloides
Viola pinnata var. *dissecta* lus.*glabra* Regel=Viola dissecta
Viola pinnata var. *dissecta* lus.*pubescens* Regel=Viola dissecta
Viola pinnata var. *dissecta* Turcz.=Viola dissecta
Viola pinnata var. *sibirica* Ging.=Viola dissecta
Viola polymorpha Chang 多形堇菜
Viola praemorsa Gougl.啮蚀堇菜
Viola prattii W.Beck.=Viola szetschwanensis
Viola priceana Pollard 丛生堇菜
Viola pricei W.Beck.=Viola nagasawai var. pricei
Viola primulaefolia L.=Viola patrinii
Viola primulaefolia var. *glabra* Nakai=Viola patrinii
Viola principis H.de Boiss.柔毛堇菜
Viola principis var. acutifolia C.J.Wang 尖叶柔毛堇菜
Viola prionantha Bge.早开堇菜
Viola prionantha var. prionantha=Viola prionantha
Viola prionantha var. *sylvatica* Kitag.=Viola prionantha
Viola prionantha var. trichantha C.J.Wang 毛花早开堇菜
Viola pseudoarcuata Chang 假如意草
Viola pseudobambusetorum Chang 圆叶堇菜
Viola pseudomonbeigii Chang 多花堇菜
Viola pubescens Ait.柔毛堇菜
Viola pycnophylla Franch. & Sav.=Viola yezoensis
Viola raddeana Regel 立堇菜
Viola raddeana var. *japonica* Makino=Viola raddeana
Viola reniformis Wall.=Viola wallichiana
Viola repens Turcz.=Viola epipsila
Viola rhodosepala Kitag.红萼堇菜
Viola riviniana Reichb.里文堇菜

Viola rockiana W.Beck.圆叶小堇菜
Viola rossii Hemsl. ex Forbes & Hemsl.辽宁堇菜
Viola rosthornii Pritz.=Viola moupinensis
Viola rostrata Pursh.喙状堇菜(新)
Viola rotundifolia Michx.圆叶堇菜
Viola rugulosa Greene 匍匐茎堇菜
Viola rupestris F.W.Schmidt 石生堇菜
Viola rupestris subsp. licentii W.Beck.长托叶石生堇菜
Viola rupestris subsp. rupestris=Viola rupestris
Viola rupicola Elmer (Merr.in Enum.Philip.1923,p.p.)=Viola adenothrix
Viola sacchalinensis H.de Boiss.库页堇菜
Viola sagittata Ait.箭堇
Viola savatieri Makino 辽东堇菜
Viola savatieri f. *detonsa* (Kitag.) Kitag.=Viola savatieri
Viola savatieri var. *detonsa* Kitag.=Viola savatieri
Viola saxatilis F.W.Schmidt 石岩生堇菜(新)
Viola schensiensis W.Beck.陕西堇菜
Viola schneider W.Beck.浅圆齿堇菜
Viola schyulzeana W.Beck.肾叶堇菜
Viola selkirhii var. *angustistipulata* W.Beck.=Viola selkirkii
Viola selkirhii var. *brevicalcarata* W.Beck.=Viola selkirkii
Viola selkirkii Pursh ex Gold.深山堇菜
Viola selkirkii var. subbarbata W. Beck.?须毛堇菜(新)
Viola septentrionalis Greene 北方堇菜
Viola serpens Wall. ex Ging.=Viola pilosa
Viola serpens var. *canescens* (Wall.) HK.f. & Thoms.=Viola canescens
Viola serrula W.Beck.小齿堇菜
Viola sieboldiana var. *chaerophylloides* (Regel) Nakai=Viola chaerophylloides
Viola sikkimensis W.Beck.锡金堇菜
Viola sikkimensis var. *debilis* W.Beck.=Viola davidii
Viola sissecta var. *takahasii* Nakai=Viola ×takahashi
Viola smithiana W.Beck.=Viola davidii
Viola sphaerocarpa W.Beck.圆果堇菜
Viola stenocentra Hay. ex Nakai=Viola philippica
Viola stewardiana W.Beck.庐山堇菜
Viola striata Ait.具纹堇菜
Viola suffruticosa L.=Hybanthus enneaspermus
Viola sylvatica var. *imberbis* A.Gray=Viola grypoceras
Viola sylvestris Kitaib.(Forb. & Hemsl.in J.L.Soc.1886)=Viola grypoceras
Viola sylvestris Ledeb.(p.p.)=Viola sacchalinensis
Viola sylvestris a. *typica* Maxim.=Viola sacchalinensis
Viola sylvestris γ. *grypoceras* (A.Gray) Maxim.=Viola grypoceras
Viola szetschwanensis W.Beck. & H.de Boiss.四川堇菜
Viola szetschwanensis var. kangdienensis Chang 康定堇菜
Viola szetschwanensis var. *nudicaulis* W.Beck.=Viola szetschwanensis
Viola taishanensis C.J.Wang 泰山堇菜
Viola taiwanensis W.Beck.=Viola adenothrix
Viola taiwaniana Nakai=Viola mandshurica
Viola takahashii (Nakai) Taken.=Viola ×takahashi
Viola ×takahashi (Nakai) Taken.菊叶堇菜
Viola tarbagataica Klok.?塔城堇菜
Viola tayemonii Hay.=Viola biflora
Viola tenuicornis W.Beck.细距堇菜
Viola tenuicornis subsp. *primorskajenis* W.Beck.=Viola variegata
Viola tenuicornis subsp. tenuicornis=Viola tenuicornis
Viola tenuicornis subsp. trichosepala W.Beck.毛萼堇菜
Viola tenuis Benth.=Viola diffusa
Viola tenuissima Chang 纤茎堇菜
Viola thianschanica Maxim.=Viola kunawarensis
Viola thomsonii Oudem.毛堇菜
Viola tozanensis Hay.=Viola formosana
Viola triangulifolia W.Beck.三角叶堇菜
Viola trichopetala Chang 毛瓣堇菜
Viola trichopoda Hay.=Viola adenothrix
Viola trichosepala (W.Beck.) Juz.=Viola tenuicornis subsp. trichosepala
Viola tricolor L.三色堇菜
Viola tricolor var. *hortensis* DC.=Viola tricolor
Viola trinervata Howell 三脉堇菜
Viola tsugitakaensis Masamune 雪山堇菜
Viola tuberifera Franch.块茎堇菜
Viola tuberifera var. *pseudopalustris* Lévl.=Viola tuberifera
Viola turczaninowii Juz.=Viola acuminata
Viola umbrosa Fries=Viola selkirkii
Viola uniflora L.(Forbes & Hemsl.in J.L.Soc.1886)=Viola orientalis
Viola uniflora var. *kareliniana* Maxim.=Viola acutifolia
Viola uniflora var. *orientalis* Maxim.(p.p.)=Viola orientalis
Viola urophylla Franch.粗齿堇菜
Viola urophylla var. densivillosa C.J.Wang 密毛粗齿堇菜
Viola vaginata Maxim.(秦岭志 1981,高等图鉴补编 1983)=Viola moupinensis
Viola vaginata Maxim.大叶堇
Viola vaginata subsp. *alata* W.Beck.=Viola moupinensis
Viola vaginata β. *sutchuensis* Franch. ex H.de Boiss.=Viola moupinensis
Viola vakasagoensis Koidz.=Viola formosana var. kawakamii
Viola variegata Fisch. ex Link(Bge.in Mem.Acad.-Sci.St.Pétersb.Sav. Étragn.,1833)=Viola tenuicornis
Viola variegata Fisch. ex Link 斑叶堇菜
Viola variegata f. *viridis* (Kitag.) Kitag.=Viola variegata
Viola variegata f. *viridis* (Kitag.) P.Y.Fu & Y.C.Teng=Viola variegata
Viola variegata var. *chinensis* Bge.(p.p.)=Viola tenuicornis
Viola variegata var. *chinensis* Bge.(p.p.)=Viola tenuicornis subsp. trichosepala
Viola variegata var. *typica* Regel=Viola variegata
Viola variegata var. *viridis* Kitag.=Viola variegata
Viola verecunda A.Gray 堇菜
Viola wallichiana Ging.西藏细距堇菜
Viola websteri Hemsl.蓼叶堇菜
Viola wexiensis C.J.Wang 滇西堇菜
Viola wilsonii W.Beck.=Viola diffusa
Viola ×wittrockiana Gams.杂种堇菜
Viola xanthopetala Nakai=Viola orientalis
Viola yatabei Makino=Viola yezoensis
Viola yedoensis Makino=Viola philippica
Viola yedoensis f. *candida* Kitag.=Viola philippica
Viola yedoensis f. *intermedia* Kitag.=Viola philippica
Viola yezoensis Maxim.阴地堇菜
Viola yezoensis var. hopeiensis (J.W.Wang & T.G.Ma) J.W.Wang & J.Yang 河北堇菜
Viola yezoensis var. yezoensis=Viola yezoensis
Viola yunnanensis W.Beck. & H.de Boiss.云南堇菜
Viola yunnanfuensis W.Beck.滇中堇菜
Violaceae 堇菜科
Virga inermis (Wall.) Holub.=Dipsacus inermis
Viscago Zinn.=**Silene**
Viscago wolgensis Horn.=Silene wolgensis
Viscum L.**槲寄生属**(桑寄生科)
Viscum album L.(Danser in Blumea 1936)=Viscum album var. meridianum
Viscum album L.(Lecomte in Sargent,Pl.Wils.1916)=Viscum coloratum
Viscum album L.白果槲寄生
Viscum album Lecomte=Viscum coloratum
Viscum album subsp. *coloratum* Kom.=Viscum coloratum
Viscum album subsp. *meridianum* (Danser) Long=Viscum album var. meridianum
Viscum album var. album=Viscum album
Viscum album var. meridianum Danser 卵叶槲寄生
Viscum alniformosanae Hay.=Viscum coloratum
Viscum angulatum Heyne ex DC.印度槲寄生
Viscum angulatum Merr.=Viscum diospyrosicolum
Viscum articulatum Burm.f.扁枝槲寄生
Viscum articulatum var. *liquidambaricolum* (Hay.) Sesh.Rao=Viscum liquidambaricolum
Viscum bongariense Hay.=Viscum liquidambaricolum
Viscum coloratum (Kom.) Nakai 槲寄生
Viscum coloratum f. lutescens (Makino) Kitag.黄白槲寄生
Viscum coloratum f. rubroauranti-acum (Makino) Kitag.橙红槲寄生
Viscum coloratum var. *alniformosanae* (Hay.) Iwata=Viscum coloratum
Viscum diospyrosicolum Hay.棱枝槲寄生
Viscum fargesii Lecomte 线叶槲寄生
Viscum filipendulum Hay.=Viscum diospyrosicolum
Viscum heteranthum Wall. ex DC.=Dendrotrophe heterantha
Viscum japonicum Thunb.=Korthalsella japonica
Viscum kaempferi DC.=Taxillus kaempferi

Viscum liquidambaricolum Hay.枫香寄生
Viscum loranthi Elmer 聚花槲寄生
Viscum mononicum Roxb. ex DC.五脉槲寄生
Viscum multinerve (Hay.) Hay.柄果槲寄生
Viscum nudum Danser 绿茎槲寄生
Viscum opuntia Thunb.=Korthalsella japonica
Viscum orientale Willd.(海南志 1965)=Viscum ovalifolium
Viscum orientale var. *multinerve* Hay.=Viscum multinerve
Viscum ovalifolium DC.瘤果槲寄生
Viscum oxycedri DC.=Arceuthobium oxycedri
Viscum querci-morii Hay.=Viscum liquidambaricolum
Viscum ramosissinum Hand.-Mazz.=Viscum diospyrosicolum
Viscum stipitatum Lecomte=Viscum multinerve
Viscum umbellatum Bl.=Dendrotrophe umbellata
Viscum yunnanensis H.S.Kiu 云南槲寄生
Visiania paniculata (Roxb.) DC.=Ligustrum lucidum
Visiania robusta (Roxb.) DC.=Ligustrum rubustum
Visnaga daucoides Gaertn.=Ammi visnaga
Vitaceae 葡萄科
Vitex L.牡荆属(马鞭草科)
Vitex agnuscastus L.穗花牡荆
Vitex agnuscastus var. *subtrisecta* Ktz.=Vitex trifolia var. subtrisecta
Vitex annamensis P.Dop=Vitex tripinnata
Vitex arborea Desf.=Vitex negundo
Vitex bicolor Willd.=Vitex trifolia
Vitex burmensis Mold.长叶荆
Vitex canescens Kurz 灰毛牡荆
Vitex cannabifolia S. & Z.=Vitex negundo var. cannabifolia
Vitex chinensis Mill.=Vitex negundo var. heterophylla
Vitex duclouxii P.Dop 金沙荆
Vitex esquirolii Lévl.=Buddleja asiatica
Vitex finlaysoninana Wall.=Vitex vestita
Vitex heterophylla Roxb.=Vitex quinata
Vitex heterophylla var. *puberula* H.J.Lam=Vitex quinata var. puberula
Vitex incisa Lamk.=Vitex negundo var. heterophylla
Vitex incisa var. *heterophylla* Franch.=Vitex negundo var. heterophylla
Vitex involucratus Presl=Sphenodesme involucrata
Vitex kwangsiensis P'ei 广西牡荆
Vitex kweichowensis P'ei=Vitex canescens
Vitex lanceifolia S.Huang=Vitex burmensis
Vitex lanceolata P'ei=Vitex burmensis
Vitex loureiri HK. & Arn.=Vitex quinata
Vitex microphylla (Hand.-Mazz.) P'ei ex C.Y.Wu=Vitex negundo var. microphylla
Vitex negundo L.黄荆
Vitex negundo f. *alba* P'ei=Vitex negundo
Vitex negundo f. *intermedia* P'ei=Vitex negundo var. cannabifolia
Vitex negundo f. *laxipaniculata* P'ei=Vitex negundo
Vitex negundo var. *bicolor* Lam=Vitex trifolia
Vitex negundo var. cannabifolia (S. & Z.) Hand.-Mazz.牡荆
Vitex negundo var. heterophylla (Franch.) Rehd.荆条
Vitex negundo var. *incisa* (Lamk.) C.B.Clarke=Vitex negundo var. heterophylla
Vitex negundo var. microphylla Hand.-Mazz.小叶荆
Vitex negundo var. thyrsoides P'ei 拟黄荆
Vitex negundo var. *typica* Lam=Vitex negundo var. cannabifolia
Vitex ovata Thunb.=Vitex rotundifolia
Vitex ovata var. *subtrisecta* O.Ktze.=Vitex trifolia var. subtrisecta
Vitex paniculata Lamk.=Vitex negundo
Vitex peduncularis Wall.长序荆
Vitex pierreana P.Dop 莺哥木
Vitex quinata (Lour.) Will.(Rehd.in Sarg.Pl.Wils.1916,p.p.)=Vitex quinata var. puberula
Vitex quinata (Lour.) Will.山牡荆
Vitex quinata f. lungchouwensis S.L.Liou 龙州山牡荆
Vitex quinata var. puberula (Lam) Moldene 微毛布荆
Vitex quinata var. quinata=Vitex quinata
Vitex rotundifolia L.f.单叶蔓荆
Vitex sampsoni Hance 广东牡荆
Vitex trifolia Forbes & Hemsl.=Vitex rotundifolia
Vitex trifolia L.蔓荆
Vitex trifolia var. *bicolor* (Willd.) Mod.=Vitex trifolia
Vitex trifolia var. *ovata* (Thunb.) Makino=Vitex rotundifolia
Vitex trifolia var. *simplicifolia* Cham=Vitex rotundifolia
Vitex trifolia var. subtrisecta (O.Ktze.) Moldene 异叶蔓荆
Vitex trifolia var. taihangensis (L.B.Guo & S.Q.Zhou) S.L.Chen 太行荆
Vitex trifolia var. trifolia=Vitex trifolia
Vitex trifolia var. *trifoliolata* Schauer=Vitex trifolia
Vitex trifolia var. *unifoliolata* Schauer=Vitex rotundifolia
Vitex trifolia α. *trifoliolata* Schauer=Vitex trifolia
Vitex tripinnata (Lour.) Merr.越南牡荆
Vitex vestita Wall.黄毛牡荆
Vitex yunnanensis W.W.Sm.滇牡荆
Vitis L.葡萄属(葡萄科)
Vitis aconitifolia (Bge.) Hance=Ampelopsis aconitifolia
Vitis adenoclada Hand.-Mazz.腺枝葡萄
Vitis adnata (Roxb.) Wall.(HK.f.in Fl.Brit.Ind.1875,p.p.)=Cissus assamica
Vitis adnata (Roxb.) Wall.=Cissus adnata
Vitis adstricta Hance=Vitis bryoniaefolia
Vitis adstricta var. *ternata* W.T.Wang=Vitis bryoniaefolia var. ternata
Vitis aestivalis Michx.夏葡萄
Vitis amurensis Rupr.山葡萄
Vitis amurensis var. amurensis=Vitis amurensis
Vitis amurensis var. dissecta Skvorts.深裂山葡萄
Vitis amurensis var. *genuina* Skvorts.=Vitis amurensis
Vitis amurensis var. *yanshanensis* D.Z.Lu & H.P.Liang=Vitis amurensis var. dissecta
Vitis argentifolia Munson 银叶葡萄
Vitis arisanensis (Hay.) Hay.=Tetrastigma obtectum var. glabrum
Vitis arizonica Engelm.峡谷葡萄
Vitis armata Diels & Gilg=Vitis davidii
Vitis armata var. *cyamocarpa* Gagn.=Vitis davidii (Roman.du Caill.) Pöex var. cyamocarpa
Vitis arzonica var. glabra Munson 无毛峡谷葡萄
Vitis assamica Laws.=Cissus assamica
Vitis baihuashanensis M.S.Kang & D.Z.Lu=Vitis amurensis var. dissecta
Vitis baileyana Munson 强葡萄
Vitis balanseana Planch.小果葡萄
Vitis balanseana var. balanseana=Vitis balanseana
Vitis balanseana var. ficifolioides (W.T.Wang) C.L.Li 龙州葡萄
Vitis balanseana var. tomentosa C.L.Li 绒毛小果葡萄
Vitis bashanica He PC 麦黄葡萄
Vitis bellula (Rehd.) W.T.Wang 美丽葡萄
Vitis bellula var. bellula=Vitis bellula
Vitis bellula var. pubigera C.L.Li 华南美丽葡萄
Vitis berlandieri Planch.冬葡萄
Vitis betulifolia Diels & Gilg(西藏志 1986)=Vitis heyneana
Vitis betulifolia Diels & Gilg 桦叶葡萄
Vitis bicolor Le Conte 二色葡萄
Vitis bodinieri Lévl. & Vant.=Ampelopsis bodinieri
Vitis brevipedunculata (Maxim.) Dipp.=Ampelopsis heterophylla var. brevipedunculata
Vitis bryoniaefolia Bge.蘡薁
Vitis bryoniaefolia var. bryoniaefolia=Vitis bryoniaefolia
Vitis bryoniaefolia var. *multilobata* S.Y.Wang & Y.H.Hu=Vitis bryoniaefolia
Vitis bryoniaefolia var. ternata (W.T.Wang) C.L.Li 三出蘡薁
Vitis californica Benth.加州葡萄
Vitis campylocarpum Kurz=Tetrastigma campylocarpum
Vitis candicans Engelm.白背叶葡萄
Vitis cantoniensis Seem.(云南植物名录 1984,p.p.)=Ampelopsis cantoniensis
Vitis cantoniensis Seem.=Ampelopsis hypoglauca
Vitis capensis Thunb.常绿葡萄
Vitis cardiospermoides Franch.=Cayratia cardiospermoides
Vitis carnosa Wall. ex Laws.=Cayratia trifolia
Vitis cavaleriei Lévl.=Vitis flexuosa
Vitis chaffanjoni Lévl. & Vant.=Ampelopsis chaffanjoni
Vitis champinii Planch.山平氏葡萄
Vitis chunganensis Hu 东南葡萄
Vitis chungii Metc.闽赣葡萄
Vitis cinerea Engelm.灰背叶葡萄
Vitis cinerea var. canescens Bailey 圆叶灰背葡萄(新)

Vitis cinerea var. floridana Munson 佛罗里达葡萄(新)
Vitis coignetiae Pulliae ex Planch.(Diels & Gilg in Engl.Bot.Hahrb. 1900) =Vitis heyneana
Vitis coignetiae Pulliat.紫葛葡萄
Vitis cordifolia Michx.心叶葡萄
Vitis cordifolia var. foetida Engelm.香果变种葡萄
Vitis cordifolia var. sempervirens Munson 光叶变种葡萄
Vitis coriacea Schut.革叶葡萄
Vitis corniculata Benth.=Cayratia corniculata
Vitis davidiana Nict.=Ampelopsis humulifolia
Vitis davidii (Roman.du Caill.) Pöex 刺葡萄
Vitis davidii var. *brachytricha* Merr.=Vitis piloso-nerva
Vitis davidii var. cyamocarpa (Gagn.) Gagn.蓝果刺葡萄
Vitis davidii var. ferrugineaMerr. & Chun 锈毛刺葡萄
Vitis delavayana Franch.(Lévl.in Fl.Kouy-Tchéou 1914,p.p.)= Parthenocissus semicordata var. rubifolia
Vitis discolor (Bl.) Dalz.=Cissus javana
Vitis dissecta Carr.=Ampelopsis aconitifolia
Vitis doaniana Munson 斑点叶葡萄
Vitis elongata (Roxb.) Wall.=Cissus elongata
Vitis embergeri Galet=Vitis tsoii
Vitis erythrophylla W.T.Wang 红叶葡萄
Vitis esquirolii Lévl. & Vant.=Tetrastigma hemsleyanum
Vitis fagifolia Hu=Vitis hancockii
Vitis fangqinensis C.L.Li 凤庆葡萄
Vitis feddei Lévl.=Parthenocissus feddei
Vitis ficifolia Bge.=Vitis heyneana subsp. ficifolia
Vitis ficifolia var. *pentagona* Pamp.=Vitis heyneana
Vitis ficifolioides W.T.Wang=Vitis balanseana var. ficifolioides
Vitis flexuosa Thunb.(Lévl.in Fl.Kouy-Tchéou.1914,p.p.)=Vitis wilsonae
Vitis flexuosa Thunb.葛藟葡萄
Vitis flexuosa f. *malayana* Planch.(云南植物名录 1984)=Vitis flexuosa
Vitis flexuosa f. *parvifolia* Planch.=Vitis flexuosa
Vitis flexuosa f. *typica* Planch.=Vitis flexuosa
Vitis flexuosa var. *gaudichaudii* Planch.=Vitis balanseana
Vitis flexuosa var. *mairei* Lévl.=Vitis bryoniaefolia
Vitis flexuosa var. *parvifolia* (Roxb.) Gagn.=Vitis flexuosa
Vitis formosana Hemsl.=Tetrastigma formosanum
Vitis gentilliana Lévl. & Vant.=Ampelopsis delavayana var. setulosa
Vitis girdiana Munson 谷地葡萄
Vitis glandulosa Wall.=Ampelopsis heterophylla var. vestita
Vitis hancockii Hance 菱叶葡萄
Vitis hekouensis C.L.Li 河口葡萄
Vitis helleri Small.圆形叶葡萄
Vitis henryana Hemsl.=Parthenocissus henryana
Vitis heterophylla Thunb.(Lévl.Fl.Kouy-Tchéou 1914,p.p.)=Ampelopsis bodinieri
Vitis heterophylla Thunb.(Lévl.Fl.Kouy-Tchéou 1914,p.p.)=Ampelopsis bodinieri var. cinerea
Vitis heterophylla Thunb.=Ampelopsis heterophylla
Vitis heterophylla var. *aconitifolia* Lévl. & Vanth.=Ampelopsis aconitifolia
Vitis heterophylla var. *humulifolia* HK.f.=Ampelopsis heterophylla
Vitis heterophylla var. *maximowiczii* Regel=Ampelopsis heterophylla
Vitis hexamera Gagn.=Vitis betulifolia
Vitis heyneana Roem. & Schult 毛葡萄
Vitis heyneana subsp. ficifolia (Bge.) C.L.Li 桑叶葡萄
Vitis heyneana subsp. heyneana=Vitis heyneana
Vitis himalayana (Royle) Brandis=Parthenocissus semicordata
Vitis himalayana var. *semicordata* (Wall.) Laws.=Parthenocissus semicordata
Vitis hui Cheng 庐山葡萄
Vitis hypoglauca Muell.粉背叶葡萄
Vitis illex Bailey 海牛葡萄
Vitis inconstans Miq.=Parthenocissus tricuspidata
Vitis islandica Hear.冰岛葡萄
Vitis japonica Thunb.=Cayratia japonica
Vitis jianggangensis W.T.Wang 井冈葡萄
Vitis kaempferi Koch.克氏葡萄(新)？
Vitis kelungensis Momiyama =Vitis heyneana
Vitis labordei Lévl. & Vant.=Tetrastigma hemsleyanum
Vitis labrusca L.(Hemsl.in J.L.Soc.Bot.1886,p.p.)=Vitis heyneana subsp. Ficifolia
Vitis labrusca L.美洲葡萄
Vitis labrusca var. *ficifolia* Regel=Vitis heyneana subsp. ficifolia
Vitis lanata Roxb.(Laws.in Fl.Brit.Ind.1875,p.p.)=Vitis retordii
Vitis lanata Roxb.=Vitis heyneana
Vitis lanceolatifoliosa C.L.Li 鸡足葡萄
Vitis leeoides Maxim.=Ampelopsis cantoniensis
Vitis leucocarpa (Bl.) hay.=Cayratia japonica
Vitis lexuosa var. *chinensis* Veitch=Vitis flexuosa
Vitis linsecumii Buckl.土尔其葡萄
Vitis linsecumii var. glauca Munson 光叶土尔其葡萄(新)
Vitis longii Prince 野葡萄
Vitis longii var. microsperma Bailey 小籽野葡萄(新)
Vitis longquanensis P.L.Qiu 龙泉葡萄
Vitis luochengensis W.T.Wang 罗城葡萄
Vitis luochengensis var. luochengensis=Vitis luochengensis
Vitis luochengensis var. tomentoso-nerva C.L.Li 连山葡萄
Vitis lyjoannis Lévl.=Ampelopsis bodinieri var. cinerea
Vitis mairei Lévl.(p.p.)=Cayratia albifolia var. glabra
Vitis mairei Lévl.(p.p.)=Gynostemma pentaphyllum
Vitis marchandii Lévl.=Vitis wilsonae
Vitis martini Lévl. & Vant.=Gynostemma pentaphyllum
Vitis megalophylla Lévl.=Ampelopsis chaffanjoni
Vitis menghaiensis C.L.Li 勐海葡萄
Vitis mengziensis C.L.Li 蒙自葡萄
Vitis micans (Rehd.) Bean.=Ampelopsis bodinieri
Vitis mollis Wall.=Cayratia japonica var. mollis
Vitis monticola Buckley 甜山葡萄
Vitis multijugata Lévl. & Vant.=Ampelopsis cantoniensis
Vitis munsoniana Simp.乌葡萄
Vitis novisinensis Vass.=Vitis bryoniaefolia
Vitis obovatum Laws.=Tetrastigma obovatum
Vitis obtecta Wall. ex Laws.=Tetrastigma obtectum
Vitis obtecta var. *potentilla* f. *pilosum* (Planch.) Lévl.=Tetrastigma obtectum var. pilosum
Vitis oligoarpa Lévl. & Vant.=Cayratia oligocarpa
Vitis pachyphylla Hemsl.=Tetrastigma pachyphyllum
Vitis pagnucii Romen du Caill.=Vitis piasezkii var. pagnucii
Vitis pallida Wight & Arn.=Cissus repanda
Vitis palmata Vahl.掌叶葡萄
Vitis papillata Hance=Tetrastigma papillatum
Vitis parvifolia Roxb.=Vitis flexuosa
Vitis pentagona Diels & Gilg=Vitis heyneana
Vitis pentagona var. *bellula* Rehd.(Hand.-Mazz.in Symb.Sin.1933)=Vitis bellula var. pubigera
Vitis pentagona var. *bellula* Rehd.=Vitis bellula
Vitis pentagona var. *honanensis* Rehd.=Vitis heyneana
*Vitis pentaphylla*Thunb.=Gynostemma pentaphyllum
Vitis piasezkii Maxim.变叶葡萄
Vitis piasezkii var. *angustata* W.T.Wang=Vitis lanceolatifoliosa
Vitis piasezkii var. *baroniana* Diels & Gilg=Vitis piasezkii
Vitis piasezkii var. pagnucii (Planch.) Rehd.少毛变叶葡萄
Vitis piasezkii var. piasezkii=Vitis piasezkii
Vitis piloso-nerva Metc.毛脉葡萄
Vitis planicaule HK.=Tetrastigma plancicaule
Vitis potentilla Lévl. & Vant.=Tetrastigma obtectum var. pilosum
Vitis potentilla var. *glabra* Lévl.=Tetrastigma obtectum var. glabrum
Vitis prunisapida Lévl.=Vitis davidii
Vitis pseudoreticulata W.T.Wang 华东葡萄
Vitis pteroclada (Hay.) Hay.=Cissus pteroclada
Vitis purani Don=Vitis flexuosa
Vitis quadrangularis L.四棱葡萄
Vitis quelpaertensis Lévl.=Gynostemma pentaphyllum
Vitis quinquangularis Rehd.=Vitis heyneana
Vitis quinquangularis var. *bellula* (Rehd.) Rehd.=Vitis bellula
Vitis repanda (Wahl.) Wight & Arn.=Cissus repanda
Vitis repens Wight & Arn.=Cissus repens
Vitis reticulata Pamp.=Vitis wilsonae
Vitis retordii Roem.du Caill. ex Planch.绵毛葡萄
Vitis retordii Roman.du Caill. ex Planch.(云南植物名录 1984)=Vitis hekouensis
Vitis rhombifolia Vahl.菱叶葡萄
Vitis rigida Lévl. & Vant.=Ampelopsis delavayana

Vitis riparia Michx.河岸葡萄
Vitis romeneti Roman.du Caill. ex Planch.秋葡萄
Vitis romeneti var. romeneti=Vitis romeneti
Vitis romeneti var. tomentosa Y.L.Cao & Y.H.He 绒毛秋葡萄
Vitis rotundifolia Michx.圆叶葡萄
Vitis rubifolia Wall.=Ampelopsis rubifolia
Vitis rubra Michx.红葡萄
Vitis rumicisperma Laws.=Tetrastigma rumicispermum
Vitis rupestris Scheele 沙地葡萄
Vitis rutilans Carr.=Vitis romeneti
Vitis ruyuanensis C.L.Li 乳源葡萄
Vitis sect. *Tetrastigma* Miq.=**Tetrastigma**
Vitis semicordata Wall.=Parthenocissus semicordata
Vitis serjaniaefolia Koch=Ampelopsis japonica
Vitis shenxiensis C.L.Li 陕西葡萄
Vitis shimenensis W.T.Wang=Vitis betulifolia
Vitis sikkimensis Laws.=Ampelocissus sikkimensis
Vitis silvestrii Pamp.湖北葡萄
Vitis sinica Miq.=Ampelopsis heterophylla var. vestita
Vitis sinocinerea W.T.Wang 小叶葡萄
Vitis smalliana Bailey 大叶葡萄
Vitis sola Bailey 短穗葡萄
Vitis taquetii Lévl.=Parthenocissus tricuspidata
Vitis tenuifolia Wight & Arn.(Laws.in Fl.Brit.Ind.1875,p.p.)=Cayratia japonica
Vitis tenuifolia Wight & Arn.(Laws.in Fl.Brit.Ind.1875,p.p.)=Cayratia japonica var. mollis
Vitis thomsoni Laws.=Yua thomsoni
Vitis thunbergii S. & Z.(经济植物手册 1957,苏南植物手册 1959,台湾志 1977, 树木分类学 1979,云南植物名录 1984)=Vitis bryoniaefolia
Vitis thunbergii S. & Z.(树木分类学 1937)=Vitis amurensis
Vitis thunbergii S. & Z.=Vitis heyneana subsp. ficifolia
Vitis thunbergii var. *adstricta* (Hance) Gagn.(台湾树木志 1963)= Vitis sinocinerea
Vitis thunbergii var. *adstricta* (Hance) Gagn.=Vitis bryoniaefolia
Vitis thunbergii var. *cinerea* Gagn.=Vitis sinocinerea
Vitis thunbergii var. *mairei* (Lévl.) Lauener=Vitis bryoniaefolia
Vitis thunbergii var. *taiwaniana* Lu=Vitis sinocinerea
Vitis thunbergii var. *yunnanensis* Planch. ex Franch.=Vitis heyneana
Vitis tiubaensis NiuX L=Vitis piasezkii
Vitis treleasei Munson 山谷葡萄
Vitis tricholada Diels & Gilg=Vitis betulifolia
Vitis trifolia L.=Cayratia trifolia
Vitis tsoii Merr.狭叶葡萄
Vitis umbellata Hemsl.=Tetrastigma obtectum var. glabrum
Vitis umbellata var. *arisanensis* Hay.=Tetrastigma obtectum var. glabrum
Vitis vinifera L.(Hemsl.in J.L.Soc.Lond.Bot.1886,p.p.)=Vitis bryoniaefolia
Vitis vinifera L.葡萄
Vitis vinifera var. apiifolia Lond.细裂叶变种葡萄
Vitis vinifera var. purpurea Bean.紫叶变种葡萄
Vitis vinifera var. sativa DC.栽培葡萄
Vitis vinifera var. sylvestris Willd.森林葡萄
Vitis vinifera β. *amurensis* Regel=Vitis amurensis
Vitis vulpina var. praecox Bailey 六月山葡萄
Vitis vulpina γ. *parvifolia* Regel=Vitis flexuosa
Vitis wallichii DC.=Vitis flexuosa
Vitis wenchouensis C.Ling ex W.T.Wang 温州葡萄
Vitis wentsaiana P.L.Qiu=Vitis hancockii
Vitis wilsonae Veitch 网脉葡萄
Vitis wuhanensis C.L.Li 武汉葡萄
Vitis yunnanensis C.L.Li 云南葡萄
Vitis zhejiang-adstricta P.L.Qiu 浙江葡萄
Vittaceae 书带蕨科
Vittaria Sm.**书带蕨属**(书带蕨科)
Vittaria amboinensis Fée 剑叶书带蕨
Vittaria anguste-elongata Hay.姬书带蕨
Vittaria anodontolepis Fée=Vittaria elongata
Vittaria arisanensis Hay.=Vittaria taeniophylla
Vittaria boninensis Christ=Vittaria elongata
Vittaria caricina Christ=Vittaria flexuosa
Vittaria centrochinensis Ching ex J.F.Cheng=Vittaria fudzinoi
Vittaria ceterach Bernh.=Ceterach officinarum
Vittaria chingii B.S.Wang=Vittaria amboinensis
Vittaria costularis Ching=Vittaria flexuosa
Vittaria doniana Met. ex Hieron 带状书带蕨
Vittaria doniana var. *angusta* Hieron.=Vittaria himalayensis
Vittaria elongata Sw.唇边书带蕨
Vittaria ensata Chirst=Vittaria amboinensis
Vittaria filipes Christ=Vittaria flexuosa
Vittaria flexuosa Fée 书带蕨
Vittaria flexuosa var. *filipes* Tard.-Blot & C.Chr.=Vittaria flexuosa
Vittaria formosana Nakai=Vittaria elongata
Vittaria forrestiana Ching(Tard.-Blot & C.Chr.in Fl.Indo-Chine 1940)= Vittaria amboinensis
Vittaria forrestiana Ching=Vittaria doniana
Vittaria fudzinoi Makino=Vittaria fudzinoi
Vittaria fudzionoi Makino 平肋书带蕨
Vittaria hainanensis C.Chr. ex Ching 海南书带蕨
Vittaria himalayensis Ching 喜马拉雅书带蕨
Vittaria himalayensis var. *elongata* Ching=Vittaria himalayensis
Vittaria japonica Miq.=Vittaria flexuosa
Vittaria japonica var. *sessilis* Eaton ex Yoshinaga=Vittaria fudzinoi
Vittaria laeniophylla Cop. (新拉汉英 1996)= Vittaria taeniophylla
Vittaria lanceola Christ=Vittaria flexuosa
Vittaria latifolia Ching=Vittaria amboinensis
Vittaria lauana Ching=Vittaria amboinensis
Vittaria linearifolia Ching 线叶书带蕨
Vittaria lineata (L.) J.E.Sm.线形书带蕨
Vittaria loricea Fée=Vittaria amboinensis
Vittaria mediosora Hay.中囊书带蕨
Vittaria merrillii Christ(Ching in Sinensia 1931)=Vittaria elongata
Vittaria minor Fée (Bedd in Ferns Brit.India 1865)=Vittaria sikkimensis
Vittaria modesta Hand.-Mazz.=Vittaria flexuosa
Vittaria nana Ching=Vittaria flexuosa
Vittaria nodesta Hand.-Mazz.(H.Ito in Hara,Fl.East.Himal.1966)=Vittaria sikkimensis
Vittaria ogasawarensis Kodama=Vittaria elongata
Vittaria ophiopogonoides Ching=Vittaria flexuosa
Vittaria pauciareolata Ching=Vittaria elongata
Vittaria plurisulcata Ching 曲鳞书带蕨
Vittaria pusilla Bl.=Scleroglossum pusillum
Vittaria revoluta Don=Vittaria flexuosa
Vittaria sessilis Ching=Vittaria amboinensis
Vittaria sessilis Makino=Vittaria fudzinoi
Vittaria sikkimensis Kuhn.锡金书带蕨
Vittaria stenophylla Copel.=Vittaria anguste-elongata
Vittaria suberosa Christ=Vittaria fudzinoi
Vittaria taeniophylla Copel.(浙江志 1993)=Vittaria fudzinoi
Vittaria taeniophylla Copel.广叶书带蕨
Vittaria tibetica Ching & S.K.Wu=Vittaria mediosora
Vittaria tortifrons Hay.=Vittaria elongata
Vittaria zosterifolia Willd.(海南志.1964,高等图鉴.1972,台湾志.1975,福建志 1982,西藏志 1983)=Vittaria elongata
Vittis seguini Lévl.=Iodes seguini
Vladimira forrestii (Diels) Ling=Dolomiaea forrestii
Vladimiria ljin=**Dolomiaea**
Vladimiria berardioidea (Franch.) Ling=Dolomiaea berardioides
Vladimiria crispo-undulata (Chang) Shih & S.Y.Jin=Dolomiaea crispo-undulata
Vladimiria denticulata Ling=Dolomiaea denticulata
Vladimiria edulis (Franch.) Ling=Dolomiaea edulis
Vladimiria edulis f. *bracteata* Ling=Dolomiaea edulis
Vladimiria edulis f. *caulescens* Ling=Dolomiaea edulis
Vladimiria edulis f. *pinnatifida* Ling=Dolomiaea edulis
Vladimiria georgii (Anth.) Ling=Dolomiaea georgii
Vladimiria muliensis (Hand.-Mazz.) Ling=Dolomiaea souliei var. mirabilis
Vladimiria platylepis (Hand.-Mazz.) Ling=Dolomiaea platylepis
Vladimiria salwinensis (Hand.-Mazz.) Iljin=Dolomiaea salwinensis
Vladimiria scabrida Shih & S.Y.Jin=Dolomiaea scabrida
Vladimiria souliei (Franch.) Ling=Dolomiaea souliei
Vladimiria souliei var. *cinerea* Ling=Dolomiaea souliei var. mirabilis
Vladimiria trachyloma (Hand.-Mazz.) Ling=Dolomiaea souliei var. mirabilis

Vleckia Rafin.(p.p.)=**Lophanthus**
Voacanga Du Petit-Thouars **马铃果属**(夹竹桃科)
Voacanga africana Stapf 非洲马铃果
Voacanga chalotiana Pierre ex Stapf 马铃果
Vogelia Medikus.=**Neslia**
Vogelia paniculata (L.) Horm.=Neslia paniculata
Volkameria angulata Lour.=Clerodendrum paniculatum
Volkameria bicolor Roxb. ex Hadw.=Caryopteris bicolor
Volkameria fragrans Vent=Clerodendrum chinensis
Volkameria herbacea Roxb.=Clerodendrum serratum var. herbaceum
Volkameria inermis L.=Clerodendrum inerme
Volkameria japonica Thunb.(Jacq.in Hort.Schoenbs.1798)=Clerodendrum chinensis
Volkameria japonica Thunb.=Clerodendrum japonicum
Volkameria kaemoferi Jacq.=Clerodendrum japonicum
Volkameria nereifolia Roxb.=Clerodendrum inerme
Volkameria odorata Buch.-Ham. ex Roxb.=Caryopteris odorata
Volkameria pumila Lour.=Clerodendrum fortunatum
Volkameria serratum L.=Clerodendrum serratum
Volutella Forsk.=**Cassytha**
Volvulus hederaceus (Wall.) Ktz.=Calystegia hederacea
Volvulus japonicus var. *pubescens* (Lindl.) Farwell.=Calystegia pubescens
Vonitra Becc.**我你他棕属**(棕榈科)
Vriesea Lindl.**丽穗凤梨属**(凤梨科)
Vriesea barilletii E.Morr.巴丽丽穗凤梨
Vriesea bituminosa Wawra.褐斑丽穗凤梨
Vriesea flammea L.B.Sm.焰苞丽穗凤梨
Vriesea fosterana L.B.Sm.福德丽穗凤梨
Vriesea guttata Linden & Andre.豹纹丽穗凤梨
Vriesea imperialis E.Morr.皇帝丽穗凤梨
Vriesea incurvata Gaud.-Beaup.曲叶丽穗凤梨
Vriesea petropolitana L.B.Sm.贝多丽穗凤梨
Vriesea simplex (Vell.) Beer.单茎丽穗凤梨
Vrydagzynea Bl. **二尾兰属**(兰科)
Vrydagzynea nuda Bl 二尾兰
Vrydogzynea formosana Hay.=Vrydagzynea nuda
Vulpia C.C.Gmel.**鼠茅属**(禾本科)
Vulpia alpina L.Liu 高原鼠茅
Vulpia bromoides (L.) S.F.Gray 雀麦状乌尔波草
Vulpia fasciculata (Forssk.) Fristsch.束乌尔波草
Vulpia muralis (Kunth) Ness 墙上乌尔波草
Vulpia myuros (L.) C.C.Gmel.鼠茅
Vvedenskyella Botsch.=**Christolea**
Vvedenskyella kashgarica Botsch.=Phaeonychium kashgaricum
Vvedenskyella pumila (Kurz) Botsch.=Desideria pumila
Vyenomus Presl=**Euonymus**
Vyenomus pendulus Presl=Euonymus pendulus

W

Wagneriopteris Löve & Löve (p.p.)=**Parathelypteris**
Wagneriopteris formosa Löve & Löve (p.p.)=Parathelypteris japonica var. musashiensis
Wagneriopteris japonica Löve & Löve=Parathelypteris japonica
Wagneriopteris nipponica Löve & Löev=Parathelypteris nipponica
Wahlenbergia Schrad. ex Roth **蓝花参属**(桔梗科)
Wahlenbergia agrestis A.DC.=Wahlenbergia marginata
Wahlenbergia brevipes Hemsl.=Homocodon brevipes
Wahlenbergia clematidea Schrenk=Codonopsis clematidea
Wahlenbergia cylindrica Pax. & Hoffm.=Campanula aristata
Wahlenbergia dehiscens A.DC.=Wahlenbergia marginata
Wahlenbergia dicentrifolia C.B.Clarke=Codonopsis dicentrifolia
Wahlenbergia gracilis (Forst.f.) Schrad.(C.B.Clarke in HK.f. ,Fl.Brit. Ind. 1881)=Wahlenbergia marginata
Wahlenbergia hookeri (C.B.Clarke) Tuyn=Cephalostigma hookeri
Wahlenbergia lavandulifolia A.DC.=Wahlenbergia marginata
Wahlenbergia marginata (Thunb.) A.DC.蓝花参
Wahlenbergia miarie Lévl.=Cyananthus montanus
Wahlenbergia purpurea A.DC.=Codonopsis purpurea
Wahlenbergia thalictrifolia A.DC.=Codonopsis thalictrifolia
Waldheimia Kar. & Kir.**扁芒菊属**(菊科)
Waldheimia glabra (Decne.) Rgl.西藏扁芒菊
Waldheimia huegelii (Sch.-Bip.) Tzvel.多毛扁芒菊
Waldheimia korolkowii Rgl. & Schmalh.=Waldheimia stoliczkae
Waldheimia lasiocarpa G.X.Fu 毛果扁芒菊
Waldheimia nivea (HK.f. & Thoms. ex C.B.Clarke) Rgl.小扁芒菊
Waldheimia stoliczkae (C.B.Clarke) Ostenf.光叶扁芒菊
Waldheimia stracheyana Rgl.=Waldheimia huegelii
Waldheimia tomentosa (Decne.) Rgl.羽叶扁芒菊
Waldheimia tridactylites Kar. & Kir.扁芒菊
Waldheimia vestita (HK.f. & Thoms. ex C.B.Clarke) Pamp.厚毛扁芒菊
Waldsteinia Willd.**林石草属**(蔷薇科)
Waldsteinia sibirica Tratt.=Waldsteinia ternata
Waldsteinia ternata (Steph.) Frisch.林石草
Waldsteinia ternata (Steph.) Fritsch (Kitag. In Lineam.Fl.Mansh.1939,东北草本志 1976)=Waldsteinia ternata var. glabriuscula
Waldsteinia ternata var. glabriuscula Yü & Li 光叶林石草
Waldsteinia ternata var. ternata=Waldsteinia ternata
Wallichia DC.=**Eriolaena**
Wallichia Roxb.**瓦理棕属**(棕榈科)
Wallichia caryotoides Roxb.(Wall.Cat.8596B.1848)=Wallichia disticha
Wallichia caryotoides Roxb.琴叶瓦理棕
Wallichia caudata (Lour.) Mart.=Arenga caudata
Wallichia chinensis Burret 瓦理棕
Wallichia densiflora Mart.(Brandis ex Dammer in Palmenz.1897)=Wallichia caryotoides
Wallichia densiflora Mart.密花瓦理棕
Wallichia disticha T.Anders.二列瓦理棕
Wallichia mooreana Basu 云南瓦理棕
Wallichia oblongifolia Griff.=Wallichia densiflora
Wallichia quinquelocularis Steud.=Eriolaena quinquelocularis
Wallichia siamensis Becc.泰国瓦理棕
Wallichia spectabilis DC.=Eriolaena spectabilis
Wallichia yomae Kurz=Wallichia disticha
Walsura Roxb.**割舌树属**(楝科)
Walsura cochinchinensis (Baill.) Harms 越南割舌树
Walsura piscidia Roxb.毒鱼割舌树
Walsura pubescens Kurz=Trichilia connaroides
Walsura robusta Roxb.割舌树
Walsura trijuga Kurz=Trichilia connaroides
Walsura trijuga var. *microcarpa* (Pierre) Hu=Trichilia connaroides var. microcarpa
Walsura tubulata Hiern (Harms in Engl.Prantl.Nat.Pflanzenfam.1940)=Walsura yunnanensis
Walsura yunnanensis C.Y.Wu 云南割舌树
Waltheria L.**蛇婆子属**(梧桐科)
Waltheria americana L.=Waltheria indica
Waltheria indica L.蛇婆子
Waltheria makinoi Hay.=Waltheria indica
Wardaster lanuginosus J.Small=Aster lanuginosus
Warea C.B.Clarke=**Biswarea**
Warea tonglensis C.B.Clarke=Biswarea tonglensis
Warneckea Gilg=**Memecylon**
Warrea Lindl.**瓦利兰属**(兰科)
Warrea costaricensis Schltr.哥斯达黎加瓦利兰
Warrea warreana (Lodd. ex Lindl.) C.Schweinf.瓦利兰
Wasabia Mats.=**Eutrema**
Wasabia bracteata (S.Moore) Hisauchi=Eutrema tenue
Wasabia hederifolia (Franch. & Sav.) Matsumura=Eutrema tenue
Wasabia japonica (Miq.) Matsumura=Eutrema wasabi
Wasabia koreana Nakai=Eutrema wasabi
Wasabia pungens Matsumura=Eutrema wasabi
Wasabia tenuis (Miq.) Matsum.=Eutrema tenue
Wasabia wasabi (Sieb.) Makino=Eutrema wasabi
Wasabia yunnanensis (Franch.) Nakai=Eutrema yunnanense
Washington navel 新华脐橙(芸香科脐橙类)
Washingtonia H.Wendl.**丝葵属**(棕榈科)
Washingtonia filifera (Lind. ex André) H.Wendl.丝葵
Washingtonia filifera var. *robusta* (H.Wendl.) Parish=Washingtonia robusta
Washingtonia robusta H.Wendl.大丝葵
Watsonia Mill.**沃森花属**(鸢尾科)
Watsonia beatricis Mathews & L.Bolus.短筒沃森花
Watsonia meriana Mill.玛丽安沃森花
Watsonia pyramidata (Andr.) Stapf 锥穗沃森花

Watsonia rosea Ker.-Gawl.玫红沃森花
Wattakaka Hassk.=**Dregea**
Wattakaka corrugata (Scheid.) Stapf=Dregea sinensis var. corrugata
Wattakaka sinensis (Hemsl.) Stapf=Dregea sinensis
Wattakaka sinensis var. *corrugata* (Schneid.) Tsiang=Dregea sinensis var. corrugata
Wattakaka volubilis (L.f.) Stapf=Dregea volubbilis
Wattakaka yunnanensis Tsiang=Dregea yunnanensis
Wattakaka yunnanensis var. *major* Tsiang=Dregea ynnanensis
Webera Schreber=**Tarenna**
Webera attenuata HK.f.=Tarenna attenuata
Webera cavaleriei Lévl.=Tarennoidea wallichii
Webera henryi Lévl.=Tarennoidea wallichii
Webera marchandii Lévl.=Daphniphyllum macropodum
Webera mollissima Benth. ex Hance=Tarenna mollissima
Webera pallida Franch. ex Brandis=Tarennoidea wallichii
Wedelia Jacq.**蟛蜞菊属**(菊科)
Wedelia biflora (L.) DC.李花蟛蜞菊
Wedelia calendulacea (L.) Less.=Wedelia chinensis
Wedelia chinensis (Osbeck.) Merr.蟛蜞菊
Wedelia prostrata (HK. & Arn.) Hemsl.卤地菊
Wedelia trilobata (L.) A.S.Hitchc.三裂中蟛蜞菊
Wedelia urticifolia DC.麻叶蟛蜞菊
Wedelia wallichii Less.山蟛蜞菊
Weigela Thunb.**锦带花属**(忍冬科)
Weigela floribunda (S. & Z.) Rehd.路边花
Weigela florida (Bge.) A.DC.锦带花
Weigela hybrida Hort.杂交锦带花(新)?
Weigela japonica (Rehd.) Hara=Weigela japonica var. sinica
Weigela japonica Thunb.日本锦带花
Weigela japonica var. japonica=Weigela japonica
Weigela japonica var. sinica (Rehd.) Bailey 半边月
Weigela pauciflora A.DC.=Weigela florida
Wellingtonia Lindl.=**Sequoiadendron**
Wellingtonia gigantea Lindl.=Sequoiadendron gigantea
Wenchengia C.Y.Wu & S.Chow **保亭花属**(唇形科)
Wenchengia alternifolia C.Y.Wu & S.Chow 保亭花
Wendlandia Bartl. ex DC.**水锦树属**(茜草科)
Wendlandia aberrans How 广西水锦树
Wendlandia augustinii Cowan 思茅水锦树
Wendlandia bouvardioides Hutch.薄叶水锦树
Wendlandia brevipaniculata W.C.Chen 吹树
Wendlandia brevituba Chun & How ex W.C.Chen 短筒水锦树
Wendlandia cavaleriei Lévl.贵州水锦树
Wendlandia chinensis Merr.=Wendlandia uvariifolia subsp. chinensis
Wendlandia erythroxylon Cowan 红木水锦树
Wendlandia feddei Lévl.=Wendlandia cavaleriei
Wendlandia floribunda Craib (Hutch.in Sargent ,Pl.wils.1916)= Wendlandia tinctoria subsp. barbata
Wendlandia floribunda Craib=Wendlandia tinctoria subsp. florbunda
Wendlandia formosana Cowan 水金京
Wendlandia formosana subsp. breviflora How 短花水金京
Wendlandia formosana subsp. formosana=Wendlandia formosana
Wendlandia glabrata DC.(Hutch.in Sargent ,Pl.Wils.1916 ,p.p.)= Wendlandia tinctoria subsp. orientalis
Wendlandia glabrata DC.(Hutch.in Sargent ,Pl.Wils.1916 ,p.p.)= Wendlandia tinctoria subsp. barbata
Wendlandia glabrata var. *floribunda* Craib=Wendlandia tinctoria subsp. floribunda
Wendlandia grandis (HK.f.) Cowan 西藏水锦树
Wendlandia guangdongensis W.C.Chen 广东水锦树
Wendlandia henryi Oliv.=Wendlandia longidens
Wendlandia jingdongensis W.C.Chen 景东水锦树
Wendlandia laxa S.K.Wu ex W.C.Chen 疏花水锦树
Wendlandia ligustrina Wall. ex G.Don 小叶水锦树
Wendlandia litseifolia How 木姜子叶水锦树
Wendlandia longidens (Hance) Hutch.水晶棵子
Wendlandia longifolia (Wall.) DC.=Mycetia longifolia
Wendlandia longipedicellata How 长梗水锦树
Wendlandia luzoniensis DC.吕宋水锦树
Wendlandia membranifolia Elmer=Wendlandia luzoniensis
Wendlandia merrilliana Cowan 海南水锦树
Wendlandia merrilliana var. merrilliana=Wendlandia merrilliana
Wendlandia merrilliana var. parvifolia How 细叶海南水锦树
Wendlandia multiflora Bartl. ex DC.=Wendlandia luzoniensis
Wendlandia myriantha How 密花水锦树
Wendlandia oligantha W.C.Chen 龙州水锦树
Wendlandia paniculata DC.(Hemsl.in J.L.Soc.Bot.1888)=Wendlandia uvariifolia
Wendlandia paniculata DC.(How in Sunyatsenia 1948)=Wendlandia uvariifolia
Wendlandia paniculata subsp. *scabra* Cowan=Wendlandia scabra
Wendlandia parviflora W.C.Chen 小花水锦树
Wendlandia pendula (Wall.) DC.垂枝水锦树
Wendlandia pingpinensis How 屏边水锦树
Wendlandia pubigera W.C.Chen 大叶水锦树
Wendlandia salicifolia Franch. ex Drake 柳叶水锦树
Wendlandia scabra Kurz.粗叶水锦树
Wendlandia scabra var. dependens Cowan 悬花水锦树
Wendlandia scabra var. pilifera How ex W.C.Chen 毛粗叶水锦树
Wendlandia scabra var. scabra=Wendlandia scabra
Wendlandia speciosa Cowan 美丽水锦树
Wendlandia speciosa var. *forrestii* Cowan=Wendlandia speciosa
Wendlandia subalpina W.W.Sm.高山水锦树
Wendlandia tinctoria (Roxb.) DC.(Huthc.in Sargent ,PLWils.1916 ,p.p.)= Wendlandia tinctoria subsp. callitricha
Wendlandia tinctoria (Roxb.) DC.(西藏志 1985)=Wendlandia grandis
Wendlandia tinctoria (Roxb.) DC.染色水锦树
Wendlandia tinctoria subsp. affinis How ex W.C.Chen 毛冠水锦树
Wendlandia tinctoria subsp. barbata Cowan 粗毛水锦树
Wendlandia tinctoria subsp. callitricha (Cowan) W.C.Chen 厚毛水锦树
Wendlandia tinctoria subsp. floribunda (Craib) Cowan 多花水锦树
Wendlandia tinctoria subsp. handelii Cowan 麻栗水锦树
Wendlandia tinctoria subsp. intermedia (How) W.C.Chen 红皮水锦树
Wendlandia tinctoria subsp. orientalis Cowan 东方水锦树
Wendlandia tinctoria subsp. tinctoria=Wendlandia tinctoria
Wendlandia tinctoria var. *callitricha* Cowan=Wendlandia tinctoria subsp. callitricha
Wendlandia tinctoria var. *grandis* HK.f.=Wendlandia grandis
Wendlandia tinctoria var. *intermedia* How=Wendlandia tinctoria subsp. intermedia
Wendlandia uvariifolia Hance 水锦树
Wendlandia uvariifolia subsp. *chinensis* (Merr.) Cowan (Cowan in Not. Roy.Bot.Gard.Edinb 1934 ,p.p.)=Wendlandia uvariifolia
Wendlandia uvariifolia subsp. chinensis (Merr.) Cowan 中华水锦树
Wendlandia uvariifolia subsp. *dunniana* (Lévl.) Cowan=Wendlandia uvariifolia
Wendlandia uvariifolia subsp. pilosa W.C.Chen 疏毛水锦树
Wendlandia uvariifolia subsp. *rotundifolia* (Hand.-Mazz.) Cowan= Wendlandia uvariifolia
Wendlandia uvariifolia subsp. *rufula* Cowan=Wendlandia uvariifolia
Wendlandia uvariifolia subsp. uvariifolia=Wendlandia uvariifolia
Wendlandia uvariifolia subsp. *yunnanensis* Cowan=Wendlandia uvariifolia
Wendlandia villosa W.C.Chen 毛叶水锦树
Wendlandia zooi How=Wendlandia scabra
Wensea Wendl.=**Pogostemon**
Wentan Bantan=Citrus maxima cv. Wentan
Werneria ellisii HK.f.=Cremanthodium ellisii
Werneria nana (Decne.) Benth.=Cremanthodium nanum
Whitfordia Elm.=**Whitfordiodendron**
Whitfordiodendron Elm. ex Dunn **猪腰豆属**(豆科)
Whitfordiodendron filipes (Dunn) Dunn 猪腰豆
Whitfordiodendron filipes var. filipes=Whitfordiodendron filipes
Whitfordiodendron filipes var. tomentosum Z.Wei 毛叶猪腰豆
Whitfordiodendron taiwaniana (Hay.) Ohwi=Millettia pachycarpa
Whitleya Sweet.=**Anisodus**
Whitleya streamonifolia Sweet=Anisodus luridus
Whytockia W.W.Sm.**异叶苣苔属**(苦苣苔科)
Whytockia bijieensis Y.Z.Wang & Z.Y.Li 毕节异叶苣苔
Whytockia chiritiflora (Oliv.) W.W.Sm.异叶苣苔
Whytockia chiritiflora var. *minor* W.W.Sm.=Whytockia tsiangiana var.

minor
Whytockia hekouensis Y.Z.Wang 河口异叶苣苔
Whytockia purpurascens Y.Z.Wang 紫红异叶苣苔
Whytockia sasakii (Hay.) Burtt 台湾异叶苣苔
Whytockia tsiangiana (Hand.-Mazz.) A.Weber 白花异叶苣苔
Whytockia tsiangiana var. minor (W.W.Sm.) A.Weber 屏边异叶苣苔
Whytockia tsiangiana var. tsiangiana=Whytockia tsiangiana
Whytockia tsiangiana var. wilsonii A.Weber 峨眉异叶苣苔
Wiborgia parviflora B.C. & K.=Galinsoga parviflora
Wightia Wall.**美丽桐属**(玄参科)
Wightia alpinii Craib=Wightia speciosissima
Wightia elliptica Merr.=Wightia speciosissima
Wightia gigantea Wall.=Wightia speciosissima
Wightia lacei Craib=Wightia speciosissima
Wightia speciosissima (D.Don) Merr.美丽桐
Wikstroemia Endl.**荛花属**(瑞香科)
Wikstroemia alba Hand.-Mazz.=Wikstroemia trichotoma
Wikstroemia altaica (Thieb.) Domke(p.p.)=Stelleropsis altaica
Wikstroemia alternifolia Batalin 互生叶荛花
Wikstroemia alternifolia var. alternifolia=Wikstroemia alternifolia
Wikstroemia alternifolia var. multiflora Lecomte 多花互生叶荛花
Wikstroemia androsaemifolia Hand.-Mazz.=Wikstroemia lamatsoensis
Wikstroemia angustifolia Hemsl.岩杉树
Wikstroemia angustiloba (Rehd.) Domke=Daphne angustiloba
Wikstroemia anhuiensis D.C.Zhang & X.P.Zhang 安徽荛花
Wikstroemia aurantiaca (Diels) Domke=Daphne aurantiaca
Wikstroemia aurantiaca var. *pulvinata* Domke=Daphne aurantiaca
Wikstroemia axillaris Merr. & Chun=Daphne axillaris
Wikstroemia baimashanensis S.C.Huang 白马荛花
Wikstroemia balanseae Drake=Rhamnoneuron balansae
Wikstroemia bodinieri Lévl.=Alyxia schlechteria
Wikstroemia brevipaniculata Rehd.=Wikstroemia micrantha
Wikstroemia calcicola (W.W.Sm.) Domke=Daphne aurantiaca
Wikstroemia canescens (Wall.) Meisn.荛花
Wikstroemia canescens Meins.(Hemsl.in J.L.Soc.Bot.1894)=Wikstroemia pilosa var. kulingensis
Wikstroemia capitata Rehd.头序荛花
Wikstroemia capitato-racemosa S.C.Huang 短总序荛花
Wikstroemia chamaedaphne Meisn.河朔荛花
Wikstroemia chamaedaphne var. *galioides* Batal. ex Lecomte=Wikstroemia stenophylla
Wikstroemia chamaejasme (L.) Domke=Stellera chamaejasme
Wikstroemia chinensis Meisn.中国荛花(新)?
Wikstroemia chuii Merr.窄叶荛花
Wikstroemia circinata (Lecomte) Domke=Wikstroemia dolichantha
Wikstroemia cirицnata var. *divaricata* (Lecomte) Domke=Wikstroemia dolichantha
Wikstroemia clivicola (Hand.-Mazz.) Domke=Daphne rosmarinifolia
Wikstroemia cochlearifolia S.C.Huang 匙叶荛花
Wikstroemia delavayi Lecomte 澜沧荛花
Wikstroemia diffusa (Lecomte) Domke=Daphne rosmarinifolia
Wikstroemia dolichantha Diels 一把香
Wikstroemia dolichantha var. *pubescens* Domke=Wikstroemia dolichantha
Wikstroemia domkeana Li=Daphne gracilis
Wikstroemia effusa Rehd.=Wikstroemia dolichantha
Wikstroemia ellipsocarpa Maxim.=Wikstroemia trichotoma
Wikstroemia ericifolia Domke=Wikstroemia micrantha
Wikstroemia eriophylla H.Winkl.=Daphne holosericea var. thibetensis
Wikstroemia fargesii (Lecomte) Domke 城口荛花
Wikstroemia gemmata (E.Pritz.) Domke=Daphne gemmata
Wikstroemia genkwa (S. & Z.) Domke=Daphne genkwa
Wikstroemia glabra Cheng 光叶荛花
Wikstroemia glabra f. glabra=Wikstroemia glabra
Wikstroemia glabra f. purpurea (Cheng) S.C.Huang 紫被光叶荛花
Wikstroemia glabra var. *purpurea* Cheng=Wikstroemia glabra f. purpurea
Wikstroemia gracilis (E.Pritz.) Domke=Daphne gracilis
Wikstroemia gracilis Hemsl.纤细荛花
Wikstroemia hainanensis Merr.(中大学报 1956)=Wikstroemia nutans
Wikstroemia hainanensis Merr.海南荛花
Wikstroemia haoii Domke 武都荛花
Wikstroemia hemsleyana Lévl.=Alstonia mairei
Wikstroemia holsericea Diels=Daphne holosericea
Wikstroemia huidongensis C.Y.Chang 会东荛花
Wikstroemia indica (L.) C.A.Mey 了哥王
Wikstroemia indica var. *viridiflora* HK.f.=Wikstroemia indica
Wikstroemia japonica (S. & Z.) Miq.=Wikstroemia trichotoma
Wikstroemia kulingensis Domke=Wikstroemia pilosa var. kulingensis
Wikstroemia lamatsoensis Hamaya 金丝桃荛花
Wikstroemia lanceolata Merr.披针叶荛花
Wikstroemia lecomteana Domke=Daphne rosmarinifolia
Wikstroemia leptophylla W.W.Sm.细叶荛花
Wikstroemia leptophylla var. atroviolacea Hand.-Mazz.黑紫荛花
Wikstroemia leptophylla var. leptophylla=Wikstroemia leptophylla
Wikstroemia leuconeura (Rehd.) Domke=Daphne esquirolii
Wikstroemia liangii Merr. & Chun 大叶荛花
Wikstroemia lichiangensis W.W.Sm.丽江荛花
Wikstroemia ligustrina Rehd.羊眼子
Wikstroemia linearifolia H.F.Zhou 线叶荛花
Wikstroemia linoides Hemsl.亚麻荛花
Wikstroemia longipaniculata S.C.Huang 长锥序荛花
Wikstroemia lungtzeensis S.C.Huang 隆子荛花
Wikstroemia mairei (Lecomte) Domke=Daphne esquirolii
Wikstroemia mekongensis W.W.Sm.=Wikstroemia delavayi
Wikstroemia micrantha Hemsl.小黄构
Wikstroemia micrantha var. micrantha=Wikstroemia micrantha
Wikstroemia micrantha var. paniculata (Li) S.C.Huang 圆锥荛花
Wikstroemia modesta (Rehd.) Domke=Daphne modesta
Wikstroemia monnula Hance 北江荛花
Wikstroemia monnula var. monnula=Wikstroemia monnula
Wikstroemia monnula var. xiuningensis D.C.Zhang & J.Z.Shao 休宁荛花
Wikstroemia mononectaria Hay.独鳞荛花
Wikstroemia myrtilloides (Nitsche) Domke=Daphne myrtilloides
Wikstroemia nutans Champ.(中大学报 1956)=Wikstroemia monnula
Wikstroemia nutans Champ.(中大学报 1956)=Wikstroemia trichotoma
Wikstroemia nutans Champ. ex Benth.细轴荛花
Wikstroemia nutans var. brevior Hand.-Mazz.短细轴荛花
Wikstroemia nutans var. nutans=Wikstroemia nutans
Wikstroemia obovata Hemsl.=Wikstroemia retusa
Wikstroemia pachyrachis S.L.Tsai 粗轴荛花
Wikstroemia pampaninii Rehd.鄂北荛花
Wikstroemia paniculata Li=Wikstroemia micrantha var. paniculata
Wikstroemia parviflora S.C.Huang 小花荛花
Wikstroemia paxiana H.Winkl.懋功荛花
Wikstroemia pilosa Cheng 多毛荛花
Wikstroemia pilosa var. kulingensis (Domke) S.C.Huang 绢毛荛花
Wikstroemia pilosa var. pilosa=Wikstroemia pilosa
Wikstroemia retusa A.Gray 倒卵叶荛花
Wikstroemia rosmarinifolia (Rehd.) Domke=.Daphne rosmarinifolia
Wikstroemia rosmarinifolia H.Winkl.=Wikstroemia stenophylla
Wikstroemia salicina (Lévl.) Lévl.柳叶荛花?
Wikstroemia scytophylla Diels 革叶荛花
Wikstroemia sericea Domke=Wikstroemia pilosa var. kulingensis
Wikstroemia stenantha Hemsl.=Wikstroemia monnula
Wikstroemia stenophylla E.Pritz.轮叶荛花
Wikstroemia taiwanensis Chang 台湾荛花
Wikstroemia techinensis S.C.Huang 德钦荛花
Wikstroemia tenuiflora (Bur. & Franch.) Domke=Daphne tenuiflora
Wikstroemia tenuiflora var. *legendrei* (Lecomte) Domke=Daphne tenuiflora var. legendrei
Wikstroemia thibetensis (Lecomte) Domke=Daphne holosericea var. thibetensis
Wikstroemia trichotoma (Thunb.) Makino 白花荛花
Wikstroemia vaccinium (Lévl.) Rehd.凯里荛花(新)?
Wikstroemia valbrayi Lévl.=Wikstroemia indica
Wikstroemia viridiflora Meisn.=Wikstroemia indica
Wilckia Scop.=**Malcolmia**
Wilckia africana (L.) F.Muell.=Malcolmia africana
Wilckia africana var. *stenopetala* (Bernh. ex Fishc. & C.A.Mey.) Grossh.=Malcolmia africana
Wilckia africana var. *trichocarpa* (Boiss. & Buhse) Grossh.=Malcolmia africana
Wilckia stenopetala (Bernh. ex Fisch. & C.A.Mey.) N.Busch.=Malcolmia

africana
Wilibaidia subtilis (Tratt.) Roth=Coleanthus subtilis
Willughbeia Roxb.**威乐比属**(夹竹桃)
Winchia A.DC.=**Alstonia**
Winchia calophylla DC.=Alstonia rostrata
Winchia glaucescens K.Schum.=Alstonia rostrata
Wirtgenia Sch.-Bip.(H.Andr.in Verh.Bot.Ver.Prov.Brandenb.1914)=
Cheilotheca
Wissadula Medicus **隔蒴苘属**(锦葵科)
Wissadula periplocifolia (L.) Presl ex Thwaites 隔蒴苘
Wissadula rostrata Planch.=Wissadula periplocifolia
Wissadula zeylanica Medicus=Wissadula periplocifolia
Wisteria Nutt.**紫藤属**(豆科)
Wisteria brachybotrys Hemsl.=Wisteria villosa
Wisteria brachybotrys f. *alba* (W.Willer) Hurusawa=Wisteria venusta
Wisteria brachybotys var. *alba* W.Willer=Wisteria venusta
Wisteria brevidentata Rehd.短梗紫藤
Wisteria chinens Bge.=Wisteria villosa
Wisteria chinensis DC.=Wisteria sinensis
Wisteria floribunda (Willd.) DC.多花紫藤
Wisteria japonica S. & Z.(豆科图说 1955)=Millettia kiangsinensis
Wisteria praecox Hand.-Mazz.=Wisteria sinensis
Wisteria sinensis (Sims) Sweet 紫藤
Wisteria sinensis f. alba (Lindl.) Rehd. & Wils.白花紫藤
Wisteria sinensis f. sinensis=Wisteria sinensis
Wisteria sinensis var. *alba* Lindl.=Wisteria sinensis f. Alba
Wisteria sinensis var. *albiflora* Lemaire=Wisteria sinensis f. Alba
Wisteria venusta Rhd. & Wils.白花藤萝
Wisteria villosa Rehd.藤萝
Withania Pauquy **睡茄属**(茄科)
Withania coagulans Dunal 凝固睡茄
Withania kansuensis Kuang & A.M.Lu=Withania somnifera
Withania kansuensis Kuang & A.M.Lu 睡茄
Withania somnifera Dunal.催眠睡茄
Wolffia Hork. ex Schleid.**芜萍属**(浮萍科)
Wolffia arrhiza (L.) Wimmer 芜萍
Wolfia spectabilis Dennst.=Eulophia spectabilis
Wollastonia biflora (L.) DC.=Wedelia biflora
Wollastonia prostrata HK. & Arn.=Wedelia prostrata
Wonurco=Citrus reticulata cv. Ponkan
Wooddsia conmixta Ching=Woodsia subcordata
Woodfordia Salisb.**虾子花属**(千屈菜科)
Woodfordia fruticosa (L.) Kurz 虾子花
Woodsia Cop.=**Protowoodsia**
Woodsia R.Br.**岩蕨属**(岩蕨科)
Woodsia alpina (Boltan) Gray 西疆岩蕨
Woodsia alpina Gray(Kom.in Acta Horti Petrop.1901)=Woodsia subcordata
Woodsia andersonii (Bedd.) Christ 蜘蛛岩蕨
Woodsia brandtii Franch. & Sav.=Woodsia macrochlaena
Woodsia cinnamonea Christ 赤色岩蕨
Woodsia cycloloba Hand.-Mazz.栗柄岩蕨
Woodsia delavayi Christ=Woodsia rosthorniana
Woodsia elongata HK.=Cheilanthopsis elongata
Woodsia eriosora Christ=Woodsia subcordata
Woodsia frondosa Christ 疏裂岩蕨
Woodsia glabella R.Br. ex Richards.光岩蕨
Woodsia gracillima C.Chr.=Woodsia hancockii
Woodsia hancockii Bak.(Christ in Bull.Soc.Bot.France 1905)=Woodsia shensiensis
Woodsia hancockii Bak.华北岩蕨
Woodsia himalaica Ching & S.K.Wu=Woodsia alpina
Woodsia hyperborea R.Br.=Woodsia alpina
Woodsia ilvensis (L.) R.Br.岩蕨
Woodsia ilvensis R.Br.(Franch.in Pl.David.Parte 1884)=Woodsia subcordata
Woodsia indusiosa Christ=Cheilanthopsis indusiosa
Woodsia insularia Hance (HK. & Bak.Syn.Fil.1873)=Woodsia macrochlaena
Woodsia intermedia Tagawa 东亚岩蕨
Woodsia japonica Makino=Woodsia macrochlaena
Woodsia jeholensis Nakai & Kitag.=Woodsia rosthorniana
Woodsia kitadakensis Ohwi=Woodsia subcordata
Woodsia kunyushanensis J.X.Li & E.Z.Li=Woodsia macrochlaena
Woodsia lanosa HK.(Diels in Engl.U.Prantl.Nat.Pflanzenfam.1899)=
Woodsia andersonii
Woodsia lanosa HK.毛盖岩蕨
Woodsia lanosa var. *attenuata* C.Chr.=Woodsia rosthorniana
Woodsia longifolia Tagawa=Woodsia subcordata
Woodsia macrochlaena Ching=Woodsia frondosa
Woodsia macrochlaena Ching=Woodsia intermedia
Woodsia macrochlaena Mett. ex Kuhn 大囊岩蕨
Woodsia macrochlaena var. *glabrata* Nemoto=Woodsia macrochlaena
Woodsia macrospora C.Chr & Maxon 甘南岩蕨
Woodsia manchuriensis (Hoo) Ching=Protowoodsia manchuriensis
Woodsia oblonga Ching & S.H.Wu 妙峰岩蕨
Woodsia obtusa (Spr.) Torr.钝羽岩蕨
Woodsia oregana Eaton 俄勒岗岩蕨
Woodsia pellaeopsis Han.-Mazz.=Woodsia lanosa
Woodsia pilosa Ching 嵩县岩蕨
Woodsia pilosella Rupr.=Woodsia subcordata
Woodsia polystichoides Eaton 耳羽岩蕨
Woodsia polystichoides var. *incisa* Ching & Y.T.Hsien=Woodsia polystichoides
Woodsia polystichoides var. *nudiuscula* HK.=Woodsia polystichoides
Woodsia polystichoides var. *sinuata* HK.=Woodsia subcordata
Woodsia polystichoides var. *veitchii* Hance=Woodsia polystichoides
Woodsia rosthorniana Diels 密毛岩蕨
Woodsia scopulina Eaton 帚状岩蕨
Woodsia sect. *Euwoodsia* HK. & Bak.=**Woodsia**
Woodsia sect. *Physematium* HK. & Bak.=**Protowoodsia**
Woodsia shensiensis Ching 陕西岩蕨
Woodsia sinica Ching 山西岩蕨
Woodsia sinuata Makino=Woodsia macrochlaena
Woodsia sinuta Christ=Woodsia subcordata
*Woodsia sp.*C.H.Wright=Woodsia lanosa
Woodsia subcordata Turcz.等基岩蕨
Woodsia subgen. *Perrinia* HK.=**Protowoodsia**
Woodsia subgen. *Physematium* HK.=**Protowoodsia**
*Woodsia taishanensis*F.Z.Li & C.K.Ni=Woodsia intermedia
Woodsia tsurugisanensis Makino=Woodsia hancockii
Woodsia veitchii Christ=Dryopteris serrato-dentata
Woodsia viridis Ching=Woodsia subcordata
Woodsia yazawai Makino=Woodsia glabella
Woodsiaceae 岩蕨科
Woodwardia Smith **狗脊属**(乌毛蕨科)
Woodwardia affinis Ching & P.S.Chiu=Woodwardia japonica
Woodwardia angustiloba Hance=Woodwardia prolifera
Woodwardia cochinchinensis Ching 长羽狗脊?
Woodwardia exaltata Nakai=Woodwardia prolifera
Woodwardia harlandii HK.=Chieniopteris harlandii
Woodwardia harlandii var. *takeoi* Masam.=Chieniopteris kempii
Woodwardia harlandtii Nakai=Chieniopteris harlandii
Woodwardia heteropinnata B.S.Wang=Chieniopteris kempii
Woodwardia himalaica Ching & S.K.Wu=Woodwardia unigemmata
Woodwardia intermedia Christ=Woodwardia japonica
Woodwardia japonica (L.f.) Sm.狗脊
Woodwardia japonica var. *contigua* Ching & P.S.Chiu=Woodwardia japonica
Woodwardia kempii Cop.=Chieniopteris kempii
Woodwardia latiloba Ching & P.S.Chiu=Woodwardia unigemmata
Woodwardia magnifica Ching & P.S.Chiu 滇南狗脊
Woodwardia maxima Ching=Woodwardia unigemmata
Woodwardia omeiensis Ching & P.S.Chiu=Woodwardia japonica
Woodwardia orientalis Sw.(HK.in Sp.Fil.1860,p.p.)=Woodwardia prolifera
Woodwardia orientalis Sw.东方狗脊
Woodwardia orientalis var. *formosana* Ros.=Woodwardia prolifera
Woodwardia orientalis var. *prolifera* Ching=Woodwardia prolifera
Woodwardia prolifera HK. & Arn.珠芽狗脊
Woodwardia radicans Sm.生根狗脊蕨
Woodwardia radicans Smith(Bedd.Fern.Brit.Ind.1865)=Woodwardia unigemmata
Woodwardia radicans var. *prolifera* C.Chr.=Woodwardia prolifera
Woodwardia radicans var. *unigemmata* Makino=Woodwardia

unigemmata
Woodwardia rubricaulis Ching & H.S.Kung=Woodwardia japonica
Woodwardia takeoi Hay.=Chieniopteris kempii
Woodwardia unigemmata (Makino) Nakai 顶芽狗脊
Woodwardia virginica (L.) J.Sm.弗吉尼亚狗脊蕨
Woodwardia yunnanensis Ching & P.S.Chiu=Woodwardia unigemmata
Wormia Vahl=**Ancistrocladus**
Wrightea Roxb.=**Wallichia**
Wrightea caryotoides Roxb.=Wallichia caryotoides
Wrightia R.Br.**倒吊笔属**(夹竹桃科)
Wrightia annamensis Eberh. & Dubard=Wrightia pubescens
Wrightia arborea (Denns.) Mabb.胭木
Wrightia coccinea (Roxb.) Sims 云南倒吊笔
Wrightia hainanensis Merr.=Wrightia laevis
Wrightia hainanensis var. *chingii* Tsiang=Wrightia sikkimensis
Wrightia hainanensis var. *variabilis* Tisnag=Wrightia laevis
Wrightia kwangtungensis Tsiang=Wrightia pubescens
Wrightia laevis HK.f.蓝树
Wrightia laniti (Blanco) Merr.=Wrightia pubescens
Wrightia pubescens R.Br.倒吊笔
Wrightia pubescens subsp. *laniti* (Blanco) Ngan=Wrightia pubescens
Wrightia religiosa (Teijsm. & Binn.) Benth.无冠倒吊笔
Wrightia schlechteri Lévl.=Wrightia sikkimensis
Wrightia sikkimensis Gamble 个溥
Wrightia tinctoria var. *laevis* (HK.f.) Pichon=Wrightia laevis
Wrightia tomentosa (Roxb.) Roem. & Schult.= Wrightia arborea
Wulfenia obliqua Wall.=Rhynchoglossum obliquum
Wurfbainia Giseke=**Amomum**

X

Xanthium L.**苍耳属**(菊科)
Xanthium echinatum Murr.硬刺苍耳
Xanthium inaequilaterum DC.偏基苍耳
Xanthium indicum Klatt.(p.p.)=Xanthium sibiricum var. subinerme
Xanthium indicum Klatt.(p.p.)=Xanthium sibiricum
Xanthium indicum β. *inaequilaterum* Miq.=Xanthium inaequilaterum
Xanthium japonicum Widder=Xanthium sibiricum
Xanthium mongolicum Kitag.蒙古苍耳
Xanthium orientale Bl.=Xanthium inaequilaterum
Xanthium sibiricum Patrin 苍耳
Xanthium sibiricum var. *sibiricum*=Xanthium sibiricum
Xanthium sibiricum var. subinerme (Winkl.) Widder 近无刺苍耳
Xanthium spinosum L.刺苍耳
Xanthium strumarium L.(p.p.)=Xanthium sibiricum
Xanthium strumarium L.欧洲苍耳
Xanthium strumarium Lour.=Xanthium inaequilaterum
Xanthium strumarium var. *inaequilaterale* C.B.Clarke=Xanthium inaequilaterum
Xanthium strumarium var. *indicum* Debeaux (p.p.)=Xanthium sibiricum
Xanthium strumarium var. *subinerme* Winkl.=Xanthium sibiricum var. subinerme
Xanthoceras Bge.**文冠果属**(无患子科)
Xanthoceras enkianthiflora Lévl.=Staphylea holocarpa
Xanthoceras sorbifolia Bge.文冠果
Xanthochymus Roxb.=**Garcinia**
Xanthochymus pictorius Roxb.=Garcinia xanthochymus
Xanthopappus C.Winkl.**黄缨菊属**(菊科)
Xanthopappus multicephalus Lng=Xanthopappus subacaulis
Xanthopappus subacaulis C.Winkl.黄缨菊
Xanthophyllum Roxb.**黄叶树属**(远志科)
Xanthophyllum hainanensie Hu 黄叶树
Xanthophyllum oliganthum C.Y.Wu 少花黄叶树
Xanthophyllum racemosum Chodat (G.W.Groff Ding & E.H.Groff in Lingnan Agr.Rev.1924)=Xanthophyllum hainanensie
Xanthophyllum siamense Craib 泰国黄叶树
Xanthophyllum yunnanense C.Y.Wu 云南黄叶树
Xanthophytopsis Pitard=**Xanthophytum**
Xanthophytopsis balansae Pitard=Xanthophytum balansae
Xanthophytopsis kwangtungensis Chun & How=Xanthophytum kwangtungense
Xanthophytum Reinw. ex Bl.**岩黄树属**(茜草科)
Xanthophytum attopevense (Pierre ex Pitard) Lo 琼岛岩黄树
Xanthophytum balansae Pitard) Lo 长梗岩黄树
Xanthophytum kwangtungense (Chun & How) Lo 岩黄树
Xanthophytum sinicum Lo=Lerchea sinica
Xanthopsis (DC.) C.Koch=**Centaurea**
Xanthosoma Schott **黄肉芋属**(天南星科)
Xanthosoma atrovirens C.Koch & Bouche 浓绿黄肉芋
Xanthosoma atrovirens var. appendiculatum Engl.附体浓绿黄肉芋
Xanthosoma lindenii (Andre) Engl.玲殿黄肉芋
Xanthosoma sagittifolium (L.) Schott.慈姑叶黄肉芋
Xanthosoma violaceum Schott.紫茎黄肉芋
Xanthoxylon Sprengel=**Zanthoxylum**
Xanthoxylum Engl.=**Zanthoxylum**
Xanthoxylum mantschuricum Benn.=Zanthoxylum schinifolium
Xantolis Raf.**刺榄属**(山榄科)
Xantolis boniana (Dubard) van Royen 越南刺榄
Xantolis boniana var. boniana=Xantolis boniana
Xantolis boniana var. *rostrata* (Merr.) van Royen (云南志 1977)=Xantolis stenosepala
Xantolis boniana var. rostrata (Merr.) van Royen 喙果刺榄
Xantolis embeliifolia (Merr.) van Royen=Xantolis longispinosa
Xantolis longispinosa (Merr.) H.S.Lo 琼刺榄
Xantolis shweliensis (W.W.Sm.) van Royen 瑞丽刺榄
Xantolis stenosepala (Hu) van Royen 滇刺榄
Xantolis stenosepala var. brevistylis C.Y.Wu 短柱滇刺榄
Xantolis stenosepala var. stenosepala=Xantolis stenosepala
Xenostegia D.F.Aust. & Staples **地旋花属**(旋花科)
Xenostegia tridentata (L.) D.F.Aust. & Staples 地旋花
Xeranthemum L.**旱花属**(菊科)
Xeranthemum annum L.旱花
Xeranthemum bracteatum Vent=Helichrysum bracteatum
Xeranthemum cylindraceum 长筒旱花
Xeromphis Raf.=**Catunaregam**
Xeromphis retzii Raf.=Catunaregam spinosa
Xeromphis spinosa (Thunb.) Keay=Catunaregam spinosa
Xerospermum Bl.**干果木属**(无患子科)
Xerospermum bonii (Lecomte) Radlk.干果木
Xerospermum topengii Merr.=Nephelium topengii
Xerospermum yunnanense W.T.Wang=Dimocarpus yunnanensis
Ximenia L.**海檀木属**(铁青树科)
Ximeria americana L.海檀木
Ximeria inermis L.=Ximeria americana
Xiphopteris Kaulf.(p.p.)=**Micropolypodium**
Xiphopteris cornigera (Baker) Copel.=Micropolypodium cornigera
Xiphopteris okuboi (Yatabe) Copel.=Micropolypodium okuboi
Xiphopteris sikkimensis (Hieron.) Copel.=Micropolypodium sikkimensis
Xiphosium roseum (Lindl.) Griff.=Eria rosea
Xizangia D.Y.Hong **马松蒿属**(玄参科)
Xizangia serrata D.Y.Hong 马松蒿
Xolisma Rafin.=**Lyonia**
Xolisma compta (W.W.Sm. & Jeffr.) Rehd.=Lyonia compta
Xolisma elliptica (S. & Z.) Nakai=Lyonia ovalifolia var. elliptica
Xolisma formosana (Komatsu) Nakai=Lyonia ovalifolia var. elliptica
Xolisma formosana var. *pilosa* (Komatsu) Nakai=Lyonia ovalifolia var. elliptica
Xolisma ovalifolia (Wall.) Rehd.=Lyonia ovalifolia
Xolisma ovalifolia var. *elliptica* (S. & Z.) Rehd.=Lyonia ovalifolia var. elliptica
Xolisma ovalifolia var. *hebecarpa* (Franch. ex Forb. & Hemsl.) Metc.=Lyonia ovalifolia var. hebecarpa
Xolisma ovalifolia var. *lanceolata* (Wall.) Rehd.=Lyonia ovalifolia var. lanceolata
Xolisma sphaerantha Hand.-Mazz.=Lyonia villosa var. sphaerantha
Xolisma villosa (Wall. ex C.B.Clarke) Rehd.=Lyonia villosa
Xolisma vollosa var. *pubescenes* (Franch.) Rehd.=Lyonia villosa var. pubescens
Xylanche G.Beck=**Boschniakia**
Xylanche himalaica (HK.f. & Thoms) G.Beck=Boschniakia himalaica
Xylanche kawakamii (Hay.) G.Beck=Boschniakia himalaica
Xylinabaria reynaudii Jum.=Urceola napeensis
Xylinabariopsis Ly=**Urceola**
Xylinabariopsis napeensis (Quint.) F.P.Metc.=Urceola napeensis
Xylinabariopsis reynaudii (Jumell.) Pitard.=Urceola napeensis
Xylinabariopsis ventii T.D.Ly=Urceola xylinabariopsoides

Xylinabariopsis xylinabariopsoides (Tsiang) Lý=Urceola xylinabariopsoides
Xylobium Lindl.**西劳兰属**(兰科)
Xylobium elongatum (Lindl. & Paxt.) Hemsl.长茎西劳兰
Xylobium foveatum (Lindl.) Nichols.落叶西劳兰
Xylobium palmifolium (Sw.) Fawc.棕叶西劳兰
Xylocarpus Koenig **木果楝属**(楝科)
Xylocarpus granatum Koening 木果楝
Xylocarpus obovatus Juss.=Xylocarpus granatum
Xylophylla obovata Willd.=Flueggea virosa
Xylophylla ramiflora Ait.=Flueggea suffruticosa
Xylopia L.**木瓣树属**(番荔枝科)
Xylopia vielana Pierre 木瓣树
Xylopicrum P.Br.=**Xylopia**
Xylosma G.Forst.**柞木属**(大风子科)
Xylosma apactis Koidz.=Xylosma racemosum
Xylosma congestum var. *caudata* S.S.Lai=Xylosma racemosum var. caudata
Xylosma congestum var. *kwangtungense* Metc.=Xylosma longfolium
Xylosma congestum var. *pubescens* (Rehd. & Wils.) Chun=Xylosma racemosum var. glaucescens
Xylosma controversum Clos 南岭柞木
Xylosma controversum var. controversum=Xylosma controversum
Xylosma controversum var. glabrum S.S.Lai 光叶柞木
Xylosma fasciculiflorum S.S.Lai 丛花柞木
Xylosma japonicum A.Gray=Xylosma racemosum
Xylosma japonicum var. *pubescens* (Rehd. & Wils.) C.Y.Chang=Xylosma racemosum var. glaucescens
Xylosma laxiflorum Merr. & Chun=Xylosma controversum var. glabrum
Xylosma leprosipes Clos=Bennettiodendron leprosipes
Xylosma longfolium Clos 长叶柞木
Xylosma racemosum (S. & Z.) Miq.柞木
Xylosma racemosum var. caudata (S.S.Lai) S.S.Lai 尾叶柞木
Xylosma racemosum var. glaucescens Franch.毛枝柞木
Xylosma racemosum var. *pubescens* Rehd. & Wils.=Xylosma racemosum var. glaucescens
Xylosma racemosum var. racemosum=Xylosma racemosum
Xylosteum chrysanthum β. *subtomentosum* Rupr.=Lonicera ruprechtiana
Xylosteum karelini Rupr.=Lonicera heterophylla
Xylosteum ligustrinum D.Don=Lonicera ligustrina
Xylosteum maackii Rupr.=Lonicera maackii
Xylosteum maximowiczii Rupr.=Lonicera maximowiczii
Xylosteum sieversianum Rupr.=Lonicera microphylla
Xylosteum spinosum Decne.=Lonicera spinosa
Xyridaceae 黄眼草科
Xyris L.**黄眼草属**(黄眼草科)
Xyris banacana Miq.中国黄眼草
Xyris calocephala Miq=Xyris indica
Xyris capensis Thunb.南非黄眼草
Xyris capensis f. *schoenoides* (Mart.) Nilsson=Xyris capensis var. schoenoides
Xyris capensis var. capensis=Xyris capensis
Xyris capensis var. schoenoides (Mart.) Nilsson 黄谷精
Xyris capito Hance=Xyris indica
Xyris chinensis Malme=Xyris banacana
Xyris complanata R.Br.硬叶葱草
Xyris elongata Rudge=Xyris complanata
Xyris formosana Hay.台湾黄眼草
Xyris indica L.黄眼草
Xyris malaccensis Steudel=Xyris complanata
Xyris melanocephala Miq.=Xyris capensis var. schoenoides
Xyris novoguineensis Hatusima=Xyris capensis var. schoenoides
Xyris paludosa R.Br.=Xyris indica
Xyris pauciflora Willd.葱草
Xyris pauciflora var. *oryzetorum* Miq.=Xyris pauciflora
Xyris ridleyi Rendl.=Xyris banacana
Xyris robusta Mart.=Xyris indica
Xyris schoenoides Mart.=Xyris capensis var. schoenoides
Xyris semifuscata Bojer ex Baker=Xyris capensis var. schoenoides
Xyris sumatrana Malme=Xyris capensis var. schoenoides
Xyris walkeri Kunth=Xyris complanata
Xystrolobos Gagn.=**Ottelia**
Xystrolobos yunnanensis Gagn.=Ottelia acuminata

Y

Yadakeya Makino=**Pseudosasa**
Yadakeya japonica (S. & Z.) Makino=Pseudosasa japonica
Yinshania Y.C.Ma & Y.Z.Zhao **阴山荠属**(十字花科)
Yinshania acutangula (O.E.Schulz) Y.H.Zhang 锐棱阴山荠
Yinshania acutangula subsp. acutangula=Yinshania acutangula
Yinshania acutangula subsp. microcarpa (K.C.Kuan) Al-Schhbaz & al.小果阴山荠
Yinshania acutangula subsp. wilsonii (O.W.Schulz) Al-Schehbaz & al.威氏阴山荠
Yinshania acutangula var. *albiflora* (Ma & Y.Z.Zhao) Y.H.Zhang=Yinshania acutangula
Yinshania alatipes (Hand.-Mazz.) Y.Z.Zhao=Cardamine fragariifolia
Yinshania albiflora Ma & Y.H.Zhang=Yinshania acutangula
Yinshania albiflorra var. *gobica* A.X.An=Yinshania acutangula
Yinshania exiensis Y.H.Zhang=Yinshania zayuensis
Yinshania formosana (Hay.) Y.Z.Zhao=Yinshania rivulorum
Yinshania fumarioides (Dunn) Y.Z.Zhao 紫堇叶阴山荠
Yinshania furcatopilosa (K.C.Kuan) Y.H.Zhang 叉毛阴山荠
Yinshania ganluoensis Y.H.Zhang=Yinshania zayuensis
Yinshania henryi (Oliv.) Y.H.Zhang 柔毛阴山荠
Yinshania hui (O.E.Schulz.) Y.Z.Zhao 武功山阴山荠
Yinshania hunanensis (H.Y.Zhang) Al-Shehbaz & al.湖南阴山荠
Yinshania lichuanensis (Y.H.Zhang) Al-Shehbaz & al.利川阴山荠
Yinshania microcarpa (K.C.Kuan) Y.H.Zhang=Yinshania acutangula subsp. microcarpa
Yinshania paradoxa (Hance) Y.Z.Zhao 卵叶阴山荠
Yinshania qianningensis var. *brachybotrys* Y.H.Zhang=Yinshania acutangula subsp. wilsonii
Yinshania qianningensis Y.H.Zhang=Yinshania acutangula subsp. wilsonii
Yinshania rivulorum (Dunn) Al-Shehbaz & al.河岸阴山荠
Yinshania rupicola (D.C.Zhang & J.Z.Shao) Al-Shehbaz & al.石生阴山荠
Yinshania rupicola subsp. rupicola=Yinshania rupicola
Yinshania rupicola subsp. shuangpaiensis (Z.Y.Li) Al-Shehbaz & al.双牌阴山荠
Yinshania sinuata (K.C.Kuan) Al-Shehbaz. & al.弯缺阴山荠
Yinshania sinuata subsp. qianwuensis (Y.H.Zhang) Al-Shehbaz & al.寻乌阴山荠
Yinshania sinuata subsp. sinuata=Yinshania sinuata
Yinshania warburgii (O.E.Schulz.) Y.Z.Zhao=Yinshania fumarioides
Yinshania wenxianensis var. *songpanensis* Y.H.Zhang=Yinshania acutangula
Yinshania yixianensis (Y.H.Zhang) Al-Shehbaz & al.黟县阴山荠
Yinshania zayuensis Y.H.Zhang 察隅阴山荠
Yinshania zhejiangensis (Y.H.Zhang) Y.Z.Zhao=Yinshania fumarioides
Yoania Maxim.**宽距兰属**(兰科)
Yoania japonica Maxim.宽距兰
Yoania japonica var. *squamipes* Fukuyama=Yoania japonica
Youngia Cass.**黄鹌菜属**(菊科)
Youngia acaulis (Roxb.) DC.=Launaea acaulis
Youngia akagii (Kitag.) Kitag.=Youngia tenuicaulis
Youngia aspera (Schrad. ex Willd.) Steud.=Chondrilla aspera
Youngia bifurcata Babcock & Stebbins 黑褐黄鹌菜(新)?
Youngia blinii (Lévl.) Lauener 昭通黄鹌菜(新)?
Youngia chelidonifolia (Makino) Kitam.=Paraixeris chelidonifolia
Youngia chinensis (Thunb) DC.=Ixeridium chinense
Youngia chrysantha Maxim.=Paraixeris denticulata
Youngia cineripappa (Babcock) Babcock & Stebbins 鼠冠黄鹌菜
Youngia conjunctiva Bobc. & Stebb.甘肃黄鹌菜?
Youngia cristata Shih 角冠黄鹌菜
Youngia debilis (Poiret) DC.=Ixeris japonica
Youngia dentata (Thunb.) DC.=Ixeridium dentatum
Youngia denticulata (Houtt.) Kitam.=Paraixeris denticulata
Youngia denticulata f. *pinnatipartita* (Makino) Kitam.=Paraixeris pinnatipartita
Youngia depressa (HK.f. & Thoms.) Babcock & Stebbins 矮生黄鹌菜
Youngia diversifolia (Ledeb. ex Spreng.) Ledeb.(p.p.)=Youngia tenuifolia
Youngia diversifolia (Ledeb. ex Spreng.) Ledeb.细裂黄鹌菜
Youngia erythrocarpa (Vant.) Babcock & Stebbins 红果黄鹌菜
Youngia flexuosa (Ledeb.) Ledeb.=Crepis flxuosa

Youngia flexuosa var. *gigantea* C.Winkl. ex O.Fedtsch.=Crepis flxuosa
Youngia formosana (Hay.) Hara=Youngia japonica
Youngia fusca (Babcock) Babcock & Stebbins 厚绒黄鹌菜
Youngia glauca Edgew.=Crepis flxuosa
Youngia gracilipes (HK.f.) Babcock & Stebbins 细梗黄鹌菜
Youngia gracilis (HK.f. &Thoms ex C.B.Clarke) Babcock & Stebbins= Youngia stebbinsiana
Youngia gracilis HK.f. ex Benth. & HK.f.=Youngia stebbinsiana
Youngia gracilis Miq.=Youngia japonica
Youngia hastata (Thunb.) DC.=Paraixeris denticulata
Youngia hastiformis Shih 顶戟黄鹌菜
Youngia henryi (Diels) Babcock & Stebbins 长裂黄鹌菜
Youngia heterophylla (Hemsl.) Babcock & Stebbins 异叶黄鹌菜
Youngia humilis DC.=Lapsana humilis
Youngia japonica (L.) DC.黄鹌菜
Youngia japonica subsp. *elstonii* (Hochr.) Babcock & Stebbins=Youngia pseudosenecio
Youngia japonica subsp. *formosana* (Hay.) Kitam.=Youngia japonica
Youngia japonica subsp. *genuina* (Hochr.) Babcock & Stebbins=Youngia japonica
Youngia japonica subsp. *longiflora* Babcock & Stebbins=Youngia longiflora
Youngia japonica var. *formosana* (Hay.) H.L.Li=Youngia japonica
Youngia kangdingensis Shih 康定黄鹌菜
Youngia lanata Babcock & Stebbins 黑红黄鹌菜(新)?
Youngia lanceolata (Houtt.) DC.=Crepidiastrum lanceolatum
Youngia longiflora (Babcock & Stebbins) Shih 长花黄鹌菜
Youngia longipes (Hemsl.) Babcock & Stebbins 戟叶黄鹌菜
Youngia lyrata (Poir.) Cass.=Youngia japonica
Youngia mairei (Lévl.) Babcock & Stebbins 紫红黄鹌菜(新)?
Youngia multiflora (Thunb.) DC.=Youngia japonica
Youngia napifera DC. ex Wight=Youngia japonica
Youngia nujiangensis Shih 怒江黄鹌菜
Youngia paleacea (Diels) Babcock & Stebbins 羽裂黄鹌菜
Youngia paleacea subsp. *smithii* Babcock & Stebbins=Youngia paleacea
Youngia paleacea subsp. *typica* Babcock & Stebbins=Youngia paleacea
Youngia paleacea subsp. *yunnanensis* (Babcock) Babcock & Stebbins= Youngia paleacea
Youngia paosa Steud.=Youngia japonica
Youngia parva Babcock & Stebbins 白冠黄鹌菜(新)?
Youngia pilifera Shih 糙毛黄鹌菜
Youngia pratti (Babcock) Babcock & Stebbins 川西黄鹌菜
Youngia pseudosenecio (Vant.) Shih 卵裂黄鹌菜
Youngia pygmaea var. *purpurea* C.Winkl. ex O.Fedtsch.=Crepis lactea
Youngia pygmaea α. *nana* (Richards) Ledeb.=Crepis nana
Youngia pygmaea β. *flaccida* (Ledeb.) Ledeb.=Crepis nana
Youngia pygmaea δ. *lyrata* (Ledeb.) Ledeb.=Crepis nana
Youngia racemifera (HK.f.) Babcock & Stebbins 总序黄鹌菜
Youngia rosthornii (Diels) Babcock & Stebbins 多裂黄鹌菜
Youngia rubida (Babcock & Stebbins 川黔黄鹌菜
Youngia scaposa (Chang) Babcock & Stebbins=Youngia szechuanica
Youngia sect. *Paraixis* (Nakai) Kitam.=**Paraixeris**
Youngia sect. *Paraixixeris* subgen. *Paraixeris* (Nakai) Stebbins= **Paraixeris**
Youngia sericea Shih 绢毛黄鹌菜
Youngia serotina Maxim.=Paraixeris serotina
Youngia setigera (Scott ex W.W.Sm.) Babcock & Stebbins=Youngia blinii
Youngia simulatrix (Babcock) Babcock & Stebbins 无茎黄鹌菜
Youngia soncifolia Maxim.=Ixeridium sonchifolium
Youngia stebbinsiana S.Y.H 纤细黄鹌菜
Youngia stenoma (Turcz.) Ledeb.碱黄鹌菜
Youngia szechuanica (Söderb.) S.Y.Hu 少花黄鹌菜
Youngia tenuicaulis (Babcock & Stebbins) Czer.叉枝黄鹌菜
Youngia tenuifolia (Willd.) Babcock & Stebbins 细叶黄鹌菜
Youngia tenuifolia subsp. *diversifolia* (Ledeb. ex Spreng.) Babcock & Stebbins= Youngia diversifolia
Youngia tenuifolia subsp. *tenuicaulis* Babcock & Stebbins=Youngia tenuicaulis
Youngia terminalis Babcock & Stebbins 内毛黄鹌菜(新)?
Youngia wilsoni (Babcock) Babcock & Stebbins 栉齿黄鹌菜
Youngia yilingi Shih 艺林黄鹌菜
Ypsilandra Franch.**丫蕊花属**(百合科)
Ypsilandra aplinia Wang & Tang 高山丫蕊花
Ypsilandra cavaleriei Lévl. & Vant.小果丫蕊花
Ypsilandra kansuensis R.N.Zhao & Z.X.Peng 甘肃丫蕊花
Ypsilandra parviflora Wang & Tang=Ypsilandra cavaleriei
Ypsilandra thibetica Franch.丫蕊花
Ypsilandra thibetica var. *angustifolia* Wang & Tang=Ypsilandra thibetica
Ypsilandra yunnanensis W.W.Smi. & J.F.Jeffr.云南丫蕊花
Ypsilandra yunnanensis var. *himalaica* H.Hara=Ypsilandra yunnanensis
Ypsilandra yunnanensis var. *micrantha* Hand.-Mazz.=Ypsilandra yunnanensis
Yua C.L.Li.**俞藤属**(葡萄科)
Yua austroorientalis (Metc.) C.L.Li 大果俞藤
Yua chinensis C.L.Li 绿芽俞藤
Yua thomsoni (Laws.) C.L.Li 俞藤
Yua thomsoni var. *glancescens* (DielS. & Gilg) C.L.Li(p.p.)=Yua chinensis
Yua thomsoni var. glaucescens (Diels & Gilg) C.L.Li 华西俞藤
Yua thomsoni var. thomsoni=Yua thomsoni
Yucca L.**丝兰属**(百合科)
Yucca aloifolia L.千手丝兰
Yucca baccata Torr.长瓣丝兰
Yucca elata Engelm.高丝兰
Yucca filamentosa J.K.Small=Yucca smalliana
Yucca flaccida Haw.细叶丝兰
Yucca glauca Nutt.小丝兰
Yucca gloriosa L.凤尾丝兰
Yucca recurvifolia Salisb.弯叶丝兰
Yucca smalliana Fern.丝兰
Yucca whipplei Torr.圣烛花
Yulania japonica var. *globosa* (HK. & Thoms.) Parmenlier=Magnolia globosa
Yunnanea Hu=**Camellia**
Yunnanea xylocarpa Hu=Camellia xylocarpa
Yushania Keng f.**玉山竹属**(禾本科)
Yushania andropogonoides (Hand.-Mazz.) Yi 草丝竹
Yushania auctiaurita Yi 显耳玉山竹
Yushania baishanzuensis Z.P.Wang & G.H.Ye 百山祖玉山竹
Yushania basihirsuta (McClure) Z.P.Wang & G.H.Ye 毛玉山竹
Yushania bojieiana Yi 金平玉山竹
Yushania brevipaniculata (Hand.-Mazz.) Yi 短锥玉山
Yushania brevis Yi 绿春玉山竹
Yushania canoviridis G.H.Ye & Z.P.Wang 灰绿玉山竹
Yushania cartilaginea Wen 硬壳玉山竹
Yushania cava Yi 空柄玉山竹
Yushania chingii Yi 仁昌玉山竹
Yushania chungii (Keng) Z.P.Wang & G.H.Ye=Yushania brevipaniculata
Yushania collina Yi 德昌玉山竹
Yushania complanata Yi 梵净山玉山竹
Yushania confusa (McClure) Z.P.Wang & G.H.Ye 鄂西玉山竹
Yushania crassicollis Yi 粗柄玉山竹
Yushania crispata Yi 波柄玉山竹
Yushania elevata Yi 腾冲玉山竹
Yushania exilis Yi 沐川玉山竹
Yushania falcatiaurita Hsueh & Yi 粉竹
Yushania farcticaulis Yi 独龙江玉山竹
Yushania farinosa Z.P.Wang & G.H.Ye 湖南玉山竹
Yushania flexa Yi 弯毛玉山竹
Yushania glandulosa Hsueh & Yi 盈江玉山竹
Yushania glauca Yi & T.L.Long 白背玉山竹
Yushania grammata Yi 棱纹玉山竹
Yushania hirticaulis Z.P.Wang & G.H.Ye 毛竿玉山竹
Yushania lacera Q.F.Zheng & K.F.Huang 撕裂玉山竹
Yushania laetevirens Yi 亮绿玉山竹
Yushania levigata Yi 光亮玉山竹
Yushania lineolata Yi 石棉玉山竹
Yushania longiaurita Q.F.Zheng & K.F.Huang 长耳玉山竹
Yushania longipilosa Wen & S.C.Chen=Yushania basihirsuta
Yushania longissima (Yi) Yi=Yushania complanata
Yushania longissima K.F.Huang 长鞘玉山竹
Yushania longiuscula Yi 蒙自玉山竹

Yushania mabianensis Yi 马边玉山竹
Yushania maculata Yi 斑壳玉山竹
Yushania megalothyrsa (Hand.-Mazz.) Wen 阔叶玉山竹
Yushania menghaiensis Yi 隔界竹
Yushania mitis Yi 泡滑竹
Yushania monophylla Yi & B.M.Yang=Gelidocalamus stellatus
Yushania multiramea Yi 多枝玉山竹
Yushania niitakayamensis (Hay.) Keng f.玉山竹
Yushania oblonga Yi 马鹿竹
Yushania pachyclada Yi 粗枝玉山竹
Yushania pauciramificans Yi 少枝玉山竹
Yushania polytricha Hsueh & Yi 滑竹
Yushania punctulata Yi 抱鸡竹
Yushania qiaojiaensis Hsueh & Yi 海竹
Yushania qiaojiaensis f. nuda Yi 裸箨海竹
Yushania qiaojiaensis f. qiaojianensis=Yushania qiaojiaensis
Yushania rugosa Yi 皱叶玉山竹
Yushania staminea Yi 黄壳竹
Yushania suijiangensis Yi 绥江玉山竹
Yushania uniramosa Hsueh & Yi 单枝玉山竹
Yushania varians Yi 庐山玉山竹
Yushania vigens Yi 长肩毛玉山竹
Yushania violascens (Keng) Yi 紫花玉山竹
Yushania weixiensis Yi 竹扫子
Yushania wuyishanensis Q.F.Zheng & K.F.Huang 武夷山玉山竹
Yushania xizangensis Yi 西藏玉山竹
Yushania yadongensis Yi 亚东玉山竹
Yushania yunnanensis (Hsueh & Yi) Keng f. & Wen ex Wen=Fargesia yunnanensis
Yushunia Kamikoti=**Sassafras**
Yushunia randaiensis (Hay.) Kamikoti=Sassafras randaiense

Z

Zabelia (Rehd.) Makino=**Abelia**
Zabelia buddleioides (W.W.Sm.) Hisauchi & Hara=Abelia buddleioides
Zabelia buddleioides var. *divergens* (W.W.Sm) Golubckova=Abelia buddleioides
Zabelia buddleioides var. *stenantha* (Hand.-Mazz.) Hisauchi & Hara=Abelia buddleioides
Zabelia stenantha (Hand.-Mazz.) Golubkova=Abelia buddleioides
Zala asiatica Lour.=Pistia stratiotes
Zalaccella Becc.=**Calamus**
Zalusianskya Necker=**Mrsilea**
Zamia L.**大苏铁属**(苏铁科)
Zamia floridana de Candolle 大苏铁
Zamia furfuracea L.f.鳞粃大苏铁
Zamia integrifolia Ait.全缘大苏铁
Zanghoxylum calcicolum var. *macrocarpum* Huang=Zanthoxylum leiboicum Huang
Zannichellia L.**角果藻属**(茨藻科)
Zannichellia palustris L.角果藻
Zannichellia palustris var. palustris=Zannichellia palustris
Zannichellia palustris var. pedicellata Wahlenb & Rosen 柄果角果藻
Zannichellia palustris var. *pedunculata* (Rich.) A.Gray=Zannichellia palustris var. pedicellata
Zannichellia pedunculata Rich.=Zannichellia palustris var. pedicellata
Zannichllia pedicellata (Wahlenb & Rosen) Fries=Zannichellia palustris var. pedicellata
Zanonia L.**翅子瓜属**(葫芦科)
Zanonia clavigera Wall.=Neoalsomitra clarigera
Zanonia indica L.翅子瓜
Zanonia indica var. indica=Zanonia indica
Zanonia indica var. pubescens Cogn.滇南翅子瓜
Zanonia laxa Wall.=Gynostemma laxum
Zanonia pedata (Bl.) Miq.=Gynostemma pentaphyllum
Zanonia wightiana Arn.=Gynostemma laxum
Zantedeschia Spreng **马蹄莲属**(天南星科)
Zantedeschia aethiopica (L.) Spreng 马蹄莲
Zantedeschia albo-maculata (HK.f.) Baill 白马蹄莲
Zantedeschia angustiloba (Schott) Engl.狭裂马蹄莲
Zantedeschia calyptrata Koch=Schismatoglottis calyptrata
Zantedeschia elliottiana (Nght) Engl.黄花马蹄莲
Zantedeschia melanoleuca (HK.f.) Engl.紫心黄马蹄莲
Zantedeschia occulta (Lour.) Spreng=Homalomena occulta
Zantedeschia rehmannii Engl.红马蹄莲
Zanthoxylon Walter=**Zanthoxylum**
Zanthoxylon connaroides Wight & Arn.=Trichilia connaroides
Zanthoxylum L.**花椒属**(芸香科)
Zanthoxylum acanthophyllum Hay.=Zanthoxylum simulans
Zanthoxylum acanthopodium DC.刺花椒
Zanthoxylum acanthopodium var. acanthopodium=Zanthoxylum acanthopodium
Zanthoxylum acanthopodium var. *deminutum* (Rehd.) Reeder & Cheo=Zanthoxylum ovalifolium
Zanthoxylum acanthopodium var. *oligotrichum* Tan=Zanthoxylum acanthopodium var. timbor
Zanthoxylum acanthopodium var. timbor HK.f.毛刺花椒
Zanthoxylum acanthopodium var. *villosum* Huang=Zanthoxylum acanthopodium var. timbor
Zanthoxylum ailanthoides S. & Z.椿叶花椒
Zanthoxylum ailanthoides var. ailanthoides=Zanthoxylum ailanthoides
Zanthoxylum ailanthoides var. pubescens Hatsusima 毛椿叶花椒
Zanthoxylum alatum Roxb.=Zanthoxylum armatum
Zanthoxylum alatum var. *planispinum* (S. & Z.) Rehd. & Wils.=Zanthoxylum armatum
Zanthoxylum alatum var. *planispinum* f. *ferrugineum* Rehd. & Wils.=Zanthoxylum armatum var. ferrugineum
Zanthoxylum alatum var. *subtrifoliolatum* Franch.=Zanthoxylum armatum
Zanthoxylum alpinum Huang=Zanthoxylum oxyphyllum
Zanthoxylum arenosum Reeder & Cheo=Zanthoxylum armatum
Zanthoxylum argyi Lévl.=Zanthoxylum simulans
Zanthoxylum armatum DC.竹叶花椒
Zanthoxylum armatum var. armatum=Zanthoxylum armatum
Zanthoxylum armatum var. ferrugineum (Rehd. & Wils.) Huang 毛竹叶花椒
Zanthoxylum asperum Huang=Zanthoxylum collinsae
Zanthoxylum asperum var. *glabrum* Huang=Zanthoxylum nitidum
Zanthoxylum austrosinense Huang 岭南花椒
Zanthoxylum austrosinense var. austrosinense=Zanthoxylum austrosinense
Zanthoxylum austrosinense var. pubescens Huang 毛叶岭南花椒
Zanthoxylum austrosinense var. *stenophyllum* Huang=Zanthoxylum austrosinense
Zanthoxylum avicennae (Lam.) DC.簕欓花椒
Zanthoxylum avicennae var. *tonkinense* Pierre=Zanthoxylum avicennae
Zanthoxylum bodinieri Lévl.=Zanthoxylum dissitum
Zanthoxylum bungeanum Maxim.花椒
Zanthoxylum bungeanum var. bungeanum=Zanthoxylum bungeanum
Zanthoxylum bungeanum var. pubescens Huang 毛叶花椒
Zanthoxylum bungeanum var. punctatum Huang 油叶花椒
Zanthoxylum bungei Pl. & Linder ex Hance=Zanthoxylum bungeanum
Zanthoxylum bungei Pl.(Hemsl.in Journ L.Soc.Bot.1886,p.p.)=Zanthoxylum simulans
Zanthoxylum bungei Planch.(Hance in Ann.Sci.Bot.Nat.1866)=Zanthoxylum armatum
Zanthoxylum bungei var. *imperforatum* Franch.=Zanthoxylum bungeanum
Zanthoxylum bungei var. *inermis* Franch.=Zanthoxylum simulans
Zanthoxylum calcicolum Huang 石山花椒
Zanthoxylum chaffanjonii Lévl.=Zanthoxylum esquirolii
Zanthoxylum chinense (Merr.) Chung=Zanthoxylum scandens
Zanthoxylum collinsae Craib 糙叶花椒
Zanthoxylum cuspidatum Champ. ex Benth.=Zanthoxylum scandens
Zanthoxylum cyrtorhachium (Hay.) Huang=Zanthoxylum scandens
Zanthoxylum daniellii Benn. ex Daniell=Evodia daniellii
Zanthoxylum dimorphophyllum Hemsl.=Zanthoxylum ovalifolium
Zanthoxylum dimorphophyllum var. *deminutum* Rehd.=Zanthoxylum ovalifolium
Zanthoxylum dimorphophyllum var. *multifoliolatum* Huang=Zanthoxylum ovalifolium var. multifoliolatum
Zanthoxylum dimorphophyllum var. *spinifolium* Rehd. & Wils.=Zanthoxylum ovalifolium var. spinifolium
Zanthoxylum dissitoides Huang=Zanthoxylum laetum
Zanthoxylum dissitum Hemsl.蚬壳花椒
Zanthoxylum dissitum var. acutiserratum Huang 针边蚬壳花椒
Zanthoxylum dissitum var. dissitum=Zanthoxylum dissitum

Zanthoxylum dissitum var. hispidum (Reeder & Cheo) Huang 刺蚬壳花椒
Zanthoxylum dissitum var. lanciforme Huang 长叶蚬壳花椒
Zanthoxylum dissitum var. *spinulosum* Tan=Zanthoxylum ovalifolium var. spinifolium
Zanthoxylum echinocarpum Hemsl.刺壳花椒
Zanthoxylum echinocarpum var. echinocarpum=Zanthoxylum echinocarpum
Zanthoxylum echinocarpum var. tomentosum Huang 毛刺壳花椒
Zanthoxylum emarginellum Miq.=Zanthoxylum ailanthoides
Zanthoxylum esquirolii Lévl.贵州花椒
Zanthoxylum evoideaefolium Guill.=Zanthoxylum ovalifolium
Zanthoxylum fraxinoides Hemsl.=Zanthoxylum bungeanum
Zanthoxylum giganteum (Hand.-Mazz.) Rehd.=Zanthoxylum myriacanthum
Zanthoxylum glomeratum Huang 密果花椒
Zanthoxylum gracilipes Hemsl.=Zanthoxylum esquirolii
Zanthoxylum hamiltonianum Wall. ex HK.f.=Zanthoxylum nitidum
Zanthoxylum hemsleyanum Makino=Zanthoxylum ailanthoides
Zanthoxylum integrifolium (Merr.) Merr.兰屿花椒
Zanthoxylum khasianum HK.f.云南花椒
Zanthoxylum kwangsiense (Hand.-Mazzz.) Chun ex Huang 广西花椒
Zanthoxylum laetum Drake 拟蚬壳花椒
Zanthoxylum laxifoliolatum (Hay.) Huang=Zanthoxylum scandens
Zanthoxylum leiboicum Huang 雷波花椒
Zanthoxylum leiorhachium (Hay.) Huang=Zanthoxylum scandens
Zanthoxylum liboense Huang 荔波花椒
Zanthoxylum macranthum (Hand.-Mazz.) Huang 大花花椒
Zanthoxylum micranthum Hemsl.小花花椒
Zanthoxylum molle Rehd.朵花椒
*Zanthoxylum montana*Bl.=Turpinia montana
Zanthoxylum motuoense Huang 墨脱花椒
Zanthoxylum multifoliolatum Hemsl.=Zanthoxylum multijugum
Zanthoxylum multijugum Franch.多叶花椒
Zanthoxylum myriacanthum Wall. ex HK.f.大叶臭花椒
Zanthoxylum myriacanthum var. myriacanthum=Zanthoxylum myriacanthum
Zanthoxylum myriacanthum var. pubescens (Huang) Huang 毛大叶臭花椒
Zanthoxylum nitidum (Roxb.) DC.两面针
Zanthoxylum nitidum DC.(Bge.in Mem.Div.Sav.Acad.Sci.St.-Petersb. 1859)= Zanthoxylum bungeanum
Zanthoxylum nitidum f. *fastuosum* How ex Huang=Zanthoxylum nitidum
Zanthoxylum nitidum var. *neglectum* How=Zanthoxylum nitidum
Zanthoxylum nitidum var. nitidum=Zanthoxylum nitidum
Zanthoxylum nitidum var. tomentosum Huang 毛叶两面针
Zanthoxylum odoratum (Lévl.) Lévl.=Zanthoxylum myriacanthum
Zanthoxylum ovalifolium Wight 异叶花椒
Zanthoxylum ovalifolium var. multifoliolatum (Huang) Huang 多异叶花椒
Zanthoxylum ovalifolium var. ovalifolium=Zanthoxylum ovalifolium
Zanthoxylum ovalifolium var. spinifolium (Rehd. & Wils.) Huang 刺异叶花椒
Zanthoxylum oxyphyllum Edgew.(Lévl.in Fl.Kouy-Tcheou 1915)= Zanthoxylum esquirolii
Zanthoxylum oxyphyllum Edgew.尖叶花椒
Zanthoxylum pashanense N.Chao=Zanthoxylum stenophyllum
Zanthoxylum piasezkii Maxim.川陕花椒
Zanthoxylum pilosulum Hemsl.(分类学报 1957,p.p.)=Zanthoxylum stenophyllum
Zanthoxylum pilosulum Rehd. & Wils.微柔毛花椒
Zanthoxylum piperitum DC.(Daniell & Benn.in Ann.Nat.Hist.1862)= Zanthoxylum bungeanum
Zanthoxylum piperitum DC.(Pritz.in Bot.Jahrb.1900,p.p.)=Zanthoxylum piasezkii
Zanthoxylum pistaciiflorum Hay.=Zanthoxylum ovalifolium
Zanthoxylum planispinum S. & Z.=Zanthoxylum armatum
Zanthoxylum planispinum f. *ferrugineum* (Rehd. & Wils.) Huang= Zanthoxylum armatum var. ferrugineum
Zanthoxylum podocarpum Hemsl.=Zanthoxylum simulans
Zanthoxylum pteleaefolium Champ. ex Benth.(p.p.)=Evodia lepta
Zanthoxylum pteracanthum Rehd. & Wils.翼叶花椒
Zanthoxylúm pteropodium Hay.=Zanthoxylum schinifolium
Zanthoxylum rhetsoides Drake=Zanthoxylum myriacanthum
Zanthoxylum rhetsoides var. *pubescens* Huang=Zanthoxylum myriacanthum var. pubescens
Zanthoxylum rhombifoliolatum Huang 菱叶花椒
Zanthoxylum robiginosum (Reeder & Cheo) Huang=Zanthoxylum ovalifolium
Zanthoxylum scabrum Guill.=Zanthoxylum collinsae
Zanthoxylum scandens Bl.花椒簕
Zanthoxylum schinifolium S. & Z.青花椒
Zanthoxylum setosum Hemsl.=Zanthoxylum simulans
Zanthoxylum simulans Hance 野花椒
Zanthoxylum simulans var. *imperforatum* (Franch.) Reeder & Cheo= Zanthoxylum bungeanum
Zanthoxylum simulans var. *podocarpum* (Hemsl.) Huang=Zanthoxylum simulans
Zanthoxylum stenophyllum Hemsl.狭叶花椒
Zanthoxylum stipitatum Huang 梗花椒
Zanthoxylum szenchuanense Fang & Meng 蜀椒?
Zanthoxylum taliense Huang=Zanthoxylum oxyphyllum
Zanthoxylum tibetanum Huang=Zanthoxylum oxyphyllum
Zanthoxylum tomentellum HK.f.毡毛花椒
Zanthoxylum trifoliatum L.=Acanthopanax trifoliatus
Zanthoxylum undulatifolium Hemsl.浪叶花椒
Zanthoxylum untile Huang=Zanthoxylum myriacanthum var. pubescens
Zanthoxylum usitatum Pierre ex Lannes (Diels in Not.Roy.Bot.Gard.Edinb. 1912)=Zanthoxylum bungeanum
Zanthoxylum wutaiense Chen 屏东花椒
Zanthoxylum xichouense Huang 西畴花椒
Zanthoxylum yuanjiangense Huang 元江花椒
Zanthoxylum yunnanense Huang=Zanthoxylum khasianum
Zapelia biflora (Turcz.) Makino=Abelia biflora
Zapelia brachystemon (Diels) Golubkova=Abelia dielsii
Zapelia dielsii (Graebn.) Makino=Abelia dielsii
Zauschneria Presl.**加州倒掛金钟属**(柳叶菜科)
Zauschneria californica K.Presl.加州倒掛金钟
Zea L.**玉蜀黍属**(禾本科)
Zea mays L.玉蜀黍
Zebrina Schniz.=**Tradescantia**
Zebrina pendula Schniz.=Tradescantia zebrina
Zehneria Endl.**马　儿属**(葫芦科)
Zehneria indica (Lour.) Keraudren 马瓟儿
Zehneria kelungensis Hay.=Zehneria mucronata
Zehneria liukiuensis (Nakai) C.Jeff. ex E.H.Walk.=Zehneria mucronata
Zehneria lucida (Naud.) HK.f.=Zehneria maysorensis
Zehneria marginata (Bl.) Keraudren 云南马瓟儿
Zehneria maysorensis (Wight & Arn.) Arn.(Forbes & Hemsl.in J.L.Soc. Bot. 1887)=Zehneria mucronata
Zehneria maysorensis (Wight & Arn.) Arn.钮子瓜
Zehneria mucronata (Bl.) Miq.(Masamune in Fl.Kainant.1975)=Zehneria maysorensis
Zehneria mucronata (Bl.) Miq.台湾马瓟儿
Zehneria perpusilla (Bl.) Cogn.(Kitam.in Act.Phyhtotax.Geobot.1936)= Zehneria mucronata
Zehneria umbellata (Klein ex Will.d) Thw.=Solena amplexicaulis
Zehneria wallichii (C.B.Clarke) C.Jeff.锤果马瓟儿
Zelkova Spach **榉属**(榆科)
Zelkova acuminata Planch.=Zelkova serrata
Zelkova carpinifolia (Pall.) K.Koch.高加索榉
Zelkova davidiana (Priem.) Bean.=Hemiptelea davidii
Zelkova davidii (Hance) Hemsl.=Hemiptelea davidii
Zelkova formosana Hay.台湾榉?
Zelkova hirta Schneid.=Zelkova serrata
Zelkova keaki Maxim.=Zelkova serrata
Zelkova schneideriana Hand.-Mazz.大叶榉树
Zelkova serrata (Thunb.) Makino 榉树
Zelkova serrata var. *tarokoensis* (Hay.) Li=Zelkova serrata
Zelkova sinica Schneid.大果榉
Zelkova tarokoensis Hay.=Zelkova serrata
Zelkova tonkensis Gagn.北部湾榉
Zenia Chun **任豆属**(豆科)

Zenia insignis Chun 任豆
Zenobia cerasiflora Lévl.=Enkianthus chinensis
Zephyranthes Herb.**葱莲属**(石蒜科)
Zephyranthes atamasco (L.) Herb.阿塔玛斯扣葱莲
Zephyranthes aurea Baker 金色葱莲
Zephyranthes candida (Lindl.) Herb.葱莲
Zephyranthes carinata Herb.韭莲
Zephyranthes grandiflora Lindl.(植物志 16-1,1985)=Zephyranthes carinata
Zephyranthes longifolia Hemsl..长叶葱莲
Zephyranthes robusta Baker 强壮葱莲
Zephyranthes rosea Lindl.古巴葱莲
Zephyranthes tubiflora (L'Heritier) Schinz.管花葱莲
Zephyranthes tubispatha (L'Heritier) Herbert.委内瑞拉葱莲
Zerna himalaica (Stapf) Henr.= Bromus himalaicus
Zerna inermis (Leyss.) Lindm.=Bromus inermis
Zerna pumpelliana (Scribn.) Tzvel.=Bromus pumpellianus
Zerna tectorum (L.) Lindm.=Bromus tectorum
Zerna tyttholepis Nevski=Bromus tyttholepis
Zerna yezoensis (Ohwi) Sugim=Bromus canadensis
Zerumbet J.C.Wendl.=**Alpinia**
Zerumbet speciosum Wendl.=Alpinia zerumbet
Zetagyne Ridl.=**Panisea**
Zeuxine Lindl.**线柱兰属**(兰科)
Zeuxine abbreviata HK.f.=Anoectochilus abbreviatus
Zeuxine affinis (Lindl.) Benth. ex HK.f.宽叶线柱兰
Zeuxine agyokuana Fukuyama 绿叶线柱兰
Zeuxine arisanensis Hay.=Zeuxine affinis
Zeuxine atrateumatica (L.) Schltr.(新拉汉英 1996) Zeuxine strateumatica
Zeuxine aurantiaca Schltr.=Zeuxine affinis
Zeuxine biloba Ridl.=Hetaeria biloba
Zeuxine clandestina T.Tang & S.C.Chen=Zeuxine parviflora
Zeuxine cognata Ohwi & Koyama=i Zeuxine nervosa
Zeuxine cristata (Bl.) Schltr.=Hetaeria cristata
Zeuxine flava (Wall.) Bth.黄唇线柱兰
Zeuxine fluvida Fukuyama=Zeuxine nervosa
Zeuxine formosana Rolfe=Zeuxine nervosa
Zeuxine goodyeroides Lindl.白肋线柱兰
Zeuxine gracilis (Breda) Bl.纤细线柱兰
Zeuxine grandis Seidenf 大花线柱兰
Zeuxine hengchuanense S.S.Ying=Zeuxine nervosa
Zeuxine integrilabella C.S.Leou 全唇线柱兰
Zeuxine inverta W.W.Sm.=Chamaegastrodia inverta
Zeuxine kantokeiense Tatew. & Masam 关刀溪线柱兰
Zeuxine leucochila Schltr.=Zeuxine parviflora
Zeuxine membranancea Lindl.=Zeuxine strateumatica
Zeuxine moulmeinensis (Par & Rchb.f.) HK.f.=Anoectochilus moulmeinensis
Zeuxine nemorosa (Fukuyama) T.P.Lin 裂唇线柱兰
Zeuxine nervosa (Lindl.) Trimen 芳线柱兰
Zeuxine niijimai Tatew. & Masam 眉原线柱兰
Zeuxine odorata Fukuyama 香线柱兰
Zeuxine parviflora (Ridl.) Seidenf 白花线柱兰
Zeuxine pumila (HK.f.) King & Pantl.=Myrmechis pumila
Zeuxine regia (Lindl.) Trimen 高贵线柱兰
Zeuxine rupicola Fukuyama=Zeuxine strateumatica
Zeuxine somai Tuyama=Zeuxine nervosa
Zeuxine strateumatica (L.) Schltr 线柱兰
Zeuxine strateumatica var. *rupicola* (Fukuyama) S.S.Ying=Zeuxine strateumatica
Zeuxine sulcata Lindl.=Zeuxine strateumatica
Zeuxine tabiyahanensis (Hay.) Hay 东部线柱兰
Zeuxine yakusimensis Masam.=Hetaeria cristata
Zigadenus Michx.**棋盘花属**(百合科)
Zigadenus elegans Pursh 雅致线柱兰
Zigadenus japonicus Miq.=Veratrum maackii
Zigadenus sibiricus (L.) Gray 棋盘花
Zingiber Boehm.**姜属**(姜科)
Zingiber atrorubens Gagn.川东姜
Zingiber bisectum D.Fang 裂舌姜
Zingiber cochleariforme D.Fang 匙苞姜
Zingiber corallinum Hance 珊瑚姜
Zingiber densissimum S.Q.Tong & Y.M.Xia 多毛姜
Zingiber didymoglosa K.Schum=Zingiber striolatum
Zingiber echuanense Y.K.Yang=Zingiber mioga
Zingiber ellipticum (S.Q.Tong & Y.M.Xia) Q.G.Wu & T.L.Wu 侧穗姜
Zingiber emeiense Z.Y.Zhu=Zingiber striolatum
Zingiber flavomaculosum S.Q.Tong 黄斑姜
Zingiber fragile S.Q.Tong 脆舌姜
Zingiber guangxiense D.Fang 桂姜
Zingiber gulinense Y.M.Xia 古林姜
Zingiber hupehense Pamp.=Zingiber striolatum
Zingiber integrilabrum Hance 全唇姜
Zingiber integrum S.Q.Tong 全舌姜
Zingiber kawagoii Hay.毛姜
Zingiber koshunense C.T.Moo 恒春姜
Zingiber kwangsiense D.Fang(植物志 16-2,1980)=Zingiber guangxiense
Zingiber laoticum Gagn.梭穗姜
Zingiber leptorrhizum D.Fang 细根姜
Zingiber linyunense D.Fang 乌姜
Zingiber longiglande D.Fang & D.H.Qin 长腺姜
Zingiber longiligulatum S.Q.Tong 长舌姜
Zingiber longyanjiang Z.Y.Zhu 龙眼姜
Zingiber menghaiense S.Q.Tong 勐海姜
Zingiber mioga (Thunb.) Rosc.襄荷
Zingiber monglaense S.J.Chen & Z.Y.Chen 斑蝉姜
Zingiber neotruncatum T.L.Wu et al.截形姜
Zingiber nigrimaculatum S.Q.Tong 黑斑姜
Zingiber nigrum Gaertn.=Alpinia nigra
Zingiber nudicarpum D.Fang 光果姜
Zingiber officinale Rosc.姜
Zingiber oligophyllum K.Schum=Zingiber mioga
Zingiber orbiculatum S.Q.Tong 圆瓣姜
Zingiber paucipunctatum D.Fang 少斑姜
Zingiber pleiostachyum K.Schum 多穗姜
Zingiber recurvatum S.Q.Tong & Y.M.Xia 弯管姜
Zingiber roseum (Roxb.) Rosc.红冠姜
Zingiber sichuanense Z.Y.Zhu et al.=Zingiber officinale
Zingiber simaoense Y.Y.Qian 思茅姜
Zingiber striolatum Diels 阳荷
Zingiber teres S.Q.Tong & Y.M.Xia 柱根姜
Zingiber truncatum S.Q.Tong=Zingiber neotruncatum
Zingiber tuanjuum Z.Y.Zhu 团矛姜
Zingiber wandingense S.Q.Tong 畹町姜
Zingiber xishuangbannaense S.Q.Tong 版纳姜
Zingiber yingjiangense S.Q.Tong 盈江姜
Zingiber yunnanense S.Q.Tong & X.Z.Liu 云南姜
Zingiber zerumbet (L.) Rosc. ex Smith 红球姜
Zingiberaceae 姜科
Zinnia L.**百日菊属**(菊科)
Zinnia angustifolia H.B.et K.小百日草
Zinnia elegans Jacq.百日菊
Zinnia grandiflora Nutt.大花百日草
Zinnia multiflora L.=Zinnia peruviana
Zinnia pauciflora L.=Zinnia peruviana
Zinnia peruviana (L.) L.多花百日菊
Zippelia Bl.**齐头绒属**(胡椒科)
Zippelia begoniaefolia Bl.齐头绒
Zippelia lappacea Benn.=Zippelia begoniaefolia
Zizania L.**菰属**(禾本科)
Zizania aquatica L.水生菰
Zizania aquatica subsp. *angustifolia* (Hitchc.) Tzvel.=Zizania palustris
Zizania aquatica var. *angustifolia* Hitchc.=Zizania palustris
Zizania aquatica var. brevis Fassett 短菰
Zizania caduciflora (Turcz.) Hand.-Mazz.=Zizania latifolia
Zizania clavulosa Miehx.=Zizania aquatica
Zizania latifolia (Griseb.) Stapf 菰
Zizania palustris L.沼生菰
Zizania subtilis (Tratt.) Raspail=Coleanthus subtilis
Ziziphora L.**新塔花属**(唇形科)

Ziziphora bungeana Juz.新塔花
Ziziphora clinopodioides Lam.风轮新塔花
Ziziphora pamiroalaica Juz. ex Nevski 南疆新塔花
Ziziphora pungens Bge.=Nepeta pungens
Ziziphora tenuior L.小新塔花
Ziziphora tomentosa Juz.天山新塔花
Ziziphus Mill.**枣属**(鼠李科)
Ziziphus attopensis Pierre 毛果枣
Ziziphus esquirolii Lévl.=Hovenia acerba
Ziziphus flavescens Wall.=Berchemia flavescens
Ziziphus floribunda Wall.=Berchemia floribunda
Ziziphus fungii Merr.(Chun in Sunyats.1940)=Ziziphus pubinervis
Ziziphus fungii Merr.褐果枣
Ziziphus hamosa Wall.=Sageretia hamosa
Ziziphus incurva Roxb.印度枣
Ziziphus jujuba (L.) Lam.=Ziziphus mauritiana
Ziziphus jujuba Mill.(高等图鉴 1972)=Ziziphus jujuba var. spinosa
Ziziphus jujuba Mill.枣
Ziziphus jujuba cv. Tortuosa 龙爪枣
Ziziphus jujuba f. lageniformis (Nakai) Kitag.葫芦枣
Ziziphus jujuba var. *inermis* (Bge.) Rehd.(高等图鉴 1972)=Ziziphus jujuba
Ziziphus jujuba var. inermis (Bge.) Rehd.无刺枣
Ziziphus jujuba var. jujuba=Ziziphus jujuba
Ziziphus jujuba var. spinosa (Bge.) Hu ex H.F.Chow 酸枣
Ziziphus laui Merr.球枣
Ziziphus macrocarpa Feng=Ziziphus mairei
Ziziphus mairei (Lévl.) K.Browicz & L.A.Lauener=Ziziphus mauritiana
Ziziphus mairei Dode 大果枣
Ziziphus mauritiana Lam.滇刺枣
Ziziphus montana W.W.Sm.山枣
Ziziphus oenoplia (L.) Mill.小果枣
Ziziphus pubinervis Rehd.(Chun in Sunyats.1940)=Ziziphus incurva
Ziziphus pubinervis Rehd.毛脉枣
Ziziphus ramosissima (Lour.) Spreng.=Paliurus ramosissimus
Ziziphus rugosa Lam.皱枣
Ziziphus sativa Gaertn.=Ziziphus jujuba
Ziziphus sativa var. *inermis* (Bge.) Schneid.=Ziziphus jujuba var. inermis
Ziziphus sativa var. *lageniformis* Nakai=Ziziphus jujuba f. lageniformis
Ziziphus sativa var. *spinosa* (Bge.) Schneid.=Ziziphus jujuba var. spinosa
Ziziphus sinensis Lam.=Ziziphus jujuba
Ziziphus spinosa (Bge.) Hu ex Chen=Ziziphus jujuba var. spinosa
Ziziphus trichocarpa Chang=Ziziphus attopensis
Ziziphus vulgaris Lam.=Ziziphus jujuba
Ziziphus vulgaris var. *inermis* Bge.=Ziziphus jujuba var. inermis
Ziziphus vulgaris var. *spinosa* Bge.=Ziziphus jujuba var. spinosa
Ziziphus xiangchengensis C.L.Chen & P.K. Chou 蜀枣
Ziziphus yunnanensis Schneid.=Ziziphus incurva
Zollikofera fallax (Jaub. & Spach) Boiss.=Parammicrorhychus procumbens
Zollikofera leucodon Fishc.=Parammicrorhychus procumbens
Zollingeria scandens Sch.-Bip.=Rhynchospermum verticillatum
Zornia Moench (p.p.)=**Dracocephalum**
Zornia J.f.Gmel.**丁癸草属**(豆科)
Zornia cantoniensis Mohlenbr.=Zornia gibbosa
Zornia diphylla (L.) Pers.(豆科图说 1955,广州志 1956,海南志 1965,高等图鉴 1972)=Zornia gibbosa
Zornia diphylla var. *ciliaris* Ohwi=Zornia intecta
Zornia gibbosa Spanog.丁癸草
Zornia gibbosa var. *cantoniensis* (Mohlenbr.) Ohashi=Zornia gibbosa
Zornia intecta Mohlenb.台东丁癸草
Zornia linearifolia Moench=Dracocephalum ruyschiana
Zornia nutans Moench.=Dracocephalum nutans
Zostera L.**大叶藻属**(眼子菜科)
Zostera asatica Miki 宽叶大叶藻
Zostera caespitosa MIki 丛生大叶藻
Zostera caulescens Miki 具茎大叶藻
Zostera japonica Asch & Graebn.短大叶藻
Zostera marina L.大叶藻
Zostera nana Reth.(Miki in Bot.Mag.Tokyo 1933)=Zostera japonica
Zostera pacifica S.Watson (Kitag.in Lineam Fl.Manschur. 1939)=Zostera asatica
Zosterostylis Bl.=**Cryptostylis**
Zosterostylis arachnites Bl.=Cryptostylis arachnites
Zoysia Willd.**结缕草属**(禾本科)
Zoysia japonica Steud.结缕草
Zoysia koreana Mez.=Zoysia japonica
Zoysia liukiuensis Honda=Zoysia sinica
Zoysia macrostachya Franch. & Sav.大穗结缕草
Zoysia matrella (L.) Merr.沟叶结缕草
Zoysia matrella var. *tenuifolia* (Willd.) Dur & Schinz. ex Makino=Zoysia tenuifolia
Zoysia pungens Willd.(Miq.in Miq.Prol.Fl.Jap.1867)=Zoysia japonica
Zoysia pungens var. *japonica* (Steud.) Hack.=Zoysia japonica
Zoysia pungens var. *tenuifolia* (Willd.) Dur & Schinz.=Zoysia tenuifolia
Zoysia serrulata Mez.=Zoysia matrella
Zoysia sinica Hance (禾本科图说 1959,p.p.)=Zoysia sinica var. nipponica
Zoysia sinica Hance 中华结缕草
Zoysia sinica var. *marocantha* (Nakai) Ohwi=Zoysia sinica
Zoysia sinica var. nipponica Ohwi 长花结缕草
Zoysia sinica var. sinica=Zoysia sinica
Zoysia tenuifolia Willd. ex Trin.细叶结缕草
Zygalchemilla Rybd.=**Alchemilla**
Zygia P.Br.**大合欢属**(豆科)
Zygia cordifolia T.L.Wu 心叶大合欢
Zygocactus K.Schum.**蟹爪兰属**(仙人掌科)
Zygocactus truncatus (Haw.) Schum.蟹爪兰
Zygomenes Salib.=**Amischophacelus**
Zygomenes axillaris (L.) Salisb.=Amischophacelus axillartis
Zygopetalum HK.**蟹爪兰属**(兰科)
Zygopetalum bolivianum Schltr.玻黎维亚蟹爪兰
Zygopetalum brachypetalum Lindl.短凯蟹爪兰
Zygopetalum bukei Rchb.f.布凯蟹爪兰
Zygopetalum crinitum Lodd.毛蟹爪兰
Zygopetalum graminifolium Rolfe 禾叶蟹爪兰
Zygopetalum intermedium Lodd.绿花蟹爪兰
Zygopetalum mackayi HK.蟹爪兰
Zygophyllaceae 蒺藜科
Zygophyllum L.**驼蹄瓣属**(蒺藜科)
Zygophyllum brachypterum Kar. & Kir.细茎驼蹄瓣
Zygophyllum dielsianum Popov=Zygophyllum jaxarticum
Zygophyllum fabago L.驼蹄瓣
Zygophyllum fabago subsp. *brachypterum* Popov=Zygophyllum brachypterum
Zygophyllum fabago subsp. dolichocarpum Popov 长果驼蹄瓣
Zygophyllum fabago subsp. fabago=Zygophyllum fabago
Zygophyllum fabago subsp. orientale Boriss.短果驼蹄瓣
Zygophyllum fabagoides Popov 拟豆叶驼蹄瓣
Zygophyllum ferganense (Drob) Boriss.=Sarcozygium xanthoxylon
Zygophyllum gobicum Maxim.戈壁驼蹄瓣
Zygophyllum iliense Popov 伊犁驼蹄瓣
Zygophyllum jaxarticum Popov 长果霸王
Zygophyllum kansuense Y.X.Liou 甘肃驼蹄瓣
Zygophyllum kaschgaricum Boriss.=Sarcozygium kaschgaricum
Zygophyllum latifolium Schrenk=Zygophyllum rosovii var. latifolium
Zygophyllum loczyi Kanitz 粗茎驼蹄瓣
Zygophyllum macropodum Boriss.大叶驼蹄瓣
Zygophyllum macropterum C.A.Mey 大翅驼蹄瓣
Zygophyllum macropterum var. macropterum=Zygophyllum macropterum
Zygophyllum macropterum var. microphyllum Boriss.小叶大翅驼蹄瓣
Zygophyllum mucronatum Maxim.蝎虎驼蹄瓣
Zygophyllum obliquum Popov 长梗驼蹄瓣
Zygophyllum oxycarpum Popov 尖果驼蹄瓣
Zygophyllum potaninii Maxim.大花驼蹄瓣
Zygophyllum pterocarpum Bge.翼果驼蹄瓣
Zygophyllum pterocarpum var. microcarpum Y.X.Liou 小翼果驼蹄瓣
Zygophyllum pterocarpum var. pterocarpum=Zygophyllum pterocarpum
Zygophyllum rosovii Bge.石生驼蹄瓣
Zygophyllum rosovii var. latifolium (Schrenk) Popov 宽叶石生驼蹄瓣
Zygophyllum rosovii var. rosovii=Zygophyllum rosovii

Zygophyllum sinkiangense Y.X.Liou 新疆驼蹄瓣
Zygophyllum subgen. *Euzygophyllum* Popov.=**Sarcozygium**
Zygophyllum subgen. *Sarcozygium* (Bge.) Boriss.=**Sarcozygium**
Zygophyllum subtrijugum C.A.Mey.粗茎霸王
Zygophyllum xanthoxylon (Bge.) Maxim.=Sarcozygium xanthoxylon
Zygophyllum xanthoxylon subsp. *ferganense* Popov=Sarcozygium xanthoxylon
Zygophyllum xanthoxylon var. *ferganense* Drob.=Sarcozygium xanthoxylon
Zygophyllum xanthoxylum Baill.=Sarcozygium xanthoxylon

Flora=Flora of China
阿里考察报告=西藏阿里动植物考察报告
安徽经济志=安徽经济植物志
安徽志=安徽植物志
八闽通志
白香山集
百色中草药=广西百色中草药
百一选方
版纳植物名录=西双版纳植物名录
孢子植物=中国药用孢子植物
抱朴子
北部植物图志=中国北部植物图志
北方中草药=北方常用中草药
北户录
北京志=北京植物志
北研丛刊=北平研究院植物研究所丛刊
本草别说
本草从新
本草汇言
本草经集注
本草求原
本草求真
本草拾遗
本草述
本草衍义补遗
本草原始
本草再新
本经
本经逢原
本事方
扁鹊心书
标准化本草纲要
濒湖集简方
博剂方
补缺肘后方
彩色生草药图谱
藏药标准=西藏药物标准
藏医常用中草药
草木便方
草药汇编=民间常用中草药汇编
长白山药志=长白山药用植物志
长沙药解
常用中草药方选=常用中草药单方验方选编
常用中草药配方
常用中草药治疗手册=常用手册
潮汕中草药=广东潮汕中草药
潮阳草药
成都中草药=成都常用中草药治疗手册
除害灭病手册=除害灭病爱国卫生运动手册
川大科学版=四川大学学报自然科学版
川大植物资料=四川大学植物志资料
辍耕录
慈航活人书
大戴礼记
大骨节病=草木灰治疗大骨节病
大唐西域记
大同府志
大同药用手册=大同药用植物手册
丹铅杂录
丹溪心法
单方验方选=全国中草药单方验方选编
澹寮试效方
狄氏植物名录=狄尔士中国植物名录
滇南本草
滇南本草图谱
滇南本草整理本
鼎湖手册鼎湖山植物手册
东北部检索表=中国东北部植物检索表
东北草本名称=东北草植物名称
东北草本志=东北草本植物志
东北经济志=东北经济木材志
东北林学院植物研究汇刊=东林汇刊
东北裸子植物=中国东北裸子植物研究资料
东北木本检索表
东北木材志=中国东北木材志
东北树木图说=中国东北经济树木图说
东北药用图鉴=东北药用植物原色图鉴
东北药志=东北药用植物志
东北植物手册=东北资源植物手册
东北中草药=东北常用中草药
东林学报=东北林学院学报
东师大通报=东北师范大学科学研究通报
东轩笔录
东医宝鉴
豆科图说=中国主要植物图说-豆科
独龙江植物=独龙江地区植物
峨眉图谱=峨眉植物图谱
峨眉药用植物
峨眉药志=峨眉药用植物志
峨眉志=峨眉植物图志
分科检索表=中国种子植物分科检索表
分类草药性
分类学报=植物分类学报
分类学报增刊=植物分类学报增刊
福建草药=福建民间常用草药
福建通志
福建药物志
福建药志=福建药用植物志
福建野生植物=福建野生药用植物
福建志=福建植物志
福建中草药
福师学报=福建师范学院学报
改订植物名汇
甘泉赋
甘肃菌利治疗=甘肃省卫生防疫站：红根草治疗急性菌痢的疗效观察
甘肃卫生通讯
甘肃志=甘肃植物志
甘肃中草药=甘肃中草药手册
纲目=本草纲目
纲目拾遗=本草纲目拾遗
纲目之荠苎
高等科属辞典=中国高等植物科属辞典
高等图鉴=中国高等植物图鉴
高等图鉴补编=中国高等植物图鉴补编
高等植物科属检索表=中国高等植物科属检索表
高校学报生物版=高等学校自然科学学报生物版
高诱注：准南子
高原丛刊=高原生物学丛刊
高原集刊=高原生物学集刊
高原志=黄土高原植物志
高原治疗手册=高原中草药治疗手册
庚辛玉册
管子
广部中草药手册=广州部队：常用中草药手册
广东气管炎资料=广东省攻克慢性气管炎资料选编
广东通志
广东药用名录=广东药用植物名录
广东志=广东植物志
广东中草药图谱=广东常用中草药图谱
广东中药
广东中医
广济方
广空中草药手册=广州空军：常用中草药手册
广利方
广林报告=广东林学院研究报告
广西本草选编
广西民间草药=广西民间常用草药
广西乔灌木名录=广西栽培乔灌木名录
广西兽医植物=广西中兽医药用植物
广西通志
广西药用名录=广西药用植物名录
广西药用图志=广西药用植物图志
广西药用植物手册
广西药志=广西药用植物志
广西野生资源植物
广西植物
广西植物资源
广西志=广西植物志
广西中草药=广西民间常用中草药手册
广西中草药选=广西实用中草药新选
广西中草药展=广西：中草药新医疗法展览资料选编
广西中药志
广药手册=广东药用植物手册
广志
广州常见植物=广州常见经济植物
广州经济植物=广州常用经济植物
广州油印本=广州植物名录油印本
广州志=广州植物志
归田录
贵方药集=贵州民间方药集
贵阳民间草药
贵药调查=贵州药用植物调查
贵州草药
贵州省中医验方秘方
贵州药用名录=贵州药用植物名录
贵州药用目录=贵州药用植物目录
贵州植物图鉴
贵州植物药调查
贵州志=贵州植物志
贵州中草药=贵州民间中草药
贵州中医验方秘方
桂海虞衡志
桂平县志
郭璞注：尔雅
国产牧草植物
国外中医药分册＝国处医学中医药分册
国药的药理学
国语
果树分类学=中国果树分类学
果树栽培学=中国果树栽培学
海槎全录
海岛植物名录=海南及广东沿海岛屿植物名录
海南经济树木=海南主要经济树木
海南植物名录
海南志=海南植物志
海南中草药=海南岛常用中草药手册
海上方
海药本草
汉书
汉英韵府
杭州药志=杭州药物志
杭州植物园名录=杭州植物园栽培植物名录
禾本科检索表=中国禾本科植物属种检索表
禾本科图说=中国主要植物图说-禾本科
和汉药考
河北图说=河北习见植物图说
河北图志=河北习见树木图志
河北土方土法=河北：中草药土方土法战备专辑
河北药材
河北志河北植物志
河北中药手册

河南经济志=河南经济植物志
河南志=河南植物志
河南中草药=河南中草药手册
黑龙江志=黑龙江植物志
黑龙江中草药=黑龙江常用中草药手册
亨氏植物名汇=亨利氏植物汉名汇
亨氏植物名录=亨利氏中国植物华名录
横断山区维管植物=横断山植物
红河中草药
侯宁极：药谱
湖北植物大全
湖北志=湖北植物志
湖北中草药志
湖南民间药物=湖南民间药物资料
湖南通道
湖南药物志
湖南志=湖南植物志
湖南中草药=湖南农村常用中草药
湖南中草药选编=湖南中草药新医疗法资料选编
湖南中药名录=湖南中药资源名录
花经
花木考
华北观赏植物=华北习见观赏植物
华北经济志=华北经济植物图志
华北经济志要=华北经济植物志要
华东禾本志=华东禾本科植物志
华东水生植物=华东水生维管束植物
华南千种草药
华南所集刊=中国科学院华南植物研究所集刊
华南植物园名录=华南植物园植物名录
华农学报=华南农学院学报
华五省一市名录=华东五省一市植物名录
化石蕨类词典=中国现代及化石蕨类植物科属词典
淮南万毕术
淮南子
黄山研究=黄山植物的研究
会约医镜
惠阳中草药=广东惠阳中草药
箕宗汇编
吉林木材志=东北吉林木材志
吉林中草药
吉药标准=吉林省药品标准
吉医大通讯=吉林医科大学通讯
集韵
丮辅通志
暨南理医学报
检索表=中国植物检索表
江苏验方草药选
江苏药材志=江苏植物药材志
江苏药志=江苏药用植物志
江苏植物名录=祁天锡：江苏植物名录
江苏志=江苏植物志
江苏中药名录=江苏中药资源品种名录
江西：中草药学
江西草药=江西：草药手册
江西草药手册
江西民间草药=江西民间常用草药
江西民间验方=江西民间草药验方
江西通志
江西药用名录=江西药用植物名录
江西志=江西植物志
江西中药
金光明经
金华中草药选编=金华：常用中草药单方验方选编
金匮要略
金匮玉函方

晋江中草药=福建晋江：中草药手册
经济鉴别法=中草药形性经验鉴别法
经济树木志=中国经济树木志
经济植物手册=中国经济植物手册
经济志=中国经济植物志
经史证类备用本草
经验方
荆州中草药
晶珠本草
景德镇草药手册
静生汇报=静生生物调查所汇报
救荒本草
救荒歧谱
蕨类科属志=中国蕨类植物科属志
蕨类名词及名称=蕨类植物名词及名称
蕨类图谱中国主要蕨类植物图谱
蕨类图说=中国主要植物图说-蕨类植物门
蕨类形态形=中国蕨类植物孢子形态
蕨类志属=中国蕨类植物志属
开宝本草
科学丛刊=科学社生物所丛刊
科学论文集=科学社生物所论文集
科属词典=中国种子植物科属词典
科属词典修订=中国种子植物科属词典修订版
科属辞典=中国科属植物辞典
科属检索表=中国种子植物科属检索表
葵花研究=葵花盘降压作用试验研究
昆明草药=昆明民间常用草药
昆明药用报告=昆明药用植物调查报告
拉汉名称=拉汉种子植物名称
拉汉名称补编=拉汉种子植物名称补编
拉汉名称和手册=拉汉药用植物名称和检索手册
拉汉名录二版=拉汉种子植物名录二版
拉汉英名称=拉汉英种子植物名称
拉汉英名称补编=拉汉英种子植物名称补编
拉祜族常用药
兰花全书=中国兰花全书
兰州通志=兰州植物通志
兰州志=兰州植物志
老年药用资料
老年药用资料=防治老年慢性支气管炎药用植物资料
雷公炮炙论
雷公山考察集=雷公山自然保护区科学考察集
礼记
李承祜：生药学
李承祜：药用植物学
丽江中草药=云南丽江中草药
辽宁经济志=辽宁经济植物志
辽宁志=辽宁植物志
列仙传
临海异物志
临证指南医案
灵秘丹药笺
岭大植物名录=岭南大学校园植物名录
岭南采药录
岭南草药志
岭南科学期刊
陇海树产目录=陇海沿线树产目录
庐山植物手册=庐山植物园栽培植物手册
庐山植物园及其他园圃
陆川本草
陆玑诗疏
履巉岩本草
裸子志=中国裸子植物志
迈氏植物名录=迈尔氏中国植物名录
毛诗传
蒙大学报=内蒙古大学学报

民间中草药汇编
民族药志=中国民族药志
闽南民间草药
名词审查本=中国植物学名词审查本
名医别录
墨庄漫录
木本图志=中国木本植物图志
木本植物名录=中国木本植物名录
内蒙新医疗法=内蒙古新医疗法资料选编
内蒙药材选编
内蒙志=内蒙古植物志
南安府志
南川中草药=四川南川常用中草药手册
南大报告提纲=南京大学校庆报告会提纲
南大学报=南京大学学报
南方草木状
南方有毒植物=南方主要有毒植物
南京药草=南京民间药草
南京植物园名录=南京中山植物园栽培植物名录
南林学报=南京林产工业学院学报
南宁药志=南宁市药物志
南投县植物志
南越笔记
南越志
南州记
宁夏中草药=宁夏中草药手册
宁原：食鉴本草
农政全书
瓯江逸志
爬山问本草
埤雅
脾骨论
品汇精要
品种论述=中药材品种论述
坪井竹类图谱
普济方
普通植物学=王道济等译：普通植物学
七卷食经
祁州药志
齐民要术
千金-食治
千金翼方
秦岭巴山志=秦岭巴山天然药植物志
秦岭志=秦岭植物志
青藏图志=青藏高原药物图志
青岛中草药=青岛中草药手册
青海经济志
青海木本志=青海木本植物志
青海志=青海植物志
青海中草药=青海常用中草药手册
青海中草药名录
清异录
曲靖中草药=云南曲靖中草药
群芳谱
任昉：述异记
日本植物图鉴
日华子本草
日用本草
汝南圃史
瑞竹堂经验方
三辅旧事
森林图志=中国森林树木图志
森林植物志=中国森林植物志图版
僧深集方
沙漠药用植物=中国沙漠地区药用植物
沙漠志=中国沙漠植物志
山大学报=山东大学学报
山东志=山东植物志

山东中草药=山东中草药手册
山东中药
山海经
山西通志
山西志=山西植物志
陕甘宁青中草药=陕甘宁青中草药手册
陕甘宁志=陕甘宁盆地植物志
陕西通志
陕西植物药调查
陕西中草药
陕西中草药资料=陕西中草药研究资料
陕西中药名录
陕西中药志
上海饮片炮制规范
上海植物名录
上海中草药=上海常用中草药
上林赋
神农本草经
神农本草经集注
神效方
沈药学报=沈阳药学院学报
生草药性备要
圣济总录
盛京通志
诗经
实用中草药
食经
食疗本草
食物本草
食物本草会纂
食物考
食性本草
史记
事物绀珠
蔬栽培学=中国蔬菜栽培学
蜀都赋
树木分类学=中国树木分类学
树木小志=中国森林树木小志
树木志=中国树木志
树木志略＝中国树木志略
数据库光盘＝中国种子植物数据库光盘
数据库盘＝中国种子植物数据库光盘
水类钤方
水生植物图谱=中国水生维管束植物图谱
水生植物图说=中国水生高等植物图说
说文系传
司马相如：上林赋
思茅中草药=云南树木志，
四川杜鹃花=中国四川杜鹃花
四川药志=四川药用植物志
四川野生志=四川野生经济植物志
四川志=四川植物志
四川中草药=四川常用中草药
四川中草药通讯
四川中药志
四声本草
苏南检索表=江苏南部种子植物检索表
苏南植物手册=江苏南部种子植物手册
苏沈良方
苏皖五省药用植物=苏,浙,皖,鲁,赣五省伞形科药用植物名录
苏医中草药=苏州医学院：中草药手册
苏州本产药材
隋息居饮食谱
孙天仁集效方
台彩色图鉴=台湾彩色植物图鉴
台大研究报告=台大农学院实验林研究报告
台地理丛刊=台湾植物分类地理丛刊
台高等图志=台湾高等植物彩色图志
台堇菜属研究=台湾堇菜属之分类研究
台木本志=台湾木本植物志
台湾兰科图鉴=台湾兰科植物彩色图鉴
台湾兰科图志=台湾兰科植物彩色图志
台湾兰科植物
台湾青草药
台湾热带图鉴=台湾热带植物彩色图鉴
台湾省通志
台湾树木志
台湾药材图鉴
台湾药志=台湾药用植物志
台湾植物名录=亨利氏台湾植物名录
台湾志=台湾植物志
台植物名汇=台湾主要森林植物名汇
台植物研究专刊=台湾中央研究院植物研究所专刊
台竹科研究=台湾竹科植物分类之研究
太平寰宇纪
唐瑶经验方
陶弘景
天宝本草
天目药志浙江天目山药用植物志
宛政全书
通雅
通志
图鉴=中国植物图鉴
图考=植物名实图考
图考引研经堂葵考
图谱=中国植物图谱
土宿本草
外科精要
汪连仁：采药书
汪颖：食物本草
维吾尔药志
卫济宝书
温病条辨
吴普本草
梧州草药及处方选=梧州草药及常见病多发病处方选
五朵炟
武陵检索表=武陵山区维管植物检索表
物理小识
西藏普兰县药材名
西藏植物名录
西藏志=西藏植物志
西藏中草药=西藏常用中草药
西昌中草药=四川西昌中草药
西沙植物和植被=我国西沙群岛的植物和植被
西双版纳傣药志
夏大学报=夏门大学学报
厦门兰谱
厦门中草药=厦门：新疗法与中草药选编
现代中药=现代实用中药
腺州本草=福建腺州本草
湘西土家医药=湘西土家族医药调查与研究
小兴安岭植物=小兴安岭木本植物
新编中医学概要
新华本草
新华本草纲要
新疆检索表=新疆植物检索表
新疆药材
新疆药志=新疆药用植物志
新疆志=新疆植物志
新拉汉英＝新编拉汉英植物名称
新乡中草药选=新乡地区中草药选编
新修本草
新中医药
修订增补天宝本草
袖珍方
徐表：南州记
续古今考
学会55周年汇编=中国植物学会55周年学术论文摘要汇编
学圃杂疏
烟台中草药=山东烟台中草药
杨氏经验方
疡医准绳
养身必用方
药材资料汇编
药典=中华人民共和国药典
药性考
药性类明
药用图鉴=中国药用植物图鉴
药用植物纲要=中国药用植物纲要
药用植物简编=中国药用植物简编
药用植物资料汇编
药用志=中国药用植物志
野菜谱
医林纂要
医学入门
医学正传
医学衷中参西录
医宗金鉴
彝药志
易简方
益部方物略记
饮片新参
饮膳正要
英拉汉名称=英拉汉植物名称
游宦纪闻
余居士选奇方
玉溪中草药=云南玉溪中草药
云大生物论文集=云南大学学术论文集第三生物分册
云林学报=云南林学院学报
云木本名录=云南木本植物名录
云南经济志=云南经济植物志
云南木材=云南热带及亚热带木材
云南区系报告=云南热带亚热带植物区系研究报告
云南思茅中草药选
云南通志
云南图志=云南树木图志
云南药用名录=云南药用植物名录
云南药用植物
云南植物名录=云南种子植物名录
云南志=云南植物志
云南中草药
云南中草药续集
云南中草药选
云南中医验方
云药标准=云南省药品标准
甾体激素药源植物
栽培植物名录=中国科学院植物园栽培植物名录
增订伪药条辨
摘元方
张褒：水南翰记
张华博物志
张聿青医案
浙江通志
浙江药物志
浙江药用名录=浙江药用资源名录
浙江志=浙江植物志
浙江中草药=浙江民间常用中草药
浙江中药手册
浙南本草新编

浙药志=浙江药用植物志
真腊风土记
正字通
证类本草
证治要诀
证治准绳
植物大辞典
植物大学大辞典=中国植物学大辞典
植物地理引论=历史植物地理学引论
植物分类学=中国种子植物分类学
植物名汇
植物图谱=中国植物图谱
植物学大辞典
植物学杂志=中国植物学会杂志
植物研究
植物园名录=北京植物园植物名录
植物志=中国植物志
植物志略＝中国植物志略
指示植物
质问本草
中藏经
中草药
中草药彩色图谱=常用中草药彩色图谱
中草药汇编=全国中草药汇编
中草药技术=农村中草药制剂技术
中草药通讯
中草药土方土法=中草药土方土法战备专辑
中草药选编=全国中草药展览会资料选编
中草药植物
中草药资料选编=全国中草药新医疗法展览技术资料选编
中草医药经验交流
中大科技通讯中山大学科技通讯
中大学报=中山大学学报自然科学版
中大专刊中山大学农林植物所专刊
中国树木学
中国树木志略
中国土农药志
中国物产志=中国通邮地方特产志
中国医学大辞典
中国植物志略
中国竹谱
中山大辞典=中山自然科学大辞典
中研丛刊=中央研究院科学丛刊
中央林业专刊=中央林业实验所研究专刊
中药材手册
中药辞海
中药大辞典
中药鉴别法=中药形性经验鉴别法
中药真伪鉴定
中药志=中国中药志
中药资源志要=中国中药资源志要
中医方药学
中医药实验研究
种子植物名称=中国种子植物名称
周礼
竹类及栽培=竹的种类及栽培利用
竹类志略=中国竹类植物志略
竹种及栽培=广西竹种及其栽培
属种检索表=中国种子植物属种检索表
祝穆：方舆志
遵生八牋
遵义府志

一　植物拉汉科名在中国植物志和 Flora of China 中的相关卷册

拉汉植物科名	Flora	植物志
A		
Acanthaceae 爵床科	19	70
Aceraceae 槭树科	11	46
Acoreaceae 菖蒲科(天南星科)	23	13-2
Acrostichaceae 卤蕨科	3	3-1
Actinidiaceae 猕猴桃科	12	49-2
Adiantaceae 铁线蕨科	2	3-1
Adoxaceae 五福花科	19	73-1
Aizoaceae 番杏科	5	26
Alangiaceae 八角枫科	13	52-2
Alismataceae 泽泻科	22	8
Amaranthaceae 苋科	5	25-2
Amaryllidaceae 石蒜科	24	16-1
Anacardiaceae 漆树科	11	45-1
Ancistrocladaceae 钩枝藤科	13	52-1
Angiopteridaceae 观音座莲科(植物志)	1	2
Angiopteridaceae 莲座蕨科(Flora)	1	2
Annonaceae 番荔枝科	7	30-2
Antrophyaceae 车前蕨科	3	3-2
Apiaceae 伞形科(Flora)	14	55-1,2,3
Apocynaceae 夹竹桃科	16	63
Aponogetonaceae 水蕹科	22	8
Aquifoliaceae 冬青科	11	45-2
Araceae 天南星科	23	13-2
Araliaceae 五加科	13	54
Araucariaceae 南洋杉科	4	7
Arecaceae 棕榈科(Flora)	23	13-1
Aristolochiaceae 马兜铃科	5	24
Asclepiadaceae 萝藦科	16	63
Aspidiaceae 叉蕨科	3	6-1
Aspleniaceae 铁角蕨科	2	4-2
Asteraceae 菊科(Flora)	20,21	74--80
Athyriaceae 蹄盖蕨科	2	3-2
Azollaceae 满江红科	3	6-2
B		
Balanophoraceae 蛇菰科	5	24
Balsaminaceae 凤仙花科	12	47-2
Basellaceae 落葵科	5	26
Begoniaceae 秋海棠科	13	52-1
Berberidaceae 小檗科	7	29
Betulaceae 桦木科	4	21
Bignoniaceae 紫葳科	18	69
Bixaceae 红木科	13	50-2
Blechnaceae 乌毛蕨科	3	4-2
Bolbitidaceae 实蕨科	3	6-1
Bombacaceae 木棉科	12	49-2
Boraginaceae 紫草科	16	64-2
Botrychiaceae 阴地蕨科	1	2
Brassicaceae 十字花科(Flora)	8	34-1
Bretschneideraceae 钟萼木科(Flora)	8	34-1
Bretschneideraceae 伯乐树科(植物志)	8	34-1
Bromeliaceae 凤梨科	24	13-3
Burmanniaceae 水玉簪科	25	16-2
Burseraceae 橄榄科	11	43-3
Butomaceae 花蔺科	22	8
Buxaceae 黄杨科	11	45-1
C		
Cabombaceae 莼菜科(睡莲科)	6	27
Cactaceae 仙人掌科	13	52-1
Callitrichaceae 水马齿科	11	45-1
Calycanthaceae 蜡梅科	7	30-2
Campanulaceae 桔梗科	20	73-2

拉汉植物科名	Flora	植物志
Cannaceae 美人蕉科	24	16-2
Capparidaceae 山柑科(植物志)	7	32
Capparidaceae 白花菜科(Flora)	7	32
Caprifoliaceae 忍冬科	19	72
Cardiopteridaceae 心翼果科(茶茱萸科)	11	46
Caricaceae 番木瓜科	13	52-1
Caryophyllaceae 石竹科	6	26
Casuarinaceae 木麻黄科	4	20-1
Celastraceae 卫矛科	11	45-3
Centrollepidaceae 刺鳞草科	24	13-3
Cephalotaxaceae 三尖杉科	4	7
Ceratophyllaceae 金鱼藻科	6	27
Cercidiphyllaceae 连香树科	6	27
Cheiropleuriaceae 燕尾蕨科	3	6-2
Chenopodiaceae 藜科	5	25-2
Chloranthaceae 金粟兰科	4	20-1
Christenseniaceae 天星蕨科	1	2
Circaeasteraceae 星叶草科(毛茛科)	6	28
Cistaceae 半日花科	13	56
Clethraceae 桤叶树科	14	50-2
Clusiaceae 藤黄科(Flora)	13	50-2
Combretaceae 使君子科	13	53-1
Commelinaceae 鸭跖草科	24	13-3
Compositae 菊科(植物志)	20,21	74--80
Connaraceae 牛栓藤科	9	38
Convolvulaceae 旋花科	16	64-1
Coriariaceae 马桑科	11	45-1
Cornaceae 山茱萸科	14	56
Corsiaceae 白玉簪科	25	16-2
Costaceae 闭鞘姜科(姜科)	24	16-2
Crassulaceae 景天科	8	34-1
Cruciferae 十字花科(植物志)	8	33
Crypteroniaceae 隐翼科	13	52-2
Cucurbitaceae 葫芦科	20	73-1
Cupressaceae 柏科	4	7
Cyatheaceae 桫椤科	3	6-2
Cycadaceae 苏铁科	4	7
Cynomoriaceae 锁阳科	13	53-2
Cyperaceae 莎草科	23	11,12
D		
Daphniphyllaceae 虎皮楠科(植物志)	11	45-1
Daphniphyllaceae 交让木科(Flora)	11	45-1
Datiscaceae 四数木科	13	52-1
Davalliaceae 骨碎补科	2	2,6-1
Dennstaedtiaceae 姬蕨科(植物志)	1	2
Dennstaedtiaceae 碗蕨科(Flora)	1	2
Diapensiaceae 岩梅科	14	56
Dichapetalaceae 毒鼠子科	11	43-3
Dicksoniaceae 蚌壳蕨科	1	2
Dilleniaceae 五桠果科	12	49-2
Dioscoreaceae 薯蓣科	24	16-1
Dipsacaceae 川续断科	19	73-1
Dipteridaceae 双扇蕨科	3	6-2
Dipterocarpaceae 龙脑香科	13	50-2
Droseraceae 茅膏菜科	8	34-1
Drynariaceae 槲蕨科	3	6-2
Dryopteridaceae 鳞毛蕨科	3	5-1,2
E		
Ebenaceae 柿树科(植物志)	15	60-1
Ebenaceae 柿科(Flora)	15	60-1
Elaeagnaceae 胡颓子科	13	52-2
Elaeocarpaceae 杜英科	12	49-1

拉汉植物科名	Flora	植物志
Elaphoglossaceae 舌蕨科	3	6-1
Elatinaceae 沟繁缕科	13	50-2
Empetraceae 岩高兰科	11	45-1
Ephedraceae 麻黄科	4	7
Equisetaceae 木贼科	1	
Ericaceae 杜鹃花科	14	57
Eriocaulaceae 谷精草科	24	13-3
Erythroxylaceae 古柯科	11	43-1
Eucommiaceae 杜仲科	9	35-2
Euphorbiaceae 大戟科	11	44
Eupteleaceae 领春木科	6	27
F		
Fabaceae 豆科(Flora)	10	39—42
Fagaceae 壳斗科	4	22
Flacourtiaceae 大风子科	13	52-1
Flagellariaceae 须叶藤科	24	13-3
Frankeniaceae 瓣鳞花科	13	50-2
G		
Gentianaceae 龙胆科	16	62
Geraniaceae 牻牛儿苗科	11	43-1
Gesneriaceae 苦苣苔科	18	69
Ginkgoaceae 银杏科	4	7
Gleicheniaceae 里白科	1	2
Gnetaceae 买麻藤科	4	7
Goodeniaceae 草海桐科	20	73-2
Gramineae 禾本科(植物志)	22	9—10
Grammitidaceae 禾叶蕨科	3	6-2
Guttiferae 藤黄科(植物志)	13	50-2
Gymnogrammitidaceae 雨蕨科	3	6-1
H		
Haloragaceae 小二仙草科	13	53-2
Hamamelidaceae 金缕梅科	9	35-2
Helminthostachyaceae 七指蕨科	1	2
Hemionitidaceae 裸子蕨科	2	3-1
Hernandiaceae 莲叶桐科	7	31
Hippocastanaceae 七叶树科	12	46
Hippocrateaceae 翅子藤科	11	46
Hippuridaceae 杉叶藻科	13	53-2
Huperziaceae 石杉科	1	
Hydrocharitaceae 水鳖科	22	8
Hydrophyllaceae 田基麻科	16	64-1
Hymenophyllaceae 膜蕨科	1	2
Hypodematiaceae 肿足蕨科	2	4-1
Hypolepidaceae 姬蕨科(Flora)	2	2
I		
Icacinaceae 茶茱萸科	11	46
Illiciaceae 八角科(木兰科)	7	30-1
Iridaceae 鸢尾科	24	16-1
Isoëtaceae 水韭科	1	
J		
Juglandaceae 胡桃科	4	21
Juncaceae 灯心草科	24	13-3
L		
Labiatae 唇形科(植物志)	17	65-2, 66
Lamiaceae 唇形科(Flora)	17	65-2, 66
Lardizabalaceae 木通科	6	29
Lauraceae 樟科	7	31
Lecythidaceae 玉蕊科	13	52-2
Leguminosae 豆科(植物志)	10	39—42
Lemnaceae 浮萍科	23	13-2
Lentibulariaceae 狸藻科	19	69
Liliaceae 百合科	24	14, 15
Linaceae 亚麻科	11	43-1
Lindsaeaceae 鳞始蕨科	1	2
Loganiaceae 马钱科	15	61
Lomariopsidaceae 藤蕨科	3	6-1
Loranthaceae 桑寄生科	5	24
Lowiaceae 兰花蕉科(芭蕉科)	24	16-2
Loxogrammaceae 剑蕨科	3	6-2
Lycopodiaceae 石松科	1	
Lygodiaceae 海金沙科	1	2
Lythraceae 千屈菜科	13	52-2
M		
Magnoliaceae 木兰科	7	30-1
Malpighiaceae 金虎尾科	11	43-3
Malvaceae 锦葵科	12	49-2
Marantaceae 竹芋科	24	16-2
Marattiaceae 合囊蕨科	1	
Marsileaceae 苹科	3	6-2
Martyniaceae 角胡麻科	18	69
Melastomataceae 野牡丹科	13	53-1
Meliaceae 楝科	11	43-3
Menyanthaceae 睡菜科(龙胆科)	16	62
Menispermaceae 防已科	7	30-1
Molluginaceae 粟米草科(番杏科)	5	26
Monachosoraceae 稀子蕨科	1	2
Moraceae 桑科	5	23-1
Moringaceae 辣木科	8	34-1
Musaceae 芭蕉科	24	16-2
Myoporaceae 苦槛蓝科	19	70
Myricaceae 杨梅科	4	21
Myristicaceae 肉豆蔻科	7	30-2
Myrsinaceae 紫金牛科	15	58
Myrtaceae 桃金娘科	13	53-1
N		
Najadaceae 茨藻科	22	8
Nelumbonaceae 莲科(睡莲科)	6	27
Nepenthaceae 猪笼草科	8	34-1
Nephrolepidaceae 肾蕨科	3	6-1
Nyctaginaceae 紫茉莉科	5	26
Nymphaeaceae 睡莲科	6	27
Nyssaceae 蓝果树科	13	52-2
O		
Ochnaceae 金莲木科	13	49-2
Olacaceae 铁青树科	5	24
Oleaceae 木犀科	15	61
Oleandraceae 条蕨科	2	2, 6-1
Onagraceae 柳叶菜科	13	53-2
Onocleaceae 球子蕨科	3	4-2
Ophioglossaceae 瓶尔小草科	1	2
Opiliaceae 山柚子科	5	24
Orchidaceae 兰科	25	17—19
Orobanchaceae 列当科	18	69
Osmundaceae 紫萁科	1	2
Oxalidaceae 酢浆草科	11	43-1
P		
Paeoniaceae 芍药科(毛茛科)	6	27
Palmae 棕榈科(Flora)	23	13-1
Pandaceae 小盘木科(Flora)	11	43-1
Pandaceae 攀打科(植物志)	11	43-1
Pandanaceae 露兜树科	22	8
Papaveraceae 罂粟科	7	32
Parkeriaceae 水蕨科	2	3-1
Passifloraceae 西番莲科	13	52-1
Pedaliaceae 胡麻科	18	69
Pentaphylacaeae 五列木科	11	45-1
Peranemaceae 球盖蕨科	3	4-2
Philydraceae 田葱科	24	13-3
Phrymaceae 透骨草科	19	70
Phytolaccaceae 商陆科	5	26
Pinaceae 松科	4	7
Piperaceae 胡椒科	4	20-1
Pittosporaceae 海桐花科	9	35-2
Plagiogyriaceae 瘤足蕨科	1	2
Plantaginaceae 车前科	19	70
Platanaceae 悬铃木科	9	35-2
Platyceriaceae 鹿角蕨科	3	6-2
Pleurosoriopsidaceae 睫毛蕨科	2	4-2

拉汉植物科名	Flora	植物志
Plumbaginaceae 白花丹科	15	60-1
Poaceae 禾本科(Flora)	22	9—10
Podocarpaceae 罗汉松科	4	7
Podostemaceae 川苔草科	5	24
Polemoniaceae 花荵科	16	64-1
Polygalaceae 远志科	11	43-3
Polygonaceae 蓼科	5	25-1
Polypodiaceae 水龙骨科	3	6-2
Pontederiaceae 雨久花科	24	13-3
Portulacaceae 马齿苋科	5	26
Potamogetonaceae 眼子菜科	22	8
Primulaceae 报春花科	15	59-1, 2
Proteaceae 山龙眼科	5	24
Psilotaceae 松叶蕨科	1	
Pteridaceae 凤尾蕨科	2	3-1
Pteridiaceae 蕨科	2	3-1
Punicaceae 石榴科	13	52-2
Pyrolaceae 鹿蹄草科	14	56
R		
Rafflesiaceae 大花草科	5	24
Ranunculaceae 毛茛科	6	27—28
Resedaceae 木犀草科	8	34-1
Restionaceae 帚灯草科	24	13-3
Rhamnaceae 鼠李科	12	48-1
Rhizophoraceae 红树科	13	52-2
Rhoipteleaceae 马尾树科	5	22
Rosaceae 蔷薇科	9	36—38
Rubiaceae 茜草科	19	71-1, 2
Rutaceae 芸香科	11	43-2
S		
Sabiaceae 清风藤科	12	47-1
Salicaceae 杨柳科	4	20-2
Salvadoraceae 刺茉莉科	11	46
Salviniaceae 槐叶苹科	3	6-2
Santalaceae 檀香科	5	24
Sapindaceae 无患子科	12	47-1
Sapotaceae 山榄科	15	60-1
Sauruaceae 三白草科	4	20-1
Saxifragaceae 虎耳草科	8	34-2, 35-1
Scheuchzeriaceae 冰沼草科(植物志)	22	8
Scheuchzeriaceae 芝菜科(Flora)	22	8
Schisandraceae 五味子科(木兰科)	7	30-1
Schizaeaceae 莎草蕨科	1	2
Sciadopityaceae 金松科(杉科)	4	7
Scrophulariaceae 玄参科	18	67-2, 68
Selaginellaceae 卷柏科	1	
Simaroubaceae 苦木科	11	43-3
Sinopteridaceae 中国蕨科	2	3-1
Solanaceae 茄科	17	67-1
Sonneratiaceae 海桑科	13	52-2
Sparganiaceae 黑三棱科	22	8
Stachyuraceae 旌节花科	13	52-1
Staphyleaceae 省沽油科	11	46
Stemonaceae 百部科	24	13-3
Stenochlaenaceae 光叶藤蕨科	2	3-1
Sterculiaceae 梧桐科	12	49-2
Stylidiaceae 花柱草科	20	73-2
Styracaceae 安息香科(植物志)	15	60-2
Styracaceae 野茉莉科(Flora)	15	60-2
Symplocaceae 山矾科	15	60-2
T		
Taccaceae 蒟蒻薯科	24	16-1
Taenitidaceae 竹叶蕨科	2	
Tamaricaceae 柽柳科	13	50-2
Taxaceae 红豆杉科	4	7
Taxodiaceae 杉科	4	7
Tetracentraceae 水青树科	6	
Theaceae 山茶科	12	49-3, 50-1
Theligonaceae 假繁缕科	13	53-2
Thelypteridaceae 金星蕨科	2	4-1
Thymelaeaceae 瑞香科	13	52-1
Tiliaceae 椴树科	12	49-1
Trapaceae 菱科	13	53-2
Triuridaceae 霉草科	22	8
Trochodendraceae 昆栏树科	6	27
Tropaeolaceae 旱金莲科	11	43-1
Typhaceae 香蒲科	22	8
U		
Ulmaceae 榆科	5	22
Umbelliferae 伞形科(植物志)	14	55-1, 2, 3
Urticaeae 荨麻科	5	23-2
V		
Valerianaceae 败酱科	19	73-1
Verbenaceae 马鞭草科	17	65-1
Violaceae 堇菜科	13	51
Viscaceae 槲寄生科(桑寄生科)	5	24
Vitaceae 葡萄科	12	48-2
Vittariaceae 书带蕨科	3	3-2
W		
Woodsiaceae 岩蕨科	3	4-2
X		
Xyridaceae 黄眼树科	24	13-3
Z		
Zingiberaceae 姜科	24	16-2
Zygophyllaceae 蒺藜科	11	43-1

二　汉拉植物科名在中国植物志和 Flora of China 中的相关卷册

汉拉植物科名	Flora	植物志
A		
安息香科 Styraceae(植物志)	15	60-2
B		
八角枫科 Alangiaceae	13	52-2
八角科 Illiciaceae(木兰科)	7	30-1
芭蕉科 Musaceae	24	16-2
白花菜科 Capparidaceae (Flora)	7	32
白花丹科 Plumbaginaceae	15	60-1
白玉簪科 Corsiaceae	25	
百部科 Stemonaceae	24	13-3
百合科 Liliaceae	24	14—15
柏科 Cupressaceae	4	7
败酱科 Valerianaceae	19	73-1
半日花科 Cistaceae	13	56
瓣鳞花科 Frankeniaceae	13	50-2
蚌壳蕨科 Dicksoniaceae	1	2
报春花科 Primulaceae	15	59-1, 2
闭鞘姜科 Costaceae(姜科)	24	16-2
冰沼草科 Scheuchzeriaceae(植物志)	22	8
伯乐树科 Bretschneideraceae(植物志)	8	34-1
C		
叉蕨科 Aspidiaceae	3	6-1
草海桐科 Goodeniaceae	20	73-2
茶茱萸科 Icacinaceae	11	46
菖蒲科 Acoreaceae(天南星科)	23	13-2
车前蕨科 Antrophyaceae	3	3-2
车前科 Plantaginaceae	19	70
柽柳科 Tamaricaceae	13	50-2
翅子藤科 Hippocrateaceae	11	46
川苔草科 Podostemaceae	5	24

汉拉植物科名	Flora	植物志
川续断科 Dipsacaceae	19	73-1
唇形科 Labiatae(植物志)	17	65-2,66
唇形科 Lamiaceae(Flora)	17	65-2,66
莼菜科 Cabombaceae(睡莲科)	6	27
茨藻科 Najadaceae	22	8
刺鳞草科 Centrolepidaceae	24	13-3
刺茉莉科 Salvadoraceae	11	46
酢浆草科 Oxalidaceae	11	43-1
D		
大风子科 Flacourtiaceae	13	52-1
大花草科 Rafflesiaceae	5	24
大戟科 Euphorbiaceae	11	44
灯心草科 Juncaceae	24	13-3
冬青科 Quifoliaceae	11	45-2
豆科 Fabaceae(Flora)	10	39—42
豆科 Leguminosae(植物志)	10	39—42
毒鼠子科 Dichapetalaceae	11	43-3
杜鹃花科 Ericaceae	14	57
杜英科 Elaeocarpaceae	12	49-1
杜仲科 Eucommiaceae	9	35-2
椴树科 Tiliaceae	12	49-1
F		
番荔枝科 Annonaceae	7	30-2
番木瓜科 Caricaceae	13	52-1
番杏科 Aizoaceae	5	26
防已科 Menispermaceae	7	30-1
凤梨科 Bromeliaceae	24	13-3
凤尾蕨科 Pteridaceae	2	3-1
凤仙花科 Balsaminaceae	12	47-2
浮萍科 Lemnaceae	23	13-2
G		
橄榄科 Burseraceae	11	43-3
沟繁缕科 Elatinaceae	13	50-2
钩枝藤科 Ancistrocladaceae	13	52-1
古柯科 Erythroxylaceae	11	43-1
谷精草科 Eriocaulaceae	24	13-3
骨碎补科 Davalliaceae	2	2,6-1
观音座莲科 Angiopteridaceae(植物志)	1	2
光叶藤蕨科 Stenochlaenaceae	2	3-1
H		
海金沙科 Lygodiaceae	1	2
海桑科 Sonneratiaceae	13	52-2
海桐花科 Pittosporaceae	9	35-2
旱金莲科 Tropaeolaceae	11	43-1
禾本科 Gramineae(植物志)	22	9—10
禾本科 Poaceae(Flora)	22	9—10
禾叶蕨科 Grammitidaceae	3	6-2
合囊蕨科 Marattiaceae	1	
黑三棱科 Sparganiaceae	22	8
红豆杉科 Taxaceae	4	7
红木科 Bixaceae	13	50-2
红树科 Rhizophoraceae	13	52-2
胡椒科 Piperaceae	4	20-1
胡麻科 Pedaliaceae	18	69
胡桃科 Juglandaceae	4	21
胡颓子科 Elaeagnaceae	13	52-2
葫芦科 Cucurbitaceae	20	73-1
槲寄生科 Viscaceae(桑寄生科)	5	24
槲蕨科 Drynariaceae	3	6-2
虎耳草科 Saxifragaceae	8	34-2,35-1
虎皮楠科 Daphniphyllaceae(植物志)	11	45-1
花蔺科 Butomaceae	22	8
花荵科 Polemoniaceae	16	64-1
花柱草科 Stylidiaceae	20	73-2
桦木科 Betulaceae	4	21
槐叶苹科 Salviniaceae	3	6-2
黄眼树科 Xyridaceae	24	13-3
黄杨科 Buxaceae	11	45-1
J		

汉拉植物科名	Flora	植物志
姬蕨科 Hypolepidaceae	2	2
蒺藜科 Zygophyllaceae	11	43-1
夹竹桃科 Apocynaceae	16	63
假繁缕科 Theligonaceae	13	53-2
剑蕨科 Loxogrammaceae	3	6-2
姜科 Zingiberaceae	24	16-2
交让木科 Daphniphyllaceae(Flora)	11	45-1
角胡麻科 Martyniaceae	18	69
睫毛蕨科 Pleurosoriopsidaceae	2	4-2
金虎尾科 Malpighiaceae	11	43-3
金莲木科 Ochnaceae	13	49-2
金缕梅科 Hamamelidaceae	9	35-2
金松科 Sciadopityaceae(杉科)	4	7
金粟兰科 Chloranthaceae	4	20-1
金星蕨科 Thelypteridaceae	2	4-1
金鱼藻科 Ceratophyllaceae	6	27
堇菜科 Violaceae	13	51
锦葵科 Malvaceae	12	49-2
旌节花科 Stachyuraceae	13	52-1
景天科 Crassulaceae	8	34-1
桔梗科 Campanulaceae	20	73-2
菊科 Asteraceae(Flora)	20,21	74--80
菊科 Compositae(植物志)	20,21	74--80
蒟蒻薯科 Taccaceae	24	16-1
卷柏科 Selaginellaceae	1	
蕨科 Pteridiaceae	2	3-1
爵床科 Acanthaceae	19	70
K		
壳斗科 Fagaceae	4	22
苦槛蓝科 Myoporaceae	19	70
苦苣苔科 Gesneriaceae	18	69
苦木科 Simaroubaceae	11	43-3
昆栏树科 Trochodendraceae	6	27
L		
蜡梅科 Calycanthaceae	7	30-2
辣木科 Moringaceae	8	34-1
兰花蕉科 Lowiaceae(芭蕉科)	24	16-2
兰科 Orchidaceae	25	17—19
蓝果树科 Nyssaceae	13	52-2
狸藻科 Lentibulariaceae	19	69
藜科 Chenopodiaceae	5	25-2
里白科 Gleicheniaceae	1	2
连香树科 Cercidiphyllaceae	6	27
莲座蕨科 Angiopteridaceae	1	2
莲科 Nelumbonaceae(睡莲科)	6	27
莲叶桐科 Hernandiaceae	7	31
楝科 Meliaceae	11	43-3
蓼科 Polygonaceae	5	25-1
列当科 Orobanchaceae	18	69
鳞毛蕨科 Dryopteridaceae	3	5-1,2
鳞始蕨科 Lindsaeaceae(Flora)	1	2
陵齿蕨科 Lindsaeaceae(植物志)	1	2
菱科 Trapaceae	13	53-2
领春木科 Eupteleaceae	6	27
瘤足蕨科 Plagiogyriaceae	1	2
柳叶菜科 Onagraceae	13	53-2
龙胆科 Gentianaceae	16	62
龙脑香科 Dipterocarpaceae	13	50-2
露兜树科 Pandanaceae	22	8
卤蕨科 Acrostichaceae	3	3-1
鹿角蕨科 Platyceriaceae	3	6-2
鹿蹄草科 Pyrolaceae	14	56
罗汉松科 Podocarpaceae	4	7
萝藦科 Asclepiadaceae	16	63
裸子蕨科 Hemionitidaceae	2	3-1
落葵科 Basellaceae	5	26
M		
麻黄科 Ephedraceae	4	7
马鞭草科 Verbenaceae	17	65-1

汉拉植物科名	Flora	植物志
马齿苋科 Portulacaceae	5	26
马兜铃科 Aristolochiaceae	5	24
马钱科 Loganiaceae	15	61
马桑科 Coriariaceae	11	45-1
马尾树科 Rhoipteleaceae	5	22
买麻藤科 Gnetaceae	4	7
满江红科 Azollaceae	3	6-2
牻牛儿苗科 Geraniaceae	11	43-1
毛茛科 Ranunculaceae	6	27,28
茅膏菜科 Droseraceae	8	34-1
霉草科 Triuridaceae	22	8
美人蕉科 Cannaceae	24	16-2
猕猴桃科 Actinidiaceae	12	49-2
膜蕨科 Hymenophyllaceae	1	2
木兰科 Magnoliaceae	7	30-1
木麻黄科 Cassuarinaceae	4	20-1
木棉科 Bombacaceae	12	49-2
木通科 Lardizabalaceae	6	29
木犀草科 Resedaceae	8	34-1
木犀科 Oleaceae	15	61
木贼科 Equisetaceae	1	
N		
南洋杉科 Araucariaceae	4	7
牛栓藤科 Connaraceae	9	38
P		
攀打科 Pandaceae(植物志)	11	43-1
苹科 Marsileaceae	3	6-2
瓶尔小草科 Ophioglossaceae	1	2
葡萄科 Vitaceae	12	48-2
Q		
七叶树科 Hippocastanaceae	12	46
七指蕨科 Helminthostachyaceae	1	2
桤叶树科 Clethraceae	14	50-2
槭树科 Aceraceae	11	467
漆树科 Anacardiaceae	11	45-1
千屈菜科 Lythraceae	13	52-2
荨麻科 Urticaeae	5	23-2
茜草科 Rubiaceae	19	71-1,2
蔷薇科 Rosaceae	9	36--38
茄科 Solanaceae	17	67-1
清风藤科 Sabiaceae	12	47-1
秋海棠科 Begoniaceae	13	52-1
球盖蕨科 Peranemaceae	3	4-2
球子蕨科 Onocleaceae	3	4-2
R		
忍冬科 Caprifoliaceae	19	72
肉豆蔻科 Myristicaceae	7	30-2
瑞香科 Thymelaeaceae	13	52-1
S		
三白草科 Saururaceae	4	20-1
三尖杉科 Cephalotaxaceae	4	7
伞形科 Apiaceae(Flora)	14	55-1,2,3
伞形科 Umbelliferae(植物志)	14	55-1,2,3
桑寄生科 Loranthaceae	5	24
桑科 Moraceae	5	23-1
莎草蕨科 Schizaeaceae	1	2
莎草科 Cyperaceae	23	11,12
山茶科 Theaceae	12	49-3,50-1
山矾科 Symplocaceae	15	60-2
山柑科 Capparidaceae(植物志)	7	32
山榄科 Sapotaceae	15	60-1
山龙眼科 Proteaceae	5	24
山柚子科 Opiliaceae	5	24
山茱萸科 Cornaceae	14	56
杉科 Taxodiaceae	4	7
杉叶藻科 Hippuridaceae	13	53-2
商陆科 Phtolaccaceae	5	26
芍药科 Paeoniaceae(毛茛科)	6	27
舌蕨科 Elaphoglossaceae	3	6-1

汉拉植物科名	Flora	植物志
蛇菰科 Balanophoraceae	5	24
肾蕨科 Nephrolepidaceae	3	6-1
省沽油科 Staphyleaceae	11	46
十字花科 Brassicaceae(Flora)	8	33
十字花科 Cruciferae(植物志)	8	33
石榴科 Punicaceae	13	52-2
石杉科 Huperziaceae	1	
石松科 Lycopodiaceae	1	
石蒜科 Amaryllidaceae	24	16-1
石竹科 Caryophyllaceae	6	26
实蕨科 Bolbitidaceae	3	6-1
使君子科 Combretaceae	13	53-1
柿科 Ebenaceae(Flora)	15	60-1
柿树科 Ebenaceae(植物志)	15	60-1
书带蕨科 Vittariaceae	3	3-2
鼠李科 Rhamnaceae	12	48-1
薯蓣科 Dioscoreaceae	24	16-1
双扇蕨科 Dipteridaceae	3	6-2
水鳖科 Hydrocharitaceae	22	8
水韭科 Isoetaceae	1	
水蕨科 Parkeriaceae	2	3-1
水龙骨科 Polypodiaceae	3	6-2
水马齿科 Callitrichaceae	11	45-1
水青树科 Tetracentraceae	6	
水蕹科 Aponogetonaceae	22	8
水玉簪科 Burmanniaceae	25	16-2
睡菜科 Menyanthaceaee(龙胆科)	16	62
睡莲科 Nymphaeaceae	6	27
四数木科 Datiscaceae	13	52-1
松科 Pinaceae	4	7
松叶蕨科 Psilotaceae	1	
苏铁科 Cycadaceae	4	7
粟米草科 Molluginaceae(番杏科)	5	26
桫椤科 Cyatheaceae	3	
锁阳科 Cynomoriaceae	13	53-2
T		
檀香科 Santalaceae	5	24
桃金娘科 Myrtaceae	13	53-1
藤黄科 Clusiaceae(Flora)	13	50-2
藤黄科 Guttiferae(植物志)	13	50-2
藤蕨科 Lomariopsidaceae	3	6-1
蹄盖蕨科 Athyriaceae	2	3-2
天南星科 Araceae	23	13-2
天星蕨科 Christenseniaceae	1	2
田葱科 Philydraceae	24	13-3
田基麻科 Hydrophyllaceae	16	64-1
条蕨科 Oleandraceae	2	2,6-1
铁角蕨科 Aspleniaceae	2	4-2
铁青树科 Olacaceae	5	24
铁线蕨科 Adiantaceae	2	3-1
透骨草科 Phramaceae	19	70
W		
碗蕨科 Dennstaedtiaceae	1	2
卫矛科 Celastraceae	11	45-3
乌毛蕨科 Blechnaceae	3	4-2
无患子科 Sapindaceae	12	47-1
梧桐科 Sterculiaceae	12	49-2
五福花科 Adoxaceae	19	73-1
五加科 Araliaceae	13	54
五列木科 Pentaphylacaeae	11	45-1
五味子科 Schisandraceae(木兰科)	7	30-1
五桠果科 Dilleniaceae	12	49-2
X		
西番莲科 Passifloraceae	13	52-1
稀子蕨科 Monachosoraceae	1	2
仙人掌科 Cactaceae	13	52-1
苋科 Amaranthaceae	5	25-2
香蒲科 Typhaceae	22	8
小檗科 Berberidaceae	7	29

汉拉植物科名	Flora	植物志
小二仙草科 Haloragaceae	13	53-2
小盘木科 Pandaceae(Flora)	11	43--1
心翼果科 Cardiopteridaceae(茶茱萸科)	11	46
星叶草科 Circaeasteraceae(毛茛科)	6	28
须叶藤科 Flagellariaceae	24	13-3
玄参科 Scrophulariaceae	18	67-2, 68_
悬铃木科 Platanaceae	9	35-2
旋花科 Convolvulaceae	16	64-1
Y		
鸭跖草科 Commelinaceae	24	13-3
亚麻科 Linaceae	11	43-1
岩高兰科 Empetraceae	11	45-1
岩蕨科 Woodsiaceae	3	4-2
岩梅科 Diapensiaceae	14	56
眼子菜科 Potamogetonaceae	22	8
燕尾蕨科 Cheiropleuriaceae	3	6-2
杨柳科 Salicaceae	4	20-2
杨梅科 Myricaceae	4	21
野茉莉科 Styracaceae(Flora)	15	60-2
野牡丹科 Melastomataceae	13	53-1
阴地蕨科 Botrychiaceae	1	2
银杏科 Ginkgoaceae	4	7
隐翼科 Crypteroniaceae	13	52-2
罂粟科 Papaveraceae	7	32
榆科 Ulmaceae	5	22

汉拉植物科名	Flora	植物志
雨久花科 Pontederiaceae	24	13-3
雨蕨科 Gymnogrammitidaceae	3	6-1
玉蕊科 Lecythidaceae	13	52-2
鸢尾科 Iridaceae	24	16-1
远志科 Polygalaceae	11	43-3
芸香科 Rutaceae	11	43-2
Z		
泽泻科 Alismataceae	22	8
樟科 Lauraceae	7	31
芝菜科 Scheuchzeriaceae(Flora)	22	8
中国蕨科 Sinopteridaceae	2	3-1
钟萼木科 Bretschneideraceae(Flora)	8	34-1
肿足蕨科 Hypodematiaceae	2	4-1
帚灯草科 Restionaceae	24	13-3
猪笼草科 Nepenthaceae	8	34-1
竹叶蕨科 Taenitidaceae	2	
竹芋科 Marantaceae	24	16-2
紫草科 Boraginaceae	16	64-2
紫金牛科 Myrsinaceae	15	58
紫茉莉科 Nyctaginaceae	5	26
紫萁科 Osmundaceae	1	2
紫葳科 Bignoniaceae	18	69
棕榈科 Arecaceae(Flora)	23	13-1
棕榈科 Palmae(植物志)	23	13-1

三 Flora of China 中科的拉丁名称已改变

汉拉植物科名	Flora	植物志
唇形科 Labiatae(植物志)	17	65-2, 66
唇形科 Lamiaceae(Flora)	17	65-2, 66
豆科 Fabaceae(Flora)	10	39—42
豆科 Leguminosae(植物志)	10	39—42
禾本科 Gramineae(植物志)	22	9—10
禾本科 Poaceae(Flora)	22	9—10
姬蕨科 Dennstaedtiaceae (植物志)	1	2
姬蕨科 Hypolepidaceae (Flora)	2	2
菊科 Asteraceae(Flora)	20, 21	74—80

汉拉植物科名	Flora	植物志
菊科 Compositae(植物志)	20, 21	74—80
伞形科 Apiaceae(Flora)	14	55-1, 2, 3
伞形科 Umbelliferae(植物志)	14	55-1, 2, 3
十字花科 Cruciferae(植物志)	8	33
十字花科 Brassicaceae(Flora)	8	33
藤黄科 Guttiferae(植物志)	13	50-2
藤黄科 Clusiaceae(Flora)	13	50-2
棕榈科 Palmae(植物志)	23	13-1
棕榈科 Arecaceae(Flora)	23	13-1

四 Flora of China 中科的中文名称已改变

拉汉植物科名	Flora	植物志
Angiopteridaceae 观音座莲科(植物志)	1	2
Angiopteridaceae 莲座蕨科(Flora)	1	2
Bretschneideraceae 伯乐树科(植物志)	8	33
Bretschneideraceae 钟萼木科(Flora)	8	33
Capparidaceae 山柑科(植物志)	7	32
Capparidaceae 白花菜科(Flora)	7	32
Daphniphyllaceae 交让木科(Flora)	11	45-1
Daphniphyllaceae 虎皮楠科(植物志)	11	45-1
Dennstaedtiaceae 姬蕨科(植物志)	1	2
Dennstaedtiaceae 碗蕨科(Flora)	1	2

拉汉植物科名	Flora	植物志
Ebenaceae 柿树科(植物志)	15	60-1
Ebenaceae 柿科(Flora)	15	60-1
Lindsaeaceae 陵齿蕨科(植物志)	1	2
Lindsaeaceae 鳞始蕨科(Flora)	1	2
Pandaceae 小盘木科(Flora)	11	43-1
Pandaceae 攀打科(植物志)	11	43-1
Scheuchzeriaceae 冰沼草科(植物志)	22	8
Scheuchzeriaceae 芝菜科(Flora)	22	8
Styracaceae 安息香科(植物志)	15	60-2
Styracaceae 野茉莉科(Flora)	15	60-2

五 中国植物志各卷(册)中未收载的科

汉拉植物科名	Flora	植物志
白玉簪科 Corsiaceae	25	无
合囊蕨科 Marattiaceae	1	无
卷柏科 Selaginellaceae	1	无
木贼科 Equisetaceae	1	无
石杉科 Huperziaceae	1	无

汉拉植物科名	Flora	植物志
石松科 Lycopodiaceae	1	无
水韭科 Isoetaceae	1	无
水青树科 Tetracentraceae	6	无
松叶蕨科 Psilotaceae	1	无
桫椤科 Cyatheaceae	3	无

六 Flora of China 新分出的科

汉拉植物科名	Flora	植物志
八角科 Illiciaceae(木兰科)	7	30-1
闭鞘姜科 Costaceae(姜科)	24	16-2
菖蒲科 Acoreaceae(天南星科)	23	13-2
莼菜科 Cabombaceae(睡莲科)	6	27
槲寄生科 Viscaceae(桑寄生科)	5	24
金松科 Sciadopityaceae(杉科)	4	7
兰花蕉科 Lowiaceae(芭蕉科)	24	16-2
莲科 Nelumbonaceae(睡莲科)	6	27
芍药科 Paeoniaceae(毛茛科)	6	27
睡菜科 Menyanthaceaee(龙胆科)	16	62
粟米草科 Molluginaceae(番杏科)	5	26
五味子科 Schisandraceae(木兰科)	7	30-1
碗蕨科 Dennstaedtiaceae	1	2
心翼果科 Cardiopteridaceae(茶茱萸科)	11	46
星叶草科 Circaeasteraceae(毛茛科)	6	27